Lösbarkeitskriterium

Ein lineares Gleichungssystem mit der Koeffizientenmatrix A und der erweiterten Koeffizientenmatrix $(A \mid b)$ ist genau dann lösbar, wenn

$$\operatorname{rg} A = \operatorname{rg}(A \mid b).$$

Existenz von Basen

Jeder Vektorraum V besitzt eine Basis.

Genauer:

- Jedes Erzeugendensystem von V enthält eine Basis von V.
- Jede linear unabhängige Teilmenge von V kann durch Hinzunahme weiterer Vektoren zu einer Basis von V ergänzt werden.

Jeder n-dimensionale $\mathbb{K}$-Vektorraum ist zum $\mathbb{K}^n$ isomorph

Ist $B = (b_1, \ldots, b_n)$ eine geordnete Basis des n-dimensionalen $\mathbb{K}$-Vektorraums V, so ist die Abbildung

$$_B\varphi \colon \begin{cases} V \to \mathbb{K}^n, \\ v \mapsto {}_B v \end{cases}$$

eine bijektive und lineare Abbildung, d. h. ein Isomorphismus.

Dimensionsformel

Ist V ein endlichdimensionaler Vektorraum, so gilt für jede lineare Abbildung $\varphi \colon V \to W$ die Gleichung

$$\dim(V) = \dim(\underbrace{\varphi^{-1}(\{\mathbf{0}\})}_{\text{Kern}}) + \dim(\underbrace{\varphi(V)}_{\text{Bild}}).$$

Basistransformationsformel

Sind $\varphi \colon V \to V$ eine lineare Abbildung und B und C zwei geordnete Basen von V, so gilt:

$$_C M(\varphi)_C = S^{-1}\, _B M(\varphi)_B\, S,$$

wobei $S = {}_B M(\mathrm{id}_V)_C$ gilt.

Determinantenmultiplikationssatz

Sind A, $B \in R^{n \times n}$, so gilt:

$$\det(A\,B) = \det(A)\,\det(B).$$

Die Determinante eines Produkts von Matrizen ist das Produkt der Determinanten.

Trägheitssatz von Sylvester

Alle diagonalisierten Darstellungsmatrizen der reellen symmetrischen Bilinearform σ weisen dieselbe Anzahl p von positiven Einträgen auf. Ebenso haben alle dieselbe Anzahl $r - p$ von negativen Einträgen. Also ist die Signatur $(p,\ r - p,\ n - r)$ von σ eindeutig.

Grundwissen Mathematikstudium

Tilo Arens   Rolf Busam   Frank Hettlich   Christian Karpfinger   Hellmuth Stachel

Grundwissen Mathematikstudium

Analysis und Lineare Algebra mit Querverbindungen

mit Beiträgen von Klaus Lichtenegger

2. Auflage

Autoren
Tilo Arens, Karlsruher Institut für Technologie (KIT), Karlsruhe, Deutschland
Rolf Busam, Mathematisches Institut, Universität Heidelberg, Heidelberg, Deutschland
Frank Hettlich, Karlsruher Institut für Technologie (KIT), Karlsruhe, Deutschland
Christian Karpfinger, Technische Universität München, München, Deutschland
Hellmuth Stachel, Technische Universität Wien, Wien, Österreich

ISBN 978-3-662-63312-0   ISBN 978-3-662-63313-7 (eBook)
https://doi.org/10.1007/978-3-662-63313-7

Die Deutsche Nationalbibliothek verzeichnet diese Publikation in der Deutschen Nationalbibliografie; detaillierte bibliografische Daten sind im Internet über http://dnb.d-nb.de abrufbar.

Planung und Lektorat: Dr. Andreas Rüdinger, Bianca Alton
Redaktion: Bernhard Gerl
Fotos/Zeichnungen: Thomas Epp und die Autoren
Satz: EDV-Beratung Frank Herweg, Laudenbach
Einbandabbildung: © Jos Leys
Einbandentwurf: deblik, Berlin

Springer Spektrum ist ein Imprint der eingetragenen Gesellschaft Springer-Verlag GmbH, DE und ist ein Teil von Springer Nature.

Die Anschrift der Gesellschaft ist: Heidelberger Platz 3, 14197 Berlin, Germany

Vorwort zur 2. Auflage

Seit die erste Auflage unseres Werkes vor nunmehr acht Jahren erschienen ist, gab es viel positives Echo. Etliche Leserinnen und Leser haben uns aber auch Druckfehler oder Ungenauigkeiten gemeldet. In der nun vorliegenden zweiten Auflage haben wir neben der Korrektur dieser Ärgernisse unser Hauptaugenmerk auf die Stärkung der Querverbindungen gelegt: Viele neue Boxen, Verständnisaufgaben und Selbstfragen verdeutlichen die Verbindungen zwischen den mathematischen Teilgebieten und fördern so das Verständnis. Wir hoffen, unseren Leserinnen und Lesern ein Lehrbuch anbieten zu können, das sie beim Einstieg in ihr Mathematikstudium optimal unterstützt.

Nicht möglich gewesen wäre diese Neuauflage ohne die umsichtige und fachkundige Unterstützung durch den Verlag. Insbesondere Frau B. Alton und Herrn Dr. A. Rüdinger möchten wir unseren besonderen Dank ausdrücken.

Vorwort

Ein Mathematikstudium beginnt zumeist mit den zwei großen Vorlesungsblöcken: *Analysis* und *Lineare Algebra*. Beide sind wesentliche Bausteine für die Fundamente der modernen Mathematik. Die Fächer haben mehr gemein, als es am Anfang vielleicht scheinen mag. Ihre Verzahnungen bieten die Gelegenheit, viele Aspekte gleich von Beginn an besser zu verstehen. Wir Autoren möchten mit dem vorliegenden neuen Lehrbuch einen Weg in die Mathematik anbieten, der auch diese Verknüpfungen vermittelt.

Es ist uns Autoren bewusst, dass ein Einstieg in die Mathematik nicht leicht ist. Daher haben wir uns entschieden an unserem Lehrbuch Mathematik von Arens, Hettlich, Karpfinger, Kockelkorn, Lichtenegger und Stachel anzuknüpfen und auch für ein Mathematikstudium eine ausführliche Einführung anzubieten. Selbstverständlich nehmen in einem Lehrbuch für Mathematiker die Beweise eine zentrale Stellung ein. In der gebotenen Breite werden diese erklärt. In einigen uns sehr wichtig erscheinenden Fällen werden Beweise genauer unter die Lupe genommen, um Schwierigkeiten, Alternativen und/oder Argumentationen herauszuarbeiten. Es sei noch angemerkt, dass bei Verwendung der männlichen Sprachform wie „Mathematiker", „Leser", etc. stets Frauen und Männer gemeint sind.

Die Stoffauswahl orientiert sich am ersten Studienjahr, wobei zur Orientierung die Analysis und die Lineare Algebra farbig markiert sind. Neben der Zusammenfassung der beiden Fächer in einem Werk sind wir konzeptionell auch an anderen Stellen neue Wege gegangen. In Hinblick auf Umstellungen in den zeitgemäßen Bachelor- und Lehramtsstudiengängen haben wir etwa die lineare Optimierung und Aspekte der diskreten Mathematik im Curriculum mit aufgenommen. Auch das Thema Integration bekommt mehr Raum. Üblicherweise wird in einer Vorlesung nur ein Integrationsbegriff vorgestellt. Es gibt aber verschiedene Zugänge. Wir stellen den aus unserer Sicht wichtigsten Begriff ausführlich vor, aber betrachten zudem auch zwei weitere Zugänge. Gerade das Herauskristallisieren der diffizilen Unterschiede der Definitionen erscheint uns für das mathematische Verständnis sehr hilfreich.

Der kurze Abriss zur Geschichte der Mathematik soll Sie neugierig machen, auch diese Aspekte Ihres Fachs zu erfragen. Denn der modernen und oft sehr eleganten Darstellung der Mathematik geht eine fast 3 000-jährige Geschichte voraus. Die Integration und die Begriffe Gruppe und Vektorraum sind schöne Beispiele, wie spannend das Ringen um sinnvolle Definitionen in der Mathematik war und bis heute ist.

Wir wünschen Ihnen mit dem Buch viel Freude und Erfolg auf Ihrem Weg in das faszinierende Fach Mathematik.

Mit der Fertigstellung eines derart umfangreichen Werks ist auch der Zeitpunkt der Danksagungen gekommen: Unser Dank gilt zunächst all den vielen Mathematikern, von denen wir Mathematik erlernen durften bzw. dürfen und die es möglich machen, heute innerhalb eines Lehrbuchs einen sehr umfassenden Einstieg zur Mathematik zu bieten. Besonders bedanken wir uns bei unseren Co-Autoren zum Lehrbuch *Mathematik*, Dr. K. Lichtenegger und Prof. Dr. U. Kockelkorn, deren Materialien und Anregungen wir hier mit einfließen lassen konnten. Ein großer Dank geht auch an Prof. Dr. G. Kemper. Aus seinen Vorlesungen zur linearen Algebra fanden einige raffinierte Beispiele und kurzweilige Beweise ihren Weg in dieses Lehrbuch. Ebenso möchten wir uns bei Prof. Dr. N. Henze, Prof. Dr. R. Schulze-Pillot, Dipl.-Math. M. Mitschele und M.Sc. T. Rösch für Anregungen und intensives Korrekturlesen von Teilen des Manuskripts bedanken. Für ein sorgsames allgemeines Redigieren bedanken wir uns bei Dipl.-Phys. M. Gerl. Perfekte Ausgestaltung vieler Abbildungen verdanken wir Herrn Th. Epp. Außerdem hat er, sowie Herr S. Haschler und Herr M. Schlöder Teile des Manuskripts in LaTeX umgesetzt. Auch dafür gilt unser Dank. Ganz besonders bedanken wir uns für die fachkundige und stets umsichtige Zusammenarbeit mit Frau B. Alton und für die höchst kompetente und kreative Projektleitung durch Herrn Dr. A. Rüdinger von Springer Spektrum.

Die Autoren

PD Dr. Tilo Arens ist als Dozent an der Fakultät für Mathematik des Karlsruher Instituts für Technologie (KIT) tätig. Für den Vorlesungszyklus Höhere Mathematik für Studierende des Maschinenbaus und des Chemieingenieurwesens erhielt er 2004 gemeinsam mit anderen Mitgliedern seines Instituts den Landeslehrpreis des Landes Baden-Württemberg.

Dr. Rolf Busam ist Co-Autor eines erfolgreichen Lehrbuchs über Funktionentheorie und von zwei Prüfungstrainern (über Analysis bzw. Lineare Algebra). Während seiner langjährigen Lehrtätigkeit als Akademischer Direktor an der Fakultät für Mathematik und Informatik der Universität Heidelberg liegt sein Interessenschwerpunkt in der komplexen Analysis und der Analytischen Zahlentheorie. Ferner ist ihm die Lehreraus- und -weiterbildung ein besonderes Anliegen.

PD Dr. Frank Hettlich ist als Dozent an der Fakultät für Mathematik des Karlsruher Instituts für Technologie (KIT) tätig. Für den Vorlesungszyklus Höhere Mathematik für Studierende des Maschinenbaus und des Chemieingenieurwesens erhielt er 2004 gemeinsam mit anderen Mitgliedern seines Instituts den Landeslehrpreis des Landes Baden-Württemberg.

Prof. Dr. Christian Karpfinger lehrt an der Technischen Universität München; 2004 erhielt er den Landeslehrpreis des Freistaates Bayern.

Dr. Dr. h.c. Hellmuth Stachel ist seit mehr als 30 Jahren Professor für Geometrie an der Technischen Universität Wien und seit 2011 emeritiert.

Inhaltsverzeichnis

Verzeichnis der Übersichten

Mathematik – eine Wissenschaft für sich

Was bedeutet der Begriff *Mathematik*?

Was sind die Inhalte des ersten Studienjahres?

Seit wann gibt es *Mathematik*?

In der Mathematik, eine der ältesten Wissenschaften überhaupt, geht es darum, Aussagen auf ihren Wahrheitsgehalt hin zu überprüfen und allgemeingültige Aussagen zu beweisen und diese als mathematische Sätze zu formulieren. Mathematik ist eine exakte Wissenschaft, ist ein Satz bewiesen, so gilt dieser für immer und ewig.

Mit dem vorliegenden Buch wenden wir uns an Mathematikstudierende der ersten Semester. Wir stellen die Themen des ersten Studienjahrs, die in den Vorlesungen üblicherweise bei verschiedenen Dozenten gehört werden, in einer einheitlichen Schreibweise dar und zeigen die Zusammenhänge der verschiedenen Gebiete auf. Dabei liegt das Augenmerk nicht nur auf einer vollständigen Beweisführung, wir versuchen auch oft Motivationen und Alternativen zu den gegebenen Beweisen und Vorgehensweisen anzugeben. Wir schildern auch stets Zusammenhänge zu bereits behandelten und noch zu behandelnden Themen.

Die Teilgebiete der Mathematik können in reine und angewandte Mathematik unterschieden werden, wenngleich bei manchen Teilgebieten eine solche Zuordnung sicherlich willkürlich erscheinen mag. Aber auf jeden Fall sind die Analysis und die lineare Algebra grundlegend für jedes Teilgebiet. So ist es schon lange an den verschiedenen Universitäten üblich, dass im ersten Studienjahr vor allem diese beiden Gebiete den Großteil des Studiums ausmachen. Die Inhalte dieser beiden, üblicherweise zwei Semester andauernden Vorlesungen nehmen den meisten Raum des vorliegenden Buches ein.

Im ersten Kapitel sprechen wir über Mathematik und ihre Rolle unter den Wissenschaften. Wir geben auch einen Einblick in ihre rund 6000-jährige Geschichte, und selbstverständlich wollen wir auch die didaktischen Elemente vorstellen, die dieses Werk gegenüber anderen Lehrbüchern auszeichnen.

1.1 Über Mathematik, Mathematiker und dieses Lehrbuch

„Mathematik" ist jedem ein Begriff, vielen flößt er Respekt ein, manche bekommen weiche Knie, aber nur wenige können den Begriff richtig einordnen. Was bedeutet „Mathematik", und zu welcher Art Wissenschaft gehört die Mathematik?

Mathematik ist eine Formalwissenschaft

Man unterscheidet verschiedene Typen von Wissenschaften. Es gibt Naturwissenschaften, Geisteswissenschaften, Sozialwissenschaften, Ingenieurwissenschaften usw. Man könnte streiten, ob Mathematik eine Naturwissenschaft oder eine Geisteswissenschaft ist. Der Streit ist so alt wie derjenige, ob Mathematik *ge*funden oder *er*funden wird, oder die Frage: „Gäbe es Mathematik auch ohne den Menschen?"

Wir mischen uns in den Streit nicht ein. Wir behaupten nicht, dass Mathematik eine Natur- oder eine Geisteswissenschaft ist, sondern sehen Mathematik als eine Formalwissenschaft an. Zu den Formalwissenschaften gehören genau jene Wissenschaften, die sich mit *formalen Systemen* beschäftigen. Neben der Mathematik sind die Logik oder die theoretische Informatik Beispiele solcher Formalwissenschaften.

Auf jeden Fall aber ist die Mathematik eine Wissenschaft für sich. Während in den Geisteswissenschaften oder Naturwissenschaften frühere Erkenntnisse durch einen neuen Zeitgeist oder durch neue Experimente relativiert werden, sind mathematische Erkenntnisse ein für allemal korrekt. Die Mathematik ist eine exakte Wissenschaft. Mathematische Erkenntnisse sind kulturunabhängig und prinzipiell von jedem nachvollziehbar.

Ein wesentliches Merkmal der Mathematik ist es, dass ihre Inhalte streng aufeinander aufbauen. Jeder einzelne Schritt ist im Allgemeinen leicht zu verstehen, im Ganzen betrachtet aber ist die Mathematik ein außerordentlich komplexes und großes Gebiet. Es wurde im Laufe der vergangenen ca. 6000 Jahren von vielen Menschen zusammengetragen. Aber dazu mehr in einem kurzen geschichtlichen Ausflug ab Seite 13.

Was ist neu an diesem Lehrbuch?

Mathematiker sind in ihrem Sprachgebrauch oftmals etwas ... na ja *sonderbar*. Wir Autoren, allesamt Mathematiker, haben im Interesse der Studierenden – also insbesondere in Ihrem Interesse – versucht, uns von dieser sonst üblichen etwas kargen und nüchtern zweckorientierten Sprechweise zu distanzieren. Wir haben – so weit wie möglich – Formeln und abstrakte Dinge in Worte gefasst. Das ist neu; aber nicht nur das.

Schwierige Aufgabenstellungen gibt es zuhauf in der Mathematik. Wir haben uns stets bemüht, komplexe, undurchsichtige und schwierige mathematische Zusammenhänge aufzulösen und Schritt für Schritt zu erklären. Wir schildern, stellen dar, gliedern und liefern Beispiele für nicht leicht zu verstehende Dinge. Begreift man nämlich die Zusammenhänge in der Mathematik, so mag es vielleicht noch nicht unbedingt zu einer Karriere in der mathematischen Forschung reichen, aber zu einem erfolgreichen Abschluss des ersten Studienjahrs allemal. In dem vorliegenden Lehrbuch nehmen Erklärungen viel Platz ein. Das ist neu, aber es gibt noch mehr.

Mathematik ist eine vielschichtige Wissenschaft, man unterscheidet Algebra, Analysis, Geometrie, Numerische Mathematik, Optimierung, Variationsrechnung, Wahrscheinlichkeitstheorie und viele weitere Fachrichtungen. „Mathematik zu treiben" bedeutet jedoch immer ein- und dasselbe, nämlich *lernen* (griech. $\mu\alpha\theta\eta\mu\alpha\tau\iota\kappa\acute{\eta}\ \tau\acute{\epsilon}\chi\nu\eta$, *Mathematik = Kunst des Lernens*). Insofern ist vielleicht der Ansatz, Mathematik nicht nach Fachrichtungen, sondern nach dem jeweiligen Wissensstand zu erlernen, sinnvoll. Wir versuchen das im vorliegenden Werk, indem wir nicht die zwei Hauptgebiete des ersten Studienjahrs, nämlich Analysis und lineare Algebra, nacheinander bzw. getrennt voneinander, sondern ineinander verwoben und teils gegenseitig aufeinander aufbauend behandeln. Die Zusammenhänge der Gebiete und die Ähnlichkeit der mathematischen Schlüsse werden so klarer. Und auf einem solchen Fundament, das Analysis und lineare Algebra miteinander verbindet, kann die weitere Mathematik der folgenden Studienjahre sicher aufgebaut werden. Das ist neu, aber es gibt noch mehr.

Bei den meisten Studierenden der Mathematik geht nach den ersten Wochen des Studiums der Überblick über den in den Vorlesungen behandelten Stoff verloren, da das Tempo üblicherweise enorm ist und für Motivationen und Zielsetzungen in der Vorlesung oft nur wenig Zeit bleibt. Bei den Studierenden entwickelt sich schnell ein (evtl. auch durchaus berechtigtes) Gefühl dafür, dass die Wissenschaft „Mathematik" unendlich ist. Tatsächlich aber ist der Stoffumfang des ersten Studienjahrs an den meisten Universitäten sehr ähnlich und im Allgemeinen in Modulkatalogen festgehalten. Wir haben versucht, einen Konsens dieser Themen in einem einzigen Buch zu fixieren. Die Inhalte des vorliegenden Buches sollten alle Themen, mit denen Sie im ersten Studienjahr konfrontiert werden, enthalten. Insofern haben wir für Sie einen greifbaren Horizont geschaffen (nämlich die letzte Seite dieses Buches).

Die Mathematik basiert auf Axiomen

Die Mathematik im Sinne einer Wissenschaft zu beschreiben, ist gar nicht so einfach, und es gibt auch keine allgemein anerkannte *Definition*. Will man es unbedingt in Worte fassen, so könnte man die Mathematik vielleicht auffassen als eine Wissenschaft, die von Grundwahrheiten ausgehend versucht, weitere Wahrheiten zu ermitteln.

Diese *Grundwahrheiten* sind die sogenannten **Axiome**, nach älterer Sprechweise auch **Postulate** genannt.

Darunter verstehen wir Aussagen, die nicht beweisbar sind, die wir aber als gültig voraussetzen. Die Gesamtheit der Axiome ist das Axiomensystem.

Beispiel   Man kann die natürlichen Zahlen durch ein System von Axiomen einführen. Eines davon ist das sogenannte **Induktionsaxiom**, welches in einer Formulierung besagt:

Jede nichtleere Menge natürlicher Zahlen besitzt ein kleinstes Element.

Kaum einer wird das bezweifeln, aber tatsächlich ist diese Aussage nicht beweisbar, wir nehmen sie als allgemeingültiges Gesetz an, also als Axiom.   ◀

Eigentlich haben die Mathematiker im Laufe der Jahre verschiedene Axiomensysteme entwickelt. Natürlich ist es wichtig, dass sich diese Vereinbarungen nicht widersprechen. Man versuchte, die Widerspruchsfreiheit der gängigen Axiomensysteme zu beweisen. Das ist aber nicht gelungen. Die

Situation ist in der Tat noch verworrener: Kurt Gödel zeigte, dass die vermutete Widerspruchsfreiheit innerhalb des betrachteten Axiomensystems weder bewiesen noch widerlegt werden kann.

Man ist in der Mathematik bemüht, Theorien und Strukturen auf ein Minimum an notwendigen und jedem einleuchtenden Axiomen aufzubauen. Das Ersetzen eines einzelnen Axioms durch ein anderes wird im Allgemeinen zu einer deutlich anderen Theorie führen. Ein berühmtes Beispiel ist das *fünfte Postulat*, beschrieben auf Seite 4.

Die Festlegung auf ein bestimmtes Axiomensystem ist nicht absolut zu sehen. Es gibt stets gleichwertige andere Formulierungen, und man kann ohne Weiteres auf verschiedenen Ebenen in eine mathematische Theorie einsteigen. So werden wir etwa in diesem Buch in Kapitel 4 die reellen Zahlen axiomatisch einführen, das Induktionsaxiom aus obigem Beispiel ergibt sich dann als Folgerung aus den Axiomen über reelle Zahlen. Ebenso kann man aber auch bei einer axiomatischen Definition der natürlichen Zahlen beginnen und die weiteren Zahlensysteme darauf aufbauen. Dann ist das Induktionsaxiom ein notwendiges Axiom.

Ausgehend von einem Axiomensystem versuchen Mathematiker weitere Wahrheiten abzuleiten. Eine solche abgeleitete Wahrheit nennt man in der Mathematik oft **Satz** oder **Theorem**.

Die wichtigsten Bausteine und Schritte zum Formulieren mathematischer Sachverhalte lassen sich in drei Typen unterteilen, in *Definition, Satz* und *Beweis*. Bevor wir uns in ein Meer von Begriffen, Aussagen und Beweisen stürzen, bietet es sich an, zunächst einige grundlegende logische Aspekte, Sprechweisen und Notationen herauszustellen.

Definitionen liefern den Rahmen

Durch **Definitionen** werden die Begriffe festgelegt, mit denen man später arbeiten kann. Auch Notationen, auf die man sich einigt bzw. die üblich sind, gehören im weiteren Sinne in diese Kategorie. Definitionen können weder wahr noch falsch sein, wohl aber mehr oder weniger sinnvoll. Auf jeden Fall muss eine Definition **wohldefiniert** sein, das heißt, die Beschreibung beinhaltet eine eindeutige Festlegung und führt nicht auf Widersprüche. Außerdem sollte bei allen verwendeten Begriffen klar sein, worauf diese sich beziehen. Bei dem folgenden Beispiel gehen wir davon aus, dass wir bereits wissen, was eine Funktion ist.

Beispiel   Wir definieren die Wurzelfunktion f durch: „Die Wurzelfunktion ist die Funktion, die jeder nicht negativen reellen Zahl x die nicht negative reelle Lösung y der Gleichung $x = y^2$ zuordnet."

Würde man auf die Einschränkung *positiv* verzichten, so ist die Beschreibung nicht mehr wohldefiniert. Erlauben wir etwa negative Werte für y, so gibt es zwei Werte, $\pm y$, die jedem x zugeordnet werden können. Die Definition würde

Hintergrund und Ausblick: Das fünfte Postulat

Ein historisches Beispiel, das die Bedeutung von Axiomen deutlich macht, ist das fünfte Postulat in Euklids Schrift *Elemente*. Modifikationen dieses Axioms führen auf sogenannte nichteuklidische Geometrien. Ersetzen des Postulats ist also durchaus sinnvoll und führt widerspruchsfrei auf andere Geometrien, die sich zunächst der gewohnten Intuition entziehen.

Etwa um 300 v. Chr. sammelte der griechische Mathematiker Euklid das geometrische Wissen seiner Zeit und bewies in seiner Schrift *Elemente* alle Ergebnisse auf der Grundlage von fünf Postulaten:

1. Zwei Punkte lassen sich stets durch eine Strecke verbinden.
2. Eine gerade Linie kann endlos als gerade Linie verlängert werden.
3. Um jeden Punkt lässt sich ein Kreis mit beliebigem Radius ziehen.
4. Alle rechten Winkel sind einander gleich.
5. Wenn beim Schnitt einer geraden Linie mit zwei weiteren geraden Linien die Summe der auf derselben Seite liegenden Innenwinkel kleiner als zwei rechte Winkel ist, dann schneiden sich die beiden Geraden auf der Seite, auf der die beiden Winkel liegen.

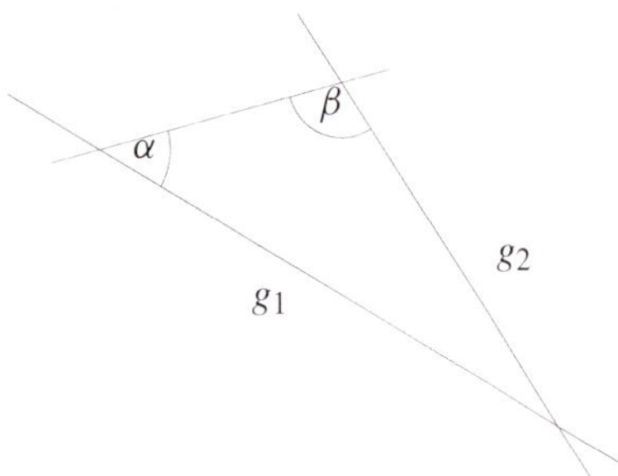

Beim Beweis der ersten 28 Sätze in den Elementen hat Euklid das fünfte Postulat nicht benötigt. Er hätte daher sicher gerne diese fünfte Aussage bewiesen und sie nicht als Axiom vorausgesetzt. Aber es fand sich kein Beweis und auch nachfolgende Generationen waren erfolglos. Erst im 19. Jahrhundert wurde klarer, warum kein Beweis zu finden ist. Das fünfte Postulat ist gleichwertig zum Parallelenaxiom:

Zu einer Geraden und einem nicht auf ihr liegenden Punkt gibt es eine und nur eine Gerade, die durch diesen Punkt verläuft und die erste Gerade nicht schneidet.

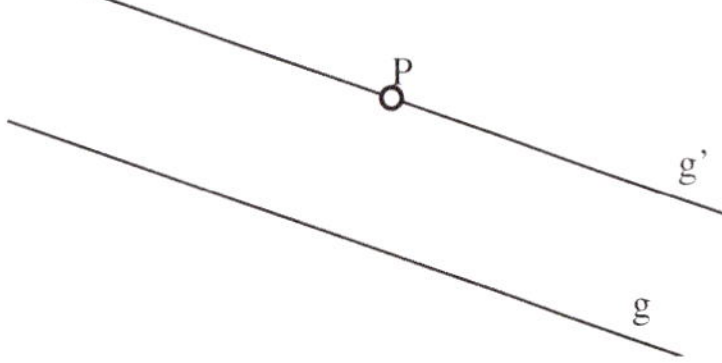

Nimmt man nun an, dass dieses Postulat nicht gilt, so gibt es zwei Alternativen: Entweder es gibt keine parallele Gerade oder es gibt mehrere. (siehe auch Seite 18 und Seite 266)

Im ersten Fall führt die Annahme, dass es keine parallele Gerade gibt, auf die sogenannte elliptische Geometrie. Diese kann man sich auf einer Kugeloberfläche vorstellen, wobei „Geraden" durch Großkreise, also Kreise mit maximalem Radius, und „Punkte" durch gegenüberliegende Antipoden gegeben sind.

Ersetzt man hingegen das fünfte Postulat durch die Annahme, dass es mehr als eine parallele Gerade gibt, so landet man in der hyperbolischen Geometrie, die man auf einer Sattelfläche illustrieren kann (Abbildung). Die Unterschiede in diesen Geometrien sind elementar. So ist etwa im Gegensatz zur euklidischen Geometrie die Winkelsumme im Dreieck in der elliptischen Geometrie größer als 180° und in der hyperbolischen kleiner als 180°.

Nichteuklidische Geometrien sind zumindest formal zur gewohnten euklidischen Geometrie völlig gleichwertig, auch wenn Punkte und Geraden nicht mehr dem entsprechen, was wir anschaulich darunter verstehen. Die mathematischen Minimalanforderungen, um von einer Geometrie zu sprechen, sind in allen drei Fällen gewährleistet.

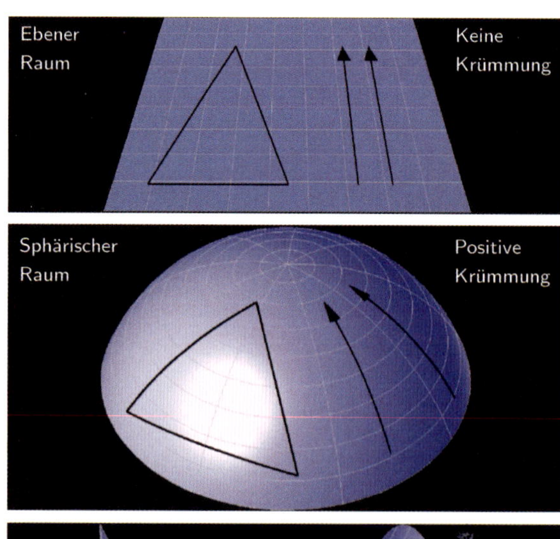

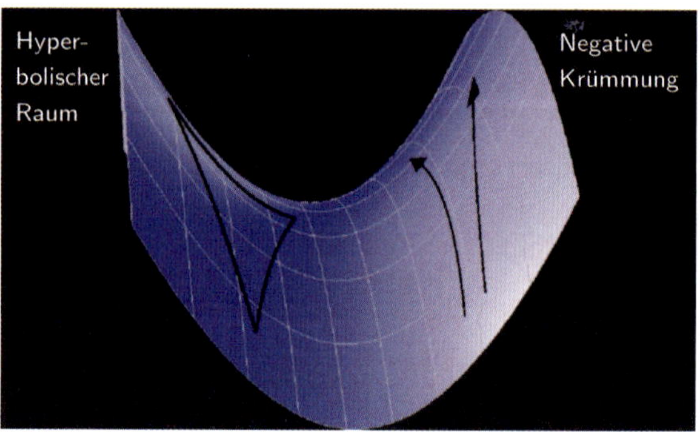

nicht auf eine eindeutige Zuordnung, also nicht auf eine *Funktion*, führen. Genauso ist die Definition nicht wohldefiniert, wenn für x negative Werte zugelassen sind, da die Forderung nach reellen Zahlen für y dazu im Widerspruch steht. ◀

Neben diesen Kriterien sollte eine Definition allerdings noch ein weiteres erfüllen – sie sollte zweckmäßig sein. Also letztendlich sollte eine Definition die sich anschließenden Überlegungen und Kalküle sinnvoll stützen und strukturieren. All diese Bedingungen sind nicht trivial. Bei manchen wichtigen Begriffen, etwa den komplexen Zahlen, hat es lange gedauert, bis eine saubere und zweckmäßige Definition gefunden war.

Wenn wir im vorliegenden Buch einen Begriff definieren, so schreiben wir ihn **fett**. Manchmal sind zu definierende Begriffe sehr suggestiv, wir verwenden ihn dann gelegentlich schon vor seiner Definition oder auch in den einleitenden Absätzen zu den Kapiteln. In diesem Fall schreiben wir ihn dann *kursiv*. Ist ein Begriff aber erst einmal definiert, so ist dieser im weiteren Text nicht mehr besonders hervorgehoben.

Sätze formulieren zentrale Ergebnisse

Aussagen, die nicht nur wahr sind, sondern auch weitreichende Konsequenzen haben, werden in der Mathematik gern als **Sätze** bezeichnet.

Beispiel Der Satz des Pythagoras ist ein Musterbeispiel: „In jedem ebenen rechtwinkligen Dreieck ist die Summe der Quadrate der Längen der Katheten gleich dem Quadrat der Länge der Hypotenuse.“

Diese Aussage über alle ebenen rechtwinkligen Dreiecke hat zahllose Anwendungen in Mathematik, Technik und den Naturwissenschaften. Hingegen besitzt eine Aussage wie „$1 < 2$“, obwohl sie zweifellos richtig ist, nicht genug Tragweite, um üblicherweise als Satz bezeichnet zu werden. ◀

Sätze werden die Werkzeuge sein, mit denen wir ständig umgehen. Die Kenntnis zu vermitteln, welche grundlegenden mathematischen Sätze in der Analysis und der linearen Algebra zur Verfügung stehen, wie sie bewiesen werden können und wie man sie anwendet, ist ein wesentliches Ziel dieses Buchs.

Die zentralen Aussagen einer Theorie werden als **Satz** oder als **Theorem** bezeichnet. Dient ein Satz aber in erster Linie dazu eine oder mehrere folgende und weitreichendere Aussagen zu beweisen, wird er oft **Lemma** (Plural *Lemmata*, griechisch für *Weg*) oder schlicht **Hilfssatz** genannt. Hingegen bezeichnet man mit **Korollar** oder **Folgerung** Konsequenzen, die sich aus zentralen Sätzen ergeben.

Erst der Beweis macht einen Satz zum Satz

Von jeder Aussage, die als Satz, Lemma oder Korollar infrage kommen soll, muss klar sein, dass sie wahr ist. Sie muss sich *beweisen* lassen. Tatsächlich ist das Führen der Beweise zugleich die wichtigste und die anspruchsvollste Tätigkeit in der Mathematik – der Kern unserer Wissenschaft. Einige grundlegende Techniken, Sprech- und Schreibweisen wollen wir hier vorstellen. In späteren Kapiteln werden weitere folgen, wie zum Beispiel das Prinzip der vollständigen Induktion.

Betonen wir zunächst allerdings noch den formalen Rahmen, an den man sich beim Beweisen im Idealfall halten sollte. Dabei werden zunächst einmal die Voraussetzungen festgehalten, anschließend wird die Behauptung formuliert, und erst dann beginnt der eigentliche Beweis. Ist der Beweis gelungen, so lassen sich die Voraussetzungen und die Behauptung zur Formulierung eines entsprechenden Satzes zusammenstellen. Außerdem ist es meistens angebracht, auch den Beweis nochmal zu überdenken und schlüssig zu formulieren.

Da das Ende eines Beweises für Außenstehende nicht immer auf den ersten Blick zu erkennen ist, kennzeichnet man es häufig mit „qed“ (quod erat demonstrandum) oder einfach mit einem Kästchen „∎“. Insgesamt haben wir stets folgende Struktur, an die Sie sich auch bei Ihren eigenen Beweisführungen halten sollten:

- Voraussetzungen: . . .
- Behauptung: . . .
- Beweis: . . . ∎

Allgemein ist die oben angegebene Reihenfolge kein Dogma. Auch in diesem Buch werden manchmal Aussagen *hergeleitet*, also letztendlich die Beweisführung bzw. die Beweisidee vorweg genommen, bevor die eigentliche Behauptung komplett formuliert wird. Dies kann mathematische Zusammenhänge verständlicher machen. Aber die drei Elemente, Voraussetzung, Behauptung und Beweis, bei Resultaten zu identifizieren, bleibt trotzdem stets wichtig, um Klarheit über Aussagen zu bekommen.

O. B. d. A. bedeutet *ohne Beschränkung der Allgemeinheit*

Mathematiker haben manchmal etwas gewöhnungsbedürftige Sprechweisen. Zu diesen gehört auf jeden Fall das, was sich hinter o.B.d.A verbirgt. O.B.d.A steht für „Ohne Beschränkung der Allgemeinheit“, manchmal sagt man stattdessen auch o.E.d.A., also „ohne Einschränkung der Allgemeinheit“ oder ganz kurz o.E., d. h. „ohne Einschränkung“. Solche Formulierungen benutzt man beim Beweis von Aussagen. Will man z. B. die Aussage

Jede natürliche Zahl $n > 1$ wird von einer Primzahl geteilt

beweisen, so kann man sich auf ungerade Zahlen beschränken, da im Fall, dass n gerade ist, natürlich die Zahl 2 ein Teiler von n ist. Mathematiker würden hier also den Beweis mit der folgenden Sprechweise beginnen: *O. E. sei $n > 1$ eine ungerade natürliche Zahl . . . .* Kann man dann die Behauptung für jede ungeraden Zahlen zeigen, so hat man die Behauptung für jede natürliche Zahl $n > 1$ gezeigt.

Mit diesem *o. E.*, etwas ausführlicher *o.B.d.A*, schließt man mögliche Fälle aus, für die die Aussage klar ist. Man kann aber auch Fälle ausschließen, die analog gezeigt werden können:

Jede beschränkte monotone Folge (a_n) reeller Zahlen konvergiert.

Den Beweis dieser Aussage könnte man mit *O. E. sei (a_n) monoton steigend . . .* beginnen. Den zweiten Fall nämlich, also der Fall, dass (a_n) monoton fallend ist, kann man analog behandeln.

Meistens aber sind es vereinfachende Annahmen, die man mit dem Voranstellen von o. E. trifft. Durch die vereinfachte Annahme wird der Beweis leichter oder übersichtlicher, der allgemeine Fall wird aber dennoch mitbehandelt.

Beispiel Die folgende Aussage können wir unter vereinfachten Annahmen beweisen:

Jedes Polynom $a x^3 + b x^2 + c x + d$ mit $a, b, c, d \in \mathbb{R}$, $a \neq 0$, hat eine Nullstelle in $\mathbb{R}$.

Wir dürfen o. E. voraussetzen, dass $a = 1$ gilt und begründen die Aussage für das Polynom

$$x^3 + b x^2 + c x + d \,.$$

Ist diese Aussage für diese speziellen Polynome vom Grad 3 aber erst einmal begründet, so hat man die Aussage auch für alle Polynome vom Grad 3 begründet, da man wegen $a \neq 0$

$$a x^3 + b x^2 + c x + d = a p$$

mit einem Polynom p vom speziellen Typ, für den die Aussage bereits bewiesen ist, schreiben kann. ◄

Bei jeder Verwendung von o.B.d.A bzw. o.E. mache man sich stets klar: Man begründet nur einen Spezialfall der zu begründenden Aussage, aber jeder andere Fall wird damit auch begründet, da jeder andere Fall offenbar gültig oder ähnlich zu behandeln ist oder auf den speziellen Fall zurückführbar ist; es ist also *keine Einschränkung der Allgemeinheit* gegeben. Als Schreiber oder Lehrender überträgt man beim Benutzen der Floskel o. E. somit die Aufgabe an den Leser oder Hörer, sich sorgsam zu vergewissern, dass tatsächlich der allgemeine Fall begründet wird.

Logische Aussagen strukturieren Mathematik

In den Beschreibungen des Terminus *Satz* haben wir schon an einigen Stellen von *Aussagen* gesprochen. Letztlich sind nahezu alle mathematischen Sachverhalte *wahre Aussagen* im Sinne der **Aussagenlogik**, die somit ein Grundpfeiler der modernen Mathematik ist. Diese Sichtweise von Mathematik ist übrigens noch nicht alt und hat sich erst zu Beginn des zwanzigsten Jahrhunderts etabliert. Die Logik ist schon seit der Antike eine philosophische Disziplin, die wir hier nicht ausführlich behandeln wollen. Wir werden uns nur auf die Aspekte der Logik konzentrieren, die in Hinblick auf das Beweisen grundlegend sind.

Das Grundprinzip der Logik, dass *alle verwendeten Ausdrücke eine klare, scharf definierte Bedeutung haben müssen*, sollte selbstverständlich sein für alle wissenschaftlichen Betrachtungen. Das Prinzip bekommt aber gerade in der Mathematik ein ganz zentrales Gewicht. Daher ist die aus gutem Grunde nicht mit Symbolen geizende Sprache der Mathematik am Anfang sicher gewöhnungsbedürftig. Sie unterscheidet sich von der Alltagssprache durch eine sehr genaue Beachtung der Semantik.

Abstraktion ist eine Schlüsselfähigkeit

In der Mathematik stößt man immer wieder auf das Phänomen, dass unterschiedlichste Anwendungsprobleme durch dieselben oder sehr ähnliche mathematische Modelle beschrieben werden. Zum Beispiel beschreibt ein und dieselbe Differenzialgleichung die Schwingung eines Pendels und die Vorgänge in einem Stromkreis aus Spule und Kondensator.

Die Fähigkeit, das Wesentliche eines Problems zu erkennen und bei unterschiedlichen Problemen, Gemeinsamkeiten auszumachen, die für die Lösung zentral sind, nennt man die Fähigkeit zur **Abstraktion**. Für Mathematiker ist Abstraktion eine Selbstverständlichkeit, ein Studienanfänger hingegen hat, wie wir sehr wohl wissen, anfänglich seine Schwierigkeiten damit. Aber Abstraktion ist nun mal unabdingbarer Bestandteil mathematischen Denkens. Daher haben wir viel Wert darauf gelegt, Ihnen den Zugang zur Abstraktion mit vielen Beispielen zu erleichtern.

Beispiel In der Abbildung 1.1 sehen Sie 16 Kinder. Sie können dieses Bild ausschneiden. Vertauscht man nun die oberen beiden Teile des Puzzles, so sind wieder Kinder zu sehen. Jetzt sind es aber nur noch 15! Wie kommt das zu Stande?

Das Problem ist schwer zu durchschauen, weil die Kinder mit ihrem komplizierten Erscheinungsbild von den wesentlichen Aspekten ablenken. Man kann verstehen, was passiert, indem man das Puzzle selber nachbildet. Zeichnen Sie auf ein Stück Papier ein identisches Schema von drei Rechtecken. Nun aber *abstrahieren* Sie von den Kindern: Statt der komplizierten Figuren zeichnen Sie einfach senkrechte Striche. Nun, in dieser abstrakten Version, kann man viel besser verstehen, wie sich die unterschiedlichen Teile der Kinder/Striche verteilen und wieso die unterschiedliche Anzahl zustande kommt. Versuchen Sie, es sich selbst zu erklären.

Abbildung 1.1 Kopieren Sie die Seite, schneiden Sie das Puzzle aus und vertauschen Sie die beiden oberen Puzzleteile. Zählen Sie die Kinder. Eines scheint verschwunden zu sein . . . (mit freundlicher Genehmigung, © Mathematikum Gießen).

Sie haben nun vom Werkzeug der Abstraktion Gebrauch gemacht, um ein schwieriges Problem auf seine wesentliche Struktur zu reduzieren und so zu vereinfachen. ◄

Erkennt ein Mathematiker bei unterschiedlichen Problemen gleiche Strukturen, so versucht er, diese Strukturen zu isolieren und für sich zu beschreiben. Er löst sich dann von dem eigentlichen Problem und untersucht stattdessen die isolierte abstrakte Struktur. Durch diesen Prozess wird es möglich, mit ein und derselben mathematischen Theorie unterschiedliche Probleme gleichzeitig zu lösen.

Heutzutage ist beispielsweise der Begriff des (abstrakten) *Vektorraums* aus keiner mathematischen Grundvorlesung wegzudenken. Trotzdem hat es bis ins 20. Jahrhundert gedauert, bis die wenigen wichtigen Prinzipien erkannt und isoliert waren, die ihm zugrunde liegen. Das Prinzip der Abstraktion und die damit verbundene Kraft der mathematischen Argumentation kennenzulernen, erachten wir als ein wesentliches Lernziel.

Computer beeinflussen die Mathematik

Die Verbreitung des Computers hat die Bedeutung der Mathematik ungemein vergrößert. Mathematik wirkt heute praktisch in allen Lebensbereichen, angefangen von der Telekommunikation, Verkehrsplanung, Meinungsbefragung, bis zur Navigation von Schiffen oder Flugzeugen, dem Automobilbau, den neuen bildgebenden Verfahren der Medizin oder der Weltraumfahrt. Es gibt kaum ein Produkt, das nicht vor seinem Entstehen als virtuelles Objekt mathematisch beschrieben wird, um dessen Verhalten testen und den Entwurf damit weiter optimieren zu können.

Viele Rechenroutinen können heute bequem mit Computeralgebrasystemen (CAS) erledigt werden. Man kann Rechenaufgaben aus unterschiedlichen Bereichen der Mathematik lösen. Dabei können solche Systeme nicht nur mit Zahlen umgehen wie etwa auch ein Taschenrechner, ein Computeralgebrasystem rechnet auch mit Variablen, Funktionen oder Matrizen. Solche Systeme können im Allgemeinen

- lineare Gleichungssysteme lösen,
- Zahlen und Polynome faktorisieren,
- Funktionen differenzieren und integrieren,
- Stammfunktionen zu Funktionen angeben,
- zwei- oder dreidimensionale Graphen zeichnen,
- Differenzialgleichungen lösen,
- analytisch nicht lösbare Integrale oder Differenzialgleichungen näherungsweise lösen uvm.

In der numerischen Mathematik, kurz auch Numerik genannt, entwickelt und analysiert man Algorithmen, deren Anwendungen (näherungsweise) Lösungen von Problemen mithilfe von Computern liefern. Oftmals, vor allem in der Praxis, ist es nämlich so, dass man z. B. Gleichungen erhält, die nicht exakt lösbar sind oder deren Lösungen nicht in analytischer Form angegeben werden können. Hier schafft die numerische Mathematik Abhilfe. Im Gegensatz zu Computeralgebrasystemen arbeitet ein numerisches Verfahren stets mit konkreten Zahlenwerten, nicht mit Variablen oder anderen abstrakten Objekten. Computeralgebrasysteme benutzen die Algorithmen, die in der numerischen Mathematik entwickelt wurden.

Mit der numerischen Mathematik kommt man im Mathematikstudium meist erst ab dem dritten Semester in Berührung. Für das Verständnis der numerischen Mathematik ist ein fundiertes Wissen aus der Analysis und linearen Algebra unabdingbar.

Was macht man im ersten Studienjahr?

Es hat sich als sehr sinnvoll erwiesen, dass man von den vielen Gebieten der Mathematik im ersten Studienjahr vor allem Analysis und lineare Algebra unterrichtet. Diese beiden Gebiete sind fundamental: Sie schlagen eine Brücke von der Schulmathematik zur Hochschulmathematik, da Bekanntes aus der Schulzeit behandelt wird und zugleich Wissen geschaffen wird, das grundlegend für weitere Gebiete der Mathematik ist.

Üblicherweise haben es Mathematikstudierende, meist von einem Nebenfach abgesehen, erst mal mit Ana und LA zu tun (um gleich mal die Sprache der Studierenden zu benutzen). In den Vorlesungen hört man beide Gebiete getrennt und üblicherweise auch bei verschiedenen Dozenten. In unserem Buch liegen beide Gebiete ineinander verzahnt vor.

In der Analysis geht es um Funktionen und ihre Eigenschaften. Für Konzepte wie Stetigkeit, Differenzierbarkeit oder Integrierbarkeit ist der Begriff des Grenzwerts von zentraler Bedeutung. Den Themen aus diesem Bereich sind die Kapitel 8, 9, 10, 11, 15, 16, 20, 21, 22, 23 dieses Buchs gewidmet.

Die lineare Algebra ist die Theorie der Vektorräume. In diesen Bereich gehören die linearen Gleichungssysteme, die Matrizen und viele Fragen der Geometrie. Wir stellen diesen Bereich in den Kapiteln 5, 6, 7, 12, 13, 14, 17, 18 vor.

Sowohl lineare Algebra als auch die Analysis bauen auf grundlegenderen Überlegungen auf, die üblicherweise als **Grundstrukturen** bezeichnet werden. Dazu gehören etwa die Mengen, Abbildungen, algebraische Strukturen und das Zahlensystem. Außerdem gibt es übergreifende Themen, die sowohl auf der Analysis als auch auf der linearen Algebra aufbauen. Diesen Aspekten sind die Kapitel 2, 3, 4, 19, 24, 25, 26 gewidmet.

Die Zugehörigkeit der Kapitel zu den verschiedenen Gebieten erkennen Sie auch an den Kapiteleingangsseiten, den Überschriften oder den Seitenzahlen: Die Kapitelnummern, Überschriften und Seitenzahlen sind bei den Kapiteln zur Analysis grün, bei den Kapiteln zur linearen Algebra blau und bei den grundlegenden und übergreifenden Kapiteln braun.

1.2 Die didaktischen Elemente dieses Buchs

Dieses Lehrbuch weist eine Reihe didaktischer Elemente auf, die Sie beim Erlernen des Stoffes unterstützen. Diese Elemente haben sich bereits in dem Buch „Mathematik", das beim gleichen Verlag erschienen ist, bewährt und wurden für das vorliegenden Werk angepasst. Auch wenn diese didaktischen Elemente eigentlich selbsterklärend sind, wollen wir kurz schildern, wie sie zu verstehen sind und welche Hintergedanken wir dabei verfolgen.

Farbige Überschriften geben den Kerngedanken eines Abschnitts wieder

Der gesamte Text ist durch **farbige Überschriften** gegliedert. Eine solche Überschrift fasst den Kerngedanken des folgenden Abschnitts zusammen. In der Regel kann man eine farbige Überschrift mit dem dazugehörigen Abschnitt als *eine Lerneinheit* betrachten. Machen Sie nach dem Lesen eines solchen Abschnitts eine Pause und rekapitulieren Sie die Inhalte dieses Abschnitts – denken Sie auch darüber nach, inwieweit die zugehörige Überschrift den Kerngedanken fasst. Bedenken Sie, dass diese Überschriften oftmals nur kurz und prägnant gefasste mathematische Aussagen sind, die man sich gut merken kann, jedoch keinen Anspruch auf *Vollständigkeit* haben – es kann hier auch manche Voraussetzung weggelassen sein.

Im Gegensatz dazu gibt es die **gelben Merkkästen**. Sie beinhalten meist Definitionen oder wichtige Sätze bzw. Formeln, die Sie sich wirklich merken sollten. Bei der Suche nach zentralen Aussagen und Formeln dienen sie zudem als Blickfang. In diesen Merkkästen sind in der Regel auch alle Voraussetzungen angegeben.

> **Definition einer Folge**
>
> Eine **Folge** ist eine Abbildung der natürlichen Zahlen in eine Menge M, die jeder natürlichen Zahl $n \in \mathbb{N}$ ein Element $x_n \in M$ zuordnet.

Abbildung 1.2 Gelbe Merkkästen heben das Wichtigste hervor.

Von den vielen Fallstricken der Mathematik können wir Dozenten ein Lied singen. Wir versuchen Sie davor zu bewahren und weisen Sie mit einem roten **Achtung** auf gefährliche Stellen hin.

Achtung: Man achte wieder auf die grundsätzlich verschiedenen Bedeutungen der Additionen, die wir mit ein und demselben $+$-Zeichen versehen. Man unterscheide genau: $f + g$ bezeichnet die Addition in $\mathbb{K}^M$ und $f(x) + g(x)$ jene in $\mathbb{K}$.

Abbildung 1.3 Mit einem roten Achtung beginnen Hinweise zu häufig gemachten Fehlern.

Um neue Begriffe, Ergebnisse oder auch Rechenschemata mit Ihnen einzuüben, haben wir zahlreiche Beispiele im Text integriert. Diese (kleinen) Beispiele erkennen Sie an der blauen Überschrift **Beispiel**, das Ende eines solchen Beispiels markiert ein kleines blaues Dreieck.

Beispiel

- Die Einheitsmatrix $\mathbf{E}_n \in \mathbb{K}^{n\times n}$ ist symmetrisch.
- Die Matrix $\mathbf{A} = \begin{pmatrix} 1 & 2 & \mathrm{i} \\ \sqrt{2} & -1 & 2\,\mathrm{i}+1 \\ \mathrm{i}+1 & 3 & 11 \end{pmatrix} \in \mathbb{C}^{3\times 3}$ ist nicht symmetrisch. ◀

Abbildung 1.4 Kleinere Beispiele sind in den Text integriert

Neben diesen (kleinen) Beispielen gibt es – meist ganzseitige – (große) **Beispiele**. Diese ausführlich geschilderten Beispiele behandeln meist komplexere oder allgemeinere Probleme, deren Lösung mehr Raum einnimmt. Manchmal wird auch eine Mehrzahl prüfungsrelevanter Einzelbeispiele übersichtlich in einem solchen Kasten untergebracht. Ein solcher Kasten trägt einen Titel, einen blau unterlegten einleitenden Text, der die Problematik schildert, einen Lösungshinweis, in dem das Vorgehen zur Lösung kurz erläutert wird, und schließlich den ausführlichen Lösungsweg (siehe Abbildung 1.5).

Beispiel: Betrag und Argument komplexer Zahlen

Gesucht sind die Beträge und die Argumente der Zahlen

$$z_1, \quad z_2, \quad z_1+z_2, \quad \text{und} \quad \frac{z_1}{z_2}$$

mit $z_1 = -1 + \mathrm{i}$ und $z_2 = 1 + \sqrt{3}\mathrm{i}$.

Problemanalyse und Strategie: Zunächst berechnen wir Betrag und Argument von z_1 und z_2. Danach nutzen wir die Rechenregeln, um die weiteren Beträge und Argumente zu bestimmen.

Lösung:
Beginnen wir mit den Beträgen der angegebenen Zahlen: Wir berechnen

$$|z_1| = \sqrt{(-1)^2 + 1^2} = \sqrt{2} \quad \text{und} \quad |z_2| = \sqrt{1+3} = 2\,.$$

Für die Summe folgt weiter

$$\begin{aligned} |z_1 + z_2| &= |-1 + \mathrm{i} + 1 + \sqrt{3}\mathrm{i}| \\ &= \sqrt{(1+\sqrt{3})^2} = 1 + \sqrt{3} \end{aligned}$$

Den Betrag des Quotienten berechnen wir aus

$$\left|\frac{z_1}{z_2}\right| = \left|\frac{z_1\overline{z_2}}{|z_2|^2}\right| = \frac{1}{4}|z_1|\,|\overline{z_2}| = \frac{1}{4}|z_1|\,|z_2| = \frac{1}{\sqrt{2}}\,.$$

Die Hauptwerte der Argumente von z_1 und z_2 lassen sich entweder aus einer Skizze der Zahlen in der Zahlenebene ersehen oder wir berechnen diese mithilfe der Wertetabelle für die trigonometrischen Funktionen auf Seite 104

$$\arg(z_1) = \arctan\left(\frac{-1}{1}\right) + \pi = -\frac{\pi}{4} + \pi = \frac{3\pi}{4}$$

und

$$\arg(z_2) = \arctan\left(\frac{\sqrt{3}}{1}\right) = \frac{\pi}{3}\,.$$

wobei die Identität $\sin(\pi/3)/\cos(\pi/3) = \frac{\sqrt{3}/2}{1/2} = \sqrt{3}$ verwendet wurde. Das Argument der Summe berechnen wir direkt zu

$$\arg(z_1 + z_2) = \arg((1+\sqrt{3})\mathrm{i}) = \frac{\pi}{2}\,.$$

Für den Quotienten folgt mit den Rechenregeln

$$\begin{aligned} \arg\left(\frac{z_1}{z_2}\right) &= \arg\left(\frac{z_1\overline{z}_2}{|z_2|^2}\right) \\ &= \arg(z_1\overline{z}_2) \\ &= \arg(z_1) + \arg(\overline{z}_2) \\ &= \arg(z_1) - \arg(z_2) = \frac{3}{4}\pi - \frac{1}{3}\pi = \frac{5}{12}\pi\,. \end{aligned}$$

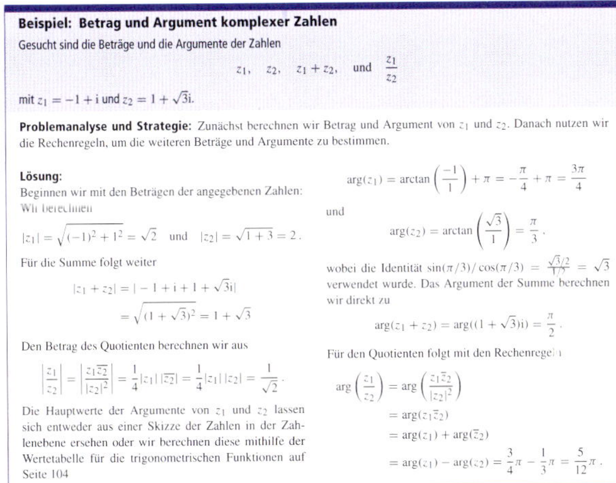

Abbildung 1.5 Größere Beispiele stehen in einem Kasten und behandeln komplexere Probleme.

Manche Sätze bzw. ihre Beweise sind so wichtig, dass wir sie uns genauer unter die Lupe nehmen. Dazu dienen die Boxen **Unter der Lupe**. Zwar sind diese Sätze mit ihren Beweisen stets auch im Fließtext ausführlich dargestellt, in diesen zugehörigen Boxen jedoch geben wir weitere Ideen und Anregungen, wie man auf diese Aussagen bzw. ihre Beweise kommt. Wir geben oft auch weiterführende Informationen zu Beweisalternativen oder mögliche Verallgemeinerungen der Aussagen (siehe Abbildung 1.6).

Ein sehr häufig eingesetztes Element ist das des **Selbsttests**. Meist enthält dieser Selbsttest eine Frage an Sie. Sie erkennen dieses Merkmal an dem Fragezeichen. Mit dem Gelesenen

Unter der Lupe: Der Zwischenwertsatz

Die Funktion $f\colon [a,b] \to \mathbb{R}$ soll stetig sein und besitzt daher eine Minimalstelle x^- und eine Maximalstelle x^+ auf $[a,b]$. Es gibt dann für jedes $y \in [f(x^-), f(x^+)]$ eine Zahl $\hat{x} \in [a,b]$ mit

$$f(\hat{x}) = y.$$

Verdeutlichung der Aussage: Die Aussage ist leicht am Graphen einer stetigen Funktion wie dem in der Abbildung einzusehen. Die Niveaulinie zu y muss bei einer stetigen Funktion offensichtlich den Graphen schneiden. Genau an einer solchen Stelle liegt die gesuchte Stelle $\hat{x}$.

Diskussion der Beweisidee: Da wir für eine beliebige stetige Funktion die Stelle $\hat{x}$ sicher nicht explizit angeben können, müssen wir abstrakter argumentieren, um die Existenz einer solchen Stelle zu zeigen. Es bieten sich auf Grundlage des bisher Bewiesenen zwei Möglichkeiten an, die beide wesentlich auf dem Vollständigkeitsaxiom aufbauen. Entweder konstruieren wir explizit eine Folge (x_n), zu der wir Konvergenz in $[a,b]$ zeigen können, und versuchen die Stetigkeit von f zu nutzen, um zu beweisen, dass im Grenzfall gerade der Funktionswert y angenommen wird. Alternativ können wir versuchen, die Stetigkeit zu nutzen, um eine Teilmenge von $[a,b]$ zu finden, deren Supremum gerade die gesuchte Stelle ist. In beiden Fällen besteht ein Beweis aus zwei Teilen. Man muss die Existenz von $\hat{x}$ sicherstellen und sich überlegen, dass $f(\hat{x}) = y$ gilt. Im Haupttext wurde die zweite Möglichkeit für den Beweis gewählt.

Umsetzung der Idee: Wir beschränken uns zunächst auf den in der Abbildung dargestellten Fall, dass $f(a) < y$ ist. Anschaulich ist klar, dass es zwischen a und x^+ mindestens einen Schnittpunkt mit der Niveaulinie $f(x) = y$ gibt. Um diesen zu konstruieren, definieren wir die Menge A durch

$$A = \{x \in [a, x^+] \mid f(x) \le y\}\,.$$

Da $a \in A$ liegt, ist diese Menge garantiert nichtleer. Außerdem ist die Menge beschränkt, denn offensichtlich ist $A \subseteq [a,b]$. Somit hat A ein Supremum, das wir mit $\hat{x}$ bezeichnen.

Was wissen wir über den Funktionswert von f an der Stelle $\hat{x}$? Wenn wir eine gegen $\hat{x}$ konvergente Folge (x_n) aus A betrachten, so folgt aufgrund der Stetigkeit von f, dass

$$f(\hat{x}) = f(\lim_{n\to\infty} x_n) = \lim_{n\to\infty} f(x_n) \le y$$

ist.

Nun müssen wir noch zeigen, dass $f(\hat{x}) = y$ gilt, d. h., wir müssen $f(\hat{x}) < y$ ausschließen. Dazu bietet es sich an, einen Widerspruch zu konstruieren. Nehmen wir an, $f(\hat{x}) < y$. Dann muss wegen der Stetigkeit von f auch in einer hinreichend kleinen Umgebung von $\hat{x}$ diese Abschätzung gelten. Insbesondere existieren Stellen x zwischen $\hat{x}$ und x^+, für die $f(x) < y$ ist. Dies ist aber ein Widerspruch dazu, dass $\hat{x}$ das Supremum von A ist. Für den formalen Beweis ist diese Argumentation sauberer zu formulieren. Mit der ε-δ-Beschreibung der Stetigkeit wird im Beweis eine Zahl $\tilde{x} \in [\hat{x}, x^+]$ konstruiert, für die $f(\tilde{x}) < y$ gilt. Somit ist $\tilde{x}$ ein Element von A, aber größer als $\hat{x}$.

Mit diesen Überlegungen haben wir den Fall $f(a) < y$ vollständig erledigt. Für den Fall $f(\hat{x}) > y$ können wir den Graphen von f an der Niveauline $f(x) = y$ spiegeln. Dies entspricht dem Betrachten von $g(x) = y - f(x)$, $x \in [a,b]$. Im Fall $f(a) = y$ haben wir mit a schon die Zwischenstelle gefunden. Insgesamt haben wir einen vollständigen Beweis erarbeitet.

Bemerkungen:

- Ein erster rigoroser Beweis des Zwischenwertsatzes wurde vom Mathematiker Bernard Bolzano (1781–1848) in einer Arbeit aus dem Jahre 1817 ausgeführt. Unabhängig erschien vier Jahre später ein Beweis durch Augustin Louis Cauchy (1789–1857).
- Das Vollständigkeitsaxiom wird nicht nur im Beweis verwendet, es ist auch fundamental dafür, dass die Aussage überhaupt gilt. Konstruieren Sie selbst ein Gegenbeispiel im Fall einer stetigen Funktion $f\colon [a,b] \cap \mathbb{Q} \to \mathbb{Q}$.

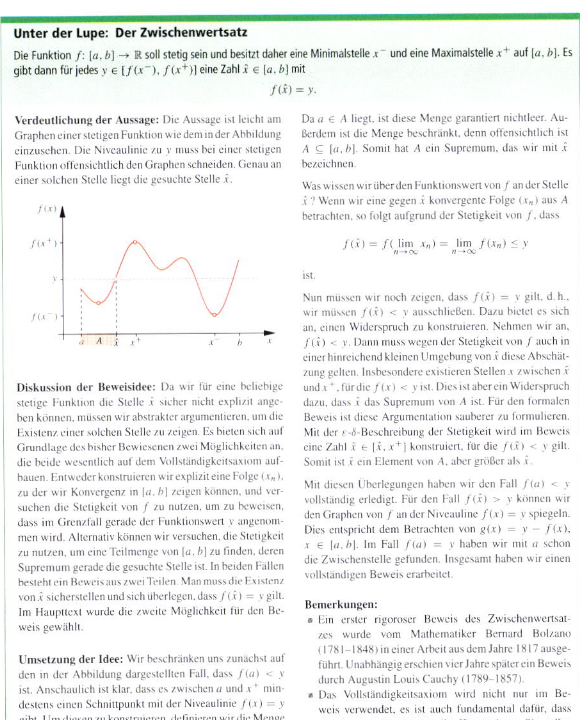

Abbildung 1.6 Sätze bzw. deren Beweise, die von großer Bedeutung sind, betrachten wir in einer sogenannten *Unter-der-Lupe*-Box genauer.

sollten Sie die Frage beantworten können. Nutzen Sie diese Fragen als Kontrolle, ob Sie noch am Ball sind. Sollten Sie die Antworten nicht kennen, so empfehlen wir Ihnen, den vorhergehenden Text ein weiteres Mal durchzuarbeiten. Kurze Lösungen zu den Selbsttests („Antworten der Selbstfragen") finden Sie am Ende der jeweiligen Kapitel.

?

Bestimmen Sie die beiden Lösungen der Gleichung $z^2 = \mathrm{i}$.

Abbildung 1.7 Selbsttests ermöglichen eine Verständniskontrolle.

Im Allgemeinen werden wir Ihnen im Laufe eines Kapitels viele Sätze, Eigenschaften, Merkregeln und Rechentechniken vermitteln. Wann immer es sich anbietet, formulieren wir die zentralen Ergebnisse und Regeln in sogenannten **Übersichten**. Neben einem Titel hat jede Übersicht einen einleitenden Text. Meist sind die Ergebnisse oder Regeln stichpunktartig aufgelistet. Eine Gesamtschau der Übersichten gibt ein Verzeichnis im Anschluss an das Inhaltsverzeichnis – die Übersichten dienen in diesem Sinne also auch als eine Art Formelsammlung (siehe Abbildung 1.8).

Hintergrund und Ausblick sind oft ganzseitige Kästen, die eine Thematik behandeln, die weiterführenden Charakter hat. Meist kann das Thema wegen Platzmangels nur angerissen, also keinesfalls erschöpfend behandelt werden. Die Gestaltung dieser Kästen ist analog zu jener von Übersichten. Die Themen, die hier angesprochen werden, sind vielleicht nicht

---

Übersicht: Die Klassifizierung der Folgen

In diesem Kapitel wurden Eigenschaften bestimmter Klassen von Folgen genauer untersucht. Hier werden diese Eigenschaften und die Zusammenhänge zwischen ihnen noch einmal gesammelt dargestellt.

Im folgenden Venn-Diagramm sind die Eigenschaften von Folgen, die wir näher untersucht haben, und ihre Zusammenhänge als Teilmengen der Menge aller Folgen dargestellt. Zu jeder Klasse ist auch ein typischer Vertreter mit angegeben.

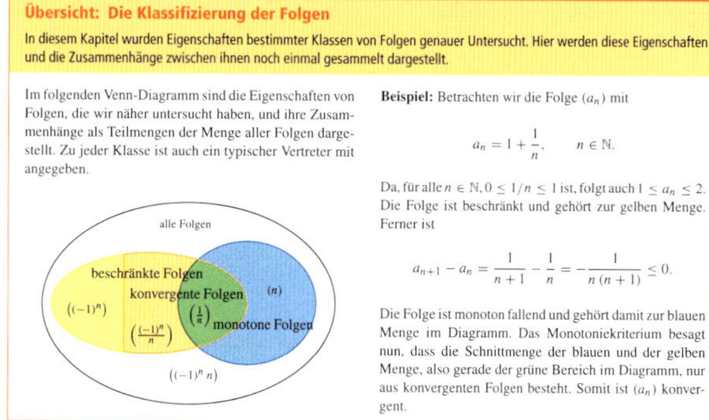

Beispiel: Betrachten wir die Folge (a_n) mit

$$a_n = 1 + \frac{1}{n}, \qquad n \in \mathbb{N}.$$

Da, für alle $n \in \mathbb{N}$, $0 \le 1/n \le 1$ ist, folgt auch $1 \le a_n \le 2$. Die Folge ist beschränkt und gehört zur gelben Menge. Ferner ist

$$a_{n+1} - a_n = \frac{1}{n+1} - \frac{1}{n} = -\frac{1}{n(n+1)} \le 0.$$

Die Folge ist monoton fallend und gehört damit zur blauen Menge im Diagramm. Das Monotoniekriterium besagt nun, dass die Schnittmenge der blauen und der gelben Menge, also gerade der grüne Bereich im Diagramm, nur aus konvergenten Folgen besteht. Somit ist (a_n) konvergent.

Abbildung 1.8 In Übersichten werden verschiedene Begriffe oder Rechenregeln zu einem Thema zusammengestellt.

Zum Ende eines jeden Kapitels haben wir Ihnen die wesentlichen Inhalte, Ergebnisse und zentralen Vorgehensweisen in einer **Zusammenfassung** dargelegt. Die hier dargestellten Zusammenhänge sollten Sie nachvollziehen können, und mit den geschilderten Rechentechniken, und Lösungsansätzen sollten Sie umgehen können.

Die erlernten Techniken können Sie an den zahlreichen **Aufgaben** zum Ende eines jeden Kapitels erproben. Wir unterscheiden zwischen Verständnisfragen, Rechenaufgaben und Beweisaufgaben – jeweils in drei verschiedenen Schwierigkeitsgraden. Versuchen Sie sich zuerst selbstständig an den Aufgaben. Erst wenn Sie sicher sind, dass Sie es alleine nicht schaffen, sollten Sie die Hinweise am Ende des Buches zurate ziehen oder sich an Kommilitonen wenden. Zur Kontrolle finden Sie hier auch die Resultate. Sollten Sie trotz Hinweisen nicht mit der Aufgabe fertig werden, finden Sie die Lösungswege auf der Website des Verlags.

1.3 Ratschläge zum Einstieg in die Mathematik

Sie als Studienanfänger werden sich bald in der Situation befinden, in der sich bereits Tausende vor Ihnen befunden haben und sich auch noch Tausende nach Ihnen befinden werden: Es ist oftmals gar nicht so schwierig, die Beweise aus der Vorlesung nachzuvollziehen, es scheint aber manchmal schier unmöglich, selbstständig einen Beweis zu formulieren.

Aber das Beweisen von Sätzen ist das A und O in der Mathematik. Und da es kein allgemeingültiges Schema gibt, das Ihnen einen Weg vorgibt, wie Sie beim Beweisen von Aussagen vorzugehen haben, ist es – vor allem zum Studienbeginn – so schwierig, überhaupt auch nur Ansätze zu finden, die zu einem Beweis einer Aussage führen können.

Eine Regel aber gilt auf jeden Fall: Die Erfahrung macht den Meister! Kennt man viele unterschiedliche Beweise, so hat man ein ganzes Sammelsurium an Ideen, die schon einmal zu Lösungen geführt haben; und die richtige Idee zu haben, ist oftmals das Entscheidende zum Beweis eines Satzes.

Zu Studienbeginn sieht man bei großen Beweisen zu und führt selbst nur kleine Beweise

In der Vorlesung geht es gleich zu Beginn meist hoch her. Man rührt in den Grundlagen der Mathematik, spricht meist über das Induktionsprinzip und das Wohlordnungsprinzip und beweist die Gleichwertigkeit dieser Prinzipien. Kein Mensch erwartet dabei von Ihnen, dass Sie auf diesen Beweis innerhalb kurzer Zeit selbst kommen sollten. Sie sollten solche Beweise erst einmal nur nachvollziehen können. Die Beweise, die man von Ihnen erwartet, sind deutlich einfacherer Natur. In Ihren Übungen beweisen Sie anfangs zum Beispiel Ungleichungen, die Sie oftmals durch rechnerische Umformungen

---

unmittelbar grundlegend für das erste Studienjahr, sie sollen Ihnen aber die Vielfalt und Tiefe verschiedener mathematischer Fachrichtungen zeigen und auch ein Interesse an diesen Themen wecken (siehe Abbildung 1.9).

Hintergrund und Ausblick: Die Szegő-Kurve

Bricht man die Potenzreihe zur Exponentialfunktion ab, so ergibt sich ein Polynom $p_n: \mathbb{C} \to \mathbb{C}$ mit $p_n(z) = \sum_{j=0}^n \frac{1}{j!} z^j$. Das Polynom besitzt n Nullstellen, aber e^z hat keine Nullstelle. Was passiert mit den Nullstellen für $n \to \infty$? Fragestellungen nach dem Verhalten von Polynomen und ihren Nullstellen bei wachsendem Grad tauchen in unterschiedlichen Bereichen auf und bilden ein weites mathematisches Forschungsfeld. Für die durch die Exponentialfunktion generierten Polynome hat Gábor Szegő (1895–1985) in einer Arbeit von 1924 eine Antwort gegeben.

Da e^z keine Nullstellen besitzt, lässt sich vermuten, dass die Beträge der Nullstellen von p_n mit wachsendem n gegen unendlich streben. Um dies zu sehen konstruieren wir einen Widerspruch zu der Annahme, dass $(\hat{z}_n)_{n\in\mathbb{N}}$ eine beschränkte Folge von Nullstellen zu p_n ist, etwa $|\hat{z}_n| \le b \in \mathbb{R}_{>0}$ für alle $n \in \mathbb{N}$. Da die Folge beschränkt ist, gibt es eine konvergente Teilfolge $(\hat{z}_{n(j)})_{j\in\mathbb{N}}$. Wir definieren $\hat{z} = \lim_{j\to\infty} \hat{z}_{n(j)}$. Weil die Exponentialfunktion stetig ist, gibt es zu $\varepsilon > 0$ ein $j_0 \in \mathbb{N}$ mit $|e^{\hat{z}} - e^{\hat{z}_{n(j)}}| \le \frac{\varepsilon}{2}$ für alle $j \ge j_0$. Außerdem gilt

$$|e^{\hat{z}_{n(j)}}| = \left| \overbrace{p_{n(j)}(\hat{z}_{n(j)})}^{=0} + \sum_{k=n(j)+1}^{\infty} \frac{1}{k!} \hat{z}_{n(j)}^k \right|$$
$$\le \sum_{k=n(j)+1}^{\infty} \frac{1}{k!} |\hat{z}_{n(j)}|^k \le \sum_{k=n(j)+1}^{\infty} \frac{1}{k!} b^k.$$

Wegen der Konvergenz der Potenzreihe zu e^b geht der Reihenrest auf der rechten Seite für $j \to \infty$ gegen null. Also lässt sich j_0 so wählen, dass $|e^{\hat{z}_{n(j)}}| < \frac{\varepsilon}{2}$ für $j \ge j_0$ gilt. Zusammen ergibt sich mit der Dreiecksungleichung

$$|e^{\hat{z}}| \le |e^{\hat{z}} - e^{\hat{z}_{n(j)}}| + |e^{\hat{z}_{n(j)}}| \le \varepsilon$$

für $j \ge j_0$. Die Abschätzung erreichen wir für jedes $\varepsilon > 0$ und es folgt der Widerspruch $|e^{\hat{z}}| = 0$. Also gibt es keine beschränkte Folge von Nullstellen.

Das Verhalten von Nullstellen $\hat{z}_n$ können wir noch genauer eingrenzen. Es gilt $\frac{1}{n}|\hat{z}_n| \le 1$ für alle $n \in \mathbb{N}$. Um dies zu beweisen betrachten wir das Polynom $q: \mathbb{C} \to \mathbb{C}$ mit

$$q(z) = z^n p_n(nz^{-1}) = \sum_{j=0}^n \frac{n^j}{j!} z^{n-j} = \sum_{j=0}^n \frac{n^{n-j}}{(n-j)!} z^j.$$

Die Koeffizienten des Polynoms q sind monoton fallend, da $\frac{n^{n-j}}{(n-j)!} = \frac{n^{n-(j+1)}}{(n-(j+1))!} \frac{n}{(n-j)} \ge \frac{n^{n-(j+1)}}{(n-(j+1))!}$ gilt.

Nach einem allgemeinen Satz, der in der Literatur als Satz von Eneström-Kakeya bezeichnet wird (siehe unten), liegt keine Nullstelle von q im Einheitskreis, d.h. $|\tilde{z}| \ge 1$ für $q(\tilde{z}) = 0$. Somit gilt für Nullstellen $\hat{z}_n = n\tilde{z}^{-1}$ von p_n die Abschätzung $\frac{1}{n}|\hat{z}_n| = |\tilde{z}^{-1}| \le 1$.

Eine Vorstellung vom Verhalten der Nullstellen ergibt sich, wenn man zu verschiedenen Graden n die Lage der mit $1/n$ skalierten Nullstellen in der komplexen Ebene ansieht (siehe die folgende Abbildung mit freundlicher Genehmigung aus Glaeser, Polthier, Bilder Mathematik, 2.A.).

In seiner Abhandlung beweist Szegő unter anderem, dass sich die skalierten Nullstellen mit $n \to \infty$ immer besser

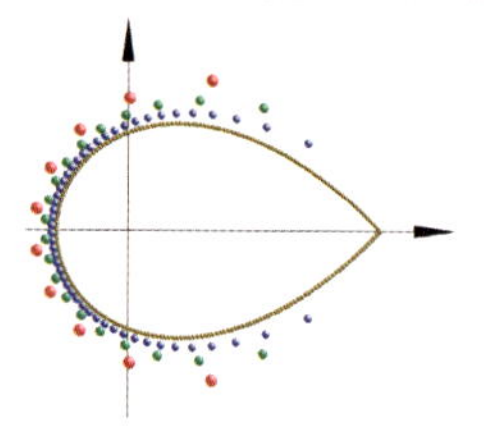

einer *Kurve* in der komplexen Ebene annähern. Diese wird *Szegő-Kurve* genannt und ist gegeben durch die Menge

$$\Gamma = \{z \in \mathbb{C} \mid |z e^{1-z}| = 1 \text{ und } |z| \le 1\}.$$

Die Definition und Beschreibung von Kurven werden wir in Kapitel 23 noch diskutieren. Auf eine Erläuterung des Beweises von Szegő müssen wir hier verzichten, da erhebliche Kenntnisse aus der Funktionentheorie erforderlich sind.

Abschließend zeigen wir aber noch den **Satz von Eneström-Kakeya**: Für eine Nullstelle $\tilde{z} \in \mathbb{C}$ eines Polynoms $p(z) = \sum_{j=0}^n a_j z^j$ mit $a_0 \ge a_1 \ge \cdots \ge a_n \ge 0$ gilt $|\tilde{z}| \ge 1$.

Beweis: Für eine Nullstelle $\tilde{z}$ zu p gilt

$$0 = (\tilde{z} - 1)p(\tilde{z}) = -a_0 + \sum_{j=1}^n (a_{j-1} - a_j)\tilde{z}^j + a_n \tilde{z}^{n+1}.$$

Nehmen wir an $|\tilde{z}| < 1$, so folgt mit dieser Identität und der Dreiecksungleichung der Widerspruch

$$a_0 = |a_0 + 0| = \left| \sum_{j=1}^n (a_{j-1} - a_j)\tilde{z}^j + a_n \tilde{z}^{n+1} \right|$$
$$\le \sum_{j=1}^n |a_{j-1} - a_j||\tilde{z}|^j + |a_n||\tilde{z}|^{n+1}$$
$$< \sum_{j=1}^n (a_{j-1} - a_j) + a_n = a_0,$$

wobei die Monotonie der Koeffizienten genutzt wird. Also gilt für Nullstellen solcher Polynome $|\tilde{z}| \ge 1$.

Abbildung 1.9 Ein Kasten *Hintergrund und Ausblick* gibt einen Einblick in ein weiterführendes Thema.

Bitte beachten Sie, dass Sie weder die Hintergrund-und-Ausblicks-Kästen noch die Unter-der-Lupe-Kästen kennen müssen, um den sonstigen Text des Buchs verstehen zu können. Diese beiden Elemente bringen also nur zusätzlichen Stoff, im restlichen Text wird nicht auf die vertiefenden Elemente Bezug genommen.

Satz zur Primeigenschaft

Für teilerfremde $a, b \in \mathbb{Z}$ und jedes $c \in \mathbb{Z}$ gilt

$$a \mid bc \Rightarrow a \mid c.$$

Insbesondere erfüllt jede Primzahl p die **Primeigenschaft**

$$p \mid bc \Rightarrow p \mid b \text{ oder } p \mid c.$$

Beweis: Wegen der Teilerfremdheit von a und b, d.h. $\mathrm{ggT}(a, b) = 1$, können wir mit dem euklidischen Algorithmus ganze Zahlen x und y mit

$$x\,a + y\,b = 1$$

bestimmen. Diese Gleichung multiplizieren wir mit $c \in \mathbb{Z}$ und erhalten

$$x\,a\,c + y\,b\,c = c.$$

Weil a beide Summanden teilt, $a \mid x\,a\,c$ und $a \mid y\,b\,c$, teilt a nach der Teilbarkeitsregel 8 von Seite 3 auch c.

Ist nun p eine Primzahl, so folgt im Fall $p \nmid b$ sogleich $\mathrm{ggT}(p, b) = 1$ und damit nach dem ersten Teil $p \mid c$. ∎

	Hier stehen die Voraussetzungen: Es müssen a und b teilerfremd und aus $\mathbb{Z}$ sein. Auch c muss aus $\mathbb{Z}$ sein.
	Hier steht die Aussage als logische Implikation: Wenn die Zahl a die Zahl bc teilt, dann teilt die Zahl a auch c.
	Der zweite Teil ist ein Spezialfall des Satzes darüber: Wenn $a = p$ eine Primzahl ist, dann ist a ein Teiler von b oder a und b sind teilerfremd.
	Hier geht die Voraussetzung des Satzes ein, …
	… die verwendet wird, um ein bereits bekanntes (d. h. bereits bewiesenes) Ergebnis zu benutzen.
	Auch hier wird ein bekanntes Ergebnis benutzt. Oft wird in der mathematischen Literatur nicht so explizit darauf verwiesen, sondern vorausgesetzt, dass man die wichtigsten Ergebnisse im Kopf hat und die Details der Folgerung selbst überlegt.
	Das gefüllte Quadrat markiert das Ende des Beweises. Üblich ist auch q.e.d.

Abbildung 1.10 In dem Beweis des Satzes zur Primeigenschaft wird auf die Voraussetzungen und auf bekannte Ergebnisse zurückgegriffen.

erhalten. An das Formulieren von umfangreichen und komplizierten Beweisen muss man langsam herangeführt werden.

Dazu gehört, dass Sie die Beweise aus den Vorlesungen analysieren, d. h.:

- auf Korrektheit prüfen,
- in Teilschritte gliedern,
- überprüfen, wo die Voraussetzungen eingehen,
- mit Beweisen ähnlicher Aussagen vergleichen,
- alternative Beweise der gleichen Aussage vergleichen,
- überprüfen, ob Modifikationen der Aussage (Verschärfung, Verallgemeinerung, Abschwächung) unter modifizierten Voraussetzungen beweisbar sind.

Wir betrachten das an einem Beispiel (siehe Abbildung 1.10).

In einer Vorlesung sind die Beweise meist nicht so ausführlich wie in einem Buch. Die Tafelanschrift ist dort viel knapper, aber dafür gibt es in einer Vorlesung noch die erklärenden Worte des Dozenten. Es ist wichtig, bei den Erklärungen am Ball zu bleiben (Abb. 1.11).

Mit Kommilitonen und viel Hintergrundwissen ist es leichter

Man lernt sehr viel dabei, wenn man sich mit Kommilitonen zusammentut und die Beweisführungen zu den verschiedenen Aufgaben, die im Laufe des Studiums gestellt werden, miteinander vergleicht. Natürlich hat man als Anfänger

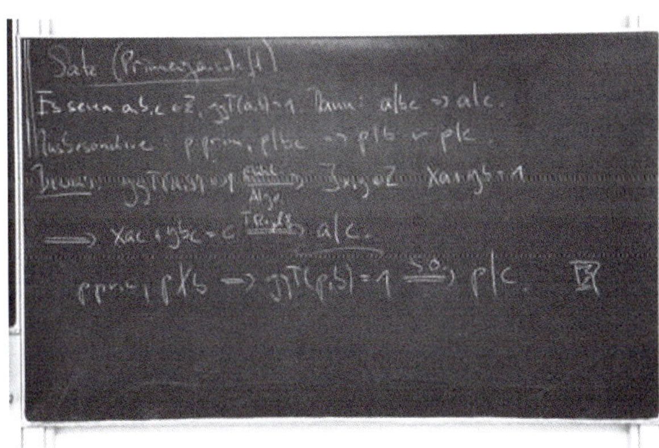

Abbildung 1.11 In einer Vorlesung führt man Beweise gerne kurz und knapp. Zum Verständnis sind die gesprochene Worte des Dozenten oft unablässig.

Schwierigkeiten und so sind viele „Beweise" von Studienanfängern unvollständig oder fehlerhaft.

Sie können ihre eigene Beweisführungskompetenz schärfen, indem Sie

- unvollständige und/oder falsche Argumente in Beweisen entdecken,
- unvollständige Beweise komplettieren,
- falsche Beweise korrigieren oder durch Gegenbeispiele widerlegen,
- anhand von Beweisversuchen unscharfe Hypothesen präzisieren.

Übersicht: Ratschläge für das Studium Mathematik

Es gibt hierfür keine *allgemeingültigen* Regeln. Wir geben Ratschläge, die wir im Laufe vieler Jahre gesammelt haben.

- **Zur Vorlesung**
  - Denken und schreiben Sie mit. Durch das Schreiben prägt sich der Stoff besser ein.
  - Es ist üblich, dass man nicht alle Inhalte einer Vorlesung sofort versteht; versuchen Sie aber stets am Ball zu bleiben.
  - Stellen Sie an den Dozenten Fragen, falls Sie etwas nicht verstanden haben.
  - Auch Dozenten machen Fehler, weisen Sie ihn darauf hin, falls Sie dies bemerken.
- **Hausaufgaben und Nachbearbeitung der Vorlesung**
  - Planen Sie mehrere Stunden für Hausaufgaben und Nachbearbeitung der Vorlesungsinhalte ein.
  - Erinnern Sie sich an die Themen, zentralen Definitionen, Sätze und Regeln?
  - Arbeiten Sie die Vorlesungsinhalte anhand der Aufgaben nach.
  - Machen Sie sich Begriffe und Notationen an eigenen, einfachen Beispielen klar.
  - Lernen Sie nicht stur auswendig, versuchen Sie, die Zusammenhänge zu verstehen.
  - Bilden Sie Arbeits- und Lerngruppen mit Kommilitonen, mit denen Sie gut zusammenarbeiten können.
  - Versuchen Sie sich an den Aufgaben zuerst selbst und gehen Sie nicht unvorbereitet in Ihre Arbeitsgruppe. Holen Sie sich erst dann Hinweise, wenn Sie nach intensiver Beschäftigung mit einer Aufgabe nicht weiterkommen.
  - Erklären Sie Ihren Kommilitonen den Stoff.
  - Formulieren Sie Ihre Lösungen so, dass jemand anderes Ihre Gedankengänge verstehen und nachvollziehen kann.
  - Haben Sie in Ihrer Vorlesungsmitschrift alle Fehler ausgemerzt?
- **Übungsgruppen**
  - Stellen Sie Fragen.
  - Nutzen Sie die Möglichkeit zum Vorrechnen.
  - Besuchen Sie jede Woche möglichst die gleiche Übungsgruppe.
  - Machen Sie sich mit den Aufgaben vor der Übung vertraut – verstehen Sie alle Begriffe?
- **Der Umgang mit einem Lehrbuch**
  - Lesen Sie langsam.
  - Beachten Sie bei Sätzen alle Voraussetzungen. Suchen Sie bei Herleitungen nach den Stellen, an denen die Voraussetzungen benutzt werden. Achten Sie auf *Generalvoraussetzungen*, wie etwa „X ist eine Menge".
  - Gedankenstriche könnten fälschlicherweise auch als Minuszeichen interpretiert werden.
  - Wenn Sie am Ende einer Zeile oder Seite etwas nicht verstehen, gucken Sie in die nächste Zeile bzw. Seite.
  - Bedenken Sie, dass in einem Buch auch Druckfehler sein können.

- **Das konkrete Lösen von Aufgaben**
  - Lesen Sie die Aufgabenstellung genau: Ist nach einer Lösung oder einer Lösungsmenge gefragt? Im zweiten Fall sollten Sie auch eine Menge angeben.
  - Ist Ihr Ergebnis plausibel? Stimmen die Einheiten?
  - Notieren Sie in Ihren Lösungen, wo Sie welche Ergebnisse der Vorlesung oder Übung benutzen; wiederholen Sie bei dieser Gelegenheit diese benutzten Ergebnisse.
  - Was sind die Voraussetzungen in der Aufgabenstellung? Welche Begriffe der Aufgabenstellung kennen Sie aus der Vorlesung oder anderen ähnlichen Aufgabenstellungen?
  - Seien Sie nicht demotiviert, wenn Sie eine Aufgabe nicht lösen können – auch beim Lösungsversuch lernt man.
  - Bearbeiten Sie viele Aufgaben, Übung macht den Meister.
  - Wenn Sie bei einer Aufgabe nicht weiterkommen, sollten Sie überlegen, ob eine ähnliche Aufgabe in einer Tutor-/Zentralübung besprochen worden ist. Wie wurde sie dort gegebenenfalls gelöst?
  - Auch wenn Sie einen (korrekten) Lösungsweg gefunden haben, ist es manchmal sinnvoll über andere, eventuell kürzere Wege nachzudenken.
- **Häufige Fehler**
  - Wird eine Voraussetzung nicht benutzt, so ist das Ergebnis selten richtig.
  - Geben Sie an, woher ihre *Variablen* sind – so haben Sie immer die Kontrolle über Ihre Elemente.
  - $f^{-1}(x)$ ist oft zweideutig; Stichwort Umkehrfunktion und Urbildmenge – beachten Sie das vor allem auf Ihrem Taschenrechner.
  - Wenn Sie durch $x - a$ teilen, müssen Sie den Fall $x = a$ gesondert betrachten – teilen Sie nicht durch null!
  - Achten Sie auf Vorzeichen beim Ziehen von Wurzeln.
  - Reflektieren Sie Ihre Rechnungen und Ergebnisse. Seitenlangen Umformungen bei Haus- oder Klausuraufgaben gehen oft Rechenfehler oder unpassende Ansätze voraus. Auch sehr große, rechenaufwendige Zahlen deuten auf Fehler hin.
  - Gilt tatsächlich $\Leftrightarrow$ oder doch nur $\Rightarrow$ bzw. $\Leftarrow$?
- **Prüfungsvorbereitung**
  - Ständiges Mitarbeiten spart viel Prüfungsvorbereitung.
  - Formulieren Sie die zentralen Definitionen, Sätze und Regeln separat in einer ausführlichen Zusammenfassung.
  - Machen Sie sich einen Spickzettel mit einer eigenen, stichwortartigen Gliederung: Was Sie notieren, werden Sie wissen.

Beim Lösen von Aufgaben sollten Sie Hintergrundwissen benutzen, beachten Sie das folgende Beispiel.

Beispiel Wir betrachten erneut den Satz zur Primeigenschaft und begründen auf eine andere Art und Weise wie oben geschehen, dass jede Primzahl p die folgende, sogenannte Primeigenschaft erfüllt:

$$p \mid a\,b \;\Rightarrow\; p \mid a \;\text{ oder }\; p \mid b, \quad \text{wobei } a, b \in \mathbb{N}.$$

Einen naheliegenden Beweisansatz findet man wie folgt: $p \mid a\,b$ bedeutet doch gerade, dass es ein $c \in \mathbb{N}$ gibt mit:

$$p\,c = a\,b. \tag{1.1}$$

Nun denken wir an den Fundamentalsatz der Arithmetik, der hoffentlich vielen aus der Schulzeit bekannt ist. Dieser Satz besagt, dass jede natürliche Zahl $n > 1$, von der Reihenfolge der Faktoren abgesehen, eindeutig als ein Produkt von Primzahlen geschrieben werden kann, d. h.:

$$n = p_1 \cdots p_r \;\text{ mit Primzahlen }\; p_1, \ldots, p_r.$$

Damit können wir obige Aussage begründen: Zerlegt man $a\,b$ in ein Produkt von Primzahlen (was nach dem Fundamentalsatz der Arithmetik möglich ist), so taucht laut Gleichung (1.1) die Primzahl p als ein Faktor in dieser Zerlegung von $a\,b$ auf. Damit muss aber die Primzahl p Teiler einer der Faktoren a oder b sein, evtl. sogar von beiden. ◄

Das Beispiel zeigt, dass man Aussagen mit bekannten Tatsachen oftmals schnell beweisen kann. Bedenken Sie also stets beim Beweisen:

- Gibt es bekannte Aussagen oder Sätze, die anwendbar sind?
- Gibt es Abhängigkeiten oder Ähnlichkeiten der zu zeigenden Aussage zu bekannten Aussagen?

Weitere Ratschläge finden Sie in der Übersicht auf Seite 12.

1.4 Eine kurze Geschichte der Mathematik

Die Anfänge der Mathematik reichen weit in die Geschichte zurück. Höhlenmalereien aus Südfrankreich, Spanien und Nordafrika bereits um 13.000 v. Chr. weisen einen bemerkenswerten Sinn für Formeln auf. Schon in der älteren Steinzeit finden sich Zeugnisse für Vorstufen des Zählens und Rechnens in Form von Ritzen auf den Höhlenwänden und Kanten in Stöcken oder Knochen (30.000 bis 20.000 v. Chr.). Die folgende kurze Geschichte der Mathematik kann nur eine

Auswahl sein und ist auch durch die Vorlieben des Verfassers bestimmt. Eine kulturgeschichtliche Zeitreise vermittelt die Lektüre „6000 Jahre Mathematik" (Band 1 und Band 2) von Hans Wußing (Springer-Verlag 2008/2009). Von diesen beiden Bänden hat der Verfasser dieser „kurzen Geschichte der Mathematik" zahlreiche Anregungen erhalten. Dankenswerterweise konnten auch einige Abbildungen übernommen werden.

Am Anfang war die Zahl

Zahlen, in allen Kulturen schon in einem frühen Stadium der Entwicklung zum Zählen, Rechnen und Vergleichen verwendet, spielen auch in unserem Alltagsleben eine nicht wegzudenkende Rolle. Ob Telefonnummern, Kontostände, Preise, Zinsen und Zeitangaben, Zahlen sind allgegenwärtig. Man kann sagen, dass die Geschichte der Mathematik mit der Erfindung von Symbolen als Stellvertreter für Zahlen beginnt. Ein ca. 25.000 Jahre altes Zeugnis hierfür ist der Ishango-Knochen aus Zaire mit Strichmustern, die stellvertretend für Zahlen stehen. Jüngeren Datums sind Tontafeln mit Keilschriftzeichen aus Mesopotamien. Die Babylonier verwendeten ihr Zahlensystem, das auf der Basis 60 beruhte, nicht nur für Handel und zur Buchführung, sondern auch zu astronomischen Rechnungen. Auf dem berühmten Täfelchen YBC 7289 findet sich in Keilschrift ein Näherungswert für $\sqrt{2}$ auf sechs Stellen genau (Abb. 1.12).

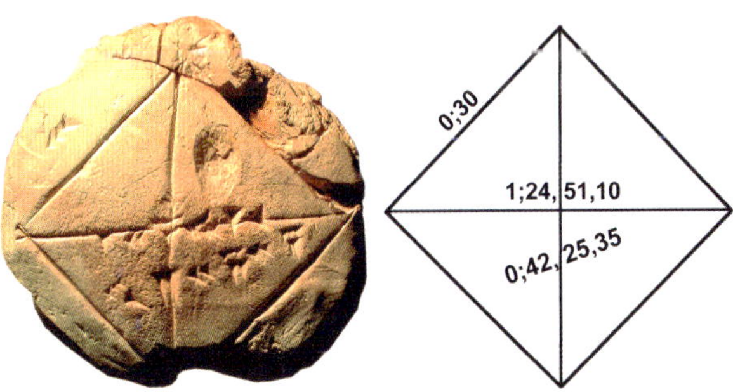

Abbildung 1.12 Täfelchen YBC 7289 mit Näherungswert für $\sqrt{2}$ auf sechs Stellen genau ($1 + 24/60 + 51/60^2 + 10/60^3 \approx 1.414213$).

Das Positionssystem der Babylonier mit der Grundzahl 60 war sehr leistungsfähig und allen Zahlensystemen der Antike (etwa dem der Griechen und Römer) überlegen.

Unser geläufiges Stellensystem mit der Basis 10 und den Ziffern 0, 1, 2, 3, 4, 5, 6, 7, 8, 9 ist indischen Ursprungs und kam über die Araber nach Europa. Um ca. 500 v. Chr. führten die Inder ein Zeichen für „Nichts" (auf lateinisch „nullus") ein, nämlich „0". So konnten sie Zahlen wie $25 = 2 \cdot 10^1 + 5 \cdot 10^0$ und $2050 = 2 \cdot 10^3 + 0 \cdot 10^2 + 5 \cdot 10^1 + 0 \cdot 10^0$ unterscheiden. Bis zur endgültigen Klärung des Begriffs der „reellen Zahl" hat es ziemlich lange gedauert. Dieser Prozess war erst gegen Ende des 19. Jahrhunderts (G. Cantor (1883), R. Dedekind (1888)) abgeschlossen.

Mesopotamien (ab ca. 3300 v. Chr. bis ca. 100 v. Chr.)

Es ist wohl kein Zufall, dass sich die frühen Hochkulturen um den sogenannten „fruchtbaren Halbmond" am Nil, an Euphrat und Tigris (Mesopotamien) und den Indus und in China um den Huanghe entwickelten. Aus den Nomadenkulturen wurden sesshafte Bauernkulturen. Die Bedeutung der Jagd nahm ab, weil es gelang Schafe, Schweine, Ziegen und Rinder zu züchten. So konnten Teile der Bevölkerung von der unmittelbaren Nahrungsproduktion befreit werden. Es konnten sich spezialisierte Berufsgruppen in Handwerk, Technik, Verwaltung, Kultur und Militär herausbilden. So entstand ab ca. 3000 v. Chr. in Mesopotamien, dem Zweistromland zwischen Euphrat und Tigris (heute politisch zum Irak gehörig), eine blühende Kulturlandschaft, die von verschiedenen Völkerschaften (Sumerer, Akkader, Assyrer) besiedelt wurde. Städte wie Babylon, Ninive, Nippur, Uruk und Ur sind heute noch ein Begriff. Herrscher wie Hammurapi (1728–1686 v. Chr.) und Nebukadnezar II (605–567 v. Chr.) sind vielleicht in Erinnerung (letzterer wohl auch durch die grausame Behandlung von Gefangenen während seiner Herrschaft). Unter Nebukadnezar begann auch die babylonische Gefangenschaft des jüdischen Volkes.

Das Zahlsystem in Mesopotamien hatte in ausgereiftem Zustand zwei Keilschriftzeichen (den Keil für die Eins und den Winkelhaken für zehn). Es war ein Positionssystem mit der Basis 60 (Sexagesimalsystem), wegen des Winkelhakens für die Zahl zehn hatte es eine dezimale Komponente. So ist etwa in Abbildung 1.13 die Zahl $42 = 4 \cdot 10 + 2$ in Keilschriftzeichen zu sehen.

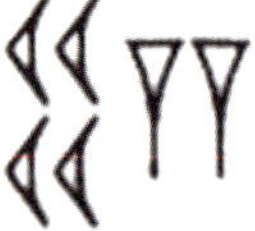

Abbildung 1.13 Die Zahl 42 in Keilschriftzeichen.

Ein inneres Lückenzeichen (die Null) wurde aufgrund indischen Einflusses um 500 v. Chr. eingeführt. Relikte dieses Zahlensystems finden sich heute noch bei der Einteilung des Vollkreises in 360°, der Einteilung von Minuten in Sekunden. Die Tatsache, dass die Grundzahl 60 relativ viele Teiler hat, vereinfacht das Rechnen mit Brüchen.

Die mesopotamische Mathematik ist mit praktischen Problemen verbunden: Berechnung von Dämmen mit meist trapezförmigem Querschnitt, Berechnung von Tempelfundamen-ten, die Berechnung des Verpflegungsbedarfs für Soldaten etc. Dass in einem rechtwinkligen Dreieck mit den Katheten a und b und der Hypotenuse c die Gleichung

$$a^2 + b^2 = c^2$$

gilt (sogenannter Satz des Pythagoras) war in Mesopotamien bekannt. Das spezielle Zahlentripel 3, 4, 5 mit $3^2 + 4^2 = 5^2$ und ähnliche Zahlentripel waren bekannt. Solche Tripel wurden von den Harpedonapten (Seilspannern) verwendet, um rechte Winkel bei der Vermessung zu erzeugen (denn es gilt auch die Umkehrung des Satzes des Pythagoras!).

Den Babyloniern war die Methode der quadratischen Ergänzung geläufig, und sie entwickelten Näherungsverfahren zur Bestimmung von Quadratwurzeln aus natürlichen Zahlen, falls diese Zahlen keine Quadratzahlen waren. Es sind Tabellen mit Quadratzahlen überliefert. Kam eine natürliche Zahl a, deren Wurzel zu berechnen war, in den Tabellen nicht vor, so suchte man eine nächstkleinere Quadratzahl x_0^2 und rechnete mit $\varepsilon := a - x_0^2$ die Wurzel von a nach der Formel

$$\sqrt{a} = \sqrt{x_0^2 + \varepsilon} \approx x_0 + \frac{\varepsilon}{2x_0} \,.$$

Z. B. erhält man für $a = 27 = 25 + 2$ den Näherungswert $\sqrt{27} \approx 5 + \frac{2}{2 \cdot 5} = 5.2$. Ob die Babylonier das Verfahren iteriert haben ist nicht bekannt, aber wahrscheinlich. Den Griechen war die obige Näherungsformel ebenfalls bekannt; sie wird fälschlicherweise häufig nach dem griechischen Mathematiker Heron von Alexandria (≈ 62 u. Z.) benannt. Durch Iteration erhält man einen Spezialfall des Newton-Verfahrens.

Auch die Methode der „quadratischen Ergänzung" zur Lösung einer quadratischen Gleichung war den Babyloniern geläufig: Um etwa die Gleichung

$$x^2 + 2x - 8 = 0$$

zu lösen, addierten die Babylonier 8 auf beiden Seiten:

$$x^2 + 2x = 8\,.$$

Dann wird auf beiden Seiten das Quadrat der Hälfte von 2, also $1^2 = 1$, addiert, und man erhält:

$$x^2 + 2x + 1 = 8 + 1 = 9$$

oder

$$(x + 1)^2 = 9$$

und damit $x + 1 = \pm 3$, d. h., $x_1 = -4$ und $x_2 = 2$ sind die Lösungen der Ausgangsgleichung. Der in der Bibel geschilderte Turmbau zu Babel (Genesis 11.1–11.9) fällt auch in diese Periode. Zusammenfassend kann man sagen, dass in Mesopotamien, speziell in Babylon, eine auf dem Sexagesimalsystem basierende leistungsfähige Mathematik (Geometrie und Arithmetik) entwickelt wurde; allerdings fehlten noch Lehrsätze und Beweise, deshalb kann man noch nicht von Mathematik als Wissenschaft sprechen.

Die Mathematik im alten Ägypten (ca. 3000 v. Chr. bis ca. 300 v. Chr.)

Ähnlich wie im Zweistromland hatten auch die ägyptischen Siedlungen am Flussufer des Nils mit jährlichen Überschwemmungen zu kämpfen. Die Überflutungen waren jedoch entscheidend für die Landwirtschaft und damit das gesamte Leben in Ägypten. Wie der griechische Historiker Herodot in seinem großen Epos über die Perser-Kriege berichtet, wurde „geometria" von den Ägyptern benutzt, um nach den Überflutungen das Ackerland neu zu vermessen. Dabei musste man rechte Winkel erzeugen können. Die Ägypter verwendeten die gleiche Methode wie die Mesopotamier. Pythagoräische Zahlentripel waren das wesentliche Hilfsmittel.

Während aus Mesopotamien zahllose Tontafeln überliefert sind, sprudeln die Informationsquellen zur antiken ägyptischen Mathematik nicht so reichlich. Die ersten beiden Urkunden sind Beispielsammlungen von 84 bzw. 25 Aufgaben, die meist praxisorientiert waren und etwa die Verteilung von Löhnen auf mehrere Arbeiter, die Berechnung des Bedarfs an Mehl zum Backen einer bestimmten Menge von Broten oder die Berechnung von Raum- und Flächeninhalten betrafen. So konnten sie etwa den Materialbedarf für den Bau ihrer beeindruckenden Pyramiden berechnen. Für die Kreiszahl π, das Verhältnis von Umfang und Durchmesser eines Kreises, verwendeten sie die brauchbare Näherung $\left(\frac{16}{9}\right)^2 \approx 3.1605$.

Die Ägypter verwendeten ein etwas umständliches Dezimalsystem. Für jede Zehnerpotenz gibt es ein eigenes Zeichen in Gestalt einer Hieroglyphe, das entsprechend häufig wiederholt wird:

Indische (ca. 1000 v. Chr. bis 1000) und chinesische Mathematik (ca. 1000 v. Chr. bis 1300)

In Indien entwickelten sich im Industal und in der Gangesebene ca. 3000 v. Chr. Stadtkulturen (Mohenjo-Daro, Harappa, Dehli). Es gab in den Städten rechtwinklig aufgebaute Straßen, Häuser mit Badezimmern, wohldurchdachte Abwassersysteme und Zitadellen. Diese vergleichsweise fortschrittliche Technik ging einher mit Kenntnissen in Mathematik und Astronomie.

Auch die chinesische Mathematik erlebte schon früh eine Blütezeit. Besonders erwähnenswert sind die „Neun Bücher arithmetischer Technik" (300–500 v. Chr.), eine Sammlung von 246 Aufgaben aus den Bereichen Landvermessung, Landwirtschaft, Steuern, Handelserträge, Technik, Lösung von Gleichungen, insbesondere lineare Gleichungen (die sogenannte Fang-Cheng-Methode zum Lösen von linearen Gleichungssystemen entspricht dem Gauß-Algorithmus), simultane Kongruenzen (chinesischer Restsatz). Die Chinesen verwendeten im Wesentlichen ein Dezimalsystem mit Null. Im Übergang vom 7. ins 8. Jahrhundert wurden die indischen Ziffern übernommen. Um 300 u. Z. findet sich die recht gute Näherung 3.14159 für die Kreiszahl π. Das 13. Jahrhundert war ein „Goldenes Zeitalter" für die chinesische Mathematik (Zitat Wußing a. a. O.). Das Pascal'sche Dreieck zur Berechnung von Binomialkoeffizienten war ihnen geläufig, ebenso wie Interpolationsformeln und Summenformeln und Berechnungsverfahren für Quadrat- und Kubikwurzeln.

Die Mathematik der Maya

Die verblüffenden intellektuellen Leistungen der Maya und Azteken und der Inka in Südamerika bezüglich Bauwesen (Errichtung von Palästen, Gärten etc.) und insbesondere die Kalenderrechnung und die langfristige Voraussage von Sonnenfinsternissen seien hier nur am Rande erwähnt. Die Maya verwendeten ein Positionssystem mit der Basis 20 und einer „Null".

Antike

Im Zuge der sogenannten dorischen Wanderung besiedelten die Griechen die Inseln der Ägäis und die Westküste Kleinasiens. Um 900 v. Chr. beginnt die Entwicklung einer gemeinsamen eigenständigen Kultur der griechischen Stämme (die ihr Land Hellas und sich selbst Hellenen nennen). Homer schrieb die Epen „Ilias" und „Odyssee" in der zweiten Hälfte des 8. vorchristlichen Jahrhunderts. Im Jahr 776 v. Chr. fanden in Olympia die ersten olympischen Spiele statt. Um diese Zeit breitete sich die hellenistische Zivilisation und Kultur weit im Mittelmeerraum aus. Es entstanden Kolonien in Unteritalien und Sizilien, am Bosporus und am Schwarzen Meer. Die Griechen hatten im Gegensatz zu den Mesopotamiern und Ägyptern, für die praktische Anwendungen im Vordergrund standen, ein philosophisches Interesse an der Mathematik. Als erster bedeutender Naturphilosoph wird Thales von Milet (624–548 v. Chr.) angesehen. Auf häufigen Geschäftsreisen kam er nach Ägypten, wo er die ägyptische Geometrie kennenlernte und die Bekanntschaft mit Erkenntnissen der Babylonier machte. Es soll Thales angeblich gelungen sein, mithilfe babylonischer Tafeln die Sonnenfinsternis am

28. Mai 585 v. Chr. vorherzusagen. Damit soll er dem lydischen König Krösus geholfen haben eine Schlacht zu gewinnen, da seine Feinde – von der Sonnenfinsternis überrascht – erschrocken die Flucht ergriffen. Zahlreiche geometrische Sätze werden Thales zugeschrieben, ob die Beweise von ihm stammen, ist wegen mangelnder Zeugnisse nicht sicher. Sätze die Thales zugeschrieben werden, sind u. a.:

- Jeder Peripheriewinkel über einen Durchmesser eines Kreises ist ein rechter.
- Der Durchmesser eines Kreises halbiert die Kreisfläche.
- In einem gleichschenkligen Dreieck sind die Basiswinkel gleich.
- Der Scheitelwinkelsatz: Schneiden sich zwei Geraden, so sind die Scheitelwinkel gleich.
- Zwei Dreiecke sind kongruent, wenn sie in einer Seite und anliegenden Winkeln übereinstimmen.

Thales gilt als erster Mathematiker, der für seine Sätze auch Beweise angab. Er war einer der Ersten, der aus der Mathematik heraus neue Fragestellungen und Probleme formuliert hat. Für viele Wissenschaftshistoriker beginnt mit solchen Fragestellungen die Mathematik als Wissenschaft, während vorher meist Anwendungen im Mittelpunkt standen.

Von den Pythagoräern bis zu Diophant

Pythagoras von Samos ($\approx$ 560–480 v. Chr.) gründete nach Reisen nach Ägypten und einer Gefangenschaft in Babylon im Jahr 529 v. Chr. in Kroton (Unteritalien) eine Art Orden, also eine religiöse Gemeinschaft, deren Mitglieder nach strengen Regeln leben mussten.

Abbildung 1.14 Pythagoras ($\approx$ 560–480 v. Chr.).

Die Pythagoräer glaubten an die Unsterblichkeit der Seele, die Seelenwanderung und waren überzeugt, dass die Götter die Welt nach Zahlen und Zahlenverhältnissen geordnet haben. Ihr Motto war „Alles ist Zahl". Sie bewiesen mathematische Sätze auf der Basis von Postulaten (Axiomen) und Definitionen. Ihre Formulierungen waren häufig abstrakt und vielfach ohne Bezug auf die Realität. Die Pythagoräer waren

die ersten „theoretischen Mathematiker", da Anwendungen für sie nicht im Vordergrund standen.

- Die Begriffe „gerade Zahl und ungerade Zahl" waren ihnen geläufig.
- Sie kannten sogenannte „figurierte Zahlen" wie Dreieckszahlen, also:

$$1 + 2 + 3 + \ldots + n = \frac{n(n+1)}{2},$$

Viereckszahlen:

$$1 + 3 + 5 + \ldots + 2n - 1 = n^2$$

etc.
- Sie kannten Beispiele von *vollkommenen Zahlen*, z. B.:

$$6 = 1 + 2 + 3$$

oder

$$28 = 1 + 2 + 4 + 7 + 14.$$

Dabei heißt eine natürliche Zahl n vollkommen, wenn sie Summe ihrer Teiler ist, die kleiner als n sind.
- Sie kannten eine Formel, um sogenannte pythagoräische Zahlentripel, d. h. natürliche Zahlen x, y, z mit

$$x^2 + y^2 = z^2$$

zu erzeugen.
- Der sogenannte „Satz des Pythagoras", dass nämlich in einem rechtwinkligen Dreieck mit den Katheten a, b und der Hypotenuse c gilt:

$$a^2 + b^2 = c^2,$$

war jedoch schon den Babyloniern, Chinesen und Indern lange vor Pythagoras bekannt.

Das Wahrzeichen der Pythagoräer war das „Pentagramm" (auch „Drudenfuß genannt). Es ist ein fünfzackiger Stern, der im regelmäßigen 5-Eck durch dessen Diagonalen erzeugt wird. Es zeigt sich, dass die Länge der Seite a zur Diagonalen x im Verhältnis des „goldenen Schnitts" steht:

$$a : x = x : (a + x).$$

Hieraus folgerte der Pythagoräer Hippasos, dass Seite und Diagonale eines regelmäßigen 5-Ecks nicht *kommensurabel* sind. In unserer heutigen Terminologie bedeutet dies, dass das Verhältnis $\frac{a}{x} = \frac{\sqrt{5}-1}{2} \approx 0.618034$ keine rationale Zahl darstellt, also irrational ist. Der goldene Schnitt tritt in der Natur beim Wachstum von Pflanzen (Phyllotaxis) auf und wird in der bildenden Kunst von der Antike (römische Säulen und Tempeln) bis heute oft verwendet.

Die Existenz solcher irrationalen Zahlen störte das Selbstverständnis der Pythagoräer gewaltig und war der Grund,

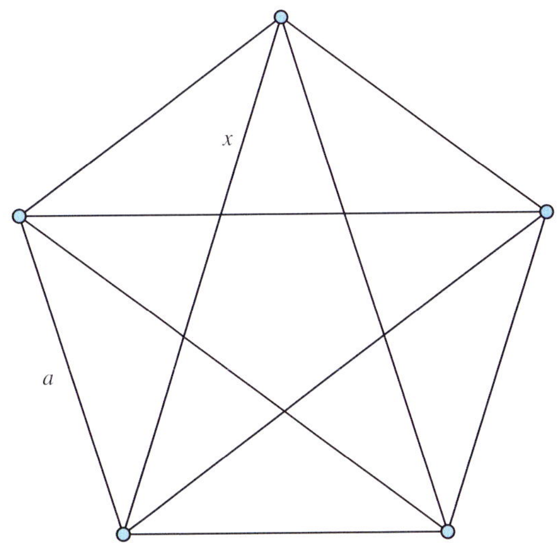

Abbildung 1.15 Die Längen der Seite a und der Diagonalen x stehen im regelmäßigen 5-Eck im Verhältnis des goldenen Schnitts $\frac{a}{x} = \frac{\sqrt{5}-1}{2} \approx 0.618034$, einer irrationalen Zahl.

warum sich die Griechen nicht weiter um die Entwicklung des Zahlenbegriffs bemühten. Die Ausnahme war lediglich Eudoxos.

Eudoxos von Knidos ($\approx$ 400–350 v. Chr.) war Mathematiker, Astronom, Arzt, Philosoph und Geograf. Er studierte in Tarent und in Sizilien und dann in Athen bei Platon. Um ca. 500 v. Chr. gab es in Athen einen Neuaufschwung in Politik und Wirtschaft bedingt durch politische und wirtschaftliche Reformen.

Der Sokratesschüler Platon (427–347 v. Chr.) begründete 387 v. Chr. die „Akademie" in Athen, eine einzigartige Philosophenschule. Über dem Eingang zur Akademie stand: „Niemand trete ein, der nicht der Geometrie kundig ist". Platon hatte großen Einfluss auf die Mathematiker, und umgekehrt wurde er stark von den Mathematikern beeinflusst. Ein besonderes Anliegen von Platon war die *Reinheit der Methoden* in der Mathematik. Als Konstruktionsprinzip in der Geometrie soll er „lediglich Zirkel und Lineal" erlaubt haben. Drei Probleme waren es insbesondere, mit denen sich die griechische Mathematik auseinandersetzte:

- die Quadratur des Kreises,
- die Würfelverdopplung,
- die Dreiteilung eines Winkels.

Die Quadratur des Kreises besteht in dem Problem, eine Kreisfläche in ein flächengleiches Quadrat zu verwandeln. Dass dieses Problem mit Zirkel und Lineal nicht zu lösen ist, bewies als erster 1882 F. Lindemann, indem er nachwies, dass die Kreiszahl π eine transzendente Zahl ist. Es hat jedoch zu allen Zeiten brauchbare Näherungskonstruktionen gegeben.

Zu Platons Zeiten soll ein Orakelsprecher die Verdopplung des würfelförmigen Altars in Deli gefordert haben, damit die

Bevölkerung von der Pest befreit werde. Mathematisch ist das Problem einfach zu formulieren: Hat der gegebene Würfel die Seitenlänge a, dann ist ein Würfel mit der Seitenlänge x gesucht, für den $x^3 = 2a^3$ gelten muss. Die Konstruktion mit Zirkel und Lineal ist nicht möglich, was aber erst im 19. Jahrhundert exakt bewiesen werden konnte.

Platon waren auch die fünf sogenannten platonischen Körper bekannt: Würfel, Tetraeder, Oktaeder, Dodekaeder und Ikosaeder. Sie sind dadurch gekennzeichnet, dass ihre Oberfläche durch regelmäßige n-Ecke begrenzt wird.

Platonische Körper (reguläre Polyeder)

Tetraeder	4 Dreiecke	Feuer
Würfel (Hexaeder)	6 Quadrate	Erde
Oktaeder	8 Dreiecke	Luft
Dodekaeder	12 Fünfecke	Welt
Ikosaeder	20 Dreiecke	Wasser

Die in der rechten Spalte stehenden Elemente wurden von Platon jeweils den geometrischen Objekten zugeordnet, wobei das Dodekaeder als Grundform für die Welt erschien.

Abbildung 1.16 Die fünf platonischen Körper.

Aristoteles (384–322 v. Chr.) war der wichtigste Schüler Platons. Er war eher Philosoph und Biologe als Mathematiker. Die von ihm entwickelte formale Logik ist jedoch schon ganz auf mathematische Schlüsse gestützt. Seine Lehren beherrschten fast 2000 Jahre die Wissenschaftstheorie. Seine Diskussion des „potentiell und aktual Unendlichen" kann man als Vorstufe von Cantors Mengenlehre und damit Aristoteles als Vorläufer der modernen Grundlagenforschung ansehen. Aristoteles war auch einer der Erzieher Alexander des Großen.

Nach dem Tod von Alexander dem Großen (323 v. Chr.) sank die politische Macht Griechenlands und zugleich seine führende Stellung im Bereich der Wissenschaften. Neues wissenschaftliches Zentrum wurde die von Alexander dem Großen am Nildelta gegründete Stadt Alexandria mit der Universität (dem Museion) und der größten Bibliothek der Welt. Hier wirkte nun 300 v. Chr. *Euklid von Alexandria* (seine Lebensdaten sind nicht genau bekannt, man geht davon aus, dass er um 340 v. Chr. bis 270 v. Chr. gelebt hat und seine Hauptwirkungszeit um 300 v. Chr. lag).

In den „Elementen", die aus 17 Büchern (Kapiteln) bestehen, ist das mathematische Wissen der Vorgänger zusammengefasst, geordnet und gleichzeitg auch erweitert. Im Laufe der Jahrhunderte sind unzählige Ausgaben erschienen. Die Elemente sind nach einer strengen Systematik aufgebaut. Sie enthalten: Definitionen, Postulate, Axiome, Probleme mit Lösungen, Sätze, Hilfssätze und deren Beweise. Das Axiomensystem hat viele Schwächen und Inkonsistenzen, jedoch hat man es bei den Elementen wohl mit der ersten axiomatisch aufgebauten Theorie zu tun. Wir wenden unser Augenmerk auf das 5. Postulat:

5. „Und dass, wenn eine gerade Linie bei einem Schnitt mit zwei geraden Linien bewirkt, dass innen auf derselben Seite entstehende Winkel kleiner als zwei Rechte werden, dann die zwei geraden Linien bei Verlängerung ins Unendliche sich treffen auf der Seite, auf der die Winkel liegen, die zusammen kleiner als zwei Rechte sind".

Aus dem 5. Postulat folgt das berühmte *Parallelenaxiom*: Zu jeder Geraden g und einem Punkt P existiert (in der durch g und P bestimmten Ebene) genau eine Gerade h, die durch P geht und zur Geraden g parallel ist.

Vom Erscheinen der Elemente bis ins 19. Jahrhundert haben sich Mathematiker mit der Frage beschäftigt, ob man das Parallelenaxiom auch ohne Verwendung des 5. Postulats (das zum Parallelenaxiom gleichwertig ist) aus den übrigen Axiomen folgern kann. Die Antwort ist „Nein" und sie erfolgte im 19. Jahrhundert unabhängig von

- János Bolyai (1802–1860) und
- Nikolai Lobatschewksi (1793–1856).

Sie gelten als Begründer der „nichteuklidischen" (hyperbolischen) Geometrie.

Die Beweisform von Euklid, die Aufteilung in Voraussetzung, Behauptung, Beweis, ist noch heute üblich. Der Satz 20 in Buch IX lautet: „Es gibt mehr Primzahlen als jede vorgelegte Anzahl von Primzahlen". In unserer heutigen Terminologie drücken wir das so aus: „Es gibt unendlich viele Primzahlen". Nach Einschätzung von Experten sind die „Elemente" das einflussreichste Werk in der gesamten mathematischen Literatur.

Der bedeutendste Mathematiker und das größte naturwissenschaftliche Genie der sogenannten Alexandrinischen Periode (bis ≈ 150 n. Chr.) war jedoch *Archimedes von Syrakus* 287–212 v. Chr.). Er stammte aus Syrakus, studierte vermutlich in Alexandria und wurde 212 in Syrakus von einem römischen Legionär ermordet. Er berechnete die Fläche von Kreisen, Ellipsen, Parabeln, die Volumina von Zylindern, Kegeln und Kugeln. Die geometrische Summenformel war ihm in einem Spezialfall geläufig. Er bewies die Ungleichung $3\frac{10}{71} < \pi < 3\frac{10}{70}$.

Bei Archimedes finden sich erste Ansätze von Grenzwerten. Er entwickelte für die Armee von Syrakus technische Hilfsmittel, sodass Syrakus lange dem kriegerischen Ansturm der Römer standhalten konnte. Archimedes verfasste Schriften über schwimmende Körper (er hat das Auftriebsgesetz entdeckt), über Hebelgesetze und Schwerpunkte, ferner hat er sich mit der Konstruktion von Flaschenzügen und Wasserschrauben beschäftigt.

Unter weiteren Mathematikern der Alexandrinischen Periode ist vielleicht *Aristarch von Samos* (≈ 310–230 v. Chr.) zu nennen. Er war der Vertreter eines heliozentrischen Systems, die Erde und die anderen Planten bewegen sich in Kreisbahnen um die Sonne (eine Vorstellung, die sogar von Archimedes abgelehnt wurde). Ferner sei *Eratosthenes von Kyrene* (≈ 276–195 v. Chr.) erwähnt, der den Erdumfang durch Bestimmung des Sonnenwinkels in Assuan und Alexandria mit ca. 46 000 km bestimmt hat (tatsächlicher Wert ca. 40 075 km). Von Eratosthenes stammt auch das sogenannte *Sieb des Eratosthenes*, eine Methode, alle Primzahlen bis zu einer vorgegebenen Schranke zu bestimmen.

Als letzten dieser Reihe nennen wir *Apollonios von Perge* (265–170 v. Chr.), der sich umfassend mit Kegelschnitten beschäftigt hat und der auch durch den sogenannten „Apollonios-Kreis" bekannt ist. Mit Apollonios erlebte die griechische Mathematik einen gewissen Abschluss, weil sich der Machtmittelpunkt nach Rom verlagerte und die Weiterentwicklung der Wissenschaft kein zentrales Anliegen Roms war. Bedeutende mathematische Einzelleistungen in den Folgezeiten stammen von Hipparch von Nicäa (190–126 v. Chr.), Heron von Alexandria (≈ 100 u. Z.) sowie Ptolemäus, der in seinem „Almagest" die Lehren und Beobachtungen von seinem ptolemäischen Weltsystem zusammenfasste (Erde im Mittelpunkt des Weltalls, Sonne, Planeten und Mond bewegen sich auf Kreisbahnen um die Erde). Einer der bedeutendsten Mathematiker des Altertums war ohne Zweifel *Diophant von Alexandria* (≈ 250 u. Z.). Sein Hauptwerk „Mathematika" hatte starke Ausstrahlung auf die Neuzeit („Diophanti'sche Gleichungen"). Als letzten bedeutenden Mathematiker der Antike wird *Pappus von Alexandria* (≈ 320 u. Z.) betrachtet, dessen Hauptwerk die „mathematische Sammlung" ist. Hypatia von Alexandria (um 400), die erste bekannte Mathematikerin, erlitt ein tragisches Schicksal: Als Mitglied der neuen platonischen Schule geriet sie in Konflikt mit fanatischen Christen und wurde von ihnen grausam ermordet.

395 (u. Z.) kam es zur Teilung des römischen Reiches in Westreich (Ende 476) und Ostreich (Ende 1455). 529 wurde die platonische Akademie in Athen durch den römischen Kaiser Justinian gewaltsam geschlossen. Nachdem die Mathematikschule in Alexandria bereits um 415 erloschen war, kennzeichnet das Jahr 529 den Untergang der antiken Mathematik in Griechenland, deren Tradition jedoch bis ca. 1400 in Byzanz gepflegt wurde.

630 zieht Mohammed (570–623) in seine Heimatstadt Mekka ein, seine Lehren begründen den Islam. Um 800 behandelt al-Hwârâzmî aus Choraren (Gebiet um den Aralsee) als erster islamischer Autor in seiner „Algebra" Verfahren zur Auflösung von Gleichungen (vorzugsweise lineare und quadratische Gleichungen).

Mittelalter

Das Jahr 529 u. Z. markiert mit der Schließung der Philosophenschule in Athen das Ende der hellenistischen Periode und den Beginn der mittelalterlichen Periode der Mathematik im europäisch-abendländischen Raum. Nach Ende des römischen Reiches versuchte die katholische Kirche die kulturelle Tradition des römischen Reiches zu bewahren. In den Klöstern wurden Schriften vergangener Jahrhunderte, insbesondere die der Araber, ins Lateinische übersetzt und so einem größerem Kreis von Lesern zugänglich gemacht, wobei sich der französische Mönch Gerbert (940–1003), der spätere Papst Sylvester II, besondere Verdienste erwarb. Von ihm stammt auch die erste bekannte Abschrift des Abakus-Redmens. Im 12. und 13. Jahrhundert entwickelten italienische Städte wie Pisa, Florenz, Venedig, Mailand und Genua Handelsbeziehungen bis in den Nahen und Fernen Osten. Wachsender Handel, Buchhaltung und Lagerhaltung erforderten exakte Rechnungen. Mathematik, insbesondere in Form von Rechnen und Messen, hatte wieder Konjunktur.

In Bologna (1119) und Padua (1222) wurden die ersten Universitäten gegründet, es folgten u. a. die Universitäten in Paris (1214), Cambridge (1231), Prag (1348), Wien (1356), Heidelberg (1386), Köln (1388) und Erfurt (1392). Als bedeutender Mathematiker dieser Periode ist *Leonardo von Pisa* ($\approx$ 1179–1250) zu nennen (genannt „Fibonacci" = Sohn des Bonacci). In seinem „liber abaci" gibt er einen Überblick über den Stand der Arithmetik und Algebra seiner Zeit. Er rechnete systematisch mit arabischen Ziffern. Sein Werk bildete die Grundlage für alle Rechenmeister und Algebraiker der Folgezeit. In seinem „Practica Geometria" behandelt Fibonacci auch kubische Gleichungen. In diesem Werk treten auch die sogenannten „Fibonacci-Zahlen" auf:

$$1,\ 1,\ 2,\ 3,\ 5,\ 8,\ 13,\ 21,\ \ldots$$

Jede Fibonacci-Zahl ist die Summe der beiden vorhergehenden, die rekursive Definition lautet damit $f_1 = 1$, $f_2 = 1$ und $f_{n+1} = f_n + f_{n-1}$ ($n \geq 1$). Die Fibonacci-Zahlen stehen in enger Verbindung zum „goldenen Schnitt" (siehe Kapitel 8 und 14.)

Renaissance

Die Zeit ab ca. 1400 nennt man in Europa *Renaissance*. Es war tatsächlich nicht nur eine Wiedergeburt der wissenschaftlichen und kulturellen Werke der Antike, sondern neue Technologien und Theorien wurden entwickelt. Dabei spielte die Erfindung der Buchdruckkunst durch Gutenberg (um 1445) eine wesentliche Rolle. Sie ermöglichte eine wesentlich schnellere Verbreitung von Information. Doch bis die ersten mathematischen Werke in Druck gingen, dauerte es noch Jahrzehnte.

In der Frühzeit der Renaissance war die Universität Wien das Weltzentrum der Mathematik. Im 15. Jahrhundert wirkten dort drei bedeutende Gelehrte:

- Johannes von Gmunden ($\approx$ 1384–1442),
- Georg von Feuerbach (1423–1461),
- Johannes Müller (1436–1476) (genannt Regiomontanus).

Die Hauptleistungen dieser Mathematiker liegen auf dem Gebiet der Astronomie und der dafür notwendigen mathematischen Hilfsmittel, speziell der Trigonometrie.

Mit dem beginnenden 16. Jahrhundert nahm die Zunft der Rechenmeister (Cossisten) einen enormen Aufschwung. *Adam Ries* aus Staffelstein bei Bamberg veröffentlichte 1524 sein Algebralehrbuch „Coß". Bedürfnisse des täglichen Lebens (Einkäufe auf dem Markt, kaufmännische Buchhaltung, Zinsrechnungen, etc.) machten es erforderlich, dass größere Bevölkerungskreise wenigstens mit den Grundrechenarten vertraut waren. Speziell diese wurden von den Rechenmeistern gelehrt. Das Algebrabuch von Adam Ries erlebte 108 Auflagen und wurde bis ins 17. Jahrhundert nachgedruckt.

Abbildung 1.17 Adam Ries

Ein weiterer bedeutender Rechenmeister in Deutschland war Michael Stifel ($\approx$ 1487–1567), sein Hauptwerk „Arithmetica integra" erschien 1544 in Nürnberg. Im Jahr 1545 erschien das von Gerolamo Cardano (1501–1576) verfasste Werk „Ars magna sive de Regulis Algebraicis". Es enthält Strategien zur Lösung von Gleichungen dritten und vierten Grades, die auf Ergebnissen von Nicolo Tartaglia ($\approx$ 1506–1559) und Scipione del Ferro ($\approx$ 1465–1525) zurückgehen. Rafael Bombelli (1526–1572) rechnete unbefangen mit Wurzeln aus negativen Zahlen und stellte Regeln für das Rechnen mit ihnen auf. Man kann seine Regeln als Vorstufe des Rechnens mit komplexen Zahlen betrachten (vgl. auch die Hintergrundbox auf Seite 144 in Kapitel 4).

Zu einer Revolution des astronomischen Weltbildes kam es 1543 mit der Veröffentlichung von „De Revolutionibus Orbium Coelestium", dem Hauptwerk von Nikolaus Kopernikus (1423–1543). Aufgrund von Rechnungen und Beobachtungen kam Kopernikus zum Schluss, dass sein heliozentrisches System (die Sonne ist Mittelpunkt des Planetensystems) mit der Realität wesentlich besser vereinbar ist als das geozentrische System des Ptolomäus. Er schloss damit an Vorstellungen von Aristarchos von Samos ($\approx$ 310–230

v. Chr.) an. Das Werk von Kopernikus wurde 1616 von der katholischen Kirche auf den Index gesetzt.

François Viète (1540–1603) (lat. Franciscus Vieta) propagierte im Anschluss an die Cardani'schen Formeln das Rechnen mit Buchstaben. Bekannt ist der nach ihm bekannte „Wurzelsatz": Hat die Gleichung $x^2 + px + q = 0$ die Lösungen (Wurzeln) x_1 und x_2, dann ist $p = -(x_1 + x_2)$ und $q = x_1 x_2$. Hiervon gibt es Verallgemeinerungen auf Polynome höheren Grades.

Das x in Gleichungen geht auf René Descartes (1596–1650) zurück.

Abbildung 1.18 René Descartes (1596–1650) nach einem Gemälde von Franz Hals, 1648.

Er gilt als Begründer der neuzeitlichen Philosophie. Er kombinierte Algebra mit Geometrie und begründete die „analytische Geometrie". Kartesische Koordinaten haben besonders angenehme Eigenschaften. Mit seiner Existenzphilosophie stellte er sich in einen krassen Gegensatz zu den Lehren der katholischen Kirche. Er wurde von dieser und später auch von der evangelischen Kirche massiv befehdet. Auch seine Übersiedlung in die als liberal geltenden Niederlande (1628/29) stand unter keinem guten Stern. Nachdem Galilei durch die katholische Kirche zum Widerruf gezwungen worden war, wurde auch in den Niederlanden Kopernikus' Schrift auf den Index gesetzt und die Verbreitung des kopernikanischen Weltbildes untersagt. Die Philosophie von Descartes wurde 1642 von einem Expertengremium verworfen, weil sie im Gegensatz zur offiziellen Theologie stehen würde. Seine Schriften wurden 1667 von der katholischen Kirche auf den Index gesetzt. Im Oktober 1649 folgte Descartes einem Ruf der für die Wissenschaften aufgeschlossenen schwedischen Königin Christine an den Königshof in Stockholm. Das Projekt, in Stockholm eine Akademie der Wissenschaften zu gründen, konnte er nicht mehr realisieren, da er bereits am 11. Februar 1650 verstarb.

Der mehr als Maler denn als Mathematiker bekannte Albrecht Dürer (1471–1528) verfasste ein Lehrbuch über die Perspektive, in der sich viele Elemente der „projektiven Geometrie" finden.

Galileo Galilei (1564–1642) begründete die Experimentalphysik, indem er Naturphänomene mit mathematischen Formeln beschrieb und sie rational zu erklären versuchte, und analog Johannes Kepler (1571–1630) die Himmelsmechanik.

In die beschriebene Periode fällt auch die Entwicklung von Rechenhilfsmitteln, z. B. die für die Navigation und Astronomie außerordentlich nützlichen Logarithmen u. a. durch John Napier (1550–1617), Michael Stifel (ca. 1487–1567) und Henry Briggs (1561–1630).

In die Barockzeit (ca. 1570–1770) fallen auch die Untersuchungen von Pierre de Fermat (1607–1665) zur Zahlentheorie. Fermat beschäftigte sich intensiv mit Diophants „Arithmetica". Fermat war von Beruf Jurist, aber leidenschaftlicher Hobby-Mathematiker. Er vermutete, dass Zahlen der Gestalt $F_n = 2^{2^n} + 1$, $n \in \mathbb{N}$, stets Primzahlen sind. Das trifft für $F_0 = 3$, $F_1 = 5$, $F_2 = 17$, $F_3 = 257$ und $F_4 = 65537$ tatsächlich zu, aber bis jetzt wurde kein weiteres n gefunden, für das F_n eine Primzahl ist. Zahlreiche Sätze und Methoden der „Elementaren Zahlentheorie" gehen auf Fermat zurück, z. B. der sogenannte kleine Fermat'sche Satz, dass für eine ganze Zahl a, die nicht durch die Primzahl p teilbar ist, stets p ein Teiler von $a^{p-1} - 1$ ist. Bekannt für eine größere Öffentlichkeit wurde Fermat, als 1994 von Andrew Wiles sein „letzter Satz" bewiesen wurde: Für $n \in \mathbb{N}$, $n \geq 3$ besitzt die Gleichung

$$x^n + y^n = z^n$$

keine Lösungen $x, y, z \in \mathbb{N}$. Von der Aufstellung der Vermutung, dass der Satz richtig sein könnte, bis zum Beweis hat es ca. 350 Jahre gedauert. Fermat gilt neben Blaise Pascal (1623–1663) auch als einer der Begründer der Wahrscheinlichkeitstheorie.

Aufklärung

Während Galileo Galilei noch im Jahr 1633 durch die Inquisition verurteilt wurde, war das 17. Jahrhundert geprägt von einem fortschreitenden Rationalismus. Der Glaube an kirchliche und staatliche Autoritäten wurde immer stärker hinterfragt. Das heliozentrische Weltbild setzte sich durch. Fortschritte auf dem Gebiet der Mathematik und Physik waren dabei wesentlich. Man beachte aber, dass das 17. Jahrhundert ein „dunkles Jahrhundert" war. Der dreißigjährige Krieg (1618–1648), den die europäischen Staaten auf deutschem Territorium austrugen, die Kriege Ludwigs XIV, die Türkenkriege (1683–1689), der englisch-niederländische Krieg (1665–1667) boten nicht gerade ideale Voraussetzungen für die Weiterentwicklung der Mathematik und der Naturwissenschaften. Daher ist es umso erstaunlicher, dass im Zeitraum von 1620/30 bis etwa 1730/40 eine quasi revolutionäre Entwicklung und ein Umschwung stattfand, der sowohl die Ziele als auch die Methoden betraf.

Man kann René Descartes und Pierre de Fermat schon zu dieser Epoche rechnen, die Hauptleistung war aber zweifelsohne die Entstehung und der Ausbau des „Calculus", des formalen Apparats der Differenzial- und Integralrechnung („Infinitesimalrechnung"). Aufbauend auf schon auf Archimedes zurückgehende Überlegungen und auf Vorarbeiten von Kepler und Cavalieri ($\approx$ 1598–1647), John Wallis (1616–1703) und Isaac Barrow (1630–1677) schufen unabhängig voneinander Isaac Newton (1643–1727) und Gottfried Wilhelm Leibniz (1646–1716) den „Calculus". Mit der Beherrschung von Grenzprozessen konnte man eine große Fülle mathematischer, naturwissenschaftlicher und praktischer Probleme lösen, manchmal auch nur mit Mühen.

Abbildung 1.19 Isaac Newton (1643–1727).

Abbildung 1.20 Gottfried Wilhelm Leibniz (1646–1716).

1665/1666 war der Süden Englands von einer Pestepidemie betroffen, allein in London starben fast 50 000 Menschen. Newton verbrachte diese Zeit in seinem Geburtsort Woolsthorpe nahe der Stadt Grantham an der Ostküste Mittelenglands. Während dieser Zeit entdeckte er die binomische Reihe, die Grundideen der Differenzialrechnung, das $1/r^2$-Gesetz der Gravitation und die Spektralzerlegung des Lichts. Unter dem Titel „Methodus Fluxionum et Serierum Infinitarum" veröffentlichte er 1671 eine schon relativ ausgefeilte Darstellung der Differenzial- und Integralrechnung, in der er erkannt hat, dass Differenziation und Integration Umkehroperationen voneinander sind. Fluenten sind physikalische Größen, die von der Zeit abhängen, Fluxionen ihre Geschwindigkeiten. Die Fluxion einer Fluxion ist also die Beschleunigung. Das Problem, eine Fluente zu einer gegeben Fluxion zu bestimmen entspricht der Integration bzw. der Lösung einer Differenzialgleichung. Sein berühmtes, für die Physik grundlegendes, Werk „Philosophiae Naturalis Principia Mathematica" (London 1687) macht jedoch von der Fluenten- und Fluxionsrechnung keinen Gebrauch.

Um 1685 kam es zwischen Newton und Leibniz zu einem heftigen Prioritätenstreit um die Entdeckung der Infinitesimalrechnung. Leibniz kam auf die Integralrechnung bei der Berechnung von Flächeninhalten von ebenen Figuren und auf die Differenzialrechnung durch das Problem, Tangenten an gegebene Kurven zu berechnen. Das Integralsymbol „$\int$" stammt von Leibniz, es erinnert an ein Summenzeichen. Experten gehen heute davon aus, dass Newton und Leibniz die Infinitesimalrechnung unabhängig voneinander entwickelt haben. Als Aufseher und Direktor der Münze in London wurde Newton zum Schrecken der Geldfälscher. 1703 wurde Newton Präsident der berühmten Royal Society. Dieses Amt hatte er bis zu seinem Tod im Jahr 1727 inne.

Leibniz gilt als einer der letzten Universalgelehrten. Er war nicht nur Mathematiker, sondern auch Philosoph, Theologe, Biologe, Physiker und Techniker. Sein Wahlspruch für die Mathematik war „Theoria cum Praxi", sein Wahlspruch für die Philosophie „Nihil sine Ratione". Seine Vielseitigkeit bewies er mit der Entwicklung einer Rechenmaschine. Er war ein Verfechter des Dualsystems (Zahldarstellung mit der Basis 2) und er konstruierte wichtige produktionsverbessernde Maschinen für den Bergbau. Auf das Betreiben von G. W. Leibniz wurde 1700 die „Berliner Societät der Wissenschaften" gegründet, aus der die Berliner Akademie der Wissenschaften hervorgegangen ist. Seine Beiträge zur Determinantentheorie lernen Studierende der Mathematik im ersten Semester kennen (Leibniz'sche Determinantenformel). Durch persönlichen Kontakt mit dem russischen Zaren Peter I (1672–1725) hatte Leibniz auch einen wesentlichen Einfluss auf die Gründung der Akademie der Wissenschaften in St. Petersburg (1724).

Zum weiteren Ausbau des Calculus trugen die Mitglieder der Baseler Mathematikerfamilie Bernoulli wesentlich bei, insbesondere die Brüder Jakob (1655–1705) und Johann (1667–1748). Beide lieferten auch wichtige Beiträge zur Wahrscheinlichkeitsrechnung. Johann Bernoulli war außerdem Lehrer von Leonard Euler (1707–1783), der alle überragende Mathematiker der Blütezeit der Aufklärung. Mit 20 Jahren verließ er seine Heimatstadt Basel, um einen Ruf an die Akademie in St. Petersburg anzunehmen. Euler war ungemein produktiv, im Jahr soll er etwa 800 Seiten geschrieben haben. Von 1741–1764 wirkte Euler an der Berliner Akademie, kehrte aber wegen Differenzen mit Friedrich II (dem Großen) wieder nach St. Petersburg zurück. Durch eine Augenkrankheit erblindete er vollkommen, diktierte aber dann seine Arbeiten einem Schreiber.

Euler war äußerst vielseitig, er vertiefte fast alle Zweige der Mathematik, insbesondere aber die Analysis und Zahlentheorie. Die Basis $e \approx 2.718\,281\,828$ (Euler'sche Zahl) der natürlichen Logarithmen berechnete er schon bis auf 23 Stellen. Er propagierte das Rechnen mit komplexen Zahlen (wenn

Abbildung 1.21 Leonard Euler (1707–1783).

ihm dabei auch manchmal Fehler unterliefen), er führte 1777 für das bis dahin gebrauchte $\sqrt{-1}$ die Bezeichnung i ein ($i^2 = -1$). Seine Untersuchungen zur Kombinatorik und Wahrscheinlichkeitstheorie sind heute noch Grundlage für die Berechnung von Lebensversicherungen.

Als Zeitgenossen von Euler seien noch der französische Mathematiker Rond d'Alembert (um 1750) und die „drei großen L":

- Joseph Louis Lagrange (1736–1813),
- Pierre Simon Laplace (1749–1827) und
- Adrien Marie Legendre (1752–1833)

genannt. Lagrange gilt als einer der Begründer der Variationsrechnung, er lieferte wichtige Beiträge zur Infinitesimalrechnung, zur Himmelsmechanik, er propagierte die Benutzung von Potenzreihen. Laplace lieferte Beiträge zur Theorie der partiellen Differenzialgleichungen (Laplace-Operator), zur Theorie der Kugelfunktionen, zur Integraltransformationen (Laplace-Transformation) und zur Wahrscheinlichkeitstheorie („Laplace'scher Dämon"). Von Legendre stammen wichtige Beiträge zur Himmelsmechanik, Variations- und Ausgleichsrechnung, sowie zur Theorie der elliptischen Integrale, zu Grundlagen der Geometrie und Zahlentheorie („Legendre-Symbol").

Das 19. Jahrhundert

Mit Lagrange, Laplace und Legendre haben wir die Schwelle zum 19. Jahrhundert überschritten und sind in die Welt der mathematischen Abstraktion eingetreten. Die Arbeit von Lagrange über algebraische Gleichungen wurde von dem norwegischen Mathematiker Nils Henrik Abel (1802–1829) versehentlich erweitert. Seine Lebensgeschichte war eher tragisch, er war ständig von Krankheit, Armut und unglücklichen Umständen verfolgt. Als es A. L. Crelle, dem Begründer des „Journals für die reine und angewandte Mathematik", endlich gelungen war, für N. H. Abel eine Dauerstelle an der Berliner Universität durchzusetzen, war Abel wenige Tage zuvor an Tuberkulose gestorben.

1826 hatte er die Nichtauflösbarkeit der allgemeinen Gleichung 5. Grades bewiesen. Er hatte erkannt, dass durch die Umkehrung elliptischer Integrale doppeltperiodische Funktionen entstehen (C. F. Gauß hat dies auch entdeckt, aber nicht publiziert). Aus der Analysis geläufig ist der abelsche Grenzwertsatz und aus der Theorie der elliptischen Funktionen das „abelsche Theorem". Abelsche Gruppen sind so selbstverständlich, dass man gar nicht mehr an N. H. Abel denkt, sondern „abelsch" mit „kommutativ" gleichsetzt. Die Verallgemeinerung des Begriffs der elliptischen Funktion auf Funktionen mehrerer Variablen führt auf den Begriff der abelschen Funktion.

Évariste Galois (1811–1832) konnte die Lösungen seiner Polynomgleichungen in Zusammenhang bringen mit Permutationen der Lösungen, die eine Gruppe bilden, die sogenannte Galois-Gruppe. Damit war der Begriff der Gruppe geboren. Neben den Arbeiten von Abel und Galois, der 1832 im Alter von nicht mal 21 Jahren bei einem Duell ums Leben kam, beeinflussten vor allem die 1801 erschienenen Disquisitiones Arithmeticae von C.F. Gauß die weitere Entwicklung der Mathematik, wobei es auch viele vergebliche Versuche gab, die Fermat'sche Vermutung aus dem Jahre 1637 zu beweisen.

Abbildung 1.22 C. F. Gauß(1777–1855).

Schon zu seinen Lebzeiten galt C. F. Gauß (1777–1855) als „Fürst der Mathematiker" („Princeps Mathematicorum"). Er vermutete im Alter von 14 Jahren, dass die Anzahl der Primzahlen unterhalb einer natürlichen Zahl durch $\frac{n}{\log n}$ approximiert werden kann, wenn n hinreichend groß ist. Er lieferte mehrere Beweise des Fundamentalsatzes der Algebra, er charakterisierte die natürlichen Zahlen, für welche das regelmäßige n-Eck mit Zirkel und Lineal konstruierbar ist. Mit dem Erscheinen des „Disquisitiones Arithmeticae" wurde Gauß weltberühmt. Er entwickelte die Methode der Ausgleichsgleichung, mit deren Hilfe es gelang, den Planetoiden Ceres wiederzuentdecken. Es gibt kaum ein Gebiet in der Mathematik, das er nicht beherrschte, und zu zahlreichen Gebieten hat er wegweisende Beiträge geleistet. Jedem Studierenden sind die komplexen Zahlen und ihre Veranschaulichung in der Gauß'schen Zahlenebene geläufig. Er führte 1831 den Begriff „komplexe Zahl" ein. Die volle Akzeptanz der komplexen Zahlen in der Mathematik ist sicherlich auch sein Verdienst. Sei Motto war „Die Theorie zieht die Praxis an, wie der Magnet das Eisen". Die Gauß'sche Normalverteilung und das Bild von Gauß findet sich auf den bis 2001 gültigen 10-DM-Scheinen (Abb. 1.22). Er erfand mit Weber einen Telegrafen und verbesserte die Konstruktion von Fernrohren. Auf seinen bei der Vermessung des Königreichs Hannover entstanden geometrische Überlegungen entwickelte er die Anfänge der Differenzialgeometrie. C. F. Gauß hat mit seinen „Disquisitiones Arithmeticae" die Mathematik des 19. Jahrhunderts, insbesondere die Zahlentheorie, in der man auch unentwegt versuchte, die Fermat'sche Vermutung aus dem Jahr 1637 zu beweisen, wesentlich beeinflusst.

War bis dato das Lösen von Gleichungen der Hauptgegenstand der Algebra, so entwickelte sich die Algebra zu einem Gebiet, in welchem algebraische Strukturen wie Gruppen, Ringe, Körper, Vektorräume und Moduln im Mittelpunkt des Interesses standen.

Wir haben schon darauf hingewiesen, dass Euklids Parallelenaxiom (das fünfte Postulat) nicht aus den vier anderen Axiomen abgeleitet werden kann. Der russische Mathematiker Nikolai Ivanowitsch Lobatschewski (1793–1856) und der ungarische Mathematiker János Bolyai (1802–1860) stellten um 1830 Modelle für Geometrien vor, die nicht das fünfte Postulat erfüllten. Gauß war ein solches Modell vermutlich auch geläufig. Bernhard Riemann (1826–1866) entwickelte die Ideen – aufbauend auf den Ideen von Gauß – weiter und begründete nach der Pionierarbeit von Gauß damit die Differenzialgeometrie. Felix Klein (1849–1925) verwendete 1872 den Gruppenbegriff zur Klassifikation der verschiedenen Arten von Geometrien. David Hilbert (1862–1943) begründete die euklidische Geometrie in seinem Buch „Grundlagen der Geometrie" (1899) axiomatisch.

Das 19. Jahrhundert war gekennzeichnet durch die Exaktifizierung der Begriffe der Analysis. Bernhard Bolzano (1781–1848) formulierte als erster das heute als Cauchy-Kriterium bekannte Konvergenzkriterium für die Konvergenz von (Funktionen-)Folgen. Er formulierte 1817 den nach ihm benannten Nullstellensatz für stetige Funktionen und gab als erster eine auf ganz $\mathbb{R}$ definierte stetige Funktion an, die in keinem Punkt differenzierbar ist. Dagegen glaubte der bekanntere französische Mathematiker Augustin-Louis Cauchy (1789–1857) noch, dass jede stetige Funktion auf $\mathbb{R}$ auch differenzierbar ist. Seine formalen Definitionen zum Konvergenzbegriff für Folgen und Reihen und zum Stetigkeitsbegriff finden sich in seinem berühmten „Cours d'Analyse" aus dem Collège de France um 1820. Ein expliziter ε-δ-Beweis findet sich lediglich beim Beweis des Mittelwertsatzes der Differenzialrechnung. Cauchy ist jedoch ein Wegbereiter für die neue Strenge in der Analysis. Eine exakte arithmetische Begründung für das Rechnen mit Grenzwerten ist der Verdienst von Karl Weierstraß (1815–1897).

Cauchy und Weierstraß gelten als Begründer der „komplexen Analysis", die man im deutschen Sprachraum auch „Funktionentheorie" nennt. Zu deren Stammvätern ist auch Bernhard Riemann (1826–1866) zu zählen, der im Wettstreit mit Carl Gustav Jacob Jacobi (1804–1851) auch die Theorie der elliptischen Integrale entwickelt hat. Die Umkehrung der elliptischen Integrale sind elliptische Funktionen. Historisch hat man zuerst die elliptischen Integrale „elliptische Funktionen" genannt, später wurde die Bezeichnung umgedreht. Die Reihendarstellung für die Weierstraß'sche $\wp$-Funktion findet sich schon 1847 bei G. Eisenstein (1823–1852).

Die weitere Entwicklung der komplexen Analysis im 19. Jahrhundert steht in engem Zusammenhang mit Problemen der Zahlentheorie. Die von A. M. Legendre und C. F. Gauß vermutete Formel

$$\lim_{n \to \infty} \frac{\pi(n)}{\frac{n}{\log n}} = 1$$

für die Anzahl $\pi(n)$ der Primzahlen unterhalb n wurde 1896 von dem französischen Mathematiker Jacques Hadamard (1865–1963) und dem belgischen Mathematiker Charles De la Vallée Poussin (1866–1962) unabhängig voneinander bewiesen. Bernhard Riemann war in seiner berühmten Arbeit „Über die Anzahl der Primzahlen unter einer gegebenen Größe" nahe an einem Beweis. Die von Riemann aufgestellte Vermutung, dass die Nullstellen der nach ihm benannten Zeta-Funktion in der rechten Halbebene alle den Realteil $\frac{1}{2}$ haben, ist bis heute unbewiesen (siehe auch Millenniumprobleme).

Richard Dedekind (1831–1916) war bei der Vorbereitung einer Vorlesung über Infinitesimalrechnung im Herbst 1858 am damaligen eidgenössischen Polytechnikum Zürich (heute ETH) aufgefallen, dass eigentlich noch niemand die Existenz der reellen Zahlen bewiesen hatte. Mit seinen beiden Schriften „Stetigkeit und irrationale Zahlen" (1872) und „Was sind und was sollen die Zahlen" (1887) leistete er wesentliche Beiträge zur logisch arithmetischen Konstruktion der reellen Zahlen (ohne Gebrauch der Intuition). Fast zeitgleich mit Dedekind lieferten K. Weierstraß, Charles Méray (1835–1911) und Georg Cantor (1845–1918) entsprechende Konstruktionen der reellen Zahlen. Cantors Arbeit zur Theorie von unendlichen Mengen um die Wende vom 19. zum 20. Jahrhundert war auch ein wichtiger Meilenstein für die Analysis.

Kennzeichnend für die Mathematik des 19. Jahrhunderts war vielleicht auch ihre Anwendungsbezogenheit. Die Theorie der Wärmeausbreitung in Festkörpern wurde von Joseph Fourier (1768–1830) in seinem „Théorie de la chaleur" 1807 entwickelt. Fourier schuf die Grundlage der Theorie, die man heute „Fourieranalyse" nennt. Im Zusammenhang mit Arbeiten in der Hydrodynamik und Elektrodynamik bewies der englische Mathematiker und Physiker George Gabriel Stokes (1819–1903) um 1850 den berühmten Stokes'schen Integralsatz.

Eine Fülle neuer Ideen und mathematischer Methoden entwickelte Laplace um 1812. Fehlertheorie, statistische Mechanik und Versicherungsmathematik sind Weiterentwicklungen der ursprünglich nur auf die Analyse von Glücksspielen konzentrierten Überlegungen von Laplace.

Der norwegische Mathematiker Sophus Lie (1842–1899) begründete in seinen Arbeiten über Differenzialgleichungen die heute nach ihm benannte Theorie der Lie-Gruppen, die z. B. bei der Klassifikation von Elementarteilchen von Bedeutung sind.

Die Mathematik im 20. Jahrhundert

Auf dem internationalen Mathematikerkongress in Paris im Jahr 1900 stellte David Hilbert seine 23 Probleme vor, welche die Entwicklung der Mathematik im 20. Jahrhundert wesentlich beeinflussen sollten. Nicht alle diese Probleme sind bis heute gelöst. Der entsprechende Wikipedia-Artikel gibt einen guten Überblick. Ostwalds Klassiker der exakten Wissenschaften Band 252 „Die Hilbert'schen Probleme" ist eine hervorragende Referenz.

Wir gehen auf einige dieser Probleme etwas näher ein: Die Fragestellung im 1. Hilbert'schen Problem lautet: Gibt es eine Teilmenge von $\mathbb{R}$, die überabzählbar ist und deren Mächtigkeit (Kardinalitätszahl) echt kleiner ist als die der reellen Zahlen? Dass es eine solche Teilmenge nicht gibt, bezeichnet man als *Kontinuumshypothese* (vergl. die Ausführungen in Kap. 4). Kurt Gödel hat 1938 gezeigt, dass die Verneinung der Kontinuumshypothese nicht aus den üblichen Axiomen der Mengenlehre, dem ZFC-Axiomensystem beweisbar ist. 1963/64 bewies P. Cohen (1934–2007), dass auch die Kontinuumshypothese selbst nicht aus dem ZFC-Axiomensystem beweisbar ist. Das Problem hängt unmittelbar zusammen mit dem 2. Hilbert'schen Problem: Sind die Axiome der Arithmetik widerspruchsfrei?

Das 6. Problem stellt die Frage: Wie kann die Physik axiomatisiert werden? Gewisse Teilgebiete der Physik, z. B. die Quantenmechanik können axiomatisch behandelt werden, eine allgemeine axiomatische Darstellung der gesamten Physik ist aber in weiter Ferne.

Das 7. Hilbert'sche Problem stellt die Frage: Ist α^β immer transzendent, wenn α algebraisch ($\alpha \neq 0, \alpha \neq 1$) und β irrational und algebraisch ist? Alexander Gelfond (1934) und Theodor Schneider (1935) beantworteten die Frage mit „ja", so ist z. B. $2^{\sqrt{2}}$ eine transzendente Zahl.

Das 8. Hilbert'sche Problem enthält die von Bernhard Riemann (1826–1866) gestellte Frage, ob die Nullstellen der Riemann'schen ζ-Funktion in der Halbebene Re$(s) > 0$ alle den Realteil $\frac{1}{2}$ haben. Bekannte Nullstellen in dieser Halbebene haben den Realteil $\frac{1}{2}$. Mit Computereinsatz hat man auch Zahlen $\frac{1}{2} + it$, $t \in \mathbb{R}$, $t < 10^{12}$, getestet und nachgewiesen, dass die Riemann'sche Vermutung für diese Zahlen richtig ist. Ein allgemeiner Beweis steht aber nach wie vor aus. Von den 23 Hilbert'schen Problemen hat die Clay-Foundation die „Riemann'sche Vermutung" in die sieben Millennium-Probleme aufgenommen (siehe 21. Jahrhundert).

Die Wahrscheinlichkeitstheorie wurde 1933 von dem russischen Mathematiker A. N. Kolmogorov axiomatisiert, was bereits von Hilbert angemahnt worden war. Die Modellierung des Zufalls nimmt heute insbesondere in den Anwendungen ein bedeutende Rolle ein.

War bis 1933 die Universität Göttingen ein Weltzentrum der Mathematik – vielleicht sogar das Weltzentrum der Mathematik – so änderte sich die Situation nach der Machtergreifung der Nationalsozialisten im Jahr 1933 schlagartig. In ganz Deutschland wurden Mathematiker und Mathematikerinnen mit jüdischen Wurzeln entlassen oder zur vorzeitigen Emeritierung gezwungen. Besonders schwer traf es die Universität Göttingen, an der auch David Hilbert seit 1895 ordentlicher Professor war. Emmy Noether, Emil Artin, Hermann Weil, Richard Courant, Paul Bemays, Carl Ludwig Siegel emigrierten ins Ausland, meist in die USA. Der Zahlentheoretiker Edmund Landau wurde seiner Ämter enthoben.

Hilberts Traum, die gesamte Mathematik auf logischen Axiomen aufzubauen, wurde endgültig durch den Unvollständigkeitssatz von Gödel (1931) und die Ergebnisse von Paul Cohen (1960/61) zerstört. Sowohl die Kontinuumshypothese als auch das sogenannte Auswahlaxiom, das in viele mathematische Konstruktionen und Ergebnisse einfließt, können weder aus den Axiomen der von S. Zermelo und Paul Fraenkel entwickelten Mengenlehre bewiesen noch widerlegt werden. Das ZF-System (ZF steht für Zermelo-Fraenkel) ist unvollständig und wird durch Hinzunahme des Auswahlaxioms zum ZFC-System (C für Axiom of Choice) ergänzt. Hilbert beschäftigte sich von den philosophischen Grundlagen der Mathematik mit fast allen Fragen der Mathematik und ihren Anwendungen, insbesondere in der Physik. Der Begriff des „Hilbert-Raums" ist für die Mathematik und ihre Anwendungen von fundamentaler Bedeutung und sein Name sozusagen verewigt.

Obwohl der zweite Weltkrieg (1939–1945) unendliches Leid über viele Völker der Welt gebracht hat, trug er auch zum Fortschritt der Wissenschaften bei. Alan Turing (1912–1954) konnte mithilfe der von ihm entwickelten Automaten- und Algorithmentheorie universell einsetzbare Automaten (heute Turingmaschinen) entwickeln. Mit ihrer Hilfe gelang es ihm und anderen Wissenschaftlern, den Verschlüsselungscode der deutschen Verschlüsselungsmaschine Enigma ab 1943 zu knacken, der insbesondere auch in der Kommunikation mit U-Booten eingesetzt wurde. Manche Historiker sind der Meinung, dass die Entschlüsselung des Enigma-Codes ein wichtigen Beitrag zur Beendigung des zweiten Weltkriegs war. Nachdem Konrad Zuse (1910–1995) 1936 den ersten mechanischen Computer gebaut hatte, wurden im Zusammenhang mit dem Bau der ersten Atombombe (sog. „Manhattan-Projekt") auch erste leistungsfähige elektronische Röhrenmaschinen entwickelt, mit denen die am Manhattan-Projekt beteiligten Mathematiker umfangreiche Simulationsrechnungen durchführen konnten.

Große Fortschritte während des 20. Jahrhunderts konnten die klassischen mathematischen Gebiete Algebra, Geometrie und Analysis aufweisen, die sich in viele, manchmal sehr abstrakte Richtungen weiterentwickelten. Die theoretische Mathematik erhielt u. a. wesentliche Impulse durch die Entwicklung der Garbentheorie, der Kategorien und Funktoren, der Theorie der Faserbündel, der homologischen Algebra und der Kohomologietheorie. Die von John von Neumann und Oscar Morgenstern entwickelte Spieltheorie fand wichtige Anwendungen, z. B. in der Ökonomie. Die Optimierungstheorie wurde wesentlich weiterentwickelt. Große Fortschritte gab es auf dem Gebiet der partiellen Differenzialgleichungen und dynamischen Systeme. Wichtige Fortschritte gab es auch in den Bereichen Wahrscheinlichkeitstheorie und Statistik. Immer wieder fand man auch unbekannte Zusammenhänge zwischen abstrakten mathematischen Theorien und physikalischen Anwendungen, z. B. der abstrakt entwickelten Theorie der Topologie vierdimensionaler Mannigfaltigkeiten und der Theorie der Elementarteilchen (Quarks, Eich-Theorien, Yang-Mills-Gleichung). Durch diese Zusammenhänge wurde ab 1980 ein reger Austausch zwischen Mathematik und theoretischer Physik eingeleitet.

Dem Computereinsatz kam eine immer größere Bedeutung zu. Der Beweis des sogenannten Vier-Farben-Satzes durch Appel und Haken im Jahr 1976 ist ein solches Beispiel. Von zahlreichen Mathematikern wurde der Beweis aber nicht anerkannt, weil die Reduzierung auf spezielle Konfigurationen Fehler aufwies. 1996 lieferten Daniel P. Sanders, Paul Seymour und Robin Thomas einen transparenteren Beweis des Vier-Farben-Satzes. Auch bei der *Klassifikation der endlichen einfachen Gruppen* war der Computer ein unersetzliches Hilfsmittel. Über 40 Jahre haben sich über 100 Mathematiker mit diesem Problem beschäftigt, aber es hat von 1980 bis 2004 gedauert, bis der Beweis letztlich akzeptiert wurde.

Obsthändler wussten schon immer, wie man optimal Orangen stapelt, sehr früh wussten auch Militärs, wie man Geschosskugeln platzsparend lagert. In seinem Buch „Vom sechseckigen Schnee" hat Johannes Kepler eine pyramidenförmige Anordnung der Kugeln beschrieben, die genau $\frac{\pi}{3\sqrt{2}} \cdot 100$ Prozent des Gesamtvolumens der Pyramide ausmachen (das bedeutet ≈ 74.048 Prozent). Dass es keine dichtere Kugelpackung gibt, ist die sogenannte Kepler'sche Vermutung, deren mögliche Lösung 1998 von Tom Hales angekündigt wurde. Der Knackpunkt war wieder der Computereinsatz zur Untersuchung vieler Fallunterscheidungen. Der theoretische Teil des Beweises von Hales wurde in der Zwischenzeit von einem Gutachtergremium für richtig befunden. Hales schätzt, dass die formale Überprüfung des gesamten Beweises noch ca. 20 Jahre dauern wird.

Völlig ohne Computereinsatz konnte jedoch Andrew Wiles (geb. 1953) im Jahr 1993 die Fermat'sche Vermutung (siehe Seite 20) beweisen, seither spricht man von „Fermat's Last Theorem" (der endgültige Beweis wurde 1995 veröffentlicht). Der Beweis der Fermat'schen Vermutung nach ca. 350 Jahren war sicherlich das Highlight der Mathematik des 20. Jahrhunderts. Der Beweis der Fermat'schen Vermutung war eigentlich ein „Abfallprodukt" aus einem Beweis der Taniyama-Weil-Shimura-Vermutung. Diese macht tiefliegende strukturelle Aussagen über elliptische Kurven und Galois-Gruppen. Nur durch das Zusammenspiel verschiedener mathematischer Disziplinen (z. B. algebraische Geometrie, Zahlentheorie, elliptische Kurven, Modulformen) konnte Wiles sein Resultat erzielen, aus dem die Lösung des über 350 Jahre alten Fermat'schen Problems der Zahlentheorie folgt. Die Zahlentheorie erhielt durch den Wiles'schen Beweis wesentliche Impulse.

Primzahlen – früher für viele ein exotisches Gebiet der theoretischen Mathematik – gewannen an Bedeutung für die Gewinnung optimaler Codes und für die Kryptographie.

Abbildung 1.23 Andrew Wiles (geb. 1953).

Kennzeichnend für die Mathematik im 20. Jahrhundert war vielleicht, dass trotz großer Weiterentwicklung in Richtung Abstraktion tiefliegende Zusammenhänge zwischen einzelnen Teilgebieten der Mathematik und der theoretischen Physik entdeckt wurden. So erhielten Atiyah und Singer 2004 den Abelpreis für ihre Arbeiten. Der Abelpreis, der 2003 anlässlich des 200. Geburtstages von N. H. Abel gestiftet wurde, ist die höchstdotierte Auszeichnung (≈ 750.000 Euro) für außergewöhnliche wissenschaftliche Leistungen auf dem Gebiet der Mathematik. Als „Nobelpreis der Mathematik" gilt jedoch die Fields-Medaille, die als einziger Deutscher bisher Gerd Faltings (geb. 1954) im Jahr 1986 für seinen Beweis der Mordell'schen Vermutung für diophantische Gleichungen erhalten hat. Der Preisträger darf nicht älter als 40 Jahre sein, Wiles hatte 1994 diese Altersgrenze gerade überschritten.

Ausblick ins 21. Jahrhundert

Das Jahr 2000 war das Weltjahr der Mathematik. In bewusster Anknüpfung an die 23 Hilbert'schen Probleme aus dem Jahr 1900 benannte im Mai 2000 das Clay Mathematics Institute (CMI) auf einer Tagung in Paris sieben bis dato ungelöste mathematische Probleme, für deren Lösung jeweils ein Preisgeld von einer Million Dollar ausgelobt wurde. Diese Millenniumprobleme stammen aus den Bereichen Zahlentheorie, Topologie, mathematische Physik und theoretische Informatik. Das erste Millenniumproblem wurde schon bei Hilberts 23 Problemen genannt: die Riemann'sche Vermutung, dass die Nullstellen der Riemann'schen Zetafunktion in der rechten Halbebene alle den Realteil $\frac{1}{2}$ haben. Das siebte war die Poincaré'sche Vermutung für die Dimension 3: Jede kompakte dreidimensionale Mannigfaltigkeit, auf der jede Schleife auf einen Punkt zusammengezogen werden kann, ist homöomorph zur Sphäre S^3. Einen Beweis hierfür gab im Jahr 2003 der russische Mathematiker Gregori Perelmann. Hierfür wurde ihm die Fields-Medaille zugesprochen. Sowohl die Annahme der Fields-Medaille als auch das Millenniumpreisgeld lehnte er allerdings ab.

Bereits im April 2002 wurde von dem rumänischen Mathematiker Preda Mihailescu (geb. 1955) die sogenannte Catalan'sche Vermutung bewiesen, die besagt: Die einzige ganzzahlige Lösung der Gleichung $x^p - y^q = 1$ mit $x,\ p,\ y,\ q > 1$ lautet $x = 3,\ p = 2,\ y = 2,\ q = 3$.

Zahlreiche weitere Vermutungen, die zum Teil auch leicht zu verstehen sind, harren noch der Lösung, so z. B. die Goldbach'sche Vermutung (Goldbach schrieb 1742 in einem Brief an Euler: Jede gerade natürliche Zahl $n \geq 4$ lässt sich als Summe von zwei Primzahlen darstellen). 1985 formulierten Masser und Oesterlé die abc-Vermutung: Sind $a,\ b,\ c$ paarweise teilerfremde natürliche Zahlen mit $a + b = c$ (daher der Name!) und ist $\operatorname{rad}(abc) < c^{1-\varepsilon}$ für jedes $\varepsilon > 0$, dann gibt es nur endlich viele solcher Tupel (a, b, c). Dabei ist für $n \in \mathbb{N}$ $\operatorname{rad}(n) := \prod_{p \mid n} p$ das Produkt aller Primzahlen, die n teilen. So ist z. B. $\operatorname{rad}(10) = 2 \cdot 5 = 10$, $\operatorname{rad}(18) = 6$ und $\operatorname{rad}(65\,536) = 2$. Im August 2012 veröffentlichte Shinichi Mochizuki, der 1992 bei Gerd Faltings promoviert hatte, einen möglichen Beweis der abc-Vermutung, dessen Korrektheit bis zur Drucklegung dieses Werks noch nicht abschließend geprüft war. Sind die abc-Vermutung und gewisse Verallgemeinerungen auf Polynomringe richtig, ergeben sich wesentlich einfachere Beweise z. B. für die Mordell'sche Vermutung oder Sätze von C. L. Siegel und Th. Schneider über diophantische Gleichungen. Der kanadische Mathematiker Robert P. Langlands entwickelte bereits 1966/67 eine Reihe von Vermutungen über tiefliegende Zusammenhänge mathematischer Theorien, die als „Langlands-Programm" bezeichnet werden und an deren Lösung weltweit gearbeitet wird und das durch die Erfolge von Andrew Wiles und Richard Taylor einen gewaltigen Schub erhalten hat.

Im August 2012 veröffentlichte Shinichi Mochizuki, der 1992 bei Gerd Faltings promoviert hatte, einen möglichen Beweis der abc-Vermutung, dessen Korrektheit noch nicht abschließend geprüft war. 2021 wurde die Arbeit von Mochizuki in den Publications of the RIMS veröffentlicht.

Waren bis nicht vor allzu langer Zeit die Naturwissenschaften, die Technik und die Wirtschaftswissenschaften die klassischen Anwendungsgebiete der Mathematik, so haben in der Zwischenzeit mathematische Methoden in den Lebenswissenschaften (Biologie, Medizin), Sozialwissenschaften und auch Geisteswissenschaften Eingang gefunden. Auch die Industrie bedient sich zunehmend mathematischer Methoden (z. B. Verkehrsplanung, Energiewirtschaft, Materialwirtschaft, Logistik, Versicherungswirtschaft, Banken und Börsen, Finanzdienstleistungsindustrie). Ungeheure Datenmengen können nur mit Computerhilfe analysiert werden. In dem im Jahr 2008, dem Jahr der Mathematik in Deutschland, erschienenen Band Mathematik – Motor der Wirtschaft (Springer-Verlag) schreibt die Bundesministerin für Bildung und Forschung, Annette Schavan, in einem Grußwort u. a.:

„Hightech gibt es nicht ohne Mathematik. ‚Mathematik. Alles was zählt' ist unser Leitsatz für das Wissenschaftsjahr 2008, das ‚Jahr der Mathematik'. Er unterstreicht, wie wichtig die Mathematik im Leben ist und wie sie unseren Alltag durchdringt."

Das Jahr der Mathematik hat sicher dazu beigetragen, die Diskrepanz zwischen dem Ansehen der Mathematik in der Öffentlichkeit und ihrer wahren Bedeutung zu verkleinern. Vielfach ist einer breiten Öffentlichkeit nicht bewusst, wie viel Mathematik in der Verkehrsplanung (etwa bei der Deutschen Bahn AG), in einem Handy oder Navigationsgerät, in einem Computertomographen, einer Geldkarte oder einem Scanner an der Kasse eines Supermarkts steckt.

Auch die Mathematik des 21. Jahrhunderts wird gekennzeichnet sein durch die Pole „Theorie" und „Anwendungen", gemäß dem Leibniz'schen Wahlspruch „Theoria cum praxi", und der Feststellung von C. F. Gauß: „Die Theorie zieht die Praxis an wie der Magnet das Eisen". Es gibt zahlreiche mathematische Herausforderungen sowohl auf theoretischer als auch praktisch anwendbarer Ebene. Die Mathematik ist wegen ihrer universellen Anwendbarkeit zu einer Schlüsseltechnologie geworden. Mit einem Zitat von Eberhard Zeidler zur Bedeutung der Mathematik sollen die Schnappschüsse aus der Geschichte der Mathematik beendet werden:

„Die Mathematik ist ein wundervolles zusätzliches Erkenntnisorgan des Menschen, ein geistiges Auge, das ihn etwa in der modernen Elementarteilchenphysik, der Kosmologie und der Hochtechnologie in Bereiche vorstoßen lässt, die ohne Mathematik nicht zu verstehen sind, weil sie von unserer Erfahrungswelt extrem weit entfernt sind." (Eberhard Zeidler in Wußing, 6000 Jahre Mathematik, Springer-Verlag 2009).

Logik, Mengen, Abbildungen – die Sprache der Mathematik

Wie führt man einen Widerspruchsbeweis?

Wie lassen sich Mengen beschreiben?

Was ist eine Abbildung?

Wodurch ist eine Äquivalenzrelation gekennzeichnet?

© Springer-Verlag GmbH Deutschland, ein Teil von Springer Nature 2022
T. Arens et al., *Grundwissen Mathematikstudium*,
https://doi.org/10.1007/978-3-662-63313-7_2

Mathematik kann man als eine Sprache auffassen. Das Vokabular basiert auf der Mengenlehre, und die Logik übernimmt die Rolle der Grammatik. Die Begriffe und Symbole der Mengenlehre und der Logik werden dabei als eine Art Stenografie verwendet, um Definitionen, Sätze und Beweise prägnant und klar formulieren zu können.

In diesem einführenden Kapitel stellen wir die für uns wesentlichen Begriffe und Symbole der Logik und Mengenlehre zusammen. Da die präzise Einführung dieser Begriffe und Symbole für die Analysis und lineare Algebra, also im Wesentlichen für das erste Studienjahr, nebensächlich ist, können wir auf einen axiomatischen Aufbau verzichten. Wir benutzen einen intuitiven Zugang zur Logik und Mengenlehre. Dieses Vorgehen, das auch bei Anfängervorlesungen in der Mathematik üblich ist, hat sich bewährt. Man kann somit nach relativ kurzer Einführung schnell zu den Inhalten der Analysis und linearen Algebra kommen. Im Laufe seines Studiums aber sollte sich jeder Mathematikstudent mit einigen wenigen Inhalten der axiomatischen Mengenlehre bzw. der mathematischen Logik vertraut machen.

Zur Mengenlehre gehören Abbildungen zwischen Mengen und Relationen auf Mengen. Bei der Einführung dieser Begriffe legen wir ein Augenmerk auf präzise Anwendungen der Begriffe und Symbole der Logik und der bis dahin entwickelten Mengenlehre. Das erscheint einem Neuling in der Mathematik schnell pedantisch oder unnötig abstrakt. Tatsächlich aber ist das korrekte und genaue Anwenden des Formalismus eine unabdingbare Notwendigkeit, um den Weg in die Gedankenwelt der Mathematik zu meistern.

2.1 Junktoren und Quantoren

In der Mathematik geht es darum, Aussagen auf ihren Wahrheitsgehalt hin zu überprüfen. Eine Aussage fassen wir dabei als einen feststellenden Satz auf, dem genau einer der Wahrheitswerte WAHR oder FALSCH zugeordnet werden kann. Eine wahre Aussage wird in der Mathematik oft als *Satz* bezeichnet. Den Nachweis der Wahrheit dieser Aussage nennt man einen *Beweis* des Satzes. Bevor wir uns aber an das Beweisen von Sätzen machen, befassen wir uns mit einigen Grundbegriffen der *Aussagenlogik*, um Aussagen kurz und prägnant formulieren zu können. Dabei betreiben wir eine *naive* Logik, in der wir unterschwellig die sprachliche Vorstellung benutzen. Die *mathematische Logik* funktioniert auf einem anderen formalen Niveau.

Junktoren und Quantoren sind sogenannte Operatoren der Logik. Mit Junktoren werden Aussagen verbunden, Quantoren hingegen binden Variablen; dabei verstehen wir unter einer Variablen vorläufig ein Zeichen, für das beliebige Ausdrücke einer bestimmten Art eingesetzt werden können.

Aussagen lassen sich mittels Junktoren verbinden

Meist ist man nicht nur an einzelnen Aussagen interessiert, sondern will diese verknüpfen. Das geschieht wie in der Alltagssprache mit Bindewörtern wie *nicht*, *und* oder *oder*. In der formalen Logik nennt man diese Bindewörter **Junktoren**.

Wir bezeichnen im Folgenden Aussagen mit einzelnen Großbuchstaben, etwa A, B, C. Dann notieren wir die **Negation** (NICHT-Verknüpfung) einer Aussage A durch $\neg A$. In der Literatur finden sich auch die Notationen $\sim A$ oder $\overline{A}$ für die Negation.

Wie man es erwartet, ist die Negation so definiert, dass $\neg A$ dann falsch ist, wenn A wahr ist und umgekehrt. Mithilfe einer **Wahrheitstafel** lassen sich derartige Sachverhalte übersichtlich darstellen, indem man alle möglichen Kombinationen auflistet. WAHR und FALSCH werden wir dabei durch w und f abkürzen. Für die Negation erhalten wir

$$\begin{array}{c||c} A & \neg A \\ \hline w & f \\ f & w \end{array}$$

Beispiel Für eine reelle Zahl x ist etwa die Negation der Aussage „$x < 5$" durch die Aussage „$x \geq 5$" gegeben. Die Negation ist durch „x ist nicht kleiner 5" gegeben und da es für reelle Zahlen drei Möglichkeiten gibt, kleiner, gleich oder größer, bedeutet die Verneinung der Aussage „x ist größer oder gleich 5". ◀

———————————— ? ————————————

Geben Sie die Negationen der folgenden Aussagen an:

- Die Sonne scheint.
- Schwäne sind nicht schwarz.
- Es gibt eine natürliche Zahl, die größer als $\frac{17}{8}$ und kleiner als $\frac{23}{8}$ ist.

———————————————————————

Neben der Negation haben wir noch die **Konjunktion** zweier Aussagen, die UND-Verknüpfung, die durch das Symbol $\wedge$ ausgedrückt wird, und die **Disjunktion**, die ODER-Verknüpfung, mit dem Zeichen $\vee$. Eine Wahrheitstafel liefert uns die verschiedenen Werte für die beiden Verknüpfungen:

$$\begin{array}{c|c||c|c} A & B & A \wedge B & A \vee B \\ \hline w & w & w & w \\ w & f & f & w \\ f & w & f & w \\ f & f & f & f \end{array}$$

Beachten Sie, dass in der Logik die Disjunktion stets ein einschließendes ODER bezeichnet, im Gegensatz zur Umgangssprache, in der oft nur aus dem Zusammenhang deutlich wird, ob es sich nicht vielleicht um ein „entweder … oder" handelt. Formal können wir mit den gegebenen Symbolen auch ein ausschließendes ODER beschreiben durch

$$(A \vee B) \wedge \neg(A \wedge B).$$

In der Literatur wird für diese Verknüpfung die Bezeichnung XOR mit der Notation $A^X B$ genutzt.

Ein weiterer Junktor, der neben dem XOR genutzt wird, ist die Verknüpfung NAND, die als

$$\neg(A \wedge B)$$

geschrieben wird. Als Notation findet sich häufig $A \uparrow B$. Die Bedeutung der NAND-Operation liegt darin, dass sich Negation, Konjunktion und Disjunktion allein durch diese Operation ausdrücken lassen.

------------------- **?** -------------------

Stellen Sie die Wahrheitswerte für die NAND- und die XOR-Verknüpfungen zusammen und beschreiben Sie die NAND-Verknüpfung in Worten.

Nicht nur die Festlegung auf ein einschließendes ODER unterscheidet die logischen Junktoren von ihren umgangssprachlichen Gegenstücken. Wir verbinden mit den Worten und/oder oft einen zeitlichen oder gar kausalen Zusammenhang.

Beispiel In der Alltagssprache gibt es einen Unterschied zwischen „Otto wurde krank und der Arzt verschrieb ihm Medikamente" und „Der Arzt verschrieb ihm Medikamente und Otto wurde krank." Im Rahmen der Aussagenlogik gibt es zwischen diesen beiden Sätzen hingegen keinerlei Unterschied. ◀

Die Aussagenlogik macht solche Unterscheidungen nicht, kausale Zusammenhänge werden bei mathematischen Aussagen und Beweisen stets explizit beschrieben.

Implikationen sorgen für klare Beziehungen

Eine weitere logische Verknüpfung, die für die Mathematik ganz zentral ist, ist die **Implikation**. Diese WENN-DANN-Verknüpfung wird manchmal auch als **Subjunktion** bezeichnet. Es geht um die Logik des mathematischen Folgerns der Art „Wenn A wahr ist, so ist auch B wahr" oder kurz gesagt „Aus A folgt B."

Bei der Definition dieser Verknüpfung von Aussagen geht man einen auf den ersten Blick recht seltsamen Weg. Genauso wie oben bei der UND-Verknüpfung beschrieben, bezeichnet die Implikation weder einen zeitlichen noch einen kausalen Zusammenhang zwischen den Aussagen, was uns aber umgangssprachlich durch die Formulierungen „wenn … dann" bzw. „folgt" suggeriert wird. Die Aussage „A impliziert B", formal notiert durch $A \Rightarrow B$, ist nur dann falsch,

wenn A wahr und B falsch ist. Ist also A von vornherein falsch, dann ist die *Gesamtaussage* $A \Rightarrow B$ immer wahr.

A	B	$A \Rightarrow B$
w	w	w
w	f	f
f	w	w
f	f	w

Beispiel Wir untersuchen das Produkt zweier ganzer Zahlen m und n und betrachten die Implikation „Für alle natürlichen Zahlen m und n gilt: Wenn m gerade ist, dann ist auch das Produkt $m \cdot n$ gerade." In der Aussagen-Notation liest sich das als

$$A: \quad \text{„}m \text{ ist gerade"},$$
$$B: \quad \text{„}m \cdot n \text{ ist gerade"},$$

und zu untersuchen ist die Aussage, dass für alle natürlichen Zahlen $A \Rightarrow B$ gilt.

Da es keine weiteren Einschränkungen gibt, haben wir vier mögliche Fälle zu unterscheiden.

1. m und n sind beide gerade: Gerade Zahlen kann man in der Form $m = 2k$, $n = 2l$ schreiben, wobei k und l natürliche Zahlen sind. Für das Produkt erhalten wir in diesem Fall

$$m \cdot n = 2k \cdot 2l = 4kl = 2 \cdot \underbrace{(2kl)}_{\text{ganze Zahl}}.$$

Sowohl Bedingung A als auch die Folgerung B sind wahre Aussagen.

2. m ist gerade und n ungerade: Wenn n ungerade ist, gibt es eine natürliche Zahl l mit $n = 2l + 1$, und es folgt:

$$m \cdot n = 2k \cdot (2l + 1) = 4kl + 2k = 2 \cdot \underbrace{(2kl + k)}_{\text{ganze Zahl}}.$$

Das Produkt ist wieder eine gerade Zahl. Auch hier sind sowohl Bedingung A als auch Folgerung B wahre Aussagen.

3. m ist ungerade und n gerade: In diesem Fall gibt es natürliche Zahlen k und l, sodass $m = 2k + 1$ und $n = 2l$ ist, und wir erhalten:

$$m \cdot n = (2k + 1) \cdot 2l = 4kl + 2l = 2 \cdot \underbrace{(2kl + l)}_{\text{ganze Zahl}}.$$

Nun ist die Bedingung A falsch, aber die Folgerung B hingegen wahr.

4. m und n sind ungerade, jetzt gilt:

$$m \cdot n = (2k + 1) \cdot (2l + 1) = 4kl + 2k + 2l + 1 =$$
$$= 2 \cdot \underbrace{(2kl + k + l)}_{\text{ganze Zahl}} + 1,$$

mit entsprechenden Zahlen k und l. Wir bekommen ein ungerades Produkt. Hier sind also sowohl Bedingung A als auch Folgerung B falsch.

Zusammenfassend erhalten wir stets, dass, wenn A wahr ist, auch B wahr ist. Bei falschem A sind beide Wahrheitswerte für B möglich. Für die Implikation $A \Rightarrow B$ erhalten wir somit in allen vier Fällen den Wahrheitswert *wahr*. Die Situation A wahr und B falsch tritt nicht auf. Also ist die Aussage $A \Rightarrow B$ richtig. ◄

Kommentar: In der Aussagenlogik gilt das Prinzip *ex falso quodlibet*, – aus Falschem folgt Beliebiges. Mit einer einzigen falschen Grundannahme kann man, zumindest prinzipiell, jede beliebige Aussage beweisen.

Im Zusammenhang mit der Implikation werden zwei Sprechweise häufiger genutzt. Hat man eine wahre Implikation $A \Rightarrow B$ vorliegen, so sagt man, „A ist **hinreichend** für B"; denn, wenn die Implikation $A \Rightarrow B$ wahr ist, so folgt aus A wahr, dass auch B wahr ist. Oder die Situation wird aus anderem Blickwinkel beschrieben durch „B ist **notwendig** für A", da wir die wahre Implikation auch so lesen können, dass A nur wahr sein kann, wenn B gilt.

Im obigen Beispiel heißt dies, die Bedingung, dass m gerade ist, ist hinreichend dafür, dass $m \cdot n$ gerade ist. Oder eben anders ausgedrückt, m kann nur gerade sein, wenn auch $m \cdot n$ gerade ist, d. h. die Bedingung „$m \cdot n$ gerade" ist notwendig, damit die Aussage „m ist gerade" gilt.

— **?** —

Für eine gegebene natürliche Zahl n stellen wir die drei Aussagen

A: n ist durch 12 teilbar
B: n ist durch 3 teilbar
C: $2\,n$ ist durch 6 teilbar

gegenüber. Welche „notwendigen" und „hinreichenden" Beziehungen bestehen zwischen diesen Aussagen?

Mit der Implikation haben wir die wichtigste logische Verknüpfung von Aussagen für das *Beweisen* formuliert. Letztendlich sind mathematische Sätze, Lemmata und Folgerungen meistens in Form von wahren Implikationen formuliert, und Beweisen heißt, dass man begründet, warum eine Implikation wahr ist. Dabei zerfallen die Beweise üblicherweise in einzelne kleine Beweisschritte, die für sich genommen wiederum wahre Implikationen sein müssen.

Varianten der Beweisführung – direkt, indirekt und durch Widerspruch

Bei den Begriffen hinreichend und notwendig deutete sich schon an, dass wir verschieden argumentieren können, um einen Beweis einer Aussage in der Form $A \Rightarrow B$, also „aus A folgt B", zu führen. Drei logische Varianten werden häufig genutzt.

Gehen wir direkt vor und zeigen unmittelbar, dass, wenn A gilt, auch folgt, dass B richtig ist, so nennen wir den Beweis einen **direkten Beweis** und können dieses Vorgehen logisch durch $A \Rightarrow B$ angeben. Im Gegensatz dazu können wir auch indirekt argumentieren. Dann zeigen wir: Wenn B nicht gilt, folgt, dass auch A nicht wahr ist. Diesen **indirekten Beweis** können wir formal durch die Implikation $\neg B \Rightarrow \neg A$ beschreiben. Eine dritte Möglichkeit der Beweisführung, die uns häufiger begegnen wird, ist der **Widerspruchsbeweis**. Bei dieser Argumentation starten wir mit der Annahme, dass A und $\neg B$ wahr sind, und führen diese Annahme auf einen Widerspruch. Mit den Notationen der Aussagenlogik heißt dieses Vorgehen, dass wir zeigen, dass die Aussage $\neg(A \wedge \neg B)$ wahr ist.

Alle drei Varianten, einen Beweis zu führen, sind gleichwertig. Dies machen wir uns anhand einer Wahrheitstafel klar

A	B	$(A \Rightarrow B)$	$\neg B \Rightarrow \neg A$	$\neg(A \wedge \neg B)$
w	w	w	w	w
w	f	f	f	f
f	w	w	w	w
f	f	w	w	w

Wir sehen, dass die Wahrheitswerte der drei Aussagen stets gleich sind. Wir können uns also je nach Situation eine der drei Varianten aussuchen, um einen Beweis zu führen. Im Beispiel „Unter der Lupe" auf Seite 31 sind die drei Varianten der Beweisführung zu einer Aussage gegenübergestellt.

Beispiel Wir beweisen ein berühmtes Ergebnis, das von Euklid stammt. Es handelt sich um die Aussage: „Es gibt unendlich viele Primzahlen, also Zahlen, die nur durch eins und sich selbst teilbar sind."

Den Beweis führen wir mittels Widerspruch. Man nimmt an, es gäbe nur endlich viele Primzahlen. Dann muss es eine größte geben, die wir mit p bezeichnen wollen. Nun bildet man das Produkt aller Primzahlen von zwei bis p und addiert eins:

$$r = 2 \cdot 3 \cdot 5 \cdot 7 \cdot 11 \cdot \ldots \cdot p + 1$$

Diese neue Zahl r ist durch keine der Primzahlen von zwei bis p teilbar, bei der Division bleibt immer ein Rest von eins. Es gibt also nur zwei Möglichkeiten: Entweder es gibt eine Primzahl, die größer ist als p und durch die r teilbar ist, oder r ist selbst eine Primzahl. In beiden Fällen erhalten wir einen Widerspruch zur Annahme, dass p die größte Primzahl ist.

Formal wurden in diesem Beweis die beiden Aussagen
A: p ist eine Primzahl
B: Es gibt eine Primzahl $\tilde{p}$ mit $\tilde{p} > p$
betrachtet und die Implikation $A \Rightarrow B$ durch einen Widerspruch gezeigt. ◄

Äquivalenz heißt *genau dann, wenn*

Die drei oben aufgeführten Möglichkeiten eine Implikation zu formulieren sind gleichwertig, die entsprechenden Spalten

Unter der Lupe: Beweistechniken

Es soll eine Behauptung auf drei Arten – direkt, indirekt und mittels Widerspruch – bewiesen werden. Die Behauptung lautet, dass für zwei positive Zahlen a und b aus $a^2 < b^2$ die Ungleichung $a < b$ folgt.

Damit wir uns die logische Struktur der Argumente deutlich machen können, geben wir zunächst den beiden Teilen der Behauptung Namen,

$$A: \quad a^2 < b^2$$
$$B: \quad a < b.$$

Generell sei bei beiden Aussagen noch vorausgesetzt, dass a und b irgendwelche positive reelle Zahlen bezeichnen. Beweisen sollen wir, dass die Implikation $A \Rightarrow B$ wahr ist, wobei zur Beweisführungen nur elementare Eigenschaften der reellen Zahlen genutzt werden sollen.

1. direkt: $A \Rightarrow B$ ist wahr.
Beweis: Wir setzen

$$a^2 < b^2$$

als wahr voraus. Um aus Ungleichungen Schlüsse zu ziehen, ist es oft nützlich, die Ungleichung so zu formulieren, dass Ausdrücke positiv oder negativ sind. Deswegen bietet sich an, auf beiden Seiten $-a^2$ zu addieren. Dies liefert:

$$0 < b^2 - a^2.$$

Den Ausdruck auf der rechten Seite kann man mit einer binomischen Formel in zwei Faktoren zerlegen:

$$0 < (b - a)(b + a).$$

Diese Darstellung der Ungleichung hilft uns nun weiter. Da nach Voraussetzung a und b positiv sind, ist auch $b + a > 0$, und wir dürfen durch $(b + a)$ dividieren, ohne dass es Probleme mit dem Ungleichheitszeichen gibt. Wir erhalten

$$0 < (b - a),$$

und damit ist $a < b$.   ∎

Versuchen wir nun einen indirekten Beweis zu derselben Implikation.

2. indirekt: $(\neg B) \Rightarrow (\neg A)$ ist wahr.
Beweis: Beim indirekten Beweis gehen wir von $\neg B$ aus,

also von

$$a \geq b.$$

Wir können diese Ungleichung etwa mit a multiplizieren:

$$a^2 \geq a\,b$$

und ebenso auch mit b:

$$a\,b \geq b^2.$$

Damit haben wir aber schon die gesuchte Beziehung; denn kombinieren wir beide Ungleichungen, so gilt:

$$a^2 \geq ab \geq b^2.$$

Dies ist genau $\neg A$. Also haben wir gezeigt: Wenn $a < b$ nicht gilt, dann kann auch $a^2 < b^2$ nicht gelten.   ∎

Als letzte Variante argumentieren wir mithilfe eines Widerspruchs.

3. Widerspruch: $(\neg B) \wedge A$ ist falsch.
Beweis: Beim Widerspruchsbeweis versuchen wir, die

Annahme, dass $\neg B$ und A gleichzeitig gelten können, d. h.,

$$b \leq a \quad \text{und} \quad a^2 < b^2,$$

zu einem Widerspruch zu führen. Wir zeigen also, dass die Aussage $A \wedge \neg B$ falsch ist. Zuerst multiplizieren wir $(\neg B)$ mit a und erhalten $a\,b \leq a^2$. Zusammen mit der Annahme, dass A wahr ist, ergibt sich die Ungleichung

$$a\,b \leq a^2 < b^2.$$

Nun multiplizieren wir $(\neg B)$ mit b und erhalten $b^2 \leq a\,b$. Die Ungleichungskette, mit diesem Ergebnis ergänzt, lautet nun

$$a\,b \leq a^2 < b^2 \leq a\,b.$$

Dies bedeutet $a\,b < a\,b$, was nicht sein kann. Wir haben also die Annahme, $(\neg B) \wedge A$ könnte gelten, zu einem Widerspruch geführt.   ∎

Kommentar: Wir haben mit dieser Aussage auf drei verschiedenen Argumentationswegen gezeigt, dass die Wurzelfunktion *monoton steigend* ist.

in der Wahrheitstafel liefern dieselben Werte. Aussagen, die diese Eigenschaft haben, nennt man äquivalent. **Äquivalenz**, die GENAU-DANN-WENN-Verknüpfung von Aussagen, ist der logische Gleichheitsbegriff für Aussagen. Sie wird durch einen Doppelpfeil $\Leftrightarrow$ zwischen den Aussagen symbolisiert und wird gelesen als „es gilt genau dann A, wenn B gilt".

Die Gesamtaussage $A \Leftrightarrow B$ ist wahr, wenn A und B entweder beide wahr oder beide falsch sind. Ist eine der beiden Aussagen wahr, die andere falsch, so ist auch $A \Leftrightarrow B$ falsch.

Die zugehörige Wahrheitstabelle lautet:

$$\begin{array}{cc||c} A & B & A \Leftrightarrow B \\ \hline w & w & w \\ w & f & f \\ f & w & f \\ f & f & w \end{array}$$

Manchmal wird für die Äquivalenz zweier Aussagen auch die Formulierung verwendet, dass Aussage A „notwendig und hinreichend" für Aussage B ist.

Wir haben schon gesehen, dass Äquivalenz zwischen A und B vorliegt, wenn der Spezialfall eintritt, dass die Implikation zweier Aussagen in beide Richtungen wahr ist. Genauer bedeutet die Beobachtung, dass die beiden Aussagen $A \Leftrightarrow B$ und $((A \Rightarrow B) \wedge (A \Leftarrow B))$ äquivalent sind.

Im Sinne einer Beweisführung heißt dies, dass wir Äquivalenz von zwei Aussagen zeigen können, indem wir getrennt beweisen, dass die beiden Implikationen gelten. Diesen Weg werden wir bei komplizierteren Äquivalenzbeweisen sehr häufig nutzen. Der Vorteil dabei liegt darin, dass sich so unterschiedliche Beweistechniken nutzen lassen, etwa die eine Richtung durch einen direkten Beweis und die andere Richtung durch einen Widerspruch.

––––––––––––––––––– **?** –––––––––––––––––––

Stellen Sie eine Wahrheitstafel auf, die die Äquivalenz von $A \Leftrightarrow B$ und $((A \Rightarrow B) \wedge (A \Leftarrow B))$ belegt.

Beispiel   Wir machen uns das Vorgehen bei Äquivalenzbeweisen an einem einfachen Beispiel klar. Für eine reelle positive Zahl x betrachten wir drei Aussagen

$$A: x > 1, \quad B: x^2 > 1, \quad C: \ln x^2 > 0.$$

Um die Äquivalenz von A und B zu zeigen, könnten wir folgendermaßen argumentieren. Zunächst zeigen wir $A \Rightarrow B$: Wenn $x > 1$ gilt, so folgt, indem wir die Ungleichung mit x multiplizieren, die Ungleichungskette $x^2 = x \cdot x > x > 1$. Also ergibt sich $x^2 > 1$. Andererseits gilt $B \Rightarrow A$. Dazu wählen wir einen indirekten Beweis; denn aus der Annahme $x \le 1$ folgt $x^2 \le x$ und somit $x^2 \le 1$. Also gilt $x^2 > 1$ impliziert $x > 1$.

Nun könnten wir die Äquivalenz zwischen A und C zeigen. Damit hätten wir die Äquivalenz aller drei Aussagen bewiesen. Häufig bietet sich aber bei mehreren Äquivalenzen eine Kette von Implikationen an. Statt die Äquivalenzen separat zu beweisen, zeigen wir

$$A \Rightarrow B, \quad B \Rightarrow C \quad \text{und} \quad C \Rightarrow A.$$

Die erste dieser drei Implikationen haben wir oben gezeigt. Wir setzen nun voraus, dass wir bereits wissen, dass $\ln 1 = 0$ ist und dass der natürliche Logarithmus streng monoton steigend ist. Damit folgt direkt $B \Rightarrow C$. Als Letztes ergibt sich aus

$$0 < \ln(x^2) = 2 \ln x,$$

dass $\ln x > 0$ ist, und somit $x > 1$ gelten muss. Wir haben $C \Rightarrow A$ bewiesen und somit die Kette geschlossen. Wegen dieser Beweisstruktur $A \Rightarrow B \Rightarrow C \Rightarrow A$ spricht man auch von einem **Ringschluss**.   ◀

Symbole müssen inhaltlich gelesen werden

Zur Formulierung mathematischer Aussagen werden oft *Symbole* eingesetzt. Diese ermöglichen, sinnvoll eingesetzt, eine effiziente und übersichtliche Beschreibung von Sachverhalten in der Mathematik. Man beachte aber auch, dass ein Symbol je nach Zusammenhang für verschiedene Dinge stehen kann.

Beispiel   Das simple Zeichen 0 kann z. B. – je nach Zusammenhang – die Zahl Null, den Nullvektor, eine identisch verschwindende Funktion, die Nullmatrix oder allgemein das neutrale Element einer additiv geschriebenen Gruppe bedeuten, und damit sind die Möglichkeiten bei Weitem noch nicht erschöpft.

In manchen Fällen kann hier eine zusätzliche Kennzeichnung, etwa Fettdruck bei Vektoren, ein wenig helfen, aber auch damit ist das Problem nicht aus der Welt geschafft. Man muss sich von Fall zu Fall überlegen, was die Null in diesem Zusammenhang bedeuten soll.   ◀

Diese Verwendung von Symbolen steht nicht im Widerspruch zur oben verlangten Eindeutigkeit der Begriffe. Aber es bedeutet eine gewisse Herausforderung sowohl für Autoren als auch für Leser von mathematischen Texten. Es ist die Aufgabe desjenigen, der einen mathematischen Text verfasst, sicherzustellen, dass bei jedem Symbol klar ist, was es in diesem Kontext bedeutet. Umgekehrt bleibt es Aufgabe des Lesers mathematischer Texte, nicht nur rein formal zu lesen, sondern die jeweilige Bedeutung der abkürzenden Notationen im Hinterkopf zu haben.

Lesen von Symbolen

Bei jedem in einer mathematischen Aussage vorkommenden Symbol muss man sich bewusst machen, was dieses Symbol hier bedeutet, um die Aussage verstehen und verwenden zu können.

In diesem Sinne werden wir versuchen, in diesem Werk die Verwendung von Symbolen auf ein angenehmes Maß zu beschränken. Zwei häufig in der Literatur genutzte, abkürzende Notationen im Zusammenhang mit der Formulierung von Aussagen müssen wir aber noch ansprechen.

Oft will man Aussagen über eine ganze Klasse von Objekten machen, etwa „Zu jeder reellen Zahl x gibt es eine natürliche Zahl n, die größer ist als x."

In den meisten Fällen werden wir dabei mit den beiden Phrasen „es gibt" und „für alle" völlig auskommen.

Beispiel

- *Es gibt* eine gerade Zahl, die durch drei teilbar ist.
- *Für alle* natürlichen Zahlen n gilt:

$$1 + 2 + \cdots + n = \frac{n(n + 1)}{2}.$$ ◄

Mit „es gibt" machen wir eine **Existenzaussage** und mit „für alle" eine **Allaussage**.

Um Existenz- oder Allaussagen machen zu können, benötigen wir eine Beschreibung $A(x)$ des Sachverhalts in Abhängigkeit einer oder mehrerer Variablen. Dabei wird $A(x)$ zu einer Aussage, wenn spezifiziert wird, was mit der Variablen x gemeint ist. Solche Ausdrücke nennt man **Aussageformen**.

So ist im obigen Beispiel die Gleichung

$$1 + 2 + \ldots + n = \frac{n(n + 1)}{2}$$

eine Aussageform $A(n)$. Erst zusammen mit der Festlegung „für alle natürlichen Zahlen n" oder einer Festlegung der Form „für $n = 5$" wird daraus eine Aussage.

Quantoren erlauben knappes Hinschreiben von Existenz- und Allaussagen

Für diese beiden Formen von Aussagen gibt es formale Schreibweisen, die wir wegen ihrer weiten Verbreitung nicht verschweigen wollen. Man nutzt dazu **Quantoren**, die die Gültigkeit von Aussagen *quantifizieren* sollen. Die beiden hier angesprochenen sind

- **Existenzquantor** $\exists$
  „$\exists x : A(x)$" ist gleichbedeutend mit
  „*Es existiert* ein x, für das $A(x)$ wahr ist".
- **Allquantor** $\forall$
  „$\forall x : A(x)$" ist gleichbedeutend mit
  „*Für alle x* ist $A(x)$ wahr".

Wobei jeweils $A(x)$ eine Aussageform bezeichnet.

Achtung: Eine Existenzaussage von der Form „Es gibt ein x, für das A gilt," bedeutet, dass *zumindest* ein derartiges x existiert. A darf aber auch für mehrere oder sogar alle möglichen x wahr sein. Meinen wir, dass es *genau ein* entsprechendes Objekt geben soll, also *eines und nur eines*, so müssen wir das dazusagen. Wie auch überall sonst in Mathematik und Logik müssen wir die Sprache ernst nehmen und sauber einsetzen.

Fragen nach Existenz, „gibt es … ?", und nach der Eindeutigkeit, „gibt es höchstens ein … ?" sind zentral in der Mathematik und werden uns sehr oft begegnen. Schon der einfache Versuch, die Wurzelfunktion zu definieren (als $x \mapsto \sqrt{x}$, wobei $\sqrt{x}$ diejenige Zahl ist, deren Quadrat x ergibt), ist

nur wohldefiniert, wenn wir vorher gezeigt haben, dass es überhaupt eine solche Zuordnung gibt, also die Existenz der Wurzelfunktion bewiesen haben, und zweitens sichergestellt haben, dass es nur eine Funktion mit dieser Eigenschaft gibt, also die Eindeutigkeit der Definition. Ein weiterer wichtiger Aspekt bei mathematischen Sätzen sind die Voraussetzungen. Wir fragen uns oft, sind die Voraussetzungen „scharf" im Sinne von notwendig oder sind sie nur hinreichend für die Aussage. Verallgemeinerungen von Voraussetzungen führen uns oft zu neuen mathematischen Aspekten, etwa in unserem Beispiel der Wurzelfunktion auf die *komplexen Zahlen*, die wir später besprechen werden.

Quantoren, Variablen und Junktoren werden von nun an miteinander zu vielfältigen Aussagen zusammengesetzt. Sehr oft hat man es dabei auch mit Verschachtelungen zu tun, deren Abhängigkeiten unbedingt zu beachten sind.

Beispiel Wir betrachten die Aussage „Zu jeder reellen Zahl x gibt es eine natürliche Zahl n, die größer als x ist." Hier haben wir zunächst eine Allaussage, der eine Existenzaussage folgt, also formal

$$\forall x \in \mathbb{R}\, \exists n \in \mathbb{N} : x < n.$$

Die Gesamtaussage ist in diesem Fall wahr.

Würde man einfach naiv die Reihenfolge der Aussagen umstellen, so erhielte man „Es gibt eine natürliche Zahl n, die größer ist als jede reelle Zahl x." Das ist eine ganz andere Aussage. In diesem Fall ist sie zudem falsch. Die Reihenfolge der Quantoren spielt fast immer eine entscheidende Rolle. ◄

Existenz- und Allaussagen lassen sich natürlich auch negieren, dabei ändert sich ihr Charakter von Grund auf. Sagen wir, eine Aussage A trifft nicht auf alle x zu, so muss es zumindest ein x geben, für das A nicht gilt. Umgekehrt verneinen wir, dass es ein x gibt, für das A gilt, so muss A für alle x falsch sein.

Kurz, *die Verneinung einer Allaussage ist eine Existenzaussage, die Verneinung einer Existenzaussage ist eine Allaussage*. In formaler Notation liest sich das als

$$\neg\,(\forall x : A(x)) \quad \text{ist äquivalent zu} \quad \exists x : \neg A(x),$$
$$\neg\,(\exists x : A(x)) \quad \text{ist äquivalent zu} \quad \forall x : \neg A(x).$$

Betrachten Sie mit diesem Wissen nochmal die letzten beiden Selbstfragen auf Seite 28. Abschließend weisen wir noch auf zwei weitere Beweistechniken hin, die man leicht übersehen kann. Um eine Existenzaussage zu zeigen, genügt es ein konkretes Beispiel anzugeben, bei dem die betreffende Aussageform zur wahren Aussage wird. Genauso ist es ausreichend, ein Gegenbeispiel anzugeben, um eine Allaussage zu widerlegen. Natürlich gibt es kein Rezept, wie man im Einzelfall ein Beispiel bzw. Gegenbeispiel findet. Ein erfolgreiches Ausprobieren erfordert im Allgemeinen ein weitreichendes Verständnis des betrachteten Problems.

Übersicht: Logik – Junktoren und Quantoren

Wir fassen hier die wichtigsten Junktoren und Quantoren noch einmal kurz zusammen.

Wichtige Junktoren

$\neg$ Negation (NICHT)
$\wedge$ Konjunktion (UND)
$\vee$ Disjunktion (ODER)
$\Rightarrow$ Implikation (WENN-DANN)
$\Leftrightarrow$ Äquivalenz (GENAU-DANN-WENN)

A	B	$\neg A$	$A \wedge B$	$A \vee B$	$A \Rightarrow B$	$A \Leftrightarrow B$
w	w	f	w	w	w	w
w	f	f	f	w	f	f
f	w	w	f	w	w	f
f	f	w	f	f	w	w

Außerdem werden gelegentlich verwendet:

$\uparrow$ (NAND) mit $A \uparrow B \Leftrightarrow \neg(A \wedge B)$
^{X} (XOR) mit $A^X B \Leftrightarrow ((A \vee B) \wedge \neg(A \wedge B))$

Einige wichtige logische Äquivalenzen

$$(A \Leftrightarrow B) \Leftrightarrow ((A \Rightarrow B) \wedge (B \Rightarrow A))$$

$$(A \Rightarrow B) \Leftrightarrow \neg(A \wedge \neg B) \quad \text{(Widerspruchsbeweis)}$$
$$(A \Rightarrow B) \Leftrightarrow (\neg B \Rightarrow \neg A) \quad \text{(indirekter Beweis)}$$

$$(A \vee B) \Leftrightarrow \neg(\neg A \wedge \neg B)$$
$$(A \wedge B) \Leftrightarrow \neg(\neg A \vee \neg B)$$

Quantoren

$\exists$ Existenzquantor („es gibt ein …")
$\forall$ Allquantor („für alle …")

Verneinen von Quantoren

$\neg(\forall x : A(x))$ ist äquivalent zu $\exists x : \neg A(x)$
$\neg(\exists x : A(x))$ ist äquivalent zu $\forall x : \neg A(x)$

Beispiel Wir können die Aussage „Es gibt eine ganzzahlige Lösung der Gleichung $x^4 - 2x^3 - 11x^2 + 12x + 36 = 0$," dadurch beweisen, dass wir eine Lösung, nämlich $x = 3$, angeben.

Genauso lässt sich die Aussage „Für alle reellen Zahlen x gilt $x^2 + \frac{3}{2}x + \frac{17}{32} \geq 0$," dadurch widerlegen, indem man $x = -\frac{3}{4}$ einsetzt. Man erhält dann nämlich den Wert $\left(\frac{3}{4}\right)^2 - \frac{3}{2} \cdot \frac{3}{4} + \frac{17}{32} = -\frac{1}{32}$. ◄

2.2 Grundbegriffe aus der Mengenlehre

Auch wenn wir schon erste (mathematische) Formeln betrachtet haben, so haben wir bisher nur über Mathematik gesprochen und eigentlich noch keine Mathematik *gemacht* – wir haben die Grammatik der Sprache Mathematik geschildert. Nun kommen wir zum Alphabet der Mathematik – der Mengenlehre. Wir werden uns nun mit *Definitionen*, *Sätzen* und *Beweisen* auseinandersetzen und dabei in den tiefen Gründen der Mathematik graben. Dabei berühren wir gleich ein Thema, das Komplikationen mit sich bringt – der Begriff der Menge. Georg Cantor, der Begründer der Mengenlehre, *definierte* diesen Begriff wie folgt:

Der Mengenbegriff nach Cantor

Unter einer **Menge** verstehen wir jede Zusammenfassung M von bestimmten, wohlunterschiedenen Objekten x unserer Anschauung oder unseres Denkens zu einem Ganzen.

Diese *Definition* ist so nicht sinnvoll, sprich keine Definition: Der zu definierende Begriff *Menge* wird durch einen undefinierten Begriff *Zusammenfassung* erklärt. Und tatsächlich kamen kurz nach Cantors Definition einer Menge die ersten Beispiele, die Cantors Mengenlehre zum Einsturz brachten (siehe Seite 35). Aber für unsere Zwecke innerhalb der linearen Algebra und Analysis, also insbesondere im ersten Studienjahr, ist der intuitive Begriff einer Menge im Sinne einer Zusammenfassung von wohlunterschiedenen Objekten zu einem Ganzen völlig ausreichend. Eine präzise Definition einer Menge ist möglich. Dies erfordert aber einen erheblichen Aufwand, der üblicherweise in Spezialvorlesungen zur Mengenlehre betrieben wird. Wir verzichten auf eine solche präzise Definition und beschreiben Mengen durch ihre Eigenschaften.

Mengen sind durch ihre Elemente gegeben

Ist M eine Menge, so werden die wohlunterschiedenen Objekte x von M die **Elemente von M** genannt.

Der Grundbegriff der Mengenlehre ist die *Elementbeziehung*, wir schreiben

- $x \in M$, falls x ein Element der Menge M ist, und
- $x \notin M$, falls x nicht Element der Menge M ist.

Dabei sind für $x \in M$ Sprechweisen wie „x ist Element von M" oder „x liegt in M" üblich. Analog sagt man „x ist nicht Element von M" oder „x liegt nicht in M" für $x \notin M$.

Mengen lassen sich auf zwei verschiedene Arten angeben: Man kann die Elemente einer Menge explizit auflisten oder man beschreibt die Elemente durch ihre Eigenschaften. Die explizite Angabe der Elemente ist vor allem bei kleinen Mengen sinnvoll.

Beispiel

- Die Menge M aller Primzahlen, die kleiner als 10 sind, ist

$$M = \{2,\ 3,\ 5,\ 7\}\,.$$

- Die (unendliche) Menge $\mathbb{N}$ der natürlichen Zahlen kann wie folgt beschrieben werden:

$$\mathbb{N} = \{1,\ 2,\ 3,\ \ldots\}\,. \qquad \blacktriangleleft$$

Neben dieser expliziten Angabe der Elemente einer Menge kann man die Elemente einer Menge auch durch ihre Eigenschaften erklären: Ist $\mathcal{E}$ eine Eigenschaft, so ist

$$M = \{x \mid \mathcal{E}(x)\}$$

die Menge aller Elemente x, die die Eigenschaft $\mathcal{E}$ haben. Dabei wird der senkrechte Strich | gesprochen als

„für die gilt" oder „mit der Eigenschaft".

Eine eventuelle Grundmenge, aus der die Elemente x sind, wird oft vor dem Strich | festgehalten.

Beispiel

- $M = \{x \in \mathbb{N} \mid x > 2,\ x \leq 9\} = \{3,\ 4,\ 5,\ 6,\ 7,\ 8,\ 9\}$.
- $M = \{x \mid x$ ist eine gerade natürliche Zahl$\} = \{2,\ 4,\ 6,\ \ldots\} = \{x \in \mathbb{N} \mid \exists\,k \in \mathbb{N}$ mit $x = 2\,k\}$. $\blacktriangleleft$

Wir geben im Folgenden gesammelt die sogenannten **Zahlenmengen** an. Diese sind den meisten Lesern aus der Schulzeit gut vertraut. Wir werden diese Mengen immer wieder in Beispielen zu allen möglichen Mengenoperationen heranziehen, die wir in den folgenden Abschnitten behandeln werden. Diese Zahlenmengen werden wir im Kapitel 4 ausführlich diskutieren.

- $\mathbb{N} = \{1,\ 2,\ 3,\ \ldots\}$ – die Menge aller natürlichen Zahlen,
- $\mathbb{N}_0 = \{0,\ 1,\ 2,\ \ldots\}$ – die Menge aller natürlichen Zahlen mit der Null,
- $\mathbb{Z} = \{0,\ 1,\ -1,\ 2,\ -2,\ \ldots\}$ – die Menge aller ganzen Zahlen,
- $\mathbb{Q} = \{\frac{m}{n} \mid n \in \mathbb{N},\ m \in \mathbb{Z}\}$ – die Menge aller rationalen Zahlen,
- $\mathbb{R}$ – die Menge aller reellen Zahlen,
- $\mathbb{C} = \{a + \mathrm{i}\,b \mid a,\ b \in \mathbb{R}\}$ – die Menge aller komplexen Zahlen.

Kommentar: Die reellen Zahlen, also die Elemente von $\mathbb{R}$, können auch explizit angegeben werden. Dazu sind aber weitere Begriffe nötig, die wir erst in den folgenden Kapiteln entwickeln werden.

Es ist auch sinnvoll, von einer Menge zu sprechen, die keine Elemente enthält – die **leere Menge** $\emptyset$. Auch die Schreibweise {} ist für die leere Menge üblich. Wir können die leere Menge des Weiteren durch Eigenschaften beschreiben:

$$\emptyset = \{x \in \mathbb{N} \mid x < -1\}\,.$$

Die Mathematiker betrachten die Zahlenmengen nicht als von Gott gegeben. Durch mathematische Prozesse können aus $\mathbb{N}_0$ die Zahlenmengen $\mathbb{Z}$, $\mathbb{Q}$, $\mathbb{R}$ und $\mathbb{C}$ Schritt für Schritt gewonnen werden. Auf diese Prozesse gehen wir im Kapitel 4 ein. Auch die Menge $\mathbb{N}_0$ kann durch einen mathematischen Prozess konstruiert werden. Dazu geht man mengentheoretisch vor. Man erhält die natürlichen Zahlen sukzessive aus der Null durch folgende Festlegungen:

$$0 = \emptyset,\ 1 = \{\emptyset\},\ 2 = \{\emptyset,\ \{\emptyset\}\},\ 3 = \{\emptyset,\ \{\emptyset\},\ \{\emptyset,\ \{\emptyset\}\}\},\ \ldots$$

Man beachte, es ist z. B. $3 = \{0,\ 1,\ 2\},\ \ldots$ In diesem Sinne sind die natürlichen Zahlen Mengen, deren Elemente Mengen sind.

Achtung: Die Begriffe *Element* und *Menge* sind somit relativ. Bildet man z. B. die Menge aller oben aufgeführten Mengen, also

$$M = \{\mathbb{N},\ \mathbb{N}_0,\ \mathbb{Z},\ \mathbb{Q},\ \mathbb{R},\ \mathbb{C},\ \emptyset\}\,,$$

so ist etwa $\mathbb{Z}$ einerseits Menge (von ganzen Zahlen), zugleich aber auch Element (nämlich der Menge M).

Kommentar: Wir haben hier einen Sachverhalt angesprochen, dem man in der Mathematik wiederholt begegnet: Man kann eine mathematische Struktur durch ein (widerspruchfreies) Axiomensystem festlegen oder aus grundlegenderen Strukturen konstruieren. Das Musterbeispiel hierfür ist die Menge der reellen Zahlen, die einerseits durch ein Axiomensystem festgelegt werden kann, andererseits über Zwischenstufen aus der leeren Menge konstruiert werden kann. Wir behandeln dieses Beispiel ausführlich im Kapitel 4.

Zwei Mengen sind gleich, wenn sie Teilmengen voneinander sind

Wir nennen eine Menge A eine **Teilmenge** einer Menge B, falls jedes Element von A auch ein Element von B ist und schreiben dafür $A \subseteq B$ oder $B \supseteq A$, d. h.,

$$A \subseteq B \Leftrightarrow \text{Für alle } x \in A \text{ gilt } x \in B\,.$$

Die Teilmengenbeziehung $\subseteq$ wird **Inklusion** genannt, und man sagt auch „die Menge A ist in B enthalten" oder „die Menge B umfasst A".

Dass A keine Teilmenge von B ist – wir schreiben dafür $A \nsubseteq B$ oder $B \nsupseteq A$ – bedeutet, dass es in A ein Element gibt, das nicht in B ist.

Wir halten nun unsere erste beweisdürftige Aussage fest:

Die leere Menge ist Teilmenge jeder Menge

Für jede Menge M gilt:

$$\emptyset \subseteq M \quad \text{und} \quad M \subseteq M\,.$$

Hintergrund und Ausblick: Die Russell'sche Antinomie

Cantors Mengenbegriff führt zu Widersprüchen. Folglich ist seine Beschreibung einer Menge keine Definition im mathematischen Sinne. Wir geben dazu ein Objekt an, das nach Cantors *Definition* eine Menge sein müsste, aber sich nicht mit den Regeln der Mathematik vereinbaren lässt.

Die Bildung von Mengen, die nur endlich viele Elemente enthalten, ist unproblematisch. Schwierigkeiten können aber auftreten bei der Bildung gewisser unendlicher Mengen. Die Mengen $\mathbb{N}$, $\mathbb{Z}$, $\mathbb{Q}$, $\mathbb{R}$, $\mathbb{C}$ sind unendliche Mengen, aber dennoch so klein, dass auch sie unproblematisch sind. Wir brauchen *Zusammenfassungen*, die noch viel größer sind.

Für Mengen A dürfte $A \notin A$ wohl der Normalfall sein; Mengen, die sich selbst als Element enthalten, scheinen etwas suspekt zu sein. Aber auch $A \in A$ ist vorstellbar, man denke etwa an einen Verein, der Mitglied bei sich selbst ist.

Wir definieren eine *Zusammenfassung*, die nach Cantors Definition eine Menge ist:

$$M = \{x \mid x \notin x\}.$$

Nun fragen wir, ob M ein Element der Menge M ist, oder ob das nicht der Fall ist. Es muss ja laut Logik gelten:

$$\text{Entweder ist } M \in M \text{ oder es ist } M \notin M.$$

Genau eine der beiden Aussagen ist richtig, genau eine falsch.

- Angenommen, es ist $M \in M$. Dann hat M die Eigenschaft $M \notin M$ – ein Widerspruch.
- Angenommen, es ist $M \notin M$. Dann hat M die Eigenschaft $M \in M$ – ein Widerspruch.

Zusammen: Sowohl $M \in M$ als auch $M \notin M$ sind falsch. Mit diesem Beispiel von Russell brach die naive Mengenlehre von Cantor zusammen.

Was lässt sich daraus schließen? So naiv darf man Mengen nicht bilden. Diese Konstruktion von Russell hat zu

Beginn des 20. Jahrhunderts die von Cantor und anderen entwickelte Mengenlehre ad absurdum geführt und die *Entwicklung axiomatischer Mengenlehren* eingeleitet und mitbestimmt.

Der intuitive Hintergrund für den in der Antinomie (griech. Unvereinbarkeit von Gesetzen) auftretenden Widerspruch ist der: Das oben definierte *Gebilde* $M = \{x \mid x \notin x\}$ ist riesengroß. Viel zu viele Objekte haben die Eigenschaft, nicht Element von sich selbst zu sein. Also ist festzuhalten: Es ist Vorsicht geboten bei der Bildung allzu großer (unendlicher) Mengen. Für den Inhalt der Mathematik des ersten Studienjahres soll der Hinweis reichen, dass alle hier auftretenden Mengen und Mengenbildungen im Rahmen der gebräuchlichen Mengenlehre akzeptabel sind – aber mit etwas Mutwillen kann man auch hier Schaden anrichten: Sprechen Sie nie von der *Menge aller Vektorräume oder Gruppen oder Körper, ...* – eine solche gibt es nicht.

Die Antinomie von Russell hat eine berühmte Veranschaulichung, die wir nicht vorenthalten wollen:

Der Barbier eines Ortes, der genau die Bewohner des Ortes barbiert, die sich nicht selbst barbieren, barbiert der sich selbst?

Im Rahmen der axiomatischen Mengenlehre werden allgemeinere Objekte – die sogenannten *Klassen* – eingeführt. *Mengen* sind dann spezielle Klassen. Die Vorstellung, dass Mengen *kleine* Klassen sind, ist dabei äußerst nützlich.

Literatur

U. Friedrichsdorf, A. Prestel, *Mengenlehre für den Mathematiker*, Vieweg, 1985

Beweis: Die erste Inklusion begründen wir durch einen Widerspruchsbeweis. Dazu nehmen wir an, es existiert eine Menge M, für die gilt $\emptyset \not\subseteq M$. Hiernach gibt es in $\emptyset$ ein Element, das nicht in M liegt. Dies ist ein Widerspruch. Somit stimmt die Annahme nicht: Es existiert keine Menge M mit $\emptyset \not\subseteq M$, anders ausgedrückt: $\emptyset \subseteq M$ für jede Menge M. Die Aussage $M \subseteq M$ gilt aufgrund der Tatsache, dass für jedes Element m aus M offensichtlich $m \in M$ gilt. $\blacksquare$

Wenn $A \subseteq B$, aber $B \not\subseteq A$ gilt, so heißt A **echte** Teilmenge von B. Wir schreiben dafür $A \subsetneqq B$ oder $B \supsetneqq A$. Dass A eine echte Teilmenge von B ist, bedeutet: Jedes Element von A ist ein Element von B, in B aber gibt es mindestens noch ein weiteres Element, das nicht in A ist.

Achtung: Man beachte, dass die Schreibweise $A \subseteq B$ nicht falsch ist, falls sogar $A \subsetneqq B$ gilt.

Beispiel Es gelten die folgenden (echten) Inklusionen bzw. Negationen von Inklusionen:

- $\{1\} \subsetneqq \{1, 2\}$ und $\{1\} \subseteq \{1, 2\}$ und $\{1, 2\} \subseteq \{1, 2\}$.
- $\{1, 2\} \not\subseteq \{1, 3\}$ und $\{1, 2\} \not\subseteq \{11, 4\}$.
- $\mathbb{N} \subsetneqq \mathbb{N}_0 \subseteq \mathbb{Z} \subsetneqq \mathbb{Q} \subseteq \mathbb{R} \subsetneqq \mathbb{C}$. ◄

— — — — — — **?** — — — — — —

Formulieren Sie $A \subseteq B$ und $A \subsetneqq B$ mithilfe von Quantoren.

Wir sagen, die zwei Mengen A und B sind gleich, wenn sie die gleichen Elemente enthalten. Mithilfe der Inklusion können wir das wie folgt formal ausdrücken:

Gleichheit von Mengen

Die Mengen A und B sind **gleich**, in Zeichen $A = B$, wenn jedes Element von A ein Element von B ist und jedes Element von B eines von A ist, kurz:

$$A = B \Leftrightarrow ((A \subseteq B) \wedge (B \subseteq A)).$$

Um zu beweisen, dass zwei Mengen A und B gleich sind, geht man also wie folgt vor:

- Wähle ein beliebiges Element x in A und zeige, dass x in B liegt. Das zeigt $A \subseteq B$.
- Wähle ein beliebiges Element x in B und zeige, dass x in A liegt. Das führt zur zweiten Inklusion $B \subseteq A$.

Oftmals lassen sich beide Inklusionen in einem Schritt zeigen:

$$A = B \Leftrightarrow ((x \in A) \Leftrightarrow (x \in B)).$$

In der Analysis beweist man die Gleichheit zweier reeller Zahlen a und b manchmal ganz ähnlich: Man zeigt $a \leq b$ und $b \leq a$.

Auf den folgenden Seiten folgen mehrere Beispiele, in denen wir die Gleichheit von Mengen begründen.

Kommentar: Unsere Definition der Gleichheit von Mengen ist *extensional*: Zwei Mengen sind gleich, wenn sie dieselben Elemente enthalten. Der juristische Gleichheitsbegriff von Vereinen ist nicht extensional; zwei Vereine, die dieselben Mitglieder haben, sind nicht unbedingt gleich. Der Sängerverein *Frohsinn* und der Schützenverein *Ballermann* von Entenhausen sind verschieden, obwohl sie dieselben Mitglieder haben, der eine Verein ist steuerbegünstigt, der andere nicht. Dass zwei gleiche Objekte auch stets gleiche Eigenschaften besitzen, sagt das auf Leibniz zurückgehende *Ersetzbarkeitstheorem* aus, dessen Gültigkeit wir axiomatisch voraussetzen.

Mengen kann man vereinigen, miteinander schneiden, voneinander subtrahieren, und manchmal kann man auch das Komplement betrachten

Für zwei Mengen A und B heißt die Menge

$$A \cap B = \{x \mid x \in A \text{ UND } x \in B\}$$

der **Durchschnitt** von A und B.

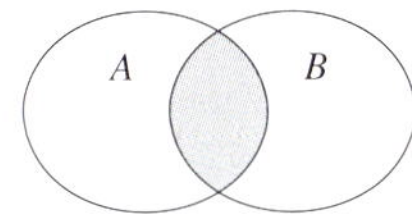

Abbildung 2.1 Der Durchschnitt $A \cap B$ enthält alle Elemente, die sowohl in A als auch in B enthalten sind.

Die Menge

$$A \cup B = \{x \mid x \in A \text{ ODER } x \in B\}$$

heißt die **Vereinigung** von A und B.

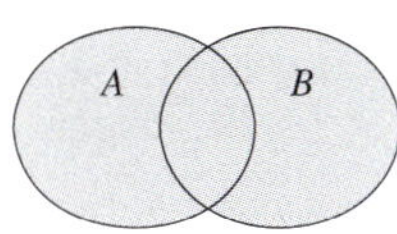

Abbildung 2.2 Die Vereinigung $A \cup B$ enthält alle Elemente, die in A oder B enthalten sind.

Und schließlich nennt man die Menge

$$A \setminus B = \{x \mid x \in A \text{ UND } x \notin B\}$$

die **Differenz** von A und B.

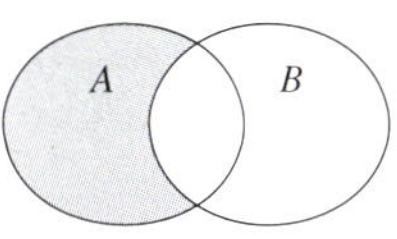

Abbildung 2.3 Die Differenz $A \setminus B$ enthält alle Elemente von A, die kein Element von B sind.

Gilt $A \cap B = \emptyset$, so heißen A und B **disjunkt** oder auch **elementfremd**.

Für die Durchschnitts- und Vereinigungsbildung gelten Rechengesetze, die von den ganzen Zahlen her bekannt sind.

Rechengesetze für Durchschnitts- und Vereinigungsbildung

Für beliebige Mengen A, B und C gelten die *Assoziativgesetze*:

$$A \cap (B \cap C) = (A \cap B) \cap C \text{ und}$$
$$A \cup (B \cup C) = (A \cup B) \cup C,$$

die *Kommutativgesetze*:

$$A \cap B = B \cap A \text{ und } A \cup B = B \cup A,$$

die *Distributivgesetze*:

$$A \cap (B \cup C) = (A \cap B) \cup (A \cap C) \text{ und}$$
$$A \cup (B \cap C) = (A \cup B) \cap (A \cup C).$$

Beweis: Es gilt:

$$
\begin{aligned}
A \cap (B \cap C) &= A \cap \{x \mid x \in B \wedge x \in C\} \\
&= \{x \mid x \in A \wedge x \in B \wedge x \in C\} \\
&= \{x \mid x \in A \wedge x \in B\} \cap C \\
&= (A \cap B) \cap C
\end{aligned}
$$

und

$$A \cap B = \{x \mid x \in A \ \wedge \ x \in B\}$$
$$= \{x \mid x \in B \ \wedge \ x \in A\}$$
$$= B \cap A \,.$$

Das Assoziativ- und Kommutativgesetz für die Vereinigung begründet man analog. Zu begründen sind noch die Distributivgesetze. Es gilt:

$$x \in A \cap (B \cup C) \Leftrightarrow x \in A \ \wedge \ (x \in B \ \vee \ x \in C)$$
$$\Leftrightarrow (x \in A \ \wedge \ x \in B) \vee (x \in A \ \wedge \ x \in C)$$
$$\Leftrightarrow x \in A \cap B \ \vee \ x \in A \cap C$$
$$\Leftrightarrow x \in (A \cap B) \cup (A \cap C) \,.$$

Somit sind die beiden Mengen $A \cap (B \cup C)$ und $(A \cap B) \cup (A \cap C)$ gleich, beachte hierzu die Bemerkung nach der Definition der Gleichheit von Mengen auf Seite 37. Um das zweite Distributivgesetz zu zeigen, geht man analog vor. ∎

Ist A eine Teilmenge von B, $A \subseteq B$, so heißt die Menge

$$C_B(A) = B \setminus A$$

das **Komplement** von A bzgl. B.

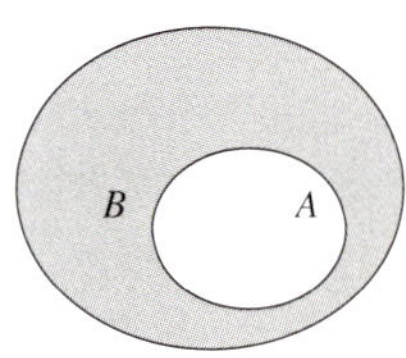

Abbildung 2.4 Das Komplement $C_B(A)$ enthält alle Elemente von B, die nicht Element von $A \subseteq B$ sind.

Z. B. gilt

$$C_{\mathbb{Z}}(\mathbb{N}) = \{0, \, -1, \, -2, \, \ldots\} \text{ und } C_{\mathbb{N}}(\mathbb{N}) = \emptyset \,.$$

Achtung: Auch die Schreibweise A^c ist für das Komplement der Menge A üblich. Bei dieser Schreibweise muss aber klar sein, bezüglich welcher Menge das Komplement gebildet wird. Beachte das obige Beispiel für $\mathbb{N}^c$.

Das Komplement einer Vereinigung ist der Schnitt der Komplemente, und das Komplement eines Schnittes ist die Vereinigung der Komplemente, das besagen die Regeln von De Morgan:

Die Regeln von De Morgan

Für beliebige Mengen $A, \ B \subseteq M$ gelten die Regeln:

$$C_M(A \cup B) = C_M(A) \cap C_M(B) \,,$$
$$C_M(A \cap B) = C_M(A) \cup C_M(B) \,.$$

Beweis: Wir zeigen das erste Gesetz, das zweite beweist man analog. Weil die Komplemente stets bezüglich derselben großen Menge M gebildet werden, verwenden wir die Kurzschreibweise A^c, B^c für die Komplemente. Die Gleichheit der Mengen $(A \cup B)^c$ und $A^c \cap B^c$ ergibt sich aus:

$$x \in (A \cup B)^c \Leftrightarrow x \in M \setminus (A \cup B)$$
$$\Leftrightarrow (x \in M) \wedge (x \notin A \ \wedge \ x \notin B)$$
$$\Leftrightarrow (x \in M \ \wedge \ x \notin A) \wedge (x \in M \ \wedge \ x \notin B)$$
$$\Leftrightarrow (x \in M \setminus A) \wedge (x \in M \setminus B)$$
$$\Leftrightarrow x \in (M \setminus A) \cap (M \setminus B)$$
$$\Leftrightarrow x \in A^c \cap B^c \,.$$

Dabei liefert $\Rightarrow$ die Inklusion $(A \cup B)^c \subseteq A^c \cap B^c$ und $\Leftarrow$ die Inklusion $A^c \cap B^c \subseteq (A \cup B)^c$. Insgesamt folgt damit $(A \cup B)^c = A^c \cap B^c$. ∎

Die Inklusion $A \subseteq B$ lässt sich mit den eingeführten Mengenoperationen kennzeichnen, offenbar gelten

(i) mit der Vereinigung:

$$A \subseteq B \Leftrightarrow A \cup B = B \,,$$

(ii) mit dem Durchschnitt:

$$A \subseteq B \Leftrightarrow A \cap B = A \,,$$

(iii) mit der Differenz:

$$A \subseteq B \Leftrightarrow A \setminus B = \emptyset \,.$$

——————————— **?** ———————————

Begründen Sie kurz diese Äquivalenzen.

———————————————————————————————

Das kartesische Produkt zweier Mengen A und B ist die Menge aller geordneten Paare

In einer euklidischen Ebene E lässt sich jeder Punkt $\boldsymbol{p}$ bezüglich eines kartesischen Koordinatensystems durch zwei reelle Zahlen a und b beschreiben, und umgekehrt bestimmt jedes geordnete Paar (a, b) zweier reeller Zahlen a und b einen Punkt der Ebene. Wir können somit die euklidische Ebene E als die Menge aller geordneten Paare auffassen (siehe Abb. 2.5):

$$\mathbb{R}^2 = \mathbb{R} \times \mathbb{R} = \{(a, b) \mid a, \, b \in \mathbb{R}\} \,.$$

Im Allgemeinen gilt $(a, b) \neq (b, a)$, z. B. ist

$$(2, 1) \neq (1, 2) \,.$$

Solche Mengen geordneter Paare kann man mit beliebigen Mengen A, B bilden. Die Menge

$$A \times B = \{(a, b) \mid a \in A, \, b \in B\}$$

heißt **kartesisches Produkt** oder **Produktmenge** von A und B. Dabei ist $A = B$ erlaubt, für $A \times A$ schreiben wir kurz A^2. Für zwei Elemente $(a, b), \ (c, d) \in A \times B$ gilt:

$$(a, b) = (c, d) \Leftrightarrow a = c, \ b = d \,.$$

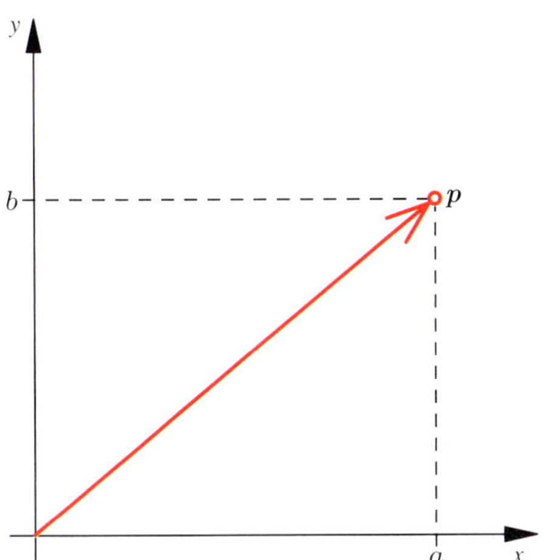

Abbildung 2.5 Der Punkt $p = (a, b)$ hat die Koordinaten a und b.

D. h. zwei geordnete Paare sind genau dann gleich, wenn sie komponentenweise gleich sind.

Kommentar: Wir sind bei der Einführung der kartesischen Produkts einer intuitiven Auffassung gefolgt und haben eine Definition des Begriffs *geordnetes Paar* vermieden. Sind A und B Mengen, so ist nach K. Kuratowski das geordnete Paar (a, b) für $a \in A$ und $b \in B$ (mengentheoretisch) definiert als

$$(a, b) = \{\{a\}, \{a, b\}\}.$$

Es macht keine große Mühe nachzuweisen, dass die obige Gleichheit für geordnete Paare tatsächlich gilt.

Beispiel

$$\{a, b, c\} \times \{1, 2\} = \{(a, 1), (a, 2), (b, 1)(b, 2), (c, 1), (c, 2)\}$$

und

$$A \times \emptyset = \emptyset.$$

Die (Anschauungs-)Ebene kann man als $\mathbb{R}^2 = \mathbb{R} \times \mathbb{R}$ beschreiben. Sind A und B endliche Intervalle in $\mathbb{R}$, so kann man die Menge

$$A \times B = \{(a, b) \mid a \in A, \ b \in B\}$$

als rechteckige Fläche zeichnen, siehe Abbildung 2.6.

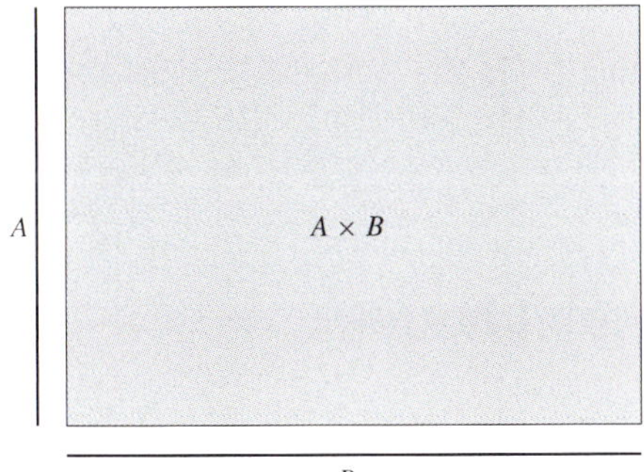

Abbildung 2.6 Darstellung des kartesischen Produkts $A \times B$ als Rechtecksfläche.

Die Menge

$$\{(x, 0) \in \mathbb{R}^2 \mid x \in \mathbb{R}\}$$

ist die x-Achse und

$$\{(0, y) \in \mathbb{R}^2 \mid y \in \mathbb{R}\}$$

ist die y-Achse in der Ebene $\mathbb{R}^2$. ◀

Zur Darstellung eines Punkts des dreidimensionalen euklidischen Raumes benötigt man drei reelle Zahlen. Weil bei vielen Problemstellungen, z. B. aus der Physik, auch drei Dimensionen nicht ausreichen, definieren wir allgemein für endlich viele Mengen $A_1, A_2, \ldots, A_n$ mit $n \in \mathbb{N}$

$$\prod_{i=1}^{n} A_i = A_1 \times \cdots \times A_n$$

$$= \{(a_1, \ldots, a_n) \mid a_1 \in A_1, \ldots, a_n \in A_n\}$$

das **kartesische Produkt** von $A_1, \ldots, A_n$. Das Element $(a_1, \ldots, a_n)$ heißt ein **(geordnetes) n-Tupel**. Für zwei n-Tupel $(a_1, \ldots, a_n), (b_1, \ldots, b_n) \in A_1 \times \cdots \times A_n$ gilt

$$(a_1, \ldots, a_n) = (b_1, \ldots, b_n) \Leftrightarrow a_1 = b_1, \ldots, a_n = b_n.$$

Falls alle Mengen gleich einer Menge A sind, d. h. $A = A_1 = \cdots = A_n$, so schreibt man kürzer A^n für $A \times \cdots \times A$. Im Fall $A = \mathbb{R}$ und $n = 3$ erhält man so den (dreidimensionalen) Anschauungsraum

$$\mathbb{R}^3 = \{(a_1, a_2, a_3) \mid a_1, a_2, a_3 \in \mathbb{R}\}.$$

Die Potenzmenge einer Menge M ist die Menge aller Teilmengen von M

Ist M eine Menge, so heißt

$$\mathcal{P}(M) = \{A \mid A \subseteq M\}$$

die **Potenzmenge** von M. Ihre Elemente sind sämtliche Teilmengen von M; man beachte, dass nach dem Satz auf Seite 35 für jede Menge M die leere Menge $\emptyset$ und M Elemente von $\mathcal{P}(M)$ sind. Für die Potenzmenge von M ist auch die Schreibweise 2^M gebräuchlich.

Beispiel Für die Potenzmenge der leeren Menge $M = \emptyset$ erhalten wir

$$\mathcal{P}(M) = \{\emptyset\}.$$

Man beachte den Unterschied: $\emptyset$ ist eine Menge, die kein Element enthält, aber $\{\emptyset\}$ ist eine Menge, die genau ein Element, nämlich die leere Menge $\emptyset$, enthält; es gilt:

$$\emptyset \subseteq \emptyset \text{ und } \emptyset \in \{\emptyset\}.$$

Die Potenzmenge der Menge $M = \{1\}$ lautet:

$$\mathcal{P}(M) = \{\emptyset, \{1\}\}.$$

Die Potenzmenge der Menge $M = \{1, 2\}$ ist:

$$\mathcal{P}(M) = \{\emptyset, \{1\}, \{2\}, \{1, 2\}\}.$$

Und schließlich gilt für die Potenzmenge der Menge $M = \{1, 2, 3\}$:

$$\mathcal{P}(M) = \{\emptyset, \{1\}, \{2\}, \{3\}, \{1, 2\},$$
$$\{2, 3\}, \{1, 3\}, \{1, 2, 3\}\}. \qquad \blacktriangleleft$$

Man sieht, dass die Anzahl der Elemente der Potenzmenge von M mit der Anzahl der Elemente von M zunimmt. Im nächsten Abschnitt werden wir dies genauer erläutern. Tatsächlich enthält die Potenzmenge einer unendlichen Menge M auch *mehr* Elemente als die bereits (unendliche) Menge M. Das ist zwar schwer vorstellbar, man kann es aber beweisen (siehe Aufgabe 2.18).

Wir verallgemeinern Durchschnitt und Vereinigung auf beliebige nichtleere Teilmengen X von $\mathcal{P}(M)$. Für $\emptyset \neq X \subseteq \mathcal{P}(M)$, d. h. X ist eine nichtleere Menge von Teilmengen von M, ist

$$\bigcap X = \bigcap_{A \in X} A = \{x \in M \mid \forall A \in X : x \in A\}$$

der **Durchschnitt** von X und

$$\bigcup X = \bigcup_{A \in X} A = \{x \in M \mid \exists A \in X : x \in A\}$$

die **Vereinigung** von X.

Die Mächtigkeit einer Menge M ist die Anzahl der Elemente von M

Eine präzise Definition einer *endlichen Menge* werden wir auf Seite 45 nachreichen. Für die nächsten Betrachtungen reicht die Vorstellung aus, dass eine endliche Menge M dadurch gegeben ist, dass M nur endlich viele Elemente enthält. Wir nennen

$$|M| = \begin{cases} n, & \text{falls } M \text{ endlich ist und } n \text{ Elemente enthält,} \\ \infty, & \text{falls } M \text{ nicht endlich ist} \end{cases}$$

die **Mächtigkeit** oder **Kardinalzahl** von M, z. B. gilt:

$$|\{2, 3, 5, 7\}| = 4, \ |\emptyset| = 0, \ |\{7, 7\}| = 1, \ |\mathbb{R}| = \infty.$$

Kommentar: Neben $|M|$ sind auch die Schreibweisen

$$\operatorname{card}(M) \quad \text{und} \quad \#M$$

für die Mächtigkeit von M üblich.

Achtung: Einer vorgegebenen Menge ist zuweilen nicht anzusehen, ob sie endlich ist oder nicht. Es ist bis heute nicht bekannt, ob die Mengen

$$M = \{n \in \mathbb{N} \mid 2^n - 1 \text{ ist Primzahl}\} \text{ und}$$
$$F = \{n \in \mathbb{N} \mid 2^n + 1 \text{ ist Primzahl}\}$$

endlich oder unendlich sind.

Wir formulieren einige Aussagen für die Mächtigkeiten endlicher Mengen:

Mächtigkeiten und Mengenoperationen

Für endliche Mengen A, B und C gilt:
(i) $|A \cup B| + |A \cap B| = |A| + |B|$.
(ii) $|A \times B| = |A| \cdot |B|$.
(iii) $|\mathcal{P}(A)| = 2^{|A|}$.

Beweis: (i) Es ist $|A| + |B|$ die Gesamtzahl der Elemente aus A und B. Elemente, die sowohl in A als auch in B auftauchen – das sind genau die Elemente in $A \cap B$ – werden in der Menge $A \cup B$ aber nur einmal gezählt. Daher ergibt sich die Formel in (i).

(ii) Die Anzahl der Möglichkeiten geordnete Paare (a, b) mit $a \in A$ und $b \in B$ zu bilden ist genau $|A| \cdot |B|$.

(iii) Gilt $A = \emptyset$, so erhalten wir $\mathcal{P}(A) = \{\emptyset\}$ und somit die gewünschte Formel

$$1 = |\mathcal{P}(A)| = 2^{|A|} = 2^0.$$

Wir bestimmen nun im Fall $A \neq \emptyset$, etwa $A = \{a_1, \ldots, a_n\}$, die Anzahl der Möglichkeiten, eine Teilmenge M von A zu wählen. Das Element a_1 kann in M liegen oder eben nicht, das sind zwei Möglichkeiten, das Element a_2 kann ebenfalls in M liegen oder eben nicht, das sind erneut zwei Möglichkeiten. Das setzt man fort bis zum Element a_n und erhält genau $2^n = 2^{|A|}$ Möglichkeiten, eine Teilmenge M von A wählen zu können. $\blacksquare$

Kommentar: Wir haben $|M| = \infty$ für jede unendliche Menge M gesetzt. Tatsächlich ist das für viele Zwecke ungenau. So gibt es z. B. mehr reelle Zahlen, als es natürliche Zahlen gibt, und noch größer als $\mathbb{R}$ ist die Potenzmenge $\mathcal{P}(\mathbb{R})$. Diese quantitativen Unterschiede kann man mit einer *feineren* Definition von Kardinalzahlen erfassen, für die man auch eine Addition $+$ und Multiplikation $\cdot$ in sinnvoller Weise erklären kann. Es ist bemerkenswert, dass die obigen drei Formeln auch für beliebige unendliche Kardinalzahlen gelten.

2.3 Abbildungen

Oftmals wird der Begriff *Abbildung* von einer Menge X in eine Menge Y als eine *Vorschrift* erklärt, die jedem x in X genau ein y in Y zuordnet. Wir sind etwas genauer und vermeiden eine Definition durch einen nicht definierten Begriff.

Eine Abbildung f ist durch Definitionsmenge, Wertemenge und Graph gegeben

Man beachte, dass bei der folgenden Definition $X = Y$ und auch $X = \emptyset$ oder $Y = \emptyset$ zugelassen sind.

Definition einer Abbildung

Gegeben seien zwei Mengen X und Y. Eine **Abbildung** f von X in Y ist ein Tripel

$$f = (X, Y, G_f), \quad \text{wobei } G_f \subseteq X \times Y$$

die Eigenschaft hat, dass es zu jedem $x \in X$ genau ein $y \in Y$ gibt mit $(x, y) \in G_f$.

Für das durch x eindeutig bestimmte Element y schreiben wir $f(x)$.

Die Menge X heißt **Definitionsmenge** von f, Y heißt **Wertemenge** von f und G_f der **Graph** von f.

Bei der Definitionsmenge spricht man auch vom **Definitionsbereich**, und anstelle von Wertemenge sagt man auch **Werteberich**. Der Graph $G_f \subseteq X \times Y$ ist meist nicht explizit angegeben, sondern durch die *Vorschrift*, wie man $f(x)$ aus x gewinnt.

Wir haben Abbildungen als ein Tripel (X, Y, G_f) von Mengen definiert, weil damit verständlich wird, dass zwei Abbildungen nur dann gleich sind, wenn ihre Definitionsmengen, ihre Wertemengen und ebenso ihre Graphen übereinstimmen. So ist zum Beispiel für jede echte Teilmenge $X' \subsetneqq X$ oder $Y' \subsetneqq Y$

$$g = (X', Y, G_g \subseteq X' \times Y) \text{ oder } h = (X, Y', G_h \subseteq X \times Y')$$

etwas anderes als

$$f = (X, Y, G_f \subseteq X \times Y),$$

obwohl es durchaus sein kann, dass die Graphen G_f, G_g und G_h jeweils die gleichen sind; man beachte das folgende Beispiel.

Beispiel Die drei Abbildungen

$$(1) \quad g = (\mathbb{R}, \quad \mathbb{R}, \quad \{(x, x^2) \mid x \in \mathbb{R}\}),$$

$$(2) \quad h = (\mathbb{R}_{\geq 0}, \mathbb{R}, \quad \{(x, x^2) \mid x \in \mathbb{R}_{\geq 0}\}),$$

$$(3) \quad k = (\mathbb{R}, \quad \mathbb{R}_{\geq 0}, \{(x, x^2) \mid x \in \mathbb{R}\})$$

sind verschieden, obwohl die Graphen G_g und G_k gleich sind. Es gilt nämlich

$$(1) \quad G_g = \{(x, x^2) \mid x \in \mathbb{R}\} \subseteq \mathbb{R} \times \mathbb{R},$$

$$(2) \quad G_h = \{(x, x^2) \mid x \in \mathbb{R}_{\geq 0}\} \subseteq \mathbb{R}_{\geq 0} \times \mathbb{R},$$

$$(3) \quad G_k = \{(x, x^2) \mid x \in \mathbb{R}\} \subseteq \mathbb{R} \times \mathbb{R}_{\geq 0}. \quad \blacktriangleleft$$

Wir werden für die Abbildung $f = (X, Y, G_f)$ meist deutlicher

$$f : X \to Y, \quad x \mapsto f(x)$$

schreiben oder

$$f : \begin{cases} X & \to & Y, \\ x & \mapsto & f(x). \end{cases}$$

Man beachte die beiden verschiedenen Pfeile. Jener ohne Querstrich zeigt von der Definitionsmenge X zur Wertemenge Y von f, jener mit Querstrich steht zwischen den Elementen der Paare $(x, f(x)) \in G_f$.

Achtung: In der Definition einer Abbildung wird verlangt, dass jedes $x \in X$ genau ein Bild $y \in Y$ besitzt. Es wird *nicht* verlangt, dass jedes $y \in Y$ (genau) ein Urbild $x \in X$ besitzt (vgl. auch Abbildung 2.7).

Anstelle von „f ist eine Abbildung von X *in* Y" sagt man auch „f ist eine Abbildung von X *nach* Y". Wir bevorzugen *in*, da dies deutlicher macht, dass nicht jedes Element in der Wertemenge auch Bild eines Elements aus der Definitionsmenge zu sein braucht.

Sind X und Y endliche Mengen, so kann man sich Abbildungen auch mithilfe von *Pfeilen* veranschaulichen (Abb. 2.7).

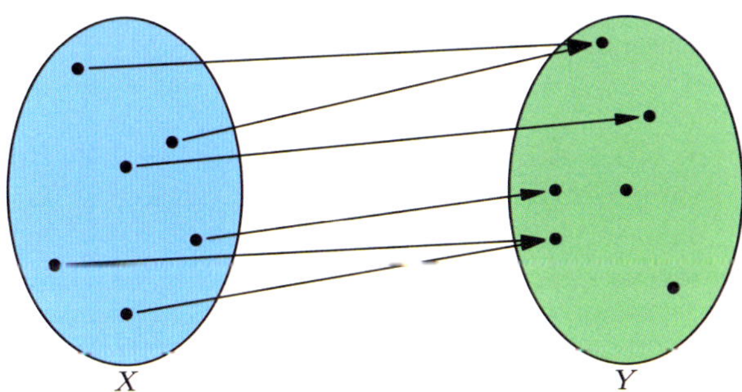

Abbildung 2.7 Von jedem $x \in X$ *muss* genau ein Pfeil ausgehen, und der *darf* bei einem beliebigen $y \in Y$ enden.

Beispiel
- Für jede Menge X ist

$$\begin{cases} X & \to & X, \\ x & \mapsto & x \end{cases}$$

eine Abbildung von X in sich. Sie heißt die **Identität** auf X und wird mit id_X oder Id_X bezeichnet.

- Es ist

$$f : \begin{cases} \mathbb{R}_{>0} & \to & \mathbb{R}, \\ x & \mapsto & x^2 \end{cases}$$

eine Abbildung von $\mathbb{R}_{>0}$ in $\mathbb{R}$. Abbildungen von Teilmengen von $\mathbb{R}^n$ bzw. $\mathbb{C}^n$ in Teilmengen von $\mathbb{R}^m$ bzw. $\mathbb{C}^m$ nennt man auch **Funktionen** und wählt gerne die Schreibweise

$$f : \mathbb{R}_{>0} \to \mathbb{R}, \quad f(x) = x^2.$$

Nur dann, wenn aus dem Kontext die Wertmenge und der Definitionsbereich einer Funktion klar erkennbar sind, sprechen wir gelegentlich kurz von der Funktion $y = f(x)$ oder $f(x) = x^2$.

- Es ist

$$g: \begin{cases} \mathcal{P}(\mathbb{N}) & \to & \mathbb{N}_0 \cup \{\infty\}, \\ x & \mapsto & |x| \end{cases}$$

eine Abbildung von der Potenzmenge von $\mathbb{N}$ in $\mathbb{N}_0 \cup \{\infty\}$. Daher ist x eine Teilmenge von $\mathbb{N}$ und $|x|$ ihre Mächtigkeit.

- Eine Abbildung a von der Menge der natürlichen Zahlen $\mathbb{N}$ in $\mathbb{R}$

$$a: \begin{cases} \mathbb{N} & \to & \mathbb{R}, \\ n & \mapsto & a(n) \end{cases}$$

nennt man auch eine **reelle Folge**, anstelle von $a(n)$ schreibt man a_n und für die Abbildung a kurz $(a_n)_{n \in \mathbb{N}}$. Folgen spielen eine zentrale Rolle in der Mathematik, wir haben ihnen das Kapitel 8 gewidmet.

- Etwas allgemeiner als reelle Folgen sind *Familien*. Sind I und X beliebige Mengen, so nennt man jede Abbildung

$$x: \begin{cases} I & \to & X, \\ i & \mapsto & x_i = x(i) \end{cases}$$

eine **Familie** von Elementen aus X. Für die Abbildung x schreibt man kurz $(x_i)_{i \in I}$ – die Definitionsmenge I der Familie x dient also als *Indexmenge*. Die Bilder der Indizes i sind die Elemente $x_i \in X$. Wir schreiben für die Familie x auch kurz

$$x = \{(i, x_i) \mid i \in I\}.$$

Im Fall $I = \mathbb{N}$ und $X = \mathbb{R}$ erhalten wir die reellen Folgen zurück. Sind die Elemente x_i von X wiederum Mengen, so nennt man die Familie $(x_i)_{i \in I}$ auch ein **Mengensystem**. ◀

?

Für die Menge aller Abbildungen f von X in Y ist auch die Schreibweise Y^X üblich. Zeigen Sie, dass im Falle $|X|, |Y| \in \mathbb{N}$ gilt:

$$|Y^X| = |Y|^{|X|}.$$

Wir dehnen diese Begriffe auf naheliegende Art und Weise auf Teilmengen von X bzw. Y aus.

Ist $f: X \to Y$ eine Abbildung, so heißt für jede Teilmenge $A \subseteq X$ und $B \subseteq Y$ die Menge

$$f(A) = \{f(a) \mid a \in A\} \subseteq Y$$

die **Bildmenge** von A unter f oder das **Bild** von A unter f und die Menge

$$f^{-1}(B) = \{x \in X \mid f(x) \in B\} \subseteq X$$

die **Urbildmenge** von B unter f oder das **Urbild** von B unter f. Im Fall einer einelementigen Menge Y, d. h. $Y = \{b\}$, gilt

$$f^{-1}(\{b\}) = \{x \in A \mid f(x) = b\}.$$

Beispiel Wir betrachten die Abbildung

$$g: \begin{cases} \mathcal{P}(\mathbb{N}) & \to & \mathbb{N}_0 \cup \{\infty\}, \\ x & \mapsto & |x|. \end{cases}$$

Die Bildmenge von $A = \{\emptyset, \{2\}, \{56\}\} \subseteq \mathcal{P}(\mathbb{N})$ ist $g(A) = \{0, 1\}$, und die Urbildmenge von $\{2\} \subseteq \mathbb{N}_0 \cup \{\infty\}$ ist die Menge aller zweielementigen Teilmengen von $\mathbb{N}$. ◀

Achtung: Bei einer einelementigen Menge $B = \{b\} \subseteq Y$ schreibt man gerne einfacher $f^{-1}(b)$ anstelle $f^{-1}(\{b\})$,

$$f^{-1}(b) = \{x \in X \mid f(x) = b\} \subseteq X.$$

Diese Schreibweise ist aber mit Vorsicht zu genießen. Manche Abbildungen f haben eine sogenannte *Umkehrabbildung*. Für diese Umkehrabbildung ist die Schreibweise f^{-1} üblich. Es ist dann $f^{-1}(y)$ das Bild von y unter der Abbildung f^{-1}, insbesondere also ein Element der Bildmenge der Abbildung f^{-1}. Bei obiger Schreibweise ist aber $f^{-1}(y) = f^{-1}(\{y\})$ eine Teilmenge der Definitionsmenge von f. Wir werden die etwas umständlichere Schreibweise $f^{-1}(\{y\})$ bevorzugen, um solche Verwirrungen gar nicht aufkommen zu lassen.

Sowohl Elemente als auch Teilmengen können Bilder und Urbilder haben

Ist $f: X \to Y$ eine Abbildung, so heißt $y = f(x) \in Y$ **das Bild** von x unter der Abbildung f – es ist y durch f eindeutig bestimmt. Und das Element $x \in X$ heißt **ein Urbild** des Elements $y \in Y$ – das Element x ist durch f und y nicht notwendig eindeutig bestimmt.

$$y = f(x)$$
$$\uparrow \qquad \uparrow$$
$$\textbf{das} \text{ Bild von } x \qquad \textbf{ein} \text{ Urbild von } y$$

Zwei Abbildungen sind gleich, wenn sie die gleiche Definitions- und Wertemenge haben und die Bilder jeweils gleich sind

Eine Abbildung f ist dann vollständig definiert, wenn ihre Definitionsmenge X, ihre Wertemenge Y und ihr Graph

$$G_f = \{(x, f(x)) \mid x \in X\} \subseteq X \times Y$$

angegeben sind. In den folgenden Beispielen wird der Graph G_f häufig implizit durch die *Abbildungsvorschrift* $x \mapsto f(x)$ angegeben.

Beispiel Die Abbildungen

$$f: \begin{cases} \mathbb{R} & \to & \mathbb{R}, \\ x & \mapsto & x^2 \end{cases} \quad \text{und} \quad g: \begin{cases} \mathbb{N} & \to & \mathbb{N}, \\ x & \mapsto & x^2 \end{cases}$$

haben identische Abbildungsvorschriften, nämlich $x \mapsto x^2$; man schreibt bei der expliziten Angabe der Vorschrift auch $f(x) = x^2$. Aber die Abbildungen haben sehr verschiedene Eigenschaften:

- $y = 2$ hat unter f die zwei Urbilder $\sqrt{2}$ und $-\sqrt{2}$;
- $y = 2$ hat unter g kein Urbild. ◀

Sind f und g zwei Abbildungen von X nach Y, etwa

$$G_f = \{(x, f(x)) \mid x \in X\} \text{ und } G_g = \{(x, g(x)) \mid x \in X\},$$

so folgt unmittelbar aus der Gleichheit von Mengen und jener von geordneten Paaren:

Gleichheit von Abbildungen

Für zwei Abbildungen $f, g: X \to Y$ gilt:

$$f = g \Leftrightarrow f(x) = g(x) \quad \forall x \in X.$$

Beispiel Es seien f und g Abbildungen von $\mathbb{N}$ nach $\mathbb{N}_0$, wobei

$f(x) = $ kleinster nicht negativer Rest bei ganzzahliger Division von x durch 3.

$g(x) = $ kleinster nicht negativer Rest bei ganzzahliger Division von x^3 durch 3.

Die beiden Abbildungsvorschriften sind verschieden, aber es gilt:

$$f(1) = 1 = g(1), \ f(2) = 2 = g(2), \ f(3) = 0 = g(3).$$

Allgemein erhält man $f(x) = g(x)$ für alle $x \in \mathbb{N}$. Das liegt daran, dass $n^3 - n = (n - 1)\, n\, (n + 1)$ ein Vielfaches von 3 ist. Die Abbildungen f und g sind somit gleich. ◀

Die Restriktion einer Abbildung f ist eine Teilmenge von f

Wir werden sowohl in der Analysis wie auch in der linearen Algebra häufig Abbildungen *einschränken*, d. h. wir betrachten eine gegebene Abbildung $f: X \to Y$ nur auf einer Teilmenge $A \subseteq X$. Weil wir den Definitionsbereich ändern, betrachten wir eine neue Abbildung, für diese müssen wir ein neues Symbol einführen.

Definition der Restriktion einer Abbildung

Ist $f: X \to Y$ eine Abbildung, so nennt man für jede Teilmenge $A \subseteq X$ die Abbildung

$$f|_A: \begin{cases} A & \to & Y, \\ x & \mapsto & f(x) \end{cases}$$

die **Restriktion** oder **Einschränkung** von f auf A.

Man beachte, dass $f|_A = (A, Y, G_{f|_A})$ mit

$$G_{f|_A} = \{(x, f(x)) \mid x \in A\} \subseteq A \times Y$$

natürlich wieder eine Abbildung ist. Im Fall $A = X$ gilt $f|_A = f$.

Beispiel Die Restriktion der Funktion

$$f: \begin{cases} \mathbb{R} & \to & \mathbb{R}, \\ x & \mapsto & x^3 \end{cases}$$

auf $\mathbb{N}$, das ist die Abbildung

$$f|_{\mathbb{N}}: \begin{cases} \mathbb{N} & \to & \mathbb{R}, \\ n & \mapsto & n^3 \end{cases},$$

ist die reelle Folge $(n^3)_{n \in \mathbb{N}}$. ◀

--- **?** ---

Geben Sie eine Funktion $f: A \to B$ an, sodass $f|_{A'}$ dasselbe Bild wie f hat, obwohl A' eine echte Teilmenge von A ist.

Kommentar: In der Mathematik steht man oft vor dem umgekehrten Problem, dem sogenannten *Fortsetzungsproblem*: Gegeben ist eine Abbildung $f: A \to Y$ und eine A umfassende Menge X, d. h. $A \subseteq X$. Das Problem lautet: Gibt es eine Abbildung $\tilde{f}: X \to Y$ mit $\tilde{f}|_A = f$, die eine gewisse geforderte Eigenschaft besitzt.

Das Auswahlaxiom garantiert die Existenz einer Auswahlfunktion

Wir haben in einem Abschnitt auf Seite 38 das kartesische Produkt für endlich viele Mengen $A_1, \ldots, A_n$ eingeführt. Es macht keinerlei Schwierigkeiten, das Produkt auf beliebige Mengensysteme auszudehnen: Ist I eine beliebige (Index-)menge und $(X_i)_{i \in I}$ ein Mengensystem, so nennt man

$$\prod_{i \in I} X_i = \left\{ f: I \to \bigcup_{i \in I} X_i \mid f(i) \in X_i \text{ für alle } i \in I \right\}$$

das **kartesische Produkt** von $(X_i)_{i \in I}$. Man beachte zwei spezielle Fälle:

- Ist $I = \{1, \ldots, n\}$, so stimmt die Definition mit dem bereits definierten (endlichen) kartesischen Produkt überein:

$$\prod_{i \in I} X_i = \prod_{i=1}^{n} X_i.$$

- Ist $X_i = \emptyset$ für ein $i \in I$, so ist $\prod_{i \in I} X_i = \emptyset$.

Etwas Ähnliches hat man bei dem Produkt von Zahlen: Ist im Produkt $a_1 \cdots a_n$ ein Faktor $a_i = 0$, so ist $a_1 a_2 \cdots a_n = 0$.

Was aber passiert, wenn $X_i \neq \emptyset$ ist für alle $i \in I$? Solange die Menge I endlich ist, z. B. $|I| = n$, ist alles unproblematisch: Das kartesische Produkt ist dann nichtleer, da Elemente des kartesischen Produkts explizit in der Form $(x_1, \ldots, x_n)$ mit $x_i \in X_i$ angegeben werden können. Falls I unendlich ist, so sagt das *Auswahlaxiom der Mengenlehre*:

> **Das Auswahlaxiom**
>
> Ist $I \neq \emptyset$ eine Menge und $(X_i)_{i \in I}$ ein Mengensystem nichtleerer Mengen X_i, so ist auch das kartesische Produkt $\prod_{i \in I} X_i$ nichtleer,
>
> $$\prod_{i \in I} X_i \neq \emptyset.$$

Achtung: Das Auswahlaxiom ist ein **Axiom**. Die Aussage des Axioms ist nicht beweisbar, wir erkennen sie dennoch als gültig an (vgl. Seite 3). Wir werden stets deutlich machen, wann wir von dem Axiom Gebrauch machen.

Nach dem Auswahlaxiom gibt es eine **Auswahlfunktion**

$$f : I \to \bigcup_{i \in I} X_i \text{ mit } f(i) \in X_i \; \forall i \in I \,,$$

d. h. eine Abbildung f, die aus jeder der Mengen X_i genau ein Element, nämlich $f(i)$, auswählt.

Wir verdeutlichen die Problematik an einem Beispiel.

Beispiel Gegeben seien unendlich viele Paare von Schuhen, das sind unsere unendlich vielen nichtleeren Mengen X_i, $|I| = \infty$, mit $|X_i| = 2$. Gibt es eine Auswahlvorschrift (eine Funktion), die (simultan) aus jedem Paar von Schuhen genau ein Element, d. h. genau einen Schuh, auswählt? Ja! – z. B. die folgende:

f ordnet jedem Paar von Schuhen den linken Schuh des Paares zu.

Nun dasselbe für Socken statt Schuhe. Gibt es eine Auswahlvorschrift, die aus jedem Sockenpaar genau eine Socke auswählt? Wie könnte eine solche Vorschrift lauten?

Das Auswahlaxiom besagt, dass es eine Auswahlfunktion gibt; das ist eine schwache Existenzaussage. Bei den Schuhen hatten wir mehr, nämlich die explizite Angabe einer solchen Auswahlfunktion. ◀

Wir kommen in Kürze erneut auf das Auswahlaxiom zu sprechen.

Injektiv plus surjektiv ist bijektiv

Bei einer Abbildung $f : X \to Y$ ist jedem $x \in X$ genau ein $y \in Y$ zugeordnet. Wir geben den zusätzlichen Eigenschaften

- Je zwei verschiedenen Elementen aus X sind auch zwei verschiedene Elemente aus Y zugeordnet und
- jedes Element aus Y wird einem x zugeordnet,

die eine Abbildung haben kann, Namen:

> **Definition von Injektivität, Surjektivität und Bijektivität**
>
> Eine Abbildung $f : X \to Y$ heißt
> - **injektiv**, falls aus $f(x_1) = f(x_2)$ für $x_1, x_2 \in X$ folgt $x_1 = x_2$,
> - **surjektiv**, falls zu jedem $y \in Y$ ein $x \in X$ existiert mit $f(x) = y$,
> - **bijektiv**, falls f injektiv und surjektiv ist.

Wir können die Definitionen auch anders formulieren, es gilt nämlich offenbar:

- Eine Abbildung $f : X \to Y$ ist genau dann injektiv, wenn für $x_1 \neq x_2$ aus X stets $f(x_1) \neq f(x_2)$ folgt.
- Eine Abbildung $f : X \to Y$ ist genau dann injektiv, wenn zu jedem $y \in Y$ höchstens ein $x \in X$ mit $f(x) = y$ existiert.
- Eine Abbildung $f : X \to Y$ ist genau dann surjektiv, wenn $f(X) = Y$ gilt.
- Eine Abbildung $f : X \to Y$ ist genau dann surjektiv, wenn zu jedem $y \in Y$ mindestens ein $x \in X$ mit $f(x) = y$ existiert.
- Eine Abbildung $f : X \to Y$ ist genau dann bijektiv, wenn zu jedem $y \in Y$ genau ein $x \in X$ mit $f(x) = y$ existiert.

Alle diese Kennzeichnungen sind wichtig, man sollte sich diese daher gut einprägen. Die bijektiven Abbildungen sind gerade jene Abbildungen, die man *umkehren* kann, auf diese Kennzeichnung kommen wir bald zu sprechen.

Für endliche Mengen kann man sich die Begriffe an einer Skizze veranschaulichen (siehe Abb. 2.8).

Eine injektive bzw. surjektive bzw. bijektive Abbildung nennt man oft auch kürzer **Injektion** bzw. **Surjektion** bzw. **Bijektion**.

Beispiel
- Ist M die Menge aller Menschen und bezeichnet $|\text{KH}(m)|$ die Anzahl der Kopfhaare von $m \in M$, so ist die Abbildung

$$f : \begin{cases} M \to & \mathbb{N}_0, \\ m \mapsto & |\text{KH}(m)| \end{cases}$$

weder injektiv noch surjektiv. Es gibt nämlich mindestens zwei (verschiedene) Menschen m_1 und m_2, die keine Kopfhaare haben, d. h. $|\text{KH}(m_1)| = |\text{KH}(m_2)|$, sodass f nicht injektiv ist. Und es gibt sicherlich keinen Menschen, der $10^{10} \in \mathbb{N}$ Kopfhaare hat. Folglich ist f auch nicht surjektiv.
- Die Abbildung

$$f : \begin{cases} \mathbb{N} \to & \mathbb{N}, \\ n \mapsto & n + 1 \end{cases}$$

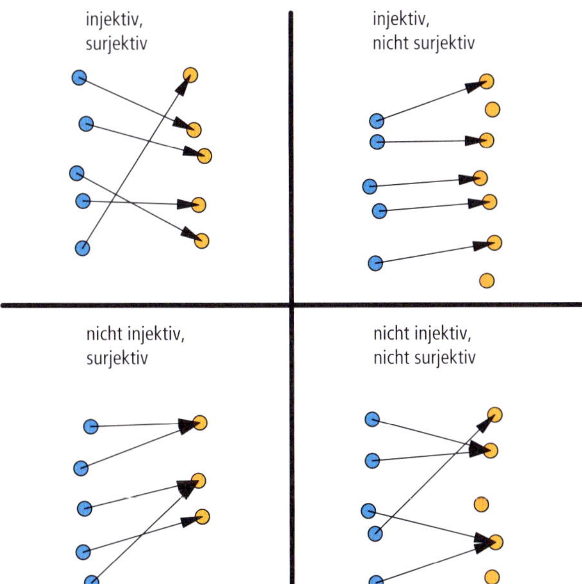

Abbildung 2.8 Illustration der Eigenschaften *injektiv* und *surjektiv*. Nur die Abbildung links oben ist sowohl injektiv als auch surjektiv, also bijektiv.

ist injektiv, da gilt:

$$n + 1 = f(n) = f(m) = m + 1 \text{ impliziert } n = m\,.$$

Die Abbildung f ist nicht surjektiv, da das Element $1 \in \mathbb{N}$ nicht als Bild auftritt:

$$\nexists\, n \in \mathbb{N} \text{ mit } f(n) = 1\,.$$

Da f nicht surjektiv ist, ist f auch nicht bijektiv.

- Die Abbildung

$$f : \begin{cases} \mathbb{N} \to \{\pm 1\}, \\ n \mapsto (-1)^n \end{cases}$$

ist surjektiv ($f(1) = -1$ und $f(2) = 1$), aber nicht injektiv ($f(1) = f(3)$) und somit auch nicht bijektiv.

- Für jede Menge X ist die Abbildung $\mathrm{id}_X : X \to X$, $\mathrm{id}_X(x) = x$ eine Bijektion.

- Für die Abbildungen

$$f_1 : \begin{cases} \mathbb{R} \to \mathbb{R}, \\ x \mapsto x^2, \end{cases} \qquad f_2 : \begin{cases} \mathbb{R}_{\geq 0} \to \mathbb{R}, \\ x \mapsto x^2, \end{cases}$$

$$f_3 : \begin{cases} \mathbb{R} \to \mathbb{R}_{\geq 0}, \\ x \mapsto x^2, \end{cases} \qquad f_4 : \begin{cases} \mathbb{R}_{\geq 0} \to \mathbb{R}_{\geq 0}, \\ x \mapsto x^2 \end{cases}$$

gilt:

- f_1 ist weder surjektiv ($-1 \notin f(\mathbb{R})$) noch injektiv ($f(-1) = f(1)$).
- f_2 ist nicht surjektiv ($-1 \notin f(\mathbb{R})$) aber injektiv ($f(x) = f(y) \Rightarrow x = y$).
- f_3 ist surjektiv ($y \in \mathbb{R}_{\geq 0} \Rightarrow f(\sqrt{y}) = y$) aber nicht injektiv ($f(-1) = f(1)$).
- f_4 ist sowohl surjektiv (siehe f_3) als auch injektiv (siehe f_2). ◀

?

Ist die Abbildung

$$f : \begin{cases} \mathbb{N} \to \mathbb{N}_0, \\ n \mapsto n - 1 \end{cases}$$

injektiv, surjektiv oder bijektiv ?

Kommentar: Man kann zu jeder injektiven Abbildung f durch Einschränkung der Wertemenge auf das Bild von f eine bijektive Abbildung erklären: Ist

$$f : X \to Y$$

injektiv, so ist die Abbildung

$$\tilde{f} : \begin{cases} X \to f(X) \\ x \mapsto f(x) \end{cases}$$

bijektiv.

Zwei Mengen sind gleichmächtig, wenn es eine Bijektion zwischen ihnen gibt

Wir werden nun Mengen nach ihrer Größe klassifizieren. Dabei werden uns injektive, surjektive und bijektive Abbildungen als Maßstab dienen.

Gleichmächtige Mengen

Zwei Mengen A und B heißen **gleichmächtig**, wenn es eine bijektive Abbildung $f : A \to B$ gibt. Wir schreiben dann

$$A \sim B \text{ oder } |A| = |B|\,.$$

Man schreibt weiterhin

$$|A| \leq |B|\,,$$

wenn es eine injektive Abbildung von A in B gibt, und

$$|A| < |B|$$

für

$$|A| \leq |B|\,, \text{ jedoch } |A| \neq |B|\,;$$

d. h., es gibt eine injektive Abbildung von A in B, aber keine bijektive. In dieser Situation sagt man auch „A hat eine kleinere Mächtigkeit als B" oder „B hat eine größere Mächtigkeit als A".

Im Fall

$$|A| = |\{1,\, 2 \ldots,\, n\}|\,,$$

d. h., es gibt eine Bijektion von A in $\{1,\, 2 \ldots,\, n\}$, setzt man $|A| = n$ und nennt A **endlich**, wenn es ein $n \in \mathbb{N}_0$ gibt mit $|A| = n$.

Bei Abbildungen zwischen endlichen und gleichmächtigen Mengen folgt die Bijektivität aus der Injektivität bzw. Surjektivität, es gilt nämlich:

Lemma

Für jede Abbildung $f : A \to B$ zwischen endlichen und gleichmächtigen Mengen A und B, d.h. $|A| = |B| \in \mathbb{N}_0$, sind äquivalent:

(i) f ist injektiv,

(ii) f ist surjektiv,

(iii) f ist bijektiv.

Beweis: (i) $\Rightarrow$ (ii): Die Abbildung $f : A \to B$ sei injektiv. Dann gilt

$$|f(A)| = |A| = |B| .$$

Aus $f(A) \subseteq B$ folgt damit $f(A) = B$. Somit ist f surjektiv.

(ii) $\Rightarrow$ (iii): Die Abbildung $f : A \to B$ sei surjektiv. Angenommen, es gibt $a, a' \in A$ mit $a \neq a'$ und $f(a) = f(a')$. Dann folgt:

$$|f(A)| < |A| = |B| .$$

Das ist ein Widerspruch zu $f(A) = B$. Damit ist begründet, dass f injektiv und somit bijektiv ist.

(iii) $\Rightarrow$ (i): Falls f bijektiv ist, so ist f auch injektiv. $\blacksquare$

Im Fall $|A| = |\mathbb{N}|$ heißt A **abzählbar**; es gibt dann eine bijektive Abbildung $i \mapsto x_i$ von $\mathbb{N}$ auf A – man kann also die Elemente von A *abzählen*: $x_1, x_2, x_3 \dots$ Die unendlichen Mengen A kann man durch $|\mathbb{N}| \leq |A|$ charakterisieren, d.h., eine Menge A ist genau dann unendlich, wenn es eine injektive Abbildung von $\mathbb{N}$ in A gibt. Auf Seite 122 zeigen wir:

$$|\mathbb{Q}| = |\mathbb{N} \times \mathbb{N}| = |\mathbb{N}|$$

– abzählbar mal abzählbar bleibt abzählbar.

Mit dem *Intervallschachtelungsprinzip* oder dem berühmten *Cantor'schen Diagonaltrick* kann man

$$|\mathbb{N}| < |\mathbb{R}|$$

begründen (siehe Seite 123). Somit ist die nicht endliche Menge $\mathbb{R}$ nicht abzählbar. Eine nicht endliche Menge, die nicht abzählbar ist, nennt man **überabzählbar**. Bei solchen Mengen kann man die Elemente nicht mehr mit den natürlichen Zahlen durchnummerieren. Die Menge $\mathbb{R}$ ist ein Beispiel einer überabzählbaren Menge.

Beispiel
Beispiel
- Für jede natürliche Zahl n ist die Abbildung

$$f : \begin{cases} \mathbb{Z} \to n\,\mathbb{Z}, \\ z \mapsto n\,z \end{cases}$$

injektiv (aus $f(z_1) = f(z_2)$ folgt $z_1 = z_2$) und surjektiv (das Element $n\,z \in n\,\mathbb{Z}$ ist Bild von $z \in \mathbb{Z}$ unter f). Daher

gilt für jedes $n \in \mathbb{N}$:

$$|\mathbb{Z}| = |n\,\mathbb{Z}| .$$

- Die Mengen $\mathbb{N}_0$ und $\mathbb{Z}$ sind gleichmächtig, $|\mathbb{N}_0| = |\mathbb{Z}|$, das folgt aus der Bijektivität der Abbildung

$$f : \begin{cases} \mathbb{N}_0 \to & \mathbb{Z}, \\ n \mapsto & \tfrac{1}{4}(1 - (-1)^n (2n + 1)). \end{cases}$$

Es gilt $f(0) = 0$. Für alle ungeraden $n \in \mathbb{N}$, $n = 2k - 1$ mit $k \in \mathbb{N}$ gilt $f(2k - 1) = k$, und für alle geraden $n \in \mathbb{N}$, $n = 2k$ mit $k \in \mathbb{N}$ gilt $f(2k) = -k$. Folglich ist f surjektiv. Die Abbildung f ist auch injektiv, denn aus $f(n) = f(m)$ folgt zunächst $(-1)^n (2n + 1) = (-1)^m (2m + 1)$. Aus Vorzeichengründen folgt weiter, dass n und m beide gerade oder beide ungerade sind. Daraus wiederum folgt $2n + 1 = 2m + 1$ und somit $n = m$. Also ist f tatsächlich bijektiv.

- Das *Intervall* $(-1, 1) = \{x \in \mathbb{R} \mid -1 < x < 1\}$ ist gleichmächtig zu $\mathbb{R}$. Es ist nämlich

$$f : \begin{cases} (-1, 1) \to & \mathbb{R}, \\ x \mapsto & \dfrac{x}{1 - x^2} \end{cases}$$

eine Bijektion. Den Nachweis hierfür haben wir als Übungsaufgabe gestellt. $\blacktriangleleft$

Jede endliche Menge hat *weniger* Elemente als die unendliche Menge $\mathbb{N}$. Die unendliche Menge $\mathbb{N}$ hat wiederum *weniger* Elemente als die unendliche Menge $\mathbb{R}$. Wir zeigen nun, dass sich diese Folge von größer werdenden Mengen beliebig fortsetzen lässt. Die Potenzmenge einer Menge hat nämlich immer eine echt größere Mächtigkeit als die zugrunde liegende Menge. Folglich gibt es beliebig große Mengen.

Die Mächtigkeit der Potenzmenge

Für jede Menge A gilt $|A| < |\mathcal{P}(A)|$.

Beweis: Die Abbildung $\iota \colon A \to \mathcal{P}(A),\, a \mapsto \{a\}$ ist injektiv, sodass $|A| \leq |\mathcal{P}(A)|$ gilt. Wir begründen, dass keine surjektive Abbildung von A auf $\mathcal{P}(A)$ existiert.

Angenommen, es gibt eine surjektive Abbildung $f : A \to \mathcal{P}(A)$. Für jedes $a \in A$ ist dann $f(a) \subseteq A$. Wir betrachten die Menge $B = \{a \in A \mid a \notin f(a)\} \in \mathcal{P}(A)$. Weil f surjektiv ist, gibt es ein $a \in A$ mit $f(a) = B$.

1. Fall: $a \in B$. Dann ist $a \in A$ und $a \notin f(a) = B$, ein Widerspruch.

2. Fall: $a \notin B$. Dann ist $a \in A$ und $a \notin B = f(a)$, also doch $a \in B$, ein Widerspruch.

Da in beiden Fällen ein Widerspruch eintritt, muss die Annahme falsch sein. $\blacksquare$

Man kann Abbildungen hintereinander ausführen, falls die Bildmenge der einen im Definitionsbereich der anderen liegt

Sind f eine Abbildung von X in Y und g eine Abbildung von Y in Z,

$$f: X \to Y \quad \text{und} \quad g: Y \to Z,$$

so können wir die beiden Abbildungen *hintereinander ausführen*, d. h., wir bilden aus den beiden Abbildungen f und g das Produkt $g \circ f$:

Die Komposition von Abbildungen

Es seien $f: X \to Y$ und $g: Y \to Z$ Abbildungen. Dann ist

$$g \circ f: \begin{cases} X \to & Z, \\ x \mapsto & g(f(x)) \end{cases}$$

eine Abbildung von X nach Z. Diese heißt die **Komposition** oder **Hintereinanderausführung** oder **Verkettung** von f und g.

Das Bild $(g \circ f)(x)$ von x unter der Abbildung $g \circ f$ entsteht durch Anwenden von g auf das Bild $f(x)$ von x unter f.

Achtung: Nicht immer können zwei Abbildungen f und g zu einer Abbildung $g \circ f$ zusammengesetzt werden. Möglich ist das genau dann, wenn das Bild von f im Definitionsbereich von g liegt (siehe Abb. 2.9).

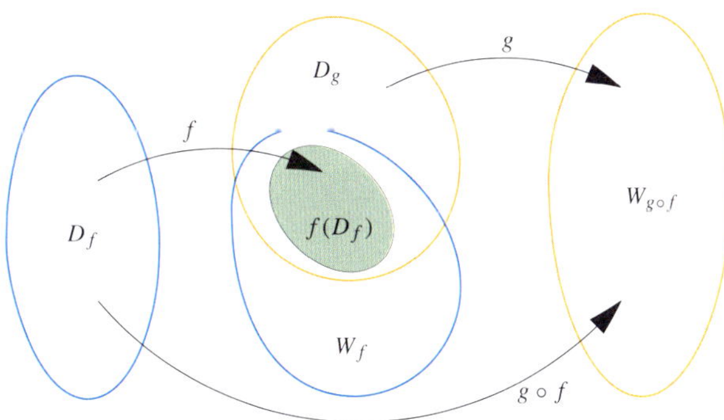

Abbildung 2.9 Eine Verkettung von Abbildungen ist nur dann möglich, wenn der Bildbereich der ersten im Definitionsbereich der zweiten enthalten ist.

Beispiel Die beiden Abbildungen

$$f: \begin{cases} \mathbb{N} \to \mathbb{R}, \\ n \mapsto \frac{1}{n} \end{cases} \quad \text{und} \quad g: \begin{cases} \mathbb{R}_{\geq 0} \to \mathbb{R}_{\geq 0}, \\ x \mapsto \sqrt{x} \end{cases}$$

können zu

$$g \circ f: \begin{cases} \mathbb{N} \to \mathbb{R}_{\geq 0}, \\ n \mapsto \sqrt{\frac{1}{n}} \end{cases}$$

verkettet werden. Hingegen ist das für

$$f: \begin{cases} \mathbb{N} \to \mathbb{R}, \\ n \mapsto -\frac{1}{n} \end{cases} \quad \text{und} \quad g: \begin{cases} \mathbb{R}_{\geq 0} \to \mathbb{R}_{\geq 0}, \\ x \mapsto \sqrt{x} \end{cases}$$

nicht möglich, weil Quadratwurzeln im Reellen nur für positive Argumente definiert sind. ◄

Der Fall $X = Y = Z$ ist besonders interessant. Sind f und g zwei Abbildungen von einer Menge X in sich,

$$f: X \to X \quad \text{und} \quad g: X \to X,$$

so ist auch $g \circ f$ eine Abbildung von X in sich. Dadurch ist eine **Multiplikation** auf der Menge aller Abbildungen von X nach X erklärt. Diese Multiplikation hat ein sogenanntes **Einselement**, die identische Abbildung:

$$\mathrm{id}_X \circ f = f \quad \text{und} \quad f \circ \mathrm{id}_X = f.$$

Man beachte, dass diese Multiplikation nicht kommutativ ist, im Allgemeinen gilt:

$$f \circ g \neq g \circ f.$$

Beispiel Gegeben sind die Abbildungen

$$f: \begin{cases} \mathbb{R} \to \mathbb{R}, \\ x \mapsto x^2 \end{cases} \quad \text{und} \quad g: \begin{cases} \mathbb{R} \to \mathbb{R}, \\ x \mapsto 2x + 1 \end{cases}.$$

Dann gilt:

$$g(f(x)) = 2x^2 + 1 \quad \text{und} \quad f(g(x)) = 4x^2 + 4x + 1.$$

Folglich gilt $g \circ f \neq f \circ g$. ◄

Aber – und das ist wichtig! – diese Multiplikation ist assoziativ:

Die Komposition ist assoziativ

Gegeben seien drei Abbildungen:

$$f_1: X_1 \to X_2, \quad f_2: X_2 \to X_3, \quad f_3: X_3 \to X_4.$$

Dann sind $f_3 \circ (f_2 \circ f_1)$ und $(f_3 \circ f_2) \circ f_1$ Abbildungen von X_1 nach X_4, und es gilt:

$$f_3 \circ (f_2 \circ f_1) = (f_3 \circ f_2) \circ f_1.$$

Beweis: Sowohl $f_3 \circ (f_2 \circ f_1)$ als auch $(f_3 \circ f_2) \circ f_1$ sind Abbildungen von X_1 nach X_4. Zu zeigen ist daher nur, dass für jedes $x \in X_1$ beide Abbildungen dasselbe Element in X_4 liefern, und das sieht man ganz einfach durch Auswerten der Abbildungen für ein (beliebiges) $x \in X_1$:

$$(f_3 \circ (f_2 \circ f_1))(x) = f_3((f_2 \circ f_1)(x)) = f_3(f_2(f_1(x))),$$

$$((f_3 \circ f_2) \circ f_1)(x) = (f_3 \circ f_2)(f_1(x)) = f_3(f_2(f_1(x))).$$

Somit sind die beiden Abbildungen gleich. ∎

Bei dieser Multiplikation von Abbildungen tauchen Ähnlichkeiten zu Zahlenmengen auf. Wir betrachten die Menge M aller Abbildungen f einer Menge X in sich mit der Multiplikation $\circ$ – man schreibt dafür $(M, \circ)$. Wir vergleichen diese *algebraische Struktur* $(M, \circ)$ z. B. mit $(\mathbb{Z}, +)$. In beiden Strukturen gilt das Assoziativgesetz und beide enthalten ein Einselement, in $(M, \circ)$ ist das id_X, in $(\mathbb{Z}, +)$ lautet es 0. Die Verknüpfung $\circ$ in M ist nicht kommutativ, die Verknüpfung $+$ in $\mathbb{Z}$ hingegen schon. Es ist ein wesentlicher und notwendiger Abstraktionsschritt, sich daran zu gewöhnen, dass man mit Abbildungen rechnen kann als wären es Zahlen.

Genau die bijektiven Abbildungen sind umkehrbar

Wir zeigen, dass sich die bijektiven Abbildungen *umkehren* lassen. Wir stellen diesem wichtigen Satz von der Umkehrabbildung ein Lemma voran.

Lemma

Für Abbildungen $f : X \to Y$ und $g : Y \to X$ gelte:

$$f \circ g = \mathrm{id}_Y .$$

Dann sind f surjektiv und g injektiv.

Beweis: Wir zeigen zuerst, dass f surjektiv ist: Es sei $y \in Y$ gegeben. Wegen $f \circ g = \mathrm{id}_Y$ gilt:

$$f(g(y)) = y .$$

Somit ist y das Bild des Elements $x = g(y) \in X$ unter f.

Nun begründen wir, dass g injektiv ist: Dazu sei $g(y_1) = g(y_2)$ für $y_1, y_2 \in Y$ angenommen. Nun wenden wir die Abbildung f an und erhalten

$$f(g(y_1)) = f(g(y_2)) .$$

Wegen der Voraussetzung folgt $y_1 = y_2$. $\blacksquare$

Falls also $g \circ f = \mathrm{id}_X$ und $f \circ g = \mathrm{id}_Y$ gilt, so besagt dieses Lemma, dass f und g injektiv und surjektiv sind.

Folgerung

Sind $f : X \to Y$ und $g : Y \to X$ zwei Abbildungen mit den Eigenschaften

$$g \circ f = \mathrm{id}_X \text{ und } f \circ g = \mathrm{id}_Y ,$$

so sind g und f bijektiv.

Wir wollen diese Aussage nun *umkehren*, d. h., wir erklären zu einer bijektiven Abbildung $f : X \to Y$ eine neue Abbildung $g : Y \to X$, sodass die beiden Gleichheiten $g \circ f = \mathrm{id}_X$ und $f \circ g = \mathrm{id}_Y$ erfüllt sind.

Ist $f : X \to Y$ eine bijektive Abbildung, so existiert zu jedem $y \in Y$ genau ein $x \in X$ mit $f(x) = y$ (beachte die Definition auf Seite 44), d. h.

$$|f^{-1}(\{y\})| = 1 \text{ für jedes } y \in Y .$$

Daher können wir zu jedem bijektiven f eine weitere Abbildung $g : Y \to X$ definieren: Wir setzen

$$g(y) = x \text{ für das (eindeutige) } x \text{ mit } f(x) = y .$$

Die Abbildungen $f : X \to Y$ und $g : Y \to X$ können wir hintereinander ausführen, wir können sowohl $f \circ g$ wie auch $g \circ f$ bilden, da die Bildmenge von f bzw. g in der Definitionsmenge von g bzw. f liegt. Wir werten nun diese Abbildungen

$$g \circ f : X \to X \text{ und } f \circ g : Y \to Y$$

für $x \in X$ und $y \in Y$ aus:

$$g \circ f(x) = g(f(x)) = g(y) = x = \mathrm{id}_X(x) \text{ und}$$
$$f \circ g(y) = f(g(y)) = f(x) = y = \mathrm{id}_Y(y) .$$

Mit dem Satz zur Gleichheit von Abbildungen auf Seite 43 folgt nun $g \circ f = \mathrm{id}_X$ und $f \circ g = \mathrm{id}_Y$, wir halten fest:

Satz von der Umkehrabbildung

Ist $f : X \to Y$ eine bijektive Abbildung, so existiert genau eine Abbildung $g : Y \to X$ mit

$$g \circ f = \mathrm{id}_X \text{ und } f \circ g = \mathrm{id}_Y .$$

Man nennt g die **Umkehrabbildung** oder die zu f **inverse** Abbildung. Man bezeichnet sie üblicherweise mit f^{-1}. Die Abbildung f^{-1} ist ebenfalls bijektiv und hat die Umkehrabbildung

$$(f^{-1})^{-1} = f .$$

Beweis: Die Existenz der Umkehrabbildung haben wir schon gezeigt. Wir begründen die Eindeutigkeit von g: Ist auch $g' : Y \to X$ eine Abbildung mit

$$f \circ g' = \mathrm{id}_Y \text{ und } g' \circ f = \mathrm{id}_X ,$$

so folgt:

$$g' = \mathrm{id}_X \circ g' = (g \circ f) \circ g' = g \circ (f \circ g') = g \circ \mathrm{id}_Y = g .$$

Schließlich zeigt obige Folgerung, dass die Abbildung g, d. h. f^{-1}, bijektiv ist. Und die beiden Gleichungen

$$f \circ f^{-1} = \mathrm{id}_Y \text{ und } f^{-1} \circ f = \mathrm{id}_X$$

zeigen wegen der bewiesenen Eindeutigkeit der Umkehrabbildung, dass f die Umkehrabbildung von f^{-1} ist, d. h.

$$f = (f^{-1})^{-1} . \qquad \blacksquare$$

Existiert zu f eine Umkehrabbildung f^{-1}, so sagt man auch kurz f **ist umkehrbar** oder f **ist invertierbar**.

Achtung: Ist $f : X \to Y$ bijektiv und $B \subseteq Y$, so hat das Zeichen $f^{-1}(B)$ nun zwei Bedeutungen:

$$A_1 = f^{-1}(B) = \{x \in X \mid f(x) \in B\}$$

ist die Urbildmenge von B unter f, und

$$A_2 = f^{-1}(B)$$

ist die Bildmenge von B unter f^{-1}. Das macht aber nichts, es gilt nämlich $A_1 = A_2$. Das sieht man wie folgt:

$$
\begin{aligned}
x \in A_1 &\Leftrightarrow f(x) = b \in B \\
&\Leftrightarrow x = f^{-1}(b) \in f^{-1}(B) \\
&\Leftrightarrow x \in A_2 \,.
\end{aligned}
$$

Man beachte auch die grundverschiedenen Bedeutungen von

$$f^{-1}(x) \quad \text{und} \quad (f(x))^{-1} \,.$$

Das Element $(f(x))^{-1}$ ist das Inverse von $f(x)$ aber $f^{-1}(x)$ ist das Bild von x unter der Abbildung f^{-1}.

Beispiel

- Für jede Menge X ist $\mathrm{id}_X^{-1} = \mathrm{id}_X$.
- Die Abbildung

$$f : \begin{cases} \mathbb{N} \to \mathbb{N}_0, \\ n \mapsto n - 1 \end{cases}$$

  ist bijektiv, ihre Umkehrabbildung lautet

$$f^{-1} : \begin{cases} \mathbb{N}_0 \to \mathbb{N}, \\ n \mapsto n + 1 \end{cases} \,.$$

- In der Analysis werden wir den Logarithmus

$$\ln : \mathbb{R}_{>0} \to \mathbb{R} \,, \quad y \mapsto \ln y$$

  als die Umkehrabbildung der (bijektiven) Exponentialabbildung

$$\exp : \mathbb{R} \to \mathbb{R}_{>0} \,, \quad x \mapsto e^x$$

  definieren. ◀

Die Hintereinanderausführung $g \circ f$ zweier Abbildungen f und g von einer Menge X in sich ist wieder eine Abbildung von X in sich. Sind g und f bijektiv, so ist auch $g \circ f$ bijektiv.

Die Komposition von bijektiven Abbildungen ist bijektiv

Sind $f : X \to Y$ und $g : Y \to Z$ bijektiv, so ist auch $g \circ f : X \to Z$ bijektiv.

Beweis: Die Abbildung $g \circ f$ ist injektiv: Aus

$$g(f(x)) = g(f(y))$$

mit $x, y \in X$ folgt wegen der Injektivität von g

$$f(x) = f(y) \,.$$

Aus der Injektivität von f folgt nun $x = y$.

Die Abbildung $g \circ f$ ist surjektiv: Zu jedem $z \in Z$ existiert wegen der Surjektivität von g ein $y \in Y$ mit $g(y) = z$. Zu diesem $y \in Y$ wiederum existiert wegen der Surjektivität von f ein $x \in X$ mit $f(x) = y$. Insgesamt erhalten wir mit diesen x und y:

$$g \circ f(x) = g(f(x)) = g(y) = z \,,$$

sodass das Element $z \in Z$ ein Urbild $x \in X$ bezüglich der Abbildung $g \circ f$ hat. ∎

2.4 Relationen

Wir können aus jeder injektiven Abbildung eine bijektive Abbildung machen. Dazu ist es nur notwendig, die Wertemenge einzuschränken, siehe den Kommentar auf Seite 45. Ist es auch möglich, aus einer surjektiven Abbildung eine bijektive zu machen? Die Antwort ist ja, wir zeigen das in diesem Abschnitt. Wir werden dazu den Begriff der Gleichheit *vergröbern*. Wir werden Elemente einer Menge als *äquivalent* bezeichnen, wenn sie gewisse vorgegebene gleiche Eigenschaften haben. Diese zueinander äquivalenten Elemente fassen wir dann in Mengen zusammen und behandeln diese Mengen wieder als Elemente einer Menge. Das hat eine Ähnlichkeit mit Schubläden – zueinander äquivalente Elemente werden in Schubläden gesteckt, und es wird dann mit den Schubläden anstelle der Elemente weitergearbeitet.

Wir betrachten also erneut Mengen, wobei nun Elemente einer Menge zueinander in einem *Verhältnis* stehen. Ein solches Verhältnis, wir werden das als *Relation* bezeichnen, definieren wir zuerst sehr allgemein. Wir werden dann *Ordnungs-* und *Äquivalenzrelationen* betrachten.

Eine Relation auf X ist eine Teilmenge von $X \times X$

Es seien X und Y beliebige Mengen. Jede Teilmenge $\rho \subseteq X \times Y$ heißt **(binäre bzw. zweistellige) Relation auf $X \times Y$**. Wir werden nur binäre Relationen betrachten und sprechen von nun an kurz von Relationen. Der Graph G_f einer Abbildung f von X in Y ist eine Relation auf $X \times Y$ mit der zusätzlichen Eigenschaft, dass es zu jedem x aus X genau ein y aus Y gibt.

— — — — — — — — — — **?** — — — — — — — — —

Vornehm ausgedrückt spricht man beim Graph einer Abbildung f von einer *linkstotalen* und *rechtseindeutigen* Relation auf $X \times Y$ – warum wohl?

Außerdem nennt man den Graph einer injektiven Abbildung auch *linkseindeutig* und den einer surjektiven auch *rechtstotal* – warum wohl?

— —

Im Fall $X = Y$, das werden wir im weiteren stets voraussetzen, spricht man auch kurz von einer **Relation auf X**.

Man beachte, dass eine Relation ρ auf X eine Menge von geordneten Paaren aus $X \times X$ ist. Durch die Teilmenge ρ werden ganz bestimmte Paare aus $X \times X$ ausgezeichnet, nämlich genau diejenigen, die zueinander in der Relation ρ stehen.

Anstelle von $(x, y) \in \rho$ schreibt man auch $x \rho y$ und benutzt die Sprechweise „x steht in Relation zu y",

$$x \rho y \Leftrightarrow (x, y) \in \rho \, .$$

Beispiel

- Auf der Menge $\mathbb{N}$ ist die **Teilbarkeit** $|$ eine Relation. Dabei sagt man, eine natürliche Zahl a teilt eine natürliche Zahl b, wenn es ein $c \in \mathbb{N}$ gibt mit $a\,c = b$. Als Schreibweise verwendet man dafür $a \mid b$. Es gilt:

$$| \, = \{(a, b) \in \mathbb{N} \times \mathbb{N} \mid a \mid b\} \, .$$

  Zum Beispiel gilt $(3, 3)$, $(3, 9)$, $(12, 36) \in |$.
- Auf der Menge X aller Geraden der Ebene ist die **Parallelität** $\parallel$ eine Relation. Es gilt:

$$\parallel \, = \{(g, h) \in X \times X \mid g \parallel h\} \, .$$

- Auf der Menge $\mathbb{R}$ der reellen Zahlen ist die **Anordnung** $\leq$ eine Relation. Es gilt:

$$\leq \, = \{(a, b) \in \mathbb{R} \times \mathbb{R} \mid a \leq b\} \, .$$

- Wir definieren eine Relation ρ auf der Menge $\mathbb{Z}$ der ganzen Zahlen. Es seien $n \in \mathbb{N}$ und $a, b \in \mathbb{Z}$. Wir sagen, a ist **kongruent zu** b **modulo** n, falls n die Zahl $a - b$ teilt, kurz:

$$a \rho b \Leftrightarrow n \mid a - b \, .$$

  Für $n = 3$ gilt z. B. $(5, 2)$, $(-2, 1)$, $(4, 4) \in \rho$. Für diese Relation ρ schreibt man üblicherweise $\equiv$, genauer $\equiv \pmod{n}$, d. h.,

$$a \equiv b \pmod{n} \Leftrightarrow n \mid a - b \, .$$

- Auf jeder Menge X ist die Gleichheit $=$ eine Relation.
- Auf der Potenzmenge $\mathcal{P}(X)$ jeder Menge X ist die Inklusion $\subseteq$ eine Relation. ◄

Kommentar: Eigentlich ist eine Relation ρ auf $X \times Y$ ein Tripel $\rho = (X, Y, R_\rho)$, wobei $R\rho \subseteq X \times Y$. In diesem Sinne ist eine Abbildung eine spezielle Relation.

Relationen können reflexiv, symmetrisch, antisymmetrisch oder transitiv sein

Eine Relation ρ auf einer Menge X ist nichts weiter als eine Menge von Paaren aus $X \times X$. Betrachten wir z. B. die Menge $X = \mathbb{R}$ der reellen Zahlen. Hier haben wir die bekannte Relation $\leq$. Diese Relation $\leq$ hat z. B. die Eigenschaft $x \leq x$ für

jedes $x \in \mathbb{R}$. Wir fassen die für uns wichtigen Eigenschaften, die eine Relation haben kann, zusammen:

Reflexiv, symmetrisch, antisymmetrisch und transitiv

Eine Relation ρ auf der Menge X heißt:

- **reflexiv**, wenn für alle $x \in X$ gilt $x \rho x$,
- **symmetrisch**, wenn für alle $x, y \in X$ mit $x \rho y$ gilt $y \rho x$,
- **antisymmetrisch**, wenn für alle $x, y \in X$ mit $x \rho y$ und $y \rho x$ gilt $x = y$,
- **transitiv**, wenn für alle $x, y, z \in X$ mit $x \rho y$ und $y \rho z$ gilt $x \rho z$.

Wir sehen uns erneut die letzten Beispiele an und erhalten:

Beispiel

- Die Relation $|$ auf $\mathbb{N}$ ist reflexiv, antisymmetrisch und transitiv.
- Die Relation $\parallel$ auf der Menge X aller Geraden einer Ebene ist reflexiv, symmetrisch und transitiv.
- Die Relation $\leq$ auf $\mathbb{R}$ ist reflexiv, antisymmetrisch und transitiv.
- Die Relation $\equiv$ $\pmod{n}$ auf $\mathbb{Z}$ ist reflexiv, symmetrisch und transitiv. Wir weisen die Transitivität nach: Es gelte $a \equiv b \pmod{n}$ und $b \equiv c \pmod{n}$. Folglich gilt $n \mid a - b$ und $n \mid b - c$. Hieraus erhalten wir

$$a - b = r\,n \quad \text{und} \quad b - c = s\,n$$

  für ganze Zahlen r und s. Eine Addition dieser beiden Gleichungen liefert

$$a - c = (a - b) + (b - c) = (r + s)\,n \, ,$$

  d. h. $n \mid a - c$. Damit ist gezeigt $a \equiv c \pmod{}n$.
- Die Gleichheit $=$ auf X ist reflexiv, symmetrisch, antisymmetrisch und transitiv.
- Die Inklusion $\subseteq$ auf $\mathcal{P}(X)$ ist reflexiv, antisymmetrisch und transitiv. ◄

Kommentar: Die Relation *ist besser* auf der Menge der Gegenstände des täglichen Lebens ist sicherlich als eine transitive Relation zu verstehen. Findet man etwa, dass Schokolade besser ist als ein Apfel und dass ein Apfel besser ist als Spinat, so wird man sicher auch der Meinung sein, dass Schokolade besser ist als Spinat.

Eine Ordnungsrelation ist reflexiv, antisymmetrisch und transitiv

Wir sind es gewohnt, die natürlichen Zahlen *anzuordnen*, dabei betrachten wir für beliebige $a, b, c \in \mathbb{N}$ die folgenden Regeln als selbstverständlich:

- $a \leq a$,
- aus $a \leq b$ und $b \leq a$ folgt $a = b$,
- aus $a \leq b$ und $b \leq c$ folgt $a \leq c$.

Diese Regeln sind genau die Reflexivität, Antisymmetrie und Transitivität.

Ordnungsrelation, geordnete Menge

Eine Relation ρ auf einer Menge X heißt eine **Ordnungsrelation** auf X, wenn sie **reflexiv**, **antisymmetrisch** und **transitiv** ist. Man nennt dann (X, ρ) eine **geordnete Menge**.

Wir erhalten sofort einfache Beispiele:

Beispiel
- Da $\leq$ eine Ordnungsrelation auf der Menge $\mathbb{R}$ der reellen Zahlen ist, ist $(\mathbb{R}, \leq)$ eine geordnete Menge.
- Da die Teilbarkeit $|$ auf $\mathbb{N}$ eine Ordnungsrelation ist, ist $(\mathbb{N}, |)$ eine geordnete Menge.
- Die Potenzmenge jeder Menge X ist mit der Ordnungsrelation $\subseteq$ eine geordnete Menge $(\mathcal{P}(X), \subseteq)$. ◀

Man beachte, dass man bei einer Ordnungsrelation nicht verlangt, dass jedes x zu jedem y in Relation steht, z. B. kann man die Teilmengen $\{1, 2\}$ und $\{3\}$ von $X = \{1, 2, 3\}$ nicht miteinander vergleichen, es gilt:

$$\{1, 2\} \not\subseteq \{3\} \quad \text{und} \quad \{3\} \not\subseteq \{1, 2\}.$$

Das ist beim Beispiel mit den reellen Zahlen ganz anders. Man kann für beliebige x und y aus $\mathbb{R}$ entscheiden, ob

$$x \leq y \quad \text{oder} \quad y \leq x$$

gilt. Diese zusätzliche Eigenschaft einer Ordnungsrelation bekommt einen eigenen Namen:

Eine Ordnungsrelation ρ einer geordneten Menge (X, ρ) heißt **lineare** oder **totale** Ordnungsrelation, wenn für je zwei Elemente $x, y \in X$ gilt

$$x \rho y \quad \text{oder} \quad y \rho x.$$

?

Ist die Ordnungsrelation $|$ auf $\mathbb{N}$ linear?

Ist (X, ρ) eine geordnete Menge und $Y \subseteq X$, so erhält man durch Einschränkung von ρ auf Y eine Ordnung auf Y – die von X auf der Teilmenge Y **induzierte Ordnung**. Der Einfachheit halber verwendet man oft für die neue Relation, nämlich für die Einschränkung von ρ wieder dasselbe Zeichen ρ.

Beispiel Die Ordnungsrelation $\leq$ auf der Menge $\mathbb{R}$ der reellen Zahlen induziert auf der Teilmenge $\mathbb{Q} \subseteq \mathbb{R}$ eine Ordnungsrelation $\leq$. ◀

Kommentar: In manchen Lehrbüchern wird eine Ordnungsrelation $<$ auf einer Menge X als irreflexive und transitive Relation eingeführt:

- $a \not< a$ für alle $a \in X$ (*Irreflexivität*),
- aus $a < b$ und $b < c$ folgt $a < c$ (*Transitivität*).

Eine solche Ordnungsrelation $<$ ist genau dann linear, wenn für alle $a, b \in X$ gilt

- $a < b$ oder $a = b$ oder $b < a$ (*Trichotomie*),
- aus $a < b$ und $b < c$ folgt $a < c$ (*Transitivität*).

Tatsächlich liefert diese (lineare) Ordnungsrelation nichts Neues: Ist nämlich $\leq$ eine (lineare) Ordnungsrelation in unserem Sinne auf X, so liefert die Relation $<$, die man erhält durch die Vereinbarung

$$a < b :\Leftrightarrow a \leq b \quad \text{und} \quad a \neq b,$$

eine (lineare) Ordnungrelation auf X wie eben geschildert. Und es gilt auch die Umkehrung: Ist $<$ eine (lineare) Ordnungsrelation auf X wie eben geschildert, so ist die Relation $\leq$, die man erhält durch die Vereinbarung

$$a \leq b :\Leftrightarrow a < b \quad \text{oder} \quad a = b,$$

eine (lineare) Ordnungsrelation auf X in unserem Sinne.

Ein maximales Element muss kein größtes Element sein

Ist $\leq$ eine Ordnungsrelation auf einer Menge X, so können wir die Elemente der Menge X größenmäßig erfassen. Bei einer linearen Ordnungsrelation können wir sogar von je zwei Elementen $a, b \in X$ entscheiden, welches von beiden größer bzw. kleiner ist. Insbesondere kann man bei einer endlichen Menge sogar entscheiden, welches das *größte* bzw. *kleinste* Element ist. Eventuell haben auch unendliche Mengen ein größtes oder ein kleinstes Element, allgemein definiert man:

- Ein Element $a \in X$ heißt **größtes** Element von X, falls für alle $x \in X$ gilt $a \geq x$.
- Ein Element $a \in X$ heißt **kleinstes** Element von X, falls für alle $x \in X$ gilt $x \geq a$.

Das kleinste und das größte Element ist, falls es denn existiert, eindeutig.

Lemma

Es sei $(X, \leq)$ eine geordnete Menge. Falls in X ein größtes oder kleinstes Element existiert, so ist dieses eindeutig bestimmt.

Beweis: Sind $a, b \in X$ größte Elemente, so gilt

$$a \geq b, \text{ da } a \geq x \,\forall\, x \in X \quad \text{und}$$
$$b \geq a, \text{ da } b \geq x \,\forall\, x \in X,$$

folglich gilt $a = b$. Analog zeigt man die Behauptung für das kleinste Element. ∎

Beispiel

- Die Menge $\mathbb{N}$ hat bezüglich der üblichen Ordnung das kleinste Element 1, aber kein größtes Element. Die Mengen $\mathbb{Z}$ und $\mathbb{R}$ haben bezüglich der üblichen Ordnungen weder ein größtes noch ein kleinstes Element.
- Wir betrachten die Potenzmenge $\mathcal{P}(\{1, 2\})$ mit der Ordnungsrelation $\subseteq$:

$$\mathcal{P}(\{1, 2\}) = \{\emptyset, \{1\}, \{2\}, \{1, 2\}\}.$$

Wegen $\{1\} \not\subseteq \{2\}$ und $\{2\} \not\subseteq \{1\}$ sind die Elemente $\{1\}$ und $\{2\}$ nicht miteinander vergleichbar, sodass die Ordnungsrelation nicht total ist.

Das Element $\{1, 2\}$ ist das größte Element, das Element $\emptyset$ das kleinste.

- Nun betrachten wir die folgende Teilmenge X der Potenzmenge von $M = \{1, 2, 3\}$:

$$X = \{\{1\}, \{2\}, \{3\}, \{1, 2\}, \{2, 3\}, \{1, 3\}\},$$

die aus allen ein- und zweielementigen Teilmengen von M besteht. Die Menge X ist mit der Inklusion $\subseteq$ nicht linear geordnet. Es gibt weder ein größtes noch ein kleinstes Element. ◄

Endliche linear geordnete Mengen haben stets ein größtes und ein kleinstes Element. Das letzte Beispiel zeigt, dass dies für endliche nicht linear geordnete Mengen nicht richtig sein muss. Und trotzdem gilt etwa

$$\{1\} \subseteq \{1, 3\},$$

sodass man doch auch wieder sagen kann, dass $\{1, 3\}$ *größer* ist als $\{1\}$, und es gibt in X kein Element, das größer ist als $\{1, 3\}$ und auch keines, das kleiner ist als $\{1\}$. Dies erfasst man mit den Begriffen *minimales* und *maximales* Element: Ist $\leq$ eine Ordnungsrelation auf der Menge X, so sagt man:

- Ein Element $a \in X$ heißt **maximales** Element von X, falls für alle $x \in X$ gilt: Aus $a \leq x$ folgt $a = x$.
- Ein Element $a \in X$ heißt **minimales** Element von X, falls für alle $x \in X$ gilt: Aus $x \leq a$ folgt $x = a$.

Ein Element ist also genau dann maximal, wenn es kein Element gibt, das noch echt größer ist und minimal, wenn es kein Element gibt, das noch echt kleiner ist. Wir greifen das letzte Beispiel noch einmal auf.

Beispiel Die Menge

$$X = \{\{1\}, \{2\}, \{3\}, \{1, 2\}, \{2, 3\}, \{1, 3\}\}$$

versehen mit der Inklusion $\subseteq$ ist geordnet, aber nicht linear geordnet. Jedes der Elemente

$$\{1\}, \{2\}, \{3\}$$

ist ein minimales Element, und jedes der Elemente

$$\{1, 2\}, \{2, 3\}, \{1, 3\}$$

ist ein maximales Element (vgl. Abbildung 2.10). ◄

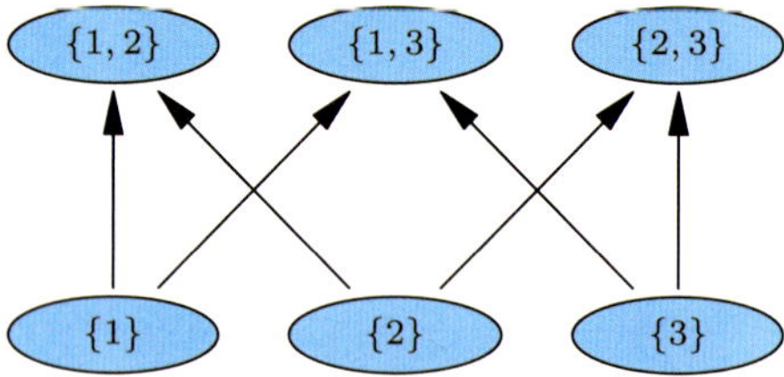

Abbildung 2.10 Die eingezeichneten Pfeile symbolisieren die Inklusion. Es gibt maximale und minimale Elemente, aber kein größtes und kein kleinstes Element.

Im Gegensatz zu größten und kleinsten Elementen sind maximale und minimale Elemente im Allgemeinen keineswegs eindeutig bestimmt. Aber es gilt:

Lemma

Jedes größte Element von $(X, \leq)$ ist ein maximales Element.

Jedes kleinste Element von $(X, \leq)$ ist ein minimales Element.

Beweis: Ist $a \in X$ ein größtes Element, so folgt aus $a \leq x$ für ein $x \in X$ sogleich $a \geq x$ und somit $a = x$. Analog zeigt man die Behauptung für das kleinste Element. ∎

Man beachte auch die Abbildung 2.11.

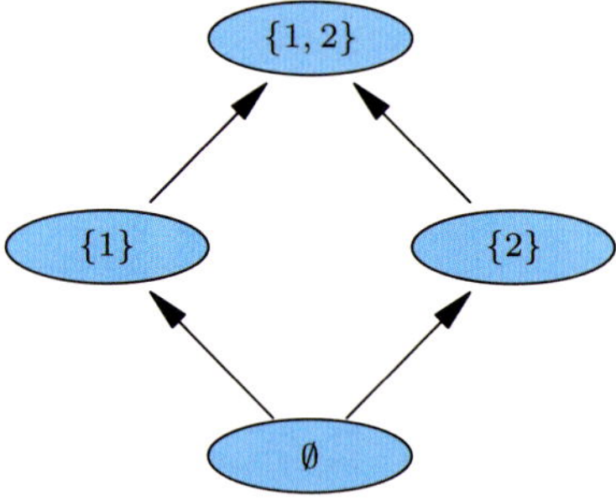

Abbildung 2.11 Die eingezeichneten Pfeile symbolisieren wieder die Inklusion. Das maximale Element $\{1, 2\}$ ist das eindeutig bestimmte größte Element.

Das Zorn'sche Lemma garantiert die Existenz maximaler Elemente

Das Zorn'sche Lemma liefert eine ganz wesentliche Beweismethode für die Existenz maximaler Elemente. Für eine knappe Formulierung dieses Lemmas führen wir einen weiteren Begriff ein.

Eine geordnete Menge $(M, \leq)$ heißt **induktiv geordnet**, wenn jede linear geordnete Teilmenge $X \subseteq M$ eine obere Schranke in $(M, \leq)$ besitzt, d. h., wenn ein $s \in M$ existiert mit $x \leq s$ für alle $x \in X$.

Das **Zorn'sche Lemma** besagt:

Lemma von Zorn

Jede induktiv geordnete nichtleere Menge $(M, \leq)$ besitzt ein maximales Element.

Das Lemma von Zorn ist ein Axiom der Mengenlehre. Man kann zeigen, dass es zum Auswahlaxiom äquivalent ist. Dieser Nachweis, der in einer Vorlesung zur Mengenlehre geführt wird, ist nicht ganz einfach. Wir werden das Lemma von Zorn benutzen, um zu beweisen, dass jeder Vektorraum eine Basis besitzt (siehe Seite 207).

Eine Äquivalenzrelation ist reflexiv, symmetrisch und transitiv

Während Ordnungsrelationen antisymmetrisch sind, sind Äquivalenzrelationen symmetrisch.

Äquivalenzrelation

Eine Relation ρ auf einer Menge X heißt **Äquivalenzrelation**, wenn ρ reflexiv, symmetrisch und transitiv ist.

In unserem Sammelsurium aus Beispielen auf Seite 50 finden wir Äquivalenzrelationen:

Beispiel

- Die Parallelität $\parallel$ auf der Menge der Geraden X in der Ebene ist eine Äquivalenzrelation.
- Für jedes $n \in \mathbb{N}$ ist die Relation $\equiv$ (mod n) eine Äquivalenzrelation auf der Menge $\mathbb{Z}$. ◄

Ist ρ eine Äquivalenzrelation auf einer Menge X, so schreibt man anstelle von $(x, y) \in \rho$ oft $x \sim y$ und spricht dies als „x ist äquivalent zu y" aus. In dieser Schreibweise bedeuten die Axiome einer Äquivalenzrelation:

- $x \sim x$ für alle $x \in X$ (ρ *ist reflexiv*),
- aus $x \sim y$ folgt $y \sim x$ (ρ *ist symmetrisch*),
- aus $x \sim y$, $y \sim z$ folgt $x \sim z$ (ρ *ist transitiv*).

Ist $\sim$ eine Äquivalenzrelation auf der Menge X, so nennt man für jedes $x \in X$ die Teilmenge

$$[x]_\sim = \{y \in X \mid x \sim y\} \subseteq X$$

die **Äquivalenzklasse** von x bezüglich $\sim$. In der Äquivalenzklasse $[x]_\sim$ sind somit alle Elemente aus X enthalten, die zu x äquivalent sind.

Beispiel

- Bei der Parallelität $\parallel$ auf der Menge X der Geraden einer Ebene E enthält die Äquivalenzklasse $[g]_\sim$ von $g \in X$ die Menge aller zu g parallelen Geraden.
- Bei der Äquivalenzrelation $\equiv$ (mod n), $n \in \mathbb{N}$, besteht die Äquivalenzklasse $[a]_\sim$ von $a \in \mathbb{Z}$ aus all jenen ganzen

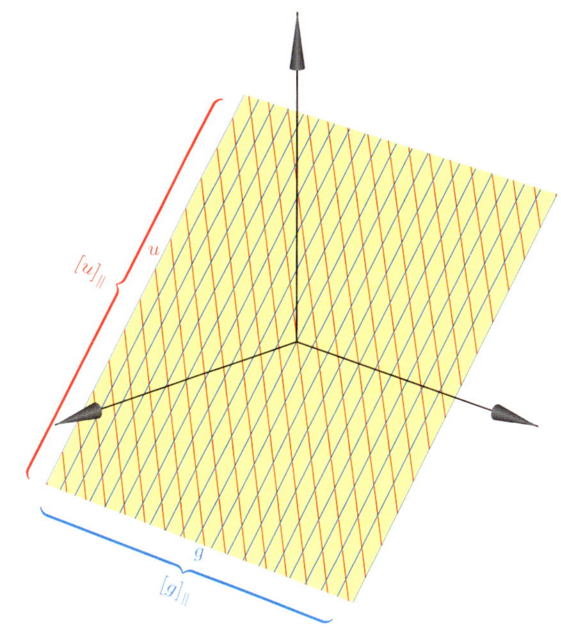

Abbildung 2.12 Die zueinander parallelen Geraden bilden eine Äquivalenzklasse – es gibt unendlich viele verschiedene Äquivalenzklassen mit jeweils unendlich vielen Elementen.

Zahlen b, die zu a kongruent modulo n sind:

$$\begin{aligned} a \equiv b \pmod{n} &\Leftrightarrow n \mid a - b \\ &\Leftrightarrow a - b = n\,c \text{ für ein } c \in \mathbb{Z} \\ &\Leftrightarrow b \in \{a + n\,c \mid c \in \mathbb{Z}\} = a + n\,\mathbb{Z}. \end{aligned}$$

Somit gilt:

$$[a]_\equiv = a + n\,\mathbb{Z}. \qquad ◄$$

— **?** —

Es ist sehr leicht, sich Beispiele für Äquivalenzrelationen aus dem täglichen Leben zu konstruieren: Bezeichnet M die Menge aller Menschen und $|\mathrm{KH}(m)|$ die Anzahl der Kopfhaare von $m \in M$, so erklären wir zwei Menschen als äquivalent, wenn sie gleich viele Kopfhaare haben, d. h.,

$$m_1 \sim m_2 \Leftrightarrow |\mathrm{KH}(m_1)| = |\mathrm{KH}(m_2)|.$$

Begründen Sie, dass $\sim$ eine Äquivalenzrelation auf M ist und beschreiben Sie die Äquivalenzklassen von $\sim$.

Die Menge aller Äquivalenzklassen wird auch als **Quotientenmenge** bezeichnet. Dabei ist das Symbol $X/\!\sim$ für diese Menge üblich:

$$X/\!\sim \, = \{[x]_\sim \mid x \in X\}.$$

Die Elemente der Menge $X/\!\sim$ sind die Äquivalenzklassen bezüglich der Relation $\sim$. Insofern sind also in $X/\!\sim$ die zueinander äquivalenten Elemente zu einem Element $[x]_\sim$ zusammengefasst. In dieser Sichtweise kann man die Menge

Beispiel: Vergröberung des Definitionsbereiches einer Abbildung

Es seien X, Y Mengen und $f : X \to Y$ eine Abbildung. Begründen Sie: Durch

$$x \sim y \Leftrightarrow f(x) = f(y)$$

wird eine Äquivalenzrelation auf X definiert. Für ein $x \in X$ sei $[x] \in X/\sim$ die Äquivalenzklasse von x bezüglich $\sim$.
Zeigen Sie weiter, dass durch $f_* : X/\sim \to f(X)$, $[x] \mapsto f(x)$ eine bijektive Abbildung erklärt wird.

Problemanalyse und Strategie: Wir zeigen, dass die Relation $\sim$ reflexiv, symmetrisch und transitiv ist. Um zu zeigen, dass durch f_* eine Bijektion gegeben ist, ist erst einmal zu begründen, dass f_* tatsächlich eine Abbildung ist, dann erst prüfen wir die Abbildung auf Bijektivität.

Lösung:

Wegen $f(x) = f(x)$ für jedes $x \in X$ gilt $x \sim x$ für jedes $x \in X$ (Reflexivität).

Es gelte $x \sim y$ mit $x, y \in X$. Dann gilt $f(x) = f(y)$, d. h. $f(y) = f(x)$. Es folgt $y \sim x$ (Symmetrie).

Nun gelte $x \sim y$ und $y \sim z$, $x, y, z \in X$. Dann gilt $f(x) = f(y)$ und $f(y) = f(z)$, d. h. $f(x) = f(z)$. Es folgt $x \sim z$ (Transitivität).

Damit ist bereits begründet, dass $\sim$ eine Äquivalenzrelation ist.

In der Äquivalenzklasse

$$[x] = \{y \in X \mid x \sim y\} = \{y \in X \mid f(x) = f(y)\}$$

liegen alle Elemente aus X, die unter der Abbildung f den gleichen Wert in Y annehmen.

Ist die Abbildung f injektiv, so ist jede Äquivalenzklasse einelementig, da im Falle der Injektivität aus $f(x) = f(y)$ die Gleichheit $x = y$ folgt.

Ist die Abbildung f nicht injektiv, so gibt es (mindestens) eine Äquivalenzklasse, die mehr als ein Element enthält. Die folgende Abbildung deutet die Zerlegung von X in die Äquivalenzklassen an.

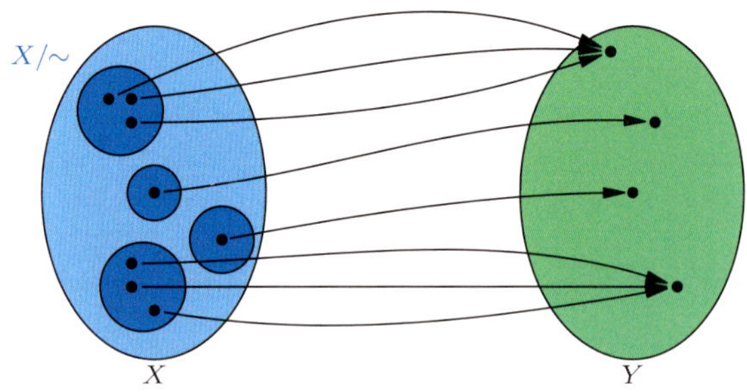

Wir *vergröbern* die Abbildung f nun. Wir unterscheiden nicht mehr zwischen zueinander äquivalenten Elementen, sondern fassen diese zu einem Element zusammen, d. h., wir betrachten eine Abbildung, die auf den Äquivalenzklassen definiert ist und jeder Äquivalenzklasse (als Gan-zes) den Wert zuordnet, die die Abbildung f jedem Element der Äuivalenzklasse zuordnet:

$$f_* : \begin{cases} X/\sim \to f(X), \\ [x] \mapsto f(x) \end{cases}$$

Es ist zu erwarten, dass diese Abbildung nun injektiv ist, wir haben ja gerade die *Nichtinjektivität beseitigt*. Bevor wir aber dieses f_* auf Injektivität und Surjektivität überprüfen, müssen wir uns überlegen, ob f_* überhaupt eine Abbildung von $X/\sim$ in $f(X)$ ist, d. h., ob $f_* \subseteq (X/\sim) \times f(X)$ mit der Eigenschaft, dass es zu jedem Element $[x]$ genau ein Element aus $f(X)$ gibt.

Weil wir einer Äquivalenzmenge $[x]$ einen Wert zuordnen, nämlich $f(x)$, der vom Repräsentanten x abhängt, müssen wir sicherstellen, dass dieser Wert unabhängig von der Wahl des Repräsentanten ist: Würde nämlich für ein $y \in X$ mit $[x] = [y]$ gelten $f(x) \neq f(y)$, so wäre durch f_* keine Abbildung gegeben, da einem Element $[x] = [y]$ der Definitionsmenge verschiedene Werte $f(x) \neq f(y)$ zugeordnet werden würden.

Wir begründen, dass das bei unserer Abbildung f_* nicht der Fall ist: Es sei $y \in X$ mit $[x] = [y]$ gewählt. Es gilt dann $x \sim y$. Nach der Definition besagt dies aber $f(x) = f(y)$. Folglich ist f_* eine Abbildung. Man sagt, dass die Abbildung *wohldefiniert* ist.

Die Abbildung f_* ist injektiv: Aus $f_*([x]) = f_*([y])$ folgt $f(x) = f(y)$ und damit $x \sim y$. Dies besagt gerade $[x] = [y]$.

Die Abbildung f_* ist surjektiv: Das Element $f(x) \in f(X)$, $x \in X$, ist Bild des Elements $[x] \in X/\sim$.

Damit ist gezeigt, dass die Abbildung f_* bijektiv ist.

Kommentar: Ist die Abbildung f bereits injektiv, so bestehen die Äquivalenzklassen $[x]$ aus genau einem Element, $[x] = \{x\}$. Die Quotientenmenge $X/\sim = \{[x] \mid x \in X\}$ ist dann eine Menge von einelementigen Teilmengen von X. Strenggenommen muss man also schon noch zwischen f und f_* unterscheiden.

$X/\sim$ als eine *Vergröberung* der Gleichheit auf X betrachten – zueinander äquivalente Elemente in X werden in $X/\sim$ nicht mehr unterschieden.

In dem ausführlichen Beispiel auf dieser Seite vergröbern wir den Definitionsbereich X einer Abbildung f zu $X/\sim$. Die Abbildung f_*, die auf dieser gröberen Menge $X/\sim$ erklärt werden kann, ist dann injektiv.

Übersicht: Relationen und Abbildungen

Es seien X und Y Mengen. Eine Relation ρ auf X ist eine Teilmenge von $X \times X$, und der Graph G_f einer Abbildung f von X in Y ist eine Teilmenge von $X \times Y$. Wir verschaffen uns einen Überblick über die behandelten Eigenschaften von Relationen und Abbildungen.

Eine Relation ρ auf X heißt

- **reflexiv**, falls für alle $x \in X$ gilt $x \, \rho \, x$,
- **symmetrisch**, falls für alle $x, y \in X$ mit $x \, \rho \, y$ gilt $y \, \rho \, x$,
- **antisymmetrisch**, falls für alle $x, y \in X$ mit $x \, \rho \, y$ und $y \, \rho \, x$ gilt $x = y$,
- **transitiv**, falls für alle $x, y, z \in X$ mit $x \, \rho \, y$ und $y \, \rho \, z$ gilt $x \, \rho \, z$.

Eine Relation ρ auf X heißt

- **Äquivalenzrelation** auf X, falls ρ reflexiv, symmetrisch und transitiv ist,

- **Ordnungsrelation** auf X, falls ρ reflexiv, antisymmetrisch und transitiv ist,
- **lineare Ordnungsrelation** auf X, falls ρ eine Ordnungsrelation ist mit der zusätzlichen Eigenschaft
$$\forall \, x, y \in X : x\rho y \text{ oder } y\rho x .$$

Eine Abbildung $f : X \to Y$ heißt

- **injektiv**, falls für alle $x_1 \neq x_2$, $x_1, x_2 \in X$, gilt $f(x_1) \neq f(x_2)$,
- **surjektiv**, falls es zu jedem $y \in Y$ ein $x \in X$ gibt mit $f(x) = y$,
- **bijektiv**, falls es zu jedem $y \in Y$ genau ein $x \in X$ gibt mit $f(x) = y$.

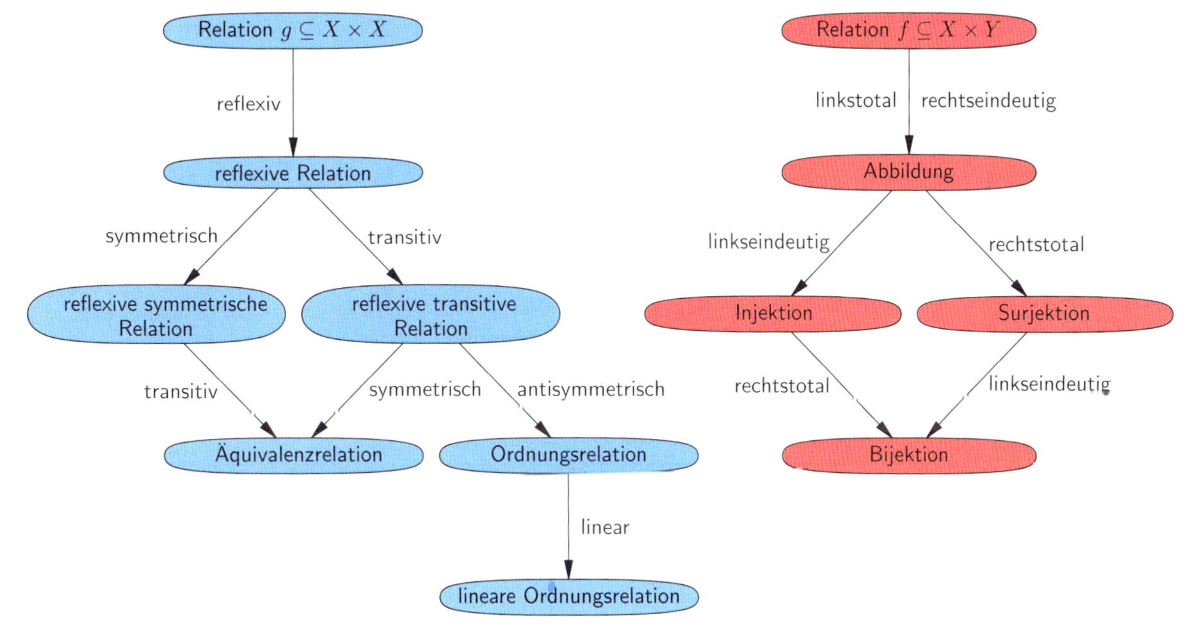

Eine Äquivalenzrelation zerlegt die Menge X in nichtleere, disjunkte Äquivalenzklassen

Die Bedeutung einer Äquivalenzrelation auf einer Menge X liegt darin, dass man die Menge X mit der Äquivalenzrelation in die disjunkten, nichtleeren Äquivalenzklassen zerlegen kann und ferner, dass Äquivalenz auf X, d. h. $x \sim y$, zur Gleichheit in $X/\sim$, d. h. $[x]_\sim = [y]_\sim$, führt. Es gilt nämlich:

Äquivalenzrelationen zerlegen die Grundmenge in ihre nichtleeren Äquivalenzklassen

Ist X eine nichtleere Menge und $\sim$ eine Äquivalenzrelation auf X, so gilt:

(a) $X = \bigcup_{x \in X} [x]_\sim$.

(b) $[x]_\sim \neq \emptyset$ für alle $x \in X$.

(c) $[x]_\sim \cap [y]_\sim \neq \emptyset \Leftrightarrow x \sim y \Leftrightarrow [x]_\sim = [y]_\sim$.

Beweis: (a), (b) Aufgrund der Reflexivität gilt $x \in [x]_\sim$. Somit ist jede Äquivalenzklasse nichtleer. Außerdem ist jedes Element von X in einer Äquivalenzklasse enthalten. Das begründet bereits die ersten beiden Aussagen.

Die Aussage in (c) beweisen wir durch einen Ringschluss (Seite 32).

(c) Es sei $[x]_\sim \cap [y]_\sim \neq \emptyset$ vorausgesetzt. Für $u \in [x]_\sim \cap [y]_\sim$ gilt $x \sim u$, $y \sim u$. Wegen der Symmetrie und der Transitivität von $\sim$ folgt $x \sim y$.

Nun sei $x \sim y$ vorausgesetzt. Wir wählen ein $u \in [x]_\sim$. Wegen $x \sim u$ und $x \sim y$ folgt mit der Symmetrie und Transitivität $y \sim u$, d. h. $u \in [y]_\sim$ bzw. $[x]_\sim \subseteq [y]_\sim$. Analog zeigt man $[y]_\sim \subseteq [x]_\sim$, sodass $[x]_\sim = [y]_\sim$.

Es gelte nun $[x]_\sim = [y]_\sim$. Wenn die Klassen gleich sind, ist ihr Durchschnitt natürlich nichtleer.

Damit sind die drei Äquivalenzen in (c) bewiesen. ∎

Nach diesem Satz liefern die Äquivalenzklassen von X eine **Partition** der Menge X, d. h., X ist disjunkte Vereinigung nichtleerer Teilmengen, nämlich ihrer Äquivalenzklassen. Anstelle von einer Partition spricht man auch von einer **Zerlegung**.

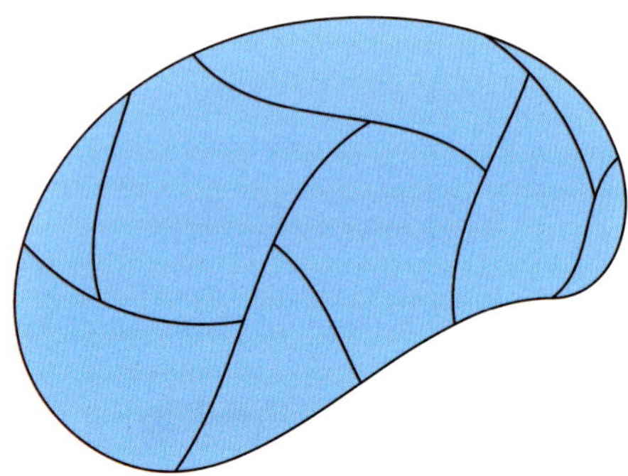

Abbildung 2.13 Eine Partition der Menge X ist eine Zerlegung von X in disjunkte nichtleere Teilmengen – im Allgemeinen sind weder die Teilmengen noch die Anzahl der Teilmengen endlich.

Ist $\sim$ eine Äquivalenzrelation auf einer Menge X, so nennt man jedes Element $a \in [x]_\sim$ einer Äquivalenzklasse einen **Repräsentanten** oder **Vertreter** der Äquivalenzklasse $[x]_\sim$, jeder Repräsentant vertritt nämlich seine Klasse, denn es gilt nach obigem Satz:

$$a \in [x] \ \Leftrightarrow \ [a]_\sim = [x]_\sim \,.$$

Man nennt $R \subseteq X$ ein **Repräsentanten-** oder **Vertretersystem** von $\sim$, falls R aus jeder Äquivalenzklasse genau einen Repräsentanten enthält, d. h.

$$|R \cap [a]_\sim| = 1 \ \text{ für jedes } a \in X \,.$$

Beispiel

- Bezeichnen M die Menge aller Menschen und $g(m) \in \{\text{weibl., männl.}\}$ das Geschlecht von $m \in M$, so erklären wir zwei Menschen als äquivalent, wenn sie das gleiche Geschlecht haben, d. h., für $m_1, m_2 \in M$ gilt:

$$m_1 \sim m_2 \ \Leftrightarrow \ g(m_1) = g(m_2) \,.$$

Die Menschheit M zerfällt bezüglich dieser Äquivalenzrelation in die zwei Äquivalenzklassen der männlichen und weiblichen Bevölkerungsgruppen, und es gilt:

$$[\text{Angela Merkel}]_\sim = [\text{Hillary Clinton}]_\sim \text{ sowie}$$
$$[\text{Nigel Kennedy}]_\sim = [\text{Boris Becker}]_\sim \,.$$

Jedes Paar $\{a, b\}$ mit einem weiblichen $a \in M$ und männlichen $b \in M$ ist ein Repräsentantensystem dieser Äquivalenzrelation $\sim$.

- Wir betrachten die Potenzmenge $\mathcal{P}(\mathbb{N})$. Nennt man zwei Elemente $A, B \in \mathcal{P}(\mathbb{N})$ äquivalent, in Zeichen $A \sim B$, wenn sie gleich viele Elemente enthalten, so ist $\sim$ offenbar eine Äquivalenzrelation. Die Äquivalenzklassen enthalten jene Teilmengen von $\mathbb{N}$ mit je gleich vielen Elementen, z. B.:
  - $[\emptyset]_\sim = \{\emptyset\}$.
  - $[\{1\}]_\sim = \{\{1\}, \{2\}, \ldots\}$ – die einelementigen Teilmengen von $\mathbb{N}$.
  - $[\{1, 2\}]_\sim = \{\{1, 2\}, \{2, 3\}, \ldots\}$ – die zweielementigen Teilmengen von $\mathbb{N}$.
  - $[\mathbb{N}]_\sim$ – die unendlichen Teilmengen von $\mathbb{N}$ (z. B. $\mathbb{N}$, $2\mathbb{N}$, $2\mathbb{N} + 1$). ◄

Wir betrachten ausführlich ein weiteres Beispiel, das nicht nur im ersten Studienjahr eine fundamentale Rolle spielt, die *Restklassen modulo n*.

Die Restklassen modulo n zerlegen $\mathbb{Z}$ in n Äquivalenzklassen

Wir kommen erneut auf das schon wiederholt betrachtete Beispiel der Äquivalenzrelation $\equiv$ *kongruent modulo n*, $n \in \mathbb{N}$, zurück. Für jedes $n \in \mathbb{N}$ ist $\equiv$ auf der Menge der ganzen Zahlen $\mathbb{Z}$ eine Äquivalenzrelation: Zwei ganze Zahlen a und b sind äquivalent, falls n die Differenz $a - b$ teilt:

$$a \equiv b \pmod{n} \Leftrightarrow n \mid a - b \,.$$

Für jedes $a \in \mathbb{Z}$ ist nach dem Beispiel auf Seite 53

$$[a]_\equiv = a + n\mathbb{Z}$$

die Äquivalenzklasse von a. Folglich zerfällt $\mathbb{Z}$ in disjunkte Äquivalenzklassen. Um sämtliche Äquivalenzklassen konkret und übersichtlich angeben zu können, führen wir eine andere Beschreibung der Äquivalenzrelation ein. Dazu benötigen wir die *Division mit Rest*.

Division mit Rest

Gegeben sei $n \in \mathbb{N}$. Zu jeder ganzen Zahl $a \in \mathbb{Z}$ gibt es genau ein Paar ganzer Zahlen q, r mit

$$a = qn + r \text{ und } 0 \leq r < n \,.$$

Man nennt r den **Rest** von a bei **Division mit Rest durch n**.

Beispiel Wir teilen die ganze Zahl 21 durch 4 mit Rest:

$$21 = 5 \cdot 4 + 1 \,.$$

Die Zahl 21 hat somit den Rest 1 bei Division mit Rest durch 4. ◄

Kommentar: Tatsächlich sind die Existenz und Eindeutigkeit der Zahlen q und r zu beweisen. Wir tun das auf Seite 129.

Nun können wir die Kongruenz modulo n mithilfe der Division mit Rest charakterisieren:

Charakterisierungen der Kongruenz modulo n

Es sei n eine natürliche Zahl. Für zwei ganze Zahlen a und b sind äquivalent:

- $a \equiv b \pmod{n}$.
- $n \mid a - b$.
- $a + n\mathbb{Z} = b + n\mathbb{Z}$.
- a und b haben bei Division mit Rest durch n den gleichen Rest.

Beweis: Dass die ersten drei Aussagen gleichwertig sind, wurde bereits gezeigt. Wir zeigen die Gleichwertigkeit der dritten und vierten Aussage. Dazu teilen wir zwei ganze Zahlen a und b mit Rest durch n:

$$a = q_1 n + r_1, \ b = q_2 n + r_2 \ \text{mit} \ 0 \le r_1, \ r_2 < n.$$

Man beachte:

$$r_1 - r_2 \in \{-(n-1), \ldots, -1, 0, 1, \ldots, n-1\}.$$

Damit gilt:

$$
\begin{aligned}
a + n\mathbb{Z} = b + n\mathbb{Z} &\Leftrightarrow a - b = n c \ \text{für ein} \ c \in \mathbb{Z} \\
&\Leftrightarrow (q_1 - q_2)n + (r_1 - r_2) = n c, \ c \in \mathbb{Z} \\
&\Leftrightarrow r_1 - r_2 = n d \ \text{für ein} \ d \in \mathbb{Z} \\
&\Leftrightarrow r_1 = r_2,
\end{aligned}
$$

da wegen der obigen Größeneinschränkung von $r_1 - r_2$ nur der Fall $d = 0$ möglich ist. Die zwei Zahlen a, b sind somit genau dann kongruent mod n, wenn sie denselben Rest bei Division durch n haben. $\blacksquare$

Wegen der Charakterisierung der Kongruenz mit den Resten nennt man die Äquivalenzklassen der Kongruenz modulo n auch **Restklassen modulo** n.

Wir erhalten nun eine sehr einfache Beschreibung der Restklassen modulo n. Für jedes $a \in \mathbb{Z}$ gilt

$$[a]_{\equiv} = a + n\mathbb{Z} = r + n\mathbb{Z},$$

wobei $r \in \{0, 1, \ldots, n-1\}$ der Rest bei Division von a durch n mit Rest ist.

Folglich liegt jedes $a \in \mathbb{Z}$ in einer der Restklassen

$$0 + n\mathbb{Z}, \ 1 + n\mathbb{Z}, \ \ldots, \ (n-1) + n\mathbb{Z}.$$

Und da je zwei der hier angegebenen Restklassen verschieden sind (die Differenz zweier Repräsentanten ist nicht durch n teilbar), erhalten wir:

Die Restklassen modulo n

Für jedes $n \in \mathbb{N}$ sind

$$0 + n\mathbb{Z}, \ 1 + n\mathbb{Z}, \ \ldots, \ (n-1) + n\mathbb{Z}$$

sämtliche verschiedene Restklassen modulo n. Es ist somit $R = \{0, 1, \ldots, n-1\}$ ein Repräsentantensystem – dabei haben wir aus jeder Restklasse den kleinsten positiven Repräsentanten gewählt.

Anstelle von $a + n\mathbb{Z}$ schreibt man oft auch kurz $\bar{a}$; manchmal lässt man selbst den Querstrich weg und identifiziert die Restklasse $\bar{a}$ mit seinem Repräsentanten a.

Beispiel

- Im Fall $n = 1$ gibt es genau eine Restklasse

$$\bar{0} = 0 + 1\mathbb{Z} = \mathbb{Z}.$$

Es sind je zwei ganze Zahlen äquivalent, da die Differenz beliebiger Zahlen stets von 1 geteilt wird.

- Im Fall $n = 2$ gibt es genau zwei Restklassen

$$
\begin{aligned}
\bar{0} &= 0 + 2\mathbb{Z} = \{0, \pm 2, \pm 4, \ldots\}, \\
\bar{1} &= 1 + 2\mathbb{Z} = \{\pm 1, \pm 3, \pm 5, \ldots\}.
\end{aligned}
$$

Die Menge $\mathbb{Z}$ wird aufgeteilt in die geraden und ungeraden ganzen Zahlen.

- Im Fall $n = 6$ gibt es genau sechs Restklassen

$$
\begin{aligned}
\bar{0} &= 0 + 6\mathbb{Z} = \{\ldots, \ -12, \ -6, 0, 6, 12, \ldots\}, \\
\bar{1} &= 1 + 6\mathbb{Z} = \{\ldots, -11, -5, 1, 7, 13, \ldots\}, \\
\bar{2} &= 2 + 6\mathbb{Z} = \{\ldots, -10, -4, 2, 8, 14, \ldots\}, \\
\bar{3} &= 3 + 6\mathbb{Z} = \{\ldots, -9, -3, 3, 9, 15, \ldots\}, \\
\bar{4} &= 4 + 6\mathbb{Z} = \{\ldots, -8, -2, 4, 10, 16, \ldots\}, \\
\bar{5} &= 5 + 6\mathbb{Z} = \{\ldots, -7, -1, 5, 11, 17, \ldots\}.
\end{aligned}
$$

Es ist $\mathbb{Z} = \bar{0} \cup \bar{1} \cup \bar{2} \cup \bar{3} \cup \bar{4} \cup \bar{5}$, und es ist $R = \{0, 1, 2, 3, 4, 5\}$ ein Repräsentantensystem. Ebenso gut können wir natürlich auch $R' = \{12, -5, 8, -9, 16, 5\}$ als Repräsentantensystem wählen. ◀

Im nächsten Kapitel werden wir auf der Menge $\mathbb{Z}_n = \{\bar{0}, \bar{1}, \ldots, \overline{n-1}\}$ der Restklassen modulo n, $n \in \mathbb{N}$, eine Addition und eine Multiplikation erklären. Es wird so möglich, mit den Äquivalenzklassen $\bar{k}$ umzugehen wie z. B. mit den ganzen Zahlen. Der Fall, dass n sogar eine Primzahl ist, wird ein besonderes Augenmerk verdienen. In diesem Fall kann man jedes von $\bar{0}$ verschiedene Element sogar *invertieren*.

Zusammenfassung

Die Grundlagen der Mathematik sind die Logik und die Mengenlehre. Es ist zu Beginn des Mathematikstudiums üblich, Logik und Mengenlehre nicht axiomatisch, sondern naiv zu betreiben. Wir betrachten Aussagen, Variable, Junktoren und Quantoren als das, was man sich darunter vorstellt und verzichten gelegentlich auf präzise Definitionen, die uns zu lange davon abhalten würden, grundlegende mathematische Sachverhalte aus der linearen Algebra und Analysis zu diskutieren. Mithilfe der Junktoren UND, ODER, NICHT, WENN-DANN und GENAU-DANN-WENN und Variablen und den Quantoren $\exists$ und $\forall$ bilden wir aus einfachen Aussagen komplexe Aussagen, die wir auf ihren Wahrheitsgehalt hin untersuchen.

Der naive Umgang mit dem Begriff der Menge als eine Zusammenfassung wohlunterschiedener Objekte führt zu Widersprüchen in der Mathematik, man vergleiche etwa die Russell'sche Antinomie. Solange man aber mit kleinen Mengen hantiert, ist diese nicht präzise definierte Vorstellung einer Menge durchaus sinnvoll. Im ersten Studienjahr kommen wir zumindest mit der Vorstellung aus, dass Mengen durch die Angabe ihrer Elemente gegeben sind.

Wir werden nicht nur im ersten Studienjahr sehr oft vor dem Problem stehen, dass wir von zwei Mengen zeigen müssen, dass sie gleich sind, das tut man, indem man zeigt, dass die beiden Mengen ineinander enthalten sind:

Gleichheit von Mengen

Die Mengen A und B sind **gleich**, in Zeichen $A = B$, wenn jedes Element von A ein Element von B ist und jedes Element von B eines von A ist, kurz:

$$A = B \Leftrightarrow ((A \subseteq B) \wedge (B \subseteq A)).$$

Die üblichen Operationen mit Mengen sind teils aus der Schule bekannt: Man kann Mengen vereinigen, $A \cup B$, schneiden, $A \cap B$, man kennt die Mengendifferenz $A \setminus B$, das Komplement $C_B(A)$ einer Menge in einer Obermenge und das kartesische Produkt $A \times B$ von Mengen. Und natürlich kennt man auch die Mächtigkeit einer Menge $|A|$, das ist (wieder etwas naiv gesprochen) die Anzahl der Elemente der Menge. Naiv deswegen, da man von der *Anzahl* ja eigentlich nur dann sprechen kann, wenn diese endlich ist. Eine präzisere Definition der *Mächtigkeit* ist mit einem anderen Begriff möglich, und zwar mit dem Begriff der Abbildung.

Der Begriff der Abbildung ist zentral in der Mathematik. In der Analysis geht es vor allem darum, Abbildungen von Mengen von reellen oder komplexen Zahlen (später auch von kartesischen Produkten reeller oder komplexer Zahlen) in ebensolche Mengen zu untersuchen, man spricht in der Analysis auch von Funktionen; in der linearen Algebra sind die sogenannten linearen Abbildungen Kern der Untersuchungen.

Definition einer Abbildung

Gegeben seien zwei Mengen X und Y. Eine **Abbildung** f von X in Y ist ein Tripel

$$f = (X, Y, G_f), \quad \text{wobei } G_f \subseteq X \times Y$$

die Eigenschaft hat, dass es zu jedem $x \in X$ genau ein $y \in Y$ gibt mit $(x, y) \in G_f$.

Für das durch x eindeutig bestimmte Element y schreiben wir $f(x)$.

Die Menge X heißt **Definitionsmenge** von f, Y heißt **Wertemenge** von f und G_f der **Graph** von f.

Wir schreiben für die Abbildung $f = (X, Y, G_f)$ oft einfacher

$$f \colon X \to Y, \quad x \mapsto f(x).$$

Abbildungen ordnen *jedem* Element der Definitionsmenge *ein* Element der Wertemenge zu. Eine Abbildung heißt injektiv, falls je zwei verschiedene Elemente der Definitionsmenge auch zwei verschiedene Bilder haben und surjektiv, falls jedes Element der Wertemenge Bild eines Elements der Definitionsmenge ist. Eine Abbildung, die injektiv und surjektiv ist, nennt man bijektiv. Bei einer bijektiven Abbildung gehört zu jedem Element x der Definitionsmenge genau ein Element $f(x)$ der Wertemenge. Daher ist es sinnvoll, zwei Mengen als gleichmächtig zu bezeichnen, wenn es eine Bijektion zwischen diesen Mengen gibt.

Ist f eine Abbildung von X nach Y und g eine solche von Y nach Z, so kann man die Abbildungen hintereinander ausführen und erhält die Komposition

$$g \circ f \colon \begin{cases} X \to & Z, \\ x \mapsto & g(f(x)) \end{cases}.$$

Es ist sehr wichtig zu wissen, dass diese Komposition $\circ$ von Abbildungen eine assoziative Verknüpfung ist, d. h., es gilt

$$h \circ (g \circ f) = (h \circ g) \circ f$$

für Abbildungen f, g, h mit passenden Definitions- und Wertemengen. In der linearen Algebra etwa werden wir die Assoziativität der Matrizenmultiplikation mithilfe der Assoziativität dieser Komposition begründen.

Ist X eine Menge, so nennt man die Abbildung id_X von X in sich, die jedem x sich selbst zuordnet, die Identität von X, $\mathrm{id}_X(x) = x$ für alle $x \in X$. Nun kann es natürlich sein, dass für zwei Abbildungen $f \colon X \to Y$ und $g \colon Y \to X$ gilt

$$g \circ f = \mathrm{id}_X \quad \text{und} \quad f \circ g = \mathrm{id}_Y.$$

Dann nennt man f bzw. g umkehrbar oder invertierbar und g bzw. f die Umkehrabbildung oder das Inverse zu f bzw. g.

Tatsächlich sind es genau die bijektiven Abbildungen, die umkehrbar sind:

Satz von der Umkehrabbildung

Ist $f\colon X \to Y$ eine bijektive Abbildung, so existiert genau eine Abbildung $g\colon Y \to X$ mit

$$g \circ f = \mathrm{id}_X \quad \text{und} \quad f \circ g = \mathrm{id}_Y \, .$$

Man nennt g die **Umkehrabbildung** oder die zu f **inverse** Abbildung. Man bezeichnet sie üblicherweise mit f^{-1}. Die Abbildung f^{-1} ist ebenfalls bijektiv und hat die Umkehrabbildung

$$(f^{-1})^{-1} = f \, .$$

Da wir begründet haben, dass die Komposition von bijektiven Abbildungen wieder bijektiv ist, haben wir mit der Komposition eine Verknüpfung auf der Menge G aller bijektiven Abbildungen einer Menge X in sich erhalten: Die Komposition je zweier Bijektionen von X ist wieder eine Bijektion, weiterhin ist die Komposition assoziativ, die Identität id_X ist eine Bijektion von X mit der Eigenschaft $\mathrm{id}_X \circ f = f = f \circ \mathrm{id}_X$ für jede Bijektion f von X; und für jede Bijektion ist auch deren Inverses eine solche. In der Sprechweise von Kapitel 3 heißt dies, dass $(G, \circ)$ eine Gruppe ist.

Für jede Menge X nennt man jede Teilmenge $\rho \subseteq X \times X$ eine Relation auf X. Dieser Begriff ist sehr allgemein. Interessant sind zwei spezielle Relationen, nämlich die Ordnungsrelation und die Äquivalenzrelation. Zuerst erwähnen wir die für das Weitere nötigen zusätzlichen Eigenschaften, die eine Relation haben kann.

Reflexiv, symmetrisch, antisymmetrisch und transitiv

Eine Relation ρ auf der Menge X heißt:
- **reflexiv**, wenn für alle $x \in X$ gilt $x \, \rho \, x$,
- **symmetrisch**, wenn für alle $x, \, y \in X$ mit $x \, \rho \, y$ gilt $y \, \rho \, x$,
- **antisymmetrisch**, wenn für alle $x, \, y \in X$ mit $x \, \rho \, y$ und $y \, \rho \, x$ gilt $x = y$,
- **transitiv**, wenn für alle $x, \, y, \, z \in X$ mit $x \, \rho \, y$ und $y \, \rho \, z$ gilt $x \, \rho \, z$.

Eine Relation ρ auf einer Menge X heißt eine

- Ordnungsrelation auf X, wenn sie reflexiv, antisymmetrisch und transitiv ist und
- Äquivalenzrelation auf X, wenn sie reflexiv, symmetrisch und transitiv ist.

Hat man auf X eine Ordnungsrelation ρ gegeben, so kann man die Elemente von X größenmäßig erfassen, es kann sein, dass größte und kleinste, minimale und maximale Elemente existieren. Während kleinste und größte Elemente einer Menge im Falle der Existenz eindeutig bestimmt sind, ist das bei minimalen und maximalen Elementen keineswegs so.

Viele Sätze in der Mathematik benötigen die Existenz von maximalen Elementen bezüglich einer Ordnungsrelation. Das Lemma von Zorn garantiert die Existenz eines maximalen Elementes unter der Bedingung, dass die Ordnungrelation induktiv ist und die Menge nichtleer ist. Dieses Lemma von Zorn ist aber kein übliches Lemma, sondern ein Axiom der Mathematik.

Neben den Ordnungsrelationen spielen die Äquivalenzrelationen eine wichtige Rolle. Eine Äquivalenzrelation ρ auf X zerlegt die Menge X in disjunkte, nichtleere Äquivalenzklassen. Dabei liegen in einer Äquivalenzklasse eben genau all jene Elemente, die zueinander in der Relation ρ stehen. In gewisser Weise wird bei einer Äquivalenzrelation die Gleichheit von Elementen aufgeweicht zu einer Ähnlichkeit von Elementen und alle zueinander ähnlichen Elemente zu der Äquivalenzklasse zusammengefasst. Im nächsten Kapitel werden wir zeigen, dass es durchaus auch sinnvoll sein kann zwischen Äquivalenzklassen Verknüpfungen einzuführen und damit zu rechnen.

Aufgaben

Die Aufgaben gliedern sich in drei Kategorien: Anhand der *Verständnisfragen* können Sie prüfen, ob Sie die Begriffe und zentralen Aussagen verstanden haben, mit den *Rechenaufgaben* üben Sie Ihre technischen Fertigkeiten und die *Beweisaufgaben* geben Ihnen Gelegenheit, zu lernen, wie man Beweise findet und führt.

Ein Punktesystem unterscheidet leichte Aufgaben •, mittelschwere •• und anspruchsvolle ••• Aufgaben. Lösungshinweise am Ende des Buches helfen Ihnen, falls Sie bei einer Aufgabe partout nicht weiterkommen. Dort finden Sie auch die Lösungen – betrügen Sie sich aber nicht selbst und schlagen Sie erst nach, wenn Sie selber zu einer Lösung gekommen sind. Ausführliche Lösungswege stehen auf der Website des Verlags zur Verfügung.

Viel Spaß und Erfolg bei den Aufgaben!

Verständnisfragen

2.1 • Welche der folgenden Aussagen sind richtig? Für alle $x \in \mathbb{R}$ gilt:

(a) „$x > 1$ ist hinreichend für $x^2 > 1$.“
(b) „$x > 1$ ist notwendig für $x^2 > 1$.“
(c) „$x \geq 1$ ist hinreichend für $x^2 > 1$.“
(d) „$x \geq 1$ ist notwendig für $x^2 > 1$.“

2.2 •• Wie viele unterschiedliche binäre, also zwei Aussagen verknüpfende Junktoren gibt es?

Rechenaufgaben

2.3 • Beweisen Sie die Äquivalenzen:
$$(A \vee B) \Leftrightarrow \neg(\neg A \wedge \neg B),$$
$$(A \wedge B) \Leftrightarrow \neg(\neg A \vee \neg B).$$

2.4 •• Zeigen Sie die *Transitivität* der Implikation, also die Aussage
$$((A \Rightarrow B) \wedge (B \Rightarrow C)) \Rightarrow (A \Rightarrow C).$$

Beweisaufgaben

2.5 •• Zeigen Sie durch einen Widerspruchsbeweis, dass $\sqrt{2}$ keine rationale Zahl ist. Formulieren Sie dazu zunächst die beiden Aussagen,

A: „x ist die positive Lösung der Gleichung $x^2 = 2$“
und
B: „Es gibt keine Zahlen $a, b \in \mathbb{Z}$ mit $x = \frac{a}{b}$.“

2.6 •• Geheimrat Gelb, Frau Blau, Herr Grün und Oberst Schwarz werden eines Mordes verdächtigt. Genau einer bzw. eine von ihnen hat den Mord begangen. Beim Verhör sagen sie Folgendes aus:

Geheimrat Gelb: *Ich war es nicht. Der Mord ist im Salon passiert.*

Frau Blau: *Ich war es nicht. Ich war zur Tatzeit mit Oberst Schwarz zusammen in einem Raum.*

Herr Grün: *Ich war es nicht. Frau Blau, Geheimrat Gelb und ich waren zur Tatzeit nicht im Salon.*

Oberst Schwarz: *Ich war es nicht. Aber Geheimrat Gelb war zur Tatzeit im Salon.*

Unter der Annahme, dass die Unschuldigen die Wahrheit gesagt haben, finde man den Täter bzw. die Täterin.

2.7 •• Es seien A eine Menge und $\mathcal{F}$ eine Menge von Teilmengen von A. Beweisen Sie die folgenden (allgemeineren) Regeln von De Morgan:

$$A \setminus \left(\bigcap_{B \in \mathcal{F}} B \right) = \bigcup_{B \in \mathcal{F}} (A \setminus B) \qquad \text{und}$$

$$A \setminus \left(\bigcup_{B \in \mathcal{F}} B \right) = \bigcap_{B \in \mathcal{F}} (A \setminus B).$$

2.8 •• Es seien A, B Mengen, $M_1, M_2 \subseteq A$, ferner $N_1, N_2 \subseteq B$ und $f : A \to B$ eine Abbildung. Zeigen Sie:

(a) $f(M_1 \cup M_2) = f(M_1) \cup f(M_2)$,
(b) $f^{-1}(N_1 \cup N_2) = f^{-1}(N_1) \cup f^{-1}(N_2)$,
(c) $f^{-1}(N_1 \cap N_2) = f^{-1}(N_1) \cap f^{-1}(N_2)$.

Gilt im Allgemeinen auch $f(M_1 \cap M_2) = f(M_1) \cap f(M_2)$?

2.9 •• Es seien A, B nichtleere Mengen und $f : A \to B$ eine Abbildung. Zeigen Sie:

(a) f ist genau dann injektiv, wenn eine Abbildung $g : B \to A$ mit $g \circ f = \mathrm{id}_A$ existiert.
(b) f ist genau dann surjektiv, wenn eine Abbildung $g : B \to A$ mit $f \circ g = \mathrm{id}_B$ existiert.

2.10 •• Es seien A, B, C Mengen und $f : A \to B$, $g : B \to C$ Abbildungen.

(a) Zeigen Sie: Ist $g \circ f$ injektiv, so ist auch f injektiv.
(b) Zeigen Sie: Ist $g \circ f$ surjektiv, so ist auch g surjektiv.
(c) Geben Sie ein Beispiel an, in dem $g \circ f$ bijektiv, aber weder g injektiv noch f surjektiv ist.

2.11 •• Es seien A, B Mengen und $f : A \to B$ eine Abbildung. Die Potenzmengen von A bzw. B seien $\mathcal{A}$ bzw. $\mathcal{B}$. Wir betrachten die Abbildung $g : \mathcal{B} \to \mathcal{A}$, $B' \mapsto f^{-1}(B')$. Zeigen Sie:

(a) Es ist f genau dann injektiv, wenn g surjektiv ist.
(b) Es ist f genau dann surjektiv, wenn g injektiv ist.

2.12 •• Begründen Sie die Bijektivität der auf Seite 46 angegebenen Abbildung

$$f : \begin{cases} (-1, 1) & \to & \mathbb{R}, \\ x & \mapsto & \dfrac{x}{1 - x^2}. \end{cases}$$

2.13 •• Geben Sie für die folgenden Relationen auf $\mathbb{Z}$ jeweils an, ob sie reflexiv, symmetrisch oder transitiv sind. Welche der Relationen sind Äquivalenzrelationen?

(a) $\rho_1 = \{(m, n) \in \mathbb{Z} \times \mathbb{Z} \mid m \geq n\}$,
(b) $\rho_2 = \{(m, n) \in \mathbb{Z} \times \mathbb{Z} \mid m \cdot n > 0\} \cup \{(0, 0)\}$,
(c) $\rho_3 = \{(m, n) \in \mathbb{Z} \times \mathbb{Z} \mid m = 2n\}$,
(d) $\rho_4 = \{(m, n) \in \mathbb{Z} \times \mathbb{Z} \mid m \leq n + 1\}$,
(e) $\rho_5 = \{(m, n) \in \mathbb{Z} \times \mathbb{Z} \mid m \cdot n \geq -1\}$,
(f) $\rho_6 = \{(m, n) \in \mathbb{Z} \times \mathbb{Z} \mid m = 2\}$.

2.14 •• Wo steckt der Fehler in der folgenden Argumentation?

Ist $\sim$ eine symmetrische und transitive Relation auf einer Menge M, so folgt für $a, b \in M$ mit $a \sim b$ wegen der Symmetrie auch $b \sim a$. Wegen der Transitivität folgt aus $a \sim b$ und $b \sim a$ auch $a \sim a$. Die Relation $\sim$ ist also eine Äquivalenzrelation.

2.15 •• Zeigen Sie, dass die folgenden Relationen Äquivalenzrelationen auf A sind. Bestimmen Sie jeweils die Äquivalenzklassen von $(2, 2)$ und $(2, -2)$.

(a) $A = \mathbb{R}^2$, $(a, b) \sim (c, d) \Leftrightarrow a^2 + b^2 = c^2 + d^2$.
(b) $A = \mathbb{R}^2$, $(a, b) \sim (c, d) \Leftrightarrow a \cdot b = c \cdot d$.
(c) $A = \mathbb{R}^2 \setminus \{(0, 0)\}$, $(a, b) \sim (c, d) \Leftrightarrow a \cdot d = b \cdot c$.

2.16 •• Auf einer Menge A seien zwei Äquivalenzrelationen $\sim$ und $\approx$ gegeben. Dann heißt $\sim$ eine *Vergröberung* von $\approx$, wenn für alle $x, y \in A$ mit $x \approx y$ auch $x \sim y$ gilt.

(a) Es sei $\sim$ eine Vergröberung von $\approx$. Geben Sie eine surjektive Abbildung

$$f : A/\approx \,\to\, A/\sim$$

an.

(b) Für $m, n \in \mathbb{N}$ sind durch

$$x \sim y \Leftrightarrow m \mid (x - y)$$

und

$$x \approx y \Leftrightarrow n \mid (x - y)$$

Äquivalenzrelationen auf $\mathbb{Z}$ definiert.

Bestimmen Sie zu $n \in \mathbb{N}$ die Menge aller $m \in \mathbb{N}$, sodass $\sim$ eine Vergröberung von $\approx$ ist.

(c) Geben Sie die Abbildung f aus Teil (a) für $m = 3$ und $n = 6$ explizit an, indem Sie für sämtliche Elemente von $\mathbb{Z}/\approx$ das Bild unter f angeben.

2.17 •• Es sei ρ eine reflexive und transitive Relation auf einer Menge A. Zeigen Sie:

(a) Durch

$$x \sim y \Leftrightarrow ((x, y) \in \rho \quad \text{und} \quad (y, x) \in \rho)$$

wird eine Äquivalenzrelation auf A definiert.

(b) Für $x \in A$ sei $[x] \in A/\sim$ die Äquivalenzklasse von x bezüglich $\sim$. Durch

$$[x] \preceq [y] \Leftrightarrow (x, y) \in \rho$$

wird eine Ordnungsrelation auf $A/\sim$ definiert.

2.18 •• Es seien A eine Menge und $\mathcal{P}(A)$ die Potenzmenge von A. Zeigen Sie:

(a) Es gibt eine injektive Abbildung $A \to \mathcal{P}(A)$.
(b) Es gibt keine surjektive Abbildung $A \to \mathcal{P}(A)$.

Antworten der Selbstfragen

S. 28

Die Negationen lauten:

- Die Sonne scheint nicht.
- Es gibt mindestens einen schwarzen Schwan.
- Alle natürlichen Zahlen sind entweder kleiner oder gleich $\frac{17}{8}$ oder größer oder gleich $\frac{23}{8}$.

S. 29

Die Wahrheitstabelle ist

A	B	$A \uparrow B$	$A^X B$
w	w	f	f
w	f	w	w
f	w	w	w
f	f	w	f

Die NAND-Verknüpfung können wir etwa so beschreiben: $A \uparrow B$ ist genau dann falsch, wenn die Aussagen A und B beide wahr sind.

S. 30

Offensichtlich ist A hinreichend für B; denn, wenn die Zahl durch 12 teilbar ist, ist sie sicher auch durch 3 teilbar. Also ist die Implikation $A \Rightarrow B$ wahr. Das bedeutet gleichzeitig, dass B eine notwendige Bedingung für A ist.

Genauso ist A hinreichend für C und somit C notwendig für A. Bei der Beziehung zwischen B und C beobachten wir, dass B sowohl notwendig als auch hinreichend für C ist. Diese Beziehung zwischen Aussagen wird *äquivalent* genannt, wie wir noch sehen werden.

S. 32

A	B	$A \Leftrightarrow B$	$A \Rightarrow B$	$B \Rightarrow A$	$(A \Rightarrow B)$ $\wedge (B \Rightarrow A)$
w	w	w	w	w	w
w	f	f	f	w	f
f	w	f	w	f	f
f	f	w	w	w	w

S. 36

Es gilt
$$A \subseteq B \Leftrightarrow \forall x \in A: x \in B$$
und
$$A \subsetneqq B \Leftrightarrow (\forall x \in A: x \in B) \wedge (\exists y \in B: y \notin A).$$

S. 38

Es sind jeweils die zwei Implikationen $\Rightarrow$ und $\Leftarrow$ zu zeigen. Beim Nachweis von $\Rightarrow$ wird die Aussage links davon vorausgesetzt und die Aussage rechts davon begründet, bei Nachweis von $\Leftarrow$ ist es genau umgekehrt:

(i) $\Rightarrow$: $A \cup B = \{x \mid x \in A \vee x \in B\} = \{x \mid x \in B\} = B$.

$\Leftarrow$: $x \in A \Rightarrow x \in B$.

(ii) $\Rightarrow$: $A \cap B = \{x \mid x \in A \wedge x \in B\} = \{x \mid x \in A\} = A$.

$\Leftarrow$: $x \in A \Rightarrow x \in B$.

(iii) $\Rightarrow$: $A \setminus B = \{x \mid x \in A \wedge x \notin B\} = \emptyset$.

$\Leftarrow$: $x \in A \Rightarrow x \in B$.

S. 42

Ist $X = \{x_1, \ldots, x_n\}$, so gilt für jedes $f \in Y^X$
$$f = \{(x_1, f(x_1)) \ldots, (x_n, f(x_n))\}.$$

Für jedes $f(x_i)$ hat man $|Y|$ viele Möglichkeiten, damit gibt es genau $|Y|^n$ verschiedene Abbildungen f von X in Y.

S. 43

Z. B. $f \colon \mathbb{R} \to \mathbb{R}$, $f(x) = x^2$. Die Restriktion $f|_{\mathbb{R}_{\geq 0}}$ der Funktion f auf die nichtnegativen reellen Zahlen hat dasselbe Bild wie f.

S. 45

Aus $f(n) = f(m)$ folgt $n - 1 = m - 1$ und somit $n = m$. Damit ist f injektiv. Ist $n \in \mathbb{N}$ beliebig, so gilt mit $n + 1 \in \mathbb{N}$ offenbar $f(n+1) = n$. Damit ist f auch surjektiv. Schließlich ist f bijektiv.

S. 49

Der Graph G_f einer Abbildung f ist eine linkstotale Relation, da es *zu jedem* $x \in X$ ein $y \in Y$ mit $(x, y) \in G_f$ gibt – das x steht links. Der Graph ist rechtseindeutig, da es zu jedem $x \in X$ *genau ein* $y \in Y$ mit $(x, y) \in f$ gibt – das y steht rechts.

Bei einer injektiven Abbildung f ist für jedes $y \in Y$ das $x \in X$ mit $(x, y) \in G_f$ *eindeutig bestimmt* – das x steht links. Bei einer surjektiven Abbildung f gibt es *zu jedem* $y \in Y$ ein $x \in X$ mit $(x, y) \in G_f$ – das y steht rechts.

S. 51

Nein, z. B. sind die beiden natürlichen Zahlen 3 und 7 nicht miteinander vergleichbar, es gilt weder $3 \mid 7$ noch $7 \mid 3$.

S. 53

Jeder Mensch hat genauso viele Kopfhaare wie er selbst, d. h., $m \sim m$ für jedes $m \in M$. Und wenn m_1 genauso viele Kopfhaare wie m_2 hat, so hat m_2 genauso viele wie m_1, d. h. $m_1 \sim m_2 \Rightarrow m_2 \sim m_1$. Analog begründet man $m_1 \sim m_2$ und $m_2 \sim m_3$ impliziert $m_1 \sim m_3$. In der Äquivalenzklasse
$$[m]_\sim = \{n \in M \mid m \sim n\}$$
liegen all jene Menschen, die gleich viele Kopfhaare haben wie m.

Algebraische Strukturen – ein Blick hinter die Rechenregeln

3

Was bedeuten Gruppen, Ringe und Körper in der Mathematik?

Was versteht man unter der Symmetriegruppe eines Ornaments?

Was ist der euklidische Algorithmus?

© Springer-Verlag GmbH Deutschland, ein Teil von Springer Nature 2022
T. Arens et al., *Grundwissen Mathematikstudium*,
https://doi.org/10.1007/978-3-662-63313-7_3

Die Tätigkeit, die umgangssprachlich mit „Rechnen" bezeichnet wird, ist ein zielorientiertes Hantieren mit Symbolen und mit Regeln, die man einfach weiß, ohne sie immer extra aufzulisten. Im Rahmen der Schulmathematik sind die Symbole Zahlen, Unbestimmte, aber auch Mengen oder Funktionen. Auch die Rechenoperationen wie Addition, Subtraktion, Multiplikation, Vereinigung, Durchschnitt, Differenziation und Integration werden durch Symbole ausgedrückt.

In diesem Kapitel wollen wir genauer klären, was man eigentlich klarstellen sollte, bevor man mit dem „Rechnen" beginnt. Ganz im Sinne des Bestrebens der Mathematik, das Gemeinsame bei verschiedenartigen Problemstellungen aufzudecken und damit zu abstrahieren, werden wir gewisse Grundeigenschaften von Rechenoperationen kennenlernen. Dabei unterscheiden wir diese nicht nach den Objekten, auf welche diese Operationen anzuwenden sind, sondern einzig nach den Regeln, welche für diese Operationen gelten. Nur so ist der Blick auf das Wesentliche möglich.

Zudem werden wir einzelne, häufig auftretende Grundtypen algebraischer Strukturen kennenlernen, in welchen gewisse Regeln gleichzeitig erfüllt sein müssen. Dazu gehören jedenfalls die Gruppen, Ringe und Körper, aber noch viele andere, die in diesem Rahmen außer Acht bleiben.

Wir bauen im Folgenden auf einfachen Kenntnissen der Schulmathematik auf und nutzen die Grundbegriffe und logischen Schlussweisen aus Kapitel 2. Bei den reellen und komplexen Zahlen legen wir unser Hauptaugenmerk auf deren algebraische Eigenschaften; die Ordnungseigenschaften folgen im nächsten Kapitel. Wir werden aber nicht nur mit Zahlen „rechnen", sondern auch Mengen oder Abbildungen miteinander „multiplizieren". Diese Stufe der Abstraktion stellt für Studienanfänger eine klare Hürde dar, ist aber unumgänglich für ein tieferes mathematisches Verständnis.

3.1 Gruppen

Werden zwei Geldbeträge addiert, so ist das Ergebnis wohlbestimmt und wieder ein Geldbetrag. Dasselbe gilt, wenn wir von dem ersten Geldbetrag den zweiten subtrahieren, doch erwarten wir dabei ein anderes Ergebnis. Wir können andererseits $(a+b)$ mit $(a-b)$ multiplizieren und für das Produkt $(a^2 - b^2)$ schreiben. Dagegen steht uns für das Ergebnis der Division $(a + b) : (a - b)$ kein neuer Ausdruck zur Verfügung; wir können das Ergebnis höchstens noch als Bruch $\frac{a+b}{a-b}$ darstellen; aber „ausgerechnet" haben wir dabei eigentlich nichts.

Was ist das Gemeinsame dieser verschiedenen Operationen?

Addition und Subtraktion sind Beispiele einer Verknüpfung

Bei den ersten drei Beispielen wenden wir eine Rechenoperation, die Addition, Subtraktion oder Multiplikation, auf zwei

Ausdrücke an und erhalten einen eindeutigen Ausdruck derselben Art wie die Ausgangswerte. Im Sinne von Kapitel 2 liegt eine *Abbildung* von Elementepaaren auf ein einzelnes Element vor. Das vierte Beispiel schieben wir vorerst beiseite, denn das „Ergebnis" ist schließlich ein Bruch, also von anderer Art als die Eingangselemente.

Wir verallgemeinern: Weil das Operationssymbol alles mögliche bedeuten kann, schreiben wir dafür $*$, ohne zu erklären, was damit gemeint ist. Wir legen uns auch nicht fest, worauf wir die Operation anwenden; wir sprechen in der folgenden Definition lediglich von den Elementen a, b einer Menge. Bei dieser Allgemeinheit können wir natürlich nichts über das Ergebnis der Operation sagen. Wir wissen nur, dass es eindeutig ist und bezeichnen es mit dem Symbol $a * b$.

Definition einer Verknüpfung

Ist M eine nichtleere Menge, so heißt eine Abbildung

$$* : \begin{cases} M \times M & \to & M, \\ (a, b) & \mapsto & a * b \end{cases}$$

Verknüpfung auf M.

Beispiel
- Die Addition zweier ganzer Zahlen a, b zu $a + b$ sowie deren Multiplikation zu $a \cdot b$, aber auch die Subtraktion zu $a - b$ sind Verknüpfungen auf $\mathbb{Z}$.
- Ebenso stellen die Addition zweier reeller Zahlentripel gemäß

$$(a_1, a_2, a_3) + (b_1, b_2, b_3) = \\ (a_1 + b_1, \ a_2 + b_2, \ a_3 + b_3)$$

  oder auch die Bildung des *Vektorprodukts*

$$(a_1, a_2, a_3) \times (b_1, b_2, b_3) = \\ (a_2 b_3 - a_3 b_2, \ a_3 b_1 - a_1 b_3, \ a_1 b_2 - a_2 b_1)$$

  Verknüpfungen auf $\mathbb{R}^3$ dar.
- Für je zwei Mengen M_1, M_2 sind die Mengen $M_1 \cap M_2$, $M_1 \cup M_2$ und $M_1 \setminus M_2$ wohldefiniert. Handelt es sich bei M_1 und M_2 um Teilmengen einer Menge G, so sind auch $M_1 \cap M_2$, $M_1 \cup M_2$ und $M_1 \setminus M_2$ Teilmengen von G. Somit bedeuten $\cap$, $\cup$ und $\setminus$ Verknüpfungen auf der Potenzmenge $\mathcal{P}(G)$ (siehe Kapitel 2, Seite 37) ◄

Das Ergebnis einer Verknüpfung $*$ auf M ist wiederum ein Element von M. Die Verknüpfung führt also nicht aus der Menge heraus. Wir sagen: M ist **abgeschlossen** gegenüber der Verknüpfung $*$.

———————————— **?** ————————————

Welche der folgenden Operationen stellt eine Verknüpfung auf der Menge $\mathbb{N}$ der natürlichen Zahlen dar: Addition, Subtraktion, Multiplikation, Division?

———————————————————————————

In der obigen Definition einer Verknüpfung wird nicht verlangt, dass das Ergebnis $a * b$ von der Reihenfolge unabhängig ist – im Gegenteil, $M \times M$ ist ja die Menge der *geordneten Paare* und daher $(a, b) \neq (b, a)$, sofern $a \neq b$

ist. Die Subtraktion ganzer Zahlen ist offensichtlich ein Beispiel einer Verknüpfung, bei der die Reihenfolge wesentlich ist. Wir werden dies als Normalfall betrachten und verstehen $a * b = b * a$ als Zusatzbedingung.

Ist $*$ eine Verknüpfung auf der Menge M, so gilt für $a, b, c \in M$:

$$a = b \;\Rightarrow\; a * c = b * c \quad \text{und} \quad c * a = c * b. \quad (3.1)$$

Beweis: $a * c$ bezeichnet *das* Bild des Paares (a, c) unter der Abbildung $*: (M \times M) \to M$. Im Falle der Gleichheit $a = b$ gilt $(a, c) = (b, c)$; also müssen auch deren Bilder übereinstimmen. Aus demselben Grund hat $a = b$ die Gleichheit der Paare $(c, a) = (c, b)$ zur Folge und weiter $c * a = c * b$.

Wir können (3.1) auf folgende Weise in Worte fassen: Die in einer Gleichung ausgedrückte Übereinstimmung zwischen der linken und der rechten Seite bleibt bestehen, wenn man beide Seiten von rechts mit demselben Element verknüpft. Dasselbe gilt für eine Verknüpfung von links.

Gruppen sind durch drei Axiome gekennzeichnet

Je nach Art der Regeln, die für eine Menge M mit einer Verknüpfung $*$ gelten, lassen sich verschiedene Begriffe definieren. Wir beginnen mit einem, der in unterschiedlichsten Bereichen der Mathematik auftritt und dessen Rechenregeln uns vom Rechnen mit Zahlen sehr vertraut sind.

Definition einer Gruppe

Die Menge G mit der Verknüpfung $*$ heißt **Gruppe**, wenn die folgenden Eigenschaften erfüllt sind:
- (G1) Für alle $a, b, c \in G$ gilt: $(a * b) * c = a * (b * c)$, d. h., die Verknüpfung $*$ ist **assoziativ**.
- (G2) Es existiert ein **linksneutrales Element** $e \in G$ mit $e * a = a$ für alle $a \in G$.
- (G3) Zu jedem $a \in G$ existiert ein hinsichtlich e **linksinverses Element** $a' \in G$ mit $a' * a = e$.

Wir sprechen kurz von der Gruppe $(G, *)$.

Gilt stets $a * b = b * a$, so heißt die Gruppe **kommutativ** oder **abelsch** – nach dem norwegischen Mathematiker Niels H. Abel (1802–1829).

?

Wir betrachten auf der Menge $\mathcal{P}(M)$ aller Teilmengen von $M = \{1, 2, 3\}$ die Verknüpfungen $\cap$, $\cup$ und $\setminus$. Welche sind assoziativ? Für welche existiert ein linksneutrales Element? Gibt es linksinverse Elemente?

Beispiel
- Offensichtlich ist $(\mathbb{Z}, +)$ eine kommutative Gruppe. Dabei ist 0 linksneutral, denn $0 + a = a$, und 0 ist das einzige

Element mit dieser Eigenschaft. Das zu a linksinverse Element ist $-a$, denn $(-a) + a = 0$. $(\mathbb{N}, +)$ und $(\mathbb{N}_0, +)$ sind keine Gruppen, denn es fehlen die inversen Elemente.
- $(\mathbb{Q}, \cdot)$ ist keine Gruppe. Zwar gibt es das linksneutrale Element 1, und etwa zu 2 gibt es das Linksinverse $\frac{1}{2}$, denn $\frac{1}{2} \cdot 2 = 1$. Aber es gibt kein linksinverses Element zu 0, also keine rationale Zahl a mit $a \cdot 0 = 1$. Jedoch ist $(\mathbb{Q} \setminus \{0\}, \cdot)$ eine Gruppe, und ebenso ist $(\mathbb{R} \setminus \{0\}, \cdot)$ eine kommutative Gruppe. ◄

In den bisher vorgestellten Beispielen war das neutrale Element eindeutig. Auch waren die Gruppen kommutativ, und natürlich ist dann ein linksneutrales Element zugleich rechtsneutral, d. h., $a * e = a$, und das linksinverse Element a' zu a ist auch rechtsinvers, d. h., $a * a' = e$. Der folgende Satz wird zeigen, dass dies nicht nur auf kommutative Gruppen beschränkt bleibt, sondern allgemein der Fall ist.

Man hätte demnach so wie in manchen Lehrbüchern im Axiom (G2) gleich die Existenz eines einzigen neutralen Elementes fordern können sowie in (G3) zu jedem Element a die Existenz eines links- und gleichzeitig rechtsinversen Elements. Es ist aber das Bestreben in der Mathematik, in den Definitionen möglichst wenig zu fordern. Deshalb wird hier der Mehraufwand in Form des folgenden Satzes samt zugehörigem Beweis in Kauf genommen.

Satz vom neutralen und vom inversen Element

In jeder Gruppe $(G, *)$ gibt es genau ein **neutrales Element** e mit $e * x = x * e = x$ für alle $x \in G$.

Ferner gibt es zu jedem $a \in G$ genau ein **inverses Element** a^{-1} mit der Eigenschaft

$$a * a^{-1} = a^{-1} * a = e.$$

Das inverse Element a^{-1} ist somit gleichzeitig links- und rechtsinvers.

Beweis: Wir zeigen dies in vier Schritten, indem wir jeweils ein wichtiges Zwischenergebnis formulieren und dann begründen:

(i) In einer Gruppe ist das hinsichtlich e zu a linksinverse Element a' zugleich rechtsinvers. Somit gilt auch $a * a' = e$.

Beweis: Nach der Definition einer Gruppe gibt es zu a ein a' mit $a' * a = e$ und ferner zu a' ein a'' mit $a'' * a' = e$. Folglich gilt nach den einzelnen Punkten der Gruppendefinition

$$e \overset{(G3)}{=} a'' * a' \overset{(G2)}{=} a'' * (e * a') \overset{(G3)}{=} a'' * (a' * a) * a'$$
$$\overset{(G1)}{=} (a'' * a') * (a * a') \overset{(G3)}{=} e * (a * a') \overset{(G2)}{=} a * a'.$$

(ii) Das linksneutrale Element e ist zugleich rechtsneutral, daher stets auch $a * e = a$.

Beweis: Es ist

$$a * e \overset{(G3)}{=} a * (a' * a) \overset{(G1)}{=} (a * a') * a \overset{(i)}{=} e * a \overset{(G2)}{=} a.$$

Nun fehlt noch der Nachweis der Eindeutigkeit sowohl von e als auch von a^{-1}.

(iii) In einer Gruppe ist das neutrale Element e eindeutig bestimmt. Der Hinweis „hinsichtlich e" bei den inversen Elementen kann somit entfallen.

Beweis: Angenommen, e' ist ebenfalls ein neutrales Element. Dann gilt:

$$e \overset{\text{(ii)}}{=} e * e' \overset{\text{(G2)}}{=} e'.$$

Somit ist e eindeutig bestimmt.

(iv) In einer Gruppe ist das inverse Element a' zu $a \in G$ eindeutig bestimmt.

Beweis: Angenommen, a'' ist ebenfalls ein inverses Element zu a. Dann gilt:

$$a' \overset{\text{(ii)}}{=} a' * e \overset{\text{(i)}}{=} a' * (a * a'') \overset{\text{(G1)}}{=} (a' * a) * a'' \overset{\text{(G3)}}{=} a''.$$

Somit ist a' eindeutig bestimmt.

Damit ist nun aber der oben aufgestellte Satz vom neutralen und inversen Element vollständig bewiesen. ∎

Wir bezeichnen von nun an das eindeutig bestimmte Inverse von a mit a^{-1}, sofern die Verknüpfung keine Addition ist. Bei einer additiven Verknüpfung schreiben wir $-a$ für das zu a inverse Element. Wir halten weiterhin fest:

Die Kürzungsregeln

In Gruppen gelten die beiden **Kürzungsregeln**:

$$\begin{aligned} a * b = a * c &\Rightarrow b = c, \\ b * a = c * a &\Rightarrow b = c. \end{aligned} \tag{3.2}$$

Beweis: Wir verknüpfen beide Seiten der Gleichung $a * b = a * c$ von links mit dem Inversen a^{-1} von a. Dann folgt mit (3.1) $a^{-1} * (a * b) = a^{-1} * (a * c)$ und weiter wegen der Assoziativität $e * b = e * c$, also $b = c$. ∎

———————— **?** ————————

Wie lässt sich die zweite Kürzungsregel beweisen?

Mithilfe der Kürzungsregeln (3.2) erkennen wir z. B.

$$a * b = a \;\Rightarrow\; b = e \quad \text{sowie} \quad a * b = b \;\Rightarrow\; a = e.$$

———————— **?** ————————

Warum gilt in einer Gruppe $(G, *)$ stets $(y^{-1})^{-1} = y$ für $y \in G$?

Die bisher vorgestellten Regeln für Gruppen wirken vertraut; man kennt sie alle aus der Schulmathematik. Nur bei der Reihenfolge muss man achtgeben; man darf die Reihenfolge

bei der Verknüpfung nicht ohne Weiteres vertauschen. Dies gilt z. B. auch bei der folgenden, in allen Gruppen gültigen Formel:

$$(a * b)^{-1} = b^{-1} * a^{-1}. \tag{3.3}$$

———————— **?** ————————

Wie kann (3.3) bewiesen werden?

Gruppen sind in vielen Bereichen der Mathematik anzutreffen. Wir beginnen mit den geläufigen Beispielen:

Beispiel

- Auf Seite 65 wurde bereits gezeigt, dass die ganzen Zahlen $\mathbb{Z}$ hinsichtlich der Addition eine kommutative Gruppe bilden mit 0 als neutralem Element und $(-x)$ als inversem Element zu x. Dasselbe gilt für die Gruppen $(\mathbb{Q}, +)$, $(\mathbb{R}, +)$ und $(\mathbb{C}, +)$.
  Die auf Seite 64 vorgestellte elementweise Addition reeller Zahlentripel ergibt die Gruppe $(\mathbb{R}^3, +)$ mit dem neutralen Element $(0, 0, 0)$. Natürlich gibt es die analogen Gruppen $(\mathbb{R}^n, +)$ und $(\mathbb{C}^n, +)$, $n \in \mathbb{N}$.
- Neben den *additiven* Gruppen gibt es die *multiplikativen* $(\mathbb{Q} \setminus \{0\}, \cdot)$, $(\mathbb{R} \setminus \{0\}, \cdot)$ und $(\mathbb{C} \setminus \{0\}, \cdot)$. Sie sind ebenfalls kommutativ; das neutrale Element ist 1, und $1/x$ ist invers zu x. Wir schreiben statt $x \cdot y^{-1}$ einfacher $\frac{x}{y}$. Übrigens, in nicht kommutativen Gruppen wäre diese Bruchdarstellung nicht sinnvoll, denn man könnte nicht zwischen $x * y^{-1}$ und $y^{-1} * x$ unterscheiden.
- Die auf Seite 64 vorgestellte Verknüpfung zweier Zahlentripel zu dem *Vektorprodukt* ergibt hingegen keine Gruppe, denn „$\times$" ist nicht assoziativ. Dies zeigt das folgende Beispiel mit $e_1 = (1, 0, 0)$, $e_2 = (0, 1, 0)$ und $e_3 = (0, 0, 1)$:

$$\begin{aligned} (e_1 \times e_1) \times e_2 &= (0, 0, 0), \quad \text{hingegen} \\ e_1 \times (e_1 \times e_2) &= e_1 \times e_3 = (0, -1, 0). \end{aligned}$$

  Hier gibt es übrigens auch kein neutrales Element, also kein Tripel e mit $e \times (x_1, x_2, x_3) = (x_1, x_2, x_3)$ für alle $(x_1, x_2, x_3) \in \mathbb{R}^3$. ◄

Handelt es sich bei der Gruppenverknüpfung nicht ausdrücklich um eine Addition, so spricht man gerne neutral von der *Gruppenmultiplikation* und nennt das Ergebnis auch *Produkt*.

Die bijektiven Abbildungen einer Menge auf sich bilden eine Gruppe

Eine neue Art von Verknüpfung tritt in dem folgenden Beispiel auf, und diesmal handelt es sich um eine nicht kommutative Gruppe:

G sei die Menge der *bijektiven Abbildungen* einer Menge M auf sich, also der **Permutationen** von M. Wie gewohnt, bezeichnet das Symbol $\circ$ die Hintereinanderausführung. Damit ist $\circ$ eine Verknüpfung auf G, denn sind f und g zwei Bijektionen von M, so gilt

$$g \circ f : x \overset{f}{\mapsto} f(x) \overset{g}{\mapsto} g \circ f(x) = g(f(x)) \text{ für } x \in M,$$

und $g \circ f$ ist wieder bijektiv (Seite 49). Wir zeigen, dass $(G, \circ)$ eine Gruppe ist, die **Permutationsgruppe** von M.

- Die Verknüpfung $\circ$ ist assoziativ, denn bei $f, g, h \in G$ ist

$$g \circ f: x \mapsto g(f(x)), \quad h \circ (g \circ f): x \mapsto h(g(f(x))),$$
$$h \circ g: x \mapsto h(g(x)), \quad (h \circ g) \circ f: x \mapsto h(g(f(x))).$$

Dies gilt nicht nur für Bijektionen, sondern für alle hintereinander ausführbaren Abbildungen, wie bereits in Kapitel 2 festgestellt worden ist.
- Neutrales Element ist die identische Abbildung $\mathrm{id}_M: x \mapsto x$ für alle $x \in M$.
- Zu jeder Bijektion f von M existiert nach Kapitel 2 (Seite 48) die Umkehrabbildung $f^{-1} \in G$ mit $f^{-1} \circ f = \mathrm{id}_M$.

Satz von der Permutationsgruppe

Die bijektiven Abbildungen einer nichtleeren Menge M auf sich bilden hinsichtlich der Hintereinanderausführung $\circ$ eine Gruppe, die Permutationsgruppe von M.

Nun sei $M = \{1, 2, 3\}$: Dann umfasst die Permutationsgruppe G von M die folgenden Bijektionen:

$$e: 1 \mapsto 1, \quad 2 \mapsto 2, \quad 3 \mapsto 3,$$
$$f: 1 \mapsto 1, \quad 2 \mapsto 3, \quad 3 \mapsto 2,$$
$$g: 1 \mapsto 3, \quad 2 \mapsto 2, \quad 3 \mapsto 1,$$
$$h: 1 \mapsto 2, \quad 2 \mapsto 1, \quad 3 \mapsto 3,$$
$$i: 1 \mapsto 2, \quad 2 \mapsto 3, \quad 3 \mapsto 1,$$
$$j: 1 \mapsto 3, \quad 2 \mapsto 1, \quad 3 \mapsto 2.$$

Offensichtlich ist $e = \mathrm{id}_M$. Jede der Bijektionen f, g, h bildet genau ein Element von M auf sich ab, d. h. lässt dieses *fix*. Es ist $f(1) = 1$, $g(2) = 2$ und $h(3) = 3$.

Wie die durch Hintereinanderausführung entstehenden Produkte aussehen, zeigt in übersichtlicher Form die folgende Tabelle. Offensichtlich könnten die oberste Zeile und die Spalte links vom Doppelstrich auch weggelassen werden, nachdem die dort aufgelisteten Faktoren bei Multiplikation mit dem neutralen Element e erneut als Produkte auftreten. Der verbleibende und hier gelb schattierte Teil der Tabelle rechts vom vertikalen und unter dem horizontalen Doppelstrich heißt **Gruppentafel** von G.

$\circ$	e	f	g	h	i	j
$e \circ$	e	f	g	h	i	j
$f \circ$	f	e				
$g \circ$	g		e		h	
$h \circ$	h			e		
$i \circ$	i		f		j	e
$j \circ$	j				e	i

Absichtlich sind in dieser Gruppentafel noch einige Felder frei gelassen worden, um Sie zu aktiver Mitarbeit anzuregen: Jedes der 6 Elemente $e, \ldots, j$ muss in jeder Spalte und in jeder Zeile der Gruppentafel genau einmal vorkommen, denn

aus den Kürzungsregeln (3.2) folgt

$$(a \circ c = b \circ c \ \text{ oder } \ c \circ a = c \circ b) \ \Rightarrow \ a = b.$$

Dass die Permuationsgruppe $(G, \circ)$ von M nicht kommutativ ist, zeigt ein Vergleich der Produkte

$$g \circ i: 1 \mapsto 2, \quad 2 \mapsto 1, \quad 3 \mapsto 3, \quad \text{also} \quad g \circ i = h,$$
$$i \circ g: 1 \mapsto 1, \quad 2 \mapsto 3, \quad 3 \mapsto 2, \quad \phantom{\text{also}} \quad i \circ g = f.$$

Somit gilt:

$$g \circ i \neq i \circ g.$$

Die Bijektion i rückt jede Zahl *zyklisch* um 1 weiter; zyklisch heißt $1 \mapsto 2 \mapsto 3 \mapsto 1$. Damit wird klar, warum $i^{-1} = j$ ist, denn j macht dasselbe in der entgegengesetzten Richtung.

Die Gruppe der Permutationen einer Menge von n Elementen heißt **symmetrische Gruppe** und wird üblicherweise mit S_n bezeichnet. Demnach behandeln wir in diesem Beispiel die symmetrische Gruppe S_3.

?

Ergänzen Sie in der obigen Gruppentafel die fehlenden Elemente.

Bei einer genaueren Analyse der obigen Gruppentafel kann man feststellen, dass die Teilmenge $\{i, j, e\}$ abgeschlossen ist unter $\circ$, denn die Produkte $i \circ i = j, i \circ j = j \circ i = e$ und $j \circ j = i$ wie auch alle jene mit e haben als Ergebnis wieder ein Element aus dieser Teilmenge. Diese Teilmenge von nur 3 Permutationen bildet für sich eine Gruppe. Dafür gibt es ein Fachwort:

Untergruppen sind Teilmengen einer Gruppe, die selbst wieder Gruppen sind

Ist $(G, *)$ eine Gruppe, und hat eine Teilmenge H von G die Eigenschaft, hinsichtlich der von G stammenden Verknüpfung eine Gruppe zu sein, so heißt H **Untergruppe** von G.

Wir verwenden für die Verknüpfung auf H einfachheitshalber dasselbe Symbol $*$ wie in G, sprechen also von der Gruppe $(H, *)$, obwohl mit der „von G stammenden Verknüpfung" eigentlich die Abbildung $*': H \times H \to H$ mit $(x, y) \mapsto x *' y = x * y$ gemeint ist.

Hat man festzustellen, ob eine gegebene Teilmenge H eine Untergruppe der Gruppe $(G, *)$ ist, so müssen nicht alle Gruppenaxiome überprüft werden. Das folgende Kriterium zeigt, dass es ausreicht, in H die Abgeschlossenheit gegenüber $*$ und die Existenz der inversen Elemente nachzuweisen.

Untergruppenkriterium

Sind $(G, *)$ eine Gruppe und H eine Teilmenge von G, so ist H dann und nur dann eine Untergruppe von G, wenn gilt:

(U1) H ist nicht die leere Menge.
(U2) Für alle $x \in H$ ist zugleich $x^{-1} \in H$.
(U3) Aus $x, y \in H$ folgt stets $(x * y) \in H$.

Beweis: Die Formulierung „dann und nur dann" erfordert, dass wir zweierlei zeigen müssen:
(i) Ist H eine Untergruppe, so gelten die im Untergruppenkriterium geforderten Aussagen (U1), (U2) und (U3).
(ii) Treffen umgekehrt diese drei Aussagen zu, so ist H eine Untergruppe von G, also $(H, *)$ eine Gruppe.

Zu (i): Nach (G2) muss H ein neutrales Element enthalten; also ist H nichtleer und damit (U1) bestätigt.

Als Gruppe enthält H gemäß (G3) mit jedem Element a auch das Inverse a^{-1}. Somit ist auch (U2) erfüllt.

Nachdem $(H, *)$ eine Gruppe ist, muss nach der Definition einer Verknüpfung auf Seite 64 mit $x, y \in H$ auch stets $x * y$ in H liegen. Also gilt (U3).

Zu (ii): Wegen (U3) ist H bezüglich der von G stammenden Verknüpfung $*$ abgeschlossen. Also liegt eine Verknüpfung auf H vor.

Die Verknüpfung $*$ auf H ist assoziativ, denn dies ist in ganz G garantiert.

Wegen der Forderung $H \neq \emptyset$ in (U1) gibt es mindestens ein Element $a \in H$. Nach (U2) liegt das Inverse a^{-1} in H und wegen (U3) auch das Produkt $a * a^{-1} = e$. Also gibt es in H ein neutrales Element.

Das letzte Gruppenaxiom (G3) ist schließlich mit der Forderung (U2) identisch. ∎

Eine ausführliche Diskussion des Untergruppenkriteriums wird in der Box auf Seite 69 präsentiert.

Nun wenden wir uns einigen Beispielen von Untergruppen zu:

Beispiel

- Jede Gruppe $(G, *)$ mit neutralem Element e enthält die Untergruppen $\{e\}$ und G. Man nennt diese Untergruppen die **trivialen** Untergruppen von G. Wenn wir von einer **echten** Untergruppe H sprechen, so meinen wir damit, dass H keine triviale Untergruppe von G ist. Damit ist H sicherlich eine echte Teilmenge von G.
- Offensichtlich ist in der Folge der Gruppen $(\mathbb{Z}, +), (\mathbb{Q}, +),$ $(\mathbb{R}, +)$ und $(\mathbb{C}, +)$ jede eine echte Untergruppe der folgenden. Dasselbe trifft auf die Folge $(\mathbb{Q} \setminus \{0\}, \cdot), (\mathbb{R} \setminus \{0\}, \cdot)$ und $(\mathbb{C} \setminus \{0\}, \cdot)$ zu. Da das Produkt zweier positiver Zahlen und auch der Kehrwert einer positiven Zahl stets wieder positiv sind, ist $(\mathbb{R}_{>0}, \cdot)$ eine echte Untergruppe von $(\mathbb{R} \setminus \{0\}, \cdot)$.
- Wie im Beispiel auf Seite 66 sei $(G, \circ)$ die Gruppe der Permutationen einer Menge M, und es sei $N \subseteq M$ eine Teilmenge von M. Mit H sei die Menge derjenigen Bijektionen $f \in G$ bezeichnet, die die Teilmenge N von M auf sich abbilden und damit N *als Ganzes* fix lassen, für die also $f(N) = N$ gilt. Dann ist H eine Untergruppe von G.

Beweis mithilfe des Untergruppenkriteriums:

Zu (U1): H ist nichtleer, weil die identische Abbildung id_M jedenfalls N fix lässt, also zu H gehört.

Zu (U2): Bildet die Bijektion $f \in G$ die Teilmenge N auf sich ab, so trifft dasselbe auf die Umkehrabbildung f^{-1} zu. Also liegt auch f^{-1} in H.

Zu (U3): Wenn schließlich neben f auch g die Teilmenge N auf sich abbildet, so tut dies auch $g \circ f$.

So können wir z. B. für den Sonderfall $M = \{1, 2, 3\}$ mit der Gruppentafel von Seite 67 sofort erkennen, dass $\{e, f\}$ eine Untergruppe von $(G, \circ)$ ist, denn e und f sind die einzigen Permutationen von M, die das Element 1 fix lassen. Ebenso sind $\{e, g\}$ und $\{e, h\}$ Untergruppen. ◀

Weitere Beispiele von Untergruppen werden in dem Essay auf Seite 70 vorgeführt. Dort geht es um bijektive Selbstabbildungen unendlicher Punktmengen.

Wir zeigen im Folgenden, dass jede Untergruppe H von $(G, *)$ Anlass für eine Äquivalenzrelation $\sim_H$ auf der Menge G ist. Wir definieren

$$g_2 \sim_H g_1 \iff g_1^{-1} * g_2 \in H.$$

Offensichtlich ist g_2 genau dann hinsichtlich $\sim_H$ äquivalent zu g_1, wenn $g_1^{-1} * g_2 = h$, also $g_2 = g_1 * h$ ist mit einem $h \in H$. Die Menge der zu g_1 äquivalenten Elemente lautet also

$$g_1 * H = \{(g_1 * h) \mid h \in H\}.$$

Dass die Relation $\sim_H$ auf G tatsächlich reflexiv, symmetrisch und transitiv ist, ergibt sich nun einfach aus den Untergruppeneigenschaften von H. Damit sind die Mengen $g * H$ für $g \in G$ Äquivalenzklassen. Wir nennen sie **Linksnebenklassen** von H. Auch $H = e * H$ gehört dazu.

Alle Linksnebenklassen sind gleich mächtig, denn die Abbildung

$$H \to g * H \quad \text{mit} \quad h \mapsto g * h$$

ist eine Bijektion. Nachdem die Linksnebenklassen als Äquivalenzklassen zu einer Partition von G führen (siehe Seite 55), also jedes Element von G in genau einer Linksnebenklasse vorkommt, erhalten wir im Falle endlicher Gruppen die Anzahl $|G|$ der Elemente von G, wenn wir $|H|$ mit der Anzahl der Linksnebenklassen von H in G multiplizieren. Damit haben wir das folgende Resultat hergeleitet.

Satz von Lagrange:

Ist H Untergruppe der endlichen Gruppe G, so ist die Anzahl $|H|$ der Elemente von H ein Teiler von $|G|$.

Wenn wir unsere Relation abwandeln zu

$$g_2 \sim_H g_1 \iff g_2 * g_1^{-1} \in H,$$

so entsteht erneut eine Äquivalenzrelation. Diesmal fungieren die **Rechtsnebenklassen** $H * g$ als Äquivalenzklassen.

Unter der Lupe: Untergruppenkriterium

Gegeben sind eine Gruppe $(G, *)$ sowie eine Teilmenge H von G. Das Untergruppenkriterium gibt notwendige und hinreichende Bedingungen dafür an, dass H eine Untergruppe ist, also selbst eine Gruppe hinsichtlich der von G auf H induzierten Verknüpfung.

Will man ganz exakt sein, so muss man die Verknüpfungen in G und H auch verschieden bezeichnen. Schreiben wir also vorübergehend $*'$ für die Beschränkung von $*$ auf $H \times H$. Dann stehen die beiden Gruppen $(G, *)$ und $(H, *')$ zur Diskussion.

Neutrale Elemente:

Nach (G2) muss H ein neutrales Element enthalten. Dieses neutrale Element e' von H ist die eindeutige Lösung der Gleichung $a *' x' = a$ für ein $a \in H$. Nun stimmen für $a, e' \in H \subset G$ die Produkte überein, ob diese beiden Elemente nun in H oder in G verknüpft werden, also $a *' e' = a * e'$. Daher ist e' gleichzeitig eine Lösung der in G eindeutig lösbaren Gleichung $a * x = a$ in G. Dies beweist, dass das neutrale Element e' von $(H, *')$ gleichzeitig neutrales Element e von $(G, *)$ ist. Damit ist auch sichergestellt, dass für $a \in H$ das inverse Element a^{-1} unabhängig davon ist, ob wir die Gruppen $(G, *)$ oder $(H, *')$ meinen.

Zur Notwendigkeit von (U2):

Dass (U1) und (U3) allein nicht ausreichen als Kennzeichnung einer Untergruppe, zeigt die Multiplikation auf der Menge der ganzen Zahlen. $\mathbb{Z} \setminus \{0\}$ ist zwar abgeschlossen unter der in der Gruppe $\mathbb{Q} \setminus \{0\}$ definierten Multiplikation, aber deshalb noch keine Untergruppe, nachdem in $\mathbb{Z}$ inverse Elemente fehlen.

Äquivalente Bedingungen:

Manchmal werden die beiden Bedingungen (U2) und (U3) in einer einzigen Forderung zusammengefasst, nämlich in:

(U4) Aus $x, y \in H$ folgt stets $(x *' y^{-1}) \in H$.

Wir zeigen im Folgenden, dass die drei Bedingungen (U1), (U2) und (U3) zusammengenommen äquivalent sind zu (U1) und (U4):

„(U1,U2,U3) $\Rightarrow$ (U1,U4)":

Ist $(H, *')$ eine Untergruppe, treffen also (U1), (U2) und (U3) zu, so folgt aus $x, y \in H$ mit (U2) auch $y^{-1} \in H$ und nach (U3) weiter $x *' y^{-1} \in H$.

„(U1,U4) $\Rightarrow$ (U1,U2,U3)":

- Ist $(G, *)$ eine Gruppe, und treffen auf die Teilmenge $H \subset G$ die Bedingungen (U1) und (U4) zu, so gibt es ein $x \in H$, und wir können in (U4) $y = x$ setzen. Damit liegt auch $x *' x^{-1} = e$ in H, und e ist das neutrale Element in ganz G.
- Setzen wir andererseits in (U4) $x = e$, so ist mit $y \in H$ auch $e *' y^{-1} = y^{-1} \in H$. Also gilt (U2).
- Schließlich erkennen wir, dass H abgeschlossen ist bezüglich $*'$: Aus $x, y \in H$ folgt $y^{-1} \in H$ und weiter mit (U4) $x *' (y^{-1})^{-1} = x *' y \in H$.

Gruppen lassen sich oft aus gewissen Grundelementen erzeugen

Am Ende dieses Abschnitts wenden wir uns einem Beispiel zu, das deshalb etwas schwerer zu erfassen ist, weil die Elemente der Gruppe Bijektionen einer unendlichen Menge sind. Das Beispiel ist aber recht instruktiv, denn es bereitet künftige Begriffe wie *Erzeugendensystem* und *Isomorphie* vor.

Beispiel Ausgangspunkt ist die Gruppe $(G, \circ)$ mit G als Menge der Bijektionen von $\mathbb{R} \setminus \{0, 1\}$ auf sich. Allerdings beschränken wir uns auf diejenigen Bijektionen, welche aus den folgenden zwei Abbildungen zusammensetzbar sind:

$$r : x \mapsto \frac{1}{x} \quad \text{und} \quad s : x \mapsto 1 - x;$$

r bedeutet den Übergang zum **R**eziprokwert; hier muss $x = 0$ ausgeschlossen werden. s kann als **S**piegelung an $x = \frac{1}{2}$ bezeichnet werden; hier muss $x = 1$ ausgeschlossen werden, weil dessen Bild $x = 0$ fehlt.

Wir wollen zunächst nur die Zahl $3 \in \mathbb{R}$ herausgreifen und auf diese wiederholt und in beliebiger Reihenfolge die beiden Operationen r und s anwenden. Es wird sich herausstellen, dass lediglich 6 verschiedene Werte als Ergebnisse auftreten:

Durch Anwendung von r entsteht aus 3 der Kehrwert $r(3) = \frac{1}{3}$; durch s geht 3 in $s(3) = 1 - 3 = -2$ über. Wenn wir auf die neuen Werte wiederum r oder s anwenden, so entstehen $1 - \frac{1}{3} = \frac{2}{3}$ und $-\frac{1}{2}$, oder wir kehren zum Ausgangswert 3 zurück. Ferner ist $r(\frac{2}{3}) = \frac{3}{2}$, und ebenso ist $s(-\frac{1}{2}) = \frac{3}{2}$. Weder r, noch s führen $\frac{3}{2}$ in Werte über, die bisher noch nicht aufgetreten sind. Also bleibt es bei der Menge der Bilder:

$$\left\{ 3, \frac{1}{3}, -2, \frac{2}{3}, -\frac{1}{2}, \frac{3}{2} \right\}.$$

Wir werden erkennen, dass es auch für andere $x \in \mathbb{R}$ nie mehr als sechs verschiedene Bilder gibt. Hinter diesem Phänomen steckt nämlich eine nur sechs Elemente umfassende Untergruppe H, welche trotzdem alle möglichen Produkte der Bijektionen r und s enthält.

Nach (U3) enthält H neben r und s auch

$$r \circ r : x \stackrel{r}{\mapsto} \frac{1}{x} \stackrel{r}{\mapsto} \frac{1}{\frac{1}{x}} = x,$$

Hintergrund und Ausblick: Symmetriegruppe eines Ornaments aus der Alhambra

Welche Bewegungen bringen das unten links ausschnittsweise gezeigte und eigentlich unbegrenzt vorzustellende Ornament $\mathcal{F}$ mit sich zur Deckung?

Wir verzichten hier auf die genaue Definition des Begriffs *Bewegung;* diese folgt in Kapitel 7. Uns genügt die folgende anschauliche Vorstellung: Wir kopieren den vorliegenden Ausschnitt auf eine Folie und versuchen, diese auf verschiedene Arten derart über das Original zu legen, dass die Kopie des Ornaments genau das darunterliegende Ornament $\mathcal{F}$ überdeckt. Ausgehend von der randgetreuen Lage kann beispielsweise durch eine geeignete Verschiebung der Kopie nach rechts eine neuerliche Überdeckung der Ornamente erreicht werden. Die Folie darf auch umgedreht werden.

Mit jeder deckungsgleichen Position ist eine Abbildung der Punkte des Originals $\mathcal{F}$ auf die jeweils darüberliegenden Punkte der Kopie verbunden. Wenn wir die Kopie als mit dem Original identisch auffassen und deren Trägerebene als $\mathbb{R}^2$ interpretieren, so liegt jeweils eine bijektive Punktabbildung $\mathbb{R}^2 \to \mathbb{R}^2$ vor, und diese nennen wir eine *Deckbewegung* des Ornaments $\mathcal{F}$. Die vorhin als Beispiel erwähnte Verschiebung nach rechts ist eine derartige Deckbewegung.

Alle Deckbewegungen bilden eine Gruppe, die *Symmetriegruppe* von $\mathcal{F}$, denn offensichtlich sind alle drei Anforderungen aus dem Untergruppenkriterium erfüllt.

Bei allen Überlegungen müssen wir voraussetzen, dass der gezeigte Ausschnitt soweit *typisch* ist für das unbegrenzte Ornament $\mathcal{F}$, dass eine Übereinstimmung der Kopie mit dem Original innerhalb des Ausschnitts auch eine Übereinstimmung außerhalb garantiert.

Beginnen wir mit der rechts oben gezeigten quadratischen Teilfigur $\mathcal{F}_0$ von $\mathcal{F}$. Man kann die Figur $\mathcal{F}_0$ durch *Drehungen* um das Zentrum durch 90°, 180° oder 270° mit ihrer Ausgangslage zur Deckung bringen. Dasselbe trifft auch auf die *Spiegelungen* an den unter 0°, 45°, 90° oder 135° geneigten Quadratdurchmessern zu. So entsteht zusammen mit der identischen Abbildung eine insgesamt 8 Elemente umfassende Gruppe, die *Symmetriegruppe* dieser quadratischen Teilfigur.

Betrachten wir nun einen größeren Ausschnitt $\mathcal{F}_1$ des Ornaments; nehmen wir zur quadratischen Figur $\mathcal{F}_0$ auch noch die davon ausgehenden Linien dazu (Abbildung rechts unten). Für $\mathcal{F}_1$ sind die Spiegelungen keine Symmetrieoperationen mehr. Die Symmetriegruppe umfasst in

diesem Fall nur mehr Drehungen. Wir sagen, die Quadratmitte ist ein *vierzähliges* Drehzentrum.

Nun kehren wir zurück zu dem kompletten Ornament $\mathcal{F}$. Offensichtlich bringen die Drehungen durch ganzzahlige Vielfache von 90° um die Quadratmitten nicht nur die Teilfigur $\mathcal{F}_1$ mit sich zur Deckung, sondern das ganze Ornament. Dazu kommen nun noch alle *Translationen*, also Parallelverschiebungen, welche ein Quadratzentrum in ein anderes überführen. Alle diese vierzähligen Zentren sind im Gesamtbild links durch kleine rote Quadrate markiert.

Die Symmetriegruppe von $\mathcal{F}$ wird damit unendlich groß. Sie umfasst auch die Drehungen durch ganzzahlige Vielfache von 90° um die zwischen den Quadratzentren liegenden Kreuzungspunkte, die in der Abbildung links blau markiert sind. Schließlich gehören auch noch weitere Drehungen durch 180° dazu. Deren Zentren heißen *zweizählig*, und sie sind links durch grüne Rauten gekennzeichnet.

Es gibt übrigens 17 verschiedene ebene Symmetriegruppen, welche Translationen in verschiedenen Richtungen enthalten. Man nennt diese Gruppen auch *ebene kristallografische Gruppen*. Die dem obigen Beispiel zugrunde liegende Symmetriegruppe wird üblicherweise mit **p4** bezeichnet.

Literatur

E. Quaisser: *Diskrete Geometrie*. Spektrum Akademischer Verlag, Heidelberg 1994

also $r \circ r = e$ mit e als identischer Abbildung, und ebenso

$$s \circ s : x \overset{s}{\mapsto} 1 - x \overset{s}{\mapsto} 1 - (1 - x) = x.$$

Damit gilt $r^{-1} = r$ und $s^{-1} = s$. Abbildungen, die diese Eigenschaft erfüllen und von der identischen Abbildung verschieden sind, heißen übrigens *selbstinvers* oder *involutorisch*.

Der Untergruppe H müssen aber auch die Produkte

$$s \circ r : x \mapsto 1 - \frac{1}{x} = \frac{x-1}{x} \quad \text{und} \quad r \circ s : x \mapsto \frac{1}{1-x}$$

angehören. Dabei ist nach (3.3)

$$(r \circ s)^{-1} = s^{-1} \circ r^{-1} = s \circ r.$$

Nun fehlen noch $r \circ s \circ r$ und $s \circ r \circ s$. Die beiden sind gleich, denn

$$r \circ (s \circ r) : x \overset{s \circ r}{\mapsto} \frac{x-1}{x} \overset{r}{\mapsto} \frac{x}{x-1},$$

$$s \circ (r \circ s) : x \overset{r \circ s}{\mapsto} \frac{1}{1-x} \overset{s}{\mapsto} 1 - \frac{1}{1-x} = \frac{x}{x-1}.$$

Auch $r \circ s \circ r = s \circ r \circ s$ ist involutorisch, denn nach zweimaliger Anwendung der Kürzungsregeln (3.3) folgt:

$$(r \circ s \circ r)^{-1} = r^{-1} \circ s^{-1} \circ r^{-1} = r \circ s \circ r.$$

Verknüpft man $r \circ s \circ r = s \circ r \circ s$ rechts mit r oder s, so ist die neue Abbildung gleich $r \circ s$ oder $s \circ r$.

Ebenso ist ein Produkt von mehr als vier r- und s-Abbildungen auf eines von höchstens 3 Abbildungen reduzierbar: Wann immer nämlich in diesem Produkt zwei gleiche Abbildungen aufeinanderfolgen, kann man diese weglassen. Hierauf kann man die Tripel $r \circ s \circ r$ und $s \circ r \circ s$ wegen deren Gleichheit gegeneinander austauschen, wodurch an den Anschlussstellen wiederum zwei gleiche aufeinanderfolgen können, die dann wegzulassen sind. Dies geht so lange, bis nur mehr ein Produkt von höchstens 3 Abbildungen vorliegt.

Dies beweist: Führt man endlich oft die Bijektionen r oder s hintereinander aus, so entstehen keine neuen Abbildungen gegenüber den bisherigen sechs. Die Menge

$$H = \{e, \, r, \, s, \, r \circ s, \, s \circ r, \, r \circ s \circ r\}$$

ist abgeschlossen unter $\circ$, und zudem ist zu jeder Abbildung auch die Inverse enthalten. Nach dem Untergruppenkriterium ist H eine Untergruppe von G. Weil jedes Element aus H ein Produkt von endlich vielen r- und s-Abbildungen ist, sagen wir, diese Untergruppe wird von r und s **erzeugt**, oder r und s bilden ein **Erzeugendensystem** von H.

Wir werden im nächsten Abschnitt erkennen, dass sich diese Gruppe $(H, \circ)$ trotz ihrer etwas mühsamen Herleitung eigent-

lich nicht von der gleichfalls 6 Elemente umfassenden symmetrischen Gruppe S_3 aus dem Beispiel von Seite 67 unterscheidet. ◀

3.2 Homomorphismen

Wir beziehen uns zunächst auf das obige Beispiel. Die von r und s erzeugte Gruppe $(H, \circ)$ umfasst die 6 Elemente

$$H = \{e, \, r, \, s, \, r \circ s, \, s \circ r, \, r \circ s \circ r\}.$$

Dabei ist $r \circ r = s \circ s = e$. Aber auch das letzte Element $r \circ s \circ r$ ist involutorisch.

Zum Vergleich betrachten wir nochmals die Gruppentafel der symmetrischen Gruppe S_3 aus Beispiel 3 (Seite 66), wobei diesmal die Farben verdeutlichen sollen, dass in jeder Zeile und in jeder Spalte alle 6 Elemente vorkommen:

$\circ$	e	f	g	h	i	j
$e \circ$	e	f	g	h	i	j
$f \circ$	f	e	i	j	g	h
$g \circ$	g	j	e	i	h	f
$h \circ$	h	i	j	e	f	g
$i \circ$	i	h	f	g	j	e
$j \circ$	j	g	h	f	e	i

Hier sind die Elemente f und g involutorisch, denn $f \circ f = g \circ g = e$. Aber auch h hat diese Eigenschaft.

Die folgende Bijektion $\psi : H \to S_3$ bildet die Elemente von H auf jene von S_3 ab:

$$\psi : e \mapsto e, \; r \mapsto f, \; s \mapsto g, \; r \circ s \mapsto i,$$
$$s \circ r \mapsto j, \; r \circ s \circ r \mapsto h.$$

Dabei hat ψ eine besondere Eigenschaft, die sich erst bei genauem Hinsehen offenbart. Es ist z. B.

$$\psi(r \circ s) = i = f \circ g = \psi(r) \circ \psi(s),$$
$$\psi(s \circ r) = j = g \circ f = \psi(s) \circ \psi(r)$$

und

$$\psi(r \circ s \circ r) = h = f \circ g \circ f = \psi(r) \circ \psi(s) \circ \psi(r).$$

Tatsächlich bekommt man in allen Fällen das ψ-Bild eines in H gelegenen Produkts von r- und s-Abbildungen, indem man zunächst jeden einzelnen Faktor mittels ψ abbildet und dann die Multiplikation nach der obigen Gruppentafel vornimmt.

In diesem Abschnitt widmen wir uns generell derartigen *verknüpfungstreuen* Abbildungen, denn sie ermöglichen es, bei verschiedenen Gruppen gemeinsame Strukturen zu erkennen. Dabei beschränken wir uns aber nicht nur auf bijektive Abbildungen.

Bei einem Homomorphismus ist das Bild eines Produkts stets gleich dem Produkt der Bilder

---

Definition eines Homomorphismus

Eine Abbildung $\psi : G \to G'$ der Gruppe $(G, *)$ in die Gruppe $(G', *')$ heißt **Homomorphismus**, wenn für alle $a, b \in G$ die Eigenschaft

$$\psi(a * b) = \psi(a) *' \psi(b)$$

gilt. Ist ψ bijektiv, so heißt ψ **Isomorphismus** und insbesondere bei $G' = G$ **Automorphismus**.

Zwei Gruppen heißen **isomorph**, wenn zwischen ihnen ein Isomorphismus existiert.

Ist ψ ein Homomorphismus, so kommt es nicht darauf an, ob zwei Elemente $a, b \in G$ zuerst verknüpft werden und dann deren Produkt durch ψ abgebildet wird, oder ob die Elemente zuerst einzeln durch ψ abgebildet und dann deren Bilder in G' verknüpft werden. Die Abbildung ψ ist mit den Verknüpfungen vertauschbar oder kurz:

Das Bild des Produkts ist gleich dem Produkt der Bilder.

Die unterschiedlichen Verknüpfungssymbole $*$ und $*'$ sollen verdeutlichen, dass die Verknüpfungen in G und G' ganz unterschiedlich sein können.

Es folgen einige Beispiele:

Beispiel

- Hinter den Vorzeichenregeln für die Produkte positiver oder negativer reeller Zahlen verbirgt sich ein Homomorphismus: Die Abbildung

$$\psi : \mathbb{R} \setminus \{0\} \to \{1, -1\}, \quad x \mapsto \psi(x) = \begin{cases} 1 & \text{für } x > 0, \\ -1 & \text{für } x < 0 \end{cases}$$

ist ein surjektiver Homomorphismus von $(\mathbb{R} \setminus \{0\}, \cdot)$ auf $(\{1, -1\}, \cdot)$, denn stets ist

$$\psi(x \cdot y) = \psi(x) \cdot \psi(y).$$

- Die Abbildung

$$\psi : \mathbb{Z} \to \mathbb{Q}_{>0}, \quad x \mapsto 2^x,$$

also z. B. $0 \mapsto 1$, $1 \mapsto 2$, $2 \mapsto 4$, $-1 \mapsto \frac{1}{2}$, $-2 \mapsto \frac{1}{4}$, ist ein injektiver Homomorphismus $(\mathbb{Z}, +) \to (\mathbb{Q}_{>0}, \cdot)$, denn

$$\psi(x + y) = 2^{x+y} = 2^x \cdot 2^y = \psi(x) \cdot \psi(y).$$

?

Ist $\psi : x \mapsto 2x$ ein Homomorphismus der Gruppe $(\mathbb{Z}, +)$ auf sich oder der Gruppe $(\mathbb{R} \setminus \{0\}, \cdot)$ auf sich?

- Die zu Beginn dieses Abschnitts gezeigte Bijektion zwischen der Gruppe H aus dem Beispiel von Seite 69 und der Permutationsgruppe S_3 zeigt, dass $(H, \circ)$ isomorph ist zur symmetrischen Gruppe S_3. ◄

Das Beispiel in der Box auf Seite 73 zeigt mithilfe eines Homomorphismus, dass man zwischen geraden und ungeraden Permutationen unterscheiden kann.

Ein Homomorphismus $G \to G'$ weist bestimmte Gesetzmäßigkeiten auf

Wir stellen nun einige Eigenschaften von Homomorphismen zusammen:

Lemma

(i) Der Homomorphismus $\psi : G \to G'$ bildet das neutrale Element e von G auf das neutrale Element e' von G' ab.

(ii) Der Homomorphismus $\psi : G \to G'$ bildet das inverse Element von a auf das inverse Element des Bildes $\psi(a)$ ab, also $\psi(a^{-1}) = [\psi(a)]^{-1}$.

(iii) Ist $\psi : G \to G'$ ein Homomorphismus, so ist die Bildmenge $\psi(G)$ eine Untergruppe von G'.

Beweis: (i) Für alle $a \in G$ gilt $a = a * e$, daher auch $\psi(a) = \psi(a) *' \psi(e)$ und somit $\psi(e) = e'$.

(ii) Aus $a * a^{-1} = e$ folgt

$$\psi(a * a^{-1}) = \psi(a) *' \psi(a^{-1}) = \psi(e) = e'$$

und somit $\psi(a^{-1}) = [\psi(a)]^{-1}$.

(iii) Wir verwenden das Untergruppenkriterium von Seite 67: Es ist $\psi(G) \neq \emptyset$, da e' unter den Bildelementen vorkommen muss. Die Abgeschlossenheit der Bildmenge gegenüber der Multiplikation $*'$ ist gegeben, denn aus $\psi(a), \psi(b) \in \psi(G)$ folgt

$$\psi(a) *' \psi(b) = \psi(a * b) \in \psi(G).$$

Schließlich ist für jedes $\psi(a) \in \psi(G)$ das inverse Element wegen (ii) gleich $\psi(a^{-1})$ und daher gleichfalls ein Bildelement. ∎

Der folgende Satz, welcher Arthur Cayley (1821–1895) zugeschrieben wird, unterstreicht die Wichtigkeit der Permutationsgruppen für die Theorie endlicher Gruppen.

Der Satz von Cayley

Jede Gruppe $(G, *)$ mit n Elementen ist isomorph zu einer Untergruppe der symmetrischen Gruppe S_n.

Beweis: Dieser Satz basiert auf einer Beobachtung, auf die bereits auf Seite 67 hingewiesen wurde: In jeder Zeile der Gruppentafel von G muss jedes der n Elemente genau einmal vorkommen; nur die Reihenfolge variiert. Genauer:

Beispiel: Signum einer Permutation

Eine Permutation $\sigma \in S_n$ der Zahlen $1, \dots, n$ ändert deren Reihenfolge ab auf die Folge $(\sigma(1),\ \sigma(2),\ \dots,\ \sigma(n))$.

Wir sprechen von einem **Fehlstand** von σ, wann immer in der Folge der Bildelemente eine größere Zahl vor einer kleineren steht, wenn also $\sigma(i) > \sigma(j)$ ist bei $i < j$.

So weist z. B. die Permutation $\sigma \in S_5$ mit $(1,\ 2,\ 3,\ 4,\ 5) \overset{\sigma}{\mapsto} (3,\ 2,\ 4,\ 5,\ 1)$ fünf Fehlstände auf, nämlich $(3, 2)$, $(3, 1)$, $(2, 1)$, $(4, 1)$ und $(5, 1)$, denn rechts steht 3 vor 2 und 1, 2 vor 1, und ebenso befinden sich 4 und 5 vor 1.

Weist die Permutation $\sigma \in S_n$ genau f Fehlstände auf, so heißt $\mathrm{sgn}\ \sigma = (-1)^f$ **Signum** der Permutation σ. Die Permutation σ heißt **gerade**, wenn $\mathrm{sgn}\ \sigma = 1$ ist, sonst **ungerade**. Wir wollen den folgenden Satz beweisen, der später auch noch bei den Determinanten im Kapitel 13 eine Rolle spielen wird.

Satz vom Signum einer Permutation

Die Abbildung $\mathrm{sgn} \colon S_n \to \{-1, 1\}$ mit $\sigma \mapsto \mathrm{sgn}\ \sigma = (-1)^f$ ist ein *Homomorphismus* $(S_n, \circ) \to (\{-1, 1\}, \cdot)$, denn es gilt: $\mathrm{sgn}(\sigma_2 \circ \sigma_1) = \mathrm{sgn}\ \sigma_2 \cdot \mathrm{sgn}\ \sigma_1$.

Problemanalyse und Strategie: Im Beweis verwenden wir für das Signum der Permutation σ die Formel

$$\mathrm{sgn}\ \sigma = \prod_{i<j} \frac{\sigma(j) - \sigma(i)}{j - i}. \tag{$*$}$$

Dabei ist $\prod$ das Symbol für ein Produkt. Im konkreten Fall wird über alle möglichen Paare (i, j) aus $\{1, \dots, n\}$ mit $i < j$ multipliziert. Diese Formel ergibt etwa für das obige Beispiel, nämlich für $\sigma \in S_5$, den Ausdruck

$$\mathrm{sgn}\ \sigma = \frac{(2-3)(4-3)(4-2)(5-3)(5-2)(5-4)(1-3)(1-2)(1-4)(1-5)}{(2-1)(3-1)(3-2)(4-1)(4-2)(4-3)(5-1)(5-2)(5-3)(5-4)} = -1.$$

Lösung:

Zur Begründung dieser Produktformel beachten wir, dass in den Faktoren des Nenners alle ungeordneten Paare (i, j) verschiedener Elemente vorkommen, die aus $\{1, \dots, n\}$ ausgewählt werden können. Dabei steht immer das größere Element vor dem kleineren, weshalb das Produkt über alle Differenzen im Nenner positiv ist.

Im Zähler treten ebenfalls alle möglichen Paare auf, denn Permutationen sind bijektiv. Daher stimmt der Absolutbetrag des im Zähler auftretenden Produkts mit jenem aus dem Nenner überein. Allerdings führt jeder Fehlstand wegen $\sigma(i) > \sigma(j)$ zu einer negativen Differenz. Also liefert die Produktformel $(*)$ tatsächlich den geforderten Wert $(-1)^f$.

Beweis des obigen Satzes:

Aus der eben bewiesenen Formel folgt für das Produkt $\mathrm{sgn}(\sigma_2 \circ \sigma_1)$ zweier Permutationen:

$$\mathrm{sgn}(\sigma_2 \circ \sigma_1) = \prod_{i<j} \frac{\sigma_2 \circ \sigma_1(j) - \sigma_2 \circ \sigma_1(i)}{j - i}.$$

Wir erweitern nun Zähler und Nenner mit dem Produkt $\prod_{i<j} (\sigma_1(j) - \sigma_1(i))$ und gruppieren um, indem der Zähler des linken Produkts mit dem Nenner des rechten kombiniert wird und umgekehrt. Dies ergibt:

$$\mathrm{sgn}(\sigma_2 \circ \sigma_1) = \prod_{i<j} \frac{\sigma_2 \circ \sigma_1(j) - \sigma_2 \circ \sigma_1(i)}{\sigma_1(j) - \sigma_1(i)} \cdot \prod_{i<j} \frac{\sigma_1(j) - \sigma_1(i)}{j - i}$$

Das rechte Produkt ist offensichtlich gleich $\mathrm{sgn}\ \sigma_1$.

Wir zeigen, dass das linke mit $\mathrm{sgn}\ \sigma_2$ übereinstimmt. Dazu ändern wir die Bezeichnung; wir setzen darin $i' = \sigma_1(i)$ und $j' := \sigma_1(j)$. Es entsteht:

$$\prod_{i<j} \frac{\sigma_2(j') - \sigma_2(i')}{j' - i'}.$$

Dies stimmt aus folgenden Gründen mit $\mathrm{sgn}\ \sigma_2$ überein: Wenn (i, j) alle möglichen Paare verschiedener Zahlen aus $\{1, \dots, n\}$ durchläuft, so tut dies auch (i', j'), denn σ_1 ist eine Bijektion. Wegen

$$\frac{\sigma(j) - \sigma(i)}{j - i} = \frac{\sigma(i) - \sigma(j)}{i - j}$$

ist es in der obigen Formel für $\mathrm{sgn}\ \sigma$ gleichgültig, ob das einzelne Paar (i, j) im Zähler und Nenner in der Reihenfolge (i, j) oder (j, i) verwendet wird. Damit bleibt, wie behauptet,

$$\mathrm{sgn}(\sigma_2 \circ \sigma_1) = \mathrm{sgn}\ \sigma_2 \cdot \mathrm{sgn}\ \sigma_1,$$

und sgn ist als surjektiver Homomorphismus bestätigt. ∎

?

Warum ist das Produkt zweier ungerader Permutationen aus S_n eine gerade Permutation? Warum hat σ^{-1} dasselbe Signum wie σ?

Steht in der zum neutralen Element $g_1 = e$ gehörigen Zeile von links nach rechts die Folge $(g_1, g_2, \ldots, g_n)$, so steht in der Zeile, die zu g_i gehört die Folge $(g_i, g_i * g_2, \ldots, g_i * g_n)$.

Wir ordnen nun dem Element $g_i \in G$ diejenige Permutation zu, welche $(g_1, g_2, \ldots, g_n)$ auf $(g_i, g_i * g_2, \ldots, g_i * g_n)$ abbildet. Dies führt zur Abbildung

$$\psi : G \to S_n, \quad g_i \mapsto \psi(g_i) \quad \text{mit}$$
$$(g_1, g_2, \ldots, g_n) \stackrel{\psi(g_i)}{\longmapsto} (g_i, g_i * g_2, \ldots, g_i * g_n).$$

Für die Permutation $\psi(g_i)$ gilt also $e = g_1 \mapsto g_i = g_i * e$, $g_2 \mapsto g_i * g_2, \ldots, g_n \mapsto g_i * g_n$, somit kurz:

$$\psi(g_i) : g_k \mapsto g_i * g_k \quad \text{für} \quad k = 1, \ldots, n.$$

ψ ist injektiv, denn $\psi(g_i) = \psi(g_j)$ bedeutet

$$(g_i, g_i * g_2, \ldots, g_i * g_n) = (g_j, g_j * g_2, \ldots, g_j * g_n),$$

und schon die jeweils ersten Elemente zeigen, dass daraus $g_i = g_j$ folgt.

Wir beweisen als Nächstes, dass ψ ein Homomorphismus ist: Die dem Produkt $g_i * g_j$ zugeordnete Permutation lautet:

$$\psi(g_i * g_j) : g_k \mapsto (g_i * g_j) * g_k = g_i * (g_j * g_k)$$

für $k = 1, \ldots, n$. Dabei ist $g_j * g_k$ das Bild von g_k unter der Permutation $\psi(g_j)$, und dieses geht durch $\psi(g_i)$ in $g_i * (g_j * g_k)$ über. Also gilt, wie behauptet:

$$\psi(g_i * g_j) = \psi(g_i) \circ \psi(g_j).$$

Nach dem obigen Lemma ist die Bildmenge $\psi(G)$ eine Untergruppe der Permutationsgruppe S_n. Somit gibt es einen injektiven Homomorphismus von G auf diese Untergruppe, also einen Isomorphismus.

Übrigens kann die injektive Abbildung $\psi : G \to S_n$ bei $n > 2$ niemals surjektiv sein. Dazu brauchen wir nur die Anzahlen der Elemente zu vergleichen: Die Gruppe G enthält n Elemente. Die symmetrische Gruppe S_n umfasst

$$n! = n \cdot (n-1) \ldots 2 \cdot 1$$

Permutationen $\sigma : (1, 2, \ldots, n) \mapsto (k_1, k_2, \ldots, k_n)$, denn für $k_1 \in \{1, \ldots, n\}$ gibt es n Möglichkeiten; für $k_2 \in \{1, \ldots, n\} \setminus \{k_1\}$ bleiben $n - 1$, für $k_2 \in \{1, \ldots, n\} \setminus \{k_1, k_2\}$ $n - 2$ Möglichkeiten und so weiter.

Wegen $n! > n$ bei $n > 2$ ist somit die Bildmenge $\psi(G)$ eine echte Untergruppe von S_n. $\blacksquare$

Die Abbildung 3.1 zeigt als Beispiel zu dem Satz von Cayley, dass die symmetrische Gruppe S_3 mit der Gruppentafel auf Seite 71 isomorph ist zu einer Untergruppe von S_6. Dabei sind die zu permutierenden sechs Elemente diesmal als Ecken eines regulären Sechsecks dargestellt, und die Pfeile zeigen, wie diese Ecken durch die Permutationen transformiert werden.

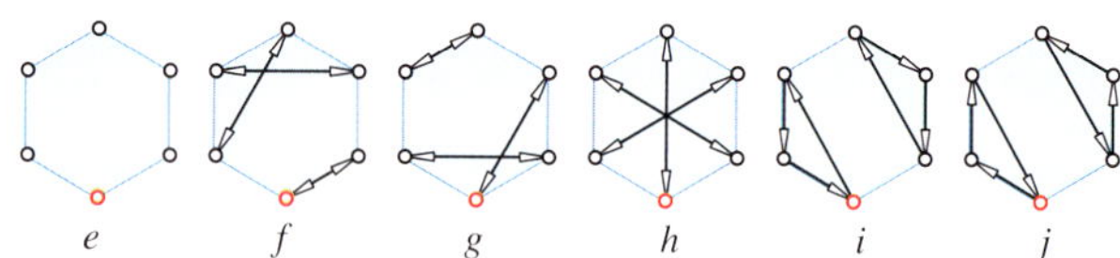

Abbildung 3.1 Darstellung der symmetrischen Gruppe $S_3 = \{e, \ldots, j\}$ als Untergruppe der Permutationsgruppe S_6. Dabei sind die zu permutierenden 6 Elemente diesmal auf einem Kreis angeordnet. Die einzelnen Permutationen ergeben sich aus den Zeilen der Gruppentafel auf Seite 71.

Sind zwei Gruppen isomorph, so ist man geneigt zu sagen, es handele sich um „dieselbe" Gruppe, denn in beiden Gruppen bestehen dieselben Relationen zwischen den einzelnen Elementen. Wie die Gruppenelemente aussehen, ist aus struktureller Sicht nebensächlich. Üblicherweise sagt man auch zu zwei isomorphen Gruppen, dass sie *bis auf Isomorphie* gleich sind.

Im Kern sind viele Informationen über den Homomorphismus enthalten

Mit jedem Homomorphismus $\psi : G \to G'$ ist auch eine Untergruppe von G verbunden.

Der Kern eines Homomorphismus

Ist $\psi : G \to G'$ ein Homomorphimus, so heißt die Menge der Urbilder des neutralen Elements e' von G' **Kern** des Homomorphismus ψ. Wir bezeichnen diese Menge mit $\ker \psi$.

Demnach ist $\ker \psi = \{a \in G \mid \psi(a) = e'\}$.

Lemma

Der Kern des Homomorphismus $\psi : G \to G'$ ist eine Untergruppe von G.

Beweis: Das Lemma auf Seite 72 sagt unter (i), dass das neutrale Element e von G im Kern vorkommt. Also ist $\ker \psi \neq \emptyset$.

Aus $a, b \in \ker \psi$ folgt $\psi(a) = \psi(b) = e'$ und somit weiter

$$\psi(a * b) = \psi(a) *' \psi(b) = e' *' e' = e',$$

also auch $(a * b) \in \ker \psi$.

Schließlich folgt aus $a \in \ker \psi$, also $\psi(a) = e'$:

$$\psi(a^{-1}) \stackrel{\text{(ii)}}{=} [\psi(a)]^{-1} = e'^{-1} = e',$$

also $a^{-1} \in \ker \psi$. Mithilfe des Untergruppenkriteriums ist somit $\ker \psi$ als eine Untergruppe von G nachgewiesen. $\blacksquare$

Beispiel Wir betrachten nochmals die obigen Beispiele von Homomorphismen und bestimmen die jeweiligen Kerne.

- Bei dem auf der Seite 72 vorgestellten Homomorphismus ψ von $\mathbb{R} \setminus \{0\}$ auf $\{1, -1\}$ enthält der Kern genau alle positiven reellen Zahlen, also $\ker \psi = \mathbb{R}_{>0}$.
- Bei dem injektiven Homomorphismus $\psi : x \mapsto 2^x$ von Seite 72 ist $\ker \psi = \{0\}$, denn 0 ist neutrales Element von $(\mathbb{Z}, +)$.
- Das Beispiel auf Seite 72 behandelt den Isomorphismus von H auf die symmetrische Gruppe S_3. Auch hier enthält $\ker \psi$ nur das neutrale Element, also die identische Abbildung aus H.
- In dem Beispiel auf Seite 73, der homomorphen Abbildung der Permutationen $\sigma \in S_n$ auf deren Signum, umfasst der Kern genau die geraden Permutationen von S_n, also jene mit $\operatorname{sign}(\sigma) = 1$. Diese bilden nach obigem Satz eine Untergruppe von $(S_n, \circ)$, die **alternierende Gruppe** A_n vom Grad n. So ist z. B. die auf Seite 67 vorgestellte Untergruppe $\{e, i, j\}$ der S_3 gleich der alternierende Gruppe A_3, denn die Permutationen e, i und j sind gerade, wie die Abzählung ihrer Fehlstände zeigt. ◄

Bereits im Beispiel auf Seite 53 wurde darauf hingewiesen, dass jede Abbildung $\varphi : M \to N$ in der Definitionsmenge M eine Äquivalenzrelation festlegt, wenn Elemente mit demselben Bild als zueinander äquivalent definiert werden. Die zugehörigen Äquivalenzklassen sind die **Fasern** der Abbildung φ.

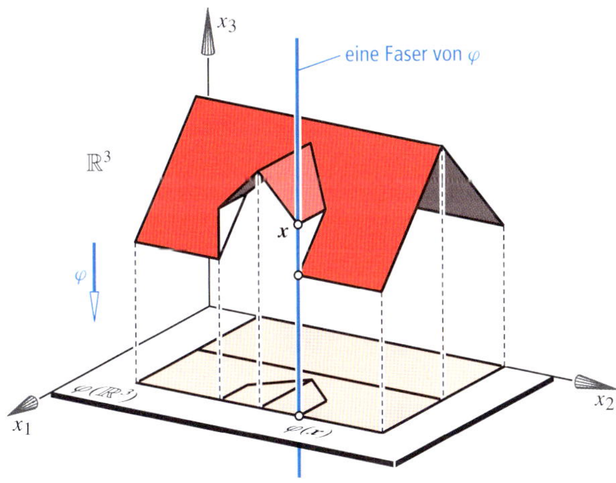

Abbildung 3.2 Die Fasern der Abbildung $\varphi : \mathbb{R}^3 \to \mathbb{R}^3$ mit $(x_1, x_2, x_3) \mapsto (x_1, x_2, 0)$ sind Geraden parallel zur x_3-Achse.

Dies gilt insbesondere für Homomorphismen $\psi : G \to G'$. Eine spezielle Faser ist dabei der Kern $\ker \psi$ als Menge der Urbilder des neutralen Elements $e' \in G'$. Das folgende Lemma führt auf eine einheitliche Darstellung aller Fasern.

Lemma

Ist $\psi : G \to G'$ ein Homomorphismus, so sind die folgenden Aussagen zueinander äquivalent:

(1) Die Elemente $a, b \in G$ haben dasselbe Bild $\psi(a) = \psi(b)$;

(2) Es gibt ein $x \in \ker \psi$ mit $b = a*x$, also $b \in (a*\ker \psi)$;

(3) Es gibt ein $y \in \ker \psi$ mit $b = y*a$, also $b \in (\ker \psi *a)$.

Beweis: Die Aussage $\psi(a) = \psi(b)$ ist äquivalent zu $[\psi(a)]^{-1} *' \psi(b) = e'$, also nach der Homomorphieeigenschaft (ii) $\psi\left(a^{-1}*b\right) = e'$, und genau dann ist $x = a^{-1}*b$ im Kern enthalten und $b = a*x$. Dafür schreiben wir kurz

$$b \in (a*\ker \psi) = \{a*x \mid x \in \ker \psi\}.$$

Auf analoge Weise lässt sich die Äquivalenz zwischen (1) und (3) begründen: Die Aussage $\psi(a) = \psi(b)$ ist auch äquivalent zu $\psi(b) *' [\psi(a)]^{-1} = e'$, und dies gilt genau dann, wenn $b = y*a$ mit $y \in \ker \psi$, also $b \in \ker \psi *a$. ∎

Jeder Homomorphismus von G nach G' bestimmt eine Zerlegung von G in Klassen von Elementen mit jeweils gleichem Bild

Die Fasern des Homomorphismus ψ haben die Form

$$a*\ker \psi = \ker \psi *a. \tag{3.4}$$

Man nennt sie **Nebenklassen** von $\ker \psi$. Nach Seite 68 sind sie gleichzeitig Links- und Rechtsnebenklassen des Kerns $\ker \psi$.

Die Gleichung $a*\ker \psi = \ker \psi *a$ bedeutet nicht, dass G kommutativ ist, sondern nur, dass zu jedem $u \in \ker \psi$ ein $\overline{u} \in \ker \psi$ existiert mit $a*u = \overline{u}*a$ sowie ein $\overline{\overline{u}} \in \ker \psi$ mit $u*a = a*\overline{\overline{u}}$. Der Kern ist damit eine Untergruppe von G mit der besonderen Eigenschaft, dass jede Linksnebenklasse gleichzeitig eine Rechtsnebenklasse ist. Eine derartige Untergruppe U von G heißt **Normalteiler** von G: In diesem Fall gilt für alle $a \in G$

$$a*U = U*a.$$

Folgerung

Der Kern $\ker \psi$ des Homomorphismus $\psi : G \to G'$ ist ein Normalteiler von G.

Man kann übrigens beweisen, dass sich diese Folgerung auch umkehren lässt: Zu jedem Normalteiler U von G gibt es einen Homomorphismus ψ mit $\ker \psi = U$.

— **?** —

Wir haben festgestellt, dass zu jedem $u \in \ker \psi$ ein $\overline{\overline{u}} \in \ker \psi$ existiert mit $u*a = a*\overline{\overline{u}}$.

(1) Warum ist für ein fest gewähltes $a \in G$ die Abbildung

$$\psi_a : G \to G, \ u \mapsto \overline{\overline{u}} = a^{-1}*u*a$$

ein Isomorphismus von $(G, *)$ auf sich, also nach Seite 72 ein Automorphismus? Man nennt ψ_a einen *inneren Automorphismus* von G.

(2) Warum bildet ψ_a jeden Normalteiler U von G auf sich ab?

Beispiel Wir bestimmen für zwei Homomorphismen die Nebenklassen des Kerns.

- Bei dem Homomorphismus ψ von $(\mathbb{R} \setminus \{0\}, \cdot)$ auf $(\{1, -1\}, \cdot)$ aus dem ersten Beispiel auf Seite 72 ist $\ker \psi = \mathbb{R}_{>0}$. Die zweite Nebenklasse, das Urbild von -1, lautet im Sinne von (3.4):

$$\mathbb{R}_{<0} = (-1) \cdot \mathbb{R}_{>0} = \mathbb{R}_{>0} \cdot (-1).$$

- Bei der homomorphen Abbildung sgn der Permutationen auf deren Signum (Seite 73) umfasst $\ker \text{sgn} = A_n$ die geraden Permutationen von S_n. Nachdem das Produkt einer geraden und einer ungeraden Permutation ungerade ist, kann die zweite Nebenklasse, die Menge aller ungeraden Permutationen, mithilfe einer beliebigen ungeraden Permutation σ' im Sinne von (3.4) als $\sigma' \circ A_n$ oder auch als $A_n \circ \sigma'$ geschrieben werden. ◄

Warum ist die Menge der ungeraden Permutationen keine Untergruppe von $(S_n, \circ)$?

Alle Nebenklassen des Kerns $\ker \psi$ sind gleich groß, genauer formuliert, sie sind mit dem Kern gleichmächtig. Es gibt nämlich die bijektive Abbildung

$$f \colon \begin{cases} \ker \psi \ \to \ a * \ker \psi, \\ \quad x \quad \mapsto \quad a * x. \end{cases}$$

Warum ist diese Abbildung f bijektiv?

Der Kern eines Homomorphismus ψ spielt nicht nur eine Rolle bei der Beschreibung aller Fasern, sondern an ihm ist auch die Injektivität von ψ erkennbar.

> **Kennzeichnung eines injektiven Homomorphismus**
>
> Der Homomorphismus $\psi \colon G \to G'$ ist genau dann injektiv, wenn $\ker \psi = \{e\}$ ist mit e als neutralem Element von G.

Beweis: Ist ψ injektiv, so wird nach (i) lediglich das neutrale Element $e \in G$ auf das neutrale Element e' von G' abgebildet. Ist umgekehrt $\ker \psi = \{e\}$, so umfassen alle Nebenklassen jeweils nur ein Element. Dies bedeutet, zu jedem Bildelement in $\psi(G)$ gibt es nur ein Urbild in G; also ist ψ injektiv. ∎

Ein Beispiel für einen injektiven Homomorphismus ist $\psi \colon (\mathbb{Z}, +) \to (\mathbb{Q}_{>0}, \cdot)$ mit $x \mapsto 2^x$ von Seite 72. Wir haben bereits festgestellt, dass hier der Kern nur ein Element enthält, nämlich $\ker \psi = \{0\}$.

Als Fasern des Homomorphismus ψ sind die Nebenklassen von $\ker \psi$ gleichzeitig Äquivalenzklassen. Daher ermöglichen sie eine Partition von G. Jedes Element von G gehört genau einer Nebenklasse an. Die folgende Tabelle zeigt in der linken Spalte die Menge der Nebenklassen, die mit $G/\ker \psi$ bezeichnet wird, und rechts die jeweiligen Bildelemente.

$G/\ker \psi$	$\psi(G)$
$\ker \psi$	e'
$a * \ker \psi = \ker \psi * a$	$\psi(a)$
$b * \ker \psi = \ker \psi * b$	$\psi(b)$
$\vdots$	$\vdots$

Wir können uns die Nebenklassen als „Ablagefächer" vorstellen, in die wir alle Elemente von G je nach Bild einsortiert haben. Dann ist es weniger überraschend, wenn wir demnächst auf der Menge der Nebenklassen eine Verknüpfung definieren. Dann rechnen wir statt mit Zahlen oder Abbildungen eben mit den Fächern, indem wir je zwei Fächern ein „Produktfach" zuordnen.

Auch Nebenklassen können miteinander verknüpft werden

Wir definieren auf der Menge $G/\ker \psi$ der Nebenklassen von $\ker \psi$ – sie stehen in der linken Spalte der obigen Tabelle – eine *Verknüpfung* $\odot$. Dabei halten wir uns an das Produkt der jeweils in der rechten Spalte stehenden Elemente, wenn wir definieren:

$$(a * \ker \psi) \odot (b * \ker \psi) = (a * b) * \ker \psi.$$

Die Produkt-Nebenklasse steht in derjenigen Zeile der Tabelle, in welcher rechts das Produkt der Bilder steht.

$G/\ker \psi$	$\psi(G)$
$\ldots$	$\ldots$
$a * \ker \psi$	$\psi(a)$
$b * \ker \psi$	$\psi(b)$
$(a * b) * \ker \psi$	$\psi(a) *' \psi(b)$
$\ldots$	$\ldots$

Wir können die Verknüpfung $\odot$ aber auch wie folgt beschreiben: Um das Produkt zweier Nebenklassen zu bekommen, wählen wir aus beiden Klassen ein Element aus, also einen *Repräsentanten* a bzw. b. Anschließend verknüpfen wir die beiden und erklären diejenige Nebenklasse zur Produkt-Nebenklasse, in welcher $a * b$ liegt.

Ist der Homomorphismus nicht injektiv, so ist der Repräsentant einer Nebenklasse nicht eindeutig. Wir müssen daher noch zeigen, dass $\odot$ tatsächlich eine Verknüpfung auf $G/\ker \psi$ ist. Dies erfordert den Nachweis, dass die Produkt-Nebenklasse unabhängig ist von der Wahl der Repräsentanten. Also ersetzen wir a durch $a' \in (a * \ker \psi)$ und b durch

$b' \in (b * \ker \psi)$, d.h. $a' = a * u$ und $b' = b * v$ mit $u, v \in \ker \psi$, und wir prüfen nach, in welcher Klasse jetzt das Produkt liegt:

$$a' * b' = (a * u) * (b * v) = a * (u * b) * v.$$

Nun wissen wir wegen der Normalteiler-Eigenschaft des Kerns, dass zu $u \in \ker \psi$ ein $\overline{u} \in \ker \psi$ existiert mit $u * b = b * \overline{u}$. Daher folgt:

$$a' * b' = a * (b * \overline{u}) * v = (a * b) * (\overline{u} * v),$$

und dieses liegt in $(a * b) * \ker \psi$, denn mit $\overline{u}, v \in \ker \psi$ gehört wegen der Untergruppeneigenschaft auch $\overline{u} * v$ dem Kern an.

Diese kurze Rechnung hat bestätigt: Die Produkt-Nebenklasse ist tatsächlich unabhängig von der Auswahl der Repräsentanten.

Die Faktorgruppe $G / \ker \psi$

Ist $\psi: G \rightarrow G'$ ein Homomorphismus, so ist $(G / \ker \psi, \odot)$ eine Gruppe. Man nennt $(G / \ker \psi, \odot)$ die **Faktorgruppe** von G nach dem Kern von ψ.

Beweis: Das oben definierte Produkt $\odot$ ist bereits als Verknüpfung auf $G / \ker \psi$ nachgewiesen worden. Die Assoziativität ist gesichert, denn

$$(a * \ker \psi \odot b * \ker \psi) \odot c * \ker \psi = (a * b * c) * \ker \psi$$
$$= a * \ker \psi \odot (b * \ker \psi \odot c * \ker \psi).$$

Die Nebenklasse $\ker \psi = e * \ker \psi$ ist neutrales Element für diese Multiplikation, denn

$$(e * \ker \psi) \odot (a * \ker \psi) = a * \ker \psi.$$

Schließlich ist $(a^{-1} * \ker \psi)$ invers zu $(a * \ker \psi)$, denn

$$(a^{-1} * \ker \psi) \odot (a * \ker \psi) = (a^{-1} * a) * \ker \psi = \ker \psi. \qquad \blacksquare$$

Die obige Tabelle mit dem Verknüpfungszeichen $\odot$ auf der linken und $*$ auf der rechten Seite deutet bereits an, dass die Faktorgruppe aus der linken Spalte isomorph ist zu jener der Bildelemente in der rechten Spalte. Dies ist die Aussage des folgenden Satzes.

Homomorphiesatz

Ist $\psi: G \rightarrow G'$ ein Homomorphismus der Gruppe $(G, *)$ in die Gruppe $(G', *')$, so ist

$$\varphi: G / \ker \psi \rightarrow \psi(G), \quad a * \ker \psi \mapsto \psi(a)$$

ein Isomorphismus der Faktorgruppe $(G / \ker \psi, \odot)$ auf die Gruppe $(\psi(G), *')$.

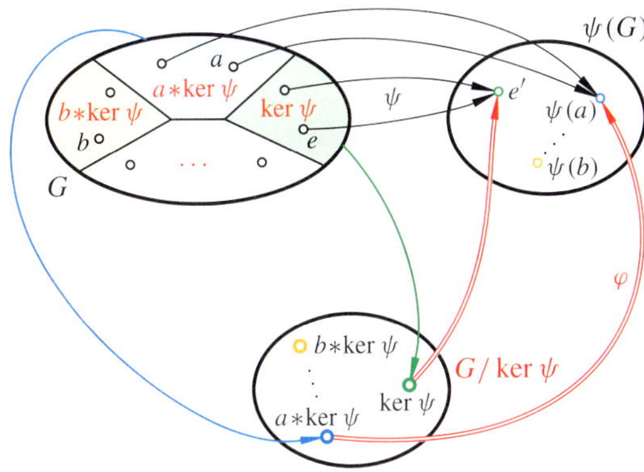

Abbildung 3.3 Illustration zum Homomorphiesatz: Der Homomorphismus $\psi: G \rightarrow G'$ induziert einen Isomorphismus φ zwischen der Faktorgruppe $G / \ker \psi$ (unten) und der Bildmenge $\psi(G)$ (rechts oben).

Kommentar: (a) Die zwei Abbildungen im Homomorphiesatz sind streng auseinanderzuhalten: ψ ist die Abbildung der Elemente von G in G', während φ jene der Nebenklassen, also der Elemente von $G / \ker \psi$, auf die Bildmenge $\psi(G) \subseteq G'$ ist.

(b) Ist ψ nicht surjektiv, so ist $\psi(G)$ eine echte Untergruppe von G'. Statt zu sagen, die Faktorgruppe $(G / \ker \psi, \odot)$ ist isomorph zu $(\psi(G), *')$, hätten wir auch sagen können, die Abbildung $G / \ker \psi \rightarrow G'$ mit $a * \ker \psi \mapsto \psi(a)$ ist ein *injektiver Homomorphismus*.

Beweis: des Homomorphiesatzes: Die Abbildung φ ist injektiv, weil der Kern von φ, also die Urbildmenge von $e' \in G'$, lediglich die Nebenklasse $e * \ker \psi = \ker \psi$ umfasst. Die Verknüpfungstreue von φ folgt direkt aus der Definition von $\odot$, denn

$$\varphi: (a * \ker \psi) \odot (b * \ker \psi) \mapsto \psi(a) *' \psi(b),$$

wobei

$$\psi(a) = \varphi(a * \ker \psi) \quad \text{und} \quad \psi(b) = \varphi(b * \ker \psi). \qquad \blacksquare$$

Das Rechnen mit Restklassen erweist sich als ein Beispiel zum Homomorphiesatz

Wir schließen ein wichtiges Beispiel an, in welchem mit Nebenklassen gerechnet wird. Der zugrunde liegende Homomorphismus zeigt sich hier erst nachträglich; deshalb sprechen wir vorerst nur von Äquivalenzklassen.

Zwei ganze Zahlen x und y heißen **kongruent modulo 5**, wenn $x - y$ durch 5 teilbar ist. Dies ergibt eine Äquivalenzrelation auf der Menge $\mathbb{Z}$, denn sie ist reflexiv, symmetrisch und transitiv, wie in Kapitel 2 auf Seite 56 gezeigt worden ist. Die Äquivalenzklassen fassen alle diejenigen Zahlen zusammen, die bei der ganzzahligen Division durch 5 denselben Rest ergeben. So ist z.B. diejenige Klasse, welcher 1 angehört, nämlich

$$\overline{1} = \{\ldots, -14, -9, -4, 1, 6, 11, 16, \ldots\}$$

die Klasse derjenigen ganzen Zahlen, die den Rest 1 haben. Wir können diese Zahlen auch als $z = 1 + 5k$ mit $k \in \mathbb{Z}$ darstellen. Deshalb ist $\overline{1} = 1 + 5 \cdot \mathbb{Z}$.

Nachdem der Rest 0, 1, 2, 3 oder 4 sein kann, gibt es insgesamt die Klassen

$$\overline{0} = 5 \cdot \mathbb{Z}, \ \overline{1} = 1 + 5 \cdot \mathbb{Z}, \ \ldots, \ \overline{4} = 4 + 5 \cdot \mathbb{Z}.$$

Wir nennen sie die **Restklassen** modulo 5 und bezeichnen ihre Menge mit $\mathbb{Z}_5$. Also ist $\mathbb{Z}_5 = \{\overline{0}, \overline{1}, \overline{2}, \overline{3}, \overline{4}\}$.

Auf der Menge dieser Klassen erklären wir nun die Verknüpfung $\oplus$ ganz ähnlich wie vorhin die Multiplikation $\odot$ von Nebenklassen in der Faktorgruppe: Wir ordnen zwei Restklassen diejenige Klasse als Summe zu, in welcher die Summe der Repräsentanten liegt. Wieder zeigt sich die Unabhängigkeit von der Wahl der Repräsentanten, denn

$$(r + 5k) + (s + 5l) = (r + s) + 5(k + l).$$

Die Summen-Restklasse hängt also nur von den Resten r, s der zwei gegebenen Restklassen ab. Dies ergibt die folgende Verknüpfungstafel:

$\oplus$	$\overline{0}$	$\overline{1}$	$\overline{2}$	$\overline{3}$	$\overline{4}$
$\overline{0}\,\oplus$	$\overline{0}$	$\overline{1}$	$\overline{2}$	$\overline{3}$	$\overline{4}$
$\overline{1}\,\oplus$	$\overline{1}$	$\overline{2}$	$\overline{3}$	$\overline{4}$	$\overline{0}$
$\overline{2}\,\oplus$	$\overline{2}$	$\overline{3}$	$\overline{4}$	$\overline{0}$	$\overline{1}$
$\overline{3}\,\oplus$	$\overline{3}$	$\overline{4}$	$\overline{0}$	$\overline{1}$	$\overline{2}$
$\overline{4}\,\oplus$	$\overline{4}$	$\overline{0}$	$\overline{1}$	$\overline{2}$	$\overline{3}$

So ist etwa $\overline{2} \oplus \overline{4} = \overline{1}$, was zumeist in der Form

$$2 + 4 \equiv 1 \quad (\mathrm{mod}\ 5)$$

geschrieben wird mit dem gewöhnlichen Additionszeichen.

Diese Addition von Restklassen ist kommutativ und assoziativ, weil dies auch auf die Addition ganzer Zahlen zutrifft. $(\mathbb{Z}_5, \oplus)$ ist eine Gruppe, denn $\overline{0}$ ist das neutrale Element, und in jeder Spalte der obigen Verknüpfungstafel kommt jede der 5 Restklassen genau einmal vor. Also gibt es zu jedem rechten Summanden genau einen linken Summanden derart, dass deren Summe $\overline{0}$ ist.

Wenn wir jeder ganzen Zahl z ihre Restklasse zuordnen durch die Abbildung

$$\psi : \mathbb{Z} \to \mathbb{Z}_5, \quad z = r + 5k \mapsto \overline{r} \ \text{bei}\ 0 \leq r < 5,$$

so entsteht ein surjektiver Homomorphismus

$$\psi_+ : (\mathbb{Z}, +) \to (\mathbb{Z}_5, \oplus).$$

Die Restklassen sind gleichzeitig die Fasern von ψ_+, also die Nebenklassen des Kerns $\ker \psi_+ = \overline{0}$. Wir könnten daher statt $\mathbb{Z}_5$ auch $\mathbb{Z}/\ker \psi_+ = \mathbb{Z}/\overline{0}$ schreiben oder noch komplizierter $\mathbb{Z}/(5 \cdot \mathbb{Z})$. Die in der obigen Tafel dargestellte

Gruppe $(\mathbb{Z}_5, \oplus)$ ist genau die Faktorgruppe $(\mathbb{Z}/\overline{0}, \oplus)$. Der im Homomorphiesatz auftretende Isomorphismus φ ist die identische Abbildung.

In ähnlicher Weise können wir auch eine *Multiplikation* $\odot$ von Restklassen erklären: Wir ordnen zwei Restklassen diejenige Klasse als Produkt zu, in welcher das Produkt der Repräsentanten liegt. Wieder zeigt sich die Unabhängigkeit von der Wahl der Repräsentanten, denn

$$(r + 5k) \cdot (s + 5l) = r \cdot s + 5(5kl + rl + ks).$$

Auch hier hängt die Produkt-Restklasse nur von den Resten r, s der zwei gegebenen Restklassen ab. Dies ergibt nach Ausschluss von $\overline{0}$ die folgende Produkttafel:

$\odot$	$\overline{1}$	$\overline{2}$	$\overline{3}$	$\overline{4}$
$\overline{1}\,\odot$	$\overline{1}$	$\overline{2}$	$\overline{3}$	$\overline{4}$
$\overline{2}\,\odot$	$\overline{2}$	$\overline{4}$	$\overline{1}$	$\overline{3}$
$\overline{3}\,\odot$	$\overline{3}$	$\overline{1}$	$\overline{4}$	$\overline{2}$
$\overline{4}\,\odot$	$\overline{4}$	$\overline{3}$	$\overline{2}$	$\overline{1}$

So ist z. B. $\overline{3} \odot \overline{4} = \overline{2}$, also $3 \cdot 4 \equiv 2 \ \ \mathrm{mod}\ 5$.

$(\mathbb{Z}_5 \setminus \{\overline{0}\}, \odot)$ ist eine Gruppe, denn in jeder Zeile und jeder Spalte der Produkt-Gruppentafel kommt das neutrale Element $\overline{1}$ genau einmal vor.

Die Abbildung der ganzen Zahlen auf die jeweilige Restklasse, genauer

$$\psi : \mathbb{Z} \setminus \overline{0} \to \mathbb{Z}_5 \setminus \{\overline{0}\}, \quad z = r + 5k \mapsto \overline{r}, \ 1 \leq r < 5,$$

ist ebenfalls ein surjektiver Homomorphismus

$$\psi : (\mathbb{Z} \setminus \overline{0}, \cdot) \to (\mathbb{Z}_5 \setminus \{\overline{0}\}, \odot),$$

und $(\mathbb{Z}_5 \setminus \{\overline{0}\}, \odot)$ ist genau die Faktorgruppe dieses Homomorphismus.

?

Wie lauten $\overline{2}^{\,-1}$ und $\overline{3}^{\,-1}$ in der multiplikativen Gruppe der Restklassen modulo 5?

3.3 Körper

Die rationalen Zahlen bilden hinsichtlich der Addition eine Gruppe, und sie enthalten auch eine multiplikative Gruppe. Ebenso stehen bei den reellen und bei den komplexen Zahlen zwei Verknüpfungen zur Verfügung, die Addition und die Multiplikation, und diese führen jeweils zu Gruppen. Dies ist der Anlass, eine neue wichtige *algebraische Struktur* einzuführen, die Mengen mit zwei Verknüpfungen betrifft.

Übersicht: Mathematische Objekte

Während Euklid (~ 365–300 v. Chr.) noch glaubte definieren zu müssen, was in der Geometrie die Grundbegriffe „Punkt" und „Gerade" bedeuten, sind wir seit David Hilbert (1862–1943) bereits vertraut damit, dass Definitionen wie z. B. jene einer Gruppe nicht sagen, um welche Objekte es sich bei den Gruppenelementen handelt, sondern nur, welche Eigenschaften diese erfüllen müssen. Dieser Grad der Abstraktion ist zweifellos eine der Stärken der Mathematik, denn damit werden oft völlig verschieden scheinende Dinge miteinander vergleichbar, und Eigenschaften des einen können direkt auf das andere übertragen werden.

Die in dieser Übersicht gesammelten Beispiele sollen den Leser damit vertraut machen, dass auch Mengen, Äquivalenzklassen oder Abbildungen mathematische Objekte sind, mit denen man so wie mit Zahlen rechnen kann. Es ist ein Ziel in der Mathematik, hinter verschiedenen Strukturen das gemeinsame abstrakte Konzept erkennen zu können.

Gruppen

Der Gruppenbegriff ist einer der weitreichendsten innerhalb der Mathematik. Nachstehend eine kleine Auswahl von Beispielen mit verschiedenartigen Objekten.

a) *Gruppen von Zahlen:*
In $(\mathbb{Z}, +)$, $(\mathbb{R}^3, +)$, $(\mathbb{Q} \setminus \{0\}, \cdot)$ oder $(\mathbb{C} \setminus \{0\}, \cdot)$ sind die Gruppenelemente Zahlen oder Zahlentripel. Die Addition und Multiplikation modulo einer Primzahl p führt zu Gruppen $(\mathbb{Z}_p, +)$ und $(\mathbb{Z}_p \setminus \{\overline{0}\}, \cdot)$. Auch hier werden „nur" Zahlen miteinander verknüpft.

b) *Mengen als Gruppenelemente:*
Wenn wir die Elemente $\overline{0}, \ldots, \overline{4}$ von $\mathbb{Z}_5$ als Restklassen auffassen, also $\overline{0} = \{\ldots, -10, -5, 0, 5, 10, \ldots\}$, $\overline{1} = \{\ldots, -9, -4, 1, 6, 11, \ldots\}$ usw., dann sind die Gruppenelemente Mengen, sogar unendliche Mengen. Sobald aber jede einzelne Menge durch ein Symbol gekennzeichnet ist, ist man wieder zurück beim Rechnen mit Symbolen.

Liegt ein Homomorphismus $\psi : G \to G'$ vor, so sind der Kern und dessen Nebenklassen die Elemente der Faktorgruppe $G/\ker \psi$. Auch in dieser Gruppe wird mit Mengen „gerechnet". Dabei sind Verknüpfungen von Mengen nicht ungewöhnlich, denn die Vereinigung oder der Durchschnitt von Mengen führen ja wieder zu Mengen; nur ist dabei keine Rede von Gruppeneigenschaften.

c) *Gruppen von Abbildungen:*
In der so wichtigen Gruppe $(S_n, \circ)$ der Permutationen der n-elementigen Menge M sind die Gruppenelemente bijektive Selbstabbildungen von M, und die Verknüpfung ist die Hintereinanderausführung. Bei den Symmetrieoperationen eines Ornamentes handelt es sich um bijektive Selbstabbildungen einer unendlichen Menge, nämlich der Ebene, wobei zudem Längen und Winkelmaße unverändert bleiben. Derartige Abbildungen gehören zur Gruppe der ebenen Bewegungen.

Räume

Liegt in einer kommutativen Gruppe zusätzlich eine skalare Multiplikation vor, anschaulich die Möglichkeit, Elemente zu strecken oder zu stauchen, so ergibt sich eine erheblich stärkere algebraische Struktur, der Vektorraum.

a) *Der Anschauungsraum:*
Der Anschauungsraum, die Idealisierung unseres physikalischen Raumes, enthält *Punkte* als Grundobjekte. Daraus entwickeln wir im Kapitel 7 den dreidimensionalen Vektorraum $\mathbb{R}^3$, dessen Grundobjekte als Äquivalenzklassen geordneter Punktepaare oder auch als Pfeile mit einem gemeinsamen Anfangspunkt aufzufassen sind. Der $\mathbb{R}^3$ wird im Kapitel 12 zum Begriff des $\mathbb{K}$-Vektorraums verallgemeinert, und dessen Elemente heißen *Vektoren*.

b) *Funktionen als Vektoren:*
In Kapitel 19 lernen wir Banach- und Hilbert-Räume kennen. Dabei werden Funktionen mit bestimmten Eigenschaften wie Stetigkeit, Differenzierbarkeit oder Integrierbarkeit zu Vektorräumen zusammengefasst, so dass die algebraische Struktur eines linearen Raums erhalten bleibt und Resultate aus dem Anschauungsraum ihre Entsprechung finden.

c) *Vektorraumhomomorphismen und Funktionale:*
Wir werden erkennen, dass auch die linearen Abbildungen zwischen zwei $\mathbb{K}$-Vektorräumen V und V' einen Vektorraum $\mathrm{Hom}(V, V')$ bilden. Die Vektoren sind also in diesem Fall Vektorraumhomomorphismen. Der Dualraum V^* zu V ist der Raum $\mathrm{Hom}(V, \mathbb{K})$; dessen Vektoren sind Linearformen. Die Linearformen, die mit einem Abstandsbegriff im Vektorraum verträglich sind, heißen Funktionale bzw. allgemeiner Operatoren. Auch auf dieser Abstraktionsstufe spielen die Vektorraumeigenschaften eine wesentlicher Rolle.

In Körpern gibt es zwei Verknüpfungen und es gelten drei Axiome

Definition eines Körpers

Eine Menge $\mathbb{K}$ mit den zwei Verknüpfungen,
der Addition

$$+: \mathbb{K} \times \mathbb{K} \to \mathbb{K}, \quad (x, y) \mapsto x + y$$

und der Multiplikation

$$\cdot: \mathbb{K} \times \mathbb{K} \to \mathbb{K}, \quad (x, y) \mapsto x \cdot y,$$

heißt **Körper** $(\mathbb{K}, +, \cdot)$, wenn die folgenden Eigenschaften erfüllt sind:

(K1) $(\mathbb{K}, +)$ ist eine Gruppe. Das neutrale Element 0 heißt **Nullelement**; das zu $a \in \mathbb{K}$ inverse Element wird mit $-a$ bezeichnet.

(K2) Die Teilmenge $\mathbb{K}' = \mathbb{K} \setminus \{0\}$ ist bezüglich der Einschränkung $\cdot'$ von $\cdot$ auf $\mathbb{K}' \times \mathbb{K}'$ eine kommutative Gruppe mit dem **Einselement** 1 als neutralem Element.

(K3) Es gelten die beiden **Distributivgesetze**:

$$a \cdot (b + c) = (a \cdot b) + (a \cdot c) \quad \text{und}$$
$$(a + b) \cdot c = (a \cdot c) + (b \cdot c)$$

für alle $a, b, c \in \mathbb{K}$.

Wird statt (K2) gefordert, dass $(\mathbb{K}', \cdot')$ eine nicht kommutative Gruppe ist, so heißt $\mathbb{K}$ **Schiefkörper**.

Die Regel „Punktrechnung geht vor Strichrechnung" macht die Klammern auf der rechten Seite der Distributivgesetze entbehrlich. Häufig wird in Körpern der Punkt als Multiplikationszeichen überhaupt weggelassen.

Beispiel

1. Offensichtlich sind $(\mathbb{Q}, +, \cdot)$ und $(\mathbb{R}, +, \cdot)$ Körper. Dagegen ist $(\mathbb{Z}, +, \cdot)$ kein Körper, denn in $\mathbb{Z}$ gibt es z. B. kein Element 2^{-1} mit $2 \cdot 2^{-1} = 1$.

2. In Abschnitt 3.2 haben wir uns bereits mit den Restklassen modulo 5 befasst, also mit

$$\mathbb{Z}_5 = \{\overline{0}, \overline{1}, \overline{2}, \overline{3}, \overline{4}\}, \quad \text{wobei}$$

$$\overline{0} := \{\dots, -10, -5, 0, 5, 10, \dots\} = 5 \cdot \mathbb{Z},$$
$$\overline{1} := \{\dots, -9, -4, 1, 6, 11, \dots\} = 5 \cdot \mathbb{Z} + 1,$$
$$\overline{2} := \{\dots, -8, -3, 2, 7, 12, \dots\} = 5 \cdot \mathbb{Z} + 2 \text{ usw.}$$

Auch haben wir bereits eine Addition $\oplus$ und eine Multiplikation $\odot$ von Restklassen eingeführt mit der Eigenschaft, dass die Abbildung

$$z = r + 5k \mapsto \overline{r} \text{ bei } 0 \le r < 5$$

zu Homomorphismen bezüglich der Addition und der Multiplikation führt.

Wir erkennen, dass $(\mathbb{Z}_5, \oplus, \odot)$ ein Körper ist, denn $(\mathbb{Z}_5, \oplus)$ ist eine Gruppe und es gelten (K2) und (K3) mit $\overline{0}$ als Nullelement und $\overline{1}$ als Einselement. $(\mathbb{Z}_5, \oplus, \odot)$ heißt **Restklassenkörper modulo 5**.

Wir werden demnächst erfahren, dass es nicht nur zu 5, sondern zu jeder Primzahl p einen Restklassenkörper $\mathbb{Z}_p$ gibt. Hingegen liefert z. B. $\mathbb{Z}_4 = \{\overline{0}, \overline{1}, \overline{2}, \overline{3}\}$ keinen Körper. In $\mathbb{Z}_4$ fehlt nämlich ein $\overline{2}^{-1}$, denn für jedes ganzzahlige k ist das Produkt $2 \cdot k$ geradzahlig; es kann demnach niemals bei ganzzahliger Division durch 4 den Rest 1 haben. ◄

Wir wollen uns nun schrittweise einige Aussagen über Körper erarbeiten, die ähnlich wie bei den Gruppen zum Teil bereits in die Definition übernommen hätten werden können – wie etwa die anschließend bewiesene Kommutativität der Addition (iii). Aber wir bleiben dabei, in die Definitionen nur das unbedingt Notwendige aufzunehmen.

(i) Wegen $1 \in \mathbb{K}' = \mathbb{K} \setminus \{0\}$ gilt $1 \ne 0$.

Ein Körper $\mathbb{K}$ enthält also mindestens zwei Elemente. Wir werden tatsächlich einen Körper mit nur zwei Elementen kennenlernen.

In Körpern gilt ferner:

$$a \cdot 0 = a \cdot (0 + 0) \overset{(K3)}{=} a \cdot 0 + a \cdot 0 \overset{(3.2)}{\Longrightarrow} 0 = a \cdot 0$$

Auf dieselbe Weise folgt mithilfe der Kürzungsregel (3.2) und des zweiten Distributivgesetzes, dass auch $0 \cdot a = 0$ ist, also insgesamt

(ii) Für alle $a \in \mathbb{K}$ ist $a \cdot 0 = 0 \cdot a = 0$.

Für das Rechnen mit 0 gelten also in beliebigen Körpern $\mathbb{K}$ dieselben Regeln wie in $\mathbb{Q}$ oder $\mathbb{R}$.

Obwohl in (K2) das Assoziativgesetz für die Multiplikation nur in $\mathbb{K} \setminus \{0\}$ gefordert ist, gilt es auch unter Einschluss des Nullelements, denn es ist z. B. $(a \cdot b) \cdot 0 = a \cdot (b \cdot 0) = 0$.

———————— ? ————————

Warum muss das Nullelement bei der multiplikativen Gruppe von $\mathbb{K}$ ausgeschlossen werden?

Aus (ii) kann man folgern, dass die von $\mathbb{Q}$ und $\mathbb{R}$ her vertrauten Vorzeichenregeln in allen Körpern $\mathbb{K}$ gelten. So ist z. B.

$$0 = 0 \cdot b = (a + (-a)) \cdot b = a \cdot b + (-a) \cdot b$$
$$\Rightarrow \quad -(a \cdot b) = (-a) \cdot b.$$

Dabei ist $-(a \cdot b)$ bezüglich der Addition invers zu $(a \cdot b)$. Analog gilt $-(a \cdot b) = a \cdot (-b)$ sowie $(-a) \cdot (-b) = a \cdot b$. Statt $a + (-b)$ schreiben wir ab jetzt kürzer $a - b$.

Nun berechnen wir $(1 + 1) \cdot (a + b)$ auf zwei Arten:

$$(1 + 1) \cdot (a + b) =$$
$$\left. \begin{array}{l} 1 \cdot (a + b) + 1 \cdot (a + b) = a + b + a + b \\ (1 + 1) \cdot a + (1 + 1) \cdot b = a + a + b + b \end{array} \right\}$$

Mithilfe der Kürzungsregel (3.2) bezüglich der Addition ergibt sich daraus die folgende Aussage.

(iii) Für alle $a, b \in \mathbb{K}$ gilt $b + a = a + b$, d. h. die Addition in Körpern ist stets kommutativ.

Angenommen, es gelten gleichzeitig $a \cdot b = 0$ und $a \neq 0$. Dann existiert a^{-1}, und es ist

$$b = (a^{-1} \cdot a) \cdot b = a^{-1} \cdot (a \cdot b) = a^{-1} \cdot 0 = 0.$$

Das bedeutet:

(iv) In einem Körper folgt aus $a \cdot b = 0$ stets $a = 0$ oder $b = 0$.

Man kann auch sagen: In Körpern gibt es keine **Nullteiler**, also keine Elemente $x, y \in \mathbb{K} \setminus \{0\}$ mit $x \cdot' y = 0$. Dies folgt schon deshalb, weil „$\cdot'$" eine Verknüpfung in $\mathbb{K}' = \mathbb{K} \setminus \{0\}$ ist, also wegen der Abgeschlossenheit bei $x, y \in \mathbb{K}'$ auch $x \cdot' y \in \mathbb{K}'$ sein muss.

Wir fassen die eben hergeleiteten Aussagen noch einmal zusammen:

Körpereigenschaften

Ein Körper enthält mindestens die zwei verschiedenen Elemente 0 und 1. In einem Körper ist die Addition stets kommutativ. Ein Körper ist frei von Nullteilern.

Man könnte meinen, dass ebenso wie die Kommutativität der Addition auch jene der Multiplikation bereits aus den übrigen Körpereigenschaften hergeleitet werden kann. Dass dies nicht möglich ist, beweist das auf Seite 83 gezeigte Beispiel eines Schiefkörpers.

Vorerst folgen aber noch zwei weitere Beispiele von Körpern.

Zu jeder Primzahl $p > 1$ gibt es einen Restklassenkörper

Oben haben wir den Restklassenkörper modulo 5 betrachtet. Wie sieht es aus, wenn wir 5 durch eine andere natürliche Zahl $p > 1$ ersetzen, also die Menge der Restklassen

$$\mathbb{Z}_p = \{\overline{0}, \overline{1}, \ldots, \overline{p-1}\}$$

betrachten? Führen die Addition und Multiplikation von Restklassen aus $\mathbb{Z}_p$ ebenfalls zu Gruppen?

Die Summe

$$(r + kp) + (s + lp) = (r + s) + (k + l)p, \ 0 \le r, s < p,$$

liegt bei $r + s < p$ in der Restklasse $\overline{r+s}$, andernfalls in $\overline{r + s - p}$. Das Ergebnis hängt also nur von den Klassen $\overline{r}$ und $\overline{s}$ ab. Somit ist $\oplus$ eine Verknüpfung auf $\mathbb{Z}_p$, und wie bei $\mathbb{Z}_5$ lässt sich begründen, dass $(\mathbb{Z}_p, \oplus)$ eine Gruppe ist.

Bei der Multiplikation ist zu beachten, dass

$$(r + kp) \cdot (s + lp) = rs + (klp + ks + rl)p$$

bei $1 < r, s < p$ nicht unbedingt in einer der Restklassen $\overline{1}, \ldots, \overline{p-1}$ vorkommen muss. Sobald nämlich $p = rs$ ist mit $r, s > 1$, liegt das Produkt in $\overline{0}$; $\overline{r}$ und $\overline{s}$ wären Nullteiler dieser Multiplikation.

Ist hingegen p eine Primzahl, besitzt p also nur 1 und p als Teiler, so kann rs kein ganzzahliges Vielfaches von p sein, weil r und s kleiner als p und daher nicht durch p teilbar sind. Also ist $\odot$ eine Verknüpfung auf $\mathbb{Z}_p \setminus \{\overline{0}\}$. Sie ist assoziativ und kommutativ; es gibt das neutrale Element $\overline{1}$.

Wir zeigen, dass zur Restklasse $\overline{r}$ bei $1 < r < p$ ein x mit $1 < x < p$ existieren muss mit $\overline{r} \odot \overline{x} = \overline{1}$. Dabei verwenden wir die Abbildung

$$\lambda_{\overline{r}} : \begin{cases} \mathbb{Z}_p \setminus \{\overline{0}\} \ \to \ \mathbb{Z}_p \setminus \{\overline{0}\}, \\ \overline{x} \qquad \mapsto \ \overline{r} \odot \overline{x}, \end{cases}$$

bei welcher jede Klasse links mit $\overline{r}$ multipliziert wird. Diese Abbildung ist injektiv, denn bei $\overline{r} \odot \overline{a} = \overline{r} \odot \overline{b}$ unterscheiden sich ra und rb durch ein Vielfaches von p, d. h., p teilt $r(a - b)$. Wegen $1 < r < p$ muss p ein Teiler von $a - b$ sein und daher $\overline{a} = \overline{b}$.

Also durchlaufen die $p - 1$ Produkte $\overline{r} \odot \overline{1}, \overline{r} \odot \overline{2}, \ldots, \overline{r} \odot \overline{p-1}$ alle $p - 1$ Restklassen aus $\mathbb{Z}_p \setminus \{\overline{0}\}$. Darunter muss unbedingt auch $\overline{1}$ vorkommen.

Die notwendige Bedingung, dass p eine Primzahl ist, erweist sich somit als hinreichend. Sie garantiert, dass $(\mathbb{Z}_p \setminus \{\overline{0}\}, \odot)$ eine Gruppe ist. Nachdem auch die distributiven Gesetze gelten, weil sie ja in $\mathbb{Z}$ erfüllt sind und durch den Homomorphismus $(r + kp) \mapsto \overline{r}$ nicht zerstört werden, ist die folgende Aussage bewiesen:

Satz vom Restklassenkörper

Ist p eine Primzahl, so ist

$$\left(\mathbb{Z}_p = \{\overline{0}, \overline{1}, \ldots, \overline{p-1}\}, \oplus, \odot\right)$$

ein Körper, der **Restklassenkörper modulo** p.

Der kleinste Körper ist $\mathbb{Z}_2 = \{\overline{0}, \overline{1}\}$. In ihm ist $\overline{0} + \overline{1} = \overline{1}$ und $\overline{1} + \overline{1} = \overline{0}$. Das „kleine Einmaleins" besteht überhaupt nur aus der trivialen Regel $\overline{1} \cdot \overline{1} = \overline{1}$.

In Zukunft werden wir auch in Restklassenkörpern die Addition und Multiplikation wie gewohnt mit $+$ und $\cdot$ bezeichnen statt mit $\oplus$ und $\odot$, und auch die Querstriche zur Kennzeichnung der Restklassen lassen wir meist weg. Statt $(\overline{a} \oplus \overline{b}) \odot \overline{c} = \overline{d}$ schreiben wir einfach $(a + b)c = d$.

— — — — — — **?** — — — — — —

Berechnen Sie im Restklassenkörper modulo 7 den Wert $x = (\overline{4} - \overline{6}) \cdot (\overline{1} - \overline{6})^{-1}$, den man auch als Bruch $\dfrac{\overline{4} - \overline{6}}{\overline{1} - \overline{6}}$ schreiben könnte.

Die Restklassenkörper sind an sich interessant, weil sie endliche Körper sind. Darüber hinaus spielen sie in der Zahlentheorie, in der Kryptographie und in der Codierungstheorie eine wichtige Rolle. Letztlich gäbe es ohne den kleinsten Körper $\mathbb{Z}_2$ keine Digitalisierung und keine Computer.

Der Körper der komplexen Zahlen ist eine echte Erweiterung des Körpers der reellen Zahlen

Auf Seite 64 wurde die elementeweise Addition von reellen Zahlentripeln eingeführt und im Anschluss daran gezeigt, dass $(\mathbb{R}^3, +)$ eine Gruppe ist. Dasselbe ist natürlich auch mit Zahlenpaaren $(a, b) \in \mathbb{R}^2$ möglich. Man kann aber auch eine Multiplikation von Zahlenpaaren erklären, sodass nach Ausschluss von $(0, 0)$ eine Gruppe entsteht.

Das ist zunächst überraschend, wird aber nach den folgenden Betrachtungen gleich klar: Wir notieren das Zahlenpaar (a, b) in der Form

$$z = a + i\,b$$

und nennen jedes solche z eine **komplexe Zahl** (in Kapitel 4 werden die komplexen Zahlen ausführlich behandelt). Dabei ist i die **imaginäre Einheit**, welche der Regel $i^2 = -1$ genügt. Die reelle Zahl a heißt **Realteil** $\mathrm{Re}\,z$ und die reelle Zahl b **Imaginärteil** $\mathrm{Im}\,z$. Statt $z = a + i\,b$ schreiben wir auch $z = a + b\,i$. Wir nennen die komplexen Zahlen mit $\mathrm{Im}\,z = 0$ *reell*, jene mit $\mathrm{Re}\,z = 0$ *rein imaginär*.

Wie bereits betont, wird die Summe der beiden komplexen Zahlen $z_1 = a_1 + i\,b_1$ und $z_2 = a_2 + i\,b_2$ elementeweise gebildet,

$$z_1 + z_2 = (a_1 + a_2) + i(b_1 + b_2).$$

Es werden also die Realteile addiert und ebenso die Imaginärteile. Beim Produkt gehen wir „distributiv" vor, nutzen die Gleichung $i^2 = -1$ und setzen wie bei der Multiplikation reeller Zahlen mit i die Assoziativität und die Kommutativität voraus:

$$\begin{aligned}
z_1 \cdot z_2 &= (a_1 + i\,b_1)(a_2 + i\,b_2)\\
&= a_1 a_2 + i\,a_1 b_2 + i\,b_1 a_2 + i^2 b_1 b_2\\
&= (a_1 a_2 - b_1 b_2) + i\,(a_1 b_2 + a_2 b_1)
\end{aligned}$$

Damit ist die Multiplikation komplexer Zahlen kommutativ, d. h., $z_1 z_2 = z_2 z_1$. Zudem ist die Multiplikation assoziativ, d. h., $(z_1 z_2)z_3 = z_1(z_2 z_3)$, wie man durch Nachrechnen bestätigen kann. Gibt es auch ein z^{-1}?

Die zu $z = a + i\,b$ *konjugiert komplexe Zahl* ist $\overline{z} = a - i\,b$, und es gilt:

$$z \cdot \overline{z} = (a + i\,b) \cdot (a - i\,b) = a^2 + b^2 \in \mathbb{R}.$$

Hieraus erhalten wir für das Inverse von $z = a + i\,b$ bei $(a, b) \neq (0, 0)$

$$z^{-1} = (a + i\,b)^{-1} = \frac{a - i\,b}{a^2 + b^2} = \frac{1}{z \cdot \overline{z}}\,\overline{z}.$$

Folgerung

Die Menge

$$\mathbb{C} = \{z = a + i\,b \mid (a, b) \in \mathbb{R}^2\}$$

bildet einen Körper $(\mathbb{C}, +, \cdot)$ mit $0 = 0 + i\,0$ als Nullelement und $1 = 1 + i\,0$ als Einselement, den **Körper der komplexen Zahlen**.

Wir widmen uns den algebraischen Eigenschaften von $\mathbb{C}$.

Die Konjugation ist ein Automorphismus

Die Abbildung

$$\overline{} : \begin{cases} \mathbb{C} & \to & \mathbb{C}, \\ z = a + i\,b & \mapsto & \overline{z} = a - i\,b \end{cases}$$

ist bijektiv und heißt **Konjugation**. Sie ist additiv und multiplikativ, d. h., es gilt:

$$\overline{z_1 + z_2} = \overline{z_1} + \overline{z_2} \quad \text{und} \quad \overline{z_1 \cdot z_2} = \overline{z_1} \cdot \overline{z_2}.$$

Beweis: Es seien $z_1 = a_1 + i\,b_1$ und $z_2 = a_2 + i\,b_2$ komplexe Zahlen mit $a_1, a_2, b_1, b_2 \in \mathbb{R}$. Dann gilt:

$$\begin{aligned}
\overline{z_1 + z_2} &= \overline{(a_1 + a_2) + i(b_1 + b_2)} = (a_1 + a_2) - i(b_1 + b_2)\\
&= \overline{z_1} + \overline{z_2}.
\end{aligned}$$

und

$$\begin{aligned}
\overline{z_1 \cdot z_2} &= \overline{(a_1 a_2 - b_1 b_2) + i\,(b_1 a_2 + a_1 b_2)}\\
&= (a_1 a_2 - b_1 b_2) - i\,(b_1 a_2 + a_1 b_2)\\
&= (a_1 - i\,b_1)(a_2 - i\,b_2) = \overline{z_1} \cdot \overline{z_2}. \qquad \blacksquare
\end{aligned}$$

Man nennt eine bijektive Abbildung ψ von einem Körper $\mathbb{K}$ in sich mit der Eigenschaft

$$\psi(a + b) = \psi(a) + \psi(b) \quad \text{und} \quad \psi(a\,b) = \psi(a)\,\psi(b)$$

für alle $a, b \in \mathbb{K}$ einen **Körperautomorphismus**. Offenbar ist ein Körperautomorphismus ein Automorphismus von $\mathbb{K}$ bezüglich der Addition und ebenso ein Automorphismus von $\mathbb{K} \setminus \{0\}$ bezüglich der Multiplikation.

Nach obigem Satz ist die Konjugation ein Körperautomorphismus von $\mathbb{C}$. Mehr über die komplexen Zahlen erfahren Sie im Kapitel 4.

So wie Untergruppen gibt es auch Unterkörper

Der Körper $\mathbb{C}$ ist eine *Erweiterung* des Körpers $\mathbb{R}$. Man kann umgekehrt auch sagen, dass $\mathbb{R}$ ein *Unterkörper* von $\mathbb{C}$ ist. Allgemeiner definiert man:

Ist $(\mathbb{K}, +, \cdot)$ ein Körper und $\mathbb{L}$ eine Teilmenge von $\mathbb{K}$, wobei $(\mathbb{L}, +, \cdot)$ hinsichtlich der von $\mathbb{K}$ stammenden Verknüpfungen ebenfalls ein Körper ist, so heißt $\mathbb{L}$ **Unterkörper** oder **Teilkörper** von $\mathbb{K}$.

Offensichtlich ist $(\mathbb{Q}, +, \cdot)$ ein Unterkörper von $(\mathbb{R}, +, \cdot)$ und dieser Unterkörper von $(\mathbb{C}, +, \cdot)$ und weiter vom Schiefkörper $(\mathbb{H}, +, \cdot)$, der gleich genauer vorgestellt wird.

Bei den bisherigen Beispielen war die Multiplikation stets kommutativ, d. h., es galt:

$$a\,b = b\,a \text{ für alle } a,\, b \in \mathbb{K}.$$

Das folgende Beispiel beweist, dass es auch Schiefkörper gibt. Der folgende Körper spielt auch in der analytischen Geometrie eine Rolle, wie das Kapitel 7 zeigen wird.

Die Quaternionen bilden einen Schiefkörper

Jede komplexe Zahl ist eine Zusammenfassung zweier reeller Zahlen mithilfe der imaginären Einheit i. Bei den **Quaternionen** sind es vier reelle Zahlen, und es gibt drei **Quaternioneneinheiten** i, j, k. Die Quaternionen wurden 1843 von Hamilton entdeckt (siehe Abbildung 3.4). Die Menge der *Hamilton'schen Quaternionen* lautet:

$$\mathbb{H} = \{\, q = a + \mathrm{i}\,b + \mathrm{j}\,c + \mathrm{k}\,d \mid (a, b, c, d) \in \mathbb{R}^4\}.$$

Eine Quaternion q mit $c = d = 0$ sieht wie eine komplexe Zahl aus, jene mit $b = c = d = 0$ wie eine reelle Zahl. Somit gilt $\mathbb{H} \supseteq \mathbb{C} \supseteq \mathbb{R}$, und die nachstehend definierten Verknüpfungen in $\mathbb{H}$ enthalten die Addition und die Multiplikation der reellen sowie der komplexen Zahlen als Sonderfälle.

Abbildung 3.4 Gedenktafel für Sir Hamilton, den Entdecker der Quaternionen, an der Brougham-Bridge in Dublin: *„Here as he walked by on the 16th of October 1843 Sir William Rowan Hamilton in a flash of genius discovered the fundamental formula for quaternion multiplication* $\mathrm{i}^2 = \mathrm{j}^2 = \mathrm{k}^2 = \mathrm{ijk} = -1$ *& cut it on a stone of this bridge"*.

Die Summe der beiden Quaternionen

$$q_1 = a_1 + \mathrm{i}\,b_1 + \mathrm{j}\,c_1 + \mathrm{k}\,d_1, \quad q_2 = a_2 + \mathrm{i}\,b_2 + \mathrm{j}\,c_2 + \mathrm{k}\,d_2$$

ist definiert als

$$q_1 + q_2 = (a_1 + a_2) + \mathrm{i}(b_1 + b_2) + \mathrm{j}(c_1 + c_2) + \mathrm{k}(d_1 + d_2).$$

Damit ist $(\mathbb{H}, +)$ eine kommutative Gruppe mit dem Nullelement $0 = 0 + \mathrm{i}\,0 + \mathrm{j}\,0 + \mathrm{k}\,0$. Offensichtlich ist die additive Gruppe $(\mathbb{H}, +)$ isomorph zu $(\mathbb{R}^4, +)$ (vergleiche das Beispiel auf Seite 64).

Bei dem Produkt der beiden Quaternionen q_1, q_2 gehen wir analog zu $\mathbb{C}$ vor: Jeder Summand von q_1 wird mit jedem Summanden von q_2 multipliziert, wobei für die Produkte der Quaternioneneinheiten die folgenden Regeln gelten:

$$\mathrm{i} \cdot \mathrm{i} = \mathrm{j} \cdot \mathrm{j} = \mathrm{k} \cdot \mathrm{k} = -1$$

und

$$\begin{aligned}
\mathrm{i} \cdot \mathrm{j} &= \mathrm{k}, & \mathrm{j} \cdot \mathrm{k} &= \mathrm{i}, & \mathrm{k} \cdot \mathrm{i} &= \mathrm{j}, \\
\mathrm{j} \cdot \mathrm{i} &= -\mathrm{k}, & \mathrm{k} \cdot \mathrm{j} &= -\mathrm{i}, & \mathrm{i} \cdot \mathrm{k} &= -\mathrm{j}.
\end{aligned}$$

Die erste Zeile zeigt, dass die Quadrate der Quaternioneneinheiten übereinstimmen mit dem Quadrat der imaginären Einheit. Die Formeln für die gemischten Produkte von i, j oder k lassen sich wie folgt zusammenfassen:

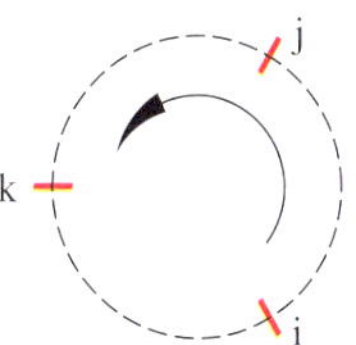

Abbildung 3.5 Regel für die gemischten Produkte der Quaternioneneinheiten i, j und k.

Folgen die zwei Faktoren in zyklischer Reihe aufeinander (siehe Pfeilrichtung in Abbildung 3.5), so ist das Produkt gleich der dritten Einheit. Andernfalls ist das Produkt gleich dem Negativen der dritten Einheit.

Das Produkt zweier Quaternionen lautet somit:

$$\begin{aligned}
&(a_1 + \mathrm{i}\,b_1 + \mathrm{j}\,c_1 + \mathrm{k}\,d_1) \cdot (a_2 + \mathrm{i}\,b_2 + \mathrm{j}\,c_2 + \mathrm{k}\,d_2) \\
&= (a_1 a_2 - b_1 b_2 - c_1 c_2 - d_1 d_2) \\
&+ \mathrm{i}\,(a_1 b_2 + b_1 a_2 + c_1 d_2 - d_1 c_2) \\
&+ \mathrm{j}\,(a_1 c_2 - b_1 d_2 + c_1 a_2 + d_1 b_2) \\
&+ \mathrm{k}\,(a_1 d_2 + b_1 c_2 - c_1 b_2 + d_1 a_2).
\end{aligned}$$

$1 = 1 + \mathrm{i}\,0 + \mathrm{j}\,0 + \mathrm{k}\,0$ ist ein Einselement. Analog zu $\mathbb{C}$ heißt die Quaternion $\overline{q} := a - \mathrm{i}\,b - \mathrm{j}\,c - \mathrm{k}\,d$ **konjugiert** zu q. Das Produkt $q_1 \cdot q_2$ bei $a_2 = a_1$, $b_2 = -b_1$, $c_2 = -c_1$ und $d_2 = -d_1$ ergibt:

$$q \cdot \overline{q} = a^2 + b^2 + c^2 + d^2 \in \mathbb{R}.$$

Somit existiert bei $q \neq 0$ die inverse Quaternion

$$q^{-1} = \frac{1}{a^2 + b^2 + c^2 + d^2}\,\overline{q} = \frac{1}{q \cdot \overline{q}}\,\overline{q}$$

mit $q \cdot q^{-1} = (q \cdot \overline{q})/(q \cdot \overline{q}) = 1$.

Alle Produkte von je drei Quaternioneneinheiten sind assoziativ, wie man durch einzelnes Nachrechnen bestätigen kann, z. B.

$$(i \cdot j) \cdot k = k \cdot k = -1 = i \cdot (j \cdot k).$$

Damit ist aber auch die Multiplikation von Quaternionen assoziativ.

Die Multiplikation ist allerdings nicht kommutativ, denn z. B. $i \cdot j = -j \cdot i$. Aber es gelten die beiden Distributivgesetze, woraus folgt:

> **Quaternionenschiefkörper**
>
> $(\mathbb{H}, +, \cdot)$ ist ein Schiefkörper.

Nun folgen noch einige Begriffe, die beim Umgang mit Körpern eine Rolle spielen.

Die Charakteristik eines Körpers ist null oder eine Primzahl

Werden in einem Körper $\mathbb{K}$ der Reihe nach die Summen 1, $1 + 1$, $1 + 1 + 1$, $1 + 1 + 1 + 1$, … gebildet, so sind wegen $x + 1 \neq x$ (Kürzungsregel) aufeinanderfolgende Werte stets verschieden. Es ist aber möglich, dass in der Folge der Summen Wiederholungen auftreten, dass also etwa

$$y + (1 + 1 + \cdots + 1) = y$$

ist, woraus $(1 + 1 + \cdots + 1) = 0$ folgt. In einem endlichen Körper muss das so sein, denn es stehen ja nur endlich viele Werte als Summen zur Verfügung. Die kleinste Anzahl $n > 0$ mit der Eigenschaft, dass die Summe von n Einsen null ergibt, heißt **Charakteristik** char $\mathbb{K}$ des Körpers $\mathbb{K}$. Gibt es hingegen kein derartiges n, so wird char $\mathbb{K} = 0$ definiert.

So ist z. B. die Charakteristik von $\mathbb{Z}_2 = \{\bar{0}, \bar{1}\}$ gleich 2, denn $1 + 1 = 2 \in \bar{0}$. Analog ist char $\mathbb{Z}_p = p$. Aber $\mathbb{Z}_p$ ist nicht der einzige Körper mit dieser Charakteristik. Andererseits ist char $\mathbb{Q} =$ char $\mathbb{R} =$ char $\mathbb{C} = 0$.

Wir werden der Körpercharakteristik später vor allem dann begegnen, wenn bei Aussagen gewisse Werte der Charakteristik ausgeschlossen werden müssen. So muss z. B. immer dann, wenn in einem Körper durch 2 dividiert wird, der Fall char $\mathbb{K} = 2$ ausgeschlossen werden, weil dort $2 = 0$, d. h. $-1 = 1$ ist und eine Division durch 0 wegen des Fehlens von 0^{-1} nicht möglich ist.

In manchen Körper kann man die Elemente in ihrer Größe unterscheiden

Unter den verschiedenen Relationen wurden in Kapitel 2 auch Ordnungsrelationen behandelt. Es gibt auch Körper, auf welchen eine Ordnungsrelation definiert ist, die in gewisser Weise mit den Körperverknüpfungen verträglich ist.

Ein wichtiges Beispiel ist dazu $\mathbb{R}$; wir können ja die Größen von je zwei reelle Zahlen vergleichen. In der folgenden Definition werden gewisse Anordnungseigenschaften von $\mathbb{R}$ als Axiome verwendet. Die Eigenschaften dieser Anordnung von $\mathbb{R}$ werden in Kapitel 4 ausführlich behandelt.

Ein Körper $\mathbb{K}$ heißt **angeordnet**, wenn er einen **Positivitätsbereich** enthält, das ist eine Teilmenge P von $\mathbb{K}$ mit folgenden Eigenschaften:

1. $P \cup (-P) = \mathbb{K}$,
2. $P \cap (-P) = \{0\}$,
3. $P + P \subseteq P$,
4. $P \cdot P \subseteq P$.

Dabei bedeuten $-P = \{-x \in \mathbb{K} \mid x \in P\}$ und $P + P \subseteq P$ bzw. $P \cdot P \subseteq P$, dass mit $x, y \in P$ stets auch die Summe $x + y$ bzw. das Produkt $x \cdot y$ in P liegen.

Man nennt die Elemente aus $P \setminus \{0\}$ **positiv** und jene aus $-P \setminus \{0\}$ **negativ**.

Ist $\mathbb{K}$ ein angeordneter Körper mit dem Positivitätsbereich P, so wird durch die Definition

$$x \leq y \iff y - x \in P$$

eine lineare Ordnungsrelation auf der Menge $\mathbb{K}$ erklärt.

------------------- **?** -------------------

Begründen Sie das.

Ist $x \in \mathbb{K}$ positiv, d. h. $x \in P \setminus \{0\}$, so ist wegen $x^2 = x \cdot x \in P$ auch x^2 positiv. Und ist x negativ, d. h. $x \in -P \setminus \{0\}$, so ist wegen $-x \in P$ das Element $-x$ positiv und damit wegen $x^2 = (-x) \cdot (-x) \in P$ auch x^2 positiv. Da $\mathbb{K} = P \cup (-P)$ gilt, haben wir damit gezeigt, dass jedes von O^2 verschiedene Quadrat in einem angeordneten Körper positiv ist. Insbesondere ist $1 = 1 \cdot 1$ positiv, $1 \in P$, und damit ist $-1 \in -P$ negativ.

Der Körper $\mathbb{R}$ hat den Positivitätsbereich

$$P = \mathbb{R}_{\geq 0} = \{x \in \mathbb{R} \mid x \geq 0\}$$

und ist damit ein angeordneter Körper. Der Körper $\mathbb{C}$ hingegen nicht, denn dann wäre das Quadrat $-1 = i \cdot i$ positiv, daher $1 = -(-1)$ negativ – im Widerspruch zur vorhin bewiesenen Aussage.

------------------- **?** -------------------

Begründen Sie, dass ein angeordneter Körper die Charakteristik null hat.

Neben den Gruppen und Körpern, die wir ausführlich behandelt haben, spielen in der Algebra die im folgenden Abschnitt behandelten *Ringe* eine wesentliche Rolle.

3.4 Ringe

Die von Körpern geforderten Bedingungen lassen sich auf verschiedene Weise abschwächen. So kann man ja auch ganze Zahlen addieren und multiplizieren; $(\mathbb{Z}, +)$ ist eine kommutative Gruppe und es gibt 0 und 1. Aber es fehlen inverse Elemente.

Definition eines Ringes

Eine Menge R mit zwei Verknüpfungen $+$ und $\cdot$ heißt **Ring**, wenn gilt:
1. $(R, +)$ ist eine kommutative Gruppe.
2. Die Multiplikation $\cdot$ ist assoziativ.
3. Es gelten die Distributivgesetze $(a + b) \cdot c = (a \cdot c) + (b \cdot c)$ und $a \cdot (b + c) = (a \cdot b) + (a \cdot c)$.

Hat ein Ring $(R, +, \cdot)$ die zusätzlichen Eigenschaften:

- die Multiplikation ist kommutativ,
- es existiert ein neutrales Element $1 \neq 0$ bezüglich der Multiplikation,
- in R gibt es keine Nullteiler

so nennt man den Ring R einen **Integritätsbereich**.

Beispiel

- Jeder kommutative Körper ist ein Integritätsbereich.
- $(\mathbb{Z}, +, \cdot)$ ist ein Integritätsbereich. Es gibt nämlich keine Nullteiler.
- Die Menge der Restklassen modulo 12

$$\mathbb{Z}_{12} = \{\overline{0}, \overline{1}, \dots, \overline{11}\}$$

ergibt einen Ring $(\mathbb{Z}_{12}, \oplus, \odot)$. Dieser ist nicht nullteilerfrei, denn wegen $3 \cdot 4 = 12$ ist $\overline{3} \odot \overline{4} = \overline{0}$, obwohl $\overline{3}, \overline{4} \neq \overline{0}$ gilt. ◄

Wir vertiefen die Ringtheorie nicht weiter und behandeln nur ausführlich ein für uns wichtiges Beispiel eines Rings, nämlich den *Polynomring*.

Die klassische Algebra ist die Lehre von der Auflösung von Gleichungen der Form

$$a_n \, x^n + \cdots + a_1 \, x + a_0 = 0$$

mit Koeffizienten $a_n, \dots, a_0$ aus einem Körper. Die linke Seite dieser Gleichung assoziiert man als Student des ersten Semesters im Allgemeinen mit einem *Polynom*, also mit einer reellen Funktion der Form

$$f: \mathbb{R} \to \mathbb{R}, \quad f(x) = a_n \, x^n + \cdots + a_1 \, x + a_0,$$

wobei die Koeffizienten $a_0, \dots, a_n$ reelle Zahlen sind. Und beim Element x hat man in etwa im Hinterkopf, dass x die reellen Zahlen *durchläuft*. Will man die Nullstellen des Polynoms f bestimmen, so steht man vor der Aufgabe, die Zahlen $x \in \mathbb{R}$ zu bestimmen, die die Gleichung

$$f(x) = a_n \, x^n + \cdots a_1 \, x + a_0 = 0$$

erfüllen. So gewinnt man die reellen Nullstellen der Funktion f. Betrachten wir konkret das Polynom

$$f(x) = x^2 + 1.$$

Das Polynom hat in $\mathbb{R}$ keine Nullstellen, da die Gleichung $x^2 + 1 = 0$ in $\mathbb{R}$ nicht lösbar ist, in $\mathbb{R}$ sind Quadrate stets positiv. *Analytisch* ist man fertig, die Funktion f hat in ihrem Definitionsbereich keine Nullstelle. Aber *algebraisch* ist die Auflösung der Gleichung noch längst nicht erledigt: Es trifft zwar zu, dass es keine reellen Nullstellen gibt, aber kann es nicht sein, dass es einen $\mathbb{R}$ umfassenden Körper gibt, in dem eine Nullstelle von f liegt? Und tatsächlich liegt in $\mathbb{C} \supsetneq \mathbb{R}$ die komplexe Zahl i mit $\mathrm{i}^2 = -1$; damit sind i und $-\mathrm{i}$ zwei verschiedene Nullstellen von f, die für die analytische Diskussion der Funktion $f: \mathbb{R} \to \mathbb{R}$ ohne Belange sind, für algebraische Zwecke aber zur Auflösung der Gleichung führen.

Es hat sich für die Algebra als sehr zweckmäßig erwiesen, Polynome in einem anderen Licht darzustellen, als dies in der Analysis üblich ist. Wir betrachten in der Algebra das x nicht als eine reelle Zahl, wir fassen es als eine *Unbestimmte* auf, in die wir z. B. Zahlen einsetzen können. Man verwendet in der Algebra sogar gerne ein anderes Symbol für die Unbestimmte als in der Analysis – wir werden X schreiben – und verwenden eigentlich genauer die Bezeichnungen

- **Polynom** in der Algebra und
- **Polynomfunktion** in der Analysis.

Diese Bezeichnungen werden aber keineswegs konsequent benutzt. Auch wir werden in der Analysis oftmals wieder von Polynomen sprechen, obwohl wir Polynomfunktionen meinen.

Wir beginnen nun bei „Adam und Eva" und erklären, was ein *Polynom* ist. Man tut gut daran, vorläufig zu vergessen, was es mit den oben erwähnten *Polynomfunktionen* auf sich hat. Wir kommen auf diese nach der Einführung der Polynome wieder zurück.

Weil wir in der Mathematik darauf achten, dass Definitionen sinnvoll sind, müssen wir erklären, was eine *Unbestimmte* ist. Das ist gar nicht so einfach, es sind dazu einige Vorbetrachtungen nötig.

Folgen, die nur endlich viele Folgenglieder ungleich 0 haben, sind fast überall 0

Der *Ausdruck* $a_0 + a_1 X + \cdots + a_n X^n$ ist durch seine Koeffizienten $a_0, \dots, a_n$ und $0 = a_{n+1} = a_{n+2} = \cdots$ eindeutig gegeben:

$$\textit{Für jedes } i \in \mathbb{N}_0 \textit{ gilt: Vor } X^i \textit{ steht } a_i.$$

Aber das ist nichts anderes als die folgende Abbildung

$$a: \begin{cases} \mathbb{N}_0 \to \mathbb{R}, \\ i \mapsto a_i \end{cases} \quad \text{mit } a_i = 0 \text{ für alle } i > n \,.$$

Übersicht: Gruppen, Ringe und Körper

Wir stellen die Axiome für Gruppen, Ringe und Körper zusammen. Dabei ersetzen wir bei den Gruppen bewusst die ursprünglich etwas schwächeren Forderungen nach einem linksneutralen und linksinversen Element durch äquivalente, aber übersichtlichere Bedingungen. Auch bei den Körpern gibt es geringfügige Abweichungen gegenüber früher: Wir schreiben alle Bedingungen aus, um sie leichter mit jenen bei Ringen vergleichen zu können.

Gruppe:

Es sei G eine nichtleere Menge mit einer Verknüpfung $*: (G \times G) \to G$. Es heißt $(G, *)$ eine **Gruppe**, wenn für alle a, b, $c \in G$ gilt:

(1) $(a * b) * c = a * (b * c)$.

(2) Es existiert ein Element $e \in G$ mit $e * a = a = a * e$.

(3) Zu jedem $a \in G$ existiert ein $a^{-1} \in G$ mit $a^{-1} * a = e = a * a^{-1}$.

Ring:

Es sei R eine Menge mit den beiden Verknüpfungen $+: (R \times R) \to R$ und $\cdot: (R \times R) \to R$. Es heißt $(R, +, \cdot)$ ein **Ring**, wenn für alle a, b, $c \in R$ gilt:

(1) $a + b = b + a$.

(2) $a + (b + c) = (a + b) + c$.

(3) Es gibt ein Element 0 (Nullelement) in R mit $0 + a = a$.

(4) Zu jedem $a \in R$ gibt es $-a \in R$ (inverses Element) mit $a + (-a) = 0$.

(5) $a(bc) = (ab)c$.

(6) $a(b + c) = ab + ac$ und $(a + b)c = ac + bc$.

Körper:

Es sei $\mathbb{K}$ eine Menge mit den beiden Verknüpfungen $+: (\mathbb{K} \times \mathbb{K}) \to \mathbb{K}$ und $\cdot: (\mathbb{K} \times \mathbb{K}) \to \mathbb{K}$. Es heißt $(\mathbb{K}, +, \cdot)$ ein **Körper**, wenn für alle a, b, $c \in \mathbb{K}$ gilt:

(1) $a + b = b + a$.

(2) $a + (b + c) = (a + b) + c$.

(3) Es gibt ein Element 0 (Nullelement) in $\mathbb{K}$ mit $0 + a = a$.

(4) Zu jedem $a \in \mathbb{K}$ gibt es $-a \in \mathbb{K}$ (inverses Element) mit $a + (-a) = 0$.

(5) $a(bc) = (ab)c$.

(6) Es gibt ein Element $1 \neq 0$ (Einselement) in $\mathbb{K}$ mit $1 \cdot a = a = a \cdot 1$.

(7) Zu jedem $a \in \mathbb{K} \setminus \{0\}$ gibt es $a^{-1} \in \mathbb{K}$ (inverses Element) mit $a\,a^{-1} = 1 = a^{-1}\,a$.

(8) $ab = ba$.

(9) $a(b + c) = ab + ac$ und $(a + b)c = ac + bc$.

Wir haben hierbei a_i anstelle von $a(i)$ geschrieben. Die Abbildung a wiederum können wir durch die endlichen vielen von null verschiedenen Bilder eindeutig festlegen, man schreibt

$$a = (a_0, a_1, \ldots, a_n, 0, \ldots)$$

und nennt die Abbildung a auch eine **Folge** mit den **Folgengliedern** a_i (in Kapitel 8 werden wir *Folgen* ausführlich diskutieren). Von den endlichen vielen möglichen Ausnahmen $a_0, \ldots, a_n$ abgesehen sind alle Folgenglieder null. Man beachte, dass es auch zugelassen ist, dass manche oder alle der endlichen vielen Zahlen $a_0, \ldots, a_n$ ebenfalls null sind. Weil die Anzahl der endlich vielen Elemente $a_0, \ldots, a_n$ mehr oder weniger *nichts* ist im Vergleich zu der Anzahl der Elemente von $\mathbb{N}$, hat sich die folgende Sprechweise eingebürgert: Man sagt

$$a_i = 0 \ \textbf{für fast alle} \ i \in \mathbb{N}_0$$

und meint damit, dass $a_i \neq 0$ für nur endlich viele $i \in \mathbb{N}_0$.

?

Können Sie eine Abbildung $g: \mathbb{N}_0 \to \mathbb{R}$ angeben, die nicht für fast alle $i \in \mathbb{N}_0$ und dennoch unendlich oft den Wert 0 hat?

Wir erklären nun Polynome als Folgen, die fast überall den Wert 0 haben. Dabei wollen und müssen wir uns keineswegs auf *reelle* Folgen festlegen. Wir lassen als Wertemenge solcher Abbildungen einen Ring zu. Anstelle des Körpers $\mathbb{R}$

wählen wir ab jetzt einen beliebigen kommutativen Ring R mit 1. Man gewinnt dadurch viel; und man kann sich für R stets einen der vertrauten Ringe $\mathbb{Z}$ oder $\mathbb{R}$ denken.

Vielleicht ist es auch sinnvoll, an dieser Stelle darauf hinzuweisen, dass, egal wie *abstrakt* das Folgende erscheinen mag, wir doch wieder bei der vertrauten Darstellung $a_0 + a_1 X + \cdots a_n X^n$ für Polynome landen werden. Dann wird aber X ein wohldefiniertes Objekt sein, an dem nichts „Unbestimmtes" haften wird.

Der Polynomring $R[X]$ besteht aus allen Folgen mit der Eigenschaft, dass fast alle Folgenglieder null sind

Wir betrachten nun die Gesamtheit aller Abbildungen von $\mathbb{N}_0$ nach R, die die Eigenschaft haben, dass fast alle Bilder den Wert null haben. Wir bezeichnen diese Gesamtheit mit dem Symbol $R[X]$:

Die Polynome über R

Wir nennen jede Abbildung $a: \mathbb{N}_0 \to R$ mit $a(i) = 0$ für fast alle $i \in \mathbb{N}_0$ ein **Polynom**. Die Menge

$$R[X] = \{a: \mathbb{N}_0 \to R \mid a(i) = 0 \text{ für fast alle } i \in \mathbb{N}_0\}$$

ist die Menge aller Polynome über R.

Ein Polynom ist eine Folge in R, die nur an endlichen vielen Stellen aus $\mathbb{N}_0$ einen von null verschiedenen Wert annimmt.

Beispiel Es sind

$(1, 1, 1, 1, \ldots, 1, 0, 0, \ldots)$ und $(0, \ldots, 0, 1, 0, 0, \ldots)$

Polynome über jedem kommutativen Ring R mit 1 – dabei stehen jeweils die ersten Auslassungspunkte $\ldots$ für endlich viele ausgelassene Werte. ◄

Polynome werden komponentenweise addiert, die Multiplikation erfolgt durch Summation über die Produkte mit gleicher Indexsumme

Wir erklären auf der Menge $R[X]$ aller Polynome eine Addition und eine Multiplikation. Es seien

$$a = (a_0, \ldots, a_n, 0, \ldots), \ b = (b_0, \ldots, b_m, 0, \ldots)$$

zwei Polynome aus $R[X]$. Wir definieren nun die Addition und Multiplikation durch:

$$a + b: \begin{cases} \mathbb{N}_0 \to R, \\ k \mapsto a_k + b_k, \end{cases}$$

$$a \cdot b: \begin{cases} \mathbb{N}_0 \to R, \\ k \mapsto \sum_{i+j=k} a_i\, b_j. \end{cases}$$

Die Addition ist also komponentenweise erklärt, die Multiplikation sieht etwas ungewohnt aus, wir geben explizit die ersten Folgenglieder an:

$$(a_0, a_1, a_2, a_3, \ldots) + (b_0, b_1, b_2, b_3, \ldots)$$
$$= (\underbrace{a_0 + b_0}_{=c_0}, \underbrace{a_1 + b_1}_{=c_1}, \underbrace{a_2 + b_2}_{=c_2}, \underbrace{a_3 + b_3}_{=c_3}, \ldots)$$

und

$$(a_0, a_1, a_2, a_3, \ldots) \cdot (b_0, b_1, b_2, b_3, \ldots)$$
$$= (\underbrace{a_0\, b_0}_{=d_0}, \underbrace{a_0\, b_1 + b_0\, a_1}_{=d_1}, \underbrace{a_0\, b_2 + a_1\, b_1 + a_2\, b_0}_{=d_2},$$
$$\underbrace{a_0\, b_3 + a_1\, b_2 + a_2\, b_1 + a_3\, b_0}_{=d_3}, \ldots).$$

Bei der Multiplikation beachte man, dass die Summe der Indizes der Summanden des k-ten Folgenglieds stets k ergibt.

Offenbar sind Summe und Produkt zweier Folgen, bei denen fast alle Folgenglieder null sind, erneut solche Folgen. Genauer kann man sagen:

Es seien $a = (a_0, a_1, a_2, \ldots)$ und $b = (b_0, b_1, b_2, \ldots)$ Polynome aus $R[X]$ mit $a_k = 0$ für alle natürlichen $k > n$ und $b_l = 0$ für alle natürlichen $l > m$, d. h.,

$$a = (a_0, \ldots, a_n, 0, \ldots), \ b = (b_0, \ldots, b_m, 0, \ldots).$$

Dann gilt für die Folgenglieder c_r der Summe $a + b$ und für die Folgenglieder d_s des Produkts $a\, b$:

- $c_r = 0$ für alle $r > \max\{m, n\}$,
- $d_s = 0$ für alle $s > m + n$.

Beispiel Gegeben seien die reellen Polynome $a = (1, 2, 0, 3, 0, \ldots)$ und $b = (0, 1, 1, 0, \ldots)$. Dann gilt:

$$a + b = (1, 3, 1, 3, 0, \ldots),$$
$$a \cdot b = (0, 1, 3, 2, 3, 3, 0, \ldots).$$ ◄

Die Menge der Polynome bildet mit der Addition $+$ und der Multiplikation $\cdot$ einen kommutativen Ring $(R[X], +, \cdot)$

Für die Menge $R[X]$ der Polynome über R gilt mit den eben definierten Verknüpfungen $+$ und $\cdot$:

Satz vom Polynomring

Für jeden kommutativen Ring R mit 1 ist $(R[X], +, \cdot)$ ein kommutativer Ring mit 1.

Beweis: Es sind im Einzelnen nachzuweisen: (i) $(R[X], +)$ ist eine kommutative Gruppe, (ii) die Multiplikation $\cdot$ ist assoziativ, (iii) die Multiplikation ist kommutativ, (iv) es gibt ein Einselement und (v) es gelten die Distributivgesetze.

Es seien $a = (a_0, a_1, a_2, \ldots)$, $b = (b_0, b_1, b_2, \ldots)$ und $c = (c_0, c_1, c_2, \ldots)$ Polynome aus $R[X]$.

(i) Dass $+$ eine Verknüpfung auf $R[X]$ ist, haben wir schon festgestellt. Die Addition ist auch assoziativ, da die Addition in R assoziativ ist:

$$(a + b) + c = (a_0 + b_0 + c_0, a_1 + b_1 + c_1,$$
$$a_2 + b_2 + c_2, \ldots)$$
$$= a + (b + c).$$

Die Verknüpfung ist wegen

$$a + b = (a_0 + b_0, a_1 + b_1, a_2 + b_2, \ldots)$$
$$= (b_0 + a_0, b_1 + a_1, b_2 + a_2, \ldots) = b + a$$

auch kommutativ. Das neutrale Element ist die Nullfolge $0 = (0, 0, \ldots) \in R[X]$, es gilt nämlich

$$0 + a = (0 + a_0, 0 + a_1, 0 + a_2, \ldots) = a.$$

Und schließlich gibt es zu jedem Element ein Inverses in $R[X]$, denn für $-a = (-a_0, -a_1, -a_2, \ldots) \in R[X]$ gilt offenbar $a + (-a) = 0$. Somit ist (i) gezeigt.

(ii) Wir zeigen, dass das Assoziativgesetz der Multiplikation gilt:

$$(a\, b)\, c = (d_0, d_1, d_2, \ldots) \text{ mit}$$

$$d_l = \sum_{r+k=l} \left(\sum_{i+j=r} a_i\, b_j \right) c_k = \sum_{\substack{i,j,k \in \mathbb{N}_0 \\ (i+j)+k=l}} (a_i\, b_j)\, c_k.$$

Nun klammern wir anders:

$$a\,(b\,c) = (d_0', d_1', d_2', \ldots) \ \text{mit}$$

$$d_l' = \sum_{i+s=l} a_i \left(\sum_{j+k=s} b_j\,c_k \right) = \sum_{\substack{i,j,k \in \mathbb{N}_0 \\ i+(j+k)=l}} a_i\,(b_j\,c_k).$$

Da beide Male dasselbe Element herauskommt, in R gilt nämlich das Assoziativgesetz, gilt das Assoziativgesetz auch in $R[X]$.

(iii) Die Multiplikation ist kommutativ, da sie in R kommutativ ist:

$$a\,b = \left(\sum_{i+j=0} a_i\,b_j\,,\ \sum_{i+j=1} a_i\,b_j\,,\ \sum_{i+j=2} a_i\,b_j\,, \ldots \right)$$

$$= \left(\sum_{j+i=0} b_j\,a_i\,,\ \sum_{j+i=1} b_j\,a_i\,,\ \sum_{j+i=2} b_j\,a_i\,, \ldots \right)$$

$$= b\,a.$$

(iv) Das Einselement ist die Folge $1 = (1, 0, 0, \ldots) \in R[X]$, es gilt nämlich für jedes $a \in R[X]$:

$$1\,a = (1, 0, \ldots)\,(a_0, a_1, a_2, \ldots) = (a_0, a_1, a_2, \ldots) = a\,.$$

(v) Wir begründen das Distributivgesetz. Es gilt:

$$(a+b)\,c$$

$$= \left(\sum_{i+j=0} (a_i + b_i)c_j\,,\ \sum_{i+j=1} (a_i + b_i)c_j\,, \right.$$

$$\left. \sum_{i+j=2} (a_i + b_i)c_j\,, \ldots \right)$$

$$= \left(\sum_{i+j=0} a_i c_j + b_i c_j\,,\ \sum_{i+j=1} a_i c_j + b_i c_j\,, \right.$$

$$\left. \sum_{i+j=2} a_i c_j + b_i c_j\,, \ldots \right).$$

Und nun berechnen wir

$$a\,c + b\,c$$

$$= \left(\sum_{i+j=0} a_i c_j\,,\ \sum_{i+j=1} a_i c_j\,,\ \sum_{i+j=2} a_i c_j\,, \ldots \right)$$

$$+ \left(\sum_{i+j=0} b_i c_j\,,\ \sum_{i+j=1} b_i c_j\,,\ \sum_{i+j=2} b_i c_j\,, \ldots \right)$$

$$= \left(\sum_{i+j=0} a_i c_j + b_i c_j\,,\ \sum_{i+j=1} a_i c_j + b_i c_j\,, \right.$$

$$\left. \sum_{i+j=2} a_i c_j + b_i c_j\,, \ldots \right).$$

Somit gilt $(a+b)\,c = a\,c + b\,c$, d. h. es gilt das Distributivgesetz. ∎

Der Ring R ist ein Teilring von $R[X]$

Völlig analog zu einem Teilkörper erklärt man den Begriff *Teilring*: Eine Teilmenge S eines Rings R heißt ein **Teilring** von R, wenn S mit den von R induzierten Verknüpfungen selbst wieder einen Ring bildet. Die sogenannten **trivialen** Teilringe sind der **Nullring** $\{0\}$ und der ganze Ring R. Wir zeigen nun, dass wir den Ring R stets als Teilring des Polynomrings $R[X]$ auffassen können. Hierbei ist eine Feinheit zu berücksichtigen: Natürlich ist der Ring R selbst niemals Teilmenge von $R[X]$ – die Menge $R[X]$ ist eine Menge von Folgen, deren Folgenglieder aus R sind; und die Elemente aus R sind nicht von dieser Form, daher gilt:

$$R \nsubseteq R[X],$$

und es hat eigentlich keinen Sinn bei R von einem Teilring von $R[X]$ zu sprechen. Aber wir *betten* nun den Ring R in den Polynomring $R[X]$ *ein*. Dabei meint man, dass man eine injektive, additive und multiplikative Abbildung angibt, die den Ring R in den Polynomring $R[X]$ *einbettet*. Eine additive und multiplikative Abbildung zwischen Ringen bezeichnet man auch als *Ringhomomorphismus*:

Ringhomomorphismus

Eine Abbildung $\varphi \colon S \to S'$ zwischen Ringen S und S' nennt man einen **Ringhomomorphismus** oder kurz **Homomorphismus**, wenn für alle $r, s \in S$ gilt:
- $\varphi(r + s) = \varphi(r) + \varphi(s)$,
- $\varphi(r\,s) = \varphi(r)\,\varphi(s)$.

Wir können einen solchen Ringhomomorphismus von R in $R[X]$ angeben:

$$\iota \colon \begin{cases} R \to & R[X], \\ r \mapsto & (r, 0, 0, \ldots). \end{cases}$$

Jedem Ringelement $r \in R$ wird die Folge $a \in R[X]$ mit $a_0 = r$ und $a_i = 0$ für $i \neq 0$ zuordnet. Nun zeigen wir:

Lemma

Für jeden kommutativen Ring R ist die Abbildung

$$\iota \colon \begin{cases} R \to & R[X], \\ r \mapsto & (r, 0, 0, \ldots) \end{cases}$$

ein injektiver Ringhomomorphismus.

Beweis: Für alle $r, s \in R$ gilt:

$$\iota(r + s) = (r + s, 0, 0, \ldots)$$
$$= (r, 0, 0, \ldots) + (s, 0, 0, \ldots)$$
$$= \iota(r) + \iota(s),$$
$$\iota(r\,s) = (r\,s, 0, 0, \ldots) = (r, 0, 0, \ldots)(s, 0, 0, \ldots)$$
$$= \iota(r)\,\iota(s).$$

Folglich ist ι ein Ringhomomorphismus.

Die Abbildung ι ist zudem injektiv: Es gelte $\iota(r) = \iota(s)$ für $r, s \in R$, d. h.,

$$(r, 0, 0, \ldots) = (s, 0, 0, \ldots).$$

Hieraus folgt $r = s$. ∎

Nach diesem Lemma ist

$$\iota(R) = \{(r, 0, \ldots) \mid r \in R\} \subseteq R[X]$$

isomorph zu R, es ist nämlich die Abbildung

$$R \to \iota(R), \; r \mapsto (r, 0, \ldots)$$

eine Bijektion. D. h., wir können die Elemente $(r, 0, \ldots) \in R[X]$ mit den Elementen $r \in R$ *identifizieren*. Hierbei ersetzt man gewissermaßen die Elemente $(r, 0, \ldots)$ in $R[X]$ durch die entsprechenden Elemente r aus R – daher auch der Begriff einer *Einbettung*. Übrigens bezeichnet man Einbettungen oft mit dem griechischen Buchstaben ι (wie Injektion).

Wir unterscheiden von nun ab die Bilder $\iota(r) \in R[X]$ und $r \in R$ nicht mehr und fassen R als einen Teilring von $R[X]$ auf. Wir nennen die Elemente $r \in R$ auch die **Konstanten** von $R[X]$.

Wir führen nun eine neue Schreibweise ein und erhalten dadurch für die Elemente aus $R[X]$ die bekannte Darstellung als Polynome in der Form $\sum_{i=0}^{n} a_i \, X^i$ in einer Unbestimmten X, wobei X ein Element von $R[X]$ ist.

Das Polynom $(0, 1, 0, \ldots)$ ist die Unbestimmte X

Unter der Vielzahl von Polynomen in $R[X]$ wählen wir nun ein ganz bestimmtes Polynom aus und geben diesem den Namen X. Die Abbildung

$$X \colon \begin{cases} \mathbb{N}_0 \to R, \\ i \mapsto \begin{cases} 1, & \text{falls } i = 1, \\ 0, & \text{falls } i \neq 1 \end{cases} \end{cases}$$

liegt in $R[X]$, es ist $X(k) = 0$ für alle $k \geq 2$. *Ausgeschrieben* lautet das Element $X \in R[X]$

$$X = (0, 1, 0, 0, \ldots).$$

Die *mysteriöse* Unbestimmte X ist damit eine wohlbestimmte Abbildung von $\mathbb{N}_0$ nach R. Für die im Ring $R[X]$ definierten Potenzen $X^0 = 1$, $X^{n+1} = X^n \, X$ folgt:

$$X^n = (0, 0, \ldots, 0, 1, 0, \ldots),$$

wobei die 1 an $(n + 1)$-ter Stelle steht und sonst nur Nullen vorkommen. Für $a \in R$ erhalten wir nun wegen $a = (a, 0, 0, \ldots) = a \, X^0$:

$$a \, X^n = (0, \ldots, 0, a, 0 \ldots),$$

wobei a an $(n + 1)$-ter Stelle steht. Für ein beliebiges $P = (a_0, a_1, a_2, \ldots, a_n, 0, 0, \ldots) \in R[X]$ finden wir mit unserer Definition der Addition in $R[X]$;

$$P = a_0 \, X^0 + a_1 \, X + a_2 \, X^2 + \cdots + a_n \, X^n.$$

Wir schreiben kürzer

$$P = \sum_{i=0}^{n} a_i \, X^i \quad \text{oder} \quad P = \sum_{i \in \mathbb{N}_0} a_i \, X^i.$$

Man beachte, dass $P = \sum_{i \in \mathbb{N}_0} a_i \, X^i$ nur eine andere Schreibweise für die Abbildung $P \colon \mathbb{N}_0 \to R$, $P(i) = a_i$ ist. Daher ist ein *Koeffizientenvergleich* möglich:

Der Koeffizientenvergleich

Zwei Polynome $\sum_{i \in \mathbb{N}_0} a_i \, X^i$ und $\sum_{i \in \mathbb{N}_0} b_i \, X^i$ sind genau dann gleich, wenn sie die gleichen Koeffizienten haben, d. h.:

$$\sum_{i \in \mathbb{N}_0} a_i \, X^i = \sum_{i \in \mathbb{N}_0} b_i \, X^i \; \Leftrightarrow \; a_i = b_i \; \text{ für alle } i \in \mathbb{N}_0.$$

— **?** —

Wieso ist die folgende Aussage nicht ganz korrekt?

$$\sum_{i=0}^{n} a_i \, X^i = \sum_{i=0}^{m} b_i \, X^i \; \Leftrightarrow \; n = m \text{ und } a_i = b_i \; \text{ für alle } i.$$

Addition und Multiplikation lauten mit dieser Schreibweise wie folgt:

$$\left(\sum_{i \in \mathbb{N}_0} a_i \, X^i \right) + \left(\sum_{i \in \mathbb{N}_0} b_i \, X^i \right) = \sum_{i \in \mathbb{N}_0} (a_i + b_i) \, X^i,$$

$$\left(\sum_{i \in \mathbb{N}_0} a_i \, X^i \right) \cdot \left(\sum_{j \in \mathbb{N}_0} b_j \, X^j \right) = \sum_{k \in \mathbb{N}_0} \left(\sum_{i+j=k} a_i \, b_j \right) X^k.$$

Wir wiederholen das Beispiel von Seite 87 mit dieser neuen Schreibweise für Polynome:

Beispiel Gegeben seien die reellen Polynome $P = 1 + 2 X + 3 X^3$ und $Q = X + X^2$. Dann gilt:

$$P + Q = 1 + 3 X + X^2 + 3 X^3,$$

$$P \cdot Q = (1 + 2 X + 3 X^3) \cdot (X + X^2)$$

$$= X + 3 X^2 + 2 X^3 + 3 X^4 + 3 X^5. \quad \blacktriangleleft$$

Die Multiplikation der Folgen ist genau so definiert, dass mit dieser neuen Schreibweise das bekannte *distributive Ausmultiplizieren* der einzelnen Summanden von Polynomen funktioniert.

Mit den erklärten Verknüpfungen $+$ und $\cdot$ in $R[X]$ haben wir die Polynome in ihrer vertrauten Form und mit vertrauten Rechenregeln gewonnen:

Darstellungssatz für Polynome

Es ist

$$R[X] = \left\{ \sum_{i \in \mathbb{N}_0} a_i\, X^i \mid a_i \in R,\; a_i = 0 \text{ für fast alle } i \in \mathbb{N}_0 \right\}$$

ein kommutativer Ring mit Einselement 1. Für das Nullpolynom 0 gilt $a_i = 0$ für alle $i \in \mathbb{N}_0$.

Man nennt $R[X]$ den **Polynomring** in der **Unbestimmten** X über R.

Beispiel Für die Polynome $P = 1 + 2\,X + 3\,X^2$, $Q = X + 2\,X^2 \in R[X]$ gilt:

- Im Fall $R = \mathbb{Z}$ oder $R = \mathbb{R}$:

$$P + Q = 1 + 3\,X + 5\,X^2,$$
$$P \cdot Q = X + 4\,X^2 + 7\,X^3 + 6\,X^4.$$

- Im Fall $R = \mathbb{Z}_6$:

$$
\begin{aligned}
P + Q &= (\overline{1} + \overline{2}\,X + \overline{3}\,X^2) + (X + \overline{2}\,X^2) \\
&= \overline{1} + (\overline{2} + \overline{1})\,X + (\overline{3} + \overline{2})\,X^2 \\
&= \overline{1} + \overline{3}\,X + \overline{5}\,X^2, \\
P \cdot Q &= (\overline{1} + \overline{2}\,X + \overline{3}\,X^2) \cdot (X + \overline{2}\,X^2) \\
&= X + (\overline{2} + \overline{2})\,X^2 + (\overline{2} \cdot \overline{2} + \overline{3} \cdot \overline{1})\,X^3 + \overline{3} \cdot \overline{2}\,X^4 \\
&= X + \overline{4}\,X^2 + X^3.
\end{aligned}
$$
◄

Das Einsetzen in Polynome ist ein Homomorphismus

Wir haben Polynome als Folgen mit nur endlich vielen von null verschiedenen Folgengliedern eingeführt. Durch die Festlegung $X = (0, 1, 0, \ldots)$ haben wir mithilfe der erklärten Addition und Multiplikation von Polynomen die vertraute Gestalt

$$\sum_{i=0}^{n} a_i X^i = a_0 + a_1 X + \cdots + a_n X^n$$

zurückgewonnen. Aber immer noch sind die so gewonnenen Polynome für den Anfänger etwas Ungewohntes – sie wirken *abstrakt* und haben scheinbar kaum etwas mit den wohlbekannten Polynomfunktionen gemein. Dass dem ganz und gar nicht so ist, wollen wir als Nächstes begründen. Wir werden jetzt in Polynome einsetzen, genauer: Wir werden in die Unbestimmte X z. B. Zahlen einsetzen. So gewinnen wir dann

die bekannten Polynomfunktionen zurück. Aber die (algebraischen) Polynome sind universeller: In späteren Kapiteln werden wir in Polynome noch ganz andere Dinge einsetzen, z. B. kann man Polynome oder Abbildungen oder Matrizen für X einsetzen.

Das Einsetzen in Polynome

Es sei R ein kommutativer Teilring des Rings S. Für ein Polynom $P \in R[X]$,

$$P = \sum_{i=0}^{n} a_i\, X^i = a_0 + a_1\,X + \cdots + a_n\,X^n$$

und jedes Element $c \in S$ ist das Element

$$P(c) = \sum_{i=0}^{n} a_i\, c^i = a_0 + a_1\,c + \cdots + a_n\,c^n$$

ein Element aus S – man sagt, man **setzt** in X das Element $c \in S$ **ein**.

Achtung: Man beachte die grundverschiedenen Bedeutungen der Addition und Multiplikation: Bei

$$a_i \cdot X^i + a_{i+1} \cdot X^{i+1}$$

sind $+$ und $\cdot$ die Addition und Multiplikation von Polynomen aus $R[X]$. Bei

$$a_i \cdot c^i + a_{i+1} \cdot c^{i+1}$$

sind $+$ und $\cdot$ die Addition und Multiplikation von Ringelementen aus S.

Nun können wir alle möglichen Elemente von Ringen, die R umfassen, in Polynome über R einsetzen:

Beispiel

- Wir können in das Polynom $P = 1 + X^2 \in \mathbb{R}[X]$ die komplexe Zahl $\mathrm{i} \in \mathbb{C} \supseteq \mathbb{R}$ einsetzen:

$$P(\mathrm{i}) = 1 + \mathrm{i}^2 = 0 \in \mathbb{C}.$$

In $\mathbb{C}$ hat das reelle Polynom eine Nullstelle, in $\mathbb{R}$ hingegen nicht.
- Da der Polynomring $R[X]$ den Ring R umfasst, können wir Polynome in Polynome einsetzen. Für $P = 1 + X$ und $Q = X + X^2$ aus $R[X]$ gilt:

$$P(Q) = 1 + X + X^2 \in R[X].$$
◄

Wir betrachten nun den Fall $R = S$. Hält man ein Polynom $P \in R[X]$ fest und setzt in dieses Polynom alle Elemente $x \in R$ ein, so erhält man eine Abbildung von R nach R:

Die Polynomfunktion

Für jedes $P \in R[X]$ nennt man die Abbildung

$$\tilde{P}: \begin{cases} R \to R \\ x \mapsto P(x) \end{cases}$$

die zu P gehörige **Polynomfunktion**. Ein Element $c \in R$ heißt **Nullstelle** von P, falls $P(c) = 0$.

Beispiel

■ Für $P = X^2 - X + 2 \in \mathbb{R}[X]$ ist

$$\tilde{P}: \begin{cases} \mathbb{R} \to \mathbb{R}, \\ x \mapsto x^2 - x + 2 \end{cases}$$

die zu P gehörige Polynomfunktion.

■ Für $P = X^2 + X \in \mathbb{Z}_2[X]$ ist

$$\tilde{P}: \begin{cases} \mathbb{Z}_2 \to \mathbb{Z}_2, \\ x \mapsto x^2 + x \end{cases}$$

wegen $P(\overline{0}) = \overline{0} = P(\overline{1})$ die Nullfunktion, obwohl P nicht das Nullpolynom ist.

■ Für $P = X^2 - \overline{1} \in \mathbb{Z}_8[X]$ hat die Polynomfunktion

$$\tilde{P}: \begin{cases} \mathbb{Z}_8 \to \mathbb{Z}_8, \\ x \mapsto x^2 - \overline{1} \end{cases}$$

wegen $P(\overline{1}) = P(\overline{3}) = P(\overline{5}) = P(\overline{7}) = \overline{0}$ die vier Nullstellen $\overline{1}, \overline{3}, \overline{5}$ und $\overline{7}$. ◀

Das Einsetzen von Elementen $c \in R$ in X erklärt eine Abbildung: Für jedes $c \in R$ ist

$$\Phi_c: \begin{cases} R[X] \to R, \\ P \mapsto P(c) \end{cases}$$

eine Abbildung vom Ring der Polynome in den Ring R. Wir zeigen nun den wichtigen Satz:

Der Einsetzhomomorphismus

Für jedes $c \in R$ ist die Abbildung

$$\Phi_c: \begin{cases} R[X] \to R \\ P \mapsto P(c) \end{cases}$$

ein Ringhomomorphismus – der **Einsetzhomomorphismus**.

Beweis: Es seien $\sum_{i \in \mathbb{N}_0} a_i X^i$, $\sum_{i \in \mathbb{N}_0} b_i X^i \in R[X]$ zwei Polynome. Die Abbildung Φ_c ist additiv, da

$$\Phi_c\left(\sum_{i \in \mathbb{N}_0} a_i X^i + \sum_{i \in \mathbb{N}_0} b_i X^i\right)$$

$$= \Phi_c\left(\sum_{i \in \mathbb{N}_0} (a_i + b_i) X^i\right)$$

$$= \sum_{i \in \mathbb{N}_0} (a_i + b_i) c^i = \sum_{i \in \mathbb{N}_0} a_i c^i + \sum_{i \in \mathbb{N}_0} b_i c^i$$

$$= \Phi_c\left(\sum_{i \in \mathbb{N}_0} a_i X^i\right) + \Phi_c\left(\sum_{i \in \mathbb{N}_0} b_i X^i\right).$$

Die Abbildung Φ_c ist multiplikativ, da

$$\Phi_c\left(\sum_{i \in \mathbb{N}_0} a_i X^i \sum_{i \in \mathbb{N}_0} b_i X^i\right)$$

$$= \Phi_c\left(\sum_{i \in \mathbb{N}_0} \left(\sum_{k+l=i} a_k b_l\right) X^i\right)$$

$$= \sum_{i \in \mathbb{N}_0} \left(\sum_{k+l=i} a_k b_l\right) c^i$$

und

$$\Phi_c\left(\sum_{i \in \mathbb{N}_0} a_i X^i\right) \Phi_c\left(\sum_{i \in \mathbb{N}_0} b_i X^i\right)$$

$$= \left(\sum_{i \in \mathbb{N}_0} a_i c^i\right) \left(\sum_{l \in \mathbb{N}_0} b_i c^i\right)$$

$$= \sum_{i \in \mathbb{N}_0} \left(\sum_{k+l=i} a_k b_l\right) c^i. \qquad ■$$

Der Grad eines Polynoms ist der Index des höchsten von null verschiedenen Koeffizienten

Ist $P = \sum_{i \in \mathbb{N}_0} a_i X^i \in R[X]$ ein Polynom, so nennt man

$$\deg P = \begin{cases} \max\{i \in \mathbb{N}_0 \mid a_i \neq 0\}, & \text{wenn } P \neq 0, \\ -\infty, & \text{wenn } P = 0 \end{cases}$$

den **Grad** von P und vereinbart für alle $n \in \mathbb{N}_0$:

$$-\infty < n, \ -\infty + n = n + (-\infty) = (-\infty) + (-\infty) = -\infty.$$

Es sei $P = a_0 + a_1 X + \cdots + a_n X^n$, $a_n \neq 0$, ein Polynom vom Grad n. Dann heißen

■ a_0 das **konstante Glied** von P,
■ a_n der **höchste Koeffizient** von P, und es heißt
■ P **normiert**, wenn $a_n = 1$.

Beispiel Es ist

$$2 + 3\,X^2 + X^5 \in \mathbb{Z}[X]$$

ein Polynom vom Grad 5 mit konstantem Glied 2 und höchstem Koeffizienten 1 – das Polynom ist also normiert. ◀

Wir stellen fest:

Die Gradformel

Für beliebige Polynome P, $Q \in R[X]$ gilt:

$$\deg(P + Q) \leq \max\{\deg(P),\, \deg(Q)\},$$
$$\deg(P\,Q) \leq \deg(P) + \deg(Q)\,.$$

Ist R ein Integritätsbereich, so gilt sogar:

$$\deg(P\,Q) = \deg(P) + \deg(Q)\,.$$

Beweis: Ist P oder Q das Nullpolynom, so gelten offenbar alle Aussagen. Nun seien P und Q von null verschieden. Es seien a_n der höchste Koeffizient von P und b_m der von Q. Da sich bei der Addition von Polynomen mit gleichem Grad die höchsten Koeffizienten zu null addieren können, gilt auf jeden Fall die erste Ungleichung.

Ist R ein Integritätsbereich, so ist das Produkt $a_n\,b_m$ der von null verschiedenen höchsten Koeffizienten a_n und b_m wieder von null verschieden. Da $a_n\,b_m$ in diesem Fall der höchste Koeffizient von $P\,Q$ ist, gilt die letzte Gleichheit.

Ist R kein Integritätsbereich, so kann durchaus der Fall $a_n\,b_m = 0$ eintreten. In diesem Fall gilt die Ungleichung $\deg(P\,Q) \leq \deg(P) + \deg(Q)$. ∎

Beispiel Im Fall $R = \mathbb{Z}_6$ gilt für die Polynome $P = \overline{2}\,X^2 + \overline{1}$ und $Q = \overline{3}\,X + \overline{1}$:

$$P\,Q = \overline{2}\,X^2 + \overline{3}\,X + \overline{1},$$

insbesondere also $\deg(P\,Q) < \deg(P) + \deg(Q)$. ◀

———————————— **?** ————————————

Warum definiert man $\deg 0 = -\infty$?

Bei der Division von P durch Q bleibt ein Rest mit Grad kleiner als $\deg(Q)$

Auf Seite 56 haben wir die Division mit Rest angegeben. Im Ring $\mathbb{Z}$ lässt sich diese Division mit Rest wie folgt formulieren: Zu je zwei ganzen Zahlen a, $b \in \mathbb{Z}$ mit $b \neq 0$ existieren ganze Zahlen q, r mit

$$a = q\,b + r \quad \text{und} \quad 0 \leq r < |b|\,.$$

Mit Polynomen über Integritätsbereichen können wir ebenso wie in $\mathbb{Z}$ eine *Division mit Rest* durchführen, dabei entspricht die Forderung $b \neq 0$ der Forderung b_n ist invertierbar, wobei b_n der höchste Koeffizient von $Q \neq 0$ ist, und die Rolle des Betrags $|\cdot|$ übernimmt der Grad deg, genauer:

Division mit Rest

Es seien P, $Q \in R[X]$, $Q \neq 0$. Wenn der höchste Koeffizient von Q invertierbar in R ist, existieren Polynome S, $T \in R[X]$ mit

$$P = Q\,S + T \quad \text{und} \quad \deg T < \deg Q\,.$$

Beweis: Die Menge $M = \{P - Q\,H \mid H \in R[X]\}$ ist nichtleer. Daher gibt es in M ein Polynom $T = r_n\,X^n + \cdots + r_1\,X + r_0 \in M$ mit minimalem Grad n. Es gilt somit $T = P - Q\,S$ für ein $S \in R[X]$.

Wäre $n = \deg T \geq m = \deg Q$, $Q = b_m\,X^m + \cdots + b_1\,X + b_0$, so bilde das Polynom

$$T' = T - Q\left(r_n\,b_m^{-1}\,X^{n-m}\right) \in M\,.$$

Dieses Polynom T' liegt in M, da es wegen $T = P - Q\,S$ die Form $P - Q\,H$ hat. Wir berechnen nun:

$$\begin{aligned}
T' &= r_n X^n + r_{n-1} X^{n-1} + \cdots + r_0 \\
&\quad - \left(r_n X^n + r_n b_m^{-1} b_{m-1} X^{n-1} + \cdots\right) \\
&= \left(r_{n-1} - r_n b_m^{-1} b_{m-1}\right) X^{n-1} + (\cdots) X^{n-2} + \cdots.
\end{aligned}$$

Es ist also $\deg T' < \deg T$ im Widerspruch zur Wahl von T. Das zeigt die Existenz von S und T mit den geforderten Eigenschaften. ∎

Der Beweis ist konstruktiv, wir geben auf Seite 93 ein ausführliches Beispiel an.

Ein Polynom hat höchstens n Nullstellen

Nach dem Satz zur Division mit Rest können wir jedes Polynom $P \in R[X]$ durch das Polynom $Q = X - a$ mit $a \in R$ vom Grad 1 mit Rest teilen. Es existieren gemäß dem Satz zu $P \in R[X]$ und $a \in R$ Polynome S, $T \in R[X]$ mit

$$P = (X - a)\,S + T \quad \text{und} \quad \deg T < \deg(X - a) = 1,$$

d. h., $T \in R$ ist eine Konstante. Nun setzen wir a für X ein und erhalten:

$$P(a) = (a - a)\,S(a) + T = T\,.$$

Ist nun a eine Nullstelle von P, d. h., $P(a) = 0$, so folgt $T = 0$. Damit ist gezeigt:

Folgerung

Hat ein Polynom $P \in R[X]$ eine Nullstelle $a \in R$, so existiert ein $S \in R[X]$ mit $P = (X - a)\,S$.

Beispiel: Division von Polynomen mit Rest

Wir teilen das Polynom

$$P = 4\,X^5 + 6\,X^3 + X + 2 \in \mathbb{Z}[X] \ \text{ durch } \ Q = X^2 + X + 1 \in \mathbb{Z}[X] \ \text{ und}$$

$$P = X^5 + X^4 - 4\,X^3 + X^2 - X - 2 \in \mathbb{Z}[X] \ \text{ durch } \ Q = X^2 - X - 1 \in \mathbb{Z}[X]$$

mit Rest.

Problemanalyse und Strategie: Wir benutzen die Methode aus dem Beweis des Satzes zur Division mit Rest.

Lösung:

Die *Anfangsterme* der Polynome P und $4\,X^3 \cdot Q$ stimmen überein, den Rest müssen wir korrigieren; man erhält sukzessive:

$$
\begin{aligned}
(4\,X^5 + 6\,X^3 + X + 2) &= (X^2 + X + 1)\,(4\,X^3 - 4\,X^2 + 6\,X - 2) \\
\underline{-(4\,X^3\,X^2 + 4\,X^3\,X + 4\,X^3\,1)}& \\
-\,4\,X^4 + 2\,X^3 + X + 2& \\
\underline{-\,(-4\,X^2\,X^2 - 4\,X^2\,X - 4\,X^2\,1)}& \\
6\,X^3 + 4\,X^2 + X + 2& \\
\underline{-\,(6\,X^3 + 6\,X^2 + 6\,X)}& \\
-\,2\,X^2 - 5\,X + 2& \\
\underline{-\,(-2\,X^2 - 2\,X - 2)}& \\
-\,3\,X + 4&
\end{aligned}
$$

Damit ist

$$4\,X^5 + 6\,X^3 + X + 2 = (4\,X^3 - 4\,X^2 + 6\,X - 2)\,(X^2 + X + 1) - 3\,X + 4\,.$$

In der Rechnung entspricht das Polynom in der zweiten Zeile dem Polynom $b^{-1}\,a\,X^{n-k}\,Q$ und das Polynom unter dem ersten Strich entspricht T'. Das Weitere ist eine Wiederholung des Verfahrens.

Nun zum zweiten Beispiel:

$$
\begin{aligned}
(X^5 + X^4 - 4\,X^3 + X^2 - X - 2) &= (X^2 - X - 1)\,(X^3 + 2\,X^2 - X + 2) \\
\underline{-(X^5 - X^4 - \ \ X^3)}& \\
2\,X^4 - 3\,X^3 + X^2& \\
\underline{-\,(2\,X^4 - 2\,X^3 - 2\,X^2)}& \\
-\,X^3 + 3\,X^2 - X& \\
\underline{-\,(-X^3 + \ \ X^2 + X)}& \\
2\,X^2 - 2\,X - 2& \\
\underline{-\,(2\,X^2 - 2\,X - 2)}& \\
0&
\end{aligned}
$$

Damit ist

$$X^5 + X^4 - 4\,X^3 + X^2 - X - 2 = (X^2 - X - 1)\,(X^3 + 2\,X^2 - X + 2)\,.$$

Wir können hieraus folgern:

Abspalten von Linearfaktoren

Es seien R ein Integritätsbereich und $P \neq 0$ ein Polynom vom Grad n über R.

(a) Sind $a_1 \ldots, a_k \in R$ verschiedene Nullstellen von P, so gilt:

$$P = (X - a_1) \cdots (X - a_k)\, Q$$

für ein $Q \in R[X]$.

(b) Es hat P höchstens n verschiedene Nullstellen in R.

(c) Sind S, T Polynome vom Grad $\leq n$ und gilt $S(a_i) = T(a_i)$ für $n + 1$ verschiedene Elemente $a_1 \ldots, a_{n+1}$ aus R, so gilt $S = T$.

Beweis: (a) Für $k = 1$ steht dies in der obigen Folgerung. Es sei $k \geq 2$, und die Behauptung sei richtig für $k - 1$:

$$P = (X - a_1) \cdots (X - a_{k-1})\, S$$

für ein $S \in R[X]$. Einsetzen von a_k liefert mit dem Einsetzhomomorphismus

$$0 = P(a_k) = (a_k - a_1) \cdots (a_k - a_{k-1})\, S(a_k)$$

und damit $S(a_k) = 0$, weil R nullteilerfrei ist. Mit der obigen Folgerung erhalten wir $S = (X - a_k)\, Q$ für ein $Q \in R[X]$, also $P = (X - a_1) \cdots (X - a_k)\, Q$.

(b) Hätte ein Polynom P vom Grad n mehr als n Nullstellen, so könnten wir nach dem Teil (a) mehr als n Linearfaktoren abspalten. Mit der Gradformel würde dann aber folgen, dass der Grad von P auch größer als n ist. Dieser Widerspruch liefert die Behauptung.

(c) Wegen $\deg(S - T) \leq n$ und $(S - T)(a_i) = 0$ für $i = 1 \ldots, n + 1$ folgt $S - T = 0$ nach der bereits bewiesenen Aussage in (b). Somit gilt $S = T$. ∎

Achtung: Das Polynom $X^2 - \bar{1} \in \mathbb{Z}_8[X]$ vom Grad 2 hat die vier verschiedenen Nullstellen $\bar{1}$, $\bar{3}$, $\bar{5}$, $\bar{7} \in \mathbb{Z}_8$; der Ring $\mathbb{Z}_8$ ist kein Integritätsbereich.

Beispiel

- Das Polynom $P = X^4 - 6 X^3 + 11 X^2 - 6 X \in \mathbb{R}[X]$ hat wegen

$$X^4 - 6 X^3 + 11 X^2 - 6 X = X (X - 1)(X - 2)(X - 3)$$

die vier verschiedenen Nullstellen 0, 1, 2, 3.

- Das Polynom $P = X^5 - 2 X^4 + 2 X^3 - 2 X^2 + X \in \mathbb{R}[X]$ hat wegen

$$X^5 - 2 X^4 + 2 X^3 - 2 X^2 + X = X (X - 1)^2 (X^2 + 1)$$

die zwei verschiedenen Nullstellen 0 und 1. ◀

Kommentar: Im Allgemeinen ist es außerordentlich schwierig bis unmöglich, die Nullstellen von Polynomen über $\mathbb{R}$ vom Grad 3 und höher zu bestimmen. Aus der Schule ist man es gewohnt, dass man die Nullstellen von reellen Polynomen höheren Grades *erraten* kann, sie sind bei den Beispielen aus der Schule meist ganze Zahlen, die nahe der Null liegen. Das Erraten der Nullstellen scheitert aber schon beim Polynom $P = X^3 - 0.4\, X^2 + 0.04\, X - 1.2\, X^2 + 0.48\, X + 0.048 \in \mathbb{R}[X]$. Tatsächlich ist die Situation wie folgt:

- Ein Polynom $P = a \in \mathbb{R}[X] \setminus \{0\}$ vom Grad 0 hat keine Nullstelle in $\mathbb{R}$.
- Ein Polynom $P = a\, X + b \in \mathbb{R}[X]$ vom Grad 1 hat die Nullstelle $-\frac{b}{a}$ in $\mathbb{R}$.
- Ein Polynom $P = a\, X^2 + b\, X + c \in \mathbb{R}[X]$ vom Grad 2 hat im Fall $D = b^2 - 4\, a\, c \geq 0$ die beiden nicht notwendig verschiedenen Nullstellen $\frac{-b \pm \sqrt{D}}{2a}$ in $\mathbb{R}$.
- Im Allgemeinen sind alle bekannten Formeln zur (exakten) Bestimmung der Nullstellen von reellen Polynomen vom Grad größer oder gleich 3 zu kompliziert, als dass man sie tatsächlich zur Bestimmung benutzt. Man benutzt vielmehr numerische Verfahren, mit deren Hilfe man die Nullstellen näherungsweise ermittelt.

Genauere Aussagen zu den Nullstellen von Polynomen vom Grad 3 und größer und zu den Tatsachen, die dahinter stecken, können wir an dieser Stelle noch nicht machen. Üblicherweise lernt man die Hintergründe zu diesen recht „verzwickten Sachverhalten" in einer Vorlesung zur (nichtlinearen) *Algebra*, die man meist erst ab dem zweiten Studienjahr besucht.

Man sagt, ein Polynom zerfällt in Linearfaktoren, wenn es sich als Produkt von Polynomen vom Grad 1 schreiben lässt

Nach dem Satz über das Abspalten von Linearfaktoren auf Seite 94 können wir jedes Polynom $P \in R[X]$ über einem Integritätsbereich R mithilfe seiner Nullstellen in R *zerlegen*. Dazu führen wir eine neue Sprechweise ein. Man sagt, eine Nullstelle $a \in R$ des Polynoms $P \in R[X]$ hat die **Vielfachheit** ν, wenn

$$P = (X - a)^\nu\, Q \text{ mit } Q(a) \neq 0$$

gilt. Sind nun $a_1, \ldots, a_r$ alle verschiedenen Nullstellen von P in R der Vielfachheiten $\nu_1, \ldots, \nu_r$, so gilt

$$P = (X - a_1)^{\nu_1} \cdots (X - a_r)^{\nu_r}\, Q$$

mit einem Polynom Q, das in R keine Nullstelle mehr hat. Liegen sämtliche Nullstellen von P in R, dann ist $Q \in R$ eine Konstante; in diesem Fall sagt man, das Polynom P **zerfällt in Linearfaktoren**, es ist dann nämlich ein Produkt einer Konstanten mit linearen Polynomen, d.h. von Polynomen vom Grad 1. Außerdem gilt in diesem Fall

$$\nu_1 + \cdots + \nu_r = \deg P \, .$$

?

Was ist im Fall $r = \deg P$ los?

Beispiel

- Das Polynom $P = X^4 - 6\,X^3 + 11\,X^2 - 6\,X \in \mathbb{R}[X]$ zerfällt wegen

$$X^4 - 6\,X^3 + 11\,X^2 - 6\,X = X\,(X-1)\,(X-2)\,(X-3)$$

  über $\mathbb{R}$ in Linearfaktoren.

- Das Polynom $P = X^5 - 2\,X^4 + 2\,X^3 - 2\,X^2 + X \in \mathbb{R}[X]$ zerfällt wegen

$$X^5 - 2\,X^4 + 2\,X^3 - 2\,X^2 + X = X\,(X-1)^2(X^2+1)$$

  über $\mathbb{R}$ nicht in Linearfaktoren, da X^2+1 keine Nullstelle in $\mathbb{R}$ hat. Wegen $X^2+1 = (X+\mathrm{i})\,(X-\mathrm{i}) \in \mathbb{C}[X]$ zerfällt P aber sehr wohl über $\mathbb{C}$ in Linearfaktoren. ◀

Kommentar: Der sogenannte *Fundamentalsatz der Algebra* (siehe Seite 339) besagt, dass jedes Polynom $P \in \mathbb{C}[X]$ in Linearfaktoren zerfällt.

Wir haben in diesem Kapitel *Gruppen*, *Ringe* und *Körper* so weit dargestellt, wie wir es für unsere Zwecke in der Analysis und der linearen Algebra benötigen werden. Dabei haben wir nur an der Oberfläche der Theorien dieser algebraischen Strukturen gekratzt. In einer Vorlesung zur (nichtlinearen) Algebra, die man üblicherweise im zweiten Studienjahr hört, werden Gruppen, Ringe und Körper ausführlicher behandelt. Aber auch in dieser Vorlesung werden nur grundlegende Resultate erarbeitet, und zwar üblicherweise genauso viele wie nötig sind, um die in einer Algebravorlesung behandelten Fragen zur Auflösbarkeit von algebraischen Gleichungen zu klären. Tatsächlich aber ist alleine die Gruppentheorie eine der umfangreichsten mathematischen Theorien überhaupt. Um nur eine vage Vorstellung davon zu bekommen, erwähnen wir, dass es in der Gruppentheorie einen Satz gibt, dessen Beweis etwa 5000 Seiten umfasst; und dabei ist dieser sogenannte *große Satz*, der alle endlichen *einfachen* Gruppen beschreibt, nur einer von vielen Sätzen. Für das erste Studienjahr aber kommen wir mit unseren wenigen Resultaten zur Gruppen-, Ring- und Körpertheorie aus.

Zusammenfassung

Wir betrachten Mengen M mit einer **Verknüpfung**, also einer Abbildung $* \colon M \times M \to M,\ (a,b) \mapsto a * b$.

Definition einer Gruppe

$(G, *)$ ist eine **Gruppe**, wenn die Verknüpfung $*$ assoziativ ist, wenn es ein **neutrales** Element $e \in G$ gibt mit $e * a = a$ für alle $a \in G$ und wenn zu jedem $a \in G$ ein **inverses** Element $a^{-1} \in G$ existiert mit $a^{-1} * a = e$.

In jeder Gruppe $(G, *)$ ist das neutrale Element e eindeutig mit $e * x = x * e = x$, und zu jedem $a \in G$ gibt es genau ein inverses Element a^{-1} mit $a * a^{-1} = a^{-1} * a = e$.

Ein wichtiges Beispiel einer Gruppe ist die Menge der bijektiven Abbildungen einer nichtleeren Menge M auf sich mit der Hintereinanderausführung $\circ$ als Verknüpfung, die **Permutationsgruppe** von M.

Sind $(G, *)$ eine Gruppe und H eine Teilmenge von G, so heißt H **Untergruppe** von G, wenn auch H hinsichtlich der Verknüpfung $*$ eine Gruppe ist. Kennzeichnend dafür ist, dass H nichtleer ist, mit jedem x zugleich x^{-1} enthält und $x, y \in H$ stets $(x * y) \in H$ zur Folge hat.

Ist G endlich und $(H, *)$ eine Untergruppe von $(G, *)$, so ist nach dem **Satz von Lagrange** die Anzahl $|H|$ der Elemente von H ein Teiler von $|G|$.

Definition eines Homomorphismus

Eine Abbildung $\psi \colon G \to G'$ der Gruppe $(G, *)$ in die Gruppe $(G', *')$ heißt **Homomorphismus**, wenn für alle $a, b \in G$

$$\psi(a * b) = \psi(a) *' \psi(b)$$

ist. Ist ψ bijektiv, so spricht man von einem **Isomorphismus** und insbesondere bei $G' = G$ von einem **Automorphismus**.

Ist $\psi \colon G \to G'$ ein Homomorphismus, so ist das Bild $\big(\psi(G), *'\big)$ eine Untergruppe von $(G', *')$. Eine wichtige Rolle spielt der **Kern** $\ker \psi$, die Menge der Urbilder des neutralen Elements von G'. Der Kern ist eine Untergruppe von G, und genau bei $\ker \psi = \{e\}$ mit e als neutralem Element von G ist der Homomorphismus ψ injektiv.

Die Fasern des Homomorphismus $\psi \colon G \to G'$, also die Mengen der Urbilder der Elemente $\psi(a) \in G'$, sind gleichzeitig Links- und Rechtsnebenklassen des Kerns, nämlich gleich den Mengen $a * \ker \psi = \ker \psi * a$.

Auf der Menge $G / \ker \psi$ aller Nebenklassen von ψ ist durch $(a * \ker \psi) \odot (b * \ker \psi) = (a * b) * \ker \psi$ eine Verknüpfung definierbar.

Homomorphiesatz

Ist $\psi\colon G \to G'$ ein Homomorphismus der Gruppe $(G, *)$ in die Gruppe $(G', *')$, so ist

$$\varphi\colon G/\ker\psi \to \psi(G), \quad a*\ker\psi \mapsto \psi(a)$$

ein Isomorphismus der **Faktorgruppe** $(G/\ker\psi, \odot)$ auf die Gruppe $\big(\psi(G), *'\big)$ der Bilder.

Ein **Körper** ist eine Menge $\mathbb{K}$ mit zwei Verknüpfungen, der Addition und der Multiplikation, wobei gilt:

- $(\mathbb{K}, +)$ ist eine kommutative Gruppe mit dem **Nullelement** 0 als neutralem Element und $-a$ als zu a inversem Element.
- $(\mathbb{K} \setminus \{0\}, \cdot)$ ist eine kommutative Gruppe mit dem **Einselement** 1 als neutralem Element.
- Es gelten die beiden **Distributivgesetze**

$$a \cdot (b + c) = (a \cdot b) + (a \cdot c) \quad \text{und}$$
$$(a + b) \cdot c = (a \cdot c) + (b \cdot c).$$

Wichtige Beispiele sind der Körper $(\mathbb{R}, +, \cdot)$ der reellen Zahlen sowie $(\mathbb{C}, +, \cdot)$, der Körper der komplexen Zahlen $z = a + ib$ mit $(a, b) \subset \mathbb{R}^2$. Für jede Primzahl p ist $\big(\mathbb{Z}_p = \{\overline{0}, \overline{1}, \ldots, \overline{p-1}\}, +, \cdot\big)$ ein Körper, der p Elemente umfassende **Restklassenkörper modulo** p.

Die von Körpern geforderten Bedingungen lassen sich auf verschiedene Weise abschwächen. $(R, +, \cdot)$ heißt **Ring**, wenn $(R, +)$ eine kommutative Gruppe ist, die Multiplikation assoziativ ist und wenn beide Distributivgesetze erfüllt sind.

Ein Ring kann **Nullteiler** besitzen, also Elemente $a, b \neq 0$ mit $a \cdot b = 0$. Ist der Ring R nullteilerfrei, ist die Multiplikation kommutativ und existiert ein Einselement, so nennt man R einen **Integritätsbereich**.

Wichtiges Beispiel eines Rings ist der **Polynomring** $R[X]$ in der Unbestimmten X über dem kommutativen Ring R mit Einselement. Die folgende Definition der Polynome kommt ohne den Begriff einer Unbestimmten aus.

Die Polynome über R

Wir nennen jede Abbildung $a\colon \mathbb{N}_0 \to R$ mit $a(i) = 0$ für fast alle $i \in \mathbb{N}_0$ ein **Polynom**. Die Menge aller Polynome über R wird mit $R[X]$ bezeichnet.

Polynome werden komponentenweise addiert; die Multiplikation erfolgt durch Summation über die Produkte mit gleicher Indexsumme.

Satz vom Polynomring

Für jeden kommutativen Ring R mit 1 ist $(R[X], +, \cdot)$ ein kommutativer Ring mit 1.

Nachträglich können wir die Elemente r aus R mit den Polynomen a mit $a(0) = r$ und $a(i) = 0$ für $i > 0$ identifizieren.

0 ist dabei dem Nullpolynom mit $a_i = 0$ für alle $i \in \mathbb{N}_0$ zugeordnet.

Das Polynom mit $a(0) = 0$, $a(1) = 1$ und $a(i) = 0$ für $i > 1$ wird als **Unbestimmte** X bezeichnet. Zusammen mit den Potenzen $X^0 = 1$ und $X^{n+1} = X^n \cdot X$ können wir schließlich das Polynom $a \in R[X]$ mit $a(i) = a_i$ darstellen als

$$a_0 X^0 + a_1 X + a_2 X^2 + \cdots + a_n X^n.$$

Zwei Polynome $\sum_{i \in \mathbb{N}_0} a_i X^i$ und $\sum_{i \in \mathbb{N}_0} b_i X^i$ sind genau dann **gleich**, wenn $a_i = b_i$ ist für alle $i \in \mathbb{N}_0$.

Angenommen, R ist ein kommutativer Teilring des Rings S. Dann kann man jedes $c \in S$ in das Polynom $P = \sum_{i=0}^n a_i X^i \in R[X]$ **einsetzen**, also das Element $P(c) = \sum_{i=0}^n a_i c^i \in S$ berechnen.

Im Fall $R = S$ erhält man für jedes $P \in R[X]$

$$\tilde{P}\colon R \to R, \ x \mapsto P(x),$$

die zu P gehörige **Polynomfunktion**. Ein Element $c \in R$ heißt **Nullstelle** von P, falls $P(c) = 0$ ist.

Der Einsetzhomomorphismus

Für jedes $c \in R$ ist die Abbildung

$$\Phi_c\colon R[X] \to R, \ P \mapsto P(c)$$

ein Ringhomomorphismus, der **Einsetzhomomorphismus**.

Für $P \in R[X] \setminus \{0\}$ nennt man den Index des höchsten von null verschiedenen Koeffizienten den **Grad** $\deg P$ von P.

Für beliebige Polynome $P, Q \in R[X]$ gilt:

$$\deg(P + Q) \leq \max\{\deg(P), \deg(Q)\},$$
$$\deg(P \cdot Q) \leq \deg(P) + \deg(Q).$$

Ist R ein Integritätsbereich, so gilt $\deg(P \cdot Q) = \deg(P) + \deg(Q)$.

Division mit Rest

Es seien $P, Q \in R[X]$, $Q \neq 0$. Wenn der höchste Koeffizient von Q invertierbar in R ist, existieren Polynome $S, T \in R[X]$ mit

$$P = Q S + T \text{ und } \deg T < \deg Q.$$

Daraus können wir folgern, dass wir bei einem Polynom $P \neq 0$ über einem Integritätsbereich R und mit den Nullstellen $a_1 \ldots, a_k \in R$ Linearfaktoren abspalten können, es gilt somit

$$P = (X - a_1) \cdots (X - a_k) Q \text{ für ein } Q \in R[X].$$

Insbesondere hat ein Polynom über einem Integritätsbereich vom Grad $n \geq 0$ höchstens n Nullstellen.

Aufgaben

Die Aufgaben gliedern sich in drei Kategorien: Anhand der *Verständnisfragen* können Sie prüfen, ob Sie die Begriffe und zentralen Aussagen verstanden haben, mit den *Rechenaufgaben* üben Sie Ihre technischen Fertigkeiten und die *Beweisaufgaben* geben Ihnen Gelegenheit, zu lernen, wie man Beweise findet und führt.

Ein Punktesystem unterscheidet leichte Aufgaben •, mittelschwere •• und anspruchsvolle ••• Aufgaben. Lösungshinweise am Ende des Buches helfen Ihnen, falls Sie bei einer Aufgabe partout nicht weiterkommen. Dort finden Sie auch die Lösungen – betrügen Sie sich aber nicht selbst und schlagen Sie erst nach, wenn Sie selber zu einer Lösung gekommen sind. Ausführliche Lösungswege stehen auf der Website des Verlags zur Verfügung.

Viel Spaß und Erfolg bei den Aufgaben!

Verständnisfragen

3.1 •• *Sudoku für Mathematiker.* Es sei $G = \{a, b, c, x, y, z\}$ eine sechselementige Menge mit einer inneren Verknüpfung $\cdot : G \times G \to G$. Vervollständigen Sie die untenstehende Multiplikationstafel unter der Annahme, dass $(G, \cdot)$ eine Gruppe ist.

$\cdot$	a	b	c	x	y	z
a					c	b
b		x	z			
c		y				
x				x		
y						
z		a			x	

3.2 • Zeigen Sie: In einer Gruppe sind die Gleichungen $x * a = b$ und $a * y = b$ eindeutig nach x bzw. y auflösbar.

3.3 •• Es sei $K = \{0, 1, a, b\}$ eine Menge mit 4 verschiedenen Elementen. Füllen Sie die folgenden Tabellen unter der Annahme aus, dass $(K, +, \cdot)$ ein Schiefkörper (mit dem neutralen Element 0 bezüglich $+$ und dem neutralen Element 1 bezüglich $\cdot$) ist. Begründen Sie Ihre Wahl.

$+$	0	1	a	b
0				
1				
a				
b				

$\cdot$	0	1	a	b
0				
1				
a				
b				

3.4 • Kann ein Polynomring $\mathbb{K}[X]$ ein Körper sein?

3.5 • In welchen Ringen gilt $1 = 0$?

Rechenaufgaben

3.6 • Untersuchen Sie die folgenden inneren Verknüpfungen $\mathbb{N} \times \mathbb{N} \to \mathbb{N}$ auf Assoziativität, Kommutativität und Existenz von neutralen Elementen.

(a) $(m, n) \mapsto m^n$.
(b) $(m, n) \mapsto \mathrm{kgV}(m, n)$.
(c) $(m, n) \mapsto \mathrm{ggT}(m, n)$.
(d) $(m, n) \mapsto m + n + m\,n$.

3.7 • Untersuchen Sie die folgenden inneren Verknüpfungen $\mathbb{R} \times \mathbb{R} \to \mathbb{R}$ auf Assoziativität, Kommutativität und Existenz von neutralen Elementen.

(a) $(x, y) \mapsto \sqrt[3]{x^3 + y^3}$. (b) $(x, y) \mapsto x + y - x\,y$.
(c) $(x, y) \mapsto x - y$.

3.8 •• Es seien die Abbildungen $f_1, \ldots, f_6 \colon \mathbb{R} \setminus \{0, 1\} \to \mathbb{R} \setminus \{0, 1\}$ definiert durch:

$$f_1(x) = x\,, \qquad f_2(x) = \frac{1}{1 - x}\,, \qquad f_3(x) = \frac{x - 1}{x}\,,$$

$$f_4(x) = \frac{1}{x}\,, \qquad f_5(x) = \frac{x}{x - 1}\,, \qquad f_6(x) = 1 - x\,.$$

Zeigen Sie, dass die Menge $F = \{f_1, f_2, f_3, f_4, f_5, f_6\}$ mit der inneren Verknüpfung $\circ \colon (f_i, f_j) \mapsto f_i \circ f_j$, wobei $f_i \circ f_j(x) = f_i(f_j(x))$, eine Gruppe ist. Stellen Sie eine Verknüpfungstafel für $(F, \circ)$ auf.

3.9 •• Bestimmen Sie alle Untergruppen von $(\mathbb{Z}, +)$.

3.10 •• Verifizieren Sie, dass $G = \{e, a, b, c\}$ zusammen mit der durch die Tabelle

$\cdot$	e	a	b	c
e	e	a	b	c
a	a	e	c	b
b	b	c	e	a
c	c	b	a	e

definierten Verknüpfung $\cdot \colon G \times G \to G$ eine abelsche Gruppe ist, und geben Sie alle Untergruppen von G an.

Man nennt $(G, \cdot)$ die **Klein'sche Vierergruppe**.

3.11 • In $\mathbb{Q}[X]$ dividiere man mit Rest:

(a) $2X^4 - 3X^3 - 4X^2 - 5X + 6$ durch $X^2 - 3X + 1$.
(b) $X^4 - 2X^3 + 4X^2 - 6X + 8$ durch $X - 1$.

3.12 •• Bestimmen Sie ein Polynom $P \in \mathbb{Z}[X]$ mit der Nullstelle $\sqrt{2} + \sqrt[3]{2}$.

Beweisaufgaben

3.13 •• Es seien U_1 und U_2 Untergruppen einer Gruppe G. Zeigen Sie:

(a) Es ist $U_1 \cup U_2$ genau dann eine Untergruppe von G, wenn $U_1 \subseteq U_2$ oder $U_2 \subseteq U_1$ gilt.
(b) Aus $U_1 \neq G$ und $U_2 \neq G$ folgt $U_1 \cup U_2 \neq G$.
(c) Geben Sie ein Beispiel für eine Gruppe G und Untergruppen U_1, U_2 an, sodass $U_1 \cup U_2$ keine Untergruppe von G ist.

3.14 •• Es sei G eine Gruppe. Man zeige:

(a) Ist die Identität Id der einzige Automorphismus von G, so ist G abelsch.
(b) Ist $a \mapsto a^2$ ein Homomorphismus von G, so ist G abelsch.
(c) Ist $a \mapsto a^{-1}$ ein Automorphismus von G, so ist G abelsch.

3.15 ••• Es sei R ein kommutativer Ring mit 1. Zeigen Sie, dass die Menge $R[[X]] = \{P \mid P \colon \mathbb{N}_0 \to R\}$ mit den Verknüpfungen $+$ und $\cdot$, die für P, $Q \in R[[X]]$ wie folgt erklärt sind:

$$(P + Q)(m) = P(m) + Q(m)\,, \ (P\,Q)(m)$$
$$= \sum_{i+j=m} P(i)\,Q(j)\,,$$

ein kommutativer Erweiterungsring mit 1 von $R[X]$ ist – der **Ring der formalen Potenzreihen** oder kürzer **Potenzreihenring** über R. Wir schreiben $P = \sum_{i \in \mathbb{N}_0} a_i\,X^i$ oder $\sum_{i=0}^{\infty} a_i\,X^i$ (also $P(i) = a_i$) für $P \in R[[X]]$ und nennen die Elemente aus $R[[X]]$ **Potenzreihen**. Zeigen Sie außerdem:

(a) $R[[X]]$ ist genau dann ein Integritätsbereich, wenn R ein Integritätsbereich ist.
(b) Eine Potenzreihe $P = \sum_{i \in \mathbb{N}_0} a_i\,X^i \in R[[X]]$ ist genau dann invertierbar, wenn a_0 in R invertierbar ist.
(c) Bestimmen Sie in $R[[X]]$ das Inverse von $1 - X$ und $1 - X^2$.

Antworten der Selbstfragen

S. 64

Addition und Multiplikation ja, denn Summe und Produkt zweier natürlicher Zahlen liegen wieder in $\mathbb{N}$. Hingegen sind Subtraktion und Division keine Verknüpfungen auf $\mathbb{N}$, denn z. B. die Differenz $2-3$ und der Quotient $2/3$ sind keine natürlichen Zahlen mehr. Die Subtraktion wäre eine Verknüpfung auf $\mathbb{Z}$, die Division eine auf $\mathbb{Q} \setminus \{0\}$.

S. 65

$\cap$ und $\cup$ sind assoziativ, $\setminus$ nicht, wie das Beispiel

$$(\{1, 2\} \setminus \{1\}) \setminus \{2\} = \emptyset, \ \{1, 2\} \setminus (\{1\} \setminus \{2\}) = \{2\}$$

zeigt. Linksneutral hinsichtlich $\cap$ ist die Gesamtmenge $\{1, 2, 3\}$; hinsichtlich $\cup$ ist die leere Menge $\emptyset$ linksneutral. Wegen $(M_1 \cap M_2) \subseteq M_2$ gibt es nur zur Gesamtmenge ein Linksinverses bezüglich $\cap$. Wegen $(M_1 \cup M_2) \supseteq M_2$ gibt es nur zu $\emptyset$ ein Linksinverses bezüglich $\cup$. Die Potenzmenge $\mathcal{P}(M)$ ist somit für keine der genannten Verknüpfungen eine Gruppe.

S. 66

Beide Seiten der Gleichung $b * a = c * a$ werden von rechts mit dem Inversen a^{-1} von a multipliziert.

S. 66

Das inverse Element zu y ist eindeutig. Andererseits ist $y^{-1} * y = e$. Somit ist y das Inverse zu y^{-1}.

S. 66

Das inverse Element zu $(a * b)$ ist eindeutig, und mithilfe des Axioms (G1) lässt sich $(b^{-1} * a^{-1})$ als eine Lösung der Gleichung $x * (a * b) = e$ bestätigen.

S. 67

$\circ$	e	f	g	h	i	j
$e \circ$	e	f	g	h	i	j
$f \circ$	f	e	i	j	g	h
$g \circ$	g	j	e	i	h	f
$h \circ$	h	i	j	e	f	g
$i \circ$	i	h	f	g	j	e
$j \circ$	j	g	h	f	e	i

S. 72

Es ist $\psi(x + y) = 2(x + y) = 2x + 2y = \psi(x) + \psi(y)$. Daher ist ψ ein Homomorphismus $(\mathbb{Z}, +) \to (\mathbb{Z}, +)$. Dagegen ist $\psi(x \cdot y) = 2(x \cdot y) \neq (2x) \cdot (2y) = 4xy$. Daher liegt *kein* Homomorphismus von $(\mathbb{R} \setminus \{0\}, \cdot)$ auf sich vor.

S. 73

$\operatorname{sgn}(\sigma_2 \circ \sigma_1) = (-1) \cdot (-1) = 1$. Ferner ist $\operatorname{sgn}(\sigma^{-1}) \cdot \operatorname{sgn} \sigma = \operatorname{sgn} e = 1$, sofern mit e das neutrale Element von S_n, also die identische Abbildung bezeichnet ist.

S. 75

(1) Es gibt die Umkehrabbildung $(\psi_a)^{-1} = \psi_{a^{-1}}$, und

$$\begin{aligned}
\psi_a(u * v) &= a^{-1} * (u * v) * a \\
&= a^{-1} * u * (a * a^{-1}) * v * a \\
&= (a^{-1} * u * a) * (a^{-1} * v * a) \\
&= \psi_a(u) * \psi_a(v).
\end{aligned}$$

Bei kommutativem G ist ψ_a für alle $a \in G$ gleich der Identität, und jede Untergruppe von G ist ein Normalteiler.

(2) Wegen $a * U = U * a$ gibt es für alle $u \in U$ ein $\overline{\overline{u}} \in U$ mit
$$\psi_a(u) = a^{-1} * u * a = a^{-1} * a * \overline{\overline{u}} = \overline{\overline{u}},$$
und $u \mapsto \overline{\overline{u}}$ ist eine Bijektion $U \to U$. Somit ist $\psi_a(U) = U$.

S. 76
Diese Menge ist nicht abgeschlossen gegenüber $\circ$, denn das Produkt zweier ungerader Permutationen ist gerade. Oder noch kürzer: Diese Menge enthält kein neutrales Element.

S. 76
Es gibt die inverse Abbildung $f^{-1} : a * \ker \psi \to \ker \psi$ mit $a * x = y \mapsto a^{-1} * y = a^{-1} * a * x = x$.

S. 78
$\overline{2}^{-1} = \overline{3}$, denn $\overline{2} \odot \overline{3} = \overline{1}$ oder einfach $2 \cdot 3 \equiv 1 \mod 5$. Damit ist umgekehrt $\overline{3}^{-1} = \overline{2}$, also $2 \cdot 3 \equiv 1 \mod 5$.

S. 80
Es gibt hinsichtlich der Multiplikation in $\mathbb{K}$ kein inverses Element zu 0, also kein $x \in \mathbb{K}$ mit $x \cdot 0 = 1$, denn nach (ii) ist dieses Produkt stets 0.

S. 81
Wir rechnen modulo 7. Es ist
$$(4 - 6) \cdot (1 - 6)^{-1} \equiv 5 \cdot 2^{-1} \equiv 5 \cdot 4 \equiv 6 \pmod 7,$$
nachdem $2 \cdot 4 \equiv 1 \pmod 7$ ist.

S. 84
Die Relation $\leq$ ist

- reflexiv, da für jedes $x \in \mathbb{K}$ wegen $x - x = 0 \in P$ folgt $x \leq x$,
- antisymmetrisch, da aus $x \leq y$ und $y \leq x$ sogleich $y - x$, $x - y \in P$ folgt, und wegen $x - y = -(y - x)$ bedeutet dies $y - x \in P \cap (-P) = \{0\}$, d. h., $x = y$,
- transitiv, da aus $x \leq y$ und $y \leq z$ zum einen $y - x \in P$ und zum anderen $z - y \in P$ folgt; wegen $P + P \subseteq P$ folgt nun $(y - x) + (z - y) = z - x \in P$, d. h., $x \leq z$,
- linear, da für alle x, $y \in \mathbb{K}$ wegen $\mathbb{K} = P \cup (-P)$ die Differenz $y - x$ in P oder in $-P$ liegt, d. h., es gilt $x \leq y$ oder $y \leq x$.

S. 84
Die Summe $1 + 1 + \cdots + 1$ kann in einem angeordneten Körper niemals null werden, da Summen von positiven Elementen stets positiv sind.

S. 86
Die Abbildung g, die jeder geraden natürlichen Zahl die 0 und jeder ungeraden natürlichen Zahl die 1 zuordnet.

S. 89
Man betrachte etwa die zwei Polynome $1 + X$ und $1 + X + 0 X^2$. Diese Polynome sind gleich, obwohl $m \neq n$.

S. 92
Weil dann die Gradformel für alle Polynome stimmt.

S. 95
Dann haben alle Nullstellen die Vielfachheit 1, d. h., das Polynom hat lauter verschiedene Nullstellen.

Zahlbereiche – Basis der gesamten Mathematik

Was ist eine reelle, was ist eine komplexe Zahl?

Worin liegen die Unterschiede zwischen einer rationalen und einer irrationalen Zahl?

Warum ist eigentlich $\frac{1}{2} + \frac{1}{3} = \frac{5}{6}$?

© Springer-Verlag GmbH Deutschland, ein Teil von Springer Nature 2022
T. Arens et al., *Grundwissen Mathematikstudium*,
https://doi.org/10.1007/978-3-662-63313-7_4

Zahlen stellen eine wichtige Grundlage der gesamten Mathematik, speziell aber der Analysis dar.

Man kann den Standpunkt von R. Dedekind und L. Kronecker einnehmen und die *reellen Zahlen* ausgehend von den *natürlichen Zahlen* über die *ganzen* und die *rationalen Zahlen* konstruieren. Doch stellt sich gleich die Frage: *„Was ist eine natürliche Zahl?"*. Nach dem Vorbild von G. Peano (1889) und R. Dedekind (1888) lassen sich die natürlichen Zahlen mittels der sogenannten *Peano-Axiome* charakterisieren. Aus diesen Grundannahmen leiten sich alle Aussagen über das Rechnen mit natürlichen Zahlen ab, so wie man es aus der Schule gewohnt ist. Mit relativ einfachen algebraischen Mitteln lassen sich aus den natürlichen Zahlen die ganzen Zahlen und die rationalen Zahlen konstruieren. Der Übergang von den rationalen Zahlen zu den reellen Zahlen erfordert jedoch kompliziertere Begriffsbildungen aus der Analysis bzw. der Algebra.

Wir werden daher hier nicht so vorgehen, sondern den Standpunkt einnehmen, dass jeder intuitiv weiß, was reelle Zahlen sind, und die reellen Zahlen axiomatisch einführen. Die natürlichen, die ganzen und die rationalen Zahlen werden wir als Teilmengen der reelle Zahlen definieren. In dem Vertiefungsabschnitt 4.7 gehen wir auf den oben skizzierten *konstruktiven Aufbau* der reellen Zahlen ausgehend von den Peano-Axiomen für die natürlichen Zahlen ein.

4.1 Der Körper der reellen Zahlen

Zahlen – in allen Kulturen schon in einem frühen Stadium zum Zählen und Rechnen verwendet – spielen in unserem Alltagsleben eine nicht wegzudenkende Rolle. Ob Hausnummern, Telefonnummern, Kontostände, Preise, Zinsen, Zeitangaben usw., überall sind Zahlen gegenwärtig. Zahlen erregen selten Emotionen, aber die Verschuldung der Bundesrepublik bringt manche oder manchen zum Nachdenken. „6 Richtige" im Lotto erregen dagegen freudige Gefühle. Kaum vorstellbar kleine Zahlen, wie etwa das Planck'sche Wirkungsquantum $h = 6.626069... \cdot 10^{-34}$ mit der Einheit Joulesekunden spielen in der modernen Physik eine fundamentale Rolle. Während nach dem Motto der Schule des Pythagoras (etwa 5. bis 3. Jh. v. Chr.) noch galt:

„Alles ist Zahl!",

stellte R. Dedekind in seiner fundamentalen Arbeit aus dem Jahre 1888 die Frage:

„Was sind und was sollen die Zahlen?"

Zwei Jahre vorher hatte L. Kronecker auf der Berliner Naturforscherversammlung den Standpunkt vertreten:

„Die ganzen Zahlen hat der liebe Gott gemacht, alles andere ist Menschenwerk."

Geläufig sind die Darstellungen *reeller Zahlen* durch *Dezimalzahlen*,

$$
\begin{array}{rcl}
1/2 & = & 0.500000000000000000\ldots \\
1/7 & = & 0.142857142857142857\ldots \\
\sqrt{2} & = & 1.414213562373095049\ldots \\
\pi & = & 3.141592653589793238\ldots \\
e & = & 2.718281828459045235\ldots
\end{array}
$$

Dabei steht π für die *Kreiszahl* und e für die *Euler'sche Zahl*. Man könnte die Menge der reellen Zahlen als die Menge aller Dezimalzahlen definieren, stößt dabei aber offenkundig sofort auf Probleme. Während im Falle von $1/7$ die Bedeutung der Punkte „..." noch erkennbar ist, bleibt unklar, was die Punkte bei π und e bedeuten. Bei der Dezimaldarstellung von $\pi + e$ und $\pi \cdot e$ treten weitere Schwierigkeiten auf.

Die Grundzahl 10 des Dezimalsystems ist zwar kulturhistorisch bedeutsam. Aus mathematischer Sicht ist sie jedoch durch keine besondere Eigenschaft ausgezeichnet. Man kann jede natürliche Zahl g, die größer oder gleich 2 ist, als Grundzahl für die g-al-Entwicklung reeller Zahlen wählen. Für die Darstellung reeller Zahlen im Computer sind besonders die Grundzahlen $g = 2$ und $g = 16$ praktisch. Nach der Beschäftigung mit Reihen gehen wir auf die Darstellung reeller Zahlen durch g-al-Entwicklungen ein (siehe auch Kapitel 10).

Die reellen Zahlen sind die Basis der Analysis

Um uns nicht gleich zu Beginn mit den oben geschilderten Problemen bei den Dezimalentwicklungen reeller Zahlen auseinandersetzen zu müssen, wählen wir hier einen axiomatischen Zugang zu den reellen Zahlen. Wir setzen dabei ihre Existenz voraus. Es sollte an dieser Stelle bemerkt werden, dass die Erweiterung und Präzisierung des Zahlbegriffs das Ergebnis einer fast viertausendjährigen Entwicklung war, die erst gegen Ende des 19. Jahrhunderts abgeschlossen wurde. Unsere Vorgehensweise stellt die historische Entwicklung quasi auf den Kopf.

Um eine tragfähige Basis für den Aufbau der Analysis zu schaffen, fixieren wir den Begriff der reellen Zahl, indem wir Axiome für die reellen Zahlen angeben. Dies sind Grundeigenschaften, die wir als wahr betrachten und nicht weiter hinterfragen, aus denen sich aber alle weiteren Aussagen über reelle Zahlen ableiten lassen.

Axiome der reellen Zahlen

Es gibt drei Serien von Axiomen für die reellen Zahlen:
   (K) die Körperaxiome
  (AO) die Anordnungsaxiome
   (V) ein Vollständigkeitsaxiom

Wir machen dabei die folgende Grundannahme:

Es gibt eine Menge $\mathbb{R}$, die den obigen Axiomen genügt. Wir nennen $\mathbb{R}$ die **Menge der reellen Zahlen**. Was das im Einzelnen bedeutet, wird im Folgenden erklärt.

Kommentar: Die Frage nach der Existenz bleibt zunächst offen! Auch ist an dieser Stelle noch nicht klar, ob es nur *eine* Menge gibt, die den obigen Axiomen genügt.

Statt „a ist eine reelle Zahl" schreiben wir „$a \in \mathbb{R}$" und sagen „a ist Element von $\mathbb{R}$".

Die Körperaxiome begründen das Rechnen

Wir beginnen mit den Grundeigenschaften, die zur Begründung des Rechnens, d. h. der *Addition*, der *Subtraktion*, der *Multiplikation* und der *Division*, ausreichen. In den Axiomen kommen nur Addition und Multiplikation vor, Subtraktion und Division werden aus diesen abgeleitet.

Die in der Übersichtsbox auf Seite 104 aufgeführten Körperaxiome (K) besagen, dass die reellen Zahlen $\mathbb{R}$ mit den Verknüpfungen der Addition und Multiplikation einen Körper bilden, wenn man darunter eine Menge K versteht, in welcher je zwei Elementen eine Summe $a + b$ und ein Produkt $a \cdot b$ so zugeordnet sind, dass für die Elemente von K die (A1) bis (A4), (M1) bis (M4) und (D) entsprechenden Regeln gelten. Ein Körper ist eine algebraische Struktur, die in Kapitel 3 eingeführt wurde. Später werden wir sehen, dass das System der obigen Axiome (K), (AO) und (V) die reellen Zahlen im Wesentlichen, d. h. bis auf *Isomorphie*, eindeutig festlegt.

Erfahrungsgemäß bereitet der Umgang mit Axiomen Studienanfängern Schwierigkeiten. Wir stellen einige sicher gut bekannte Aussagen vor, um zu sehen, wie sich diese Folgerungen aus den Axiomen ergeben. Wir benutzen dabei die eindeutige Lösbarkeit von Gleichungen.

Eindeutige Lösbarkeit elementarer Gleichungen

- Für die Gleichung $a + x = b$ mit reellen Zahlen a, b existiert genau eine reelle Zahl x, welche diese Gleichung löst, nämlich $x = b + (-a) = b - a$.
- Zu je zwei reellen Zahlen a, b, wobei $a \neq 0$ gilt, gibt es genau ein $x \in \mathbb{R}$ mit $ax = b$, nämlich $x = a^{-1}b$. Für $a^{-1}b$ schreiben wir auch den **Bruch** $\frac{b}{a}$ und nennen ihn den **Quotienten** von b und a.

Beweis: Dass $x = b + (-a)$ die Gleichung $a + x = b$ löst, überprüft man durch Einsetzen: Da die Existenz des inversen Elements $(-a)$ gesichert ist, folgt mit dem Kommutativgesetz:

$$a + [b + (-a)] = a + b + (-a) = a + (-a) + b = 0 + b = b,$$

wobei wir noch die Eigenschaft des neutralen Elements 0 zur Addition genutzt haben. Umgekehrt folgt aus der Gleichung $a + x = b$ durch beidseitiges Addieren von $-a$ die Identität $a + x + (-a) = b + (-a)$. Mit dem Kommutativgesetz erhält man für die linke Seite $a + x + (-a) = a + (-a) + x = 0 + x = x$. Also ist $x = b + (-a)$ die einzige Lösung der Gleichung.

Genauso verfährt man für die Gleichung $a \cdot x = b$, wenn $a \neq 0$ ist. Man ersetzt einfach das Pluszeichen durch ein Malzeichen und das Inverse der Addition $-a$ durch das Inverse der Multiplikation a^{-1}, das wegen der Voraussetzung $a \neq 0$ existiert. Auch wird das neutrale Element der Addition 0 durch das neutrale Element der Multiplikation 1 ersetzt. ∎

Aus den Axiomen lassen sich alle weiteren Rechenregeln ableiten

Da bereits in Abschnitt 3.3 ähnliche Überlegungen behandelt wurden, vergleiche man die folgenden Ausführungen damit.

Folgerung
Für alle $a \in \mathbb{R}$ gilt $-(-a) = a$.

Beweis: Zum Beweis beachten wir, dass $-(-a)$ die eindeutig bestimmte Lösung x der Gleichung $(-a) + x = 0$ ist. Es gilt weiterhin $(-a) + a = 0$, und daher folgt die Behauptung aus der Eindeutigkeit der Lösbarkeit der Gleichung $(-a) + x = 0$. ∎

Eine analoge Aussage gilt natürlich auch für die Multiplikation. Da dazu nur das „+" durch ein „·" zu ersetzen ist, verläuft auch der Beweis völlig analog.

Folgerung
Für alle $a \in \mathbb{R}$, $a \neq 0$, gilt $(a^{-1})^{-1} = a$.

Beweis: Die Zahl $x = (a^{-1})^{-1}$ ist Lösung der Gleichung $(a^{-1})x = 1$. Ebenfalls löst $x = a$ diese Gleichung. Daher ist nach der Eindeutigkeit der Lösung der Gleichung $(a^{-1})x = 1$ wirklich $(a^{-1})^{-1} = a$. ∎

Die nächste Folgerung ist ein Ausdruck mit zwei reellen Zahlen und somit etwas komplizierter. Aber auch hier läuft der Beweis auf ein schlichtes Anwenden der Axiome hinaus.

Folgerung
Für alle $a, b \in \mathbb{R}$, $a, b \neq 0$, gilt $(ab)^{-1} = b^{-1}a^{-1}$. Wegen der Vertauschbarkeit von Faktoren (M1) lässt sich der letzte Ausdruck auch als $a^{-1}b^{-1}$ schreiben.

Beweis: Die inverse Zahl $(ab)^{-1}$ ist die eindeutig bestimmte Lösung der Gleichung $(ab)x = 1$. Andererseits wird die Gleichung auch von $b^{-1}a^{-1}$ gelöst, da $(ab)(b^{-1}a^{-1}) = a(bb^{-1})a^{-1} = aa^{-1} = 1$. Dies zeigt die Identität beider Zahlen. ∎

Der folgende Satz von der Nullteilerfreiheit scheint selbstverständlich, ist aber ebenso eine Konsequenz aus den Axiomen.

Folgerung (Nullteilerfreiheit der reellen Zahlen)
Für alle $a, b \in \mathbb{R}$ gilt $ab = 0$ genau dann, wenn $a = 0$ oder $b = 0$ ist.

Übersicht: Körperaxiome für die reellen Zahlen

Wir stellen die Körperaxiome aus Kapitel 3 noch einmal ausführlich für die reellen Zahlen zusammen. Je zwei reellen Zahlen a und b ist genau eine weitere reelle Zahl $a + b$, die Summe von a und b, und genauso eine weitere reelle Zahl $a \cdot b$, das Produkt von a und b, zugeordnet. Diese Zuordnungen heißen **Addition** und **Multiplikation**, und sie erfüllen die zusammengestellten Eigenschaften.

(A1) Für alle $a, b \in \mathbb{R}$ gilt $a + b = b + a$.	Kommutativgesetz bezüglich „+"
(A2) Für alle $a, b, c \in \mathbb{R}$ gilt $(a + b) + c = a + (b + c)$.	Assoziativgesetz bezüglich „+"
(A3) Es gibt eine Zahl $0 \in \mathbb{R}$, sodass $a + 0 = a$ für alle $a \in \mathbb{R}$ gilt.	Existenz eines neutralen Elements bezüglich „+"
(A4) Zu jedem $a \in \mathbb{R}$ gibt es eine Zahl $(-a) \in \mathbb{R}$ mit $a + (-a) = 0$.	Existenz eines inversen Elements bezüglich „+"
(M1) Für alle $a, b \in \mathbb{R}$ gilt $a \cdot b = b \cdot a$.	Kommutativgesetz bezüglich „$\cdot$"
(M2) Für alle $a, b, c \in \mathbb{R}$ gilt $(a \cdot b) \cdot c = a \cdot (b \cdot c)$.	Assoziativgesetz bezüglich „$\cdot$"
(M3) Es gibt eine Zahl $1 \in \mathbb{R}$ $(1 \neq 0)$, sodass $a \cdot 1 = a$ für alle $a \in \mathbb{R}$ gilt.	Existenz eines neutralen Elements bezüglich „$\cdot$"
(M4) Zu jedem $a \in \mathbb{R}$ $(a \neq 0)$ gibt es ein $a^{-1} \in \mathbb{R}$, für das $a \cdot (a^{-1}) = 1$ gilt.	Existenz eines inversen Elementes bezüglich „$\cdot$"
(D) Für alle $a, b, c \in \mathbb{R}$ gilt $a \cdot (b + c) = (a \cdot b) + (a \cdot c)$.	Distributivgesetz

Die Axiome (A1) bis (A4) besagen, dass die reellen Zahlen $\mathbb{R}$ bezüglich der Addition eine abelsche Gruppe (mit dem neutralen Element 0) bilden. Mit (M1) bis (M4) sind die von Null verschiedenen Elemente aus $\mathbb{R}$ eine abelsche Gruppe (mit dem neutralen Element $1 \neq 0$) bezüglich der Multiplikation. Beide Verknüpfungen sind über das Distributivgesetz (D) miteinander verbunden. Die neutralen Elemente 0 bzw. 1 sowie die inversen Elemente $(-a)$ bzw. a^{-1} sind wie in jeder abelschen Gruppe jeweils eindeutig

bestimmt. Geläufige Rechenregeln, wie $(-a)(-b) = ab$, speziell $(-1)(-1) = 1$ oder $(a - b)(a + b) = a^2 - b^2$ lassen sich aus den obigen Axiomen ableiten. Zur Vereinfachung der Schreibweise notieren wir statt $a \cdot b$ oft einfach ab und halten uns an die Regel *Punktrechnung geht vor Strichrechnung*. Diese *Vorfahrtsregel* erspart uns viele Klammern. Das Distributivgesetz schreibt sich dann so:

$$a(b + c) = ab + ac.$$

Beweis: Wie auf Seite 81 bereits gesehen, folgt mit $b = 0$ aus

$$a \cdot 0 = a \cdot (0 + 0) = a \cdot 0 + a \cdot 0$$

und der eindeutigen Lösbarkeit der Gleichung $a \cdot 0 + x = a \cdot 0$, dass $a \cdot 0 = 0$ ist. Genauso gilt für $a = 0$ die Gleichung $0 \cdot b = 0$.

Sei umgekehrt $a \cdot b = 0$. Dann ist zu zeigen: $a = 0$ oder $b = 0$. Wäre $b = 0$, dann braucht nichts bewiesen werden. Also nehmen wir $b \neq 0$ an. Nach Axiom M4 existiert das Inverse b^{-1}, und es folgt:

$$0 = (a \cdot b) \cdot b^{-1} = a(b \cdot b^{-1}) = a \cdot 1 = a. \qquad \blacksquare$$

Algebraische Strukturen, in denen der Nullteilersatz nicht gilt, wurden in Kapitel 3 angesprochen. Ein Beispiel ist der Restklassenring $\mathbb{Z}_6$, in dem $\overline{2} \cdot \overline{3} = \overline{6} = \overline{0}$ gilt, wobei aber $\overline{2} \neq \overline{0}$ und $\overline{3} \neq \overline{0}$ sind. Wir werden weitere wichtige Beispiele, wie den Ring der stetigen Funktionen auf $\mathbb{R}$ (siehe Kap. 9) oder der Ring der $n \times n$-Matrizen für $n \geq 2$ (siehe Seite 445 in Kap. 12) kennenlernen, für welche das Produkt von zwei vom Nullelement verschiedenen Elementen das Nullelement ergibt.

?

Beweisen Sie
$$(-1)(-1) = 1,$$
indem Sie von $1 + (-1) = 0$ ausgehen. Können Sie das Ergebnis auf
$$(-a)(-b) = ab$$
für $a, b \in \mathbb{R}$ verallgemeinern?

Die Regeln der Bruchrechnung folgen aus den Körperaxiomen

Ein weiteres Beispiel für die Anwendung der Axiome ist die für das Rechnen mit Zahlen grundlegende Bruchrechnung.

Folgerung
Für alle $a, b, c, d \in \mathbb{R}$, $b \neq 0$, $d \neq 0$ gilt:

- **Erweitern und Kürzen**

$$\frac{a}{b} = \frac{c}{d} \Leftrightarrow ad = bc \quad \text{und für } 0 \neq x \in \mathbb{R}: \quad \frac{ax}{bx} = \frac{a}{b}.$$

- **Addieren bzw. Subtrahieren von Brüchen**

$$\frac{a}{b} \pm \frac{c}{d} = \frac{ad \pm bc}{bd}.$$

Für $b = d$ muss man die Erweiterung nicht durchführen. Im Fall $b \neq d$ wird bd der **gemeinsame Nenner** genannt.

- **Multiplizieren von Brüchen**

$$\frac{a}{b} \cdot \frac{c}{d} = \frac{ac}{bd}.$$

- **Division von Brüchen, d. h. Doppelbrüche**

Ist zusätzlich $c \neq 0$, dann gilt $\dfrac{\frac{a}{b}}{\frac{c}{d}} = \dfrac{ad}{bc}.$

Beweis: Exemplarisch beweisen wir die erste Aussage.

Zunächst zeigen wir die Hinrichtung. Multiplizieren wir die linke Gleichung mit bd, dann erhalten wir mit der Kommutativität die folgenden Äquivalenzen:

$$(ab^{-1})(bd) = (cd^{-1})(bd)$$
$$\Leftrightarrow \quad a(b^{-1}b)d = c(d^{-1}d)b$$
$$\Leftrightarrow \quad a \cdot 1 \cdot d = c \cdot 1 \cdot b$$
$$\Leftrightarrow \quad ad = cb.$$

Für die Rückrichtung gilt nach Division der Gleichung $ad = bc$ durch $bd \neq 0$ die Gleichung:

$$\frac{ad}{bd} = \frac{bc}{bd} \quad \text{oder} \quad \frac{a}{b} = \frac{c}{d}. \qquad \blacksquare$$

?

Beweisen Sie noch den zweiten Teil der ersten Aussage, dass für jedes $x \in \mathbb{R}$ mit $x \neq 0$ und $a, b \in \mathbb{R}$, $b \neq 0$ die Gleichung

$$\frac{a}{b} = \frac{ax}{bx}$$

gilt.

Als letztes Beispiel betrachten wir noch einen komplizierteren aber wohlbekannten mathematischen Ausdruck, einen Spezialfall der binomischen Formeln. Wie üblich nutzen wir die Notationen $2 = 1 + 1$ und $x^2 = xx$ für $x \in \mathbb{R}$.

Folgerung
Für alle $a, b \in \mathbb{R}$ gilt die *binomische Formel*

$$(a + b)^2 = a^2 + 2ab + b^2.$$

Beweis: Wir geben in jedem Beweisschritt die verwendeten Axiome kurz ohne weitere Kommentierung an.

$$
\begin{aligned}
(a+b)^2 &= (a+b)(a+b) && \text{nach Def.} \\
&= (a+b)a + (a+b)b && \text{nach (D)} \\
&= a(a+b) + b(a+b) && \text{nach (M1)} \\
&= (aa + ab) + (ba + bb) && \text{nach (D)} \\
&= ((aa + ab) + ba) + bb && \text{nach (A2)} \\
&= (aa + (ab + ab)) + bb && \text{nach (A2), (M1)} \\
&= (aa + (ab \cdot 1 + ab \cdot 1)) + bb && \text{nach (M3)} \\
&= (aa + ab(1 + 1)) + bb && \text{nach (D)} \\
&= aa + (1 + 1)ab + bb && \text{nach (M1)} \\
&= a^2 + 2ab + b^2 && \text{nach Def.}
\end{aligned}
$$

$\hfill \blacksquare$

Im weiteren Verlauf des Kapitels werden wir die Körperaxiome häufig ohne großen Kommentar verwenden. Dies sollte Sie jedoch nicht dazu verleiten, schnell darüber hinwegzugehen. Die mathematische Fachsprache kann sehr kurz und prägnant sein, sie ist aber gerade deswegen auch kompliziert. Machen Sie sich daher als kleine Übung jeden Schritt im vorangegangenen Beweis klar!

Wenn auch bis jetzt nur Altbekanntes – wie z. B. die Vorzeichenregeln, ein Spezialfall der binomischen Formel oder die Regeln der Bruchrechnung – herausgekommen ist, hat die axiomatische Methode den Vorteil, dass die aus den Körperaxiomen abgeleiteten Regeln für *alle* Körper gelten.

Davon gibt es – wie schon bemerkt – sehr viele, z. B. bilden die rationalen Zahlen oder die komplexen Zahlen Körper bezüglich der jeweils dort definierten Operationen der Addition und der Multiplikation.

Im dritten Kapitel ist uns schon ein „skurriler" Körper mit nur zwei Elementen $\bar{0}$ und $\bar{1}$ begegnet. Wir erinnern an die

Additions- und Multiplikationstabelle dieses Körpers $\mathbb{Z}_2$:

$$\begin{array}{c|cc} + & \bar{0} & \bar{1} \\ \hline \bar{0} & \bar{0} & \bar{1} \\ \bar{1} & \bar{1} & \bar{0} \end{array} \qquad \begin{array}{c|cc} \cdot & \bar{0} & \bar{1} \\ \hline \bar{0} & \bar{0} & \bar{0} \\ \bar{1} & \bar{0} & \bar{1} \end{array}$$

In der Literatur findet man statt $\mathbb{Z}_2$ auch die Bezeichnungen $\mathbb{F}_2, \mathbb{Z}/2\mathbb{Z}$ oder $GF(2)$, wobei GF für *Galois Field* steht. Dieser Körper ist das einfachste Beispiel aus der Serie der Restklassenringe $\mathbb{Z}/p\mathbb{Z}$, p prim, die jeweils Beispiele für Körper mit p Elementen sind (siehe Abschnitt 3.3).

Dass auch in $\mathbb{R}$ die Gleichung

$$1 + 1 = 0$$

gilt, können wir bisher nicht ausschließen. Erst mit den *Anordnungsaxiomen* wird sich ergeben, dass in $\mathbb{R}$ diese Gleichung nicht erfüllt sein kann.

4.2 Die Anordnungsaxiome für die reellen Zahlen

Die Anordnungsaxiome, welchen wir uns nun zuwenden wollen, stellen die Grundlage für das Rechnen mit *Ungleichungen* und für *Abschätzungen* dar.

Ungleichungen sind in der Analysis mindestens so wichtig, wie Gleichungen in der Algebra

Im dritten Kapitel auf Seite 84 wurde der Begriff des angeordneten Körpers eingeführt. Die reellen Zahlen bilden einen angeordneten Körper, d. h., in $\mathbb{R}$ ist eine Teilmenge $\mathbb{R}_{>0}$, die *positiven Zahlen*, ausgezeichnet, sodass folgende Axiome gelten.

Anordnungsaxiome der reellen Zahlen

- (AO_1) Für jede reelle Zahl a gilt genau eine der Aussagen:

$$a \in \mathbb{R}_{>0} \text{ oder } a = 0 \text{ oder } (-a) \in \mathbb{R}_{>0}.$$

- (AO_2) Für beliebige $a, b \in \mathbb{R}_{>0}$ gilt $a + b \in \mathbb{R}_{>0}$.
- (AO_3) Für beliebige $a, b \in \mathbb{R}_{>0}$ gilt $a \cdot b \in \mathbb{R}_{>0}$.

Statt „$a \in \mathbb{R}_{>0}$" sagen wir auch, dass a **positiv** ist und verwenden dafür die Abkürzung $a > 0$. Ist $-a \in \mathbb{R}_{>0}$, dann heißt a **negativ**. Wir schreiben kurz $a < 0$.

Eine reelle Zahl ist nach (AO_1) entweder positiv oder negativ oder gleich null. Durch Auszeichnung der positiven reellen Zahlen kann man nun zwei reelle Zahlen der Größe nach vergleichen.

Ordnungsrelationen auf den reellen Zahlen

Man definiert für $a, b \in \mathbb{R}$ die Relationen

- $a < b$ bzw. $b > a$ genau dann, wenn $b - a \in \mathbb{R}_{>0}$ ist, und
- $a \leq b$ bzw. $b \geq a$ genau dann, wenn $a < b$ oder $a = b$ gilt.

Im ersten Fall sagen wir a **kleiner** b bzw. b **größer** a und im zweiten Fall a **kleinergleich** b bzw. b **größergleich** a. Beziehungen der Form

$$a < b \quad \text{oder} \quad a \leq b$$

nennt man **Ungleichungen** oder in manchen Zusammenhängen auch **Abschätzungen**.

Die Relation „<" ist transitiv und translationsinvariant

Einige zentrale Eigenschaften dieser Relationen stellen wir zusammen und geben ausführliche Begründungen, wie diese aus den Axiomen folgen.

Folgerung (Trichotomiegesetz)

Für je zwei reelle Zahlen a, b gilt genau eine der drei Aussagen:

$$a < b \text{ oder } a = b \text{ oder } a > b.$$

Beweis: Man muss nur die Definition einsetzen:

$$\begin{aligned} a < b \text{ bedeutet } & b - a \in \mathbb{R}_{>0}, \\ a = b \text{ bedeutet } & b - a = 0, \\ a > b \text{ bedeutet } & a - b = -(b - a) \in \mathbb{R}_{>0}. \end{aligned}$$

Nach (AO_1) tritt für die reelle Zahl $b - a$ genau einer dieser Fälle ein. ∎

Für Ungleichungsketten ist die nächste Folgerung von entscheidender Bedeutung.

Folgerung (Transitivität)

Für beliebige Zahlen $a, b, c \in \mathbb{R}$ gilt, dass aus $a < b$ und $b < c$ die Ungleichung $a < c$ folgt.

Beweis: Aus $a < b$, d. h., $b - a \in \mathbb{R}_{>0}$ und $b < c$, d. h., $c - b \in \mathbb{R}_{>0}$ folgt nach (AO_2) sofort $(c - b) + (b - a) \in \mathbb{R}_{>0}$. Damit ist $(c - a) \in \mathbb{R}_{>0}$, und es gilt $a < c$. ∎

Gleichsinnige Ungleichungen darf man addieren

Natürlich sollten sich die Anordnungsaxiome mit denen der Addition und der Multiplikation vertragen. Dies wird im Folgenden nachgewiesen. Wir beginnen mit der Addition.

Folgerung (Translationsinvarianz)

Für $a, b, c, d \in \mathbb{R}$ gilt, dass aus $a < b$ und $c \leq d$ die Ungleichung $a + c < b + d$ folgt:

Insbesondere ergibt sich aus $a < b$ für $c \in \mathbb{R}$:

$$a + c < b + c$$

Beweis: Wir behandeln zunächst den Fall $c < d$. Es gelten dann $(b - a) \in \mathbb{R}_{>0}$ und $(d - c) \in \mathbb{R}_{>0}$. Nach (AO_2) ist auch $(b - a) + (d - c) \in \mathbb{R}_{>0}$. Da aber

$$(b - a) + (d - c) = b + d - (a + c)$$

gilt, folgt $a + c < b + d$. Für $c = d$ schließt man analog: Die Ungleichung $a + c < b + c$ ist gleichbedeutend mit $(b + c) - (a + c) \in \mathbb{R}_{>0}$, und es ergibt sich:

$$(b + c) - (a + c) = (b - a) + (c - c) = (b - a) + 0$$
$$= b - a \in \mathbb{R}_{>0}. \qquad \blacksquare$$

Ein wenig mehr müssen wir aufpassen, wenn wir die Verträglichkeit mit der Multiplikation untersuchen.

Folgerung (Verträglichkeit mit der Multiplikation)

Für beliebige $a, b, c \in \mathbb{R}$ mit $c \neq 0$ gelten folgende Aussagen:

- Aus $a < b$ und $c > 0$ folgt $ac < bc$.
- Aus $a < b$ und $c < 0$ folgt $ac > bc$.
- Aus $0 \leq a < b$ und $0 \leq c < d$ folgt $0 \leq ac < bd$.
- $a > 0$ ist gleichbedeutend mit $a^{-1} > 0$.
- Aus $0 < a < b$ folgt $0 < \frac{1}{b} < \frac{1}{a}$.

Beweis: Für die erste Aussage sei $c > 0$. Dann ist zu zeigen, dass aus $a < b$ die Ungleichung $ac < bc$ bzw. $bc - ac \in \mathbb{R}_{>0}$ folgt.

Setzen wir $a < b$, d. h. $b - a \in \mathbb{R}_{>0}$ voraus. Mit (AO_3) folgt für $c > 0$ auch $(b - a)c \in \mathbb{R}_{>0}$. Der Ausdruck $(b - a)c$ ist nach (D) identisch zu $bc - ac$. Also gilt $bc - ac \in \mathbb{R}_{>0}$, d. h. $ac < bc$.

Der Beweis der zweiten Aussage verläuft analog.

Die dritte Aussage folgt aus der ersten Aussage. Mit $a < b$ gilt auch $ac < bc$. Beachten wir, dass mit dem ersten Teil $bc < bd$ ist, nur dass hier der Ausdruck $c < d$ mit b erweitert wird, so gilt $ac < bc < bd$ und somit auch $ac < bd$. Ungleichungen zwischen nicht negativen Zahlen darf man also multiplizieren.

Für die vierte Aussage folgern wir mit dem Nullteilersatz aus $a > 0$, dass $a^{-1} \neq 0$ gilt, da $a \cdot a^{-1} = 1 \neq 0$ ist. Wäre $a^{-1} = \frac{1}{a} < 0$, dann folgt $aa^{-1} = 1 < 0$, was im Widerspruch zur Aussage $1 = 1^2 > 0$ steht, die aus (AO_3) folgt. Also ist $a^{-1} = \frac{1}{a} > 0$.

Die Umkehrung $a^{-1} > 0$ impliziert $a > 0$ gilt natürlich auch. Man verwendet den gleichen Schluss und beachtet $(a^{-1})^{-1} = a$.

Die fünfte Aussage folgt durch zweimaliges Anwenden der ersten Aussage. Man setzt zuerst $c = a^{-1} = \frac{1}{a}$ und erhält $a \cdot \frac{1}{a} < b \cdot \frac{1}{a}$ bzw. $1 < \frac{b}{a}$. Nun wendet man mit $c' = b^{-1} = \frac{1}{b}$ die erste Aussage erneut an und erhält $1 \cdot \frac{1}{b} < \frac{b}{a} \cdot \frac{1}{b}$. Diese Ungleichung ist identisch mit $\frac{1}{b} < \frac{1}{a}$. $\qquad \blacksquare$

Beim Invertieren von positiven reellen Zahlen dreht sich das $<$-Zeichen der Ungleichung um

Mit der Umkehrung der letzten der obigen Aussagen kann man sagen, dass sich beim Invertieren von positiven reellen Zahlen das „$<$"-Zeichen in der Ungleichung umdreht. Wir beweisen diese Aussage, indem wir diese Umkehrung zeigen.

Folgerung

Ist $ab > 0$, so gilt $a < b$ genau dann, wenn $\frac{1}{b} < \frac{1}{a}$ ist.

Beweis: Als Hilfsgröße betrachten wir

$$\frac{1}{a} - \frac{1}{b} = \frac{b - a}{ab}.$$

„$\Rightarrow$": Ist $a < b$, dann ist $b - a > 0$. Weiter ist nach Voraussetzung $(ab)^{-1} > 0$. Der rechte Bruch ist somit positiv, und es gilt:

$$\frac{1}{a} - \frac{1}{b} > 0 \quad \text{oder} \quad \frac{1}{b} < \frac{1}{a}.$$

„$\Leftarrow$": Ist die linke Seite positiv, so muss wegen $ab > 0$ auch $b - a > 0$ gelten, und es ist $a < b$. $\qquad \blacksquare$

In Kapitel 9 werden wir hierfür sagen, dass die Funktion $f : \mathbb{R}_{>0} \to \mathbb{R}$ mit $f(x) = \frac{1}{x}$ *streng monoton fällt*, da für wachsendes x die Kehrwerte immer kleiner werden (Abb. 4.1).

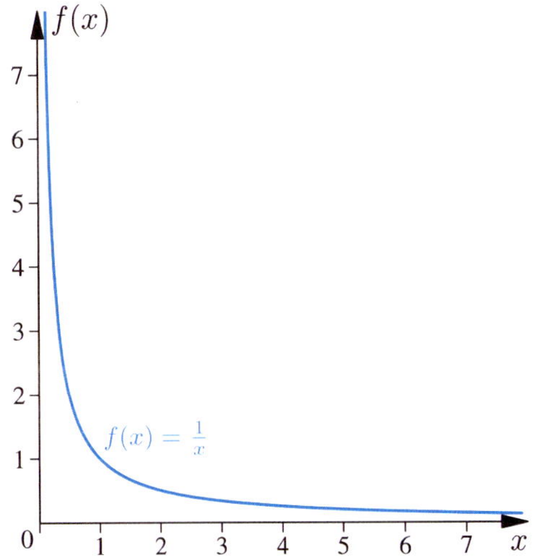

Abbildung 4.1 Die durch $f : (0, \infty) \to (0, \infty)$, $f(x) = 1/x$ gegebene Hyperbel ist ein Beispiel einer Abbildung, die mit wachsendem x streng monoton fällt.

?

Weisen Sie nach, dass bei Ungleichungen zwischen positiven Zahlen das Quadrieren und das Wurzelziehen die Relation erhalten bleibt, d. h., für $a, b \in \mathbb{R}_{>0}$ ist

$$a < b \Leftrightarrow a^2 < b^2 .$$

Wie Ihnen bereits bekannt sein wird, dreht sich beim Multiplizieren einer Ungleichung mit einer negativen Zahl das „$<$"-Zeichen um. Man nennt dieses Verhalten die *Spiegelungseigenschaft*, die wir ebenfalls aus den Axiomen ableiten.

Folgerung (Spiegelungseigenschaft)

Für $a, b \in \mathbb{R}$ gilt $a < b$ genau dann, wenn $-a > -b$.

Beweis: Aus $a < b$ folgt nach Addition von $-a$ auf beiden Seiten $0 < b + (-a)$ und durch Addieren von $-b$ auf beiden Seiten dann $-b < -a$.

Die Rückrichtung erhalten Sie, wenn Sie auf beiden Seiten der Gleichung $-a > -b$ die Zahl $b + a$ addieren. Es ist $-a + (b + a) > -b + (b + a)$, und nach Weglassen der Klammern und Umsortieren der einzelnen Summanden, was wegen der Kommutativität möglich ist, erhält man $(-a + a) + b > (-b + b) + a$. Dies bedeutet $b > a$ bzw. $a < b$. ∎

Die Menge $\mathbb{R}$ der reellen Zahlen lässt sich als die Punkte auf einer Geraden veranschaulichen, auf der zwei verschiedene Punkte 0 und 1 als Wahl eines Ursprungs bzw. Nullpunkts und als Maßeinheit markiert sind. Dabei liegt üblicherweise 1 rechts von 0, sodass die positiven Zahlen rechts vom Nullpunkt, die negativen links davon sind. Von zwei Zahlen ist diejenige größer, die weiter rechts liegt. Addition einer Zahl bedeutet eine Verschiebung, eine Translation. Der Übergang von a zu $-a$ bedeutet eine **Spiegelung am Nullpunkt** (Abb. 4.2).

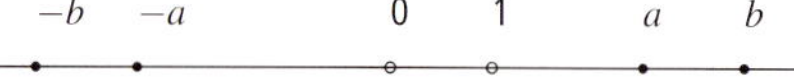

Abbildung 4.2 Diese Skizze veranschaulicht die Spiegelung am Nullpunkt, bei der die „$<$"-Relation ($a < b$) zur „$>$"-Relation ($-a > -b$) wird.

Mit Antisymmetrie lässt sich Gleichheit beweisen

Eine besonders wichtige Eigenschaft der „$\leq$"-Relation bei reellen Zahlen $a, b \in \mathbb{R}$ ist die **Antisymmetrie** :

$$\text{Aus } a \leq b \text{ und } b \leq a \text{ folgt } a = b.$$

?

Können Sie mit dem Tipp, das Trichotomiegesetz zu verwenden, die Aussage beweisen?

Diese Eigenschaft wird häufig verwendet, um die Gleichheit zweier reeller Zahlen zu zeigen.

Beispiel Sei $M \subseteq \mathbb{R}$ eine nichtleere und nach oben beschränkte Teilmenge von $\mathbb{R}$, d. h., es gibt eine Konstante $c > 0$ mit $x \leq c$ für alle $x \in M$. Die kleinste mögliche obere Schranke wird *Supremum* genannt. Eine Definition des Supremums werden wir auf Seite 114 betrachten. Hier wollen wir zeigen, dass diese reelle Zahl $s = \sup M$ eindeutig bestimmt ist.

Für den Beweis der Aussage nutzen wir die Antisymmetrie aus. Ist $\tilde{s} \in \mathbb{R}$ ebenfalls kleinste obere Schranke der Menge M. Dann gilt $\tilde{s} \leq s$, da $\tilde{s}$ eine kleinste obere Schranke und s auch eine obere Schranke ist. Andererseits ist auch s kleinste obere Schranke, und so muss $s \leq \tilde{s}$ gelten. Insgesamt folgt $s = \tilde{s}$, d. h., die kleinste obere Schranke ist eindeutig bestimmt. ◀

Die folgende Aussage zeigt eine erste Grenze der Lösbarkeit von Gleichungen in den reellen Zahlen auf.

Beispiel Für $a \in \mathbb{R}$ mit $a \neq 0$ ist auch $a^2 > 0$, insbesondere ist $1 = 1^2 > 0$, und mit $-1 < 0$ folgt $-1 \neq x^2$ für alle $x \in \mathbb{R}$.

Den ersten Teil des Arguments, dass $a^2 > 0$ ist, müssen wir noch begründen. Ist $a > 0$, so folgt $a^2 > 0$ nach (AO$_3$). Ist hingegen $a < 0$, so ist $(-a) > 0$, und deswegen gilt $(-a)(-a) > 0$. Damit erhalten wir

$$a^2 = aa = -(-(aa)) = -(a(-a)) = (-a)(-a) > 0 . ◀$$

Der letzte Teil der Aussage zeigt, dass die Gleichung $x^2 + 1 = 0$ keine reelle Lösung $x \in \mathbb{R}$ besitzen kann. Die *komplexen Zahlen*, mit denen wir uns am Ende des Kapitels beschäftigen werden, liefern eine Erweiterung der reellen Zahlen, in der auch diese Gleichung lösbar wird. Beim Übergang von den reellen zu den komplexen Zahlen lassen sich allerdings die Anordnungseigenschaften nicht mehr beibehalten. Auch der endliche Körper $\mathbb{Z}_2$, an den wir im vorangegangenen Abschnitt erinnert haben, lässt sich nicht anordnen. Wegen $\bar{1} \neq \bar{0}$ müsste die Alternative $\bar{0} < \bar{1}$ oder $\bar{1} < \bar{0}$ gelten. Durch Addition von $\bar{1}$ zur linken Ungleichung folgt aber $\bar{1} = \bar{0} + \bar{1} < \bar{1} + \bar{1} = \bar{0}$. Dies ist ein Widerspruch, da nicht gleichzeitig $\bar{0} < \bar{1}$ und $\bar{1} < \bar{0}$ gelten kann. Völlig analog schließt man den Fall $\bar{1} < \bar{0}$ aus.

Erst mit den Anordnungsaxiomen zeigt sich, dass $\mathbb{R}$ mehr Zahlen als nur die Zahlen 0 und 1 enthält, denn definiert man $2 = 1 + 1$, $3 = 2 + 1, \ldots$, so folgt $0 < 1$, $1 < 1 + 1 = 2$, $2 = 1 + 1 < 2 + 1 = 3$, etc. Wir finden so sogar unendlich viele Elemente in dieser Menge. Der Begriff der unendlichen Menge wird auf Seite 121 eingeführt (siehe auch Seite 122).

$\mathbb{R}$ hat unendlich viele Elemente

$\mathbb{R}$ enthält mindestens alle Zahlen, die man durch sukzessive Addition von 1 zu 0 erhält.

Kommentar: Wegen $1 \neq 0$ und $1 = 1^2$ gilt stets $1 + 1 + \ldots + 1 > 0$. $\mathbb{R}$ hat deswegen die Charakteristik null (siehe Abschnitt 3.3).

Gelegentlich werden wir auch Ungleichungen verketten.

Statt $a \leq b \wedge b \leq c$ schreiben wir kurz $a \leq b \leq c$. Gleiches gilt für die $<$-Relation; wir notieren beispielsweise für $0 < x \wedge x < 1$ einfach $0 < x < 1$.

Achtung: Nur gleichsinnige Ungleichungen lassen sich so verketten. Bei längeren Umformungen, die Ungleichungen enthalten, sollte man diese als Kette lesen, da man sonst schnell zu falschen Ergebnissen kommt.

Aus den Anordnungsaxiomen ergeben sich wichtige Ungleichungen

Mit der folgenden Ungleichung ist garantiert, dass zwischen zwei verschiedenen reellen Zahlen stets weitere reelle Zahlen liegen.

Lemma (arithmetisches Mittel)
Für alle $a, b \in \mathbb{R}$ mit $a < b$ gilt:

$$a < \frac{a + b}{2} < b \, .$$

Die Zahl $\frac{a+b}{2}$ heißt das **arithmetische Mittel** von a und b.

Beweis: Aus $a < b$ folgt $a + a < a + b$ und $a + b < b + b$ also auch

$$a + a < a + b < b + b \, .$$

Damit ist

$$a(1 + 1) < a + b < b(1 + 1)$$

bzw. mit $2 = 1 + 1 > 0$

$$a < \frac{a + b}{2} < b \, . \qquad \blacksquare$$

Eine weitere wichtige Ungleichung für $a, b \in \mathbb{R}$ ergibt sich aus

$$0 \leq (a - b)^2 = a^2 - 2ab + b^2 \quad \text{bzw.} \quad 2ab \leq a^2 + b^2$$

und damit ist

$$ab \leq \frac{a^2 + b^2}{2} \, .$$

Addiert man in der mittleren der drei Ungleichungen auf beiden Seiten $2ab$, folgt:

$$4ab \leq a^2 + 2ab + b^2 = (a+b)^2 \quad \text{oder} \quad ab \leq \left(\frac{a+b}{2} \right)^2 \, .$$

Sind $a, b \geq 0$, so können wir hierfür unter der Verwendung der Existenz von Quadratwurzeln aus nicht negativen Zahlen (vgl. Existenzsatz für Quadratwurzeln auf Seite 115) auch

$$G(a, b) = \sqrt{ab} \leq \frac{a + b}{2} = A(a, b)$$

schreiben und erhalten eine Abschätzung zwischen dem **geometrischem Mittel**, $G(a, b)$, und dem arithmetischem Mittel $A(a, b)$.

Ungleichungen helfen beim Abschätzen von Fehlern

Häufig verwendet man in physikalischen Anwendungen Näherungswerte und steht dann vor dem Problem, den relativen Fehler bezogen auf den wahren Wert oder den Näherungswert abzuschätzen.

Beispiel Für kleines x wird anstelle des Ausdrucks $y = \dfrac{1}{1 + x}$ häufig der Näherungswert

$$y_0 = 1 - x$$

verwendet. Für die Differenz

$$y_0 - y = 1 - x - \frac{1}{1 + x} = \frac{1 - x^2}{1 + x} - \frac{1}{1 + x} = -\frac{x^2}{1 + x}$$

gilt für alle $x > -1$ die Ungleichung:

$$y_0 - y \leq 0 \, .$$

Für alle $x \in \mathbb{R}$ mit $-\frac{1}{10} \leq x \leq \frac{1}{10}$ gilt:

$$0 \geq y_0 - y \geq -\frac{\frac{1}{100}}{1 - \frac{1}{10}} = -\frac{1}{90} \, .$$

Der relative Fehler bezogen auf den wahren Wert y ist für alle $x \in \mathbb{R}$

$$\frac{y_0 - y}{y} = -x^2 \leq 0 \, ,$$

und für alle $x \in \mathbb{R}$ mit $-\frac{1}{10} \leq x \leq \frac{1}{10}$ gilt:

$$\frac{y_0 - y}{y} \geq -\frac{1}{100} \, . \qquad \blacktriangleleft$$

Das Fundamental-Lemma hilft, Sätze über Grenzwerte zu beweisen

Das folgende Prinzip, das manchmal *Fundamental-Lemma der Analysis* genannt wird, hat in der Grenzwerttheorie zahlreiche Anwendungen.

Fundamental-Lemma der Analysis

Ist $a \in \mathbb{R}$, und gilt für *jede* positive reelle Zahl ε die Ungleichung

$$a \leq \varepsilon \,,$$

dann gilt $a \leq 0$. Ist zusätzlich $a \geq 0$, dann muss $a = 0$ sein.

Beweis: Wir führen einen klassischen Widerspruchsbeweis. Wir nehmen an, dass $a > 0$ gilt, dann ist $\varepsilon = \dfrac{a}{2}$ ebenfalls positiv und eine zulässige Wahl. Da die Ungleichung $a \leq \varepsilon$ für alle positiven Zahlen $\varepsilon > 0$ gilt, ist sie insbesondere auch für $\varepsilon = \frac{a}{2}$ erfüllt und damit $2a \leq a$ oder $a \leq 0$ im Widerspruch zur Annahme $a > 0$. ∎

Mithilfe der Anordnung der reellen Zahlen lassen sich wichtige Teilmengen von $\mathbb{R}$ definieren, die *Intervalle*. Die meisten reellen Funktionen, die wir später betrachten werden, haben Intervalle als Definitionsbereich, oder die Definitionsbereiche setzen sich aus Intervallen zusammen.

Bei Intervallen unterscheidet man bis zu elf verschiedene Typen

Jede der in der folgenden Liste aufgeführten Teilmengen von $\mathbb{R}$ heißt **Intervall** .

Abgeschlossene Intervalle

1. Für $a, b \in \mathbb{R}$ mit $a < b$ sei $[a, b] = \{x \in \mathbb{R} \mid a \leq x \leq b\}$.
2. Für $a = b$ sei $[a, a] = \{a\}$.

Offene Intervalle

3. $(a, b) = \{x \in \mathbb{R} \mid a < x < b\}$ (mit $a < b$)
4. Im Fall $a = b$ ist $(a, a) = \emptyset$, wir fassen die leere Menge also auch als Intervall auf.

Halboffene Intervalle

5. $[a, b) = \{x \in \mathbb{R} \mid a \leq x < b\}$
6. $(a, b] = \{x \in \mathbb{R} \mid a < x \leq b\}$

Abgeschlossene Halbstrahlen

7. $[a, \infty) = \{x \in \mathbb{R} \mid x \geq a\}$
8. $(-\infty, b] = \{x \in \mathbb{R} \mid x \leq b\}$

Offene Halbstrahlen

9. $(a, \infty) = \{x \in \mathbb{R} \mid x > a\}$
10. $(-\infty, b) = \{x \in \mathbb{R} \mid x < b\}$

Die Zahlengerade

11. $(-\infty, \infty) = \mathbb{R}$.

Die Bezeichnungen „abgeschlossenes", „offenes", ..., Intervall sind im Augenblick nur Namen. In Kapitel 9 werden Begründungen für diese Bezeichnungen gegeben. In den ersten sechs Fällen heißt $\ell = b - a$ die **Länge** des jeweiligen Intervalls.

Die häufig vorkommenden Intervalle $[0, \infty)$ bzw. $(0, \infty)$ werden auch mit $\mathbb{R}_{\geq 0}$ bzw. $\mathbb{R}_{>0}$ bezeichnet.

Angaben wie $3.14 < \pi < 3.15$ oder $1.414 < \sqrt{2} < 1.415$ bedeuten, dass π im Intervall $(3.14,\ 3.15)$ bzw. dass $\sqrt{2}$ im Intervall $(1.414,\ 1.415)$ liegt. Der Unterschied zwischen dem abgeschlossenen Intervall $[a, b]$ und dem offenen Intervall (a, b) besteht darin, dass im ersten Fall die beiden *Randpunkte* a und b zum Intervall gehören, im zweiten Fall aber nicht zum Intervall gerechnet werden.

— **?** —

Warum ist die Vereinigung von zwei Intervallen i.A. kein Intervall?

Der Betrag ignoriert das Vorzeichen einer reellen Zahl

Mithilfe der Anordnung von $\mathbb{R}$ können wir einen wichtigen Begriff der Analysis einführen, den *Betrag*. Gleichzeitig erhalten wir ein Beispiel für eine wichtige Abbildung.

Der Betrag einer reellen Zahl

Ist $a \in \mathbb{R}$, so heißt die Zahl

$$|a| = \begin{cases} a, & \text{falls } a > 0, \\ 0, & \text{falls } a = 0, \\ -a, & \text{falls } a < 0 \end{cases}$$

der **Betrag** von a.

Ordnet man jeder reellen Zahl x ihren Betrag $|x|$ zu, erhält man eine Funktion $|\ | : \mathbb{R} \to \mathbb{R}_{\geq 0}$ mit $x \mapsto |x|$, deren *Graph* in der Abbildung 4.3 gezeigt ist.

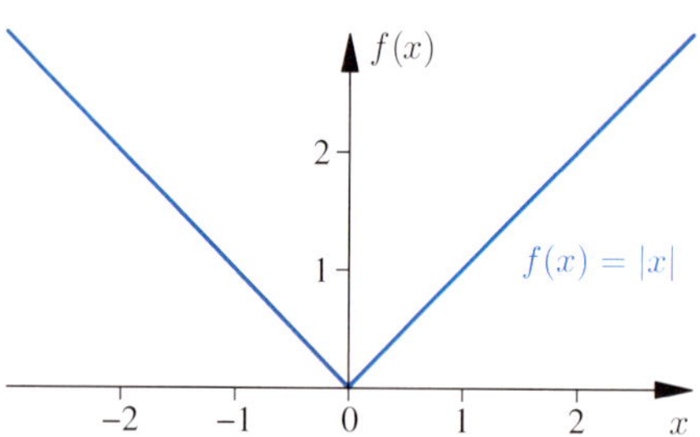

Abbildung 4.3 Der Graph der Betragsfunktion $|\,|\colon \mathbb{R} \to \mathbb{R}_{\geq 0},\ x \mapsto |x|$, die das Vorzeichen einer reellen Zahl ignoriert.

?

Zeigen Sie, dass für alle $a \in \mathbb{R}$ die Gleichheit $|a| = |-a|$ gilt.

Der Betrag ignoriert das Vorzeichen einer reellen Zahl, das man durch die **Signumfunktion**,

$$\operatorname{sign}(a) = \begin{cases} 1, & \text{falls } a > 0, \\ 0, & \text{falls } a = 0, \\ -1 & \text{falls } a < 0 \end{cases}$$

erhält.

?

Drücken sie die Betragsfunktion mithilfe der Signumfunktion $\operatorname{sign}(a)$ aus.

Im Zusammenhang mit dem Betrag ist eine schlichte Aussage wichtig.

Lemma
Für $\varepsilon, x \subset \mathbb{R}$, $\varepsilon > 0$, ist $|x| < \varepsilon$ gleichbedeutend $-\varepsilon < x < \varepsilon$.

Beweis: Für $x = 0$ ist $|x| = 0$, und $0 < \varepsilon$ ist nach Voraussetzung erfüllt.

Es folgt der Beweis der Hinrichtung, „$\Rightarrow$":
Sei $|x| < \varepsilon$. Wir müssen zwei Fälle unterscheiden. Denn ist $x > 0$, so ist $|x| = x$, also $-\varepsilon < 0 < x = |x| < \varepsilon$. Gilt andererseits $x < 0$, so ist $|x| = -x$, also $-\varepsilon < -|x| = x < 0 < \varepsilon$.

Da der obige Hilfssatz eine äquivalente Aussage formuliert, müssen wir noch die Rückrichtung, „$\Leftarrow$" zeigen.
Sei jetzt also $-\varepsilon < x < \varepsilon$. Ist $x > 0$, so ist $|x| = x < \varepsilon$. Gilt $x < 0$, so ist $|x| = -x$ also $-|x| = x > -\varepsilon$. Durch Multiplikation mit (-1) folgt daher $|x| < \varepsilon$. ∎

?

Zeigen Sie, dass stets $-|x| \leq x \leq |x|$ gilt.

Eigenschaften des Betrags
Für $a, b \in \mathbb{R}$ gilt:

- $|a| \geq 0$.
- $|a| = 0 \Leftrightarrow a = 0$.
- $|ab| = |a|\,|b|$, d. h., der Betrag ist multiplikativ. Speziell ist $|-a| = |a|$.
- $\left|\dfrac{a}{b}\right| = \dfrac{|a|}{|b|}$, falls $b \neq 0$
- $|a \pm b| \leq |a| + |b|$, die **Dreiecksungleichung**.
- $\Big| |a| - |b| \Big| \leq |a \pm b|$, die Dreiecksungleichung für Abschätzungen nach unten.

Der Betrag einer Zahl ist nach den ersten beiden Regeln nie negativ und genau dann gleich null, wenn $a = 0$ ist. Die dritte Regel besagt, dass der Betrag eines Produkts gleich dem Produkt der Beträge ist. Definiert man als **Abstand** von $a, b \in \mathbb{R}$ die Zahl $d(a, b) = |a - b|$, dann besagt die Dreiecksungleichung für Abschätzungen nach unten, dass der Abstand von a und b mindestens so groß ist, wie der Abstand ihrer Beträge. Diese Aussage sowie die eigentliche Dreiecksungleichung werden wir häufig verwenden.

Beweis:

- Die ersten beiden Regeln ergeben sich aus der Definition des Betrags.
- Die dritte Regel gilt, denn wegen $|ab| \geq 0$ und $|a|\,|b| \geq 0$ gilt stets $|ab| = \pm ab = |a|\,|b|$.
- Die vierte Regel folgt mit $\dfrac{a}{b} \cdot b = a$ aus der Multiplikativität.
- Aus $-|a| \leq a \leq |a|$ und $-|b| \leq b \leq |b|$ folgt $-(|a| + |b|) \leq a + b \leq |a| + |b|$, und mit unserem Hilfssatz ergibt sich $|a + b| \leq |a| + |b|$.
  Ersetzt man b durch $-b$ in $|a + b| \leq |a| + |b|$, so erhalten wir $|a - b| \leq |a| + |-b| = |a| + |b|$.
- Die letzte Regel lässt sich mit der eben bewiesenen Dreiecksungleichung zeigen: Es gilt $|a| = |(a - b) + b| \leq |a - b| + |b|$, daher ist $|a| - |b| \leq |a - b|$. Vertauscht man die Rollen von a und b, so folgt $|b| - |a| \leq |b - a| = |a - b|$ und daher:

$$\Big| |a| - |b| \Big| \leq |a - b|.$$

Ersetzt man b durch $-b$, so folgt auch:

$$\Big| |a| - |b| \Big| = \Big| |a| - |-b| \Big| \leq |a - (-b)| = |a + b|. \qquad ∎$$

Auch in höheren Dimensionen, wie z. B. im $\mathbb{R}^n (n \geq 2)$, gilt die Dreiecksungleichung. In diesen Fällen kann man von **Abständen zwischen Punkten** reden. Wir notieren dabei den Abstand der beiden Punkte A und B mit $d(A, B)$. Eine geometrische Interpretation im $\mathbb{R}^2$ ist, dass zwei Seiten eines Dreiecks zusammen immer mindestens so lang sind wie die dritte Seite (siehe Abb. 4.4). Hierdurch wird der verwendete Begriff „Dreiecksungleichung" erst verständlich.

Ein Körper K zusammen mit einer Abbildung $|\,| : K \to \mathbb{R}$ mit den folgenden Eigenschaften:

- $|a| \geq 0$ für alle $a \in K$ und $|a| = 0$ genau dann, wenn $a = 0$ ist,
- $|ab| = |a|\,|b|$ für alle $a, b \in K$ und
- $|a + b| \leq |a| + |b|$ für alle $a, b \in K$

heißt **bewerteter Körper**. $\mathbb{R}$ ist also ein bewerteter Körper. Wir werden sehen, dass der Körper der komplexen Zahlen kein angeordneter Körper, aber immerhin ein bewerteter Körper ist. Bezüglich dieser Bewertung und der damit verbundenen Anordnung ist $\mathbb{Q}$ ein (sogar archimedisch) angeordneter Körper.

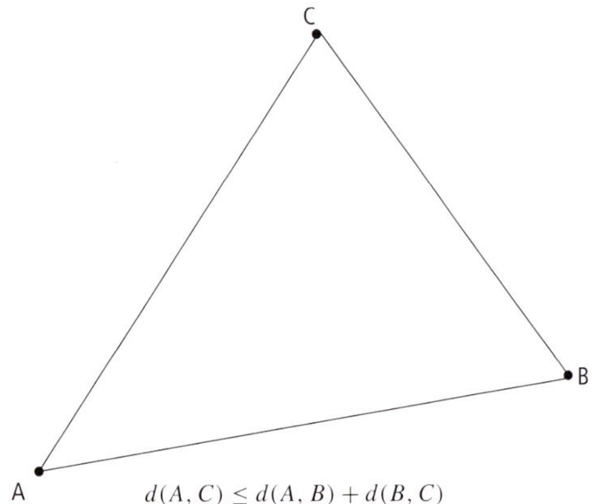

Abbildung 4.4 Zwei Seiten eines Dreiecks zusammen sind immer mindestens so lang wie die dritte Seite.

Man kann sich bei Ungleichungen oft eine geometrische Veranschaulichung bilden (siehe Seite 113).

Als Vorbereitung für das Vollständigkeitsaxiom führen wir noch die Begriffe *Maximum* und *Minimum* einer Teilmenge $M \subseteq \mathbb{R}$ ein.

Definition von Maximum und Minimum

Ist $M \subseteq \mathbb{R}$ dann heißt eine reelle Zahl c **Maximum** von M bzw. kurz $c = \max M$, falls $c \in M$ ist und für alle $x \in M$ die Ungleichung $x \leq c$ gilt.

Völlig analog wird ein **Minimum** von M definiert mit der Notation $\min M$.

Wegen der Antisymmetrie der „$\leq$"-Relation hat jede Teilmenge $M \subseteq \mathbb{R}$ höchstens ein Maximum bzw. Minimum. Die Bezeichnungen $\max M$ und $\min M$ sind also sinnvoll.

Beispiel

- Für alle $a \in \mathbb{R}$ gilt $|a| = \max\{a, -a\}$.
- Für alle $a, b \in \mathbb{R}$ mit $a < b$ gilt $\max[a, b] = \max(a, b] = \max(-\infty, b] = b$.
- Für alle $a, b \in \mathbb{R}$ mit $a < b$ gilt $\min[a, b] = \min[a, b) = \min[a, \infty) = a$.
- Das offene Intervall (a, b) besitzt kein Maximum, denn zu jedem $x \in (a, b)$ gibt es ein $y \in (a, b)$ mit $y > x$, welches man beispielsweise durch folgende Konstruktion erhält:

$$y = \frac{x + b}{2} .$$

  Da $b \notin (a, b)$ gilt, kann b hier nicht das Maximum sein.
- Genauso sieht man, dass die Intervalle

$$[a, b), \quad (-\infty, b), \quad [a, \infty), \quad (a, \infty) \text{ und } (-\infty, \infty) = \mathbb{R}$$

kein Maximum und die Intervalle

$$(a, b), \quad (a, b], \quad (a, \infty), \quad (-\infty, b], \quad (-\infty, b)$$
$$\text{und} \quad (-\infty, \infty)$$

kein Minimum haben.

- Eine Teilmenge $M \subseteq \mathbb{R}$ hat genau dann ein Maximum, falls die am Nullpunkt gespiegelte Menge

$$-M = \{x \in \mathbb{R} \mid -x \in M\}$$

ein Minimum hat. Es ist dann $\max M = -\min(-M)$. Umgekehrt gilt entsprechend $\min M = -\max(-M)$. ◄

Ein Intervall ohne Maximum kann aber durch eine Zahl *beschränkt* sein. Um die folgenden Begriffe der *oberen* bzw. der *unteren Schranke* zu motivieren, betrachten wir das spezielle Intervall

$$M = \{x \in \mathbb{R} \mid x < 1\} = (-\infty, 1).$$

M hat kein Maximum, die Zahl 1, die als Kandidat für ein Maximum ins Auge springt, gehört ja nicht zur Menge M. Jedoch haben alle Elemente $x \in M$ die Eigenschaft, dass $x < 1$ gilt, 1 ist also eine obere Schranke für M im Sinne der folgenden Definition:

Definition von oberer und unterer Schranke

Ist $M \subseteq \mathbb{R}$, so heißt eine Zahl $s \in \mathbb{R}$ **obere** bzw. **untere Schranke** von M, falls für alle $x \in M$ die Ungleichung

$$x \leq s \text{ bzw. } x \geq s$$

gilt.

──────────── **?** ────────────

Zeigen Sie, dass, wenn s eine obere Schranke von M ist, auch jede größere Zahl s' obere Schranke von M ist.

Definition von Beschränktheit

Eine Menge $M \subseteq \mathbb{R}$ heißt **nach oben (unten) beschränkt**, falls M eine obere (untere) Schranke besitzt. M heißt **beschränkt**, wenn M sowohl nach oben als auch nach unten beschränkt ist.

In unserem Beispiel ist die Zahl 1 eine obere Schranke von

$$M = \{ x \in \mathbb{R} \mid x < 1 \} = (-\infty, 1).$$

Sie ist sogar eine besondere obere Schranke, nämlich die kleinste unter allen oberen Schranken, also das Minimum in der Menge aller oberen Schranken von M. Wir können unsere Vermutung „Ist s eine obere Schranke von M, dann gilt $s \geq 1$" durch einen einfachen Widerspruchsbeweis belegen.

Beweis: Wir nehmen an, es gäbe eine obere Schranke s von M mit $s < 1$. Wir betrachten dann das arithmetische Mittel x von s und 1:

$$x = \frac{s + 1}{2} .$$

Beispiel: Gleichungen und Ungleichungen mit Beträgen

In den folgenden Beispielen wird ausführlich gezeigt, wie man Ungleichungen lösen kann, die Beträge enthalten. Einige der Umformungsschritte sind so elementar, dass sie unkommentiert bleiben. Zu bestimmen sind die Mengen

$$M = \left\{ x \in \mathbb{R} \mid x \neq 0, \left| \frac{5}{x} + x \right| < 6 \right\}, \ N = \{ x \in \mathbb{R} \mid 2x + 10 < |4 - 3x| \} \text{ und } P = \{ x \in \mathbb{R} \mid x \geq |2x - 10| \}.$$

Ferner sollen M, N und P möglichst einfach mithilfe von Intervallen dargestellt werden.

Problemanalyse und Strategie: Möchte man Gleichungen oder Ungleichungen lösen, in denen Beträge vorkommen, dann arbeitet man meistens mit Fallunterscheidungen, wodurch man auf die Beträge verzichten kann.

Lösung:

Wir beginnen mit der Menge M. Es gelten folgende Äquivalenzen für $x \in \mathbb{R}$, $x \neq 0$:

$$x \in M \Leftrightarrow \left| \frac{5}{x} + x \right| < 6 \Leftrightarrow \left| \frac{5 + x^2}{x} \right| < 6 \Leftrightarrow \frac{|5 + x^2|}{|x|} < 6.$$

Hierbei haben wir die beiden Zahlen im Betrag auf ihren Hauptnenner x gebracht und danach den Bruch aufgespalten. Jetzt multiplizieren wir mit $|x|$ durch und erhalten:

$$|5 + x^2| < 6|x| \Leftrightarrow 5 + x^2 < 6|x| \Leftrightarrow x^2 - 6|x| + 5 < 0.$$

Nun bereiten wir eine quadratische Ergänzung vor, indem wir auf beiden Seiten 4 addieren:

$$|x|^2 - 6|x| + 9 < 4 \Leftrightarrow (|x| - 3)^2 < 2^2 \Leftrightarrow \big| |x| - 3 \big| < 2.$$

Schließlich lösen wir den Betrag auf:

$$-2 < |x| - 3 < 2 \Leftrightarrow 1 < |x| < 5 \Leftrightarrow x \in (-5, -1) \cup (1, 5).$$

M ist also die Vereinigung der (offenen) Intervalle $(-5, -1)$ und $(1, 5)$, siehe Abbildung.

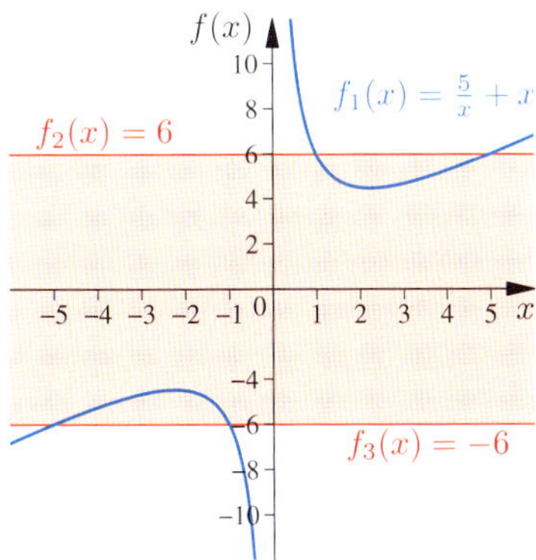

Wenden wir uns nun der Menge N zu. Die Ungleichung

$$2x + 10 < |4 - 3x|$$

lässt sich durch eine Fallunterscheidung erheblich vereinfachen. Denn für den Fall, dass $4 - 3x$ größer null ist,

fallen die Betragsstriche einfach weg und auch für den umgekehrten Fall, nämlich $4 - 3x < 0$ kann man sie durch eine Minusklammer ersetzen. Der Vorzeichenwechsel findet bei $x = \frac{4}{3}$ statt. Wir unterscheiden daher die Fälle $x < \frac{4}{3}$, $x > \frac{4}{3}$ bzw. $x = \frac{4}{3}$. Für $x < \frac{4}{3}$ gilt:

$$2x + 10 < 4 - 3x \Leftrightarrow 5x < -6 \Leftrightarrow x < -\frac{6}{5} = -1.2.$$

Ist x also kleiner als der Bruch $b = \frac{4}{3}$, so ist die Gleichung für $x < -\frac{6}{5}$ erfüllt. Untersuchen wir nun $x > \frac{4}{3}$:

$$2x + 10 < -(4 - 3x) \Leftrightarrow 2x + 10 < 3x - 4 \Longleftrightarrow x > 14.$$

Die Bedingung $x > \frac{4}{3}$ ist mit $x > 14$ schon erfüllt. Wir haben noch nicht $x = \frac{4}{3}$ betrachtet. Auch dieser Fall ist möglich, doch löst er nicht unsere Ungleichung:

$$2 \cdot \frac{4}{3} + 10 < 0$$

ist offensichtlich nicht erfüllt. Die Zahlen $x < -1.2$ sowie die Zahlen $x > 14$ bilden zusammen die Menge N, die sich als $(-\infty, -1.2) \cup (14, \infty)$ schreiben lässt.

Zuletzt untersuchen wir die Menge P. Hier wird die gerade benutzte Fallunterscheidung für $2x - 10$ wieder hilfreich sein. Ist $x > 5$, so gilt:

$$x \geq |2x - 10| \Leftrightarrow x \geq 2x - 10 \Leftrightarrow 10 \geq x,$$

d. h., wir erhalten $x \leq 10$. Hier kommt es zu einer Verschärfung, sodass nur noch Zahlen im Intervall $(5, 10]$ in der Menge P liegen.

Betrachten wir den nächsten Fall $x < 5$:

$$x \geq -(2x - 10) \Leftrightarrow -x \leq 2x - 10 \Leftrightarrow \frac{10}{3} \leq x,$$

also $x \geq \frac{10}{3}$, und damit $x \in \left[\frac{10}{3}, 5 \right)$. Es bleibt noch ein Kandidat für die Menge P. Der Fall $x = 5 \geq 0$ ist wahr, und so ist die Zahl 5 ein Element der Menge P, welche sich als Vereinigung von $\left[\frac{10}{3}, 5 \right)$, $\{5\}$ und $(5, 10]$ als $\left[\frac{10}{3}, 10 \right]$ schreiben lässt.

Es gilt $s < x < 1$, also ist $x \in M$, aber $x > s$, was ein Widerspruch zur Voraussetzung, dass s obere Schranke von M ist, darstellt. ∎

Die Menge

$$M = \{\, x \in \mathbb{R} \mid x < 1 \,\}$$

ist somit nach oben beschränkt. M besitzt kein Maximum, aber die nicht zur Menge gehörende Zahl 1 ist kleinste obere Schranke von M, d. h. das Minimum in der Menge der oberen Schranken von M.

Besitzt jedoch eine Menge M ein Maximum c, so ist c obere Schranke von M und offensichtlich das Minimum in der Menge der oberen Schranken von M, also die kleinste obere Schranke. Dass jede nichtleere nach oben beschränkte Menge reeller Zahlen eine kleinste obere Schranke hat, ist das letzte Axiom, das wir über die reellen Zahlen fordern.

4.3 Ein Vollständigkeitsaxiom

Wir formulieren das angekündigte Axiom, welches insbesondere die reellen von den rationalen Zahlen unterscheidet.

Ein Vollständigkeitsaxiom

Jede nichtleere, nach oben beschränkte Menge M reeller Zahlen besitzt eine kleinste obere Schranke, d. h., es gibt ein $s_0 \in \mathbb{R}$ mit den Eigenschaften:

- für alle $x \in M$ ist $x \le s_0$ und
- für jede obere Schranke s von M gilt $s_0 \le s$.

Kommentar: Wir haben hier bewusst *ein* Vollständigkeitsaxiom geschrieben, da wir weitere, äquivalente Varianten des Vollständigkeitsaxioms auf Seite 119 angeben.

Ist $S_M = \{s \in \mathbb{R} \mid s \text{ obere Schranke von } M\}$, so ist $s_0 = \min S_M$. Als Minimum einer Menge ist s_0 eindeutig bestimmt, d. h., die kleinste obere Schranke einer nichtleeren nach oben beschränkten Menge $M \subseteq \mathbb{R}$ ist eindeutig bestimmt. Wir bezeichnen diese reelle Zahl mit **Supremum** von M und verwenden die Notation $\sup M$. Die Zahl kann zur Menge M gehören oder auch nicht. Analog spricht man vom **Infimum** von M mit der Bezeichnung $\inf M$, wenn die größte untere Schranke der Menge M gemeint ist. Supremum und Infimum hängen eng über die Spiegelmenge zusammen. Ist $M \subseteq \mathbb{R}$ nach oben beschränkt, dann ist die am Nullpunkt gespiegelte Menge $-M = \{x \in \mathbb{R} \mid -x \in M\}$ nach unten beschränkt.

Deswegen genügt es eigentlich, den folgenden Zusammenhang nur für Maximum und Supremum zu formulieren.

Zusammenhang zwischen Maximum und Supremum

Ist M eine Menge von reellen Zahlen, die ein Maximum besitzt, dann ist

$$\max M = \sup M \in M.$$

Beweis: $s_0 = \max M$ ist obere Schranke von M, da für jedes $x \in M$ gilt $x \le s_0$. Wegen $s_0 \in M$ muss für jede obere Schranke s von M gelten $s_0 \le s$, also ist s_0 die kleinste obere Schranke. ∎

--------------------- **?** ---------------------

Formulieren Sie die analoge Aussage über Minimum und Infimum einer Menge von reellen Zahlen.

Mithilfe des folgenden Kriteriums kann man in vielen Fällen das Supremum bzw. Infimum bestimmen.

Satz (Die ε-Charakterisierung von sup bzw. inf)

Ist $s_0 \in \mathbb{R}$ eine obere (untere) Schranke der nichtleeren Teilmenge $M \subseteq \mathbb{R}$, dann ist $s_0 = \sup M$ (bzw. $s_0 = \inf M$) genau dann, wenn es zu jedem $\varepsilon \in \mathbb{R}$ mit $\varepsilon > 0$ ein $x \in M$ mit $s_0 - \varepsilon < x$ (bzw. $x < s_0 + \varepsilon$) gibt.

Beweis: Sei zunächst $s_0 = \sup M$, und wir nehmen an, es gäbe ein $\varepsilon > 0$ mit der Eigenschaft $x \le s_0 - \varepsilon$ für alle $x \in M$. Dann wäre auch $s_0 - \varepsilon$ eine obere Schranke von M und wegen $s_0 - \varepsilon < s_0$ eine kleinere obere Schranke als s_0. Dies ist ein Widerspruch.

Zum Beweis der Umkehrung (die ε-Bedingung sei erfüllt) betrachten wir neben s_0 eine weitere obere Schranke s von M. Wäre nun $s < s_0$, dann gibt es nach Voraussetzung (zu $\varepsilon = s_0 - s > 0$) ein $x \in M$ mit $s < x$. Das widerspricht der Voraussetzung, dass s obere Schranke von M ist. Daher ist $s_0 \le s$ für jede obere Schranke s von M. s_0 ist also das Supremum von M. ∎

Wir werden sehen, dass das Vollständigkeitsaxiom die *rationalen Zahlen* von den reellen Zahlen unterscheidet. Die rationalen Zahlen, die Standardbezeichnung ist $\mathbb{Q}$, bilden ebenfalls einen angeordneten Körper, in welchem jedoch die Gleichung

$$r^2 = 2$$

keine Lösung hat wie wir im Abschnitt 4.6 über die rationalen Zahlen sehen werden. In $\mathbb{R}$ existiert nach dem Existenzsatz für Quadratwurzeln eine positive Lösung dieser Gleichung, die wir mit $\sqrt{2}$ bezeichnen. Eine solche Zahl wird daher auch *irrational* genannt.

Das Vollständigkeitsaxiom garantiert die Existenz von Quadratwurzeln

Wir zeigen als Anwendung des Vollständigkeitsaxioms, dass es zu jeder nicht negativen reellen Zahl a eine eindeutig bestimmte nicht negative reelle Zahl x gibt, für die $x^2 = a$ gilt.

Existenzsatz für Quadratwurzeln

Zu jeder reellen Zahl a mit $a \geq 0$ existiert eine eindeutig bestimmte nicht negative reelle Zahl x mit $x^2 = a$. Die Zahl x heißt die **Quadratwurzel** aus a und wird mit $\sqrt{a}$ bezeichnet.

Beweis: Den Beweis unterteilen wir in zwei Abschnitte. Zunächst betrachten wir den einfachen speziellen Fall $a = 0$ und danach den allgemeineren Fall $a > 0$.

Sei $a = 0$. Die Gleichung $x^2 = 0$ hat nach der Nullteilerregel nur die Lösung $x = 0$. Damit ist

$$\sqrt{0} = 0.$$

Nun untersuchen wir den Fall $a > 0$. Zuerst beweisen wir die Existenz der Quadratwurzel $\sqrt{a}$ und anschließend ihre Eindeutigkeit.

Wir betrachten die folgende Menge:

$$M = \{\, y \in \mathbb{R} \mid y \geq 0;\ y^2 \leq a \,\}.$$

Wegen $0^2 = 0 < a$ ist $0 \in M$, also ist $M \neq \emptyset$. Außerdem gilt für $y > a+1$ die Abschätzung $y^2 > (a+1)^2 = a^2+2a+1 > a$, d. h., $a+1$ ist eine obere Schranke von M. Mit $y \in M$ folgt somit $y \leq a + 1$. Die Menge M ist beschränkt und besitzt nach dem Vollständigkeitsaxiom ein Supremum:

$$x = \sup M \geq 0\,.$$

Wir müssen nun zeigen, dass $x^2 = a$ gilt. Dazu nehmen wir an, dass diese Gleichung falsch ist.

Beginnen wir mit $x^2 > a$ und zeigen, dass dann x nicht kleinste obere Schranke von M sein kann. Denn mit $x^2 > a > 0$ und $x^2 \geq 0$ ist auch $x > 0$, und daher ist

$$s = x - \frac{x^2 - a}{2x} < x$$
$$\underbrace{\phantom{\frac{x^2-a}{2x}}}_{>0}$$

eine obere Schranke von M mit $s < x$. Dies ist ersichtlich aus

$$s^2 = \left(x - \frac{x^2 - a}{2x} \right)^2$$
$$= x^2 - 2x\,\frac{x^2 - a}{2x} + \underbrace{\left(\frac{x^2 - a}{2x} \right)^2}_{>0}$$
$$> x^2 - 2x\,\frac{x^2 - a}{2x}$$
$$= x^2 - (x^2 - a) = a.$$

Es folgt für jedes $y \in M$ die Ungleichung:

$$y^2 \leq a < s^2$$

und hieraus, da $y \geq 0$ und $s > 0$:

$$y < s.$$

Diese Aussage, dass s auch eine obere Schranke für M darstellt, widerspricht der Voraussetzung, dass x die kleinste obere Schranke von M ist. Wir haben damit $x^2 > a$ ausgeschlossen, und es gilt bereits $x^2 \leq a$.

Als Nächstes nehmen wir $x^2 < a$ an und zeigen, dass x keine obere Schranke von M ist. Wäre nämlich $x^2 < a$, dann ist

$$\delta = \min\left\{\, 1\,,\ \frac{a - x^2}{2x + 1} \,\right\} > 0,$$

da der Bruch positiv ist. Weiter gilt:

$$(x + \delta)^2 = x^2 + 2x\delta + \delta^2$$
$$\leq x^2 + 2x\delta + \delta \qquad \text{(wegen } \delta \leq 1\text{)}$$
$$= x^2 + (2x + 1)\,\delta$$
$$\leq x^2 + (2x + 1)\,\frac{a - x^2}{2x + 1}$$
$$= x^2 + (a - x^2)$$
$$= a.$$

Also ist $x + \delta \in M$ und $x + \delta > x$. Damit ist x nicht obere Schranke von M. Somit ist auch $x^2 < a$ unmöglich. Es bleibt nur $x^2 = a$.

Es ist noch die Eindeutigkeit von x zu beweisen. Nehmen wir an, dass für eine weitere positive Zahl $x_1 > 0$ auch $x_1^2 = a$ ist. Es folgt:

$$(x - x_1)(x + x_1) = x^2 - x_1^2 = a - a = 0.$$

Wegen $x + x_1 > x > 0$ ergibt sich aus der Nullteilerregel:

$$x - x_1 = 0, \qquad \text{also} \qquad x = x_1.$$

Dies beweist den Satz und rechtfertigt die Schreibweise $\sqrt{a}$ für die eindeutig festgelegte Zahl x. ∎

Rechenregeln für Quadratwurzeln

Für die Quadratwurzeln gelten folgende Rechenregeln:
- Für alle $a, b \in \mathbb{R}$, $a \geq 0$, $b \geq 0$ gilt folgende Identität:
$$\sqrt{a\,b} = \sqrt{a}\,\sqrt{b}.$$

Wir nennen diese Eigenschaft die **Multiplikativität der Quadratwurzel**.
- Für alle $a, b \in \mathbb{R}$ mit $0 \leq a < b$ gilt
$$0 \leq \sqrt{a} < \sqrt{b}.$$

Wir nennen dies die **Monotonie-Eigenschaft der Quadratwurzel**.

In Übungsaufgabe 4.2 sollen diese Rechenregeln bewiesen werden.

Ordnet man jeder nicht negativen reellen Zahl ihre Quadratwurzel zu, so erhält man eine Funktion. Man nennt diese den **Hauptzweig der Quadratwurzel** (siehe Abb. 4.5):
$$\sqrt{} : \mathbb{R}_+ = \{x \in \mathbb{R} \mid x \geq 0\} \to \mathbb{R} \text{ mit } x \mapsto \sqrt{x}.$$

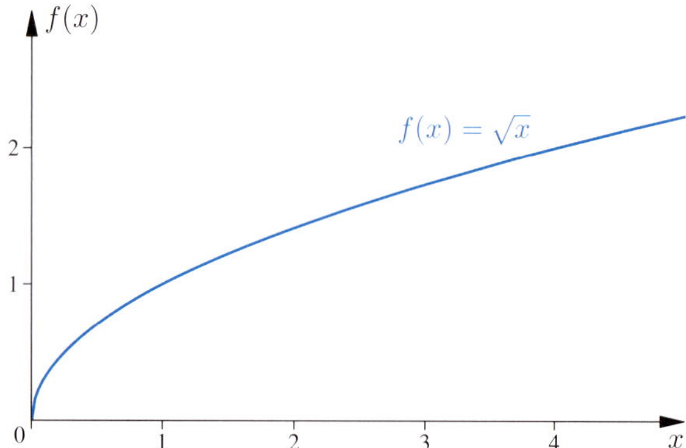

Abbildung 4.5 Der Hauptzweig der Quadratwurzel wird über die Abbildung $f : \mathbb{R}_{\geq 0} \to \mathbb{R}_{\geq 0}$, $f(x) = \sqrt{x}$ definiert.

Achtung: Es gilt $\sqrt{x^2} = |x|$ und nicht etwa x für alle $x \in \mathbb{R}$.

Die Zahl $\sqrt{a}$ ist per Definition eine Lösung der Gleichung $x^2 = a$. Aber ihr Negatives $-\sqrt{a}$ löst die Gleichung ebenso. Mit $\sqrt{a}$ und $-\sqrt{a}$ haben wir verschiedene Lösungen der Gleichung $x^2 = a$, die nur für $a = 0$ zusammenfallen. Man kann jeder nicht negativen reellen Zahl a auch die negative Zahl $-\sqrt{a}$ zuordnen und erhält ebenfalls eine Abbildung, **Nebenzweig der Quadratwurzel** genannt (Abb. 4.6).

In Verallgemeinerung des eben bewiesenen Satzes gilt ein völlig analoger Existenzsatz für k-te Wurzeln, wobei $2 \leq k \in \mathbb{N}$ ist:

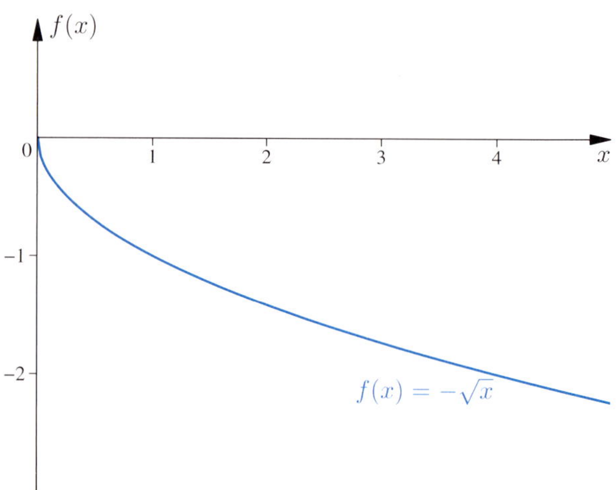

Abbildung 4.6 Der Nebenzweig der Quadratwurzel wird durch die Abbildung $f : \mathbb{R}_{\geq 0} \to \mathbb{R}_{\leq 0}$, $f(x) = -\sqrt{x}$ vermittelt.

Existenzsatz für k-te Wurzeln

Zu jeder nicht negativen reellen Zahl a und zu jeder natürlichen Zahl k gibt es genau eine nicht negative reelle Zahl x, für die $x^k = a$ gilt. Die Zahl x heißt k**-te Wurzel aus** a und wird mit
$$\sqrt[k]{a} \qquad \text{oder} \qquad a^{1/k}$$
bezeichnet.

Der Beweis lässt sich in Analogie zum letzten Satz führen. In der Box auf Seite 117 gehen wir genauer darauf ein.

Mit dem Vollständigkeitsaxiom haben wir die Aufzählung der Axiome beendet. Sie sind in einer Übersichtsbox auf Seite 118 zusammengefasst. Zu dem von uns als Vollständigkeitsaxiom bezeichneten Supremumsaxiom gibt es äquivalente Axiome. Einige Varianten sind in der Box auf Seite 119 zusammengestellt. Es gibt aber noch viele weitere Varianten.

Bisher haben wir uns auf den Standpunkt gestellt, dass es die reellen Zahlen wirklich gibt, also dass ein Körper existiert, der das eben beschriebene Axiomensystem erfüllt. Wir können rückblickend feststellen, dass bei den Beweisen, die wir geführt haben, diese Grundannahme keine Rolle gespielt hat. Wir haben ja nur Folgerungen aus den Axiomen gezogen. Falls die in den Axiomen formulierten Aussagen richtig sind, sind auch die aus ihnen gezogenen Folgerungen richtig.

Wir haben uns nicht mit der Frage beschäftigt, ob es die reellen Zahlen gibt und ob die dreizehn aufgeführten Axiome und die aus ihnen abgeleiteten Aussagen widerspruchsfrei sind. Ferner wissen wir noch nicht, ob es von den reellen Zahlen $\mathbb{R}$ verschiedene mathematische Strukturen gibt, die ebenfalls alle Axiome erfüllen.

Die Widerspruchsfreiheit wird durch die Konstruktion eines *Modells* für die reellen Zahlen nachgewiesen. Dabei muss man allerdings annehmen, dass die klassischen Schlusswei-

---

Unter der Lupe: Existenz der k-ten Wurzel positiver Zahlen

Aus dem Vollständigkeitsaxiom haben wir die Existenz von Quadratwurzeln aus nicht negativen reellen Zahlen gefolgert. Der Beweis lässt sich ohne große Mühe auf die Existenz von k-ten Wurzeln, $k \geq 2$, aus nicht negativen reellen Zahlen übertragen.

Wir formulieren zunächst noch einmal die Behauptung.

Zu jeder nicht negativen reellen Zahl a gibt es genau eine nicht negative reelle Zahl x mit $x^k = a$ für $k \in \mathbb{N}$. Die Zahl x heißt k-te Wurzel aus a und wird mit $x = \sqrt[k]{a}$ notiert.

Da der Fall $k = 1$ evident ist, setzen wir $k \geq 2$ voraus.

Wir geben einen Beweis an, der einen alternativen Beweis für den Fall $k = 2$ enthält. Es müssen sowohl die Existenz als auch die Eindeutigkeit der gesuchten Zahl x gezeigt werden. Für den Existenzbeweis müssen wir die Menge $M = \{y \in \mathbb{R}_{\geq 0} \mid y^k < a\}$ genauer untersuchen. Die Eindeutigkeit ergibt sich aus der Tatsache, dass aus $0 < x_1 < x_2$ stets $x_1^k < x_2^k$ folgt.

Ist $a = 0$, so wählen wir $x = 0$. Wir setzen also im Folgenden $a > 0$ voraus.

Wir betrachten die Menge M. Wegen $0 \in M$ ist $M \neq \emptyset$. M ist nach oben beschränkt durch $1 + a$, denn für $y > 1 + a$ folgt nach der Bernoulli'schen Ungleichung $y^k > (1 + a)^k \geq 1 + ka > ka > a$. Für $y \in M$ ist daher $y \leq 1 + a$, also ist M nach oben beschränkt. Wir definieren $x = \sup M$ und behaupten $x^k = a$. Beweisen werden wir dies, indem wir $x^k < a$ bzw. $x^k > a$ zu einem Widerspruch führen.

Wir nehmen zuerst an, dass $x^k > a$ gilt. Für jedes reelle λ mit $0 < \lambda < 1$ ist $0 \leq x(1 - \lambda) < x$ und daher $(x(1 - \lambda))^k < a$. Mit der Bernoulli'schen Ungleichung folgt $a > x^k(1 - \lambda)^k \geq x^k(1 - k\lambda) = x^k - kx^k\lambda$.

Speziell gilt diese Überlegung für die nach Voraussetzung positive Zahl

$$\lambda = \frac{x^k - a}{kx^k} < \frac{x^k}{kx^k} = \frac{1}{k} \leq \frac{1}{2} < 1.$$

Dabei ist wegen $x^k > a > 0$ insbesondere $x^k \neq 0$. Also ist $a > x^k - (x^k - a) = a$, damit $a > a$. Dieser Widerspruch zeigt, dass die Annahme $x^k > a$ falsch ist. Es muss also $x^k \leq a$ gelten. Im nächsten Schritt schließen wir $x^k < a$ aus und folgern so die Existenz von x mit $x^k = a$.

Angenommen, es gilt $x^k < a$. Für jedes reelle λ mit $0 < \lambda < 1$ ist $x < \frac{x}{1 - \lambda}$ und wegen der Supremumseigenschaft von x folgt $x^k \geq a(1 - \lambda)^k$. Mithilfe der strengen Bernoulli'schen Ungleichung (vgl. S. 133) folgt (beachte $k \geq 2$)

$$x^k \geq a(1 - \lambda)^k > a(1 - k\lambda) = a - ak\lambda.$$

Wählt man speziell die positive Zahl $\lambda = \frac{a - x^k}{ka} < 1$, dann folgt der Widerspruch $x^k > a - (a - x^k) = x^k$.

Es ist also tatsächlich $x^k = a$. Man notiert für a üblicherweise $x = \sqrt[k]{a}$. Im Fall $k = 1$ ist $x = \sqrt[1]{a} = x$ und für $k = 2$ notiert man nicht $x = \sqrt[2]{a}$, sondern einfach $x = \sqrt{a}$. Damit haben wir die Existenz der k-ten Wurzeln von nicht negativen reellen Zahlen bewiesen.

Für die k-te Wurzel gelten in Analogie zur Quadratwurzel die folgenden Rechenregeln:

- für alle $a, b \in \mathbb{R}_{\geq 0}$ gilt $\sqrt[k]{ab} = \sqrt[k]{a}\,\sqrt[k]{b}$,
- für alle $a > 0$ und $b > 0$ gilt $\sqrt[k]{\frac{a}{b}} = \frac{\sqrt[k]{a}}{\sqrt[k]{b}}$,
- für alle $a \geq 0$ und $l \in \mathbb{N}$, $l \geq 2$ gilt $\sqrt[k]{a^l} = \left(\sqrt[k]{a}\right)^l$.

Der Beweis erfolgt vollkommen analog zu Aufgabe 4.2. Einen weiteren eleganten Beweis für die Existenz k-ter Wurzeln erhält man mithilfe des Zwischenwertsatzes, den wir später in Kapitel 9 betrachten werden.

---

sen der Logik und der Mengenlehre in sich konsistent sind. Bei diesem konstruktiven Aufbau startet man üblicherweise mit den Peano-Axiomen für die natürlichen Zahlen und erweitert diese über die ganzen und rationalen Zahlen schließlich zu den reellen Zahlen (siehe Vertiefung ab Seite 144). Diesen Weg beschreiten wir an dieser Stelle nicht. Wir geben stattdessen eine präzise Charakterisierung der natürlichen Zahlen als Teilmenge von $\mathbb{R}$.

4.4 Natürliche Zahlen und vollständige Induktion

Ein beliebiger Körper K enthält nach Definition die Elemente 0 und 1. Um weitere „Zahlen" zu definieren, liegt es nahe, einfach sukzessive die 1 zu addieren, also $2 := 1 + 1$, $3 := 2 + 1$, $4 := 3 + 1$, usw. und die so erhaltenen Zahlen als *natürliche Zahlen* in K zu bezeichnen. Das Beispiel $\mathbb{Z}/2\mathbb{Z}$ des endlichen Körpers mit zwei Elementen zeigt jedoch, dass dieses Verfahren nicht unseren Vorstellungen entspricht, denn in $\mathbb{Z}/2\mathbb{Z}$ ist $2 := 1 + 1 = 0$. Aufgrund der Anordnungsaxiome in $\mathbb{R}$ können jedoch in dem angeordneten Körper $\mathbb{R}$ solche „Pathologien" nicht auftreten. Dies gilt für jeden angeordneten Körper K.

Wir skizzieren im Folgenden, wie man die natürlichen Zahlen als Teilmenge von $\mathbb{R}$ definieren kann. $\mathbb{R}$ setzen wir, wie bereits erwähnt, als gegeben voraus. Als Nebenprodukt erhalten wir das Beweisprinzip der *vollständigen Induktion*. Dieses Prinzip ist dann ein beweisbarer Satz und kein Axiom wie bei anderen Zugängen.

Unsere Vorstellung von den natürlichen Zahlen ist, dass man einen „Anfang des Zählens" hat, nämlich die 1. Durch Ad-

Übersicht: Die Axiome der reellen Zahlen

In dieser Übersichtsbox stellen wir noch einmal alle Axiome der reellen Zahlen zusammen. Mit den auf ihr definierten Axiomen der Addition und der Multiplikation sowie dem verknüpfenden Distributivgesetz stellt die Menge der reellen Zahlen einen Körper dar. Durch die Anordnungsaxiome wird garantiert, dass der Körper der reellen Zahlen unendlich viele Elemente enthält und Gleichungen wie $1 + 1 = 0$ keine Gültigkeit haben. Zuletzt sichert das Vollständigkeitsaxiom, dass jede nichtleere Teilmenge von $\mathbb{R}$ ein Supremum besitzt, woraus beispielsweise die Existenz von Quadratwurzeln folgt, die ein Hauptunterscheidungsmerkmal von $\mathbb{R}$ zur der Menge der rationalen Zahlen $\mathbb{Q}$ ist.

Körperaxiome: Es sind zwei Verknüpfungen, Addition und Multiplikation genannt, über die folgenden Axiome definiert:		K ö r p e r	a n g e o r d n e t e r	v o l l s t. a n g e o r d.
Axiome der Addition	**Axiome der Multiplikation**			
Assoziativgesetz	Assoziativgesetz			
Kommutativgesetz	Kommutativgesetz			
Existenz der Null	Existenz der Eins ($\neq 0$)			
Existenz des Negativen	Existenz des Inversen (zu El. $\neq 0$)			
Distributivgesetz				
Anordnungsaxiome: Es sind gewisse Elemente als positiv ausgezeichnet (kurz: $x > 0$), sodass die folgenden Axiome gelten:				
Für jedes Element gilt genau eine der Beziehungen: $x > 0, \quad x = 0, \quad x < 0$				
$x > 0 \wedge y > 0 \Rightarrow x + y > 0$				
$x > 0 \wedge y > 0 \Rightarrow xy > 0$		K.		
Vollständigkeitsaxiom: Jede nichtleere nach oben beschränkte Menge reeller Zahlen besitzt eine kleinste obere Schranke.				K.

Durch die Körperaxiome, die Anordnungsaxiome und das Vollständigkeitsaxiom ist das System der reellen Zahlen bis auf Isomorphie eindeutig festgelegt. Damit ist gemeint, dass jeder angeordnete Körper K, der auch das Vollständigkeitsaxiom erfüllt, zum Körper der reellen Zahlen isomorph ist und der zugehörige Isomorphismus auch die Anordnung respektiert. Dieser Isomorphismus ist zudem eindeutig bestimmt (siehe Abschnitt 4.7).

dition der 1 können wir irgendeine noch so große natürliche Zahl, sagen wir N konstruiert haben. Es gibt dann immer eine größere Zahl, z. B. $(N + 1)$. Die natürlichen Zahlen werden „größer und größer", und die Menge der natürlichen Zahlen hat sicher kein Maximum. Aber sind die natürlichen Zahlen vielleicht doch durch eine reelle Zahl nach oben beschränkt?

Relativ klar ist auch, dass es unendlich viele natürliche Zahlen gibt. Aber was heißt das genau? Wir präzisieren den Begriff der Unendlichkeit in der Vertiefungsbox auf Seite 122.

Die natürlichen Zahlen sind über Zählmengen definiert

Die folgende Definition der natürlichen Zahlen mag auf den ersten Blick merkwürdig erscheinen, hat aber den Vorteil, exakt zu sein, weil die Unbestimmtheit und das zeitliche Moment, wie sie im Begriff der „sukzessiven Addition" enthalten sind, vermieden werden.

Definition von Zählmengen

Eine Teilmenge $Z \subseteq \mathbb{R}$ heißt **Zählmenge**, **induktive** Menge oder **Nachfolgermenge**, falls gilt:

- $1 \in Z$,
- für alle $x \in Z$ ist auch stets $(x + 1) \in Z$.

— — — — — — **?** — — — — — —

Begründen Sie jeweils die folgenden Aussagen:

- $\mathbb{R}$ selbst ist Zählmenge.
- $\mathbb{R}_{\geq 0} = \{\, x \in \mathbb{R} \mid x \geq 0 \,\}$ ist eine Zählmenge.
- $\mathbb{R}\backslash\{2\} = \{\, x \in \mathbb{R} \mid x \neq 2 \,\}$ ist keine Zählmenge.

Wir führen die natürlichen Zahlen als die *kleinste* Zählmenge in $\mathbb{R}$ ein.

Definition der natürlichen Zahlen

Eine reelle Zahl n heißt **natürlich**, wenn n in jeder Zählmenge von $\mathbb{R}$ enthalten ist. Die Menge

$$\mathbb{N} = \{n \in \mathbb{R} \mid n \text{ natürlich}\}$$

wird als Menge der **natürlichen Zahlen** bezeichnet.

Hintergrund und Ausblick: Varianten des Vollständigkeitsaxioms

Es gibt eine ganze Reihe weiterer Eigenschaften, die zu dem angegebenen Vollständigkeitsaxiom äquivalent sind und somit jeweils die Vollständigkeit von $\mathbb{R}$ charakterisieren. Da die einschlägigen Begriffsbildungen hier aber nicht alle zur Verfügung stehen, weil sie erst in Kapitel 8 eingeführt werden, gehen wir nur auf ein zum Vollständigkeitsaxiom äquivalentes Axiom genauer ein, das eine Variante des sogenannten *Dedekind'schen Schnittaxioms* darstellt. Eine wesentliche Rolle spielt dabei die archimedische Eigenschaft der natürlichen Zahlen, die besagt, dass $\mathbb{N}$ nicht nach oben beschränkt ist (siehe Seite 123).

Wir behaupten, dass die Eigenschaft (DED):

> sind A, B nichtleere Teilmengen von $\mathbb{R}$, und gilt für alle $a \in A$ und alle $b \in B$ die Ungleichung $a \leq b$, dann gibt es eine reelle Zahl t mit $a \leq t \leq b$ für alle $a \in A$ und $b \in B$,

zum angegebenen Vollständigkeitsaxiom (V) äquivalent ist. Eine geometrische Interpretation dieser Eigenschaft ist die „Lückenlosigkeit" von $\mathbb{R}$, denn zwischen je zwei nichtleeren Mengen A, $B \subseteq \mathbb{R}$ mit der obigen Eigenschaft kann man, wo A und B *zusammenstoßen*, stets eine reelle Zahl t finden.

Um die Äquivalenz zu zeigen beginnen wir mit (V)$\Rightarrow$(DED), d. h., wir müssen aus (V) die Eigenschaft (DED) folgern. Seien dazu A und B nichtleere Teilmengen von $\mathbb{R}$ mit der Eigenschaft, dass für alle $a \in A$ und für alle $b \in B$ die Ungleichung $a \leq b$ gilt.

Wir müssen zeigen, dass es ein $t \in \mathbb{R}$ gibt mit $a \leq t \leq b$ für alle $a \in A$ bzw. $b \in B$. Wegen $a \leq b$ für alle $a \in A$ ist jedes $b \in B$ obere Schranke für A. Dabei ist zu beachten, dass $A \neq \emptyset$ vorausgesetzt ist. A ist also eine nichtleere nach oben beschränkte Teilmenge von $\mathbb{R}$ und besitzt damit nach Voraussetzung ein Supremum. Wir setzen $t = \sup A$. Dann gilt $a \leq t$ für alle $a \in A$. Jedes $b \in B$ ist aber obere Schranke von A und wegen der Supremumseigenschaft gilt $t \leq b$ für alle $b \in B$. Insgesamt gilt für alle $a \in A$ und $b \in B$ die Behauptung $a \leq t \leq b$.

Nun zeigen wir die Umkehrung (DED)$\Rightarrow$(V). Dazu sei $M \subseteq \mathbb{R}$ eine nichtleere nach oben beschränkte Teilmenge. Wir wollen aus (DED) folgern, dass ein Supremum $s = \sup M$ existiert. Um die Voraussetzungen von (DED) anwenden zu können, setzen wir $A = M$ und

$$B = S_M = \{x \in \mathbb{R} \mid x \text{ ist obere Schranke von } M\}.$$

Wegen $M \neq \emptyset$ gilt auch $A \neq \emptyset$, und da M nach oben beschränkt ist, zusätzlich $B \neq \emptyset$. Da jedes $b \in B$ obere Schranke von M ist, gilt $a \leq b$ für alle $a \in M$. Damit ist $a \leq b$ für alle $a \in A$ und alle $b \in B$.

Die Voraussetzungen von (DED) sind also gegeben und es existiert ein $t \in \mathbb{R}$, sodass für alle $a \in A$ und für alle $b \in B$ $a \leq t \leq b$ gilt. Wenn wir $s = t$ setzen, so besagt die linke Ungleichung, dass s obere Schranke von M ist. Der rechte Teil der Ungleichung sichert, dass s kleinste obere Schranke von M ist. Damit ist s aber gerade das gesuchte Supremum, dessen Existenz hiermit bewiesen ist. Insgesamt haben wir die Äquivalenz der beiden Eigenschaften gezeigt

Neben diesen beiden Varianten des Vollständigkeitsaxioms gibt es viele weitere, die hier nur erwähnt werden. Dazu kürzen wir die archimedische Eigenschaft (siehe Seite 123) mit (AE) ab.

- (AE) und das Intervallschachtelungsprinzip, das besagt, dass eine Intervallschachtelung (siehe Aufgabe 8.21) genau eine reelle Zahl enthält, die in allen Intervallen enthalten ist.

- (AE) und die Eigenschaft, dass jede Cauchy-Folge konvergiert.

- Das Monotonieprinzip. Es besagt, dass jede monoton wachsende nach oben beschränkte reelle Folge konvergiert.

- Die Bolzano-Weierstraß-Eigenschaft. Sie besagt, dass jede beschränkte Folge reeller Zahlen eine konvergente Teilfolge besitzt.

Zunächst halten wir fest, dass $\mathbb{N}$ selbst Zählmenge ist.

Folgerung

Die Menge $\mathbb{N}$ der natürlichen Zahlen ist eine Zählmenge.

Beweis:

- Es ist $1 \in \mathbb{N}$ erfüllt, da $1 \in Z$ für jede Zählmenge Z gilt, und die 1 auch im Schnitt all dieser Mengen enthalten ist.
- Ist x eine beliebige reelle Zahl, die in $\mathbb{N}$ liegt, so muss auch $(x + 1)$ in $\mathbb{N}$ liegen. Da $x \in \mathbb{N}$ liegt, muss x in jeder Zählmenge Z liegen. Da für jede Zählmenge gilt, dass der Nachfolger $(x + 1)$ vorhanden ist, liegt $x + 1$ in allen Zählmengen vor, und so gilt auch $(x + 1) \in \mathbb{N}$. ∎

Damit kann man $\mathbb{N}$ als die bezüglich $\subseteq$ kleinste Zählmenge von $\mathbb{R}$ charakterisieren, denn nach Definition ist $\mathbb{N}$ in jeder Zählmenge enthalten. Mengentheoretisch bedeutet dies:

$$\mathbb{N} = \bigcap \{Z \subseteq \mathbb{R} \mid Z \text{ Zählmenge}\}.$$

Diese Menge enthält damit alle uns vom Zählen her bekannten natürlichen Zahlen $1, 2, 3, \dots$.

—————————— **?** ——————————

Wieso gibt es keine natürliche Zahl n mit $1 < n < 2$?

Als beweisbaren Satz erhalten wir nun den wichtigen Induktionssatz.

Induktionssatz

Ist $M \subseteq \mathbb{N}$ eine Teilmenge, für die gilt:

- $1 \in M$ und
- für alle $n \in M$ folgt $n + 1 \in M$,

dann ist $M = \mathbb{N}$.

Beweis: Nach Voraussetzung ist $M \subseteq \mathbb{N}$. Da $\mathbb{N}$ in jeder Zählmenge Z enthalten ist und M eine Zählmenge ist, muss $\mathbb{N} \subseteq M$ gelten. Das bedeutet insgesamt $M = \mathbb{N}$. ∎

Auf dem Induktionssatz beruht das angekündigte Beweisprinzip der vollständigen Induktion.

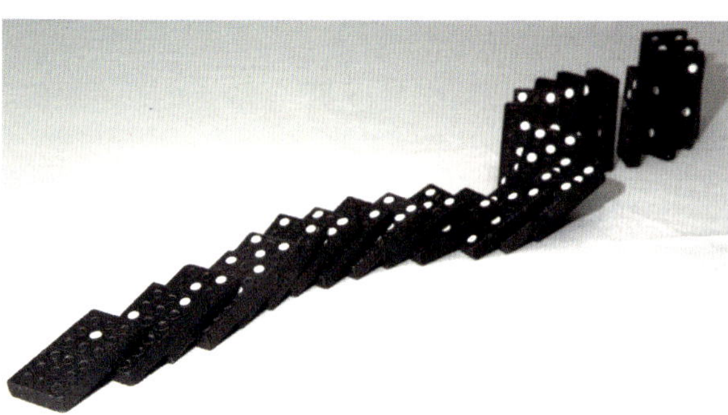

Abbildung 4.7 In der Abbildung wird der „Dominoeffekt" der vollständigen Induktion gezeigt. Ist nachgewiesen, dass aus der Vorgängeraussage stets die Nachfolgeraussage folgt, werden alle wahr, die nach der ersten nachgewiesen richtigen Aussage folgen. Bei Dominosteinen entspricht das dem korrekten Aufstellen der Steine und dem dann folgenden Umstoßen eines der Steine, meistens des ersten.

Beweisprinzip der vollständigen Induktion

Für jede natürliche Zahl n sei $A(n)$ eine Aussage bzw. Behauptung. Diese kann wahr oder falsch sein. Die Aussagen $A(n)$ gelten für alle $n \in \mathbb{N}$, wenn man Folgendes zeigen kann:

(IA) $A(1)$ ist wahr und

(IS) für jedes $n \in \mathbb{N}$ gilt $A(n) \Rightarrow A(n + 1)$.

Der erste Schritt (IA) heißt **Induktionsanfang** oder Induktionsverankerung, und die Implikation $A(n) \Rightarrow A(n + 1)$ nennt man den **Induktionsschritt** .

Zum Beweis braucht man nur zu beachten, dass die Menge $M = \{n \in \mathbb{N} \mid A(n) \text{ ist wahr}\} \subseteq \mathbb{N}$ eine Zählmenge ist und daher mit $\mathbb{N}$ identisch sein muss.

Auf Beispiele für das Beweisprinzip der vollständigen Induktion gehen wir in einem späteren Abschnitt ausführlich ein. Zunächst sei angemerkt, dass man aus der Definition der natürlichen Zahlen die folgenden fünf *Peano-Eigenschaften der natürlichen Zahlen* ableiten kann.

Folgerung (Peano-Eigenschaften der natürlichen Zahlen)

(P_1) Die 1 ist eine natürliche Zahl, d. h., $1 \in \mathbb{N}$.

(P_2) Jede natürliche Zahl n besitzt eine eindeutig bestimmte natürliche Zahl $n' = n + 1$ als Nachfolger.

(P_3) Verschiedene natürliche Zahlen haben verschiedene Nachfolger, d. h., sind $n, m \in \mathbb{N}$ und ist $n \neq m$, dann ist auch $n' \neq m'$.

(P_4) Die 1 ist nicht Nachfolger einer natürlichen Zahl.

(P_5) Ist $M \subseteq \mathbb{N}$ mit den zwei Eigenschaften $1 \in M$, und für jedes $n \in M$ ist $n + 1 \in M$, so gilt $M = \mathbb{N}$.

Machen Sie sich die fünf Eigenschaften anhand von aufgestellten Dominosteinen klar.

Zum Aufbau der Zahlbereiche kann man diese fünf Eigenschaften der natürlichen Zahlen als Axiome an den Anfang stellen, wie es R. Dedekind (1888) und G. Peano (1889) getan haben. Aus den natürlichen Zahlen $\mathbb{N}$ lassen sich dann die ganzen Zahlen $\mathbb{Z}$, die rationalen Zahlen $\mathbb{Q}$ und schließlich die reellen Zahlen $\mathbb{R}$ konstruieren (siehe Abschnitt 4.7).

Nach diesem kurzen Ausblick stellen wir einige Eigenschaften von $\mathbb{N}$ zusammen.

Eigenschaften von $\mathbb{N}$

- Für jede natürliche Zahl n gilt $n \geq 1$.
- Summe und Produkt natürlicher Zahlen sind wieder natürliche Zahlen.
- Falls für zwei natürliche Zahlen $n, m \in \mathbb{N}$ die Ungleichung $n > m$ gilt, so ist die Differenz $n - m$ wieder eine natürliche Zahl.
- Ist n eine beliebige natürliche Zahl, dann gibt es keine natürliche Zahl z mit $n < z < n + 1$. Zwischen n und $n + 1$ existiert keine weitere natürliche Zahl.
- Ist $\mathbb{A}_n = \{ x \in \mathbb{N} \mid x \leq n \} = \{1, 2, \ldots, n\}$, dann ist

$$\mathbb{A}_{n+1} = \mathbb{A}_n \cup \{n + 1\} = \{ 1, \ldots, n, n + 1 \}.$$

- **Wohlordnungssatz**: Jede nichtleere Teilmenge $B \subseteq \mathbb{N}$ besitzt ein Minimum.

Beweis: Wir beweisen hier nur den Wohlordnungssatz und überlassen dem Leser die weiteren Aussagen zur Übung.

Wir nehmen an, es gebe eine nichtleere Teilmenge $B \subseteq \mathbb{N}$, die kein Minimum besitzt und betrachten die folgende Menge von natürlichen Zahlen:

$$M = \{n \in \mathbb{N} \mid \text{ für alle } k \in B \text{ ist } n \leq k\}.$$

M besteht aus den natürlichen Zahlen, die untere Schranken von B sind. Es gilt entweder $M = \emptyset$ oder $1 \in M$, denn jede natürliche Zahl k ist größer oder gleich 1. Da M nichtleer ist, ist $1 \in M$.

Ist weiter $n \in M$, dann enthält B nur Zahlen $\geq n$. Wäre n in B enthalten, so wäre n die kleinste Zahl in B. Die Menge B

Übersicht: Die natürlichen Zahlen

Die natürlichen Zahlen $\mathbb{N} = \{n \in \mathbb{R} \mid n \text{ natürlich}\}$ sind selbstverständlich elementar für die gesamte Mathematik. Wir stellen hier einige wesentliche Aussagen zusammen.

Die Peano-Eigenschaften der natürlichen Zahlen:

(P$_1$) Die 1 ist eine natürliche Zahl, d. h., $1 \in \mathbb{N}$.

(P$_2$) Jede natürliche Zahl n besitzt eine eindeutig bestimmte natürliche Zahl $n' = n + 1$ als Nachfolger.

(P$_3$) Verschiedene natürliche Zahlen haben verschiedene Nachfolger, d. h., sind $n, m \in \mathbb{N}$ und ist $n \neq m$, dann ist auch $n' \neq m'$.

(P$_4$) Die 1 ist nicht Nachfolger einer natürlichen Zahl.

(P$_5$) Ist $M \subseteq \mathbb{N}$ mit den zwei Eigenschaften $1 \in M$ und für jedes $n \in M$ ist $n + 1 \in M$, so gilt $M = \mathbb{N}$.

Beweisprinzip der vollständigen Induktion

Aussagen $A(n)$ gelten für alle $n \in \mathbb{N}$, wenn

(IA) $A(1)$ wahr ist und

(IS) für jedes $n \in \mathbb{N}$ gilt $A(n) \Rightarrow A(n + 1)$.

Der Wohlordnungssatz

Jede nichtleere Teilmenge $B \subseteq \mathbb{N}$ besitzt ein Minimum.

Die archimedische Eigenschaft

Die Menge der natürlichen Zahlen ist nicht nach oben beschränkt.

Der Satz von Eudoxos-Archimedes

Zu $a \in \mathbb{R}_{>0}$ und $b \in \mathbb{R}$ gibt es $n \in \mathbb{N}$ mit

$$na > b.$$

Das Summenzeichen

$$\sum_{j=1}^{n} a_j = a_1 + a_2 + \ldots + a_n$$

- Ist die Indexmenge, über die summiert wird, leer, so hat dies bezüglich der Addition die gleiche Wirkung, wie die Addition von Null.

- **Assoziativität der Summe** Ist $1 \leq m \leq n$, so ist

$$\sum_{j=1}^{n} a_j = \sum_{j=1}^{m} a_j + \sum_{j=m+1}^{n} a_j$$

- **Linearität der Summe** Für jedes $\lambda, \mu \in \mathbb{R}$ gilt, falls b_j, $1 \leq j \leq n$, weitere gegebene reelle Zahlen sind:

$$\sum_{j=1}^{n} (\lambda a_j + \mu b_j) = \lambda \sum_{j=1}^{n} a_j + \mu \sum_{j=1}^{n} b_j.$$

- **Umnummerierung der Indizes** Ist $m \leq n$, so gilt:

$$\sum_{j=m}^{n} a_j = \sum_{j=1}^{n-m+1} a_{m-1+j}.$$

Das Produktzeichen

$$\prod_{j=1}^{n} a_j = a_1\, a_2\, \ldots\, a_n.$$

---

hat aber nach Voraussetzung kein Minimum. Daher enthält B nur Zahlen größergleich $n + 1$, was $n + 1 \in M$ bedeutet. Damit ist M eine induktive Teilmenge von $\mathbb{N}$ und nach dem Induktionssatz gilt $M = \mathbb{N}$. Dann muss B aber leer sein, denn mit $n \in B$ ist $n + 1 \notin M = \mathbb{N}$. Dies steht im Widerspruch zur Voraussetzung $B \neq \emptyset$. $\blacksquare$

?

Zeigen Sie, dass aus dem Wohlordnungssatz der Induktionssatz abgeleitet werden kann.

Die Mengen $\mathbb{A}_n = \{1, 2, \ldots, n\}$ sind Prototypen endlicher Mengen mit genau n Elementen.

Definition endlicher Mengen

Wir nennen eine Menge **endlich**, wenn $M = \emptyset$ ist oder wenn es ein $n \in \mathbb{N}$ und eine bijektive Abbildung $\varphi : \{1, 2, \ldots, n\} \to M$ gibt.

Man kann die Elemente einer endlichen Menge M so mit den natürlichen Zahlen $1, 2, \ldots, n$ durchnummerieren, dass $M = \{m_1, m_2, \ldots, m_n\}$ gilt. Jedes $m \in M$ kommt in dieser Liste vor, da φ surjektiv ist, und verschiedene Elemente aus M erhalten verschiedene Nummern. Denn mit der Injektivität von φ folgt aus $j \neq k$ für $1 \leq j, k \leq n$ auch $m_j \neq m_k$. Mit einer Induktion nach n lässt sich zeigen, dass n eindeutig bestimmt ist. Man nennt die Elementanzahl $|M| = n$ die die **Kardinalzahl** oder die **Mächtigkeit** von M. Statt $|M|$ findet sich in der Literatur auch $\#M$ oder $\mathrm{card}\,M$. Eine nicht endliche Menge nennen wir **unendlich**.

Die leere Menge, die kein Element enthält, zählen wir auch zu den endlichen Mengen und geben ihr die Kardinalzahl Null.

?

Zeigen Sie, dass $\mathbb{N}$ unendlich ist.

Die Menge der natürlichen Zahlen ist nicht nach oben beschränkt

Für jede natürliche Zahl n ist $n + 1$ eine größere natürliche Zahl und so kann es keine größte natürliche Zahl geben. Eine natürliche Zahl kann daher nicht obere Schranke für die Menge $\mathbb{N}$ der natürlichen Zahlen sein. Es könnte jedoch eine

Hintergrund und Ausblick: Darf's ein bisschen mehr sein – abzählbar unendliche Mengen

Was haben die Woche und die Weltwunder gemeinsam? Es gibt 7 Wochentage und 7 Weltwunder. Das Gemeinsame ist, mathematisch ausgedrückt, die Elementanzahl 7 der jeweiligen Menge. Die betrachteten Beispiele sind endliche Mengen, wobei dieser Begriff intuitiv klar ist. Was haben die natürlichen Zahlen ohne Null mit denen mit der Null gemeinsam? Auch sie haben gleich viele Elemente und das mag überraschen. Im folgenden Text geben wir eine kurze Übersicht über den Begriff der Abzählbarkeit in der Mathematik, und Sie werden sehen, dass es gleich viele natürliche wie rationale Zahlen gibt.

Die Abschnitte $\mathbb{A}_n = \{x \in \mathbb{N} \mid 1 \leq x \leq n\}$ ($n \in \mathbb{N}$) sind die Prototypen für endliche Mengen mit genau n Elementen. Wie auf Seite 121 definiert, heißt eine Menge M endlich, wenn es eine bijektive Abbildung $f : \mathbb{A}_n \to M$ gibt. Ist $f : \mathbb{A}_n \to M$ eine solche Bijektion, und setzt man $a_j = f(j)$ für $1 \leq j \leq n$, dann ist $M = \{a_1, \ldots, a_n\}$ und $a_j \neq a_l$ für $j \neq l$: Die Elemente von M sind mit den natürlichen Zahlen von 1 bis n durchnummeriert.

Dieses Vorgehen führt nur zu einer exakten Definition, wenn man nicht gleichzeitig zwei verschiedene Abschnitte $\mathbb{A}_m$ und $\mathbb{A}_n$ bijektiv auf M abbilden kann, sprich, wenn die Kardinalzahl eindeutig bestimmt ist. Der folgende Satz sichert dies: Gibt es eine bijektive Abbildung $f : \mathbb{A}_n \to M$ und eine weitere bijektive Abbildung $g : \mathbb{A}_m \to M$, dann gilt $n = m$. Dies liegt daran, dass es dann eine bijektive Abbildung $h : \mathbb{A}_n \to \mathbb{A}_m$ gibt, die wir als Verkettung von f mit der Umkehrabbildung von g direkt angeben können, $h = f \circ g^{-1}$.

Bei endlichen Mengen M und N, für die $|M| > |N|$ gilt, lässt sich das **Dirichlet'sche Schubfachprinzip** anwenden, welches garantiert, dass es keine injektive Abbildung $M \to N$ geben kann. Die Argumentation ist die, dass man für jedes Element von N ein Schubfach hat. Legt man nun alle Elemente von M in diese Fächer ab, muss man zwangsläufig mindestens ein Fach mehrfach belegen (siehe Aufgabe 4.41).

Bei den beiden nicht endlichen und somit unendlichen Mengen $\mathbb{N}$ und $\mathbb{N}_0$ vermutet man intuitiv, dass $\mathbb{N}_0$ ein Element mehr enthält als $\mathbb{N}$. Im Sinne von Cantor haben jedoch beide Mengen gleich viele Elemente. Nach Cantor (1878) heißen zwei Mengen M, N **gleichmächtig**, wenn es eine bijektive Abbildung zwischen ihnen gibt. Hierfür schreibt man $M \sim N$ oder $|M| = |N|$ und sagt, M und N haben die gleiche **Kardinalität**.

Mit dieser Definition und der bijektiven Abbildung $f : \mathbb{N}_0 \to \mathbb{N}$, $n \mapsto n + 1$ ist wirklich $|\mathbb{N}_0| = |\mathbb{N}|$. Ein weiteres Beispiel ist das Galilei-Paradoxon: Die Menge der natürlichen Zahlen ist zur Menge der geraden Zahlen gleichmächtig. Die Abbildung ordnet hier einer natürlichen Zahl n die Zahl $2n$ zu. In beiden Fällen sind Teilmengen gleichmächtig zur Ausgangsmenge! Dies kann bei endlichen Mengen nicht passieren.

Gleichmächtigkeit hat die Eigenschaften einer Äquivalenzrelation:

- es gilt $M \sim M$ (mit $f = \mathrm{id}_M$),
- aus $M \sim N$ folgt $N \sim M$ (da f bijektiv ist),
- aus $M \sim N$ und $N \sim P$ folgt $M \sim P$, denn eine Verkettung bijektiver Abbildungen ist selbst bijektiv.

Für alle Mengen, die zu $\mathbb{N}_0$ gleichmächtig sind, verwendet man als Kardinalzahl das Symbol $\aleph_0$, *Aleph Null*. Mengen, die zu $\mathbb{N}_0$ gleichmächtig sind, nennt man **abzählbar**. Auch die Menge der ganzen Zahlen ist abzählbar unendlich, eine Bijektion f zwischen $\mathbb{N}_0$ und $\mathbb{Z}$ ist

$$f : \mathbb{N}_0 \to \mathbb{Z}, \quad f(n) = \begin{cases} k & \text{falls } n = 2k - 1 \\ -k & \text{falls } n = 2k. \end{cases}$$

Jede Teilmenge von $\mathbb{N}_0$ ist endlich oder abzählbar, also höchstens abzählbar. Denn man kann die Teilmenge ordnen und das kleinste Element auf 0, das zweitkleinste Element auf 1 usw. abbilden. Damit findet man, dass jede Teilmenge einer abzählbaren Menge wieder abzählbar ist. Als Folgerung erhält man: Ist M eine beliebige Menge, sodass es entweder eine injektive Abbildung $f : M \to \mathbb{N}_0$ oder eine surjektive Abbildung $g : \mathbb{N}_0 \to M$ gibt, so ist M abzählbar. Zum Beweis der ersten Teilaussage beachte man, dass $f : M \to f(M) \subseteq \mathbb{N}$ bijektiv und damit M abzählbar ist.

Um zu zeigen, dass die rationalen Zahlen $\mathbb{Q}$ abzählbar sind, wird zuerst gezeigt, dass $\mathbb{N}_0 \times \mathbb{N}_0$ abzählbar ist. Wir geben hierfür die Bijektion $g : \mathbb{N}_0 \times \mathbb{N}_0 \to \mathbb{N}_0$ mit

$$g(m, n) = n + \frac{(m + n)(m + n + 1)}{2}$$

an. Da $\mathbb{Z}$ gleichmächtig zu $\mathbb{N}_0$ ist, ist auch $\mathbb{Z} \times \mathbb{Z}$ abzählbar. Ordnet man jedem gekürzten Bruch $\frac{p}{q}$, $p, q \in \mathbb{Z}$, $q \neq 0$ (siehe auch Aufgabe 4.42) das Element $(p, q) \in \mathbb{Z} \times \mathbb{Z}$ zu, erhält man eine Bijektion von $\mathbb{Q}$ auf eine unendliche Teilmenge von $\mathbb{Z} \times \mathbb{Z}$.

Eine unendliche Menge, die nicht abzählbar ist, heißt **überabzählbar**. Wie Sie in der Box auf der nächsten Seite sehen, ist die Menge der reellen Zahlen eine überabzählbare Menge.

Hintergrund und Ausblick: Die Mächtigkeit des Kontinuums – $\mathbb{R}$ ist überabzählbar

Im Gegensatz zu der Menge der rationalen Zahlen ist bereits das reelle Intervall $[0, 1)$ eine überabzählbare Menge und damit erst recht $\mathbb{R}$, da $[0, 1) \subseteq \mathbb{R}$ gilt.

Grundsätzlich stellt sich die Frage, ob es überhaupt überabzählbare Mengen gibt.

Seien $M \neq \emptyset$ und $N = \{0, 1\}$ und $F = \mathrm{Abb}(M, N)$, also die Menge aller Abbildungen von M nach N. Die Bilder der Elemente aus M sind entweder die Zahlen 0 oder 1.

Ordnet man jedem $m \in M$ die Abbildung $f_m : M \to N$ zu, die für $x = m$ durch $f_m(x) = 1$ und für $x \neq m$ als $f_m(x) = 0$ definiert ist, so sind M und die Teilmenge $\{f_m \mid m \in M\}$ gleichmächtig. M ist jedoch nicht zur ganzen Menge F gleichmächtig; denn definiert man die Abbildung

$$f(m) = \begin{cases} 1, & \text{falls } f_m(m) = 0, \\ 0, & \text{falls } f_m(m) = 1, \end{cases}$$

dann liegt f in F, stimmt aber mit keinem f_m überein. Diese Idee ist bekannt als **2. Cantor'sches Diagonalverfahren**. Damit ist gezeigt, dass die Menge M und die Menge F nicht gleichmächtig sein können und F eine größere Mächtigkeit als M besitzt. Nimmt man nun für $M = \mathbb{N}_0$, so ist F die Menge aller Folgen, welche nur die Werte 0 oder 1 annehmen. Hier einige Beispiele aus dieser Menge:

$$01001000100001000001\ldots$$
$$01010101010101010101\ldots$$
$$01011011101111011111\ldots$$
$$01101101101101101101\ldots$$
$$10101010101010101010\ldots$$

Diese Menge ist damit überabzählbar.

Für die Analysis ist die Überabzählbarkeit der Menge der reellen Zahlen entscheidend. Diese Überabzählbarkeit wird schon deutlich, wenn man sich auf das Intervall $[0, 1)$ beschränkt.

Ist $f = (f_n) \in F = \mathrm{Abb}(\mathbb{N}_0, \{0, 1\})$, dann kann man diesem f in eindeutiger Weise eine reelle Zahl aus $[0, 1)$ zuordnen (Reihen werden in Kap. 10 behandelt):

$$f \mapsto x_f = \sum_{k=0}^{\infty} \frac{f_k}{10^{k+1}}.$$

Die Zahl x_f ist ein Dezimalbruch und stellt eine reelle Zahl im Intervall $[0, 1)$ dar. Die Zuordnung zeigt, dass die

Menge der so erhaltenen Dezimalbrüche überabzählbar ist und da diese Menge eine Teilmenge der reellen Zahlen ist, ist $\mathbb{R}$ selbst überabzählbar.

Was wir nebenbei gezeigt haben, ist, dass für jede Menge M die Potenzmenge $P(M)$ eine größere Mächtigkeit als M besitzt. Denn definiert man für eine Teilmenge $A \subseteq M$ die **charakteristische Funktion**

$$\chi_A(x) = \begin{cases} 1, & \text{falls } x \in A, \\ 0, & \text{falls } x \notin A, \end{cases}$$

dann ist die Abbildung $A \mapsto \chi_A$ eine Bijektion von der Menge aller Teilmengen von M, also der Potenzmenge auf die Menge $\mathrm{Abb}(M, \{0, 1\}) = F$. Die Überabzählbarkeit von F (für unendliches M) haben wir bereits mit dem Cantor'schen Diagonalverfahren gezeigt.

Aus der Überabzählbarkeit von $\mathbb{R}$ folgt auch die Überabzählbarkeit der Menge $\mathbb{R} \setminus \mathbb{Q}$ der irrationalen Zahlen wegen $\mathbb{R} = \mathbb{Q} \cup (\mathbb{R} \setminus \mathbb{Q})$. Es gibt „viel mehr" irrationale Zahlen als rationale Zahlen. Für die Mächtigkeit von $\mathbb{R}$ wird üblicherweise das Symbol $\mathfrak{c}$ verwendet.

Allerdings bleibt die Frage offen, ob für eine unendliche Teilmenge $M \subseteq \mathbb{R}$ notwendigerweise entweder $|M| = \aleph_0 = |\mathbb{N}_0|$ oder $|M| = \mathfrak{c}$ gilt. Dies ist die **Kontinuumshypothese**, welche D. Hilbert 1900 als erstes Problem in seiner Liste von zentralen Fragen der Mathematik aufgenommen hat. K. Gödel hat 1938 gezeigt, dass die Verneinung der Kontinuumshypothese mit dem üblichen Axiomensystem der Mengenlehre nicht beweisbar ist, und P. Cohen hat 1963 bewiesen, dass die Kontinuumshypothese selbst nicht beweisbar ist. Dies ist überraschend:

Mit den üblichen Axiomen der Mengenlehre lässt sich die Kontinuumshypothese grundsätzlich weder beweisen noch widerlegen.

Wie man zeigen kann, haben alle echten Intervalle ebenfalls die Mächtigkeit von $\mathbb{R}$. Das Cantor'sche Diskontinuum C (siehe Kapitel 9) und erstaunlicherweise alle $\mathbb{R}^n$ mit $n \in \mathbb{N}$ sind gleichmächtig zu $\mathbb{R}$. Auch die Menge $C(\mathbb{R}, \mathbb{R})$ der stetigen Funktionen $f : \mathbb{R} \to \mathbb{R}$ hat die Mächtigkeit von $\mathbb{R}$. Aber die Menge $\mathrm{Abb}(\mathbb{R}, \mathbb{R})$ aller Abbildungen von $\mathbb{R}$ nach $\mathbb{R}$ hat eine größere Mächtigkeit als $\mathbb{R}$.

---

reelle Zahl aus $\mathbb{R} \setminus \mathbb{N}$ geben, die obere Schranke von $\mathbb{N}$ ist. Dass das nicht der Fall ist, ergibt sich als wichtige Konsequenz aus dem Vollständigkeitsaxiom.

Die archimedische Eigenschaft von $\mathbb{R}$

Die Menge der natürlichen Zahlen ist nicht nach oben beschränkt.

Eine alternative Formulierung besagt, dass es zu jeder reellen Zahl x eine natürliche Zahl n gibt mit $n > x$.

Beweis: Wenn $\mathbb{N}$ nach oben beschränkt wäre, müsste $\mathbb{N}$ nach dem Vollständigkeitsaxiom eine kleinste obere Schranke s_0 besitzen. Für jedes $n \in \mathbb{N}$ müsste also $n \leq s_0$ gelten.

Andererseits muss es eine natürliche Zahl N mit $N > s_0 - 1$ geben, da sonst $s_0 - 1$ obere Schranke von $\mathbb{N}$ wäre, also s_0 nicht die kleinste obere Schranke von $\mathbb{N}$ sein könnte.

Aus $N > s_0 - 1$ folgt aber $N + 1 > s_0$, im Widerspruch zur Tatsache, dass s_0 obere Schranke von $\mathbb{N}$ ist. Daher kann nicht $n \leq s_0$ für alle $n \in \mathbb{N}$ gelten. $\blacksquare$

Aus diesem Satz ergibt sich eine Folgerung, die schon in der griechischen Mathematik bekannt war.

> **Der Satz von Eudoxos-Archimedes**
>
> Zu jeder reellen Zahl $a > 0$ und jedem $b \in \mathbb{R}$ gibt es eine natürliche Zahl n mit
>
> $$na > b.$$

Beweis: Wenn es eine solche natürliche Zahl n nicht geben würde, müsste für alle natürlichen Zahlen

$$n \leq \frac{b}{a}$$

gelten und der Bruch wäre eine obere Schranke für $\mathbb{N}$ im Widerspruch zur gerade formulierten archimedischen Eigenschaft. $\blacksquare$

Die letzten beiden Sätze, die eine äquivalente Aussage beinhalten, bedeuten, dass der Körper der reellen Zahlen **archimedisch angeordnet** ist. Beachten Sie, dass die archimedische Eigenschaft nicht allein aus den Körper- und Anordnungsaxiomen folgt, da auch das Vollständigkeitsaxiom benutzt wird.

Es stellt sich die Frage, ob es angeordnete Körper gibt, die nicht archimedisch angeordnet sind. Dies ist tatsächlich der Fall.

Sie werden in der Übungsaufgabe 4.51 sehen, dass die Menge der rationalen Funktionen

$$\left\{ \frac{p(x)}{q(x)} \mid p, q \text{ reelle Polynome, } q \text{ nicht Nullpolynom} \right\}$$

einen angeordneten Körper bildet, der jedoch nicht archimedisch angeordnet ist.

Mit Indizes lassen sich Summen exakt angeben

Die natürlichen Zahlen treten häufig als **Index** beim Durchnummerieren von Elementen der Form a_j auf, etwa *Koordinaten von Vektoren* oder beim Aufsummieren von Zahlen. Für die dabei genutzte „Pünktchenschreibweise", wie in

$$1^2 + 2^2 + \ldots + 100^2,$$

wollen wir eine exakte Notation einführen. Wir definieren das **Summenzeichen**:

$$\sum_{j=1}^{n} a_j = a_1 + a_2 + \ldots + a_n.$$

In Worten sagt man: „Summe a_j für j von 1 bis n". Eine *rekursive* Definition lautet:

$$\sum_{j=1}^{1} a_j = a_1$$

und

$$\sum_{j=1}^{n+1} a_j = \left(\sum_{j=1}^{n} a_j \right) + a_{n+1}.$$

Mit dem Rekursionssatz (Seite 149) wird allgemein gezeigt, dass so eine eindeutige Festlegung gegeben ist. Der Laufindex j beim Summenzeichen kann selbstverständlich durch jeden Buchstaben ersetzt werden, der nicht schon eine andere Bedeutung hat.

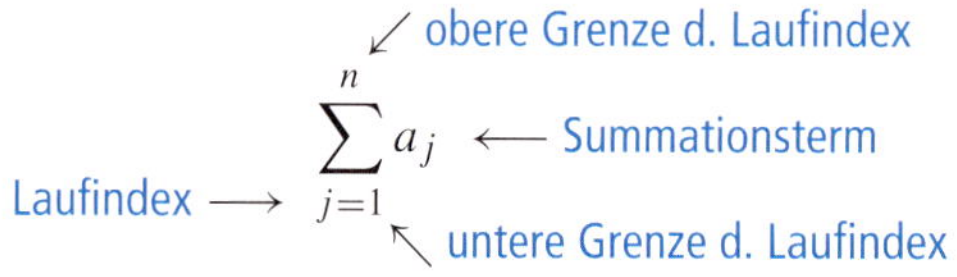

Abbildung 4.8 Die Bestandteile des Summenzeichens im Einzelnen.

Einige offensichtliche Manipulationen mit dem Summenzeichen sind nützlich. Diese sind in der Übersicht auf Seite 121 zusammengestellt. Als Beispiel betrachten wir eine Umnummerierung, d. h., allgemein gilt mit $m \leq n$:

$$\sum_{j=m}^{n} a_j = \sum_{j=1}^{n-m+1} a_{m-1+j}.$$

Beispiel Wir betrachten die Identität

$$\sum_{k=1}^{n} k = \frac{1}{2} n(n + 1).$$

Nach C. F. Gauß, der diese Summe als siebenjähriger Schüler im Spezialfall $n = 100$ bzw. nach anderen Quellen für $n = 60$, berechnet hat, kann man diese Gleichheit sehr einfach herleiten.

Ist $s = 1 + 2 + \cdots + n$, so erhält man nach mehrfacher Anwendung des Kommutativgesetzes $s = n + (n - 1) + \cdots + 1$. Durch Addition der beiden Gleichungen für s folgt:

$$2s = \underbrace{(n + 1) + (n + 1) \cdots + \ldots (n + 1)}_{n \text{ mal}} = n(n + 1),$$

bzw. nach Auflösen nach s:

$$s = \frac{n(n + 1)}{2}.$$

Hintergrund und Ausblick: Die Dedekind'sche Unendlichkeitsdefinition

Wir hatten eine Menge endlich genannt, wenn $M = \emptyset$, oder wenn es ein $n \in \mathbb{N}$ und eine bijektive Abbildung

$$\varphi : \{1, 2, \ldots, n\} \to M \text{ mit } j \mapsto m_j$$

gibt (Seite 121). Die Zahl n ist dann eindeutig bestimmt und heißt Elementanzahl (Kardinalzahl, Mächtigkeit) von M (Abschnitt 4.5). Eine nichtendliche Menge haben wir unendlich genannt. Ein Prototyp für eine unendliche Menge ist die Menge $\mathbb{N}_0$ der natürlichen Zahlen (mit Null). Es gibt noch eine weitere Definition des Unendlichkeitsbegriffs, der auf Dedekind zurückgeht. In dieser Box werden Sie feststellen, dass dieser zu unserem Unendlichkeitsbegriff äquivalent ist.

Dass $\mathbb{N}_0$ eine nach unserer bisherigen Definition unendliche Menge ist, ergibt sich z. B. aus folgendem Satz:

Sind A und B Mengen mit $B \subseteq A$, $B \neq A$, und gilt $|B| = |A|$, dann ist A unendlich.

Denn setzt man $A = \mathbb{N}_0$ und $B = \mathbb{N} = \mathbb{N} \setminus \{0\}$, dann findet sich mit der Nachfolgefunktion

$$\nu : \mathbb{N}_0 \to \mathbb{N}; \ n \mapsto \nu(n) = n + 1$$

eine Bijektion. Damit haben beide Mengen gleich viele Elemente und der vorhergehende Satz ist anwendbar.

$\mathbb{N}_0$ ist also zur (eigenen) echten Teilmenge $\mathbb{N}$ gleichmächtig. Wir erinnern dazu an das Galilei-Paradoxon: Schon Galilei hatte 1638 festgehalten, dass $\mathbb{N}_0$ und die geraden natürlichen Zahlen $2\mathbb{N}_0$ die gleiche Mächtigkeit haben, denn die Abbildung $\varphi : \mathbb{N}_0 \to 2\mathbb{N}_0; \ n \mapsto 2n$ ist bijektiv.

Weil wir wissen, dass jede Teilmenge einer endlichen Menge wieder endlich ist, folgt ein Umkehrschluss:

Ist B unendlich und $B \subseteq A$, dann ist auch A unendlich.

Da $\mathbb{N}_0$ unendlich ist, ergibt sich mit diesem Satz, dass die Zahlbereiche $\mathbb{Z}$, $\mathbb{Q}$, $\mathbb{R}$ und $\mathbb{C}$ unendlich sind.

Das Unendlichkeitskriterium des eingangs formulierten Satzes ist – wie Dedekind gezeigt hat – auch notwendig für die Unendlichkeit einer Menge; der Satz gilt also in beide Richtungen. Dedekind formulierte das Unendlichkeitskriterium im Jahr 1888 so:

Sind A und B Mengen, dann gilt: A ist unendlich genau dann, wenn es eine Teilmenge $B \subseteq A$ ($B \neq A$) mit $|B| = |A|$ gibt.

Durch Negation erhält man eine rein mengentheoretische Definition von endlichen Mengen, die keinen Gebrauch von den natürlichen Zahlen macht. Das ist die **Dedekind'sche Endlichkeitsdefinition**:

Eine Menge ist genau dann endlich, wenn sie sich nicht bijektiv auf eine echte Teilmenge abbilden lässt.

Wir müssen lediglich zeigen, dass das Dedekind'sche Unendlichkeitskriterium auch notwendig für die Unendlichkeit einer Menge ist:

Beweis: Sei A eine unendliche Menge. Wir definieren eine Abbildung $g : \mathbb{N}_0 \to A$ darüber, dass wir $g(0)$ mit einem beliebig gewählten (Anfangs-)Element aus A gleichsetzen und für $g(n + 1)$ ein beliebiges Element aus der Menge $A' = A \setminus \{g(0), g(1), \ldots g(n)\}$ auswählen. Da A unendlich ist, ist dieses Komplement A' nichtleer. g ist injektiv (wir verzichten mangels Platz auf einen Beweis), und für die Bildmenge gilt $|\mathbb{N}_0| = |g(\mathbb{N}_0)| \subseteq A$.

Durch die Einschränkung der Abbildung

$$f(x) = \begin{cases} x, & \text{falls } x \in A \setminus g(\mathbb{N}_0), \\ g(g^{-1}(x) + 1), & \text{falls } x \in g(\mathbb{N}_0) \end{cases}$$

wird insgesamt eine Bijektion von A auf $A \setminus g(\{0\})$ definiert und es gilt $|A| = |A \setminus g(\{0\})|$. A ist zur echten Teilmenge $A \setminus g(\{0\})$ gleichmächtig. $\blacksquare$

In diesem Beweis haben wir, ohne es zu betonen, das sogenannte *Auswahlaxiom* verwendet, welches erstmals von E. Zermelo im Jahr 1904 formuliert wurde. Es ist bis heute unter Mathematikern umstritten.

Mit dem Summenzeichen können wir diesen Gedanken durch eine einfache Umnummerierung mit Index $k' = n + 1 - k$ wie folgt beschreiben:

$$\sum_{k=1}^{n} k = \sum_{k'=1}^{n} (n + 1 - k') = n(n + 1) - \sum_{k'=1}^{n} k'.$$

Also folgt die Identität, da in der letzten Summe der Index k' durch den Buchstaben k ersetzt werden kann. ◄

Analoge Eigenschaften wie für die Summe von n reellen Zahlen, gelten für das **Produkt** von n reellen Zahlen $a_1, \ldots, a_n$.

Man definiert rekursiv das **Produktzeichen** durch

$$\prod_{j=1}^{n+1} a_j = \left(\prod_{j=1}^{n} a_j \right) a_{n+1}$$

und legt weiterhin $\prod_{j=1}^{0} a_j = 1$ fest.

Hintergrund und Ausblick: Primzahlen als Bausteine der natürlichen Zahlen

Betrachten wir die natürliche Zahl 60, so besitzt sie verschiedene Zerlegungen in ein Produkt von kleineren natürlichen Zahlen wie beispielsweise $60 = 2 \cdot 30 = 3 \cdot 20 = 5 \cdot 12 = 3 \cdot 4 \cdot 5 = 2 \cdot 5 \cdot 6 = 2 \cdot 2 \cdot 3 \cdot 5$. Die letzte Zerlegung besteht aus Faktoren, die sich nicht mehr als Produkt kleinerer Zahlen schreiben lassen. 2, 3 und 5 sind sogenannte **Primzahlen**.
Dabei heißt eine natürliche Zahl $p > 1$ Primzahl, wenn aus $p = n_1 \cdot n_2$ mit $n_1, n_2 \in \mathbb{N}$ stets $n_1 = 1$ oder $n_2 = 1$ folgt. Primzahlen sind genau die natürlichen Zahlen $p > 1$, welche nur die Teiler 1 und p besitzen.
Die Folge der Primzahlen beginnt mit 2, 3, 5, 7, ... und bricht nicht ab (siehe Aufgabe 4.47). Eine sehr große Primzahl ist die Zahl $2^{43112609} - 1$. Sie hat im Dezimalsystem 12978189 Ziffern, was in etwa dem Umfang von vier Exemplaren diese Buches entspricht. Große Primzahlen spielen in der Kryptologie eine wichtige Rolle, etwa beim *RSA-Verfahren*.
Man rechnet die Zahl 1 nicht zu den Primzahlen, da sonst der *Satz von der eindeutigen Primzahlzerlegung* nicht gelten würde, der wichtiger Bestandteil des *Hauptsatzes der elementaren Zahlentheorie* ist.

Durch obiges Beispiel motiviert liegt folgende Vermutung nahe: Ist $n > 1$ eine natürliche Zahl, dann ist die kleinste Zahl $t \neq 1$, die n teilt (kurz schreiben wir $t|n$), eine Primzahl. Für $n = 60$ gilt $t = 2$, denn $60 = 2 \cdot 30$. Beweisen kann man diese Vermutung, wenn man die Menge T aller *Teiler t* von n, die von 1 verschieden sind, untersucht. T ist nichtleer, da $n \in T$ gilt, und besitzt nach dem Wohlordnungssatz ein kleinstes Element p. Diese Zahl p muss prim sein, sonst gäbe es ja noch eine kleinere Zahl als p in T.

Betrachten wir nochmals $n = 60$ und die Zerlegung $60 = 2 \cdot 30$. Für die Zahl 30 finden wir $30 = 3 \cdot 10$ und mit $10 = 2 \cdot 5$ insgesamt $60 = 2^2 \cdot 3 \cdot 5$. Durch mehrfaches Anwenden unserer Vermutung haben wir 60 in Primzahlen zerlegt. Diese Verfahren lässt sich verallgemeinern, und so gibt es zu jeder natürlichen Zahl $n \geq 2$ Primzahlen $p_1, \ldots, p_r$, mit denen sich n wie folgt darstellen lässt:

$$n = p_1 \cdot \ldots \cdot p_r = \prod_{j=1}^{r} p_j.$$

Die Existenz einer Primzahlzerlegung sowie deren Eindeutigkeit, bis auf ihre Reihenfolge, sind im *Hauptsatz der elementaren Zahlentheorie* oder auch *Fundamentalsatz der Arithmetik* zusammengefasst:

> Jede natürliche Zahl $n \geq 2$ besitzt eine Zerlegung in Primzahlen. Diese Zerlegung ist bis auf die Reihenfolge der Faktoren eindeutig bestimmt.

Ein Beweis dieses Satzes findet sich zuerst bei C. F. Gauß in seinen *Disquisitiones Arithmeticae* aus dem Jahre 1801.

Zum Beweis dieser Aussage ist lediglich noch zu zeigen, dass jede natürliche Zahl $n \geq 2$ höchstens eine Primfaktorzerlegung besitzt. Wir geben hier einen indirekten Beweis an. Angenommen, es gäbe natürliche Zahlen mit nicht eindeutigen Primfaktorzerlegungen. Nach dem Wohlordnungssatz gibt es eine kleinste Zahl n mit dieser Eigenschaft. Nach dem Existenzsatz einer Primzahlzerlegung lässt sich n schreiben als $n = p_1 \cdot \ldots \cdot p_r$, wobei p_1 der kleinste Primteiler von n sei. Nach Voraussetzung besitzt n nun aber noch mindestens eine weitere von der obigen verschiedene Zerlegung $n = q_1 \cdot \ldots \cdot q_s$. Dabei müssen alle q_j ($1 \leq j \leq s$) größer als p_1 sein, sonst wäre n nicht minimal gewesen. Betrachtet man

$$n' = n - p_1 \cdot \prod_{j=2}^{s} q_j,$$

so gilt auch:

$$n' = (q_1 - p_1) \cdot \prod_{j=2}^{s} q_j.$$

Die Zahl n' ist wegen der Minimalität von n eindeutig in ein Produkt aus Primzahlen zerlegbar, welches nach der ersten Formel durch p_1 teilbar ist. Wegen der zweiten Darstellung von n' muss $(q_1 - p_1)$ durch p_1 teilbar sein, denn das hintere Produkt enthält p_1 nach Voraussetzung gerade nicht. Ist $(q_1 - p_1)$ durch p_1 teilbar, so gilt p_1 teilt $(q_1 - p_1) + p_1$. Dies führt auf den Widerspruch, dass p_1 die Zahl q_1 teilt. Also war unsere Annahme, es gäbe natürliche Zahlen $n \geq 2$ mit nicht eindeutiger Primzahlzerlegung, falsch.

Der Begriff der Primzahl sowie der Existenzsatz über die Primzahlzerlegung findet sich bereits in den Elementen von Euklid (Buch VII und IX). Die Eindeutigkeit wird bei Euklid nicht thematisiert, obwohl eine Kombination einiger von Euklid aufgestellter Propositionen diese ergeben hätten. Bei Euklid findet sich (Prop. VII.30) diese Aussage: *Teilt eine Primzahl p ein Produkt ab von natürlichen Zahlen a, b, dann teilt p mindestens einen der Faktoren a bzw. b.* Diese Eigenschaft nennt man heute die **Primelementeigenschaft**. Bei Euklid wird sie mithilfe des euklidischen Algorithmus bewiesen. Nach unseren Existenz- und Eindeutigkeitsbeweisen folgt die Primelementeigenschaft aus der Eindeutigkeit der Primzahlzerlegung von ab. Insgesamt gilt das **Primzahlkriterium**: *Eine natürliche Zahl $p > 1$ ist genau dann prim, wenn für beliebige $a, b \in \mathbb{N}$ aus $p|ab$ stets $p|a$ oder $p|b$ folgt.* Die Unzerlegbarkeit und die Primelementeigenschaft sind also äquivalent.

Dass die Eindeutigkeit der Primzahlzerlegung nicht selbstverständlich ist, zeigt Übungsaufgabe 4.21. Mehr zu Primzahlen und Teilbarkeit finden Sie in Kapitel 25 „Elemente der Zahlentheorie".

4.5 Ganze Zahlen und rationale Zahlen

Die natürlichen Zahlen haben eine dürftige algebraische Struktur. Zwar ist mit je zwei natürlichen Zahlen m und n auch $m + n$ und $m \cdot n$ eine natürliche Zahl und für die natürliche Zahl 1 gilt $1 \cdot n = n$ für alle $n \in \mathbb{N}$, aber $\mathbb{N}$ besitzt kein neutrales Element bezüglich der Addition, und für $n \in \mathbb{N}$ ist $(-n) \notin \mathbb{N}$.

Daher erweitert man $\mathbb{N}$ zunächst durch Hinzunahme der Null zu

$$\mathbb{N}_0 = \mathbb{N} \cup \{0\} = \{0, 1, 2, 3, \dots\}.$$

Jetzt ist zwar Null ein neutrales Element bezüglich der Addition in $\mathbb{N}_0$, aber die Gleichung $2 + x = 0$ besitzt immer noch keine Lösung $x \in \mathbb{N}_0$. Um diesem Mangel abzuhelfen, erweitern wir $\mathbb{N}_0$ noch einmal.

Definition der ganzen Zahlen

Eine reelle Zahl x heißt **ganz**, falls $x \in \mathbb{N}$ oder $x = 0$ oder $-x \in \mathbb{N}$ gilt. $\mathbb{Z} = \{x \in \mathbb{R} \mid x \text{ ganz}\}$ heißt **Menge der ganzen Zahlen**.

In aufzählender Schreibweise lässt sich $\mathbb{Z}$ angeben als

$$\mathbb{Z} = \{\dots, -4, -3, -2, -1, 0, 1, 2, 3, 4, \dots\}.$$

Die auf $\mathbb{R}$ erklärte Addition sowie die dort gültige Multiplikation vererben sich auf $\mathbb{Z}$. Dabei ist $\mathbb{Z}$ bezüglich der Addition eine abelsche Gruppe mit dem neutralen Element Null und bezüglich der Addition und Multiplikation ein kommutativer Ring mit den neutralen Elementen 0 und 1.

Ein kommutativer Ring unterscheidet sich von einem Körper dadurch, dass nicht alle von Null verschiedenen Elemente ein Inverses bezüglich der Multiplikation besitzen. So sind 1 und -1 die einzigen Elemente in $\mathbb{Z}$, die bezüglich der Multiplikation ein Inverses in $\mathbb{Z}$ besitzen. Mit einer weiteren Erweiterung wird durch Einführung der *rationalen Zahlen* diesem Mangel abgeholfen.

Definition rationaler und irrationaler Zahlen

Die Menge

$$\mathbb{Q} = \left\{ x \in \mathbb{R} \mid \text{Es gibt } m, n \in \mathbb{Z}, n \neq 0, \text{ mit } x = \frac{m}{n} \right\}$$

heißt Menge der **rationalen Zahlen**. Eine reelle Zahl, die nicht rational ist, heißt **irrational**.

Als Nenner in der Darstellung $x = \frac{m}{n}$ kann man statt der ganzen Zahl $n \neq 0$ stets eine natürliche Zahl wählen, weil ein Vorzeichen im Nenner in den Zähler verlagert werden kann.

Achtung: Man beachte, dass die Darstellung einer rationalen Zahl in der Form $x = \frac{m}{n}$, $m, n \in \mathbb{Z}$, $n \neq 0$, nicht eindeutig ist. Nach den Regeln der Bruchrechnung gilt für $m', n' \in \mathbb{Z}$ mit $n' \neq 0$ die Identität $\dfrac{m}{n} = \dfrac{m'}{n'}$ genau dann, wenn $mn' = nm'$ ist.

Diese Tatsache ist ein Beispiel für eine Äquivalenzrelation in $\mathbb{Z} \times \mathbb{Z}\backslash\{0\}$, wie sie in Kapitel 2 eingeführt wurde.

?

Prüfen Sie für obige Paare

$$(m, n) \sim (m', n')$$

die Eigenschaften einer Äquivalenzrelation nach.

Kommentar: Die Unterteilung von $\mathbb{R}$ in die rationalen bzw. die irrationalen Zahlen ist nicht die einzige Möglichkeit, die reellen Zahlen sinnvoll aufzuteilen. In Übungsaufgabe 4.7 werden Sie sehen, dass man die reellen Zahlen auch in die Menge der *algebraischen* bzw. der *transzendenten* Zahlen unterteilen kann. Diese Unterteilung ist insbesondere für die Zahlentheorie von großer Bedeutung.

Die Teilmenge $\mathbb{Q}$ der reellen Zahlen ist ein archimedisch angeordneter Körper

$\mathbb{Q}$ ist mit den von $\mathbb{R}$ geerbten Operationen Addition und Multiplikation ein angeordneter Körper, in dem auch die archimedische Eigenschaft gilt. Wie wir schon früher bemerkt haben, gibt es keine rationale Zahl r mit $r^2 = 2$. Die Menge $M = \{y \in \mathbb{Q} \mid y \geq 0, y^2 \leq 2\}$ besitzt daher kein Supremum s_0 in $\mathbb{Q}$, weil für dieses $s_0^2 = 2$ gelten müsste.

Zum Nachweis der Irrationalität von $\sqrt{2}$ reproduzieren wir an dieser Stelle einen auf R. Dedekind zurückgehenden einfachen Beweis durch Widerspruch. Für diesen eleganten Beweis benötigen wir nur die Kenntnis, dass die zu untersuchende Zahl $\sqrt{2}$ zwischen 1 und 2 liegt. Dies sehen wir aus der Abschätzung $1 = 1^2 < \sqrt{2}^2 = 2 < 2^2 = 4$ mit der Monotonie der Quadratwurzel (Seite 116).

Lemma

Es gilt $\sqrt{2} \notin \mathbb{Q}$, d. h. $\sqrt{2}$ ist irrational.

Beweis: Angenommen $\sqrt{2}$ ist rational, d. h.:

$$\sqrt{2} = \frac{p}{q}, \quad p, q \in \mathbb{Z}, \ q > 0.$$

Dann gibt es $m \in \mathbb{N}$, sodass $\sqrt{2} \cdot m \in \mathbb{N}$ gilt. Ein Beispiel ist $m = q$ in der obigen Bruchdarstellung von $\sqrt{2}$.

Wir wählen die kleinste dieser Zahlen m^* aus, für die $\sqrt{2} \cdot m^* \in \mathbb{N}$ gilt. Dies ist möglich, da eine nichtleere Menge von natürlichen Zahlen immer ein kleinstes Element enthält (sehen Sie hierzu den Wohlordnungssatz auf Seite 120).

Nun setzen wir $n = \sqrt{2}m^* - m^*$. Auch diese Zahl n muss natürlich sein, da $\sqrt{2}m^*$ wie auch m^* natürlich sind, und weil wir wissen, dass $\sqrt{2} > 1$ ist. Multiplizieren wir nun n mit $\sqrt{2}$, so ergibt sich folgendes Produkt

$$n \cdot \sqrt{2} = (\sqrt{2}m^* - m^*) \cdot \sqrt{2} = 2m^* - \sqrt{2}m^*.$$

Dieses Produkt ist offensichtlich natürlich, denn sowohl $2m^*$ wie auch $\sqrt{2}m^*$ sind natürlich und es gilt $2 > \sqrt{2}$. Damit haben wir einen neuen minimalen Kandidaten $m = n$ gefunden, der unsere Grundgleichung $\sqrt{2} \cdot m \in \mathbb{N}$ erfüllt. Wir stellen aber fest, dass $n = (\sqrt{2}-1)m^* < m^*$, da $\sqrt{2}-1 < 1$ ist und dies widerspricht unserer Annahme, $m = m^*$ wäre die kleinste natürliche Zahl, die $\sqrt{2} \cdot m \in \mathbb{N}$ erfüllt. Damit ist gezeigt, dass sich die Annahme, $\sqrt{2}$ ist rational, nicht halten lässt und $\sqrt{2}$ irrational sein muss. ∎

Eine Verallgemeinerung dieses Beweisprinzips finden Sie in Übungsaufgabe 4.44. Der klassische Irrationalitätsbeweis von $\sqrt{2}$ findet sich in Aufgabe 4.45. Trotz dieser Lückenhaftigkeit der rationalen Zahlen lässt sich zeigen, dass $\mathbb{Q}$ in einem gewissen Sinne *dicht* in $\mathbb{R}$ liegt. Dazu benötigen wir eine weitere Folgerung aus der archimedischen Eigenschaft von $\mathbb{R}$.

Folgerung

Zu jedem $x \in \mathbb{R}$ existieren eindeutig bestimmte ganze Zahlen p und q mit

$$p \leq x < p + 1 \quad \text{bzw.} \quad q - 1 < x \leq q.$$

Beweis: Wir beweisen nur die erste Aussage. Dazu nehmen wir zunächst $x \geq 0$ an. Nach der archimedischen Eigenschaft gibt es ein $n \in \mathbb{N}$ mit $n > x$, und nach dem Wohlordnungssatz existiert

$$m = \min\{n \in \mathbb{N} \mid n > x\}.$$

Definiert man $p = m - 1$, dann gilt $p \leq x < p + 1$. Diese ganze Zahl p ist eindeutig bestimmt. Denn, wenn für eine ganze Zahl $q \neq p$ auch

$$q \leq x < q + 1$$

gilt, dann können wir ohne Einschränkung der Allgemeinheit $q < p$ annehmen. Es folgt aber $q + 1 \leq p \leq x < q + 1$, also $q + 1 < q + 1$. Daher muss $p = q$ sein. Den Fall $x < 0$ führt man auf den eben behandelten Fall zurück, in dem man ein geeignetes $k \in \mathbb{Z}$ zu x addiert, sodass $x + k \geq 0$ gilt. Ein solches k existiert wegen der archimedischen Eigenschaft. ∎

?

Vervollständigen Sie den Beweis des letzten Satzes durch einen Beweis der zweiten Aussage.

Durch den eben eingeführten Satz sind die folgenden beiden *Treppenfunktionen* motiviert: Die Funktion $[\,] : \mathbb{R} \to \mathbb{Z}$, $x \mapsto [x]$ weist x die größte ganze Zahl kleiner oder gleich x zu. Man verwendet anstelle von $p = [x]$ auch $\lfloor x \rfloor$ bzw. floor(x). Sie wird häufig als **Gauß-Klammer** oder auch **Abrundungsfunktion** bezeichnet. Ihr Gegenstück, die **Aufrundungsfunktion**, wird mit $q = \lceil x \rceil = $ ceil(x) bezeichnet. Diese Funktion weist x die kleinste ganze Zahl größer oder gleich x zu.

Beispiel

$$[\pi] = 3 , \qquad [-\pi] = -4$$
$$\lceil \pi \rceil = 4 , \qquad \lceil -\pi \rceil = -3 ,$$

dabei ist $\pi = 3,14159265\ldots$. ◀

Mit diesen beiden Rundungsfunktionen ist eine weitere Charakterisierung der ganzen Zahlen möglich:

?

Warum gilt für $x \in \mathbb{R}$ die Äquivalenz

$$\lfloor x \rfloor = \lceil x \rceil \iff x \in \mathbb{Z}?$$

$\mathbb{Q}$ liegt dicht in $\mathbb{R}$

Sind $a, b \in \mathbb{R}$, und gilt $a < b$, dann gibt es im Intervall (a, b) sowohl rationale als auch irrationale Zahlen.

Aus dem Satz folgt, dass es zu jedem $x \in \mathbb{R}$ und zu jedem $\varepsilon > 0$ stets ein $r \in \mathbb{Q}$ gibt mit $|r - x| < \varepsilon$. In der Sprache der konvergenten Folgen (siehe Kapitel 8) bedeutet dies, dass jede reelle Zahl als Grenzwert einer Folge rationaler Zahlen darstellbar ist. Später in Kapitel 19 werden wir für diese Eigenschaft die Bezeichnung *dicht* einführen.

Beweis: Wir wählen nach der archimedischen Eigenschaft zunächst eine natürliche Zahl $n > \frac{2}{b-a}$ oder $\frac{1}{n} < \frac{b-a}{2}$ und suchen ein $m \in \mathbb{Z}$ mit

$$a < \frac{m}{n} < \frac{m+1}{n} < b.$$

Eine geeignete Wahl ist $m = [n \cdot a] + 1$, also $m \in \mathbb{Z}$ und $m - 1 = [n \cdot a] \leq n \cdot a < m$.

Es ist dann

$$a < \frac{m}{n} < \frac{m+1}{n} = \frac{m-1}{n} + \frac{2}{n} < a + (b - a) = b.$$

Also liegen die rationalen Zahlen $r_1 = \frac{m}{n}$ und $r_2 = \frac{m+1}{n}$ in (a, b) und damit auch $r_3 = \frac{r_1 + r_2}{2}$.

Die Konstruktion lässt sich weiter fortsetzen, sodass sogar beliebig viele rationale Zahlen in (a, b) liegen. Sind r_1 und r_2 die obigen rationalen Zahlen, dann ist für jedes $k \in \mathbb{N}$

$$x_k = r_1 + \frac{r_2 - r_1}{k\sqrt{2}}$$

eine irrationale Zahl mit $r_1 < x_k < r_2$, weil sonst $\sqrt{2}$ rational wäre.

Zwischen je zwei rationalen Zahlen liegen also unendlich viele irrationale Zahlen, insbesondere liegen wegen $[r_1, r_2] \subseteq (a, b)$ unendlich viele irrationale Zahlen im Intervall (a, b). ∎

Wir sind also in der Lage, jede reelle Zahl x eindeutig in der Form

$$x = [x] + \rho, \qquad [x] \in \mathbb{Z} \text{ und } \rho \in \mathbb{R}, \ 0 \le \rho < 1$$

darzustellen. Hieraus ergibt sich ein einfacher Beweis eines wichtigen Satzes der elementaren Zahlentheorie:

Division mit Rest

Zu einer ganzen Zahl n und einer positiven ganzen Zahl g gibt es eindeutig bestimmte ganze Zahlen q, r mit

$$n = q \cdot g + r, \qquad 0 \le r < g.$$

r heißt der **Rest modulo** g.

Zum Beweis muss man nur in die obige Darstellung $x = [x] + \varrho$ den Ausdruck $x = \frac{n}{g}$ einsetzen. Offensichtlich ist dann $q = \left[\frac{n}{g}\right]$ und $r = n - qg$. Weiter ergibt sich hieraus eine nützliche Aussage zur Darstellung von Zahlen.

Die g-adische Darstellung natürlicher Zahlen

Sei $g \in \mathbb{N}$, $g \ge 2$. Zu jedem $a \in \mathbb{N}$ gibt es dann eindeutig bestimmte natürliche Zahlen $n \in \mathbb{N}_0$ und $z_0, \ldots, z_n \in \mathbb{N}_0$ mit $0 \le z_j < g$ für $0 \le j \le n$ und $z_n > 0$, sodass gilt:

$$a = \sum_{j=0}^{n} z_j \cdot g^j$$
$$= z_n \cdot g^n + z_{n-1} \cdot g^{n-1} + \ldots + z_1 \cdot g + z_0 \cdot g^0.$$

Dabei ist zu beachten, dass für alle Grundzahlen g gilt: $g^0 = 1$. Als Kurzschreibweise für diese Summendarstellung schreibt man manchmal:

$$a = (z_n, \ldots, z_0)_g.$$

Beispiel Wir betrachten ein einfaches Beispiel, indem wir die Zahl 42 ausführlich zur Basis 10 und zur Basis 2 darstellen. Es ist

$$42 = 40 + 2 = 4 \cdot 10^1 + 2(\cdot 10^0) = (42)_{10},$$

was der gewohnten Kurznotation 42 entspricht. Zur Basis 2 sieht die Zahl 42 etwas anders aus. Hier haben wir nur die

Ziffern 0 und 1 zur Verfügung, denn $0 \le z_j < g$. Es gilt:

$$42 = 32 + 8 + 2$$
$$= 1 \cdot 2^5 + 0 \cdot 2^4 + 1 \cdot 2^3 + 0 \cdot 2^2 + 1 \cdot 2^1 + 0 \cdot 2^0$$
$$= (101010)_2.$$

Die notierte Zerlegung lässt sich übrigens elegant mithilfe des sogenannten euklidischen Algorithmus (siehe Abschnitt 25.2) bestimmen. Man nennt dies auch „fortgesetzte Division mit Rest":

$$
\begin{array}{rcll}
42 &=& 21 \cdot 2 & + 0 \\
21 &=& 10 \cdot 2 & + 1 \\
10 &=& 5 \cdot 2 & + 0 \\
5 &=& 2 \cdot 2 & + 1 \\
2 &=& 1 \cdot 2 & + 0 \\
1 &=& 0 \cdot 2 & + 1
\end{array}
$$

Liest man die Reste von unten nach oben, so ergibt sich gerade die Darstellung $(101010)_2$. ◀

Mit dem Beweisprinzip der vollständigen Induktion lassen sich wichtige Summenformeln beweisen

Wir vervollständigen die Aussagen zu Zahlen durch einige Beispiele für Beweise mithilfe der vollständigen Induktion. Wie gesehen, wendet man das Prinzip an, wenn eine Aussage $A(n)$ für alle natürlichen Zahlen n bewiesen werden soll. Wir werden dabei auch Varianten des Induktionsprinzips kennenlernen.

Beweise von Summenformeln gelten allgemein als Inbegriff des Induktionsbeweises, dabei dienen sie nur zum Einüben des Induktionsschemas. Entdeckendes Lernen kann man hier nicht praktizieren, da die zu beweisenden Formeln bereits gegeben sind, ohne dass klar wird, wie sie gefunden wurden. Wir geben ein typisches Beispiel, bei dem wir auch die Summenschreibweise einüben. Weitere Beispiele finden sich auf Seite 130.

Beispiel Für jedes $n \in \mathbb{N}$ und $q \in \mathbb{R}\backslash\{1\}$ gilt die **geometrische Summenformel**

$$A(n): \qquad \sum_{k=0}^{n} q^k = \frac{1 - q^{n+1}}{1 - q}.$$

Um dies zu zeigen, prüfen wir zuerst

$$(1 - q)(1 + q) = 1 - q^2 = 1 - q^{1+1},$$

d. h. $A(1)$ gilt. Nun folgt die Behauptung mit dem Induktionsschritt (d. h. wir zeigen $A(n) \Rightarrow A(n + 1)$):

$$(1 - q)(1 + \cdots + q^n + q^{n+1})$$
$$= (1 - q)(1 + \cdots + q^n) + (1 - q)q^{n+1}$$
$$= 1 - q^{n+1} + q^{n+1} - q^{n+2} = 1 - q^{n+2}.$$

Beispiel: Vollständige Induktion

Mithilfe des Beweisprinzips der vollständigen Induktion zeige man die folgenden Identitäten:

$$\sum_{k=1}^{n} k = \frac{n(n+1)}{2}, \qquad \sum_{k=1}^{n} (2k-1) = n^2, \qquad \sum_{k=1}^{n} k^3 = \left(\frac{n(n+1)}{2}\right)^2 = \left(\sum_{k=1}^{n} k\right)^2.$$

Problemanalyse und Strategie: In allen drei Beispielen ist zunächst mit $n = 1$ der Induktionsanfang zu prüfen. Die Induktionsschritte ergeben sich relativ direkt durch Anwenden der Induktionsannahme nach Abspalten des letzten Summanden, wenn die jeweilige Summe bis $n + 1$ betrachtet wird.

Lösung:

- Wir beginnen mit der Summe über die ersten n natürlichen Zahlen, d. h., wir zeigen, dass für alle $n \in \mathbb{N}$ gilt:

$$A(n): \qquad \sum_{k=1}^{n} k = \frac{n(n+1)}{2}.$$

Diese Aussage haben wir bereits auf Seite 125 durch Indexverschiebung gelöst. Für eine Induktion sehen wir zunächst, dass

$$A(1): \qquad 1 = \frac{1 \cdot (1+1)}{2} = 1$$

wahr ist.

Induktionsschritt: Wir zeigen, dass für jedes $n \in \mathbb{N}$ $A(n) \Rightarrow A(n+1)$ gilt. Mit der Induktionsvoraussetzung ist

$$\underbrace{1 + 2 + \cdots + n}_{=n(n+1)/2} + (n+1) = \frac{1}{2}n(n+1) + (n+1)$$

$$= (n+1)\left(\frac{1}{2}n + 1\right)$$

$$= (n+1)\frac{n+2}{2}$$

$$= \frac{(n+1)((n+1)+1)}{2}.$$

Wir haben aus $A(n)$ die Aussage $A(n+1)$ gefolgert. Nach dem Induktionssatz ist somit die Aussage $A(n)$ für alle $n \in \mathbb{N}$ wahr.

- Für jedes $n \in \mathbb{N}$ soll die Gleichung

$$A(n): \qquad \sum_{k=1}^{n} (2k-1) = 1+3+5+\cdots+2n-1 = n^2$$

gezeigt werden.

Der Induktionsanfang $A(1)$ ist offensichtlich wahr, denn es gilt $1 = 1^2$.

Für den Induktionsschritt betrachte man

$$\underbrace{\sum_{k=1}^{n} (2k-1)}_{\substack{=n^2 \\ \text{nach Vor.}}} + (2n+1) = n^2 + (2n+1).$$

Da der letzte Ausdruck gerade $(n+1)^2$ entspricht, folgt $A(n+1)$ aus $A(n)$, und damit gilt auch diese Summenformel für jedes $n \in \mathbb{N}$.

- Nun betrachten wir noch die letzte Gleichung. Die Aussage $A(n)$ ist

$$\sum_{k=1}^{n} k^3 = \left(\frac{n(n+1)}{2}\right)^2 = \left(\sum_{k=1}^{n} k\right)^2$$

$$= (1 + 2 + \cdots + n)^2,$$

wobei sich die Umformung aus der ersten Summenformel ergibt.

Der Induktionsanfang, die Aussage $A(1)$, ist wahr, wegen $1^3 = \left(\frac{1 \cdot 2}{2}\right)^2 = 1^2 = 1$.

Induktionsschritt: Wir zeigen wieder, dass sich aus $A(n)$ die Aussage $A(n+1)$ ableiten lässt, indem wir folgende Umformungen vornehmen:

$$\underbrace{\sum_{k=1}^{n} k^3}_{\substack{=n^2(n+1)^2/4 \\ \text{nach Vor.}}} + (n+1)^3$$

$$= \frac{1}{4}n^2(n+1)^2 + (n+1)^3$$

$$= (n+1)^2\left(\frac{1}{4}n^2 + (n+1)\right)$$

$$= (n+1)^2\frac{n^2 + 4n + 4}{4}$$

$$= (n+1)^2\frac{(n+2)^2}{4}$$

$$= \left(\frac{(n+1)(n+2)}{2}\right)^2.$$

Aus dem Induktionssatz lässt sich wieder schließen, dass die obige Summenformel für alle natürlichen Zahlen gültig ist.

Für die geometrische Summenformel bietet sich auch ein direkter Beweis ohne Induktion an, denn es gilt:

$$(1 - q)(1 + q + \cdots + q^n)$$
$$= 1 + q + q^2 + \cdots + q^n - q - q^2 - \cdots - q^n - q^{n+1}$$
$$= 1 - q^{n+1}.$$

Hier heben sich alle Summanden bis auf den ersten und den letzten, $-q^{n+1}$, weg. Man kann sich dies wie das Zusammenschieben eines Teleskops veranschaulichen, daher nennt man eine solche Summe auch **Teleskopsumme**. ◄

Als letzte Summenformel beweisen wir den wichtigen **binomischen Lehrsatz**. Dazu sind jedoch einige Vorbereitungen erforderlich.

Definition des Binomialkoeffizienten

Für $\alpha, k \in \mathbb{N}_0$ definiert man den **Binomialkoeffizienten** $\binom{\alpha}{k}$ über

$$\binom{\alpha}{k} = \begin{cases} 1 & \text{für } k = 0, \\ \dfrac{\alpha(\alpha - 1) \ldots (\alpha - k + 1)}{1 \cdot 2 \cdot \ldots \cdot k} & \text{für } k \geq 1. \end{cases}$$

Diese Definition kann auch auf reelle oder gar komplexe Zahlen erweitert werden. Es gilt dabei eine für uns nützliche rekursive Identität.

Satz (Additionsformel für Binomialkoeffizienten)
Für alle $\alpha, k \in \mathbb{N}_0$ gilt:

$$\binom{\alpha + 1}{k + 1} = \binom{\alpha}{k} + \binom{\alpha}{k + 1}.$$

Beweis: Für $k = 0$ gilt $\binom{\alpha}{0} + \binom{\alpha}{1} = 1 + \alpha = \alpha + 1 = \binom{\alpha+1}{0+1}$.
Für $k \geq 1$ ist

$$\binom{\alpha}{k + 1} = \frac{\alpha(\alpha - 1) \ldots (\alpha - k + 1)(\alpha - k)}{1 \cdot 2 \cdot \ldots \cdot k \cdot (k + 1)}$$
$$= \binom{\alpha}{k} \cdot \frac{\alpha - k}{k + 1}.$$

Also gilt:

$$\binom{\alpha}{k} + \binom{\alpha}{k + 1} = \binom{\alpha}{k} \left(1 + \frac{\alpha - k}{k + 1}\right)$$
$$= \binom{\alpha}{k} \frac{\alpha + 1}{k + 1}$$
$$= \binom{\alpha + 1}{k + 1},$$

und die Behauptung ist für jedes $k \in \mathbb{N}_0$ bewiesen. ∎

Auch die binomische Formel folgt mittels Induktion

Der Name Binomialkoeffizient ergibt sich aus der *allgemeinen binomischen Formel*, wenn $\alpha = n \in \mathbb{N}$ eine natürliche Zahl ist.

Binomischer Lehrsatz und binomische Formel

Für $a, b \in \mathbb{R}$ und $n \in \mathbb{N}$ gilt:

$$(a + b)^n = \sum_{k=0}^{n} \binom{n}{k} a^{n-k} b^k.$$

Es sei daran erinnert, dass $a^0 = b^0 = \binom{n}{0} = \binom{n}{n} = 1$ ist für $a, b \in \mathbb{R}$ und $n \in \mathbb{N}$.

Beweis: Wir beweisen diesen Satz wieder induktiv nach n. Die Aussage $(a + b)^1 = a + b$ für $n = 1$ ist wahr. Es ist weiter $n \geq 1$, und es gilt $A(n)$, also die Aussage:

$$(a + b)^n = \binom{n}{0} a^n b^0 + \binom{n}{1} a^{n-1} b^1 + \cdots + \binom{n}{n} a^0 b^n.$$

Multipliziert man diese Gleichung mit $(a + b)$ und verwendet das Distributivgesetz, dann folgt:

$$(a + b)^{n+1} = (a + b)(a + b)^n = a(a + b)^n + b(a + b)^n.$$

Wir setzen die Aussage $A(n)$ in beide Summanden ein und erhalten:

$$(a + b)^{n+1}$$
$$= \binom{n}{0} a^{n+1} + \binom{n}{1} a^n b + \cdots + \binom{n}{n} ab^n$$
$$+ \binom{n}{0} a^n b + \cdots + \binom{n}{n - 1} ab^n + \binom{n}{n} b^{n+1}.$$

Wir wenden nun die Additionsformel an und fassen Summanden gleicher Potenzen zusammen. Zudem ersetzen wir $\binom{n+1}{0} = \binom{n+1}{n+1}$ durch 1. Der obige Ausdruck wird dann zu:

$$a^{n+1} + \underbrace{\binom{n + 1}{1}}_{=\binom{n}{0}+\binom{n}{1}} a^n b + \cdots + \underbrace{\binom{n + 1}{n}}_{=\binom{n}{n-1}+\binom{n}{n}} ab^n + b^{n+1},$$

was gerade die Aussage $A(n + 1)$ darstellt. ∎

Aufgrund des Additionstheorems kann man die Binomialkoeffizienten $\binom{n}{k}$ mithilfe des sogenannten *Pascal'schen Dreiecks* visualisieren, benannt nach B. Pascal (1623–1662), siehe Abbildung 4.9. Das Dreieck entsteht aus den beiden einfachen Regeln

- die erste und die letzte Zahl jeder Zeile ist 1.
- die $(k - 1)$-te und die k-te Zahl in der n-ten Zeile haben als Summe die k-te Zahl in der $(n + 1)$-ten Zeile.

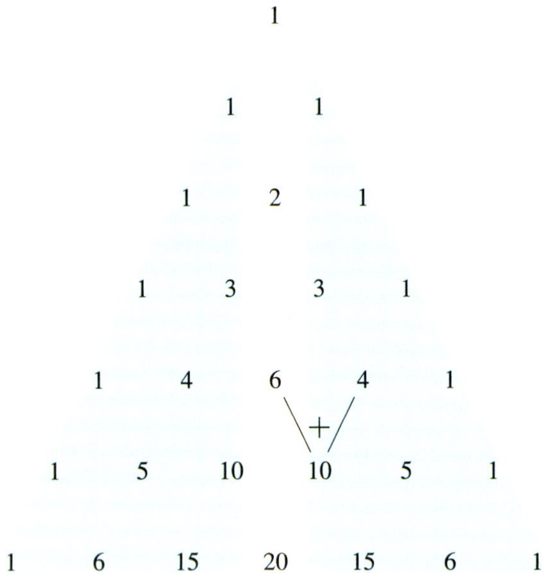

Abbildung 4.9 Das Pascal'sche Dreieck. Jede Zahl entsteht als Summe der beiden darüber stehenden Zahlen. Das Dreieck ist symmetrisch zur vertikalen Achse.

Die erste Eigenschaft des Pascal'schen Dreiecks entspricht der Tatsache, dass $\binom{n}{0} = \binom{n}{n} = 1$ gilt. Die zweite Regel ist gerade das Additionstheorem für die Binomialkoeffizienten.

Wir beobachten, dass die Zahlen des Pascal'schen Dreiecks „symmetrisch zur Höhe" sind. Das bedeutet:

$$\binom{n}{k} = \binom{n}{n-k}.$$

Um diese Identität einzusehen, schreiben wir die Binomialkoeffizienten $\binom{n}{k}$ etwas um. Zunächst definieren wir für $n \in \mathbb{N}$ die **Fakultät** :

$$n! = 1 \cdot 2 \cdot 3 \ldots n \quad \text{und} \quad 0! = 1.$$

Man spricht dies „n Fakultät". $n!$ ist offensichtlich das Produkt der ersten n natürlichen Zahlen.

?

Beweisen Sie für $n \in \mathbb{N}_0$ die rekursive Definition

$$(n+1)! = (n+1)n!$$

mit der Festlegung $0! = 1$.

Während $3! = 3 \cdot 2 \cdot 1 = 6$ eine übersichtliche Zahl ist, ist $10! = 3628800$ bereits bedeutend größer. $20! = 2432902008176640000$ ist schon eine sehr große Zahl. Man sieht hier, dass $n!$ sehr schnell wächst. $100!$ hat z. B. 158 Dezimalstellen – es ist $100! = 9.3326\ldots \cdot 10^{157}$.

Mit der eben gewonnenen Schreibweise lässt sich $\binom{n}{k}$ schreiben als:

$$\begin{aligned}
\binom{n}{k} &= \frac{n(n-1)\cdots(n-k+1)}{1 \cdot 2 \cdots k} \\
&= \frac{n(n-1)\cdots(n-k+1)}{1 \cdot 2 \cdots k} \cdot \frac{(n-k)\cdots 1}{(n-k)\cdots 1} \\
&= \frac{n!}{k!(n-k)!} = \frac{n!}{(n-k)!k!} \\
&= \frac{n!}{(n-k)!(n-(n-k))!} = \binom{n}{n-k}.
\end{aligned}$$

Es gibt eine wichtige kombinatorische Interpretation von $\binom{n}{k}$. Der Ausdruck lässt sich interpretieren als die Anzahl der verschiedenen Teilmengen mit k Elementen in einer Menge mit n Elementen.

Beispiel In der Vorlesung sitzen 10 Studenten. Der Dozent möchte einen Evaluationsbogen austeilen, hält jedoch nur 8 Exemplare vor. Wie viele mögliche Kombinationen gibt es, die 8 Bögen auf die 10 Studenten zu verteilen?

Hier ist $n = 10$ und $k = 8$:

$$\binom{10}{8} = \frac{10!}{8!\,(10-8)!} = \frac{10!}{8!\,2!} = \frac{10 \cdot 9}{2} = 45.$$

Hier sieht man schnell ein, dass $\binom{10}{8} = \binom{10}{2}$ gelten muss, da man ja auch das Ereignis „Student erhält keinen Bogen" hätte betrachten können, was natürlich zum gleichen Ergebnis führen muss.

In Kapitel 25 werden wir uns ausführlicher mit kombinatorischen Fragestellungen dieser Art beschäftigen. ◄

Orientiert man sich an $(a+b)^2 = a^2 + 2ab + b^2$ bzw. $(a+b)^3 = a^3 + 3a^2b + 3ab^2 + b^3$ und betrachtet dazu $(a+b)^n = \underbrace{(a+b)(a+b)\ldots(a+b)}_{n \text{ Faktoren}}$, dann wird offensichtlich, dass $(a+b)^n$ eine Summe von Zahlen der Gestalt $a^{n-k}b^k$ ergibt. Jeder dieser Terme taucht genauso oft auf, wie man aus den n Faktoren k Faktoren auswählen kann, und diese Anzahl ist $\binom{n}{k}$. Das ist auch ein Beweis des binomischen Satzes!

?

Zeigen Sie folgende weitere Folgerung aus der binomischen Formel:

$$\sum_{k=0}^{n} \binom{n}{k} = 2^n$$

Die entsprechende kombinatorische Interpretation von $\sum_{k=0}^{n} \binom{n}{k} = 2^n$ ist, dass eine Menge mit n Elementen genau 2^n Teilmengen besitzt. Durch die Spezialisierung $a = 1$, $b = -1$ erhält man aus der binomischen Formel noch die Identität

$$\binom{n}{0} - \binom{n}{1} + \binom{n}{2} - \cdots + (-1)^n \binom{n}{n} = 0.$$

Wir betrachten ein weiteres Beispiel zur Anwendung der vollständigen Induktion, die folgende nach Jacob Bernoulli (1655–1705) benannte, aber schon vorher bekannte Ungleichung.

Bernoulli-Ungleichung

Ist $h \in \mathbb{R}$ und $h \geq -1$, dann gilt für alle $n \in \mathbb{N}$:

$$(1 + h)^n \geq 1 + nh.$$

Für $h > -1$, $h \neq 0$ und $n \geq 2$ gilt sogar die strikte Ungleichung

$$(1 + h)^n > 1 + nh.$$

Beweis: Auch diese Aussagen lassen sich mit Induktion nach n beweisen. Die erste Aussage der Bernoulli'schen Ungleichung ist für $n = 1$ offensichtlich wegen $(1 + h)^1 = 1 + 1 \cdot h$ korrekt.

Für den Induktionsschritt gelte für beliebiges $n \in \mathbb{N}$ die Ungleichung
$$(1 + h)^n \geq 1 + nh.$$

Dann folgt durch Multiplikation mit der nicht negativen Zahl $1 + h$:

$$(1 + h)^{n+1} \geq (1 + nh)(1 + h) = 1 + (n + 1)h + nh^2.$$

Da n und h^2 nicht negativ sind, gilt:

$$1 + (n + 1)h + nh^2 \geq 1 + (n + 1)h.$$

Und damit ist die erste Ungleichung für alle natürlichen Zahlen bewiesen. ∎

?

Überlegen Sie sich, wann in der ersten Ungleichung das Gleichheitszeichen gilt, und führen Sie den Beweis der strikten Bernoulli-Ungleichung aus.

Folgerung
Sei $0 < g \in \mathbb{R}$.

(a) Ist $g > 1$, dann gibt es zu jedem $C \in \mathbb{R}$ ein $n \in \mathbb{N}$ mit $g^n > C$.

(b) Ist $0 < g < 1$, dann gibt es zu jedem $0 < \varepsilon \in \mathbb{R}$ ein $n \in \mathbb{N}$ mit $g^n < \varepsilon$.

Beweis:

(a) Sei $h = g - 1$, dann ist nach Voraussetzung $h > 0$ und die Bernoulli'sche Ungleichung liefert $g^n = (1 + h)^n \geq 1 + nh$.
Nach der archimedischen Eigenschaft von $\mathbb{N}$ gibt es ein $n \in \mathbb{N}$ mit $nh > C - 1$. Für dieses n ist dann $g^n > C$.

(b) Setzt man $g_1 = \frac{1}{g}$, dann ist $g_1 > 1$, und nach Aussage (a) gibt es zu $C = \frac{1}{\varepsilon}$ ein $n \in \mathbb{N}$ mit $g_1^n > \frac{1}{\varepsilon}$. Hieraus folgt aber sofort:

$$g^n < \varepsilon.$$ ∎

Beispiel Als letztes Beispiel stellen wir uns die Frage, für welche $n \in \mathbb{N}$ die Ungleichung $2^n > n^2$ gilt.

Wir nähern uns einer Lösung über eine erste Überprüfung von $A(n)$ für kleine natürlichen Zahlen. Siehe dazu diese Tabelle:

n	1	2	3	4	5	6	7	8
n^2	1	4	9	16	25	36	49	64
2^n	2	4	8	16	32	64	128	256

Offensichtlich stimmt die Ungleichung für einige $n \in \mathbb{N}$, speziell für $n = 5$. Wir stellen die Vermutung auf, dass die Ungleichung für alle $n \geq 5$ gilt, denn $2^5 = 32 > 25 = 5^2$. Mit anderen Worten müssen wir zeigen, dass für alle $n \geq 5$ gilt:

$$A(n) \Rightarrow A(n + 1)$$

Durch Multiplikation der Ungleichung $2^n > n^2$ mit 2 folgt:

$$2^{n+1} = 2 \cdot 2^n > 2n^2 = n^2 + n \cdot n.$$

Wegen $n \geq 5$ ist $n \cdot n \geq 5n > 2n + 1$ oder zusammengefasst:

$$2^{n+1} > n^2 + 2n + 1 = (n + 1)^2.$$

Damit ist die Implikation $A(n) \to A(n + 1)$ bewiesen. ∎

Statt mit der Ungleichungskette $n^2 \geq 5n > 2n + 1$ zu argumentieren, kann man mit einer erneuten Induktion direkt $n^2 > 2n + 1$ nachweisen. Da eine solche „Induktion in der Induktion" häufig vorkommt, zeigen wir diesen alternativen Weg.

Wir prüfen $A(n) : n^2 > 2n + 1$ für $n = 1$ (stimmt nicht wegen $1 < 3$), für $n = 2$ (stimmt nicht wegen $4 < 5$) und für $n = 3$ (stimmt wegen $9 > 7$). Damit können wir versuchen, $A(n)$ für $n \geq 3$ nachzuweisen. Wir setzen $A(n)$ als wahr voraus und betrachten $A(n + 1) : (n + 1)^2 > 2(n + 1) + 1$. Die linke Seite der Ungleichung schätzen wir mit $A(n)$ wie folgt ab:

$$(n + 1)^2 = n^2 + 2n + 1 > (2n + 1) + 2n + 1 = 2n + 2 + 2n.$$

Die rechte Seite der Ungleichung von $A(n + 1)$ lässt sich als $2n + 2 + 1$ notieren. $A(n + 1)$ ist somit richtig, wenn $2n > 1$ gilt, und da $n \geq 3$ gilt, ist die Ungleichung $n^2 > 2n + 1$ für $n \geq 3$ bewiesen. Im eigentlichen Beweis gilt $n \geq 5 > 3$, und wir können diese Ungleichung für den eigentlichen Beweis nutzen. ◀

Abschließend sei noch einmal festgehalten, dass die Induktionsverankerung ein wesentlicher Bestandteil des Beweisprinzips der vollständigen Induktion ist. Die Implikation $A(n) \Rightarrow A(n + 1)$ kann für alle $n \in \mathbb{N}$ richtig sein, aber die Aussage $A(n)$ gilt für kein einziges $n \in \mathbb{N}$, wenn es keine Induktionsverankerung gibt!

Beispiel Hierzu betrachten wir für $n \in \mathbb{N}$ die Aussage

$$A(n): \qquad \sum_{k=1}^{n} k = \frac{n(n+1)}{2} + 2012.$$

Aus einem früheren Beispiel wissen wir bereits, dass die Aussage falsch ist, obwohl die Implikation

$$A(n) \to A(n+1)$$

für alle $n \in \mathbb{N}$ richtig ist. Dass die Implikation korrekt ist, sieht man wie folgt:

Gilt nämlich $1 + 2 + \cdots + n = \frac{n(n+1)}{2} + 2012$, dann folgt:

$$1 + 2 + \cdots + n + (n+1) = \frac{n(n+1)}{2} + 2012 + (n+1)$$

$$= \frac{n(n+1)}{2} + n + 1 + 2012 = \frac{(n+1)(n+2)}{2} + 2012,$$

was gerade der Aussage $A(n+1)$ entspricht. Der Induktionsbeweis versagt hier, weil die Induktionsverankerung $A(1)$ nicht gilt. ◀

4.6   Komplexe Zahlen

Wir haben die reellen Zahlen als angeordneten Körper eingeführt, in dem zusätzlich noch das Vollständigkeitsaxiom (V) gilt. Letzteres hat uns die Existenz von Quadratwurzeln aus nicht negativen reellen Zahlen beschert bzw. allgemeiner die Existenz von k-ten Wurzeln, $k \in \mathbb{N}$, $k \geq 2$, aus nicht negativen reellen Zahlen. Diese Eigenschaft unterscheidet den Körper $\mathbb{Q}$ der rationalen Zahlen von den reellen Zahlen, denn in $\mathbb{Q}$ ist z. B. die Gleichung $x^2 = 2$ nicht lösbar.

Mittels komplexer Zahlen lassen sich in $\mathbb{R}$ unlösbare Gleichungen lösen

Aber auch in $\mathbb{R}$ haben ganz einfache algebraische Gleichungen wie z. B. $x^2 + 1 = 0$ oder $x^2 - 2x + 3 = 0$ keine Lösungen. Der Grund ist, dass das Quadrat einer reellen Zahl immer größer oder gleich null ist (siehe Abschnitt 4.2).

———————————————— ? ————————————————

Skizzieren Sie Graphen der zu den zwei letztgenannten Gleichungen gehörenden Funktionen und argumentieren Sie anhand dieser Schaubilder, wieso $x^2 + 1 = 0$ bzw. $x^2 - 2x + 3 = 0$ keine reellen Lösungen besitzen können.

————————————————————————————

Wendet man auf $x^2 - 2x + 3 = 0$ formal eine Lösungsformel für quadratische Gleichungen an, so erhält man diese Lösungen:

$$x_{1,2} = 1 \pm \sqrt{1 - 3} = 1 \pm \sqrt{-2}.$$

Hier tauchen „Quadratwurzeln aus negativen Zahlen" auf. Solche „Zahlen" können aber wie bereits gesagt keine reellen Zahlen sein. Die Frage ist, ob sie sinnvolle Größen darstellen.

Beispiel Ein Beispiel einer solchen Lösungsformel ist die **pq-Formel**, die normierte quadratische Gleichungen der Form $x^2 + px + q = 0$ zu $x_{1,2} = -\frac{p}{2} \pm \sqrt{\left(\frac{p}{2}\right)^2 - q}$ löst. Auch unnormierte quadratische Gleichungen der Gestalt $ax^2 + bx + c = 0$ mit reellen Zahlen $a, b, c \in \mathbb{R}$ $(a \neq 0)$ lassen sich nach Teilen durch a mit der Substitution $p = \frac{b}{a}$ bzw. $q = \frac{c}{a}$ in die normierte Gestalt überführen. Diese Lösungsformel gewinnt man direkt mithilfe der sogenannten **quadratischen Ergänzung**, einem Verfahren, das schon den Babyloniern vor über 5000 Jahren bekannt war. Wir wollen es für die Gleichung $x^2 - 2x + 3 = 0$ direkt vorführen:

$$x^2 - 2x + 3 = 0 \iff x^2 - 2x + 3 + 0 = 0 + 0.$$

Man addiert auf beiden Seiten der Gleichung eine Null, die man auf der linken Seite jedoch kompliziert notiert:

$$x^2 - 2x + 3 + (1 - 1) = 0 + 0$$

$$\iff x^2 - 2x + 1 + (3 - 1) = 0.$$

Die Addition von $(1 - 1)$ war in diesem Fall die quadratische Ergänzung. Sie wirkt unscheinbar, jedoch hat man mit ihrer Hilfe viel gewonnen. Die ersten drei Summanden, $x^2 - 2x + 1$, lassen sich zu $(x - 1)^2$ zusammenfassen, und so ergibt sich die nächste Umformung:

$$(x - 1)^2 + 2 = 0 \iff (x - 1)^2 = -2.$$

Es muss also $x = \pm\sqrt{-2} + 1$ sein, was man direkt an der Klammer ablesen kann. ◀

———————————————— ? ————————————————

Führen Sie die quadratische Ergänzung für die allgemeine normierte quadratische Gleichung $x^2 + px + q = 0$ durch.

————————————————————————————

G. Cardano (1501–1576) stellt in der Ars magna (1545 in Nürnberg erschienen) folgende Aufgabe:

> *„Zerlege die Zahl 10 so in zwei Summanden, dass ihr Produkt die Zahl 40 ergibt".*

Nehmen wir an, es gibt solche Zerlegungen und benennen wir die beiden Summanden mit x bzw. y, so soll also in moderner Schreibweise Folgendes gelten:

$$10 = x + y \qquad \text{und} \qquad 40 = xy.$$

Einsetzen von $y = 10 - x$ in die zweite Gleichung ergibt die quadratische Gleichung:

$$x^2 - 10x + 40 = 0$$

welche bei formaler Anwendung die Lösungen

$$x_{1,2} = 5 \pm \sqrt{25 - 40} = 5 \pm \sqrt{-15}$$

ergibt, und auch hier treten wieder Wurzeln aus negativen Zahlen auf. Tatsächlich ist $x_1 + x_2 = 10$ und $x_1 \cdot x_2 = 40$, wenn man wie mit reellen Zahlen rechnet.

Auch bei der Lösung kubischer Gleichungen stießen Cardano und seine Zeitgenossen auf Quadratwurzeln aus negativen Zahlen. Man vergleiche hierzu den historischen Exkurs über die Entstehungsgeschichte der komplexen Zahlen auf Seite 144.

Um die Konstruktion des *Körpers der komplexen Zahlen* zu motivieren, machen wir die folgende Annahme: Es gibt einen Körper K, der den Körper $\mathbb{R}$ als Teilkörper enthält und der ein Element i enthält, für das $i^2 = -1$ gilt. Wie hat man in einem solchen Körper zu rechnen?

Als erstes halten wir fest, dass $i \notin \mathbb{R}$ gilt. Aufgrund der Körperaxiome enthält K alle „Zahlen" der Gestalt $z = a + bi$ mit $a, b \in \mathbb{R}$, und die Darstellung von $z \in K$ in dieser Form ist eindeutig.

?

Weisen Sie diese zwei Aussagen anhand der Körperaxiome nach.

Betrachtet man jetzt die Menge

$$C = \{a + bi \in K \mid a, b \in \mathbb{R}\},$$

so stellt man fest, dass bereits C ein Körper bezüglich der auf K erklärten Addition und Multiplikation ist. Wir geben einen unvollständigen Beweis, da wir nicht alle Körperaxiome nachprüfen.

Beweis: Wir zeigen: Für $z, w \in C$ gilt auch $z \pm w \in C$ sowie $zw \in C$, und für $z \neq 0$ ist auch $z^{-1} \in C$ enthalten. Dafür seien $z = a + bi$ und $w = c + di$ mit $a, b, c, d \in \mathbb{R}$. Wir beginnen mit der ersten Aussage:

$$z \pm w = (a + bi) \pm (c + di) = (a + c) \pm (b + d)i.$$

Und da auch $a + c$ bzw. $b + d$ reelle Zahlen sind, folgt die Behauptung. Analoges gilt für die zweite Aussage:

$$zw = (a + bi)(c + di) = ac + bic + adi + bdi^2.$$

Da $i^2 = -1$ gilt, folgt sofort $zw = (ac - bd) + (ad + bc)i$, und somit liegt auch das Produkt zweier Elemente der Menge C wieder in C. Zuletzt betrachten wir das Inverse eines Elements z aus C mit $z \neq 0$. Aus $z = a + bi \neq 0$ folgt:

$$\frac{1}{a + bi} = \frac{a - bi}{(a + bi)(a - bi)} = \frac{a - bi}{a^2 + b^2},$$

also:

$$\frac{1}{z} = \frac{a}{a^2 + b^2} + \frac{-b}{a^2 + b^2}i = \widetilde{a} + \widetilde{b}i$$

mit reellen Zahlen $\widetilde{a}, \widetilde{b}$. Damit gilt $1/z \in C$. ∎

Wenn es überhaupt einen Körper gibt, der die reellen Zahlen $\mathbb{R}$ als Teilkörper enthält und in welchem es ein Element i mit $i^2 = -1$ gibt, dann gibt es bezüglich der Teilmengenrelation $\subseteq$ auch einen kleinsten solcher Körper, und diese Erweiterung von $\mathbb{R}$ ist *bis auf Isomorphie* eindeutig bestimmt. Die Operationen der Addition und der Multiplikation und die Existenz von Inversen von Elementen $z \neq 0$ sind durch die folgenden, oben motivierten Formeln

$$z + w = (a + c) + (b + d)i$$
$$zw = (ac - bd) + (ad + bc)i$$
$$\frac{1}{z} = \frac{a}{a^2 + b^2} + \frac{-b}{a^2 + b^2}i = \widetilde{a} + \widetilde{b}i \quad \text{für } z \neq 0$$

mit den Operationen auf $\mathbb{R}$ verknüpft. Offen geblieben in unserer heuristischen Betrachtung ist die entscheidende Frage.

Was ist i?

Aber die Darstellung $z = a + bi$ mit $a, b \in \mathbb{R}$ legt nahe, dass als wesentliches Bestimmungsstück der zu definierenden komplexen Zahlen die reellen Zahlen a und b anzusehen sind, also das Paar $(a, b) \in \mathbb{R} \times \mathbb{R}$. Das folgende Modell für die komplexen Zahlen geht auf Sir William Hamilton (1805–1865) zurück, der diese 1831 so eingeführt hat. Alternative Einführungen sind möglich und finden sich in der Box auf Seite 144f. Wir führen die komplexen Zahlen über das Standardmodell $\mathbb{C} = \mathbb{R}^2$ ein.

Komplexe Zahlen als Paare reeller Zahlen

Eine **komplexe Zahl** ist ein Element aus der Menge

$$\mathbb{C} = \{(a, b) \mid a \in \mathbb{R}, \ b \in \mathbb{R}\} = \mathbb{R} \times \mathbb{R},$$

also ein geordnetes Zahlenpaar.

Definiert man auf $\mathbb{C}$ für $(a, b) \in \mathbb{C}$ und $(c, d) \in \mathbb{C}$ durch:

$$(a, b) + (c, d) = (a + c, b + d)$$

eine **Addition** und durch

$$(a, b) \cdot (c, d) = (ac - bd, ad + bc)$$

eine **Multiplikation**, dann lässt sich folgender Satz formulieren:

Eigenschaften von $\mathbb{C}$

(a) $(\mathbb{C}, +, \cdot)$ ist ein Körper, den wir den **Körper der komplexen Zahlen** nennen.

(b) Die Teilmenge

$$\mathbb{C}_\mathbb{R} = \{(a, 0) \mid a \in \mathbb{R}\} \subseteq \mathbb{C}$$

ist ein zu $\mathbb{R}$ isomorpher Teilkörper von $\mathbb{C}$. Wir identifizieren daher $(a, 0)$ mit a.

(c) Für das Element i $= (0, 1) \in \mathbb{C}$ gilt:

$$i^2 = (0, 1)^2 = (-1, 0).$$

Wir nennen i die **imaginäre Einheit**.

(d) Jedes $z = (a, b) \in \mathbb{C}$ ist darstellbar durch

$$z = (a, b) = (a, 0) + (b, 0)(0, 1) = a + b\mathrm{i}.$$

Identifiziert man $\mathbb{C}_\mathbb{R}$ mit $\mathbb{R}$, also speziell $(-1, 0)$ mit -1, so besitzt jede komplexe Zahl z die eindeutige **Standarddarstellung**

$$z = a + b\mathrm{i}, \quad a, b \in \mathbb{R}.$$

Dabei wurde $\mathrm{i}^2 = -1$ aus (c) und die Multiplikation von $\mathbb{C}$ verwendet. Dann schreibt sich die Multiplikationsregel auch als:

$$(a + b\mathrm{i})(c + d\mathrm{i}) = (ac - bd) + (ad + bc)\mathrm{i}.$$

In der obigen Standarddarstellung $z = a + b\mathrm{i}$ nennt man a den **Realteil** und b den **Imaginärteil** zur Zahl z und verwendet üblicherweise die Bezeichnungen $a = \mathrm{Re}\,(z)$ bzw. $b = \mathrm{Im}\,(z)$.

Beweis:

(a) Man prüft leicht nach, dass $(\mathbb{C}, +)$ eine abelsche Gruppe ist mit dem **neutralen Element** $\underline{0} = (0, 0)$ und dem zu (a, b) inversen Element, dem **Negativen**, $(-a, -b)$.
Dass auch $(\mathbb{C}\backslash\{0\}, \cdot)$ eine abelsche Gruppe ist, kann durch Nachrechnen gezeigt werden. Das neutrale Element der Multiplikation ist $\underline{1} = (1, 0)$. Bei der Suche des Inversen stößt man auf ein etwas schwierigeres Gleichungssystem: Gesucht wird ein (x, y), welches für festes $(a, b) \neq (0, 0)$ folgende Gleichung löst:

$$(a, b)(x, y) = (1, 0).$$

Man muss dazu das lineare Gleichungssystem $ax - by = 1$ und $bx + ay = 0$ lösen, wobei $a, b \neq 0$ und somit $a^2 + b^2 > 0$ ist. Es ergibt sich nach kurzem Rechnen das **Inverse** von $(a, b) \neq (0, 0)$ zu:

$$(x, y) = \left(\frac{a}{a^2 + b^2}, \frac{-b}{a^2 + b^2} \right) =: (a, b)^{-1}.$$

Dieses lässt sich entweder direkt durch Nachrechnen oder indirekt durch Einsetzen in die definierende Gleichung $(a, b)(x, y) = (1, 0)$ verifizieren.
Nun werden wir das Assoziativgesetz der Multiplikation nachweisen. Gegeben seien drei komplexe Zahlen $z_1 = (a, b)$, $z_2 = (c, d)$ und $z_3 = (e, f)$. Es muss Folgendes gelten:

$$(z_1 z_2) \cdot z_3 = z_1 \cdot (z_2 z_3).$$

Wir müssen auf beiden Seiten der Gleichung zuerst die Klammern bestimmen und danach mit der dritten komplexen Zahl multiplizieren. Anschließend sind beide Ergebnisse zu vergleichen. $(z_1 z_2)$ bestimmt sich per Definition zu:

$$z_1 z_2 = (a, b)(c, d) = (ac - bd, ad + bc).$$

Analoges ergibt sich für das Produkt $(z_2 z_3)$; für die Weiterführung der Rechnung siehe Aufgabe 4.34.
Das noch fehlende Distributivgesetz folgt direkt aus dem Distributivgesetz für $\mathbb{R}$.

(b) Dem Beweis für die zweite Aussage widmen wir den folgenden Abschnitt, dem wir hier nicht vorgreifen wollen.

(c) Wir rechnen direkt nach: $(0, 1)^2 = (0, 1)(0, 1) = (0 \cdot 0 - 1 \cdot 1, 0 \cdot 1 + 1 \cdot 0) = (-1, 0)$.

(d) Man sieht sofort, dass $(a, 0) + (0, b) = (a, b)$ gilt. Außerdem gilt offensichtlich $a(1, 0) = (a, 0)$ für reelles a bzw. $b(0, 1) = (0, b)$ für reelles b. Dann ist aber $z = (a, b) = (a, 0) + (0, b) = a(1, 0) + b(0, 1)$ und somit stimmt Aussage (d). $\blacksquare$

Die reellen Zahlen lassen sich in $\mathbb{C}$ wiederfinden

Wir beschäftigen uns nun ausführlich mit dem Teil (b). $\mathbb{C}$ enthält wie angekündigt als Teilmenge eine Kopie von $\mathbb{R}$. In

$$\mathbb{C}_\mathbb{R} = \{(a, 0) \mid a \in \mathbb{R}\}$$

addieren und multiplizieren sich die enthaltenen Elemente wie die entsprechenden reellen Zahlen. Das bedeutet, es gelten mit $a, c, a' \in \mathbb{R}$ die Gleichungen:

$$
\begin{aligned}
(a, 0) + (c, 0) &= (a + c, 0), \\
(a, 0) \cdot (c, 0) &= (ac, 0), \\
(a, 0) = (a', 0) \quad &\Leftrightarrow \quad a = a'.
\end{aligned}
$$

Damit ist $\mathbb{C}_\mathbb{R}$ selbst ein Körper, und die Abbildung $j : \mathbb{R} \to \mathbb{C}_\mathbb{R}$ mit $j(a) = (a, 0)$ ist ein Körperisomorphismus. Wir identifizieren $\mathbb{R}$ mit seiner Kopie $\mathbb{C}_\mathbb{R} \subseteq \mathbb{C}$, schreiben also statt dem Paar $(a, 0)$ einfach a. Ferner ergibt die Multiplikation von $(a, b) \in \mathbb{C} = \mathbb{R}^2$ mit der Zahl $(r, 0) \in \mathbb{C}_\mathbb{R}$ das Resultat

$$(r, 0)(a, b) = (ra, rb),$$

das mit dem *Produkt* $r \cdot (a, b) = (ra, rb)$ übereinstimmt, das man bei der Multiplikation mit Skalaren im $\mathbb{R}$-Vektorraum $\mathbb{R} \times \mathbb{R}$ betrachtet (siehe Kapitel 6). Die Multiplikation mit Skalaren aus $\mathbb{R}$ ist also durch die Multiplikation im Körper $\mathbb{C}$ festgelegt.

Durch die drei Eigenschaften, nämlich dass $\mathbb{C}$ die reellen Zahlen bis auf Isomorphie als Teilkörper enthält, dass i eine Lösung der Gleichung $z^2 + 1 = 0$ ist und dass jedes komplexe z eine eindeutige Standarddarstellung besitzt, ist $\mathbb{C}$ bis auf Isomorphie eindeutig bestimmt.

Beweis: Ist $\mathbb{C}'$ ein Körper, der einen zu den reellen Zahlen isomorphen Unterkörper $\mathbb{R}'$ enthält, und in welchem es ein Element i' mit $\mathrm{i}'^2 + 1 = 0$ gibt und in dem sich jedes $z' \in \mathbb{C}'$ eindeutig in der Form $z' = a' + b'\mathrm{i}'$ mit $a', b' \in \mathbb{R}'$ darstellen lässt, dann ist $\mathbb{C}'$ isomorph zu $\mathbb{C}$. Einen Isomorphismus $\varphi : \mathbb{C} \to \mathbb{C}'$ erhält man durch die Zuordnung $a + b\mathrm{i} \mapsto a' + b'\mathrm{i}'$. $\blacksquare$

In $\mathbb{C}$ gelten alle in $\mathbb{R}$ abgeleiteten Rechenregeln, bei denen nur die Körpereigenschaften benutzt wurden

Beispiel Es gilt für alle $n \in \mathbb{N}_0$ und alle $a, b \in \mathbb{C}$ die allgemeine binomische Formel:

$$(a + b)^n = a^n + \binom{n}{1}a^{n-1}b + \cdots + \binom{n}{n-1}ab^{n-1} + b^n.$$

Wir haben diese Formel bereits anhand der Körperaxiome in den reellen Zahlen gezeigt. ◄

Die Formel für die Multiplikation komplexer Zahlen muss man sich nicht merken, wie man am folgenden Beispiel sehen kann.

Beispiel Ist etwa $z = 2 - 6\mathrm{i}$ und $w = 1 + \mathrm{i}$, so rechnet man zw mithilfe des Distributivgesetzes und unter Verwendung von $\mathrm{i}^2 = -1$ aus und erhält:

$$zw = (2 - 6\mathrm{i})(1 + \mathrm{i}) = 2 \cdot 1 + 2 \cdot \mathrm{i} - 6\mathrm{i} \cdot 1 - 6\mathrm{i} \cdot \mathrm{i}$$
$$= 2 + 2\mathrm{i} - 6\mathrm{i} - 6\mathrm{i}^2 = 2 + 2\mathrm{i} - 6\mathrm{i} - 6(-1) = 8 - 4\mathrm{i}.$$

◄

Die Standarddarstellung für einen Quotienten wie z. B. $\frac{2+5\mathrm{i}}{3-4\mathrm{i}}$ lässt sich durch Erweiterung mit $3 + 4\mathrm{i}$, d. h. allgemein mit dem *Komplex-Konjugierten* des Nenners, berechnen:

$$\frac{2 + 5\mathrm{i}}{3 - 4\mathrm{i}} = \frac{(2 + 5\mathrm{i})(3 + 4\mathrm{i})}{(3 - 4\mathrm{i})(3 + 4\mathrm{i})} = \frac{6 + 15\mathrm{i} + 8\mathrm{i} - 20}{9 + 16}$$
$$= \frac{-14 + 23\mathrm{i}}{25} = -\frac{14}{25} + \frac{23}{25}\mathrm{i}.$$

Gilt es, die Standarddarstellung von $z = \left(\frac{8-\mathrm{i}}{5+\mathrm{i}}\right)^4$ zu bestimmen, so berechnet man zunächst

$$\frac{8 - \mathrm{i}}{5 + \mathrm{i}} = \frac{(8 - \mathrm{i})(5 - \mathrm{i})}{(5 + \mathrm{i})(5 - \mathrm{i})} = \frac{39}{26} - \frac{13}{26}\mathrm{i} = \frac{3}{2} - \frac{1}{2}\mathrm{i} = \frac{1}{2}(3 - \mathrm{i})$$

und verwendet dann die binomische Formel:

$$z = \frac{1}{16}(3 - \mathrm{i})^4 = \frac{1}{16}\left(3^4 - 4 \cdot 3^3\mathrm{i} + 6 \cdot 3^2\mathrm{i}^2 - 4 \cdot 3\mathrm{i}^3 + \mathrm{i}^4\right)$$
$$= \frac{1}{16}(81 - 108\mathrm{i} - 54 + 12\mathrm{i} + 1) = \frac{28 - 96\mathrm{i}}{16} = \frac{7}{4} - 6\mathrm{i}.$$

Die Definition der Multiplikation komplexer Zahlen mag gekünstelt erscheinen, ist aber durch unsere Vorüberlegungen motiviert.

Kommentar: Die komponentenweise Multiplikation

$$(a, b) * (c, d) = (ac, bd)$$

als multiplikative Verknüpfung zu versuchen, scheitert deshalb, weil in jedem Körper K die Nullteilerregel gilt, d. h. für $z, w \in K$ gilt $zw = 0$ genau dann, wenn $z = 0$ oder $w = 0$ ist. Bei komponentenweiser Multiplikation wäre aber z. B. $(1, 0) * (0, 1) = (1 \cdot 0, 0 \cdot 1) = (0, 0)$.

?

Wieso gibt es außer $z = \pm\mathrm{i}$ keine weiteren Lösungen der Gleichung $z^2 + 1 = 0$?

Im Gegensatz zu $\mathbb{R}$ lässt $\mathbb{C}$ sich nicht anordnen

Obwohl $\mathbb{C}$ mit $\mathbb{R}$ die Körpereigenschaften gemeinsam hat, gibt es einen Hauptunterschied:

Achtung: $\mathbb{C}$ lässt sich nicht anordnen!

In $\mathbb{C}$ gibt es keine Teilmenge P, sodass für P die Axiome (AO_1), (AO_2) und (AO_3) gelten (Seite 106). Denn in einem angeordneten Körper gilt für ein Element $z \neq 0$ stets $z^2 \in P$. Insbesondere ist $1 = 1^2 \in P$, also $-1 \notin P$. In $\mathbb{C}$ gilt aber $\mathrm{i}^2 = -1$. Wenn sich $\mathbb{C}$ anordnen ließe, müsste einerseits wegen $\mathrm{i} \neq 0$ auch $\mathrm{i}^2 \in P$ gelten, andererseits ist $\mathrm{i}^2 = -1 \notin P$.

Wir können uns an dieser Stelle zunächst nur mit wenigen elementaren geometrischen und algebraischen Eigenschaften von $\mathbb{C}$ beschäftigen. Außer der angeführten Motivation, den Körper der reellen Zahlen nochmals zu erweitern, gibt es zahlreiche weitere innermathematische Gründe. Auch für die moderne Quantenmechanik sind die komplexen Zahlen unverzichtbar geworden, wenn man an das *Vertauschungsaxiom für Orts- und Impuls-Operator*, die *Schrödinger-Gleichung* oder den *Hamilton-Operator* denkt. Die komplexe Analysis, die systematisch auf $\mathbb{C}$ aufbaut, heißt im deutschen Sprachraum **Funktionentheorie**.

Die komplexen Zahlen lassen sich in der Gauß'schen Zahlenebene visualisieren

Die komplexen Zahlen sind als Menge die Menge $\mathbb{R} \times \mathbb{R}$. Genauso, wie man reelle Zahlen als Punkte einer Zahlengeraden visualisieren kann, kann man komplexe Zahlen als Punkte oder Vektoren der Ebene $\mathbb{R}^2 = \mathbb{R} \times \mathbb{R}$ auffassen. Diese Auffassung wurde von J. Argand (1768–1822) bereits vor C.F. Gauß propagiert. Man spricht von der **Gauß'schen Zahlenebene**, d. h., man fasst $\mathbb{C} = \mathbb{R}^2 = \mathbb{R} \times \mathbb{R}$ als $\mathbb{R}$-Vektorraum mit der Basis $1 = (1, 0)$ und $\mathrm{i} = (0, 1)$ auf. Dass man im Prinzip dieselbe Struktur erhält, wenn man in allen Rechnungen mit komplexen Zahlen i durch $-\mathrm{i}$ ersetzt, wird sich im Folgenden ergeben.

$\mathbb{R} \cong \mathbb{R} \times \{0\}$ nennt man die **reelle Achse** und $\mathrm{i}\mathbb{R} = \{0\} \times \mathbb{R}$ die **imaginäre Achse**. Die Summe $z + w$ von zwei komplexen Zahlen z und w ist, wie in Abbildung 4.11 zu sehen ist, der vierte Eckpunkt eines Parallelogramms. $z + w$ kann man auch als den Punkt beschreiben, der durch Translation um w aus z oder durch Translation um z aus w entsteht.

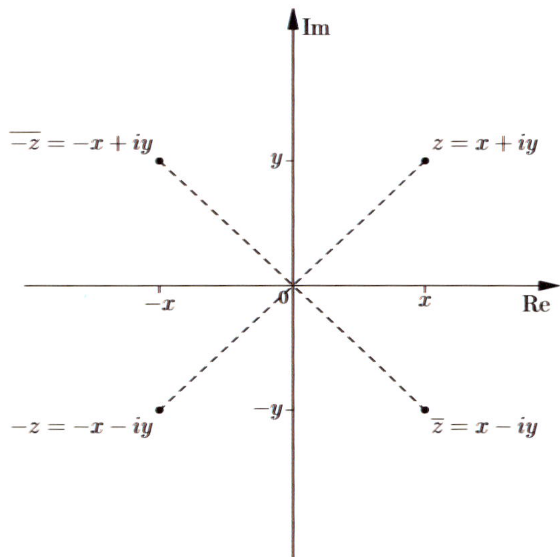

Abbildung 4.10 Die komplexen Zahlen $z = x+\mathrm{i}y$, $\overline{z} = x-\mathrm{i}y$, $-z = -x-\mathrm{i}y$ und $-\overline{z} = -x+\mathrm{i}y$ sind hier in der Gauß'schen Zahlenebene dargestellt. Man erkennt die hohe Symmetrie der Zahlen, die paarweise durch Spiegelungen erzeugt werden können.

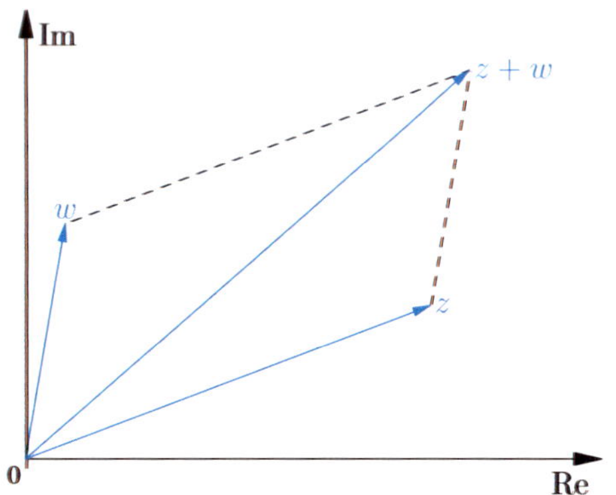

Abbildung 4.11 Die Summe $z + w$ von zwei komplexen Zahlen z und w ist der vierte Eckpunkt des durch $0, z$ und w bestimmten Parallelogramms (falls diese Punkte nicht alle drei auf einer Geraden liegen und somit **kollinear** sind).

Eine geometrische Deutung für das Produkt zw zweier komplexer Zahlen geben wir weiter unten. Die Gleichberechtigung von i und $-i$ begründet die Wichtigkeit der Abbildung

$$\overline{} : \mathbb{C} \to \mathbb{C}, z = x + y\mathrm{i} \mapsto x - y\mathrm{i}.$$

Definition von konjugiert komplexen Zahlen und dem Betrag

Sei $z = x + y\mathrm{i}$, $x, y \in \mathbb{R}$.

- $\overline{z} = x - y\mathrm{i}$ heißt die zu z **konjugierte komplexe Zahl** und die Abbildung

$$\overline{} : \mathbb{C} \to \mathbb{C}, z \mapsto \overline{z}$$

  die **komplexe Konjugation**.
- $|z| = \sqrt{z\overline{z}} = \sqrt{x^2 + y^2}$ heißt **Betrag** der Zahl z (siehe Seite 78).

Geometrisch bedeutet der Übergang von z zu $\overline{z}$ eine Spiegelung an der reellen Achse in der komplexen Zahlenebene.

?

Zeigen Sie, dass $z\overline{z} \in \mathbb{R}_{\geq 0}$ gilt.

Wegen $|z| = \sqrt{x^2 + y^2}$ und nach dem Satz des Pythagoras ist $|z|$ der Abstand von z zum **Nullpunkt** $(0, 0)$ (Abb. 4.12). Man sieht sogleich, dass für reelles z, also für $y = 0$, die neue Definition mit der Betragsdefinition auf $\mathbb{R}$ übereinstimmt.

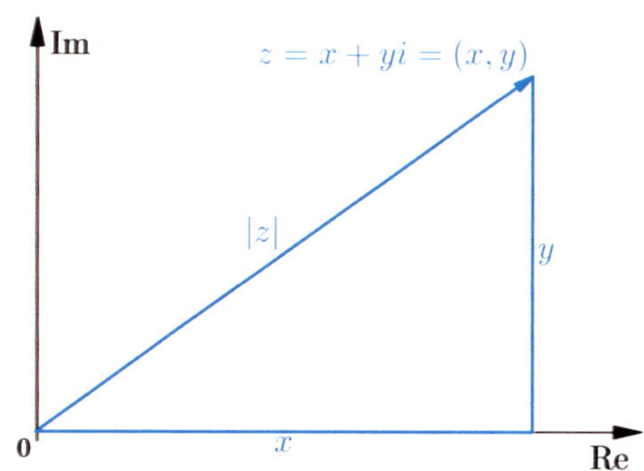

Abbildung 4.12 Die Abbildung visualisiert den Betrag $|z| = \sqrt{x^2 + y^2}$ einer komplexen Zahl $z = x + \mathrm{i}y$.

$\mathbb{C}$ lässt sich zwar nicht mehr anordnen, aber durch $|\,\,| : z \mapsto |z|$ ist eine Bewertung auf $\mathbb{C}$ definiert. Diese Eigenschaften des Betrags lassen sich direkt folgern.

Eigenschaften des Betrags komplexer Zahlen

Für alle $z, w \in \mathbb{C}$ gilt:

- $|z| \geq 0$; $|z| = 0 \Leftrightarrow z = 0$.
- $|zw| = |z| \cdot |w|$. Ist $w \neq 0$, dann ist $\left|\frac{z}{w}\right| = \frac{|z|}{|w|}$.
- $|\mathrm{Re}\, z| \leq |z|$ und $|\mathrm{Im}\, z| \leq |z|$.
- Es gelten diese beiden Dreiecksungleichungen:
  (a) $|z + w| \leq |z| + |w|$ (für Abschätzungen nach oben).
  (b) $|z - w| \geq ||z| - |w||$ (für Abschätzungen nach unten).

Beweis: Den Beweis der ersten und dritten Eigenschaft überlassen wir dem Leser und beweisen hier zuerst den zweiten Punkt (zu $\overline{zw} = \overline{z}\,\overline{w}$ siehe Abschnitt 3.3):

$$|zw|^2 = (zw)(\overline{zw}) = (zw)(\overline{z}\,\overline{w}) = (z\overline{z})(w\overline{w}) = |z|^2|w|^2,$$

und damit folgt $|zw| = |z| \cdot |w|$.

Nun zur vierten Eigenschaft. Die erste Dreiecksungleichung (a) gilt wegen

$$|z + w|^2 = (z + w)(\overline{z + w}) = (z + w)(\overline{z} + \overline{w})$$
$$= z\overline{z} + w\overline{z} + z\overline{w} + w\overline{w} = |z|^2 + 2 \cdot \mathrm{Re}\,(w\overline{z}) + |w|^2$$
$$\leq |z|^2 + 2|w\overline{z}| + |w|^2 = |z|^2 + 2|w||\overline{z}| + |w|^2$$
$$= |z|^2 + 2|z||w| + |w|^2 = (|z| + |w|)^2.$$

Übersicht: Rechenregeln zu den komplexen Zahlen

Wir fassen die wichtigsten Eigenschaften der komplexen Zahlen zusammen. Für die angegebenen Identitäten sind $z_1 = a + \mathrm{i}b$ und $z_2 = c + \mathrm{i}d$ komplexe Zahlen mit $a, b, c, d \in \mathbb{R}$.

Addition/Subtraktion

$$\begin{aligned}
z_1 + z_2 &= (a + \mathrm{i}b) + (c + \mathrm{i}d) \\
&= (a + c) + \mathrm{i}(b + d) \\
z_1 - z_2 &= (a + \mathrm{i}b) - (c + \mathrm{i}d) \\
&= (a - c) + \mathrm{i}(b - d)
\end{aligned}$$

Konjugiert komplexe Zahlen

$$\overline{z} = a - \mathrm{i}b$$
$$\overline{\overline{z}} = z \ \text{(d.\,h. involutorisch)}$$
$$\overline{z_1 + z_2} = \overline{z_1} + \overline{z_2}$$
$$\overline{z_1 z_2} = \overline{z_1}\,\overline{z_2}$$
$$\operatorname{Re}(z) = \frac{1}{2}(z + \overline{z})$$
$$\operatorname{Im}(z) = \frac{1}{2\mathrm{i}}(z - \overline{z})$$
$$z = \overline{z} \text{ gilt genau dann, wenn } z = a \in \mathbb{R} \subseteq \mathbb{C}$$
$$z = -\overline{z} \text{ gilt genau dann, wenn } z = \mathrm{i}b \in \mathrm{i}\mathbb{R} \subseteq \mathbb{C}$$

Multiplikation

$$\begin{aligned}
z_1 z_2 &= (a + \mathrm{i}b)\,(c + \mathrm{i}d) \\
&= (ac - bd) + \mathrm{i}(ad + bc)
\end{aligned}$$

Division

$$\frac{a + \mathrm{i}b}{c + \mathrm{i}d} = \frac{z_1}{z_2} = \frac{z_1\,\overline{z_2}}{z_2\,\overline{z_2}} = \frac{z_1\,\overline{z_2}}{|z_2|^2}$$

Insbesondere gilt für $z = x + \mathrm{i}y \in \mathbb{C} \setminus \{0\}$

$$z^{-1} = \frac{\overline{z}}{|z|^2} = \frac{x - y\mathrm{i}}{x^2 + y^2} = \frac{x}{x^2 + y^2} + \frac{-y}{x^2 + y^2}\mathrm{i}$$

Speziell gilt für $|z| = 1$ die Formel $z^{-1} = \overline{z}$.

Der Betrag komplexer Zahlen

$$|z| = \sqrt{a^2 + b^2}$$
$$|\overline{z}| = |z|$$
$$|z|^2 = z\,\overline{z}$$
$$|z_1 z_2| = |z_1|\,|z_2|$$
$$|z_1 \pm z_2|^2 = |z_1|^2 + |z_2|^2 \pm 2\operatorname{Re}(z_1\overline{z_2})$$
$$|z_1 + z_2| \leq |z_1| + |z_2| \quad \text{(Dreiecksungleichung)}$$
$$|z_1 - z_2| \geq |z_1| - |z_2|$$

Polarkoordinatendarstellung

$$z = r(\cos\varphi + \mathrm{i}\sin\varphi)$$

mit

$$r = |z| \geq 0\,, \qquad \varphi = \arg(z) \in (-\pi, \pi]$$

und

$$\operatorname{Re}(z) = r\cos\varphi\,, \qquad \operatorname{Im}(z) = r\sin\varphi$$

Für $z_j = r_j(\cos\varphi_j + \mathrm{i}\sin\varphi_j)$, $j = 1, 2$ ist

$$z_1 z_2 = r_1 r_2\Big(\cos(\varphi_1 + \varphi_2) + \mathrm{i}\sin(\varphi_1 + \varphi_2)\Big)$$
$$\frac{z_1}{z_2} = \frac{r_1}{r_2}\Big(\cos(\varphi_1 - \varphi_2) + \mathrm{i}\sin(\varphi_1 - \varphi_2)\Big)$$
$$z_1^n = r_1^n\Big(\cos(n\varphi_1) + \mathrm{i}\sin(n\varphi_1)\Big)$$

$$\text{(Moivre'sche Formel)}$$

Wir haben insgesamt

$$|z + w|^2 \leq (|z| + |w|)^2$$

erhalten. Wegen der Monotonie der reellen Wurzelfunktion folgt:

$$|z + w| \leq |z| + |w|.$$

Die Dreiecksungleichung für Abschätzungen nach unten beweist man wie im reellen Fall. ∎

—————————— **?** ——————————
Beweisen Sie die erste und die dritte Eigenschaft in der Aufzählung.

Die Identität

$$\begin{aligned}
|z + w|^2 &= |z|^2 + 2\cdot\operatorname{Re}(w\overline{z}) + |w|^2 \\
&= |z|^2 + 2\cdot\operatorname{Re}(z\overline{w}) + |w|^2
\end{aligned}$$

wollen wir **Kosinus-Satz** nennen (siehe Seite 146). Außerdem wurde in der Umformung

$$\operatorname{Re}(w\overline{z}) = \operatorname{Re}(\overline{w\overline{z}}) = \operatorname{Re}(\overline{w}z) = \operatorname{Re}(z\overline{w})$$

verwendet.

Kommentar: Die im Beweis der Dreiecksungleichung verwendete Ungleichung

$$|\operatorname{Re}(w\overline{z})| = |\operatorname{Re}(z\overline{w})| \leq |z|\cdot|w|$$

ist die *Cauchy-Schwarz'sche Ungleichung* für $\mathbb{C} = \mathbb{R}^2$. Schreibt man nämlich $z = x + y\mathrm{i}$ und $w = u + v\mathrm{i}$ für $u, v, x, y \in \mathbb{R}$, dann ist

$$\operatorname{Re}(z\overline{w}) = \operatorname{Re}(\overline{z}w) = xu + yv,$$

und das ist das *Standard-Skalarprodukt* der Vektoren $z = (x, y)$ und $w = (u, v)$ im $\mathbb{R}^2$ (siehe Kap. 7).

---------------- **?** ----------------

Es gilt folgende Identität:

$$\left(\frac{1+\mathrm{i}}{\sqrt{2}}\right)^{-1} = \frac{1-\mathrm{i}}{\sqrt{2}}.$$

Begründen Sie dies anhand der Eigenschaften der komplexen Konjugation aus der Übersicht auf Seite 139, und rechnen Sie noch einmal auf herkömmlichem Wege nach.

Der Abstand zweier komplexer Zahlen

Für beliebige $z, w \in \mathbb{C}$ ist der **Abstand** von z und w durch

$$d(z, w) = |z - w|$$

definiert.

Insbesondere gilt $d(z, 0) = |z|$, was sich mit der geometrischen Interpretation deckt.

Folgerung (Dreiecksungleichung)

Es gilt für beliebige $z_1, z_2, z_3 \in \mathbb{C}$ die Ungleichung

$$d(z_1, z_3) \leq d(z_1, z_2) + d(z_2, z_3)$$

und der Name Dreiecksungleichung wird jetzt geometrisch verständlich (Abb. 4.13).

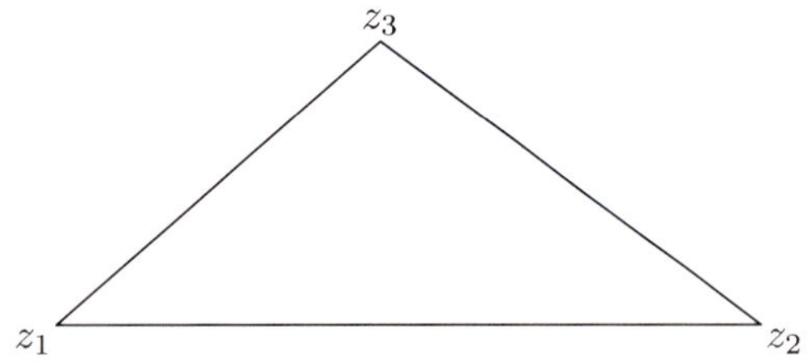

Abbildung 4.13 Die Abbildung verdeutlicht die Dreiecksungleichung für drei Punkte der Ebene, die wir mit komplexen Zahlen beschreiben: Der direkte Weg von z_1 zu z_3 ist immer kürzer oder höchstens gleich lang wie der Weg über einen weiteren Punkt z_2.

Beweis: Wir wählen die spezielle Dreiecksungleichung für das Dreieck mit den Ecken z_1, z_2 und z_3. Wegen $z_1 - z_3 = (z_1 - z_2) + (z_2 - z_3)$ folgt:

$$|z_1 - z_3| \leq |z_1 - z_2| + |z_2 - z_3|,$$

und dies ist gerade die Folgerung. $\blacksquare$

Der Abstand d in $\mathbb{C}$ hat die folgenden vier Eigenschaften ($z_1, z_2, z_3 \in \mathbb{C}$ beliebig):

- $d(z_1, z_2) > 0 \quad \Leftrightarrow \quad z_1 \neq z_2,$
- $d(z_1, z_2) = 0 \quad \Leftrightarrow \quad z_1 = z_2,$
- $d(z_1, z_2) = d(z_2, z_1)$ (Symmetrie),
- $d(z_1, z_3) \leq d(z_1, z_2) + d(z_2, z_3)$ (Dreiecksungleichung).

---------------- **?** ----------------

Beweisen Sie die ersten drei Eigenschaften für den Abstand d.

$\mathbb{C}$ ist mit der zu d zugehörigen Abstandsfunktion ein sogenannter *metrischer Raum*. Dieser ist über die eben benannten vier Eigenschaften definiert. Metrische Räume werden in Kapitel 19 eingehender untersucht.

Mithilfe des Abstands werden wichtige Teilmengen von $\mathbb{C}$ definiert

Mit dem Betrag der komplexen Zahlen lassen sich Kreise und Kreislinien in den komplexen Zahlen beschreiben. So ist etwa durch

$$S^1 = \{z \in \mathbb{C} \mid |z| = 1\}$$

die **Einheitskreislinie** gegeben. Die Einheitskreislinie hat die bemerkenswerte Eigenschaft, dass sie bezüglich der Multiplikation eine Gruppe ist: Sind $z, w \in S^1$, so gilt auch $zw \in S^1$ und $\frac{z}{w} \in S^1$. Ferner ist $z^{-1} = \overline{z}$ ebenfalls Element in S^1.

Die Einheitskreislinie ist ein Spezialfall des allgemeineren Begriffs einer zweidimensionalen **Sphäre**,

$$S_\varepsilon(z_0) = \{z \in \mathbb{C} \mid |z - z_0| = \varepsilon\}$$

mit einem Mittelpunkt z_0 und Radius $\varepsilon > 0$. Für $z_0 = 0$ und $\varepsilon = 1$ verwendet man wie oben angegeben die Bezeichnung $S^1 = S_1(0)$.

Definition offener und abgeschlossener Kreisscheiben in $\mathbb{C}$

Für $z_0 \in \mathbb{C}$ und $\varepsilon \in \mathbb{R}$, $\varepsilon > 0$, heißt

$$U_\varepsilon(z_0) = \{z \in \mathbb{C} \mid |z - z_0| < \varepsilon\}$$

die **offene Kreisscheibe** mit Mittelpunkt z_0 und Radius ε oder auch ε-**Umgebung von** z_0 und

$$\overline{U_\varepsilon}(z_0) = \{z \in \mathbb{C} \mid |z - z_0| \leq \varepsilon\}$$

die **abgeschlossene Kreisscheibe** mit Mittelpunkt z_0 und Radius ε.

Begründungen für die Bezeichnungen *offen* bzw. *abgeschlossen* ergeben sich später in Kapitel 9 und 19.

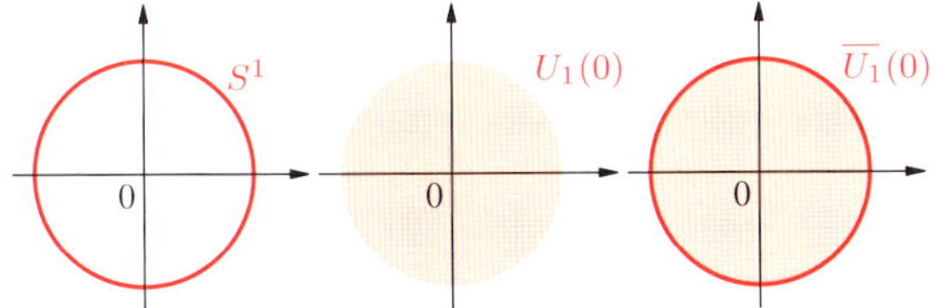

Abbildung 4.14 Zu sehen sind die im Text definierte Einheitskreislinie S^1, die offene Einheitskreisscheibe $U_1(0)$ und die abgeschlossene Einheitskreisscheibe $\overline{U_1}(0)$ als Spezialfälle von Sphäre und Kreisscheibe.

Wir wollen noch die Abbildung

$$j : \mathbb{C} - \{0\} \to \mathbb{C} - \{0\}, \ z \mapsto \frac{1}{z},$$

die **Inversion** genannt wird, etwas genauer betrachten. Die Umformung

$$\frac{1}{z} = \frac{1 \cdot \overline{z}}{z \cdot \overline{z}} = \frac{1}{|z|^2} \cdot \overline{z}$$

für das Inverse einer komplexen Zahl $z \neq 0$ zeigt, dass $\frac{1}{z}$ die *Richtung* von $\overline{z}$ hat. Wie könnte man $1/z$ geometrisch konstruieren?

Definition von Spiegelpunkten

Sind $z', z \in \mathbb{C}\backslash\{0\}$, so heißen z und z' **Spiegelpunkte** bezüglich der Einheitskreislinie S^1, wenn gilt:
(a) $z' = az$ mit einem $a \in \mathbb{R}$, $a > 0$ und
(b) $|z'|\,|z| = 1$.

Aussage (a) bedeutet, dass z' und z auf demselben von 0 ausgehenden Halbstrahl liegen. Setzt man die Gleichung $z' = az$ in (b) ein, so folgt:

$$|z'|\,|z| = |az|\,|z| = |a|\,|z|^2 = az\overline{z} = 1.$$

Also gilt $a = \frac{1}{z\overline{z}}$ und damit $z' = \frac{1}{z\overline{z}}z$.

Wegen $\frac{1}{z} = \frac{1}{z\overline{z}}\,\overline{z} = \overline{z'}$ erhält man daher $1/z$, indem man den Punkt z' an der reellen Achse spiegelt. Man erhält $1/z$ also durch zwei Spiegelungen: Durch **Spiegelung am Einheitskreis**, dies liefert z', und dann durch Spiegelung an der reellen Achse. Zum gleichen Resultat kommt man, indem man zuerst an der reellen Achse und dann am Einheitskreis spiegelt. Den Punkt z' kann man geometrisch mit verschiedenen Methoden konstruieren, in Abbildung 4.15 ist eine solche Konstruktion angedeutet.

Die Multiplikation in $\mathbb{C}$ lässt sich geometrisch interpretieren

Die geometrische Interpretation der Multiplikation komplexer Zahlen erfordert etwas mehr Aufwand als die der Addition. Ist $\ell = a + bi \in \mathbb{C}$, $a, b \in \mathbb{R}$, und $\ell \neq 0$, dann betrachten wir die Abbildung

$$\mu_\ell : \mathbb{C} \to \mathbb{C}, \qquad \text{mit } \mu_\ell(z) = \ell z,$$

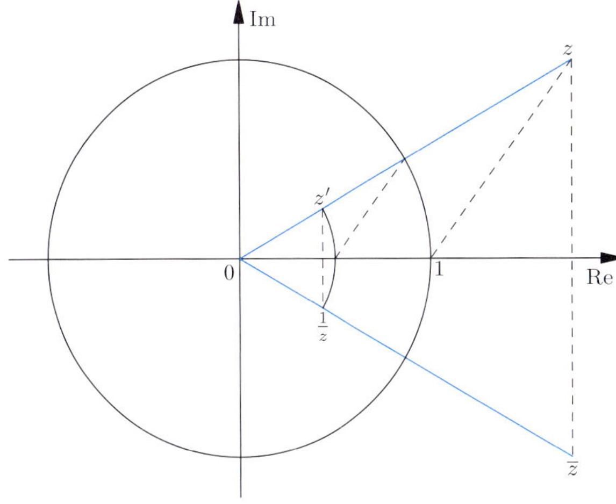

Abbildung 4.15 Man erhält $1/z$ durch zwei Spiegelungen: 1) durch Spiegelung am Einheitskreis, dies liefert z'; 2) durch Spiegelung von z' an der reellen Achse.

die gerade der Multiplikation mit einer komplexen Zahl ℓ entspricht. Diese Abbildung hat die Eigenschaften

$$\mu_l(z + z') = \mu_l(z) + \mu_l(z') \quad \text{und} \quad \mu_l(cz) = c\mu_l(z),$$

wobei $z, z', c \in \mathbb{C}$ sind. In der Sprache der linearen Algebra bedeutet dies, dass μ_l eine $\mathbb{C}$-lineare Abbildung von $\mathbb{C} = \mathbb{R}^2 \mapsto \mathbb{C} = \mathbb{R}^2$ ist.

Wir zerlegen diese Abbildung in zwei Teile: In die *Streckung*

$$\mu_{|\ell|} : \mathbb{C} \to \mathbb{C}, \ w \mapsto |\ell| \cdot w$$

mit dem Zentrum 0 und dem Streckungsfaktor $|\ell|$. Es ist

$$\mu_\ell = \mu_{|\ell|} \circ \mu_d.$$

Dabei liegt $d = \frac{\ell}{|\ell|}$ auf der Einheitskreislinie, denn es ist $|d| = 1$. Die Abbildung μ_d ist definiert durch:

$$\mu_d : \mathbb{C} \to \mathbb{C}, \ z \mapsto dz.$$

In dem kommutativen Diagramm 4.16 sind die drei Funktionen μ_ℓ, $\mu_{|\ell|}$ und μ_d dargestellt:

Die Abbildung μ_d ist längentreu bzw. abstandstreu, denn es gilt:

$$|\mu_d(z_1) - \mu_d(z_2)| = |dz_1 - dz_2| = |d(z_1 - z_2)|$$
$$= |d|\,|z_1 - z_2| = |z_1 - z_2|,$$

wegen $|d| = 1$. Ferner ist die Abbildung μ_d auch $\mathbb{C}$-linear und bijektiv. Die Abbildungen $z \mapsto dz$ und $w \mapsto \frac{1}{d}w$ kehren sich gegenseitig um.

—————————— **?** ——————————

Zeigen Sie, dass die beiden Abbildungen

$$z \mapsto dz \text{ bzw. } w \mapsto \frac{1}{d}w$$

mit $z, w, d \in \mathbb{C}$ und $|d| = 1$ zueinander Umkehrabbildungen darstellen.

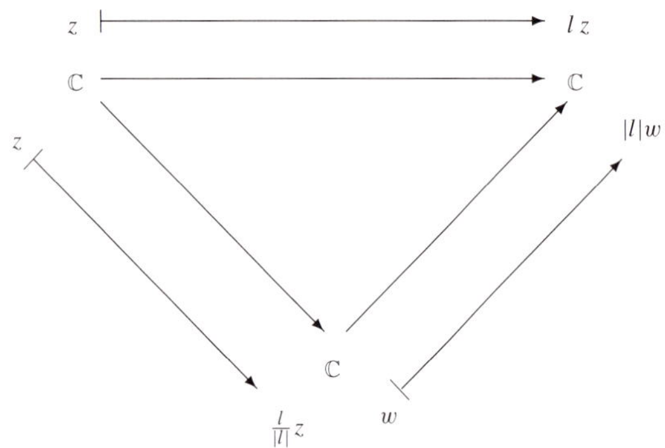

Abbildung 4.16 In diesem kommutativen Diagramm wird die Abbildung $\mu_l : z \mapsto lz$ zuerst durch die Drehung $\mu_d : z \mapsto \frac{l}{|l|} z =: w$ und dann durch die Streckung $\mu_{|\ell|} : w \mapsto |l| w$ vermittelt.

Die Abbildung μ_d führt die Basisvektoren 1 und i in $d \cdot 1$ und $d \cdot$ i über:

$$\operatorname{Re}(d \cdot 1) = \operatorname{Re} d, \ \operatorname{Im}(d \cdot 1) = \operatorname{Im}(d),$$

$$\operatorname{Re}(d \cdot \mathrm{i}) = -\operatorname{Im} d, \ \operatorname{Im}(d \cdot \mathrm{i}) = \operatorname{Re}(d).$$

μ_d ist also eine längentreue, orientierungserhaltende lineare Abbildung von $\mathbb{C} = \mathbb{R}^2$. Eine solche heißt **Drehung** um den Nullpunkt.

Zusammengefasst lässt sich sagen, wenn man etwa $w = \ell \in \mathbb{C}\backslash\{0\}$ fest wählt, dass die Abbildung

$$\mu_\ell : \mathbb{C} \to \mathbb{C}, \ \text{mit } z \mapsto \ell z$$

eine *Drehstreckung* ist, die sich aus einer Drehung um den Nullpunkt mit dem Drehwinkel φ und einer Streckung mit dem Streckungsfaktor $|l|$ zusammensetzt (Abb. 4.17).

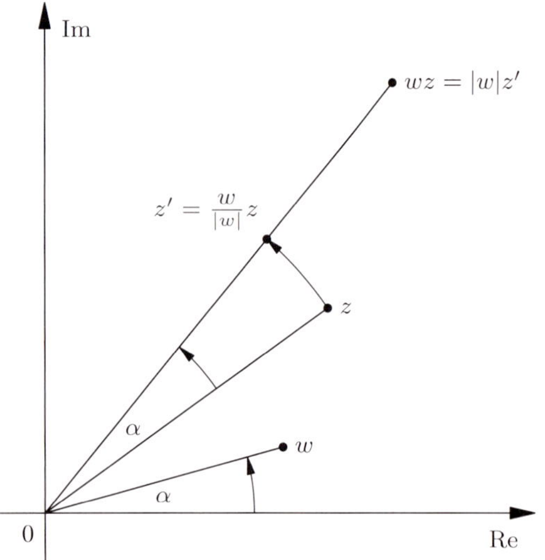

Abbildung 4.17 Die Multiplikation zweier komplexer Zahlen z, w lässt sich geometrisch als eine Drehstreckung interpretieren.

Verständlicher wird diese geometrische Interpretation, wenn man die Multiplikation komplexer Zahlen unter Verwendung von *Polarkoordinaten* schreibt.

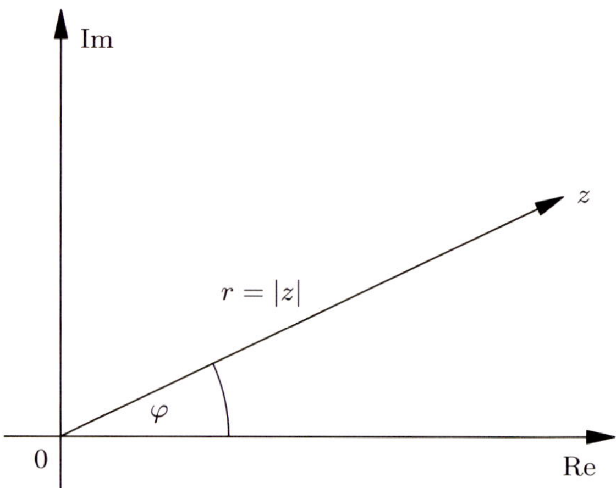

Abbildung 4.18 Man kann eine komplexe Zahl $z = a + b\mathrm{i} \neq 0$ auch durch Angabe eines Polarwinkels $\varphi \in (-\pi\,;\pi\,]$ und durch Angabe ihres Abstands vom Ursprung $0 < |z| \in \mathbb{R}$ eindeutig bestimmen.

Polarkoordinaten in $\mathbb{C} = \mathbb{R}^2$

Jedes $z \in \mathbb{C}$ kann in der Form

$$z = r(\cos \varphi + \mathrm{i} \sin \varphi)$$

mit $r, \varphi \in \mathbb{R}, \ r \geq 0$, dargestellt werden.
r und φ nennt man **Polarkoordinaten** von z.

Dabei ist $r = |z|$ eindeutig bestimmt und φ für $z \neq 0$ eindeutig bis auf Addition ganzzahliger Vielfacher von 2π. Für $z = 0$ ist φ beliebig. Die Zahl φ ist der im *Bogenmaß* gemessene orientierte Winkel zwischen der positiven reellen Achse und dem Ortsvektor von $z (\neq 0)$. Dabei gilt für jedes $\varphi \in \mathbb{R}$ die Eigenschaft $\cos \varphi + \mathrm{i} \sin \varphi \in S^1$. φ ist die Länge des Bogens vom Punkt $(1, 0)$ zum Punkt $(a, b) \in S^1$ und wird **Bogenmaß** genannt.

Zum Beweis der Polarkoordinatendarstellung benötigt man Eigenschaften der Funktionen cos und sin, die wir in Abschnitt 11.4 herleiten werden und hier nur kurz zusammenstellen.

- **Additionstheoreme:** Für beliebiges $\varphi, \psi \in \mathbb{R}$ gelten:
$$\sin(\varphi + \psi) = \sin \varphi \cos \psi + \cos \varphi \sin \psi,$$
$$\cos(\varphi + \psi) = \cos \varphi \cos \psi - \sin \varphi \sin \psi.$$
- Die Funktionen sin und cos sind **periodisch** mit der Periode 2π, d. h., für beliebiges $\varphi \in \mathbb{R}$ ist $\sin(\varphi + 2\pi) = \sin \varphi$ bzw. $\cos(\varphi + 2\pi) = \cos \varphi$.
- Zu jedem Punkt $(a, b) \in \mathbb{R}^2$ mit $a^2 + b^2 = 1$, d. h. $a + b\mathrm{i} \in S^1$, gibt es ein $\varphi \in \mathbb{R}$ mit $a = \cos \varphi$ und $b = \sin \varphi$.
- Es gilt für $\varphi, \varphi' \in \mathbb{R}$ die Äquivalenz:

$$(\cos \varphi, \sin \varphi) = (\cos \varphi', \sin \varphi') \ \Leftrightarrow \ \varphi - \varphi' = 2\pi k, k \in \mathbb{Z}.$$

Wählt man z. B. φ im Intervall $[0, 2\pi)$ oder im Intervall $(-\pi, \pi]$, dann ist φ wegen der letzten Eigenschaft eindeutig bestimmt. Mit diesen Vorbemerkungen zeigen wir nun die Existenz von Polarkoordinaten von komplexen Zahlen.

Beweis: Ist $z \in \mathbb{C}$, $z \neq 0$, dann liegt $\frac{z}{|z|}$ auf der Kreislinie S^1, und so gibt es ein $\varphi \in \mathbb{R}$ mit $\frac{z}{|z|} = \cos\varphi + \mathrm{i}\sin\varphi$. Daher ist

$$z = |z|(\cos\varphi + \mathrm{i}\sin\varphi) = |z|\mathrm{E}(\varphi)$$

mit der Abkürzung $\mathrm{E}(\varphi) = \cos\varphi + \mathrm{i}\sin\varphi$. Damit hat man die Existenz einer Polarkoordinatenstellung für komplexe Zahlen.

Ist außerdem auch $z = r'(\cos\varphi' + \mathrm{i}\sin\varphi')$ mit $r' > 0$ und $\varphi' \in \mathbb{R}$, dann folgt:

$$|z| = r'\sqrt{(\cos\varphi')^2 + (\sin\varphi')^2} = r',$$

also $r = r'$ und dann $\varphi - \varphi' = 2\pi k$ mit $k \in \mathbb{Z}$. $\blacksquare$

In Kapitel 11 werden wir sehen, dass sich E aus der Fortsetzung der *Exponentialfunktion* auf $\mathbb{C}$ ergibt, genauer gilt für $\varphi \in \mathbb{R}$ die Gleichheit:

$$\mathrm{E}(\varphi) = \cos\varphi + \mathrm{i}\sin\varphi = \exp(\mathrm{i}\varphi).$$

Satz (Eigenschaften von $\mathrm{E}\colon \mathbb{R} \to \mathbb{C}$)

Für $\varphi, \psi \in \mathbb{R}$ und $\mathrm{E}(\varphi) = \cos\varphi + \mathrm{i}\sin\varphi$ gilt:

- $\mathrm{E}(\varphi + \psi) = \mathrm{E}(\varphi) \cdot \mathrm{E}(\psi)$,
- $\mathrm{E}(\varphi + 2\pi k) = \mathrm{E}(\varphi)$ für alle $k \in \mathbb{Z}$,
- $\mathrm{E}(\varphi) \neq 0$,
- $|\mathrm{E}(\varphi)| = 1$,
- $\mathrm{E}(-\varphi) = (\mathrm{E}(\varphi))^{-1}$.

Durch die Abbildung $\mathrm{E}\colon \mathbb{R} \to S^1 = \{z \in \mathbb{C} \mid |z| = 1\}$ wird die reelle Achse auf die Einheitskreislinie S^1 „aufgewickelt".

Jedes $\varphi \in \mathbb{R}$ mit $z = r\mathrm{E}(\varphi)$ heißt ein **Argument von** z. Eine komplexe Zahl hat wegen der zweiten Eigenschaft von E viele Argumente. Wenn man Eindeutigkeit erreichen will, wählt man φ z. B. im Intervall $(-\pi, \pi]$ und spricht dann vom **Hauptwert des Arguments** von z. Wir schreiben $\varphi = \arg z$. In der Literatur findet sich manchmal auch die Bezeichnung Arg für den Hauptwert und allgemein arg für ein Argument ohne Einschränkung auf das Bild $(-\pi, \pi]$.

Man kann $\varphi = \arg z$ für $0 \neq z = x + \mathrm{i}y$ $(x, y \in \mathbb{R})$ explizit mit der *Umkehrfunktion* zum Kosinus angeben:

$$\varphi = \arg z = \begin{cases} \arccos \frac{x}{|z|}, & \text{falls } y \geq 0, \\ -\arccos \frac{x}{|z|}, & \text{falls } y < 0. \end{cases}$$

Beispiel Durch Anwendung dieser Fallunterscheidung finden wir

$$\arg(\mathrm{i}) = \frac{\pi}{2}, \ \arg(-1) = \pi, \ \arg(-\mathrm{i}) = -\frac{\pi}{2} \ \text{und} \ \arg(1) = 0. \ \blacktriangleleft$$

Kommentar: Wieso wählt man für φ nicht das Intervall $[0, 2\pi)$? Wie so oft in der Mathematik gibt es tiefer liegende Gründe, die zu Anfang nicht zu sehen sind. Beginnt man, eine komplexe Analysis aufzubauen, so wird man irgend-

wann komplexe Abbildungen betrachten. Dann gibt es für $\varphi \in [0, 2\pi)$ Probleme, wie sie beim komplexen Logarithmus offenkundig werden. Wählt man nämlich $\varphi \in [0, 2\pi)$, dann ist der komplexe Logarithmus auf der positiven reellen Achse nicht *stetig*.

Komplexe Zahlen werden multipliziert, indem man ihre Beträge multipliziert und ihre Argumente addiert.

Besonders einfach wird die Multiplikation komplexer Zahlen, wenn diese jeweils durch eine Polarkoordinatendarstellung gegeben sind.

Multiplikation komplexer Zahlen in Polarkoordinaten

Sind nun $z, w \in \mathbb{C}$ und $z = r\mathrm{E}(\varphi)$ und $w = \rho\mathrm{E}(\psi)$ Polarkoordinatendarstellungen von z und w, dann ist

$$zw = r\rho(\mathrm{E}(\varphi)\,\mathrm{E}(\psi)) = r\rho\mathrm{E}(\varphi + \psi).$$

Beweis: Der Beweis ergibt sich unmittelbar aus der Tatsache, dass die Additionstheoreme für Kosinus und Sinus mit der Gleichung

$$\mathrm{E}(\varphi + \psi) = \mathrm{E}(\varphi)\mathrm{E}(\psi)$$

äquivalent sind. $\blacksquare$

Man beachte jedoch, dass zum Beispiel bei der Verwendung des Hauptwerts des Arguments nicht $\arg(z_1 \cdot z_2) = \arg(z_1) + \arg(z_2)$ gelten muss, linke und rechte Seite können sich um ein ganzzahliges Vielfaches von 2π unterscheiden.

Beispiel Für $z_1 = \mathrm{i}$ und $z_2 = -1$ gilt:

$$\arg(z_1) + \arg(z_2) = \arg(\mathrm{i}) + \arg(-1) = \frac{\pi}{2} + \pi = \frac{3\pi}{2}.$$

Dieses Ergebnis entspricht $\arg(-1 \cdot \mathrm{i}) + 2\pi$. $\blacktriangleleft$

Aus der obigen Formel für die Multiplikation komplexer Zahlen ergibt sich die *Formel von Euler-de-Moivre*.

Formel von Euler-de-Moivre

Ist $z = r\,\mathrm{E}(\varphi)$ eine Polarkoordinatendarstellung von $z \neq 0$, dann gilt für alle $n \in \mathbb{Z}$:

$$z^n = r^n\,\mathrm{E}(n\varphi).$$

Speziell ist $\mathrm{E}(\varphi)^n = \mathrm{E}(n\varphi)$.

Hintergrund und Ausblick: Eine kurze Geschichte der komplexen Zahlen (erster Teil)

Schon in der babylonischen Mathematik (2500 bis 100 v. Chr.) wurden Näherungsverfahren zur Berechnung von Quadratwurzeln in der Gestalt $\sqrt{a^2 + r} \approx a + \frac{r}{2a}$ ($a, r \in \mathbb{R}_{>0}$) benutzt. Für $\sqrt{27}$ erhält man mit $a = 5, r = 2$ eine brauchbare Näherung: $\sqrt{27} = \sqrt{25 + 2} \approx 5 + \frac{2}{10} = 5.2$. Vermutlich wurde dieses Verfahren sogar iteriert und stellt somit eine Vorstufe des *Newton-Verfahrens* (s. Kapitel 15.3) dar. Wann zuerst Quadratwurzeln aus negativen reellen Zahlen aufgetreten sind, ist schwer festzustellen. Der indische Mathematiker Mahavira hat um 580 n. Chr. folgende Schwierigkeit erkannt: *„Es liegt in der Natur der Dinge, dass eine negative Größe nicht eine quadratische Größe ist und deshalb keine Quadratwurzel besitzt."*

Erst die italienischen Mathematiker der Renaissance, u. a. Scipio del Ferro (1465–1526), Nicolo Tartarglia (1499–1557), Girolamo Cardano (1501–1576) und Rafael Bombelli (1526–1572), sind wieder auf das Problem von Quadratwurzeln aus negativen Zahlen gestoßen. Mit solchen Zahlen gerechnet hat wohl als erster Cardano. Das Erstaunliche war, dass $x_1 = 5 + \sqrt{-15}$ und $x_2 = 5 - \sqrt{-15}$ die beiden Forderungen $x_1 + x_2 = 10$ und $x_1 x_2 = 40$ erfüllen konnten. Cardano rechnete dabei nach für reelle Zahlen gängigen Regeln. Auf Quadratwurzeln aus negativen Zahlen stießen Cardano und seine Zeitgenossen bei den Lösungen kubischer Gleichungen der Form $x^3 + px + q = 0$ mit $p, q \in \mathbb{R}$. Cardano gab 1545 die *Cardano'schen Formeln* für die drei Lösungen dieses Gleichungstyps an:

$$x_1 = \sqrt[3]{-\frac{q}{2} + \sqrt{D}} + \sqrt[3]{-\frac{q}{2} - \sqrt{D}},$$

$$x_2 = \varrho \sqrt[3]{-\frac{q}{2} + \sqrt{D}} + \varrho^2 \sqrt[3]{-\frac{q}{2} - \sqrt{D}},$$

$$x_3 = \varrho^2 \sqrt[3]{-\frac{q}{2} + \sqrt{D}} + \varrho \sqrt[3]{-\frac{q}{2} - \sqrt{D}},$$

mit $D = (\frac{q}{2})^2 + (\frac{p}{3})^3$ und $\varrho = \exp(\frac{2\pi i}{3}) = -\frac{1}{2} + \frac{\sqrt{3}}{2}i$, wobei $\varrho^3 = 1$ ist. Bei der Angabe dieser Ausdrücke wurde unsere heutige Bezeichnungsweise verwendet.

Nach seinen Formeln ergibt sich für die Gleichung $x^3 - 15x - 4 = 0$ eine Lösung zu $x_1 = \sqrt[3]{2 + \sqrt{-121}} + \sqrt[3]{2 - \sqrt{-121}}$, was nur einer komplizierten Darstellung der reellen Zahl 4 entspricht, die tatsächlich eine Lösung der obigen Gleichung ist. Um dies einzusehen, braucht man die von Bombelli verwendete Gleichung

$$(2 \pm \sqrt{-1})^3 = 2 \pm 11\sqrt{-1} = 2 \pm \sqrt{-121}.$$

Hiermit lässt sich die dritte Wurzel in x_1 einfach angeben:

$$\sqrt[3]{2 \pm \sqrt{-121}} = 2 \pm \sqrt{-1}$$

und deshalb ist schließlich

$$x_1 = (2 + \sqrt{-1}) + (2 - \sqrt{-1}) = 4.$$

Auf dem Umweg über eigentlich nicht existierende Quadratwurzeln aus negativen Zahlen hat auch Bombelli richtige Resultate in seinen Rechnungen erhalten. Obwohl Bombelli systematische Regeln für den Umgang mit Wurzeln aus negativen Zahlen aufgestellt hatte – eine entspricht der Regel $ii = i^2 = -1$ – stellte 1585 der niederländische Mathematiker Simon Stevin fest: *„Die Sache ist noch nicht gemeistert."* Der flämische Mathematiker Albert Girard (1595–1632) formulierte wohl als erster den sogenannten *Fundamentalsatz der Algebra*: *„Jede algebraische Gleichung hat genauso viele Lösungen wie ihr Grad angibt."* Einen Beweis gibt er nicht, er erläutert den Satz allerdings an Beispielen. Ferner gibt Girard den Rat: *„Man unterlasse es nicht, die Lösungen zu entwickeln, die unmöglich existieren können."* Für das Beispiel $x^4 - 4x + 3 = 0$ gibt er als Lösungen $1, 1, -1 + \sqrt{-2}, -1 - \sqrt{-2}$ an.

Das Wort „imaginär" (eingebildet) wurde zuerst von René Descartes (1596–1650) gebraucht: „Die Wurzeln einer Gleichung sind nicht immer reell, sondern manchmal eingebildet." Descartes schrieb weiter: „Man kann sich bei jeder Gleichung soviele Lösungen vorstellen wie ihr Grad angibt, aber manchmal gibt es keine Größe, die dem entspricht, was man sich vorstellt!"

Im Jahr 1702 führte Johann Bernoulli (1667–1748) Logarithmen aus negativen Zahlen in der Integralrechnung ein, und er lieferte sich mit Gottfried Wilhelm Leibniz (1646–1716) zwischen 1700 und 1716 eine denkwürdige Kontroverse, ob Logarithmen aus negativen reellen Zahlen existieren und ob diese reell oder imaginär sind. Der Streit wurde 1749 von Leonard Euler (1707–1783) zu Gunsten von Leibniz entschieden.

Euler rechnete meisterhaft mit Wurzeln aus negativen Zahlen, auch wenn ihm dabei einige Fehler unterlaufen sind. Er bewies 1748/49 die *de Moivre'schen Formeln* für natürliches n:

$$(\cos \varphi + \sqrt{-1} \sin \varphi)^n = \cos(n\varphi) + \sqrt{-1} \sin(n\varphi).$$

Bei Euler finden sich auch die Formeln

$$\cos \varphi = \frac{1}{2}(e^{\sqrt{-1}\varphi} - e^{-\sqrt{-1}\varphi})$$

Hintergrund und Ausblick: Eine kurze Geschichte der komplexen Zahlen (zweiter Teil)

und äquivalent hierzu

$$e^{\sqrt{-1}\varphi} = \cos\varphi + \sqrt{-1}\sin\varphi.$$

Euler kannte bereits 1728 die Beziehung $i \log i = -\frac{1}{2}\pi$. Es bereitete Euler allerdings erhebliche Schwierigkeiten, zu erklären, was „imaginäre Zahlen" sind, was sein Definitionsversuch offenbart: „Eine Größe heißt imaginär, wenn sie weder größer als null ist, noch kleiner null und noch gleich null ist. Das ist etwas Unmögliches wie z. B. $\sqrt{-1}$ oder allgemeiner $a + b\sqrt{-1}$." Euler führte schließlich 1777 die heute geläufige Abkürzung $i = \sqrt{-1}$ ein. In der Elektrotechnik wird nach DIN 1302 das Symbol j verwendet.

Anfänge einer geometrischen Interpretation der komplexen Zahlen finden sich bei John Wallis (1616–1703). Die erste Darstellung von Punkten der Ebene durch komplexe Zahlen stammt aus dem Jahre 1798 von dem Norweger Caspar Wessel (1745–1818). Carl Friedrich Gauß (1777–1855) benutzte diese Darstellung in seinem ersten Beweis des Fundamentalsatzes der Algebra im Jahre 1799. Im Jahr 1811 schreibt er in einem Brief an Bessel: *„So wie man sich das ganze Reich der reellen Größen durch eine unendliche gerade Linie denken kann, so kann man das ganze Reich aller Größen durch eine unendliche Ebene sinnlich machen, worin jeder Punkt, durch Abszisse a und Ordinate b bestimmt, die Größe $a + bi$ gleichsam repräsen-* *tiert."* Das ist nichts anderes als die Darstellung komplexer Zahlen durch Paare reeller Zahlen. Den Fachausdruck „komplexe Zahl" hat Gauß erst 1831 genutzt.

Eine strenge arithmetische Begründung der komplexen Zahlen durch geordnete Paare reeller Zahlen und die Definition der Addition und der Multiplikation solcher Zahlenpaare stammt von Sir William Rowan Hamilton (1805–1865) aus dem Jahre 1835.

Im Jahr 1847 wird von Augustin Louis Cauchy (1789–1857) eine algebraische Konstruktion der komplexen Zahlen als Restklassenring des Polynomrings $\mathbb{R}[x]$ nach dem Ideal $(X^2 + 1)$ gegeben. Man dividiert ein Polynom $P \in \mathbb{R}[x]$ mit Rest durch $X^2 + 1$, sodass die Reste $a + bX$ $(a, b \in \mathbb{R})$ genau den komplexen Zahlen entsprechen.

Dass sich die komplexen Zahlen dann sehr rasch in der gesamten Mathematik und deren Anwendungen etabliert haben, ist sicherlich der wissenschaftlichen Autorität von C. F. Gauß zu verdanken. Auch in physikalischen Anwendungen werden komplexe Zahlen mit Erfolg verwendet wie beim harmonischen Oszillator, der Fourier-Analyse oder in der Quantenmechanik. Komplexe Zahlen und die auf ihr aufbauende Komplexe Analysis (Funktionentheorie) ist zu einem unentbehrlichen Routinewerkzeug für viele Bereiche der Mathematik, der Naturwissenschaften und der Technik geworden.

Beweis: Für $n \in \mathbb{N}_0$ ergibt sich der Beweis durch Induktion nach n, und mit der Definition

$$z^{-n} = \frac{1}{z^n}, \quad n \in \mathbb{N},$$

ergibt sich die Formel für beliebige $n \in \mathbb{Z}$. ∎

Auch die Inversion erhält nun eine einfache Interpretation: Ist $z = r\mathrm{E}(\varphi), r > 0, \varphi \in \mathbb{R}$, dann gilt für den Spiegelpunkt z' bezüglich der Einheitskreislinie S^1:

$$z' = \rho\mathrm{E}(\varphi) \text{ mit } r\rho = 1 \quad \text{und} \quad \overline{z'} = \frac{1}{z} = \rho\mathrm{E}(-\varphi).$$

--- **?** ---

Zeigen Sie, dass $\cos(4\varphi), \varphi \in \mathbb{R}$, sich als Polynom in $\cos(\varphi)$ mit ganzzahligen Koeffizienten darstellen lässt.

Kommentar: Es gilt allgemein, dass $\cos(n\varphi)$ für $n \in \mathbb{N}$ ein Polynom in $\cos(\varphi)$ mit ganzzahligen Koeffizienten ist.

Wir haben die komplexen Zahlen eingeführt, um die Gleichung $z^2 + 1 = 0$ lösen zu können. Überraschend und fundamental für die Anwendung der komplexen Zahlen ist die Tatsache, dass beliebige algebraische Gleichungen Lösungen in $\mathbb{C}$ besitzen. Diese Aussage ergibt sich aus dem wichtigen *Fundamentalsatz der Algebra.*

Fundamentalsatz der Algebra

Jedes nicht konstante komplexe Polynom besitzt in $\mathbb{C}$ mindestens eine Nullstelle, d. h., sind $a_0, \ldots, a_n \in \mathbb{C}$, $a_n \neq 0$, $n \in \mathbb{N}$, beliebig vorgegebene Zahlen, dann besitzt die Gleichung

$$a_n z^n + a_{n-1} z^{n-1} + \cdots + a_0 = 0$$

mindestens eine Lösung $z \in \mathbb{C}$.

Obwohl der Satz „Fundamentalsatz der Algebra" heißt, muss man bei den Beweisen auf Hilfsmittel der Analysis zurückgreifen. Ein relativ einfacher Beweis findet sich in Kapitel 9.

Ein Spezialfall des Fundamentalsatzes ist der folgende Satz über die Existenz von n-ten Wurzeln, der sich mithilfe der Formel von Euler-de-Moivre elementar beweisen lässt.

Existenzsatz für n-te Wurzeln, Einheitswurzeln

Seien $n \in \mathbb{N}$ und $c \in \mathbb{C}$. Ist $c = 0$, dann hat die Gleichung $z^n = c$ nur die Lösung $z = 0$. Ist $c \neq 0$ und $c = r\mathrm{E}(\varphi)$ eine Polarkoordinatendarstellung von c, dann hat die Gleichung

$$z^n = c$$

genau n paarweise verschiedene Lösungen

$$z_\nu = \sqrt[n]{r} \cdot \mathrm{E}\left(\frac{\varphi + 2\pi\nu}{n}\right)$$

mit $0 \leq v \leq n - 1$. Im Spezialfall $c = 1$ erhält man mit

$$\zeta_v = \mathrm{E}\left(\frac{2\pi v}{n}\right) \quad (0 \leq v \leq n - 1)$$

genau die n verschiedenen Lösungen der Gleichung $z^n = 1$. Dabei gilt $\zeta_v = \zeta_1^v$. Die ζ_v heißen n-**te Einheitswurzeln**. Sie bilden die Ecken eines regelmäßigen n-Ecks und liegen auf der Einheitskreislinie S^1, wobei eine Ecke in $z = 1$ liegt.

Beweis: Zum Beweis beachte man, dass sogar alle z_v für beliebiges $v \in \mathbb{Z}$ die Gleichung $z^n = c$ erfüllen. Dies folgt aus der Formel von Euler-de-Moivre durch einfaches Nachrechnen:

$$z_v^n = \left(\sqrt[n]{r} \cdot \mathrm{E}\left(\frac{\varphi + 2\pi v}{n}\right)\right)^n = r\mathrm{E}(\varphi + 2\pi v) = r\mathrm{E}(\varphi) = c.$$

Speziell ist $z_0^n = c$.

Wählt man für v lediglich die Zahlen $0, 1, \ldots, n - 1$, dann sind die Lösungen $z_0, z_1, \ldots, z_{n-1}$ paarweise verschieden. Wenn wir dies gezeigt haben, dann sind $z_0, z_1, \ldots, z_{n-1}$ alle Lösungen der Gleichung $z^n = c$, denn das komplexwertige Polynom mit $p(z) = z^n - c$ hat höchstens n Nullstellen.

Wäre aber $z_v = z_{v'}$ mit $0 \leq v, v' \leq n - 1$, dann folgt:

$$\mathrm{E}\left(\frac{\varphi + 2\pi v}{n}\right) = \mathrm{E}\left(\frac{\varphi + 2\pi v'}{n}\right).$$

Aus der 2π-Periodizität von E ergibt sich die Existenz eines $m \in \mathbb{Z}$ mit

$$\frac{\varphi + 2\pi v}{n} = \frac{\varphi + 2\pi v'}{n} + 2\pi m.$$

Hieraus folgt nach Durchmultiplizieren der Gleichung mit n und entsprechendem Kürzen $(v - v') = mn$.

Wegen $0 \leq v, v' \leq n - 1$ kann $(v - v') = mn$ nur für $m = 0$ gelten, und damit gilt $v = v'$. $\blacksquare$

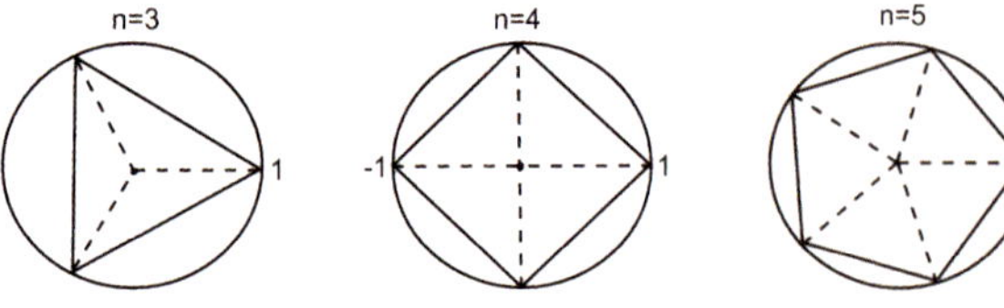

Abbildung 4.19 Zu sehen sind die n-ten Einheitswurzeln für die Fälle $n = 3$, $n = 4$ bzw. $n = 5$. Es entstehen regelmäßige n-Ecke, die immer die Zahl $z = 1$ als Eckpunkt enthalten.

Wegen $\zeta_v = \zeta_1^v$ mit $\zeta_1 = \mathrm{E}(\frac{2\pi}{n})$ nennt man ζ_1 auch eine **primitive n-te Einheitswurzel**. Ihre Potenzen ergeben sämtliche n-te Einheitswurzeln.

Berechnen Sie alle Lösungen der Gleichung $z^5 = 1$. Nutzen Sie dabei die Hilfsgleichung

$$z^4 + z^3 + z^2 + z + 1 = (z^2 + gz + 1)(z^2 - hz + 1),$$

wobei $g = \frac{1+\sqrt{5}}{2}$ und $h = \frac{1}{g}$ sind. Die Zahl g wird **goldener Schnitt** genannt. Begründen Sie die Richtigkeit der obigen Hilfsgleichung, und dass die fünf Lösungen ein regelmäßiges Fünfeck bilden (siehe Abb. 4.19).

Oft lassen sich mit den komplexen Zahlen Sachverhalte der Geometrie der Ebene $\mathbb{R}^2$ einfach darstellen

Wir kommen nochmal auf den Kosinus-Satz zurück und erläutern, warum wir die Gleichung

$$|z + w|^2 = |z|^2 + 2\mathrm{Re}\,(w\overline{z}) + |w|^2$$

Kosinus-Satz genannt haben.

Sind $w = \rho\mathrm{E}(\psi)$ und $z = r\mathrm{E}(\varphi)$, dann sind $\overline{z} = r\mathrm{E}(-\varphi)$ und $w\overline{z} = |w|\,|z|\mathrm{E}(\psi - \varphi)$. Für das Produkt ergibt sich:

$$\mathrm{Re}\,(w\overline{z}) = |w|\,|z|\cos\alpha,$$

wenn α der Winkel *zwischen z und w* ist. Für $\vartheta + \alpha = \pi$ gilt:

$$\cos\alpha = -\cos\vartheta$$

und somit:

$$|z + w|^2 = |z|^2 + |w|^2 - 2|z|\,|w|\cos\vartheta$$
$$= |z|^2 + |w|^2 + 2|z|\,|w|\cos\alpha.$$

Im Kosinus-Satz ist im Spezialfall $\vartheta = \frac{\pi}{2}$, d. h. $\cos\vartheta = 0$, der Satz des Pythagoras enthalten. Aber wie ist eigentlich ein Winkel zwischen zwei Vektoren zu definieren und zu messen? Bevor man einen Winkel messen kann, muss man ihn erst einmal definieren! Dazu werden wir uns eingehend mit Skalarprodukten beschäftigen (siehe Kapitel 7). Im Falle des Standardvektorraums $\mathbb{R}^n$ werden wir dann auch „Winkel zwischen Vektoren" definieren können, $\alpha = \psi - \varphi$.

Da sich die komplexen Zahlen mit den Punkten des $\mathbb{R}^2$ identifizieren lassen, kann man zahlreiche Probleme der analytischen Geometrie der Ebene komplex formulieren und so elegant lösen. Wir behandeln als typisches Beispiel die Darstellungen von Geraden und Kreislinien in komplexer Form, sodass deren enge Verwandtschaft deutlich wird (siehe Beispielbox auf Seite 147).

Eine weitere interessante Feststellung ist, dass die Inversion Kreislinien und Geraden auf Kreislinien und Geraden abbildet.

Beispiel: Geraden und Kreise in $\mathbb{C}$

Man zeige, dass sich jede Gerade $G_{a,b} = \{a + bt \in \mathbb{C} \mid a, b \in \mathbb{C}; b \neq 0, t \in \mathbb{R}\}$ und jede Kreislinie $S_r(a) = \{z \in \mathbb{C} \mid |z - a| = r\}$ mit $0 < r \in \mathbb{R}$ als Lösungsmenge einer Gleichung der Form

$$A|z|^2 + \overline{B}z + B\overline{z} + C = 0$$

mit $A, C \in \mathbb{R}$, $B \in \mathbb{C}$ und $AC < |B|^2$ darstellen lässt. Auch ist umgekehrt die Lösungsmenge L einer solchen Gleichung eine Kreislinie oder eine Gerade.

Problemanalyse und Strategie: Da als Menge $\mathbb{C} = \mathbb{R}^2$ ist, lassen sich Probleme der analytischen Geometrie in der Ebene mithilfe komplexer Zahlen häufig relativ einfach formulieren. Einsetzen von $x = (z + \overline{z})/2$ und $y = (z - \overline{z})/(2\mathrm{i})$ für $z = x + \mathrm{i}y \in \mathbb{C}$ in die Darstellungen im $\mathbb{R}^2$ führt auf entsprechende komplexe Beschreibungen.

Lösung:

Wir beginnen mit den Geraden. Die Gleichung einer allgemeinen Geraden in $\mathbb{R}^2$ ist von der bekannten Gestalt $ax + by + c = 0$ (siehe auch Kapitel 7). Dabei sind $a, b, c \in \mathbb{R}$ mit a, b nicht beide null.

Substituiert man $x = (z + \overline{z})/2$ und $y = (z - \overline{z})/(2\mathrm{i})$ mit $z = x + \mathrm{i}y \in \mathbb{C}$, so erhält man die folgende Gleichung:

$$a\left(\frac{z + \overline{z}}{2}\right) + b\left(\frac{z - \overline{z}}{2\mathrm{i}}\right) + c = 0.$$

Wir sortieren nach den beiden Zahlen z und $\overline{z}$ und erhalten:

$$\underbrace{\frac{1}{2}(a + b\mathrm{i})}_{=:\,B}\,\overline{z} + \underbrace{\frac{1}{2}(a - b\mathrm{i})}_{=\,\overline{B}}\,z + \underbrace{c}_{=:\,C} = 0.$$

Mit den angegebenen Abkürzungen B, $\overline{B}$ und C lässt sich die obige Gleichung schreiben als:

$$B\overline{z} + \overline{B}z + C = 0.$$

Dabei ist $C = c$ eine reelle Zahl. Bezugnehmend auf die Gleichung

$$A|z|^2 + \overline{B}z + B\overline{z} + C = 0$$

setzen wir formal $A = 0$. Die geforderte Ungleichung $AC < |B|^2$ ist erfüllt, da $AC = 0$ und $B \neq 0$ (wegen a, b nicht beide null) gelten.

Nun untersuchen wir die Kreislinien. Diese werden in $\mathbb{R}^2$ durch $(x - a)^2 + (y - b)^2 = r^2$ ($a, b, r \in \mathbb{R}$ mit $r > 0$) dargestellt. Dies können wir umformen:

$$(x^2 + y^2) - 2(ax + by) + (a^2 + b^2 - r^2) = 0.$$

Wegen $z = x + \mathrm{i}y \in \mathbb{C}$ finden wir folgende Ausdrücke:

$$(x^2 + y^2) = |z|^2 = z\overline{z},$$

$$2(ax + by) = \underbrace{(a + b\mathrm{i})}_{=:\,B}\,\overline{z} + \underbrace{(a - b\mathrm{i})}_{=\,\overline{B}}\,z = B\overline{z} + \overline{B}z,$$

$$a^2 + b^2 - r^2 =: C\ (\in \mathbb{R}).$$

Wir setzen formal $A = 1$ und erhalten damit die zu

$$(x^2 + y^2) - 2(ax + by) + (a^2 + b^2 - r^2) = 0$$

äquivalente Gleichung

$$Az\overline{z} - B\overline{z} - \overline{B}z + C = 0.$$

Ersetzt man in der Bedingung $AC < |B|^2$ die Zahlen A durch 1, B durch $a + b\mathrm{i}$ bzw. C durch $a^2 + b^2 - r^2$, so wird sie nach Vereinfachungen zu der Bedingung $1(a^2 + b^2 - r^2) < |a + \mathrm{i}b|^2$, was zur Bedingung $r > 0$ äquivalent ist, die erfüllt ist.

Der allgemeinere Fall einer Gleichung

$$Azz + B\overline{z} + \overline{B}z + C = 0$$

mit einem beliebigen Wert von $A \in \mathbb{R}$ lässt sich sofort auf die Fälle $A = 0$ oder $A = 1$ reduzieren.

Ist nämlich $A \neq 0$, so können wir in

$$Az\overline{z} + B\overline{z} + \overline{B}z + C = 0$$

durch A teilen, um

$$z\overline{z} + B'\overline{z} + \overline{B}'z + C' = 0$$

mit $A' = A/A = 1$, $B' = B/A$, $C' = C/A$, zu erhalten.

Die Ungleichung $AC < |B|^2$ wird dann zu $A'C' < |B'|^2$.

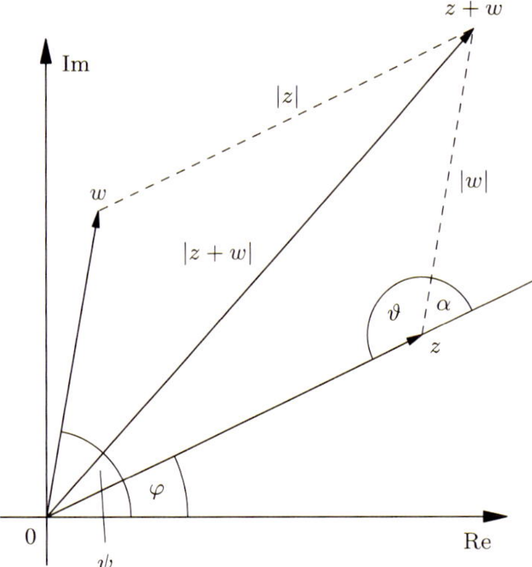

Abbildung 4.20 Die Abbildung veranschaulicht die Definition des Winkels α über $\alpha = \psi - \varphi$. Dieser Winkel kann als Winkel zwischen den beiden Vektoren, die durch z bzw. w dargestellt sind, aufgefasst werden.

Beispiel Die Abbildung

$$j : \mathbb{C} - \{0\} \to \mathbb{C} - \{0\}, \; z \mapsto \frac{1}{z}$$

bildet Kreislinien und Geraden auf Kreislinien und Geraden ab. Dies ist eine der Eigenschaften der *Möbiustransformationen*, zu denen auch die Inversion zählt.

Zum Beweis nehmen wir eine entsprechende Fallunterscheidung vor, da bei der Inversion die Zahl $z = 0$ weder ein Bild noch Urbild besitzt. Wir verwenden die Bezeichnung „allgemeine Kreislinie" $K(A, B, C)$ für eine Gerade oder eine Kreislinie in $\mathbb{C}$ mit den Bezeichnungen aus dem Beispiel auf Seite 147 und zeigen die zur Behauptung äquivalente, aber etwas konkretisierte Aussage:

Die allgemeine Kreislinie $K(A, B, C)$, von welcher man den Ursprung entfernt, falls dieser auf ihr liegt, wird durch die Inversion j auf die allgemeine Kreislinie $K(C, \overline{B}, A)$ abgebildet, von welcher man, wenn nötig, ebenso den Ursprung entfernt. Formal schreibt sich das so:

$$j(K(A, B, C) \setminus \{0\}) = K(C, \overline{B}, A) \setminus \{0\},$$

für $A, C \in \mathbb{R}, \; B \in \mathbb{C}, \; AC < |B|^2$. Dazu sei $z \in \mathbb{C}, z \neq 0$. Es sind sukzessive äquivalent:

$$z \in K(A, B, C)$$
$$\Leftrightarrow Az\overline{z} + B\overline{z} + \overline{B}z + C = 0$$
$$\Leftrightarrow \frac{1}{z\overline{z}}(Az\overline{z} + B\overline{z} + \overline{B}z + C) = 0$$
$$\Leftrightarrow A + \frac{B}{z} + \frac{\overline{B}}{\overline{z}} + \frac{C}{z\overline{z}} = 0$$
$$\Leftrightarrow A + B \cdot j(z) + \overline{B}\,\overline{j(z)} + C \cdot j(z)\overline{j(z)} = 0.$$

Betrachtet man die letzte Gleichung, stellt man fest, dass sie $j(K(\widetilde{A}, \widetilde{B}, \widetilde{C}))$ entspricht mit $\widetilde{A} = C$, $\widetilde{B} = \overline{B}$ bzw. $\widetilde{C} = A$. Insgesamt ergibt sich die Behauptung. ◄

Welcher Kreislinie entspricht nach Inversion die Gerade, die durch $\operatorname{Re} z = \frac{1}{2}$ definiert wird?

Es sei erwähnt, dass man, wenn man auf die Kommutativität der Multiplikation verzichtet, zu den *hyperkomplexen Zahlen* sowie zu den *Quaternionen* gelangt. Näheres hierzu findet sich in Abschnitt 3.3. Also ist mit den komplexen Zahlen der Aufbau der Zahlbereiche noch nicht beendet.

4.7 Vertiefung: Konstruktiver Aufbau der reellen Zahlen

Wir haben in den vorangegangenen Abschnitten die Teilmengen der natürlichen, der ganzen und der rationalen Zahlen in der Menge der reellen Zahlen „wiederentdeckt". Wie in der Einleitung erwähnt, ist es auch möglich, umgekehrt zu verfahren.

Ausgehend von den natürlichen Zahlen $\mathbb{N}$ konstruiert man die ganzen Zahlen $\mathbb{Z}$, die rationalen Zahlen $\mathbb{Q}$ und schließlich die reellen Zahlen $\mathbb{R}$. Man spricht dann von „Zahlbereichserweiterungen". Eine solche haben Sie im vorigen Abschnitt kennengelernt; hier wurden die reellen Zahlen zur Menge der komplexen Zahlen erweitert. Im Folgenden starten wir mit wenigen Axiomen für die natürlichen Zahlen und erweitern sukzessive bis hin zu den reellen Zahlen.

Der konstruktive Weg beginnt bei den natürlichen Zahlen

In den ersten Abschnitten dieses Kapitels hatten wir die reellen Zahlen $\mathbb{R}$ durch Axiome charakterisiert und die natürlichen Zahlen $\mathbb{N}$ als Teilmenge von $\mathbb{R}$ definiert, genauer als kleinste Nachfolgermenge bzw. Zählmenge (Seite 118).

Nachdem um 1870 die reellen Zahlen unter Verwendung der rationalen Zahlen auf verschiedene Weisen erklärt worden waren, entstand auch das Bedürfnis, die natürlichen Zahlen axiomatisch zu charakterisieren.

Ein Ansatz von Gottlob Frege (1848–1925) wurde von Felix Hausdorff (1868–1942) und Bertrand Russell (1872–1970) weitergeführt. Dieser Ansatz betonte die kardinale Eigenschaft der natürlichen Zahlen: Die natürlichen Zahlen sind die Elementanzahlen endlicher Mengen.

Ein weiterer Ansatz, der den Zählprozess und damit die natürlichen Zahlen als Zählzahlen in den Vordergrund stellt, der ordinale Aspekt, findet sich in der berühmten Schrift „Was sind und was sollen die Zahlen?" (1887) von Richard Dedekind. Dieser Ansatz wurde von John von Neumann (1903–1957) weiterentwickelt. Einen ähnlichen Ansatz verfolgte der italienische Mathematiker Giuseppe Peano um 1889.

Dedekind hatte bereits gezeigt, dass ein Axiomensystem für die natürlichen Zahlen kategorisch ist, d. h. verschiedene Modelle sind isomorph.

Im Gegensatz zum Rest des Buchs wollen wir im Folgenden die Zahl Null, 0, zu den natürlichen Zahlen rechnen.

Am 7. Dezember 1873 bewies Georg Cantor, dass die Menge $\mathbb{R}$ nicht abzählbar ist, sich also nicht in der Form $\{r_0, r_1, r_2, \ldots\}$ schreiben lässt. Dieser Tag gilt daher für viele Mathematiker als die Geburtsstunde der Mengenlehre, die aber noch einige Geburtswehen und Krisen durchzustehen hatte. Der ganze Apparat der Mengenlehre, so wie wir ihn heute kennen, stand Dedekind und Peano noch nicht zur Verfügung.

Heutzutage kann man aber mit den Axiomen der Mengenlehre den folgenden Satz zeigen.

Existenzsatz über natürliche Zahlen

Es gibt eine Menge $\mathbb{N}_0$, die Menge der natürlichen Zahlen, mit folgenden Eigenschaften (Peano-Eigenschaften):

(P1) $\mathbb{N}_0$ enthält ein ausgezeichnetes Element $0 \in \mathbb{N}_0$ (Null ist eine natürliche Zahl). Insbesondere ist $\mathbb{N}_0 \neq \emptyset$ und es ist eine Selbstabbildung (sog. **Nachfolgerfunktion**) $\nu : \mathbb{N}_0 \to \mathbb{N}_0$ erklärt, sodass gilt:

(P2) Ist $n \in \mathbb{N}_0$, dann ist auch $\nu(n) \in \mathbb{N}_0$ (mit n ist auch der Nachfolger $\nu(n)$ eine natürliche Zahl).

(P3) Für alle $n \in \mathbb{N}_0$ ist $\nu(n) \neq 0$ (Null ist nicht Nachfolger einer natürlichen Zahl).

(P4) Sind $n, m \in \mathbb{N}_0$ und gilt $n \neq m$, dann ist auch $\nu(n) \neq \nu(m)$, die Nachfolgerfunktion $\nu(n)$ ist also injektiv (verschiedene natürliche Zahlen haben verschiedene Nachfolger).

(P5) Ist $N \subseteq \mathbb{N}_0$ eine Teilmenge mit $0 \in N$ und gilt für alle Elemente $n \in N$, dass auch $\nu(n) \in N$, dann ist $N = \mathbb{N}_0$ (Induktionsaxiom).

Meist wird das Induktionsaxiom (P5) in der folgenden Form benutzt:

Sei $E(n)$ eine Eigenschaft, die eine natürliche Zahl n haben kann oder nicht. Gilt dann $E(0)$, und gilt für alle n die Implikation $E(n) \Rightarrow E(n + 1)$, dann gilt $E(n)$ für alle $n \in \mathbb{N}_0$.

Beweis: Zum Beweis braucht man nur die Menge $N = \{n \in \mathbb{N}_0; E(n) \text{ gilt }\}$ zu betrachten. ∎

Wir werden im Folgenden sehen, wie man aus den Peanoeigenschaften alle gewohnten Regeln für das Rechnen mit den natürlichen Zahlen ableiten kann. Neue Begriffe wie beispielsweise die Addition werden im Bereich der natürlichen Zahlen meist rekursiv eingeführt. Man spricht daher auch von einer „induktiven Definition" wie beispielsweise bei $1 := \nu(0)$, $2 := \nu(1) = \nu(\nu(0))$ usw.

Häufige Verwendung findet der Rekursionssatz von R. Dedekind:

Rekursionssatz

Sei A eine beliebige Menge mit einem Element $a \in A$ und einer Selbstabbildung $g : A \to A$ gegeben. Dann gibt es genau eine Abbildung $f : \mathbb{N}_0 \to A$ mit $f(0) = a$ und $f \circ \nu = g \circ f$, d. h., also $f(\nu(n)) = g(f(n))$ für alle $n \in \mathbb{N}_0$.

Beweis: Die Eindeutigkeit von f folgt mittels Induktion nach n.

Auch die Existenz von f kann man mittels Induktion zeigen: Durch $f(0) = a$ ist $f(0)$ festgelegt. Wegen $f(\nu(n)) = g(f(n))$ gilt $f(1) = g(f(0)) = g(a)$ und mit $2 := \nu(1)$ gilt $f(2) = f(\nu(1)) = g(f(1)) = g(g(a))$ etc. ∎

Die Frage, inwiefern das Tripel $(\mathbb{N}_0, 0, \nu)$ – wir wollen ein solches Tripel **Peano-Tripel** nennen – eindeutig bestimmt ist, beantwortet der folgende Satz:

Eindeutigkeitssatz

Sind $(\mathbb{N}_0, 0, \nu)$ und $(\mathbb{N}_0^*, 0', \nu')$ zwei Peano-Tripel, dann gibt es genau eine bijektive Abbildung $f : \mathbb{N}_0 \to \mathbb{N}_0^*$ mit $f(0) = 0'$ und $\nu' \circ f = f \circ \nu$.

Man sagt hierfür auch: $(\mathbb{N}_0, 0, \nu)$ und $(\mathbb{N}_0^*, 0', \nu')$ sind **kanonisch isomorph** : Beim Rechnen im Modell $(\mathbb{N}_0^*, 0', \nu')$ erhält man dieselben Ergebnisse wie beim Rechnen im Modell $(\mathbb{N}_0, 0, \nu)$. Deshalb kann man sinnvoll von *den* natürlichen Zahlen sprechen.

Beweis: Der Beweis des Induktionssatzes ergibt sich aus dem Rekursionssatz mit $A = \mathbb{N}_0^*$, $a = 0'$ und $g = \nu'$. Es gibt also genau eine Abbildung $f : \mathbb{N}_0 \to \mathbb{N}_0^*$ mit $f(0) = 0'$ und $f \circ \nu = \nu' \circ f$.

Vertauschung der Rollen von $\mathbb{N}_0$ und $\mathbb{N}_0^*$ ergibt die Existenz einer Abbildung $h : \mathbb{N}_0^* \to \mathbb{N}_0$ mit $h(0') = 0$ und $h \circ \nu' = \nu \circ h$.

Um $h \circ f = id_{\mathbb{N}_0}$ und $f \circ h = id_{\mathbb{N}_0^*}$ nachzuweisen, benutzt man die Eindeutigkeitsaussage des Rekursionssatzes mit $A = \mathbb{N}_0$, $a = 0$ und $g = \nu$. Da sowohl $h \circ f$ als auch $id_{\mathbb{N}_0}$ Abbildungen $\varphi : \mathbb{N}_0 \to \mathbb{N}_0$ mit $\varphi(0) = 0$ und $\varphi \circ \nu = \nu \circ \varphi$ sind, muss $h \circ f = id_{\mathbb{N}_0}$ gelten. Analog setzt man $f \circ h = id_{\mathbb{N}_0^*}$. ∎

Wie man die Existenz der natürlichen Zahlen und ihre im Satz auf Seite 149 zusammengestellten Eigenschaften (P1) bis (P5) aus den Axiomen der Mengenlehre ableiten kann, findet man z. B. in dem Werk von Friedrichsdorf und Prestel „Mengenlehre für den Mathematiker" oder in der „Einführung in die Mengenlehre" von Ebbinghaus.

In dem erstgenannten Werk wird das Axiomensystem von von Neumann-Bernays-Gödel (NBG-Axiome) zugrunde gelegt, während Ebbinghaus das Axiomensystem von Zermelo und Fraenkel und das Auswahlaxiom (ZFC-Axiome) verwendet. Glücklicherweise sind beide Axiomensysteme äquivalent, d. h., in beiden Systemen sind die gleichen Sätze über Mengen ableitbar.

Im folgenden Satz sind Rechenregeln für die natürlichen Zahlen zusammengefasst, die alle aus den Peano-Axiomen folgen. Sie scheinen, wenigstens teilweise, selbstverständlich zu sein. Wir müssen jedoch beachten, dass wir keine Rechenregeln, die vom gewöhnlichen Rechnen bekannt zu sein scheinen, verwenden dürfen, bevor wir diese Regeln nicht aus den Peano-Axiomen abgeleitet haben. Das Beweisprinzip der vollständigen Induktion und der Rekursionssatz spielen dabei eine wichtige Rolle.

Addition und Multiplikation auf $\mathbb{N}_0$

Auf der Menge $\mathbb{N}_0$ der natürlichen Zahlen lassen sich in eindeutiger Weise zwei Verknüpfungen „+“ (**Addition**) und „·“ (**Multiplikation**) definieren:

$$\text{„+“}: \mathbb{N}_0 \times \mathbb{N}_0 \to \mathbb{N}_0 \text{ mit } (m, n) \mapsto m + n \text{ und}$$

$$\text{„·“}: \mathbb{N}_0 \times \mathbb{N}_0 \to \mathbb{N}_0 \text{ mit } (m, n) \mapsto m \cdot n,$$

wobei Folgendes gilt:

- $(\mathbb{N}_0, +)$ ist eine kommutative Halbgruppe mit dem neutralen Element 0, d. h., es gelten alle Gruppenaxiome mit Ausnahme der Existenz eines additiven Inversen für alle $n \in \mathbb{N}_0$.
- Die Multiplikation „·“: $\mathbb{N}_0 \times \mathbb{N}_0 \to \mathbb{N}_0$ mit $(m, n) \mapsto m \cdot n$ ist assoziativ, kommutativ, und $1 := \nu(0)$ ist neutrales Element bezüglich „·“.
- Ferner ist die Multiplikation distributiv bezüglich der Addition, d. h., für alle $l, m, n \in \mathbb{N}_0$ gilt:

$$(l + m) \cdot n = (l \cdot n) + (m \cdot n).$$

- $0 \cdot n = n \cdot 0 = 0$ für alle $n \in \mathbb{N}_0$, und $\nu(n) = n + 1$ für alle $n \in \mathbb{N}_0$.
- Für $m, n \in \mathbb{N}_0$ gilt $m \cdot n = 0 \Leftrightarrow m = 0$ oder $n = 0$.

Neben diesen Rechenregeln sollen die natürlichen Zahlen über eine Ordnung verfügen, die es erlaubt, natürliche Zahlen der Größe nach zu vergleichen. Bezüglich dieser Ordnung ist $\mathbb{N}_0$ sogar **wohlgeordnet**, d. h., jede nichtleere Teilmenge von $\mathbb{N}_0$ besitzt ein kleinstes Element.

Ordnung der natürlichen Zahlen

- In $\mathbb{N}_0$ wird durch $R = \{(m, n) \in \mathbb{N}_0 \times \mathbb{N}_0 \mid \exists k \in \mathbb{N}_0 \text{ mit } m + k = n\} \subseteq \mathbb{N}_0 \times \mathbb{N}_0$ eine Ordnungsrelation definiert. Wir schreiben $m \leq n$ für $(m, n) \in R$ und $m < n$, falls $m \leq n$ und $m \neq n$ gilt. Die Relation $m < n$ ist äquivalent dazu, dass es ein $k \in \mathbb{N} = \mathbb{N} \setminus \{0\}$ mit $m + k = n$ gibt. Durch „$\leq$“ ist $\mathbb{N}_0$ total geordnet, und es gilt $0 = \min(\mathbb{N}_0)$.

- $\mathbb{N}_0$ ist wohlgeordnet, d. h., jede nichtleere Teilmenge $V \subseteq \mathbb{N}_0$ hat ein kleinstes Element (**Wohlordnungssatz**).
- $(\mathbb{N}_0, \leq)$ ist streng geordnet, d. h., für alle $m, n \in \mathbb{N}$ gilt $m \leq n$ oder $n \leq m$. Für $n, m \in \mathbb{N}_0$ gilt genau eine der drei Aussagen: $n < m$, $n = m$ oder $n > m$, und zu $n \in \mathbb{N}_0$ gibt es kein $k \in \mathbb{N}_0$ mit $n < k < n + 1$.
- Für alle $m, n \in \mathbb{N}_0$ sind folgende Aussagen äquivalent:
  - $m \leq n$.
  - Es gibt eine injektive Abbildung
    $f : \{1, 2, \ldots, m\} \to \{1, 2, \ldots, n\}$.
  - Es gibt eine surjektive Abbildung
    $g : \{1, 2, \ldots, n\} \to \{1, 2, \ldots, m\}$, oder es ist
    $m = 0$.
- Für $m, n \in \mathbb{N}_0$ gelten $m \leq n \Leftrightarrow ml \leq nl$, falls $l \in \mathbb{N}$ bzw. $m < n \Leftrightarrow ml < nl$, falls $l \in \mathbb{N}$.

Wir machen zu den Beweisen der einzelnen Aussagen aus Platzgründen lediglich einige Anmerkungen.

Zur Definition der Addition ist zu sagen, dass für $m, n \in \mathbb{N}_0$ die Addition rekursiv definiert wird:

$$m + 0 := m \text{ und } m + \nu(n) = \nu(m + n).$$

Man wendet also den Rekursionssatz an mit $A = \mathbb{N}_0$, $a := m$, $g := \nu$ und $f(n) := m + n$. Insbesondere gilt also $1 := \nu(0)$ und $m + 1 = \nu(m)$. Der Nachfolger von m ist also $m + 1$.

Die durch die obigen Gleichungen rekursiv definierte Zahl $m + n$ heißt die **Summe** von m und n.

Beachtet man die folgende Überlegung:

$$m + 1 = m + \nu(0) = \nu(m + 0) = \nu(m),$$
$$m + 2 = m + \nu(1) = \nu(m + 1) = \nu(\nu(m)) =: \nu^2(m),$$
$$\vdots$$
$$m + n = m + \nu^n(0) =: \nu^n(m),$$

so kann man ablesen, dass $m + n$ der n-te Nachfolger von m ist.

Zur Multiplikation ist zu sagen, dass man für $m, n \in \mathbb{N}_0$ $m \cdot 0 := 0$ und $m \cdot \nu(n) := m \cdot n + m$ definiert. Man mache sich klar, dass dies wieder eine Anwendung des Rekursionssatzes ist.

Aus den beiden Definitionen oben folgt $0 \cdot n = 0$ und $\nu(m) \cdot n = n + m \cdot n$. Nach der ersten Definition gilt $0 + 0 = 0$ und $0 \cdot \nu(n) = 0 \cdot n + 0 = 0 + 0 = 0$. Das war ein Induktionsbeweis!

Weiter ist $\nu(m) \cdot 0 = 0 + 0 = 0 + m \cdot 0 = 0$.

Ferner ist $\nu(m) \cdot \nu(n) = \nu(m) \cdot n + \nu(m)$ wegen $m \cdot \nu(n) = m \cdot n + m$, und nach Induktionsvoraussetzung gilt $n + m \cdot n + \nu(m)$, was nach Definition der Addition $\nu(n) + m \cdot n + m$ entspricht. Schließlich findet man mit der Definition der Multiplikation $\nu(n) + m \cdot \nu(n)$.

Als weitere Eigenschaft beweisen wir exemplarisch das Distributivgesetz. Es lautet: Für alle $k, m, n \in \mathbb{N}_0$ gilt:

$$(k + m) \cdot n = (k \cdot n) + (m \cdot n).$$

Zur Vereinfachung der Schreibweise lassen wir bei der Multiplikation den Malpunkt weg und vereinbaren die „Vorfahrtsregel"; dass die Multiplikation stärker bindet als die Addition. Dann lautet das Distributivgesetz einfach

$$(k + m)n = kn + km \quad (k, m, n \in \mathbb{N}_0).$$

Beweis: Wir führen den Beweis mittels Induktion nach n:

Es ist $(k + m)0 = 0 = 0 + 0 = k \cdot 0 + m \cdot 0$, und der Induktionsanfang ist gesichert.

Unter der Voraussetzung, dass das Distributivgesetz für ein beliebiges $n \in \mathbb{N}_0$ gilt, zeigen wir seine Gültigkeit für $\nu(n) = n + 1$. Es ist nach Definition

$$(k + m)\nu(n) = (k + m)n + k + m,$$

was nach Induktionsvoraussetzung $kn + mn + k + m$ entspricht. Wegen der Kommutativität ist dies gleichbedeutend mit $kn + k + mn + m$, was nach Definition aber gerade $k(n + 1) + m(n + 1)$ entspricht. ∎

Dass in $\mathbb{N}_0$ jede nichtleere Teilmenge ein kleinstes Element besitzt, kann man wie im Abschnitt 4.4 vorne beweisen. Wir geben hier einen einfachen Beweis an, der lediglich benutzt, dass jede von 0 verschiedene Zahl $n \in \mathbb{N}_0$ einen Vorgänger hat, d. h., zu $n \neq 0$ gibt es ein $n' \in \mathbb{N}_0$ mit $\nu(n') = n$.

Seien dazu $V \subseteq \mathbb{N}_0$ eine nichtleere Teilmenge und $m \in V$ ein beliebiges Element, das wir mit $m_0 := m$ fixieren. Gibt es kein $m' \in V$ mit $\nu(m') = m_0$, dann ist m_0 das kleinste Element von V. Gibt es aber ein $m' \in V$ mit $\nu(m') = m_0$, so definieren wir neu $m_0 := m'$. Diesen Prozess iterieren wir, wenn nötig. Nach höchstens m_0 Schritten muss dieser Prozess abbrechen, da wir dann bei der Zahl 0 angekommen sind, und 0 besitzt keinen Vorgänger. Ist $0 \notin V$, so bricht der Prozess vorher ab.

Erinnern Sie sich (Seite 120), dass der Wohlordnungssatz und das Beweisprinzip der vollständigen Induktion äquivalent sind!

Ausführliche Beweise der Eigenschaften von $\mathbb{N}_0$, die wir aufgelistet haben, finden sich in dem schon zitierten Werk von E. Landau „Grundlagen der Analysis". Die Lektüre dieses Klassikers sei jedem empfohlen. Dort findet sich im Vorwort von 1929 der folgende bemerkenswerte Satz:

„Bitte vergiss alles, was Du auf der Schule gelernt hast; denn Du hast es nicht gelernt."

Der Schritt von den natürlichen Zahlen zu den ganzen Zahlen ist einfach, genauso wie der folgende Schritt von den ganzen Zahlen hin zu den rationalen Zahlen. Der Schritt von den rationalen Zahlen zu den reellen Zahlen ist der schwierigste. Der Übergang von $\mathbb{R}$ zu den komplexen Zahlen $\mathbb{C}$ ist wieder relativ einfach. Im Haupttext wurden hierfür mehrere Möglichkeiten dargestellt. Wir werden auf eine Wiederholung verzichten.

Wir werden bei diesen Schritten in natürlicher Weise weitere algebraische Begriffsbildungen einführen, z. B.:

- beim Übergang von $\mathbb{N}_0$ zu den ganzen Zahlen $\mathbb{Z}$ die Einbettung einer regulären Halbgruppe in eine Gruppe;
- beim Übergang von $\mathbb{Z}$ zu den rationalen Zahlen $\mathbb{Q}$ die Konstruktion eines *Quotientenkörpers*;
- beim Übergang von $\mathbb{Q}$ zu den reellen Zahlen nach dem Vorbild von G. Cantor einen weiteren Restklassenring.

Durch Erweiterung von $\mathbb{N}_0$ erhält man die ganzen und die rationalen Zahlen

Wir wollen die Erweiterung von $\mathbb{N}_0$ nach $\mathbb{Z}$ so konstruieren, dass sich jede ganze Zahl z als Differenz zweier natürlicher Zahlen m, n darstellen lässt: $z := m - n$. Algebraisch gesprochen wollen wir $(\mathbb{N}, +)$ zu einer abelschen Gruppe erweitern und stellen zunächst folgende heuristische Vorbetrachtung an:

Gilt sowohl $z = m - n$ als auch $z = m' - n'$, dann ist $m - n = m' - n'$ äquivalent zu $m + n' = m' + n$.

Wir definieren daher auf $\mathbb{N}_0 \times \mathbb{N}_0$ die folgende Relation:

$$R = \{((m, n), (m', n')) \mid m + n' = m' + n\}.$$

Diese Definition ist eine Äquivalenzrelation auf $\mathbb{N}_0 \times \mathbb{N}_0$. Die Reflexivität und Symmetrie ist offensichtlich. Die Transitivität folgt aus der Kürzungsregel für die natürlichen Zahlen.

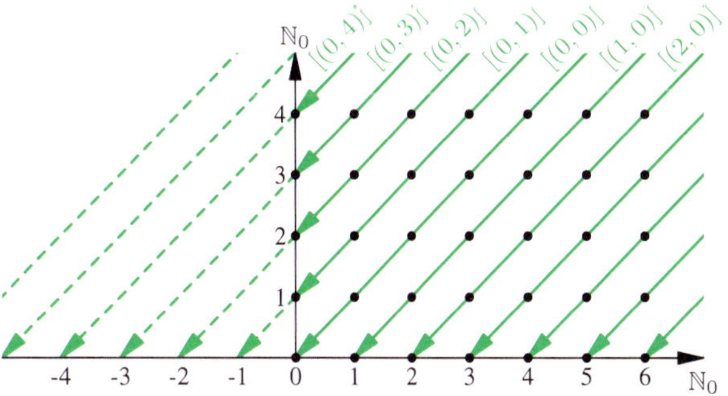

Abbildung 4.21 Veranschaulichung der Äquivalenzrelation R. Es gilt z. B. $[(0, 2)] = \{(0, 2), (1, 3), (2, 4), \dots\}$.

Für $((m, n), (m', n')) \in R$ schreiben wir auch $(m, n) \sim (m', n')$. Sei $[(m, n)]$ die Äquivalenzklasse von (m, n), d. h., $[(m, n)] = \{(x, y) \in \mathbb{N}_0 \times \mathbb{N}_0 \mid (x, y) \sim (m, n)\}$, so definieren wir:

$$\mathbb{Z} = \mathbb{N}_0 \times \mathbb{N}_0 / R = \{[m, n]\} \text{ mit } m, n \in \mathbb{N}_0.$$

In $\mathbb{N}_0 \times \mathbb{N}_0$ kann man komponentenweise addieren:

$$(m, n) + (m', n') = (m + m', n + n').$$

Dabei gelten das Kommutativgesetz und das Assoziativgesetz, und $(0, 0)$ ist das neutrale Element.

Diese Addition ist mit der Relation R verträglich, d. h., aus $(m, n) \sim (m', n')$ und $(k, l) \sim (k', l')$ folgt $(m, n) + (k, l) \sim (m', n') + (k', l')$ für $m, n, k, l, m', n', k', l' \in \mathbb{N}_0$. In $\mathbb{Z}$ definiert man nun eine Addition wie folgt: Seien $a, b \in \mathbb{Z}$, dann wählen wir $m, n, k, l \in \mathbb{N}_0$ mit $a = [(m, n)]$ und $b = [(k, l)]$ und definieren $a + b = [(m, n) + (k, l)]$.

Wir verzichten auf den Nachweis, dass diese Addition nicht von der speziellen Vertreterwahl $m, n, k, l \in \mathbb{N}_0$ abhängt.

Folgerung

$(\mathbb{Z}, +)$ ist eine abelsche Gruppe mit dem neutralen Element $0 = [(0, 0)]$.

Beweis: Das Assoziativ- wie auch das Kommutativgesetz übertragen sich von $\mathbb{N}_0$ auf $\mathbb{N}_0 \times \mathbb{N}_0$ und weiter auf $\mathbb{Z}$. Das Element 0 ist neutral in $\mathbb{N}_0$, $(0, 0)$ neutral in $\mathbb{N}_0 \times \mathbb{N}_0$, und $[(0, 0)]$ ist neutral in $\mathbb{Z}$.

Inverses Element zu $[(m, n)]$ bezüglich der Addition ist $[(n, m)]$, da $[(m, n)] + [(n, m)] = [(m + n, m + n)] = [(0, 0)]$ gilt.

Das zu $\alpha \in \mathbb{Z}$ eindeutig bestimmte inverse Element bezüglich der Addition bezeichnen wir mit $-\alpha$.

Durch $\alpha - \beta = \alpha + (-\beta)$ $(\alpha, \beta \in \mathbb{Z})$ wird auf $\mathbb{Z}$ die **Subtraktion** eingeführt. ∎

Wir behaupten, dass die Abbildung

$$\iota : \mathbb{N}_0 \to \mathbb{Z}; \; m \mapsto [(m, 0)]$$

injektiv und mit der Addition verträglich ist. Das bedeutet, dass

$$\iota(m + n) = [(m + n, 0)] = [(m, 0)] + [(n, 0)] = \iota(m) + \iota(n)$$

erfüllt ist.

Aus $\iota(m) = \iota(n)$ folgt $[(m, 0)] = [(n, 0)] \Rightarrow 0 + m = n + 0 \Rightarrow m = n$.

Wir vereinbaren daher, m mit $\iota(m)$ für alle $m \in \mathbb{N}_0$ zu identifizieren und können jetzt $\mathbb{N}_0$ als Teilmenge von $\mathbb{Z}$ auffassen:

$(\mathbb{Z}, +)$ ist eine Erweiterung von $(\mathbb{N}_0, +)$ zu einer abelschen Gruppe. Jedes Element aus $\mathbb{Z}$ hat mit $m, n \in \mathbb{N}_0$ die Gestalt

$$[(m, n)] = [(m, 0)] + [(0, n)] = [(m, 0)] + [(-n, 0)]$$
$$= \iota(m) - \iota(n) = m - n.$$

Die Differenzdarstellung ganzer Zahlen motiviert die Definition ihrer Multiplikation. Wir wollen distributiv rechnen können, d. h. es soll

$$(m - n)(k - l) = (mk + nl) - (ml + nk)$$

gelten für $m, n, k, l \in \mathbb{N}_0$. So gelangt man zu folgender Definition der **Multiplikation** auf $\mathbb{Z}$:

Für $[(m, n)] \in \mathbb{Z}$ und $[(k, l)] \in \mathbb{Z}$ sei

$$[(m, n)] \cdot [(k, l)] = [(mk + nl, ml + nk)].$$

Man weist nach, dass die Multiplikation $\cdot : \mathbb{Z} \times \mathbb{Z} \to \mathbb{Z}$ vertreterunabhängig ist und dass die Abbildung zudem

- assoziativ,
- kommutativ und
- distributiv bezüglich „+" ist.

Zudem ist $[(1, 0)] =: 1$ das neutrale Element bezüglich „·".

Zusammenfassend erhält man als Ergebnis: $(\mathbb{Z}, +, \cdot)$ ist ein **Integritätsring**; dies ist ein kommutativer, nullteilerfreier Ring mit Einselement, der $\mathbb{N}_0 \cong \iota(\mathbb{N}_0)$ als Teilmenge enthält.

$\mathbb{Z}$ ist der kleinste Ring bezüglich „$\subseteq$", der $\mathbb{N}_0$ enthält. Genauer gilt, dass es zu jedem Integritätsring R und zu jedem injektiven Homomorphismus $\varphi : \mathbb{N} \to R$ genau einen injektiven Homomorphismus $\Phi : \mathbb{Z} \to R$ mit der Eigenschaft $\Phi \circ \iota = \varphi$ gibt.

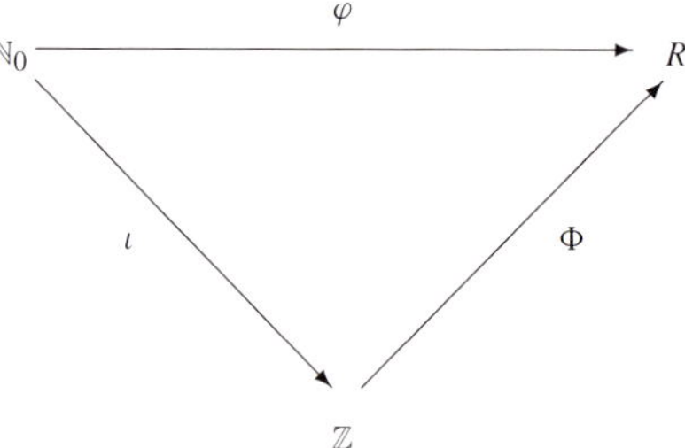

Abbildung 4.22 In diesem kommutativen Diagramm wird die Beziehung $\Phi \circ \iota = \varphi$ für die natürlichen und ganzen Zahlen dargestellt.

In $\mathbb{Z}$ gilt die **Kürzungsregel** für die Multiplikation: Aus $mk = nk$ und $k \neq 0$ folgt $m = n$.

Beweis: Aus $mk = nk$ folgt $(m - n)k = 0$, und wegen $k \neq 0$ folgt $m - n = 0$, also $m = n$. ∎

Wir definieren nun eine Anordnung in $\mathbb{Z}$, welche die Ordnung in $\mathbb{N}_0$ fortsetzt. Diese Ordnung für $m, n \in \mathbb{Z}$ lautet wie folgt:

$$m \leq n \Rightarrow n - m \in \mathbb{N}_0.$$

Damit ist $\mathbb{Z}$ linear total geordnet. Für alle $m, n \in \mathbb{Z}$ mit $m \leq n$ gilt $m + k \leq n + k$, und falls $k > 0$, gilt $mk \leq nk$.

In $\mathbb{N}_0$ wird die früher definierte Ordnung induziert, denn $n - m \in \mathbb{N}_0$ ist äquivalent mit: Es gibt ein $k \in \mathbb{N}_0$ mit $m + k = n$.

Aus $\mathbb{Z}$ wird mithilfe von Äquivalenzklassen $\mathbb{Q}$ konstruiert

Mit $\mathbb{Z}$ haben wir einen Ring gefunden, der $\mathbb{N}_0$ bei passender Identifizierung enthält und der in einem gewissen Sinne minimal ist. Aber es hat z. B. die Gleichung $2x = 1$ keine Lösung $x \in \mathbb{Z}$.

Um einen Zahlbereich zu konstruieren, der $\mathbb{Z}$ enthält und in dem Gleichungen wie oben eine eindeutige Lösung besitzen, betrachtet man $\widetilde{\mathbb{Q}} = \{(a, b) \in \mathbb{Z} \times \mathbb{Z}\setminus\{0\}\}$ und definiert für $a, b \in \widetilde{\mathbb{Q}}$ und $a', b' \in \widetilde{\mathbb{Q}}$:

$$(a, b) \sim (a', b') \Leftrightarrow ab' = a'b.$$

Man überzeuge sich, dass hierdurch eine Äquivalenzrelation auf $\widetilde{\mathbb{Q}}$ definiert wird, und wir definieren $\mathbb{Q} = \widetilde{\mathbb{Q}}/\sim$ als die Menge der Äquivalenzklassen. Für die Klasse von (a, b) schreiben wir $\frac{a}{b}$.

Die Elemente von $\mathbb{Q}$ heißen **rationale Zahlen**. Man beachte, dass eine rationale Zahl in verschiedener Weise in der Form $\frac{a}{b}$ dargestellt werden kann. Es ist etwa

$$\frac{2}{5} = \frac{4}{10} = \frac{6}{15} = \dots$$

und die Zahlenpaare $(2, 5)$, $(4, 10)$, $(6, 15)$ usw. repräsentieren alle dieselbe rationale Zahl. Die obige Äquivalenzrelation erlaubt das „Kürzen" und „Erweitern" von Brüchen.

Auf dieser Menge definieren wir erneut eine **Addition** und eine **Multiplikation**:

Seien $\frac{a}{b}, \frac{c}{d} \in \mathbb{Q}$, dann seien

$$\text{(A):} \quad \frac{a}{b} + \frac{c}{d} = \frac{ad + bc}{bd} \quad \text{und}$$

$$\text{(M):} \quad \frac{a}{b} \cdot \frac{c}{d} = \frac{ac}{bd}.$$

Mit der Abbildung $\iota : \mathbb{Z} \to \mathbb{Q}$, definiert durch $m \mapsto \frac{m}{1}$, gilt dann der folgende Satz:

Die Menge der rationalen Zahlen ist ein Körper

Die Menge $\mathbb{Q}$ der rationalen Zahlen ist mit der wohldefinierten Addition (A) und der wohldefinierten Multiplikation (M) ein Körper.

Zu $\frac{a}{b}$ ist $-\frac{a}{b}$ das additive Inverse und falls $a \neq 0$ ist $\frac{b}{a}$ das multiplikative Inverse.

Die Konstruktion von $\mathbb{Q}$ aus $\mathbb{Z}$ ist ein wichtiges Beispiel für die Konstruktion eines **Quotientenkörpers**: $\mathbb{Q}$ ist die Menge aller Quotienten $\frac{a}{b}$ mit ganzen Zahlen a, b und $b \neq 0$.

$\mathbb{Q}$ besitzt die folgende universelle Eigenschaft: Zu jedem injektiven Ringhomomorphismus von $\mathbb{Z}$ in einen beliebigen Körper R gibt es eine eindeutig bestimmte injektive Abbildung Φ mit $\Phi \circ \iota = \varphi$.

Cantors Weg von $\mathbb{Q}$ zu den reellen Zahlen führt über Cauchy-Folgen

Zum Schluss skizzieren wir eine Konstruktion der reellen Zahlen, die von Georg Cantor 1883 publiziert wurde. Wir verwenden dabei die Begriffe der konvergenten Folge und der Cauchy-Folge in Vorgriff auf das Kapitel 8 „Folgen".

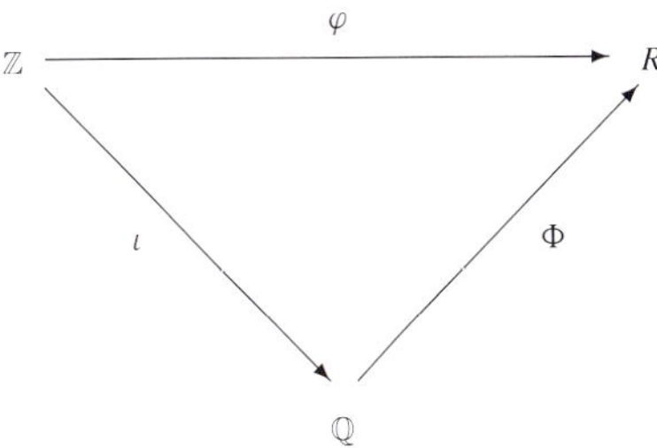

Abbildung 4.23 In diesem kommutativen Diagramm wird die Beziehung $\Phi \circ \iota = \varphi$ für die ganzen und rationalen Zahlen dargestellt.

Ausgangspunkt ist der archimedisch angeordnete Körper $\mathbb{Q}$ der rationalen Zahlen. In $\mathbb{Q}$ existieren Folgen von rationalen Zahlen, die Cauchy-Folgen in $\mathbb{Q}$, die in $\mathbb{R}$ konvergieren, deren Grenzwert aber keine rationale Zahl ist.

Beispiel Ein Beispiel ist die rekursiv definierte Folge (x_{n+1}) von rationalen Zahlen mit

$$x_0 = 2, \quad x_{n+1} = \frac{1}{2}\left(x_n + \frac{2}{x_n}\right).$$

Sie konvergiert in $\mathbb{R}$ gegen $\sqrt{2}$ und ist damit eine Cauchy-Folge in $\mathbb{R}$ und damit auch in $\mathbb{Q}$, aber $\sqrt{2}$ ist keine rationale Zahl, wie wir gezeigt haben (Seite 127). ◀

Die Konstruktion nach Cantor verläuft wie folgt:

Zuerst betrachtet man die Menge aller Cauchy-Folgen von rationalen Zahlen $R = \{(x_n) \mid (x_n) \text{ ist Cauchy-Folge in } \mathbb{Q}\}$. Dabei ist der Begriff der Cauchy-Folge in $\mathbb{Q}$ wie der der Cauchy-Folge in $\mathbb{R}$ erklärt, da die betreffenden $\varepsilon > 0$ immer rational sind. In der Menge R erklärt man eine Relation wie folgt:

(x_n) und (y_n) aus R heißen **äquivalent**, in Zeichen $(x_n) \sim (y_n)$, genau dann, wenn $\lim_{n \to \infty} |x_n - y_n| = 0$ gilt; die Folge der Differenzen ist also eine Nullfolge in $\mathbb{Q}$.

Man prüft leicht nach, dass dies eine Äquivalenzrelation auf R ist und definiert

$$\mathbb{R} = \{\xi = \widehat{(x_n)} \mid (x_n) \in R\}$$

als die Menge der entsprechenden Äquivalenzklassen. Damit hat man $\mathbb{R}$ zunächst als Menge, die man mit einer **Addition** und einer **Multiplikation** versehen muss. Eine Addition bzw. eine Multiplikation in R definiert man über $(x_n) + (y_n) = (x_n + y_n)$ bzw. $(x_n) \cdot (y_n) = (x_n \cdot y_n)$. Dabei muss man streng genommen zwei verschiedene „+"- bzw. „·"-Zeichen verwenden, da die Addition bzw. die Multiplikation in R jeweils erst durch die rechten Seiten definiert werden.

Auf der Menge $\mathbb{R}$ der entsprechenden Restklassen wird dann durch

$$\widehat{(x_n)} + \widehat{(y_n)} = \widehat{(x_n + y_n)} \quad \text{bzw.} \quad \widehat{(x_n)} \cdot \widehat{(x_n)} = \widehat{(x_n \cdot y_n)}$$

eine Addition bzw. eine Multiplikation induziert, die unabhängig von der Auswahl der Restklassenrepräsentanten sind. So wird eine Körperstruktur auf $\mathbb{R}$ definiert. Wir verzichten hier auf die Verifikation der meisten Körperaxiome, da diese leicht nachzuweisen sind. Etwas schwieriger nachzuweisen ist, dass jedes von 0 verschiedene Element $\widehat{(x_n)} \in \mathbb{R}$ ein Inverses besitzt.

Zuletzt definiert man noch die Menge der positiven Elemente P in $\mathbb{R}$ über

$$P = \{(\widehat{x_n}) \in \mathbb{R} \mid \exists\, r \in \mathbb{Q}_{>0} \text{ und } \exists N \in \mathbb{N} \text{ mit } x_n > r\ \forall n \geq N\}$$

Für diese Menge P weist man nach, dass $\mathbb{R} = P \cup \{0\} \cup (-P)$ gilt, eine *disjunkte Vereinigung*.

$\mathbb{R}$ ist also ein angeordneter Körper mit P als Menge der positiven Elemente von $\mathbb{R}$. So kann man $\mathbb{Q}$ in $\mathbb{R}$ wiederfinden: Für $r \in \mathbb{Q}$ sei $\iota(r)$ die Äquivalenzklasse der konstanten Cauchy-Folgen $(r) \in R$. Die Abbildung $\iota : \mathbb{Q} \to \mathbb{R}$, die mit Summen- und Produktbildung verträglich ist, respektiert diese Anordnung.

Deshalb macht man keinen Unterschied zwischen r und $\iota(r)$. Nach Definition von P gibt es zu jedem $\xi \in P$ ein $r \in \mathbb{Q}$ mit $0 < r < \xi$.

Weiter zeigt man, dass $\mathbb{R}$ archimedisch geordnet ist. Man führt einen Widerspruchsbeweis und nimmt dazu an, dass etwa $\alpha \in \mathbb{R}$ eine obere Schranke von $\mathbb{N}$ sei. Nach unserer letzten Überlegung gibt es ein $r \in \mathbb{Q}$ mit $0 < r < \frac{1}{\alpha}$. Mit $1/r = a/b$ mit $0 \neq b, a \in \mathbb{N}$ erhält man den Widerspruch $\alpha < 1/r = a/b \leq a \in \mathbb{N}$.

Als nächstes weist man nach, dass $\iota(\mathbb{Q})$ dicht in $\mathbb{R}$ liegt. Seien dazu $\xi = \widehat{(x_n)} \in \mathbb{R}$ und $0 < \varepsilon \in \mathbb{Q}$ gegeben. Da (x_n) eine rationale Cauchy-Folge ist, gibt es zu diesem ε ein $N \in \mathbb{N}$ mit $|x_n - x_m| < \varepsilon$ für alle $n, m \in \mathbb{N}$ mit $n, m > N$. Für $m \geq N$ bedeutet das aber $|\xi - \iota(x_m)| < \varepsilon$.

Das bedeutet speziell, dass $\iota(\mathbb{Q})$ dicht in $\mathbb{R}$ ist. Nun folgt ein Nachweis der Vollständigkeit von $\mathbb{R}$.

Jede Cauchy-Folge reeller Zahlen konvergiert in $\mathbb{R}$

Sei (ξ_j) eine Cauchy-Folge von $\mathbb{R}$. Nach der vorangegangen Überlegung gibt es ein r_j mit $|\xi_j - r_j| < \frac{1}{j}$. Damit ist r_j also eine Cauchy-Folge in $\mathbb{Q}$, und man definiert $\xi = \widehat{(r_j)} \in \mathbb{R}$.

Es gilt wegen der Dreiecksungleichung $|\xi - \xi_j| \leq |\xi - r_j| + |r_j - \xi|$, und daher folgt $\lim_{j \to \infty} |\xi - \xi_j| = 0$.

Zum Abschluss zeigen wir, dass $\mathbb{R}$ durch die Körperaxiome, die Anordnungsaxiome, das archimedische Axiom und die Vollständigkeit, also die Konvergenz von Cauchy-Folgen in $\mathbb{R}$, bis auf Isomorphie eindeutig bestimmt ist.

Alle Konstruktionen von $\mathbb{R}$, wie beispielsweise die über Dedekind'sche Schnitte, führen zum „gleichen Ergebnis": Die entsprechenden Körper K_1 und K_2 sind algebraisch isomorph, und der entsprechende Isomorphismus φ respektiert auch die Anordnung:

Für $x, y \in K_1$ gilt:

$$x < y \Leftrightarrow \varphi(x) < \varphi(y),$$

wobei wir die Kleinerrelation in den beiden Körpern gleich bezeichnet haben.

Wir behaupten also, dass je zwei archimedisch angeordnete Körper, in denen jede Cauchy-Folge konvergiert, isomorph sind:

Satz

Je zwei archimedisch angeordnete Körper, in denen jede Cauchy-Folge konvergiert, sind isomorph.

Beweis: Wir geben nur eine Beweisskizze. Es genügt zu zeigen, dass jeder archimedisch angeordnete Körper K, der vollständig ist, zum oben nach Cantor konstruierten Körper $\mathbb{R}$ isomorph ist.

Da K ein angeordneter Körper ist mit Einselement 1, gilt für die n-fache Summe:

$$n = \underbrace{1 + 1 + \ldots + 1}_{n \text{ Summanden}}$$

stets $n + 1 > n$. Insbesondere ist $n \neq 0$. Man kann daher die Menge $\{0, 1, 1 + 1, \ldots\}$ mit der Menge $\mathbb{N}_0 = \{0, 1, 2, \ldots\}$ der natürlichen Zahlen identifizieren und damit als Teilmenge von K auffassen. Genauso fasst man $\mathbb{Z}$ und $\mathbb{Q}$ als Teilmengen von K auf. Aus der archimedischen Eigenschaft von K ergibt sich, dass $\mathbb{Q}$ dicht in K ist.

Zu jedem $x \in K$ gibt es also eine Folge (x_n), $x_n \in \mathbb{Q}$, mit $\lim_{n \to \infty} x_n = x$.

Dann ist (x_n) eine Cauchy-Folge in $\mathbb{Q}$, und man definiert:

$$\varphi : K \to \mathbb{R};\ x \mapsto \widehat{(x_n)}$$

und verifiziert die Unabhängigkeit von der Repräsentantenwahl.

φ ist auch mit der Summen- und der Produktbildung sowie mit der Anordnung verträglich. Ist $y \in K$ und y_n eine Folge mit $y_n \in \mathbb{Q}$ und gilt $\lim_{n \to \infty} y_n = y$, so folgt aus $x \neq y$ unmittelbar:

$$\lim_{n \to \infty} (x_n - y_n) \neq 0$$

und $\varphi(x) \neq \varphi(y)$. φ ist also injektiv. φ ist aber auch surjektiv:

Denn ist $\xi = \widehat{(x_n)} \in \mathbb{R}$ ein beliebig vorgegebenes Element, so existiert wegen der Vollständigkeit von K der Grenzwert $\lim_{n \to \infty} x_n =: x \in K$. Daher ist $\varphi(x) = \xi$. φ ist also bijektiv und damit ein Isomorphismus ∎

Dass φ im Übrigen eindeutig bestimmt ist, beruht darauf, dass $(\mathbb{R}, +, \cdot)$ als einziger Automorphismus die Identität besitzt.

Die Cantor'sche Konstruktion hat gegenüber den anderen Konstruktionen von $\mathbb{R}$ aus $\mathbb{Q}$ den Vorteil, dass sie sich z. B. auf metrische Räume übertragen lässt:

Wie wir in Kapitel 19 sehen werden, lässt sich jeder nicht vollständige metrische Raum (X, d) so in einen vollständigen, metrischen Raum $(\widehat{X}, \widehat{d})$ einbetten, dass sein Bild dicht in $\widehat{X}$ ist.

Zusammenfassung

Wir haben das Kapitel mit der axiomatischen Einführung der reellen Zahlen $\mathbb{R}$ begonnen:

Axiome der reellen Zahlen

Es gibt drei Serien von Axiomen für die reellen Zahlen:
  (K) die Körperaxiome,
  (AO) die Anordnungsaxiome,
  (V) ein Vollständigkeitsaxiom.

Die Körperaxiome beinhalten die Regeln für die Addition und Multiplikation reeller Zahlen. Sie sind mehrfach aufgelistet (siehe die Abschnitte 3.3 und 4.4), sodass wir hier auf eine weitere Auflistung verzichten.

In der Sprache der Algebra besagen die Axiome: $(\mathbb{R}, +)$ ist eine abelsche Gruppe bezüglich der Addition „$+$" mit dem neutralen Element 0, und $(\mathbb{R}\setminus\{0\}, \cdot)$ ist eine abelsche Gruppe bezüglich der Multiplikation „$\cdot$" mit dem neutralen Element $1 \neq 0$.

Ferner sind Addition und Multiplikation über das Distributivgesetz miteinander gekoppelt.

Die Anordnungsaxiome erlauben es, reelle Zahlen der Größe nach zu vergleichen. Sie bilden die Grundlage für Abschätzungen und das Rechnen mit Ungleichungen.

Insbesondere das Vollständigkeitsaxiom (V) ist von großer Bedeutung, sodass wir es hier noch einmal anführen.

Ein Vollständigkeitsaxiom

Jede nichtleere nach oben beschränkte Menge M reeller Zahlen besitzt eine kleinste obere Schranke, d. h., es gibt ein $s_0 \in \mathbb{R}$ mit folgenden Eigenschaften:

- Für alle $x \in M$ ist $x \leq s_0$ (s_0 ist obere Schranke).
- Für jede obere Schranke s von M gilt $s_0 \leq s$.

Das Vollständigkeitsaxiom unterscheidet $\mathbb{R}$ von $\mathbb{Q}$.

Es garantiert nicht nur z. B. die **Existenz von Quadratwurzeln** aus nicht negativen reellen Zahlen, sondern ist auch wesentlich für den **Isomorphiesatz**, der besagt, dass ein angeordneter Körper mit Vollständigkeitsaxiom zum Körper der reellen Zahlen isomorph ist.

In den so definierten reellen Zahlen lassen sich die natürlichen Zahlen wiederfinden.

Definition der natürlichen Zahlen

Eine reelle Zahl n heißt **natürlich**, wenn n in jeder Zählmenge von $\mathbb{R}$ enthalten ist.

$$\mathbb{N} = \{n \in \mathbb{R} \mid n \text{ natürlich}\}$$

wird als Menge der **natürlichen Zahlen** bezeichnet.

Die Existenz natürlicher Zahlen garantiert dann ein wichtiges Beweisprinzip in der Mathematik.

Beweisprinzip der vollständigen Induktion

Für jede natürliche Zahl n sei $A(n)$ eine Aussage bzw. Behauptung. Diese kann wahr oder falsch sein.

Die Aussagen $A(n)$ gelten für alle $n \in \mathbb{N}$, wenn man Folgendes zeigen kann:
(IA) $A(1)$ ist wahr und
 (IS) für jedes $n \in \mathbb{N}$ gilt $A(n) \Rightarrow A(n+1)$.
Der erste Schritt (IA) heißt **Induktionsanfang** oder Induktionsverankerung, und die Implikation $A(n) \Rightarrow A(n+1)$ nennt man den **Induktionsschritt** .

Dieses Prinzip ist äquivalent zum **Wohlordnungssatz**: Jede nichtleere Teilmenge der natürlichen Zahlen hat ein kleinstes Element.

Auch die ganzen Zahlen lassen sich in $\mathbb{R}$ entdecken.

Definition der ganzen Zahlen

Eine reelle Zahl x heißt **ganz**, falls $x \in \mathbb{N}$ oder $x = 0$ oder $-x \in \mathbb{N}$ gilt. $\mathbb{Z} = \{x \in \mathbb{R} \mid x \text{ ganz}\}$ heißt **Menge der ganzen Zahlen**.

Zu guter Letzt findet man mit folgender Definition die rationalen Zahlen in $\mathbb{R}$.

Definition rationaler und irrationaler Zahlen

Die Menge

$$\mathbb{Q} = \left\{ x \in \mathbb{R} \mid \text{Es gibt } m, n \in \mathbb{Z}, n \neq 0, \text{ mit } x = \frac{m}{n} \right\}$$

heißt Menge der **rationalen Zahlen**. Eine reelle Zahl, die nicht rational ist, heißt **irrational**.

Die rationalen Zahlen unterscheiden sich von den reellen Zahlen wesentlich dadurch, dass in diesem Zahlbereich das Vollständigkeitsaxiom nicht gilt.

Eine erstaunliche Tatsache ist diese:

$\mathbb{Q}$ liegt dicht in $\mathbb{R}$

Sind $a, b \in \mathbb{R}$, und gilt $a < b$, dann gibt es im Intervall (a, b) sowohl rationale als auch irrationale Zahlen.

Ein großer Unterschied zwischen $\mathbb{Q}$ und $\mathbb{R}$ besteht auch darin, dass $\mathbb{Q}$ abzählbar ist, $\mathbb{R}$ aber nicht (Box auf S. 123).

Trotz der Existenz von k-ten Wurzeln aus nicht negativen Zahlen gibt es einfache algebraische Gleichungen, die keine reellen Lösungen besitzen. Das klassische und einfachste Beispiel ist $x^2 + 1 = 0$.

Um diesen Mangel zu beheben, definiert man die komplexen Zahlen. Hier noch einmal deren Eigenschaften.

Eigenschaften von $\mathbb{C}$

(a) $(\mathbb{C}, +, \cdot)$ ist ein Körper, den wir den **Körper der komplexen Zahlen** nennen.

(b) Die Teilmenge

$$\mathbb{C}_{\mathbb{R}} = \{(a, 0) \mid a \in \mathbb{R}\} \subseteq \mathbb{C}$$

ist ein zu $\mathbb{R}$ isomorpher Teilkörper von $\mathbb{C}$. Wir identifizieren daher $(a, 0)$ mit a.

(c) Für das Element $\mathrm{i} = (0, 1) \in \mathbb{C}$ gilt:

$$\mathrm{i}^2 = (0, 1)^2 = (-1, 0).$$

Wir nennen i die **imaginäre Einheit**.

(d) Jedes $z = (a, b) \in \mathbb{C}$ ist darstellbar durch:

$$z = (a, b) = (a, 0) + (b, 0)(0, 1) = a + b\mathrm{i}.$$

Ein Hauptunterschied zwischen $\mathbb{R}$ und $\mathbb{C}$ besteht darin, dass sich der Körper der komplexen Zahlen nicht anordnen lässt. Nichts desto trotz sind die Beträge komplexer Zahlen nicht negative reelle Zahlen, und diese lassen sich der Größe nach vergleichen.

Eine insbesondere für Anwendungen, z. B. die Existenz von *Eigenwerten*, wichtige Eigenschaft ist im Fundamentalsatz der Algebra enthalten.

Fundamentalsatz der Algebra

Jedes nicht konstante komplexe Polynom besitzt in $\mathbb{C}$ mindestens eine Nullstelle:

Sind $a_0, \ldots, a_n \in \mathbb{C}$; $a_n \neq 0, n \in \mathbb{N}$, beliebig vorgegebene Zahlen, dann besitzt die Gleichung

$$a_n z^n + a_{n-1} z^{n-1} + \cdots + a_0 = 0$$

mindestens eine Lösung $z \in \mathbb{C}$.

Aufgaben

Die Aufgaben gliedern sich in drei Kategorien: Anhand der *Verständnisfragen* können Sie prüfen, ob Sie die Begriffe und zentralen Aussagen verstanden haben, mit den *Rechenaufgaben* üben Sie Ihre technischen Fertigkeiten und die *Beweisaufgaben* geben Ihnen Gelegenheit, zu lernen, wie man Beweise findet und führt.

Ein Punktesystem unterscheidet leichte Aufgaben •, mittelschwere •• und anspruchsvolle ••• Aufgaben. Lösungshinweise am Ende des Buches helfen Ihnen, falls Sie bei einer Aufgabe partout nicht weiterkommen. Dort finden Sie auch die Lösungen – betrügen Sie sich aber nicht selbst und schlagen Sie erst nach, wenn Sie selber zu einer Lösung gekommen sind. Ausführliche Lösungswege stehen auf der Website des Verlags zur Verfügung.

Viel Spaß und Erfolg bei den Aufgaben!

Verständnisfragen

4.1 • Zeigen Sie, dass für beliebige $a, b \in \mathbb{R}$ gilt:

$$\sup\{a, b\} = \max\{a, b\} = \frac{1}{2}(a + b + |a - b|),$$

$$\inf\{a, b\} = \min\{a, b\} = \frac{1}{2}(a + b - |a - b|).$$

4.2 • Wir haben gezeigt, dass es zu jeder reellen Zahl $a \geq 0$ eine eindeutig bestimmte reelle Zahl $x \geq 0$ gibt, welche $x^2 = a$ erfüllt (Bezeichnung: $x = \sqrt{a}$). Zeigen Sie die folgenden **Rechenregeln für Quadratwurzeln**:

(a) Für $0 \leq a, b \in \mathbb{R}$ gilt:

$$\sqrt{ab} = \sqrt{a}\sqrt{b}.$$

(b) Aus $0 \leq a < b$ folgt $\sqrt{a} < \sqrt{b}$.

4.3 ••• Eine Teilmenge $M \subseteq \mathbb{R}$ heißt **konvex** genau dann, wenn für alle $x, y \in M, x \leq y$ stets $[x, y] \subseteq M$ gilt. Zeigen Sie: $M \subseteq \mathbb{R}$ ist genau dann konvex, wenn M ein Intervall ist.

4.4 • Beweisen Sie die folgenden drei Aussagen:

(a) Sind M eine endliche Menge und N eine Teilmenge von M ($N \subseteq M$), dann ist auch N endlich, und es gilt $|N| \leq |M|$.

(b) Sind M und N disjunkte endliche Mengen ($M \cap N = \emptyset$), dann ist auch $M \cup N$ endlich, und es gilt $|M \cup N| = |M| + |N|$.

(c) Sind M und N endliche Mengen, dann ist auch $M \times N$ endlich, und es gilt $|M \times N| = |M| \cdot |N|$.

4.5 • Zeigen Sie, dass je zwei abgeschlossene Intervalle $[\alpha, \beta]$ und $[a, b]$ mit $\alpha, \beta \in \mathbb{R}$ und $\alpha < \beta$ bzw. $a, b \in \mathbb{R}$ und $a < b$ gleichmächtig sind. Wieso gilt diese Aussage auch für offene Intervalle?

4.6 • Seien $a, b \in \mathbb{R}$, $a < b$. Geben Sie eine bijektive Abbildung $\varphi : (-1, 1) \to \mathbb{R}$ an und folgern Sie, dass alle offenen Intervalle (a, b) mit $a < b$ die Mächtigkeit von $\mathbb{R}$ haben.

4.7 •• Eine reelle oder komplexe Zahl α heißt **algebraisch**, falls es ein Polynom $P \neq 0$ mit $P(\alpha) = 0$ gibt. Dabei seien die Koeffizienten des Polynoms alle ganz. Existiert für eine Zahl α kein solches Polynom, nennen wir diese Zahl **transzendent**.

(a) Zeigen Sie, dass jede rationale Zahl $\alpha = \frac{m}{n}$, $m \in \mathbb{Z}$, $n \in \mathbb{Z} \setminus \{0\}$ algebraisch ist.

(b) Zeigen Sie, dass $\alpha = \sqrt{2}$ algebraisch ist.

(c) Zeigen Sie, dass $\alpha = i$ algebraisch ist.

(d) Zeigen Sie, dass $\mathbb{A} = \{\alpha \in \mathbb{C} \mid \alpha \text{ ist algebraisch}\}$ abzählbar ist.

(e) Zeigen Sie, dass $\mathbb{T} = \{\alpha \in \mathbb{C} \mid \alpha \text{ ist nicht algebraisch}\}$ überabzählbar ist. Ein $\alpha \in \mathbb{T}$ heißt transzendent.

4.8 • Zur Festigung der Begriffe „rational" und „irrational" beantworten Sie folgende Fragen:

(a) Wenn a rational und b irrational sind, ist $a + b$ dann notwendig irrational?

(b) Wenn a und b irrational sind, ist $a + b$ dann notwendig irrational?

(c) Wenn a rational und b irrational sind, ist $a \cdot b$ dann notwendig irrational?

(d) Gibt es eine reelle Zahl a, sodass a^2 irrational und a^4 rational sind?

(e) Gibt es zwei irrationale Zahlen a und b, deren Summe und Produkt rational sind?

4.9 ••• Zeigen Sie, dass

$$\sigma : \mathbb{C} \to \mathbb{C} : z \mapsto \overline{z}$$

der einzige Körperautomorphismus von $\mathbb{C}$ ist mit $\sigma(x) = x$ für alle $x \in \mathbb{R}$, der von der Identität $\mathrm{id}_{\mathbb{C}} : z \mapsto z$ verschieden ist.

4.10 •• Zeigen Sie, dass es keine Abbildung

$$f : \mathbb{C} \setminus \{0\} \to \mathbb{C} \setminus \{0\}$$

gibt mit

(1) $f(zw) = f(z) f(w)$ für alle $z, w \in \mathbb{C} \setminus \{0\}$.
(2) $(f(z))^2 = z$ für alle $z \in \mathbb{C} \setminus \{0\}$.

Mit anderen Worten: es gibt keinen Homomorphismus $f : \mathbb{C} \setminus \{0\} \to \mathbb{C} \setminus \{0\}$ mit $(f(z))^2 = z$ für alle $z \in \mathbb{C} \setminus \{0\}$.

4.11 •• Zeigen Sie der Reihe nach:

(a) $M = \{1\} \cup \{x \in \mathbb{R} \mid x \geq 2\}$ ist induktiv, also $\mathbb{N} \subseteq M$.

(b) Es gibt kein $m \in \mathbb{N}$ mit $1 < m < 2$.

(c) $S = \{n \in \mathbb{N} \mid n - 1 \in \mathbb{N}_0\}$ ist induktiv, also ist $S = \mathbb{N}$.

(d) $T = \{n \in \mathbb{N} \mid \text{es gibt kein } m \in \mathbb{N} \text{ mit } n < m < n + 1\}$ ist induktiv, also ist $T = \mathbb{N}$.

(e) Sind $m, n \in \mathbb{N}$, und gilt $m < n$, dann ist $m + 1 \leq n$.

4.12 •• Zeigen Sie, dass die Teilmenge

$$\mathbb{Q}(\sqrt{2}) = \{a + b\sqrt{2} \mid a, b \in \mathbb{Q}\}$$

von $\mathbb{R}$ bezüglich der auf $\mathbb{R}$ erklärten Addition und Multiplikation ein Körper ist. Liegt die reelle Zahl $\sqrt{3}$ in $\mathbb{Q}(\sqrt{2})$?

4.13 •• Sei $\mathbb{Q}(i) := \{a + bi \mid a, b \in \mathbb{Q}\}$. Zeigen Sie, dass $\mathbb{Q}(i)$ bezüglich der in $\mathbb{C}$ gültigen Addition und Multiplikation ein Körper ist.

4.14 •• Ein Seeräuber hinterließ bei seinem unerwarteten Ableben im Alter von 107 Jahren unter anderem eine Schatzkarte mit eingezeichneter Schatzinsel und folgender Beschreibung:

Geh' direkt vom Galgen zur Palme, dann gleich viele Schritte unter rechtem Winkel nach rechts – steck' die erste Fahne!

Geh' vom Galgen zum Hinkelstein, genauso weit unter rechtem Winkel nach links – steck' die zweite Fahne!

Der Schatz steckt in der Mitte zwischen den beiden Fahnen!

Die Erben starteten sofort eine Expedition zu der kleinen Schatzinsel.

Die Palme und der Hinkelstein waren sofort zu identifizieren. Vom Galgen war keine Spur mehr zu finden. Dennoch stieß man beim ersten Spatenstich auf die Schatztruhe, obwohl man die Schritte von einer (zufälligen und sehr wahrscheinlich) falschen Stelle aus gezählt hatte.

Wie war das möglich? Wo lag der Schatz?

4.15 ••• Hieronymus B. Einbahn, nach dem in Deutschland viele Straßen benannt sind, entdeckte im Jahr 1789 die Einbahninsel Sun-Tse mit n Orten ($n \in \mathbb{N}$) und genau einem Weg zwischen zwei Orten. Er wollte eine Route finden, auf der jeder Ort genau einmal vorkommt. Die Wege waren jedoch so schmal, dass nur in einer Richtung gefahren werden konnte. Daher hat Krao-Se, der Herrscher der Einbahninsel, nur eine Fahrtrichtung für jede Strecke zwischen zwei Orten zugelassen. Unter Beachtung dieser Regel gelang es Hieronymus B. Einbahn jedoch, eine entsprechende Route zu finden. Wie war das möglich? War dies ein Zufall?

4.16 •• Sei $\boxed{2} := \{n \in \mathbb{N}_0 \mid$ es gibt $x, y \in \mathbb{Z}$ mit $n = x^2 + y^2\}$. Zeigen Sie, dass 0, 1 und 2 in $\boxed{2}$ enthalten sind und dass mit $n, m \in \boxed{2}$ auch $nm \in \boxed{2}$ folgt. Zeigen Sie ferner, dass die drei Zahlen 5, 401 und 2005 in $\boxed{2}$ liegen. Finden Sie eine konkrete Darstellung von 2005 als Summe von zwei Quadraten ganzer Zahlen.

Rechenaufgaben

4.17 • Seien a und b positive reelle Zahlen. Man bezeichnet mit

$$A(a, b) := \frac{a + b}{2} \text{ das } \textbf{arithmetische}, \text{ mit}$$

$$G(a, b) := \sqrt{ab} \text{ das } \textbf{geometrische}, \text{ mit}$$

$$H(a, b) := \frac{2}{\frac{1}{a} + \frac{1}{b}} \text{ das } \textbf{harmonische}, \text{ mit}$$

$$Q(a, b) := \sqrt{\frac{a^2 + b^2}{2}} \text{ das } \textbf{quadratische} \text{ Mittel.}$$

Beweisen Sie die folgende Ungleichungskette für den Fall $a \leq b$:

$$a \leq H(a, b) \leq G(a, b) \leq A(a, b) \leq Q(a, b) \leq b$$

Wann gilt das Gleichheitszeichen?

4.18 • Bestimmen Sie explizit die folgenden Mengen:

(a) $L_1 := \{x \in \mathbb{R} \mid |3 - 2x| < 5\}$
(b) $L_2 := \{x \in \mathbb{R} \mid x \neq 2 \text{ und } \frac{x+4}{x-2} < x\}$
(c) $L_3 := \{x \in \mathbb{R} \mid x(2 - x) \geq 1 + |x|\}$

und stellen Sie (wenn möglich) L_1, L_2 und L_3 mithilfe von Intervallen dar.

4.19 •• Zeigen Sie, dass der durch $d(a, b) = |a - b|$ für $a, b \in \mathbb{R}$ definierte Abstand die folgenden Eigenschaften erfüllt:

(M_1) $d(a, b) \geq 0$ und $d(a, b) = 0 \Leftrightarrow a = b$ (positiv definit),
(M_2) $d(a, b) = d(b, a)$ (symmetrisch),
(M_3) $d(a, c) \leq d(a, b) + d(b, c)$ (Dreiecksungleichung).

Dabei sind a, b, c beliebige reelle Zahlen.

Zeigen Sie ferner, dass $d(a, b) \geq 0$ aus den anderen Eigenschaften gefolgert werden kann.

4.20 •• Wie viele Paare $(x, y) \in \mathbb{Z} \times \mathbb{Z}$ gibt es, die $x^2 + y^2 = 13$ erfüllen? Warum gibt es kein Paar $(x, y) \in \mathbb{Z} \times \mathbb{Z}$ mit $x^2 + y^2 = 3$?

4.21 •• Wir betrachten das auf D. Hilbert zurückgehende Beispiel der Teilmenge $H = \{3k + 1 \mid k \in \mathbb{N}_0\}$ der natürlichen Zahlen. Wir wollen eine Zahl $n \neq 1$ aus H H-Primzahl nennen, wenn 1 und n die einzigen in H gelegenen Teiler von n sind.

(a) Weisen Sie nach, dass diese Menge bezüglich der Multiplikation abgeschlossen ist.
(b) Geben Sie die ersten 8 Folgeglieder der H-Primzahlen an und weisen Sie nach, dass $100 \in H$ gilt.
(c) Weisen Sie nach, dass sich jede H-Zahl n als ein Produkt von H-Primzahlen darstellen lässt.
(d) Finden Sie in H liegende Zerlegungen von 100 (Tipp: Es gibt derer zwei) und zeigen Sie damit, dass die Zerlegung nicht eindeutig ist.
(e) Weisen Sie jetzt nach, dass die Zahl 10 das Produkt aus 4 und 25 teilt, ohne eine der beiden Faktoren zu teilen. Besitzen die H-Primzahlen die Primelementeigenschaft?

4.22 • Seien $c_0, c_1, ..., c_{n-1}$ reelle Zahlen ($n \in \mathbb{N}$). Zeigen Sie: Gilt für $z \in \mathbb{C}$ die Gleichung

$$z^n + c_{n-1}z^{n-1} + ... + c_1 z + c_0 = 0,$$

dann gilt sie auch für $\bar{z}$. Dies kann man auch so ausdrücken: Wenn $z_0 \in \mathbb{C}$ Lösung einer Polynomgleichung mit reellen Koeffizienten ist, so ist auch $\overline{z_0}$ Lösung derselben Gleichung.

4.23 • Zeigen Sie, dass für beliebige reelle Zahlen a, b gilt:

$$(a + b)^3 = a^3 + 3a^2b + 3ab^2 + b^3,$$

dabei ist $3 := 2 + 1$, $x^3 := xxx$ für $x \in \mathbb{R}$.

4.24 • Zeigen Sie: Sind $a_1, \ldots, a_n$ reelle Zahlen, dann gilt:

$$a_1^2 + a_2^2 + a_3^2 + \ldots + a_n^2 = 0 \Leftrightarrow a_j = 0 \text{ für } 1 \leq j \leq n.$$

4.25 •• Bestimmen Sie explizit – falls existent – Supremum und Infimum der folgenden Mengen und untersuchen Sie, ob diese Mengen jeweils ein Maximum oder ein Minimum haben.

(a) $M_1 = \{\frac{1}{n} + \frac{1}{m} \mid n, m \in \mathbb{N}\}$
(b) $M_2 = \{x \in \mathbb{R} \mid x^2 + x + 1 \geq 0\}$
(c) $M_3 = \{x \in \mathbb{Q} \mid x^2 < 9\}$

4.26 •• Zeigen Sie mit vollständiger Induktion: Sind p Primzahl und $a \in \mathbb{N}_0$, dann ist p ein Teiler von $a^p - a$. Dieser Satz wird **kleiner Fermat'scher Satz** genannt. Seine klassische Formulierung ist $a^{p-1} \equiv 1 \mod p$, die gültig ist, wenn a kein Vielfaches von p ist.

4.27 •• Seien

$$f_1 = 1,\ f_2 = 1,\ f_{n+2} = f_{n+1} + f_n \text{ für alle } n \in \mathbb{N}.$$

(a) Zeigen Sie, dass für alle $n \in \mathbb{N}$ gilt:

$$f_n = \frac{1}{\sqrt{5}} \left[\left(\frac{1 + \sqrt{5}}{2} \right)^n - \left(\frac{1 - \sqrt{5}}{2} \right)^n \right].$$

(b) Die in dieser Aufgabe definierte Folge f_n heißt **Fibonacci-Folge**. Welchen Größenordnung haben f_{100} und $\frac{f_{101}}{f_{100}}$?

4.28 •• Versuchen Sie, für die folgenden Summen einen geschlossenen Ausdruck – also eine Summenformel – zu finden und bestätigen Sie diese induktiv oder benutzen Sie geeignete Umformungen bzw. schon bekannte Formeln:

(a) $\frac{1}{1 \cdot 2} + \frac{1}{2 \cdot 3} + \ldots + \frac{1}{n \cdot (n+1)}$
(b) $1 - 4 + 9 - \ldots + (-1)^{n+1} n^2$
(c) $1 \cdot 2 + 2 \cdot 3 + \ldots + n \cdot (n+1)$
(d) $1 \cdot 2 \cdot 3 + 2 \cdot 3 \cdot 4 + \ldots + n \cdot (n+1) \cdot (n+2)$

Für alle Formeln sei $n \in \mathbb{N}$.

4.29 •• $\mathbb{Z}[i] = \{a + bi \mid a, b \in \mathbb{Z}\}$ ist ein kommutativer Ring (Ring der ganzen Gauß'schen Zahlen) bezüglich der in $\mathbb{C}$ definierten Addition und Multiplikation. Welche Elemente $\alpha \in \mathbb{Z}[i]$ besitzen ein multiplikatives Inverses in $\mathbb{Z}[i]$?

4.30 •• Zeigen Sie: Die in der vorherigen Aufgabe definierte Menge $\mathbb{Z}[i]$ ist mit der durch $N(\alpha) = N(a + bi) = a^2 + b^2$ ($\alpha \in \mathbb{Z}[i]$) definierten Norm ein euklidischer Ring, d. h., zu $\alpha, \beta \in \mathbb{Z}[i]$, $\beta \neq 0$, gibt es $\gamma, \delta \in \mathbb{Z}[i]$ für die $\alpha = \gamma\beta + \delta$ und $N(\delta) < N(\beta)$ sind.

4.31 • Stellen Sie für $z = 1 + 2i$, $w = 3 + 4i$ die folgenden komplexen Zahlen in der Form $a + bi$, $a, b \in \mathbb{R}$, explizit dar:

$$3z + 4w,\quad 2z^2 - z\overline{w},\quad \frac{w + z}{w - z},\quad \frac{1 - iz}{1 + iz}.$$

4.32 •• Beschreiben Sie geometrisch die folgenden Teilmengen von $\mathbb{C}$:

(a) $M_1 = \{z \in \mathbb{C} \mid 0 < \mathrm{Re}\,(iz) < 1\}$
(b) $M_2 = \{z \in \mathbb{C} \mid |z| = \mathrm{Re}\,(z) + 1\}$
(c) $M_3 = \{z \in \mathbb{C} \mid |z - i| = |z - 1|\}$
(d) $M_4 = \{z \in \mathbb{C} - \{-1\} \mid |\frac{z}{z+1}| = 2\}$

4.33 • Zeigen Sie, dass für $z, w \in \mathbb{C}$ gilt:

(a) $|z - w|^2 = |z|^2 - 2\mathrm{Re}\,(z\overline{w}) + |w|^2$
(b) $|z + w|^2 + |z - w|^2 = 2(|z|^2 + |w|^2)$

Warum nennt man die zweite Gleichung Parallelogramm-identität?

4.34 • Zeigen Sie, dass das Assoziativgesetz der Multiplikation in $\mathbb{C}$ erfüllt ist. Vervollständigen Sie dazu die bereits geführte Rechnung, indem Sie $(ac - bd, ad + bc)(e, f)$ mit $(a, b)(ce - df, cf + de)$ vergleichen! Verwenden Sie dazu nur die Definition der Multiplikation $(a, b)(c, d) := (ac - bd, ad + bc)$!

4.35 • Schreiben Sie die folgenden komplexen Zahlen in der Normalform $a + bi$, $a, b \in \mathbb{R}$ und berechnen Sie ihre Beträge:

$$\frac{1}{3 + 7i},\ \left(\frac{1 + i}{1 - i} \right)^2,\ \left(-\frac{1}{2} + \frac{\sqrt{3}}{2}i \right)^3,\ \left(\frac{1 + i}{\sqrt{2}} \right)^n \text{ mit } n \in \mathbb{N}_0.$$

4.36 •• Sei c eine komplexe Zahl ungleich null. Zeigen Sie durch Zerlegung in Real- und Imaginärteil, dass für $z \in \mathbb{C}$ die Gleichung

$$z^2 = c$$

genau zwei Lösungen hat. Für eine der Lösungen gilt:

$$\mathrm{Re}\,(z) = \sqrt{\frac{|c| + \mathrm{Re}\,(c)}{2}},\quad \mathrm{Im}\,(z) = \epsilon \sqrt{\frac{|c| - \mathrm{Re}\,(c)}{2}}.$$

Dabei ist

$$\epsilon := \begin{cases} +1, & \text{falls } \mathrm{Im}\, c \geq 0, \\ -1, & \text{falls } \mathrm{Im}\, c < 0. \end{cases}$$

Die andere Lösung ist das Negative hiervon.

4.37 • Bestimmen Sie alle Quadratwurzeln von

$$i,\ 8 - 6i,\ 5 + 12i.$$

4.38 • Bestimmen Sie beide Lösungen $z_1 = x_1 + y_1 i$, $z_2 = x_2 + y_2 i$ aus $\mathbb{C}$ mit $x_1, y_1, x_2, y_2 \in \mathbb{R}$ für die Gleichung

$$z^2 - (3 - i)z + 2 - 2i = 0.$$

Beweisaufgaben

4.39 ••• Seien A und B nichtleere Teilmengen von $\mathbb{R}$, und es gelte $a \leq b$ für alle $a \in A$ und für alle $b \in B$. Beweisen Sie das **Riemann-Kriterium**: Es gilt

$$\sup A = \inf B$$

genau dann, wenn die folgende Bedingung erfüllt ist:

$$\text{Zu jedem } \epsilon > 0 \text{ gibt es ein } a \in A \text{ und ein } b \in B,$$

$$\text{sodass } b - a < \epsilon \text{ gilt.}$$

4.40 • Bestimmen Sie alle $n \in \mathbb{N}$, für welche die folgenden Ungleichungen gelten und beweisen Sie Ihre Behauptungen:

(a) $3^n > n^3$
(b) $3^{2^n} < 2^{3^n}$
(c) $1^1 \cdot 2^2 \cdot 3^3 \cdot \ldots \cdot n^n < n^{n(n+1)/2}$
(d) $3(\frac{n}{3})^n \le n! \le 2(\frac{n}{2})^n$

Für die letzte Ungleichung dürfen Sie die Ungleichung $\left(1 + \frac{1}{n}\right)^n \le 3$ ohne Beweis verwenden!

4.41 • Für $n \in \mathbb{N}$ sei $\mathbb{A}_n := \{1, 2, 3, \ldots, n\}$. Zeigen Sie, dass es für alle $n > m \in \mathbb{N}$ und für jede Abbildung $\Phi : \mathbb{A}_n \to \mathbb{A}_m$ zwei verschiedene Zahlen $n_1, n_2 \in \mathbb{A}_n$ gibt, für welche gilt:

$$\Phi(n_1) = \Phi(n_2).$$

Folgern Sie, dass es genau dann eine bijektive Abbildung gibt, wenn $n = m$ ist.

4.42 • Zeigen Sie, dass das Produkt $\mathbb{N} \times \mathbb{N}$ abzählbar ist.

4.43 • Zeigen Sie: Das Produkt $A \times B$ zweier abzählbarer Mengen ist wieder abzählbar.

4.44 •• Beweisen Sie folgende Aussage:

Erfüllt eine rationale Zahl x eine Gleichung der Gestalt

$$x^n + c_{n-1}x^{n-1} + \ldots + c_1 x + c_0 = 0,$$

wobei die Koeffizienten c_j $(0 \le j < n)$ aus $\mathbb{Z}$ sind, dann gilt sogar $x \in \mathbb{Z}$.

4.45 •• Es gibt einen weit verbreiteten Widerspruchsbeweis für die Aussage, dass $\sqrt{2}$ nicht rational ist. Kennen Sie diesen und können Sie ihn führen?

4.46 •• Sei $N \in \mathbb{N}$ und $\sqrt{N}$ keine natürliche Zahl. Folgern Sie, dass dann $\sqrt{N}$ irrational ist.

4.47 •• Satz 20 in Buch IX von Euklids „Elementen" lautet *„Es gibt mehr Primzahlen als jede vorgelegte Anzahl von Primzahlen."* Beweisen Sie diesen Satz und folgern Sie daraus, dass es unendlich viele Primzahlen geben muss.

4.48 •• Zeigen Sie, dass die reelle Zahl $x := \sqrt{2} + \sqrt{3}$ nicht rational ist. Geben Sie ein möglichst einfaches Polynom p (nicht das Nullpolynom!) mit ganzzahligen Koeffizienten an, für das $p(x) = 0$ gilt.

4.49 •• Zeigen Sie, dass die Summe

$$\sqrt{2} + \sqrt[3]{2}$$

irrational ist.

4.50 • Die goldene Zahl $g = \frac{1+\sqrt{5}}{2} \approx 1.618$ genügt der Gleichung $g^2 - g - 1 = 0$. Folgern Sie hieraus, dass g irrational ist.

4.51 ••• Wir betrachten den Körper $\mathbb{R}(x)$ der rationalen Funktionen in einer Variablen mit reellen Koeffizienten

$$\mathbb{R}(x) := \left\{ \frac{p(x)}{q(x)} \mid p, q \text{ reelle Polynome}, q \text{ nicht Nullpolynom} \right\}.$$

Dass diese Menge ein Körper ist, setzen wir an dieser Stelle voraus. Eine rationale Funktion hat damit die Gestalt

$$r(x) = \frac{a_n x^n + a_{n-1}x^{n-1} + \ldots + a_0}{b_m x^m + b_{m-1}x^{m-1} + \ldots + b_0}$$

mit $a_i, b_j \in \mathbb{R}$ und $a_n \ne 0$ bzw. $b_m \ne 0$. Diese Darstellung ist zwar nicht eindeutig (Erweitern und Kürzen!), aber das Vorzeichen von $a_m b_m$, also dem Produkt der beiden **Führungskoeffizienten**, hängt nicht von der Darstellung ab.

Man definiert nun:

$$P := \{r(x) \in \mathbb{R}(x) \mid a_n b_m > 0\}$$

und vergewissert sich, dass entweder $r \in P$ oder $-r \in P$ gilt, wenn r nicht das Nullpolynom ist, was wir aber mit $a_n \ne 0$ ausgeschlossen haben.

Zeigen Sie, dass dieser angeordnete Körper nicht archimedisch angeordnet ist!

Antworten der Selbstfragen

S. 105

Ausgehend von $1 + (-1) = 0$ folgt $(-1) \cdot (1 + (-1)) = (-1) \cdot 0 = 0$. Durch Anwendung des Distributivgesetzes erhält man $(-1) \cdot 1 + (-1)(-1) = 0$.

Da die Gleichung $(-1) + x = 0$ die eindeutig bestimmte Lösung $x = 1$ besitzt, muss $(-1)(-1) = 1$ gelten.

Eine Verallgemeinerung ist möglich, indem man $(-a) = (-1) \cdot a$ und $(-b) = (-1) \cdot b$ benutzt und die neue Gleichung $(-1)a \cdot (-1)b = ab$ zu $(-1)(-1) \cdot ab = ab$ umsortiert und dann die beiden Faktoren $(-1) \cdot (-1)$ zu 1 zusammenfasst.

S. 105

Setzt man $c = ax$ und $d = bx$ für $x \neq 0$, so ist die zu beweisende Formel ein Spezialfall der Rückrichtung der ersten Formel.

S. 108

Seien $a > 0$ und $b > 0$. Wir beginnen mit $a < b$ und a^2, für das mit der Transitivität die Ungleichung $a^2 = aa < ab < b^2$ gilt, womit die eine Richtung der Aussage gezeigt ist.

Umgekehrt sei $a^2 < b^2$. Man kann beide Seiten durch a^2 teilen, da $a \neq 0$ nach Voraussetzung gilt. Man erhält so $1 < \frac{b^2}{a^2} = \frac{b}{a} \cdot \frac{b}{a}$. Diese Gleichung wird durch $b > a$ bzw. $a < b$ erfüllt, denn $1 < \frac{b}{a} \cdot \frac{b}{a} \Leftrightarrow \frac{a}{b} < \frac{b}{a}$. Der Bruch $\frac{a}{b}$ ist mit $b < a$ aber kleiner als $\frac{a}{a}$, und man findet $\frac{b}{a} < \frac{a}{a} < \frac{a}{b}$. $\blacksquare$

S. 108

Wir müssen zeigen, dass aus $a \leq b$ und $b \leq a$ die Gleichung $a = b$ folgt. $a \leq b$ bedeutet $a = b$ oder $a < b$ und $b \leq a$ heißt $b = a$ oder $b < a$. Wegen der Trichotomie können $a < b$ und $b < a$ nicht gleichzeitig gelten, also muss $a = b$ sein.

S. 110

Nehmen wir zum Beispiel $[0, 1]$ und $[2, 3]$. Dann ist die Vereinigung von keinem der obigen elf Typen und somit kein Intervall mehr.

S. 111

Für $|-a|$ gelten nach der Definition drei Fälle:

- $|-a| = -a$ für $-a > 0$,
- $|-a| = 0$ für $-a = 0$ und
- $|-a| = -(-a) = a$ für $-a < 0$.

Vergleichen wir dies mit der Definition zu $|a|$, so folgt Gleichheit in allen drei Fällen.

S. 111

Es gilt der Zusammenhang $|a| = a \, \text{sign}(a)$.

S. 111

Der Beweis ergibt sich, indem wir im vorangegangenen Beweis „$<$" durch „$\leq$" bzw. „$>$" durch „$\geq$" ersetzen und $\varepsilon = |x|$ betrachten.

S. 112

Gilt $s < s'$, so gilt auch die Ungleichung $x < s < s'$ bzw. verkürzt $x < s'$ für alle $x \in M$ und somit ist auch s' obere Schranke von M.

S. 114

Existieren $\min M$ bzw. $\inf M$, und gilt $\inf M \in M$, dann ist $\min M = \inf M$. Den Beweis führt man analog zum eben gegebenen Beweis.

S. 118

- $\mathbb{R}$ enthält die 1 und ist abgeschlossen gegenüber der Addition, insbesondere also auch gegenüber der Addition mit 1.
- Gleiches gilt für die nicht negativen reellen Zahlen. Auch sie enthalten die 1 als Element, und auch sie sind gegenüber der Addition abgeschlossen.
- In dieser Menge ist wieder die Zahl 1 enthalten. Nach der zweiten Eigenschaft einer Zählmenge muss auch $1+1 = 2$ in $\mathbb{R}\backslash\{2\}$ enthalten sein. Dies ist aber nicht so, und daher stellt diese Menge keine Zählmenge dar.

S. 119

Die Menge $M = \{1\} \cup \{x \in \mathbb{R} \mid x \geq 2\}$ ist induktiv. Daher gilt $\mathbb{N} \subseteq M$ und damit ist $n = 1$ oder $n \geq 2$.

S. 120

- Ohne (P_1) gäbe es keinen Startpunkt.
- „Weiterzählen": Durch (P_2) werden die Dominosteine in einer Reihe aufgestellt. So ist sichergestellt, dass ein Dominostein nicht zwei Dominosteine gleichzeitig umstößt.
- Keine „Schleifen": Durch (P_3) wird sichergestellt, dass man nicht zu einem bereits gefallenen Stein zurückkehrt.
- Kein „Ring": Vor dem ersten Stein, 1, steht überhaupt kein Stein.
- „Umstoßen": Die fünfte Eigenschaft bringt uns dazu, den ersten Stein, also die 1, umzustoßen. Fällt dieser erste Dominostein, so fallen auch alle weiteren um. Man erreicht jede natürliche Zahl.

S. 121

Aus dem Wohlordnungssatz ergibt sich die folgende Variante des Induktionsprinzips: Ist $M \subseteq \mathbb{N}$ mit den zwei Eigenschaften $1 \in M$ und aus $\{1, 2, \ldots, n\} \subseteq M$ folgt $n + 1 \in M$, dann ist $M = \mathbb{N}$.

Zum Beweis betrachtet man das Komplement $A = \mathbb{N}\backslash M$. Wäre $A \neq \emptyset$, dann hätte A ein kleinstes Element $k = \min A$.

Wegen $1 \in M$ wäre $k > 1$ und wegen $\{1, 2, \ldots, k - 1\} \subseteq M \Rightarrow k \in M$ erhält man einen Widerspruch.

Aus dieser Variante des Induktionsprinzips folgt das gewöhnliche Induktionsprinzip, denn es ist $n \in \{1, 2, \ldots, n\}$ und damit gilt $n \in M \Rightarrow n+1 \in M$. Das Induktionsprinzip und das Wohlordnungsprinzip sind also äquivalente Aussagen. ∎

S. 121

$\mathbb{N}$ ist eine Zählmenge. Nehmen wir an, dass $\mathbb{N}$ endlich ist, so gibt es ein Element n, welches größtes Element ist. Dies widerspricht jedoch der zweiten Eigenschaft einer Zählmenge, mit n auch $n + 1$ zu enthalten. Damit kann $\mathbb{N}$ nicht endlich sein.

S. 127

Zu zeigen sind die Reflexivität:

$$(m, n) \sim (m, n),$$

die Symmetrie:

$$(m, n) \sim (m', n') \Leftrightarrow (m', n') \sim (m, n)$$

und die Transitivität:

$$(m, n) \sim (m', n') \text{ und } (m', n') \sim (m'', n'')$$

$$\Rightarrow (m, n) \sim (m'', n'').$$

Die Reflexivität ist offensichtlich. Die Symmetrie folgt direkt aus der Vertauschbarkeit von Faktoren eines Produkts. Es gilt zum einen $mn' = nm'$, zum anderen soll $m'n = n'm$ gelten. Beide Gleichungen sind identisch.

Die Transitivität ist schwieriger zu zeigen. Wir benötigen $(m, n), (m', n')$ und (m'', n''). Die Relation $(m, n) \sim (m', n')$ ist äquivalent zu $mn' = nm'$, und $(m', n') \sim (m'', n'')$ ist äquivalent zu $m'n'' = n'm''$. Zu zeigen ist $(m, n) \sim (m'', n'')$ bzw. die Gleichung $mn'' = nm''$.

Wir multiplizieren die beiden Ausgangsgleichungen miteinander und erhalten:

$$(mn')(m'n'') = (nm')(n'm''),$$

was wegen der Kommutativität der Faktoren äquivalent ist zu:

$$(mn'')(m'n') = (m''n)(m'n').$$

Da n, n' und n'' alle ungleich null sind, muss man nur $m' \neq 0$ voraussetzen und erhält die Behauptung. Mit $m' = 0$ wären wegen der Ausgangsgleichungen auch $m = 0$ bzw. $m'' = 0$, was $(m, n) = (0, n)$ bzw. $(m'', n'') = (0, n'')$ impliziert und direkt auf $(m, n) \sim (m'', n'')$ führt. ∎

S. 128

Man definiere $q = \min\{k \in \mathbb{Z} \mid k \geq x\}$.

S. 128

Für $x \in \mathbb{Z}$ ist $\max\{k \in \mathbb{Z} \mid k \leq x\} = \min\{k \in \mathbb{Z} \mid k \geq x\}$.

S. 132

$n!$ ist das Produkt der ersten n natürlichen Zahlen, $(n+1)!$ das Produkt der ersten $(n + 1)$ natürlichen Zahlen. Multipliziert man an $n!$ den fehlenden Faktor $(n + 1)$, so erhält man eben gerade $(n + 1)!$ Auch ein Induktionsbeweis nach n wäre hier erfolgreich.

S. 132

Wenn man vom binomischen Lehrsatz $(a + b)^n$ ausgeht und dort $a = b = 1$ setzt, ergeben sich beide Seiten der Gleichung direkt: Offensichtlich ist $(1 + 1)^n = 2^n$, und da alle Potenzen von a bzw. b zu 1 werden, steht auch die linke Seite der Gleichung da.

S. 133

Das Gleichheitszeichen gilt genau in den beiden Fällen $n = 1$ und h beliebig bzw. $n > 1$ und $h = 0$.

Der Beweis sieht identisch aus, nur dass man nicht bei $n = 1$ verankert, sondern bei $n = 2$. Für $n = 1$ ist die Aussage ja falsch, sie gilt laut Satz erst ab $n = 2$. Für letzteren Fall muss also $(1 + h)^2 > 1 + 2h$ gelten. Auf der linken Seite steht $1 + 2h + h^2$, was wegen dem zusätzlichen h^2 wirklich größer als $1 + 2h$ ist. Hier muss allerdings $h \neq 0$ gelten, was aber vorgegeben ist.

S. 134

Wenn man diese beiden Graphen skizziert, so erkennt man, dass sie beide oberhalb der x-Achse liegen. Insbesondere haben sie beide keinen Schnittpunkt mit der x-Achse gemein, und so existieren auch keine Nullstellen für die Funktionsterme.

S. 134

Wir addieren wieder null auf beiden Seiten:

$$x^2 + px + q + 0 = 0 + 0$$

$$\Longleftrightarrow \quad x^2 + px + q + \left(\left(\frac{p}{2}\right)^2 - \left(\frac{p}{2}\right)^2\right) = 0.$$

Nun sortieren wir wieder die Summanden um und erhalten:

$$x^2 + px + \left(\frac{p}{2}\right)^2 + \left(q - \left(\frac{p}{2}\right)^2\right) = 0.$$

Diese Gleichung ist aber äquivalent zu:

$$\left(x + \frac{p}{2}\right)^2 = -\left(q - \left(\frac{p}{2}\right)^2\right) = \left(\frac{p}{2}\right)^2 - q,$$

und man kann direkt die beiden Lösungen angeben:

$$x_1 = -\frac{p}{2} + \sqrt{\left(\frac{p}{2}\right)^2 - q} \text{ bzw. } -\frac{p}{2} - \sqrt{\left(\frac{p}{2}\right)^2 - q}.$$

Dabei geht man genauso vor wie im Beispiel mit den konkreten Zahlen.

S. 135

Zum Beweis der zweiten Aussage nehmen wir an, dass es

eine zweite Lösung $z = c + d$i mit $c, d \in \mathbb{R}$ gibt, was aber $a + b$i $= c + d$i bedeutet. Es muss gelten $a - c = (d - b)$i. Im Fall $d \neq b$ können wir teilen und erhalten auf der linken Seite der Gleichung eine reelle Zahl, rechts jedoch i. Deswegen muss $d = b$ gelten und daher auch $a = c$.

S. 137

Aus $z^2 + 1 = (z + i)(z - i) = 0$ folgt $z = i$ oder $z = -i$. Für andere komplexe Zahlen wird keiner der beiden Faktoren null.

S. 138

Mit $z = x + y$i folgt $\bar{z} = x - y$i. Wir multiplizieren beide und erhalten $(x + y$i$)(x - y$i$) = x^2 - (y$i$)^2 = x^2 + y^2$. Da $x, y \in \mathbb{R}$ gilt, folgt die Behauptung.

S. 139

Die erste Eigenschaft, $|z| \geq 0$; $|z| = 0 \Leftrightarrow z = 0$, zeigt man durch Nachprüfen der beiden Richtungen:

Sei $z = 0$, dann ist $|z|^2 = \mathrm{Re}\,(z)^2 + \mathrm{Im}\,(z)^2 = 0^2 + 0^2 = 0$.

Sei $|z| = 0$, dann ist $|z|^2 = 0 = 0^2 + 0^2 = \mathrm{Re}\,(z)^2 + \mathrm{Im}\,(z)^2$ und da $\mathrm{Re}\,(z) = \mathrm{Im}\,(z) = 0$ gilt, ist $z = 0$.

Dass für $z \neq 0$, d. h. $\mathrm{Re} \neq 0$ oder $\mathrm{Im} \neq 0$, immer $|z| \geq 0$ gilt, sieht man daran, dass $\mathrm{Re}\,(z)^2 + \mathrm{Im}\,(z)^2 \neq 0$ ist, wenn einer der beiden Summanden ungleich null ist.

Die dritte Eigenschaft gilt, da wegen $\mathrm{Re}\,(z)$, $\mathrm{Im}\,(z) \in \mathbb{R}$ stets $\mathrm{Re}\,(z)^2$, $\mathrm{Im}\,(z)^2 \geq 0$ gilt und damit $|z| = \mathrm{Re}\,(z)^2 + \mathrm{Im}\,(z)^2 \geq \mathrm{Re}\,(z)^2$ bzw. $|z|^2 = \mathrm{Re}\,(z)^2 + \mathrm{Im}\,(z)^2 \geq \mathrm{Im}\,(z)^2$ erfüllt sind.

S. 140

Die gegebene Zahl $\frac{1+i}{\sqrt{2}}$ hat den Betrag 1. Damit ist nach der letzten Eigenschaft aus der Übersichtsbox auf Seite 139 das Inverse gerade das Komplex-Konjugierte, also $\frac{1-i}{\sqrt{2}}$.

S. 140

Die erste sowie die zweite Aussage überprüft man, indem man zuerst die linke Seite voraussetzt und die rechte Seite folgert. Danach setzt man die rechte Seite voraus und wendet die Definition des Betrags auf die linke Seite der Gleichung an. Die Symmetrie zeigt man durch simples Nachrechnen. Auch die Dreiecksungleichung wird nachgerechnet. Dabei findet man die Gleichheit für $z_2 = z_1$ oder für $z_2 = z_3$.

S. 141

Setzt man $w = dz$, lässt sich die Gleichung wie folgt ausdrücken: $z = \frac{1}{d} w$. Verkettet man beide Abbildungen, so wird z über w wieder auf z abgebildet: $z \mapsto dz =: w \mapsto \frac{1}{d} w = z$.

S. 145

Nach der Formel von Euler-de-Moivre ist $\cos(4\varphi) = \mathrm{Re}\,(\mathrm{E}(4\varphi)) = \mathrm{Re}\,(\mathrm{E}(\varphi)^4) = \cos^4(\varphi) - 6\cos^2(\varphi)\sin^2(\varphi) + \sin^4(\varphi)$. Ersetzt man mittels $\sin^2 + \cos^2 = 1$ den Ausdruck $\sin^2(\varphi)$ durch $(1 - \cos^2(\varphi))$, so erhält man $\cos^4(\varphi) - 6\cos^2(\varphi)(1 - \cos^2(\varphi)) + (1 - \cos^2(\varphi))^2$, was sich zu $8\cos^4(\varphi) - 8\cos^2(\varphi) + 1$ zusammenfassen lässt.

S. 146

Betrachten wir die Ausgangsgleichung $z^5 = 1$. $z_0 = 1$ ist wegen $1^5 = 1$ eine Lösung dieser Gleichung und damit ergibt sich die Faktorisierung $z^5 - 1 = (z - 1)(z^4 + z^3 + z^2 + z + 1)$.

Wir multiplizieren den Ausdruck $(z^2 + gz + 1)(z^2 - hz + 1)$ aus und erhalten:

$$(z^2 + gz + 1)(z^2 - hz + 1)$$
$$= z^4 + (g - h)z^3 + (2 - gh)z^2 + (g - h)z + 1.$$

Wegen $h = 1/g$ ist $h = \frac{2}{1+\sqrt{5}} = \frac{2 - 2\sqrt{5}}{-4} = \frac{\sqrt{5}-1}{2}$. Damit gilt $(g - h) = 1$, und die Hilfsgleichung ist korrekt.

Die weiteren Lösungen von $z^5 = 1$ sind die Lösungen der beiden Gleichungen $z^2 + gz + 1 = 0$ und $z^2 - hz + 1 = 0$. Diese sind $z_{2,3} = \frac{1}{2}(-g \pm \sqrt{g^2 - 4})$ und $z_{1,4} = \frac{1}{2}(h \pm i\sqrt{4 - h^2})$.

Damit die Lösungen $1 = z_0, \ldots, z_4$ ein regelmäßiges Fünfeck bilden, muss $|z_4 - z_3| = |z_3 - z_2| = \ldots = |z_1 - 1| = |1 - z_4|$ gelten. Dies zeigt man durch Nachrechnen.

S. 148

Die Kreislinie mit Mittelpunkt $1(= (1, 0))$ und Radius 1: Wegen $\mathrm{Re}\,z = \frac{z + \bar{z}}{2}$ ist nämlich die Geradengleichung $\mathrm{Re}\,z = \frac{1}{2}$ äquivalent mit $z + \bar{z} = 1$. Setzt man $w = \frac{1}{z} = u + iv$, dann ist $\overline{w} = \overline{\left(\frac{1}{z}\right)} = \frac{1}{\bar{z}} = u - iv$ und $\frac{1}{w} + \frac{1}{\overline{w}} = 1$ oder $\frac{u - iv + u + iv}{u^2 + v^2} = 1$. Hieraus folgt $u^2 + v^2 = 2u$ oder $(u - 1)^2 + v^2 = 1$. Das ist die Gleichung einer Kreislinie mit Mittelpunkt $(1, 0)$ und Radius 1.

Lineare Gleichungssysteme – ein Tor zur linearen Algebra

5

Worin unterscheiden sich homogene und inhomogene Gleichungssysteme?

Was versteht man unter einer algorithmischen Bestimmung der Lösung?

Warum kann unmittelbar nach einer Wahl angegeben werden, welche Wählerwanderung stattgefunden hat?

© Springer-Verlag GmbH Deutschland, ein Teil von Springer Nature 2022
T. Arens et al., *Grundwissen Mathematikstudium*,
https://doi.org/10.1007/978-3-662-63313-7_5

In fast allen Bereichen der linearen Algebra stößt man auf Aufgaben, die auf lineare Gleichungssysteme zurückführbar sind. Bereits einfache Fragestellungen nach Schnittpunkten von Geraden in der Ebene liefern solche Systeme. Kompliziertere Aufgabenstellungen, wie etwa Eigenwertprobleme oder Fragen aus der linearen Optimierung, können in riesige Gleichungssysteme ausufern. Derartige Systeme spielen auch in vielen anderen Teilgebieten der Mathematik sowie in anderen Wissenschaften eine Rolle, etwa in der numerischen Mathematik, Statistik, Physik, Statik oder Elektrotechnik.

Weil es für die meisten Themenkreise der linearen Algebra unumgänglich ist, das Lösen von linearen Gleichungssystemen zu beherrschen und über die Struktur von Lösungsmengen Bescheid zu wissen, behandeln wir diese Systeme gleich hier in dem ersten derjenigen Buchkapitel, welche vorwiegend der linearen Algebra gewidmet sind. Zur Bestimmung der Lösungsmenge entwickeln wir ein systematisches Verfahren, welches auch den meisten Computeralgebrasystemen zugrunde liegt. In diesem nach Gauß und Jordan benannten Verfahren wird in einer ersten Phase geklärt, ob ein gegebenes lineares Gleichungssystem überhaupt lösbar ist. Im Fall der Lösbarkeit wird dann in einer weiteren Phase die Lösungsmenge auf eine effiziente Art und Weise bestimmt.

Dabei bieten sich in natürlicher Weise gewisse Schreib- und Bezeichnungsweisen an, die uns mit Matrizen und Vektoren, also mit Grundbegriffen der linearen Algebra vertraut machen. Die linearen Gleichungssysteme sind andererseits ein erstes Beispiel dafür, dass die Lösung eines mathematischen Problems nicht unbedingt aus einzelnen Formeln bestehen muss. Hier betrachten wir das Problem als gelöst, wenn es ein exakt beschriebenes Verfahren, einen Algorithmus, gibt, der ausnahmslos funktioniert – und mag die Anzahl der gegebenen Gleichungen und Unbekannten auch noch so groß sein.

5.1 Erste Lösungsversuche

Wir beginnen dieses Kapitel mit der Behandlung *reeller linearer Gleichungssysteme* und begnügen uns vorerst mit einer etwas lockeren Beschreibung dessen, was man darunter versteht. Die exakte Definition derartiger Systeme folgt im Abschnitt 5.2.

Der Begriff *Gleichungssystem* besagt, dass es sich um mehrere Gleichungen in mehreren *Unbekannten* handelt. Die *Linearität* eines solchen Systems bedeutet, dass die Unbekannten in den Gleichungen des Systems nur in erster Potenz auftreten und nicht etwa in trigonometrischen Funktionen eingebunden sind. *Reell* weist darauf hin, dass die Koeffizienten der Unbekannten in den Gleichungen reelle Zahlen sind, und wir auch die Lösungen unter den reellen Zahlen suchen. Es wird aber bald klar werden, dass all die Manipulationen, die wir an den reellen linearen Gleichungssystemen vornehmen, um die Lösung zu finden, auch bei beliebigen kommutativen Körpern funktionieren.

Die unbekannten Größen werden mit $x_1, x_2, \ldots, x_n$ bezeichnet, und ihre Koeffizienten werden immer links davor gesetzt. Da nützen wir die Kommutativität aus. Auch schreiben wir die linearen Gleichungen immer so auf, dass auf der linken Seite der Gleichung genau diejenigen Summanden stehen, welche Unbekannte enthalten. Damit bleibt rechts jeweils nur eine Zahl, das *Absolutglied* der linearen Gleichung.

Das System

$$x_1 + x_2 = 2$$
$$x_1 - x_2 = 0$$

ist ein reelles lineares Gleichungssystem. Die beiden folgenden Gleichungen

$$\sin x_1 + x_2 = 2$$
$$x_1 - x_2^2 = 0$$

beschreiben hingegen kein lineares Gleichungssystem mehr; man spricht von einem *nichtlinearen Gleichungssystem*.

Unter einer *Lösung* eines reellen Gleichungssystems mit n Unbekannten verstehen wir n reelle Zahlen $l_1, l_2, \ldots, l_n$, die, anstelle der Unbekannten $x_1, x_2, \ldots, x_n$ eingesetzt, alle Gleichungen des Systems erfüllen. Das Gleichungssystem zu *lösen* heißt, sämtliche Lösungen, also die *Lösungsmenge L* des Systems zu bestimmen.

Achtung: Die reellen Zahlen $l_1, l_2, \ldots, l_n$ bilden nicht n Lösungen, sie bilden *eine* Lösung des Gleichungssystems. Daher ist die Schreibweise $(l_1, l_2, \ldots, l_n)$ für diese eine Lösung besser, und wir werden von nun an Lösungen linearer Gleichungssysteme stets in dieser Art angeben.

Im Übrigen ist es durchaus interessant, lineare Gleichungssysteme allgemeiner über Integritätsbereiche oder Ringe (Kapitel 3, Seite 85) zu betrachten. So kann man z. B. nur die ganzzahligen Lösungen eines linearen Gleichungssystems mit lauter ganzzahligen Koeffizienten suchen. Derartige Gleichungen oder Gleichungssysteme heißen *diophantisch*. Dies erfordert allerdings ganz andere Lösungsmethoden, und deshalb beschränken wir uns doch auf den Fall, in dem die Koeffizienten der linearen Gleichungen und die $l_1, \ldots, l_n$ einem kommutativen Körper angehören.

Es ist nicht Aufgabe dieses Kapitels zu erklären, wie man auf ein lineares Gleichungssystem kommt, sondern wie man dessen Lösungsmenge bestimmt. Zwischendurch wollen wir aber doch demonstrieren, welche Probleme auf ein lineares Gleichungssystem führen und auf diese Weise gelöst werden können. So folgt anschließend eine einfache geometrische Frage, die man vielleicht sogar im Kopf lösen könnte. Eine umfangreichere Anwendungsaufgabe zu linearen Gleichungssystemen ist auf Seite 183 zu finden.

Beispiel Hier geht es um ein geometrisches Problem: Abbildung 5.1 zeigt, wie sich die Ebene mit kongruenten fünfeckigen Bausteinen, welche die Form einer stilisierten Krone haben, lückenlos ausfüllen lässt. Man kann nämlich mit diesen Fünfecken zunächst ein einzelnes Sechseck füllen und dann mit Kopien dieses gefüllten Sechsecks die ganze Ebene pflastern.

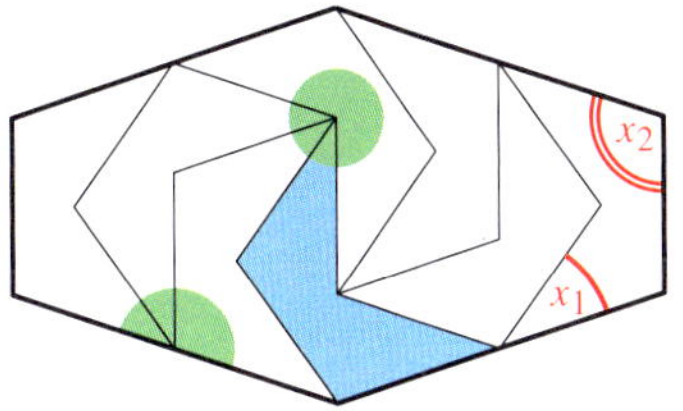

Abbildung 5.1 Ein fünfeckiger Baustein in Form einer stilisierten Krone zum lückenlosen Ausfüllen der Ebene.

Kommentar: Eine Pflasterung mittels kongruenter Sechsecke ist nicht nur so wie bei Bienenwaben mit regulären Sechsecken möglich, sondern z. B. auch mit solchen, bei welchen Gegenseiten jeweils parallel und gleich lang sind, die somit ein Symmetriezentrum besitzen. Die einzelnen Sechsecke in der Pflasterung gehen dann nämlich durch Parallelverschiebung auseinander hervor. Hat das Sechseck (ohne ausfüllende Fünfecke) dann so wie in unserem Fall eine Symmetrieachse, so kann man in der Sechseckpflasterung einzelne Sechsecke auch spiegelbildlich darstellen, was schließlich nach Füllung durch die kleinen Fünfecke das Ganze noch verwirrender und unregelmäßiger macht.

Die Seiten des kleinen fünfeckigen Bausteins sind alle gleich lang. Außerdem hat dieser eine Symmetrieachse. Unsere Aufgabe ist es, die genaue Form herauszufinden.

Zur eindeutigen Festlegung der Gestalt dieses Fünfecks genügen neben der Seitenlänge die Größen x_1 und x_2 zweier Winkel. Der spitze Winkel x_1 tritt an den Spitzen der „Krone" auf, der stumpfe Winkel x_2 an der Basis. Der erhabene Innenwinkel beträgt dann $2(270° - x_1 - x_2)$.

Nachdem an den Treffpunkten verschiedener Fünfecke im Inneren des Sechsecks als Winkelsumme stets 360° auftreten muss und in den Seitenmitten des berandenden Sechseckes stets 180°, folgen zwei Gleichungen:

$$-x_1 + 2 x_2 = 180°$$
$$2 x_1 + x_2 = 180°$$

Subtraktion der ersten Gleichung von der verdoppelten zweiten ergibt

$$5 x_1 = 180°$$

und damit $x_1 = 36°$. Nach Einsetzung dieses Werts in die zweite Gleichung erhalten wir $x_2 = 108°$. Dies zeigt, dass der in Abbildung 5.1 blau schattierte Baustein entsteht, wenn man bei einem regelmäßigen Fünfeck eine Ecke statt nach außen nach innen stülpt, ohne die Seitenlängen zu ändern.

Natürlich könnte man noch andere lineare Gleichungen aus dem Bild herauslesen, aber diese bringen keine neuen Informationen mehr. Der noch verbleibende erhabene Innenwinkel in dem fünfeckigen Baustein ist übrigens 252°. ◄

Ein reelles lineares Gleichungssystem hat entweder keine, genau eine oder unendlich viele Lösungen

Lineare Gleichungssysteme müssen nicht immer eine Lösung besitzen. Betrachten wir etwa das System der zwei Gleichungen

$$x_1 - x_2 = 1$$
$$x_1 - x_2 = 0$$

in den zwei Unbekannten x_1 und x_2. Es gibt keine reellen Zahlen l_1, l_2 mit $l_1 = l_2$ und gleichzeitig $l_1 \neq l_2$. Dieses Gleichungssystem ist *unlösbar*, oder anders ausgedrückt, die Lösungsmenge L ist die leere Menge.

Die einfachste Gleichung, die in keinem Körper eine Lösung besitzen kann, ist ja $0 x_1 = 1$, denn das Nullelement und das Einselement eines Körpers sind stets verschieden.

Als Nächstes betrachten wir das lineare Gleichungssystem

$$x_1 + x_2 = 2$$
$$x_1 - x_2 = 0$$

Die zweite Gleichung besagt $x_1 = x_2$. Setzen wir dies in die erste Gleichung ein, so erhalten wir $2 x_1 = 2$. Es ist also $l_1 = 1, l_2 = 1$ die einzig mögliche Lösung des Systems, wofür wir wie vereinbart $(l_1, l_2) = (1, 1)$ schreiben.

Gleich noch ein weiteres lineares Gleichungssystem:

$$3 x_1 - 6 x_2 = 0$$
$$-x_1 + 2 x_2 = 0$$

Die zweite Gleichung besagt $x_1 = 2 x_2$. Setzt man dies in die erste Gleichung ein, so erhält man $6 x_2 - 6 x_2 = 0$. Die zweite Gleichung enthält damit keine Information, die nicht auch schon aus der ersten Gleichung folgt. Beim genaueren Hinsehen erkennt man, dass die zweite Gleichung das $(-1/3)$-Fache der ersten Gleichung ist. Man kann daher die zweite Gleichung einfach weglassen; es bleibt das nur eine Gleichung umfassende System

$$3 x_1 - 6 x_2 = 0,$$

dessen Lösungsmenge wir nun bestimmen. Durch Probieren erkennt man, dass etwa $(2, 1)$ und $(4, 2)$ Lösungen des Systems sind. Setzt man für x_2 eine beliebige reelle Zahl t ein, so muss x_1 wegen $3 x_1 = 6 t$ den Wert $2 t$ haben.

Damit haben wir alle Lösungen bestimmt: Für jedes $t \in \mathbb{R}$ ist $(2 t, t)$ eine Lösung, und weitere Lösungen gibt es nicht. Die Lösungsmenge des Systems lautet also

$$L = \{(2 t, t) \mid t \in \mathbb{R}\}.$$

Diese umfasst unendlich viele Lösungen, weil $\mathbb{R}$ unendlich viele Elemente besitzt.

—————————— **?** ——————————

Welche Lösungsmenge erhält man, wenn man für x_1 eine beliebige reelle Zahl t einsetzt und dann x_2 bestimmt?

Will man dasselbe lineare Gleichungssystem im Körper $\mathbb{Z}_7$ der Restklassen modulo 7 lösen, so umfasst die Lösungsmenge $L = \{(2\,t,\,t) \mid t \in \mathbb{Z}_7\}$ nur die sieben Paare $(0, 0)$, $(1, 4)$, $(2, 1)$, $(3, 5)$, $(4, 2)$, $(5, 6)$ und $(6, 3)$.

Die bisher gezeigten Beispiele von reellen linearen Gleichungssystemen beweisen bereits:

Folgerung

Bei einem reellen linearen Gleichungssystem kann es *keine* oder *genau eine* oder *unendlich viele* Lösungen geben.

In einer Serie weiterer Beispiele gehen wir etwas genauer auf die Ursachen für diese verschiedenartigen Lösungsmengen ein:

Beispiel

■ Wie lautet die Lösungsmenge des folgenden Gleichungssystems?

$$x_1 + x_2 = 1$$
$$2\,x_1 - x_2 = 5$$

Die erste Gleichung besagt $x_1 = 1 - x_2$. Dieser Wert wird in die zweite Gleichung eingesetzt, was auf die lineare Gleichung $2 - 3\,x_2 = 5$ für x_2 führt. Die erhaltene Lösung für x_2 wird dann im Ausdruck für x_1 eingesetzt und liefert die in diesem Fall einzige Lösung

$$(l_1,\,l_2) = (2,\,-1).$$

Also ist $L = \{(2,\,-1)\}$ die Lösungsmenge des betrachteten Systems.

■ Nun wenden wir dasselbe *Substitutionsverfahren* auf das folgende System an:

$$x_1 + x_2 = 1$$
$$2\,x_1 + 2\,x_2 = 5$$

Die erste Gleichung besagt $x_1 = 1 - x_2$. Wir setzen dies in die zweite Gleichung für x_1 ein und erhalten

$$2 - 2\,x_2 + 2\,x_2 = 5\,, \text{ also } 2 = 5\,,$$

eine offensichtlich falsche Aussage. Anders ausgedrückt: Keines der Paare $(x_1,\,x_2)$, welches die erste Gleichung löst, kann auch die zweite Gleichung erfüllen. Dies heißt

$$L = \emptyset\,,$$

das Gleichungssystem ist unlösbar.

■ Der obige Widerspruch ist beseitigt in dem folgenden System:

$$x_1 + x_2 = 1$$
$$4\,x_1 + 4\,x_2 = 4$$

Dieselbe Substitution wie vorhin führt diesmal auf eine tatsächliche Zahlengleichheit $4 = 4$.

Ein Blick auf das System zeigt: Jedes Zahlenpaar $(l_1,\,l_2)$, das die erste Gleichung erfüllt, erfüllt auch die zweite. Die zweite Gleichung ist also eine Folge der ersten. Wir sprechen kurz von einer **Folgegleichung**.

In $\mathbb{R}$ gibt es unendlich viele Lösungen, denn jedes $l_1 \in \mathbb{R}$ löst zusammen mit $l_2 = 1 - l_1$ das obige System. Wir führen statt l_1 den *Parameter* t ein und erhalten die folgende *Parameterdarstellung* von L:

$$L = \{(t,\,1 - t) \mid t \in \mathbb{R}\}.$$

■ Nun zu einer Erweiterung des Gleichungssystems aus dem ersten Beispiel:

$$x_1 + x_2 = 1$$
$$2\,x_1 - x_2 = 5$$
$$-x_1 - 4\,x_2 = 2$$

Die aus den ersten beiden Gleichungen zu ermittelnde Lösung erfüllt auch die dritte Gleichung. Die dritte ist nämlich eine Folgegleichung der ersten beiden; sie entsteht, indem von der zweiten das Dreifache der ersten subtrahiert wird. Wie im ersten Beispiel folgt $L = \{(2,\,-1)\}$. Obwohl hier mehr Gleichungen als Unbestimmte vorliegen, gibt es eine eindeutige Lösung.

Wegen der ganzzahligen Koeffizienten hätten wir dasselbe Gleichungssystem auch als eines über dem Körper $\mathbb{Q}$ der rationalen Zahlen betrachten können. Die Lösung wäre dieselbe. Die Lösungsmenge wird auch nicht größer, wenn wir anstelle von $\mathbb{R}$ den Körper $\mathbb{C}$ der komplexen Zahlen zugrunde legen.

■ Bei der folgenden Erweiterung des Systems aus dem ersten Beispiel

$$x_1 + x_2 = 1$$
$$2\,x_1 - x_2 = 5$$
$$3\,x_1 + x_2 = 4$$

erfüllt die eindeutige Lösung der ersten beiden Gleichungen die dritte Gleichung nicht mehr, denn

$$(l_1,\,l_2) = (2,\,-1) \;\Rightarrow\; 3\,l_1 + l_2 = 5 \neq 4\,.$$

Dieses Gleichungssystem ist unlösbar, die Lösungsmenge ist $L = \emptyset$.

■ Abschließend ein System mit drei Unbekannten:

$$x_1 + 2\,x_2 - 2\,x_3 = 0$$
$$6\,x_1 - 3\,x_2 - 2\,x_3 = 0$$
$$2\,x_1 + x_2 - 2\,x_3 = 6$$

Dieses System stellt sich ebenfalls als unlösbar heraus. Wenn wir nämlich zu dem Vierfachen der ersten Gleichung die zweite addieren, erhalten wir die Folgegleichung

$$10\,x_1 + 5\,x_2 - 10\,x_3 = 0\,,$$

die zum 5-Fachen der dritten Gleichung des Systems im Widerspruch steht, denn

$$10\,x_1 + 5\,x_2 - 10\,x_3 = 30 \neq 0\,.$$

Also gilt auch in diesem Fall $L = \emptyset$.

Wenn wir diesem Gleichungssystem mit lauter ganzzahligen Koeffizienten anstelle des Körpers $\mathbb{R}$ den Körper $\mathbb{Z}_5$ der Restklassen modulo 5 zugrunde legen, dann ist es überraschenderweise doch lösbar.

Um den Wechsel zu $\mathbb{Z}_5$ zu verdeutlichen, verwenden wir nicht die Bezeichnungen $\overline{0}, \ldots, \overline{4}$ der Elemente von $\mathbb{Z}_5$, sondern wir schreiben jede Gleichung als *Kongruenzgleichung* modulo 5:

$$\begin{aligned}
x_1 + 2\,x_2 - 2\,x_3 &\equiv 0 \quad (\mathrm{mod}\ 5) \\
6\,x_1 - 3\,x_2 - 2\,x_3 &\equiv 0 \quad (\mathrm{mod}\ 5) \\
2\,x_1 + x_2 - 2\,x_3 &\equiv 6 \quad (\mathrm{mod}\ 5)
\end{aligned}$$

Offensichtlich ist in $\mathbb{Z}_5$ die zweite Gleichung identisch mit der ersten, denn $6 \equiv 1\ (\mathrm{mod}\ 5)$ und $2 \equiv -3\ (\mathrm{mod}\ 5)$. Damit bleiben nur zwei Kongruenzgleichungen übrig, nämlich

$$\begin{aligned}
x_1 + 2\,x_2 - 2\,x_3 &\equiv 0 \quad (\mathrm{mod}\ 5) \\
2\,x_1 + x_2 - 2\,x_3 &\equiv 6 \quad (\mathrm{mod}\ 5)
\end{aligned}$$

Die Differenz der beiden ergibt

$$x_1 - x_2 \equiv 1 \quad (\mathrm{mod}\ 5)\,.$$

Wir können deshalb $x_1 \equiv x_2 + 1\ (\mathrm{mod}\ 5)$ setzen und damit aus einer der Gleichungen das x_3 ermitteln:

$$2\,x_3 \equiv x_1 + 2\,x_2 = 3\,x_2 + 1 \quad (\mathrm{mod}\ 5)\,.$$

Wegen $2^{-1} \equiv 3\ (\mathrm{mod}\ 5)$ (siehe Kapitel 3, Seite 81) folgt $x_3 \equiv 3 + 4\,x_2\ (\mathrm{mod}\ 5)$, wobei x_2 beliebig aus $\mathbb{Z}_5$ wählbar ist. Wir können somit die Lösungsmenge darstellen als

$$L = \{(\overline{1} + \overline{t},\ \overline{t},\ \overline{3} - \overline{t}) \mid \overline{t} \in \mathbb{Z}_5\}\,.$$

Dieses Beispiel zeigt, wie wichtig es ist, bei der Frage nach der Lösungsmenge immer auch anzugeben, welcher Körper zugrunde gelegt wird.

Systeme von Kongruenzgleichungen, in denen der Restklassenkörper von Gleichung zu Gleichung variiert, gelten nicht als lineare Gleichungssysteme, denn sie erfordern ganz andere Lösungsmethoden. ◄

?
---

1) Hat ein reelles System mit mehr Unbekannten als Gleichungen stets unendlich viele Lösungen in $\mathbb{R}$?

2) Ist ein System mit mehr Gleichungen als Unbekannten immer unlösbar?

Reelle Gleichungssysteme mit zwei oder drei Unbekannten lassen sich geometrisch interpretieren

Eine geometrische Veranschaulichung der Gleichungssysteme wird die Ursache der in den bisherigen Beispielen aufgetretenen Phänomene verdeutlichen.

Wir interpretieren die Zahlenpaare $(l_1,\ l_2)$ bzw. Zahlentripel $(l_1,\ l_2,\ l_3)$ als Koordinaten von Punkten in der Ebene bzw. im Raum. Dann stellen die Lösungen einer einzelnen linearen Gleichung

$$a_1\,x_1 + a_2\,x_2 = b$$

mit reellen $a_1,\ a_2,\ b$ die Punkte einer Geraden in der Ebene dar, sofern nicht beide Koeffizienten a_1 und a_2 null sind. Analog bilden die Lösungen $(l_1,\ l_2,\ l_3)$ einer linearen Gleichung der Form

$$a_1\,x_1 + a_2\,x_2 + a_3\,x_3 = b$$

mit reellen $a_1,\ a_2,\ a_3,\ b$ die Punkte einer Ebene im Raum. Auch hier dürfen nicht alle Koeffizienten $a_1,\ a_2,\ a_3$ gleichzeitig null sein.

?

Was sind die Lösungsmengen, wenn die Koeffizienten $a_1,\ a_2$ bzw. $a_1,\ a_2,\ a_3$ alle zugleich null sind?

Ein System von reellen linearen Gleichungen in zwei bzw. drei Unbekannten zu lösen bedeutet demnach bei dieser geometrischen Interpretation, den mengenmäßigen Durchschnitt der zugehörigen Geraden bzw. Ebenen zu bestimmen.

Die zwei Gleichungen des Systems

$$\begin{aligned}
x_1 + x_2 &= 1 \quad (\Leftrightarrow\ x_2 = -x_1 + 1) \\
2\,x_1 - x_2 &= 5 \quad (\Leftrightarrow\ x_2 = 2\,x_1 - 5)
\end{aligned}$$

ergeben zwei einander schneidende Geraden (Abb. 5.2). Die Lösung entspricht dem Schnittpunkt.

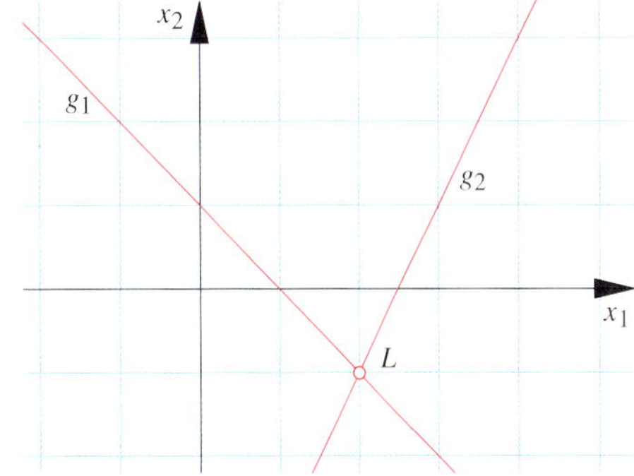

Abbildung 5.2 Die einzige Lösung entspricht dem Schnittpunkt der beiden Geraden.

Im Beispiel

$$\begin{aligned}
x_1 + x_2 &= 1 \quad (\Leftrightarrow\ x_2 = -x_1 + 1) \\
2\,x_1 + 2\,x_2 &= 5 \quad (\Leftrightarrow\ x_2 = -x_1 + 5/2)
\end{aligned}$$

liegen zwei parallele Geraden vor (Abb. 5.3). Daher ist die Lösungsmenge leer.

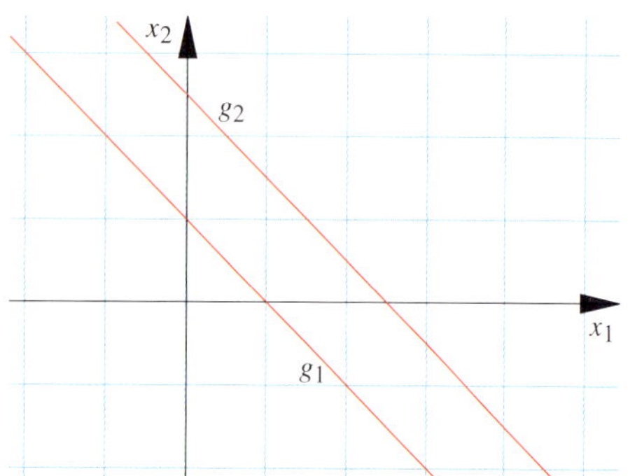

Abbildung 5.3 Sind die beiden Geraden parallel und verschieden, so ist die Lösungsmenge leer.

Die dritte Gleichung des Systems

$$x_1 + x_2 = 1 \quad (\Leftrightarrow x_2 = -x_1 + 1)$$
$$2x_1 - x_2 = 5 \quad (\Leftrightarrow x_2 = 2x_1 - 5)$$
$$-x_1 - 4x_2 = 2 \quad (\Leftrightarrow x_2 = -\tfrac{1}{4}x_1 - \tfrac{1}{2})$$

ist eine Folgegleichung der ersten beiden Gleichungen und stellt daher eine weitere Gerade durch den Schnittpunkt der ersten beiden Geraden dar (Abb. 5.4).

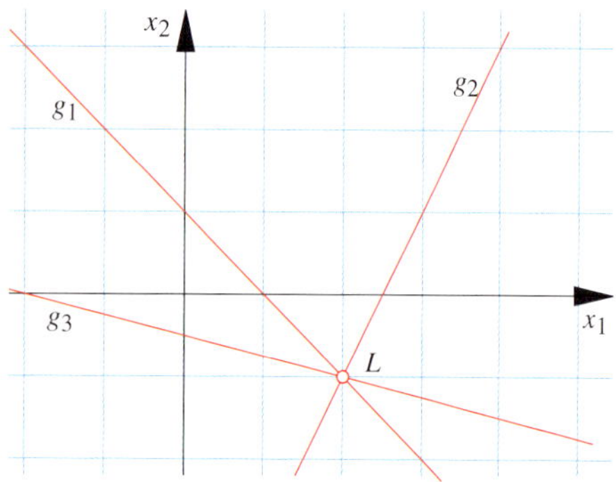

Abbildung 5.4 Die Lösungsmenge als Schnittpunkt dreier Geraden.

Die gegebenen Gleichungen des Systems

$$x_1 + 2x_2 - x_3 = 0$$
$$6x_1 - 3x_2 - x_3 = 0$$
$$2x_1 + x_2 - x_3 = 6$$

bestimmen drei Ebenen ohne gemeinsamen Punkt, denn die Schnittgerade der ersten beiden Ebenen verläuft parallel zur dritten Ebene. Die Abbildung 5.5 illustriert dies.

Das bisher benutzte Substitutionsverfahren, das natürlich auch bei mehr als zwei Unbekannten schrittweise eingesetzt werden kann, erweist sich nicht immer als sinnvoll: Der Ablauf des Rechenverfahrens ist nicht klar genug geregelt; manchmal muss man am Ende wieder zu früheren Gleichungen zurückkehren, um zu einer Lösung zu kommen

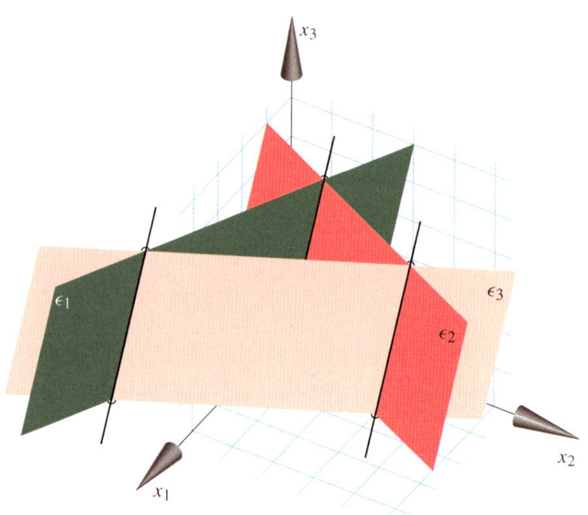

Abbildung 5.5 Die Lösungsmenge ist leer; die Schnittgeraden zwischen je zwei der drei Ebenen ϵ_1, ϵ_2, ϵ_3 sind parallel.

oder überhaupt die Lösbarkeit festzustellen. Und dann ist vielleicht nicht immer klar, welche Gleichung heranzuziehen ist.

Ähnlich ist es beim Verfahren des Gleichsetzens, wenn man aus zwei Gleichungen dieselbe Unbekannte ausrechnet und diese Ausdrücke gleichsetzt. Letztlich bedeuten Substituierung und Gleichsetzen die Elimination einer Unbekannten, zunächst einmal aus zwei Gleichungen. Wie geht man vor, wenn noch weitere Gleichungen vorliegen?

Wir wollen nun ein systematisches Vorgehen beschreiben, ein Verfahren, das uns auf sicherem Wege zeigt, ob ein gegebenes lineares Gleichungssystem lösbar ist, und uns im Fall der Lösbarkeit dann auch gleich die Lösungsmenge liefert. Um unser Vorgehen zu motivieren, betrachten wir die folgenden speziellen linearen Gleichungssysteme.

Gleichungssysteme in Stufenform lassen sich unmittelbar lösen

Gewisse Bauformen linearer Gleichungssysteme machen das Auffinden der Lösungen besonders einfach, wie die beiden folgenden Beispiele beweisen. Dabei spielt keine Rolle, ob wir in $\mathbb{R}$ oder in einem anderen Körper $\mathbb{K}$ rechnen.

Beispiel

- Das Gleichungssystem

$$x_1 + x_2 - x_3 = 0$$
$$2x_2 - x_3 = 1$$
$$x_3 = 3$$

hat **Stufenform**. Die Anzahl der auftretenden Unbekannten wird von Gleichung zu Gleichung kleiner.

Wir lösen dieses System durch *Rückwärtseinsetzen*, d. h., wir setzen den durch die letzte Gleichung bestimmten

Hintergrund und Ausblick: Näherungslösung für ein nicht lösbares lineares Gleichungssystem

Die Lösungsmenge des linearen Gleichungssystems

$$x_1 + x_2 = 1$$
$$2\,x_1 - x_2 = 5$$
$$3\,x_1 + x_2 = 4$$

ist leer (siehe Beispiele auf Seite 168). Angenommen, die Absolutwerte auf der rechten Seite sind die Ergebnisse von Messungen und daher fehlerbehaftet. Dann könnte man aus dem Blickpunkt eines Anwenders fragen: Wenn es keine exakte Lösung gibt, gibt es dann vielleicht doch eine, welche alle Gleichungen wenigstens *annähernd* erfüllt? Gibt es eine, bei welcher die Abweichungen von den auf den rechten Seiten vorgegebenen Werten *insgesamt minimal* sind? Dass sich diese Minimalitätsforderung mathematisch klar formulieren lässt, wird später in den Kapiteln 17 und 18 gezeigt.

Um zur Näherungslösung zu gelangen, wählen wir für das Lösen von Gleichungssystemen eine andere geometrische Interpretation als bisher. Dabei spielt eine Abbildung f eine Rolle, die durch die linken Seiten der Gleichungen festgelegt ist und zur Klasse der später im Kapitel 12 genauer untersuchten *linearen Abbildungen* gehört.

Welche Werte für x_1 und x_2 auch immer in die linken Seiten der Gleichungen eingesetzt werden, es ergibt sich jeweils ein Ergebnis, aber normalerweise nicht das auf der rechten Seite vorgeschriebene. Trotzdem können wir eine Punktabbildung herauslesen, nämlich:

$$f : \mathbb{R}^2 \to \mathbb{R}^3, \quad (x_1,\, x_2) \mapsto (x_1',\, x_2',\, x_3')$$

$$\text{mit} \quad \begin{bmatrix} x_1' &=& x_1 + x_2 \\ x_2' &=& 2\,x_1 - x_2 \\ x_3' &=& 3\,x_1 + x_2 \end{bmatrix}$$

Weil drei Gleichungen mit zwei Unbekannten vorliegen, handelt es sich um eine Abbildung aus der Ebene in den Raum.

Die Bildpunkte $(x_1',\, x_2',\, x_3')$ liegen allerdings alle in der Ebene $f(\mathbb{R}^2)$ mit der Gleichung

$$5\,x_1' + 2\,x_2' - 3\,x_3' = 0,$$

wie wir durch Einsetzen bestätigen können. Der durch die rechte Seite des Gleichungssystems vorgeschriebene *Zielpunkt* $Z = (1,\, 5,\, 4)$ gehört nicht dieser Ebene an, denn $5 \cdot 1 + 2 \cdot 5 - 3 \cdot 4 = 3 \neq 0$. Er kann daher kein Bildpunkt sein. Also gibt es keinen Punkt $(x_1,\, x_2)$, der durch f auf Z abgebildet wird und damit auch keine Lösung des Systems.

Nun ist folgender Weg zu einer Näherungslösung naheliegend: Wir fragen zunächst nach einem Punkt innerhalb der Bildebene $f(\mathbb{R}^2)$, der dem vorgeschriebenen Zielpunkt Z am nächsten liegt. Das ist der Normalenfußpunkt F von Z (siehe Seiten 248 und 255), und das Urbild $f^{-1}(F)$ dieses Fußpunkts ist dann unsere Näherungslösung.

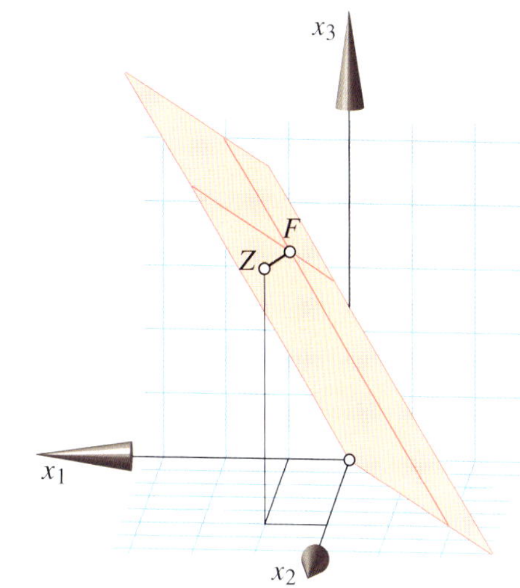

Der Fußpunkt F als Näherung für den Zielpunkt Z.

Methoden aus Kapitel 7 führen auf

$$F = (23/38,\ 184/38,\ 161/38)$$

und damit zur Näherungslösung

$$(\tilde{l}_1,\, \tilde{l}_2) = (69/38,\ -46/38).$$

Einsetzen dieser Lösung ergibt auf der rechten Seite Abweichungen von den vorgeschriebenen Absolutgliedern im Ausmaß von rund

$$0.394\,7,\ 0.157\,9 \ \text{bzw.} \ -0.236\,8.$$

Dabei bezeichnen wir als *Abweichung* die Differenz Sollwert minus Istwert. Der Fußpunkt F ist der dem Zielpunkt Z nächstgelegene Bildpunkt aus $f(\mathbb{R}^2)$. Daher ist für die gezeigte Näherungslösung *die Quadratsumme der Abweichungen minimal*, nämlich gleich dem Quadrat der Distanz der Punkte Z und F.

Eine genauere Betrachtung dieser *Methode der kleinsten Quadrate* folgt im Kapitel 17.

Wert 3 von x_3 in der vorletzten Gleichung ein und erhalten für x_2

$$2\,x_2 - 3 = 1 \;\Rightarrow\; x_2 = 2$$

und schließlich aus der ersten Gleichung für x_1

$$x_1 + 2 - 3 = 0 \;\Rightarrow\; x_1 = 1\,.$$

Damit lautet die Lösungsmenge $L = \{(1, 2, 3)\}$.

- Noch einfacher wird das Auffinden der Lösung bei einem System in **reduzierter Stufenform**. Hier treten die ersten Unbekannten jeweils in nur einer Gleichung auf, im folgenden Beispiel sogar mit dem Koeffizienten 1:

$$
\begin{array}{rcrcrcl}
x_1 & & + & x_4 & - & x_5 & = 4 \\
& x_2 & & - 2\,x_4 & + 3\,x_5 & & = 6 \\
& & x_3 & + 3\,x_4 & - 2\,x_5 & & = 3
\end{array}
$$

Wir können x_1, x_2 und x_3 unmittelbar durch x_4 und x_5 ausdrücken und damit alle Gleichungen befriedigen, egal was für x_4 und x_5 eingesetzt wird. Daher können wir zur Beschreibung der Lösungsmenge die Unbekannten x_4 und x_5 durch Zahlen t_1 bzw. t_2 aus dem zugrunde liegenden Körper $\mathbb{K}$ ersetzen. Dies führt auf eine Parameterdarstellung der diesmal *zweidimensionalen* Lösungsmenge

$$L = \{(4 - t_1 + t_2,\, 6 + 2\,t_1 - 3\,t_2,\, 3 - 3\,t_1 + 2\,t_2,\, t_1,\, t_2)$$
$$\mid t_1,\, t_2 \in \mathbb{K}\}. \qquad\blacktriangleleft$$

Wegen dieses recht einfachen Vorgehens beim Lösen von Gleichungssystemen in Stufen- bzw. reduzierter Stufenform ist es naheliegend, bei beliebigen linearen Gleichungssystemen die folgende Strategie zu verfolgen:

Wir bringen das System zunächst durch Umformungen auf Stufen- bzw. reduzierte Stufenform und lesen dann die Lösung fast unmittelbar ab. Wir müssen allerdings darauf achten, dass bei den einzelnen Umformungen die Lösungsmenge nicht verändert wird. Daher beschränken wir uns strikt auf die sogenannten *elementaren Zeilenumformungen*. Details dazu folgen im nächsten Abschnitt.

5.2 Das Lösungsverfahren von Gauß und Jordan

Wir haben schon einige reelle lineare Gleichungssysteme angegeben und auch gelöst. Dabei haben wir noch gar nicht geklärt, was wir eigentlich genau unter einem solchen System verstehen. Wir wollen dies nun nachholen:

Definition linearer Gleichungssysteme

Ein **lineares Gleichungssystem** über dem kommutativen Körper $\mathbb{K}$ mit m Gleichungen in n Unbekannten $x_1, \ldots, x_n$ lässt sich in folgender Form schreiben:

$$
\begin{array}{rcl}
a_{11}\,x_1 + a_{12}\,x_2 + \cdots + a_{1n}\,x_n &=& b_1 \\
a_{21}\,x_1 + a_{22}\,x_2 + \cdots + a_{2n}\,x_n &=& b_2 \\
\vdots \qquad \vdots \qquad\quad \vdots \qquad\quad \vdots & & \\
a_{m1}\,x_1 + a_{m2}\,x_2 + \cdots + a_{mn}\,x_n &=& b_m
\end{array}
$$

Dabei sind die *Koeffizienten* a_{ij} und die Absolutglieder b_i für $1 \le i \le m$ und $1 \le j \le n$ Elemente des Körpers $\mathbb{K}$.

Ein n-Tupel $(l_1, l_2, \ldots, l_n) \in \mathbb{K}^n$ heißt eine **Lösung** dieses Systems, wenn alle Gleichungen durch Einsetzen von $l_1, \ldots, l_n$ anstelle von $x_1, \ldots, x_n$ befriedigt werden. Die Menge L aller Lösungen des Systems heißt **Lösungsmenge**. Ist L leer, so heißt das Gleichungssystem **unlösbar**.

Wir werden im Folgenden stets die Kommutativität von $\mathbb{K}$ voraussetzen, ohne dies noch extra zu erwähnen.

Mit elementaren Zeilenoperationen bringt man ein lineares Gleichungssystem auf Stufenform

Nun lernen wir eine Methode kennen, die auch vielen computergestützten Verfahren zugrunde liegt und auf übersichtliche und effiziente Weise zur Lösungsmenge eines linearen Gleichungssystems führt.

Die Strategie lässt sich wie folgt kurz beschreiben: Es wird wiederholt jeweils eine Gleichung des Systems durch eine Folgegleichung ersetzt, bis schließlich das Gleichungssystem Stufenform annimmt. Spätestens an der Stufenform kann die Frage nach der Lösbarkeit beantwortet werden. Ist das System lösbar, so lässt sich die Lösungsmenge durch Rückwärtseinsetzen bestimmen (*Eliminationsverfahren von Gauß*) oder nach einer weiteren Umformung des Systems direkt von der reduzierten Stufenform ablesen (*Eliminationsverfahren von Gauß und Jordan*).

Der Ersatz einer Gleichung durch eine Folgegleichung des bisherigen Systems muss allerdings wohlüberlegt erfolgen: Die Lösungsmenge muss unverändert bleiben, es darf keine Information verloren gehen. Wir erreichen dieses Ziel, indem wir die Umformungen, die zu Folgegleichungen führen, stark einschränken.

Definition der elementaren Zeilenumformungen

Die folgenden, auf die einzelnen Gleichungen eines linearen Gleichungssystems anwendbaren Operationen heißen **elementare Zeilenumformungen**:
1. Zwei Gleichungen werden vertauscht.
2. Eine Gleichung wird mit einem Faktor $\lambda \in \mathbb{K} \setminus \{0\}$ multipliziert, also vervielfacht.
3. Zu einer Gleichung wird das λ-Fache einer anderen Gleichung addiert, wobei $\lambda \in \mathbb{K}$.

Kommentar: Bei der Vervielfachung in Typ 2 ist $\lambda = 0$ ausgeschlossen, denn sonst entstünde eine *Nullzeile*, d. h. eine Zeile, in welcher alle Koeffizienten und das Absolutglied null sind. Da jedes n-Tupel aus $\mathbb{K}^n$ eine Nullzeile befriedigt, würde diese Vervielfachung die Lösungsmenge einer ursprünglich von der Nullzeile verschiedenen Gleichung verändern. Hingegen ist $\lambda = 0$ bei Typ 3 zugelassen, aber das System bleibt dann unverändert.

Die Zeilenvertauschung im Umformungstyp 1 ist auch durch geschicktes Anwenden der Typen 2 und 3 erreichbar. Wir haben dies als Übungsaufgabe gestellt. Demnach könnte man in der Definition bereits mit nur zwei Typen auskommen.

Mithilfe dieser elementaren Zeilenumformungen gelingt es nun, lineare Gleichungssysteme zu vereinfachen, indem einzelne Koeffizienten null werden, ohne dass sich die Lösungsmenge des Systems ändert. Zwei Gleichungssysteme mit derselben Lösungsmenge heißen übrigens zueinander **äquivalent**.

Elementare Zeilenumformungen ändern die Lösungsmenge nicht

Wir formulieren sogleich das zentrale Ergebnis dieses Abschnitts.

> **Äquivalente lineare Gleichungssysteme**
>
> Die Lösungsmenge eines linearen Gleichungssystems ändert sich nicht, wenn an diesem System eine elementare Zeilenumformung vorgenommen wird.

Beweis: Eine Lösung des Gleichungssystems erfüllt dieses auch noch, nachdem eine elementare Zeilenumformung ausgeübt worden ist. Dies lässt sich wie folgt begründen:
(1) Die Vertauschung zweier Gleichungen ändert nicht die gestellten Bedingungen, sondern nur deren Reihenfolge.
(2) Die Gleichheit zwischen der linken und rechten Seite einer Gleichung bleibt bestehen, wenn beide Seiten mit demselben Faktor $\lambda \in \mathbb{K}$ multipliziert werden.
(3) Werden zwei Gleichungen erfüllt, dann ist auch die Summe der beiden linken Seiten gleich der Summe der beiden rechten.

Somit ist die Lösungsmenge L des gegebenen Gleichungssystems eine Teilmenge der Lösungsmenge $\widetilde{L}$ des umgeformten Systems.

Es gilt aber auch die Umkehrung $\widetilde{L} \subset L$, d. h., jede Lösung des umgeformten Systems löst auch das ursprüngliche. Als Begründung genügt es zu erkennen, dass die Umkehroperation einer elementaren Zeilenumformung wiederum eine von derselben Art ist: (1) Bei der Zeilenvertauschung ist das trivial. (2) Anstelle der Multiplikation einer Gleichung mit $\lambda \neq 0$ ist bei der Umkehrung mit $1/\lambda$ zu multiplizieren. (3) Ist schließlich vorher das λ-Fache einer anderen Gleichung zur ausgewählten Gleichung addiert worden, so muss umgekehrt vom Ergebnis das λ-Fache der inzwischen unverändert gebliebenen anderen Gleichung wieder subtrahiert werden, um zur Ausgangsgleichung zurückzukehren.

Somit sind die beiden Lösungsmengen L und $\widetilde{L}$ gleich (siehe Mengengleichheit in Kapitel 2). ∎

Achtung: Das folgende Vorgehen ist nicht zulässig: Addiere zur ersten Zeile die zweite Zeile und zur zweiten Zeile die erste Zeile. Und addiere dann zur neuen zweiten Zeile das (-1)-Fache der neuen ersten Zeile. Damit entsteht eine *Nullzeile*, d. h. eine Zeile mit lauter Nullen.

Wenn $z_1, \ldots, z_m$ die einzelnen Gleichungen des Systems bezeichnen und $\mathbf{0}$ eine Nullzeile bedeutet, so könnte diese „verbotene" Zeilenumformung folgendermaßen dargestellt werden:

$$\begin{pmatrix} z_1 \\ z_2 \\ \vdots \end{pmatrix} \xrightarrow{\text{1. Schritt}} \begin{pmatrix} z_1 + z_2 \\ z_2 + z_1 \\ \vdots \end{pmatrix} \xrightarrow{\text{2. Schritt}} \begin{pmatrix} z_1 + z_2 \\ \mathbf{0} \\ \vdots \end{pmatrix}$$

Offensichtlich ist bei diesen zwei Schritten Information verloren gegangen. Anstelle der früher zwei Gleichungen z_1 und z_2 gibt es jetzt nur mehr eine, und zwar die Summe $z_1 + z_2$.

?

Warum ist dieses eben geschilderte Vorgehen nicht zulässig? Inwiefern hat man die Vorschriften für elementare Umformungen verletzt?

Wir demonstrieren im Beispiel auf Seite 174, wie sich ein lineares Gleichungssystem durch elementare Zeilenumformungen auf reduzierte Stufenform bringen lässt.

Beim schrittweisen Vorgehen in diesem Beispiel zur Auflösung des Gleichungssystems

$$\begin{aligned} x_3 + 3x_4 + 3x_5 &= 2 \\ x_1 + 2x_2 + x_3 + 4x_4 + 3x_5 &= 3 \\ x_1 + 2x_2 + 2x_3 + 7x_4 + 6x_5 &= 5 \\ 2x_1 + 4x_2 + x_3 + 5x_4 + 3x_5 &= 4 \end{aligned}$$

waren nur die Koeffizienten in den Gleichungen ausschlaggebend. Die x_i dienten nur als *Platzanweiser*. Fehlt in einer Gleichung das x_i, so ist der zugehörige Koeffizient von x_i natürlich null.

Wir sparen Schreibarbeit, wenn wir das angegebene lineare Gleichungssystem in folgender Art und Weise notieren:

$$\left(\begin{array}{ccccc|c} 0 & 0 & 1 & 3 & 3 & 2 \\ 1 & 2 & 1 & 4 & 3 & 3 \\ 1 & 2 & 2 & 7 & 6 & 5 \\ 2 & 4 & 1 & 5 & 3 & 4 \end{array} \right)$$

Beispiel: Zurückführung auf reduzierte Stufenform

Gegeben ist ein System über dem Körper $\mathbb{R}$ bestehend aus vier linearen Gleichungen mit fünf Unbekannten:

$$
\begin{aligned}
x_3 + 3x_4 + 3x_5 &= 2 \\
x_1 + 2x_2 + x_3 + 4x_4 + 3x_5 &= 3 \\
x_1 + 2x_2 + 2x_3 + 7x_4 + 6x_5 &= 5 \\
2x_1 + 4x_2 + x_3 + 5x_4 + 3x_5 &= 4
\end{aligned}
$$

Problemanalyse und Strategie: Wir kümmern uns zuerst um x_1: Mit elementaren Zeilenumformungen sorgen wir dafür, dass x_1 nur noch in einer, und zwar der dann ersten Zeile auftaucht. Dies gelingt folgendermaßen:

(1) Vertausche die erste mit der zweiten Zeile.

(2) Addiere zur dritten Zeile das (-1)-Fache der neuen ersten Zeile.

(3) Addiere zur vierten Zeile das (-2)-Fache der neuen ersten Zeile.

So verfahren wir nach und nach mit allen Variablen, um am Ende die gewünschte reduzierte Stufenform zu erreichen.

Lösung:

Zu x_1:

$$
\begin{aligned}
x_3 + 3x_4 + 3x_5 &= 2 \\
x_1 + 2x_2 + x_3 + 4x_4 + 3x_5 &= 3 \\
x_1 + 2x_2 + 2x_3 + 7x_4 + 6x_5 &= 5 \\
2x_1 + 4x_2 + x_3 + 5x_4 + 3x_5 &= 4
\end{aligned}
\quad\rightarrow
$$

$$
\begin{aligned}
x_1 + 2x_2 + x_3 + 4x_4 + 3x_5 &= 3 \\
x_3 + 3x_4 + 3x_5 &= 2 \\
x_3 + 3x_4 + 3x_5 &= 2 \\
- x_3 - 3x_4 - 3x_5 &= -2
\end{aligned}
$$

Zu x_2: Wir stellen fest, dass hier nichts weiter zu erledigen ist, da x_2 nur in der ersten Zeile auftaucht.

Zu x_3: (1) Zur ersten Zeile addieren wir das (-1)-Fache der zweiten Zeile; also, wir subtrahieren die zweite Zeile von der ersten. (2) Wir ziehen die zweite Zeile auch von der dritten Zeile ab. (3) Schließlich addieren wir die zweite Zeile zur vierten Zeile:

$$
\begin{aligned}
x_1 + 2x_2 + x_3 + 4x_4 + 3x_5 &= 3 \\
x_3 + 3x_4 + 3x_5 &= 2 \\
x_3 + 3x_4 + 3x_5 &= 2 \\
- x_3 - 3x_4 - 3x_5 &= -2
\end{aligned}
\quad\rightarrow
$$

$$
\begin{aligned}
x_1 + 2x_2 + x_4 &= 1 \\
x_3 + 3x_4 + 3x_5 &= 2 \\
0 &= 0 \\
0 &= 0
\end{aligned}
$$

Damit endet bereits das Verfahren, denn wir haben die reduzierte Stufenform erreicht.

Die letzten beiden Zeilen mit den Nullen auf der linken Seite sind besonders wichtig für die Entscheidung, ob unser Gleichungssystem lösbar ist oder nicht:

Fall (a) Sind auch die jeweiligen Absolutglieder so wie hier gleich null, so können diese restlichen Gleichungen weggelassen werden, denn sie schränken die Lösungsmenge in keiner Weise ein.

Fall (b) Verbliebe hingegen in einer derartigen Zeile rechts noch ein Absolutglied $\neq 0$, so bestünde ein Widerspruch, der nicht beseitigbar wäre, was auch immer für $x_1, \ldots, x_5$ eingesetzt würde. Das Gleichungssystem wäre unlösbar.

Das zum Ausgangssystem äquivalente Gleichungssystem in reduzierter Stufenform lautet somit:

$$
\begin{aligned}
x_1 + 2x_2 + x_4 &= 1 \\
x_3 + 3x_4 + 3x_5 &= 2
\end{aligned}
$$

Es ist lösbar. Zu jeder Wahl von x_2, x_4 und x_5 können wir x_1 und x_3 derart angeben, dass beide Gleichungen erfüllt sind. Die Lösungsmenge lautet also: $L = \{(1 - 2t_1 - t_2, \, t_1, \, 2 - 3t_2 - 3t_3, \, t_2, \, t_3) \mid t_1, t_2, t_3 \in \mathbb{R}\}$.

Am Schnittpunkt der i-ten Zeile, $i \in \{1, \ldots, m\}$, und j-ten Spalte, $j \in \{1, \ldots, n\}$, steht der Koeffizient a_{ij} von x_j in der i-ten Gleichung. Diesen Schnittpunkt der (horizontalen) i-ten Zeile und der (vertikalen) j-ten Spalte nennen wir auch die **Stelle** (i, j). Der vertikale Strich vor der letzten Spalte soll uns an die dort befindlichen Gleichheitszeichen erinnern. Rechts davon stehen nur mehr die Absolutglieder des Systems. Nun ist auch klar, warum wir schon bisher anstelle von Gleichungen auch von *Zeilen* und insbesondere von Nullzeilen gesprochen haben.

Mit dieser Schreibweise lauten die im Beispiel auf Seite 174 durchgeführten Umformungen wie folgt:

$$
\begin{pmatrix}
0 & 0 & 1 & 3 & 3 & | & 2 \\
\mathbf{1} & 2 & 1 & 4 & 3 & | & 3 \\
1 & 2 & 2 & 7 & 6 & | & 5 \\
2 & 4 & 1 & 5 & 3 & | & 4
\end{pmatrix}
\xrightarrow[\substack{z_1 \leftrightarrow z_2 \\ z_3 \to z_3 - z_2 \\ z_4 \to z_4 - 2 z_2}]{\text{Typ 1 bzw. 3}}
$$

$$
\begin{pmatrix}
1 & 2 & 1 & 4 & 3 & | & 3 \\
0 & 0 & \mathbf{1} & 3 & 3 & | & 2 \\
0 & 0 & 1 & 3 & 3 & | & 2 \\
0 & 0 & -1 & -3 & -3 & | & -2
\end{pmatrix}
\xrightarrow[\substack{z_1 \to z_1 - z_2 \\ z_3 \to z_3 - z_2 \\ z_4 \to z_4 + z_2}]{\text{Typ 3}}
$$

$$
\begin{pmatrix}
1 & 2 & 0 & 1 & 0 & | & 1 \\
0 & 0 & 1 & 3 & 3 & | & 2 \\
0 & 0 & 0 & 0 & 0 & | & 0 \\
0 & 0 & 0 & 0 & 0 & | & 0
\end{pmatrix}
$$

Wenn wir das letzte Schema nach Weglassung der beiden Nullzeilen wieder in Gleichungsform ausdrücken, so erhalten wir genau das letzte Gleichungssystem aus der Beispielbox von Seite 174:

$$
\begin{array}{rcrcrcrcr}
x_1 & + & 2 x_2 & & & + & x_4 & & & = & 1 \\
& & & & x_3 & + & 3 x_4 & + & 3 x_5 & = & 2
\end{array}
$$

Wir erläutern das prinzipielle Vorgehen noch einmal in Worten:

1. Schritt: Wir wählen aus der ersten Spalte die rot gedruckte 1 aus und tauschen die zugehörige Gleichung in die erste Zeile. Mithilfe dieser rot gedruckten 1 werden alle anderen, von null verschiedenen Zahlen der ersten Spalte zu null gemacht. Da diese Zahlen Koeffizienten von Unbekannten sind, die dann wegfallen, können wir auch sagen, wir *eliminieren* diese Unbekannten mittels elementarer Zeilenumformungen.

2. Schritt: Nachdem in der zweiten Spalte ab Zeile 2 kein von null verschiedener Eintrag vorkommt, gehen wir zur dritten Spalte weiter. Wir wählen die rot gedruckte 1 an der Stelle (2, 3) aus und eliminieren damit alle anderen Einträge in dieser dritten Spalte durch elementare Zeilenumformungen. An den ersten beiden Spalten hat sich durch diese Zeilenumformungen nichts mehr geändert.

---------------------------- **?** ----------------------------

Was hätten wir tun können, wenn wir an der Stelle (2, 3) keine 1 zur Verfügung gehabt hätten?

Die erweiterte Koeffizientenmatrix ist eine komfortable Darstellung des linearen Gleichungssystems

Wir betrachten wieder ein allgemeines lineares Gleichungssystem:

$$
\begin{array}{rcrcrcrcr}
a_{11} x_1 & + & a_{12} x_2 & + & \cdots & + & a_{1n} x_n & = & b_1 \\
a_{21} x_1 & + & a_{22} x_2 & + & \cdots & + & a_{2n} x_n & = & b_2 \\
\vdots & & \vdots & & & & \vdots & & \vdots \\
a_{m1} x_1 & + & a_{m2} x_2 & + & \cdots & + & a_{mn} x_n & = & b_m
\end{array}
$$

mit a_{ij} und $b_i \in \mathbb{K}$ für $1 \leq i \leq m$ und $1 \leq j \leq n$. Wir sagen: Zu diesem linearen Gleichungssystem gehören die **Koeffizientenmatrix**

$$
A = \begin{pmatrix}
a_{11} & a_{12} & \cdots & a_{1n} \\
a_{21} & a_{22} & \cdots & a_{2n} \\
\vdots & \vdots & \cdots & \vdots \\
a_{m1} & a_{m2} & \cdots & a_{mn}
\end{pmatrix}
$$

und die **erweiterte Koeffizientenmatrix**

$$
(A \mid b) = \left(
\begin{array}{cccc|c}
a_{11} & a_{12} & \cdots & a_{1n} & b_1 \\
a_{21} & a_{22} & \cdots & a_{2n} & b_2 \\
\vdots & \vdots & \cdots & \vdots & \vdots \\
a_{m1} & a_{m2} & \cdots & a_{mn} & b_m
\end{array}
\right)
$$

Aus der erweiterten Koeffizientenmatrix erhalten wir eindeutig das zugehörige Gleichungssystem wieder zurück. Also ist jede Information über das Gleichungssystem in der zugehörigen erweiterten Koeffizientenmatrix enthalten.

Allgemein heißt jedes rechteckige Schema von Zahlen aus einem Körper $\mathbb{K}$ eine **Matrix**. Umfasst diese ebenso wie die obige Koeffizientenmatrix $m \geq 1$ Zeilen und $n \geq 1$ Spalten, so sprechen wir von einer $m \times n$ -Matrix. Die Menge aller $m \times n$ -Matrizen über $\mathbb{K}$ wird mit $\mathbb{K}^{m \times n}$ bezeichnet. In diesem Sinn gehört die erweiterte Koeffizientenmatrix $(A \mid b)$ zu $\mathbb{K}^{m \times (n+1)}$. Die Elemente einer Matrix heißen auch **Einträge**.

Die nur eine Zeile oder eine Spalte umfassenden Matrizen werden auch **Zeilen-** bzw. **Spaltenvektoren** genannt. Obwohl erst im Kapitel 6 anhand der Vektorraumaxiome genau erklärt wird, was ein *Vektor* ist, wollen wir diese Sprechweise doch schon jetzt benutzen und eine Lösung $(l_1, \ldots, l_n)$ unseres Gleichungssystems auch einen **Lösungsvektor** nennen. Wir verwenden dafür das fettgedruckte l als Symbol. Ebenso können wir x als Vektor der Unbekannten $(x_1, \ldots, x_n)$ einführen und das gegebene lineare Gleichungssystem in der Kurzform $A x = b$ schreiben.

Hier sollte man sich allerdings x als Spaltenvektor vorstellen, denn hinter dieser Kurzschreibweise verbirgt sich ein Sonderfall der im Kapitel 12 ausführlich erklärten Matrizenmultiplikation:

$$
A x = \begin{pmatrix}
a_{11} & a_{12} & \cdots & a_{1n} \\
a_{21} & a_{22} & \cdots & a_{2n} \\
\vdots & \vdots & \cdots & \vdots \\
a_{m1} & a_{m2} & \cdots & a_{mn}
\end{pmatrix}
\begin{pmatrix}
x_1 \\
x_2 \\
\vdots \\
x_n
\end{pmatrix}
$$

$$
= \begin{pmatrix}
a_{11} x_1 + a_{12} x_2 + \cdots + a_{1n} x_n \\
a_{21} x_1 + a_{22} x_2 + \cdots + a_{2n} x_n \\
\vdots \\
a_{m1} x_1 + a_{m2} x_2 + \cdots + a_{mn} x_n
\end{pmatrix}
$$

Wenn wir zwei gleichartige Matrizen A und C genau dann als **gleich** erklären, wenn an jeder Stelle (i, j) die jeweiligen Einträge a_{ij} und c_{ij} übereinstimmen, so fasst unsere *Matrizengleichung*

$$A\,x = b$$

genau die m linearen Gleichungen in den n Unbekannten zusammen: Der m-zeilige Vektor der Summen auf den linken Seiten des linearen Gleichungssystems wird dem Vektor b der Absolutglieder gleichgesetzt.

Gemäß unserer Lösungsstrategie wenden wir uns der Aufgabe zu nachzuweisen, dass sich jede nicht nur aus Nullen bestehende Koeffizientenmatrix A mithilfe elementarer Zeilenumformungen auf Stufenform bringen lässt, genauer auf **Zeilenstufenform**:

$$\left.\begin{pmatrix} f_1 & & & & \\ & f_2 & * & & * \\ & & f_3 & & * \\ & & & & \\ & 0 & & \ddots & \\ & & & & f_r \\ & & 0 & & \end{pmatrix}\right\} r$$

Dabei bezeichnen $f_1, \ldots, f_r$ die in den Zeilen jeweils ersten, von 0 verschiedenen Einträge, die **führenden Einträge** oder **Pivotelemente**. Kennzeichnend für die Zeilenstufenform ist, dass beim Durchlaufen der Zeilen von oben nach unten nach jeder Zeile der führende Eintrag um mindestens eine Spalte nach rechts rückt. Gibt es Nullzeilen, so stehen diese ganz unten.

Liegt f_{i+1} um k Spalten rechts von f_i bei $k \geq 1$, so bildet f_i zusammen mit den $k - 1$ rechts anschließenden Einträgen eine *Stufe* der Länge k. Die verstreuten Nullen in der obigen Matrix sollen andeuten, dass unter den Stufen, also unter der markierten Linie, nur Nullen auftreten. Die durch $*$ markierten Einträge sind beliebig.

Wir haben eventuell vorhandene Nullspalten bereits weggelassen. Sie bedeuten, dass eine Unbekannte x_j überhaupt nicht in den Gleichungen erscheint und daher in der Lösungsmenge das x_j einen frei wählbaren Parameter darstellt.

---------------------------- **?** ----------------------------

Wodurch unterscheidet sich die Zeilenstufenform zu dem Gleichungssystem auf Seite 174 von jener auf Seite 172? Wie könnte eine „Spaltenstufenform" aussehen?

Unterhalb der Stufen gibt es nur Nullzeilen. Wir nennen die Anzahl r der Stufen, also die Anzahl der Nichtnullzeilen der Matrix in Zeilenstufenform, den **Rang** von A und verwenden dafür das Zeichen rg A.

Im Kapitel 12 werden wir erkennen, dass diese Zahl r durch A eindeutig bestimmt ist, nämlich als Dimension der Hülle

der Zeilenvektoren von A. Egal, auf welchem Weg wir zur Zeilenstufenform der Matrix A gelangen, es bleiben stets rg A Nichtnullzeilen übrig. Diese Eindeutigkeit setzen wir im Folgenden bereits voraus.

Das Verfahren von Gauß und Jordan ist ein zuverlässiger Weg zur Lösung

Wir unterscheiden zwei Eliminationsverfahren zur Lösung linearer Gleichungssysteme: Das *Verfahren von Gauß* und das *Verfahren von Gauß und Jordan*. Tatsächlich waren diese Verfahren schon lange Zeit vor Gauß und Jordan bekannt, aber diese Bezeichnung haben sich etabliert, und auch wir wollen davon nicht abrücken.

Beim Verfahren von Gauß wird die erweiterte Koeffizientenmatrix auf Zeilenstufenform gebracht, also auf die Form

$$\begin{pmatrix} f_1 & & & & \\ & f_2 & * & & * \\ & & f_3 & & * \\ & & & & \\ & 0 & & \ddots & \\ & & & & f_r \\ & & 0 & & \end{pmatrix}$$

Die führenden Einträge $f_1, \ldots, f_r$ sind von Null verschieden; davor und darunter gibt es nur Nullen. Darüber stehen beliebige Einträge; diese sind durch $*$ markiert. Nullspalten sind bereits weggelassen worden.

Eliminationsverfahren von Gauß

Dieses Eliminationsverfahren zur Lösung des linearen Gleichungssystems $(A \mid b)$ besteht aus
1. der Umformung auf Zeilenstufenform,
2. der Lösbarkeitsentscheidung und
3. dem Rückwärtseinsetzen zur Bestimmung der Lösungsmenge des Systems.

Beim Verfahren von Gauß und Jordan wird die erweiterte Koeffizientenmatrix auf *reduzierte Zeilenstufenform* gebracht, also auf die Form

$$\begin{pmatrix} f_1 & 0 & & & \\ & f_2 & * & & 0 \\ & & f_3 & & 0 \\ & & & & \\ & 0 & & \ddots & \\ & & & & f_r \\ & & 0 & & \end{pmatrix}$$

Wie vorhin sind für $i = 1, \ldots, r$ die führenden $f_i \neq 0$, und davor und darunter gibt es nur Nullen. Diesmal werden aber auch über den Stufen mittels elementarer Zeilenumformungen möglichst viele Nullen erzeugt, auf jeden Fall über den f_i. Durch geeignete Multiplikation der Zeilen könnte auch $f_1 = \cdots = f_r = 1$ erreicht werden.

Eliminationsverfahren von Gauß und Jordan

Dieses Eliminationsverfahren zur Lösung des linearen Gleichungssystem $(A \mid b)$ besteht aus
1. der Umformung auf Zeilenstufenform,
2. der Lösbarkeitsentscheidung und
3. der Reduktion mittels weiterer elementarer Zeilenumformungen auf reduzierte Zeilenstufenform und dem Ablesen der Lösung.

Bevor wir die uneingeschränkte Wirksamkeit dieser Verfahren beweisen, üben wir sie an einigen einfachen Beispielen ein.

Beispiel

■ Wir bestimmen die Lösungsmenge des folgenden reellen linearen Gleichungssystems:

$$\begin{aligned} x_1 \;+\; 4\,x_2 &= 2 \\ 3\,x_1 \;+\; 5\,x_2 &= 7 \end{aligned} \qquad (5.1)$$

Die erweiterte Koeffizientenmatrix ist

$$\left(\begin{array}{cc|c} 1 & 4 & 2 \\ 3 & 5 & 7 \end{array} \right)$$

Wir wählen in der ersten Spalte die 1 an der Stelle $(1, 1)$ und beginnen mit

$$\left(\begin{array}{cc|c} \mathbf{1} & 4 & 2 \\ 3 & 5 & 7 \end{array} \right) \xrightarrow[z_2 \,\to\, z_2 - 3z_1]{} \left(\begin{array}{cc|c} 1 & 4 & 2 \\ 0 & -7 & 1 \end{array} \right)$$

Die Matrix hat bereits Zeilenstufenform, der Rang der Matrix ist also 2. Wir geben das zugehörige, zu (5.1) äquivalente Gleichungssystem explizit an:

$$\begin{aligned} x_1 \;+\; 4\,x_2 &= 2 \\ -\; 7\,x_2 &= 1 \end{aligned}$$

Beim Verfahren von Gauß berechnet man nun die Lösung durch Rückwärtseinsetzen. Wir erhalten für x_2 den Wert $-1/7$ und dann durch Einsetzen in die erste Gleichung

$$x_1 + 4\,(-1/7) = 2 \;\Rightarrow\; x_1 = 18/7\,.$$

Also ist $(l_1, l_2) = (18/7, -1/7)$ die einzige Lösung.

Beim Verfahren von Gauß und Jordan werden an der Matrix

$$\left(\begin{array}{cc|c} 1 & 4 & 2 \\ 0 & -7 & 1 \end{array} \right)$$

in Zeilenstufenform noch zwei weitere Umformungen durchgeführt: Die zweite Zeile wird mit $-1/7$ multipliziert und dann zur ersten Zeile das (-4)-Fache der neuen zweiten Zeile addiert, kurz:

$$\left(\begin{array}{cc|c} 1 & 4 & 2 \\ 0 & -7 & 1 \end{array} \right) \xrightarrow[z_1 \,\to\, z_1 + 4/7\,z_2]{} \left(\begin{array}{cc|c} 1 & 0 & 18/7 \\ 0 & 1 & -1/7 \end{array} \right)$$

Wir geben wieder das zugehörige, zu (5.1) äquivalente Gleichungssystem explizit an:

$$\begin{aligned} x_1 \;\;\;\;\; &= \;\; 18/7 \\ x_2 &= \; -1/7 \end{aligned}$$

Bei dieser reduzierten Zeilenstufenform ist die Lösung direkt ablesbar.

Kommentar:

– Natürlich führen beide Eliminationsverfahren zur gleichen Lösung. Tatsächlich aber schleichen sich umso mehr Rechenfehler ein, je mehr elementare Zeilenumformungen durchgeführt werden. Die Erfahrung zeigt, dass man am besten das Eliminationsverfahren von Gauß anwendet und dann von Fall zu Fall entscheidet, ob man oberhalb der Stufen noch die eine oder andere Null erzeugt. Meistens lohnt es sich nicht, das Verfahren von Gauß und Jordan bis zum Ende durchzuexerzieren, denn die Lösung ist oftmals viel früher zu erkennen.

– Für den Anfänger ist es nützlich, nach Durchführung des Verfahrens von Gauß das zugehörige äquivalente Gleichungssystem noch einmal explizit anzuschreiben. Wir haben das bisher ebenfalls gemacht. In Zukunft werden wir das mehr und mehr meiden, weil ja in der erweiterten Koeffizientenmatrix alle wesentlichen Informationen über das zugehörige Gleichungssystem enthalten sind.

■ Wir bestimmen die Lösungsmenge des folgenden reellen linearen Gleichungssystems:

$$\begin{aligned} 2\,x_1 \;+\; 4\,x_2 &= 2 \\ 3\,x_1 \;+\; 6\,x_2 &= 3 \\ 5\,x_1 \;+\; 10\,x_2 &= 5 \end{aligned}$$

Die erweiterte Koeffizientenmatrix ist

$$\left(\begin{array}{cc|c} 2 & 4 & 2 \\ 3 & 6 & 3 \\ 5 & 10 & 5 \end{array} \right)$$

Wir multiplizieren die erste Zeile mit $1/2$ und wählen die an der Stelle $(1, 1)$ entstehende 1, um mit dem Verfahren von Gauß zu beginnen:

$$\left(\begin{array}{cc|c} \mathbf{1} & 2 & 1 \\ 3 & 6 & 3 \\ 5 & 10 & 5 \end{array} \right) \xrightarrow[\substack{z_2 \,\to\, z_2 - 3z_1 \\ z_3 \,\to\, z_3 - 5z_1}]{} \left(\begin{array}{cc|c} 1 & 2 & 1 \\ 0 & 0 & 0 \\ 0 & 0 & 0 \end{array} \right)$$

Die Matrix hat Zeilenstufenform, ihr Rang ist 1. Die beiden Eliminationsverfahren sind hier identisch, die entstandene Matrix hat bereits reduzierte Zeilenstufenform. Das zugehörige Gleichungssystem lautet

$$x_1 + 2\,x_2 = 1\,.$$

Für jedes reelle t, das wir für x_2 einsetzen, nimmt x_1 den Wert $1 - 2t$ an. Also ist $L = \{(1 - 2t,\, t) \mid t \in \mathbb{R}\}$ die Lösungsmenge.

■ Wir bestimmen für alle $a \in \mathbb{R}$ die Lösungsmenge des folgenden linearen Gleichungssystems:

$$\begin{array}{rcl} x_1 + a \cdot x_2 - x_3 &=& 0 \\ 2\,x_1 + \quad x_2 \quad\quad &=& 0 \\ x_2 + x_3 &=& 0 \end{array}$$

Kommentar: Das a in diesem Beispiel ist zwar anfangs nicht bekannt, aber keine Unbestimmte, sondern ein *Parameter*. Das Gleichungssystem wäre andernfalls nicht mehr linear.

Die erweiterte Koeffizientenmatrix lautet

$$\left(\begin{array}{ccc|c} 1 & a & -1 & 0 \\ 2 & 1 & 0 & 0 \\ 0 & 1 & 1 & 0 \end{array} \right)$$

Wir wählen in der ersten Spalte die 1 an der Stelle $(1, 1)$ und beginnen mit dem Verfahren von Gauß:

$$\left(\begin{array}{ccc|c} \mathbf{1} & a & -1 & 0 \\ 2 & 1 & 0 & 0 \\ 0 & 1 & 1 & 0 \end{array} \right) \rightarrow \left(\begin{array}{ccc|c} 1 & a & -1 & 0 \\ 0 & (1-2a) & 2 & 0 \\ 0 & \mathbf{1} & 1 & 0 \end{array} \right) \rightarrow$$

$$\left(\begin{array}{ccc|c} 1 & 0 & (-1-a) & 0 \\ 0 & 0 & (1+2a) & 0 \\ 0 & \mathbf{1} & 1 & 0 \end{array} \right) \rightarrow \left(\begin{array}{ccc|c} 1 & 0 & (-1-a) & 0 \\ 0 & 1 & 1 & 0 \\ 0 & 0 & (1+2a) & 0 \end{array} \right)$$

Die Matrix hat damit Zeilenstufenform.

Der Rang der Matrix hängt nun von der reellen Zahl a ab. Ist $a = -1/2$, so ist der Rang 2, im Fall $a \neq -1/2$ jedoch 3.

?

Geben Sie das zugehörige lineare Gleichungssystem an.

---

1. Fall: $a \neq -1/2$.
Wegen $1 + 2a \neq 0$ ist die dritte Gleichung nur für $x_3 = 0$ erfüllbar. Für x_2 erhalten wir aus der zweiten Gleichung durch Einsetzen von $x_3 = 0$ ebenfalls den Wert 0 und schließlich aus der ersten Gleichung $x_1 = 0$. Also ist $(0, 0, 0)$ die eindeutig bestimmte Lösung des Systems und $L = \{(0, 0, 0)\}$ die Lösungsmenge.

2. Fall: $a = -1/2$.
Die erweiterte Koeffizientenmatrix hat in diesem Fall die Gestalt

$$\left(\begin{array}{ccc|c} 1 & 0 & -1/2 & 0 \\ 0 & 1 & 1 & 0 \\ 0 & 0 & 0 & 0 \end{array} \right)$$

Für jedes reelle t, das wir für x_3 einsetzen, hat x_2 den Wert $-t$, wie wir aus der zweiten Gleichung erkennen, und x_1 den Wert $1/2\,t$; das besagt die erste Gleichung.
Damit ist $L = \{(1/2\,t, -t, t) \mid t \in \mathbb{R}\}$ die Lösungsmenge. ◄

Wir diskutieren kurz den Fall einer erweiterten Koeffizientenmatrix, deren erste Spalte keine 1 aufweist. Dann sind entweder alle Elemente der ersten Spalte null, oder es gibt ein $a_{i1} \neq 0$. Im ersten Fall braucht man der ersten Spalte keine weitere Beachtung zu schenken; die Unbestimmte x_1 unterliegt keinerlei Einschränkung, man setze $x_1 = t \in \mathbb{R}$.

Im zweiten Fall multiplizieren wir die i-te Zeile mit a_{i1}^{-1} und erreichen damit eine 1 an der Stelle $(i, 1)$, mit welcher die anderen Zahlen der ersten Spalte eliminiert werden können. Dies führt aber häufig zu unhandlichen Brüchen in den weiteren Zahlen dieser Zeile und schließlich in der ganzen Matrix. Dies lässt sich vermeiden, wenn man die neuen Zeilen wieder derart erweitert, dass die Nenner wegfallen. Bei der folgenden Elimination erfolgen diese beide elementaren Zeilenumformungen gleichzeitig:

$$\left(\begin{array}{ccc|c} 3 & 2 & 3 & 4 \\ 2 & 5 & 6 & 10 \end{array} \right) \xrightarrow[z_2 \to 3\,z_2 - 2\,z_1]{} \left(\begin{array}{ccc|c} 3 & 2 & 3 & 4 \\ 0 & 11 & 12 & 22 \end{array} \right)$$

Es wird nämlich vom 3-Fachen der zweiten Zeile das 2-Fache der ersten Zeile subtrahiert.

Beispiel Als ausführlicheres Beispiel betrachten wir ein *komplexes* lineares Gleichungssystem, also mit $\mathbb{K} = \mathbb{C}$:

$$\begin{array}{rcl} 2\,x_1 \quad\quad + \mathrm{i}\,x_3 &=& \mathrm{i} \\ x_1 - 3\,x_2 - \mathrm{i}\,x_3 &=& 2\mathrm{i} \\ \mathrm{i}\,x_1 + \quad x_2 + \quad x_3 &=& 1+\mathrm{i} \end{array}$$

Die erweiterte Koeffizientenmatrix ist

$$\left(\begin{array}{ccc|c} 2 & 0 & \mathrm{i} & \mathrm{i} \\ 1 & -3 & -\mathrm{i} & 2\mathrm{i} \\ \mathrm{i} & 1 & 1 & 1+\mathrm{i} \end{array} \right)$$

Wir wählen eine 1 und beginnen:

$$\left(\begin{array}{ccc|c} 2 & 0 & \mathrm{i} & \mathrm{i} \\ \mathbf{1} & -3 & -\mathrm{i} & 2\mathrm{i} \\ \mathrm{i} & 1 & 1 & 1+\mathrm{i} \end{array} \right) \rightarrow \left(\begin{array}{ccc|c} 1 & -3 & -\mathrm{i} & 2\mathrm{i} \\ 0 & 6 & 3\mathrm{i} & -3\mathrm{i} \\ 0 & 1+3\mathrm{i} & 0 & 3+\mathrm{i} \end{array} \right)$$

Nun könnten wir die zweite Zeile durch 2 dividieren. Dies führt aber zu unbequemen Brüchen. Wir vermeiden Brüche, wenn wir von der dritten Zeile das $(1+3\,\mathrm{i})$-Fache der zweiten Zeile subtrahieren

$$\left(\begin{array}{ccc|c} 1 & -3 & -\mathrm{i} & 2\mathrm{i} \\ 0 & 2 & \mathrm{i} & -\mathrm{i} \\ 0 & 2+6\mathrm{i} & 0 & 6+2\mathrm{i} \end{array} \right) \rightarrow \left(\begin{array}{ccc|c} 1 & -3 & -\mathrm{i} & 2\mathrm{i} \\ 0 & 2 & \mathrm{i} & -\mathrm{i} \\ 0 & 0 & 3-\mathrm{i} & 3+3\mathrm{i} \end{array} \right)$$

Es gibt also eine eindeutige Lösung, und zwar

$$x_3 = \frac{3+3\,\mathrm{i}}{3-\mathrm{i}} = \tfrac{1}{10}(3+3\,\mathrm{i})(3+\mathrm{i}) = \tfrac{3}{5} + \tfrac{6}{5}\,\mathrm{i}$$

$$x_2 = \frac{-\mathrm{i} - \mathrm{i}\,x_3}{2} = \tfrac{3}{5} - \tfrac{4}{5}\,\mathrm{i}$$

$$x_1 = 2\mathrm{i} + 3\,x_2 + \mathrm{i}\,x_3 = \tfrac{3}{5} + \tfrac{1}{5}\,\mathrm{i}$$

d. h., $L = \left\{ \left(\tfrac{1}{5}(3+\mathrm{i}),\ \tfrac{1}{5}(3-4\mathrm{i}),\ \tfrac{1}{5}(3+6\mathrm{i}) \right) \right\}$ ist die Lösungsmenge. ◄

Beispiel: Lineare Gleichungssysteme mit Parameter I

Für welche $a \in \mathbb{R}$ hat das System

$$x_1 + x_2 + a\,x_3 = 2$$
$$2x_1 + a\,x_2 - x_3 = 1$$
$$3x_1 + 4x_2 + 2x_3 = a$$

keine, genau eine, mehr als eine Lösung? Berechnen Sie für $a \in \{2, 3\}$ alle Lösungen.

Problemanalyse und Strategie: Wir notieren die erweiterte Koeffizientenmatrix $(A \mid b)$ und bringen diese mit elementaren Zeilenumformungen auf Stufenform. Dabei achten wir darauf, dass wir Fallunterscheidungen so lange wie möglich hinausschieben, also nicht durch a oder einen anderen unbestimmten Ausdruck dividieren.

Lösung:

Wir beginnen mit den Zeilenumformungen an der erweiterten Koeffizientenmatrix:

$$\begin{pmatrix} 1 & 1 & a & 2 \\ 2 & a & -1 & 1 \\ 3 & 4 & 2 & a \end{pmatrix} \longrightarrow$$

$$\begin{pmatrix} 1 & 1 & a & 2 \\ 0 & a-2 & -1-2a & -3 \\ 0 & 1 & 2-3a & a-6 \end{pmatrix} \longrightarrow$$

$$\begin{pmatrix} 1 & 1 & a & 2 \\ 0 & 1 & 2-3a & a-6 \\ 0 & a-2 & -1-2a & -3 \end{pmatrix} \longrightarrow$$

$$\begin{pmatrix} 1 & 1 & a & 2 \\ 0 & 1 & 2-3a & a-6 \\ 0 & 0 & 3(a-3)(a-\frac{1}{3}) & -(a-3)(a-5) \end{pmatrix}$$

Dies gilt wegen $-1 - 2a - (a-2)(2-3a) = 3a^2 - 10a + 3 = 3(a-3)(a-\frac{1}{3})$ und $-3 - (a-2)(a-6) = -(a^2 - 8a + 15) = -(a-3)(a-5)$.

Für $a \notin \{3, \frac{1}{3}\}$ ist das Gleichungssystem also eindeutig lösbar.

Für $a = \frac{1}{3}$ ist das Gleichungssystem aufgrund der letzten Zeile unlösbar.

Für $a = 3$ gibt es unendlich viele Lösungen.

Wir berechnen nun abschließend die Lösungen des Systems für die beiden Fälle $a \in \{2, 3\}$.

a $= 2$: Wir setzen $a = 2$ in die Zeilenstufenform der erweiterten Koeffizientenmatrix ein und erhalten

$$\begin{pmatrix} 1 & 1 & 2 & 2 \\ 0 & 1 & -4 & -4 \\ 0 & 0 & -5 & -3 \end{pmatrix}$$

also $x_3 = \frac{3}{5}$, $x_2 = -4 + 4x_3 = -\frac{8}{5}$, $x_1 = 2 - x_2 - 2x_3 = \frac{12}{5}$, d. h.

$$L = \{(12/5,\ -8/5,\ 3/5)\}.$$

a $= 3$: In diesem Fall erhalten wir aus der Zeilenstufenform der erweiterten Koeffizientenmatrix

$$\begin{pmatrix} 1 & 1 & 3 & 2 \\ 0 & 1 & -7 & -3 \\ 0 & 0 & 0 & 0 \end{pmatrix}$$

also $x_2 = -3 + 7x_3$, $x_1 = 2 - x_2 - 3x_3 = 5 - 10x_3$. Für jede Wahl von $x_3 \in \mathbb{R}$ liegt eine Lösung vor. Wir verdeutlichen dies, indem wir $x_3 = t$ setzen. Damit lautet die Lösungsmenge bei $a = 3$

$$L = \{(5 - 10t,\ -3 + 7t,\ t) \mid t \in \mathbb{R}\}.$$

Hinter den Eliminationsverfahren steht ein Algorithmus

Egal, wie unbequem die Einträge einer Matrix auch sein mögen, letztlich gelingt es immer, eine Matrix mit elementaren Zeilenumformungen auf (reduzierte) Zeilenstufenform zu bringen. Nach den vielen Beispielen soll dieses Ergebnis nochmals festgehalten und der algorithmische Charakter des Verfahrens hervorgehoben werden. Mit Letzterem ist gemeint, dass ein und dieselben Prozedur solange wiederholt ausgeübt wird, bis die gewünschte Form erreicht ist:

Reduzierbarkeit auf Zeilenstufenform

Jedes lineare Gleichungssystem lässt sich durch elementare Zeilenumformungen in ein äquivalentes System überführen, das eine Zeilenstufenform oder reduzierte Zeilenstufenform aufweist.

Beweis: Wir beschreiben das schrittweise Vorgehen, also den Eliminationsalgorithmus, bei dem Gleichungssystem $(A \mid b)$ aus m Gleichungen in n Unbekannten:

1. Schritt: Wir beginnen mit der ersten Spalte von A.

Gibt es darin ein $a_{i1} \neq 0$, so verwenden wir dieses, um alle anderen Einträge a_{j1}, $j \neq i$, in der ersten Spalte zu eliminieren, indem von der j-ten Zeile die mit a_{j1}/a_{i1} multiplizierte i-te Zeile subtrahiert wird. Dann tauschen wir die i-te Zeile mit der ersten Zeile. Alle Zeilenumformungen sind an der erweiterten Koeffizientenmatrix $(A \mid b)$ vorzunehmen.

Gibt es hingegen nur Nullen in der ersten Spalte, so gehen wir die Spalten der Reihe nach durch. Finden wir erstmals in der k-ten Spalte von A, $1 < k \leq n$, ein von null verschiedenes Element a_{ik}, so verfahren wir mit der k-ten Spalte so wie vorhin mit der ersten.

Gibt es überhaupt nur Nullen in A, so sind wir bereits fertig mit der Elimination.

2. Schritt: Die Matrix hat nun zu Beginn der ersten Zeile entweder ein $a_{i1} \neq 0$ oder lauter Nullen und erstmals an der Stelle $(1, k)$, $k > 1$, ein $a_{ik} \neq 0$. Wir fassen beide Möglichkeiten zusammen, indem wir $k \geq 1$ zulassen.

Dann lassen wir im Weiteren die erste Zeile und die ersten k Spalten der Koeffizientenmatrix A außer Acht und wenden uns der verbleibenden $(m-1) \times (n-k)$-Matrix A_1 zu:

$$\begin{pmatrix} 0 & a_{ik} & * & * & * \\ \hline 0 & 0 & & & \\ \vdots & \vdots & & A_1 & \end{pmatrix}$$

Es ist zu beachten, dass die Restmatrix A_1 ebenso wie A keine Absolutglieder enthält. Nur bei den Zeilenumformungen sind auch die Absolutglieder mit zu berücksichtigen.

Diesmal durchsuchen wir in A_1 die Spalten von vorne weg, um ein Element $a_{jl} \neq 0$ zu entdecken. Gibt es keines, so sind wir fertig. Finden wir hingegen in der Restmatrix A_1 an der Stelle (j, l), $j \geq 1$, $l \geq 1$, ein von null verschiedenes Element $a_{1+j\,k+l}$, so eliminieren wir damit wie im ersten Schritt die Einträge der l-ten Spalte in A_1 und tauschen dann die j-te Zeile mit der ersten von A_1.

Wieder werden die Zeilenumformungen an der gesamten erweiterten Koeffizientenmatrix vorgenommen. Die ersten Spalten bleiben davon sowieso unberührt. Nach diesen Umformungen steht der erste, von null verschiedene Eintrag der zweiten Zeile – bezogen auf die Gesamtmatrix – an der Stelle $(2, k+l)$:

$$\begin{pmatrix} 0 & a_{ik} & * & & * & * & * \\ 0 & \cdots & 0 & a_{1+j\,k+l} & & * & * \\ \hline 0 & \cdots & 0 & & 0 & & \\ \vdots & & \vdots & & \vdots & A_2 & \end{pmatrix}$$

Von nun an lassen wir die erste Zeile und die ersten l Spalten von A_1 außer Acht und wiederholen das Verfahren für die verbleibende Matrix A_2, die nur mehr $(m-2)$ Zeilen und $n-k-l$ Spalten aufweist; und so weiter. Gleichartige Schritte sind so lange zu wiederholen, bis alle Zeilen durchlaufen sind oder die Restmatrix nur mehr Nullen enthält. Nachdem die Größe der Restmatrix Schritt für Schritt abnimmt, ist nach spätestens m Schritten die Zeilenstufenform hergestellt.

Will man schließlich die reduzierte Zeilenstufenform erreichen, so verwendet man die führenden Einträge pro Zeile, um die darüber stehenden Einträge zu eliminieren. Über den anderen Elementen derselben Stufe können durchaus von null verschiedene Zahlen stehen bleiben. ∎

5.3 Das Lösungskriterium und die Struktur der Lösung

Bringt man eine Koeffizientenmatrix A bzw. eine erweiterte Koeffizientenmatrix $(A \mid b)$ mithilfe von elementaren Zeilenumformungen auf Zeilenstufenform, so heißt die Anzahl der Zeilen, in denen nicht nur Nullen als Einträge erscheinen, der Rang rg A bzw. rg$(A \mid b)$ (Seite 176). Dieser Begriff spielt eine wesentliche Rolle bei der Lösbarkeitsentscheidung.

Mithilfe des Ranges lässt sich die Lösbarkeit eines linearen Gleichungssystems entscheiden

Wir formulieren gleich das wesentliche Ergebnis.

Das Lösbarkeitskriterium

Ein lineares Gleichungssystem mit der Koeffizientenmatrix A und der erweiterten Koeffizientenmatrix $(A \mid b)$ ist genau dann lösbar, wenn

$$\text{rg } A = \text{rg}(A \mid b).$$

Kommentar: Dieses Kriterium wird den im 19. Jahrhundert wirkenden Mathematikern Leopold Kronecker und Alfredo Capelli zugeschrieben und deshalb oft *Kriterium von Kronecker und Capelli* genannt.

Beweis: Gilt rg $A = \text{rg}(A \mid b)$, so existiert ein zu $(A \mid b)$ äquivalentes lineares Gleichungssystem in Zeilenstufenform, bei welchem rechts von den Nullzeilen von A nur Nullen stehen. Deshalb ist die Lösungsmenge nichtleer.

Ist rg $A \neq \text{rg}(A \mid b)$, so bleibt nur rg $A < \text{rg}(A \mid b)$, da die Zeilen in $(A \mid b)$ jeweils ein Element mehr aufweisen als jene in A. Dann enthält ein zu $(A \mid b)$ äquivalentes lineares Gleichungssystem in Zeilenstufenform eine Zeile der Art

$$(0\,0\,\ldots\,0 \mid b) \text{ mit } b \neq 0.$$

Dies besagt aber, dass das gegebene Gleichungssystem nicht lösbar ist. ∎

Nicht lösbar sind also z. B.

$$\begin{pmatrix} 2 & b & -1 & 0 \\ 0 & 1 & 0 & 4 \\ 0 & 0 & 0 & 2 \end{pmatrix} \quad \text{und} \quad \begin{pmatrix} 1 & 1 & -2 & 3 & -2 \\ 0 & 0 & 0 & 0 & -1 \\ 0 & 0 & 0 & 1 & 1 \end{pmatrix}$$

Hingegen sind lösbar

$$\begin{pmatrix} 2 & b & -1 & 0 \\ 0 & 1 & 0 & 4 \\ 0 & 0 & 0 & 0 \end{pmatrix} \quad \text{und} \quad \begin{pmatrix} 1 & 1 & -2 & 3 & -2 \\ 0 & 0 & 1 & 1 & 1 \\ 0 & 0 & 0 & 1 & 5 \end{pmatrix}$$

Kommentar:

- Lineare Gleichungssysteme mit lauter Nullen als Absolutglieder sind also immer lösbar.
- Beim Verfahren von Gauß und Jordan bedeutet es keinen zusätzlichen Aufwand, das Lösbarkeitskriterium 5.3 anzuwenden. Es ist eine Station auf dem Weg zur Lösungsfindung.
- Ein Grund, warum das Lösbarkeitskriterium mithilfe der Ränge formuliert wird, liegt in der Bedeutung des Ranges als eine wichtige Kenngröße einer Matrix. Vorgreifend wollen wir anmerken, dass sich der Rang auch auf andere Arten feststellen lässt. Man muss hierzu nicht unbedingt die Zeilenumformungen durchführen.

—————————— **?** ——————————

Vergleichen Sie in den sechs Beispielen von Seite 168 bis 169 die Ränge der Koeffizientenmatrizen mit jenen der erweiterten Koeffizientenmatrizen.

Ein lineares Gleichungssystem, in dessen Spalte der Absolutglieder lauter Nullen stehen, heißt **homogen** und sonst **inhomogen**. Ein homogenes System besitzt immer die **triviale Lösung** $(0, 0, \ldots, 0)$ und ist daher immer lösbar. Das zeigt sich auch daran, dass bei allen elementaren Zeilenumformungen die Nullen in der Absolutspalte bestehen bleiben und sich daher auch in der Zeilenstufenform kein Widerspruch zeigen kann.

Setzt man in einem beliebigen linearen Gleichungssystem $(A \mid b)$ alle Absolutglieder gleich null, so entsteht das **zugehörige homogene** lineare Gleichungssystem $(A \mid 0)$ mit dem **Nullvektor 0** als Spalte der Absolutglieder:

$$
\begin{array}{ccccccc}
a_{11}\,x_1 & + & a_{12}\,x_2 & + & \cdots & + & a_{1n}\,x_n & = & b_1 \\
a_{21}\,x_1 & + & a_{22}\,x_2 & + & \cdots & + & a_{2n}\,x_n & = & b_2 \\
\vdots & & \vdots & & & & \vdots & & \vdots \\
a_{m1}\,x_1 & + & a_{m2}\,x_2 & + & \cdots & + & a_{mn}\,x_n & = & b_m
\end{array}
$$

inhomogen $\Longleftrightarrow b_i \neq 0$ für mindestens ein i

$$\downarrow$$

$$
\begin{array}{ccccccc}
a_{11}\,x_1 & + & a_{12}\,x_2 & + & \cdots & + & a_{1n}\,x_n & = & 0 \\
a_{21}\,x_1 & + & a_{22}\,x_2 & + & \cdots & + & a_{2n}\,x_n & = & 0 \\
\vdots & & \vdots & & & & \vdots & & \vdots \\
a_{m1}\,x_1 & + & a_{m2}\,x_2 & + & \cdots & + & a_{mn}\,x_n & = & 0
\end{array}
$$

zugehöriges homogenes System

—————————— **?** ——————————

Hat ein homogenes Gleichungssystem über einem Körper $\mathbb{K}$ neben der trivialen Lösung noch eine weitere Lösung, so hat es gleich unendlich viele Lösungen. Stimmt das?

Die Lösungsmengen von homogenen und inhomogenen linearen Gleichungssystemen haben eine gewisse Struktur

Mithilfe von Begriffen und Ergebnissen aus dem nächsten Kapitel 6 werden wir eine bessere Einsicht in die Struktur der Lösungsmengen gewinnen. Unsere derzeitigen Kenntnisse reichen aber bereits aus, um die folgenden Sachverhalte zu begründen.

Lösungen eines homogenen Systems

Sind $(l_1, \ldots, l_n)$ und $(m_1, \ldots, m_n)$ Lösungen eines homogenen linearen Gleichungssystems über $\mathbb{K}$ in n Unbekannten, dann ist auch die *Summe* $(l_1+m_1, \ldots, l_n+m_n)$ eine Lösung. Ferner ist für jedes $\lambda \in \mathbb{K}$ auch das λ-Fache $(\lambda\,l_1, \ldots, \lambda\,l_n)$ eine Lösung.

Beweis: Um zu zeigen, dass die Summe eine Lösung ist, müssen wir nur verifizieren, dass alle Gleichungen beim Einsetzen dieser Summe erfüllt werden.

Wir setzen die Summe in die i-te Gleichung des homogenen Systems ein. Mithilfe des in Körpern gültigen distributiven Gesetzes (Seite 80) folgt:

$$
\begin{aligned}
& a_{i1}(l_1 + m_1) + a_{i2}(l_2 + m_2) + \cdots + a_{in}(l_n + m_n) = \\
& a_{i1}\,l_1 + a_{i1}\,m_1 + a_{i2}\,l_2 + a_{i2}\,m_2 + \cdots \\
& \cdots + a_{in}\,l_n + a_{in}\,m_n = \\
& \underbrace{a_{i1}\,l_1 + a_{i2}\,l_2 + \cdots + a_{in}\,l_n}_{-0} \\
& + \underbrace{a_{i1}\,m_1 + a_{i2}\,m_2 + \cdots + a_{in}\,m_n}_{-0} = 0.
\end{aligned}
$$

Das gilt für jedes $i \in \{1, \ldots, m\}$. Also ist $(l_1 + m_1, \ldots, l_n + m_n)$ eine Lösung.

Ebenso gilt für jedes $\lambda \in \mathbb{K}$ und für jeden Zeilenindex $i \in \{1, \ldots, m\}$ wegen der Kommutativität von $\mathbb{K}$

$$
\begin{aligned}
& a_{i1}(\lambda\,l_1) + a_{i2}(\lambda\,l_2) + \cdots + a_{in}(\lambda\,l_n) \\
& = \lambda\,(a_{i1}\,l_1 + a_{i2}\,l_2 + \cdots + a_{in}\,l_n) = \lambda \cdot 0 = 0\,.
\end{aligned}
$$

Somit ist wie behauptet auch $(\lambda\,l_1, \ldots, \lambda\,l_n)$ eine Lösung unseres Gleichungssystems.

Hier drängt sich die Vektorschreibweise geradezu auf. Wenn wir l und m als die beiden Lösungsvektoren des homogenen Gleichungssystems $A\,x = 0$ voraussetzen, so besagt die obige Aussage, dass auch der Summenvektor $l + m$ eine Lösung ist. Dabei wird – die Vektoraddition bereits vorwegnehmend – die Summe zweier n-Tupel komponentenweise gebildet, analog zu der im Kapitel 3 auf Seite 64 vorgeführten Summe zweier Zahlentripel. Ebenso löst mit l auch $\lambda\,l$ das homogene System, und natürlich bedeutet $\lambda\,l$ das λ-Fache der Lösung l.

Beispiel: Lineare Gleichungssysteme mit Parameter II

Wir untersuchen das reelle lineare Gleichungssystem

$$\begin{aligned}
x_1 + a\,x_2 + b\,x_3 &= 2\,a \\
x_1 - x_2 &= 0 \\
b\,x_2 + a\,x_3 &= b
\end{aligned}$$

in Abhängigkeit der beiden Parameter a, $b \in \mathbb{R}$ auf Lösbarkeit bzw. eindeutige Lösbarkeit und stellen die entsprechenden Bereiche für $(a,\,b) \in \mathbb{R}^2$ grafisch dar.

Problemanalyse und Strategie: Wir wenden die bekannten elementaren Zeilenumformungen an, beachten aber jeweils, unter welchen Voraussetzungen an a und b diese zulässig sind.

Lösung:
Die erweiterte Koeffizientenmatrix $(A \mid b)$ des Systems lautet

$$\left(\begin{array}{ccc|c} 1 & a & b & 2a \\ 1 & -1 & 0 & 0 \\ 0 & b & a & b \end{array}\right)$$

Damit die Parameter a und b nicht zu oft auftreten, bietet sich ein Tausch der ersten beiden Zeilen an. Zur neuen zweiten Zeile addieren wir dann das (-1)-Fache der dann neuen ersten Zeile:

$$\left(\begin{array}{ccc|c} 1 & -1 & 0 & 0 \\ 1 & a & b & 2a \\ 0 & b & a & b \end{array}\right) \rightarrow \left(\begin{array}{ccc|c} 1 & -1 & 0 & 0 \\ 0 & a+1 & b & 2a \\ 0 & b & a & b \end{array}\right)$$

Damit wir die letzte Zeile mit b^{-1} multiplizieren dürfen, betrachten wir $b = 0$ gesondert.

1. Fall $b = 0$: Die Matrix hat dann die Form:

$$\left(\begin{array}{ccc|c} 1 & -1 & 0 & 0 \\ 0 & a+1 & 0 & 2a \\ 0 & 0 & a & 0 \end{array}\right)$$

Wir unterscheiden zwei Fälle: (a) $a = 0$ und (b) $a \neq 0$:
(a) Ist $a = 0$, so erhalten wir

$$\left(\begin{array}{ccc|c} 1 & -1 & 0 & 0 \\ 0 & 1 & 0 & 0 \\ 0 & 0 & 0 & 0 \end{array}\right)$$

und damit unendlich viele Lösungen.
(b) Ist $a \neq 0$, so müssen wir die beiden Fälle $a = -1$ und $a \neq -1$ unterscheiden: Bei $a = -1$ gehört zu dem Gleichungssystem die Matrix

$$\left(\begin{array}{ccc|c} 1 & -1 & 0 & 0 \\ 0 & 0 & 0 & -2 \\ 0 & 0 & -1 & 0 \end{array}\right)$$

Wegen $\operatorname{rg} A < \operatorname{rg}(A \mid b)$ ist das System nicht lösbar.
Für $a \neq -1$ können wir die zweite Zeile durch $a + 1$ und die dritte durch a teilen. Wir erhalten so die Matrix

$$\left(\begin{array}{ccc|c} 1 & -1 & 0 & 0 \\ 0 & 1 & 0 & \frac{2a}{a+1} \\ 0 & 0 & 1 & 0 \end{array}\right)$$

mit einer eindeutig bestimmten Lösung.
Damit haben wir den Fall $b = 0$ abgehandelt.

2. Fall $b \neq 0$: Die zum Gleichungssystem gehörige Matrix lautet, nachdem wir die dritte Zeile durch b geteilt haben,

$$\left(\begin{array}{ccc|c} 1 & -1 & 0 & 0 \\ 0 & a+1 & b & 2a \\ 0 & 1 & a/b & 1 \end{array}\right)$$

Wir vertauschen die zweite und die dritte Zeile und addieren zur neuen dritten Zeile das $-(a+1)$-Fache der neuen zweiten Zeile:

$$\left(\begin{array}{ccc|c} 1 & -1 & 0 & 0 \\ 0 & 1 & a/b & 1 \\ 0 & 0 & b-(a+1)\,a/b & a-1 \end{array}\right)$$

Also gilt:
1) Das Gleichungssystem ist nicht lösbar für $a \neq 1$ und $b^2 = (a+1)\,a$.
2) Das Gleichungssystem ist eindeutig lösbar für $b^2 \neq (a+1)\,a$, wobei a beliebig ist.
3) Das Gleichungssystem hat unendlich viele Lösungen für $a = 1$ und $b^2 = 2$.

Die Menge der in 1) genannten Punkte $(a,\,b) \in \mathbb{R}^2$ mit $b^2 = (a+1)\,a$ bildet eine Hyperbel:

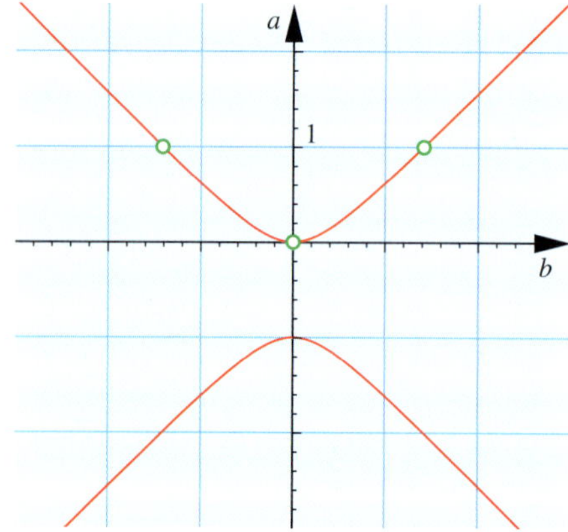

Die blauen Bereiche geben diejenigen Paare $(a,\,b) \in \mathbb{R}^2$ an, für die das Gleichungssystem eindeutig lösbar ist. Für die Punkte der rot eingezeichneten Hyperbel ist das Gleichungssystem nicht lösbar – abgesehen von den drei grün markierten Punkten, die jeweils unendlich viele Lösungen liefern.

Unter der Lupe: Wählerstromanalyse – stark vereinfacht

Die folgende Tabelle zeigt, wie viele Stimmen die Parteien A, B und C bei den letzten zwei Wahlen in den Städten I, II und III jeweils erhalten haben. Die Gesamtzahl der Wähler ist in jeder Stadt gleich geblieben. Wir nehmen (stark vereinfachend) an, dass die Wählerströme in allen Städten exakt gleich sind. Damit ist der prozentuale Anteil p_{XY} derjenigen früheren Wähler der Partei X, welche nun ihre Stimme der Partei Y gegeben haben, überall derselbe. Diese Anteile sind zu ermitteln.

frühere Wahl

	A	B	C	*Summe*
Stadt I	2 040	2 020	1 140	5 200
Stadt II	2 450	2 570	1 380	6 400
Stadt III	4 280	2 960	1 560	8 800

aktuelle Wahlergebnisse

	A	B	C	*Summe*
Stadt I	1 740	1 900	1 560	5 200
Stadt II	2 110	2 390	1 900	6 400
Stadt III	3 470	2 910	2 420	8 800

Wir bezeichnen den unbekannten Anteil jener ursprünglichen A-Wähler, die nun B gewählt haben, mit p_{AB}. Das heißt, dass von den 2 040 früheren A-Wählern in der Stadt I nun $2\,040 \cdot p_{AB}$ ihre Stimme der Partei B gegeben haben.

Das ergibt insgesamt neun Unbekannte:

$$p_{AA}, \; p_{AB}, \; p_{AC}, \; p_{BA}, \; p_{BB}, \; p_{BC}, \; p_{CA}, \; p_{CB}, \; p_{CC}.$$

Wir können allerdings gleich $p_{AA} = 1 - p_{AB} - p_{AC}$ und ähnlich für p_{BB} und p_{CC} setzen, womit 6 Unbekannte übrig bleiben.

Mithilfe dieser Unbekannten ist nun in jeder Stadt jedes der aktuellen Wahlergebnisse durch die früheren ausdrückbar: Die neuen A-Wähler der Stadt I setzen sich zusammen aus $2\,040\,p_{AA}$ früheren A-Wählern, $2\,020\,p_{BA}$ früheren B-Wählern und $1\,140\,p_{CA}$ früheren C-Wählern. Analoge Gleichungen gelten für die neuen B- und C-Wähler. Dabei ist allerdings die dritte eine Folge der ersten beiden, denn die Summe aller drei Gleichungen ergibt links und rechts die Gesamtanzahl der Wähler in der Stadt I.

Also bleibt ein System aus sechs linearen Gleichungen in sechs Unbekannten:

$$
\begin{aligned}
-2\,040\,p_{AB} - 2\,040\,p_{AC} + 2\,020\,p_{BA} + 1\,140\,p_{CA} &= -300 \\
2\,040\,p_{AB} - 2\,020\,p_{BA} - 2\,020\,p_{BC} + 1\,140\,p_{CB} &= -120 \\
-2\,450\,p_{AB} - 2\,450\,p_{AC} + 2\,570\,p_{BA} + 1\,380\,p_{CA} &= -340 \\
2\,450\,p_{AB} - 2\,570\,p_{BA} - 2\,570\,p_{BC} + 1\,380\,p_{CB} &= -180 \\
-4\,280\,p_{AB} - 4\,280\,p_{AC} + 2\,960\,p_{BA} + 1\,560\,p_{CA} &= -810 \\
4\,280\,p_{AB} - 2\,960\,p_{BA} - 2\,960\,p_{BC} + 1\,560\,p_{CB} &= -50
\end{aligned}
$$

Mit einigem Rechenaufwand zeigt man, dass dieses System eindeutig lösbar ist. Der Einsatz eines Computer-

algebrasystems ist hier bereits angebracht. Die Lösung lautet:

$$
\begin{aligned}
p_{AB} &= 0.111\,1, & p_{AC} &= 0.175\,8 &\Rightarrow\; p_{AA} &= 0.713\,1, \\
p_{BA} &= 0.140\,9, & p_{BC} &= 0.120\,3 &\Rightarrow\; p_{BB} &= 0.738\,9, \\
p_{CA} &= 0.007, & p_{CB} &= 0.158\,7 &\Rightarrow\; p_{CC} &= 0.840\,6.
\end{aligned}
$$

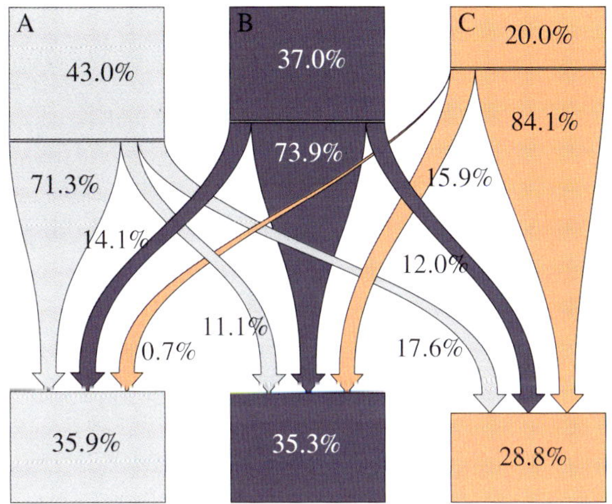

Die Wählerwanderung in Prozentzahlen.

Kommentar: In Wirklichkeit gibt es natürlich viel mehr Einzelergebnisse und damit auch viel mehr Gleichungen als Unbekannte. Dafür kann dann die *wahrscheinlichste* Wählerbewegung ermittelt werden.

Selbstverständlich stehen den Wahlstatistikern noch viel subtilere Methoden bei der Wahlanalyse zur Verfügung.

Wenn wir gleich auch noch die *Matrizengleichung* unseres Systems verwenden und vorwegnehmen, dass die Matrizenmultiplikation distributiv ist, was in voller Allgemeinheit erst im Kapitel 12 erklärt wird, so können wir den obigen Beweis ganz kurz wie folgt führen:

$$A\,l = A\,m = 0 \;\Rightarrow\; A(l + m) = A\,l + A\,m = 0 + 0 = 0.$$

In Kapitel 6 werden wir eine Menge U von Vektoren einen *Unterraum* nennen, wenn dieser mit l und m auch $l + m$ sowie $\lambda\,l$ für alle $\lambda \in \mathbb{K}$ enthält. ∎

Lösungsmenge eines inhomogenen Systems

Sind $(s_1, \dots, s_n)$ eine spezielle Lösung eines linearen Gleichungssystems über $\mathbb{K}$ in n Unbekannten und $(l_1, \dots, l_n)$ eine Lösung des zugehörigen homogenen Systems, dann ist auch die Summe $(s_1 + l_1, \dots, s_n + l_n)$ eine Lösung des inhomogenen Systems. Umgekehrt ist jede Lösung des inhomogenen Systems als eine derartige Summe darstellbar.

Beweis: Wir verwenden hier gleich von Anfang an die Matrizengleichung $A\,x = b$ des gegebenen Systems.

Die erste Behauptung ergibt sich durch Einsetzen:

$$A\,s = b \text{ und } A\,l = 0 \Rightarrow A(s+l) = A\,s + A\,l = b + 0 = b.$$

Ist m so wie s eine Lösung des inhomogenen Systems, so gilt:

$$A\,m = A\,s = b \Rightarrow A(m-s) = A\,m - A\,s = b - b = 0.$$

Also löst der Differenzenvektor $l = m - s$ das homogene System, oder anders ausgedrückt: $m = s + l$. ∎

Sind L die Lösungsmenge unseres inhomogenen Systems und L_0 jene des zugehörigen homogenen Systems, so besagt das zweite Ergebnis

$$L = s + L_0 = \{s + l \mid l \in L_0\}. \tag{5.2}$$

?

Sind Summen und Vielfache von Lösungen inhomogener Systeme stets wieder Lösungen des inhomogenen Systems?

Nach einer Umreihung der Unbekannten wird das Rückwärtseinsetzen besonders übersichtlich

Abschließend noch ein genauer Blick auf das Rückwärtseinsetzen:

Wir gehen von der reduzierten Zeilenstufenform aus. Nach geeigneter Multiplikation der Zeilen können alle führenden Einträge, also alle Pivotelemente, zu 1 gemacht werden. Wir wollen nun auch noch Spaltenvertauschungen zulassen. Damit können wir nämlich erreichen, dass alle Stufen die Länge 1 erhalten, weil die zwischen den führenden Einträgen gelegenen Spalten zurückgereiht werden.

Wenn wir die Spalten mit den Indizes i und j vertauschen, so bedeutet dies, dass in der bisherigen Reihenfolge der Unbekannten $x_1, \ldots, x_n$ die beiden Unbekannten x_i und x_j die Plätze tauschen. Wir können also von einer Umreihung der Unbekannten sprechen, oder aber auch von einer Umnummerierung, weil wir das bisherige x_i als x_j bezeichnen können und umgekehrt.

Auf diese Weise kommen wir im lösbaren Fall auf die Form

$$\left(\begin{array}{cccccc|c} 1 & & 0 & c_{1\,r+1} & \cdots & c_{1n} & s_1 \\ & \ddots & & \vdots & & \vdots & \vdots \\ 0 & & 1 & c_{r\,r+1} & \cdots & c_{rn} & s_r \\ 0 & \cdots & 0 & & \cdots & 0 & 0 \\ \vdots & & \vdots & & & \vdots & \vdots \end{array}\right)$$

also ausgeschrieben, ohne Nullspalten und nach bereits erfolgter Umnummerierung der Unbekannten:

$$\begin{array}{ccccccccc} x_1 & & & + & c_{1\,r+1}\,x_{r+1} & + & \cdots & + & c_{1n}\,x_n & = & s_1 \\ & \ddots & & & \vdots & & & & \vdots & & \vdots \\ & & x_r & + & c_{r\,r+1}\,x_{r+1} & + & \cdots & + & c_{rn}\,x_n & = & s_r \end{array}$$

Nun ersetzen wir die letzten Unbekannten $x_{r+1}, \ldots, x_n$ durch frei wählbare Parameter $t_1, \ldots, t_{n-r} \in \mathbb{K}$ und brauchen die Lösung nur noch abzuschreiben:

$$\begin{array}{ccccccc} x_1 & = & s_1 & - & c_{1\,r+1}\,t_1 & - & \cdots & - & c_{1n}\,t_{n-r} \\ \vdots & & \vdots & & \vdots & & & & \vdots \\ x_r & = & s_r & - & c_{r\,r+1}\,t_1 & - & \cdots & - & c_{rn}\,t_{n-r} \\ x_{r+1} & = & & & t_1 \\ \vdots & & & & & \ddots \\ x_n & = & & & & & t_{n-r} \end{array}$$

In Form einer Matrizengleichung sieht dies noch deutlicher aus:

$$\begin{pmatrix} x_1 \\ \vdots \\ x_r \\ x_{r+1} \\ \vdots \\ x_n \end{pmatrix} = \begin{pmatrix} s_1 \\ \vdots \\ s_r \\ 0 \\ \vdots \\ 0 \end{pmatrix} + \begin{pmatrix} -c_{1,\,r+1} & \cdots & -c_{1n} \\ \vdots & & \vdots \\ -c_{r,\,r+1} & \cdots & -c_{rn} \\ 1 & & 0 \\ & \ddots & \\ 0 & & 1 \end{pmatrix} \begin{pmatrix} t_1 \\ \vdots \\ t_{n-r} \end{pmatrix}$$

In den ersten r Zeilen scheinen Teilmatrizen der vorangegangenen erweiterten Koeffizientenmatrix auf. Bei den rot gedruckten Einträgen in der $r \times (n - r)$-Teilmatrix sind allerdings alle Vorzeichen umgekehrt.

In Übereinstimmung mit (5.2) zeigt die obige Parameterdarstellung in der ersten Spalte die spezielle Lösung des inhomogenen Systems (erreichbar bei $t_1 = \cdots = t_{n-r} = 0$) und anschließend die allgemeine Lösung des zugehörigen homogenen Gleichungssystems.

Freie Parameter in der Lösungsmenge

Ist $(A \mid b)$ ein lösbares lineares Gleichungssystem über $\mathbb{K}$ mit n Unbekannten, und hat die Koeffizientenmatrix A den Rang r, so treten in der Lösungsmenge $n - r$ Parameter $t_1, \ldots, t_{n-r}$ auf, deren Werte jeweils in $\mathbb{K}$ frei wählbar sind.

Wir demonstrieren dies noch an dem Beispiel von Seite 174 mit der reduzierten Zeilenstufenform:

$$\left(\begin{array}{ccccc|c} x_1 & x_2 & x_3 & x_4 & x_5 & \\ \hline 1 & 2 & 0 & 1 & 0 & 1 \\ 0 & 0 & 1 & 3 & 3 & 2 \end{array}\right)$$

Sicherheitshalber haben wir in einer Kopfzeile die Namen der jeweiligen Unbekannten angeführt, denn nun reihen wir um, sodass die Stufenlänge einheitlich 1 beträgt:

$$\left(\begin{array}{ccccc|c} x_1 & x_3 & x_2 & x_4 & x_5 & \\ \hline 1 & 0 & 2 & 1 & 0 & 1 \\ 0 & 1 & 0 & 3 & 3 & 2 \end{array}\right)$$

Dies ergibt für die neue Reihenfolge der Unbekannten als Parameterdarstellung der Lösungsmenge

$$
\begin{pmatrix} x_1 \\ x_3 \\ x_2 \\ x_4 \\ x_5 \end{pmatrix} = \begin{pmatrix} 1 \\ 2 \\ 0 \\ 0 \\ 0 \end{pmatrix} + \begin{pmatrix} -2 & -1 & 0 \\ 0 & -3 & -3 \\ 1 & 0 & 0 \\ 0 & 1 & 0 \\ 0 & 0 & 1 \end{pmatrix} \begin{pmatrix} t_1 \\ t_2 \\ t_3 \end{pmatrix}
$$

Kommentar: In der Sprache der Vektorräume, wie sie im nächsten Kapitel entwickelt wird, können wir sagen: Die Lösungsmenge eines homogenen Systems über $\mathbb{K}$ in n Unbekannten und vom Rang r ist ein $(n-r)$-*dimensionaler Unterraum* von $\mathbb{K}^n$. Die Lösungsmenge eines lösbaren inhomogenen Systems vom Rang r ist ein $(n-r)$-*dimensionaler affiner Raum*.

Zusammenfassung

Ein reelles lineares Gleichungssystem hat entweder keine, genau eine oder unendlich viele Lösungen

Definition linearer Gleichungssysteme

Ein **lineares Gleichungssystem** über dem kommutativen Körper $\mathbb{K}$ mit m Gleichungen in n Unbekannten $x_1, \ldots, x_n$ lässt sich in folgender Form schreiben:

$$
\begin{aligned}
a_{11} x_1 + a_{12} x_2 + \cdots + a_{1n} x_n &= b_1 \\
a_{21} x_1 + a_{22} x_2 + \cdots + a_{2n} x_n &= b_2 \\
\vdots \qquad \vdots \qquad\quad \vdots \qquad \vdots \\
a_{m1} x_1 + a_{m2} x_2 + \cdots + a_{mn} x_n &= b_m
\end{aligned}
$$

Dabei sind die *Koeffizienten* a_{ij} und die Absolutglieder b_i für $1 \leq i \leq m$ und $1 \leq j \leq n$ Elemente des Körpers $\mathbb{K}$.

Ein n-Tupel $(l_1, l_2, \ldots, l_n) \in \mathbb{K}^n$ heißt eine **Lösung** dieses Systems, wenn alle Gleichungen durch Einsetzen von $l_1, \ldots, l_n$ anstelle von $x_1, \ldots, x_n$ befriedigt werden. Die Menge L aller Lösungen des Systems heißt **Lösungsmenge**. Ist L leer, so heißt das Gleichungssystem **unlösbar**.

Mit elementaren Zeilenoperationen bringt man ein lineares Gleichungssystem auf Stufenform

Definition der elementaren Zeilenumformungen

Die folgenden, auf die einzelnen Gleichungen eines linearen Gleichungssystems anwendbaren Operationen heißen **elementare Zeilenumformungen**:
1. Zwei Gleichungen werden vertauscht.
2. Eine Gleichung wird mit einem Faktor $\lambda \in \mathbb{K} \setminus \{0\}$ multipliziert, also vervielfacht.
3. Zu einer Gleichung wird das λ-Fache einer anderen Gleichung addiert, wobei $\lambda \in \mathbb{K}$.

Elementare Zeilenumformungen ändern die Lösungsmenge nicht

Äquivalente lineare Gleichungssysteme

Die Lösungsmenge eines linearen Gleichungssystems ändert sich nicht, wenn an diesem System eine elementare Zeilenumformung vorgenommen wird.

Das Verfahren von Gauß und Jordan ist ein zuverlässiger Weg zur Lösung

Eliminationsverfahren von Gauß

Dieses Eliminationsverfahren zur Lösung des linearen Gleichungssystems $(A \mid b)$ besteht aus
1. der Umformung auf Zeilenstufenform,
2. der Lösbarkeitsentscheidung und
3. dem Rückwärtseinsetzen zur Bestimmung der Lösungsmenge des Systems.

Eliminationsverfahren von Gauß und Jordan

Dieses Eliminationsverfahren zur Lösung des linearen Gleichungssystem $(A \mid b)$ besteht aus
1. der Umformung auf Zeilenstufenform,
2. der Lösbarkeitsentscheidung und
3. der Reduktion mittels weiterer elementarer Zeilenumformungen auf reduzierte Zeilenstufenform und dem Ablesen der Lösung.

Hinter den Eliminationsverfahren steht ein Algorithmus

Reduzierbarkeit auf Zeilenstufenform

Jedes lineare Gleichungssystem lässt sich durch elementare Zeilenumformungen in ein äquivalentes System überführen, das eine Zeilenstufenform oder reduzierte Zeilenstufenform aufweist.

Mithilfe des Ranges lässt sich die Lösbarkeit eines linearen Gleichungssystems entscheiden

Das Lösbarkeitskriterium

Ein lineares Gleichungssystem mit der Koeffizientenmatrix A und der erweiterten Koeffizientenmatrix $(A \mid b)$ ist genau dann lösbar, wenn

$$\operatorname{rg} A = \operatorname{rg}(A \mid b) \,.$$

Die Lösungsmengen von homogenen und inhomogenen linearen Gleichungssystemen haben eine gewisse Struktur

Lösungen eines homogenen Systems

Sind $(l_1, \ldots, l_n)$ und $(m_1, \ldots, m_n)$ Lösungen eines homogenen linearen Gleichungssystems über $\mathbb{K}$ in n Unbekannten, dann ist auch die *Summe* $(l_1 + m_1, \ldots, l_n + m_n)$ eine Lösung. Ferner ist für jedes $\lambda \in \mathbb{K}$ auch das λ-Fache $(\lambda\, l_1, \ldots, \lambda\, l_n)$ eine Lösung.

Lösungsmenge eines inhomogenen Systems

Sind $(s_1, \ldots, s_n)$ eine spezielle Lösung eines linearen Gleichungssystems über $\mathbb{K}$ in n Unbekannten und $(l_1, \ldots, l_n)$ eine Lösung des zugehörigen homogenen Systems, dann ist auch die Summe $(s_1 + l_1, \ldots, s_n + l_n)$ eine Lösung des inhomogenen Systems. Umgekehrt ist jede Lösung des inhomogenen Systems als eine derartige Summe darstellbar.

Nach einer Umreihung der Unbekannten wird das Rückwärtseinsetzen besonders übersichtlich

Freie Parameter in der Lösungsmenge

Ist $(A \mid b)$ ein lösbares lineare Gleichungssystem über $\mathbb{K}$ mit n Unbekannten, und hat die Koeffizientenmatrix A den Rang r, so treten in der Lösungsmenge $n-r$ Parameter $t_1, \ldots, t_{n-r}$ auf, deren Werte jeweils in $\mathbb{K}$ frei wählbar sind.

Aufgaben

Die Aufgaben gliedern sich in drei Kategorien: Anhand der *Verständnisfragen* können Sie prüfen, ob Sie die Begriffe und zentralen Aussagen verstanden haben, mit den *Rechenaufgaben* üben Sie Ihre technischen Fertigkeiten und die *Beweisaufgaben* geben Ihnen Gelegenheit, zu lernen, wie man Beweise findet und führt.

Ein Punktesystem unterscheidet leichte Aufgaben •, mittelschwere •• und anspruchsvolle ••• Aufgaben. Lösungshinweise am Ende des Buches helfen Ihnen, falls Sie bei einer Aufgabe partout nicht weiterkommen. Dort finden Sie auch die Lösungen – betrügen Sie sich aber nicht selbst und schlagen Sie erst nach, wenn Sie selber zu einer Lösung gekommen sind. Ausführliche Lösungswege stehen auf der Website des Verlags zur Verfügung.

Viel Spaß und Erfolg bei den Aufgaben!

Verständnisfragen

5.1 • Haben reelle lineare Gleichungssysteme mit zwei verschiedenen Lösungen stets unendlich viele Lösungen?

5.2 • Gibt es ein lineares Gleichungssystem über einem Körper $\mathbb{K}$ mit weniger Gleichungen als Unbekannten, welches eindeutig lösbar ist?

5.3 •• Ist ein lineares Gleichungssystem $A\, x = b$ mit n Unbekannten und n Gleichungen für ein b eindeutig lösbar, so gilt das für jedes b. Stimmt das?

5.4 • Folgt aus $\operatorname{rg} A = \operatorname{rg}(A \mid b)$, dass das lineare Gleichungssystem $(A \mid b)$ eindeutig lösbar ist?

5.5 •• Ein lineares Gleichungssystem mit lauter ganzzahligen Koeffizienten und Absolutgliedern ist auch als Gleichungssystem über dem Restklassenkörper $\mathbb{Z}_p$ aufzufassen. Angenommen, $l = (l_1, \ldots, l_n)$ ist eine ganzzahlige Lösung dieses Systems. Warum ist dann $\bar{l} = (\bar{l}_1, \ldots, \bar{l}_n)$ mit $\bar{l}_i \equiv l_i$ (mod p) für $i = 1, \ldots, n$ eine Lösung des gleichlautenden Gleichungssystems über $\mathbb{Z}_p$? Ist jede Lösung zu letzterem aus einer ganzzahligen Lösung des Systems über $\mathbb{Q}$ oder $\mathbb{R}$ herleitbar?

5.6 •• Das folgende lineare Gleichungssystem mit ganzzahligen Koeffizienten ist über $\mathbb{R}$ unlösbar. In welchen Restklassenkörpern ist es lösbar, und wie lautet die jeweilige Lösung?

$$\begin{aligned} 2\,x_1 + x_2 - 2\,x_3 &= -1 \\ x_1 - 4\,x_2 - 19\,x_3 &= 10 \\ x_2 + 4\,x_3 &= -1 \end{aligned}$$

5.7 •• Es sind Zahlen a, b, c, d, r, s aus dem Körper $\mathbb{K}$ vorgegeben. Begründen Sie, dass das lineare Gleichungssystem

$$\begin{aligned} a\,x_1 + b\,x_2 &= r \\ c\,x_1 + d\,x_2 &= s \end{aligned}$$

im Fall $a\,d - b\,c \neq 0$ eindeutig lösbar ist, und geben Sie die eindeutig bestimmte Lösung an.

Bestimmen Sie zusätzlich bei $\mathbb{K} = \mathbb{R}$ für $m \in \mathbb{R}$ die Lösungsmenge des folgenden linearen Gleichungssystems:

$$\begin{aligned} -2\,x_1 + 3\,x_2 &= 2m \\ x_1 - 5\,x_2 &= -11 \end{aligned}$$

Rechenaufgaben

5.8 • Bestimmen Sie die Lösungsmengen L der folgenden reellen linearen Gleichungssysteme und untersuchen Sie deren geometrische Interpretationen:

$$
\begin{aligned}
2\,x_1 + 3\,x_2 &= 5 \\
x_1 + x_2 &= 2 \\
3x_1 + x_2 &= 1
\end{aligned}
$$

$$
\begin{aligned}
2x_1 - x_2 + 2x_3 &= 1 \\
x_1 - 2x_2 + 3x_3 &= 1 \\
6x_1 + 3x_2 - 2x_3 &= 1 \\
x_1 - 5x_2 + 7x_3 &= 2
\end{aligned}
$$

5.9 ••• Für welche $a \in \mathbb{R}$ hat das reelle lineare Gleichungssystem

$$
\begin{aligned}
(a+1)\,x_1 - (a^2 - 6a + 9)\,x_2 + (a-2)\,x_3 &= 1 \\
(a^2 - 2a - 3)\,x_1 + (a^2 - 6a + 9)\,x_2 + 3\,x_3 &= a - 3 \\
(a+1)\,x_1 - (a^2 - 6a + 9)\,x_2 + (a+1)\,x_3 &= 1
\end{aligned}
$$

keine, genau eine bzw. mehr als eine Lösung? Für $a = 0$ und $a = 2$ berechne man alle Lösungen.

5.10 •• Berechnen Sie die Lösungsmenge der komplexen linearen Gleichungssysteme:

a)
$$
\begin{aligned}
x_1 + \mathrm{i}\,x_2 + x_3 &= 1 + 4\,\mathrm{i} \\
x_1 - x_2 + \mathrm{i}\,x_3 &= 1 \\
\mathrm{i}\,x_1 - x_2 - x_3 &= -1 - 2\,\mathrm{i}
\end{aligned}
$$

b)
$$
\begin{aligned}
2\,x_1 + \mathrm{i}\,x_3 &= \mathrm{i} \\
x_1 - 3\,x_2 - \mathrm{i}\,x_3 &= 2\,\mathrm{i} \\
\mathrm{i}\,x_1 + x_2 + x_3 &= 1 + \mathrm{i}
\end{aligned}
$$

c)
$$
\begin{aligned}
(1+\mathrm{i})\,x_1 - \mathrm{i}\,x_2 - x_3 &= 0 \\
2\,x_1 + (2 - 3\,\mathrm{i})\,x_2 + 2\,\mathrm{i}\,x_3 &= 0
\end{aligned}
$$

5.11 •• Bestimmen Sie die Lösungsmenge L des folgenden reellen linearen Gleichungssystems in Abhängigkeit von $r \in \mathbb{R}$:

$$
\begin{aligned}
r\,x_1 + x_2 + x_3 &= 1 \\
x_1 + r\,x_2 + x_3 &= 1 \\
x_1 + x_2 + r\,x_3 &= 1
\end{aligned}
$$

5.12 ••• Untersuchen Sie das reelle lineare Gleichungssystem

$$
\begin{aligned}
x_1 - x_2 + x_3 - 2\,x_4 &= -2 \\
-2\,x_1 + 3\,x_2 + a\,x_3 &= 4 \\
-x_1 + x_2 - x_3 + a\,x_4 &= a \\
a\,x_2 + b^2\,x_3 - 4\,a\,x_4 &= 1
\end{aligned}
$$

in Abhängigkeit der beiden Parameter a, $b \in \mathbb{R}$ auf Lösbarkeit bzw. eindeutige Lösbarkeit und stellen Sie die entsprechenden Bereiche für $(a,\ b) \in \mathbb{R}^2$ grafisch dar.

5.13 •• Im Ursprung $\mathbf{0} = (0,\ 0,\ 0)$ des $\mathbb{R}^3$ laufen die drei Stäbe eines Stabwerks zusammen, die von den Punkten

$$
\boldsymbol{a} = (-2,\ 1,\ -5), \quad \boldsymbol{b} = (2,\ -2,\ -4), \quad \boldsymbol{c} = (1,\ 2,\ -3)
$$

ausgehen.

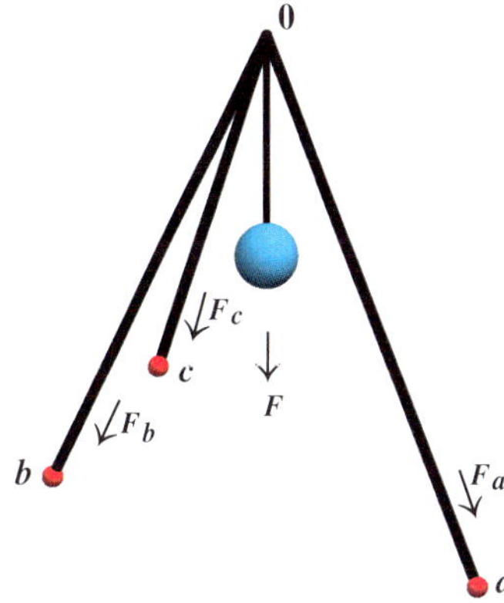

Abbildung 5.6 Die Gewichtskraft F verteilt sich auf die Stäbe.

Im Ursprung $\mathbf{0}$ wirkt die *vektorielle* Kraft $\boldsymbol{F} = (0,\ 0,\ -56)$ in Newton. Welche Kräfte wirken auf die Stäbe (siehe Abb. 5.6)?

Beweisaufgaben

5.14 • Beweisen Sie, dass bei jedem linearen Gleichungssystem über dem Körper $\mathbb{K}$ mit den beiden Lösungen $\boldsymbol{l} = (l_1, \dots, l_n)$ und $\boldsymbol{l}^* = (l_1^*, \dots, l_n^*)$ gleichzeitig auch $\lambda \boldsymbol{l} + (1-\lambda)\boldsymbol{l}^*$, also $\big(\lambda l_1 + (1-\lambda)l_1^*,\ \dots,\ \lambda l_n + (1-\lambda)l_n^*\big)$ eine Lösung ist, und zwar für jedes $\lambda \in \mathbb{K}$.

5.15 •• Zeigen Sie, dass die *elementare* Zeilenumformung (1) auf Seite 185 auch durch mehrfaches Anwenden der Umformungen vom Typ (2) und (3) auf Seite 185 erzielt werden kann.

Antworten der Selbstfragen

S. 168

Man erhält dann $\{(t,\ 1/2\,t) \mid t \in \mathbb{R}\}$ als Lösungsmenge. Dies ist aber natürlich die gleiche Menge.

S. 169

1) Nein, denn die Gleichungen können einander widersprechen wie etwa $x_1 + x_2 + x_3 = 1$ und $x_1 + x_2 + x_3 = 0$, was zu $L = \emptyset$ führt. Ist das System jedoch lösbar, so kann man eine Unbekannte durch einen Parameter $t \in \mathbb{R}$ ersetzen und das System weiterhin lösen. Wegen der freien Wahl von t gibt es unendlich viele Lösungen.

2) Nein, es ist z. B. $x_1 = 1$, $2\,x_1 = 2$ ein System von zwei linearen Gleichungen in einer Unbekannten x_1 und mit der eindeutig bestimmten Lösung $x_1 = 1$.

S. 169

Im Fall $b \neq 0$ ist die Lösungsmenge jeweils die leere Menge. Im Fall $b = 0$ ist bei zwei Unbekannten die Lösungsmenge $L = \mathbb{R}^2$, also die ganze Ebene, und bei drei Unbekannten der ganze Raum.

S. 173

Die Zeilenumformung vom Typ 3 wurde beim ersten Umformungspfeil nicht korrekt ausgeführt: Zeilenumformungen sind der Reihe nach durchzuführen. Wird im ersten Schritt gemäß Typ 3 die zweite Gleichung zur ersten addiert, so muss im zweiten Schritt zur zweiten Gleichung bereits die Summe $z_1 + z_2$ addiert werden und nicht nur z_1 allein. Hinter dem ersten Umformungspfeil verbergen sich bereits zwei Schritte, von denen der zweite unzulässig ist.

S. 175

Steht an der Stelle $(2, 3)$ eine Zahl $a_{23} \neq 0$, dann erzeugen wir dort eine 1, wenn wir die 2. Zeile mit a_{23}^{-1} multiplizieren. Bei $a_{23} = 0$ sehen wir nach, ob in der 3. Spalte weiter unten ein von null verschiedenes Element vorkommt. Wenn ja, vertauschen wir die zugehörige Zeile mit der zweiten und verfahren wie vorhin. Wenn nein, verfahren wir mit der 4. Spalte so wie vorhin mit der dritten, und so weiter. Gibt es von der zweiten Zeile an links vom Trennstrich sowieso nur mehr Nullen, so liegt bereits eine Stufenform vor.

S. 176

Auf Seite 174 hat eine Stufe die Länge 2; auf Seite 172 haben alle Stufen die Länge 1. Bei der Zeilenstufenform kann die *Länge* der Stufen variieren, bei der Spaltenstufenform die *Höhe*.

S. 178

Es lautet:

$$
\begin{aligned}
x_1 \quad &- \quad (1 + a)\,x_3 = 0 \\
x_2 \quad &+ \qquad\quad x_3 = 0 \\
&\quad\ (1 + 2\,a)\,x_3 = 0
\end{aligned}
$$

S. 181

Es gilt der Reihe nach $\operatorname{rg} A = 2 = \operatorname{rg}(A \mid b)$, $\operatorname{rg} A = 1 \neq 2 = \operatorname{rg}(A \mid b)$ sowie $\operatorname{rg} A = 1 = \operatorname{rg}(A \mid b)$. Bei den drei Gleichungen mit vier Unbekannten im vierten Beispiel ist $\operatorname{rg} A = 2 = \operatorname{rg}(A \mid b)$, bei dem fünften $\operatorname{rg} A = 2 \neq 3 = \operatorname{rg}(A \mid b)$; beim sechsten gilt über $\mathbb{R}$ $\operatorname{rg} A = 2 \neq 3 = \operatorname{rg}(A \mid b)$, dagegen gilt über $\mathbb{Z}_5$ $\operatorname{rg} A = 2 = \operatorname{rg}(A \mid b)$.

S. 181

Es ist nur dann richtig, wenn $\mathbb{K}$ unendlich viele Elemente hat, denn mit l ist auch jedes Vielfache $\lambda\,l$ mit $\lambda \in \mathbb{K}$ eine Lösung des homogenen Systems.

S. 184

Nein, denn aus $A s_1 = A s_2 = b$ folgt $A(s_1 + s_2) = 2\,b \neq b$ sowie $A(\lambda s_1) = \lambda\,b \neq b$, sofern $\lambda \neq 1$.

Vektorräume – von Basen und Dimensionen

6

Können Funktionen Vektoren sein?

Enthält jedes Erzeugendensystem eine Basis?

Welche Dimension hat $\mathbb{K}[X]$ über $\mathbb{K}$?

© Springer-Verlag GmbH Deutschland, ein Teil von Springer Nature 2022
T. Arens et al., *Grundwissen Mathematikstudium*,
https://doi.org/10.1007/978-3-662-63313-7_6

Die lineare Algebra kann auch als Theorie der Vektorräume bezeichnet werden. Diese Theorie entstand durch Verallgemeinerung der Rechenregeln von klassischen Vektoren im Sinne von Pfeilen in der Anschauungsebene. Der wesentliche Nutzen liegt darin, dass unzählige, in fast allen Gebieten der Mathematik auftauchende Mengen eben diese gleichen Rechengesetze erfüllen. So war es naheliegend, jede Menge, in der jene Rechengesetze gelten, allgemein als Vektorraum zu bezeichnen. Eine systematische Behandlung eines allgemeinen Vektorraums, d. h. eine Entwicklung einer Theorie der Vektorräume, löst somit zahlreiche Probleme in den verschiedensten Gebieten der Mathematik.

Auch wenn die Definition eines allgemeinen Vektorraums reichlich kompliziert wirken mag – letztlich kann man einen Vektorraum durch Angabe von oft sehr wenigen Größen vollständig beschreiben. Jeder Vektorraum besitzt nämlich eine sogenannte Basis. In einer solchen Basis steckt jede Information über den Vektorraum. Und es sind auch die Basen, die es möglich machen, von der Dimension eines Vektorraums zu sprechen. Dabei entspricht dieser Dimensionsbegriff den drei räumlichen Dimensionen des Anschauungsraums. Aber dieser mathematische Dimensionsbegriff ist viel allgemeiner. Es besteht für die Mathematik keine Hürde, auch in Vektorräumen zu rechnen, die sich der Anschauung völlig entziehen.

6.1 Der Vektorraumbegriff

Wir führen den Begriff eines *Vektorraums* ein. Dieser erlaubt uns, für viele verschiedene Bereiche, in welchen gleichartige Rechenverfahren auftreten, eine einheitliche Theorie zu entwickeln.

Ein Vektorraum ist durch eine abelsche Gruppe, einen Körper, eine äußere Multiplikation und vier Verträglichkeitsgesetze gegeben

Im Folgenden bezeichnen wir mit $\mathbb{K}$ einen Körper. Wenn nicht explizit auf einen besonderen Körper hingewiesen wird, kann man sich anstelle von $\mathbb{K}$ stets den vertrauten Körper $\mathbb{R}$ denken, um ein konkretes Beispiel vor Augen zu haben.

Definition eines $\mathbb{K}$-Vektorraums

Es seien $\mathbb{K}$ ein Körper, $(V, +)$ eine abelsche Gruppe und

$$\cdot : \begin{cases} \mathbb{K} \times V & \to & V \\ (\lambda, \boldsymbol{v}) & \mapsto & \lambda \cdot \boldsymbol{v} \end{cases}$$

eine Abbildung. Falls für alle $\boldsymbol{u}$, $\boldsymbol{v}$, $\boldsymbol{w} \in V$ und λ, $\mu \in \mathbb{K}$ die Eigenschaften
(V1) $\lambda \cdot (\boldsymbol{v} + \boldsymbol{w}) = \lambda \cdot \boldsymbol{v} + \lambda \cdot \boldsymbol{w}$,
(V2) $(\lambda + \mu) \cdot \boldsymbol{v} = \lambda \cdot \boldsymbol{v} + \mu \cdot \boldsymbol{v}$,
(V3) $(\lambda \mu) \cdot \boldsymbol{v} = \lambda \cdot (\mu \cdot \boldsymbol{v})$,
(V4) $1 \cdot \boldsymbol{v} = \boldsymbol{v}$
gelten, nennt man V einen **Vektorraum über** $\mathbb{K}$ oder kurz einen $\mathbb{K}$-**Vektorraum**.

Es ist hier angebracht, die Definition etwas zu erläutern. Bei einem Vektorraum V werden zwei algebraische Strukturen, nämlich die der abelschen Gruppe $(V, +)$ und die des Körpers $\mathbb{K}$, durch eine neue Verknüpfung $\cdot$ miteinander verbunden. Dass $\cdot$ eine Abbildung ist, bringt zum Ausdruck, dass diese Verbindung der beiden Strukturen durch eine Multiplikation der Elemente aus V mit Elementen aus $\mathbb{K}$ gegeben ist; das Ergebnis dieser Multiplikation ist ein Element in V. Die Eigenschaften (V1)–(V4) nennt man auch **Vektorraumaxiome**, sie beschreiben eine Verträglichkeit der zwei gegebenen Verknüpfungen $+$ und $\cdot$ des Vektorraums V. In (V3) bezeichnet $\lambda \mu$ das Produkt von λ mit μ in $\mathbb{K}$. Wir lassen für das Produkt in $\mathbb{K}$ – wie dies oft üblich ist – den Punkt für die Multiplikation weg.

———————————— **?** ————————————

Hinter dem Begriff *abelsche Gruppe* $(V, +)$ verbergen sich vier Axiome. Können Sie diese angeben?

Die Elemente aus V heißen **Vektoren** und werden zunächst durch Fettdruck gekennzeichnet. In späteren Kapiteln werden wir keinen Fettdruck mehr einsetzen, weil sonst Formeln und Aussagen nicht konsistent werden. Es ist unumgänglich, dass man sich über die Bedeutung der einzelnen Symbole in mathematischen Aussagen im Klaren ist.

Die Elemente aus $\mathbb{K}$ heißen **Skalare** und werden häufig durch griechische Buchstaben gekennzeichnet. Das neutrale Element $\boldsymbol{0}$ bezüglich der Addition heißt **Nullvektor**. Wir bezeichnen das zu $\boldsymbol{v}$ entgegengesetzte und eindeutig bestimmte Element $\boldsymbol{v}'$ mit $-\boldsymbol{v}$ und schreiben anstelle von $\boldsymbol{v} + (-\boldsymbol{w})$ kurz $\boldsymbol{v} - \boldsymbol{w}$. Gelegentlich nennt man das entgegengesetzte Element $-\boldsymbol{v}$ zu $\boldsymbol{v}$ auch **inverses Element**. Die (äußere) Multiplikation $\cdot$ nennen wir die **Multiplikation mit Skalaren**.

Im Fall $\mathbb{K} = \mathbb{R}$ nennen wir V auch einen **reellen Vektorraum** und im Fall $\mathbb{K} = \mathbb{C}$ einen **komplexen Vektorraum**.

Kommentar: Alles, was als Element eines Vektorraums aufgefasst werden kann, ist also ein Vektor. Vektoren werden nur durch ihre Eigenschaften definiert. Wir werden bald verschiedene, zum Teil sehr vertraute mathematische Objekte kennenlernen, die auch Vektoren sind. Ein Vektor ist also nicht unbedingt

- ein Pfeil mit einer Länge und einer Richtung oder
- eine Klasse parallel verschobener Pfeile.

Die Anschauungsebene ist ein klassisches Beispiel eines reellen Vektorraums

Auf Seite 39 haben wir das kartesische Produkt endlich vieler Mengen erklärt. Es ist

$$\mathbb{R}^2 = \{(v_1, v_2) \mid v_1, v_2 \in \mathbb{R}\}$$

die Menge aller geordneten Paare (v_1, v_2). Dabei war es reine Willkür, die reellen Zahlen v_1 und v_2 nebeneinander zu schreiben. Wir können die Zahlen genauso gut übereinander schreiben, d. h.

$$\mathbb{R}^2 = \left\{ \binom{v_1}{v_2} \mid v_1, v_2 \in \mathbb{R} \right\}.$$

Wir werden diese aufrechte Schreibweise in diesem Kapitel für alle n-Tupel beibehalten. Die Vorteile liegen darin, dass die Darstellung übersichtlicher ist und Rechenregeln einprägsamer werden.

Sind $v = \binom{v_1}{v_2}$ und $w = \binom{w_1}{w_2}$ Elemente aus $\mathbb{R}^2$, so wird $\mathbb{R}^2$ mit der komponentenweise erklärten Addition

$$\binom{v_1}{v_2} + \binom{w_1}{w_2} = \binom{v_1 + w_1}{v_2 + w_2}$$

zu einer abelschen Gruppe $(\mathbb{R}^2, +)$ (Beispiel Seite 66). Wir erklären nun eine Multiplikation von Elementen der abelschen Gruppe $\mathbb{R}^2$ mit Elementen aus dem Körper $\mathbb{R}$. Für jedes $v = \binom{v_1}{v_2} \in \mathbb{R}^2$ und jedes $\lambda \in \mathbb{R}$ setzen wir

$$\lambda \cdot \binom{v_1}{v_2} = \binom{\lambda\, v_1}{\lambda\, v_2},$$

Eigentlich sollte man für die Addition von Elementen aus dem $\mathbb{R}^2$ und die Multiplikation von Elementen aus dem $\mathbb{R}^2$ mit reellen Zahlen neue Symbole, etwa $\oplus$ und $\odot$, einführen. Wir tun das nicht, da die Schreibweise dadurch kompliziert wird, und halten uns immer vor Augen, dass es sich um verschiedene Additionen bzw. Multiplikationen handelt: 2-Tupel werden addiert (Addition in $\mathbb{R}^2$), indem man ihre Koordinaten addiert (Addition in $\mathbb{R}$). Ein 2-Tupel wird mit einem $\lambda \in \mathbb{R}$ multipliziert (äußere Multiplikation), indem man jede seiner Koordinaten mit diesem Skalar multipliziert (Multiplikation in $\mathbb{R}$).

Ähnliche Additionen und Multiplikationen haben wir übrigens bereits auf Seite 172 mit den Lösungen linearer Gleichungssysteme eingeführt.

Lemma

Die abelsche Gruppe $\mathbb{R}^2$ bildet mit der wie eben erklärten komponentenweisen Multiplikation $\cdot$ einen $\mathbb{R}$-Vektorraum.

Beweis: Die Vektorraumaxiome verifiziert man durch Nachrechnen. Wir wählen Elemente $v = \binom{v_1}{v_2}$, $w = \binom{w_1}{w_2} \in \mathbb{R}^2$ und $\lambda, \mu \in \mathbb{R}$:

(V1) gilt, da

$$\lambda \cdot (v + w) = \lambda \cdot \binom{v_1 + w_1}{v_2 + w_2} = \binom{\lambda\,(v_1 + w_1)}{\lambda\,(v_2 + w_2)}$$

$$= \binom{\lambda\, v_1 + \lambda\, w_1}{\lambda\, v_2 + \lambda\, w_2} = \binom{\lambda\, v_1}{\lambda\, v_2} + \binom{\lambda\, w_1}{\lambda\, w_2}$$

$$= \lambda \cdot \binom{v_1}{v_2} + \lambda \cdot \binom{w_1}{w_2} = \lambda\, v + \lambda\, w.$$

(V2) gilt, da

$$(\lambda + \mu) \cdot v = (\lambda + \mu) \cdot \binom{v_1}{v_2} = \binom{(\lambda + \mu) \cdot v_1}{(\lambda + \mu) \cdot v_2}$$

$$= \binom{\lambda \cdot v_1 + \mu \cdot v_1}{\lambda \cdot v_2 + \mu \cdot v_2} = \binom{\lambda \cdot v_1}{\lambda \cdot v_2} + \binom{\mu \cdot v_1}{\mu \cdot v_2}$$

$$= \lambda \cdot \binom{v_1}{v_2} + \mu \cdot \binom{v_1}{v_2}$$

$$= (\lambda \cdot v) + (\mu \cdot v).$$

(V3) und (V4) begründet man analog. ∎

Das Beispiel lässt sich noch weiter verallgemeinern.

Beispiel Analog zu dem eben betrachteten Beispiel des $\mathbb{R}^2$ ist für jeden Körper $\mathbb{K}$ und jede natürliche Zahl n die Menge

$$V = \mathbb{K}^n = \left\{ \begin{pmatrix} v_1 \\ \vdots \\ v_n \end{pmatrix} \mid v_1, \ldots, v_n \in \mathbb{K} \right\}$$

mit komponentenweiser Addition und Multiplikation mit Skalaren ein $\mathbb{K}$-Vektorraum, $\mathbb{R}^n$ ein reeller, $\mathbb{C}^n$ ein komplexer.

Wir prüfen dies für den Fall $\mathbb{K} = \mathbb{C}$ und $n = 1$ explizit nach: Es gilt hier $V = \mathbb{C}$: V liefert die Vektoren, $\mathbb{C}$ die Skalare. Die Addition in V ist hier die Addition in $\mathbb{C}$ und die Multiplikation mit Skalaren ist die Multiplikation in $\mathbb{C}$; Skalare stehen links, Vektoren rechts. Die Menge $V = \mathbb{C}$ ist mit der Addition $+$ eine abelsche Gruppe, und $\mathbb{C}$ ist ein Körper. Die Axiome (V1)–(V3) sind das Distributiv- und das Assoziativgesetz in $\mathbb{C}$, diese sind natürlich erfüllt, und (V4) gilt ebenfalls in $\mathbb{C}$. Also ist $\mathbb{C}$ ein $\mathbb{C}$-Vektorraum.

Dieselbe Überlegung zeigt, dass jeder Körper über jedem seiner Teilkörper ein Vektorraum ist, also ist $\mathbb{R}$ ein $\mathbb{R}$- und $\mathbb{Q}$-Vektorraum, $\mathbb{C}$ ein $\mathbb{C}$-, $\mathbb{R}$- und $\mathbb{Q}$-Vektorraum.

Wir betrachten den Vektorraum $\mathbb{Z}_2^3$ über dem Körper $\mathbb{Z}_2$ mit zwei Elementen $\bar{0}$ und $\bar{1}$. Die Elemente von $\mathbb{Z}_2^3$ können explizit angegeben werden:

$$\mathbb{Z}_2^3 = \left\{ \begin{pmatrix} \bar{0} \\ \bar{0} \\ \bar{0} \end{pmatrix}, \begin{pmatrix} \bar{1} \\ \bar{0} \\ \bar{0} \end{pmatrix}, \begin{pmatrix} \bar{0} \\ \bar{1} \\ \bar{0} \end{pmatrix}, \begin{pmatrix} \bar{0} \\ \bar{0} \\ \bar{1} \end{pmatrix}, \begin{pmatrix} \bar{1} \\ \bar{1} \\ \bar{0} \end{pmatrix}, \begin{pmatrix} \bar{0} \\ \bar{1} \\ \bar{1} \end{pmatrix}, \begin{pmatrix} \bar{1} \\ \bar{0} \\ \bar{1} \end{pmatrix}, \begin{pmatrix} \bar{1} \\ \bar{1} \\ \bar{1} \end{pmatrix} \right\}.$$

Da man für jede Komponente eines Vektors $v \in \mathbb{Z}_2^3$ die zwei Wahlmöglichkeiten $\bar{0}$ und $\bar{1}$ hat, gibt es genau 2^3 Elemente in $\mathbb{Z}_2^3$. ◄

Hintergrund und Ausblick: „Fastvektorräume"

Es gibt Beispiele von Mengen mit Verknüpfungen, bei denen nur *fast* alle Vektorraumaxiome erfüllt sind. Wir führen vier Beispiele an, bei denen jeweils eines der sogenannten Verträglichkeitsaxiome (V1), (V2), (V3), (V4) zwischen der skalaren Multiplikation und der Addition nicht erfüllt ist. Man beachte, dass wir im Folgenden bei der üblichen Multiplikation $\cdot$ in $\mathbb{R}$ bzw. $\mathbb{C}$ keinen Multiplikationspunkt setzen. Die Multiplikationspunkte sind für die definierten skalaren Multiplikationen reserviert.

(1) In $\mathbb{K} = \mathbb{C}$ und $V = \mathbb{C}^2$ bezeichne $+$ die komponentenweise Addition; als skalare Multiplikation definieren wir für $\lambda \in \mathbb{C}$ und $v = \begin{pmatrix} v_1 \\ v_2 \end{pmatrix} \in V$:

$$\lambda \cdot \begin{pmatrix} v_1 \\ v_2 \end{pmatrix} = \begin{cases} \begin{pmatrix} \lambda\, v_1 \\ \lambda\, v_2 \end{pmatrix}, & \text{falls } v_2 \neq 0, \\[2mm] \begin{pmatrix} \overline{\lambda}\, v_1 \\ 0 \end{pmatrix}, & \text{falls } v_2 = 0. \end{cases}$$

Wir wählen $\lambda = \mathrm{i} \in \mathbb{C}$, $v = \begin{pmatrix} 1 \\ 1 \end{pmatrix}$, $w = \begin{pmatrix} 1 \\ -1 \end{pmatrix} \in V$ und rechnen nach,

$$\lambda \cdot (v + w) = \mathrm{i} \cdot \left(\begin{pmatrix} 1 \\ 1 \end{pmatrix} + \begin{pmatrix} 1 \\ -1 \end{pmatrix} \right) = \mathrm{i} \cdot \begin{pmatrix} 2 \\ 0 \end{pmatrix} = \begin{pmatrix} -2\,\mathrm{i} \\ 0 \end{pmatrix}$$

sowie

$$\lambda \cdot v + \lambda \cdot w = \mathrm{i} \cdot \begin{pmatrix} 1 \\ 1 \end{pmatrix} + \mathrm{i} \cdot \begin{pmatrix} 1 \\ -1 \end{pmatrix} = \begin{pmatrix} \mathrm{i} \\ \mathrm{i} \end{pmatrix} + \begin{pmatrix} \mathrm{i} \\ -\mathrm{i} \end{pmatrix} = \begin{pmatrix} 2\,\mathrm{i} \\ 0 \end{pmatrix}.$$

Also ist das Vektorraumaxiom (V1) verletzt. Es gelten jedoch alle anderen Vektorraumaxiome. Exemplarisch weisen wir (V4) nach: Für alle $v = \begin{pmatrix} v_1 \\ v_2 \end{pmatrix} \in V$ gilt:

$$1 \cdot v = 1 \cdot \begin{pmatrix} v_1 \\ v_2 \end{pmatrix} = \begin{pmatrix} 1\, v_1 \\ 1\, v_2 \end{pmatrix} = v.$$

(2) In $\mathbb{K} = \mathbb{R}$ und $V = \mathbb{R}$ bezeichne $+$ die übliche Addition reeller Zahlen; als skalare Multiplikation definieren wir für $\lambda \in \mathbb{R}$ und $v \in V$

$$\lambda \cdot v = \lambda^2 v.$$

Das Axiom (V2) $(\lambda + \mu) \cdot v = \lambda \cdot v + \mu \cdot v$ ist verletzt. Z. B. ist

$$(1 + 1) \cdot v = 2 \cdot v = 4\,v \neq 2\,v = v + v = 1 \cdot v + 1 \cdot v,$$

sofern $v \neq 0$. Es sind jedoch alle anderen Vektorraumaxiome erfüllt. Exemplarisch zeigen wir, dass (V3) erfüllt ist: Für alle $\lambda, \mu \in \mathbb{R}$ und $v \in V$ gilt:

$$(\lambda\,\mu) \cdot v = (\lambda\,\mu)^2 \cdot v = \lambda^2\,(\mu^2 \cdot v) = \lambda \cdot (\mu \cdot v).$$

(3) In $\mathbb{K} = \mathbb{C}$ und $V = \mathbb{C}$ bezeichne $+$ die übliche Addition komplexer Zahlen; als skalare Multiplikation definieren wir für $\lambda \in \mathbb{C}$ und $v \in V$

$$\lambda \cdot v = (\mathrm{Re}\,\lambda)\,v.$$

Das gemischte Assoziativgesetz (V3) gilt hier nicht. Z. B. ist

$$(\mathrm{i}^2) \cdot v = (-1) \cdot v = \mathrm{Re}\,(-1)\,v = -v,$$

aber

$$\mathrm{i} \cdot (\mathrm{i} \cdot v) = \mathrm{Re}\,(\mathrm{i})\,\mathrm{Re}\,(\mathrm{i})\,v = 0,$$

d. h. $(\mathrm{i}^2) \cdot v \neq \mathrm{i} \cdot (\mathrm{i} \cdot v)$, sofern $v \neq 0$. Die anderen Vektorraumaxiome sind erfüllt. Exemplarisch zeigen wir, dass (V2) erfüllt ist. Für alle $\lambda, \mu \in \mathbb{C}$ und $v \in V$ gilt:

$$(\lambda + \mu) \cdot v = \mathrm{Re}\,(\lambda + \mu) \cdot v = (\mathrm{Re}\,\lambda + \mathrm{Re}\,\mu)\,v$$
$$= \mathrm{Re}\,\lambda\,v + \mathrm{Re}\,\mu\,v = \lambda \cdot v + \mu \cdot v.$$

(4) In $\mathbb{K} = \mathbb{R}$ und $V = \mathbb{R}^2$ bezeichne $+$ die komponentenweise Addition; als skalare Multiplikation definieren wir für $\lambda \in \mathbb{R}$ und $v = \begin{pmatrix} v_1 \\ v_2 \end{pmatrix} \in V$

$$\lambda \cdot \begin{pmatrix} v_1 \\ v_2 \end{pmatrix} = \begin{pmatrix} \lambda\, v_1 \\ 0 \end{pmatrix}.$$

Für $\lambda = 1$, $v_2 \neq 0$ ergibt sich

$$1 \cdot \begin{pmatrix} v_1 \\ v_2 \end{pmatrix} = \begin{pmatrix} v_1 \\ 0 \end{pmatrix} \neq \begin{pmatrix} v_1 \\ v_2 \end{pmatrix},$$

also gilt hier das Axiom (V4) nicht. Alle anderen Axiome gelten. Exemplarisch weisen wir (V1) nach. Für alle $\lambda \in \mathbb{R}$ und $v = \begin{pmatrix} v_1 \\ v_2 \end{pmatrix}$, $w = \begin{pmatrix} w_1 \\ w_2 \end{pmatrix} \in V$ gilt:

$$\lambda \cdot (v + w) = \begin{pmatrix} \lambda\,(v_1 + w_1) \\ 0 \end{pmatrix} = \begin{pmatrix} \lambda\, v_1 \\ 0 \end{pmatrix} + \begin{pmatrix} \lambda\, w_1 \\ 0 \end{pmatrix}$$
$$= \lambda \cdot v + \lambda \cdot w.$$

Kommentar: Wir haben für jedes der vier Vektorraumaxiome eine algebraische Struktur angegeben, in der dieses Axiom verletzt und alle anderen Vektorraumaxiome erfüllt sind. Demnach folgt keines der vier Axiome der Skalarmultiplikation aus den übrigen Axiomen. Man sagt: „Die Axiome der Skalarmultiplikation sind voneinander unabhängig". Dies ist nicht so bei der Kommutativität der Addition. Die Kommutativität der Addition folgt tatsächlich aus den anderen Vektorraumaxiomen. Wir stellen diesen Nachweis als Übungsaufgabe 6.16.

Kommentar: Wir lassen von nun an den Punkt · für die Multiplikation mit Skalaren weg, wir schreiben also kurz $\lambda\, v$ anstelle von $\lambda \cdot v$.

Vektoren gehorchen Rechenregeln, die man von Zahlen her kennt

Vektoren, also Elemente von Vektorräumen, können ganz unterschiedlicher Art sein. Es können Lösungen von linearen Gleichungssystemen oder Polynome oder auch allgemeiner Abbildungen oder auch Matrizen sein. Wir werden diese Beispiele im Abschnitt 6.2 behandeln. Hier geben wir an, welchen Regeln sie gehorchen – egal, ob es sich dabei um Lösungen von Differenzialgleichungen oder um Punkte des $\mathbb{R}^2$ handelt.

> **Rechenregeln für Vektoren**
>
> In einem $\mathbb{K}$-Vektorraum V gelten für alle $v,\, w,\, x \in V$ und $\lambda \in \mathbb{K}$:
> (i) $v + x = w \;\Leftrightarrow\; x = w - v$
> (ii) $\lambda\, v = \mathbf{0} \;\Leftrightarrow\; \lambda = 0$ oder $v = \mathbf{0}$
> (iii) $(-\lambda)\, v = -(\lambda\, v)$
> (iv) $-(v + w) = -v - w$

Diese Regeln erscheinen einem ganz natürlich und selbstverständlich. Das sollte nicht darüber hinwegtäuschen, dass diese Aussagen zu beweisen sind.

Beweis: (i) gilt, da $(V, +)$ eine Gruppe ist (Seite 66).

(ii) Aus $\lambda = 0$ folgt $0\, v = (0 + 0)\, v = 0\, v + 0\, v$; folglich gilt $0\, v = \mathbf{0}$ nach (i). Und ist $v = \mathbf{0}$, so folgt analog aus $\lambda\, \mathbf{0} = \lambda\,(\mathbf{0} + \mathbf{0}) = \lambda\, \mathbf{0} + \lambda\, \mathbf{0}$ mit (i) $\lambda\, \mathbf{0} = \mathbf{0}$.

Gilt umgekehrt $\lambda\, v = \mathbf{0}$ und $\lambda \neq 0$, so können wir die Gleichung $\lambda\, v = \mathbf{0}$ mit dem Skalar λ^{-1} multiplizieren und erhalten nach dem ersten Teil dieses Beweises $v = \lambda^{-1}\, \mathbf{0} = \mathbf{0}$. Folglich gilt $\lambda = 0$ oder $v = \mathbf{0}$.

(iii) Aufgrund des Vektorraumaxioms (V2) und (ii) gilt $\lambda\, v + (-\lambda)\, v = (\lambda + (-\lambda))\, v = 0\, v = \mathbf{0}$. Folglich ist $(-\lambda)\, v$ das zu $\lambda\, v$ entgegengesetzte Element, d. h. $(-\lambda)\, v = -(\lambda\, v)$.

(iv) Nach dem Vektorraumaxiom (V1) gilt mit $\lambda = -1$:

$$(-1)\,(v + w) = (-1)\, v + (-1)\, w\,.$$

Nun wenden wir (iii) an, danach dürfen wir (-1) durch ein einfaches Minuszeichen ersetzen. Es folgt die Behauptung. ∎

Wir werden diese Regeln im Folgenden oftmals ohne Hinweis benutzen.

6.2 Beispiele von Vektorräumen

Wir behandeln in diesem Abschnitt drei wichtige Klassen von Beispielen für Vektorräume. Es sind dies die Matrizen

über einem Körper $\mathbb{K}$, die Polynome über einem Körper $\mathbb{K}$ und die Abbildungen von einer Menge in einen Körper $\mathbb{K}$.

Diesen drei Klassen von Beispielen werden wir in den weiteren Kapiteln immer wieder begegnen. Oft wird der jeweilige Grundkörper $\mathbb{K}$ der Körper der reellen Zahlen sein. Wir erhalten aber eine Vielfalt von Beispielen, wenn wir nur $\mathbb{K}$ anstelle von $\mathbb{R}$ schreiben, $\mathbb{K}$ kann dann einfach jeder mögliche Körper sein.

Matrizen über einem Körper bilden einen Vektorraum

Auf Seite 175 zu den linearen Gleichungssystemen haben wir bereits mit Matrizen gearbeitet. Wir wollen uns nun überlegen, ob die Menge aller Matrizen mit m Zeilen und n Spalten, deren Einträge einem Körper $\mathbb{K}$ angehören, mit geeignet definierten Verknüpfungen $+$ und $\cdot$ einen $\mathbb{K}$-Vektorraum bilden.

Es seien m und n natürliche Zahlen. Eine $m \times n$ **-Matrix A über dem Körper** $\mathbb{K}$ ist eine Abbildung

$$A\colon \begin{cases} \{1, \ldots, m\} \times \{1, \ldots, n\} \;\to\; \mathbb{K}, \\ \qquad\qquad (i, j) \qquad\qquad \mapsto\; a_{ij}. \end{cases}$$

Wir notieren eine solche Matrix A übersichtlich durch Angabe aller Bilder $a_{11}, \ldots, a_{mn}$ in der Form

$$A = \begin{pmatrix} a_{11} & a_{12} & \cdots & a_{1n} \\ a_{21} & a_{22} & \cdots & a_{2n} \\ \vdots & \vdots & \cdots & \vdots \\ a_{m1} & a_{m2} & \cdots & a_{mn} \end{pmatrix}$$

Wir werden eine Matrix A oft auch kurz mit $(a_{ij})_{m,n}$ oder – wenn $m,\, n$ feststehen – mit (a_{ij}) bezeichnen; hierbei ist i der **Zeilenindex** und j der **Spaltenindex**. Die Körperelemente $a_{ij} \in \mathbb{K}$, $i = 1, \ldots, m$, $j = 1, \ldots, n$ nennt man die **Komponenten** oder die **Einträge** der Matrix A. Im Fall $\mathbb{K} = \mathbb{R}$ bzw. $\mathbb{K} = \mathbb{C}$ bezeichnet man A auch als **reelle Matrix** bzw. **komplexe Matrix**. Unter der **Stelle** (r, s) einer Matrix $A = (a_{ij})_{m,n}$ versteht man den Schnittpunkt der r-ten Zeile mit der s-ten Spalte im obigen Schema – hierbei sind r und s natürliche Zahlen mit $r \leq m$ und $s \leq n$.

—————————— **?** ——————————

Wann sind zwei Matrizen gleich?

————————————————————————

Die Menge aller $m \times n$-Matrizen über $\mathbb{K}$ bezeichnen wir mit $\mathbb{K}^{m \times n}$, also

$$\mathbb{K}^{m \times n} = \left\{ \begin{pmatrix} a_{11} & \cdots & a_{1n} \\ \vdots & & \vdots \\ a_{m1} & \cdots & a_{mn} \end{pmatrix} \;\middle|\; a_{ij} \in \mathbb{K}\ \forall\, i,\, j \right\}.$$

Die Matrix $\mathbf{0} = \begin{pmatrix} 0 & \cdots & 0 \\ \vdots & & \vdots \\ 0 & \cdots & 0 \end{pmatrix} \in \mathbb{K}^{m \times n}$, deren Komponenten alle 0 sind, heißt **Nullmatrix**.

Wir führen nun in $\mathbb{K}^{m \times n}$ eine Addition $+$ und eine Multiplikation $\cdot$ mit Skalaren komponentenweise ein durch:

$$\begin{pmatrix} a_{11} & \cdots & a_{1n} \\ \vdots & & \vdots \\ a_{m1} & \cdots & a_{mn} \end{pmatrix} + \begin{pmatrix} b_{11} & \cdots & b_{1n} \\ \vdots & & \vdots \\ b_{m1} & \cdots & b_{mn} \end{pmatrix}$$
$$= \begin{pmatrix} a_{11} + b_{11} & \cdots & a_{1n} + b_{1n} \\ \vdots & & \vdots \\ a_{m1} + b_{m1} & \cdots & a_{mn} + b_{mn} \end{pmatrix}$$

und

$$\lambda \cdot \begin{pmatrix} a_{11} & \cdots & a_{1n} \\ \vdots & & \vdots \\ a_{m1} & \cdots & a_{mn} \end{pmatrix} = \begin{pmatrix} \lambda\, a_{11} & \cdots & \lambda\, a_{1n} \\ \vdots & & \vdots \\ \lambda\, a_{m1} & \cdots & \lambda\, a_{mn} \end{pmatrix}.$$

Mit der oben eingeführten Kurzschreibweise können wir das auch notieren als

$$(a_{ij}) + (b_{ij}) = (a_{ij} + b_{ij}) \quad \text{und} \quad \lambda \cdot (a_{ij}) = (\lambda\, a_{ij}).$$

Kommentar: Eigentlich müsste man auch hier neue Zeichen für die Addition $+$ und Multiplikation mit Skalaren $\cdot$ einführen. Um aber die Rechnung nicht mit Symbolen zu überladen und unübersichtlich zu gestalten, verwenden wir nur ein $+$-Zeichen, und das Multiplikationszeichen $\cdot$ für die Multiplikation mit Skalaren lassen wir, wie bereits vereinbart, weg.

> ### $\mathbb{K}^{m \times n}$ ist ein $\mathbb{K}$-Vektorraum
>
> Die Menge $\mathbb{K}^{m \times n}$ aller $m \times n$-Matrizen über $\mathbb{K}$ bildet mit komponentenweiser Addition und Multiplikation mit Skalaren einen $\mathbb{K}$-Vektorraum.

Beweis: Wir zeigen, dass $\mathbb{K}^{m \times n}$ mit der erklärten Addition eine abelsche Gruppe ist. Gegeben sind $A = (a_{ij})$, $B = (b_{ij})$, $C = (c_{ij}) \in \mathbb{K}^{m \times n}$.

Die Verknüpfung $+$ ist abgeschlossen: $A + B = (a_{ij}) + (b_{ij}) = (a_{ij} + b_{ij}) \in \mathbb{K}^{m \times n}$.

Die Verknüpfung $+$ ist assoziativ: $(A + B) + C = (a_{ij} + b_{ij}) + (c_{ij}) = (a_{ij} + b_{ij} + c_{ij}) = (a_{ij}) + (b_{ij} + c_{ij}) = A + (B + C)$.

Die Nullmatrix ist ein neutrales Element: $A + \mathbf{0} = (a_{ij} + 0) = (a_{ij}) = A$.

Jede Matrix hat ein Inverses: Es ist $(-a_{ij}) \in \mathbb{K}^{m \times n}$, und es gilt $(a_{ij}) + (-a_{ij}) = \mathbf{0}$.

Die Verknüpfung $+$ ist kommutativ: $A + B = (a_{ij} + b_{ij}) = (b_{ij} + a_{ij}) = B + A$.

Damit ist bereits gezeigt, dass $(\mathbb{K}^{m \times n}, +)$ eine abelsche Gruppe ist. Die erklärte Multiplikation mit Skalaren ist wegen $\lambda\,(a_{ij}) = (\lambda\, a_{ij}) \in \mathbb{K}^{m \times n}$ eine Abbildung von $\mathbb{K} \times \mathbb{K}^{m \times n}$ in $\mathbb{K}^{m \times n}$. Es sind also nur noch die vier Vektorraumaxiome nachzuweisen.

Neben $A = (a_{ij})$ und $B = (b_{ij})$ aus $\mathbb{K}^{m \times n}$ seien nun auch $\lambda, \mu \in \mathbb{K}$ gegeben.

(V1) $\lambda\,(A + B) = \lambda\,((a_{ij}) + (b_{ij})) = (\lambda\,(a_{ij} + b_{ij})) = (\lambda\, a_{ij} + \lambda\, b_{ij}) = (\lambda\, a_{ij}) + (\lambda\, b_{ij}) = \lambda\, A + \lambda\, B$.

(V2) $(\lambda + \mu)\, A = ((\lambda + \mu)\, a_{ij}) = (\lambda\, a_{ij} + \mu\, a_{ij}) = (\lambda\, a_{ij}) + (\mu\, a_{ij}) = \lambda\, A + \mu\, B$.

(V3) $(\lambda\, \mu)\, A = (\lambda\, \mu\, a_{ij}) = \lambda\,(\mu\, a_{ij}) = \lambda\,(\mu\, A)$.

(V4) $1\, A = 1\,(a_{ij}) = (1\, a_{ij}) = (a_{ij}) = A$.

Also bildet $\mathbb{K}^{m \times n}$ mit den angegebenen Verknüpfungen einen $\mathbb{K}$-Vektorraum. $\blacksquare$

Jeder andere Nachweis dafür, dass eine Menge V mit Verknüpfungen $+$ und $\cdot$ einen Vektorraum bildet, verläuft prinzipiell nach demselben Verfahren.

Kommentar: Die Voraussetzung, dass $\mathbb{K}$ ein Körper ist, benötigten wir nur für den Begriff „$\mathbb{K}$-Vektorraum" – wir haben Vektorräume nämlich nur über Körper erklärt. Aber Matrizen kann man analog über Ringe $(R, +, \cdot)$ mit 1 erklären. Auch die obige Addition $+$ von Matrizen und die Multiplikation $\cdot$ mit Elementen aus R kann definiert werden – diese Verknüpfungen $+$ und $\cdot$ werden auf die entsprechenden Verknüpfungen $+$ und $\cdot$ des Rings R zurückgeführt. Gelten die Axiome eines Vektorraums für eine Gruppe V, wobei nur anstelle eines Körpers $\mathbb{K}$ ein Ring R mit 1 zugrunde liegt, so spricht man von einem *R-Modul V*. Folglich ist für jeden Ring R mit 1 die Menge $R^{m \times n}$ aller $m \times n$-Matrizen ein R-Modul.

Matrizen können also durchaus auch Vektoren sein. Nun ist es nicht mehr verwunderlich, dass noch wesentlich abstraktere mathematische Objekte als Vektoren aufgefasst werden können.

Polynome über einem Körper bilden einen Vektorraum

Polynome haben wir in Abschnitt 3.4 eingeführt. Ein Polynom p über dem Körper $\mathbb{K}$ in der Unbestimmten X ist eine Summe

$$p = a_0 + a_1 X + \cdots + a_n X^n,$$

dabei ist $n \in \mathbb{N}_0$, und die Koeffizienten $a_0, \ldots, a_n$ liegen in $\mathbb{K}$. Ist p nicht das Nullpolynom $\mathbf{0}$, so ist der Index n des höchsten von null verschiedenen Koeffizienten a_n der Grad von p. Dem Nullpolynom ordnet man den Grad $-\infty$ zu, dabei gilt $-\infty < n$ für alle $n \in \mathbb{N}_0$.

Beispiel Die Menge aller Polynome über $\mathbb{Z}_2$ vom Grad kleiner oder gleich 2 bilden die acht Polynome

$$\begin{aligned} p_0 &= \mathbf{0}, & p_1 &= \overline{1}, \\ p_2 &= X, & p_3 &= \overline{1} + X, \\ p_4 &= X^2, & p_5 &= \overline{1} + X^2, \\ p_6 &= X + X^2, & p_7 &= \overline{1} + X + X^2. \end{aligned}$$ ◄

Die Menge aller Polynome über einem Körper $\mathbb{K}$ ist

$$\mathbb{K}[X] = \left\{ \sum_{i=0}^{n} a_i\, X^i \mid n \in \mathbb{N}_0\,,\ a_0\,,\ldots\,,a_n \in \mathbb{K} \right\}\,.$$

Diese Menge bildet mit der koeffizientenweisen Addition eine abelsche Gruppe (siehe Seite 90). Die Möglichkeit, Polynome auch miteinander zu multiplizieren, lassen wir nun außer Acht und betrachten nur die Addition.

Beispiel Mit den Bezeichnungen aus dem obigen Beispiel gilt etwa

$$\begin{aligned} p_5 + p_6 &= \bar{1} + X^2 + X + X^2 \\ &= \bar{1} + X + (\bar{1} + \bar{1})\, X^2 \\ &= \bar{1} + X \\ &= p_3 \end{aligned}$$

und

$$p_i + p_i = \mathbf{0} \text{ für jedes } i = 0,\ldots,7\,. \qquad \blacktriangleleft$$

Wir führen nun in naheliegender Weise auf der Menge $\mathbb{K}[X]$ eine äußere Multiplikation von Polynomen mit Elementen aus $\mathbb{K}$ ein.

Wir multiplizieren ein Polynom $p = \sum_{i=0}^{n} a_i\, X^i$ aus $\mathbb{K}[X]$ mit einem Element λ aus $\mathbb{K}$, indem wir alle Koeffizienten von p mit λ multiplizieren:

$$\lambda\, p = \sum_{i=0}^{n} (\lambda\, a_i)\, X^i\,.$$

Beispiel Für $p = 2\, X^3 + X^2 - 3\, X$, $q = X^3 + \frac{1}{2}\, X^2 + X + 1$ aus $\mathbb{R}[X]$ gilt:

$$p - (2\, q) = -5\, X - 2\,. \qquad \blacktriangleleft$$

Der Beweis der folgenden Aussage verläuft analog zu dem Beweis für den Vektorraum der $m \times n$-Matrizen.

$\mathbb{K}[X]$ **ist ein** $\mathbb{K}$**-Vektorraum**

Die Menge $\mathbb{K}[X]$ aller Polynome über $\mathbb{K}$ mit koeffizientenweiser Addition und obiger Multiplikation mit Skalaren bildet einen $\mathbb{K}$-Vektorraum.

Die Abbildungen von einer Menge in einen Körper bilden einen Vektorraum

Bei einem Polynom $p = a_0 + a_1 X + \cdots + a_n X^n \in \mathbb{K}[X]$ kann man in die Unbestimmte X zum Beispiel Elemente aus $\mathbb{K}$ einsetzen. Dadurch erhält man eine Abbildung, nämlich die Polynomfunktion (siehe Seite 91):

$$\tilde{p} : \begin{cases} \mathbb{K} \to \mathbb{K} \\ x \mapsto p(x) \end{cases}.$$

Die Abbildung $\tilde{p}$ ist ein Element aus $\mathbb{K}^{\mathbb{K}}$, d. h. eine Abbildung von $\mathbb{K}$ in $\mathbb{K}$. Wir betrachten nun etwas allgemeiner eine

beliebige Menge M. Dann können wir für jeden Körper $\mathbb{K}$ die Menge $\mathbb{K}^M$ aller Abbildungen $f : M \to \mathbb{K}$ erklären:

$$\mathbb{K}^M = \{ f \mid f : M \to \mathbb{K} \text{ ist eine Abbildung} \}\,.$$

Diese Menge bildet mit sinnvoll gewählter Addition und Multiplikation mit Skalaren einen $\mathbb{K}$-Vektorraum. Wir definieren für f, $g \in \mathbb{K}^M$ und $\lambda \in \mathbb{K}$:

$$f + g : \begin{cases} M \to \mathbb{K}, \\ x \mapsto f(x) + g(x) \end{cases} \quad \text{und}$$

$$\lambda\, f : \begin{cases} M \to \mathbb{K}, \\ x \mapsto \lambda\, f(x)\,. \end{cases}$$

Die Summe $f + g$ und das skalare Vielfache $\lambda\, f$ liegen wieder in $\mathbb{K}^M$. Die Summe ordnet jedem $x \in M$ die Summe $f(x) + g(x)$ der Bilder von x unter f und g zu. Und das Bild von x unter $\lambda\, f$ ist das λ-Fache des Bildes von x unter f. Wir halten fest:

Der Vektorraum aller Abbildungen von einer Menge in einen Körper

Für jede Menge M und jeden Körper $\mathbb{K}$ ist die Menge $\mathbb{K}^M$ aller Abbildungen von M in $\mathbb{K}$ mit den Verknüpfungen $+$ und $\cdot$ ein $\mathbb{K}$-Vektorraum.

Beweis: Die Addition ist offenbar assoziativ und kommutativ. Das neutrale Element ist die Abbildung $\mathbf{0}$, die jedem Element $x \in M$ das Nullelement $0 \in \mathbb{K}$ zuordnet, und das dem Vektor f entgegengesetzte Element ist die Abbildung $-f : x \mapsto -f(x)$. Somit ist $(\mathbb{K}^M, +)$ eine abelsche Gruppe.

Wegen $\lambda\, f \in \mathbb{K}^M$ für jedes $\lambda \in \mathbb{K}$ und $f \in \mathbb{K}^M$ ist die Multiplikation eine Abbildung von $\mathbb{K} \times \mathbb{K}^M$ in $\mathbb{K}^M$. Da die Vektorraumaxiome (V1)–(V4) offenbar gelten, ist $\mathbb{K}^M$ ein $\mathbb{K}$-Vektorraum. $\blacksquare$

Achtung: Man achte wieder auf die grundsätzlich verschiedenen Bedeutungen der Additionen, die wir mit ein und demselben $+$-Zeichen versehen. Man unterscheide genau: $f + g$ bezeichnet die Addition in $\mathbb{K}^M$ und $f(x) + g(x)$ jene in $\mathbb{K}$.

?

Was ist im Fall $M = \emptyset$?

Beispiel Wir betrachten den Fall $M = \mathbb{N}_0$. Im Kapitel 8 werden Folgen über $\mathbb{C}$ definiert, es sind dies die Abbildungen von $\mathbb{N}_0$ nach $\mathbb{C}$. Also bildet die Menge $\mathbb{C}^{\mathbb{N}_0}$ der (komplexen) Folgen einen komplexen Vektorraum. Etwas allgemeiner erhalten wir:

Die Menge aller Folgen über einem Körper $\mathbb{K}$

$$\mathbb{K}^{\mathbb{N}_0} = \{ (a_n)_{n \in \mathbb{N}_0} \mid a_n \in \mathbb{K} \}$$

ist ein $\mathbb{K}$-Vektorraum.

Und der Sonderfall $M = \mathbb{R}$ und $\mathbb{K} = \mathbb{R}$ führt uns zum reellen Vektorraum $\mathbb{R}^{\mathbb{R}}$ aller reellwertigen Funktionen. $\qquad \blacktriangleleft$

Sind $\mathbb{K}$ und M endlich, so ist die Menge $\mathbb{K}^M$ aller Abbildungen von M in $\mathbb{K}$ ebenfalls endlich. Wir betrachten ein Beispiel eines solchen endlichen Vektorraums mit acht Elementen:

Beispiel Wir betrachten eine dreielementige Menge $M = \{x,\, y,\, z\}$ und den Körper $\mathbb{K} = \mathbb{Z}_2 = \{\overline{0},\, \overline{1}\}$ mit zwei Elementen. Es ist dann die Menge $\mathbb{K}^M$ aller Abbildungen von M nach $\mathbb{K}$ eine Menge mit $2^3 = 8$ Elementen. Wir geben die Elemente von $\mathbb{K}^M$ explizit an:

$$f_1 : x \mapsto \overline{0},\ y \mapsto \overline{0},\ z \mapsto \overline{0}$$
$$f_2 : x \mapsto \overline{0},\ y \mapsto \overline{0},\ z \mapsto \overline{1}$$
$$f_3 : x \mapsto \overline{0},\ y \mapsto \overline{1},\ z \mapsto \overline{1}$$
$$f_4 : x \mapsto \overline{1},\ y \mapsto \overline{1},\ z \mapsto \overline{1}$$
$$f_5 : x \mapsto \overline{1},\ y \mapsto \overline{0},\ z \mapsto \overline{0}$$
$$f_6 : x \mapsto \overline{1},\ y \mapsto \overline{1},\ z \mapsto \overline{0}$$
$$f_7 : x \mapsto \overline{1},\ y \mapsto \overline{0},\ z \mapsto \overline{1}$$
$$f_8 : x \mapsto \overline{0},\ y \mapsto \overline{1},\ z \mapsto \overline{0}$$

Der eindeutig bestimmte Nullvektor ist f_1, und jedes Element ist zu sich selbst invers, da für jedes $i \in \{1, \ldots, 8\}$ jeweils $f_i + f_i = f_1$ gilt. Wir bestimmen weiter die Summe $f_2 + f_3$:

Wegen

$$(f_2 + f_3)(x) = f_2(x) + f_3(x) = \overline{0} + \overline{0} = \overline{0},$$
$$(f_2 + f_3)(y) = f_2(y) + f_3(y) = \overline{0} + \overline{1} = \overline{1},$$
$$(f_2 + f_3)(z) = f_2(z) + f_3(z) = \overline{1} + \overline{1} = \overline{0}$$

gilt also $f_2 + f_3 = f_8$. ◀

6.3 Untervektorräume

Der Anschauungsraum, den wir auch als die Menge $\mathbb{R}^3$ aller 3-Tupel interpretieren können, bildet mit komponentenweiser Addition und Multiplikation mit Skalaren einen reellen Vektorraum. Die Anschauungsebene kann mit dem $\mathbb{R}^2$ identifiziert werden und ist ebenso ein reeller Vektorraum. Der $\mathbb{R}^2$ bildet zwar keine Teilmenge des $\mathbb{R}^3$, er kann aber als dessen x_1-x_2-Ebene aufgefasst werden, also als

$$U = \left\{ \begin{pmatrix} v_1 \\ v_2 \\ 0 \end{pmatrix} \ \middle|\ v_1,\, v_2 \in \mathbb{R} \right\}$$

(Abb. 6.1). Wir werden sagen: U ist ein *Untervektorraum* des $\mathbb{R}^3$.

Untervektorräume sind Teilmengen von Vektorräumen, die selbst wieder Vektorräume bilden

Beliebige Teilmengen von Vektorräumen bilden im Allgemeinen keine Vektorräume (Abb. 6.2).

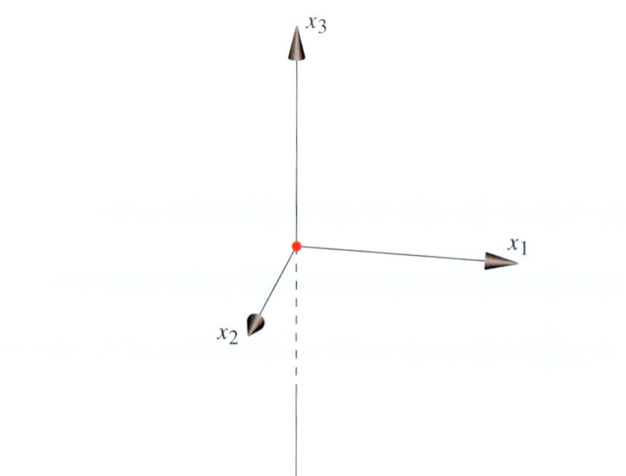

Abbildung 6.1 Der sich in alle Richtungen erstreckende Vektorraum $\mathbb{R}^2$, aufgefasst als Untervektorraum des $\mathbb{R}^3$.

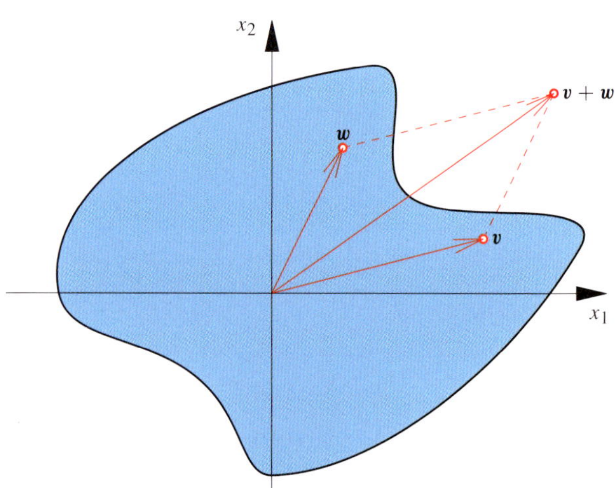

Abbildung 6.2 Die begrenzte schattierte Fläche ist kein Untervektorraum des $\mathbb{R}^2$, da die Summe von v und w nicht in ihr enthalten ist. Das gilt für jede begrenzte Fläche im $\mathbb{R}^2$.

Ist aber eine Teilmenge eines Vektorraums V doch wieder ein Vektorraum mit der Addition und der skalaren Multiplikation von V, so spricht man von einem *Untervektorraum*.

> **Definition eines Untervektorraums**
>
> Eine nichtleere Teilmenge U eines $\mathbb{K}$-Vektorraums V heißt **Untervektorraum** von V, wenn gilt:
> (U1) $u, w \in U \ \Rightarrow\ u + w \in U$,
> (U2) $\lambda \in \mathbb{K},\ u \in U \ \Rightarrow\ \lambda u \in U$.

Man merkt sich das in der Form: Die nichtleere Teilmenge U von V ist dann ein Untervektorraum, wenn die Summe und skalare Vielfache von Vektoren aus U wieder in U liegen; in diesem Zusammenhang ist auch die Sprechweise „die Menge U ist gegenüber Addition und Multiplikation mit Skalaren abgeschlossen" üblich.

Ist U ein Untervektorraum eines $\mathbb{K}$-Vektorraums V, so liegt nach (U2) für jedes $u \in U$ auch das Inverse $-u$ in U. Da U nichtleer ist, liegt wegen (U1) also der Nullvektor $\mathbf{0} = u - u$

in U. Eine Teilmenge U eines $\mathbb{K}$-Vektorraums V, die den Nullvektor $\mathbf{0} \in V$ nicht enthält, kann somit kein Untervektorraum von V sein.

Jeder Untervektorraum U eines $\mathbb{K}$-Vektorraums V enthält also zumindest den Nullvektor. Nach dem Untergruppenkriterium von Seite 67 ist ein Untervektorraum U mit der Addition von V eine Untergruppe von V und als solche eine Gruppe. Wegen (U2) ist U bezüglich der Multiplikation mit Skalaren aus $\mathbb{K}$ abgeschlossen. Die Vektorraumaxiome (V1)–(V4) gelten für alle λ, $\mu \in \mathbb{K}$ und $\boldsymbol{u}$, $\boldsymbol{v} \in V$. Insbesondere gelten diese Axiome auch für alle λ, $\mu \in \mathbb{K}$ und $\boldsymbol{v}$, $\boldsymbol{u} \in U$. Damit haben wir begründet:

Lemma
Ein Untervektorraum U eines $\mathbb{K}$-Vektorraums V ist wieder ein $\mathbb{K}$-Vektorraum.

Jeder Vektorraum V hat zwei Untervektorräume, nämlich V selbst und die einelementige Menge $\{\mathbf{0}\}$. Diese Untervektorräume nennt man die **trivialen** Untervektorräume eines Vektorraums. Im Fall $V \neq \{\mathbf{0}\}$ sind die trivialen Untervektorräume voneinander verschieden.

Beispiel Wir überlegen uns, welche Untervektorräume der $\mathbb{R}^2$ mit komponentenweiser Addition und Multiplikation mit Skalaren besitzt.

Neben den trivialen Untervektorräumen $\mathbb{R}^2$ und $\{\mathbf{0}\}$ ist für jeden Vektor $\boldsymbol{v} \in \mathbb{R}^2$ die (nichtleere) Menge $U = \mathbb{R}\,\boldsymbol{v} = \{\lambda\,\boldsymbol{v} \mid \lambda \in \mathbb{R}\}$ ein Untervektorraum (Abb. 6.3).

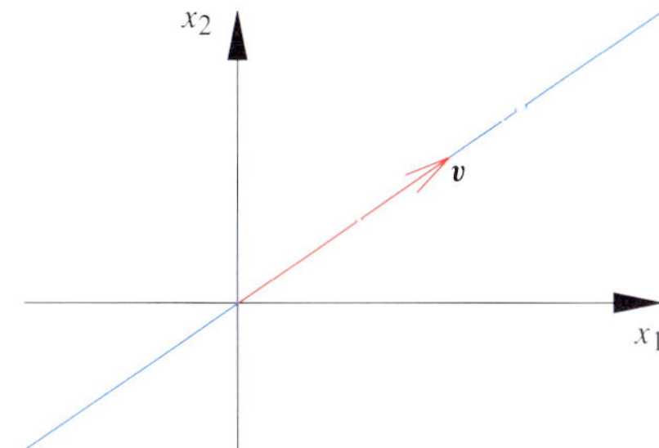

Abbildung 6.3 Der Untervektorraum $\mathbb{R}\,\boldsymbol{v}$ des $\mathbb{R}^2$.

Sind nämlich $\boldsymbol{u}$, $\boldsymbol{w} \in U$, so gibt es λ_u, $\lambda_w \in \mathbb{R}$ mit

$$\boldsymbol{u} = \lambda_u\,\boldsymbol{v} \quad \text{und} \quad \boldsymbol{w} = \lambda_w\,\boldsymbol{v}\,.$$

Folglich ist $\boldsymbol{u} + \boldsymbol{w} = (\lambda_u + \lambda_w)\,\boldsymbol{v} \in \mathbb{R}\,\boldsymbol{v} = U$. Ebenso gilt für jedes $\lambda \in \mathbb{R}$: $\lambda\,\boldsymbol{u} = \lambda\,(\lambda_u\,\boldsymbol{v}) = (\lambda\,\lambda_u)\,\boldsymbol{v} \in \mathbb{R}\,\boldsymbol{v} = U$.

Tatsächlich besitzt der $\mathbb{R}^2$ neben den trivialen Untervektorräumen und den von $\boldsymbol{v} \neq \mathbf{0}$ *erzeugten* Geraden $\mathbb{R}\,\boldsymbol{v}$ keine weiteren Untervektorräume. Dies wird mit dem Begriff der *Dimension* auf Seite 209 klar. Ferner gilt für $\boldsymbol{v}_1$, $\boldsymbol{v}_2 \in \mathbb{R}^2 \setminus \{\mathbf{0}\}$:

$$\mathbb{R}\,\boldsymbol{v}_1 = \mathbb{R}\,\boldsymbol{v}_2 \iff \boldsymbol{v}_1 = \lambda\,\boldsymbol{v}_2 \text{ für ein } \lambda \in \mathbb{R}\,. \quad \blacktriangleleft$$

?

Geben Sie Untervektorräume des $\mathbb{R}^3$ an.

Untervektorräume von Vektorräumen sind wieder Vektorräume. Mit diesem Ergebnis gelingt für zahlreiche Mengen ein sehr einfacher Nachweis dafür, dass sie einen Vektorraum bilden. Hat man nämlich eine Menge U, von der man nachprüfen will, dass sie ein $\mathbb{K}$-Vektorraum ist, so suche man nach einem *großen* $\mathbb{K}$-Vektorraum V, der die gegebene Menge U umfasst und verifiziere für die Teilmenge U von V die im Allgemeinen leicht nachprüfbaren drei Bedingungen:

- $U \neq \emptyset$,
- $\boldsymbol{v}$, $\boldsymbol{w} \in U \Rightarrow \boldsymbol{v} + \boldsymbol{w} \in U$,
- $\lambda \in \mathbb{K}$, $\boldsymbol{u} \in U \Rightarrow \lambda\,\boldsymbol{u} \in U$.

Es ist dann U ein Untervektorraum von V und somit ein $\mathbb{K}$-Vektorraum. Es müssen also nicht alle Axiome eines $\mathbb{K}$-Vektorraums nachgeprüft werden. Man muss hierbei aber auf eines aufpassen: Die Vektoraddition und die Multiplikation mit Skalaren in U muss dabei die Einschränkung der Addition und Multiplikation in V sein.

Wir nutzen diesen kleinen Trick gleich an zwei Beispielen aus.

Lösungsmengen homogener linearer Gleichungssysteme und Polynome bis zu einem festen Grad bilden Vektorräume

Wir greifen einige Begriffe aus dem Abschnitt 5.3 zu den linearen Gleichungssystemen wieder auf. Ein lineares Gleichungssystem über $\mathbb{K}$ in n Unbekannten und m Gleichungen lässt sich schreiben als

$$\begin{aligned}
a_{11}\,x_1 + a_{12}\,x_2 + \cdots + a_{1n}\,x_n &= b_1 \\
a_{21}\,x_1 + a_{22}\,x_2 + \cdots + a_{2n}\,x_n &= b_2 \\
\vdots \qquad \vdots \qquad\qquad \vdots \qquad &\ \ \vdots \\
a_{m1}\,x_1 + a_{m2}\,x_2 + \cdots + a_{mn}\,x_n &= b_m
\end{aligned}$$

mit a_{ij}, $b_i \in \mathbb{K}$ für $1 \leq i \leq m$, $1 \leq j \leq n$. Das System heißt homogen, wenn $b_i = 0$ für alle i gilt und sonst inhomogen.

Jede Lösung $\boldsymbol{v} = \begin{pmatrix} v_1 \\ \vdots \\ v_n \end{pmatrix}$ ist ein Element des $\mathbb{K}$-Vektorraums $\mathbb{K}^n$, also ein Vektor.

Die Lösungsmenge L eines homogenen Gleichungssystems ist nichtleer, da die triviale Lösung $\mathbf{0} \in \mathbb{K}^n$ dazugehört. Auf Seite 181 wird gezeigt, dass mit zwei Elementen $\boldsymbol{u}$, $\boldsymbol{w} \in L$ auch die Summe $\boldsymbol{u} + \boldsymbol{w}$ eine Lösung und ebenso $\lambda\,\boldsymbol{u}$ für alle $\lambda \in \mathbb{K}$ eine Lösung ist. Damit ist bereits gezeigt:

Lemma
Die Lösungsmenge L eines homogenen linearen Gleichungssystems über $\mathbb{K}$ in n Unbekannten ist ein Untervektorraum von $\mathbb{K}^n$.

Achtung: Lösungsmengen L inhomogener Systeme über einem Körper $\mathbb{K}$ sind keine Untervektorräume, denn $\mathbf{0} \notin L$. Diese Mengen bilden sogenannte *affine Teilräume*.

Als weitere Klasse von Beispielen betrachten wir Untervektorräume von $\mathbb{K}[X]$.

> **Polynome vom Grad kleiner gleich n bilden einen Vektorraum**
>
> Für jede natürliche Zahl n sowie für $n = 0$ und $n = -\infty$ bildet die Menge
>
> $$\mathbb{K}[X]_n = \left\{ p = \sum_{i \in \mathbb{N}_0} a_i\, X^i \in \mathbb{K}[X] \mid \deg(p) \le n \right\}$$
>
> aller Polynome mit einem Grad kleiner gleich n einen Vektorraum.

Beweis: Das Nullpolynom liegt wegen $\deg(\mathbf{0}) = -\infty \le n$ in $\mathbb{K}[X]_n$, sodass $\mathbb{K}[X]_n$ für keines der zu betrachtenden n leer ist. Für Polynome $p = \sum_{i=0}^{r} a_i\, X^i$ und $q = \sum_{i=0}^{s} b_i\, X^i$ aus $\mathbb{K}[X]_n$, d. h. $r, s \le n$, ist auch $p + q = \sum_{i=0}^{\max\{r,s\}} (a_i + b_i)\, X^i \in \mathbb{K}[X]_n$. Und für jedes $\lambda \in \mathbb{K}$ ist auch $\lambda\, p = \sum_{i=0}^{r} \lambda\, a_i\, X^i$ in $\mathbb{K}[X]_n$. $\blacksquare$

Auf Seite 210 erklären wir in einem ausführlichen Beispiel einen weiteren, vielleicht etwas ungewöhnlichen Vektorraum. Diese vorgestellte Vielfalt von Vektorräumen zeigt, wie allgemein dieser Begriff eines Vektorraums ist. Um so ungewöhnlicher ist es, dass man alle Vektorräume, die es gibt, allein durch Angabe des Grundkörpers $\mathbb{K}$ und einer zweiten Größe, nämlich der *Dimension*, bis auf die Bezeichnung der Elemente charakterisieren kann. Wir werden dieses Ergebnis in dieser Allgemeinheit nicht herleiten können, aber wenigstens den *endlichdimensionalen* Fall können wir im Kapitel 12 behandeln. Zunächst führen wir den Begriff der *Dimension* ein.

Kommentar: Ein $\mathbb{K}$-Vektorraum hat eine Vektoraddition $+$ und eine Multiplikation $\cdot$ mit Skalaren. Bei vielen Vektorräumen kann man zusätzlich eine Multiplikation von Vektoren erklären, wobei das Ergebnis wieder ein Vektor ist. Beispiele sind etwa das bekannte Vektorprodukt $\times$ im Vektorraum $\mathbb{R}^3$ oder die Multiplikation von Polynomen in $\mathbb{K}[X]$. Falls nun in einem $\mathbb{K}$-Vektorraum V eine solche Multiplikation $\odot$ von Vektoren gegeben ist, mit der Eigenschaft, dass für alle $\lambda \in \mathbb{K}$ und $v, w \in V$ die Verträglichkeitsgesetze

$$\lambda\,(v \odot w) = (\lambda\, v) \odot w = v \odot (\lambda\, w)$$

gelten, so nennt man V eine $\mathbb{K}$-**Algebra**. Der $\mathbb{R}^3$ mit dem Vektorprodukt und $\mathbb{K}[X]$ mit der Multiplikation von Polynomen sind somit $\mathbb{K}$-Algebren.

6.4 Basis und Dimension

Wir machen uns nun mit folgendem Sachverhalt vertraut: Jede Teilmenge eines Vektorraums V *erzeugt* einen Unter-

vektorraum von V, und umgekehrt ist jeder Untervektorraum von V das *Erzeugnis* einer Teilmenge von V. Wir suchen letztlich minimale Teilmengen von V, die den ganzen Vektorraum V *erzeugen* – dieser ist ja auch ein Untervektorraum von V. Solche minimalen Erzeugendensysteme von V werden wir *Basen* nennen. Die *Dimension* eines Vektorraums ist die Anzahl der Elemente einer Basis.

Vektoren erzeugen durch Bildung von Linearkombinationen Untervektorräume

Wir betrachten eine nichtleere Teilmenge X von Vektoren eines $\mathbb{K}$-Vektorraums V – man beachte, dass X durchaus auch unendlich sein kann. Für beliebige, endlich viele Vektoren $v_1, \ldots, v_n \in X$ und $\lambda_1, \ldots, \lambda_n \in \mathbb{K}$ heißt

$$\sum_{i=1}^{n} \lambda_i\, v_i = \lambda_1\, v_1 + \cdots + \lambda_n\, v_n$$

eine **Linearkombination** von X oder von $v_1, \ldots, v_n$. Wir nehmen stets $v_i \ne v_j$ für $i \ne j$ an.

Für die Menge aller möglichen Linearkombinationen von X schreiben wir $\langle X \rangle$, d. h.

$$\langle X \rangle = \left\{ \sum_{i=1}^{n} \lambda_i v_i \mid n \in \mathbb{N},\ \lambda_i \in \mathbb{K},\ v_i \in X,\ i = 1, \ldots, n \right\},$$

und sagen, $\langle X \rangle$ ist das **Erzeugnis** oder die **Hülle** von X oder $\langle X \rangle$ werde durch X **erzeugt**. Ist $X = \{v_1, \ldots, v_n\}$ eine endliche Menge, so schreiben wir einfacher

$$\langle v_1, \ldots, v_r \rangle \quad \text{anstelle von} \quad \langle \{v_1, \ldots, v_n\} \rangle$$

und erhalten für ein solches endliches $X = \{v_1, \ldots, v_n\}$:

$$\begin{aligned} \langle X \rangle &= \{\lambda_1\, v_1 + \cdots + \lambda_n\, v_n \mid \lambda_1, \ldots, \lambda_n \in \mathbb{K}\} \\ &= \mathbb{K}\, v_1 + \cdots + \mathbb{K}\, v_n\,. \end{aligned}$$

Achtung: Oftmals wird der Fehler gemacht, die Menge $\mathbb{K}$ in dieser letzten Darstellung *auszuklammern*. Aber beispielsweise gilt

$$\mathbb{R} \begin{pmatrix} 1 \\ 0 \end{pmatrix} + \mathbb{R} \begin{pmatrix} 0 \\ 1 \end{pmatrix} \ne \mathbb{R} \left(\begin{pmatrix} 1 \\ 0 \end{pmatrix} + \begin{pmatrix} 0 \\ 1 \end{pmatrix} \right) = \mathbb{R} \begin{pmatrix} 1 \\ 1 \end{pmatrix}\,.$$

Kommentar: Für $\langle X \rangle$ ist auch die Bezeichnung $\operatorname{span} X$ üblich. Anstelle von der von X *erzeugten* Menge spricht man auch von der von X *aufgespannten* Menge.

Beispiel

- Es ist $\left\langle \begin{pmatrix} 1 \\ 0 \end{pmatrix} \right\rangle = \mathbb{R} \begin{pmatrix} 1 \\ 0 \end{pmatrix}$ die x_1-Achse im $\mathbb{R}^2$ (Abb. 6.4).

- Die Menge $\left\langle \begin{pmatrix} 1 \\ 0 \end{pmatrix}, \begin{pmatrix} 0 \\ 1 \end{pmatrix} \right\rangle = \mathbb{R} \begin{pmatrix} 1 \\ 0 \end{pmatrix} + \mathbb{R} \begin{pmatrix} 0 \\ 1 \end{pmatrix}$ hingegen ist die ganze Ebene $\mathbb{R}^2$ (Abb. 6.5).

Beispiel: Magische Quadrate I

Eine quadratische Anordnung von Zahlen mit der Eigenschaft, dass alle Zeilen-, Spalten- und Diagonalsummen denselben Wert c annehmen, nennt man ein *magisches Quadrat*, die Zahl c nennt man die *magische Zahl*. Das älteste bekannte magische Quadrat ist ein 3×3-Quadrat und stammt aus China. Angeblich wurde es um 2200 v. Chr. vom chinesischen Kaiser Yü am Gelben Fluss auf dem Panzer einer Schildkröte entdeckt. Wir drücken es mit arabischen Zahlen aus:

$$\begin{array}{ccc} 4 & 9 & 2 \\ 3 & 5 & 7 \\ 8 & 1 & 6 \end{array}$$

Wir begründen hier, dass die magischen 3×3-Quadrate, aufgefasst als Matrizen, einen Vektorraum bilden. Mit Methoden des nächsten Abschnitts werden wir dann zeigen, wie man zu einer vorgegebenen Zahl c alle möglichen magischen Quadrate mit c als magischer Zahl konstruieren kann.

Problemanalyse und Strategie: Es ist zu zeigen, dass die Menge aller magischen Quadrate nichtleer ist. Sodann sind (U1) und (U2) nachzuprüfen.

Lösung:

Für $c \in \mathbb{R}$ bezeichne M_c die Menge aller reellen 3×3-Matrizen

$$A = \begin{pmatrix} a_{11} & a_{12} & a_{13} \\ a_{21} & a_{22} & a_{23} \\ a_{31} & a_{32} & a_{33} \end{pmatrix}$$

mit der Eigenschaft, dass alle Zeilensummen, Spaltensummen und Diagonalsummen von A gleich c sind.

Dann ist $M = \bigcup_{c \in \mathbb{R}} M_c$ die Menge aller magischen 3×3-Quadrate. Nun zeigen wir, dass M ein Untervektorraum des reellen Vektorraums $\mathbb{R}^{3 \times 3}$ ist.

Es ist $M = \bigcup_{c \in \mathbb{R}} M_c$ nichtleer, weil $\mathbf{0} \in M_0 \subseteq M$. Sind A, $B \in M$, so gibt es c, $c' \in \mathbb{R}$ mit $A \in M_c$ und $B \in M_{c'}$. Dann ist $A + B \in M_{c+c'} \subseteq M$. Und mit $A \in M_c$ und $\lambda \in \mathbb{R}$ ist $\lambda A \in M_{\lambda c} \subset M$. Somit ist M ein Untervektorraum von $\mathbb{R}^{3 \times 3}$ und damit ein reeller Vektorraum.

Wir erwähnen, dass M_c für $c \in \mathbb{R}$ im Allgemeinen kein Untervektorraum von M ist: Zwar liegt für jedes $c \in \mathbb{R}$

$$A = \begin{pmatrix} \frac{c}{3} & \frac{c}{3} & \frac{c}{3} \\ \frac{c}{3} & \frac{c}{3} & \frac{c}{3} \\ \frac{c}{3} & \frac{c}{3} & \frac{c}{3} \end{pmatrix}$$

in M_c; somit ist M_c also für kein $c \in \mathbb{R}$ die leere Menge. Doch folgt aus A, $B \in M_c$ bei $c \neq 0$ stets $A + B \notin M_c$. Lediglich M_0 ist ein Untervektorraum, da $\mathbf{0} \in M_0$, und mit A, $B \in M_0$ und $\lambda \in \mathbb{R}$ auch $A + B$, $\lambda A \in M_0$ gilt.

Kommentar:

- Analog kann man die hier gemachten Behauptungen auch für magische $n \times n$-Quadrate mit $n \geq 2$ begründen.
- Oftmals fordert man bei magischen $n \times n$-Quadraten, dass alle Ziffern von 1 bis n^2 als Einträge im Quadrat vorkommen.

?

Können Sie magische 2×2-Quadrate angeben?

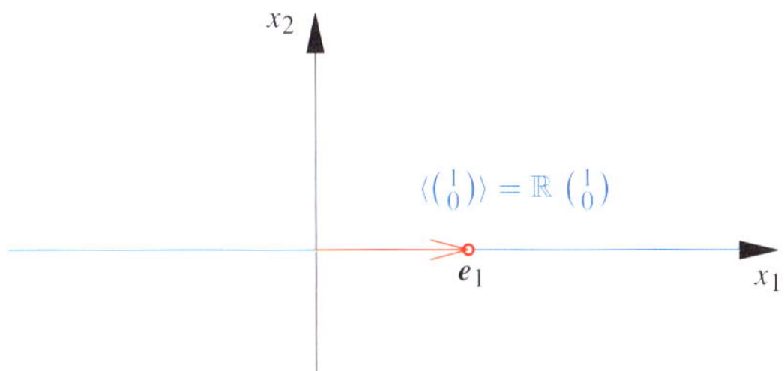

Abbildung 6.4 Die x_1-Achse wird von dem Vektor e_1 erzeugt.

- Für das Erzeugnis der Polynome $p_1 = X^2 + \bar{1}$, $p_2 = X + \bar{1} \in \mathbb{Z}_2[X]$ erhalten wir

$$\begin{aligned} \langle p_1, p_2 \rangle &= \mathbb{Z}_2(X^2 + \bar{1}) + \mathbb{Z}_2(X + \bar{1}) \\ &= \{\mathbf{0}, X^2 + \bar{1}, X + \bar{1}, X^2 + X\}, \end{aligned}$$

beachte $X^2 + \bar{1} + X + \bar{1} = X^2 + X$ in $\mathbb{Z}_2[X]$. ◀

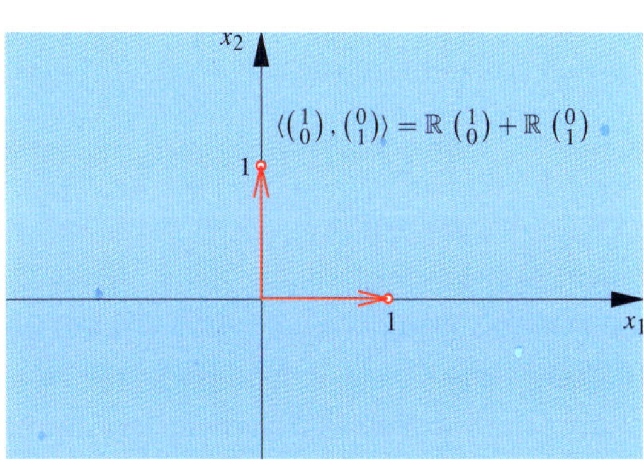

Abbildung 6.5 Die Ebene $\mathbb{R}^2$ wird von den zwei Vektoren e_1 und e_2 erzeugt.

Menge den trivialen Vektorraum erzeugt, $\langle \emptyset \rangle = \{\mathbf{0}\}$. Damit können wir zeigen, dass für jede Teilmenge X eines Vektorraums V das Erzeugnis von X, also $\langle X \rangle$, ein Untervektorraum von V ist.

Wir haben das Erzeugnis nur für nichtleere Mengen erklärt. Der Vollständigkeit halber vereinbaren wir, dass die leere

> **$\langle X \rangle$ ist der kleinste Untervektorraum, der X umfasst**
>
> Für jede Menge X eines $\mathbb{K}$-Vektorraums V gilt:
> (a) $\langle X \rangle$ ist ein Untervektorraum von V,
> (b) $X \subseteq \langle X \rangle$,
> (c) $\langle X \rangle$ ist der Durchschnitt all derjenigen Untervektorräume von V, welche X umfassen.

Beweis: (a) Die Menge $\langle X \rangle$ ist nichtleer, da der Nullvektor stets in $\langle X \rangle$ liegt. Wir weisen die Eigenschaften (U1) und (U2) aus der Definition auf Seite 196 für $\langle X \rangle$ nach.

Zu (U1): Nehmen wir zwei Elemente aus $\langle X \rangle$, also zwei Linearkombinationen $v = \sum_{i=1}^{r} \lambda_i \, v_i$ und $w = \sum_{i=1}^{s} \mu_i \, w_i$ von X, so ist die Summe

$$v + w = \sum_{i=1}^{r} \lambda_i \, v_i + \sum_{i=1}^{s} \mu_i \, w_i$$

dieser beiden Linearkombinationen wieder eine Linearkombination von X.

Zu (U2): Ist $v = \lambda_1 \, v_1 + \cdots + \lambda_n \, v_n \in \langle X \rangle$ und $\lambda \in \mathbb{K}$, so gilt $\lambda \, v = (\lambda \, \lambda_1) \, v_1 + \cdots + (\lambda \, \lambda_n) \, v_n \in \langle X \rangle$.

(b) Für jedes $v \in X$ gilt $v = 1 \, v \in \langle X \rangle$, d. h. $X \subseteq \langle X \rangle$.

(c) Ist U irgendein Untervektorraum von V, der X enthält, so ist, weil U die Eigenschaften (U1) und (U2) erfüllt, auch jede Linearkombination von X in U, somit haben wir $\langle X \rangle \subseteq U$. Da dies für jeden Untervektorraum U mit $X \subseteq U$ gilt, erhalten wir hieraus

$$\langle X \rangle \subseteq \bigcap_{\substack{X \subseteq U \\ U \text{ Untervektorraum von } V}} U \, .$$

Mit (a) und (b) folgt die Inklusion $\supseteq$, da $\langle X \rangle$ einer der Untervektorräume ist, über die der Durchschnitt gebildet wird. Damit ist die Gleichheit gezeigt:

$$\langle X \rangle = \bigcap_{\substack{X \subseteq U \\ U \text{ Untervektorraum von } V}} U \, .$$

Das begründet die Aussage in (c). $\blacksquare$

––––––––––––––––––– **?** –––––––––––––––––––

Im obigen Satz steht, dass $\langle X \rangle$ der *kleinste* Untervektorraum ist, der die Menge X enthält. Wodurch ist diese Sprechweise *kleinster* Untervektorraum gerechtfertigt?

––

Ist $X \subseteq V$ eine Menge von Vektoren von V mit der Eigenschaft $U = \langle X \rangle$ für einen Untervektorraum U von V, d. h., ist **jedes** Element von U eine Linearkombination von $X \subseteq U$, so sagt man X **erzeugt** U oder X **ist ein Erzeugendensystem von** U. Besitzt U ein endliches Erzeugendensystem, so heißt U **endlich erzeugt**.

So ist zum Beispiel der $\mathbb{R}$-Vektorraum $\mathbb{R}^2$ endlich erzeugt, es gilt nämlich:

$$\mathbb{R}^2 = \left\langle \begin{pmatrix} 1 \\ 0 \end{pmatrix}, \begin{pmatrix} 0 \\ 1 \end{pmatrix} \right\rangle .$$

Wir verallgemeinern dies und kehren zu unseren ersten Beispielen von Vektorräumen zurück.

Beispiel Im $\mathbb{K}$-Vektorraum $\mathbb{K}^n$ betrachten wir für $i = 1, \ldots, n$ die Vektoren

$$e_i = \begin{pmatrix} \vdots \\ 0 \\ 1 \\ 0 \\ \vdots \end{pmatrix} \leftarrow i\text{-te Zeile} \, ,$$

die in der i-ten Zeile eine 1 und sonst nur Nullen als Komponenten haben. Man nennt $e_1, \ldots, e_n$ die **Standard-Einheitsvektoren** oder auch die **Koordinaten-Einheitsvektoren** des $\mathbb{K}^n$.

Für beliebige $\lambda_1, \ldots, \lambda_n$ ist

$$\lambda_1 \, e_1 + \cdots + \lambda_n \, e_n = \begin{pmatrix} \lambda_1 \\ \vdots \\ \lambda_n \end{pmatrix} .$$

Folglich ist jeder Vektor $\begin{pmatrix} \lambda_1 \\ \vdots \\ \lambda_n \end{pmatrix} \in \mathbb{K}^n$ eine Linearkombination der Standard-Einheitsvektoren, d. h.:

$$\mathbb{K}^n = \langle e_1, \ldots, e_n \rangle .$$

Insbesondere ist der $\mathbb{K}^n$ endlich erzeugt. $\blacktriangleleft$

Es folgt ein Beispiel eines nicht endlich erzeugbaren Vektorraums.

Beispiel Wir betrachten für einen beliebigen Körper $\mathbb{K}$ den Vektorraum $\mathbb{K}[X]$ der Polynome über $\mathbb{K}$. Dieser Vektorraum hat das unendliche Erzeugendensystem $\{X^k \mid k \in \mathbb{N}_0\}$, dabei setzen wir $X^0 = 1$. Wir begründen nun, dass dieser Vektorraum nicht endlich erzeugbar ist.

Zuerst zeigen wir, dass die Menge $M = \{X^k \mid k \in \mathbb{N}_0\}$ tatsächlich $\mathbb{K}[X]$ erzeugt. Ist p ein Polynom über $\mathbb{K}$, so gibt es eine Zahl $n \in \mathbb{N}_0$ und $a_n, \ldots, a_1, a_0 \in \mathbb{K}$ mit

$$p = a_n \, X^n + \cdots + a_1 \, X + a_0 \, .$$

Daraus folgt, dass p eine Linearkombination von $\{X^0, X^1, \ldots, X^n\} \subseteq M$ ist. Damit ist die erste Behauptung gezeigt.

Die zweite Behauptung begründen wir durch einen Widerspruchsbeweis. Angenommen, es besitzt $\mathbb{K}[X]$ ein endliches Erzeugendensystem $E \subseteq K[X]$. Wir wählen in E ein Polynom maximalen Grades $m \in \mathbb{N}_0$. Das funktioniert, da die Menge E zum einen nichtleer ist, zum anderen nur endlich viele Elemente enthält. Es lässt sich jedoch nun das Polynom

$p = X^{m+1}$ nicht als Linearkombination von E darstellen, da ja jedes Polynom aus E einen Grad kleiner oder gleich m hat. Und das ist ein Widerspruch. Somit kann es kein endliches Erzeugendensystem für $\mathbb{K}[X]$ geben, d. h., $\mathbb{K}[X]$ ist nicht endlich erzeugt. ◄

?

Besitzt jeder Vektorraum ein Erzeugendensystem?

Gerade bei den Aufgaben trifft man oft auf die Frage, ob ein gegebener Vektor v im Erzeugnis einer Teilmenge X eines $\mathbb{K}$-Vektorraums V liegt, d. h., ob $v \in \langle X \rangle$ gilt. Diese Fragestellung führt meistens auf das Lösen eines linearen Gleichungssystems. Wir behandeln diese Problematik für den Fall von Spaltenvektoren in einem ausführlichen Beispiel auf Seite 202.

Lineare Unabhängigkeit bedeutet: Mit weniger klappt es nicht!

Im $\mathbb{R}^2$ seien die drei Vektoren $u = \begin{pmatrix} 2 \\ 0 \end{pmatrix}$, $v = \begin{pmatrix} 1 \\ 2 \end{pmatrix}$ und $w = \begin{pmatrix} -1 \\ 2 \end{pmatrix}$ gegeben.

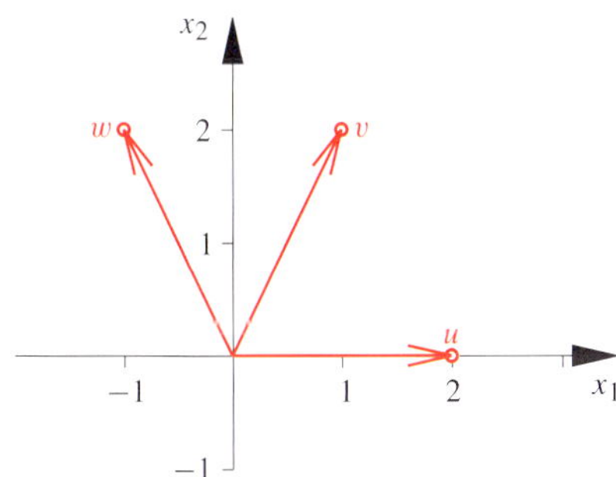

Abbildung 6.6 Die drei Vektoren u, v, w im $\mathbb{R}^2$.

Wir betrachten nun

$$U = \langle u, v, w \rangle = \mathbb{R}\,u + \mathbb{R}\,v + \mathbb{R}\,w\,.$$

Durch Lösen eines linearen Gleichungssystems (oder durch Probieren) erhalten wir

$$u = v - w, \quad v = u + w, \quad w = -u + v\,.$$

Wir können also jeden der drei Vektoren mithilfe der jeweils anderen beiden linear kombinieren, d. h. darstellen, sodass also

$$U = \langle u, v, w \rangle = \langle u, v \rangle = \langle u, w \rangle = \langle v, w \rangle$$

gilt. Ein Versuch, etwa das Erzeugendensystem $\{u, v\}$ von U noch weiter zu *verkürzen*, scheitert. Durch Weglassen eines der Elemente u oder v kann der Vektorraum U nicht mehr erzeugt werden, da u kein Vielfaches von v ist. Ebenso lassen sich die Erzeugendensysteme $\{u, w\}$ und $\{v, w\}$ von U nicht weiter verkürzen. Wir werden sagen u, v, w *sind linear abhängig*, und u, v *sind linear unabhängig*.

Definition der linearen Unabhängigkeit

Verschiedene Vektoren $v_1, \ldots, v_r \in V$ heißen **linear unabhängig**, wenn für jede echte Teilmenge T von $\{v_1, \ldots, v_r\}$ gilt $\langle T \rangle \subsetneq \langle v_1, \ldots, v_r \rangle$.

Eine Menge $X \subseteq V$ heißt **linear unabhängig**, wenn je endlich viele verschiedene Elemente aus X linear unabhängig sind.

Eine nicht linear unabhängige Menge heißt **linear abhängig**.

?

Sind Teilmengen linear unabhängiger Mengen linear unabhängig?

Linear unabhängige Mengen sind also *unverkürzbare* Mengen; *weniger Vektoren erzeugen auch weniger Raum*.

Hingegen enthält eine linear abhängige Menge einen Vektor, der in der Hülle der anderen Vektoren liegt und daher weggelassen werden kann, ohne die Hülle zu verkleinern.

Beispiel

■ Für jedes $v \in V$ ist $\emptyset$ die einzige echte Teilmenge von $\{v\}$. Im Fall $v = \mathbf{0}$ gilt: Der Nullvektor $\mathbf{0}$ ist linear abhängig, da $\emptyset \subsetneq \{\mathbf{0}\}$ und $\langle \emptyset \rangle = \{\mathbf{0}\} = \langle \mathbf{0} \rangle$ gilt. Für $v \neq \mathbf{0}$ jedoch gilt: $\langle \emptyset \rangle \subsetneq \langle v \rangle$, sodass v linear unabhängig ist.

■ Wir betrachten die drei Vektoren

$$v_1 = \begin{pmatrix} 1 \\ 2 \end{pmatrix}, \ v_2 = \begin{pmatrix} -3 \\ -1 \end{pmatrix}, \ v_3 = \begin{pmatrix} 1 \\ -3 \end{pmatrix} \in \mathbb{R}^2\,.$$

Die Menge $\{v_1, v_2, v_3\}$ ist linear abhängig. Aus $v_3 = -2\,v_1 - v_2$ folgt nämlich $\langle v_1, v_2 \rangle = \langle v_1, v_2, v_3 \rangle$, und es gilt $\{v_1, v_2\} \subsetneq \{v_1, v_2, v_3\}$.

Dafür ist die Menge $\{v_1, v_2\}$ linear unabhängig, weil jede echte Teilmenge dieser Menge, also $\emptyset$ oder $\{v_1\}$ oder $\{v_2\}$, jeweils auch einen echt kleineren Vektorraum erzeugt (Abb. 6.7).

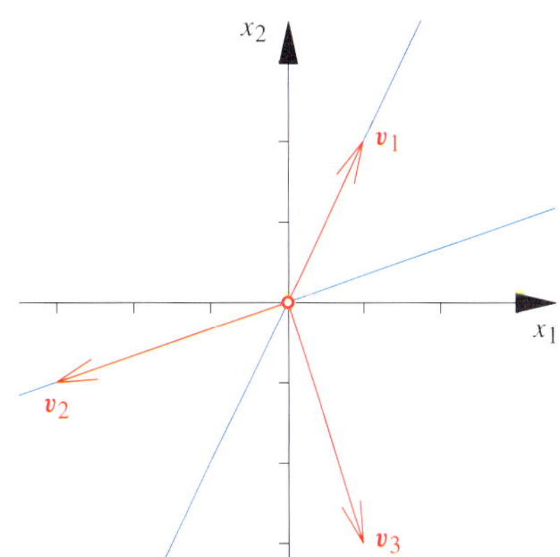

Abbildung 6.7 Die Vektoren v_1, v_2, v_3 sind linear abhängig, die Vektoren v_1, v_2 linear unabhängig. ◄

Beispiel: Darstellung von Vektoren als Linearkombination

Im $\mathbb{R}$-Vektorraum $\mathbb{R}^4$ ist die Teilmenge

$$X := \left\{ \begin{pmatrix} 1 \\ 1 \\ -1 \\ -2 \end{pmatrix}, \begin{pmatrix} 2 \\ 1 \\ 0 \\ 3 \end{pmatrix}, \begin{pmatrix} 0 \\ -1 \\ 2 \\ 7 \end{pmatrix}, \begin{pmatrix} -1 \\ 2 \\ -1 \\ 1 \end{pmatrix} \right\} \subseteq \mathbb{R}^4$$

gegeben. Man entscheide für (1) $\quad v = \begin{pmatrix} 6 \\ -4 \\ 2 \\ -2 \end{pmatrix} \in \mathbb{R}^4 \quad$ und $\quad$ (2) $\quad v = \begin{pmatrix} 1 \\ 3 \\ -1 \\ 2 \end{pmatrix} \in \mathbb{R}^4$, ob $v \in \langle X \rangle$.

Falls dies so ist, gebe man eine Darstellung von v als Linearkombination von X an.

Problemanalyse und Strategie: Die Bedingung $v \in \langle X \rangle$ besagt: Es gibt $\lambda_1, \ldots, \lambda_4 \in \mathbb{R}$ mit

$$(*) \quad \lambda_1 \, v_1 + \cdots + \lambda_4 \, v_4 = v \,,$$

wobei wir kurzerhand die vier Vektoren aus X (der Reihe nach) mit $v_1, \ldots, v_4$ bezeichnen. Wir fassen $\lambda_1, \ldots, \lambda_4$ als Unbekannte auf und überprüfen das (dann reelle) lineare Gleichungssystem $(*)$ für die beiden Fälle (1) und (2) auf Lösbarkeit. Die Lösbarkeit von $(*)$ bedeutet, dass v als Linearkombination von X darstellbar ist. Den Vektor v als Linearkombination von X darzustellen, bedeutet dabei, eine Lösung $(\lambda_1, \ldots, \lambda_4)$ anzugeben.

Lösung:

Zu prüfen ist die Lösbarkeit des Gleichungssystems, gegeben durch die erweiterte Koeffizientenmatrix $(A \mid v)$, wobei die Spalten der Matrix A die Vektoren $v_1, \ldots, v_4$ bilden. Wir notieren diese beiden erweiterten Koeffizientenmatrizen (für die beiden Fälle (1) und (2))

$$\left(\begin{array}{cccc|cc} 1 & 2 & 0 & -1 & 6 & 1 \\ 1 & 1 & -1 & 2 & -4 & 3 \\ -1 & 0 & 2 & -1 & 2 & -1 \\ -2 & 3 & 7 & 1 & -2 & 2 \end{array} \right)$$

Wir haben hier beide Systeme in einer Matrix zusammengefasst und lösen nun diese beiden Systeme zugleich. Das Eliminationsverfahren von Gauß liefert nach einigen Schritten

$$\left(\begin{array}{cccc|cc} 1 & 2 & 0 & -1 & 6 & 1 \\ 0 & 1 & 1 & -3 & 10 & -2 \\ 0 & 0 & 0 & 1 & -3 & 1 \\ 0 & 0 & 0 & 0 & 0 & 1 \end{array} \right)$$

Im Fall (1) erhalten wir $\mathrm{rg}(A \mid v) = 3 = \mathrm{rg}\,A$, also die Lösbarkeit des Systems. Im Fall (2) hingegen gilt $\mathrm{rg}(A \mid v) = 4 > \mathrm{rg}\,A$, in diesem Fall ist das System unlösbar. Für die Vektoren bedeutet dies

$$\begin{pmatrix} 6 \\ -4 \\ 2 \\ -2 \end{pmatrix} \in \langle X \rangle \quad \text{aber} \quad \begin{pmatrix} 1 \\ 3 \\ -1 \\ 2 \end{pmatrix} \notin \langle X \rangle \,.$$

Um $\begin{pmatrix} 6 \\ -4 \\ 2 \\ -2 \end{pmatrix}$ als Linearkombination von X darzustellen, ist

das durch die erweiterte Koeffizientenmatrix

$$\left(\begin{array}{cccc|c} 1 & 2 & 0 & -1 & 6 \\ 0 & 1 & 1 & -3 & 10 \\ 0 & 0 & 0 & 1 & -3 \\ 0 & 0 & 0 & 0 & 0 \end{array} \right)$$

gegebene lineare Gleichungssystem über $\mathbb{R}$ zu lösen. Das Eliminationsverfahren von Gauß und Jordan liefert

$$\left(\begin{array}{cccc|c} 1 & 0 & -2 & 0 & 1 \\ 0 & 1 & 1 & 0 & 1 \\ 0 & 0 & 0 & 1 & -3 \\ 0 & 0 & 0 & 0 & 0 \end{array} \right)$$

Eine Lösung dieses linearen Gleichungssystems ist $(1, 1, 0, -3)$, und in der Tat ist

$$v = \begin{pmatrix} 6 \\ -4 \\ 2 \\ -2 \end{pmatrix} = 1 \begin{pmatrix} 1 \\ 1 \\ -1 \\ -2 \end{pmatrix} + 1 \begin{pmatrix} 2 \\ 1 \\ 0 \\ 3 \end{pmatrix} - 3 \begin{pmatrix} -1 \\ 2 \\ -1 \\ 1 \end{pmatrix}$$

eine Darstellung von v als Linearkombination von X.

Kommentar: Diese Darstellung ist nicht eindeutig. Für jede andere Lösung des Systems erhält man eine andere Darstellung. Die Menge aller Lösungen des Systems ist

$$L = \left\{ \begin{pmatrix} 1 + 2\,t \\ 1 - t \\ t \\ -3 \end{pmatrix} \mid t \in \mathbb{R} \right\} \,.$$

Da die Definition der linearen Unabhängigkeit etwas unhandlich ist, wenn man die lineare Unabhängigkeit einer gegebenen Menge von Vektoren nachweisen will, wäre es sehr nützlich, wenn wir ein *leicht* nachprüfbares Kriterium für die lineare Unabhängigkeit zur Hand hätten. Und ein solches gibt es auch, wir leiten es nun her.

Die Vektoren $v_1, \ldots, v_r$ sind genau dann linear unabhängig, wenn sich der Nullvektor nur trivial linear kombinieren lässt

Verschiedene Vektoren $v_1, \ldots, v_r$ sind genau dann linear abhängig, wenn sich einer der Vektoren, also etwa v_j für ein $j \in \{1, \ldots, r\}$ als Linearkombination der anderen Vektoren $\{v_1, \ldots, v_r\} \setminus \{v_j\}$ darstellen lässt, d. h.,

$$\sum_{\substack{i=1 \\ i \neq j}}^{r} \lambda_i \, v_i = v_j \ \text{ für } \lambda_i \in \mathbb{K} \, .$$

Wir bringen v_j auf die linke Seite des Gleichheitszeichens und erhalten eine Linearkombination von $v_1, \ldots, v_r$, die den Nullvektor ergibt, ohne dass alle Koeffizienten, also die Skalare, gleich null sind, denn der Koeffizient von v_j ist -1. Anders formuliert erhalten wir das folgende Kriterium, das häufig auf das Lösen eines homogenen linearen Gleichungssystems hinausläuft.

Kriterium für lineare Unabhängigkeit

Die verschiedenen Vektoren $v_1, \ldots, v_r \in V$ sind genau dann linear unabhängig, wenn gilt:

Aus $\sum_{i=1}^{r} \lambda_i \, v_i = 0$ folgt $\lambda_1 = \lambda_2 = \cdots = \lambda_r = 0$.

Mit diesem Kriterium erhalten wir nun leicht, dass $\{0\}$ linear abhängig ist, weil $1 \neq 0$ und $1 \cdot 0 = 0$ gilt. Oder für $v \in V \setminus \{0\}$ ist $\{v\}$ linear unabhängig, da aus $\lambda \, v = 0$ sofort $\lambda = 0$ folgt.

Beispiel

- Zwei vom Nullvektor verschiedene Vektoren v und w eines $\mathbb{K}$-Vektorraums sind genau dann linear abhängig, wenn es ein $\lambda \in \mathbb{K}$ mit $v = \lambda \, w$ gibt.
- Die Standard-Einheitsvektoren $e_1, \ldots, e_n \in \mathbb{K}^n$ sind linear unabhängig. Aus

$$\lambda_1 \, e_1 + \cdots + \lambda_n \, e_n = 0 = \begin{pmatrix} 0 \\ \vdots \\ 0 \end{pmatrix}$$

folgt

$$\begin{pmatrix} \lambda_1 \\ \vdots \\ \lambda_n \end{pmatrix} = \begin{pmatrix} 0 \\ \vdots \\ 0 \end{pmatrix}, \ \text{ d. h. } \lambda_i = 0 \text{ für } i = 1, \ldots, n \, .$$

- Es sind $v_1 = \begin{pmatrix} 0 \\ 1 \\ 0 \end{pmatrix}$, $v_2 = \begin{pmatrix} 0 \\ 1 \\ 1 \end{pmatrix}$, $v_3 = \begin{pmatrix} 0 \\ 0 \\ 1 \end{pmatrix} \in \mathbb{R}^3$ linear abhängig, denn

$$(-1) \, v_1 + 1 \, v_2 + (-1) \, v_3 = 0 \, .$$

- Es folgt ein Beispiel einer unendlichen linear unabhängigen Menge. Im Vektorraum der Polynome über einem Körper $\mathbb{K}$ ist die Menge $B = \{X^k \mid k \in \mathbb{N}_0\}$ linear unabhängig.

Nachzuweisen ist, dass je endlich viele verschiedene Vektoren aus B linear unabhängig sind. Wir wählen also endlich viele verschiedene Elemente $X^{i_1}, \ldots, X^{i_n}$ aus B. Wir machen den Ansatz entsprechend dem Kriterium – man beachte, dass der Nullvektor rechts vom Gleichheitszeichen das Nullpolynom ist: Aus

$$\lambda_1 \, X^{i_1} + \cdots + \lambda_n \, X^{i_n} = 0$$

folgt

$$\lambda_1 = \cdots = \lambda_n = 0 \, ,$$

da zwei Polynome genau dann gleich sind, wenn ihre Koeffizienten zu den entsprechenden Potenzen gleich sind, und das Nullpolynom hat zu allen Potenzen die Koeffizienten 0 (Seiten 89 und 90).

- Im $\mathbb{R}$-Vektorraum $\mathbb{R}^{\mathbb{R}}$ aller reellen Funktionen sind die Funktionen f und g mit $f(x) = \frac{2x-1}{x^2+1}$ und $g(x) = x^2 - 1$ linear unabhängig. Sind nämlich $\lambda_1, \lambda_2 \in \mathbb{R}$, so folgt aus

$$\lambda_1 \, f + \lambda_2 \, g = 0 \, ,$$

wobei der Nullvektor hier die Nullabbildung ist,

$$\lambda_1 \frac{2x-1}{x^2+1} + \lambda_2 \, (x^2 - 1) = 0(x) = 0 \quad \forall \, x \in \mathbb{R} \, . \quad (6.1)$$

Diese Gleichung gilt also insbesondere für $x = 1$, d. h.,

$$\lambda_1 \frac{1}{2} + \lambda_2 \, 0 = 0 \, .$$

Es folgt $\lambda_1 = 0$. Mit $\lambda_1 = 0$ wird aus der Gleichung (6.1) die Gleichung

$$\lambda_2 \, (x^2 - 1) = 0 \ \text{ für alle } x \in \mathbb{R} \, . \qquad (6.2)$$

Diese Gleichung gilt insbesondere für z. B. $x = 0$, d. h.,

$$\lambda_2 \, (-1) = 0 \, .$$

Nun folgt $\lambda_2 = 0$. Gezeigt ist: Für $\lambda_1, \lambda_2 \in \mathbb{R}$ gilt:

Aus $\lambda_1 \, f + \lambda_2 \, g = 0$ folgt $\lambda_1 = 0 = \lambda_2$.

Somit sind f und g linear unabhängig.
Auf $\lambda_2 = 0$ hätten wir auch schneller schließen können. Die Gleichung (6.2) lautet $\lambda_2 \, g = 0$. Und da g nicht der Nullvektor in $\mathbb{R}^{\mathbb{R}}$ ist, folgt $\lambda_2 = 0$.

- Die Matrizen $\left(\begin{smallmatrix} \overline{2} & \overline{1} \\ \overline{0} & \overline{1} \end{smallmatrix}\right)$, $\left(\begin{smallmatrix} \overline{1} & \overline{1} \\ \overline{1} & \overline{2} \end{smallmatrix}\right)$, $\left(\begin{smallmatrix} \overline{2} & \overline{4} \\ \overline{1} & \overline{0} \end{smallmatrix}\right) \in \mathbb{Z}_5^{2 \times 2}$ sind wegen

$$\overline{1} \begin{pmatrix} \overline{2} & \overline{1} \\ \overline{0} & \overline{1} \end{pmatrix} + \overline{2} \begin{pmatrix} \overline{1} & \overline{1} \\ \overline{1} & \overline{2} \end{pmatrix} + \overline{3} \begin{pmatrix} \overline{2} & \overline{4} \\ \overline{1} & \overline{0} \end{pmatrix} = \begin{pmatrix} \overline{0} & \overline{0} \\ \overline{0} & \overline{0} \end{pmatrix} = 0$$

linear abhängig. ◄

Ein linear unabhängiges Erzeugendensystem nennt man Basis

Wir reduzieren Vektorräume auf Basen, weil wir Vektorräume möglichst ökonomisch schreiben wollen – *kennt man die Basis, dann kennt man den Vektorraum.*

Jeder Vektor $\begin{pmatrix} v_1 \\ v_2 \end{pmatrix}$ des $\mathbb{R}^2$ lässt sich als Linearkombination der beiden Vektoren $\boldsymbol{v} = \begin{pmatrix} 2 \\ 0 \end{pmatrix}$ und $\boldsymbol{w} = \begin{pmatrix} 1 \\ 2 \end{pmatrix}$ darstellen, da das lineare Gleichungssystem

$$\left(\begin{array}{cc|c} 2 & 1 & v_1 \\ 0 & 2 & v_2 \end{array} \right)$$

für alle $v_1, v_2 \in \mathbb{R}$ (eindeutig) lösbar ist.

Zudem sind $\boldsymbol{v}$ und $\boldsymbol{w}$ linear unabhängig, da das lineare Gleichungssystem

$$\left(\begin{array}{cc|c} 2 & 1 & 0 \\ 0 & 2 & 0 \end{array} \right)$$

nur die triviale Lösung $(0, 0)$ hat.

Es ist also $\{\boldsymbol{v}, \boldsymbol{w}\}$ ein linear unabhängiges Erzeugendensystem des $\mathbb{R}^2$.

Definition einer Basis

Eine Teilmenge B eines $\mathbb{K}$-Vektorraums V heißt **Basis** von V, wenn gilt:

- $\langle B \rangle = V$,
- B ist linear unabhängig.

Basen sind somit linear unabhängige Erzeugendensysteme (siehe Abb. 6.8).

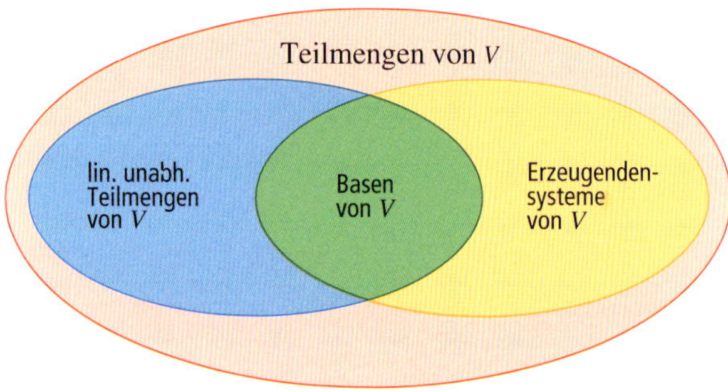

Abbildung 6.8 Basen sind linear unabhängige Erzeugendensysteme.

?

Kann es sein, dass ein Vektorraum genau eine Basis besitzt?

Beispiel

- Für jeden Körper $\mathbb{K}$ bildet die Menge

$$E_n = \{\boldsymbol{e}_1, \ldots, \boldsymbol{e}_n\}$$

der Standard-Einheitsvektoren eine Basis des $\mathbb{K}^n$, die sogenannte **Standardbasis** oder **kanonische Basis** des $\mathbb{K}^n$.

- Im Vektorraum $\mathbb{K}[X]$ der Polynome über einem Körper $\mathbb{K}$ bildet die Menge $\{X^k \mid k \in \mathbb{N}_0\}$ eine Basis, die **Standardbasis** oder **kanonische Basis** von $\mathbb{K}[X]$.

- Die Menge $\left\{ \begin{pmatrix} 0 \\ 1 \\ 0 \end{pmatrix}, \begin{pmatrix} 0 \\ 1 \\ 1 \end{pmatrix}, \begin{pmatrix} 0 \\ 0 \\ 1 \end{pmatrix} \right\}$ ist keine Basis des $\mathbb{R}^3$, da sie linear abhängig ist.

- Die Menge $B = \left\{ \begin{pmatrix} 0 \\ 1 \\ 0 \end{pmatrix}, \begin{pmatrix} 0 \\ 1 \\ 1 \end{pmatrix} \right\}$ ist eine Basis von $\langle B \rangle$, aber nicht des $\mathbb{R}^3$.

- Für einen Körper $\mathbb{K}$ und Zahlen $r \in \{1, \ldots, m\}$ und $s \in \{1, \ldots, n\}$ definieren wir die $m \cdot n$ sogenannten **Standard-Einheitsmatrizen** aus $\mathbb{K}^{m \times n}$,

$$\mathbf{E}_{rs} = (a_{ij}) \text{ mit } a_{rs} = 1 \text{ und } a_{ij} = 0 \text{ sonst.}$$

Dann ist die Menge

$$B = \{\mathbf{E}_{rs} \mid r \in \{1, \ldots, m\}, s \in \{1, \ldots, n\}\}$$

eine Basis des $\mathbb{K}^{m \times n}$, da für eine beliebige Matrix $A = (a_{ij})_{i,j} \in \mathbb{K}^{m \times n}$ gilt:

$$A = (a_{ij})_{i,j} = \sum_{i=1}^{m} \sum_{j=1}^{n} \lambda_{ij} \, \mathbf{E}_{ij},$$

sodass B ein Erzeugendensystem von $\mathbb{K}^{m \times n}$ ist. Zudem folgt aus

$$\sum_{i=1}^{m} \sum_{j=1}^{n} \lambda_{ij} \, \mathbf{E}_{ij} = \begin{pmatrix} \lambda_{11} & \cdots & \lambda_{1n} \\ \vdots & & \vdots \\ \lambda_{m1} & \cdots & \lambda_{mn} \end{pmatrix} = \boldsymbol{0}$$

sofort $\lambda_{ij} = 0$ für alle i und j, und damit, dass B linear unabhängig ist. Also ist B tatsächlich eine Basis von $\mathbb{K}^{m \times n}$. Auch diese nennt man **Standardbasis** oder **kanonische Basis** des $\mathbb{K}^{m \times n}$. ◀

?
---

1. Ist stets X eine Basis von $\langle X \rangle$?
2. Ist jede linear unabhängige Menge auch Basis eines Vektorraums?

In dem Beispiel auf Seite 202 haben wir gezeigt, dass ein Vektor $\boldsymbol{v}$ im Allgemeinen durch viele verschiedene Linearkombinationen einer Menge X gebildet werden kann. Ist aber X eine Basis, so ist die Linearkombination eindeutig, das besagt der Satz:

Eindeutige Darstellbarkeit von Vektoren durch Basen

Ist B eine Basis eines $\mathbb{K}$-Vektorraums V, so lässt sich jedes $\boldsymbol{v} \in V$ auf genau eine Art und Weise in der Form

$$\boldsymbol{v} = \lambda_1 \, \boldsymbol{b}_1 + \cdots + \lambda_n \, \boldsymbol{b}_n$$

mit $\lambda_1, \ldots, \lambda_n \in \mathbb{K}$ und $\boldsymbol{b}_1, \ldots, \boldsymbol{b}_n \in B$ darstellen.

Beweis: Weil eine Basis B von V insbesondere ein Erzeugendensystem von V ist, existieren zu jedem $v \in V$ Vektoren $b_1, \ldots, b_r \in B$ und von null verschiedene $\lambda_1, \ldots, \lambda_r \in \mathbb{K} \setminus \{0\}$ mit

$$v = \lambda_1 b_1 + \cdots + \lambda_r b_r . \tag{6.3}$$

Es sei

$$v = \lambda_1' b_1' + \cdots + \lambda_s' b_s' \tag{6.4}$$

eine weitere Linearkombination mit $b_1', \ldots, b_s' \in B$ und $\lambda_1', \ldots, \lambda_s' \in \mathbb{K} \setminus \{0\}$.

Angenommen, es gibt ein $j \in \{1, \ldots, s\}$ mit $b_j' \neq b_i$ für alle $i \in \{1, \ldots, r\}$. Dann gilt für die Differenz der Gleichungen in (6.3) und (6.4):

$$0 = \sum_{i=1}^{r} \lambda_i b_i - \sum_{i=1}^{s} \lambda_i' b_i'$$

$$= \sum_{i=1}^{r} \lambda_i b_i - \sum_{\substack{i=1 \\ i \neq j}}^{s} \lambda_i' b_i' - \lambda_j' b_j' .$$

Das ist ein Widerspruch zur linearen Unabhängigkeit von B. Somit gilt also $r = s$ und nach evtl. Umnummerieren $b_i = b_i'$ für alle $i \in \{1, \ldots, r\}$. Setzt man dies in (6.4) ein und betrachtet erneut die Differenz der Gleichungen in (6.3) und (6.4), so erhält man

$$0 = \sum_{i=1}^{r} \lambda_i b_i - \sum_{i=1}^{r} \lambda_i' b_i = \sum_{i=1}^{r} (\lambda_i - \lambda_i') \, b_i .$$

Nun folgt aus der linearen Unabhängigkeit der Vektoren $b_1, \ldots, b_r$ sogleich $\lambda_i - \lambda_i' = 0$, d. h., $\lambda_i = \lambda_i'$ für alle $i = 1, \ldots, r$. Das zeigt die Eindeutigkeit der Darstellung bezüglich der Basis B. ∎

?

Gilt auch die Umkehrung dieses Satzes? D. h., folgt aus der eindeutigen Darstellbarkeit jedes Vektors $v \in V$ als Linearkombination von B, dass B eine Basis von V ist?

Basen sind maximale linear unabhängige Mengen und minimale Erzeugendensysteme

Will man zeigen, dass eine Teilmenge B eines $\mathbb{K}$-Vektorraums V eine Basis ist, so ist zu begründen, dass B ein linear unabhängiges Erzeugendensystem ist.

Unter gewissen Voraussetzungen reicht es aus, eine dieser beiden Eigenschaften nachzuweisen. Kann man nämlich begründen, dass eine Teilmenge B

- linear unabhängig ist, aber jede andere, B echt umfassende Teilmenge von V linear abhängig ist

oder

- ein Erzeugendensystem von V ist, aber jede echte Teilmenge von B den Vektorraum V nicht mehr erzeugt,

so ist B bereits eine Basis, das besagt der folgende Satz. Bevor wir den Satz formulieren, wiederholen wir eine Sprechweise aus Kapitel 2: Die Potenzmenge

$$\mathcal{P}(V) = \{X \mid X \subseteq V\},$$

das ist die Menge aller Teilmengen von V, ist nach den Beispielen auf Seite 51 mit der Inklusion $\subseteq$ eine geordnete Menge. Das gilt analog für jede Teilmenge $M \subseteq \mathcal{P}(V)$, d. h. für jede Menge M von Teilmengen von V. Ein Element B von M ist bezüglich der Ordnung $\subseteq$ ein

- maximales Element, falls es in M kein Element C gibt mit $C \supsetneq B$, und ein
- minimales Element, falls es in M kein Element C gibt mit $C \subsetneq B$.

Man vergleiche hierzu die Ausführungen auf Seite 51. Mithilfe dieser Begriffe können wir nun die oben angedeuteten Kennzeichnungen von Basen knapp formulieren.

Kennzeichnungen von Basen

Für eine Teilmenge B eines $\mathbb{K}$-Vektorraums V sind äquivalent:

(i) B ist eine Basis von V.

(ii) B ist eine maximale linear unabhängige Teilmenge von V, d. h. B ist linear unabhängig und für jedes $v \in V \setminus B$ ist $B \cup \{v\}$ linear abhängig.

(iii) B ist ein minimales Erzeugendensystem von V, d. h. B erzeugt V, und für jedes $v \in B$ gilt $B \setminus \{v\}$ erzeugt V nicht.

Beweis: (i) $\Rightarrow$ (ii): Es sei B eine Basis von V. Dann ist B linear unabhängig. Wir wählen ein $v \in V \setminus B$. Da $V = \langle B \rangle$ gilt, ist v eine Linearkombination von B. Somit existieren $v_1, \ldots, v_n \in B$ und $\lambda_1, \ldots, \lambda_n \in \mathbb{K}$ mit

$$v = \sum_{i=1}^{n} \lambda_i v_i .$$

Durch Umstellen erhalten wir hieraus

$$\sum_{i=1}^{n} \lambda_i v_i + (-1) \, v = 0 .$$

Dies besagt aber, dass $v_1, \ldots, v_n, v$ linear abhängig sind. Somit ist auch $B \cup \{v\}$ linear abhängig.

(ii) $\Rightarrow$ (iii): Es sei B eine maximale linear unabhängige Teilmenge von V.

1. B ist ein Erzeugendensystem von V, d. h. $V = \langle B \rangle$: Dazu ist nur $V \subseteq \langle B \rangle$ zu zeigen. Wir wählen ein $v \in V$ beliebig. Im Fall $v \in B$ erhalten wir wie gewünscht $v \in \langle B \rangle$. Daher nehmen wir nun an $v \notin B$. Nach Voraussetzung ist dann

$B \cup \{v\}$ linear abhängig. Somit gibt es $v_1, \ldots, v_n \in B$ und $\lambda, \lambda_1, \ldots, \lambda_n \in \mathbb{K}$, die nicht alle gleich null sind, mit

$$\lambda\, v + \sum_{i=1}^{n} \lambda_i v_i = \mathbf{0}\,.$$

Da die Vektoren $v_1, \ldots, v_n$ linear unabhängig sind, muss $\lambda \neq 0$ gelten. Nun stellen wir um:

$$v = -\sum_{i=1}^{n} (\lambda^{-1}\lambda_i)\, v_i \in \langle B \rangle\,.$$

Da dies für alle $v \in V$ gilt, folgt $V = \langle B \rangle$.

2. B ist ein minimales Erzeugendensystem von V: Wir wählen ein $v \in B$ und zeigen, dass $\langle B \setminus \{v\} \rangle$ kein Erzeugendensystem von V ist. Dazu zeigen wir, dass bereits der Vektor $v \in V$ nicht in $\langle B \setminus \{v\} \rangle$ liegt. Angenommen, es gilt $v \in \langle B \setminus \{v\} \rangle$. Dann existieren $v_1, \ldots, v_n \in B \setminus \{v\}$ und $\lambda_1, \ldots, \lambda_n \in \mathbb{K}$ mit

$$v = \sum_{i=1}^{n} \lambda_i v_i\,.$$

Durch Umstellen erhalten wir hieraus

$$\sum_{i=1}^{n} \lambda_i v_i + (-1)\, v = \mathbf{0}\,.$$

Da bei dieser Linearkombination des Nullvektors nicht alle Koeffizienten null sind, sind die Vektoren $v, v_1, \ldots, v_n$ linear abhängig. Das ist aber ein Widerspruch zur linearen Unabhängigkeit der Menge B. Dieser Widerspruch belegt, dass $v \notin \langle B \setminus \{v\} \rangle$ gilt. Somit ist B ein minimales Erzeugendensystem von V.

(iii) $\Rightarrow$ (i): Es sei B ein minimales Erzeugendensystem. Dann ist B insbesondere ein Erzeugendensystem. Da B per Definition linear unabhängig ist (siehe Seite 201), folgt die Behauptung. $\blacksquare$

Beispiel

- Die Menge $B = \{X^k \mid k \in \mathbb{N}_0\}$ ist eine maximale linear unabhängige Teilmenge von $\mathbb{K}[X]$, da für jedes $p = a_0 + a_1 X + \cdots + a_n X^n \in \mathbb{K}[X] \setminus B$ gilt, dass

$$\{X^0, \ldots, X^n, p\} \subseteq B \cup \{p\}$$

  linear abhängig ist.
- Die Menge $B = \{X^k \mid k \in \mathbb{N}_0\}$ ist auch ein minimales Erzeugendensystem von $\mathbb{K}[X]$, da für jedes $k \in \mathbb{N}_0$ gilt:

$$X^k \notin \langle B \setminus \{X^k\} \rangle\,. \qquad \blacktriangleleft$$

Jeder Vektorraum besitzt eine Basis

Eine Basis eines Vektorraums V liefert insofern eine ideale *Beschreibung* von V, da mit ihrer Hilfe zum einen alle Elemente des Vektorraums V darstellbar sind, d. h., $V = \langle B \rangle$,

und zum anderen es keine kleinere Teilmenge von V gibt, die dies möglich macht, da B ein minimales Erzeugendensystem ist.

Daher wäre es sehr wünschenswert, wenn jeder Vektorraum auch eine Basis enthalten würde. Dass dem wirklich so ist, folgern wir aus dem folgenden allgemeinen Satz.

> **Basisergänzungssatz**
>
> Es sei V ein $\mathbb{K}$-Vektorraum. Weiter seien $S \subseteq V$ ein Erzeugendensystem und $A \subseteq S$ eine linear unabhängige Teilmenge,
>
> $$A \subseteq S \subseteq V\,.$$
>
> Dann gibt es eine Basis B von V mit $A \subseteq B \subseteq S$.
>
> Man sagt: „Die linear unabhängige Menge A wird durch Elemente des Erzeugendensystems S zu einer Basis B von V **ergänzt**."

Beweis: Wir zeigen die Behauptung mit dem Zorn'schen Lemma (Seite 52).

Dazu betrachten wir die Menge

$$M = \{X \mid X \text{ ist linear unabhängig und } A \subseteq X \subseteq S\}\,,$$

die bezüglich der Inklusion geordnet ist. Wir zeigen, dass $(M, \subseteq)$ eine nichtleere, induktiv geordnete Menge ist. Das Zorn'sche Lemma garantiert in diesem Fall die Existenz eines maximalen Elements.

Da die linear unabhängige Menge A natürlich $A \subseteq A$ erfüllt, gilt $A \in M$, sodass M nichtleer ist. Es sei $C \subseteq M$ eine nichtleere linear geordnete Teilmenge von M. Wir betrachten die Vereinigung der Elemente aus C:

$$Y = \bigcup_{X \in C} X\,. \qquad (6.5)$$

Offenbar ist Y eine obere Schranke von C. Es bleibt zu zeigen, dass $Y \in M$ gilt. Da C nichtleer ist, gilt $A \subseteq Y \subseteq S$. Die Menge Y ist linear unabhängig. Es seien $v_1, \ldots, v_n \in Y$ gewählt. Weil Y Vereinigung von Teilmengen $X \in C$ ist (siehe Gleichung (6.5)), gibt es Teilmengen $X_1, \ldots, X_n \in C$ mit $v_i \in X_i$. Da die Menge C total geordnet ist, gibt es ein $j \in \{1, \ldots, n\}$ mit $X_i \subseteq X_j$ für alle $i = 1, \ldots, n$. Es liegen damit alle $v_1, \ldots, v_n$ in diesem X_j. Da X_j linear unabhängig ist, sind auch $v_1, \ldots, v_n \in X_j$ linear unabhängig. Folglich gilt $Y \in M$. Die Menge $(M, \subseteq)$ ist somit induktiv geordnet.

Nach dem Zorn'schen Lemma besitzt $(M, \subseteq)$ ein maximales Element B. Da diese Teilmenge B von V in M liegt, ist B linear unabhängig. Um zu zeigen, dass B eine Basis ist, reicht es aus zu begründen, dass B den Vektorraum V erzeugt, $\langle B \rangle = V$. Dies folgt aus $S \subseteq \langle B \rangle$.

Ohne Einschränkung nehmen wir $v \notin B$ an. Dann erhalten wir

$$A \subseteq B \subsetneq B \cup \{v\} \subseteq S\,.$$

Die Menge $B \cup \{v\}$ ist wegen der Maximalität von B linear abhängig. Also existieren $v_1, \ldots, v_n \in B$ und $\lambda, \lambda_1, \ldots, \lambda_n \in \mathbb{K}$, die nicht alle gleich null sind, mit

$$\lambda\, v + \sum_{i=1}^{n} \lambda_i v_i = \mathbf{0}\,.$$

Da die Menge B linear unabhängig ist, muss $\lambda \neq 0$ gelten, wir erhalten

$$v = -\lambda^{-1} \sum_{i=1}^{n} \lambda_i v_i\,.$$

Folglich gilt $S \subseteq \langle B \rangle$. ∎

Wir betrachten nun für einen beliebigen Vektorraum V den Sonderfall $S = V$ und $A = \emptyset$. Es ist $S = V$ ein Erzeugendensystem von V und $A = \emptyset$ eine linear unabhängige Teilmenge von V. Außerdem gilt natürlich $A \subseteq S \subseteq V$. Der Basisergänzungssatz besagt nun, dass es in $S = V$ eine Basis gibt. Damit haben wir gezeigt, dass jeder Vektorraum eine Basis besitzt. Wir können sogar mehr zeigen: Mit $A = \emptyset$ und einem Erzeugendensystem S von V besagt der Basisergänzungssatz, dass jedes Erzeugendensystem eine Basis enthält. Und mit einer linear unabhängigen Menge A und dem Erzeugendensystem $S = V$ besagt der Basisergänzungssatz, dass jede linear unabhängige Menge A zu einer Basis von V ergänzt werden kann, wir halten das fest:

Existenz von Basen

Jeder Vektorraum V besitzt eine Basis.
Genauer:
- Jedes Erzeugendensystem von V enthält eine Basis von V.
- Jede linear unabhängige Teilmenge von V kann durch Hinzunahme weiterer Vektoren zu einer Basis von V ergänzt werden.

Beim obigen Beweis des Basisergänzungssatzes wurde das Zorn'sche Lemma benutzt. Will man das Zorn'sche Lemma vermeiden, so bleibt einem nur die deutlich schwächere Aussage:

Existenz von Basen endlich erzeugter Vektorräume

Jeder endlich erzeugte Vektorraum V besitzt eine Basis.

Beweis: Es sei $B \subseteq S$ ein Erzeugendensystem mit minimaler Elementzahl. Ein solches existiert, da S endlich ist. Es ist B dann ein minimales Erzeugendensystem. Nach den Kennzeichnungen von Basen auf Seite 209 ist B somit eine Basis. ∎

Wir erörtern das *Ergänzen* und *Verkürzen* von Mengen zu Basen in einem ausführlichen Beispiel auf Seite 212.

Basen sind im Allgemeinen keineswegs eindeutig bestimmt. Ist etwa $B = \{v_1, \ldots, v_n\}$ eine Basis eines $\mathbb{K}$-Vektorraums V, so ist für $\lambda_1, \ldots, \lambda_n \in \mathbb{K} \setminus \{0\}$ auch $B' = \{\lambda_1 v_1, \ldots, \lambda_n v_n\}$ eine Basis. Aber es wichtig, dass die Elementzahl einer Basis eindeutig bestimmt ist.

Die Dimension ist die Mächtigkeit einer und damit jeder Basis

Im $\mathbb{R}^2$ gilt für die drei Vektoren $u = \begin{pmatrix} 2 \\ 0 \end{pmatrix}$, $v = \begin{pmatrix} 1 \\ 2 \end{pmatrix}$ und $w = \begin{pmatrix} -1 \\ 2 \end{pmatrix}$

$$\mathbb{R}^2 = \langle u,\, v \rangle = \langle u,\, w \rangle = \langle v,\, w \rangle\,,$$

sodass $\{u,\, v\}$, $\{u,\, w\}$, $\{v,\, w\}$ drei verschiedene Basen des $\mathbb{R}^2$ sind. Es ist kein Zufall, dass jede dieser Basen genau zwei Elemente enthält. Tatsächlich ist es so, dass in jedem endlich erzeugten Vektorraum V jede Basis von V gleich viele Elemente enthält. Dies ist keine Selbstverständlichkeit. Diese Aussage folgt aus dem folgenden Satz:

Austauschsatz von Steinitz

Ist $S = \{b_1, \ldots, b_s\}$ ein endliches Erzeugendensystem des $\mathbb{K}$-Vektorraums V, so gilt für jedes linear unabhängige System $A = \{a_1, \ldots, a_r\}$:

$$|A| = r \leq s = |S|\,.$$

Beweis:

Wir zeigen die Behauptung durch vollständige Induktion nach $|S \setminus A|$.

Induktionsanfang: Falls $|S \setminus A| = 0$, so gilt $S \subseteq A$. Da A linear unabhängig ist, ist auch die Teilmenge S von A linear unabhängig. Und da S ein Erzeugendensystem von V ist, ist S eine Basis von V. Als Basis von V ist S eine maximale linear unabhängige Teilmenge von V, daher gilt $S = A$, insbesondere $|A| \leq |S|$.

Induktionsvoraussetzung: Die Behauptung gelte für jedes Erzeugendensystem S und jede linear unabhängige Menge A mit $|S \setminus A| = n$.

Induktionsschritt: Es gelte $|S \setminus A| = n + 1$ für ein Erzeugendensystem S und eine linear unabhängige Menge A. Wir dürfen ohne Einschränkung annehmen, dass $A \nsubseteq S$. Folglich existiert ein $v \in A \setminus S$. Und da $V = \langle S \rangle$ gibt es $v_1, \ldots, v_t \in S \setminus \{\mathbf{0}\}$ und $\lambda_1, \ldots, \lambda_t \in \mathbb{K} \setminus \{0\}$ mit

$$\lambda_1 v_1 + \cdots + \lambda_t v_t = v\,. \qquad (6.6)$$

Angenommen, alle $v_1, \ldots, v_t$ sind in A. Dann erhalten wir einen Widerspruch zur linearen Unabhängigkeit von A, da in diesem Fall eine nichttriviale Linearkombination des Nullvektors gegeben wäre,

$$\lambda_1 v_1 + \cdots + \lambda_t v_t - v = \mathbf{0}\,.$$

Somit ist mindestens ein v_i aus $S \setminus A$. Nach eventuellem Umnummerieren können wir ohne Einschränkung $v_1 \in S \setminus A$. Aus der Gleichung (6.6) folgt

$$v_1 = \lambda_1^{-1} \left(v - \sum_{i=2}^{t} \lambda_i v_i \right) \in \langle v,\, v_2,\, \ldots,\, v_t \rangle\,.$$

Unter der Lupe: Der Basisergänzungssatz

Es sei V ein $\mathbb{K}$-Vektorraum. Weiter seien $S \subseteq V$ ein Erzeugendensystem und $A \subseteq S$ eine linear unabhängige Teilmenge. Dann gibt es eine Basis B von V mit $A \subseteq B \subseteq S$.

Da wir zeigen wollen, dass in V eine Basis B mit $A \subseteq B \subseteq S$ existiert, haben wir nach der Kennzeichnung von Basen auf Seite 209 im Wesentlichen drei Möglichkeiten. Wir zeigen, dass es in V ein

- linear unabhängiges Erzeugendensystem oder
- eine maximale linear unabhängige Teilmenge oder
- ein minimales Erzeugendensystem

mit $A \subseteq B \subseteq S$ gibt. Da wir in einem beliebigen Vektorraum V keine Möglichkeit haben, Erzeugendensysteme anzugeben, um sie auf lineare Unabhängigkeit oder Minimalität hin zu überprüfen, fallen die erste und die dritte Möglichkeiten weg. Da wir aber andererseits das Zorn'sche Lemma kennen (Seite 52), das die Existenz maximaler Elemente garantiert, ist es nur naheliegend, dass wir es damit versuchen.

Wir zeigen, dass eine maximale linear unabhängige Teilmenge B von S existiert, die A enthält. Wir können dann zwar nicht die Kennzeichnungen von Basen auf Seite 209 anwenden, da wir nur eine maximale linear unabhängige Teilmenge von S und noch nicht notwendig von V haben, aber wir werden zeigen, dass diese Menge B aufgrund ihrer Maximalität die Eigenschaft $\langle B \rangle = \langle S \rangle$ hat. Wegen $\langle S \rangle = V$ erhalten wir das gewünschte Ergebnis: B ist eine Basis von V. Wie schon angekündigt, betrachten wir die Menge

$$M = \{X \mid X \text{ ist linear unabhängig und } A \subseteq X \subseteq S\}$$

und ordnen diese mit der Inklusion, es ist $(M, \subseteq)$ eine geordnete Menge. Gesucht ist nun ein maximales Element in M bezüglich $\subseteq$.

Falls M endlich ist, existiert ein solches maximales Element B, denn aus der Annahme, ein maximales Element würde nicht existieren, könnten wir folgern, dass wir in M eine nicht abbrechende Inklusionskette der Form $B_1 \subsetneq B_2 \subsetneq \cdots$ mit Elementen $B_i \in M$ bilden könnten. Das wäre ein Widerspruch zur Endlichkeit von M.

Die Schwierigkeit besteht im Fall eines unendlichen M. Für diesen Fall setzen wir das Zorn'sche Lemma ein. Das Zorn'sche Lemma garantiert die Existenz von maximalen Elementen in nichtleeren, induktiv geordneten Mengen. Wir müssen also *nur* begründen, dass $(M, \subseteq)$ nichtleer und induktiv geordnet ist. Das zeigen wir in mehreren Schritten.

(i) Da die linear unabhängige Menge A natürlich $A \subseteq A$ erfüllt, gilt $A \in M$, sodass M nichtleer ist.

(ii) Nach den Beispielen auf Seite 51 ist $(M, \subseteq)$ eine geordnete Menge.

(iii) Jede linear geordnete Teilmenge von M hat eine obere Schranke in $(M, \subseteq)$:

Es sei $C \subseteq M$ eine linear geordnete Teilmenge von M. Man beachte, dass die Elemente von C nun Teilmengen von V sind, die A umfassen und in S liegen.

Wir betrachten die Vereinigung all dieser Teilmengen,

$$(*) \quad Y = \bigcup_{X \in C} X\,,$$

und begründen, dass Y eine obere Schranke von C ist und $Y \in M$ gilt. Die erste Behauptung ist klar: Es gilt offenbar $X \subseteq Y$ für alle $X \in C$. Nun zeigen wir, dass $Y \in M$ gilt. Dazu ist zu begründen, dass zum einen $A \subseteq Y \subseteq S$ und zum anderen Y linear unabhängig ist.

(iii.a) Es gilt $A \subseteq Y$, da C nichtleer und $A \subseteq X$ für jedes $X \in C$ ist. Außerdem gilt $Y \subseteq S$, da Y eine Vereinigung von Teilmengen von S ist. Somit gilt $A \subseteq Y \subseteq S$.

(iii.b) Die Menge Y ist linear unabhängig: Es seien dazu $v_1, \ldots, v_n \in Y$ gewählt. Weil Y Vereinigung von Teilmengen $X \in C$ ist (siehe $(*)$), gibt es Teilmengen $X_1, \ldots, X_n \in C$ mit $v_i \in X_i$. Nun beachten wir, dass die Menge C total geordnet ist. Hiernach gibt es unter den endlich vielen $X_1, \ldots, X_n$ ein bezüglich der Inklusion $\subseteq$ größtes Element X_j, $j \in \{1, \ldots, n\}$, d. h. $X_1, \ldots, X_n \subseteq X_j$. Es liegen damit alle Vektoren $v_1 \in X_1, \ldots, v_n \in X_n$ in diesem X_j. Da X_j ein Element aus M ist, ist die Menge X_j linear unabhängig, wonach also auch die Vektoren $v_1, \ldots, v_n \in X_j$ linear unabhängig sind.

In (iii.a) und (iii.b) haben wir gezeigt, dass $Y \in M$ gilt. Somit ist $(M, \subseteq)$ induktiv geordnet. Nach dem Zorn'schen Lemma besitzt $(M, \subseteq)$ ein maximales Element, das wir mit B bezeichnen. Da diese Teilmenge B von V in M liegt, ist B linear unabhängig. Um zu zeigen, dass B eine Basis ist, reicht es aus zu begründen, dass B den Vektorraum V erzeugt, $\langle B \rangle = V$.

Die Inklusion $\langle B \rangle \subseteq V$ gilt wegen $B \subseteq V$. Wir begründen die Inklusion $V \subseteq \langle B \rangle$. Wegen $V = \langle S \rangle$ folgt die gewünschte Inklusion aus der Inklusion $S \subseteq \langle B \rangle$, da in diesem Fall $\langle S \rangle \subseteq \langle B \rangle$ folgt.

Es sei $v \in S$. Im Fall $v \in B$ gilt natürlich $v \in \langle B \rangle$. Daher können wir annehmen, dass $v \notin B$ gilt. Dann erhalten wir

$$A \subseteq B \subsetneq B \cup \{v\} \subseteq S\,.$$

Die Menge $B \cup \{v\}$ muss linear abhängig sein. Wäre sie es nicht, so läge $B \cup \{v\}$ in M – das wäre ein Widerspruch zur Maximalität von B in $(M, \subseteq)$.

Da $B \cup \{v\}$ linear abhängig ist, existieren $v_1, \ldots, v_n \in B$ und $\lambda, \lambda_1, \ldots, \lambda_n \in \mathbb{K}$, die nicht alle gleich null sind, mit

$$\lambda\, v + \sum_{i=1}^{n} \lambda_i v_i = \mathbf{0}\,.$$

Da die Menge B linear unabhängig ist, muss $\lambda \neq 0$ gelten, wir erhalten

$$v = -\lambda^{-1} \sum_{i=1}^{n} \lambda_i v_i\,.$$

Folglich gilt $S \subseteq \langle B \rangle$. Damit ist alles gezeigt. $\blacksquare$

Nun setzen wir $S' = (S \setminus \{v_1\}) \cup \{v\}$ und erhalten $v_1 \in \langle S' \rangle$. Es folgt $S \subseteq \langle S' \rangle$. Somit ist auch S' ein Erzeugendensystem von V, d. h. $\langle S' \rangle = V$.

Für das Erzeugendensystem S' gilt wegen $v \in S'$ und $v \in A \setminus S$ und $v_1 \in S \setminus A$

$$|S' \setminus A| = |S \setminus A| - 1 = n.$$

Wegen der Induktionsvoraussetzung gilt $|A| \leq |S'|$. Aber es gilt auch $|S'| = |S|$. Somit ist die Behauptung $|A| \leq |S|$ nachgewiesen. ∎

Nun können wir das angekündigte Ergebnis folgern:

Folgerung

Falls der $\mathbb{K}$-Vektorraum V ein endliches Erzeugendensystem hat, so sind alle Basen endlich und haben gleich viele Elemente.

Beweis: Sind B_1 und B_2 zwei Basen von V, so liefert der obige Satz zuerst $|B_1|, |B_2| \in \mathbb{N}_0$, und dann mit B_1 in der Rolle von A und B_2 in der Rolle von S:

$$|B_1| \leq |B_2|.$$

Nun vertauschen wir die Rollen von B_1 und B_2 und erhalten

$$|B_2| \leq |B_1|.$$

Insgesamt ist damit $|B_1| = |B_2|$ gezeigt. ∎

Da je zwei Basen endlich erzeugter Vektorräume gleich viele Elemente haben, ist die folgende Definition sinnvoll:

Die Dimension eines Vektorraums

Ist B eine Basis eines endlich erzeugten Vektorraums V, so nennt man die Elementzahl einer und damit jeder Basis von V die **Dimension** von V. Wir schreiben dafür

$$\dim(V) = |B|.$$

Ist V nicht endlich erzeugt, so setzen wir

$$\dim(V) = \infty.$$

Im ersten Fall nennt man V **endlichdimensional**, im zweiten Fall **unendlichdimensional**.

Beispiel
- Es gilt $\dim(\{\mathbf{0}\}) = 0$, da $\emptyset$ eine Basis von $\{\mathbf{0}\}$ ist und $|\emptyset| = 0$ gilt.
- Für jeden Körper $\mathbb{K}$ und jede natürliche Zahl n gilt $\dim(\mathbb{K}^n) = n$, da $E_n = \{e_1, \ldots, e_n\}$ eine Basis ist und $|E_n| = n$ gilt.
- Für jeden Körper $\mathbb{K}$ und alle natürlichen Zahlen m, n gilt $\dim(\mathbb{K}^{m \times n}) = m \cdot n$, da $B = \{\mathbf{E}_{r,s} \mid r \in \{1, \ldots, m\}, s \in \{1, \ldots, n\}\}$ eine Basis ist und $|B| = mn$ gilt.

- Für jeden Körper $\mathbb{K}$ gilt $\dim(\mathbb{K}[X]) = \infty$, da $\{X^k \mid k \in \mathbb{N}_0\}$ eine nicht endliche Basis bildet.
- Die Dimension des $\mathbb{R}$-Vektorraums $\mathbb{C}$ ist 2, da $\{1, \mathrm{i}\}$ eine Basis bildet. Weiter ist $\{1\}$ eine Basis von $\mathbb{C}$ über $\mathbb{C}$, sodass $\mathbb{C}$ als $\mathbb{C}$-Vektorraum eindimensional ist.
- Die Lösungsmenge L eines homogenen linearen Gleichungssystems $A\,x = \mathbf{0}$ mit einer Matrix $A \in \mathbb{K}^{m \times n}$ ist, wie wir bereits in einem Lemma auf Seite 197 formuliert haben, ein Untervektorraum des $\mathbb{K}^n$. Die Dimension dieses Untervektorraums L ist die Anzahl der *frei wählbaren* Variablen, also

$$\dim L = n - \mathrm{rg}\, A.$$

Man beachte den Satz auf Seite 184. ◀

Wie findet man Basen?

Eine Basis ist ein linear unabhängiges Erzeugendensystem. Zum Nachweis dieser beiden Eigenschaften sind die folgenden Aussagen nützlich:

Kennzeichnungen endlicher Basen

Es sei V ein $\mathbb{K}$-Vektorraum der endlichen Dimension $n \in \mathbb{N}_0$.
  (i) Je n linear unabhängige Vektoren bilden eine Basis.
  (ii) Jedes Erzeugendensystem mit n Elementen bildet eine Basis.
  (iii) Für jeden Untervektorraum $U \subseteq V$ gilt $\dim(U) \leq \dim(V)$.
  (iv) Für einen Untervektorraum $U \subseteq V$ mit $\dim(U) = \dim(V)$ gilt $U = V$.
  (v) Mehr als n Vektoren sind stets linear abhängig.
  (vi) Weniger als n Vektoren bilden kein Erzeugendensystem.

Beweis: (i) Nach dem Austauschsatz von Steinitz ist jede Menge $\{v_1, \ldots, v_n\}$ linear unabhängiger Vektoren von V eine maximale linear unabhängige Teilmenge von V und somit eine Basis.

(ii) Nach dem Austauschsatz von Steinitz ist jedes Erzeugendensystem $\{v_1, \ldots, v_n\}$ mit n Elementen ein minimales Erzeugendensystem von V und somit eine Basis.

(iii) Es sei B_U eine Basis von U. Nach dem Basisergänzungssatz existiert eine Basis B_V von V mit $B_U \subseteq B_V$. Hieraus folgt $|B_U| \leq |B_V|$.

(iv) Dies folgt aus dem Beweis von (iii), da unter der Voraussetzung $\dim(U) = \dim(V)$ sogleich $B_U = B_V$ und somit $U = V$ folgt.

(v) Das folgt aus (iii).

(vi) Das folgt aus (iv). ∎

Beispiel: Der Vektorraum aller Abbildungen mit endlich vielen von null verschiedenen Werten

Für einen Körper $\mathbb{K}$ und eine nichtleere Menge M definieren wir

$$V = \{f \in \mathbb{K}^M \mid \text{nur für endlich viele } x \in M \text{ ist } f(x) \neq 0\}.$$

Es ist V also eine Teilmenge von $\mathbb{K}^M$, dem Vektorraum aller Abbildungen von M nach $\mathbb{K}$ (Seite 195). Wir zeigen:
(a) V ist ein $\mathbb{K}$-Vektorraum.
(b) Für jedes $y \in M$ betrachten wir die Abbildung $\delta_y : M \to \mathbb{K}$ mit

$$\delta_y(x) = \begin{cases} 1, & \text{falls } x = y, \\ 0, & \text{sonst} \end{cases}$$

und zeigen, dass $B = \{\delta_y \mid y \in M\}$ eine Basis von V ist.

Es gilt demzufolge $\dim V = |B| = |M|$.

Problemanalyse und Strategie: Für den Teil (a) zeigen wir, dass V ein Untervektorraum von $\mathbb{K}^M$ ist. Bei Teil (b) müssen wir beachten, dass die Menge B durchaus unendlich sein kann. Somit ist es hier notwendig, die lineare Unabhängigkeit von B dadurch zu beweisen, dass man die lineare Unabhängigkeit jeder endlichen Teilmenge von B beweist.

Lösung:

(a) Es ist V eine nichtleere Teilmenge des Vektorraums $\mathbb{K}^M$, da die Nullabbildung in V enthalten ist. Denn diese nimmt für kein $x \in M$ und damit für endlich viele $x \in M$ einen von null verschiedenen Wert an. Sind f und g zwei Abbildungen aus V, d. h., f und g nehmen nur an endlich vielen *Stellen* einen von null verschiedenen Wert an, so auch deren Summe $f + g : x \mapsto f(x) + g(x)$. Für jedes $\lambda \in \mathbb{K}$ und $f \in V$ hat auch die Abbildung $\lambda f : x \mapsto \lambda f(x)$ die Eigenschaft, nur endlich viele von null verschiedene Werte anzunehmen. Damit ist begründet, dass V ein Untervektorraum von $\mathbb{K}^M$, also ein $\mathbb{K}$-Vektorraum ist.

(b) Die Menge B ist linear unabhängig: Wir wählen eine endliche Teilmenge $E \subseteq B$, etwa $E = \{\delta_{y_1}, \ldots, \delta_{y_n}\}$ für verschiedene $y_1, \ldots, y_n \in M$. Für $\lambda_1, \ldots, \lambda_n \in K$ gelte

$$(*) \quad \sum_{i=1}^{n} \lambda_i \delta_{y_i} = \mathbf{0},$$

d. h., für alle $x \in M$ gilt $\sum_{i=1}^{n} \lambda_i \delta_{y_i}(x) = 0$.

Setzt man nun in $(*)$ nacheinander (die verschiedenen) $y_1, y_2, \ldots, y_n$ ein, so erhält man nacheinander $\lambda_1 = 0$, $\lambda_2 = 0, \ldots, \lambda_n = 0$. Damit ist die lineare Unabhängigkeit von B gezeigt.

Die Menge B ist ein Erzeugendensystem von V: Gegeben ist ein $f \in V$. Dann gibt es endlich viele verschiedene $x_1, \ldots, x_n \in M$ mit

$$f(x_1) \neq 0, \ldots, f(x_n) \neq 0 \text{ und}$$
$$f(x) = 0 \ \forall x \in M \setminus \{x_1, \ldots, x_n\}.$$

Nun setzen wir $\lambda_1 = f(x_1), \ldots, \lambda_n = f(x_n)$ und zeigen die Gleichheit

$$f = \lambda_1 \delta_{x_1} + \ldots + \lambda_n \delta_{x_n}.$$

Für jedes $x \in M \setminus \{x_1, \ldots, x_n\}$ gilt:

$$\begin{aligned} 0 = f(x) &= (\lambda_1 \delta_{x_1} + \cdots + \lambda_n \delta_{x_n})(x) \\ &= \lambda_1 \delta_{x_1}(x) + \cdots + \lambda_n \delta_{x_n}(x) \\ &= 0 + \cdots + 0 = 0. \end{aligned}$$

Und für jedes $x_i \in \{x_1, \ldots, x_n\}$ gilt:

$$\begin{aligned} \lambda_i = f(x_i) &= (\lambda_1 \delta_{x_1} + \cdots + \lambda_n \delta_{x_n})(x_i) \\ &= \lambda_1 \delta_{x_1}(x_i) + \cdots + \lambda_n \delta_{x_n}(x_i) = \lambda_i. \end{aligned}$$

Also stimmen die beiden Abbildungen f und $\lambda_1 \delta_{x_1} + \cdots + \lambda_n \delta_{x_n}$ für alle Werte aus M überein, d. h., sie sind gleich: $f = \lambda_1 \delta_{x_1} + \cdots + \lambda_n \delta_{x_n}$. Dies begründet, dass jedes beliebige f aus V eine Linearkombination von Elementen aus B ist, sodass B ein Erzeugendensystem von V liefert.

Insgesamt wurde gezeigt, dass B ein linear unabhängiges Erzeugendensystem von V, also eine Basis von V, ist.

Die Dimension des Vektorraums V ist die Mächtigkeit von B, und wegen $|B| = |M|$ haben wir somit einen Vektorraum der Dimension

$$\dim V = |M|.$$

Man beachte, dass die Dimension unabhängig vom Körper $\mathbb{K}$ ist, in dem die Werte der Abbildungen f liegen. Im Fall $M = \mathbb{R}$ haben wir ein Beispiel eines Vektorraums mit der Dimension $|\mathbb{R}|$, egal, welchen Körper $\mathbb{K}$ wir dazu wählen.

Insbesondere ist nun auch klar, dass die Untervektorräume der Dimension 1 bzw. 2 des $\mathbb{R}^3$ die Form $\mathbb{R}\,a$ mit $a \neq 0$ bzw. $\mathbb{R}\,a + \mathbb{R}\,b$ mit $a,\,b \neq 0$ und $\mathbb{R}\,a \neq \mathbb{R}\,b$, also mit linear unabhängigen Vektoren $a,\,b$, haben. Außer diesen und den trivialen Untervektorräumen $\{0\}$ und $\mathbb{R}^3$ existieren keine weiteren Untervektorräume im $\mathbb{R}^3$.

—————————— **?** ——————————

Welche reellen Zahlen bilden eine Basis des reellen Vektorraums $\mathbb{R}$?

Beispiel Wir betrachten den $\mathbb{K}$-Vektorraum $\mathbb{K}^{\mathbb{K}}$ aller Abbildungen von $\mathbb{K}$ nach $\mathbb{K}$. Für $i \in \mathbb{N}_0$ sei $p_i \in \mathbb{K}^{\mathbb{K}}$ die Polynomfunktion

$$p_i : \begin{cases} \mathbb{K} \to \mathbb{K}, \\ x \mapsto x^i. \end{cases}$$

Wir bestimmen jeweils die Dimension des von $\{p_0,\,p_1,\,p_2,\,p_3\}$ aufgespannten Untervektorraums von $\mathbb{K}^{\mathbb{K}}$ für die Fälle

$$\text{(a)}\ \mathbb{K} = \mathbb{Z}_2\,, \ \text{(b)}\ \mathbb{K} = \mathbb{Z}_3\,, \text{(c)}\ \mathbb{K} = \mathbb{Q}\,.$$

Es sei $U = \langle p_0,\,p_1,\,p_2,\,p_3\rangle$.

(a) $\mathbb{K} = \mathbb{Z}_2$: Wegen $p_1(\bar{0}) = p_2(\bar{0}) = p_3(\bar{0}) = \bar{0}$ und $p_1(\bar{1}) = p_2(\bar{1}) = p_3(\bar{1}) = \bar{1}$ gilt:

$$p_1 = p_2 = p_3,$$

und somit $\langle p_0,\,p_1\rangle = \langle p_0,\,p_1,\,p_2,\,p_3\rangle = U$.

Wir zeigen nun noch, dass $\{p_0,\,p_1\}$ linear unabhängig ist. Es seien $a_0,\,a_1 \in \mathbb{Z}_2$ mit $a_0\,p_0 + a_1\,p_1 = \mathbf{0} \in \mathbb{K}^{\mathbb{K}}$, also $a_0\,p_0(x) + a_1\,p_1(x) = \bar{0}$ für alle $x \in \mathbb{Z}_2$. Einsetzen von $x = \bar{0}$ liefert $a_0 = \bar{0}$ und dann Einsetzen von $x = \bar{1}$ auch $a_1 = \bar{0}$. Also ist $\{p_0,\,p_1\}$ linear unabhängig, also eine Basis von U, also $\dim(U) = 2$.

(b) $\mathbb{K} = \mathbb{Z}_3$: Analog zu $\mathbb{K} = \mathbb{Z}_2$ sieht man, dass $\{p_0,\,p_1,\,p_2\}$ eine Basis von U ist, also $\dim(U) = 3$.

(c) $\mathbb{K} = \mathbb{Q}$: Wir zeigen, dass $\{p_0,\,p_1,\,p_2,\,p_3\}$ linear unabhängig ist, sodass $\{p_0,\,p_1,\,p_2,\,p_3\}$ eine Basis von U ist.

Es seien $a_0,\,a_1,\,a_2,\,a_3 \in \mathbb{Q}$ mit

$$(\ast)\quad a_0\,p_0 + a_1\,p_1 + a_2\,p_2 + a_3\,p_3 = \mathbf{0} \in \mathbb{K}^{\mathbb{K}}$$

gegeben, d. h.

$$a_0\,p_0(x) + a_1\,p_1(x) + a_2\,p_2(x) + a_3\,p_3(x) = 0$$

für alle $x \in \mathbb{Q}$. Einsetzen von $x = 0$ liefert

$$a_0\,1 + a_1\,0 + a_2\,0 + a_3\,0 = 0\,,$$

sodass $a_0 = 0$ gilt. Wir setzen $a_0 = 0$ in $(\ast)$ ein und erhalten

$$a_1\,p_1(x) + a_2\,p_2(x) + a_3\,p_3(x) = 0$$

für alle $x \in \mathbb{Q}$. Nun setzen wir $x = 1$, $x = -1$ und $x = 2$ ein. Das liefert ein lineares Gleichungssystem für die a_1, a_2, a_3:

$$a_1\,1 + a_2\,1 + a_3\,1 = 0$$
$$a_1\,(-1) + a_2\,1 + a_3\,(-1) = 0$$
$$a_1\,2 + a_2\,4 + a_3\,8 = 0$$

Die Koeffizientenmatrix dieses homogenen linearen Gleichungssystems lautet

$$\begin{pmatrix} 1 & 1 & 1 \\ -1 & 1 & -1 \\ 2 & 4 & 8 \end{pmatrix}$$

Mit dem Gauß-Algorithmus sieht man, dass dieses System nur die Lösung $(0,\,0,\,0)$ besitzt. Also ist $\{p_0,\,p_1,\,p_2,\,p_3\}$ linear unabhängig, also eine Basis und somit $\dim(U) = 4$. ◀

6.5 Summe und Durchschnitt von Untervektorräumen

Durch Summen und Durchschnittbildung werden aus Untervektorräumen wieder Untervektorräume.

Die Summe von Untervektorräumen ist ein Untervektorraum

Für zwei Untervektorräume U und W eines $\mathbb{K}$-Vektorraums V definiert man

$$U + W = \{u + w \mid u \in U,\ w \in W\} \subseteq V$$

und nennt $U + W$ die **Summe** der Untervektorräume U und W.

Offenbar ist $U + W$ wieder ein Untervektorraum von V.

—————————— **?** ——————————

Wieso ist $U + W$ ein Untervektorraum?

Gilt sogar $V = U + W$, so sagt man, der $\mathbb{K}$-Vektorraum V ist die **Summe der Untervektorräume U und W**.

Wir betrachten Erzeugendensysteme M_U von U und M_W von W, d. h.,

$$U = \langle M_U\rangle \ \text{ und } \ W = \langle M_W\rangle\,.$$

Gegeben seien $u \in U$ und $w \in W$. Da $\langle M_U\rangle$ aus allen Linearkombinationen von Elementen aus M_U besteht, existieren $r \in \mathbb{N}_0$, $u_1,\ldots,u_r \in M_U$ und $\lambda_1,\ldots,\lambda_r \in \mathbb{K}$ mit

Beispiel: Bestimmung von Basen

Wir lösen beispielhaft zwei typische Problemstellungen.

(1) Gegeben ist ein endliches Erzeugendensystem E eines Vektorraums V. Man bestimme eine Basis $B \subseteq E$.

Beispiel: $V = \mathbb{R}^4$ und $E = \left\{ \begin{pmatrix} 1 \\ 1 \\ 0 \\ 0 \end{pmatrix}, \begin{pmatrix} 1 \\ 0 \\ 1 \\ 0 \end{pmatrix}, \begin{pmatrix} 1 \\ 0 \\ 0 \\ 1 \end{pmatrix}, \begin{pmatrix} 0 \\ 1 \\ 1 \\ 0 \end{pmatrix}, \begin{pmatrix} 0 \\ 1 \\ 0 \\ 1 \end{pmatrix}, \begin{pmatrix} 0 \\ 0 \\ 1 \\ 1 \end{pmatrix} \right\}$.

(2) Gegeben ist eine linear unabhängige Teilmenge E eines endlich erzeugten Vektorraums V. Man bestimme eine Basis $B \supseteq E$.

Beispiel: $V = \mathbb{R}^4$ und $E = \left\{ \begin{pmatrix} 1 \\ -2 \\ 3 \\ -4 \end{pmatrix}, \begin{pmatrix} 2 \\ -3 \\ 6 \\ -11 \end{pmatrix}, \begin{pmatrix} -1 \\ 3 \\ -2 \\ 6 \end{pmatrix} \right\}$.

Problemanalyse und Strategie: Bei (1) entferne man so lange Vektoren aus dem Erzeugendensystem E, bis ein linear unabhängiges Erzeugendensystem verbleibt.

Bei (2) füge man zu der linear unabhängigen Menge E so lange weitere, zu den Vektoren aus E linear unabhängige Elemente von V hinzu, bis ein linear unabhängiges Erzeugendensystem entsteht. Dabei muss man sich nach jedem Hinzufügen eines Vektors vergewissern, dass die dann größere Menge nach wie vor linear unabhängig ist.

Lösung:

(1) Dass E tatsächlich ein Erzeugendensystem ist, ergibt sich im Laufe der Rechnung. Wir benennen die sechs Vektoren aus E der Reihe nach mit $v_1, \ldots, v_6$. Durch Probieren (oder Lösen eines Gleichungssystems) erkennt man, dass

$$v_6 = v_3 + v_4 - v_1.$$

Also gilt $\langle v_1, \ldots, v_6 \rangle = \langle v_1, \ldots, v_5 \rangle$, sodass wir v_6 aus dem Erzeugendensystem entfernen können. Nun betrachten wir in dem Erzeugendensystem $E' = \{v_1, \ldots, v_5\}$ den Vektor v_5 und sehen, dass

$$v_5 = v_3 + v_4 - v_2.$$

Also gilt $\langle v_1, \ldots, v_5 \rangle = \langle v_1, \ldots, v_4 \rangle$, sodass wir v_5 aus dem Erzeugendensystem entfernen können. Es verbleibt nun das Erzeugendensystem $E'' = \{v_1, \ldots, v_4\}$. Weil sich keine weiteren Kombinationen zu ergeben scheinen, prüfen wir das System E'' auf lineare Unabhängigkeit. Es gelte $\lambda_1 v_1 + \cdots + \lambda_4 v_4 = \mathbf{0}$ für $\lambda_1, \ldots, \lambda_4 \in \mathbb{R}$. Dies führt zu dem linearen Gleichungssystem

$$\left(\begin{array}{cccc|c} 1 & 1 & 1 & 0 & 0 \\ 1 & 0 & 0 & 1 & 0 \\ 0 & 1 & 0 & 1 & 0 \\ 0 & 0 & 1 & 0 & 0 \end{array} \right)$$

dessen einzige Lösung offenbar $\lambda_1 = \cdots = \lambda_4 = 0$ ist. Also ist E'' linear unabhängig. Folglich ist $B = E'' \subseteq E$ eine Basis von V; insbesondere erzeugt E den $\mathbb{R}^4$.

(2) Dass E tatsächlich linear unabhängig ist, wird sich wieder im Laufe der Rechnung zeigen. Wir benennen die drei Vektoren aus E der Reihe nach mit v_1, v_2, v_3.

Aber mit welchem Vektor sollte man nun E ergänzen, um eine Basis zu erhalten? Man könnte es mit e_1 versuchen. Man muss aber dann nachprüfen, ob v_1, v_2, v_3, e_1 linear unabhängig sind. Falls dies nicht so sein sollte, so hätte man dann den Versuch mit einem anders gewählten Vektor zu wiederholen.

Wir schreiben die Vektoren v_1, v_2, v_3 als **Zeilen** einer Matrix und bringen die Matrix mittels elementarer Zeilenumformungen auf Zeilenstufenform:

$$\begin{pmatrix} 1 & -2 & 3 & -4 \\ 2 & -3 & 6 & -11 \\ -1 & 3 & -2 & 6 \end{pmatrix} \rightarrow$$

$$\rightarrow \begin{pmatrix} 1 & -2 & 3 & -4 \\ 0 & 1 & 0 & -3 \\ 0 & 1 & 1 & 2 \end{pmatrix} \rightarrow \begin{pmatrix} 1 & -2 & 3 & -4 \\ 0 & 1 & 0 & -3 \\ 0 & 0 & 1 & 5 \end{pmatrix}$$

Nun bezeichnen wir die Zeilen der letzten Matrix der Reihe nach mit w_1, w_2, w_3 und machen uns mit folgendem Sachverhalt vertraut:

Es gilt $\langle v_1, v_2, v_3 \rangle = \langle w_1, w_2, w_3 \rangle$.

Dies ist so, da w_1, w_2, w_3 Linearkombinationen von v_1, v_2, v_3 sind. Diese Vektoren entstanden ja durch Zeilenumformungen (d. h. Vektoraddition und skalare Multiplikation) der *Zeilen* v_1, v_2, v_3. Und somit gilt $\langle w_1, w_2, w_3 \rangle \subseteq \langle v_1, v_2, v_3 \rangle$. Aber ebenso sind v_1, v_2, v_3 Linearkombinationen von w_1, w_2, w_3, da diese Zeilenumformungen alle umkehrbar sind. Somit gilt auch $\langle v_1, v_2, v_3 \rangle \subseteq \langle w_1, w_2, w_3 \rangle$, schließlich also die Gleichheit dieser beiden Vektorräume.

Den Vektoren w_1, w_2, w_3 ist es nun leicht anzusehen, dass sie linear unabhängig sind – und somit sind dann auch v_1, v_2, v_3 linear unabhängig –, und es ist nun leicht, einen zu w_1, w_2, w_3 linear unabhängigen Vektor anzugeben. Man ergänze E mit dem Element e_4. Die obige Rechnung – beachte die letzte Matrix – begründet, dass v_1, v_2, v_3, e_4, linear unabhängig sind. Wegen $|E \cup \{e_4\}| = 4$ bildet somit $E \cup \{e_4\}$ eine Basis von V; ebenso natürlich auch $\{w_1, w_2, w_3, e_4\}$.

Hintergrund und Ausblick: Der Bauer-Code

Ein Kommunikationssystem lässt sich vereinfacht darstellen als

$$\boxed{\text{Nachrichtenquelle}} \xrightarrow{\text{Codierung}} \boxed{\text{Kanal}} \xrightarrow{\text{Decodierung}} \boxed{\text{Empfänger}}$$

Die Nachrichtenquelle gibt eine Folge von Bits 0 oder 1 in den Kanal ein. Der Kanal ist gestört, d. h. hin und wieder wird ein Bit als das entgegengesetzte Bit vom Kanal an den Empfänger weitergereicht. Um diese Störung zu bekämpfen, schalten wir vor bzw. hinter den Kanal einen Codierer bzw. Decodierer. Der Codierer fasst je k (zum Beispiel $k = 4$) von der Nachrichtenquelle ausgegebene Bits zu einem **Informationsblock** zusammen. Dann berechnet er in Abhängigkeit vom Informationsblock r (im Beispiel $r = 4$) Kontrollbits, fasst diese zu einem **Kontrollblock** zusammen und sendet das **Codewort**, das ist das Paar (Informationsblock, Kontrollblock), an den Kanal. Die Zuordnung Informationsblock $\to$ Codewort heißt **Codierung**. Der Kanal gibt nach Eingabe des Codewortes ein **Kanalwort** der Länge $k + r$ aus. Als Kanalwort kann prinzipiell jedes der 2^{k+r} möglichen Bit-Wörter der Länge $k + r$ auftreten (im Beispiel also jedes der 256 Bytes). Die Kanalstörungen können ja jedes Bit verfälschen; wir gehen aber davon aus, dass die Bit-Störungen selten und unabhängig voneinander auftreten. Der Decodierer versucht, aus der Kenntnis des Kanalwortes das ursprünglich gesendete Codewort zu rekonstruieren; die ersten k Bits des geschätzten Codewortes reicht der Decodierer als seine Mutmaßung des tatsächlich von der Nachrichtenquelle ausgegebenen Informationsblocks an den Empfänger weiter. Der Bauer-Code ist ein sogenannter 1-fehlerkorrigierender Code, d. h., ein geeigneter Decodierer kann die von höchstens einem Bit-Fehler betroffenen Codewörter richtig schätzen.

Ein (**binärer**) **linearer Code der Länge** n ist ein Untervektorraum C von $\mathbb{Z}_2^n$ mit $|C| \geq 2$, wobei $\mathbb{Z}_2 = \{0, 1\}$ der Körper mit 2 Elementen ist. Es sei nun C ein solcher linearer Code der Länge n. Für die Elemente $x = (x_1, \ldots, x_n) \in C$ schreiben wir kürzer $x = x_1 \ldots x_n$. Der **Hamming-Abstand** $d(x, y)$ zweier **Codewörter** x, $y \in C$ ist die Anzahl der Positionen, in denen sich x und y unterscheiden, d. h.

$$d(x, y) = |\{j \mid 1 \leq j \leq n \text{ und } x_j \neq y_j\}|.$$

Das **Hamming-Gewicht** $w(x)$ von $x \in C$ ist die Anzahl der Einsen in x, also $w(x) = d(x, 0)$, wobei $0 = 00\ldots0 \in \mathbb{Z}_2^n$ das **Nullwort** ist. Für jeden Code $C \subseteq \mathbb{Z}_2^n$ mit $|C| \geq 2$ heißen die Zahlen

$$d(C) = \min\{d(x, y) \mid x, y \in C, x \neq y\} \text{ bzw.}$$
$$w(C) = \min\{w(x) \mid x \in C, x \neq 0\}$$

der **Minimalabstand** bzw. das **Minimalgewicht**.

Für x, $y \in C$ ist stets auch $x + y \in C$, und $x + y \neq 0$ impliziert $x \neq -y = y$. Somit gilt $d(x, y) = |\{i \mid x_i \neq y_i\}| = |\{i \mid x_i + y_i \neq 0\}| = w(x + y)$ und schließlich

$$d(C) = \min\{d(x, y) \mid x, y \in C, x \neq y\}$$
$$= \min\{w(x + y) \mid x, y \in C, x \neq y\}$$
$$= \min\{w(z) \mid z \in C, z \neq 0\} = w(C).$$

Der **Bauer-Code** B besteht aus allen Elementen $x = x_1 x_2 x_3 x_4 x_5 x_6 x_7 x_8 \in \mathbb{Z}_2^8$, die der folgenden Bedingung genügen:

$$x_5 x_6 x_7 x_8 =$$
$$= \begin{cases} x_1 x_2 x_3 x_4, & \text{falls } w(x_1 x_2 x_3 x_4) \in 2\,\mathbb{N}_0, \\ x_1 x_2 x_3 x_4 + 1111, & \text{falls } w(x_1 x_2 x_3 x_4) \in 2\,\mathbb{N}_0 + 1. \end{cases}$$

Da $x_1 x_2 x_3 x_4 \in \mathbb{Z}_2^4$ beliebig gewählt werden kann, gilt $|B| = 16$, damit erhalten wir als Elemente von B:

00000000	10101010	10110100
10000111	10011001	11010010
01001011	01100110	11100001
00101101	01010101	11111111
00011110	00110011	
11001100	01111000	

Zum Beweis der Tatsache, dass B ein $\mathbb{Z}_2$-Vektorraum ist, nutzen wir aus, dass eine Teilmenge $C \subseteq \mathbb{Z}_2^n$ genau dann ein linearer Code ist, wenn $0 \in C$ und aus x, $y \in C$ stets $x + y \in C$ folgt.

Wir schreiben die Elemente aus B in der Form (a, a^*) mit $a \in \mathbb{Z}_2^4$ und

$$a^* = \begin{cases} a, & \text{falls } w(a) \in 2\,\mathbb{N}_0, \\ a + 1, & \text{falls } w(a) \notin 2\,\mathbb{N}_0, \end{cases}$$

wobei wir zur Abkürzung $1 = 11\ldots1$ geschrieben haben. Es gilt $(a, a^*) + (b, b^*) = (a + b, a^* + b^*)$. Das einzige Codewort, das hierfür in Frage kommt, ist $(a + b, (a + b)^*)$. Also ist B genau dann ein linearer Code, wenn $(a + b)^* = a^* + b^*$ für alle a, $b \in \mathbb{Z}_2^4$.

Unter Beachtung von $1 + 1 = 0$ in $\mathbb{Z}_2$ bestätigt man die Formel: $w(a + b) \in 2\,\mathbb{N}_0 \Leftrightarrow w(a) + w(b) \in 2\,\mathbb{N}_0$. Hiermit erhalten wir die Tabelle (für ein $c \in \mathbb{Z}_2^4$ schreiben wir $\widetilde{w(c)} = 0$ im Fall $w(c) \in 2\,\mathbb{N}_0$ und $\widetilde{w(c)} = 1$ im Fall $w(c) \in 2\,\mathbb{N}_0 + 1$):

$\widetilde{w(a)}$	$\widetilde{w(b)}$	$\widetilde{w(a + b)}$	a^*	b^*	$(a + b)^*$
0	0	0	a	b	$a + b$
1	0	1	$a + 1$	b	$a + b + 1$
0	1	1	a	$b + 1$	$a + b + 1$
1	1	0	$a + 1$	$b + 1$	$a + b$

Mit $1 + 1 = 0$ erhalten wir in allen Fällen $(a + b)^* = a^* + b^*$. Der Bauer-Code B ist also ein linearer Code. Damit können wir $d(B)$ bestimmen. Wir erhalten $d(B) = w(B) = 4$, denn außer $00\ldots0$, $11\ldots1$ haben ja alle Codewörter aus B das Hamming-Gewicht 4.

Beispiel: Die Anzahl der k-dimensionalen Untervektorräume von $\mathbb{Z}_p^n$

Gegeben seien $n \in \mathbb{N}_0$ sowie eine Primzahl $p \in \mathbb{N}$. Wir wollen die Anzahl der (verschiedenen) k-dimensionalen Untervektorräume von $\mathbb{Z}_p^n$ bestimmen.

Problemanalyse und Strategie: Wir bestimmen in einem ersten Schritt für $k \le n$ die Anzahl der linear unabhängigen k-Tupel $(a_1, \ldots, a_k)$. In einem zweiten Schritt überlegen wir uns, wie viele verschiedene solche Tupel den gleichen Vektorraum erzeugen.

Lösung:

Wir betrachten den $\mathbb{Z}_p$-Vektorraum $\mathbb{Z}_p^n$:

$$\mathbb{Z}_p^n = \left\{ \begin{pmatrix} a_1 \\ \vdots \\ a_n \end{pmatrix} \mid a_1, \ldots, a_n \in \mathbb{Z}_p \right\}.$$

Für jede Komponente hat man p Möglichkeiten, ein Element aus $\mathbb{Z}_p$ zu wählen, also enthält $\mathbb{Z}_p^n$ insgesamt p^n Elemente.

Der triviale Untervektorraum $\{\mathbf{0}\}$ ist der einzige Untervektorraum der Dimension 0.

Zur Anzahl der 1-dimensionalen Untervektorräume: Es gibt $p^n - 1$ Möglichkeiten, einen vom Nullvektor verschiedenen Vektor zu wählen, und jeder solche Vektor erzeugt einen 1-dimensionalen Untervektorraum. Nun sind aber diese Untervektorräume nicht alle verschieden, so gilt im $\mathbb{Z}_3^3$ etwa

$$\left\langle \begin{pmatrix} \overline{1} \\ \overline{1} \\ \overline{0} \end{pmatrix} \right\rangle = \left\langle \begin{pmatrix} \overline{2} \\ \overline{2} \\ \overline{0} \end{pmatrix} \right\rangle.$$

Wir überlegen uns, wie viele verschiedene Basen ein 1-dimensionaler Untervektorraum von $\mathbb{Z}_p^n$ haben kann. Ist U ein 1-dimensionaler Untervektorraum, so liefert jede Wahl eines vom Nullvektor verschiedenen Vektors aus U (das sind $p - 1$ Möglichkeiten) eine Basis für U. Also erzeugen je

$$p - 1 = |\mathbb{Z}_p \setminus \{0\}|$$

Elemente den gleichen Untervektorraum. Folglich gibt es genau

$$\frac{p^n - 1}{p - 1}$$

verschiedene 1-dimensionale Untervektorräume von $\mathbb{Z}_p^n$.

Zur Anzahl der 2-dimensionalen Untervektorräume: Es gibt $p^n - 1$ Möglichkeiten, einen vom Nullvektor verschiedenen Vektor a_1 zu wählen und $p^n - p$ Möglichkeiten, einen zum Vektor a_1 linear unabhängigen Vektor $a_2 \in \mathbb{Z}_p^n \setminus \langle a_1 \rangle$ zu wählen. Jedes solche Paar von Vektoren a_1 und a_2 erzeugt einen 2-dimensionalen Untervektorraum. Diese Untervektorräume sind aber nicht alle verschieden. So gilt im $\mathbb{Z}_3^3$ etwa

$$\left\langle \begin{pmatrix} \overline{1} \\ \overline{1} \\ \overline{0} \end{pmatrix}, \begin{pmatrix} \overline{0} \\ \overline{2} \\ \overline{0} \end{pmatrix} \right\rangle = \left\langle \begin{pmatrix} \overline{2} \\ \overline{2} \\ \overline{0} \end{pmatrix} \begin{pmatrix} \overline{0} \\ \overline{2} \\ \overline{0} \end{pmatrix} \right\rangle.$$

Wir überlegen uns, wie viele verschiedene Basen ein 2-dimensionaler Untervektorraum von $\mathbb{Z}_p^n$ haben kann. Jede Wahl eines vom Nullvektor verschiedenen Vektors b_1 (das sind $p^2 - 1$ Möglichkeiten) und eines von b_1 linear unabhängigen Vektors aus $U \setminus \langle b_1 \rangle$ (das sind $p^2 - p$ Möglichkeiten) liefert eine Basis von U: Es gibt also $(p^2 - 1)\,(p^2 - p)$ verschiedene Basen in U. Folglich gibt es genau

$$\frac{(p^n - 1)\,(p^n - p)}{(p^2 - 1)\,(p^2 - p)}$$

verschiedene 2-dimensionale Untervektorräume von $\mathbb{Z}_p^n$.

Die Überlegungen wiederholen sich für die 3-dimensionalen Untervektorräume. Und allgemein erhalten wir für die Anzahl der k-dimensionalen Untervektorräume von $\mathbb{Z}_p^n$ die Formel: Es gibt genau

$$\prod_{j=0}^{k-1} \frac{p^n - p^j}{p^k - p^j} = \frac{(p^n - 1)(p^n - p) \cdots (p^n - p^{k-1})}{(p^k - 1)(p^k - p) \cdots (p^k - p^{k-1})}$$

k-dimensionale Untervektorräume von $\mathbb{Z}_p^n$.

Als Beispiel bestimmen wir alle Untervektorräume von $\mathbb{Z}_2^3$:

Es ist $\{\mathbf{0}\}$ der einzige Untervektorraum von $\mathbb{Z}_2^3$ der Dimension 0.

Die $\frac{2^3 - 1}{2 - 1} = 7$ verschiedenen 1-dimensionalen Untervektorräume von $\mathbb{Z}_2^3$ sind

$$\left\langle \begin{pmatrix} \overline{1} \\ \overline{0} \\ \overline{0} \end{pmatrix} \right\rangle, \left\langle \begin{pmatrix} \overline{0} \\ \overline{1} \\ \overline{0} \end{pmatrix} \right\rangle, \left\langle \begin{pmatrix} \overline{0} \\ \overline{0} \\ \overline{1} \end{pmatrix} \right\rangle, \left\langle \begin{pmatrix} \overline{1} \\ \overline{1} \\ \overline{0} \end{pmatrix} \right\rangle, \left\langle \begin{pmatrix} \overline{1} \\ \overline{0} \\ \overline{1} \end{pmatrix} \right\rangle, \left\langle \begin{pmatrix} \overline{0} \\ \overline{1} \\ \overline{1} \end{pmatrix} \right\rangle, \left\langle \begin{pmatrix} \overline{1} \\ \overline{1} \\ \overline{1} \end{pmatrix} \right\rangle.$$

Die $\frac{(2^3 - 1)\,(2^3 - 2)}{(2^2 - 1)\,(2^2 - 2)} = 7$ verschiedenen 2-dimensionalen Untervektorräume von $\mathbb{Z}_2^3$ sind

$$\left\langle \begin{pmatrix} \overline{1} \\ \overline{0} \\ \overline{0} \end{pmatrix}, \begin{pmatrix} \overline{0} \\ \overline{1} \\ \overline{0} \end{pmatrix} \right\rangle, \left\langle \begin{pmatrix} \overline{1} \\ \overline{0} \\ \overline{0} \end{pmatrix}, \begin{pmatrix} \overline{0} \\ \overline{0} \\ \overline{1} \end{pmatrix} \right\rangle, \left\langle \begin{pmatrix} \overline{0} \\ \overline{1} \\ \overline{0} \end{pmatrix}, \begin{pmatrix} \overline{0} \\ \overline{0} \\ \overline{1} \end{pmatrix} \right\rangle,$$

$$\left\langle \begin{pmatrix} \overline{1} \\ \overline{0} \\ \overline{0} \end{pmatrix}, \begin{pmatrix} \overline{0} \\ \overline{1} \\ \overline{1} \end{pmatrix} \right\rangle, \left\langle \begin{pmatrix} \overline{0} \\ \overline{1} \\ \overline{0} \end{pmatrix}, \begin{pmatrix} \overline{1} \\ \overline{0} \\ \overline{1} \end{pmatrix} \right\rangle, \left\langle \begin{pmatrix} \overline{0} \\ \overline{0} \\ \overline{1} \end{pmatrix}, \begin{pmatrix} \overline{1} \\ \overline{1} \\ \overline{0} \end{pmatrix} \right\rangle,$$

$$\left\langle \begin{pmatrix} \overline{1} \\ \overline{1} \\ \overline{0} \end{pmatrix}, \begin{pmatrix} \overline{0} \\ \overline{1} \\ \overline{1} \end{pmatrix} \right\rangle.$$

Und schließlich ist $\mathbb{Z}_2^3$ der einzige dreidimensionale Untervektorraum von $\mathbb{Z}_2^3$.

Kommentar: Im Kapitel 12 werden wir zeigen, dass je zwei k-dimensionale Vektorräume über ein und demselben Körper *isomorph* sind, d. h., sie unterscheiden sich nur in der Bezeichnung der Elemente.

Beispiel: Magische Quadrate II

Für $c \in \mathbb{R}$ sei M_c wie in dem Beispiel auf Seite 199 die Menge aller magischen Quadrate $A = \begin{pmatrix} x_{11} & x_{12} & x_{13} \\ x_{21} & x_{22} & x_{23} \\ x_{31} & x_{32} & x_{33} \end{pmatrix} \in \mathbb{R}^{3\times 3}$ mit der Eigenschaft, dass alle Zeilen-, Spalten- und Diagonalsummen von A gleich c sind. Und es sei $M = \bigcup_{c\in\mathbb{R}} M_c$ die Menge der magischen 3×3-Quadrate. Wir wollen alle möglichen magischen Quadrate zu einer vorgegebenen Zahl $c \in \mathbb{R}$ bestimmen und schließlich eine Basis des Untervektorraums M von $\mathbb{R}^{3\times 3}$ angeben.

Problemanalyse und Strategie: Dazu begründen wir, dass ein magisches Quadrat mit der magischen Zahl c durch seine erste Zeile festgelegt ist.

Lösung:
Wir geben uns eine reelle Zahl c vor, und es sei

$$A = \begin{pmatrix} x_{11} & x_{12} & x_{13} \\ x_{21} & x_{22} & x_{23} \\ x_{31} & x_{32} & x_{33} \end{pmatrix} \in M_c \,.$$

Für $i = 1, 2, 3$ sei Z_i die Summe der i-ten Zeile und S_i die Summe der i-ten Spalte von A. Es seien ferner $D_1 := x_{11} + x_{22} + x_{33}$ und $D_2 := x_{13} + x_{22} + x_{31}$ die Diagonalsummen von A. Dann ist

$$D_1 + D_2 + Z_2 + S_2 = Z_1 + Z_2 + Z_3 + 3x_{22},$$

also $4c = 3c + 3x_{22}$ und somit $c = 3x_{22}$. Damit haben wir $x_{22} = c/3$ bestimmt. Für $c = 0$ gilt also etwa $x_{22} = 0$. Nun überlegen wir uns, dass das magische Quadrat A durch die erste Zeile, d. h. durch die Zerlegung von c in die Summe $c = x_{11} + x_{12} + x_{13}$ bereits eindeutig festgelegt ist. Die erste Zeile von $A \in M_c$ sei (x_{11}, x_{12}, x_{13}). Dann folgt

$$A = \begin{pmatrix} x_{11} & x_{12} & x_{13} \\ \frac{c}{3} - x_{11} + x_{13} & \frac{c}{3} & \frac{c}{3} + x_{11} - x_{13} \\ \frac{2}{3}c - x_{13} & \frac{2}{3}c - x_{12} & \frac{2}{3}c - x_{11} \end{pmatrix}$$

Der Eintrag an der Stelle $(2, 2)$ ergibt sich unmittelbar aus obigem; die Einträge in der letzten Zeile ergeben sich dann aus den Bedingungen $D_1 = c$, $D_2 = c$ und $S_2 = c$; weiter ergeben sich die beiden noch fehlenden Einträge in der mittleren Zeile von A aus den Bedingungen $S_1 = c$ und $S_3 = c$.

Nun können wir wegen $c = x_{11} + x_{12} + x_{13}$ einfach eine Basis von M angeben, da jedes magische Quadrat durch seine erste Zeile eindeutig bestimmt ist: Es ist $\{A_1, A_2, A_3\}$ mit

$$A_1 = \begin{pmatrix} 1 & 0 & 0 \\ \frac{-2}{3} & \frac{1}{3} & \frac{4}{3} \\ \frac{2}{3} & \frac{2}{3} & \frac{-1}{3} \end{pmatrix},$$

$$A_2 = \begin{pmatrix} 0 & 1 & 0 \\ \frac{1}{3} & \frac{1}{3} & \frac{1}{3} \\ \frac{2}{3} & \frac{-1}{3} & \frac{2}{3} \end{pmatrix},$$

$$A_3 = \begin{pmatrix} 0 & 0 & 1 \\ \frac{4}{3} & \frac{1}{3} & \frac{-2}{3} \\ \frac{-1}{3} & \frac{2}{3} & \frac{2}{3} \end{pmatrix}$$

eine Basis von M: Jedes magische Quadrat ist eine Linearkombination der magischen Quadrate A_1, A_2, A_3, und offenbar sind A_1, A_2, A_3 linear unabhängig.

Man wähle also zu einer vorgegebenen Zahl $c \in \mathbb{R}$ eine Zerlegung in eine Summe der drei Zahlen x_{11}, x_{12}, x_{13}, also $c = x_{11} + x_{12} + x_{13}$, und setze

$$A = x_{11}\,A_1 + x_{12}\,A_2 + x_{13}\,A_3.$$

Es ist dann A ein magisches Quadrat mit der magischen Zahl c, d. h., die restlichen Einträge der Matrix $A = (a_{ij})$ stimmen dann automatisch. Es ist etwa $a_{33} = -1/3\,x_{11} + 2/3\,x_{12} + 2/3\,x_{13}$, also wegen $c = x_{11} + x_{12} + x_{13}$ weiter $a_{33} = -1/3\,x_{11} + 2/3\,(c - x_{11}) = 2/3\,c - x_{11}$. Wir wollen die Basis noch etwas *verschönern*. Durch Probieren findet man

$$B_1 = A_1 - A_2 = \begin{pmatrix} 1 & -1 & 0 \\ -1 & 0 & 1 \\ 0 & 1 & -1 \end{pmatrix}$$

$$B_2 = A_2 - A_3 = \begin{pmatrix} 0 & 1 & -1 \\ -1 & 0 & 1 \\ 1 & -1 & 0 \end{pmatrix}$$

$$B_3 = A_1 + A_2 + A_3 = \begin{pmatrix} 1 & 1 & 1 \\ 1 & 1 & 1 \\ 1 & 1 & 1 \end{pmatrix}$$

Die magischen Quadrate B_1, B_2, B_3 haben nun eine schöne Gestalt. Nun müssen wir uns aber natürlich noch davon überzeugen, dass sie eine Basis bilden. Es ist nämlich keineswegs so, dass beliebige drei Linearkombinationen dreier Basisvektoren wieder drei Basisvektoren bilden. So folgt etwa schon bei nur zwei Basisvektoren a_1 und a_2 aus $b_1 = a_1 + a_2$ und $b_2 = 2\,a_1 + 2\,a_2$ die Gleichung $2b_1 = b_2$.

Wir müssen uns aber nur davon überzeugen, dass B_1, B_2, B_3 linear unabhängig sind. Wir machen den üblichen Ansatz. Für λ_1, λ_2, $\lambda_3 \in \mathbb{R}$ gelte

$$\lambda_1\,B_1 + \lambda_2\,B_2 + \lambda_3\,B_3 = \mathbf{0} \in \mathbb{R}^{3\times 3}\,.$$

Aus dem Eintrag an der Stelle $(2, 2)$ folgt $\lambda_3 = 0$. Nun betrachten wir die Stelle $(1, 1)$. Es ist dann auch $\lambda_1 = 0$. Und schließlich folgt aus dem Eintrag an der Stelle $(1, 3)$ in der letzten Zeile $\lambda_2 = 0$. Damit ist gezeigt, dass B_1, B_2, B_3 linear unabhängig sind. Es ist also $\{B_1, B_2, B_3\}$ eine Basis von M. Wir merken noch an, dass M ein 3-dimensionaler Untervektorraum des 9-dimensionalen $\mathbb{R}$-Vektorraums $\mathbb{R}^{3\times 3}$ ist.

$u = \sum_{i=1}^{r} \lambda_i\, u_i$. Ebenso ist $w = \sum_{i=1}^{s} \mu_i\, w_i$ mit einem $s \in \mathbb{N}_0$, $w_i \in M_W$ und $\mu_i \in \mathbb{K}$ für $1 \leq i \leq s$. Folglich ist

$$u + w = \sum_{i=1}^{r} \lambda_i\, u_i + \sum_{i=1}^{s} \mu_i\, w_i$$

eine Linearkombination von $u_1, \ldots, u_r$, $w_1, \ldots, w_s \in M_U \cup M_W$. Es gilt also $U + W \subseteq \langle M_U \cup M_W \rangle$.

Nun sei umgekehrt $v = \sum_{i=1}^{t} \lambda_i\, v_i$ eine Linearkombination von Elementen $v_i \in M_U \cup M_W$. Wir setzen

$$I = \{ i \in \{1, 2, \ldots, t\} \mid v_i \in M_U \} \text{ und } J = \{1, 2, \ldots, t\} \backslash I\,.$$

Für $i \in J$ gilt $v_i \notin M_U$, d. h. $v_i \in M_W$. Folglich ist

$$v = \sum_{i=1}^{t} \lambda_i\, v_i = \underbrace{\sum_{i \in I} \lambda_i\, v_i}_{\in \langle M_U \rangle} + \underbrace{\sum_{i \in J} \lambda_i\, v_i}_{\in \langle M_W \rangle} \in U + W\,.$$

Damit ist gezeigt:

Lemma

Sind $U_1, \ldots, U_n$ Untervektorräume eines $\mathbb{K}$-Vektorraums V mit den Erzeugendensystemen $M_{U_1}, \ldots, M_{U_n}$, so gilt

$$U_1 + \cdots + U_n = \{ u_1 + \cdots + u_n \mid u_1 \in U_1, \ldots, u_n \in U_n \}$$
$$= \langle M_{U_1} \cup \cdots \cup M_{U_n} \rangle\,.$$

Insbesondere ist die Summe $U_1 + \cdots + U_n$ ein Untervektorraum von V.

?

Wenn M_U und M_W sogar Basen von U und W sind, ist dann $M_U \cup M_W$ eine Basis von $U + W$?

Beispiel Wir bestimmen jeweils eine Basis von U, W und $U + W$ für

$$U = \mathbb{R} \begin{pmatrix} 1 \\ -1 \\ 0 \\ 0 \\ 0 \end{pmatrix} + \mathbb{R} \begin{pmatrix} 0 \\ 1 \\ -1 \\ 0 \\ 0 \end{pmatrix} + \mathbb{R} \begin{pmatrix} 1 \\ 1 \\ 0 \\ 0 \\ -2 \end{pmatrix} \text{ und}$$

$$W = \mathbb{R} \begin{pmatrix} 2 \\ 1 \\ -1 \\ -2 \\ 0 \end{pmatrix} + \mathbb{R} \begin{pmatrix} -2 \\ 1 \\ 3 \\ 6 \\ -8 \end{pmatrix} + \mathbb{R} \begin{pmatrix} 1 \\ -1 \\ -2 \\ -4 \\ 6 \end{pmatrix}\,.$$

Wir bezeichnen die angegebenen Vektoren aus U der Reihe nach mit u_1, u_2, u_3 und jene aus W mit w_1, w_2, w_3.

Die Schreibweise $U = \mathbb{R}\, u_1 + \mathbb{R}\, u_2 + \mathbb{R}\, u_3$ bedeutet nichts anderes als $U = \langle u_1, u_2, u_3 \rangle$. Wir zeigen, dass u_1, u_2, u_3 linear unabhängig sind. Die Gleichung $\lambda_1 v_1 + \lambda_2 v_2 + \lambda_3 v_3 =$

0 mit λ_1, λ_2, $\lambda_3 \in \mathbb{R}$ führt zu einem linearen Gleichungssystem mit der erweiterten Koeffizientenmatrix

$$\begin{pmatrix} 1 & 0 & 1 & | & 0 \\ -1 & 1 & 1 & | & 0 \\ 0 & -1 & 0 & | & 0 \\ 0 & 0 & 0 & | & 0 \\ 0 & 0 & -2 & | & 0 \end{pmatrix},$$

dessen einzige Lösung offenbar $(0, 0, 0)$ ist. Demnach ist $\{ u_1, u_2, u_3 \}$ ein linear unabhängiges Erzeugendensystem, also eine Basis von U.

Nun untersuchen wir die Vektoren w_1, w_2, w_3 auf lineare Unabhängigkeit. Offenbar sind w_1, w_2 linear unabhängig, denn aus $\lambda_1 w_1 + \lambda_2 w_2 = 0$ mit z. B. $\lambda_2 \neq 0$ folgt $w_2 = (-\lambda_1/\lambda_2)\, w_1$, d. h., w_2 wäre skalares Vielfaches von w_1, was offensichtlich nicht der Fall ist. Wir müssen dann prüfen, ob $w_3 \in \langle w_1, w_2 \rangle$, d. h. $w_3 = \lambda_1 w_1 + \lambda_2 w_2$ lösbar ist. Ausgeschrieben liefert dies das lineare Gleichungssystem mit der erweiterten Koeffizientenmatrix

$$\begin{pmatrix} 2 & -2 & | & 1 \\ 1 & 1 & | & -1 \\ -1 & 3 & | & -2 \\ -2 & 6 & | & -4 \\ 0 & -8 & | & 6 \end{pmatrix}$$

Dieses Gleichungssystem ist lösbar mit Lösung $\lambda_1 = -1/4$, $\lambda_2 = -3/4$. Es folgt $W = \langle w_1, w_2 \rangle$, und $\{ w_1, w_2 \}$ ist als linear unabhängiges Erzeugendensystem eine Basis von W.

Nun wissen wir, dass $U + W = \langle u_1, u_2, u_3, w_1, w_2 \rangle$. Der Vektor w_1 kann nicht Linearkombination von u_1, u_2, u_3 sein – man beachte die vierten Komponenten. Also sind u_1, u_2, u_3, w_1 linear unabhängig. Wegen $w_2 = 4\, u_3 - 3\, w_1$ gilt $U + W = \langle u_1, u_2, u_3, w_1 \rangle$, d. h., $\{ u_1, u_2, u_3, w_1 \}$ ist eine Basis von $U + W$. ◄

Durchschnitte von Untervektorräumen sind wieder Untervektorräume

Für zwei Untervektorräume U und W eines $\mathbb{K}$-Vektorraums V ist $U \cap W$ wieder ein Untervektorraum von V. Der Nachweis ist sehr einfach: Weil der Nullvektor sowohl in U als auch in W liegt, ist $U \cap W$ nichtleer. Weiterhin ist mit jedem $\lambda \in \mathbb{K}$ und $v \in U \cap W$ auch λv ein Element aus U und zugleich ein Element aus W, also wieder ein Element aus $U \cap W$. Und mit zwei Elementen v und v' aus $U \cap W$ liegt auch deren Summe sowohl in U als auch in W, also wieder in deren Durchschnitt. Diesen Nachweis kann man leicht auf einen beliebigen nichtleeren Durchschnitt verallgemeinern:

Lemma

Ist M eine nichtleere Menge von Untervektorräumen eines $\mathbb{K}$-Vektorraums V, so ist

$$U_0 = \bigcap_{U \in M} U$$

wieder ein Untervektorraum von V.

Achtung: Ist M_U ein Erzeugendensystem von U und M_W eines von W, so gilt im Allgemeinen

$$U \cap W = \langle M_U \rangle \cap \langle M_W \rangle \neq \langle M_U \cap M_W \rangle \,.$$

Man wähle etwa $M_U = \{1\}$ und $M_W = \{2\}$ im eindimensionalen $\mathbb{R}$-Vektorraum $\mathbb{R}$.

Beispiel Im $\mathbb{R}$-Vektorraum $V = \mathbb{R}^3$ seien zwei Untervektorräume U und W gegeben durch

$$U = \left\langle \begin{pmatrix} 1 \\ 0 \\ 1 \end{pmatrix}, \begin{pmatrix} 0 \\ 1 \\ -1 \end{pmatrix} \right\rangle \quad \text{und} \quad W = \left\langle \begin{pmatrix} 1 \\ 0 \\ -1 \end{pmatrix}, \begin{pmatrix} 0 \\ 1 \\ 1 \end{pmatrix} \right\rangle \,.$$

Wir bestimmen $U \cap W$.

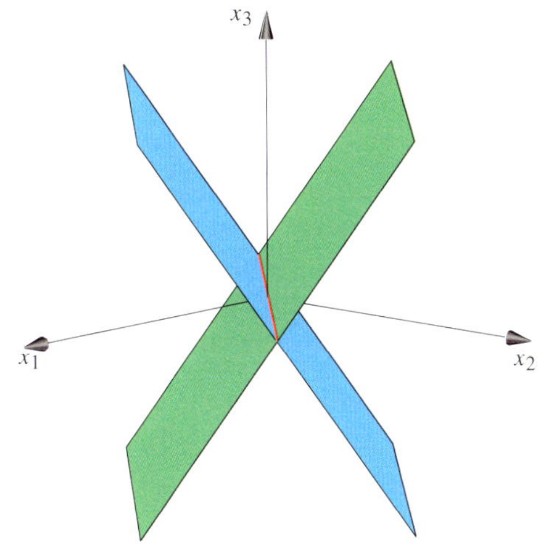

Abbildung 6.9 Der Schnitt der beiden Untervektorräume U und W ist eine Gerade.

Für $\boldsymbol{v} = \lambda_1 \begin{pmatrix} 1 \\ 0 \\ 1 \end{pmatrix} + \lambda_2 \begin{pmatrix} 0 \\ 1 \\ -1 \end{pmatrix}$ mit $\lambda_1, \lambda_2 \in \mathbb{R}$ gilt $\boldsymbol{v} \in U \cap W$ genau dann, wenn es $\mu_1, \mu_2 \in \mathbb{R}$ gibt, sodass

$$\lambda_1 \begin{pmatrix} 1 \\ 0 \\ 1 \end{pmatrix} + \lambda_2 \begin{pmatrix} 0 \\ 1 \\ -1 \end{pmatrix} = \mu_1 \begin{pmatrix} 1 \\ 0 \\ -1 \end{pmatrix} + \mu_2 \begin{pmatrix} 0 \\ 1 \\ 1 \end{pmatrix}$$

gilt. Wir bestimmen daher die Lösungsmenge L des homogenen linearen Gleichungssystems über $\mathbb{R}$ mit der folgenden erweiterten Koeffizientenmatrix:

$$\left(\begin{array}{cccc|c} 1 & 0 & -1 & 0 & 0 \\ 0 & 1 & 0 & -1 & 0 \\ 1 & -1 & 1 & -1 & 0 \end{array} \right)$$

Mittels elementarer Zeilenumformungen wird diese Matrix überführt in

$$\left(\begin{array}{cccc|c} 1 & 0 & 0 & -1 & 0 \\ 0 & 1 & 0 & -1 & 0 \\ 0 & 0 & 1 & -1 & 0 \end{array} \right)$$

Also gilt $L = \{(\lambda, \lambda, \lambda, \lambda) \mid \lambda \in \mathbb{R}\}$ und somit

$$U \cap W = \left\{ \lambda \begin{pmatrix} 1 \\ 0 \\ 1 \end{pmatrix} + \lambda \begin{pmatrix} 0 \\ 1 \\ -1 \end{pmatrix} \mid \lambda \in \mathbb{R} \right\}$$

$$= \left\{ \lambda \begin{pmatrix} 1 \\ 1 \\ 0 \end{pmatrix} \mid \lambda \in \mathbb{R} \right\} \,;$$

also

$$U \cap W = \left\langle \begin{pmatrix} 1 \\ 1 \\ 0 \end{pmatrix} \right\rangle \,. \qquad \blacktriangleleft$$

Achtung: Die Vereinigung von Untervektorräumen ist im Allgemeinen kein Untervektorraum. Als Beispiel wähle man etwa zwei verschiedene eindimensionale Untervektorräume des $\mathbb{R}^2$ (siehe Abb. 6.10).

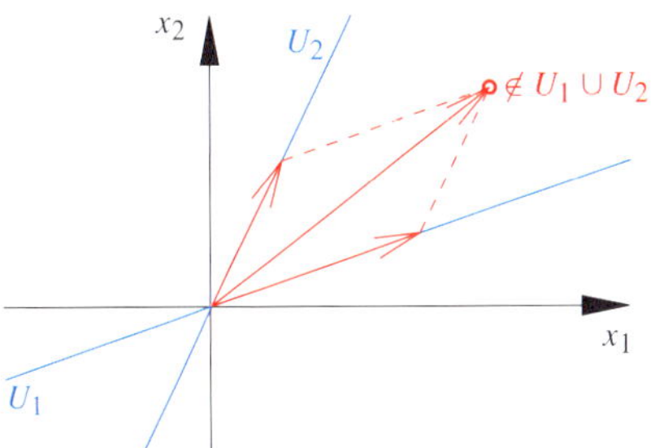

Abbildung 6.10 Die Summe der zwei Vektoren aus $U_1 \cup U_2$ ist nicht Element von $U_1 \cup U_2$, also ist $U_1 \cup U_2$ kein Vektorraum.

Man beachte auch den Unterschied zwischen der Summe und der Vereinigung von Untervektorräumen.

Die Summe der Dimensionen von U und W ist gleich der Summe der Dimensionen von $U \cap W$ und $U + W$

Die Summe $U + W$ von Untervektorräumen U und W eines $\mathbb{K}$-Vektorraums V ist erneut ein Untervektorraum von V. Doch welche Dimension hat der Vektorraum $U + W$? Die naheliegende Formel $\dim(U + W) = \dim U + \dim W$ ist falsch, wie das Beispiel $U = W = \langle \boldsymbol{e}_1 \rangle \subseteq \mathbb{R}^2$ zeigt, hier gilt:

$$\dim U + \dim W = 2 \neq 1 = \dim(U + W) \,.$$

Korrekt hingegen ist die folgende *Dimensionsformel*:

Die Dimensionsformel für Untervektorräume

Sind U und W endlichdimensionale Untervektorräume des $\mathbb{K}$-Vektorraums V, so gilt:

$$\dim(U \cap W) + \dim(U + W) = \dim U + \dim W \,.$$

Man beachte die Ähnlichkeit zu der folgenden Formel aus der elementaren Mengenlehre (siehe Seite 40):

$$|A \cap B| + |A \cup B| = |A| + |B|.$$

Beweis: Es sei $B = \{b_1, \ldots, b_r\}$ eine Basis des Vektorraums $U \cap W \subseteq U, W$. Wir ergänzen B zu einer Basis B_U von U und zu einer Basis B_W von W,

$$B_U = \{b_1, \ldots, b_r, u_1, \ldots, u_s\},$$
$$B_W = \{b_1, \ldots, b_r, w_1, \ldots, w_t\}.$$

Nun begründen wir, warum

$$B_U \cup B_W = \{b_1, \ldots, b_r, u_1, \ldots, u_s, w_1, \ldots, w_t\}$$

eine Basis von $U + W$ ist.

(i) $B_U \cup B_W$ erzeugt $U + W$, da nach dem Lemma auf Seite 216 gilt:

$$\langle B_U \cup B_W \rangle = U + W.$$

(ii) $B_U \cup B_W$ ist linear unabhängig: Sind $\lambda_1, \ldots, \lambda_r$, $\mu_1, \ldots, \mu_s$ und $\nu_1, \ldots, \nu_t$ aus $\mathbb{K}$ gegeben, und gilt

$$(*) \quad \sum_{i=1}^{r} \lambda_i\, b_i + \sum_{i=1}^{s} \mu_i\, u_i + \sum_{i=1}^{t} \nu_i\, w_i = 0,$$

so erhalten wir:

$$\sum_{i=1}^{r} \lambda_i\, b_i + \sum_{i=1}^{s} \mu_i\, u_i = -\sum_{i=1}^{t} \nu_i\, w_i.$$

Der Vektor links vom Gleichheitszeichen liegt in U, der Vektor rechts davon in W, sodass

$$\sum_{i=1}^{r} \lambda_i\, b_i + \sum_{i=1}^{s} \mu_i\, u_i \in U \cap W = \langle B \rangle.$$

Es folgt $\mu_1 = \cdots \mu_s = 0$. Da B_W linear unabhängig ist, erhalten wir nun aus $(*)$ weiterhin

$$\lambda_1 = \cdots \lambda_r = 0 = \nu_1 = \cdots \nu_t.$$

Wegen

$$|B| + |B_U \cup B_W| = |B_U| + |B_W|$$

gilt die Dimensionsformel. $\blacksquare$

Beispiel Wir betrachten erneut das Beispiel von Seite 217: Für die Untervektorräume

$$U = \left\langle \begin{pmatrix} 1 \\ 0 \\ 1 \end{pmatrix}, \begin{pmatrix} 0 \\ 1 \\ -1 \end{pmatrix} \right\rangle \quad \text{und} \quad W = \left\langle \begin{pmatrix} 1 \\ 0 \\ -1 \end{pmatrix}, \begin{pmatrix} 0 \\ 1 \\ 1 \end{pmatrix} \right\rangle$$

gilt $\dim U = 2$ und $\dim W = 2$. Wegen $U \cap W = \langle e_1 + e_2 \rangle$ gilt $\dim(U \cap W) = 1$. Mit der Dimensionsformel für Untervektorräume folgt nun

$$\dim(U + W) = \dim U + \dim W - \dim(U \cap W) = 3. \quad \blacktriangleleft$$

Der triviale Durchschnitt kennzeichnet direkte Summen

Ein $\mathbb{K}$-Vektorraum V heißt **direkte Summe** der Untervektorräume U und W, in Zeichen

$$V = U \oplus W,$$

falls

(i) $V = U + W$,

(ii) $U \cap W = \{0\}$.

Der Vektorraum V ist somit die Summe von U und W, wobei U und W einen trivialen Durchschnitt haben.

Beispiel Der $\mathbb{R}^3$ ist die direkte Summe einer Ebene und einer Geraden:

$$\mathbb{R}^3 = \left\langle \begin{pmatrix} 1 \\ 1 \\ 0 \end{pmatrix}, \begin{pmatrix} 0 \\ 1 \\ 1 \end{pmatrix} \right\rangle \oplus \left\langle \begin{pmatrix} 0 \\ 0 \\ 1 \end{pmatrix} \right\rangle. \quad \blacktriangleleft$$

Ist $V = U + W$, so kann man jeden Vektor $v \in V$ als eine Summe $v = u + w$ schreiben. Eine solche Darstellung ist aber im Allgemeinen nicht eindeutig, wie das einfache Beispiel $v = e_1$ im Fall $U = \langle e_1 \rangle = W$ zeigt. Im Fall einer direkten Summe ist die Situation anders:

Lemma

Ist V die direkte Summe zweier Untervektorräume U und W, so existiert zu jedem $v \in V$ genau eine Darstellung der Form

$$v = u + w$$

mit $u \in U$ und $w \in W$.

Beweis: Aus

$$u + w = v = u' + w'$$

mit $u, u' \in U$ und $w, w' \in W$ folgt:

$$\underbrace{u - u'}_{\in U} = \underbrace{w' - w}_{\in W}.$$

Wegen $U \cap W = \{0\}$ gilt also $u - u' = 0 = w' - w$. Das liefert:

$$u = u' \quad \text{und} \quad w = w'. \quad \blacksquare$$

Ein Komplement ist ein direkter Summand

Ist U ein Untervektorraum eines $\mathbb{K}$-Vektorraums V, so heißt ein Untervektorraum W von V ein **Komplement** von U in V, wenn $V = U \oplus W$.

Satz über die Existenz von Komplementen

Ist U ein Untervektorraum eines $\mathbb{K}$-Vektorraums V, so besitzt U ein Komplement in V.

Beweis: Es sei B_U eine Basis von U. Nach dem Basisergänzungssatz von Seite 207 können wir die linear unabhängige Menge B_U mittels einer linear unabhängigen Menge B_U' zu einer Basis $B_U \cup B_U'$ von V ergänzen. Die Menge B_U' erzeugt einen Unterrvektorraum $W = \langle B_U' \rangle$. Wir begründen, dass W ein Komplement von U in V ist. Wegen

$$U + W = \langle B_U \cup B_U' \rangle = V$$

ist V die Summe der beiden Untervektorräume U und W von V. Ist $v \in U \cap W$, so ist v eine Linearkombination von B_U und von B_U'. Somit gibt es $\lambda_1, \ldots, \lambda_r, \mu_1, \ldots, \mu_s \in \mathbb{K}$ und $v_1, \ldots, v_r \in B_U$, $w_1, \ldots, w_s \in B_U'$ mit

$$\lambda_1 v_1 + \cdots + \lambda_r v_r = v = \mu_1 w_1 + \cdots + \mu_r w_s \,.$$

Nun stellen wir diese Gleichung um:

$$\lambda_1 v_1 + \cdots + \lambda_r v_r - (\mu_1 w_1 + \cdots + \mu_r w_s) = \mathbf{0} \,.$$

Wegen der linearen Unabhängigkeit von $B_U \cup B_U'$ folgt hieraus $\lambda_i = 0 = \mu_j$ für alle vorkommenden i und j. Dies zeigt $v = \mathbf{0}$, d. h., $U \cap W = \{\mathbf{0}\}$. Also ist W ein Komplement von U in V. $\blacksquare$

Auf Seite 220 bestimmen wir in einem ausführlichen Beispiel ein Komplement des Untervektorraums der symmetrischen Matrizen im Vektorraum aller quadratischen Matrizen über einem Körper $\mathbb{K}$.

Ein Faktorraum ist ein Vektorraum, dessen Elemente Äquivalenzklassen sind

Wir schildern die Konstruktion eines Vektorraums V/U aus einem Vektorraum V mithilfe eines Untervektorraums U. Dazu benutzen wir die Äquivalenzrelationen aus Kapitel 2, Seite 53.

Gegeben sind ein $\mathbb{K}$-Vektorraum V und ein (beliebiger) Untervektorraum U von V. Wir führen eine Äquivalenzrelation $\sim$ auf der Menge V ein. Dabei nennen wir zwei Elemente v und w aus V äquivalent, wenn die Differenz $v - w$ im vorgegebenen Untervektorraum U liegt, d. h., für $v, w \in V$ gilt:

$$v \sim w \;\Leftrightarrow\; v - w \in U \,.$$

----------------------------------- **?** -----------------------------------

Warum ist $\sim$ eine Äquivalenzrelation?

Wir betrachten nun *eine* Äquivalenzklasse bezüglich dieser Relation $\sim$. Für ein $v \in V$ ist

$$
\begin{aligned}
[v]_\sim &= \{w \in V \mid w \sim v\} \\
&= \{w \in V \mid w - v \in U\} \\
&= \{w \in V \mid w - v = u, \, u \in U\} \\
&= \{w \in V \mid w = v + u, \, u \in U\} \\
&= v + U \,.
\end{aligned}
$$

Die Äquivalenzklassen haben somit die Form

$$[v]_\sim = v + U \,.$$

Für die Quotientenmenge $V/\sim$, das ist die Menge aller Äquivalenzklassen, ist die Schreibweise V/U üblich,

$$V/U = \{[v]_\sim \mid v \in V\} = \{v + U \mid v \in V\} \,.$$

Für das Zeichen V/U verwendet man die Sprechweise V **nach** U oder V **modulo** U. Wegen der Form der Äquivalenzklasse nennt man $v + U$ auch **(Links-)Nebenklasse** von v nach U und spricht anstelle von der Quotientenmenge V/U auch von der Menge der (Links-)Nebenklassen.

Die Äquivalenzklassen bilden eine Zerlegung der Menge V in disjunkte, nichtleere Teilmengen (man beachte den Abschnitt auf Seite 55 f.).

Wir arbeiten nun mit diesen Äquivalenzklassen als Elemente der Quotientenmenge weiter. Unser Ziel ist es, V/U zu einem $\mathbb{K}$-Vektorraum zu machen. Dazu führen wir nun eine Addition von Nebenklassen und eine Multiplikation von Nebenklassen mit Skalaren ein. Wir setzen für $v + U$, $w + U \in V/U$ und $\lambda \in \mathbb{K}$:

$$
\begin{aligned}
(v + U) + (w + U) &= (v + w) + U, \\
\lambda \cdot (v + U) &= (\lambda v) + U \,.
\end{aligned}
$$

Zwei Nebenklassen werden also miteinander addiert, indem man die Repräsentanten addiert und davon die Nebenklasse bildet, und eine Nebenklasse wird mit einem Skalar multipliziert, indem der Repräsentant mit dem Skalar multipliziert und davon die Nebenklasse gebildet wird.

Die Definition ist nur dann sinnvoll, wenn sie unabhängig von der Wahl der Repräsentanten v und w ist. Würde nämlich etwa $v + U = v' + U$ für verschiedene Elemente $v \neq v'$ aus V gelten, aber $(\lambda v) + U \neq (\lambda v') + U$ möglich sein, so wäre

$$\cdot : \begin{cases} \mathbb{K} \times V/U & \to \quad V/U, \\ (\lambda, v + U) & \mapsto \quad (\lambda v) + U \end{cases}$$

keine Abbildung, da einem Element $v + U$ der *Definitionsmenge* verschiedene Elemente der *Wertemenge* zugeordnet werden.

Um also nachzuweisen, dass unsere Definitionen sinnvoll sind, müssen wir zeigen, dass unabhängig von der Wahl des Repräsentanten stets dasselbe Element bei der Addition und der Multiplikation entsteht. Wir zeigen mehr:

Beispiel: Symmetrische und schiefsymmetrische Matrizen

Es sei $\mathbb{K}$ ein Körper mit Charakteristik ungleich 2. Eine quadratische Matrix $A \in \mathbb{K}^{n \times n}$ heißt **symmetrisch**, wenn $A = A^\top$ erfüllt ist; sie heißt **schiefsymmetrisch**, wenn $A = -A^\top$ gilt. Die Menge der symmetrischen bzw. schiefsymmetrischen $n \times n$-Matrizen über $\mathbb{K}$ bezeichnen wir mit $S(n, \mathbb{K})$ bzw. $A(n, \mathbb{K})$ und zeigen, dass $S(n, \mathbb{K})$ und $A(n, \mathbb{K})$ komplementäre Untervektorräume des $\mathbb{K}^{n \times n}$ sind mit

$$\dim S(n, \mathbb{K}) = \frac{n(n+1)}{2} \quad \text{und} \quad \dim A(n, \mathbb{K}) = \frac{n(n-1)}{2}.$$

Somit besitzt jede Matrix $M \in \mathbb{K}^{n \times n}$ genau eine Darstellung

$$M = S + A \text{ mit } S \in S(n, \mathbb{K}),\ A \in A(n, \mathbb{K}).$$

Problemanalyse und Strategie: Wir zeigen, dass $\mathbb{K}^{n \times n}$ die direkte Summe der Untervektorräume $S(n, \mathbb{K})$ und $A(n, \mathbb{K})$ ist und bestimmen Basen dieser Untervektorräume.

Lösung:

Bevor wir den allgemeinen Fall behandeln, sehen wir uns zunächst exemplarisch den Fall $n = 2$ an. Es gilt $\dim \mathbb{K}^{2 \times 2} = 4$. Die Standardbasis des $\mathbb{K}^{2 \times 2}$ ist $B = \{\mathbf{E}_{11}, \mathbf{E}_{12}, \mathbf{E}_{21}, \mathbf{E}_{22}\}$ mit

$$\mathbf{E}_{11} = \begin{pmatrix} 1 & 0 \\ 0 & 0 \end{pmatrix}, \mathbf{E}_{12} = \begin{pmatrix} 0 & 1 \\ 0 & 0 \end{pmatrix}, \mathbf{E}_{21} = \begin{pmatrix} 0 & 0 \\ 1 & 0 \end{pmatrix}, \mathbf{E}_{22} = \begin{pmatrix} 0 & 0 \\ 0 & 1 \end{pmatrix}.$$

Die Darstellung von $A = \begin{pmatrix} a & b \\ c & d \end{pmatrix} \in \mathbb{K}^{2 \times 2}$ als Linearkombination der kanonischen Basis ist

$$A = a\,\mathbf{E}_{11} + b\,\mathbf{E}_{12} + c\,\mathbf{E}_{21} + d\,\mathbf{E}_{22}.$$

Wir setzen

$$S = \begin{pmatrix} 0 & 1 \\ 1 & 0 \end{pmatrix} = \mathbf{E}_{12} + \mathbf{E}_{21}, \quad T = \begin{pmatrix} 0 & -1 \\ 1 & 0 \end{pmatrix} = -\mathbf{E}_{12} + \mathbf{E}_{21}.$$

Weil S und T linear unabhängig sind, ist $\{\mathbf{E}_{11}, \mathbf{E}_{22}, S, T\}$ eine Basis des $\mathbb{K}^{2 \times 2}$.

Die Symmetrie bzw. Schiefsymmetrie von A lässt sich folgendermaßen ausdrücken:

$$A = A^\top \Leftrightarrow b = c \Leftrightarrow A = \begin{pmatrix} a & b \\ b & d \end{pmatrix} =$$
$$= a \begin{pmatrix} 1 & 0 \\ 0 & 0 \end{pmatrix} + d \begin{pmatrix} 0 & 0 \\ 0 & 1 \end{pmatrix} + b \begin{pmatrix} 0 & 1 \\ 1 & 0 \end{pmatrix} \in \langle \mathbf{E}_{11}, \mathbf{E}_{22}, S \rangle,$$
$$A = -A^\top \Leftrightarrow a = d = 0 \text{ und } b = -c$$
$$\Leftrightarrow A = \begin{pmatrix} 0 & -c \\ c & 0 \end{pmatrix} = c \begin{pmatrix} 0 & -1 \\ 1 & 0 \end{pmatrix} \in \langle T \rangle.$$

Demnach ist $\{\mathbf{E}_{11}, \mathbf{E}_{22}, S\}$ eine Basis von $S(2, \mathbb{K})$, also $\dim S(2, \mathbb{K}) = 3$, und $\{T\}$ ist eine Basis von $A(2, \mathbb{K})$, also $\dim A(2, \mathbb{K}) = 1$. Jede Matrix lässt sich auf genau eine Weise als Summe einer symmetrischen und einer schiefsymmetrischen Matrix schreiben:

$$\begin{pmatrix} a & b \\ c & d \end{pmatrix} = \underbrace{\begin{pmatrix} a & \frac{b+c}{2} \\ \frac{b+c}{2} & d \end{pmatrix}}_{\in S(2, \mathbb{K})} + \underbrace{\begin{pmatrix} 0 & \frac{b-c}{2} \\ -\frac{b-c}{2} & 0 \end{pmatrix}}_{\in A(2, \mathbb{K})}$$
$$= a\,\mathbf{E}_{11} + d\,\mathbf{E}_{22} + \frac{b+c}{2}\,S - \frac{b-c}{2}\,T.$$

Sind nun $A, B \in S(n, \mathbb{K})$, d. h., $A^\top = A$, $B^\top = B$, so folgt $(A + B)^\top = A^\top + B^\top = A + B$, d. h., $A + B \in S(n, \mathbb{K})$, und $(\lambda A)^\top = \lambda A^\top = \lambda A$ für $\lambda \in \mathbb{K}$, d. h., $\lambda A \in S(n, \mathbb{K})$.

Die Menge $S(n, \mathbb{K})$ ist demnach ein Untervektorraum des $\mathbb{K}^{n \times n}$. Der Beweis für schiefsymmetrische Matrizen geht

genauso. So folgt etwa aus $A^\top = -A$, $B^\top = -B$ sogleich $(A + B)^\top = A^\top + B^\top = -A - B = -(A + B)$. Wir gehen von der Standardbasis $B = \{\mathbf{E}_{ij} \mid 1 \leq i, j \leq n\}$ des $\mathbb{K}^{n \times n}$ aus. Eine Matrix $A = (a_{ij}) \in \mathbb{K}^{n \times n}$ ist genau dann symmetrisch, wenn $a_{ij} = a_{ji}$ für $i < j$ gilt. In diesem Fall kann man in der Darstellung $A = \sum_{i,j=1}^{n} a_{ij}\,\mathbf{E}_{ij}$ die beiden Summanden $a_{ij}\,\mathbf{E}_{ij} + a_{ji}\,\mathbf{E}_{ji}$ zu einem einzigen, nämlich $a_{ij}(\mathbf{E}_{ij} + \mathbf{E}_{ji})$ zusammenfassen. Somit ist

$$S = \{\mathbf{E}_{ii} \mid 1 \leq i \leq n\} \cup \{\mathbf{E}_{ij} + \mathbf{E}_{ji} \mid 1 \leq i < j \leq n\}$$

eine Basis von $S(n, \mathbb{K})$, und es gilt $\dim S(n, \mathbb{K}) = |S| = n(n+1)/2$. Die Matrix A ist genau dann schiefsymmetrisch, wenn $a_{ii} = -a_{ii}$, d. h., $a_{ii} = 0$ für alle Elemente in der Hauptdiagonalen von A gilt und $a_{ij} = -a_{ji}$ für $i < j$. Man sieht dann analog, dass

$$A = \{\mathbf{E}_{ij} - \mathbf{E}_{ji} \mid 1 \leq i < j \leq n\}$$

eine Basis von $A(n, \mathbb{K})$ ist. Es folgt $\dim A(n, \mathbb{K}) = |A| = n(n-1)/2$.

Für eine beliebige Matrix $M \in \mathbb{K}^{n \times n}$ gilt:

$$M = \underbrace{\frac{1}{2}(M + M^\top)}_{=S} + \underbrace{\frac{1}{2}(M - M^\top)}_{=A}$$

mit $S^\top = \frac{1}{2}\big(M^\top + (M^\top)^\top\big) = \frac{1}{2}(M^\top + M) = S$, d. h., $S \in S(n, \mathbb{K})$, und $A^\top = \frac{1}{2}\big(M^\top - (M^\top)^\top\big) = \frac{1}{2}(M^\top - M) = -A$, d. h., $A \in A(n, \mathbb{K})$. Ist $M = S' + A'$ eine weitere solche Darstellung, so gilt $S + A = S' + A'$, und folglich ist

$$S - S' = A' - A \in S(n, \mathbb{K}) \cap A(n, \mathbb{K})$$

eine Matrix, die zugleich symmetrisch und schiefsymmetrisch ist. Da die Nullmatrix $\mathbf{0} \in \mathbb{K}^{n \times n}$ die einzige Matrix mit dieser Eigenschaft ist, folgt $S = S'$, $A = A'$, und wir haben auch die Eindeutigkeit der Darstellung gezeigt. Es gilt etwa:

$$\begin{pmatrix} 6 & 13 \\ 5 & 11 \end{pmatrix} = \underbrace{\begin{pmatrix} 6 & 9 \\ 9 & 11 \end{pmatrix}}_{\in S(n, \mathbb{R})} + \underbrace{\begin{pmatrix} 0 & 4 \\ -4 & 0 \end{pmatrix}}_{\in A(n, \mathbb{R})}$$

Der Vektorraum V/U

Für jeden Untervektorraum U eines $\mathbb{K}$-Vektorraums V ist

$$V/U = \{v + U \mid v \in V\}$$

mit der Addition

$$(v + U) + (w + U) = (v + w) + U \,, \quad v, \, w \in V$$

und der Multiplikation mit Skalaren

$$\lambda \cdot (v + U) = (\lambda v) + U \,, \quad \lambda \in \mathbb{K} \,, \quad v \in V$$

ein $\mathbb{K}$-Vektorraum. Ist V endlichdimensional, so gilt:

$$\dim V/U = \dim V - \dim U \,.$$

Beweis: Die Addition ist wohldefiniert: Es seien v, v', w, $w' \in V$ mit

$$v + U = v' + U \quad \text{und} \quad w + U = w' + U$$

gegeben. Es folgt $v' - v$, $w' - w \in U$. Daher gilt:

$$(v' + w') - (v + w) = (v' - v) + (w' - w) \in U \,.$$

Nun folgt aber $(v' + w') \sim (v + w)$, d. h.,

$$(v' + w') + U = (v + w) + U \,.$$

Die Multiplikation mit Skalaren ist wohldefiniert: Es seien $\lambda \in \mathbb{K}$ und v, $v' \in V$ mit

$$v + U = v' + U$$

gegeben. Es folgt $v' - v \in U$. Daher gilt

$$\lambda \, v' - \lambda \, v = \lambda \, (v' - v) \in U \,.$$

Nun folgt aber $\lambda \, v' \sim \lambda \, v$, d. h.,

$$(\lambda \, v') + U = (\lambda \, v) + U \,.$$

Dass V/U mit dieser Addition eine abelsche Gruppe ist, wurde im Wesentlichen auf Seite 77 gezeigt. Das neutrale Element bezüglich dieser Addition ist die Nebenklasse

$$\mathbf{0} + U = U \,.$$

Die Gültigkeit der Vektorraumaxiome (V1)–(V4) ist offensichtlich, da diese Axiome ja in V erfüllt sind. Es bleibt also nur noch die Formel zur Dimension nachzuweisen. Dazu setzen wir nun voraus, dass V die Dimension $n \in \mathbb{N}_0$ hat. Der Untervektorraum U habe die Dimension $r \leq n$. Wir wählen ein Komplement $W \subseteq V$ zu U, $V = W \oplus U$. Die Dimension von W ist $n - r$. Es sei $\{b_1, \dots, b_{n-r}\}$ eine Basis von W.

Wenn wir zeigen können, dass die Menge

$$B = \{b_1 + U, \dots, b_{n-r} + U\}$$

eine Basis von V/U ist, folgt die Behauptung

$$\dim V/U = n - r = \dim V - \dim U \,.$$

Es ist B ein Erzeugendensystem von V/U: Es sei $v + U \in V/U$. Wegen $v \in V = W + U$ existieren Skalare $\lambda_1, \dots, \lambda_{n-r} \in \mathbb{K}$ und ein $u \in U$ mit

$$v = \lambda_1 b_1 + \cdots + \lambda_{n-r} b_{n-r} + u \,.$$

Es folgt durch Übergang zu Nebenklassen

$$\begin{aligned}
v + U &= \lambda_1 b_1 + \cdots + \lambda_{n-r} b_{n-r} + U \\
&= \lambda_1 (b_1 + U) + \cdots + \lambda_{n-r} (b_{n-r} + U) \in \langle B \rangle \,.
\end{aligned}$$

Es ist B linear unabhängig: Es gelte

$$\lambda_1 (b_1 + U) + \cdots + \lambda_{n-r} (b_{n-r} + U) = \mathbf{0} + U = U \quad (6.7)$$

für Skalare $\lambda_1, \dots, \lambda_{n-r} \in \mathbb{K}$. Wegen

$$\begin{aligned}
&\lambda_1 (b_1 + U) + \cdots + \lambda_{n-r} (b_{n-r} + U) \\
={}&\lambda_1 b_1 + \cdots + \lambda_{n-r} b_{n-r} + U
\end{aligned}$$

besagt die Gleichung (6.7):

$$\lambda_1 b_1 + \cdots + \lambda_{n-r} b_{n-r} \in U \,.$$

Da $\langle B \rangle = W$ aber das Komplement von U in V ist, ist nur der Fall $\lambda_1 = \cdots = \lambda_{n-r} = 0$ möglich. $\blacksquare$

Beispiel Wir betrachten den Untervektorraum $U = \langle e_1 \rangle$ des $\mathbb{R}^3$. Da $\langle e_2, \, e_3 \rangle$ ein Komplement zu U in $\mathbb{R}^3$ ist, erhalten wir

$$\mathbb{R}^3/U = \langle e_2 + U, \, e_3 + U \rangle$$

und $\dim \mathbb{R}^3/U = 2$. ◀

Kommentar: Das Prinzip der Konstruktion des Vektorraums V/U aus V und U findet sich in der Algebra immer wieder. Z. B. wird aus einer Gruppe G mit einem *Normalteiler U* die *Faktorgruppe G/U* gebildet, und aus einem Ring R kann man mit einem *Ideal I* den *Faktorring R/I* konstruieren. Das Ziel einer solchen Konstruktion ist es oftmals, aus Gruppen, Ringen oder Vektorräumen neue Strukturen zu gewinnen, die vorgegebene Eigenschaften erfüllen.

Aber nicht nur in der Algebra, auch in allen weiteren Gebieten der Mathematik werden ähnliche Konstruktionen durchgeführt, die aus einer gegebenen Struktur mithilfe von Äquivalenzrelationen eine neue Struktur schaffen. Wir werden zum Beispiel im Kapitel 19 auf ähnliche Weise die reellen Zahlen aus den rationalen Zahlen gewinnen.

Zusammenfassung

Die lineare Algebra kann auch als Theorie der Vektorräume bezeichnet werden, ein Vektorraum ist dabei wie folgt definiert.

Definition eines $\mathbb{K}$-Vektorraums

Es seien $\mathbb{K}$ ein Körper, $(V, +)$ eine abelsche Gruppe und

$$\cdot : \begin{cases} \mathbb{K} \times V \to & V \\ (\lambda, \boldsymbol{v}) \mapsto & \lambda \cdot \boldsymbol{v} \end{cases}$$

eine Abbildung. Falls für alle $\boldsymbol{u}, \boldsymbol{v}, \boldsymbol{w} \in V$ und $\lambda, \mu \in \mathbb{K}$ die Eigenschaften

(V1) $\lambda \cdot (\boldsymbol{v} + \boldsymbol{w}) = \lambda \cdot \boldsymbol{v} + \lambda \cdot \boldsymbol{w}$,

(V2) $(\lambda + \mu) \cdot \boldsymbol{v} = \lambda \cdot \boldsymbol{v} + \mu \cdot \boldsymbol{v}$,

(V3) $(\lambda \mu) \cdot \boldsymbol{v} = \lambda \cdot (\mu \cdot \boldsymbol{v})$,

(V4) $1 \cdot \boldsymbol{v} = \boldsymbol{v}$

gelten, nennt man V einen **Vektorraum über** $\mathbb{K}$ oder kurz einen $\mathbb{K}$**-Vektorraum**.

Viele Strukturen in der Mathematik bilden Vektorräume, wichtige Beispiele von Vektorräumen sind

- der $\mathbb{K}^n$, die Spaltenvektoren mit Komponenten aus $\mathbb{K}$,
- der $\mathbb{K}^{m \times n}$, die Matrizen mit Komponenten aus $\mathbb{K}$,
- der $\mathbb{K}[X]$, die Polynome mit Koeffizienten aus $\mathbb{K}$,
- der $\mathbb{K}^{\mathbb{K}}$, die Abbildungen von $\mathbb{K}$ nach $\mathbb{K}$.

In der Analysis lernen wir viele weitere Beispiele kennen, etwa den Vektorraum aller auf einem Intervall $[a, b] \subseteq \mathbb{R}$ stetigen oder integrierbaren Funktionen. Eine Theorie der Vektorräume bringt diese vielfältigen mathematischen Strukturen unter einen Hut.

Wie immer in der Algebra untersucht man bei einer Struktur die Unterstrukturen, im vorliegenden Fall von Vektorräumen also Untervektorräume. Das sind Teilmengen von Vektorräumen, die für sich genommen wieder Vektorräume sind. Um nachzuweisen, dass eine Teilmenge eines Vektorraumes wieder ein Vektorraum ist, ist nicht viel Aufwand nötig, es gilt nämlich:

Eine nichtleere Teilmenge U eines $\mathbb{K}$-Vektorraums V ist ein **Untervektorraum** von V, wenn gilt:

(U1) $\boldsymbol{u}, \boldsymbol{w} \in U \;\Rightarrow\; \boldsymbol{u} + \boldsymbol{w} \in U$,

(U2) $\lambda \in \mathbb{K}, \; \boldsymbol{u} \in U \;\Rightarrow\; \lambda \boldsymbol{u} \in U$.

Hiermit ist es leicht zu zeigen, dass Lösungsmengen homogener linearer Gleichungssysteme und Polynome bis zu einem festen Grad Vektorräume bilden.

Es ist sehr einfach, einen kleinsten Untervektorraum anzugeben, der vorgegebene Vektoren enthält. Ist nämlich X eine solche Menge vorgegebener Vektoren eines Vektorraumes V,

so gilt für den Durchschnitt $\langle X \rangle$ aller Untervektorräume U von V mit $X \subseteq U$

$$\langle X \rangle = \left\{ \sum_{i=1}^{n} \lambda_i \boldsymbol{v}_i \mid n \in \mathbb{N}, \; \lambda_i \in \mathbb{K}, \; \boldsymbol{v}_i \in X, \; i = 1, \ldots, n \right\}$$

– man spricht vom Erzeugnis von X. Es kann durchaus sein, dass eine echte Teilmenge $T \subsetneq X$ denselben Untervektorraum erzeugt, $\langle T \rangle = \langle X \rangle$. Falls dies aber für keine echte Teilmenge von X möglich ist, so nennt man X linear unabhängig, genauer:

Definition der linearen Unabhängigkeit

Verschiedene Vektoren $\boldsymbol{v}_1, \ldots, \boldsymbol{v}_r \in V$ heißen **linear unabhängig**, wenn für jede echte Teilmenge T von $\{\boldsymbol{v}_1, \ldots, \boldsymbol{v}_r\}$ gilt $\langle T \rangle \subsetneq \langle \boldsymbol{v}_1, \ldots, \boldsymbol{v}_r \rangle$.

Eine Menge $X \subseteq V$ heißt **linear unabhängig**, wenn je endlich viele verschiedene Elemente aus X linear unabhängig sind.

Ein einfacher Test auf lineare Unabhängigkeit funktioniert wie folgt:

Falls für verschiedene Vektoren $\boldsymbol{v}_1, \ldots, \boldsymbol{v}_r \in V$ und Skalare $\lambda_1, \ldots, \lambda_r$ gilt:

$$\text{Aus } \sum_{i=1}^{r} \lambda_i \boldsymbol{v}_i = \boldsymbol{0} \text{ folgt } \lambda_1 = \lambda_2 = \cdots = \lambda_r = 0 \,,$$

so sind $\boldsymbol{v}_1, \ldots, \boldsymbol{v}_r$ linear unabhängig.

Ein linear unabhängiges Erzeugendensystem eines Vektorraums V nennt man eine Basis von V. Man kann eine Basis von V auch anderes beschreiben: Eine Basis ist ein minimales Erzeugendensystem von V oder eine maximale linear unabhängige Teilmenge von V.

Da eine Basis B eines $\mathbb{K}$-Vektorraums V insbesondere ein Erzeugendensystem von V ist, kann jeder Vektor von V bezüglich B als Linearkombination dargestellt werden,

$$\boldsymbol{v} = \lambda_1 \boldsymbol{b}_1 + \cdots + \lambda_n \boldsymbol{b}_n$$

mit $\lambda_1, \ldots, \lambda_n \in \mathbb{K}$ und $\boldsymbol{b}_1, \ldots, \boldsymbol{b}_n \in B$. Tatsächlich gelingt dies bei einer Basis B sogar eindeutig. Das ist wesentlich, es gelingt uns nämlich so, jeden Vektor $\boldsymbol{v} \in V$ im Fall einer endlichen Basis, $|B| = n$, mit dem Tupel von Koeffizienten $(\lambda_1, \ldots, \lambda_n) \in \mathbb{K}^n$ zu identifizieren, wir zeigen das in Kapitel 12.

Jeder Vektorraum V besitzt eine Basis. Dieser prägnante Satz ist eine der Kernaussagen der linearen Algebra. Tatsächlich beweist man etwas mehr. Man zeigt, dass jede linear unabhängige Menge A eines Erzeugendensystems S von V durch Elemente von S zu einer Basis B von V ergänzt werden kann – das ist der Inhalt des Basisergänzungssatzes. Der Beweis dieses Satzes ist in dieser allgemeinen Form alles andere als einfach. Er erfordert das Zorn'sche Lemma, ein Axiom der Mengenlehre.

Ein Vektorraum hat im Allgemeinen viele verschiedene Basen. Aber je zwei Basen B und C eines Vektorraums V ist eines gemeinsam, es gilt nämlich $|B| = |C|$. Daher ist es sinnvoll, die Mächtigkeit $|B|$ einer Basis B von V die Dimension $\dim V$ von V zu nennen, die Definition ist unabhängig von der Wahl der Basis.

Für die Dimensionen von Schnitt und Summe endlichdimensionaler Untervektorräume U und W eines $\mathbb{K}$-Vektorraums V gilt die Dimensionsformel

$$\dim(U \cap W) + \dim(U + W) = \dim U + \dim W.$$

Ein Sonderfall ist von besonderem Interesse, nämlich der Fall $U \cap W = \{\mathbf{0}\}$ und $U + W = V$. Man nennt V in dieser Situation die direkte Summe von U und W und schreibt dafür

$$V = U \oplus W.$$

Die Dimensionsformel lautet in diesem Fall

$$\dim V = \dim U + \dim W.$$

Den Untervektorraum U bzw. W nennt man ein Komplement von W bzw. U in V, solche Komplemente existieren stets:

Satz über die Existenz von Komplementen

Ist U ein Untervektorraum eines $\mathbb{K}$-Vektorraums V, so besitzt U ein Komplement in V.

Aufgaben

Die Aufgaben gliedern sich in drei Kategorien: Anhand der *Verständnisfragen* können Sie prüfen, ob Sie die Begriffe und zentralen Aussagen verstanden haben, mit den *Rechenaufgaben* üben Sie Ihre technischen Fertigkeiten und die *Beweisaufgaben* geben Ihnen Gelegenheit, zu lernen, wie man Beweise findet und führt.

Ein Punktesystem unterscheidet leichte Aufgaben •, mittelschwere •• und anspruchsvolle ••• Aufgaben. Lösungshinweise am Ende des Buches helfen Ihnen, falls Sie bei einer Aufgabe partout nicht weiterkommen. Dort finden Sie auch die Lösungen – betrügen Sie sich aber nicht selbst und schlagen Sie erst nach, wenn Sie selber zu einer Lösung gekommen sind. Ausführliche Lösungswege stehen auf der Website des Verlags zur Verfügung.

Viel Spaß und Erfolg bei den Aufgaben!

Verständnisfragen

6.1 • Gelten in einem Vektorraum V die folgenden Aussagen?

(a) Ist eine Basis von V unendlich, so sind alle Basen von V unendlich.

(b) Ist eine Basis von V endlich, so sind alle Basen von V endlich.

(c) Hat V ein unendliches Erzeugendensystem, so sind alle Basen von V unendlich.

(d) Ist eine linear unabhängige Menge von V endlich, so ist es jede.

6.2 • Gegeben sind ein Untervektorraum U eines $\mathbb{K}$-Vektorraums V und Elemente $\boldsymbol{u}, \boldsymbol{w} \in V$. Welche der folgenden Aussagen sind richtig?

(a) Sind $\boldsymbol{u}$ und $\boldsymbol{w}$ nicht in U, so ist auch $\boldsymbol{u} + \boldsymbol{w}$ nicht in U.

(b) Sind $\boldsymbol{u}$ und $\boldsymbol{w}$ nicht in U, so ist $\boldsymbol{u} + \boldsymbol{w}$ in U.

(c) Ist $\boldsymbol{u}$ in U, nicht aber $\boldsymbol{w}$, so ist $\boldsymbol{u} + \boldsymbol{w}$ nicht in U.

6.3 • Folgt aus der linearen Unabhängigkeit von $\boldsymbol{u}$ und $\boldsymbol{v}$ eines $\mathbb{K}$-Vektorraums auch jene von $\boldsymbol{u} - \boldsymbol{v}$ und $\boldsymbol{u} + \boldsymbol{v}$? $\mathbb{K}$ habe dabei eine Charakteristik ungleich 2.

6.4 • Folgt aus der linearen Unabhängigkeit der drei Vektoren $\boldsymbol{u}, \boldsymbol{v}, \boldsymbol{w}$ eines $\mathbb{K}$-Vektorraums auch die lineare Unabhängigkeit der drei Vektoren $\boldsymbol{u} + \boldsymbol{v} + \boldsymbol{w}, \boldsymbol{u} + \boldsymbol{v}, \boldsymbol{v} + \boldsymbol{w}$?

6.5 • Geben Sie zu folgenden Teilmengen des $\mathbb{R}$-Vektorraums $\mathbb{R}^3$ an, ob sie Untervektorräume sind, und begründen Sie dies:

(a) $U_1 = \left\{ \begin{pmatrix} v_1 \\ v_2 \\ v_3 \end{pmatrix} \in \mathbb{R}^3 \mid v_1 + v_2 = 2 \right\}$

(b) $U_2 = \left\{ \begin{pmatrix} v_1 \\ v_2 \\ v_3 \end{pmatrix} \in \mathbb{R}^3 \mid v_1 \cdot v_2 = v_3 \right\}$

(c) $U_3 = \left\{ \begin{pmatrix} v_1 \\ v_2 \\ v_3 \end{pmatrix} \in \mathbb{R}^3 \mid v_1\, v_2 = v_3 \right\}$

(d) $U_4 = \left\{ \begin{pmatrix} v_1 \\ v_2 \\ v_3 \end{pmatrix} \in \mathbb{R}^3 \mid v_1 = v_2 \text{ oder } v_1 = v_3 \right\}$

6.6 •• Welche der folgenden Teilmengen des $\mathbb{R}$-Vektorraums $\mathbb{R}^{\mathbb{R}}$ sind Untervektorräume? Begründen Sie Ihre Aussagen.

(a) $U_1 = \{ f \in \mathbb{R}^{\mathbb{R}} \mid f(1) = 0 \}$

(b) $U_2 = \{ f \in \mathbb{R}^{\mathbb{R}} \mid f(0) = 1 \}$

(c) $U_3 = \{ f \in \mathbb{R}^{\mathbb{R}} \mid f$ hat höchstens endlich viele Nullstellen$\}$

(d) $U_4 = \{ f \in \mathbb{R}^{\mathbb{R}} \mid$ für höchstens endlich viele $x \in \mathbb{R}$ ist $f(x) \neq 0 \}$

(e) $U_5 = \{ f \in \mathbb{R}^{\mathbb{R}} \mid f$ ist monoton wachsend$\}$

(f) $U_6 = \{ f \in \mathbb{R}^{\mathbb{R}} \mid$ die Abbildung $g \in \mathbb{R}^{\mathbb{R}}$ mit $g(x) = f(x) - f(x-1)$ liegt in $U \}$, wobei $U \subseteq \mathbb{R}^{\mathbb{R}}$ ein vorgegebener Untervektorraum ist.

6.7 •• Gibt es für jede natürliche Zahl n eine Menge A mit $n + 1$ verschiedenen Vektoren $v_1, \ldots, v_{n+1} \in \mathbb{R}^n$, sodass je n Elemente von A linear unabhängig sind? Geben Sie eventuell für ein festes n eine solche an.

6.8 •• Da $\dim(U + V) = \dim U + \dim V - \dim(U \cap V)$ gilt, gilt doch sicher auch analog zu Mengen $\dim(U + V + W) = \dim U + \dim V + \dim W - \dim(U \cap V) - \dim(U \cap W) - \dim(V \cap W) + \dim(U \cap V \cap W)$? Beweisen oder widerlegen Sie die Formel für $\dim(U + V + W)$!

Rechenaufgaben

6.9 • Wir betrachten im $\mathbb{R}^2$ die drei Untervektorräume $U_1 = \left\langle \begin{pmatrix} 1 \\ 2 \end{pmatrix} \right\rangle$, $U_2 = \left\langle \begin{pmatrix} 1 \\ 1 \end{pmatrix}, \begin{pmatrix} 1 \\ -2 \end{pmatrix} \right\rangle$ und $U_3 = \left\langle \begin{pmatrix} 1 \\ -3 \end{pmatrix} \right\rangle$. Welche der folgenden Aussagen ist richtig?

(a) Es ist $\left\{ \begin{pmatrix} -2 \\ -4 \end{pmatrix} \right\}$ ein Erzeugendensystem von $U_1 \cap U_2$.

(b) Die leere Menge $\emptyset$ ist eine Basis von $U_1 \cap U_3$.

(c) Es ist $\left\{ \begin{pmatrix} 1 \\ 4 \end{pmatrix} \right\}$ eine linear unabhängige Teilmenge von U_2.

(d) Es gilt $\langle U_1 \cup U_3 \rangle = \mathbb{R}^2$.

6.10 •• Prüfen Sie, ob die Menge

$$B := \left\{ v_1 = \begin{pmatrix} 1 & 0 \\ 0 & 1 \end{pmatrix}, \ v_2 = \begin{pmatrix} 1 & 1 \\ 0 & 0 \end{pmatrix}, \right.$$
$$\left. v_3 = \begin{pmatrix} 0 & 1 \\ -1 & 0 \end{pmatrix}, \ v_4 = \begin{pmatrix} 0 & 0 \\ 1 & 0 \end{pmatrix} \right\} \subseteq \mathbb{R}^{2 \times 2}$$

eine Basis des $\mathbb{R}^{2 \times 2}$ bildet.

6.11 •• Bestimmen Sie eine Basis des von der Menge

$$X = \left\{ \begin{pmatrix} 0 \\ 1 \\ 0 \\ -1 \end{pmatrix}, \begin{pmatrix} 1 \\ 0 \\ 1 \\ -2 \end{pmatrix}, \begin{pmatrix} -1 \\ -2 \\ 0 \\ 1 \end{pmatrix}, \begin{pmatrix} -1 \\ 0 \\ 1 \\ 0 \end{pmatrix}, \begin{pmatrix} 1 \\ 0 \\ -1 \\ -1 \end{pmatrix}, \begin{pmatrix} 2 \\ 0 \\ -1 \\ 0 \end{pmatrix} \right\}$$

erzeugten Untervektorraums $U = \langle X \rangle$ des $\mathbb{R}^4$.

6.12 • Schreiben Sie die Matrix

$$A = \begin{pmatrix} -2 & -\sqrt{2} & 1 \\ 3 & 1 & \sqrt{2} \\ 1 & -3 & 2 \end{pmatrix} \in \mathbb{R}^{3 \times 3}$$

als Summe einer symmetrischen und einer schiefsymmetrischen Matrix.

6.13 •• Begründen Sie, dass für jedes $n \in \mathbb{N}$ die Menge

$$U = \left\{ u = \begin{pmatrix} u_1 \\ \vdots \\ u_n \end{pmatrix} \in \mathbb{R}^n \mid u_1 + \cdots + u_n = 0 \right\}$$

einen $\mathbb{R}$-Vektorraum bildet, und bestimmen Sie eine Basis und die Dimension von U.

6.14 •• Bestimmen Sie die Dimension des Vektorraums

$$\langle f_1 : x \mapsto \sin(x), \ f_2 : x \mapsto \sin(2x), \ f_3 : x \mapsto \sin(3x) \rangle$$
$$\subseteq \mathbb{R}^{\mathbb{R}}.$$

6.15 •• Es seien a, b verschiedene, linear unabhängige Elemente eines $\mathbb{K}$-Vektorraums V. Wir setzen für Skalare $\lambda, \mu, \nu, \sigma \in \mathbb{K}$:

$$c = \lambda a + \mu b \quad \text{und}$$
$$d = \nu a + \sigma b.$$

Unter welcher Bedingung an $\lambda, \mu, \nu, \sigma \in \mathbb{K}$ sind c, d linear unabhängig?

Beweisaufgaben

6.16 •• Begründen Sie, dass sich die Kommutativität der Vektoraddition aus den restlichen Axiomen folgern lässt, vgl. auch den Kommentar auf Seite 192.

6.17 • Es seien U_1, U_2, U_3 Untervektorräume eines $\mathbb{K}$-Vektorraums V. Weiter gelte

$$U_1 + U_3 = U_2 + U_3, \ U_1 \cap U_3 = U_2 \cap U_3 \text{ und } U_1 \subseteq U_2.$$

Zeigen Sie $U_1 = U_2$.

6.18 •• Eine Funktion $f : \mathbb{R} \to \mathbb{R}$ heißt **gerade** (bzw. **ungerade**), falls $f(x) = f(-x)$ für alle $x \in \mathbb{R}$ (bzw. $f(x) = -f(-x)$ für alle $x \in \mathbb{R}$). Die Menge der geraden (bzw. ungeraden) Funktionen werde mit G (bzw. U) bezeichnet. Beweisen Sie: Es sind G und U Untervektorräume von $\mathbb{R}^{\mathbb{R}}$, und es gilt $\mathbb{R}^{\mathbb{R}} = G \oplus U$.

6.19 ••• Es seien $\mathbb{K}$ ein Körper mit $|\mathbb{K}| = \infty$ und V ein $\mathbb{K}$-Vektorraum. Ferner seien $n \in \mathbb{N}$ und $U_1, \ldots, U_n$ Untervektorräume von V mit $U_i \neq V$ für $i = 1, \ldots, n$. Zeigen Sie:

$$\bigcup_{i=1}^{n} U_i \neq V.$$

(Anders formuliert: Ist $|\mathbb{K}| = \infty$, so lässt sich V nicht als Vereinigung endlich vieler echter Untervektorräume schreiben.)

Antworten der Selbstfragen

S. 190

Vgl. die Definition auf Seite 65: Für alle $\boldsymbol{u}$, $\boldsymbol{v}$, $\boldsymbol{w}$ aus V gilt:

(AG1) $(\boldsymbol{u} + \boldsymbol{v}) + \boldsymbol{w} = \boldsymbol{u} + (\boldsymbol{v} + \boldsymbol{w})$ (Assoziativität).

(AG2) Es gibt ein Element $\boldsymbol{0} \in V$ mit $\boldsymbol{v} + \boldsymbol{0} = \boldsymbol{v}$ (Existenz eines neutralen Elements).

(AG3) Es gibt ein $\boldsymbol{v}' \in V$ mit $\boldsymbol{v} + \boldsymbol{v}' = \boldsymbol{0}$ (Existenz eines entgegengesetzten Elements).

(AG4) $\boldsymbol{v} + \boldsymbol{w} = \boldsymbol{w} + \boldsymbol{v}$ (Kommutativität).

S. 193

Da Matrizen Abbildungen sind, sind diese genau dann gleich, wenn sie dieselbe Definitions- und Wertemenge und dieselben Bilder haben: Zwei $m \times n$-Matrizen $A = (a_{ij})$ und $B = (b_{ij})$ über $\mathbb{K}$ sind also genau dann gleich, wenn $a_{ij} = b_{ij}$ für alle i, j gilt.

S. 195

Natürlich ist auch für jeden Körper $\mathbb{K}$ die Menge $\mathbb{K}^{\emptyset}$ ein $\mathbb{K}$-Vektorraum, obiger Beweis gilt für *jede* Menge M. Die Menge $\mathbb{K}^{\emptyset}$ besteht aber nur aus einem Element, nämlich der leeren Menge – es ist $\emptyset$ die einzige existierende Abbildung von $\emptyset$ in $\mathbb{K}$ (beachte die Definition einer Abbildung auf Seite 58). Der Vektorraum $\mathbb{K}^{\emptyset}$ ist somit der triviale Vektorraum $\{\emptyset\}$, das einzige Element $\emptyset$ ist der Nullvektor.

S. 197

Neben den trivialen Untervektorräumen sind für alle $\boldsymbol{v} \neq \boldsymbol{0} \neq \boldsymbol{w}$ und $\boldsymbol{w} \notin \mathbb{R}\boldsymbol{v}$ die Mengen $\mathbb{R}\boldsymbol{v}$ und $\mathbb{R}\boldsymbol{v} + \mathbb{R}\boldsymbol{w} = \{\lambda\boldsymbol{v} + \mu\boldsymbol{w} \mid \lambda, \mu \in \mathbb{R}\}$ Untervektorräume. Tatsächlich gibt es keine weiteren Untervektorräume im $\mathbb{R}^3$.

S. 199

Von denen gibt es nur die trivialen $\begin{pmatrix} a & a \\ a & a \end{pmatrix}$. Ist nämlich $\begin{pmatrix} a & b \\ c & d \end{pmatrix}$ ein solches magisches Quadrat, so folgt aus

$$a + b = c + d = a + c = b + d = a + d = b + c$$

sofort $a = b = c = d$.

S. 200

Die Menge M aller Untervektorräume von V, die X enthalten ist bezüglich der Inklusion $\subseteq$ geordnet. Wir haben gezeigt, dass $\langle X \rangle$ bezüglich dieser Ordnung tatsächlich das kleinste Element ist, siehe den Abschnitt auf Seite 51.

S. 201

Ja. Der Vektorraum V selbst ist stets ein Erzeugendensystem, es gilt $V = \langle V \rangle$.

S. 201

Ja, dies folgt aus der Definition.

S. 204

Der Nullvektorraum $\{\boldsymbol{0}\}$ besitzt die einzige Basis $\emptyset$ und der $\mathbb{Z}_2$-Vektorraum $\mathbb{Z}_2$ besitzt die einzige Basis $\{\overline{1}\}$. Jeder $\mathbb{K}$-Vektorraum besitzt im Fall $\mathbb{K} \neq \mathbb{Z}_2$ mehr als eine Basis, da man einen Basisvektor $\boldsymbol{b}$ nämlich stets durch $\lambda\boldsymbol{b}$ mit $\lambda \in \mathbb{K} \setminus \{0\}$ ersetzen kann, man erhält so wieder eine Basis.

S. 204

1. Nein, der $\mathbb{R}^2$ ist keine Basis von $\langle \mathbb{R}^2 \rangle = \mathbb{R}^2$.
2. Ja, jede linear unabhängige Menge X ist Basis von $\langle X \rangle$.

S. 205

Ja! Dass B ein Erzeugendensystem von V ist, folgt aus der Tatsache, dass sich jeder Vektor als Linearkombination von B darstellen lässt. Zu überlegen bleibt also nur, ob B linear unabhängig ist. Es seien $\boldsymbol{v}_1, \ldots, \boldsymbol{v}_n$ beliebige Vektoren aus B. Aus der Gleichung

$$\lambda_1 \boldsymbol{v}_1 + \cdots + \lambda_n \boldsymbol{v}_n = \boldsymbol{0}$$

mit $\lambda_1, \ldots, \lambda_n \in \mathbb{K}$ folgt wegen der eindeutigen Darstellbarkeit des Nullvektors sogleich $\lambda_1 = \cdots = \lambda_n = 0$, da natürlich der Nullvektor trivial dargestellt werden kann,

$$0\,\boldsymbol{v}_1 + \cdots + 0\,\boldsymbol{v}_n = \boldsymbol{0}.$$

S. 211

Der $\mathbb{R}$-Vektorraum $\mathbb{R}$ hat die Dimension 1, und jede von null verschiedene Zahl ist als Basisvektor wählbar.

S. 211

Es ist $U + W$ nichtleer, weil der Nullvektor $\boldsymbol{0}$ in $U + W$ liegt. Weiter liegen mit zwei Elementen $\boldsymbol{u} + \boldsymbol{w}$, $\boldsymbol{u}' + \boldsymbol{w}' \in U + W$ und $\lambda \in \mathbb{K}$ stets auch $\boldsymbol{u} + \boldsymbol{w} + \boldsymbol{u}' + \boldsymbol{w}' = (\boldsymbol{u} + \boldsymbol{u}') + (\boldsymbol{w} + \boldsymbol{w}')$ und $\lambda(\boldsymbol{u} + \boldsymbol{w}) = \lambda\boldsymbol{u} + \lambda\boldsymbol{w}$ wieder in $U + W$.

S. 216

Nein, man wähle etwa zwei verschiedene Basen M_U und M_W eines Vektorraums $U = W$.

S. 219

(i) Wegen $\boldsymbol{v} - \boldsymbol{v} = \boldsymbol{0} \in U$ für alle $\boldsymbol{v} \in V$ gilt $\boldsymbol{v} \sim \boldsymbol{v}$ für alle $\boldsymbol{v} \in V$.

(ii) Da mit jedem Element $\boldsymbol{u} \in U$ auch $-\boldsymbol{u}$ in U liegt, folgt aus $\boldsymbol{v} \sim \boldsymbol{w}$, d. h., $\boldsymbol{v} - \boldsymbol{w} \in U$, auch $\boldsymbol{w} - \boldsymbol{v} \in U$, d. h., $\boldsymbol{w} \sim \boldsymbol{v}$.

(iii) Da mit je zwei Elementen aus U auch deren Summe in U liegt, folgt aus $\boldsymbol{u} \sim \boldsymbol{v}$ und $\boldsymbol{v} \sim \boldsymbol{w}$, d. h., $\boldsymbol{u} - \boldsymbol{v}$, $\boldsymbol{v} - \boldsymbol{w} \in U$, sogleich $\boldsymbol{u} - \boldsymbol{w} \in U$, d. h., $\boldsymbol{u} \sim \boldsymbol{w}$.

Analytische Geometrie – Rechnen statt Zeichnen

Was bedeutet die Koordinateninvarianz des Vektorprodukts und des Spatprodukts?

Was versteht man unter der Hesse'schen Normalform einer Ebene?

Wie erfolgt die Umrechnung zwischen einem geozentrischen und einem heliozentrischen Koordinatensystem?

© Springer-Verlag GmbH Deutschland, ein Teil von Springer Nature 2022
T. Arens et al., *Grundwissen Mathematikstudium*,
https://doi.org/10.1007/978-3-662-63313-7_7

Historisch gesehen hat sich die Geometrie aus einer Idealisierung unserer physikalischen Welt entwickelt. Zunächst war allein die Zeichnung die Grundlage für geometrische Fragestellungen, für deren Analyse und deren Lösung. Es bedeutete zweifellos einen besonderen Durchbruch, als man begann, geometrische Elemente durch Zahlen zu beschreiben und damit die zeichnerische Lösung eines Problems durch eine rechnerische zu ersetzen. Dieser für die moderne Wissenschaft so bedeutende Schritt ist vor allem René Descartes (1596–1650), siehe Abbildung 1.17, und Pierre de Fermat (1607/08–1665) zu verdanken und führte zur Entwicklung der analytischen Geometrie. Ohne diese gäbe es keine Computergrafik, keine Robotik und keine Raumfahrt, um nur einige wenige unserer heute so selbstverständlichen Errungenschaften zu nennen.

Das Verhältnis zwischen Zeichnung und Rechnung hat sich neuerdings geradezu umgekehrt: Wenn heute jemand auf dem Computer mit Geometrie-Software, also mit „virtuellen Zeicheninstrumenten" konstruiert, so läuft im Hintergrund die Rechnung ab. Nicht die Rechnung ersetzt die Zeichnung, sondern jetzt dient die Zeichnung auf dem Bildschirm der benutzerfreundlichen Eingabe von Daten und Ausgabe von errechneten Resultaten.

In diesem Kapitel konzentrieren wir uns auf die analytische Geometrie des $\mathbb{R}^3$, genauer des dreidimensionalen euklidischen Raums. Dies deshalb, weil der $\mathbb{R}^3$ unseren physikalischen Raum idealisiert und wir uns die notwendigen Begriffe geometrisch veranschaulichen können. Die ebene Geometrie ist dabei selbstverständlich enthalten. Mit der Kenntnis der zwei- und dreidimensionalen Geometrie fällt es uns auch leichter, so manche n-dimensionale Fragestellung oder allgemeine mathematische Prinzipien zu verstehen.

Im $\mathbb{R}^3$ gibt es neben der im vorhergehenden Kapitel behandelten Vektorraumstruktur noch andere Verknüpfungen, die eine geometrische Bedeutung haben. Wir werden uns nach einer Analyse der Begriffe *Punkt* und *Vektor* vor allem auf diese zusätzlichen Produkte konzentrieren und deren geometrische Bedeutung hervorkehren. Mit den zugehörigen Formeln schaffen wir uns das Werkzeug, um auch die vorstellungsmäßig oft recht anspruchsvollen Umrechnungen zwischen räumlichen Koordinatensystemen übersichtlich zu gestalten.

Bei unserer Betrachtung des $\mathbb{R}^3$ greifen wir gelegentlich auf die Elementargeometrie zurück, wie sie aus der Schule her bekannt ist. So setzen wir etwa den pythagoreischen Lehrsatz oder den Kosinussatz als bekannt voraus. Dabei verstehen wir die hier auftretenden trigonometrischen Funktionen im Sinn ihrer geometrischen Definition. Das Ziel des vorliegenden Kapitels ist es jedenfalls, die Eleganz und Nützlichkeit der Vektor- und Matrizenrechnung im $\mathbb{R}^3$ zu demonstrieren. Über das formale Rechnen hinaus wollen wir aber die geometrische Bedeutung der einzelnen Operationen stets im Auge behalten, um auf Verallgemeinerungen in späteren Kapiteln vorzubereiten.

7.1 Punkte und Vektoren im Anschauungsraum

Wir haben uns schon in den Kapiteln 5 und 6 mit dem **Anschauungsraum** befasst. Damit meinen wir den $\mathbb{R}^3$ als die geometrische Idealisierung des uns umgebenden physikalischen Raums. Nach Einführung eines Koordinatensystems im Anschauungsraum sind die Punkte a mit den Koordinatentripeln $\begin{pmatrix} a_1 \\ a_2 \\ a_3 \end{pmatrix}$ zu identifizieren und als Vektoren des Vektorraums $\mathbb{R}^3$ aufzufassen. Somit stehen als Verknüpfungen die Addition von Punkten und die skalare Multiplikation von a mit $\lambda \in \mathbb{R}$ zu λa zur Verfügung.

Im Folgenden wird gezeigt, dass Vektoren im Anschauungsraum noch eine andere Bedeutung haben.

Vektoren im Anschauungsraum können sowohl Punkte als auch Pfeile bedeuten

In Kapitel 6 wurde die Summe der Vektoren $a, c \in \mathbb{R}^3$ definiert als

$$a + c = \begin{pmatrix} a_1 \\ a_2 \\ a_3 \end{pmatrix} + \begin{pmatrix} c_1 \\ c_2 \\ c_3 \end{pmatrix} = \begin{pmatrix} a_1 + c_1 \\ a_2 + c_2 \\ a_3 + c_3 \end{pmatrix}.$$

Dies bedeutet geometrisch, dass im Anschauungsraum je zwei Punkten a, c ein Summenpunkt $b = a + c$ zugeordnet werden kann. Und zwar ergänzt dieser die drei Punkte a, 0 und c zu einem Parallelogramm (Abb. 7.1).

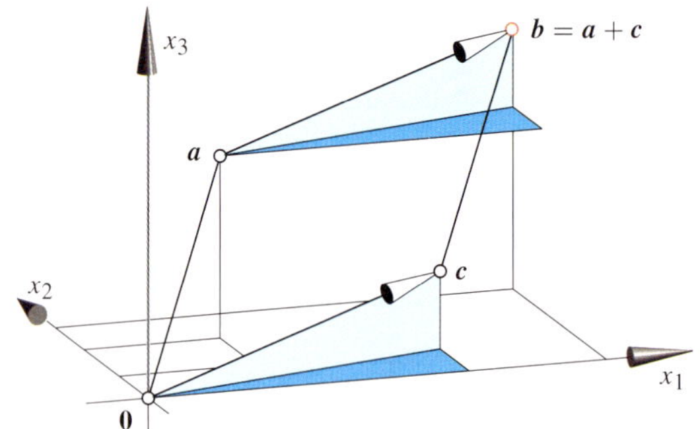

Abbildung 7.1 Die Summe $b = a + c$ der Punkte a und c ergänzt das Dreieck $a\,0\,c$ zu einem Parallelogramm.

Somit sind alle Punktepaare (a, b), (p, q) mit demselben Differenzvektor

$$b - a = q - p$$

Elementepaare ein und derselben *Translation*. Es liegt nahe, diese Translation grafisch durch Pfeile darzustellen, deren Endpunkt b das Bild des jeweiligen Anfangspunkts a ist (Abb. 7.2).

Dies führt uns im Anschauungsraum zu einer neuen Interpretation von Vektoren: Wir verstehen unter *einem* Vektor

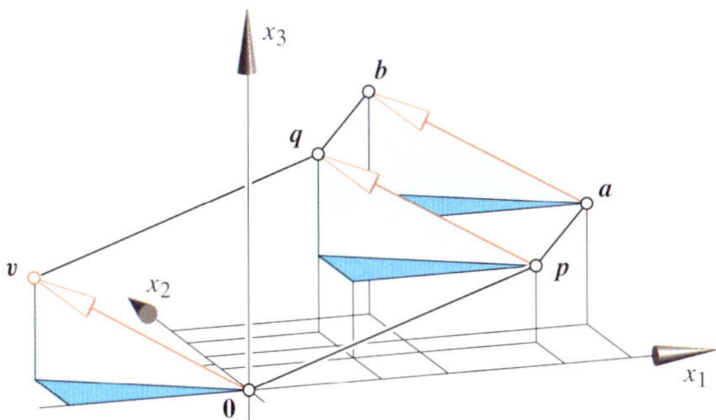

Abbildung 7.2 Der Vektor v ist sowohl gleich $b - a$ als auch gleich $q - p$.

$v \in \mathbb{R}^3$ *alle* möglichen Pfeile, deren jeweiliger Anfangspunkt a und Endpunkt b der Bedingung $v = b - a$ genügen. Alle diese Pfeile sind gleich lang und gleich gerichtet. Kennt man einen, so kennt man alle.

Dahinter steht eine Äquivalenzrelation: Wir nennen zwei Paare (p, q), $(a, b) \in (\mathbb{R}^3 \times \mathbb{R}^3)$ *äquivalent*, wenn

$$q - p = b - a$$

gilt. Diese Relation auf $\mathbb{R}^3 \times \mathbb{R}^3$ ist offensichtlich reflexiv, symmetrisch und transitiv. Die Äquivalenzklassen heißen *Vektoren des Anschauungsraums*. Natürlich ist jeder Vektor v bereits durch einen Repräsentanten eindeutig bestimmt, und so schreiben wir kurz $v = b - a \in \mathbb{R}^3$.

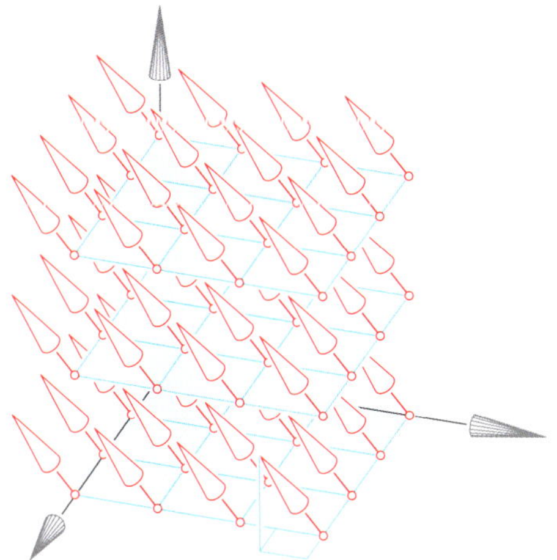

Abbildung 7.3 Eine Äquivalenzklasse gleich langer und gleich orientierter Pfeile ist ein Vektor.

Kommentar: Der Anschauungsraum ist ein *affiner Raum* und wird zunächst als Menge von *Punkten* verstanden. Jede Äquivalenzklasse von Punktepaaren mit derselben Differenz ist ein *Vektor*, und diese bilden den zum affinen Raum *gehörigen Vektorraum*.

Umgekehrt legt jeder Vektorraum V einen affinen Raum fest als Menge aller affinen Teilräume $a + U$ mit $a \in V$ und U als Untervektorraum von V (siehe auch Kapitel 6, Seite 197). Die

Punkte des affinen Raums sind die nulldimensionalen affinen Teilräume $\{a\} = a + \{0\}$ von V.

Der Vektor $v = b - a$ des Anschauungsraums wird also durch einen Pfeil mit Anfangspunkt a und Spitze b repräsentiert, doch kann dieser Pfeil im Raum noch beliebig parallel verschoben werden, ohne dabei den Vektor zu verändern (Abb. 7.3).

Nun sind im Anschauungsraum sowohl die *Punkte*, als auch die durch Pfeile repräsentierten *Vektoren* jeweils durch drei Koordinaten festgelegt. Punkte wie Vektoren werden daher auch auf dieselbe Weise durch fett gedruckte Symbole bezeichnet. Dies kann manchmal verwirren.

In der Regel ist aus dem Zusammenhang klar, was gemeint ist: Wenn wir z. B. eine Gerade darstellen als

$$G = \{x = a + t\,u \mid t \in \mathbb{R}\},$$

so sind a und x Punkte, während u ein Vektor ist (Abb. 7.5).

Zur besseren sprachlichen Unterscheidung werden wir die durch Pfeile repräsentierten Vektoren auch *Richtungsvektoren* nennen. Und den „Punkt p" nennen wir gelegentlich auch den „Punkt mit dem *Ortsvektor p*". Dabei verstehen wir unter dem Ortsvektor des Punkts p die Differenz $p - 0$, die repräsentiert wird durch den vom Koordinatenursprung 0 zum Punkt p weisenden Pfeil. Zudem werden wir die Symbole a, b, p, q, x zumeist für Punkte reservieren und u, v, w und n für Richtungsvektoren.

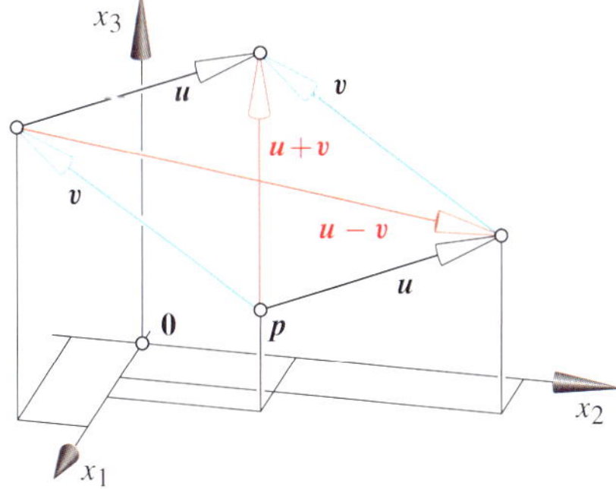

Abbildung 7.4 Summe $u + v$ und Differenz $u - v$ von Richtungsvektoren.

Wenn wir auch die Ortsvektoren p, q zweier Punkte durch Pfeile darstellen, so lässt sich die Bildung der Vektorsumme $p + q$ auch ohne das Parallelogramm in Abbildung 7.1 geometrisch beschreiben. Wir können nämlich einheitlich formulieren:

Zwei Vektoren werden *addiert*, indem zugehörige Pfeile aneinandergehängt werden. Zur Bestimmung der *Differenz* zweier Vektoren wählen wir zwei repräsentierende Pfeile mit demselben Anfangspunkt und legen dann den Differenzvektor als Pfeil nach der Regel „*Endpunkt minus Anfangspunkt*" fest (Abb. 7.4).

Beispiel Gegeben sind die drei Punkte

$$a = \begin{pmatrix} 1 \\ -2 \\ 1 \end{pmatrix}, \quad b = \begin{pmatrix} 4 \\ 3 \\ 3 \end{pmatrix}, \quad c = \begin{pmatrix} 3 \\ 4 \\ 2 \end{pmatrix}.$$

Gesucht ist derjenige Punkt d, welcher die drei Punkte a, b, c zu einem Parallelogramm $abcd$ ergänzt.

Damit diese vier Punkte in der angegebenen Reihenfolge ein Parallelogramm bilden, müssen die Pfeile von a nach b sowie von d nach c gleich lang und gleich gerichtet sein. Dies bedeutet

$$b - a = c - d,$$

also

$$d = a - b + c.$$

Somit lautet die Lösung:

$$d = \begin{pmatrix} 1 \\ -2 \\ 1 \end{pmatrix} - \begin{pmatrix} 4 \\ 3 \\ 3 \end{pmatrix} + \begin{pmatrix} 3 \\ 4 \\ 2 \end{pmatrix} = \begin{pmatrix} 0 \\ -1 \\ 0 \end{pmatrix}.$$

Wir erkennen: Die vier Punkte $a\,b\,c\,d$ bilden genau dann in dieser Reihenfolge ein Parallelogramm, wenn gilt:

$$a - b + c - d = 0. \qquad \blacktriangleleft$$

?

Bestimmen Sie den Punkt f, welcher die obigen Punkte a, b, c zu einem Parallelogramm $abfc$ ergänzt. Beachten Sie dabei die nun geänderte Reihenfolge.

Überprüfen Sie, dass c in der Mitte zwischen f und dem vorhin berechneten Punkt d liegt.

Eine Teilmenge A des Vektorraums V heißt **affiner Teilraum**, wenn A darstellbar ist als $a + U$ mit $a \in V$ und U als Untervektorraum von V. Wir definieren die *Dimension* von A durch die Gleichung $\dim A = \dim U$ und nennen den Unterraum U die *Richtung* von A. Nachdem es sich bei U um eine Untergruppe der kommutativen Gruppe $(V, +)$ handelt, ist der affine Teilraum A eine *Nebenklasse* von U im Sinne von Kapitel 3, Seite 68.

Im Folgenden wenden wir uns den ein- und zweidimensionalen affinen Teilräumen des Anschauungsraums $\mathbb{R}^3$ zu, den *Geraden* und *Ebenen*.

Affin- und Konvexkombinationen im $\mathbb{R}^3$ als spezielle Linearkombinationen

Wir betrachten die Gerade $G = a + \mathbb{R}u$, also ausführlich

$$G = \{x = a + t\,u \mid t \in \mathbb{R}\}.$$

$\mathbb{R}u$ ist die *Richtung* dieses affinen Teilraums und u ein *Richtungsvektor* von G.

Ist b ein weiterer Punkt von G neben a, so können wir sagen, G wird von den Punkten a und b *aufgespannt*, was man gelegentlich mit dem Symbol $G = \mathrm{span}\{a, b\}$ ausdrückt. Wählen wir nun $u = b - a$ als Richtungsvektor von G, so können wir die Punkte x von G auch darstellen als

$$x = a + \lambda(b - a) = (1 - \lambda)a + \lambda b \ \text{ mit } \lambda \in \mathbb{R}.$$

x ist eine sogenannte **Affinkombination** von a und b, also eine Linearkombination, für welche die Summe der verwendeten Skalare $(1 - \lambda) + \lambda$ genau 1 ergibt.

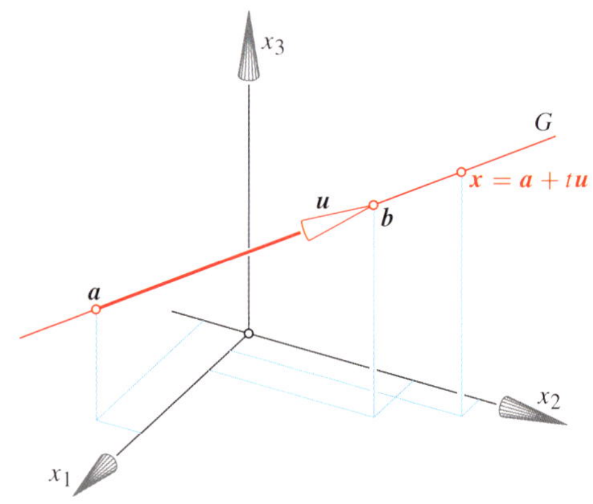

Abbildung 7.5 Parameterdarstellung der Geraden G.

Wird zudem λ auf $0 \le \lambda \le 1$ eingeschränkt, so durchläuft x genau die *abgeschlossene Strecke* von a bis b, und dann heißt die Affinkombination **Konvexkombination**.

Analog können wir bei den Ebenen vorgehen. Wird die durch den Punkt a gehende Ebene E von den zwei linear unabhängigen Vektoren u und v aufgespannt, so lautet ihre *Parameterdarstellung*

$$E = \{x = a + \mu u + \nu v \mid (\mu, \nu) \in \mathbb{R}^2\}.$$

Wir schreiben dafür auch $E = p + \mathbb{R}u + \mathbb{R}v$.

Angenommen, E enthält die drei nicht auf einer Geraden gelegenen Punkte a, b und c, kurz $E = \mathrm{span}\{a, b, c\}$. Dann können wir $u = b - a$ und $v = c - a$ setzen, und Punkte x von E sind darstellbar als

$$x = a + \mu(b - a) + \nu(c - a) = (1 - \mu - \nu)a + \mu b + \nu c$$

mit $(\mu, \nu) \in \mathbb{R}^2$. Wieder liegt eine Linearkombination mit der Koeffizientensumme 1 vor, und wir können sagen: x ist genau dann eine *Affinkombination* von a, b und c, wenn $x \in \mathrm{span}\{a, b, c\}$ gilt. Die drei Skalare (λ, μ, ν) mit der Bedingung $\lambda + \mu + \nu = 1$ werden manchmal als überzählige Punktkoordinaten in der Ebene E verwendet; sie heißen *baryzentrische Koordinaten*.

In Hinblick auf die vorhin betonte Unterscheidung zwischen Punkten und Vektoren im Anschauungsraum müssen wir festhalten, dass Affinkombinationen auf Punkte anzuwenden sind und wiederum Punkte liefern.

Beweisen Sie, dass eine Affinkombination von Affinkombinationen wieder eine Affinkombination ist und dass die analoge Eigenschaft für Konvexkombinationen gilt.

Welche Punktmenge ist nun durch die Menge aller *Konvexkombinationen* von a, b und c beschrieben, wenn diese Punkte nach wie vor nicht auf einer Geraden liegen? Wir untersuchen also

$$\Delta = \{y = \lambda\,a + \mu\,b + \nu\,c \mid \lambda, \mu, \nu \geq 0$$
$$\text{und } \lambda + \mu + \nu = 1\}.$$

Δ ist jedenfalls eine Teilmenge von $E = \mathrm{span}\{a, b, c\}$. Bei $\nu = 0$ ist $\lambda + \mu = 1$ und daher y ein Punkt der abgeschlossenen Strecke ab. Bei $\nu > 0$ liegt $y = a + \mu(b - a) + \nu(c - a)$ innerhalb E auf derjenigen Seite der Geraden ab, welcher auch c angehört. Analog folgt aus $\mu \geq 0$, dass y in E entweder der abgeschlossenen Strecke ac angehört oder auf derselben Seite der Geraden ac liegt wie b. Schließlich können wir auch schreiben:

$$y = b + \nu(c - b) + \lambda(a - b),$$

und bei $\lambda > 0$ liegen a und y auf derselben Seite von bc. Δ ist somit gleich der Menge aller Punkte der *abgeschlossenen Dreiecksscheibe*, also der Punkte, die bei $\lambda, \mu, \nu > 0$ im Dreiecksinneren und sonst auf dem Rand liegen (Abb. 7.6).

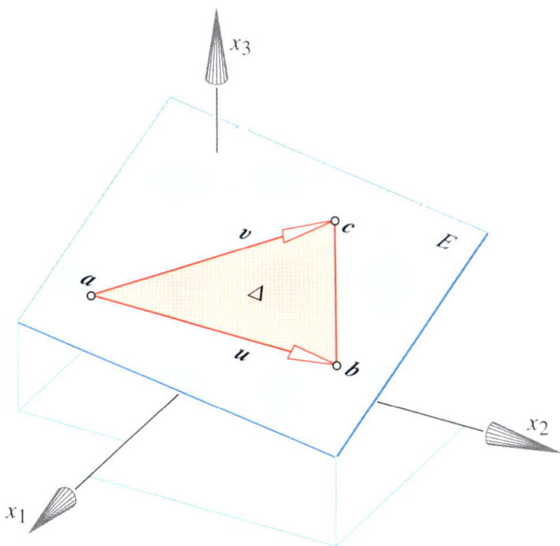

Abbildung 7.6 Die abgeschlossene Dreiecksscheibe Δ ist gleich der Menge aller Konvexkombinationen von a, b und c, kurz: $\Delta = \mathrm{conv}\{a, b, c\}$.

Man nennt die Menge aller Konvexkombinationen einer gegebenen Punktmenge M auch die **konvexe Hülle** von M und verwendet dafür das Symbol $\mathrm{conv}\,M$. Die konvexe Hülle enthält mit je zwei verschiedenen Punkten a, b auch deren konvexe Hülle $\mathrm{conv}\{a, b\}$, also die davon begrenzte Strecke. Mengen mit dieser Eigenschaft heißen **konvex**. Somit ist die konvexe Hülle $\mathrm{conv}\,M$ eine M umfassende konvexe Menge.

Analog heißt die Menge der Affinkombinationen von M auch **affine Hülle** $\mathrm{span}\,M$ der Punktmenge M.

Beispiel Nach dem Beispiel auf Seite 230 bilden die vier Punkte

$$a = \begin{pmatrix} 1 \\ -2 \\ 1 \end{pmatrix},\ b = \begin{pmatrix} 4 \\ 3 \\ 3 \end{pmatrix},\ c = \begin{pmatrix} 3 \\ 4 \\ 2 \end{pmatrix},\ d = \begin{pmatrix} 0 \\ -1 \\ 0 \end{pmatrix}$$

ein Parallelogramm. Berechnen Sie dessen Mittelpunkt m.

Der Mittelpunkt m der Diagonale ac hat die Eigenschaft $m - a = c - m$, also $2m = a + c$. Wir erhalten daraus die spezielle Konvexkombinationen

$$m = \tfrac{1}{2}(a + c) = \tfrac{1}{2}(b + d),$$

nachdem $a + c = b + d$ kennzeichnend ist für das Parallelogramm $abcd$. Durch Einsetzen der obigen Koordinaten folgt:

$$m = \tfrac{1}{2}\begin{pmatrix} 4 \\ 2 \\ 3 \end{pmatrix} = \begin{pmatrix} 2 \\ 1 \\ \tfrac{3}{2} \end{pmatrix}. \qquad \blacktriangleleft$$

Welche der folgenden Aussagen ist richtig?

- Liegt der Punkt x auf der Verbindungsgeraden von a und b, so ist x eine Linearkombination von a und b.
- Jede Linearkombination von a und b stellt einen Punkt der Verbindungsgeraden ab dar.

Gegeben sind drei Punkte a, b, c. Deren arithmetisches Mittel $s = \tfrac{1}{3}(a + b + c)$ ist der Schwerpunkt des Punktetripels.

- Angenommen, die drei Punkte a, b, c bilden ein Dreieck. Warum liegt s stets im Inneren dieses Dreiecks?
- Zeigen Sie, dass s auf der Verbindungsgeraden von c mit dem Mittelpunkt von a und b liegt.

Im Anschauungsraum ist zwischen Rechts- und Linkssystemen zu unterscheiden

Wollen wir unsere physikalische Welt mathematisch beschreiben, so müssen wir auch *Distanzen* und *Winkel* messen können. Was wir schon bisher stillschweigend angenommen haben, soll nun besonders betont werden: Wir verwenden im Folgenden ausschließlich Koordinatensysteme, deren Basisvektoren $\{b_1, b_2, b_3\}$ *orthonormiert*, d. h. paarweise orthogonal und von der Länge 1 sind. Derartige Koordinatensysteme heißen nach René Descartes **kartesisch**. Ist o der Koordinatenursprung, so bezeichnen wir das Koordinatensystem kurz mit dem Symbol $(o; B)$.

Zudem fordern wir, dass die Basisvektoren in der Reihenfolge (b_1, b_2, b_3) ein *Rechtssystem* bilden, d. h. sich ihre Richtungen der Reihe nach durch den Daumen, Zeigefinger und Mittelfinger der rechten Hand angeben lassen. Man

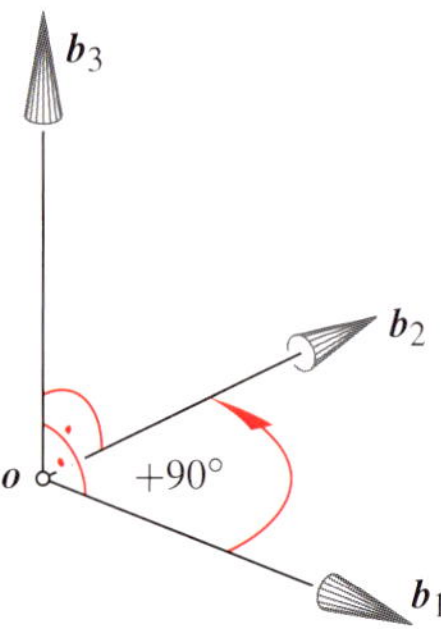

Abbildung 7.7 Ein orthonormiertes Rechtskoordinatensystem.

spricht dann auch von einem *kartesischen Rechtssystem*. Häufig werden wir uns den dritten Basisvektor und damit die dritte Koordinatenachse lotrecht, und zwar nach oben weisend vorstellen. Dann liegen b_1 und b_2 horizontal. Von oben gesehen erfolgt die Drehung von b_1 nach b_2 durch $90°$ im mathematisch positiven Sinn (Abb. 7.7).

Spiegelbilder von Rechtssystemen sind *Linkssysteme*. Hier folgen die drei Basisvektoren aufeinander wie Daumen, Zeigefinger und Mittelfinger der linken Hand (Abb. 7.8).

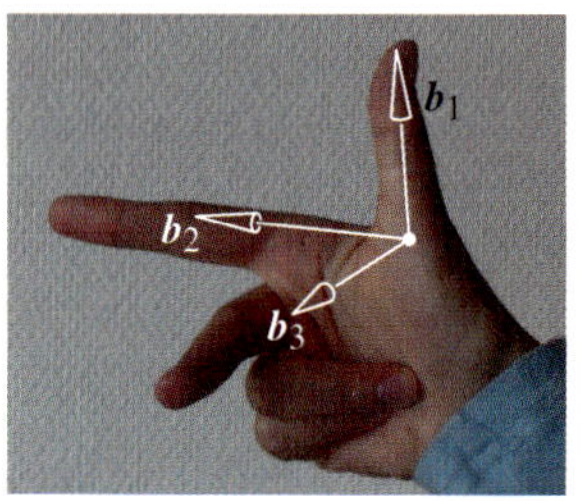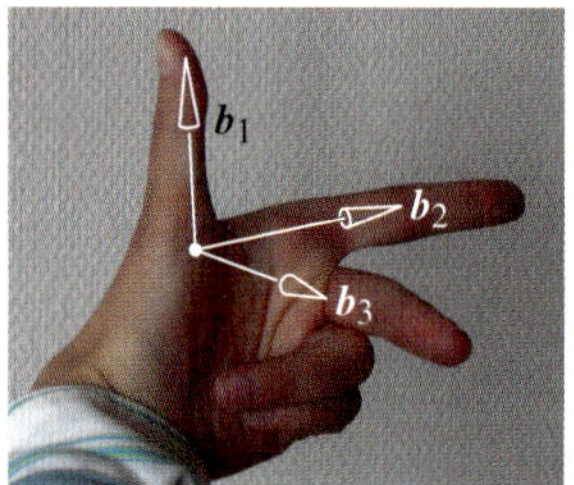

Abbildung 7.8 Merkregel für die Anordnung der Basisvektoren: b_1 = Daumen, b_2 = Zeigefinger, b_3 = Mittelfinger, wie wenn man mit den Fingern „1,2,3" zählt. Die rechte Hand bestimmt ein Rechtssystem, die linke ein Linkssystem.

Wir werden die Bezeichnung *Rechtssystem* später auch ausdehnen auf drei Vektoren, die nicht paarweise orthogonal sind, die aber trotzdem der Rechten-Hand-Regel folgen. Dabei dürfen wir voraussetzen, dass die von zwei Fingern eingeschlossenen Winkel zwischen $0°$ und $180°$ liegen.

------------------- **?** -------------------

Angenommen, wir stellen ein Rechtssystem „auf den Kopf", d. h., wir verdrehen es derart, dass der dritte Basisvektor nach unten weist. Wird das Rechtssystem dadurch zu einem Linkssystem?

Punkte, Vektoren und ihre Koordinaten

Obwohl wir die Punkte und Vektoren vorhin über ihre Koordinaten eingeführt haben, werden wir den in der Theorie der Vektorräume üblichen Standpunkt einnehmen: Die Punkte und Vektoren sind geometrische Objekte unseres Raums, und diese existieren von vornherein. In diesem Raum können Koordinatensysteme willkürlich festgelegt werden. So kommt

es, dass ein und derselbe Punkt oder Vektor je nach Wahl des Koordinatensystems verschiedene Koordinaten hat.

Bei dieser Gelegenheit erinnern wir an Kapitel 6: Ist B eine geordnete Basis des n-dimensionalen $\mathbb{K}$-Vektorraums V, so ist jeder Vektor $v \in V$ eindeutig als Linearkombination

$$v = v_1 b_1 + \cdots + v_n b_n$$

von B darstellbar. Wir nennen das n-Tupel $(v_1, \ldots, v_n)$ der verwendeten Skalare die **B-Koordinaten** von v und schreiben diese als Spaltenvektor. Für diesen Koordinatenvektor aus $\mathbb{K}^n$ benutzen wir gelegentlich das Symbol $_B v$, wenn ausdrücklich auch die zugrunde liegende Basis hervorgehoben werden soll.

Im Fall des Anschauungsraums $V = \mathbb{R}^3$ können wir $B = (b_1, b_2, b_3)$ setzen. Dann lautet der Vektor $_B u$ der B-Koordinaten des Vektors $u \in \mathbb{R}^3$:

$$_B u = \begin{pmatrix} u_1 \\ u_2 \\ u_3 \end{pmatrix} \iff u = u_1 b_1 + u_2 b_2 + u_3 b_3. \quad (7.1)$$

Wenn wir von einem Koordinatensystem $(o; B)$ für Punkte sprechen, so spielt auch die Wahl des Ursprungs o eine Rolle. Wir schreiben daher $_{(o;B)} x$, wenn wir ausdrücklich die Koordinaten des Punkts x bezüglich des genannten Koordinatensystems meinen, und diese sind wie folgt definiert:

$$_{(o;B)} x = \begin{pmatrix} x_1 \\ x_2 \\ x_3 \end{pmatrix} \iff x = o + x_1 b_1 + x_2 b_2 + x_3 b_3. \quad (7.2)$$

7.2 Das Skalarprodukt im Anschauungsraum

Neben der Addition und skalaren Multiplikation gibt es im Anschauungsraum noch weitere nützliche Verknüpfungen. Das im Folgenden behandelte Skalarprodukt kann auf beliebige Dimensionen verallgemeinert werden (siehe Kapitel 17). Zunächst aber interessiert uns vor allem seine geometrische Bedeutung.

Definition des Skalarprodukts und der Norm im Anschauungsraum

Definition des Skalarprodukts

Für je zwei Vektoren $u, v \in \mathbb{R}^3$ mit kartesischen Koordinaten $\begin{pmatrix} u_1 \\ u_2 \\ u_3 \end{pmatrix}$ bzw. $\begin{pmatrix} v_1 \\ v_2 \\ v_3 \end{pmatrix}$ lautet das **Skalarprodukt**

$$u \cdot v = u_1 v_1 + u_2 v_2 + u_3 v_3.$$

Dieses Produkt legt eine Abbildung

$$\mathbb{R}^3 \times \mathbb{R}^3 \to \mathbb{R} \text{ mit } (u, v) \mapsto u \cdot v$$

fest, welche jedem Paar von Vektoren aus $\mathbb{R}^3$ eine reelle Zahl in Form des Skalarprodukts zuweist.

Das Skalarprodukt $\boldsymbol{u} \cdot \boldsymbol{v}$ lässt sich auch als Matrizenprodukt auffassen, so wie es uns bereits bei den Gleichungssystemen auf Seite 175 begegnet ist. Dazu müssen die Koordinaten des ersten Vektors $\boldsymbol{u}$ als Zeile und jene des zweiten Vektors $\boldsymbol{v}$ als Spalte geschrieben werden:

$$\underbrace{\boldsymbol{u} \cdot \boldsymbol{v}}_{\substack{\text{Skalarprodukt} \\ \text{von Vektoren}}} = (u_1 \ u_2 \ u_3) \begin{pmatrix} v_1 \\ v_2 \\ v_3 \end{pmatrix} = \underbrace{\boldsymbol{u}^\top \boldsymbol{v}}_{\text{Matrizenprodukt}}. \qquad (7.3)$$

Aus Gründen der Einfachheit verwenden wir die Symbole $\boldsymbol{u}$ und $\boldsymbol{v}$ links für Vektoren und ebenso rechts für Matrizen mit drei Zeilen und einer Spalte. Das hochgestellte $\top$ bei $\boldsymbol{u}$ bedeutet die *Transponierung*, wodurch Zeilen mit Spalten vertauscht werden. Deshalb bezeichnet $\boldsymbol{u}^\top$ eine 1×3 -Matrix. Diese Doppelverwendung der Symbole $\boldsymbol{u}$ und $\boldsymbol{v}$ sollte aber kaum zu Schwierigkeiten führen. Der Punkt kennzeichnet jedenfalls das Skalarprodukt von zwei Vektoren. Bei der Auffassung als Matrizenprodukt wird kein Verknüpfungssymbol verwendet.

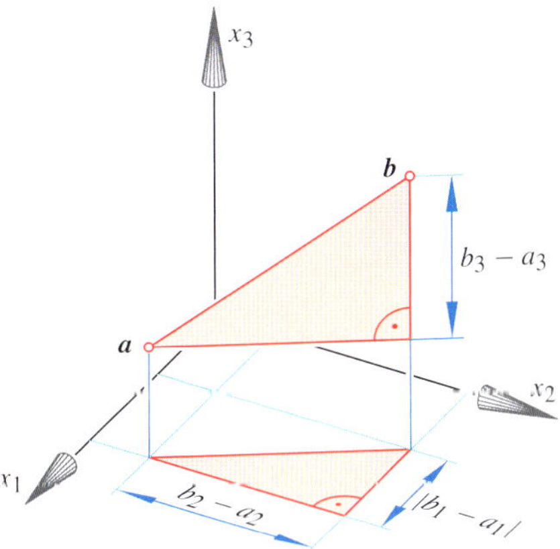

Abbildung 7.9 Die Distanz der Punkte $\boldsymbol{a}$ und $\boldsymbol{b}$ ist $\|\boldsymbol{a} - \boldsymbol{b}\| = \sqrt{(a_1 - b_1)^2 + (a_2 - b_2)^2 + (a_3 - b_3)^2}$, was sich auch aus dem Satz des Pythagoras ergibt.

Auf dem Skalarprodukt eines Vektors mit sich selbst beruht die Definition der **Norm** oder **Länge**

$$\|\boldsymbol{u}\| = \sqrt{u_1^2 + u_2^2 + u_3^2} = \sqrt{\boldsymbol{u} \cdot \boldsymbol{u}},$$

die oft auch *Standardnorm* des $\mathbb{R}^3$ genannt wird. Die Abbildung

$$\mathbb{R}^3 \to \mathbb{R}_{\geq 0} \quad \text{mit} \quad \boldsymbol{u} \mapsto \|\boldsymbol{u}\|$$

ordnet jedem Richtungsvektor die gemeinsame Länge der repräsentierenden Pfeile zu, denn bei $\boldsymbol{u} = \boldsymbol{a} - \boldsymbol{b}$ ist

$$\|\boldsymbol{u}\| = \|\boldsymbol{a} - \boldsymbol{b}\| = \sqrt{(a_1 - b_1)^2 + (a_2 - b_2)^2 + (a_3 - b_3)^2}$$

genau die **Distanz** der Punkte $\boldsymbol{a}$ und $\boldsymbol{b}$, wie anhand des Satzes von Pythagoras (Abb. 7.9) sofort zu erkennen ist. Anstelle von $\boldsymbol{u} \cdot \boldsymbol{u}$ schreibt man übrigens auch oft $\boldsymbol{u}^2$.

Beispiel Als kleines Zahlenbeispiel zwischendurch berechnen wir für die Vektoren

$$\boldsymbol{u} = \begin{pmatrix} 2 \\ -1 \\ 2 \end{pmatrix} \quad \text{und} \quad \boldsymbol{v} = \begin{pmatrix} -1 \\ 5 \\ 3 \end{pmatrix}$$

deren Skalarprodukt

$$\boldsymbol{u} \cdot \boldsymbol{v} = 2 \cdot (-1) + (-1) \cdot 5 + 2 \cdot 3 = -2 - 5 + 6 = -1$$

sowie die Norm von $\boldsymbol{u}$:

$$\|\boldsymbol{u}\| = \sqrt{2^2 + (-1)^2 + 2^2} = \sqrt{4 + 1 + 4} = \sqrt{9} = 3. \quad \blacktriangleleft$$

Nachdem das Quadrat der Norm eines Vektors gleich der Quadratsumme seiner Koordinaten ist, gilt:

$$\|\boldsymbol{u}\| = 0 \iff \boldsymbol{u} = \boldsymbol{0}. \qquad (7.4)$$

Eine weitere wichtige Formel zur Norm lautet:

$$\|\lambda \boldsymbol{u}\| = |\lambda| \, \|\boldsymbol{u}\|. \qquad (7.5)$$

Beweis: Es ist $\|\lambda \boldsymbol{u}\|^2 = (\lambda \boldsymbol{u}) \cdot (\lambda \boldsymbol{u}) = \lambda^2 (\boldsymbol{u} \cdot \boldsymbol{u})$. $\blacksquare$

Normieren von Vektoren

Jeder Vektor $\boldsymbol{u} \neq \boldsymbol{0}$ lässt sich durch skalare Multiplikation gemäß

$$\widehat{\boldsymbol{u}} = \frac{1}{\|\boldsymbol{u}\|} \boldsymbol{u}$$

in einen Vektor mit der Norm 1, also in einen **Einheitsvektor** $\widehat{\boldsymbol{u}}$ transformieren. Wir sagen dazu, wir **normieren** den Vektor $\boldsymbol{u}$.

Beweis: Mit (7.5) ist

$$\|\widehat{\boldsymbol{u}}\| = \left| \frac{1}{\|\boldsymbol{u}\|} \right| \|\boldsymbol{u}\| = \frac{1}{\|\boldsymbol{u}\|} \|\boldsymbol{u}\| = 1.$$

$\widehat{\boldsymbol{u}}$ behält die Richtung von $\boldsymbol{u} \neq \boldsymbol{0}$ bei. $\blacksquare$

Kommentar: Es gibt viele verschiedene Normen in der Mathematik (siehe auch Kapitel 17 und 19). Die hier definierte heißt *Standardnorm* oder *2-Norm*. Für alle Normen gelten die zu (7.4) und (7.5) analogen Gleichungen und dazu noch die später folgende Dreiecksungleichung.

Das Skalarprodukt ist offensichtlich *symmetrisch*, d. h.,

$$\boldsymbol{u} \cdot \boldsymbol{v} = \boldsymbol{v} \cdot \boldsymbol{u}.$$

Zudem ist das Skalarprodukt linear in jedem Anteil und damit *bilinear*, d. h.,

$$(\boldsymbol{u}_1 + \boldsymbol{u}_2) \cdot \boldsymbol{v} = (\boldsymbol{u}_1 \cdot \boldsymbol{v}) + (\boldsymbol{u}_2 \cdot \boldsymbol{v}),$$
$$(\lambda \boldsymbol{u}) \cdot \boldsymbol{v} = \lambda (\boldsymbol{u} \cdot \boldsymbol{v})$$

und analog für $\boldsymbol{v}$. Im Kapitel 17 werden wir Skalarprodukte auch in anderen Vektorräumen definieren und dabei zunächst nur die Bilinearität und Symmetrie fordern. Das hier definierte wird auch als *kanonisches Skalarprodukt* bezeichnet.

Beispiel Wir beweisen die Formel

$$\|\boldsymbol{u} - \boldsymbol{v}\|^2 = \|\boldsymbol{u}\|^2 + \|\boldsymbol{v}\|^2 - 2\,(\boldsymbol{u} \cdot \boldsymbol{v}).$$

Beweis: Wir nutzen die Bilinearität und die Symmetrie des Skalarprodukts, um den Ausdruck auf der linken Seite wie folgt umzuformen:

$$\begin{aligned}
(\boldsymbol{u} - \boldsymbol{v}) \cdot (\boldsymbol{u} - \boldsymbol{v}) &= \\
= \boldsymbol{u} \cdot \boldsymbol{u} - \boldsymbol{u} \cdot \boldsymbol{v} - \boldsymbol{v} \cdot \boldsymbol{u} + \boldsymbol{v} \cdot \boldsymbol{v} &= \\
= \boldsymbol{u} \cdot \boldsymbol{u} + \boldsymbol{v} \cdot \boldsymbol{v} - 2\,(\boldsymbol{u} \cdot \boldsymbol{v}). &
\end{aligned}$$

Auf der rechte Seite treten offensichtlich, wie behauptet, die Quadrate der Normen auf. ∎

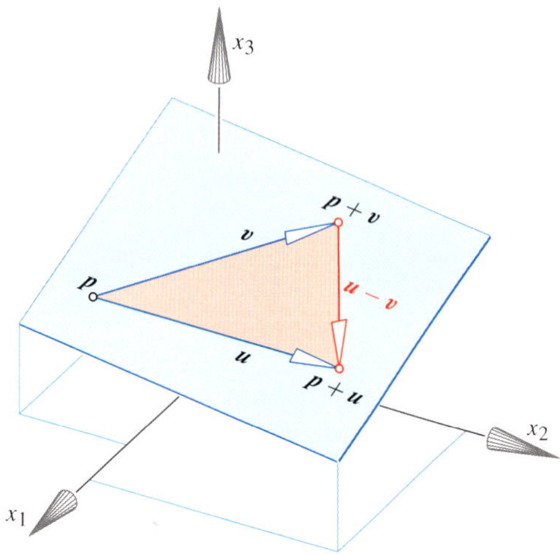

Abbildung 7.10 Der verallgemeinerte Satz des Pythagoras $\|\boldsymbol{u} - \boldsymbol{v}\|^2 = \|\boldsymbol{u}\|^2 + \|\boldsymbol{v}\|^2 - 2\,(\boldsymbol{u} \cdot \boldsymbol{v})$ gilt auch für nicht rechtwinklige Dreiecke.

Diese Formel wird manchmal *verallgemeinerter Satz des Pythagoras* genannt, weil damit in dem Dreieck der Punkte $\boldsymbol{p}$, $\boldsymbol{p} + \boldsymbol{u}$ und $\boldsymbol{p} + \boldsymbol{v}$ (Abb. 7.10) die Länge der dem Punkt $\boldsymbol{p}$ gegenüberliegenden Seite berechnet werden kann. Wir können bereits erraten, warum bei $\boldsymbol{u} \cdot \boldsymbol{v} = 0$ genau der Satz des Pythagoras übrig bleibt. ◄

Eine weitere Konsequenz der Bilinearität ist die folgende *Parallelogrammgleichung*:

$$\|\boldsymbol{u} + \boldsymbol{v}\|^2 + \|\boldsymbol{u} - \boldsymbol{v}\|^2 = 2\,(\|\boldsymbol{u}\|^2 + \|\boldsymbol{v}\|^2).$$

—————————— **?** ——————————

Beweisen Sie die Parallelogrammgleichung.

—————————————————————————

Diese Gleichung besagt in Worten: In jedem Parallelogramm ist die Quadratsumme der beiden Diagonalenlängen gleich der Quadratsumme der vier Seitenlängen.

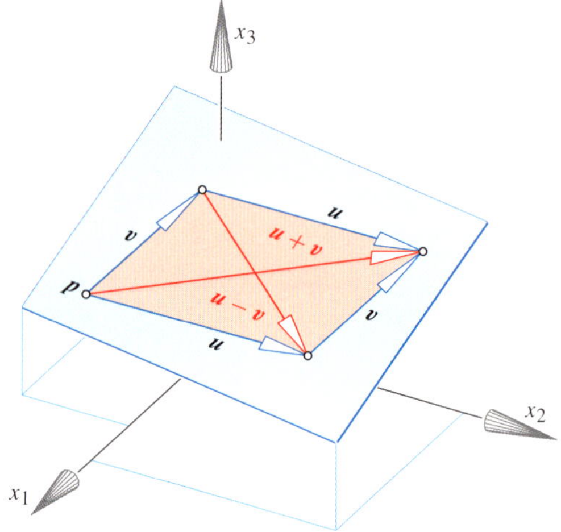

Abbildung 7.11 Die Parallelogrammgleichung liefert eine Beziehung zwischen den Längen der Seiten und der Diagonalen eines Parallelogramms.

Dabei wird das Parallelogramm von den Punkten $\boldsymbol{p}$, $\boldsymbol{p} + \boldsymbol{u}$, $\boldsymbol{p} + \boldsymbol{u} + \boldsymbol{v}$ und $\boldsymbol{p} + \boldsymbol{v}$ gebildet (siehe Abbildung 7.11 und auch Abbildung 7.4). Wir nennen dieses *das von $\boldsymbol{u}$ und $\boldsymbol{v}$ aufgespannte Parallelogramm*, obwohl es wegen der freien Wahl der ersten Ecke $\boldsymbol{p}$ unendlich viele derartige Parallelogramme gibt, die alle durch Parallelverschiebungen auseinander hervorgehen.

—————————— **?** ——————————

Bestätigen Sie, dass je zwei der folgenden vier Punkte $\boldsymbol{a}_1, \ldots, \boldsymbol{a}_4$ (siehe Abbildung 7.18 auf Seite 245) mit

$$\boldsymbol{a}_{1,2} = \begin{pmatrix} \pm 2 \\ 0 \\ \sqrt{2} \end{pmatrix}, \quad \boldsymbol{a}_{3,4} = \begin{pmatrix} 0 \\ \pm 2 \\ -\sqrt{2} \end{pmatrix}$$

dieselbe Distanz 4 einschließen. Welches Dreieck bilden demnach je drei dieser Punkte, welche geometrische Figur alle vier Punkte zusammengenommen?

—————————————————————————

Das Skalarprodukt hat eine geometrische Bedeutung

Wir wenden uns nun der Frage zu, welcher Wert eigentlich mit dem Skalarprodukt ausgerechnet wird. Dazu tragen wir vom Anfangspunkt $\boldsymbol{c}$ die Vektoren $\boldsymbol{u}$ und $\boldsymbol{v}$ ab und erhalten die Punkte

$$\boldsymbol{a} = \boldsymbol{c} + \boldsymbol{u} \quad \text{und} \quad \boldsymbol{b} = \boldsymbol{c} + \boldsymbol{v}.$$

Für die Distanz der Endpunkte $\boldsymbol{a}$ und $\boldsymbol{b}$ gilt:

$$\begin{aligned}
\|\boldsymbol{a} - \boldsymbol{b}\|^2 &= (\boldsymbol{u} - \boldsymbol{v}) \cdot (\boldsymbol{u} - \boldsymbol{v}) = \\
&= \|\boldsymbol{u}\|^2 + \|\boldsymbol{v}\|^2 - 2(\boldsymbol{u} \cdot \boldsymbol{v}) = \\
&= \|\boldsymbol{a} - \boldsymbol{c}\|^2 + \|\boldsymbol{b} - \boldsymbol{c}\|^2 - 2\,(\boldsymbol{u} \cdot \boldsymbol{v}).
\end{aligned}$$

Das ist offensichtlich wieder der vorhin bereits behandelte verallgemeinerte Satz des Pythagoras, den wir nun in der Form

$$2\,(\boldsymbol{u} \cdot \boldsymbol{v}) = \|\boldsymbol{a} - \boldsymbol{c}\|^2 + \|\boldsymbol{b} - \boldsymbol{c}\|^2 - \|\boldsymbol{a} - \boldsymbol{b}\|^2$$

schreiben. Wir vergleichen dies mit dem aus der Elementargeometrie her bekannten *Kosinussatz* für das Dreieck ***abc***, indem wir wie üblich die Seitenlängen mit a, b, c und die jeweils gegenüberliegenden Innenwinkel mit α, β und γ bezeichnen (Abb. 7.12).

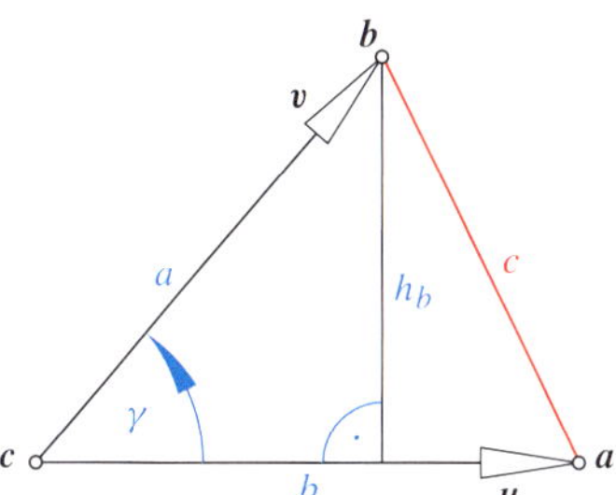

Abbildung 7.12 Der Kosinussatz $c^2 = a^2 + b^2 - 2\,a\,b\,\cos\gamma$.

Der Kosinussatz lautet:

$$c^2 = a^2 + b^2 - 2\,a\,b\,\cos\gamma.$$

Er lässt sich beweisen, indem man das Dreieck durch die Höhe auf b zerlegt und aus einem der rechtwinkligen Teildreiecke die Seitenlänge c berechnet als

$$c^2 = h_b^2 + (b - a\cos\gamma)^2 = (a\sin\gamma)^2 + (b - a\cos\gamma)^2.$$

Wir stellen fest, dass sich in der Gleichung

$$2\,a\,b\,\cos\gamma = a^2 + b^2 - c^2$$

der Ausdruck auf der rechten Seite nur in der Bezeichnungsweise unterscheidet von der rechten Seite der obigen Formel für $2\,(\boldsymbol{u} \cdot \boldsymbol{v})$. Damit folgt die

Geometrische Deutung des Skalarprodukts

Das Skalarprodukt gibt den Wert

$$\boldsymbol{u} \cdot \boldsymbol{v} = \|\boldsymbol{u}\|\,\|\boldsymbol{v}\|\,\cos\varphi \qquad (7.6)$$

an, wobei φ der von $\boldsymbol{u}$ und $\boldsymbol{v}$ eingeschlossene Winkel ist mit $0° \leq \varphi \leq 180°$.

Wir haben das Skalarprodukt mithilfe eines Koordinatensystems berechnet, doch ist letzteres natürlich willkürlich festsetzbar. Ein Wechsel des Koordinatensystems bewirkt eine Änderung der Koordinaten von $\boldsymbol{u}$ und $\boldsymbol{v}$. Dass trotzdem der Wert $u_1 v_1 + u_2 v_2 + u_3 v_3$ unverändert bleibt, folgt aus der obigen geometrischen Deutung. Das Skalarprodukt $\boldsymbol{u} \cdot \boldsymbol{v}$ ist also eine *geometrische Invariante*, d. h. unabhängig von der Wahl des kartesischen Koordinatensystems, und dies beweist letztlich erst die Sinnhaftigkeit der obigen Definition.

Aus unserer geometrischen Interpretation des Skalarprodukts folgt als Formel für die Berechnung des Winkels φ zwischen je zwei vom Nullvektor verschiedenen Vektoren $\boldsymbol{u}$ und $\boldsymbol{v}$

$$\cos\varphi = \frac{\boldsymbol{u} \cdot \boldsymbol{v}}{\|\boldsymbol{u}\|\,\|\boldsymbol{v}\|}.$$

?

Berechnen Sie den Winkel φ zwischen den Vektoren

$$\boldsymbol{u} = \begin{pmatrix} 1 \\ 0 \\ 1 \end{pmatrix} \text{ und } \boldsymbol{v} = \begin{pmatrix} 0 \\ 1 \\ 1 \end{pmatrix}.$$

Kartesische Punkt- und Vektorkoordinaten sind Skalarprodukte

Es gibt aber noch weitere wichtige Folgerungen: Das Produkt $\|\boldsymbol{u}\|\,\|\boldsymbol{v}\|\,\cos\varphi$ ist genau dann gleich null, wenn mindestens einer der drei Faktoren verschwindet. Dabei tritt $\cos\varphi = 0$ nur bei $\varphi = 90°$ oder $\varphi = 270°$ ein. Dies bedeutet:

Verschwindendes Skalarprodukt

Das Skalarprodukt $\boldsymbol{u} \cdot \boldsymbol{v}$ *verschwindet* genau dann, wenn entweder einer der beteiligten Vektoren der Nullvektor ist oder die beiden Vektoren $\boldsymbol{u}$ und $\boldsymbol{v}$ zueinander orthogonal sind.

?

Gegeben sind die Gerade $G = \{\boldsymbol{x} = \boldsymbol{a} + t\,\boldsymbol{u} \mid t \in \mathbb{R}\}$ und der Punkt $\boldsymbol{b}$. Beweisen Sie, dass der von $\boldsymbol{b}$ zum Punkt $\boldsymbol{f} = \boldsymbol{a} + \frac{(\boldsymbol{b} - \boldsymbol{a}) \cdot \boldsymbol{u}}{\boldsymbol{u} \cdot \boldsymbol{u}}\,\boldsymbol{u} \in G$ weisende Vektor zu $\boldsymbol{u}$ orthogonal ist. $\boldsymbol{f}$ ist somit der Fußpunkt der aus $\boldsymbol{b}$ an G legbaren Normalen.

Die Basisvektoren $\boldsymbol{b}_1, \boldsymbol{b}_2, \boldsymbol{b}_3$ kartesischer Koordinatensysteme sind paarweise orthogonale Einheitsvektoren. Also gilt z. B. $\boldsymbol{b}_1 \cdot \boldsymbol{b}_1 = 1$ sowie $\boldsymbol{b}_1 \cdot \boldsymbol{b}_2 = \boldsymbol{b}_1 \cdot \boldsymbol{b}_3 = 0$. Derartige Basen heißen **orthonormiert**, und wir können all die definierenden Gleichungen mithilfe des **Kronecker-Deltas** δ_{ij} in einer einzigen Gleichung zusammenfassen:

$$\boldsymbol{b}_i \cdot \boldsymbol{b}_j = \delta_{ij} = \begin{cases} 1 & \text{bei } i = j, \\ 0 & \text{bei } i \neq j. \end{cases} \qquad (7.7)$$

Wir werden diese wichtige Gleichung noch mehrfach verwenden. Sie gilt insbesondere für die **Standardbasis** oder **kanonische Basis** E des $\mathbb{R}^3$ bestehend aus

$$\boldsymbol{e}_1 = \begin{pmatrix} 1 \\ 0 \\ 0 \end{pmatrix}, \ \boldsymbol{e}_2 = \begin{pmatrix} 0 \\ 1 \\ 0 \end{pmatrix}, \ \boldsymbol{e}_3 = \begin{pmatrix} 0 \\ 0 \\ 1 \end{pmatrix}.$$

Ein weiterer Sonderfall der geometrischen Deutung des Skalarprodukts verdient hervorgehoben zu werden:

Folgerung

Bei $\|\boldsymbol{v}\| = 1$ gibt $\boldsymbol{u} \cdot \boldsymbol{v} = \|\boldsymbol{u}\|\cos\varphi$ die vorzeichenbehaftete Länge des orthogonal auf $\boldsymbol{v}$ projizierten Vektors $\boldsymbol{u}$ an (Abb. 7.13).

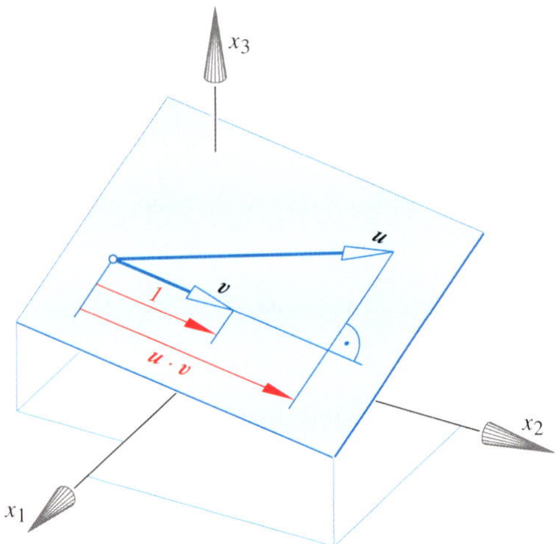

Abbildung 7.13 Bei $\|\boldsymbol{v}\| = 1$ gibt $\boldsymbol{u} \cdot \boldsymbol{v}$ die vorzeichenbehaftete Länge der Orthogonalprojektion von $\boldsymbol{u}$ auf den Einheitsvektor $\boldsymbol{v}$ an.

Die durch $\boldsymbol{u} \cdot \boldsymbol{v}$ definierte Länge ist genau dann positiv, wenn $\cos\varphi > 0$ ist und daher der orthogonal auf $\boldsymbol{v}$ projizierte Vektor $\boldsymbol{u}$ in dieselbe Richtung weist wie $\boldsymbol{v}$.

Dies führt uns dazu, auch die kartesischen Koordinaten als Skalarprodukte zu interpretieren.

> **Kartesische Vektorkoordinaten als Skalarprodukte**
>
> Ist die Basis $B = (\boldsymbol{b}_1, \boldsymbol{b}_2, \boldsymbol{b}_3)$ orthonormiert, so gilt für die zugehörigen Koordinaten des Vektors $\boldsymbol{u}$:
>
> $$_B\boldsymbol{u} = \begin{pmatrix} u_1 \\ u_2 \\ u_3 \end{pmatrix} \iff \begin{matrix} u_i = \boldsymbol{u} \cdot \boldsymbol{b}_i \\ \text{für } i = 1, 2, 3. \end{matrix} \qquad (7.8)$$

Beweis: Wir multiplizieren beide Seiten der Gleichung $\boldsymbol{u} = \sum_{i=1}^{3} u_i \boldsymbol{b}_i$ skalar mit dem Vektor $\boldsymbol{b}_j$ und erhalten:

$$\boldsymbol{u} \cdot \boldsymbol{b}_j = \left(\sum_{i=1}^{3} u_i \boldsymbol{b}_i \right) \cdot \boldsymbol{b}_j = \sum_{i=1}^{3} u_i \, (\boldsymbol{b}_i \cdot \boldsymbol{b}_j) =$$
$$= \sum_{i=1}^{3} u_i \, \delta_{ij} = u_j$$

für $j = 1, 2, 3$. $\blacksquare$

Beispiel Zeigen Sie, dass die durch ihre kartesischen Koordinaten gegebenen Vektoren

$$\boldsymbol{b}_1 = \frac{1}{3}\begin{pmatrix} 1 \\ 2 \\ -2 \end{pmatrix}, \quad \boldsymbol{b}_2 = \frac{1}{3}\begin{pmatrix} 2 \\ 1 \\ 2 \end{pmatrix}, \quad \boldsymbol{b}_3 = \frac{1}{3}\begin{pmatrix} -2 \\ 2 \\ 1 \end{pmatrix}$$

eine orthonormierte Basis B bilden, und berechnen Sie die Koeffizienten u_1, u_2, u_3 in der Darstellung

$$\boldsymbol{u} = \begin{pmatrix} 1 \\ 1 \\ 1 \end{pmatrix} = u_1\boldsymbol{b}_1 + u_2\boldsymbol{b}_2 + u_3\boldsymbol{b}_3.$$

Es ist für jedes $i \in \{1, 2, 3\}$

$$\|\boldsymbol{b}_i\| = \tfrac{1}{3}\sqrt{1 + 4 + 4} = 1.$$

Zudem gilt:

$$\boldsymbol{b}_1 \cdot \boldsymbol{b}_2 = \boldsymbol{b}_1 \cdot \boldsymbol{b}_3 = \boldsymbol{b}_2 \cdot \boldsymbol{b}_3 = 0.$$

Somit sind die Bedingungen (7.7) für die Orthonormiertheit von B erfüllt, und wir können zweckmäßig (7.8) benutzen, um die Koordinaten des Vektors $\boldsymbol{u}$ bezüglich B als Skalarprodukte zu berechnen:

$$u_1 = \boldsymbol{u} \cdot \boldsymbol{b}_1 = \tfrac{1}{3}, \quad u_2 = \boldsymbol{u} \cdot \boldsymbol{b}_2 = \tfrac{5}{3}, \quad u_3 = \boldsymbol{u} \cdot \boldsymbol{b}_3 = \tfrac{1}{3}.$$

Als Kontrolle empfiehlt es sich natürlich zu überprüfen, dass nun tatsächlich $\boldsymbol{u} = \sum_{i=1}^{3} u_i \boldsymbol{b}_i$ gilt. ◄

Die eben gezeigte Art der Berechnung der Vektorkoordinaten ist um Vieles einfacher als die Standardmethode, die u_i als Unbekannte anzusehen und aus jenem linearen Gleichungssystem zu ermittelt, welches sich durch die koordinatenweise Aufsplittung der Vektorgleichung $\boldsymbol{u} = \sum_{i=1}^{3} u_i \boldsymbol{b}_i$ ergibt. Doch nur bei kartesischen Koordinatensystemen sind die Vektorkoordinaten zugleich Skalarprodukte mit den Basisvektoren.

Als Gegenbeispiel betrachten wir die offensichtlich nicht orthonormierte $\mathbb{R}^3$-Basis B bestehend aus

$$\boldsymbol{b}_1 = \boldsymbol{e}_1 = \begin{pmatrix} 1 \\ 0 \\ 0 \end{pmatrix}, \; \boldsymbol{b}_2 = \boldsymbol{e}_2 = \begin{pmatrix} 0 \\ 1 \\ 0 \end{pmatrix}, \; \boldsymbol{b}_3 = \begin{pmatrix} 1 \\ 1 \\ 1 \end{pmatrix}.$$

Bei der Wahl $\boldsymbol{u} = \boldsymbol{e}_3 = -\boldsymbol{b}_1 - \boldsymbol{b}_2 + \boldsymbol{b}_3$ ist

$$_B\boldsymbol{u} = \begin{pmatrix} -1 \\ -1 \\ 1 \end{pmatrix}, \quad \text{aber } \boldsymbol{u} \cdot \boldsymbol{b}_1 = \boldsymbol{u} \cdot \boldsymbol{b}_2 = 0.$$

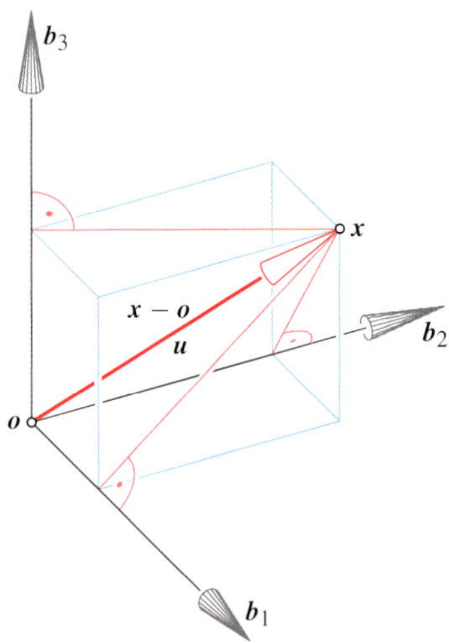

Abbildung 7.14 Kartesische Koordinaten von Vektoren und Punkten sind Skalarprodukte.

Kommentar: In Kapitel 12 wird gezeigt, dass bei endlich-dimensionalen Vektorräumen die Abbildung der Vektoren v auf deren i-te B-Koordinate linear ist, und zwar ein Element b_i^* der zur Basis B *dualen* Basis B^*. Im Sonderfall einer orthonormierten Basis B gilt $b_i^* : v \mapsto (b_i \cdot v)$.

Analog zur Berechnung der Vektorkoordinaten sind auch die Koordinaten eines Punkts x bezüglich eines kartesischen Koordinatensystems mit dem Ursprung o und den Basisvektoren b_1, b_2, b_3 als Skalarprodukte auszudrücken, nämlich:

Kartesische Punktkoordinaten als Skalarprodukte

Ist $(o; B)$ ein kartesisches Koordinatensystem, so gilt für die zugehörigen Koordinaten des Punkts x:

$$_{(o;B)}x = \begin{pmatrix} x_1 \\ x_2 \\ x_3 \end{pmatrix} \iff \begin{array}{l} x_i = (x - o) \cdot b_i \\ \text{für } i = 1, 2, 3. \end{array}$$

Dass die kartesischen Koordinaten von Punkten und Vektoren als Skalarprodukte berechenbar sind, wird auch aus Abbildung 7.14 klar. Zur Begründung muss man sich nur daran erinnern, dass mit Abbildung 7.13 das Skalarprodukt mit einem Einheitsvektor genau die Länge des auf diesen Einheitsvektor orthogonal projizierten Vektors angibt.

Kommentar: Dem aufmerksamen Leser wird nicht entgangen sein, dass wir noch vor der Definition des Skalarprodukts die Orthogonalität und Längenmessung als bekannt vorausgesetzt haben, um damit ein kartesisches Koordinatensystem zu erklären. Und jetzt verwenden wir das Skalarprodukt zur Erklärung der Längen- und Winkelmessung. Diese logisch höchst bedenkliche Vorgehensweise kommt daher, weil wir in diesem Abschnitt ein mathematisches Modell für unsere physikalische Umwelt entwickeln und von intuitiv vorhandenen Begriffen ausgehen.

Später in Kapitel 17 vermeiden wir derartige Zirkelschlüsse: Wir werden in allgemeinen Vektorräumen ein Skalarprodukt definieren, indem wir dessen wichtigste Eigenschaften per Definition fordern. Und darauf bauen wir dann erst eine Längen- und Winkelmessung auf.

Die Dreiecksungleichung und andere wichtige Formeln

Hinsichtlich der Norm gilt die

Cauchy-Schwarz'sche Ungleichung

$$|u \cdot v| \le \|u\| \, \|v\|.$$

Dabei gilt Gleichheit genau dann, wenn die Vektoren u und v linear abhängig sind.

Beweis: Diese Ungleichung ist trivialerweise richtig bei $u = 0$ oder bei $v = 0$. Bei $u, v \neq 0$ gilt für den von u und v eingeschlossenen Winkel φ

$$u \cdot v = \|u\| \, \|v\| \cos \varphi,$$

also

$$|u \cdot v| = \|u\| \, \|v\| \, |\cos \varphi| \le \|u\| \, \|v\|.$$

Damit besteht Gleichheit genau bei $|\cos \varphi| = 1$, also $\varphi = 0°$ oder $\varphi = 180°$.

Wir werden feststellen, dass diese Ungleichung auch noch unter viel allgemeineren Bedingungen gilt. Deshalb wird für $v \neq 0$ noch eine zweite Beweismöglichkeit gezeigt:

Für alle Linearkombinationen $\lambda u + \mu v$ von u und v gilt:

$$\|\lambda u + \mu v\|^2 = \lambda^2 \|u\|^2 + 2\lambda\mu(u \cdot v) + \mu^2 \|v\|^2 \ge 0.$$

Wir betrachten diejenige Linearkombination, welche nach der Frage auf Seite 235 den Fußpunkt f der aus dem Ursprung auf die Gerade $G = u + \mathbb{R}\,v$ legbaren Normalen ergibt, also den Fall

$$\lambda = 1 \quad \text{und} \quad \mu = -\frac{u \cdot v}{v \cdot v}.$$

Dann folgt für $f = \lambda u + \mu v$:

$$\begin{aligned} \|f\|^2 &= \|u\|^2 - 2\frac{u \cdot v}{v \cdot v}(u \cdot v) + \frac{(u \cdot v)^2}{(v \cdot v)^2}(v \cdot v) \\ &= \|u\|^2 - \frac{(u \cdot v)^2}{\|v\|^2} \ge 0, \end{aligned}$$

also $\|u\|^2 \|v\|^2 \ge (u \cdot v)^2$ und damit weiter die Cauchy-Schwarz'sche Ungleichung. Nur bei $f = 0$ besteht Gleichheit. Genau dann geht die Gerade G durch den Ursprung, und die beiden Vektoren u, v sind linear abhängig, denn eine nicht triviale Linearkombination $\lambda u + \mu v$ ergibt den Nullvektor. $\blacksquare$

Von der Cauchy-Schwarz'schen Ungleichung können wir auf die folgende wichtige Ungleichung schließen.

Dreiecksungleichung

$$\|u + v\| \le \|u\| + \|v\|.$$

Beweis: Aus

$$\|u + v\|^2 = (u + v) \cdot (u + v) = \|u\|^2 + \|v\|^2 + 2(u \cdot v)$$

und der Cauchy-Schwarz'schen Ungleichung

$$u \cdot v \le |u \cdot v| \le \|u\| \, \|v\|$$

folgt

$$\|u + v\|^2 \le \|u\|^2 + \|v\|^2 + 2\|u\| \, \|v\| = (\|u\| + \|v\|)^2,$$

und das ergibt die Dreiecksungleichung. $\blacksquare$

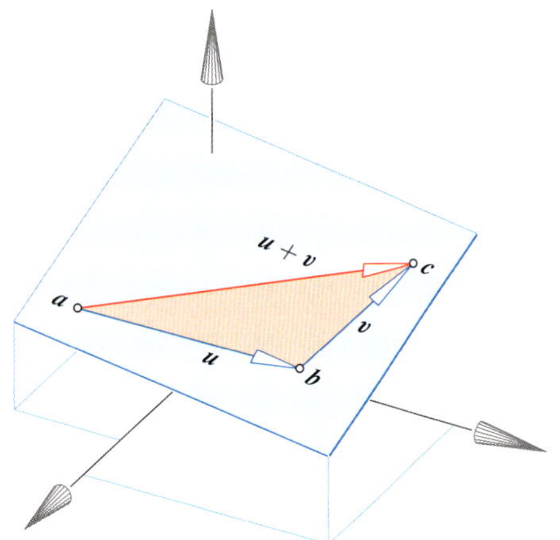

Abbildung 7.15 Die Dreiecksungleichung $\|u + v\| \leq \|u\| + \|v\|$ im Anschauungsraum.

Die Bezeichnung „Dreiecksungleichung" erklärt sich aus dem Dreieck der Punkte a, $b = a + u$ und $c = a + u + v$ (Abb. 7.15). Die Ungleichung besagt nun die offensichtliche Tatsache, dass der geradlinige Weg von a nach c niemals länger ist als der „Umweg" über b, wo immer auch der Punkt b liegen mag.

Wir sind verschiedenen Varianten der Dreiecksungleichung bereits im Kapitel 4 begegnet. Nun können wir die Dreiecksungleichung auch in der Form

$$\|a - c\| \leq \|a - b\| + \|b - c\|$$

schreiben. Dabei besteht Gleichheit genau dann, wenn b der abgeschlossenen Strecke $\mathrm{conv}\{a, c\}$ angehört, wenn also (Abb. 7.15) u und v linear abhängig sind bei $u \cdot v \geq 0$.

Kommentar: Wir haben bereits betont, dass Normen auch in viel allgemeineren Vektorräumen definierbar sind. Doch werden in der Regel nur derartige Normen zugelassen, für welche die Cauchy-Schwarz'sche Ungleichung und die Dreiecksungleichung gelten. In diesen Vektorräumen kann man dank der Cauchy-Schwarz'schen Ungleichung die Formel $\cos \varphi = \frac{u \cdot v}{\|u\|\,\|v\|}$ von Seite 235 weiterhin zur Messung der Winkel verwenden (siehe Kapitel 17).

Der Anschauungsraum $\mathbb{R}^3$ wird durch die Definition der Distanz $d(a, b) = \|a - b\| \in \mathbb{R}_{\geq 0}$ mit

$$d(a, b) = d(b, a) \quad \text{und} \quad d(a, b) = 0 \iff a = b$$

und durch die Gültigkeit der Dreiecksungleichung zum Musterbeispiel eines *metrischen Raums* (siehe Kapitel 19).

In der Box auf Seite 239 wird gezeigt, dass das unseren Navigationssystemen zugrunde liegende *Global Positioning System* auf Distanzmessungen beruht.

7.3 Weitere Produkte von Vektoren im Anschauungsraum

Es gibt im Anschauungsraum $\mathbb{R}^3$ neben dem Skalarprodukt noch andere Möglichkeiten, aus Vektoren Produkte mit einer koordinateninvarianten Bedeutung zu berechnen. Die im Folgenden verwendeten Koordinaten sollen sich ausschließlich auf kartesische Rechtssysteme beziehen.

Das Vektorprodukt zweier Vektoren liefert einen neuen Vektor

In vielen geometrischen und physikalischen Anwendungen begegnet man der Aufgabe, einen Vektor zu finden, der orthogonal ist zu zwei gegebenen Vektoren u, $v \in \mathbb{R}^3$ mit kartesischen Koordinaten $\begin{pmatrix} u_1 \\ u_2 \\ u_3 \end{pmatrix}$ bzw. $\begin{pmatrix} v_1 \\ v_2 \\ v_3 \end{pmatrix}$. Wir werden erkennen, dass das folgende **Vektorprodukt** eine spezielle Lösung für diese Aufgabe bietet.

Definition des Vektorprodukts

$$u \times v = \begin{pmatrix} u_1 \\ u_2 \\ u_3 \end{pmatrix} \times \begin{pmatrix} v_1 \\ v_2 \\ v_3 \end{pmatrix} = \begin{pmatrix} u_2 v_3 - u_3 v_2 \\ u_3 v_1 - u_1 v_3 \\ u_1 v_2 - u_2 v_1 \end{pmatrix}.$$

Dieses Produkt, das wegen des Verknüpfungssymbols $\times$ oder wegen der *kreuzweisen* Berechnung der Koordinaten oft auch **Kreuzprodukt** genannt wird, legt eine Abbildung

$$\mathbb{R}^3 \times \mathbb{R}^3 \to \mathbb{R}^3 \quad \text{mit} \quad (u, v) \mapsto u \times v$$

fest, welche im Gegensatz zum Skalarprodukt je zwei Vektoren aus dem $\mathbb{R}^3$ nunmehr einen *Vektor* zuweist. Es handelt sich also diesmal um eine Verknüpfung im $\mathbb{R}^3$ (siehe Seite 64). Auch hier werden wir zeigen können, dass der Vektor $u \times v$ mit seinen Faktoren u und v auf eine vom Koordinatensystem unabhängige Art verbunden ist.

Es genügt für das Berechnen eines Vektorprodukts, sich die Formel für die erste Koordinate zu merken, denn die weiteren Koordinaten folgen durch zyklische Vertauschung $1 \mapsto 2 \mapsto 3 \mapsto 1$.

Die Formeln für die einzelnen Koordinaten werden besonders einprägsam, wenn man mit dem Begriff der Determinante einer zweireihigen Matrix vertraut ist. Deshalb unterbrechen wir hier kurz mit einem Vorgriff auf das Kapitel 13 über Determinanten.

Im Vektorprodukt stecken Determinanten zweireihiger Matrizen

Zu jeder $n \times n$-Matrix A über dem Körper $\mathbb{K}$ gibt es eine *Determinante* det A. Es ist dies eine Zahl aus $\mathbb{K}$, die Aufschluss

Hintergrund und Ausblick: Die Geometrie hinter dem Global Positioning System (GPS)

Das Global Positioning System (GPS) hat die Aufgabe, jedem Benutzer, der über ein Empfangsgerät verfügt, dessen genaue Position auf der Erde mitzuteilen, wo auch immer er sich befindet. In der gegenwärtigen Form beruht das amerikanische GPS auf rund 30 Satelliten, welche die Erde ständig umkreisen und derart auf sechs Bahnebenen verteilt sind, dass mit Ausnahme der polnahen Gebiete für jeden Punkt der Erde stets mindestens vier Satelliten über dem Horizont liegen. Jeder Satellit S_i, $i \in \{1, 2, \dots\}$, kennt zu jedem Zeitpunkt seine genaue Raumposition s_i und teilt seine Bahndaten laufend den Empfängern per Funk mit.

Andererseits kann das Empfangsgerät die *scheinbare* Distanz d_i zwischen seiner Position x und der augenblicklichen Satellitenposition s_i messen – und zwar erstaunlicherweise anhand der Dauer, welche das Funksignal vom Satelliten zum Empfänger braucht. Das ist vereinfacht so zu sehen: Der Satellit in der Position s_i funkt die Zeitansage 8:00 Uhr, und diese trifft beim Empfänger x gemäß dessen Uhr mit einer gewissen Zeitverzögerung t_i ein, woraus durch Multiplikation mit der Lichtgeschwindigkeit c die Distanz $\|s_i - x\| = d_i = c\,t_i$ folgt. Dabei ist allerdings eine wesentliche Fehlerquelle zu beachten: Während die Atomuhren in den Satelliten sehr genau synchronisiert sind, ist dies bei den Empfängeruhren technisch nicht möglich. Geht etwa die Empfängeruhr um t_0 vor, so erscheinen alle Distanzen um dasselbe $d_0 = c\,t_0$ vergrößert. Deshalb lautet die *wahre* Distanz $\|s_i - x\| = d_i - d_0$.

Es gibt vier Unbekannte, nämlich die drei Koordinaten x_1, x_2, x_3 des Empfängers x und den durch die mangelnde Synchronisation der Empfängeruhr entstehenden Distanzfehler $d_0 \lesseqgtr 0$. Stehen vier Satellitenpositionen s_i, $i = 1, \dots, 4$, samt zugehörigen scheinbaren Distanzen $d_i = \|s_i - x\|$ zur Verfügung, so müssen die vier Unbekannten die vier quadratische Gleichungen

$$q_i(x, d_0) = (s_i - x)^2 - (d_i - d_0)^2 = 0$$

oder ausführlich

$$x \cdot x - 2(s_i \cdot x) + s_i \cdot s_i - d_0^2 + 2d_i d_0 - d_i^2 = 0 \quad (*)$$

erfüllen. Wir zeigen, dass sich dieses nichtlineare Gleichungssystem über $\mathbb{R}$ auf drei lineare und eine einzige quadratische Gleichung zurückführen lässt:

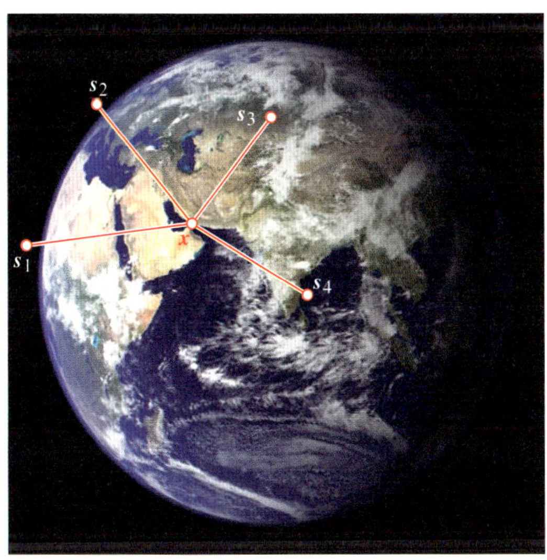

GPS: Es werden die scheinbaren Distanzen von vier oder mehr Satelliten s_i zum Empfänger x gemessen

Wir subtrahieren von der ersten Gleichung die Gleichungen 2, 3 und 4 und erhalten:

$$q_1(x, d_0) - q_j(x, d_0) = 2(s_j - s_1) \cdot x$$
$$-2(d_j - d_1)d_0 - d_1^2 + d_j^2 + \|s_1\|^2 - \|s_j\|^2 = 0 \quad (**)$$

für $j = 2, 3, 4$. Dies sind drei lineare Gleichungen. Wenn für eine Lösung dieses linearen Systems neben

$$q_1(x, d_0) = q_2(x, d_0) = q_3(x, d_0) = q_4(x, d_0)$$

auch noch $q_1(x, d_0) = 0$ gilt, so sind alle vier quadratischen Gleichungen aus $(*)$ erfüllt.

Sind die drei linearen Gleichungen in $(**)$ linear unabhängig, so gibt es nach Seite 184 eine einparametrige Lösungsmenge, die wir mithilfe eines Parameters t darstellen können in der Form

$$\begin{pmatrix} x \\ d_0 \end{pmatrix} = \begin{pmatrix} \widetilde{x} \\ \widetilde{d}_0 \end{pmatrix} + t \begin{pmatrix} u \\ v \end{pmatrix} \quad \text{bei } t \in \mathbb{R}.$$

Dabei schreiben wir abkürzend ein Vektorsymbol anstelle des Koordinatentripels.

Wir setzen diese Lösung in die quadratische Gleichung $q_1(x, d_0) = 0$ ein und erhalten als Bedingung für t

$$\|\widetilde{x}\|^2 + 2(\widetilde{x} \cdot u)t + \|u\|^2 t^2 - 2(s_1 \cdot \widetilde{x}) - 2(s_1 \cdot u)t$$
$$+ \|s_1\|^2 = \widetilde{d}_0^2 + 2\widetilde{d}_0 vt + v^2 t^2 - 2d_1 \widetilde{d}_0 - 2d_1 vt + d_1^2.$$

Nach Potenzen der verbleibenden Unbekannten t geordnet lautet diese quadratische Gleichung

$$\left[\|u\|^2 - v^2\right] t^2 + 2\left[(\widetilde{x} \cdot u) - (s_1 \cdot u) - \widetilde{d}_0 v + d_1 v\right] t$$
$$+ \left[\|\widetilde{x}\|^2 - 2(s_1 \cdot \widetilde{x}) + \|s_1\|^2 - \widetilde{d}_0^2 + 2d_1 \widetilde{d}_0 - d_1^2\right] = 0.$$

Die zwei Lösungen t_1 und t_2 dieser Gleichungen sind anstelle t in der obigen Parameterdarstellung einzusetzen und ergeben zwei mögliche Positionen x_1 und x_2 des Empfängers. Die richtige Lösung ist in der Regel leicht zu identifizieren, weil grobe Näherungswerte für x vorliegen. Zumeist wird bereits die Information ausreichen, dass sich der Empfänger auf der Erdoberfläche aufhält.

Liegen noch weitere Satellitenpositionen samt zugehörigen scheinbaren Distanzen vor, so ist das Gleichungssystem $(*)$ überbestimmt. Dann aber kann man mittels Methoden der Ausgleichsrechnung (wie z. B. in Kapitel 18, Seite 754) die bestapproximierende Lösung ermitteln und damit die Genauigkeit erhöhen.

über Eigenschaften der Matrix gibt und gewisse Forderungen erfüllt. So sind etwa die n Spaltenvektoren von A genau dann linear unabhängig, wenn $\det A$ von null verschieden ist, und die Determinante ändert ihr Vorzeichen, wenn zwei Spalten oder auch zwei Zeilen vertauscht werden.

Unser Ausgangspunkt für die Definition der Determinante im Sonderfall $n = 2$ ist das folgende Kriterium für die lineare Abhängigkeit zweier Vektoren:

Lemma

Die Vektoren $\boldsymbol{u} = \begin{pmatrix} u_1 \\ u_2 \end{pmatrix}$ und $\boldsymbol{v} = \begin{pmatrix} v_1 \\ v_2 \end{pmatrix}$ aus $\mathbb{K}^2$ sind *genau dann* linear abhängig, wenn $D = u_1 v_2 - u_2 v_1 = 0$ ist.

Beweis: Sind $\boldsymbol{u}$ und $\boldsymbol{v}$ linear abhängig, so ist $\boldsymbol{u} = \boldsymbol{0}$ oder $\boldsymbol{v}$ ein Vielfaches von $\boldsymbol{u}$, also $v_i = \lambda u_i$ für $i = 1, 2$. In beiden Fällen gilt $D = 0$.

Ist umgekehrt $D = 0$, so unterscheiden wir drei Fälle:

- Bei $u_1 u_2 \neq 0$ können wir durch $u_1 u_2$ dividieren. Wir erhalten $\frac{v_1}{u_1} = \frac{v_2}{u_2}$. Also ist $\boldsymbol{v}$ ist ein Vielfaches von $\boldsymbol{u}$.
- Bei $u_1 = 0$ und $u_2 \neq 0$ muss auch $v_1 = 0$ sein und daher ebenfalls $\boldsymbol{v} = \lambda \boldsymbol{u}$ gelten.
- Bei $\boldsymbol{u} = \boldsymbol{0}$ folgt keinerlei Bedingung für $\boldsymbol{v}$.

In allen drei Fällen sind jedenfalls $\boldsymbol{u}$ und $\boldsymbol{v}$ linear abhängig. ∎

Um festzustellen, ob die Matrix $\begin{pmatrix} a_{11} & a_{12} \\ a_{21} & a_{22} \end{pmatrix} \in \mathbb{K}^{2\times 2}$ linear abhängige Spaltenvektoren hat, muss man also nur überprüfen, ob $a_{11} a_{22} - a_{12} a_{21} = 0$ ist. Dabei hat der Ausdruck auf der linken Seite die zusätzliche Eigenschaft, bei einer Vertauschung der beiden Spalten das Vorzeichen zu wechseln.

All dies sind Gründe für die folgende Definition.

Determinante einer 2 × 2 -Matrix

Ist $A = \begin{pmatrix} a_{11} & a_{12} \\ a_{21} & a_{22} \end{pmatrix} \in \mathbb{K}^{2\times 2}$, so nennen wir

$$\det A = a_{11} a_{22} - a_{12} a_{21} \in \mathbb{K}$$

die **Determinante** von A.

Abkürzend schreiben wir auch

$$\begin{vmatrix} a_{11} & a_{12} \\ a_{21} & a_{22} \end{vmatrix} = \det \begin{pmatrix} a_{11} & a_{12} \\ a_{21} & a_{22} \end{pmatrix}$$

und sprechen kurz von einer **zweireihigen Determinante** statt von der Determinante einer 2×2 -Matrix.

Man kann sich die Formel für eine 2×2 -Matrix leicht merken: Die Determinante ist gleich der Differenz der Produkte der Diagonalen, und zwar kurz *Hauptdiagonale minus Nebendiagonale*, also:

$$\begin{vmatrix} a_{11} & a_{12} \\ a_{21} & a_{22} \end{vmatrix} = \begin{pmatrix} \overset{+}{a_{11}} & a_{12}^{-} \\ a_{21} & a_{22} \end{pmatrix}$$

Die drei Koordinaten des Vektors $(\boldsymbol{u} \times \boldsymbol{v})$ sind mit geeigneten Vorzeichen versehene Determinanten. Die zugehörigen zweireihigen Matrizen entstehen durch Streichung je einer Zeile aus der 3×2 -Matrix

$$\begin{pmatrix} u_1 & v_1 \\ u_2 & v_2 \\ u_3 & v_3 \end{pmatrix}$$

welche von den Koordinatenspalten der beteiligten Vektoren $\boldsymbol{u}$ und $\boldsymbol{v}$ gebildet wird.

Nachdem die Vertauschung der beiden Spalten das Vorzeichen aller drei Determinanten ändert, ist das Vektorprodukt nicht symmetrisch, sondern *schiefsymmetrisch* oder *alternierend*, d. h. es gilt:

$$\boldsymbol{v} \times \boldsymbol{u} = -\boldsymbol{u} \times \boldsymbol{v}.$$

Beispiel

- Als erstes Zahlenbeispiel berechnen wir für die Vektoren

$$\boldsymbol{u} = \begin{pmatrix} 2 \\ -1 \\ 2 \end{pmatrix} \quad \text{und} \quad \boldsymbol{v} = \begin{pmatrix} -1 \\ 5 \\ 3 \end{pmatrix}$$

das Vektorprodukt. Es ist

$$\begin{aligned} \boldsymbol{u} \times \boldsymbol{v} &= \begin{pmatrix} 2 \\ -1 \\ 2 \end{pmatrix} \times \begin{pmatrix} -1 \\ 5 \\ 3 \end{pmatrix} \\ &= \begin{pmatrix} (-1) \cdot 3 - 2 \cdot 5 \\ 2 \cdot (-1) - 2 \cdot 3 \\ 2 \cdot 5 - (-1) \cdot (-1) \end{pmatrix} = \begin{pmatrix} -13 \\ -8 \\ 9 \end{pmatrix}. \end{aligned}$$

- Für die Vektoren der Standardbasis des $\mathbb{R}^3$, also für

$$\boldsymbol{e}_1 = \begin{pmatrix} 1 \\ 0 \\ 0 \end{pmatrix}, \quad \boldsymbol{e}_2 = \begin{pmatrix} 0 \\ 1 \\ 0 \end{pmatrix} \quad \text{und} \quad \boldsymbol{e}_3 = \begin{pmatrix} 0 \\ 0 \\ 1 \end{pmatrix},$$

gilt

$$\boldsymbol{e}_1 \times \boldsymbol{e}_2 = \boldsymbol{e}_3, \quad \boldsymbol{e}_2 \times \boldsymbol{e}_3 = \boldsymbol{e}_1, \quad \boldsymbol{e}_3 \times \boldsymbol{e}_1 = \boldsymbol{e}_2.$$

Andererseits ist wegen der Schiefsymmetrie

$$\boldsymbol{e}_2 \times \boldsymbol{e}_1 = -\boldsymbol{e}_3, \quad \boldsymbol{e}_3 \times \boldsymbol{e}_2 = -\boldsymbol{e}_1, \quad \boldsymbol{e}_1 \times \boldsymbol{e}_3 = -\boldsymbol{e}_2. \blacktriangleleft$$

Verschwindendes Vektorprodukt

Es ist $\boldsymbol{u} \times \boldsymbol{v} = \boldsymbol{0}$ genau dann, wenn die Vektoren $\boldsymbol{u}$ und $\boldsymbol{v}$ linear abhängig sind.

Beweis: $\boldsymbol{u} \times \boldsymbol{v} = \boldsymbol{0}$ ist äquivalent zur Aussage

$$u_2 v_3 - u_3 v_2 = u_3 v_1 - u_1 v_3 = u_1 v_2 - u_2 v_1 = 0.$$

Dies bedeutet, wie im obigen Lemma gezeigt, dass die durch Weglassung einer Koordinate verkürzten Vektoren linear abhängig sind.

Sind demnach u und v linear abhängig, d. h., $u = 0$ oder $v = \lambda u$, so trifft dies auch auf die durch Weglassung einer Koordinate entstehenden Vektoren zu, und es verschwinden alle drei Determinanten.

Verschwinden umgekehrt die drei Determinanten, so müssen wir unterscheiden:

- Bei $u = 0$ besteht jedenfalls die behauptete lineare Abhängigkeit.
- Bei $u \neq 0$ ist mindestens eine Koordinate von u von null verschieden. Angenommen, es ist $u_1 \neq 0$: Dann gilt für $\lambda = \frac{v_1}{u_1}$ wegen $u_1 v_2 - u_2 v_1 = 0$ zugleich $v_2 = \lambda u_2$ und wegen $u_3 v_1 - u_1 v_3 = 0$ auch $v_3 = \lambda u_3$ und daher $v = \lambda u$.
- Ist bei $u \neq 0$ zwar $u_1 = 0$, aber dafür $u_2 \neq 0$ oder $u_3 \neq 0$, so gehen wir analog vor mit $\lambda = \frac{v_2}{u_2}$ bzw. $\lambda = \frac{v_3}{u_3}$. Wieder folgt $v = \lambda u$.

$u \times v = 0$ hat somit stets die lineare Abhängigkeit von u und v zur Folge. ∎

Eine Eigenschaft des Vektorprodukts wurde bereits in Kapitel 3 besprochen: Das Vektorprodukt ist *nicht assoziativ*, d. h. von Sonderfällen abgesehen gilt

$$(u \times v) \times w \neq u \times (v \times w).$$

Als Begründung genügt ein einziges Beispiel, etwa

$$(e_1 \times e_2) \times e_2 = e_3 \times e_2 = -e_1, \quad \text{hingegen}$$
$$e_1 \times (e_2 \times e_2) = e_1 \times 0 = 0.$$

Das Vektorprodukt hat eine geometrische Bedeutung

Das Vektorprodukt ist *linear* in jedem Anteil, denn

$$(u_1 + u_2) \times v = (u_1 \times v) + (u_2 \times v),$$
$$(\lambda u) \times v = \lambda (u \times v).$$

Mit einiger Mühe lässt sich auch das Vektorprodukt $u \times v$ als ein *Matrizenprodukt* schreiben. Dazu muss allerdings der erste Vektor u zu einer **alternierenden** oder **schiefsymmetrischen Matrix** S_u umgeformt werden, also zu einer quadratischen Matrix, bei der sich die bezüglich der Hauptdiagonale symmetrischen Einträge a_{ik} und a_{ki} genau durch das Vorzeichen unterscheiden. Für die Einträge auf der Hauptdiagonale, also mit $k = i$, bedeutet dies $a_{ii} = -a_{ii}$ und somit $a_{ii} = 0$.

Nach den Regeln für die Bildung des Matrizenprodukts ist

$$u \times v = \begin{pmatrix} u_1 \\ u_2 \\ u_3 \end{pmatrix} \times \begin{pmatrix} v_1 \\ v_2 \\ v_3 \end{pmatrix} = \begin{pmatrix} u_2 v_3 - u_3 v_2 \\ u_3 v_1 - u_1 v_3 \\ u_1 v_2 - u_2 v_1 \end{pmatrix}$$
$$= \begin{pmatrix} 0 & -u_3 & u_2 \\ u_3 & 0 & -u_1 \\ -u_2 & u_1 & 0 \end{pmatrix} \begin{pmatrix} v_1 \\ v_2 \\ v_3 \end{pmatrix} = S_u v. \tag{7.9}$$

Kommentar: Es besteht offensichtlich eine bijektive Abbildung zwischen Vektoren $u \in \mathbb{R}^3$ und den schiefsym-

metrischen dreireihigen Matrizen $S_u \in \mathbb{R}^{3 \times 3}$. Dies ist aber wirklich nur im Dreidimensionalen möglich, denn eine schiefsymmetrische n-reihige Matrix enthält $n(n-1)/2$ unabhängige Einträge, während Vektoren des $\mathbb{R}^n$ n Koordinaten umfassen.

Bei linear abhängigen Vektoren u und v ist deren Vektorprodukt gleich dem Nullvektor. Bei linearer Unabhängigkeit ist der Vektor $u \times v$ durch die folgenden Eigenschaften gekennzeichnet.

Geometrische Deutung des Vektorprodukts

1) Sind die Vektoren u und v linear unabhängig, so ist der Vektor $u \times v$ orthogonal zu der von u und v aufgespannten Ebene.

2) Es gilt:

$$\|u \times v\| = \|u\| \, \|v\| \sin \varphi. \tag{7.10}$$

Dabei ist φ der von u und v eingeschlossene Winkel mit $0° \leq \varphi \leq 180°$.
$\|u \times v\|$ ist somit gleich dem *Flächeninhalt* des von u und v aufgespannten Parallelogramms.

3) Die drei Vektoren $(u, \, v, \, (u \times v))$ bilden in dieser Reihenfolge ein Rechtssystem.

Beweis: 1) Wir erkennen durch Ausrechnen, dass

$$u \cdot (u \times v) = u_1 (u_2 v_3 - u_3 v_2)$$
$$+ u_2 (u_3 v_1 - u_1 v_3) + u_3 (u_1 v_2 - u_2 v_1) = 0.$$

Damit ist das vom Nullvektor verschieden vorausgesetzte Vektorprodukt $u \times v$ zu u orthogonal.

Nach Vertauschung von u mit v folgt:

$$v \cdot (v \times u) = -v \cdot (u \times v) = 0.$$

Also ist das Vektorprodukt $u \times v$ auch orthogonal zu v und wegen der Bilinearität sogar orthogonal zu jeder Linearkombination von u und v, also zu allen Vektoren der von u und v aufgespannten Ebene.

Sucht man umgekehrt einen Vektor x, der zu $u \times v$ orthogonal ist, so müssen dessen 3 Koordinaten eine lineare homogene Gleichung lösen, deren Koeffizienten nicht alle null sind. Nach den Ergebnissen von Kapitel 5 (siehe Seite 184) gibt es eine zweiparametrige Lösungsmenge. Nachdem u und v bereits zwei linear unabhängige Lösungen sind, ist x eine Linearkombination von u und v. Somit ist ein verschwindendes Skalarprodukt mit $u \times v$ äquivalent zur linearen Abhängigkeit von u und v.

--------------------- **?** ---------------------

Beweisen Sie die Aussage: Der Punkt x gehört genau dann der von u und v aufgespannten Ebene E durch den Punkt p an (Abb. 7.16), wenn $(x - p) \cdot (u \times v) = 0$ ist.

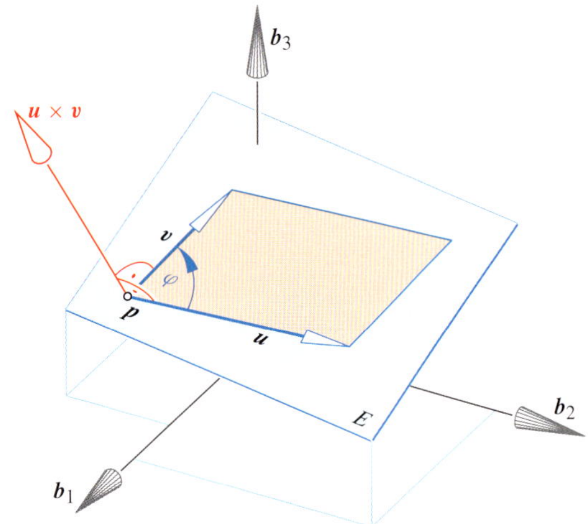

Abbildung 7.16 Die geometrische Deutung des Vektorprodukts $\boldsymbol{u} \times \boldsymbol{v}$.

2) Wir bestätigen die Behauptung durch direktes Ausrechnen, wobei wir zwischendurch einmal geeignet erweitern müssen:

$$
\begin{aligned}
&\|\boldsymbol{u} \times \boldsymbol{v}\|^2 \\
&= (u_2 v_3 - u_3 v_2)^2 + (u_3 v_1 - u_1 v_3)^2 + (u_1 v_2 - u_2 v_1)^2 \\
&= u_1^2 v_2^2 + u_1^2 v_3^2 + u_2^2 v_1^2 + u_2^2 v_3^2 + u_3^2 v_1^2 + u_3^2 v_2^2 \\
&\quad - 2 u_1 u_2 v_1 v_2 - 2 u_1 u_3 v_1 v_3 - 2 u_2 u_3 v_2 v_3 \\
&\quad + u_1^2 v_1^2 + u_2^2 v_2^2 + u_3^2 v_3^2 - u_1^2 v_1^2 - u_2^2 v_2^2 - u_3^2 v_3^2 \\
&= (u_1^2 + u_2^2 + u_3^2)(v_1^2 + v_2^2 + v_3^2) - (u_1 v_1 + u_2 v_2 + u_3 v_3)^2 \\
&= \|\boldsymbol{u}\|^2 \|\boldsymbol{v}\|^2 - (\|\boldsymbol{u}\| \|\boldsymbol{v}\| \cos \varphi)^2 \\
&= \|\boldsymbol{u}\|^2 \|\boldsymbol{v}\|^2 (1 - \cos^2 \varphi) = \|\boldsymbol{u}\|^2 \|\boldsymbol{v}\|^2 \sin^2 \varphi.
\end{aligned}
$$

Nun betrachten wir das von $\boldsymbol{u}$ und $\boldsymbol{v}$ aufgespannte Parallelogramm (siehe Seite 234 sowie Abbildung 7.16).

Dessen Flächeninhalt ist nach der Formel „Grundlinie mal Höhe" zu berechnen. Dabei lesen wir für die Höhe auf $\boldsymbol{u}$ ab: $h = \|\boldsymbol{v}\| \sin \varphi$.

Also ist $\|\boldsymbol{u} \times \boldsymbol{v}\| = \|\boldsymbol{u}\| \|\boldsymbol{v}\| \sin \varphi$ gleich dem Inhalt des von $\boldsymbol{u}$ und $\boldsymbol{v}$ aufgespannten Parallelogramms.

3) Aufgrund der bisher nachgewiesenen geometrischen Eigenschaften des Vektorprodukts $\boldsymbol{u} \times \boldsymbol{v}$ bleibt nur mehr offen, nach welcher Seite der Vektor zeigt.

Um dies zu klären, denken wir uns das von $\boldsymbol{u}$ und $\boldsymbol{v}$ aufgespannte Parallelogramm als Kartonscheibe (Abb. 7.16). Nun verlagern wir diese im Raum. Und zwar verlegen wir $\boldsymbol{u}$ in die Richtung des ersten Vektors $\boldsymbol{b}_1$ unserer kartesischen Basis. Hingegen soll $\boldsymbol{v}$ derart in die von $\boldsymbol{b}_1$ und $\boldsymbol{b}_2$ aufgespannte Ebene gelegt werden, dass die zweite Koordinate von $\boldsymbol{v}$ positiv ausfällt.

Bei dieser anschaulich vorzustellenden Verlagerung ändern sich die Koordinaten von $\boldsymbol{u}$ und $\boldsymbol{v}$ stetig. Daher ändern sich

auch die daraus nach der Formel errechneten Koordinaten des Vektorprodukts $\boldsymbol{u} \times \boldsymbol{v}$ stetig. Hingegen bleibt dessen Norm nach 2) unverändert, denn während der Verlagerung der Kartonscheibe wurden weder die Längen von $\boldsymbol{u}$ und $\boldsymbol{v}$, noch der eingeschlossene Winkel φ abgeändert. Am Ende dieses Vorgangs ist

$$
\boldsymbol{u} = \begin{pmatrix} u_1 \\ 0 \\ 0 \end{pmatrix}, \quad \boldsymbol{v} = \begin{pmatrix} v_1 \\ v_2 \\ 0 \end{pmatrix} \text{ mit } u_1, v_2 > 0
$$

und somit

$$
\boldsymbol{u} \times \boldsymbol{v} = \begin{pmatrix} 0 \\ 0 \\ u_1 v_2 \end{pmatrix}.
$$

Also zeigt nach dieser stetigen Verlagerung von $\boldsymbol{u}$ und $\boldsymbol{v}$ in die $\boldsymbol{b}_1 \boldsymbol{b}_2$-Ebene das Vektorprodukt $\boldsymbol{u} \times \boldsymbol{v}$ in die Richtung von $\boldsymbol{b}_3$. Die Vektoren $\boldsymbol{u}$, $\boldsymbol{v}$ und $\boldsymbol{u} \times \boldsymbol{v}$ folgen somit der Rechten-Hand-Regel, wobei wir gegenüber Abbildung 7.8 nur den Winkel zwischen Daumen und Zeigefinger dem φ mit $0 \leq \varphi \leq 180°$ anzupassen haben. Wie schon früher vereinbart, nennen wir dies weiterhin ein *Rechtssystem*. Die genaue Definition von Rechtssystemen folgt auf Seite 245.

Die Eigenschaft, ein Rechtssystem zu bilden, muss bereits vor der Verlagerung bestanden haben, denn die Stetigkeit des Vorgangs, bei dem zudem $\|\boldsymbol{u} \times \boldsymbol{v}\| \neq 0$ bleibt, schließt ein plötzliches Umspringen von einem Rechtssystem zu einem Linkssystem aus. ∎

Kommentar: Auf Seite 258 werden wir erst kennenlernen, wie eine derartige „Verlagerung" mathematisch beschreibbar ist. Die Formeln in Gleichung (7.5) zeigen dann unmittelbar, dass sich bei eine Verlagerung von zwei Vektoren deren Vektorprodukt mit verlagert und dass dabei die Eigenschaft, ein Rechtssystem zu bilden, unverändert bleibt.

Als Sonderfall halten wir fest: Für die beiden Vektoren

$$
\boldsymbol{u} = \begin{pmatrix} u_1 \\ u_2 \\ 0 \end{pmatrix}, \quad \boldsymbol{v} = \begin{pmatrix} v_1 \\ v_2 \\ 0 \end{pmatrix}
$$

in der von den Basisvektoren $\boldsymbol{b}_1$ und $\boldsymbol{b}_2$ aufgespannten Ebene gibt die zweireihige Determinante

$$
D = \det \begin{pmatrix} u_1 & v_1 \\ u_2 & v_2 \end{pmatrix} \text{ mit } \boldsymbol{u} \times \boldsymbol{v} = \begin{pmatrix} 0 \\ 0 \\ D \end{pmatrix}
$$

den vorzeichenbehafteten Flächeninhalt des von $\boldsymbol{u}$ und $\boldsymbol{v}$ aufgespannten Parallelogramms an. Dabei ist dieser Inhalt genau dann positiv, wenn $\boldsymbol{u}$, $\boldsymbol{v}$ und der dritte Basisvektor $\boldsymbol{b}_3$ ein Rechtssystem bilden. Jetzt erkennen wir „im Hinsehen", was in dem Lemma auf Seite 240 behauptet wurde, dass nämlich $D = 0$ die lineare Abhängigkeit der zwei Vektoren kennzeichnet.

—————————— **?** ——————————

Beweisen Sie die folgende Aussage: Die drei Punkte a, b, c liegen genau dann nicht auf einer Geraden, wenn gilt:

$$(a \times b) + (b \times c) + (c \times a) \neq 0.$$

Die geometrischen Deutungen des Skalarprodukts $u \cdot v$ und des Vektorprodukts ergeben

$$u \cdot v = \|u\| \|v\| \cos \varphi \quad \text{und} \quad \|u \times v\| = \|u\| \|v\| \sin \varphi.$$

Daraus folgt unmittelbar die Gleichung

$$(u \cdot v)^2 + (u \times v)^2 = \|u\|^2 \|v\|^2.$$

Man beachte: Im ersten Summanden wird eine reelle Zahl quadriert, dagegen im zweiten Summanden ein Vektor skalar mit sich selbst multipliziert.

Dreireihige Determinanten sind die Grundlage für ein Produkt dreier Vektoren

Bevor wir uns einem weiteren Produkt zuwenden, und zwar einem von drei Vektoren, befassen wir uns mit den Determinanten dreireihiger Matrizen. Wir gehen ähnlich wie bei den zweireihigen Matrizen vor und können nur darauf verweisen, dass erst im Kapitel 13 das gemeinsame Bildungsgesetz aller Determinanten vorgestellt wird.

Wir beginnen mit einer Kennzeichnung der linearen Abhängigkeit von drei Vektoren aus $\mathbb{R}^3$:

Lemma

Die Vektoren $u, v, w \in \mathbb{R}^3$ sind *genau dann* linear abhängig, wenn $D = u \cdot (v \times w) = 0$ ist.

Beweis: Wir unterscheiden zwei Fälle:

- v und w sind linear unabhängig:
  Nun spannen v und w eine Ebene auf, und alle Linearkombinationen von v und w und nur diese, haben ein verschwindendes Skalarprodukt mit dem Normalvektor $v \times w$. Demnach drückt $D = 0$ aus, dass u eine Linearkombination von v und w ist.
- v und w sind linear abhängig:
  Nun sind auch $\{u, v, w\}$ linear abhängig, und gleichzeitig ist $v \times w = 0$ und daher auch $D = 0$.

Demnach gilt für beide Fälle: Sind $\{u, v, w\}$ linear abhängig, so ist $D = 0$. Ist umgekehrt $D = 0$, so sind die 3 Vektoren linear abhängig. $\blacksquare$

In Koordinaten ausgedrückt ist $D = u_1(v_2 w_3 - v_3 w_2) + u_2(v_3 w_1 - v_1 w_3) + u_3(v_1 w_2 - v_2 w_1)$. Die im Folgen-

den definierte Determinante einer 3×3-Matrix A entsteht aus dem Wert D, indem lediglich die bisherigen Vektoren u, v, w durch die Spaltenvektoren a_1, a_2, a_3 von A ersetzt werden.

Determinante einer 3×3-Matrix

Ist $A = (a_1, a_2, a_3) = \begin{pmatrix} a_{11} & a_{12} & a_{13} \\ a_{21} & a_{22} & a_{23} \\ a_{31} & a_{32} & a_{33} \end{pmatrix} \in \mathbb{K}^{3 \times 3}$, so nennen wir

$$\begin{aligned} \det A &= a_1 \cdot (a_2 \times a_3) \\ &= a_{11} a_{22} a_{33} + a_{12} a_{23} a_{31} + a_{13} a_{21} a_{32} \\ &\quad - a_{13} a_{22} a_{31} - a_{12} a_{21} a_{33} - a_{11} a_{23} a_{32} \in \mathbb{K} \end{aligned}$$

die **Determinante** von A.

Abkürzend schreiben wir auch

$$\begin{vmatrix} a_{11} a_{12} a_{13} \\ a_{21} a_{22} a_{23} \\ a_{31} a_{32} a_{33} \end{vmatrix} = \det \begin{pmatrix} a_{11} & a_{12} & a_{13} \\ a_{21} & a_{22} & a_{23} \\ a_{31} & a_{32} & a_{33} \end{pmatrix}$$

und sprechen kurz von einer **dreireihigen Determinante** statt von der Determinante einer 3×3-Matrix.

Man kann die Formel zur Berechnung einer dreireihigen Determinante durch das folgende Schema darstellen, welches man auch die **Regel von Sarrus** nennt:

$$\begin{vmatrix} a_{11} a_{12} a_{13} \\ a_{21} a_{22} a_{23} \\ a_{31} a_{32} a_{33} \end{vmatrix} = \begin{pmatrix} a_{13} & a_{11} & a_{12} & a_{13} & a_{11} \\ a_{23} & a_{21} & a_{22} & a_{23} & a_{21} \\ a_{33} & a_{31} & a_{32} & a_{33} & a_{31} \end{pmatrix}$$

Wir fügen rechts den ersten Spaltenvektor an und links den letzten Spaltenvektor. Dann gibt es zusammen mit der Hauptdiagonalen drei blaue, nach rechts abfallende Diagonalen und ebenso drei rote, nach links abfallende Diagonalen, die Nebendiagonale mit eingeschlossen. Nun werden ähnlich zum zweireihigen Fall die Produkte der Einträge in den blauen „Hauptdiagonalen" addiert und jene der roten „Nebendiagonalen" subtrahiert.

Aber Achtung: Diese Regel gilt nicht für vier- oder mehrreihige Determinanten, die wir im Kapitel 13 einführen werden:

Die Regel von Sarrus verdeutlicht eine weitere Eigenschaft der Determinante: Wenn wir die Spaltenvektoren von A zyklisch vertauschen, also $1 \mapsto 2 \mapsto 3 \mapsto 1$, so rücken die Haupt- und Nebendiagonalen jeweils nach rechts um eine weiter, und die letzte wird zur ersten. Die Determinante bleibt offensichtlich unverändert.

Das Spatprodukt dreier Vektoren liefert das Volumen des aufgespannten Parallelepipeds

Wir kehren zurück zu den Produkten von Vektoren.

Definition des Spatproduktes

Das **Spatprodukt** der Vektoren $u, v, w \in \mathbb{R}^3$ mit kartesischen Koordinaten $\begin{pmatrix} u_1 \\ u_2 \\ u_3 \end{pmatrix}$, $\begin{pmatrix} v_1 \\ v_2 \\ v_3 \end{pmatrix}$ und $\begin{pmatrix} w_1 \\ w_2 \\ w_3 \end{pmatrix}$ wird definiert als

$$\det(u, v, w) = \det \begin{pmatrix} u_1 & v_1 & w_1 \\ u_2 & v_2 & w_2 \\ u_3 & v_3 & w_3 \end{pmatrix}$$

Dies führt auf eine Abbildung

$$(\mathbb{R}^3 \times \mathbb{R}^3 \times \mathbb{R}^3) \to \mathbb{R} \ \text{mit} \ (u, v, w) \mapsto \det(u, v, w).$$

Offensichtlich ist das Spatprodukt $\det(u, v, w)$ gleich dem im Lemma auf Seite 243 definierten Wert D, dessen Verschwinden die lineare Abhängigkeit der Vektoren charakterisiert.

Verschwindendes Spatprodukt

Genau dann ist $\det(u, v, w) = 0$, wenn die drei Vektoren u, v und w *linear abhängig* sind, also komplanar liegen.

Wir haben D als $u \cdot (v \times w)$ eingeführt. Dies zeigt, dass eine Vertauschung von v mit w das Vorzeichen von D ändert. Andererseits bleibt die Determinante bei zyklischen Vertauschungen der Spaltenvektoren erhalten. Somit verhält sich das Spatprodukt bei Änderungen der Reihenfolge gemäß

$$\det(u, v, w) = \det(v, w, u) = \det(w, u, v)$$
$$= -\det(u, w, v) = -\det(v, u, w) = -\det(w, v, u).$$

Auch bei der Darstellung des Spatprodukts D als *gemischtes Produkt* $u \cdot (v \times w)$ können wir zyklisch vertauschen, ohne den Wert zu verändern. Also ist auch $D = w \cdot (u \times v)$.

Das Spatprodukt als gemischtes Produkt

Das Spatprodukt lässt sich auch als Skalarprodukt mit einem Vektorprodukt ausdrücken:

$$\det(u, v, w) = u \cdot (v \times w) = w \cdot (u \times v) \qquad (7.11)$$

Wie die bisherigen Produkte ist auch das Spatprodukt linear in jedem Anteil, also z. B.

$$\det((u_1 + u_2), v, w) = \det(u_1, v, w) + \det(u_2, v, w).$$

Dass das Spatprodukt eine vom Rechtskoordinatensystem unabhängige Bedeutung hat, folgt einerseits aus der Darstellung als Skalarprodukt mit einem Vektorprodukt und der bereits bewiesenen Invarianz dieser beiden Produkte. Aber das Spatprodukt hat auch eine einfache geometrische Deutung.

Geometrische Deutung des Spatprodukts

Der Absolutbetrag $|\det(u, v, w)|$ des Spatprodukts ist gleich dem *Volumen* des von den Vektoren u, v und w aufgespannten Parallelepipeds.

Beweis: Wir haben bereits früher erklärt, dass die vier Punkte $0, u, u + v$ und v das *von u und v aufgespannte Parallelogramm* bestimmen. Nehmen wir noch die durch Verschiebung längs w entstehenden Ecken $w, u+w, u+v+w$ und $v + w$ dazu, so entsteht das *von den Vektoren u, v und w aufgespannte* **Spat** oder **Parallelepiped**. Fassen wir dieses als Vollkörper auf, so ist es gleich der Punktmenge

$$\{\lambda u + \mu v + \nu w \mid 0 \le \lambda, \mu, \nu \le 1\}.$$

Wie bei Parallelogrammen lassen wir zu, dass der Anfangspunkt 0 durch einen beliebigen anderen Punkt p ersetzt wird, also das Parallelepiped im Raum parallel verschoben wird (Abb. 7.17).

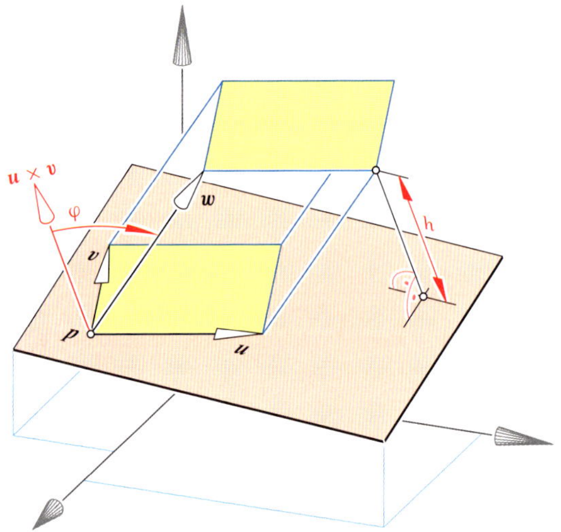

Abbildung 7.17 Das Spatprodukt $\det(u, v, w)$ gibt das orientierte Volumen des von u, v und w aufgespannten Parallelepipeds an.

Wir berechnen das Volumen des Parallelepipeds nach der Formel „Grundfläche mal Höhe". Dabei wählen wir das von u und v aufgespannte Parallelogramm als Grundfläche des genannten Parallelepipeds. Der Inhalt der Grundfläche beträgt demnach

$$F_{\#} = \|u \times v\|.$$

Die Höhe des Parallelepipeds ist gleich dem Wert $h = \|w\| \cos \varphi$, wenn φ den Winkel zwischen w und einer zur Grundfläche orthogonalen Geraden angibt. Nach unseren bisherigen Ergebnissen gilt nun offensichtlich

$$|\det(u, v, w)| = |(u \times v) \cdot w|$$
$$= \|u \times v\| \, \|w\| \cos \varphi = F_{\#} \cdot h,$$

wie behauptet wurde. ∎

<hr>

?

<hr>

Welche der oben angeführten Eigenschaften des Spatprodukts sind aufgrund dieser geometrischen Deutung unmittelbar ersichtlich?

<hr>

Werden die drei linear unabhängigen Vektoren stetig verlagert, so kann sich auch deren Spatprodukt nur stetig ändern. Das Volumen des Parallelepipeds und damit der Absolutbetrag des Spatprodukts bleiben dabei konstant. Die Stetigkeit ohne Nulldurchgang lässt beim Spatprodukt keinen Vorzeichenwechsel zu. Nicht nur der Betrag, sondern das Spatprodukt selbst muss konstant bleiben.

Wie früher beim Vektorprodukt können wir nach stetiger Verlagerung die spezielle Position

$$\boldsymbol{u} = \begin{pmatrix} u_1 \\ 0 \\ 0 \end{pmatrix}, \quad \boldsymbol{v} = \begin{pmatrix} v_1 \\ v_2 \\ 0 \end{pmatrix} \text{ mit } u_1, v_2 > 0$$

erreichen. Dann aber ist

$$\det(\boldsymbol{u}, \boldsymbol{v}, \boldsymbol{w}) = \det \begin{pmatrix} u_1 & v_1 & w_1 \\ 0 & v_2 & w_2 \\ 0 & 0 & w_3 \end{pmatrix} = u_1 v_2 w_3.$$

Somit gilt hier:

$$\det(\boldsymbol{u}, \boldsymbol{v}, \boldsymbol{w}) > 0 \iff w_3 > 0.$$

Bei positivem Spatprodukt zeigt $\boldsymbol{w}$ auf dieselbe Seite der $\boldsymbol{b}_1\boldsymbol{b}_2$-Ebene wie $\boldsymbol{b}_3$. Damit folgen dann die Vektoren $\boldsymbol{u}$, $\boldsymbol{v}$ und $\boldsymbol{w}$ der Rechten-Hand-Regel. Deshalb wollen wir für beliebige Vektortripel folgende Definition aufstellen.

Definition eines Rechts- bzw. Linkssystems

Die drei Vektoren $\boldsymbol{u}$, $\boldsymbol{v}$ und $\boldsymbol{w}$ bilden ein **Rechtssystem**, wenn $\det(\boldsymbol{u}, \boldsymbol{v}, \boldsymbol{w}) > 0$ ist. Hingegen sprechen wir bei $\det(\boldsymbol{u}, \boldsymbol{v}, \boldsymbol{w}) < 0$ von einem **Linkssystem**.

Dies legt nahe, das Spatprodukt $\det(\boldsymbol{u}, \boldsymbol{v}, \boldsymbol{w})$ ohne Betragszeichen als **orientiertes Volumen** des von $\boldsymbol{u}$, $\boldsymbol{v}$ und $\boldsymbol{w}$ aufgespannten Parallelepipeds zu definieren. Dessen Absolutbetrag ist, wie eben gezeigt, gleich dem *elementaren* Volumen. Das *orientierte* Volumen ist positiv oder negativ je nachdem, ob die linear unabhängigen Vektoren in der angegebenen Reihenfolge ein Rechtssystem oder ein Linkssystem bilden.

Kommentar: Wenn wir ein Rechtssystem mithilfe der Determinante definieren, die selbst ja über Koordinaten berechnet wird, so genügt es nur dann der Rechten-Hand-Regel, wenn auch die den Koordinaten zugrunde liegende kartesische Basis der Rechten-Hand-Regel genügt.

Beispiel

- Für die Vektoren $\boldsymbol{e}_1, \boldsymbol{e}_2, \boldsymbol{e}_3$ der Standardbasis gilt:

$$\det(\boldsymbol{e}_1, \boldsymbol{e}_2, \boldsymbol{e}_3) = \det \begin{pmatrix} 1 & 0 & 0 \\ 0 & 1 & 0 \\ 0 & 0 & 1 \end{pmatrix} = 1.$$

Allgemein hat jede orthonormierte Basis $(\boldsymbol{b}_1, \boldsymbol{b}_2, \boldsymbol{b}_3)$, die ein Rechtssystem bildet, als Spatprodukt den Wert $+1$, denn nach (7.11) ist

$$\det(\boldsymbol{b}_1, \boldsymbol{b}_2, \boldsymbol{b}_3) = (\boldsymbol{b}_1 \times \boldsymbol{b}_2) \cdot \boldsymbol{b}_3 = \boldsymbol{b}_3 \cdot \boldsymbol{b}_3 = \|\boldsymbol{b}_3\|^2 = 1.$$

Das von $\boldsymbol{b}_1$, $\boldsymbol{b}_2$ und $\boldsymbol{b}_3$ aufgespannte Parallelepiped ist ein *Einheitswürfel*.

- Die vier Punkte

$$\boldsymbol{a}_{1,2} = \begin{pmatrix} \pm 2 \\ 0 \\ \sqrt{2} \end{pmatrix}, \quad \boldsymbol{a}_{3,4} = \begin{pmatrix} 0 \\ \pm 2 \\ -\sqrt{2} \end{pmatrix}$$

bilden eine dreiseitige Pyramide, deren Kanten alle dieselbe Länge 4 aufweisen (siehe Frage auf Seite 234). Es handelt sich also um ein **reguläres Tetraeder** (Abb. 7.18). Gesucht ist dessen Volumen V.

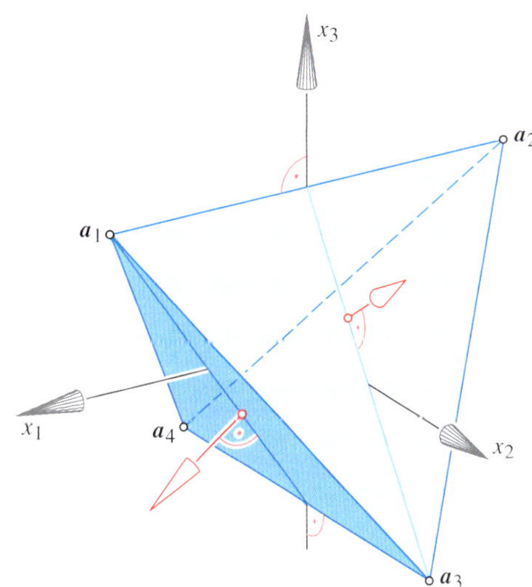

Abbildung 7.18 Die Punkte a_1 bis a_4 bilden ein reguläres Tetraeder.

Zu dessen Berechnung wählen wir etwa das Dreieck $\boldsymbol{a}_1\boldsymbol{a}_2\boldsymbol{a}_3$ als Grundfläche und berechnen das Pyramidenvolumen nach der Formel $\frac{1}{3}$ Grundfläche mal Höhe. Wenn wir die Grundfläche zu dem Parallelogramm $\boldsymbol{a}_1\boldsymbol{a}_2\boldsymbol{p}\boldsymbol{a}_3$ ergänzen bei $\boldsymbol{p} = \boldsymbol{a}_2 + (\boldsymbol{a}_3 - \boldsymbol{a}_1)$, so verdoppeln wir deren Flächeninhalt. Dann aber stellt das Produkt Grundfläche $\times$ Höhe den Inhalt des von den Differenzvektoren $\boldsymbol{a}_2 - \boldsymbol{a}_1$, $\boldsymbol{a}_3 - \boldsymbol{a}_1$ und $\boldsymbol{a}_4 - \boldsymbol{a}_1$ aufgespannten Parallelepipeds dar. Somit gilt für das Tetraedervolumen:

$$\begin{aligned} V &= \tfrac{1}{6} \left| \det \left[(\boldsymbol{a}_2 - \boldsymbol{a}_1), (\boldsymbol{a}_3 - \boldsymbol{a}_1), (\boldsymbol{a}_4 - \boldsymbol{a}_1) \right] \right| \\ &= \tfrac{1}{6} \left| \det \begin{pmatrix} -4 & -2 & -2 \\ 0 & 2 & -2 \\ 0 & -2\sqrt{2} & -2\sqrt{2} \end{pmatrix} \right| \\ &= \tfrac{1}{6} \left| (-4)(-4\sqrt{2} - 4\sqrt{2}) \right| = \frac{16\sqrt{2}}{3}. \end{aligned}$$

Alternativ dazu zeigt die Formel auf Seite 491, wie das Volumen einer dreiseitigen Pyramide aus deren sechs Kantenlängen berechenbar ist, nämlich mithilfe der Cayley-Menger'schen Determinante. ◀

In der Box auf Seite 247 wird anhand eines Beispiels demonstriert, wie der Grundaufgabe der analytischen Geometrie entsprechend jede *geometrische* Aussage äquivalent ist zu einer in Koordinaten formulierbaren *mathematischen* Aussage.

Die Übersicht auf Seite 248 zeigt gesammelt die bisherigen Produkte sowie die damit zusammenhängenden wichtigsten Formeln.

Einige nützliche Formeln für gemischte Produkte

Wir stellen in der Folge einige Formeln zusammen, die beim Rechnen mit Vektoren im $\mathbb{R}^3$ hilfreich sind, und beginnen mit der **Grassmann-Identität**:

$$(u \times v) \times w = (u \cdot w)v - (v \cdot w)u.$$

Beweis: Wir bestätigen die Richtigkeit, indem wir die Koordinaten ausrechnen: Setzen wir vorübergehend $x = u \times v$, so lautet die erste Koordinate des gesuchten Vektors $y = (u \times v) \times w = x \times w$:

$$\begin{aligned}
y_1 &= x_2 w_3 - x_3 w_2 \\
&= (u_3 v_1 - u_1 v_3)w_3 - (u_1 v_2 - u_2 v_1)w_2 \\
&= v_1(u_3 w_3 + u_2 v_2) - u_1(v_3 w_3 + v_2 w_2).
\end{aligned}$$

Wir geben auf der rechten Seite $u_1 v_1 w_1 - u_1 v_1 w_1 = 0$ dazu und erhalten:

$$\begin{aligned}
y_1 &= v_1(u_3 w_3 + u_2 v_2 + u_1 w_1) - u_1(v_3 w_3 + v_2 w_2 + v_1 w_1) \\
&= (u \cdot w)v_1 - (v \cdot w)u_1.
\end{aligned}$$

Zyklische Vertauschung liefert die restlichen Koordinaten und damit genau die obige Formel.

Abschließend noch eine Bemerkung zu diesem eher uneleganten Beweis: Das Skalarprodukt von $y = (u \times v) \times w$ mit $(u \times v)$ muss verschwinden. Ebenso ist $u \cdot (u \times v) = v \cdot (u \times v) = 0$. Somit muss bei linear unabhängigen u und v der Vektor y eine Linearkombination von u und v sein, also $y = \lambda u + \mu v$. Aber wie die Koeffizienten λ und μ tatsächlich aussehen, das ist doch nur durch explizites Ausrechnen zu bestimmen. ∎

--- **?** ---

Beweisen Sie unter Benutzung der Grassmann-Identität die folgende Variante:

$$u \times (v \times w) = (u \cdot w)v - (u \cdot v)w.$$

Mithilfe der Grassmann-Identität lassen sich die folgenden Formeln für weitere gemischte Produkte herleiten:

1. Jacobi-Identität

$$[u \times (v \times w)] + [v \times (w \times u)] + [w \times (u \times v)] = 0.$$

2. Lagrange-Identität

$$(u \times v) \cdot (w \times x) = (u \cdot w)(v \cdot x) - (u \cdot x)(v \cdot w).$$

3. Vektorprodukt zweier Vektorprodukte

$$(u \times v) \times (w \times x) = \det(u, w, x)\, v - \det(v, w, x)\, u.$$

Beweis: Die erste Gleichung folgt aus der Grassmann-Identität durch zyklische Vertauschung, also den Ersatz $(u, v, w) \mapsto (v, w, u) \mapsto (w, u, v)$, und durch anschließende Addition.

Die Langrange-Identität ergibt sich aus (7.11) wie folgt:

$$\begin{aligned}
(u \times v) \cdot (w \times x) &= \det((u \times v), w, x) \\
&= [(u \times v) \times w] \cdot x \\
&= [(u \cdot w)v - (v \cdot w)u] \cdot x.
\end{aligned}$$

Die Formel $\|u \times v\| = \|u\|\,\|v\| \sin\varphi$ aus (7.10) ist wegen (7.6) ein Sonderfall der Lagrange-Identität. Dasselbe trifft auf die Gleichung $(u \cdot v)^2 + (u \times v)^2 = \|u\|^2 \|v\|^2$ von Seite 243 zu.

Schließlich folgt aus der Grassmann-Identität

$$\begin{aligned}
(u \times v) \times (w \times x) &= (u \cdot (w \times x))\, v - (v \cdot (w \times x))\, u \\
&= \det(u, w, x)\, v - \det(v, w, x)\, u,
\end{aligned}$$

womit auch die letzte Gleichung gezeigt ist. ∎

Kommentar: Ein $\mathbb{K}$-Vektorraum V mit einer zusätzlichen Verknüpfung $* : V \times V \to V$ und

$$\begin{aligned}
a * (b + c) &= (a * b) + (a * c), \\
(a + b) * c &= (a * c) + (b * c), \\
\lambda\,(a * b) &= (\lambda\,a) * b = a * (\lambda\,b)
\end{aligned}$$

heißt $\mathbb{K}$-**Algebra**. Offensichtlich ist der $\mathbb{R}^3$ zusammen mit dem Vektorprodukt eine $\mathbb{R}$-Algebra. Diese Verknüpfung ist allerdings weder assoziativ (siehe Seite 66), noch kommutativ. Hingegen ist der Polynomring aus dem Abschnitt 3.4 ein Beispiel für eine $\mathbb{K}$-Algebra, wenn $*$ die Multiplikation von Polynomen bedeutet, und diese Verknüpfung ist sowohl assoziativ als auch kommutativ.

Eine $\mathbb{K}$-Algebra, in welcher die Jacobi-Identität gilt und ferner $a * a = 0$ für alle $a \in V$, heißt übrigens *Lie-Algebra*.

Beispiel: Analytische Formulierung einer geometrischen Bedingung

Gegeben seien vier Raumpunkte $s_1, \ldots, s_4$. Welche Gleichung muss ein Raumpunkt x erfüllen, damit dessen Verbindungsgeraden mit den gegebenen Punkten auf einem *Drehkegel* liegen?

Problemanalyse und Strategie: Liegen diese Geraden auf einem Drehkegel, so enden die von x längs dieser Geraden abgetragenen Einheitsvektoren in vier Punkten $p_1, \ldots, p_4$ eines Kreises auf diesem Drehkegel (siehe Abbildung unten) und damit in einer Ebene. Liegen umgekehrt diese vier Punkte im Abstand 1 von x in einer Ebene, so gehören sie dem Schnitt dieser Ebene mit der in x zentrierten Einheitskugel an, also einem Kreis. Dessen Verbindungsgeraden mit der Kugelmitte bilden einen Drehkegel oder, falls die Ebene durch die Kugelmitte geht, eine Ebene, also den Grenzfall eines Drehkegels mit 180° Öffnungswinkel.

Lösung:

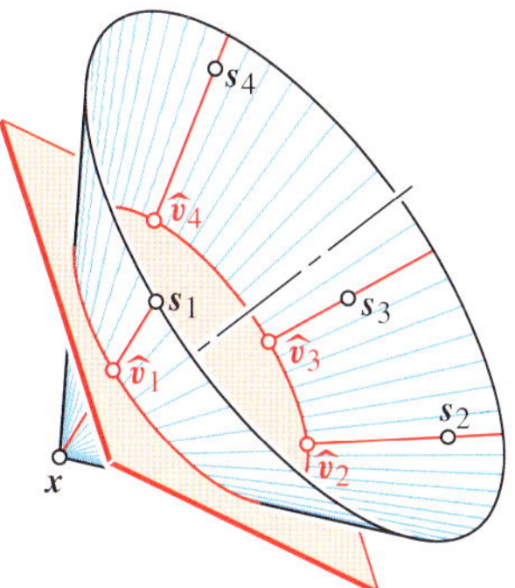

Zur Formulierung der entsprechenden analytischen Bedingung wenden wir eine Parallelverschiebung an, die x in den Koordinatenursprung verlegt. Die Spitzen der längs der Geraden abgetragenen Einheitsvektoren werden zu Punkten mit den Ortsvektoren

$$\widehat{v}_i = \frac{s_i - x}{\|s_i - x\|}, \quad i = 1, \ldots, 4.$$

Diese liegen genau dann in einer Ebene, wenn die Differenzvektoren $\widehat{v}_j - \widehat{v}_1$ für $j = 2, 3, 4$ komplanar, also linear abhängig sind. Dies kann mithilfe des Spatprodukts ausgedrückt werden:

$$\det\left((\widehat{v}_2 - \widehat{v}_1),\ (\widehat{v}_3 - \widehat{v}_1),\ (\widehat{v}_4 - \widehat{v}_1)\right) = 0. \quad (*)$$

Will man den Grenzfall eines in eine Ebene entarteten Drehkegels ausschließen, so muss man bedenken, dass in diesem Fall nicht nur x und $\widehat{v}_1, \ldots, \widehat{v}_4$ in einer Ebene liegen, sondern auch die Ausgangspunkte $s_1, \ldots, s_4$. Dieser Fall kann also überhaupt nur auftreten, wenn

$$\det\left((s_2 - s_1),\ (s_3 - s_1),\ (s_4 - s_1)\right) = 0$$

ist. Wenn dann bei $(s_2 - s_1) \times (s_3 - s_1) \neq \mathbf{0}$ zusätzlich zu $(*)$ noch die Bedingung

$$\det\left((s_2 - s_1),\ (s_3 - s_1),\ (x - s_1)\right) \neq 0$$

gefordert wird, so sind nur „echte" Drehkegel möglich.

7.4 Abstände zwischen Punkten, Geraden und Ebenen

In diesem Abschnitt zeigen wir, wie mithilfe der im Anschauungsraum verfügbaren Produkte von Vektoren Abstände zwischen Punkten, Geraden und Ebenen oder auch zwischen zwei Geraden berechenbar sind. Dabei gehen wir von folgender Definition aus:

Sind M und N zwei nichtleere Punktmengen des $\mathbb{R}^3$, so heißt

$$\mathrm{dist}(M, N) = \inf\{\,\|x - y\| \mid x \in M \text{ und } y \in N\,\}$$

Abstand oder **Distanz** der Punktmengen M und N.

Wegen $\|x - y\| \geq 0$ ist die Menge der Distanzen $\|x - y\|$ durch 0 nach unten beschränkt; also gibt es stets dieses Infimum. Dieses braucht allerdings kein Minimum zu sein, wie wir aus Kapitel 4 wissen. Sind die Mengen M und N affine Teilräume des $\mathbb{R}^3$, also Punkte, Geraden oder Ebenen, so werden sich die gegenseitigen Abstände doch als Minima herausstellen; es gibt dann nämlich stets Punkte $a \in M$ und $b \in N$ mit $\mathrm{dist}(M, N) = \|a - b\|$.

Abstände eines Punkts von Geraden oder Ebenen sind mittels Vektorprodukt zu berechnen

Angenommen, es sind die *Gerade* $G = p + \mathbb{R}u$ und der *Punkt* a außerhalb von G gegeben (Abb. 7.19). Der Punkt $b \in G$ sei der Fußpunkt der aus a an G legbaren Normalen. Dann bildet jeder Punkt $x \in G \setminus \{b\}$ zusammen mit a und b ein rechtwinkliges Dreieck, und dessen Hypotenuse ax ist stets länger als die Kathete ab. Also ist die Kathetenlänge

$$\|a - b\| = \min\{\|a - x\| \mid x \in G\} = \mathrm{dist}(a, G).$$

Zur Berechnung des Abstands $\mathrm{dist}(a, G)$ bestimmen wir zuerst einen Normalvektor der Verbindungsebene aG, nämlich (Abb. 7.19)

$$n = (a - p) \times u.$$

Übersicht: Produkte von Vektoren im $\mathbb{R}^3$

Für die analytische Geometrie im Anschauungsraum stehen drei verschiedene Produkte von Vektoren zur Verfügung.

- Das **Skalarprodukt** $u \cdot v$ der Vektoren $u, v \in \mathbb{R}^3$ mit kartesischen Koordinaten $(u_1, u_2, u_3)^\top$ bzw. $(v_1, v_2, v_3)^\top$ lautet:

$$u \cdot v = u_1 v_1 + u_2 v_2 + u_3 v_3.$$

  - Es ist $\|u\| = \sqrt{u \cdot u}$ die *Norm* oder *Länge* des Vektors u und $\|a - b\|$ die *Distanz* der Punkte a und b.
  - Jeder Vektor $u \neq 0$ lässt sich durch skalare Multiplikation gemäß $\hat{u} = \frac{1}{\|u\|} u$ auf einen Einheitsvektor normieren.
  - Das Skalarprodukt $u \cdot v$ ist symmetrisch, $v \cdot u = u \cdot v$, und in jedem Anteil linear, also $(u_1 + u_2) \cdot v = (u_1 \cdot v) + (u_2 \cdot v)$ und $(\lambda u) \cdot v = \lambda (u \cdot v)$.
  - Das Produkt $u \cdot v$ ist vom verwendeten kartesischen Koordinatensystem unabhängig, denn es gilt $u \cdot v = \|u\| \|v\| \cos \varphi$ mit φ als dem von u und v eingeschlossenen Winkel bei $0 \leq \varphi \leq \pi$.
  - Eine orthonormierte Basis (b_1, b_2, b_3) des $\mathbb{R}^3$ ist durch $b_i \cdot b_j = \delta_{ij}$ gekennzeichnet.
  - Es gelten die Cauchy-Schwarz'sche Ungleichung $|u \cdot v| \leq \|u\| \|v\|$ und die Dreiecksungleichung $\|u + v\| \leq \|u\| + \|v\|$.

- Das **Vektorprodukt** oder *Kreuzprodukt* $u \times v$ ist ein Vektor und aus den kartesischen Koordinaten von u und v nach der Formel

$$u \times v = (u_2 v_3 - u_3 v_2,\ u_3 v_1 - u_1 v_3,\ u_1 v_2 - u_2 v_1)^\top$$

  zu berechnen.

  - Das Vektorprodukt ist schiefsymmetrisch, also $v \times u = -u \times v$, und linear in jedem Anteil, d. h., $(u_1 + u_2) \times v = (u_1 \times v) + (u_2 \times v)$ und $\lambda u \times v = \lambda (u \times v)$.
  - Lineare Abhängigkeit von u und v ist durch $u \times v = 0$ gekennzeichnet.

- Bei linear unabhängigen u, v steht $u \times v$ auf der von u und v aufgespannten Ebene normal; die Norm $\|u \times v\|$ ist gleich dem Flächeninhalt $\|u\| \|v\| \sin \varphi$ des von u und v aufgespannten Parallelogramms; der Vektor $u \times v$ bildet mit u und v ein Rechtssystem, sofern sich die Koordinaten auf ein Rechtskoordinatensystem beziehen.

- Das **Spatprodukt** $\det(u, v, w)$ ist eine reelle Zahl und zwar die Determinante derjenigen 3×3-Matrix, welche die kartesischen Koordinaten von u, v und w der Reihe nach als Spaltenvektoren besitzt.
  - Das Spatprodukt ist linear in jedem Anteil, also $\det(u_1 + u_2, v, w) = \det(u_1, v, w) + \det(u_2, v, w)$ und $\det(\lambda u, v, w) = \lambda \det(u, v, w)$.
  - Die Vertauschung zweier Vektoren ändert das Vorzeichen; es ist $\det(u, v, w) = \det(v, w, u) = -\det(v, u, w)$.
  - Das Spatprodukt $\det(u, v, w)$ gibt das orientierte Volumen des von den drei Vektoren aufgespannten Parallelepipeds an und ist somit unabhängig von dem zugrunde liegenden Rechtskoordinatensystem.
  - Genau bei $\det(u, v, w) > 0$ bilden die drei Vektoren in dieser Reihenfolge ein Rechtssystem.
  - Ein verschwindendes Spatprodukt kennzeichnet lineare Abhängigkeit.
  - Es ist $\det(u, v, w) = u \cdot (v \times w) = w \cdot (u \times v)$.

  Ferner gelten:
  - die Grassmann-Identität $(u \times v) \times w = (u \cdot w)v - (v \cdot w)u$,
  - die Jacobi-Identität $[u \times (v \times w)] + [v \times (w \times u)] + [w \times (u \times v)] = 0$,
  - die Lagrange-Identität $(u \times v) \cdot (w \times x) = (u \cdot w)(v \cdot x) - (u \cdot x)(v \cdot w)$
  - sowie für das Vektorprodukt von Vektorprodukten $(u \times v) \times (w \times x) = \det(u, w, x)\, v - \det(v, w, x)\, u$.

Dann ist $\|n\|$ gleich dem Inhalt des von u und $a - p$ aufgespannten Parallelogramms. Die Höhe dieses Parallelogramms gegenüber u ist gleich der gesuchten Distanz.

Folgerung

Für den Abstand des Punkts a von der Geraden $G = p + \mathbb{R} u$ gilt:

$$\text{dist}(a, G) = \frac{\|(a - p) \times u\|}{\|u\|}.$$

Der Fußpunkt b der Normalen aus dem Punkt a an die Gerade $G = p + \mathbb{R} u$ lautet

$$b = p + \frac{(a - p) \cdot u}{u \cdot u}\, u,$$

wie schon auf Seite 235 festgestellt worden ist.

Bei der Bestimmung des Abstand des *Punkts a* von der *Ebene* $E = p + \mathbb{R} u + \mathbb{R} v$ gehen wir analog vor: Wir legen durch a die Normale $N = a + \mathbb{R}(u \times v)$ zur Ebene E und suchen deren Schnittpunkt b mit E (siehe Abbildung 7.22 auf Seite 252). Jeder von b verschiedene Punkt $x \in E$ bildet mit b und a ein rechtwinkliges Dreieck, denn $(x - b) \cdot (u \times v) = \det(x - b, u, v) = 0$ wegen der linearen Abhängigkeit der beteiligten Vektoren. Die Hypotenuse ax ist natürlich länger als die Kathete ab. Somit ist $\text{dist}(a, E) = \|b - a\|$.

Der Normalenfußpunkt $b \in (E \cap N)$ hat die beiden Darstellungen

$$b = p + \lambda u + \mu v \quad \text{und} \quad b = a + \nu (u \times v)$$

mit gewissen $\lambda, \mu, \nu \in \mathbb{R}$. Das Skalarprodukt beider Darstel-

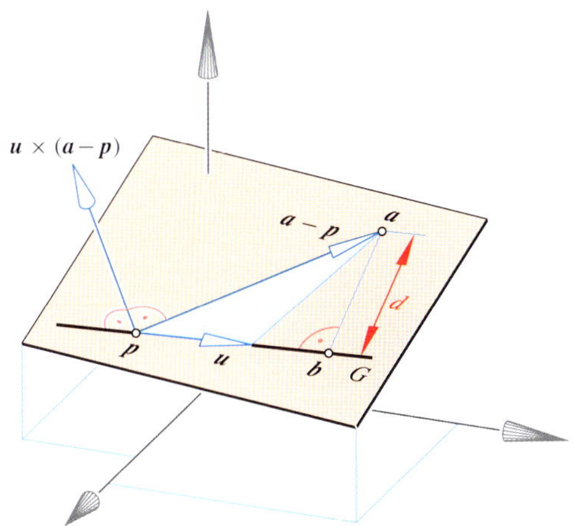

Abbildung 7.19 Der Abstand d des Punkts a von der Geraden G.

lungen mit $u \times v$ führt wegen $(u \times v) \cdot u = (u \times v) \cdot v = 0$ auf die Gleichung

$$p \cdot (u \times v) = a \cdot (u \times v) + v(u \times v)^2,$$

also nach Seite 244:

$$v = \frac{(p - a) \cdot (u \times v)}{\|u \times v\|^2} = \frac{\det(p - a,\, u,\, v)}{\|u \times v\|^2}.$$

Aus $b - a = v\,(u \times v)$ folgt $\|b - a\| = |v|\,\|u \times v\|$.

Folgerung

Für den Abstand des Punkts a von der Ebene $E = p + \mathbb{R}u + \mathbb{R}v$ gilt:

$$\mathrm{dist}(a, E) = \frac{|\det(p - a,\, u,\, v)|}{\|u \times v\|}.$$

Wir erkennen zugleich: Zu jedem Raumpunkt a gibt es einen Normalenfußpunkt

$$b = a + \frac{\det(p - a,\, u,\, v)}{\|u \times v\|^2}\,(u \times v) \qquad (7.12)$$

in E. Wir nennen die Abbildung $\mathbb{R}^3 \to E$ mit $a \mapsto b$ die **Orthogonalprojektion** oder **Normalprojektion** auf die Ebene E (Abb. 7.22 oder 7.23). Auf Seite 255 werden wir eine Matrizendarstellung dieser Abbildung kennenlernen.

Der Abstand zweier Geraden wird längs des Gemeinlots gemessen

Als Nächstes wenden wir uns dem Abstand zweier Geraden $G = p + \mathbb{R}u$ und $H = q + \mathbb{R}v$ zu. Zuerst zeigen wir, dass es stets ein **Gemeinlot** gibt, also eine Gerade N, welche G und H unter rechtem Winkel schneidet (Abb. 7.20).

Bei $G = H$ ist die Aussage trivial. Sind die beiden Geraden G und H parallel und verschieden, so liegen sie in der von $q - p$ und u aufgespannten Ebene. Dann kann so wie vorhin aus

jedem Punkt $a \in G$ eine Normale N an H gelegt werden, die wegen der Parallelität zwischen H und G auch zu G normal ist. Der Schnittpunkt b von N mit H bestimmt $\mathrm{dist}(G, H) = \|a - b\|$. Durch Translationen in der Richtung von G und H entstehen aus N unendlich viele gemeinsame Normalen.

Sind G und H nicht parallel, also deren Richtungsvektoren u und v linear unabhängig, so muss eine gemeinsame Normale N von G und H die Richtung des Vektors $n = u \times v$ haben. Nun gibt es eine zu n normale Ebene E_G durch G, und H ist parallel dazu. Durch die Orthogonalprojektion von H auf die Ebene E_G entsteht die Gerade H' (Abb. 7.20). Diese ist parallel zum Urbild H und schneidet G in einem Punkt a. Die Verbindungsgerade von a mit dessen Urbild $b \in H$ ergibt das in diesem Fall eindeutige Gemeinlot N.

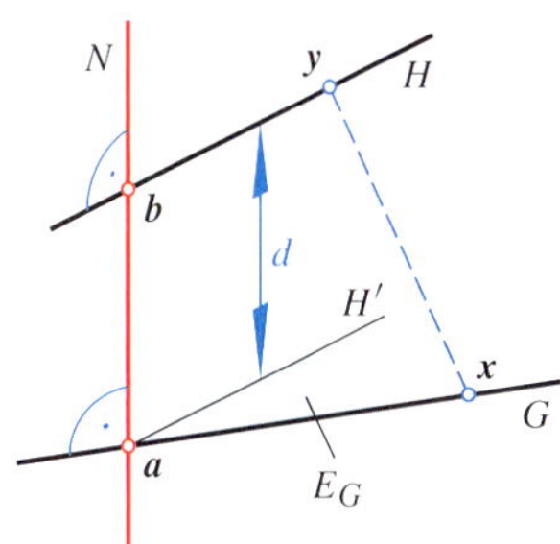

Abbildung 7.20 Die gemeinsame Normale N der Geraden G und H.

Lemma

Sind die zwei Geraden G und H nicht parallel, so gibt es ein eindeutiges Gemeinlot N. Für die Schnittpunkte a, b von N mit G bzw. H gilt:

$$\mathrm{dist}(G, H) = \|b - a\|.$$

Beweis: Für beliebige Punkte $x = a + \lambda\,u \in G$ und $y = b + \mu\,v \in H$ ist

$$y - x = (b - a) + (\mu\,v - \lambda\,u) \quad \text{bei } (b - a) \perp u,\, v.$$

Wegen $(b - a) \cdot u = (b - a) \cdot v = 0$ folgt:

$$\|y - x\|^2 = \|b - a\|^2 + \|\mu\,v - \lambda\,u\|^2 \geq \|b - a\|^2.$$

Gleichheit besteht genau dann, wenn $\mu\,v - \lambda\,u = 0$ ist. Wegen der geforderten linearen Unabhängigkeit von u und v bleibt für das Minimum nur $\lambda = \mu = 0$, also $x = a$ und $y = b$. $\blacksquare$

Wie können wir die Fußpunkte a und b und die Distanz $\mathrm{dist}(G, H)$ berechnen, wenn die Geraden in der Form $G = p + \mathbb{R}u$ und $H = q + \mathbb{R}v$ gegeben sind?

Wir setzen die beiden Fußpunkte von N an in der Form

$$a = p + \lambda u,\ b = q + \mu v \quad \text{bei } b - a = v\,n,\ n = u \times v.$$

Dann ist $\mathrm{dist}(G, H) = \|\nu\, \boldsymbol{n}\| = |\nu|\, \|\boldsymbol{n}\|$, wobei die Vektorgleichung $\boldsymbol{b} - \boldsymbol{a} = \nu\, \boldsymbol{n}$, also

$$\boldsymbol{q} - \boldsymbol{p} - \lambda\, \boldsymbol{u} + \mu\, \boldsymbol{v} = \nu\, \boldsymbol{n} \qquad (*)$$

zu erfüllen ist. In Koordinaten ausgeschrieben sind dies drei lineare Gleichungen in den drei Unbekannten λ, μ und ν. Durch Bildung von Skalarprodukten lassen sich die Unbekannten sogar explizit angeben:

Wir multiplizieren die auf der linken und rechten Seite der Gleichung $(*)$ stehenden Vektoren skalar mit $\boldsymbol{n}$ und erhalten

$$(\boldsymbol{q} - \boldsymbol{p}) \cdot \boldsymbol{n} - \lambda(\boldsymbol{u} \cdot \boldsymbol{n}) + \mu(\boldsymbol{v} \cdot \boldsymbol{n}) = \nu(\boldsymbol{n} \cdot \boldsymbol{n})$$

und weiter wegen $\boldsymbol{u} \cdot \boldsymbol{n} = \boldsymbol{v} \cdot \boldsymbol{n} = 0$

$$\nu = \frac{(\boldsymbol{q} - \boldsymbol{p}) \cdot \boldsymbol{n}}{\|\boldsymbol{n}\|^2}.$$

Wenn wir andererseits das Skalarprodukt der Vektoren aus $(*)$ mit $\boldsymbol{v} \times \boldsymbol{n}$ bilden, so fallen wegen der Orthogonalität die Produkte mit $\boldsymbol{v}$ und $\boldsymbol{n}$ weg, und es bleibt nach (7.11)

$$\det\left((\boldsymbol{q} - \boldsymbol{p}),\, \boldsymbol{v},\, \boldsymbol{n}\right) - \lambda \det(\boldsymbol{u}, \boldsymbol{v}, \boldsymbol{n}) = 0,$$

somit

$$\lambda = \frac{\det(\boldsymbol{q} - \boldsymbol{p},\, \boldsymbol{v},\, \boldsymbol{n})}{\det(\boldsymbol{u},\, \boldsymbol{v},\, \boldsymbol{n})}.$$

Analog folgt nach Bildung des Skalarprodukts mit $\boldsymbol{u} \times \boldsymbol{n}$

$$\mu = \frac{\det(\boldsymbol{q} - \boldsymbol{p},\, \boldsymbol{u},\, \boldsymbol{n})}{\det(\boldsymbol{u},\, \boldsymbol{v},\, \boldsymbol{n})}.$$

Folgerung

Die Distanz zweier nicht paralleler Geraden $G = \boldsymbol{p} + \mathbb{R}\boldsymbol{u}$ und $H = \boldsymbol{q} + \mathbb{R}\boldsymbol{v}$ lautet:

$$\mathrm{dist}(G, H) = \frac{|\det\left((\boldsymbol{q} - \boldsymbol{p}),\, \boldsymbol{u},\, \boldsymbol{v}\right)|}{\|\boldsymbol{u} \times \boldsymbol{v}\|}.$$

Die Punkte $\boldsymbol{a} \in G$ und $\boldsymbol{b} \in H$ mit $\mathrm{dist}(G, H) = \|\boldsymbol{a} - \boldsymbol{b}\|$ lauten:

$$\boldsymbol{a} = \boldsymbol{p} + \lambda\, \boldsymbol{u} \ \text{ mit } \ \lambda = \frac{[(\boldsymbol{q} - \boldsymbol{p}) \times \boldsymbol{v}] \cdot (\boldsymbol{u} \times \boldsymbol{v})}{\|\boldsymbol{u} \times \boldsymbol{v}\|^2} \ \text{ und }$$

$$\boldsymbol{b} = \boldsymbol{q} + \mu\, \boldsymbol{v} \ \text{ mit } \ \mu = \frac{[(\boldsymbol{q} - \boldsymbol{p}) \times \boldsymbol{u}] \cdot (\boldsymbol{u} \times \boldsymbol{v})}{\|\boldsymbol{u} \times \boldsymbol{v}\|^2}.$$

Der Mittelpunkt der Gemeinlotstrecke $\boldsymbol{a}\boldsymbol{b}$ ist gleichzeitig eine optimale Näherung für den „Schnittpunkt" zweier einander „beinahe" schneidenden Geraden, wie das Beispiel auf Seite 251 zeigt.

Die Hesse'sche Normalform ist mehr als nur die Gleichung einer Ebene

Der Punkt $\boldsymbol{x}$ liegt genau dann in der Ebene $E = \boldsymbol{p} + \mathbb{R}\boldsymbol{u} + \mathbb{R}\boldsymbol{v}$, wenn die Vektoren $(\boldsymbol{x} - \boldsymbol{p})$, $\boldsymbol{u}$ und $\boldsymbol{v}$ linear abhängig sind

(Abb. 7.21). Genau dann verschwindet deren Spatprodukt, d. h.

$$\det\left((\boldsymbol{x} - \boldsymbol{p}),\, \boldsymbol{u},\, \boldsymbol{v}\right) = (\boldsymbol{x} - \boldsymbol{p}) \cdot (\boldsymbol{u} \times \boldsymbol{v}) = 0,$$

oder mit $\boldsymbol{n} = \boldsymbol{u} \times \boldsymbol{v}$ als Normalvektor zu E

$$\boldsymbol{n} \cdot \boldsymbol{x} = \boldsymbol{n} \cdot \boldsymbol{p} = k = \text{konst.}$$

Dies bedeutet ausführlich:

$$n_1 x_1 + n_2 x_2 + n_3 x_3 = k.$$

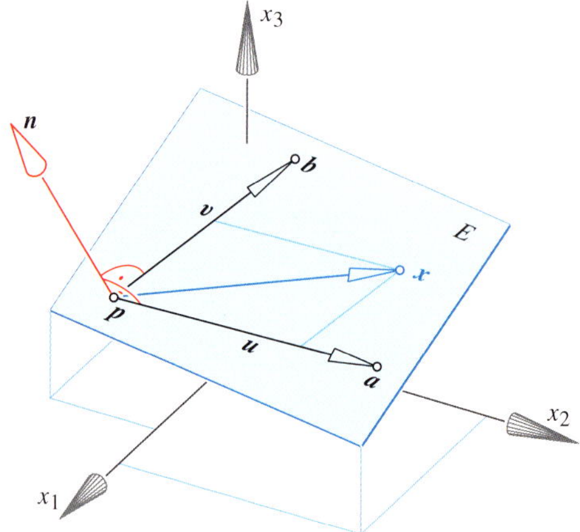

Abbildung 7.21 Die Ebene $E = \boldsymbol{p} + \mathbb{R}\boldsymbol{u} + \mathbb{R}\boldsymbol{v}$ geht durch $\boldsymbol{p}$ und wird von den Vektoren $\boldsymbol{u}$ und $\boldsymbol{v}$ aufgespannt.

Die Ebenengleichung

Eine Ebene ist die Lösungsmenge einer linearen Gleichung $n_1 x_1 + n_2 x_2 + n_3 x_3 = k$. Dabei sind die in dieser Gleichung auftretenden Koeffizienten $(n_1, n_2, n_3) \neq \boldsymbol{0}$ die Koordinaten eines Normalvektors $\boldsymbol{n}$ von E.

Wir können den Normalvektor normieren, und zwar sogar auf zwei Arten, als $\widehat{\boldsymbol{n}} = \pm \frac{1}{\|\boldsymbol{n}\|}\, \boldsymbol{n}$.

Definition der Hesse'schen Normalform einer Ebene

Ist $\boldsymbol{n}$ ein normierter Normalvektor der Ebene E, d. h., $\|\boldsymbol{n}\| = 1$, so heißt die zugehörige Ebenengleichung

$$l(\boldsymbol{x}) = \boldsymbol{n} \cdot \boldsymbol{x} - k = n_1 x_1 + n_2 x_2 + n_3 x_3 - k = 0$$

nach L. O. Hesse (1811–1874) **Hesse'sche Normalform** der Ebene E.

Dabei gibt $|k| = |\boldsymbol{n} \cdot \boldsymbol{p}|$ nach der geometrischen Deutung des Skalarprodukts (siehe Abbildung 7.13) den Abstand des Koordinatenursprungs $\boldsymbol{o}$ von der Ebene E an, also $\mathrm{dist}(\boldsymbol{o}, E) = |k|$.

Setzen wir einen beliebigen Raumpunkt $\boldsymbol{a}$ in die Ebenengleichung ein, so ist bei $\boldsymbol{x} \in E$ (Abb. 7.22)

$$l(\boldsymbol{a}) = \boldsymbol{n} \cdot \boldsymbol{a} - k = \boldsymbol{n} \cdot \boldsymbol{a} - \boldsymbol{n} \cdot \boldsymbol{x} = \boldsymbol{n} \cdot (\boldsymbol{a} - \boldsymbol{x}).$$

Beispiel: Optimale Approximation des Schnittpunkts zweier Geraden

Es gibt numerische Verfahren, um aus zwei Fotos desselben Objektes das dargestellt Objekt zu rekonstruieren, also die Koordinaten der in beiden Bildern sichtbaren Punkte zu berechnen, sofern die tatsächliche Länge einer in beiden Bildern ersichtlichen Strecke bekannt ist. Ist dann die gegenseitige Lage der Kameras zum Zeitpunkt der Aufnahmen bestimmt, so denken wir uns die beiden Fotos der Aufnahmesituation entsprechend im Raum platziert (siehe Skizze unten). Seien z_1 bzw. z_2 die Aufnahmezentren, also die Brennpunkte der Objektive, und x_1 bzw. x_2 die beiden Bilder eines Raumpunkts x. Zur Rekonstruktion des Urbildpunkts x sind dann offensichtlich die beiden Projektionsgeraden $z_1 + \mathbb{R}(x_1 - z_1)$ und $z_2 + \mathbb{R}(x_2 - z_2)$ miteinander zu schneiden.

Ein Problem der Computer-Vision: Die Rekonstruktion zweier Fotos mithilfe von 14 Passpunkten.

Problemanalyse und Strategie: Nachdem die z_i und x_i durch Messungen und numerische Berechnungen ermittelt worden sind, kann man nicht erwarten, dass die beiden Projektionsgeraden einander wirklich schneiden. Man muss also die bestmögliche Näherung für den Schnittpunkt ausrechnen.

Lösung:

Setzt man voraus, dass die beiden Projektionsgeraden G und H nicht parallel sind, so wird man diese Näherung intuitiv dort wählen, wo G und H einander am nächsten kommen. Wir bestimmen demnach die gemeinsame Normale der beiden Projektionsgeraden und darauf den Mittelpunkt m zwischen den beiden Normalenfußpunkten a und b, also $m = \frac{1}{2}(a + b)$ (siehe Abbildung unten). Dazu verwenden wir die Formeln von Seite 250.

Inwiefern ist dieser Punkt optimal?

1) Angenommen p ist ein beliebiger Raumpunkt und $x \in G$ und $y \in H$ sind die zugehörigen Normalenfußpunkte auf G bzw. H. Dann ist jedenfalls nach der Dreiecksungleichung

$$\|p - x\| + \|p - y\| \geq \|x - y\| \geq \|a - b\|.$$

Die *Summe der Entfernungen* des Punkts p von G und H ist genau dann *minimal*, wenn beide Male das Gleichheitszeichen gilt, und dies trifft für *alle Punkte der abgeschlossenen Strecke ab* zu (Abb. 7.20).

2) Verlangt man hingegen eine *minimale Quadratsumme* der Entfernungen, so bleibt der *Mittelpunkt* m von ab als *einzige Lösung*. Zur Begründung wählen wir ein spezielles Koordinatensystem mit m als Ursprung und der gemeinsamen Normalen als x_3-Achse. Dann können wir ansetzen:

$$a = \begin{pmatrix} 0 \\ 0 \\ c \end{pmatrix}, \quad b = \begin{pmatrix} 0 \\ 0 \\ -c \end{pmatrix} \text{ mit } 2c = \|a - b\|.$$

Die Punkte $x \in G$ und $y \in H$ seien $x = a + \lambda u$, $y = b + \mu v$, wobei

$$u = \begin{pmatrix} u_1 \\ u_2 \\ 0 \end{pmatrix}, \quad v = \begin{pmatrix} v_1 \\ v_2 \\ 0 \end{pmatrix} \text{ und } p = \begin{pmatrix} p_1 \\ p_2 \\ p_3 \end{pmatrix}.$$

Dann ist

$$\begin{aligned}
\|p - x\|^2 &+ \|p - y\|^2 \\
&= \|p - a - \lambda u\|^2 + \|p - b - \mu v\|^2 \\
&= (p_1 - \lambda u_1)^2 + (p_2 - \lambda u_2)^2 + (p_3 - c)^2 \\
&\quad + (p_1 - \mu v_1)^2 + (p_2 - \mu v_2)^2 + (p_3 + c)^2 \\
&\geq (p_3 - c)^2 + (p_3 + c)^2 = 2 p_3^2 + 2 c^2 \geq 2 c^2.
\end{aligned}$$

Gleichheit in beiden Fällen ist nur möglich bei

$$p_3 = 0 \text{ und } \begin{pmatrix} p_1 \\ p_2 \end{pmatrix} = \lambda \begin{pmatrix} u_1 \\ u_2 \end{pmatrix} = \mu \begin{pmatrix} v_1 \\ v_2 \end{pmatrix}.$$

Wegen der linearen Unabhängigkeit von u und v bleibt $\lambda = \mu = 0$, also $x = a$, $y = b$ und $p = m$.

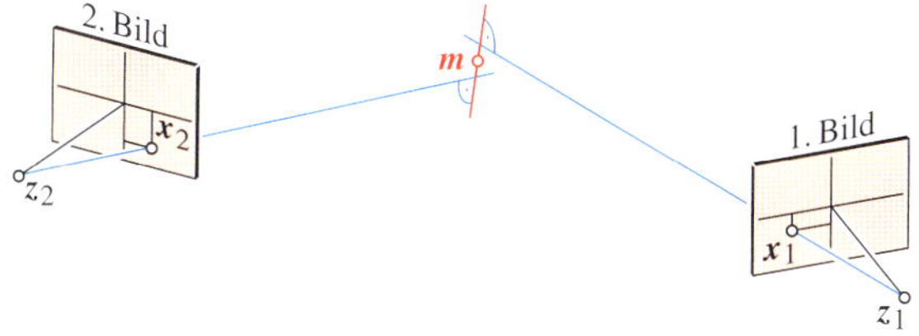

Somit gibt $l(\boldsymbol{a})$ die vorzeichenbehaftete Länge der Projektion des Vektors $\boldsymbol{a} - \boldsymbol{x}$ auf $\boldsymbol{n}$ an. Dies eröffnet die Möglichkeit, den Abstand $\mathrm{dist}(\boldsymbol{a}, E)$ zusätzlich mit einem Vorzeichen zu versehen.

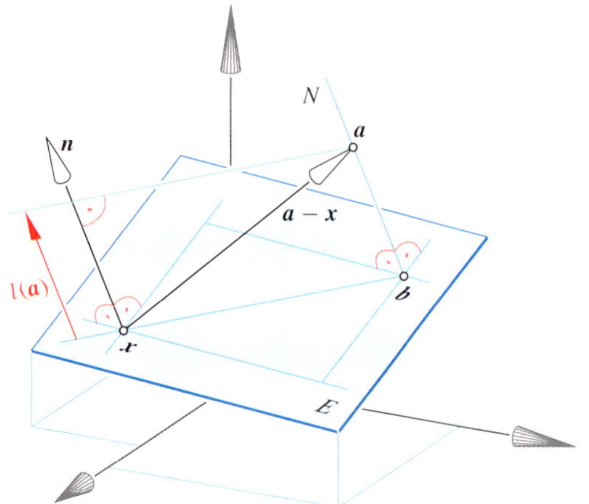

Abbildung 7.22 Die Bedeutung der Hesse'schen Normalform: $d = l(\boldsymbol{a})$ ist der orientierte Abstand des Punkts $\boldsymbol{a}$ von der Ebene E. Dabei kann d positiv, negativ oder gleich null sein.

Eigenschaften der Hesse'schen Normalform

Ist $l(\boldsymbol{x}) = 0$ die Hesse'sche Normalform der Ebene E, so gibt $l(\boldsymbol{a})$ den **orientierten Abstand** des Punkts $\boldsymbol{a}$ von E an. Dabei ist dieser Abstand $l(\boldsymbol{a})$ genau dann positiv, wenn $\boldsymbol{a}$ auf jener Seite von E liegt, auf welche der Normalvektor $\boldsymbol{n}$ zeigt.

Die Ebene E zerlegt den Raum $\mathbb{R}^3 \setminus E$ in zwei *offene* **Halbräume**, deren Punkte $\boldsymbol{x}$ durch $l(\boldsymbol{x}) > 0$ bzw. durch $l(\boldsymbol{x}) < 0$ gekennzeichnet sind. Die durch $l(\boldsymbol{x}) \geq 0$ bzw. $l(\boldsymbol{x}) \leq 0$ charakterisierten Punktmengen heißen *abgeschlossene* Halbräume.

Lemma

Halbräume sind stets *konvexe* Mengen, ob sie nun offen sind oder die Punkte der Begrenzungsebene einschließen.

Beweis: Nach der Definition der Konvexität auf Seite 231 müssen wir beweisen, dass ein offener bzw. abgeschlossener Halbraum mit zwei Punkten $\boldsymbol{a}$ und $\boldsymbol{b}$ stets die ganze Strecke $\boldsymbol{ab}$ enthält. Unsere Anschauung zeigt uns, dass dies offensichtlich richtig ist. Trotzdem soll vorgeführt werden, wie sich dies durch Rechnung beweisen lässt:

Die Punkte der abgeschlossenen Strecke $\boldsymbol{ab}$ sind als Konvexkombinationen von $\boldsymbol{a}$ und $\boldsymbol{b}$ darstellbar. Nach Seite 230 ist

$$\mathrm{conv}\{\boldsymbol{a}, \boldsymbol{b}\} = \{\boldsymbol{x} = \lambda\, \boldsymbol{a} + (1 - \lambda)\, \boldsymbol{b} \mid 0 \leq \lambda \leq 1\}.$$

Wegen $l(\boldsymbol{x}) = \boldsymbol{n} \cdot \boldsymbol{x} - k$ folgt weiter:

$$
\begin{aligned}
l(\boldsymbol{x}) &= \boldsymbol{n} \cdot [\lambda\, \boldsymbol{a} + (1 - \lambda)\, \boldsymbol{b}] - k \\
&= \lambda (\boldsymbol{n} \cdot \boldsymbol{a}) + (1 - \lambda)(\boldsymbol{n} \cdot \boldsymbol{b}) - k \\
&= \lambda\,(l(\boldsymbol{a}) + k) + (1 - \lambda)\,(l(\boldsymbol{b}) + k) - k \\
&= \lambda\, l(\boldsymbol{a}) + (1 - \lambda)\, l(\boldsymbol{b}).
\end{aligned}
$$

Die Werte $l(\boldsymbol{x})$ durchlaufen wegen $0 \leq \lambda \leq 1$ das abgeschlossene Intervall $[\,l(\boldsymbol{a}), l(\boldsymbol{b})\,]$ in $\mathbb{R}$. Haben $l(\boldsymbol{a})$ und $l(\boldsymbol{b})$ gleiche Vorzeichen, so haben auch alle Zwischenwerte $l(\boldsymbol{x})$ dieses Vorzeichen. Deshalb sind die offenen Halbräume konvex. Sind $l(\boldsymbol{a})$ und $l(\boldsymbol{b})$ nicht negativ bzw. nicht positiv, so gilt jeweils dasselbe für alle Zwischenwerte. Damit ist auch die Konvexität der abgeschlossenen Halbräume bewiesen. ∎

Beispiel Die vier Punkte

$$\boldsymbol{a}_{1,2} = \begin{pmatrix} \pm 2 \\ 0 \\ \sqrt{2} \end{pmatrix}, \quad \boldsymbol{a}_{3,4} = \begin{pmatrix} 0 \\ \pm 2 \\ -\sqrt{2} \end{pmatrix}$$

bestimmen eine dreiseitige Pyramide mit lauter Kanten derselben Länge, also ein reguläres Tetraeder (Abb. 7.18). Gesucht sind spezielle Normalvektoren der vier Seitenflächen, und zwar diejenigen Einheitsvektoren, welche nach außen weisen. Auch soll das Innere dieses Tetraeders durch Ungleichungen gekennzeichnet werden.

Ein auf der Verbindungsebene von $\boldsymbol{a}_1$, $\boldsymbol{a}_2$ und $\boldsymbol{a}_3$ normal stehender Vektor ist als Vektorprodukt zu berechnen:

$$
\begin{aligned}
\boldsymbol{n}_{123} &= (\boldsymbol{a}_2 - \boldsymbol{a}_1) \times (\boldsymbol{a}_3 - \boldsymbol{a}_1) \\
&= \begin{pmatrix} -4 \\ 0 \\ 0 \end{pmatrix} \times \begin{pmatrix} -2 \\ 2 \\ -2\sqrt{2} \end{pmatrix} = \begin{pmatrix} 0 \\ -8\sqrt{2} \\ -8 \end{pmatrix}.
\end{aligned}
$$

Wir normieren zu

$$\widehat{\boldsymbol{n}}_{123} = \frac{1}{\sqrt{3}} \begin{pmatrix} 0 \\ \sqrt{2} \\ 1 \end{pmatrix}$$

und haben damit eine von zwei möglichen Richtungen ausgewählt. Um festzustellen, ob $\widehat{\boldsymbol{n}}_{123}$ nach außen oder innen zeigt, berechnen wir die Gleichung der Ebene $\boldsymbol{a}_1\boldsymbol{a}_2\boldsymbol{a}_3$ als

$$l(\boldsymbol{x}) = \widehat{\boldsymbol{n}}_{123} \cdot \boldsymbol{x} - k \ \ \text{mit}\ \ l(\boldsymbol{a}_1) = 0,$$

also $k = \widehat{\boldsymbol{n}}_{123} \cdot \boldsymbol{a}_1 = \sqrt{2/3}$. Nun gilt für den Ursprung, also für einen Innenpunkt des Tetraeders

$$l(\boldsymbol{0}) = -k = -\sqrt{2/3} < 0.$$

Dieser orientierte Abstand ist negativ; der Vektor $\widehat{\boldsymbol{n}}_{123}$ weist somit wie gewünscht nach außen.

Der Normalvektor $\boldsymbol{n}_{124}$ der Ebene $\mathrm{span}(\boldsymbol{a}_1\boldsymbol{a}_2\boldsymbol{a}_4)$ unterscheidet sich von $\boldsymbol{n}_{123}$ durch das Vorzeichen der zweiten Koordinate. Dies ergibt für den richtig orientierten Einheitsvektor

$$\widehat{\boldsymbol{n}}_{124} = \frac{1}{\sqrt{3}} \begin{pmatrix} 0 \\ -\sqrt{2} \\ 1 \end{pmatrix}.$$

Analog berechnen wir:

$$\widehat{\boldsymbol{n}}_{134} = \frac{1}{\sqrt{3}} \begin{pmatrix} \sqrt{2} \\ 0 \\ -1 \end{pmatrix} \ \ \text{und}\ \ \widehat{\boldsymbol{n}}_{234} = \frac{1}{\sqrt{3}} \begin{pmatrix} -\sqrt{2} \\ 0 \\ -1 \end{pmatrix}.$$

Dabei weisen auch diese beiden Vektoren nach außen, denn wir erhalten für den in beiden Ebenen gelegenen Punkt $\boldsymbol{a}_3$ positive Skalarprodukte $\boldsymbol{a}_3 \cdot \widehat{\boldsymbol{n}}_{134} = \boldsymbol{a}_3 \cdot \widehat{\boldsymbol{n}}_{234} = \sqrt{2/3} > 0$.

Die Punkte im Inneren dieses Tetraeders sind somit durch die folgenden vier linearen Ungleichungen beschrieben:

$$\begin{aligned}
\sqrt{2}\,x_2 + x_3 - \sqrt{2} &< 0 \\
-\sqrt{2}\,x_2 + x_3 - \sqrt{2} &< 0 \\
\sqrt{2}\,x_1 - x_3 - \sqrt{2} &< 0 \\
-\sqrt{2}\,x_1 - x_3 - \sqrt{2} &< 0
\end{aligned}$$

Hier haben wir die Hesse'schen Normalformen jeweils mit dem Faktor $\sqrt{3}$ erweitert.

Die Bestimmung der Lösungsmenge von Systemen derartiger linearer Ungleichungen gehört übrigens zum Fachgebiet lineare Optimierung (siehe Kapitel 24). Nach dem Lemma auf Seite 252 ist die Lösungsmenge der Durchschnitt endlich vieler konvexer Mengen und somit ebenfalls *konvex*. ◄

— — — — — — **?** — — — — — —

Welche geometrische Form wird von den *Punkten* mit den Ortsvektoren $\widehat{\boldsymbol{n}}_{123}, \widehat{\boldsymbol{n}}_{124}, \widehat{\boldsymbol{n}}_{134}, \widehat{\boldsymbol{n}}_{234}$ gebildet?

Die Orthogonalprojektion ist Anlass für eine Vorschau auf lineare Abbildungen

Bevor wir uns im Anschauungsraum genauer mit Orthogonalprojektionen auf Ebenen oder Geraden befassen, sind einige Zwischenbemerkungen über lineare Abbildungen und über das Rechnen mit Matrizen notwendig.

Eine Abbildung φ von einem Vektorraum V in einen Vektorraum V' heißt **linear**, wenn sie sich nach Einführung von Koordinaten in V und V' durch Multiplikation mit einer Matrix beschreiben lässt, also von folgender Bauart ist:

$$\varphi: V \to V' \text{ mit } \boldsymbol{x} \mapsto \boldsymbol{x}' = \boldsymbol{A}\,\boldsymbol{x}.$$

$\boldsymbol{A}$ heißt **Darstellungsmatrix** dieser Abbildung. Wir werden uns sehr ausführlich im Kapitel 12 mit derartigen Abbildungen befassen und dort eine elegantere Definition kennenlernen, nämlich eine anhand ihrer beiden Eigenschaften

$$\varphi(\boldsymbol{x} + \boldsymbol{y}) = \varphi(\boldsymbol{x}) + \varphi(\boldsymbol{y}) \text{ und } \varphi(\lambda\boldsymbol{x}) = \lambda\,\varphi(\boldsymbol{x}).$$

Diese bewirken, dass Linearkombinationen wieder auf Linearkombinationen mit denselben Koeffizienten abgebildet werden, also

$$\varphi\left(\sum_{i=1}^{n} \lambda_i\,\boldsymbol{x}_i\right) = \sum_{i=1}^{n} \lambda_i\,\varphi(\boldsymbol{x}_i).$$

Hier beschränken wir uns auf die linearen Abbildungen $\varphi: \mathbb{R}^3 \to \mathbb{R}^3$. Deren Darstellungsmatrizen $\boldsymbol{A} = (a_{ik})$ sind

aus $\mathbb{R}^{3\times 3}$. Damit lautet φ ausführlich:

$$\begin{pmatrix} x_1' \\ x_2' \\ x_3' \end{pmatrix} = \begin{pmatrix} a_{11} & a_{12} & a_{13} \\ a_{21} & a_{22} & a_{23} \\ a_{31} & a_{32} & a_{33} \end{pmatrix} \begin{pmatrix} x_1 \\ x_2 \\ x_3 \end{pmatrix}$$

$$= \begin{pmatrix} a_{11} \\ a_{21} \\ a_{31} \end{pmatrix} x_1 + \begin{pmatrix} a_{12} \\ a_{22} \\ a_{32} \end{pmatrix} x_2 + \begin{pmatrix} a_{13} \\ a_{23} \\ a_{33} \end{pmatrix} x_3.$$

Wählen wir als Urbild $\boldsymbol{x}$ den Vektor $\boldsymbol{e}_1$ der Standardbasis des $\mathbb{R}^3$ (siehe Seite 235), also mit $x_1 = 1$, $x_2 = x_3 = 0$, so ist der Bildvektor $\boldsymbol{x}'$ gleich dem ersten Spaltenvektor $\boldsymbol{s}_1$ von $\boldsymbol{A}$. Analog sind die restlichen Spaltenvektoren Bilder von $\boldsymbol{e}_2$ bzw. $\boldsymbol{e}_3$. Die Abbildung φ ist somit durch die Bilder $\varphi(\boldsymbol{e}_i) = \boldsymbol{s}_i$ der Standardbasis eindeutig festgelegt.

Auch die identische Abbildung $\mathrm{id}_{\mathbb{R}^3}$ ist eine lineare Abbildung. Wegen $\mathrm{id}_{\mathbb{R}^3}(\boldsymbol{e}_i) = \boldsymbol{e}_i$ lautet die zugehörige Darstellungsmatrix

$$\mathbf{E}_3 = \begin{pmatrix} 1 & 0 & 0 \\ 0 & 1 & 0 \\ 0 & 0 & 1 \end{pmatrix}.$$

Diese heißt (dreireihige) **Einheitsmatrix**, und es ist $\mathbf{E}_3\,\boldsymbol{x} = \boldsymbol{x}$ für alle $\boldsymbol{x} \in \mathbb{R}^3$.

Die obige Zerlegung des Matrizenprodukts $\boldsymbol{A}\,\boldsymbol{x}$ in eine Summe von Spaltenvektoren zeigt, dass alle Bildvektoren $\boldsymbol{x}'$ Linearkombinationen der Spaltenvektoren $\boldsymbol{s}_1, \boldsymbol{s}_2, \boldsymbol{s}_3$ von $\boldsymbol{A}$ sind. Die Menge der Bildvektoren ist somit die Hülle der Spaltenvektoren von $\boldsymbol{A}$ und damit ein Unterraum von $\mathbb{R}^3$. Die Dimension dieses Unterraums, des Bildes $\varphi(\mathbb{R}^3)$, heißt **Rang** $\mathrm{rg}(\varphi)$ der linearen Abbildung φ und auch Rang $\mathrm{rg}\,\boldsymbol{A}$ der Darstellungsmatrix $\boldsymbol{A}$.

Bei $\mathrm{rg}(\boldsymbol{A}) = 3$ sind die Spaltenvektoren $\boldsymbol{s}_1, \boldsymbol{s}_2, \boldsymbol{s}_3$ linear unabhängig; daher ist $\det \boldsymbol{A} \neq 0$. In diesem Fall bilden die Spaltenvektoren von $\boldsymbol{A}$ eine Basis des $\mathbb{R}^3$. Nachdem jeder Vektor $\boldsymbol{x}'$ des $\mathbb{R}^3$ eine eindeutige Darstellung als Linearkombination dieser Basisvektoren besitzt, gibt es zu jedem Bildvektor ein eindeutiges Urbild $\boldsymbol{x}$. Die Abbildung φ ist in diesem Fall *bijektiv*; es gibt die Umkehrabbildung φ^{-1}.

Hat man die Urbilder $\boldsymbol{y}_i$ der Vektoren $\boldsymbol{e}_i$ der Standardbasis bereits berechnet, etwa durch Auflösen des zugehörigen linearen Gleichungssystems $\boldsymbol{A}\,\boldsymbol{y}_i = \boldsymbol{e}_i$, so ist das Urbild von $\boldsymbol{x}' = \sum_{i=1}^{3} x_i'\,\boldsymbol{e}_i$ gleich $\varphi^{-1}(\boldsymbol{x}') = \sum_{i=1}^{3} x_i'\,\boldsymbol{y}_i$, denn für jedes $i \in \{1, 2, 3\}$ ist

$$\boldsymbol{A}\,(x_i'\,\boldsymbol{y}_i) = x_i'\,(\boldsymbol{A}\,\boldsymbol{y}_i) = x_i'\,\boldsymbol{e}_i'.$$

Dies zeigt, dass auch φ^{-1} eine lineare Abbildung ist; die zugehörige Darstellungsmatrix $\boldsymbol{A}^{-1}$ heißt **inverse Matrix** von $\boldsymbol{A}$. Deren Spaltenvektoren $\boldsymbol{y}_1, \boldsymbol{y}_2, \boldsymbol{y}_3$ haben die Eigenschaft $\boldsymbol{A}\,\boldsymbol{y}_i = \boldsymbol{e}_i$. Wird also die Matrix $\boldsymbol{A}$ der Reihe nach mit den Spaltenvektoren von $\boldsymbol{A}^{-1}$ multipliziert, so entstehen die Spalten der Einheitsmatrix. Wir schreiben dies kurz als Matrizenprodukt

$$\boldsymbol{A} \cdot \boldsymbol{A}^{-1} = \mathbf{E}_3.$$

Dahinter steht die folgende Erweiterung der auf Seite 175 eingeführten Multiplikation einer Matrix mit einem Spaltenvektor:

Wir bilden das **Matrizenprodukt $D = B \cdot C$** einer Matrix $B \in \mathbb{K}^{m \times n}$ mit einer Matrix $C \in \mathbb{K}^{n \times p}$, indem wir der Reihe nach B mit den p Spaltenvektoren von C multiplizieren und diese als Spalten in D zusammenfassen.

Man beachte: Das Produkt kann nur gebildet werden, wenn die Spaltenanzahl n des ersten Faktors B gleich der Zeilenanzahl des zweiten Faktors C ist. Dann lautet das Element d_{ik} der Produktmatrix für $i \in \{1, \ldots, m\}$ und $k \in \{1, \ldots, p\}$:

$$d_{ik} = \sum_{j=1}^{n} b_{ij}\, c_{jk}.$$

In Worten: Das Element an der Stelle (i, k) der Produktmatrix $B \cdot C$ entsteht aus der i-ten Zeile von B und der k-ten Spalte von C durch „skalare Multiplikation".

Die folgende Illustration zeigt die Größenverhältnisse der an diesem Matrizenprodukt beteiligten Matrizen B, C und D.

$$\underset{D}{m\left[\phantom{\rule{3em}{2em}}\right]^{p}} = \underset{B}{m\left[\phantom{\rule{1em}{2em}}\right]^{n}} \cdot \underset{C}{n\left[\phantom{\rule{3em}{1em}}\right]^{p}}$$

Der Punkt, der hier zur Verdeutlichung als Verknüpfungszeichen für die Matrizenmultiplikation dient, wird allerdings in Zukunft meist weglassen. Er ist nicht üblich.

------------------------------ **?** ------------------------------

Berechnen Sie das Produkt D der Matrizen

$$B = \begin{pmatrix} 2 & 1 & -2 \\ 1 & 2 & 2 \\ 2 & -2 & 1 \end{pmatrix} \quad \text{und} \quad C = \begin{pmatrix} 2 & 1 & 2 \\ 1 & 2 & -2 \\ -2 & 2 & 1 \end{pmatrix}$$

Zurück zu den linearen Abbildungen $\mathbb{R}^3 \to \mathbb{R}^3$: Werden zwei lineare Abbildungen hintereinander ausgeführt, also

$$\varphi: x \mapsto x' = A\,x \quad \text{und} \quad \varphi': x' \mapsto x'' = A'\,x',$$

so gilt für die Abbildung des Vektors e_i der Standardbasis: Der i-te Spaltenvektor s_i von A ist gleich $\varphi(e_i)$. Daher ist $\varphi' \circ \varphi(e_i) = A'\,s_i$ der i-te Spaltenvektor in dem Matrizenprodukt $A'\,A$. Andererseits folgt aus der Linearität der Einzelabbildungen, dass auch für $x = \sum_{i=1}^{3} x_i\, e_i$ gilt:

$$\varphi' \circ \varphi(x) = \varphi'\left(\sum x_i\, s_i\right) = \sum x_i\, (A'\,A)\, e_i = (A'\,A)\, x.$$

Damit ist auch die Zusammensetzung $\varphi' \circ \varphi$ wieder eine lineare Abbildung $\mathbb{R}^3 \to \mathbb{R}^3$. Die Darstellungsmatrix der Produktabbildung $\varphi' \circ \varphi$ ist gleich dem Produkt der beiden Darstellungsmatrizen.

Nachdem bei bijektivem φ die Zusammensetzungen $\varphi^{-1} \circ \varphi$ und ebenso $\varphi \circ \varphi^{-1}$ die identische Abbildung $\mathrm{id}_{\mathbb{R}^3}$ ergeben, folgt für die zugehörigen Darstellungsmatrizen ergänzend zu oben:

$$A^{-1}A = A\,A^{-1} = \mathbf{E}_3.$$

Die bijektiven linearen Abbildungen $\varphi: \mathbb{R}^3 \to \mathbb{R}^3$ bilden eine Gruppe, und zwar eine Untergruppe der Gruppe aller Permutationen des $\mathbb{R}^3$ (siehe Seite 66). Jedem φ ist eine Matrix $A \in \mathbb{R}^{3 \times 3}$ mit $\det A \neq 0$ bijektiv zugeordnet, wobei der Hintereinanderausführung $\varphi' \circ \varphi$ das Produkt $A' \cdot A$ entspricht. Deshalb bilden auch die dreireihigen reellen Matrizen A mit $\det A \neq 0$ eine Gruppe mit $\mathbf{E}_3$ als neutralem Element und A^{-1} als zu A inversem Element. Diese Gruppe heißt **allgemeine lineare Gruppe** des $\mathbb{R}^3$ und wird mit $\mathrm{GL}_3(\mathbb{R})$ bezeichnet. Die Matrizen aus $\mathrm{GL}_3(\mathbb{R})$ heißen auch **invertierbar** oder **regulär**. Später in Kapitel 13 werden wir erkennen, dass die Matrizen A mit $\det A = 1$ eine Untergruppe bilden, die *spezielle lineare Gruppe* $\mathrm{SL}_3(\mathbb{R})$. Sie umfasst diejenigen linearen Abbildungen, welche das orientierte Volumen unverändert lassen.

Affine Abbildungen bilden Affinkombinationen wieder auf Affinkombinationen ab

Abschließend noch zu einer Verallgemeinerung der linearen Abbildungen $\mathbb{R}^3 \to \mathbb{R}^3$: Wird zu allen Bildvektoren noch ein konstanter Vektor t addiert, liegt also eine Abbildung mit der Darstellung

$$\mathcal{A}: x \mapsto x' = t + A\,x$$

vor, so spricht man von einer **affinen Abbildung**. Dabei nennt man $x \mapsto A\,x$ die *zu $\mathcal{A}$ gehörige* lineare Abbildung.

Affine Abbildungen $\mathcal{A}$ sind als Punktabbildungen aufzufassen, also als Abbildungen zwischen affinen Räumen. Richtungsvektoren $u = x - y$ gehen durch $\mathcal{A}$ in $\mathcal{A}(x) - \mathcal{A}(y) = A\,u$ über, werden also der zu $\mathcal{A}$ gehörigen linearen Abbildung unterworfen. Die Zusammensetzung zweier affiner Abbildungen ist wieder eine affine Abbildung. Die bijektiven affinen Abbildungen bilden eine Gruppe, die **affine Gruppe** $\mathrm{AGL}_3(\mathbb{R})$.

Beispiele affiner Abbildungen sind bei $t = 0$ die linearen Abbildungen sowie die **Translationen** $x \mapsto x' = x + t$. Bei Letzteren ist $A = \mathbf{E}_3$; die zugehörige lineare Abbildung ist die Identität; der Vektor t heißt *Schiebvektor t* der Translation. Offensichtlich ist jede affine Abbildung $\mathcal{A}$ das Produkt aus der zugehörigen linearen Abbildung und der anschließenden Translation mit dem Schiebvektor $\mathcal{A}(0)$.

Affine Abbildungen haben die Eigenschaft, Affinkombinationen (siehe Seite 230) wieder auf Affinkombinationen abzubilden, denn unter der Voraussetzung $\sum \lambda_i = 1$ ist

$$\mathcal{A}\left(\sum_{i=1}^{n} \lambda_i\, \boldsymbol{x}_i\right) = \boldsymbol{t} + A\left(\sum_{i=1}^{n} \lambda_i\, \boldsymbol{x}_i\right)$$

$$= \left(\sum_{i=1}^{n} \lambda_i\right) \boldsymbol{t} + \sum_{i=1}^{n} \lambda_i\, A\, \boldsymbol{x}_i$$

$$= \sum_{i=1}^{n} \lambda_i\, (\boldsymbol{t} + A\, \boldsymbol{x}_i) = \sum_{i=1}^{n} \lambda_i\, \mathcal{A}(\boldsymbol{x}_i).$$

Daher gehen affine Teilräume wieder in affine Teilräume über.

Das dyadische Produkt vereinfacht die Darstellung der Orthogonalprojektionen

Wir kehren nochmals zu der auf Seite 249 definierten Orthogonalprojektion des $\mathbb{R}^3$ auf eine Ebene E zurück, die jedem Raumpunkt $\boldsymbol{a}$ den Fußpunkt $\boldsymbol{b} \in E$ der durch $\boldsymbol{a}$ gehenden Ebenennormalen zuordnet (Abb. 7.23). Im Gegensatz zu (7.12) geben wir die Ebene E diesmal in der Hesse'schen Normalform an, und wir fassen die Orthogonalprojektion auf als Abbildung $\mathbb{R}^3 \to \mathbb{R}^3$, auch wenn das Bild nur der affine Teilraum E ist. Neben der Orthogonalprojektion $\mathcal{N}: \boldsymbol{a} \to \boldsymbol{b}$ auf E soll auch die *Spiegelung* $\mathcal{S}: \boldsymbol{a} \mapsto \boldsymbol{a}'$ an E in Matrizenform dargestellt werden.

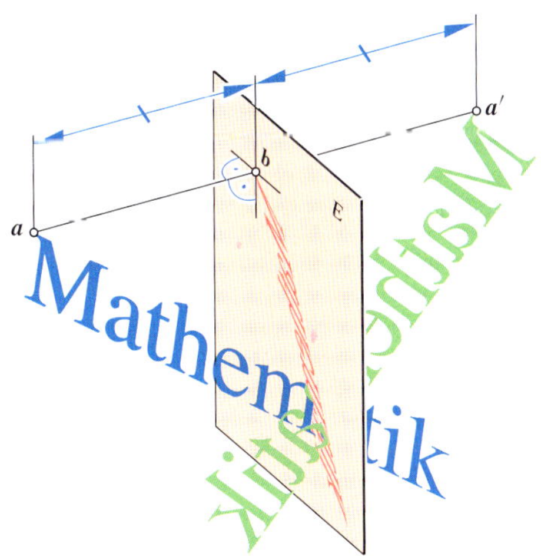

Abbildung 7.23 Der Normalenfußpunkt $\boldsymbol{b}$ von $\boldsymbol{a}$ in der Ebene E sowie das Spiegelbild $\boldsymbol{a}'$ von $\boldsymbol{a}$. Auch der blaue Schriftzug wurde an E gespiegelt (grün) sowie normal in die Ebene E projiziert (rot).

Wir geben E durch die Gleichung

$$l(\boldsymbol{x}) = \boldsymbol{n} \cdot \boldsymbol{x} - k = 0 \ \text{ mit } \|\boldsymbol{n}\| = 1$$

vor und können daher ansetzen:

$$\boldsymbol{b} = \boldsymbol{a} + \lambda\, \boldsymbol{n} \ \text{ mit } l(\boldsymbol{b}) = (\boldsymbol{n} \cdot \boldsymbol{a}) + \lambda(\boldsymbol{n} \cdot \boldsymbol{n}) - k = 0.$$

Es folgt $\lambda = [\,k - (\boldsymbol{n} \cdot \boldsymbol{a})\,] = -l(\boldsymbol{a})$ und damit als Lösung

$$\boldsymbol{b} = \boldsymbol{a} - l(\boldsymbol{a})\, \boldsymbol{n}. \tag{7.13}$$

Zu dieser Darstellung des Fußpunkts $\boldsymbol{b}$ kommen wir eigentlich auch ohne jede Rechnung, denn $l(\boldsymbol{a})$ gibt den im Sinn von $\boldsymbol{n}$ orientierten Normalabstand des Punkts $\boldsymbol{a}$ von E an. Wir haben somit nur vom Punkt $\boldsymbol{a}$ aus längs $\boldsymbol{n}$ die Länge $l(\boldsymbol{a})$ zurückzulaufen, um die Ebene E im Fußpunkt $\boldsymbol{b}$ zu erreichen.

?

Zeigen Sie, dass die Formel für $\boldsymbol{b}$ aus (7.12) in jene aus (7.13) übergeht, wenn $\frac{\boldsymbol{u} \times \boldsymbol{v}}{\|\boldsymbol{u} \times \boldsymbol{v}\|}$ durch $\boldsymbol{n}$ ersetzt wird und $\boldsymbol{n} \cdot \boldsymbol{p}$ durch k.

Die Formel (7.13) für $\boldsymbol{b}$ zeigt erneut (vergleiche Seite 249), dass $\boldsymbol{b}$ unter allen Punkten $\boldsymbol{x} \in E$ derjenige ist, welcher dem Punkt $\boldsymbol{a}$ am nächsten liegt, für den also die Gleichung $\mathrm{dist}(\boldsymbol{a}, E) = \|\boldsymbol{b} - \boldsymbol{a}\|$ gilt. Aus $\boldsymbol{a} = \boldsymbol{b} + \lambda\, \boldsymbol{n}$, $\boldsymbol{n}^2 = 1$ und $\boldsymbol{n} \cdot (\boldsymbol{b} - \boldsymbol{x}) = 0$ ergibt sich nämlich:

$$\|\boldsymbol{a} - \boldsymbol{x}\|^2 = (\lambda\, \boldsymbol{n} + (\boldsymbol{b} - \boldsymbol{x}))^2 = \lambda^2 + (\boldsymbol{b} - \boldsymbol{x})^2 \geq \lambda^2.$$

Gleichheit tritt nur bei $\boldsymbol{b} - \boldsymbol{x} = \boldsymbol{0}$, also bei $\boldsymbol{x} = \boldsymbol{b}$ ein.

Nun schreiben wir die Abbildung

$$\mathcal{N}: \boldsymbol{a} \ \mapsto \ \boldsymbol{b} = \boldsymbol{a} - [(\boldsymbol{n} \cdot \boldsymbol{a}) - k]\, \boldsymbol{n} = k\, \boldsymbol{n} + [\boldsymbol{a} - (\boldsymbol{n} \cdot \boldsymbol{a})\, \boldsymbol{n}]$$

in Matrizenform um. Dazu ersetzen wir das auftretende Skalarprodukt $\boldsymbol{n} \cdot \boldsymbol{a} \in \mathbb{R}$ gemäß (7.3) durch ein Matrizenprodukt. Nun ist die Matrizenmultiplikation generell assoziativ. Das wird zwar erst im Kapitel 12 allgemein bewiesen; im vorliegenden Fall lässt sich die Gültigkeit durch einfaches Ausrechnen bestätigen. Demnach ist

$$(\boldsymbol{n} \cdot \boldsymbol{a})\, \boldsymbol{n} = \boldsymbol{n}\, (\boldsymbol{n}^\top \boldsymbol{a}) = (\boldsymbol{n}\, \boldsymbol{n}^\top)\, \boldsymbol{a}.$$

Hier tritt eine **symmetrische Matrix** auf, nämlich

$$N = \boldsymbol{n}\, \boldsymbol{n}^\top = \begin{pmatrix} n_1^2 & n_1 n_2 & n_1 n_3 \\ n_2 n_1 & n_2^2 & n_2 n_3 \\ n_3 n_1 & n_3 n_2 & n_3^2 \end{pmatrix}$$

Dabei heißt eine Matrix symmetrisch, wenn die bezüglich der Hauptdiagonale symmetrisch gelegenen Einträge a_{ik} und a_{ki} stets gleich sind, wenn also $N^\top = N$ ist.

Wir schreiben nun noch $\boldsymbol{x}$ statt $\boldsymbol{a}$ sowie $\boldsymbol{x}_E$ statt $\boldsymbol{b}$ und stellen die Orthogonalprojektion auf E wie folgt dar.

Darstellung der Orthogonalprojektion auf eine Ebene

Die Orthogonalprojektion auf die Ebene E mit der Hesse'schen Normalform $\boldsymbol{n} \cdot \boldsymbol{x} - k = 0$ lautet

$$\boldsymbol{x} \ \mapsto \ \boldsymbol{x}_E = k\, \boldsymbol{n} + (\mathbf{E}_3 - N)\, \boldsymbol{x}$$

mit $N = \boldsymbol{n}\, \boldsymbol{n}^\top$ und $\mathbf{E}_3$ als dreireihiger Einheitsmatrix.

Allgemein nennt man die aus zwei Vektoren $\boldsymbol{u}, \boldsymbol{v} \in \mathbb{R}^3$ berechnete symmetrische 3×3-Matrix

$$\boldsymbol{u}\, \boldsymbol{v}^\top = \begin{pmatrix} u_1 \\ u_2 \\ u_3 \end{pmatrix} (v_1\ v_2\ v_3) = \begin{pmatrix} u_1 v_1 & u_1 v_2 & u_1 v_3 \\ u_2 v_1 & u_2 v_2 & u_2 v_3 \\ u_3 v_1 & u_3 v_2 & u_3 v_3 \end{pmatrix}$$

das **dyadische Produkt** von u und v. In dieser Matrix sind der Reihe nach alle möglichen Produkte zwischen einer Koordinate von u und einer von v angeordnet.

— ? —

Welchen Rang hat das dyadische Produkt?

Die Orthogonalprojektion auf eine Ebene E ist ein Beispiel für eine affine Abbildung (siehe Seite 254). Nur im Sonderfall $k = 0$, bei dem die Ebene E durch den Ursprung geht (Abb. 7.24), handelt es sich um eine lineare Abbildung.

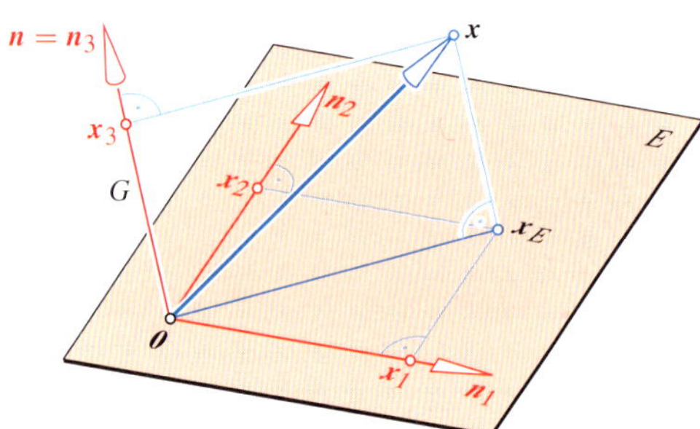

Abbildung 7.24 Die Orthogonalprojektionen des Punkts x auf die Ebene E und auf die Ebenennormale G.

Der Normalvektor n von E spannt eine durch den Ursprung gehende Ebenennormale G auf, und nun wollen wir den Raumpunkt x auch normal auf diese Gerade G projizieren. Für das Bild x_3 von x gilt wegen der geometrischen Bedeutung des Skalarprodukts (Abb. 7.13)

$$x_3 = (x \cdot n)\, n.$$

Auch diese Abbildung $x \mapsto x_3$ ist eine lineare Abbildung $\mathbb{R}^3 \to \mathbb{R}^3$, denn sie kann ebenfalls durch eine 3×3-Darstellungsmatrix beschrieben werden. Zu deren Herleitung schreiben wir ähnlich wie vorhin bei der Orthogonalprojektion nach E die obige Vektordarstellung von x_3 auf ein Matrizenprodukt um:

$$x_3 = (x \cdot n)\, n = n\,(n^\top x) = (n\, n^\top)\, x.$$

Die Darstellungsmatrix der Orthogonalprojektion auf die durch den Ursprung gehende Gerade G ist gleich dem schon vorhin verwendeten **dyadischen Quadrat** $N = n\, n^\top$ des normierten Richtungsvektors von G.

Nun ist (Abb. 7.24) $x = x_E + x_3$ mit x_E als Normalenfußpunkt von x in E, also

$$x_E = x - x_3 = x - (n\, n^\top)\, x = (\mathbf{E}_3 - n\, n^\top)\, x.$$

Wir haben erneut die obige Darstellung der Orthogonalprojektion hergeleitet, allerdings nur für den Fall $k = 0$. Dafür verstehen wir jetzt aber die Bauart der Darstellungsmatrix $(\mathbf{E}_3 - n\, n^\top)$ besser.

Schreiben wir nun n_3 anstelle n und ergänzen wir diesen Einheitsvektor zu einem orthonormierten Dreibein (n_1, n_2, n_3)

(Abb. 7.24): Dann gilt nach (7.8)

$$x = \sum_{i=1}^{3} (x \cdot n_i)\, n_i = \left(\sum_{i=1}^{3} (n_i\, n_i^\top) \right) x = \mathbf{E}_3\, x.$$

Die Summe der dyadischen Quadrate lautet also

$$(n_1\, n_1^\top) + (n_2\, n_2^\top) + (n_3\, n_3^\top) = \mathbf{E}_3.$$

Die Orthogonalprojektion auf die Ebene E kann daher im Fall $k = 0$ auch als

$$x_E = \big((n_1\, n_1^\top) + (n_2\, n_2^\top)\big) x \qquad (7.14)$$

geschrieben werden. Diese Darstellung von x_E ist nunmehr auch unmittelbar aus Abbildung 7.24 ablesbar, nämlich als Summe $x_1 + x_2$ der Orthogonalprojektionen auf die von n_1 bzw. n_2 aufgespannten Geraden.

— ? —

1. Warum ist die bei der Orthogonalprojektion auftretende Darstellungsmatrix $(\mathbf{E}_3 - N)$ mit $N = n\, n^\top$ bei $\|n\| = 1$ **idempotent**, d. h., warum gilt

$$(\mathbf{E}_3 - N)^2 = (\mathbf{E}_3 - N)\,(\mathbf{E}_3 - N) = (\mathbf{E}_3 - N)?$$

2. Ist $\det(\mathbf{E}_3 - N) = 0$?

Die Orthogonalprojektion auf eine Ebene und die Spiegelung an dieser Ebene hängen eng zusammen

Für das Spiegelbild x' von x bezüglich der Ebene E mit dem normierten Normalvektor n gilt (siehe Abbildung 7.23):

$$\tfrac{1}{2}(x + x') = x_E, \quad \text{also} \quad x' = 2\, x_E - x.$$

In Matrizenschreibweise bedeutet dies:

$$x' = 2k\, n + 2(\mathbf{E}_3 - N)\, x - x$$

mit N als dyadischem Quadrat von n.

Darstellung der Spiegelung an einer Ebene

Die Spiegelung an der Ebene E mit der Hesse'schen Normalform $n \cdot x - k = 0$ lautet:

$$x \mapsto x' = 2k\, n + (\mathbf{E}_3 - 2N)\, x$$

mit $N = n\, n^\top$.

— ? —

Warum gilt für die Darstellungsmatrix der Spiegelung $(\mathbf{E}_3 - 2N)(\mathbf{E}_3 - 2N) = \mathbf{E}_3$?

7.5 Wechsel zwischen kartesischen Koordinatensystemen

Bei vielen Gelegenheiten ist es notwendig, von einem kartesischen Koordinatensystem auf ein anderes umzurechnen. Ein Musterbeispiel bildet in der Astronomie die Umrechnung von einem in der Sonne zentrierten und nach Fixsternen orientierten heliozentrischen Koordinatensystem auf ein lokales System in einem Punkt der Erdoberfläche mit lotrechter x_3-Achse und der nach Osten orientierten x_1-Achse. Erst damit ist es möglich vorauszuberechnen, wie die Bewegungen der Planeten oder des Mondes von der Erde aus zu beobachten sein werden. Wir werden uns diesem Problem noch genauer widmen.

Orthogonale Matrizen erledigen die Umrechnung zwischen zwei kartesischen Koordinatensystemen

Es seien zwei kartesische Koordinatensysteme mit demselben Ursprung o gegeben, nämlich $(o; B)$ mit der orthonormierten Basis $B = (b_1, b_2, b_3)$ und $(o; B')$ mit $B' = (b'_1, b'_2, b'_3)$ (Abb. 7.25). Sind dann

$$_B x = \begin{pmatrix} x_1 \\ x_2 \\ x_3 \end{pmatrix} \quad \text{und} \quad _{B'} x = \begin{pmatrix} x'_1 \\ x'_2 \\ x'_3 \end{pmatrix}$$

die Koordinaten desselben Punkts x, so bedeutet dies nach (7.2):

$$x - o = \sum_{i=1}^{3} x_i\, b_i = \sum_{j=1}^{3} x'_j\, b'_j.$$

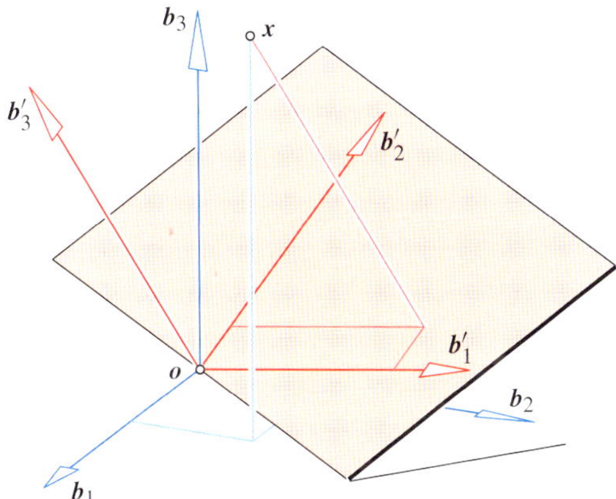

Abbildung 7.25 Zwei kartesische Rechtskoordinatensysteme mit demselben Ursprung.

Wir stellen nun alle Vektoren dieser Gleichung im Koordinatensystem $(o; B)$ dar. Dazu brauchen wir die B-Koordinaten

der Basisvektoren b'_j. Wir setzen diese an als $_B b'_j = \begin{pmatrix} a_{1j} \\ a_{2j} \\ a_{3j} \end{pmatrix}$.

Dann lässt sich die Vektorgleichung

$$\begin{pmatrix} x_1 \\ x_2 \\ x_3 \end{pmatrix} = x'_1 \begin{pmatrix} a_{11} \\ a_{21} \\ a_{31} \end{pmatrix} + x'_2 \begin{pmatrix} a_{12} \\ a_{22} \\ a_{32} \end{pmatrix} + x'_3 \begin{pmatrix} a_{13} \\ a_{23} \\ a_{33} \end{pmatrix}$$

übersichtlich in Matrizenform schreiben als

$$\begin{pmatrix} x_1 \\ x_2 \\ x_3 \end{pmatrix} = \begin{pmatrix} a_{11} & a_{12} & a_{13} \\ a_{21} & a_{22} & a_{23} \\ a_{31} & a_{32} & a_{33} \end{pmatrix} \begin{pmatrix} x'_1 \\ x'_2 \\ x'_3 \end{pmatrix}$$

Die Matrix (a_{ij}) ist eine **Transformationsmatrix**, und wir bezeichnen sie mit $_B T_{B'}$. Mit ihrer Hilfe transformieren wir Koordinaten von einem Koordinatensystem auf ein anderes, in unserem Fall von B'-Koordinaten (rechter Index) auf B-Koordinaten (linker Index), also

$$_B x = {}_B T_{B'}\, {}_{B'} x. \tag{7.15}$$

In den Spalten von $_B T_{B'}$ stehen die B-Koordinaten der Basisvektoren b'_1, b'_2, b'_3. Da diese linear unabhängig sind, hat $_B T_{B'}$ den Rang 3. Die Gleichung (7.15) beschreibt eine bijektive lineare Abbildung $_{B'} x \mapsto {}_B x$; Transformationsmatrizen sind invertierbar.

Nach (7.8) ist die i-te B-Koordinate von b'_j gleich dem Skalarprodukt $b_i \cdot b'_j$. Dies führt auf die Darstellung

$$_B T_{B'} = \begin{pmatrix} b_1 \cdot b'_1 & b_1 \cdot b'_2 & b_1 \cdot b'_3 \\ b_2 \cdot b'_1 & b_2 \cdot b'_2 & b_2 \cdot b'_3 \\ b_3 \cdot b'_1 & b_3 \cdot b'_2 & b_3 \cdot b'_3 \end{pmatrix} \tag{7.16}$$

Die Spaltenvektoren in dieser Matrix sind orthonormiert, also paarweise orthogonale Einheitsvektoren.

Sollen umgekehrt die B'-Koordinaten aus den B-Koordinaten berechnet werden, so benötigen wir die Umkehrabbildung der linearen Abbildung $_{B'} x \mapsto {}_B x$, also die inverse Matrix. Demnach gilt:

$$\begin{pmatrix} x'_1 \\ x'_2 \\ x'_3 \end{pmatrix} = {}_{B'} T_B \begin{pmatrix} x_1 \\ x_2 \\ x_3 \end{pmatrix} \quad \text{mit } {}_{B'} T_B = \left({}_B T_{B'} \right)^{-1}.$$

In den Spalten von Matrix $_{B'} T_B$ stehen die B'-Koordinaten der b_i, also gemäß (7.8) die Skalarprodukte $\begin{pmatrix} b_i \cdot b'_1 \\ b_i \cdot b'_2 \\ b_i \cdot b'_3 \end{pmatrix}$, und das sind genau die Zeilen der ursprünglichen Transformationsmatrix $_B T_{B'}$. Also gilt für die Transformationsmatrizen A zwischen kartesischen Koordinatensystemen, dass die inverse Matrix gleich ist der transponierten. Um diese zu invertieren, braucht man nur an der Hauptdiagonale zu spiegeln, also Spalten mit Zeilen zu vertauschen, kurz:

$$A^{-1} = A^\top \quad \text{und damit auch } A\, A^\top = A^\top A = \mathbf{E}_3.$$

Derartige Matrizen heißen **orthogonal**. Mehr darüber gibt es im Kapitel 17.

Orthogonale Transformationsmatrizen

Die Transformationsmatrizen zwischen kartesischen Koordinatensystemen sind orthogonal; sie genügen der Bedingung

$$({}_B\boldsymbol{T}_{B'})^{-1} = ({}_B\boldsymbol{T}_{B'})^{\top}, \quad \text{d.\,h.,}$$
$$({}_B\boldsymbol{T}_{B'})^{\top} \cdot {}_B\boldsymbol{T}_{B'} = \boldsymbol{E}_3.$$

Die Spaltenvektoren $\boldsymbol{s}_i$ in einer orthogonalen Matrix $\boldsymbol{A}$ sind nach (7.7) orthonormiert, d. h. paarweise orthogonale Einheitsvektoren, denn die Einträge in der Produktmatrix $\boldsymbol{A}^{\top}\boldsymbol{A} = \boldsymbol{E}_3$ sind identisch mit den Skalarprodukten $\boldsymbol{s}_i \cdot \boldsymbol{s}_j = \delta_{ij}$. Damit ist umgekehrt *jede* orthogonale Matrix eine Umrechnungsmatrix zwischen kartesischen Basen, nämlich von $(\boldsymbol{s}_1, \boldsymbol{s}_2, \boldsymbol{s}_3)$ auf die kanonische Basis $(\boldsymbol{e}_1, \boldsymbol{e}_2, \boldsymbol{e}_3)$.

In den Spalten der Umrechnungsmatrix ${}_B\boldsymbol{T}_{B'}$ von den B'-Koordinaten zu den B-Koordinaten stehen die B-Koordinaten der $\boldsymbol{b}'_j$ und in den Zeilen die B'-Koordinaten der $\boldsymbol{b}_i$. Sind B und B' Rechtssysteme, so ist das Spatprodukt $\det(\boldsymbol{b}_1, \boldsymbol{b}_2, \boldsymbol{b}_3) = \det {}_{B'}\boldsymbol{T}_B = \det {}_B\boldsymbol{T}_{B'} = +1$ (siehe Seite 245). Derartige orthogonale Matrizen heißen **eigentlich orthogonal**. In dem Beispiel auf Seite 259 ist eine derartigen Matrix zu berechnen.

Werden die Wechsel ${}_B\boldsymbol{x} \mapsto {}_{B'}\boldsymbol{x}$ und ${}_{B'}\boldsymbol{x} \mapsto {}_{B''}\boldsymbol{x}$ zwischen orthonormierten Basen hintereinander ausgeführt, so gibt es für den Wechsel ${}_B\boldsymbol{x} \mapsto {}_{B''}\boldsymbol{x}$ erneut eine orthogonale Transformationsmatrix ${}_{B''}\boldsymbol{T}_B = {}_{B''}\boldsymbol{T}_{B'} \cdot {}_{B'}\boldsymbol{T}_B$, nachdem darin die Spaltenvektoren, also die B''-Koordinaten von $\boldsymbol{b}_1, \boldsymbol{b}_2, \boldsymbol{b}_3$, nach wie vor orthonormiert sind. Demnach ist das Produkt zweier orthogonaler Matrizen wieder orthogonal. Die dreireihigen orthogonalen Matrizen bilden hinsichtlich der Multiplikation eine Untergruppe von $\mathrm{GL}_3(\mathbb{R})$, die **orthogonale Gruppe** O_3. Die eigentlich orthogonalen Matrizen bilden die Untergruppe SO_3 von O_3.

--- **?** ---

1. Ist die Matrix

$$\frac{1}{3} \begin{pmatrix} 1 & 2 & -2 \\ 2 & 1 & 2 \\ -2 & 2 & 1 \end{pmatrix}$$

eigentlich orthogonal?

2. Man bestätige durch Rechnung, dass die auf Seite 256 bei der Spiegelung an einer Ebene auftretende symmetrische Matrix $\boldsymbol{M} = \boldsymbol{E}_3 - 2\boldsymbol{N}$ orthogonal ist. Warum ist sie uneigentlich orthogonal?

Wir wissen von der geometrischen Bedeutung des Skalarprodukts $\boldsymbol{u} \cdot \boldsymbol{v}$. Es hängt nur von der gegenseitigen Lage der jeweiligen Vektoren ab, muss also unverändert bleiben, wenn wir das Koordinatensystem ändern. Wir sagen, dieses Produkt ist **koordinateninvariant**.

Dies gilt sinngemäß auch für das Vektorprodukt $(\boldsymbol{u} \times \boldsymbol{v})$ und das Spatprodukt $\det(\boldsymbol{u}, \boldsymbol{v}, \boldsymbol{w})$ von Vektoren aus $\mathbb{R}^3$, sofern ausschließlich Rechtskoordinatensysteme verwendet werden. Eine Änderung des Rechtskoordinatensystems wirkt sich auf die Koordinaten von $(\boldsymbol{u} \times \boldsymbol{v})$ genauso aus wie auf $\boldsymbol{u}$ und $\boldsymbol{v}$, während das Spatprodukt gleich bleibt.

Dies lässt sich in den folgenden Formeln ausdrücken.

Koordinateninvarianz der Produkte von Vektoren

Ist $\boldsymbol{A}$ eine eigentlich orthogonale Matrix, so gilt:

$$\begin{aligned} (\boldsymbol{A}\,\boldsymbol{u}) \cdot (\boldsymbol{A}\,\boldsymbol{v}) &= \boldsymbol{u} \cdot \boldsymbol{v}, \\ (\boldsymbol{A}\,\boldsymbol{u}) \times (\boldsymbol{A}\,\boldsymbol{v}) &= \boldsymbol{A}\,(\boldsymbol{u} \times \boldsymbol{v}), \\ \det(\boldsymbol{A}\,\boldsymbol{u}, \boldsymbol{A}\,\boldsymbol{v}, \boldsymbol{A}\,\boldsymbol{w}) &= \det(\boldsymbol{u}, \boldsymbol{v}, \boldsymbol{w}). \end{aligned}$$

Die erste dieser Gleichungen folgt wegen $\boldsymbol{A}^{\top}\boldsymbol{A} = \boldsymbol{E}_3$ auch unmittelbar aus (7.3), denn

$$(\boldsymbol{A}\,\boldsymbol{u}) \cdot (\boldsymbol{A}\,\boldsymbol{v}) = (\boldsymbol{A}\,\boldsymbol{u})^{\top}(\boldsymbol{A}\,\boldsymbol{v}) = \boldsymbol{u}^{\top}\boldsymbol{A}^{\top}\boldsymbol{A}\,\boldsymbol{v} = \boldsymbol{u}^{\top}\boldsymbol{v}.$$

Hinsichtlich des Spatprodukts kann man auf die Formel von Seite 244 zurückgreifen:

$$\begin{aligned} \det(\boldsymbol{A}\,\boldsymbol{u}, \boldsymbol{A}\,\boldsymbol{v}, \boldsymbol{A}\,\boldsymbol{w}) &= \boldsymbol{A}\,\boldsymbol{u} \cdot (\boldsymbol{A}\,\boldsymbol{v} \times \boldsymbol{A}\,\boldsymbol{w}) \\ &= \boldsymbol{A}\,\boldsymbol{u} \cdot \boldsymbol{A}(\boldsymbol{v} \times \boldsymbol{w}) = \boldsymbol{u} \cdot (\boldsymbol{v} \times \boldsymbol{w}) = \det(\boldsymbol{u}, \boldsymbol{v}, \boldsymbol{w}). \end{aligned}$$

In Kapitel 13 werden wir übrigens erkennen, dass allgemeiner bereits die Bedingung $\det \boldsymbol{A} = 1$ hinreicht für die Invarianz des Spatprodukts.

Orthogonale Matrizen beschreiben zugleich Bewegungen mit einem Fixpunkt

Im Folgenden verwenden wir den Begriff „Bewegung" für eine Verlagerung von Raumobjekten oder des ganzen Raums von einer Position in eine andere. Vorderhand interessieren uns allerdings nur die Anfangs- und Endlage, also weder der „Weg" dazwischen noch der zeitliche Ablauf.

Definition einer Bewegung

Eine affine Abbildung $\mathcal{B}: \mathbb{R}^3 \to \mathbb{R}^3, \boldsymbol{x} \mapsto \boldsymbol{x}' = \boldsymbol{t} + \boldsymbol{A}\,\boldsymbol{x}$ heißt **Bewegung**, wenn dabei alle Distanzen und Winkelmaße erhalten bleiben und Rechtssysteme wieder in Rechtssysteme übergehen.

Statt Bewegung sagt man auch *gleichsinnige Kongruenz*. Die zu einer Bewegung gehörige lineare Abbildung heißt auch *gleichsinnige Isometrie*.

Offensichtlich sind die Translationen Beispiele von Bewegungen, und zwar diejenigen mit $\boldsymbol{A} = \boldsymbol{E}_3$.

Definitionsgemäß muss die Bewegung $\mathcal{B}: \boldsymbol{x} \mapsto \boldsymbol{x}' = \boldsymbol{t} + \boldsymbol{A}\,\boldsymbol{x}$ ein kartesisches Rechtssystem mit Ursprung $\boldsymbol{o}$ und orthonormierten Basisvektoren $(\boldsymbol{b}_1, \boldsymbol{b}_2, \boldsymbol{b}_3)$ wieder in ein kartesisches Rechtssystem mit Ursprung $\boldsymbol{o}' = \mathcal{B}(\boldsymbol{o})$ und Basisvektoren $(\boldsymbol{A}\,\boldsymbol{b}_1, \boldsymbol{A}\,\boldsymbol{b}_2, \boldsymbol{A}\,\boldsymbol{b}_3)$ überführen. Hier haben wir berücksichtigt, dass Richtungsvektoren durch die zu $\mathcal{B}$ gehörige lineare Abbildung transformiert werden (siehe Seite 254). Eine

Beispiel: Ein Würfel wird wie das *Atomium* in Brüssel aufgestellt

Wir stellen einen Einheitswürfel $\mathcal{W}$ derart auf, dass eine Raumdiagonale lotrecht wird, also in Richtung der x_3-Achse verläuft. Eine weitere Raumdiagonale soll in die Koordinatenebene $x_1 = 0$ fallen. Wie lauten die Koordinaten der acht Ecken dieses aufgestellten Würfels?

Problemanalyse und Strategie: Der Einheitswürfel $\mathcal{W}$ werde von den Basisvektoren b'_1, b'_2 und b'_3 eines kartesischen Rechtskoordinatensystems aufgespannt. Wir verknüpfen nun mit dem Würfel ein zweites Rechtskoordinatensystem mit Basisvektoren b_1, b_2 und b_3, welches der geforderten Würfelposition entspricht. Der Vektor b_3 weist also in Richtung der Raumdiagonale, und der Vektor b_2 spannt mit b_3 eine Ebene auf, welche auch b'_1 enthält. Dabei entscheiden wir uns für die Lösung (siehe Abbildung unten rechts) mit positivem Skalarprodukt $b'_1 \cdot b_2$.

Nun muss nur der Würfel mit den beiden Koordinatensystemen derart verlagert werden, dass B in Grundstellung kommt, also b_3 lotrecht wird. Um also die gesuchten Koordinaten zu bekommen, brauchen wir nur die bekannten B'-Koordinaten der Würfelecken auf B-Koordinaten umzurechnen. Gemäß (7.15) gelten Umrechnungsgleichungen der Art $_B x = A \,_{B'} x$. In den Spalten der orthogonalen Transformationsmatrix $A = {}_B T_{B'}$ aus (7.16) stehen die B-Koordinaten der Basisvektoren b'_1, b'_2, b'_3 des Würfels. Wegen $A^\top = A^{-1} = {}_{B'} T_B$ stehen in den Zeilen die B'-Koordinaten der b_i.

Lösung:

Das *Atomium* in Brüssel, ein auf die Raumdiagonale gestellter Würfel.

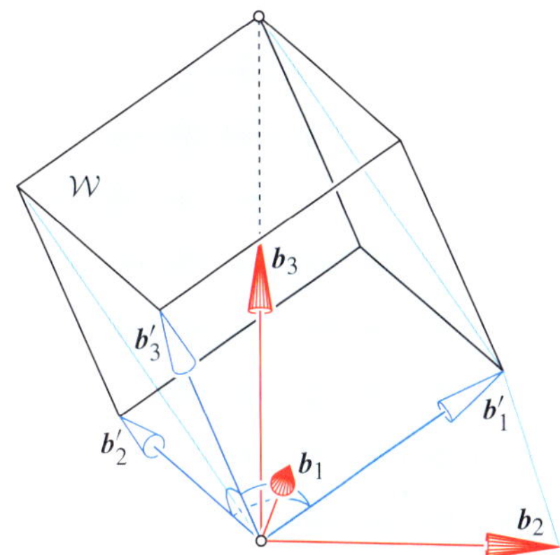

Würfel $\mathcal{W}$ in der aufgestellten Position.

Die durch den Ursprung verlaufende Raumdiagonale von $\mathcal{W}$ bestimmt die Richtung von b_3. Also entsteht b_3 durch Normieren von $b'_1 + b'_2 + b'_3$. Die B'-Koordinaten von b_3 lauten demnach $(\lambda\ \lambda\ \lambda)^\top$ mit $3\lambda^2 = 1$. Die Wahl $\lambda = +1/\sqrt{3}$ bedeutet, dass die dem Koordinatenursprung gegenüberliegende Würfelecke eine positive dritte Koordinate erhält. Die von b'_1 und b_3 aufgespannte Ebene bestimmt einen Diagonalschnitt des Würfels, und dieser enthält auch den Vektor b_2. Der Vektor b_1 ist zu dieser Ebene orthogonal, hat also die Richtung des Vektorprodukts

$$b'_1 \times b_3 = \begin{pmatrix} 1 \\ 0 \\ 0 \end{pmatrix} \times \frac{1}{\sqrt{3}} \begin{pmatrix} 1 \\ 1 \\ 1 \end{pmatrix} = \frac{1}{\sqrt{3}} \begin{pmatrix} 0 \\ -1 \\ 1 \end{pmatrix}.$$

Durch Normierung erhalten wir:

$$_{B'} b_1 = \pm \frac{1}{\sqrt{2}} \begin{pmatrix} 0 \\ -1 \\ 1 \end{pmatrix}.$$

Schließlich ist bei einem kartesischen Rechtskoordinatensystem stets $b_2 = b_3 \times b_1$, also

$$_{B'} b_2 = \pm \frac{1}{\sqrt{6}} \begin{pmatrix} 1 \\ 1 \\ 1 \end{pmatrix} \times \begin{pmatrix} 0 \\ -1 \\ 1 \end{pmatrix} = \pm \frac{1}{\sqrt{6}} \begin{pmatrix} 2 \\ -1 \\ -1 \end{pmatrix}.$$

Bei der Wahl des oberen Vorzeichens wird die erste B'-Koordinate von b_2, also $b'_1 \cdot b_2$ positiv.

Wir übertragen diese B'-Koordinaten von b_1, b_2 und b_3 in die Zeilen der Matrix A und erhalten

$$A = \begin{pmatrix} 0 & -\frac{1}{\sqrt{2}} & \frac{1}{\sqrt{2}} \\ \frac{2}{\sqrt{6}} & -\frac{1}{\sqrt{6}} & -\frac{1}{\sqrt{6}} \\ \frac{1}{\sqrt{3}} & \frac{1}{\sqrt{3}} & \frac{1}{\sqrt{3}} \end{pmatrix}$$

Die Koordinaten der Ecken des aufgestellten Einheitswürfels $\mathcal{W}$ stehen in den Spalten der Produktmatrix

$$A \cdot \begin{pmatrix} 0 & 1 & 1 & 0 & 0 & 1 & 1 & 0 \\ 0 & 0 & 1 & 1 & 0 & 0 & 1 & 1 \\ 0 & 0 & 0 & 0 & 1 & 1 & 1 & 1 \end{pmatrix} =$$

$$\begin{pmatrix} 0 & 0 & -\frac{1}{\sqrt{2}} & -\frac{1}{\sqrt{2}} & \frac{1}{\sqrt{2}} & \frac{1}{\sqrt{2}} & 0 & 0 \\ 0 & \frac{2}{\sqrt{6}} & \frac{1}{\sqrt{6}} & -\frac{1}{\sqrt{6}} & -\frac{1}{\sqrt{6}} & \frac{1}{\sqrt{6}} & 0 & -\frac{2}{\sqrt{6}} \\ 0 & \frac{1}{\sqrt{3}} & \frac{2}{\sqrt{3}} & \frac{1}{\sqrt{3}} & \frac{1}{\sqrt{3}} & \frac{2}{\sqrt{3}} & \sqrt{3} & \frac{2}{\sqrt{3}} \end{pmatrix}$$

Bewegung ist durch ein Paar zugeordneter Rechtssysteme bereits eindeutig festgelegt, denn damit kennt man sowohl den Schiebvektor $t = o' - o$, als auch die zugehörige lineare Abbildung.

Verwendet man $B = (b_1, b_2, b_3)$ als Basis für kartesische Koordinaten, so bilden die B-Koordinaten der Bilder $(A\,b_1, A\,b_2, A\,b_3)$ die Spaltenvektoren in der Matrix A. Also muss A eigentlich orthogonal sein.

Diese Bedingung ist bereits hinreichend für eine Bewegung, denn die auf der Seite 258 festgestellte Invarianz der Produkte von Vektoren garantiert, dass dabei alle Distanzen $\|x - y\|$ und alle mittels $\cos\varphi = \dfrac{u \cdot v}{\|u\|\,\|v\|}$ berechenbaren Winkelmaße unverändert bleiben und Rechtssysteme wieder in Rechtssysteme übergehen.

> **Darstellung von Bewegungen**
>
> Bei Verwendung kartesischer Koordinaten $(o; B)$ ist die affine Abbildung $\mathcal{A}\colon x \mapsto t + A\,x$ genau dann eine Bewegung, wenn die Matrix A eigentlich orthogonal ist.

Kommentar: Die obige Definition einer Bewegung $\mathcal{B}$ lässt sich abschwächen. Es genügt zu fordern, dass für alle $x, y \in \mathbb{R}^3$ gilt $\|\mathcal{B}(x) - \mathcal{B}(y)\| = \|x - y\|$.

Die Zusammensetzung zweier Bewegungen ist wieder eine Bewegung. Deshalb bilden die Bewegungen eine Untergruppe der affinen Gruppe $\mathrm{AGL}_3(\mathbb{R})$ (siehe Seite 254), die **Bewegungsgruppe** $\mathrm{ASO}_3(\mathbb{R})$.

Die Gleichung

$$x' = A\,x \quad \text{bei } A^{-1} = A^{\top} \text{ und } \det A = 1 \qquad (7.17)$$

beschreibt bei $A = {}_B T_{B'}$ im Sinn von (7.15) die Umrechnung zwischen zwei kartesischen Rechtskoordinatensystemen, und zwar von $(o; B')$-Koordinaten zu $(o; B)$-Koordinaten. Das bedeutet, ein und derselbe Punkt oder auch Vektor erhält durch die beiden Koordinatensysteme verschiedene Koordinaten zugeordnet.

Wir können die Gleichung (7.17) aber noch anders interpretieren: Es gibt eine Bewegung $\mathcal{B}$, die das Achsenkreuz $(o; B)$ auf $(o; B')$ abbildet. Ein mit $(o; B)$ starr verbundener Punkt x kommt dadurch in die Lage x' (Abb. 7.26). Wie lauten die $(o; B)$-Koordinaten des Bildpunkts x'?

Unsere Bewegung $\mathcal{B}$ führt die anfangs mit (b_1, b_2, b_3) identischen Basisvektoren in die Position (b_1', b_2', b_3') über. Diese bilden weiterhin ein kartesischen Rechtssystem. Der Punkt x wird mit dem Achsenkreuz mitgeführt. Daher hat sein Bildpunkt x' bezüglich des mitgeführten Koordinatensystems $(o; B')$ dieselben Koordinaten wie sein Urbild x bezüglich $(o; B)$. Zur Lösung unseres Problems haben wir somit nur die B-Koordinaten des Urbilds x als B'-Koordinaten des Bilds x' aufzufassen und auf B-Koordinaten umzurechnen, und dies erfolgt wie in (7.15) mithilfe einer eigentlich orthogonalen Matrix $A = {}_B T_{B'}$.

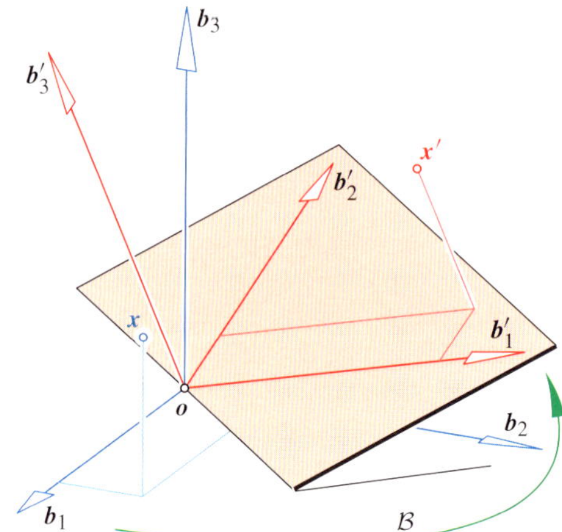

Abbildung 7.26 Die Bewegung $\mathcal{B}\colon x \mapsto x'$ bringt die Vektoren b_1, b_2 und b_3 mit b_1', b_2' bzw. b_3' zur Deckung.

Wir halten fest: Bezüglich eines festgehaltenen Koordinatensystems $(o; B)$ lässt sich jede Bewegung $\mathcal{B}\colon x \mapsto x'$ mit dem *Fixpunkt o*, also mit $\mathcal{B}(o) = o$, durch eine Gleichung (7.17) darstellen. Dabei stehen in den Spalten der eigentlich orthogonalen Matrix A die B-Koordinaten der Bilder (b_1', b_2', b_3') der Basisvektoren.

Beispiel Der Punkt x werde um die dritte Koordinatenachse b_3 durch den Winkel φ verdreht. Gesucht sind die Koordinaten der Drehlage x'.

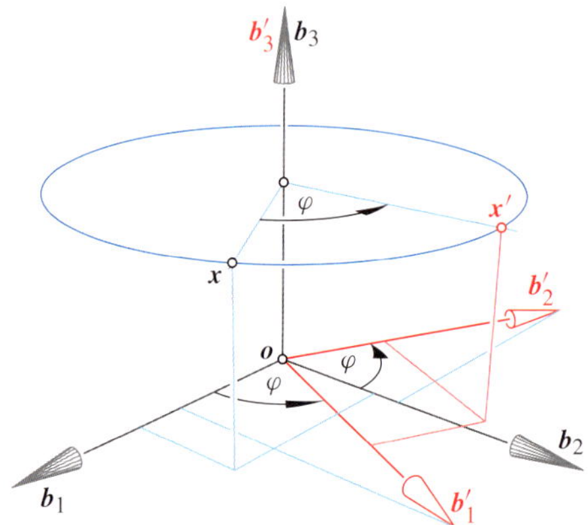

Abbildung 7.27 Drehung um die x_3-Achse.

Wie eben festgestellt, wird die Drehung durch eine orthogonale Matrix dargestellt, in deren Spalten der Reihe nach die Koordinaten der verdrehten Basisvektoren stehen.

Ist wie in unserem Fall die Drehachse orientiert, so ist der Drehsinn eindeutig: Blickt man gegen die Drehachse, somit bei uns von oben gegen die x_3-Achse, so erscheint eine Drehung mit einem positiven Drehwinkel im mathematisch positiven Sinn, also gegen den Uhrzeigersinn. Damit haben die verdrehten Basisvektoren die B-Koordinaten

$$
{}_B b_1' = \begin{pmatrix} \cos\varphi \\ \sin\varphi \\ 0 \end{pmatrix}, \quad
{}_B b_2' = \begin{pmatrix} -\sin\varphi \\ \cos\varphi \\ 0 \end{pmatrix}, \quad
{}_B b_3' = \begin{pmatrix} 0 \\ 0 \\ 1 \end{pmatrix}.
$$

Diese brauchen nur mehr in einer Matrix zusammengefasst zu werden, und wir erhalten

$$\begin{pmatrix} x_1' \\ x_2' \\ x_3' \end{pmatrix} = \begin{pmatrix} \cos\varphi & -\sin\varphi & 0 \\ \sin\varphi & \cos\varphi & 0 \\ 0 & 0 & 1 \end{pmatrix} \begin{pmatrix} x_1 \\ x_2 \\ x_3 \end{pmatrix}$$

als Darstellung der Drehung um die x_3-Achse.

Diesmal wollen wir auch den Ablauf der Bewegung von der Ausgangslage in die Endlage beschreiben. Angenommen, die Drehung von x nach x' erfolgt mit der konstanten Winkelgeschwindigkeit ω und beginnt zum Zeitpunkt $t = 0$. Damit wir dann zu jedem Zeitpunkt t wissen, wo sich der Punkt x gerade befindet, ersetzen wir in der obigen Matrizengleichung das φ durch den augenblicklichen Drehwinkel

$$\psi(t) = \omega\, t \ \text{ mit } \ 0 \le t \le \frac{\varphi}{\omega},$$

denn der im Bogenmaß angegebenen Drehwinkel $\psi(t)$ ergibt, nach der Zeit t differenziert, gerade die gewünschte Winkelschwindigkeit $\frac{d\psi}{dt} = \omega$ und $\psi\left(\frac{\varphi}{\omega}\right) = \varphi$. ◄

— **?** —

Wie sieht die Matrix der Drehung um die x_1-Achse durch den Winkel φ aus, wie jene einer Drehung um die x_2-Achse? Das Ergebnis ist übrigens auch durch zyklische Vertauschung der Koordinatenachsen zu gewinnen.

Die Seite 262 zeigt als Beispiel die Euler'schen Drehwinkel.

Drehungen sind Bewegungen, welche die Punkte einer Geraden fix lassen

Nach diesen Spezialfällen wenden wir uns der Darstellung einer Drehung zu, deren Achse durch den Ursprung geht und in Richtung eines vorgegebenen Vektors d verläuft.

Wir wollen einen außerhalb der Achse gelegenen Punkt x um diese Achse durch den Winkel φ verdrehen (Abb. 7.28). Um die Drehlage x' zu berechnen, zerlegen wir den Ortsvektor x in die Summe zweier Komponenten x_d und x_E, von welchen x_d parallel zu d ist und x_E normal dazu (vergleiche Abbildung 7.24). Bei $\|d\| = 1$ ist $x_d = (d \cdot x)\, d$ und $x_E = x - x_d$.

Nachdem die zu d orthogonalen Ebenen bei der Drehung um d in sich bewegt werden, hat die Drehlage x' dieselbe Komponente x_d in Richtung der Drehachse d wie x. Hingegen ist der zu d orthogonale Anteil x_E durch den Winkel φ zu verdrehen, d. h.,

$$x' = x_d + \cos\varphi\, x_E + \sin\varphi\, x_E^{\perp},$$

wobei $x_E^{\perp}$ aus x_E durch eine Drehung um d durch $90°$ im mathematisch positiven Sinn hervorgeht (Abb. 7.28). Wegen der Orthogonalität zwischen d und x_E ist nach (7.10)

$$x_E^{\perp} = d \times x_E = d \times (x - x_d) = d \times x.$$

Dies führt zur Vektordarstellung

$$x' = (1 - \cos\varphi)(d \cdot x)\, d + \cos\varphi\, x + \sin\varphi\, (d \times x). \quad (7.18)$$

Um die Darstellungsmatrix der Abbildung $x \to x'$ zu erhalten, nutzen wir jene der Orthogonalprojektion auf Seite 255. Bei $\|d\| = 1$ ist

$$x_d = (d\, d^{\top})\, x \ \text{ und } \ x_E = x - x_d = (\mathbf{E}_3 - d\, d^{\top})\, x.$$

Andererseits ist $d \times x = S_d\, x$, wobei S_d die dem Vektor d im Sinn von (7.9) zugeordnete schiefsymmetrische Matrix ist.

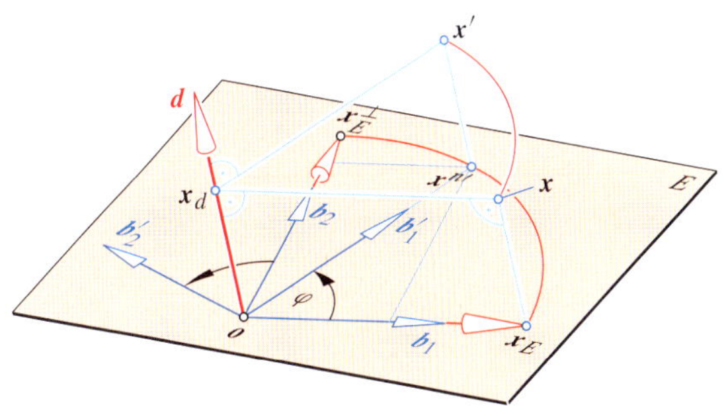

Abbildung 7.28 Die Drehung um die Achse d durch φ.

Lemma

Die Drehung durch den Winkel φ um die durch den Koordinatenursprung verlaufende Drehachse mit dem normierten Richtungsvektor d hat die eigentlich orthogonale Darstellungsmatrix

$$R_{d,\varphi} = (1 - \cos\varphi)(d\, d^{\top}) + \cos\varphi\, \mathbf{E}_3 + \sin\varphi\, S_d.$$

Die ersten zwei Summanden in dieser Darstellung sind symmetrische Matrizen, der dritte Summand ist schiefsymmetrisch. Deshalb lautet die transponierte Matrix

$$R_{d,\varphi}^{\top} = (1 - \cos\varphi)(d\, d^{\top}) + \cos\varphi\, \mathbf{E}_3 - \sin\varphi\, S_d,$$

woraus

$$R_{d,\varphi} - R_{d,\varphi}^{\top} = 2\sin\varphi\, S_d$$

folgt. Auf diese Weise lässt sich aus der Drehmatrix der Vektor $\sin\varphi\, d$ herausfiltern.

Nachdem die Einträge in der Hauptdiagonale der *Drehmatrix* $R_{d,\varphi}$ nur von den symmetrischen Anteilen stammen, lautet die Summe der Hauptdiagonalglieder wegen $\|d\| = 1$:

$$\text{Sp}\, A = (1 - \cos\varphi) + 3\cos\varphi = 1 + 2\cos\varphi.$$

Diese Summe heißt übrigens *Spur* der Matrix.

Mithilfe des Begriffs der Eigenvektoren (siehe Kap. 14) kann man übrigens zeigen, dass jede eigentlich orthogonale dreireihige Matrix eine derartige Drehmatrix ist. Deshalb nennt man die von diesen Matrizen gebildete Gruppe SO_3 auch die

Beispiel: Euler'sche Drehwinkel

Um bei festgehaltenem Koordinatenursprung die Raumlage eines Rechtsachsenkreuzes B' relativ zu einem Rechtsachsenkreuz B eindeutig vorzugeben, kann man die eigentlich orthogonale Matrix $A = {}_B T_{B'}$ benutzen. Diese stellt nach (7.17) gleichzeitig diejenige Bewegung $\mathcal{B}$ dar, welche B nach B' bringt.

Eine orthogonale 3×3-Matrix enthält 9 Einträge, doch erfüllen diese 6 Gleichungen, nämlich die 3 Normierungsbedingungen sowie die 3 Orthogonalitätsbeziehungen der Spaltenvektoren. Es ist demnach eher mühsam, eine Raumposition auf diese Weise durch 9 vielfältig voneinander abhängige Größen anzugeben.

Im Gegensatz dazu bieten die Euler'schen Drehwinkel eine Möglichkeit, dieselbe Raumlage durch drei voneinander unabhängige Größen festzulegen, nämlich durch die drei *Euler'schen Drehwinkel* α, β, γ (siehe unten stehende Abbildung), und diese sind bei Einhaltung gewisser Grenzen fast immer eindeutig bestimmt. Wie sieht zu gegebenen Drehwinkeln α, β, γ die Transformationsmatrix aus?

Problemanalyse und Strategie: Die Bewegung $\mathcal{B}$, also der Übergang von (b_1, b_2, b_3) zu (b_1', b_2', b_3'), ist gemäß der unten gezeigten Abbildung 7.20 die Zusammensetzung folgender drei Drehungen.

1. Die Drehung um b_3 durch α bringt b_1 nach d.

2. Die Drehung um d durch β bringt b_3 bereits in die Endlage b_3' und die $b_1 b_2$-Ebene in die Position E.

3. Die Drehung um b_3' durch γ bringt auch die restlichen Koordinatenachsen innerhalb von E in ihre Endlagen b_1' bzw. b_2'.

Aber Achtung: Die Reihenfolge dieser Drehungen darf nicht verändert werden; die Zusammensetzung von Bewegungen ist so wie die Multiplikation von Matrizen nicht kommutativ!

Rechnerisch einfacher, allerdings nicht so unmittelbar verständlich, ist die folgende Zusammensetzung von $\mathcal{B}$, bei welcher dieselben Drehwinkel, aber zumeist andere Drehachsen auftreten.

1. Wir drehen um b_3 durch γ und bringen damit die Koordinatenachsen innerhalb der anfangs mit der $b_1 b_2$-Ebene zusammenfallenden Ebene E in die gewünschte Position.

2. Wir drehen um b_1 durch β; damit bekommen die Ebene E und der zugehörige Normalvektor b_3' bereits die richtige Neigung.

3. Wir drehen um b_3 durch α und bringen damit b_3' und auch E in die jeweils vorgeschriebenen Endlagen.

Diese Zerlegung von $\mathcal{B}$ hat den Vorteil, dass stets um die ortsfesten Achsen b_1 und b_3 gedreht wird.

Lösung:

Die zu diesen Drehungen gehörigen eigentlich orthogonalen Matrizen sind bereits früher aufgestellt worden (siehe Seite 260). Somit können wir die Matrix A, welche die Bewegung $\mathcal{B}$ darstellt, als Produkt von drei Drehmatrizen ausrechnen.

In den folgenden Matrizen wurde aus Platzgründen der Sinus durch s abgekürzt und der Kosinus durch c:

$$
A = \begin{pmatrix} c\alpha & -s\alpha & 0 \\ s\alpha & c\alpha & 0 \\ 0 & 0 & 1 \end{pmatrix} \begin{pmatrix} 1 & 0 & 0 \\ 0 & c\beta & -s\beta \\ 0 & s\beta & c\beta \end{pmatrix} \begin{pmatrix} c\gamma & -s\gamma & 0 \\ s\gamma & c\gamma & 0 \\ 0 & 0 & 1 \end{pmatrix}
$$

$$
= \begin{pmatrix} c\alpha & -s\alpha\,c\beta & s\alpha\,s\beta \\ s\alpha & c\alpha\,c\beta & -c\alpha\,s\beta \\ 0 & s\beta & c\beta \end{pmatrix} \begin{pmatrix} c\gamma & -s\gamma & 0 \\ s\gamma & c\gamma & 0 \\ 0 & 0 & 1 \end{pmatrix}
$$

$$
= \begin{pmatrix} c\alpha\,c\gamma - s\alpha\,c\beta\,s\gamma & -c\alpha\,s\gamma - s\alpha\,c\beta\,c\gamma & s\alpha\,s\beta \\ s\alpha\,c\gamma + c\alpha\,c\beta\,s\gamma & -s\alpha\,s\gamma + c\alpha\,c\beta\,c\gamma & -c\alpha\,s\beta \\ s\beta\,s\gamma & s\beta\,c\gamma & c\beta \end{pmatrix}
$$

Wenn umgekehrt eine Position des Rechtsachsenkreuzes (b_1', b_2', b_3') gegeben ist, so sind bei linear unabhängigen $\{b_3, b_3'\}$ die zugehörigen Euler'schen Drehwinkel eindeutig bestimmt, sofern man deren Grenzen mit

$$0° \leq \alpha < 360°, \quad 0° \leq \beta \leq 180°, \quad 0° \leq \gamma < 360°$$

festsetzt. Der Vektor d (siehe Abbildung rechts) hat nämlich die Richtung des Vektorprodukts $b_3 \times b_3'$, und d schließt mit b_1 bzw. b_1' die Winkel α bzw. γ ein. Dabei sind diese Winkel als Drehwinkel zu vorgegebenen Drehachsen jeweils in einem bestimmten Drehsinn zu messen.

In den Ausnahmefällen $\beta = 0°$ ($b_3' = b_3$) und $\beta = 180°$ ($b_3' = -b_3$) sind nur ($\alpha + \gamma$) bzw. ($\alpha - \gamma$) eindeutig.

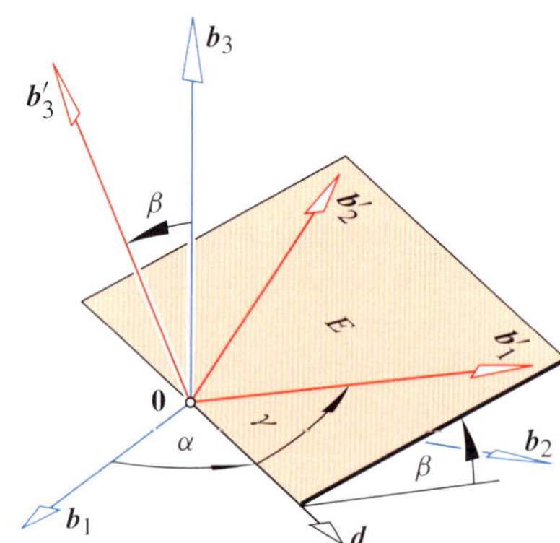

Die Euler'schen Drehwinkel α, β und γ.

Kommentar: Diese Überlegungen beweisen: Jede Raumlage B' eines Achsenkreuzes ist aus deren Ausgangslage B durch die Zusammensetzung von drei Drehungen zu erreichen, nämlich der Reihe nach durch Drehungen um b_3, um b_1 und schließlich nochmals um b_3. Mithilfe des Begriffes der Eigenvektoren (siehe Kapitel 13) lässt sich zeigen, dass es auch stets durch eine einzige Drehung geht, doch hat deren Drehachse eine allgemeine Lage.

Drehungsgruppe des $\mathbb{R}^3$. Die Box auf Seite 264 zeigt eine Darstellung der Drehungen mithilfe von Quaternionen.

?

Warum ist $\boldsymbol{R}_{d,\varphi}^\top = \boldsymbol{R}_{d,-\varphi} = \boldsymbol{R}_{-d,\varphi}$?

Umrechnung zwischen zwei kartesischen Koordinatensystemen mit verschiedenen Nullpunkten

Nun seien zwei kartesische Koordinatensysteme gegeben, deren Koordinatenursprünge verschieden sind (Abb. 7.29): Neben dem System $(o;\,B)$ mit $B = (\boldsymbol{b}_1,\,\boldsymbol{b}_2,\,\boldsymbol{b}_3)$ in gewohnter Position gibt es noch das System $(\boldsymbol{p};\,B')$ mit der orthonormierten Basis $B' = (\boldsymbol{b}_1',\,\boldsymbol{b}_2',\,\boldsymbol{b}_3')$. Nun muss sorgfältig unterschieden werden, ob wir die Koordinaten von Punkten umrechnen oder jene von Vektoren.

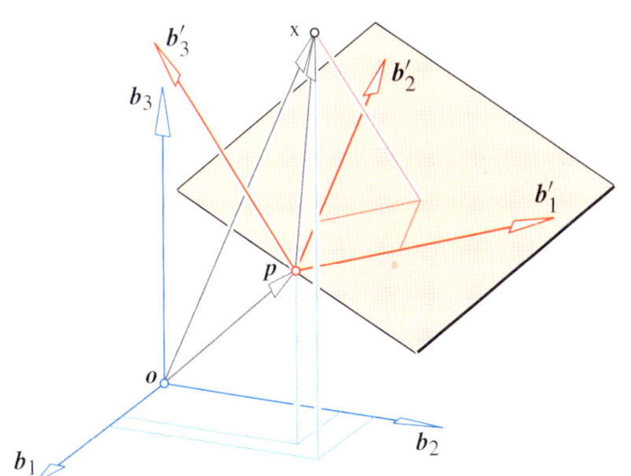

Abbildung 7.29 Zwei Koordinatensysteme im $\mathbb{R}^3$ mit verschiedenen Nullpunkten.

Beginnen wir mit den Vektoren: Sie sind als Pfeile zu sehen, die im Raum beliebig parallel verschoben werden dürfen. Zur Ermittlung der B'-Koordinaten eines Vektors $\boldsymbol{u}$ verwenden wir den Pfeil mit Anfangspunkt $\boldsymbol{p}$. Dann sind die $(\boldsymbol{p};\,B')$-Koordinaten des Endpunkts zugleich die B'-Koordinaten von $\boldsymbol{u}$.

Die B-Koordinaten von $\boldsymbol{u}$ sind durch den parallelen Pfeil mit dem Anfangspunkt o bestimmt. Gemäß (7.1) besteht also nur die Aufgabe, $\boldsymbol{u}$ einmal aus den $\boldsymbol{b}_i$ und dann aus den $\boldsymbol{b}_j'$ linear zu kombinieren. Die beiden Koordinatentripel desselben Vektors $\boldsymbol{u}$ sind somit nach wie vor durch die Matrizengleichung (7.15) miteinander verknüpft.

Anders ist es bei Punktkoordinaten: $\begin{pmatrix} x_1 \\ x_2 \\ x_3 \end{pmatrix}$ bzw. $\begin{pmatrix} x_1' \\ x_2' \\ x_3' \end{pmatrix}$ sind die $(o;\,B)$- bzw. $(\boldsymbol{p};\,B')$-Koordinaten desselben Raumpunkts x, wenn gemäß (7.2)

$$x = o + \sum_{i=1}^{3} x_i\,\boldsymbol{b}_i = \boldsymbol{p} + \sum_{j=1}^{3} x_j'\,\boldsymbol{b}_j'$$

ist. Wir drücken diese Gleichung in $(o;\,B)$-Koordinaten aus. Dann stehen auf der linken Seite die gesuchten $\begin{pmatrix} x_1 \\ x_2 \\ x_3 \end{pmatrix}$. Rechts müssen wir die $(o;\,B)$-Koordinaten $\begin{pmatrix} p_1 \\ p_2 \\ p_3 \end{pmatrix}$ von $\boldsymbol{p}$ und jene der Basisvektoren $\boldsymbol{b}_j'$ einsetzen. Dabei sind letztere die Spalten in der orthogonalen Matrix $A = {}_B\boldsymbol{T}_{B'}$. Wir erhalten:

$$\begin{pmatrix} x_1 \\ x_2 \\ x_3 \end{pmatrix} = \begin{pmatrix} p_1 \\ p_2 \\ p_3 \end{pmatrix} + A \begin{pmatrix} x_1' \\ x_2' \\ x_3' \end{pmatrix} \quad \text{mit } A^{-1} = A^\top.$$

Erweiterte Koordinaten und Matrizen ermöglichen einheitliche Formeln für Punkte und Vektoren

Die Umrechnungsgleichungen für Punktkoordinaten sind verschieden von jenen für Vektorkoordinaten. Das zwingt zu besonderer Sorgfalt. Zudem ist die Koordinatentransformation von Punkten nicht allein durch eine Matrizenmultiplikation ausdrückbar, sondern es ist zusätzlich ein konstanter Vektor zu addieren. Dies führt zu unübersichtlichen Formeln, wenn mehrere derartige Transformationen hintereinandergeschaltet werden müssen.

Hier erweist sich nun folgender Trick als vorteilhaft: Wir fügen den drei Koordinaten eine weitere als nullte Koordinate hinzu. Bei Punkten wird diese gleich 1 gesetzt, bei Vektoren gleich 0. Wir nennen diese Koordinaten **erweiterte** Punkt- bzw. Vektorkoordinaten und kennzeichnen die zugehörigen Vektorsymbole durch einen Stern. Dann lassen sich die Umrechnungsgleichungen einheitlich schreiben in der Form

$$_{(o;B)}\boldsymbol{x}^* = {}_{(o;B)}\boldsymbol{T}^*_{(\boldsymbol{p};B')}\,{}_{(\boldsymbol{p};B')}\boldsymbol{x}^* \tag{7.19}$$

$$\text{mit } {}_{(o;B)}\boldsymbol{x}^* = \begin{pmatrix} x_0 \\ x_1 \\ x_2 \\ x_3 \end{pmatrix}, \quad {}_{(\boldsymbol{p};B')}\boldsymbol{x}^* = \begin{pmatrix} x_0' \\ x_1' \\ x_2' \\ x_3' \end{pmatrix} \text{ und}$$

$$A^* = {}_{(o;B)}\boldsymbol{T}^*_{(\boldsymbol{p};B')} = \begin{pmatrix} 1 & 0 & 0 & 0 \\ p_1 & a_{11} & a_{12} & a_{13} \\ p_2 & a_{21} & a_{22} & a_{23} \\ p_3 & a_{31} & a_{32} & a_{33} \end{pmatrix}$$

In der 4×4-Matrix A^* sind die $(o;\,B)$-Koordinaten des Punkts $\boldsymbol{p}$ vereint mit der orthogonalen 3×3-Matrix A, während die erste Zeile immer völlig gleich aussieht. Wir nennen diese die **erweiterte Transformationsmatrix**.

Wir erkennen, dass die nullten Koordinaten stets unverändert bleiben, d. h. stets $x_0 = x_0'$ ist. Vektorkoordinaten bleiben also Vektorkoordinaten, und das analoge gilt für Punktkoordinaten. In den Spalten der erweiterten Transformationsmatrix $_{(o;B)}\boldsymbol{T}^*_{(\boldsymbol{p};B')}$ stehen der Reihe nach die erweiterten $(o;\,B)$-Koordinaten des Punkts $\boldsymbol{p}$ und der Vektoren $\boldsymbol{b}_j'$.

Hintergrund und Ausblick: Quaternionen zur Darstellung von Drehungen

Auf Seite 83 wurden die Quaternionen $q = a + \mathrm{i}\,b + \mathrm{j}\,c + \mathrm{k}\,d \in \mathbb{H}$, also mit $(a, b, c, d) \in \mathbb{R}^4$, als Erweiterungen von komplexen Zahlen eingeführt. Wir können die Quaternion q aber auch als Summe aus dem *Skalarteil* a und der **vektorwertigen** Quaternion $\boldsymbol{v} = \mathrm{i}\,b + \mathrm{j}\,c + \mathrm{k}\,d$ darstellen, also als $q = a + \boldsymbol{v}$. Wir nennen den zweiten Summanden $\boldsymbol{v}$ einfachheitshalber einen *Vektor* und interpretieren dabei $(\mathrm{i}, \mathrm{j}, \mathrm{k})$ in gleicher Weise wie die Standardbasis $(\boldsymbol{e}_1, \boldsymbol{e}_2, \boldsymbol{e}_3)$ des $\mathbb{R}^3$ als orthonormierte Basis des Anschauungsraums.

Dies ist dann die Grundlage für eine Darstellung der Drehungen mittels Quaternionen. Es wird sich zeigen, dass die multiplikative Gruppe des Quaternionenschiefkörpers $\mathbb{H}$ homomorph ist zur Drehungsgruppe SO_3 von Seite 263.

Für die Vektoren aus $\mathbb{H}$ gibt es ein Skalarprodukt, ein Vektorprodukt und ein Quaternionenprodukt. Um Verwechslungen zu vermeiden, verwenden wir von nun an $\circ$ als Verknüpfungssymbol der Quaternionenmultiplikation.

Es gibt einen tieferen Grund für die Interpretation von $(\mathrm{i}, \mathrm{j}, \mathrm{k})$ als orthonormierter Basis. Den auf Seite 240 angeführten Vektorprodukten $\boldsymbol{e}_1 \times \boldsymbol{e}_2 = \boldsymbol{e}_3, \boldsymbol{e}_2 \times \boldsymbol{e}_1 = -\boldsymbol{e}_3$ usw. von Vektoren der Standardbasis stehen nämlich die Quaternionenprodukte $\mathrm{i} \circ \mathrm{j} = \mathrm{k}, \mathrm{j} \circ \mathrm{i} = -\mathrm{k}$ usw. gegenüber. Nachdem das Quaternionenprodukt distributiv gebildet wird, gilt für je zwei Vektoren $\boldsymbol{v}_1, \boldsymbol{v}_2 \in \mathbb{H}$ wegen $\mathrm{i} \circ \mathrm{i} = \mathrm{j} \circ \mathrm{j} = \mathrm{k} \circ \mathrm{k} = -1$:

$$\boldsymbol{v}_1 \circ \boldsymbol{v}_2 = -(\boldsymbol{v}_1 \cdot \boldsymbol{v}_2) + (\boldsymbol{v}_1 \times \boldsymbol{v}_2).$$

Das Quaternionenprodukt zweier Vektoren aus $\mathbb{H}$ ist somit bei $\boldsymbol{v}_1 \cdot \boldsymbol{v}_2 \neq 0$ nicht mehr vektorwertig. Aber es gilt umgekehrt:

$$\begin{aligned}
\boldsymbol{v}_1 \cdot \boldsymbol{v}_2 &= -\tfrac{1}{2}\left((\boldsymbol{v}_1 \circ \boldsymbol{v}_2) + (\boldsymbol{v}_2 \circ \boldsymbol{v}_1)\right), \\
\boldsymbol{v}_1 \times \boldsymbol{v}_2 &= \tfrac{1}{2}\left((\boldsymbol{v}_1 \circ \boldsymbol{v}_2) - (\boldsymbol{v}_2 \circ \boldsymbol{v}_1)\right).
\end{aligned} \qquad (*)$$

Durch die Zerlegung der Quaternionen in Skalar- und Vektorteil wird das Produkt zweier Quaternionen $q_i = a_i + \boldsymbol{v}_i$, $i = 1, 2$, übersichtlicher, denn

$$\begin{aligned}
(a_1 + \boldsymbol{v}_1) \circ (a_2 + \boldsymbol{v}_2) &= (a_1 a_2 - \boldsymbol{v}_1 \cdot \boldsymbol{v}_2) \\
&\quad + (a_1 \boldsymbol{v}_2 + a_1 \boldsymbol{v}_1 + (\boldsymbol{v}_1 \times \boldsymbol{v}_2)).
\end{aligned}$$

Die zu $q = a + \boldsymbol{v}$ *konjugierte Quaternion* ist $\overline{q} = a - \boldsymbol{v}$. Vektorwertige Quaternionen sind durch $\overline{q} = -q$ gekennzeichnet. Ein gleichzeitiger Vorzeichenwechsel von $\boldsymbol{v}_1$ und $\boldsymbol{v}_2$ in der obigen Formel zeigt

$$\overline{(q_1 \circ q_2)} = \overline{q}_2 \circ \overline{q}_1.$$

Bei $q \neq 0$ bestimmt $\overline{q}$ die zu q inverse Quaternion als

$$q^{-1} = \frac{1}{a^2 + b^2 + c^2 + d^2}\,\overline{q}.$$

Im Nenner tritt die Standardnorm des $\mathbb{R}^4$ auf. Wir definieren diese gleichzeitig als **Norm** der Quaternion

$$\|q\| = \sqrt{a^2 + b^2 + c^2 + d^2} = \sqrt{q \circ \overline{q}},$$

wobei jene der Vektoren inkludiert ist. Es gilt:

$$\|q_1 \circ q_2\| = \|q_1\| \cdot \|q_2\|,$$

denn wegen der Assoziativität der Multiplikation in $\mathbb{H}$ ist

$$\begin{aligned}
(q_1 \circ q_2) \circ \overline{(q_1 \circ q_2)} &= (q_1 \circ q_2) \circ \overline{q}_2 \circ \overline{q}_1 \\
&= q_1 \circ \|q_2\|^2 \circ \overline{q}_1 = \|q_2\|^2 \|q_1\|^2.
\end{aligned}$$

Damit vermittelt die Abbildung $q \to \|q\|$ einen Homomorphismus $(\mathbb{H} \setminus \{0\}, \circ) \to (\mathbb{R}_{>0}, \cdot)$. Die Menge $\mathbb{H}_1$ der

Quaternionen mit der Norm 1, der **Einheitsquaternionen**, bildet den Kern dieses Homomorphismus und damit eine Untergruppe von $(\mathbb{H} \setminus \{0\}, \circ)$.

Für $q = a + \boldsymbol{v} \in \mathbb{H}_1$ gibt es wegen $\|q\|^2 = a^2 + \|\boldsymbol{v}\|^2 = 1$ einen Winkel α mit $a = \cos\alpha$. Deshalb können Einheitsquaternionen dargestellt werden als

$$q = \cos\alpha + \sin\alpha\,\widehat{\boldsymbol{v}} \quad \text{mit} \quad \|\widehat{\boldsymbol{v}}\| = 1.$$

Jede Einheitsquaternion q legt eine Vektorabbildung

$$\delta_q : \mathbb{R}^3 \to \mathbb{R}^3 \quad \text{mit} \quad \boldsymbol{x} \mapsto \boldsymbol{x}' := q \circ \boldsymbol{x} \circ \overline{q} \qquad (**)$$

fest. $\boldsymbol{x}'$ ist tatsächlich wieder ein Vektor, denn

$$\overline{\boldsymbol{x}'} = q \circ \overline{\boldsymbol{x}} \circ \overline{q} = q \circ (-\boldsymbol{x}) \circ \overline{q} = -\boldsymbol{x}'.$$

Mithilfe von $(*)$ lässt sich nachweisen, dass δ_q linear ist und Skalarprodukte sowie Vektorprodukte unverändert lässt. Wir wollen hier allerdings gleich eine explizite Vektordarstellung von $\boldsymbol{x}'$ herleiten.

$$\begin{aligned}
\boldsymbol{x}' &= q \circ \boldsymbol{x} \circ \overline{q} = (\cos\alpha + \sin\alpha\,\widehat{\boldsymbol{v}}) \circ \boldsymbol{x} \circ (\cos\alpha - \sin\alpha\,\widehat{\boldsymbol{v}}) \\
&= \left[-\sin\alpha(\widehat{\boldsymbol{v}}\cdot\boldsymbol{x}) + (\cos\alpha\,\boldsymbol{x} + \sin\alpha(\widehat{\boldsymbol{v}}\times\boldsymbol{x}))\right] \circ (\cos\alpha - \sin\alpha\,\widehat{\boldsymbol{v}}) \\
&= -\sin\alpha\cos\alpha(\widehat{\boldsymbol{v}}\cdot\boldsymbol{x}) + \sin\alpha\cos\alpha(\widehat{\boldsymbol{v}}\cdot\boldsymbol{x}) + \sin^2\alpha\,\det(\widehat{\boldsymbol{v}}, \widehat{\boldsymbol{v}}, \boldsymbol{x}) \\
&\quad + \left[\sin^2\alpha(\widehat{\boldsymbol{v}}\cdot\boldsymbol{x})\widehat{\boldsymbol{v}} + \cos^2\alpha\,\boldsymbol{x} + \sin\alpha\cos\alpha(\widehat{\boldsymbol{v}}\times\boldsymbol{x})\right. \\
&\quad \left. -\sin\alpha\cos\alpha(\widehat{\boldsymbol{v}}\times\boldsymbol{x}) - \sin^2\alpha[(\widehat{\boldsymbol{v}}\times\boldsymbol{x}) \times \widehat{\boldsymbol{v}}]\right].
\end{aligned}$$

Wegen $(\widehat{\boldsymbol{v}} \times \boldsymbol{x}) \times \widehat{\boldsymbol{v}} = (\widehat{\boldsymbol{v}} \cdot \widehat{\boldsymbol{v}})\boldsymbol{x} - (\widehat{\boldsymbol{v}} \cdot \boldsymbol{x})\widehat{\boldsymbol{v}}$ nach der Grassmann-Identität (Seite 246) und wegen $2\sin^2\alpha = 1 - \cos^2\alpha + \sin^2\alpha = 1 - \cos 2\alpha$ folgt weiter:

$$\begin{aligned}
\boldsymbol{x}' &= 2\sin^2\alpha(\widehat{\boldsymbol{v}}\cdot\boldsymbol{x})\widehat{\boldsymbol{v}} + (\cos^2\alpha - \sin^2\alpha)\boldsymbol{x} + 2\sin\alpha\cos\alpha(\widehat{\boldsymbol{v}}\times\boldsymbol{x}) \\
&= (1 - \cos 2\alpha)(\widehat{\boldsymbol{v}}\cdot\boldsymbol{x})\widehat{\boldsymbol{v}} + \cos 2\alpha\,\boldsymbol{x} + \sin 2\alpha\,(\widehat{\boldsymbol{v}} \times \boldsymbol{x}).
\end{aligned}$$

Der Vergleich mit der Vektordarstellung (7.18) auf Seite 261 zeigt: *Die Abbildung δ_q aus $(**)$ mit $q = \cos\alpha + \sin\alpha\,\widehat{\boldsymbol{v}}$ ist eine Drehung mit $\widehat{\boldsymbol{v}}$ als Einheitsvektor in Drehachsenrichtung und mit dem Drehwinkel 2α.*

Die Zusammensetzung der Drehungen $\delta_1 : \boldsymbol{x} \mapsto \boldsymbol{x}' = q_1 \circ \boldsymbol{x} \circ \overline{q}_1$ und $\delta_2 : \boldsymbol{x}' \mapsto \boldsymbol{x}'' = q_2 \circ \boldsymbol{x}' \circ \overline{q}_2$ lautet:

$$\delta_2 \circ \delta_1 : \boldsymbol{x} \mapsto \boldsymbol{x}'' = (q_2 \circ q_1) \circ \boldsymbol{x} \circ \overline{(q_2 \circ q_1)}.$$

Die Abbildung $\psi : q \mapsto \delta_q$ ist somit ein Homomorphismus $(\mathbb{H}_1, \circ) \to (\mathrm{SO}_3, \circ)$ mit dem Kern $\{1, -1\}$; neben q stellt auch $-q$ dieselbe Drehung dar. Ein weiterer Homomorphismus ist Inhalt der Aufgabe 7.22.

In $(**)$ kann man anstelle $q \in \mathbb{H}_1$ allgemeiner ein $q \in \mathbb{H} \setminus \{0\}$ verwenden, doch muss dann die rechten Seite noch durch $\|q\|^2$ dividiert werden. Dies führt auf einen surjektiven Homomorphismus $(\mathbb{H} \setminus \{0\}, \circ) \to (\mathrm{SO}_3, \circ)$ mit dem Kern $\mathbb{R} \setminus \{0\}$.

Transformation zwischen kartesischen Koordinaten

Die Umrechnung vom kartesischen Koordinatensystem $(p; B')$ auf das kartesische Koordinatensystem $(o; B)$ erfolgt für die erweiterten Punkt- und Vektorkoordinaten nach (7.19). Dabei stehen in den Spalten der erweiterten Transformationsmatrix $_{(o;B)}T^*_{(p;B')}$ der Reihe nach die erweiterten $(o; B)$-Koordinaten des Ursprungs p sowie die B-Koordinaten der Vektoren b'_1, b'_2, b'_3 der orthonormierten Basis B'. Die rechte untere 3×3-Teilmatrix in $_{(o;B)}T^*_{(p;B')}$ ist orthogonal.

Dass hinter der Erweiterung der Koordinaten mehr als nur ein formaler Trick steht, zeigt die Box auf Seite 266.

?

Beweisen Sie, dass auch bei Verwendung erweiterter Koordinaten jede Linearkombination von Vektoren wieder ein Vektor ist und jede Affinkombination von Punkten wieder ein Punkt ist.

Auch bei der Darstellung allgemeiner Bewegungen sind erweiterte Koordinaten zweckmäßig

Wie früher bei festgehaltenem Ursprung, so gestattet auch hier die Transformationsgleichung (7.19) eine zweite Interpretation, wenn wir diese unter Benutzung erweiterter Koordinaten schreiben als

$$x'^* = A^* x^* \tag{7.20}$$

mit der erweiterten Matrix A^* von Seite 263.

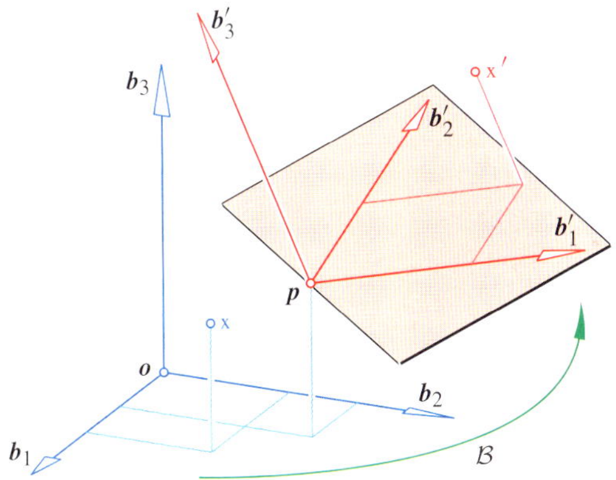

Abbildung 7.30 Die Bewegung $\mathcal{B}: x \mapsto x'$ bringt o mit p zur Deckung und die Vektoren b_i für $i = 1, 2, 3$ mit b'_i.

Es gibt genau eine Bewegung $\mathcal{B}$, welche o in p überführt und die Basisvektoren b_i von B der Reihe nach in jene von B'. Angenommen, x geht in x' über (Abb. 7.30). Dann hat das Urbild x bezüglich $(o; B)$ dieselben Koordinaten wie der Bildpunkt x' bezüglich $(p; B')$. Wenn wir Urbild und

Bildpunkt in demselben Koordinatensystem $(o; B)$ darstellen wollen, so müssen wir nur noch die $(p; B')$-Koordinaten von x' auf $(o; B)$-Koordinaten umrechnen. Und genau dies wird in (7.20) ausgedrückt. Dabei stehen in den Spalten der erweiterten Matrix $A^* = {}_{(o;B)}T^*_{(p;B')}$ die erweiterten B-Koordinaten des Bilds p vom Ursprung o und der durch Verlagerung der Basis B entstandenen Vektoren $(b'_1,\ b'_2,\ b'_3)$.

Umgekehrt ist jede Abbildung mit der Darstellung (7.20) und einer erweiterten Matrix A^* von dem auf Seite 263 gezeigten Typ mit eigentlich orthogonaler 3×3 Teilmatrix eine Bewegung. Das wurde bereits auf Seite 260 gezeigt.

Umrechnung von einem lokalen Koordinatensystem auf der Erde zu einem heliozentrischen System

In der Astronomie begegnen wir immer wieder der Aufgabe, zwischen verschiedenen kartesischen Koordinatensystemen im Raum umzurechnen. In unserem Beispiel verwenden wir die folgenden Systeme.

- Wir beginnen mit einem *lokalen* Koordinatensystem $(p; B_l)$ auf der Erde (Abb. 7.31): Der Ursprung p habe die geografische Länge λ und Breite β. Der erste Basisvektor b_{1l} weise nach Osten, der zweite b_{2l} nach Norden.
- Daneben betrachten wir ein im Erdmittelpunkt zentriertes, also ein *geozentrisches* Koordinatensystem $(z_e; B_e)$ mit einem zum Nordpol weisenden dritten Basisvektor b'_{3e}. Der erste b'_{1e} zeige zum Äquatorpunkt des Nullmeridians. Dieses System macht die Erdrotation mit
- Schließlich sei ein in der Sonnenmitte z_s zentriertes, also *heliozentrisches* Koordinatensystem gegeben (Abb. 7.32). Dessen Basisvektoren b_{1s} und b_{2s} spannen die Bahnebene der Erde auf. Der dadurch festgelegte mathematisch positive Drehsinn soll mit dem Durchlaufsinn der Erdbahn übereinstimmen. Der erste Basisvektor b_{1s} weise zum *Frühlingspunkt*. Dies ist der Mittelpunkt jener Position der Erde, wo die Äquatorebene die Sonne enthält und die Fortschreitungsrichtung der Erde mit der zum Nordpol orientierten Erdachse einen stumpfen Winkel einschließt.

Gesucht ist die erweiterte Transformationsmatrix $_sT^*_l$ vom lokalen Koordinatensystem auf das heliozentrische. Dabei treffen wir – abweichend von der Realität – die folgenden Vereinfachungen.

- Die Erde wird als Kugel mit dem Radius r vorausgesetzt – und nicht durch ein Ellipsoid approximiert.
- Die Bahn der Erde um die Sonne wird als in der Sonne zentrierter Kreis mit dem Radius R angenommen – und nicht als Ellipse mit der Sonne in einem Brennpunkt. Die konstante Flächengeschwindigkeit bewirkt nun sogar eine konstante Bahngeschwindigkeit.
- Während der Umrundung der Sonne bleibt die Stellung der Erdachse unverändert; Präzession und Nutation bleiben unberücksichtigt.

Hintergrund und Ausblick: Euklidische, affine und projektive Geometrie

Vor mehr als 2000 Jahren erkannte man bereits, dass man nur dann eine Übersicht über die vielen geometrischen Einzelresultate gewinnen kann, wenn man gewisse Aussagen als Axiome an die Spitze stellt und alle anderen daraus herleitet. Dadurch wurde die Geometrie sehr früh zum Musterbeispiel einer deduktiven Wissenschaft.

Ein Axiomensystem bringt nicht nur Ordnung, sondern es ist auch anregend. Will man sich zum Beispiel Klarheit über die Reichweite der einzelnen Axiomen verschaffen, so wird man gewisse Axiome abändern oder überhaupt weglassen. So entstanden verschiedene Geometrien, die ihrerseits wieder eine gewisse Gliederung erforderten. Eine tragfähige Basis hierfür stellte das von Felix Klein (1849–1925) entwickelte *Erlanger Programm* dar. Es empfiehlt, von den Gruppen der jeweiligen Automorphismen auszugehen und die Geometrien als Studium der zur jeweiligen Gruppe gehörigen Invarianten zu kennzeichnen. Um eine geometrische Aussage richtig einzuordnen, muss überprüft werden, hinsichtlich welcher größtmöglichen Gruppe von Automorphismen die dabei verwendeten Begriffe invariant sind.

So anschaulich die Geometrie auch scheinen mag, man braucht deutlich mehr Axiome als etwa zur Definition eines Vektorraums, selbst wenn man sich nur auf die ebene Geometrie beschränkt. Die ersten Versuche für ein Axiomensystem der Geometrie gehen auf Euklid ($\sim$ 365–300 v. Chr.) zurück. Das bekannteste Axiomensystem stammt von David Hilbert (1862–1943). Es umfasst *Inzidenzaxiome* über die gegenseitige Lage von Punkten und Geraden, *Kongruenzaxiome*, Distanzen und Winkelmaße betreffend, *Anordnungsaxiome* zu den Begriffen „Halbebene" und „zwischen", sowie ein *Stetigkeitsaxiom*, vergleichbar mit der im Kapitel 4 erklärten Vollständigkeit der reellen Zahlen.

Unter den Axiomen kam Euklids Parallelenpostulat eine besondere Rolle zu, nämlich der Forderung, dass durch jeden Punkt P außerhalb der Geraden G genau eine Parallele legbar ist, also eine Gerade, die G nicht schneidet. Dieses ist experimentell niemals nachprüfbar, denn was weiß man schon von Geraden, wenn man sie weit genug über unser Sonnensystem hinaus verlängert. Man versuchte 2000 Jahre lang vergeblich, dieses Axiom durch äquivalente und eher „überprüfbare" Aussagen zu ersetzen, bis der Ungar János Bolyai (1802–1860) bestätigte, dass es auch eine widerspruchsfreie *nichteuklidische Geometrie* gibt, deren Axiomensystem sich von jenem der euklidischen Geometrie nur dadurch unterscheidet, dass das euklidische Parallelenpostulat ersetzt wird durch die Forderung: Durch P gibt es mindestens zwei verschiedene Parallelen zu G.

Das Studium der Zentralprojektion zeigte, dass in perspektiven Bildern *Fluchtpunkte* auftreten, also Bilder von Punkten, die es in Wirklichkeit gar nicht gibt, nämlich von Schnittpunkten paralleler Geraden. Dies führte zur Erweiterung unseres Anschauungsraums durch unendlich ferne Punkte. Jede Gerade bekommt *einen Fernpunkt* dazu, was unserer Anschauung ein wenig widerspricht, denn man kommt zu demselben Fernpunkt, egal, ob man in der einen oder in der entgegengesetzten Richtung die Gerade entlang läuft. Interpretiert man die Menge der Fernpunkte einer Ebene als eine Gerade und jene des Raums als Ebene, so entsteht der *projektive Raum*.

Die Geometrie in diesem Raum, die reelle *projektive Geometrie*, erfordert nur wenig Axiome und stellt eine übergeordnete Geometrie dar, aus welcher durch zusätzliche Forderungen sowohl die euklidische, als auch die nichteuklidische Geometrie entstehen.

Die analytische Geometrie in dem durch Fernpunkte erweiterten Anschauungsraum verwendet die auf Seite 263 eingeführten erweiterten Koordinaten x^* bzw. u^* der Punkte und Vektoren. Man muss allerdings in Kauf nehmen, dass die vier Koordinaten der Punkte des projektiven Raums *homogen*, also nur bis auf einen Faktor eindeutig sind.

Punkte des reellen projektiven Raums sind somit eindimensionale Unterräume des $\mathbb{R}^4$, Geraden sind zweidimensionale und Ebenen dreidimensionale Unterräume. Die bijektiven linearen Selbstabbildungen des $\mathbb{R}^4$ induzieren *Kollineationen*, und diese spielen die Rolle von Automorphismen.

Zeichnet man umgekehrt im projektiven Raum eine Ebene als Menge von „Fernpunkten" aus und entfernt man diese, so bleibt ein affiner Raum, in dem wieder Parallelitäten erklärbar sind. Kollineationen, welche die gewählte „Fernebene" auf sich abbilden, induzieren dann im verbleibenden Raum affine Abbildungen. Die Gruppe der bijektiven affinen Abbildungen bestimmt die *affine Geometrie*.

Dieser affine Raum bestimmt einen Vektorraum (siehe Seite 228). Die Einführung eines Skalarprodukts auf diesem Vektorraum ermöglicht die Definition von Distanzen und Winkelmaßen. Die zugehörigen Automorphismen sind die Kongruenzen; deren Gruppe ist isomorph zur Gruppe der orthogonalen Matrizen. Die zugehörige Geometrie ist die *euklidische*.

Der pythagoräische Lehrsatz gehört demnach zur euklidischen Geometrie. Der Strahlensatz, wonach parallele Geraden auf zwei schneidenden Geraden Strecken proportionaler Längen ausschneiden, ist eine affine Aussage. Der im Bild unten gezeigte Satz von Pappus-Pascal zählt zur projektiven Geometrie. Seine Aussage lautet: Für je drei Punkte P_1, P_2, P_3 auf der Geraden G und Q_1, Q_2, Q_3 auf der Geraden H liegen die Schnittpunkte S_1, S_2, S_3 auf einer Geraden K.

Wir setzen die gewünschte Koordinatentransformation zusammen aus dem Wechsel von $(\boldsymbol{p}; B_l)$ zu $(z_e; B_e')$, der Drehung von $(z_e; B_e')$ gegenüber $(z_e; B_e)$ um die gemeinsame dritte Koordinatenachse durch den Winkel φ und schließlich der Umrechnung von $(z_e; B_e)$ auf das angegebene heliozentrische System $(z_s; B_s)$. Dabei setzen wir voraus, dass der Erdmittelpunkt vom Frühlingspunkt ausgehend den Kreisbogen zum Zentriwinkel ψ zurückgelegt hat (siehe Abb. 7.32).

Demgemäß erhalten wir mithilfe der zugehörigen erweiterten Transformationsmatrizen

$$_s\boldsymbol{T}_l^* = {}_s\boldsymbol{T}_e^*(\psi) \cdot {}_e\boldsymbol{T}_{e'}^*(\varphi) \cdot {}_{e'}\boldsymbol{T}_l^*. \qquad (*)$$

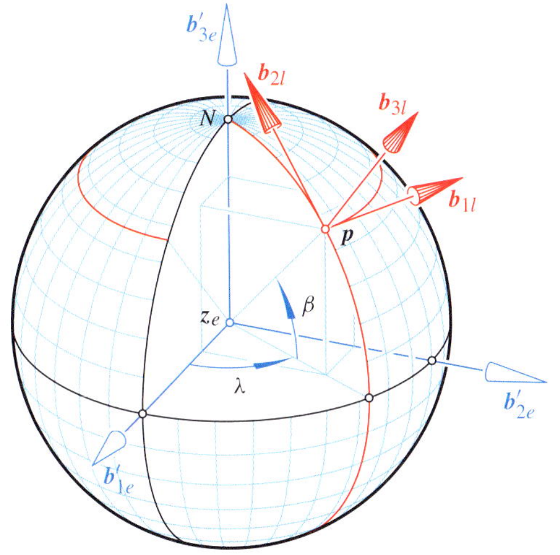

Abbildung 7.31 Das lokale Koordinatensystem $(\boldsymbol{p}; B)$ und das geozentrische $(z_e; B_e')$.

Für die Transformationsmatrix $_{e'}\boldsymbol{T}_l^*$ benötigen wir die erweiterten $(z_e; B_e')$-Koordinaten von $\boldsymbol{p}$, $\boldsymbol{b}_{1l}$, $\boldsymbol{b}_{2l}$ und $\boldsymbol{b}_{3l}$. Wir gehen zunächst vom Nullmeridian aus, also von der Annahme $\lambda = 0$. Wenn wir darauf die Drehung um die Erdachse $\boldsymbol{b}_{3e}'$ durch die gegebene geografische Länge λ anwenden, erhalten wir die Spaltenvektoren der Transformationsmatrix $_{e'}\boldsymbol{T}_l^*$.

Mit obiger Abbildung finden wir, wenn wir den Sinus und Kosinus zu s bzw. c abkürzen:

$$_{e'}\boldsymbol{T}_l^* = \begin{pmatrix} 1 & 0 & 0 & 0 \\ 0 & c\lambda & -s\lambda & 0 \\ 0 & s\lambda & c\lambda & 0 \\ 0 & 0 & 0 & 1 \end{pmatrix} \begin{pmatrix} 1 & 0 & 0 & 0 \\ r\,c\beta & 0 & -s\beta & c\beta \\ 0 & 1 & 0 & 0 \\ r\,s\beta & 0 & c\beta & s\beta \end{pmatrix} =$$

$$= \begin{pmatrix} 1 & 0 & 0 & 0 \\ r\,c\beta\,c\lambda & -s\lambda & -s\beta\,c\lambda & c\beta\,c\lambda \\ r\,c\beta\,s\lambda & c\lambda & -s\beta\,s\lambda & c\beta\,s\lambda \\ r\,s\beta & 0 & c\beta & s\beta \end{pmatrix}$$

Die Bewegung von $(z_e; B_e)$ nach $(z_e; B_e')$ ist eine Drehung um die gemeinsame dritte Koordinatenachse durch den Winkel φ. Somit ist

$$_e\boldsymbol{T}_{e'}^*(\varphi) = \begin{pmatrix} 1 & 0 & 0 & 0 \\ 0 & \cos\varphi & -\sin\varphi & 0 \\ 0 & \sin\varphi & \cos\varphi & 0 \\ 0 & 0 & 0 & 1 \end{pmatrix}$$

Die Vektoren aus B_e behalten gegenüber dem heliozentrischen System ihre Richtungen bei, machen also die Erdrotation nicht mit. Durch diese dreht sich die Erde gegenüber dem heliozentrischen System in 24 Stunden durch mehr als 360°, denn während dieser 24 Stunden wandert der Erdmittelpunkt ja auf seiner Bahn weiter.

Betrachten wir dies etwas genauer: Angenommen, wir beginnen unsere Winkelmessung genau um 12 Uhr mittags (*wahre Sonnenzeit*). Zu dieser Zeit geht die Ebene des Nullmeridians durch die Sonnenmitte. Nach einer 360°-Drehung der Erde um ihre Achse ist diese Ebene des Nullmeridians zwar wieder zu ihrer Ausgangslage parallel. Sie wird aber nicht mehr durch die Sonnenmitte gehen, weil der Erdmittelpunkt inzwischen gewandert ist. Wir müssen bis 12 Uhr mittags noch etwas weiterdrehen, allerdings um die gegenüber der $\boldsymbol{b}_{1s}\boldsymbol{b}_{2s}$-Ebene geneigte Erdachse. Daher ist dieser zusätzliche Drehwinkel trotz unserer vereinfachenden Annahmen nicht konstant.

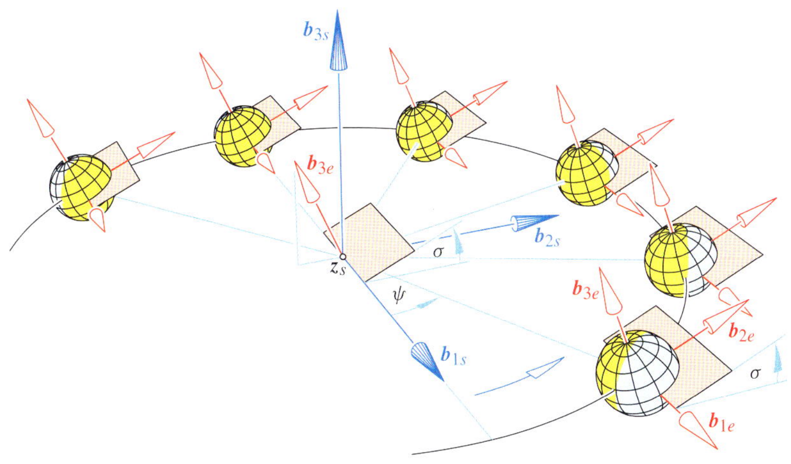

Abbildung 7.32 Das von der Erdrotation „befreite" geozentrische Koordinatensystem $(z_e; B_e)$ und das heliozentrische System $(z_s; B_s)$. Die Erde ist rund 2 500-fach vergrößert dargestellt.

Im täglichen Leben verwenden wir die *mittlere* Zeit, die auf der Annahme basiert, dass alle Tage gleich lang sind und das Jahr etwa 365.24 Tage umfasst. Das ermöglicht uns, den zusätzlichen Drehwinkel durch seinen Mittelwert $360°/365.24$ zu ersetzen. Die Differenz zwischen der wahren und mittleren Sonnenzeit heißt *Zeitgleichung* und beträgt bis zu ± 15 Minuten.

Wir können $\varphi = \omega_e\, t + \varphi_0$ setzen mit der Winkelgeschwindigkeit

$$\omega_e = 2\pi \left(1 + \frac{1}{365.24} \right) / (24 \cdot 3\,600)$$

pro Sekunde. φ_0 ist der Anfangswert zum Zeitpunkt $t = 0$. Übrigens ist $r \approx 6\,371$ km.

Während der Bewegung der Erde um die Sonne behält die Erdachse ihre Richtung bei. Nun ist die Äquatorebene um den Winkel $\sigma \approx 23.45°$, der *Schiefe der Ekliptik*, gegenüber der Bahnebene geneigt. Nachdem wir die erste Koordinatenachse unseres heliozentrischen Systems durch den Frühlingspunkt

gelegt haben und diese daher der Äquatorebene der zugehörigen Erdposition angehört, hat $\boldsymbol{b}_{3e}$ die von ψ unabhängigen B_s-Koordinaten $\begin{pmatrix} 0 \\ -\sin\sigma \\ \cos\sigma \end{pmatrix}$. Wir wählen die erste Koordinatenachse $\boldsymbol{b}_{1e}$ des geozentrischen Systems B_e gleich dem $\boldsymbol{b}_{1s}$. Damit folgt:

$$_s\boldsymbol{T}_e^*(\psi) = \begin{pmatrix} 1 & 0 & 0 & 0 \\ R\cos\psi & 1 & 0 & 0 \\ R\sin\psi & 0 & \cos\sigma & -\sin\sigma \\ 0 & 0 & \sin\sigma & \cos\sigma \end{pmatrix}$$

Nachdem die Erde in etwa 365.24 Tagen die Sonne einmal umrundet, können wir $\psi = \omega_s\, t$ setzen mit der Winkelgeschwindigkeit

$$\omega_s = 2\pi / (365.24 \cdot 3\,600 \cdot 24)$$

pro Sekunde. Wir können $R \approx 150\,000\,000$ km annehmen, verzichten hier allerdings darauf, die in der Gleichung $(*)$ notwendige Matrizenmultiplikation zur Berechnung von $_s\boldsymbol{T}_l^*$ explizit vorzuführen.

Zusammenfassung

Elemente des $\mathbb{R}^3$ stellen einerseits Punkte des Anschauungsraums dar, andererseits Vektoren, also Äquivalenzklassen gleich langer und gleich gerichteter Pfeile.

Es gibt verschiedene Produkte von Vektoren.

Definition des Skalarprodukts

Für je zwei Vektoren $\boldsymbol{u}, \boldsymbol{v} \in \mathbb{R}^3$ mit kartesischen Koordinaten $(u_1, u_2, u_3)^\top$ bzw. $(v_1, v_2, v_3)^\top$ lautet das **Skalarprodukt**

$$\boldsymbol{u} \cdot \boldsymbol{v} = u_1 v_1 + u_2 v_2 + u_3 v_3.$$

Auf dem Skalarprodukt beruht die Definition der **Norm** oder **Länge**:

$$\|\boldsymbol{u}\| = \sqrt{u_1^2 + u_2^2 + u_3^2} = \sqrt{\boldsymbol{u} \cdot \boldsymbol{u}}.$$

Geometrische Deutung des Skalarprodukts

$$\boldsymbol{u} \cdot \boldsymbol{v} = \|\boldsymbol{u}\|\, \|\boldsymbol{v}\|\, \cos\varphi$$

mit φ als von $\boldsymbol{u}$ und $\boldsymbol{v}$ eingeschlossenem Winkel.

Das Skalarprodukt $\boldsymbol{u} \cdot \boldsymbol{v}$ verschwindet genau dann, wenn einer der beteiligten Vektoren der Nullvektor ist oder die beiden Vektoren $\boldsymbol{u}$ und $\boldsymbol{v}$ zueinander orthogonal sind.

Drei paarweise orthogonale Einheitsvektoren $(\boldsymbol{b}_1, \boldsymbol{b}_2, \boldsymbol{b}_3)$ heißen *orthonormiert* oder *kartesische Basis*. Sie sind durch $\boldsymbol{b}_i \cdot \boldsymbol{b}_j = \delta_{ij}$ gekennzeichnet. Die Koordinaten des Vektores $\boldsymbol{u}$ bezüglich der kartesischen Basis $B = (\boldsymbol{b}_1, \boldsymbol{b}_2, \boldsymbol{b}_3)$ sind Skalarprodukte, nämlich

$$_B\boldsymbol{u} = (u_1, u_2, u_3)^\top \iff u_i = \boldsymbol{u} \cdot \boldsymbol{b}_i \text{ für } i = 1, 2, 3.$$

Ist $(o; B)$ ein kartesisches Koordinatensystem, so gilt für die zugehörigen Koordinaten des Punkts $\boldsymbol{x}$:

$$_{(o; B)}\boldsymbol{x} = (x_1, x_2, x_3)^\top \iff x_i = (\boldsymbol{x} - \boldsymbol{o}) \cdot \boldsymbol{b}_i, \ i = 1, 2, 3.$$

Für alle $\boldsymbol{u}, \boldsymbol{v} \in \mathbb{R}^3$ gelten die

Cauchy-Schwarz'sche Ungleichung: $|\boldsymbol{u} \cdot \boldsymbol{v}| \leq \|\boldsymbol{u}\|\, \|\boldsymbol{v}\|$ und die *Dreiecksungleichung:* $\|\boldsymbol{u} + \boldsymbol{v}\| \leq \|\boldsymbol{u}\| + \|\boldsymbol{v}\|$.

Definition des Vektorprodukts

$$\boldsymbol{u} \times \boldsymbol{v} = \begin{pmatrix} u_1 \\ u_2 \\ u_3 \end{pmatrix} \times \begin{pmatrix} v_1 \\ v_2 \\ v_3 \end{pmatrix} = \begin{pmatrix} u_2 v_3 - u_3 v_2 \\ u_3 v_1 - u_1 v_3 \\ u_1 v_2 - u_2 v_1 \end{pmatrix}$$

Das Vektorprodukt $\boldsymbol{u} \times \boldsymbol{v}$ ist genau dann gleich dem Nullvektor, wenn die Vektoren $\boldsymbol{u}$ und $\boldsymbol{v}$ linear abhängig sind. Für linear unabhängige $\boldsymbol{u}, \boldsymbol{v}$ gilt:

Geometrische Deutung des Vektorprodukts

1) Der Vektor $u \times v$ ist orthogonal zu der von u und v aufgespannten Ebene.
2) $\|u \times v\| = \|u\| \|v\| \sin \varphi$ mit φ als von u und v eingeschlossenem Winkel.
3) Die drei Vektoren $(u, v, (u \times v))$ bilden ein Rechtssystem, d. h. folgen aufeinander wie die ersten drei Finger der rechten Hand.

Definition des Spatprodukts

Das **Spatprodukt** der Vektoren $u, v, w \in \mathbb{R}^3$ mit kartesischen Koordinaten $(u_1, u_2, u_3)^\top$, $(v_1, v_2, v_3)^\top$ bzw. $(w_1, w_2, w_3)^\top$ ist gleich der Determinante

$$\det(u, v, w) = \det \begin{pmatrix} u_1 & v_1 & w_1 \\ u_2 & v_2 & w_2 \\ u_3 & v_3 & w_3 \end{pmatrix}$$

Genau dann ist $\det(u, v, w) = 0$, wenn die drei Vektoren u, v und w linear abhängig sind. Das Spatprodukt lässt sich als gemischtes Produkt schreiben:

$$\det(u, v, w) = u \cdot (v \times w) = w \cdot (u \times v).$$

Die Vektoren u, v, w bilden genau dann in dieser Reihenfolge ein Rechtssystem, wenn $\det(u, v, w) > 0$ ist.

Geometrische Deutung des Spatprodukts

Der Absolutbetrag $|\det(u, v, w)|$ des Spatprodukts ist gleich dem Volumen des von den Vektoren u, v und w aufgespannten Parallelepipeds.

Jede Ebene E des $\mathbb{R}^3$ ist die Lösungsmenge einer linearen Gleichung $n_1 x_1 + n_2 x_2 + n_3 x_3 = k$. Dabei sind die in dieser Gleichung auftretenden Koeffizienten $(n_1, n_2, n_3) \neq \mathbf{0}$ die Koordinaten eines Normalvektors n von E. Bei $\|n\| = 1$ heißt die zugehörige Ebenengleichung

$$l(x) = n \cdot x - k = 0$$

Hesse'sche Normalform von E.

Eigenschaften der Hesse'schen Normalform

Für alle $a \in \mathbb{R}^3$ gibt $l(a)$ den orientierten Abstand des Punkts a von der Ebene E an.

Die Orthogonalprojektion auf die Ebene E mit der Hesse'schen Normalform $n \cdot x - k = 0$ lautet

$$x \mapsto x_E = k\, n + (\mathbf{E}_3 - N)\, x$$

mit $N = n\, n^\top$ als dyadischem Quadrat von n und $\mathbf{E}_3$ als dreireihiger Einheitsmatrix. Die Spiegelung an der Ebene E mit der Hesse'schen Normalform $n \cdot x - k = 0$ lautet

$$x \mapsto x' = 2k\, n + (\mathbf{E}_3 - 2N)\, x.$$

Beides sind *affine Abbildungen* des $\mathbb{R}^3$, also von der Bauart $x \mapsto x' = t + A\, x$ mit $t \in \mathbb{R}^3$, $A \in \mathbb{R}^{3 \times 3}$.

Mithilfe des Skalarprodukts und des Vektorprodukts lassen sich für je zwei affine Teilräume des $\mathbb{R}^3$, also für Punkte, Geraden oder Ebenen, die gegenseitigen Abstände berechnen. Dabei wird der Abstand zwischen zwei nichtleeren Punktmengen M und N des $\mathbb{R}^3$ definiert als

$$\operatorname{dist}(M, N) = \inf \{ \|x - y\| \mid x \in M \text{ und } y \in N \}.$$

Orthogonale Transformationsmatrizen

Die Transformationsmatrizen zwischen kartesischen Koordinatensystemen sind *orthogonal*, d. h.

$$({}_B T_{B'})^{-1} = ({}_B T_{B'})^\top.$$

Handelt es sich um zwei Rechtskoordinatensysteme, so ist die Matrix ${}_B T_{B'}$ *eigentlich orthogonal*, d. h., $\det({}_B T_{B'}) = +1$.

Alle eingeführten Produkte von Vektoren sind koordinateninvariant, d. h., für eigentlich orthogonale $A \in \mathbb{R}^{3 \times 3}$ gilt:

$$\begin{aligned} (A\, u) \cdot (A\, v) &= u \cdot v, \\ (A\, u) \times (A\, v) &= A\, (u \times v), \\ \det(A\, u, A\, v, A\, w) &= \det(u, v, w). \end{aligned}$$

Eine affine Abbildung $\mathcal{B} \colon \mathbb{R}^3 \to \mathbb{R}^3$ heißt *Bewegung*, wenn alle Distanzen und Winkelmaße erhalten bleiben und Rechtssysteme wieder in Rechtssysteme übergehen.

Darstellung einer Bewegung

Bei Verwendung eines kartesischen Koordinatensystems sind die Bewegungen $\mathcal{B} \colon x \mapsto x'$ durch eine Gleichung $x' = t + A\, x$ mit eigentlich orthogonaler Matrix A gekennzeichnet.

Bei der Umrechnung zwischen kartesischen Rechtskoordinatensystemen $(p; B')$ und $(o; B)$ mit $p \neq o$ verhalten sich Punkt- und Vektorkoordinaten verschieden. Daher ist es sinnvoll, zu erweiterten Punkt- und Vektorkoordinaten x^* bzw. u^* aus $\mathbb{R}^4$ überzugehen, indem 1 bzw. 0 als nullte Koordinate hinzugefügt wird. Dann gibt es eine erweiterte Transformationsmatrix ${}_{(o;B)} T^*_{(p;B')} \in \mathbb{R}^{4 \times 4}$ mit einer eigentlich orthogonalen 3×3-Teilmatrix rechts unten, und die Transformationsgleichungen lauten einheitlich:

$$_{(o;B)} x^* = {}_{(o;B)} T^*_{(p;B')}\, _{(p;B')} x^*.$$

Ist $A^* \in \mathbb{R}^{4 \times 4}$ eine derartige Transformationsmatrix, so ist die in einem kartesischen Koordinatensystem durch

$$x^* \mapsto x'^* = A^*\, x^*$$

dargestellte Abbildung eine Bewegung.

Aufgaben

Die Aufgaben gliedern sich in drei Kategorien: Anhand der *Verständnisfragen* können Sie prüfen, ob Sie die Begriffe und zentralen Aussagen verstanden haben, mit den *Rechenaufgaben* üben Sie Ihre technischen Fertigkeiten und die *Beweisaufgaben* geben Ihnen Gelegenheit, zu lernen, wie man Beweise findet und führt.

Ein Punktesystem unterscheidet leichte Aufgaben •, mittelschwere •• und anspruchsvolle ••• Aufgaben. Lösungshinweise am Ende des Buches helfen Ihnen, falls Sie bei einer Aufgabe partout nicht weiterkommen. Dort finden Sie auch die Lösungen – betrügen Sie sich aber nicht selbst und schlagen Sie erst nach, wenn Sie selber zu einer Lösung gekommen sind. Ausführliche Lösungswege stehen auf der Website des Verlags zur Verfügung.

Viel Spaß und Erfolg bei den Aufgaben!

Verständnisfragen

7.1 •• Angenommen, die Gerade G ist die Schnittgerade der Ebenen E_1 und E_2, jeweils gegeben durch eine lineare Gleichung

$$n_i \cdot x - k_i = 0, \quad i = 1, 2.$$

Stellen Sie die Menge aller durch G legbaren Ebenen dar als Menge aller linearen Gleichungen mit den Unbekannten (x_1, x_2, x_3), welche G als Lösungsmenge enthalten.

7.2 ••• Welche eigentlich orthogonale 3×3-Matrix $A \neq \mathbf{E}_3$ erfüllt die Eigenschaften

$$A^3 = AAA = \mathbf{E}_3 \quad \text{und} \quad A \begin{pmatrix} 1 \\ 1 \\ 1 \end{pmatrix} = \begin{pmatrix} 1 \\ 1 \\ 1 \end{pmatrix}.$$

Wie viele Lösungen gibt es? Gibt es auch eine uneigentlich orthogonale Matrix mit diesen Eigenschaften?

7.3 •• Man füge in der folgenden Matrix M die durch Sterne markierten fehlenden Einträge derart ein, dass eine eigentlich orthogonale Matrix entsteht.

$$M = \frac{1}{3} \begin{pmatrix} * & -2 & 2 \\ * & 1 & * \\ * & * & * \end{pmatrix}$$

Wie viele verschiedene Lösungen gibt es?

7.4 •• Der Einheitswürfel $\mathcal{W}$ wird um die durch den Koordinatenursprung gehende Raumdiagonale durch $60°$ gedreht. Berechnen Sie die Koordinaten der Ecken des verdrehten Würfels $\mathcal{W}'$.

7.5 •• Man bestimme die orthogonale Darstellungsmatrix $R_{d,\varphi}$ der Drehung durch den Winkel φ um eine durch den Koordinatenursprung laufende Drehachse mit dem Richtungsvektor $d = \begin{pmatrix} d_1 \\ d_2 \\ d_3 \end{pmatrix}$ bei $\|d\| = 1$.

Rechenaufgaben

7.6 • Im $\mathbb{R}^3$ sind zwei Vektoren gegeben, nämlich $u = \begin{pmatrix} 2 \\ -2 \\ 1 \end{pmatrix}$ und $v = \begin{pmatrix} 2 \\ 5 \\ 14 \end{pmatrix}$. Berechnen Sie $\|u\|$, $\|v\|$, den von u und v eingeschlossenen Winkel φ sowie das Vektorprodukt $u \times v$ samt Norm $\|u \times v\|$.

7.7 • Stellen Sie die Gerade

$$G = \begin{pmatrix} 3 \\ 0 \\ 4 \end{pmatrix} + \mathbb{R} \begin{pmatrix} 2 \\ -2 \\ 1 \end{pmatrix}$$

als Schnittgerade zweier Ebenen, also als Lösungsmenge zweier linearer Gleichungen dar. Wie lauten die Gleichungen aller durch G legbaren Ebenen?

7.8 •• Im Raum $\mathbb{R}^3$ sind die vier Punkte

$$a = \begin{pmatrix} -1 \\ 0 \\ 1 \end{pmatrix}, \ b = \begin{pmatrix} 0 \\ 0 \\ 2 \end{pmatrix}, \ c = \begin{pmatrix} -1 \\ 2 \\ 0 \end{pmatrix}, \ d = \begin{pmatrix} 1 \\ 2 \\ x_3 \end{pmatrix}$$

gegeben. Bestimmen Sie die letzte Koordinate x_3 von d derart, dass der Punkt d in der von a, b und c aufgespannten Ebene liegt. Liegt d im Inneren oder auf dem Rand des Dreiecks abc?

7.9 • Im Anschauungsraum $\mathbb{R}^3$ sind die zwei Geraden

$$G - \begin{pmatrix} 2 \\ 0 \\ -3 \end{pmatrix} + \mathbb{R} \begin{pmatrix} 3 \\ 1 \\ -1 \end{pmatrix}, \ H - \begin{pmatrix} 2 \\ -1 \\ 0 \end{pmatrix} + \mathbb{R} \begin{pmatrix} -1 \\ 1 \\ 1 \end{pmatrix}$$

gegeben. Bestimmen Sie die Gleichung derjenigen Ebene E durch den Ursprung, welche zu G und H parallel ist. Welche Entfernung hat E von der Geraden G, welche von H?

7.10 • Im Anschauungsraum $\mathbb{R}^3$ sind die Gerade

$$G = \begin{pmatrix} 1 \\ 0 \\ 2 \end{pmatrix} + \mathbb{R} \begin{pmatrix} 2 \\ 1 \\ -2 \end{pmatrix} \quad \text{und der Punkt} \quad p = \begin{pmatrix} 1 \\ 1 \\ 1 \end{pmatrix}$$

gegeben. Bestimmen Sie die Hesse'sche Normalform derjenigen Ebene E durch p, welche zu G normal ist.

7.11 •• Im Anschauungsraum $\mathbb{R}^3$ sind die zwei Geraden

$$G_1 = \begin{pmatrix} 3 \\ 0 \\ 4 \end{pmatrix} + \mathbb{R} \begin{pmatrix} 2 \\ -2 \\ 1 \end{pmatrix}, \ G_2 = \begin{pmatrix} 2 \\ 3 \\ 3 \end{pmatrix} + \mathbb{R} \begin{pmatrix} -1 \\ 1 \\ 2 \end{pmatrix}$$

gegeben. Bestimmen Sie die zwischen den beiden Geraden verlaufende kürzeste Strecke, also deren Endpunkte $a_1 \in G_1$ und $a_2 \in G_2$ sowie deren Länge d.

7.12 •• Im Anschauungsraum $\mathbb{R}^3$ ist die Gerade $G = \begin{pmatrix} 1 \\ 1 \\ 2 \end{pmatrix} + \mathbb{R} \begin{pmatrix} 2 \\ -2 \\ 1 \end{pmatrix}$ gegeben. Welcher Gleichung müssen die Koordinaten x_1, x_2 und x_3 des Raumpunkts x genügen, damit x von G den Abstand $r = 3$ hat und somit auf dem Drehzylinder mit der Achse G und dem Radius r liegt?

7.13 •• Im Anschauungsraum $\mathbb{R}^3$ sind die zwei Geraden

$$G_1 = \begin{pmatrix} 3 \\ 0 \\ 4 \end{pmatrix} + \mathbb{R} \begin{pmatrix} 2 \\ -2 \\ 1 \end{pmatrix}, \ G_2 = \begin{pmatrix} 2 \\ 3 \\ 3 \end{pmatrix} + \mathbb{R} \begin{pmatrix} -1 \\ 2 \\ 2 \end{pmatrix}$$

gegeben. Welcher Gleichung müssen die Koordinaten x_1, x_2 und x_3 des Raumpunkts x genügen, damit x von den beiden Geraden denselben Abstand hat? Bei der Menge dieser Punkte handelt es sich übrigens um das *Abstandsparaboloid* von G_1 und G_2, ein orthogonales hyperbolisches Paraboloid (siehe Kapitel 18).

7.14 •• Im Anschauungsraum $\mathbb{R}^3$ ist die Gerade $G = p + \mathbb{R}u$ mit $p = \begin{pmatrix} 1 \\ 1 \\ 2 \end{pmatrix}$ und $u = \begin{pmatrix} 2 \\ -2 \\ 1 \end{pmatrix}$ gegeben. Welcher Gleichung müssen die Koordinaten x_1, x_2 und x_3 des Raumpunkts x genügen, damit x auf demjenigen Drehkegel mit der Spitze p und der Achse G liegt, dessen halber Öffnungswinkel $\varphi = 30°$ beträgt?

7.15 •• Im Anschauungsraum $\mathbb{R}^3$ sind die „einander fast schneidenden" Geraden

$$G_1 = \begin{pmatrix} 2 \\ 3 \\ 3 \end{pmatrix} + \mathbb{R} \begin{pmatrix} -1 \\ 1 \\ 2 \end{pmatrix}, \ G_2 = \begin{pmatrix} 3 \\ 0 \\ 4 \end{pmatrix} + \mathbb{R} \begin{pmatrix} 2 \\ -2 \\ 1 \end{pmatrix}$$

gegeben. Für welchen Raumpunkt m ist die Quadratsumme der Abstände von G_1 und G_2 minimal?

7.16 •• Die eigentlich orthogonale Matrix

$$A = \frac{1}{\sqrt{6}} \begin{pmatrix} 2 & -1 & -1 \\ 0 & \sqrt{3} & -\sqrt{3} \\ \sqrt{2} & \sqrt{2} & \sqrt{2} \end{pmatrix}$$

ist die Darstellungsmatrix einer Drehung. Bestimmen Sie einen Richtungsvektor d der Drehachse und den auf die Orientierung von d abgestimmten Drehwinkel φ.

7.17 •• Die eigentlich orthogonale Matrix

$$A = \frac{1}{3} \begin{pmatrix} 2 & 1 & 2 \\ 1 & 2 & -2 \\ -2 & 2 & 1 \end{pmatrix}$$

ist die Umrechnungsmatrix $_B T_{B'}$ zwischen kartesischen Koordinatensystemen $(o; B')$ und $(o; B)$. Bestimmen Sie die zugehörigen Euler'schen Drehwinkel α, β und γ.

7.18 ••• Die drei Raumpunkte

$$a_1 = \begin{pmatrix} 0 \\ 0 \\ 1 \end{pmatrix}, \quad a_2 = \begin{pmatrix} -2 \\ 1 \\ 2 \end{pmatrix}, \quad a_3 = \begin{pmatrix} -1 \\ -1 \\ 3 \end{pmatrix}$$

bilden ein gleichseitiges Dreieck. Gesucht ist die erweiterte Darstellungsmatrix derjenigen Bewegung, welche die drei Eckpunkte zyklisch vertauscht, also mit $a_1 \mapsto a_2, a_2 \mapsto a_3$ und $a_3 \mapsto a_1$.

Beweisaufgaben

7.19 • Man beweise: Zwei Vektoren $u, v \in \mathbb{R}^3 \setminus \{0\}$ sind dann und nur dann zueinander orthogonal, wenn $\|u + v\|^2 = \|u\|^2 + \|v\|^2$ ist.

7.20 • Man beweise: Für zwei linear unabhängige Vektoren $u, v \in \mathbb{R}^3$ sind die zwei Vektoren $u - v$ und $u + v$ genau dann orthogonal, wenn $\|u\| = \|v\|$ ist. Was heißt dies für das von u und v aufgespannte Parallelogramm?

7.21 •• Das (orientierte) Volumen V des von drei Vektoren v_1, v_2 und v_3 aufgespannten Parallelepipeds ist gleich dem Spatprodukt $\det(v_1, v_2, v_3)$. Zeigen Sie unter Verwendung des Determinantenmultiplikationssatzes von Seite 474, dass das Quadrat V^2 des Volumens gleich ist der Determinante der von den paarweisen Skalarprodukten gebildeten (symmetrischen) *Gram'schen Matrix*

$$G(v_1, v_2, v_3) = \begin{pmatrix} v_1 \cdot v_1 & v_1 \cdot v_2 & v_1 \cdot v_3 \\ v_2 \cdot v_1 & v_2 \cdot v_2 & v_2 \cdot v_3 \\ v_3 \cdot v_1 & v_3 \cdot v_2 & v_3 \cdot v_3 \end{pmatrix}.$$

7.22 ••• Die Quaternionen (siehe Seite 83) bilden einen vierdimensionalen Vektorraum über $\mathbb{R}$. Sie sind aber auch als Elemente des Vektorraums $\mathbb{C}^2$ über $\mathbb{R}$ aufzufassen dank der bijektiven linearen Abbildung $\varphi \colon \mathbb{H} \to \mathbb{C}^2$ mit

$$\varphi \colon q = a + \mathrm{i}\, b + \mathrm{j}\, c + \mathrm{k}\, d \mapsto \begin{pmatrix} x \\ y \end{pmatrix} = \begin{pmatrix} a + \mathrm{i}\, b \\ c + \mathrm{i}\, d \end{pmatrix}.$$

Im Urbild ist i eine Quaternioneneinheit; das i im Bild ist die imaginäre Einheit. Ignoriert man diesen Unterschied, so ist $\varphi^{-1}\begin{pmatrix} x \\ y \end{pmatrix} = x + y \circ \mathrm{j}$.

Beweisen Sie, dass φ einen Isomorphismus von $(\mathbb{H} \setminus \{0\}, \circ)$ auf $(\mathbb{C}^2 \setminus \{0\}, *)$ induziert, sofern $\circ$ die Quaternionenmultiplikation bezeichnet und die Verknüpfung $*$ auf $\mathbb{C}^2$ definiert wird durch

$$\begin{pmatrix} x_1 \\ y_1 \end{pmatrix} * \begin{pmatrix} x_2 \\ y_2 \end{pmatrix} = \begin{pmatrix} x_1\, x_2 - y_1\, \overline{y_2} \\ x_1\, y_2 + y_1\, \overline{x_2} \end{pmatrix}.$$

Der Querstrich bedeutet hier die Konjugation in $\mathbb{C}$. Wie sieht das zu $\begin{pmatrix} x \\ y \end{pmatrix}$ hinsichtlich $*$ inverse Element aus?

Beweisen Sie weiter, dass die Abbildung

$$\psi : \mathbb{C}^2 \to \mathbb{C}^{2\times 2}, \quad \begin{pmatrix} x \\ y \end{pmatrix} \to \begin{pmatrix} x & -y \\ \overline{y} & \overline{x} \end{pmatrix}$$

einen injektiven Homomorphismus von $(\mathbb{C}^2 \setminus \{\mathbf{0}\}, *)$ in die multiplikative Gruppe der invertierbaren Matrizen aus $\mathbb{C}^{2\times 2}$ induziert. Inwiefern bestimmt die Norm der Quaternion q die Determinante der Matrix $(\psi \circ \varphi)(q)$?

Damit ist dann bestätigt, dass die von den Einheitsquaternionen gebildete Gruppe $(\mathbb{H}_1, \circ)$ (siehe Seite 264) isomorph ist zur multiplikativen Gruppe SU_2 der Matrizen obiger Bauart mit der Determinante 1, der zweireihigen *unitären* Matrizen (siehe Kapitel 17).

7.23 ••• Man zeige:

a) In einem Parallelepiped schneiden die vier Raumdiagonalen einander in einem Punkt.
b) Die Quadratsumme dieser vier Diagonalenlängen ist gleich der Summe der Quadrate der Längen aller 12 Kanten des Parallelepipeds (siehe dazu die Parallelogrammgleichung (7.2)).

7.24 ••• Angenommen, die Punkte $\boldsymbol{p}_1$, $\boldsymbol{p}_2$, $\boldsymbol{p}_3$, $\boldsymbol{p}_4$ bilden ein reguläres Tetraeder der Kantenlänge 1. Man zeige:

a) Der Schwerpunkt $\boldsymbol{s} = \frac{1}{4}(\boldsymbol{p}_1 + \boldsymbol{p}_2 + \boldsymbol{p}_3 + \boldsymbol{p}_4)$ hat von allen Eckpunkten dieselbe Entfernung.
b) Die Mittelpunkte der Kanten $\boldsymbol{p}_1\boldsymbol{p}_2$, $\boldsymbol{p}_1\boldsymbol{p}_3$, $\boldsymbol{p}_4\boldsymbol{p}_3$ und $\boldsymbol{p}_4\boldsymbol{p}_2$ bilden ein Quadrat. Wie lautet dessen Kantenlänge?
c) Der Schwerpunkt $\boldsymbol{s}$ halbiert die Strecke zwischen den Mittelpunkten gegenüberliegender Kanten. Diese drei Strecken sind paarweise orthogonal.

Antworten der Selbstfragen

S. 230

Nunmehr gilt $\boldsymbol{b} - \boldsymbol{a} = \boldsymbol{f} - \boldsymbol{c}$, also

$$\boldsymbol{f} = \boldsymbol{b} - \boldsymbol{a} + \boldsymbol{c} = \begin{pmatrix} 6 \\ 9 \\ 4 \end{pmatrix}.$$

Die Gleichung $\boldsymbol{f} - \boldsymbol{c} = \boldsymbol{c} - \boldsymbol{d}$ bestätigt $\boldsymbol{c}$ als Mittelpunkt der Strecke $\boldsymbol{d}\,\boldsymbol{f}$.

S. 231

Wir beschränken uns im Beweis zunächst darauf, dass in einer Affinkombination einer der vorkommenden Vektoren selbst wieder eine Affinkombination ist: Angenommen, $\boldsymbol{c} = \sum_{i=1}^{n} \lambda_i \boldsymbol{a}_i$ mit $\sum_{i=1}^{n} \lambda_i = 1$ und $\boldsymbol{a}_1 = \sum_{j=1}^{m} \mu_j \boldsymbol{b}_j$ bei $\sum_{j=1}^{m} \mu_j = 1$. Dann ist $\boldsymbol{c}$ eine Linearkombination von $\boldsymbol{b}_1, \ldots, \boldsymbol{b}_m, \boldsymbol{a}_2, \ldots, \boldsymbol{a}_n$, und die Summe der Koeffizienten lautet $\lambda_1 \left(\sum_{j=1}^{m} \mu_j \right) + \lambda_2 + \cdots + \lambda_n = \sum_{i=1}^{n} \lambda_i = 1$. Im Fall von Konvexkombinationen gilt zudem $\lambda_i, \mu_j \geq 0$, und das trifft auch auf die neuen Koeffizienten $\lambda_1 \mu_j$ zu.
Sollte nun eine Affin- bzw. Konvexkombination vorliegen, bei welcher zwei oder mehrere vorkommende Vektoren selbst wieder Affin- bzw. Konvexkombinationen sind, so braucht zum Beweis der obigen Behauptung nur das bisherige Ergebnis wiederholt angewendet zu werden.

S. 231

Die erste ist richtig, denn die Affinkombinationen sind spezielle Linearkombinationen. Die zweite Aussage ist falsch, denn nicht jede Linearkombination ist eine Affinkombination, also eine mit der Koeffizientensumme 1.

S. 231

$\boldsymbol{s} = \frac{1}{3}\boldsymbol{a} + \frac{1}{3}\boldsymbol{b} + \frac{1}{3}\boldsymbol{c}$ ist eine Konvexkombination der drei Eck-

punkte, denn $\frac{1}{3} + \frac{1}{3} + \frac{1}{3} = 1$ und $0 \leq \frac{1}{3} \leq 1$. Nachdem keiner der Koeffizienten verschwindet, liegt $\boldsymbol{s}$ im Inneren. Wir finden noch eine weitere Affinkombination, nämlich

$$\boldsymbol{s} = \tfrac{2}{3}\left[\tfrac{1}{2}(\boldsymbol{a} + \boldsymbol{b}) \right] + \tfrac{1}{3}\boldsymbol{c},$$

und diese beweist die zweite Behauptung.

S. 232

Nein, natürlich nicht! Die Eigenschaft, ein Rechtssystem zu sein, ist unabhängig von der Position im Raum. Ein rechter Schuh wird kein linker, wenn wir ihn umdrehen, also mit der Sohle nach oben hinlegen.

S. 234

Nach der Definition der Norm auf Seite 233 ist $\|\boldsymbol{a}\|^2 = \boldsymbol{a} \cdot \boldsymbol{a} = \boldsymbol{a}^2$. Aus der Bilinearität und Symmetrie des Skalarprodukts folgt:

$$\begin{aligned} \|\boldsymbol{u} + \boldsymbol{v}\|^2 + \|\boldsymbol{u} - \boldsymbol{v}\|^2 &= (\boldsymbol{u} + \boldsymbol{v})^2 + (\boldsymbol{u} - \boldsymbol{v})^2 \\ &= \boldsymbol{u}^2 + 2(\boldsymbol{u} \cdot \boldsymbol{v}) + \boldsymbol{v}^2 + \boldsymbol{u}^2 - 2(\boldsymbol{u} \cdot \boldsymbol{v}) + \boldsymbol{v}^2 \\ &= 2(\boldsymbol{u}^2 + \boldsymbol{v}^2) = 2(\|\boldsymbol{u}\|^2 + \|\boldsymbol{v}\|^2). \end{aligned}$$

S. 234

Es ist

$$\|\boldsymbol{a}_1 - \boldsymbol{a}_2\| = \|\boldsymbol{a}_3 - \boldsymbol{a}_4\| = 4,$$

und für jedes $i \in \{1, 2\}$ und $j \in \{3, 4\}$ ist

$$\|\boldsymbol{a}_i - \boldsymbol{a}_j\| = \sqrt{2^2 + 2^2 + 2^2 \cdot 2} = 4.$$

Je drei dieser Punkte bilden ein gleichseitiges Dreieck. Alle vier sind die Eckpunkte einer speziellen dreiseitigen Pyramide, eines *regulären Tetraeders*.

S. 235

$$\cos \varphi = \frac{\boldsymbol{u} \cdot \boldsymbol{v}}{\|\boldsymbol{u}\| \, \|\boldsymbol{v}\|} = \frac{1}{\sqrt{2} \, \sqrt{2}} = \frac{1}{2} \implies \varphi = 60°.$$

S. 235

Wir zeigen, dass das Skalarprodukt $(\boldsymbol{f} - \boldsymbol{b}) \cdot \boldsymbol{u}$ null ist:

$$\begin{aligned}
(\boldsymbol{f} - \boldsymbol{b}) \cdot \boldsymbol{u} &= \left(\boldsymbol{a} + \frac{(\boldsymbol{b} - \boldsymbol{a}) \cdot \boldsymbol{u}}{\boldsymbol{u} \cdot \boldsymbol{u}} \, \boldsymbol{u} - \boldsymbol{b} \right) \cdot \boldsymbol{u} \\
&= (\boldsymbol{a} - \boldsymbol{b}) \cdot \boldsymbol{u} + \frac{(\boldsymbol{b} - \boldsymbol{a}) \cdot \boldsymbol{u}}{\boldsymbol{u} \cdot \boldsymbol{u}} \, (\boldsymbol{u} \cdot \boldsymbol{u}) \\
&= (\boldsymbol{a} - \boldsymbol{b}) \cdot \boldsymbol{u} + (\boldsymbol{b} - \boldsymbol{a}) \cdot \boldsymbol{u} = 0.
\end{aligned}$$

Hier haben wir die Linearität des Skalarprodukts ausgenutzt. Bei $\boldsymbol{b} \neq \boldsymbol{f}$ beweist das verschwindende Skalarprodukt die Orthogonalität. Bei $\boldsymbol{b} = \boldsymbol{f}$ muss $\boldsymbol{b}$ bereits als Punkt von G gewählt worden sein. Umgekehrt bedeutet $\boldsymbol{b} \in G$, dass $\boldsymbol{f} - \boldsymbol{b} = \lambda \, \boldsymbol{u}$ ist und daher $(\boldsymbol{f} - \boldsymbol{b}) \cdot \boldsymbol{u} = \lambda(\boldsymbol{u} \cdot \boldsymbol{u}) = 0$ wegen $\boldsymbol{u} \neq \boldsymbol{0}$ nur bei $\lambda = 0$, also bei $\boldsymbol{f} = \boldsymbol{b}$ möglich ist.

S. 241

$\boldsymbol{x}$ liegt genau dann in der Ebene E, wenn der Vektor $\boldsymbol{x} - \boldsymbol{p}$ eine Linearkombination von $\boldsymbol{u}$ und $\boldsymbol{v}$ ist. Und dies ist, wie vorhin gezeigt wurde, äquivalent zum Verschwinden des Skalarprodukts von $\boldsymbol{x} - \boldsymbol{p}$ und dem Vektorprodukt $\boldsymbol{u} \times \boldsymbol{v}$.

S. 243

Die Punkte $\boldsymbol{a}$, $\boldsymbol{b}$, $\boldsymbol{c}$ liegen genau dann nicht auf einer Geraden, wenn die Vektoren $(\boldsymbol{b} - \boldsymbol{a})$ und $(\boldsymbol{c} - \boldsymbol{a})$ linear unabhängig sind, also bei $(\boldsymbol{c} - \boldsymbol{a}) \times (\boldsymbol{b} - \boldsymbol{a}) \neq \boldsymbol{0}$. Wegen der Linearität des Vektorprodukts können wir die linke Seite dieser Ungleichung noch umformen zu $(\boldsymbol{c} \times \boldsymbol{b}) - (\boldsymbol{a} \times \boldsymbol{b}) - (\boldsymbol{c} \times \boldsymbol{a}) + (\boldsymbol{a} \times \boldsymbol{a})$, wobei der letzte Summand verschwindet.

S. 245

Ein verschwindendes Spatprodukt kennzeichnet lineare Abhängigkeit. Der Absolutbetrag bleibt bei Vertauschungen der Reihenfolge unverändert.

S. 246

Aus der Schiefsymmetrie des Vektorprodukts folgt:

$$\boldsymbol{u} \times (\boldsymbol{v} \times \boldsymbol{w}) = -(\boldsymbol{v} \times \boldsymbol{w}) \times \boldsymbol{u} = -(\boldsymbol{v} \cdot \boldsymbol{u})\boldsymbol{w} + (\boldsymbol{w} \cdot \boldsymbol{u})\boldsymbol{v}.$$

S. 253

Ebenfalls ein reguläres Tetraeder, und zwar eines, das der Einheitskugel eingeschrieben ist, nachdem es sich ausschließlich um Einheitsvektoren handelt.

S. 254

$$\begin{aligned}
\boldsymbol{D} &= \begin{pmatrix} 4+1+4 & 2+2-4 & 4-2-2 \\ 2+2-4 & 1+4+4 & 2-4+2 \\ 4-2-2 & 2-4+2 & 4+4+1 \end{pmatrix} \\
&= \begin{pmatrix} 9 & 0 & 0 \\ 0 & 9 & 0 \\ 0 & 0 & 9 \end{pmatrix} = 9\,\mathbf{E}_3.
\end{aligned}$$

S. 255

Nach (7.12) ist aufgrund der angegebenen Substitutionen

$$\begin{aligned}
\boldsymbol{b} &= \boldsymbol{a} + \frac{\det(\boldsymbol{p} - \boldsymbol{a}, \boldsymbol{u}, \boldsymbol{v})}{\|\boldsymbol{u} \times \boldsymbol{v}\|^2} \, (\boldsymbol{u} \times \boldsymbol{v}) \\
&= \boldsymbol{a} + \frac{(\boldsymbol{p} - \boldsymbol{a}) \cdot (\boldsymbol{u} \times \boldsymbol{v})}{\|\boldsymbol{u} \times \boldsymbol{v}\|} \, \frac{\boldsymbol{u} \times \boldsymbol{v}}{\|\boldsymbol{u} \times \boldsymbol{v}\|} \\
&= \boldsymbol{a} + [(\boldsymbol{p} - \boldsymbol{a}) \cdot \boldsymbol{n}] \, \boldsymbol{n} \\
&= \boldsymbol{a} - [(\boldsymbol{a} \cdot \boldsymbol{n}) - (\boldsymbol{p} \cdot \boldsymbol{n})] \, \boldsymbol{n} \\
&= \boldsymbol{a} - [(\boldsymbol{a} \cdot \boldsymbol{n}) - k] \, \boldsymbol{n} = \boldsymbol{a} - l(\boldsymbol{a}) \, \boldsymbol{n}.
\end{aligned}$$

S. 256

Im dyadischen Produkt sind die Spaltenvektoren der Reihe nach $v_1 \, \boldsymbol{u}$, $v_2 \, \boldsymbol{u}$ und $v_3 \, \boldsymbol{u}$ und somit skalare Vielfache von $\boldsymbol{u}$. Sind $\boldsymbol{u}$ und $\boldsymbol{v}$ verschieden vom Nullvektor, so ist wenigstens einer der Spaltenvektoren vom Nullvektor verschieden und daher der Rang des dyadischen Produkts 1. Andernfalls ist der Rang 0, denn alle Einträge sind null.

S. 256

1) Wegen $\|\boldsymbol{n}\| = 1$ ist

$$\boldsymbol{N}\boldsymbol{N} = \boldsymbol{n}\,(\boldsymbol{n}^\top \boldsymbol{n})\,\boldsymbol{n}^\top = \boldsymbol{n}\,\boldsymbol{n}^\top = \boldsymbol{N}$$

und daher $(\mathbf{E}_3 - \boldsymbol{N})^2 = \mathbf{E}_3 - 2\boldsymbol{N} + \boldsymbol{N} = \mathbf{E}_3 - \boldsymbol{N}$.

Dazu gibt es auch eine geometrische Erklärung: Geht die Ebene E durch den Ursprung ($k = 0$), so beschreibt die Matrix $(\mathbf{E}_3 - \boldsymbol{N})$ die Orthogonalprojektion. Wird nun der Normalenfußpunkt $\boldsymbol{x}_E$ von $\boldsymbol{x}$ noch einmal normal nach E projiziert, so ändert er sich nicht mehr. Es bewirkt die zweimalige Ausführung der Orthogonalprojektion nichts anderes als die einmalige, und genau dies wird mit der Idempotenz der Matrix ausgedrückt.

2) Die Spaltenvektoren in der Darstellungsmatrix sind die Bilder der Standardbasis des $\mathbb{R}^3$. Da diese drei Bildvektoren in E liegen, sind sie linear abhängig. Somit verschwindet die Determinante.

S. 256

Wegen $\boldsymbol{N}^2 = \boldsymbol{N}$ folgt durch Ausrechnen $(\mathbf{E}_3 - 2\boldsymbol{N})^2 = \mathbf{E}_3$. Diese Gleichung ist andererseits daraus zu folgern, dass die zweimalige Spiegelung an E alle Raumpunkte unverändert lässt.

S. 258

1) Nein, sie ist zwar orthogonal, aber die Spaltenvektoren $(\boldsymbol{s}_1, \boldsymbol{s}_2, \boldsymbol{s}_3)$ bilden ein Linkssystem; es ist $\det(\boldsymbol{s}_1, \boldsymbol{s}_2, \boldsymbol{s}_3) = -1$ und $\boldsymbol{s}_1 \times \boldsymbol{s}_2 = -\boldsymbol{s}_3$. Erst nach Vertauschung zweier Spalten oder auch Zeilen entstünde eine eigentlich orthogonale Matrix.

2) Die Matrix $\boldsymbol{M}$ ist symmetrisch, und wegen $\boldsymbol{N}^2 = \boldsymbol{N}$ ist $\boldsymbol{M}\boldsymbol{M}^\top = \boldsymbol{M}\boldsymbol{M} = \mathbf{E}_3$, wie bereits früher auf Seite 256 festgestellt worden ist. Die Spiegelung führt Rechtssysteme in Linkssysteme über. Daher ist die Matrix uneigentlich orthogonal.

S. 261

In den Spalten der Transformationsmatrizen stehen die Koordinaten der verdrehten Basisvektoren. Daher lauten die Matrizen der Drehungen um die x_1- bzw. x_2-Achse:

$$A_1 = \begin{pmatrix} 1 & 0 & 0 \\ 0 & c\varphi & -s\varphi \\ 0 & s\varphi & c\varphi \end{pmatrix}, \quad A_2 = \begin{pmatrix} c\varphi & 0 & s\varphi \\ 0 & 1 & 0 \\ -s\varphi & 0 & c\varphi \end{pmatrix}$$

Hier wurden die Symbole für die Sinus- und Kosinusfunktion durch s bzw. c abgekürzt.

S. 263

Die Drehmatrix ist orthogonal. Daher gilt $R_{d,\varphi}^{\top} = R_{d,\varphi}^{-1}$. Die zur Drehung durch den Winkel φ inverse Bewegung ist die Drehung um dieselbe Achse d durch $-\varphi$, also in dem entgegengesetztem Drehsinn. Dieselbe Bewegungsumkehr ist auch durch den Ersatz von d durch $-d$ zu erreichen.

Natürlich ist dies auch anhand der Darstellung der Drehmatrix $R_{d,\varphi}$ aus dem obigen Lemma zu bestätigen: Wegen der Schiefsymmetrie von S_d ist $S_{-d} = -S_d = S_d^{\top}$. Ebenso bewirkt ein Vorzeichenwechsel von φ, dass der schiefsymmetrische Summand in der Drehmatrix transponiert wird, wodurch $R_{d,\varphi}$ in $R_{d,\varphi}^{\top}$ übergeht, also invertiert wird.

S. 265

Die verschwindende nullte Koordinate bei Vektoren bleibt auch nach beliebigen Linearkombinationen gleich null. Der Einser als nullte Koordinate für die Punkte geht bei Linearkombinationen in die Summe der Koeffizienten über; er bleibt somit genau bei den Affinkombinationen gleich 1.

Folgen – der Weg ins Unendliche

Warum überholt Achilles die Schildkröte?

Was ist ein Grenzwert?

Weshalb betrachtet man Cauchy-Folgen?

© Springer-Verlag GmbH Deutschland, ein Teil von Springer Nature 2022

T. Arens et al., *Grundwissen Mathematikstudium*,

https://doi.org/10.1007/978-3-662-63313-7_8

Eine der wichtigsten Errungenschaften der Mathematik ist die konkrete Beschreibung des Unendlichen. Dadurch wurde *unendlich groß* und *unendlich klein* greifbar und mathematischen Aussagen zugänglich. Die Geschichte der Naturwissenschaften und Technik ist voll von Irrtümern, die man bei dem Versuch beging, Unendlichkeit zu fassen. Sie zeigen, wie komplex eigentlich unser heutiger Begriff des „Grenzwerts" ist.

Folgen spielen bei der Beschreibung des Unendlichen eine entscheidende Rolle und sind daher eines der wichtigsten Handwerkszeuge in der Analysis. Zahlreiche nützliche Begriffe lassen sich mit ihrer Hilfe definieren und erklären. Andererseits sind Folgen Grundlage für ganz alltägliche Dinge geworden: Ständig werden in Taschenrechnern, MP3-Playern oder für Wettervorhersagen Folgenglieder berechnet. Hierbei geht es um die Gewinnung von Näherungslösungen von Gleichungen.

Die Grundlage für einen fehlerfreien Einsatz von Folgen ist eine genaue Begriffsbildung. Dabei wird die Konvergenz von Zahlenfolgen zunächst im Vordergrund stehen. Aber erst durch Verallgemeinerungen, wie Häufungspunkte und Cauchy-Folgen, wird die tiefliegende Bedeutung der Konzepte, etwa bei der Konstruktion der reellen Zahlen, deutlich.

8.1 Der Begriff einer Folge

Um ein Verständnis für den Begriff der Folge zu erhalten, werden wir uns ihm behutsam nähern. Wir tun dies anhand eines Beispiels.

Bei einer Folge stehen Objekte in einer Reihenfolge

In der Abbildung 8.1 sehen Sie einen Börsenchart des Aktienindex DAX für einen Zeitraum im Herbst 2006. Der Verlauf der Kurve entspricht den täglichen Schlusskursen dieses Index. Man sieht, wie der Aktienkurs sich geändert hat, wie er von Tag zu Tag steigt oder fällt. Eigentlich müssten hier diskrete, isolierte Werte eingezeichnet sein, eben die Schlusskurse der entsprechenden Tage, aber aus optischen Gründen wurden diese Werte durch Strecken verbunden, sodass eine durchgehende Line entsteht.

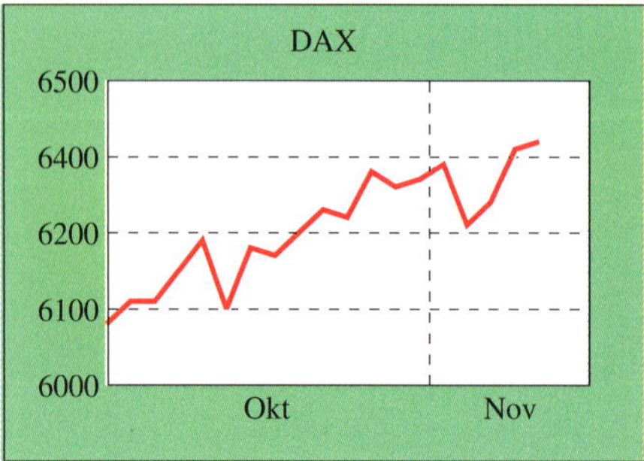

Abbildung 8.1 Der Indexchart des DAX, wie man ihn in einer Börsenzeitschrift findet, stellt eine Folge von Tagesschlusskursen dar.

Wir haben es hier mit einer *Abfolge*, den Aktienschlusskursen, zu tun. Es ist wichtig, die Tage nacheinander zu betrachten. Begriffe wie *steigen* oder *fallen* machen nur einen Sinn, wenn wir die Reihenfolge der Tage einhalten. Diesen Aspekt finden wir bei einer mathematischen Folge wieder: Irgendwelche Objekte sind in einer Reihenfolge, wir können sie *abzählen*.

Es gibt aber noch einen weiteren Aspekt: Wir haben es mit einer Liste von Kurswerten zu tun, für die kein Ende definiert ist. Das Diagramm gibt nur einen Ausschnitt der Abfolge aller Schlusskurse dieses Index wieder. Es gibt zwar einen Beginn, nämlich der Tag, an dem der Index an der Börse eingeführt wurde, aber sofern der Index nicht abgeschafft wird, kommt mit jedem Handelstag ein neuer Schlusskurs hinzu.

Bei einer Folge haben wir es mit unendlich vielen Objekten zu tun

Natürlich kann man einwenden, dass in der Realität zu jedem festen Zeitpunkt auch die Abfolge solcher Aktienkurse oder anderer Messwerte endlich ist. Wir gelangen zu einer mathematischen Definition einer Folge, indem wir uns über diesen Einwand hinwegsetzen: Wir *konstruieren gedanklich* eine Abfolge irgendwelcher Objekte, die unendlich fortgesetzt wird, indem wir den Objekten eine Nummerierung zuordnen.

Definition einer Folge

Eine **Folge** ist eine Abbildung der natürlichen Zahlen in eine Menge M, die jeder natürlichen Zahl $n \in \mathbb{N}$ ein Element $x_n \in M$ zuordnet.

Die Elemente x_n werden **Folgenglieder** genannt und üblicherweise mit einem **Index** angegeben, obwohl es sich um Bilder einer Abbildung handelt, d. h., wir schreiben x_n anstelle von $x(n)$. Die gesamte Folge wird mit $(x_n)_{n=1}^{\infty}$, $(x_n)_{n \in \mathbb{N}}$ oder, wenn es unmissverständlich ist, einfach mit (x_n) bezeichnet.

In diesem Kapitel werden wir es zumeist mit **Zahlenfolgen** zu tun haben, bei denen jedes Folgenglied entweder eine reelle oder eine komplexe Zahl ist. Es ist dann $M = \mathbb{R}$ oder $M = \mathbb{C}$ oder eine Teilmenge davon.

Beispiel

- Die Folge (x_n) bestehend aus den positiven geraden Zahlen bzw. aus den positiven ungeraden Zahlen ist durch

$$x_n = 2n \qquad \text{bzw.} \qquad x_n = 2n - 1$$

für $n \in \mathbb{N}$ gegeben.

- Bei der Folge (x_n) mit

$$x_n = \left(1 + \frac{1}{n}\right)^n, \qquad n \in \mathbb{N},$$

ist jedes Folgenglied x_n eine positive reelle Zahl. In der Abbildung auf Seite 281 sind die ersten 10 Folgenglieder dargestellt.

- Durch die Definition

$$x_n = \sum_{j=1}^{n} j$$

erhalten wir eine Folge von Summen, ein spezieller Fall einer Zahlenfolge. Wir wissen aus Kapitel 4 (siehe Seite 124), dass diese Folge auch anders beschrieben werden kann, nämlich durch

$$x_n = \frac{n(n+1)}{2}, \qquad n \in \mathbb{N}.$$

Solche Folgen von Summen sind mathematische Objekte, die uns als *Reihen* im Kapitel 10 wieder begegnen werden.
- Die Definition einer Folge auf Seite 276 lässt auch Folgen zu, die nicht aus Zahlen bestehen. Für jedes $n \in \mathbb{N}$ erhalten wir mit der Vorschrift

$$G_n = \left\{ (x, y) \in \mathbb{R}^2 \mid y = \frac{n}{5}(x-1) \right\}$$

eine Gerade G_n in der Ebene, insgesamt also eine Folge von Geraden (G_n). Die ersten Glieder dieser Folge sind in der Abbildung 8.2 dargestellt. Als Menge M kann hier die Menge aller Geraden in der Ebene gewählt werden, oder die Menge aller Geraden durch $(1, 0)$. ◄

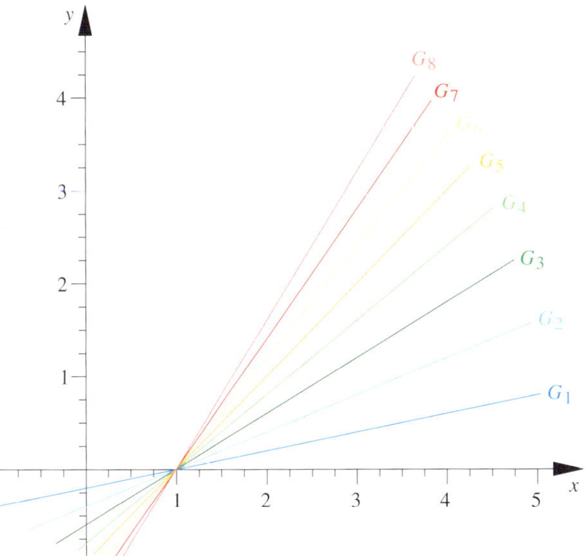

Abbildung 8.2 Die ersten 8 Folgenglieder einer Folge von Geraden.

In späteren Kapiteln spielen auch Folgen von anderen mathematischen Objekten eine wichtige Rolle. So werden etwa Folgen von Vektoren in einem Vektorraum oder *Funktionenfolgen* betrachtet.

?

Machen Sie sich die Reihenfolge der Folgenglieder in den Beispielen klar, indem Sie jeweils die ersten 5 bis 10 Folgenglieder berechnen.

Achtung: Es ist nicht unbedingt notwendig, dass die Folge mit dem Index 1 beginnt. Der Startindex kann durchaus 0 oder eine andere beliebige ganze Zahl sein. Eine verallgemeinerte Definition ist aber nicht nötig, da mit einer Verschiebung des Index der Zähler der Folgenglieder stets der ursprünglichen Definition angepasst werden kann.

Auch außerhalb der Mathematik tauchen Folgen auf. Hier ist ein Beispiel für eine Folge, mit der fast jeder täglich zu tun hat.

Beispiel Das Referenzformat für Papiergrößen nach Norm DIN 476 ist das Format A0, bei dem ein Blatt einen Flächeninhalt von einem Quadratmeter und ein Seitenverhältnis von $1 : \sqrt{2}$ besitzt. Ausgehend von diesem Format erhält man das Format An durch n-maliges Halbieren der längeren Seite des vorhergehenden Formats. Eine Eigenschaft dieser Konstruktion ist, dass dabei das Seitenverhältnis immer gleich bleibt. Die Norm DIN 476 definiert also eine Folge $(An)_{n \in \mathbb{N}_0}$ von Papierformaten. In der Abbildung 8.3 sind einige typische Vertreter der Folgenglieder dargestellt. ◄

Abbildung 8.3 Ein Ausschnitt aus der Folge der Papierformate nach DIN 476, von der technischen Zeichnung (DIN A2) bis zur Postkarte (DIN A6).

Folgen können explizit oder rekursiv definiert werden

Es gibt einen wichtigen Unterschied in der Definition zwischen dieser letzten Folge und denen, die uns bisher begegnet sind: Bisher ließ sich für ein vorgegebenes $n \in \mathbb{N}$ das zugehörige Folgenglied x_n direkt aus der Definition bestimmen. Wir nennen diese Art der Definition einer Folge **explizit**. Im Beispiel der Papierformate wurde das Folgenglied für den Startindex angegeben, der *Startwert*, und außerdem eine *Rekursionsvorschrift*, mit der ein Folgenglied x_{n+1} aus dem vorhergehenden Folgenglied x_n bestimmt werden kann. Diese Art der Definition heißt **rekursiv**. Allgemeiner sind auch Vorschriften möglich, bei denen x_{n+1} aus mehreren Vorgängern bestimmt wird.

Beispiel   Rekursiv definierte Folgen

- Wir beginnen mit den Zahlen $a_0 = 0$ und $a_1 = 1$. Das nächste Folgenglied soll die Summe der beiden vorhergehenden Glieder sein. Die Rekursionsvorschrift lautet:

$$a_{n+1} = a_n + a_{n-1}, \qquad n \in \mathbb{N}.$$

Wir erhalten so eine Folge, deren erste Glieder

$$0, 1, 1, 2, 3, 5, 8, 13, 21, \ldots$$

lauten. Dies ist die Folge der **Fibonacci-Zahlen**, die eine Reihe überraschender Anwendungen besitzt, die wir im weiteren Verlauf kennenlernen werden.

- Bei einer rekursiv definierten Folge können unterschiedliche Startwerte zu völlig anderen Folgen führen. Betrachten wir etwa die Rekursionsvorschrift

$$a_{n+1} = \frac{1}{2}\left(1 + \frac{1}{a_n}\right),$$

so erhalten wir für den Startwert $a_1 = 2$ eine Folge, die mit den Gliedern

$$2, \frac{3}{4}, \frac{7}{6}, \frac{13}{14}, \frac{27}{26}, \ldots$$

beginnt. Dagegen erhält man mit dem Startwert $a_1 = 1$ die konstante Folge

$$1, 1, 1, 1, 1, \ldots \qquad \blacktriangleleft$$

— **?** —

Geben Sie sowohl eine explizite als auch eine rekursive Beschreibung der Folge der Potenzen von 3 an, also $1, 3, 9, 27, \ldots$ Die Identität beider Darstellungen lässt sich mit vollständiger Induktion (vergleiche Kapitel 4) einfach begründen – probieren Sie es aus!

Alles bisher Gesagte trifft für Zahlenfolgen aus $\mathbb{C}$ genauso zu wie für Folgen aus $\mathbb{R}$. Bei der grafischen Darstellung haben wir aber verschiedene Möglichkeiten. Eine davon ist, die Folgenglieder als Punkte in der komplexen Zahlenebene darzustellen. Für die Folge (z_n) mit

$$z_n = \left(\frac{9}{10} + \frac{3}{10}\mathrm{i}\right)^{n-1}, \qquad n \in \mathbb{N},$$

ist das in Abbildung 8.4 aufgezeigt.

Eine zweite Möglichkeit ist, Real- und Imaginärteil der Folgenglieder als reelle Zahlenfolgen aufzufassen und getrennt abzubilden. In der Abbildung 8.5 ist der Realteil der Folge blau, der Imaginärteil rot dargestellt.

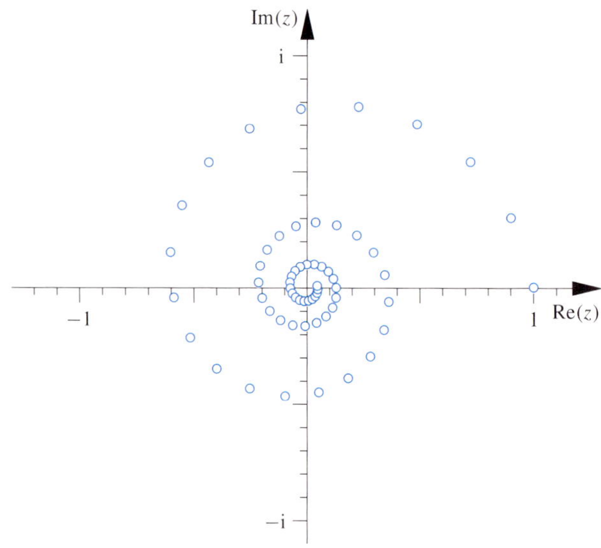

Abbildung 8.4 Die ersten 60 Folgenglieder der Folge $\left(\left(\frac{9}{10} + \frac{3}{10}\mathrm{i}\right)^{n-1}\right)_n$ in der komplexen Zahlenebene.

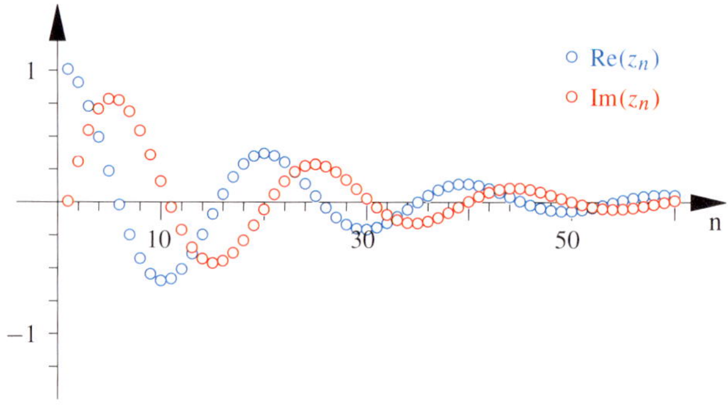

Abbildung 8.5 Die ersten 60 Folgenglieder der Folge $\left(\left(\frac{9}{10} + \frac{3}{10}\mathrm{i}\right)^{n-1}\right)_n$ aufgespalten in Real- und Imaginärteil.

Achtung: Die Abbildung 8.4 enthält keine Informationen über die Reihenfolge der Zahlen in der Folge. Für eine eindeutige Darstellung müssen die einzelnen Punkte mit dem jeweiligen n beschriftet werden. In einigen Abbildungen im späteren Verlauf werden wir diese Nummerierung zumindest andeuten.

Für den Rest dieses Kapitels werden wir uns ausschließlich mit Zahlenfolgen, sowohl reellen als auch komplexen, beschäftigen. Andere Typen von Folgen werden uns aber in späteren Kapiteln dieses Buchs noch begegnen.

Zwei elementare Eigenschaften: Beschränktheit und Monotonie

In der Abbildung 8.6 ist die komplexe Folge (w_n) dargestellt, die durch

$$w_n = \frac{1}{4}\left(\frac{99}{100} + \frac{3}{10}\mathrm{i}\right)^{n-1}, \qquad n \in \mathbb{N},$$

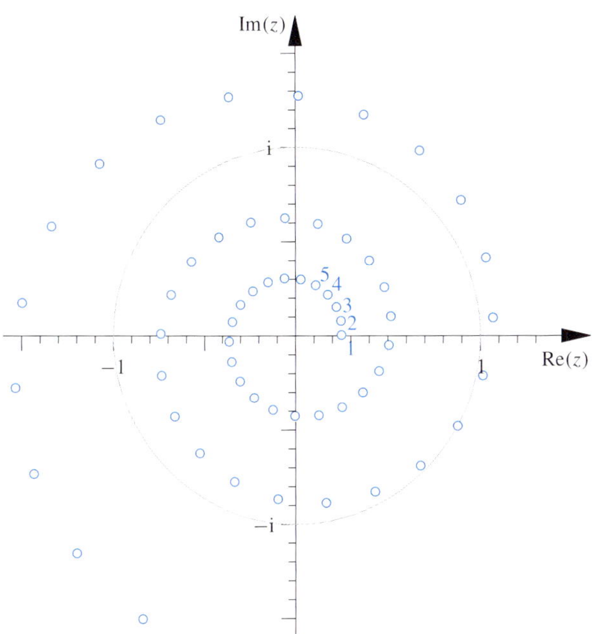

Abbildung 8.6 Die Glieder der Folge $\left(\frac{1}{4}\left(\frac{99}{100}+\frac{3}{10}\mathrm{i}\right)^{n-1}\right)_n$ werden mit zunehmendem n beliebig groß (die Spirale wird gegen den Uhrzeigersinn durchlaufen).

definiert ist. Zusätzlich ist der komplexe Einheitskreis eingezeichnet.

Da die Abbildung $\mathbb{C}\to\mathbb{C}$ mit $z\mapsto az$ die Zusammensetzung einer Drehung um den Ursprung mit Winkel $\arg(a)$ und einer Streckung um den Faktor $|a|$ ist, ergibt sich durch wiederholte Anwendung die Spiralform, wenn $|a|>1$ gilt. Die Folgenglieder verlassen ab einem gewissen Index den Einheitskreis und scheinen sich auch danach immer weiter vom Ursprung zu entfernen.

Ganz anders die Folge (u_n), die wir aus (w_n) durch die Vorschrift

$$u_n=\frac{w_n}{|w_n|+\frac{3}{4n}},\qquad n\in\mathbb{N},$$

gewinnen. Ihre Folgenglieder nähern sich mit größerem n der grauen Einheitskreislinie immer mehr an. Anscheinend verlassen sie den Kreis aber nicht (siehe Abbildung 8.7).

Wir können uns schnell davon überzeugen, dass unsere Vermutungen über das Verhalten dieser beiden Folgen richtig sind. Mit der Bernoulli-Ungleichung (siehe Seite 285) gilt:

$$|w_n|=\frac{1}{4}\left(\sqrt{\frac{99^2+30^2}{100^2}}\right)^{n-1}=\frac{1}{4}\sqrt{\left(\frac{10\,701}{10\,000}\right)^{n-1}}$$

$$\geq\frac{1}{4}\sqrt{1+(n-1)\frac{701}{10\,000}}\,.$$

Der Betrag von w_n wird mit zunehmendem n beliebig groß. Für (u_n) gilt dagegen

$$|u_n|=\frac{|w_n|}{|w_n|+\frac{3}{4n}}\leq\frac{|w_n|}{|w_n|}=1,$$

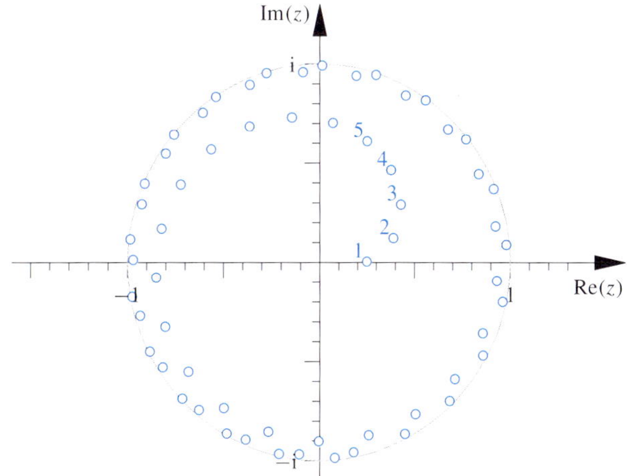

Abbildung 8.7 Die Folge (u_n) scheint den Einheitskreis nicht zu verlassen.

denn durch Weglassen des Summanden $3/(4n)$ wird der Nenner kleiner. Die Folgenglieder u_n liegen also stets innerhalb des komplexen Einheitskreises.

Dieses grundsätzlich unterschiedliche Verhalten der beiden komplexen Zahlenfolgen wird sich als wichtiger Aspekt bei unseren weiteren Untersuchungen herausstellen.

Definition einer beschränkten Folge

Eine reelle oder komplexe Zahlenfolge (x_n) heißt **beschränkt**, falls es eine positive reelle Zahl R gibt, sodass $|x_n|\leq R$ für alle $n\in\mathbb{N}$ gilt. Falls dies nicht der Fall ist, heißt die Folge **unbeschränkt**.

Anschaulich bedeutet diese Definition, dass die Folgenglieder einen bestimmten Kreis um die Null nicht verlassen. Im Reellen ist dies ein Intervall mit der Null als Mittelpunkt. Eine äquivalente Formulierung ist es zu sagen, dass die Menge aller Folgenglieder beschränkt ist.

Wir können die Definition auch abschwächen und gelangen so zu spezielleren Begriffen: Eine *reelle* Zahlenfolge (x_n) heißt **nach unten** bzw. **nach oben beschränkt,** falls es eine Zahl m bzw. M gibt mit

$$m\leq x_n\quad\text{bzw.}\quad x_n\leq M$$

für alle $n\in\mathbb{N}$. Die Zahl m heißt **untere Schranke**, die Zahl M heißt **obere Schranke** der Folge.

Beispiel

- Wir betrachten die reelle Folge (x_n) mit

$$x_n=\frac{2n^2-2n+1}{n^2-n+1},\quad n\in\mathbb{N}.$$

Den Nenner kann man auch als $(n-1/2)^2+3/4$ schreiben, den Zähler als $n^2+(n-1)^2$. Beide sind also stets positiv. Damit haben wir die untere Schranke 0 gefunden.

Um eine obere Schranke zu finden, addieren wir null in der Form $1 - 1$ im Zähler und können dann kürzen:

$$x_n = \frac{2n^2 - 2n + 2}{n^2 - n + 1} - \frac{1}{n^2 - n + 1}$$
$$= 2 - \frac{1}{n^2 - n + 1} \le 2.$$

Die Folge ist durch 2 nach oben beschränkt.

- Bei der rekursiv definierten Folge (y_n) mit

$$y_1 = \frac{1}{2}, \quad y_{n+1} = \frac{1}{2 - y_n}, \quad n \in \mathbb{N},$$

muss vollständige Induktion angewandt werden, um die Beschränktheit nachzuweisen. Wir berechnen die ersten Folgenglieder,

$$\frac{1}{2}, \quad \frac{2}{3}, \quad \frac{3}{4}, \quad \frac{4}{5}, \ldots,$$

und vermuten $0 < y_n < 1$ für alle $n \in \mathbb{N}$. Da y_1 in diesem Intervall liegt, ist der Induktionsanfang schon gemacht. Für den Induktionsschritt nehmen wir an, dass für ein $n \in \mathbb{N}$ gilt: $0 < y_n < 1$. Dann ist

$$2 - y_n > 2 - 1 = 1.$$

Damit folgt:

$$y_{n+1} = \frac{1}{2 - y_n} < \frac{1}{1} = 1.$$

Andererseits ist auch $2 - y_n > 0$ und damit $y_{n+1} > 0$. Somit ist die Induktionsbehauptung gezeigt. Es folgt $0 < y_n < 1$ für alle $n \in \mathbb{N}$. ◀

Mit der Ordnungsrelation bei reellen Zahlen ergibt sich eine weitere wichtige Eigenschaft, die wir deswegen aber nur für reelle Zahlenfolgen definieren können.

> **Definition monotoner Folgen**
>
> Eine reelle Zahlenfolge (x_n) heißt **monoton wachsend**, falls $x_{n+1} \ge x_n$ für alle $n \in \mathbb{N}$ ist. Falls $x_{n+1} \le x_n$ für alle $n \in \mathbb{N}$ gilt, so heißt die Folge **monoton fallend**.

Ist bei diesen Ungleichungen die Gleichheit ausgeschlossen, sprechen wir von **streng monoton wachsenden** oder **streng monoton fallenden** Folgen.

Die Monotonie einer Folge überprüft man, indem man die Differenz zweier aufeinanderfolgender Folgenglieder betrachtet, oder aber, falls die Folge nur positive oder nur negative Glieder besitzt, den Quotienten. Sehen wir uns einige Beispiele an.

Beispiel

- Die Folgen der geraden Zahlen $(2n)_{n=1}^{\infty}$ und der ungeraden Zahlen $(2n - 1)_{n=1}^{\infty}$ sind streng monoton wachsend, denn hier ist die Differenz zweier aufeinanderfolgender Glieder stets 2.

Allgemein sind **arithmetische Folgen**, d. h. Folgen, die gegeben sind durch

$$a_n = a_0 + nd, \quad n \in \mathbb{N},$$

mit Startwert $a_0 \in \mathbb{R}$, für $d > 0$ streng monoton wachsend und für $d < 0$ streng monoton fallend.

- Die Folge (b_n) mit

$$b_n = 1 + \frac{1}{n}, \quad n \in \mathbb{N},$$

ist streng monoton fallend, denn

$$b_{n+1} - b_n = \frac{1}{n + 1} - \frac{1}{n} = -\frac{1}{n(n + 1)} < 0.$$

Diese Folge ist in Abbildung 8.8 dargestellt.

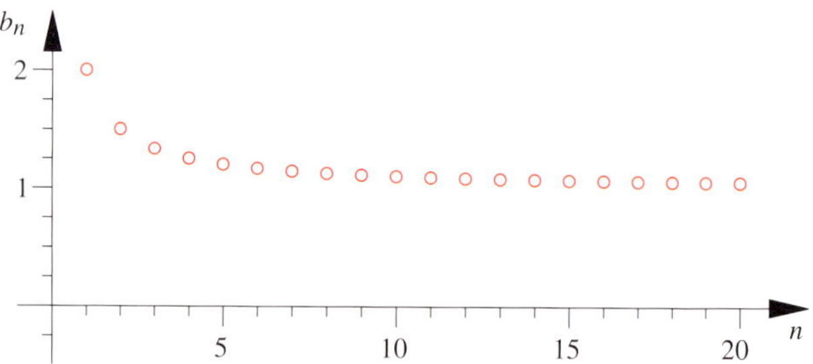

Abbildung 8.8 Die ersten 20 Glieder der monoton fallenden Folge $\left(1 + \frac{1}{n}\right)_n$.

- Die Folge (c_n) mit

$$c_n = 1 + \frac{(-1)^n}{n}, \quad n \in \mathbb{N},$$

ist weder monoton fallend noch monoton wachsend. Dafür müssen wir nur die ersten drei Folgenglieder betrachten, denn es ist

$$c_2 - c_1 = 1 + \frac{1}{2} - 1 + 1 = \frac{3}{2} > 0$$

und

$$c_3 - c_2 = 1 - \frac{1}{3} - 1 - \frac{1}{2} = -\frac{5}{6} < 0.$$

Diese Folge sehen Sie in Abbildung 8.9.

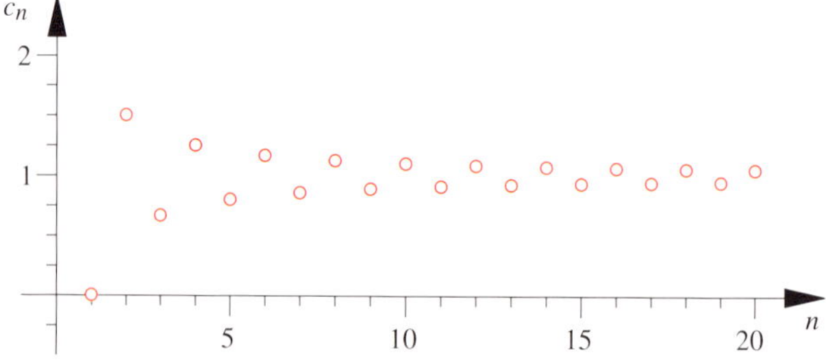

Abbildung 8.9 Die ersten 20 Glieder der Folge $\left(1 + \frac{(-1)^n}{n}\right)_n$, die nicht monoton ist.

Beispiel: Zeigen Sie, dass eine Folge beschränkt ist

Für die Folge (x_n) mit

$$x_n = \left(1 + \frac{1}{n}\right)^n$$

soll nachgewiesen werden, dass sie durch 1 nach unten und durch 3 nach oben beschränkt ist.

Problemanalyse und Strategie: Die einzelnen Folgenglieder werden untersucht. Durch Anwendung bekannter elementarer Ungleichungen wollen wir zeigen, dass die Schranken gelten.

Lösung:

Da $1 + 1/n > 1$ ist für $n \in \mathbb{N}$, ist auch

$$x_n = \left(1 + \frac{1}{n}\right)^n > 1.$$

Somit ist gezeigt, dass 1 eine untere Schranke ist.

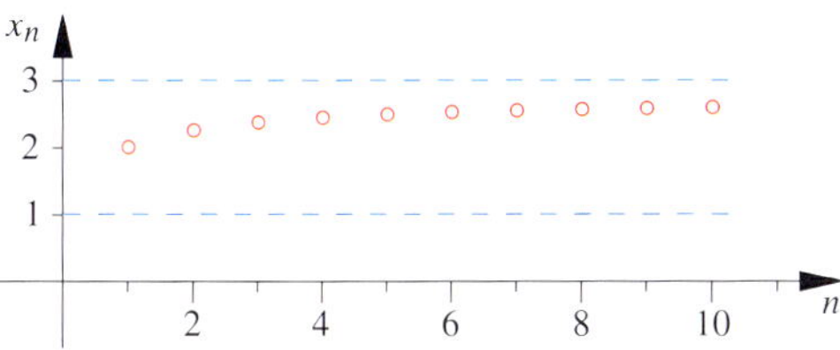

Mit der binomischen Formel (vergleiche Seite 291) erhalten wir

$$x_n = \left(1 + \frac{1}{n}\right)^n$$

$$= \sum_{k=0}^{n} \binom{n}{k} 1^{n-k} \left(\frac{1}{n}\right)^k$$

$$= 1 + \sum_{k=1}^{n} \binom{n}{k} \frac{1}{n^k}.$$

Die Terme in der Summe

$$\binom{n}{k} \frac{1}{n^k} = \frac{1}{k!} \frac{n(n-1)(n-2)\cdots(n-k+1)}{\underbrace{n \cdots n}_{k\text{ mal}}}$$

können wir weiter abschätzen: Im rechten Bruch stehen im Zähler und Nenner je k Faktoren, wobei die Faktoren im Zähler kleiner oder gleich denen im Nenner sind. Daher ist der rechte Bruch insgesamt kleiner oder gleich 1. Es folgt mit der geometrischen Summenformel (siehe Seite 129):

$$x_n \leq 1 + \sum_{k=1}^{n} \frac{1}{k!}$$

$$\leq 1 + \sum_{k=1}^{n} \frac{1}{2^{k-1}}$$

$$= 1 + \sum_{k=0}^{n-1} \left(\frac{1}{2}\right)^k$$

$$= 1 + \frac{1 - \left(\frac{1}{2}\right)^n}{1 - \frac{1}{2}}$$

$$= 1 + 2\left(1 - \left(\frac{1}{2}\right)^n\right)$$

$$\leq 3.$$

Damit haben wir auch bewiesen, dass 3 eine obere Schranke ist.

Kommentar: Die Zahlen 1 und 3 sind keineswegs die größte obere bzw. die kleinste untere Schranke für die Folge. Dies ist aber für die Tatsache, dass die Folge beschränkt ist, überhaupt nicht wichtig.

Die ersten paar Folgenglieder sind in der Abbildung dargestellt. Die Vermutung liegt nahe, dass die kleinste obere Schranke für die Folge (x_n) irgendwo bei 2.7 liegt. Tatsächlich werden wir später beweisen können, dass die kleinstmögliche obere Schranke eine irrationale Zahl ist, deren erste Stellen so aussehen:

$$2.718\,281\,828\,459\,05 \ldots$$

Diese Zahl, die *Euler'sche Zahl* genannt und mit e bezeichnet wird, wird noch eine große Rolle spielen.

■ Bei der Folge (d_n) mit

$$d_n = \frac{n^2 - 1}{n^2 + 1}, \qquad n \in \mathbb{N},$$

bietet es sich an, den Quotienten der Glieder zu betrachten. Es folgt für $n \geq 2$:

$$\frac{d_{n+1}}{d_n} = \frac{(n+1)^2 - 1}{(n+1)^2 + 1} \cdot \frac{n^2 + 1}{n^2 - 1}$$

$$= \frac{(n^2 + 2n)(n^2 + 1)}{(n^2 + 2n + 2)(n^2 - 1)}$$

$$= \frac{n^4 + 2n^3 + n^2 + 2n}{n^4 + 2n^3 + n^2 - 2n - 2}$$

$$= 1 + \frac{4n + 2}{n^4 + 2n^3 + n^2 - 2n - 2} \geq 1.$$

Hintergrund und Ausblick: Die Mandelbrotmenge

. . . oder wie man mit einer einfachen Formel Kunst erzeugt

Vielleicht haben Sie das folgende Bild oder eine Variante davon schon einmal gesehen:

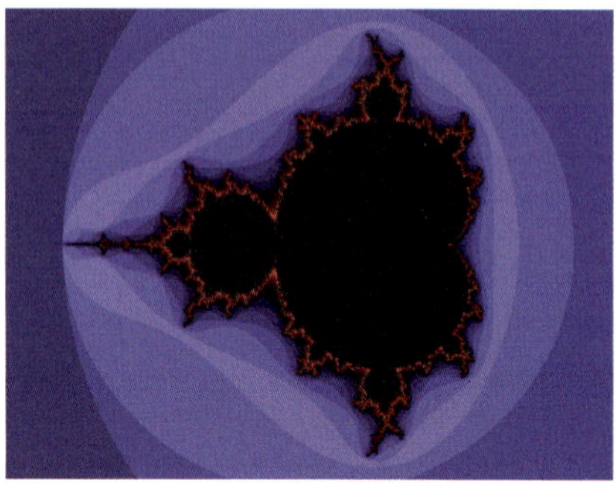

Das Bild ist eine Visualisierung der sogenannten *Mandelbrotmenge* (nach dem französischen Mathematiker Benoît Mandelbrot), die etwas mit komplexen Zahlenfolgen zu tun hat. Dazu betrachtet man die Folge (z_n) mit

$$z_0 = 0, \qquad z_n = z_{n-1}^2 + c, \quad n \in \mathbb{N},$$

für verschiedene Werte $c \in \mathbb{C}$. Es stellt sich die Frage, für welche Parameter c diese Folge beschränkt bleibt. Die Menge dieser Parameter ist die Mandelbrotmenge.

Es lässt sich zeigen, dass die Folge auf jeden Fall dann unbeschränkt ist, wenn für ein $n_0 \in \mathbb{N}$ die beiden Bedingungen $|z_{n_0}| > 2$ und $|z_{n_0}| \geq |c|$ erfüllt sind. In diesem Fall gilt nämlich $|z_{n_0+m}| \geq q^m \, |z_{n_0}|$ mit einer reellen Zahl $q > 1$.

Eine weitere Überlegung ist, dass im Fall $|c| > 2$ schon für $n_0 = 1$ beide Bedingungen erfüllt sind. Daher ist die Bedingung $|z_{n_0}| > 2$ allein bereits hinreichend, damit die Folge unbeschränkt ist.

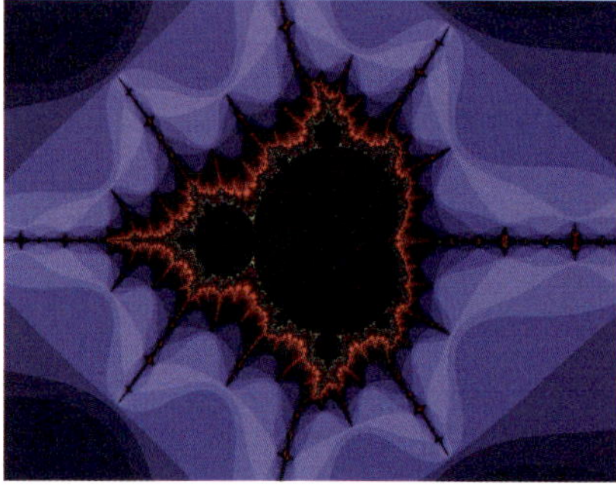

Um die Bilder auf dieser Seite zu erzeugen, macht man sich diese Tatsache zu nutze. Man legt einen *Fluchtradius* fest, der größer als 2 sein muss. Dann berechnet man für ein festes c so lange Folgenglieder, bis der Betrag von z_n den Fluchtradius übersteigt oder aber eine vorher festgelegte Maximalzahl von Iterationen erreicht ist. Im ersten Fall weiß man, dass die Folge unbeschränkt ist. Der Bildpunkt, der dem Parameter c in der komplexen Ebene entspricht, erhält eine Farbe, die der Anzahl der benötigten

Iterationen entspricht. Im zweiten Fall nimmt man an, dass die Folge beschränkt bleibt. Der Bildpunkt wird schwarz eingefärbt. Alle farbigen Punkte liegen also außerhalb der Mandelbrotmenge.

Die Mandelbrotmenge ist ein Beispiel für ein *Fraktal*. Sie ist eine Menge, die selbst wieder verkleinerte, sich selbst ähnliche Kopien enthält. Ein Beispiel ist die Abbildung links unten, die einen Ausschnitt aus der Spitze links in der ersten Abbildung zeigt. Auch in den 4 kleineren Abbildungen finden Sie zahlreiche, einander ähnliche Strukturen. Beim Betrachten eines Ausschnitts kann man auch nicht entscheiden, welche Vergrößerung vorliegt, da die Strukturen sich auf jeder Skala ähneln.

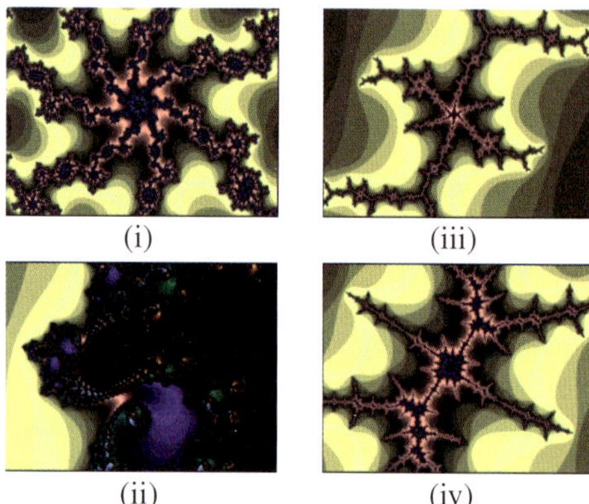

Die Mandelbrotmenge erreichte in den 80er Jahren des 20. Jahrhunderts einen für ein mathematisches Thema seltenen Bekanntheitsgrad. Die Ästhetik der Bilder faszinierte ein breites Publikum. Ein zusätzlicher Faktor war die zunehmende Verbreitung von Heimcomputern, durch die jeder Interessierte selbst Bilder berechnen konnte. Die Abbildungen auf dieser Seite wurden mit dem Programm xaos (`http://wmi.math.u-szeged.hu/xaos/`) erzeugt. Ein Bildausschnitt wird in diesem Programm durch den Mittelpunkt und einen Radius festgelegt. Für die Abbildungen auf dieser Seite wurden die folgenden Koordinaten gewählt:

Abbildung	Mittelpunkt	Radius
links, oben	$-0{,}55$	$2{,}5$
links, unten	$-1{,}76$	$0{,}063$
rechts, (i)	$-0{,}651\,30 - 0{,}492\,638\mathrm{i}$	$0{,}002\,140\,05$
rechts, (ii)	$-0{,}747 - 0{,}0887\mathrm{i}$	$0{,}0046$
rechts, (iii)	$-0{,}058\,197\,6 - 0{,}984\,697\mathrm{i}$	$4{,}466\,45 \cdot 10^{-5}$
rechts, (iv)	$-1{,}479\,01 - 0{,}010\,740\,1\mathrm{i}$	$0{,}001\,185\,96$
Fluchtradius: 4	max. Iterationen: 170	

Literatur

1. B. Mandelbrot: *Die Fraktale Geometrie der Natur.* Birkhäuser, 1991.
2. H.-O. Peitgen, P. H. Richter: *The Beauty of Fractals*, Springer, 1986.

Die Ungleichung am Schluss gilt, da im Bruch sowohl Zähler als auch Nenner positiv sind. Dass der Nenner positiv ist, erkennt man an der faktorisierten Darstellung aus der 2. Zeile.

Es gilt also $d_{n+1} \geq d_n$ für $n \geq 2$. Da auch $d_2 = 3/5 > 0 = d_1$ ist, wächst die Folge monoton. ◄

8.2 Konvergenz

Vom Philosophen Zenon von Elea (ca. 450 v. Chr.) ist das berühmte Paradoxon von Achilles und der Schildkröte überliefert.

Zenon behauptet, dass bei einem Wettrennen zwischen Achilles und einer Schildkröte Achilles die Schildkröte nie einholen wird, wenn die Schildkröte zu Anfang einen Vorsprung bekommt. Sein Argument ist bestechend: Achilles muss nach dem Start zunächst den Punkt erreichen, an dem die Schildkröte gestartet ist. In der Zwischenzeit ist die Schildkröte aber weitergekrochen. Wenn Achilles nun diesen Punkt erreicht, ist die Schildkröte wieder ein Stück voraus, usw.

Warum überholt Achilles aber doch die Schildkröte, wenn das Wettrennen wirklich stattfindet? Versuchen wir das Rennen formal durch Folgen zu erfassen: Nehmen wir an, der Vorsprung ist 1 $\mathcal{A}$ lang, wobei diese Längeneinheit gerade die Strecke sein soll, die Achilles pro Zeiteinheit, sagen wir pro Minute, zurücklegt. Also hat Achilles die Geschwindigkeit 1 $\mathcal{A}/\mathrm{min}$. Wenn Achilles nun viermal so schnell ist wie die Schildkröte, dann ist der Abstand zwischen Achilles und der Schildkröte bei jedem Betrachtungspunkt in Zenons Gedanken durch die Folge (d_n) mit $d_n = \left(\frac{1}{4}\right)^n > 0$ für alle $n \in \mathbb{Z}_{\geq 0}$ gegeben. Da d_n stets positiv bleibt, holt Achilles die Schildkröte während des Experiments nicht ein.

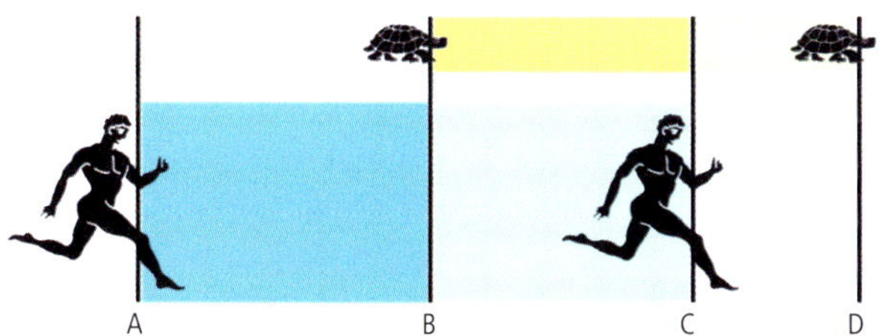

Abbildung 8.10 In der Zeit, in der Achilles von A nach B läuft, kriecht die Schildkröte von B nach C. Erreicht der Held aber C, ist die Schildkröte schon bei D. Holt er sie niemals ein?

Die scheinbare Paradoxie entsteht dadurch, dass wir die Zeit nicht berücksichtigt haben. Die Messungen von Zenon finden zu den Zeitpunkten $t_1 = 1$, $t_2 = t_1 + 1/4$, $t_3 = t_2 + 1/16$, … statt, d. h., nach der n-ten Messung ist die Gesamtzeit

$$T_n = \sum_{j=0}^{n} \left(\frac{1}{4}\right)^j = \frac{1 - \left(\frac{1}{4}\right)^{n+1}}{1 - \frac{1}{4}} = \frac{4}{3}\left(1 - \left(\frac{1}{4}\right)^{n+1}\right)$$

vergangen. Hier haben wir die geometrische Summenformel angewandt!

Nun löst sich die scheinbare Paradoxie auf. Keine der Messung findet später als $T_{\max} = \frac{4}{3}$ statt. Es ist also nicht so, dass Achilles die Schildkröte niemals einholt, sondern er holt sie nicht innerhalb der ersten $\frac{4}{3}$ Minuten des Experiments ein. Tatsächlich werden wir später sehen, dass der Zeitpunkt, an dem die beiden gleichauf sind, eben genau $T_{\max}$ ist.

Viele Generationen von Philosophen rätselten über dieses oder ähnliche scheinbare Paradoxa. Für uns ist es eine schöne Illustration der wichtigsten Frage im Zusammenhang mit Folgen: Was passiert mit den Folgengliedern, wenn wir den Index $n \in \mathbb{N}$ immer größer werden lassen? Beim Beispiel von Achilles und der Schildkröte kommt es zu einer Häufung der Zeitpunkte und der Positionen der beiden Protagonisten. Wir werden den Begriff der **Konvergenz** dafür einführen.

Um die Notwendigkeit der formalen Definition zu unterstreichen, möchten wir betonen, dass eine reine Betrachtung der numerischen Folgenglieder unzureichend ist. Als Beispiel betrachten wir die beiden Folgen (x_n) und (y_n) mit

$$x_n = \sum_{j=1}^{n} \frac{1}{j} \quad \text{und} \quad y_n = \sum_{j=1}^{n} \frac{1}{j^{1,01}} \quad \text{für } n \in \mathbb{N}.$$

Dezimaldarstellungen einiger Folgenglieder auf 6 Nachkommastellen gerundet sind:

n	x_n	y_n
1	1,000 000	1,000 000
2	1,500 000	1,496 546
3	1,833 333	1,826 238
⋮	⋮	⋮
1 000	7,485 471	7,252 980
2 000	8,178 368	7,897 391
3 000	8,583 749	8,272 340

Dieses Ergebnis ist wenig aufschlussreich. Numerisch ist kein qualitativer Unterschied zwischen beiden Folgen sichtbar. Allerdings ist die Folge (y_n) im Sinne der gleich folgenden Definition *konvergent*, die Folge (x_n) ist es nicht! Der Nachweis wird im Kapitel 9 erbracht werden.

Ein Hilfsmittel für die Definition der Begriffe *Konvergenz* und *Grenzwert* sind Mengen der Form

$$\{y \mid |y - x| < \varepsilon\}$$

für festes $x \in \mathbb{R}$ (oder $\in \mathbb{C}$) und festes $\varepsilon > 0$. Die Menge der so definierten $y \in \mathbb{R}$ (oder $\in \mathbb{C}$) nennt man **ε-Umgebung** um x. Beispiele sind in der Abbildung 8.11 dargestellt.

Beispiel: Monotonie bei rekursiv definierten Folgen

Untersuchen Sie die Folgen $(x_n)_{n=0}^{\infty}$ bzw. $(y_n)_{n=0}^{\infty}$ mit

$$x_0 = \frac{1}{2}, \quad x_n = 2x_{n-1} - x_{n-1}^2 \quad \text{bzw.} \quad y_0 = 0, \quad y_n = \frac{1}{2 - y_{n-1}}, \quad n \in \mathbb{N},$$

auf Monotonie.

Problemanalyse und Strategie: Fast immer muss man bei rekursiv definierten Folgen die Beschränktheit ausnutzen, um Monotonie nachzuweisen. Wir werden also zunächst die Folgen auf Beschränktheit untersuchen und dann die Monotonie nachweisen, indem wir Differenz bzw. Quotient aufeinanderfolgender Folgenglieder ansehen.

Lösung:

Eine obere Schranke für die Folge (x_n) erhält man mit quadratischer Ergänzung,

$$\begin{aligned} x_{n+1} &= 2x_n - x_n^2 \\ &= 1 - (1 - 2x_n + x_n^2) \\ &= 1 - (1 - x_n)^2 \\ &< 1, \end{aligned}$$

da das Quadrat positiv ist, und es von 1 abgezogen wird. Da auch $x_1 = 1/2 < 1$ ist, ist $x_n < 1$ für alle $n \in \mathbb{N}$. Außerdem sind alle $x_n > 0$. Dies zeigen wir durch vollständige Induktion: Der Induktionsanfang ist die Aussage $x_0 = 1/2 > 0$. Nun zum Induktionsschritt: Wir wissen, dass $x_n \leq 1$ ist, also auch $2 - x_n > 0$. Aus der Induktionsannahme $x_n > 0$ folgt nun

$$x_{n+1} = 2x_n - x_n^2 = x_n(2 - x_n) > 0,$$

denn beide Faktoren sind positiv. Also ist $x_n > 0$ für alle $n \geq 0$.

Nun können wir den Quotienten der Folgenglieder betrachten:

$$\frac{x_{n+1}}{x_n} = 2 - x_n \overset{x_n < 1}{>} 2 - 1 = 1.$$

Also ist $x_{n+1} > x_n$, die Folge ist streng monoton wachsend.

Nun zur Folge (y_n). Wir betrachten die Differenz zweier Folgenglieder:

$$\begin{aligned} y_n - y_{n-1} &= \frac{1}{2 - y_{n-1}} - y_{n-1} \\ &= \frac{1 - 2y_{n-1} + y_{n-1}^2}{2 - y_{n-1}} \\ &= \frac{(1 - y_{n-1})^2}{2 - y_{n-1}}. \end{aligned}$$

Das Quadrat im Zähler ist immer positiv. Somit wächst die Folge streng monoton, falls $2 - y_{n-1} > 0$, d. h., falls $y_{n-1} < 2$ ist, sie fällt streng monoton, falls $y_{n-1} > 2$ gilt. Auch hier ist eine Schranke für die Folgenglieder y_n entscheidend.

Wir wollen sogar zeigen, dass $y_n < 1$ für alle $n \in \mathbb{N}$ gilt. Dies beweisen wir durch vollständige Induktion. Den Induktionsanfang bildet die Aussage für $n = 0$, und diese ist laut Voraussetzung erfüllt: $y_0 = 0 < 1$.

Für den Induktionsschritt gelte für ein $n \in \mathbb{N}$, dass $y_{n-1} < 1$ ist. Dann folgt:

$$2 - y_{n-1} > 1, \quad \text{also} \quad y_n = \frac{1}{2 - y_{n-1}} < 1.$$

Damit ist insgesamt gezeigt: $y_n < 1$ für alle $n \in \mathbb{N}$. Mit der Überlegung oben erhalten wir die Aussage, dass die Folge streng monoton wachsend ist.

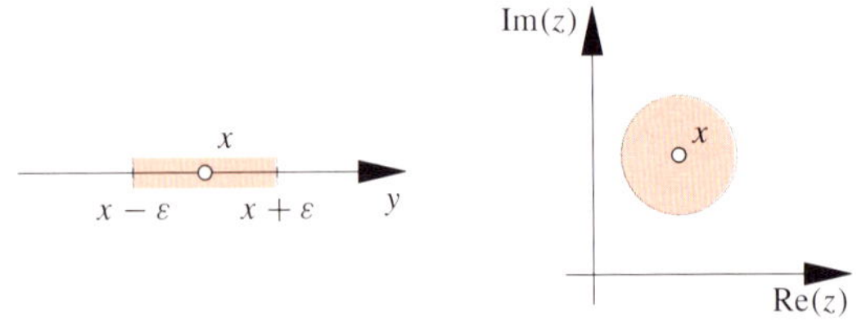

Abbildung 8.11 ε-Umgebungen im Reellen und Komplexen.

Definition des Grenzwerts einer Folge

Eine Zahl $x \in \mathbb{C}$ heißt **Grenzwert** einer Folge $(x_n)_{n=1}^{\infty}$ in $\mathbb{C}$, wenn es zu jeder Zahl $\varepsilon > 0$ eine natürliche Zahl $N \in \mathbb{N}$ gibt, sodass

$$|x_n - x| < \varepsilon \quad \text{für alle } n \geq N$$

gilt. Eine Folge (x_n) in $\mathbb{C}$, die einen Grenzwert hat, heißt **konvergent**, andernfalls heißt die Folge **divergent**.

Die Betonung bei dieser Definition liegt auf „jeder" Zahl $\varepsilon > 0$. Dies beinhaltet insbesondere jede noch so kleine positive Zahl, was letztendlich die Bedeutung der Definition ausmacht. Für den Fall einer reellen Zahlenfolge können wir überall $\mathbb{R}$ statt $\mathbb{C}$ schreiben. In der Definition können wir das Kleinerzeichen auch ohne Weiteres durch „kleiner oder gleich" ersetzen, da die Bedingung für alle $\varepsilon > 0$ gelten soll. Beide Varianten werden wir im Folgenden verwenden.

In dem Fall, dass eine Folge (x_n) einen Grenzwert x besitzt, schreiben wir

$$\lim_{n \to \infty} x_n = x \quad \text{oder} \quad x_n \to x \quad (n \to \infty).$$

Auch andere Schreibweisen, wie zum Beispiel $x_n \overset{n \to \infty}{\longrightarrow} x$, sind in der Literatur zu finden.

Anschaulich können wir den Begriff des Grenzwerts auch so interpretieren: Bei einer konvergenten Folge liegen in jeder ε-Umgebung um den Grenzwert fast alle Folgenglieder. Nur endlich viele liegen außerhalb. In der Abbildung 8.12 ist dies zum Beispiel für die Folge (x_n) mit $x_n = 1 + \frac{(-1)^n}{n}$ veranschaulicht. Man kann auch sagen: Ab einem gewissen N liegen *alle* Folgenglieder innerhalb der ε-Umgebung. Dies gilt offensichtlich für eine **konstante Folge** (x_n) mit $x_n = a \in \mathbb{C}$ für alle $n \in \mathbb{N}$. Somit sind konstante Folgen konvergent.

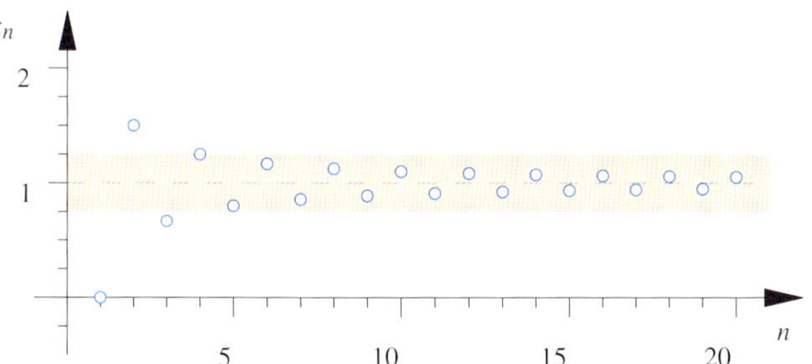

Abbildung 8.12 Ab $n = 5$ liegen alle Folgenglieder in der Umgebung um den Grenzwert mit $\varepsilon = 0.25$.

Eine Folge besitzt höchstens einen Grenzwert

Diese Beschreibung und auch die Notation für einen Grenzwert sind aufgrund des folgenden Hilfssatzes sinnvoll.

Lemma
Eine Folge aus $\mathbb{C}$ besitzt höchstens einen Grenzwert.

Beweis: Nehmen wir an, a und b seien beides Grenzwerte ein und derselben Folge (x_n), so gibt es nach der Definition zu $\varepsilon > 0$ eine natürliche Zahl $N \in \mathbb{N}$ mit $|x_n - a| < \varepsilon$ und $|x_n - b| < \varepsilon$ für alle $n \geq N$. Es folgt mit der Dreiecksungleichung

$$|a - b| = |a - x_n + x_n - b|$$
$$\leq |a - x_n| + |x_n - b| < 2\varepsilon \quad \text{für } n \geq N .$$

Da dies für jede beliebige Zahl $\varepsilon > 0$ gilt, muss die Identität $a = b$ für die Grenzwerte gelten (siehe das Fundamentallemma auf Seite 110). $\blacksquare$

Kommentar: Beachten Sie die Vorgehensweise bei der Abschätzung. Um die Dreiecksungleichung sinnvoll nutzen zu können, wird $0 = -x_n + x_n$ eingefügt. Der *Trick*, „0" zu addieren, hilft häufig bei Abschätzungen weiter. Daher ist es empfehlenswert, sich dieses beweistechnische Werkzeug zu merken.

Folgen, die den Grenzwert $x = 0$ haben, heißen **Nullfolgen**. Wir betrachten zwei Beispiele.

Beispiel
- Sei $\frac{p}{q} \in \mathbb{Q}$ eine positive rationale Zahl mit $p, q \in \mathbb{N}$. Dann gilt:

$$x_n = \left(\frac{1}{n}\right)^{\frac{p}{q}} \to 0, \quad \text{für} \quad n \to \infty ,$$

d. h., die Folge (x_n) ist eine Nullfolge. Wegen der archimedischen Eigenschaft von $\mathbb{R}$ (siehe den Satz auf Seite 123) können wir zu $\varepsilon > 0$ eine Zahl $N \in \mathbb{N}$ wählen mit $N > \frac{1}{\varepsilon^{q/p}}$. So folgt für alle $n \geq N$:

$$|x_n - 0| = |x_n| = \frac{1}{n^{p/q}} \leq \frac{1}{N^{p/q}} < \varepsilon .$$

Diese Monotonie der rationalen Potenz ergibt sich, wie in der Unter-der-Lupe-Box auf Seite 31 mit $r = 1/2$, zunächst mit $r = \frac{1}{q}$ und der verallgemeinerten dritten binomischen Formel $x^m - y^m = (x - y) \sum_{j=0}^{m-1} x^j y^{m-j-1}$, $m \in \mathbb{N}$. Für den Fall $r = \frac{p}{q}$ wende man diese Formel ein weiteres Mal an mit $m = p$ und $x^{\frac{1}{q}}$ und $y^{\frac{1}{q}}$ anstelle von x, y.

- Sei $q \in \mathbb{C}$ mit $|q| < 1$. Dann ist die **geometrische Folge** (x_n) mit

$$x_n = q^n, \quad n \in \mathbb{N}$$

eine Nullfolge. Um dies zu beweisen, erinnern wir uns an die Bernoulli-Ungleichung

$$(1 + h)^n \geq 1 + nh \quad \text{für } n \in \mathbb{N} \text{ und } h > -1 .$$

Mit $h = \frac{1-|q|}{|q|} > 0$ lässt sich

$$\frac{1}{|q^n|} = \left(\frac{1}{|q|}\right)^n$$
$$= \left(1 + \frac{1 - |q|}{|q|}\right)^n \geq 1 + n\left(\frac{1 - |q|}{|q|}\right)$$

abschätzen. Bilden wir den Kehrwert, so folgt:

$$|q^n - 0| \leq \frac{1}{1 + n\left(\frac{1-|q|}{|q|}\right)}$$
$$= \frac{|q|}{|q| + n(1 - |q|)} \leq \frac{|q|}{n(1 - |q|)},$$

da wir bei der letzten Abschätzung den Nenner durch Weglassen des Summanden $|q|$ verkleinert haben. Mit dieser Ungleichung können wir zu einem Wert $\varepsilon > 0$ eine entsprechende Zahl $N \in \mathbb{N}$ mit $N > \frac{|q|}{\varepsilon(1-|q|)}$ angeben, sodass

$$|q^n - 0| \leq \frac{|q|}{1 - |q|}\frac{1}{n} \leq \frac{|q|}{1 - |q|}\frac{1}{N} < \varepsilon$$

für alle $n \geq N$ gilt. Also ist (x_n) eine konvergente Folge mit Grenzwert $x = 0$. $\blacktriangleleft$

$$\text{———— ? ————}$$

Falls eine Folge (x_n) konvergent ist, bildet dann die Folge der Differenzen $(x_{n+1} - x_n)$ eine Nullfolge?

Der Zusammenhang zwischen dem Konvergenzbegriff und den Eigenschaften von Folgen aus dem vorherigen Abschnitt kann uns oft weiterhelfen. Wir beginnen damit, einen Zusammenhang zwischen Konvergenz und Beschränktheit herzuleiten.

Jede konvergente Folge ist beschränkt

Wir betrachten eine Folge (x_n) in $\mathbb{C}$ mit Grenzwert $x \in \mathbb{C}$. Mit der Dreiecksungleichung folgt zunächst:

$$|x_n| = |x_n - x + x| \leq |x_n - x| + |x|\,.$$

Wegen der Konvergenz von (x_n) gibt es insbesondere eine natürliche Zahl N, sodass $|x_n - x| \leq 1$ für alle $n \geq N$ ist. Wir erhalten die Abschätzung

$$|x_n| \leq 1 + |x| \quad \text{für } n \geq N\,.$$

Insgesamt ist somit die Folge beschränkt mit

$$|x_n| \leq \max\{|x_1|, |x_2|, \ldots, |x_{N-1}|, 1 + |x|\}$$

für alle $n \in \mathbb{N}$. Diese Überlegung zeigt die folgende Aussage:

Lemma

Jede konvergente Folge ist beschränkt.

—————————— **?** ——————————

Suchen Sie ein Beispiel für eine divergente Folge, die beschränkt ist.

Häufig wird die Umkehrung dieser Aussage genutzt, um die Divergenz einer Folge zu belegen: *Jede unbeschränkte Folge ist divergent.* Betrachten wir zum Beispiel die Folge $(q^n)_{n=0}^{\infty}$ mit einer komplexen Zahl q mit $|q| > 1$. Da

$$|q^n| = |q|^n$$

unbeschränkt ist, ist die Folge divergent.

Die geometrische Folge $(q^n)_{n=0}^{\infty}$ haben wir für den Fall $|q| < 1$ und für $|q| > 1$ betrachtet. Im ersten Fall ist sie konvergent, im zweiten Fall divergent. Es bleibt noch der Fall $|q| = 1$ zu klären. Für $q = 1$ ist $x_n = 1$ konstant für alle $n \in \mathbb{N}$, insbesondere auch konvergent.

Für alle anderen q auf dem komplexen Einheitskreis müssen wir anders argumentieren. Es ist

$$q^{n+1} - q^n = q^n\,(q - 1)\,.$$

Daher gilt auch:

$$|q^{n+1} - q^n| = |q|^n\,|q - 1| = |q - 1|\,.$$

Die Differenzen aufeinanderfolgender Glieder bilden also keine Nullfolgen, daher ist (q^n) divergent. Zum Beispiel erhält man für $q = -1$ die alternierende Folge

$$+1,\ -1,\ +1,\ -1,\ +1,\ \ldots,$$

für $q = \mathrm{i}$ die Folge

$$+1,\ +\mathrm{i},\ -1,\ -\mathrm{i},\ +1,\ \ldots$$

Die Abbildung 8.13 illustriert dies für

$$q = r\left(\cos\frac{\pi}{16} + \mathrm{i}\,\sin\frac{\pi}{16}\right)$$

mit $r \in \{0{,}975\,,\ 1\,,\ 1{,}025\}$.

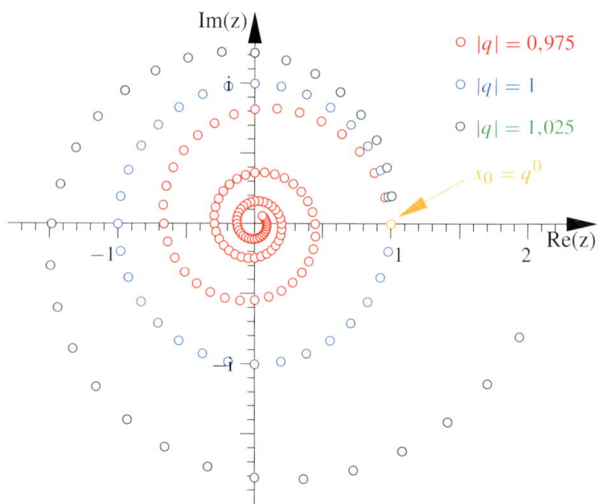

Abbildung 8.13 Die geometrische Folge (q^n) für verschiedene Werte für q. Die Glieder werden jeweils gegen den Uhrzeigersinn durchlaufen, das erste Folgenglied $q^0 = 1$ ist für alle drei Folgen gleich.

Majoranten helfen bei Konvergenzbeweisen

Sehen wir uns noch einmal an, was wir im Beispiel auf Seite 285 gemacht haben. Wir haben versucht den Ausdruck $|x_n - x|$ abzuschätzen gegen einen Term, bei dem wir leichter die Konvergenz sehen. Im Beispiel war das die uns bekannte Nullfolge $(\frac{1}{n})_{n=1}^{\infty}$.

Allgemein gilt, falls wir für eine Nullfolge (y_n) die Abschätzung $|x_n - x| \leq |y_n|$ gefunden haben, so lässt sich zu $\varepsilon > 0$ ein $N \in \mathbb{N}$ angeben mit $|y_n| < \varepsilon$ für alle $n \geq N$. Es folgt $|x_n - x| < \varepsilon$ für $n \geq N$. Diese Überlegung halten wir fest, damit wir uns in Zukunft die explizite Konstruktion von N in Abhängigkeit von ε sparen können.

Majorantenkriterium

Wenn es zu einer Folge (x_n) in $\mathbb{C}$ eine Nullfolge (y_n) und einen Wert $x \in \mathbb{C}$ gibt, sodass

$$|x_n - x| \leq |y_n| \quad \text{für } n \geq N \in \mathbb{N}$$

gilt, dann konvergiert die Folge (x_n) gegen den Grenzwert x.

Beispiel Wir wollen zeigen, dass die Folge $\left(1 + \frac{1}{n+1}\right)$ den Grenzwert 1 besitzt. Es gilt die Abschätzung

$$\left|1 + \frac{1}{n+1} - 1\right| = \frac{1}{n+1} \leq \frac{1}{n}\,.$$

Da $(1/n)$ eine Nullfolge ist, folgt mit dem Majorantenkriterium die Behauptung. ◀

Das Majorantenkriterium soll nun für den Nachweis der Konvergenz einer wichtigen Folge verwendet werden.

Die Fakultät strebt schneller gegen Unendlich als die Potenzen einer Zahl

Wir wollen zeigen, dass für jedes $q \in \mathbb{C}$ gilt:

$$\lim_{n \to \infty} \frac{q^n}{n!} = 0.$$

Dies bedeutet, dass die Fakultät, $n!$, mit n schneller anwächst als die geometrische Folge q^n. Wir wählen dazu ein $N \in \mathbb{N}$ mit

$$\frac{|q|}{N} \leq \frac{1}{2}.$$

Dann gilt für alle $n \in \mathbb{N}$ mit $n \geq N$ die Ungleichungskette

$$\frac{|q|^n}{n!} = \frac{|q|}{n} \cdot \frac{|q|^{n-1}}{(n-1)!} \leq \frac{1}{2} \cdot \frac{|q|^{n-1}}{(n-1)!}$$

$$\leq \cdots \leq \left(\frac{1}{2} \right)^{n-N} \frac{|q|^N}{N!}.$$

Anders geschrieben haben wir

$$\frac{|q|^n}{n!} \leq \frac{|2q|^N}{N!} \left(\frac{1}{2} \right)^n$$

erhalten. Die geometrische Folge $((1/2)^n)$ ist eine Nullfolge, der positive konstante Faktor davor ändert daran nichts. Das Majorantenkriterium liefert die Konvergenz $\lim_{n \to \infty} q^n/n! = 0$.

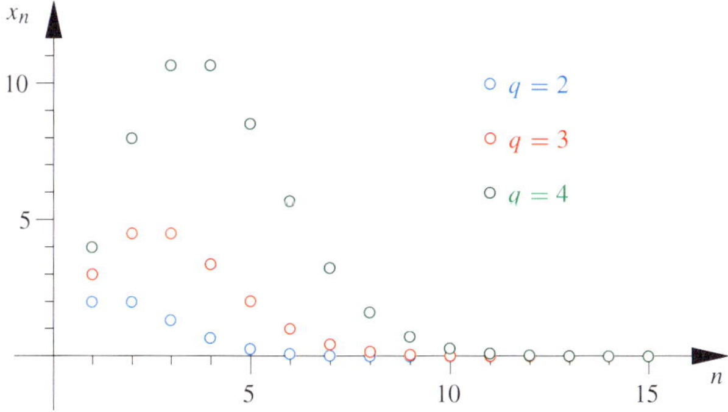

Abbildung 8.14 Die ersten 15 Glieder der Folge $(q^n/n!)_n$ für verschiedene Werte von q.

Die Abbildung 8.14 zeigt das Verhalten der Folge $(q^n/n!)$ für verschiedene Werte von q. Man sieht, dass $q^n/n!$ durchaus große Werte annehmen kann. Konvergenz sagt nur etwas aus über das Verhalten für große n.

Die Rechnung oben zeigt, wie umständlich es sein kann, auf diese Weise die Konvergenz einzelner Folgen nachzuweisen. Wir wollen uns nach Rechenregeln umsehen, die es einfacher machen, Grenzwerte zu bestimmen. Dabei wird aber das Majorantenkriterium unser wichtigstes Werkzeug bleiben.

Mit Grenzwerten lässt sich fast wie mit Zahlen rechnen

Betrachten wir zwei konvergente Folgen (x_n) bzw. (y_n) mit Grenzwerten x bzw. y. Damit können wir eine weitere Folge

(z_n) durch $z_n = x_n + y_n$ definieren. Ist diese auch konvergent? Falls ja, was ist ihr Grenzwert?

Es ist zu vermuten, dass der Grenzwert $z = x + y$ ist. Dies ist in der Tat so, denn mit der Dreiecksungleichung folgt:

$$|z - z_n| = |x + y - x_n - y_n| \leq |x - x_n| + |y - y_n|.$$

Die rechte Seite strebt gegen null und daher folgt mit dem Majorantenkriterium die gewünschte Aussage. Griffig lässt sie sich übrigens als

$$\lim_{n \to \infty} (x_n + y_n) = \lim_{n \to \infty} x_n + \lim_{n \to \infty} y_n$$

formulieren.

Auch die anderen üblichen Rechenregeln lassen sich auf Grenzwerte konvergenter Folgen übertragen. Die wichtigsten Regeln sind hier zusammengestellt (siehe auch die Übersicht auf Seite 290).

Rechenregeln bei konvergenten Folgen

Sind x und y die Grenzwerte konvergenter Folgen (x_n) und (y_n) in $\mathbb{C}$, und sind $\lambda \in \mathbb{C}$ eine komplexe und $p, q \in \mathbb{N}$ natürliche Zahlen, so existieren die folgenden Grenzwerte, und es gilt:

$$\lim_{n \to \infty} (\lambda x_n) = \lambda x,$$

$$\lim_{n \to \infty} (x_n + y_n) = x + y,$$

$$\lim_{n \to \infty} (x_n - y_n) = x - y,$$

$$\lim_{n \to \infty} (x_n y_n) = x y,$$

$$\lim_{n \to \infty} \frac{x_n}{y_n} = \frac{x}{y}, \qquad \text{wenn } y \neq 0,$$

$$\lim_{n \to \infty} x_n^{\frac{p}{q}} = x^{\frac{p}{q}}.$$

Beweis: Die Aussagen lassen sich stets als Folgerungen aus dem Majorantenkriterium auffassen. Wir führen hier neben der oben hergeleiteten Summe noch den Beweis für den Grenzwert des Quotienten zweier Folgen und für die q-te Wurzel auf. Die anderen Beweise funktionieren ganz analog und sollten vom Leser nachvollzogen werden (siehe Aufgabe 8.17).

Betrachten wir die Folge (z_n) mit $z_n = x_n/y_n$. Wenn der Grenzwert $y \neq 0$ ist, so gibt es ein $N \in \mathbb{N}$ mit $|y_n - y| \leq \frac{1}{2}|y|$ für alle $n \geq N$, und es folgt mit der Dreiecksungleichung

$$|y_n| = |y - (y - y_n)| \geq |y| - |y_n - y| \geq \frac{1}{2}|y|$$

für alle $n \geq N$. Insbesondere sind die Folgenglieder $y_n \neq 0$ für $n \geq N$, und zumindest ab $n \geq N$ ist z_n wohldefiniert.

Beispiel: Grenzwerte mit n-ten Wurzeln

Zeigen Sie, dass die Folgen $(\sqrt[n]{a})$ für $a > 0$ und $(\sqrt[n]{n})$ jeweils gegen 1 konvergieren, die Folge $(\sqrt[n]{n!})$ aber divergiert.

Problemanalyse und Strategie: Es soll jeweils das Majorantenkriterium angewandt werden. Will man die Konvergenz zeigen, muss die Differenz von Folgenglied und vermutetem Grenzwert durch eine Nullfolge nach oben abgeschätzt werden. Bei der Divergenz werden wir versuchen zu zeigen, dass die Folge unbeschränkt ist.

Lösung:

Wir betrachten zunächst $x_n = \sqrt[n]{a}$. Dann ist auf jeden Fall $x_n > 0$. Mit der Bernoulli-Ungleichung gilt:

$$a = x_n^n = (1 + \underbrace{x_n - 1}_{>-1})^n \geq 1 + n(x_n - 1).$$

Nehmen wir zunächst an, dass $a \geq 1$ gilt. Dann ist auch $x_n = \sqrt[n]{a} \geq 1$, und aus der Ungleichung oben folgt:

$$|x_n - 1| = x_n - 1 \leq \frac{a - 1}{n} \to 0 \quad (n \to \infty).$$

Also ist nach dem Majorantenkriterium $\lim_{n \to \infty} x_n = 1$.

Nun bleibt noch der Fall $0 < a < 1$ zu untersuchen. Hier gilt $0 < x_n < 1$. Wir betrachten den Kehrwert $\frac{1}{a} > 1$. Da wir bereits wissen, dass

$$\frac{1}{x_n} = \sqrt[n]{\frac{1}{a}} \to 1 \quad (n \to \infty)$$

gilt, erhalten wir die Konvergenz aus der Abschätzung

$$|x_n - 1| = |x_n| \left| 1 - \frac{1}{x_n} \right| \leq \left| 1 - \frac{1}{x_n} \right| \to 0 \quad (n \to \infty)$$

mit dem Majorantenkriterium und der Nullfolge $(1 - 1/x_n)_{n=0}^{\infty}$.

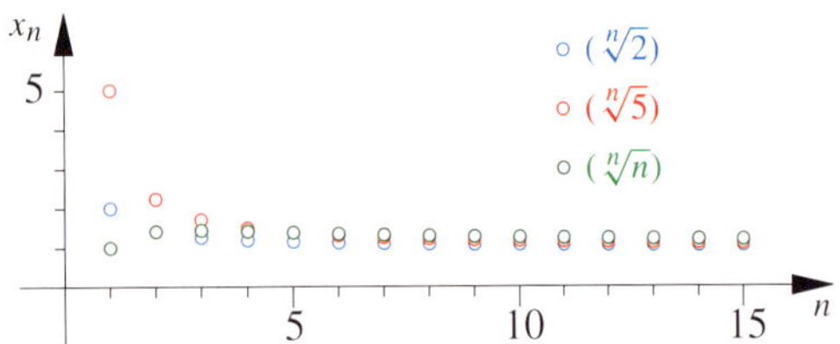

Wir kommen nun zur zweiten Folge, setzen also $x_n = \sqrt[n]{n} - 1$ für $n \in \mathbb{N}$. Dann gilt $x_n \geq 0$, und es ergibt sich mit der binomischen Formel

$$n = (x_n + 1)^n = \sum_{j=0}^{n} \binom{n}{j} x_n^j.$$

In der Summe rechts sind alle Summanden positiv. Wenn wir einige weglassen, wird die Summe kleiner. Wir betrachten $n \geq 2$ und lassen sogar alle Glieder bis auf das erste und dritte aus, also

$$n = \sum_{j=0}^{n} \binom{n}{j} x_n^j \geq 1 + \binom{n}{2} x_n^2.$$

Es folgt mit $\binom{n}{2} = n(n - 1)/2$, dass

$$x_n^2 \leq \frac{2}{n} \quad \text{bzw.} \quad x_n \leq \sqrt{\frac{2}{n}} \to 0 \quad (n \to \infty)$$

mit dem Majorantenkriterium und der Nullfolge $(1/\sqrt{n})_{n=1}^{\infty}$. Da wir $x_n = \sqrt[n]{n} - 1$ gesetzt hatten, folgt $\lim_{n \to \infty} \sqrt[n]{n} = 1$.

Als Drittes betrachten wir $x_n = \sqrt[n]{n!}$. Wir zeigen, dass (x_n) unbeschränkt ist. Dazu führen wir einen Widerspruchsbeweis durch. Wir nehmen an, dass die Folge (x_n) beschränkt ist. Dann gibt es eine Konstante $c > 0$ mit $n! \leq c^n$ für alle $n \in \mathbb{N}$. Dies steht aber im Widerspruch dazu, dass $c^n/n!$ eine Nullfolge ist (siehe Seite 287). Also ist die Folge unbeschränkt und somit nicht konvergent.

Weiter ergibt sich die Abschätzung

$$\begin{aligned}
\left| \frac{x_n}{y_n} - \frac{x}{y} \right| &= \left| \frac{y x_n - y_n x}{y_n y} \right| \\
&= \frac{1}{|y_n| \, |y|} |y(x_n - x) + (y - y_n)x| \\
&\leq \frac{1}{|y_n|} |x_n - x| + \frac{|x|}{|y_n| \, |y|} |y - y_n| \\
&\leq \frac{2}{|y|} |x_n - x| + \frac{2|x|}{|y|^2} |y - y_n|
\end{aligned}$$

für $n \geq N$. Rechts steht die Summe zweier Nullfolgen, also wieder eine Nullfolge. Das Majorantenkriterium liefert, dass auch die Folge (x_n/y_n) konvergiert, und der Grenzwert ist x/y.

Wir zeigen nun die Konvergenz von $(x_n^{1/q})$, falls eine nichtnegative, reelle Folge (x_n) gegen x konvergiert. Im Fall $x = 0$ kann man mit der Definition des Grenzwerts sofort nachvollziehen, dass $(x_n^{1/q})$ eine Nullfolge ist.

Im Fall $x > 0$ verwenden wir einen Standardtrick: Hat man es mit der Differenz von q-ten Wurzeln zu tun, verwendet man eine Verallgemeinerung der dritten binomischen Formel

$$x_n - x = (x_n^{1/q} - x^{1/q}) \sum_{j=0}^{q-1} x_n^{(q-1-j)/q} \, x^{j/q}.$$

Wie beim Nachweis der Konvergenz eines Quotienten zweier konvergenter Folgen sehen wir $x_n \geq \frac{x}{2}$ für alle n ab einem gewissen n_0. Damit folgt, ebenfalls für $n \geq n_0$, für die Summe auf der rechten Seite:

$$\sum_{j=0}^{q-1} x_n^{(q-1-j)/q} \, x^{j/q} \geq \sum_{j=0}^{q-1} \left(\frac{x}{2}\right)^{(q-1-j)/q} x^{j/q}$$

$$= \sum_{j=0}^{q-1} \left(\frac{1}{2}\right)^{(q-1-j)/q} x^{(q-1)/q}$$

$$= x^{(q-1)/q} \left(1 + \sum_{j=0}^{q-2} \left(\frac{1}{2}\right)^{(q-1-j)/q}\right) \geq x^{(q-1)/q}.$$

Somit gilt für $n \geq n_0$:

$$\left| x_n^{1/q} - x^{1/q} \right| = \frac{|x_n - x|}{\sum_{j=0}^{q-1} x_n^{(q-1-j)/q} \, x^{j/q}} \leq \frac{|x_n - x|}{x^{(q-1)/q}}.$$

Die rechte Seite geht gegen null für $n \to \infty$, mit dem Majorantenkriterium folgt somit die Konvergenz $x_n^{1/q} \to x^{1/q}$ für $n \to \infty$. ∎

Die Konvergenz $x_n^{1/q} \to x^{1/q}$ für (x_n) aus $\mathbb{C}$ folgt aus Eigenschaften der allgemeinen Potenzfunktion, die auf Seite 410 eingeführt wird. Der Vollständigkeit halber haben wir die Regel ausnahmsweise im Vorgriff trotzdem im Satz aufgeführt. Die Konvergenz von $x^{p/q}$ ergibt sich nun mit der Regel für Produkte.

Wie diese Regeln zur Berechnung von Grenzwerten genutzt werden können, wird im Beispiel auf Seite 291 aufgezeigt.

Achtung: Bei den Rechenregeln haben wir stets die Voraussetzung, dass sowohl (x_n) als auch (y_n) konvergieren. Diese Voraussetzung ist notwendig und muss berücksichtigt werden.

Die ersten beiden Regeln bezüglich der Summe und der Multiplikation mit einer Zahl zeigen, dass wir es mit linearen algebraischen Strukturen zu tun haben. Fassen wir alle Folgen in $\mathbb{C}$ zu einer Menge zusammen, so ergibt sich mit dieser Addition und der skalaren Multiplikation ein Vektorraum, der *Vektorraum der Folgen in $\mathbb{C}$*. Aus den Rechenregeln für Grenzwerte folgt, dass die Menge der konvergenten Folgen

$$U = \{(x_n)_{n\in\mathbb{N}} \mid (x_n) \text{ konvergent}\}$$

ein Unterraum ist. Weiter entdecken wir, dass die Menge aller Nullfolgen wiederum einen Unterraum in Raum der konvergenten Folgen bildet.

——————— **?** ———————

Finden Sie zur harmonischen Folge, d. h. $x_n = 1/n$, drei Nullfolgen (y_n), sodass die Folge $(x_n/y_n)_{n=1}^{\infty}$

1. auch eine Nullfolge,
2. eine konvergente Folge mit Grenzwert 2 bzw.
3. divergent ist.

Neben den erwähnten Rechenregeln, sind auch häufig Ungleichungen zwischen Folgengliedern relevant. Sind (x_n) und (y_n) konvergente Folgen reeller Zahlen mit der Eigenschaft $x_n \leq y_n$ für alle $n \in \mathbb{N}$, so folgt für die Grenzwerte:

$$\lim_{n\to\infty} x_n \leq \lim_{n\to\infty} y_n.$$

Dies sehen wir aus folgender Überlegung. Zu $\varepsilon > 0$ können wir $N \in \mathbb{N}$ finden, sodass $|x_n - x| \leq \varepsilon/2$ und $|y_n - y| \leq \varepsilon/2$ für alle $n \geq N$ ist. Damit ergibt sich

$$0 \leq y_n - x_n = y_n - y - x_n + x + y - x \leq \varepsilon + y - x,$$

wenn $x = \lim_{n\to\infty} x_n$ und $y = \lim_{n\to\infty} y_n$ sind. Diese Ungleichung erhalten wir für jeden Wert $\varepsilon > 0$, und somit ist $x \leq y$. Die Ungleichung $x_n \leq y_n$ bleibt also im Grenzfall erhalten: $x \leq y$. Das Beispiel $x_n = \frac{1}{n^2}$ und $y_n = \frac{1}{n}$ zeigt außerdem, dass wir bei echten Ungleichung $x_n < y_n$ aufpassen müssen, da im Grenzfall im Allgemeinen nur auf $x \leq y$ geschlossen werden kann.

Durch Einschließen lassen sich Grenzwerte bestimmen

Die letzte Eigenschaft lässt sich für ein weiteres Konvergenzkriterium nutzen. Um zu zeigen, dass eine Folge konvergent ist, benötigten wir bislang eine Vermutung für den Grenzwert, um passende Abschätzungen zu finden. Dies ist aber oft nicht möglich. Es ist somit wichtig, Kriterien zur Verfügung zu haben, die erlauben, ohne Kenntnis des Grenzwerts Aussagen über die Konvergenz einer Folge zu machen.

Mit dem letzten Resultat halten wir fest: Wenn drei reelle Folgen (a_n), (b_n) und (c_n) gegeben sind und wir wissen, dass (a_n) und (b_n) gegen denselben Grenzwert $a \in \mathbb{R}$ konvergieren, so genügt es zu zeigen, dass $a_n \leq c_n \leq b_n$ für $n \in \mathbb{N}$ gilt, um zu sehen, dass auch $\lim_{n\to\infty} c_n = a$ gilt. Diese Tatsache wird **Einschließungskriterium** oder auch *Sandwich Theorem* genannt.

Beispiel Mit dem Einschließungskriterium lässt sich leicht einsehen, dass die Folge (c_n) mit

$$c_n = \sqrt[n]{1 - x^n}$$

für jedes $x \in (-1, 1)$ gegen 1 konvergiert. Denn wir können

$$1 - x^n \geq 1 - |x|^n \geq 1 - |x|$$

und

$$1 - x^n \leq 1 + |x|^n \leq 2$$

abschätzen. Also ist $1 - |x| \leq 1 - x^n \leq 2$. Es folgt aus der Monotonie der n-ten Wurzel:

$$\sqrt[n]{2} \geq \sqrt[n]{1 - x^n} \geq \sqrt[n]{1 - |x|}.$$

Da sowohl die linke als auch die rechte Seite dieser Ungleichungskette für $n \to \infty$ gegen 1 konvergieren, folgt mit dem Einschließungskriterium $\lim_{n\to\infty} c_n = 1$.

Die Abbildung 8.15 illustriert diese Anwendung des Einschließungskriterium für den Fall $x = 1/2$. ◀

Übersicht: Grenzwerte von Folgen

Einige Folgen mit ihren Grenzwerten genauso wie die Rechenregeln werden uns ständig begleiten. Daher ist eine Zusammenstellung dieser Ergebnisse nützlich.

Liste einiger Grenzwerte

Harmonische Folge

$$\lim_{n\to\infty} \frac{1}{n} = 0.$$

Geometrische Folge

$$\lim_{n\to\infty} q^n = 0 \qquad \text{für } |q| < 1.$$

n-te Wurzeln

$$\lim_{n\to\infty} \sqrt[n]{a} = 1 \qquad \text{für } a \in \mathbb{C} \setminus \{0\},$$

$$\lim_{n\to\infty} \sqrt[n]{n} = 1.$$

Weitere Grenzwerte

$$\lim_{n\to\infty} \frac{q^n}{n!} = 0 \qquad \text{für } q \in \mathbb{C},$$

$$\lim_{n\to\infty} n^p q^n = 0 \qquad \text{für } |q| < 1 \text{ und } p \in \mathbb{N}.$$

Divergente Folgen

$$\left(\sqrt[n]{n!}\right)_{n=1}^{\infty},$$

$$\left(q^n\right)_{n=1}^{\infty} \text{ mit } |q| > 1,$$

$$\left(a + nd\right)_{n=1}^{\infty} \text{ mit } a, d \in \mathbb{C},\ d \neq 0.$$

Liste der Rechenregeln

Wenn (x_n) und (y_n) konvergente Folgen in $\mathbb{C}$ mit Grenzwerten $\lim\limits_{n\to\infty} x_n = x$ und $\lim\limits_{n\to\infty} y_n = y$ sind, und $\lambda \in \mathbb{C}$ eine Zahl ist, dann existieren auch die folgenden Grenzwerte:

$$\lim_{n\to\infty} (\lambda x_n) = \lambda x,$$

$$\lim_{n\to\infty} (x_n + y_n) = x + y,$$

$$\lim_{n\to\infty} (x_n - y_n) = x - y,$$

$$\lim_{n\to\infty} (x_n\, y_n) = x\, y,$$

$$\lim_{n\to\infty} \frac{x_n}{y_n} = \frac{x}{y}, \qquad \text{wenn } y \neq 0,$$

$$\lim_{n\to\infty} x_n^{\frac{p}{q}} = x^{\frac{p}{q}}, \qquad \text{für } p, q \in \mathbb{N}.$$

Wenn (a_n) eine beschränkte Folge ist und (x_n) eine Nullfolge, so gilt:

$$\lim_{n\to\infty} (a_n\, x_n) = 0.$$

Ungleichungen

Wenn (x_n) und (y_n) konvergente Folgen in $\mathbb{C}$ mit Grenzwerten $\lim\limits_{n\to\infty} x_n = x$ und $\lim\limits_{n\to\infty} y_n = y$ sind, gilt:

Aus $\quad x_n \leq y_n$ für alle $n \in \mathbb{N}$ folgt $\quad x \leq y.$

Aus $\quad x_n < y_n$ für alle $n \in \mathbb{N}$ folgt nur $\quad x \leq y.$

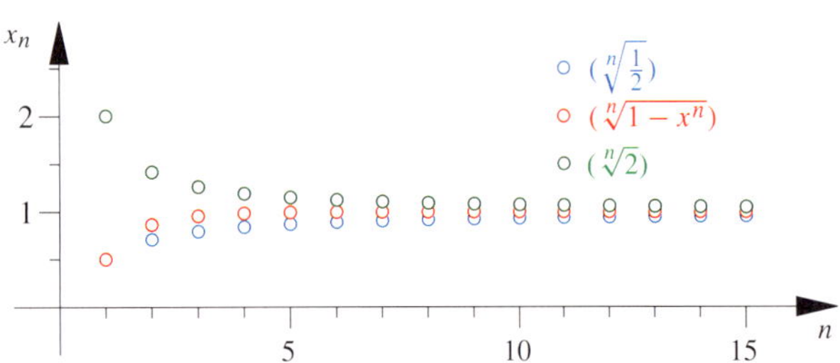

Abbildung 8.15 Mittels Einschließungskriterium lässt sich oft ein Grenzwert finden.

Lösungen der Fixpunktgleichung sind mögliche Grenzwerte

Die Rechenregeln geben uns auch eine elegante Möglichkeit, bei rekursiv definierten Folgen Kandidaten für Grenzwerte zu bestimmen. Machen wir uns dies an einem Beispiel klar.

Beispiel Die rekursiv definierte Folge $a_{n+1} = \sqrt{2a_n}$ mit $a_0 = 1$ liefert

$$1,\ \sqrt{2},\ \sqrt{2\sqrt{2}},\ \sqrt{2\sqrt{2\sqrt{2}}},\ \ldots$$

Nun nehmen wir an, dass die Folge konvergiert, bzw. genauer, es gibt eine Zahl $a \in \mathbb{R}$ mit $\lim\limits_{n\to\infty} a_n = a$. Dann folgt aus der Rekursionsformel mit den Rechenregeln (siehe die Übersicht auf Seite 290) für a die Gleichung:

$$a = \lim_{n\to\infty} a_{n+1} = \lim_{n\to\infty} \sqrt{2a_n} = \sqrt{2a}\,.$$

Eine solche Identität für einen möglichen Grenzwert ergibt sich immer bei rekursiv definierten Folgen mit den Rechenregeln aus der Rekursionsvorschrift. Sie wird **Fixpunktgleichung** genannt. Wir erhalten die Fixpunktgleichung, indem wir in der Rekursionsformel den Grenzwert für $n \to \infty$ betrachten. Im Beispiel bestimmen wir durch Quadrieren die

Beispiel: Ausnutzen der Rechenregeln

Untersuchen Sie die Folgen (x_n) mit den folgenden Gliedern auf Konvergenz.

$$\text{(a)} \quad x_n = \frac{3n^2 + 2n + 1}{5n^2 + 4n + 2}, \qquad \text{(b)} \quad x_n = \sqrt{n^2 + 1} - \sqrt{n^2 - 2n - 1}.$$

Problemanalyse und Strategie: Man muss die Folgenglieder so umschreiben, dass die Rechenregeln angewandt werden können. Am einfachsten ist das, wenn man einen Bruch erzeugt, bei dem im Zähler und Nenner jeweils nur noch einfache Folgen stehen, zum Beispiel Konstanten oder Nullfolgen. Dann erhält man mit den Rechenregeln sofort den Grenzwert.

Lösung:

(a) In der Folge können wir durch Kürzen von n^2 direkt Nullfolgen erzeugen:

$$x_n = \frac{3 + \frac{2}{n} + \frac{1}{n^2}}{5 + \frac{4}{n} + \frac{2}{n^2}}.$$

Bis auf die jeweils ersten Summanden in Zähler und Nenner haben wir es jetzt durchweg mit Nullfolgen zu tun. Der Zähler konvergiert gegen 3, der Nenner gegen 5. Nach der Regel für den Quotienten gilt nun:

$$\lim_{n \to \infty} x_n = \frac{\lim_{n \to \infty} (3 + \frac{2}{n} + \frac{1}{n^2})}{\lim_{n \to \infty} (5 + \frac{4}{n} + \frac{2}{n^2})} = \frac{3}{5}.$$

(b) Wir erinnern uns an die dritte binomische Formel und erweitern die Differenz der Wurzeln mit ihrer Summe:

$$x_n = (\sqrt{n^2 + 1} - \sqrt{n^2 - 2n - 1})$$
$$\cdot \frac{\sqrt{n^2 + 1} + \sqrt{n^2 - 2n - 1}}{\sqrt{n^2 + 1} + \sqrt{n^2 - 2n - 1}}$$
$$= \frac{(n^2 + 1) - (n^2 - 2n - 1)}{\sqrt{n^2 + 1} + \sqrt{n^2 - 2n - 1}}$$
$$= \frac{2n + 2}{\sqrt{n^2 + 1} + \sqrt{n^2 - 2n - 1}}.$$

Nun klammern wir in Zähler und Nenner den Term n aus und kürzen:

$$x_n = \frac{2 + \frac{2}{n}}{\sqrt{1 + \frac{1}{n^2}} + \sqrt{1 - 2\frac{1}{n} - \frac{1}{n^2}}}.$$

Jetzt haben wir wieder die einfache Form mit Konstanten und Nullfolgen. Die Rechenregeln liefern

$$\lim_{n \to \infty} x_n = \frac{\lim_{n \to \infty} 2 + \lim_{n \to \infty} \frac{2}{n}}{\lim_{n \to \infty} \sqrt{1 + \frac{1}{n^2}} + \lim_{n \to \infty} \sqrt{1 - 2\frac{1}{n} - \frac{1}{n^2}}}$$
$$= \frac{2}{1 + 1} = 1.$$

Kommentar: Diese Beispiele zeigen zwei wichtige Techniken beim Durchführen solcher Rechnungen:

- Man kürzt stets den Term, der am stärksten wächst, etwa das Monom höchsten Grades im Zähler und Nenner.
- Differenzen von Wurzeln kann man häufig durch Erweitern mit ihrer Summe vereinfachen.

Lösungen der Gleichung $a = \sqrt{2a}$ als $a = 0$ und $a = 2$. Da mit $a_n \geq 1$ auch $\sqrt{2a_n} \geq 1$ folgt, kommt von den beiden Werten nur $a = 2$ als möglicher Grenzwert der Folge infrage.

Die Abbildung 8.16 illustriert das Vorgehen. Die Lösung der Fixpunktgleichung ist gegeben durch einen Schnittpunkt der Kurve $y = \sqrt{2x}$ mit der Winkelhalbierenden $y = x$. Die Stufen deuten die Rekursionsschritte an. ◀

Achtung: Mithilfe der Fixpunktgleichung bei rekursiv definierten Folgen lassen sich oft Kandidaten für Grenzwerte ermitteln. Dies ist aber kein Beweis dafür, dass die Folge überhaupt konvergiert. So liefert uns etwa bei der Folge mit $a_{n+1} = 2a_n$ und $a_0 = 1$ die Fixpunktgleichung $a = 2a$ als

Kandidaten für einen Grenzwert nur die Möglichkeit $a = 0$. Aber offensichtlich ist die Folge unbeschränkt und somit nicht konvergent.

8.3 Häufungspunkte und Cauchy-Folgen

Die letzten Bemerkungen zeigen die Notwendigkeit von theoretischen Konvergenzaussagen und zwar gerade dann, wenn wir keine Vermutung haben, welchen Wert ein möglicher Grenzwert a hat, und sich keine elementare Abschätzung von $|a_n - a|$ anbietet.

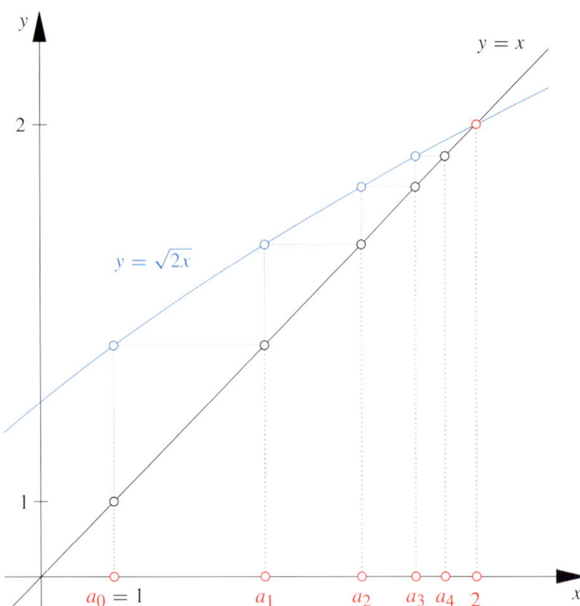

Abbildung 8.16 Fixpunktgleichung und Iterationen für eine Folge mit der Rekursionsvorschrift $a_{n+1} = \sqrt{2a_n}$. Beachten Sie, dass sich die Achsen in der Abbildung nicht im Ursprung schneiden.

?

Stellen Sie, bevor noch zwei weitere Kriterien zur Konvergenz diskutiert werden, die bisherigen Methoden zum Beweisen der Existenz von Grenzwerten zusammen.

Aus beschränkt und monoton folgt konvergent

Gehen Sie einmal die Abbildungen von konvergenten Folgen in diesem Kapitel durch: In vielen Fällen ist die Folge monoton und außerdem beschränkt. Es zeigt sich, dass diese beiden Eigenschaften hinreichend sind, damit Konvergenz vorliegt.

Monotoniekriterium

Jede beschränkte und monotone Folge reeller Zahlen ist konvergent.

Beweis: Wir betrachten den Fall einer monoton wachsenden Folge in $\mathbb{R}$. Für monoton fallende Folgen ergibt sich der Beweis ganz analog.

Sei also (a_n) eine monoton wachsende und beschränkte Folge. Nach dem Vollständigkeitsaxiom (siehe Seite 114) besitzt die beschränkte Menge $M = \{a_n \mid n \in \mathbb{N}\} \subseteq \mathbb{R}$ ein Supremum $a = \sup M$. Somit gibt es zu $\varepsilon > 0$ eine Zahl $N \in \mathbb{N}$ mit der Eigenschaft $|a_N - a| \leq \varepsilon$ (siehe Seite 114). Weiter gilt aufgrund der Monotonie der Folge (a_n) die Abschätzung $a_N \leq a_n \leq a$ für alle $n \geq N$. Wir erhalten

$$|a_n - a| = a - a_n \leq a - a_N = |a_N - a| \leq \varepsilon$$

für $n \geq N$. Also konvergiert die Folge (a_n) gegen das Supremum a. ∎

Das Monotoniekriterium ist ein mächtiges Werkzeug und liefert uns bei vielen Folgen einen Konvergenzbeweis.

Beispiel Betrachten wir eine Folge, die wir schon kennengelernt haben, nämlich

$$x_n = \left(1 + \frac{1}{n}\right)^n.$$

Im Beispiel auf Seite 281 haben wir gezeigt, dass diese Folge beschränkt ist mit $1 \leq x_n \leq 3$.

Um über die Monotonie dieser Folge eine Aussage machen zu können, schauen wir uns den Quotienten x_{n+1}/x_n an. Mit elementaren Umformungen ergibt sich

$$\frac{x_{n+1}}{x_n} = \frac{\left(1 + \frac{1}{n+1}\right)^{n+1}}{\left(1 + \frac{1}{n}\right)^n}$$

$$= \left(1 + \frac{1}{n}\right)\left(\frac{1 + \frac{1}{n+1}}{1 + \frac{1}{n}}\right)^{n+1}$$

$$= \left(1 + \frac{1}{n}\right)\left(\frac{n(n+1) + n}{n(n+1) + n + 1}\right)^{n+1}$$

$$= \left(1 + \frac{1}{n}\right)\left(\frac{(n+1)^2 - 1}{(n+1)^2}\right)^{n+1}$$

$$= \left(1 + \frac{1}{n}\right)\left(1 - \frac{1}{(n+1)^2}\right)^{n+1}.$$

Nun verwenden wir die Bernoulli-Ungleichung mit $h = -1/(n+1)^2$ und erhalten die Abschätzung

$$\frac{x_{n+1}}{x_n} \geq \left(1 + \frac{1}{n}\right)\left(1 - (n+1)\frac{1}{(n+1)^2}\right)$$

$$= \left(1 + \frac{1}{n}\right)\left(1 - \frac{1}{n+1}\right) = 1.$$

Es ist stets $x_{n+1} \geq x_n$, d. h., die Folge ist monoton wachsend. Mit dem Monotoniekriterium folgt die Konvergenz der Folge (x_n). Der Grenzwert dieser Zahlenfolge ist die Euler'sche Zahl e, wie bereits im Kommentar auf Seite 281 angemerkt wurde. ◀

Im Beispiel auf Seite 293 wird ausführlich gezeigt, wie das Monotoniekriterium genutzt werden kann, um bei rekursiv gegebenen Folgen Konvergenz zu prüfen.

?

Versuchen Sie es selbst und zeigen Sie Konvergenz für die Folge $a_{n+1} = \sqrt{2a_n}$ mit $a_1 = 1$ aus dem Beispiel auf Seite 290

Beispiel: Konvergenz und Grenzwertberechnung bei einer rekursiven Folge

Betrachte die Folge (x_n) mit einem Startwert $x_0 \geq 0$ und

$$x_n = \sqrt{5 + 4x_{n-1}}, \qquad n \in \mathbb{N}.$$

Für welche Startwerte x_0 konvergiert die Folge? Wie lautet gegebenenfalls der Grenzwert?

Problemanalyse und Strategie: Es soll das Monotoniekriterium verwendet werden, um die Konvergenz der Folge nachzuweisen. Es muss sichergestellt werden, dass die Folge monoton und beschränkt ist. Das Verhalten von rekursiven Folgen hängt oft entscheidend von der relativen Lage von Startwert und Grenzwert ab. Daher bestimmen wir zunächst mögliche Kandidaten für den Grenzwert als Lösungen der Fixpunktgleichung.

Lösung:

Wir nehmen an, dass die Folge konvergiert und setzen $x = \lim_{n \to \infty} x_n$. Indem man in der Rekursionsvorschrift auf beiden Seiten zum Grenzwert übergeht, erhält man die Fixpunktgleichung

$$x = \sqrt{5 + 4x}.$$

Durch Quadrieren ergibt sich die quadratische Gleichung $x^2 - 4x - 5 = 0$ mit den Lösungen -1 und 5. Dies sind die Kandidaten für den Grenzwert.

Für einen Startwert $x_0 \geq 0$ erkennt man durch Induktion leicht, dass $x_n \geq 0$ für alle $n \in \mathbb{N}$ gilt. Die Folge ist durch 0 nach unten beschränkt. Aus dieser Beobachtung folgt auch, dass -1 als Grenzwert nicht infrage kommt.

Es ist nun am einfachsten, die Folge zunächst auf Monotonie zu untersuchen. Es gilt:

$$\begin{aligned}
x_n - x_{n-1} &= \sqrt{5 + 4x_{n-1}} - x_{n-1} \\
&= \frac{5 + 4x_{n-1} - x_{n-1}^2}{\sqrt{5 + 4x_{n-1}} + x_{n-1}} \\
&= \frac{(5 - x_{n-1})(1 + x_{n-1})}{\sqrt{5 + 4x_{n-1}} + x_{n-1}}.
\end{aligned}$$

Beachten Sie, dass wir hier wieder den Trick angewandt haben, eine Differenz von Wurzeln mit der Summe der Wurzeln zu erweitern und die dritte binomische Formel anzuwenden. Die Summe, die jetzt im Nenner steht, ist

positiv, denn $x_{n-1} \geq 0$. Der Term $1 + x_{n-1}$ ist auch positiv. Daher hängt das Vorzeichen von $x_n - x_{n-1}$ nur von der Differenz $5 - x_{n-1}$ ab: Ist $x_{n-1} > 5$, so ist $x_n < x_{n-1}$, ist $x_{n-1} < 5$, so ist $x_n > x_{n-1}$.

Wir betrachten nun zwei Fälle. Zunächst sei $x_{n-1} > 5$. Dann gilt:

$$5 - x_n = 5 - \sqrt{5 + 4x_{n-1}} < 5 - \sqrt{5 + 20} = 0,$$

und es ist auch $x_n > 5$. Mit den bisherigen Überlegungen folgt durch Induktion: Für einen Startwert $x_0 > 5$ gilt $x_n > 5$ für alle $n \in \mathbb{N}$. Die Folge ist in diesem Fall monoton fallend. Mit dem Monotoniekriterium folgt, dass sie auch konvergent ist. Da 5 der einzige verbleibende Kandidat für den Grenzwert ist, gilt $\lim_{n \to \infty} x_n = 5$.

Nun zum zweiten Fall. Wir nehmen jetzt an $x_{n-1} < 5$. Es folgt, dass

$$x_n - 5 = \sqrt{5 + 4x_{n-1}} - 5 < \sqrt{5 + 20} - 5 = 0,$$

also $x_n < 5$. Jetzt dreht sich die Argumentation um: Für einen Startwert $x_0 < 5$ gilt $x_n < 5$ für alle $n \in \mathbb{N}$, und die Folge ist monoton wachsend. Nach dem Monotoniekriterium konvergiert die Folge, wieder ist 5 der einzige Kandidat für den Grenzwert.

Es bleibt noch der Fall $x_0 = 5$, in dem die Folge konstant ist. Insgesamt haben wir gezeigt, dass die Folge für jeden Startwert $x_0 \geq 0$ gegen 5 konvergiert.

Kommentar: Dieses Beispiel zeigt, wie sehr gerade bei rekursiv definierten Folgen die Begriffe der Monotonie, Beschränktheit und Konvergenz ineinander verzahnt sind. Ein genaues Verständnis jedes dieser Begriffe ist notwendig, um eine korrekte Argumentationskette aufzubauen.

Teilfolgen sind auch Folgen

Die Monotonie ist eine starke Voraussetzung. Sobald sie nicht gegeben ist, können sehr unterschiedliche Situationen auftreten. In der Abbildung 8.17 ist die reelle Folge $(a_n)_{n=1}^{\infty}$ mit

$$a_n = (-1)^n \left(1 + \frac{1}{n}\right), \qquad n \in \mathbb{N},$$

abgebildet. Es sieht auf den ersten Blick so aus, als seien zwei Folgen abgebildet. Beide davon scheinen zu konvergieren,

aber mit unterschiedlichen Grenzwerten. Insgesamt ist die Folge $(a_n)_{n=1}^{\infty}$ allerdings divergent.

Um ein solches Verhalten mathematisch beschreiben zu können, führen wir einen neuen Begriff ein: die *Teilfolge*. Man bezeichnet eine Folge $(a_{n_k})_{k=1}^{\infty}$ als **Teilfolge** einer Folge $(a_n)_{n=1}^{\infty}$, wenn $(n_k)_{k=1}^{\infty}$ eine streng monoton steigende Folge von Indizes in $\mathbb{N}$ ist. Wir erzeugen etwa mit $n_k = 2^k$ aus der Folge (a_n) die Teilfolge (a_{n_k}) mit den Folgengliedern

$$a_1, \ a_2, \ a_4, \ a_8, \ a_{16}, \ a_{32}, \ \ldots$$

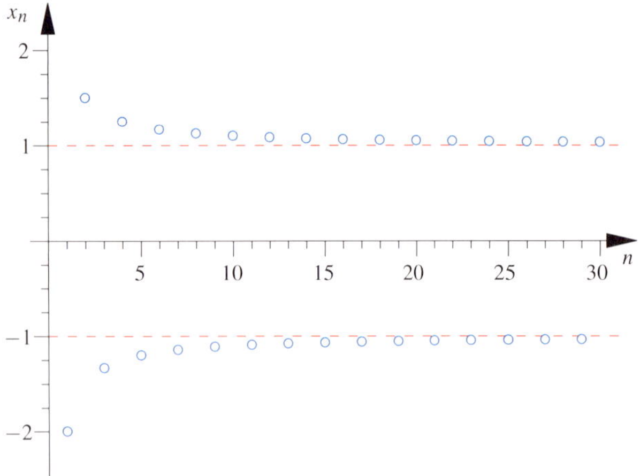

Abbildung 8.17 Die Folge $\left((-1)^n\left(1+\frac{1}{n}\right)\right)_n$ hat zwei Häufungspunkte.

Achtung: Es ist ganz wesentlich, dass (n_k) streng monoton wachsend ist. Dadurch treffen wir bei einer Teilfolge eine Auswahl der Glieder einer Folge, behalten aber ihre Reihenfolge bei.

Häufig betrachtet man alle Folgenglieder mit geradem oder ungeradem Index. Mit $n_k = 2k$ erhält man etwa im Beispiel oben die Folge (a_{n_k}) mit

$$a_{n_k} = (-1)^{2k}\left(1+\frac{1}{2k}\right) = 1 + \frac{1}{2k}, \quad k \in \mathbb{N}.$$

Mit $n_k = 2k - 1$ erhält man dagegen

$$a_{n_k} = (-1)^{2k-1}\left(1+\frac{1}{2k-1}\right) = -1 - \frac{1}{2k-1}, \quad k \in \mathbb{N}.$$

Häufungspunkte sind Grenzwerte von Teilfolgen

In diesem Fall sind beide Teilfolgen konvergent: Die Folge (a_{2k}) hat den Grenzwert 1, die Folge (a_{2k-1}) hat den Grenzwert -1. Diese beiden Grenzwerte charakterisieren irgendwie das Verhalten der gesamten Folge (a_n) selbst, daher verdienen sie eine besondere Bezeichnung.

Definition von Häufungspunkten

Ist eine Teilfolge $(a_{n_k})_{k=1}^{\infty}$ konvergent, so heißt ihr Grenzwert **Häufungspunkt** der Folge (a_n).

Ein Zusammenhang von Konvergenz und Häufungspunkt ergibt sich direkt aus der Definition.

Lemma
Ist eine Folge (a_n) von komplexen Zahlen konvergent mit Grenzwert $a \in \mathbb{C}$, so ist a der einzige Häufungspunkt, und jede Teilfolge von (a_n) konvergiert ebenfalls gegen a.

Beweis: Wenn (a_n) eine konvergente Folge ist mit Grenzwert a, so gibt es zu $\varepsilon > 0$ ein $N \in \mathbb{N}$ mit $|a_n - a| \le \varepsilon$ für alle $n \ge \mathbb{N}$. Ist nun (a_{n_k}) eine Teilfolge, so findet sich wegen der Monotonie der Indizes (n_k) auch ein $K \in \mathbb{N}$ mit $n_k > N$ für alle $k \ge K$. Also gilt $|a_{n_k} - a| \le \varepsilon$ für alle $k \ge K$. Dies bedeutet, die Folge (a_{n_k}) ist konvergent mit Grenzwert a. $\blacksquare$

Beschränkte Folgen besitzen mindestens einen Häufungspunkt

Wir können zwar ohne die Voraussetzung der Monotonie bei beschränkten Folgen reeller Zahlen keinen Grenzwert erwarten, aber es zeigt sich, dass zumindest ein Häufungspunkt existieren muss. Diese grundlegende Aussage wird nach den beiden Mathematikern Bernard Bolzano (1781–1848) und Karl Weierstraß (1815–1897) benannt.

Satz von Bolzano-Weierstraß

Jede beschränkte Folge reeller oder komplexer Zahlen besitzt mindestens einen Häufungspunkt.

Beweis: Der Beweis ist unterteilt in drei Schritte:

(i) Zunächst konstruieren wir einen Kandidaten für einen Häufungspunkt im Falle einer beschränkten Folge (a_n) in $\mathbb{R}$.

Wir definieren für jedes $k \in \mathbb{N}$ die beschränkte Menge $M_k = \{a_n \mid n \ge k\}$. Nach dem Vollständigkeitsaxiom besitzt diese Menge ein Supremum. Wir erhalten damit eine weitere Folge $(b_k)_{k=1}^{\infty}$ durch

$$b_k = \sup M_k .$$

Da $M_{k+1} \subset M_k$ für alle $k \in \mathbb{N}$ gilt, ist die Folge b_k monoton fallend. Wegen

$$b_k = \sup M_k \ge \inf M_k \ge \inf\{a_n \mid n \in \mathbb{N}\}$$

ist die Folge (b_k) auch nach unten beschränkt. Somit folgt mit dem Monotoniekriterium, dass (b_k) konvergiert. Wir setzen

$$b = \lim_{k\to\infty} b_k .$$

(ii) Es ist zu zeigen, dass b Häufungspunkt von (a_n) ist.

Angenommen dies ist nicht der Fall. Dann gibt es ein $\varepsilon > 0$ und eine Zahl $N \in \mathbb{N}$, sodass $|b - a_n| > \varepsilon$ für alle $n \ge N$ gilt. Da die Folge (b_k) gegen b konvergiert, existiert weiter ein $K \in \mathbb{N}$ mit $|b - b_k| < \frac{\varepsilon}{2}$ für alle $k > K$. Also ist mit der Dreiecksungleichung

$$|a_n - b_k| = |a_n - b - (b_k - b)| \ge |a_n - b| - |b_k - b| \ge \frac{\varepsilon}{2}$$

für alle $n \ge N$ und $k \ge K$. Dies steht aber im Widerspruch zur Definition von $b_k = \sup M_k$; denn, wenn $k \ge N$ gewählt wird, so gibt es ein $n \ge k \ge N$ mit der Eigenschaft $|a_n - b_k| = |a_n - \sup M_k| < \frac{\varepsilon}{2}$ (siehe Seite 114).

(iii) Nun verallgemeinern wir noch die Aussage für beschränkte Folgen (a_n) in $\mathbb{C}$.

Die beiden reellen Folgen des Real- und des Imaginärteils von a_n sind beschränkt, da $|\mathrm{Re}(a_n)| \leq |a_n|$ und $|\mathrm{Im}(a_n)| \leq |a_n|$ gilt. Nach der Aussage für Folgen in $\mathbb{R}$ besitzt somit die Folge $(\mathrm{Re}(a_n))$ eine konvergente Teilfolge $(\mathrm{Re}(a_{n_k}))$ mit Häufungspunkt $\lim_{k\to\infty} a_{n_k} = x \in \mathbb{R}$. Wir wenden die Aussage für reelle Folgen nun auf die Folge $(\mathrm{Im}(a_{n_k}))_{k=1}^{\infty}$ an. Demnach gibt es einen Häufungspunkt $y \in \mathbb{R}$ zu dieser Folge, d. h. eine Teilfolge $(\mathrm{Im}(a_{n_{k_l}}))_{l\in\mathbb{N}}$ konvergiert gegen y. Insgesamt folgt, dass $\lim_{l\to\infty} a_{n_{k_l}} = x + \mathrm{i}y \in \mathbb{C}$ ein Häufungspunkt der ursprünglichen Folge (a_n) ist. $\blacksquare$

Wir können uns den Satz von Bolzano-Weierstraß auch so merken: Jede beschränkte, reelle oder komplexe Folge besitzt eine konvergente Teilfolge. Der Satz ist eng mit der Definition der reellen bzw. komplexen Zahlen verknüpft. Wie wir im Beweis gesehen haben, spielt das Vollständigkeitsaxiom dabei die entscheidende Rolle.

Folgerung

Falls eine Folge (a_n) beschränkt ist und nur einen einzigen Häufungspunkt a besitzt, dann konvergiert die Folge, und a ist ihr Grenzwert.

Beweis: Wir nehmen an, die Folge (a_n) konvergiert nicht. Dann gibt es ein $\varepsilon > 0$, sodass für jedes $k \in \mathbb{N}$ ein $n_k > k$ existiert mit

$$|a_{n_k} - a| \geq \varepsilon \, .$$

Indem wir die n_k wachsend anordnen und mehrfache n_k weglassen, erhalten wir eine Teilfolge von (a_n), die nicht gegen a konvergiert. Da die Folge (a_n) beschränkt ist, ist auch diese Teilfolge beschränkt und besitzt nach dem Satz von Bolzano-Weierstraß eine konvergente Teilfolge. Deren Grenzwert kann aber nicht a sein, die Folge (a_n) hat also einen von a verschiedenen Häufungspunkt. Dies widerspricht der Voraussetzung, dass (a_n) nur einen einzigen Häufungspunkt besitzt. Die Annahme ist also falsch, die Folge (a_n) ist konvergent. $\blacksquare$

— **?** —

Warum benötigt man bei der Aussage die Voraussetzung, dass (a_n) beschränkt ist? Überlegen Sie sich ein Beispiel!

Im Beweis des Satzes von Bolzano-Weierstraß haben wir durch $b_k = \sup\{a_n \in \mathbb{R} \mid n \geq k\}$ eine monoton fallende Folge konstruiert und über einen Widerspruch gezeigt, dass ihr Grenzwert ein Häufungspunkt der beschränkten, reellen Folge (a_n) ist. Dieser spezielle Häufungspunkt wird **Limes Superior** genannt. Man schreibt

$$\limsup_{n\to\infty} a_n = \lim_{k\to\infty} \left(\sup\{a_n \in \mathbb{R} \mid n \geq k\}\right) .$$

Analog führt man den **Limes Inferior** ein mit

$$\liminf_{n\to\infty} a_n = \lim_{k\to\infty} \left(\inf\{a_n \in \mathbb{R} \mid n \geq k\}\right) .$$

In der Literatur findet sich für diese Häufungspunkte auch manchmal die Notation $\underline{\lim}$ für lim inf und $\overline{\lim}$ für lim sup.

Beispiel Die Folge (a_n) mit

$$a_n = \sin\left(\frac{\pi}{2}n\right), \quad n \in \mathbb{N}$$

besitzt drei Häufungspunkte, $-1, 0, 1$. Zugehörige Teilfolgen sind etwa (a_{4n+3}), (a_{2n}) und a_{4n+1}. Damit erhalten wir

$$\liminf_{n\to\infty} a_n = -1 \quad \text{und} \quad \limsup_{n\to\infty} a_n = 1 \, . \qquad \blacktriangleleft$$

Aus der Definition dieser beiden speziellen Häufungspunkte ergeben sich zwei Eigenschaften, die die Begriffsbildung deutlicher machen.

Folgerung

(a) Sind (a_n) eine beschränkte Folge in $\mathbb{R}$ und $a \in \mathbb{R}$ ein Häufungspunkt von (a_n), so gilt:

$$\liminf_{n\to\infty} a_n \leq a \leq \limsup_{n\to\infty} a_n \, .$$

Also ist der Limes Superior der größte und der Limes Inferior der kleinste Häufungspunkt einer beschränkten Folge.

(b) Ist (a_n) eine konvergente Folge in $\mathbb{R}$ so gilt:

$$\liminf_{n\to\infty} a_n = \lim_{n\to\infty} a_n = \limsup_{n\to\infty} a_n \, .$$

Beweis: (a) Wir definieren wieder zunächst die Folge

$$b_k = \inf\{a_n \mid n \geq k\}$$

mit dem Grenzwert $\lim_{k\to\infty} b_k = \liminf_{n\to\infty} a_n$ und betrachten zu einem Häufungspunkt a eine konvergente Teilfolge $(a_{n_k})_{k\in\mathbb{N}}$ mit dem Grenzwert $\lim_{k\to\infty} a_{n_k} = a$. Aus der Ungleichung $b_{n_k} \leq a_{n_k}$ für alle $k \in \mathbb{N}$ und der Konvergenz beider Folgen ergibt sich

$$\liminf_{n\to\infty} a_n = \lim_{k\to\infty} b_{n_k} \leq \lim_{k\to\infty} a_{n_k} = a \, .$$

Analog ergibt sich die Abschätzung für den Limes Superior.

(b) Da Limes Inferior und Limes Superior Häufungspunkte sind und nach dem Lemma auf Seite 294 zu einer konvergenten Folge genau ein Häufungspunkt existiert, folgt bei konvergenten Folgen:

$$\liminf_{n\to\infty} a_n = \lim_{n\to\infty} a_n = a = \limsup_{n\to\infty} a_n \, . \qquad \blacksquare$$

Um die grundlegende Bedeutung des Satzes von Bolzano-Weierstraß zu sehen, bietet es sich an, eine weitere Eigenschaft von Folgen herauszustellen. Dazu betrachten wir zunächst ein weiteres Beispiel zum Monotoniekriterium.

Unter der Lupe: Der Satz von Bolzano-Weierstraß

Jede beschränkte Folge reeller oder komplexer Zahlen besitzt mindestens einen Häufungspunkt.

Dies ist ein typischer Satz, bei dem man zunächst ohne Anfangsidee für den Beweis steht, also *wie der Ochs vor'm Berg*. Es bietet sich an, Teilaussagen zu identifizieren, die getrennt bzw. nacheinander bewiesen werden können.

Wir beginnen gewissermaßen hinten: Der Satz macht Aussagen über reelle und komplexe Folgen. Kann man die Aussage für komplexe Folgen aus der für reelle Folgen ableiten? Was offensichtlich nicht zum Ziel führt, ist die Aussage für Real- und Imaginärteil getrennt anzuwenden. So erhalte ich zwar eine Teilfolge mit konvergentem Realteil und eine mit konvergentem Imaginärteil, aber diese Folgen müssen keine gemeinsamen Glieder besitzen. Aber eine kleine Variante funktioniert: Haben wir eine Teilfolge, deren Realteile konvergieren, so bleibt diese Eigenschaft bei jeder Teilfolge erhalten. Man wählt also eine Teilfolge dieser Teilfolge, bei der auch die Imaginärteile konvergieren.

Damit bleibt die Aussage für eine reelle Folge (a_n) übrig, der dritte Teil des Beweises. Da wir außer der Beschränktheit keinerlei Informationen über die Folge besitzen, ist nur die Anwendung eines allgemeinen Konvergenzkriteriums möglich, also des Monotoniekriteriums. Um dieses einsetzen zu können, benötigen wir aber zusätzlich Monotonie. Ziel muss es also sein, aus unserer beschränkten Folge (a_n) eine monotone beschränkte Folge zu konstruieren.

Denkbar ist, aus (a_n) selbst eine monotone Teilfolge auszuwählen. Dann wären wir sofort am Ziel. Dies erweist sich jedoch als technisch schwierig. Versuchen Sie einmal, eine solche Konstruktion zu realisieren.

Leichter ist es, eine geeignete Folge zu konstruieren: Indem wir die Suprema b_k der mit wachsendem k kleiner werdenden Mengen

$$M_k = \{a_n \mid n \geq k\}$$

betrachten, erhalten wir von selbst eine monoton fallende beschränkte Folge. Zu zeigen ist nun noch, dass der Grenzwert b dieser Folge auch Häufungspunkt von (a_n) ist.

Diese letzte Aussage ist ideal für einen Widerspruchsbeweis. Sie ist im zweiten Teil des Beweises dargestellt. Wir nehmen an, dass b kein Häufungspunkt von (a_n) ist. Hieraus folgt, dass sich die Folgenglieder a_n sich b nicht beliebig dicht nähern können. Andererseits müssen sie sich aber nach der Definition des Supremums den (b_k) beliebig dicht annähern. Hieraus ergibt sich durch eine Standardanwendung der Dreiecksungleichung der Widerspruch.

Bei der Formulierung des Satzes von Bolzano-Weierstraß ist es notwendig, sich auf reelle oder komplexe Zahlen zu beziehen. So besitzt jede monotone und beschränkte Folge aus $\mathbb{Q}$ zwar einen Häufungspunkt, denn $\mathbb{Q}$ ist in $\mathbb{R}$ enthalten. Dieser Häufungspunkt muss jedoch nicht selbst eine rationale Zahl sein. Dazu fehlt $\mathbb{Q}$ die Eigenschaft, vollständig zu sein. Im Zusammenhang mit *Cauchy-Folgen* werden wir diesen Aspekt weiter vertiefen.

Beispiel Zu einer Zahl $x \in \mathbb{R}_{>0}$ definieren wir die rekursive Folge (a_n) mit

$$a_{n+1} = \frac{1}{2}\left(a_n + \frac{x}{a_n}\right)$$

und starten mit $a_0 > 0$. Die zugehörige Fixpunktgleichung

$$a = \frac{1}{2}\left(a + \frac{x}{a}\right),$$

hat nur die eine positive Lösung $a = \sqrt{x}$. Sie liefert daher, dass der Grenzwert der Folge $\sqrt{x}$ sein muss, falls die Folge konvergiert.

Mithilfe des Monotoniekriteriums (siehe Seite 292) zeigen wir Konvergenz. Zunächst beobachten wir, dass induktiv mit $a_0 > 0$ auch $a_n > 0$ für alle $n \in \mathbb{N}$ folgt. Eine Anwendung der binomischen Formel liefert

$$0 \leq (a_n - \sqrt{x})^2 = a_n^2 - 2a_n\sqrt{x} + x.$$

Diese Ungleichung lösen wir nach $\sqrt{x}$ auf:

$$\sqrt{x} \leq \frac{1}{2}\left(a_n + \frac{x}{a_n}\right) = a_{n+1}.$$

Es gilt also für alle $n \geq 1$, dass $a_n \geq \sqrt{x}$ ist. Zweimaliges Anwenden dieser Abschätzung führt zu

$$a_{n+1} = \frac{1}{2}\left(a_n + \frac{x}{a_n}\right) \leq \frac{1}{2}\left(a_n + \frac{x}{\sqrt{x}}\right)$$
$$= \frac{1}{2}(a_n + \sqrt{x}) \leq a_n.$$

Die Folge (a_n) ist also zumindest ab Index $n = 1$ nach unten durch $\sqrt{x}$ beschränkt, und sie fällt monoton (siehe auch Abbildung 8.18). Damit ist die Folge konvergent.

Kommentar: Diese Methode zur approximativen Berechnung von $\sqrt{x}$ wird Heron-Verfahren genannt. Da sie schon den Bewohnern des antiken Babylon bekannt war, spricht man auch vom Babylonischen Wurzelziehen. ◄

Schauen wir uns die Folge (a_n) aus dem Beispiel etwa für $x = 2$ noch einmal genauer an. Ist der Startwert $a_0 \in \mathbb{Q}$, so sind offensichtlich alle Folgenglieder rationale Zahlen. Der Grenzwert $a = \sqrt{2}$ ist es aber nicht, d. h. in $\mathbb{Q}$ ist die Folge divergent, ihr Grenzwert existiert nicht. Andererseits verhalten sich die Folgenglieder wie bei einer konvergenten Folge.

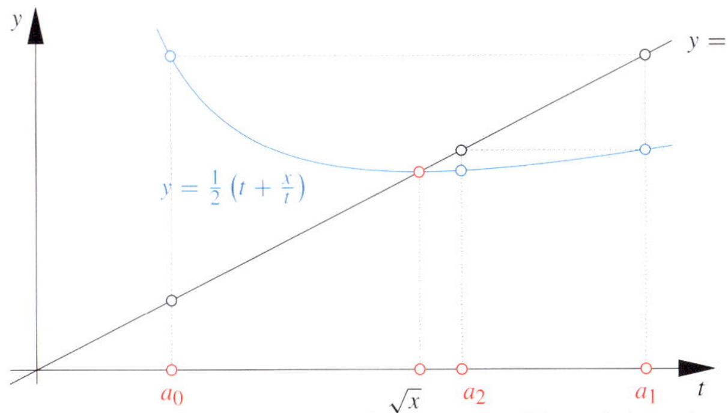

Abbildung 8.18 Die Fixpunktiteration für das Heron-Verfahren. Ab dem Index 1 ist die Folge monoton fallend und nach unten beschränkt.

Eine Abschwächung des Konvergenzbegriffs – die Cauchy-Folge

Der Begriff *konvergent* ist also nicht adäquat, um dieses Verhalten von (a_n) als Folge in den rationalen Zahlen zu beschreiben. Wir benötigen eine Beschreibung des Verhaltens, die ohne die Existenz eines Grenzwerts auskommt.

Definition einer Cauchy-Folge

Wir nennen eine Folge (a_n) von Zahlen eine **Cauchy-Folge**, wenn es zu jedem Wert $\varepsilon > 0$ eine Zahl $N \in \mathbb{N}$ gibt mit der Eigenschaft, dass für alle Indizes $m, n > N$ die Abschätzung $|a_m - a_n| \leq \varepsilon$ gilt.

Diese Definition bedeutet, dass mit hinreichend großen Indizes die Differenz von Folgengliedern beliebig klein wird. Cauchy-Folgen sind benannt nach dem französischen Mathematiker Augustin Louis Cauchy (1789–1857), der mit anderen den Weg zur modernen Analysis bereitet hat.

Beispiel Als Beispiel einer Cauchy-Folge wählen wir die rekursiv definierte Folge (x_n) mit $x_{n+1} = (1/3)\,(1 - x_n^2)$ und $x_0 = 0$. Induktiv sieht man, dass (x_n) im Intervall $(0, 1/3)$ beschränkt ist. In zwei Schritten zeigen wir, dass es sich um eine Cauchy-Folge handelt. Zunächst gilt mit der Rekursionsformel und der Beschränkung $|x_n + x_{n-1}| \leq |x_n| + |x_{n-1}| \leq 2/3$ die Abschätzung

$$
\begin{aligned}
|x_{n+1} - x_n| &= \left| \frac{1}{3}(1 - x_n^2) - \frac{1}{3}(1 - x_{n-1}^2) \right| \\
&= \frac{1}{3}\left| x_{n-1}^2 - x_n^2 \right| \\
&= \frac{1}{3}|x_{n-1} + x_n|\,|x_{n-1} - x_n| \\
&\leq \frac{2}{9}|x_n - x_{n-1}|.
\end{aligned}
$$

Diese Abschätzung gilt für jede Zahl $n \in \mathbb{N}$. Setzen wir $q = 2/9$ und nutzen die Ungleichung n-mal, so folgt $|x_{n+1} - x_n| \leq q^n |x_1 - x_0| = (1/3)\,q^n$.

Der zweite Schritt: Für Zahlen $m, n \in \mathbb{N}$ mit $m > n$ lässt sich diese Abschätzung $(m - n - 1)$-mal anwenden, und

es folgt $|x_m - x_{m-1}| \leq q\,|x_{m-1} - x_{m-2}| \leq \cdots \leq q^{m-n-1}\,|x_{n+1} - x_n|$. Mit der Dreiecksungleichung, der geometrischen Summe und $l = m - j - n - 1$ erhält man für $m > n$ die Ungleichung

$$
\begin{aligned}
|x_m - x_n| &\leq \sum_{j=0}^{m-n-1} |x_{m-j} - x_{m-j-1}| \\
&\leq \sum_{l=0}^{m-n-1} q^l\,|x_{n+1} - x_n| \\
&= \frac{1 - q^{m-n}}{1 - q}\,|x_{n+1} - x_n| \\
&\leq \frac{|x_{n+1} - x_n|}{1 - q} = \frac{9}{7}\,|x_{n+1} - x_n|.
\end{aligned}
$$

Es folgt $|x_m - x_n| \leq (9/21)\,q^n \leq \varepsilon$ für alle hinreichend großen Zahlen n, m da die geometrische Folge (q^n) eine Nullfolge ist. Wir haben so die Cauchy-Folgen-Eigenschaft gezeigt. ◀

Kommentar: Den zweiten Schritt in diesem Beweis sollte man sich genauer ansehen. Er beinhaltet einen Schluss, dem man in allgemeinen vollständigen Räumen häufiger begegnet, so etwa beim Beweis des Banach'schen Fixpunktsatzes (siehe Seite 806). Es wird aus einer *Kontraktionseigenschaft*, nämlich $|x_{n+1} - x_n| \leq q|x_n - x_{n-1}|$ mit $q \in (0, 1)$, die Cauchy-Folgen-Bedingung durch

$$
|x_m - x_n| \leq \frac{q^n}{1 - q}
$$

mittels des Grenzwerts der geometrischen Summe bewiesen.

Cauchy-Folge und Konvergenz

Wir hatten angedeutet, dass der Begriff der Cauchy-Folge schwächer ist als der Konvergenzbegriff. Allgemein gilt, dass jede konvergente Folgen auch Cauchy-Folge ist; denn mit einem Grenzwert x und der Dreiecksungleichung können wir abschätzen:

$$
|x_m - x_n| = |x_m - x + x - x_n| \leq |x_m - x| + |x_n - x|.
$$

Wegen der Konvergenz der Folge (x_n) streben die beiden Terme auf der rechten Seite gegen 0 für $n, m \to \infty$. Also ist die Folge eine Cauchy-Folge.

Interessant ist die Umkehrung dieser Aussage. In den rationalen Zahlen kann diese Umkehrung nicht gelten, wie wir es etwa am Beispiel des Heron-Verfahrens auf Seite 296 gesehen haben. Aber in $\mathbb{R}$ oder in $\mathbb{C}$ lässt sich, letztendlich wegen des Vollständigkeitsaxioms, die Aussage umdrehen.

Cauchy-Kriterium

Jede Cauchy-Folge in $\mathbb{R}$ bzw. $\mathbb{C}$ ist konvergent.

Übersicht: Folgen und Konvergenz

Aus den elementaren Eigenschaften von Folgen ergibt sich eine Kette von Klassifizierungen, deren Zusammenhänge sich in einem Diagramm aufzeigen lassen. Hilfreich ist darüber hinaus eine Zusammenstellung von wesentlichen Kriterien zur Konvergenz. Wobei wir insbesondere herausstellen, welchen Kriterien das Vollständigkeitsaxiom zugrunde liegt

Klassifizierung von Folgen

Im folgenden Venn-Diagramm sind die Eigenschaften von Folgen und Zusammenhänge als Unterräume/Teilmengen des Vektorraums aller Folgen dargestellt. Zu jeder Klasse ist auch ein typischer Vertreter mit angegeben.

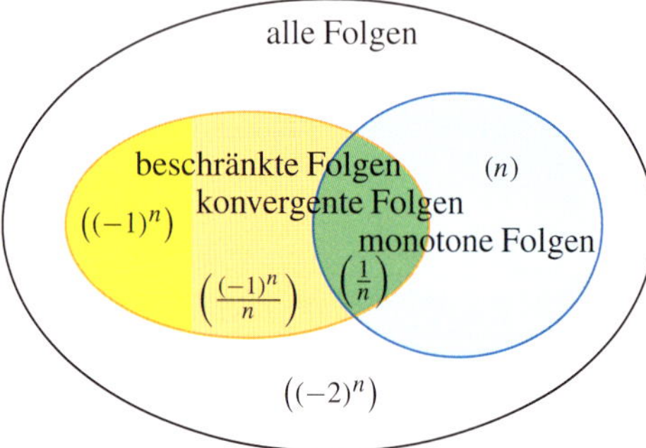

Beachten Sie, dass es sich bei den monotonen Folgen nur um eine Teilmenge und nicht um einen Unterraum handelt. Unterräume bekommen wir nur bei Aufteilung in monoton wachsende und monoton fallende Folgen.

Im Diagramm sind die Cauchy-Folgen nicht eingezeichnet, da diese zumindest in den *vollständigen Mengen* der reellen oder komplexen Zahlen nach dem Cauchy-Kriterium mit den konvergenten Folgen zusammenfallen.

Konvergenzkriterien

Die ersten aufgelisteten Konvergenzkriterien können problemlos in allgemeine normierte Vektorräume übertragen werden. Aber Vorsicht, gehen wir die Beweise nochmal durch, so ergibt sich, dass bei den entsprechend gekenn-zeichneten Kriterien die *Vollständigkeit* eine notwendige Voraussetzung ist.

Die Folge (x_n) in $\mathbb{R}$ oder $\mathbb{C}$ konvergiert gegen $x \in \mathbb{R}$ oder $\mathbb{C}$, wenn gilt:

- Zu $\varepsilon > 0$ gibt es $N \in \mathbb{N}$ mit

$$|x_n - x| \leq \varepsilon \quad \text{für } n \geq N .$$

- **Majorantenkriterium**
  Es gibt eine Nullfolge (y_n) mit

$$|x_n - x| \leq |y_n| .$$

- **Einschließungskriterium in $\mathbb{R}$** (erfordert Anordnung)
  Es gibt Folgen (a_n) und (b_n) mit

$$a_n \leq x_n \leq b_n$$

  und $\lim\limits_{n \to \infty} a_n = x = \lim\limits_{n \to \infty} b_n$.

- **Monotoniekriterium** (basiert auf Anordnung und Vollständigkeit)
  Jede beschränkte und monotone Folge in $\mathbb{R}$ ist konvergent.

- **Bolzano-Weierstraß** (benötigt/definiert Vollständigkeit)
  Beschränkte Folgen in $\mathbb{R}$ oder $\mathbb{C}$ besitzen mindestens einen Häufungspunkt.

- **Cauchy-Kriterium** (benötigt/definiert Vollständigkeit)
  Jede Cauchy-Folge in $\mathbb{R}$ oder $\mathbb{C}$ ist konvergent.

Beweis: Der Satz lässt sich mit dem Satz von Bolzano-Weierstraß (siehe Seite 299) zeigen. Falls (a_n) eine Cauchy-Folge ist, können wir zu $\varepsilon = 1$ ein $N \in \mathbb{N}$ finden mit $|a_n| = |a_n - a_N + a_N| \leq |a_n - a_N| + |a_N| \leq 1 + |a_N|$ für alle $n \geq N$. Also ist die Cauchy-Folge beschränkt durch $\max\{1 + |a_N|, |a_1|, |a_2|, \ldots, |a_{N-1}|\}$. Der Satz von Bolzano-Weierstraß besagt, dass (a_n) einen Häufungspunkt a hat. Wenn wir mit $(a_{n_j})_{j=1}^{\infty}$ eine Teilfolge bezeichnen, die gegen a konvergiert, ergibt sich aus $|a_n - a| \leq |a - a_{n_j}| + |a_{n_j} - a_n|$, dass a Grenzwert der gesamten Folge (a_n) ist. ∎

Beachten Sie, dass genauso wie das Monotoniekriterium, das Cauchy-Kriterium ohne die Kenntnis des Grenzwerts auskommt. Die Aussage des Cauchy-Kriteriums gilt nach unserem ersten Beispiel (siehe Seite 297) nicht in $\mathbb{Q}$. Dies ist ein substantieller Unterschied zwischen diesen beiden Mengen von Zahlen. Eine Menge von Zahlen, Vektoren oder auch anderen Elementen heißt **vollständig**, wenn jede Cauchy-Folge konvergiert.

?

Warum gilt das Monotoniekriterium nicht für Folgen in $\mathbb{Q}$ oder in $\mathbb{C}$?

Die Vollständigkeit der reellen Zahlen muss man bei der Definition der reellen Zahlen durch ein Axiom verankern. Verschiedene Varianten eines Vollständigkeitsaxioms werden in der Literatur diskutiert, zum Beispiel Dedekind'sche Schnitte, oder, wie es in der Schule üblich ist, die Intervallschachtelungen (siehe Hintergrundbox auf Seite 118). Wir haben in diesem Werk die Existenz des Supremums als Vollständigkeitsaxiom verwendet. Genauso könnten man aber auch das Cauchy-Kriterium oder den Satz von Bolzano-Weierstraß für das Vollständigkeitsaxiom zugrunde legen. Deren Formulierung würde aber gerade die jetzt erarbeiteten Kenntnisse von Folgen und von Konvergenz voraussetzten.

Die generelle Tragweite der Cauchy-Folgen wird erst später deutlich. Mithilfe der Cauchy-Folgen lassen sich aus den rationalen Zahlen die reellen Zahlen konstruieren. Anschaulich nehmen wir einfach alle „Grenzwerte", die wir durch Cauchy-Folgen rationaler Zahlen erreichen können, zur Menge $\mathbb{Q}$ hinzu. Um dies mathematisch sauber auszuführen sind entsprechende Äquivalenzklassen zu definieren (siehe Seite 53). Das Vorgehen liefert letztendlich ein allgemeines Konzept zur Vervollständigung von Räumen. Daher verzichten wir an dieser Stelle zunächst auf eine ausführliche

Darstellung und verweisen auf das Kapitel 19 über metrische Räume.

In den Aufgaben zu diesem Kapitel ergeben sich noch weitere Beispiele zu den Konvergenzkriterien. Rekapitulieren wir noch einmal die verschiedene Eigenschaften von Folgen und die Beziehungen zwischen ihnen. Zusammengefasst ist das bisher errichtete Gebäude der Folgen und ihrer Eigenschaften in der Übersicht auf Seite 298.

Zusammenfassung

Bei einer Folge sind abzählbar unendlich viele Folgenglieder in eine Reihenfolge gebracht.

Definition einer Folge

Eine **Folge** ist eine Abbildung der natürlichen Zahlen in eine Menge M, die jeder natürlichen Zahl $n \in \mathbb{N}$ ein Element $x_n \in M$ zuordnet.

Von besonderem Interesse sind zunächst Zahlenfolgen, bei denen $M \subseteq \mathbb{C}$ ist. Später im Buch werden zum Beispiel auch Funktionenfolgen eine wichtige Rolle spielen.

Elementare Eigenschaften von Zahlenfolgen sind die Beschränktheit und die Monotonie. Bei einer **beschränkten** Zahlenfolge gibt es einen Kreis in der komplexen Zahlenebene, in dem alle Glieder der Folge liegen. Der Betrag der Folgenglieder kann also nicht beliebig groß werden, sondern übersteigt eine bestimmte endliche Größe niemals.

Reelle Zahlenfolgen können die Eigenschaft besitzen, **monoton** zu sein. Bei einer monoton wachsenden Folge werden die Glieder mit zunehmendem Index größer, bei einer monoton fallenden Folge werden sie mit zunehmendem Index kleiner.

Die interessantesten Folgen sind solche, die konvergieren, also einen Grenzwert besitzen. Solche Folgen werden wir in weiteren Kapiteln verwenden, um unterschiedlichste Begriffe zu definieren, etwa die *Stetigkeit* von Funktionen, die *Ableitung* für differenzierbare oder das Integral für *integrierbare* Funktionen.

Definition des Grenzwerts einer Folge

Eine Zahl $x \in \mathbb{C}$ heißt **Grenzwert** einer Folge $(x_n)_{n=1}^{\infty}$ in $\mathbb{C}$, wenn es zu jeder Zahl $\varepsilon > 0$ eine natürliche Zahl $N \in \mathbb{N}$ gibt, sodass

$$|x_n - x| < \varepsilon \quad \text{für alle } n \geq N$$

gilt. Eine Folge (x_n) in $\mathbb{C}$, die einen Grenzwert hat, heißt **konvergent**, andernfalls heißt die Folge **divergent**.

Ist eine Folge konvergent, so ist ihr Grenzwert eindeutig bestimmt. Eine konvergente Folge muss automatisch auch beschränkt sein.

Um nicht immer die Definition der Konvergenz bemühen zu müssen, gibt es Konvergenzkriterien. Beim **Majorantenkriterium** wird die Differenz zwischen Folgengliedern und Grenzwert durch die Glieder einer **Nullfolge** abgeschätzt. Grenzwerte können auch direkt bestimmt werden, indem man eine Folge als Summe, Produkt oder Quotient von Folgen schreibt, deren Grenzwerte bekannt sind.

Ohne den Grenzwert zu kennen, kann bei bestimmten Folgen mit dem Monotoniekriterium auf die Konvergenz geschlossen werden.

Monotoniekriterium

Jede beschränkte und monotone Folge reeller Zahlen ist konvergent.

Ein weiteres wichtiges Werkzeug im Umgang mit Folgen sind **Teilfolgen.** Ist eine Teilfolge konvergent, so heißt ihr Grenzwert **Häufungspunkt** der ursprünglichen Folge. Aus dem Monotoniekriterium erhält man in diesem Zusammenhang den Satz von Bolzano-Weierstraß.

Satz von Bolzano-Weierstraß

Jede beschränkte Folge reeller oder komplexer Zahlen besitzt mindestens einen Häufungspunkt.

Dieser Satz ist äquivalent zum Vollständigkeitsaxiom für die reellen Zahlen. Er dient in theoretischen Überlegungen oft zur Herleitung von nicht-konstruktiven Existenzaussagen: Man erhält die Existenz eines Häufungspunkts und kann ihn für weitere Überlegungen verwenden, ohne ihn explizit zu kennen.

Später in der Mathematik spielen auch nicht-vollständige Räume eine große Rolle. Zum Beispiel hat eine Folge rationaler Zahlen, die gegen $\sqrt{2}$ konvergiert, keinen Grenzwert in $\mathbb{Q}$. Der Begriff der **Cauchy-Folge** charakterisiert solche potentiell konvergenten Folgen.

Eine konvergente Folge ist immer eine Cauchy-Folge. Da $\mathbb{R}$ und $\mathbb{C}$ vollständig sind, gilt hier auch die Umkehrung, formuliert als Konvergenzkriterium:

> **Cauchy-Kriterium**
>
> Jede Cauchy-Folge in $\mathbb{R}$ oder $\mathbb{C}$ ist konvergent.

Aufgaben

Die Aufgaben gliedern sich in drei Kategorien: Anhand der *Verständnisfragen* können Sie prüfen, ob Sie die Begriffe und zentralen Aussagen verstanden haben, mit den *Rechenaufgaben* üben Sie Ihre technischen Fertigkeiten und die *Beweisaufgaben* geben Ihnen Gelegenheit, zu lernen, wie man Beweise findet und führt.

Ein Punktesystem unterscheidet leichte Aufgaben •, mittelschwere •• und anspruchsvolle ••• Aufgaben. Lösungshinweise am Ende des Buches helfen Ihnen, falls Sie bei einer Aufgabe partout nicht weiterkommen. Dort finden Sie auch die Lösungen – betrügen Sie sich aber nicht selbst und schlagen Sie erst nach, wenn Sie selber zu einer Lösung gekommen sind. Ausführliche Lösungswege stehen auf der Website des Verlags zur Verfügung.

Viel Spaß und Erfolg bei den Aufgaben!

Verständnisfragen

8.1 • Gegeben sei die Folge $(x_n)_{n=2}^{\infty}$ mit $x_n = (n-2)/(n+1)$ für $n \geq 2$. Bestimmen Sie eine Zahl $N \in \mathbb{N}$ sodass $|x_n - 1| \leq \varepsilon$ für alle $n \geq N$ gilt, wenn

$$\text{(a)} \quad \varepsilon = \frac{1}{10}, \qquad \text{(b)} \quad \varepsilon = \frac{1}{100}$$

ist.

8.2 • Stellen Sie eine Vermutung auf für eine explizite Darstellung der rekursiv gegebenen Folge (a_n) mit

$$a_{n+1} = 2a_n + 3a_{n-1} \quad \text{und} \quad a_1 = 1, \; a_2 = 3,$$

und zeigen Sie diese mit vollständiger Induktion.

8.3 •• Zeigen Sie, dass für zwei positive Zahlen $x, y > 0$ gilt:

$$\lim_{n \to \infty} \sqrt[n]{x^n + y^n} = \max\{x, y\}.$$

8.4 • Welche der folgenden Aussagen sind richtig? Begründen Sie Ihre Antwort.
(a) Eine Folge konvergiert, wenn Sie monoton und beschränkt ist.
(b) Eine konvergente Folge ist monoton und beschränkt.
(c) Wenn eine Folge nicht monoton ist, kann sie nicht konvergieren.
(d) Wenn eine Folge nicht beschränkt ist, kann sie nicht konvergieren.
(e) Wenn es eine Lösung zur Fixpunktgleichung einer rekursiv definierten Folge gibt, so konvergiert die Folge gegen diesen Wert.

8.5 • Gegeben sei eine divergente Folge (x_n) und eine konvergente Folge (y_n). Sind dann die Folgen $(x_n + y_n)$ bzw. $(x_n y_n)$ divergent? Erbringen Sie einen Beweis oder konstruieren Sie ein Gegenbeispiel.

8.6 •• Eine Cauchy-Folge aus $\mathbb{Q}$ braucht keinen Grenzwert aus $\mathbb{Q}$ zu besitzen. Reicht es für die Existenz eines Grenzwerts aus $\mathbb{Q}$ aus, dass die Folge mindestens einen Häufungspunkt in $\mathbb{Q}$ besitzt?

Rechenaufgaben

8.7 • Untersuchen Sie die Folge (x_n) auf Monotonie und Beschränktheit. Dabei ist

$$\text{(a)} \quad x_n = \frac{1 - n + n^2}{n + 1}, \qquad \text{(b)} \quad x_n = \frac{1 - n + n^2}{n(n + 1)},$$

$$\text{(c)} \quad x_n = \frac{1}{1 + (-2)^n}, \qquad \text{(d)} \quad x_n = \sqrt{1 + \frac{n + 1}{n}}.$$

8.8 • Untersuchen Sie die Folgen (a_n), (b_n), (c_n) und (d_n) mit den unten angegebenen Gliedern auf Konvergenz.

$$a_n = \frac{n^2}{n^3 - 2}, \qquad b_n = \frac{n^3 - 2}{n^2},$$

$$c_n = n - 1, \qquad d_n = b_n - c_n.$$

8.9 • Berechnen Sie jeweils den Grenzwert der Folge (x_n), falls dieser existiert:

$$\text{(a)} \quad x_n = \frac{1 - n + n^2}{n(n + 1)}$$

$$\text{(b)} \quad x_n = \frac{n^3 - 1}{n^2 + 3} - \frac{n^3(n - 2)}{n^2 + 1}$$

$$\text{(c)} \quad x_n = \sqrt{n^2 + n} - n$$

$$\text{(d)} \quad x_n = \sqrt{4n^2 + n + 2} - \sqrt{4n^2 + 1}$$

$$\text{(e)} \quad x_n = \frac{3^{n+1} + 2^n}{3^n + 2}$$

8.10 •• Bestimmen Sie mit dem Einschließungskriterium Grenzwerte zu den Folgen (a_n) und (b_n), die durch

$$a_n = \sqrt[n]{\frac{3n+2}{n+1}}, \qquad b_n = \sqrt{\frac{1}{2^n} + n} - \sqrt{n}, \quad n \in \mathbb{N},$$

gegeben sind.

8.11 ••• Untersuchen Sie die Folgen (a_n), (b_n), (c_n) bzw. (d_n) mit den unten angegebenen Gliedern auf Konvergenz und bestimmen Sie gegebenenfalls ihre Grenzwerte:

$$a_n = \left(1 - \frac{1}{n^2}\right)^n \quad \text{(Hinweis: Bernoulli-Ungleichung),}$$

$$b_n = 2^{n/2}\frac{(n+\mathrm{i})(1+\mathrm{i}n)}{(1+\mathrm{i})^n},$$

$$c_n = \frac{1+q^n}{1+q^n+(-q)^n}, \quad \text{mit } q > 0,$$

$$d_n = \frac{(\mathrm{i}q)^n + \mathrm{i}^n}{2^n + \mathrm{i}}, \quad \text{mit } q \in \mathbb{C}.$$

8.12 •• Zu $a > 0$ ist die rekursiv definierte Folge (x_n) mit

$$x_{n+1} = 2x_n - ax_n^2$$

und $x_0 \in (0, \frac{1}{a})$ gegeben. Überlegen Sie sich zunächst, dass $x_n \le \frac{1}{a}$ gilt für alle $n \in \mathbb{N}_0$ und damit induktiv auch $x_n > 0$ folgt. Zeigen Sie dann, dass diese Folge konvergiert und berechnen Sie ihren Grenzwert.

8.13 •• Für welche Startwerte $a_0 \in \mathbb{R}$ konvergiert die rekursiv definierte Folge (a_n) mit

$$a_{n+1} = \frac{1}{4}\left(a_n^2 + 3\right), \quad n \in \mathbb{N}?$$

8.14 • Bestimmen Sie für die Folgen (a_n) mit den unten angegebenen Gliedern jeweils $\sup_{n \in \mathbb{N}} a_n$, $\inf_{n \in \mathbb{N}} a_n$, Limes Superior und Limes Inferior, falls diese Zahlen existieren.

(a) $a_n = 1 + (-1)^n + n^{-1/2}$, $n \in \mathbb{N}$

(b) $a_n = \begin{cases} \frac{k-1}{k}, & n = 3k, \\ \frac{1}{k+1}, & n = 3k-1, \quad k \in \mathbb{N} \\ -\frac{1}{k^2}, & n = 3k-2, \end{cases}$

(c) $a_n = \frac{n^2+1}{n+1}$, $n \in \mathbb{N}$

Beweisaufgaben

8.15 • Ist (a_n) eine konvergente Zahlenfolge aus $\mathbb{C}$ mit $a = \lim_{n\to\infty} a_n$, so gilt auch $|a| = \lim_{n\to\infty} |a_n|$.

8.16 • Zeigen Sie für $p \in \mathbb{N}$ und $|q| < 1$:

$$\lim_{n\to\infty} n^p q^n = 0.$$

8.17 •• Zeigen Sie mit der Definition des Grenzwerts die folgenden Rechenregeln:

(a) Ist (x_n) eine konvergente Folge aus $\mathbb{C}$, und ist $x = \lim_{n\to\infty} x_n$, so gilt für alle $\lambda \in \mathbb{C}$ die Gleichung $\lim_{n\to\infty} (\lambda x_n) = \lambda x$.

(b) Sind (x_n), (y_n) konvergente Folgen aus $\mathbb{C}$, und sind $x = \lim_{n\to\infty} x_n$, $y = \lim_{n\to\infty} y_n$, so gilt $\lim_{n\to\infty} (x_n y_n) = xy$.

8.18 •• Gegeben sei eine konvergente Folge (a_n) aus $\mathbb{C}$ und eine bijektive Abbildung $g \colon \mathbb{N} \to \mathbb{N}$. Setze $b_k = a_{g(k)}$ für $k \in \mathbb{N}$. Man nennt die so definierte Folge (b_k) eine **Umordnung** der Folge (a_n).

Zeigen Sie, dass die Folge (b_k) konvergiert mit

$$\lim_{k\to\infty} b_k = \lim_{n\to\infty} a_n.$$

8.19 ••• Im Beispiel auf Seite 278 ist die Folge (a_n) der Fibonacci-Zahlen definiert. Zeigen Sie, dass für die Folge (b_n) der Verhältnisse

$$b_n = \frac{a_{n+1}}{a_n}, \quad n \in \mathbb{N},$$

aufeinanderfolgender Fibonacci-Zahlen gilt:

$$\lim_{n\to\infty} b_n = \frac{1}{2}\left(1 + \sqrt{5}\right).$$

Dieser Grenzwert wird *Zahl des goldenen Schnitts* genannt.

Gehen Sie wie folgt vor:

(a) Leiten Sie eine Rekursionsformel für die (b_n) her.
(b) Zeigen Sie, dass die Teilfolgen (b_{2n}) und (b_{2n-1}) monoton und beschränkt sind.
(c) Weisen Sie nach, dass der goldene Schnitt der Grenzwert der Folge (b_n) ist.

8.20 ••• Beweisen Sie mit der Definition des Grenzwerts folgende Aussage: Wenn (a_n) eine Nullfolge ist, so ist auch die Folge (b_n) mit

$$b_n = \frac{1}{n}\sum_{j=1}^{n} a_j, \quad n \in \mathbb{N},$$

eine Nullfolge.

8.21 •• Gegeben ist eine Folge von abgeschlossenen Intervallen (I_n) mit

$$I_1 \supseteq I_2 \supseteq \cdots \supseteq I_n \supseteq I_{n+1} \supseteq \cdots.$$

Setze $I_n = [a_n, b_n]$. Es gelte $|I_n| = b_n - a_n \to 0$ für $n \to \infty$. Zeigen Sie: Es gibt genau eine Zahl $a \in \mathbb{R}$ mit $a \in I_n$ für alle $n \in \mathbb{N}$.

Man nennt eine solche Konstruktion eine **Intervallschachtelung.**

Antworten der Selbstfragen

S. 277

1. Beispiel: $2, 4, 6, 8, 10, \ldots$ und $1, 3, 5, 7, 9, \ldots$
2. Beispiel: $2, 9/4, 64/27, 625/256, 7\,776/3\,125, \ldots$
3. Beispiel: $1, 3, 6, 10, 15, 21, 28, \ldots$
4. Beispiel: In der Abbildung ist die Reihenfolge der Geraden mit Steigungen $\frac{1}{5}, \frac{2}{5}, \frac{3}{5}, \frac{4}{5}, \ldots$ durch den Punkt $(1, 0)$ zu sehen.

S. 278

Rekursiv: $x_0 = 1$, $x_n = 3 \cdot x_{n-1}$, $n \in \mathbb{N}$.
Explizit: $x_n = 3^n$, $n \in \mathbb{N}_0$.

S. 285

Setze $x := \lim\limits_{n \to \infty} x_n$. Zu $\varepsilon > 0$ wähle N, sodass $|x_n - x| < \varepsilon/2$ für alle $n \geq N$. Dann ist

$$|x_{n+1} - x_n| = |x_{n+1} - x - x_n + x| \leq |x_{n+1} - x| + |x_n - x| < \varepsilon$$

für alle $n \geq N$. Die Folge der Differenzen bildet eine Nullfolge.

Kommentar: Die Umkehrung dieser Aussage ist im Allgemeinen falsch. Dies sieht man am einfachsten an der Folge $(\sqrt{n})$.

S. 286

Ein mögliches Beispiel ist $x_n = (-1)^n$.

S. 289

1. $y_n = 1/\sqrt{n}$
2. $y_n = 1/(2n)$
3. $y_n = 1/n^2$

S. 292

Die bisher vorgestellten Methoden zum Beweis von Konvergenz/Divergenz lassen sich durch fünf Stichworte auflisten:

- direkte Angabe von $N(\varepsilon) \in \mathbb{N}$ mit $|x_n - x| \leq \varepsilon$ für alle $n \geq N$,
- eine unbeschränkte Folge ist divergent,
- Anwenden des Majorantenkriteriums,
- Rückführen auf bekannte Grenzwerte durch die Rechenregeln,
- Anwenden des Einschließungskriteriums.

Kein Existenzbeweis aber Kandidaten für Grenzwerte ergeben sich bei rekursiv gegebenen Folge aus der zugehörigen Fixpunktgleichung.

S. 292

Wenn $a_n \in [1, 2]$ ist, beobachten wir zunächst, dass mit der Monotonie der Wurzelfunktion

$$1 \leq \sqrt{2} \leq a_{n+1} \leq \sqrt{2 \cdot 2} = 2$$

folgt. Also zeigt man durch vollständige Induktion, dass $a_n \in [1, 2]$ beschränkt ist. Betrachten wir noch das Verhältnis

$$\frac{a_{n+1}}{a_n} = \sqrt{\frac{2}{a_n}} \geq 1$$

für $a_n \in [1, 2]$. Damit ist die Folge monoton wachsend. Insgesamt liefert das Monotoniekriterium die Konvergenz von (a_n).

S. 295

Die Folge (x_n) mit $x_{2k} = 1/k$ und $x_{2k-1} = k$ hat nur den einen Häufungspunkt 0, aber sie divergiert.

S. 298

Das Monotoniekriterium gilt nicht in $\mathbb{Q}$, da die Menge der rationalen Zahlen nicht vollständig ist. Die Anmerkung zum Heron-Verfahren nach dem Beispiel auf Seite 296 liefert ein Gegenbeispiel.

In den komplexen Zahlen fehlt uns die Möglichkeit, die Zahlen vollständig anzuordnen, sodass von Monotonie einer Folge nicht gesprochen werden kann.

Funktionen und Stetigkeit – ε trifft auf δ

9

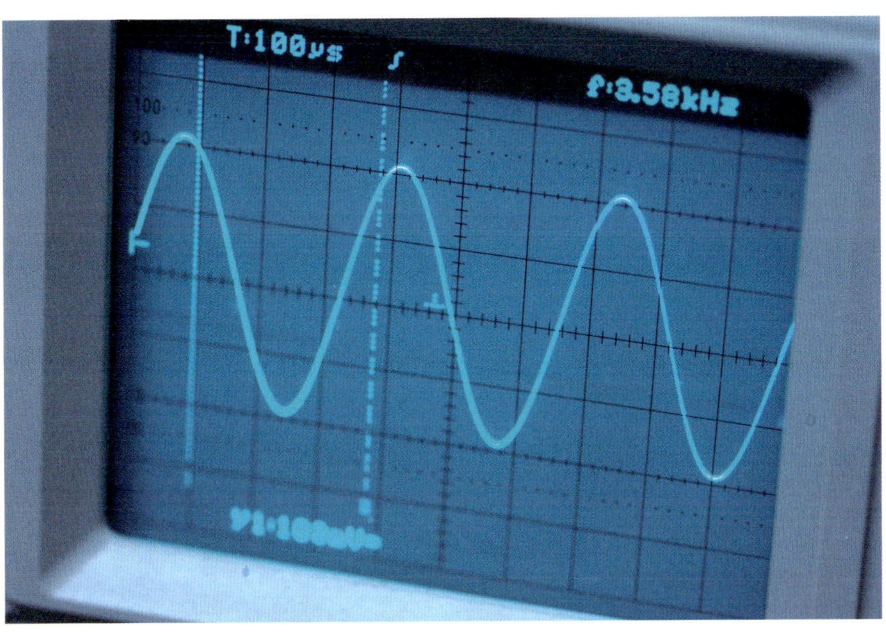

Was bedeutet Stetigkeit?

Sind Schnittmengen offener Mengen selbst wieder offen?

Was ist eine Optimierungsaufgabe?

Im Kapitel 2 haben wir bereits den Begriff der *Abbildung* kennengelernt, eines der ganz wesentlichen Konzepte der abstrakten Mathematik. In diesem Kapitel werden wir uns mit ganz speziellen Abbildungen, den *Funktionen*, beschäftigen, bei denen Zahlen wieder Zahlen zugeordnet werden.

Funktionen bilden eine eigenständige Menge mathematischer Objekte mit spezifischen Eigenschaften, die für sich genommen schon interessant sind. Man kann mit Funktionen rechnen, sie transformieren und miteinander zu neuen Funktionen verknüpfen. Später im Buch werden wir mit der Differenziation und Integration noch weitere Operationen kennenlernen, die Funktionen auf andere abbilden. Es entstehen so Strukturen, die wir schon an anderer Stelle kennengelernt haben. Vor allem von Funktionen gebildete Vektorräume spielen eine wichtige Rolle.

Funktionen treten häufig aber als Teile komplexerer mathematischer Probleme auf. Häufige Fragestellungen sind z. B.:

- Hat eine Gleichung, in der Funktionen auftauchen, eine Lösung?
- Kann ich eine Stelle finden, an der ein Funktionswert optimal wird, z. B. maximal oder minimal?

Auf diese beiden Fragen werden wir im Verlauf dieses Kapitels eingehen und sie zumindest teilweise beantworten.

Der zentrale Begriff hierbei wird die *Stetigkeit* sein. Anschaulich gesprochen bedeutet er, dass ein funktionaler Zusammenhang *stabil* ist: Kleine Änderungen im Argument bewirken auch nur kleine Änderungen im Funktionswert. Für eine wasserdichte mathematische Definition werden wir aber den Begriff des Grenzwerts aus dem vorherigen Kapitel bemühen.

Stetige Funktionen haben deswegen eine solch herausragende Bedeutung, weil man für sie unter geeigneten Voraussetzungen die beiden Fragen oben bejahen kann. Sie bilden damit das Fundament für alle weiteren Überlegungen in der Analysis.

9.1 Grundlegendes zu Funktionen

Im Kapitel 2 haben wir Abbildungen $f\colon D \to W$ kennengelernt, die jedem Element der Definitionsmenge D ein Element der Wertemenge W zuordnen. In Kapitel 4 wurden konkreter **Funktionen** einer Veränderlichen eingeführt als Abbildungen zwischen Teilmengen der Menge $\mathbb{C}$ der komplexen Zahlen.

Wieso stellt man für Funktionen gerade Teilmengen von $\mathbb{R}$ oder $\mathbb{C}$ heraus? Zum einen handelt es sich um Zahlenkörper. Dies bedeutet, dass wir einen reichhaltigen Vorrat an Rechenregeln haben, die wir einsetzen können. Zum anderen sind diese Mengen vollständig. Im Abschnitt 9.5 werden wir ganz genau untersuchen, warum diese Eigenschaft der Körper $\mathbb{R}$ und $\mathbb{C}$ es uns erlaubt, wichtige Aussagen über Funktionen zu treffen.

Den Graphen einer Funktion $f\colon D \to W$, also die Menge

$$\mathrm{Graph}(f) = \{(x, f(x)) \mid x \in D\},$$

können wir im Spezialfall $D,\, W \subseteq \mathbb{R}$ zeichnen, indem wir in einem Koordinatensystem die eine Achse mit den x- und die andere Achse mit den $f(x)$-Werten identifizieren. Sind D und W allgemeine Teilmengen der komplexen Zahlenebene, so handelt es sich in der Anschauung jedoch um ein 4-dimensionales Objekt, das man nicht mehr so einfach zeichnen kann. Daher ist es oft hilfreich, auch das Bild der Funktion f,

$$f(D) = \{y \in W \mid \text{ es gibt } x \in D \text{ mit } f(x) = y\},$$

zu betrachten.

Beispiel

- Die Abbildung $f\colon \mathbb{R} \to \mathbb{R}$ mit $f(x) = x^2$ ist eine sehr einfache Funktion. Hier handelt es sich um eine Funktion mit reellem Definitions- und Wertebereich, und wir können den Graphen in der Ebene zeichnen. In der Abbildung 9.1 ist er zu sehen, man nennt ihn *Normalparabel*.

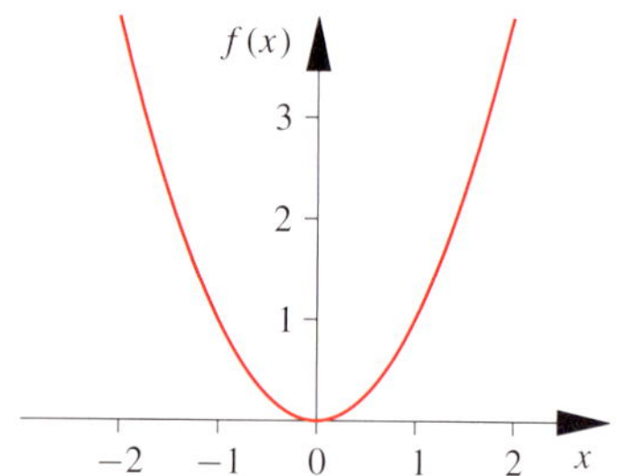

Abbildung 9.1 Die Normalparabel ist der Graph der Funktion $f\colon \mathbb{R} \to \mathbb{R}$, $f(x) = x^2$.

- Auch $g\colon [0, 2\pi] \to \mathbb{C}$ mit $g(x) = \cos(x) + \mathrm{i}\sin(x)$ ist eine Funktion. Das Bild der Funktion ist eine Teilmenge der komplexen Zahlenebene und in der Abbildung 9.2 zu sehen. Es handelt sich gerade um den Einheitskreis. Der Graph der Funktion ist in der Anschauung ein dreidimensionales Objekt, da der Definitionsbereich im Reellen, der Wertebereich im Komplexen liegt. In Abbildung 9.3 ist der Graph als blaue Kurve dargestellt. Das Bild von g ist wieder als roter Kreis dargestellt.

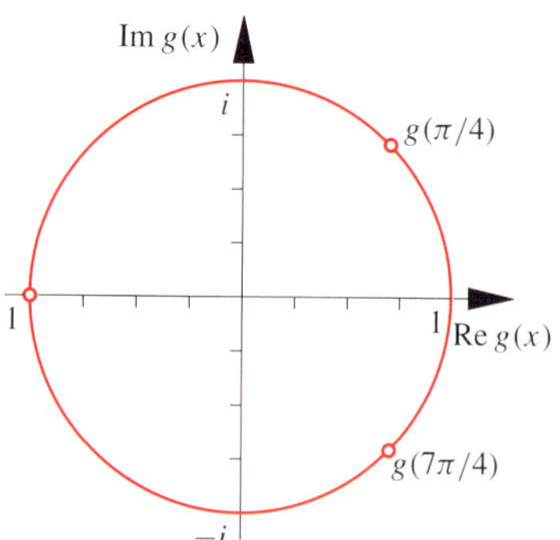

Abbildung 9.2 Das Bild der Funktion $g\colon [0, 2\pi] \to \mathbb{C}$ mit $g(x) = \cos(x) + \mathrm{i}\sin(x)$ ist der Einheitskreis. Der Graph ist in Abbildung 9.3 dargestellt.

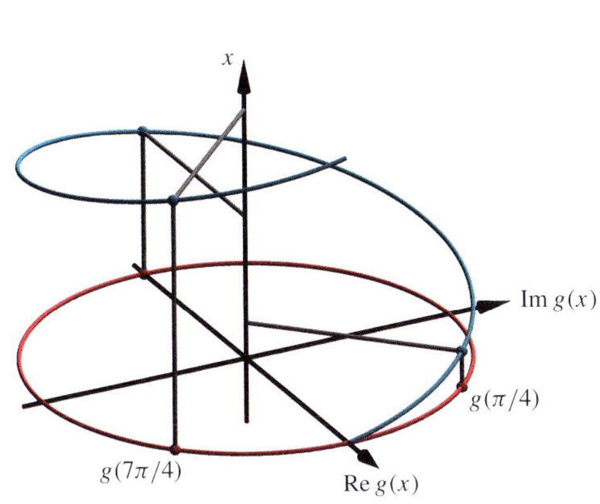

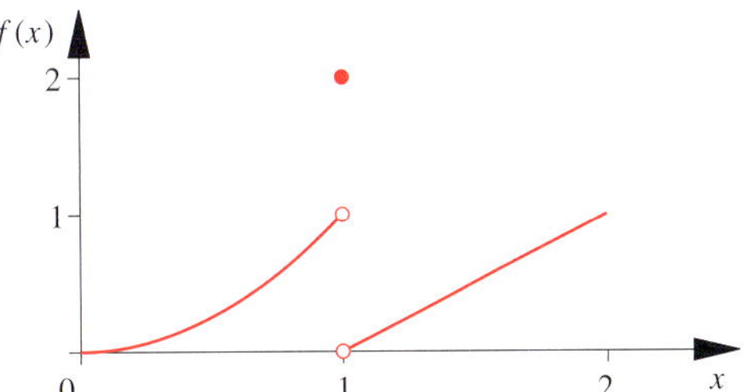

Abbildung 9.5 Die Abbildungsvorschrift dieser Funktion definiert man am besten abschnittsweise.

Abbildung 9.3 Die blaue Kurve ist der Graph der Funktion $g(x) = \cos(x) + i\sin(x)$ für $x \in [0, 2\pi]$. Die horizontale Koordinatenebene entspricht der Abbildung 9.2.

- Bei der Funktion $h\colon \mathbb{C} \to \mathbb{R}$ mit $h(z) = \frac{1}{1+|z|^2}$ werden komplexe auf reelle Zahlen abgebildet. Der Graph lässt sich als Fläche über der komplexen Zahlenebene darstellen (Abb. 9.4). ◀

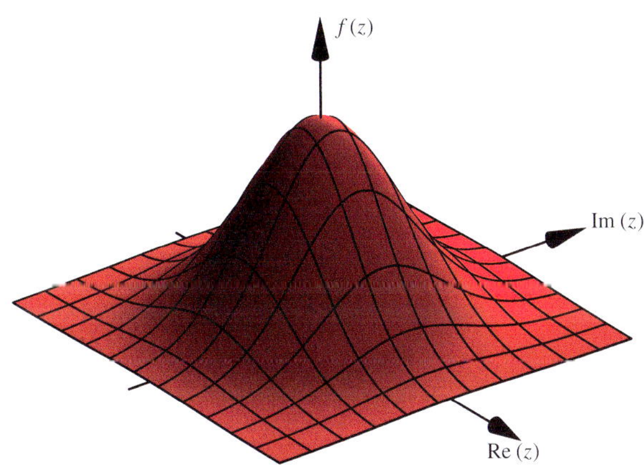

Abbildung 9.4 Der Graph einer Funktion $f\colon \mathbb{C} \to \mathbb{R}$ kann als Fläche über der komplexen Zahlenebene dargestellt werden.

In diesen Beispielen haben wir die Abbildungsvorschrift durch eine einfache Formel angegeben. Sehr häufig kommt es vor, dass dieses einfache Vorgehen nicht ausreicht. Eine Möglichkeit, mit der wir oft zu tun haben werden, ist die Funktion *abschnittsweise* zu erklären, etwa bei der Funktion $f\colon [0, 2] \to \mathbb{R}$ mit:

$$f(x) = \begin{cases} x^2, & 0 \le x < 1, \\ 2, & x = 1, \\ x - 1, & 1 < x \le 2. \end{cases}$$

Die Definitionsmenge wird also in disjunkte Teilmengen zerlegt und für jede dieser Teilmengen ist eine Definition durch eine Formel möglich. Den Graphen dieser Funktion sehen Sie übrigens in der Abbildung 9.5.

Alle bisher vorgestellten Formulierungen von Abbildungsvorschriften sind **explizit,** d. h., aus Kenntnis der Stelle x kann man direkt den Funktionswert $f(x)$ bestimmen. Eine andere Form der expliziten Darstellung ist eine Tabelle der Werte. Diese bietet sich insbesondere bei Funktionen mit endlichem Definitionsbereich an.

Es gibt aber auch nicht explizite Formen der Formulierung von Abbildungsvorschriften: Der Ausblick auf Seite 309 beschäftigt sich mit **impliziten** Definitionen, bei denen eine Gleichung gelöst werden muss, um aus der Kenntnis von x den Funktionswert $f(x)$ zu bestimmen.

Als weitere Möglichkeit soll die Definition durch einen *Algorithmus* nicht unerwähnt bleiben. Unter einem Algorithmus versteht man eine Vorschrift, die nach einer endlichen Anzahl von Schritten zu dem gewünschten Ergebnis führt. Ein Kochrezept ist ein Beispiel für einen Algorithmus. Im Beispiel auf Seite 282 wurde bereits eine Funktion $f\colon \mathbb{C} \to \mathbb{N}$ durch einen Algorithmus definiert: Sie bildet eine komplexe Zahl c auf die Anzahl der Iterationen ab, ab der die Glieder einer rekursiv definierten Folge einen vorgegebenen Kreis verlassen. Dafür müssen eine bestimmte, vorher nicht bekannte Anzahl von Folgengliedern berechnet werden.

Es muss für eine gegebene Funktion der Funktionswert an irgendeiner Stelle übrigens nicht notwendigerweise berechenbar sein, es reicht, dass er wohldefiniert ist. Z. B. sind die Werte vieler Funktionen, etwa der trigonometrischen oder der Exponentialfunktion, als Grenzwerte definiert, die man nur näherungsweise berechnen kann. Die *Berechenbarkeit* von Funktionen ist ein Thema, das in der Logik und der Informatik eine Rolle spielt, uns hier aber nicht interessieren muss.

Transformationen führen auf verwandte Funktionen

Funktionen sind spezielle Abbildungen, wie wir sie in Abschnitt 2.3 eingeführt haben. Somit übertragen sich alle dort betrachteten Konzepte wie die Verkettung von Abbildungen oder Begriffe wie Injektivität und Surjektivität auch auf Funktionen. Auch die Einschränkung einer Funktion auf eine Teilmenge ihres Definitionsbereichs haben wir schon kennengelernt (vgl. Abbildung 9.10).

Aber Funktionen erlauben weitergehende Operationen. Da sowohl die Argumente als auch die Bilder von Funktionen komplexe Zahlen sind, bieten sich eine Vielzahl von Mög-

---

Beispiel: Visualisierung von komplexwertigen Funktionen

Stellen Sie den Graphen oder das Bild der Funktionen $g : \mathbb{R} \to \mathbb{C}$ und $h : \mathbb{C} \setminus \{1\} \to \mathbb{C}$ dar, mit

$$g(x) = x^2 + \mathrm{i}\,\sin x^2 \qquad \text{und} \qquad h(z) = \frac{\mathrm{i}z + 1}{z - 1}.$$

Problemanalyse und Strategie: Bei Funktionen im Komplexen ist es oft nicht möglich, den Graphen angemessen auf ein Blatt Papier, das ja von Natur aus zweidimensional ist, zu zeichnen. Bei einer Funktion von $\mathbb{C}$ nach $\mathbb{C}$ geht die Abbildung von der komplexen Zahlenebene in die komplexe Zahlenebene, der Graph ist in der Anschauung ein vierdimensionales Objekt! Wir werden unterschiedliche Formen der Darstellung ausprobieren und nebeneinander stellen.

Lösung:

Bei der Funktion g werden reelle Zahlen auf komplexe abgebildet. Der Graph dieser Funktion hat also einen dreidimensionalen Charakter. Eine erste Möglichkeit zur Visualisierung ist also, nur das Bild der Funktion in der komplexen Zahlenebene zu zeigen. Dadurch erhält man eine Sinuskurve in der komplexen Zahlenebene, die als rote Kurve in der folgenden Abbildung dargestellt ist.

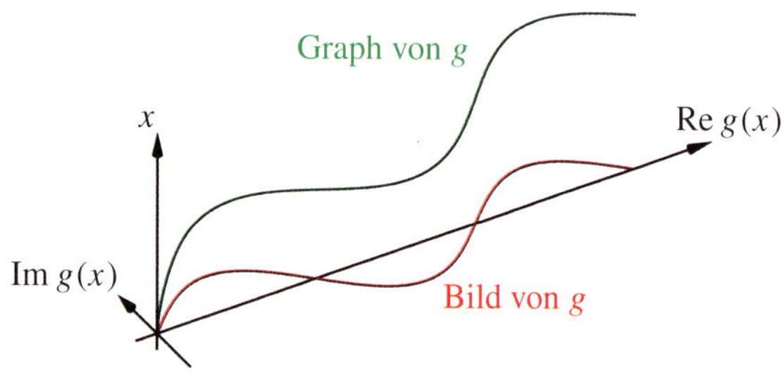

Eine zweite Möglichkeit ist, den Graphen in ein dreidimensionales Koordinatensystem zu zeichnen, mit einer Achse für die Definitionsmenge und je einer Achse für Real- und Imaginärteil der Wertemenge. Diese Möglichkeit wird in der Abbildung oben durch die grüne Kurve demonstriert.

Bei der Funktion h ist es nicht mehr möglich, den Graphen in einer einzigen Abbildung darzustellen. Eine häufig verwendete Methode ist, jeweils den Graphen des Realteils und des Imaginärteils getrennt darzustellen. In beiden Fällen erhalten wir eine Fläche über der komplexen Zahlenebene.

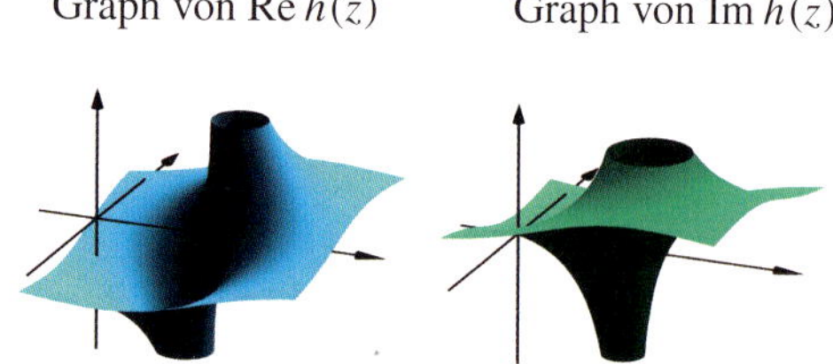

Eine letzte Möglichkeit der Visualisierung lässt sich aus speziellen Eigenschaften der Funktion h gewinnen. Es ist eine sogenannte *Möbius-Transformation* (siehe Abschnitt 4.6), bei der Kreise und Geraden in der komplexen Zahlenebene wieder auf Kreise bzw. Geraden abgebildet werden. Diese Eigenschaft machen wir uns zu Nutze: In der linken Abbildung sind einige Kreise und Geraden eingezeichnet, rechts ihre Bilder unter h.

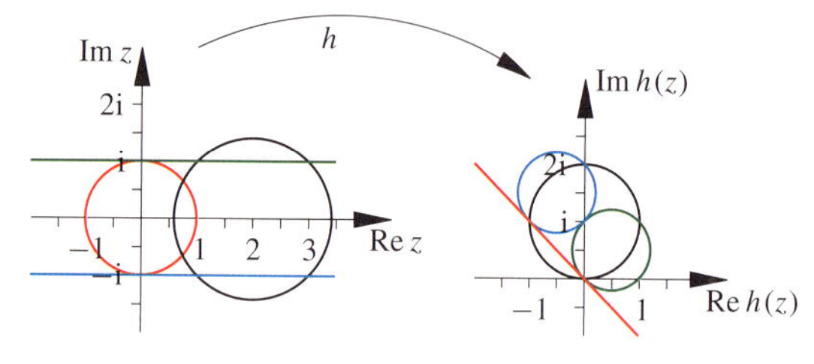

---

lichkeiten an, diese zu transformieren und somit aus gegebenen Funktionen neue, aber verwandte Funktionen zu bilden.

Wir können etwa das Argument um eine Konstante verschieben, d. h., aus einer gegebenen Funktion $f : D \subseteq \mathbb{R} \to \mathbb{R}$ und einer Konstanten $c \in \mathbb{R}$ erhalten wir eine neue Funktion $\tilde{f} : \tilde{D} \to \mathbb{R}$ durch

$$\tilde{f}(x) = f(x + c)\,.$$

Ausführlich bedeutet diese Schreibweise, dass wir den Wert der Funktion $\tilde{f}$ an einer Stelle x bekommen, wenn wir die Funktion f an der Stelle $x + c$ auswerten. Der Definitionsbereich der neuen Funktion $\tilde{f}$ muss natürlich auch entsprechend verschoben werden, d. h., für $x \in \tilde{D}$ muss gelten $x + c \in D$. Stellen wir die Graphen dieser beiden Funktionen nebeneinander (siehe Abb. 9.6), so sehen wir, dass sich der Graph von $\tilde{f}$ aus einer Verschiebung des Graphen von f genau um c nach links ergibt. Diese einfache Transformation von Funktionen nennt man **Translation**. Analog verschiebt sich der Graph einer Funktion um einen Wert c nach oben bzw. unten, wenn die Funktion $h : D \to \mathbb{R}$ mit $h(x) = f(x) + c$ betrachtet wird.

Auch Streckungen und Spiegelungen der Graphen lassen sich durch Multiplikation des Arguments oder der Funktion mit einem Faktor erreichen. Es ergibt sich etwa durch $h(x) = f(-x)$ als Graph von h die Spiegelung des Graphen von f an der vertikalen Achse bzw. durch $\tilde{h}(x) = -f(x)$ eine Funktion $\tilde{h}$, deren Graph die Spiegelung des Schaubilds von f an der horizontalen Achse ist.

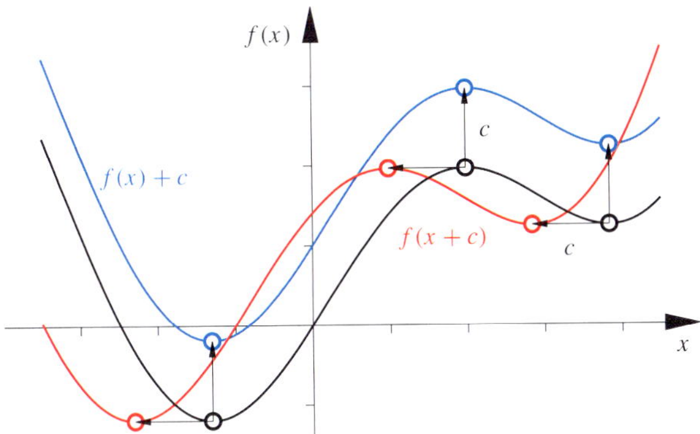

Abbildung 9.6 Translationen einer Funktion f (schwarze Kurve) um $c = 1$ im Argument, $\tilde{f}(x) = f(x + c)$ (rote Kurve), bzw. im Bild, $h(x) = f(x) + c$ (blaue Kurve).

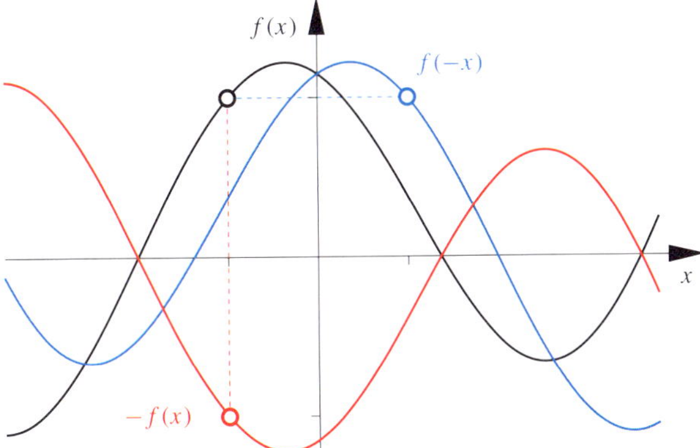

Abbildung 9.7 Spiegelungen des Graphen einer Funktion f (schwarz) mit $h(x) = f(-x)$ (blau) und $\tilde{h}(x) = -f(x)$ (rot).

All diese Transformationen sind gut zu veranschaulichende spezielle Beispiele von **Verkettungen** von Abbildungen, wie sie in Kapitel 2 eingeführt wurden. Wir sprechen auch von **Komposition** oder **Hintereinanderausführung**. Auch bei Funktionen ist die Notation $f \circ g$ für die Hintereinanderausführung von f und g üblich.

Beispiel Wir betrachten die beiden Funktionen f, g mit $f(x) = \frac{1+x}{1-x}$ und $g(x) = \frac{1}{1+x}$ für $x \neq 1$ bzw. $x \neq -1$. Dann ergibt sich:

$$(f \circ g)(x) = f(g(x)) = \frac{1 + g(x)}{1 - g(x)} = \frac{1 + \frac{1}{1+x}}{1 - \frac{1}{1+x}} = 1 + \frac{2}{x},$$

wobei noch der Definitionsbereich festzulegen ist. Da g nur für $x \neq -1$ definiert ist, müssen wir diese Stelle ausnehmen. Weiter muss aber auch der Wert $x = 0$ ausgeschlossen werden, da $g(0) = 1$ die kritische Stelle für die Funktion f ergibt und somit $g(0)$ nicht als Argument von f verwendet werden kann. Insgesamt ist also eine Einschränkung des Definitionsbereichs von g auf die Menge $D = \mathbb{R}\backslash\{-1, 0\}$ erforderlich. Beachten Sie, dass wir den resultierenden Ausdruck für $(f \circ g)(x)$ ohne Weiteres an der Stelle $x = -1$ angeben können. Dies bedeutet, wir können die Funktion, die sich aus

der Verkettung ergibt, in natürlicher Art und Weise fortsetzen (siehe Abbildung 9.8). Das ist ein Aspekt, den wir später genauer analysieren werden.

Analog folgt:

$$(g \circ f)(x) = g(f(x)) = \frac{1}{1 + f(x)} = \frac{1}{1 + \frac{1+x}{1-x}} = \frac{1}{2}(1-x),$$

wobei in diesem Fall nur $x \neq 1$ für den Definitionsbereich gefordert werden muss, da $f(x) \neq -1$ für alle $x \in \mathbb{R}$ gilt, denn die Gleichung $\frac{1+x}{1-x} = -1$ besitzt keine reelle Lösung.

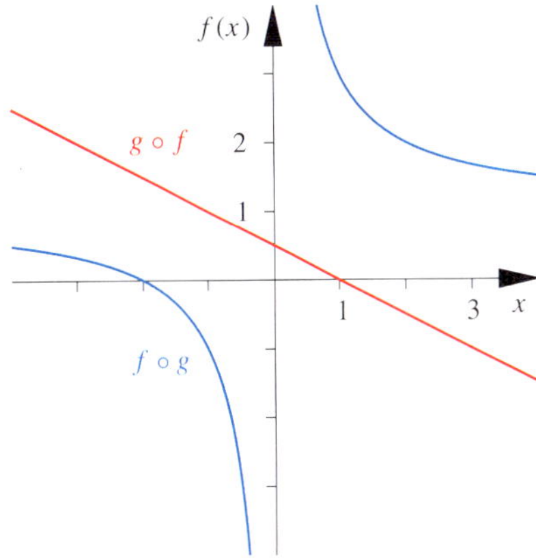

Abbildung 9.8 Graphen der Verkettungen der angegebenen Funktionen f, g.

Die oben angesprochenen Translationen lassen sich etwa mit $g(x) = x + c$ und den Verkettungen $h = f \circ g$ bzw. $\tilde{h} = g \circ f$ angeben. Oder die Spiegelungen an den Achsen sind gegeben durch die beiden Kompositionen mit der Funktion g mit $g(x) = -x$.

— **?** —

Drücken Sie die Funktion $h \colon \mathbb{R} \to \mathbb{R}$ mit $h(x) = 2(x - 2)^3$ als Verkettung der Funktion $f \colon \mathbb{R} \to \mathbb{R}$ mit $f(x) = x^3$ mit einer weiteren Funktion aus. Welche Transformationen des Graphen von f werden so beschrieben?

Neben den Verkettungen von Funktionen können wir auch Kombinationen nutzen, um Funktionen zu verknüpfen. Von **Kombinationen** sprechen wir immer dann, wenn aus zwei Funktionen f, g durch die üblichen Rechenoperationen in $\mathbb{R}$ neue Funktionen gebildet werden. So ist naheliegenderweise die Funktion $f + g$ gegeben durch die Auswertung $(f + g)(x) = f(x) + g(x)$. Entsprechend definieren wir die Funktionen $f - g$, fg und $\frac{f}{g}$ punktweise, d. h. an jeder Stelle $x \in D$ (siehe Übersicht auf Seite 308).

Beispiel Mit den Funktionen f und g mit $f(x) = \frac{1}{x}$ und $g(x) = \frac{1}{x-1}$ erhalten wir für $x \neq 0, 1$ etwa die Kombinationen

$$(f - g)(x) = \frac{1}{x} - \frac{1}{x - 1} = \frac{1}{x - x^2}$$

Übersicht: Transformationen und Kombinationen von Funktionen

Durch Transformationen oder Kombinationen lassen sich aus bekannten Funktionen eine Vielzahl von weiteren Funktionen gewinnen.

In dieser Zusammenstellung sind $f\colon D_f \subseteq \mathbb{R} \to \mathbb{R}$ und $g\colon D_g \subseteq \mathbb{R} \to \mathbb{R}$ Funktionen.

Kombination

Durch algebraische Kombinationen ergeben sich neue Funktionen mit folgenden Definitionsbereichen:

$$(f + g)(x) = f(x) + g(x), \quad D = D_f \cap D_g,$$
$$(f - g)(x) = f(x) - g(x), \quad D = D_f \cap D_g,$$
$$(fg)(x) = f(x)\,g(x), \quad D = D_f \cap D_g,$$
$$\frac{f}{g}(x) = \frac{f(x)}{g(x)},$$
$$D = \{x \in D_f \cap D_g \mid g(x) \neq 0\}.$$

Verkettung

$$(f \circ g)(x) = f(g(x)), \quad D = D_g$$
$$\text{definiert, falls } g(D_g) \subseteq D_f.$$

Translation, Streckung oder Spiegelung

Bei einfachen Transformationen ergeben sich folgende Änderungen des Graphen einer Funktion f:

$$f(x + c) \begin{cases} c > 0 & \text{Translation um } c \text{ nach links,} \\ c < 0 & \text{Translation um } |c| \text{ nach rechts,} \end{cases}$$

$$f(x) + c \begin{cases} c > 0 & \text{Translation um } c \text{ nach oben,} \\ c < 0 & \text{Translation um } |c| \text{ nach unten,} \end{cases}$$

$$f(c\,x) \begin{cases} c > 1 & \text{horizontale Stauchung um } \frac{1}{c}, \\ c \in (0, 1) & \text{horizontale Streckung um } \frac{1}{c}, \\ c = -1 & \text{Spiegelung an der vertikalen Achse,} \end{cases}$$

$$c\,f(x) \begin{cases} c > 1 & \text{vertikale Streckung um } c, \\ c \in (0, 1) & \text{vertikale Stauchung um } c, \\ c = -1 & \text{Spiegelung an der horizontalen Achse.} \end{cases}$$

oder

$$(fg)(x) = \frac{1}{x}\,\frac{1}{x-1} = \frac{1}{x^2 - x}.$$

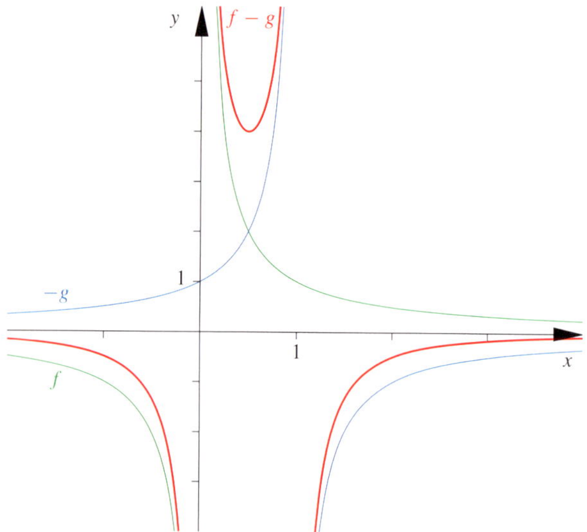

Abbildung 9.9 Kombination $f - g$ für $f(x) = 1/x$ und $g(x) = 1/(x-1)$.

Mit den algebraischen Transformationen und Kombinationen haben wir unzählige Möglichkeiten, aus gegebenen Funktionen neue zu gewinnen. Im nächsten Abschnitt betrachten wir wichtige Klassen von Funktionen, die wir auf diesem Wege erhalten.

Funktionen bilden Vektorräume

Durch die Kombination von Funktionen $f\colon D \to \mathbb{C}$, die auf ein und derselben Definitionsmenge D definiert sind, erhalten wir durch deren Kombination durch die Grundrechenarten die Struktur eines Vektorraums. Dazu benötigen wir die Summe zweier Funktionen und das skalare Vielfache:

$$(\lambda f)(x) = \lambda\,f(x), \qquad x \in D, \lambda \in \mathbb{C}.$$

Lemma

Die Menge aller Funktionen $f\colon D \to \mathbb{C}$ bildet mit der Addition und skalaren Multiplikation von Funktionen einen Vektorraum über $\mathbb{C}$. Betrachtet man nur reellwertige Funktionen und lässt auch nur Skalare aus $\mathbb{R}$ zu, ist es ein Vektorraum über $\mathbb{R}$.

Beweis: Die Aussagen folgen sofort aus den Definitionen der Operationen. ∎

Achtung: Es ist für die Aussage des Lemmas unerheblich, ob die Definitionsmenge eine Teilmenge von $\mathbb{R}$ oder eine beliebige Teilmenge von $\mathbb{C}$ ist.

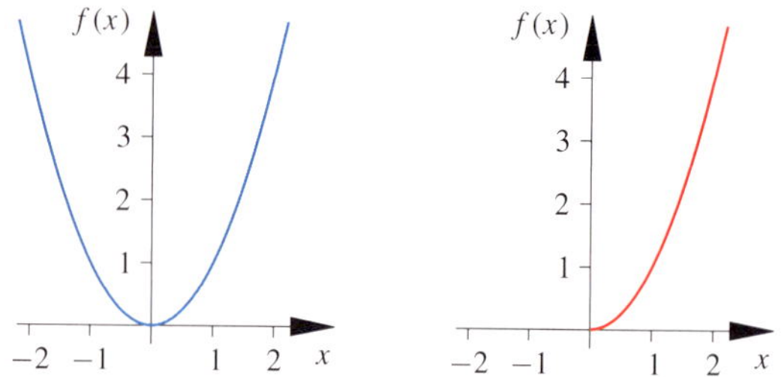

Abbildung 9.10 Die Funktion $f\colon \mathbb{R} \to \mathbb{R}$, $f(x) = x^2$ (links) und ihre Einschränkung auf $\mathbb{R}_{\geq 0}$ (rechts).

Hintergrund und Ausblick: Implizit definierte Funktionen

Bisher wurden alle Funktionen durch die explizite Angabe der Abbildungsvorschrift definiert. Manchmal ist das zwar nicht möglich, aber man hat trotzdem genug Informationen, um eine Funktion festzulegen.

Die Situation, dass verschiedene Größen durch eine Gleichung in Zusammenhang stehen, tritt sehr häufig auf. Beispiele sind

$$x + 2y = 7$$

oder

$$x^2 - y + 2x - 3 = 0 \,.$$

Es stellt sich die Frage, unter welchen Umständen durch eine solche Gleichung eine Funktion definiert wird, die die eine Größe auf die andere abbildet. Im ersten Fall kann die Gleichung sowohl nach x als auch nach y in eindeutiger Weise aufgelöst werden. Für diese Gleichung haben wir somit einen funktionalen Zusammenhang von x und y. Im Falle der zweiten Gleichung ist zwar das eindeutige Auflösen nach y möglich, nicht aber nach x.

Im allgemeinen Fall ist die Frage, ob eine gegebene Gleichung einen funktionalen Zusammenhang beschreibt, keinesfalls einfach zu beantworten. Mit den im Buch bisher zur Verfügung gestellten Mitteln ist es jedenfalls nicht möglich. An einem Beispiel können wir uns jedoch wesentliche Aspekte bei der impliziten Definition einer Funktion klarmachen.

Durch die Gleichung

$$(x^2 + y^2)^2 - 2\,(x^2 - y^2) = 0$$

ist eine Teilmenge des $\mathbb{R}^2$ definiert, nämlich die Menge aller Punkte (x, y), die diese Gleichung erfüllen. Beispiele sind $(0, 0)$, $(-\sqrt{2}, 0)$ oder $(\sqrt{3}/2, 1/2)$. Die Menge dieser Punkte ist die in der Abbildung blau dargestellte Kurve. Man nennt sie *Lemniskate*.

In der Abbildung sind auch zwei Ausschnitte vergrößert. Betrachten wir zunächst den rechten Ausschnitt, der eine Umgebung des Punktes $(\sqrt{3}/2, 1/2)$ zeigt. Betrachtet man nur die Vergrößerung, so würde man sofort davon ausgehen, hier den Graphen einer Funktion $y = f(x)$ vor sich zu haben.

Betrachten wir nun den linken Ausschnitt, der eine Umgebung des Punktes $(-\sqrt{2}, 0)$ zeigt. In diesem Ausschnitt haben wir es sicher nicht mit einer Funktion $y = f(x)$ zu tun: Die Kurve verläuft so, dass manchen x zwei verschiedene y-Werte zugeordnet sind, anderen x gar kein y-Wert.

Dabei ist es egal, wie stark wir vergrößern, solange nur $(-\sqrt{2}, 0)$ im Zentrum unseres Interesses bleibt. Suchen wir uns aber einen Punkt aus, der nur ein wenig entfernt von $(-\sqrt{2}, 0)$ liegt und vergrößern stark genug, so liegt wieder eine Funktion $y = f(x)$ vor. Der Definitionsbereich ist nur entsprechend klein zu wählen.

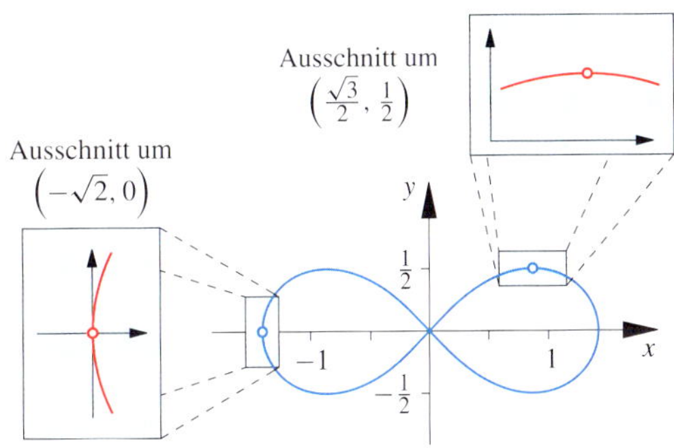

Die Schlussfolgerung ist, dass wir die Frage danach, ob eine Gleichung implizit eine Funktion definiert, nur *lokal* beantworten können. D. h., wir suchen uns einen Punkt, der die Gleichung erfüllt und betrachten dessen unmittelbare Umgebung.

Übrigens kann man die Rolle der Koordinaten in diesem Spiel auch vertauschen: In der Umgebung von $(-\sqrt{2}, 0)$ ist sehr wohl eine Funktion $x = g(y)$ durch die Lemniskatengleichung festgelegt. Dies geht allerdings bei $(\sqrt{3}/2, 1/2)$ schief.

——————————— **?** ———————————

Überlegen Sie sich, in der Umgebung welcher Punkte auf der Lemniskate Funktionen $y = f(x)$ oder $x = g(y)$ festgelegt sind. Gibt es Punkte, in denen weder die eine noch die andere Möglichkeit funktioniert?

Theoretisch werden wir die hier aufgeworfene Problematik erst in Kapitel 21 klären können. Es ist trotzdem jetzt schon nützlich, eine Vorstellung von den auftretenden Problemen zu haben.

Polynome lassen sich um beliebige Stellen entwickeln

Im Kapitel 4 hatten wir **Polynome** kennengelernt. Durch Einsetzen von komplexen Zahlen für die Unbestimmte erhalten wir eine wichtige Klasse von Funktionen, die man streng genommen als **Polynomfunktionen** bezeichnen sollte. Allerdings ist diese Bezeichnung unüblich, man spricht stattdessen ebenfalls von Polynomen. Aus dem Kontext ist hierbei fast immer klar, ob ein Polynom im algebraischen Sinne oder eine Polynomfunktion gemeint ist, sodass es nicht zu Verwechslungen kommen kann.

Unter einem Polynom im Sinne der Analysis verstehen wir also eine Funktion $p\colon \mathbb{C} \to \mathbb{C}$ mit

$$p(z) = \sum_{j=0}^{n} a_j\, z^j\,, \quad z \in \mathbb{C}\,.$$

Hierbei sind $a_j \in \mathbb{C}$, $j = 0, \ldots, n$.

Sämtliche Operationen, die wir für algebraische Polynome kennengelernt haben, übertragen sich auf Polynomfunktionen: Sie können addiert und mit anderen Polynomen oder mit Skalaren multipliziert werden. Bezüglich der Addition und der skalaren Multiplikation bilden die Polynome einen $\mathbb{C}$-Vektorraum, einen Unterraum des Raums der auf $\mathbb{C}$ definierten Funktionen.

Auch die Division mit Rest (siehe Seite 92) kann durchgeführt werden. Für die Analysis ist dies eine wichtige Operation, die an vielen Stellen von großem Nutzen ist. Hiermit können rationale Ausdrücke ggf. vereinfacht werden. Eine wichtige Anwendung ist die *Partialbruchzerlegung*, die wir im Kapitel 16 im Zusammenhang mit der Integration vorstellen werden.

Ein Thema, das noch nicht vollständig angesprochen wurde, betrifft die Möglichkeit, unterschiedliche Darstellungsformen von Polynomen zu finden. Die obige Form können wir ausführlicher schreiben als

$$p(z) = \sum_{j=0}^{n} a_j\, (z - 0)^j\,, \quad z \in \mathbb{C}\,.$$

Dadurch motiviert kann man nach einer Darstellung der Form

$$p(z) = \sum_{j=0}^{n} b_j\, (z - \hat{z})^j\,, \quad z \in \mathbb{C}$$

für irgendein fest gewähltes $\hat{z}$ suchen. Im Sinne der oben betrachteten Translationen suchen wir also ein Polynom q, sodass $q(z - \hat{z}) = p(z)$ für alle $z \in \mathbb{C}$ ist. Wir nennen dies die **Entwicklung von** p **um die Stelle** $\hat{z}$. Wir erhalten diese Darstellung durch Anwendung der binomischen Formel:

$$p(z) = \sum_{j=0}^{n} a_j z^j = \sum_{j=0}^{n} a_j (z - \hat{z} + \hat{z})^j$$

$$= \sum_{j=0}^{n} a_j \sum_{l=0}^{j} \binom{j}{l} \hat{z}^{j-l}(z - \hat{z})^l\,.$$

Definieren wir $\binom{j}{l} = 0$ für $0 \leq j < l$, so ergibt sich die gesuchte Entwicklung nach Vertauschen der Summationsreihenfolge zu

$$p(z) = \sum_{j=0}^{n}\sum_{l=0}^{n} a_j \binom{j}{l} \hat{z}^{j-l}(z - \hat{z})^l$$

$$= \sum_{l=0}^{n} \underbrace{\left(\sum_{j=0}^{n} a_j \binom{j}{l} \hat{z}^{j-l}\right)}_{=b_l}(z - \hat{z})^l\,.$$

Für eine konkrete Rechnung muss man den Ausdruck für die neuen Koeffizienten natürlich nicht direkt verwenden,

sondern wendet die binomische Formel für jeden Ausdruck explizit an.

Beispiel Es soll das Polynom $p\colon \mathbb{C} \to \mathbb{C}$ mit $p(z) = z^3 + 2z^2 - 1$ um den Punkt $\hat{z} = 1$ entwickelt werden. Wir berechnen:

$$\begin{aligned}
z^3 + 2z^2 - 1 &= (z - 1 + 1)^3 + 2(z - 1 + 1)^2 - 1 \\
&= (z - 1)^3 + 3(z - 1)^2 + 3(z - 1) + 1 \\
&\quad + 2(z - 1)^2 + 4(z - 1) + 2 - 1 \\
&= (z - 1)^3 + 5(z - 1)^2 + 7(z - 1) + 2\,.
\end{aligned}$$

Alternativ kann man diese Darstellung durch mehrmalige Polynomdivision mit Rest durch $z - 1$ gewinnen. ◄

$$\text{———————}\ \textbf{?}\ \text{———————}$$

Bestimmen Sie die Entwicklung von

$$p(x) = x^3 - 6x^2 + 12x - 7\,, \qquad x \in \mathbb{R}\,,$$

um den Entwicklungspunkt $\hat{x} = 2$. Wie sieht der Graph von p aus?

9.2 Beschränkte und monotone Funktionen

Wir wenden uns zunächst einigen sehr einfachen Eigenschaften von Funktionen zu, die den entsprechenden Eigenschaften der Folgen ähneln. Die erste Eigenschaft nutzt aus, dass für komplexe Zahlen stets der Betrag als Maß ihrer Größe zur Verfügung steht und bringt zum Ausdruck, dass die Funktionswerte einer Funktion nicht beliebig groß werden. Eine Funktion $f\colon D \to W$ heißt **beschränkt**, falls es eine positive Zahl C gibt mit

$$|f(x)| \leq C \qquad \text{für alle } x \in D\,.$$

Ist diese Eigenschaft für keine positive Zahl C erfüllt, d. h. gibt es zu jedem positiven C ein $x \in D$ mit $|f(x)| > C$, so heißt f **unbeschränkt**.

Bei diesem Begriff wird wieder klar, dass eine Eigenschaft einer Funktion nicht nur von der Abbildungsvorschrift, sondern auch vom Definitionsbereich abhängt. Betrachten wir die Funktionen $f\colon (1, 2) \to \mathbb{R}$ sowie $g\colon (0, 1) \to \mathbb{R}$ mit

$$f(x) = \frac{1}{x} \quad \text{für } x \in (1, 2)\,, \qquad g(x) = \frac{1}{x} \quad \text{für } x \in (0, 1)\,.$$

Aus $x > 1$ erhalten wir die Abschätzung

$$f(x) = \frac{1}{x} < 1 \qquad x \in (1, 2)\,.$$

Da die Funktionswerte auch alle positiv sind, gilt also $|f(x)| < 1$ für alle $x \in (1, 2)$, die Funktion f ist beschränkt.

Andererseits gilt für $x < 1/n$, $n \in \mathbb{N}$:

$$g(x) > n\,.$$

Die Funktionswerte können also größer werden als jede beliebige natürliche Zahl, die Funktion g ist unbeschränkt.

Die beiden Funktionen f und g unterscheiden sich nur im Definitionsbereich, die Abbildungsvorschrift ist dieselbe. Trotzdem ist die eine beschränkt, die andere nicht. Die Situation ist auch in Abbildung 9.11 veranschaulicht.

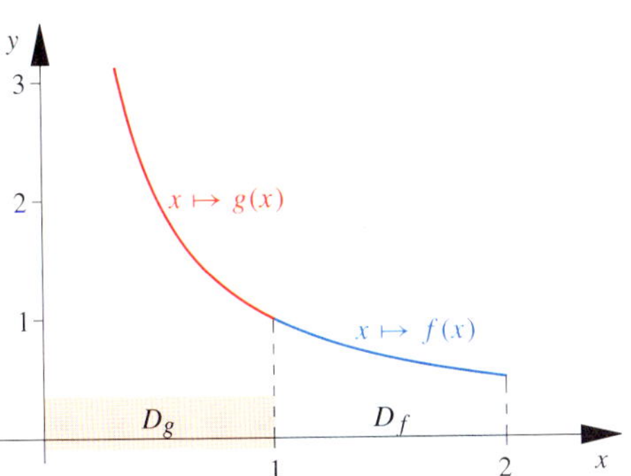

Abbildung 9.11 Die beiden Funktionen f und g haben dieselbe Abbildungsvorschrift – aber f ist beschränkt, g nicht.

Wie bei Folgen kann man bei *reellwertigen* Funktionen auch von **nach oben beschränkten** oder **nach unten beschränkten** Funktionen sprechen, wenn

$$f(x) \leq C \qquad \text{bzw.} \qquad f(x) \geq C$$

für alle $x \in D$ gilt. So ist etwa die Funktion $f: (0, 1) \to \mathbb{R}$ mit $f(x) = \frac{1}{x}$ zwar, wie wir oben gesehen haben, unbeschränkt, aber sehr wohl nach unten beschränkt (Abb. 9.11).

Noch allgemeiner kann bei zwei reellwertigen Funktionen $f: D \to \mathbb{R}$, $g: D \to \mathbb{R}$ mit demselben Definitionsbereich die eine Funktion eine Schranke für eine andere Funktion bilden, wenn nämlich die Ungleichung

$$f(x) \leq g(x) \qquad \text{für alle } x \in D$$

gilt. Dies ist oft ein nützliches Werkzeug: Man kann etwa eine kompliziertere Funktion durch eine einfachere beschränken, um auf Eigenschaften der komplizierteren Funktion zu schließen.

Beispiel Wir betrachten die Funktion $f: \mathbb{R}_{>-1} \to \mathbb{R}$, definiert durch

$$f(x) = \frac{x^2}{x + 1}.$$

Der Graph der Funktion ist in der Abbildung 9.12 dargestellt. Indem wir im Zähler eine Null addieren, erhalten wir

$$f(x) = \frac{x^2 - 1 + 1}{x + 1} = x - 1 + \frac{1}{x + 1}.$$

Der Bruch $1/(x + 1)$ ist aber stets positiv für $x > -1$. Also folgt

$$f(x) = x - 1 + \frac{1}{x + 1} \geq x - 1.$$

Somit ist f durch die Gerade h mit $h(x) = x - 1$, $x \in \mathbb{R}$, nach unten beschränkt (Abb. 9.12). Unter anderem können

wir daran ablesen, dass f nicht nach oben beschränkt ist, denn h ist nicht nach oben beschränkt.

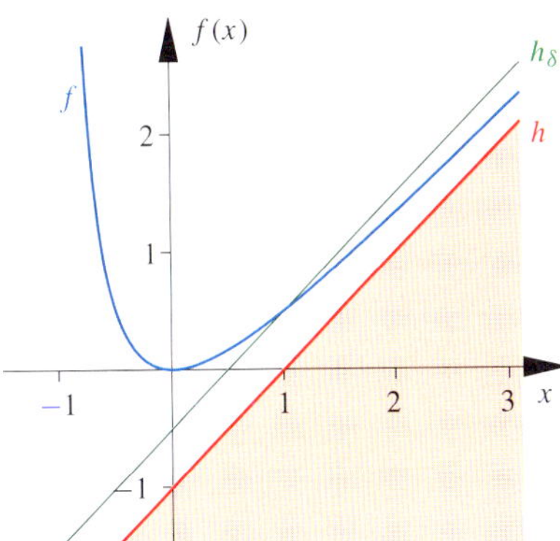

Abbildung 9.12 Der Graph der Funktion $f(x) = \frac{x^2}{x+1}$ befindet sich oberhalb der Geraden $h(x) = x - 1$, aber unterschreitet die Parallele h_δ für genügend großes x.

In der Abbildung sieht man aber auch, dass sich der Graph von f dem Graphen von h anzunähern scheint. Um dies mathematisch zu erfassen, verschieben wir den Graphen von h ein kleines Stück nach oben und erhalten für $\delta > 0$ die Funktion $h_\delta: \mathbb{R} \to \mathbb{R}$ mit $h_\delta(x) = x - 1 + \delta$. Setze $x_\delta = 1/\delta - 1$. Dann gilt für $x \geq x_\delta$ die Ungleichung:

$$f(x) = x - 1 + \frac{1}{x + 1} \overset{x \geq x_\delta}{\leq} x - 1 + \frac{1}{x_\delta + 1}$$
$$= x - 1 + \delta = h_\delta(x).$$

Für $x \geq x_\delta$ gilt also $f(x) \leq h_\delta(x)$. Da wir diese Überlegung für jedes noch so kleine $\delta > 0$ durchführen können, muss sich der Graph von f also dem Graphen von h immer weiter annähern. ◄

Eine zweite elementare Eigenschaft, die wir bei Folgen kennengelernt haben, ist die Monotonie. Auch diese lässt sich ganz analog auf Funktionen übertragen. Bei diesem Begriff müssen aber D und W Teilmengen von $\mathbb{R}$ sein, denn die Menge $\mathbb{C}$ ist nicht angeordnet, d. h. Ungleichungszeichen stehen uns dort nicht zur Verfügung. Eine Funktion $f: D \to W$ heißt **monoton wachsend** bzw. **monoton fallend**, falls für $x, y \in D$ mit $x < y$ stets

$$f(x) \leq f(y) \quad \text{bzw.} \quad f(x) \geq f(y)$$

gilt. Ist in diesen Ungleichungen die Gleichheit nicht zugelassen, so sprechen wir von einer **streng** monoton wachsenden bzw. einer **streng** monoton fallenden Funktion.

?

Überlegen Sie sich zwei Funktionen mit derselben Abbildungsvorschrift aber unterschiedlichen Definitionsbereichen, sodass die eine monoton wachsend, die andere monoton fallend ist.

Die beschränkten Funktionen bilden einen Vektorraum, die monotonen nicht

In Abschnitt 6.3 wurden Untervektorräume definiert. Für Funktionen gilt die folgende Aussage:

Lemma

Sei $D \subseteq \mathbb{C}$. Dann ist $\{u \colon D \to \mathbb{C} \mid u \text{ ist beschränkt}\}$ ein Untervektorraum des Raums der auf D definierten komplexwertigen Funktionen.

Beweis: Sind $f, g \colon D \to \mathbb{C}$ beschränkt durch C_1 bzw. C_2, so gilt für alle $x \in D$ und alle $\lambda \in \mathbb{C}$:

$$|(f+g)(x)| = |f(x) + g(x)| \le |f(x)| + |g(x)|$$
$$\le C_1 + C_2\,,$$
$$|(\lambda f)(x)| = |\lambda\, f(x)| = |\lambda|\,|f(x)| \le |\lambda|\, C_1\,.$$

Nach der Definition eines Unterraums (siehe Seite 196) bilden die beschränkten Funktionen also einen linearen Unterraum des Raums der Funktionen. ∎

Die Aussage des Lemmas gilt natürlich entsprechend für reellwertige Funktionen.

Die Situation ist anders bei den monotonen Funktionen.

Beispiel Gegeben sind $f, g \colon [0, 1] \to \mathbb{R}$ durch $f(x) = x$ sowie $g(x) = x^2$. Beide Funktionen sind monoton wachsend. Setze $h = g - f$. Dann ist

$$h(x) = x^2 - x = \left(x - \frac{1}{2}\right)^2 - \frac{1}{4}\,.$$

Dann gilt für $x, y \in [0, 1]$:

$$h(x) - h(y) = \left(x - \frac{1}{2}\right)^2 - \left(y - \frac{1}{2}\right)^2 = (x-y)\,(x+y-1)\,.$$

Ist nun $1 \ge x > y > 1/2$, so sind beide Faktoren positiv, also $h(x) - h(y) > 0$. Ist aber $1/2 > x > y \ge 0$, so ist der erste Faktor positiv, der zweite aber negativ. In diesem Fall ist $h(x) - h(y) < 0$.

Insgesamt folgt, dass h keine monotone Funktion ist. Die Menge der monotonen Funktionen ist also gegenüber den Vektorraumoperationen nicht abgeschlossen. ◀

Jede streng monotone Funktion ist injektiv

Auf Seite 44 haben wir den Begriff *injektiv* kennengelernt. Eine injektive Abbildung hat die Eigenschaft, dass es zu jedem Funktionswert $f(x)$ nur genau ein Urbild $x \in D$ gibt. Wir wollen uns klar machen, dass dies bei einer streng monotonen Funktion stets der Fall ist. Geometrisch ist diese Aussage sofort klar, wie man in der Abbildung 9.13 sieht.

Lemma

Ist $D \subseteq \mathbb{R}$, so ist jede streng monotone Funktion $f \colon D \to \mathbb{R}$ injektiv.

Beweis: Wir beschränken uns auf den Fall einer streng monoton wachsenden Funktion. Für eine streng monoton fallende Funktion geht die Herleitung analog. Wir nehmen an, dass es zwei Stellen $x, y \in D$ mit $f(x) = f(y)$ gibt.

1. Fall: Es ist $x < y$. Dann muss $f(x) < f(y)$ sein, da f streng monoton wächst. Dies ist ein Widerspruch zu $f(x) = f(y)$.

2. Fall: Es ist $x > y$. Dann muss auch $f(x) > f(y)$ gelten. Wiederum haben wir einen Widerspruch zu $f(x) = f(y)$.

Es bleibt also nur $x = y$. ∎

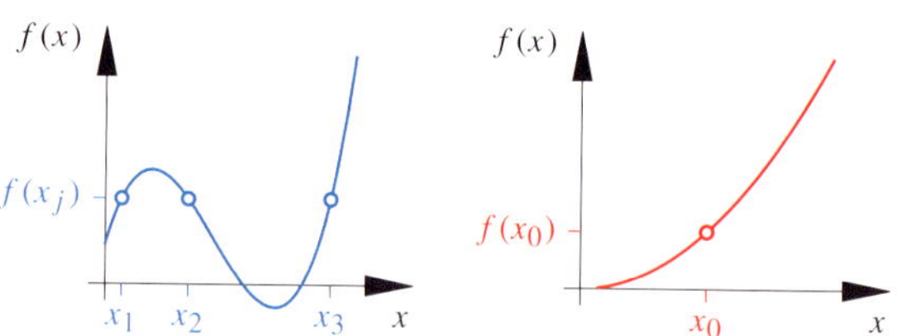

Abbildung 9.13 Eine nicht monotone Funktion braucht nicht injektiv zu sein (links). Eine streng monotone Funktion ist immer injektiv (rechts).

Wir wollen uns klar machen, dass die Umkehrung dieser Aussage keinesfalls gilt. Es ist also nicht jede injektive Funktion streng monoton. Dazu betrachten wir die Funktion $f \colon [0, 2] \to \mathbb{R}$ mit

$$f(x) = \begin{cases} x, & 0 \le x < 1 \\ 3 - x, & 1 \le x \le 2 \end{cases}\,,$$

die in Abbildung 9.14 zu sehen ist. Für $0 \le x < 1$ ist auch $0 \le f(x) < 1$. Dagegen ist für $1 \le x \le 2$ die Ungleichung $1 \le f(x) \le 2$ erfüllt. Die Bilder der beiden Intervalle $[0, 1)$ und $[1, 2]$ unter f haben keine gemeinsamen Punkte. Es reicht also aus, die beiden Intervalle getrennt zu betrachten. Auf beiden ist f aber streng monoton, also injektiv. Es folgt, dass f insgesamt injektiv ist.

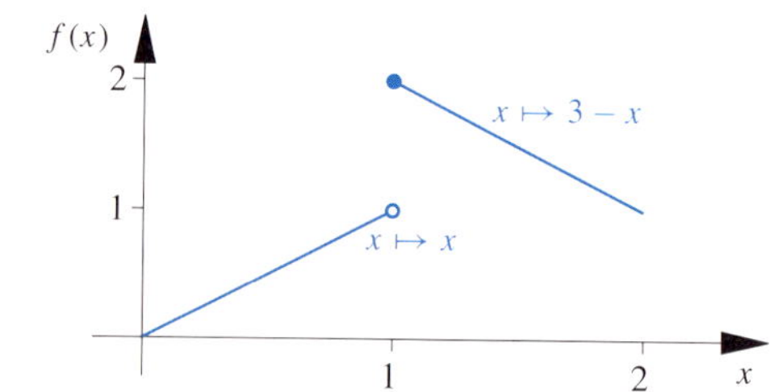

Abbildung 9.14 Eine Funktion, die nicht monoton, aber trotzdem injektiv ist: Zu jedem Funktionswert gibt es nur ein Urbild.

Auf Seite 48 hatten wir für bijektive Abbildungen die Umkehrabbildung eingeführt. Im Kontext von Funktionen spricht man entsprechend von der **Umkehrfunktion.** Ist eine Funktion injektiv, so können wir, indem wir den Wertebereich auf das Bild der Funktion einschränken, eine Umkehrfunktion bilden. Aus unserem Lemma ergibt sich somit eine Aussage zur Existenz von Umkehrfunktionen.

Folgerung

Jede streng monotone Funktion $f: D \to f(D)$ besitzt eine Umkehrfunktion $f^{-1}: f(D) \to D$.

Eine Bemerkung zum Abschluss: Am Graphen in Abbildung 9.14 ist zu sehen, dass f einen Sprung hat. Im übernächsten Abschnitt werden wir uns den Zusammenhang zwischen Monotonie, Injektivität und dem Auftreten von Sprüngen genauer klar machen.

9.3 Grenzwerte für Funktionen und die Stetigkeit

In diesem Kapitel wurden schon die unterschiedlichsten Beispiele für Funktionen betrachtet. In den meisten von uns untersuchten Fällen ist der Graph der Funktion eine glatte Kurve gewesen, aber wir haben auch schon Graphen mit Sprüngen kennengelernt. Für solch unterschiedliches Verhalten gibt es auch Beispiele in den Naturwissenschaften.

Beispiel Zu den essenziellen Instrumenten an Bord jedes Autos gehört der Tachometer, der zu jedem Zeitpunkt die *Momentangeschwindigkeit* anzeigt (Abb. 9.15). Auch wenn sich die Anzeige bei entsprechender Fahrweise durchaus schnell ändern kann, wird sie das niemals sprunghaft tun.

Abbildung 9.15 Das Armaturenbrett eines Autos umfasst die Anzeige vieler stetiger Funktionen – auch die Momentangeschwindigkeit auf dem Tacho.

Beim Billard (Abbildung 9.16) stellt sich die Situation vollkommen anders dar. Dazu wollen wir die Idealisierung des vollkommen elastischen Stoßes betrachten, bei dem Impuls und Energie erhalten bleiben und ferner noch annehmen, dass es sich bei den Kugeln um starre Körper handelt, sie also nicht verformbar sind. Die Kugeln ruhen dann, bis sie durch eine andere Kugel einen Impuls erhalten. Dann bewegen sie sich sofort mit einer gewissen Geschwindigkeit vorwärts. Den Verlauf der Momentangeschwindigkeit einer Billardkugel zeigt die Abbildung 9.17.

Bei diesen Anwendungen ist das Modell ganz entscheidend für die mathematischen Eigenschaften der auftretenden Funktionen: Wählt man statt des idealisierten vollkommen

Abbildung 9.16 Die Bewegung einer Billardkugel beim Stoß mit einem Queue lässt sich als eine sprunghafte Änderung der Momentangeschwindigkeit idealisieren.

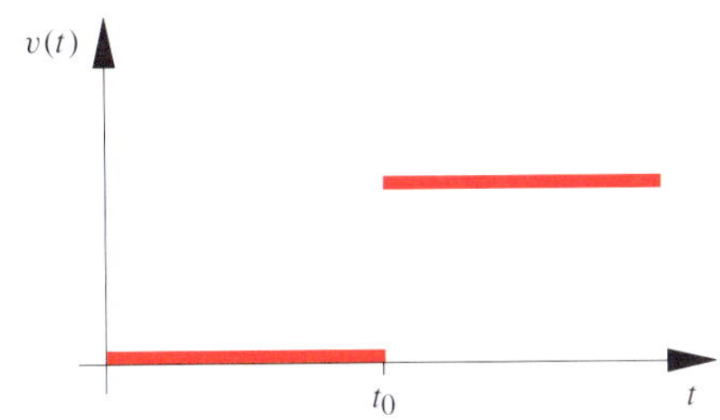

Abbildung 9.17 Die Momentangeschwindigkeit einer Billardkugel ist vor und nach dem Stoß konstant. Im Augenblick des als ideal angenommenen Stoßes springt sie.

elastischen Stoßes zwischen starren Körpern eine andere Beschreibung der Impulsübertragung für die Billardkugeln, so mag sich die Geschwindigkeitsänderung zwar sehr schnell, aber nicht mehr sprunghaft vollziehen. ◀

Wie können wir dieses Verhalten nun mathematisch fassen? Der Unterschied zwischen den beiden Situationen besteht darin, dass wir im ersten Fall vom Verhalten in der Nähe eines bestimmten Zeitpunkts auf das Verhalten zu diesem Zeitpunkt schließen können. Wir können auch sagen, dass sich diese Funktion *stabil* verhält: Eine kleine Änderung des Arguments (des Zeitpunktes) bewirkt nur eine kleine Änderung des Funktionswerts (der Momentangeschwindigkeit). Im zweiten Fall ist das nicht möglich, das Verhalten kurz vor dem Stoß hat nichts mit dem Verhalten danach zu tun. Die Funktion verhält sich *instabil*, denn man kann die Änderungen in den Funktionswerten nicht dadurch beliebig klein machen, dass man nur sehr kleine Änderungen im Argument zulässt.

Allerdings könnte sich eine Änderung zwar stabil aber sehr schnell vollziehen. Dann kann man trotzdem durch sehr kleine Änderungen der Argumente nur kleine Änderungen der Funktionswerte zulassen. Allerdings müssen wir dann sehr genau hinsehen, quasi mit einer Lupe. Die Rolle dieser mathematischen Lupe werden konvergente Folgen übernehmen.

Definition

Seien $f: D \to W$ eine Funktion und $\hat{x}, y \in \mathbb{C}$. Es heißt y **Grenzwert von** $f(x)$ **für** x **gegen** $\hat{x}$**,** falls es eine Folge (x_n) in D mit $\lim\limits_{n\to\infty} x_n = \hat{x}$ gibt und für jede solche Folge gilt, dass

$$\lim_{n\to\infty} f(x_n) = y$$

(Abb. 9.18). Diese Tatsache drückt man dann in einer Formel durch

$$\lim_{x\to\hat{x}} f(x) = y$$

aus.

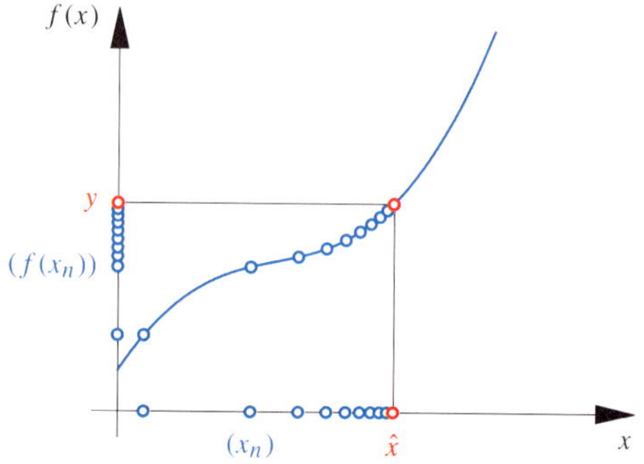

Abbildung 9.18 Die Definition des Grenzwerts für Funktionswerte: Für jede Folge (x_n) mit $x_n \to \hat{x}$ konvergiert $f(x_n)$ gegen y. In der Abbildung ist nur eine solche Folge gezeigt, es kann auch jede andere gegen $\hat{x}$ konvergente Folge aus dem Definitionsbereich gewählt werden.

Achtung: Die Definitionen für Grenzwerte von Funktionswerten in der Literatur sind in Details unterschiedlich. Anders als wir schließen manche Autoren z. B. aus, dass die Folgenglieder gleich $\hat{x}$ sein können. Berücksichtigen Sie im Folgenden, dass eine andere Grenzwertdefinition ggf. andere oder zusätzliche Voraussetzungen bei der Formulierung von Aussagen erfordert.

Aus der Eindeutigkeit des Grenzwerts für Folgen (Seite 285) ergibt sich automatisch, dass auch die Zahl $\lim\limits_{x\to\hat{x}} f(x)$ eindeutig bestimmt ist, sofern der Grenzwert existiert. Ist $\hat{x} \in D$, so ergibt sich auch unmittelbar, dass $\lim\limits_{x\to\hat{x}} f(x) = f(\hat{x})$ ist. Aber der Grenzwert ist auch für Punkte definiert, die nicht in D liegen, sich aber durch eine Folge aus D approximieren lassen. Im Abschnitt 9.4 werden wir die Menge dieser Punkte den *Abschluss* von D nennen. Will man dagegen einen Grenzwert $x \to \hat{x}$ bilden und explizit den Funktionswert an der Stelle $\hat{x}$ außer Acht lassen, so kann man durch die Notation

$$\lim_{\substack{x\to\hat{x} \\ x\neq\hat{x}}} f(x)$$

deutlich machen, dass man keine Folgen zulässt, bei denen Glieder gleich $\hat{x}$ sind.

Beispiel

- Setze $f(x) = x^2$, $x \in \mathbb{R}$ und wähle $\hat{x} \in \mathbb{R}$ beliebig. Nun wählen wir eine beliebige Folge (x_n) aus $\mathbb{R}$ aus, die gegen $\hat{x}$ konvergiert. Dann folgt

$$\lim_{n\to\infty} f(x_n) = \lim_{n\to\infty} (x_n\,x_n)$$
$$= \left(\lim_{n\to\infty} x_n\right)\left(\lim_{n\to\infty} x_n\right) = \hat{x}^2 = f(\hat{x}).$$

Für jedes $\hat{x} \in \mathbb{R}$ existiert also der Grenzwert von $f(x)$ für x gegen $\hat{x}$, und es ist

$$\lim_{x\to\hat{x}} f(x) = f(\hat{x}).$$

- Wir wählen nun $g: \mathbb{R} \to \mathbb{R}$ mit

$$g(x) = \begin{cases} 1, & x \geq 0 \\ 0, & x < 0 \end{cases}$$

und eine nicht negative reelle Nullfolge (x_n). Dann ist

$$\lim_{n\to\infty} g(x_n) = \lim_{n\to\infty} 1 = 1.$$

Wählt man dagegen eine negative reelle Nullfolge (y_n), so folgt:

$$\lim_{n\to\infty} g(y_n) = \lim_{n\to\infty} 0 = 0.$$

Somit existiert der Grenzwert $\lim\limits_{x\to 0} g(x)$ nicht.

- Als drittes Beispiel betrachten wir $h: (0, 2) \to \mathbb{C}$ mit

$$h(x) = \frac{i + x}{i - x}, \qquad x \in (0, 2).$$

Existiert $\lim_{x\to 2} h(x)$? Zwar ist $2 \notin (0, 2)$, aber die Folge $\left(2 - \frac{1}{n}\right)$ ist aus dem Definitionsbereich von h und konvergiert gegen 2. Ferner gilt für jede Folge (x_n) aus $(0, 2)$ mit Grenzwert 2 nach den Rechenregeln für Folgen:

$$\lim_{n\to\infty} h(x_n) = \lim_{n\to\infty} \frac{i + x_n}{i - x_n} = \frac{i + \lim\limits_{n\to\infty} x_n}{i - \lim\limits_{n\to\infty} x_n} = \frac{i + 2}{i - 2}.$$

Somit ist

$$\lim_{x\to 2} h(x) = \frac{i + 2}{i - 2}. \qquad \blacktriangleleft$$

Anhand ihres Graphen würden wir sagen, dass die zweite Funktion aus dem Beispiel einen Sprung besitzt. Wir erhalten unterschiedliche Grenzwerte wenn wir uns der Stelle $\hat{x}$ auf unterschiedlicher Weise nähern. Die Folge ist, dass der Grenzwert nicht existiert. Eine besondere Bedeutung aber haben Funktionen, bei denen der Grenzwert von $f(x)$ für $x \to \hat{x}$ immer existiert, wenn $\hat{x}$ im Definitionsbereich liegt.

Definition der Stetigkeit

Eine Funktion $f: D \to W$ heißt an der Stelle $\hat{x} \in D$ **stetig**, falls

$$\lim_{x\to\hat{x}} f(x) = f(\hat{x})$$

gilt. Ist f an jedem $x \in D$ stetig, so heißt f **auf** D **stetig**. Die Menge aller auf D stetigen Funktionen bezeichnen wir mit $C(D)$.

Noch klarer wird die Bedeutung dieses Begriffs mit der Formel

$$\lim_{x \to \hat{x}} f(x) = f\left(\lim_{x \to \hat{x}} x\right).$$

Ist eine Funktion also an einer Stelle $\hat{x}$ stetig, so darf man die Grenzwertbildung gegen $\hat{x}$ und die Anwendung der Funktion vertauschen. Entscheidend hierbei ist, dass die Ausdrücke auf beiden Seiten dieser Gleichung überhaupt existieren, die Gleichheit ergibt sich dann von selbst.

----------- **?** -----------

Wieso ergibt sich aus der Existenz der beiden obigen Ausdrücke sofort ihre Gleichheit?

Die Funktion $f(x) = x^2$, $x \in \mathbb{R}$ aus dem Beispiel oben ist also auf ganz $\mathbb{R}$ stetig. Die zweite Funktion aus dem Beispiel, g, ist im Punkt 0 nicht stetig.

Beispiel Wir betrachten ein weiteres Beispiel dieser Art, das Polynom $p \colon \mathbb{C} \to \mathbb{C}$ mit $p(x) = 5x^2 - 2x + 1$, das wir an der Stelle $\hat{x} = 0$ auf Stetigkeit überprüfen wollen. Gegeben ist eine beliebige Nullfolge (x_k). Dann gilt nach den Rechenregeln für Grenzwerte von Folgen (siehe Seite 290):

$$\lim_{k \to \infty} p(x_k) = \lim_{k \to \infty} \left(5x_k^2 - 2x_k + 1\right) = 1 = p(0).$$

Da die Folge (x_k) ganz beliebig war, folgt also:

$$\lim_{x \to 0} p(x) = p(0);$$

das Polynom p ist also in 0 stetig. ◀

Eine alternative Charakterisierung der Stetigkeit

Es gibt eine zweite äquivalente Definition des Begriffs der Stetigkeit, die ohne Folgen auskommt und auf den französischen Mathematiker Augustin Louis Cauchy (1789–1857) zurückgeht. Salopp gesprochen ist eine Funktion f in $\hat{x}$ stetig, falls für Stellen x dicht bei $\hat{x}$ auch die Funktionswerte $f(x)$ dicht bei $f(\hat{x})$ liegen.

Mathematisch fassen wir den heuristischen Begriff *dicht bei* durch die Verwendung von Umgebungen. Es kommen also zwei verschiedene Sorten von Umgebungen ins Spiel: solche um $\hat{x}$ und solche um $f(\hat{x})$.

Äquivalenz der ε-δ-Definition der Stetigkeit

Eine Funktion $f \colon D \to W$ ist an der Stelle $\hat{x} \in D$ genau dann stetig, wenn für jedes $\varepsilon > 0$ ein $\delta > 0$ existiert, sodass für alle $x \in D$ mit $|x - \hat{x}| < \delta$ auch $|f(x) - f(\hat{x})| < \varepsilon$ folgt.

Vorgegeben wird also eine ε-Umgebung um $f(\hat{x})$. Zu dieser muss es eine passende δ-Umgebung um $\hat{x}$ geben, sodass diese

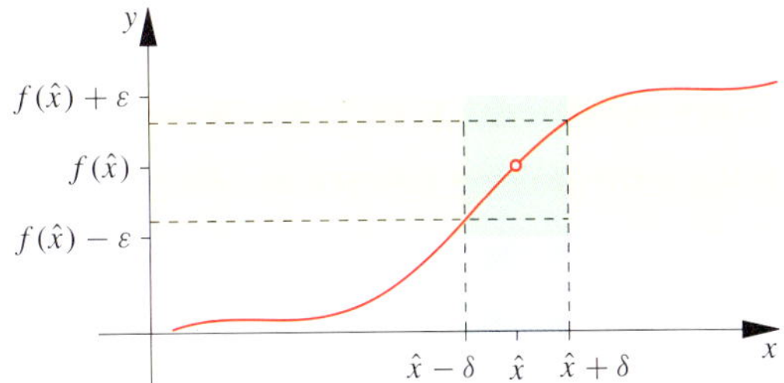

Abbildung 9.19 Die Situation bei der ε-δ-Definition der Stetigkeit.

δ-Umgebung durch f in die ε-Umgebung abgebildet wird. Wegen dieses Zusammenspiels von ε und δ spricht man auch von der ε-δ-*Definition* der Stetigkeit. Die Zusammenhänge sind in der Abbildung 9.19 dargestellt.

----------- **?** -----------

Können Sie in der ε-δ-Definition der Stetigkeit statt $< \delta$ bzw. statt $< \varepsilon$ auch $\leq \delta$ bzw. $\leq \varepsilon$ schreiben? Welche Kombinationen dieser Ungleichungen sind äquivalent zu der hier gegebenen Definition?

Beweis: Wir geben uns dazu eine Funktion $f \colon D \to W$ vor.

(i) *Aus der Stetigkeit definiert durch Grenzwerte folgt die ε-δ-Stetigkeit.*

Für ein $\hat{x} \in D$ und jede Folge (x_n) aus D mit $\lim_{n \to \infty} x_n = \hat{x}$ gelte $\lim_{n \to \infty} f(x_n) = f(\hat{x})$. Wir nehmen aber an, dass f in $\hat{x}$ im Sinne der ε-δ-Definition nicht stetig ist. Das bedeutet: Es gibt ein $\varepsilon > 0$, sodass für alle $\delta > 0$ ein $x(\delta) \in D$ existiert mit

$$|x(\delta) - \hat{x}| < \delta, \qquad \text{aber} \qquad |f(x(\delta)) - f(\hat{x})| \geq \varepsilon.$$

Wir setzen speziell $\delta = 1/n$ und $x_n = x(1/n)$. Somit haben wir eine Folge (x_n) aus D erhalten, die gegen $\hat{x}$ konvergiert. Dann konvergiert nach Voraussetzung auch $(f(x_n))$ gegen $f(\hat{x})$. Nach der Definition eines Grenzwerts existiert zu dem vorgegebenen ε also ein $n \in \mathbb{N}$ mit $|f(x_n) - f(\hat{x})| < \varepsilon$. Dies ist ein Widerspruch zu der Definition der x_n. Somit ist f in $\hat{x}$ auch im Sinne der ε-δ-Definition stetig.

(ii) *Aus der ε-δ-Definition der Stetigkeit folgt die Stetigkeit definiert durch Grenzwerte.*

Es sei f im Sinne der ε-δ-Definition in $\hat{x}$ stetig, und wir wählen eine Folge (x_n) aus $D \setminus \{\hat{x}\}$ vor, die gegen $\hat{x}$ konvergiert. Wir wählen auch $\varepsilon > 0$. Dann existiert ein $\delta > 0$ mit

$$|f(x_n) - f(\hat{x})| < \varepsilon, \qquad \text{falls} \qquad |x_n - \hat{x}| < \delta.$$

Wähle nun $N \in \mathbb{N}$ mit $|x_n - \hat{x}| < \delta$ für alle $n \geq N$. Dann folgt:

$$|f(x_n) - f(\hat{x})| < \varepsilon \qquad \text{für alle } n \geq N.$$

Mit anderen Worten: Die Folge $(f(x_n))$ konvergiert gegen $f(\hat{x})$. ∎

Beispiel Auch zu dieser Definition der Stetigkeit betrachten wir als Beispiel das Polynom $p \colon \mathbb{C} \to \mathbb{C}$ mit $p(x) = 5x^2 - 2x + 1$ und $\hat{x} = 0$. Zu vorgegebenem $\varepsilon > 0$ müssen wir ein $\delta > 0$ finden, sodass die Aussage aus der Definition erfüllt ist. Dazu betrachten wir

$$|p(x) - p(\hat{x})| = |5x^2 - 2x| \le 5|x|^2 + 2|x|\,,$$

wobei wir im letzten Schritt die Dreiecksungleichung angewandt haben. Ferner ist in diesem Beispiel $|x - \hat{x}| = |x|$. Somit ist δ in Abhängigkeit von ε so zu wählen, dass die Ungleichung

$$5\delta^2 + 2\delta < \varepsilon$$

erfüllt ist.

Nun geben wir uns $\varepsilon > 0$ beliebig vor. Dann wählen wir δ so, dass sowohl $\delta < 1$ als auch $\delta < \varepsilon/7$ ist. Dann folgt $\delta^2 < \delta$ und somit

$$5\delta^2 + 2\delta < 7\delta < \varepsilon\,.$$

Also gilt für alle $x \in \mathbb{C}$ mit $|x - \hat{x}| = |x| < \delta$ die Abschätzung

$$|p(x) - p(\hat{x})| \le 5|x|^2 + 2|x| < 5\delta^2 + 2\delta < \varepsilon\,. \quad \blacktriangleleft$$

Jedes Polynom ist stetig

Zu den einfachsten Funktionen gehören die Polynome. In den Beispielen oben hatten wir schon ein spezielles Polynom in $\hat{x} = 0$ auf Stetigkeit untersucht. Wir zeigen nun, dass jedes beliebige Polynom in jedem Punkt der komplexen Zahlenebene stetig ist.

> **Stetigkeit der Polynome**
>
> Jedes Polynom ist ein Element von $C(\mathbb{C})$.

Beweis: Mit $p \colon \mathbb{C} \to \mathbb{C}$ bezeichnen wir ein Polynom vom Grad n,

$$p(x) = \sum_{j=0}^{n} \alpha_j x^j\,,$$

mit irgendwelchen komplexen Koeffizienten $\alpha_j \in \mathbb{C}$. Wir wollen einmal für beide Definitionen der Stetigkeit beweisen, dass p stetig ist, um die Vorgehensweisen zu verdeutlichen. Natürlich reicht einer der beiden Beweise aus.

(i) Beweis über Grenzwerte:

Wir geben uns $\hat{x} \in \mathbb{C}$ und eine Folge (x_k) in $\mathbb{C}$ vor, die gegen $\hat{x}$ konvergiert. Dann gilt nach den Rechenregeln für Grenzwerte von Folgen:

$$\lim_{k \to \infty} p(x_k) = \sum_{j=0}^{n} \alpha_j \lim_{k \to \infty} x_k^j = \sum_{j=0}^{n} \alpha_j \hat{x}^j = p(\hat{x})\,.$$

Da die Folge (x_k) beliebig gewählt war, gilt also:

$$\lim_{x \to \hat{x}} p(x) = p(\hat{x})\,;$$

p ist also in $\hat{x}$ stetig. Da aber auch $\hat{x}$ beliebig gewählt war, haben wir die Stetigkeit von p auf ganz $\mathbb{C}$ nachgewiesen.

(ii) Beweis über ε-δ-Formalismus:

Wir geben uns $\hat{x} \in \mathbb{C}$ und $\varepsilon > 0$ vor und setzen

$$\delta = \min\left\{1, \frac{\varepsilon}{n \max\limits_{j=1,\dots,n}\{|\alpha_j|\,(|\hat{x}| + 1)^{j-1}\}}\right\}\,.$$

Dieses δ ist so gewählt, dass es genau für die folgenden Überlegungen passt. Aus $\delta \le 1$ folgt nämlich für alle $x \in D$ mit $|x - \hat{x}| < \delta$ die Abschätzung

$$|x| = |x - \hat{x} + \hat{x}| < \delta + |\hat{x}| \le |\hat{x}| + 1\,.$$

Daher ist mit der Verallgemeinerung der dritten binomischen Formel

$$\begin{aligned}
|p(\hat{x}) - p(x)| &\le \sum_{j=1}^{n} |\alpha_j|\,|\hat{x}^j - x^j| \\
&= \sum_{j=1}^{n} |\alpha_j| \left|\sum_{l=0}^{j-1} (\hat{x} - x)\,\hat{x}^l x^{j-1-l}\right| \\
&< \delta \sum_{j=1}^{n} |\alpha_j| \sum_{l=0}^{j-1} |\hat{x}|^l\,|x|^{j-1-l}\,.
\end{aligned}$$

Die Summanden in der inneren Summe können wir mit den oben gefundenen Ungleichungen abschätzen:

$$\begin{aligned}
|\hat{x}|^l\,|x|^{j-1-l} &< (|\hat{x}| + 1)^l\,(|\hat{x}| + 1)^{j-1-l} \\
&= (|\hat{x}| + 1)^{j-1}\,.
\end{aligned}$$

Somit folgt wegen $\delta \le \varepsilon/(n \max\limits_{j=1,\dots,n}\{|\alpha_j|\,(|\hat{x}| + 1)^{j-1}\})$:

$$\begin{aligned}
|p(\hat{x}) - p(x)| &< \delta \sum_{j=1}^{n} |\alpha_j| \sum_{l=0}^{j-1} (|\hat{x}| + 1)^{j-1} \\
&\le \delta\, n \max_{j=1,\dots,n}\{|\alpha_j|\,(|\hat{x}| + 1)^{j-1}\} \\
&\le \varepsilon\,. \qquad\qquad\qquad \blacksquare
\end{aligned}$$

Manche Funktionen kann man außerhalb ihres Definitionsbereichs stetig fortsetzen

Von Stetigkeit einer Funktion f in einer Stelle $\hat{x}$ kann man nur sprechen, wenn ein Funktionswert an der Stelle $\hat{x}$ definiert ist. Liegt $\hat{x}$ außerhalb des Definitionsbereichs D von f, so kann aber immer noch versucht werden, den Grenzwert

$$\lim_{x \to \hat{x}} f(x)$$

zu bilden, wenn es zumindest eine Folge (x_n) aus D gibt, die gegen $\hat{x}$ konvergiert.

Beispiel: Nachweis der Stetigkeit mit ε und δ

Verwenden Sie die ε-δ-Definition der Stetigkeit, um zu zeigen, dass folgende Funktionen in ihrem ganzen Definitionsbereich stetig sind:

$$\text{(a)} \quad f: \begin{cases} \mathbb{R}_{\geq 0} \longrightarrow \mathbb{R} \\ x \mapsto \sqrt[3]{x} \end{cases}, \qquad \text{(b)} \quad g: \begin{cases} \mathbb{R} \longrightarrow \mathbb{R} \\ x \mapsto \dfrac{x}{1+x^2} \end{cases}.$$

Problemanalyse und Strategie: Um f an der Stelle $\hat{x}$ auf Stetigkeit zu untersuchen, schätzen wir den Ausdruck $f(x) - f(\hat{x})$ so ab, dass ein Produkt aus der Differenz $x - \hat{x}$ und einem Produkt entsteht, das nicht mehr von x abhängt. Dieses Produkt liefert die notwendige Information zur Wahl von δ in Abhängigkeit von ε und $\hat{x}$. Es reicht übrigens auch, eine Potenz von $x - \hat{x}$ als ersten Faktor zu erhalten.

Lösung:

(a) Wir betrachten zunächst für $\hat{x}, x \in \mathbb{R}_{\geq 0}$ die Differenz der beiden Funktionswerte:

$$f(\hat{x}) - f(x) = \sqrt[3]{\hat{x}} - \sqrt[3]{x}$$
$$= \frac{\hat{x} - x}{\hat{x}^{2/3} + \hat{x}^{1/3} x^{1/3} + x^{2/3}}.$$

Hier haben wir die Formel

$$a^3 - b^3 = (a - b)(a^2 + ab + b^2)$$

verwendet, die es entsprechend auch für höhere Potenzen gibt.

Um den Nenner zu vereinfachen, wollen wir annehmen, dass $x \geq \hat{x}/2$ gilt. Dann folgt:

$$|f(\hat{x}) - f(x)| = \frac{|\hat{x} - x|}{\hat{x}^{2/3} + \hat{x}^{1/3} x^{1/3} + x^{2/3}}$$
$$\leq \frac{|\hat{x} - x|}{\hat{x}^{2/3}\left(1 + \frac{1}{2} + \frac{1}{4}\right)} - \frac{4|\hat{x} - x|}{7\,\hat{x}^{2/3}}.$$

Damit ist eine Schranke der gewünschten Form gefunden. Sei nun $\varepsilon > 0$. Wir wählen

$$\delta = \min\left\{ \frac{\hat{x}}{2}, \ \frac{7\,\hat{x}^{2/3}\,\varepsilon}{4} \right\}.$$

Der erste Term garantiert, dass die Annahme oben erfüllt ist. Den zweiten setzen wir nun ein, denn es folgt für $|\hat{x} - x| \leq \delta$:

$$|f(\hat{x}) - f(x)| \leq \frac{4\,\delta}{7\,\hat{x}^{2/3}} \leq \varepsilon.$$

Somit ist f in jedem $\hat{x} \geq 0$ stetig.

(b) Für $x, \hat{x} \in \mathbb{R}$ betrachten wir zunächst wieder die Differenz der Funktionswerte.

$$g(x) - g(\hat{x}) = \frac{x}{1+x^2} - \frac{\hat{x}}{1+\hat{x}^2}$$
$$= \frac{x(1+\hat{x}^2) - \hat{x}(1+x^2)}{(1+\hat{x}^2)(1+x^2)}$$
$$= \frac{(1 - x\hat{x})(x - \hat{x})}{(1+\hat{x}^2)(1+x^2)}.$$

Durch Anwendung des Betrags, der Dreiecksungleichung und der Abschätzung $x^2 \geq 0$ erhalten wir:

$$|g(x) - g(\hat{x})| \leq \frac{1 + |x\hat{x}|}{1 + \hat{x}^2}\,|x - \hat{x}|.$$

Wir machen nun die Annahme $|x - \hat{x}| \leq 2$. Somit ist $|x| \leq |\hat{x}| + 2$, und es folgt:

$$|g(x) - g(\hat{x})| \leq \frac{1 + 2|\hat{x}| + |\hat{x}|^2}{1 + \hat{x}^2}\,|x - \hat{x}|$$
$$= \frac{(1 + |\hat{x}|)^2}{1 + \hat{x}^2}\,|x - \hat{x}|.$$

Mit der allgemein gültigen Ungleichung

$$(a + b)^2 \leq 2a^2 + 2b^2$$

folgt hieraus:

$$|g(x) - g(\hat{x})| \leq \frac{2 + 2|\hat{x}|^2}{1 + \hat{x}^2}\,|x - \hat{x}| = 2|x - \hat{x}|.$$

Dies ist die gewünschte Form. Wir geben nun $\varepsilon > 0$ vor und wählen δ durch

$$\delta = \min\left\{ 2, \frac{\varepsilon}{2} \right\}.$$

Für $|x - \hat{x}| \leq \delta$ folgt:

$$|g(x) - g(\hat{x})| \leq 2\,\frac{\varepsilon}{2} = \varepsilon.$$

Somit ist g in jedem $\hat{x} \in \mathbb{R}$ stetig.

Kommentar:

- Machen Sie sich jeweils genau klar, wie die Definition von δ zustande kommt. Durch die Bildung des Minimums sind in beiden Teilaufgaben zwei Ungleichungen erfüllt. Wo wird jede davon verwendet?
- Ein wesentlicher Unterschied zwischen beiden Teilaufgaben liegt darin, dass im ersten Fall die Wahl von δ von $\hat{x}$ und von ε abhängt, im zweiten Fall nur von ε. Später werden wir Funktionen, bei der der zweite Fall vorliegt, als *gleichmäßig stetig* bezeichnen.

Übersicht: Stetige Funktionen und Unstetigkeiten

In dieser Übersicht werden die wichtigsten stetigen Funktionen zusammengestellt. Auch die wichtigsten Beispiele für Unstetigkeiten sind noch einmal aufgeführt.

Polynomfunktionen

Ein Polynom

$$p(z) = \sum_{j=0}^{n} \alpha_j \, z^j,$$

ist an jeder Stelle $z \in \mathbb{C}$ definiert und stetig.

Rationale Funktionen

Eine rationale Funktion

$$f(z) = \frac{p(z)}{q(z)}$$

mit zwei Polynomen p, q ist an jeder Stelle $z \in \mathbb{C}$ stetig, an der sie definiert ist (d. h., an der $q(z) \neq 0$ gilt).

An Nullstellen des Nenners, die nicht gleichzeitig Nullstellen des Zählers sind, haben rationale Ausdrücke einen *Pol*. Ist ein Funktionswert an dieser Stelle festgelegt, ist die Funktion dort nicht stetig.

Potenzfunktionen

Eine Funktion der Form

$$f(x) = x^{p/q}$$

für $p \in \mathbb{Z}$ und $q \in \mathbb{N}$ ist in allen Stellen $x \in (0, \infty)$ stetig.

Insbesondere sind alle *Wurzelfunktionen*

$$f(x) = \sqrt[q]{x}$$

auf $\mathbb{R}_{\geq 0}$ stetig.

Transzendente Standardfunktionen

Die im Kapitel 11 vorgestellten Funktionen

$$\exp \qquad \ln \qquad \sin \qquad \cos$$

sind auf ihrem gesamten Definitionsbereich stetig. Für den natürlichen Logarithmus gilt:

$$\lim_{x \to 0} \ln(x) = -\infty.$$

Man spricht von einer *Singularität*.

Sprünge

Ist $f : D \to \mathbb{R}$ eine Funktion mit $D \subseteq \mathbb{R}$ und gilt

$$\lim_{x \to \hat{x}-} f(x) \neq \lim_{x \to \hat{x}+} f(x),$$

so spricht man von einem *Sprung* an der Stelle $\hat{x}$. Ist $\hat{x} \in D$, so ist f an der Stelle $\hat{x}$ nicht stetig.

Stetige Fortsetzung

Eine Funktion $f : D \to \mathbb{C}$ heißt nach $\hat{x} \notin D$ **stetig fortsetzbar,** wenn der Grenzwert

$$\lim_{x \to \hat{x}} f(x)$$

existiert. In diesem Fall ist die Funktion $\tilde{f} : D \cup \{\hat{x}\} \to \mathbb{C}$ mit

$$\tilde{f}(x) = \begin{cases} f(x), & x \in D, \\ \lim_{x \to \hat{x}} f(x), & x = \hat{x} \end{cases}$$

stetig in $\hat{x}$ und heißt **stetige Fortsetzung von f nach $\hat{x}$.**

Übliche Beispiele für diesen Begriff sind rationale Funktionen an Stellen, in denen ihr Nenner eine Nullstelle hat. Es sei aber darauf hingewiesen, dass der Begriff der stetigen Fortsetzung durchaus eine weittragende Bedeutung besitzt. Insbesondere im Hinblick auf die Stetigkeit von Ableitungen (siehe Seite 563) werden wir wieder darauf zurückkommen.

Beispiel Betrachten wir $f : \mathbb{C} \setminus \{-1, 1\} \to \mathbb{C}$ mit

$$f(x) = \frac{x^2 - 2x + 1}{x^2 - 1}, \qquad x \in \mathbb{C} \setminus \{1, -1\},$$

so ist

$$f(x) = \frac{x - 1}{x + 1}, \; x \in \mathbb{C} \setminus \{1, -1\}.$$

Somit können wir den Grenzwert für $x \to 1$ bilden, und es ist

$$\lim_{x \to 1} f(x) = \frac{1 - 1}{1 + 1} = 0.$$

Somit ist f nach 1 stetig fortsetzbar.

In dem Punkt -1 ist f nicht stetig fortsetzbar. Für die Folge $x_n = -1 + 1/n, n \in \mathbb{N}$, ist

$$f(x_n) = \frac{-2 + 1/n}{1/n} = 1 - 2n.$$

Die Folge $(f(x_n))$ ist unbeschränkt und konvergiert daher nicht. Somit existiert auch der Grenzwert $\lim_{x \to -1} f(x)$ nicht. ◀

Die stetigen Funktionen bilden einen Vektorraum

Das vorangegangene Beispiel zeigt, dass es sehr mühsam ist, bei der Verwendung von Grenzwerten für Funktionen immer mit Folgen oder ϵ-δ-Definition hantieren zu müssen. Glücklicherweise ist das auch gar nicht notwendig: Da die

Grenzwertdefinition auf der Konvergenz für Folgen beruht, übertragen sich alle Rechenregeln für Grenzwerte, die wir von den Folgen her kennen, auf das Rechnen mit Funktionen. Die Übersicht auf Seite 290 listet alle diese Regeln auf. Sie gelten ganz entsprechend bei Grenzwerten für Funktionen. Wir werden sie ab jetzt verwenden und uns dadurch das Leben erheblich vereinfachen.

Die Rechenregeln beinhalten insbesondere das Bilden der Summen und von skalaren Vielfachen von Funktionen. Damit ergibt sich direkt die folgende Aussage:

Satz

Für $D \subseteq \mathbb{C}$ bildet die Menge $C(D)$ einen Vektorraum über $\mathbb{C}$.

Schränken wir uns auf reellwertige Funktionen ein, so erhalten wir analog einen Vektorraum über $\mathbb{R}$.

Genauso sind auch Produkte von stetigen Funktionen wieder stetig, und auch andere grundlegende Rechenoperationen erhalten die Stetigkeit. Die Übersicht auf Seite 318 listet die wichtigsten Fälle stetiger Funktionen auf.

?

Bildet die Menge $C(D)$ mit der Multiplikation einen Ring oder sogar einen Körper?

Eine Operation, die bei Funktionen zusätzlich auftritt, ist die Verkettung. Auch diese Operation erhält die Stetigkeit.

Satz

Sind $D, W, V \subseteq \mathbb{C}$ und $f \colon D \to W$ und $g \colon W \to V$ auf D bzw. W stetig, so ist auch $h = g \circ f$ auf D stetig.

Beweis: Wir wählen $\hat{x} \in D$ und eine Folge (x_n) aus D aus, die gegen $\hat{x}$ konvergiert. Da f stetig ist, ist dann $(f(x_n))$ eine Folge in W, die gegen $f(\hat{x}) \in W$ konvergiert. Nun verwenden wir die Stetigkeit von g,

$$\lim_{n \to \infty} h(x_n) = \lim_{n \to \infty} g(f(x_n))$$
$$= g\left(\lim_{n \to \infty} f(x_n)\right) = g(f(\hat{x})) = h(\hat{x}).$$

Also ist h in $\hat{x} \in D$ stetig. Da $\hat{x}$ beliebig gewählt war, ist h auf D stetig. ∎

Bei einseitigen Grenzwerten beschränkt man sich auf bestimmte Folgen

Um den Begriff der Stetigkeit noch besser verstehen zu können, wollen wir uns mit Funktionen beschäftigen, die *nicht* stetig sind. Vorher definieren wir noch ein wichtiges Hilfsmittel. Insbesondere bei Funktionen mit Sprüngen ist es oft nützlich, sich bei der Bestimmung eines Grenzwerts nur auf

eine Richtung zu beschränken. Dazu betrachten wir etwa alle Folgen (x_n) aus D mit Grenzwert $\hat{x}$ und $x_n > \hat{x}$ für alle $n \in \mathbb{N}$. Wir nähern uns $\hat{x}$ also stets *von oben*. Existiert nun eine solche Folge sowie für jede solche Folge der Grenzwert $\lim_{n \to \infty} f(x_n)$, und sind alle diese Grenzwerte gleich, so setzen wir

$$\lim_{x \to \hat{x}+} f(x) = \lim_{n \to \infty} f(x_n).$$

Analog definiert man den Grenzwert $\lim_{x \to \hat{x}-} f(x)$ für einen Grenzwert *von unten*.

Für diese einseitigen Grenzwerte findet man in der Literatur auch andere Notationen. So ist es etwa auch üblich einen schrägen Pfeil beim Limessymbol zu verwenden:

$$\lim_{x \nearrow \hat{x}} f(x) = \lim_{x \to \hat{x}-} f(x) \quad \text{und} \quad \lim_{x \searrow \hat{x}} f(x) = \lim_{x \to \hat{x}+} f(x).$$

Noch kürzer ist die Schreibweise $f(\hat{x}-) = \lim_{x \to \hat{x}-} f(x)$.

Es gibt nun drei typische Situationen, bei denen Funktionen unstetig sein können, die wir im Folgenden vorstellen wollen.

Beispiel

■ Die Funktion $f \colon [0, 2] \to \mathbb{R}$ mit

$$f(x) = \begin{cases} x^2, & 0 \leq x \leq 1, \\ \frac{x}{2} + 1, & 1 < x \leq 2 \end{cases}$$

ist in der Abbildung 9.20 links dargestellt. Der Graph dieser Funktion hat einen *Sprung*. Die Vermutung liegt nahe, dass f an dieser Stelle nicht stetig ist. In der Tat ist

$$\lim_{x \to 1+} f(x) = \lim_{x \to 1+} \left(\frac{x}{2} + 1\right) = \frac{3}{2} \neq 1 = f(1).$$

Also ist f in 1 nicht stetig

■ Die Funktion $g \colon [-1, 1] \to \mathbb{R}$ soll durch

$$g(x) = \begin{cases} \frac{1}{x}, & x \neq 0 \\ 0, & x = 0 \end{cases}$$

definiert sein. Der Graph ist in der Abbildung 9.20 rechts dargestellt. Eine Stelle wie die 0 bei $1/x$ nennt man eine *Singularität*. In der Tat ist g in der Nähe von null unbeschränkt, weder der Grenzwert $\lim_{x \to 0-} g(x)$ noch der Grenzwert $\lim_{x \to 0+} g(x)$ existieren, aber g ist in null definiert. Somit ist g in null nicht stetig.

■ Als dritten Fall betrachten wir die Funktion $h \colon \mathbb{R} \to \mathbb{R}$ mit:

$$h(x) = \begin{cases} 0, & x \leq 0, \\ \sin\left(\frac{1}{x}\right), & x > 0, \end{cases}$$

wobei wir im Vorgriff auf deren Definition in Kapitel 11 die Sinusfunktion verwenden. Diese ist auf $\mathbb{R}$ definiert, stetig und 2π-periodisch. Den Graphen von h zeigt die Abbildung 9.21. Während der Grenzwert $\lim_{x \to 0-} h(x)$ existiert (und gleich null ist), existiert der Grenzwert $\lim_{x \to 0+} h(x)$ nicht. Es lässt sich für jedes

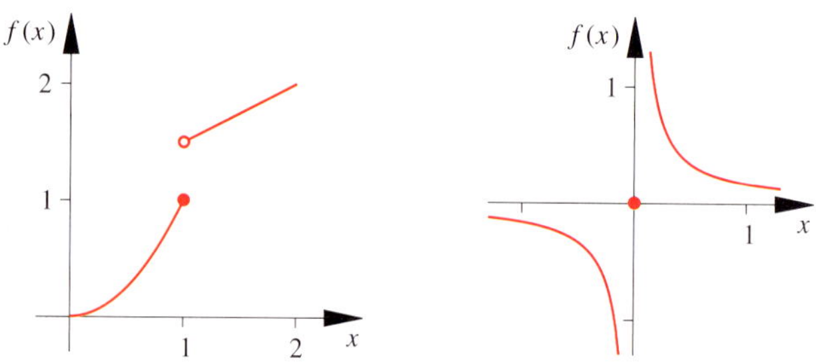

Abbildung 9.20 Links: Unstetigkeit durch einen Sprung; rechts: Unstetigkeit durch eine Singularität.

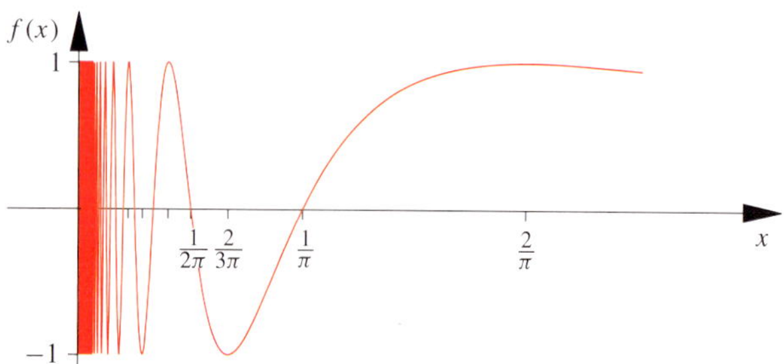

Abbildung 9.21 Unstetigkeit durch Oszillation.

$y \in [-1, 1]$ eine Folge (x_n) mit $\lim_{n \to \infty} x_n = 0$ und $\lim_{n \to \infty} h(x_n) = y$ konstruieren. Man spricht von einer *Oszillationsstelle*. ◀

Achtung: Für die vorangegangenen Beispiele ist es wesentlich, dass die Unstetigkeitsstelle zum Definitionsbereich der Funktion gehört. Betrachtet man etwa $f \colon \mathbb{R} \setminus \{0\} \to \mathbb{R}$ mit $f(x) = 1/x$, so ist diese Funktion auf ihrem gesamten Definitionsbereich stetig! Dies ist die Grenze der anschaulichen Vorstellung, dass eine Funktion stetig ist, wenn man ihren Graphen zeichnen kann, ohne den Stift dabei abzusetzen. Von Stetigkeit kann man nur an einer Stelle sprechen, an der die Funktion auch definiert ist.

Bei unbeschränkten Funktionen können in manchen Fällen uneigentliche Grenzwerte definiert werden

Für den Fall von Singularitäten kann man die Definition des Grenzwerts für Funktionen erweitern, um auch in diesen Situationen mit einer einfachen Darstellung durch eine Formel arbeiten zu können. Betrachten wir dazu eine reellwertige Funktion $f \colon D \to W$, $W \subseteq \mathbb{R}$ und eine konvergente Folge (x_n) in D mit $\lim_{n \to \infty} x_n =: \hat{x}$. Es muss dabei $\hat{x}$ selbst kein Element von D sein.

Gibt es nun für jede Zahl $C > 0$ und jede Folge (x_n) aus D mit $\lim_{n \to \infty} x_n = \hat{x}$ ein $N \in \mathbb{N}$ mit

$$f(x_n) > C \quad \text{für alle } n \geq N,$$

so schreiben wir kurz

$$\lim_{x \to \hat{x}} f(x) = \infty.$$

Ganz analog ist

$$\lim_{x \to \hat{x}} f(x) = -\infty$$

definiert. In diesen Situationen sprechen wir von einem **uneigentlichen Grenzwert** und sagen f *geht für x gegen $\hat{x}$ gegen plus (oder minus) unendlich.*

Analog definieren wir einseitige uneigentliche Grenzwerte $(x \to \hat{x}\pm)$ und uneigentliche Grenzwerte der Form

$$\lim_{x \to \pm\infty} f(x),$$

um das Verhalten einer Funktion für sehr große Argumente zu charakterisieren.

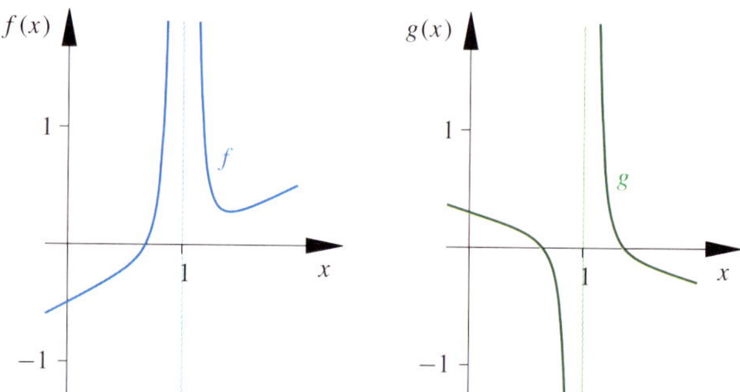

Abbildung 9.22 Zwei Funktionen mit einer Singularität bei 1. Für f existiert der uneigentliche Grenzwert $\lim_{x \to 1} f(x) = \infty$. Bei g existieren nur die einseitigen uneigentlichen Grenzwerte $\lim_{x \to 1-} g(x) = -\infty$ und $\lim_{x \to 1+} g(x) = \infty$.

Beispiel Die Funktion $f \colon \mathbb{R} \setminus \{-1\} \to \mathbb{R}$ mit

$$f(x) = \frac{x^2 + x + 2}{x + 1} = x + \frac{2}{x + 1}$$

hat an der Stelle -1 eine Singularität. An der zweiten Darstellung lässt sich das Verhalten der Funktion gut ablesen: Für $x < -1$ ist der Nenner des Bruchs stets negativ. Er konvergiert gegen null für $x \to -1$, während der erste Summand x beschränkt bleibt, also gilt:

$$\lim_{x \to -1-} f(x) = \lim_{x \to -1-} \frac{2}{x + 1} = -\infty.$$

Dagegen ist der Nenner des Bruchs für $x > -1$ stets positiv, hier gilt

$$\lim_{x \to -1+} f(x) = \lim_{x \to -1+} \frac{2}{x + 1} = +\infty.$$

Für betragsmäßig große Werte von x dominiert der erste Summand, das x, denn der Bruch konvergiert hier gegen null. Hier gilt

$$\lim_{x \to -\infty} f(x) = \lim_{x \to -\infty} x = -\infty,$$

$$\lim_{x \to \infty} f(x) = \lim_{x \to \infty} x = \infty.$$

◀

Beispiel: Unstetigkeit bei einer komplexen Funktion

Ist die Funktion $f: \mathbb{C} \to \mathbb{C}$ mit

$$f(z) = \begin{cases} \dfrac{z}{\overline{z}} - \dfrac{\overline{z}}{z}, & z \neq 0, \\ 0, & z = 0 \end{cases}$$

an der Stelle $z = 0$ stetig?

Problemanalyse und Strategie: Beim Nachweis von Stetigkeit im Komplexen muss man sicherstellen, dass man das Verhalten einer Funktion an der zu untersuchenden Stelle in allen Richtungen betrachtet. Aus einzelnen Richtungen mag eine Funktion stetig erscheinen, aber aus anderen nicht. Dies ist hier der Fall.

Lösung:

Als eine erste Folge betrachten wir (z_n) mit $z_n = 1/n$. Dann gilt:

$$\frac{z_n}{\overline{z_n}} = \frac{\overline{z_n}}{z_n} = 1.$$

Damit ist dann $f(z_n) = 0$ für alle $n \in \mathbb{N}$, und damit gilt $\lim_{n \to \infty} f(z_n) = 0 = f(0)$.

Doch dieses Ergebnis stimmt nicht für alle Folgen, wie wir anhand einer zweiten Folge nachprüfen können. Wir wählen (z_n) mit

$$z_n = \frac{1+i}{n}, \qquad n \in \mathbb{N}.$$

Auch hier gilt $\lim_{n \to \infty} z_n = 0$, allerdings ist nun

$$\frac{z_n}{\overline{z_n}} = \frac{1+i}{1-i} = i.$$

Damit folgt:

$$\frac{\overline{z_n}}{z_n} = -i \quad \text{und daher} \quad f(z_n) = 2i.$$

Es ist also $\lim_{n \to \infty} f(z_n) = 2i \neq f(0)$. Die Funktion f ist in 0 nicht stetig.

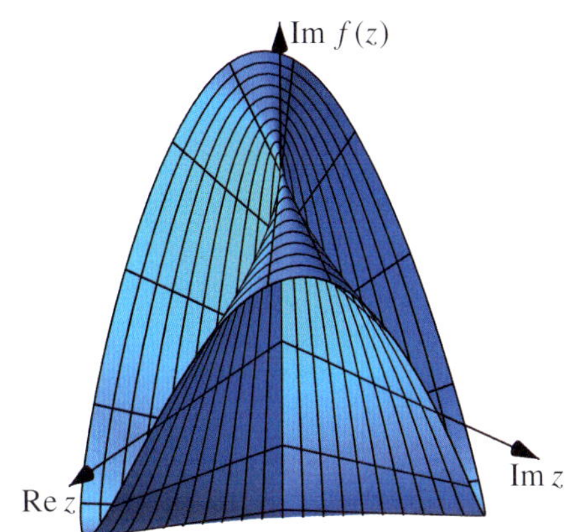

Die Abbildung zeigt einen Ausschnitt des Graphen des Imaginärteils von f. Man kann gut das Verhalten von f in der Nähe der Stelle 0 erkennen: je nachdem aus welcher Richtung in der komplexen Zahlenebene man sich nähert, erhält man einen anderen Grenzwert für $z \to 0$.

Eine Lipschitzkonstante quantifiziert die Stetigkeit

Bei einer stetigen Funktion gibt das Verhalten der Funktion in der Nähe einer Stelle Auskunft über das Verhalten an der Stelle selbst. Allerdings liefert die Definition keine Aussagen darüber, wie dicht man der Stetigkeitsstelle kommen muss, damit sich der Funktionswert innerhalb einer bestimmten Umgebung des Werts an dieser Stelle befindet.

Definition einer lipschitz-stetigen Funktion

Falls für eine Funktion $f: D \to W$ eine Konstante $L > 0$ mit der Eigenschaft

$$|f(x) - f(y)| \leq L\,|x - y| \qquad \text{für alle } x, y \in D$$

existiert, so nennen wir die Funktion **lipschitz-stetig** mit **Lipschitzkonstante** L.

Für eine lipschitz-stetige Funktion haben wir somit die Aussage: Ist $|x - y| \leq \varepsilon/L$, so folgt sofort $|f(x) - f(y)| \leq \varepsilon$. Die

Lipschitzkonstante *quantifiziert* den Zusammenhang zwischen der Lage von Stellen, an denen eine Funktion ausgewertet wird, und den entsprechenden Funktionswerten. Sie gibt eine *Höchstrate der Änderung* der Funktionswerte an.

Lemma

Eine auf D lipschitz-stetige Funktion ist auf D auch stetig.

Der Beweis ergibt sich direkt aus der obigen Überlegung und der ε-δ-Definition der Stetigkeit. Es ergibt sich, dass für ein ε immer $\delta = \varepsilon/L$ gewählt werden kann, unabhängig davon, an welcher Stelle $x \in D$ die Funktion betrachtet wird. Damit ist die Lipschitz-Stetigkeit ein Spezialfall der *gleichmäßigen Stetigkeit* (siehe Seite 331).

Direkt aus der Definition ergibt sich, dass Summen und skalare Vielfache lipschitz-stetiger Funktionen selbst wieder lipschitz-stetig sind. Somit bildet die Menge der auf D lipschitz-stetigen Funktionen einen Untervektorraum von $C(D)$.

Sehr gut kann man sich den Begriff am Beispiel der Wurzelfunktion klar machen (Abb. 9.23). Wir betrachten $D = [\delta, 1]$ mit $\delta > 0$ und setzen

$$f(x) = \sqrt{x}, \qquad x \in D.$$

Dann gilt für $\delta \leq y \leq x \leq 1$ die Abschätzung:

$$|f(x) - f(y)| = \sqrt{x} - \sqrt{y} = \frac{x - y}{\sqrt{x} + \sqrt{y}} \leq \frac{1}{2\sqrt{\delta}}\, |x - y|.$$

Da

$$\frac{1}{\sqrt{x} + \sqrt{y}} \to \frac{1}{2\sqrt{\delta}} \qquad x, y \to \delta,$$

ist diese Abschätzung optimal: Wir können keine kleinere Konstante mit dieser Eigenschaft finden als $1/(2\sqrt{\delta})$.

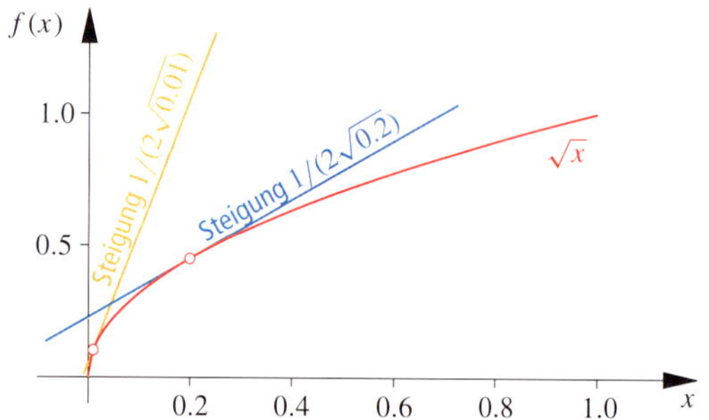

Abbildung 9.23 Lipschitz-Konstanten am Beispiel der Wurzelfunktion.

Nun lassen wir $\delta \to 0$ gehen. Wir wissen ja, dass die Wurzelfunktion auch auf dem Intervall $[0, 1]$ stetig ist, aber die Lipschitzkonstante geht dann gegen Unendlich! Die Wurzelfunktion ist also auf dem Intervall $[0, 1]$ nicht mehr lipschitzstetig. Am Graphen kann man auch gut erkennen, warum dies so ist: Die Kurve wird zunehmend steiler, wenn sie sich der Null nähert, die Änderungsrate wird immer größer.

Lipschitz-Stetigkeit spielt immer dort eine Rolle, wo es auf eine Beschränkung von Änderungsraten ankommt. Dies ist vor allem bei numerischen Anwendungen der Fall, aber auch in dem Kapitel zu Differenzialgleichungen wird uns dieser Begriff wieder begegnen.

9.4 Abgeschlossene, offene, kompakte Mengen

In Abschnitt 4.2 hatten wir verschiedene Intervalltypen definiert. Darunter *offene* Intervalle, d. h. Intervalle vom Typ $(a, b) = \{x \in \mathbb{R} \mid a < x < b\}$ und *abgeschlossene* Intervalle $[a, b] = \{x \in \mathbb{R} \mid a \leq x \leq b\}$ (dabei seien jeweils $a, b \in \mathbb{R}$ und $a < b$). Zwischen diesen Intervalltypen scheint kein großer Unterschied zu bestehen, so haben beide Intervalle nach Definition die gleiche Länge $b - a$.

Stetige Funktionen f mit Intervallen als Definitionsbereiche haben angenehme Eigenschaften: Wie wir im Abschnitt 9.5

sehen werden, sind ihre Bildmengen wieder Intervalle. Jedoch kann sich der Typus der Intervalle ändern. Betrachtet man z. B. $D = (-1, 1)$ und $f \colon D \to \mathbb{R}$ mit $f(x) = x^2$, dann ist $f(D) = [0, 1)$.

Im Abschnitt über komplexe Zahlen hatten wir *offene* und *abgeschlossene* Kreisscheiben eingeführt. Für $r > 0$ und $a \in \mathbb{C}$ hatten wir $U_r(a) = \{z \in \mathbb{C} \mid |z - a| < r\}$ die **offene Kreisscheibe** und $\overline{U}_r(a) = \{z \in \mathbb{C} \mid |z - a| \leq r\}$ die **abgeschlossene Kreisscheibe** mit Mittelpunkt a und Radius r genannt.

Ziel dieses Abschnitts ist es, die Begriffe offen und abgeschlossen zu präzisieren und zu zeigen, dass die offenen bzw. abgeschlossenen Intervalle bzw. Kreisscheiben wirklich offen bzw. abgeschlossen im Sinne einer allgemeineren Definition sind. Im engen Zusammenhang mit abgeschlossenen Teilmengen stehen kompakte Mengen.

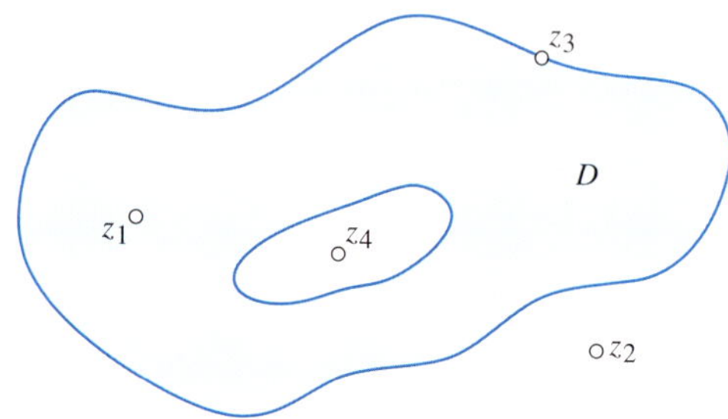

Abbildung 9.24 An dieser „Amöbe" lassen sich die verschiedenen möglichen Fälle für die Lage von Punkten unterscheiden. Punkte wie z_1 liegen im Inneren von D, während Punkte wie z_3 auf dem Rand zwischen D und seinem Komplement liegen. Punkte wie z_2 bzw. z_4 liegen außerhalb von D.

Wir betrachten eine Teilmenge $D \subseteq \mathbb{C}$, die etwa die in Abbildung 9.24 dargestellte Gestalt hat. Dann gibt es für die Lage von Punkten aus $\mathbb{C}$ die folgenden Möglichkeiten, die sich gegenseitig ausschließen:

Definition: Inneres, Komplement und Rand einer Menge

- Ist $z_1 \in D$, und gibt es ein $r_1 > 0$ mit $U_{r_1}(z_1) \subseteq D$, so nennen wir z_1 einen **inneren Punkt** von D. Die Gesamtheit D^0 dieser Punkte heißt das **Innere** von D.

- Ist $z_2 \in \mathbb{C} \setminus D$, und gibt es ein $r_2 > 0$ mit $U_{r_2}(z_2) \subseteq \mathbb{C} \setminus D$, so nennen wir z_2 einen **äußeren Punkt** bezüglich D. Äußere Punkte gehören zum Komplement von D bezogen auf die Grundmenge (hier: $\mathbb{C}$). Sie sind innere Punkte des Komplements $\mathbb{C} \setminus D$.

- Gilt für ein $z_3 \in \mathbb{C}$ und für alle $r_3 > 0$, dass $U_{r_3}(z_3) \cap D \neq \emptyset$ und $U_{r_3}(z_3) \cap (\mathbb{C} \setminus D) \neq \emptyset$, so nennen wir z_3 einen **Randpunkt** von D. Die Gesamtheit dieser Punkte heißt **Rand** von D, für den wir die Bezeichnung ∂D wählen.

Diese Begriffe lassen sich ganz analog für Teilmengen von $\mathbb{R}$ einführen: In der Definition muss $\mathbb{C}$ durch $\mathbb{R}$ ersetzt werden, und statt den offenen Kreisscheiben $U_r(z)$ verwendet man offene Intervalle $(z - r, z + r)$. Das Intervall $(a, b]$ hat dann z. B. die Eigenschaft, dass der Randpunkt a kein Element des Intervalls ist, der Randpunkt b schon.

Achtung: Das reelle Intervall (a, b) ist als Teilmenge von $\mathbb{R}$ eine Menge, die nur aus inneren Punkten besteht. Man kann dieses Intervall auch als Teilmenge von $\mathbb{C}$ auffassen. Dann hat es keine inneren Punkte, da für jedes $z \in (a, b)$ und jedes $r > 0$ die offene Kreisscheibe $U_r(z)$ nicht reelle Zahlen enthält. Die oben definierten Begriffe hängen also entscheidend von der Obermenge ab, bezüglich der sie definiert werden.

———————————— **?** ————————————

Finden Sie die Randpunkte der offenen Kreisscheibe $U_r(a)$ und überprüfen Sie, ob diese Randpunkte Elemente von $U_r(a)$ sind.

———————————————————————————————

Die abgeschlossenen Intervalle vom Typ $[a, b]$, $[a, \infty)$ bzw. $(-\infty, b]$ $(a, b \in \mathbb{R})$ haben die folgende *Abgeschlossenheitseigenschaft*:

Satz

Ist (x_n) eine konvergente Folge von Elementen x_n aus einem dieser Intervalle, dann liegt auch der Grenzwert $x = \lim\limits_{n \to \infty} x_n$ in dem betreffenden Intervall.

Beweis: Wir geben hier einen kurzen Beweis für den Fall des Intervalls $[a, \infty)$. Die anderen Intervalltypen werden analog behandelt. Wir wählen eine Folge (x_n) mit $x_n \geq a$ für alle $n \in \mathbb{N}$ und setzen $x = \lim\limits_{n \to \infty} x_n$. Wäre nun $x < a$, dann gäbe es ein $N \in \mathbb{N}$ mit $|x_N - x| < \epsilon$ für $\epsilon = a - x > 0$. Es wäre daher $x_N = x + (x_N - x) \leq x + |x_N - x| < x + \epsilon = a$ mit Widerspruch zu $x_N \geq a$. Also ist auch $x \geq a$. ∎

Die betrachteten Intervalltypen sind also *abgeschlossen* im Sinne folgender Definition für $\mathbb{K} = \mathbb{R}$ oder $\mathbb{K} = \mathbb{C}$:

Definition einer abgeschlossenen Teilmenge

Eine Teilmenge $A \subseteq \mathbb{K}$ heißt **abgeschlossen** (in $\mathbb{K}$), wenn für jede konvergente Folge (x_n) mit $x_n \in A$ gilt:

$$\lim_{n \to \infty} x_n \in A$$

———————————— **?** ————————————

Wieso ist die leere Menge abgeschlossen?

———————————————————————————————

Beispiel

- Intervalle vom Typ $[a, b]$, $[a, \infty)$ bzw. $(-\infty, b]$ $(a, b \in \mathbb{R})$ und auch $(-\infty, \infty)$ sind abgeschlossene Teilmengen von $\mathbb{R}$.
- Die 1-Sphäre $S^1 = \{z \in \mathbb{C} \mid |z| = 1\}$ ist eine abgeschlossene Teilmenge von $\mathbb{C}$.
- Jede endliche Teilmenge von $\mathbb{R}$ oder $\mathbb{C}$ ist abgeschlossen in $\mathbb{R}$ bzw. in $\mathbb{C}$.
- Das Intervall $(0, 1) \subseteq \mathbb{R}$ ist nicht abgeschlossen in $\mathbb{R}$, denn für die Folge (x_n) mit $x_n = \frac{1}{n+1}$ gilt $x_n \in (0, 1]$, aber $\lim\limits_{n \to \infty} x_n = 0 \notin (0, 1)$.
- $\mathbb{Z}$ ist eine abgeschlossene Teilmenge von $\mathbb{R}$, und $\mathbb{Z} + \mathbb{Z}i$ ist eine abgeschlossene Teilmenge von $\mathbb{C}$. 

———————————— **?** ————————————

Beweisen Sie die Aussage des dritten und des fünften Beispiels formal!

———————————————————————————————

In der Praxis setzt man sehr häufig das folgende Lemma ein, um nachzuweisen, dass eine Teilmenge von $\mathbb{C}$ abgeschlossen ist.

Lemma

Sind $f_1, \ldots, f_l \colon \mathbb{C} \to \mathbb{R}$ stetige Funktionen, und sind $a_1, \ldots, a_l$ gegebene reelle Zahlen, dann ist die Menge $A = \{z \in \mathbb{C} \mid f_1(z) \leq a_1, \ldots, f_l(z) \leq a_l\}$ abgeschlossen in $\mathbb{C}$.

Eine analoge Aussage erhält man, wenn man „$\leq$" durch „$\geq$" ersetzt.

Beweis: Zur Begründung betrachten wir eine konvergente Folge (z_n) von Punkten $z_n \in A$ und setzen $z_* = \lim\limits_{n \to \infty} z_n$. Aus $z_n \in A$ folgt $f_j(z_n) \leq a_j$ für $j = 1, 2, \ldots, l$. Dann ist auch $f_j(z_*) = \lim\limits_{n \to \infty} f_j(z_n) \leq a_j$ für alle j. Das bedeutet, dass auch z_* in A liegt. A ist also abgeschlossen. ∎

Mithilfe der folgenden Prinzipien lassen sich abgeschlossene Mengen konstruieren:

Konstruktion abgeschlossener Mengen

(A1) Die Vereinigung endlich vieler abgeschlossener Mengen ist wieder abgeschlossen.

(A2) Der Durchschnitt beliebig vieler abgeschlossener Mengen ist wieder abgeschlossen.

Beweis: Für den Beweis der ersten Behauptung genügt es, die Aussage für zwei abgeschlossene Teilmengen A und B nachzuweisen. Durch vollständige Induktion erhält man die Aussage für eine beliebig große endliche Anzahl von Mengen (siehe aber auch die Selbstfrage auf Seite 327).

Sei dazu (x_k) eine konvergente Folge mit Elementen $x_k \in A \cup B$. Die Folge (x_k) besitzt eine konvergente Teilfolge, deren sämtliche Folgeglieder nur in A oder nur in B liegen, o. B. d. A. mögen sie in A liegen.

Weil A abgeschlossen ist, liegt der Grenzwert der Teilfolge in A. Da die Folge (x_k) und die Teilfolge denselben Grenzwert haben, liegt auch der Grenzwert der Ausgangsfolge (x_k) in A und damit in $A \cup B$, d. h., $A \cup B$ ist abgeschlossen.

Zum Beweis der zweiten Behauptung beachte man, dass eine konvergente Folge in $\bigcap_k A_k$ eine konvergente Folge in jedem A_k ist. ∎

Abgeschlossene Mengen stimmen mit ihrem Abschluss überein

Ist $M \subseteq \mathbb{K}$ eine beliebige Teilmenge, so sei die Menge der Grenzwerte von konvergenten Folgen (x_k), $x_k \in M$ mit $\overline{M}$ bezeichnet:

> **Definition der abgeschlossenen Hülle**
>
> Ist M eine Teilmenge von $\mathbb{K}$, so nennt man
>
> $$\overline{M} = \{x \in \mathbb{K} \mid \text{es gibt eine Folge } (x_k) \text{ aus } M$$
> $$\text{mit } \lim_{k \to \infty} x_k = x\}$$
>
> **Abschluss** oder die **abgeschlossene Hülle** von M.

Achtung: Da jedes $x \in M$ Grenzwert der konstanten Folge $(x, x, x, \ldots)$ ist, gilt immer $M \subseteq \overline{M}$.

———————————— **?** ————————————

Wieso ist $\overline{M}$ stets abgeschlossen?

———————————————————————————————

Wir betrachten nun eine **abgeschlossene** Teilmenge $A \subseteq \mathbb{K}$. Da der Grenzwert jeder konvergenten Folge (x_k) aus A in A liegt, gilt also hier $\overline{A} \subseteq A$ und damit $A = \overline{A}$. Damit haben wir die folgende Charakterisierung abgeschlossener Mengen mithilfe des Abschlusses:

Satz (Abgeschlossene Mengen stim-men mit ihrem Abschluss überein)
Eine Teilmenge $A \subseteq \mathbb{K}$ ist genau dann abgeschlossen (in $\mathbb{K}$), wenn sie mit ihrem Abschluss übereinstimmt:

$$M = \overline{M}.$$

Beispiel $\mathbb{N}$ und $\mathbb{Z}$ sind abgeschlossene Teilmengen von $\mathbb{R}$, denn es gilt $\overline{\mathbb{N}} = \mathbb{N}$ und $\overline{\mathbb{Z}} = \mathbb{Z}$. Dies folgt daraus, dass die einzigen konvergenten Folgen aus diesen Mengen diejenigen Folgen sind, die ab irgendeinem Index konstant sind.   ◄

Erinnern wir uns an die Definition des Randes, so können wir ihn jetzt wie folgt beschreiben:

Folgerung (Charakterisierung des Ran-des einer Menge durch den Abschluss)

$$\partial A = \overline{A} \cap \overline{\mathbb{K} \setminus A}$$

In Worten: Der Rand der Menge A ist der Schnitt aus ihrem Abschluss mit dem Abschluss ihres Komplements.

∂A ist als Durchschnitt zweier abgeschlossener Mengen wie-der abgeschlossen (Aussage $(A2)$).

Die Randpunkte zerfallen in zwei Klassen:

Die zu A gehörigen Randpunkte und die zum Komplement $\mathbb{K} \setminus A$ gehörigen. Für $\overline{A}$ gilt dann $\overline{A} = A \cup \partial A$. Gilt nun $\partial A \subseteq A$, so ist $\overline{A} = A$, also ist A abgeschlossen. Gilt umge-kehrt $\overline{A} = A$, so ist $\partial A \subseteq A$. Damit haben wir eine dritte Cha-rakterisierung abgeschlossener Mengen mithilfe des Randes erhalten:

> **Charakterisierung abgeschlossener Mengen mithilfe des Randes**
>
> Eine Teilmenge $A \subseteq \mathbb{K}$ ist genau dann abgeschlossen, wenn sie ihren Rand enthält: $\partial A \subseteq A$.

Beispiel
- Die abgeschlossene Einheitskreisscheibe $\overline{\mathbb{E}}$, die gegeben ist durch $\overline{\mathbb{E}} = \{z \in \mathbb{C} \mid |z| \leq 1\}$, ist abgeschlossen, denn es gilt $\partial \overline{\mathbb{E}} = S^1 = \{z \in \mathbb{C} \mid |z| = 1\}$ und $S^1 \subseteq \overline{\mathbb{E}}$.
- Die rationalen Zahlen $\mathbb{Q}$ sind als Teilmenge von $\mathbb{R}$ nicht abgeschlossen, denn es gilt $\partial \mathbb{Q} = \mathbb{R}$. Dieses Beispiel zeigt etwas überraschend, dass eine Menge (hier $\mathbb{Q}$) in ihrem Rand enthalten sein kann.
- Es ergibt sich auch $\overline{\mathbb{Q}} = \mathbb{R}$, denn $\overline{\mathbb{Q}} = \mathbb{Q} \cup \partial \mathbb{Q} = \mathbb{Q} \cup \mathbb{R} = \mathbb{R}$. Dies folgt natürlich auch aus der in Kapitel 4 getroffenen Dichtigkeitsaussage, dass $\mathbb{Q}$ dicht in $\mathbb{R}$ liegt.
- Weder $\emptyset$ noch $\mathbb{K}$ besitzen Randpunkte. Es ist $\partial \emptyset = \partial \mathbb{K} = \emptyset$, somit enthalten beide Mengen ihren Rand. So-wohl $\emptyset$ als auch $\mathbb{K}$ sind abgeschlossen.   ◄

Abgeschlossene Mengen in $\mathbb{R}$ oder $\mathbb{C}$ können eine äußerst komplizierte Struktur besitzen. In dem Beispiel auf Seite 325 behandeln wir das sogenannte *Cantor'sche Diskontinuum* („Cantor'sche Wischmenge").

Es sei an die Abbildung 9.24 erinnert und speziell an die Punkte $x \in D$ zu denen es eine ε-Umgebung $U_\varepsilon(x)$ gibt, für die $U_\varepsilon(x) \subseteq D$ ist. Diese Punkte hatten wir innere Punkte von D genannt und ihre Gesamtheit D^0 das Innere von D (oder auch den offenen Kern von D).

> **Definition offener Mengen**
>
> Eine Menge $U \subseteq \mathbb{K}$, die nur aus inneren Punkten besteht, heißt **offen in K**.
> U ist also genau dann offen in $\mathbb{K}$, wenn es zu jedem $x \in U$ eine ε-Menge $U_\epsilon(x)$ gibt mit $U_\epsilon(x) \subseteq U$.

Unmittelbar folgt, dass eine offene Menge U keinen ihrer Randpunkte enthalten kann, also $U \cap \partial U = \emptyset$. Dies gilt auch umgekehrt: aus $U \cap \partial U = \emptyset$ folgt, dass U offen ist.

Beispiel   Ein typisches Beispiel einer offenen Menge ist die „offene" Kreisscheibe $(z_0 \in \mathbb{C}, r > 0)$ $U_r(z_0) = \{z \in \mathbb{C} \mid |z - z_0| < r\}$.

Beispiel: Das Cantor'sche Diskontinuum

Abgeschlossene Teilmengen von $\mathbb{R}$ oder $\mathbb{C}$ können eine äußerst komplizierte Struktur besitzen. Ein Beispiel ist das Cantor'sche Diskontinuum.

Problemanalyse und Strategie: Zur Konstruktion dieser Menge starten wir mit dem abgeschlossenen Intervall $[0, 1]$ und entfernen („wischen") im ersten Schritt das mittlere (offene) Intervalldrittel $(\frac{1}{3}, \frac{2}{3})$. Es verbleibt die Vereinigung der beiden abgeschlossenen Intervalle $[0, \frac{1}{3}]$ und $[\frac{2}{3}, 1]$. Diesen beiden Teilintervallen wird wieder das innere Drittel entnommen usw.

Um eine bessere Vorstellung von diesem Algorithmus zu erhalten, führen wir auch die nächsten Schritte explizit aus, bevor wir zum allgemeinen n-ten Schritt kommen. Eine solche Strategie empfiehlt sich immer, bis „klar" ist, wie der allgemeine Fall lautet. Erst dann sollten wir uns dem eigentlichen Problem zuwenden, nämlich, zu erkennen, von welcher Gestalt diese Wischmenge ist.

Lösung:

Nach dem ersten Schritt haben wir als Menge die Vereinigung der zwei abgeschlossenen Intervalle $[0, \frac{1}{3}]$ und $[\frac{2}{3}, 1]$ mit einer Länge von je $\frac{1}{3}$ erzeugt:

$$C_1 = \left[0, \frac{1}{3}\right] \cup \left[\frac{2}{3}, 1\right].$$

Jedem dieser beiden Intervalle entnehmen wir nun wieder das (offene) mittlere Intervalldrittel und erhalten so die Vereinigung

$$C_2 = \left[0, \frac{1}{9}\right] \cup \left[\frac{2}{9}, \frac{1}{3}\right] \cup \left[\frac{2}{3}, \frac{7}{9}\right] \cup \left[\frac{8}{9}, 1\right].$$

Damit gibt es schon 4 Intervalle, jeweils mit der Länge $\frac{1}{9}$.

Dieses Vorgehen setzen wir fort. Im n-ten Schritt erhalten wir 2^n Intervalle der Länge $\frac{1}{3^n}$, deren Vereinigung wir C_n nennen. Aufgrund der Konstruktion gilt

$$[0, 1] = C_0 \supseteq C_1 \supseteq C_2 \supseteq C_3 \supseteq \cdots \supseteq C_n \supseteq \cdots$$

Den Durchschnitt aller C_n,

$$C = \bigcap_{n=1}^{\infty} C_n,$$

nennen wir das *Cantor'sche Diskontinuum* oder auch *die Cantor-Menge,* nach dem Mathematiker Georg Cantor, der diese Menge 1853 vorstellte. In der Abbildung ist der beschriebene Wischprozess auch schematisch dargestellt.

Das Cantor'sche Diskontinuum ist nichtleer. Ist eine Zahl x ein Randpunkt eines der Intervalle, aus dem C_n besteht, so wird diese Zahl nicht mehr entfernt: $x \in C_m$ für alle $m \in \mathbb{N}$ und damit auch $x \in C$.

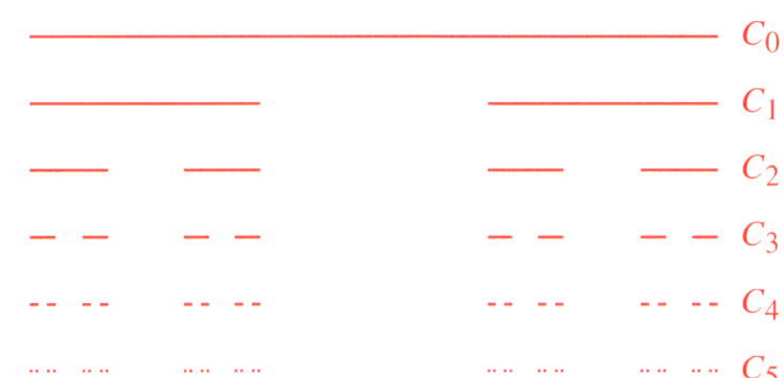

Für uns ist hier besonders interessant, dass C abgeschlossen ist. Jede der Mengen C_n ist als endliche Vereinigung abgeschlossener Intervalle nämlich abgeschlossen. Somit ist C ein Durchschnitt abzählbar vieler abgeschlossener Mengen und damit nach Aussage (A2) selbst abgeschlossen.

Weitere besondere Eigenschaften von C sind:

- C besitzt überabzählbar viele Elemente. Dies werden wir im Kapitel 10 beweisen.
- In Kapitel 16 wird gezeigt, dass C eine sogenannte *Nullmenge* ist. Solche Mengen spielen in der Integrationstheorie eine wichtige Rolle. Einfache Beispiele für solche Mengen sind abzählbar, das Cantor'sche Diskontinuum ist aber ein Beispiel für eine überabzählbare Nullmenge.

Wegen dieser Eigenschaften galt C als „extrem pathologisch" für eine Teilmenge von $\mathbb{R}$. C besitzt ein zweidimensionales Analogon, den sogenannten *Sierpinski-Teppich*.

?

Wie könnte man das eindimensionale Vorgehen zum Erzeugen von C auf zwei Dimensionen erweitern?

Mengen wie die Cantor'sche Wischmenge und der Sierpinski-Teppich treten auch im Rahmen der *Chaos-Theorie* (bzw. *Theorie nichtlinearer dynamischer Systeme*) auf, die Systeme untersucht, deren Dynamik empfindlich von den Anfangsbedingungen abhängt.

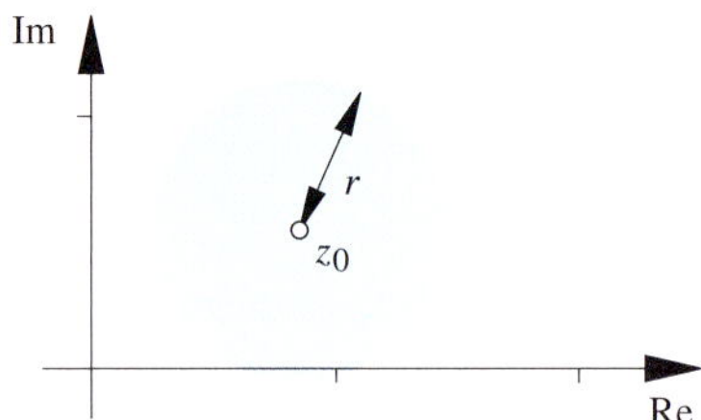

Abbildung 9.25 Eine Kreisscheibe $U_r(z_0) = \{z \in \mathbb{C} \mid |z - z_0| < r\}$ in der komplexen Zahlenebene mit Mittelpunkt z_0 und Radius r is eine offene Menge.

Sei z beliebiger Punkt aus $U_r(z_0)$. Wir wählen uns dann $\varepsilon < r - |z - z_0|$. Die so konstruierte Menge $U_\varepsilon(z)$ ist dann ganz in $U_r(z_0)$ enthalten, da alle darin enthaltenen Punkte einen kleineren Abstand als r zum Mittelpunkt der offenen Kreisscheibe z_0 besitzen. Da z beliebig gewählt war, ist die „offene" Kreisscheibe $U_r(z_0)$ tatsächlich offen im Sinne unserer Definition. ◀

Kommentar: Wir wollen an dieser Stelle noch einige einfache Aussagen zusammenstellen, die zeigen, wie die verschiedenen, bisher definierten Begriffe zusammenhängen.

- Für jede Menge $M \subseteq \mathbb{K}$ gilt:

$$M^\circ \subseteq M \subseteq \overline{M}.$$

Bei der zweiten Teilmengenbeziehung besteht genau dann Gleichheit, wenn M abgeschlossen ist, bei der ersten besteht Gleichheit, wenn M offen ist.
- Für jede Menge $M \subseteq \mathbb{K}$ gilt:

$$\partial M = \overline{M} \setminus M^\circ = (M \setminus M^\circ) \cup (\overline{M} \setminus M).$$

Diese Beziehung ergibt sich sofort aus der Definition des Inneren bzw. der Randpunkte einer Menge über offene Umgebungen.

Die Begriffe „offen" und „abgeschlossen" hängen über die Komplementbildung zusammen

Zusammenhang zwischen offen und abgeschlossen

Eine Teilmenge $U \subseteq \mathbb{K}$ ist genau dann offen in $\mathbb{K}$, wenn ihr Komplement $\mathbb{K} \setminus U$ abgeschlossen in $\mathbb{K}$ ist. Es gilt auch: A ist genau dann abgeschlossen in $\mathbb{K}$, wenn $U = \mathbb{K} \setminus A$ offen in $\mathbb{K}$ ist.

Beweis: Beweis der Hinrichtung „$\Rightarrow$": Zum Beweis nehmen wir an, dass U eine offene Menge in $\mathbb{K}$ ist und müssen zeigen, dass ihr Komplement $A = \mathbb{K} \setminus U$ abgeschlossen ist. Dazu sei (a_n), mit $a_n \in A$, eine konvergente Folge und $\xi = \lim_{x \to \infty} a_n$. Wir müssen $\xi \in A$ zeigen. Wäre $\xi \notin A$, also $\xi \in U$, dann gäbe es eine ε-Umgebung $U_\varepsilon(\xi) \subseteq U$ mit $U_\varepsilon(\xi) \cap A = \emptyset$ und damit würde $a_n \notin U_\varepsilon(\xi)$ für alle $n \in \mathbb{N}$ gelten. Das ist aber ein Widerspruch zur vorausgesetzten Konvergenz von (a_n) gegen ξ. Danach gilt ja $|a_n - \xi| < \varepsilon$

für alle $n \geq N$, denn $|a_n - \xi| < \varepsilon$ für alle $n \geq N$ ist äquivalent zu $a_n \in U_\varepsilon(\xi)$ für alle $n \geq N$.

Zum Beweis der Umkehrung „$\Leftarrow$" seien A das nach Voraussetzung abgeschlossene Komplement von U und $\xi \in U$. Würde jede ε-Umgebung $U_\varepsilon(\xi)$ einen Punkt aus A enthalten, dann gäbe es speziell in $U_{\frac{1}{n}}(\xi)$ ein $a_N \in A$. Die Folge (a_n) mit $a_n \in A \cap U_{\frac{1}{n}}(\xi)$ konvergiert gegen ξ. Da A abgeschlossen ist, folgt $\xi \in A$, das ist ein Widerspruch zu $\xi \in U = \mathbb{K} \setminus A$. Dieser Widerspruch zeigt, dass es eine ϵ-Umgebung $U_\varepsilon(\xi)$ mit $U_\varepsilon \subseteq U$ geben muss. Da $\xi \in U$ beliebig war, ist U also offen. ∎

Achtung: Ein weit verbreiteter Irrtum ist zu glauben, dass eine Teilmenge $D \subseteq \mathbb{K}$ stets entweder abgeschlossen oder offen ist. Dies ist falsch! Eine Teilmenge kann *weder offen noch abgeschlossen* sein.

So ist etwa das Intervall $(0, 1]$ weder eine offene, noch eine abgeschlossene Teilmenge von $\mathbb{R}$. Ferner gibt es Mengen, die gleichzeitig abgeschlossen *und* offen sind. Beispiele sind die leere Menge $\emptyset$ und $\mathbb{R}$.

----------------- **?** -----------------

Geben Sie Beispiele für Teilmengen $D \subseteq \mathbb{R}$, die

- offen, aber nicht abgeschlossen
- nicht offen, aber abgeschlossen

sind.

Offen ist also nicht das logische Gegenteil von abgeschlossen, die Begriffe hängen über die Komplementbildung miteinander zusammen.

----------------- **?** -----------------

Warum sind $\emptyset$ und $\mathbb{R}$ Teilmengen von $\mathbb{R}$ mit leerem Rand?

Die Grundeigenschaften offener Mengen folgen aus dem Zusammenhang von „offen" und „abgeschlossen"

Offene Teilmengen von $\mathbb{K}$ haben die folgenden Eigenschaften:

(O1) Der Durchschnitt endlich vieler offener Mengen ist wieder offen.

(O2) Die Vereinigung beliebig vieler offener Mengen ist wieder offen.

Man kann diese Grundeigenschaften offener Mengen mithilfe der de Morgan'schen Regeln (siehe Seite 38) aus den Eigenschaften der abgeschlossenen Mengen ableiten (siehe die Konstruktion abgeschlossener Mengen auf Seite 323). Aus demselben Grund findet sich auch die folgende Analogie zur Charakterisierung der abgeschlossenen Mengen durch $A = \overline{A}$:

Eine Teilmenge $U \subseteq \mathbb{K}$ ist genau dann offen, wenn $U = U^0$ gilt.

?

Zeigen Sie an einfachen Beispielen, dass der Durchschnitt von unendlich vielen offenen Mengen i. A. nicht wieder offen ist und die Vereinigung unendlich vieler abgeschlossener Mengen nicht wieder abgeschlossen sein muss.

Die Folgenkompaktheit als Charakterisierung kompakter Mengen ist für viele Beweise besonders zweckmäßig

Im Kapitel 19 über metrische Räume und ihre Topologie werden wir auf offene und abgeschlossene Mengen und die damit zusammenhängenden Begriffe noch ausführlicher zu sprechen kommen. Allerdings lassen sich über stetige Funktionen, die offene oder abgeschlossene Mengen als Definitionsmengen besitzen, nur wenig interessante Aussagen treffen. Um eine reichhaltigere Menge an Aussagen zu erhalten, führen wir die *kompakten* Mengen ein.

Definition einer kompakten Menge

Eine Teilmenge $K \subseteq \mathbb{K}$ heißt **kompakt**, wenn sie beschränkt und abgeschlossen ist.

Zur Erinnerung: Eine Menge K ist beschränkt, wenn es eine reelle Zahl R gibt, sodass $|z| \leq R$ für alle $z \in K$ gilt. Offensichtlich sind die leere Menge $\emptyset$ und jede endliche Teilmenge $\{z_1, \ldots, z_n\} \subseteq \mathbb{K}$ kompakt.

Offensichtlich gilt:

- Die Vereinigung endlich vieler kompakter Mengen ist wieder kompakt.
- Der Durchschnitt beliebig vieler kompakter Mengen ist wieder kompakt.
- Der Durchschnitt $A \cap K$ einer abgeschlossenen Menge A und einer kompakten Menge K ist wieder kompakt.

?

Können Sie diese drei Aussagen schnell begründen?

Bolzano-Weierstraß-Charakterisierung kompakter Mengen

Eine Teilmenge $K \subseteq \mathbb{K}$ ist genau dann kompakt, wenn jede Folge von Elementen aus K eine Teilfolge besitzt, die gegen einen Punkt aus K konvergiert.

Beweis:

„$\Rightarrow$": Sei K eine kompakte Menge. Eine Folge aus K ist damit beschränkt. Wir benutzen den Satz von Bolzano-Weierstraß, der besagt, dass jede beschränkte Folge in $\mathbb{K}$ eine konvergente Teilfolge besitzt. Der Grenzwert dieser Teilfolge liegt wegen der Abgeschlossenheit in K.

„$\Leftarrow$": Wir setzen voraus, dass jede Folge aus K eine in K konvergente Teilfolge besitzt. Dann muss K beschränkt sein; denn wenn dies nicht der Fall wäre, dann gäbe es eine Folge (z_n), $n \in \mathbb{N}$, für welche $|z_n| > n$ für alle $n \in \mathbb{N}$ gilt. Dann kann aber keine Teilfolge (z_{n_k}) dieser Folge konvergieren, denn wegen $|z_{n_k}| > n_k \geq n$ ist jede Teilfolge unbeschränkt!

Ist ferner ζ der Grenzwert einer konvergenten Folge (z_n) aus K, so ist ζ auch Grenzwert einer geeigneten Teilfolge, also ist nach Voraussetzung $\zeta \in K$. Somit ist $K = \overline{K}$ und daher abgeschlossen. ∎

Man nennt eine Menge, die die Bolzano-Weierstraß-Eigenschaft besitzt, auch **folgenkompakt.** Die Tatsache, dass Teilmengen von $\mathbb{C}$ bzw. von $\mathbb{R}$ genau dann kompakt sind, wenn sie folgenkompakt sind, ist eine besondere Eigenschaft dieser Grundmengen. Allgemeiner definiert man in sogenannten *metrischen Räumen* (siehe Kapitel 19) Kompaktheit über die Überdeckungseigenschaft (Ausblick auf Seite 328). Aus dieser folgt die Folgenkompaktheit und hieraus wieder Beschränktheit und Abgeschlossenheit. In einem metrischen Raum muss eine beschränkte und abgeschlossene Menge nicht kompakt sein.

Existenzsatz von Maximum und Minimum kompakter Mengen

Eine nichtleere kompakte Teilmenge $K \subseteq \mathbb{R}$ hat ein Maximum und ein Minimum.

Diesen Satz werden wir im folgenden Abschnitt 9.5 und an anderen Stellen häufig verwenden.

Beweis: Da K beschränkt ist, existieren $s = \sup K$ und $t = \inf K$. Es ist zu zeigen, dass $s, t \in K$ sind. Da der Beweis beider Aussagen völlig analog verläuft, beschränken wir uns auf $s \in K$.

Mithilfe der ε-Charakterisierung von $\sup K$ konstruieren wir eine Folge (x_n) mit $x_n \in K$, $x_n < s$ und $\lim\limits_{n \to \infty} x_n = s$. Wegen der Abgeschlossenheit ist sofort $\lim\limits_{n \to \infty} x_n = s \in K$. ∎

Beweistechnisch und für das Gebiet der mengentheoretischen Topologie und der Funktionalanalysis ist eine weitere Charakterisierung kompakter Mengen von Bedeutung, die von Überdeckungen einer kompakten Menge mit offenen Mengen ausgeht. Wir gehen auf diese sogenannte **Heine-Borel'sche Eigenschaft** in einer Vertiefung ein. Diese auch **Überdeckungskompaktheit** genannte Eigenschaft ist der für manche Anwendungen bequemere und für allgemeinere Räume unverzichtbare Kompaktheitsbegriff. Zunächst sind jedoch unsere beiden Kompaktheitsbegriffe für die weiteren Betrachtungen ausreichend.

Hintergrund und Ausblick: Die Heine-Borel-Eigenschaft

Kompakte Mengen von $\mathbb{R}$ oder $\mathbb{C}$ können auf verschiedene Weise charakterisiert werden. Wir stellen hier eine Charakterisierung über offene Mengen vor, die sich in weiterführenden mathematischen Disziplinen als die maßgebliche Eigenschaft kompakter Mengen zu erkennen gibt.

Wir haben eine Teilmenge K von $\mathbb{R}$ oder $\mathbb{C}$ kompakt genannt, wenn sie beschränkt und abgeschlossen ist. Nach der Bolzano-Weierstraß-Charakterisierung kompakter Mengen ist die Kompaktheit äquivalent mit der Eigenschaft, dass jede Folge (a_n) aus K eine Teilfolge besitzt, die gegen eine Zahl aus K konvergiert. Diese Eigenschaft wollen wir die **Folgenkompaktheit** von K nennen.

In der Topologie und der Funktionalanalysis beschäftigt man sich nun auch mit Mengen, in denen es, anders als in $\mathbb{R}$ oder $\mathbb{C}$, keinen Abstandsbegriff mehr gibt. In solchen *topologischen Räumen* kann man offene Mengen charakterisieren, und man definiert stetige Abbildungen durch die zweite Eigenschaft aus dem Kriterium für globale Stetigkeit von Seite 329. Gibt es hier noch eine konsistente Definition kompakter Mengen?

Der neue Begriff ist die *Überdeckungskompaktheit*. Ist $K \subseteq \mathbb{K}$ ($\mathbb{K} = \mathbb{R}$ oder $\mathbb{K} = \mathbb{C}$), so heißt ein System U von offenen Mengen aus $\mathbb{K}$ **offene Überdeckung** von K, falls gilt

$$K \subseteq \bigcup_{V \in U} V \,,$$

d. h., jeder Punkt $k \in K$ liegt in einer offenen Menge $V \in U$. Eine **Teilüberdeckung** von U ist ein Teilsystem $U' \subseteq U$, das bereits K überdeckt. Eine Überdeckung heißt **endlich,** falls sie nur endlich viele Mengen enthält.

Sehen wir uns zwei Beispiele an:

- Zur offenen Einheitskreisscheibe $E = \{z \in \mathbb{C} \mid |z| < 1\}$ und $z_0 \in \mathbb{C}$ mit $|z_0| = 1$ definiert man

$$U_n = \{z \in E \mid |z - z_0| > \tfrac{1}{n}\}, \qquad n \in \mathbb{N}\,.$$

Dann ist $U = \{U_n \mid n \in \mathbb{N}\}$ eine offene Überdeckung von E. Endlich viele U_n reichen nicht aus, um E zu überdecken.

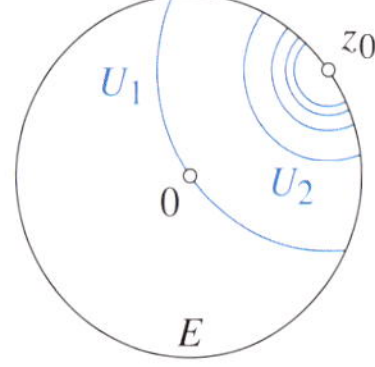

- Eine zweite offene Überdeckung von E erhält man, wenn man jedem $z \in E$ die offene Kreisscheibe

$$U_z = \{w \in \mathbb{C} \mid |w - z| < \tfrac{1}{2}\}$$

zuordnet. Hier braucht man keinesfalls alle U_z, $z \in E$, um E zu überdecken. Es reichen endlich viele dieser Mengen aus. Die Beispiele zeigen, dass es zu einer Menge sowohl offene Überdeckungen mit endlichen

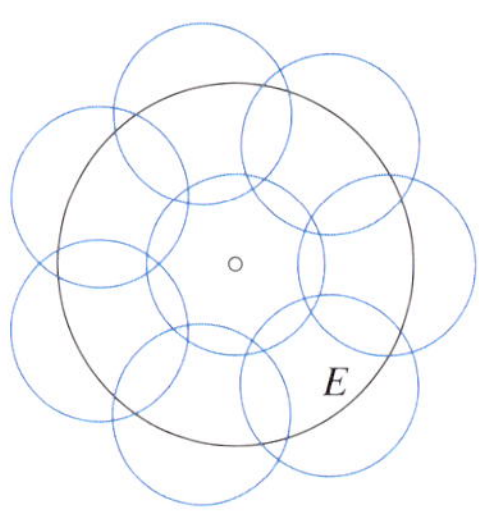

Teilüberdeckungen geben kann, also auch solche, die keine endliche Teilüberdeckung besitzen. Eine Teilmenge $K \subseteq \mathbb{K}$ heißt **überdeckungskompakt,** falls *jede* offene Überdeckung von K eine endliche Teilüberdeckung enthält. Hierfür sagt man auch, dass K die **Heine-Borel-Eigenschaft** hat. Die Menge E aus dem Beispiel hat diese Eigenschaft demnach nicht.

Diese Eigenschaft hat auf den ersten Blick nichts mit Begriffen wie „beschränkt" oder „abgeschlossen" zu tun. Es gilt allerdings der folgende zentrale Satz:

Satz (Satz von Heine-Borel)

Eine Teilmenge $K \subseteq \mathbb{K}$ hat genau dann die Heine-Borel-Eigenschaft, wenn sie kompakt ist.

Um einen Eindruck vom Beweis zu vermitteln, wollen wir kurz erläutern, dass aus der Heine-Borel-Eigenschaft einer Menge $A \subseteq \mathbb{R}$ folgt, dass A kompakt ist. Da die offenen Intervalle $(-n, n)$, $n \in \mathbb{N}$, ganz $\mathbb{R}$ und damit auch A überdecken und diese Intervalle ineinander enthalten sind, überdeckt bereits eines dieser Intervalle A. Somit ist A beschränkt. Man zeigt, dass A auch abgeschlossen ist, indem man nachweist, dass $\mathbb{R} \setminus A$ offen ist. Dazu überdeckt man zu jedem $x \in \mathbb{R} \setminus A$ die Menge $\mathbb{R} \setminus \{x\}$ durch die offenen Mengen $\mathbb{R} \setminus [x - \tfrac{1}{n}, x + \tfrac{1}{n}]$, $n \in \mathbb{N}$. Hierdurch ist auch A überdeckt, und man erhält aus der Heine-Borel-Eigenschaft: $[x - \tfrac{1}{n}, x + \tfrac{1}{n}] \subseteq \mathbb{R} \setminus A$ für n hinreichend groß. Damit ist $\mathbb{R} \setminus A$ offen.

In topologischen Räumen ist die Heine-Borel-Eigenschaft ein vernünftiger Begriff, sodass man kompakte Mengen durch sie definiert. Es gelingt hier auch der Beweis der Aussage, die wir für $\mathbb{R}$ und $\mathbb{C}$ auf Seite 330 zeigen: Das Bild einer kompakten Menge unter einer stetigen Abbildung ist kompakt.

Reichhaltiger als topologische Räume sind metrische Räume, die wir in Kapitel 19 behandeln. In solchen Räumen sind Folgenkompaktheit und Heine-Borel-Eigenschaft noch äquivalent. Man nennt entsprechende Mengen kompakt. Eine bloß abgeschlossene und beschränkte Menge muss jedoch keine dieser beiden Eigenschaften besitzen.

Bei stetigen Funktionen gibt es lokal betrachtet keine „Überraschungen"

Bevor wir uns mit globalen Eigenschaften stetiger Funktionen beschäftigen, halten wir noch eine bemerkenswerte lokale Abbildungseigenschaft stetiger Funktionen fest, die an einer Stelle einen von Null verschiedenen Funktionswert haben:

Satz

Ist $f: D \to \mathbb{C}$ stetig in $\hat{x} \in D$, und gilt $f(\hat{x}) \neq 0$, dann gibt es eine δ-Umgebung $U_\delta(\hat{x})$ mit $f(x) \neq 0$ für alle $x \in U_\delta(\hat{x}) \cap D$.

Beweis: Zum Beweis wählen wir $\varepsilon = \frac{1}{2}|f(\hat{x})| > 0$. Dann gibt es wegen der Stetigkeit von f eine δ-Umgebung $U_\delta(\hat{x})$ mit

$$|f(x) - f(\hat{x})| < \frac{1}{2}|f(\hat{x})|$$

für alle $x \in U_\delta(\hat{x}) \cap D$. Mithilfe der Dreiecksungleichung ergibt sich

$$|f(x)| \geq |f(\hat{x})| - |f(x) - f(\hat{x})| > \frac{1}{2}|f(\hat{x})| > 0$$

für alle $x \in U_\delta(\hat{x}) \cap D$. ∎

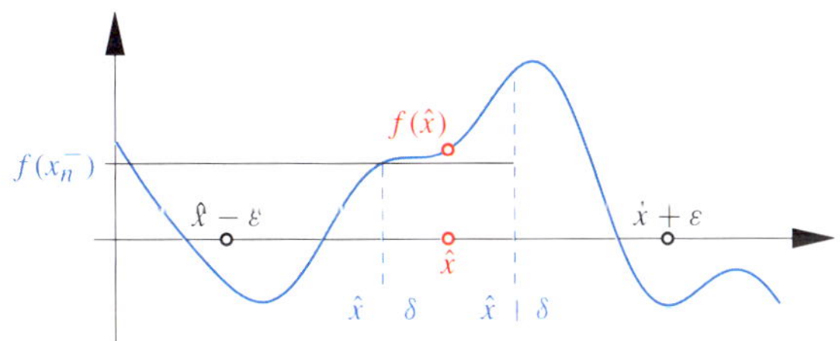

Abbildung 9.26 Enthält der Definitionsbereich von f ein Intervall um $\hat{x}$, und ist $f(\hat{x})$ nicht null, so gibt es ein Intervall, in dem f sein Vorzeichen nicht wechselt.

Die Aussage des Satzes gilt allgemein für komplexwertige Funktionen. Ist f reellwertig, so ergibt sich aus dem Beweis, dass sich das Vorzeichen von f in einer Umgebung von $\hat{x}$ nicht ändert. Ist also $f(\hat{x}) > 0$, dann gilt dies auch in einer vollen δ-Umgebung von $\hat{x}$, wenn sie ganz in D liegt. Eine analoge Aussage gilt, falls $f(\hat{x}) < 0$ ist. Diese Eigenschaft stetiger reellwertiger Funktionen werden wir häufig benötigen.

Globale Stetigkeit lässt sich über offene oder abgeschlossene Mengen charakterisieren

Bei der Definition der Stetigkeit hatten wir zunächst die Stetigkeit einer Funktion in einer einzelnen Stelle $\hat{x}$ definiert. Reichhaltigere Aussagen lassen sich über Funktionen treffen, die auf ihrer gesamten Definitionsmenge stetig sind. Man nennt solche Funktionen auch **global stetig.**

Wir führen dazu folgende Sprechweisen ein: Ist $D \subseteq \mathbb{K}$ eine nichtleere Teilmenge, dann heißt eine Teilmenge D_0 von D **offen relativ** D, wenn es zu jedem $a \in D_0$ eine r-Umgebung $U_r(a)$ gibt, für die $U_r(a) \cap D \subseteq D_0$ gilt. Andere Ausdrucksweisen für diesen Begriff sind: D_0 **ist** D**-offen** oder D_0 **ist offen in** D.

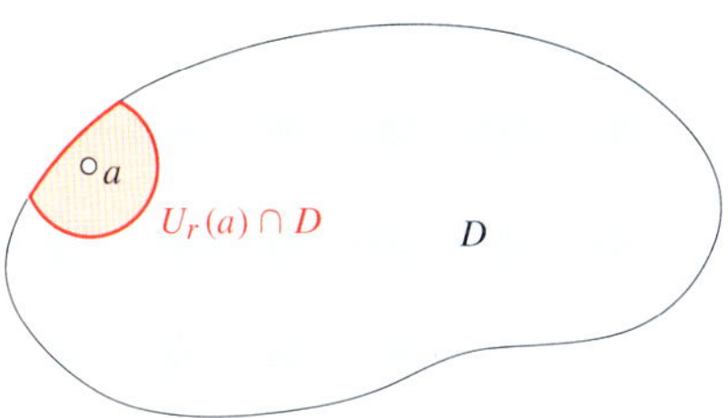

Abbildung 9.27 Eine D-Umgebung des Punktes $a \in D$ ist der Schnitt der r-Umgebung $U_r(a)$ mit D.

Analog heißt eine Teilmenge $F \subseteq D$ **abgeschlossen relativ** D oder D**-abgeschlossen**, wenn der Grenzwert jeder Folge von Elementen aus F, die gegen einen Punkt aus D konvergiert, bereits in F liegt. Diese Eigenschaft ist gleichbedeutend damit, dass es eine in $\mathbb{K}$ abgeschlossene Teilmenge A gibt, für die $F = A \cap D$ gilt.

Beispiel Ist $D = (0, 2]$ $(\subseteq \mathbb{R})$, dann ist $D_0 = (1, 2]$ offen in D, aber nicht offen in $\mathbb{R}$. Das Intervall $(0, 1]$ ist abgeschlossen relativ $(0, 2]$, aber nicht abgeschlossen in $\mathbb{R}$. ◀

Mit diesen Begriffsbildungen ergibt sich das

Kriterium für globale Stetigkeit

Ist D eine nichtleere Teilmenge von $\mathbb{K}$, dann sind für eine Funktion $f: D \to \mathbb{K}$ folgende Aussagen äquivalent:
1. f ist stetig (auf ganz D).
2. Für jede offene Teilmenge $V \subseteq \mathbb{K}$ ist das Urbild $f^{-1}(V)$ D-offen.
3. Für jede abgeschlossene Teilmenge $B \subseteq \mathbb{K}$ ist das Urbild $f^{-1}(B)$ D-abgeschlossen.

Beweis: Wir zeigen die Äquivalenz von 1. und 2.: Seien $f: D \to \mathbb{K}$ stetig und V eine beliebige offene Teilmenge von $\mathbb{K}$.

Wir haben zu zeigen, dass $f^{-1}(V)$ D-offen ist. Das ist sicher der Fall, wenn $f^{-1}(V) = \emptyset$ gilt.

Seien also $f^{-1}(V) \neq \emptyset$ und $a \in f^{-1}(V)$. Dann ist $f(a) \in V$, und da V offen ist, gibt es eine ϵ-Umgebung $V_\epsilon(f(a)) \subseteq V$.

Wegen der Stetigkeit von f in a gibt es daher eine δ-Umgebung $U_\delta(a)$ mit $f(D \cap U_\delta(a)) \subseteq V_\epsilon(f(a)) \subseteq V$.

Daher ist $D \cap U_\delta(a) \subseteq f^{-1}(V_\epsilon(f(a))) \subseteq f^{-1}(V)$. Nach unserer Definition ist also das Urbild $f^{-1}(V)$ relativ offen.

Sei umgekehrt $f^{-1}(V)$ offen für jede offene Menge $V \subseteq \mathbb{K}$. Ist $a \in D$ beliebig gewählt, dann ist insbesondere für jede ϵ-Umgebung $V_\epsilon(f(a))$ das Urbild $f^{-1}(V_\epsilon(f(a)))$ D-offen, es gibt also ein $\delta > 0$ mit $U_\delta(a) \cap D \subseteq f^{-1}(V_\epsilon(f(a)))$. Das bedeutet aber $f(U_\delta(a) \cap D) \subseteq V_\epsilon(f(a))$, und das ist die ϵ-δ-Stetigkeit von f in a. Da dies für jedes $a \in D$ gilt, ist f global stetig.

Um die Implikationen 2. $\Rightarrow$ 3. bzw. 3. $\Rightarrow$ 2. zu zeigen, benutzt man die Rechenregel $f^{-1}(\mathbb{K} \setminus A) = D \setminus f^{-1}(A)$ ($A \subseteq \mathbb{K}$). ∎

— — — — — — — **?** — — — — — — —

Können Sie die beiden fehlenden Beweisschritte ausführen, also den Nachweis der Implikationen 2. $\Rightarrow$ 3. bzw. 3. $\Rightarrow$ 2.?

Mithilfe des Kriteriums für globale Stetigkeit lassen sich zahlreiche offene bzw. abgeschlossene Mengen konstruieren.

Beispiel

- **Lösungsmengen von Ungleichungen**

  Seien $D \subseteq \mathbb{K}$ eine nichtleere Teilmenge und $f: D \to \mathbb{R}$ stetig. Dann ist für jedes $c \in \mathbb{R}$ die Menge $\{x \in D \mid f(x) \leq c\}$ abgeschlossen in D und die Mengen $\{x \in D \mid f(x) < c\}$ bzw. $\{x \in D \mid f(x) > c\}$ sind offen in D, denn z. B. ist $\{x \in D \mid f(x) < c\} = f^{-1}(]-\infty, c[)$.

- **Lösungsmengen von Gleichungen mit stetigen Funktionen**

  Ist $f: D \to \mathbb{K}$ stetig, dann ist für jedes $c \in \mathbb{K}$ die Lösungsmenge $L = \{x \in D \mid f(x) = c\}$ abgeschlossen in D (möglicherweise leer!), denn $L = f^{-1}(\{c\})$. Man vergleiche hierzu auch das Lemma auf Seite 323.

Beachten Sie, dass in beiden Fällen Aussagen über Urbilder gemacht werden. Das Bild einer offenen Menge unter einer stetigen Abbildung muss nicht offen sein. Überlegen Sie sich dazu ein Beispiel! ◀

9.5 Stetige Funktionen mit kompaktem Definitionsbereich, Zwischenwertsatz

In diesem letzten Abschnitt dieses Kapitels werden wir den Begriff der Stetigkeit von Funktionen zusammenbringen mit Eigenschaften ihrer Definitionsmengen, insbesondere mit dem im letzten Abschnitt eingeführten Begriff der Kompaktheit. Wir werden sehen, dass diese Begriffe untereinander gut verträglich sind und die Grundlage für einige zentrale Aussagen der Analysis bilden.

Stetige Bilder kompakter Mengen sind kompakt

Aus der Definition der Kompaktheit von Mengen ergibt sich durch eine recht kurze Begründung der folgende Satz.

Fundamentalsatz über stetige Funktionen mit kompaktem Definitionsbereich

Sind $K \subseteq \mathbb{K}$ kompakt und $f: K \to \mathbb{K}$ stetig, dann ist das Bild $f(K)$ ebenfalls kompakt.

Beweis: Ist (y_n) eine Folge aus Y, dann gibt es zu jedem $n \in \mathbb{N}$ ein $x_n \in K$ mit $f(x_n) = y_n$. Da K aber kompakt ist, besitzt (x_n) eine Teilfolge (x_{n_k}), die gegen ein $x \in K$ konvergiert. Wegen der Stetigkeit von f konvergiert dann die Bildfolge $(f(x_{n_k}))$ gegen $f(x) \in f(K)$. ∎

In der Einleitung zu diesem Kapitel hatten wir zwei Grundaufgaben der Analysis angesprochen. Für eine davon, die *Optimierungsaufgabe,* ist der obige Fundamentalsatz eine zentrale Aussage. Um die Optimierungsaufgabe formulieren zu können, benötigen wir einen neuen Begriff.

Definition des globalen Minimums/Maximums einer Funktion

Gegeben ist eine Funktion $f: D \to \mathbb{R}$. Besitzt ihr Bild $f(D)$ ein Minimum, so heißt eine Zahl $x^- \in D$ mit

$$f\left(x^-\right) = \min f(D)$$

Minimalstelle und der Funktionswert $f\left(x^-\right)$ das **globale Minimum** von f.

Analog definieren wir eine **Maximalstelle** $x^+ \in D$ und das **globale Maximum** von f, falls $f(D)$ ein Maximum besitzt.

Es folgt, dass das globale Minimum bzw. globale Maximum einer Funktion durch die Ungleichung

$$f(x^-) \leq f(x) \quad \text{bzw.} \quad f(x^+) \geq f(x) \quad \text{für alle } x \in D$$

charakterisiert ist. Die Schreibweisen

$$f\left(x^-\right) = \min_{x \in D} f(x) \quad \text{bzw.} \quad f\left(x^+\right) = \max_{x \in D} f(x)$$

sind auch üblich und vielleicht etwas leichter zu lesen. In der Literatur trifft man auch häufig auf die Formulierung *f nimmt sein Minimum an,* um auszudrücken, dass f ein globales Minimum besitzt.

Zusammengefasst bezeichnet man sowohl globales Maximum als auch globales Minimum als **globales Extremum** und die entsprechende Minimal- oder Maximalstelle als **Extremalstelle**.

Achtung: Unterscheiden Sie die Ausdrücke *Extremalstelle* für den x-Wert und *Extremum* für den Funktionswert an dieser Stelle. Es gibt auch *lokale* Extrema, auf die in Kapitel 15 näher eingegangen wird.

Die Optimierungsaufgabe besteht nun aus der Frage, ob eine gegebene Funktion $f: D \to \mathbb{R}$ ein globales Minimum oder

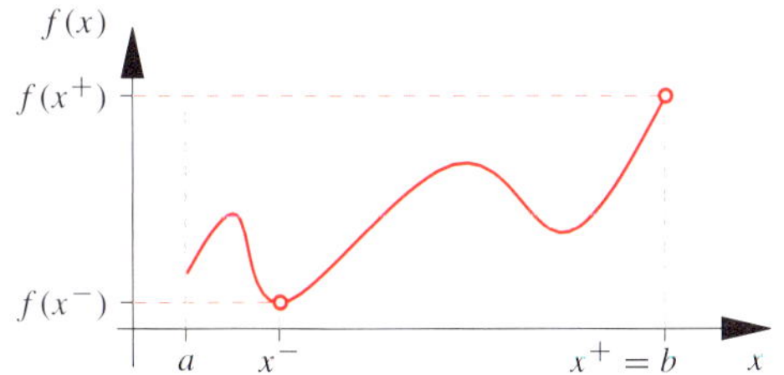

Abbildung 9.28 Globales Maximum und Minimum bei einer reellwertigen Funktion.

ein globales Maximum besitzt. Die Entwicklung effizienter Verfahren zur Lösung solcher, wenn auch viel komplexerer, Optimierungsaufgaben ist noch stets aktuelles Forschungsgebiet der Mathematik. Streng genommen sind mehrere Fragestellungen zu unterscheiden: Gibt es überhaupt ein globales Maximum oder Minimum? Gibt es jeweils genau eine solche Stelle? Wie berechne ich eine solche Stelle?

Auf die ersten beiden Fragen gibt es je nach Situation verschiedene Antworten, wie im Beispiel auf Seite 332 gezeigt wird. Die Frage nach der Berechnung von solchen Stellen müssen wir, außer in ganz einfachen Fällen, zunächst zurückstellen. Der Fundamentalsatz für stetige Funktionen mit kompaktem Definitionsbereich liefert aber eine Antwort auf die Frage nach der Existenz von Lösungen der Optimierungsaufgabe.

Existenzsatz für globale Extrema

(K. Weierstraß, 1861)

Ist $K \subseteq \mathbb{K}$ kompakt und nichtleer, so besitzt jede stetige Funktion $f\colon K \to \mathbb{R}$ ein globales Maximum und ein globales Minimum.

Der Beweis ist klar, da $f(K)$ eine nichtleere, kompakte Teilmenge von $\mathbb{R}$ ist, die nach dem Satz über Maximum und Minimum kompakter Mengen (siehe Seite 327) ein Maximum und ein Minimum besitzt.

?

Bei diesem Satz sind beide Voraussetzungen essenziell. Überlegen Sie sich je ein Beispiel für eine beschränkte Funktion, die entweder nicht stetig ist oder keinen kompakten Definitionsbereich besitzt, und die zumindest eines ihrer Extrema nicht annimmt.

Ist $f\colon K \to \mathbb{C}$ eine stetige komplexwertige Funktion mit kompaktem Definitionsbereich K, so kann man den Existenzsatz auf die stetige Funktion $|f|$ anwenden. Es gibt dann $x^- \in K$ und $x^+ \in K$, sodass für alle $x \in K$ gilt:

$$|f(x^-)| \leq |f(x)| \leq |f(x^+)|$$

Als erste kleine Anwendung beweisen wir das für zahlreiche Probleme wichtige **Abstandslemma**:

Ist K ein nichtleeres Kompaktum in $\mathbb{C}$, dann gibt es zu jedem $p \in \mathbb{C} \setminus K$ einen Punkt $b \in K$, sodass für alle $z \in K$ die Ungleichung $|b - p| \leq |z - p|$ gilt.

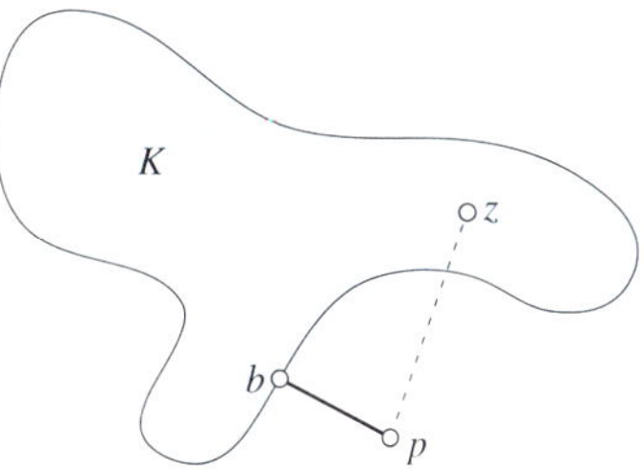

Abbildung 9.29 Ist K nichtleer und kompakt, so gibt es zu jedem $p \in \mathbb{C} \setminus K$ ein $b \in K$ mit $|b - p| \leq |z - p|$ für alle $z \in K$.

Beweis: Die stetige Funktion $K \to \mathbb{R}\colon z \mapsto |z - p|$ hat ein globales Minimum! ∎

Es sollte hier noch erwähnt werden, dass für eine stetige Funktion $f\colon K \to \mathbb{C}$ mit kompaktem Definitionsbereich K der *Satz von der gleichmäßigen Stetigkeit* gilt, auf den wir später ausführlich eingehen, der aber hier vorab formuliert sei:

Erinnern wir uns an den Begriff der ε-δ-Stetigkeit: $f\colon D \to \mathbb{K}$ heißt stetig in a, wenn es zu jedem $\varepsilon > 0$ ein $\delta > 0$ gibt, sodass für alle $x \in D$ mit $|x - a| < \delta$ gilt: $|f(x) - f(a)| < \varepsilon$. Wie die Beispiele auf Seite 317 gezeigt haben, wird das zu ε zu bestimmende δ i. A. von der betrachteten Stelle a abhängen.

Bei lipschitz-stetigen Funktionen (siehe Seite 321) kann man das δ jedoch unabhängig von der betrachteten Stelle wählen, z. B. mittels $\delta = \frac{\varepsilon}{L+1}$, wenn L die Lipschitz-Konstante ist. Stetige Funktionen mit kompaktem Definitionsbereich D haben diese Eigenschaft:

Definition (Gleichmäßige Stetigkeit)

Wenn es zu jedem $\varepsilon > 0$ ein $\delta > 0$ gibt, sodass für alle $x, y \in D$ mit $|x - y| < \delta$ gilt: $|f(x) - f(y)| < \varepsilon$, dann nennen wir $f\colon D \to \mathbb{K}$ **gleichmäßig stetig** auf D

Beispiel Die Funktion $f\colon (0, 1) \to \sqrt{x}$ ist gleichmäßig stetig auf $(0, 1)$. Nimmt man nämlich $0 < y < x < 1$ an, so gilt:

$$(\sqrt{x} - \sqrt{y})^2 = x - 2\sqrt{xy} + y \leq x - 2\sqrt{y^2} + y = x - y.$$

Gilt nun zu vorgegebenem $\varepsilon > 0$ auch $x - y < \varepsilon^2$, so folgt

$$|\sqrt{x} - \sqrt{y}| \leq \sqrt{x - y} < \varepsilon.$$

Die Annahme $y < x$ bedeutet keine Einschränkung, die Rollen von x und y sind vertauschbar.

Die Funktion $g\colon (0, 1) \to 1/x$ ist nicht gleichmäßig stetig auf $(0, 1)$. Um dies zu sehen, wählen wir $\varepsilon = 1$. Es ist zu

---

Beispiel: Situationen bei der Lösung von Optimierungsaufgaben

Für eine stetige Funktion $f: D \to \mathbb{R}$ mit $D \subseteq \mathbb{R}$ soll die Optimierungsaufgabe

$$\text{minimiere} \quad f(x) \quad \text{für } x \in D$$

untersucht werden. Welche typischen Fälle gibt es? Muss es eine Lösung geben?

Problemanalyse und Strategie: Ziel ist es, einfache Situationen zu identifizieren, in denen die Lösung der Optimierungsaufgabe angegeben werden kann. Andererseits werden wir uns Fälle überlegen, in denen es keine Lösung gibt.

Lösung:

Zunächst betrachten wir den Fall, dass D ein abgeschlossenes Intervall $[a, b]$ ist und f streng monoton fällt.

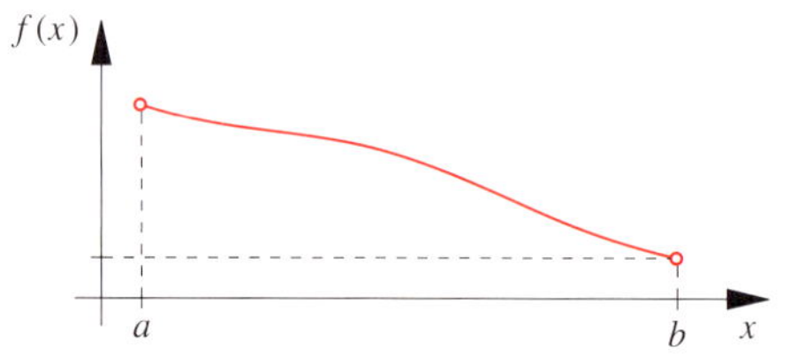

Aus dem Graphen wird sofort klar, dass in diesem Fall die Optimierungsaufgabe eine Lösung besitzt: das Minimum wird am rechten Rand des Intervalls b angenommen.

Als zweiten Fall sei nun $D = [a, \infty)$, also nach rechts unbeschränkt. Dann besitzt ein streng monoton fallendes f kein Minimum, die Optimierungsaufgabe also keine Lösung. Dies gilt auch, wenn f nach unten beschränkt ist, wie in der folgenden Abbildung.

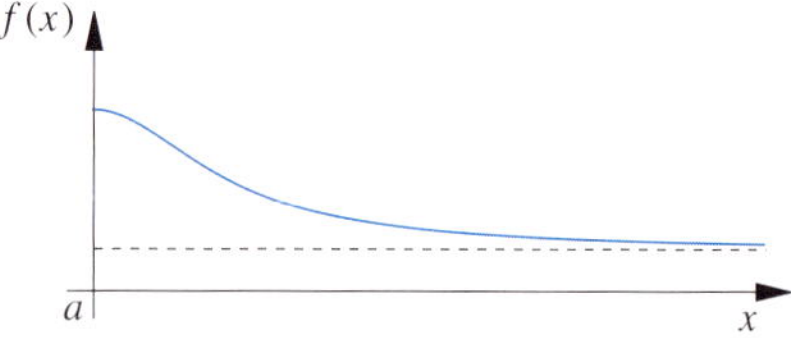

Falls f nicht streng monoton ist, kann es auch im Inneren von D Lösungen der Optimierungsaufgabe geben. In der

Abbildung links ist die einfachste Situation dargestellt: D ist wieder ein abgeschlossenes Intervall, und es gibt eine eindeutig bestimmte Lösung der Minimierungsaufgabe.

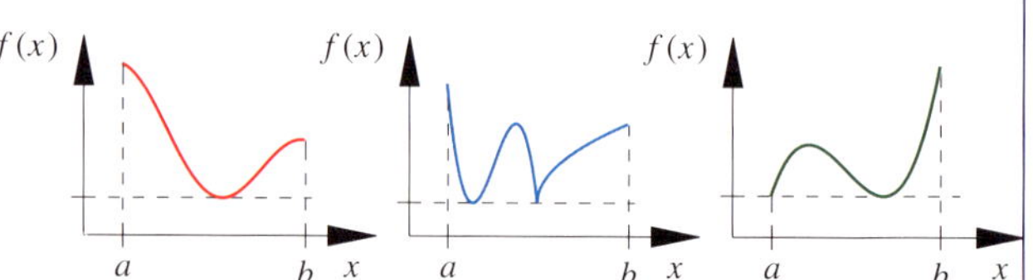

In der Abbildungen in der Mitte und rechts gibt es dagegen zwei Lösungen der Minimierungsaufgabe. Dabei können diese Lösungen sowohl im Innern als auch am Rand liegen.

Neben den bisher betrachteten *globalen* Extrema gibt es auch sogenannte *lokale* Extrema: Dies sind Stellen, die eine Lösung der Optimierungsaufgabe wären, wenn man die Funktion nur in einer kleinen Umgebung dieser Stelle betrachtet. Die Abbildung zeigt zwei solcher lokalen Minima – nur eines davon ist ein globales Minimum.

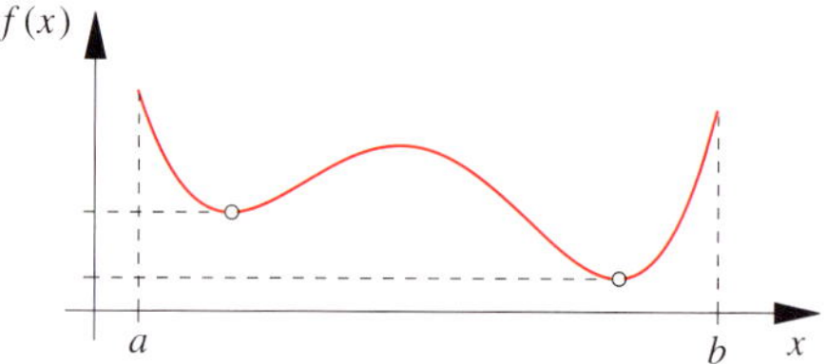

Kommentar: Als Fazit halten wir fest: Sofern Extrema existieren, können sie sowohl
- auf dem Rand des Definitionsbereichs oder
- im Innern des Definitionsbereichs

liegen. Es müssen stets beide Fälle untersucht werden.

---

zeigen, dass es für jedes $\delta > 0$ Stellen $x, y \in (0, 1)$ mit $|x - y| < \delta$ gibt, für die $|g(x) - g(y)| \geq 1$ ist.

Wir wählen $\delta > 0$ beliebig. Zu $y \in (0, \delta)$ setzen wir $x = y/(y + 1) < y$. Dann folgt:

$$g(x) - g(y) = \frac{1}{x} - \frac{1}{y} = \frac{y+1}{y} - \frac{1}{y} = 1 \,.$$

Damit ist gezeigt, dass g nicht gleichmäßig stetig ist. ◀

Der folgende Satz zeigt, dass die gleichmäßige Stetigkeit von $\sqrt{x}$ auf $(0, 1)$ auch auf die stetige Fortsetzbarkeit der Quadratwurzel auf das kompakte Intervall $[0, 1]$ zurückgeführt werden kann.

Gleichmäßige Stetigkeit stetiger Funktionen mit kompaktem Definitionsbereich

Sind K kompakt und $f: K \to \mathbb{K}$ stetig, dann ist f gleichmäßig stetig auf K.

Beispiel: Extremalwerte bei einer Funktion über $\mathbb{C}$

Hat die Funktion $f\colon D \to \mathbb{R}$ mit $D = \{z \in \mathbb{C} \mid |z| \le 1\}$ und

$$f(z) = |\mathrm{Im}((2 - \mathrm{i})z)|$$

globale Extrema? Falls es Extremalstellen gibt, sollen diese berechnet werden.

Problemanalyse und Strategie: Zunächst werden wir uns eine untere und eine obere Schranke für die Funktionswerte von f überlegen. Danach werden explizit Stellen angeben, an denen f diese Schranken als Funktionswert hat. Dies müssen dann Extremalstellen sein.

Lösung:

Die Definitionsmenge D ist gerade die abgeschlossene Einheitskreisscheibe in der komplexen Zahlenebene. In der Abbildung wird sie durch die blaue Kreislinie begrenzt. Da D beschränkt und abgeschlossen ist, ist D auch kompakt. Die Funktion f ist stetig. Also nimmt f auf D sein Maximum und Minimum an.

Die Funktionswerte von f sind Beträge von irgendwelchen Zahlen, insbesondere gilt also $f(z) \ge 0$ für alle $z \in D$. Damit haben wir eine untere Schranke gefunden.

Ferner gilt für alle $z \in D$ die Abschätzung

$$f(z) \le |(2 - \mathrm{i})z| = |2 - \mathrm{i}|\,|z| = \sqrt{5}\,|z|.$$

Da $|z| \le 1$ ist für alle $z \in D$, folgt also $f(z) \le \sqrt{5}$ für alle $z \in D$. Dies ist die obere Schranke.

Es ist leicht, die Stelle zu finden, in der die untere Schranke als Funktionswert angenommen wird: Dies ist z. B. in $z_0 = 0$ der Fall. Es gibt sogar unendlich viele solche Stellen, in der Abbildung kennzeichnet die rote Strecke alle Minimalstellen.

Wir suchen jetzt noch eine Stelle $z_0 \in D$ mit $f(z_0) = \sqrt{5}$. Wir nehmen an, dass es tatsächlich eine solche Stelle gibt. Da $f(z) = f(-z)$ ist, nehmen wir zusätzlich an, dass $\mathrm{Im}(z_0) \ge 0$ ist. Dann muss mit der Abschätzung von oben gelten:

$$\sqrt{5} = f(z_0) \le \sqrt{5}\,|z_0|.$$

Es folgt also $|z_0| = 1$.

Ferner gilt:

$$\mathrm{Im}\,((2 - \mathrm{i})z_0) = \frac{1}{2\mathrm{i}}\,((2 - \mathrm{i})\,z_0 - (2 + \mathrm{i})\,\overline{z_0})$$
$$= \frac{1}{2\mathrm{i}}\,(2(z_0 - \overline{z_0}) - \mathrm{i}(z_0 + \overline{z_0}))$$
$$= 2\,\mathrm{Im}(z_0) - \mathrm{Re}(z_0).$$

Wir setzen $z_0 = x + \mathrm{i}y$. Es folgt:

$$5 = (f(z_0))^2 = 4y^2 - 4xy + x^2$$

und daher durch Auflösen nach $-4xy$ und abermaliges Quadrieren:

$$16x^2 y^2 = (5 - x^2 - 4y^2)^2.$$

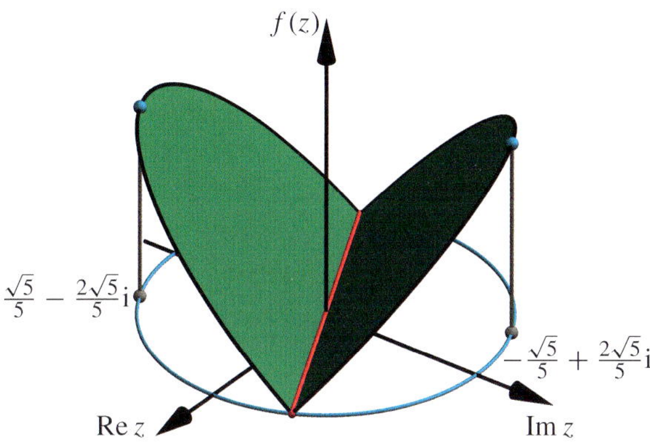

Da $|z_0| = 1$ ist, folgt $x^2 = 1 - y^2$. Dies eingesetzt liefert

$$16x^2 - 16x^4 = (5 - x^2 - 4 + 4x^2)^2,$$

also

$$25x^4 - 10x^2 + 1 = 0$$

und daher

$$(5x^2 - 1)^2 = 0.$$

Es muss also $x = \pm\sqrt{5}/5$ sein und somit $y = 2\sqrt{5}/5$. Wir setzen diese beiden Werte in f ein:

$$f\left(\frac{\sqrt{5}}{5} + \frac{2\sqrt{5}}{5}\mathrm{i}\right) = \left|\mathrm{Im}\left((2 - \mathrm{i})\left(\frac{\sqrt{5}}{5} + \frac{2\sqrt{5}}{5}\mathrm{i}\right)\right)\right|$$
$$= \left|\mathrm{Im}\left(\frac{4\sqrt{5}}{5} + \frac{3\sqrt{5}}{5}\mathrm{i}\right)\right| = \frac{3\sqrt{5}}{5},$$

$$f\left(-\frac{\sqrt{5}}{5} + \frac{2\sqrt{5}}{5}\mathrm{i}\right) = \left|\mathrm{Im}\left((2 - \mathrm{i})\left(-\frac{\sqrt{5}}{5} + \frac{2\sqrt{5}}{5}\mathrm{i}\right)\right)\right|$$
$$= \left|\mathrm{Im}\left(\frac{5\sqrt{5}}{5}\mathrm{i}\right)\right| = \sqrt{5}.$$

Also ist eine Maximalstelle $z_0 = -\frac{\sqrt{5}}{5} + \frac{2\sqrt{5}}{5}\mathrm{i}$. Diese und die außerdem existierende zweite Maximalstelle $-z_0$, sind in der Abbildung als graue Punkte eingezeichnet.

Beispiel Eine Anwendung der gleichmäßigen Stetigkeit erhält man in dem folgenden Fortsetzungssatz:

Ist $f\colon D \to \mathbb{K}$ gleichmäßig stetig, dann lässt sich f zu einer stetigen Funktion $\widetilde{f}\colon \overline{D} \to \mathbb{K}$ fortsetzen.

Ferner ist die gleichmäßige Stetigkeit ein unverzichtbares Hilfsmittel, z. B. in der Integralrechnung. ◀

Der Zwischenwertsatz garantiert die Existenz der Lösung einer Gleichung

Wir kehren nun zur ersten Grundaufgabe zurück, der Frage, ob eine Gleichung lösbar ist. Auch bei dieser Frage können wir in dem Fall, dass die Funktion $f\colon D \to \mathbb{R}$ stetig ist, eine Antwort geben. Hier schränken wir uns sogar auf den Fall ein, dass der Definitionsbereich D ein abgeschlossenes Intervall $[a, b]$ ist.

Beispiel Die Funktion $f\colon [-1, 1] \to \mathbb{R}$ mit $f(x) = 3x^3 - x$ ist in der Abbildung 9.30 zu sehen. Als Polynomfunktion ist sie eine stetige Funktion. In der Abbildung ist auch gut zu erkennen, dass das Maximum bzw. das Minimum von f in den beiden Randpunkten 1 bzw. -1 angenommen wird. Das Bild von f ist $[-2, 2]$.

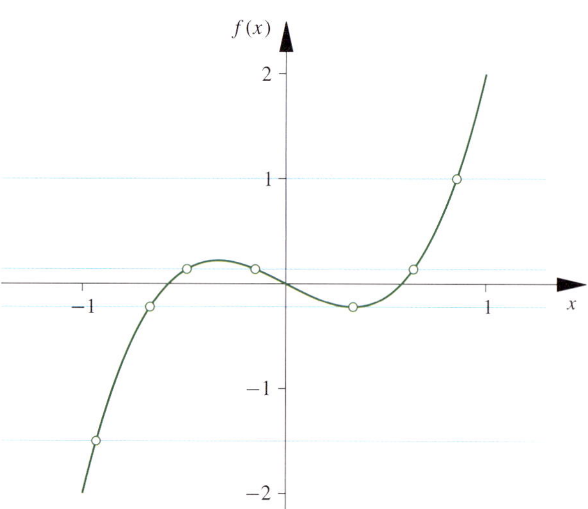

Abbildung 9.30 Jeder Funktionswert zwischen -2 und 2 wird bei dem Polynom $f(x) = 3x^3 - x$ im Intervall $[-1, 1]$ angenommen.

Wir wählen jetzt eine beliebige Stelle $y \in [-2, 2]$ auf der vertikalen Achse aus und zeichnen eine horizontale Gerade durch diese Stelle. In der Abbildung ist das für verschiedene Werte von y durchgeführt worden. Egal, welches y man wählt, stets schneidet die horizontale Gerade den Graphen von f – manchmal in einem, manchmal aber auch in zwei oder drei Punkten. Insgesamt aber können wir festhalten: Stets gibt es ein $x \in [-1, 1]$ mit $f(x) = y$. ◀

Tatsächlich können wir diese Aussage ganz allgemein zeigen, und wollen dies auch gleich tun. Dabei werden zwei Voraussetzungen entscheidend sein: erstens dass f eine ste-

tige Funktion ist und zweitens dass f ein abgeschlossenes Intervall als Definitionsbereich hat. In diesem Fall nimmt f nach dem Existenzsatz für globale Extrema (Seite 331) sein Maximum und sein Minimum an Stellen x^+ bzw. x^- an.

Zwischenwertsatz von Bolzano

Ist $f\colon [a, b] \to \mathbb{R}$ eine stetige Funktion mit Minimum $f(x^-)$ und Maximum $f(x^+)$, so gibt es für jedes $y \in [f(x^-), f(x^+)]$ eine Zahl $\hat{x} \in [a, b]$ mit

$$f(\hat{x}) = y.$$

Beweis: Wir untersuchen zunächst den Fall $f(a) < y$. Wir definieren die Menge

$$A = \{x \in [a, x^+] \mid f(x) \le y\}.$$

Es gilt $A \ne \emptyset$, da $a \in A$ ist. Ferner ist A Teilmenge von $[a, b]$ und somit beschränkt. Es folgt, dass A ein Supremum besitzt, das wir mit $\hat{x}$ bezeichnen. Es gibt dann auch eine Folge (x_n) aus A, die gegen $\hat{x}$ konvergiert, und wegen der Stetigkeit von f gilt:

$$y \ge \lim_{n\to\infty} f(x_n) = f(\lim_{n\to\infty} x_n) = f(\hat{x}).$$

Wir nehmen nun an, dass $y > f(\hat{x})$ ist. Es ist dann auch $\hat{x} < x^+$. Ferner gibt es wegen der Stetigkeit von f zu $\varepsilon = (y - f(\hat{x}))/2$ ein $\delta > 0$ mit

$$|f(x) - f(\hat{x})| \le \varepsilon \quad \text{für alle } x \in (\hat{x} - \delta, \hat{x} + \delta).$$

Insbesondere gilt für $\rho = \min\{\delta/2, x^+ - \hat{x}\}$ und $\tilde{x} = \hat{x} + \rho$, dass

$$f(\tilde{x}) = f(\hat{x}) + f(\tilde{x}) - f(\hat{x}) \le f(\hat{x}) + |f(\tilde{x}) - f(\hat{x})|$$
$$\le f(\hat{x}) + \frac{1}{2}\left(y - f(\hat{x})\right) = \frac{1}{2}\left(f(\hat{x}) + y\right) < y.$$

Da $\tilde{x} < x^+$ ist, folgt $\tilde{x} \in A$. Andererseits ist $\tilde{x} > \hat{x} = \sup A$. Dies ist ein Widerspruch. Die Annahme $y > f(\hat{x})$ war falsch und es folgt $f(\hat{x}) = y$.

Für den Fall $f(a) > y$ wenden wir die obigen Überlegungen auf die Funktion $g(x) = y - f(x)$, $x \in [a, b]$, an. Im Fall $f(a) = y$ ist schon durch $\hat{x} = a$ die gesuchte Stelle gegeben. ∎

––––––––––––––––––– **?** –––––––––––––––––––

Überlegen Sie sich Beispiele dafür, dass der Zwischenwertsatz nicht gilt, wenn

- $f\colon [a, b] \to \mathbb{R}$ nicht stetig ist,
- $f\colon D \to \mathbb{R}$ stetig ist, aber $D = (a, b)$ ein offenes Intervall ist,
- $f\colon D \to \mathbb{R}$ stetig und D kompakt, aber kein abgeschlossenes Intervall ist.

Kommentar: Man kann die Aussage des Zwischenwertsatzes auch so formulieren, dass bei einer stetigen Funktion jeder Wert zwischen ihrem Maximum und ihrem Minimum als Funktionswert angenommen wird.

Unter der Lupe: Der Zwischenwertsatz

Die Funktion $f : [a, b] \to \mathbb{R}$ soll stetig sein und besitzt daher eine Minimalstelle x^- und eine Maximalstelle x^+ auf $[a, b]$. Es gibt dann für jedes $y \in [f(x^-), f(x^+)]$ eine Zahl $\hat{x} \in [a, b]$ mit

$$f(\hat{x}) = y.$$

Verdeutlichung der Aussage: Die Aussage ist leicht am Graphen einer stetigen Funktion wie dem in der Abbildung einzusehen. Die Niveaulinie zu y muss bei einer stetigen Funktion offensichtlich den Graphen schneiden. Genau an einer solchen Stelle liegt die gesuchte Stelle $\hat{x}$.

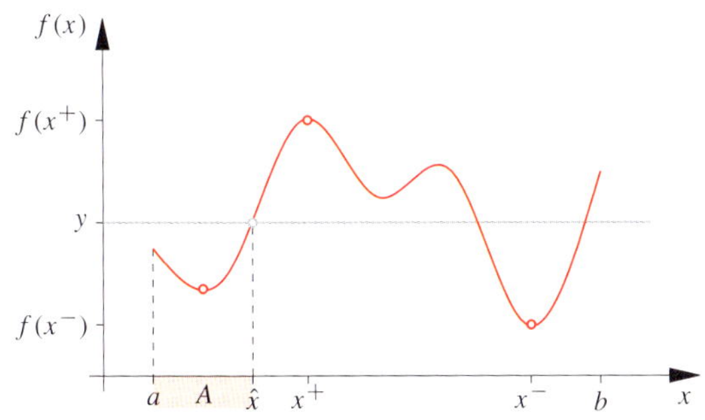

Diskussion der Beweisidee: Da wir für eine beliebige stetige Funktion die Stelle $\hat{x}$ sicher nicht explizit angeben können, müssen wir abstrakter argumentieren, um die Existenz einer solchen Stelle zu zeigen. Es bieten sich auf Grundlage des bisher Bewiesenen zwei Möglichkeiten an, die beide wesentlich auf dem Vollständigkeitsaxiom aufbauen. Entweder konstruieren wir explizit eine Folge (x_n), zu der wir Konvergenz in $[a, b]$ zeigen können, und versuchen die Stetigkeit von f zu nutzen, um zu beweisen, dass im Grenzfall gerade der Funktionswert y angenommen wird. Alternativ können wir versuchen, die Stetigkeit zu nutzen, um eine Teilmenge von $[a, b]$ zu finden, deren Supremum gerade die gesuchte Stelle ist. In beiden Fällen besteht ein Beweis aus zwei Teilen. Man muss die Existenz von $\hat{x}$ sicherstellen und sich überlegen, dass $f(\hat{x}) = y$ gilt. Im Haupttext wurde die zweite Möglichkeit für den Beweis gewählt.

Umsetzung der Idee: Wir beschränken uns zunächst auf den in der Abbildung dargestellten Fall, dass $f(a) < y$ ist. Anschaulich ist klar, dass es zwischen a und x^+ mindestens einen Schnittpunkt mit der Niveaulinie $f(x) = y$ gibt. Um diesen zu konstruieren, definieren wir die Menge A durch

$$A = \{x \in [a, x^+] \mid f(x) \leq y\}.$$

Da $a \in A$ liegt, ist diese Menge garantiert nichtleer. Außerdem ist die Menge beschränkt, denn offensichtlich ist $A \subseteq [a, b]$. Somit hat A ein Supremum, das wir mit $\hat{x}$ bezeichnen.

Was wissen wir über den Funktionswert von f an der Stelle $\hat{x}$? Wenn wir eine gegen $\hat{x}$ konvergente Folge (x_n) aus A betrachten, so folgt aufgrund der Stetigkeit von f, dass

$$f(\hat{x}) = f\left(\lim_{n \to \infty} x_n\right) = \lim_{n \to \infty} f(x_n) \leq y$$

ist.

Nun müssen wir noch zeigen, dass $f(\hat{x}) = y$ gilt, d. h., wir müssen $f(\hat{x}) < y$ ausschließen. Dazu bietet es sich an, einen Widerspruch zu konstruieren. Nehmen wir an, $f(\hat{x}) < y$. Dann muss wegen der Stetigkeit von f auch in einer hinreichend kleinen Umgebung von $\hat{x}$ diese Abschätzung gelten. Insbesondere existieren Stellen x zwischen $\hat{x}$ und x^+, für die $f(x) < y$ ist. Dies ist aber ein Widerspruch dazu, dass $\hat{x}$ das Supremum von A ist. Für den formalen Beweis ist diese Argumentation sauberer zu formulieren. Mit der ε-δ-Beschreibung der Stetigkeit wird im Beweis eine Zahl $\tilde{x} \in [\hat{x}, x^+]$ konstruiert, für die $f(\tilde{x}) < y$ gilt. Somit ist $\tilde{x}$ ein Element von A, aber größer als $\hat{x}$.

Mit diesen Überlegungen haben wir den Fall $f(a) < y$ vollständig erledigt. Für den Fall $f(\hat{x}) > y$ können wir den Graphen von f an der Niveaulinie $f(x) = y$ spiegeln. Dies entspricht dem Betrachten von $g(x) = y - f(x)$, $x \in [a, b]$. Im Fall $f(a) = y$ haben wir mit a schon die Zwischenstelle gefunden. Insgesamt haben wir einen vollständigen Beweis erarbeitet.

Bemerkungen:

- Ein erster rigoroser Beweis des Zwischenwertsatzes wurde vom Mathematiker Bernard Bolzano (1781–1848) in einer Arbeit aus dem Jahre 1817 ausgeführt. Unabhängig erschien vier Jahre später ein Beweis durch Augustin Louis Cauchy (1789–1857).
- Das Vollständigkeitsaxiom wird nicht nur im Beweis verwendet, es ist auch fundamental dafür, dass die Aussage überhaupt gilt. Konstruieren Sie selbst ein Gegenbeispiel im Fall einer stetigen Funktion $f : [a, b] \cap \mathbb{Q} \to \mathbb{Q}$.

Beispiel Der Zwischenwertsatz hat viele Anwendungen bei Betrachtungen zu Durchschnittswerten. Als Aufgabenstellung betrachten wir folgendes Problem: Ein Flugzeug legt in einer Stunde eine Strecke von $240\,\text{km}$ zurück. Gibt es eine Minute, in der es exakt $4\,\text{km}$ zurücklegt?

Zur Beantwortung betrachten wir die Funktion $f : [0, 59] \to \mathbb{R}$, die jedem t diejenige Strecke $f(t)$ zuordnet, die das Flugzeug im Zeitintervall $[t, t + 1]$ zurücklegt. Die Aufgabenstellung macht die Annahme plausibel, dass diese Funktion stetig ist.

Wäre nun $f(t) > 4$ für alle $t \in [0, 59]$, so würde das Flugzeug eine Strecke von mehr als $240\,\text{km}$ zurücklegen. Es gibt also ein t_1 mit $f(t_1) \leq 4$. Genauso überlegen wir uns, dass es ein t_2 mit $f(t_2) \geq 4$ gibt. Der Zwischenwertsatz liefert nun, dass es einen Wert t_0 mit $f(t_0) = 4$ geben muss. In der Minute von t_0 bis $t_0 + 1$ legt das Flugzeug also genau $4\,\text{km}$ zurück. ◄

Weiterhin ergeben sich aus dem Zwischenwertsatz interessante Aussagen über die Bilder von Intervallen unter stetigen Funktionen.

Folgerung

- Ist $[a, b] \subseteq \mathbb{R}$ ein kompaktes Intervall und $f\colon [a, b] \to \mathbb{R}$ stetig, dann ist die Bildmenge $Y = [f(x^-), f(x^+)]$ wieder ein kompaktes Intervall.
- Ist $[a, b] \subseteq \mathbb{R}$ kompakt und $f\colon [a, b] \to \mathbb{R}$ stetig mit $f([a, b]) \subseteq [a, b]$, dann gibt es (mindestens) ein $x_0 \in [a, b]$ mit $f(x_0) = x_0$. Wir sagen, f besitzt einen **Fixpunkt**.

Für den ersten Punkt folgt aus dem Fundamentalsatz über stetige Funktionen mit kompaktem Definitionsbereich (Seite 330), dass $f(x^-)$ und $f(x^+)$ im Bild enthalten sind. Aus dem Zwischenwertsatz (Seite 334) ergibt sich, dass das Bild wieder ein Intervall ist. Auch der zweite Punkt ergibt sich direkt aus dem Zwischenwertsatz.

Der Nullstellensatz ist eine äquivalente Formulierung des Zwischenwertsatzes

Häufig wird eine andere Formulierung des Zwischenwertsatzes verwendet, die auf dem ersten Blick ein klein wenig spezieller erscheint, tatsächlich aber äquivalent ist.

Nullstellensatz

Für eine stetige Funktion $f\colon [a, b] \to \mathbb{R}$ gelte $f(a) \cdot f(b) < 0$. Dann gibt es eine Nullstelle von f im Intervall $[a, b]$.

Die Voraussetzung $f(a) \cdot f(b) < 0$ besagt nur, dass f an diesen beiden Stellen unterschiedliche Vorzeichen hat, d. h., die Zahl 0 liegt zwischen $f(a)$ und $f(b)$.

Beweis: Wir wollen zeigen, dass Zwischenwert- und Nullstellensatz äquivalent sind. Da 0 nach Voraussetzung zwischen $f(a)$ und $f(b)$ liegt, folgt der Nullstellensatz direkt aus dem Zwischenwertsatz. Es bleibt die andere Richtung zu zeigen.

Vorgegeben ist eine stetige Funktion $f\colon [a, b] \to \mathbb{R}$ mit globaler Minimalstelle x^- und globaler Maximalstelle x^+. Wir wählen ferner $y \in [f(x^-), f(x^+)]$ beliebig.

Setze nun $c = \min\{x^-, x^+\}$ und $d = \max\{x^-, x^+\}$ und definiere $g\colon [c, d] \to \mathbb{R}$ durch

$$g(x) = f(x) - y.$$

Ist $g(c) = 0$, so ist $f(c) = y$. Ist dagegen $g(c) > 0$, so ist $g(d) < 0$ und umgekehrt. Also gibt es nach dem Nullstellensatz ein $\hat{x} \in [c, d] \subseteq [a, b]$ mit $g(\hat{x}) = 0$. Dann ist $f(\hat{x}) = y$. ∎

Beispiel Eine typische Anwendung des Nullstellensatzes ist es, die Nullstellen von Polynomen zu finden. Betrachten wir etwa die Polynomfunktion $p\colon [-2, 2] \to \mathbb{R}$ mit

$$p(x) = x^5 - 3x^4 - \frac{10}{3}x^3 + 10x^2 + x - 3.$$

Die Frage ist: Wie viele Nullstellen besitzt die Funktion p?

Wir nützen aus, dass wir das Polynom für beliebige $x \in \mathbb{R}$ auswerten können, nicht nur für Zahlen aus $[-2, 2]$. Damit können wir eine Wertetabelle aufstellen:

Stelle	-3	-2	-1	0	1	2	3
Wert	-312	$-\frac{55}{3}$	$\frac{16}{3}$	-3	$\frac{8}{3}$	$-\frac{11}{3}$	0

Eine Nullstelle haben wir also bereits gefunden, an der Stelle 3. Diese liegt aber außerhalb des Definitionsbereichs. Allerdings kann ein Polynom vom Grad 5 höchstens 5 Nullstellen besitzen, also bleiben maximal 4 im Intervall $[-2, 2]$ übrig.

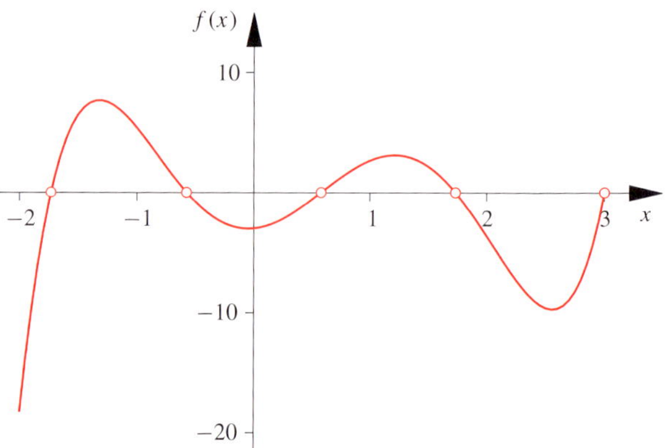

Abbildung 9.31 Die Nullstellen des Polynoms $p(x) = x^5 - 3x^4 - \frac{10}{3}x^3 + 10x^2 + x - 3$. Es gibt genau 4 Nullstellen im Intervall $[-2, 2]$.

Nun kommt der Nullstellensatz ins Spiel: Zwischen -2 und -1 wechselt p das Vorzeichen, also liegt dazwischen mindestens eine Nullstelle (Abb. 9.31). Genauso zwischen -1 und 0, zwischen 0 und 1 sowie zwischen 1 und 2. Also liegen auch mindestens 4 Nullstellen im Intervall $[-2, 2]$. Insgesamt folgt also, dass die Funktion p insgesamt 4 Nullstellen besitzt. ◄

Aus dem Zwischenwertsatz lassen sich weitere nützliche Eigenschaften stetiger Funktionen herleiten

Aus dem Zwischenwertsatz lassen sich viele weitere Folgerungen ziehen, die für die alltägliche Arbeit mit stetigen

Übersicht: Sätze über Funktionen mit kompaktem Definitionsbereich und Gegenbeispiele

Die Sätze aus dem Abschnitt 9.5 haben gemein, dass ihre Voraussetzungen *scharf* sind: Stets findet man ein Gegenbeispiel für die Aussage, wenn nur ein kleiner Teil der Annahmen nicht erfüllt ist. Hier sind typische Fälle zusammengetragen.

Existenz von Extrema

- Stetige Funktion mit kompaktem Definitionsbereich:

$$f\colon [1, 3] \to \mathbb{R}, \quad f(x) = \frac{1}{x}.$$

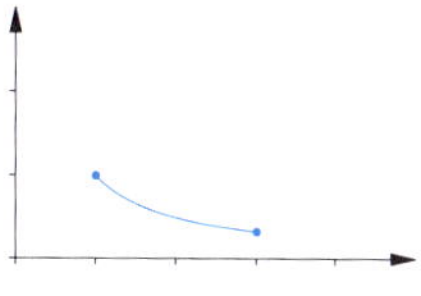

Der Satz gilt, Maximum und Minimum werden angenommen.

- Stetige Funktion mit beschränktem Definitionsbereich, nicht abgeschlossen:

$$f\colon (0, 1) \to \mathbb{R}, \quad f(x) = \frac{1}{x}.$$

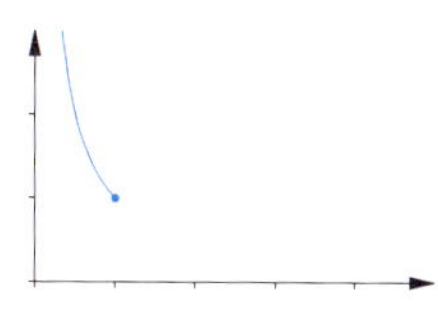

Das Maximum wird nicht angenommen.

- Stetige Funktion mit abgeschlossenem Definitionsbereich, nicht beschränkt:

$$f\colon [1, \infty) \to \mathbb{R}, \quad f(x) = \frac{1}{x}.$$

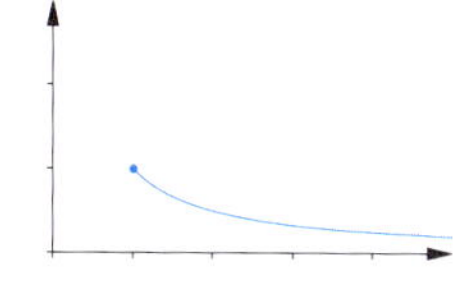

Das Minimum wird nicht angenommen.

- Stetige Funktion, Definitionsbereich weder abgeschlossen noch beschränkt:

$$f\colon (0, \infty) \to \mathbb{R}, \quad f(x) = \frac{1}{x}.$$

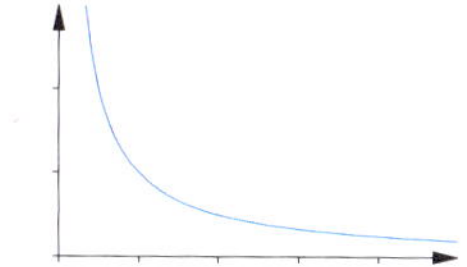

Weder Maximum noch Minimum werden angenommen.

- Definitionsbereich kompakt, aber unstetige Funktion:

$$f\colon [1, 3] \to \mathbb{R}, \quad f(x) = \begin{cases} x & 1 \leq x < 2, \\ 1 & 2 \leq x < 3. \end{cases}$$

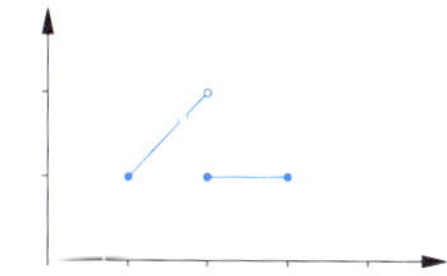

Das Maximum wird nicht angenommen.

Zwischenwertsatz

- Stetige Funktion mit abgeschlossenem Intervall als Definitionsbereich:

$$f\colon [1, 3] \to \mathbb{R}, \quad f(x) = x^2.$$

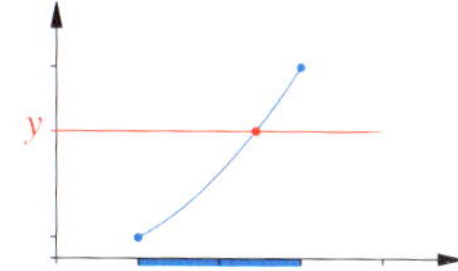

Der Satz gilt, jeder Zwischenwert wird angenommen.

- Stetige Funktion, Definitionsbereich kein abgeschlossenes Intervall:

$$f\colon [1, 2] \cup [4, 5] \to \mathbb{R}, \quad f(x) = x^2.$$

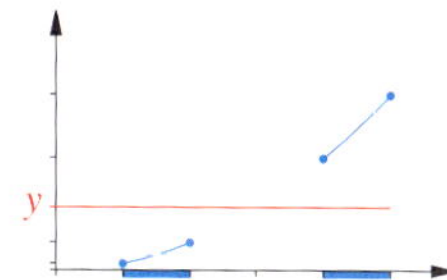

Der Wert 9 wird z. B. nicht angenommen.

- Definitionsbereich abgeschlossenes Intervall, aber Funktion nicht stetig:

$$f\colon [1, 3] \to \mathbb{R}, \quad f(x) = \begin{cases} x^2 & 1 \leq x \leq 2, \\ \frac{1}{2} & 2 < x \leq 3. \end{cases}$$

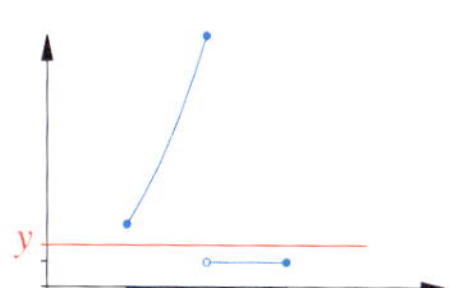

Der Wert 3/4 wird z. B. nicht angenommen.

Funktionen nützlich sind. Wir beginnen mit einer Aussage über Bilder von Intervallen unter stetigen Funktionen. Für kompakte Intervalle ist diese Aussage aus dem bereits gezeigten sofort ersichtlich, für allgemeine Intervalle sind jedoch allgemeinere Überlegungen nötig.

Satz (Stetige Bilder von Intervallen)

Ist I ein Intervall und $f\colon I \to \mathbb{R}$ stetig, so ist $f(I)$ ein Intervall.

Beweis: Ein Intervall I ist dadurch charakterisiert, dass aus $a, b \in I$ und $a < c < b$ auch $c \in I$ folgt.

Wir wählen nun $u < v$ in $f(I)$. Dann gibt es $x, y \in I$ mit $f(x) = u$, $f(y) = v$. Setze $a = \min\{x, y\}$, $b = \max\{x, y\}$. Nach dem Zwischenwertsatz gib es nun zu jedem $w \in (u, v)$ ein $z \in [a, b]$ mit $f(z) = w$. Es folgt $w \in f(I)$, was zu zeigen war. ∎

Auf Seite 312 hatten wir gezeigt, dass jede streng monotone Funktion injektiv ist. Die Umkehrung dieser Aussage ist im Allgemeinen falsch. Allerdings ist sie richtig, wenn man sich auf stetige, auf Intervallen definierte Funktionen beschränkt.

Lemma

Ist $I \subseteq \mathbb{R}$ ein Intervall und $f\colon I \to \mathbb{R}$ stetig und injektiv, so ist f streng monoton.

Beweis: Wir betrachten drei Zahlen $a < b < c$ aus I.

Angenommen es gilt $f(a) < f(b)$ und $f(c) < f(b)$. Setze $y = \max\{f(a), f(c)\}$. Dann ist $f(a) \leq y < f(b)$, und nach dem Zwischenwertsatz gibt es ein $\hat{x} \in [a, b]$ mit $f(\hat{x}) = y$. Andererseits ist auch $f(c) \leq y < f(b)$, und es gibt somit nach dem Zwischenwertsatz ein $\tilde{x} \in [b, c]$ mit $f(\tilde{x}) = y$. Da $y < f(b)$, ist $\hat{x} \neq b$ und $\tilde{x} \neq b$. Somit folgt $\hat{x} < b < \tilde{x}$ und $f(\hat{x}) = y = f(\tilde{x})$. Dies ist aber im Widerspruch dazu, dass f injektiv ist.

Ganz analog behandeln wir den Fall $f(a) > f(b)$ und $f(c) > f(b)$. Da Gleichheit wegen der Injektivität von f ausgeschlossen werden kann, folgt entweder $f(a) < f(b) < f(c)$ oder $f(a) > f(b) > f(c)$. Somit ist f streng monoton. ∎

Aus dem eben bewiesenen Lemma ergibt sich noch eine Folgerung zur Stetigkeit von Umkehrfunktionen.

Folgerung

Ist $I \subseteq \mathbb{R}$ ein Intervall und $f\colon I \to \mathbb{R}$ stetig und injektiv, so ist $f^{-1}\colon f(I) \to I$ stetig.

Beweis: Aufgrund des Lemmas oben wissen wir, dass f streng monoton ist. Ohne Einschränkung wollen wir annehmen, dass f streng monoton wächst. Dann tut dies auch f^{-1}.

Wir wählen $y \in f(I)$ und eine Folge (y_n) aus $f(I)$, die gegen y konvergiert. Wir setzen auch $x = f^{-1}(y)$ und $x_n = f^{-1}(y_n)$. Zu zeigen ist, dass (x_n) gegen x konvergiert.

Wir nehmen zunächst an, dass x kein Randpunkt von I ist. Dann können wir $\varepsilon > 0$ so wählen, dass $[x - \varepsilon, x + \varepsilon] \subseteq I$ ist. Da f streng wächst erhalten wir

$$f(x - \varepsilon) < y < f(x + \varepsilon).$$

Da (y_n) gegen y konvergiert, existiert ein $N \in \mathbb{N}$ mit $y_n \in (f(x - \varepsilon), f(x + \varepsilon))$ für alle $n \geq N$. Aufgrund der strengen Monotonie von f^{-1} folgt hieraus:

$$x - \varepsilon < x_n < x + \varepsilon \quad \text{für } n \geq N.$$

Dies bedeutet, dass f^{-1} in y stetig ist.

Ist x linker bzw. rechter Randpunkt von I, so ist wegen der strengen Monotonie auch y linker bzw. rechter Randpunkt von $f(I)$. Beachtet man dies, so geht der Beweis in diesen Fällen ganz analog. ∎

Wenn Sie den Beweis der Folgerung genau durchgehen, erkennen Sie, dass wir die Stetigkeit von f nur genutzt haben, um zu zeigen, dass f streng monoton ist. Es gilt also die allgemeinere Aussage, dass f^{-1} stetig ist, falls f streng monoton ist und die Definitionsmenge von f ein Intervall ist.

Beispiel Wir wenden dies auf die Funktionen

$$f_k(x) = x^k, \quad x \in \mathbb{R}$$

für $k \in \mathbb{N}$ an. Für $x \geq 0$ sind diese Funktionen streng monoton. Nach der eben bewiesenen Aussage, sind ihre Umkehrfunktionen

$$\left(f_k|_{\mathbb{R}_{\geq 0}}\right)^{-1}(y) = \sqrt[k]{y}, \quad y \in \mathbb{R}_{\geq 0}$$

ebenfalls stetig. Ist k ungerade, so ist f_k sogar auf ganz $\mathbb{R}$ streng monoton, die Umkehrfunktion existiert also auf ganz $\mathbb{R}$ und ist dort stetig. In diesem Sinne können wir für $y < 0$ die Zahl $\sqrt[k]{y}$ als eindeutig bestimmte negative Lösung der Gleichung $x^k = y$ auffassen. Hierbei ist aber etwas zu beachten: Im Kapitel 11 werden wir die allgemeine Potenz y^α für $\alpha \in \mathbb{R}$ und $y \in \mathbb{C} \setminus \{0\}$ erklären. Die Zahl $y^{1/k}$ stimmt dabei für $y < 0$ und $k \in \mathbb{N}$ nicht mit der eben gefundenen k-ten Wurzel überein, sondern es handelt sich um eine im Allgemeinen andere, komplexe Lösung der Gleichung $x^k = y$. Man spricht in diesem Zusammenhang auch von den *Haupt- und Nebenwerten* der k-ten Wurzeln. Mehr dazu im Kapitel 11. ◀

Kommentar: Die Sätze, die wir in diesem Abschnitt kennengelernt haben, haben eine Gemeinsamkeit: Sie machen nur eine Aussage, dass es bestimmte Zahlen (Extremstellen, Nullstellen) gibt, wir erhalten aber kaum Informationen über die Lage dieser Zahlen, wie wir sie berechnen können oder wie viele es gibt. Man nennt solche Aussagen *Existenzsätze*.

Der hauptsächliche Wert von Existenzsätzen ist theoretischer Natur: Wir können diese Aussagen in Beweisen verwenden, um andere Aussagen herzuleiten. Aber auch für viele numerische Berechnungsverfahren muss man vor der Anwendung wissen, dass eine Lösung existiert. Sonst liefert der Computer vielleicht irgendetwas Zufälliges als Ergebnis, das mit dem eigentlichen Problem nichts zu tun hat. Schließlich kann man auch manchmal durch geschicktes Anwenden von Existenzaussagen ein Berechnungsverfahren entwickeln. Das Beispiel auf Seite 340 illustriert dies.

Der Fundamentalsatz der Algebra: Jedes komplexe Polynom vom Grad n ist ein Produkt von genau n Linearfaktoren

Mit dem letzten Satz dieses Kapitels, dem *Fundamentalsatz der Algebra* wollen wir noch einmal unterstreichen, wie tragfähig die in diesem Kapitel gewonnenen Aussagen tatsächlich sind. Der Name *Fundamentalsatz* deutet bereits darauf hin, dass es sich bei dieser Aussage um einen besonders bedeutenden Satz handelt. Umso erstaunlicher ist es, dass wir ihn mit den bisher gewonnen Mitteln bereits beweisen können. Der Satz garantiert die Existenz von Nullstellen von Polynomen im Komplexen.

Fundamentalsatz der Algebra

Jedes Polynom $p\colon \mathbb{C} \to \mathbb{C}$ vom Grad $n \geq 1$ besitzt mindestens eine Nullstelle.

Wichtig bei dieser Aussage ist natürlich, dass wir im Komplexen arbeiten müssen. Es ist ja hinlänglich bekannt, dass eine quadratische Gleichung im Reellen eben keine Lösung haben muss. Sehr wohl gibt es aber immer Lösungen im Komplexen. Z. B. gilt:

$$x^2 + 1 = (x + \mathrm{i})(x - \mathrm{i}).$$

Es ist keine reelle Nullstelle vorhanden, aber die komplexen Nullstellen $\pm\mathrm{i}$.

Aus dem Kapitel 4 wissen wir bereits, dass für eine Nullstelle z_0 stets ein Linearfaktor aus dem Polynom ausgeklammert werden kann:

$$p(z) = (z - z_0)\, q(z),$$

wobei q einen um eins geringeren Grad als p besitzt. Der Fundamentalsatz sagt nun aus, dass auch q wieder eine Nullstelle besitzt, solange es noch nicht eine Konstante ist. Wie verträgt sich dies damit, dass manche Polynome nur eine einzige Nullstelle haben? Die Antwort ist, dass natürlich auch q wieder z_0 als Nullstelle besitzen kann. Es folgt, dass man bei Verwendung von komplexen Zahlen, ein Polynom vom Grad n stets als ein Produkt von n Linearfaktoren schreiben kann:

$$p(z) = (z - z_0)(z - z_1) \cdots (z - z_{n-1}),$$

wobei die Nullstellen $z_j \in \mathbb{C}$ nicht alle verschieden sein müssen. Kommt eine Nullstelle mehr als einmal vor, so spricht man von **mehrfachen Nullstellen** (etwa doppelte Nullstelle,

dreifache Nullstelle, ...). Die Anzahl der Faktoren, die dieselbe Nullstelle enthalten, nennt man auch **Vielfachheit** dieser Nullstelle (siehe Abschnitt 3.4).

Beweis: Wir schreiben das Polynom p in der Form

$$p(z) = \sum_{j=0}^{n} \alpha_j\, z^j$$

mit Koeffizienten $\alpha_j \in \mathbb{C}$. Wir können annehmen, dass $\alpha_n = 1$ ist, denn beim Teilen der Gleichung $p(z) = 0$ durch α_n würde sich an der Lage der Nullstelle nichts ändern.

(i) Wir zeigen, dass $|p|$ ein globales Minimum besitzt.

Wir setzen nun $f(z) = |p(z)|$. Die Funktion $f\colon \mathbb{C} \to \mathbb{R}$ ist stetig und reellwertig. Wir wollen nun zeigen, dass $f(z) \geq f(0)$ ist, falls $|z|$ groß genug ist. Wir setzen $C = \max\{1, (2f(0))^{1/n}, 2\sum_{j=0}^{n-1} |\alpha_j|\}$ und betrachten z mit $|z| \geq C$. Die Konstante C ist gerade so geschickt gewählt, dass wir nun abschätzen können:

$$
\begin{aligned}
f(z) &= |z|^n \left| 1 + \sum_{j=0}^{n-1} \alpha_j\, z^{j-n} \right| \\[2mm]
&\geq |z|^n \left(1 - \frac{1}{|z|} \sum_{j=0}^{n-1} \frac{|\alpha_j|}{|z|^{n-j-1}} \right) \\[2mm]
&\overset{|z|\geq 1}{\geq} |z|^n \left(1 - \frac{1}{|z|} \sum_{j=0}^{n-1} |\alpha_j| \right) \\[2mm]
&\overset{|z|\geq 2 \sum_{j=0}^{n-1} |\alpha_j|\}}{\geq} |z|^n \left(1 - \frac{1}{2} \right) \\[2mm]
&\overset{|z|\geq (2f(0))^{1/n}}{\geq} f(0).
\end{aligned}
$$

Aus dieser Rechnung folgt also, dass ein globales Minimum von f, falls es existiert, auf jeden Fall im Kreis $|z| \leq C$ angenommen wird. Dieser Kreis ist aber eine kompakte Menge. Da f stetig ist, folgt also aus dem Existenzsatz für globale Extrema, dass das Minimum von f im Kreis $|z| \leq C$ angenommen wird. Die zugehörige Minimalstelle bezeichnen wir mit $\hat{z}$.

(ii) Wir zeigen: Der Wert von p an der Stelle $\hat{z}$ ist 0.

Von Seite 309 wissen wir, dass wir das Polynom p um $\hat{z}$ entwickeln können, also als

$$p(z) = \beta_0 + \sum_{j=k}^{n} \beta_j (z - \hat{z})^j$$

schreiben. Hierbei ist k die kleinste natürliche Zahl zwischen 1 und n, für die $\beta_k \neq 0$ ist. Da p mindestens den Grad 1 hat, gibt es ein solches k auch sicherlich.

Beispiel: Das Bisektionsverfahren

Gegeben ist eine Funktion $f\colon [a, b] \to \mathbb{R}$, $a, b \in \mathbb{R}$, $a < b$, die die Voraussetzungen des Nullstellensatzes erfüllt. Berechnen Sie numerisch eine Nullstelle – oder eine Approximation an den Wert einer Nullstelle – von f.

Problemanalyse und Strategie: Der Nullstellensatz garantiert die Existenz mindestens einer Nullstelle der Funktion in im Intervall $[a, b]$. Zur Approximation einer Nullstelle wollen wir eine Folge konstruieren, die gegen eine Nullstelle konvergiert. Die Grundidee ist es, den Funktionswert an der Stelle $(a + b)/2$ zu betrachten. Entweder liegt dort eine Nullstelle vor, oder in einem der beiden so entstandenen Teilintervalle kann wieder der Nullstellensatz angewandt werden. So lässt sich rekursiv fortfahren.

Lösung:

Es ist $f\colon [a, b] \to \mathbb{R}$ stetig, und es gilt $f(a) \cdot f(b) < 0$. Nach dem Nullstellensatz existiert eine Nullstelle $\hat{x}$ von f im Intervall $[a, b]$. Allerdings ist es möglich, dass mehrere Nullstellen existieren, wie die Abbildung illustriert.

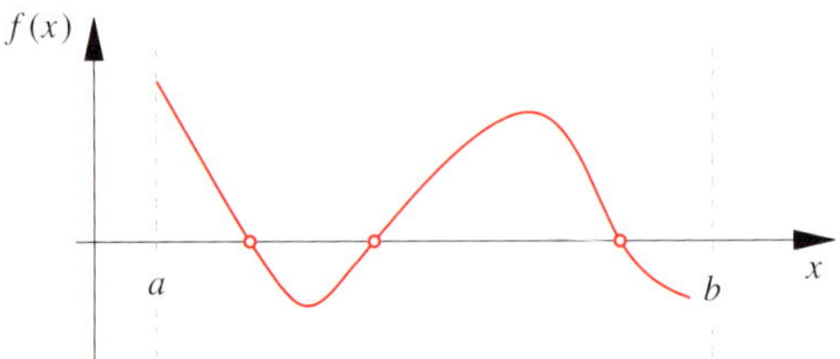

Wir betrachten nun den Mittelpunkt des Intervalls

$$x_1 = \frac{a + b}{2}.$$

Es gibt drei Fälle: Am einfachsten ist der Fall $f(x_1) = 0$. Dann haben wir schon eine Nullstelle gefunden. Die anderen beiden Fälle sind diejenigen, dass $f(x_1)$ dasselbe Vorzeichen hat wie $f(b)$ oder aber dasselbe wie $f(a)$. Falls das erste zutrifft, muss eine Nullstelle von f im Intervall $[a, x_1]$ liegen, im zweiten Fall im Intervall $[x_1, b]$. Wir haben also das Intervall halbiert, und können jetzt dieselbe Überlegung für das halbierte Intervall durchführen. Damit erhalten wir den folgenden Algorithmus:

1. Starte mit dem Intervall $[x_j, y_j]$, sodass $f(x_j) \cdot f(y_j) < 0$ gilt. Zu Anfang des Verfahrens ($j = 0$) ist dies gerade das Intervall $[a, b]$.
2. Berechne $m_j = (x_j + y_j)/2$.
3. Ist $f(m_j) = 0$, so haben wir eine Nullstelle gefunden.
4. Ist $f(x_j) \cdot f(m_j) < 0$, so setze

$$x_{j+1} = x_j \quad \text{und} \quad y_{j+1} = m_j.$$

5. Andernfalls gilt $f(y_j) \cdot f(m_j) < 0$. Setze dann

$$x_{j+1} = m_j \quad \text{und} \quad y_{j+1} = y_j.$$

6. Erhöhe j um eins und starte wieder bei Schritt 2.

Da dieses Verfahren auf der Halbierung von Intervallen beruht, nennt man es Intervallhalbierungs- oder *Bisektionsverfahren*. Auch der Name *Intervallschachtelung* ist dafür üblich. Wir wollen nun annehmen, dass das Verfahren nie im 3. Schritt abbricht. Dann konstruieren wir auf diese Weise 2 Folgen (x_j) und (y_j). Mithilfe der Abbildung wird klar, dass diese die Eigenschaft

$$a = x_0 \leq x_1 \leq \cdots \leq x_j \leq y_j \leq \cdots \leq y_1 \leq y_0 = b$$

für alle $j \in \mathbb{N}$ erfüllen.

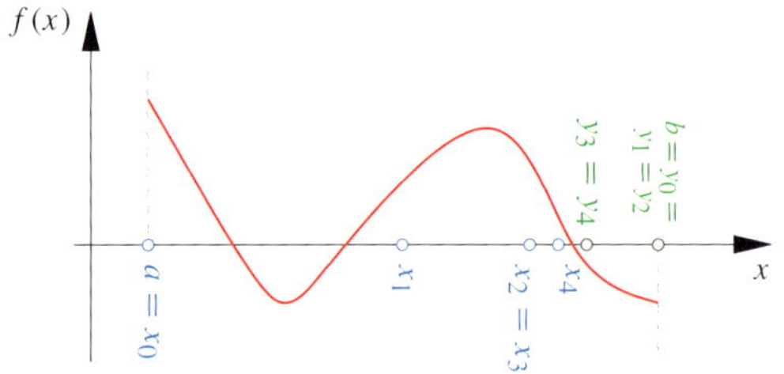

Mit dem Monotoniekriterium für Folgen (Seite 292) sehen wir also, dass sowohl die Folge (x_j) als auch die Folge (y_j) konvergiert. Außerdem kann man durch vollständige Induktion schnell zeigen, dass

$$y_j - x_j = \left(\frac{1}{2}\right)^j (b - a)$$

ist. Damit folgt $\lim_{j \to \infty} x_j = \lim_{j \to \infty} y_j$. Wir nennen diesen Grenzwert $\hat{x}$ und sehen, dass sowohl $f(\hat{x}) \geq 0$ also auch $f(\hat{x}) \leq 0$ gelten muss. Also ist $\hat{x}$ eine Nullstelle von f. Auch die Folge (m_j) der Intervallmittelpunkte konvergiert gegen $\hat{x}$, und es gilt die Abschätzung:

$$|\hat{x} - m_j| \leq \left(\frac{1}{2}\right)^j (b - a).$$

Wir wollen das Verfahren auf die Funktion $f\colon [1, 2] \to \mathbb{R}$, $f(x) = x^2 - 2$ anwenden. Die Funktion f hat genau eine Nullstelle, nämlich bei $\sqrt{2}$. Es ergeben sich folgende Werte für die Intervallmittelpunkte.

j	m_j	$f(m_j)$	$(1/2)^j\,(b - a)$
0	1.500 00	0.250 00	1.000 0
1	1.250 00	$-0.437\,50$	0.500 0
2	1.375 00	$-0.109\,38$	0.250 0
$\vdots$			
5	1.421 88	0.021 73	0.031 3
6	1.414 06	$-0.000\,43$	0.015 6

Es müssen bereits 6 Schritte durchgeführt werden, um zum ersten Mal zwei richtige Dezimalstellen hinter dem Komma im Ergebnis zu erhalten. Wenn Sie diese Konvergenzgeschwindigkeit mit der des Heron-Verfahrens (Seite 296) vergleichen, stellen Sie fest, dass das Bisektionsverfahren sehr langsam konvergiert. Zur *schnellen* Berechnung von Nullstellen ist es daher nicht geeignet. Es hat aber einen entscheidenden Vorteil gegenüber anderen Verfahren zur Nullstellenberechnung, die wir später im Buch noch besprechen werden: Sofern im Anfangsintervall eine Nullstelle von f liegt, konvergiert das Bisektionsverfahren mit Sicherheit.

Wir wollen nun annehmen, dass p keine Nullstelle besitzt. Dann ist insbesondere auch $p(\hat{x}) = \beta_0 \neq 0$. Wir betrachten nun die Gleichung $z^k = -\beta_0/\beta_k$. Diese besitzt im Komplexen stets eine Lösung w.

Für ein $\varepsilon > 0$ können wir nun schreiben:

$$p(\hat{z} + \varepsilon w) = \beta_0 + \sum_{j=k}^{n} \beta_j (\varepsilon\, w)^j$$

$$= \beta_0 + \varepsilon^k \beta_k\, w^k + \sum_{j=k+1}^{n} \beta_j (\varepsilon\, w)^j$$

$$= \beta_0 - \varepsilon^k \beta_0 + \varepsilon^k \beta_0 \sum_{j=k+1}^{n} \frac{\beta_j}{\beta_0}\, \varepsilon^{j-k}\, w^j$$

$$= \beta_0 \left[1 - \varepsilon^k \left(1 - \sum_{j=k+1}^{n} \frac{\beta_j}{\beta_0}\, \varepsilon^{j-k}\, w^j \right) \right].$$

Jeder Term in der Summe enthält mindestens den Faktor ε. Falls also ε klein genug gewählt wird, gilt:

$$\left| \sum_{j=k+1}^{n} \frac{\beta_j}{\beta_0}\, \varepsilon^{j-k}\, w^j \right| \leq \frac{1}{2}.$$

Damit wiederum erhalten wir

$$|p(\hat{z} + \varepsilon w)| \leq |\beta_0| \left(1 - \frac{\varepsilon^k}{2} \right) < |\beta_0| = |p(\hat{z})|.$$

Dies ist aber ein Widerspruch, denn $\hat{z}$ ist eine Minimalstelle von $|p|$. Also besitzt p mindestens eine Nullstelle. ∎

Kommentar: Dieser Beweis des Fundamentalsatzes, der so im Wesentlichen im Jahre 1814 vom schweizer Mathematiker Jean-Robert Argand (1768–1822) geführt wurde, enthält zwar verschiedene technische Überlegungen, verwendet aber im Wesentlichen drei fundamentale Aussagen:

- Der Betrag des Werts von Polynomen geht gegen unendlich, wenn das Argument gegen unendlich geht.
- Stetige Funktionen auf kompakten Mengen nehmen ihr Minimum an.
- Die Gleichung $z^k = u$ mit $u \in \mathbb{C} \setminus \{0\}$ und $k \in \mathbb{N}$ besitzt in $\mathbb{C}$ stets eine Lösung. Dies entspricht der Existenz der k-ten Wurzel in $\mathbb{C}$.

Überlegen Sie sich, wo jede dieser Aussagen verwendet wird.

Neben dem Beweis von Argand gibt es noch viele andere Möglichkeiten, den Fundamentalsatz zu beweisen. Besonders einfache Beweise gelingen mit den Mitteln der *Funktionentheorie*. Dieses Gebiet der Mathematik umfasst die Analysis im Komplexen.

Zusammenfassung

Funktionen $f\colon D \to W$ mit $D, W \subseteq \mathbb{C}$ sind die grundlegenden Bausteine der Analysis. Durch punktweise Addition und eine skalare Multiplikation bilden die Funktionen einen Vektorraum. Zusätzliche Struktur erhalten sie durch die Möglichkeit der Verkettung. Wichtige Klassen von Funktionen sind die beschränkten und die monotonen Funktionen.

Indem man gegen $\hat{x}$ konvergente Folgen (x_n) aus D und die zugehörigen Folgen der Funktionswerte $(f(x_n))$ betrachtet, kann der Grenzwert $\lim_{x \to \hat{x}} f(x)$ definiert werden. Überlegungen zur Vertauschbarkeit dieses Grenzübergangs mit der Funktionsanwendung führen auf den Begriff der Stetigkeit.

Definition der Stetigkeit

Eine Funktion $f\colon D \to W$ heißt an der Stelle $\hat{x} \in D$ **stetig** falls

$$\lim_{x \to \hat{x}} f(x) = f(\hat{x})$$

gilt. Ist f an jedem $x \in D$ stetig, so heißt f **auf D stetig**. Die Menge aller auf D stetigen Funktionen bezeichnen wir mit $C(D)$.

Neben dieser Definition der Stetigkeit über Folgen gibt es die dazu äquivalente ϵ-δ-Definition. Beide Definitionen sind

lokal, d. h. sie definieren die Stetigkeit einer Funktion in einer einzelnen Stelle $\hat{x}$.

Ein Funktion $f\colon D \to W$ heißt **Lipschitz-stetig,** wenn eine Konstante $L > 0$ mit der Eigenschaft

$$|f(x) - f(y)| \leq L\, |x - y| \quad \text{für alle } x, y \in D$$

existiert. Diese Eigenschaft ist *global,* d. h. sie gilt für den ganzen Definitionsbereich D. Insbesondere ist sie stärker als die Eigenschaft einer Funktion, auf ihrem ganzen Definitionsbereich stetig zu sein.

Wichtige Beispiele stetiger Funktionen sind Polynome. Auch rationale Funktionen sind auf ihrem gesamten Definitionsbereich stetig. Dies gilt ebenso für viele weitere Standardfunktionen, wie sie im Kapitel 11 über Potenzreihen eingeführt werden. Eine wichtige Operation ist ferner die **stetige Fortsetzung** von Funktionen über ihren Definitionsbereich hinaus.

Um Eigenschaften stetiger Funktionen zu beschreiben, müssen ihre Definitionsbereiche genauer klassifiziert werden. Hierzu definiert man **offene** und **abgeschlossene** Mengen und den **Rand** einer Menge. Abgeschlossene Mengen können z. B. darüber charakterisiert werden, dass sie die

Grenzwerte aller konvergenten Folgen aus ihren Elementen enthalten, dass sie ihren Rand enthalten oder dass sie mit ihrem **Abschluss** übereinstimmen. Eine offene Menge enthält mit jedem Punkt auch eine Umgebung dieses Punktes. Das Komplement jeder abgeschlossenen Menge ist offen und umgekehrt.

Über offene Mengen lässt sich auch Stetigkeit als globale Eigenschaft einer Funktion charakterisieren: Eine Funktion ist genau dann auf ihrem ganzen Definitionsbereich stetig, wenn das Urbild jeder offenen Menge wieder offen ist. Diese Aussage wird in der Topologie als Definition stetiger Abbildungen zwischen sogenannten *topologischen Räumen* genutzt.

Ist eine Menge beschränkt und abgeschlossen, so nennt man sie **kompakt.** Eine wichtige Charakterisierung kompakter Mengen ergibt sich aus dem Vollständigkeitsaxiom für $\mathbb{R}$ bzw. $\mathbb{C}$:

> ### Bolzano-Weierstraß-Charakterisierung kompakter Mengen
>
> Eine Teilmenge $K \subseteq \mathbb{K}$ ist genau dann kompakt, wenn jede Folge von Elementen aus K eine Teilfolge besitzt, die gegen einen Punkt aus K konvergiert.

Die Bilder von kompakten Mengen unter stetigen Funktionen sind wieder kompakt. Eine auf einer kompakten Menge definierte stetige Funktion ist auch immer **gleichmäßig stetig.** Da kompakte Teilmengen von $\mathbb{R}$ stets ihr Maximum und ihr Minimum enthalten, erhalten wir eine zentrale Aussage über stetige reellwertige Funktionen mit kompaktem Definitionsbereich.

> ### Existenzsatz für globale Extrema
>
> (K. Weierstraß, 1861)
>
> Ist $K \subseteq \mathbb{K}$ kompakt und nichtleer, so besitzt jede stetige Funktion $f \colon K \to \mathbb{R}$ ein globales Maximum und ein globales Minimum.

Eine weitere zentrale Aussage über stetige reellwertige Funktionen ist der Zwischenwertsatz oder der dazu äquivalente Nullstellensatz. Hier muss der Definitionsbereich der Funktion ein Intervall sein.

> ### Zwischenwertsatz von Bolzano
>
> Ist $f \colon [a, b] \to \mathbb{R}$ eine stetige Funktion mit Minimum $f(x^-)$ und Maximum $f(x^+)$, so gibt es für jedes $y \in [f(x^-), f(x^+)]$ eine Zahl $\hat{x} \in [a, b]$ mit
>
> $$f(\hat{x}) = y.$$

Der Zwischenwertsatz ist ein wichtiges Werkzeug der Analysis zur Herleitung von Existenzaussagen: Es gibt eine Nullstelle, aber wir erhalten keine Information über deren Lage. Es ergeben sich zahlreiche bedeutende Folgerungen. Eine sehr bekannte davon sichert die Existenz von Nullstellen von Polynomen über $\mathbb{C}$.

> ### Fundamentalsatz der Algebra
>
> Jedes Polynom $p \colon \mathbb{C} \to \mathbb{C}$ vom Grad $n \geq 1$ besitzt mindestens eine Nullstelle.

Aufgaben

Die Aufgaben gliedern sich in drei Kategorien: Anhand der *Verständnisfragen* können Sie prüfen, ob Sie die Begriffe und zentralen Aussagen verstanden haben, mit den *Rechenaufgaben* üben Sie Ihre technischen Fertigkeiten und die *Beweisaufgaben* geben Ihnen Gelegenheit, zu lernen, wie man Beweise findet und führt.

Ein Punktesystem unterscheidet leichte Aufgaben •, mittelschwere •• und anspruchsvolle ••• Aufgaben. Lösungshinweise am Ende des Buches helfen Ihnen, falls Sie bei einer Aufgabe partout nicht weiterkommen. Dort finden Sie auch die Lösungen – betrügen Sie sich aber nicht selbst und schlagen Sie erst nach, wenn Sie selber zu einer Lösung gekommen sind. Ausführliche Lösungswege stehen auf der Website des Verlags zur Verfügung.

Viel Spaß und Erfolg bei den Aufgaben!

Verständnisfragen

9.1 • Bestimmen Sie jeweils den größtmöglichen Definitionsbereich $D \subseteq \mathbb{R}$ und das zugehörige Bild der Funktionen $f \colon D \to \mathbb{R}$ mit den folgenden Abbildungsvorschriften:

(a) $\quad f(x) = \dfrac{x + \frac{1}{x}}{x}$ (b) $\quad f(x) = \dfrac{x^2 + 3x + 2}{x^2 + x - 2}$

(c) $\quad f(x) = \dfrac{1}{x^4 - 2x^2 + 1}$ (d) $\quad f(x) = \sqrt{x^2 - 2x - 1}$

9.2 • Welche der folgenden Funktionen $f \colon [0, 1] \to [0, 1]$ sind streng monoton, injektiv, surjektiv?

(a) $\quad f(x) = \begin{cases} \dfrac{x - 1 + x^2 - x^3}{x - 1}, & x \in [0, 1), \\ 1, & x = 1, \end{cases}$

(b) $\quad f(x) = \begin{cases} \dfrac{x}{4}, & x < \dfrac{x}{2}, \\ \dfrac{3x}{2} - \dfrac{1}{2}, & x \geq \dfrac{1}{2}, \end{cases}$

(c) $\quad f(x) = \dfrac{1 - x}{2x + 1}.$

9.3 • Formulieren Sie mithilfe der ε-δ-Definition der Stetigkeit die Aussage, dass eine Funktion $f: D \to W$ im Punkt $x_0 \in D$ nicht stetig ist.

9.4 • Welche stetigen Funktionen $f: \mathbb{R} \to \mathbb{R}$ erfüllen die Funktionalgleichung

$$f(x + y) = f(x) + f(y), \qquad x, y \in \mathbb{R} ?$$

9.5 •• Welche der folgenden Teilmengen von $\mathbb{C}$ sind beschränkt, abgeschlossen und/oder kompakt?

(a) $\{z \in \mathbb{C} \mid |z - 2| \leq 2 \text{ und } \mathrm{Re}(z) + \mathrm{Im}(z) \geq 1\}$

(b) $\{z \in \mathbb{C} \mid |z|^2 + 1 \geq 2\,\mathrm{Im}(z)\}$

(c) $\{z \in \mathbb{C} \mid 1 > \mathrm{Im}(z) \geq -1\}$
$\qquad \cap \{z \in \mathbb{C} \mid \mathrm{Re}(z) + \mathrm{Im}(z) \leq 0\}$
$\qquad \cap \{z \in \mathbb{C} \mid \mathrm{Re}(z) - \mathrm{Im}(z) \geq 0\}$

(d) $\{z \in \mathbb{C} \mid |z + 2| \leq 2\} \cap \{z \in \mathbb{C} \mid |z - \mathrm{i}| < 1\}$

9.6 • Welche der folgenden Aussagen über eine Funktion $f: (a, b) \to \mathbb{R}$ sind richtig, welche sind falsch.

(a) f ist stetig, falls für jedes $\hat{x} \in (a, b)$ der linksseitige Grenzwert $\lim\limits_{x \to \hat{x}-} f(x)$ mit dem rechtsseitigen Grenzwert $\lim\limits_{x \to \hat{x}+} f(x)$ übereinstimmt.

(b) f ist stetig, falls für jedes $\hat{x} \in (a, b)$ der Grenzwert $\lim\limits_{x \to \hat{x}} f(x)$ existiert.

(c) Falls f stetig ist, ist f auch beschränkt.

(d) Falls f stetig ist und eine Nullstelle besitzt, aber nicht die Nullfunktion ist, dann gibt es Stellen $x_1, x_2 \in (a, b)$ mit $f(x_1) < 0$ und $f(x_2) > 0$.

(e) Falls f stetig und monoton ist, wird jeder Wert aus dem Bild von f an genau einer Stelle angenommen.

9.7 • Wie muss jeweils der Parameter $c \in \mathbb{R}$ gewählt werden, damit die folgenden Funktionen $f: D \to \mathbb{R}$ stetig sind?

(a) $D = [-1, 1], \quad f(x) = \begin{cases} \dfrac{x^2 + 2x - 3}{x^2 + x - 2}, & x \neq 1 \\ c, & x = 1 \end{cases}$

(b) $D = (0, 1], \quad f(x) = \begin{cases} \dfrac{x^3 - 2x^2 - 5x + 6}{x^3 - x}, & x \neq 1 \\ c, & x = 1 \end{cases}$

9.8 •• Gegeben ist eine Funktion $f: [a, b] \to \mathbb{R}$ mit der folgenden Zwischenwerteigenschaft: Sind $y_1, y_2 \in f([a, b])$, so ist $y \in f([a, b])$ für jedes y zwischen y_1 und y_2. Ist f notwendigerweise stetig?

9.9 •• Gegeben ist eine Funktion $f: [0, 1] \to \mathbb{R}$ durch die Abbildungsvorschrift

$$f(x) = \begin{cases} \dfrac{1}{q}, & x = \dfrac{p}{q}, \ p, q \in \mathbb{N} \text{ teilerfremd}, \\ 0, & \text{sonst.} \end{cases}$$

In welchen Punkten ist f stetig?

Rechenaufgaben

9.10 • Berechnen Sie die folgenden Grenzwerte:

(a) $\lim\limits_{x \to 2} \dfrac{x^4 - 2x^3 - 7x^2 + 20x - 12}{x^4 - 6x^3 + 9x^2 + 4x - 12}$

(b) $\lim\limits_{x \to \infty} \dfrac{2x - 3}{x - 1}$

(c) $\lim\limits_{x \to \infty} \left(\sqrt{x + 1} - \sqrt{x} \right)$

(d) $\lim\limits_{x \to 0} \left(\dfrac{1}{x} - \dfrac{1}{x^2} \right)$

9.11 •• Verwenden Sie die ε-δ-Formulierung der Stetigkeit, um zu zeigen, dass die folgenden Funktionen stetig sind. Ist eine von ihnen gleichmäßig stetig?

(a) $f(x) = \dfrac{1}{x^2 - x - 2}, \qquad x \in (0, 1)$

(b) $g(x) = \dfrac{x^2 - 2}{x + 1}, \qquad x > 2$

9.12 •• Bestimmen Sie die globalen Extrema der folgenden Funktionen.

(a) $f: [-2, 2] \to \mathbb{R}$ mit $f(x) = 1 - 2x - x^2$

(b) $f: \mathbb{R} \to \mathbb{R}$ mit $f(x) = x^4 - 4x^3 + 8x^2 - 8x + 4$

9.13 ••• Auf der Menge $M = \{z \in \mathbb{C} \mid |z| \leq 2\}$ ist die Funktion $f: \mathbb{C} \to \mathbb{R}$ mit

$$f(z) = \mathrm{Re}\,[(3 + 4\mathrm{i})z]$$

definiert.

(a) Untersuchen Sie die Menge M auf Offenheit, Abgeschlossenheit, Kompaktheit.

(b) Begründen Sie, dass f globale Extrema besitzt und bestimmen Sie diese.

9.14 • Zeigen Sie, dass das Polynom

$$p(x) = x^5 - 9x^4 - \dfrac{82}{9}x^3 + 82x^2 + x - 9$$

auf dem Intervall $[-1, 4]$ genau drei Nullstellen besitzt.

9.15 •• Betrachten Sie die beiden Funktionen f, $g: \mathbb{R} \to \mathbb{R}$ mit

$$f(x) = \begin{cases} 4 - x^2, & x \leq 2, \\ 4x^2 - 24x + 36, & x > 2 \end{cases}$$

und

$$g(x) = x + 1.$$

Zeigen Sie, dass die Graphen der Funktionen mindestens vier Schnittpunkte haben.

Beweisaufgaben

9.16 • Gegeben sind zwei stetige Funktionen f, $g: \mathbb{R} \to \mathbb{C}$ mit $f(x) = g(x)$ für alle $x \in \mathbb{Q}$. Zeigen Sie $f(x) = g(x)$ für alle $x \in \mathbb{R}$.

9.17 ••• Sei $D \subseteq \mathbb{C}$.

(a) Zeigen Sie: Sind $f_1, \dots, f_n : D \to \mathbb{R}$ stetig, so ist auch g mit

$$g(x) = \max_{j=1,\dots,n} f_j(x), \qquad x \in D,$$

stetig.

(b) Es seien $f_j : D \to \mathbb{R}$, $j \in \mathbb{N}$ stetig, und es existiere die Funktion g, die durch

$$g(x) = \sup_{j \in \mathbb{N}} f_j(x), \qquad x \in D,$$

definiert ist. Zeigen Sie durch ein Gegenbeispiel, dass g nicht stetig sein muss.

9.18 •• Gegeben ist eine stetige Funktion $f : [0, 1] \to \mathbb{R}$ mit $f(0) = f(1)$. Zeigen Sie: Für jedes $n \in \mathbb{N}$ gibt es ein $\hat{x} \in [0, (n-1)/n]$ mit $f(\hat{x}) = f(\hat{x} + \frac{1}{n})$.

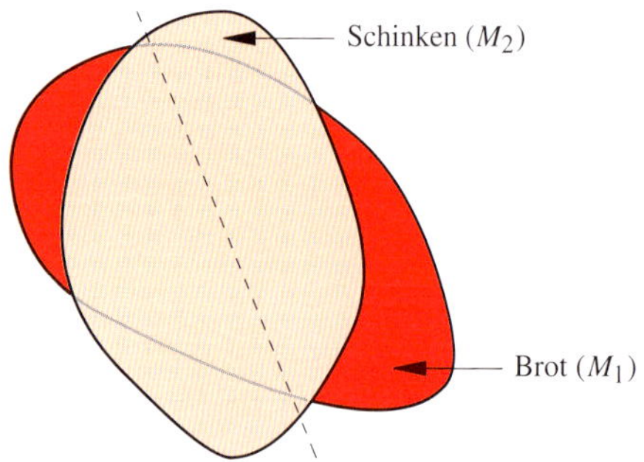

Abbildung 9.32 Wie teilt man ein Schinkenbrot gerecht in zwei Teile?

9.19 ••• Auf einer Scheibe Brot liegt eine Scheibe Schinken, wobei die beiden nicht deckungsgleich sein müssen (Abb. 9.32). Zeigen Sie, dass man mit einem Messer das Schinkenbrot durch einen geraden Schnitt fair teilen kann, d. h., beide Hälften bestehen aus gleich viel Brot und Schinken. Machen Sie zur Lösung geeignete Annahmen über stetige Abhängigkeiten.

9.20 •• Zeigen Sie: Eine Teilmenge von $\mathbb{R}$ mit leerem Rand ist entweder die leere Menge oder ganz $\mathbb{R}$.

9.21 •• Es soll gezeigt werden, dass ein abgeschlossenes Intervall $[a, b]$ die Heine-Borel-Eigenschaft besitzt. Gegeben ist ein System U von offenen Mengen mit

$$[a, b] \subseteq \bigcup_{V \in U} V \,.$$

Man sagt, die Elemente V von U überdecken $[a, b]$. Betrachten Sie die Menge

$$M = \{x \in [a, b] \mid [a, x] \text{ wird durch}$$
$$\text{endlich viele } V \text{ aus } U \text{ überdeckt.}\} \,.$$

Zeigen Sie:

(a) M besitzt ein Supremum.
(b) Das Supremum von M ist gleich b.

9.22 • Gegeben ist eine stetige Funktion $f : [a, b] \to \mathbb{R}$. Für alle $x \in (a, b)$ soll es ein $y \in (x, b]$ geben mit $f(y) > f(x)$. Für a soll dies nicht gelten. Zeigen Sie, dass $f(x) \leq f(b)$ für alle $x \in (a, b)$ gilt, sowie $f(a) = f(b)$.

In der englischen Literatur wird diese Aussage auch als *Rising Sun Lemma* bezeichnet. Den Grund für diesen Namen gibt die Abbildung 9.33 wieder.

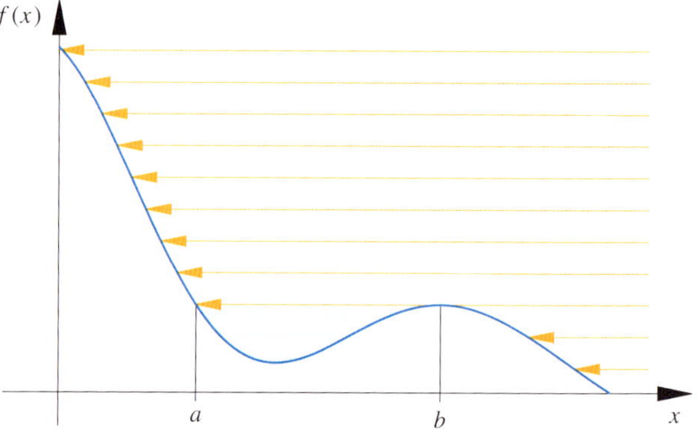

Abbildung 9.33 Die Voraussetzungen des Rising-Sun-Lemmas charakterisieren Intervalle, auf denen der Graph der Funktion nicht von den Strahlen der im Unendlichen aufgehenden Sonne getroffen wird.

9.23 • Zeigen Sie: Jedes Polynom ungeraden Grades mit reellen Koeffizienten hat mindestens eine reelle Nullstelle.

Antworten der Selbstfragen

S. 310

Man kann die Entwicklung durch Polynomdivisionen mit Rest durch $x - 2$ bestimmen:

$$x^3 - 6x^2 + 12x - 7 = (x - 2)(x^2 - 4x + 4) + 1 \,,$$
$$x^2 - 4x + 4 = (x - 2)(x - 2) \,.$$

Also ist

$$p(x) = (x - 2)^3 + 1 \,.$$

Der Graph geht also aus dem Graphen von $f(x) = x^3$ durch Translation um 2 nach rechts und 1 nach oben hervor.

Dies ist ein typisches Beispiel dafür, dass sich aus der Entwicklung um ein geeignetes $\hat{x}$ viele nützliche Informationen über ein Polynom einfach gewinnen lassen.

S. 307

Mit $g(x) = \sqrt[3]{2}(x - 2)$ und der Komposition $h = f \circ g$ wird die gewünschte Änderung erreicht. Es handelt sich insgesamt um eine Translation um 2 Einheiten nach Rechts und eine Streckung des Graphen um den Faktor 2.

S. 309

$y = f(x)$: In jedem Punkt, außer denen mit senkrechter Tangente und dem Ursprung.

$x = g(y)$: In jedem Punkt, außer denen mit horizontaler Tangente und dem Ursprung.

S. 311

Etwa $f \colon [0, 1] \to \mathbb{R}$, $g \colon [-1, 0] \to \mathbb{R}$ mit $f(x) = x^2$, $g(x) = x^2$.

S. 315

Ist f eine auf D definierte Funktion, so besagt die Existenz der rechten Seite, dass $\hat{x} \in D$ liegt und diese rechte Seite gleich $f(\hat{x})$ ist. Existiert Grenzwert links und ist $\hat{x} \in D$, so ist dieser definitionsgemäß ebenfalls gleich $f(\hat{x})$.

S. 315

Alle Kombinationen sind erlaubt. Es gelte z. B. die Definition mit $\leq$ in den Ungleichungen. Wir geben $\varepsilon > 0$ vor. Dann existiert ein δ mit $|f(x) - f(\hat{x})| \leq \varepsilon/2$ für alle $|x - \hat{x}| \leq \delta$. Dann gilt erst recht $|f(x) - f(\hat{x})| \leq \varepsilon/2$ für alle $|x - \hat{x}| < \delta$. Da $\varepsilon/2 < \varepsilon$ für jedes $\varepsilon > 0$ ist, folgt die Aussage mit echten Ungleichungen.

Ganz analog zeigt man die Äquivalenz für alle anderen Kombinationen der Ungleichungszeichen.

S. 319

Versieht man den Vektorraum $C(D)$ noch mit der Multiplikation $(fg)(x) = f(x)g(x)$, so handelt es sich um einen Ring. Hat f keine Nullstellen, so ist $1/f$ eine multiplikative Inverse zu f, aber es existiert kein inverses Element, falls f Nullstellen besitzt. Somit ist $C(D)$ kein Körper, wenn D aus mehr als einem Element besteht.

S. 323

$\partial U_r(a) = \{z \in \mathbb{C} \mid |z - a| = r\}$ enthält keinen Punkt, der in $U_r(a)$ enthalten ist, da der Abstand alle Elemente aus $U_r(a)$ echt kleiner r ist.

S. 323

Die leere Menge hat keine Elemente, also kann man auch keine konvergente Folgen aus ihr auswählen. Somit hat jede konvergente Folge aus der leeren Menge jede beliebige Eigenschaft.

S. 323

In einer endlichen Menge sind die Glieder einer konvergente Folge ab einem bestimmten Index konstant gleich dem Grenzwert. Da die Folgenglieder alle Elemente der Menge sind, ist es auch der Grenzwert.

Die Elemente von $\mathbb{Z}$ bzw. $\mathbb{Z} + \mathbb{Z}i$ haben paarweise mindestens den Abstand 1 voneinander. Also kann man die konvergenten Folgen genau wie im Fall einer endlichen Teilmenge von $\mathbb{R}$ oder $\mathbb{C}$ charakterisieren.

S. 324

Sei (x_k) eine konvergente Folge aus $\overline{M}$, $x = \lim_{k \to \infty} x_k$. Zu jedem x_k gibt es dann eine Folge aus M, die gegen x_k konvergiert. Insbesondere existiert ein $y_k \in M$ mit $|x_k - y_k| < 1/k$. Somit ist $|x - y_k| \leq |x - x_k| + 1/k \to 0 (k \to \infty)$. Also ist x Grenzwert der Folge (y_k) aus M und somit ein Element von $\overline{M}$.

S. 325

Aus Intervallen werden Flächen.

S. 326

Beispielsweise diese Intervalle: $D = (0, 1)$ und $D = [0, 1] \cup [2, 3]$.

S. 326

Aufgrund der Charakterisierung des Randes einer Menge mit dem Abschluss (Seite 324) ist

$$\partial \emptyset = \partial \mathbb{R} = \overline{\emptyset} \cap \overline{\mathbb{R}}.$$

Der Abschluss der leeren Menge ist aber die leere Menge, da man keine konvergenten Folgen aus ihr auswählen kann und sie ergo auch keine Grenzwerte solcher Folgen enthält. Es folgt $\partial \emptyset = \partial \mathbb{R} = \emptyset$.

In einer Beweisaufgabe zu diesem Kapitel ist zu zeigen, dass $\emptyset$ und $\mathbb{R}$ sogar die einzigen Teilmengen von $\mathbb{R}$ mit leerem Rand sind.

S. 327

Es ist

$$\bigcap_{n=1}^{\infty} \left(-\frac{1}{n}, \frac{1}{n}\right) = \{0\},$$

und die Menge $\{0\}$ ist nicht offen. Außerdem gilt:

$$\bigcup_{n=1}^{\infty} \left[\frac{1}{n+1}, \frac{1}{n}\right] = (0, 1],$$

und die Menge $(0, 1]$ ist nicht abgeschlossen.

S. 327

1) Eine endliche Vereinigung abgeschlossener Mengen ist abgeschlossen, und wählen wir zu jeder Ausgangsmenge eine Schranke, beschränkt deren (wegen Endlichkeit existentes) Maximum die Vereinigung. 2) Der Durchschnitt beliebig vieler abgeschlossener Mengen ist abgeschlossen, und die

Schranke einer beliebigen Ausgangsmenge beschränkt den Durchschnitt. 3) Als Durchschnitt zweier abgeschlossener Mengen ist $A \cap K$ abgeschlossen, und als Teilmenge der beschränkten Menge K ist $A \cap K$ beschränkt.

S. 330

Die Implikation 2. $\Rightarrow$ 3. ergibt sich folgendermaßen: Ist $B \subseteq \mathbb{K}$ abgeschlossen, so ist $V = \mathbb{K} \setminus B$ offen. Mit 2. erhalten wir:

$$f^{-1}(V) = f^{-1}(\mathbb{K} \setminus B) = D \setminus f^{-1}(B) \quad \text{ist } D - \text{offen.}$$

Damit ist $f^{-1}(B)$ D-abgeschlossen.

Die Implikation 3. $\Rightarrow$ 2. geht genauso.

S. 331

Nicht stetig:

$$f(x) = \begin{cases} x, & -1 \le x \le 0, \\ 1 - x, & 0 < x \le 1 \end{cases}$$

nimmt Maximum 1 nicht an.

Nicht kompaktes D: $f(x) = x^2$ auf $(-1, 1)$ nimmt Maximum 1 nicht an.

S. 334

- Funktion mit einem Sprung.
- $f: (-1, 1) \to \mathbb{R}$, $f(x) = x$. Die Randpunkte $y = -1$ bzw. $y = 1$ werden nicht angenommen.
- $f: [-2, 0] \cup [1, 2] \to \mathbb{R}$, $f(x) = x$. Der Wert $y = 1/2$ zwischen -2 und 2 wird nicht angenommen.

Reihen – Summieren bis zum Letzten

Schon wieder Achilles und die Schildkröte?

Wie definiert man eine Summe mit unendlich vielen Summanden?

Was ändert eine Umordnung der Reihenglieder?

Was besagt das Quotientenkriterium?

© Springer-Verlag GmbH Deutschland, ein Teil von Springer Nature 2022
T. Arens et al., *Grundwissen Mathematikstudium*,
https://doi.org/10.1007/978-3-662-63313-7_10

In diesem Kapitel kehren wir wieder zu den Folgen zurück. Allerdings werden wir uns nun mit einer Klasse von Folgen beschäftigen, bei denen die Folgenglieder als Summen dargestellt werden. Solche Objekte nennt man *Reihen*.

Man stößt bei mathematischen Betrachtungen, aber auch in Anwendungen, auf ganz natürliche Art und Weise auf Reihen: Die Dezimaldarstellung der reellen Zahlen kann man als eine Reihe auffassen. Ein Beispiel wird die korrekte Austarierung eines Mobiles betreffen. Und schließlich werden wir es in vielen der folgenden Kapitel zur Analysis mit Reihen zu tun bekommen, sei es bei der Darstellung von Standardfunktionen wie Sinus, Kosinus und der Exponentialfunktion oder bei der Definition von Integralen.

Im Gegensatz zu den meisten Beispielen, die wir im Kapitel über Folgen kennengelernt haben, ist es bei typischen Beispielen für Reihen oft sehr schwierig, den Grenzwert tatsächlich zu bestimmen. Aber es gibt ausgefeilte Werkzeuge, sogenannte *Konvergenzkriterien*, um festzustellen, ob eine Reihe konvergiert oder divergiert.

Die historische Schreibweise für Reihen ist die als eine Summe mit unendlich vielen Summanden. Diese Notation ist gleichermaßen praktisch wie verwirrend, suggeriert sie doch eine Analogie zwischen Summen und Reihen. Allerdings gibt es entscheidende Unterschiede. Zum Beispiel darf die Reihenfolge der Glieder bei einer Reihe im Gegensatz zu einer Summe im Allgemeinen nicht vertauscht werden. Eine Ausnahme von dieser Regel bilden die *absolut konvergenten Reihen*. Solchen Reihen begegnet man in Gestalt von *Potenzreihen*, die das Thema des Kapitels 11 bilden, sehr häufig. Da sie ein wesentliches Hilfsmittel zur Darstellung vieler Funktionen sind, bilden sie einen zentralen Bestandteil des Fundaments der Analysis.

10.1 Motivation und Definition

Viele Probleme scheinen auf das Summieren unendlich vieler Zahlen hinauszulaufen

Wir hatten es bereits mit Aufgabenstellungen zu tun, bei denen es darum ging, eine unendlich große Menge von Zahlen aufzusummieren. Das Paradoxon über den Wettlauf von Achilles und der Schildkröte in Abschnitt 8.2 ist ein Beispiel dafür, das sich auch noch in verschiedener Art und Weise variieren lässt:

Beispiel

- Nach dem Wettkampf mit der Schildkröte ist Achilles erschöpft, und das Laufen wird auf dem Weg nach Hause mit jedem Meter anstrengender. Während er in der ersten Minute noch einen Kilometer schafft, ist es in der zweiten Minute nur noch ein halber, in der dritten nur noch ein drittel, in der vierten gar nur noch ein viertel Kilometer. Wie weit kommt Achilles, wenn sein Tempo weiter in diesem

Maß nachlässt? Anders gefragt, wie viel ist

$$S = 1 + \frac{1}{2} + \frac{1}{3} + \frac{1}{4} + \frac{1}{5} + \ldots\,?$$

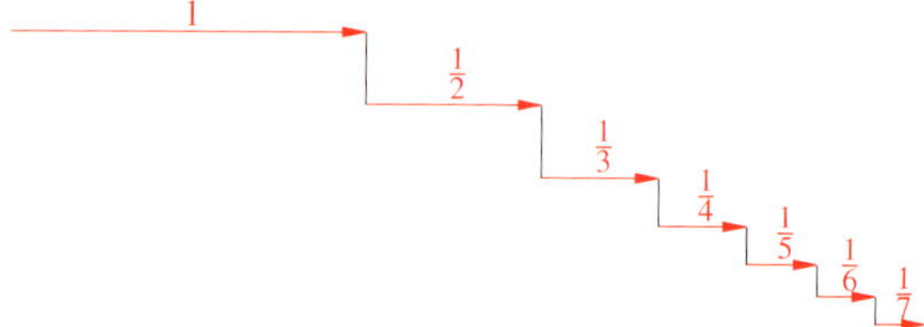

Abbildung 10.1 Grafische Darstellung von $1 + \frac{1}{2} + \frac{1}{3} + \frac{1}{4} + \frac{1}{5} + \cdots$

- Der Schildkröte geht es noch viel schlechter. Nicht nur lässt ihre Leistung im gleichen Maß nach wie die von Achilles, es ist auch ihr Orientierungssinn so beeinträchtigt, dass sie immer, nachdem sie eine Minute in eine Richtung marschiert ist, plötzlich kehrtmacht und in die genau entgegengesetzte Richtung aufbricht. Wie weit wird sie damit letztendlich kommen? Wiederum in Zahlen gegossen, wie viel ist

$$S' = 1 - \frac{1}{2} + \frac{1}{3} - \frac{1}{4} + \frac{1}{5} \mp \ldots\,?$$

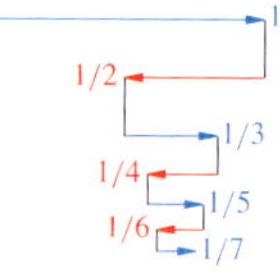

Abbildung 10.2 Grafische Darstellung von $1 - \frac{1}{2} + \frac{1}{3} - \frac{1}{4} + \frac{1}{5} \mp \cdots$ ◄

Derartige Fragestellungen haben uns in Kapitel 8 auf den Begriff der *Folge* und letztlich zu den Konzepten von *Konvergenz* und *Grenzwert* geführt. Folgen können ganz allgemeine Bildungsgesetze haben, während sich die obigen Beispiele dadurch auszeichnen, dass zu einem vorangegangenen Wert ständig Zahlen, manchmal eben auch negative, addiert werden.

Was spricht denn nun dagegen, mit „unendlichen Summen" der Art

$$S' = 1 - \frac{1}{2} + \frac{1}{3} - \frac{1}{4} + \frac{1}{5} - \frac{1}{6} \pm \ldots$$

genauso zu hantieren, wie mit bekannten endlichen Summen? Wir wollen zeigen, in welche Widersprüche man sich beim naiven Umgang mit solchen Konstrukten verstricken kann. Dazu addieren wir das $1/2$-fache von S' zu S':

$$
\begin{array}{lllllll}
S' = & 1 & -\frac{1}{2} & +\frac{1}{3} & -\frac{1}{4} & +\frac{1}{5} & -\frac{1}{6} & \pm\ldots\\[4pt]
\frac{1}{2}S' = & & \frac{1}{2} & & -\frac{1}{4} & & +\frac{1}{6} & \mp\ldots\\[2pt]
\hline
\frac{3}{2}S' = & 1 & & +\frac{1}{3} & -\frac{1}{2} & +\frac{1}{5} & & \pm\ldots
\end{array}
$$

Alle Summanden aus S' mit positivem Vorzeichen sind auch in der Summe unverändert. Die Summanden mit negativem Vorzeichen tauchen ebenfalls alle wieder auf, nur an anderen Stellen. Wir scheinen als Ergebnis der Addition wieder S' erhalten zu haben, denn alle Glieder der ursprünglichen Summe kommen, wenn auch in veränderter Reihenfolge, wieder vor. Damit erhielten wir

$$S' = \frac{3}{2} S'$$

und daher $S' = 0$. Das kann aber nicht sein, da

$$S' = 1 - \underbrace{\frac{1}{2}}_{=\frac{1}{2}} + \underbrace{\frac{1}{3} - \frac{1}{4}}_{>0} + \underbrace{\frac{1}{5} - \frac{1}{6}}_{>0} \pm \ldots > \frac{1}{2}$$

ist. Auch die Lösung Unendlich kommt nicht infrage, denn wir erhalten ja

$$S' = 1 \underbrace{- \frac{1}{2} + \frac{1}{3}}_{<0} \underbrace{- \frac{1}{4} + \frac{1}{5}}_{<0} \underbrace{- \frac{1}{6} + \frac{1}{7}}_{<0} \mp \ldots < 1.$$

Woher dieser Widerspruch kommt, werden wir in Abschnitt 10.3 aufklären.

Um die Arbeit mit unendlichen Summen auf eine solide Grundlage zu stellen, werden wir das Konzept der Reihen als Zahlenfolgen mit speziellen Bildungsgesetzen einführen. Über die Begriffe der Konvergenz und des Grenzwerts wird ein widerspruchsfreies Arbeiten möglich sein.

Reihen werden als spezielle Folgen definiert

Statt nun also mit unendlichen Summen zu arbeiten, werden wir Folgen endlicher Summen betrachten. Wir gehen dazu von einer beliebigen Folge (a_k) aus. Zu dieser Folge definieren wir die *Folge der Partialsummen* mittels

$$s_1 = a_1$$
$$s_2 = a_1 + a_2$$
$$s_3 = a_1 + a_2 + a_3$$
$$\vdots$$

Allgemein gilt also:

$$s_n = \sum_{k=1}^{n} a_k \, .$$

Die Folge (s_n) kann nun auf Konvergenz untersucht und möglicherweise ihr Grenzwert bestimmt werden.

> **Definition der Reihen**
>
> Für eine beliebige Zahlenfolge (a_k) aus $\mathbb{C}$ heißt die Folge (s_n) der **Partialsummen**
>
> $$s_n = \sum_{k=1}^{n} a_k$$
>
> eine **unendliche Reihe**. Konvergiert die Folge (s_n), so heißt auch die Reihe **konvergent**, andernfalls **divergent**. Konvergiert die Reihe, so schreibt man für den Grenzwert
>
> $$\sum_{k=1}^{\infty} a_k = \lim_{n \to \infty} s_n$$
>
> und nennt ihn den **Wert** der Reihe.

Für die Reihe selbst schreiben wir

$$\left(\sum_{k=1}^{n} a_k \right)^{\infty}_{n=1} \quad \text{oder kurz} \quad \left(\sum_{k=1}^{\infty} a_k \right).$$

Es ist allerdings in der Literatur auch üblich, sowohl die Reihe als auch, im Falle der Konvergenz, ihren Wert mit dem Symbol

$$\sum_{k=1}^{\infty} a_k$$

zu bezeichnen. Die a_k nennt man **Reihenglieder**.

Kommentar: Die Notation für Reihen und für den Reihenwert erinnert stark an die Vereinigung oder den Schnitt von abzählbar vielen Mengen:

$$\bigcup_{n=1}^{\infty} A_n \quad \text{bzw.} \quad \bigcap_{n=1}^{\infty} A_n \, .$$

Es handelt sich aber um mathematisch grundverschiedene Konstruktionen: Im Fall der Mengen kann zum Beispiel die Vereinigung mit Mitteln der elementaren Mengenlehre explizit geschrieben werden:

$$\bigcup_{n=1}^{\infty} A_n = \{ x \mid x \in A_n \text{ für ein } n \in \mathbb{N} \} \, .$$

Im Falle des Reihenwerts geht es um Grenzwerte. Der Umgang mit dem Ausdruck und sogar dessen Existenz ist hier an Bedingungen geknüpft.

Ob der Summationsindex der Reihe k oder anders heißt, spielt natürlich keine Rolle, und auch ob die Summation bei eins oder einer anderen ganzen Zahl beginnt, ändert nichts an der grundlegenden Definition – je nach Art der Summationsvorschrift aber oft den Wert der Reihen.

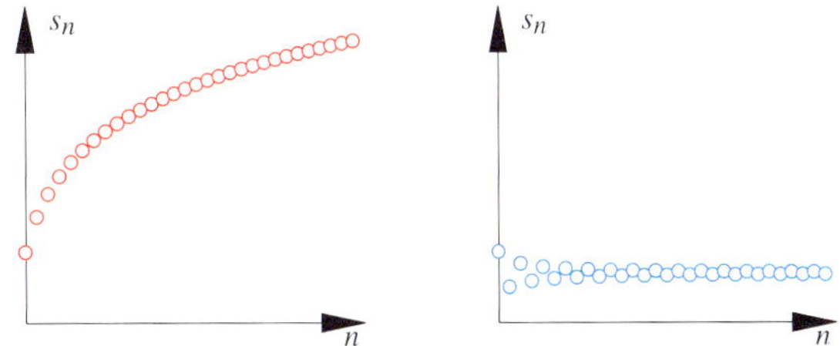

Abbildung 10.3 Die Visualisierung von Reihen erfolgt meist durch das Plotten der Folge der Partialsummen. Hier sind die beiden Reihen aus dem Beispiel von Seite 348 dargestellt.

Beispiel Betrachten wir den Fall

$$S'' = 1 - 1 + 1 - 1 + 1 - 1 \pm \ldots$$

im Lichte dieser Definition. Die zugrunde liegende Folge ist hier (a_k) mit $a_k = (-1)^{k+1}$, $k \in \mathbb{N}_0$. Für die Partialsummen erhalten wir

$$s_n = \begin{cases} 1 & \text{wenn } n \text{ ungerade,} \\ 0 & \text{wenn } n \text{ gerade.} \end{cases}$$

Von dieser Folge können wir sofort sagen, dass sie sicher nicht konvergiert. Damit besitzt die Reihe keinen Grenzwert und das Symbol

$$\sum_{n=0}^{\infty} (-1)^n$$

hat keine Bedeutung. $\left(\sum_{n=0}^{\infty}(-1)^n\right)$ ist eine divergente Reihe. ◄

Mathematisch gesehen gibt es keine Summen mit unendlich vielen Summanden, sondern eben Folgen von Partialsummen. Trotzdem wird die Schreibweise

$$\sum_{k=1}^{\infty} a_k = a_1 + a_2 + a_3 + \dots$$

häufig verwendet, und auch wir werden uns dieser Praxis manchmal anschließen. Sie ist als ein neues Symbol für den Grenzwert einer konvergenten Folge von Partialsummen zu sehen, sofern dieser existiert.

Manchen wichtigen Reihen begegnet man immer wieder

Bestimmte Typen von Reihen sind in der Mathematik und ihren Anwendungen von großer Bedeutung. Die wichtigsten werden wir nun kennenlernen und dabei auch gleich den Umgang mit Reihen üben.

Nehmen wir als erstes konkretes Beispiel die Reihe $\left(\sum_{k=0}^{\infty} \frac{1}{2^k}\right)$. Für endliche Summen von analoger Gestalt mit beliebigem $q \in \mathbb{C}$ gilt die geometrische Summenformel (siehe Seite 129)

$$\sum_{k=0}^{n} q^k = \frac{1 - q^{n+1}}{1 - q}.$$

Falls $|q| < 1$ ist, geht q^{n+1} gegen null für $n \to \infty$. Daher konvergiert in diesem Fall die entsprechende Reihe, und es gilt:

$$\sum_{k=0}^{\infty} q^k = \lim_{n\to\infty} \sum_{k=0}^{n} q^k = \lim_{n\to\infty} \frac{1 - q^{n+1}}{1 - q} = \frac{1}{1 - q}.$$

Für $|q| > 1$ ist der mit der geometrischen Summenformel gewonnene Ausdruck unbeschränkt. Für $|q| = 1$ erhält man die Divergenz der Reihe mit dem Nullfolgenkriterium (siehe Seite 353). Im Vorgriff darauf erhalten wir die folgende allgemeine Aussage.

> **Geometrische Reihe**
>
> Für $q \in \mathbb{C}$ mit $|q| < 1$ erhält man als Wert für die **geometrische Reihe**:
>
> $$\sum_{k=0}^{\infty} q^k = \frac{1}{1 - q}.$$
>
> Für $|q| \geq 1$ divergiert die Reihe.

Diese Formel wird uns in der gesamten Analysis in den unterschiedlichsten Zusammenhängen immer wieder begegnen. Für den Spezialfall $q = \frac{1}{2}$ ergibt sich

$$\sum_{k=0}^{\infty} \frac{1}{2^k} = \frac{1}{1 - \frac{1}{2}} = 2,$$

wie es auch die grafische Anschauung in der Abbildung 10.4 nahelegt.

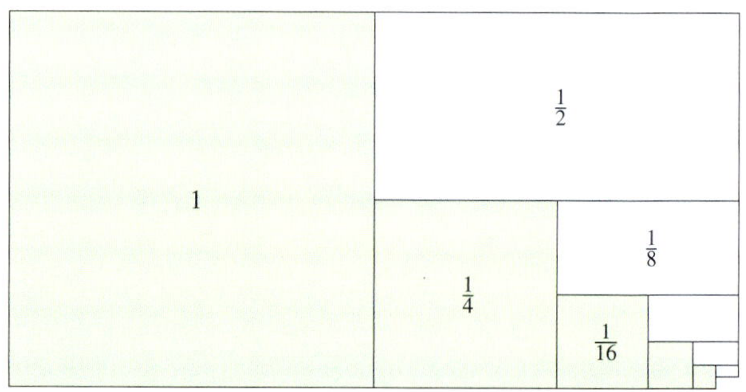

Abbildung 10.4 Grafische Darstellung des Werts einer geometrischen Reihe mit $q = 1/2$.

Für $|q| \geq 1$ divergiert die geometrische Folge (q^{n+1}) und damit auch die geometrische Reihe. Das Konvergenzverhalten der geometrischen Reihe wird in Abbildung 10.5 dargestellt.

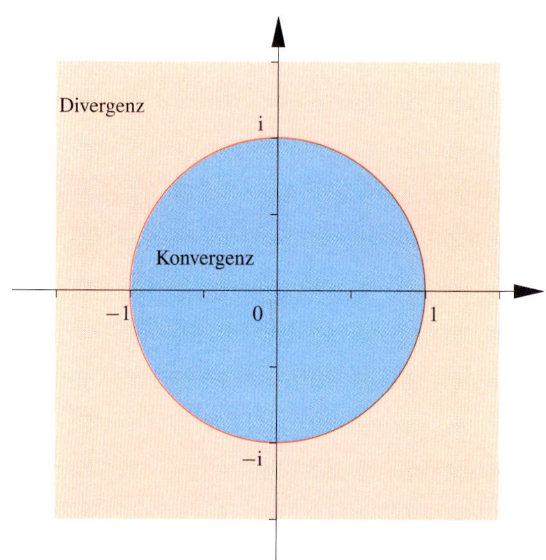

Abbildung 10.5 Konvergenzverhalten der geometrischen Reihe in der komplexen Ebene: Die Reihe konvergiert in $|q| < 1$ und divergiert für $|q| \geq 1$.

Aber auch für jede komplexe Zahl q mit Betrag kleiner als 1 kann der Reihenwert der geometrischen Reihe sofort bestimmt werden, so gilt etwa:

$$\sum_{n=0}^{\infty} \left(\frac{1 - 2\mathrm{i}}{3}\right)^n = \frac{1}{1 - \frac{1-2\mathrm{i}}{3}} = \frac{3}{2 + 2\mathrm{i}} = \frac{3}{4}(1 - \mathrm{i}).$$

Hintergrund und Ausblick: Wie baut man ein Mobile?

Mobiles sind sehr beliebte Dekorationsgegenstände, die man auch selbst aus verschiedensten Gegenständen basteln kann. Dies erfordert natürlich ein wenig handwerkliches Geschick und etwas Fingerspitzengefühl, aber auch die Mathematik kann hier weiterhelfen – zumindest bei manchen Typen von Mobiles.

Als Modell untersuchen wir ein Mobile aus (unendlich vielen) gleichartigen Stäben konstanter Massendichte, die untereinander hängen und bei gleichbleibender Dicke jeweils um einen konstanten Faktor q kürzer werden. Die Stäbe nummerieren wir beginnend bei null durch und bezeichnen die Hälfte ihrer Längen mit L_j, $j = 0, 1, 2, \ldots$ Es gilt dann:

$$L_n = L_0\, q^n, \qquad n \in \mathbb{N}_0 .$$

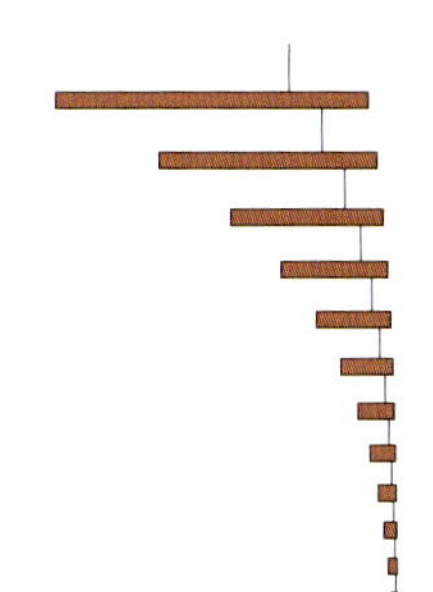

Wir betrachten nun den j-ten Stab der Länge $2L_j$ und beziehen unsere Positionsangaben x auf die Mitte des Stabes. Der nächste Stab ist mit einem dünnen Faden an einem Punkt $x = a$ mit $0 \leq a \leq L_j$ befestigt. Den Wert a kann man innerhalb der Grenzen frei wählen. Da an diesem Stab letztlich auch alle anderen hängen, greift an diesem Punkt das Gesamtgewicht aller verbleibenden Stäbe an.

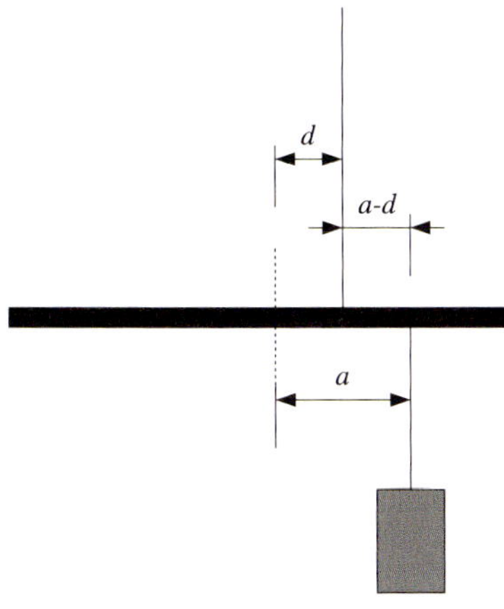

Damit das Mobile stabil hängen kann, muss es sich im *statischen Gleichgewicht* befinden, d. h., alle vertikal angreifenden Kräfte und Drehmomente müssen sich exakt kompensieren. Die Gewichtskräfte werden genau durch die Kräfte in den Fäden ausgeglichen (die natürlich tragfähig genug sein müssen).

Entscheidend ist nun, dass sich auch die Drehmomente genau kompensieren, also die Produkte aus Kraft mal Kraftarm. Im Aufhängepunkt $x = d$ des Stabes wirken zwei

Drehmomente: einerseits verursacht durch die Gewichtskraft des Stabes selbst, die in unserer Skizze gegen den Uhrzeigersinn drehen würde, andererseits durch die Gewichtskraft aller darunter hängenden Stäbe, die im Uhrzeigersinn dreht.

Für das erste Moment erhalten wir $g\, d\, M_j$, wobei M_j die Gesamtmasse des j-ten Stabes ist, die wir uns am Schwerpunkt $x = 0$ vereinigt denken können. g ist dabei die Erdbeschleunigung. Das zweite Moment ist $g\,(a - d)\sum_{n=j+1}^{\infty} M_n$.

Da wir Stäbe mit konstanter Massendichte ρ betrachten, erhalten wir für die Gleichgewichtsbedingung

$$g\, d\, \rho\, 2L_j = g\,(a - d)\rho \sum_{n=j+1}^{\infty} L_n .$$

Diese Länge können wir aber sofort bestimmen:

$$\sum_{n=j+1}^{\infty} L_n = \sum_{n=j+1}^{\infty} 2L_0\, q^n = 2\,L_0\, q^{j+1} \sum_{n=0}^{\infty} q^n$$

$$= 2L_j\, \frac{q}{1 - q} .$$

Damit ergibt sich:

$$d\, \rho\, 2L_j = (a - d)\, \rho\, 2L_j\, \frac{q}{1 - q} .$$

Kürzen und Umformen liefert

$$d \cdot \left(1 + \frac{q}{1 - q}\right) = a \cdot \frac{q}{1 - q}$$

$$d \cdot \frac{1}{1 - q} = a \cdot \frac{q}{1 - q}$$

$$d = q\, a .$$

Die Abstände der Aufhängepunkte zum Schwerpunkt stehen also im gleichen Verhältnis zueinander wie die Längen der Stäbe. Im Grenzfall $q = 1$ würden die beiden Punkte zusammenfallen – aber für diese Situation gilt unsere Herleitung nicht mehr, die ja von der Summenformel für geometrische Reihen Gebrauch macht.

Völlig vernachlässigt hatten wir in unseren Überlegungen die Masse der Fäden. Um weiter mit geometrischen Reihen arbeiten zu können, sollen auch die Fäden im gleichen Verhältnis wie die Stäbe kürzer werden.

Unser Modell kann man natürlich auch auf zwei- und dreidimensionale Objekte ausdehnen. Dabei wird die Bestimmung des Schwerpunkts komplizierter, und es müssen sich mehr Drehmomente ausgleichen. Im Prinzip kann man aber wieder auf analoge Weise die Aufhängepunkte bestimmen.

Eine reelle Zahl lässt sich als Dezimalzahl schreiben

Im Kapitel 4 haben wir schon die Dezimalschreibweise für natürliche Zahlen kennengelernt. Wir wollen diese jetzt mit Hilfe von Reihen auf beliebige reelle Zahlen erweitern. Da wir auf die Darstellung natürlicher Zahlen zurückgreifen können, reicht es aus, das Intervall $[0, 1]$ zu betrachten.

Unter einer Dezimaldarstellung einer Zahl $x \in [0, 1]$ verstehen wir eine Reihe

$$ x = \sum_{n=1}^{\infty} a_n \left(\frac{1}{10} \right)^n $$

mit $a_n \in \{0, \ldots, 9\}$, $n \in \mathbb{N}$. Zunächst halten wir fest, dass jede Reihe dieser Form konvergiert (siehe Aufgabe 10.15).

Allerdings stellt man fest, dass die Dezimaldarstellung in dieser Allgemeinheit nicht eindeutig ist. Offensichtlich ist

$$ \frac{1}{2} = 0.5 = 0.500\,000\,000\,000 \ldots $$

Andererseits erhält man aber auch:

$$
\begin{aligned}
0.499\,999\,99 \ldots &= \frac{4}{10} + \frac{9}{100} + \frac{9}{1\,000} + \frac{9}{10\,000} + \ldots \\
&= \frac{4}{10} + \frac{9}{100} \cdot \left(1 + \frac{1}{10} + \frac{1}{100} + \ldots \right) \\
&= \frac{4}{10} + \frac{9}{100} \cdot \sum_{k=0}^{\infty} \left(\frac{1}{10} \right)^k \\
&= \frac{4}{10} + \frac{9}{100} \cdot \frac{1}{1 - \frac{1}{10}} \\
&= \frac{4}{10} + \frac{9}{100} \cdot \frac{10}{9} = \frac{5}{10} = \frac{1}{2}
\end{aligned}
$$

Man hat also zwei unterschiedliche Dezimaldarstellungen derselben Zahl gefunden.

Wir wollen daher eine Vorschrift angeben, die einerseits eine eindeutige Darstellung garantiert, mit der sich aber andererseits auch nachweisen lässt, dass es für jede reelle Zahl aus $[0, 1]$ tatsächlich eine Dezimaldarstellung gibt. Dies geht folgendermaßen:

- Ist $x = 0$, so setze $a_n = 0$ für alle $n \in \mathbb{N}$.
- Ist $x > 0$, so wähle a_N rekursiv jeweils so, dass

$$ a_N = \max \left\{ a \in \{0, \ldots, 9\} \mid \right. $$

$$ \left. \sum_{n=1}^{N-1} a_n \left(\frac{1}{10} \right)^n + a \left(\frac{1}{10} \right)^N < x \right\} $$

Die Abbildung $x \mapsto (a_n)_n$ ist somit wohldefiniert, d. h. die Dezimaldarstellung zu jedem x ist eindeutig. Wir müssen noch zeigen, dass mit obiger Konstruktion

$$ x = \sum_{n=1}^{\infty} a_n \left(\frac{1}{10} \right)^n $$

gilt. Für $x = 0$ ist dies offensichtlich. Nach der Konstruktion der a_n für $x > 0$ gilt für alle $N \in \mathbb{N}$

$$ a_N \left(\frac{1}{10} \right)^N < x - \sum_{n=1}^{N-1} a_n \left(\frac{1}{10} \right)^n \leq (a_N + 1) \left(\frac{1}{10} \right)^N . $$

Somit folgt

$$ 0 < x - \sum_{n=1}^{N} a_n \left(\frac{1}{10} \right)^n \leq \left(\frac{1}{10} \right)^N , \qquad N \in \mathbb{N} . $$

Da die obere Schranke gegen null geht, bedeutet dies die Konvergenz der Reihe gegen x.

Die Zahl 10 im Nenner bei diesen Überlegungen führt zwar auf die wohlbekannte Dezimaldarstellung, ist aber willkürlich gewählt. Wie auch bei der Darstellung der natürlichen Zahlen können wir stattdessen eine beliebige Zahl $g \in \mathbb{N}_{\geq 2}$ verwenden und die Überlegung funktioniert analog.

g-adische Entwicklung der reellen Zahlen

Gegeben sei $g \in \mathbb{N}_{\geq 2}$. Zu jeder reellen Zahl $x \in [0, 1]$ gibt es eine eindeutig bestimmte Folge (a_n) aus $\{0, \ldots, g-1\}$ mit

$$ x = \sum_{n=1}^{\infty} a_n \, g^{-n} $$

mit

$$ x > \sum_{n=1}^{N} a_n \, g^{-n} , \quad N \in \mathbb{N}, \text{ für } x > 0 $$

und $a_n = 0$, $n \in \mathbb{N}$ für $x = 0$.

Achtung: Im Falle von Zahlen mit nicht abbrechender g-adischer Entwicklung (irrationale Zahlen oder solche mit periodischer Entwicklung) entspricht die so konstruierte Darstellung der üblicherweise verwendeten, etwa in der Dezimaldarstellung

$$ \pi = 3.141\,592\,653\,589\,793\,238\,462\,643\,383\,279 \ldots $$

Im Falle einer rationalen Zahl, bei der die übliche Darstellung abbricht, erhalten wir durch die obige Konstruktion eine ungewohnte Darstellung, etwa in der Dezimalentwicklung

$$ \frac{1}{2} = 0.499\,999\,999\,999\,999\,999\,999\,999\,999\,999 \ldots $$

Als eine überraschende Konsequenz der g-adischen Entwicklung ergibt sich die Mächtigkeit der Cantor-Menge, die wir auf Seite 325 als Beispiel für eine komplizierte abgeschlossene Menge kennengelernt haben.

Beispiel Die Cantor-Menge C ergibt sich als Schnitt der auf Seite 325 konstruierten Mengen C_n, $n \in \mathbb{N}$, d. h. jedes Element von C ist in jedem der C_n enthalten.

Wir bringen diese Konstruktion jetzt mit der 3-adischen Entwicklung der Zahlen aus $[0, 1]$ in Verbindung. Wir betrachten die Menge

$$[0, 1] = C_0 = \left\{ \sum_{j=1}^{\infty} \frac{a_j}{3^j} \mid a_j \in \{0, 1, 2\}, \ j \in \mathbb{N} \right\}.$$

Wollen wir genau die Zahlen aus $(1/3, 2/3)$ herausschneiden, müssen wir, unter Beachtung von

$$1/3 = \sum_{j=2}^{\infty} \frac{2}{3^j},$$

ausschließen, dass $a_1 = 1$ ist. Es ist also

$$C_1 = \left\{ \sum_{j=1}^{\infty} \frac{a_j}{3^j} \mid a_j \in \{0, 1, 2\}, \ j \in \mathbb{N}, \ a_1 \neq 1 \right\}.$$

Mit einer einfachen vollständigen Induktion überzeugt man sich nun davon, dass

$$C = \left\{ x = \sum_{j=1}^{\infty} \frac{a_j}{3^j} \mid a_j \in \{0, 2\} \right\}.$$

Damit haben wir implizit eine bijektive Abbildung zwischen C und der Menge der Folgen aus $\{0, 2\}$ gefunden. Es ist trivial, diese bijektiv auf die Menge der Folgen aus $\{0, 1\}$ abzubilden, und nach der 2-adischen Entwicklung gibt es eine bijektiver Abbildung zwischen einer Teilmenge hiervon und dem Intervall $[0, 1]$. Andererseits ist $C \subseteq [0, 1]$ und damit gleichmächtig zu diesem Intervall. Insbesondere folgt, dass die Cantor-Menge keine abzählbare Menge ist. ◀

Es gibt viele weitere Beispiele und Anwendungen für die geometrische Reihe, zum Beispiel die im Essay auf Seite 351 dargestellte Berechnung eines Mobiles. Daneben ist die geometrische Reihe auch ein wichtiges Hilfsmittel, um über die Konvergenz oder Divergenz anderer Reihen zu entscheiden.

Das hauptsächliche Ziel in diesem Kapitel wird es sein, allgemeine Aussagen über die Konvergenz oder Divergenz von Reihen zu finden, sogenannte *Konvergenzkriterien*. Den größten Teil dieser Arbeit werden wir in den Abschnitten 10.2 und 10.4 erledigen. Was man sich aber sofort überlegen kann, das ist, dass die aufzusummierenden Glieder (a_n) auf jeden Fall eine Nullfolge bilden müssen.

Satz (Nullfolgenkriterium)

Wenn die Reihe $\left(\sum_{n=0}^{\infty} a_n \right)$ konvergiert, dann ist $\lim\limits_{n \to \infty} a_n = 0$.

Beweis: Wir bezeichnen den Wert der Reihe $\left(\sum_{n=0}^{\infty} a_n \right)$ mit A. Dann gilt nach den Rechenregeln für Grenzwerte für Folgen

$$a_n = \sum_{k=0}^{n} a_k - \sum_{k=0}^{n-1} a_k \longrightarrow A - A = 0$$

für $n \to \infty$. ∎

Die Umkehrung dieser Aussage ist nicht richtig. Es gibt viele Reihen

$$\left(\sum_{n=0}^{\infty} a_n \right),$$

für die zwar

$$\lim_{n \to \infty} a_n = 0$$

ist, die aber trotzdem divergieren. Als Kriterium zum Nachweis der Konvergenz einer Reihe ist die obige Aussage also ungeeignet. Wir haben aber immerhin eine *notwendige* Bedingung für die Konvergenz von Reihen gefunden. Aus der Umkehrung der Aussage ergibt sich nämlich:

Ist $\lim\limits_{n \to \infty} a_n \neq 0$ *oder existiert der Grenzwert gar nicht, so ist die Reihe* $\left(\sum_{n=0}^{\infty} a_n \right)$ *auf jeden Fall divergent.*

───────────────── **?** ─────────────────

Ist die Reihe

$$\left(\sum_{n=1}^{\infty} \frac{\mathrm{i}\, n^2 + 3n + 2 - \mathrm{i}}{2n^2 - (1 - 2\mathrm{i})\, n + 1} \right)$$

konvergent oder divergent? Begründen Sie Ihre Antwort.

──

Das bekannteste Beispiel für eine divergente Reihe mit $a_n \to 0$ $(n \to \infty)$ ist die harmonische Reihe.

Harmonische Reihe

Die **harmonische Reihe** $\left(\sum_{n=1}^{\infty} \frac{1}{n} \right)$ ist divergent.

Beweis: Wir betrachten die Partialsummen, deren Index eine Zweierpotenz ist:

$$s_{2^n} = \sum_{k=1}^{2^n} \frac{1}{k} = 1 + \sum_{j=0}^{n-1} \sum_{k=2^j+1}^{2^{j+1}} \frac{1}{k} = 1 + \sum_{j=0}^{n-1} \sum_{k=1}^{2^j} \frac{1}{2^j + k}$$

$$\geq 1 + \sum_{j=0}^{n-1} \sum_{k=1}^{2^j} \frac{1}{2^j + 2^j} = 1 + \sum_{j=0}^{n-1} \frac{1}{2} = 1 + \frac{n}{2}.$$

Damit ist die Folge (s_n) unbeschränkt, die harmonische Reihe divergiert. ∎

Kommentar: Um eine Abschätzung, wie im Beweis dargestellt, zu finden, wird auch ein geübter Mathematiker die Summe für kleine Werte von n explizit ausschreiben, um zu sehen, wie vereinfacht oder abgeschätzt werden kann. Führen Sie dies selbst durch, um die Umformungen im Beweis besser zu verstehen.

Mit dieser Aussage haben wir auch das erste Beispiel von Seite 348 analysiert: Achilles kommt trotz der Verringerung seiner Geschwindigkeit beliebig weit. Die Antwort für das zweite Beispiel findet sich in Abschnitt 10.2.

Beispiel: Der harmonische Turmbau

Wie weit kann ein Stapel Bücher auf einem Tisch über den Rand des Tisches hinausragen? Wie weit kann man die Spitze eines Turms von der Grundfläche weg verschieben? Diese Fragen sollen mithilfe eines einfachen Modells beantwortet werden. Das Ergebnis wird manchen Leser wohl überraschen.

Problemanalyse und Strategie: Als einfaches Modell für den Turm betrachten wir einen Stapel von Brettern der Länge $2L$, die wir nun so gegeneinander verschieben wollen, dass das oberste Brett möglichst weit rechts liegt, der Stapel aber eben noch stabil bleibt. Es ist überraschend schwierig, dieses Beispiel von *unten* her anzugehen, deswegen betrachten wir lieber den obersten Teil des Stapels. Dazu nummerieren wir die Bretter von oben nach unten mit 1 beginnend durch. Indem wir unten am Stapel jeweils ein Brett hinzufügen, konstruieren wir eine Reihe, und bestimmen dabei die Gesamtverschiebung des obersten Bretts.

Lösung:

Wir wissen, dass jedes Brett so positioniert sein muss, dass der gemeinsame Schwerpunkt aller Bretter darüber zumindest noch über dessen Kante liegt.

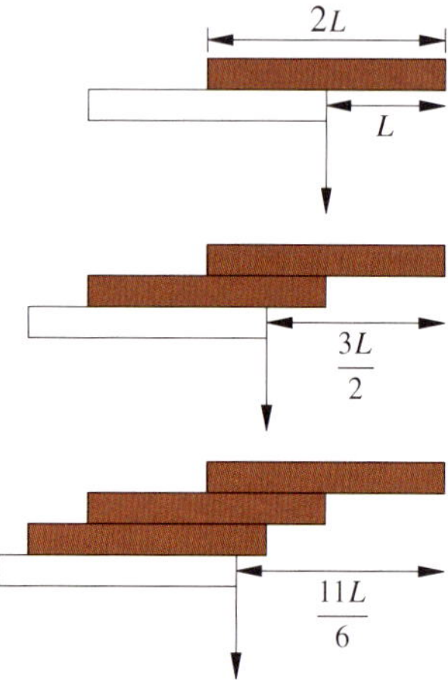

Wir legen den Ursprung unseres Koordinatensystems in den rechten Rand des ersten Bretts und messen Verschiebungen und Abstände von dort nach links. Mit B_n bezeichnen wir den Schwerpunkt des n-ten Bretts, mit S_n den Gesamtschwerpunkt der Bretter $1, \ldots, n$ für $n \in \mathbb{N}$.

Für das erste Brett gilt dann:

$$B_1 = S_1 = L.$$

Den Schwerpunkt des zweiten Bretts dürfen wir also gegenüber S_1 um L nach links verschieben, d. h. $B_2 = S_1 + L$, und wir erhalten

$$S_2 = \frac{B_1 + B_2}{2} = \frac{L + (L + L)}{2} = L + \frac{L}{2},$$

und das dritte Brett darf gegenüber dem zweiten nur noch um $L/2$ verschoben werden.

Allgemein haben wir die Rekursionsvorschrift

$$B_{n+1} = S_n + L, \quad S_{n+1} = \frac{n S_n + B_{n+1}}{n + 1}, \quad n \in \mathbb{N}.$$

Die erste Formel in die zweite eingesetzt liefert

$$S_{n+1} = S_n + \frac{L}{n + 1} \quad n \in \mathbb{N},$$

woraus sich durch vollständige Induktion die Darstellung

$$S_n = \sum_{j=1}^{n} \frac{L}{n}$$

ergibt. Das ist eine Summe, die für $n \to \infty$ in eine harmonische Reihe übergeht, also divergiert. Mit genügend vielen Brettern kommt man also beliebig weit nach rechts.

Den Wert einer Reihe kann man nur in seltenen Fällen bestimmen

Im Fall der geometrischen Reihe hatten wir das Glück, eine explizite Formel für die Partialsummen s_n zur Hand zu haben. In diesem Fall konnten wir nicht nur definitive Aussagen über die Konvergenz der Reihe machen, sondern im Fall der Konvergenz sogar noch ihren Wert bestimmen. In den meisten Fällen wird das nicht ohne Weiteres möglich sein, und oft ist man schon mit einer Beantwortung der Kernfrage *konvergent oder divergent* vollauf zufrieden.

Die Ausnahmen von dieser Regel sind selten. Geometrische Reihen gehören dazu, den Wert der *Exponentialreihe*

$$\sum_{n=0}^{\infty} \frac{1}{n!} = \mathrm{e} \approx 2{,}718\,281\,8$$

ermitteln wir im Beispiel auf Seite 357, und mit ein wenig Geschick können wir auch den Wert von manchen anderen Reihen bestimmen.

Beispiel Um etwa

$$\sum_{k=1}^{\infty} \frac{1}{k\,(k+1)}$$

zu berechnen, benutzen wir einen kleinen Trick und spalten auf:

$$\frac{1}{k\,(k+1)} = \frac{k+1-k}{k\,(k+1)} = \frac{k+1}{k\,(k+1)} - \frac{k}{k\,(k+1)} = \\ = \frac{1}{k} - \frac{1}{k+1}.$$

Wir betrachten nun also die Reihe

$$\left(\sum_{k=1}^{\infty}\left(\frac{1}{k}-\frac{1}{k+1}\right)\right).$$

Für die Partialsummen s_n ergibt sich mithilfe einer Indextransformation:

$$s_n = \sum_{k=1}^{n}\left(\frac{1}{k}-\frac{1}{k+1}\right) = \sum_{k=1}^{n}\frac{1}{k} - \sum_{k=1}^{n}\frac{1}{k+1}$$
$$= \sum_{k=1}^{n}\frac{1}{k} - \sum_{k=2}^{n+1}\frac{1}{k} = 1 - \frac{1}{n+1}.$$

Ein solche Summe nennt man eine *Teleskopsumme,* da wie beim Zusammenschieben eines Teleskops die mittleren Anteile verschwinden. Wegen

$$\lim_{n\to\infty}\sum_{k=1}^{n}\frac{1}{k\,(k+1)} = \lim_{n\to\infty}\sum_{k=1}^{n}\left(\frac{1}{k}-\frac{1}{k+1}\right)$$
$$= \lim_{n\to\infty}\left[1-\frac{1}{n+1}\right] = 1,$$

erhalten wir

$$\sum_{k=1}^{\infty}\frac{1}{k\,(k+1)} = 1. \qquad \blacktriangleleft$$

--- **?** ---

Für eine Folge (b_n) betrachten wir die Reihe

$$\left(\sum_{k=1}^{\infty}\left(b_k - b_{k+1}\right)\right).$$

Gibt es eine einfache Bedingung, wann diese Reihe konvergiert?

Damit sind unsere Möglichkeiten, Reihenwerte zu bestimmen, aber nahezu erschöpft. Einige Reihen ermöglichen vielleicht noch andere trickreiche Umformungen, zumeist aber werden wir uns auf ein Überprüfen der Konvergenz beschränken. Eine Bestimmung des Werts ist dann nur auf numerischem Wege möglich, d. h. man berechnet eine Partialsumme, die auf hinreichend viele Dezimalstellen mit dem Grenzwert übereinstimmt.

Sehr viel später werden wir allerdings Wege kennenlernen, den Wert von sehr viel mehr Reihen zu bestimmen. Mit der Abschätzung

$$\sum_{k=1}^{n}\frac{1}{k^2} = \sum_{k=0}^{n-1}\frac{1}{(k+1)(k+1)} \le 1 + \sum_{k=1}^{n-1}\frac{1}{k(k+1)}$$

und dem Beispiel oben erhalten wir mit dem Monotoniekriterium für Folgen (siehe Seite 292), dass die Reihe $\left(\sum_{k=1}^{\infty}\frac{1}{k^2}\right)$ konvergiert. Für den Nachweis von Formeln wie

$$\sum_{k=1}^{\infty}\frac{1}{k^2} = \frac{\pi^2}{6} \quad \text{oder} \quad \sum_{k=1}^{\infty}\frac{(-1)^{k+1}}{k^2} = \frac{\pi^2}{12}$$

benötigen wir aber Hilfsmittel, die wir uns erst im Kapitel 19 erarbeiten. Sind diese Mittel bereitgestellt, dann fallen uns solche Ergebnisse allerdings als Nebenprodukte anderer Rechnungen fast ohne Aufwand in den Schoß.

10.2 Kriterien für Konvergenz

Im vorherigen Abschnitt haben wir verschiedene Reihen auf Konvergenz oder Divergenz untersucht und manchmal sogar ihren Wert bestimmen können. Wir wollen nun systematischer vorgehen und Aussagen allgemeiner Natur formulieren. Dabei wäre es angenehm, auf möglichst einfachem Weg feststellen zu können, ob eine Reihe konvergent ist oder nicht. *Konvergenzkriterien* liefern genau dies.

Reihen sind Folgen, daher dürfen wir die Rechenregeln für Grenzwerte von Folgen anwenden. Speziell erhalten wir die folgenden Aussagen.

Satz
(a) Sind $\left(\sum_{n=0}^{\infty}a_n\right)$ und $\left(\sum_{n=0}^{\infty}b_n\right)$ konvergente Reihen, so konvergieren auch $\left(\sum_{n=0}^{\infty}(a_n \pm b_n)\right)$, und für den Reihenwert gilt die Gleichung

$$\sum_{n=0}^{\infty}(a_n \pm b_n) = \sum_{n=0}^{\infty}a_n \pm \sum_{n=0}^{\infty}b_n.$$

(b) Ist $\left(\sum_{n=0}^{\infty}a_n\right)$ eine konvergente Reihe und $\lambda \in \mathbb{C}$ eine beliebige Zahl, so konvergiert auch die Reihe $\left(\sum_{n=0}^{\infty}(\lambda a_n)\right)$, und für den Reihenwert gilt die Gleichung

$$\sum_{n=0}^{\infty}(\lambda a_n) = \lambda \sum_{n=0}^{\infty}a_n.$$

Nach diesem Satz bilden die konvergenten Reihen einen Vektorraum über $\mathbb{C}$, die konvergenten Reihen mit reellen Gliedern einen Vektorraum über $\mathbb{R}$. Es ergibt sich auch, dass eine Reihe mit komplexen Gliedern genau dann konvergiert, wenn die Reihen über die Real- und die Imaginärteile der Glieder dies tun.

Achtung: Das Produkt von zwei Reihen erhält man *nicht* durch gliedweises Multiplizieren. Im Allgemeinen ist

$$\left[\sum_{n=1}^{\infty}a_n\right] \cdot \left[\sum_{n=1}^{\infty}b_n\right]$$

etwas ganz anderes als

$$\sum_{n=1}^{\infty}a_n b_n.$$

Dass eine solche Formel falsch sein muss, wird einem sofort klar, wenn man sich daran erinnert, dass Reihenwerte Grenzwerte von Partialsummen sind. Und bei Summen ist schon im einfachsten Fall

$$(a_1 + a_2) \cdot (b_1 + b_2) \ne a_1 b_1 + a_2 b_2.$$

Beispiel Wir wollen die Reihe

$$\left(\sum_{n=1}^{\infty} \frac{1 + 2^{-n}\, n^2}{n^2}\right)$$

auf Konvergenz untersuchen. Die Reihenglieder haben die Form

$$\frac{1 + 2^{-n}\, n^2}{n^2} = \frac{1}{n^2} + \frac{1}{2^n}.$$

Von der Reihe über $1/n^2$ wissen wir bereits, dass sie konvergiert. Die Reihe über den zweiten Summanden entspricht einer geometrischen Reihe, die ebenfalls konvergiert. Nach den Rechenregeln konvergiert also auch die gesamte Reihe, und für den Reihenwert gilt:

$$\begin{aligned}
\sum_{n=1}^{\infty} \frac{1 + 2^{-n} n^2}{n^2} &= \sum_{n=1}^{\infty} \frac{1}{n^2} + \sum_{n=1}^{\infty} \frac{1}{2^n} \\
&= \frac{\pi^2}{6} + \left(\frac{1}{1 - 1/2} - 1\right) \\
&= \frac{\pi^2}{6} + 1.
\end{aligned}$$

◀

Hat eine Reihe eine konvergente Majorante, so konvergiert sie

Ein zweites einfaches Kriterium für Konvergenz, zumindest von Reihen mit reellen Gliedern, beruht auf dem Monotoniekriterium für Folgen. Wir erinnern uns daran, dass jede beschränkte, monotone Folge konvergiert. Diese Tatsache können wir auf diejenigen Reihen $\left(\sum_{n=0}^{\infty} a_n\right)$ übertragen, deren Partialsummen monoton wachsend sind. Dies bedeutet, dass alle Reihenglieder $a_n \geq 0$ sind. Dabei ist es allerdings nicht wichtig, dass die Folge der Partialsummen immer monoton wächst, es reicht wenn sie dies ab einem bestimmten Index n_0 tut. Dargestellt ist die Situation auch in der Abbildung 10.6. Wir formulieren sie als Satz.

Satz (Monotoniekriterium für reelle Reihen)
Ist eine Reihe $\left(\sum_{n=0}^{\infty} a_n\right)$ gegeben, und gibt es ferner einen Index $n_0 \in \mathbb{N}$ mit $a_n \in \mathbb{R}_{\geq 0}$ für alle $n \geq n_0$ sowie eine Schranke $C > 0$ mit

$$\sum_{n=n_0}^{N} a_n \leq C \qquad \text{für alle } N \in \mathbb{N}_{\geq n_0},$$

so konvergiert die Reihe.

Das Monotoniekriterium stellt ein sehr nützliches Werkzeug zur Untersuchung von Reihen dar. Ein Beispiel dafür ist der Nachweis, dass die *Exponentialreihe* konvergiert, den wir auf Seite 357 führen.

Häufig wird das Monotoniekriterium in einem speziellen Fall verwendet: Angenommen, man hat zwei Reihen, $\left(\sum_{n=0}^{\infty} a_n\right)$ und $\left(\sum_{n=0}^{\infty} b_n\right)$. Es soll hierbei $0 \leq a_n \leq b_n$ gelten, und es

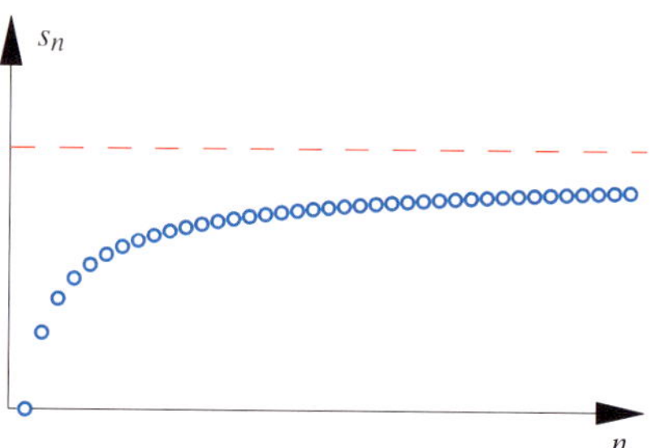

Abbildung 10.6 Das Monotoniekriterium für Reihen: Die Folge der Partialsummen wächst monoton, überschreitet aber niemals die gestrichelte obere Schranke. Die Reihe konvergiert.

soll bekannt sein, dass die Reihe $\left(\sum_{n=0}^{\infty} b_n\right)$ konvergiert. Da alle Reihenglieder positiv sind, gilt natürlich die Abschätzung

$$\sum_{n=0}^{N} a_n \leq \sum_{n=0}^{N} b_n$$

für alle $N \in \mathbb{N}$. Die Voraussetzung des Monotoniekriteriums sind also erfüllt, wobei die Schranke C gerade der Reihenwert der konvergenten Reihe $\left(\sum_{n=0}^{\infty} b_n\right)$ ist. Da die Partialsummen der Reihe $\left(\sum_{n=0}^{\infty} b_n\right)$ hierbei stets größer sind als die der Reihe $\left(\sum_{n=0}^{\infty} a_n\right)$, und die Reihe über die b_n konvergiert, bezeichnet man sie als **konvergente Majorante**, siehe auch Abbildung 10.7.

Nun drehen wir die Situation um und nehmen an, dass wir wissen, dass die Reihe $\left(\sum_{n=0}^{\infty} a_n\right)$ divergiert. Da die Partialsummen der Reihe über die b_n stets größer sind, muss also

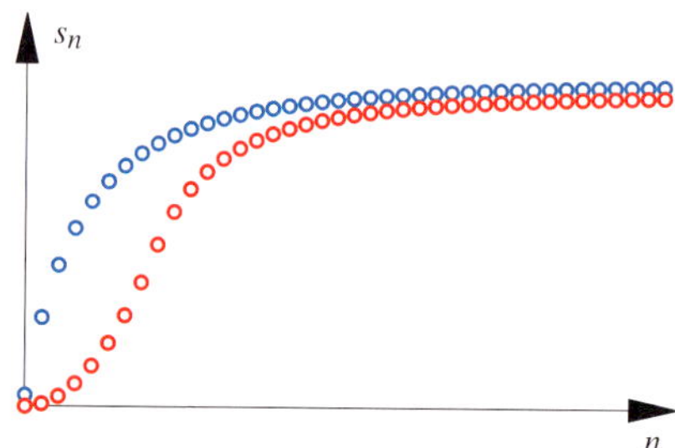

Abbildung 10.7 Die blau dargestellte Reihe bildet eine konvergente Majorante. Die rot dargestellte Reihe darunter muss ebenfalls konvergieren.

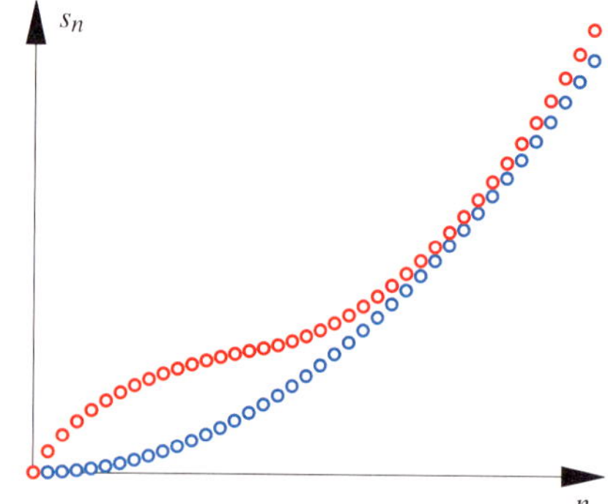

Abbildung 10.8 Die blau dargestellte Reihe bildet eine divergente Minorante. Die rot dargestellte Reihe darüber muss auch divergieren.

Beispiel: Die Exponentialreihe

Eine der wichtigsten Reihen überhaupt ist die Exponentialreihe $\left(\sum_{n=0}^{\infty} \frac{1}{n!}\right)$, für die wir nun den erstaunlichen Zusammenhang

$$\sum_{n=0}^{\infty} \frac{1}{n!} = \lim_{n \to \infty} \left(1 + \frac{1}{n}\right)^n$$

zeigen wollen.

Problemanalyse und Strategie: Zunächst zeigen wir, dass die Reihe überhaupt konvergiert. Dazu untersuchen wir die Folge der Partialsummen auf Beschränktheit mit dem Ziel, das Monotoniekriterium für Folgen anwenden zu können. Eine zusätzliche Überlegung liefert dann die Aussage, dass die obere Schranke auch gleichzeitig der Reihenwert sein muss.

Lösung:

Die Zahl e ist uns schon verschiedentlich begegnet. Für uns entscheidend sind die Beispiele auf Seite 281 und 292 im Kapitel über Folgen. Zusammen liefern diese Beispiele die Konvergenz der Folge oben, deren Grenzwert als die Zahl e bezeichnet wird:

$$e := \lim_{n \to \infty} \left(1 + \frac{1}{n}\right)^n.$$

Die Folgenglieder werden wir jetzt mithilfe der binomischen Formel umschreiben:

$$\left(1 + \frac{1}{n}\right)^n = \sum_{k=0}^{n} \binom{n}{k} \left(\frac{1}{n}\right)^k$$

$$= \sum_{k=0}^{n} \frac{n!}{k!\,(n-k)!} \frac{1}{n^k}$$

$$= \sum_{k=0}^{n} \frac{1}{k!} \left[\prod_{j=0}^{k-1} \frac{n-j}{n}\right].$$

Mit dieser Darstellung gelingen uns jetzt schnell zwei Abschätzungen. Zunächst setzen wir $m > n$ voraus. Dann gilt die Ungleichung

$$\left(1 + \frac{1}{m}\right)^m = \sum_{k=0}^{m} \frac{1}{k!} \left[\prod_{j=0}^{k-1} \frac{m-j}{m}\right]$$

$$\geq \sum_{k=0}^{n} \frac{1}{k!} \left[\prod_{j=0}^{k-1} \frac{m-j}{m}\right].$$

In dieser Ungleichung lassen wir jetzt $m \to \infty$ gehen. Da

$$\frac{m-j}{m} = 1 - \frac{j}{m} \to 1 \qquad (m \to \infty)$$

für jedes $j = 0, \ldots, n$, folgt:

$$e = \lim_{m \to \infty} \left(1 + \frac{1}{m}\right)^m \geq \sum_{k=0}^{n} \frac{1}{k!}.$$

Somit ist die Folge $\left(\sum_{k=0}^{n} \frac{1}{k!}\right)_{n=0}^{\infty}$ der Partialsummen durch e nach oben beschränkt. Da die Brüche $\frac{1}{k!}$ alle positiv sind, ist es auch eine monoton wachsende Folge. Mit dem Monotoniekriterium erhalten wir die Aussage, dass die Folge der Partialsummen, also die Reihe

$$\left(\sum_{k=0}^{\infty} \frac{1}{k!}\right),$$

konvergiert und dass der Reihenwert kleiner oder gleich e ist.

Nun zur zweiten Abschätzung. Auch hier starten wir mit

$$\left(1 + \frac{1}{n}\right)^n = \sum_{k=0}^{n} \frac{1}{k!} \left[\prod_{j=0}^{k-1} \frac{n-j}{n}\right].$$

Nun ersetzen wir jeden Faktor $(n-j)/n$ durch 1 und machen dadurch das Produkt auf der rechten Seite größer. Es gilt somit

$$\left(1 + \frac{1}{n}\right)^n \leq \sum_{k=0}^{n} \frac{1}{k!}$$

für jedes n. Somit bleibt diese Ungleichung erhalten, wenn wir zum Grenzwert für $n \to \infty$ übergehen:

$$e = \lim_{n \to \infty} \left(1 + \frac{1}{n}\right)^n \leq \sum_{k=0}^{\infty} \frac{1}{k!}.$$

Insgesamt haben wir gezeigt, dass die Exponentialreihe konvergiert und dass für ihren Reihenwert die Ungleichungskette

$$\sum_{k=0}^{\infty} \frac{1}{k!} \leq e \leq \sum_{k=0}^{\infty} \frac{1}{k!}$$

gilt. Also ist der Reihenwert selbst gleich e.

Kommentar: Das Beispiel liefert zwei völlig unterschiedliche Darstellungen für die irrationale Zahl $e \approx 2,718\,281\,828\,459\,05$. Je nach der Situation können wir die eine oder andere Darstellung in einer Überlegung verwenden. Mit einem Taschenrechner kann man sich zum Beispiel schnell davon überzeugen, dass zur Bestimmung der Dezimaldarstellung die Darstellung als Reihe geeigneter ist: Sie konvergiert deutlich schneller.

auch diese Reihe divergieren. In dieser Situation nennt man die Reihe über die a_n eine **divergente Minorante**.

Wir fassen all diese Überlegungen zusammen:

Das Majoranten-/Minorantenkriterium

Für eine Reihe $\left(\sum_{n=0}^{\infty} a_n\right)$ mit $a_n \in \mathbb{R}_{\geq 0}$ gelten folgende Konvergenzaussagen:

- Gibt es eine Folge (b_n) mit $a_n \leq b_n$ für alle $n \geq n_0$, und konvergiert die Reihe $\left(\sum_{n=0}^{\infty} b_n\right)$, so konvergiert auch die Reihe $\left(\sum_{n=0}^{\infty} a_n\right)$.
- Gibt es eine divergente Reihe $\left(\sum_{n=0}^{\infty} b_n\right)$ mit $0 \leq b_n \leq a_n$ für alle $n \geq n_0$, so divergiert auch die Reihe $\left(\sum_{n=0}^{\infty} a_n\right)$.

Im Fall der Konvergenz beider Reihen erhalten wir zusätzlich noch die Abschätzung

$$\sum_{n=0}^{\infty} a_n \leq \sum_{n=0}^{\infty} b_n$$

für die Reihenwerte.

Beispiel

- Wir betrachten die Reihe

$$\left(\sum_{n=1}^{\infty} \frac{1}{n^2 - n + 1}\right).$$

Da der dominante Term im Nenner der Summand n^2 ist, liegt die Vermutung nahe, dass die Reihe konvergiert, denn schließlich konvergiert auch die Reihe über $1/n^2$. Wir versuchen also eine konvergente Majorante zu finden. Dazu überlegen wir uns:

$$n^2 - n + 1 = (n-1)^2 + n \geq (n-1)^2.$$

Also gilt:

$$0 \leq \frac{1}{n^2 - n + 1} \leq \frac{1}{(n-1)^2}.$$

Die Reihe über $\frac{1}{(n-1)^2}$ ist aber vom Konvergenzverhalten her dieselbe wie die Reihe über $\frac{1}{n^2}$ (Indexverschiebung), d. h., sie ist eine konvergente Majorante.

- Bei der Reihe

$$\left(\sum_{n=1}^{\infty} \frac{1}{\sqrt{n}}\right)$$

vermutet man aus der Kenntnis der harmonischen Reihe, dass Divergenz vorliegt. In der Tat ist

$$\sqrt{n} \leq n \qquad \text{und daher} \qquad \frac{1}{\sqrt{n}} \geq \frac{1}{n}$$

für alle $n \in \mathbb{N}$. Daher ist die harmonische Reihe eine divergente Minorante, und auch die Reihe über $1/\sqrt{n}$ divergiert. ◄

Zusammengefasst spricht man bei diesen Kriterien von *Vergleichskriterien*, da hier verschiedene Reihen miteinander verglichen werden. Ein weiteres Kriterium dieser Art vergleicht die Quotienten der Glieder von zwei Reihen.

Satz (Grenzwertkriterium)

Sind $\left(\sum_{n=0}^{\infty} a_n\right)$ und $\left(\sum_{n=0}^{\infty} b_n\right)$ zwei Reihen mit positiven reellen Reihengliedern und gilt

$$\lim_{n \to \infty} \frac{a_n}{b_n} = C > 0,$$

so konvergiert die Reihe $\left(\sum_{n=0}^{\infty} a_n\right)$ genau dann, wenn die Reihe $\left(\sum_{n=0}^{\infty} b_n\right)$ dies tut.

Beweis: Aus der Existenz des Grenzwerts der Folge (a_n/b_n) ergibt sich, dass es ein $n_0 \in \mathbb{N}$ gibt mit

$$\frac{C}{2} \leq \frac{a_n}{b_n} \leq 2C, \quad n \geq n_0.$$

Somit gilt wegen $C > 0$ auch

$$\frac{1}{2C} a_n \leq b_n \leq \frac{2}{C} a_n, \quad n \geq n_0.$$

Damit erfüllen die Reihen $\left(\sum_{n=0}^{\infty} a_n\right)$ und $\left(\sum_{n=0}^{\infty} b_n\right)$ die Voraussetzungen des Majoranten-/Minorantenkriteriums. Aus diesem ergibt sich die Aussage des Grenzwertkriteriums. ∎

Beispiel Wir wollen die Reihe

$$\left(\sum_{n=1}^{\infty} \frac{n^2 - 7n + 1}{4n^4 + 3n^3 + 2n^2 + n}\right)$$

auf Konvergenz untersuchen.

Die höchste Potenz im Zähler ist n^2, die höchste im Nenner n^4; man kann also vermuten, dass die Reihe ein analoges Verhalten haben wird wie die Reihe

$$\left(\sum_{n=1}^{\infty} \frac{n^2}{n^4}\right) = \left(\sum_{n=1}^{\infty} \frac{1}{n^2}\right),$$

dass also Konvergenz vorliegt.

Mit dem Grenzwertkriterium können wir dies nachweisen. Mit

$$a_n := \frac{n^2 - 7n + 1}{4n^4 + 3n^3 + 2n^2 + n} \quad \text{und} \quad b_n := \frac{1}{n^2}$$

erhält man:

$$\frac{a_n}{b_n} = \frac{n^2 - 7n + 1}{4n^4 + 3n^3 + 2n^2 + n} \cdot \frac{n^2}{1}$$

$$= \frac{n^4 - 7n^3 + n^2}{4n^4 + 3n^3 + 2n^2 + n}$$

$$= \frac{1 - \frac{7}{n} + \frac{1}{n^2}}{4 + \frac{3}{n} + \frac{2}{n^2} + \frac{1}{n^3}} \to \frac{1}{4} \in \mathbb{R}_{>0} \quad (n \to \infty).$$

Hintergrund und Ausblick: Fast-harmonische Reihen

Wir möchten der Vorstellung ganz entschieden entgegentreten, dass es sich bei Reihen um Summen mit unendlich vielen Summanden handelt. So verhalten sich Reihen beim Weglassen einzelner Reihenglieder zum Beispiel überhaupt nicht so, wie man es vielleicht von einer Summe erwarten würde. Dies wollen wir anhand zweier Reihen vorführen, die eng mit der harmonischen Reihe verwandt sind.

Wir wollen uns mit Reihen beschäftigen, die aus der harmonischen Reihe dadurch entstehen, dass man einzelne Reihenglieder bei der Bildung der Partialsummen auslässt. Dazu führen wir zunächst die Menge J aller natürlichen Zahlen ein, deren Dezimaldarstellung keine Null enthält, also $J = \{1, 2, \ldots, 9, 11, \ldots, 19, 21, \ldots\}$.

Wir betrachten nun die Reihe

$$\left(\sum_{n \in J} \frac{1}{n} \right).$$

Wir bilden also die Partialsummen nicht über die Kehrwerte aller natürlichen Zahlen, sondern nur über diejenigen aus J. Es werden also gegenüber der harmonischen Reihe einige Summanden ausgelassen:

$$1 + \frac{1}{2} + \cdots + \frac{1}{9} + \frac{1}{11} + \cdots + \frac{1}{19} + \frac{1}{21} + \cdots$$

Konvergiert diese Reihe oder nicht?

Wir betrachten diejenigen Partialsummen, die alle natürlichen Zahlen mit maximal N Stellen berücksichtigen, und schreiben diese um:

$$\sum_{\substack{n \in J \\ n \le 10^N - 1}} \frac{1}{n} = \sum_{p=1}^{N} \sum_{\substack{n=10^{p-1} \\ n \in J}}^{10^p - 1} \frac{1}{n}$$

Die innere Summe rechts berücksichtigt alle Zahlen mit genau p Stellen. Für jede Stelle kommen nur die Ziffern $1, \ldots, 9$ infrage, also gibt es genau 9^p solcher Zahlen. Damit können wir abschätzen:

$$\sum_{p=1}^{N} \sum_{\substack{n=10^{p-1} \\ n \in J}}^{10^p - 1} \frac{1}{n} \le \sum_{p=1}^{N} \sum_{\substack{n=10^{p-1} \\ n \in J}}^{10^p - 1} \frac{1}{10^{p-1}}$$

$$\le \sum_{p=1}^{N} \frac{1}{10^{p-1}} \cdot 9^p$$

$$= 9 \sum_{p=0}^{N-1} \left(\frac{9}{10} \right)^p.$$

Die letzte Summe ist eine Partialsumme der geometrischen Reihe. Jetzt können wir eine Variante des Majorantenkriteriums anwenden. Es garantiert uns, dass die Reihe $\left(\sum_{n \in J} \frac{1}{n} \right)$ im Gegensatz zur harmonischen Reihe konvergiert.

Jetzt betrachten wir eine zweite Reihe, nämlich

$$\left(\sum_{n=0}^{\infty} \frac{1}{1\,000n + 1} \right).$$

Auch bei dieser Reihe sind gegenüber der harmonischen Reihe viele Reihenglieder gestrichen worden: Von jeweils 1 000 Gliedern der harmonischen Reihe kommt nur eines vor:

$$1 + \frac{1}{1\,001} + \frac{1}{2\,001} + \frac{1}{3\,001} + \cdots$$

Vom Gefühl her hat man hier noch viel weniger Reihenglieder, als im ersten Beispiel. Aber es stellt sich heraus, dass diese Reihe trotzdem divergiert.

Dazu schätzen wir die Partialsummen nach unten ab:

$$\sum_{n=0}^{N} \frac{1}{1\,000n + 1} = \frac{1}{1\,000} \sum_{n=0}^{N} \frac{1}{n + \frac{1}{1\,000}}$$

$$\ge \frac{1}{1\,000} \sum_{n=0}^{N} \frac{1}{n + 1}$$

$$= \frac{1}{1\,000} \sum_{n=1}^{N+1} \frac{1}{n}.$$

Hier können wir also das Minorantenkriterium anwenden und erhalten die Divergenz der Reihe.

Als Fazit halten wir fest: Die Vorstellung von einer Reihe als unendliche Summe kann schnell aufs Glatteis führen, da sich Reihen anders verhalten können, als man es intuitiv von einer Summe erwarten würde. Man ist dagegen stets auf der sicheren Seite, wenn man die Reihe als Folge und ihren Wert als Grenzwert betrachtet.

Die beiden Folgen haben also gleiches Konvergenzverhalten, und wie erwartet konvergiert die betrachtete Reihe tatsächlich.

In der Abbildung 10.9 sind einzelne Glieder der Folgen (a_n) (blau) und (b_n) (grün) in einem logarithmischen Koordinatensystem eingezeichnet. Wir greifen hier auf die Definition der natürlichen Logarithmusfunktion ln vor, die in Kapitel 11 gegeben wird bzw. verweisen auf das Schulwissen zu Logarithmen. In Darstellung mit logarithmischen Skalen wird der asymptotische Faktor 1/4 zu einer Verschiebung der Graphen, denn aus

$$\ln \frac{a_n}{b_n} \approx \ln \frac{1}{4} \quad \text{folgt} \quad \ln a_n \approx \ln b_n + \ln \frac{1}{4}.$$

Die Aussage des Grenzwertkriteriums ist dann, dass zwei Reihen dasselbe Konvergenzverhalten haben, wenn ihre Glieder asymptotisch in einem Plot mit logarithmischen Skalen durch eine Verschiebung auseinander hervorgehen.

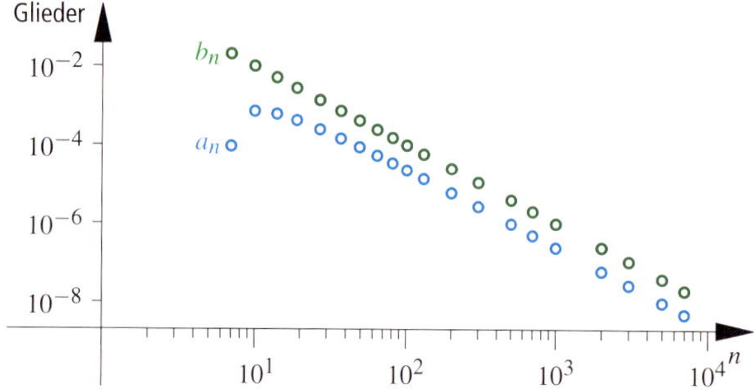

Abbildung 10.9 Glieder zweier Reihen in einer logarithmischen Skala. Für große n sind die Glieder um einen konstanten Betrag verschoben, sie haben also dasselbe Abfallverhalten. Nach dem Grenzwertkriterium haben die Reihen darüber dasselbe Konvergenzverhalten. ◀

Eine Reihe konvergiert genau dann, wenn sie eine Cauchy-Reihe ist

In Kapitel 8 hatten wir die konvergenten Folgen komplexer Zahlen dadurch charakterisiert, dass sie Cauchy-Folgen sind. Für Reihen folgt daraus, dass eine Reihe genau dann konvergiert, wenn die Folge ihrer Partialsummen eine Cauchy-Folge ist. Wir wollen genauer aufschreiben, was dies für Reihen bedeutet.

Wir betrachten die Reihe $\left(\sum_{j=1}^{\infty} a_j\right)$ und bezeichnen die Folge ihrer Partialsummen mit (s_n). Dies ist genau dann eine Cauchy-Folge, wenn es zu jedem $\varepsilon > 0$ ein $N \in \mathbb{N}$ gibt mit

$$|s_n - s_m| \leq \varepsilon \quad \text{für} \quad n, m \geq N.$$

Wir setzen die Partialsummen ein, wobei wir ohne Beschränkung $m \leq n$ annehmen, und erhalten

$$\left| \sum_{j=m+1}^{n} a_j \right| \leq \varepsilon \quad \text{für} \quad n \geq m \geq N.$$

Eine Reihe mit dieser Eigenschaft nennen wir auch **Cauchy-Reihe.** Die Konvergenzaussage für Cauchy-Folgen liefert sofort das folgende Pendant für Reihen.

Cauchy-Kriterium

Eine Reihe $\left(\sum_{j=1}^{\infty} a_j\right)$ mit Gliedern aus $\mathbb{C}$ konvergiert genau dann, wenn sie eine Cauchy-Reihe ist, wenn also zu jedem $\varepsilon > 0$ ein $N \in \mathbb{N}$ existiert mit

$$\left| \sum_{j=m+1}^{n} a_j \right| \leq \varepsilon \quad \text{für alle} \quad n \geq m \geq N.$$

Das Cauchy-Kriterium ist hauptsächlich theoretischer Natur. Wir werden es an verschiedenen Stellen zur Herleitung weiterführender Aussagen verwenden. Eine direkte Folgerung ist zum Beispiel, dass eine Reihe genau dann konvergiert, wenn die Folge der Reihenreste

$$\left(\sum_{k=n}^{\infty} a_k \right)_n$$

eine Nullfolge ist.

Die allgemeine harmonische Reihe konvergiert für $\alpha > 1$

Die Vergleichskriterien beruhen darauf, einen direkten Bezug zu einer bereits bekannten Reihe herzustellen. Es gibt aber auch subtilere Möglichkeiten, einen solchen Bezug zu erzeugen. Dazu wollen wir uns nun noch einmal das Vorgehen anschauen, das wir bei der harmonischen Reihe angewandt haben. Dort hatten wir bestimmte Summen von Brüchen abgeschätzt:

$$\sum_{k=1}^{2^j} \frac{1}{2^j + k} \geq 2^j \cdot \frac{1}{2^{j+1}} = \frac{1}{2}.$$

Können wir dieses Vorgehen verallgemeinern? Betrachten wir eine Reihe $\left(\sum_{n=0}^{\infty} a_n\right)$, bei der die Reihenglieder (a_n) eine monoton fallende Nullfolge bilden. Nun definieren wir

$$\begin{aligned} b_{2^k+m} &:= a_{2^{k+1}} \\ c_{2^k+m} &:= a_{2^k} \end{aligned} \quad \text{für } k \in \mathbb{N}_0, \ m = 0, \ldots, 2^k - 1.$$

Es gilt also:

$$b_1 = a_2, \quad b_2 = b_3 = a_4, \quad b_4 = \cdots = b_7 = a_8, \ \ldots$$
$$c_1 = a_1, \quad c_2 = c_3 = a_2, \quad c_4 = \cdots = c_7 = a_4, \ \ldots$$

Wie sehen nun die Reihen über b_n bzw. c_n aus?

$$\begin{aligned} \left(\sum_{n=1}^{\infty} b_n \right) &= \left(\sum_{k=0}^{\infty} \sum_{m=0}^{2^k-1} b_{2^k+m} \right) = \left(\sum_{k=0}^{\infty} \sum_{m=0}^{2^k-1} a_{2^{k+1}} \right) \\ &= \left(\sum_{k=0}^{\infty} 2^k a_{2^{k+1}} \right) = \left(\frac{1}{2} \sum_{k=0}^{\infty} 2^{k+1} a_{2^{k+1}} \right) \\ &= \left(\frac{1}{2} \sum_{k=1}^{\infty} 2^k a_{2^k} \right). \end{aligned}$$

Analog erhalten wir

$$\left(\sum_{n=1}^{\infty} c_n \right) = \left(\sum_{k=0}^{\infty} 2^k a_{2^k} \right).$$

Es handelt sich also bei den Reihen über b_n bzw. über c_n um praktisch dieselbe Reihe. Die beiden unterscheiden sich nur durch den Startindex und einen konstanten Vorfaktor.

Nun gilt aber auch $b_{2^k+m} = a_{2^{k+1}} \leq a_{2^k+m}$ und $c_{2^k+m} = a_{2^k} \geq a_{2^k+m}$, da ja (a_n) eine monoton fallende Folge ist. Insgesamt also

$$b_n \leq a_n \leq c_n \qquad \text{für alle } n \in \mathbb{N}.$$

Jetzt sind wir genau in der Situation des Majoranten-/Minorantenkriteriums. Dessen Anwendung liefert uns die folgende Aussage.

Verdichtungskriterium

Ist (a_n) eine monoton fallende Nullfolge, so konvergiert die Reihe $\left(\sum_{n=0}^{\infty} a_n\right)$ genau dann, wenn $\left(\sum_{k=0}^{\infty} 2^k a_{2^k}\right)$ konvergiert.

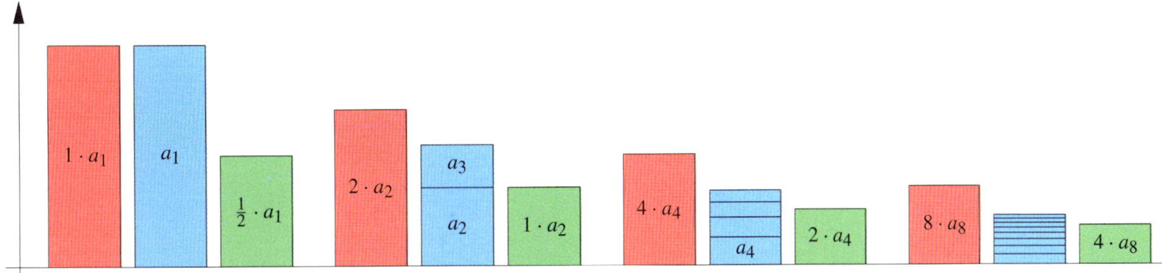

Abbildung 10.10 Das Verdichtungskriterium: Für jedes $k \in \mathbb{N}_0$ ist die Summe aus 2^k Reihengliedern zwischen $2^k a_{2^k}$ nach oben und $2^{k-1} a_{2^k}$ nach unten eingeschlossen. Die Reihe über a_n hat daher das gleiche Konvergenzverhalten wie die Reihe über $2^k a_{2^k}$.

Das Verdichtungskriterium ist das Werkzeug der Wahl, eine Aussage über die Konvergenz von Reihen der Form

$$\left(\sum_{n=1}^{\infty} \frac{1}{n^\alpha} \right), \qquad \alpha \in \mathbb{Q}_{>0},$$

zu treffen. Diese Reihen nennen wir zusammengefasst *allgemeine harmonische Reihe*.

Kommentar: Die Voraussetzung $\alpha \in \mathbb{Q}$ ist hier notwendig, da wir bisher nur für solche Exponenten Potenzen erklärt haben. In Kapitel 11 werden wir Potenzen für allgemeine reelle Exponenten erklären. Auch für solche bleiben die Aussagen zur allgemeinen harmonischen Reihe richtig.

Satz
Die allgemeine harmonische Reihe konvergiert für $\alpha > 1$, für $\alpha \leq 1$ divergiert sie.

Beweis: Mit dem Verdichtungskriterium erhalten wir die Aussage, dass die allgemeine harmonische Reihe dasselbe Konvergenzverhalten hat, wie die Reihe

$$\left(\sum_{k=0}^{\infty} 2^k \frac{1}{(2^k)^\alpha} \right) = \left(\sum_{k=0}^{\infty} \frac{1}{2^{k(\alpha-1)}} \right) = \left(\sum_{k=0}^{\infty} \left(\frac{1}{2^{\alpha-1}} \right)^k \right).$$

Auf der rechten Seite steht nun eine geometrische Reihe, von der wir bereits wissen, dass sie genau für $\frac{1}{2^{\alpha-1}} < 1$ konvergiert. Das ist genau für $\alpha > 1$ der Fall. ∎

Alternierende Reihen konvergieren schon, wenn die Beträge der Glieder eine monotone Nullfolge bilden

Viele der bisher betrachteten Kriterien gehen von Reihen mit positiven reellen Gliedern aus. Was können wir aber in Fällen sagen, bei denen die Glieder nicht positiv sind? Ein Fall, den wir ja schon kennengelernt haben, ist der Weg der Schildkröte aus dem Beispiel von Seite 348,

$$\left(\sum_{n=1}^{\infty} \frac{(-1)^n}{n} \right),$$

bei dem sich das Vorzeichen der Reihenglieder immer ändert. Allgemein definiert man: Ist (a_n) eine Folge mit *positiven* reellen Gliedern, so heißt eine Reihe der Form

$$\left(\sum_{n=1}^{\infty} (-1)^n a_n \right)$$

eine **alternierende Reihe**.

Eine schöne Eigenschaft alternierender Reihen ist, dass es für ihre Konvergenz schon ausreicht, dass die Folge (a_n) eine monoton fallende Nullfolge ist. Der Satz, der dies als Konvergenzkriterium formuliert, wurde nach dem deutschen Mathematiker Gottfried Wilhelm Leibniz (1646–1716) benannt.

Leibniz-Kriterium

Ist die Folge (a_n) eine monoton fallende Nullfolge, so konvergiert die Reihe

$$\left(\sum_{n=1}^{\infty} (-1)^n a_n \right).$$

Für ihren Reihenwert gilt die Abschätzung

$$\left| \sum_{n=1}^{\infty} (-1)^n a_n - \sum_{n=1}^{N} (-1)^n a_n \right| \leq a_{N+1}$$

für alle $N \in \mathbb{N}$.

Die Abschätzung, die auch grafisch in der Abbildung 10.11 veranschaulicht ist, gibt an, wie gut eine Partialsumme den Reihenwert approximiert. Die Differenz zwischen Reihenwert und Partialsumme ist also höchstens so groß wie der Betrag des ersten weggelassenen Reihenglieds. Diese Abschätzung ist ein geeignetes Werkzeug für eine numerische Approximation. Man kann von vornherein sagen, wie viele Reihenglieder berechnet werden müssen, um eine gewünschte Genauigkeit zu garantieren.

—————————— **?** ——————————

Ist folgende Formulierung des Leibniz-Kriteriums korrekt: Besitzt die Nullfolge (a_n) nur negative Glieder und wächst sie monoton, so konvergiert die Reihe $\left(\sum_{n=1}^{\infty} (-1)^n a_n \right)$?

Übersicht: Wichtige Reihen

Einigen Reihen begegnet man häufig in Anwendungen und Aufgaben. Diese sind hier zusammengestellt.

Geometrische Reihe

$$\left(\sum_{n=0}^{\infty} q^n\right) \quad \text{mit} \quad q \in \mathbb{C}.$$

- Konvergent für $|q| < 1$; Reihenwert

$$\sum_{n=0}^{\infty} q^n = \frac{1}{1-q}.$$

- Divergent für $|q| \geq 1$.

Allgemeine harmonische Reihe

$$\left(\sum_{n=1}^{\infty} \frac{1}{n^\alpha}\right) \quad \text{mit} \quad \alpha > 0.$$

- Konvergent für $\alpha > 1$, Reihenwerte nur in speziellen Fällen anzugeben, etwa:

$$\sum_{n=1}^{\infty} \frac{1}{n^2} = \frac{\pi^2}{6}, \qquad \sum_{n=1}^{\infty} \frac{1}{n^4} = \frac{\pi^4}{90}.$$

- Divergent für $\alpha \leq 1$.

Allgemeine alternierende harmonische Reihe

$$\left(\sum_{n=1}^{\infty} (-1)^{n+1} \frac{1}{n^\alpha}\right) \quad \text{mit} \quad \alpha > 0$$

- Absolut konvergent für $\alpha > 1$.

- Konvergent für $0 < \alpha \leq 1$.
- Reihenwerte nur in Spezialfällen anzugeben, etwa:

$$\sum_{n=1}^{\infty} \frac{(-1)^{n+1}}{n} = \ln 2, \qquad \sum_{n=1}^{\infty} \frac{(-1)^{n+1}}{n^2} = \frac{\pi^2}{12}.$$

Exponentialreihe

$$\left(\sum_{n=0}^{\infty} \frac{1}{n!}\right).$$

- Konvergiert absolut.
- Der Reihenwert ist:

$$\mathrm{e} = \sum_{n=0}^{\infty} \frac{1}{n!} \approx 2{,}718\,281\,828\,459$$

Bernoulli'sche Zahlen

$$B_n = \frac{(2n)!}{2^{2n-1}\,\pi^{2n}} \sum_{k=1}^{\infty} \frac{1}{k^{2n}}, \qquad n \in \mathbb{N}.$$

Die Bernoulli'schen Zahlen tauchen als Koeffizienten in Reihenentwicklungen zahlreicher mathematischer Funktionen auf.

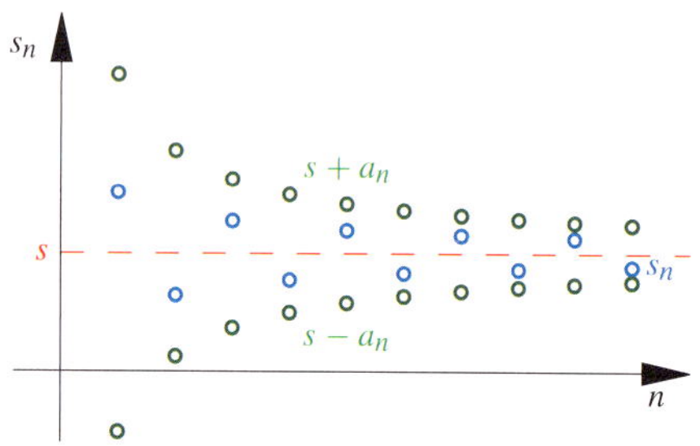

Abbildung 10.11 Die Abschätzung des Leibniz-Kriteriums garantiert, dass die Partialsummen s_n den Reihenwert s besser approximieren als $s \pm a_n$.

Beweis: Wir definieren die Folge der Partialsummen (s_N) durch

$$s_N := \sum_{n=1}^{N} (-1)^n a_n$$

und betrachten die Teilfolgen (s_{2N}) und (s_{2N-1}). Es gilt dann:

$$s_{2N+2} - s_{2N} = a_{2N+2} - a_{2N+1} \leq 0$$

und

$$s_{2N+1} - s_{2N-1} = -a_{2N+1} + a_{2N} \geq 0,$$

da ja (a_n) eine monoton fallende Folge ist. Außerdem gilt noch:

$$s_{2N} - s_{2N-1} = a_{2N} \geq 0, \quad \text{also } s_{2N} \geq s_{2N-1}.$$

Wir fassen das eben Gezeigte zusammen: Die Folge (s_{2N}) ist monoton fallend und nach unten beschränkt, zum Beispiel durch s_1. Die Folge (s_{2N-1}) ist monoton wachsend und nach oben beschränkt, zum Beispiel durch s_2. Beide Teilfolgen sind also konvergent (Abb. 10.12).

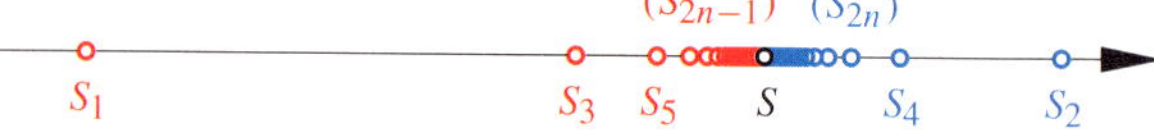

Abbildung 10.12 Grafische Darstellung der Folgenglieder s_N im Beweis des Leibniz-Kriteriums.

Die Grenzwerte sind ebenfalls gleich. Das folgt aus der Gleichung $s_{2N} - s_{2N-1} = a_{2N}$, da (a_n) eine Nullfolge ist.

Wir haben somit die Folge (s_n) vollständig in zwei konvergente Teilfolgen zerlegt. Da beide Teilfolgen konvergieren, ist (s_n) beschränkt, und da beide Teilfolgen denselben Grenzwert besitzen, hat (s_n) nur einen einzigen Häufungspunkt. Also (siehe die Folgerung auf Seite 295) konvergiert die Folge (s_n) selbst, die ja gerade unsere alternierende Reihe ist – den Reihenwert nennen wir S.

Aus unseren Überlegungen folgt auch, dass S für alle N zwischen s_N und s_{N+1} liegt. Es gilt eine der beiden Ungleichungsketten

$$s_N \leq S \leq s_{N+1} \quad \text{oder} \quad s_{N+1} \leq S \leq s_N.$$

Es folgt daher:

$$|S - s_N| \leq |s_{N+1} - s_N| = a_{N+1}.$$

Damit ist auch die Abschätzung für den Grenzwert bewiesen. $\blacksquare$

?

An welcher Stelle des Beweises wird die Monotonieforderung benutzt?

Wir wollen uns jetzt einige Fälle anschauen, in denen die Anwendung des Leibniz-Kriteriums ins Auge gefasst werden könnte – auch wenn das manchmal gar nicht erlaubt ist. Weil es so einfach ist, verleitet das Leibniz-Kriterium häufig dazu, es unerlaubterweise anzuwenden.

Beispiel

■ Zunächst ein Beispiel, bei dem die Anwendung erlaubt ist:

$$\left(\sum_{n=1}^{\infty} \frac{\mathrm{i}^{2n}}{\sqrt{n}} \right).$$

Hinter dem komplexen Ausdruck i^{2n} verbirgt sich $(-1)^n$. Die Folge $\left(\frac{1}{\sqrt{n}} \right)$ ist eine monoton fallende Nullfolge, also liegt nach dem Leibniz-Kriterium Konvergenz vor.

■ Ein Fall, bei dem man genau hinsehen muss, ist die Reihe

$$\left(\sum_{n=1}^{\infty} (-1)^n \frac{n}{n+1} \right).$$

Hier liegt das Problem darin, dass $(n/(n+1))$ gar keine Nullfolge ist, was man schnell einmal übersehen kann. Nach dem Nullfolgenkriterium divergiert die Reihe. ◄

Zum Ende dieses Abschnitts noch ein Wort zu Reihen mit komplexen Gliedern. Man hat hier zwei Vorgehensweisen zur Verfügung: Die eine Möglichkeit besteht darin, Real- und Imaginärteil der Reihe getrennt zu untersuchen. Die zweite Möglichkeit besteht darin, solche Reihen auf *absolute Konvergenz* zu untersuchen, der wir uns im nächsten Abschnitt widmen wollen.

10.3 Absolute Konvergenz

Schon im ersten Abschnitt dieses Kapitels hatten wir gesehen, dass bei Reihen die Reihenfolge der Reihenglieder nicht vertauscht werden darf, zumindest nicht, wenn man erwartet, dass sich der Reihenwert nicht ändert. In diesem Abschnitt wollen wir diese Fragestellung näher untersuchen. Ziel ist es, solche Reihen zu finden, bei denen man wie bei einer endlichen Summe die Reihenfolge der Glieder beliebig ändern kann, ohne dass sich der Reihenwert ändert. Es wird sich herausstellen, dass sich solche Reihen alle durch eine einfache gemeinsame Eigenschaft charakterisieren lassen, die wir *absolute Konvergenz* nennen wollen.

Definition der absoluten Konvergenz

Ist (a_n) eine Folge in $\mathbb{C}$ und konvergiert die Reihe $\left(\sum_{n=1}^{\infty} |a_n| \right)$, so nennen wir die Reihe $\left(\sum_{n=1}^{\infty} a_n \right)$ **absolut konvergent**.

Beispiel Viele der Reihen, die wir kennengelernt haben, sind absolut konvergent. Dazu zählen zum Beispiel alle konvergenten Reihen mit positiven reellen Gliedern, wie etwa

$$\left(\sum_{n=1}^{\infty} \frac{1}{n^2} \right) \quad \text{oder} \quad \left(\sum_{n=0}^{\infty} \left(\frac{1}{3} \right)^n \right).$$

Konvergent, aber nicht absolut konvergent ist dagegen die alternierende harmonische Reihe

$$\left(\sum_{n=1}^{\infty} \frac{(-1)^n}{n} \right). \qquad ◄$$

Wie sieht nun der Zusammenhang zwischen herkömmlicher und absoluter Konvergenz aus? Ein wichtiges Resultat ist das folgende.

Absolute Konvergenz und Konvergenz

Jede absolut konvergente Reihe ist auch konvergent.

Beweis: Wir geben uns die absolut konvergente Reihe $\left(\sum_{k=1}^{\infty} a_k \right)$ vor. Wir werden zeigen, dass dies eine Cauchy-Reihe ist. Dann folgt die Aussage aus dem Cauchy-Kriterium.

Die Differenz der Partialsummen zu m, n mit $m \leq n$ ist

$$\sum_{k=1}^{n} a_k - \sum_{k=1}^{m} a_k = \sum_{k=m+1}^{n} a_k.$$

Wir schätzen den Betrag durch die Dreiecksungleichung ab:

$$\left| \sum_{k=m+1}^{n} a_k \right| \leq \sum_{k=m+1}^{n} |a_k| \leq \sum_{k=m+1}^{\infty} |a_k|.$$

Damit ist die Arbeit schon getan: Wegen der absoluten Konvergenz der Reihe gibt es zu jedem $\varepsilon > 0$ ein $n_0 \in \mathbb{N}$, sodass für alle $n \geq n_0$ gilt:

$$\left| \sum_{k=1}^{\infty} |a_k| - \sum_{k=1}^{n} |a_k| \right| = \sum_{k=n+1}^{\infty} |a_k| \leq \varepsilon \,.$$

Indem man nur $n, m \geq n_0$ wählt, sieht man, dass die Reihe eine Cauchy-Reihe ist. $\blacksquare$

Die Umkehrung gilt, wie wir bereits gesehen haben, nicht. Es gibt auch konvergente Reihen, die nicht absolut konvergent sind. In diesem Fall spricht man von **bedingter Konvergenz**.

Bei absolut konvergenten Reihen gilt die Dreiecksungleichung

Eine weitere Eigenschaft, die wir sofort von endlichen Summen auf absolut konvergente Reihen übertragen können, ist die Dreiecksungleichung. Ist $\left(\sum_{n=1}^{\infty} a_n \right)$ eine absolut konvergente Reihe, so gilt natürlich für alle Partialsummen

$$\left| \sum_{n=1}^{N} a_n \right| \leq \sum_{n=1}^{N} |a_n| \,.$$

Nach den Regeln für Grenzwerte bleibt diese Ungleichung erhalten, wenn $N \to \infty$ geht. Es gilt also für *jede absolut konvergente Reihe* $\left(\sum_{n=1}^{\infty} a_n \right)$ die **Dreiecksungleichung** in der Form

$$\left| \sum_{n=1}^{\infty} a_n \right| \leq \sum_{n=1}^{\infty} |a_n| \,.$$

Beispiel Ein möglicher Weg zur Berechnung der Zahl $\ln(2/3)$ ist die Reihendarstellung

$$\ln \frac{2}{3} = \sum_{n=1}^{\infty} \frac{(-1)^n}{n\, 2^n} \,,$$

die wir einer mathematischen Formelsammlung entnommen haben. Die Funktion ln ist der natürliche Logarithmus, den wir in Kapitel 11 definieren werden.

Wenn wir irgendeine Partialsumme dieser Reihe berechnen, erhalten wir eine Näherung an den Wert von $\ln(2/3)$. Aber wie gut ist diese Näherung?

Mit der Dreiecksungleichung erhalten wir die Abschätzung

$$\left| \ln \frac{2}{3} - \sum_{n=1}^{N} \frac{(-1)^n}{n\, 2^n} \right| = \left| \sum_{n=N+1}^{\infty} \frac{(-1)^n}{n\, 2^n} \right| \leq \sum_{n=N+1}^{\infty} \frac{1}{n\, 2^n} \,.$$

Den Faktor n im Nenner der Reihenglieder ersetzen wir jetzt durch 1, dadurch werden alle Reihenglieder größer, d. h., wir

erhalten die Abschätzung

$$\left| \ln \frac{2}{3} - \sum_{n=1}^{N} \frac{(-1)^n}{n\, 2^n} \right| \leq \sum_{n=N+1}^{\infty} \frac{1}{2^n}$$

$$= \frac{1}{2^{N+1}} \sum_{n=0}^{\infty} \frac{1}{2^n}$$

$$= \frac{1}{2^{N+1}} \cdot \frac{1}{1 - \frac{1}{2}} = \frac{1}{2^N} \,.$$

Hier haben wir die Reihe durch eine Indexverschiebung auf die geometrische Reihe zurückgeführt, deren Reihenwert wir ausrechnen können.

Wir halten fest: Wenn wir die N-te Partialsumme berechnen, erhalten wir eine Näherung an $\ln \frac{2}{3}$, die höchstens 2^{-N} vom richtigen Ergebnis entfernt ist. Für $N = 10$ ist etwa der Wert der Partialsumme

$$\sum_{n=1}^{10} \frac{(-1)^n}{n\, 2^n} \approx -0{,}4054346 \,,$$

die korrekte Dezimaldarstellung ist

$$\ln \frac{2}{3} = -0{,}4054651 \ldots$$

Der Fehler ist ungefähr $3{,}046 \cdot 10^{-5}$, unsere Abschätzung garantiert einen Fehler von höchstens $9{,}766 \cdot 10^{-4}$.

Solche oder ähnliche Abschätzungen benötigt man, wenn Reihenwerte numerisch berechnet werden sollen, wobei aber eine gewünschte Genauigkeit garantiert werden soll. Ein Vergleich des tatsächlichen Fehlers und der Abschätzung für verschiedene Werte von N ist in der Abbildung 10.13 dargestellt. Die Abschätzung gibt den Fehler gut wieder, bis $N \approx 60$. Das Verhalten für größere Werte von N liegt an Rundungsfehlern bei der Bestimmung des korrekten Werts für $\ln(2/3)$: In der heute üblichen Standardarithmetik bestimmen Computer Funktionswerte auf maximal 16 Dezimalstellen genau.

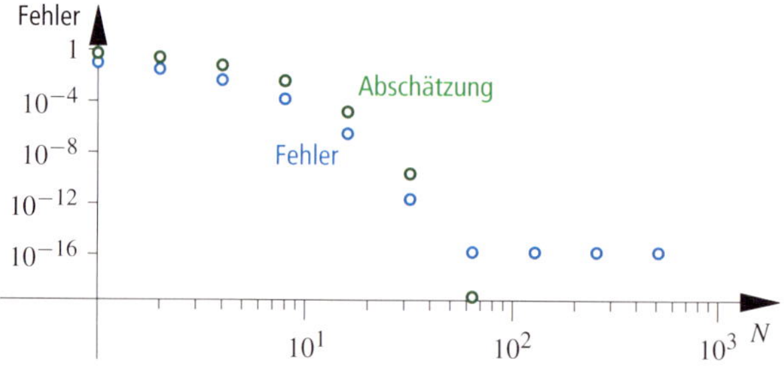

Abbildung 10.13 Der tatsächliche Fehler und die Abschätzung für die Berechnung von $\ln(2/3)$. Die Abschätzung gibt das Verhalten des Fehlers gut wieder, bis Rundungsfehler eine Rolle spielen.

—————————————— **?** ——————————————

Welche andere Möglichkeit gibt es, den Unterschied zwischen Partialsumme und exaktem Reihenwert in obigem Beispiel abzuschätzen? Welche Variante liefert eine bessere Schranke?

Der Begriff der absoluten Konvergenz erlaubt es uns auch, eine Variante des Majorantenkriteriums für Reihen mit komplexen Gliedern zu formulieren.

Satz (Majorantenkriterium für Reihen mit komplexen Gliedern)

Falls es zu einer Reihe $\left(\sum_{n=0}^{\infty} a_n\right)$ mit $a_n \in \mathbb{C}$ eine Folge (b_n) aus $\mathbb{R}_{\geq 0}$ mit $|a_n| \leq b_n$ für alle $n \geq n_0$ gibt, und konvergiert die Reihe $\left(\sum_{n=0}^{\infty} b_n\right)$, so konvergiert die Reihe $\left(\sum_{n=0}^{\infty} a_n\right)$.

Beweis: Das ursprüngliche Majorantenkriterium für Reihen (siehe Seite 358) liefert unter den gegebenen Voraussetzungen die absolute Konvergenz der Reihe über die a_n. Da absolut konvergente Reihen auch konvergieren, ist der Satz bewiesen. ∎

Durch Umordnungen der Glieder erhält man bei bedingt konvergenten Reihen jeden beliebigen Reihenwert

Wir wenden uns nun dem Phänomen zu, das wir auf Seite 348 angesprochen haben: Ordnet man die Glieder einer Reihe um, so kann sich unter Umständen der Reihenwert ändern. In dem Beispiel wird die alternierende harmonische Reihe betrachtet. In der Tat wird sich herausstellen, dass diese Situation genau für solche Reihen auftritt, die zwar konvergent, aber nicht absolut konvergent sind.

Zunächst erklären wir, was wir unter einer *Umordnung* verstehen: Eine Reihe $\left(\sum_{k=1}^{\infty} b_k\right)$ heißt **Umordnung** der Reihe $\left(\sum_{n=1}^{\infty} a_n\right)$, falls es eine bijektive Abbildung $u \colon \mathbb{N} \to \mathbb{N}$ gibt mit $a_n = b_{u(n)}$, $n \in \mathbb{N}$.

Riemann'scher Umordnungssatz

Ist $\left(\sum_{n=1}^{\infty} a_n\right)$ eine bedingt konvergente Reihe mit reellen Gliedern, also konvergent, aber nicht absolut konvergent, so gibt es zu jedem $S \in \mathbb{R}$ eine Umordnung dieser Reihe mit Reihenwert S.

Beweis: Wir definieren

$$b_n := \begin{cases} a_n, & a_n \geq 0, \\ 0, & a_n < 0 \end{cases} \quad \text{und} \quad c_n := \begin{cases} 0, & a_n \geq 0, \\ -a_n, & a_n < 0. \end{cases}$$

Dann gilt:

$$\sum_{n=1}^{\infty} a_n = \sum_{n=1}^{\infty} (b_n - c_n).$$

Die Reihen $\left(\sum_{n=1}^{\infty} b_n\right)$ bzw. $\left(\sum_{n=1}^{\infty} c_n\right)$ divergieren, weil andernfalls die Reihe über die (a_n) absolut konvergent wäre.

Zu $S \in \mathbb{R}$ setze nun

$$S_N := \sum_{n=1}^{P_N} b_n - \sum_{n=1}^{Q_N} c_n,$$

wobei die Zahlen P_N und Q_N rekursiv definiert sind:

$$P_1 = Q_1 = 0$$

und

$$P_{N+1} = P_N, \quad Q_{N+1} = Q_N + 1, \quad \text{falls } S_N \geq S$$

sowie

$$P_{N+1} = P_N + 1, \quad Q_{N+1} = Q_N \quad \text{falls } S_N < S$$

für $N \geq 2$. Es folgt, dass sowohl (P_N) als auch (Q_N) monoton wachsende, unbeschränkte Folgen in $\mathbb{N}$ sind. Ferner ist (S_N) eine Umordnung der Reihe $\left(\sum_{n=1}^{\infty} a_n\right)$.

Nun wählen wir ein $\varepsilon > 0$. Dann gibt es ein $M \in \mathbb{N}$ mit $b_m \leq \varepsilon$ und $c_m \leq \varepsilon$ für alle $m \geq M$. Außerdem gibt es eine Zahl $N_0 \in \mathbb{N}$ mit $P_N \geq M$ und $Q_N \geq M$ für alle $N \geq N_0$.

Ist für $N \geq N_0$ nun die Bedingung $S - \varepsilon \leq S_{N-1} < S$ erfüllt, so folgt:

$$S - \varepsilon \leq S_N = S_{N-1} + b_{P_N} \leq S + \varepsilon.$$

Ist andererseits die Bedingung $S + \varepsilon \geq S_{N-1} \geq S$ erfüllt, so folgt

$$S + \varepsilon \geq S_N = S_{N-1} - c_{Q_N} \geq S - \varepsilon.$$

Schließlich existiert nach Konstruktion aber auch ein $N_1 \geq N_0$ mit $|S - S_{N_1}| \leq \varepsilon$, da sich aufeinanderfolgende Partialsummen stets höchstens um ε voneinander unterscheiden. Somit gilt für alle $N \geq N_1$ die Bedingung

$$|S - S_N| \leq \varepsilon.$$

Damit ist gezeigt, dass die Reihe (S_N) gegen S konvergiert ∎

Bei absolut konvergenten Reihen sind beliebige Umordnungen der Reihenglieder erlaubt

Wir überlegen uns nun, dass die Voraussetzung im Umordnungssatz, dass die Reihe nicht absolut konvergieren darf, notwendig ist, genauer, dass man bei einer absolut konvergenten Reihe die Reihenfolge der Reihenglieder beliebig ändern kann, ohne dass sich der Reihenwert dabei verändert. In dieser Hinsicht verhalten sich absolut konvergente Reihen also ganz ähnlich wie endliche Summen.

Wir wollen uns den Grund für diese Eigenschaft überlegen. Wir wählen eine absolut konvergente Reihe $\left(\sum_{n=1}^{\infty} a_n\right)$, ihren Reihenwert wollen wir mit A bezeichnen. Nun sei (b_n) eine Folge, die aus genau denselben Folgengliedern wie (a_n) besteht, nur eben in einer anderen Reihenfolge. Dann konvergiert auch die Reihe $\left(\sum_{n=1}^{\infty} b_n\right)$ (siehe Übungsaufgabe 10.19), ihren Reihenwert bezeichnen wir mit B. Wir müssen nun zeigen, dass nun $A = B$ ist.

Wir geben uns dazu $\varepsilon > 0$ beliebig vor. Da die Reihe $\left(\sum_{n=1}^{\infty} a_n\right)$ absolut konvergiert, gibt es eine Zahl $N \in \mathbb{N}$,

Unter der Lupe: Der Riemann'sche Umordnungssatz

Ist $\left(\sum_{n=1}^{\infty} a_n\right)$ eine bedingt konvergente Reihe mit reellen Gliedern, also konvergent, aber nicht absolut konvergent, so gibt es zu jedem $S \in \mathbb{R}$ eine Umordnung dieser Reihe mit Reihenwert S.

Verdeutlichung der Aussage Die Reihenfolge der Glieder bei einer konvergenten, aber nicht absolut konvergenten Reihe ist für den Reihenwert entscheidend. Es kommt dabei darauf an, dass eine andere Folge von Partialsummen entsteht. Bringt man nur endlich viele Glieder in eine andere Reihenfolge, so ist klar, dass die Partialsummen für einen genügend großen Abschneideindex unverändert bleiben.

Dabei ist es möglich, jeden betragsmäßig noch so großen Reihenwert zu erzielen. Entscheidend für die Aussage ist also die Divergenz der Reihe über die Beträge, denn dadurch lässt sich jeder noch so große potenzielle Reihenwert übertreffen.

Diskussion der Beweisidee Das Musterbeispiel für eine bedingt konvergente Reihe ist die alternierende harmonische Reihe. Im Beweis des Leibniz-Kriteriums, das die Konvergenz dieser Reihe sicherstellt, hatten wir gesehen, dass die Partialsummen den Reihenwert umspringen und abwechselnd Werte darüber und darunter annehmen (siehe die Abbildungen 10.11 und 10.12). Es erscheint sinnvoll dieses Verhalten irgendwie nachzubilden.

Geht man davon aus, dass der zu erzielende Reihenwert S positiv ist, so bildet man dazu zunächst Partialsummen nur aus positiven Gliedern, bis der Wert der Partialsumme erstmalig größer als S ist. Anschließend addiert man negative Glieder, bis der Wert wieder kleiner als S ist. Die Abbildung stellt dies beispielhaft für die alternierende harmonische Reihe und den Grenzwert $S = 1.2$ dar.

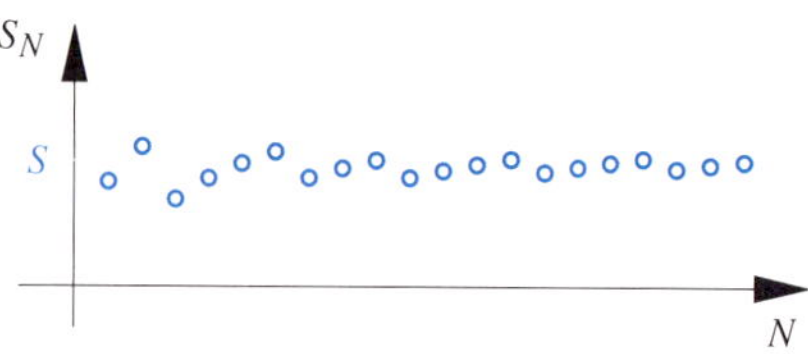

Für dieses Vorgehen ist es entscheidend, dass es überhaupt möglich ist, den Wert S immer wieder zu überschreiten und zu unterschreiten. Dazu benötigen wir, dass die Reihen über die positiven bzw. über die negativen Glieder von (a_n) jeweils divergieren.

Umsetzung der Idee

Wir spalten die Reihe auf in ihren positiven und negativen Anteil. Dazu definieren wir

$$b_n = \begin{cases} a_n, & a_n \geq 0, \\ 0, & a_n < 0 \end{cases} \quad \text{und} \quad c_n = \begin{cases} 0, & a_n \geq 0, \\ -a_n, & a_n < 0 \end{cases}$$

und schreiben

$$\sum_{n=1}^{N} a_n = \sum_{n=1}^{N} b_n - \sum_{n=1}^{N} c_n \, .$$

Hier dürfen wir nicht einfach $N \to \infty$ gehen lassen. Würde nämlich beispielsweise die Reihe über die b_n konvergieren, so folgt aus den Rechenregeln für Folgen, dass auch die Reihe über die c_n konvergiert. Dies wiederum bedeutet die absolute Konvergenz der Reihe über die a_n.

Jetzt ändern wir auf der rechten Seite die Abschneideindizes und bilden

$$S_N = \sum_{n=1}^{P_N} b_n - \sum_{n=1}^{Q_N} c_n \, .$$

Dabei sind die P_N und Q_N so zu wählen, dass sie monoton wachsen (denn sonst läge keine Umordnung der ursprünglichen Reihe vor) und dass $S_{N+1} \geq S_N$ ist für $S_N \leq S$ und $S_{N+1} \leq S_N$ für $S_N > S$. Im Beweis ist die genaue Konstruktion angegeben.

Es bleibt noch zu überlegen, dass die so konstruierte Reihe tatsächlich gegen S konvergiert. Auch hier geht man im Prinzip vor wie im Beweis des Leibniz-Kriteriums. Ist $S_N \geq S \geq S_{N+1}$, so ist

$$|S - S_N| \leq |S_N - S_{N+1}| = |a_{Q_{N+1}}| \, .$$

Da die Reihe über die a_n konvergiert, bilden die a_n aber eine Nullfolge. Somit geht dieser Abstand gegen null.

Nachdem so S unterschritten wurde, wird $|S - S_{N+k}|$ solange kleiner, bis S durch S_{N+K} wieder überschritten wird. Dann erhält man $|S - S_{N+K}| \leq |a_{P_{N+K+1}}|$ und hat wieder durch ein Glied der Folge (a_n) abgeschätzt.

Im Beweis wird dieses Vorgehen formal durch Wahl von geeigneten Indizes zu vorgegebenem $\varepsilon > 0$ durchgeführt.

sodass für den *Reihenrest* der Betragsreihe gilt:

$$\sum_{n=N+1}^{\infty} |a_n| \leq \varepsilon \, .$$

Damit ist nach der Dreiecksungleichung

$$\left| \sum_{n=1}^{N} a_n - A \right| = \left| \sum_{n=N+1}^{\infty} a_n \right| \leq \sum_{n=N+1}^{\infty} |a_n| \leq \varepsilon \, .$$

Nun untersuchen wir die Folge (b_n). Wir suchen uns eine Zahl $M \in \mathbb{N}$, sodass die Folgenglieder $a_1, \dots, a_N$ unter den Zahlen $b_1, \dots, b_M$ sind. Das geht, da ja die Folgenglieder von (a_n) und (b_n) dieselben sind. Dann gilt aber auch

$$\left| \sum_{n=1}^{M} b_n - B \right| \leq \sum_{n=M+1}^{\infty} |b_n| \leq \sum_{n=N+1}^{\infty} |a_n| \leq \varepsilon \, .$$

Schließlich ist auch

$$\left| \sum_{n=1}^{N} a_n - \sum_{n=1}^{M} b_n \right| \le \sum_{n=N+1}^{\infty} |a_n| \le \varepsilon,$$

denn in der ersten Differenz bleiben nur Glieder übrig, die in den $a_{N+1}, a_{N+2}, \ldots$ enthalten sind.

Nun schätzen wir die Differenz der beiden Reihenwerte durch die Dreiecksungleichung ab:

$$|A - B| \le \left| A - \sum_{n=1}^{N} a_n \right| + \left| \sum_{n=1}^{N} a_n - \sum_{n=1}^{M} b_n \right|$$
$$+ \left| \sum_{n=1}^{M} b_n - B \right|$$
$$\le 3\varepsilon.$$

Wir rekapitulieren: Für jedes $\varepsilon > 0$ ist also $|A - B| \le 3\varepsilon$. Also muss $A = B$ sein. Als Schlussfolgerung können wir festhalten, dass sich der Reihenwert bei absolut konvergenten Reihen durch eine Umordnung der Reihenglieder nicht ändert.

Zur Berechnung von Produkten von Reihen dient das Cauchy-Produkt

Von der Möglichkeit, die Glieder einer absolut konvergenten Reihe umzuordnen, wollen wir gleich Gebrauch machen. Dazu wollen wir uns mit Produkten von Reihen beschäftigen. Nach den Rechenregeln für Grenzwerte von Folgen wissen wir, dass das Produkt zweier konvergenter Reihen stets auch konvergieren muss. Allerdings ist das Ausmultiplizieren der Partialsummen problematisch: Man hat es mit zwei Grenzprozessen zu tun, von denen nicht klar ist, ob sie unabhängig voneinander sind:

$$\left(\sum_{j=0}^{\infty} a_j \right) \cdot \left(\sum_{k=0}^{\infty} a_j \right) = \lim_{N \to \infty} \lim_{M \to \infty} \sum_{j=1}^{N} \sum_{k=1}^{M} a_j b_k$$

Die Abbildung 10.14 stellt links die Bildung der Produktreihe schematisch dar, wenn man bei beiden Reihen die Partialsummen für dasselbe N miteinander multipliziert. Zum

einen führt dies auf keine angenehme Darstellung des Produkts, aber es ist auch nicht klar, ob dieses Vorgehen überhaupt sinnvoll ist.

Um eine schöne, eingängige Formel zu erhalten, müssen wir die Reihenglieder in der *Produktreihe* umordnen. Nach dem bisher Gesagten ist klar: Das dürfen wir nur tun, wenn diese Reihe absolut konvergiert.

Auf der rechten Seite der Abbildung 10.14 ist dieses Umordnen schematisch dargestellt. Als Formel schreibt sich die Produktreihe für zwei Reihen $\left(\sum_{n=1}^{\infty} a_n \right)$ und $\left(\sum_{n=1}^{\infty} b_n \right)$ dann als

$$\left(\sum_{n=1}^{\infty} \sum_{k=1}^{n-1} a_k \, b_{n-k} \right).$$

Diese Reihe nennen wir **Cauchy-Produkt** der beiden Reihen.

Konvergenz des Cauchy-Produkts

Sind die Reihen $\left(\sum_{n=1}^{\infty} a_n \right)$ und $\left(\sum_{n=1}^{\infty} b_n \right)$ absolut konvergent, dann konvergiert auch ihr Cauchy-Produkt absolut, und für die Grenzwerte gilt:

$$\left[\sum_{n=1}^{\infty} a_n \right] \cdot \left[\sum_{n=1}^{\infty} b_n \right] = \sum_{n=1}^{\infty} \sum_{k=1}^{n-1} a_k \, b_{n-k}.$$

Beweis: Wir betrachten eine bijektive Abbildung $\sigma : \mathbb{N} \to \mathbb{N} \times \mathbb{N}$ mit $j \mapsto (\sigma_1(j), \sigma_2(j))$. Eine solche Abbildung ist uns zum Beispiel beim Nachweis der Abzählbarkeit von $\mathbb{Q}$ schon begegnet (siehe Seite 122). Dann konvergiert die Reihe

$$\left(\sum_{j=1}^{\infty} a_{\sigma_1(j)} b_{\sigma_2(j)} \right)$$

absolut, denn setzen wir für alle $N \in \mathbb{N}$

$$P_N = \max\{\sigma_1(1), \ldots \sigma_1(N)\},$$
$$Q_N = \max\{\sigma_2(1), \ldots \sigma_2(N)\},$$

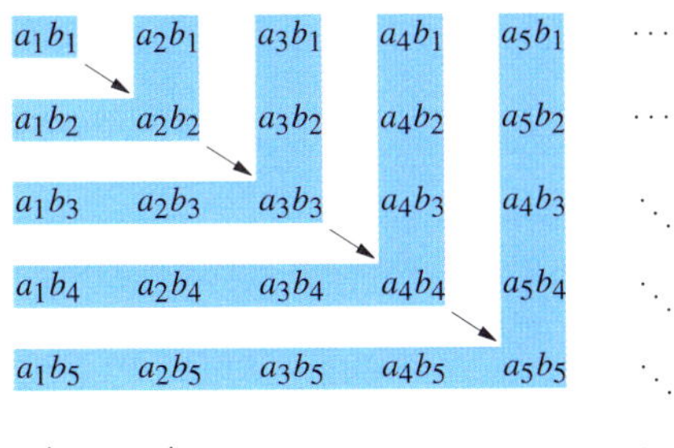

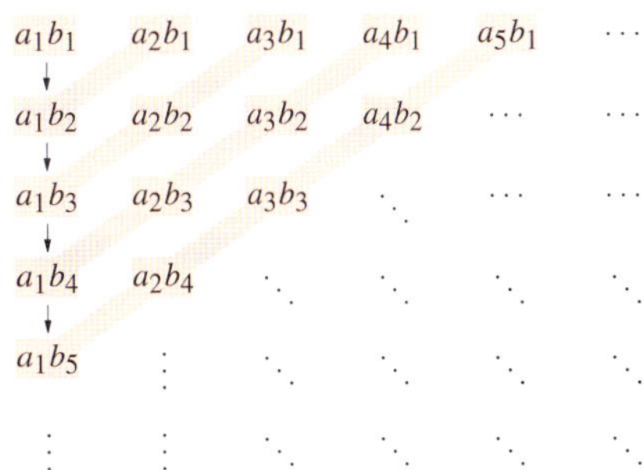

Abbildung 10.14 Die Ordnung der Reihenglieder in einer Produktreihe. Links ist die Abfolge der Glieder nach der Definition der Reihen abgebildet, rechts die Abfolge im Cauchy-Produkt.

so ist

$$\sum_{j=1}^{N} |a_{\sigma_1(j)} b_{\sigma_2(j)}| \le \left(\sum_{j=1}^{P_N} |a_j|\right)\left(\sum_{j=1}^{Q_N} |b_j|\right)$$
$$\le \left(\sum_{j=1}^{\infty} |a_j|\right)\left(\sum_{j=1}^{\infty} |b_j|\right).$$

Nach dem Umordnungssatz konvergiert für jedes bijektive $\sigma : \mathbb{N} \to \mathbb{N} \times \mathbb{N}$ die oben definierte Reihe gegen denselben Grenzwert. Die beiden Reihen

$$\left(\sum_{n=1}^{N}\sum_{k=1}^{N} a_n b_k\right)_{N=1}^{\infty} \quad \text{bzw.} \quad \left(\sum_{n=1}^{N}\sum_{k=1}^{n-1} a_k b_{n-k}\right)_{N=1}^{\infty}$$

sind aber jeweils Teilfolgen solcher Reihen für eine geeignete Wahl von σ (siehe dazu Abbildung 10.14). Somit haben beide Reihen denselben Wert. Es ist aber

$$\lim_{N\to\infty}\sum_{n=1}^{N}\sum_{k=1}^{N} a_n b_k = \left(\sum_{n=1}^{\infty} a_n\right)\left(\sum_{k=1}^{\infty} b_k\right).$$

Somit hat auch das Cauchy-Produkt diesen Wert. ∎

Beispiel Das Quadrat der Euler'schen Zahl können wir als Produkt der Exponentialreihe mit sich selbst schreiben:

$$e^2 = \left(\sum_{n=0}^{\infty} \frac{1}{n!}\right) \cdot \left(\sum_{n=0}^{\infty} \frac{1}{n!}\right).$$

Mithilfe des Cauchy-Produkts folgt

$$e^2 = \sum_{n=0}^{\infty}\sum_{k=0}^{n} \frac{1}{k!} \cdot \frac{1}{(n-k)!}$$
$$= \sum_{n=0}^{\infty} \frac{1}{n!} \sum_{k=0}^{n} \frac{n!}{k!(n-k)!}.$$

Der letzte Bruch ist aber gerade ein Binom. Also gilt mit der allgemeinen binomischen Formel:

$$e^2 = \sum_{n=0}^{\infty} \frac{1}{n!} \sum_{k=0}^{n} \binom{n}{k} 1^k\, 1^{n-k}$$
$$= \sum_{n=0}^{\infty} \frac{1}{n!} (1+1)^n$$
$$= \sum_{n=0}^{\infty} \frac{2^n}{n!}.$$

Ausgehend von diesem Ergebnis kann man nun eine Reihendarstellung von e^3 berechnen, anschließend dann für e^4, usw. Mit vollständiger Induktion lässt sich dabei beweisen, dass

$$e^p = \sum_{n=0}^{\infty} \frac{p^n}{n!}$$

für jedes $p \in \mathbb{N}$ gilt. Im nächsten Kapitel dieses Buches, das sich mit Potenzreihen beschäftigt, wollen wir uns dieses Ergebnis für alle $p \in \mathbb{C}$ erarbeiten. ◄

Kommentar: Von *beiden* Reihen im Cauchy-Produkt *absolute* Konvergenz zu verlangen, ist eine recht scharfe Forderung. Konvergiert von zwei Reihen eine absolut, die andere hingegen nur bedingt, so konvergiert ihr Cauchy-Produkt immer noch – allerdings im Allgemeinen nicht mehr absolut.

——————————— **?** ———————————

Können Sie eine Reihe angeben, deren Cauchy-Produkt mit jeder beliebigen anderen Reihe konvergiert?

10.4 Kriterien für absolute Konvergenz

Im Abschnitt 10.2 ging es um die Frage, wie man auf einfachem Wege entscheiden kann, ob eine Reihe konvergiert oder nicht. Wir wollen uns jetzt ganz analog damit beschäftigen, Kriterien zu finden, mit denen wir eine Reihe auf absolute Konvergenz überprüfen können.

Das *Wurzel-* und das *Quotientenkriterium*, die wir jetzt vorstellen wollen, erledigen diese Aufgabe und sind leicht zu handhaben. Bei vielen Reihen stellen sie den bei Weitem einfachsten Weg dar, die Konvergenz zu überprüfen. Beide Kriterien sind allerdings nicht sehr *fein*: Bei vielen Reihen, die „gerade noch" oder „gerade nicht mehr" konvergent sind, erhält man keine Aussage. Da beide Kriterien eben auf *absolute* Konvergenz prüfen, können sie über bedingt konvergente Reihen niemals Aussagen treffen.

Das Wurzelkriterium folgt aus dem Vergleich mit der geometrischen Reihe

Vergleichskriterien sind immer nur so gut wie die Reihen, die man zum Vergleichen zur Verfügung hat. Eine Reihe, die sich für Vergleiche anbietet – weil wir ja ihre Konvergenzeigenschaften ganz genau kennen – ist die geometrische. Wir werden aus diesem Vergleich sogar ein ganz allgemeines Kriterium gewinnen, eben das *Wurzelkriterium*.

Betrachten wir dazu eine Reihe mit nicht negativen Gliedern a_n. Mit Sicherheit wissen wir, dass diese konvergiert, wenn es eine positive Zahl $q < 1$ gibt, sodass ab einem bestimmten Index n_0

$$a_n \le q^n$$

ist. Diese Bedingung kann man aber sofort umschreiben zu

$$\sqrt[n]{a_n} \le q.$$

Hintergrund und Ausblick: Der große Umordnungssatz

Wir haben gezeigt, dass bei absolut konvergenten Reihen die Folge der Reihenglieder beliebig umsortiert werden darf. Man betrachtet also als zulässige Umordnung eine Bijektion von $\mathbb{N}$. Es sind aber auch kompliziertere Umordnungen denkbar, bei denen zunächst Reihen über Teilfolgen der Reihenglieder gebildet und diese Grenzwerte dann addiert werden. Auch dann gilt die Aussage, dass der Grenzwert der Reihe sich bei einer absolut konvergenten Reihe nicht ändert. Diese Aussage nennt man den **großen Umordnungssatz.**

Wir betrachten eine konvergente Reihe $\left(\sum_{m=1}^{\infty} a_m\right)$ mit nicht-negativen Gliedern a_m. Insbesondere folgt, dass die Reihe absolut konvergiert.

Wir formulieren zunächst genauer, was wir unter einer Umordnung im Sinne des großen Umordnungssatzes verstehen. Dazu betrachten wir eine Bijektion

$$n \colon \mathbb{N} \times \mathbb{N} \to \mathbb{N}.$$

Die Menge $\{a_{n(j,k)} \mid j, k \in \mathbb{N}\}$ enthält dann genau die Reihenglieder a_n und zu jedem Index m gibt es nur ein Paar (j, k) mit $a_m = a_{n(j,k)}$.

Wir können nun Teilreihen der ursprünglichen Reihe bilden, für festes $j \in \mathbb{N}$ nämlich

$$\left(\sum_{k=1}^{\infty} a_{n(j,k)}\right).$$

Jede dieser Reihen konvergiert, da die Folge der Partialsummen monoton wächst und durch $\sum_{m=1}^{\infty} a_m$ nach oben beschränkt ist. Wir schreiben b_j für den Grenzwert. Bildet man nun,

$$\left(\sum_{j=1}^{\infty} b_j\right) = \left(\sum_{j=1}^{\infty} \sum_{k=1}^{\infty} a_{n(j,k)}\right),$$

so tauchen alle ursprünglichen Reihenglieder wieder genau einmal auf. Offen ist, ob auch die Reihenwerte übereinstimmen.

Zunächst zeigen wir, dass die Reihe über die b_j konvergiert. Da die Folge ihrer Partialsummen ebenfalls monoton wächst, ist nur zu zeigen, dass diese Folge beschränkt ist. Dazu wählen wir $\varepsilon > 0$. Zu jedem $j \in \mathbb{N}$ existiert dann ein $K \in \mathbb{N}$ mit

$$b_j - \sum_{k=1}^{\infty} a_{n(j,k)} \leq \sum_{k=1}^{K} a_{n(j,k)} + \frac{\varepsilon}{2^j}.$$

Somit gilt für $J \in \mathbb{N}$

$$\sum_{j=1}^{J} b_j \leq \sum_{j=1}^{J} \sum_{k=1}^{K} a_{n(j,k)} + \varepsilon \sum_{j=1}^{J} \frac{1}{2^j} \leq \sum_{m=1}^{\infty} a_m + \varepsilon.$$

Jetzt können wir zunächst den Grenzübergang $J \to \infty$ durchführen, um zu sehen, dass die Reihe über die b_j konvergiert. Anschließend liefert $\varepsilon \to 0$ die Abschätzung

$$\sum_{j=1}^{\infty} b_j \leq \sum_{m=1}^{\infty} a_m.$$

Es ist noch die umgekehrte Abschätzung zu zeigen. Zu $M \in \mathbb{N}$ existiert aber ein $J \in \mathbb{N}$ mit

$$\{a_1, \ldots, a_M\} \subseteq \{a_{n(j,k)} \mid k \in \mathbb{N}, j \leq J\}.$$

Somit ist

$$\sum_{m=1}^{M} a_m \leq \sum_{j=1}^{J} b_j \leq \sum_{j=1}^{\infty} b_j.$$

Im Grenzübergang $M \to \infty$ erhalten wir

$$\sum_{m=1}^{\infty} a_m \leq \sum_{j=1}^{\infty} b_j.$$

Damit haben wir den folgenden großen Umordnungssatz bewiesen:

Satz

Ist $\left(\sum_{m=1}^{\infty} a_m\right)$ eine konvergente Reihe mit $a_m \geq 0$, $m \in \mathbb{N}$, und ist $n \colon \mathbb{N} \times \mathbb{N} \to \mathbb{N}$ bijektiv, so gilt

$$\sum_{m=1}^{\infty} a_m = \sum_{j=1}^{\infty} \sum_{k=1}^{\infty} a_{n(j,k)}.$$

Wir haben hier eine Formulierung des Satzes gewählt, die von einer Aufteilung von (a_m) in abzählbar unendlich viele Teilfolgen ausgeht. Klar ist, dass wir ganz analog argumentieren können, um die Aussage auch für eine Aufteilung in endlich viele Teilfolgen zu erhalten.

In der Literatur (zum Beispiel Walter, Analysis I) sind auch allgemeinere Formulierungen des großen Umordnungssatzes zu finden. Es reicht aus, zu verlangen, dass die Reihe über die a_m absolut konvergiert. Insbesondere können die Glieder auch komplexe Zahlen sein.

Anwendungen dieses Satzes finden sich zum einen in der Berechnung von Reihenwerten. So ist für $|q| < 1$ etwa

$$\sum_{n=0}^{\infty} (n+1)\, q^n = \sum_{n=0}^{\infty} q^n + \sum_{n=1}^{\infty} q^n + \sum_{n=2}^{\infty} q^n + \cdots$$

$$= \sum_{n=0}^{\infty} q^n + \sum_{n=0}^{\infty} q^{n+1} + \sum_{n=0}^{\infty} q^{n+2} + \cdots$$

$$= \sum_{j=0}^{\infty} \sum_{k=0}^{\infty} q^j\, q^k$$

$$= \sum_{j=0}^{\infty} \frac{q^j}{1-q} = \frac{1}{(1-q)^2}.$$

Der Große Umordnungssatz findet unter anderem in der *Stochastik* Anwendung, wenn es darum geht, diskrete Wahrscheinlichkeitsräume durch Angabe der Wahrscheinlichkeiten aller Elementarereignisse zu konstruieren.

Gäbe es umgekehrt eine Zahl $Q > 1$, sodass

$$\sqrt[n]{a_n} \geq Q$$

ab einem bestimmten Index n_0 wäre, dann hätten wir sofort die Abschätzung

$$\sum_{n=n_0}^{N} a_n \geq \sum_{n=n_0}^{N} Q^n,$$

und auf der rechten Seite stünde eine divergente Minorante. Es wird also für viele Reihen genügen, $\sqrt[n]{a_n}$ zu betrachten, um Aussagen über Konvergenz oder Divergenz zu treffen.

Wurzelkriterium

Erfüllt eine Folge (a_n) aus $\mathbb{C}$ die Bedingung

$$\limsup_{n \to \infty} \sqrt[n]{|a_n|} < 1 \,,$$

so konvergiert die Reihe $\left(\sum_{n=1}^{\infty} a_n\right)$ absolut. Ist dagegen die Folge $(\sqrt[n]{|a_n|})$ unbeschränkt oder gilt

$$\limsup_{n \to \infty} \sqrt[n]{|a_n|} > 1 \,,$$

so divergiert die Reihe. Im Falle

$$\limsup_{n \to \infty} \sqrt[n]{|a_n|} = 1$$

ist keine Aussage möglich.

Kommentar: Wie wir im Beweis gleich sehen werden, reicht für die Divergenz der Reihe die schwächere Bedingung, dass $\sqrt[n]{|a_n|} \geq 1$ für *unendlich viele n* ist.

?

Für eine Reihe $\left(\sum_{n=1}^{\infty} a_n\right)$, eine Zahl $q < 1$ und ein $n_0 \in \mathbb{N}$ gilt

$$\sqrt[n]{|a_n|} \leq q, \qquad n \geq n_0 \,.$$

Ist diese Reihe absolut konvergent?

Beweis: Ist $\limsup_{n \to \infty} \sqrt[n]{|a_n|} < 1$, so gibt es ein $q < 1$ und ein $N \in \mathbb{N}$ mit

$$\sqrt[n]{|a_n|} \leq q \qquad \text{für alle } n \geq N \,.$$

Nach unseren Vorüberlegungen ist also die geometrische Reihe $\left(\sum_{n=0}^{\infty} q^n\right)$ eine konvergente Majorante der Reihe $\left(\sum_{n=1}^{\infty} |a_n|\right)$. Hieraus folgt die absolute Konvergenz der Reihe über die a_n.

Ist $\limsup_{n \to \infty} \sqrt[n]{|a_n|} > 1$, so gibt es eine Teilfolge und somit unendlich viele Folgenglieder mit $\sqrt[n]{|a_n|} \geq 1$. Für diese gilt dann auch $|a_n| \geq 1$, folglich bildet (a_n) keine Nullfolge. Daher divergiert die Reihe über die (a_n).

Um uns von der Richtigkeit der letzten Aussage des Kriteriums zu überzeugen, werden wir in den folgenden Beispielen konvergente und eine divergente Reihe vorstellen, die $\limsup_{n \to \infty} \sqrt[n]{|a_n|} = 1$ erfüllen. ∎

Ein wichtiger Spezialfall liegt vor, wenn die Folge $(\sqrt[n]{|a_n|})$ sogar konvergiert. In diesem Falle können wir den Limes superior durch den Grenzwert ersetzen. Das lässt sich knapp und kompakt schreiben als

$$\lim_{n \to \infty} \sqrt[n]{|a_n|} \begin{cases} < 1 & \text{absolute Konvergenz,} \\ = 1 & \text{keine Aussage,} \\ > 1 & \text{Divergenz.} \end{cases}$$

In dieser Formulierung mit einem Grenzwert wird das Wurzelkriterium aber am häufigsten verwendet.

Beispiel

- Wir untersuchen die Reihe

$$\sum_{n=1}^{\infty} \left(\frac{1}{3} - \frac{1}{\sqrt{n}}\right)^n$$

auf Konvergenz. Das Wurzelkriterium liefert

$$\sqrt[n]{|a_n|} = \sqrt[n]{\left|\frac{1}{3} - \frac{1}{\sqrt{n}}\right|^n} = \left|\frac{1}{3} - \frac{1}{\sqrt{n}}\right| \to \frac{1}{3} \quad (n \to \infty).$$

Der Grenzwert ist kleiner als 1, diese Reihe ist also absolut konvergent.

- Nun untersuchen wir die Reihe

$$\sum_{n=1}^{\infty} \left(1 + \frac{1}{n}\right)^{n^2}$$

auf Konvergenz:

$$\sqrt[n]{|a_n|} = \sqrt[n]{\left(1 + \frac{1}{n}\right)^{n^2}} = \left(1 + \frac{1}{n}\right)^n \to e \quad (n \to \infty).$$

Hier ist der Grenzwert größer als 1, die Reihe ist divergent.

- Welche Aussage können wir mit dem Wurzelkriterium über die allgemeine harmonische Reihe treffen? Es gilt

$$\sqrt[n]{\left|\frac{1}{n^\alpha}\right|} = \left(\frac{1}{\sqrt[n]{n}}\right)^\alpha \longrightarrow 1^\alpha = 1 \qquad (n \to \infty)$$

für alle $\alpha > 0$. Wir haben also stets den Fall vorliegen, dass $\limsup_{n \to \infty} \sqrt[n]{|a_n|} = 1$ ist. Im Fall $\alpha \leq 1$ divergiert die allgemeine harmonische Reihe, im Fall $\alpha > 1$ konvergiert sie. Somit sehen wir an diesem Beispiel, dass im Fall „gleich 1" mit dem Wurzelkriterium keine Aussage über Konvergenz und Divergenz möglich ist. ◀

Nicht immer ist man in der Situation, dass die Folge $(\sqrt[n]{|a_n|})$ konvergiert. Dann muss der größte Häufungspunkt – so er denn existiert – auf anderem Wege gefunden werden. Wir sehen uns auch dazu einige Beispiele an.

Beispiel

■ Untersuchen wir etwa die Reihe

$$\left(\sum_{n=1}^{\infty} \left(1 + \frac{(-1)^n}{n} \right)^{n^2} \right)$$

auf Konvergenz. Durch das wechselnde Vorzeichen erhalten wir für gerade und ungerade n jeweils unterschiedliche Ergebnisse:

$$\sqrt[n]{|a_n|} = \begin{cases} \left(1 + \frac{1}{n} \right)^n, & \text{wenn } n \text{ gerade,} \\ \left(1 - \frac{1}{n} \right)^n, & \text{wenn } n \text{ ungerade.} \end{cases}$$

Damit erhalten wir

$$\lim_{k \to \infty} \sqrt[2k]{|a_{2k}|} = \lim_{k \to \infty} \left(1 + \frac{1}{2k} \right)^{2k} = e\,.$$

Es gibt also einen Häufungspunkt, der größer ist als 1. Nach dem Wurzelkriterium divergiert die Reihe.

■ Bei der Reihe

$$\left(\sum_{n=0}^{\infty} \frac{1 + (1 + i)^n}{2^n} \right)$$

können wir den Betrag des Zählers abschätzen durch

$$|1 + (1 + i)^n| \leq 1 + 2^{n/2} \leq 2^{(n/2)+1}\,.$$

Somit ist

$$\sqrt[n]{\left| \frac{1 + (1 + i)^n}{2^n} \right|} \leq \sqrt[n]{\frac{2^{(n/2)+1}}{2^n}} = \sqrt[n]{2}\,\frac{\sqrt{2}}{2} \to \frac{\sqrt{2}}{2}$$

für $n \to \infty$. Es folgt:

$$\limsup_{n \to \infty} \sqrt[n]{\left| \frac{1 + (1 + i)^n}{2^n} \right|} \leq \frac{\sqrt{2}}{2} < 1\,.$$

Die Reihe konvergiert nach dem Wurzelkriterium. ◀

Diese Beispiele illustrieren auch schon, in welchen Fällen das Wurzelkriterium besonders praktisch ist, nämlich dann, wenn die Reihenglieder a_n einen Exponenten wie n oder n^2 beinhalten und daher beim Ziehen der n-ten Wurzel eine einfachere Gestalt erhalten.

Ist das nicht der Fall, so kann oft das zweite wichtige Kriterium dieses Abschnitts weiterhelfen, das Quotientenkriterium.

Das Quotientenkriterium ist noch einfacher anzuwenden als das Wurzelkriterium

Das Ziehen von n-ten Wurzeln kann gelegentlich ein wenig mühsam sein. Stattdessen kann es ausreichen, den Betrag des Quotienten zweier aufeinanderfolgender Glieder $|a_{n+1}/a_n|$ zu betrachten.

Quotientenkriterium

Wir betrachten eine Folge (a_n) aus $\mathbb{C} \setminus \{0\}$. Gibt es Zahlen $q < 1$ und $N \in \mathbb{N}$ mit

$$\left| \frac{a_{n+1}}{a_n} \right| \leq q \quad \text{für alle } n \geq N,$$

so konvergiert die Reihe $\left(\sum_{n=1}^{\infty} a_n \right)$ absolut. Gibt es dagegen ein $N \in \mathbb{N}$ mit

$$\left| \frac{a_{n+1}}{a_n} \right| \geq 1 \quad \text{für alle } n \geq N,$$

so divergiert die Reihe.

Beweis: Wir betrachten zunächst den Fall $q < 1$ und $N \in \mathbb{N}$ mit

$$\left| \frac{a_{n+1}}{a_n} \right| \leq q \quad \text{für alle } n \geq N.$$

Damit gilt auch, dass für beliebige $n > N$

$$\frac{|a_n|}{|a_N|} = \frac{|a_{N+1}|}{|a_N|} \cdot \frac{|a_{N+2}|}{|a_{N+1}|} \cdots \frac{|a_n|}{|a_{n-1}|} \leq q^{n-N}$$

ist. Demnach ist

$$|a_n| \leq \frac{|a_N|}{q^N}\, q^n,$$

und man hat eine geometrische Reihe als konvergente Majorante gefunden.

Gibt es dagegen ein $N \in \mathbb{N}$ mit

$$\left| \frac{a_{n+1}}{a_n} \right| \geq 1 \quad \text{für alle } n \geq N,$$

so folgt $|a_{n+1}| \geq |a_n| \geq \cdots \geq |a_N|$ für $n \geq N$. Die Folge $(|a_n|)_{n=N}^{\infty}$ ist also monoton wachsend und durch $|a_N| > 0$ nach unten beschränkt. Hieraus folgt, dass (a_n) keine Nullfolge ist, die Reihe über die a_n divergiert also. ■

Auch die Voraussetzungen im Quotientenkriterium sind besonders leicht zu überprüfen, falls die Folge $(|a_{n+1}/a_n|)$ konvergiert. Ist der Grenzwert kleiner als 1, so ist die Bedingung für Konvergenz erfüllt, ist er größer als 1, so liegt Divergenz vor. Ist der Grenzwert gleich 1, so ist im Allgemeinen keiner der beiden Fälle des Quotientenkriteriums erfüllt. Auch hier ist die allgemeine harmonische Reihe ein Beispiel, das zeigt, dass in diesem Fall sowohl Konvergenz als auch Divergenz möglich ist. Wieder gibt es zusammenfassend eine knappe und einprägsame Schreibweise:

$$\lim_{n \to \infty} \left| \frac{a_{n+1}}{a_n} \right| \begin{cases} < 1 & \text{absolute Konvergenz,} \\ = 1 & \text{keine Aussage,} \\ > 1 & \text{Divergenz.} \end{cases}$$

Aufgrund der Leichtigkeit in seiner Handhabung ist das Quotientenkriterium das wahrscheinlich beliebteste Konvergenzkriterium für Reihen überhaupt – es ist jenes, das man im Normalfall als erstes einmal versucht.

Übersicht: Konvergenzkriterien für Reihen

In dieser Übersicht sind die wichtigsten Konvergenzkriterien kurz zusammengefasst. Zusätzlich wollen wir noch eine kleine Orientierungshilfe geben, wann welches Kriterium am ehesten einen Versuch wert ist.

Für die Kurzvorstellung der Kriterien betrachten wir eine Reihe der Form $\left(\sum_{n=0}^{\infty} a_n\right)$ mit Reihengliedern $a_n \in \mathbb{C}$.

Quotientenkriterium

Anwendungen: Reihenglieder mit Fakultäten, Binomialkoeffizienten oder Potenzen.

$$\left|\frac{a_{n+1}}{a_n}\right| \dots \begin{cases} \le q < 1 & \text{absolute Konvergenz,} \\ \ge 1 & \text{Divergenz,} \\ \text{sonst} & \text{keine Aussage.} \end{cases}$$

Wurzelkriterium

Anwendungen: Reihenglieder sind Potenzausdrücke mit Exponenten wie n oder n^2.

$$\limsup_{n\to\infty} \sqrt[n]{|a_n|} \dots \begin{cases} < 1 & \text{absolute Konvergenz,} \\ = 1 & \text{keine Aussage,} \\ > 1 & \text{Divergenz.} \end{cases}$$

Grenzwertkriterium

Anwendungen: Reihenglieder sind als rationaler Ausdruck in n gegeben.
Voraussetzungen: a_n, b_n reell und positiv.

$$\text{Betrachte} \quad \lim_{n\to\infty} \frac{a_n}{b_n}.$$

- Grenzwert existiert und ist > 0: Die Reihen

$$\left(\sum_{n=0}^{\infty} a_n\right) \quad \text{und} \quad \left(\sum_{n=0}^{\infty} b_n\right)$$

haben das gleiche Konvergenzverhalten.
- Grenzwert existiert und ist $= 0$:

$$\left(\sum_{n=0}^{\infty} b_n\right) \text{ konvergiert} \implies \left(\sum_{n=0}^{\infty} a_n\right) \text{ konvergiert.}$$

- Grenzwert ist unendlich:

$$\left(\sum_{n=0}^{\infty} b_n\right) \text{ divergiert} \implies \left(\sum_{n=0}^{\infty} a_n\right) \text{ divergiert.}$$

Majoranten-/Minorantenkriterium

Anwendungen: Vergleich mit einfacher bekannter Reihe ist möglich.
Voraussetzungen: b_n reell mit $0 \le |a_n| \le b_n$ für alle $n \ge n_0$.

$$\left(\sum_{n=0}^{\infty} b_n\right) \text{ konvergiert} \implies \left(\sum_{n=0}^{\infty} a_n\right) \text{ konv. abs.}$$

$$\left(\sum_{n=0}^{\infty} |a_n|\right) \text{ divergiert} \implies \left(\sum_{n=0}^{\infty} b_n\right) \text{ divergiert.}$$

Verdichtungskriterium

Anwendungen: Eine der Reihen

$$\left(\sum_{n=0}^{\infty} a_n\right) \quad \text{und} \quad \left(\sum_{k=0}^{\infty} 2^k a_{2^k}\right)$$

ist eine geometrische.
Voraussetzungen: (a_n) ist monoton fallende Nullfolge. Dann haben die Reihen das gleiche Konvergenzverhalten.

Leibniz-Kriterium

Anwendungen: Alternierende Reihen.
Voraussetzung: Die Reihenglieder haben die Form $(-1)^n a_n$ mit einer monoton fallenden Nullfolge (a_n). Eine Reihe dieser Form konvergiert.

Nullfolgenkriterium

Damit die Reihe überhaupt konvergieren kann, muss $a_n \to 0$ $(n \to \infty)$ gelten.

Fahrplan für die Kriterien

Das folgende Diagramm enthält einen Fahrplan für das Ausprobieren der Kriterien.

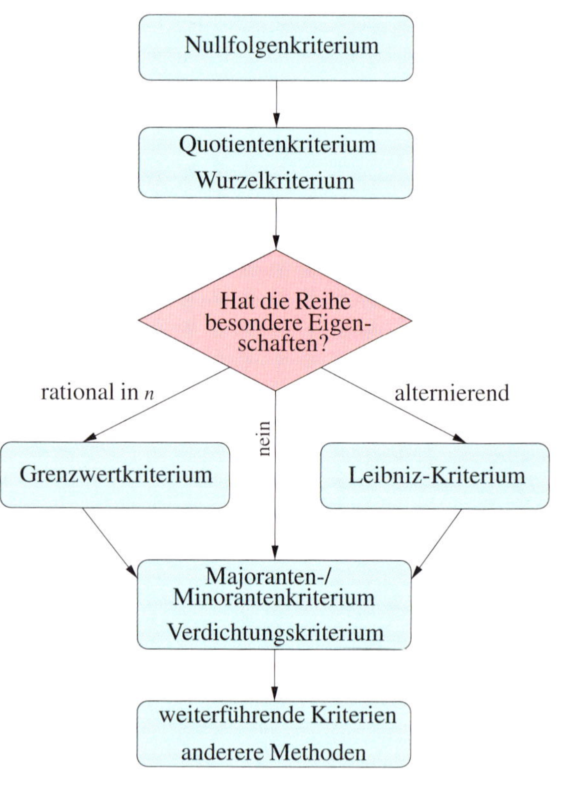

Beispiel

- Wir wissen bereits, dass die Reihe

$$\left(\sum_{n=0}^{\infty} \frac{2^n}{n!}\right)$$

absolut konvergiert, ihr Reihenwert ist e^2. Liefert auch das Quotientenkriterium die Aussage über die Konvergenz? Dazu bilden wir mit $a_n = \frac{2^n}{n!}$:

$$\left|\frac{a_{n+1}}{a_n}\right| = \frac{2^{n+1}}{(n+1)!} \cdot \left(\frac{2^n}{n!}\right)^{-1} = \frac{2^{n+1}}{(n+1)!} \cdot \frac{n!}{2^n}$$
$$= \frac{2 \cdot 2^n}{(n+1) \cdot n!} \cdot \frac{n!}{2^n} = \frac{2}{n+1} \to 0 < 1.$$

Die Reihe konvergiert demnach absolut.

- Weiter untersuchen wir die Reihe

$$\left(\sum_{n=1}^{\infty} \frac{n^n}{2^n\, n!}\right)$$

auf Konvergenz:

$$\left|\frac{a_{n+1}}{a_n}\right| = \frac{(n+1)^{n+1}}{2^{n+1}\,(n+1)!} \cdot \frac{2^n\, n!}{n^n} =$$
$$= \frac{(n+1)\,(n+1)^n\, 2^n\, n!}{2 \cdot 2^n\, (n+1)\, n!\, n^n} = \frac{(n+1)^n}{2\,n^n} =$$
$$= \frac{1}{2}\left(\frac{1+n}{n}\right)^n = \frac{1}{2}\left(1+\frac{1}{n}\right)^n \to \frac{e}{2} > 1.$$

Diese Reihe divergiert also.

- Betrachten wir die Reihe

$$\left(\sum_{n=0}^{\infty} \frac{3 + (-1)^n}{5^n}\right).$$

Wir müssen gerade und ungerade n unterscheiden:

$$\frac{a_{2k+1}}{a_{2k}} = \frac{3 + (-1)^{2k+1}}{5^{2k+1}} \cdot \frac{5^{2k}}{3 + (-1)^{2k}} = \frac{2}{5} \cdot \frac{1}{4} = \frac{1}{10}.$$
$$\frac{a_{2k}}{a_{2k-1}} = \frac{3 + (-1)^{2k}}{5^{2k}} \cdot \frac{5^{2k-1}}{3 + (-1)^{2k-1}} = \frac{4}{5} \cdot \frac{1}{2} = \frac{2}{5}.$$

In beiden Fällen gilt:

$$\left|\frac{a_{n+1}}{a_n}\right| \leq \frac{2}{5} < 1,$$

die Reihe konvergiert also absolut. ◀

Generell ist das Auftreten von Fakultäten in den Reihengliedern ein fast sicheres Zeichen dafür, dass man das Quotientenkriterium benutzen sollte. Auch Potenzen kürzen sich, wie man auch an den Beispielen oben sieht, auf saubere Weise.

Achtung: Vor einem sehr verbreiteten Fehler bei der Handhabung beider Kriterien wollen wir hier ganz ausdrücklich warnen. In den Formulierungen der Kriterien über Grenzwerte wird verlangt, dass der *Grenzwert* für $n \to \infty$ von

$$\sqrt[n]{|a_n|} \quad \text{bzw.} \quad \frac{|a_{n+1}|}{|a_n|}$$

existiert und für Konvergenz *echt kleiner* bzw. für Divergenz *echt größer* als eins ist. Es genügt zum Feststellen der Konvergenz *nicht*, dass

$$\sqrt[n]{|a_n|} < 1 \quad \text{bzw.} \quad \frac{|a_{n+1}|}{|a_n|} < 1$$

für alle n ab einem bestimmten Index ist.

?

Untersuchen Sie eine bedingt konvergente Reihe Ihrer Wahl mit Wurzel- und Quotientenkriterium. Welches Ergebnis erwarten Sie?

Wurzel- und Quotientenkriterium sind nahe verwandt

Sowohl Wurzel- als auch Quotientenkriterium erhält man aus dem Vergleich mit einer geometrischen Reihe. Die Vermutung, dass es zwischen den beiden Kriterien gewisse Zusammenhänge gibt, ist naheliegend und richtig.

Von den beiden ist das Wurzelkriterium das stärkere, weil es auch für Fälle, in denen das Quotientenkriterium keine Entscheidung bringt, noch manchmal Aussagen erlaubt. Das gilt allerdings nur, wenn der Grenzwert von $|a_{n+1}/a_n|$ nicht existiert. Falls $|a_{n+1}/a_n| \to 1\ (n \to \infty)$ gilt, so liefern beide Kriterien keine Aussage.

Das sieht man so: Zu jedem $\varepsilon > 0$ gibt es dann ein $N \in \mathbb{N}$ mit

$$1 - \varepsilon \leq \left|\frac{a_{n+1}}{a_n}\right| \leq 1 + \varepsilon, \quad n \geq N.$$

Wie im Beweis des Quotientenkriteriums folgt man daraus

$$(1 - \varepsilon)^{n-N} \leq \left|\frac{a_n}{a_N}\right| \leq (1 + \varepsilon)^{n-N}, \quad n \geq N,$$

und hieraus

$$(1-\varepsilon)\sqrt[n]{\frac{|a_N|}{(1 - \varepsilon)^N}} \leq \sqrt[n]{|a_n|} \leq (1+\varepsilon)\sqrt[n]{\frac{|a_N|}{(1 + \varepsilon)^N}}, \quad n \geq N.$$

Jetzt lässt man zunächst n gegen unendlich und danach ε gegen null gehen und erhält, dass auch $\sqrt[n]{|a_n|} \to 1$ gilt.

Ferner gilt: Macht das Wurzelkriterium keine Aussage, so ist dies auch sicher für das Quotientenkriterium der Fall. Macht jedoch das Quotientenkriterium keine Aussage und existiert

---

Beispiel: Anwendung der Kriterien für absolute Konvergenz

Es soll gezeigt werden, dass die Reihe

$$\left(\sum_{n=0}^{\infty} a_n\right) \quad \text{mit} \quad a_n = \begin{cases} \dfrac{-1}{2^n} & n \text{ gerade,} \\[2ex] \dfrac{1}{4^n} & n \text{ ungerade.} \end{cases}$$

absolut konvergiert, und ihr Reihenwert soll berechnet werden.

Problemanalyse und Strategie: Es gibt verschiedene Möglichkeiten die absolute Konvergenz nachzuweisen, allen voran das Quotienten- und das Wurzelkriterium. Man muss ausprobieren, welches Kriterium im konkreten Fall geeignet ist bzw. funktioniert. Die Berechnung des Reihenwerts kann wegen der absoluten Konvergenz durch eine Umordnung der Reihenglieder erfolgen.

Lösung:

Für das Quotientenkriterium erhalten wir für gerades n

$$\left|\frac{a_{n+1}}{a_n}\right| = \frac{1}{4^{n+1}} \cdot \frac{2^n}{1}$$
$$= \frac{2^n}{2^{2n+2}}$$
$$= \frac{1}{2^{n+2}} \leq \frac{1}{2} < 1.$$

Allerdings gilt für ungerades n

$$\left|\frac{a_{n+1}}{a_n}\right| = \left|\frac{1}{2^{n+1}} \cdot \frac{4^n}{1}\right|$$
$$= 2^{n-1} > 1.$$

Also kann das Quotientenkriterium nicht angewandt werden.

Mit dem Wurzelkriterium erhält man für gerades n

$$\sqrt[n]{|a_n|} = \frac{1}{2}$$

und für ungerades n

$$\sqrt[n]{|a_n|} = \frac{1}{4} \leq \frac{1}{2}.$$

Da $1/2 < 1$, ist das Wurzelkriterium anwendbar: Die Reihe konvergiert absolut.

Eine andere Möglichkeit, die absolute Konvergenz zu zeigen, bietet übrigens das Majorantenkriterium. Es gilt ja stets:

$$|a_n| \leq \left(\frac{1}{2}\right)^n,$$

also ist

$$\sum_{n=0}^{\infty} |a_n| \leq \sum_{n=0}^{\infty} \left(\frac{1}{2}\right)^n = 2.$$

Da die Reihe absolut konvergiert, darf man die Summanden umtauschen. Z. B. kann man eine Reihe bilden, die nur die Glieder für gerades n und eine, die nur die Glieder für ungerades n umfasst. Damit ist

$$\sum_{n=0}^{\infty} a_n = \sum_{n=0}^{\infty} \frac{1}{4^{2n+1}} + \sum_{n=0}^{\infty} \frac{-1}{2^{2n}} =$$
$$= \frac{1}{4} \sum_{n=0}^{\infty} \frac{1}{16^n} - \sum_{n=0}^{\infty} \frac{1}{4^n} =$$
$$= \frac{1}{4} \cdot \frac{1}{1 - \frac{1}{16}} - \frac{1}{1 - \frac{1}{4}} =$$
$$= \frac{4}{15} - \frac{4}{3} = -\frac{16}{15}.$$

---

der Grenzwert von $|a_{n+1}/a_n|$ nicht, so ist es in manchen Fällen möglich, mit dem Wurzelkriterium die Konvergenz einer Reihe nachzuweisen. Es folgt ein Beispiel für solch einen Fall.

Beispiel Untersuchen wir die Reihen

$$\left(\sum_{n=1}^{\infty} \frac{2 + (-1)^n}{2^{n-1}}\right)$$

auf Konvergenz, zunächst mit dem Quotientenkriterium. Das

wechselnde Vorzeichen im Zähler sorgt dafür, dass der Quotient für gerade und ungerade n unterschiedlich aussieht:

$$\frac{|a_{2k+1}|}{|a_{2k}|} = \frac{2 + (-1)^{2k+1}}{2^{2k}} \cdot \frac{2^{2k-1}}{2 + (-1)^{2k}} =$$
$$= \frac{2 - 1}{2 \cdot 2^{2k-1}} \cdot \frac{2^{2k-1}}{2 + 1} = \frac{1}{6}.$$

$$\frac{|a_{2k}|}{|a_{2k-1}|} = \frac{2 + (-1)^{2k}}{2^{2k-1}} \cdot \frac{2^{2k-2}}{2 + (-1)^{2k-1}} =$$

$$= \frac{2+1}{2 \cdot 2^{2k-2}} \cdot \frac{2^{2k-2}}{2-1} = \frac{3}{2}.$$

Der Grenzwert der Quotienten existiert nicht, und auch mit der allgemeinen Version des Quotientenkriteriums erhalten wir keine Aussage.

Benutzen wir nun das Wurzelkriterium:

$$\sqrt[n]{|a_n|} = \sqrt[n]{\frac{2 + (-1)^n}{2^{n-1}}} = \frac{\sqrt[n]{2 + (-1)^n}}{2^{\frac{n-1}{n}}} \to \frac{1}{2},$$

weil ja $\sqrt[n]{3} \to 1$ ebenso wie $\sqrt[n]{1} \to 1$ gilt. Die Reihe ist also konvergent, was auch durch einen Vergleich mit der geometrischen Reihe

$$\left(\sum_{n=1}^{\infty} \frac{3}{2^{n-1}} \right)$$

ersichtlich ist. ◀

Dass das Quotientenkriterium trotz dieser Einschränkungen meist als erstes angewandt wird, liegt an seiner einfachen Handhabbarkeit. Das Quotientenkriterium ist recht schnell angewandt, und oft gelangt man bereits auf diesem Weg zu einer eindeutigen Aussage über Konvergenz oder Divergenz.

Es gibt noch weitere Konvergenzkriterien

Neben den Konvergenzkriterien, die wir bisher in diesem Kapitel vorgestellt haben, gibt es noch weitere, die in der Praxis meist nur eine untergeordnete Rolle spielen. So kann man zum Beispiel das Quotientenkriterium noch verfeinern und erhält dann den folgenden Satz.

Satz (Kriterium von Raabe)

Ist (a_n) eine Folge aus $\mathbb{C} \setminus \{0\}$, und gibt es ein $\beta > 1$ und ein $N \in \mathbb{N}$ mit

$$\left| \frac{a_{n+1}}{a_n} \right| \leq 1 - \frac{\beta}{n}, \qquad n \geq N,$$

so konvergiert die Reihe über die a_n absolut. Sind alle a_n reell und positiv, und gibt es ein $N \in \mathbb{N}$ mit

$$\frac{a_{n+1}}{a_n} \geq 1 - \frac{1}{n}, \qquad n \geq N,$$

so divergiert die Reihe.

Beweis: Im ersten Fall schreiben wir die Voraussetzung um zu

$$n\,|a_{n+1}| \leq (n - \beta)\,|a_n|, \qquad n \geq N.$$

Hieraus folgt $n\,|a_{n+1}| < (n-1)\,|a_n|, n \geq N$, d. h., die Folge $(n\,|a_{n+1}|)_{n=N}^{\infty}$ ist monoton fallend. Zudem ist sie durch null

nach unten beschränkt und konvergiert daher. Somit ist die Teleskopreihe

$$\sum_{n=1}^{\infty} \big[(n-1)\,|a_n| - n\,|a_{n+1}| \big] = \lim_{n \to \infty} \big[-n\,|a_{n+1}| \big]$$

konvergent. Es ist aber

$$(\beta - 1)\,|a_n| = (n-1)\,|a_n| - (n - \beta)\,|a_n|$$

$$\leq (n-1)\,|a_n| - n\,|a_{n+1}|$$

für $n \geq N$. Da $\beta > 1$ vorausgesetzt ist, ist die Teleskopreihe bis auf den Faktor $\beta - 1$ eine konvergente Majorante der Reihe über $|a_n|$.

Im zweiten Fall ist $n\,a_{n+1} \geq (n-1)\,a_n > 0$ für $n \geq N$, d. h., die Folge (na_{n+1}) ist eine wachsende Folge. Somit gibt es ein $c > 0$ mit

$$a_{n+1} \geq \frac{c}{n}, \, n \geq N.$$

Somit ist die harmonische Reihe eine divergente Minorante der Reihe über die a_n. ∎

Weitere Kriterien befassen sich mit der Konvergenz von Reihen der Form $\left(\sum_{n=1}^{\infty} a_n b_n \right)$ mit geeigneten Voraussetzungen an die Folgen (a_n) und (b_n). Zwei dieser Kriterien, das Abel'sche Kriterium und das Dirichlet'sche Kriterium haben wir als Aufgabe 10.16 formuliert.

Für zwei Folgen (a_n) und (b_n) erhalten wir durch Anwendung der sogenannten *Cauchy-Schwarz'schen Ungleichung*

$$\sum_{n=1}^{N} |a_n b_n| \leq \left(\sum_{n=1}^{N} |a_n|^2 \right)^{1/2} \left(\sum_{n=1}^{N} |b_n|^2 \right)^{1/2}$$

für jedes $N \in \mathbb{N}$. Die Cauchy-Schwarz'sche-Ungleichung ergibt sich aus Überlegungen zu *Skalarprodukten* in der Linearen Algebra. Wir werden sie im Abschnitt 17.2 beweisen.

Konvergiert die Reihe $\left(\sum_{n=1}^{\infty} |a_n|^2 \right)$, so nennt man die Folge (a_n) **quadrat-summierbar**. Sind (a_n) und (b_n) quadrat-summierbar, so ergibt sich, indem wir nun N gegen unendlich streben lassen, aus obiger Abschätzung das Kriterium, dass die Reihe über die Produkte $a_n b_n$ absolut konvergiert, falls (a_n) und (b_n) quadrat-summierbar sind.

Weiterführend lässt sich so auf dem Vektorraum der quadrat-summierbaren Folgen ein Skalarprodukt definieren. Man erhält damit den *Hilbert-Raum ℓ^2*, der in der *Funktionalanalysis* eine wichtige Rolle spielt.

Schließlich gibt es auch einen engen Zusammenhang zwischen der Konvergenz von Reihen und der *Integration* von Funktionen über unbeschränkte Intervalle. Dieser wird durch das *Integralkriterium* ausgedrückt (siehe Kapitel 16).

Zusammenfassung

Eine **Reihe** ist definiert als eine Folge von **Partialsummen.** Die Reihe konvergiert, wenn es diese Folge tut. Der Grenzwert heißt in diesem Fall **Reihenwert.** Nur in wenigen Fällen kann der Reihenwert explizit bestimmt werden, meist ist nur die Aussage möglich, dass die Reihe konvergiert oder divergiert. Reihen sind ein wichtiges Hilfsmittel in der Analysis und dienen zum Beispiel zur Definition der Standardfunktionen wie den trigonometrischen oder hyperbolischen Funktionen oder der Exponentialfunktion (siehe Kapitel 11).

Wichtige Beispiele für Reihen sind etwa die **geometrische Reihe** und die **harmonische Reihe,**

$$\left(\sum_{n=0}^{\infty} q^n\right) \quad \text{bzw.} \quad \left(\sum_{n=1}^{\infty} \frac{1}{n}\right).$$

Diese werden in vielen Beispielen und Abschätzungen immer wieder verwendet. Auch die Dezimaldarstellung reeller Zahlen lässt sich auf eine Darstellung dieser Zahlen als Reihe einer bestimmten Form zurückführen.

Bei der Analyse von Reihen sind **Konvergenzkriterien** von zentraler Bedeutung. Sie dienen als Hilfsmittel, um durch Überprüfung einfacher Voraussetzungen schnell festzustellen, ob eine Reihe konvergiert oder divergiert. Das einfachste von ihnen ist das **Nullfolgenkriterium,** welches besagt, dass die Glieder jeder konvergenten Reihe eine Nullfolge bilden.

Das grundlegendste Kriterium zur Feststellung von Konvergenz ist das Majorantenkriterium.

Das Majoranten-/Minorantenkriterium

Für eine Reihe $\left(\sum_{n=0}^{\infty} a_n\right)$ mit $a_n \in \mathbb{R}_{\geq 0}$ gelten folgende Konvergenzaussagen:
- Gibt es eine Folge (b_n) mit $a_n \leq b_n$ für alle $n \geq n_0$, und konvergiert die Reihe $\left(\sum_{n=0}^{\infty} b_n\right)$, so konvergiert auch die Reihe $\left(\sum_{n=0}^{\infty} a_n\right)$.
- Gibt es eine divergente Reihe $\left(\sum_{n=0}^{\infty} b_n\right)$ mit $0 \leq b_n \leq a_n$ für alle $n \geq n_0$, so divergiert auch die Reihe $\left(\sum_{n=0}^{\infty} a_n\right)$.

Hieraus lassen sich wieder andere Kriterien, wie zum Beispiel das **Grenzwertkriterium** ableiten. Die Aussage, dass eine Reihe genau dann konvergiert, wenn die Folge ihrer Partialsummen eine Cauchy-Folge ist, macht das **Cauchy-Kriterium.**

Die **verallgemeinerte harmonische Reihe** $\left(\sum_{n=1}^{\infty} \frac{1}{n^\alpha}\right)$ lässt sich über das **Verdichtungskriterium** analysieren. Hierdurch ist ein Vergleich mit der geometrischen Reihe möglich, wodurch über Konvergenz entschieden kann. Es ergibt sich Konvergenz genau dann, wenn $\alpha > 1$ gilt. Für **alternierende Reihen** gibt es schließlich das **Leibniz-Kriterium.**

Eine spezielle Klasse konvergenter Reihen sind die absolut konvergenten Reihen.

Definition der absoluten Konvergenz

Ist (a_n) eine Folge in $\mathbb{C}$ und konvergiert die Reihe $\left(\sum_{n=1}^{\infty} |a_n|\right)$, so nennen wir die Reihe $\left(\sum_{n=1}^{\infty} a_n\right)$ **absolut konvergent**.

Für solche Reihen gelten viele Eigenschaften, die von gewöhnlichen Summen her vertraut sind. So gilt die **Dreiecksungleichung** und man kann die Glieder solcher Reihen nach dem **Riemann'schen Umordnungssatz** in beliebiger Reihenfolge aufsummieren, ohne dass sich der Reihenwert ändert. Für das Produkt zweier absolut konvergenter Reihen gibt es mit dem **Cauchy-Produkt** eine einfache Darstellung.

Für die Feststellung absoluter Konvergenz gibt es besonders einprägsame Kriterien.

Wurzelkriterium

Erfüllt eine Folge (a_n) aus $\mathbb{C}$ die Bedingung

$$\limsup_{n \to \infty} \sqrt[n]{|a_n|} < 1,$$

so konvergiert die Reihe $\left(\sum_{n=1}^{\infty} a_n\right)$ absolut. Ist dagegen die Folge $\left(\sqrt[n]{|a_n|}\right)$ unbeschränkt oder gilt

$$\limsup_{n \to \infty} \sqrt[n]{|a_n|} > 1,$$

so divergiert die Reihe. Im Falle

$$\limsup_{n \to \infty} \sqrt[n]{|a_n|} = 1$$

ist keine Aussage möglich.

Quotientenkriterium

Wir betrachten eine Folge (a_n) aus $\mathbb{C}\setminus\{0\}$. Gibt es Zahlen $q < 1$ und $N \in \mathbb{N}$ mit

$$\left|\frac{a_{n+1}}{a_n}\right| \leq q \quad \text{für alle } n \geq N,$$

so konvergiert die Reihe $\left(\sum_{n=1}^{\infty} a_n\right)$ absolut. Gibt es dagegen ein $N \in \mathbb{N}$ mit

$$\left|\frac{a_{n+1}}{a_n}\right| \geq 1 \quad \text{für alle } n \geq N,$$

so divergiert die Reihe.

Allerdings treffen diese Kriterien nur die grobe Unterscheidung zwischen absoluter Konvergenz und Divergenz. Für Reihen, die nur bedingt konvergieren, machen sie keine Aussage.

Aufgaben

Die Aufgaben gliedern sich in drei Kategorien: Anhand der *Verständnisfragen* können Sie prüfen, ob Sie die Begriffe und zentralen Aussagen verstanden haben, mit den *Rechenaufgaben* üben Sie Ihre technischen Fertigkeiten und die *Beweisaufgaben* geben Ihnen Gelegenheit, zu lernen, wie man Beweise findet und führt.

Ein Punktesystem unterscheidet leichte Aufgaben •, mittelschwere •• und anspruchsvolle ••• Aufgaben. Lösungshinweise am Ende des Buches helfen Ihnen, falls Sie bei einer Aufgabe partout nicht weiterkommen. Dort finden Sie auch die Lösungen – betrügen Sie sich aber nicht selbst und schlagen Sie erst nach, wenn Sie selber zu einer Lösung gekommen sind. Ausführliche Lösungswege stehen auf der Website des Verlags zur Verfügung.

Viel Spaß und Erfolg bei den Aufgaben!

Verständnisfragen

10.1 • Ist es möglich, eine divergente Reihe der Form

$$\sum_{n=1}^{\infty} (-1)^n \, a_n$$

zu konstruieren, wobei alle $a_n > 0$ sind und $a_n \to 0$ gilt. Beispiel oder Gegenbeweis angeben.

10.2 ••• Welche Teilmenge von $\mathbb{R}$ wird dadurch charakterisiert, dass ihre Elemente g-adische Entwicklungen haben, die ab irgendeinem Index m periodisch sind (d.h. es gilt $a_{j+k} = a_j$ für ein $k \in \mathbb{N}$ und alle $j \geq m$ in einer Entwicklung $\left(\sum_{j=1}^{\infty} a_j g^{-j} \right)$)?

10.3 • Kann man die Reihe

$$\left(\sum_{n=1}^{\infty} \frac{(-1)^{n+1}}{n} \right)$$

so umordnen, dass die umgeordnete Reihe divergiert?

10.4 •• Zeigen Sie dass, dass die Reihe

$$\left(\sum_{n=1}^{\infty} \frac{(-1)^{n+1}}{\sqrt{n}} \right)$$

zwar konvergiert, ihr Cauchy-Produkt mit sich selbst allerdings divergiert. Warum ist das möglich?

10.5 • Was kann man über das Konvergenzverhalten einer Reihe aussagen, die eine der beiden Bedingungen erfüllt?

(i) $\sqrt[n]{|a_n|} \geq 1$ für unendlich viele $n \in \mathbb{N}$,

(ii) $\left| \dfrac{a_{n+1}}{a_n} \right| \geq 1$ für unendlich viele $n \in \mathbb{N}$.

Rechenaufgaben

10.6 • Sind die folgenden Reihen konvergent?

(a) $\left(\sum_{n=1}^{\infty} \dfrac{1}{n + n^2} \right)$

(b) $\left(\sum_{n=1}^{\infty} \dfrac{3^n}{n^3} \right)$

(c) $\left(\sum_{n=1}^{\infty} (-1)^n \left[e - \left(1 + \frac{1}{n} \right)^n \right] \right)$

10.7 • Zeigen Sie, dass die folgenden Reihen konvergieren und berechnen Sie ihren Wert:

(a) $\left(\sum_{n=1}^{\infty} \left(\dfrac{1}{\sqrt{n}} - \dfrac{1}{\sqrt{n+1}} \right) \right)$

(b) $\left(\sum_{n=1}^{\infty} \left(\dfrac{3 + 4\mathrm{i}}{6} \right)^n \right)$

10.8 •• Zeigen Sie, dass die folgenden Reihen absolut konvergieren:

(a) $\left(\sum_{n=1}^{\infty} \dfrac{2 + (-1)^n}{2^{n-1}} \right)$

(b) $\left(\sum_{n=1}^{\infty} (-1)^n \dfrac{1}{n} \left(\dfrac{1}{3} + \dfrac{1}{n} \right)^n \right)$

(c) $\left(\sum_{n=1}^{\infty} \left(\dfrac{4n}{3n} \right)^{-1} \right)$

10.9 • Untersuchen Sie die Reihe

$$\left(\sum_{n=1}^{\infty} \frac{1 \cdot 3 \cdot 5 \cdot \ldots \cdot (2n + 3)}{n!} \right)$$

auf Konvergenz.

Achtung: In den folgenden vier Aufgaben kommen der natürliche Logarithmus und trigonometrische Funktionen vor, die erst im Kapitel 11 definiert werden. Da solche Aufgaben aber insbesondere als Klausuraufgaben oft gestellt werden, haben wir sie hier mit aufgenommen. Die Aufgaben sind mit elementaren Kenntnissen über diese Funktionen, wie sie in der Schule vermittelt werden, lösbar.

10.10 •• Stellen Sie fest, ob die folgenden Reihen konvergieren.

(a) $\left(\sum_{k=2}^{\infty} \dfrac{1}{k \, (\ln k)^\alpha} \right), \quad \alpha > 0$

(b) $\left(\sum_{k=2}^{\infty} \dfrac{1}{(\ln k)^{\ln k}} \right)$

10.11 •• Stellen Sie fest, ob die folgenden Reihen divergieren, konvergieren oder sogar absolut konvergieren:

(a) $\left(\displaystyle\sum_{n=1}^{\infty}\binom{2n}{n}2^{-3n-1}\right)$

(b) $\left(\displaystyle\sum_{n=1}^{\infty}\frac{n\cdot(\sqrt{n}+1)}{n^2+5n-1}\right)$

(c) $\left(\displaystyle\sum_{n=1}^{\infty}(-1)^n\frac{\sin\sqrt{n}}{n^{5/2}}\right)$

10.12 •• Zeigen Sie, dass die folgenden Reihen konvergieren. Konvergieren sie auch absolut?

(a) $\left(\displaystyle\sum_{k=1}^{\infty}(-1)^k\frac{k+2\sqrt{k}}{k^2+4k+3}\right)$

(b) $\left(\displaystyle\sum_{k=1}^{\infty}\left[\frac{(-1)^k}{k+3}-\frac{\cos(k\pi)}{k+2}\right]\right)$

10.13 •• Bestimmen Sie die Menge M aller $x\in I$, für die die Reihen

(a) $\left(\displaystyle\sum_{n=0}^{\infty}(\sin 2x)^n\right)$ $\qquad I=(-\pi,\pi),$

(b) $\left(\displaystyle\sum_{n=0}^{\infty}\left(x^2-4\right)^n\right)$ $\qquad I=\mathbb{R},$

(c) $\left(\displaystyle\sum_{n=0}^{\infty}\frac{n^x+1}{n^3+n^2+n+1}\right)$ $\quad I=(0,\infty)$

konvergieren.

10.14 •• Unter einer Koch'schen Schneeflocke versteht man eine Menge, die von einer Kurve eingeschlossen wird, die durch den folgenden iterativen Prozess entsteht: Ausgehend von einem gleichseitigen Dreieck der Kantenlänge 1

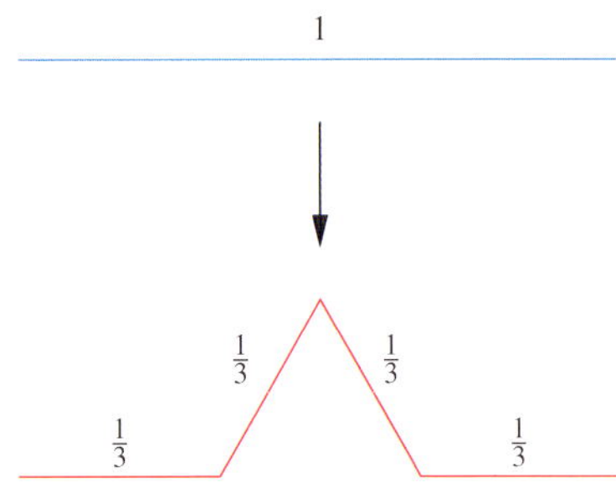

Abbildung 10.15 In jedem Iterationsschritt wird eine Kante durch den roten Streckenzug ersetzt.

wird jede Kante durch den in Abbildung 10.15 gezeigten Streckenzug ersetzt. Die Abbildung 10.16 zeigt die ersten drei Iterationen der Kurve.

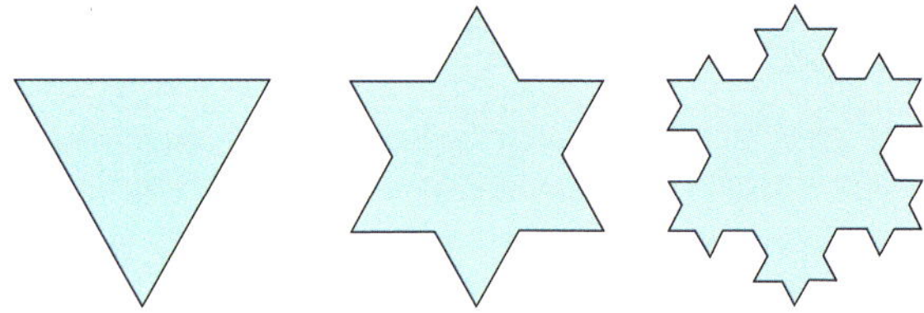

Abbildung 10.16 Die ersten drei Iterationen bei der Konstruktion der Koch'schen Schneeflocke.

Bestimmen Sie den Umfang und den Flächeninhalt der Koch'schen Schneeflocke.

Beweisaufgaben

10.15 • Gegeben ist eine Folge (a_n) mit Gliedern $a_n\in\{0,1,2,\dots,9\}$. Zeigen Sie, dass die Reihe

$$\left(\sum_{n=0}^{\infty}a_n\left(\frac{1}{10}\right)^n\right)$$

konvergiert.

10.16 •• Gegeben sind zwei Folgen (a_n) und (b_n) aus $\mathbb{C}$.

(a) Zeigen Sie: Für alle $n\in\mathbb{N}$ gilt:

$$\sum_{j=1}^{n}a_j\,b_j=b_{n+1}\sum_{j=1}^{n}a_j$$
$$+\sum_{k=1}^{n}(b_k-b_{k+1})\sum_{j=1}^{k}a_j\,.$$

(b) Beweisen Sie das Abel'sche Konvergenzkriterium: Konvergiert $\left(\sum_{n=1}^{\infty}a_n\right)$, und ist (b_n) monoton und beschränkt (insbesondere also reell), so konvergiert auch $\left(\sum_{n=1}^{\infty}a_n\,b_n\right)$.

(c) Beweisen Sie das Dirichlet'sche Konvergenzkriterium: Ist die Folge der Partialsummen $\left(\sum_{n=1}^{N}a_n\right)_N$ beschränkt, und ist (b_n) aus $\mathbb{R}$ und konvergiert monoton gegen null, so konvergiert auch $\left(\sum_{n=1}^{\infty}a_n\,b_n\right)$.

10.17 •• Eine Reihe $\left(\sum_{k=1}^{\infty}a_k\right)$ heißt **Cesàro-summierbar**, falls die Folge der Mittelwerte aus den ersten n Partialsummen konvergiert, wenn n gegen unendlich geht, also der Grenzwert

$$C=\lim_{n\to\infty}\frac{1}{n}\sum_{m=1}^{n}\sum_{k=1}^{m}a_k$$

existiert. Zeigen Sie:

(a) Jede konvergente Reihe ist Cesàro-summierbar, und C ist gleich dem Reihenwert.

(b) Die Reihe $\left(\sum_{k=1}^{\infty}(-1)^{k+1}\right)$ ist Cesàro-summierbar. Berechnen Sie auch den Wert von C.

10.18 •• Sei $\left(\sum_{n=1}^{\infty} a_n\right)$ eine konvergente Reihe und $u:$ $\mathbb{N} \to \mathbb{N}$ eine bijektive Abbildung mit folgender Eigenschaft: Es gibt ein $C \in \mathbb{N}$ mit $|n - u(n)| \leq C$, $n \in \mathbb{N}$. Zeigen Sie, dass die Reihe $\left(\sum_{n=1}^{\infty} a_{u(n)}\right)$ ebenfalls konvergiert und die Reihenwerte beider Reihen übereinstimmen.

10.19 • Ist $\left(\sum_{n=1}^{\infty} a_n\right)$ absolut konvergent und (b_n) eine Umordnung der Folge (a_n), so konvergiert auch $\left(\sum_{n=1}^{\infty} b_n\right)$. Zeigen Sie, dass die Reihe $\left(\sum_{n=1}^{\infty} b_n\right)$ sogar absolut konvergiert.

Antworten der Selbstfragen

S. 353

Da

$$\lim_{n \to \infty} \frac{\mathrm{i}n^2 + 3n + 2 - \mathrm{i}}{2n^2 - (1 - 2\mathrm{i})\, n + 1} = \lim_{n \to \infty} \frac{\mathrm{i} + \frac{3}{n} + \frac{2-\mathrm{i}}{n^2}}{2 - \frac{1-2\mathrm{i}}{n} + \frac{1}{n^2}} = \frac{\mathrm{i}}{2} \neq 0$$

ist, bilden die Glieder der Reihe keine Nullfolge. Die Reihe ist demnach divergent.

S. 355

Die Partialsummen der Reihe sind Teleskopsummen mit

$$\sum_{k=1}^{n} \left(b_k - b_{k+1}\right) = b_1 - b_{n+1}$$

für alle $n \in \mathbb{N}$. Somit konvergiert die Reihe genau dann, wenn die Folge (b_n) konvergiert.

S. 361

Ja, dies entspricht ja nur einem Ausklammern eines Faktors -1 aus den Partialsummen und ist daher für die Konvergenz der Reihe unerheblich. Wichtig ist nur, dass alle a_n dasselbe Vorzeichen haben und dass die Folge eine monotone Nullfolge ist.

S. 363

Für die Abschätzung der Differenzen $s_{2N+2} - s_{2N}$ und $s_{2N+1} - s_{2N-1}$ wird von der Monotonie der Folge (a_n) Gebrauch gemacht.

S. 364

Die Reihe für $\ln(2/3)$ ist eine alternierende Reihe, die die Voraussetzungen für die Anwendung des Leibniz-Kriteriums erfüllt. Damit erhält man die Abschätzung

$$\left| \ln(2/3) - \sum_{n=1}^{N} \frac{(-1)^n}{n\, 2^n} \right| \leq \frac{1}{(N+1)\, 2^{N+1}}, \qquad N \in \mathbb{N}.$$

Der Faktor im Zähler ist hier etwas kleiner, die Abschätzung also etwas besser. Gegenüber dem Beispiel gewinnen wir einen zusätzlichen Faktor $2(N+1)$ im Nenner.

Der Vorteil der Rechnung im Beispiel ist folgendermaßen begründet: Es gibt eine allgemeine Darstellung

$$\ln(x) = \sum_{n=1}^{\infty} \frac{(x-1)^n}{n\, x^n},$$

die sogar für alle $x \in \mathbb{C}$ mit $\mathrm{Re}\,(x) > 1/2$ gültig ist. Die Methode aus dem Beispiel ist prinzipiell für jedes solche x anwendbar. Die Anwendung des Leibniz-Kriteriums beschränkt sich auf reelle x mit $x > 1$.

S. 368

Diese Eigenschaft hat nur die Nullreihe $\left(\sum_{k=1}^{\infty} 0\right)$, deren Glieder alle verschwinden. Das Cauchy-Produkt dieser Reihe mit jeder anderen ergibt wieder die Nullreihe, und diese konvergiert selbstverständlich.

S. 370

Die Folge $(\sqrt[n]{|a_n|})_{n=n_0}^{\infty}$ ist nach Voraussetzung durch q beschränkt. Also ist auch jeder Häufungspunkt dieser Folge kleiner oder gleich q. Für Häufungspunkte spielen die endlich vielen Glieder $\sqrt{|a_1|}, \ldots, {}^{n_0-1}\!\sqrt{|a_{n_0-1}|}$ aber keine Rolle, daher ist

$$\limsup_{n \to \infty} \sqrt[n]{|a_n|} \leq q < 1\,.$$

Die Reihe über die a_n konvergiert nach dem Wurzelkriterium also absolut.

S. 373

Wenn die beiden Kriterien eine Konvergenzaussage machen, so liegt immer absolute Konvergenz vor. Es ist also zu erwarten, dass bei einer nur bedingt konvergenten Reihe keine Aussage nach diesen beiden Kriterien gemacht werden kann.

Das Musterbeispiel einer bedingt konvergenten Reihe ist die alternierende harmonische Reihe

$$\sum_{n=1}^{\infty} \frac{(-1)^n}{n}\,.$$

Wir erhalten

$$\sqrt[n]{|a_n|} = \frac{1}{\sqrt[n]{n}} \to 1\,,$$

$$\frac{|a_{n+1}|}{|a_n|} = \frac{n}{n+1} \to 1\,.$$

Beide Kriterien liefern wie erwartet keine Aussage.

Potenzreihen – Alleskönner unter den Funktionen

11

Was ist ein Konvergenzradius?

Wie werden Standardfunktionen im Komplexen definiert ?

Wo steckt der Zusammenhang zwischen den trigonometrischen Funktionen und der Exponentialfunktion?

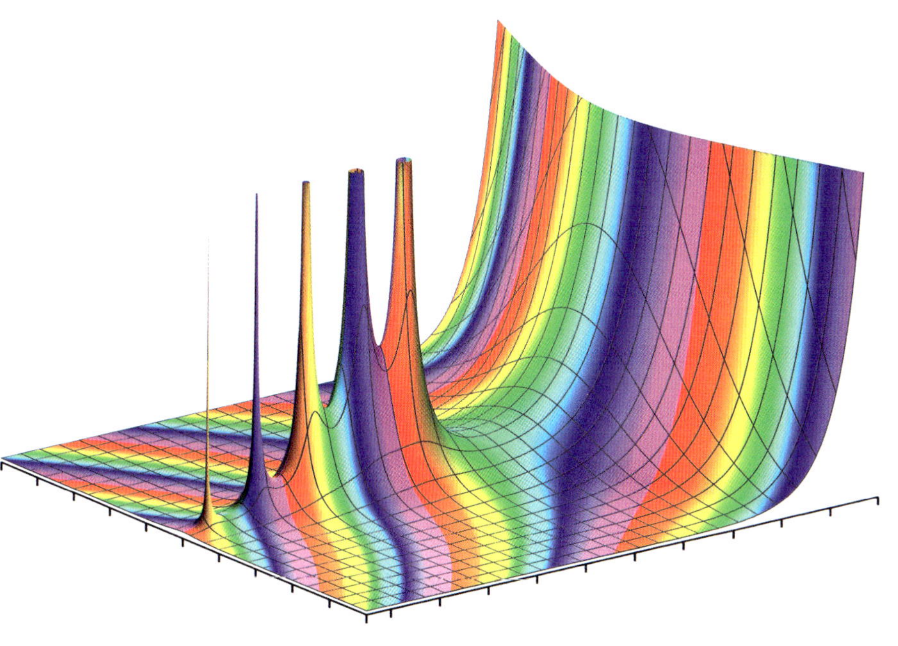

© Springer-Verlag GmbH Deutschland, ein Teil von Springer Nature 2022
T. Arens et al., *Grundwissen Mathematikstudium*,
https://doi.org/10.1007/978-3-662-63313-7_11

Die bisher in Beispielen betrachteten Funktionen, Polynomfunktionen, rationale Funktionen und ihre Umkehrungen, sind dadurch gekennzeichnet, dass ihre Auswertung durch Lösen algebraischer Gleichungen beschrieben werden kann. Man fasst all diese Abbildungen zur Klasse der *algebraischen* Funktionen zusammen. Dem gegenüber steht die Klasse der *transzendenten* Funktionen – Funktionen, deren Definition einen Grenzprozess erfordert. Die wichtigsten Vertreter in dieser Klasse lassen sich durch spezielle Reihen, die *Potenzreihen*, darstellen.

Neben der Definition solcher Reihen und dem Studium ihres Konvergenzverhaltens wird es in diesem Kapitel vor allem darum gehen, wie man Funktionen mit ihrer Hilfe darstellt und welche Funktionen durch sie dargestellt werden können. Dabei stoßen wir auf gute Bekannte, wie die Exponentialfunktion und die trigonometrischen Funktionen. Wir gehen sogar noch einen Schritt weiter. Erst die Potenzreihen liefern uns die Möglichkeit, diese Funktionen zu definieren. Dabei erlauben wir von Beginn an auch komplexe Argumente und werden dadurch einige neue Ergebnisse über die komplexen Zahlen entdecken.

Potenzreihen sind Alleskönner – so behauptet es unsere Überschrift. Am Ende des Kapitels werden wir das so verstehen, dass sich die bekannten Standardfunktionen durch Potenzreihen darstellen lassen. Dass diese Reihen noch viel mehr können, werden wir in den folgenden Kapiteln sehen, wenn durch Differenzieren und Integrieren die funktionalen Zusammenhänge genauer durchleuchtet werden. Die Potenzreihen sind zentral in der Analysis und erlauben weitreichende mathematische Aussagen, die vor allem in der *Funktionentheorie* zum Tragen kommen.

11.1 Definition und Grundlagen

Zum Einstieg in das Thema *Potenzreihen* rekapitulieren wir noch einmal ein Beispiel aus dem Kapitel über Reihen, die geometrische Reihe. Wir wissen, dass für jedes $x \in \mathbb{C}$ mit $|x| < 1$ die geometrische Reihe konvergiert, und wir kennen auch ihren Reihenwert:

$$\sum_{n=0}^{\infty} x^n = \frac{1}{1-x}. \qquad (11.1)$$

Die rechte Seite dieses Ausdrucks ist ein Term, wie wir ihn schon oft in den Kapiteln über Funktionen gesehen haben. Der Ausdruck macht für alle $x \in \mathbb{C}$ mit $x \neq 1$ Sinn. Wir haben es also mit einer Funktion $f : \mathbb{C}_{\neq 1} \to \mathbb{C}$ zu tun, wobei $f(x) = \frac{1}{1-x}$ gilt.

Die linke Seite in Gleichung (11.1) macht jedoch nur für $|x| < 1$ Sinn, also nur für einen Teil des Definitionsbereichs der Funktion. Für diese Teilmenge des Definitionsbereichs haben wir eine andere Abbildungsvorschrift für die Funktion f gefunden, nämlich als Wert einer speziellen Reihe.

Immer wenn die Reihenglieder einer konvergenten Reihe in irgendeiner Form von einem Parameter x abhängen, erhält man durch die Werte der Reihe eine Funktion in Abhängigkeit von x. Die Situation in (11.1) ist allerdings spezieller. Jede der Partialsummen s_n der Reihe ist ein Polynom in x, und beim Übergang von der Partialsumme s_{n-1} zur Partialsumme s_n kommt genau ein Term n-ten Grades hinzu. Dies ist die Situation, in der man von einer *Potenzreihe* spricht.

Die Abbildung 11.1 zeigt für das Intervall $(-1, 1)$ die Funktion f und einige der Polynome, die Partialsummen der Reihendarstellung bilden. Man erkennt, dass schon für recht geringe Werte von n die Graphen der Polynome den Graphen der Funktion in der Nähe der Stelle 0 recht gut approximieren. Weiter weg von der Null hin zum Rand des Intervalls $(-1, 1)$, in dem die Reihe konvergiert, gibt es auch für $n = 10$ erhebliche Unterschiede. Diese Frage der Approximation einer Funktion durch Reihen wird im Kapitel 15 über Differenzierbarkeit wieder eine Rolle spielen und führt dort auf die sogenannten *Taylorreihen*.

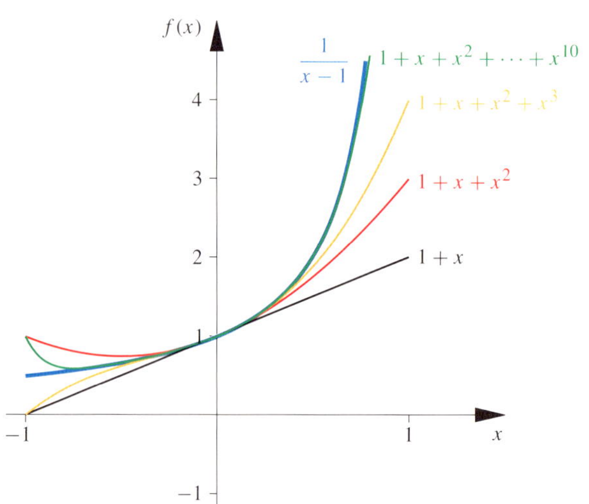

Abbildung 11.1 Die Funktion $f(x) = 1/(1-x)$ und einige ihrer Partialsummen auf dem Intervall $(-1, 1)$. In der Nähe der Null bilden die Partialsummen gute Approximationen.

Definition einer Potenzreihe

Unter einer **Potenzreihe** versteht man eine Reihe der Form

$$\left(\sum_{n=0}^{\infty} a_n \, (z - z_0)^n \right).$$

Hierbei ist $z \in \mathbb{C}$ ein Parameter, (a_n) eine Folge von komplexen **Koeffizienten**, die feste Zahl $z_0 \in \mathbb{C}$ heißt **Entwicklungspunkt**.

Neu hinzugekommen ist bei der Definition der Entwicklungspunkt z_0. Er erlaubt es, eine Potenzreihe an den verschiedenen Stellen der komplexen Zahlenebene zu lokalisieren. Im Fall $z_0 = 0$ ist natürlich $(z - z_0)^n = z^n$. Sofern eine Potenzreihe für ein $z \in \mathbb{C}$ konvergiert, hängt dieser Reihenwert von z ab. Wir erhalten eine Funktion mit z als Argument.

?

Welche dieser Reihen sind Potenzreihen?

(a) $\left(\sum_{n=1}^{\infty} \frac{(x-2)^n}{2n^2} \right)$ (c) $\left(\sum_{n=0}^{\infty} \left(z^n + \frac{1}{z^n} \right) \right)$

(b) $\left(\sum_{n=0}^{\infty} \frac{2^n \sqrt{1-y^2}}{n!} y^{2n} \right)$ (d) $\left(\sum_{n=2}^{\infty} \frac{(x-1)^n}{x^2-2x+1} \right)$

Eine große Klasse von Potenzreihen kennen wir bereits: Jedes Polynom lässt sich als eine Potenzreihe auffassen. Es handelt sich um den speziellen Fall, dass nur endlich viele Koeffizienten a_n von null verschieden sind. Ab einem bestimmten Index ändern sich dann die Partialsummen nicht mehr. Wir können übrigens zu einer Polynomfunktion eine endliche Potenzreihe um jeden beliebigen Entwicklungspunkt $z \in \mathbb{C}$ angeben, in dem wir $x^n = (x-z+z)^n = \sum_{j=0}^{n} \binom{n}{j} z^{n-j} (x-z)^j$ ersetzen (siehe Seite 309).

Für den Rest dieses Abschnitts werden uns zwei zentrale Fragen beschäftigen:

- Kann man die Menge derjenigen z, für die eine Potenzreihe konvergiert, charakterisieren? Man spricht auch vom *Konvergenzbereich* der Potenzreihe.
- Welche Eigenschaften hat die durch die Reihenwerte auf diesem Konvergenzbereich definierte Funktion?

Zu jeder Potenzreihe gehört ein Konvergenzradius

Um die Konvergenz einer Potenzreihe zu untersuchen, bedient man sich am sinnvollsten genau jener Kriterien, die wir schon für allgemeine Reihen entwickelt haben. Beginnen wir mit dem Quotientenkriterium. Zu untersuchen ist der Quotient

$$\left| \frac{a_{n+1} (z-z_0)^{n+1}}{a_n (z-z_0)^n} \right| = \left| \frac{a_{n+1}}{a_n} \right| |z-z_0|.$$

Wir nehmen nun an, dass die Koeffizientenfolge (a_n) so beschaffen ist, dass die Folge der Quotienten $(|a_{n+1}/a_n|)$ konvergiert, etwa

$$\lim_{n \to \infty} \left| \frac{a_{n+1}}{a_n} \right| = q.$$

Die Zahl q ist dann auf jeden Fall reell und nicht negativ. Das Quotientenkriterium besagt, dass die Reihe absolut konvergiert, falls

$$q \, |z-z_0| < 1$$

ist. Ist dieser Ausdruck größer als 1, so divergiert die Reihe, ist er gleich 1 macht das Kriterium keine Aussage.

Im einfachsten Fall ist $q = 0$. Dann ist der Ausdruck $q\,|z-z_0|$ stets gleich null, die Potenzreihe konvergiert, egal welchen

Wert z besitzt. Ist dagegen $q > 0$, so konvergiert die Potenzreihe absolut für

$$|z-z_0| < \frac{1}{q}.$$

Ist dagegen $|z-z_0| > 1/q$, so divergiert die Potenzreihe.

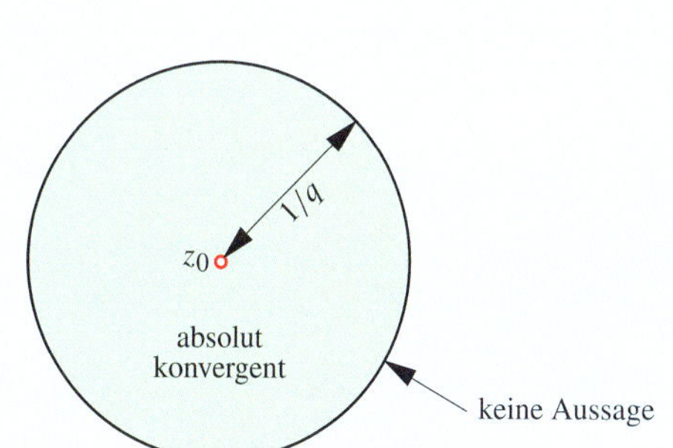

Abbildung 11.2 Die Potenzreihe konvergiert nach dem Quotientenkriterium für $|z-z_0| < 1/q$ absolut, außerhalb dieses Kreises divergiert sie. Auf der Kreislinie selbst macht das Kriterium keine Aussage.

Diese Ungleichungen beschreiben genau die Mengen innerhalb oder außerhalb des Kreises mit z_0 als Mittelpunkt und Radius $1/q$. Im Innern des Kreises konvergiert die Potenzreihe absolut, außerhalb des Kreises divergiert sie. Auf der Kreislinie selbst kann die Potenzreihe konvergieren oder divergieren, zumindest mit dem Quotientenkriterium erhält man keine Aussage (siehe Abbildung 11.2).

Die Aussage haben wir unter der Prämisse hergeleitet, dass der Grenzwert $\lim_{n \to \infty} \left| \frac{a_{n+1}}{a_n} \right|$ existiert. Sie gilt ganz allgemein, erfordert zum Beweis aber das Wurzelkriterium in seiner allgemeinen Form.

Der Konvergenzradius einer Potenzreihe

Zu jeder Potenzreihe $\sum_{n=0}^{\infty} a_n (z-z_0)^n$ gehört genau eine Zahl $r \in \mathbb{R}_{\geq 0} \cup \{\infty\}$, die **Konvergenzradius** genannt wird. Für alle z aus der Kreisscheibe

$$K = \{ z \in \mathbb{C} \mid |z-z_0| < r \}$$

konvergiert die Potenzreihe absolut. Für alle $z \in \mathbb{C}$ mit $|z-z_0| > r$ divergiert die Reihe. Die Menge K wird **Konvergenzkreis** der Potenzreihe genannt (siehe Abbildung 11.3).

Man beachte, dass der Satz für Randpunkte, d. h. für z mit $|z-z_0| = r$ keine Aussage macht. Sowohl Konvergenz als auch Divergenz sind möglich. Im Fall $r = \infty$ konvergiert die Potenzreihe für alle $z \in \mathbb{C}$, im Fall $r = 0$ nur im Entwicklungspunkt $z = z_0$ und hat dort den Wert a_0.

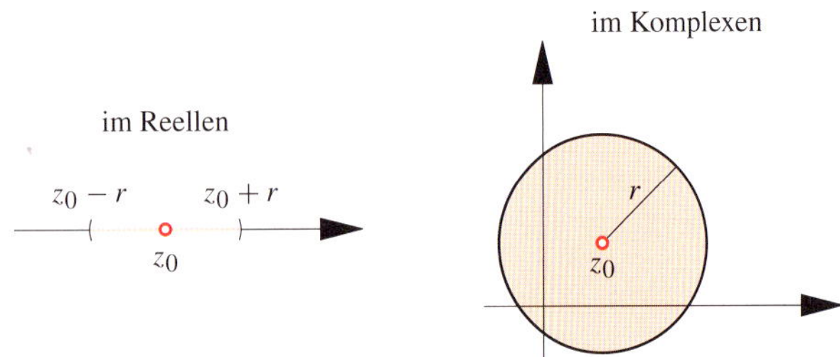

Abbildung 11.3 Im Reellen ist der Konvergenzkreis ein Intervall mit dem Entwicklungspunkt als Mittelpunkt. Im Komplexen ist der Konvergenzkreis auch geometrisch ein Kreis.

Beweis: Wir betrachten die Folge

$$\sqrt[n]{|a_n(z - z_0)^n|} = \sqrt[n]{|a_n|}\,|z - z_0|$$

für $n \in \mathbb{N}$ und unterscheiden drei Fälle:

1. Fall: Die Folge $(\sqrt[n]{|a_n|})_{n \in \mathbb{N}}$ ist unbeschränkt. Dann ist auch $(\sqrt[n]{|a_n(z - z_0)^n|})$ unbeschränkt, wenn $z \neq z_0$ ist, und die Reihe divergiert (Seite 353). Also ist der Konvergenzradius $r = 0$. Man beachte, dass in diesem Fall die Potenzreihe nur für $z = z_0$ absolut konvergiert, denn dann sind alle Reihenglieder außer möglicherweise dem allerersten null.

2. Fall: Es gelte für den größten Häufungspunkt:

$$\limsup_{n \to \infty} \sqrt[n]{|a_n|} = a > 0.$$

In diesem Fall ist

$$\limsup_{n \to \infty} \sqrt[n]{|a_n(z - z_0)^n|} = a\,|z - z_0| < 1,$$

wenn $|z - z_0| < \frac{1}{a}$ gilt. Nach dem Wurzelkriterium (Seite 370) konvergiert die Reihe absolut. Andererseits divergiert die Reihe nach dem Wurzelkriterium, wenn $|z - z_0| > \frac{1}{a}$ ist. Also folgt $r = \frac{1}{a}$ für den Konvergenzradius.

3. Fall: Im letzten Fall nehmen wir an, dass

$$\limsup_{n \to \infty} \sqrt[n]{|a_n|} = 0$$

ist. Dann erhalten wir für jede Zahl $z \in \mathbb{C}$ den Grenzwert

$$\limsup_{n \to \infty} \sqrt[n]{|a_n(z - z_0)^n|} = \limsup_{n \to \infty} \sqrt[n]{|a_n|}\,|z - z_0| = 0 < 1.$$

Insbesondere besagt das Wurzelkriterium, die Reihe konvergiert absolut für jedes $z \in \mathbb{C}$. ∎

Häufig werden Potenzreihen nur im Reellen betrachtet. Es sind dann alle Koeffizienten und der Entwicklungspunkt reell, und man untersucht nur die Konvergenz für $z \in \mathbb{R}$. In diesem Fall ist der Konvergenzkreis stets ein symmetrisches Intervall mit dem Entwicklungspunkt z_0 als Mittelpunkt.

Welche der folgenden Mengen können im Reellen den Konvergenzkreis einer Potenzreihe darstellen?

$$(-2, 2), \quad (0, \infty), \quad \{-1\}, \quad [1, 3], \quad \mathbb{R}.$$

Überlegen Sie sich jeweils auch den Konvergenzradius und den Entwicklungspunkt.

Zur Bestimmung des Konvergenzradius behandelt man Potenzreihen am besten wie gewöhnliche Reihen

Um den Konvergenzkreis einer Potenzreihe zu ermitteln, lassen sich die Kriterien nutzen, die wir im Kapitel über Reihen schon kennengelernt haben.

Beispiel

■ Bei der Potenzreihe

$$\left(\sum_{n=1}^{\infty} \frac{2\,n! + 1}{n!}\,(z - 1)^n \right)$$

bietet es sich an, das Quotientenkriterium anzuwenden. Diese Untersuchung ergibt:

$$\left| \frac{2\,(n+1)! + 1}{(n+1)!} \cdot \frac{n!}{2\,n! + 1} \cdot (z - 1) \right|$$
$$= \left| \frac{2\,(n+1)! + 1}{(2\,n! + 1)\,(n+1)} \cdot (z - 1) \right|$$
$$= \left| \frac{2\,(n+1) + \frac{1}{n!}}{(2 + \frac{1}{n!})\,(n+1)} \cdot (z - 1) \right|$$
$$= \left| \frac{2 + \frac{1}{(n+1)!}}{(2 + \frac{1}{n!})} \cdot (z - 1) \right|$$
$$\to 1\,|z - 1|, \qquad n \to \infty.$$

Die Potenzreihe konvergiert also absolut für

$$|z - 1| < 1,$$

d. h., für alle z in einem Kreis mit Radius 1 und dem Entwicklungspunkt $z_0 = 1$ als Mittelpunkt. Für alle z mit $|z - 1| > 1$ divergiert die Potenzreihe. Der Konvergenzradius ist $r = 1$.

■ Die Potenzreihe

$$\left(\sum_{n=0}^{\infty} 2^n (z - \mathrm{i})^n \right)$$

kann mit dem Wurzelkriterium untersucht werden. Es ist

$$\sqrt[n]{|2^n (z - \mathrm{i})^n|} = 2\,|z - \mathrm{i}|.$$

Die Potenzreihe konvergiert nach dem Wurzelkriterium absolut für alle $z \in \mathbb{C}$ mit

$$|z - \mathrm{i}| < \frac{1}{2}.$$

Ist $|z - \mathrm{i}| > 1/2$, so divergiert sie. Demnach beträgt der Konvergenzradius $1/2$. ◄

Die im zweiten Fall des Beweises gezeigte Formel $r = \frac{1}{a}$, mit

$$a = \limsup_{n \to \infty} \sqrt[n]{|a_n|} > 0$$

wird als **Formel von Hadamard** bezeichnet. Eine entsprechende, nicht ganz so allgemeine Formel lässt sich auch aus dem Quotientenkriterium gewinnen. Beiden Formeln gemeinsam ist, dass sie den Konvergenzradius allein aus den Koeffizienten der Potenzreihe bestimmen, die vordergründig lästige Behandlung des Terms $(z - z_0)^n$ entfällt. Allerdings haben diese Formeln ihre Tücken, die ihre korrekte Handhabung manchmal schwierig machen. Untersuchen Sie dazu das folgende Beispiel.

?

Bestimmen Sie den Konvergenzradius der Potenzreihe

$$\left(\sum_{k=1}^{\infty} \frac{2^k}{k^2} (z - 1)^{2k} \right),$$

einmal direkt und dann mit der Formel von Hadamard.

Die in der Selbstfrage vorgestellte Reihe, bei der jeder zweite Koeffizient null ist, ist nicht etwa eine außergewöhnliche Konstruktion. Im Abschnitt 11.4 werden wir uns unter anderem mit Darstellungen der trigonometrischen Funktionen Sinus oder Kosinus als Potenzreihen beschäftigen, welche genau diese Gestalt besitzen.

Die Formel von Hadamard wird in der Literatur häufig als die Methode der Wahl zur Bestimmung der Konvergenzradien dargestellt. Wir empfehlen dagegen, einfach das gewöhnliche Quotienten- oder Wurzelkriterium für Reihen zu verwenden, was zweierlei unterstreicht:

- Potenzreihen sind Spezialfälle gewöhnlicher Reihen. Für die Methoden zur Untersuchung auf Konvergenz gibt es nichts Neues zu lernen.
- Die Kriterien aus dem Kapitel 10 sind allgemeiner Natur und kommen mit Potenzreihen, die nicht in Standardform vorliegen, besser zurecht.

Eine Potenzreihe definiert eine stetige Funktion

Als Fazit der bisherigen Untersuchungen können wir festhalten, dass durch eine Potenzreihe eine Funktion definiert ist, deren Definitionsbereich durch das Innere des Konvergenzkreises definiert wird. Die grundlegenden Eigenschaften der so gegebenen Funktionen müssen wir genau untersuchen. Wobei das Thema hier keinesfalls abschließend behandeln werden kann; es wird sich wie ein roter Faden durch die weiteren Kapitel ziehen, die sich mit Analysis beschäftigen.

Als eine ganz wesentliche Eigenschaft von Funktionen haben wir in Kapitel 9 die Stetigkeit kennengelernt. Wir wollen nun durch Potenzreihen gegebene Funktionen auf Stetigkeit hin untersuchen. Dazu betrachten wir eine Potenzreihe

$$\left(\sum_{n=0}^{\infty} a_n z^n \right),$$

die einen Konvergenzradius $r > 0$ haben soll. Weiterhin wählen wir eine Stelle $\hat{z}$ mit $|\hat{z}| < r$ und eine Folge (z_k) mit $|z_k| < r$ und $\lim_{k \to \infty} z_k = \hat{z}$. Zur Abkürzung setzen wir noch

$$f(z) = \sum_{n=0}^{\infty} a_n z^n, \quad |z| < r.$$

Wir untersuchen nun die Funktion f an der Stelle $\hat{z}$ auf Stetigkeit. Dafür müssen wir $\lim_{k \to \infty} f(z_k)$ betrachten. Vorsicht ist geboten: Einerseits haben wir es mit dem Grenzprozess zur Bestimmung der Reihenwerte zu tun, andererseits mit dem Grenzprozess $z_k \to \hat{z}$. Dieses gleichzeitige Auftreten verschiedener Grenzprozesse ist typisch für die Analysis. Es ist eines ihrer Grundprobleme, wann solche Grenzprozesse vertauscht werden dürfen – genau das, was wir hier tun wollen.

Da wir über das Verhalten der Potenzreihe auf dem Rand des Konvergenzkreises ohne explizite Kenntnis der Koeffizienten (a_n) nichts aussagen können, stellen wir zunächst sicher, dass wir ein Stückchen davon entfernt sind. Dazu wählen wir $\rho > 0$ mit $|\hat{z}| < \rho < r$. Da (z_k) gegen $\hat{z}$ konvergiert, muss auch $|z_k| \leq \rho$ sein, zumindest für alle k größer oder gleich einer geeignet gewählten Zahl $K \in \mathbb{N}$. Die Situation finden Sie in der Abbildung 11.4 veranschaulicht.

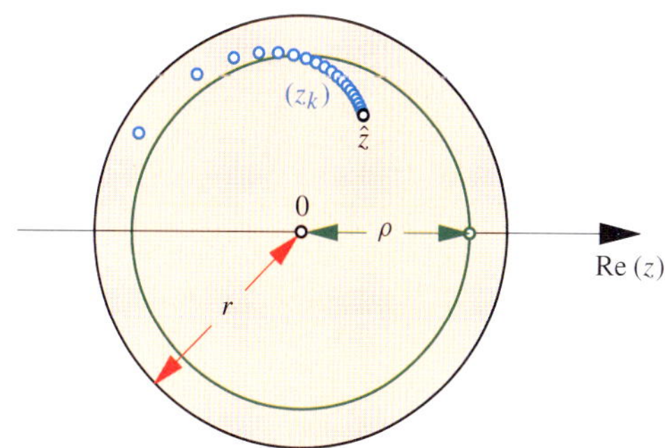

Abbildung 11.4 Der Punkt $\hat{z}$ im Inneren des Konvergenzkreises liegt sogar noch innerhalb des etwas kleineren Kreises mit Radius ρ (grün). Auch die Glieder der Folge (z_k), die gegen $\hat{z}$ konvergiert, liegen ab einem bestimmten Index alle innerhalb des grünen Kreises.

Wir wählen nun ein $\varepsilon > 0$. Auch ρ liegt im Konvergenzkreis der Potenzreihe, die Reihe konvergiert für $z = \rho$ sogar absolut. Das bedeutet, es gibt insbesondere eine Zahl $m \in \mathbb{N}$ mit

$$\sum_{n=m+1}^{\infty} |a_n| \rho^n < \frac{\varepsilon}{4}.$$

Zusammen mit der Dreiecksungleichung für absolut konvergente Reihen können wir so die Differenz zwischen $f(z_n)$

und $f(\hat{z})$ abschätzen:

$$
\begin{aligned}
|f(\hat{z}) - f(z_k)| &= \left| \sum_{n=0}^{\infty} a_n\, \hat{z}^n - \sum_{n=0}^{\infty} a_n\, z_k^n \right| \\
&\leq \left| \sum_{n=0}^{m} a_n\, \hat{z}^n - \sum_{n=0}^{m} a_n\, z_k^n \right| \\
&\quad + \left| \sum_{n=m+1}^{\infty} a_n\, \hat{z}^n \right| + \left| \sum_{n=m+1}^{\infty} a_n\, z_k^n \right| \\
&\leq \left| \sum_{n=0}^{m} a_n\, \hat{z}^n - \sum_{n=0}^{m} a_n\, z_k^n \right| \\
&\quad + \sum_{n=m+1}^{\infty} |a_n|\,|\hat{z}|^n + \sum_{n=m+1}^{\infty} |a_n|\,|z_k|^n .
\end{aligned}
$$

Da $|\hat{z}| \leq \rho$ und $|z_k| \leq \rho$, gilt nach der Überlegung von oben, dass

$$
|f(\hat{z}) - f(z_k)| < \left| \sum_{n=0}^{m} a_n\, \hat{z}^n - \sum_{n=0}^{m} a_n\, z_k^n \right| + \frac{\varepsilon}{2} .
$$

Die beiden verbleibenden Summen stellen nun aber Polynome dar, und zwar dieselbe Polynomfunktion einmal an $\hat{z}$ und einmal an z_k ausgewertet. Polynome sind stetig, daher muss auch diese erste Differenz kleiner als $\varepsilon/2$ werden für alle $k \geq L \in \mathbb{N}$. Es gilt damit:

$$
|f(\hat{z}) - f(z_k)| < \varepsilon \qquad \text{für} \quad k \geq \max\{K, L\}.
$$

Wir rekapitulieren: Zu einem $\varepsilon > 0$ finden wir eine Zahl $N = \max\{K, L\}$, sodass $|f(\hat{z}) - f(z_k)| < \varepsilon$ für alle $k \geq N$. Dies gilt für jede beliebige Folge (z_k) im Konvergenzkreis der Potenzreihe, die $\hat{z}$ als Grenzwert besitzt. Also ist f an der Stelle $\hat{z}$ stetig.

Bei dieser Überlegung haben wir den Entwicklungspunkt z_0 zu null gesetzt. Wenn man diesen mit in die Überlegung einbezieht, ergeben sich aber keine neuen Schwierigkeiten. Er stellt nur eine Translation der Potenzreihe dar, die auf die Frage nach Stetigkeit keinen Einfluss besitzt. Wir haben somit das folgende Ergebnis bewiesen.

Stetigkeit von Potenzreihen

Durch eine Potenzreihe ist in ihrem Konvergenzkreis eine stetige Funktion definiert.

Wir betonen noch einmal, dass die Stetigkeit von Potenzreihen bedeutet, dass Grenzprozesse vertauscht werden dürfen. Das Resultat kann daher so gelesen werden:

$$
\lim_{z \to \hat{z}} \sum_{n=0}^{\infty} a_n\, (z - z_0)^n = \sum_{n=0}^{\infty} a_n\, \left(\lim_{z \to \hat{z}} (z - z_0) \right)^n ,
$$

sofern z_k und $\hat{z}$ im Inneren des Konvergenzkreises liegen.

Der Abel'sche Grenzwertsatz liefert im Reellen Stetigkeit bis zum Randpunkt

Bisher haben wir den Rand des Konvergenzkreises außer Acht gelassen. Es stellt sich heraus, dass unterschiedliche Konvergenzvarianten in Randpunkten $z \in \mathbb{C}$ mit $|z - z_0| = r$ und Konvergenzradius r auftreten können. In den Beispielen auf Seite 388 sind einige Situationen zusammengestellt. Es lässt sich keine allgemeine Aussage machen, und es ist erforderlich die Konvergenz der Potenzreihe in den Randpunkten im Einzelfall zu untersuchen.

Die Beispiele zeigen, dass in bestimmten Situationen für $\hat{z} \in \mathbb{C}$ mit $|\hat{z} - z_0| = r$ die Potenzreihe konvergiert. Damit ergibt sich die Frage, welcher Zusammenhang zwischen dem Grenzwert $\sum_{n=0}^{\infty} a_n (\hat{z} - z_0)^n$ und der durch die Potenzreihe im Inneren definierten Funktion $f : \{z \in \mathbb{C} \mid |z - z_0| < r\}$ mit $f(z) = \sum_{n=0}^{\infty} a_n (z - z_0)^n$ besteht. Betrachten wir nur reelle Potenzreihen, so lässt sich zeigen, dass die Funktion f stetig in $\hat{z}$ fortsetzbar ist mit dem entsprechenden Grenzwert. Dies ist die Aussage des *Abel'schen Grenzwertsatzes*.

Abelscher Grenzwertsatz

Wenn für eine reelle Potenzreihe

$$
\sum_{n=0}^{\infty} a_n (x - x_0)^n
$$

mit Konvergenzradius $r > 0$ und Entwicklungspunkt $x_0 \in \mathbb{R}$ gilt, dass für $\hat{x} \in \mathbb{R}$ mit $|\hat{x} - x_0| = r$ die Reihe $\left(\sum_{n=0}^{\infty} a_n (\hat{x} - x_0)^n \right)$ konvergiert, so ist

$$
\lim_{\substack{x \to \hat{x} \\ |x - x_0| < r}} \sum_{n=0}^{\infty} a_n (x - x_0)^n = \sum_{n=0}^{\infty} a_n (\hat{x} - x_0)^n .
$$

Beweis:

(i) Zunächst zeigen wir, dass im Wesentlichen nur der Fall $r = 1$ und $\hat{x} = 1$ betrachtet werden muss. Dies ergibt sich mit der Variablentransformation $\tilde{x} = \frac{1}{r}(x - x_0)$, die den Entwicklungspunkt auf den Ursprung durch $x - x_0$ verschiebt und den Konvergenzradius normiert. Dann ist

$$
\sum_{n=0}^{\infty} a_n (x - x_0)^n = \sum_{n=0}^{\infty} \underbrace{a_n r^n}_{:= \tilde{a}_n}\, \tilde{x}^n ,
$$

und die rechte Potenzreihe hat die gewünschten Eigenschaften. Wir können somit ohne Einschränkungen voraussetzen $r = 1$ und $\hat{x} = 1$.

(ii) Wir definieren die Partialsummen und den Grenzwert

$$
s_j = \sum_{n=0}^{j} a_n \quad \text{und} \quad s = \sum_{n=0}^{\infty} a_n
$$

Unter der Lupe: Stetigkeit von Potenzreihen und gleichmäßige Konvergenz

Im Beweis zur Stetigkeit von Potenzreihen kommt ein wenig versteckt ein stärkerer Konvergenzbegriff zum Tragen, die *gleichmäßige* Konvergenz. Da das Konzept der Gleichmäßigkeit später an verschiedenen Stellen eine wichtige Rolle spielen wird, schauen wir genauer hin.

Wir gehen den Beweis auf Seite 385 zur Stetigkeit noch einmal durch. Es genügt, einen Entwicklungspunkt $z_0 = 0$ zu betrachten, da die Aussage mit der Transformation $\tilde{z} = z - z_0$ auf diese Situation zurückgeführt werden kann.

Um Stetigkeit zu zeigen, müssen wir die Differenz

$$|f(\hat{z}) - f(z_k)| = |\sum_{n=0}^{\infty} a_n \hat{z}^n - \sum_{n=0}^{\infty} a_n z_k^n|$$

gegen den Abstand $|\hat{z} - z_k|$ abschätzen; denn das Einzige, was wir über die Folge (z_k) voraussetzen können, ist die Konvergenz gegen $\hat{z}$.

Wir haben es mit ineinander geschachtelten Grenzwerten zu tun. Um letztendlich die beiden Grenzprozesse voneinander zu separieren, wird die Dreiecksungleichung genutzt. Die Reihen lassen sich zerlegen in eine endliche Summe bis zu einem noch frei wählbaren Wert $m \in \mathbb{N}$ und den Reihenresten. Wir erhalten mit der Dreiecksungleichung

$$|f(\hat{z}) - f(z_k)| \leq \left| \sum_{n=0}^{m} a_n \hat{z}^n - \sum_{n=0}^{m} a_n z_k^n \right|$$
$$+ \sum_{n=m+1}^{\infty} |a_n| |\hat{z}|^n + \sum_{n=m+1}^{\infty} |a_n| |z_k|^n.$$

Damit wir so argumentieren dürfen, muss sichergestellt sein, dass die beiden Reihen absolut konvergieren. Dies gilt aber allgemein für Potenzreihen im Inneren des Konvergenzkreises.

In dieser Abschätzung ist der erste Summand die Differenz eines Polynoms an den Stellen $\hat{z}$ und z_k. Da Polynome stetige Funktionen sind, wird deutlich, dass wir diesen Beitrag bei einem fest gewähltem Grad m mit $k \to \infty$ „klein" machen können.

Wenden wir uns den beiden anderen Termen zu. Es sind beides Reihenreste konvergenter Reihen. Ist m nur hinreichend groß, so müssen auch diese Beiträge klein werden. Wo steckt nun das Problem?

Geben wir uns $\varepsilon > 0$ vor, so lässt sich ein $m \in \mathbb{N}$ wählen mit

$$\sum_{n=m+1}^{\infty} |a_n| |z_k|^n \leq \varepsilon.$$

Aber der Wert m hängt von der Stelle z_k ab und ändert sich, wenn ein anderes Folgenglied z_l betrachtet wird. Für die Stetigkeitsabschätzung müssen wir aber unendlich viele verschiedene Stellen z_k zulassen, und wir benötigen

gleichzeitig einen festen Wert für m, um den ersten Summanden zu kontrollieren.

Es ist also im Beweis erforderlich, dass die Reihenreste unabhängig von den Stellen z_k bzw. $\hat{z}$ abgeschätzt werden können. Zumindest in einer Umgebung U um den Punkt $\hat{z}$ muss sich der Index m so wählen lassen, dass **für alle** $z \in U$ die Abschätzung

$$\sum_{n=m+1}^{\infty} |a_n| |z|^n \leq \varepsilon$$

gilt. Diese Eigenschaft einer Folge von Funktionen nennt man **gleichmäßige Konvergenz**, in diesem Fall der *Funktionenfolgen* $g_n: U \to \mathbb{C}$ mit $g_m(z) = \sum_{m+1}^{\infty} |a_n| |z|^n$ gegen die Nullfunktion. Anders ausgedrückt: Die Folge der Partialsummen $f_m(z) = \sum_{n=0}^{m} a_n z^n$ konvergiert absolut und gleichmäßig auf U gegen die Funktion f.

Um im Beweis diese gleichmäßige Konvergenz zu garantieren, ist es erforderlich, den Parameter $\rho < r$ einzuführen. Denn gleichmäßige Konvergenz lässt sich nur zeigen, wenn wir Punkte am Rand ausschließen. Mit $\hat{z}$ im Inneren des Konvergenzkreises können wir immer einen Wert $\rho > 0$ finden, sodass $\hat{z} < \rho < r$ gilt. Wegen der absoluten Konvergenz der Potenzreihen insbesondere an der Stelle $z = \rho$ lässt sich bei Vorgabe eines Werts $\varepsilon > 0$ stets ein $m \in \mathbb{N}$ wählen, sodass **für alle** $z \in \{z \in \mathbb{C}: |z| \leq \rho\}$ die Abschätzung

$$\sum_{n=m+1}^{\infty} |a_n| |z|^n \leq \sum_{n=m+1}^{\infty} |a_n| \rho^n \leq \varepsilon$$

gilt. Mit dieser Zahl m und der Stetigkeit des Polynoms $\sum_{n=0}^{m} a_n z^n$ kann der Beweis abgeschlossen werden.

Es wird im präsentierten Beweis noch ε durch $\varepsilon/4$ bzw. $\varepsilon/2$ ersetzt, damit letztlich die Ungleichung $|f(\hat{z}) - f(z_k)| < \varepsilon$ elegant aussieht, wie bei der Definition der Stetigkeit.

Kommentar: Wir werden dem Konzept der Gleichmäßigkeit noch in vielen verschiedenen Situationen begegnen. Es handelt sich um eine wesentliche Schwierigkeit, die zu berücksichtigen ist, wenn Grenzprozesse vertauscht werden sollen. Wir werden später im Kapitel über Integration und im Kapitel über Funktionenräume sehen, dass bei Folgen von Funktionen zwischen verschiedenen Konvergenzbegriffen unterschieden werden muss. Die gleichmäßige Konvergenz ist eine dieser Konvergenzarten. Für Potenzreihen zumindest haben wir gezeigt, dass auf abgeschlossenen und beschränkten Teilmengen des Konvergenzkreises gleichmäßige Konvergenz vorliegt.

Beispiel: Auf dem Rand des Konvergenzkreises ist jedes Verhalten möglich

Für welche $x \in \mathbb{R}$ konvergieren die folgenden Potenzreihen?

$$\left(\sum_{n=1}^{\infty} \frac{(x-1)^n}{n} \right) \qquad \left(\sum_{n=0}^{\infty} \frac{n}{n+1} (x-2)^n \right) \qquad \left(\sum_{n=0}^{\infty} \frac{(x-3)^n}{n^2+1} \right)$$

Problemanalyse und Strategie: Die Konvergenzradien können in allen drei Fällen mit dem Quotientenkriterium bestimmt werden. Die Fragestellung bedeutet aber, dass nicht nur der Konvergenzradius ermittelt werden muss, sondern auch eine Untersuchung des Randes des Konvergenzkreises erforderlich ist. Dies muss man separat durchführen. Aufgrund der Aufgabenstellung müssen wir aber nur reelle Randpunkte untersuchen, nicht die gesamte Kreislinie in der komplexen Ebene.

Lösung:

Zunächst wollen wir für alle drei Reihen das Quotientenkriterium anwenden, um den Konvergenzradius zu bestimmen. Es gilt:

$$\left| \frac{(x-1)^{n+1}}{n+1} \cdot \frac{n}{(x-1)^n} \right| = \frac{n}{n+1} |x-1| \to |x-1|,$$

$$\left| \frac{(n+1)(x-2)^{n+1}}{n+2} \cdot \frac{n+1}{n(x-2)^n} \right| = \frac{(n+1)^2}{n(n+2)} |x-2|$$
$$\to |x-2|,$$

$$\left| \frac{(x-3)^{n+1}}{(n+1)^2+1} \cdot \frac{n^2+1}{(x-3)^n} \right| = \frac{n^2+1}{n^2+2n+2} |x-3|$$
$$\to |x-3|,$$

jeweils für $n \to \infty$. Nach dem Quotientenkriterium konvergieren die Reihen absolut, falls der Grenzwert kleiner als 1 ist, etwa

$$|x-1| < 1$$

im Fall der ersten Reihe. Also ist in allen drei Fällen der Konvergenzradius 1.

Wir müssen nun die Randpunkte separat untersuchen. Im Fall der ersten Reihe ist der Konvergenzkreis das Intervall $(0, 2)$, die Randpunkte also 0 und 2. Wir setzen zunächst null für x ein und erhalten die Reihe

$$\left(\sum_{n=1}^{\infty} \frac{(0-1)^n}{n} \right) = \left(\sum_{n=1}^{\infty} \frac{(-1)^n}{n} \right).$$

Dies ist genau die alternierende harmonische Reihe, von der wir wissen, dass sie konvergiert.

Nun setzen wir den zweiten Randpunkt für x ein:

$$\left(\sum_{n=1}^{\infty} \frac{(2-1)^n}{n} \right) = \left(\sum_{n=1}^{\infty} \frac{1}{n} \right).$$

Dies ist die harmonische Reihe, von der wir wissen, dass sie divergiert. Also konvergiert die erste Reihe genau für $x \in [0, 2)$, für alle anderen $x \in \mathbb{R}$ divergiert sie.

Nun zur zweiten Reihe: Der Konvergenzkreis ist das Intervall $(1, 3)$, die Randpunkte sind also 1 und 3. Setzt man diese Werte für x ein, erhält man die Reihen

$$\left(\sum_{n=0}^{\infty} \frac{(-1)^n n}{n+1} \right) \quad \text{bzw.} \quad \left(\sum_{n=0}^{\infty} \frac{n}{n+1} \right).$$

In beiden Fällen bilden die Glieder keine Nullfolge, die Reihen müssen divergieren. Also konvergiert die zweite Reihe genau für $x \in (1, 3)$, für alle anderen x divergiert sie.

Bei der dritten Reihe ist der Konvergenzkreis $(2, 4)$, die Randpunkte also 2 und 4. Wieder setzen wir diese Werte für x ein und erhalten

$$\left(\sum_{n=0}^{\infty} \frac{(-1)^n}{n^2+1} \right) \quad \text{bzw.} \quad \left(\sum_{n=0}^{\infty} \frac{1}{n^2+1} \right).$$

Jetzt konvergieren beide Reihen absolut, dies folgt zum Beispiel mit dem Grenzwertkriterium. Also konvergiert diese Potenzreihe für $x \in [2, 4]$, für alle anderen x divergiert sie.

Kommentar: Das Beispiel verdeutlicht, dass auf dem Rand des Konvergenzkreises jedes Verhalten möglich ist: Die erste Reihe konvergiert in einem Randpunkt, im anderen aber nicht, die zweite divergiert in beiden Randpunkten, die dritte konvergiert in beiden absolut. Alle drei haben aber denselben Konvergenzradius. Bei solchen Untersuchungen ist wirklich jeder Randpunkt separat zu untersuchen. Nimmt man noch die komplexen Zahlen hinzu, bedeutet dies natürlich mehr Aufwand, denn dann besteht der Rand aus einer Kreislinie und nicht nur aus zwei Punkten.

sowie die Funktion $f : (-1, 1) \to \mathbb{R}$ mit $f(x) = \sum_{n=0}^{\infty} a_n x^n$. Gesucht ist nun eine Darstellung der Differenz $s - f(x)$, die eine Abschätzung gegenüber der Differenz $|1 - x|$ erlaubt.

Mit der geometrischen Reihe gilt:

$$\sum_{n=0}^{\infty} x^n = \frac{1}{1-x} \quad \text{bzw.} \quad (1-x) \sum_{n=0}^{\infty} x^n = 1$$

für $|x| < 1$. Da beide Reihen, die Potenzreihe und die geometrische Reihe, für $|x| < 1$ absolut konvergieren, erhalten wir mit dem Cauchy Produkt (Seite 367):

$$\sum_{n=0}^{\infty} a_n x^n = (1-x) \left(\sum_{n=0}^{\infty} x^n \right) \left(\sum_{n=0}^{\infty} a_n x^n \right)$$
$$= (1-x) \sum_{n=0}^{\infty} \left(\sum_{j=0}^{n} a_j \right) x^n$$
$$= (1-x) \sum_{n=0}^{\infty} s_n x^n.$$

Damit folgt für $|x| < 1$ die Identität

$$s - f(x) = s(1-x) \sum_{n=0}^{\infty} x^n - (1-x) \sum_{n=0}^{\infty} s_n x^n$$
$$= (1-x) \sum_{n=0}^{\infty} (s - s_n) x^n.$$

(iii) Als letzten Schritt im Beweis schätzen wir nun die Differenz ab. Mit der Dreiecksungleichung und $|x| < 1$ ist

$$|s - f(x)| \leq |1-x| \left(\sum_{n=0}^{N} |s - s_n| + \sum_{n=N+1}^{\infty} |s - s_n| |x|^n \right).$$

Nun lässt sich zu $\varepsilon > 0$ ein $N \in \mathbb{N}$ wählen, sodass $|s - s_n| < \frac{\varepsilon}{2}$ für alle $n > N$ gilt, und es folgt mit der geometrischen Reihe:

$$|s - f(x)| \leq |1-x| \sum_{n=0}^{N} |s - s_n| + \frac{\varepsilon}{2} |1-x| \sum_{n=N+1}^{\infty} |x|^n$$
$$\leq |1-x| \sum_{n=0}^{N} |s - s_n| + \frac{\varepsilon}{2} \frac{|1-x|}{1-|x|}. \quad (11.2)$$

Für $0 < x < 1$ ist $\frac{|1-x|}{1-|x|} = 1$. Wählen wir weiter $\delta = \varepsilon / \left(2 \sum_{n=0}^{N} |s - s_n| \right)$, so folgt für $|1-x| \leq \min\{\delta, 1\}$, dass

$$|s - f(x)| \leq \delta \sum_{n=0}^{N} |s - s_n| + \frac{\varepsilon}{2} = \varepsilon,$$

und wir haben die stetige Fortsetzbarkeit im Grenzfall $x \to 1$ gezeigt. ∎

Die Aussage des Grenzwertsatzes besagt, dass die beiden Grenzprozesse $z \to \hat{z}$ und $\sum_{n=0}^{\infty}$ vertauscht werden dürfen. Wieder begegnen wir dem Vertauschen von Grenzwerten. Aber so unproblematisch wie im Inneren des Konvergenzkreises ist die Situation beim Grenzwertsatz nicht. Man entdeckt die Schwierigkeit, wenn man versucht, den Satz ins Komplexe zu verallgemeinern.

Beispiel Wir ersetzen versuchsweise alle reellen Argumente im obigen Beweis durch komplexe Zahlen. Zunächst können wir analog vorgehen, indem wir den Entwicklungspunkt $\hat{z}$ durch die Transformation $\tilde{z} = \frac{1}{r}(z - z_0) e^{-i \arg(z - z_0)}$ in die Stelle $1 + i0$ drehen. Erst bei der Abschätzung (siehe (11.2)) sehen wir das Problem.

Der Term $|1 - z|/(1 - |z|)$ bleibt in einer Umgebung von $\hat{z} = 1$ nicht beschränkt. Dies ergibt sich etwa mit der Folge $z_n = 1 - \frac{1}{n^2} + \frac{i}{n}$. Denn es gilt:

$$|z_n|^2 = 1 - \frac{1}{n^2}\left(1 - \frac{1}{n^2}\right) < 1, \quad |1 - z_n| = \frac{1}{n}\sqrt{1 + \frac{1}{n^2}}$$

und

$$(1 - |z_n|) = 1 - \sqrt{1 - \frac{1}{n^2}\left(1 - \frac{1}{n^2}\right)}$$
$$= \frac{1}{n^2} \frac{\left(1 - \frac{1}{n^2}\right)}{1 + \sqrt{1 - \frac{1}{n^2}\left(1 - \frac{1}{n^2}\right)}}.$$

Also ist $|1 - z_n|/(1 - |z_n|)$ unbeschränkt. Für die Beweisidee des Grenzwertsatzes wird aber eine Schranke unabhängig von N benötigt. Da eine solche *gleichmäßige* Abschätzung hier nicht möglich ist, versagt das Argument an dieser Stelle.

Es lässt sich nach diesen Überlegungen nur dann eine stetige Fortsetzung bis in den Punkt $\hat{z}$ erwarten und auch zeigen, wenn durch $\arg(\hat{z} - z) \in [-\varphi, \varphi]$ mit $0 \leq \varphi < \pi/2$ der Definitionsbereich von f so eingeschränkt wird, dass der betrachtete Quotient beschränkt bleibt, denn mit Methoden der Differenzialrechnung lässt sich zeigen, dass der Quotient lokal durch $1/\cos\varphi$ abschätzbar ist.

Oft sind beim Vertauschen von Grenzwerten zusätzliche Bedingungen, wie in diesem Beispiel, erforderlich, um in einem passenden Sinn ein *gleichmäßiges* asymptotisches Verhalten zu garantieren (siehe Seite 387 und auch die Box auf Seite 788). ◀

11.2 Die Darstellung von Funktionen durch Potenzreihen

Im einführenden Beispiel dieses Kapitels haben wir einen Fall kennengelernt, in dem sich eine Funktion einerseits durch eine Potenzreihe, andererseits durch eine explizite Abbildungsvorschrift darstellen lässt. In der Tat sind Darstellungen von Funktionen durch Potenzreihen wichtige Hilfsmittel.

Sie dienen zur Lösung von Differenzialgleichungen, zur Berechnung von Integralen oder zur numerischen Auswertung von Funktionen. Gibt man den Entwicklungspunkt z_0 vor, spricht man auch von der **Potenzreihenentwicklung** einer Funktion um z_0.

Potenzreihen mit demselben Entwicklungspunkt kann man addieren und multiplizieren

Da Potenzreihen nichts anderes sind als spezielle Reihen, steht uns das gesamte Arsenal der Rechenregeln für Reihen und Reihenwerte zur Verfügung. Eine einfache Konsequenz ist die Tatsache, dass man Potenzreihen oder Vielfache von ihnen addieren kann und als Ergebnis wieder eine Potenzreihe erhält.

Einige Voraussetzungen sind zu beachten: Zunächst müssen beide Potenzreihen denselben Entwicklungspunkt z_0 besitzen. Ferner gehört zu jeder der beiden ursprünglichen Potenzreihen ein Konvergenzkreis, und es können nur solche z betrachtet werden, die im *kleineren* dieser beiden Kreise liegen. Dann gilt die Formel:

$$\lambda \sum_{n=0}^{\infty} a_n \, (z - z_0)^n + \mu \sum_{n=0}^{\infty} b_n \, (z - z_0)^n$$
$$= \sum_{n=0}^{\infty} (\lambda a_n + \mu b_n) \, (z - z_0)^n$$

für alle $\lambda, \mu \in \mathbb{C}$.

Beispiel Wir betrachten die reellwertige Funktion

$$f(x) = \frac{1}{1 - x} + \frac{1}{1 - x^2}, \qquad |x| < 1.$$

Für beide Summanden kennen wir schon eine Darstellung als Potenzreihe mit dem Entwicklungspunkt Null:

$$\frac{1}{1 - x} = \sum_{n=0}^{\infty} x^n,$$
$$\frac{1}{1 - x^2} = \sum_{n=0}^{\infty} x^{2n}.$$

Also hat f die Darstellung

$$f(x) = \sum_{n=0}^{\infty} a_n x^n$$

mit $a_n = 2$ für gerades n und $a_n = 1$ für ungerades n. ◄

Dieses einfache Resultat bedeutet algebraisch, dass die Menge der Funktionen, die sich in einer Umgebung um einen Punkt als Potenzreihe schreiben lassen, einen Vektorraum bildet. Wir können diesen als einen Unterraum der stetigen Funktionen auffassen (siehe Kapitel 11). Funktionen, die eine Potenzreihendarstellung erlauben, werden auch als **analytische Funktionen** bezeichnet.

Für die Multiplikation von Potenzreihen machen wir uns zu Nutze, dass Potenzreihen im Innern ihres Konvergenzkreises stets absolut konvergieren. Damit steht uns das **Cauchy-Produkt** zur Verfügung. Dieselben Voraussetzungen wie oben sollen gelten: Beide Reihen haben denselben Entwicklungspunkt z_0, und wir betrachten nur den kleineren der beiden Konvergenzkreise. Dann gilt die Formel:

$$\left[\sum_{n=0}^{\infty} a_n \, (z - z_0)^n \right] \cdot \left[\sum_{n=0}^{\infty} b_n \, (z - z_0)^n \right] = \sum_{n=0}^{\infty} c_n \, (z - z_0)^n,$$

wobei die Koeffizienten c_n durch

$$c_n = \sum_{k=0}^{n} a_k b_{n-k}$$

gegeben sind. Das Produkt zweier Potenzreihen liefert also auch wieder eine analytische Funktion.

Beispiel Für $x \in \mathbb{C} \setminus \{-i, i\}$ gilt die Gleichung

$$\frac{1}{1 + x^2} = \frac{1}{1 + i\,x} \cdot \frac{1}{1 - i\,x}.$$

Die beiden hinteren Faktoren können wir für $|x| < 1$ mit der geometrischen Reihe als Potenzreihen schreiben:

$$\frac{1}{1 + i\,x} = \sum_{n=0}^{\infty} (-i)^n \, x^n,$$
$$\frac{1}{1 - i\,x} = \sum_{n=0}^{\infty} i^n \, x^n.$$

Die Koeffizienten im Cauchy-Produkt sind

$$c_n = \sum_{k=0}^{n} (-i)^k (i)^{n-k} = i^n \sum_{k=0}^{n} (-1)^k.$$

Die in der Summe auftretenden Terme sind abwechselnd 1 und -1. Damit ergibt sich für $n = 2k$ die Darstellung

$$c_{2k} = i^{2k} \cdot 1 = (-1)^k,$$

und für $n = 2k + 1$ ist $c_{2k+1} = 0$. Also gilt:

$$\frac{1}{1 + x^2} = \sum_{n=0}^{\infty} c_n \, x^n = \sum_{k=0}^{\infty} c_{2k} \, x^{2k} = \sum_{k=0}^{\infty} (-1)^k \, x^{2k}.$$

Allerdings kann man die geometrische Reihe auch direkt auf den Bruch $1/(1 + x^2)$ anwenden:

$$\frac{1}{1 + x^2} = \frac{1}{1 - (-x^2)} = \sum_{n=0}^{\infty} \left(-x^2 \right)^n = \sum_{n=0}^{\infty} (-1)^n \, x^{2n}.$$

Beide Rechnungen liefern die gleiche Potenzreihe. ◄

Kommentar: Die durch den Ausdruck

$$f(x) = \frac{1}{1 + x^2}$$

definierte Funktion kann auf ganz $\mathbb{R}$ definiert werden. Betrachtet man dagegen ihre Potenzreihendarstellung

$$f(x) = \sum_{n=0}^{\infty} (-1)^n x^{2n},$$

so ist diese nur für $|x| < 1$ gültig. In den reellen Zahlen gibt es für dieses Phänomen keine Erklärung. Erst durch Betrachtung der Potenzreihe im Komplexen wird der Grund klar: Die Potenzreihe *sieht* die komplexen Nullstellen des Nenners bei $\pm i$, auch wenn nur reell gerechnet wird. Diese Nullstellen schränken den Konvergenzkreis ein. Die komplexen Zahlen bilden also das natürliche Umfeld, um Potenzreihen zu betrachten und ihre Eigenschaften zu verstehen.

Der Identitätssatz belegt die Eindeutigkeit der Koeffizienten

Im ersten Abschnitt des Kapitels haben wir gesehen, dass durch jede Potenzreihe innerhalb ihres Konvergenzkreises eine Funktion definiert wird. Jetzt wollen wir die Frage stellen: Falls eine Funktion durch eine Potenzreihe dargestellt wird, ist diese Darstellung dann eindeutig? Es ist entscheidend, dass diese Frage mit ja beantwortet werden kann, denn so wird garantiert, dass sich aus der Kenntnis der Funktion die Koeffizienten der Potenzreihe bestimmen lassen, wobei man sich natürlich auf einen Entwicklungspunkt festlegen muss. Die entsprechende Aussage nennt man den *Identitätssatz* für Potenzreihen.

Identitätssatz für Potenzreihen

Gilt für zwei Potenzreihen und $r > 0$ die Gleichung

$$\sum_{n=0}^{\infty} a_n (z - z_0)^n = \sum_{n=0}^{\infty} b_n (z - z_0)^n$$

für alle z mit $|z - z_0| < r$, so sind die Koeffizientenfolgen (a_n) und (b_n) identisch.

Beweis: Wir gehen aus von zwei Potenzreihen mit demselben Entwicklungspunkt z_0 und Koeffizientenfolgen (a_n) bzw. (b_n). Wir müssen zeigen: Falls es ein $r > 0$ gibt mit

$$\sum_{n=0}^{\infty} a_n (z - z_0)^n = \sum_{n=0}^{\infty} b_n (z - z_0)^n$$

für alle z mit $|z - z_0| < r$, dann sind die beiden Koeffizientenfolgen identisch.

Wir beweisen dies durch vollständige Induktion. Mit $z = z_0$ folgt sofort die Gleichung $a_0 = b_0$. Dies ist der Induktionsanfang.

Nun nehmen wir an, dass wir wissen, dass $a_j = b_j$ ist für $j = 1, \dots, N$ und wollen zeigen, dass dann auch $a_{N+1} = b_{N+1}$ sein muss. Aufgrund der Annahme gilt:

$$\sum_{j=0}^{N} a_j (z - z_0)^j = \sum_{j=0}^{N} b_j (z - z_0)^j.$$

Dies sind zwei Polynome, deren Koeffizienten übereinstimmen. Also folgt

$$\sum_{n=N+1}^{\infty} a_n (z - z_0)^n = \sum_{n=N+1}^{\infty} b_n (z - z_0)^n$$

für alle z mit $|z - z_0| < r$. Auf beiden Seiten kann nun der Term $(z - z_0)^{N+1}$ ausgeklammert werden:

$$(z - z_0)^{N+1} \sum_{n=0}^{\infty} a_{N+1+n} (z - z_0)^n$$

$$= (z - z_0)^{N+1} \sum_{n=0}^{\infty} b_{N+1+n} (z - z_0)^n.$$

Auch diese Gleichung gilt für alle z mit $|z - z_0| < r$. Für $z \neq z_0$ ist der ausgeklammerte Faktor ungleich null, daher muss

$$\sum_{n=0}^{\infty} a_{N+1+n} (z - z_0)^n = \sum_{n=0}^{\infty} b_{N+1+n} (z - z_0)^n$$

sein. Die beiden identischen Potenzreihen sind stetig in z_0, also gilt die Identität auch für $z = z_0$, und es folgt $a_{N+1} = b_{N+1}$. Damit ist der Induktionsschritt durchgeführt. ∎

Durch Koeffizientenvergleich lassen sich Darstellungen von Funktionen gewinnen

Der Identitätssatz liefert uns eine wichtige Technik zur Bestimmung der Koeffizienten von Potenzreihen, den **Koeffizientenvergleich**. Wir illustrieren die Technik an zwei Beispielen.

Beispiel
■ Gesucht ist eine Potenzreihendarstellung der Funktion

$$f(z) = \frac{1 + z^2}{1 - z}, \qquad |z| < 1,$$

um den Entwicklungspunkt $z_0 = 0$, d. h. eine Folge von Koeffizienten (a_n) mit

$$\sum_{n=0}^{\infty} a_n z^n = \frac{1 + z^2}{1 - z}, \qquad |z| < 1.$$

Beispiel: Bestimmung einer Potenzreihendarstellung mit dem Cauchy-Produkt

Bestimmen Sie eine Potenzreihendarstellung der Funktion

$$f(z) = \frac{z^2}{2 - 3z + z^2} \quad \text{für} \quad z \in \{w \in \mathbb{C} \mid |w| < 1\}$$

mit Entwicklungspunkt $z_0 = 0$.

Problemanalyse und Strategie: Die Funktion wird als ein Produkt geschrieben, wobei wir für jeden Faktor eine Potenzreihe angeben können. Die Berechnung der Produktreihe kann dann mit dem Cauchy-Produkt erfolgen.

Lösung:

Faktorisiert man den Nenner,

$$2 - 3z + z^2 = (1 - z)(2 - z),$$

erkennt man, dass die Funktion wohldefiniert ist, denn keine der Nullstellen liegt im Definitionsbereich.

Somit lässt sich f umschreiben zu

$$f(z) = \frac{z^2}{1 - z} \cdot \frac{1}{2 - z}.$$

Die beiden Faktoren erinnern an die geometrische Reihe. Wenn wir beim zweiten Faktor $1/2$ ausklammern, so erhalten wir

$$\frac{1}{2 - z} = \frac{1}{2} \frac{1}{1 - \frac{z}{2}} = \frac{1}{2} \sum_{n=0}^{\infty} \left(\frac{z}{2}\right)^n$$

für alle z aus dem Definitionsbereich von f.

Den ersten Faktor in der Darstellung von f schreiben wir als

$$\frac{z^2}{1 - z} = z^2 \sum_{n=0}^{\infty} z^n = \sum_{n=0}^{\infty} z^{n+2} = \sum_{n=2}^{\infty} z^n.$$

Diese Darstellung ist ebenfalls für alle z aus dem Definitionsbereich von f gültig.

Da beide Potenzreihen für $|z| < 1$ absolut konvergieren, kann man die Produktreihe mit dem Cauchy-Produkt bestimmen. Dabei muss man allerdings vorsichtig sein, denn

die Reihe in der Darstellung des ersten Faktors beginnt erst beim Index 2 und entspricht somit nicht ganz genau der Darstellung in der Definition des Cauchy-Produkts. Wir schreiben

$$\left(\sum_{n=2}^{\infty} z^n\right) \cdot \left(\sum_{n=0}^{\infty} \left(\frac{z}{2}\right)^n\right) = \sum_{n=0}^{\infty} z^n \sum_{k=0}^{n} a_k b_{n-k}$$

mit

$$a_k = \begin{cases} 0, & k = 0, 1, \\ 1, & \text{sonst} \end{cases} \quad \text{und} \quad b_k = \frac{1}{2^n}.$$

Damit erhalten wir:

$$\sum_{k=0}^{n} a_k b_{n-k} = \sum_{k=2}^{n} \frac{1}{2^{n-k}} = \sum_{k=0}^{n-2} \frac{1}{2^{n-k-2}} = \frac{1}{2^{n-2}} \sum_{k=0}^{n-2} 2^k.$$

Die Summe im letzten Term lässt sich mit der geometrischen Summenformel explizit berechnen. Es ergibt sich für $n \geq 2$:

$$\sum_{k=0}^{n} a_k b_{n-k} = \frac{1}{2^{n-2}} \cdot \frac{1 - 2^{n-1}}{1 - 2} = \frac{2^{n-1} - 1}{2^{n-2}} = 2 - \frac{1}{2^{n-2}}.$$

Für $n = 0$ oder 1 ist die Summe null. Damit erhalten wir:

$$f(z) = \frac{1}{2} \left(\sum_{n=2}^{\infty} z^n\right) \cdot \left(\sum_{n=0}^{\infty} \left(\frac{z}{2}\right)^n\right) = \sum_{n=2}^{\infty} \left(1 - \frac{1}{2^{n-1}}\right) z^n.$$

Der Nenner ist uns schon von der geometrischen Reihe her bekannt, es gilt:

$$\frac{1}{1 - z} = \sum_{n=0}^{\infty} z^n, \qquad |z| < 1.$$

Daher können wir die Funktion folgendermaßen darstellen:

$$f(z) = (1 + z^2) \cdot \frac{1}{1 - z} = (1 + z^2) \sum_{n=0}^{\infty} z^n$$

$$= \sum_{n=0}^{\infty} z^n + \sum_{n=0}^{\infty} z^{n+2} = \sum_{n=0}^{\infty} z^n + \sum_{n=2}^{\infty} z^n.$$

Es gilt für die gesuchte Potenzreihendarstellung:

$$\sum_{n=0}^{\infty} a_n z^n = \sum_{n=0}^{\infty} z^n + \sum_{n=2}^{\infty} z^n = 1 + z + \sum_{n=2}^{\infty} 2 z^n.$$

Aufgrund des Identitätssatzes müssen die beiden Potenzreihen die gleichen Koeffizienten haben. Also ist $a_0 = 1$, $a_1 = 1$ und für alle $n \geq 2$ gilt $a_n = 2$.

Insgesamt haben wir die folgende Potenzreihendarstellung für f gefunden:

$$f(z) = 1 + z + 2 \sum_{n=2}^{\infty} z^n.$$

- Durch Koeffizientenvergleich sehen wir, dass im Vektorraum V der Funktionen, die sich als Potenzreihen um $z_0 = 0$ mit Konvergenzradius $r > 0$ schreiben lassen, die Monome, also die Funktionen der Form $f_n(z) = z^n$, linear unabhängig sind (s. Seite 201). Denn für eine endliche Linearkombination dieser Funktionen mit $\sum_{n=0}^{N} a_n f_n = 0 \in V$ gilt:

$$\sum_{n=0}^{N} a_n f_n(z) = \sum_{n=0}^{N} a_n z^n = 0$$

für $|z| < r \in \mathbb{R}$. Der Koeffizientenvergleich liefert $a_n = 0$ für $n = 1, \ldots, N$. Also sind die Funktionen f_n, $n = 0, 1, \ldots, N$ als Elemente des Vektorraums V linear unabhängig. ◀

Die Beispiele sind einfach, doch sie zeigen die wesentlichen Prinzipien der **Methode des Koeffizientenvergleichs:** Ausgangspunkt ist immer eine Gleichung, bei der auf beiden Seiten eine Potenzreihe mit demselben Entwicklungspunkt steht. Dann stimmen die Koeffizienten links und rechts für dieselben Potenzen überein.

Ein paar Dinge sind dabei zu beachten:

- Die Potenzreihen links und rechts können die Gestalt von Polynomen oder, was häufig vorkommt, der Nullfunktion annehmen, wie im zweiten Beispiel. Dann sind unendlich viele Koeffizienten bzw. sogar alle null.
- Steht auf einer Seite eine Summe von Potenzreihen, so sind gegebenenfalls Indexverschiebungen notwendig, um diese Reihen zusammenzufassen (siehe Beispiel auf Seite 394).
- Wichtig ist, dass man wirklich Koeffizienten für dieselben Potenzen vergleicht – das ist nicht unbedingt dasselbe, wie Koeffizienten für das gleiche n.

?

Angenommen es gilt die Gleichung

$$\sum_{n=0}^{\infty} a_n x^n = \sum_{n=0}^{\infty} b_n (x-1)^n = \sum_{n=1}^{\infty} c_n x^n = \sum_{n=0}^{\infty} \frac{x^{2n+1}}{n!}$$

für alle x aus einem Intervall $I \subseteq \mathbb{R}$. Welche Aussagen kann man über die Koeffizientenfolgen (a_n), (b_n) bzw. (c_n) durch Koeffizientenvergleich treffen?

Beispiel
- Eine Koeffizientenfolge (b_n) mit

$$\sum_{n=0}^{\infty} b_n (z-1)^n = \frac{z^2 + 1}{z}, \qquad |z-1| < 1,$$

soll gefunden werden. Dazu schreiben wir den Nenner geschickt um:

$$\frac{z^2 + 1}{z} = \frac{z^2 + 1}{1 - (1-z)} = (z^2 + 1) \sum_{n=0}^{\infty} (1-z)^n$$

für $|1 - z| < 1$. Auch das Polynom $z^2 + 1$ muss hier um den Punkt $z_0 = 1$ entwickelt werden. Mit $z = z - 1 + 1$ folgt:

$$z^2 + 1 = (z-1)^2 + 2(z-1) + 2.$$

Also muss gelten:

$$\sum_{n=0}^{\infty} b_n (z-1)^n = \sum_{n=0}^{\infty} (-1)^n (z-1)^{n+2}$$
$$+ \sum_{n=0}^{\infty} 2(-1)^n (z-1)^{n+1}$$
$$+ \sum_{n=0}^{\infty} 2(-1)^n (z-1)^n.$$

Mit einer Indexverschiebung

$$\sum_{n=0}^{\infty} (-1)^n (z-1)^{n+2} = \sum_{n=2}^{\infty} (-1)^n (z-1)^n,$$
$$\sum_{n=0}^{\infty} (-1)^n (z-1)^{n+1} = -\sum_{n=1}^{\infty} (-1)^n (z-1)^n$$

stimmen die Potenzen überein, allerdings starten die Summen bei unterschiedlichem Index. Das wird dadurch aufgelöst, dass die überzähligen Summanden getrennt aufgeführt werden. Damit ergibt sich:

$$\sum_{n=0}^{\infty} b_n (z-1)^n = 2 + (2-2) \cdot (z-1)$$
$$+ \sum_{n=2}^{\infty} \left[(-1)^n - 2(-1)^n + 2(-1)^n \right] (z-1)^n$$
$$= 2 + \sum_{n=2}^{\infty} (-1)^n (z-1)^n.$$

Also ist $b_0 = 2$, $b_1 = 0$ und $b_n = (-1)^n$ für $n \geq 2$. ◀

Konvergenzradius und Entwicklungspunkt hängen eng zusammen

Je nachdem, wie der Entwicklungspunkt gewählt wird, erhält man für eine Funktion ganz unterschiedliche Darstellungen als Potenzreihe. Dementsprechend ergeben sich auch ganz unterschiedliche Konvergenzradien.

Allgemein lässt sich dabei nicht formulieren, wie sich der Zusammenhang zwischen Entwicklungspunkt und Konvergenzradius darstellt. Die Eigenschaften der jeweiligen Funktion bestimmen dies entscheidend. Für ein einfaches Beispiel können wir den Zusammenhang aber klar darstellen.

Wir betrachten die Funktion

$$f(z) = \frac{1}{\mathrm{i} - z}, \qquad z \in \mathbb{C} \setminus \{\mathrm{i}\}.$$

Beispiel: Bestimmung einer Potenzreihe durch Koeffizientenvergleich

Bestimmen Sie eine Potenzreihendarstellung der Funktion

$$f(z) = \frac{1}{2} \frac{z^2 - 2z + 5}{z^2 - 6z + 9}, \qquad z \in \mathbb{C} \setminus \{3\},$$

um den Entwicklungspunkt $z_0 = 1$.

Problemanalyse und Strategie: Mit einem Ansatz für f als Potenzreihe kann man durch Koeffizientenvergleich eine Rekursionsformel für die Koeffizienten herleiten. Dazu müssen auch die auftretenden Polynome um z_0 entwickelt werden.

Lösung:

Der Ansatz für f lautet:

$$f(z) = \sum_{n=0}^{\infty} a_n (z - 1)^n.$$

Multipliziert man mit dem Nenner aus der Abbildungsvorschrift von f, so ergibt sich:

$$\frac{1}{2}(z^2 - 2z + 5) = (z^2 - 6z + 9) \sum_{n=0}^{\infty} a_n (z - 1)^n.$$

Zunächst müssen jetzt auch die Polynome in Potenzen von $z - 1$ geschrieben werden. Es gilt:

$$z^2 - 6z + 9 = (z - 1)^2 - 4(z - 1) + 4,$$
$$\frac{1}{2}(z^2 - 2z + 5) = \frac{1}{2}(z - 1)^2 + 2.$$

Somit können wir jetzt auf der rechten Seite ausmultiplizieren und erhalten:

$$\frac{1}{2}(z - 1)^2 + 2$$
$$= \left[(z - 1)^2 - 4(z - 1) + 4\right] \sum_{n=0}^{\infty} a_n (z - 1)^n$$
$$= \sum_{n=0}^{\infty} a_n (z - 1)^{n+2} - 4 \sum_{n=0}^{\infty} a_n (z - 1)^{n+1}$$
$$+ 4 \sum_{n=0}^{\infty} a_n (z - 1)^n.$$

Im nächsten Schritt werden die drei Reihen durch Indexverschiebungen so umgeschrieben, dass in ihnen jeweils $(z - 1)^n$ als Faktor steht. Dies ergibt:

$$\frac{1}{2}(z - 1)^2 + 2 = \sum_{n=2}^{\infty} a_{n-2} (z - 1)^n$$
$$- 4 \sum_{n=1}^{\infty} a_{n-1} (z - 1)^n$$
$$+ 4 \sum_{n=0}^{\infty} a_n (z - 1)^n.$$

Ab dem Index $n = 2$ können die Reihen jetzt zusammengefasst werden. In der zweiten und dritten Reihe bleiben dabei Terme übrig, die einzeln hingeschrieben werden müssen:

$$\frac{1}{2}(z - 1)^2 + 2 = \sum_{n=2}^{\infty}(a_{n-2} - 4a_{n-1} + 4a_n)(z - 1)^n$$
$$+ (4a_1 - 4a_0)(z - 1) + 4a_0.$$

Jetzt haben wir die Voraussetzung für den Koeffizientenvergleich geschaffen: Auf beiden Seiten des Gleichheitszeichens steht eine Potenzreihe in $(z - 1)$. Daher müssen die Koeffizienten gleich sein. Für die beiden einzelnen Terme bedeutet dies:

$$4a_0 = 2, \qquad \text{also } a_0 = \frac{1}{2},$$
$$4a_1 - 4a_0 = 0, \qquad \text{also } a_1 = \frac{1}{2}.$$

Für die Potenz $(z - 1)^2$ erhält man noch:

$$\frac{1}{2} = a_0 - 4a_1 + 4a_2 = -\frac{3}{2} + 4a_2, \qquad \text{also} \quad a_2 = \frac{1}{2}.$$

Für alle größeren n gilt $0 = a_{n-2} - 4a_{n-1} + 4a_n$, was die Rekursionsformel

$$a_n = a_{n-1} - \frac{1}{4} a_{n-2}, \qquad n \geq 3,$$

liefert. Man kann jetzt noch versuchen, ob sich aus der Rekursionsformel auch eine explizite Darstellung der Koeffizienten bestimmen lässt. Meist ist das sehr schwer, hier aber ist es möglich. Die nächsten paar Koeffizienten ab $n = 3$ lauten nämlich:

$$\frac{3}{8}, \quad \frac{4}{16}, \quad \frac{5}{32}, \quad \cdots$$

Dies legt die Vermutung nahe, dass $a_n = n/2^n$ gilt. Zum Nachweis, dass dies richtig ist, verwenden wir vollständige Induktion. Der Induktionsanfang ist schon erbracht, für den Induktionsschritt nehmen wir an, dass diese Darstellung für $n - 1$ und $n - 2$ stimmt. Dann gilt:

$$a_n = \frac{n - 1}{2^{n-1}} - \frac{n - 2}{4 \cdot 2^{n-2}} = \frac{2n - 2 - n + 2}{2^n} = \frac{n}{2^n}.$$

Damit ist gezeigt, dass die Koeffizienten für alle $n \geq 3$ dieser Darstellung genügen. Da auch a_1 und a_2 sich genauso schreiben lassen, erhält man:

$$f(z) = \frac{1}{2} + \sum_{n=1}^{\infty} \frac{n}{2^n} (z - 1)^n.$$

Die Darstellung als Potenzreihe um den Entwicklungspunkt $z_0 = 0$ können wir sofort über die geometrische Reihe gewinnen. Es gilt:

$$\frac{1}{\mathrm{i} - z} = -\mathrm{i}\,\frac{1}{1 - (-\mathrm{i}z)}$$

und daher:

$$f(z) = -\mathrm{i}\sum_{n=0}^{\infty}(-\mathrm{i}z)^n \qquad \text{für } |z| < 1.$$

Der Konvergenzradius ist $r = 1$, was mit dem Wurzelkriterium unmittelbar ermittelt werden kann.

Wir wollen nun versuchen, die Potenzreihe für den Entwicklungspunkt $z_0 = 1$ zu bestimmen. Dazu ist eine kleine Umformung notwendig, um wiederum die geometrische Reihe anwenden zu können:

$$\frac{1}{\mathrm{i} - z} = \frac{1}{\mathrm{i} - 1 - (z-1)} = \frac{1}{\mathrm{i} - 1} \cdot \frac{1}{1 - \frac{z-1}{\mathrm{i}-1}}.$$

Damit erhalten wie die Reihendarstellung

$$f(z) = \frac{1}{\mathrm{i} - 1}\sum_{n=0}^{\infty}\left(\frac{1}{\mathrm{i}-1}\right)^n (z-1)^n,$$

die für

$$|z - 1| < |\mathrm{i} - 1| = \sqrt{2}$$

konvergiert.

Mit einer analogen Überlegung erhalten wir noch

$$f(z) = 2\sum_{n=0}^{\infty} 2^n \left(z - \left(\mathrm{i} + \frac{1}{2}\right)\right)^n$$

für

$$\left| z - \left(\mathrm{i} + \frac{1}{2}\right)\right| < \frac{1}{2}.$$

In Abbildung 11.5 sind alle 3 Konvergenzkreise eingezeichnet. Man erkennt, dass die Konvergenzradien sich so ergeben, dass der Konvergenzkreis immer durch i geht. Das ist gerade die Stelle, an der die Funktion f nicht definiert ist, da der Ausdruck $1/(\mathrm{i} - z)$ dort unbeschränkt ist.

Kommentar: Heuristisch kann man das Verhalten folgendermaßen beschreiben: Ausgehend vom Entwicklungspunkt dehnt sich der Konvergenzkreis aus, bis er auf eine Stelle stößt, an der es eine *Unregelmäßigkeit* in der Funktion gibt. Beispiele dafür sind *Polstellen* oder Unstetigkeitsstellen. Im Abschnitt 15.5 werden wir im Kontext der sogenannten *Taylorreihen* genauer klären können, welche Eigenschaften einer Funktion den Konvergenzradius beeinflussen.

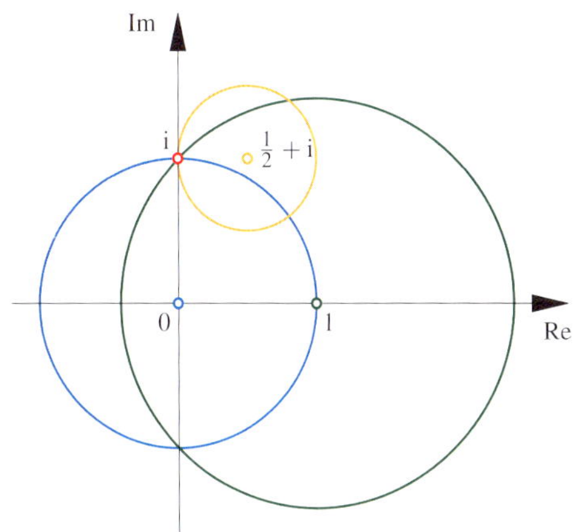

Abbildung 11.5 Die Konvergenzkreise der Darstellungen als Potenzreihe von $1/(\mathrm{i} - z)$ für die Entwicklungspunkte 0 (blau), 1 (grün) und $\mathrm{i} + 1/2$ (orange). Alle drei Kreise treffen den Punkt i, in dem die Funktion eine Singularität besitzt.

Um das Verhalten einer Funktion für kleine Argumente zu beschreiben, gibt es eine spezielle Notation

Aus der Darstellung einer Funktion als Potenzreihe lassen sich viele Dinge direkt ablesen. Der Funktionswert im Entwicklungspunkt ist zum Beispiel gerade der Koeffizient a_0. Im Abschnitt 15.5 werden wir feststellen, dass die anderen Koeffizienten im Zusammenhang mit *Ableitungen* der Funktion im Entwicklungspunkt stehen.

Für numerische Zwecke ist eine Anwendung der Potenzreihen die Approximation von Funktionen: Statt der vollen Potenzreihe wählt man nur eine Partialsumme, also ein Polynom. Der Fehler bei dieser Rechnung ist gerade der Reihenrest. Kennt man die volle Potenzreihendarstellung, hat man auch diesen Reihenrest im Griff.

Häufig benötigt man allerdings gar nicht den vollen Reihenrest, sondern es genügt, den ersten Koeffizienten im Rest zu kennen. Betrachten wir noch einmal die Funktion

$$f(x) = \frac{1}{1 + x^2}, \qquad x \in \mathbb{R}, \quad |x| < 1.$$

Sie hat die Potenzreihendarstellung

$$f(x) = \sum_{n=0}^{\infty}(-1)^n\, x^{2n}.$$

Diese können wir benutzen, um f für kleine Werte von x näherungsweise zu bestimmen, etwa über ein Polynom vierten Grades:

$$f(x) = 1 - x^2 + x^4 + \sum_{n=3}^{\infty}(-1)^n x^{2n}$$

$$= 1 - x^2 + x^4 - x^6\sum_{n=0}^{\infty}(-1)^n x^{2n}$$

$$= 1 - x^2 + x^4 - x^6\frac{1}{1 + x^2} \qquad \text{für } |x| < 1.$$

Im zweiten Schritt haben wir nur eine Indexverschiebung gemacht.

Der Faktor, mit dem x^6 multipliziert wird, ist nun stets kleiner oder gleich eins, egal wie wir x wählen. Damit folgt:

$$\left| f(x) - (1 - x^2 + x^4) \right| \le |x|^6 \quad \text{für } |x| < 1.$$

Allgemein gilt für die Differenz zwischen Partialsumme und Funktion die Abschätzung

$$\left| f(x) - \sum_{k=0}^{n} a_k \, (x - x_0)^k \right| \le C \, |x - x_0|^{n+1},$$

wobei die Konstante C eine Schranke für die verbleibende Reihe

$$\left(\sum_{k=0}^{\infty} a_{k+n+1} (x - x_0)^k \right)$$

darstellt. Kennen wir C, können wir den Fehler also komplett kontrollieren. Beachten Sie aber, dass diese verbleibende Reihe nur auf einer kompakten Teilmenge des Inneren des Konvergenzkreises beschränkt sein muss.

Anders als für numerische Zwecke, ist es für die Analysis häufig nicht wichtig, den Wert von C zu kennen, sondern es spielt nur eine Rolle, dass und mit welcher Potenz von $x - x_0$ der Fehler für $x \to x_0$ gegen null geht. Auch in den Naturwissenschaften ist dies für die Herleitung von Naturgesetzen eine ganz wichtige Technik. Betrachtet man die komplizierten Gesetze, die das elastische Verhalten von Körpern allgemein beschreiben, kann man sich zum Beispiel auf die ersten beiden Summanden in den Partialsummen beschränken. Das Ergebnis ist die *lineare Elastizitätstheorie,* die nur für kleine Verformungen angewandt werden kann. Der Grund ist jetzt klar: Für kleine Verformungen ist die Differenz zwischen der gewählten Partialsumme und der eigentlichen Funktion klein genug, sodass sich eine gute Näherung an die Wirklichkeit ergibt. Ein weiteres Beispiel findet sich auch in dem Beispiel auf Seite 397.

Es hat sich für diese Art der Näherung eine eigene Notation eingebürgert, die **Landau-Symbolik** nach dem deutschen Mathematiker Edmund Landau (1877–1938). Statt den kompletten Fehlerterm aufzuschreiben, geben wir etwa im Beispiel oben an, dass

$$f(x) = 1 - x^2 + x^4 + \mathrm{O}(x^6) \quad \text{für } x \to 0,$$

in Worten: Der Fehler zwischen f und dem angegebenen Polynom ist **von der Ordnung** x^6 für x gegen null. Auch die Sprechweise *groß O von* x^6 ist gängig.

Achtung: Die Angabe $x \to x_0$ ist bei dieser Notation eigentlich essentiell, wird in der Literatur aber häufig ausgelassen, da die Autoren der Ansicht sind, dass aus dem Kontext klar ist, welches x_0 gemeint ist. Hier ist Vorsicht angebracht.

Die Definition des Symbols $\mathrm{O}(\cdot)$ ist die folgende: Man schreibt

$$f(x) = \mathrm{O}((x - x_0)^p) \quad \text{für } x \to x_0,$$

falls die Funktion

$$\frac{f(x)}{(x - x_0)^p}$$

beschränkt ist für alle x aus einer Umgebung von x_0 und $x \ne x_0$.

------ **?** ------

Bestimmen Sie ein Polynom q, sodass gilt:

$$\frac{x}{1 - x^2} = q(x) + \mathrm{O}(x^6) \quad \text{für } x \to 0.$$

Es gibt auch eine entsprechende Notation, die ein kleines „o" verwendet. Ihre Definition ist:

$$f(x) = \mathrm{o}((x - x_0)^p) \quad \text{für } x \to x_0,$$

falls

$$\lim_{x \to x_0} \frac{f(x)}{(x - x_0)^p} = 0, \quad x \ne x_0.$$

In Worten ausgedrückt bedeutet dies, dass $f(x)$ *schneller gegen null geht als* $(x - x_0)^p$. Auch die Sprechweise *f ist „klein o" von* $(x - x_0)^p$ ist gebräuchlich.

Um sich ein Verhalten der Form $\mathrm{O}(x^p)$ zu veranschaulichen, ist ein Plot in *logarithmischen Skalen* am besten geeignet. Die Definition des Logarithmus, der Umkehrfunktion zur Exponentialfunktion, wird in Abschnitt 11.5 diskutiert. Wendet man in der Abschätzung

$$\left| \frac{f(x)}{x^p} \right| \le C$$

auf beiden Seiten den Logarithmus an, so ergibt sich:

$$\ln |f(x)| \le \ln C + p \, \ln |x|.$$

Ist also $f(x) = \mathrm{O}(x^p)$ (und ist das p hier das größtmögliche), so ist der Plot von f in logarithmischen Skalen in der Nähe von x_0 eine Gerade. Die Abbildung 11.6 zeigt dies am Beispiel der Differenz $R(x) = 1/(1 + x^2) - \sum_{j=0}^{n} (-x)^{2j}$.

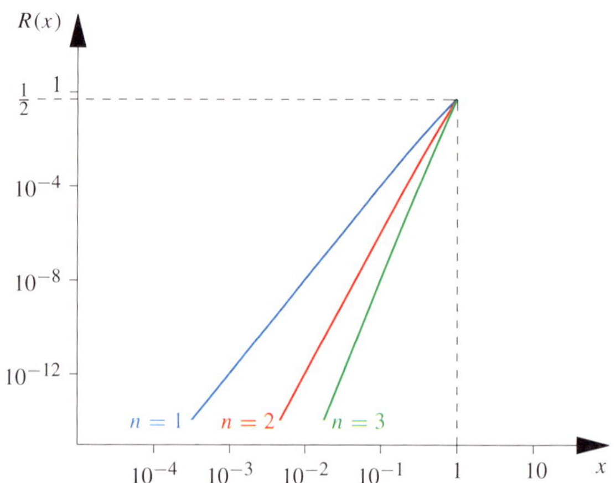

Abbildung 11.6 Differenz zwischen der Funktion $1/(1 + x^2)$ und einige Partialsummen ihrer Potenzreihe mit Entwicklungspunkt $x_0 = 0$. Die Fehlerkurven in logarithmischen Skalen sind annähernd Geraden, was auf einen Fehler der Form $\mathrm{O}(x^p)$ hinweist.

Beispiel: Das Newton'sche Gravitationsgesetz

Mit dem Newton'schen Gravitationsgesetz kann der Betrag der Gravitationskraft der Erde durch eine gebrochen rationale Funktion der Höhe über der Erdoberfläche beschrieben werden. Andererseits kennt man die Formel, dass die Gewichtskraft von Körpern auf der Erde proportional zu ihrer Masse ist, insbesondere also unabhängig von der Höhe. Wie sind beide Aussagen miteinander zu vereinbaren?

Problemanalyse und Strategie: Der durch das Gravitationsgesetz gegebene funktionale Zusammenhang zwischen Kraft und Höhe lässt sich als Potenzreihe schreiben. Ein Vergleich zwischen dem konstanten ersten Summanden und dem Wert der Potenzreihe liefert eine Fehlerabschätzung zwischen den beiden Modellen.

Lösung:

Das Newton'sche Gravitationsgesetz beschreibt die Kraft, die zwischen zwei punktförmigen Körpern wirkt. Dabei ist es für kugelförmige Körper wie die Erde erlaubt, sie als punktförmige Objekte zu betrachten, deren Masse in ihrem Schwerpunkt konzentriert ist. Betrachtet man die Erde als Kugel mit Radius R, so ergibt sich die Formel

$$F(h) = G\,M\,\frac{m}{(R+h)^2}, \qquad h \geq 0,$$

für einen Körper der Masse m in der Höhe h über der Erdoberfläche. Die Konstanten G und M sind die Gravitationskonstante:

$$G = 6.674\,3 \cdot 10^{-11}\,\frac{\mathrm{m}^3}{\mathrm{kg}\,\mathrm{s}^2},$$

sowie die Masse der Erde:

$$M = 5.973\,6 \cdot 10^{24}\,\mathrm{kg}.$$

Der Radius der Erde beträgt im Mittel:

$$R = 6.371\,0 \cdot 10^6\,\mathrm{m}.$$

Zunächst lernt man jedoch eine viel einfachere Aussage: Die Gravitationskraft, die auf einen Körper auf der Erdoberfläche einwirkt, ist proportional zu seiner Masse m:

$$F = g\,m,$$

mit der Erdbeschleunigung g als Proportionalitätsfaktor, die im Mittelwert

$$g = 9.81\,\frac{\mathrm{m}}{\mathrm{s}^2}$$

beträgt. Die Gravitationskraft ist jedoch unabhängig von der Höhe. Stehen die beiden Formeln nicht in einem Widerspruch zueinander?

Um eine Antwort zu finden, schreiben wir die Funktion F im Newton'schen Gravitationsgesetz so um, dass wir sie als Potenzreihe darstellen können:

$$F(h) = \frac{G\,M}{R^2}\,\frac{1}{\left(\frac{R+h}{R}\right)^2}\,m$$

$$= \frac{G\,M}{R^2}\,\frac{1}{1 - \left(1 - \left(\frac{R+h}{R}\right)^2\right)}\,m.$$

Also ist mit der geometrischen Reihe

$$F(h) = \frac{G\,M}{R^2}\,m\,\sum_{n=0}^{\infty}\left(1 - \left(\frac{R+h}{R}\right)^2\right)^n$$

$$= \frac{G\,M}{R^2}\,m + \frac{G\,M}{R^2}\,m\,\sum_{n=1}^{\infty}\left(1 - \left(\frac{R+h}{R}\right)^2\right)^n.$$

Damit ist der Widerspruch aufgelöst: Die einfache Formel ist gerade die erste Partialsumme dieser Potenzreihe, die restliche Reihe stellt eine Korrektur dar. In der Tat ist

$$\frac{G\,M}{R^2} = 9.823\,\frac{\mathrm{m}}{\mathrm{s}^2}.$$

Wie groß ist nun aber die Korrektur? Dazu verwenden wir die geometrische Reihe

$$\sum_{n=1}^{\infty}\left(1 - x^2\right)^n = \frac{1 - x^2}{x^2}$$

für $|1 - x^2| < 1$. Mit $x = (R + h)/R$ ist dies gerade der *relative Fehler* $(F(h) - m\,g)/(m\,g)$. Die Abbildung zeigt einen Plot dieses Fehlers in logarithmischen Skalen für Höhen zwischen 1 cm und 1 000 km.

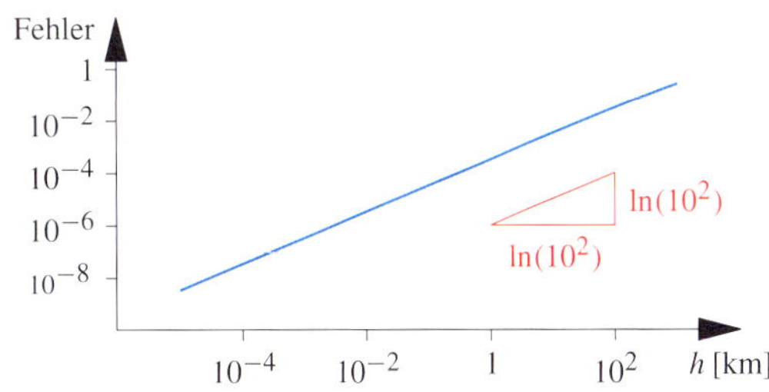

Der Fehlerterm stellt sich für relativ kleine Werte von h in logarithmischen Skalen als eine Gerade dar. Die Steigung ist 1, wie wir durch Vergleich mit dem Rot eingezeichneten Steigungsdreieck ablesen können (Beachten Sie die unterschiedlichen Skalen auf den Achsen). In der Landau-Symbolik liegt also ein relativer Fehler der Ordnung $O(h)$ vor. Selbst in Höhen von 10 km und mehr liegt er noch unter einem Prozent.

11.3 Die Exponentialfunktion

Bei den bisher untersuchten Funktionen hatten wir es mit einer herkömmlichen expliziten Abbildungsvorschrift und gegebenenfalls äquivalenten Darstellungen als Potenzreihen zu tun. Wir wenden uns nun komplizierteren Funktionen zu: den transzendenten Standardfunktionen wie der Exponentialfunktion oder den trigonometrischen Funktionen. Eine zentrale Rolle spielt die Exponentialfunktion, auch e-Funktion genannt. Wir definieren diese Funktion mittels ihrer Potenzreihe.

Definition der Exponentialfunktion

Die Exponentialfunktion $\exp \colon \mathbb{C} \to \mathbb{C}$ ist für alle $z \in \mathbb{C}$ definiert durch die Potenzreihe

$$\exp(z) = \sum_{n=0}^{\infty} \frac{1}{n!} z^n.$$

Bevor wir Eigenschaften der Funktion genauer ansehen, müssen wir sicherstellen, dass die Potenzreihe auch wirklich konvergiert. Mit dem Quotientenkriterium und dem Grenzwert

$$\left| \frac{n! \, z^{n+1}}{(n+1)! \, z^n} \right| = \frac{1}{n+1} |z| \to 0 \quad \text{für } n \to \infty$$

ergibt sich, dass die Reihe für jede komplexe Zahl $z \in \mathbb{C}$ absolut konvergiert. Der Konvergenzradius dieser Reihe ist unendlich.

Beispiel Wir nutzen die Definition um die Euler'sche Zahl $e = \exp(1) \in \mathbb{R}$ und den Wert $\exp(1 + i)$ zu approximieren. Um eine Näherung an die Funktionswerte zu bekommen, rechnen wir die Partialsumme der Potenzreihe bis zu einem $N \in \mathbb{N}$ aus. So erhalten wir auf acht Dezimalstellen gerundet:

N	$e \approx \sum\limits_{n=0}^{N} \frac{1}{n!}$	$e^{1+i} \approx \sum\limits_{n=0}^{N} \frac{1}{n!}(1+i)^n$
2	2.500 000 0	2.000 000 0 + 2.000 000 0 i
5	2.716 666 7	1.468 694 9 + 2.287 354 5 i
10	2.718 281 8	1.468 693 9 + 2.287 355 2 i
20	2.718 281 8	1.468 693 9 + 2.287 355 2 i

Es scheint, dass wir relativ schnell eine gute Approximation an den wahren Wert der Zahl e oder der Zahl $\exp(1 + i) \in \mathbb{C}$ bekommen. Wir können diese Vermutung mit der auf Seite 396 entwickelten Abschätzung für die Differenz zwischen Partialsumme und Wert einer Potenzreihe schnell bestätigen. Der Grund ist, dass der Ausdruck $n!$ im Nenner der Reihenglieder viel schneller wächst als die Potenzen im Zähler.

Eine Möglichkeit den Funktionswert der Exponentialfunktion zumindest anzunähern (Abb. 11.7), liegt also darin, ein Polynom von hinreichend hohem Grad auszuwerten, denn nichts anderes ist die Partialsumme. Wir werden sehen, dass nicht nur die Exponentialfunktion eine solche Approximation durch Partialsummen erlaubt. ◄

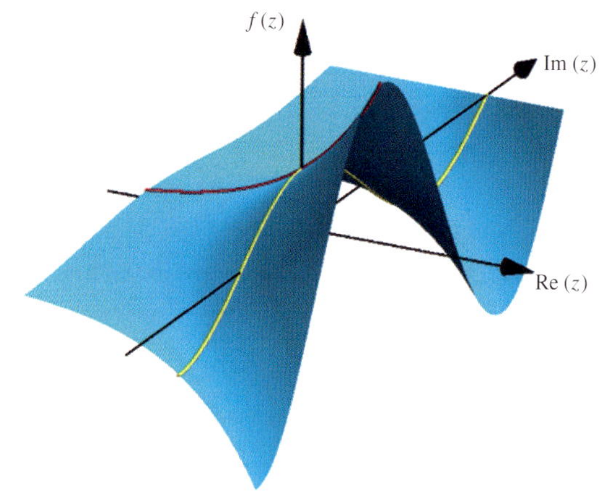

Abbildung 11.7 Der Realteil $\mathrm{Re}(e^z)$ als Funktion über der komplexen Ebene. Die rote Kurve ist der Graph von $x \mapsto \exp(x)$, die gelbe Kurve der Graph von $y \mapsto \cos(y)$, jeweils für $x, y \in \mathbb{R}$.

Zwei Eigenschaften charakterisieren die reelle Exponentialfunktion

Zwei Eigenschaften der Exponentialfunktion sind zentral und lassen sich direkt aus der Definition ableiten. Mit dem Cauchy-Produkt ergibt sich die *Funktionalgleichung*.

Funktionalgleichung der Exponentialfunktion

Für $x, y \in \mathbb{C}$ gilt:

$$\exp(x + y) = \exp(x) \, \exp(y).$$

Beweis: Da beide Potenzreihen auf der rechten Seite der Identität absolut konvergieren, erhalten wir mit dem Cauchy-Produkt (Seite 367)

$$\exp(x) \, \exp(y) = \left(\sum_{j=0}^{\infty} \frac{x^j}{j!} \right) \left(\sum_{k=0}^{\infty} \frac{y^k}{k!} \right) = \sum_{n=0}^{\infty} c_n$$

mit

$$c_n = \sum_{l=0}^{n} \frac{x^l}{l!} \frac{y^{n-l}}{(n-l)!} = \frac{1}{n!} \sum_{l=0}^{n} \binom{n}{l} x^l y^{n-l} = \frac{1}{n!}(x+y)^n,$$

wobei wir die allgemeine binomische Formel verwendet haben. ∎

Bei der zweiten Eigenschaft handelt es sich um eine Ungleichung für reelle Argumente. Diese Ungleichung bietet zusammen mit der Funktionalgleichung eine Möglichkeit, die Exponentialfunktion eindeutig festzulegen (siehe Hintergrund und Ausblick auf Seite 400).

Ungleichung zur Exponentialfunktion

Für $x \in \mathbb{R}$ gilt:

$$1 + x \leq \exp(x).$$

Beweis: Für positive Argumente $x \geq 0$ sehen wir die Bedingung direkt aus der Potenzreihe mit

$$\exp(x) = \sum_{n=0}^{\infty} \frac{x^n}{n!} = 1 + x + \sum_{n=2}^{\infty} \frac{x^n}{n!} \geq 1 + x,$$

da alle Summanden positiv sind.

Außerdem ergibt sich aus der Funktionalgleichung $\exp(z)\exp(-z) = \exp(z - z) = \exp(0) = 1$, d. h., es gilt:

$$\exp(-z) = \frac{1}{\exp(z)}.$$

Insbesondere ist $\exp(x) > 0$ für alle reellen Zahlen $x \in \mathbb{R}$; denn für $x > 0$ sehen wir dies aus der eben gezeigten Ungleichung $\exp(x) \geq x + 1$. Im Fall $x < 0$ gilt $\exp(x) = 1/\exp(-x) > 0$. Daher gilt die gesuchte Ungleichung offensichtlich für $x \leq -1$, denn in diesem Fall ist die linke Seite der Ungleichung negativ.

Es verbleibt noch das Intervall $(-1, 0)$ zu untersuchen. Wir betrachten für $x \in (-1, 0)$ die Differenz

$$\exp(x) - x - 1 = \sum_{n=2}^{\infty} \frac{x^n}{n!} = \sum_{n=2}^{\infty} \frac{(-1)^n |x|^n}{n!}$$

zwischen der Exponentialfunktion und dem Ausdruck $1 + x$. Fassen wir je zwei aufeinanderfolgende Reihenglieder zusammen, so ergibt sich:

$$\frac{|x|^{2k}}{(2k)!} - \frac{|x|^{2k+1}}{(2k+1)!} = \frac{|x|^{2k}}{(2k)!}\left(1 - \frac{|x|}{2k+1}\right).$$

Da der Faktor $\left(1 - \frac{|x|}{2k+1}\right) > 0$ stets positiv ist für $x \in (-1, 0)$ und $k \in \mathbb{N}$, sind diese Summanden positiv. Zusammen mit der absoluten Konvergenz der Reihe für die Differenz ergibt sich auch in diesem Fall $\exp(x) \geq 1 + x$. Wir haben damit die Ungleichung für jedes $x \in \mathbb{R}$ gezeigt. $\blacksquare$

Die Euler'sche Zahl

Aus den beiden Eigenschaften ergeben sich eine Reihe von Folgerungen, die wir kurz zusammenstellen. Im letzten Beweis haben wir bereits festgestellt, dass $\exp(0) = 1$ und $\exp(-z) = \frac{1}{\exp(z)}$ gelten, und daraus die Positivität $\exp(x) > 0$ für $x \in \mathbb{R}$ abgeleitet.

Weiter erhalten wir induktiv für natürliche Zahl $n \in \mathbb{N}$ mit der Funktionalgleichung

$$\exp(n) = \exp(\underbrace{1 + \cdots + 1}_{n\text{-mal}})$$
$$= \underbrace{\exp(1) \ldots \exp(1)}_{n\text{-mal}} = (\exp(1))^n.$$

Man erahnt, dass der Funktionswert $\exp(1)$ eine besondere Rolle spielt. Dieser reellen Zahl wird deshalb ein Name gegeben, die **Euler'sche Zahl**, nach dem Mathematiker Leonhard Euler (1707–1783). Wir halten fest:

$$e = \exp(1).$$

Aus unseren Überlegungen ergibt sich, dass

$$e^n = \exp(n)$$

ist.

Betrachten wir in einem weiteren Schritt noch die Identität

$$\exp(x) = \underbrace{\exp\left(\frac{1}{n}x\right) \ldots \exp\left(\frac{1}{n}x\right)}_{n\text{-mal}} = \left(\exp\left(\frac{1}{n}x\right)\right)^n,$$

so sehen wir, dass offensichtlich der Funktionswert $\exp(x)$ zu einem Wert $x \in \mathbb{R}$ die Gleichung

$$\exp\left(\frac{1}{n}x\right) = \sqrt[n]{\exp(x)}$$

erfüllt. Setzen wir $x = m \in \mathbb{Z}$, und fassen wir diese Beobachtungen zusammen, so definieren diese Eigenschaften die übliche Schreibweise

$$e^{\frac{m}{n}} = \sqrt[n]{e^m},$$

indem sie den Ausdruck in eine algebraische Beziehung zur Euler'schen Zahl e stellen. Auf diesem Weg liefert die Exponentialfunktion die gewohnte Potenzrechnung zur Basis e auf $\mathbb{Q}$ und ihre stetige Fortsetzung auf $\mathbb{C}$. Die Notation

$$e^z = \exp(z) \qquad \text{für } z \in \mathbb{C},$$

ist damit wohldefiniert. Wesentliche Eigenschaften der Exponentialfunktion und ihrer Umkehrung, dem Logarithmus, finden Sie in der Übersicht auf Seite 403.

Der Kosinus hyperbolicus ist gerade und der Sinus hyperbolicus ungerade

Mit der Zerlegung

$$f(z) = \underbrace{\frac{f(z) + f(-z)}{2}}_{\text{gerade}} + \underbrace{\frac{f(z) - f(-z)}{2}}_{\text{ungerade}}$$

lässt sich jede Funktion $f : \mathbb{C} \to \mathbb{C}$ in einen geraden und einen ungeraden Anteil aufspalten.

Gerade und ungerade Funktionen

Eine Funktion $f : \{z \in \mathbb{C} \mid |z| < r\} \to \mathbb{C}$ mit $r > 0$ heißt **gerade**, wenn für $z \in \mathbb{C}$

$$f(z) = f(-z)$$

gilt.
Die Funktion heißt **ungerade**, wenn

$$f(z) = -f(-z)$$

ist.

Hintergrund und Ausblick: Charakterisierung der Exponentialfunktion

Neben der Definition der Exponentialfunktion mithilfe ihrer Potenzreihendarstellung, wie wir es in diesem Abschnitt betrachtet haben, gibt es zumindest auf $\mathbb{R}$ weitere Varianten, die Exponentialfunktion zu definieren. So wird etwa durch die beiden Bedingungen $\exp(x + y) = \exp(x)\exp(y)$ und $\exp(x) \geq 1 + x$ genau eine Funktion $\exp\colon \mathbb{R} \to \mathbb{R}$ festgelegt, oder wir definieren für $x \in \mathbb{R}$ die Exponentialfunktion über den Grenzwert $e^x = \lim_{n\to\infty}\left(1 + \frac{x}{n}\right)^n$. Wir wollen zeigen, dass auch diese Varianten im Reellen auf die durch die Potenzreihe gegebene Exponentialfunktion führen.

Es wurde gezeigt, dass die durch die Potenzreihe gegebene Exponentialfunktion $f\colon \mathbb{R} \to \mathbb{R}$ die beiden Bedingungen

$$f(x + y) = f(x)f(y) \quad \text{und} \quad f(x) \geq 1 + x$$

für alle $x, y \in \mathbb{R}$ erfüllt. Legen wir also für die weiteren Überlegungen diese Bedingungen zugrunde.

Aus den Bedingungen lassen sich, wie im Text bewiesen, weitere Eigenschaften belegen. So folgen aus den Bedingungen $f(0) = 1$, $f(x) = 1/f(-x)$ und induktiv $(f(x/n))^n = f(x)$ bzw.

$$f\left(\frac{x}{n}\right) = \sqrt[n]{f(x)}$$

für $n \in \mathbb{N}$ und $x \in \mathbb{R}$. Damit erhalten wir die Abschätzung

$$1 + \frac{x}{n} \leq f\left(\frac{x}{n}\right) = \sqrt[n]{f(x)} = \frac{1}{f(-\frac{x}{n})} \leq \frac{1}{1 - \frac{x}{n}}.$$

Also gilt die Einschließung

$$\left(1 + \frac{x}{n}\right)^n \leq f(x) \leq \frac{1}{\left(1 - \frac{x}{n}\right)^n}$$

für alle $n \in \mathbb{N}$ und alle $x \in \mathbb{R}$.

Um die Behauptung, dass es nur eine Funktion f mit diesen Eigenschaften gibt, zu beweisen, zeigen wir, dass für jedes $x \in \mathbb{R}$ beide Folgen gegen denselben Grenzwert konvergieren. Damit haben wir insbesondere die Identität

$$e^x = \lim_{n\to\infty}\left(1 + \frac{x}{n}\right)^n.$$

für $x \in \mathbb{R}$ bewiesen.

Die Existenz des Grenzwerts auf der rechten Seite im Fall $x = 1$ haben wir schon auf Seite 292 gezeigt. Wir verallgemeinern diese Konvergenz für eine beliebige Nullfolge (a_n) positiver reeller Zahlen $a_n \in \mathbb{R}_{>0}$. Da (a_n) eine Nullfolge ist, gibt es zu jedem n eine natürliche Zahl $m_n \in \mathbb{N}$ mit der Eigenschaft

$$m_n \leq \frac{1}{a_n} < m_n + 1.$$

Mit der Monotonie der allgemeinen Potenzfunktion erhalten wir die Abschätzung

$$\left(1 + \frac{1}{m_n + 1}\right)^{m_n} < (1 + a_n)^{\frac{1}{a_n}} < \left(1 + \frac{1}{m_n}\right)^{m_n + 1}.$$

Wir beobachten, dass die so konstruierten Zahlen m_n mit $n \to \infty$ auch gegen Unendlich streben. Da die Folge (b_m) mit $b_m = (1 + 1/m)^m$ gegen die so festlegbare Euler'sche Zahl e konvergiert, lässt sich das Einschließungskriterium anwenden, und aus

$$e = \lim_{n\to\infty} \frac{\left(1 + \frac{1}{m_n+1}\right)^{m_n+1}}{\left(1 + \frac{1}{m_n+1}\right)} \leq \lim_{n\to\infty}(1 + a_n)^{\frac{1}{a_n}}$$

und

$$\lim_{n\to\infty}(1 + a_n)^{\frac{1}{a_n}} \leq \lim_{n\to\infty}\left(1 + \frac{1}{m_n}\right)^{m_n}\left(1 + \frac{1}{m_n}\right) = e$$

folgt die Konvergenz

$$(1 + a_n)^{\frac{1}{a_n}} \to e, \quad n \to \infty.$$

Wenden wir dieses Resultat auf die Nullfolgen $a_n = x/n$ bzw. auf $a_n = \frac{x/n}{1-x/n}$ an, so folgt aus der Einschließung für die Funktion f, dass für alle $x \in \mathbb{R}$

$$e^x = \lim_{n\to\infty}\left(\left(1 + \frac{x}{n}\right)^{\frac{n}{x}}\right)^x = \lim_{n\to\infty}\left(1 + \frac{x}{n}\right)^n \leq f(x)$$

$$\leq \lim_{n\to\infty}\frac{1}{(1 - \frac{x}{n})^n}$$

$$= \lim_{n\to\infty}\left(\left(1 + \frac{\frac{x}{n}}{1 - \frac{x}{n}}\right)^{\frac{n}{x} - 1}\left(1 + \frac{\frac{x}{n}}{1 - \frac{x}{n}}\right)\right)^x = e^x$$

gilt. Die Funktion f ist also die Exponentialfunktion.

Kommentar: Da im Beweis die allgemeine Potenzfunktion verwendet wird, benötigen wir hier die Exponentialfunktion und ihre Umkehrfunktion definiert durch die Potenzreihe. Es folgt, dass diese Funktion die einzige ist, die die beiden charakterisierenden Bedingungen erfüllt. Will man die Exponentialfunktion nur über die beiden Bedingungen definieren, muss man die Argumentation entsprechend modifizieren.

Hintergrund und Ausblick: Die Szegö-Kurve

Bricht man die Potenzreihe zur Exponentialfunktion ab, so ergibt sich ein Polynom $p_n : \mathbb{C} \to \mathbb{C}$ mit $p_n(z) = \sum_{j=0}^{n} \frac{1}{j!} z^j$. Das Polynom besitzt n Nullstellen, aber e^z hat keine Nullstelle. Was passiert mit den Nullstellen für $n \to \infty$? Fragestellungen nach dem Verhalten von Polynomen und ihren Nullstellen bei wachsendem Grad tauchen in unterschiedlichen Bereichen auf und bilden ein weites mathematisches Forschungsfeld. Für die durch die Exponentialfunktion generierten Polynome hat Gábor Szegö (1895–1985) in einer Arbeit von 1924 eine Antwort gegeben.

Da e^z keine Nullstellen besitzt, lässt sich vermuten, dass die Beträge der Nullstellen von p_n mit wachsendem n gegen unendlich streben. Um dies zu sehen konstruieren wir einen Widerspruch zu der Annahme, dass $(\hat{z}_n)_{n \in \mathbb{N}}$ eine beschränkte Folge von Nullstellen zu p_n ist, etwa $|\hat{z}_n| \leq b \in \mathbb{R}_{>0}$ für alle $n \in \mathbb{N}$. Da die Folge beschränkt ist, gibt es eine konvergente Teilfolge $(\hat{z}_{n(j)})_{j \in \mathbb{N}}$. Wir definieren $\hat{z} = \lim_{j \to \infty} \hat{z}_{n(j)}$. Weil die Exponentialfunktion stetig ist, gibt es zu $\varepsilon > 0$ ein $j_0 \in \mathbb{N}$ mit $|e^{\hat{z}} - e^{\hat{z}_{n(j)}}| \leq \frac{\varepsilon}{2}$ für alle $j \geq j_0$. Außerdem gilt

$$|e^{\hat{z}_{n(j)}}| = \Big| \overbrace{p_{n(j)}(\hat{z}_{n(j)})}^{=0} + \sum_{k=n(j)+1}^{\infty} \frac{1}{k!} \hat{z}_{n(j)}^k \Big|$$

$$\leq \sum_{k=n(j)+1}^{\infty} \frac{1}{k!} |\hat{z}_{n(j)}|^k \leq \sum_{k=n(j)+1}^{\infty} \frac{1}{k!} b^k .$$

Wegen der Konvergenz der Potenzreihe zu e^b geht der Reihenrest auf der rechten Seite für $j \to \infty$ gegen null. Also lässt sich j_0 so wählen, dass $|e^{\hat{z}_{n(j)}}| < \frac{\varepsilon}{2}$ für $j \geq j_0$ gilt. Zusammen ergibt sich mit der Dreiecksungleichung

$$|e^{\hat{z}}| \leq |e^{\hat{z}} - e^{\hat{z}_{n(j)}}| + |e^{\hat{z}_{n(j)}}| \leq \varepsilon$$

für $j \geq j_0$. Die Abschätzung erreichen wir für jedes $\varepsilon > 0$ und es folgt der Widerspruch $|e^{\hat{z}}| = 0$. Also gibt es keine beschränkte Folge von Nullstellen.

Das Verhalten von Nullstellen $\hat{z}_n$ können wir noch genauer eingrenzen. Es gilt $\frac{1}{n} |\hat{z}_n| \leq 1$ für alle $n \in \mathbb{N}$. Um dies zu beweisen betrachten wir das Polynom $q : \mathbb{C} \to \mathbb{C}$ mit

$$q(z) = z^n p_n(nz^{-1}) = \sum_{j=0}^{n} \frac{n^j}{j!} z^{n-j} = \sum_{j=0}^{n} \frac{n^{n-j}}{(n-j)!} z^j .$$

Die Koeffizienten des Polynoms q sind monoton fallend, da $\frac{n^{n-j}}{(n-j)!} = \frac{n^{n-(j+1)}}{(n-(j+1))!} \frac{n}{n-j} \geq \frac{n^{n-(j+1)}}{(n-(j+1))!}$ gilt.

Nach einem allgemeinen Satz, der in der Literatur als Satz von Eneström-Kakeya bezeichnet wird (siehe unten), liegt keine Nullstelle von q im Einheitskreis, d.h. $|\tilde{z}| \geq 1$ für $q(\tilde{z}) = 0$. Somit gilt für Nullstellen $\hat{z}_n = n\tilde{z}^{-1}$ von p_n die Abschätzung $\frac{1}{n} |\hat{z}_n| = |\tilde{z}^{-1}| \leq 1$.

Eine Vorstellung vom Verhalten der Nullstellen ergibt sich, wenn man zu verschiedenen Graden n die Lage der mit $1/n$ skalierten Nullstellen in der komplexen Ebene ansieht (siehe die folgende Abbildung mit freundlicher Genehmigung aus Glaeser, Polthier, Bilder der Mathematik, 2. A.).

In seiner Abhandlung beweist Szegö unter anderem, dass sich die skalierten Nullstellen mit $n \to \infty$ immer besser

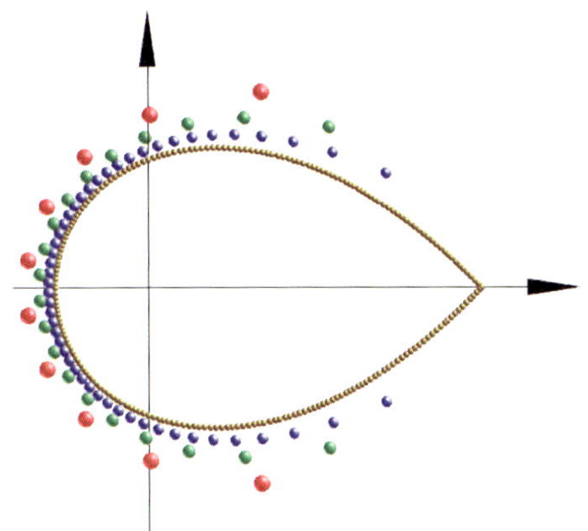

einer *Kurve* in der komplexen Ebene annähern. Diese wird *Szegö-Kurve* genannt und ist gegeben durch die Menge

$$\Gamma = \{ z \in \mathbb{C} \mid |z e^{1-z}| = 1 \text{ und } |z| \leq 1 \} .$$

Die Definition und Beschreibung von Kurven werden wir in Kapitel 23 noch diskutieren. Auf eine Erläuterung des Beweises von Szegö müssen wir hier verzichten, da erhebliche Kenntnisse aus der Funktionentheorie erforderlich sind.

Abschließend zeigen wir aber noch den **Satz von Eneström-Kakeya**: Für eine Nullstelle $\tilde{z} \in \mathbb{C}$ eines Polynoms $p(z) = \sum_{j=1}^{n} a_j z^j$ mit $a_0 \geq a_1 \geq \cdots \geq a_n \geq 0$ gilt $|\tilde{z}| \geq 1$.

Beweis: Für eine Nullstelle $\tilde{z}$ zu p gilt

$$0 = (\tilde{z} - 1) p(\tilde{z}) = -a_0 + \sum_{j=1}^{n} (a_{j-1} - a_j) \tilde{z}^j + a_n \tilde{z}^{n+1} .$$

Nehmen wir an $|\tilde{z}| < 1$, so folgt mit dieser Identität und der Dreiecksungleichung der Widerspruch

$$a_0 = |a_0 + 0| = \left| \sum_{j=1}^{n} (a_{j-1} - a_j) \tilde{z}^j + a_n \tilde{z}^{n+1} \right|$$

$$\leq \sum_{j=1}^{n} |a_{j-1} - a_j| |\tilde{z}|^j + |a_n| |\tilde{z}|^{n+1}$$

$$< \sum_{j=1}^{n} (a_{j-1} - a_j) + a_n = a_0 ,$$

wobei die Monotonie der Koeffizienten genutzt wird. Also gilt für Nullstellen solcher Polynome $|\tilde{z}| \geq 1$.

Bei der Exponentialfunktion werden die beiden Anteile Kosinus hyperbolicus und Sinus hyperbolicus genannt. Wir erhalten ersteren für den geraden Anteil:

$$\cosh z = \frac{1}{2}(\mathrm{e}^z + \mathrm{e}^{-z}) \;=\; \frac{1}{2}\left(\sum_{n=0}^{\infty}\frac{z^n}{n!} + \sum_{n=0}^{\infty}\frac{(-z)^n}{n!}\right)$$

$$= \frac{1}{2}\left(\sum_{n=0}^{\infty}(1+(-1)^n)\frac{z^n}{n!}\right) \;=\; \sum_{k=0}^{\infty}\frac{z^{2k}}{(2k)!}.$$

Mit dem Quotienten

$$\left|\frac{(2k)!\,z^{2(k+1)}}{(2(k+1))!\,z^{2k}}\right| = \frac{1}{(2k+1)(2k+2)}|z|^2 \to 0$$

für $k \to \infty$ folgt sofort, dass der Konvergenzradius unendlich ist, d. h., die Potenzreihe konvergiert für jede Zahl $z \in \mathbb{C}$ absolut.

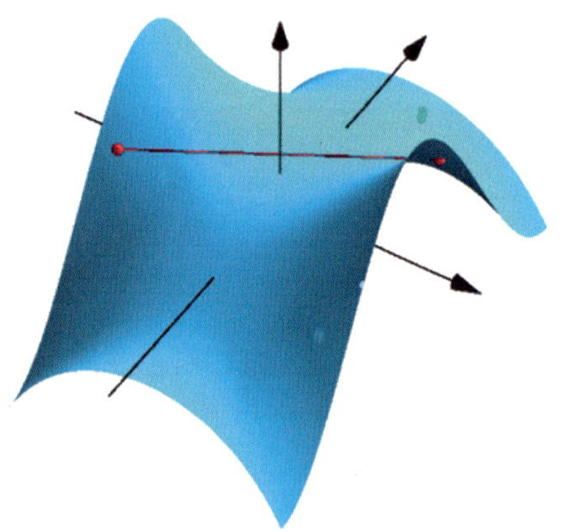

Abbildung 11.8 Der Realteil von $\cosh$ als Funktion über der komplexen Zahlenebene. Die roten Punkte markieren die Punkte auf dem Graphen für z und $-z$. Der Realteil von $\cosh$ ist gerade, es gilt $\operatorname{Re}\cosh z = \operatorname{Re}\cosh(-z)$.

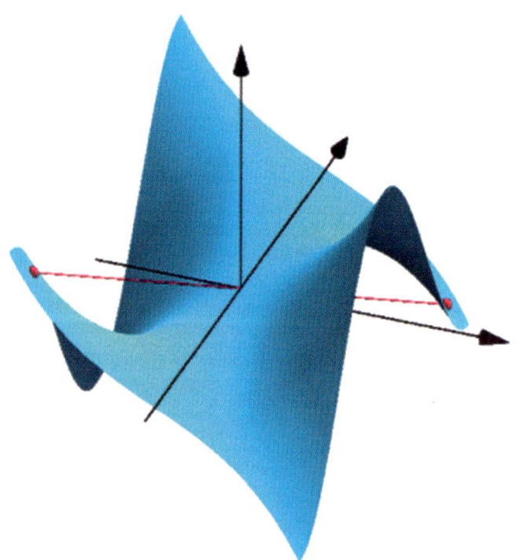

Abbildung 11.9 Der Realteil von $\sinh z$ als Funktion über der komplexen Zahlenebene. Die roten Punkte markieren die Punkte auf dem Graphen für z und $-z$. Der Realteil von $\sinh$ ist ungerade, es gilt $\operatorname{Re}\sinh z = -\operatorname{Re}\sinh(-z)$.

Genauso ergibt sich der ungerade Sinus hyperbolicus:

$$\sinh z = \frac{1}{2}(\mathrm{e}^z - \mathrm{e}^{-z}) \;=\; \frac{1}{2}\left(\sum_{n=0}^{\infty}\frac{z^n}{n!} - \sum_{n=0}^{\infty}\frac{(-z)^n}{n!}\right)$$

$$= \frac{1}{2}\left(\sum_{n=0}^{\infty}(1-(-1)^n)\frac{z^n}{n!}\right) \;=\; \sum_{k=0}^{\infty}\frac{z^{2k+1}}{(2k+1)!}.$$

Wiederum mit dem Quotientenkriterium zeigt sich, dass die Potenzreihen für alle $z \in \mathbb{C}$ konvergieren.

Eine gerade Funktion weist Achsensymmetrie des Graphen auf. Der Graph einer ungeraden Funktion ist punktsymmetrisch zum Ursprung (Abb. 11.8 und 11.9). Beachten Sie, dass bei einer Potenzreihe zu einer geraden Funktion nur gerade Potenzen auftauchen und bei einer ungeraden Funktion umgekehrt nur ungerade Potenzen in der darstellenden Potenzreihe einen Beitrag leisten (siehe Aufgabe 11.16).

Beispiel Mit der Funktionalgleichung der Exponentialfunktion oder aus den Potenzreihendarstellungen lässt sich die Identität

$$\sinh z \cosh z = \frac{1}{2}\sinh(2z)$$

zeigen.

Wir rechnen nach:

$$\sinh z \cosh z = \frac{\mathrm{e}^z - \mathrm{e}^{-z}}{2}\,\frac{\mathrm{e}^z + \mathrm{e}^{-z}}{2} \;=\; \frac{1}{4}\left(\mathrm{e}^z\mathrm{e}^z - \mathrm{e}^{-z}\mathrm{e}^{-z}\right)$$

$$= \frac{1}{4}\left(\mathrm{e}^{2z} - \mathrm{e}^{-2z}\right) \;=\; \frac{1}{2}\sinh(2z). \qquad \blacktriangleleft$$

Der Betrag von e^z hängt nur von $\operatorname{Re}(z)$ ab

Mit der Potenzreihendarstellung können wir die Exponentialfunktion weiter untersuchen. Betrachten wir die konjugiert komplexe Zahl zu e^z mit $z \in \mathbb{C}$. Die Rechenregeln zum Konjugieren komplexer Zahlen und die Stetigkeit dieser Operation führen auf

$$\overline{\mathrm{e}^z} = \overline{\sum_{n=0}^{\infty}\frac{z^n}{n!}} = \sum_{n=0}^{\infty}\frac{\overline{z}^n}{n!} = \mathrm{e}^{\overline{z}}.$$

Diese Gleichung lässt sich verwenden, um den Betrag von e^z zu bestimmen. Es gilt:

$$|\mathrm{e}^z|^2 = \mathrm{e}^z\overline{\mathrm{e}^z} = \mathrm{e}^z\mathrm{e}^{\overline{z}} = \mathrm{e}^{z+\overline{z}} = \mathrm{e}^{2\operatorname{Re}(z)}.$$

Da es sich bei der Identität um positive reelle Zahlen handelt, können wir die Quadratwurzel ziehen und erhalten:

$$|\mathrm{e}^z| = \mathrm{e}^{\operatorname{Re}(z)}.$$

Der Betrag von e^z ist also allein durch den Realteil der Zahl z bestimmt.

Übersicht: Exponentialfunktion und Logarithmus

Einige Eigenschaften der Exponentialfunktion und des Logarithmus werden ständig genutzt. Daher ist ein routinierter Umgang mit den aufgelisteten Identitäten unumgänglich.

Exponentialfunktion $\exp\colon \mathbb{C} \to \mathbb{C}$, für $w, z \in \mathbb{C}$ gilt:

$$\mathrm{e}^{w+z} = \mathrm{e}^{w}\mathrm{e}^{z} \quad \text{(Funktionalgleichung)},$$
$$\mathrm{e}^{wz} = (\mathrm{e}^{w})^{z}, \quad \text{für } \operatorname{Im}(w) \in (-\pi, \pi],$$
$$\mathrm{e}^{-z} = \frac{1}{\mathrm{e}^{z}},$$
$$\overline{\mathrm{e}^{z}} = \mathrm{e}^{\bar{z}},$$
$$|\mathrm{e}^{z}| = e^{\operatorname{Re}(z)},$$
$$\arg(\mathrm{e}^{z}) = \operatorname{Im}(z) + 2\pi m \in (-\pi, \pi]$$

mit passendem $m \in \mathbb{Z}$.

Eigenschaften in $\mathbb{R}$:

$$\mathrm{e}^{x} \geq 1 + x \quad \text{für } x \in \mathbb{R},$$
$$0 < \mathrm{e}^{x} < \mathrm{e}^{y} \quad \text{für } x < y \in \mathbb{R} \quad \text{(Monotonie)}.$$

Graphen zu $\exp, \sinh, \cosh\colon \mathbb{R} \to \mathbb{R}$ und $\ln\colon \mathbb{R}_{>0} \to \mathbb{R}$:

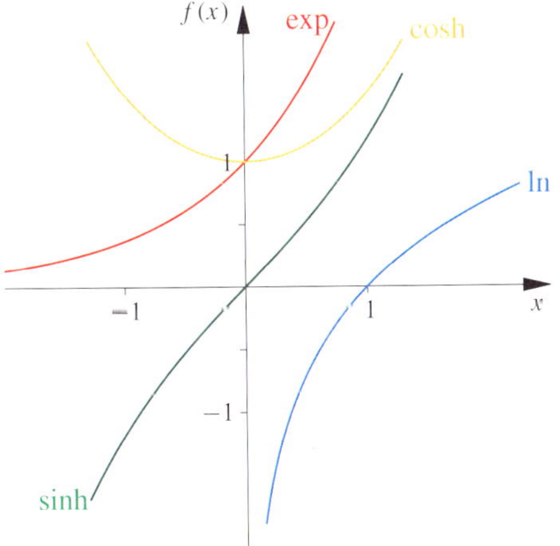

Kosinus und Sinus hyperbolicus

$$\cosh z = \frac{1}{2}\left(\mathrm{e}^{z} + \mathrm{e}^{-z}\right),$$
$$\sinh z = \frac{1}{2}\left(\mathrm{e}^{z} - \mathrm{e}^{-z}\right),$$

$$\cosh^{2} z - \sinh^{2} z = 1,$$
$$\operatorname{arcosh}(x) = \ln(x + \sqrt{x^{2} - 1}), \quad x \geq 1,$$
$$\operatorname{arsinh}(x) = \ln(x + \sqrt{x^{2} + 1}).$$

Logarithmus (Hauptzweig)
Die Umkehrfunktion $\ln\colon \mathbb{C}\backslash\{0\} \to \mathbb{C}$ zur e-Funktion:

$$\ln(z) = \ln|z| + \mathrm{i}\arg(z),$$
$$\mathrm{e}^{\ln z} = z \quad \text{für } z \neq 0,$$
$$\ln(\mathrm{e}^{z}) = z \quad \text{für } \operatorname{Im}(z) \in (-\pi, \pi].$$

$$\ln w + \ln z = \ln(wz) + 2\pi\beta\mathrm{i} \quad \text{(Funktionalgleichung)}$$
$$\text{mit } \beta = \begin{cases} -1 & \arg(w) + \arg(z) \leq -\pi, \\ 0 & -\pi < \arg(w) + \arg(z) \leq \pi, \\ 1 & \arg(w) + \arg(z) > \pi. \end{cases}$$

Eigenschaften in $\mathbb{R}$:

$$\ln x \leq x - 1 \quad x > 0,$$
$$\ln x < \ln y \quad \text{für } 0 < x < y \quad \text{(Monotonie)}.$$

Exponentialfunktionen zur Basis $a, b \in \mathbb{C}\backslash\{0\}$:
Für $w, z \in \mathbb{C}$ gilt:

$$a^{z} = \mathrm{e}^{z \ln a},$$
$$a^{w+z} = a^{w}a^{z},$$
$$(ab)^{z} = a^{z}b^{z}, \quad \text{für } \arg a + \arg b \in (-\pi, \pi],$$
$$a^{wz} = (a^{w})^{z}, \quad \text{für } \operatorname{Im}(w \ln a) \in (-\pi, \pi],$$
$$\log_{a}(z) = \frac{\ln z}{\ln a}, \quad a \notin \{0, 1\},$$
$$\log_{a}(wz) = \log_{a}(w) + \log_{a}(z)$$
$$\text{für } \arg(w) + \arg(z) \in (-\pi, \pi].$$

11.4 Trigonometrische Funktionen

Nachdem wir den Betrag und die konjugiert komplexe Zahl zu $\mathrm{e}^{z} \in \mathbb{C}$ bestimmt haben, fehlen uns noch der Real- und der Imaginärteil. Wir suchen also im Folgenden die Zerlegung einer Zahl e^{z} mit $z = x + \mathrm{i}y$ und $x, y \in \mathbb{R}$ in Real- und Imaginärteil.

Aus der Funktionalgleichung folgt die Identität

$$\mathrm{e}^{z} = \mathrm{e}^{x+\mathrm{i}y} = \mathrm{e}^{x}\,\mathrm{e}^{\mathrm{i}y}.$$

Da e^{x} für $x \in \mathbb{R}$ reell ist, bleibt der Term $\mathrm{e}^{\mathrm{i}y}$ mit einer reellen Zahl y zu untersuchen. Mit dem oben ermittelten Betrag

$$\mathrm{e}^{x} = |\mathrm{e}^{z}| = \mathrm{e}^{x}|\mathrm{e}^{\mathrm{i}y}|$$

erhalten wir:

$$|\mathrm{e}^{\mathrm{i}y}| = 1 \quad \text{für } y \in \mathbb{R}.$$

Also liegt e^{iy} auf dem Einheitskreis in der komplexen Zahlenebene. Damit gibt es eine Polarkoordinatendarstellung dieser Zahl von der Form $e^{iy} = \cos t + i \sin t$, wobei $t \in [0, 2\pi)$ gerade das Argument der komplexen Zahl e^{iy} ist, also der Winkel zur reellen Achse im Bogenmaß. Dabei verstehen wir die Kosinus- und Sinus-Funktionen hier, wie schon im Kapitel 4, zunächst im Sinne der Definition durch Seitenverhältnisse im rechtwinkligen Dreieck und als Angabe des vollen Winkels 2π im Bogenmaß. Wir werden gleich zu dazu unabhängigen, präziseren Definitionen kommen.

Definition der trigonometrischen Funktionen

Betrachten wir Real- und Imaginärteil der Potenzreihendarstellung der Exponentialfunktion, so folgt:

$$\cos t + i \sin t = e^{iy} = \sum_{k=0}^{\infty} \frac{1}{k!}(iy)^k$$

$$= \sum_{k=0}^{\infty} \frac{(-1)^k}{(2k)!} y^{2k} + i \sum_{k=0}^{\infty} \frac{(-1)^k}{(2k+1)!} y^{2k+1},$$

wobei mit dem Quotientenkriterium leicht Konvergenz der Reihen gezeigt werden kann. Es ist naheliegend zu vermuten, dass $y = t + 2\pi n$ für ein $n \in \mathbb{Z}$ ist, und es erweist sich als sinnvoll. Dies erfordert aber unter anderem eine Definition des Begriffs *Bogenlänge* bzw. *Bogenmaß*, also der Länge eines Kreisbogenstücks. Später, wenn Integration und der Begriff einer Kurve eingeführt sind, werden wir den Zusammenhang abschließend klären.

An dieser Stelle gehen wir einen anderen Weg. Wir nutzen die anschauliche Identität, um die trigonometrischen Funktionen zu definieren.

Definition der Kosinus- und der Sinusfunktion

Durch die Potenzreihen

$$\cos z = \sum_{k=0}^{\infty} \frac{(-1)^k}{(2k)!} z^{2k},$$

$$\sin z = \sum_{k=0}^{\infty} \frac{(-1)^k}{(2k+1)!} z^{2k+1}$$

sind die trigonometrischen Funktionen für alle $z \in \mathbb{C}$ definiert.

Bei beiden Potenzreihen folgt die Konvergenz für jede komplexe Zahl $z \in \mathbb{C}$ direkt aus dem Quotientenkriterium, wie oben bemerkt. Also besitzen die Potenzreihen einen unendlichen Konvergenzradius, die Definition ist sinnvoll auf ganz $\mathbb{C}$. Außerdem sehen wir direkt aus den beiden Potenzreihendarstellungen die Symmetrien, dass der Kosinus gerade und der Sinus ungerade ist, d.h.:

$$\cos(-z) = \cos z \quad \text{und} \quad \sin(-z) = -\sin z.$$

Die Euler'sche Formel

Betrachten wir nochmal die Motivation zu unserer Definition. Wir erhalten einen überraschenden und zentrale Zusammenhang zwischen Exponentialfunktion und den trigonometrischen Funktionen. Sicherlich ist dies ein Höhepunkt der Analysis – die *Euler'sche Formel*:

Die Euler'sche Formel

Für $t \in \mathbb{R}$ gilt:

$$e^{it} = \cos t + i \sin t.$$

Aus der Euler'schen Formel folgt auch:

$$e^{-it} = \cos t - i \sin t, \qquad t \in \mathbb{R}.$$

und betrachten wir die oben berechnete Zerlegung der Potenzreihen mit $z \in \mathbb{C}$ anstelle von $y \in \mathbb{R}$, so ergibt sich allgemein die Identität:

$$e^{iz} = \cos z + i \sin z.$$

Nutzen wir die Symmetrien des Kosinus und des Sinus, so ergeben sich aus $e^{iz} = \cos z + i \sin z$ die nützlichen Identitäten

$$\cos z = \frac{1}{2}(e^{iz} + e^{-iz}) \quad \text{und} \quad \sin z = \frac{1}{2i}(e^{iz} - e^{-iz}).$$

--------------- **?** ---------------

Überlegen Sie sich die Identitäten $\cos(iz) = \cosh z$ und $\sin(iz) = i \sinh z$.

Auch andere zentrale Eigenschaften der trigonometrischen Funktionen sind direkt aus der Potenzreihendarstellung herleitbar. Sehr angenehm ist, dass sich nebenbei die Additionstheoreme für die trigonometrischen Funktionen aus der Funktionalgleichung der Exponentialfunktion ergeben. Denn aus

$$\cos(w+z) \pm i \sin(w+z) = e^{\pm i(z+w)} = e^{\pm iw} e^{\pm iz}$$
$$= (\cos w \pm i \sin w)(\cos z \pm i \sin z)$$
$$= (\cos w \cos z - \sin w \sin z)$$
$$\pm i(\cos w \sin z + \sin w \cos z)$$

lassen sich, wenn wir die Summe oder die Differenz dieser beiden Gleichungen betrachten, die Additionstheoreme

$$\cos(w + z) = \cos w \cos z - \sin w \sin z,$$
$$\sin(w + z) = \cos w \sin z + \sin w \cos z$$

ablesen. Insbesondere folgt die häufig verwendete Identität

$$\cos^2 z + \sin^2 z = 1$$

für alle komplexen Zahlen $z \in \mathbb{C}$, indem wir im ersten Additionstheorem $w = -z$ setzen.

Übersicht: Euler'sche Formel und Trigonometrische Funktionen

Wesentliche Eigenschaften der Sinus- und der Kosinusfunktion haben wir im Text gezeigt. Da sie oft genutzt werden, stellen wir sie nochmal zusammen und ergänzen dies durch einige weitere Folgerungen aus den Additionstheoremen.

Euler'sche Formel $(z \in \mathbb{C})$

$$e^{iz} = \cos z + i \sin z,$$
$$e^{-iz} = \cos z - i \sin z,$$
$$\cos z = \frac{1}{2}\left(e^{iz} + e^{-iz}\right),$$
$$\sin z = \frac{1}{2i}\left(e^{iz} - e^{-iz}\right).$$

Polarkoordinatendarstellung

$$z = r(\cos\varphi + i\sin\varphi) = r e^{i\varphi}$$

mit $r = |z|$ und $\varphi = \arg(z)$.

Graphen in $\mathbb{R}$

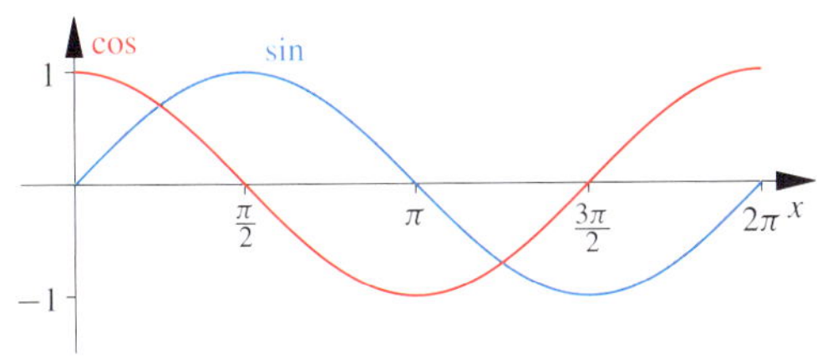

2π-Periodizität

$$\sin(z + 2\pi) = \sin z, \qquad \cos(z + 2\pi) = \cos z.$$

Symmetrie

$$\sin(-z) = -\sin z, \qquad \cos(-z) = \cos z.$$

Nullstellen

$$\sin(n\pi) = 0, \quad \cos(\tfrac{\pi}{2} + n\pi) = 0 \quad \text{für } n \in \mathbb{Z}.$$

Wertetabelle

φ	0	$\dfrac{\pi}{6}$	$\dfrac{\pi}{4}$	$\dfrac{\pi}{3}$	$\dfrac{\pi}{2}$
$\sin$	0	$\dfrac{1}{2}$	$\dfrac{1}{\sqrt{2}}$	$\dfrac{\sqrt{3}}{2}$	1
$\cos$	1	$\dfrac{\sqrt{3}}{2}$	$\dfrac{1}{\sqrt{2}}$	$\dfrac{1}{2}$	0

Maxima und Minima auf $\mathbb{R}$

$$\left.\begin{array}{r} \sin(\tfrac{\pi}{2} + n\pi) = (-1)^n \\ \cos(n\pi) = (-1)^n \end{array}\right\} \text{ für } n \in \mathbb{Z}.$$

Additionstheoreme $(z, w \in \mathbb{C})$

$$\sin(w + z) = \sin w \cos z + \cos w \sin z,$$
$$\cos(w + z) = \cos w \cos z - \sin w \sin z.$$

Folgerungen aus den Additionstheoremen

$$\sin^2 z + \cos^2 z = 1,$$
$$\sin(z + \tfrac{\pi}{2}) = \cos z,$$
$$\cos(z + \tfrac{\pi}{2}) = -\sin z,$$
$$\sin 2z = 2\sin z \cos z,$$
$$\cos 2z = \cos^2 z - \sin^2 z = 2\cos^2 z - 1,$$
$$\sin w \pm \sin z = 2\sin\frac{w \pm z}{2}\cos\frac{w \mp z}{2},$$
$$\cos w + \cos z = 2\cos\frac{w + z}{2}\cos\frac{w - z}{2},$$
$$\cos w - \cos z = -2\sin\frac{w + z}{2}\sin\frac{w - z}{2},$$
$$\sin w \sin z = \frac{1}{2}\left(\cos(w - z) - \cos(w + z)\right),$$
$$\cos w \cos z = \frac{1}{2}\left(\cos(w - z) + \cos(w + z)\right),$$
$$\sin w \cos z = \frac{1}{2}\left(\sin(w - z) + \sin(w + z)\right).$$

Weitere trigonometrische Funktionen

$$\tan z = \frac{\sin z}{\cos z}, \quad z \neq (2n+1)\frac{\pi}{2},\ n \in \mathbb{Z},$$
$$\cot z = \frac{\cos z}{\sin z}, \quad z \neq n\pi,\ n \in \mathbb{Z},$$
$$\sec z = \frac{1}{\cos z}, \quad z \neq (2n+1)\frac{\pi}{2},\ n \in \mathbb{Z},$$
$$\csc z = \frac{1}{\sin z}, \quad z \neq n\pi,\ n \in \mathbb{Z}.$$

Umkehrfunktionen im Reellen

$$\arccos: [-1, 1] \to [0, \pi],$$
$$\arcsin: [-1, 1] \to \left[-\frac{\pi}{2}, \frac{\pi}{2}\right],$$
$$\arctan: \mathbb{R} \to \left[-\frac{\pi}{2}, \frac{\pi}{2}\right],$$
$$\text{arccot}: \mathbb{R} \to [0, \pi].$$

Beispiel Viele Beziehungen zwischen den elementaren Funktionen ergeben sich aus dem Zusammenhang zwischen Exponentialfunktion und trigonometrischen Funktionen. Wir können zum Beispiel das Konjugieren bei den trigonometrischen Funktionen betrachten. Es gilt:

$$\overline{\cos z} = \frac{1}{2}\overline{(e^{iz} + e^{-iz})} = \frac{1}{2}(e^{-i\overline{z}} + e^{i\overline{z}}) = \cos(\overline{z})$$

und

$$\overline{\sin z} = -\frac{1}{2i}\overline{(e^{iz} - e^{-iz})} = -\frac{1}{2i}(e^{-i\overline{z}} - e^{i\overline{z}}) = \sin(\overline{z}).$$

Auch der Real- und der Imaginärteil etwa der komplexen Zahl $\cos z$ für $z = x + iy \in \mathbb{C}$ ergibt sich aus der Euler'schen Formel. Für den Realteil erhalten wir aus der Summe der komplexen Zahl mit ihrer konjugiert komplexen Zahl die Gleichung:

$$\begin{aligned}
\operatorname{Re}\cos z &= \frac{1}{2}\left(\cos z + \overline{\cos z}\right) = \frac{1}{2}\left(\cos z + \cos \overline{z}\right) \\
&= \frac{1}{4}\left(e^{i(x+iy)} + e^{-i(x+iy)} + e^{i(x-iy)} + e^{-i(x-iy)}\right) \\
&= \frac{1}{4}\left(e^{ix}e^{-y} + e^{-ix}e^{y} + e^{ix}e^{y} + e^{-ix}e^{-y}\right) \\
&= \frac{1}{4}\left(e^{y}(e^{ix} + e^{-ix}) + e^{-y}(e^{ix} + e^{-ix})\right) \\
&= \frac{1}{4}(e^{y} + e^{-y})(e^{ix} + e^{-ix}) = \cos x \cosh y
\end{aligned}$$

und

$$\begin{aligned}
\operatorname{Im}\cos z &= \frac{1}{2i}\left(\cos z - \overline{\cos z}\right) = \frac{1}{2i}\left(\cos z - \cos \overline{z}\right) \\
&= \frac{1}{4i}\left(e^{i(x+iy)} + e^{-i(x+iy)} - e^{i(x-iy)} - e^{-i(x-iy)}\right) \\
&= \frac{1}{4i}\left(e^{ix}e^{-y} + e^{-ix}e^{y} - e^{ix}e^{y} - e^{-ix}e^{-y}\right) \\
&= \frac{1}{4i}\left(e^{y}(-e^{ix} + e^{-ix}) + e^{-y}(e^{ix} - e^{-ix})\right) \\
&= -\frac{1}{4i}(e^{y} - e^{-y})(e^{ix} - e^{-ix}) = -\sin x \sinh y.
\end{aligned}$$

◀

Nullstellen der trigonometrischen Funktionen

Wir haben die Exponentialfunktion, Kosinus und Sinus über ihre Potenzreihendarstellungen definiert, ohne die geometrische Anschauung. Weiter ergibt sich die Möglichkeit einer exakten Definition der Zahl π.

Aus den allgemeinen Eigenschaften von Potenzreihen wissen wir, dass $\cos: \mathbb{R} \to \mathbb{R}$ eine stetige Funktion ist. Um eine Nullstelle dieser Funktion zu charakterisieren, können wir also den Nullstellensatz anwenden.

Die Zahl π

Die Funktion $\cos: \mathbb{R} \to \mathbb{R}$ besitzt genau eine Nullstelle $\hat{x}$ im Intervall $[0, 2] \subseteq \mathbb{R}$. Diese Nullstelle definiert die Zahl $\pi = 2\hat{x}$.

Beweis: Mit der Potenzreihe zum Kosinus ist für reelle Zahlen durch

$$1 - \cos x = \sum_{n=1}^{\infty} \frac{(-1)^{n+1}}{(2n)!} x^{2n} = x^2 \sum_{n=0}^{\infty} \frac{(-1)^{n}}{(2n+2)!} x^{2n}$$

eine alternierende Reihe gegeben. Außerdem fällt die Folge $(x^{2n}/(2n+2)!)$ für $|x| \leq 2$ monoton und konvergiert gegen 0. Also lässt sich das Leibniz-Kriterium (siehe Seite 361) anwenden, und wir erhalten die Fehlerabschätzung:

$$\cos x - 1 + \frac{x^2}{2!} \leq \left| 1 - \cos x - \frac{x^2}{2!} \right| \leq \frac{x^4}{4!} \leq \frac{16}{24} = \frac{2}{3}$$

für $x \in \mathbb{R}$ mit $|x| \leq 2$. Somit ist $\cos 2 \leq 1 - 2^2/2! + 2/3 = -1/3 < 0$.

Andererseits erkennen wir aus der Definition, dass $\cos 0 = 1 > 0$ ist. Damit existieren nach dem Nullstellensatz (siehe Seite 336) Nullstellen im Intervall $[0, 2]$.

Nun bleibt noch zu zeigen, dass es nur eine einzige Nullstelle ist. Wiederum nach dem Leibniz-Kriterium gilt für die Reihe

$$\frac{\sin x}{x} = \sum_{n=0}^{\infty} \frac{(-1)^{n}}{(2n+1)!} x^{2n}$$

die Fehlerabschätzung:

$$\left| \frac{\sin x}{x} - 1 \right| \leq \frac{x^2}{6} \leq \frac{2}{3} \quad \text{für reelle } |x| \leq 2.$$

Somit ist $\sin x > 0$ für $x \in (0, 2]$. Aus den Additionstheoremen folgt:

$$\cos(x) - \cos(y) = 2\sin\left(\frac{x+y}{2}\right)\sin\left(\frac{y-x}{2}\right) > 0$$

für alle $x, y \in (0, 2)$ mit $y > x$. Also ist die Kosinusfunktion streng monoton fallend auf dem Intervall $(0, 2)$, und es kann nur eine Nullstelle $\hat{x} \in [0, 2]$ geben (Abb. 11.10). ∎

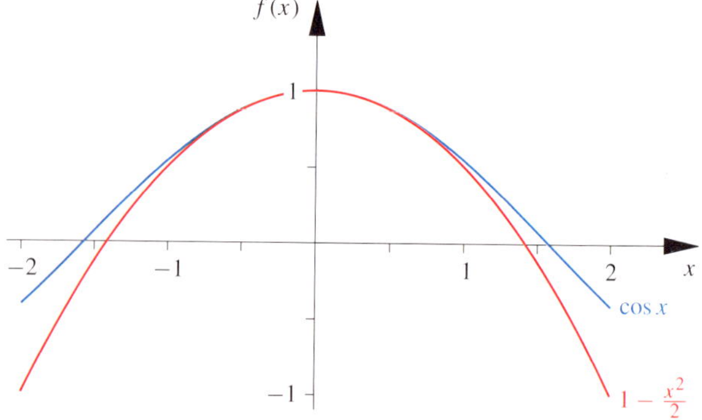

Abbildung 11.10 Die Funktionen $\cos(x)$ und $1 - x^2/2$ im Vergleich.

Beispiel Setzen wir in der Euler'schen Formel $t = \pi$, so erhalten wir die schöne Identität

$$e^{i\pi} = -1,$$

◀

Aus $\sin^2\frac{\pi}{2} = \cos^2\frac{\pi}{2} + \sin^2\frac{\pi}{2} = 1$ folgt weiter, dass

$$\sin\frac{\pi}{2} = 1$$

ist, da $\sin\frac{\pi}{2} > 0$ gelten muss, wie wir im obigen Beweis gesehen haben. Alle weiteren reellen Nullstellen und Extrema der trigonometrischen Funktionen sin und cos, wie sie in der Übersicht auf Seite 405 aufgelistet sind, folgen nun aus der Identität

$$e^{in\frac{\pi}{2}} = \left(e^{i\frac{\pi}{2}}\right)^n = \left(\cos\frac{\pi}{2} + i\sin\frac{\pi}{2}\right)^n = i^n.$$

So sehen wir etwa aus $e^{i\pi} = -1$ die Werte

$$\cos\pi = -1 \quad\text{und}\quad \sin\pi = 0.$$

Beispiel   Aus den speziellen Werten $\cos(2\pi) = 1$ und $\sin(2\pi) = 0$ erhalten wir mit den Additionstheoremen, dass die Funktionen **2π-periodisch** sind,

$$\cos(z + 2\pi) = \cos(z) \qquad \sin(z + 2\pi) = \sin(z) ,$$

und es ergeben sich weitere nützliche Beziehungen der trigonometrischen Funktionen. So erhalten wir mit den Additionstheoremen bei einer Phasenverschiebung um $\frac{\pi}{2}$:

$$\cos\left(z + \frac{\pi}{2}\right) = \cos z\cos\frac{\pi}{2} - \sin z\sin\frac{\pi}{2} = -\sin z$$

und

$$\sin\left(z + \frac{\pi}{2}\right) = \cos z\sin\frac{\pi}{2} - \sin z\cos\frac{\pi}{2} = \cos z. \quad\blacktriangleleft$$

Zum Abschluss dieses Abschnitts kehren wir mit den folgenden Beispielen noch einmal auf die schon aus Kapitel 4 bekannte Polarkoordinatendarstellung der komplexen Zahlen zurück. Wir leiten diese nun mit den als Potenzreihen definierten trigonometrischen Funktionen präzise her.

Beispiel   Schreiben wir mit der Euler'schen Formel $1 = e^{i2m\pi}$ für $m \in \mathbb{Z}$, so ergeben sich die n-ten Einheitswurzeln durch

$$z_m = e^{2\pi\frac{m}{n}i} = \cos 2\pi\frac{m}{n} + i\sin 2\pi\frac{m}{n}.$$

Dies sind alle komplexen Zahlen mit

$$z^n = 1 = e^{i2m\pi}.$$

Die Gleichung $z^n = 1$ hat also genau die n verschiedenen Lösungen

$$z_0 = e^0 = 1, \quad z_1 = e^{i2\pi/n}, \quad \ldots \quad z_{n-1} = e^{i2\pi(n-1)/n}.$$

Für $m \geq n$ oder $m < 0$ wiederholen sich die Zahlen, da sich die Argumente dann nur um Vielfache von 2π von den oben aufgelisteten Lösungen unterscheiden. In der Abbildung 11.11 sind die Einheitswurzeln für $n = 5$ eingezeichnet. $\quad\blacktriangleleft$

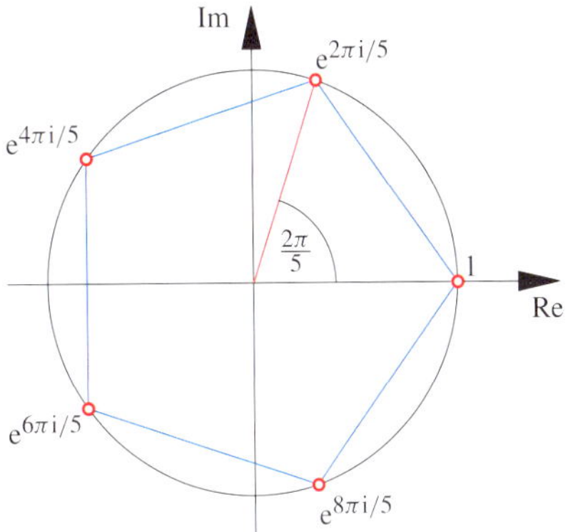

Abbildung 11.11 Die 5 Einheitswurzeln für $n = 5$ bilden die Eckpunkte eines gleichseitigen Fünfecks auf dem Einheitskreis.

$$\textbf{?}$$

Bestimmen Sie alle Lösungen $z \in \mathbb{C}$ der Gleichung

$$z^3 - 2 = 0.$$

Kehren wir zurück zur anfänglichen Frage nach dem Real- und dem Imaginärteil des Bilds e^z einer komplexen Zahl z. Wir erhalten mit der Euler'schen Formel aus

$$e^z = e^x\,e^{iy} = e^x(\cos y + i\sin y)$$

für eine komplexe Zahl $z = x + iy \in \mathbb{C}$ die Zerlegung

$$\mathrm{Re}(e^z) = e^x\cos y \quad\text{und}\quad \mathrm{Im}(e^z) = e^x\sin y.$$

Genauso lassen sich die Polarkoordinaten von e^z angeben durch

$$|e^z| = e^x \quad\text{und}\quad \arg(e^z) = y + 2\pi m$$

für eine ganze Zahl $m \in \mathbb{Z}$, die so zu wählen ist, dass der Hauptwert des Arguments im Intervall $(-\pi, \pi]$ erreicht wird. Der Betrag der komplexen Zahl e^z ist durch e^x, also durch den Realteil der Zahl z festgelegt, und das Argument von e^z wird ausschließlich durch den Imaginärteil von z bestimmt.

Übrigens lässt sich so für jede komplexe Zahl $z \in \mathbb{C}$ ihre Polarkoordinatendarstellung angenehmer schreiben.

Polarkoordinatendarstellung komplexer Zahlen

Für eine komplexe Zahl $z \in \mathbb{C}$ gilt:

$$z = r(\cos\varphi + i\sin\varphi) = re^{i\varphi},$$

wobei r der Betrag und φ das Argument der Zahl z sind.

Beispiel   Für komplexe Zahlen z, die in der komplexen Ebene auf der Kreislinie mit Radius 2 um den Ursprung liegen, soll der Betrag $|e^{iz}|$ bestimmt werden.

Die Kreislinie mit Radius 2 lässt sich durch

$$K = \left\{z = 2e^{i\varphi} \in \mathbb{C} \mid 0 \leq \varphi < 2\pi\right\}$$

beschreiben. Somit folgt mit der Euler'schen Formel für $z \in K$, dass

$$|e^{iz}| = |e^{i2e^{i\varphi}}| = |e^{i2(\cos\varphi + i\sin\varphi)}|$$
$$= |e^{-2\sin\varphi + i2\cos\varphi}| = e^{-2\sin\varphi}$$

gilt. ◀

11.5 Der Logarithmus

Aus den anschaulichen Abbildungseigenschaften der Exponentialfunktion

$$|e^z| = e^{\mathrm{Re}(z)} \quad \text{und} \quad \arg(e^z) = \mathrm{Im}(z) + 2n\pi,$$

wobei $n \in \mathbb{N}$ so zu wählen ist, dass $\arg(e^z) \in (-\pi, \pi]$ gilt, können wir uns eine Definition der Umkehrfunktion der Exponentialfunktion, den Logarithmus, verschaffen. Dazu müssen die beiden Beziehungen umgekehrt werden. Offensichtlich benötigen wir zunächst den Logarithmus im Reellen.

Lemma

Die Funktion $\exp: \mathbb{R} \to \mathbb{R}$ ist streng monoton steigend.

Beweis: Die Monotonie der Exponentialfunktion ergibt sich direkt aus der charakterisierenden Ungleichung (siehe Seite 398). Denn für $h > 0$ gilt $e^h \geq 1 + h > 1$. Mit der Funktionalgleichung folgt Monotonie durch

$$e^{x+h} = e^x e^h > e^x$$

für alle $x \in \mathbb{R}$. ∎

Monotonie von $\exp$ liefert die Umkehrfunktion für reelle Argumente

Mit der Folgerung auf Seite 312 existiert die Umkehrfunktion zu $\exp: \mathbb{R} \to \mathbb{R}_{>0}$. Die Surjektivität der Abbildung sieht man aus $\exp(x) \to \infty$ für $x \to \infty$, dem Grenzwert $\lim_{x\to\infty} \exp(-x) = \lim_{x\to\infty} 1/\exp(x) = 0$ und dem Zwischenwertsatz. Wir bezeichnen diese Umkehrfunktion als den **natürlichen Logarithmus** $\ln: \mathbb{R}_{>0} \to \mathbb{R}$.

Die Umkehrung der Exponentialfunktion

Mithilfe des Logarithmus auf $\mathbb{R}$ lässt sich nun diese Funktion auch auf die komplexe Ebene fortsetzen. Betrachten wir die ersten beiden Identitäten im Abschnitt, so wird deutlich, wie der komplexe Logarithmus als Umkehrung dieser beiden Gleichungen zu bilden ist.

Der komplexe Logarithmus

Für eine komplexe Zahl $z \in \mathbb{C}\setminus\{0\}$ ist durch

$$\ln z = \ln|z| + i\arg(z)$$

der **Hauptwert des Logarithmus** gegeben, wenn $\arg(z) \in (-\pi, \pi]$ den Hauptwert des Arguments von z bezeichnet.

Beachten Sie, dass die Definition für den Realteil $\ln|z|$ den Logarithmus auf den reellen positiven Zahlen voraussetzt. Außerdem gilt für den Hauptwert des Logarithmus stets $\mathrm{Im}(\ln z) \in (-\pi, \pi]$.

Wir müssen noch prüfen, ob der so definierte Logarithmus auch im Komplexen eine Umkehrfunktion zur Exponentialfunktion ist. Dies ergibt sich direkt aus der Euler'schen Formel und Polarkoordinaten.

Folgerung: Es gilt:

$$e^{\ln z} = z \quad \text{für } z \neq 0,$$
$$\ln(e^z) = z \quad \text{für } \mathrm{Im}(z) \in (-\pi, \pi].$$

Beweis: Die Identitäten lassen sich mit der Euler'schen Formel nachrechnen. Für $z \in \mathbb{C}\setminus\{0\}$ ist

$$\exp(\ln z) = e^{\ln|z| + i\arg(z)}$$
$$= e^{\ln|z|}(\cos(\arg(z)) + i\sin(\arg(z))) = z.$$

Und für alle $z \in \mathbb{C}$ mit $\mathrm{Im}(z) \in (-\pi, \pi]$ folgt:

$$\ln(\exp(z)) = \ln|e^z| + i\arg(e^z) = \ln(e^{\mathrm{Re}\,z}) + i\,\mathrm{Im}(z)$$
$$= \mathrm{Re}(z) + i\,\mathrm{Im}(z) = z.$$ ∎

Somit ist der Logarithmus die Umkehrfunktion zu $\exp$: $\{z \in \mathbb{C} \mid -\pi < \mathrm{Im}\,z \leq \pi\} \to \mathbb{C}\setminus\{0\}$.

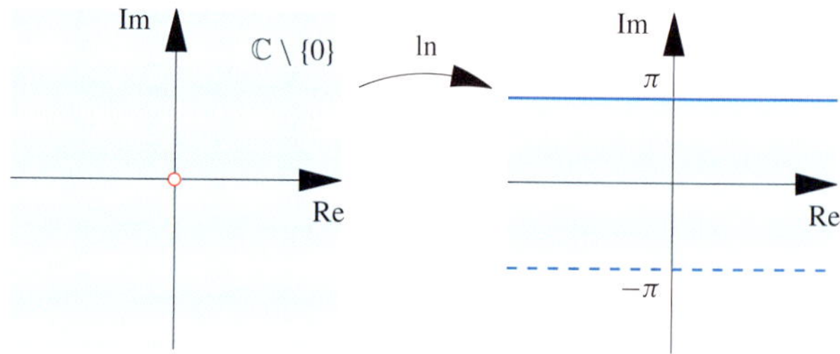

Abbildung 11.12 Das Bild des Hauptwerts des komplexen Logarithmus von $\mathbb{C}\setminus\{0\}$.

Eine Translation des Imaginärteils im Argument der Exponentialfunktion um ganzzahlige Vielfache von 2π ändert den Funktionswert nicht, denn mit der Euler'schen Formel ist

$$e^{x+i(y+2\pi n)} = e^x(\cos(y + 2\pi n) + i\sin(y + 2\pi n))$$
$$= e^x(\cos y + i\sin y) = e^{x+iy}$$

für $n \in \mathbb{Z}$. Dies zeigt, dass die Beschränkung im Bild auf den Streifen $-\pi < \mathrm{Im}\,z \leq \pi$ für die Umkehrung der Exponentialfunktion nötig ist (Abb. 11.12), damit wir eine bijektive Abbildung betrachten.

Im Reellen ist $e^{\ln x + \ln y} = e^{\ln x} \cdot e^{\ln y} = xy$ für $x, y > 0$. Mit der Definition überträgt sich die Funktionalgleichung des

Beispiel: Rechnen mit der Euler'schen Formel

Bestimmen Sie alle $z \in \mathbb{C}$ mit

$$\cos z = 4.$$

Problemanalyse und Strategie: Es gibt zwei Wege zur Berechnung der Lösungen. Zum einen kann der Kosinus direkt durch die Exponentialfunktion ausgedrückt werden, was auf eine quadratische Gleichung führt. Der zweite Weg ist die Aufspaltung der Gleichung in Real- und Imaginärteil, was zu einem Gleichungssystem mit zwei Unbekannten führt. In beiden Fällen ist die Euler'sche Formel das zentrale Werkzeug.

Lösung:

Wir wollen beide Lösungswege vorführen. Im ersten Fall verwenden wir die Darstellung der Kosinus-Funktion, die wir aus der Euler'schen Formel gewonnen haben:

$$\cos z = \frac{1}{2}\left(e^{iz} + e^{-iz}\right).$$

Dies setzt man in die Gleichung ein und multipliziert auf beiden Seiten mit $2e^{iz}$:

$$e^{2iz} + 1 = 8e^{iz}.$$

Wenn wir $w = e^{iz}$ substituieren, erkennen wir, dass es sich um eine quadratische Gleichung handelt:

$$w^2 - 8w + 1 = 0.$$

Mit quadratischer Ergänzung bestimmen wir die Lösungen

$$(w - 4)^2 - 15 = 0, \qquad \text{d. h.,} \quad w = 4 \pm \sqrt{15}.$$

Wir müssen noch resubstituieren:

$$4 \pm \sqrt{15} = w = e^{iz}.$$

Gesucht sind alle $z \in \mathbb{C}$, die diese Gleichung erfüllen. Ist allerdings eine Lösung gefunden, so unterscheidet sich jede weitere davon nur durch ein Vielfaches von $2\pi i$. Eine besondere Lösung z ist diejenige, bei der iz reell ist. Diese erhält man durch Anwendung des natürlichen Logarithmus. Daher gilt:

$$iz = \ln(4 \pm \sqrt{15}) + 2\pi i n, \qquad n \in \mathbb{Z},$$

oder

$$z = 2\pi n - i \ln(4 \pm \sqrt{15}), \qquad n \in \mathbb{Z}.$$

Für den zweiten Weg schreiben wir $z = x + iy$ mit $x, y \in \mathbb{R}$. Dann haben wir schon mit der Euler'schen Formel berechnet, dass

$$\operatorname{Re} \cos z = \cos x \cosh y$$

und

$$\operatorname{Im} \cos z = -\sin x \sinh y$$

ist. Wir können also Real- und Imaginärteil der Gleichung getrennt betrachten, d. h.,

$$\cos x \cosh y = 4, \qquad \sin x \sinh y = 0.$$

Dies ist ein Gleichungssystem in $x, y \in \mathbb{R}$. Die zweite Gleichung kann nur erfüllt sein, falls $y = 0$ oder aber $\sin x = 0$ ist. Die Annahme $y = 0$ bedeutet $\cosh y = 1$. Dann kann die erste Gleichung für ein reelles x nicht gelten. Also muss $\sin x = 0$ sein, d. h., $x = \pi n$ mit $n \in \mathbb{Z}$.

Es gilt $\cos x = \cos(n\pi) = (-1)^n$. Da $\cosh y > 0$ ist, muss $\cos x \geq 0$ sein, damit die erste Gleichung erfüllt ist. Es folgt, dass n gerade und somit $\cos x = 1$ ist. Damit ergibt sich schließlich $y = \pm \operatorname{arcosh} 4$ – beachten Sie, dass $\cosh$ nur abschnittsweise umkehrbar ist. Die Lösung auf dem zweiten Weg ist also

$$z = x + iy = 2\pi n \pm i \operatorname{arcosh} 4, \qquad n \in \mathbb{Z}.$$

Kommentar: Auf den ersten Blick sehen die Lösungen, die wir auf den zwei Wegen gewonnen haben, unterschiedlich aus. Es gilt aber:

$$\cosh \ln\left(4 \pm \sqrt{15}\right) = \frac{1}{2}\left(e^{\ln(4 \pm \sqrt{15})} + e^{-\ln(4 \pm \sqrt{15})}\right) = \frac{1}{2}\left(4 \pm \sqrt{15} + \frac{1}{4 \pm \sqrt{15}}\right) = \frac{1}{2}\left(4 \pm \sqrt{15} + \frac{4 \mp \sqrt{15}}{16 - 15}\right) = 4.$$

Es handelt sich also um dieselbe Lösung in zwei verschiedenen Darstellungen.

Logarithmus auch ins Komplexe. Wir müssen aber aufpassen, dass die auftretenden Argumente im Definitionsbereich des Hauptwerts bleiben.

Funktionalgleichung des komplexen Logarithmus

Für $w, z \in \mathbb{C}$ gilt:

$$\ln w + \ln z = \ln(wz) + 2\pi\beta\mathrm{i},$$

für

$$\beta = \begin{cases} 1, & \text{falls } \arg(w) + \arg(z) > \pi, \\ 0, & \text{falls } -\pi < \arg(w) + \arg(z) \leq \pi, \\ -1, & \text{falls } \arg(w) + \arg(z) \leq -\pi. \end{cases}$$

Die Fallunterscheidung wird notwendig, da sich beim Produkt wz die Argumente der komplexen Zahlen addieren, d. h., $\arg w + \arg z \in (-2\pi, 2\pi]$. Auf der anderen Seite ist aber nach Definition stets das Argument $\arg(wz) \in (-\pi, \pi]$. Um also den Hauptwert des Arguments von wz zu bekommen, muss gegebenenfalls der Wert der Summe der beiden Winkel um 2π vergrößert oder verkleinert werden.

Beispiel Für die Zahlen

$$v = 1 + \mathrm{i} = \sqrt{2}\mathrm{e}^{\mathrm{i}\frac{\pi}{4}},$$
$$w = -1 - \mathrm{i} = \sqrt{2}\mathrm{e}^{-\mathrm{i}\frac{3\pi}{4}},$$
$$z = -2 = 2\mathrm{e}^{\mathrm{i}\pi}$$

erhalten wir die Produkte:

$$vw = 2\mathrm{e}^{\mathrm{i}\frac{\pi}{4}}\,\mathrm{e}^{-\mathrm{i}\frac{3\pi}{4}} = 2\mathrm{e}^{-\mathrm{i}\frac{\pi}{2}} = -2\mathrm{i},$$
$$vz = 2\sqrt{2}\mathrm{e}^{\mathrm{i}\frac{\pi}{4}}\mathrm{e}^{\mathrm{i}\pi} = 2\sqrt{2}\mathrm{e}^{\mathrm{i}\frac{5\pi}{4}} = -2 - 2\mathrm{i}.$$

Damit folgt für den Hauptwert des Logarithmus aus diesen beiden Produkten:

$$\ln v + \ln w = \ln\sqrt{2} + \mathrm{i}\frac{\pi}{4} + \ln\sqrt{2} - \mathrm{i}\frac{3\pi}{4}$$
$$= \ln 2 - \mathrm{i}\frac{\pi}{2} = \ln(-2\mathrm{i}) = \ln(vw)$$

und

$$\ln v + \ln z = \ln\sqrt{2} + \mathrm{i}\frac{\pi}{4} + \ln 2 + \mathrm{i}\pi$$
$$= \ln 2\sqrt{2} + \mathrm{i}\frac{5\pi}{4}$$
$$= \ln 2\sqrt{2} + \left(-\mathrm{i}\frac{3\pi}{4}\right) + \mathrm{i}2\pi = \ln(vz) + \mathrm{i}2\pi.$$

◀

Da der Hauptwert des Logarithmus nur auf dem Streifen $-\pi < \mathrm{Im}(z) \leq \pi$ als Umkehrfunktion der Exponentialfunktion betrachtet werden kann, sind manchmal auch sogenannte

Nebenzweige, also Phasenverschiebungen um ganzzahlige Vielfache von 2π, zu betrachten, d. h.:

$$\ln(z) + \mathrm{i}2\pi m, \quad \text{mit } m \in \mathbb{Z}.$$

In Abbildung 11.13 bedeutet dies, dass wir an der Nahtstelle bei der negativen reellen Achse die gezeigte Fläche stetig nach oben oder unten *ankleben*.

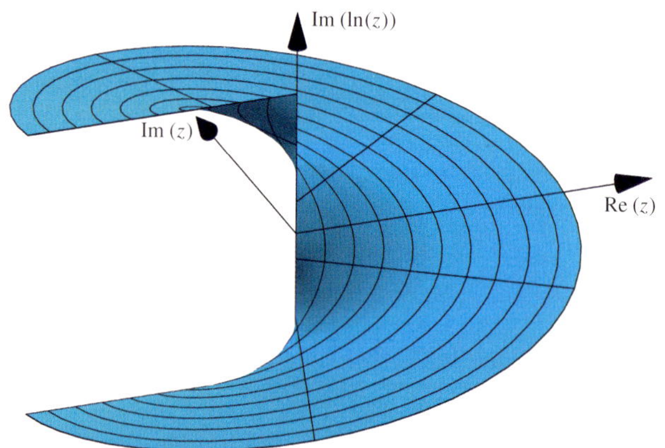

Abbildung 11.13 Der Imaginärteil des Hauptzweigs beim Logarithmus mit der Unstetigkeit auf der negativen reellen Achse.

Über den Logarithmus ist die allgemeine Potenzfunktion definiert

Behalten wir diese Einschränkung im Hinterkopf, so erschließt sich mit dem Hauptzweig des Logarithmus auch die allgemeine Potenzrechnung.

Die allgemeine Potenzfunktion

Für $a \in \mathbb{C}\backslash\{0\}$ ist durch

$$a^z = \mathrm{e}^{z\,\ln a}$$

der **Hauptwert der allgemeinen Potenz** definiert. Im Fall $a = 0$ und $z \neq 0$ definieren wir $a^z = 0$.

Achtung: Bei dieser Definition ist zu beachten, dass dem Ausdruck 0^0 keine sinnvolle Bedeutung zugeordnet werden kann. Wenn Ihnen bei Grenzwerten ein solcher Ausdruck begegnen sollte, müssen Sie genau hinsehen und die Konvergenz analysieren.

Beispiel Gesucht sind Real- und Imaginärteil der Zahl i^{i}. Wir verwenden den Hauptwert des Logarithmus und erhalten

$$\mathrm{i}^{\mathrm{i}} = \mathrm{e}^{\mathrm{i}\ln(\mathrm{i})} = \mathrm{e}^{\mathrm{i}\left(\ln 1 + \mathrm{i}\frac{\pi}{2}\right)} = \mathrm{e}^{-\frac{\pi}{2}}.$$

◀

Wegen der Einschränkung des Definitionsbereichs beim Logarithmus, ist beim Wurzelzeichen Vorsicht geboten.

Beispiel: Arcussinus und der komplexe Logarithmus

Gesucht ist $D \subseteq \mathbb{C}$, sodass $\sin\colon D \to \mathbb{C}$ umkehrbar ist mit $\sin^{-1}\colon \mathbb{C} \to D$ und der Darstellung

$$\sin^{-1}(z) = \arcsin(z) = \frac{1}{i}\ln\left(iz + (1-z^2)^{1/2}\right).$$

Problemanalyse und Strategie: Die angegebene Formel lässt sich durch Auflösen von $z = \sin w = \frac{1}{2i}\left(e^{iw} - e^{-iw}\right)$ herleiten. Wenn $\sin(\sin^{-1}(z)) = z$ für $z \in \mathbb{C}$ und $\sin^{-1}(\sin(w)) = w$ für $w \in D$ gilt, so folgt Bijektivität von $\sin\colon D \to \mathbb{C}$, falls noch $\sin^{-1}(z) \in D$ für alle $z \in \mathbb{C}$ gezeigt wird.

Lösung:

Wir zeigen zunächst die Umkehreigenschaften. Da $e^{\ln(v)} = v$ für alle $v \in \mathbb{C}\backslash\{0\}$ und $iz + (1-z^2)^{1/2} = 0$ keine Lösung besitzt, ist

$$
\begin{aligned}
\sin\left(\sin^{-1}(z)\right) &= \sin\left(\frac{1}{i}\ln\left(iz + (1-z^2)^{\frac{1}{2}}\right)\right)\\
&= \frac{1}{2i}\left(\exp\left(\ln\left(iz + (1-z^2)^{\frac{1}{2}}\right)\right)\right.\\
&\quad \left. - \exp\left(-\ln\left(iz + (1-z^2)^{\frac{1}{2}}\right)\right)\right)\\
&= \frac{1}{2i}\left(iz + (1-z^2)^{\frac{1}{2}} - \frac{1}{iz + (1-z^2)^{\frac{1}{2}}}\right) = z
\end{aligned}
$$

für alle $z \in \mathbb{C}$. Bei der Berechnung

$$
\begin{aligned}
\sin^{-1}(\sin w) &= \frac{1}{i}\ln\left(i\sin w + (1-\sin^2 w)^{\frac{1}{2}}\right)\\
&= \frac{1}{i}\ln\left(i\sin w + \cos w\right) = \frac{1}{i}\ln(e^{iw}) = w
\end{aligned}
$$

müssen wir an zwei Stellen aufpassen und Bedingungen an $w \in D$ voraussetzen: In der letzten Zeile wird $\ln(e^{iw}) = iw$ genutzt. Dies ist korrekt, wenn $\operatorname{Im}(iw) \in (-\pi, \pi]$ bzw. $\operatorname{Re}(w) \in (-\pi, \pi]$. Ein weiteres Problem versteckt sich in der zweiten Zeile. Es wird $(1 - \sin^2 w)^{1/2} = \cos w$ verwendet. Die Gleichung ist richtig, wenn $\cos w$ der Hauptzweig der Wurzel von $\cos^2 w$ ist. Dies gilt nur unter der zusätzlichen Einschränkung $\operatorname{Im}(2\ln(\cos w)) \in (-\pi, \pi]$ bzw. $\arg(\cos w) \in (-\frac{\pi}{2}, \frac{\pi}{2}]$ (siehe Seite 412). Damit ist entweder $\operatorname{Re}(\cos(w)) = \cos(\operatorname{Re}(w))\cosh(\operatorname{Im}(w)) > 0$, also $\operatorname{Re}(w) \in (-\frac{\pi}{2}, \frac{\pi}{2})$, oder im Fall $\operatorname{Re}(\cos(w)) = 0$, d.h., $\operatorname{Re}(w) = \pm\frac{\pi}{2}$, gilt $\operatorname{Im}\cos(w) = -\sin(\operatorname{Re}(w))\sinh(\operatorname{Im}(w)) > 0$ (siehe Seite 406). Im zweiten Fall ergeben sich die beiden Möglichkeiten $\operatorname{Re}(w) = \frac{\pi}{2}$ und $\operatorname{Im}(w) < 0$ oder $\operatorname{Re}(w) = -\frac{\pi}{2}$ und $\operatorname{Im}(w) > 0$. Daher sind auf dem Rand zwei Strahlen auszuschließen. Es folgt die Definitionsmenge:

$$D = \left\{w \in \mathbb{C} \mid -\frac{\pi}{2} \leq \operatorname{Re}(w) \leq \frac{\pi}{2}\right\} \backslash \left\{\pm\left(\frac{\pi}{2} + it\right) : t > 0\right\}.$$

Die Injektivität von $\sin\colon D \to \mathbb{C}$ ergibt sich aus den Umkehrformeln. Mit $\sin v = \sin w$ für $v, w \in D$ folgt $v = \sin^{-1}(\sin v) = \sin^{-1}(\sin w) = w$.

Es ist noch zu zeigen, dass $w = \frac{1}{i}\ln(iz + (1-z^2)^{\frac{1}{2}}) \in D$, d.h., $\operatorname{Re}(iz + (1-z^2)^{\frac{1}{2}}) \geq 0$ für alle $z \in \mathbb{C}$ gilt.

Mit $\sin(\sin^{-1}(z)) = z$ ergibt sich die Surjektivität von $\sin\colon D \to \mathbb{C}$. Setzen wir $z = x + iy$, so ist nach einigen Umformungen mit der komplexen Wurzel (s. Aufgabe):

$$
\begin{aligned}
\operatorname{Re}(iz + \sqrt{1-z^2}) &= \frac{1}{2}\left(iz + \sqrt{1-z^2} - i\bar{z} + \sqrt{1-\bar{z}^2}\right)\\
&= -y + \frac{1}{\sqrt{2}}\sqrt{1-x^2+y^2 + \sqrt{(1-x^2-y^2)^2 + 4y^2}}.
\end{aligned}
$$

Weiter schätzen wir ab im Fall $y^2 \geq 1-x^2$: $1-x^2+y^2 + \sqrt{(1-x^2-y^2)^2 + 4y^2} \geq 1-x^2+y^2+y^2-(1-x^2) = 2y^2$. Im anderen Fall, $y^2 < 1-x^2$, folgt:

$$1-x^2+y^2+\sqrt{(1-x^2-y^2)^2+4y^2} \geq 1-x^2+y^2 \geq 2y^2.$$

In jedem Fall ist der Ausdruck größer als $2y^2$, und wir erhalten für alle $z \in \mathbb{C}$ die Abschätzung:

$$\operatorname{Re}\left(iz + (1-z^2)^{\frac{1}{2}}\right) \geq -y + \sqrt{y^2} = -y + |y| \geq 0.$$

Die beiden in D enthaltenen Strahlen auf dem Rand ergeben sich durch Einsetzen von $z = s$ mit $s > 1$ bzw. $s < -1$. Die folgende Abbildung illustriert, wie Geraden mit konstantem Realteil durch $\sin z$ auf Hyperbeln abgebildet werden.

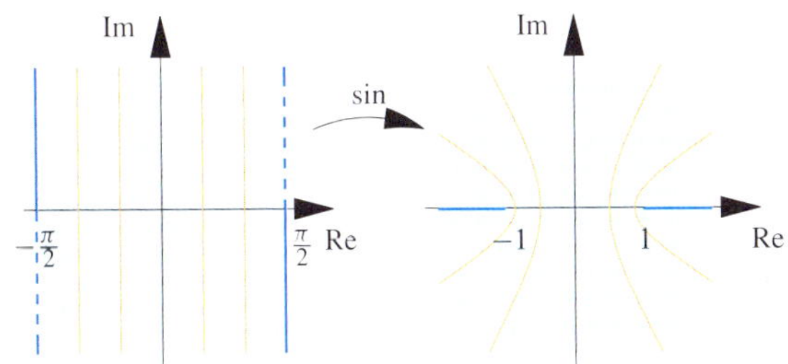

Bemerkung: Würden wir im Ausdruck für w ein negatives Vorzeichen vor der Wurzel wählen, so erhalten wir die Umkehrung des Sinus auf dem Definitionsbereich $\{z \in \mathbb{C} \mid -\pi < \operatorname{Re}(z) < -\pi/2\} \cup \{z \in \mathbb{C} \mid \pi/2 < \operatorname{Re}(z) < \pi\} \to \mathbb{C}$. Die Umkehrungen auf anderen Streifen ergeben sich durch entsprechende Nebenzweige. Mit der Translation $\cos w = \sin(w + \pi/2)$ lassen sich die Ergebnisse auf den Kosinus mit $w = \frac{1}{i}\ln(z + (z^2 - 1)^{\frac{1}{2}})$ übertragen.

Wählen wir den Hauptwert, so erhalten wir etwa die Identität

$$(-1)^{\frac{1}{3}} = e^{\frac{1}{3}\ln(-1)} = e^{\frac{1}{3}(\ln 1 + i\pi)} = e^{i\frac{\pi}{3}}.$$

Andererseits wird man im Zusammenhang mit der reellen Umkehrfunktion häufig auch die Notation $\sqrt[3]{-1} = -1$ finden, bei der ein Nebenzweig der dritten Wurzel genutzt wird. Wir verwenden die Potenzschreibweise im ersten Fall ausschließlich für den Hauptzweig, d. h., $(-1)^{\frac{1}{3}} \neq -1$. Auch beim Symbol für die Quadratwurzel legen wir den Hauptzweig fest, also insbesondere die übliche Konvention, dass mit $\sqrt{a}$ die positive Wurzel einer reellen Zahl $a \geq 0$ gemeint ist. Nur mit dieser Festlegung ist die häufig verwendete Schreibweise $\sqrt{-1} = i$ sinnvoll. Bei einer Verwendung des Wurzelsymbols sollten Sie stets berücksichtigen, welcher Zweig des Logarithmus der Notation zugrunde liegt, um Fehler zu vermeiden.

Die Funktionalgleichung der Exponentialfunktion überträgt sich direkt auf die allgemeine Potenz und wir erhalten für $a \in \mathbb{C}\setminus\{0\}$:

$$a^w\, a^z = e^{w \ln a} e^{z \ln a} = e^{(w+z)\ln a} = a^{w+z}$$

für alle $w, z \in \mathbb{C}$.

Mit der allgemeinen Definition lassen sich auch weitere Regeln zur Potenzrechnung nachvollziehen. Es gilt:

$$(e^x)^y = e^{(\ln e^x)y} = e^{xy}$$

für alle $x, y \in \mathbb{C}$ mit $\operatorname{Im}(x) \in (-\pi, \pi]$. Analog gilt die Beziehung für die allgemeine Potenz zu einer Basis $a \in \mathbb{C}\setminus\{0\}$, wenn $\operatorname{Im}(x \ln a) \in (-\pi, \pi]$ ist.

?

Was ergibt sich für $(e^x)^y$, wenn $\operatorname{Im}(x) \notin (-\pi, \pi]$?

Achtung: Beachten Sie, dass $(a^x)^y \neq a^{(x^y)}$ ist. Klammern sind bei solchen Ausdrücken also stets erforderlich.

Aufpassen müssen wir auch bei der Anwendung einer anderen aus dem Reellen geläufigen Regel zur Potenzrechnung. Es gilt für $a, b \in \mathbb{C}\setminus\{0\}$ mit $\arg a + \arg b \in (-\pi, \pi]$ die Gleichung:

$$a^z b^z = e^{z \ln a} e^{z \ln b} = e^{z(\ln a + \ln b)} = e^{z \ln(ab)} = (ab)^z.$$

Dabei ist die Voraussetzung $\arg a + \arg b \in (-\pi, \pi]$ notwendig, denn wir haben die Funktionalgleichung des Logarithmus angewandt. Sobald die Bedingung nicht erfüllt ist, muss man den zusätzlichen Term der Funktionalgleichung für $\beta \neq 0$ berücksichtigen.

Beispiel Betrachten wir $a = i$ und $b = (-1 + i)$, so ist die Bedingung für das Argument verletzt. In der Tat gilt mit dem Hauptwert des Logarithmus im einen Fall:

$$i^{1/2}(-1 + i)^{1/2} = e^{i\frac{\pi}{4}}\, e^{\frac{\ln\sqrt{2}}{2} + i\frac{3\pi}{8}} = \sqrt[4]{2}\, e^{i\frac{5\pi}{8}}.$$

Andererseits erhalten wir:

$$(-1 - i)^{1/2} = e^{\frac{1}{2}\left(\ln\sqrt{2} - i\frac{3}{4}\pi\right)} = \sqrt[4]{2}\, e^{-i\frac{3}{8}\pi},$$

d. h., wir berechnen die zweite Lösung der quadratischen Gleichung $z^2 = -1 - i$. ◀

Achtung: Aus dem Reellen geläufige Rechenregeln für Potenzen übertragen sich teilweise nur mit Einschränkungen ins Komplexe. Im Zweifelsfall müssen neben dem Hauptwert des Logarithmus auch Nebenwerte mit überprüft werden.

Für die Umkehrung der allgemeinen Potenzfunktion nutzen wir die Definition des natürlichen Logarithmus und erhalten für $z \in \mathbb{C}\setminus\{0\}$ und $a \in \mathbb{C}\setminus\{0, 1\}$ die Darstellung des Hauptwerts

$$\log_a z = \frac{\ln z}{\ln a}.$$

Mit dem natürlichen Logarithmus ergeben sich aus der Definition die Umkehreigenschaften

$$a^{\log_a(z)} = e^{\ln a \frac{\ln z}{\ln a}} = z$$

und

$$\log_a(a^z) = \frac{\ln(e^{z \ln a})}{\ln a} = z + \frac{2\pi m}{\ln a} i,$$

wenn $m \in \mathbb{Z}$ so gewählt wird, dass $\operatorname{Im}(z \ln a) + 2\pi m \in (-\pi, \pi]$ ist.

?

Wie lautet die Funktionalgleichung für $\log_a$ und welche Voraussetzungen müssen gelten?

In den letzten drei Abschnitten haben wir gesehen, dass sich die grundlegenden Funktionen wie die Exponentialfunktion, der Kosinus oder der Sinus alle mittels Potenzreihen definieren lassen. Weitere Darstellungen von Funktionen durch Potenzreihen um passende Entwicklungspunkte etwa zum Logarithmus wollen wir an dieser Stelle noch aufschieben. Indem wir uns zunächst mit dem Differenzieren beschäftigen, ergibt sich über die *Taylorreihe* ein eleganter Weg, um sich explizit Potenzreihen zu gegebenen Funktionen zu verschaffen.

Zusammenfassung

Potenzreihen sind Reihen mit einer speziellen Gestalt.

Definition einer Potenzreihe

Unter einer **Potenzreihe** versteht man eine Reihe der Form

$$\left(\sum_{n=0}^{\infty} a_n \, (z - z_0)^n \right).$$

Hierbei ist $z \in \mathbb{C}$ ein Parameter, (a_n) eine Folge von komplexen **Koeffizienten**, die feste Zahl $z_0 \in \mathbb{C}$ heißt **Entwicklungspunkt**.

Jeder Potenzreihe lässt sich ein **Konvergenzradius** $r \in \mathbb{R}_{\geq 0} \cup \{\infty\}$ zuordnen, sodass die Reihe im Konvergenzkreis um den Entwicklungspunkt z_0, also für

$$z \in \{z \in \mathbb{C} \mid |z - z_0| < r\},$$

absolut konvergiert und außerhalb für $|z - z_0| > r$ divergiert. Auf dem Kreisrand mit $|z - z_0| = r$ kann keine allgemeine Konvergenzaussage gemacht werden.

Innerhalb des Konvergenzkreises ist durch

$$f(z) = \sum_{n=0}^{\infty} a_n \, (z - z_0)^n$$

eine stetige Funktion $f : \{z \in \mathbb{C} \mid |z - z_0| < r\} \to \mathbb{C}$ gegeben. Funktionen, die eine Darstellung als Potenzreihe besitzen, heißen **analytisch**.

Der **Identitätssatz** besagt, dass Potenzreihen um denselben Entwicklungspunkt auf einem Kreis mit Radius $r > 0$ dann und nur dann identisch sind, wenn alle Koeffizienten übereinstimmen. Damit ergibt sich die Möglichkeit des **Koeffizientenvergleichs**, wenn zwei analytische Funktionen übereinstimmen.

Die Exponentialfunktion wird durch ihre Potenzreihe definiert.

Definition der Exponentialfunktion

Die Exponentialfunktion $\exp : \mathbb{C} \to \mathbb{C}$ ist für alle $z \in \mathbb{C}$ definiert durch die Potenzreihe

$$\exp(z) = \sum_{n=0}^{\infty} \frac{1}{n!} z^n.$$

Eigenschaften der Exponentialfunktion wie etwa die **Funktionalgleichung**, $\exp(x + y) = \exp(x) \exp(y)$ ergeben sich direkt aus der Potenzreihendarstellung.

Auch die trigonometrischen Funktionen sind durch Potenzreihen gegeben.

Definition der Kosinus- und der Sinusfunktion

Durch die Potenzreihen

$$\cos z = \sum_{k=0}^{\infty} \frac{(-1)^k}{(2k)!} z^{2k},$$

$$\sin z = \sum_{k=0}^{\infty} \frac{(-1)^k}{(2k+1)!} z^{2k+1}$$

sind die trigonometrischen Funktionen für alle $z \in \mathbb{C}$ definiert.

Höhepunkt ist der Zusammenhang zwischen der Exponentialfunktion und den trigonometrischen Funktionen, der etwa längs der imaginären Achse durch die Euler'sche Formel beschrieben ist

Die Euler'sche Formel

Für $t \in \mathbb{R}$ gilt:

$$\mathrm{e}^{\mathrm{i}t} = \cos t + \mathrm{i} \sin t.$$

Alle möglichen Varianten, diesen Zusammenhang in der komplexen Ebene auszudrücken, wie etwa $\mathrm{e}^{\mathrm{i}z} = \cos z + \mathrm{i} \sin z$ oder $\cos z = \frac{1}{2} \left(\mathrm{e}^{\mathrm{i}z} + \mathrm{e}^{-\mathrm{i}z} \right)$ sind nützlich. Auch die **Polarkoordinatendarstellung** komplexer Zahlen lässt sich mit der Euler'schen Formel elegant in der Form $z = r \mathrm{e}^{\mathrm{i}\varphi}$ mit Radius r und Winkel φ angeben.

Neben diesen Verbindungen zwischen exponentiellen und trigonometrischen Funktionen, sind ihre Umkehrfunktionen von zentraler Bedeutung. Im Mittelpunkt steht dabei der allgemeine komplexe Logarithmus.

Der komplexe Logarithmus

Für eine komplexe Zahl $z \in \mathbb{C} \backslash \{0\}$ ist durch

$$\ln z = \ln |z| + \mathrm{i} \arg(z)$$

der **Hauptwert des Logarithmus** gegeben, wenn $\arg(z) \in (-\pi, \pi]$ den Hauptwert des Arguments von z bezeichnet.

Zu beachten ist, dass die Umkehreigenschaft $\exp(\ln z) = z$ für alle $z \in \mathbb{C} \backslash \{0\}$ gilt, aber $\ln(\exp(z)) = z$ für den Hauptwert nur unter der Einschränkung $z \in \{z \in \mathbb{C} \mid \operatorname{Im}(z) \in (-\pi, \pi]\}$ richtig ist. Aus diesem Grund sind auch Nebenzweige, also Phasenverschiebungen um ganzzahlige Vielfache von 2π, d.h. $\ln(z) + \mathrm{i}2\pi m$, mit $m \in \mathbb{Z}$, manchmal zu berücksichtigen. Bei der Funktionalgleichung für den Logarithmus und einigen anderen Rechenregeln zu Potenzfunktionen ist deswegen Vorsicht geboten.

Aufgaben

Die Aufgaben gliedern sich in drei Kategorien: Anhand der *Verständnisfragen* können Sie prüfen, ob Sie die Begriffe und zentralen Aussagen verstanden haben, mit den *Rechenaufgaben* üben Sie Ihre technischen Fertigkeiten und die *Beweisaufgaben* geben Ihnen Gelegenheit, zu lernen, wie man Beweise findet und führt.

Ein Punktesystem unterscheidet leichte Aufgaben •, mittelschwere •• und anspruchsvolle ••• Aufgaben. Lösungshinweise am Ende des Buches helfen Ihnen, falls Sie bei einer Aufgabe partout nicht weiterkommen. Dort finden Sie auch die Lösungen – betrügen Sie sich aber nicht selbst und schlagen Sie erst nach, wenn Sie selber zu einer Lösung gekommen sind. Ausführliche Lösungswege stehen auf der Website des Verlags zur Verfügung.

Viel Spaß und Erfolg bei den Aufgaben!

Verständnisfragen

11.1 • Handelt es sich bei den folgenden, für $z \in \mathbb{C}$ definierten Reihen um Potenzreihen? Falls ja, wie lautet die Koeffizientenfolge und wie der Entwicklungspunkt?

(a) $\left(\sum\limits_{n=0}^{\infty} \dfrac{3^n}{n!} \dfrac{1}{z^n} \right)$

(b) $\left(\sum\limits_{n=2}^{\infty} \dfrac{n\,(z-1)^n}{z^2} \right)$

(c) $\left(\sum\limits_{n=0}^{\infty} \sum\limits_{j=0}^{n} \dfrac{1}{n!} \binom{n}{j} z^j \right)$

(d) $\left(\sum\limits_{n=0}^{\infty} z^{2n} \cos z \right)$

11.2 • Welche der folgenden Aussagen über eine Potenzreihe mit Entwicklungspunkt $z_0 \in \mathbb{C}$ und Konvergenzradius ρ sind richtig?

(a) Die Potenzreihe konvergiert für alle $z \in \mathbb{C}$ mit $|z - z_0| < \rho$ absolut.

(b) Durch die Potenzreihe ist auf dem Konvergenzkreis eine beschränkte Funktion gegeben.

(c) Durch die Potenzreihe ist auf jedem Kreis mit Mittelpunkt z_0 und Radius $r < \rho$ eine beschränkte Funktion gegeben.

(d) Die Potenzreihe konvergiert für kein $z \in \mathbb{C}$ mit $|z - z_0| = \rho$.

(e) Konvergiert die Potenzreihe für ein $\hat{z} \in \mathbb{C}$ mit $|\hat{z} - z_0| = \rho$ absolut, so gilt dies für alle $z \in \mathbb{C}$ mit $|z - z_0| = \rho$.

11.3 •• Bestimmen Sie mithilfe der zugehörigen Potenzreihen die folgenden Grenzwerte:

(a) $\lim\limits_{x \to 0} \dfrac{1 - \cos x}{x \sin x}$,　(b) $\lim\limits_{x \to 0} \dfrac{e^{\sin(x^4)} - 1}{x^2\,(1 - \cos(x))}$.

11.4 •• Berechnen Sie mit dem Taschenrechner die Differenz $\sin(\sinh(x)) - \sinh(\sin(x))$ für $x \in \{0.1, 0.01, 0.001\}$. Erklären Sie Ihre Beobachtung, indem Sie das erste Glied der Potenzreihenentwicklung dieser Differenz um den Entwicklungspunkt 0 bestimmen.

11.5 • Finden Sie je ein Paar (w, z) von komplexen Zahlen, sodass die Funktionalgleichung des Logarithmus für $\beta = 0$, $\beta = 1$ und $\beta = -1$ erfüllt ist.

Rechenaufgaben

11.6 •• Bestimmen Sie den Konvergenzradius und den Konvergenzkreis der folgenden Potenzreihen:

(a) $\left(\sum\limits_{k=0}^{\infty} \dfrac{(k!)^4}{(4k)!} z^k \right)$

(b) $\left(\sum\limits_{n=1}^{\infty} n^n (z - 2)^n \right)$

(c) $\left(\sum\limits_{n=0}^{\infty} \dfrac{n + \mathrm{i}}{(\sqrt{2}\,\mathrm{i})^n} \binom{2n}{n} z^{2n} \right)$

(d) $\left(\sum\limits_{n=0}^{\infty} \dfrac{(2 + \mathrm{i})^n - \mathrm{i}}{\mathrm{i}^n} (z + \mathrm{i})^n \right)$

11.7 •• Bestimmen Sie den Konvergenzradius der Potenzreihe

$$\left(\sum\limits_{n=0}^{\infty} 3^n (x - x_0)^{2n+1} \right)$$

einmal direkt durch das Wurzelkriterium und einmal mit der Formel von Hadamard.

11.8 • Für welche $x \in \mathbb{R}$ konvergieren die folgenden Potenzreihen?

(a) $\left(\sum\limits_{n=1}^{\infty} \dfrac{(-1)^{n-1}\,(2^n + 1)}{n} \left(x - \dfrac{1}{2} \right)^n \right)$

(b) $\left(\sum\limits_{n=0}^{\infty} \dfrac{1 - (-2)^{-n-1}\,n!}{n!} (x - 2)^n \right)$

(c) $\left(\sum\limits_{n=1}^{\infty} \dfrac{1}{n^2} \left[\sqrt{n^2 + n} - \sqrt{n^2 + 1} \right]^n (x + 1)^n \right)$

11.9 ••• Für welche $z \in \mathbb{C}$ konvergiert die Potenzreihe

$$\left(\sum\limits_{n=1}^{\infty} \dfrac{(2\mathrm{i})^n}{n^2 + \mathrm{i}n} (z - 2\mathrm{i})^n \right)?$$

11.10 •• Gegeben ist die Funktion $f : D \to \mathbb{C}$ mit

$$f(z) = \dfrac{z - 1}{z^2 + 2}, \qquad z \in D.$$

(a) Bestimmen Sie den maximalen Definitionsbereich $D \subseteq \mathbb{C}$ von f.

(b) Stellen Sie f als eine Potenzreihe mithilfe des Ansatzes

$$z - 1 = (z^2 + 2) \sum_{n=0}^{\infty} a_n z^n$$

dar. Was ist der Konvergenzradius dieser Potenzreihe?

11.11 ••• Bestimmen Sie die ersten beiden Glieder der Potenzreihenentwicklung von

$$f(x) = (1 + x)^{1/n}, \qquad x > -1,$$

um den Entwicklungspunkt $x_0 = 1$.

11.12 •• Bestimmen Sie alle $z \in \mathbb{C}$, die der folgenden Gleichung genügen:

(a) $\cosh(z) = -1$

(b) $\cosh z - \dfrac{1}{2}(1 - 8\mathrm{i})\, e^{-z} = 2 + 2\mathrm{i}$

11.13 • Bestimmen Sie jeweils alle $z \in \mathbb{C}$, die Lösungen der folgenden Gleichung sind:

(a) $\cos \overline{z} = \overline{\cos z}$, \qquad (b) $e^{\mathrm{i}\overline{z}} = \overline{e^{\mathrm{i}z}}$.

Beweisaufgaben

11.14 • Beweisen Sie, dass die rationale Funktion

$$f(z) = \frac{1 + z^3}{2 - z}, \qquad z \in \mathbb{C} \setminus \{2\},$$

für $|z| < 2$ durch die Potenzreihe

$$f(z) = \frac{1}{2} + \frac{z}{4} + \frac{z^2}{8} + \frac{9}{2} \sum_{n=3}^{\infty} \left(\frac{z}{2}\right)^n$$

darstellbar ist.

11.15 •• Gesucht ist eine Potenzreihendarstellung der Form $\left(\sum_{n=0}^{\infty} a_n x^n\right)$ zu der Funktion

$$f(x) = \frac{e^x}{1 - x}, \qquad x \in \mathbb{R} \setminus \{1\}.$$

(a) Zeigen Sie $a_n = \sum_{k=0}^{n} \frac{1}{k!}$.

(b) Für welche $x \in \mathbb{R}$ konvergiert die Potenzreihe?

11.16 • Zeigen Sie: Eine durch eine Potenzreihe mit Entwicklungspunkt 0 gegebene Funktion ist genau dann gerade, wenn in der Potenzreihe alle Koeffizienten für ungerade Exponenten null sind.

11.17 •• Die Funktion $f \colon D \to \mathbb{C}$ sei durch eine Potenzreihe mit Konvergenzkreis D und Entwicklungspunkt z_0 gegeben. Ferner gelte für eine gegen z_0 konvergente Folge (x_n) aus D mit $x_n \neq z_0$, $n \in \mathbb{N}$, dass $f(x_n) = 0$ ist für alle $n \in \mathbb{N}$. Zeigen Sie, dass f die Nullfunktion ist.

11.18 • Zeigen Sie die *Formel von Moivre:*

$$(\cos \varphi + \mathrm{i} \sin \varphi)^n = \cos(n\varphi) + \mathrm{i} \sin(n\varphi)$$

für alle $\varphi \in \mathbb{R}$, $n \in \mathbb{Z}$. Benutzen Sie diese Formel, um die Identität

$$\cos(2n\varphi) = \sum_{k=0}^{n} (-1)^k \binom{2n}{2k} \cos^{2(n-k)}(\varphi)\, \sin^{2k}(\varphi)$$

für alle $\varphi \in \mathbb{R}$, $n \in \mathbb{N}_0$ zu beweisen.

11.19 • Zeigen Sie das Additionstheorem

$$\sin w + \sin z = 2 \sin \frac{w + z}{2} \cos \frac{w - z}{2}, \qquad w, z \in \mathbb{C}.$$

Antworten der Selbstfragen

S. 383

(a) Ja.

(b) Nein: Der Term $\sqrt{1 - y^2}$ hängt von y ab, ist aber keine Potenz von y.

(c) Nein: Der Term $1/z^n$ passt nicht ins Schema.

(d) Ja: Da $x^2 - 2x + 1 = (x - 1)^2$ ist, kann man die Reihe auch in der Form

$$\left(\sum_{n=2}^{\infty} (x - 1)^{n-2}\right) = \left(\sum_{n=0}^{\infty} (x - 1)^n\right)$$

schreiben.

S. 384

$(-2, 2)$: Radius 2, Entwicklungspunkt 0.

$(0, \infty)$: Kein möglicher Konvergenzkreis.

$\{-1\}$: Radius 0, Entwicklungspunkt -1.

$[1, 3]$: Radius 1, Entwicklungspunkt 2.

$\mathbb{R}$: Radius ∞, Entwicklungspunkt könnte jede Zahl aus $\mathbb{R}$ sein.

S. 385

Betrachtet man die Potenzreihe als eine gewöhnliche Reihe, so liefert das Wurzelkriterium das Ergebnis, dass die Reihe absolut konvergiert, falls

$$\sqrt[k]{\left|\frac{2^k}{k^2}(z-1)^{2k}\right|} = \sqrt[k]{\left|\frac{2^k}{k^2}\right|}\,|z-1|^2 \to 2\,|z-1|^2 < 1,$$

also wenn $|z-1| < 1/\sqrt{2}$ ist.

Die Potenzreihe hat aber eine etwas andere Form, als diejenige aus der Definition: Es tauchen nur Potenzen mit geradem Exponenten auf. Wenn man es genau nimmt, lauten die Koeffizienten:

$$a_n = \begin{cases} 0 & n = 0 \text{ oder } n = 2k-1, \ k \in \mathbb{N}, \\ \frac{2^k}{k^2} & n = 2k, \ k \in \mathbb{N}. \end{cases}$$

Mit dieser Beobachtung lässt sich auch die Formel von Hadamard anwenden, und wir erhalten:

$$\limsup_{n\to\infty} \sqrt[n]{|a_n|} = \limsup_{n\to\infty} \sqrt[n]{\frac{2^{\frac{n}{2}}}{\left(\frac{n}{2}\right)^2}} = \limsup_{n\to\infty} \frac{\sqrt{2}}{\left(\frac{n}{2}\right)^{\frac{2}{n}}} = \sqrt{2}.$$

Ein gern gemachter Fehler ist jedoch die Rechnung

$$\sqrt[k]{\left|\frac{2^k}{k^2}\right|} = \frac{2}{(\sqrt[k]{k})^2} \longrightarrow 2 \quad (k \to \infty),$$

die nahelegt, dass der Konvergenzradius $1/2$ sein könnte.

S. 393

Aus der letzten Gleichheit folgt mit Koeffizientenvergleich $c_{2k} = 0$ und $c_{2k-1} = 1/(k-1)!$ für $k \in \mathbb{N}$. Ebenfalls durch Koeffizientenvergleich folgt $a_0 = 0$ und $a_n = c_n$ für $n \in \mathbb{N}$. Über die Koeffizientenfolge (b_n) kann man durch Koeffizientenvergleich keine Aussage treffen, da der Entwicklungspunkt in dieser Potenzreihe ein anderer ist.

S. 396

Wegen der geometrischen Reihe ist

$$\frac{1}{1-x^2} = \sum_{n=0}^{\infty} x^{2n}, \quad |x| < 1.$$

Damit ist

$$\frac{x}{1-x^2} = x + x^3 + x^5 + O(x^7)$$

für x gegen 0. Da ein Ausdruck $O(x^7)$ auch $O(x^6)$ ist, ist $q(x) = x + x^3 + x^5$ das gesuchte Polynom.

S. 407

Es muss $z^3 = 2$ sein, also $z = \sqrt[3]{2}\,u$, wobei $u \in \mathbb{C}$ mit $u^3 = 1$ ist. Die dritten komplexen Einheitswurzeln sind:

$$e^{2\pi \frac{0}{3}i}, \quad e^{2\pi \frac{1}{3}i}, \quad e^{2\pi \frac{2}{3}i},$$

also ist die Lösungsmenge der Gleichung:

$$\left\{ \sqrt[3]{2}, \ \sqrt[3]{2}\,e^{\frac{2\pi}{3}i}, \ \sqrt[3]{2}\,e^{\frac{4\pi}{3}i} \right\}.$$

S. 404

Es gilt:

$$\cos(iz) = \frac{1}{2}(e^{i(iz)} + e^{-i(iz)}) = \frac{1}{2}(e^{-z} + e^z) = \cosh(z)$$

und entsprechend:

$$\sin(iz) = \frac{1}{2i}(e^{-z} - e^z) = -\frac{1}{i}\sinh z = i\sinh z.$$

S. 412

Für $x \in \mathbb{C}$ beliebig wähle man $m \in \mathbb{Z}$ so, dass $\mathrm{Im}(x) - 2\pi m \in (-\pi, \pi]$ ist. Dann folgt mit dem Hauptzweig des Logarithmus:

$$\ln(e^x) = x - 2\pi m\,i.$$

Wir erhalten:

$$(e^x)^y = e^{(\ln e^x)y} = e^{xy}e^{-2\pi m y\,i}.$$

S. 412

Mit $a \in \mathbb{C}\backslash\{0, 1\}$ folgt im Fall $\arg(w) + \arg(z) \in (-\pi, \pi]$ die Identität

$$\log_a(wz) = \log_a(w) + \log_a(z)\,;$$

denn es gilt:

$$\begin{aligned} \log_a(wz) &= \frac{\ln(wz)}{\ln a} \\ &= \frac{\ln(w)}{\ln a} + \frac{\ln(z)}{\ln a} = \log_a w + \log_a z. \end{aligned}$$

Analog erhalten wir für $\arg(w) + \arg(z) \in (-3\pi, -\pi]$:

$$\log_a(wz) = \log_a(w) + \log_a(z) + \frac{2\pi i}{\ln a}$$

und für $\arg(w) + \arg(z) \in (\pi, 3\pi]$:

$$\log_a(wz) = \log_a(w) + \log_a(z) - \frac{2\pi i}{\ln a}.$$

Lineare Abbildungen und Matrizen – Brücken zwischen Vektorräumen

12

Wie lassen sich lineare Abbildungen durch Matrizen darstellen?

Was besagt die Dimensionsformel?

Wie wirkt sich ein Basiswechsel auf die Matrix einer linearen Abbildung aus?

© Springer-Verlag GmbH Deutschland, ein Teil von Springer Nature 2022
T. Arens et al., *Grundwissen Mathematikstudium*,
https://doi.org/10.1007/978-3-662-63313-7_12

Den Begriff *Homomorphismus* haben wir bereits im Zusammenhang mit Gruppen, Ringen und Körpern im Kapitel 4 kennengelernt. Der Begriff ist also sehr allgemein. Ins Deutsche übersetzt man ihn wohl am besten mit *strukturerhaltende Abbildung*. Ein Homomorphismus ist also eine Abbildung zwischen Mengen, welche kompatibel ist mit der *Struktur*, d. h. die Verknüpfungen auf den zugrunde liegenden Mengen berücksichtigt.

In einem Vektorraum haben wir zwei Verknüpfungen, die Addition von Vektoren und die Multiplikation von Vektoren mit Skalaren. Ein Homomorphismus, im Zusammenhang mit Vektorräumen sprechen wir auch von einer linearen Abbildung, ist hier eine additive und multiplikative Abbildung zwischen zwei Vektorräumen.

In dieser Sichtweise ist ein Homomorphismus durchaus abstrakt. Jedoch gelingt es zumindest in endlichdimensionalen Vektorräumen, nach Wahl einer Basis jedem Homomorphismus eine sehr anschauliche und vertraute Gestalt zu geben. Zu jedem Homomorphismus gehört bezüglich gewählter Basen der Vektorräume eine Matrix – Matrizen haben sich bereits beim Lösen von linearen Gleichungssystemen als sehr nützlich erwiesen. Diese den Homomorphismus darstellende Matrix charakterisiert die Abbildung eindeutig. Wir können so Homomorphismen endlichdimensionaler Vektorräume bezüglich gewählter Basen mit Matrizen identifizieren. Das Abbilden ist dann letztlich eine einfache Matrizenmultiplikation. Durch diesen Prozess werden Homomorphismen bezüglich gewählter Basen durch Matrizen dargestellt. Die Eigenschaften eines Homomorphismus finden sich in der Darstellungsmatrix wieder.

Wählt man verschiedene Basen, so erhält man im Allgemeinen verschiedene Matrizen. In den folgenden Kapiteln werden wir untersuchen, welche Eigenschaften der Darstellungsmatrizen bei verschiedenen Basen erhalten bleiben. Welche Basis vorzugsweise zu wählen ist, wird das Thema des Kapitels 14 sein.

12.1 Definition und Beispiele

Der zentrale Begriff dieses Kapitels ist der Begriff der *linearen Abbildung*.

Lineare Abbildungen sind jene Abbildungen zwischen Vektorräumen, die additiv und homogen sind

Lineare Abbildungen existieren nur zwischen Vektorräumen über dem gleichen Körper.

> **Definition einer linearen Abbildung**
>
> Eine Abbildung $\varphi\colon V \to W$ zwischen $\mathbb{K}$-Vektorräumen V und W heißt $\mathbb{K}$-**lineare Abbildung** oder **Homomorphismus**, wenn für alle $\boldsymbol{v}, \boldsymbol{w} \in V$ und $\lambda \in \mathbb{K}$ gilt:
> - $\varphi(\boldsymbol{v} + \boldsymbol{w}) = \varphi(\boldsymbol{v}) + \varphi(\boldsymbol{w})$ (Additivität),
> - $\varphi(\lambda\,\boldsymbol{v}) = \lambda\,\varphi(\boldsymbol{v})$ (Homogenität).

Anstelle von einer $\mathbb{K}$-linearen Abbildung spricht man oft auch kurz von einer linearen Abbildung, wenn klar ist, welcher Körper zugrunde liegt.

?

Wieso muss V und W derselbe Körper $\mathbb{K}$ zugrunde liegen? Anders gefragt: Was sollte ein Homomorphismus zwischen einem komplexen und einem reellen Vektorraum sein?

Eine $\mathbb{K}$-lineare Abbildung $\varphi\colon V \to W$ zwischen $\mathbb{K}$-Vektorräumen V und W heißt

- **Monomorphismus**, wenn φ injektiv ist,
- **Epimorphismus**, wenn φ surjektiv ist,
- **Isomorphismus**, wenn φ bijektiv ist,
- **Endomorphismus**, wenn $V = W$ ist,
- **Automorphismus**, wenn $V = W$ und φ bijektiv ist.

Ist $\varphi\colon V \to W$ ein Isomorphismus zwischen den $\mathbb{K}$-Vektorräumen V und W, so sagt man, die beiden Vektorräume V und W sind **isomorph** zueinander. Man schreibt dann $V \cong W$ (vgl. auch den *Isomorphiebegriff* zu Gruppen auf Seite 72) – zwei zueinander isomorphe Vektorräume unterscheiden sich nur in der Bezeichnung der Elemente.

Wie erkennt man die Linearität einer Abbildung?

Jede lineare Abbildung $\varphi\colon V \to W$ bildet den Nullvektor $\boldsymbol{0}_V$ von V auf den Nullvektor $\boldsymbol{0}_W$ von W ab, d. h.,

$$\varphi(\boldsymbol{0}_V) = \boldsymbol{0}_W\,.$$

Dies sieht man etwa wie folgt: Wegen der Additivität von φ gilt:

$$\varphi(\boldsymbol{0}_V) = \varphi(\boldsymbol{0}_V + \boldsymbol{0}_V) = \varphi(\boldsymbol{0}_V) + \varphi(\boldsymbol{0}_V)\,.$$

Die Behauptung folgt nun nach Subtraktion von $\varphi(\boldsymbol{0}_V)$, d. h. Addition von $-\varphi(\boldsymbol{0}_V)$ auf beiden Seiten.

Dieses Ergebnis eignet sich gut, um viele Abbildungen als nicht linear zu erkennen: Die Abbildung

$$\varphi\colon \begin{cases} \mathbb{R}^2 & \to & \mathbb{R}^3, \\ \begin{pmatrix} v_1 \\ v_2 \end{pmatrix} & \mapsto & \begin{pmatrix} v_1 + 1 \\ v_2 \\ v_1 \end{pmatrix} \end{cases}$$

kann nicht linear sein, da $\varphi(\boldsymbol{0}_{\mathbb{R}^2}) = \begin{pmatrix} 1 \\ 0 \\ 0 \end{pmatrix} \neq \boldsymbol{0}_{\mathbb{R}^3}$ gilt, also $\boldsymbol{0}_{\mathbb{R}^2}$ nicht auf $\boldsymbol{0}_{\mathbb{R}^3}$ abgebildet wird.

In Zukunft schreiben wir wieder einfacher $\boldsymbol{0}$ für den Nullvektor. Man sollte dann immer kurz nachdenken, ob $\boldsymbol{0}$ nun ein Nullspaltenvektor, das Nullpolynom, die Nullabbildung, die Nullmatrix oder eine andere Null darstellt.

Übersicht: Homo-, Mono-, Epi-, Iso-, Endo-, Automorphismen

Man unterscheidet *Morphismen* je nach Injektivität, Surjektivität und auch danach, ob Definitionsmenge und Bildmenge übereinstimmen.

	injektiv	*surjektiv*	*Def.menge = Bildmenge*	*Beispiel*
Homomorphismus	nicht notwendig	nicht notwendig	nicht notwendig	$\begin{cases} \mathbb{R}^2 \to \mathbb{R}^3 \\ \binom{a}{b} \mapsto \begin{pmatrix} a+b \\ 0 \\ 0 \end{pmatrix} \end{cases}$
Monomorphismus	ja	nicht notwendig	nicht notwendig	$\begin{cases} \mathbb{R} \to \mathbb{R}^2 \\ a \mapsto \binom{a}{0} \end{cases}$
Epimorphismus	nicht notwendig	ja	nicht notwendig	$\begin{cases} \mathbb{R}^2 \to \mathbb{R} \\ \binom{a}{b} \mapsto a \end{cases}$
Isomorphismus	ja	ja	nicht notwendig	$\begin{cases} \mathbb{R}^4 \to \mathbb{R}^{2\times 2} \\ \begin{pmatrix} a \\ b \\ c \\ d \end{pmatrix} \mapsto \begin{pmatrix} a & b \\ c & d \end{pmatrix} \end{cases}$
Endomorphismus	nicht notwendig	nicht notwendig	ja	$\begin{cases} \mathbb{R}^2 \to \mathbb{R}^2 \\ \binom{a}{b} \mapsto \binom{a-b}{0} \end{cases}$
Automorphismus	ja	ja	ja	$\begin{cases} \mathbb{R}^2 \to \mathbb{R}^2 \\ \binom{a}{b} \mapsto \binom{b}{a} \end{cases}$

Den Begriff der linearen Abbildung kann man auf verschiedene Arten definieren.

Kriterien für die Linearität einer Abbildung

Für $\mathbb{K}$-Vektorräume V und W und eine Abbildung $\varphi\colon V \to W$ sind die folgenden Aussagen äquivalent:

(i) Die Abbildung φ ist linear.

(ii) Für alle $\boldsymbol{v}, \boldsymbol{w} \in V$ und $\lambda, \mu \in \mathbb{K}$ gilt:

$$\varphi(\lambda\,\boldsymbol{v} + \mu\,\boldsymbol{w}) = \lambda\,\varphi(\boldsymbol{v}) + \mu\,\varphi(\boldsymbol{w})\,.$$

(iii) Für alle $\boldsymbol{v}, \boldsymbol{w} \in V$ und $\lambda \in \mathbb{K}$ gilt:

$$\varphi(\lambda\,\boldsymbol{v} + \boldsymbol{w}) = \lambda\,\varphi(\boldsymbol{v}) + \varphi(\boldsymbol{w})\,.$$

Beweis: Gegeben sind $\lambda, \mu \in \mathbb{K}$ und $\boldsymbol{v}, \boldsymbol{w} \in V$.

(i) $\Rightarrow$ (ii): Man wende zuerst die Additivität und dann (zwei Mal) die Homogenität von φ an:

$$\varphi(\lambda\,\boldsymbol{v} + \mu\,\boldsymbol{w}) = \varphi(\lambda\,\boldsymbol{v}) + \varphi(\mu\,\boldsymbol{w}) = \lambda\,\varphi(\boldsymbol{v}) + \mu\,\varphi(\boldsymbol{w})\,.$$

(ii) $\Rightarrow$ (iii): Man wähle $\mu = 1$ in (ii).

(iii) $\Rightarrow$ (i): Mit $\lambda = 1$ folgt die Additivität von φ und mit $\boldsymbol{w} = \boldsymbol{0}$ folgt die Homogenität von φ. ∎

Oftmals sind Nachweise der Linearität einer Abbildung langwierig und unübersichtlich. Wenn der Nachweis einfach zu führen ist, empfiehlt sich die dritte Version, wenn er jedoch unübersichtlich wird, dann sollte man auf unsere Definition zurückgreifen, sie entspricht einer Zerlegung des Nachweises in zwei getrennte Schritte, man zeigt die Additivität und die Homogenität nacheinander.

Wir untersuchen einige einfache Abbildungen auf Linearität.

Beispiel

- Für alle $\mathbb{K}$-Vektorräume V und W ist die Abbildung

$$\varphi\colon \begin{cases} V \to W, \\ \boldsymbol{v} \mapsto \boldsymbol{0} \end{cases}$$

linear, da für alle $\lambda \in \mathbb{K}$ und alle $\boldsymbol{v}, \boldsymbol{w} \in V$ die Gleichung

$$\varphi(\lambda\,\boldsymbol{v} + \boldsymbol{w}) = \boldsymbol{0} = \lambda\,\boldsymbol{0} + \boldsymbol{0} = \lambda\,\varphi(\boldsymbol{v}) + \varphi(\boldsymbol{w})$$

gilt. Die lineare Abbildung φ ist nur dann surjektiv, wenn $W = \{\boldsymbol{0}\}$ gilt. Außerdem ist sie nur dann injektiv, wenn $V = \{\boldsymbol{0}\}$ ist.

- Analog begründet man, dass in jedem $\mathbb{K}$-Vektorraum V die Identität, also die Abbildung

$$\mathrm{id}\colon \begin{cases} V \to V, \\ \boldsymbol{v} \mapsto \boldsymbol{v} \end{cases}$$

linear ist. Diese lineare Abbildung id ist für jeden Vektorraum V ein Automorphismus.

- Für den reellen Vektorraum $\mathbb{R}^2$ ist die Abbildung

$$\varphi\colon \begin{cases} \mathbb{R}^2 \to \mathbb{R}^2, \\ \begin{pmatrix} v_1 \\ v_2 \end{pmatrix} \mapsto \begin{pmatrix} v_1^2 \\ v_2 \end{pmatrix} \end{cases}$$

nicht linear, wir erhalten für $\lambda = -1$ und $\boldsymbol{v} = \binom{1}{0}$

$$\varphi(\lambda\,\boldsymbol{v}) = \binom{1}{0} \quad\text{und}\quad \lambda\,\varphi(\boldsymbol{v}) = \binom{-1}{0}\,,$$

also $\varphi(\lambda\,\boldsymbol{v}) \neq \lambda\,\varphi(\boldsymbol{v})$.

■ Aus der Schule ist das Differenzieren von Polynomen bekannt:

$$\frac{\mathrm{d}}{\mathrm{d}X}\left(\sum_{j=0}^{n} a_n X^n\right) = \sum_{j=1}^{n} n\, a_n X^{n-1}\,.$$

Im reellen Vektorraum $\mathbb{R}[X]$ der Polynome über $\mathbb{R}$ ist dieses Differenzieren

$$\frac{\mathrm{d}}{\mathrm{d}X}: \begin{cases} \mathbb{R}[X] \to \mathbb{R}[X], \\ p \mapsto \frac{\mathrm{d}}{\mathrm{d}X}\, p \end{cases}$$

eine lineare Abbildung, da nach den bekannten Differenziationsregeln für alle $\lambda \in \mathbb{R}$ und $p,\, q \in \mathbb{R}[X]$ die Gleichung

$$\frac{\mathrm{d}}{\mathrm{d}X}(\lambda\, p + q) = \lambda\, \frac{\mathrm{d}}{\mathrm{d}X}\, p + \frac{\mathrm{d}}{\mathrm{d}X}\, q$$

gilt. Diese Abbildung ist nicht injektiv, da etwa

$$\frac{\mathrm{d}}{\mathrm{d}X}(X + 1) = 1 = \frac{\mathrm{d}}{\mathrm{d}X}(X - 1)$$

gilt. Sie ist jedoch surjektiv, da für jedes Polynom $p = a_0 + a_1 X + \cdots + a_n X^n$ das Polynom

$$P = a_0 X + \frac{1}{2} a_1 X^2 + \cdots + \frac{1}{n+1} a_n X^{n+1} \in \mathbb{R}[X]$$

offenbar $\frac{\mathrm{d}}{\mathrm{d}X}(P) = p$ erfüllt ist. Die Abbildung $\frac{\mathrm{d}}{\mathrm{d}X}$ ist somit ein Epimorphismus.

■ Die Menge V aller konvergenter reeller Folgen bildet einen Untervektorraum von $\mathbb{R}^{\mathbb{N}_0}$, da Summe und skalare Vielfache konvergenter Folgen wieder konvergente Folgen sind. Die Abbildung $\varphi: V \to \mathbb{R}$, die einer konvergenten Folge $(x_n)_n \in V$ ihren Grenzwert $x \in \mathbb{R}$ zuordnet, ist linear. ◀

Auf Seite 421 geben wir in einem ausführlichen Beispiel eine lineare Abbildung an, die für alles Weitere sehr wichtig ist. Tatsächlich sind nämlich lineare Abbildungen zwischen endlichdimensionalen Vektorräumen letztlich alle von der in diesem Beispiel angegebenen Form.

---------------- **?** ----------------

Ist φ eine lineare Abbildung, so gilt:

$$\varphi(v - w) = \varphi(v) - \varphi(w)\,.$$

Ist das richtig?

Eine lineare Abbildung ist durch die Bilder der Basisvektoren bereits eindeutig bestimmt

Wir betrachten eine lineare Abbildung φ zwischen zwei $\mathbb{K}$-Vektorräumen V und W. Ist B eine endliche oder unendliche Basis von V, so lässt sich jedes $v \in V$ auf genau eine Weise

als Linearkombination von verschiedenen Basisvektoren darstellen:

$$v = \lambda_1\, b_1 + \cdots + \lambda_r\, b_r$$

mit $\lambda_1,\, \ldots,\, \lambda_r \in \mathbb{K}$ und $b_1,\, \ldots,\, b_r \in B$.

Wegen der Additivität und Homogenität von φ gilt nun für das Bild von v:

$$\begin{aligned} \varphi(v) &= \varphi(\lambda_1\, b_1 + \cdots + \lambda_r\, b_r) \\ &= \lambda_1\, \varphi(b_1) + \cdots + \lambda_r\, \varphi(b_r)\,. \end{aligned}$$

Also ist $\varphi(v)$ durch die Linearkombination bezüglich der Basis B und die Bilder der Basisvektoren bestimmt. Wir machen uns das zunutze: Ist φ eine lineare Abbildung von V nach W, und kennt man $\varphi(b)$ für jedes Element b einer Basis B von V, so kennt man $\varphi(v)$ für jedes v aus V, da sich jedes $v \in V$ bezüglich der Basis B darstellen lässt. Salopp lässt sich dies auch formulieren als: *Wenn man weiß, was die lineare Abbildung mit den Elementen einer Basis macht, dann weiß man auch, was die lineare Abbildung mit allen Vektoren macht.* Dies lässt sich als Prinzip der linearen Fortsetzung noch weiter verschärfen.

Das Prinzip der linearen Fortsetzung

Ist σ eine Abbildung von der Basis B von V nach W

$$\sigma: \begin{cases} B \to W, \\ b \mapsto \sigma(b), \end{cases}$$

so gibt es genau eine lineare Abbildung $\varphi: V \to W$ mit $\varphi|_B = \sigma$. Man nennt φ die **lineare Fortsetzung** von σ auf V.

Achtung: Für σ ist nur vorausgesetzt, dass es eine *Abbildung* von der *Menge* B in die *Menge* W ist.

Beweis: Wir definieren eine Abbildung $\varphi: V \to W$ wie folgt: Schreibe jedes $v \in V$ als Linearkombination bezüglich der Basis B:

$$v = \lambda_1 b_1 + \cdots + \lambda_r b_r \in V$$

und setze

$$\varphi(v) = \lambda_1 \sigma(b_1) + \cdots + \lambda_r \sigma(b_r) \in W\,.$$

Wir begründen, dass die so definierte Abbildung φ von V nach W linear und als solche eindeutig bestimmt ist. Dazu seien $\lambda \in \mathbb{K}$ und $v = \lambda_1 b_1 + \cdots + \lambda_r b_r$, $w = \mu_1 c_1 + \cdots + \mu_s c_s \in V$ mit $b_1,\, \ldots,\, b_r,\, c_1,\, \ldots,\, c_s \in B$ und $\lambda_1\, \ldots,\, \lambda_r,\, \mu_1,\, \ldots,\, \mu_s \in \mathbb{K}$. Dann gilt:

$$\begin{aligned} \varphi(\lambda\, v + w) &= \lambda\, \lambda_1\, \sigma(b_1) + \cdots + \lambda\, \lambda_r\, \sigma(b_r) \\ &\quad + \mu_1 \sigma(c_1) + \cdots + \mu_s \sigma(c_s) \\ &= \lambda\, \varphi(v) + \varphi(w)\,. \end{aligned}$$

Folglich ist φ linear, es ist noch die Eindeutigkeit zu begründen. Sind φ und ψ zwei lineare Fortsetzungen von σ, so gilt

Beispiel: Die durch eine Matrix erklärte lineare Abbildung

Jede $m \times n$ Matrix A mit Einträgen aus $\mathbb{K}$, d. h. $A \in \mathbb{K}^{m \times n}$, erklärt eine lineare Abbildung vom $\mathbb{K}^n$ in den $\mathbb{K}^m$,

$$\varphi_A \colon \begin{cases} \mathbb{K}^n \to \mathbb{K}^m, \\ v \mapsto A \cdot v. \end{cases}$$

Dabei ist noch zu klären, was eigentlich $A \cdot v$ sein soll.

Problemanalyse und Strategie: Wir erklären eine Multiplikation zwischen einer Matrix mit n Spalten und einem Spaltenvektor aus dem $\mathbb{K}^n$.

Lösung:

Wir betrachten zuerst den Fall $m = 1$, d. h., wir erklären vorab das Produkt einer $1 \times n$-Matrix

$$A = z = (a_j) = (a_1, \ldots, a_n)$$

mit einem Spaltenvektor $v = (v_j) = \begin{pmatrix} v_1 \\ \vdots \\ v_n \end{pmatrix}$. Für das Produkt setzen wir

$$z \cdot v = (a_1, \ldots, a_n) \cdot \begin{pmatrix} v_1 \\ \vdots \\ v_n \end{pmatrix} = \sum_{j=1}^{n} a_j v_j.$$

Die Definition dieser Multiplikation fordert, dass die Anzahl der Spalten von z gleich der Anzahl der Zeilen von v ist, z. B.

$$(2, 3, 1) \cdot \begin{pmatrix} -1 \\ 1 \\ 2 \end{pmatrix} = 2 \cdot (-1) + 3 \cdot 1 + 1 \cdot 2 = 3.$$

Nun erklären wir ein Produkt für Matrizen

$$A = (a_{ij}) = \begin{pmatrix} z_1 \\ \vdots \\ z_m \end{pmatrix} \in \mathbb{K}^{m \times n}$$

mit m solchen Zeilen für jede dieser Zeilen:

$$A \cdot v = \begin{pmatrix} z_1 \\ \vdots \\ z_m \end{pmatrix} \cdot v = \begin{pmatrix} z_1 \cdot v \\ \vdots \\ z_m \cdot v \end{pmatrix} = \begin{pmatrix} \sum_{j=1}^{n} a_{1j} v_j \\ \vdots \\ \sum_{j=1}^{n} a_{mj} v_j \end{pmatrix}$$

Man beachte: Die Spaltenzahl von A ist gleich der Zeilenzahl von v, und die Zeilenzahl von $A \cdot v$ ist die Zeilenzahl von A.

Man nennt den Spaltenvektor $b = A \cdot v \in \mathbb{K}^m$ das **Produkt von A mit v**, z. B. gilt mit der folgenden Matrix $A \in \mathbb{R}^{4 \times 3}$ und $v \in \mathbb{R}^3$:

$$\begin{pmatrix} 2 & 6 & 1 \\ \mathbf{6} & \mathbf{4} & \mathbf{0} \\ 0 & 3 & 3 \\ 4 & 1 & 2 \end{pmatrix} \cdot \begin{pmatrix} \mathbf{4} \\ \mathbf{1} \\ \mathbf{3} \end{pmatrix} = \begin{pmatrix} 17 \\ \mathbf{28} \\ 12 \\ 23 \end{pmatrix}$$

Beispielsweise bestimmen die blau eingezeichneten Ziffern der zweiten Zeile in der Matrix den Eintrag in der zweiten Zeile des Produkts:

$$6 \cdot 4 + 4 \cdot 1 + 0 \cdot 3 = 28.$$

Nun sei allgemeinen wieder $A = (a_{ij}) \in \mathbb{K}^{m \times n}$. Durch das eben erklärte Produkt ist durch A eine Abbildung

$$\varphi_A \colon \begin{cases} \mathbb{K}^n \to \mathbb{K}^m, \\ v \mapsto A \cdot v \end{cases}$$

erklärt. Diese Abbildung ist linear, da für alle $\lambda \in \mathbb{K}$ und alle $v = (v_j)$, $w = (w_j) \in V$ gilt:

$$\varphi_A(\lambda v + w) = A \cdot (\lambda v + w) = A \cdot \begin{pmatrix} \lambda v_1 + w_1 \\ \vdots \\ \lambda v_n + w_n \end{pmatrix}$$

$$= \begin{pmatrix} \sum_{j=1}^{n} a_{1j}(\lambda v_j + w_j) \\ \vdots \\ \sum_{j=1}^{n} a_{mj}(\lambda v_j + w_j) \end{pmatrix} = \lambda \begin{pmatrix} \sum_{j=1}^{n} a_{1j} v_j \\ \vdots \\ \sum_{j=1}^{n} a_{mj} v_j \end{pmatrix} + \begin{pmatrix} \sum_{j=1}^{n} a_{1j} w_j \\ \vdots \\ \sum_{j=1}^{n} a_{mj} w_j \end{pmatrix}$$

$$= \lambda (A \cdot v) + A \cdot w = \lambda \varphi_A(v) + \varphi_A(w).$$

Damit ist bereits die Linearität von φ_A begründet.

Kommentar:

- Ob die lineare Abbildung φ_A injektiv oder surjektiv ist, kann man anhand der Matrix A entscheiden. Das werden wir später untersuchen.
- Den Punkt $\cdot$ für diese Multiplikation einer Matrix mit einer Spalte werden wir in Zukunft weglassen, wir schreiben also kürzer $A \, v$ anstelle von $A \cdot v$.
- Die Multiplikation einer Matrix mit einer Spalte ermöglicht es, lineare Gleichungssysteme in kurzer Form darzustellen. Das System

$$\begin{array}{ccccccc} a_{11} x_1 & + & a_{12} x_2 & + \cdots + & a_{1n} x_n & = & b_1 \\ \vdots & & \vdots & & \vdots & & \vdots \\ a_{m1} x_1 & + & a_{m2} x_2 & + \cdots + & a_{mn} x_n & = & b_m \end{array}$$

mit a_{ij}, $b_i \in \mathbb{K}$ für $1 \leq i \leq m$ und $1 \leq j \leq n$ lässt sich mit den Abkürzungen

$$A = \begin{pmatrix} a_{11} & \cdots & a_{1n} \\ \vdots & & \vdots \\ a_{m1} & \cdots & a_{mn} \end{pmatrix}, \quad b = \begin{pmatrix} b_1 \\ \vdots \\ b_m \end{pmatrix}, \quad x = \begin{pmatrix} x_1 \\ \vdots \\ x_n \end{pmatrix}$$

kurz schreiben als $A \, x = b$.

für jedes $v \in V$:

$$\begin{aligned}
\varphi(v) &= \varphi(\lambda_1 b_1 + \cdots + \lambda_r b_r) \\
&= \lambda_1 \sigma(b_1) + \cdots + \lambda_r \sigma(b_r) \\
&= \psi(\lambda_1 b_1 + \cdots + \lambda_r b_r) \\
&= \psi(v)\,.
\end{aligned}$$

Folglich gilt $\varphi = \psi$. $\blacksquare$

Beispiel

- Es sei $E_n = \{e_1, \ldots, e_n\}$ die kanonische Basis des $\mathbb{R}^n$. Dann ist die eindeutig bestimmte lineare Fortsetzung der Abbildung

$$\sigma_0 : \begin{cases} E_n \rightarrow \mathbb{R}^n \\ e_i \mapsto \mathbf{0} \end{cases} \quad \text{bzw. } \sigma_1 : \begin{cases} E_n \rightarrow \mathbb{R}^n \\ e_i \mapsto e_i \end{cases}$$

  die Nullabbildung bzw. die Identität.

- Wir betrachten im $\mathbb{R}^2$ mit der kanonischen Basis $E_2 = \{e_1, e_2\}$ die Abbildung σ mit $\sigma(e_1) = e_2$ und $\sigma(e_2) = e_1$. Die lineare Fortsetzung φ von σ auf $\mathbb{R}^2$ ist die Spiegelung an der Geraden $\mathbb{R}\begin{pmatrix} 1 \\ 1 \end{pmatrix}$, da für jedes $v = \begin{pmatrix} v_1 \\ v_2 \end{pmatrix} \in \mathbb{R}^2$ gilt:

$$\varphi(v) = v_1\,\varphi(e_1) + v_2\,\varphi(e_2) = v_1 e_2 + v_2 e_1 = \begin{pmatrix} v_2 \\ v_1 \end{pmatrix}\,.$$

- Wir bestimmen die einzige lineare Abbildung φ vom $\mathbb{R}^3$ in den $\mathbb{R}^2$ mit der Eigenschaft

$$\varphi(e_1) = \mathbf{0}, \ \varphi(e_2) = \begin{pmatrix} 1 \\ 1 \end{pmatrix}, \ \varphi(e_3) = \begin{pmatrix} 2 \\ 2 \end{pmatrix}. \quad (12.1)$$

  Für das Bild des Elements

$$v = \begin{pmatrix} v_1 \\ v_2 \\ v_3 \end{pmatrix} = v_1 e_1 + v_2 e_2 + v_3 e_3 \in \mathbb{R}^3$$

  gilt wegen den Forderungen in Gleichung (12.1):

$$\begin{aligned}
\varphi(v) &= v_1\,\varphi(e_1) + v_2\,\varphi(e_2) + v_3\,\varphi(e_3) = \\
&= v_1\,\mathbf{0} + v_2 \begin{pmatrix} 1 \\ 1 \end{pmatrix} + v_3 \begin{pmatrix} 2 \\ 2 \end{pmatrix}\,.
\end{aligned}$$

  Damit erhalten wir die gesuchte Abbildung:

$$\varphi : \begin{cases} \mathbb{R}^3 \rightarrow \mathbb{R}^2, \\ \begin{pmatrix} v_1 \\ v_2 \\ v_3 \end{pmatrix} \mapsto (v_2 + 2\,v_3) \begin{pmatrix} 1 \\ 1 \end{pmatrix}. \end{cases}$$

- Wir drehen im $\mathbb{R}^2$ die Vektoren der Standardbasis $E_2 = \{e_1, e_2\}$ um $30°$ gegen den Uhrzeigersinn, wie in Abbildung 12.1 dargestellt. Wir erhalten also $\sigma(e_1) = \begin{pmatrix} \sqrt{3}/2 \\ 1/2 \end{pmatrix}$ und $\sigma(e_2) = \begin{pmatrix} -1/2 \\ \sqrt{3}/2 \end{pmatrix}$. Damit können wir für die lineare Fortsetzung φ von σ auf das Bild von $v = \begin{pmatrix} v_1 \\ v_2 \end{pmatrix}$ schließen:

$$\varphi(v) = v_1 \begin{pmatrix} \sqrt{3}/2 \\ 1/2 \end{pmatrix} + v_2 \begin{pmatrix} -1/2 \\ \sqrt{3}/2 \end{pmatrix}\,.$$

  Also wird jeder Punkt des $\mathbb{R}^2$ bei dieser linearen Abbildung um $30°$ gegen den Uhrzeigersinn gedreht. ◀

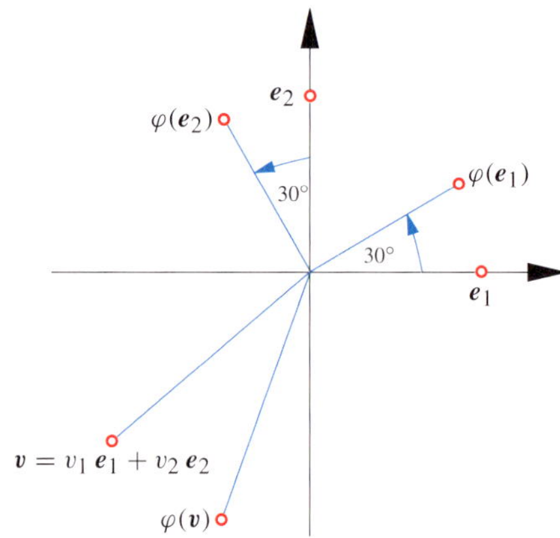

Abbildung 12.1 Eine Drehung ist durch Angabe der Bilder einer Basis eindeutig bestimmt.

?

Gibt es eine lineare Abbildung φ vom $\mathbb{R}^2$ in den $\mathbb{R}^2$ mit $\varphi^{-1}(\{\mathbf{0}\}) = \varphi(\mathbb{R}^2)$?

12.2 Verknüpfungen von linearen Abbildungen

Man kann lineare Abbildung unter gewissen Voraussetzungen auf verschiedene Arten miteinander oder mit Skalaren verknüpfen und erhält erneut eine lineare Abbildung. Wir behandeln die drei Methoden:

- $\psi \circ \varphi$, wobei φ, ψ lineare Abbildungen sind.
- $\lambda\,\varphi$, wobei λ ein Skalar und φ eine lineare Abbildung ist.
- $\varphi + \psi$, wobei φ, ψ lineare Abbildungen sind.

Das Produkt $\psi \circ \varphi$ linearer Abbildungen φ und ψ ist eine lineare Abbildung

Die Hintereinanderausführung $\circ$ von Abbildungen haben wir in einem Abschnitt auf Seite 47 behandelt. Damit $\psi \circ \varphi$ überhaupt erklärt ist, ist es notwendig, dass das Bild von φ in der Definitionsmenge von ψ liegt.

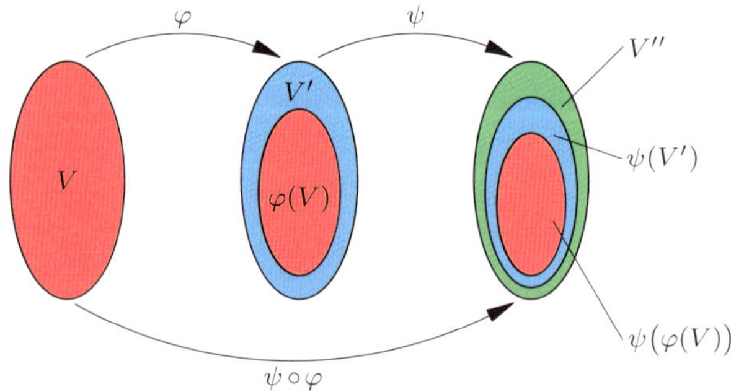

Abbildung 12.2 Das Produkt $\psi \circ \varphi$ existiert nur dann, wenn die Bildmenge $\varphi(V)$ in der Definitionsmenge V' von ψ liegt.

Das Produkt linearer Abbildungen

Sind $\varphi\colon V \to V'$ und $\psi\colon V' \to V''$ linear, so ist auch die Hintereinanderausführung $\psi \circ \varphi\colon V \to V''$ linear.

Beweis: Sind $v,\, w \in V$ und $\lambda \in \mathbb{K}$, so gilt:

$$
\begin{aligned}
(\psi \circ \varphi)(\lambda\, v + w) &= \psi(\varphi(\lambda\, v + w)) \\
&= \psi(\lambda\, \varphi(v) + \varphi(w)) \\
&= \psi(\lambda\, \varphi(v)) + \psi(\varphi(w)) \\
&= \lambda\, \psi(\varphi(v)) + \psi(\varphi(w)) \\
&= \lambda\, \psi \circ \varphi(v) + \psi \circ \varphi(w)\,.
\end{aligned}
$$

Das begründet, dass $\psi \circ \varphi$ linear ist. $\blacksquare$

Man beachte, dass $\varphi \circ \psi$ nicht erklärt sein muss, auch wenn $\psi \circ \varphi$ existiert.

Beispiel Wir betrachten die linearen Abbildungen

$$
\varphi\colon \begin{cases} \mathbb{R}^2 & \to & \mathbb{R}^3, \\ \begin{pmatrix} x_1 \\ x_2 \end{pmatrix} & \mapsto & \begin{pmatrix} x_1 - x_2 \\ 0 \\ 2x_1 - x_2 \end{pmatrix} \end{cases} \quad \text{und}
$$

$$
\psi\colon \begin{cases} \mathbb{R}^3 & \to & \mathbb{R}^4, \\ \begin{pmatrix} x_1 \\ x_2 \\ x_3 \end{pmatrix} & \mapsto & \begin{pmatrix} x_1 + 2x_3 \\ x_2 - x_3 \\ x_1 + x_2 \\ 2x_1 + 3x_3 \end{pmatrix} \end{cases}.
$$

Wegen $\varphi(\mathbb{R}^2) \subseteq \mathbb{R}^3$ ist das Bild von φ in der Definitionsmenge von ψ. Somit ist die lineare Abbildung $\psi \circ \varphi$ erklärt. Wir ermitteln die Abbildungsvorschrift für $\psi \circ \varphi$. Es gilt:

$$
\psi \circ \varphi\left(\begin{pmatrix} x_1 \\ x_2 \end{pmatrix}\right) = \psi\left(\begin{pmatrix} x_1 - x_2 \\ 0 \\ 2x_1 - x_2 \end{pmatrix}\right) = \begin{pmatrix} 5x_1 - 3x_2 \\ x_2 - 2x_1 \\ x_1 - x_2 \\ 8x_1 - 5x_2 \end{pmatrix}.
$$

Damit gilt

$$
\psi \circ \varphi\colon \begin{cases} \mathbb{R}^2 & \to & \mathbb{R}^4, \\ \begin{pmatrix} x_1 \\ x_2 \end{pmatrix} & \mapsto & \begin{pmatrix} 5x_1 - 3x_2 \\ x_2 - 2x_1 \\ x_1 - x_2 \\ 8x_1 - 5x_2 \end{pmatrix} \end{cases}.
$$

Die Abbildung $\varphi \circ \psi$ ist nicht erklärt. ◄

----------------- **?** -----------------

Sind φ und ψ sogar Isomorphismen, so ist auch $\psi \circ \varphi$ ein solcher – ist das richtig?

Das Inverse φ^{-1} eines Isomorphismus φ ist ein Isomorphismus

Eine bijektive Abbildung φ ist umkehrbar, d. h., es existiert eine Abbildung ψ mit

$$
\varphi \circ \psi = \mathrm{id} \quad \text{und} \quad \psi \circ \varphi = \mathrm{id}\,.
$$

Für das Inverse ψ von φ schreibt man φ^{-1} – und auch φ^{-1} ist bijektiv. Man beachte hierzu den Satz von der Umkehrabbildung auf Seite 48. Ist die Abbildung φ nicht nur bijektiv, sondern auch linear, so ist die existierende Umkehrabbildung φ^{-1} automatisch auch linear, das besagt der folgende Satz:

Das Inverse eines Isomorphismus

Ist φ ein Isomorphismus, so ist auch $\varphi^{-1}\colon V' \to V$ ein Isomorphismus.

Beweis: Es sei φ bijektiv. Dann existiert die Umkehrabbildung $\varphi^{-1}\colon V' \to V$. Es ist zu zeigen, dass φ^{-1} linear ist. Dazu wählen wir beliebige $v',\, w' \in V'$ und ein $\lambda \in \mathbb{K}$. Zu $v',\, w'$ existieren $v,\, w \in V$ mit $\varphi(v) = v'$ und $\varphi(w) = w'$, d. h., $v = \varphi^{-1}(v')$ und $w = \varphi^{-1}(w')$. Dann gilt:

$$
\begin{aligned}
\varphi^{-1}(\lambda\, v' + w') &= \varphi^{-1}(\lambda\, \varphi(v) + \varphi(w)) \\
&= \varphi^{-1}(\varphi(\lambda\, v + w)) \\
&= \lambda\, v + w \\
&= \lambda\, \varphi^{-1}(v') + \varphi^{-1}(w')
\end{aligned}
$$

Damit ist gezeigt, dass φ^{-1} linear ist. $\blacksquare$

----------------- **?** -----------------

Was ist das Inverse von $\psi \circ \varphi$, falls $\varphi\colon V \to V'$ und $\psi\colon V' \to V''$ Isomorphismen sind?

Folgerung

Für jeden $\mathbb{K}$-Vektorraum V bildet die Menge

$$
\mathrm{GL}_{\mathbb{K}}(V) = \{\varphi\colon V \to V \mid \varphi \text{ ist ein Isomorphismus}\}
$$

bezüglich der Komposition $\circ$ eine Gruppe – die **allgemeine lineare Gruppe** von V.

Summe $\varphi + \psi$ und skalares Vielfaches $\lambda\,\varphi$ von linearen Abbildungen sind lineare Abbildungen

Wir bezeichnen mit $\mathrm{Hom}_{\mathbb{K}}(V, W)$ die Menge aller linearen Abbildungen von V nach W.

In einem Abschnitt auf Seite 195 haben wir gezeigt, dass die Menge aller Abbildungen von einer Menge in einen Körper einen Vektorraum bildet (vgl. auch das Lemma auf Seite 308). In ganz ähnlicher Weise bildet die Menge

$$
\mathrm{Hom}_{\mathbb{K}}(V,\, W) = \{\varphi\colon V \to W \mid \varphi \text{ ist linear}\}
$$

aller linearen Abbildungen eines $\mathbb{K}$-Vektorraums V in einen $\mathbb{K}$-Vektorraum W wieder einen $\mathbb{K}$-Vektorraum.

Wir erklären eine Addition von Elementen aus $\mathrm{Hom}_{\mathbb{K}}(V, W)$. Sind φ und ψ zwei lineare Abbildungen von V nach W, also Elemente aus $\mathrm{Hom}_{\mathbb{K}}(V, W)$, so setzen wir

$$
\varphi + \psi\colon \begin{cases} V & \to & W, \\ v & \mapsto & (\varphi + \psi)(v) = \varphi(v) + \psi(v). \end{cases}
$$

Wir benötigen weiter eine skalare Multiplikation. Sind $\lambda \in \mathbb{K}$ und $\varphi \in \operatorname{Hom}_\mathbb{K}(V,\,W)$, so definieren wir

$$\lambda\,\varphi\colon \begin{cases} V \to & W, \\ v \mapsto & (\lambda\,\varphi)(v) = \lambda\,\varphi(v). \end{cases}$$

Mit dieser Addition $+$ und skalaren Multiplikation $\cdot$ gilt nun:

Der $\mathbb{K}$-Vektorraum der linearen Abbildungen

Es ist $\operatorname{Hom}_\mathbb{K}(V,\,W)$ ein $\mathbb{K}$-Vektorraum.

Beweis: Die Menge $\operatorname{Hom}_\mathbb{K}(V,\,W)$ ist nichtleer, weil die Nullabbildung $\mathbf{0}\colon V \to W,\ v \mapsto \mathbf{0}$ eine lineare Abbildung ist.

Wir müssen weiter zeigen, dass für beliebige $\varphi,\ \psi \in \operatorname{Hom}_\mathbb{K}(V,\,W)$ und $\lambda \in \mathbb{K}$ sowohl $\varphi + \psi$ als auch $\lambda\,\varphi$ wieder Elemente von $\operatorname{Hom}_\mathbb{K}(V,\,W)$ sind. Wir zeigen zuerst $\varphi + \psi \in \operatorname{Hom}_\mathbb{K}(V,\,W)$:

Sind $v,\,w \in V$ und $\mu \in \mathbb{K}$, so gilt:

$$\begin{aligned} (\varphi + \psi)(\mu\,v + w) &= \varphi(\mu\,v + w) + \psi(\mu\,v + w) \\ &= \mu\,\varphi(v) + \varphi(w) + \mu\,\psi(v) + \psi(w) \\ &= \mu\,(\varphi + \psi)(v) + (\varphi + \psi)(w). \end{aligned}$$

Nun zeigen wir noch, dass $\lambda\,\varphi \in \operatorname{Hom}_\mathbb{K}(V,\,W)$. Sind $v,\,w \in V$ und $\mu \in \mathbb{K}$, so gilt:

$$\begin{aligned} (\lambda\,\varphi)(\mu\,v + w) &= \lambda\,\varphi(\mu\,v + w) \\ &= \lambda\,(\mu\,\varphi(v) + \varphi(w)) \\ &= \lambda\,\mu\,\varphi(v) + \lambda\,\varphi(w) \\ &= \mu\,(\lambda\,\varphi)(v) + (\lambda\,\varphi)(w). \end{aligned}$$

Es ist nun nicht mehr schwer, die verbleibenden Vektorraumaxiome nachzuweisen.

Es ist $(\operatorname{Hom}_\mathbb{K}(V,\,W),\,+)$ eine abelsche Gruppe: Die Addition $+$ ist assoziativ, das Nullelement ist die Nullabbildung $\mathbf{0}$, die jedem Element $v \in V$ den Nullvektor aus W zuordnet, und das einem $\varphi \in \operatorname{Hom}_\mathbb{K}(V,\,W)$ entgegengesetzte Element ist die lineare Abbildung $-\varphi = (-1)\,\varphi$.

Die Vektorraumaxiome (V1)–(V4) von Seite 222 sind offenbar erfüllt. $\blacksquare$

Beispiel Nach dem Prinzip der linearen Fortsetzung ist jede lineare Abbildung zwischen $\mathbb{K}$-Vektorräumen V und W eindeutig durch Angabe der Bilder der Basisvektoren einer Basis B von V bestimmt. Wir können folglich explizit alle linearen Abbildungen zwischen endlichen Vektorräumen angeben. Wir betrachten den Fall $V = \mathbb{Z}_2^3$ und $W = \mathbb{Z}_2^2$. Es ist

$$B = \left\{ e_1 = \begin{pmatrix} \overline{1} \\ \overline{0} \\ \overline{0} \end{pmatrix},\ e_2 = \begin{pmatrix} \overline{0} \\ \overline{1} \\ \overline{0} \end{pmatrix},\ e_3 = \begin{pmatrix} \overline{0} \\ \overline{0} \\ \overline{1} \end{pmatrix} \right\}$$

eine Basis von V, und es gilt:

$$W = \left\{ w_1 = \begin{pmatrix} \overline{0} \\ \overline{0} \end{pmatrix},\ w_2 = \begin{pmatrix} \overline{1} \\ \overline{0} \end{pmatrix},\ w_3 = \begin{pmatrix} \overline{0} \\ \overline{1} \end{pmatrix},\ w_4 = \begin{pmatrix} \overline{1} \\ \overline{1} \end{pmatrix} \right\}.$$

Jede Wahl

$$e_1 \overset{\varphi}{\mapsto} w_i,\ e_2 \overset{\varphi}{\mapsto} w_j,\ e_3 \overset{\varphi}{\mapsto} w_k$$

erklärt eine lineare Abbildung φ von $\mathbb{Z}_2^3$ nach $\mathbb{Z}_2^2$. Da zwei verschiedene Wahlen auch verschiedene lineare Abbildungen liefern, gibt es genau $4^3 = 64$ lineare Abbildungen, d. h.,

$$|\operatorname{Hom}_{\mathbb{Z}_2}(\mathbb{Z}_2^3,\,\mathbb{Z}_2^2)| = 64. \qquad \blacktriangleleft$$

Die Menge aller Endomorphismen eines Vektorraums bilden einen Ring

Im letzten Abschnitt haben wir gezeigt, dass die Menge $\operatorname{Hom}_\mathbb{K}(V,\,W)$ aller Homomorphismen $\varphi\colon V \to W$ bei geeigneter Definition einer Addition $+$ und Multiplikation $\cdot$ mit Skalaren aus $\mathbb{K}$ einen Vektorraum bildet. Wir setzen nun $V = W$, lassen die Multiplikation $\cdot$ mit Skalaren weg und nehmen die Multiplikation $\circ$ aus dem Abschnitt von Seite 422 hinzu und erhalten:

Der Endomorphismenring $\operatorname{End}_\mathbb{K}(V)$

Die Menge

$$\operatorname{End}_\mathbb{K}(V) = \operatorname{Hom}_\mathbb{K}(V,\,V)$$

aller Endomorphismen von V ist mit punktweiser Addition $+$ und der Multiplikation $\circ$ ein Ring mit Einselement id.

Beweis: Es ist $(\operatorname{End}_\mathbb{K}(V),\,+)$ eine abelsche Gruppe (beachte den Beweis zu obigem Satz, wonach $\operatorname{Hom}_\mathbb{K}(V,\,V)$ ein Vektorraum ist). Die Multiplikation $\circ$ ist assoziativ (beachte den Satz auf Seite 47), weiterhin gilt

$$\mathrm{id} \circ \varphi = \varphi = \varphi \circ \mathrm{id}$$

für jedes $\varphi \in \operatorname{End}_\mathbb{K}(V)$, sodass id ein Einselement ist. Nach der Definition eines Rings auf Seite 85 bleiben nun nur noch die Distributivgesetze nachzuweisen: Für beliebige $\varphi,\ \psi,\ \vartheta \in \operatorname{End}_\mathbb{K}(V)$ und $v \in V$ gilt:

$$\begin{aligned} ((\varphi + \psi) \circ \vartheta)(v) &= (\varphi + \psi)(\vartheta(v)) \\ &= \varphi(\vartheta(v)) + \psi(\vartheta(v)) \\ &= (\varphi \circ \vartheta + \psi \circ \vartheta)(v), \end{aligned}$$

sodass $(\varphi + \psi) \circ \vartheta = \varphi \circ \vartheta + \psi \circ \vartheta$ gilt. Den Nachweis des zweiten Distributivgesetzes $\vartheta \circ (\varphi + \psi) = \vartheta \circ \varphi + \vartheta \circ \psi$ führt man analog. $\blacksquare$

Man beachte, dass der Ring $(\mathrm{End}_{\mathbb{K}}(V), +, \circ)$ im Allgemeinen weder kommutativ noch nullteilerfrei ist, wie das folgende Beispiel zeigt.

Beispiel Nach dem Prinzip der linearen Fortsetzung ist jeder Endomorphismus des $\mathbb{Z}_2$-Vektorraums $\mathbb{Z}_2^2$ eindeutig durch Angabe der Bilder der Basisvektoren e_1 und e_2 von $\mathbb{Z}_2^2$ bestimmt. Wir betrachten die beiden Endomorphismen φ und ψ, die durch die folgenden Zuordnungen gegeben sind:

$$\begin{pmatrix}\bar{1}\\\bar{0}\end{pmatrix} \overset{\varphi}{\mapsto} \begin{pmatrix}\bar{0}\\\bar{1}\end{pmatrix}, \quad \begin{pmatrix}\bar{0}\\\bar{1}\end{pmatrix} \overset{\varphi}{\mapsto} \begin{pmatrix}\bar{0}\\\bar{1}\end{pmatrix},$$

$$\begin{pmatrix}\bar{1}\\\bar{0}\end{pmatrix} \overset{\psi}{\mapsto} \begin{pmatrix}\bar{1}\\\bar{0}\end{pmatrix}, \quad \begin{pmatrix}\bar{0}\\\bar{1}\end{pmatrix} \overset{\psi}{\mapsto} \begin{pmatrix}\bar{0}\\\bar{0}\end{pmatrix}.$$

Es gilt nun:

$$\psi \circ \varphi \left(\begin{pmatrix}\bar{1}\\\bar{0}\end{pmatrix}\right) = \begin{pmatrix}\bar{0}\\\bar{0}\end{pmatrix} \neq \begin{pmatrix}\bar{0}\\\bar{1}\end{pmatrix} = \varphi \circ \psi \left(\begin{pmatrix}\bar{1}\\\bar{0}\end{pmatrix}\right),$$

sodass $\psi \circ \varphi \neq \varphi \circ \psi$ gilt. Somit ist die Multiplikation $\circ$ auf $\mathrm{End}_{\mathbb{Z}_2}(\mathbb{Z}_2^2)$ nicht kommutativ.

Außerdem gilt:
$$\varphi \neq \mathbf{0} \neq \psi,$$

aber für das Produkt $\psi \circ \varphi$ gilt:

$$\begin{pmatrix}\bar{1}\\\bar{0}\end{pmatrix} \overset{\psi \circ \varphi}{\mapsto} \begin{pmatrix}\bar{0}\\\bar{0}\end{pmatrix}, \quad \begin{pmatrix}\bar{0}\\\bar{1}\end{pmatrix} \overset{\psi \circ \varphi}{\mapsto} \begin{pmatrix}\bar{0}\\\bar{0}\end{pmatrix},$$

sodass $\psi \circ \varphi = \mathbf{0}$ gilt. Somit ist $\mathrm{End}_{\mathbb{Z}_2}(\mathbb{Z}_2^2)$ auch nicht nullteilerfrei. ◀

Kommentar: Der Ring $\mathrm{End}_{\mathbb{K}}(V)$ ist, wenn man die Multiplikation mit Skalaren berücksichtigt, auch ein $\mathbb{K}$-Vektorraum. Es gilt zudem für alle $\lambda \in \mathbb{K}$ und $\varphi, \psi \in \mathrm{End}_{\mathbb{K}}(V)$:

$$\lambda\,(\varphi \circ \psi) = (\lambda\,\varphi) \circ \psi = \varphi \circ (\lambda\,\psi).$$

D. h., $\mathrm{End}_{\mathbb{K}}(V)$ ist eine $\mathbb{K}$**-Algebra** (vgl. auch den Kommentar auf Seite 198).

12.3 Kern, Bild und die Dimensionsformel

Wie bei Abbildungen können wir bei einer linearen Abbildungen $\varphi\colon V \to W$ vom *Bild* der Abbildung φ, also von der Menge $\varphi(V) \subseteq W$, und auch vom *Urbild* einer Menge $A \subseteq W$ unter φ, also von $\varphi^{-1}(A) \subseteq V$ sprechen. Tatsächlich ist es so, dass diese Mengen für die spezielle Wahl $A = \{\mathbf{0}\}$ sehr eng miteinander zusammenhängen. Dieser Zusammenhang drückt sich in der sogenannten *Dimensionsformel* aus, die wir in diesem Abschnitt herleiten wollen.

Der Kern von φ besteht aus jenen Vektoren, die auf den Nullvektor abgebildet werden

Jede lineare Abbildung $\varphi\colon V \to W$ hat einen *Kern*. Dies ist ein Untervektorraum von V, er erlaubt es, auf weitere Eigenschaften der linearen Abbildung zu schließen.

Der Kern und das Bild einer linearen Abbildung

Ist φ eine lineare Abbildung von einem $\mathbb{K}$-Vektorraum V in einen $\mathbb{K}$-Vektorraum W, so nennt man

$$\ker \varphi = \varphi^{-1}(\{\mathbf{0}\}) = \{v \in V \mid \varphi(v) = \mathbf{0}\} \subseteq V$$

den **Kern** von φ und

$$\mathrm{Bild}\,\varphi = \varphi(V) = \{\varphi(v) \mid v \in V\} \subseteq W$$

das **Bild** von φ.

Vielfach schreibt man auch $\mathrm{Im}(\varphi)$ für das Bild der linearen Abbildung φ; Im kürzt dabei die englische Bezeichnung *Image* für das Bild ab.

Der Kern von φ ist die Urbildmenge des Nullvektors aus W, d. h. die Menge aller Vektoren, die auf $\mathbf{0} \in W$ abgebildet werden, und das Bild die Gesamtheit der Vektoren aus W, die durch φ *getroffen* werden.

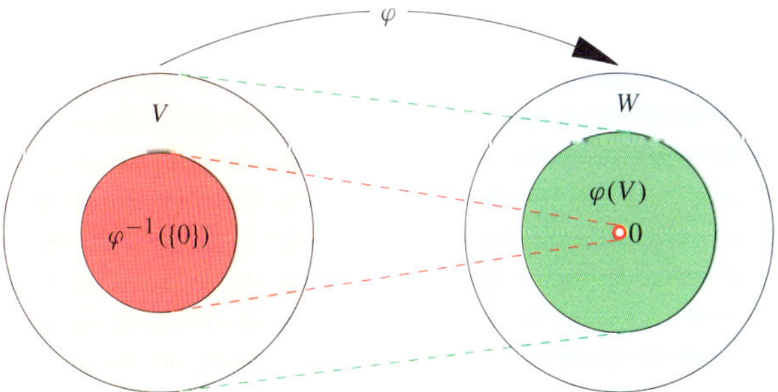

Abbildung 12.3 Der Kern und das Bild einer linearen Abbildung.

Weil jede lineare Abbildung $\varphi(\mathbf{0}) = \mathbf{0}$ erfüllt, ist der Kern einer linearen Abbildung niemals leer, er enthält mindestens den Nullvektor aus V. Entsprechend ist das Bild einer linearen Abbildung nichtleer,

$$\{\mathbf{0}\} \subseteq \varphi^{-1}(\{\mathbf{0}\}) \subseteq V \quad \text{und} \quad \{\mathbf{0}\} \subseteq \varphi(V) \subseteq W.$$

Es gibt Beispiele, in denen der Nullvektor der einzige Vektor im Kern bzw. Bild ist, der Kern bzw. das Bild kann aber durchaus auch sehr groß sein.

Beispiel
■ Bei der *Spiegelung*

$$\sigma\colon \begin{cases} \mathbb{R}^2 \to \mathbb{R}^2, \\ \begin{pmatrix}v_1\\v_2\end{pmatrix} \mapsto \begin{pmatrix}v_2\\v_1\end{pmatrix} \end{cases}$$

Abbildung 12.4 Der Kern kann auch sehr groß sein.

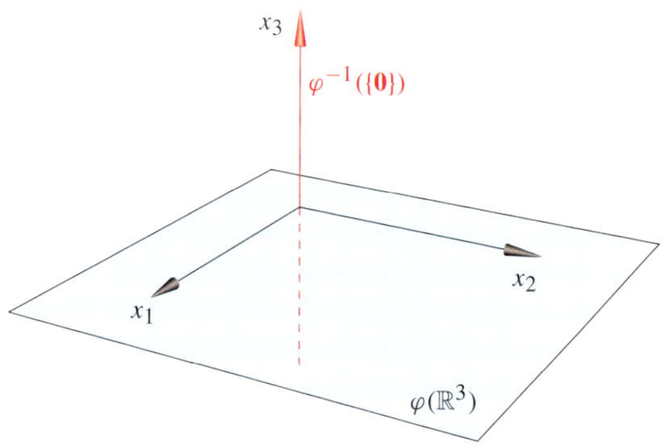

Abbildung 12.5 Der Kern $\varphi^{-1}(\{\mathbf{0}\}) = \mathbb{R}\,\boldsymbol{e}_3$ und das Bild $\varphi(\mathbb{R}^3) = \mathbb{R}\,\boldsymbol{e}_1 + \mathbb{R}\,\boldsymbol{e}_2$ der linearen Abbildung $\varphi\colon \mathbb{R}^3 \to \mathbb{R}^2$.

an der Geraden $\mathbb{R}\,(\boldsymbol{e}_1 + \boldsymbol{e}_2)$ besteht der Kern nur aus dem Nullvektor, da $\begin{pmatrix} v_2 \\ v_1 \end{pmatrix} = \begin{pmatrix} 0 \\ 0 \end{pmatrix}$ nur im Fall $v_1 = 0 = v_2$ gilt, d. h., $\varphi^{-1}(\{\mathbf{0}\}) = \{\mathbf{0}\}$. Der Kern ist hier so *klein* wie möglich. Das Bild ist so *groß* wie möglich, da $\varphi(\mathbb{R}^2) = \mathbb{R}^2$ gilt.

- Ist φ die lineare Abbildung

$$\varphi\colon \begin{cases} V \to W, \\ \boldsymbol{v} \mapsto \mathbf{0}, \end{cases}$$

so ist $\varphi^{-1}(\{\mathbf{0}\}) = V$, da jeder Vektor aus V auf den Nullvektor abgebildet wird. Hier ist der Kern so *groß* wie möglich und das Bild so *klein* wie möglich, da $\varphi(V) = \{\mathbf{0}\}$ gilt.

- Der Kern der linearen Abbildung

$$\varphi\colon \begin{cases} \mathbb{R}^3 \to \mathbb{R}^2, \\ \begin{pmatrix} v_1 \\ v_2 \\ v_3 \end{pmatrix} \mapsto \begin{pmatrix} v_1 + v_2 \\ v_2 \end{pmatrix} \end{cases}$$

besteht aus all jenen $\begin{pmatrix} v_1 \\ v_2 \\ v_3 \end{pmatrix}$ mit $v_3 \in \mathbb{R}$, $v_2 = 0$ und $v_1 + v_2 = 0$, also:

$$\varphi^{-1}(\{\mathbf{0}\}) = \left\{ \begin{pmatrix} 0 \\ 0 \\ v_3 \end{pmatrix} \in \mathbb{R}^3 \mid v_3 \in \mathbb{R} \right\}.$$

Da φ surjektiv ist, gilt für das Bild $\varphi(\mathbb{R}^3) = \mathbb{R}^2$. Das ist in Abbildung 12.5 dargestellt.

?

Begründen Sie ausführlich, warum φ surjektiv ist.

- Ist $A = (\boldsymbol{s}_1, \ldots, \boldsymbol{s}_n) \in \mathbb{K}^{m \times n}$, so besteht der Kern der linearen Abbildung

$$\varphi_A\colon \begin{cases} \mathbb{K}^n \to \mathbb{K}^m, \\ \boldsymbol{v} \mapsto A\,\boldsymbol{v} \end{cases}$$

aus all jenen Vektoren $\boldsymbol{v}$ des $\mathbb{K}^n$, die das homogene lineare Gleichungssystem

$$A\,\boldsymbol{v} = \mathbf{0}$$

über $\mathbb{K}$ lösen:

$$\varphi_A^{-1}(\{\mathbf{0}\}) = \{\boldsymbol{v} \in \mathbb{K}^n \mid A\,\boldsymbol{v} = \mathbf{0}\}.$$

Für das Bild $\varphi_A(\mathbb{K}^n)$ gilt:

$$\begin{aligned}
\varphi_A(\mathbb{K}^n) &= \{A\,\boldsymbol{v} \mid \boldsymbol{v} \in \mathbb{K}^n\} \\
&= \left\{ (\boldsymbol{s}_1, \ldots, \boldsymbol{s}_n) \begin{pmatrix} \lambda_1 \\ \vdots \\ \lambda_n \end{pmatrix} \mid \lambda_1, \ldots, \lambda_n \in \mathbb{K} \right\} \\
&= \{\lambda_1 \boldsymbol{s}_1 + \ldots + \lambda_n \boldsymbol{s}_n \mid \lambda_1, \ldots, \lambda_n \in \mathbb{K}\} \\
&= \langle \boldsymbol{s}_1, \ldots, \boldsymbol{s}_n \rangle.
\end{aligned}$$

Das Bild $\varphi_A(\mathbb{K}^n)$ besteht also aus allen Linearkombination der Spalten von $A = (\boldsymbol{s}_1, \ldots, \boldsymbol{s}_n)$,

$$\varphi_A(\mathbb{K}^n) = \langle \boldsymbol{s}_1, \ldots, \boldsymbol{s}_n \rangle.$$

- Wir bestimmen den Kern des Differenzierens von reellen Polynomen:

$$\frac{\mathrm{d}}{\mathrm{d}X}\colon \begin{cases} \mathbb{R}[X] \to \mathbb{R}[X], \\ \boldsymbol{p} \mapsto \frac{\mathrm{d}}{\mathrm{d}X}(\boldsymbol{p}). \end{cases}$$

Der Kern besteht aus all jenen Polynomen, die durch das Differenzieren auf das Nullpolynom abgebildet werden:

$$\left(\frac{\mathrm{d}}{\mathrm{d}X} \right)^{-1}(\{\mathbf{0}\}) = \left\{ \boldsymbol{p} \in \mathbb{R}[X] \mid \frac{\mathrm{d}}{\mathrm{d}X}(\boldsymbol{p}) = \mathbf{0} \right\}.$$

Polynome vom Grad 1 oder höher werden durch das Differenzieren nicht zum Nullpolynom. Hingegen wird jedes konstante Polynom c durch das Differenzieren auf das Nullpolynom abgebildet, also gilt:

$$\left(\frac{\mathrm{d}}{\mathrm{d}X} \right)^{-1}(\{\mathbf{0}\}) = \mathbb{R}.$$

Nach dem Beispiel auf Seite 420 ist das Bild von $\frac{\mathrm{d}}{\mathrm{d}X}$ gleich $\mathbb{R}[X]$. ◀

---------------- **?** ----------------

Ist die Sprechweise *Je größer der Kern, desto kleiner das Bild* gerechtfertigt?

Wir untersuchen Kern und Bild einer linearen Abbildung φ zwischen $\mathbb{K}$-Vektorräumen V und W etwas genauer.

- Da stets der Nullvektor von V im Kern liegt, gilt $\varphi^{-1}(\{\mathbf{0}\}) \neq \emptyset$.
- Sind $\boldsymbol{v}$ und $\boldsymbol{w}$ zwei Elemente des Kerns von φ, d. h., $\varphi(\boldsymbol{v}) = \mathbf{0}$ und $\varphi(\boldsymbol{w}) = \mathbf{0}$, so liegt wegen der Additivität von φ auch deren Summe $\boldsymbol{v} + \boldsymbol{w}$ im Kern, da

$$\varphi(\boldsymbol{v} + \boldsymbol{w}) = \varphi(\boldsymbol{v}) + \varphi(\boldsymbol{w}) = \mathbf{0} + \mathbf{0} = \mathbf{0}.$$

- Sind $\boldsymbol{v}$ ein Element des Kerns von φ und $\lambda \in \mathbb{K}$ ein Skalar, so liegt wegen der Homogenität von φ auch $\lambda\,\boldsymbol{v}$ im Kern, da

$$\varphi(\lambda\,\boldsymbol{v}) = \lambda\,\varphi(\boldsymbol{v}) = \lambda\,\mathbf{0} = \mathbf{0}.$$

Damit haben wir die erste Aussage des folgenden Satzes gezeigt. Mit einem analogen Vorgehen zeigt man die zweite Aussage.

Kern und Bild einer linearen Abbildung sind Vektorräume

Ist φ eine lineare Abbildung von V nach W, so ist der Kern $\varphi^{-1}(\{\mathbf{0}\})$ ein Untervektorraum von V, und das Bild $\varphi(V)$ ist ein solcher von W.

Eine lineare Abbildung ist genau dann injektiv, wenn der Kern trivial ist

Mithilfe des Kerns lässt sich ein wichtiges Kriterium für die Injektivität einer linearen Abbildung formulieren.

Um nachzuweisen, dass eine Abbildung $\varphi \colon A \to B$ für beliebige Mengen A und B injektiv ist, ist für alle $x,\,y \in A$ mit $\varphi(x) = \varphi(y)$ die Gleichheit $x = y$ zu folgern. Bei linearen Abbildungen zwischen Vektorräumen vereinfacht sich dieser Nachweis, man kann $y = \mathbf{0}$ setzen.

Kriterium für Injektivität

Eine lineare Abbildung $\varphi \colon V \to W$ ist genau dann injektiv, wenn $\varphi^{-1}(\{\mathbf{0}\}) = \{\mathbf{0}\}$ gilt.

Beweis: Wenn φ injektiv ist, dann kann der Kern von φ wegen $\varphi(\mathbf{0}) = \mathbf{0}$ keinen weiteren Vektor als den Nullvektor enthalten, d. h., $\varphi^{-1}(\{\mathbf{0}\}) = \{\mathbf{0}\}$.

Und ist nun umgekehrt $\varphi^{-1}(\{\mathbf{0}\}) = \{\mathbf{0}\}$ vorausgesetzt, so folgt aus $\varphi(\boldsymbol{v}) = \varphi(\boldsymbol{w})$ für $\boldsymbol{v},\,\boldsymbol{w} \in V$ sogleich:

$$\mathbf{0} = \varphi(\boldsymbol{v}) - \varphi(\boldsymbol{w}) = \varphi(\boldsymbol{v} - \boldsymbol{w}),$$

also wegen der Voraussetzung $\boldsymbol{v} - \boldsymbol{w} = \mathbf{0}$, d. h., $\boldsymbol{v} = \boldsymbol{w}$. Folglich ist φ injektiv. $\blacksquare$

Für $\varphi^{-1}(\{\mathbf{0}\}) = \{\mathbf{0}\}$ sagt man auch: *Der Kern von φ ist trivial.*

Das Kriterium ist sehr gut dafür geeignet, die Injektivität linearer Abbildungen nachzuweisen. Man beachte, dass die Inklusion $\{\mathbf{0}\} \subseteq \varphi^{-1}(\{\mathbf{0}\})$ für jede lineare Abbildung φ erfüllt ist. Will man also von einer linearen Abbildung φ nachweisen, dass sie injektiv ist, so hat man nur die Implikation

$$\text{aus } \varphi(\boldsymbol{v}) = \mathbf{0} \text{ folgt } \boldsymbol{v} = \mathbf{0}$$

zu begründen.

---------------- **?** ----------------

Im Beispiel ab Seite 425 werden fünf lineare Abbildungen vorgestellt. Können Sie angeben, welche dieser fünf linearen Abbildungen injektiv sind?

Die Dimension von *V* ist die Summe der Dimensionen von Kern und Bild einer linearen Abbildung

Bei allen bisher betrachteten linearen Abbildungen von V nach W mit endlichdimensionalem Vektorraum V haben wir die Beobachtung gemacht, dass die Dimension des Bildes umso kleiner ist, je größer die Dimension des Kerns ist. Die Nullabbildung und die Identität sind Extremfälle. Bei der Nullabbildung hat der Kern maximale Dimension und das Bild die Dimension Null, bei der Identität ist dies gerade anders herum.

Dieser Zusammenhang ist kein Zufall, er ist Inhalt der wichtigen *Dimensionsformel*, die wir nun herleiten. Sie schildert den Zusammenhang von Kern und Bild einer linearen Abbildung $\varphi \colon V \to W$ und der Dimension des Vektorraums V.

Die Dimensionsformel

Ist V ein endlichdimensionaler Vektorraum, so gilt für jede lineare Abbildung $\varphi \colon V \to W$ die Gleichung

$$\dim(V) = \dim(\underbrace{\varphi^{-1}(\{\mathbf{0}\})}_{\text{Kern}}) + \dim(\underbrace{\varphi(V)}_{\text{Bild}}).$$

Beweis: Es seien $\{\boldsymbol{b}_1, \ldots, \boldsymbol{b}_r\} \subseteq V$ eine Basis des Kerns $\varphi^{-1}(\{\mathbf{0}\})$ von φ und $\{\boldsymbol{c}_1, \ldots, \boldsymbol{c}_s\} \subseteq W$ eine Basis des Bildes $\varphi(V)$ von φ. Wir wählen zu jedem dieser $\boldsymbol{c}_i \in W$ ein $\boldsymbol{b}_i' \in V$ mit

$$\varphi(\boldsymbol{b}_i') = \boldsymbol{c}_i \text{ für } i = 1, \ldots, s \qquad (12.2)$$

und behaupten, dass $B = \{\boldsymbol{b}_1, \ldots, \boldsymbol{b}_r, \boldsymbol{b}_1', \ldots, \boldsymbol{b}_s'\}$ eine Basis von V ist.

Wir zeigen, dass die Menge B linear unabhängig ist. Es gelte:

$$\lambda_1 \boldsymbol{b}_1 + \cdots + \lambda_r \boldsymbol{b}_r + \lambda_1' \boldsymbol{b}_1' + \cdots + \lambda_s' \boldsymbol{b}_s = \mathbf{0} \qquad (12.3)$$

mit $\lambda_1, \ldots, \lambda_r, \lambda'_1, \ldots, \lambda'_s \in \mathbb{K}$. Wir wenden die lineare Abbildung φ auf diese Gleichung an und erhalten

$$\begin{aligned}
\mathbf{0} = \varphi(\mathbf{0}) &= \varphi(\lambda_1 \mathbf{b}_1 + \cdots + \lambda_r \mathbf{b}_r + \lambda'_1 \mathbf{b}'_1 + \cdots + \lambda'_s \mathbf{b}'_s) \\
&= \lambda_1 \varphi(\mathbf{b}_1) + \cdots + \lambda_r \varphi(\mathbf{b}_r) + \lambda'_1 \varphi(\mathbf{b}'_1) + \cdots + \lambda'_s \varphi(\mathbf{b}'_s) \\
&= \lambda'_1 \mathbf{c}_1 + \cdots + \lambda'_s \mathbf{c}_s \,.
\end{aligned}$$

Wegen der linearen Unabhängigkeit der Vektoren $\mathbf{c}_1, \ldots, \mathbf{c}_s$ folgt nun:

$$\lambda'_1 = \cdots = \lambda'_s = 0 \,.$$

Die Gleichung (12.3) lautet damit

$$\lambda_1 \mathbf{b}_1 + \cdots + \lambda_r \mathbf{b}_r = \mathbf{0} \,.$$

Nun folgt aus der linearen Unabhängigkeit der Vektoren $\mathbf{b}_1, \ldots, \mathbf{b}_r$ weiter

$$\lambda_1 = \cdots = \lambda_r = 0 \,.$$

Damit ist gezeigt, dass B linear unabhängig ist.

Zweitens müssen wir nachweisen, dass die Menge B ein Erzeugendensystem von V ist: Es sei ein $\mathbf{v} \in V$ gegeben. Da $\{\mathbf{c}_1, \ldots, \mathbf{c}_s\}$ ein Erzeugendensystem des Bildes $\varphi(V)$ ist, existieren $\lambda'_1, \ldots, \lambda'_s \in \mathbb{K}$ mit

$$\varphi(\mathbf{v}) = \lambda'_1 \mathbf{c}_1 + \cdots + \lambda'_s \mathbf{c}_s \,.$$

Wir betrachten nun das Element

$$\hat{\mathbf{v}} = \mathbf{v} - (\lambda'_1 \mathbf{b}'_1 + \cdots + \lambda'_s \mathbf{b}'_s) \in V \qquad (12.4)$$

(man beachte die Gleichung (12.2)). Wenden wir nun die lineare Abbildung φ auf $\hat{\mathbf{v}}$ an, so erhalten wir:

$$\begin{aligned}
\varphi(\hat{\mathbf{v}}) &= \varphi(\mathbf{v}) - \varphi(\lambda'_1 \mathbf{b}'_1 + \cdots + \lambda'_s \mathbf{b}'_s) \\
&= \varphi(\mathbf{v}) - (\lambda'_1 \varphi(\mathbf{b}'_1) + \cdots + \lambda'_s \varphi(\mathbf{b}'_s)) \\
&= \varphi(\mathbf{v}) - (\lambda'_1 \mathbf{c}_1 + \cdots + \lambda'_s \mathbf{c}'_s) \\
&= \varphi(\mathbf{v}) - \varphi(\mathbf{v}) = \mathbf{0} \,,
\end{aligned}$$

sodass $\hat{\mathbf{v}}$ ein Element des Kerns von φ ist. Da $\{\mathbf{b}_1, \ldots, \mathbf{b}_r\}$ ein Erzeugendensystem des Kerns von φ ist, gibt es nun $\lambda_1, \ldots, \lambda_r \in \mathbb{K}$ mit

$$\hat{\mathbf{v}} = \lambda_1 \mathbf{b}_1 + \cdots + \lambda_r \mathbf{b}_r \,.$$

Setzen wir das in die Gleichung (12.4) ein, so erhalten wir:

$$\begin{aligned}
\mathbf{v} &= \hat{\mathbf{v}} + (\lambda'_1 \mathbf{b}'_1 + \cdots + \lambda'_s \mathbf{b}'_s) \\
&= \lambda_1 \mathbf{b}_1 + \cdots + \lambda_r \mathbf{b}_r + \lambda'_1 \mathbf{b}'_1 + \cdots + \lambda'_s \mathbf{b}'_s \,.
\end{aligned}$$

Folglich ist B ein Erzeugendensystem von V.

Nun beachten wir

$$\dim V = |B| = r + s = \dim(\varphi^{-1}(\{\mathbf{0}\})) + \dim(\varphi(V)) \,.$$

Das ist die Dimensionsformel. $\blacksquare$

Es gilt also für jede lineare Abbildung φ von einem endlichdimensionalen Vektorraum V in irgendeinen (nicht näher bestimmten) Vektorraum: *Die Dimension von V ist die Summe der Dimensionen des Kerns und des Bildes von φ.*

In der Abbildung 12.6 zeigen wir diesen Zusammenhang für $V = \mathbb{R}^2 = W$ und eine lineare Abbildung $\varphi = \varphi_A \colon \mathbf{v} \mapsto A\,\mathbf{v}$ für die drei möglichen Fälle $\operatorname{rg} A = 2$, $\operatorname{rg} A = 1$ und $\operatorname{rg} A = 0$.

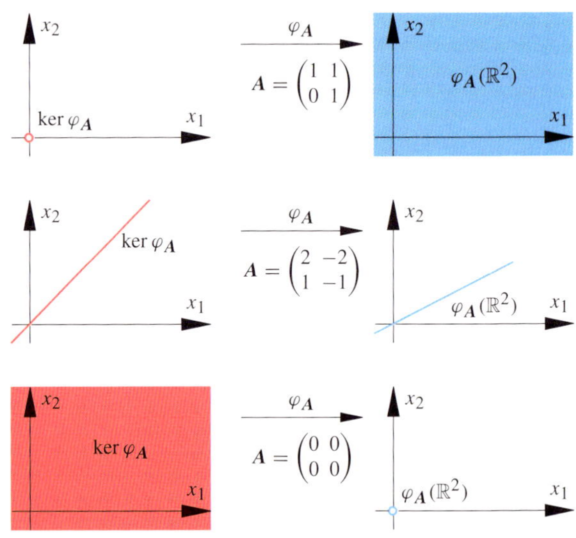

Abbildung 12.6 Die Summe der Dimensionen von Kern und Bild ist jeweils 2.

?

Gibt es eine surjektive lineare Abbildung $\varphi \colon \mathbb{R}^{11} \to \mathbb{R}^7$ mit einem 5-dimensionalen Kern?

Ist U ein Untervektorraum eines $\mathbb{K}$-Vektorraums V, so können wir nach dem Satz auf Seite 221 den Faktorraum V/U bilden:

$$V/U = \{\mathbf{v} + U \mid \mathbf{v} \in V\} \,.$$

Ist V endlichdimensional, so zeigten wir bereits auf Seite 221, dass $\dim V/U = \dim V - \dim U$, wir begründen das Ergebnis erneut mithilfe der Dimensionsformel.

Der kanonische Epimorphismus

Für jeden Untervektorraum U eines $\mathbb{K}$-Vektorraums V ist die Abbildung

$$\pi \colon \begin{cases} V \to V/U, \\ \mathbf{v} \mapsto \mathbf{v} + U \end{cases}$$

ein Epimorphismus mit Kern U. Man nennt π den **kanonischen Epimorphismus** bezüglich U. Ist V endlichdimensional, so gilt:

$$\dim V/U = \dim V - \dim U \,.$$

Unter der Lupe: Die Dimensionsformel

Die Methoden, die wir zum Beweis der Dimensionsformel benutzt haben, sind typisch für die lineare Algebra. Daher ist es angebracht, diese Methoden genauer zu betrachten und sie zu verinnerlich. Die Aussage der Dimensionsformel ist die folgende: Ist V ein endlichdimensionaler Vektorraum, so gilt für jede lineare Abbildung $\varphi : V \to W$ die Gleichung

$$\dim(V) = \dim(\underbrace{\varphi^{-1}(\{\mathbf{0}\})}_{\text{Kern}}) + \dim(\underbrace{\varphi(V)}_{\text{Bild}}) \,.$$

Bei den vielen Beispielen von linearen Abbildungen haben wir diese Formel bereits vermutet, beachten Sie die Selbstfrage auf Seite 427. Will man die Formel beweisen, so sind mehrere Ansätze naheliegend:

- Wir wählen eine Basis $\{\mathbf{b}_1, \ldots, \mathbf{b}_r\}$ des Kerns $\varphi^{-1}(\{\mathbf{0}\})$, ergänzen diese zu einer Basis $\{\mathbf{b}_1, \ldots, \mathbf{b}_r, \mathbf{b}_{r+1}, \ldots, \mathbf{b}_n\}$ von V und zeigen, dass $n - r = \dim \varphi(V)$ gilt.
- Wir wählen eine Basis $\{\mathbf{b}_1, \ldots, \mathbf{b}_r\}$ des Kerns $\varphi^{-1}(\{\mathbf{0}\})$, eine Basis $\{\mathbf{b}'_1, \ldots, \mathbf{b}'_s\}$ des Bildes $\varphi(V)$ und zeigen, dass $r + s = \dim V$ gilt.

Bei der ersten Methode ist eine $(n-r)$-elementige Basis von $\varphi(V)$ anzugeben, bei der zweiten Methode eine $(r+s)$-elementige Basis von V. Im Text haben wir die zweite Methode für den Beweis der Dimensionsformel benutzt. Wir wollen nun die erste Methode verwenden, um zu zeigen, dass letztlich die gleichen Schlüsse gezogen werden.

Die Dimension des Vektorraums V bezeichnen wir mit n. Der Kern $\varphi^{-1}(\{\mathbf{0}\})$ von φ ist ein Untervektorraum von V mit einer Dimension $r \le n$. Wir wählen eine Basis $C = \{\mathbf{b}_1, \ldots, \mathbf{b}_r\}$ des Kerns $\varphi^{-1}(\{\mathbf{0}\})$ und ergänzen diese zu einer Basis B des ganzen Vektorraums V:

$$B = C \cup \{\mathbf{b}_{r+1}, \ldots, \mathbf{b}_n\} \,.$$

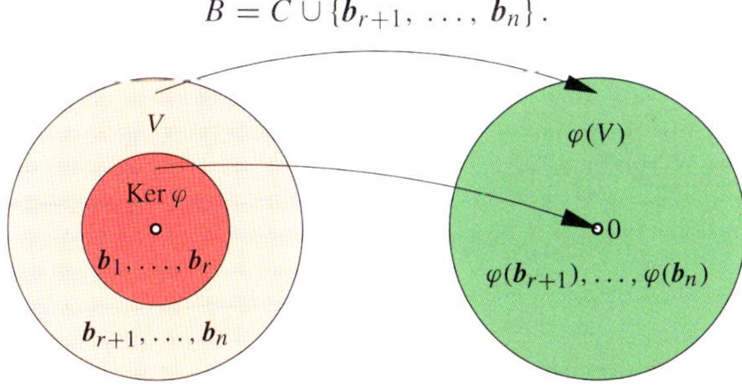

Die Basisvektoren des Kerns werden auf die Null abgebildet, die Basisvektoren außerhalb des Kerns werden nicht auf die Null abgebildet. Wir wollen nun zeigen, dass diese Bilder sogar $\varphi(V)$ erzeugen, d. h., dass $\{\varphi(\mathbf{b}_{r+1}), \ldots, \varphi(\mathbf{b}_n)\}$ eine Basis des Bildes $\varphi(V)$ ist. Hieraus folgt dann bereits die Behauptung, denn in diesem Fall ist

$$n = \dim(V) = \underbrace{\dim(\varphi^{-1}(\{\mathbf{0}\}))}_{=r} + \underbrace{\dim(\varphi(V))}_{=n-r} \,.$$

Sind $\lambda_{r+1}, \ldots, \lambda_n \in \mathbb{K}$ mit

$$\lambda_{r+1} \, \varphi(\mathbf{b}_{r+1}) + \cdots + \lambda_n \, \varphi(\mathbf{b}_n) = \mathbf{0}$$

gegeben, so folgt wegen der Linearität von φ die Gleichung:

$$\varphi(\lambda_{r+1} \, \mathbf{b}_{r+1} + \cdots + \lambda_n \, \mathbf{b}_n) = \mathbf{0} \,.$$

Also gilt:

$$\lambda_{r+1} \, \mathbf{b}_{r+1} + \cdots + \lambda_n \, \mathbf{b}_n \in \varphi^{-1}(\{\mathbf{0}\}) = \langle \mathbf{b}_1, \ldots, \mathbf{b}_r \rangle \,.$$

Dies besagt, dass es $\lambda_1, \ldots, \lambda_r \in \mathbb{K}$ mit

$$\lambda_1 \, \mathbf{b}_1 + \cdots + \lambda_r \, \mathbf{b}_r + \lambda_{r+1} \, \mathbf{b}_{r+1} + \cdots + \lambda_n \, \mathbf{b}_n = \mathbf{0}$$

gibt. Wegen der linearen Unabhängigkeit der Vektoren aus B folgt nun:

$$\lambda_1 = \cdots = \lambda_r = \lambda_{r+1} = \cdots = \lambda_n = 0 \,,$$

also insbesondere die lineare Unabhängigkeit der Vektoren $\varphi(\mathbf{b}_{r+1}), \ldots, \varphi(\mathbf{b}_n)$.

Nun zeigen wir noch, dass diese Vektoren ein Erzeugendensystem von $\varphi(V)$ bilden. Ist $\mathbf{w} \in \varphi(V)$ vorgegeben, so gibt es ein $\mathbf{v} \in V$ mit $\varphi(\mathbf{v}) = \mathbf{w}$. Dieses Element $\mathbf{v} \in V$ lässt sich aber bezüglich der Basis B von V darstellen:

$$\mathbf{v} = \lambda_1 \, \mathbf{b}_1 + \cdots + \lambda_r \, \mathbf{b}_r + \lambda_{r+1} \, \mathbf{b}_{r+1} + \cdots + \lambda_n \, \mathbf{b}_n \,.$$

Und es gilt wegen der Linearität von φ:

$$\begin{aligned} \mathbf{w} = \varphi(\mathbf{v}) = {} & \lambda_1 \, \mathbf{0} + \cdots + \lambda_r \, \mathbf{0} \\ & + \lambda_{r+1} \, \varphi(\mathbf{b}_{r+1}) + \cdots + \lambda_n \, \varphi(\mathbf{b}_n) \,. \end{aligned}$$

Also ist

$$\mathbf{w} \in \langle \varphi(\mathbf{b}_{r+1}), \ldots, \varphi(\mathbf{b}_n) \rangle \,,$$

insbesondere ist $\{\varphi(\mathbf{b}_{r+1}), \ldots, \varphi(\mathbf{b}_n)\}$ ein Erzeugendensystem von $\varphi(V)$. Damit ist gezeigt, dass $\{\varphi(\mathbf{b}_{r+1}), \ldots, \varphi(\mathbf{b}_n)\}$ eine Basis von $\varphi(V)$ ist. Hieraus folgt die Behauptung.

Kommentar: Die Formel gilt auch für einen unendlichdimensionalen Vektorraum V. Dabei besteht eine Schwierigkeit, über die wir uns noch gar keine Gedanken gemacht haben: Wie addiert man *unendliche Zahlen*? Wir halten hier nur fest: Ist eine der beiden Zahlen α, β unendlich, so setzt man

$$\alpha + \beta = \max\{\alpha, \beta\} \,.$$

Mit dieser Vereinbarung gilt die Dimensionsformel für beliebige Vektorräume.

Beweis: Die Abbildung π ist offenbar surjektiv. Wir begründen, dass π auch linear ist. Für v, $w \in V$ und $\lambda \in \mathbb{K}$ gilt nämlich:

$$
\begin{aligned}
\pi(\lambda\, v + w) &= (\lambda\, v + w) + U \\
&= ((\lambda\, v) + U) + (w + U) \\
&= \lambda\,(v + U) + (w + U) \\
&= \lambda\,\pi(v) + \pi(w)\,.
\end{aligned}
$$

Somit ist π ein Epimorphismus. Wir bestimmen nun den Kern von π. Es gilt:

$$
v \in \ker \pi \;\Leftrightarrow\; \pi(v) = v + U = U \;\Leftrightarrow\; v \in U\,.
$$

Somit ist U der Kern von π.

Mit der Dimensionsformel folgt nun unmittelbar wegen Bild $\pi = V/U$ und $\ker \pi = U$ die angegebene Formel. $\blacksquare$

Wir ziehen schließlich eine nützliche Folgerung aus der Dimensionsformel:

> **Kriterium für Bijektivität einer linearen Abbildung**
>
> Haben V und W gleiche und endliche Dimension, so sind für eine lineare Abbildung $\varphi\colon V \to W$ die folgenden Aussagen äquivalent:
> (i) φ ist injektiv.
> (ii) φ ist surjektiv.
> (iii) φ ist bijektiv.

Beweis: (i) $\Rightarrow$ (ii): Es sei φ injektiv. Dann gilt $\varphi^{-1}(\{\mathbf{0}\}) = \{\mathbf{0}\}$ und somit $\dim(\varphi^{-1}(\{\mathbf{0}\})) = 0$. Nach der Dimensionsformel gilt $\dim(\varphi(V)) = \dim(V) = \dim(W)$. Somit ist φ surjektiv (beachten Sie die Kennzeichnungen endlicher Basen auf Seite 209).

(ii) $\Rightarrow$ (iii): Ist φ surjektiv, d. h., gilt $\varphi(V) = W$, so folgt mit der Dimensionsformel aus $\dim(V) = \dim(W) = \dim(\varphi(V))$ sogleich $\dim(\varphi^{-1}(\{\mathbf{0}\})) = 0$, folglich ist φ auch injektiv und somit bijektiv.

(iii) $\Rightarrow$ (i): Ist φ bijektiv, so ist φ insbesondere auch injektiv. $\blacksquare$

Kommentar: Man beachte die Analogie zu endlichen gleichmächtigen Mengen A und B: Für eine Abbildung $f\colon A \to B$ sind nach dem Lemma auf Seite 46 die Eigenschaften *injektiv*, *surjektiv* und *bijektiv* gleichwertig.

Bei unendlichdimensionalen Vektorräumen ist die Aussage des obigen Satzes nicht korrekt. Man kann im Allgemeinen aus der Injektivität eines Endomorphismus nicht auf die Surjektivität schließen – dasselbe gilt auch andersherum. Man beachte die folgenden Beispiele.

Beispiel
- Im Fall $V = \mathbb{K}[X] = W$ ist das Differenzieren $\frac{\mathrm{d}}{\mathrm{d}X}$ eine surjektive, nicht injektive lineare Abbildung.

- Im $\mathbb{R}$-Vektorraum $\mathbb{R}^{\mathbb{N}_0}$ aller reellen Folgen sind die Abbildungen

$$
r\colon \begin{cases} \mathbb{R}^{\mathbb{N}_0} & \to & \mathbb{R}^{\mathbb{N}_0}, \\ (a_0,\, a_1,\, \ldots) & \mapsto & (0,\, a_0,\, a_1,\, \ldots) \end{cases}
$$

und

$$
l\colon \begin{cases} \mathbb{R}^{\mathbb{N}_0} & \to & \mathbb{R}^{\mathbb{N}_0}, \\ (a_0,\, a_1,\, \ldots) & \mapsto & (a_1,\, a_2,\, \ldots), \end{cases}
$$

bei der die Folgenglieder um eine Stelle „nach rechts verschoben" bzw. „nach links verschoben" werden, lineare Abbildungen.
Die Abbildung r ist injektiv, aber nicht surjektiv, die Abbildung l ist surjektiv, aber nicht injektiv. Insbesondere ist der Vektorraum $\mathbb{R}^{\mathbb{N}_0}$ aller reellen Folgen nicht endlichdimensional. $\blacktriangleleft$

Zeilen- und Spaltenraum einer Matrix sind die Vektorräume, die von den Zeilen und Spalten einer Matrix erzeugt werden

Nach dem Beispiel auf Seite 421 ist für jede Matrix $A \in \mathbb{K}^{m \times n}$ die Abbildung

$$
\varphi_A\colon \begin{cases} \mathbb{K}^n \to \mathbb{K}^m, \\ v \mapsto A\,v \end{cases}
$$

linear. Für eine Matrix $A \in \mathbb{K}^{m \times n}$ mit den Zeilen $z_1,\, \ldots,\, z_m$ und den Spalten $s_1,\, \ldots,\, s_n$, d. h.,

$$
A = \begin{pmatrix} z_1 \\ \vdots \\ z_m \end{pmatrix} = (s_1,\, \ldots,\, s_n),
$$

nennen wir den Untervektorraum

- $\langle z_1,\, \ldots,\, z_m \rangle \subseteq \mathbb{K}^n$, der von den Zeilenvektoren erzeugt wird, den **Zeilenraum** von A bzw.
- $\langle s_1,\, \ldots,\, s_n \rangle \subseteq \mathbb{K}^m$, der von den Spaltenvektoren erzeugt wird, den **Spaltenraum** von A.

Die Dimension des Zeilenraums nennen wir den **Zeilenrang** von A und die Dimension des Spaltenraums den **Spaltenrang** von A.

In dem Abschnitt auf Seite 175 haben wir den Rang $\operatorname{rg} A$ einer Matrix $A \in \mathbb{K}^{m \times n}$ eingeführt. Der Rang $\operatorname{rg} A$ ist die Anzahl der Nichtnullzeilen der Matrix in Zeilenstufenform und damit die Dimension des Zeilenraums, d. h., der Rang von A ist der Zeilenrang von A. Wir zeigen nun, dass auch der Spaltenrang von A gleich diesem Rang von A ist.

Insbesondere haben wir damit den schuldig gebliebenen Nachweis der Wohldefiniertheit des Rangs von A nachgeliefert: Der Rang von A ist die Dimension des Zeilenraums und hängt damit nur von A ab.

Mit der Dimensionsformel folgt Zeilenrang = Spaltenrang

Wir werden feststellen, dass letztlich jede lineare Abbildung zwischen endlichdimensionalen Vektorräumen von der Form φ_A mit einer Matrix A ist. Daher ist das vierte Beispiel von Seite 425 sehr bedeutend. Wir formulieren die dort gemachten Feststellungen erneut mit den nun zur Verfügung stehenden Begriffen.

Kern und Bild einer Matrix

Ist $A = (s_1, \ldots, s_n) \in \mathbb{K}^{m \times n}$, so gilt für den Kern und das Bild von φ_A:

$$\varphi_A^{-1}(\{\mathbf{0}\}) = \{v \in \mathbb{K}^n \mid A\, v = \mathbf{0}\},$$
$$\varphi_A(\mathbb{K}^n) = \langle s_1, \ldots, s_n \rangle.$$

Man spricht in diesem Zusammenhang auch vom **Kern** und **Bild** der **Matrix** A.
Es gilt:

$$\dim(\varphi_A^{-1}(\{\mathbf{0}\})) = n - \operatorname{rg} A$$

und

$$\dim \varphi_A(\mathbb{K}^n) = \operatorname{rg} A = \dim\langle s_1, \ldots, s_n \rangle.$$

Beweis: Die Formel

$$\dim(\varphi_A^{-1}(\{\mathbf{0}\})) = n - \operatorname{rg} A$$

ist wohlbekannt (siehe Seite 184). Weil die Dimension des Bildes von φ_A die Dimension des Spaltenraums $\langle s_1, \ldots, s_n \rangle$ der Matrix A ist, folgt aus der Dimensionsformel die zweite Formel:

$$\operatorname{rg} A = \dim\langle s_1, \ldots, s_n \rangle. \qquad \blacksquare$$

Insbesondere haben also Zeilen- und Spaltenraum einer Matrix die gleiche Dimension. Das halten wir fest:

Zeilenrang = Spaltenrang

Für alle natürlichen Zahlen m, n und jede Matrix $A \in \mathbb{K}^{m \times n}$ gilt:

$$\text{Zeilenrang} = \text{Spaltenrang}.$$

Ein direkter Nachweis dieser Formel (also ohne Rückgriff auf den Dimensionssatz) ist möglich, aber ziemlich aufwendig.

Beispiel Wir bestimmen den Kern und das Bild der Matrix

$$A = \begin{pmatrix} 0 & -3 & 2 & 0 \\ -2 & -3 & 0 & 2 \\ 3 & 0 & 3 & -3 \\ 0 & 3 & -2 & 0 \end{pmatrix} \in \mathbb{R}^{4 \times 4}.$$

Der Kern ist die Lösungsmenge des homogenen linearen Gleichungssystems

$$A\, x = \mathbf{0}.$$

Wir erhalten eine Basis des Kerns durch elementare Zeilenumformungen. Dazu vertauschen wir die ersten beiden Zeilen und addieren zum Doppelten der dritten Zeile das Dreifache der zweiten Zeile:

$$\begin{pmatrix} 0 & -3 & 2 & 0 \\ -2 & -3 & 0 & 2 \\ 3 & 0 & 3 & -3 \\ 0 & 3 & -2 & 0 \end{pmatrix} \longrightarrow \begin{pmatrix} -2 & -3 & 0 & 2 \\ 0 & -3 & 2 & 0 \\ 0 & -9 & 6 & 0 \\ 0 & 0 & 0 & 0 \end{pmatrix}$$

Nun ist die dritte Zeile ein Vielfaches der zweiten Zeile, durch eine elementare Umformung erhalten wir nun die Zeilenstufenform

$$\begin{pmatrix} -2 & -3 & 0 & 2 \\ 0 & -3 & 2 & 0 \\ 0 & -9 & 6 & 0 \\ 0 & 0 & 0 & 0 \end{pmatrix} \longrightarrow \underbrace{\begin{pmatrix} -2 & -3 & 0 & 2 \\ 0 & -3 & 2 & 0 \\ 0 & 0 & 0 & 0 \\ 0 & 0 & 0 & 0 \end{pmatrix}}_{=:A'}$$

Die Dimension des Kerns ist somit

$$\dim \ker A = 4 - \operatorname{rg} A = 4 - 2 = 2,$$

und für eine Basis des Kerns wählen wir zwei linear unabhängige Lösungsvektoren des Systems $A'x = \mathbf{0}$, etwa

$$\ker \varphi_A = \left\langle \begin{pmatrix} -3 \\ 2 \\ 3 \\ 0 \end{pmatrix}, \begin{pmatrix} 1 \\ 0 \\ 0 \\ 1 \end{pmatrix} \right\rangle.$$

Das Bild von A ist der Spaltenraum von A, d. h. das Erzeugnis der Spaltenvektoren von A. Wir erhalten durch elementare Spaltenumformungen eine Basis. Da wir aber wissen, dass der Spaltenrang, d. h. die Dimension des Spaltenraums, 2 ist, weil der Spaltenrang gleich dem Zeilenrang ist, reicht es aus, wenn wir zwei linear unabhängige Vektoren aus dem Bild von A angeben. Dazu können wir offenbar die ersten beiden Spalten von A wählen, d. h.

$$\text{Bild } \varphi_A = \left\langle \begin{pmatrix} 0 \\ -2 \\ 3 \\ 0 \end{pmatrix}, \begin{pmatrix} -3 \\ -3 \\ 0 \\ 3 \end{pmatrix} \right\rangle. \qquad \blacktriangleleft$$

Kommentar: Ist φ eine lineare Abbildung zwischen $\mathbb{K}$-Vektorräumen V und W, so sind für die Dimensionen des Bildes $\varphi(V)$ und des Kerns $\varphi^{-1}(\{\mathbf{0}\})$ auch die Bezeichnungen **Rang** und **Defekt** üblich:

$$\operatorname{Rg} \varphi = \dim \varphi(V) \quad \text{und} \quad \operatorname{Df} \varphi = \dim \varphi^{-1}(\{\mathbf{0}\}).$$

Mit diesen Bezeichnungen lautet die Dimensionsformel für einen endlichdimensionalen Vektorraum V:

$$\dim V = \operatorname{Rg} \varphi + \operatorname{Df} \varphi.$$

Nach dem Homomorphiesatz liefert jeder Homomorphismus einen Isomorphismus

Auf Seite 77 haben wir den Homomorphiesatz für Gruppen begründet. Ein entsprechender Satz gilt auch für Vektorräume:

Der Homomorphiesatz

Ist $\varphi\colon V \to V'$ eine lineare Abbildung von einem $\mathbb{K}$-Vektorraum V in einen $\mathbb{K}$-Vektorraum V', so ist

$$\psi\colon \begin{cases} V/\ker\varphi \to \varphi(V), \\ v + \ker\varphi \mapsto \varphi(v) \end{cases}$$

ein Isomorphismus vom Faktorraum $V/\ker\varphi$ auf das Bild von φ, insbesondere gilt:

$$V/\ker\varphi \cong \varphi(V).$$

Beweis: Im Einzelnen ist zu begründen:

(i) ψ ist eine Abbildung.

(ii) ψ ist injektiv.

(iii) ψ ist surjektiv.

(iv) ψ ist linear.

Wir schreiben kürzer $U = \ker\varphi$.

(i) Die Elemente aus V/U haben die Form $v + U$. Eine solche Nebenklasse ist nicht eindeutig durch den Repräsentanten v erklärt; es kann durchaus $v + U = v' + U$ und $v \neq v'$ gelten. Damit ψ eine Abbildung ist, muss gewährleistet sein, dass jedem $v + U$ aus V/U genau ein Element aus $\varphi(V)$ zugeordnet wird, d. h.,

$$\text{aus } v + U = v' + U \text{ folgt } \varphi(v) = \varphi(v').$$

Es seien also v, $v' \in V$. Dann gilt:

$$\begin{aligned} v + U = v' + U &\Rightarrow v - v' \in U \\ &\Rightarrow \varphi(v - v') = \mathbf{0} \\ &\Rightarrow \varphi(v) - \varphi(v') = \mathbf{0} \\ &\Rightarrow \varphi(v) = \varphi(v'). \end{aligned}$$

Damit gilt (i).

(ii) Es ist zu zeigen

$$\text{aus } \varphi(v) = \varphi(v') \text{ folgt } v + U = v' + U.$$

Dies gilt, da sich die Implikationen in (i) umkehren lassen: Es seien v, $v' \in V$. Dann gilt:

$$\begin{aligned} \varphi(v) = \varphi(v') &\Rightarrow \varphi(v) - \varphi(v') = \mathbf{0} \\ &\Rightarrow \varphi(v - v') = \mathbf{0} \\ &\Rightarrow v - v' \in U \\ &\Rightarrow v + U = v' + U. \end{aligned}$$

Damit gilt (ii).

Die Aussage in (iii) ist offensichtlich.

(iv) Es seien $v + U$, $w + U \in V/U$ und $\lambda \in \mathbb{K}$. Dann gilt:

$$\begin{aligned} \psi(\lambda\,(v + U) + (w + U)) &= \psi(((\lambda\,v) + w) + U)) \\ &= \varphi(\lambda\,v + w) \\ &= \lambda\,\varphi(v) + \varphi(w) \\ &= \lambda\,\psi(v + U) + \psi(w + U). \end{aligned}$$

Damit gilt (iv).   ∎

Jeder Homomorphismus $\varphi\colon V \to V'$ induziert somit einen Isomorphismus $\psi\colon V/\ker\varphi \to \varphi(V)$.

Kommentar: Man beachte, dass die Injektivität ($\varphi(v) = \varphi(v') \Rightarrow v + U = v' + U$) die Umkehrung der Wohldefiniertheit ($v + U = v' + U \Rightarrow \varphi(v) = \varphi(v')$) ist.

Beispiel

- Jede Matrix $A = (s_1, \ldots, s_n) \in \mathbb{K}^{m\times n}$ definiert eine lineare Abbildung $\varphi_A\colon \mathbb{K}^n \to \mathbb{K}^m$. Der Kern $U = \ker\varphi_A$ dieser linearen Abbildung φ_A ist der Kern der Matrix A:

$$U = \{v \in \mathbb{K}^n \mid A\,v = \mathbf{0}\}.$$

Und das Bild $\varphi_A(\mathbb{K}^n)$ ist der Spaltenraum $\langle s_1, \ldots, s_n \rangle$ der Matrix A. Nach dem Homomorphiesatz gilt:

$$\mathbb{K}^n/U \cong \langle s_1, \ldots, s_n \rangle.$$

- Das Differenzieren $\frac{\mathrm{d}}{\mathrm{d}X}$ ist im $\mathbb{K}$-Vektorraum $\mathbb{K}[X]$ eine surjektive lineare Abbildung mit dem Kern $\mathbb{K}$. Nach dem Homomorphiesatz gilt:

$$\mathbb{K}[X]/\mathbb{K} \cong \mathbb{K}[X].\qquad\blacktriangleleft$$

12.4   Darstellungsmatrizen

In diesem Abschnitt betrachten wir nur endlichdimensionale Vektorräume.

Wir ordnen einer linearen Abbildung $\varphi\colon V \to W$ zwischen endlichdimensionalen $\mathbb{K}$-Vektorräumen V und W nach Wahl von Basen der Vektorräume eine Matrix A zu – die sogenannte *Darstellungsmatrix* der linearen Abbildung bezüglich der gewählten Basen.

Anstelle des Vektors $v \in V$ betrachten wir den zu v gehörigen *Koordinatenvektor* ${}_B v$ bezüglich einer Basis B – das ist ein Spaltenvektor.

Dann ist das Abbilden des Vektors v, also das Bilden von $\varphi(v)$, im Wesentlichen die Multiplikation der Matrix A mit dem Koordinatenvektor ${}_B v$.

In diesem Sinne werden die im Allgemeinen durchaus abstrakten Objekte der linearen Abbildungen zwischen endlichdimensionalen Vektorräumen greifbar – eine lineare Abbildung ist im Wesentlichen eine Matrix und das Abbilden eines Vektors die Multiplikation dieser Matrix mit einem Spaltenvektor. Damit erklärt sich die bereits betonte Bedeutung des ausführlichen Beispiels auf Seite 421.

Durch Koordinatenvektoren wird jeder Vektor zu einem Spaltenvektor

In Mengen sind die Elemente nicht angeordnet, es gilt $\{a, b\} = \{b, a\}$. Im Folgenden wird es für uns aber wichtig sein, in welcher Reihenfolge die Elemente einer Basis angeordnet sind. Dazu benutzen wir Tupel. Für verschiedene Elemente a, b einer Menge A gilt nämlich:

$$(a, b), (b, a) \in A \times A \quad \text{aber} \quad (a, b) \neq (b, a).$$

Man spricht auch von geordneten Tupeln (siehe den Abschnitt auf Seite 38). Mit den geordneten Tupeln führen wir *geordnete Basen* von Vektorräumen ein.

Ist $\{b_1, \ldots, b_n\}$ eine Basis eines $\mathbb{K}$-Vektorraums V, insbesondere also $\dim(V) = n$, so nennen wir das n-Tupel $B = (b_1, \ldots, b_n)$ eine **geordnete Basis** von V.

Achtung: Es sind dann z. B. (e_1, e_2, e_3) und (e_2, e_1, e_3) beides geordnete Basen des $\mathbb{R}^3$. Als geordnete Basen sind die beiden verschieden, als Mengen betrachtet aber sehr wohl gleich.

Nach einem Ergebnis auf Seite 204 ist jeder Vektor eines Vektorraums eindeutig als Linearkombination einer Basis darstellbar. Diese Darstellung liefert den *Koordinatenvektor*.

Der Koordinatenvektor bezüglich einer Basis B

Ist $B = (b_1, \ldots, b_n)$ eine geordnete Basis eines $\mathbb{K}$-Vektorraums V, so besitzt jedes $v \in V$ genau eine Darstellung

$$v = v_1\, b_1 + \cdots + v_n\, b_n$$

mit $v_1, \ldots, v_n \in \mathbb{K}$. Es heißt $_B v = \begin{pmatrix} v_1 \\ \vdots \\ v_n \end{pmatrix} \in \mathbb{K}^n$ der

Koordinatenvektor von v bezüglich B.

Beispiel

- Für die geordneten Basen $E_2 = (e_1, e_2)$ – die geordnete Standardbasis – und $E = (e_2, e_1)$ des $\mathbb{R}^2$ und den Vektor $v = \begin{pmatrix} 2 \\ 1 \end{pmatrix} = 2\, e_1 + 1\, e_2 = 1\, e_2 + 2\, e_1$ gilt:

$$_{E_2} v = \begin{pmatrix} 2 \\ 1 \end{pmatrix} \quad \text{und} \quad _E v = \begin{pmatrix} 1 \\ 2 \end{pmatrix}.$$

- Der Vektor $v = \begin{pmatrix} 1 \\ 1 \end{pmatrix}$ hat bezüglich der geordneten Standardbasis E_2 den Koordinatenvektor

$$_{E_2} v = \begin{pmatrix} 1 \\ 1 \end{pmatrix},$$

bezüglich der geordneten Basis $B = \left(\begin{pmatrix} 1 \\ 1 \end{pmatrix}, \begin{pmatrix} -1 \\ 1 \end{pmatrix} \right)$ den Koordinatenvektor

$$_B v = \begin{pmatrix} 1 \\ 0 \end{pmatrix}.$$

Und bezüglich der Basis $C = \left(\begin{pmatrix} -1 \\ 2 \end{pmatrix}, \begin{pmatrix} 1 \\ -1 \end{pmatrix} \right)$ hat v den Koordinatenvektor

$$_C v = \begin{pmatrix} 2 \\ 3 \end{pmatrix},$$

vgl. Abbildung 12.7.

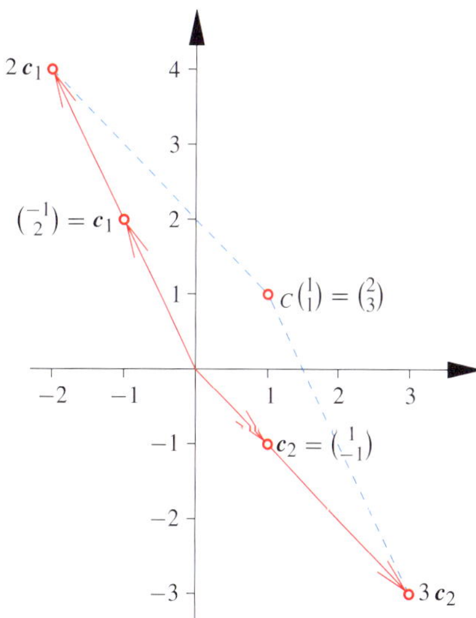

Abbildung 12.7 Der Vektor $e_1 + e_2 = 2\,c_1 + 3\,c_2$ hat bezüglich der geordneten Basis $C = (c_1, c_2)$ die Koordinaten 2 und 3.

- Für die geordneten Basen $B = (\mathrm{i}, \mathrm{i}\,X, X + X^2)$ und $B' = (2, 3\,X, 4\,X^2)$ des komplexen Vektorraums $\mathbb{C}[X]_2$ der Polynome vom Grad kleiner oder gleich 2 und das Polynom

$$\begin{aligned}
p &= 4\,X^2 + 2 \\
&= (-2\,\mathrm{i})\,\mathrm{i} + (4\,\mathrm{i})\,(\mathrm{i}\,X) + 4\,(X + X^2) \\
&= 1\,(2) + 0\,(3\,X) + 1\,(4\,X^2)
\end{aligned}$$

gilt:

$$_B p = \begin{pmatrix} -2\,\mathrm{i} \\ 4\,\mathrm{i} \\ 4 \end{pmatrix} \quad \text{und} \quad _{B'} p = \begin{pmatrix} 1 \\ 0 \\ 1 \end{pmatrix}.$$

- Die Matrix $A = \begin{pmatrix} 1 & 2 \\ 3 & 4 \end{pmatrix} \in \mathbb{R}^{2\times 2}$ hat bezüglich der geordneten Standardbasis $E = (\mathbf{E}_{11}, \mathbf{E}_{12}, \mathbf{E}_{21}, \mathbf{E}_{22})$ des $\mathbb{R}^{2\times 2}$

den Koordinatenvektor

$$_E A = \begin{pmatrix} 1 \\ 2 \\ 3 \\ 4 \end{pmatrix} .$$

◀

Kommentar: Ein Vertauschen des i-ten Elementes mit dem j-ten Element einer geordneten Basis führt also zu einem Vertauschen der i-ten Komponente mit der j-ten Komponente des Koordinatenvektors.

Jeder n-dimensionale Vektorraum über $\mathbb{K}$ ist zu $\mathbb{K}^n$ isomorph

Ordnet man jedem Vektor $\boldsymbol{v}$ aus V seinen Koordinatenvektor $_B\boldsymbol{v}$ bezüglich einer geordneten Basis B zu, so hat man eine Abbildung von V in den $\mathbb{K}^n$ definiert, hierbei ist $n = \dim V$. Diese Abbildung liefert ein zentrales Ergebnis der linearen Algebra:

> **Jeder n-dimensionale $\mathbb{K}$-Vektorraum ist zum $\mathbb{K}^n$ isomorph**
>
> Ist $B = (\boldsymbol{b}_1, \ldots, \boldsymbol{b}_n)$ eine geordnete Basis des n-dimensionalen $\mathbb{K}$-Vektorraums V, so ist die Abbildung
>
> $$_B\varphi : \begin{cases} V \to \mathbb{K}^n, \\ \boldsymbol{v} \mapsto {_B\boldsymbol{v}} \end{cases}$$
>
> eine bijektive und lineare Abbildung, d. h. ein Isomorphismus.

Beweis: Es ist zu zeigen, dass $_B\varphi$ linear, injektiv und surjektiv ist.

Zur Homomorphie: Es seien $\boldsymbol{v}, \boldsymbol{w} \in V$, und es gelte

$$\boldsymbol{v} = \lambda_1 \boldsymbol{b}_1 + \cdots + \lambda_n \boldsymbol{b}_n ,$$
$$\boldsymbol{w} = \mu_1 \boldsymbol{b}_1 + \cdots + \mu_n \boldsymbol{b}_n .$$

Dann gilt für jedes $\lambda \in \mathbb{K}$:

$$\lambda \boldsymbol{v} + \boldsymbol{w} = (\lambda \lambda_1 + \mu_1) \boldsymbol{b}_1 + \cdots + (\lambda \lambda_n + \mu_n) \boldsymbol{b}_n .$$

Damit erhalten wir:

$$_B\varphi(\lambda \boldsymbol{v} + \boldsymbol{w}) = \begin{pmatrix} \lambda \lambda_1 + \mu_1 \\ \vdots \\ \lambda \lambda_n + \mu_n \end{pmatrix} = \lambda \begin{pmatrix} \lambda_1 \\ \vdots \\ \lambda_n \end{pmatrix} + \begin{pmatrix} \mu_1 \\ \vdots \\ \mu_n \end{pmatrix}$$
$$= \lambda \, _B\varphi(\boldsymbol{v}) + {_B\varphi(\boldsymbol{w})} .$$

Somit ist $_B\varphi$ eine lineare Abbildung.

Zur Injektivität: Aus $_B\varphi(\boldsymbol{v}) = \boldsymbol{0}$ für ein $\boldsymbol{v} \in V$ folgt

$$\boldsymbol{v} = 0 \cdot \boldsymbol{b}_1 + \cdots + 0 \cdot \boldsymbol{b}_n = \boldsymbol{0} .$$

Damit ist $_B\varphi$ nach dem Injektivitätskriterium auf Seite 427 injektiv.

Zur Surjektivität: Der Vektor $\begin{pmatrix} \lambda_1 \\ \vdots \\ \lambda_n \end{pmatrix} \in \mathbb{K}^n$ ist das Bild des Vektors

$$\boldsymbol{v} = \lambda_1 \boldsymbol{b}_1 + \cdots + \lambda_n \boldsymbol{b}_n \in V ,$$

sodass die Abbildung $_B\varphi$ auch surjektiv ist. ∎

Die eben bewiesene Isomorphie zwischen einem beliebigen n-dimensionalen $\mathbb{K}$-Vektorraum V und dem $\mathbb{K}^n$ besagt, dass die beiden Vektorräume V und $\mathbb{K}^n$ sich nur durch die Bezeichnung der Elemente unterscheiden. Jeder n-dimensionale $\mathbb{K}$-Vektorraum hat die gleiche Struktur wie der $\mathbb{K}^n$. Ist die Dimension von V endlich, so beschreibt die Dimension den Vektorraum V eindeutig bis auf Isomorphie.

Damit sind die endlichdimensionalen $\mathbb{K}$-Vektorräume durch ihre Dimension klassifiziert. Zu jeder natürlichen Zahl n gibt es im Wesentlichen nur einen einzigen $\mathbb{K}$-Vektorraum der Dimension n, nämlich den Vektorraum $\mathbb{K}^n$ mit den vertrauten Spaltenvektoren.

Nun ist es nur naheliegend, wie wir weiter vorgehen werden: Den Wunsch, alle linearen Abbildungen φ zwischen zwei Vektorräumen V und W beschreiben, erfassen und greifbar machen zu können, erfüllen wir uns im Fall $\dim V = n \in \mathbb{N}$ und $\dim W = m \in \mathbb{N}$ wie folgt: Wir identifizieren V mit $\mathbb{K}^n$ und W mit $\mathbb{K}^m$ und beschreiben den Zusammenhang $\varphi(\boldsymbol{v}) = \boldsymbol{w}$ mit $\boldsymbol{v} \in V$ und $\boldsymbol{w} \in W$ durch eine *Darstellungsmatrix* $\boldsymbol{A}$:

$$\varphi(\boldsymbol{v}) = \boldsymbol{w} \quad \longleftrightarrow \quad \boldsymbol{A} \, _B\boldsymbol{v} = {_C\boldsymbol{w}} .$$

Kommentar: In der Algebra will man sogenannte *algebraische Strukturen* wie etwa Gruppen, Ringe, Körper oder $\mathbb{K}$-Vektorräume durch *Invarianten* klassifizieren. Bei den endlichdimensionalen $\mathbb{K}$-Vektorräumen ist uns dies mithilfe der Dimension gelungen. Bei z. B. den endlichen Gruppen ist keine so einfache Klassifikation möglich. Die Gruppenordnung beschreibt eine endliche Gruppe nicht eindeutig bis auf Isomorphie. So gibt es zwei wesentlich verschiedene Gruppen der Ordnung 4.

Wir erklären nun die Darstellungsmatrix einer linearen Abbildung. Dabei behandeln wir zuerst den einfacheren Fall $V = \mathbb{K}^n$ und $W = \mathbb{K}^m$ mit den zugehörigen Standardbasen E_n und E_m.

Jede lineare Abbildung vom $\mathbb{K}^n$ in den $\mathbb{K}^m$ ist durch eine Matrix gegeben

Sind φ eine beliebige lineare Abbildung von $\mathbb{K}^n$ in den $\mathbb{K}^m$ und $\boldsymbol{v} = \begin{pmatrix} v_1 \\ \vdots \\ v_n \end{pmatrix} \in \mathbb{K}^n$, so erhalten wir nach Darstellung von

v bezüglich der Standardbasis E_n des $\mathbb{K}^n$ für das Bild von v wegen der Linearität von φ

$$\begin{aligned} \varphi(v) &= \varphi(v_1\,e_1 + \cdots + v_n\,e_n) \\ &= v_1\,\varphi(e_1) + \cdots + v_n\,\varphi(e_n) \\ &= \underbrace{(\varphi(e_1),\,\ldots,\,\varphi(e_n))}_{=:A} \begin{pmatrix} v_1 \\ \vdots \\ v_n \end{pmatrix} \\ &= A\,v = \varphi_A(v)\,, \end{aligned}$$

also $\varphi = \varphi_A$.

Darstellung linearer Abbildungen von $\mathbb{K}^n$ in den $\mathbb{K}^m$ bezüglich der Standardbasen

Zu jeder linearen Abbildung φ von $\mathbb{K}^n$ in $\mathbb{K}^m$ gibt es eine Matrix $A \in \mathbb{K}^{m\times n}$ mit $\varphi = \varphi_A$. Diese Matrix A ist gegeben als

$$A = (\varphi(e_1),\,\ldots,\,\varphi(e_n)) \in \mathbb{K}^{m\times n}\,.$$

Die i-te Spalte von A ist das Bild des i-ten Basisvektors der Standardbasis.

Beispiel

- Zur Nullabbildung

$$\varphi : \begin{cases} \mathbb{R}^3 \to \mathbb{R}^2, \\ v \mapsto 0 \end{cases}$$

gehört die Nullmatrix 0 aus $\mathbb{R}^{2\times 3}$.

- Zur Identität

$$\mathrm{id} : \begin{cases} \mathbb{R}^3 \to \mathbb{R}^3, \\ v \mapsto v \end{cases}$$

gehört die Einheitsmatrix $\mathbf{E}_3 \in \mathbb{R}^{3\times 3}$.

- Zur linearen Abbildung

$$\varphi : \begin{cases} \mathbb{R}^3 \to \mathbb{R}^2, \\ \begin{pmatrix} x_1 \\ x_2 \\ x_3 \end{pmatrix} \mapsto \begin{pmatrix} x_1 + x_2 \\ x_2 \end{pmatrix} \end{cases}$$

gehört wegen

$$\varphi(e_1) = \begin{pmatrix} 1 \\ 0 \end{pmatrix},\ \varphi(e_2) = \begin{pmatrix} 1 \\ 1 \end{pmatrix},\ \varphi(e_3) = \begin{pmatrix} 0 \\ 0 \end{pmatrix}$$

die Matrix $A = \begin{pmatrix} 1 & 1 & 0 \\ 0 & 1 & 0 \end{pmatrix}$. Es gilt:

$$\varphi\left(\begin{pmatrix} x_1 \\ x_2 \\ x_3 \end{pmatrix}\right) = A \begin{pmatrix} x_1 \\ x_2 \\ x_3 \end{pmatrix}. \qquad \blacktriangleleft$$

— **?** —

Können auch Zeilen oder Spalten, also Matrizen aus $\mathbb{K}^{1\times n}$ oder $\mathbb{K}^{n\times 1}$, solche *Darstellungsmatrizen* sein?

Die Matrix, die eine lineare Abbildung darstellt, erhält man spaltenweise

Wie eben gezeigt, können wir jeder linearen Abbildung φ von $\mathbb{K}^n$ in den $\mathbb{K}^m$ eine Matrix zuordnen, mit der wir die lineare Abbildung φ beschreiben können. Mit der Matrix $A = (\varphi(e_1),\,\ldots,\,\varphi(e_n)) \in \mathbb{K}^{m\times n}$ gilt:

$$\varphi = \varphi_A\,.$$

Wir wollen dies auf endlichdimensionale beliebige $\mathbb{K}$-Vektorräume V und W verallgemeinern.

Die Darstellungsmatrix einer linearen Abbildung

Es seien V ein n-dimensionaler und W ein m-dimensionaler $\mathbb{K}$-Vektorraum mit den geordneten Basen $B = (b_1,\,\ldots,\,b_n)$ von V und $C = (c_1,\,\ldots,\,c_m)$ von W. Und φ sei eine lineare Abbildung von V nach W. Man nennt die Matrix

$$_C M(\varphi)_B = (_C\varphi(b_1),\,\ldots,\,_C\varphi(b_n)) \in \mathbb{K}^{m\times n}$$

die **Darstellungsmatrix** von φ bezüglich der Basen B und C.

Die i-te Spalte von $_C M(\varphi)_B$ ist der Koordinatenvektor des Bildes des i-ten Basisvektors.

Wir drücken das noch etwas ungenauer in einer Form aus, in der man sich die Konstruktion der Darstellungsmatrix gut merken kann: *„Die Spalten der Darstellungsmatrix sind die Bilder der Basisvektoren."*

— **?** —

Inwiefern verallgemeinert dies die Konstruktion von Seite 435?

Zu jeder linearen Abbildung zwischen endlichdimensionalen Vektorräumen existiert eine Darstellungsmatrix. Inwiefern eine Darstellungsmatrix die lineare Abbildung *darstellt*, klären wir gleich nach den folgenden Beispielen.

Beispiel

- Als Darstellungsmatrix der Nullabbildung $\varphi : \mathbb{R}^3 \to \mathbb{R}^2$, $v \mapsto 0$ bezüglich der geordneten Standardbasen E_2 des $\mathbb{R}^2$ und E_3 des $\mathbb{R}^3$ erhalten wir

$$\begin{aligned} _{E_2} M(\varphi)_{E_3} &= (_{E_2}\varphi(e_1),\,\ldots,\,_{E_2}\varphi(e_2),\,_{E_2}\varphi(e_3)) = \\ &= \begin{pmatrix} 0 & 0 & 0 \\ 0 & 0 & 0 \end{pmatrix} \end{aligned}$$

Allgemeiner gilt: Die Darstellungsmatrix der Nullabbildung eines n-dimensionalen Vektorraums in einen m-dimensionalen Vektorraum ist die $m \times n$-Nullmatrix.

- Nun bilden wir die Darstellungsmatrix der Identität $\varphi = \mathrm{id}_{\mathbb{R}^2} : v \mapsto v$ bezüglich verschiedener geordneter

Basen $E_2 = (e_1,\, e_2)$ und $E = (e_2,\, e_1)$. Dann gilt

$$_{E_2}M(\varphi)_{E_2} = (\,_{E_2}\varphi(e_1),\ _{E_2}\varphi(e_2)) = \begin{pmatrix} 1 & 0 \\ 0 & 1 \end{pmatrix},$$

$$_{E}M(\varphi)_{E} = (\,_{E}\varphi(e_2),\ _{E}\varphi(e_1)) = \begin{pmatrix} 1 & 0 \\ 0 & 1 \end{pmatrix},$$

$$_{E_2}M(\varphi)_{E} = (\,_{E_2}\varphi(e_2),\ _{E_2}\varphi(e_1)) = \begin{pmatrix} 0 & 1 \\ 1 & 0 \end{pmatrix},$$

$$_{E}M(\varphi)_{E_2} = (\,_{E}\varphi(e_1),\ _{E}\varphi(e_2)) = \begin{pmatrix} 0 & 1 \\ 1 & 0 \end{pmatrix}.$$

- Ist φ die lineare Abbildung $\mathbb{K}^n \to \mathbb{K}^m$, $v \mapsto A\,v$ mit einer Matrix $A \in \mathbb{K}^{m \times n}$, so gilt mit den Standardbasen E_n und E_m:

$$_{E_m}M(\varphi)_{E_n} = A\,.$$

- Es bezeichne $\varphi = \frac{\mathrm{d}}{\mathrm{d}X}\colon \mathbb{R}[X]_2 \to \mathbb{R}[X]_2$ das Differenzieren von Polynomen. Im reellen Vektorraum $\mathbb{R}[X]_2$ betrachten wir die beiden geordneten Basen $B = (1,\, X,\, X^2)$ und $C = (X^2 + X + 1,\, X + 1,\, 1)$. Dann gilt wegen $\varphi(1) = 0$, $\varphi(X) = 1$, $\varphi(X^2) = 2\,X$:

$$_{B}M(\varphi)_{B} = (\,_{B}\varphi(1),\ _{B}\varphi(X),\ _{B}\varphi(X^2)) = \begin{pmatrix} 0 & 1 & 0 \\ 0 & 0 & 2 \\ 0 & 0 & 0 \end{pmatrix}$$

und analog

$$_{C}M(\varphi)_{C} = (\,_{C}\varphi(X^2 + X + 1),\ _{C}\varphi(X + 1),\ _{C}\varphi(1))$$
$$= \begin{pmatrix} 0 & 0 & 0 \\ 2 & 0 & 0 \\ -1 & 1 & 0 \end{pmatrix}.$$

- Wir erklären eine lineare Abbildung $\varphi\colon \mathbb{K}^{2\times 2} \to \mathbb{K}^{2\times 2}$ durch

$$\varphi(A) = M\,A - A\,M \ \text{ mit } M = \begin{pmatrix} 0 & -1 \\ 1 & 0 \end{pmatrix}.$$

Im $\mathbb{K}^{2\times 2}$ wählen wir die geordnete Standardbasis $E = (E_{11},\, E_{12},\, E_{21},\, E_{22})$; Koordinatenvektoren sind also Spaltenvektoren aus $\mathbb{K}^4$.
Wir berechnen der Reihe nach die Bilder der Basisvektoren und stellen diese Bilder dann als Linearkombinationen der Vektoren der Basis E dar.
Es ergibt sich:

$$\varphi(E_{11}) = \begin{pmatrix} 0 & -1 \\ 1 & 0 \end{pmatrix}\begin{pmatrix} 1 & 0 \\ 0 & 0 \end{pmatrix} - \begin{pmatrix} 1 & 0 \\ 0 & 0 \end{pmatrix}\begin{pmatrix} 0 & -1 \\ 1 & 0 \end{pmatrix}$$
$$= \begin{pmatrix} 0 & 0 \\ 1 & 0 \end{pmatrix} - \begin{pmatrix} 0 & -1 \\ 0 & 0 \end{pmatrix} = E_{12} + E_{21}$$

$$\varphi(E_{12}) = \begin{pmatrix} 0 & -1 \\ 1 & 0 \end{pmatrix}\begin{pmatrix} 0 & 1 \\ 0 & 0 \end{pmatrix} - \begin{pmatrix} 0 & 1 \\ 0 & 0 \end{pmatrix}\begin{pmatrix} 0 & -1 \\ 1 & 0 \end{pmatrix}$$
$$= \begin{pmatrix} 0 & 0 \\ 0 & 1 \end{pmatrix} - \begin{pmatrix} 1 & 0 \\ 0 & 0 \end{pmatrix} = -E_{11} + E_{22}$$

$$\varphi(E_{21}) = \begin{pmatrix} 0 & -1 \\ 1 & 0 \end{pmatrix}\begin{pmatrix} 0 & 0 \\ 1 & 0 \end{pmatrix} - \begin{pmatrix} 0 & 0 \\ 1 & 0 \end{pmatrix}\begin{pmatrix} 0 & -1 \\ 1 & 0 \end{pmatrix}$$
$$= \begin{pmatrix} -1 & 0 \\ 0 & 0 \end{pmatrix} - \begin{pmatrix} 0 & 0 \\ 0 & -1 \end{pmatrix} = -E_{11} + E_{22}$$

$$\varphi(E_{22}) = \begin{pmatrix} 0 & -1 \\ 1 & 0 \end{pmatrix}\begin{pmatrix} 0 & 0 \\ 0 & 1 \end{pmatrix} - \begin{pmatrix} 0 & 0 \\ 0 & 1 \end{pmatrix}\begin{pmatrix} 0 & -1 \\ 1 & 0 \end{pmatrix}$$
$$= \begin{pmatrix} 0 & -1 \\ 0 & 0 \end{pmatrix} - \begin{pmatrix} 0 & 0 \\ 1 & 0 \end{pmatrix} = -E_{12} - E_{21}$$

Die Darstellungsmatrix $_{E}M(\varphi)_{E}$ von φ ist demnach

$$_{E}M(\varphi)_{E} = \begin{pmatrix} 0 & -1 & -1 & 0 \\ 1 & 0 & 0 & -1 \\ 1 & 0 & 0 & -1 \\ 0 & 1 & 1 & 0 \end{pmatrix}. \qquad \blacktriangleleft$$

Beispiel Wir betrachten eine *Projektion* vom $\mathbb{R}^3$ auf eine Ebene $E \subseteq \mathbb{R}^3$ (wir benutzen Begriffe aus dem Kapitel 7 zur analytischen Geometrie):

$$\pi \colon \begin{cases} \mathbb{R}^3 & \to & E, \\ v & \mapsto & \pi(v), \end{cases}$$

wobei jeder Punkt des $\mathbb{R}^3$ parallel zu einer Normalen der Ebene E, d. h. zu einem Vektor $n \neq 0$, der senkrecht auf allen Vektoren der Ebene E steht, auf die Ebene E abgebildet wird (Abb. 12.8).

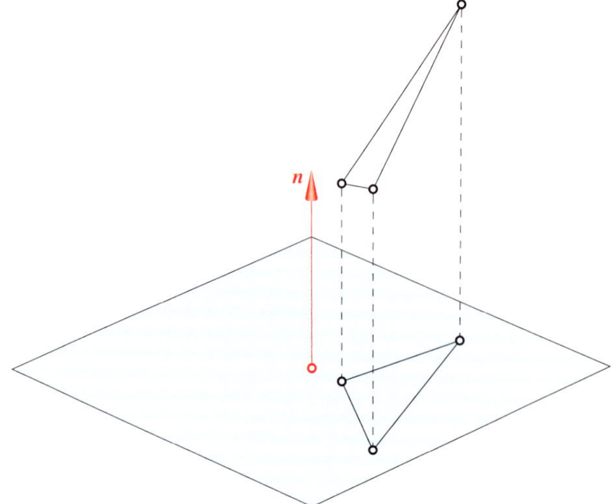

Abbildung 12.8 Die Punkte des $\mathbb{R}^3$ werden parallel zur Normalen n auf die Ebene projiziert.

Die Ebene E ist gegeben durch eine Gleichung

$$a_1\,x_1 + a_2\,x_2 + a_3\,x_3 = 0$$

mit $a_1,\, a_2,\, a_3 \in \mathbb{R}$. Da die Ebene E den Nullpunkt enthält, ist sie ein Untervektorraum des $\mathbb{R}^3$. Eine Normale dieser Ebene E können wir leicht angeben. Der Vektor

$$n = \begin{pmatrix} a_1 \\ a_2 \\ a_3 \end{pmatrix}$$

erfüllt die Bedingung $n \perp v$ für jedes $v \in E$.

Nun untersuchen wir, wie diese Projektion dargestellt werden kann. Wir wählen eine Basis $\{\boldsymbol{b},\ \boldsymbol{c}\}$ der Ebene E. Es ist dann $B = \{\boldsymbol{n},\ \boldsymbol{b},\ \boldsymbol{c}\}$ offenbar eine Basis des $\mathbb{R}^3$. Nun können wir jeden Vektor $\boldsymbol{v} \in \mathbb{R}^3$ als Linearkombination von B darstellen,

$$\boldsymbol{v} = \lambda_1\,\boldsymbol{n} + \lambda_2\,\boldsymbol{b} + \lambda_3\,\boldsymbol{c} \ \text{ d. h., } \ {}_B\boldsymbol{v} = \begin{pmatrix} \lambda_1 \\ \lambda_2 \\ \lambda_3 \end{pmatrix} .$$

Das Durchführen der Projektion ist ganz einfach, beachte Abbildung 12.9:

$$\pi : \begin{cases} \mathbb{R}^3 & \to & \mathbb{R}^3, \\[4pt] {}_B\boldsymbol{v} = \begin{pmatrix} \lambda_1 \\ \lambda_2 \\ \lambda_3 \end{pmatrix} & \mapsto & \begin{pmatrix} 0 \\ \lambda_2 \\ \lambda_3 \end{pmatrix} \end{cases} .$$

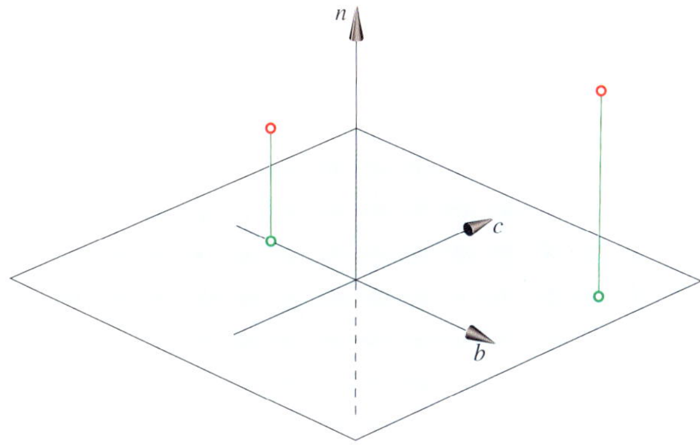

Abbildung 12.9 Die Projektion auf eine Ebene.

Und die Darstellungsmatrix dieser Projektion π bezüglich der Basis B erhalten wir nun auch ganz einfach,

$$_B\boldsymbol{M}(\pi)_B = \begin{pmatrix} 0 & 0 & 0 \\ 0 & 1 & 0 \\ 0 & 0 & 1 \end{pmatrix} .$$

?

Was sind Kern und Bild der Projektion?

◂

Nachdem klar ist, wie man die Darstellungsmatrix einer linearen Abbildung bestimmt, überlegen wir uns, in welcher Art und Weise die Darstellungsmatrix nun benutzt werden kann, um die lineare Abbildung, aus der sie gewonnen wurde, auszudrücken.

Eine lineare Abbildung auf einen Vektor anzuwenden, bedeutet, die Darstellungsmatrix mit dem Koordinatenvektor zu multiplizieren

Inwiefern stellt die Darstellungsmatrix ${}_C\boldsymbol{M}(\varphi)_B$ einer linearen Abbildung φ die Abbildung dar? Es gilt der folgende einfache Zusammenhang.

Eine lineare Abbildung wird durch eine Darstellungsmatrix beschrieben

Gegeben ist eine lineare Abbildung $\varphi\colon V \to W$ zwischen zwei endlichdimensionalen $\mathbb{K}$-Vektorräumen V und W.

Ist $B = (\boldsymbol{b}_1,\ \dots,\ \boldsymbol{b}_n)$ bzw. $C = (\boldsymbol{c}_1,\ \dots,\ \boldsymbol{c}_m)$ eine Basis von V bzw. W, so gilt:

$$_C\varphi(\boldsymbol{v}) = {}_C\boldsymbol{M}(\varphi)_B\ {}_B\boldsymbol{v} .$$

Der Koordinatenvektor von $\varphi(\boldsymbol{v})$ ist das Produkt der Darstellungsmatrix mit dem Koordinatenvektor von $\boldsymbol{v}$.

Beweis: Gilt ${}_B\boldsymbol{v} = \begin{pmatrix} v_1 \\ \vdots \\ v_n \end{pmatrix}$, so erhalten wir wegen ${}_C\boldsymbol{M}(\varphi)_B = ({}_C\varphi(\boldsymbol{b}_1),\ \dots,\ {}_C\varphi(\boldsymbol{b}_n))$:

$$_C\boldsymbol{M}(\varphi)_B\ {}_B\boldsymbol{v} = v_1\ {}_C\varphi(\boldsymbol{b}_1) + \cdots + v_n\ {}_C\varphi(\boldsymbol{b}_n) .$$

Und wegen des Satzes auf Seite 434:

$$\begin{aligned} _C\varphi(\boldsymbol{v}) &= {}_C(\varphi(v_1\,\boldsymbol{b}_1 + \cdots + v_n\,\boldsymbol{b}_n)) \\ &= v_1\ {}_C\varphi(\boldsymbol{b}_1) + \cdots + v_n\ {}_C\varphi(\boldsymbol{b}_n) . \end{aligned}$$

Also gilt die angegebene Gleichheit. ∎

Mithilfe der Koordinatenvektoren bezüglich der Basen B und C von V und W und der Darstellungsmatrix ${}_C\boldsymbol{M}(\varphi)_B$ können wir die (abstrakte) lineare Abbildung $\varphi\colon V \to W$ (konkret) darstellen, man beachte das folgende Diagramm (zu ${}_B\varphi$ und ${}_C\varphi$ vgl. den Satz auf Seite 434):

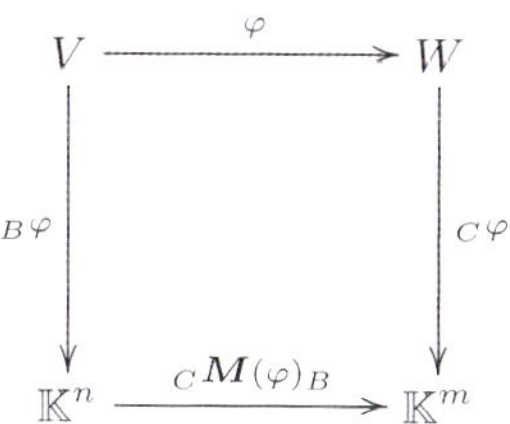

Kommentar: Die Formel

$$_C\varphi(\boldsymbol{v}) = {}_C\boldsymbol{M}(\varphi)_B\ {}_B\boldsymbol{v}$$

kann man sich einfach merken – das B *kürzt* sich durch das Aufeinandertreffen weg.

?

Was bedeutet

$$_C\varphi(\boldsymbol{v}) = {}_B\boldsymbol{M}(\varphi)_B\ {}_B\boldsymbol{v} \,?$$

Beispiel Wir betrachten erneut das obige Beispiel zur Differenziation $\varphi = \frac{\mathrm{d}}{\mathrm{d}X}\colon \mathbb{R}[X]_2 \to \mathbb{R}[X]_2$. Es ist

$C = (c_1 = X^2 + X + 1,\ c_2 = X + 1,\ c_3 = 1)$ eine Basis von $\mathbb{R}[X]_2$, und es gilt:

$$
{}_C M(\varphi)_C = \begin{pmatrix} 0 & 0 & 0 \\ 2 & 0 & 0 \\ -1 & 1 & 0 \end{pmatrix}
$$

Nun betrachten wir das Polynom $p = X^2 + 2X - 1$. Wegen

$$
p = 1 \cdot c_1 + 1 \cdot c_2 + (-3) \cdot c_3
$$

ist ${}_C p = \begin{pmatrix} 1 \\ 1 \\ -3 \end{pmatrix}$ der Koordinatenvektor von p bezüglich der Basis C. Nun bilden wir zum einen den Koordinatenvektor von $\varphi(p) = 2X + 2$ bezüglich C:

$$
{}_C \varphi(p) = \begin{pmatrix} 0 \\ 2 \\ 0 \end{pmatrix}
$$

und zum anderen das Produkt

$$
{}_C M(\varphi)_C\, {}_C p = \begin{pmatrix} 0 & 0 & 0 \\ 2 & 0 & 0 \\ -1 & 1 & 0 \end{pmatrix} \begin{pmatrix} 1 \\ 1 \\ -3 \end{pmatrix} = \begin{pmatrix} 0 \\ 2 \\ 0 \end{pmatrix}. \qquad \blacktriangleleft
$$

Die Formel im obigen Satz liefert im Fall $\varphi = \mathrm{id}$ auch Koordinatenvektoren von Vektoren eines $\mathbb{K}$-Vektorraums V bezüglich einer Basis C, wenn jene bezüglich einer Basis B bekannt sind.

Beispiel Der Vektor ${}_{E_3} v = \begin{pmatrix} 1 \\ 2 \\ 3 \end{pmatrix}$, dargestellt bezüglich der Standardbasis E_3 des $\mathbb{R}^3$, hat bezüglich der geordneten Basis $C = (e_1 + e_2,\ e_2 + e_3,\ e_1)$ den Koordinatenvektor

$$
\begin{aligned}
{}_C v &= {}_C M(\mathrm{id})_{E_3}\, {}_{E_3} v \\
&= \begin{pmatrix} 0 & 1 & -1 \\ 0 & 0 & 1 \\ 1 & -1 & 1 \end{pmatrix} \begin{pmatrix} 1 \\ 2 \\ 3 \end{pmatrix} = \begin{pmatrix} -1 \\ 3 \\ 2 \end{pmatrix}. \qquad \blacktriangleleft
\end{aligned}
$$

Der Kern und das Bild einer linearen Abbildung ist durch den Kern und das Bild einer Darstellungsmatrix gegeben

Die Eigenschaften einer linearen Abbildung φ finden sich in ihrer Darstellungsmatrix wieder. Ist φ z. B. eine lineare Abbildung zwischen zwei endlichdimensionalen $\mathbb{K}$-Vektorräumen V und W mit $\dim V = n$ und $\dim W = m$, so ist jede Darstellungsmatrix von φ eine $m \times n$-Matrix. Es sei $A = {}_C M(\varphi)_B$ eine solche Darstellungsmatrix mit Basen B von V und C von W. Wir zeigen:

Der Kern und das Bild von φ

Mit den eingeführten Bezeichnungen gilt für $v \in V$ und $w \in W$:

$$
v \in \ker(\varphi) \ \Leftrightarrow\ {}_B v \in \ker A,
$$
$$
w \in \varphi(V) \ \Leftrightarrow\ {}_C w \in \varphi_A(\mathbb{K}^n).
$$

Beweis: Nach dem Satz zur Darstellungsmatrix auf Seite 437 gilt:

$$
{}_B v \in \ker A \ \Leftrightarrow\ {}_C \varphi(v) = 0 \ \Leftrightarrow\ \varphi(v) = 0
$$
$$
\Leftrightarrow\ v \in \ker \varphi.
$$

Das beweist die erste Äquivalenz. Wir begründen die zweite Äquivalenz; dazu sei $A = ({}_C \varphi(b_1), \ldots, {}_C \varphi(b_n))$:

$$
\begin{aligned}
\omega \in \varphi(V) &\Leftrightarrow \omega = \varphi(v),\ v = v_1 b_1 + \cdots + v_n b_n,\ v_i \in \mathbb{K} \\
&\Leftrightarrow \omega = v_1 \varphi(b_1) + \cdots + v_n \varphi(b_n),\ v_i \in \mathbb{K} \\
&\Leftrightarrow {}_C \omega = v_1\, {}_C \varphi(b_1) + \cdots + v_n\, {}_C \varphi(b_n),\ v_i \in \mathbb{K} \\
&\Leftrightarrow {}_C \omega = A \begin{pmatrix} v_1 \\ \vdots \\ v_n \end{pmatrix},\ v_i \in \mathbb{K} \qquad \blacksquare
\end{aligned}
$$

Beispiel Wir bestimmen den Kern und das Bild der auf Seite 435 gegebenen linearen Abbildung

$$
\varphi \colon \begin{cases} \mathbb{K}^{2\times 2} \to \mathbb{K}^{2\times 2}, \\ A \ \mapsto\ MA - AM, \end{cases}
$$

wobei $M = \begin{pmatrix} 0 & -1 \\ 1 & 0 \end{pmatrix}$.

Die lineare Abbildung φ hat bezüglich der geordneten Standardbasis $E = (E_{11}, E_{12}, E_{21}, E_{22})$ die Darstellungsmatrix

$$
{}_E M(\varphi)_E = \begin{pmatrix} 0 & -1 & -1 & 0 \\ 1 & 0 & 0 & -1 \\ 1 & 0 & 0 & -1 \\ 0 & 1 & 1 & 0 \end{pmatrix}
$$

(Seite 435).

Durch elementare Zeilenumformungen erhalten wir den Kern von $A = {}_E M(\varphi)_E$:

$$
\begin{pmatrix} 0 & -1 & -1 & 0 \\ 1 & 0 & 0 & -1 \\ 1 & 0 & 0 & -1 \\ 0 & 1 & 1 & 0 \end{pmatrix} \rightarrow \begin{pmatrix} 1 & 0 & 0 & -1 \\ 0 & 1 & 1 & 0 \\ 0 & 0 & 0 & 0 \\ 0 & 0 & 0 & 0 \end{pmatrix}
$$

Somit gilt:

$$
\ker A = \left\langle \begin{pmatrix} 1 \\ 0 \\ 0 \\ 1 \end{pmatrix}, \begin{pmatrix} 0 \\ 1 \\ -1 \\ 0 \end{pmatrix} \right\rangle.
$$

Wegen

$$\begin{pmatrix} 1 \\ 0 \\ 0 \\ 1 \end{pmatrix} = {}_E \begin{pmatrix} 1 & 0 \\ 0 & 1 \end{pmatrix} \quad \text{und} \quad \begin{pmatrix} 0 \\ 1 \\ -1 \\ 0 \end{pmatrix} = {}_E \begin{pmatrix} 0 & 1 \\ -1 & 0 \end{pmatrix}$$

haben wir damit auch den Kern von φ bestimmt:

$$\ker \varphi = \langle \begin{pmatrix} 1 & 0 \\ 0 & 1 \end{pmatrix}, \begin{pmatrix} 0 & 1 \\ -1 & 0 \end{pmatrix} \rangle .$$

Durch elementare Spaltenumformungen erhalten wir das Bild von $A = {}_E M(\varphi)_E$:

$$\begin{pmatrix} 0 & -1 & -1 & 0 \\ 1 & 0 & 0 & -1 \\ 1 & 0 & 0 & -1 \\ 0 & 1 & 1 & 0 \end{pmatrix} \rightarrow \begin{pmatrix} 0 & -1 & 0 & 0 \\ 1 & 0 & 0 & 0 \\ 1 & 0 & 0 & 0 \\ 0 & 1 & 0 & 0 \end{pmatrix}$$

Somit gilt:

$$\varphi_A(\mathbb{K}^4) = \langle \begin{pmatrix} 0 \\ 1 \\ 1 \\ 0 \end{pmatrix}, \begin{pmatrix} -1 \\ 0 \\ 0 \\ 1 \end{pmatrix} \rangle .$$

Wegen

$$\begin{pmatrix} 0 \\ 1 \\ 1 \\ 0 \end{pmatrix} = {}_E \begin{pmatrix} 0 & 1 \\ 1 & 0 \end{pmatrix} \quad \text{und} \quad \begin{pmatrix} -1 \\ 0 \\ 0 \\ 1 \end{pmatrix} = {}_E \begin{pmatrix} -1 & 0 \\ 0 & 1 \end{pmatrix}$$

haben wir damit auch das Bild von φ bestimmt:

$$\varphi(\mathbb{K}^{2 \times 2}) = \langle \begin{pmatrix} 0 & 1 \\ 1 & 0 \end{pmatrix}, \begin{pmatrix} -1 & 0 \\ 0 & 1 \end{pmatrix} \rangle . \quad \blacktriangleleft$$

Jede lineare Abbildung zwischen endlichdimensionalen Räumen kann durch eine sehr einfache Matrix dargestellt werden

Wir können zu jeder linearen Abbildung $\varphi \colon V \to W$ zwischen endlichdimensionalen $\mathbb{K}$-Vektorräumen V und W eine ganz einfache Darstellungsmatrix angeben, die von Einsen auf einer *Diagonalen* abgesehen, nur aus Nullen besteht:

Die einfachste Darstellungsmatrix

Es seien $n = \dim V$ und $m = \dim W$, $\varphi \colon V \to W$ linear und $r = \dim \varphi(V)$. Es existieren Basen B von V und C von W mit

$$_C M(\varphi)_B = \begin{pmatrix} E_r & 0 \\ 0 & 0 \end{pmatrix}$$

wobei E_r die $r \times r$-Einheitsmatrix ist.

Beweis: Wir wählen

- eine geordnete Basis $(\boldsymbol{b}_1, \ldots, \boldsymbol{b}_s)$ des Kerns $\ker \varphi \subseteq V$ von φ und
- eine geordnete Basis $(\boldsymbol{c}_1, \ldots, \boldsymbol{c}_r)$ des Bildes $\varphi(V) \subseteq W$ von φ.

Zu den r Vektoren $\boldsymbol{c}_1, \ldots, \boldsymbol{c}_r$ aus W gibt es r Vektoren $\boldsymbol{a}_1, \ldots, \boldsymbol{a}_r$ in V mit

$$\varphi(\boldsymbol{a}_1) = \boldsymbol{c}_1, \ldots, \varphi(\boldsymbol{a}_r) = \boldsymbol{c}_r .$$

Wegen der linearen Unabhängigkeit von $\boldsymbol{c}_1, \ldots, \boldsymbol{c}_r \in W$ sind auch die Vektoren $\boldsymbol{a}_1, \ldots, \boldsymbol{a}_r \in V$ linear unabhängig. Aus

$$\lambda_1 \boldsymbol{a}_1 + \cdots + \lambda_r \boldsymbol{a}_r = \boldsymbol{0}$$

folgt durch Anwenden von φ:

$$\lambda_1 \boldsymbol{c}_1 + \cdots + \lambda_r \boldsymbol{c}_r = \boldsymbol{0} .$$

Das liefert $\lambda_1 = \cdots = \lambda_r = 0$.

Nun ist $B = (\boldsymbol{a}_1, \ldots, \boldsymbol{a}_r, \boldsymbol{b}_1, \ldots, \boldsymbol{b}_s)$ eine Basis von V (beachte die Dimensionsformel auf Seite 427).

Wir ergänzen nun noch die linear unabhängige Teilmenge $\{\boldsymbol{c}_1, \ldots, \boldsymbol{c}_r\}$ von W zu einer Basis $C = \{\boldsymbol{c}_1, \ldots, \boldsymbol{c}_m\}$ von W und bestimmen die Darstellungsmatrix $_C M(\varphi)_B$ von φ bezüglich dieser Basen:

Wegen $\varphi(\boldsymbol{a}_1) = \boldsymbol{c}_1, \ldots, \varphi(\boldsymbol{a}_r) = \boldsymbol{c}_r$ sind die ersten r Spalten von der gewünschten Form:

$$_C \varphi(\boldsymbol{a}_1) = \boldsymbol{e}_1 \in \mathbb{K}^m, \ldots, {}_C \varphi(\boldsymbol{a}_r) = \boldsymbol{e}_r \in \mathbb{K}^m .$$

Und wegen $\varphi(\boldsymbol{b}_1) = \cdots = \varphi(\boldsymbol{b}_s) = \boldsymbol{0}$ sind die restlichen $s = n - r$ Spalten von $_C M(\varphi)_B$ Nullspalten. Damit hat die Darstellungsmatrix die gewünschte Form. $\blacksquare$

Beispiel Gegeben ist die Matrix

$$A = \begin{pmatrix} -2 & 3 & 2 & 3 \\ -3 & 5 & 0 & 1 \\ -1 & 2 & -2 & -2 \end{pmatrix} \in \mathbb{R}^{3 \times 4} .$$

Wir wollen geordnete Basen B von $\mathbb{R}^4$ und C von $\mathbb{R}^3$ bestimmen, sodass die Darstellungsmatrix $_C M(\varphi_A)_B$ der linearen Abbildung $\varphi_A \colon \mathbb{R}^4 \to \mathbb{R}^3$, $\boldsymbol{v} \mapsto A \boldsymbol{v}$ die im obigen Satz angegebene Form hat.

Dazu ermitteln wir Basen von $\ker \varphi_A$ und $\varphi_A(\mathbb{R}^4)$:

$$\ker \varphi_A = \langle \begin{pmatrix} 12 \\ 7 \\ 0 \\ 1 \end{pmatrix}, \begin{pmatrix} 10 \\ 6 \\ 1 \\ 0 \end{pmatrix} \rangle \quad \text{und} \quad \varphi(\mathbb{R}^4) = \langle \begin{pmatrix} 1 \\ 0 \\ -1 \end{pmatrix}, \begin{pmatrix} 0 \\ 1 \\ 1 \end{pmatrix} \rangle .$$

Wir bestimmen nun Urbilder der angegeben Basisvektoren vom Bild $\varphi_A(\mathbb{R}^4)$. Es gilt:

$$\varphi_A \left(\begin{pmatrix} -5 \\ -3 \\ 0 \\ 0 \end{pmatrix} \right) = \begin{pmatrix} 1 \\ 0 \\ -1 \end{pmatrix} \quad \text{und} \quad \varphi_A \left(\begin{pmatrix} 3 \\ 2 \\ 0 \\ 0 \end{pmatrix} \right) = \begin{pmatrix} 0 \\ 1 \\ 1 \end{pmatrix} .$$

Beispiel: Die Darstellungsmatrix einer Spiegelung an einer Geraden durch den Ursprung

Wir betrachten im $\mathbb{R}^2$, mit dem üblichen kartesischen Koordinatensystem, den Endomorphismus φ, den wir durch lineare Fortsetzung der Abbildung $\sigma(e_1) = e_2$ und $\sigma(e_2) = e_1$ erhalten. Bei dieser Abbildung wird jeder Punkt des $\mathbb{R}^2$ an der Geraden $\mathbb{R}\begin{pmatrix} 1 \\ 1 \end{pmatrix}$ gespiegelt.

Man beachte die nebenstehende Abbildung.

Wir bestimmen die Darstellungsmatrizen dieser linearen Abbildung zum einen bezüglich der Standardbasis E_2 und zum anderen bezüglich der geordneten Basis

$$B = \left(b_1 = \begin{pmatrix} 1 \\ 1 \end{pmatrix}, \; b_2 = \begin{pmatrix} 1 \\ -1 \end{pmatrix} \right).$$

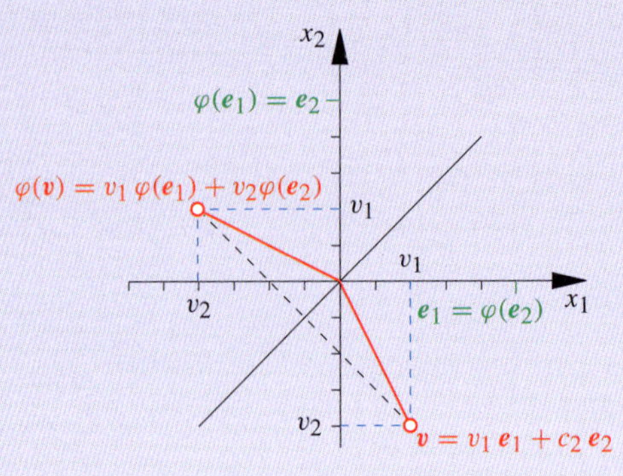

Problemanalyse und Strategie: Wir bestimmen die Bilder von e_1, e_2 und b_1, b_2 und stellen diese Bilder jeweils als Linearkombinationen der Basen E_2 und B dar.

Lösung:

Als lineare Fortsetzung von σ ist φ eine lineare Abbildung. Wegen

$$\varphi(e_1) = \begin{pmatrix} 0 \\ 1 \end{pmatrix} = e_2 \text{ und } \varphi(e_2) = \begin{pmatrix} 1 \\ 0 \end{pmatrix} = e_1$$

erhalten wir als Darstellungsmatrix für φ

$$A = \begin{pmatrix} 0 & 1 \\ 1 & 0 \end{pmatrix}$$

Es gilt:

$$\varphi\left(\begin{pmatrix} v_1 \\ v_2 \end{pmatrix} \right) = \begin{pmatrix} v_2 \\ v_1 \end{pmatrix} = \begin{pmatrix} 0 & 1 \\ 1 & 0 \end{pmatrix} \begin{pmatrix} v_1 \\ v_2 \end{pmatrix},$$

d. h., $\varphi(v) = A\,v$.

Wir wählen nun eine andere Basis B:

$$B = \left\{ b_1 = \begin{pmatrix} 1 \\ 1 \end{pmatrix}, \; b_2 = \begin{pmatrix} 1 \\ -1 \end{pmatrix} \right\}.$$

Da b_1 kein Vielfaches von b_2 ist, ist B in der Tat eine Basis des $\mathbb{R}^2$. Der Punkt b_1 liegt auf der Geraden, an der gespiegelt wird, und die Strecke vom Ursprung zum Punkt b_2 steht senkrecht auf der Geraden, an der wir spiegeln, es ist nämlich das Skalarprodukt $b_1 \cdot b_2$ gleich null.

Also erhalten wir:

$$\varphi(b_1) = b_1 \text{ und } \varphi(b_2) = -b_2.$$

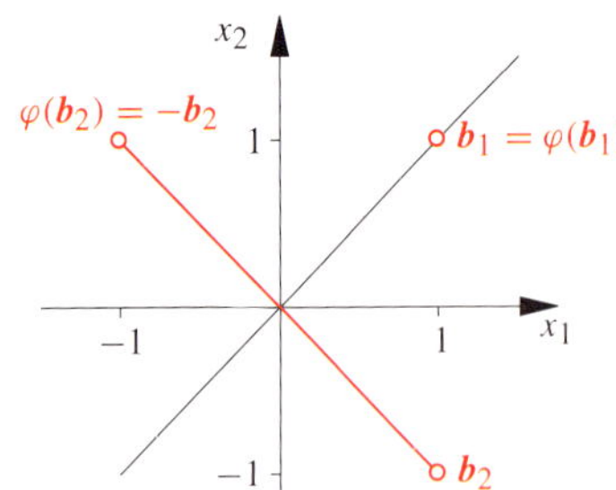

Damit hat φ bzgl. B die Darstellungsmatrix

$$A = \begin{pmatrix} 1 & 0 \\ 0 & -1 \end{pmatrix}$$

und es gilt:

$$\varphi\left(\begin{pmatrix} v_1 \\ v_2 \end{pmatrix} \right) = \begin{pmatrix} v_1 \\ -v_2 \end{pmatrix} = \begin{pmatrix} 1 & 0 \\ 0 & -1 \end{pmatrix} \begin{pmatrix} v_1 \\ v_2 \end{pmatrix},$$

für $_B v = \begin{pmatrix} v_1 \\ v_2 \end{pmatrix}$.

Anstelle der speziellen Basis B hätten wir auch jede andere Basis wählen und eine entsprechende φ *darstellende* Matrix angeben können. Tatsächlich liegt gerade hierin der Kern des Kapitels 14: Wie bestimmt man eine Basis mit der Eigenschaft, dass die eine lineare Abbildung darstellende Matrix bezüglich dieser Basis eine besonders *einfache* Gestalt hat? Dabei ist die einfachste Gestalt eine Diagonalgestalt. In den praktischen Anwendungen der linearen Algebra wird dies meistens möglich sein. Die Vorteile liegen auf der Hand: Mit Diagonalmatrizen ist das Rechnen wesentlich einfacher.

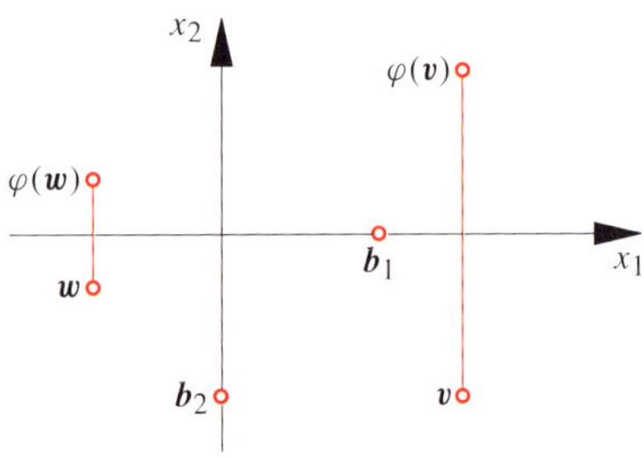

Man beachte, dass die Spiegelung φ bezüglich der Basis B eine Diagonalmatrix als Darstellungsmatrix hat.

Insgesamt haben wir damit die folgende geordnete Basis B des $\mathbb{R}^4$:

$$B = \left(\begin{pmatrix} -5 \\ -3 \\ 0 \\ 0 \end{pmatrix}, \begin{pmatrix} 3 \\ 2 \\ 0 \\ 0 \end{pmatrix}, \begin{pmatrix} 12 \\ 7 \\ 0 \\ 1 \end{pmatrix}, \begin{pmatrix} 10 \\ 6 \\ 1 \\ 0 \end{pmatrix} \right).$$

Weiter ergänzen wir die Basis des Bildes im $\mathbb{R}^3$ zu einer geordneten Basis C des $\mathbb{R}^3$:

$$C = \left(\begin{pmatrix} 1 \\ 0 \\ -1 \end{pmatrix}, \begin{pmatrix} 0 \\ 1 \\ 1 \end{pmatrix}, \begin{pmatrix} 0 \\ 0 \\ 1 \end{pmatrix} \right).$$

Nun gilt:

$$_C M(\varphi_A)_B = \begin{pmatrix} 1 & 0 & 0 & 0 \\ 0 & 1 & 0 & 0 \\ 0 & 0 & 0 & 0 \end{pmatrix} \qquad \blacktriangleleft$$

Achtung: Man beachte, dass wir hier die bisherige Aufgabenstellung umdrehen: Bisher waren Basen gegeben, und wir haben die Darstellungsmatrix dazu bestimmt. Hier haben wir die Basen so gewählt, dass die Darstellungsmatrix eine besondere Form hat. Im Kapitel 14 werden wir Endomorphismen φ eines endlichdimensionalen Vektorraums V betrachten. Nach dem hier geschilderten Ergebnis können wir auf jeden Fall Basen B und C finden bzgl. der die Darstellungsmatrix von φ eine *Diagonalgestalt* wie im obigen Satz hat. Dabei werden wir uns auch mit der Frage auseinandersetzen, wann es **eine** Basis B (also der Fall $B = C$) gibt, bezüglich der φ *Diagonalgestalt* hat.

Der Vektorraum der Homomorphismen ist isomorph zum Vektorraum der Matrizen

Sind V ein n-dimensionaler und W ein m-dimensionaler $\mathbb{K}$-Vektorraum, so gilt nach dem Satz auf Seite 434:

$$V \cong \mathbb{K}^n \quad \text{und} \quad W \cong \mathbb{K}^m.$$

Bis auf Isomorphie handelt es sich somit bei den Vektoren aus V und W um Spaltenvektoren. Für eine lineare Abbildung φ von V in W gilt mit der Darstellungsmatrix $A = {}_C M(\varphi)_B$ nach dem Satz auf Seite 437:

$$_C\varphi(v) = {}_C M(\varphi)_B \,{}_B v.$$

Die Bilder einer linearen Abbildung erhält man also bis auf Isomorphie durch Produktbildung einer Matrix mit einem Spaltenvektor.

Nun stellt sich natürlich die Frage, ob die im Abschnitt 12.2 besprochenen Verknüpfungen von linearen Abbildungen sich auch durch entsprechende Verknüpfungen der Matrizen beschreiben lassen. Unter gewissen Voraussetzungen kann man ja lineare Abbildung miteinander oder mit Skalaren verknüpfen, wir behandelten die drei Verknüpfungen:

- $\psi \circ \varphi$ mit φ, ψ lineare Abbildungen.
- $\lambda \varphi$ mit λ ein Skalar, φ eine lineare Abbildung.
- $\varphi + \psi$ mit φ, ψ lineare Abbildungen.

Wir behandeln zuerst die letzteren beiden Verknüpfungen. Um das Produkt $\psi \circ \varphi$ durch die Darstellungsmatrizen von ψ und φ auszudrücken, benötigen wir das Produkt von Matrizen.

Wir betrachten zwei endlichdimensionale $\mathbb{K}$-Vektorräume V und W mit den Basen $B = (b_1, \ldots, b_n)$ und $C = (c_1, \ldots, c_m)$.

Ist φ eine lineare Abbildung von V in W, so gilt für jedes $\lambda \in \mathbb{K}$ nach der Definition von Darstellungsmatrizen:

$$\begin{aligned}
_C M(\lambda \varphi)_B &= ({}_C(\lambda \varphi(b_1)), \ldots, {}_C(\lambda \varphi(b_n))) \\
&= (\lambda \,{}_C\varphi(b_1), \ldots, \lambda \,{}_C\varphi(b_n)) \\
&= \lambda \,({}_C\varphi(b_1), \ldots, {}_C\varphi(b_n)) \\
&= \lambda \,{}_C M(\varphi)_B.
\end{aligned}$$

Somit ist die Darstellungsmatrix von $\lambda \varphi$ gleich dem λ-Fachen der Darstellungsmatrix von φ.

Für die Summe $\varphi + \psi$ zweier linearer Abbildungen φ, $\psi : V \to W$ erhalten wir

$$\begin{aligned}
_C M(\varphi + \psi)_B \\
= ({}_C(\varphi + \psi)(b_1), \ldots, {}_C(\varphi + \psi)(b_n)) \\
= ({}_C(\varphi(b_1) + \psi(b_1)), \ldots, {}_C(\varphi(b_n) + \psi(b_n))) \\
= ({}_C\varphi(b_1), \ldots, {}_C\varphi(b_n)) + ({}_C\psi(b_1), \ldots, {}_C\psi(b_n)) \\
= {}_C M(\varphi)_B + {}_C M(\psi)_B.
\end{aligned}$$

Die Darstellungsmatrix von $\varphi + \psi$ ist somit die Summe der Darstellungsmatrizen von φ und ψ.

Achtung: Man beachte, in welchen Vektorräumen die Multiplikation mit Skalaren und die Addition von Vektoren stattfinden: $\lambda \varphi$ ist die Multiplikation mit Skalaren im Vektorraum $\mathrm{Hom}_\mathbb{K}(V, W)$ und $\lambda \,{}_C M(\varphi)_B$ ist die Multiplikation mit Skalaren im Vektorraum $\mathbb{K}^{m \times n}$. Und $\varphi + \psi$ ist die Addition von linearen Abbildungen im Vektorraum $\mathrm{Hom}_\mathbb{K}(V, W)$ und ${}_C M(\varphi)_B + {}_C M(\psi)_B$ ist die Addition von Matrizen im Vektorraum $\mathbb{K}^{m \times n}$.

Wir erklären in Abhängigkeit von den gewählten Basen B und C eine Abbildung, nämlich

$$_C\Psi_B : \begin{cases} \mathrm{Hom}_\mathbb{K}(V, W) \to & \mathbb{K}^{m \times n}, \\ \varphi \mapsto & {}_C M_B(\varphi). \end{cases}$$

Gezeigt ist bereits, dass diese Abbildung ${}_C\Psi_B$ homogen und additiv, d. h. linear ist. Wir zeigen noch, dass ${}_C\Psi_B$ bijektiv ist:

Die Vektorräume $\mathrm{Hom}_{\mathbb{K}}(V, W)$ und $\mathbb{K}^{m \times n}$ sind isomorph

Es seien V ein n-dimensionaler und W ein m-dimensionaler $\mathbb{K}$-Vektorraum mit den Basen B und C. Die Abbildung

$$_C\Psi_B : \begin{cases} \mathrm{Hom}_{\mathbb{K}}(V, W) \to \mathbb{K}^{m \times n}, \\ \varphi \mapsto {}_C M(\varphi)_B \end{cases}$$

ist ein Isomorphismus, insbesondere gilt $\mathrm{Hom}_{\mathbb{K}}(V, W) \cong \mathbb{K}^{m \times n}$.

Beweis: Es ist nur noch die Bijektivität von $_C\Psi_B$ nachzuweisen:

Zur Injektivität: Für ein $\varphi \in \mathrm{Hom}_{\mathbb{K}}(V, W)$ gelte $_C\Psi_B(\varphi) = \mathbf{0}$. Wegen

$$_C\Psi_B(\varphi) = ({}_C\varphi(\boldsymbol{b}_1), \ldots, {}_C\varphi(\boldsymbol{b}_n)) = (\mathbf{0}, \ldots, \mathbf{0})$$

gilt $\varphi(\boldsymbol{b}_1) = \cdots = \varphi(\boldsymbol{b}_n) = \mathbf{0}$ und somit $\varphi = \mathbf{0}$. Nach dem Injektivitätskriterium von Seite 427 ist die Abbildung $_C\Psi_B$ injektiv.

Zur Surjektivität: Es sei $A \in \mathbb{K}^{m \times n}$ eine (beliebige) Matrix mit den Spalten

$$\boldsymbol{s}_1 = \begin{pmatrix} a_{11} \\ \vdots \\ a_{m1} \end{pmatrix}, \ldots, \boldsymbol{s}_n = \begin{pmatrix} a_{1n} \\ \vdots \\ a_{mn} \end{pmatrix}.$$

Die Abbildung

$$\sigma : \begin{cases} B \to W, \\ \boldsymbol{b}_i \mapsto a_{1i}\boldsymbol{c}_1 + \cdots + a_{mi}\boldsymbol{c}_m \end{cases}$$

ist nach dem Prinzip der linearen Fortsetzung auf Seite 420 zu einer linearen Abbildung φ von V in W fortsetzbar. Wir bestimmen die Darstellungsmatrix von φ. Es gilt:

$$_C\varphi(\boldsymbol{b}_1) = \begin{pmatrix} a_{11} \\ \vdots \\ a_{m1} \end{pmatrix}, \ldots, {}_C\varphi(\boldsymbol{b}_n) = \begin{pmatrix} a_{1n} \\ \vdots \\ a_{mn} \end{pmatrix}.$$

Damit gilt $_C\Psi_B = {}_C M(\varphi)_B = A$. Folglich ist $_C\Psi_B$ auch surjektiv. $\blacksquare$

───────────── **?** ─────────────

Welche Dimension hat der $\mathbb{K}$-Vektorraum $\mathrm{Hom}_{\mathbb{K}}(V, W)$ unter den Voraussetzungen an V und W des obigen Satzes?

───────────────────────────

Damit haben wir eine konkrete Beschreibung der linearen Abbildungen durch Matrizen erreicht. Wir können jede lineare Abbildungen zwischen endlichdimensionalen $\mathbb{K}$-Vektorräumen nach Wahl von Basen durch eine Matrix beschrei-

ben. Das Aussehen der Darstellungsmatrix hängt natürlich von der Wahl der Basis ab, und es stellt sich die Frage, was der Zusammenhang zwischen den Darstellungsmatrizen ein und derselben linearen Abbildung bezüglich verschiedener Basen ist. Aber bevor wir auf diesen Zusammenhang zu sprechen kommen, diskutieren wir die Injektivität, Surjektivität, Bijektivität und Invertierbarkeit von linearen Abbildungen im Zusammenhang mit ihren Darstellungsmatrizen – letztlich sind lineare Abbildungen ja nichts anderes als Matrizen, diese Eigenschaften von Abbildungen müssen damit als Eigenschaften der Darstellungsmatrizen erkennbar sein.

Weil die Bijektivität einer Abbildung φ zur Umkehrbarkeit der linearen Abbildung φ äquivalent ist, d. h., es existiert eine Abbildung φ^{-1} mit

$$\varphi^{-1} \circ \varphi = \mathrm{id} = \varphi \circ \varphi^{-1},$$

müssen wir uns zunächst überlegen, was die Darstellungsmatrix der Komposition von Abbildungen ist.

12.5 Das Produkt von Matrizen

Neben der Addition von linearen Abbildungen und der Multiplikation von linearen Abbildungen mit Skalaren haben wir auch das Produkt $\circ$ von linearen Abbildungen betrachtet:

$$\varphi : V \to W, \ \psi : W \to U \ \Rightarrow \ \psi \circ \varphi : V \to U.$$

Wie sieht die Darstellungsmatrix von $\psi \circ \varphi$ aus? Ein naheliegender Wunsch ist, dass diese Darstellungsmatrix das *Produkt* der beiden Darstellungsmatrizen von φ und ψ ist. Wir erklären nun das Produkt von Matrizen einfach so, dass dieser Wunsch erfüllt ist.

Mit dieser Multiplikation $\cdot$ von Matrizen wird die abelsche Gruppe $(\mathbb{K}^{n \times n}, +)$ der quadratischen Matrizen zu einem Ring $(\mathbb{K}^{n \times n}, +, \cdot)$. Wir entscheiden, welche Matrizen in diesem Ring invertierbar sind, geben verschiedene Kriterien an und besprechen Verfahren, wie man gegebenenfalls das *Inverse* einer quadratischen Matrix bestimmen kann.

Natürlich wird das Inverse der Darstellungsmatrix einer linearen Abbildung dann die Darstellungsmatrix der inversen Abbildung sein.

Beim Produkt von Matrizen werden Zeilen mit Spalten multipliziert

Wir betrachten vorab der Einfachheit halber die $\mathbb{K}$-Vektorräume $\mathbb{K}^n$, $\mathbb{K}^m$ und $\mathbb{K}^r$ mit den jeweiligen kanonischen Basen E_n, E_m und E_r. Sind $\varphi : \mathbb{K}^n \to \mathbb{K}^m$ und $\psi : \mathbb{K}^m \to \mathbb{K}^r$ lineare Abbildungen mit den Darstellungsmatrizen $\boldsymbol{B} \in \mathbb{K}^{m \times n}$ und $\boldsymbol{A} \in \mathbb{K}^{r \times m}$ bezüglich der kanonischen Basen,

$$\varphi(\boldsymbol{v}) = \boldsymbol{B}\,\boldsymbol{v} \ \text{und} \ \psi(\boldsymbol{w}) = \boldsymbol{A}\,\boldsymbol{w}, \ \boldsymbol{v} \in V, \ \boldsymbol{w} \in W,$$

so sollte $A\,B$ die Darstellungsmatrix von $\psi \circ \varphi \colon V \to U$ bezüglich der kanonischen Basen E_n und E_r sein, insbesondere sollte also $A\,B$ eine $r \times n$-Matrix sein mit

$$(A\,B)\,v = (\psi \circ \varphi)(v) = \psi(\varphi(v)) = A\,(B\,v)\,, \quad v \in V.$$

Nun erklären wir das Produkt $A\,B$ von A mit B so, dass diese Gleichheit erfüllt ist. Damit wird eine Multiplikation der Matrizen A und B definiert.

Setzen wir in die obige gewünschte Gleichheit nacheinander die Basisvektoren $e_1, \ldots, e_n$ der kanonischen Basis ein, so erhalten wir, wenn wir beachten, dass $B\,e_i$ gleich der i-ten Spalte s_i der Matrix $B = (s_1, \ldots, s_n)$ ist:

$$(A\,B)\,e_1 = A\,(B\,e_1) = A\,s_1\,,$$
$$(A\,B)\,e_2 = A\,(B\,e_2) = A\,s_2\,,$$
$$\vdots \qquad \qquad \vdots$$
$$(A\,B)\,e_n = A\,(B\,e_n) = A\,s_n\,.$$

Da $(A\,B)\,e_i$ die i-te Spalte von $A\,B$ ist, haben wir somit die Matrix $A\,B$ ermittelt. Die n Spalten von $A\,B = (t_1, \ldots, t_n) \in \mathbb{K}^{r \times n}$ sind durch die folgenden Spaltenvektoren gegeben:

$$t_1 = A\,s_1\,, \ldots, t_n = A\,s_n\,.$$

Damit haben wir die folgende Multiplikation von Matrizen motiviert.

Das Matrixprodukt

Es seien $A \in \mathbb{K}^{m \times n}$ und $B = (s_1, \ldots, s_r) \in \mathbb{K}^{n \times r}$. Dann ist

$$A\,B = (A\,s_1, \ldots, A\,s_r) \in \mathbb{K}^{m \times r}$$

das **Matrixprodukt** oder auch nur kurz **Produkt** von A und B.

Man beachte: Die Spaltenzahl von A ist gleich der Zeilenzahl von B.

Wir haben das Produkt von Matrizen auf das r-fache Produkt einer Matrix mit einer Spalte zurückgeführt. Ausformuliert lautet die Produktbildung von $A = \begin{pmatrix} z_1 \\ \vdots \\ z_m \end{pmatrix} \in \mathbb{K}^{m \times n}$ mit

$B = (s_1, \ldots, s_r) \in \mathbb{K}^{n \times r}$:

$$A\,B = (c_{ik})_{m,r} \text{ mit } c_{ik} = z_i \cdot s_k = \sum_{j=1}^{n} a_{ij}\,b_{jk}\,.$$

An der Stelle (i, k) des Produkts $C = A\,B$ steht also die Zahl $z_i \cdot s_k$, wobei z_i den i-ten Zeilenvektor von A und s_k

den k-ten Spaltenvektor von B bezeichnen:

$$\underbrace{\begin{pmatrix} z_1 \\ \vdots \\ z_i \\ \vdots \\ z_m \end{pmatrix}}_{A\,B} (s_1, \ldots, s_k, \ldots, s_r) = \underbrace{\begin{pmatrix} \cdots & \vdots & \cdots \\ \cdots & z_i \cdot s_k & \cdots \\ \cdots & \vdots & \cdots \end{pmatrix}}_{C}.$$

Um die Matrix C zu bilden, ist also jede Zeile von A mit jeder Spalte von B zu multiplizieren. Das sind $m\,r$ Multiplikationen, wobei jede solche Multiplikation von Vektoren aus einer Summe von n Produkten besteht.

Zeilen- und Spaltenzahl des Produkts

Eine $m \times n$-Matrix mal einer $n \times r$-Matrix ergibt eine $m \times r$-Matrix:

$$[m \times n] \cdot [n \times r] = [m \times r]\,.$$

Die folgende Illustration verdeutlicht dies:

$$m\,\boxed{}^{\,n} \cdot\; n\,\boxed{}^{\,r} = m\,\boxed{}^{\,r}$$

$$A \qquad \cdot \qquad B \qquad = \qquad C$$

Achtung: Das Matrixprodukt ist nur für Matrizen A und B mit der Eigenschaft

$$\text{Spaltenzahl von } A = \text{Zeilenzahl von } B$$

definiert.

— **?** —

Für Matrizen A und B existiere sowohl das Produkt $A\,B$ als auch das Produkt $B\,A$. Müssen die Matrizen A und B dann quadratisch sein?

Beispiel Die folgenden Matrizen sollen alle reell sein.

■ Beim ersten Produkt benutzen wir Farbe, um das Prinzip *Zeile mal Spalte* deutlich zu machen:

$$\begin{pmatrix} 2 & 6 & 1 \\ 6 & 4 & 0 \\ 0 & 3 & 3 \\ 4 & 1 & 2 \end{pmatrix} \cdot \begin{pmatrix} 2 & 4 \\ 3 & 1 \\ 1 & 3 \end{pmatrix} = \begin{pmatrix} 23 & 17 \\ 24 & 28 \\ 12 & 12 \\ 13 & 23 \end{pmatrix}$$

Beispielsweise bestimmen die blau eingezeichneten Ziffern der zweiten Zeile in der ersten Matrix und zweiten Spalte der zweiten Matrix den Eintrag in der zweiten Zeile und zweiten Spalte des Produkts:

$$6 \cdot 4 + 4 \cdot 1 + 0 \cdot 3 = 28\,.$$

- Die Faktoren des folgenden Produkts kann man nicht vertauschen:

$$\begin{pmatrix} 2 & 3 & 1 \\ 3 & 5 & 0 \end{pmatrix} \begin{pmatrix} 1 & 2 & 3 & 1 \\ 1 & 0 & 0 & 1 \\ 2 & 5 & 0 & 4 \end{pmatrix} = \begin{pmatrix} 7 & 9 & 6 & 9 \\ 8 & 6 & 9 & 8 \end{pmatrix}$$

- Eine Spalte mal eine Zeile ergibt eine Matrix:

$$\begin{pmatrix} -1 \\ 1 \\ 2 \end{pmatrix} (2,\, 3,\, 1) = \begin{pmatrix} -2 & -3 & -1 \\ 2 & 3 & 1 \\ 4 & 6 & 2 \end{pmatrix}$$

- Beliebige Matrizen kann man nicht miteinander multiplizieren:

$$\begin{pmatrix} 2 & 3 & 1 \\ 3 & 5 & 0 \end{pmatrix} \begin{pmatrix} 1 & 2 & 3 & 1 \\ 1 & 0 & 0 & 1 \end{pmatrix} \quad \text{ist nicht definiert.}$$

- Eine Diagonalmatrix vervielfacht die Zeilen, wenn sie links im Produkt steht:

$$\begin{pmatrix} a & 0 & 0 \\ 0 & b & 0 \\ 0 & 0 & c \end{pmatrix} \begin{pmatrix} 1 & 2 & 3 \\ 4 & 5 & 6 \\ 7 & 8 & 9 \end{pmatrix} = \begin{pmatrix} 1\,a & 2\,a & 3\,a \\ 4\,b & 5\,b & 6\,b \\ 7\,c & 8\,c & 9\,c \end{pmatrix}$$

- Eine Diagonalmatrix vervielfacht die Spalten, wenn sie rechts im Produkt steht:

$$\begin{pmatrix} 1 & 2 & 3 \\ 4 & 5 & 6 \\ 7 & 8 & 9 \end{pmatrix} \begin{pmatrix} a & 0 & 0 \\ 0 & b & 0 \\ 0 & 0 & c \end{pmatrix} = \begin{pmatrix} 1\,a & 2\,b & 3\,c \\ 4\,a & 5\,b & 6\,c \\ 7\,a & 8\,b & 9\,c \end{pmatrix}$$

- *Potenzieren* von Diagonalmatrizen führt zum Potenzieren der Diagonalelemente:

$$\begin{pmatrix} a & 0 & 0 \\ 0 & b & 0 \\ 0 & 0 & c \end{pmatrix}\begin{pmatrix} a & 0 & 0 \\ 0 & b & 0 \\ 0 & 0 & c \end{pmatrix}\begin{pmatrix} a & 0 & 0 \\ 0 & b & 0 \\ 0 & 0 & c \end{pmatrix} = \begin{pmatrix} a^3 & 0 & 0 \\ 0 & b^3 & 0 \\ 0 & 0 & c^3 \end{pmatrix} \quad \blacktriangleleft$$

Ausgehend vom letzten Beispiel definieren wir allgemeiner für eine quadratische Matrix $A \in \mathbb{K}^{n \times n}$: Für jede natürliche Zahl k bezeichne

$$A^k = \underbrace{A \cdots A}_{k\text{-mal}}$$

die k-te **Potenz** von A. Weiter setzen wir

$$A^0 = \mathbf{E}_n \,.$$

?

Wieso muss die Matrix A quadratisch sein?

Beispiel   Mit Matrizen lassen sich rekursiv definierte Folgen beschreiben.

Gegeben ist die reelle Folge $(a_n)_{n \in \mathbb{N}_0}$ mit

$$a_0 = 0,\ a_1 = 1,\ a_{n+1} = -4\,a_{n-1} + 4\,a_n \ \text{für } n \in \mathbb{N}.$$

Wir bestimmen eine Matrix $A \in \mathbb{R}^{2 \times 2}$, sodass sich die Rekursion in der Form

$$\begin{pmatrix} a_n \\ a_{n+1} \end{pmatrix} = A \begin{pmatrix} a_{n-1} \\ a_n \end{pmatrix}$$

schreiben lässt.

Wegen $a_n = 0\,a_{n-1} + 1\,a_n$ und $a_{n+1} = -4\,a_{n-1} + 4\,a_n$ leistet

$$A = \begin{pmatrix} 0 & 1 \\ -4 & 4 \end{pmatrix} \in \mathbb{R}^{2 \times 2}$$

das Gewünschte.

Und nun gilt:

$$\begin{pmatrix} a_n \\ a_{n+1} \end{pmatrix} = A \begin{pmatrix} a_{n-1} \\ a_n \end{pmatrix} = A^2 \begin{pmatrix} a_{n-2} \\ a_{n-1} \end{pmatrix} = \cdots = A^n \begin{pmatrix} a_0 \\ a_1 \end{pmatrix} \,.$$

Ist also $A^n = \begin{pmatrix} b_{11} & b_{12} \\ b_{21} & b_{22} \end{pmatrix}$, so können wir a_{n+1} aus den Startwerten berechnen:

$$a_{n+1} = b_{21}\,a_0 + b_{22}\,a_1$$

Durch diese Beschreibung gelingt es uns mit noch zu entwickelnden Methoden, a_n auch explizit für große n anzugeben. Es ist z. B. bereits $a_{20} = 20 \cdot 2^{19}$. Es wäre mühsam, diesen Wert für a_{20} mit der Folgenvorschrift zu bestimmen. $\blacktriangleleft$

Zum Produkt von linearen Abbildungen gehört das Produkt der Darstellungsmatrizen

Wir können nun auch die folgende Multiplikativität nachweisen:

> **Die Darstellungsmatrix eines Produkts linearer Abbildungen**
>
> Für $\mathbb{K}$-Vektorräume V, W und U mit den geordneten Basen B, C und D und lineare Abbildungen $\varphi \colon V \to W$ und $\psi \colon W \to U$ gilt:
>
> $$_D M(\psi \circ \varphi)_B = {_D M(\psi)_C} \ {_C M(\varphi)_B} \,.$$

Beweis: Es seien

$B = (\boldsymbol{b}_1,\, \ldots,\, \boldsymbol{b}_n)$ eine Basis von V, $\dim V = n$,

$C = (\boldsymbol{c}_1,\, \ldots,\, \boldsymbol{c}_m)$ eine Basis von W, $\dim W = m$ und

$D = (\boldsymbol{d}_1,\, \ldots,\, \boldsymbol{d}_r)$ eine Basis von U, $\dim U = r$.

Wir zeigen, dass die beiden $r \times n$-Matrizen $_D M(\psi \circ \varphi)_B$ und $_D M(\psi)_C \ _C M(\varphi)_B$ die gleichen Spalten haben, d. h., dass für jedes $i = 1,\, \ldots,\, n$ gilt:

$$_D(\psi \circ \varphi)(\boldsymbol{b}_i) = {_D M(\psi)_C} \ _C \varphi(\boldsymbol{b}_i) \,.$$

Dazu formen wir beide Seiten zu gleichen Ausdrücken um. Für ein $i \in \{1, \ldots, n\}$ gelte:

$$\varphi(\boldsymbol{b}_i) = b_1 \boldsymbol{c}_1 + \cdots + b_m \boldsymbol{c}_m, \quad \text{d. h.,} \quad {}_C\varphi(\boldsymbol{b}_i) = \begin{pmatrix} b_1 \\ \vdots \\ b_m \end{pmatrix}.$$

Damit erhalten wir zum einen

$$_D(\psi \circ \varphi)(\boldsymbol{b}_i) = {}_D(\psi(\varphi(\boldsymbol{b}_i))) = {}_D(\psi(b_1 \boldsymbol{c}_1 + \cdots + b_m \boldsymbol{c}_m))$$

und zum anderen

$$_D\boldsymbol{M}(\psi)_C \, {}_C\varphi(\boldsymbol{b}_i) = ({}_D\psi(\boldsymbol{c}_1), \, \ldots, \, {}_D\psi(\boldsymbol{c}_m)) \begin{pmatrix} b_1 \\ \vdots \\ b_m \end{pmatrix}$$

$$= b_1 {}_D\psi(\boldsymbol{c}_1) + \cdots + b_m {}_D\psi(\boldsymbol{c}_m)$$

$$= {}_D(\psi(b_1 \boldsymbol{c}_1 + \cdots + b_m \boldsymbol{c}_m)).$$

Damit ist die Gleichheit der beiden Matrizen gezeigt. ∎

Viele Rechenregeln für Matrizen sind analog zu den Rechenregeln für z. B. ganze Zahlen, es gibt aber auch Ausnahmen

Wir begründen nun, dass bezüglich der von uns erklärten Matrizenmultiplikation und der Addition von Matrizen die Menge aller quadratischen Matrizen einen Ring bildet (siehe Seite 85). Dazu ist nachzuweisen, dass das Assoziativgesetz für die Multiplikation und die Distributivgesetze gelten. Ein direkter Nachweis dieser Gesetze ist möglich aber deutlich aufwendiger als die Methode, die wir nun verwenden werden. Wir benutzen die Tatsache, dass $\mathrm{End}_{\mathbb{K}}(V)$ mit der punktweisen Addition und der Hintereinanderausführung einen Ring bildet. Dabei entspricht diese Addition der Addition von Matrizen und die Hintereinanderausführung der Multiplikation von Matrizen. So *überträgt* sich die Ringstruktur mit einer bijektiven, additiven und multiplikativen Abbildung von $\mathrm{End}_{\mathbb{K}}(\mathbb{K}^n)$ auf $\mathbb{K}^{n \times n}$.

In den Anwendungen braucht man das Assoziativgesetz aber nicht nur für quadratische Matrizen. Daher beweisen wir allgemeiner die folgenden Rechenregeln für die Matrizenmultiplikation.

Rechenregeln für die Matrixmultiplikation

(i) Wenn für Matrizen $\boldsymbol{A}$, $\boldsymbol{B}$, $\boldsymbol{C}$ die Produkte $\boldsymbol{A}\boldsymbol{B}$ und $\boldsymbol{B}\boldsymbol{C}$ erklärt sind, existieren auch $(\boldsymbol{A}\boldsymbol{B})\boldsymbol{C}$ und $\boldsymbol{A}(\boldsymbol{B}\boldsymbol{C})$, und es gilt:

$$(\boldsymbol{A}\boldsymbol{B})\boldsymbol{C} = \boldsymbol{A}(\boldsymbol{B}\boldsymbol{C}).$$

(ii) Für quadratische Matrizen $\boldsymbol{A}$, $\boldsymbol{B}$, $\boldsymbol{C} \in \mathbb{K}^{n \times n}$ gelten

$$\boldsymbol{A}(\boldsymbol{B} + \boldsymbol{C}) = \boldsymbol{A}\boldsymbol{B} + \boldsymbol{A}\boldsymbol{C},$$
$$(\boldsymbol{A} + \boldsymbol{B})\boldsymbol{C} = \boldsymbol{A}\boldsymbol{C} + \boldsymbol{B}\boldsymbol{C}.$$

Beweis: (i) Es seien $\boldsymbol{A} \in \mathbb{K}^{m \times n}$, $\boldsymbol{B} \in \mathbb{K}^{n \times r}$ und $\boldsymbol{C} \in \mathbb{K}^{r \times p}$. In den $\mathbb{K}$-Vektorräumen $\mathbb{K}^n$, $\mathbb{K}^m$, $\mathbb{K}^r$, $\mathbb{K}^p$ wählen wir die Basen N, M, R, P. Nach dem Isomorphiesatz auf Seite 442 sind

$$\rho = ({}_M\Psi_N)^{-1}(\boldsymbol{A}), \; \psi = ({}_N\Psi_R)^{-1}(\boldsymbol{B}), \; \varphi = ({}_R\Psi_P)^{-1}(\boldsymbol{C})$$

lineare Abbildungen,

$$\rho \colon \mathbb{K}^n \to \mathbb{K}^m, \; \psi \colon \mathbb{K}^r \to \mathbb{K}^n, \; \varphi \colon \mathbb{K}^p \to \mathbb{K}^r.$$

Nun gilt aufgrund des obigen Satzes und der Assoziativität der Hintereinanderausführung von Abbildungen:

$$(\boldsymbol{A}\boldsymbol{B})\boldsymbol{C} = \big({}_M M(\rho)_N \, {}_N M(\psi)_R\big)_R M(\varphi)_P$$
$$= {}_M M(\rho \circ \psi)_R \cdot {}_R M(\varphi)_P = {}_M M\big((\rho \circ \psi) \circ \varphi\big)_P$$
$$= {}_M M\big(\rho \circ (\psi \circ \varphi)\big)_P = {}_M M(\rho)_N \, {}_N M(\psi \circ \varphi)_P$$
$$= {}_M M(\rho)_N \big({}_N M(\psi)_R \, {}_R M(\varphi)_P\big) = \boldsymbol{A}(\boldsymbol{B}\boldsymbol{C}).$$

(ii) Das beweist man analog. ∎

Beispiel Durch Ausnutzen der Assoziativität $(\boldsymbol{A}\,\boldsymbol{B})\,\boldsymbol{C} = \boldsymbol{A}(\boldsymbol{B}\,\boldsymbol{C})$ kann man sich reichlich Rechenarbeit ersparen.

Wir berechnen das folgende Matrixprodukt auf 2 Arten:

$$\begin{pmatrix} 3 \\ -2 \\ 2 \end{pmatrix} (1, \, -1, \, -2, \, 1) \begin{pmatrix} 2 \\ 0 \\ 2 \\ 3 \end{pmatrix}.$$

Mit der Klammerung $(\boldsymbol{A}\,\boldsymbol{B})\,\boldsymbol{C}$ ergibt sich:

$$\begin{pmatrix} 3 & -3 & -6 & 3 \\ -2 & 2 & 4 & -2 \\ 2 & -2 & -4 & 2 \end{pmatrix} \begin{pmatrix} 2 \\ 0 \\ 2 \\ 3 \end{pmatrix} = \begin{pmatrix} 6 + 0 - 12 + 9 \\ -4 + 0 + 8 - 6 \\ 4 + 0 - 8 + 6 \end{pmatrix} = \begin{pmatrix} 3 \\ -2 \\ 2 \end{pmatrix}.$$

Mit der Klammerung $\boldsymbol{A}(\boldsymbol{B}\,\boldsymbol{C})$ ergibt sich dasselbe, aber die Rechnung ist kürzer ($4 + 3 = 7$ gegenüber $12 + 12 = 24$ Multiplikationen):

$$\begin{pmatrix} 3 \\ -2 \\ 2 \end{pmatrix} (2 - 0 - 4 + 3) = \begin{pmatrix} 3 \\ -2 \\ 2 \end{pmatrix}. \quad \blacktriangleleft$$

Wir betrachten nun den Fall $V = W = U$, $B = C = D$ und beachten, dass $\mathrm{Hom}_{\mathbb{K}}(V, V) = \mathrm{End}_{\mathbb{K}}(V)$ mit der Hintereinanderausführung $\circ$ von Abbildungen sogar einen Ring bildet (siehe Seite 424). Wir erhalten für den additiven Isomorphismus ${}_B\Psi_B$ von Seite 442 aus obigem Ergebnis:

Der Endomorphismenring ist zum Matrizenring isomorph

Die Menge $\mathbb{K}^{n \times n}$ aller $n \times n$-Matrizen bildet mit der Addition $+$ und Multiplikation $\cdot$ von Matrizen einen Ring mit Einselement $\mathbf{E}_n$, und für jeden n-dimensionalen $\mathbb{K}$-Vektorraum V gilt:

$$\mathrm{End}_{\mathbb{K}}(V) \cong \mathbb{K}^{n \times n}.$$

Im Fall $n \geq 2$ ist $\mathbb{K}^{n \times n}$ nicht kommutativ und besitzt Nullteiler, d. h., es gibt Elemente $\boldsymbol{A} \neq \boldsymbol{0} \neq \boldsymbol{B}$ mit $\boldsymbol{A}\boldsymbol{B} = \boldsymbol{0}$.

Beweis: Nach den obigen Rechenregeln für die Matrizenmultiplikation gelten das Assoziativgesetz und die Distributivgesetze in $(\mathbb{K}^{n \times n}, +, \cdot)$. Folglich ist $(\mathbb{K}^{n \times n}, +, \cdot)$ ein Ring. Wegen

$$\mathbf{E}_n \, \mathbf{A} = \mathbf{A} = \mathbf{A} \, \mathbf{E}_n$$

für jedes $\mathbf{A} \in \mathbb{K}^{n \times n}$ ist $\mathbf{E}_n$ ein Einselement in $(\mathbb{K}^{n \times n}, +, \cdot)$.

Für jede Basis B von V ist die additive und bijektive Abbildung aus dem Satz von Seite 442:

$$_B\Psi_B : \begin{cases} \mathrm{End}_{\mathbb{K}}(V) \to & \mathbb{K}^{n \times n}, \\ \varphi & \mapsto {}_B\mathbf{M}(\varphi)_B \end{cases}$$

nach dem Satz zur Darstellungsmatrix eines Produkts von linearen Abbildungen auf Seite 444 auch multiplikativ, d. h., $_B\Psi_B(\psi \circ \varphi) = {}_B\Psi_B(\psi) \, _B\Psi_B(\varphi)$. Somit ist $_B\Psi_B$ ein Isomorphismus.

Die Multiplikation von Matrizen ist nicht kommutativ: Mit $\mathbf{A} = \begin{pmatrix} 1 & 0 \\ 0 & 0 \end{pmatrix}$ und $\mathbf{B} = \begin{pmatrix} 0 & 0 \\ 1 & 0 \end{pmatrix}$ gilt:

$$\mathbf{A}\,\mathbf{B} = \begin{pmatrix} 1 & 0 \\ 0 & 0 \end{pmatrix} \begin{pmatrix} 0 & 0 \\ 1 & 0 \end{pmatrix} = \begin{pmatrix} 0 & 0 \\ 0 & 0 \end{pmatrix}$$

aber

$$\mathbf{B}\,\mathbf{A} = \begin{pmatrix} 0 & 0 \\ 1 & 0 \end{pmatrix} \begin{pmatrix} 1 & 0 \\ 0 & 0 \end{pmatrix} = \begin{pmatrix} 0 & 0 \\ 1 & 0 \end{pmatrix}.$$

Im Fall $n \geq 3$ füge man diesen hier gegebenen Matrizen $\mathbf{A}$ und $\mathbf{B}$ entsprechend viele Nullspalten und Nullzeilen an.

Es gibt Nullteiler: Wir können wieder $\mathbf{A} = \begin{pmatrix} 1 & 0 \\ 0 & 0 \end{pmatrix}$ und $\mathbf{B} = \begin{pmatrix} 0 & 0 \\ 1 & 0 \end{pmatrix}$ wählen und erhalten $\mathbf{A}\,\mathbf{B} = \mathbf{0}$. $\blacksquare$

?

Gilt in $\mathbb{K}^{n \times n}$ die Kürzregel

$$\mathbf{A}\,\mathbf{C} = \mathbf{B}\,\mathbf{C}, \ \mathbf{C} \neq \mathbf{0} \ \Rightarrow \ \mathbf{A} = \mathbf{B} \, ?$$

Etwas vereinfacht ausgedrückt bedeutet obiger Satz: In endlichdimensionalen Vektorräumen können wir die linearen Abbildungen als Matrizen auffassen. Wir zeigen gleich, dass den invertierbaren Endomorphismen die *invertierbaren* Matrizen entsprechen. Vorab halten wir aber noch ein Ergebnis fest, das wir später benötigen werden.

Wir können die Menge aller Diagonalmatrizen

$$\mathrm{diag}(\lambda, \ldots, \lambda) = \begin{pmatrix} \lambda & & \\ & \ddots & \\ & & \lambda \end{pmatrix}, \ \lambda \in \mathbb{K},$$

für jedes $n \subset \mathbb{N}$ als einen kommutativen Teilkörper des für $n \geq 2$ nicht kommutativen Rings $\mathbb{K}^{n \times n}$ auffassen:

Lemma

Es ist

$$\iota : \begin{cases} \mathbb{K} \to & \mathbb{K}^{n \times n}, \\ \lambda \mapsto & \mathrm{diag}(\lambda, \ldots, \lambda) \end{cases}$$

ein Ringmonomorphismus.

Beweis: Für beliebige $\lambda, \mu \in \mathbb{K}$ gilt:

$$\begin{aligned} \iota(\lambda + \mu) &= \mathrm{diag}(\lambda + \mu, \ldots, \lambda + \mu) \\ &= \mathrm{diag}(\lambda, \ldots, \lambda) + \mathrm{diag}(\mu, \ldots, \mu) \\ &= \iota(\lambda) + \iota(\mu) \end{aligned}$$

und analog:

$$\iota(\lambda\,\mu) = \iota(\lambda)\,\iota(\mu),$$

sodass ι ein Ringhomomorphismus ist. Aus $\iota(\lambda) = \iota(\mu)$ folgt sogleich $\lambda = \mu$, d. h., ι ist auch injektiv und somit ein Ringmonomorphismus. $\blacksquare$

Es gilt also insbesondere die Isomorphie

$$\mathbb{K} \cong \iota(\mathbb{K}) \subseteq \mathbb{K}^{n \times n}.$$

Wie so oft unterscheidet man zueinander isomorphe Strukturen nicht und fasst somit $\mathbb{K}$ als einen Teilring von $\mathbb{K}^{n \times n}$ auf.

12.6 Das Invertieren von Matrizen

Wie wir gesehen haben, lässt sich ein reelles lineares Gleichungssystem mit n Gleichungen in n Unbestimmten kurz in der Form

$$\mathbf{A}\,\mathbf{x} = \mathbf{b}$$

mit einer Matrix $\mathbf{A} \in \mathbb{R}^{n \times n}$ und $\mathbf{b} \in \mathbb{R}^n$ sowie der *Unbestimmten* $\mathbf{x}$ schreiben. Die entsprechende Gleichung im Fall $n = 1$ lautet

$$a\,x = b$$

mit reellen Zahlen a und b. Die Lösung dieser letzten Gleichung ist bekannt: Ist $a \neq 0$, so ist $a^{-1}\,b$ die eindeutig bestimmte Lösung. Und ist $a = 0$, so ist diese Gleichung nur für $b = 0$ lösbar; die Lösungsmenge ist in diesem Fall ganz $\mathbb{R}$.

Tatsächlich liegt für das System $\mathbf{A}\,\mathbf{x} = \mathbf{b}$ mit einer quadratischen Matrix $\mathbf{A}$ eine ähnliche Situation vor: Ist die Matrix $\mathbf{A}$ *invertierbar*, d. h., existiert eine Matrix $\mathbf{A}^{-1}$ mit $\mathbf{A}^{-1}\,\mathbf{A} = \mathbf{E}_n$, so folgt durch Multiplikation der Gleichung $\mathbf{A}\,\mathbf{x} = \mathbf{b}$ von links mit $\mathbf{A}^{-1}$:

$$\mathbf{x} = \mathbf{A}^{-1}\,\mathbf{b},$$

also die eindeutig bestimmte Lösung des Systems $\mathbf{A}\,\mathbf{x} = \mathbf{b}$. Ist die Matrix $\mathbf{A}$ nicht *invertierbar*, so ist dieses System nur dann lösbar, wenn $\mathrm{rg}\,\mathbf{A} = \mathrm{rg}(\mathbf{A} \mid \mathbf{b})$ gilt, die Lösungsmenge ist in diesem Fall unendlich groß (siehe Seite 180).

Die zu A inverse Matrix A^{-1} ist eindeutig durch $A\,A^{-1} = \mathbf{E}_n = A^{-1}A$ bestimmt

In $\mathbb{K}$ gibt es zu jedem Element $a \in \mathbb{K} \setminus \{0\}$ genau ein Element $a' \in \mathbb{K}$ mit $a\,a' = 1 = a'a$, wobei das *Einselement* in $\mathbb{K}$ durch die Eigenschaft $1\,a = a = a\,1$ ausgezeichnet ist. Es gibt auch ein solches *Einselement* in $\mathbb{K}^{n\times n}$, nämlich die Einheitsmatrix $\mathbf{E}_n$, sie erfüllt für jedes $A \in \mathbb{K}^{n\times n}$ die Gleichung

$$\mathbf{E}_n A = A = A\,\mathbf{E}_n \,.$$

Aber im Gegensatz zum Körper $\mathbb{K}$, existiert zu einer Matrix $A \in \mathbb{K}^{n\times n} \setminus \{\mathbf{0}\}$ im Allgemeinen kein *Inverses* A', d. h. eine Matrix A' mit $A\,A' = \mathbf{E}_n = A'A$.

Die reelle Matrix $A = \begin{pmatrix} 1 & 0 \\ 0 & 0 \end{pmatrix}$ ist so ein Beispiel. Ist $A' = (a'_{ij}) \in \mathbb{R}^{2\times 2}$, so gilt:

$$A\,A' = \begin{pmatrix} 1 & 0 \\ 0 & 0 \end{pmatrix} \begin{pmatrix} a'_{11} & a'_{12} \\ a'_{21} & a'_{22} \end{pmatrix} = \begin{pmatrix} a'_{11} & a'_{12} \\ 0 & 0 \end{pmatrix} \neq \mathbf{E}_2 \,.$$

Die Nullzeile in A erzeugt im Produkt $A\,A'$ stets eine Nullzeile – und zwar in derselben Zeile.

Wir untersuchen in diesem Abschnitt, welche Matrizen *invertierbar* sind, führen aber erst die entsprechenden Begriffe ein.

Man nennt eine quadratische Matrix $A \in \mathbb{K}^{n\times n}$ **invertierbar** oder **regulär**, wenn es eine Matrix $A' \in \mathbb{K}^{n\times n}$ mit der Eigenschaft

$$A\,A' = \mathbf{E}_n = A'A$$

gibt. Die Matrix A' wird durch diese Eigenschaft eindeutig bestimmt, ist nämlich A'' eine zweite solche Matrix, so gilt nach dem Assoziativgesetz:

$$A' = A'\mathbf{E_n} = A'(A\,A'') = (A'A)\,A'' = \mathbf{E}_n A'' = A'' \,.$$

Man nennt diese Matrix A' die zu A **inverse Matrix** und schreibt A^{-1} anstelle von A':

$$A\,A^{-1} = \mathbf{E}_n = A^{-1}A \,.$$

Eine Matrix, die nicht invertierbar ist, nennt man auch **singulär**.

Wir stellen gleich einen Zusammenhang zwischen einer invertierbaren Matrix A und der Invertierbarkeit des Endomorphismus φ_A dar, dazu beachte man den Invertierbarkeitsbegriff einer Abbildung auf Seite 48.

Lemma

Eine Matrix $A \in \mathbb{K}^{n\times n}$ ist genau dann invertierbar, wenn der Endomorphismus $\varphi_A \colon \mathbb{K}^n \to \mathbb{K}^n$ invertierbar ist. In diesem Fall gilt:

$$\varphi_A^{-1} = \varphi_{A^{-1}} \,.$$

Beweis: Ist $A \in \mathbb{K}^{n\times n}$ invertierbar mit dem Inversen A^{-1}, so gilt

$$\varphi_{A^{-1}} \circ \varphi_A = \varphi_{A^{-1}A} = \varphi_{\mathbf{E}_n} = \mathrm{id}_{\mathbb{K}^n}$$

und analog:

$$\varphi_A \circ \varphi_{A^{-1}} = \mathrm{id}_{\mathbb{K}^n} \,,$$

sodass

$$\varphi_A^{-1} = \varphi_{A^{-1}} \,.$$

Ist nun umgekehrt φ_A invertierbar, so gilt nach dem Darstellungssatz linearer Abbildungen auf Seite 435 für die Umkehrabbildung ψ von φ_A:

$$\psi = \varphi_B \ \text{ mit einem } \ B \in \mathbb{K}^{n\times n} \,.$$

Nun folgt aus

$$\varphi_{A\,B} = \varphi_A \circ \varphi_B = \mathrm{id}_{\mathbb{K}^n} = \varphi_B \circ \varphi_A = \varphi_{B\,A}$$

sogleich

$$A\,B = \mathbf{E}_n = B\,A \,,$$

sodass also $B = A^{-1}$ gilt. $\blacksquare$

Kommentar: Eigentlich haben wir für das Inverse A^{-1} einer Matrix $A \in \mathbb{K}^{n\times n}$ zu viel gefordert. Wir verlangen, dass die beiden Gleichungen

$$A\,A' = \mathbf{E}_n = A'\,A$$

erfüllt sind. Tatsächlich folgt aber aus der Gleichung $A\,A' = \mathbf{E}_n$ mit einem A' die Gleichung $A'\,A = \mathbf{E}_n$ für dieses gleiche A'. In der Aufgabe 12.20 sollen Sie das beweisen.

Beispiel Wir zeigen an Beispielen, dass nicht jede Matrix invertierbar ist und geben Inverse einiger invertierbarer Matrizen an:

- Die folgende reelle Matrix A ist nicht invertierbar:

$$A = \begin{pmatrix} 4 & -3 \\ 0 & 0 \end{pmatrix}$$

  Die zweite Zeile von A, also die Nullzeile, erzwingt eine Nullzeile in jedem Produkt $A\,A'$, insbesondere kann für keine Matrix A' die Gleichung $A\,A' = \mathbf{E}_2$ erfüllt sein. Allgemeiner ist jede Matrix, die eine Nullzeile enthält, nicht invertierbar.

- Es ist $\mathbf{E}_2 \in \mathbb{K}^{2\times 2}$ zu sich selbst invers, da

$$\mathbf{E}_2\,\mathbf{E}_2 = \begin{pmatrix} 1 & 0 \\ 0 & 1 \end{pmatrix} \begin{pmatrix} 1 & 0 \\ 0 & 1 \end{pmatrix} = \begin{pmatrix} 1 & 0 \\ 0 & 1 \end{pmatrix} = \mathbf{E}_2 \,.$$

- Auch $-\mathbf{E}_2 \in \mathbb{K}^{2\times 2}$ ist zu sich selbst invers, da

$$(-\mathbf{E}_2)\,(-\mathbf{E}_2) = \begin{pmatrix} -1 & 0 \\ 0 & -1 \end{pmatrix} \begin{pmatrix} -1 & 0 \\ 0 & -1 \end{pmatrix}$$

$$= \begin{pmatrix} 1 & 0 \\ 0 & 1 \end{pmatrix} = \mathbf{E}_2 \,.$$

- Zu $A = \begin{pmatrix} 2 & 1 \\ 1 & 1 \end{pmatrix} \in \mathbb{R}^{2\times 2}$ ist $\begin{pmatrix} 1 & -1 \\ -1 & 2 \end{pmatrix}$ das Inverse, da

$$\begin{pmatrix} 2 & 1 \\ 1 & 1 \end{pmatrix} \begin{pmatrix} 1 & -1 \\ -1 & 2 \end{pmatrix} = \begin{pmatrix} 1 & 0 \\ 0 & 1 \end{pmatrix} = \mathbf{E}_2 \, .$$

- Zu $A = \begin{pmatrix} i & 1 & 0 \\ 0 & 1 & i \\ 0 & 0 & 1 \end{pmatrix} \in \mathbb{C}^{3\times 3}$ ist $\begin{pmatrix} -i & 1 & 1 \\ 0 & 1 & -i \\ 0 & 0 & 1 \end{pmatrix}$ das Inverse, da

$$\begin{pmatrix} i & 1 & 0 \\ 0 & 1 & i \\ 0 & 0 & 1 \end{pmatrix} \begin{pmatrix} -i & 1 & 1 \\ 0 & 1 & -i \\ 0 & 0 & 1 \end{pmatrix} = \begin{pmatrix} 1 & 0 & 0 \\ 0 & 1 & 0 \\ 0 & 0 & 1 \end{pmatrix} = \mathbf{E}_3 \, .$$

- Die Matrix $A = \begin{pmatrix} 1 & 1 \\ 1 & 1 \end{pmatrix} \in \mathbb{K}^{2\times 2}$ ist nicht invertierbar, da die Gleichung

$$\begin{pmatrix} 1 & 1 \\ 1 & 1 \end{pmatrix} \begin{pmatrix} a & b \\ c & d \end{pmatrix} = \begin{pmatrix} 1 & 0 \\ 0 & 1 \end{pmatrix} = \mathbf{E}_2$$

zu dem nicht lösbaren Gleichungssystem

$$a + c = 1 \qquad b + d = 0$$
$$a + c = 0 \qquad b + d = 1$$

führt. Allgemeiner sind Matrizen mit zwei gleichen Zeilen niemals invertierbar.
- Wir betrachten für ein $\alpha \in [0, \, 2\pi[$ die Matrix

$$A = \begin{pmatrix} \cos\alpha & -\sin\alpha \\ \sin\alpha & \cos\alpha \end{pmatrix} \in \mathbb{R}^{2\times 2}.$$

Dann ist $\begin{pmatrix} \cos(-\alpha) & -\sin(-\alpha) \\ \sin(-\alpha) & \cos(-\alpha) \end{pmatrix}$ das Inverse von A (man beachte $\cos(-\alpha) = \cos\alpha$ und $\sin(-\alpha) = -\sin\alpha$), da

$$\begin{pmatrix} \cos\alpha & -\sin\alpha \\ \sin\alpha & \cos\alpha \end{pmatrix} \begin{pmatrix} \cos(-\alpha) & -\sin(-\alpha) \\ \sin(-\alpha) & \cos(-\alpha) \end{pmatrix}$$
$$= \begin{pmatrix} 1 & 0 \\ 0 & 1 \end{pmatrix} = \mathbf{E}_2 \, . \qquad \blacktriangleleft$$

Bevor wir zeigen, wie man das Inverse einer invertierbaren Matrix bestimmt, geben wir noch wichtige Eigenschaften invertierbarer Matrizen an.

Eigenschaften invertierbarer Matrizen

(i) Wenn $A \in \mathbb{K}^{n\times n}$ invertierbar ist, so auch A^{-1}, und es gilt:

$$(A^{-1})^{-1} = A \, .$$

(ii) Wenn A und B aus $\mathbb{K}^{n\times n}$ invertierbar sind, so ist auch $A\,B$ invertierbar, und es gilt:

$$(A\,B)^{-1} = B^{-1}\,A^{-1}$$

– man beachte die Reihenfolge!
(iii) Es ist $\mathbf{E}_n \in \mathbb{K}^{n\times n}$ invertierbar, und es gilt:

$$\mathbf{E}_n^{-1} = \mathbf{E}_n \, .$$

Beweis: (i) Wegen $\mathbf{E}_n = A\,A^{-1} = A^{-1}\,A$ ist A das Inverse zu A^{-1}, d. h., $(A^{-1})^{-1} = A$.

(ii) Wir weisen nach, dass $(B^{-1}\,A^{-1})$ das Inverse zu $A\,B$ ist, es gilt dann $(A\,B)^{-1} = B^{-1}\,A^{-1}$.

Wegen der Assoziativität der Matrizenmultiplikation gilt folgende Gleichung:

$$(A\,B)\,(B^{-1}\,A^{-1}) = A\,(B\,B^{-1})\,A^{-1}$$
$$= A\,\mathbf{E}_n\,A^{-1} = A\,A^{-1} = \mathbf{E}_n \, .$$

(iii) Das gilt wegen $\mathbf{E}_n\,\mathbf{E}_n = \mathbf{E}_n$. $\blacksquare$

?

Sind A und B invertierbare $n \times n$-Matrizen, so ist $\varphi_A \circ \varphi_B$ eine invertierbare Abbildung. Was ist die Umkehrabbildung von $\varphi_A \circ \varphi_B$?

Da die Multiplikation von quadratischen Matrizen assoziativ ist, ist auch die Multiplikation von invertierbaren Matrizen assoziativ. Somit gilt:

Folgerung
Die Menge

$$\mathrm{GL}_n(\mathbb{K}) = \{A \in \mathbb{K}^{n\times n} \mid A \text{ ist invertierbar}\}$$

der invertierbaren $n \times n$-Matrizen über dem Körper $\mathbb{K}$ ist mit der Multiplikation von Matrizen eine Gruppe.

Achtung: Im Allgemeinen gilt:

$$(A\,B)^{-1} \neq A^{-1}\,B^{-1} \, .$$

Als Beispiel betrachten wir

$$A = \begin{pmatrix} 2 & 1 \\ 1 & 1 \end{pmatrix}, \; B = \begin{pmatrix} 1 & 1 \\ 0 & 1 \end{pmatrix} \, .$$

Dann gilt:

$$A^{-1} = \begin{pmatrix} 1 & -1 \\ -1 & 2 \end{pmatrix}, \; B^{-1} = \begin{pmatrix} 1 & -1 \\ 0 & 1 \end{pmatrix} \, .$$

Nun rechnen wir nach:

$$A\,B = \begin{pmatrix} 2 & 3 \\ 1 & 2 \end{pmatrix}, \; (A\,B)^{-1} = B^{-1}\,A^{-1} = \begin{pmatrix} 2 & -3 \\ -1 & 2 \end{pmatrix}$$

und

$$A^{-1}\,B^{-1} = \begin{pmatrix} 1 & -2 \\ -1 & 3 \end{pmatrix} \neq (A\,B)^{-1} \, .$$

Das Inverse einer $n \times n$-Matrix bestimmt man durch Lösen von n linearen Gleichungssystemen

Bei den bisherigen Beispielen invertierbarer Matrizen hatten wir das Inverse der jeweiligen Matrix gegeben. Nun beschreiben wir ein Verfahren, wie man das Inverse einer invertierbaren Matrix bestimmen kann. Es gibt verschiedene Methoden. Die wohl einfachste entspringt dem Algorithmus von Gauß und Jordan zur Lösung von Gleichungssystemen.

Ist

$$A = \begin{pmatrix} a_{11} & \cdots & a_{1n} \\ \vdots & & \vdots \\ a_{n1} & \cdots & a_{nn} \end{pmatrix} \in \mathbb{K}^{n \times n}$$

eine invertierbare Matrix mit dem Inversen

$$A^{-1} = \begin{pmatrix} b_{11} & \cdots & b_{1n} \\ \vdots & & \vdots \\ b_{n1} & \cdots & b_{nn} \end{pmatrix} = (s_1, \ldots, s_n) \in \mathbb{K}^{n \times n},$$

so gilt die Gleichung

$$A (s_1, \ldots, s_n) = \begin{pmatrix} 1 & \cdots & 0 \\ \vdots & \ddots & \vdots \\ 0 & \cdots & 1 \end{pmatrix} = \mathbf{E}_n \in \mathbb{K}^{n \times n}.$$

Diese Gleichung zerfällt in die n Gleichungen

$$A\, s_k = \begin{pmatrix} 0 \\ \vdots \\ 1 \\ \vdots \\ 0 \end{pmatrix} = e_k \quad \text{mit} \quad k = 1, \ldots, n\,.$$

Die k-te Spalte von A^{-1} ist also Lösung des linearen Gleichungssystems

$$A\, x = e_k\,.$$

Die Lösung s_k ist eindeutig bestimmt, weil das Inverse einer Matrix eindeutig bestimmt ist. Dies gilt für alle n Gleichungen. Nach dem Satz auf Seite 184 hat A den Rang n.

Ist eine Matrix $A \in \mathbb{K}^{n \times n}$ invertierbar, so hat diese Matrix also den Rang n. Hat eine Matrix A andererseits den Rang n, so sind die n Gleichungssysteme $A\, x = e_k$ für $k = 1, \ldots, n$ eindeutig lösbar, d. h., es existiert das Inverse A^{-1} zu A.

Kriterium für Invertierbarkeit

Eine Matrix $A \in \mathbb{K}^{n \times n}$ ist genau dann invertierbar, wenn der Rang von A gleich n ist.

Hieraus können wir folgern, dass zu den invertierbaren Matrizen die invertierbaren linearen Abbildungen gehören.

Folgerung

Es seien V und W endlichdimensionale Vektorräume mit $\dim V = \dim W$. Eine lineare Abbildung $\varphi\colon V \to W$ ist genau dann bijektiv, wenn eine Darstellungsmatrix von φ invertierbar ist.

Beweis: Ist φ bijektiv, so gilt $\ker \varphi = \{0\}$. Nach dem Satz vom Kern und Bild einer linearen Abbildung auf Seite 431 hat jede Darstellungsmatrix von φ den Rang $n = \dim V$ und ist somit invertierbar.

Ist eine Darstellungsmatrix A von φ invertierbar, so ist ihr Rang gleich $n = \dim V$. Wir wenden erneut den Satz von Seite 431 an und erhalten $\ker \varphi = \{0\}$, d. h., φ ist injektiv (siehe das Kriterium auf Seite 427). Da im vorliegenden Fall Bijektivität und Injektivität gleichwertig sind (beachte das Kriterium auf Seite 430), folgt hieraus die Bijektivität von φ. $\blacksquare$

Zum Invertieren einer Matrix $A \in \mathbb{K}^{n \times n}$ können wir die n Gleichungssysteme $A\, x = e_k$ für $k = 1, \ldots, n$ simultan lösen, d. h., wir machen den Ansatz $(A \mid \mathbf{E}_n)$, ausführlich

$$\begin{pmatrix} a_{11} & \cdots & a_{1n} & 1 & \cdots & 0 \\ \vdots & & \vdots & \vdots & \ddots & \vdots \\ a_{n1} & \cdots & a_{nn} & 0 & \cdots & 1 \end{pmatrix}$$

und lösen diese n Gleichungssysteme mit dem bekannten Verfahren von Gauß und Jordan.

Dabei bringen wir aber die Matrix A links der Hilfslinie nicht nur auf Zeilenstufenform, sondern gehen mit den elementaren Zeilenumformungen so weit, bis wir die Einheitsmatrix links der Hilfslinie erhalten, d. h., bis wir die Form

$$\begin{pmatrix} 1 & \cdots & 0 & b_{11} & \cdots & b_{1n} \\ \vdots & \ddots & \vdots & \vdots & & \vdots \\ 0 & \cdots & 1 & b_{n1} & \cdots & b_{nn} \end{pmatrix}$$

erhalten. Dass dies möglich ist, besagt gerade das eben begründete Kriterium für Invertierbarkeit.

Ist dies getan, so steht rechts der Hilfslinie das Inverse $A^{-1} = (b_{ij}) \in \mathbb{K}^{n \times n}$ von A, da für jedes $k = 1, \ldots, n$ die k-te Spalte s_k der so nach allen Umformungen rechts entstandenen Matrix der entsprechende Lösungsvektor der k-ten Gleichung $A\, x = e_k$ ist.

Bevor wir zu den Beispielen kommen, beantworten wir noch die Frage, wie man entscheiden kann, ob eine Matrix überhaupt invertierbar ist.

Und in der Tat liefert das beschriebenen Verfahren hier zugleich diese Antwort: Sieht man es der Matrix nicht an, ob sie invertierbar ist, so beginnt man einfach mit dem Invertieren, d. h., man macht den Ansatz $(A \mid \mathbf{E}_n)$ und bringt die Matrix A durch elementare Zeilenumformungen auf obere

Dreiecksgestalt, also auf die Form

$$\begin{pmatrix} * & * & \cdots & * & * & * & \cdots & * \\ 0 & * & \ddots & \vdots & * & * & \cdots & * \\ \vdots & \ddots & \ddots & * & * & * & \cdots & * \\ 0 & \cdots & 0 & * & * & * & \cdots & * \end{pmatrix}$$

$$\underbrace{}_{=:D}$$

Stellt sich hierbei heraus, dass der Rang von A kleiner als n ist, d. h., die links stehende Matrix D eine Nullzeile enthält, so ist nach dem Kriterium für Invertierbarkeit die Matrix A nicht invertierbar. Enthält D hingegen keine Nullzeile, so ist die Matrix invertierbar. Man setzt in diesem Fall die Zeilenumformungen fort und ermittelt das Inverse von A. Die geringfügige Mehrarbeit, die Zeilenumformungen an der rechts stehenden Einheitsmatrix im Ansatz $(A \mid E_n)$ durchzuführen, sollte man in Kauf nehmen.

> **Das Bestimmen des Inversen einer Matrix $A \in \mathbb{K}^{n \times n}$**
>
> 1. Man schreibe $(A \mid E_n)$.
> 2. Mit elementaren Zeilenumformungen bringe man $(A \mid E_n)$ auf die Form $(D \mid B)$, mit einer oberen Dreiecksmatrix D.
> 3. Enthält D eine Nullzeile, so ist A nicht invertierbar. Enthält D keine Nullzeile, so setze man mit elementaren Zeilenumformungen fort, um das Inverse A^{-1} von A zu erhalten:
> $$(A \mid E_n) \to \cdots \to (E_n \mid A^{-1}).$$

Beispiel

- Wir invertieren die Matrix

$$A = \begin{pmatrix} 2 & 1 \\ 1 & 1 \end{pmatrix} \in \mathbb{R}^{2 \times 2}.$$

Zuerst notieren wir $(A \mid E_2)$, vertauschen dann die Zeilen und addieren zur zweiten Zeile das (-2)-Fache der neuen ersten Zeile:

$$\left(\begin{array}{cc|cc} 2 & 1 & 1 & 0 \\ 1 & 1 & 0 & 1 \end{array}\right) \to \left(\begin{array}{cc|cc} 1 & 1 & 0 & 1 \\ 0 & -1 & 1 & -2 \end{array}\right).$$

Weil die Matrix den Rang 2 hat, ist sie invertierbar. Wir setzen nun das Invertieren fort. In einem zweiten Schritt addieren wir zur ersten Zeile die zweite Zeile und multiplizieren dann die zweite Zeile mit dem Faktor -1:

$$\left(\begin{array}{cc|cc} 1 & 1 & 0 & 1 \\ 0 & -1 & 1 & -2 \end{array}\right) \to \left(\begin{array}{cc|cc} 1 & 0 & 1 & -1 \\ 0 & 1 & -1 & 2 \end{array}\right).$$

Also ist $A^{-1} = \begin{pmatrix} 1 & -1 \\ -1 & 2 \end{pmatrix}$.

- Schließlich invertieren wir die Matrix

$$A = \begin{pmatrix} x & y & 1 \\ z & 1 & 0 \\ 1 & 0 & 0 \end{pmatrix} \in \mathbb{R}^{3 \times 3}.$$

Wieder notieren wir $(A \mid E_3)$, addieren zur ersten Zeile das $(-x)$-Fache der dritten Zeile, zur zweiten Zeile das $(-z)$-Fache der dritten Zeile und setzen schließlich die dritte Zeile als erste Zeile:

$$\left(\begin{array}{ccc|ccc} x & y & 1 & 1 & 0 & 0 \\ z & 1 & 0 & 0 & 1 & 0 \\ 1 & 0 & 0 & 0 & 0 & 1 \end{array}\right) \to$$

$$\left(\begin{array}{ccc|ccc} 1 & 0 & 0 & 0 & 0 & 1 \\ 0 & y & 1 & 1 & 0 & -x \\ 0 & 1 & 0 & 0 & 1 & -z \end{array}\right).$$

Wir addieren in einem zweiten Schritt das $(-y)$-Fache der dritten Zeile zur zweiten und vertauschen schließlich diese beiden Zeilen:

$$\left(\begin{array}{ccc|ccc} 1 & 0 & 0 & 0 & 0 & 1 \\ 0 & y & 1 & 1 & 0 & -x \\ 0 & 1 & 0 & 0 & 1 & -z \end{array}\right) \to$$

$$\left(\begin{array}{ccc|ccc} 1 & 0 & 0 & 0 & 0 & 1 \\ 0 & 1 & 0 & 0 & 1 & -z \\ 0 & 0 & 1 & 1 & -y & yz-x \end{array}\right).$$

Folglich ist

$$A^{-1} = \begin{pmatrix} 0 & 0 & 1 \\ 0 & 1 & -z \\ 1 & -y & yz-x \end{pmatrix}.$$

- Wir versuchen das Inverse von

$$A = \begin{pmatrix} 1 & 2 & 0 & 4 \\ 1 & 1 & 0 & 2 \\ 0 & 2 & 1 & 0 \\ 2 & 5 & 1 & 6 \end{pmatrix} \in \mathbb{R}^{4 \times 4}$$

zu bestimmen. Wir machen wieder den Ansatz $(A \mid E_4)$, addieren zur zweiten Zeile das (-1)-Fache der ersten Zeile und zur vierten Zeile das (-2)-Fache der ersten Zeile:

$$\left(\begin{array}{cccc|cccc} 1 & 2 & 0 & 4 & 1 & 0 & 0 & 0 \\ 1 & 1 & 0 & 2 & 0 & 1 & 0 & 0 \\ 0 & 2 & 1 & 0 & 0 & 0 & 1 & 0 \\ 2 & 5 & 1 & 6 & 0 & 0 & 0 & 1 \end{array}\right) \to$$

$$\left(\begin{array}{cccc|cccc} 1 & 2 & 0 & 4 & 1 & 0 & 0 & 0 \\ 0 & -1 & 0 & -2 & -1 & 1 & 0 & 0 \\ 0 & 2 & 1 & 0 & 0 & 0 & 1 & 0 \\ 0 & 1 & 1 & -2 & -2 & 0 & 0 & 1 \end{array}\right).$$

Nun erkennt man, dass durch Addition der zweiten zur dritten Zeile die vierte Zeile entsteht, d. h., der Rang von A ist nicht vier. Die Matrix ist also nicht invertierbar. ◄

Kommentar: Beim Invertieren von Matrizen hat man bei den Zeilenumformungen im Allgemeinen viele Wahlmöglichkeiten. Wir haben bei den Beispielen jeweils einen Weg vorgegeben. Natürlich gelangt man auch mit anderen Zeilenumformungen zum Ziel.

Wir heben zwei Merkregeln für das Inverse spezieller Matrizen hervor.

Die Inversen von 2×2- und Diagonalmatrizen

- Die Matrix $\begin{pmatrix} a & b \\ c & d \end{pmatrix} \in \mathbb{K}^{2\times 2}$ ist genau dann invertierbar, wenn $a\,d \neq b\,c$. Es gilt in diesem Fall:

$$\begin{pmatrix} a & b \\ c & d \end{pmatrix}^{-1} = \frac{1}{a\,d - b\,c} \begin{pmatrix} d & -b \\ -c & a \end{pmatrix}$$

- Die Matrix $\operatorname{diag}(a_1, \ldots, a_n) \in \mathbb{K}^{n\times n}$ ist genau dann invertierbar, wenn alle $a_i \neq 0$ sind, und es gilt in diesem Fall:

$$\begin{pmatrix} a_1 & & 0 \\ & \ddots & \\ 0 & & a_n \end{pmatrix}^{-1} = \begin{pmatrix} a_1^{-1} & & 0 \\ & \ddots & \\ 0 & & a_n^{-1} \end{pmatrix}$$

Diese Aussagen prüft man einfach durch Multiplikation der jeweiligen Matrizen mit den angegebenen Inversen nach.

—————————— **?** ——————————

Ist mit zwei invertierbaren Matrizen $A,\ B \in \mathbb{K}^{n\times n}$ auch die $n \times n$-Matrix $A + B$ invertierbar?

Kommentar: Ist $A\,x = b$ ein lineares Gleichungssystem mit invertierbarer Matrix A, so ist die dann eindeutig bestimmte Lösung durch $A^{-1}\,b$ gegeben. Tatsächlich ist es im Allgemeinen aber viel aufwendiger, erst A^{-1} zu bestimmen und diese Matrix dann mit b zu multiplizieren, als das Gleichungssystem mit dem Algorithmus von Gauß und Jordan zu lösen.

12.7 Elementarmatrizen

Wir betrachten die Matrix $A = \begin{pmatrix} 3 & 3 & 3 \\ 3 & 3 & 3 \\ 3 & 3 & 3 \end{pmatrix} \in \mathbb{R}^{3\times 3}$.

Die folgende Multiplikation reeller Matrizen

$$\begin{pmatrix} 1 & 0 & 0 \\ 0 & 1/3 & 0 \\ 0 & 0 & 1 \end{pmatrix} \begin{pmatrix} 3 & 3 & 3 \\ 3 & 3 & 3 \\ 3 & 3 & 3 \end{pmatrix} = \begin{pmatrix} 3 & 3 & 3 \\ 1 & 1 & 1 \\ 3 & 3 & 3 \end{pmatrix}$$

bewirkt eine elementare Zeilenumformung an A, nämlich das Multiplizieren der zweiten Zeile von A mit dem Faktor $1/3$.

Vertauscht man die Matrizen, berechnet man also

$$\begin{pmatrix} 3 & 3 & 3 \\ 3 & 3 & 3 \\ 3 & 3 & 3 \end{pmatrix} \begin{pmatrix} 1 & 0 & 0 \\ 0 & 1/3 & 0 \\ 0 & 0 & 1 \end{pmatrix} = \begin{pmatrix} 3 & 1 & 3 \\ 3 & 1 & 3 \\ 3 & 1 & 3 \end{pmatrix}$$

so bewirkt diese Multiplikation eine *elementare Spaltenumformung* an A.

Man kann auch das Addieren eines Vielfachen einer Zeile zu einer anderen Zeile durch eine Matrizenmultiplikation ausdrücken, so ist etwa

$$\begin{pmatrix} 1 & 0 & 0 \\ -1/3 & 1 & 0 \\ 0 & 0 & 1 \end{pmatrix} \begin{pmatrix} 3 & 3 & 3 \\ 3 & 3 & 3 \\ 3 & 3 & 3 \end{pmatrix} = \begin{pmatrix} 3 & 3 & 3 \\ 2 & 2 & 2 \\ 3 & 3 & 3 \end{pmatrix}$$

die Addition des $(-1/3)$-fachen der ersten Zeile zur zweiten.

—————————— **?** ——————————

Welche Zeile ändert sich, wenn der Faktor $-1/3$ an der Stelle $(3,\ 1)$ dieser Matrix steht?

Ein Vertauschen der Matrizen bewirkt wieder eine entsprechende Umformung an den Spalten:

$$\begin{pmatrix} 3 & 3 & 3 \\ 3 & 3 & 3 \\ 3 & 3 & 3 \end{pmatrix} \begin{pmatrix} 1 & 0 & 0 \\ -1/3 & 1 & 0 \\ 0 & 0 & 1 \end{pmatrix} = \begin{pmatrix} 2 & 3 & 3 \\ 2 & 3 & 3 \\ 2 & 3 & 3 \end{pmatrix} .$$

—————————— **?** ——————————

An welcher Stelle muss der Faktor $-1/3$ stehen, damit die zweite Spalte des Produkts nur 2 als Komponenten hat?

In der Tat lässt sich jede elementare Zeilenumformung bzw. elementare Spaltenumformung an einer Matrix $A \in \mathbb{K}^{m\times n}$ durch Multiplikation einer Matrix von rechts bzw. von links darstellen. Matrizen, die dies bewirken, werden wir *Elementarmatrizen* nennen.

Elementarmatrizen stellen elementare Zeilenumformungen bzw. Spaltenumformungen dar

Die **elementaren Zeilenumformungen** bzw. **elementaren Spaltenumformungen** an einer Matrix $A \in \mathbb{K}^{m\times n}$ sind die Umformungen:

(i) zwei Zeilen bzw. Spalten von A werden vertauscht,

(ii) eine Zeile bzw. Spalte wird mit einem Faktor $\lambda \neq 0$ multipliziert,

(iii) zu einer Zeile bzw. Spalte wird das Vielfache einer anderen Zeile bzw. Spalte addiert.

Wir untersuchen nun, welche Matrizen diese Zeilen- bzw. Spaltenumformungen an der Matrix $A \in \mathbb{K}^{m\times n}$ durch Multiplikation von rechts bzw. links bewirken.

Für $\lambda \in \mathbb{K}$ und $i,\ j \in \{1, \ldots, m\}$ mit $i \neq j$ nennt man die $m \times m$-Matrizen der Form

Beispiel: Invertieren einer Matrix

Man bestimme das Inverse der Matrix

$$A = \begin{pmatrix} 6 & 8 & 3 \\ 4 & 7 & 3 \\ 1 & 2 & 1 \end{pmatrix} \in \mathbb{R}^{3 \times 3} .$$

Problemanalyse und Strategie: Man beachte das auf Seite 450 beschriebene Verfahren.

Lösung:

Wieder notieren wir zuerst $(A \mid \mathbf{E}_3)$, tauschen dann die erste mit der dritte Zeile und addieren zur zweiten Zeile das (-4)-Fache der neuen ersten Zeile und zur neuen dritten Zeile das (-6)-Fache der neuen ersten Zeile:

$$\left(\begin{array}{ccc|ccc} 6 & 8 & 3 & 1 & 0 & 0 \\ 4 & 7 & 3 & 0 & 1 & 0 \\ 1 & 2 & 1 & 0 & 0 & 1 \end{array} \right) \rightarrow$$

$$\left(\begin{array}{ccc|ccc} 1 & 2 & 1 & 0 & 0 & 1 \\ 0 & -1 & -1 & 0 & 1 & -4 \\ 0 & -4 & -3 & 1 & 0 & -6 \end{array} \right)$$

In einem zweiten Schritt addieren wir zur ersten Zeile das 2-Fache der zweiten Zeile und zur dritten Zeile das (-4)-Fache der zweiten Zeile und multiplizieren schließlich die zweite Zeile mit -1:

$$\left(\begin{array}{ccc|ccc} 1 & 2 & 1 & 0 & 0 & 1 \\ 0 & -1 & -1 & 0 & 1 & -4 \\ 0 & -4 & -3 & 1 & 0 & -6 \end{array} \right) \rightarrow$$

$$\left(\begin{array}{ccc|ccc} 1 & 0 & -1 & 0 & 2 & -7 \\ 0 & 1 & 1 & 0 & -1 & 4 \\ 0 & 0 & 1 & 1 & -4 & 10 \end{array} \right)$$

Nun erkennen wir, dass A den Rang 3 hat, also auch tatsächlich invertierbar ist. Es folgt der letzte Schritt, in dem wir die dritte Zeile zur ersten Zeile addieren und zur zweiten Zeile das (-1)-Fache der dritten Zeile hinzufügen:

$$\left(\begin{array}{ccc|ccc} 1 & 0 & -1 & 0 & 2 & -7 \\ 0 & 1 & 1 & 0 & -1 & 4 \\ 0 & 0 & 1 & 1 & -4 & 10 \end{array} \right) \rightarrow$$

$$\left(\begin{array}{ccc|ccc} 1 & 0 & 0 & 1 & -2 & 3 \\ 0 & 1 & 0 & -1 & 3 & -6 \\ 0 & 0 & 1 & 1 & -4 & 10 \end{array} \right)$$

Folglich ist

$$A^{-1} = \begin{pmatrix} 1 & -2 & 3 \\ -1 & 3 & -6 \\ 1 & -4 & 10 \end{pmatrix}$$

Kommentar: Beim Invertieren einer Matrix $A \in \mathbb{K}^{n \times n}$ passieren leicht Rechenfehler. Man kann sein Ergebnis aber einfach überprüfen, da die Gleichung $A \, A^{-1} = \mathbf{E}_n$ erfüllt sein muss. Diese Gleichung ist im Allgemeinen sehr leicht nachzuvollziehen, wir tun dies für unser Beispiel:

$$\begin{pmatrix} 6 & 8 & 3 \\ 4 & 7 & 3 \\ 1 & 2 & 1 \end{pmatrix} \begin{pmatrix} 1 & -2 & 3 \\ -1 & 3 & -6 \\ 1 & -4 & 10 \end{pmatrix} = \begin{pmatrix} 1 & 0 & 0 \\ 0 & 1 & 0 \\ 0 & 0 & 1 \end{pmatrix}$$

$$\mathbf{D}_i(\lambda) = \begin{pmatrix} 1 \\ & \ddots \\ & & 1 \\ & & & \lambda \\ & & & & 1 \\ & & & & & \ddots \\ & & & & & & 1 \end{pmatrix} \leftarrow i$$

$$\uparrow$$
$$i$$

und

$$\mathbf{N}_{i,j}(\lambda) = \begin{pmatrix} 1 \\ & \ddots \\ & & 1 & & \lambda \\ & & & \ddots \\ & & & & 1 \\ & & & & & \ddots \\ & & & & & & 1 \end{pmatrix} \leftarrow i$$

$$\uparrow$$
$$j$$

$m \times m$-**Elementarmatrizen**.

Kommentar: Die Matrizen $\mathbf{D}_i(\lambda)$ für $\lambda \in \mathbb{K} \setminus \{0\}$ und $\mathbf{N}_{i,j}(\lambda)$ für $\lambda \in \mathbb{K}$ sind invertierbar, so ist $\mathbf{D}_i(\lambda^{-1})$ das Inverse zu $\mathbf{D}_i(\lambda)$ und $\mathbf{N}_{i,j}(-\lambda)$ jenes zu $\mathbf{N}_{i,j}(\lambda)$.

Für die $m \times n$-Matrix $A = \begin{pmatrix} z_1 \\ \vdots \\ z_m \end{pmatrix}$ mit den Zeilenvektoren $z_1, \ldots, z_m \in \mathbb{K}^n$ erhält man die folgenden Matrizenprodukte:

$$\mathbf{D}_i(\lambda) \, A = \begin{pmatrix} z_1 \\ \vdots \\ z_{i-1} \\ \lambda \, z_i \\ z_{i+1} \\ \vdots \\ z_m \end{pmatrix} \quad \text{und} \quad \mathbf{N}_{i,j}(\lambda) \, A = \begin{pmatrix} z_1 \\ \vdots \\ z_{i-1} \\ z_i + \lambda \, z_j \\ z_{i+1} \\ \vdots \\ z_m \end{pmatrix} .$$

Also bewirkt die Matrizenmultiplikation von $\mathbf{D}_i(\lambda)$ von links an A die Multiplikation der i-ten Zeile von A mit λ bzw. die Matrizenmultiplikation von $\mathbf{N}_{i,j}(\lambda)$ von links an A die Addition des λ-Fachen der j-ten Zeile zur i-ten Zeile.

Diese beiden Multiplikationen bewirken also gerade für $\lambda \neq 0$ im ersten Fall die elementaren Zeilenumformungen der Art (ii) und (iii) an A.

Wir überlegen uns nun, welche Matrix das Vertauschen zweier Zeilen z_i und z_j für $i \neq j$ von A bewirkt.

Wir multiplizieren an A von links Elementarmatrizen:

$$
A = \begin{pmatrix} \vdots \\ z_i \\ \vdots \\ z_j \\ \vdots \end{pmatrix} \to \underbrace{\begin{pmatrix} \vdots \\ z_i + z_j \\ \vdots \\ z_j \\ \vdots \end{pmatrix}}_{= N_{i,j}(1)\, A} \to \underbrace{\begin{pmatrix} \vdots \\ z_i + z_j \\ \vdots \\ z_j + (-1)\,(z_i + z_j) \\ \vdots \end{pmatrix}}_{= N_{j,i}(-1)\, N_{i,j}(1)\, A}
$$

$$
= \begin{pmatrix} \vdots \\ z_i + z_j \\ \vdots \\ -z_i \\ \vdots \end{pmatrix} \to \underbrace{\begin{pmatrix} \vdots \\ z_i + z_j + (-z_i) \\ \vdots \\ -z_i \\ \vdots \end{pmatrix}}_{= N_{i,j}(1) N_{j,i}(-1)\, N_{i,j}(1)\, A} \overset{D_j(-1)}{\to} \begin{pmatrix} \vdots \\ z_j \\ \vdots \\ z_i \\ \vdots \end{pmatrix}.
$$

Damit führen also die Elementarmatrizen auch zum Vertauschen der Zeilen z_i mit z_j, also zur elementaren Zeilenumformung (i). Diese Vertauschung bewirkt also letztlich die Matrix

$$
P_{i,j} = D_j(-1)\, N_{i,j}(1)\, N_{j,i}(-1)\, N_{i,j}(1) =
$$

$$
= \begin{pmatrix} 1 & & & & & & \\ & \ddots & & & & & \\ & & 0 & & 1 & & \\ & & & \ddots & & & \\ & & 1 & & 0 & & \\ & & & & & \ddots & \\ & & & & & & 1 \end{pmatrix} \begin{matrix} \\ \\ \leftarrow i \\ \\ \leftarrow j \\ \\ \\ \end{matrix}
$$

$$
\begin{matrix} \uparrow & & \uparrow \\ i & & j \end{matrix}
$$

Man nennt $P_{i,j}$ eine **Permutationsmatrix**, sie vertauscht durch Multiplikation von links an A die Zeilen z_i und z_j.

?

Warum gilt $P^2 = \mathbf{E}_n$ für jede $n \times n$-Permutationsmatrix ?

Analog kann man nun auch elementare Spaltenumformungen von A durch Multiplikation von $n \times n$-Elementarmatrizen von rechts an $A \in \mathbb{K}^{m \times n}$ darstellen.

So bewirkt die $n \times n$-Matrix $D_i(\lambda)$ mit $\lambda \neq 0$ durch Multiplikation von rechts an A eine Multiplikation der i-ten Spalte von A mit dem Faktor λ. Und die Multiplikation von $N_{i,j}(\lambda)$ von rechts an A bewirkt die Addition des λ-Fachen der i-ten Spalte zur j-ten Spalte.

Das Invertieren von Matrizen kann man auch mit Elementarmatrizen beschreiben

Eine invertierbare Matrix $A \in \mathbb{K}^{n \times n}$ hat nach einem Ergebnis auf Seite 449 den Maximalrang n.

Dann kann A mit elementaren Zeilenumformungen auf die Form $\begin{pmatrix} 1 & * & * \\ & \ddots & * \\ 0 & & 1 \end{pmatrix}$ gebracht werden und mit weiteren solchen Umformungen schließlich in die Einheitsmatrix $\mathbf{E}_n$ umgewandelt werden. Jede Umformung bedeutet eine Multiplikation von links mit einer Elementarmatrix. Daher existieren zu der invertierbaren Matrix A Elementarmatrizen $T_1, \ldots, T_k$ mit

$$
T_k \cdots T_1\, A = \mathbf{E}_n \,,
$$

sodass

$$
T_k \cdots T_1 = T_k \cdots T_1\, \mathbf{E}_n = A^{-1} \,.
$$

Invertieren von Matrizen

Jede invertierbare Matrix A lässt sich mittels elementarer Zeilenumformungen in die Einheitsmatrix $\mathbf{E}_n$ überführen. Wendet man dieselben Umformungen in derselben Reihenfolge auf $\mathbf{E}_n$ an, so erhält man A^{-1}.

Dieses Vorgehen zum Invertieren einer invertierbaren Matrix ist genau dasselbe, das wir in der Merkbox auf Seite 450 geschildert haben.

Man schreibt $\mathbf{E}_n$ rechts neben A, also $(A \mid \mathbf{E}_n)$ und wendet die Umformungen, die A in $\mathbf{E}_n$ überführen, gleichzeitig auf $\mathbf{E}_n$ an, man erhält also $(\mathbf{E}_n \mid A')$. Die Matrix A' ist dann das Inverse A^{-1} von A.

Wir haben damit auch gezeigt:

Folgerung

Jede invertierbare Matrix ist ein Produkt von Elementarmatrizen, d.h., die Gruppe $\mathrm{GL}_n(\mathbb{K})$ der invertierbaren $n \times n$-Matrizen über dem Körper $\mathbb{K}$ wird von den Elementarmatrizen erzeugt.

Wir halten eine weitere Folgerung fest: Da jede invertierbare Matrix $S \in \mathbb{K}^{n \times n}$ ein Produkt von Elementarmatrizen ist, $S = T_1 \cdots T_k$, bewirkt die Multiplikation von S an eine Matrix $A \in \mathbb{K}^{n \times n}$ von links bzw. von rechts,

$$
S\,A \quad \text{bzw.} \quad A\,S \,,
$$

entsprechende elementare Zeilen- bzw. Spaltenumformungen an A, da jede Elementarmatrix T_i eine solche Umformung darstellt. Da elementare Zeilen- bzw. Spaltenumformungen den Rang der Matrix A nicht ändern, erhalten wir damit:

Beispiel: Der Körper der komplexen Zahlen in Gestalt von Matrizen

Wir betrachten die Menge

$$G := \left\{ \begin{pmatrix} a & -b \\ b & a \end{pmatrix} \mid a, b \in \mathbb{R} \right\}$$

von 2×2-Matizen über $\mathbb{R}$ und zeigen, dass wir diese Menge mit dem Körper $\mathbb{C}$ der komplexen Zahlen identifizieren können.

Problemanalyse und Strategie: Man gebe eine bijektive additive und multiplikative Abbildung von $\mathbb{C}$ nach G an.

Lösung:

Wir betrachten die Abbildung

$$\varphi : \begin{cases} \mathbb{C} & \to & G, \\ z = a + \mathrm{i}\, b & \mapsto & \begin{pmatrix} a & -b \\ b & a \end{pmatrix} \end{cases}$$

und überzeugen uns von den folgenden vier Tatsachen:

1. φ ist injektiv: Aus $\varphi(a + \mathrm{i}\, b) = \varphi(a' + \mathrm{i}\, b')$ folgt sogleich $a = a'$ und $b = b'$.
2. φ ist surjektiv:

   Zu $\begin{pmatrix} a & b \\ -b & a \end{pmatrix} \in G$ wähle $z = a + \mathrm{i}\, b \in \mathbb{C}$.
3. Für alle $z, z' \in \mathbb{C}$ gilt $\varphi(z + z') = \varphi(z) + \varphi(z')$:
   Sind $z = a + \mathrm{i}\, b$ und $z' = a' + \mathrm{i}\, b' \in \mathbb{C}$, so ist

$$\varphi(z + z') = \begin{pmatrix} a + a' & -(b + b') \\ b + b' & a + a' \end{pmatrix} = \varphi(z) + \varphi(z') \,.$$

4. Für alle $z, z' \in \mathbb{C}$ gilt $\varphi(z\, z') = \varphi(z)\, \varphi(z')$:
   Sind $z = a + \mathrm{i}\, b$ und $z' = a' + \mathrm{i}\, b' \in \mathbb{C}$, so ist

$$\varphi(z\, z') = \varphi((a\, a' - b\, b') + \mathrm{i}\,(b\, a' + a\, b'))$$

$$= \begin{pmatrix} a\, a' - b\, b' & -(b\, a' + a\, b') \\ b\, a' + a\, b' & a\, a' - b\, b' \end{pmatrix}$$

$$= \begin{pmatrix} a & -b \\ b & a \end{pmatrix} \begin{pmatrix} a' & -b' \\ b' & a' \end{pmatrix} = \varphi(z)\, \varphi(z') \,.$$

Wir können nun die Elemente aus $\mathbb{C}$ durch jene aus G ausdrücken. Zu jedem Element aus $\mathbb{C}$ gehört genau ein Element aus G. Der Summe bzw. dem Produkt zweier komplexer Zahlen z und z' entspricht die Summe bzw. das Produkt der beiden Matrizen $\varphi(z)$ und $\varphi(z')$. Also sind G und $\mathbb{C}$ von der Bezeichnung der Elemente abgesehen dasselbe. Aber in G taucht die imaginäre Einheit i nicht explizit auf. Zu i gehört die Matrix $\varphi(\mathrm{i}) = \begin{pmatrix} 0 & -1 \\ 1 & 0 \end{pmatrix}$, und der haftet nichts *Imaginäres* mehr an.

Der Körper der komplexen Zahlen kann also gedeutet werden als die Menge aller Matrizen $\begin{pmatrix} a & -b \\ b & a \end{pmatrix} \in \mathbb{R}^{2 \times 2}$.

Die Menge G bildet einen Untervektorraum von $\mathbb{R}^{2 \times 2}$. Es ist also G insbesondere ein reeller Vektorraum. Weil jedes Element $\begin{pmatrix} a & -b \\ b & a \end{pmatrix} \in G$ eine Linearkombination der beiden über $\mathbb{R}$ linear unabhängigen Matrizen $\begin{pmatrix} 1 & 0 \\ 0 & 1 \end{pmatrix}$ und $\begin{pmatrix} 0 & -1 \\ 1 & 0 \end{pmatrix}$ ist, – es gilt nämlich:

$$\begin{pmatrix} a & -b \\ b & a \end{pmatrix} = a \begin{pmatrix} 1 & 0 \\ 0 & 1 \end{pmatrix} + b \begin{pmatrix} 0 & -1 \\ 1 & 0 \end{pmatrix} -$$

bildet die Menge $\left\{ \begin{pmatrix} 1 & 0 \\ 0 & 1 \end{pmatrix}, \begin{pmatrix} 0 & -1 \\ 1 & 0 \end{pmatrix} \right\}$ eine Basis von G. Es folgt erneut $\dim_{\mathbb{R}}(\mathbb{C}) = 2$.

Wir heben ein weiteres Resultat hervor: Weil die Multiplikation in $\mathbb{C}$ kommutativ ist, ist es auch jene in G, denn zu beliebigen $g, g' \in G$ gibt es $z, z' \in \mathbb{C}$ mit $\varphi(z) = g$ und $\varphi(z') = g'$. Damit erhalten wir $g\, g' = \varphi(z)\, \varphi(z') = \varphi(z\, z') = \varphi(z'\, z) = \varphi(z')\, \varphi(z) = g'\, g$.

Also ist die Multiplikation in G kommutativ, wenngleich die Multiplikation in $\mathbb{R}^{2 \times 2}$ nicht kommutativ ist.

Nach Abschnitt 5.2 können wir komplexe Zahlen auch als Vektoren des $\mathbb{R}^2$ interpretieren. Damit haben wir für jede komplexe Zahl $z \in \mathbb{C}$ die drei Schreibweisen

$$z = a + \mathrm{i}\, b, \; z = \begin{pmatrix} a \\ b \end{pmatrix}, \; z = \begin{pmatrix} a & -b \\ b & a \end{pmatrix}$$

Die Multiplikation einer komplexen Zahl $z = a + \mathrm{i}\, b$ mit der imaginären Einheit i ist die Drehung der komplexen Zahl z im $\mathbb{R}^2$ um $\pi/2$, also $\mathrm{i}\, z = -b + \mathrm{i}\, a$, da hierzu der Vektor $\begin{pmatrix} -b \\ a \end{pmatrix}$ gehört:

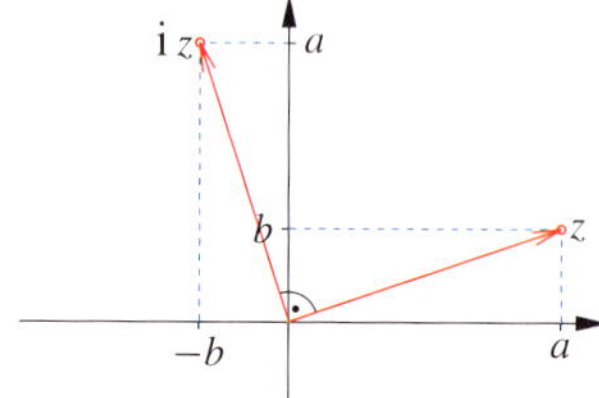

Dasselbe leistet in G die zu i gehörige Matrix $\varphi(\mathrm{i})$:

$$\begin{pmatrix} 0 & -1 \\ 1 & 0 \end{pmatrix} \begin{pmatrix} a & -b \\ b & a \end{pmatrix} = \begin{pmatrix} -b & -a \\ a & -b \end{pmatrix},$$

da hierzu ebenso der Vektor $\begin{pmatrix} -b \\ a \end{pmatrix}$ gehört.

Schließlich entspricht dem Inversen einer komplexen Zahl $z = a + \mathrm{i}\, b \neq 0$ das Inverse der zu z gehörigen Matrix $\varphi(z)$, da

$$\boldsymbol{E}_2 = \varphi(1) = \varphi(z\, z^{-1}) = \varphi(z)\, \varphi(z^{-1})$$

gilt. D. h., die Matrix $\varphi(z) = \begin{pmatrix} a & -b \\ b & a \end{pmatrix}$ ist invertierbar mit

dem Inversen $\varphi(z)^{-1} = \varphi(z^{-1}) = \frac{1}{a^2 + b^2} \begin{pmatrix} a & b \\ -b & a \end{pmatrix}$.

Folgerung

Ist $A \in \mathbb{K}^{n \times n}$ eine beliebige und $S \in \mathbb{K}^{n \times n}$ eine invertierbare Matrix, so gilt:

$$\operatorname{rg}(S\,A) = \operatorname{rg}(A) = \operatorname{rg}(A\,S)\,.$$

12.8 Basistransformation

Das wesentliche Ziel von Kapitel 14 wird es sein, zu einer gegebenen Abbildung φ eine Basis B zu bestimmen, bezüglich der die Darstellungsmatrix $_B M(\varphi)_B$ eine besonders *einfache* Gestalt, etwa Diagonalgestalt, hat. Der Vorteil einer solchen einfachen Gestalt liegt auf der Hand: Ist die Darstellungsmatrix eine Diagonalmatrix, also

$$_B M(\varphi)_B = \begin{pmatrix} \lambda_1 & \cdots & 0 \\ \vdots & \ddots & \vdots \\ 0 & \cdots & \lambda_n \end{pmatrix}$$

so erhält man den Koordinatenvektor $_B\varphi(v) = \begin{pmatrix} v_1 \\ \vdots \\ v_n \end{pmatrix}$ des

Bildes eines Vektors v unter der Abbildung φ durch eine sehr einfache Multiplikation:

$$_B\varphi(v) = {}_B M(\varphi)_B\; {}_B v = \begin{pmatrix} \lambda_1\,v_1 \\ \vdots \\ \lambda_n\,v_n \end{pmatrix}\,.$$

Auch Potenzen von Diagonalmatrizen sind sehr einfach zu bilden – dies hat in den Anwendungen der linearen Algebra eine fundamentale Bedeutung; wir gehen darauf noch ein.

Je zwei Darstellungsmatrizen einer linearen Abbildung sind ähnlich

In den Beispielen auf Seite 435 zu den Darstellungsmatrizen haben wir mehrfach ein und dieselbe lineare Abbildung bezüglich verschiedener Basen dargestellt. Darstellungsmatrizen bezüglich verschiedener Basen sehen im Allgemeinen ganz unterschiedlich aus.

Wir untersuchen nun, welcher algebraische Zusammenhang zwischen den verschiedenen Darstellungsmatrizen besteht. In der Tat ist dies ein sehr einfacher. Die zwei im Allgemeinen verschiedenen Darstellungsmatrizen ein und derselben linearen Abbildung bezüglich verschiedener Basen sind sich nämlich *ähnlich*; dabei sagt man, dass eine $n \times n$-Matrix A zu einer $n \times n$-Matrix B **ähnlich** ist, wenn es eine invertierbare $n \times n$-Matrix S mit

$$A = S^{-1}\,B\,S$$

gibt. Wir schreiben hierfür auch kurz $A \sim B$.

Der Begriff der *Ähnlichkeit* besagt schon, dass der geschilderte Zusammenhang zwischen diesen Matrizen ein sehr enger ist – man braucht solche Matrizen kaum zu unterscheiden,

sie stellen ja auch dieselbe lineare Abbildung dar, nur eben bezüglich verschiedener Basen. Zu dem Begriff Äquivalenzrelation beachte man die Definition auf Seite 53:

Lemma
Für jeden Körper $\mathbb{K}$ und für jede natürliche Zahl n definiert die Ähnlichkeit $\sim$ von Matrizen eine Äquivalenzrelation auf der Menge $\mathbb{K}^{n \times n}$.

Beweis: *Reflexivität:* Für jedes $A \in \mathbb{K}^{n \times n}$ gilt:

$$\mathbf{E}_n^{-1}\,A\,\mathbf{E}_n = A\,,$$

d. h., dass A zu sich selbst ähnlich ist, $A \sim A$.

Symmetrie: Ist A zu B ähnlich, $A \sim B$, so existiert eine invertierbare Matrix $S \in \mathbb{K}^{n \times n}$ mit $A = S^{-1}\,B\,S$. Es folgt:

$$B = S\,A\,S^{-1}\,,$$

d. h., dass also auch B zu A ähnlich ist, $B \sim A$.

Transitivität: Es sei A zu B ähnlich, $A = S^{-1}\,B\,S$, und B zu C, $B = T^{-1}\,C\,T$. Dann folgt:

$$A = (T\,S)^{-1}\,C\,(T\,S)\,,$$

d. h., dass A zu C ähnlich ist, $A \sim C$. ∎

$$\textbf{?}$$

Welche Matrizen sind zu $\mathbf{E}_n$ ähnlich?

Die Basistransformationsformel

Sind $\varphi\colon V \to V$ eine lineare Abbildung und B und C zwei geordnete Basen von V, so gilt:

$$_C M(\varphi)_C = S^{-1}\;{}_B M(\varphi)_B\;S\,,$$

wobei $S = {}_B M(\mathrm{id}_V)_C$ gilt.

Beweis: Es gilt:

$$_C M(\varphi)_C = {}_C M(\mathrm{id}_V \circ \varphi \circ \mathrm{id}_V)_C =$$
$$= {}_C M(\mathrm{id}_V)_B\;{}_B M(\varphi)_B\;{}_B M(\mathrm{id}_V)_C\,.$$

Wegen

$$_C M(\mathrm{id}_V)_B\;{}_B M(\mathrm{id}_V)_C = {}_B M(\mathrm{id}_V)_B = \mathbf{E}_n$$

erhalten wir also $({}_B M(\mathrm{id}_V)_C)^{-1} = {}_C M(\mathrm{id}_V)_B$. Wir kürzen $_B M(\mathrm{id}_V)_C$ mit S ab und erhalten die Behauptung. ∎

Wir stellen die Situation der Basistransformationsformel in einem Diagramm dar:

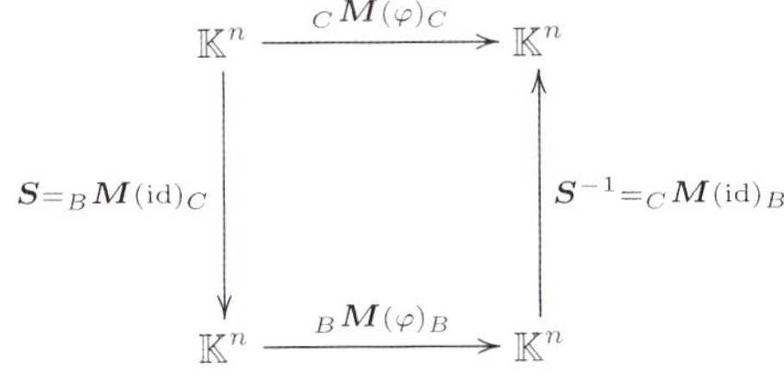

Übersicht: Die linearen Abbildungen $\varphi_A : v \mapsto A\,v$ mit einer Matrix A

Jede Matrix $A = (s_1, \ldots, s_n) \in \mathbb{K}^{m \times n}$ induziert eine lineare Abbildung φ_A vom $\mathbb{K}$-Vektorraum $\mathbb{K}^n$ in den $\mathbb{K}$-Vektorraum $\mathbb{K}^m$:

$$\varphi_A : \begin{cases} \mathbb{K}^n \to \mathbb{K}^m, \\ v \mapsto A\,v. \end{cases}$$

Diese Abbildungen verdienen eine besondere Beachtung, weil, wie wir bald sehen werden, letztlich jede Abbildung von einem n-dimensionalen $\mathbb{K}$-Vektorraum in einen m-dimensionalen $\mathbb{K}$-Vektorraum von dieser Art ist. Wir fassen wesentliche Ergebnisse aus den Kapiteln 5, 6 und 12 zu einer Übersicht zusammen.

- Für jeden Vektor $v = \begin{pmatrix} v_1 \\ \vdots \\ v_n \end{pmatrix} \in \mathbb{K}^n$ gilt:

$$\varphi_A(v) = A\,v = v_1\,s_1 + \cdots + v_n\,s_n \,,$$

insbesondere gilt für die Standard-Einheitsvektoren $e_1, \ldots, e_n$ des $\mathbb{K}^m$:

$$\varphi_A(e_i) = A\,e_i = s_i \ \text{ für } i = 1, \ldots, m \,.$$

Die i-te Spalte der Matrix A ist das Bild des i-ten Standardbasis-Einheitsvektors e_i.

- Das Bild von φ_A ist die Menge aller Linearkombinationen von $s_1, \ldots, s_n$, also der *Spaltenraum* von A:

$$\varphi_A(\mathbb{K}^n) = \langle s_1, \ldots, s_n \rangle \,.$$

- Die Dimension des Bildes von A ist die Dimension des Spaltenraums von A:

$$\dim(\varphi_A(\mathbb{K}^n)) = \operatorname{rg} A \,.$$

- Ein Element $v \in \mathbb{K}^n$ liegt genau dann im Kern von φ_A, wenn $A\,v = 0$ gilt:

$$\varphi_A^{-1}(\{0\}) = \{v \in \mathbb{K}^n \mid A\,v = 0\} \,.$$

Der Kern von φ_A ist die Lösungsmenge des homogenen linearen Gleichungssystems $A\,v = 0$. Wegen dieses Zusammenhangs nennt man den Kern der linearen Abbildung φ_A auch den **Kern der Matrix A**.

- Für die Dimension des Kerns von φ_A gilt:

$$\dim \varphi_A^{-1}(\{0\}) = n - \operatorname{rg}(A) \,.$$

Dies folgt unmittelbar aus der Dimensionsformel. In der Sprechweise der linearen Gleichungssysteme lautet dies: Ist $A \in \mathbb{K}^{m \times n}$, so ist die Dimension des Lösungsraums des homogenen linearen Gleichungssystems

$$A\,v = 0$$

gleich $n - \operatorname{rg}(A)$. Insbesondere ist ein lineares homogenes Gleichungssystem mit einer Koeffizientenmatrix $A \in \mathbb{K}^{m \times n}$ genau dann eindeutig lösbar, wenn $n = \operatorname{rg}(A)$ ist.

- Für eine quadratische Matrix $A \in \mathbb{K}^{n \times n}$ sind die folgenden Aussagen äquivalent:
  - A ist invertierbar,
  - $\operatorname{rg}(A) = n$,
  - φ_A ist bijektiv,
  - φ_A ist surjektiv,
  - φ_A ist injektiv,
  - $\varphi_A^{-1}(\{0\}) = \{0\}$.

Man nennt $S = {}_B M(\operatorname{id}_V)_C$ auch **Basistransformationsmatrix**. Die i-te Spalte von S ist der Koordinatenvektor bezüglich der Basis B des i-ten Basisvektors der Basis C.

Aus der Basistransformationsformel ergibt sich Folgendes:

Ähnlichkeit von Darstellungsmatrizen

Je zwei Darstellungsmatrizen ${}_B M(\varphi)_B$ und ${}_C M(\varphi)_C$ einer linearen Abbildung φ bezüglich der Basen B und C sind zueinander ähnlich.

Andererseits stellen je zwei ähnliche $n \times n$-Matrizen über $\mathbb{K}$ ein und dieselbe lineare Abbildung dar. Somit gehört zu jeder linearen Abbildung φ eines n-dimensionalen $\mathbb{K}$-Vektorraums V in sich eine Äquivalenzklasse $[M]_\sim$ von Matrizen bezüglich der Äquivalenzrelation $\sim$. Ist M die Darstellungsmatrix von φ bezüglich einer Basis B, so gilt:

$$[M]_\sim = \{N \in \mathbb{K}^{n \times n} \mid N \sim M\}$$
$$= \{N \in \mathbb{K}^{n \times n} \mid N = S^{-1} M\,S \text{ für ein } S \in \operatorname{GL}_n(\mathbb{K})\} \,.$$

Jedes $N \in [M]_\sim$ ist Darstellungsmatrix von φ bezüglich einer Basis C von V. Unser Ziel im Kapitel 14 wird es sein, aus jeder Äquivalenzklasse einen möglichst einfachen Repräsentanten zu bestimmen.

Beispiel Wir bestimmen alle zu

$$M = \begin{pmatrix} \overline{0} & \overline{0} \\ \overline{1} & \overline{1} \end{pmatrix} \in \mathbb{Z}_2^{2 \times 2}$$

ähnliche Matrizen, d. h. die Äquivalenzklasse $[M]_\sim$ von M bezüglich $\sim$.

In $\mathbb{Z}_2^{2\times2}$ sind genau die Matrizen

$$A = \begin{pmatrix} \overline{1} & \overline{0} \\ \overline{0} & \overline{1} \end{pmatrix},\ B = \begin{pmatrix} \overline{1} & \overline{1} \\ \overline{0} & \overline{1} \end{pmatrix},\ C = \begin{pmatrix} \overline{1} & \overline{0} \\ \overline{1} & \overline{1} \end{pmatrix},$$

$$D = \begin{pmatrix} \overline{1} & \overline{1} \\ \overline{1} & \overline{0} \end{pmatrix},\ E = \begin{pmatrix} \overline{0} & \overline{1} \\ \overline{1} & \overline{0} \end{pmatrix},\ F = \begin{pmatrix} \overline{0} & \overline{1} \\ \overline{1} & \overline{1} \end{pmatrix}$$

invertierbar.

$$\rule{2cm}{0.4pt}\ ?\ \rule{2cm}{0.4pt}$$

Warum sind das genau die invertierbaren Matrizen?

Wegen

$$A^{-1}MA = \begin{pmatrix} \overline{0} & \overline{0} \\ \overline{1} & \overline{1} \end{pmatrix},\quad B^{-1}MB = \begin{pmatrix} \overline{1} & \overline{0} \\ \overline{1} & \overline{0} \end{pmatrix},$$

$$C^{-1}MC = \begin{pmatrix} \overline{0} & \overline{0} \\ \overline{0} & \overline{1} \end{pmatrix},\quad D^{-1}MD = \begin{pmatrix} \overline{0} & \overline{1} \\ \overline{0} & \overline{1} \end{pmatrix},$$

$$E^{-1}ME = \begin{pmatrix} \overline{1} & \overline{1} \\ \overline{0} & \overline{0} \end{pmatrix},\quad F^{-1}MF = \begin{pmatrix} \overline{1} & \overline{0} \\ \overline{0} & \overline{0} \end{pmatrix}$$

sind diese sechs Matrizen die Elemente der Äquivalenzklasse $[M]_\sim$. ◀

Die Basistransformationsformel gibt an, wie wir die Darstellungsmatrix einer linearen Abbildung bezüglich einer Basis C erhalten, wenn wir diese bezüglich einer Basis B kennen. Wir schildern dies an einem einfachen Beispiel.

Beispiel Wir betrachten die Abbildung

$$\varphi\colon \begin{cases} \mathbb{R}^2 & \to\ \mathbb{R}^2, \\ \begin{pmatrix} x_1 \\ x_2 \end{pmatrix} & \mapsto \begin{pmatrix} x_2 \\ x_1 \end{pmatrix}. \end{cases}$$

Ist $B = (e_1, e_2)$ die geordnete Standardbasis des $\mathbb{R}^2$ und $C = \left(\begin{pmatrix} 1 \\ 1 \end{pmatrix}, \begin{pmatrix} 1 \\ -1 \end{pmatrix}\right)$ eine weitere geordnete Basis, so erhalten wir

$$_BM(\varphi)_B = \begin{pmatrix} 0 & 1 \\ 1 & 0 \end{pmatrix},\ S = {}_BM(\mathrm{id}_{\mathbb{R}^2})_C = \begin{pmatrix} 1 & 1 \\ 1 & -1 \end{pmatrix}$$

$$S^{-1} = {}_CM(\mathrm{id}_{\mathbb{R}^2})_B = \begin{pmatrix} 1/2 & 1/2 \\ 1/2 & -1/2 \end{pmatrix}$$

und schließlich aus diesen drei Matrizen durch Produktbildung die Darstellungsmatrix von φ bezüglich der Basis C:

$$_CM(\varphi)_C = S^{-1}\,{}_BM(\varphi)_B\,S$$
$$= \begin{pmatrix} 1/2 & 1/2 \\ 1/2 & -1/2 \end{pmatrix} \begin{pmatrix} 0 & 1 \\ 1 & 0 \end{pmatrix} \begin{pmatrix} 1 & 1 \\ 1 & -1 \end{pmatrix}$$
$$= \begin{pmatrix} 1 & 0 \\ 0 & -1 \end{pmatrix}$$ ◀

Dieses einfache Beispiel zeigt bereits, dass die Basistransformationsformel an sich nicht sehr geeignet ist, die Darstellungsmatrix bezüglich einer Basis C aus derjenigen bezüglich einer Basis B zu berechnen. Es sind die Basistransformationsmatrix, ihr Inverses und zudem das Produkt dreier

Matrizen zu berechnen. Der Rechenaufwand steigt mit der Größe der Matrizen. Viel einfacher ist es zumeist, die Darstellungsmatrix bezüglich einer anderen Basis direkt zu ermitteln. So erhalten wir etwa bei der Spiegelung im Beispiel sogleich, wenn wir die Elemente der Basis C mit c_1 und c_2 bezeichnen:

$$_CM(\varphi)_C = ({}_C\varphi(c_1),\ {}_C\varphi(c_2)) = \begin{pmatrix} 1 & 0 \\ 0 & -1 \end{pmatrix}$$

Die Basistransformationsformel hat aber dennoch einen unschätzbaren Wert. Angenommen, es gibt eine Basis C, bezüglich der die Darstellungsmatrix eine Diagonalmatrix $D = \mathrm{diag}(\lambda_1, \ldots, \lambda_n)$ ist. Es ist dann einfach, für eine beliebige Darstellungsmatrix M jede Potenz M^k zu berechnen:

$$\begin{aligned} M^k &= (S^{-1}DS)^k \\ &= \underbrace{S^{-1}DSS^{-1}DS \ldots S^{-1}DS}_{k\text{-mal}} \\ &= S^{-1}D^kS = S^{-1}\,\mathrm{diag}(\lambda_1^k, \ldots, \lambda_n^k)\,S. \end{aligned}$$

Wir werden dies noch mehrfach vor allem im Kapitel 14 benutzen.

Wir formulieren die Basistransformationsformel erneut für den wichtigen Fall einer linearen Abbildung der Form:

$$\varphi = \varphi_A\colon \begin{cases} \mathbb{K}^n & \to\ \mathbb{K}^n, \\ v & \mapsto\ Av. \end{cases}$$

Die Transformationsformel für quadratische Matrizen

Die Darstellungsmatrix der linearen Abbildung

$$\varphi_A\colon \mathbb{K}^n \to \mathbb{K}^n,\ v \to Av$$

bezüglich einer geordneten Basis $B = (b_1, \ldots, b_n)$ des $\mathbb{K}^n$ lautet

$$_BM(\varphi_A)_B = S^{-1}AS,$$

wobei $S = (b_1, \ldots, b_n)$ gilt.

Beispiel Zu einer reellen Zahl t betrachten wir die Matrix $A = \begin{pmatrix} \cos t & \sin t \\ \sin t & -\cos t \end{pmatrix}$. Ein Element $v \in \mathbb{R}^2$ schreiben wir in der Form $v = \begin{pmatrix} v_1 \\ v_2 \end{pmatrix}$. Damit ist eine lineare Abbildung vom $\mathbb{R}^2$ in den $\mathbb{R}^2$ definiert:

$$\varphi_A\left(\begin{pmatrix} v_1 \\ v_2 \end{pmatrix}\right) = A\begin{pmatrix} v_1 \\ v_2 \end{pmatrix} = \begin{pmatrix} v_1\cos t + v_2\sin t \\ v_1\sin t - v_2\cos t \end{pmatrix}.$$

Es ist

$$B = \left(\begin{pmatrix} \cos t/2 \\ \sin t/2 \end{pmatrix}, \begin{pmatrix} -\sin t/2 \\ \cos t/2 \end{pmatrix}\right)$$

wegen der linearen Unabhängigkeit der beiden Elemente von B eine geordnete Basis des $\mathbb{R}^2$. Tatsächlich stehen die beiden

Vektoren b_1 und b_2 der Basis B sogar senkrecht aufeinander – dies sieht man, indem man ihr Skalarprodukt bildet (siehe Seite 235).

Wir berechnen nun die Darstellungsmatrix $_B M(\varphi_A)_B$. Die Basistransformationsmatrix S hat als Spalten gerade der Reihe nach die Elemente b_1 und b_2 der geordneten Basis B:

$$S = \begin{pmatrix} \cos t/2 & -\sin t/2 \\ \sin t/2 & \cos t/2 \end{pmatrix}.$$

Das Inverse zu S ist dann

$$S^{-1} = \begin{pmatrix} \cos t/2 & \sin t/2 \\ -\sin t/2 & \cos t/2 \end{pmatrix}.$$

Damit erhalten wir:

$$_B M(\varphi_A)_B = S^{-1} A S = \begin{pmatrix} 1 & 0 \\ 0 & -1 \end{pmatrix}.$$

Wegen der Basistransformationsformel erhalten wir damit die sehr einfache Darstellung der linearen Abbildung φ durch

$$_B v = \begin{pmatrix} v_1 \\ v_2 \end{pmatrix} \mapsto {}_B\varphi_A(v) = \begin{pmatrix} 1 & 0 \\ 0 & -1 \end{pmatrix} \begin{pmatrix} v_1 \\ v_2 \end{pmatrix} = \begin{pmatrix} v_1 \\ -v_2 \end{pmatrix},$$

d. h.

$$\varphi_A \colon v_1 b_1 + v_2 b_2 \to v_1 b_1 - v_2 b_2.$$

Folglich ist φ_A die Spiegelung an der Geraden $\mathbb{R}\, b_1$, denn b_1 steht senkrecht auf b_2 (Abb. 12.10).

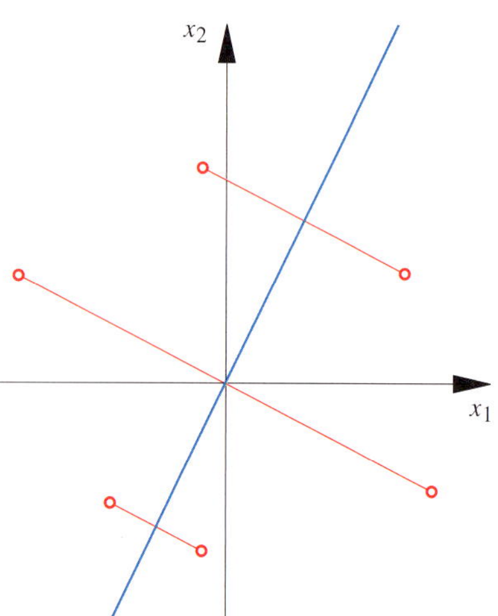

Abbildung 12.10 Die Spiegelung an der Geraden $\mathbb{R}\, b_1$ (blau). ◄

12.9 Der Dualraum

Jeder $\mathbb{K}$-Vektorraum V hat einen Partner, den *Dualraum* V^* von V, das ist die Menge aller linearen Abbildungen von V in $\mathbb{K}$. Falls V endlichdimensional ist, so hat V^* die gleiche Dimension wie V, und eine Basis von V^* ist mithilfe einer Basis von V leicht anzugeben. Im unendlichdimensionalen Fall sind die Verhältnisse komplizierter.

Der Dualraum von V ist die Menge aller linearen Abbildungen von V in $\mathbb{K}$

Für beliebige $\mathbb{K}$-Vektorräume V und W ist $\mathrm{Hom}_{\mathbb{K}}(V, W)$ nach dem Satz auf Seite 424 ein $\mathbb{K}$-Vektorraum. Da $W = \mathbb{K}$ natürlich auch ein (eindimensionaler) $\mathbb{K}$-Vektorraum ist, erhalten wir den $\mathbb{K}$-Vektorraum

$$V^* = \mathrm{Hom}_{\mathbb{K}}(V, \mathbb{K}) = \{\varphi \colon V \to \mathbb{K} \mid \varphi \text{ ist linear}\}.$$

Man nennt V^* den **Dualraum** von V. Die Elemente von V^* heißen **Linearformen**, eine Linearform ist damit eine lineare Abbildung von V in den Grundkörper $\mathbb{K}$.

Beispiel
- Im Fall $V = \mathbb{K}^n$ ist jede Linearform $\varphi \colon \mathbb{K}^n \to \mathbb{K}$ durch einen Zeilenvektor $z = (a_1, \ldots, a_n) \in \mathbb{K}^{1 \times n}$ gegeben:

$$\varphi(v) = z\, v, \quad v \in V.$$

Umgekehrt definiert jeder Vektor $z \in \mathbb{K}^{1 \times n}$ eine Linearform. Daher erhalten wir $V^* \cong \mathbb{K}^{1 \times n}$.

- Der $\mathbb{K}$-Vektorraum $V = \mathbb{K}[X]$ hat die Basis $\{X^k \mid k \in \mathbb{N}_0\}$. Ist $\varphi \in V^*$ eine Linearform:

$$\varphi \colon \begin{cases} V & \to & \mathbb{K}, \\ p = \sum_{i=0}^{n} a_i X^i & \mapsto & \varphi(p), \end{cases}$$

so wird durch

$$b_0 = \varphi(1)\,, \ b_1 = \varphi(X)\,, \ b_2 = \varphi(X^2)\,, \ \ldots$$

eine Folge $b = (b_i)_{i \in \mathbb{N}_0}$ erklärt. Damit haben wir eine lineare Abbildung Φ von V^* in den $\mathbb{K}$-Vektorraum $\mathbb{K}[[X]]$ aller Folgen über $\mathbb{K}$ erklärt,

$$\Phi \colon \begin{cases} V^* & \to & \mathbb{K}[[X]], \\ \varphi & \mapsto & (\varphi(X^i))_{i \in \mathbb{N}_0}. \end{cases}$$

Nun gehen wir von einer Folge $b = (b_i)_{i \in \mathbb{N}_0} \in \mathbb{K}[[X]]$ aus. Zu jedem Polynom $p = \sum_{i=0}^{n} a_i X^i \in \mathbb{K}[X]$ betrachten wir das Körperelement $\sum_{i=0}^{n} a_i b_i \in \mathbb{K}$. Dadurch wird eine lineare Abbildung von $V = \mathbb{K}[X]$ in $\mathbb{K}$, also eine Linearform φ_b erklärt:

$$\varphi_b \colon \begin{cases} V & \to & \mathbb{K}, \\ p = \sum_{i=0}^{n} a_i X^i & \mapsto & \sum_{i=0}^{n} a_i b_i. \end{cases}$$

Da jede Folge $(b_i)_{i \in \mathbb{N}_0} \in \mathbb{K}[[X]]$ eine solche Linearform liefert, erhalten wir somit eine Abbildung

$$\Psi \colon \begin{cases} \mathbb{K}[[X]] & \to & V^*, \\ (b_i)_{i \in \mathbb{N}_0} & \mapsto & \varphi, \end{cases}$$

die linear ist. Offenbar gilt:

$$\Psi \circ \Phi = \mathrm{id}_{V^*} \quad \text{und} \quad \Phi \circ \Psi = \mathrm{id}_{\mathbb{K}[[X]]},$$

d. h., dass $V^* = \mathbb{K}[X]^* \cong \mathbb{K}[[X]]$. Der Dualraum des Vektorraums aller Polynome über $\mathbb{K}$ ist somit bis auf die Bezeichnung der Elemente der Vektorraum aller Folgen über $\mathbb{K}$. ◄

Beispiel: Die beiden Methoden zur Bestimmung von Darstellungsmatrizen

Wir schildern die beiden wichtigsten Lösungsmethoden zur Bestimmung der Darstellungsmatrix einer linearen Abbildung. Bei der ersten Methode gehen wir direkt anhand der Definition der Darstellungsmatrix vor. Bei der zweiten Methode benutzen wir die Basistransformationsformel. Die zweite Methode ist meist umständlicher.

Wir geben uns reelle Polynome vor:

$$p_1 = X^3 + 6\,X, \ \ p_2 = X^2 - X + 2, \ \ p_3 = 2\,X^2 + X + 4, \ \ p_4 = -3\,X + 1.$$

Dann ist $B = (p_1, \ p_2, \ p_3, \ p_4)$ eine geordnete Basis von $\mathbb{R}[X]_3$. Wir bestimmen die Darstellungsmatrix der Differenziation $\frac{d}{dX} : \mathbb{R}[X]_3 \to \mathbb{R}[X]_3, \ p \mapsto p'$ bezüglich B.

Problemanalyse und Strategie: Wie üblich bezeichne $E = (1, \ X, \ X^2, \ X^3)$ die kanonische Basis von $\mathbb{R}[X]_3$. Zuerst bestimmen wir die Darstellungsmatrix von $\frac{d}{dX}$ anhand der Definition, also die Matrix, deren Spalten gerade die Koordinatenvektoren bezüglich B der Bilder der Basisvektoren sind. Bei der zweiten Lösungsmethode bestimmen wir die Darstellungsmatrix $_E M(\frac{d}{dX})_E$ von $\frac{d}{dX}$ bezüglich der Standardbasis, die Basistransformationsmatrix S, deren Inverses und schließlich das Produkt der drei Matrizen: $S^{-1} \ _E M(\frac{d}{dX})_E \ S$, und dies ist dann die Darstellungsmatrix bezüglich der Basis B.

Lösung:

1. Lösungsweg mit der Definition der Darstellungsmatrix: Wir bestimmen die Darstellungsmatrix $_B M(\frac{d}{dX})_B$, indem wir die Bilder der Basisvektoren $\frac{d}{dX}(p_1)$, $\frac{d}{dX}(p_2)$, $\frac{d}{dX}(p_3)$, $\frac{d}{dX}(p_4)$ der Reihe nach als Linearkombinationen von p_1, p_2, p_3, p_4 darstellen:

$$\frac{d}{dX}(p_1) = 3\,X^2 + 6 = p_2 + p_3,$$

$$\frac{d}{dX}(p_2) = 2\,X - 1 = -X + (3\,X - 1)$$

$$= -\frac{1}{3}\,(p_3 - 2\,p_2) - p_4 = \frac{2}{3}\,p_2 - \frac{1}{3}\,p_3 - p_4,$$

$$\frac{d}{dX}(p_3) = 4\,X + 1 = 7\,X + (-3\,X + 1)$$

$$= \frac{7}{3}\,(p_3 - 2\,p_2) + p_4 = -\frac{14}{3}\,p_2 + \frac{7}{3}\,p_3 + p_4,$$

$$\frac{d}{dX}(p_4) = -3 = -9\,X + (9\,X - 3)$$

$$= -3\,(p_3 - 2\,p_2) - 3\,p_4 = 6\,p_2 - 3\,p_3 - 3\,p_4.$$

Folglich ist

$$_B M\left(\frac{d}{dX}\right)_B = \left(_B\tfrac{d}{dX}(p_1), \ _B\tfrac{d}{dX}(p_2), \ _B\tfrac{d}{dX}(p_3), \ _B\tfrac{d}{dX}(p_4)\right)$$

$$= \begin{pmatrix} 0 & 0 & 0 & 0 \\ 1 & \frac{2}{3} & -\frac{14}{3} & 6 \\ 1 & -\frac{1}{3} & \frac{7}{3} & -3 \\ 0 & -1 & 1 & -3 \end{pmatrix}$$

2. Lösungsweg mit der Transformationsformel: Da wir die Inverse von $S = \ _E M(\varphi)_B$ brauchen, um die Transformationsformel anwenden zu können, starten wir gleich mit der Berechnung von S^{-1} – die Zwischenschritte lassen wir jedoch aus:

$$(S \mid E_4) = \left(\begin{array}{cccc|cccc} 0 & 2 & 4 & 1 & 1 & 0 & 0 & 0 \\ 6 & -1 & 1 & -3 & 0 & 1 & 0 & 0 \\ 0 & 1 & 2 & 0 & 0 & 0 & 1 & 0 \\ 1 & 0 & 0 & 0 & 0 & 0 & 0 & 1 \end{array} \right) \to \ \dots$$

$$\dots \to \left(\begin{array}{cccc|cccc} 1 & 0 & 0 & 0 & 0 & 0 & 0 & 1 \\ 0 & 1 & 0 & 0 & -2 & -\frac{2}{3} & \frac{13}{3} & 4 \\ 0 & 0 & 1 & 0 & 1 & \frac{1}{3} & -\frac{5}{3} & -2 \\ 0 & 0 & 0 & 1 & 1 & 0 & -2 & 0 \end{array} \right)$$

Folglich ist das Inverse von S:

$$S^{-1} = \begin{pmatrix} 0 & 0 & 0 & 1 \\ -2 & -\frac{2}{3} & \frac{13}{3} & 4 \\ 1 & \frac{1}{3} & -\frac{5}{3} & -2 \\ 1 & 0 & -2 & 0 \end{pmatrix}$$

Die Darstellungsmatrix von $\frac{d}{dX}$ bezüglich der Standardbasis E ist einfach zu bestimmen:

$$_E M\left(\frac{d}{dX}\right)_E = \begin{pmatrix} 0 & 1 & 0 & 0 \\ 0 & 0 & 2 & 0 \\ 0 & 0 & 0 & 3 \\ 0 & 0 & 0 & 0 \end{pmatrix}$$

Damit bleibt nun folgende Rechnung auszuführen:

$$_B M\left(\frac{d}{dX}\right)_B = S^{-1} \ _E M\left(\frac{d}{dX}\right)_E \ S.$$

Wir multiplizieren zuerst die beiden hinteren Matrizen und erhalten dann

$$_B M\left(\frac{d}{dX}\right)_B =$$

$$= \begin{pmatrix} 0 & 0 & 0 & 1 \\ -2 & -\frac{2}{3} & \frac{13}{3} & 4 \\ 1 & \frac{1}{3} & -\frac{5}{3} & -2 \\ 1 & 0 & -2 & 0 \end{pmatrix} \underbrace{\begin{pmatrix} 6 & -1 & 1 & -3 \\ 0 & 2 & 4 & 0 \\ 3 & 0 & 0 & 0 \\ 0 & 0 & 0 & 0 \end{pmatrix}}_{=\,_E M\left(\frac{d}{dX}\right)_E\, S}$$

$$= \begin{pmatrix} 0 & 0 & 0 & 0 \\ 1 & \frac{2}{3} & -\frac{14}{3} & 6 \\ 1 & -\frac{1}{3} & \frac{7}{3} & -3 \\ 0 & -1 & 1 & -3 \end{pmatrix}$$

Natürlich erhalten wir wieder die gleiche Matrix wie beim ersten Lösungsweg.

Zu jeder Basis B von V gibt es eine Dualbasis B^* von V^*

Ist B eine Basis des $\mathbb{K}$-Vektorraums V, so lässt sich jeder Vektor $v \in V$ eindeutig darstellen als

$$v = \sum_{b \in B} \lambda_b \, b \,,$$

wobei nur endlich viele der Koeffizienten λ_b ungleich null sind. Nun ordnen wir jedem Basiselement $b \in B$ eine Linearform b^* zu:

$$b^* : \begin{cases} V \to \mathbb{K}, \\ v \mapsto \lambda_b, \end{cases} ,$$

wobei λ_b eben der Koeffizient von b in der eindeutig bestimmten Darstellung von $v = \sum_{b \in B} \lambda_b \, b$ bezüglich der Basis B ist.

Beispiel
■ Im Fall $V = \mathbb{K}^3$ ist (e_1, e_2, e_3) eine geordnete Basis, und es gilt:

$$e_1^* \left(\begin{pmatrix} 1 \\ 2 \\ 3 \end{pmatrix} \right) = 1, \ e_2^* \left(\begin{pmatrix} 1 \\ 2 \\ 3 \end{pmatrix} \right) = 2, \ e_3^* \left(\begin{pmatrix} 1 \\ 2 \\ 3 \end{pmatrix} \right) = 3 \,.$$

■ Im Fall $V = \mathbb{R}[X]$ ist $(1, X, X^2, \ldots)$ eine geordnete Basis, und es gilt für das Polynom $p = 2 + 3\,X^2$:

$$(1)^* = 2, \ (X)^* = 0, \ (X^2)^* = 3, \ (X^3)^* = 0, \ \ldots \ \blacktriangleleft$$

Für jede Basis B eines $\mathbb{K}$-Vektorraums V nennt man die Menge

$$B^* = \{ b^* \mid b \in B \} \subseteq V^*$$

die **Dualbasis** zu B, für je zwei Elemente b, $b' \in B$ gilt

$$b^*(b') = \delta_{b,b'} = \begin{cases} 1, & \text{falls } b = b', \\ 0, & \text{sonst.} \end{cases}$$

Achtung: Die Dualbasis B^* ist im Fall $|B| = \infty$ keine Basis, beachte das folgende Beispiel.

Beispiel
Es sei V ein unendlichdimensionaler $\mathbb{K}$-Vektorraum mit der Basis B. Die Abbildung

$$\varphi : \begin{cases} V \to \mathbb{K}, \\ v = \sum_{b \in B} \lambda_b \, b \mapsto \sum_{b \in B} \lambda_b, \end{cases} ,$$

die der eindeutig bestimmten endlichen Darstellung $v = \sum_{b \in B} \lambda_b \, b \in V$ bezüglich der Basis B die Summe der Koeffizienten $\sum_{b \in B} \lambda_b$ zuordnet, ist eine Linearform, d. h. $\varphi \in V^*$, und es gilt:

$$\varphi \notin \langle B^* \rangle = \left\{ \sum_{b \in B} \lambda_b \, b^* \mid \lambda_b \in \mathbb{K} \right\} \,,$$

da die Summen in $\langle B^* \rangle$ endlich sind. Es folgt, dass B^* kein Erzeugendensystem von V^* ist. $\blacktriangleleft$

Im endlichdimensionalen Fall ist B^* aber eine Basis von V^*:

> **Satz von der Dualbasis**
>
> Ist B eine Basis des $\mathbb{K}$-Vektorraums V, so gilt:
> (i) $B^* \subseteq V^*$ ist linear unabhängig.
> (ii) Im Fall $\dim V \in \mathbb{N}_0$ ist B^* eine Basis von V^*, insbesondere gilt $V \cong V^*$.

Beweis: Im Fall $B = \emptyset$ gilt $B^* = \emptyset$, sodass alle Behauptungen richtig sind. Wir setzen nun $B \neq \emptyset$ voraus.

(i) Es seien $b_1, \ldots, b_n \in B$ verschiedene Elemente der möglicherweise unendlichen Menge B und

$$\varphi = \lambda_1 b_1^* + \cdots + \lambda_n b_n^* = 0$$

mit $\lambda_1, \ldots, \lambda_n \in \mathbb{K}$. Wir setzen auf beiden Seiten die Basiselemente $b_1, \ldots, b_n$ ein:

$$\varphi(b_i) = \lambda_1 b_1^*(b_i) + \cdots + \lambda_n b_n^*(b_i) = 0(b_i) = 0 \,.$$

Wegen $\lambda_1 b_1^*(b_i) + \cdots + \lambda_n b_n^*(b_i) = \lambda_i$ für alle $i = 1, \ldots, n$ erhalten wir

$$\lambda_1 = \cdots = \lambda_n = 0 \,.$$

Somit ist jede endliche Teilmenge $\{ b_1^*, \ldots, b_n^* \}$ von B^* linear unabhängig, also auch B^*.

(ii) Es ist zu zeigen, dass B^* im Fall $\dim V \in \mathbb{N}$ ein Erzeugendensystem von V^* ist. Es sei dazu $\varphi \in V^*$ gegeben. Für jedes $b \in B$ setzen wir

$$\lambda_b = \varphi(b) \in \mathbb{K}$$

und betrachten nun die Linearform

$$\psi = \sum_{b \in B} \lambda_b \, b^* \in \langle B^* \rangle \,.$$

Wenn wir zeigen, dass $\varphi = \psi$, folgt daraus die Behauptung. Für alle Elemente $b' \in B$ gilt:

$$\psi(b') = \left(\sum_{b \in B} \lambda_b \, b^* \right)(b') = \sum_{b \in B} \lambda_b \, b^*(b')$$
$$= \lambda_{b'} = \varphi(b') \,.$$

Somit stimmen die beiden linearen Abbildungen φ und ψ auf der Basis B überein. Nach dem Prinzip der linearen Fortsetzung von Seite 420 gilt damit $\varphi = \psi$.

Da die beiden $\mathbb{K}$-Vektorräume V und V^* die gleiche endliche Dimension haben, sind sie insbesondere isomorph (beachte den Satz auf Seite 434). $\blacksquare$

────────────── **?** ──────────────

Können Sie auch explizit einen Isomorphismus angeben?

Zu jeder linearen Abbildung gibt es eine duale Abbildung

Zu jedem Vektorraum gibt es den Dualraum, zu jeder Basis die Dualbasis. Es wundert nun nicht mehr, dass wir auch zu jeder linearen Abbildung zwischen Vektorräumen eine duale Abbildung angeben können. Zu einer linearen Abbildung $\varphi \colon V \to W$ erklären wir die Abbildung

$$\varphi^* \colon \begin{cases} W^* \to & V^*, \\ \psi \mapsto & \psi \circ \varphi. \end{cases}$$

Man nennt diese lineare Abbildung φ^* die **zu φ duale Abbildung**.

Die duale Abbildung φ^* ordnet also jeder Linearform aus W^* eine Linearform aus V^* zu. Die Linearform aus V^* wird dabei durch ihre Wirkung auf einen Vektor aus V definiert: $\varphi^*(\psi)$ angewandt auf v ist per Definitionem gleich $\psi(\varphi(v))$.

Beispiel Zu einer Matrix $A \in \mathbb{K}^{m \times n}$ betrachten wir die lineare Abbildung

$$\varphi_A \colon \begin{cases} \mathbb{K}^n \to & \mathbb{K}^m, \\ v \mapsto & A\,v. \end{cases}$$

Jede Linearform $\psi \in (\mathbb{K}^m)^*$ ist durch einen Zeilenvektor $z_\psi \in \mathbb{K}^{1 \times m}$ gegeben (beachte das Beispiel auf Seite 458):

$$\psi(v) = z_\psi\, v\,, \quad \text{d.h.} \ \ \psi = \varphi_{z_\psi}\,.$$

Somit ist die zu φ_A duale Abbildung $\varphi_A^* \colon (\mathbb{K}^m)^* \to (\mathbb{K}^n)^*$ gegeben durch

$$\varphi_A^*(\psi) \colon \begin{cases} \mathbb{K}^n \to & \mathbb{K}, \\ v \mapsto & z_\psi\, A\, v. \end{cases}$$

Wir bezeichnen mit E_n^* und E_m^* die Dualbasen zu den kanonischen Basen E_n und E_m von $\mathbb{K}^n$ und $\mathbb{K}^m$. Die i-te Spalte der Darstellungsmatrix $_{E_n^*}M(\varphi_A^*)_{E_m^*}$ von φ_A^* bezüglich dieser Dualbasen ist wegen $z_{e_i^*} = (0, \ldots, 1, \ldots, 0) = e_i^\top$

$$_{E_n^*}\varphi_A^*(e_i^*) = {_{E_n^*}}(e_i^* \circ \varphi_A) = {_{E_n^*}}(\varphi_{e_i^\top} \circ \varphi_A)$$

$$= {_{E_n^*}}(\varphi_{e_i^\top A}) = {_{E_n^*}}(\varphi_{(a_{i1} \ldots a_{in})})$$

$$= \begin{pmatrix} a_{i1} \\ \vdots \\ a_{in} \end{pmatrix}.$$

Somit gilt

$$_{E_n^*}M(\varphi_A^*)_{E_m^*} = A^\top\,. \qquad \blacktriangleleft$$

Der Dualraum zum Dualraum ist der Bidualraum

Für jeden $\mathbb{K}$-Vektorraum V ist V^* wieder ein $\mathbb{K}$-Vektorraum. Daher können wir den Dualraum zum Dualraum V^* bilden.

Anstelle von $(V^*)^*$ schreiben wir einfacher V^{**} und nennen diesen $\mathbb{K}$-Vektorraum den **Bidualraum** zu V. Ein Element ψ des Bidualraums zu V ordnet damit jeder Linearform φ von V jeweils ein Körperelement $\psi(\varphi)$ zu,

$$\psi \colon \begin{cases} V^* \to & \mathbb{K}, \\ \varphi \to & \psi(\varphi). \end{cases}$$

Satz vom Bidualraum

Es sei V ein $\mathbb{K}$-Vektorraum. Die Abbildung

$$\Phi \colon \begin{cases} V \to & V^{**}, \\ v \mapsto \Phi(v) \colon & \begin{cases} V^* \to & \mathbb{K}, \\ \varphi \mapsto & \varphi(v) \end{cases} \end{cases}$$

ist linear und injektiv. Im Fall $\dim V \in \mathbb{N}_0$ ist Φ auch surjektiv und somit ein Isomorphismus.

Beweis: *Die Abbildung $\Phi(v)$ ist linear:* Sind $\varphi, \psi \in V^*$ und $\lambda \in \mathbb{K}$, so gilt:

$$\Phi(v)(\lambda\,\varphi + \psi) = (\lambda\,\varphi + \psi)(v) = \lambda\,\varphi(v) + \psi(v)$$

$$= \lambda\,\Phi(v)(\varphi) + \Phi(v)(\psi)\,.$$

Die Abbildung Φ ist linear: Sind $v, w \in V$ und $\lambda \in \mathbb{K}$, so gilt für alle $\varphi \in V^*$:

$$\Phi(\lambda\,v + w)(\varphi) = \varphi(\lambda\,v + w) = \lambda\,\varphi(v) + \varphi(v)$$

$$= \lambda\,\Phi(v)(\varphi) + \Phi(w)(\varphi)\,.$$

Die Abbildung Φ ist injektiv: Es sei $\Phi(v) = 0$ für ein $v \in V$. Dann gilt $\varphi(v) = 0$ für alle $\varphi \in V^*$. Angenommen $v \neq 0$. Aufgrund des Basisergänzungssatzes können wir die linear unabhängige Menge $\{v\}$ zu einer Basis B von V ergänzen. Mit der Linearform $v^* \in B^*$ gilt dann $v^*(v) = 1$ – ein Widerspruch. Somit muss $v = 0$ gelten. Mit dem Injektivitätskriterium von Seite 427 folgt hieraus die Injektivität von Φ.

Gilt nun darüber hinaus $\dim V = n \in \mathbb{N}_0$, so erhalten wir mit obigem Satz

$$\dim V = \dim V^* = \dim V^{**}\,.$$

Damit folgt die Surjektivität von Φ in diesem Fall mit dem Bijektivitätskriterium von Seite 430. $\qquad \blacksquare$

Achtung: Im Fall $\dim V = \infty$ ist die im Satz zum Bidualraum angegebene injektive Abbildung Φ nicht surjektiv, beachte das folgende Beispiel.

Beispiel Ist B eine Basis eines unendlichdimensionalen $\mathbb{K}$-Vektorraums V, so ist B^* eine linear unabhängige Teilmenge von V^* (beachte den Satz zur Dualbasis auf Seite 460). Wir können die linear unabhängige Menge B^* mit dem Basisergänzungssatz zu einer Basis von V^* ergänzen. Nach dem

Prinzip der linearen Fortsetzung gibt es somit eine lineare Abbildung φ mit

$$\varphi(\boldsymbol{b}^*) = 1 \ \text{für alle} \ \boldsymbol{b}^* \in B^* . \qquad (*)$$

Somit gilt $\varphi \in V^{**}$. Angenommen, $\varphi \in \Phi(V)$. Dann existiert ein $\boldsymbol{v} \in V$,

$$\boldsymbol{v} = \sum_{\boldsymbol{b} \in B} \lambda_{\boldsymbol{b}} \, \boldsymbol{b} \, ,$$

mit nur endlich vielen $\lambda_{\boldsymbol{b}} \in \mathbb{K} \setminus \{0\}$, mit $\varphi = \Phi(\boldsymbol{v})$. Wegen

$$\Phi(\boldsymbol{v})(\boldsymbol{b}^*) = \boldsymbol{b}^*(\boldsymbol{v}) = \lambda_{\boldsymbol{b}}$$

nimmt $\Phi(\boldsymbol{v})$ nur für endliche viele $\boldsymbol{b}^*$ von null verschiedene Werte an. Das ist ein Widerspruch zu $(*)$. ◀

Zusammenfassung

Eine Abbildung zwischen $\mathbb{K}$-Vektorräumen heißt linear, falls sie additiv und homogen ist, genauer:

Definition einer linearen Abbildung

Eine Abbildung $\varphi : V \to W$ zwischen $\mathbb{K}$-Vektorräumen V und W heißt $\mathbb{K}$-**lineare Abbildung** oder **Homomorphismus**, wenn für alle $\boldsymbol{v}, \boldsymbol{w} \in V$ und $\lambda \in \mathbb{K}$ gilt:
- $\varphi(\boldsymbol{v} + \boldsymbol{w}) = \varphi(\boldsymbol{v}) + \varphi(\boldsymbol{w})$ (Additivität),
- $\varphi(\lambda \, \boldsymbol{v}) = \lambda \, \varphi(\boldsymbol{v})$ (Homogenität).

Sind φ und ψ lineare Abbildungen zwischen $\mathbb{K}$-Vektorräumen und λ ein Skalar aus $\mathbb{K}$, so kann man im Fall von passenden Definitions- und Wertemengen auch die Hintereinanderausführung $\psi \circ \varphi$ und die Summe $\psi + \varphi$ und das skalare Vielfache $\lambda \, \varphi$ bilden und somit auch von inversen Abbildungen sprechen. Dabei ist bemerkenswert, dass die Summe, das Produkt, das skalare Vielfache und auch das Inverse einer invertierbaren linearen Abbildung stets wieder lineare Abbildungen sind, es gilt sogar:

Der $\mathbb{K}$-Vektorraum der linearen Abbildungen

Die Menge $\mathrm{Hom}_{\mathbb{K}}(V, W)$ aller linearen Abbildungen von V nach W ist ein $\mathbb{K}$-Vektorraum.

Eine lineare Abbildung nennt man im Fall $V = W$ auch Endomorphismus, man schreibt dann $\mathrm{End}_{\mathbb{K}}(V)$ anstelle von $\mathrm{Hom}_{\mathbb{K}}(V, V)$. In diesem Fall ist stets auch $\psi \circ \varphi$ und $\varphi \circ \psi$ für alle Elemente $\varphi, \psi \in \mathrm{End}_{\mathbb{K}}(V)$ erklärt und es gilt:

Der Endomorphismenring $\mathrm{End}_{\mathbb{K}}(V)$

Die Menge

$$\mathrm{End}_{\mathbb{K}}(V) = \mathrm{Hom}_{\mathbb{K}}(V, V)$$

aller Endomorphismen von V ist mit punktweiser Addition $+$ und der Multiplikation $\circ$ ein Ring mit Einselement id.

Zu jeder linearen Abbildung $\varphi : V \to W$ gehört der Kern und das Bild von φ; der Kern ist ein Untervektorraum von V und das Bild ist ein solcher von W.

Der Kern und das Bild einer linearen Abbildung

Ist φ eine lineare Abbildung von einem $\mathbb{K}$-Vektorraum V in einen $\mathbb{K}$-Vektorraum W, so nennt man

$$\ker \varphi = \varphi^{-1}(\{\boldsymbol{0}\}) = \{\boldsymbol{v} \in V \mid \varphi(\boldsymbol{v}) = \boldsymbol{0}\} \subseteq V$$

den **Kern** von φ und

$$\mathrm{Bild}\, \varphi = \varphi(V) = \{\varphi(\boldsymbol{v}) \mid \boldsymbol{v} \in V\} \subseteq W$$

das **Bild** von φ.

Es ist nicht schwer zu begründen, dass eine lineare Abbildung genau dann injektiv ist, wenn der Kern trivial, also $\ker \varphi = \{\boldsymbol{0}\}$ gilt, etwas anspruchsvoller hingegen ist der Nachweis der Dimensionsformel

Die Dimensionsformel

Ist V ein endlichdimensionaler Vektorraum, so gilt für jede lineare Abbildung $\varphi : V \to W$ die Gleichung

$$\dim(V) = \dim(\underbrace{\varphi^{-1}(\{\boldsymbol{0}\})}_{\text{Kern}}) + \dim(\underbrace{\varphi(V)}_{\text{Bild}}) .$$

Im Fall $\dim V = \dim W$ können wir hieraus folgern, dass eine Abbildung schon dann bijektiv ist, wenn sie injektiv oder surjektiv ist. Eine weitere Folgerung aus der Dimensionsformel ist, dass der Zeilen- und der Spaltenrang einer Matrix stets gleich sind.

Ist $B = (\boldsymbol{b}_1, \ldots, \boldsymbol{b}_n)$ eine geordnete Basis eines $\mathbb{K}$-Vektorraums V, so besitzt jedes $\boldsymbol{v} \in V$ genau eine Darstellung

$$\boldsymbol{v} = v_1 \, \boldsymbol{b}_1 + \cdots + v_n \, \boldsymbol{b}_n$$

mit $v_1, \ldots, v_n \in \mathbb{K}$. Es heißt $_B\boldsymbol{v} = \begin{pmatrix} v_1 \\ \vdots \\ v_n \end{pmatrix} \in \mathbb{K}^n$ der Koordinatenvektor von $\boldsymbol{v}$ bezüglich B. Hierdurch wird eine Abbildung von V in den $\mathbb{K}^n$ erklärt, für diese Abbildung gilt der zentrale Satz:

Jeder *n*-dimensionale $\mathbb{K}$-Vektorraum ist zum $\mathbb{K}^n$ isomorph

Ist $B = (\boldsymbol{b}_1, \ldots, \boldsymbol{b}_n)$ eine geordnete Basis des n-dimensionalen $\mathbb{K}$-Vektorraums V, so ist die Abbildung

$$\varphi: \begin{cases} V \to \mathbb{K}^n, \\ \boldsymbol{v} \mapsto {}_B\boldsymbol{v} \end{cases}$$

eine bijektive und lineare Abbildung, d. h. ein Isomorphismus.

Durch diesen Satz können wir jeden endlich-dimensionalen $\mathbb{K}$-Vektorraum V, etwa dim $V = n$, als den $\mathbb{K}^n$ auffassen. In einem weiteren Schritt bildet man dann die Darstellungsmatrix $\boldsymbol{A}$ einer linearen Abbildung φ zwischen endlich-dimensionalen Vektorräumen V und W und erhält damit eine konkrete Beschreibung der linearen Abbildung φ:

$$\varphi: V \to W \;\longleftrightarrow\; \varphi_A: \mathbb{K}^n \to \mathbb{K}^m.$$

Die Darstellungsmatrix einer linearen Abbildung

Es seien V ein n-dimensionaler und W ein m-dimensionaler $\mathbb{K}$-Vektorraum mit den geordneten Basen $B = (\boldsymbol{b}_1, \ldots, \boldsymbol{b}_n)$ von V und $C = (\boldsymbol{c}_1, \ldots, \boldsymbol{c}_m)$ von W. Und φ sei eine lineare Abbildung von V nach W. Man nennt die Matrix

$$_C\boldsymbol{M}(\varphi)_B = ({}_C\varphi(\boldsymbol{b}_1), \ldots, {}_C\varphi(\boldsymbol{b}_n)) \in \mathbb{K}^{m \times n}$$

die **Darstellungsmatrix** von φ bezüglich der Basen B und C.
Die i-te Spalte von $_C\boldsymbol{M}(\varphi)_B$ ist der Koordinatenvektor des Bildes des i-ten Basisvektors.

Dabei findet man etwaige Eigenschaften der Abbildung φ, z. B. Injektivität oder Surjektivität, in der Darstellungsmatrix wieder, so ist der Kern und das Bild einer linearen Abbildung durch den Kern und das Bild einer Darstellungsmatrix gegeben. Man kann die linearen Abbildungen durch Matrizen identifizieren:

Die Vektorräume $\mathrm{Hom}_{\mathbb{K}}(V, W)$ und $\mathbb{K}^{m \times n}$ sind isomorph

Es seien V ein n-dimensionaler und W ein m-dimensionaler $\mathbb{K}$-Vektorraum mit den Basen B und C. Die Abbildung

$$_C\Psi_B: \begin{cases} \mathrm{Hom}_{\mathbb{K}}(V, W) \to \mathbb{K}^{m \times n}, \\ \varphi \mapsto {}_C\boldsymbol{M}(\varphi)_B \end{cases}$$

ist ein Isomorphismus, insbesondere gilt $\mathrm{Hom}_{\mathbb{K}}(V, W) \cong \mathbb{K}^{m \times n}$.

Wir treiben diese Isomorphie noch weiter, indem wir eine Multiplikation von Matrizen einführen, sodass die Komposition von linearen Abbildungen mit dieser Multiplikation verträglich ist in dem Sinne, dass das Produkt der Matrizen die Darstellungsmatrix des Produktes der linearen Abbildungen ist. Dabei stellt sich heraus, dass die Zeilen der ersten Matrix mit den Spalten der zweiten Matrix multipliziert werden müssen. Man erhält dann:

Der Endomorphismenring ist zum Matrizenring isomorph

Die Menge $\mathbb{K}^{n \times n}$ aller $n \times n$-Matrizen bildet mit der Addition $+$ und Multiplikation $\cdot$ von Matrizen einen Ring mit Einselement $\boldsymbol{E}_n$, und für jeden n-dimensionalen $\mathbb{K}$-Vektorraum V gilt:

$$\mathrm{End}_{\mathbb{K}}(V) \cong \mathbb{K}^{n \times n}.$$

Im Fall $n > 2$ ist $\mathbb{K}^{n \times n}$ nicht kommutativ und besitzt Nullteiler, d. h., es gibt Elemente $\boldsymbol{A} \neq \boldsymbol{0} \neq \boldsymbol{B}$ mit $\boldsymbol{A}\,\boldsymbol{B} = \boldsymbol{0}$.

Zu den invertierbaren Endomorphismen gehören die invertierbaren Matrizen. Dabei berechnet man das Inverse einer Matrix durch simultanes Lösen von linearen Gleichungssystemen.

Mithilfe der Inversen kann man nun einfach darstellen, wie verschiedene Darstellungsmatrizen ein und derselben linearen Abbildung zusammenhängen:

Die Basistransformationsformel

Sind $\varphi: V \to V$ eine lineare Abbildung und B und C zwei geordnete Basen von V, so gilt:

$$_C\boldsymbol{M}(\varphi)_C = \boldsymbol{S}^{-1}\,{}_B\boldsymbol{M}(\varphi)_B\,\boldsymbol{S},$$

wobei $\boldsymbol{S} = {}_B\boldsymbol{M}(\mathrm{id}_V)_C$ gilt.

Aufgaben

Die Aufgaben gliedern sich in drei Kategorien: Anhand der *Verständnisfragen* können Sie prüfen, ob Sie die Begriffe und zentralen Aussagen verstanden haben, mit den *Rechenaufgaben* üben Sie Ihre technischen Fertigkeiten und die *Beweisaufgaben* geben Ihnen Gelegenheit, zu lernen, wie man Beweise findet und führt.

Ein Punktesystem unterscheidet leichte Aufgaben •, mittelschwere •• und anspruchsvolle ••• Aufgaben. Lösungshinweise am Ende des Buches helfen Ihnen, falls Sie bei einer Aufgabe partout nicht weiterkommen. Dort finden Sie auch die Lösungen – betrügen Sie sich aber nicht selbst und schlagen Sie erst nach, wenn Sie selber zu einer Lösung gekommen sind. Ausführliche Lösungswege stehen auf der Website des Verlags zur Verfügung.

Viel Spaß und Erfolg bei den Aufgaben!

Verständnisfragen

12.1 • Für welche $u \in \mathbb{R}^2$ ist die Abbildung

$$\varphi: \begin{cases} \mathbb{R}^2 & \to & \mathbb{R}^2, \\ v & \mapsto & v + u \end{cases}$$

linear?

12.2 • Gibt es eine lineare Abbildung $\varphi: \mathbb{R}^2 \to \mathbb{R}^2$ mit

(a)

$$\varphi\left(\begin{pmatrix} 2 \\ 3 \end{pmatrix}\right) = \begin{pmatrix} 2 \\ 2 \end{pmatrix}, \ \varphi\left(\begin{pmatrix} 2 \\ 0 \end{pmatrix}\right) = \begin{pmatrix} 1 \\ 1 \end{pmatrix}, \ \varphi\left(\begin{pmatrix} 6 \\ 3 \end{pmatrix}\right) = \begin{pmatrix} 4 \\ 3 \end{pmatrix}$$

bzw.

(b)

$$\varphi\left(\begin{pmatrix} 1 \\ 3 \end{pmatrix}\right) = \begin{pmatrix} 2 \\ 1 \end{pmatrix}, \ \varphi\left(\begin{pmatrix} 2 \\ 0 \end{pmatrix}\right) = \begin{pmatrix} 1 \\ 1 \end{pmatrix}, \ \varphi\left(\begin{pmatrix} 5 \\ 3 \end{pmatrix}\right) = \begin{pmatrix} 4 \\ 3 \end{pmatrix}?$$

12.3 • Folgt aus der linearen Abhängigkeit der Zeilen einer reellen 11×11-Matrix A die lineare Abhängigkeit der Spalten von A?

Rechenaufgaben

12.4 • Welche der folgenden Abbildungen sind linear?

(a) $\varphi_1: \begin{cases} \mathbb{R}^2 & \to & \mathbb{R}^2, \\ \begin{pmatrix} v_1 \\ v_2 \end{pmatrix} & \mapsto & \begin{pmatrix} v_2 - 1 \\ -v_1 + 2 \end{pmatrix} \end{cases}$

(b) $\varphi_2: \begin{cases} \mathbb{R}^2 & \to & \mathbb{R}^3, \\ \begin{pmatrix} v_1 \\ v_2 \end{pmatrix} & \mapsto & \begin{pmatrix} 13\,v_2 \\ 11\,v_1 \\ -4\,v_2 - 2\,v_1 \end{pmatrix} \end{cases}$

(c) $\varphi_3: \begin{cases} \mathbb{R}^2 & \to & \mathbb{R}^3, \\ \begin{pmatrix} v_1 \\ v_2 \end{pmatrix} & \mapsto & \begin{pmatrix} v_1 \\ -v_1^2\,v_2 \\ v_2 - v_1 \end{pmatrix} \end{cases}$

12.5 • Welche Dimensionen haben Kern und Bild der folgenden linearen Abbildung?

$$\varphi: \begin{cases} \mathbb{R}^2 & \to & \mathbb{R}^2, \\ \begin{pmatrix} v_1 \\ v_2 \end{pmatrix} & \mapsto & \begin{pmatrix} v_1 + v_2 \\ v_1 + v_2 \end{pmatrix}. \end{cases}$$

12.6 •• Zeigen Sie, dass für $M = \begin{pmatrix} 0 & 1 & 1 \\ 1 & 0 & 1 \\ 1 & 1 & 0 \end{pmatrix}$ gilt:

$$M^n = a_n M + b_n \mathbf{E}_3$$

und bestimmen Sie eine Rekursionsformel für a_n und b_n.

12.7 • Wir betrachten die lineare Abbildung $\varphi: \mathbb{R}^4 \to \mathbb{R}^4$, $v \mapsto A\,v$ mit der Matrix

$$A = \begin{pmatrix} 3 & 1 & 1 & -1 \\ 1 & 3 & -1 & 1 \\ 1 & -1 & 3 & 1 \\ -1 & 1 & 1 & 3 \end{pmatrix}$$

Gegeben sind weiter die Vektoren

$$a = \begin{pmatrix} 1 \\ 1 \\ 1 \\ 1 \end{pmatrix}, \ b = \begin{pmatrix} 1 \\ -1 \\ -1 \\ 1 \end{pmatrix} \text{ und } c = \begin{pmatrix} 4 \\ 4 \\ 4 \\ 4 \end{pmatrix}.$$

(a) Berechnen Sie $\varphi(a)$ und zeigen Sie, dass b im Kern von φ liegt. Ist φ injektiv?

(b) Bestimmen Sie die Dimensionen von Kern und Bild der linearen Abbildung φ.

(c) Bestimmen Sie Basen des Kerns und des Bildes von φ.

(d) Bestimmen Sie die Menge L aller $v \in \mathbb{R}^4$ mit $\varphi(v) = c$.

12.8 • Wir betrachten den reellen Vektorraum $\mathbb{R}[X]_3$ aller Polynome über $\mathbb{R}$ vom Grad kleiner oder gleich 3, und es bezeichne $\frac{\mathrm{d}}{\mathrm{d}X}: \mathbb{R}[X]_3 \to \mathbb{R}[X]_3$ die Differenziation. Weiter sei $E = (1, X, X^2, X^3)$ die Standardbasis von $\mathbb{R}[X]_3$.

(a) Bestimmen Sie die Darstellungsmatrix ${}_E M(\frac{\mathrm{d}}{\mathrm{d}X})_E$.

(b) Bestimmen Sie die Darstellungsmatrix ${}_B M(\frac{\mathrm{d}}{\mathrm{d}X})_B$ von $\frac{\mathrm{d}}{\mathrm{d}X}$ bezüglich der geordneten Basis $B = (X^3, 3\,X^2, 6\,X, 6)$ von $\mathbb{R}[X]_3$.

12.9 •• Gegeben sind die geordnete Standardbasis

$$E_2 = \left(\begin{pmatrix} 1 \\ 0 \end{pmatrix}, \begin{pmatrix} 0 \\ 1 \end{pmatrix}\right) \text{ des } \mathbb{R}^2, \ B = \left(\begin{pmatrix} 1 \\ 1 \\ 1 \end{pmatrix}, \begin{pmatrix} 1 \\ 1 \\ 0 \end{pmatrix}, \begin{pmatrix} 1 \\ 0 \\ 0 \end{pmatrix}\right)$$

des $\mathbb{R}^3$ und $C = \left(\begin{pmatrix} 1 \\ 1 \\ 1 \\ 1 \end{pmatrix}, \begin{pmatrix} 1 \\ 1 \\ 1 \\ 0 \end{pmatrix}, \begin{pmatrix} 1 \\ 1 \\ 0 \\ 0 \end{pmatrix}, \begin{pmatrix} 1 \\ 0 \\ 0 \\ 0 \end{pmatrix}\right)$ des $\mathbb{R}^4$.

Nun betrachten wir zwei lineare Abbildungen $\varphi\colon \mathbb{R}^2 \to \mathbb{R}^3$ und $\psi\colon \mathbb{R}^3 \to \mathbb{R}^4$ definiert durch

$$\varphi\left(\begin{pmatrix} v_1 \\ v_2 \end{pmatrix}\right) = \begin{pmatrix} v_1 - v_2 \\ 0 \\ 2\,v_1 - v_2 \end{pmatrix} \text{ und}$$

$$\psi\left(\begin{pmatrix} v_1 \\ v_2 \\ v_3 \end{pmatrix}\right) = \begin{pmatrix} v_1 + 2\,v_3 \\ v_2 - v_3 \\ v_1 + v_2 \\ 2\,v_1 + 3\,v_3 \end{pmatrix}.$$

Bestimmen Sie die Darstellungsmatrizen $_B\boldsymbol{M}(\varphi)_{E_2}$, $_C\boldsymbol{M}(\psi)_B$ und $_C\boldsymbol{M}(\psi \circ \varphi)_{E_2}$.

12.10 •• Gegeben ist eine lineare Abbildung $\varphi\colon \mathbb{R}^3 \to \mathbb{R}^3$. Die Darstellungsmatrix von φ bezüglich der geordneten Standardbasis $E_3 = (\boldsymbol{e}_1,\, \boldsymbol{e}_2,\, \boldsymbol{e}_3)$ des $\mathbb{R}^3$ lautet:

$$_{E_3}\boldsymbol{M}(\varphi)_{E_3} = \begin{pmatrix} 4 & 0 & -2 \\ 1 & 3 & -2 \\ 1 & 2 & -1 \end{pmatrix} \in \mathbb{R}^{3\times 3}.$$

(a) Zeigen Sie: $B = \left(\begin{pmatrix} 2 \\ 2 \\ 3 \end{pmatrix},\, \begin{pmatrix} 1 \\ 1 \\ 1 \end{pmatrix},\, \begin{pmatrix} 2 \\ 1 \\ 1 \end{pmatrix}\right)$ ist eine geordnete Basis des $\mathbb{R}^3$.

(b) Bestimmen Sie die Darstellungsmatrix $_B\boldsymbol{M}(\varphi)_B$ und die Transformationsmatrix S mit $_B\boldsymbol{M}(\varphi)_B = S^{-1}\,_{E_3}\boldsymbol{M}(\varphi)_{E_3}\,S$.

12.11 •• Gegeben sind zwei geordnete Basen A und B des $\mathbb{R}^3$

$$A = \left(\begin{pmatrix} 8 \\ -6 \\ 7 \end{pmatrix},\, \begin{pmatrix} -16 \\ 7 \\ -13 \end{pmatrix},\, \begin{pmatrix} 9 \\ -3 \\ 7 \end{pmatrix}\right)$$

$$B = \left(\begin{pmatrix} 1 \\ -2 \\ 1 \end{pmatrix},\, \begin{pmatrix} 3 \\ -1 \\ 2 \end{pmatrix},\, \begin{pmatrix} 2 \\ 1 \\ 2 \end{pmatrix}\right)$$

und eine lineare Abbildung $\varphi\colon \mathbb{R}^3 \to \mathbb{R}^3$, die bezüglich der Basis A die folgende Darstellungsmatrix hat

$$_A\boldsymbol{M}(\varphi)_A = \begin{pmatrix} 1 & -18 & 15 \\ -1 & -22 & 15 \\ 1 & -25 & 22 \end{pmatrix}$$

(a) Bestimmen Sie die Darstellungsmatrix $_B\boldsymbol{M}(\varphi)_B$ von φ bezüglich der geordneten Basis B.

(b) Bestimmen Sie die Darstellungsmatrizen $_A\boldsymbol{M}(\varphi)_B$ und $_B\boldsymbol{M}(\varphi)_A$.

12.12 ••• Es bezeichne $\triangle\colon \mathbb{R}[X]_4 \to \mathbb{R}[X]_4$ den durch $\triangle(f) = f(X+1) - f(X)$ erklärten *Differenzenoperator*.

(a) Zeigen Sie, dass $\triangle$ linear ist, und berechnen Sie die Darstellungsmatrix $_E\boldsymbol{M}(\triangle)_E$ von $\triangle$ bezüglich der kanonischen Basis $E = (1,\, X,\, X^2,\, X^3,\, X^4)$ von $\mathbb{R}[X]_4$ sowie die Dimensionen des Bildes und des Kerns von $\triangle$.

(b) Zeigen Sie, dass

$$B = \left(1, \quad X, \quad \frac{X(X-1)}{2},\right.$$
$$\left.\frac{X(X-1)(X-2)}{6},\, \frac{X(X-1)(X-2)(X-3)}{24}\right)$$

eine geordnete Basis von $\mathbb{R}[X]_4$ ist, und berechnen Sie die Darstellungsmatrix $_B\boldsymbol{M}(\triangle)_B$ von $\triangle$ bezüglich B.

(c) Angenommen, Sie sollten auch noch die Darstellungsmatrizen der Endomorphismen $\triangle^2$, $\triangle^3$, $\triangle^4$, $\triangle^5$ berechnen – es bedeutet hierbei $\triangle^k = \underbrace{\triangle \circ \cdots \circ \triangle}_{k\text{-mal}}$ – Ihnen sei dafür aber die Wahl der Basis von $\mathbb{R}[X]_4$ freigestellt. Welche Basis würden Sie nehmen? Begründen Sie Ihre Wahl.

Beweisaufgaben

12.13 •• Es seien $\mathbb{K}$ ein Körper, V ein endlichdimensionaler $\mathbb{K}$-Vektorraum, $\varphi_1, \varphi_2 \in \mathrm{End}_{\mathbb{K}}(V)$ mit $\varphi_1 + \varphi_2 = \mathrm{id}_V$. Zeigen Sie:

(a) $\dim(\mathrm{Bild}\ \varphi_1) + \dim(\mathrm{Bild}\ \varphi_2) \geq \dim(V)$.

(b) Falls „$=$" in (a) gilt, so ist

$$\varphi_1 \circ \varphi_1 = \varphi_1\,,$$
$$\varphi_2 \circ \varphi_2 = \varphi_2\,,$$
$$\varphi_1 \circ \varphi_2 = \varphi_2 \circ \varphi_1 = \boldsymbol{0} \in \mathrm{End}_{\mathbb{K}}(V)\,.$$

12.14 •• Wenn A eine linear unabhängige Menge eines $\mathbb{K}$-Vektorraums V und φ ein injektiver Endomorphismus von V ist, ist dann auch $A' = \{\varphi(\boldsymbol{v}) \mid \boldsymbol{v} \in A\}$ linear unabhängig?

12.15 ••• Gegeben ist eine lineare Abbildung $\varphi\colon \mathbb{R}^2 \to \mathbb{R}^2$ mit $\varphi \circ \varphi = \mathrm{id}_{\mathbb{R}^2}$ (d. h., für alle $\boldsymbol{v} \in \mathbb{R}^2$ gilt $\varphi(\varphi(\boldsymbol{v})) = \boldsymbol{v}$), aber $\varphi \neq \pm\mathrm{id}_{\mathbb{R}^2}$ (d. h. $\varphi \notin \{\boldsymbol{v} \mapsto \boldsymbol{v},\ \boldsymbol{v} \mapsto -\boldsymbol{v}\}$). Zeigen Sie:

(a) Es gibt eine Basis $B = \{\boldsymbol{b}_1,\, \boldsymbol{b}_2\}$ des $\mathbb{R}^2$ mit $\varphi(\boldsymbol{b}_1) = \boldsymbol{b}_1$, $\varphi(\boldsymbol{b}_2) = -\boldsymbol{b}_2$.

(b) Ist $B' = \{\boldsymbol{a}_1,\, \boldsymbol{a}_2\}$ eine weitere Basis mit der in (a) angegebenen Eigenschaft, so existieren $\lambda,\, \mu \in \mathbb{R} \setminus \{0\}$ mit $\boldsymbol{a}_1 = \lambda\,\boldsymbol{b}_1,\, \boldsymbol{a}_2 = \mu\,\boldsymbol{b}_2$.

12.16 •• Es seien $\mathbb{K}$ ein Körper und $n \in \mathbb{N}$. In dem $\mathbb{K}$-Vektorraum $V = \mathbb{K}^n$ seien die Unterräume $U = \langle \boldsymbol{u}_1,\, \ldots,\, \boldsymbol{u}_r \rangle$ und $W = \langle \boldsymbol{w}_1,\, \ldots,\, \boldsymbol{w}_t \rangle$ gegeben. Weiter seien $m = r + t$ und

$$A = \begin{pmatrix} \boldsymbol{u}_1 & \boldsymbol{u}_1 \\ \vdots & \vdots \\ \boldsymbol{u}_r & \boldsymbol{u}_r \\ \boldsymbol{w}_1 & \boldsymbol{0} \\ \vdots & \vdots \\ \boldsymbol{w}_t & \boldsymbol{0} \end{pmatrix} \in \mathbb{K}^{m\times 2n}$$

(wobei die $\boldsymbol{u}_i$, $\boldsymbol{w}_i$ als Zeilen geschrieben sind). Zeigen Sie: Bringt man $\boldsymbol{A}$ durch elementare Zeilenumformungen auf die Form

$$
A' = \begin{pmatrix}
\boldsymbol{v}_1 & \star \\
\vdots & \vdots \\
\boldsymbol{v}_l & \star \\
\mathbf{0} & \boldsymbol{y}_1 \\
\vdots & \vdots \\
\mathbf{0} & \boldsymbol{y}_{m-l}
\end{pmatrix},
$$

wobei $\boldsymbol{v}_1, \ldots, \boldsymbol{v}_l$ paarweise verschieden und linear unabhängig sind, so ist $\{\boldsymbol{v}_1, \ldots, \boldsymbol{v}_l\}$ eine Basis von $U + W$ und $\langle \boldsymbol{y}_1, \ldots, \boldsymbol{y}_{m-l} \rangle = U \cap W$. Zeigen Sie weiter: Ist $\dim(U) = r$ und $\dim(W) = t$, so ist $\{\boldsymbol{y}_1, \ldots, \boldsymbol{y}_{m-l}\}$ eine Basis von $U \cap W$.

12.17 • Bestimmen Sie eine Basis von $U \cap W$. Dabei seien die beiden Untervektorräume

$$
\begin{aligned}
U &= \langle (0,1,0,-1)^\top, (1,0,1,-2)\top, (-1,-2,0,1)^\top \rangle \\
W &= \langle (-1,0,1,0)^\top, (1,0,-1,-1)^\top, (2,0,-1,0)^\top \rangle
\end{aligned}
$$

des $\mathbb{R}$-Vektorraums $V = \mathbb{R}^4$ gegeben.

12.18 ••• Für A, $B \in \mathbb{K}^{n \times n}$ sei $\mathbf{E}_n - A B$ invertierbar. Zeigen Sie, dass dann auch $\mathbf{E}_n - B A$ invertierbar ist und bestimmen Sie das Inverse.

12.19 ••• Es sei $A \in \mathbb{K}^{m \times n}$ und $B \in \mathbb{K}^{n \times p}$. Zeigen Sie:

$$
\mathrm{rg}(A\,B) = \mathrm{rg}(B) - \dim(\ker A \cap \mathrm{Bild}\,B)\,.
$$

12.20 •• Zeigen Sie: Sind A und A' zwei $n \times n$-Matrizen über einem Körper $\mathbb{K}$, so gilt

$$
A\,A' = \mathbf{E_n} \;\Rightarrow\; A'\,A = \mathbf{E_n}\,.
$$

Insbesondere ist $A' = A^{-1}$ das Inverse der Matrix A.

Antworten der Selbstfragen

S. 418

Die Gleichung $\varphi(\underbrace{\lambda\,\boldsymbol{v}}_{\in V}) = \lambda\,\underbrace{\varphi(\boldsymbol{v})}_{\in W}$ wäre bei verschiedenen Körpern nicht immer sinnvoll. Wäre etwa V ein $\mathbb{C}$-Vektorraum und W ein $\mathbb{R}$-Vektorraum, so würde $\lambda = \mathrm{i}$ die Homogenität unmöglich machen.

S. 420

Ja, man schreibe $\boldsymbol{v} - \boldsymbol{w} = \boldsymbol{v} + (-1)\,\boldsymbol{w}$.

S. 422

Ja, man wähle die lineare Fortsetzung von σ mit $\sigma(\boldsymbol{e}_1) = \mathbf{0}$ und $\sigma(\boldsymbol{e}_2) = \mathbf{0}$.

S. 423

Ja, beachte den Satz zur Komposition bijektiver Abbildungen auf Seite 49.

S. 423

Das Inverse ist $\varphi^{-1} \circ \psi^{-1}$ wegen $\varphi^{-1} \circ \psi^{-1} \circ \psi \circ \varphi = \mathrm{id} = \psi \circ \varphi \circ \varphi^{-1} \circ \psi^{-1}$.

S. 426

Es sei $\begin{pmatrix} v_1 \\ v_2 \end{pmatrix} \in \mathbb{R}^2$. Dann gilt:

$$
\varphi\left(\begin{pmatrix} v_1 - v_2 \\ v_2 \\ 0 \end{pmatrix} \right) = \begin{pmatrix} v_1 \\ v_2 \end{pmatrix},
$$

somit gilt $\varphi(\mathbb{R}^3) = \mathbb{R}^2$.

S. 427

Im endlichdimensionalen Fall schon, als Maß scheint die Dimension zu dienen. Dass dem tatsächlich so ist, wird die Dimensionsformel zeigen.

S. 427

Die erste Abbildung ist injektiv. Die zweite Abbildung ist im Fall $V = \{\mathbf{0}\}$ injektiv, im Fall $V \neq \{\mathbf{0}\}$ ist sie nicht injektiv. Die dritte Abbildung ist nicht injektiv. Die vierte Abbildung ist im Fall $\mathrm{rg}\,A = n$ injektiv, im Fall $\mathrm{rg}\,A \neq n$ ist sie nicht injektiv. Die fünfte Abbildung ist nicht injektiv. Man betrachte jeweils den Kern der linearen Abbildung.

S. 428

Nein, man beachte die Dimensionsformel: Ist φ surjektiv, so gilt $\dim(\varphi(\mathbb{R}^{11})) = 7$. Wäre $\dim(\varphi^{-1}(\{\mathbf{0}\})) = 5$, so folgte mit der Dimensionsformel $11 = 5 + 7$, ein Widerspruch.

S. 435

Ja. Die Darstellungsmatrix ist dann eine Spalte, wenn man eine Abbildung vom eindimensionalen $\mathbb{K}$-Vektorraum $\mathbb{K}$ in einen n-dimensionalen $\mathbb{K}$-Vektorraum hat, z. B.

$$
\varphi \colon v \mapsto \begin{pmatrix} v \\ 0 \\ \vdots \\ 0 \end{pmatrix}.
$$

Und sie ist dann eine Zeile, wenn man eine Abbildung von einem n-dimensionalen $\mathbb{K}$-Vektorraum in den eindimensionalen $\mathbb{K}$-Vektorraum $\mathbb{K}$ hat, z. B.

$$
\varphi \colon \begin{pmatrix} v_1 \\ \vdots \\ v_n \end{pmatrix} \mapsto v_1\,.
$$

S. 435

Dort sind $V = \mathbb{K}^n$, $W = \mathbb{K}^m$ und B und C die jeweiligen Standardbasen.

S. 437

Der Kern ist der eindimensionale Untervektorraum $\langle \boldsymbol{n} \rangle$ des $\mathbb{R}^3$, und das Bild ist die zweidimensionale Ebene E als Untervektorraum des $\mathbb{R}^3$.

S. 437

Das bedeutet, dass $C = B$ gilt.

S. 442

Wegen der obigen Isomorphie $\mathrm{Hom}_{\mathbb{K}}(V, W) \cong \mathbb{K}^{m \times n}$ gilt

$$\dim \mathrm{Hom}_{\mathbb{K}}(V, W) = \dim \mathbb{K}^{m \times n} = m\,n = \dim V \, \dim W \,.$$

S. 443

Nein. Es reicht $A \in \mathbb{K}^{m \times n}$ und $B \in \mathbb{K}^{n \times m}$.

S. 444

Weil sonst das Produkt nicht definiert ist.

S. 446

Nein, wir wählen $A = \begin{pmatrix} 1 & 0 \\ 0 & 0 \end{pmatrix}$, $B = \begin{pmatrix} 0 & 0 \\ 1 & 0 \end{pmatrix}$ und $C = \begin{pmatrix} 0 & 0 \\ 1 & 1 \end{pmatrix}$. Hiermit gilt

$$A\,C = \boldsymbol{0} = B\,C \quad \text{und} \quad A \neq B \,.$$

S. 448

Wegen

$$\varphi_A \circ \varphi_B = \varphi_{A\,B}$$

ist

$$\varphi_{A\,B}^{-1} = \varphi_{(A\,B)^{-1}} = \varphi_{B^{-1}A^{-1}} = \varphi_{B^{-1}} \circ \varphi_{A^{-1}}$$

die Umkehrabbildung.

S. 451

Nein. $\mathbf{E}_2$ und $-\mathbf{E}_2$ sind invertierbar, die Summe aber nicht.

S. 451

Die dritte Zeile.

S. 451

An der Stelle $(1,\,2)$ – es geht aber auch die Stelle $(3,\,2)$.

S. 453

Weil $\boldsymbol{P}^2$ bedeutet, dass zwei Mal vertauscht wird, damit wird die ursprüngliche Vertauschung gerade rückgängig gemacht.

S. 455

Nur $\mathbf{E}_n$ selbst, da für jedes invertierbare $S \in \mathbb{K}^{n \times n}$ gilt:

$$S\,\mathbf{E}_n\,S^{-1} = \mathbf{E}_n \,.$$

S. 457

Eine Matrix ist genau dann invertierbar, wenn die Spaltenvektoren linear unabhängig sind. Damit hat man für die erste Spalte die drei möglichen vom Nullvektor verschiedenen Vektoren des $\mathbb{Z}_2^2$ zur Auswahl. Für die zweite Spalte hat man jeweils noch zwei mögliche, von der ersten Spalte linear unabhängige Vektoren zur Auswahl. Insgesamt erhält man die angegebenen sechs Matrizen, die invertierbar sind.

S. 460

Es ist

$$\Phi : \begin{cases} V & \to & V^*, \\ \displaystyle\sum_{b \in B} \lambda_b \, \boldsymbol{b} & \mapsto & \displaystyle\sum_{b \in B} \lambda_b \, \boldsymbol{b}^* \end{cases}$$

ein Isomorphismus.

Determinanten – Kenngrößen von Matrizen

13

Wie lautet die Leibniz'sche Formel?

Wie kann man entscheiden, ob eine Matrix invertierbar ist?

Was ist eine Multilinearform?

© Springer-Verlag GmbH Deutschland, ein Teil von Springer Nature 2022
T. Arens et al., *Grundwissen Mathematikstudium*,
https://doi.org/10.1007/978-3-662-63313-7_13

Zu jeder quadratischen Matrix A über einem Körper $\mathbb{K}$ gibt es eine Kenngröße – ihre Determinante. Diese Zahl aus $\mathbb{K}$ gibt Aufschluss über Eigenschaften der Matrix. So ist etwa eine Matrix A genau dann invertierbar, wenn ihre Determinante von null verschieden ist. Und genau diese Eigenschaft ist es, welche die Determinante so wertvoll macht.

Die Determinante hat viele weitere Anwendungen. Mit ihrer Hilfe kann man lineare Gleichungssysteme lösen, das Inverse einer Matrix bilden, n-dimensionale Volumina berechnen, und selbst beim Interpolationsproblem liefert sie eine Existenz- und Eindeutigkeitsaussage. Aber tatsächlich sind diese Anwendungen im Allgemeinen mit effizienteren Methoden realisierbar. Der Nutzen der Determinante innerhalb der linearen Algebra liegt im Wesentlichen in der Bestimmung der Eigenwerte einer Matrix – das ist ein Thema des nächsten Kapitels. Die Determinante wird uns auch in der Analysis wieder begegnen, sie ist etwa bei der mehrdimensionalen Integration eine Art Skalierungsfaktor bei der Koordinatentransformation.

Wir definieren die Determinante durch eine explizite Formel – die sogenannten *Leibniz'sche Formel*. Diese Formel ist – außer für die Fälle von zwei- und dreireihigen Matrizen – für die Berechnung ungeeignet, da die Zahl der zu addierenden Ausdrücke mit der Reihenzahl der Matrix enorm schnell wächst. Wir leiten Methoden und Formeln her, die es gestatten, die Determinante einer $n \times n$-Matrix für $n \in \mathbb{N}$ auf die Bestimmung der Determinanten einer Summe von $(n-1) \times (n-1)$-Matrizen zurückzuführen. So fortfahrend gelangen wir zu der Aufgabe, Determinanten von möglicherweise zahlreichen 2×2-Matrizen zu berechnen. Durch trickreiches Rechnen bleibt die Bestimmung der Determinante auch einer großen Matrix übersichtlich.

13.1 Die Definition der Determinante

Wir untersuchen quadratische Matrizen über einem Körper $\mathbb{K}$ genauer und ordnen jeder solchen quadratischen Matrix $A \in \mathbb{K}^{n \times n}$ ein Element aus $\mathbb{K}$ zu – ihre sogenannte *Determinante* det A. Diese Kenngröße det A gibt Aufschluss über Eigenschaften der Matrix A. So ist etwa A genau dann invertierbar, wenn det $A \neq 0$ gilt.

Weil es für spätere Zwecke sinnvoll ist, führen wir Determinanten nicht nur für Matrizen über einem Körper $\mathbb{K}$ ein. Wir behandeln etwas allgemeiner Matrizen über einem kommutativen Ring R mit einem Einselement 1. Der Fall, dass R sogar ein Körper ist, ist ein Spezialfall, da jeder Körper insbesondere ein kommutativer Ring ist.

In diesem Kapitel bezeichne R stets einen kommutativen Ring mit einem Einselement 1. Um ein konkretes Beispiel vor Augen zu haben, kann man sich für R den Ring $\mathbb{Z}$ der ganzen Zahlen oder auch einen der vertrauten Körper $\mathbb{R}$ oder $\mathbb{C}$ vorstellen. Wesentlich wird später das Beispiel $R = \mathbb{K}[X]$ aus Kapitel 3 sein – der (kommutative) Polynomring über einem Körper $\mathbb{K}$.

Die Elemente aus S_n sind die Permutationen der Zahlen 1, . . . , n

Wir erinnern kurz an die symmetrische Gruppe $(S_n, \circ)$ aller Bijektionen der endlichen Menge

$$I_n = \{1, \ldots, n\} \subseteq \mathbb{N}$$

(siehe Seite 67). Die Menge S_n ist gegeben durch:

$$S_n = \{\sigma : I_n \to I_n \mid \sigma \text{ ist bijektiv}\}.$$

Die Elemente von S_n nennt man **Permutationen**. Die Verknüpfung $\circ$ der Gruppe S_n ist die Hintereinanderausführung der Permutationen

$$\tau \circ \sigma : \begin{cases} I_n & \to & I_n, \\ i & \mapsto & \tau(\sigma(i)). \end{cases}$$

Jede Permutation $\sigma \in S_n$ lässt sich übersichtlich in der Form

$$\sigma : (1, 2, \ldots, n) \mapsto (\sigma(1), \sigma(2), \ldots, \sigma(n))$$

darstellen. Links stehen die Elemente von I_n in der natürlichen Reihenfolge und rechts die jeweiligen Bilder der Elemente aus I_n unter der Bijektion σ, also alle n Elemente aus I_n in der durch σ festgelegten Reihenfolge.

Weil σ eine Bijektion ist, hat man nach Festlegung von $\sigma(1) \in \{1, \ldots, n\}$ für das Element $\sigma(2)$ die $n-1$ verschiedenen Möglichkeiten aus $\{1, \ldots, n\} \setminus \{\sigma(1)\}$. So fortfahrend erkennt man:

Die Mächtigkeit der symmetrischen Gruppe

Die symmetrische Gruppe hat $n!$ Elemente, d. h.,

$$|S_n| = n!$$

Beispiel

- Die Elemente aus S_2 sind

$$\text{id} = \sigma_1 : (1, 2) \mapsto (1, 2), \ \sigma_2 : (1, 2) \mapsto (2, 1).$$

Es gilt:

$$\sigma_2 \circ \sigma_2 : (1, 2) \mapsto (1, 2), \text{ also } \sigma_2 \circ \sigma_2 = \text{id}.$$

- Die Elemente aus S_3 lauten

$$\sigma_1 : (1, 2, 3) \mapsto (1, 2, 3), \quad \sigma_2 : (1, 2, 3) \mapsto (2, 3, 1),$$
$$\sigma_3 : (1, 2, 3) \mapsto (3, 1, 2), \quad \sigma_4 : (1, 2, 3) \mapsto (3, 2, 1),$$
$$\sigma_5 : (1, 2, 3) \mapsto (2, 1, 3), \quad \sigma_6 : (1, 2, 3) \mapsto (1, 3, 2).$$

Z. B. gilt:

$$\sigma_4(\sigma_5(1)) = \sigma_4(2) = 2,$$
$$\sigma_4(\sigma_5(2)) = \sigma_4(1) = 3,$$
$$\sigma_4(\sigma_5(3)) = \sigma_4(3) = 1.$$

Damit erhalten wir:

$$\sigma_4 \circ \sigma_5 \colon (1, 2, 3) \mapsto (2, 3, 1)\,, \text{ also } \sigma_4 \circ \sigma_5 = \sigma_2\,.$$

Man beachte die Reihenfolge. Wir berechnen als weiteres Beispiel

$$\sigma_2 \circ \sigma_3 \colon (1, 2, 3) \mapsto (1, 2, 3)\,, \text{ also } \sigma_2 \circ \sigma_3 = \sigma_1\,.$$

Die Seite 66 zeigt übrigens die Gruppentafel von S_3.
- Die Menge S_4 enthält bereits $4! = 24$ Elemente. ◄

Auf Seite 73 haben wir jeder Permutation $\sigma \in S_n$ das sogenannte **Signum** zugeordnet,

$$\operatorname{sgn}\sigma = \prod_{i<j} \frac{\sigma(j) - \sigma(i)}{j - i}\,,$$

und bereits gezeigt, dass die Abbildung

$$\operatorname{sgn}\colon\ S_n \to \{1, -1\}$$

ein Homomorphismus ist, d. h.,

$$\operatorname{sgn}(\tau \circ \sigma) = \operatorname{sgn}(\tau) \cdot \operatorname{sgn}(\sigma)\ \text{ für alle }\ \tau,\ \sigma \in S_n\,.$$

—————————— **?** ——————————

Warum gilt
$$\operatorname{sgn}(\sigma^{-1}) = \operatorname{sgn}(\sigma)$$
für jedes $\sigma \in S_n$?

————————————————————————

Beispiel Wir bestimmen das Signum einiger Elemente aus S_2 und S_3:

$$\sigma\colon (1, 2) \mapsto (1, 2) \ \Rightarrow\ \operatorname{sgn} = \frac{2-1}{2-1} = 1\,,$$

$$\sigma\colon (1, 2) \mapsto (2, 1) \ \Rightarrow\ \operatorname{sgn} = \frac{1-2}{2-1} = -1\,,$$

$$\sigma\colon (1, 2, 3) \mapsto (1, 3, 2) \ \Rightarrow\ \operatorname{sgn} = \frac{3-1}{2-1}\frac{2-1}{3-1}\frac{2-3}{3-2} = -1\,,$$

$$\sigma\colon (1, 2, 3) \mapsto (2, 3, 1) \ \Rightarrow\ \operatorname{sgn} = \frac{3-2}{2-1}\frac{1-2}{3-1}\frac{1-3}{3-2} = 1\,.$$
◄

Wie auf Seite 73 gezeigt, kann man das Signum einer Permutation $\sigma \in S_n$ durch die Anzahl f der Fehlstände bestimmen. Es gilt nämlich:

$$\operatorname{sgn}(\sigma) = (-1)^f\,.$$

Dabei spricht man vom Fehlstand $(\sigma(i), \sigma(j))$, wenn für das Paar (i, j) von Indizes aus I_n einerseits $i < j$ und andererseits $\sigma(i) > \sigma(j)$ gilt.

Eine Permutation aus S_n, die zwei verschiedene Zahlen i und j aus I_n vertauscht und alle anderen Zahlen festlässt

$$\tau\colon\ (\ldots, i-1, i, i+1, \ldots, j-1, j, j+1, \ldots) \mapsto$$
$$(\ldots, i-1, j, i+1, \ldots, j-1, i, j+1, \ldots)$$

nennt man **Transposition**. Wir zählen die Fehlstände einer solchen Transposition:

- Es ist (j, i) ein Fehlstand.
- Jedes Paar (j, a) mit $i + 1 \le a \le j - 1$ ist ein Fehlstand.
- Jedes Paar (a, i) mit $i + 1 \le a \le j - 1$ ist ein Fehlstand.

Weitere Fehlstände gibt es nicht. Damit haben wir genau $2\,(j - i - 1) + 1$ Fehlstände. Folglich hat jede Transposition das Signum -1 – eine solche hat nämlich eine ungerade Anzahl von Fehlständen.

Die **geraden** Permutationen sind jene mit positivem Signum, wir schreiben

$$A_n = \{\sigma \in S_n \mid \operatorname{sgn}(\sigma) = +1\}$$

und nennen die Gruppe A_n die **alternierende Gruppe** vom Grad n.

—————————— **?** ——————————

Wieso ist A_n eine Gruppe?

————————————————————————

Die **ungeraden** Permutationen sind jene Permutationen mit negativem Signum, es gilt

$$S_n = A_n \cup \tau \circ A_n$$

für jede ungerade Permutation τ.

Die Determinante einer Matrix A ist eine Differenz von Summen von Produkten von Einträgen von A

Wir definieren die Determinante einer Matrix $A = (a_{ij}) \subset R^{n \times n}$ durch die sogenannte **Leibniz'sche Formel**:

Definition der Determinante

Für jede quadratische Matrix $A \in R^{n \times n}$ mit Einträgen aus einem kommutativen Ring R heißt

$$\det(A) = \sum_{\sigma \in S_n} \operatorname{sgn}(\sigma) \prod_{i=1}^{n} a_{i\,\sigma(i)}$$

die **Determinante** von A.

Anstelle von $\det(A)$ schreibt man auch etwas kürzer $\det A$ oder $|A|$.

Die Formel wirkt sehr kompliziert. Daher ist es angebracht, auf die einzelnen Symbole und Details einzugehen:

- Ist $\sigma \in S_n$, so ist $\sigma(i) \in \{1 \ldots, n\}$, und $a_{i\,\sigma(i)}$ ist der Eintrag an der Stelle $(i, \sigma(i))$ der Matrix A.
- Ist $\sigma \in S_n$, so wird bei den Faktoren des Produkts $\prod_{i=1}^{n} a_{i\,\sigma(i)}$ aus jeder Zeile der Matrix A genau ein Element ausgewählt.
- Die Summe wird über alle möglichen Permutationen σ der Menge $I_n = \{1, \ldots, n\}$ gebildet.
- Wegen $|S_n| = n!$ besteht die Summe $\det(A)$ aus $n!$ Summanden.

- Bildet man die Summen über die geraden und ungeraden Permutationen getrennt, so erhält man

$$\det(A) = \sum_{\sigma \in A_n} \prod_{i=1}^{n} a_{i\,\sigma(i)} - \sum_{\sigma \in S_n \setminus A_n} \prod_{i=1}^{n} a_{i\,\sigma(i)} \,.$$

- Wenn wir die $n!$ Permutationen aus S_n durchnummerieren,

$$S_n = \{\sigma_1, \,\ldots, \,\sigma_{n!}\} \,,$$

so können wir die Summenformel für die Determinante auch wie folgt schreiben:

$$\det(A) = \sum_{k=1}^{n!} \operatorname{sgn}(\sigma_k) \prod_{i=1}^{n} a_{i\,\sigma_k(i)}$$

$$= \operatorname{sgn}(\sigma_1) \prod_{i=1}^{n} a_{i\,\sigma_1(i)} + \cdots + \operatorname{sgn}(\sigma_{n!}) \prod_{i=1}^{n} a_{i\,\sigma_{n!}(i)}$$

$$= \operatorname{sgn}(\sigma_1)\, a_{1\,\sigma_1(1)} \cdots a_{n\,\sigma_1(n)} + \cdots$$

$$\cdots + \operatorname{sgn}(\sigma_{n!})\, a_{1\,\sigma_{n!}(1)} \cdots a_{n\,\sigma_{n!}(n)} \,.$$

Beispiel

- Im Fall $n = 1$ gilt $S_1 = \{\mathrm{id}\}$, sodass wegen $\operatorname{sgn}(\mathrm{id}) = 1$ für jede Matrix $A = (a_{11}) \in R^{1 \times 1}$ gilt:

$$\det(A) = \sum_{\sigma \in S_1} \operatorname{sgn}(\sigma) \prod_{i=1}^{1} a_{i\,\sigma(i)} = 1 \cdot a_{11} = a_{11} \,.$$

- Im Fall $n = 2$ gilt $S_2 = \{\mathrm{id} = \sigma_1, \,\sigma_2\}$, sodass wegen $\operatorname{sgn}(\sigma_1) = 1$ und $\operatorname{sgn}(\sigma_2) = -1$ (siehe das Beispiel auf Seite 470) für jede Matrix $A = (a_{ij}) \in R^{2 \times 2}$ gilt:

$$\det(A) = \sum_{\sigma \in S_2} \operatorname{sgn}(\sigma) \prod_{i=1}^{1} a_{i\,\sigma(i)}$$

$$= 1 \cdot a_{11}a_{22} + (-1) \cdot a_{12}a_{21}$$

$$= a_{11}a_{22} - a_{12}a_{21} \,.$$

Das stimmt überein mit der Definition auf Seite 240.

- Im Fall $n = 3$ gilt $S_3 = \{\sigma_1, \,\ldots\, \sigma_6\}$ (wir verwenden die Nummerierung aus dem Beispiel von Seite 470), sodass wegen $\operatorname{sgn}(\sigma_1) = 1$, $\operatorname{sgn}(\sigma_2) = 1$, $\operatorname{sgn}(\sigma_3) = 1$, $\operatorname{sgn}(\sigma_4) = -1$, $\operatorname{sgn}(\sigma_5) = -1$, $\operatorname{sgn}(\sigma_6) = -1$ für jede Matrix $A = (a_{ij}) \in R^{3 \times 3}$ gilt:

$$\det(a_{ij}) = \sum_{\sigma \in S_3} \operatorname{sgn}\sigma \prod_{i=1}^{n} a_{i\,\sigma(i)} =$$

$$= a_{11}\,a_{22}\,a_{33} + a_{12}\,a_{23}\,a_{31} + a_{13}\,a_{21}\,a_{32}$$

$$- (a_{13}\,a_{22}\,a_{31} + a_{23}\,a_{32}\,a_{11} + a_{33}\,a_{12}\,a_{21}) \,.$$

Dieser Sonderfall der allgemeinen Determinantenformel wurde auf Seite 243 bereits vorweggenommen. ◀

Kommentar: Bereits bei $n = 4$ besteht die Formel aus $4! = 24$ Summanden, und jeder Summand enthält vier Faktoren. Wegen des hohen Rechenaufwands eignet sich diese Formel kaum für Berechnungen der Determinanten mehrreihiger Matrizen. Selbst Computer-Algebra-Systeme benutzen andere Methoden.

Wie schon auf Seite 240 festgestellt, kann man sich die Formel zur Berechnung der Determinante einer 2×2-Matrix leicht merken. Die Determinante ist die Differenz der Produkte der Diagonalen, kurz *Hauptdiagonale minus Nebendiagonale:*

$$\begin{vmatrix} a_{11} & a_{12} \\ a_{21} & a_{22} \end{vmatrix} = \begin{pmatrix} {}^+a_{11} & a_{12}{}^- \\ a_{21} & a_{22} \end{pmatrix}$$

Auch die Formel zur Berechnung der Determinante einer 3×3-Matrix kann man schematisch darstellen in der bereits auf Seite 243 vorgestellten *Regel von Sarrus:*

$$\begin{vmatrix} a_{11}a_{12}a_{13} \\ a_{21}a_{22}a_{23} \\ a_{31}a_{32}a_{33} \end{vmatrix} = \begin{matrix} a_{13} \\ a_{23} \\ a_{33} \end{matrix} \begin{pmatrix} a_{11} & a_{12} & a_{13} \\ a_{21} & a_{22} & a_{23} \\ a_{31} & a_{32} & a_{33} \end{pmatrix} \begin{matrix} a_{11} \\ a_{21} \\ a_{31} \end{matrix}$$

Achtung: Für die Berechnung von 4- oder mehrreihigen Determinanten gibt es keine ähnlich einfachen Merkregeln. Man berechnet 4- oder mehrreihige Determinanten mit Methoden, die wir erst noch auf den folgenden Seiten entwickeln werden.

Beispiel

- Für die Einheitsmatrix $\mathbf{E}_2$ aus $\mathbb{Z}^{2 \times 2}$ gilt:

$$\det(\mathbf{E}_2) = \begin{vmatrix} 1 & 0 \\ 0 & 1 \end{vmatrix} = 1 \cdot 1 - 0 \cdot 0 = 1 \,.$$

- Für die Matrix $\begin{pmatrix} \overline{2} & \overline{3} \\ \overline{1} & \overline{4} \end{pmatrix} \in \mathbb{Z}_5^{2 \times 2}$ gilt:

$$\begin{vmatrix} \overline{2} & \overline{3} \\ \overline{1} & \overline{4} \end{vmatrix} = \overline{2} \cdot \overline{4} - \overline{3} \cdot \overline{1} = \overline{5} = \overline{0} \,.$$

- Für die Matrix $\begin{pmatrix} \mathrm{i} & -4 \\ 0 & -1 \end{pmatrix} \in \mathbb{C}^{2 \times 2}$ gilt:

$$\begin{vmatrix} \mathrm{i} & -4 \\ 0 & -1 \end{vmatrix} = \mathrm{i} \cdot (-1) - (-4) \cdot 0 = -\mathrm{i} \,.$$

- Für die Einheitsmatrix $\mathbf{E}_3$ aus $\mathbb{Z}^{3 \times 3}$ gilt:

$$\det(\mathbf{E}_3) = \begin{vmatrix} 1 & 0 & 0 \\ 0 & 1 & 0 \\ 0 & 0 & 1 \end{vmatrix} = 1 \cdot 1 \cdot 1 + 0 \cdot 0 \cdot 0 + 0 \cdot 0 \cdot 0$$

$$- (0 \cdot 1 \cdot 0 + 0 \cdot 0 \cdot 1 + 1 \cdot 0 \cdot 0) = 1 \,.$$

■ Für die Matrix $\begin{pmatrix} 1 & 4 & 6 \\ 0 & 2 & 5 \\ 0 & 0 & 3 \end{pmatrix} \in \mathbb{R}^{3\times3}$ gilt:

$$\begin{vmatrix} 1 & 4 & 6 \\ 0 & 2 & 5 \\ 0 & 0 & 3 \end{vmatrix} = 1 \cdot 2 \cdot 3 + 4 \cdot 5 \cdot 0 + 6 \cdot 0 \cdot 0$$
$$- (6 \cdot 2 \cdot 0 + 5 \cdot 0 \cdot 1 + 3 \cdot 4 \cdot 0) = 6 \,.$$

■ Für die Matrix $\begin{pmatrix} 2 & -3 & 4 \\ -4 & 6 & 4 \\ 0 & 0 & 12 \end{pmatrix} \in \mathbb{R}^{3\times3}$ gilt:

$$\begin{vmatrix} 2 & -3 & 4 \\ -4 & 6 & 4 \\ 0 & 0 & 12 \end{vmatrix} = 2 \cdot 6 \cdot 12 + (-3) \cdot 4 \cdot 0 + 4 \cdot (-4) \cdot 0$$
$$- (4 \cdot 6 \cdot 0 + 4 \cdot 0 \cdot 2 + 12 \cdot (-3) \cdot (-4)) = 0 \,. \quad \blacktriangleleft$$

?

Gibt es für obere und untere 3×3-Dreiecksmatrizen, also für Matrizen der Form

$$\begin{pmatrix} * & * & * \\ 0 & * & * \\ 0 & 0 & * \end{pmatrix} \quad \text{und} \quad \begin{pmatrix} * & 0 & 0 \\ * & * & 0 \\ * & * & * \end{pmatrix}$$

eine einfache Formel zur Berechnung der Determinante?

Ist $A = (a_{ij}) \in R^{n\times n}$ eine Diagonalmatrix, also $a_{ij} = 0$ für alle $i \neq j$, so liefert die Leibniz'sche Formel nur höchstens einen von null verschiedenen Summanden $\mathrm{sgn}(\sigma) \prod_{i=1}^{n} a_{i\,\sigma(i)}$, nämlich jenen mit $\sigma(i) = i$, also $\sigma = \mathrm{id}_{I_n}$. Damit ist die Determinante einer Diagonalmatrix gleich dem Produkt der Diagonalelemente

$$\det(\mathrm{diag}(a_{11}, \ldots, a_{nn})) = a_{11}\, a_{22} \ldots a_{nn} \,.$$

Insbesondere ist $\det(\mathbf{E}_n) = 1$.

Die Determinante einer Matrix ändert sich nicht durch Transponieren

Es wird sich als sehr nützlich erweisen, dass die Determinante einer Matrix sich nicht durch das Transponieren ändert, $\det(A) = \det(A^\top)$. Da beim Transponieren aus den Zeilen Spalten und aus den Spalten Zeilen werden, erschlagen wir dadurch zwei Fliegen mit einer Klappe: Aussagen über die Determinante, die für die Zeilen einer Matrix gelten, gelten dann automatisch auch für die Spalten der Matrix, wir merken uns:

Die Determinante einer transponierten Matrix

Für jede quadratische Matrix $A \in R^{n\times n}$ gilt:

$$\det(A) = \det(A^\top) \,.$$

Beweis: Wir setzen $A^\top$ in die Definition der Determinante ein und beachten, dass das Transponieren das Vertauschen von Zeilen- und Spaltenindex ist:

$$\det(A^\top) = \sum_{\sigma \in S_n} \mathrm{sgn}(\sigma) \prod_{i=1}^{n} a_{\sigma(i)\,i} \,.$$

Nun beachten wir, dass $\prod_{i=1}^{n} a_{\sigma(i)\,i} = \prod_{i=1}^{n} a_{i\,\sigma^{-1}(i)}$ gilt, da $a_{\sigma(i)\,i} = a_{j\,\sigma^{-1}(j)}$ für $\sigma(i) = j$, d. h., dass die Produkte über die gleichen Faktoren gebildet werden, nur sind diese einmal nach den Spaltenindizes geordnet und das andere Mal nach den Zeilenindizes. Aus obiger Gleichung erhalten wir

$$\sum_{\sigma \in S_n} \mathrm{sgn}(\sigma) \prod_{i=1}^{n} a_{\sigma(i)\,i} = \sum_{\sigma \in S_n} \mathrm{sgn}(\sigma) \prod_{i=1}^{n} a_{i\,\sigma^{-1}(i)} \,.$$

Die Summe wird über alle $\sigma \in S_n$ gebildet. Da mit σ auch σ^{-1} die Gruppe S_n durchläuft und $\mathrm{sgn}(\sigma) = \mathrm{sgn}(\sigma^{-1})$ gilt, erhalten wir weiter

$$\sum_{\sigma \in S_n} \mathrm{sgn}(\sigma) \prod_{i=1}^{n} a_{i\,\sigma^{-1}(i)} = \sum_{\sigma^{-1} \in S_n} \mathrm{sgn}(\sigma^{-1}) \prod_{i=1}^{n} a_{i\,\sigma^{-1}(i)} \,.$$

Nun benennen wir den Summationsindex um,

$$\sum_{\sigma^{-1} \in S_n} \mathrm{sgn}(\sigma^{-1}) \prod_{i=1}^{n} a_{i\,\sigma^{-1}(i)} = \sum_{\tau \in S_n} \mathrm{sgn}(\tau) \prod_{i=1}^{n} a_{i\,\tau(i)} \,.$$

Der letzte Ausdruck ist die Leibniz'sche Formel für die Determinante von A:

$$\sum_{\tau \in S_n} \mathrm{sgn}(\tau) \prod_{i=1}^{n} a_{i\,\tau(i)} = \det(A) \,.$$

Damit ist $\det(A^\top) = \det(A)$ begründet. $\blacksquare$

Vertauscht man zwei Zeilen oder Spalten, so wird die Determinante negativ

In den weiteren Beweisen werden wir gelegentlich vor dem folgenden Problem stehen: Wir kennen die Determinante einer Matrix $A \in R^{n\times n}$. Und nun *permutieren* wir die Spalten von A und erhalten dadurch eine Matrix B, z. B.:

$$A = (s_1, s_2, \ldots, s_n) \longrightarrow B = (s_4, s_n, \ldots, s_1) \,.$$

Was ist die Determinante von B? Zu dieser Vertauschung von Spalten gehört genau eine Permutation $\sigma \in S_n$ der Zahlen $\{1, \ldots, n\}$, es ist

$$B = (s_{\sigma(1)}, \ldots, s_{\sigma(n)}) \,.$$

Wir zeigen nun $\det(B) = \mathrm{sgn}(\sigma)\,\det(A)$:

Lemma
Gegeben seien eine Matrix $A = (a_{ij}) \in R^{n\times n}$ und eine Permutation $\sigma \in S_n$. Dann gilt für die Determinante

der Matrizen $\boldsymbol{B} = (b_{ij})$ mit $b_{ij} = a_{i\,\sigma(j)}$ und $\boldsymbol{C} = (c_{ij})$ mit $c_{ij} = a_{\sigma(i)\,j}$:

$$\det(\boldsymbol{B}) = \operatorname{sgn}(\sigma)\,\det(\boldsymbol{A})\,,$$
$$\det(\boldsymbol{C}) = \operatorname{sgn}(\sigma)\,\det(\boldsymbol{A})\,.$$

Man beachte, dass die Matrix $\boldsymbol{B}$ aus der Matrix $\boldsymbol{A}$ durch Vertauschen von Spalten gemäß der Permutation σ hervorgeht, die Matrix $\boldsymbol{C}$ wird analog aus $\boldsymbol{A}$ durch Vertauschen von Zeilen gebildet.

Beweis: Wir bestimmen die Determinante der Matrix $\boldsymbol{B}$ mit der Leibniz'schen Formel. Dabei benutzen wir ähnliche Schlüsse wie im letzten Beweis:

$$\det(\boldsymbol{B}) = \sum_{\tau \in S_n} \operatorname{sgn}(\tau) \prod_{i=1}^{n} b_{i\,\tau(i)}$$

$$= \sum_{\tau \in S_n} \operatorname{sgn}(\tau) \prod_{i=1}^{n} a_{i\,\sigma(\tau(i))}$$

$$\overset{\rho := \sigma \circ \tau}{=} \sum_{\rho \in S_n} \operatorname{sgn}(\sigma^{-1} \circ \rho) \prod_{i=1}^{n} a_{i\,\rho(i)}$$

$$= \sum_{\rho \in S_n} \operatorname{sgn}(\sigma^{-1}) \operatorname{sgn}(\rho) \prod_{i=1}^{n} a_{i\,\rho(i)}$$

$$= \operatorname{sgn}(\sigma^{-1}) \sum_{\rho \in S_n} \operatorname{sgn}(\rho) \prod_{i=1}^{n} a_{i\,\rho(i)}$$

$$= \operatorname{sgn}(\sigma^{-1})\,\det(\boldsymbol{A})$$

$$= \operatorname{sgn}(\sigma)\,\det(\boldsymbol{A})\,.$$

Wegen $\det(\boldsymbol{A}) = \det(\boldsymbol{A}^{\top})$ gilt die Aussage ebenso für die Zeilen. ∎

Dieses Lemma wird uns mehrfach von großem Nutzen sein. Wir untersuchen den speziellen Fall einer Transposition $\tau \in S_n$. Weil eine Transposition τ aus S_n nur zwei der Zahlen $\{1, \ldots, n\}$ vertauscht und alle anderen festlässt und das Signum einer Transposition -1 ist, liefert das obige Lemma die erste der folgenden beiden Regeln:

Regeln für die Determinante

- Entsteht die Matrix $\boldsymbol{B}$ aus der Matrix $\boldsymbol{A} \in R^{n \times n}$ durch Vertauschen zweier Zeilen oder Spalten, so gilt $\det(\boldsymbol{B}) = -\det(\boldsymbol{A})$.
- Hat eine Matrix $\boldsymbol{A} \in R^{n \times n}$ zwei gleiche Zeilen oder Spalten, so ist ihre Determinante null.

Der Beweis der zweiten Aussage scheint mithilfe der ersten Aussage sehr einfach zu sein: Hat die Matrix $\boldsymbol{A}$ etwa zwei gleiche Spalten, so gilt nach Vertauschen dieser beiden Spalten nach der ersten Aussage:

$$\det(\boldsymbol{A}) = -\det(\boldsymbol{A})\,.$$

Und hieraus, so könnte man meinen, kann man $\det(\boldsymbol{A}) = 0$ folgern. Tatsächlich geht das aber nur, falls $1 \neq -1$ in R gilt. Den Fall eines Rings mit $1 = -1$ hat man dann aber nicht berücksichtigt. Wir führen nun einen Beweis, der auch diesen Fall einschließt.

Beweis: Wir begründen die Behauptung nur für zwei gleiche Spalten einer Matrix $\boldsymbol{A} = (a_{ij})_{i,j} \in R^{n \times n}$. Durch Übergang zum Transponierten $\boldsymbol{A}^{\top}$ erhält man die Behauptung dann für die Zeilen.

Bei der Matrix $\boldsymbol{A}$ seien die k-te und j-te Spalte gleich, d. h. $a_{ij} = a_{ik}$ für $j \neq k$ und $i = 1, \ldots, n$. Mit τ bezeichnen wir die Transposition aus S_n, die die Zahlen j und k vertauscht, $\tau(j) = k$, $\tau(k) = j$ und $\tau(i) = i$ für alle $i \in \{1, \ldots, n\} \setminus \{j, k\}$. Es gilt $\operatorname{sgn}(\tau) = -1$. Es ist dann S_n die disjunkte Vereinigung von $A_n = \{\sigma \in S_n \mid \operatorname{sgn}(\sigma) = 1\}$ und $\tau \circ A_n$:

$$S_n = A_n \cup \tau \circ A_n\,.$$

Wegen $a_{i\,l} = a_{i\,\tau(l)}$ für alle $i, l \in \{1, \ldots, n\}$ gilt nun mit der Leibniz'schen Formel

$$\det(\boldsymbol{A}) = \sum_{\sigma \in A_n} \left(\operatorname{sgn}(\sigma) \prod_{i=1}^{n} a_{i\,\sigma(i)} + \operatorname{sgn}(\tau \circ \sigma) \prod_{i=1}^{n} a_{i\,\tau(\sigma(i))} \right)$$

$$= \sum_{\sigma \in A_n} \operatorname{sgn}(\sigma) \left(\prod_{i=1}^{n} a_{i\,\sigma(i)} - \prod_{i=1}^{n} a_{i\,\tau(\sigma(i))} \right) = 0\,.$$

Das ist die Behauptung. ∎

Die Determinante eines Produkts von Matrizen ist das Produkt der Determinanten

Wir stehen immer noch vor dem großen Problem, die Determinante einer *großen* Matrix auszurechnen. Wenn wir erkennen, dass zwei Zeilen oder Spalten gleich sind, so sind wir mit dem letzten Ergebnis einen Schritt weiter, die Determinante ist dann null. Aber das sind natürlich sehr spezielle Matrizen. Der sogenannte *Determinantenmultiplikationssatz* wird uns ein ganz wichtiges Hilfsmittel bei der Berechnung der Determinante allgemeiner Matrizen sein. Der Satz hat neben der Berechnung von Determinanten auch wesentliche theoretische Bedeutung.

Determinantenmultiplikationssatz

Sind $\boldsymbol{A}, \boldsymbol{B} \in R^{n \times n}$, so gilt:

$$\det(\boldsymbol{A}\,\boldsymbol{B}) = \det(\boldsymbol{A})\,\det(\boldsymbol{B})\,.$$

Die Determinante eines Produkts von Matrizen ist das Produkt der Determinanten.

Beweis: Die Einträge der Matrizen $\boldsymbol{A}$, $\boldsymbol{B}$ und $\boldsymbol{A}\,\boldsymbol{B}$ seien

$$\boldsymbol{A} = (a_{ij})\,,\quad \boldsymbol{B} = (b_{ij})\,,\quad \boldsymbol{A}\,\boldsymbol{B} = (c_{ij}) \text{ mit } c_{ij} = \sum_{k=1}^{n} a_{ik} b_{kj}\,.$$

Nun setzen wir das Produkt $\boldsymbol{A}\,\boldsymbol{B}$ in die Leibniz'sche Formel für die Determinante ein und zeigen durch einige Umformungen, dass dies genau die Formel für das Produkt der Determinanten von $\boldsymbol{A}$ und $\boldsymbol{B}$ ist. Unterhalb der Rechnung erfolgen kurze Erläuterungen zu den benutzten Umformungen:

$$\det(\boldsymbol{A}\,\boldsymbol{B}) \stackrel{\text{(i)}}{=} \sum_{\sigma \in S_n} \operatorname{sgn}(\sigma) \prod_{i=1}^{n} c_{i\,\sigma(i)}$$

$$\stackrel{\text{(ii)}}{=} \sum_{\sigma \in S_n} \operatorname{sgn}(\sigma) \prod_{i=1}^{n} \left(\sum_{k=1}^{n} a_{i\,k} b_{k\,\sigma(i)} \right)$$

$$\stackrel{\text{(iii)}}{=} \sum_{\sigma \in S_n} \operatorname{sgn}(\sigma) \sum_{k_1,\ldots,k_n=1}^{n} \prod_{i=1}^{n} \left(a_{i\,k_i} b_{k_i\,\sigma(i)} \right)$$

$$\stackrel{\text{(iv)}}{=} \sum_{k_1,\ldots,k_n=1}^{n} \sum_{\sigma \in S_n} \operatorname{sgn}(\sigma) \prod_{i=1}^{n} a_{i\,k_i} \prod_{j=1}^{n} b_{k_j\,\sigma(j)}$$

$$\stackrel{\text{(v)}}{=} \sum_{k_1,\ldots,k_n=1}^{n} \prod_{i=1}^{n} a_{i\,k_i} \sum_{\sigma \in S_n} \operatorname{sgn}(\sigma) \prod_{j=1}^{n} b_{k_j\,\sigma(j)}$$

$$\stackrel{\text{(vi)}}{=} \sum_{k_1,\ldots,k_n=1}^{n} \prod_{i=1}^{n} a_{i\,k_i} \; \det((b_{k_j\,l})_{j,l=1,\ldots,n})$$

$$\stackrel{\text{(vii)}}{=} \sum_{\tau \in S_n} \prod_{i=1}^{n} a_{i\,\tau(i)} \; \det((b_{\tau(j)\,l})_{j,l=1,\ldots,n})$$

$$\stackrel{\text{(viii)}}{=} \sum_{\tau \in S_n} \operatorname{sgn}(\tau) \prod_{i=1}^{n} a_{i\,\tau(i)} \; \det(\boldsymbol{B})$$

$$\stackrel{\text{(ix)}}{=} \det(\boldsymbol{A})\,\det(\boldsymbol{B})\,.$$

(i) Einsetzen von $\boldsymbol{A}\,\boldsymbol{B} = (c_{ij})$ in die Leibniz'sche Formel.

(ii) Einsetzen der Darstellung der c_{ij} (siehe oben).

(iii) Ausmultiplizieren des Produkts $\prod_{i=1}^{n} A_i$ mit $A_i = \sum_{k=1}^{n} a_{i\,k} b_{k\,\sigma(i)}$.

(iv) Ändern der Reihenfolge der Summen- und Produktbildung.

(v) Da $\prod_{i=1}^{n} a_{i\,k_i}$ unabhängig von $\sigma \in S_n$ ist, können wir $\sum_{\sigma \in S_n} \operatorname{sgn}(\sigma)$ und $\prod_{i=1}^{n} a_{i\,k_i}$ vertauschen.

(vi) Der hintere Teil der Formel ist die Leibniz'sche Formel für $\det((b_{k_j\,l})_{j,l=1,\ldots,n})$.

(vii) Wegen der zweiten Determinantenregel von Seite 474 gilt $\det((b_{k_j\,l})_{j,l=1,\ldots,n}) = 0$, falls $k_1,\ldots,k_n$ nicht voneinander verschieden sind. Daher müssen wir bei der Summe $\sum_{k_1,\ldots,k_n=1}^{n}$ nur diejenigen $k_1,\ldots,k_n$ berücksichtigen, die voneinander verschieden sind. Die Zahlen $k_1,\ldots,k_n$ sind dann alle Zahlen von 1 bis n. Daher erhalten wir durch die Festlegung $\tau(i) = k_i$ eine Permutation $\tau \in S_n$.

(viii) Die Matrix $(b_{\tau(j)\,l})_{j,l=1,\ldots,n}$ geht aus der Matrix $\boldsymbol{B}$ durch Vertauschen der Spalten gemäß der Permutation τ hervor. Daher können wir das Lemma auf Seite 473 anwenden: $\det((b_{\tau(j)\,l})_{j,l=1,\ldots,n}) = \operatorname{sgn}(\tau)\,\det(\boldsymbol{B})$.

(ix) Der vordere Teil der Formel ist die Leibniz'sche Formel für $\det(\boldsymbol{A})$. ∎

Durch mehrfaches Anwenden des Determinantenmultiplikationssatzes erhalten wir:

Folgerung
Für jede Matrix $\boldsymbol{A} \in R^{n \times n}$ und jedes $k \in \mathbb{N}$ gilt:

$$\det(\boldsymbol{A}^k) = (\det \boldsymbol{A})^k\,.$$

Ist $R = \mathbb{K}$ ein Körper, so folgt insbesondere aus $\boldsymbol{A}^k = \boldsymbol{0}$ sofort $\det \boldsymbol{A} = 0$, weil ein Produkt von Körperelementen nur dann 0 ist, wenn einer der Faktoren 0 ist.

Beispiel   Für die Matrix

$$\boldsymbol{M} = \begin{pmatrix} 0 & 1 & 1 & 0 \\ -1 & 2 & 0 & 1 \\ -1 & 0 & -2 & 1 \\ 0 & -1 & -1 & 0 \end{pmatrix} \in \mathbb{R}^{4 \times 4}$$

gilt $\boldsymbol{M}^3 = \boldsymbol{0}$, also folgt $\det \boldsymbol{M} = 0$. ◀

Ist die Matrix $\boldsymbol{A} \in R^{n \times n}$ invertierbar, so folgt aus

$$\boldsymbol{A}\,\boldsymbol{A}^{-1} = \mathbf{E}_n$$

mit dem Determinantenmultiplikationssatz durch Anwenden der Determinante:

$$\det(\boldsymbol{A})\,\det(\boldsymbol{A}^{-1}) = \det(\mathbf{E}_n) = 1\,,$$

da $\mathbf{E}_n$ eine Diagonalmatrix ist (Seite 473). Damit ist gezeigt:

Folgerung
Ist $\boldsymbol{A} \in R^{n \times n}$ invertierbar, so ist $\det(\boldsymbol{A}) \in R$ invertierbar, und es gilt:

$$\det(\boldsymbol{A}^{-1}) = (\det \boldsymbol{A})^{-1}\,.$$

—————————— **?** ——————————

Gilt für alle $\boldsymbol{A},\ \boldsymbol{B} \in \mathbb{R}^{n \times n}$ auch $\det(\boldsymbol{A}+\boldsymbol{B}) = \det \boldsymbol{A} + \det \boldsymbol{B}$?

13.2 Determinanten von Endomorphismen

Wir haben Determinanten für quadratische Matrizen definiert. Man kann aber auch einem Endomorphismus eine Determinante zuordnen.

Die Determinante eines Endomorphismus ist die Determinante einer und damit jeder Darstellungsmatrix des Endomorphismus

Eine lineare Abbildung eines $\mathbb{K}$-Vektorraums V in sich nennt man auch **Endomorphismus**. Den Endomorphismen endlichdimensionaler $\mathbb{K}$-Vektorräume kann man Determinanten zuordnen.

Die Determinante eines Endomorphismus

Ist $\varphi \colon V \to V$ ein Endomorphismus eines n-dimensionalen $\mathbb{K}$-Vektorraums mit der Darstellungsmatrix $_B M(\varphi)_B$ von φ bezüglich einer geordneten Basis B von V, so nennt man

$$\det(\varphi) = \det(_B M(\varphi)_B)$$

die **Determinante von** φ.

———————————— **?** ————————————

Sind die Darstellungsmatrizen von Endomorphismen stets quadratisch?

———————————————————————————————————

Bei dieser Definition ist jedoch zu zeigen, dass sie unabhängig von der Wahl der Basis B ist, d. h., ist C eine andere geordnete Basis, so sollen die Determinanten der beiden Darstellungsmatrizen von φ bezüglich B und C übereinstimmen; die Definition wäre sonst nicht sinnvoll. Dass dies auch tatsächlich so ist, wollen wir nun nachweisen.

Sind B und C beliebige geordnete Basen des $\mathbb{K}$-Vektorraums V, so betrachten wir die beiden im Allgemeinen verschiedenen Darstellungsmatrizen $_B M(\varphi)_B$ und $_C M(\varphi)_C$. Nach der Basistransformationsformel auf Seite 455 gibt es eine invertierbare Matrix S mit

$$_C M(\varphi)_C = S^{-1}\,_B M(\varphi)_B\, S .$$

Und nun folgt mit dem Determinantenmultiplikationssatz (Seite 474):

$$
\begin{aligned}
\det(_C M(\varphi)_C) &= \det(S^{-1}\,_B M(\varphi)_B\, S) \\
&= \det(S^{-1})\,\det(_B M(\varphi)_B)\,\det(S) \\
&= \det(S)^{-1}\,\det(S)\,\det(_B M(\varphi)_B) \\
&= \det(_B M(\varphi)_B) .
\end{aligned}
$$

Also ist die Determinante eines Endomorphismus tatsächlich unabhängig von der gewählten Basis bei der Darstellungsmatrix.

Beispiel Die Spiegelung

$$\sigma \colon \begin{cases} \mathbb{R}^2 & \to \quad \mathbb{R}^2 \\ \begin{pmatrix} v_1 \\ v_2 \end{pmatrix} & \mapsto \begin{pmatrix} v_2 \\ v_1 \end{pmatrix} \end{cases}$$

an der Geraden $\mathbb{R}\,(e_1 + e_2)$ hat bezüglich der geordneten kanonischen Basis (e_1, e_2) die Darstellungsmatrix $\begin{pmatrix} 0 & 1 \\ 1 & 0 \end{pmatrix}$. Wegen

$$\det \begin{pmatrix} 0 & 1 \\ 1 & 0 \end{pmatrix} = -1$$

gilt somit $\det(\sigma) = -1$. ◄

Der Determinantenmultiplikationssatz für Endomorphismen lautet:

Determinantenmultiplikationssatz

Sind $\varphi,\ \psi\ \in\ \mathrm{End}_{\mathbb{K}}(V)$ Endomorphismen eines n-dimensionalen Vektorraums V, so gilt:

$$\det(\psi \circ \varphi) = \det(\psi)\,\det(\varphi) .$$

Beweis: Die Behauptung folgt aus der Formel für die Darstellungsmatrix eines Produkts von linearen Abbildungen von Seite 444 mit dem Determinantenmultiplikationssatz für Matrizen. Ist nämlich B irgendeine geordnete Basis von V, so gilt:

$$
\begin{aligned}
\det(\psi \circ \varphi) &= \det(_B M(\psi \circ \varphi)_B) \\
&= \det(_B M(\psi)_B\,_B M(\varphi)_B) \\
&= \det(_B M(\psi)_B)\,\det(_B M(\varphi)_B) \\
&= \det(\psi)\,\det(\varphi) . \qquad\blacksquare
\end{aligned}
$$

13.3 Berechnung der Determinante

Determinanten von mehrreihigen Matrizen kann man mit der Leibniz'schen Formel kaum berechnen. Das ist zum Glück auch gar nicht nötig. Wir zeigen, dass wir die Determinante einer $n \times n$-Matrix rekursiv berechnen können: Die Berechnung der Determinante einer $n \times n$-Matrix wird auf die Berechnung von n Determinanten von $(n-1) \times (n-1)$-Matrizen zurückgeführt. Das Bestimmen der Determinante einer $(n-1) \times (n-1)$-Matrix wird auf das Bestimmen von $n-1$ Determinanten von $(n-2) \times (n-2)$-Matrizen reduziert. Das führen wir so lange fort, bis wir die Berechnung der Determinante einer $n \times n$-Matrix auf das Problem zur Bestimmung von Determinanten von 1×1-Matrizen reduziert haben.

Beim tatsächlichen Berechnen von Determinanten werden wir uns aber gewisser Tricks bedienen, die die Vielzahl der bei diesen Schritten entstehenden Matrizen begrenzt. Im Allgemeinen wird man auch nicht bis zur kleinsten Einheit, also bis zu 1×1-Matrizen, reduzieren. Vielfach sind schon Determinanten von 3×3-Matrizen einfach abzulesen, sodass das Verfahren zur Bestimmung der Determinante übersichtlich bleibt.

Bei der Berechnung der Determinante kann man nach einer beliebigen Spalte oder Zeile entwickeln

Für jede quadratische Matrix $A \in R^{n \times n}$ und $i, j \in \{1, \ldots, n\}$ bezeichne $A_{ij} \in R^{(n-1) \times (n-1)}$ diejenige Matrix, die aus A durch Entfernen der i-ten Zeile und j-ten Spalte entsteht.

$$A = \begin{pmatrix} \boxed{} & \begin{matrix} a_{1i} \\ \vdots \end{matrix} & \boxed{} \\ a_{j1} \cdots a_{ji} \cdots a_{jn} \\ \boxed{} & \begin{matrix} \vdots \\ a_{ni} \end{matrix} & \boxed{} \end{pmatrix}, \quad A_{ji} =$$

Beispiel Wir streichen aus der Matrix

$$A = \begin{pmatrix} 1 & 2 & 3 & 4 \\ 5 & 6 & 7 & 8 \\ 4 & 3 & 2 & 1 \\ 8 & 7 & 6 & 5 \end{pmatrix}$$

die zweite Zeile und dritte Spalte bzw. die dritte Zeile und zweite Spalte und erhalten

$$A_{23} = \begin{pmatrix} 1 & 2 & 4 \\ 4 & 3 & 1 \\ 8 & 7 & 5 \end{pmatrix} \quad \text{bzw.} \quad A_{32} = \begin{pmatrix} 1 & 3 & 4 \\ 5 & 7 & 8 \\ 8 & 6 & 5 \end{pmatrix}. \quad \blacktriangleleft$$

Die folgende Methode zur Bestimmung der Determinante wird auch der **Entwicklungssatz von Laplace** genannt – die Berechnung der Determinante einer $n \times n$-Matrix wird durch Streichen von Zeilen und Spalten auf das Berechnen von n Determinanten von $(n-1) \times (n-1)$-Matrizen zurückgeführt.

Entwicklungssatz von Laplace

Für $A = (a_{ij}) \in R^{n \times n}$ und beliebige $i,\ j \in \{1,\ \ldots,\ n\}$ gilt:

Entwicklung nach der i ten Zeile

$$\det A = \sum_{j=1}^{n} (-1)^{i+j} a_{ij} \det A_{ij}.$$

Entwicklung nach der j-ten Spalte

$$\det A = \sum_{i=1}^{n} (-1)^{i+j} a_{ij} \det A_{ij}.$$

Bevor wir uns an den Beweis dieser Aussagen machen, erläutern wir diese Entwicklung, wobei wir beachten, dass die Vorzeichen $(-1)^{i+j}$ schachbrettartig über der Matrix A verteilt sind:

$$\begin{matrix} + & - & + & - & \cdots \\ - & + & - & + & \cdots \\ + & - & + & - & \cdots \\ - & + & - & + & \cdots \\ \vdots & \vdots & \vdots & \vdots & \ddots \end{matrix}$$

Wir entwickeln die Determinante der Matrix

$$A = \begin{pmatrix} a_{11} & a_{12} & \cdots & a_{1n} \\ a_{21} & a_{22} & \cdots & a_{2n} \\ \vdots & \vdots & & \vdots \\ a_{n1} & a_{n2} & \cdots & a_{nn} \end{pmatrix} \in R^{n \times n}$$

nach der ersten Spalte:

$$\det A = \sum_{i-1}^{n} (-1)^{i+1} a_{i1} \det(A_{i1})$$
$$= a_{11} \det(A_{11}) - a_{21} \det(A_{21}) + a_{31} \det(A_{31}) + \cdots$$

Die in der Summe auftauchenden a_{i1} sind die Komponenten der ersten Spalte.

Offenbar ist es besonders geschickt, wenn man nach einer Zeile oder Spalte entwickelt, in der möglichst viele Nullen stehen. Eine Matrix der Gestalt

$$A = \begin{pmatrix} 4 & 2 & -3 & 4 \\ 5 & 6 & 1 & 4 \\ 0 & 0 & 2 & 0 \\ -2 & -2 & 3 & 6 \end{pmatrix} \in R^{4 \times 4}$$

wird man nach der dritten Zeile entwickeln wollen:

$$\det A = \begin{vmatrix} 4 & 2 & -3 & 4 \\ 5 & 6 & 1 & 4 \\ 0 & 0 & 2 & 0 \\ -2 & -2 & 3 & 6 \end{vmatrix}$$
$$= (-1)^{1+3} \cdot 0 \cdot \det(A_{31})$$
$$+ (-1)^{2+3} \cdot 0 \cdot \det(A_{32})$$
$$+ (-1)^{3+3} \cdot 2 \cdot \det(A_{33})$$
$$+ (-1)^{4+3} \cdot 0 \cdot \det(A_{34})$$
$$= (-1)^{3+3} 2 \begin{vmatrix} 4 & 2 & 4 \\ 5 & 6 & 4 \\ -2 & -2 & 6 \end{vmatrix}$$

Also gilt:

$$\begin{vmatrix} 4 & 2 & -3 & 4 \\ 5 & 6 & 1 & 4 \\ 0 & 0 & 2 & 0 \\ -2 & -2 & 3 & 6 \end{vmatrix} = (-1)^{3+3} 2 \begin{vmatrix} 4 & 2 & 4 \\ 5 & 6 & 4 \\ -2 & -2 & 6 \end{vmatrix}$$

Nun zum Beweis der Aussage, dass diese Entwicklung nach beliebigen Zeilen und Spalten funktioniert.

Beweis: Wegen $\det(A^\top) = \det(A)$ reicht es aus, die Aussage für die Entwicklung nach einer beliebigen Zeile zu beweisen – die Entwicklung gilt nach Übergang zur Transponierten auch für beliebige Spalten. Es sei $i \in \{1,\ \ldots,\ n\}$ ein Zeilenindex der Matrix A.

Die Einträge der Matrix A, deren Determinante wir bestimmen wollen, seien a_{kl}, d. h. $A = (a_{kl})$. Wir benutzen die Leibniz'sche Formel und fassen jeweils jene Permutationen σ zusammen, die den fest vorgegebenen Zeilenindex i auf dieselbe Zahl j abbilden:

$$\det(A) = \sum_{\sigma \in S_n} \operatorname{sgn}(\sigma) \prod_{k=1}^{n} a_{k\,\sigma(k)}$$
$$= \sum_{j=1}^{n} \sum_{\substack{\sigma \in S_n \\ \sigma(i)=j}} \operatorname{sgn}(\sigma) \prod_{\substack{k=1 \\ k \neq i}}^{n} a_{k\,\sigma(k)} a_{ij}.$$

Wir zeigen nun für jedes $j \in \{1, \ldots, n\}$ die Gleichheit

$$\sum_{\substack{\sigma \in S_n \\ \sigma(i)=j}} \operatorname{sgn}(\sigma) \prod_{\substack{k=1 \\ k \neq i}}^{n} a_{k\,\sigma(k)} = (-1)^{i+j} \det(A_{ij}). \qquad (*)$$

Damit ist dann der Entwicklungssatz von Laplace bewiesen.

Für ein $j \in \{1, \ldots, n\}$ und den Zeilenindex $i \in \{1, \ldots, n\}$ betrachten wir zwei ganz bestimmte Permutationen σ_1 und σ_2 aus der symmetrischen Gruppe S_n:

$$\sigma_1 : (\ldots, \ i-1, \quad i, \quad i+1, \ \ldots, \ n-1, \ n\,) \mapsto$$
$$(\ldots, \ i-1, \ i+1, \ i+2, \ \ldots, \quad n, \quad i\,),$$
$$\sigma_2 : (\ldots, \ j-1, \quad j, \quad j+1, \ \ldots, \ n-1, \ n\,) \mapsto$$
$$(\ldots, \ j-1, \ j+1, \ j+2, \ \ldots, \quad n, \quad j\,).$$

Durch Zählen der Fehlstände erhalten wir

$$\operatorname{sgn}(\sigma_1) = (-1)^{n-i} \quad \text{und} \quad \operatorname{sgn}(\sigma_2) = (-1)^{n-j}.$$

Wir setzen

$$b_{kl} = a_{\sigma_1(k)\,\sigma_2(l)}$$

und erhalten wegen der obigen Wahl von i (die i-te Zeile wird *übersprungen*) und von j (die j-te Spalte wird *übersprungen*) die Matrix

$$A_{ij} = (b_{kl})_{k,l=1,\ldots,n-1}.$$

Für jede Permutation $\sigma \in S_n$ gilt:

$$\sigma(i) = j \Leftrightarrow \sigma_2^{-1} \circ \sigma \circ \sigma_1(n) = n$$
$$\Leftrightarrow \sigma_2^{-1} \circ \sigma \circ \sigma_1|_{\{1,\ldots,n-1\}} \in S_{n-1}.$$

Also gilt:

$$\sum_{\substack{\sigma \in S_n \\ \sigma(i)=j}} \operatorname{sgn}(\sigma) \prod_{\substack{k=1 \\ k \neq i}}^{n} a_{k\,\sigma(k)}$$

$$= \sum_{\tau \in S_{n-1}} \operatorname{sgn}(\sigma_2 \circ \tau \circ \sigma_1^{-1}) \prod_{\substack{k=1 \\ k \neq i}}^{n} a_{k\,\sigma_2(\tau(\sigma_1^{-1}(k)))}.$$

In diesem letzten Ausdruck setzen wir $l = \sigma_1^{-1}(k)$, d. h., $\sigma_1(l) = k$, und erhalten wegen der Homomorphie des Signums nach Seite 73, also wegen der Multiplikativität von sgn, und wegen $\operatorname{sgn}(\sigma_1^{-1}) = \operatorname{sgn}(\sigma_1)$:

$$\operatorname{sgn}(\sigma_2)\,\operatorname{sgn}(\sigma_1) \sum_{\tau \in S_{n-1}} \operatorname{sgn}(\tau) \prod_{l=1}^{n-1} \underbrace{a_{\sigma_1(l)\,\sigma_2(\tau(l))}}_{=b_{l\,\tau(l)}}$$

$$= (-1)^{n-j}\,(-1)^{n-i}\,\det(A_{ij}) = (-1)^{i+j}\,\det(A_{ij}).$$

Damit ist die Gleichheit in $(*)$ gezeigt und die Behauptung bewiesen. $\blacksquare$

Diese Entwicklung der Determinante nach einer Zeile oder Spalte ist das wesentliche Hilfsmittel zur Berechnung der Determinante. Hat man eine Matrix mit mehr als drei Zeilen und Spalten, so suche man nach der Zeile oder Spalte, in der die meisten Nullen auftauchen und entwickle nach dieser. Sind keine oder nur wenige Nullen in der Matrix vorhanden, so ist es oftmals sinnvoll, durch geschickte Zeilenumformungen weitere Nullen zu erzeugen. Wie dies funktioniert, zeigen wir nach den folgenden Beispielen.

Beispiel

■ Für die Determinante der Matrix

$$A = \begin{pmatrix} 1 & 0 & 2 & 0 \\ 1 & 0 & 3 & 0 \\ -1 & 2 & 3 & 4 \\ 2 & 0 & 5 & 1 \end{pmatrix}$$

erhalten wir nach Entwickeln nach der zweiten Spalte

$$\det A = \begin{vmatrix} 1 & 0 & 2 & 0 \\ 1 & 0 & 3 & 0 \\ -1 & 2 & 3 & 4 \\ 2 & 0 & 5 & 1 \end{vmatrix} = (-1)^{3+2}\,2 \begin{vmatrix} 1 & 2 & 0 \\ 1 & 3 & 0 \\ 2 & 5 & 1 \end{vmatrix}$$

Nun entwickeln wir weiter nach der dritten Spalte und erhalten

$$\det A = (-2) \begin{vmatrix} 1 & 2 & 0 \\ 1 & 3 & 0 \\ 2 & 5 & 1 \end{vmatrix} = (-2) \cdot (-1)^{3+3} \begin{vmatrix} 1 & 2 \\ 1 & 3 \end{vmatrix} = -2.$$

■ Die Determinante der Nullmatrix $\mathbf{0}$ ist null.

■ Für die Einheitsmatrix $\mathbf{E}_n \in \mathbb{K}^{n \times n}$ gilt in Übereinstimmung mit Seite 473:

$$\det \mathbf{E}_n = \begin{vmatrix} 1 & \cdots & 0 \\ \vdots & \ddots & \vdots \\ 0 & \cdots & 1 \end{vmatrix} = 1 \, \det \mathbf{E}_{n-1}$$

$$= 1^2 \, \det \mathbf{E}_{n-2}$$
$$= \cdots = 1^{n-1} \, \det \mathbf{E}_1$$
$$= 1.$$

■ Für die Matrix $A = \begin{pmatrix} 4 & 3 & 2 & 1 \\ 3 & 2 & 1 & 4 \\ 2 & 1 & 4 & 3 \\ 1 & 4 & 3 & 2 \end{pmatrix} \in \mathbb{R}^{4 \times 4}$ gilt:

$$\det A = (-1)^{1+1}\,4 \begin{vmatrix} 2 & 1 & 4 \\ 1 & 4 & 3 \\ 4 & 3 & 2 \end{vmatrix} + (-1)^{1+2}\,3 \begin{vmatrix} 3 & 2 & 1 \\ 1 & 4 & 3 \\ 4 & 3 & 2 \end{vmatrix}$$

$$+ (-1)^{1+3}\,2 \begin{vmatrix} 3 & 2 & 1 \\ 2 & 1 & 4 \\ 4 & 3 & 2 \end{vmatrix} + (-1)^{1+4}\,1 \begin{vmatrix} 3 & 2 & 1 \\ 2 & 1 & 4 \\ 1 & 4 & 3 \end{vmatrix}$$

So bleiben also vier Determinanten von 3×3-Matrizen zu bestimmen.

■ Für die Matrix $A = \begin{pmatrix} 2 & -3 & 4 \\ -4 & 6 & 4 \\ 0 & 0 & 12 \end{pmatrix} \in \mathbb{R}^{3 \times 3}$ gilt:

$$\begin{vmatrix} 2 & -3 & 4 \\ -4 & 6 & 4 \\ 0 & 0 & 12 \end{vmatrix} = (-1)^{3+3}\,12 \begin{vmatrix} 2 & -3 \\ -4 & 6 \end{vmatrix} = 0$$

(vgl. das Beispiel auf Seite 473). ◄

Man nennt eine Matrix $A \in R^{n \times n}$ eine **obere Dreiecksmatrix**, wenn alle Einträge a_{ij} von A unter der Hauptdiagonalen null sind, d. h., $a_{ij} = 0$ für alle (i, j) mit $j < i$. Analog nennt man A eine **untere Dreiecksmatrix**, falls alle Einträge oberhalb der Hauptdiagonalen null sind, d. h. $a_{ij} = 0$ für alle (i, j) mit $j > i$. Durch sukzessive Entwicklung der Determinante nach der ersten Spalte einer oberen Dreiecksmatrix bzw. nach der ersten Zeile einer unteren Dreiecksmatrix erhalten wir:

Die Determinante einer Dreiecksmatrix

$$\det \begin{pmatrix} a_{11} & * & \cdots & * \\ 0 & a_{22} & \ddots & \vdots \\ \vdots & \ddots & \ddots & * \\ 0 & \cdots & 0 & a_{nn} \end{pmatrix} = \prod_{i=1}^{n} a_{ii}\,,$$

$$\det \begin{pmatrix} a_{11} & 0 & \cdots & 0 \\ * & a_{22} & \ddots & \vdots \\ \vdots & \ddots & \ddots & 0 \\ * & \cdots & * & a_{nn} \end{pmatrix} = \prod_{i=1}^{n} a_{ii}\,.$$

Die Determinante ist das Produkt der Diagonalelemente.

Die Eigenschaften der Determinante ermöglichen es, ihre Berechnung zu vereinfachen

Die Berechnung der Determinante einer Matrix $A = (a_{ij})$ wird dann einfacher, wenn in einer Spalte oder Zeile von A zahlreiche Nullen stehen. Stehen etwa unterhalb von a_{11} nur Nullen, so ist die Determinante einer $n \times n$-Matrix gleich dem Produkt von a_{11} mit der Determinante der $(n-1) \times (n-1)$-Matrix A_{11}:

$$\begin{vmatrix} a_{11} & a_{12} & \cdots & a_{1n} \\ 0 & a_{22} & \cdots & a_{2n} \\ \vdots & \cdots & & \vdots \\ 0 & a_{n2} & \cdots & a_{nn} \end{vmatrix} = a_{11} \begin{vmatrix} a_{22} & \cdots & a_{2n} \\ \vdots & & \vdots \\ a_{n2} & \cdots & a_{nn} \end{vmatrix}$$

Bei der Lösung von linearen Gleichungssystemen haben wir durch elementare Zeilenumformungen Nullen in einer Matrix erzeugt. Dabei wird natürlich die Matrix verändert. Die Frage ist, ob und wenn ja, wie sich bei solchen elementaren Umformungen die Determinante ändert.

Die Determinante nach elementaren Zeilen-/Spaltenumformungen

Für jede Matrix $A \in R^{n \times n}$ und $\lambda \in R$ gilt:
(a) Entsteht A' aus A durch Vertauschen zweier Zeilen (bzw. Spalten), so gilt $\det A' = -\det A$.
(b) Entsteht A' aus A durch Addition eines Vielfachen einer Zeile (bzw. Spalte) zu einer anderen, so gilt $\det A' = \det A$.
(c) Entsteht A' aus A durch Multiplikation einer Zeile oder Spalte mit einem Element $\lambda \in R$, so gilt $\det A' = \lambda \det A$.

Beweis: Wir begründen die Regeln für die Zeilenumformungen. Wegen $\det(A) = \det(A^{\top})$ gelten die Regeln dann auch für die Spaltenumformungen. Die Aussage (a) haben wir bereits auf Seite 474 begründet, wir zeigen diese Aussage erneut mit anderen Methoden.

Nach dem Abschnitt auf Seite 451 entspricht jeder elementaren Zeilenumformung eine Multiplikation einer Elementarmatrix von links.

So werden die i-te und j-te Zeile der Matrix A vertauscht, indem man A von links mit der Permutationsmatrix P_{ij} (Seite 451) multipliziert. Es gilt:

$$A' = P_{ij}\, A\,.$$

Wegen $\det(P_{ij}) = -1$ folgt die Aussage (a) mit dem Determinantenmultiplikationssatz von Seite 474.

Die Addition des λ-Fachen der i-ten Zeile zur j-ten Zeile geschieht durch Multiplikation der Matrix A mit der Matrix $N_{ij}(\lambda)$ (Seite 451). Es gilt:

$$A' = N_{ij}(\lambda)\, A\,.$$

Wegen $\det(N_{ij}(\lambda)) = 1$ folgt die Aussage (b) mit dem Determinantenmultiplikationssatz.

Die Multiplikation der i-ten Zeile mit λ geschieht durch Multiplikation der Matrix A mit der Matrix $D_i(\lambda)$ (Seite 451). Es gilt:

$$A' = D_i(\lambda)\, A\,.$$

Wegen $\det(D_i(\lambda)) = \lambda$ folgt auch die Aussage (c) mit dem Determinantenmultiplikationssatz. ∎

Achtung: Für Matrizen $A \in R^{n \times n}$ und $\lambda \in R$ ist

$$\det(\lambda A) = \lambda^n \det(A),$$

nachdem jede Zeile von A mit λ zu multiplizieren ist, wenn man λA berechnet.

Mithilfe dieser Regeln kann man oft leicht Nullen in den Zeilen und Spalten auch von großen Matrizen erzeugen. Entwickelt man dann nach den Zeilen oder Spalten, in denen fast nur Nullen stehen, so bleibt das Verfahren zur Berechnung der Determinante übersichtlich. Man darf dabei Spalten- und Zeilenumformungen abwechseln, man muss nur aufpassen, dass man bei Vertauschungen den Vorzeichenwechsel berücksichtigt. Es folgen Beispiele.

Beispiel: Bestimmung von Determinanten

Wir berechnen die Determinanten der Matrizen

$$A = \begin{pmatrix} 3 & 1 & 3 & 0 \\ 2 & 4 & 1 & 2 \\ 1 & 0 & 0 & -1 \\ 4 & 2 & -1 & 1 \end{pmatrix}, \quad B = \begin{pmatrix} 3 & 0 & 0 & 0 & 0 & 2 \\ 0 & 3 & 0 & 0 & 2 & 0 \\ 0 & 0 & 3 & 2 & 0 & 0 \\ 0 & 0 & 2 & 3 & 0 & 0 \\ 0 & 2 & 0 & 0 & 3 & 0 \\ 2 & 0 & 0 & 0 & 0 & 3 \end{pmatrix}$$

Problemanalyse und Strategie: Man entwickelt vorzugsweise nach Zeilen bzw. Spalten, in denen bereits viele Nullen stehen. Eventuell erzeugen wir uns durch geschickte Zeilen- bzw. Spaltenumformungen zuerst Nullen.

Lösung:

Wir bestimmen die Determinante der Matrix A, indem wir zuerst zur letzten Spalte die erste addieren – dies ändert die Determinante von A nicht – und dann nach der dritten Zeile entwickeln:

$$\det A = \begin{vmatrix} 3 & 1 & 3 & 0 \\ 2 & 4 & 1 & 2 \\ 1 & 0 & 0 & -1 \\ 4 & 2 & -1 & 1 \end{vmatrix} = \begin{vmatrix} 3 & 1 & 3 & 3 \\ 2 & 4 & 1 & 4 \\ 1 & 0 & 0 & 0 \\ 4 & 2 & -1 & 5 \end{vmatrix}$$

$$= (-1)^{1+3} \, 1 \begin{vmatrix} 1 & 3 & 3 \\ 4 & 1 & 4 \\ 2 & -1 & 5 \end{vmatrix}$$

Wir führen die Rechnung fort: Mithilfe der Eins an der Stelle $(1,\,1)$ der verbleibenden 3×3-Matrix erzeugen wir Nullen an den Stellen $(2,\,1)$ und $(3,\,1)$ und entwickeln schließlich nach der ersten Spalte:

$$\det A = \begin{vmatrix} 1 & 3 & 3 \\ 4 & 1 & 4 \\ 2 & -1 & 5 \end{vmatrix} = \begin{vmatrix} 1 & 3 & 3 \\ 0 & -11 & -8 \\ 0 & -7 & -1 \end{vmatrix}$$

$$= \begin{vmatrix} -11 & -8 \\ -7 & -1 \end{vmatrix} = (-1)^2 \begin{vmatrix} 11 & 8 \\ 7 & 1 \end{vmatrix} = -45 \, .$$

Wir bestimmen nun $\det B$.

Wir berechnen die Determinante der Matrix B mittels Entwicklung nach den jeweils mit blauen Ziffern eingezeich-

neten Zeilen bzw. Spalten:

$$\det B = \begin{vmatrix} 3 & 0 & 0 & 0 & 0 & 2 \\ 0 & 3 & 0 & 0 & 2 & 0 \\ 0 & 0 & 3 & 2 & 0 & 0 \\ 0 & 0 & 2 & 3 & 0 & 0 \\ 0 & 2 & 0 & 0 & 3 & 0 \\ 2 & 0 & 0 & 0 & 0 & 3 \end{vmatrix}$$

$$= (-1)^{1+1} \, 3 \begin{vmatrix} 3 & 0 & 0 & 2 & 0 \\ 0 & 3 & 2 & 0 & 0 \\ 0 & 2 & 3 & 0 & 0 \\ 2 & 0 & 0 & 3 & 0 \\ 0 & 0 & 0 & 0 & 3 \end{vmatrix}$$

$$+ (-1)^{1+6} \, 2 \begin{vmatrix} 0 & 3 & 0 & 0 & 2 \\ 0 & 0 & 3 & 2 & 0 \\ 0 & 0 & 2 & 3 & 0 \\ 0 & 2 & 0 & 0 & 3 \\ 2 & 0 & 0 & 0 & 0 \end{vmatrix}$$

$$= (3^2 - 2^2) \begin{vmatrix} 3 & 0 & 0 & 2 \\ 0 & 3 & 2 & 0 \\ 0 & 2 & 3 & 0 \\ 2 & 0 & 0 & 3 \end{vmatrix}$$

$$= (3^2 - 2^2) \left[(-1)^{1+1} \, 3 \begin{vmatrix} 3 & 2 & 0 \\ 2 & 3 & 0 \\ 0 & 0 & 3 \end{vmatrix} \right.$$

$$\left. + (-1)^{1+4} \, 2 \begin{vmatrix} 0 & 3 & 2 \\ 0 & 2 & 3 \\ 2 & 0 & 0 \end{vmatrix} \right]$$

$$= (3^2 - 2^2)^2 \begin{vmatrix} 3 & 2 \\ 2 & 3 \end{vmatrix} = (3^2 - 2^2)^3 = 125 \, .$$

Also gilt $\det B = 125$.

Beispiel

- Wir betrachten die reelle Matrix

$$A = \begin{pmatrix} 1 & 3 & 6 \\ 4 & 8 & -12 \\ -2 & 0 & -3 \end{pmatrix} \in \mathbb{R}^{3 \times 3} \, .$$

Wegen der zweiten Determinantenregel ändert sich die Determinante von A nicht, wenn wir zur zweiten Zeile von A das (-4)-Fache der ersten Zeile und zur dritten

Zeile das 2-Fache der ersten Zeile addieren:

$$\det(A) = \begin{vmatrix} 1 & 3 & 6 \\ 4 & 8 & -12 \\ -2 & 0 & -3 \end{vmatrix} = \begin{vmatrix} 1 & 3 & 6 \\ 0 & -4 & -36 \\ 0 & 6 & 9 \end{vmatrix}$$

Nun entwickeln wir nach der ersten Spalte:

$$\det A = 1 \begin{vmatrix} -4 & -36 \\ 6 & 9 \end{vmatrix} = 180 \, .$$

■ Nun bestimmen wir die Determinante der reellen Matrix

$$A = \begin{pmatrix} 4 & 3 & 2 & 1 \\ 3 & 2 & 1 & 4 \\ 2 & 1 & 4 & 3 \\ 1 & 4 & 3 & 2 \end{pmatrix} \in \mathbb{R}^{4 \times 4}.$$

Wegen der zweiten Determinantenregel bleibt die Determinante unverändert, wenn wir zur ersten Zeile das (-4)-Fache der letzten Zeile, zur zweiten Zeile das (-3)-Fache der letzten Zeile und schließlich zur dritten Zeile das (-2)-Fache der letzten Zeile addieren:

$$\det(A) = \begin{vmatrix} 4 & 3 & 2 & 1 \\ 3 & 2 & 1 & 4 \\ 2 & 1 & 4 & 3 \\ 1 & 4 & 3 & 2 \end{vmatrix} = \begin{vmatrix} 0 & -13 & -10 & -7 \\ 0 & -10 & -8 & -2 \\ 0 & -7 & -2 & -1 \\ 1 & 4 & 3 & 2 \end{vmatrix}$$

Damit erhalten wir nun nach Definition der Determinante und dreimaligem Anwenden der dritten Regel mit $\lambda = -1$:

$$\det A = (-1)^{4+1} \begin{vmatrix} -13 & -10 & -7 \\ -10 & -8 & -2 \\ -7 & -2 & -1 \end{vmatrix} = \begin{vmatrix} 13 & 10 & 7 \\ 10 & 8 & 2 \\ 7 & 2 & 1 \end{vmatrix}$$

Wir wenden die erste Regel an, vertauschen die erste mit der dritten Spalte und beachten das Minuszeichen:

$$\det A = - \begin{vmatrix} 7 & 10 & 13 \\ 2 & 8 & 10 \\ 1 & 2 & 7 \end{vmatrix}.$$

Nun wenden wir erneut die zweite Regel an und addieren zur ersten Zeile das (-7)-Fache der letzten und zur zweiten Zeile das (-2)-Fache der letzten Zeile – dies ändert die Determinante nicht:

$$\det A = - \begin{vmatrix} 7 & 10 & 13 \\ 2 & 8 & 10 \\ 1 & 2 & 7 \end{vmatrix} = - \begin{vmatrix} 0 & -4 & -36 \\ 0 & 4 & -4 \\ 1 & 2 & 7 \end{vmatrix}$$

Also erhalten wir nun:

$$\det A = -(-1)^{3+1} \begin{vmatrix} -4 & -36 \\ 4 & -4 \end{vmatrix}$$
$$= -((-4) \cdot (-4) - (-36) \cdot 4) = -160. \quad \blacktriangleleft$$

----------------- **?** -----------------

Sind die Zeilen oder Spalten einer quadratischen Matrix A über einem Körper $\mathbb{K}$ linear abhängig, so gilt $\det(A) = 0$ – wieso?

Die Determinante einer Blockdreiecksmatrix ist das Produkt der Determinanten der Blöcke

Wir betrachten eine **Blockdreiecksmatrix**, d. h. eine Matrix der Form

$$M = \begin{pmatrix} A & C \\ 0 & B \end{pmatrix} \in R^{n \times n},$$

wobei $0 \in R^{(n-m) \times m}$ die Nullmatrix ist und $A \in R^{m \times m}$, $C \in R^{m \times (n-m)}$, $B \in R^{(n-m) \times (n-m)}$ sind.

Es gilt die nützliche Regel:

Die Determinante von Blockdreiecksmatrizen

Für alle quadratischen Matrizen $A \in R^{s \times s}$, $B \in R^{r \times r}$ und *passenden* Matrizen 0, C gilt:

$$\det \begin{pmatrix} A & C \\ 0 & B \end{pmatrix} = \det A \, \det B = \det \begin{pmatrix} A & 0 \\ C & B \end{pmatrix}$$

Beweis: Mit den Einheitsmatrizen E_r und E_s und den passenden Nullmatrizen gilt

$$\begin{pmatrix} A & C \\ 0 & B \end{pmatrix} = \begin{pmatrix} E_s & 0 \\ 0 & B \end{pmatrix} \begin{pmatrix} A & C \\ 0 & E_r \end{pmatrix}$$

Wegen

$$\det \begin{pmatrix} E_s & 0 \\ 0 & B \end{pmatrix} = \det(B) \quad \text{und} \quad \det \begin{pmatrix} A & C \\ 0 & E_r \end{pmatrix} = \det(A)$$

(man entwickle nach den ersten Spalten bzw. letzten Zeilen) folgt die Behauptung mit dem Determinantenmultiplikationssatz.

Wegen $\det(M) = \det(M^{\top})$ gilt die Formel auch für *untere* Blockdreiecksmatrizen. $\qquad \blacksquare$

Beim Berechnen der Determinante einer großen Matrix sollte man systematisch vorgehen

Die Determinante ist eine wichtige Kenngröße einer Matrix A. Sie zu bestimmen ist nicht immer einfach. Die Leibniz'sche Formel, durch die sie definiert ist, eignet sich nicht zur Berechnung von mehrreihigen Matrizen. Die wesentlichen Hilfsmittel, die man zur Berechnung von Determinanten solcher Matrizen hat, haben wir hergeleitet. Man sollte zur Berechnung von $\det(A)$ wie folgt vorgehen:

■ Hat die Matrix A linear abhängige Zeilen oder Spalten? Falls ja, so gilt $\det(A) = 0$, falls dies nicht offensichtlich ist:
■ Hat A eine Blockdreiecksgestalt? Falls ja, so berechne die Determinanten der Blöcke, falls nein:
■ Gibt es eine Zeile oder Spalte mit vielen Nullen? Falls ja, entwickle nach dieser Zeile oder Spalte, falls nein:
■ Erzeuge durch elementare Zeilen- oder Spaltenumformungen Nullen in einer Zeile oder Spalte und beginne von vorne.

Wir stellen in der Übersicht auf Seite 482 alle wesentlichen Regeln und Eigenschaften der Determinante von $n \times n$-Matrizen zusammen.

Übersicht: Eigenschaften der Determinante

Wir listen alle wesentlichen Eigenschaften der Determinante auf. Viele von ihnen haben wir bereits begründet.

- Ist A eine Dreiecksmatrix oder eine Diagonalmatrix, also von der Form

$$\begin{pmatrix} a_{11} & * & \dots & * \\ 0 & a_{22} & \ddots & \vdots \\ \vdots & \ddots & \ddots & * \\ 0 & \dots & 0 & a_{nn} \end{pmatrix} \text{ oder } \begin{pmatrix} a_{11} & 0 & \dots & 0 \\ * & a_{22} & \ddots & \vdots \\ \vdots & \ddots & \ddots & 0 \\ * & \dots & * & a_{nn} \end{pmatrix}$$

so ist die Determinante von A das Produkt der Diagonalelemente

$$\det A = a_{11} \cdots a_{nn}.$$

- Die Determinante ändert ihr Vorzeichen beim Vertauschen zweier Zeilen oder Spalten.
- Die Determinante der Einheitsmatrix $\mathbf{E}_n \in R^{n \times n}$ ist 1:

$$\det \mathbf{E}_n = 1.$$

- Für jede Matrix $A \in R^{n \times n}$ und $\lambda \in R$ gilt:

$$\det(\lambda A) = \lambda^n \det A,$$

insbesondere $\det(-A) = (-1)^n \det A$.
- Die Determinante einer Matrix ändert sich nicht durch das Transponieren:

$$\det A = \det A^\top.$$

- Eine Matrix A ist genau dann invertierbar, wenn ihre Determinante von null verschieden ist.

- Ist die Matrix A invertierbar, so ist die Determinante der inversen Matrix das Inverse der Determinante:

$$\det(A^{-1}) = (\det A)^{-1}.$$

- Ist die Koeffizientenmatrix A eines linearen Gleichungssystems $(A \mid b)$ quadratisch, so ist $(A \mid b)$ genau dann eindeutig lösbar, wenn $\det A \neq 0$ gilt.
- Sind zwei Zeilen oder Spalten einer Matrix linear abhängig, so ist ihre Determinante 0.
- Hat die Matrix eine Nullzeile oder Nullspalte, so ist ihre Determinante 0.
- Die Determinante einer Matrix bleibt unverändert, wenn man zu einer Zeile (bzw. Spalte) das Vielfache einer anderen Zeile (bzw. Spalte) addiert.
- Die Determinante eines Produkts zweier quadratischer Matrizen ist das Produkt der Determinanten der beiden Matrizen: Für alle $A, B \in R^{n \times n}$ gilt:

$$\det(A B) = \det(A) \det(B).$$

- Für jede Matrix $A \in R^{n \times n}$ und jede natürliche Zahl k gilt:

$$\det(A^k) = (\det A)^k.$$

- Für eine invertierbare Matrix $S \in R^{n \times n}$ und jede Matrix $A \in R^{n \times n}$ gilt:

$$\det(S^{-1} A S) = \det(A).$$

Wir haben die Determinante einer Matrix durch die Leibniz'sche Formel definiert. Auf Seite 484 erläutern wir eine alternative Definition der Determinante. Um diese Definition verstehen zu können, fassen wir die Determinante für jedes $n \in \mathbb{N}$ als eine Abbildung von $R^{n \times n}$ nach R auf:

$$\det : \begin{cases} R^{n \times n} & \to & R, \\ A & \mapsto & \det(A). \end{cases}$$

Die Determinante ist eine normierte, alternierende Multilinearform

Wir geben vorab einige Eigenschaften der Abbildung det an:

Determinantenregeln

Für $A = \begin{pmatrix} z_1 \\ \vdots \\ z_n \end{pmatrix} = (s_1, \dots, s_n) \in R^{n \times n}$ und $\lambda \in R$

gilt:

(a) *Linearität in jeder Zeile und Spalte:*
Ist $z_i = \lambda x + y$, so gilt:

$$\det A = \lambda \det \begin{pmatrix} z_1 \\ \vdots \\ x \\ \vdots \\ z_n \end{pmatrix} + \det \begin{pmatrix} z_1 \\ \vdots \\ y \\ \vdots \\ z_n \end{pmatrix} \leftarrow i\text{-te Zeile.}$$

Ist $s_j = \lambda x + y$, so gilt:

$$\det A = \lambda \det((s_1, \dots, x, \dots, s_n)) + \\ + \det((s_1, \dots, y, \dots, s_n)).$$

Man sagt, die Abbildung $\det : R^{n \times n} \to R$ ist eine **Multilinearform**.
(b) Entsteht A' aus A durch Vertauschen zweier Zeilen (bzw. Spalten), so gilt $\det A' = -\det A$.
Man sagt, det ist **alternierend**.
(c) $\det(\mathbf{E}_n) = 1$.
Man sagt, det ist **normiert**.

Beweis: (a) Wegen $\det(A) = \det(A^\top)$ reicht es, die Aussage nur für Zeilen zu zeigen. Die i-te Zeile der Matrix A sei

$$\lambda\, \boldsymbol{x} + \boldsymbol{y} = (\lambda\, x_1 + y_1, \ldots, \lambda\, x_n + y_n)\,.$$

Wir setzen dies in die Leibniz'sche Formel ein:

$$\det(A) = \det\begin{pmatrix} \vdots \\ \lambda\,\boldsymbol{x}+\boldsymbol{y} \\ \vdots \end{pmatrix} = \sum_{\sigma \in S_n} \mathrm{sgn}(\sigma) \prod_{k=1}^{n} a_{k\,\sigma(k)}\,.$$

Wegen $a_{i\sigma(i)} = \lambda\, x_{\sigma(i)} + y_{\sigma(i)}$ erhält man nach Ausmultiplizieren:

$$\det(A) = \lambda \, \det\begin{pmatrix} \vdots \\ \boldsymbol{x} \\ \vdots \end{pmatrix} + \det\begin{pmatrix} \vdots \\ \boldsymbol{y} \\ \vdots \end{pmatrix}\,.$$

(b) und (c) haben wir bereits auf den Seiten 473 und 473 bewiesen. $\blacksquare$

Kommentar: Oftmals werden Determinanten als normierte, alternierende Multilinearformen eingeführt. Man kann zeigen, dass wenn es eine normierte, alternierende Multilinearform gibt, sie eindeutig bestimmt ist. Man nennt diese multilineare Abbildung dann *Determinante* und beweist ihre Existenz mittels der Leibniz'schen Formel. Diese Einführung der Determinante (siehe Seite 484) hat Vorteile und Nachteile: Ein klarer Vorteil ist, dass die Nachweise für die Eigenschaften der Determinante, wie zum Beispiel der Determinantenmultiplikationssatz, übersichtlicher dargestellt werden können — die Anzahl der Indizes bei den Nachweisen ist geringer. Ein Nachteil ist: Bis man überhaupt den Begriff einer Determinante hat, muss man sich durch einen Urwald mit ungewohnten und nicht einfachen Begriffen schlagen. Wir haben der direkten Einführung der Determinante über die Leibniz'sche Formel den Vorzug gegeben und haben somit in Kauf genommen, dass die Beweise manchmal einer Schlacht mit Indizes gleichen. Dafür bleibt es klar und verständlich, was die Determinante einer Matrix A eigentlich ist – eine wohlsortierte Summe von Produkten von Einträgen in A.

13.4 Anwendungen der Determinante

Wir behandeln in diesem Abschnitt einige Anwendungen der Determinante. Zuerst zeigen wir, dass die Determinante ein Invertierbarkeitskriterium liefert: Eine Matrix ist genau dann invertierbar, wenn ihre Determinante von null verschieden ist. Den Nutzen dieses Kriteriums lernen wir erst im nächsten Kapitel zu den Eigenwerten richtig zu schätzen.

Aber die Determinante hat durchaus noch andere Anwendungen. Zum Beispiel lassen sich lineare Gleichungssysteme mit quadratischer Koeffizientenmatrix mithilfe von Determinanten lösen, und ist eine Matrix invertierbar, so können wir auch das Inverse einer Matrix mit Determinanten bestimmen. Wir wollen aber darauf hinweisen, dass diese Methoden nicht sehr effizient sind. Der Algorithmus von Gauß und Jordan führt im Allgemeinen viel schneller zur Lösung eines Gleichungssystems, und die Methoden aus dem Abschnitt 12.6 zur Bestimmung des Inversen einer Matrix sind meist deutlich effizienter als die Methode, die wir nun mittels Determinanten vorstellen.

Eine Matrix ist genau dann invertierbar, wenn ihre Determinante von null verschieden ist

Es gibt viele Invertierbarkeitskriterien für (quadratische) Matrizen über einem Körper $\mathbb{K}$. Wir geben eines mithilfe der Determinante an.

Invertierbarkeitskriterium

Für eine Matrix $A \in \mathbb{K}^{n \times n}$ sind die folgenden Aussagen gleichwertig:
- Die Matrix A ist invertierbar.
- Es gilt $\det A \neq 0$.

Beweis: Man bringe A mit elementaren Zeilenumformungen auf Zeilenstufenform $Z = (z_{ij})$. Wegen des Satzes zur Determinante nach elementaren Zeilen- oder Spaltenumformungen auf Seite 479 gilt dann $\det(A) = a \, \det(Z)$ für ein $a \in \mathbb{K} \setminus \{0\}$. Es folgt:

$$\begin{aligned} \det(A) \neq 0 &\Leftrightarrow \det(Z) = z_{11} \cdots z_{nn} \neq 0 \\ &\Leftrightarrow z_{11}, \ldots, z_{nn} \neq 0 \\ &\Leftrightarrow \mathrm{rg}\, A = \mathrm{rg}\, Z = n \\ &\Leftrightarrow A \text{ ist invertierbar} \end{aligned}$$

Zur letzten Äquivalenz siehe das Kriterium zur Invertierbarkeit auf Seite 449. $\blacksquare$

Kommentar: Die Aussage des Satzes gilt in einer entsprechenden Formulierung auch für einen kommutativen Ring R mit 1. Aber der Beweis ist dann anders zu führen, da obenstehender Beweis bei der Erzeugung der Zeilenstufenform durch elementare Zeilenumformungen wesentlich benutzt, dass jedes von null verschiedene Element aus $\mathbb{K}$ invertierbar ist. Die allgemeinere Aussage werden wir später mithilfe der *Adjunkten* zeigen.

———————— ? ————————

Wenn $A\,B$ mit $A, B \in \mathbb{K}^{n \times n}$ invertierbar ist, müssen dann auch A und B invertierbar sein?

Hintergrund und Ausblick: Determinanten als alternierende Multilinearformen

Auf Seite 471 wurden die Determinanten von Matrizen über kommutativen Ringen mithilfe der Leibniz'schen Formel definiert. Im Folgenden wird ein alternativer Zugang gezeigt. Man kann die Determinanten auf Vektorräumen auch als normierte alternierende Multilinearformen einführen und daraus die Leibniz'sche Summenformel herleiten.

Sei V ein $\mathbb{K}$-Vektorraum mit $\dim V = n$. Eine Abbildung

$$\Delta: V^n \to \mathbb{K}, \quad (\boldsymbol{x}_1, \ldots, \boldsymbol{x}_n) \mapsto \Delta(\boldsymbol{x}_1, \ldots, \boldsymbol{x}_n),$$

die jedem n-Tupel von Vektoren aus V ein Element aus $\mathbb{K}$ zuordnet, heißt eine **Multilinearform**, wenn gilt:

(D1) $\Delta(\boldsymbol{x}_1, \ldots, \lambda\boldsymbol{x}_i, \ldots, \boldsymbol{x}_n) = \lambda\,\Delta(\boldsymbol{x}_1, \ldots, \boldsymbol{x}_n)$,

(D2) $\Delta(\boldsymbol{x}_1, \ldots, \boldsymbol{x}_i + \boldsymbol{y}_i, \ldots, \boldsymbol{x}_n) = \Delta(\ldots, \boldsymbol{x}_i, \ldots)$
$\quad + \Delta(\ldots, \boldsymbol{y}_i, \ldots)$.

Gilt außerdem

(D3) $\Delta(\ldots, \boldsymbol{x}_i, \ldots, \boldsymbol{x}_j, \ldots) = 0$, falls $\boldsymbol{x}_i = \boldsymbol{x}_j, i \neq j$,

so nennt man die Multilinearform Δ **alternierend**.

Eine alternierende Multilinearform mit

$$\Delta(\boldsymbol{x}_1, \ldots, \boldsymbol{x}_n) = 0 \text{ für alle } (\boldsymbol{x}_1, \ldots, \boldsymbol{x}_n) \in V^n$$

heißt *trivial*; wir sind natürlich an nicht trivialen alternierenden Multilinearformen interessiert.

Der Begriff „alternierend" ist gerechtfertigt:

$$0 \overset{(D3)}{=} \Delta(\ldots, \boldsymbol{x}_i + \boldsymbol{x}_j, \ldots, \boldsymbol{x}_i + \boldsymbol{x}_j, \ldots)$$
$$\overset{(D2)}{=} \Delta(\ldots, \boldsymbol{x}_i, \ldots, \boldsymbol{x}_i, \ldots) + \Delta(\ldots, \boldsymbol{x}_i, \ldots, \boldsymbol{x}_j, \ldots)$$
$$\quad + \Delta(\ldots, \boldsymbol{x}_j, \ldots, \boldsymbol{x}_i, \ldots) + \Delta(\ldots, \boldsymbol{x}_j, \ldots, \boldsymbol{x}_j, \ldots)$$
$$\overset{(D3)}{=} \Delta(\ldots, \boldsymbol{x}_i, \ldots, \boldsymbol{x}_j, \ldots) + \Delta(\ldots, \boldsymbol{x}_j, \ldots, \boldsymbol{x}_i, \ldots).$$

Somit ist bei $i \neq j$

$$\Delta(\ldots, \boldsymbol{x}_i, \ldots, \boldsymbol{x}_j, \ldots) = -\Delta(\ldots, \boldsymbol{x}_j, \ldots, \boldsymbol{x}_i, \ldots).$$

Wird die Reihenfolge von $(\boldsymbol{x}_1, \ldots, \boldsymbol{x}_n)$ durch eine Permutation $\sigma \in S_n$ zu $(\boldsymbol{x}_{\sigma(1)}, \ldots, \boldsymbol{x}_{\sigma(n)})$ verändert, so ist dies nach Aufgabe 13.14 schrittweise durch Transpositionen erreichbar. Jede ändert das Vorzeichen der Multilinearform. Mit den Ergebnissen von Seite 73 folgt

$$\Delta(\boldsymbol{x}_{\sigma(1)}, \ldots, \boldsymbol{x}_{\sigma(n)}) = \operatorname{sgn}\sigma \cdot \Delta(\boldsymbol{x}_1, \ldots, \boldsymbol{x}_n). \quad (*)$$

Nun sei $B = (\boldsymbol{b}_1, \ldots, \boldsymbol{b}_n)$ eine geordnete Basis von V. Dann gibt es für jeden Vektor $\boldsymbol{x}_i$ eine Darstellung

$$\boldsymbol{x}_i = \sum_{k=1}^{n} a_{ik}\,\boldsymbol{b}_k \text{ für } i = 1, \ldots, n.$$

Die auftretenden Koeffizienten $(a_{i1}, \ldots, a_{in})$ bilden die i-te Zeile in der n-reihigen Matrix (a_{ik}). Nun gilt

$$\Delta(\boldsymbol{x}_1, \ldots, \boldsymbol{x}_n) = \Delta\Big(\sum_{k_1=1}^{n} a_{1k_1}\boldsymbol{b}_{k_1}, \ldots, \sum_{k_n=1}^{n} a_{nk_n}\boldsymbol{b}_{k_n}\Big)$$
$$\overset{(D1,D2)}{=} \sum_{k_1=1}^{n} \cdots \sum_{k_n=1}^{n} a_{1k_1} \ldots a_{nk_n} \Delta(\boldsymbol{b}_{k_1}, \ldots, \boldsymbol{b}_{k_n}).$$

Sobald in einem n-Tupel $(\boldsymbol{b}_{k_1}, \ldots, \boldsymbol{b}_{k_n})$ zwei gleiche Basisvektoren vorkommen, ist mit (D3) $\Delta(\boldsymbol{b}_{k_1}, \ldots, \boldsymbol{b}_{k_n}) = 0$. Also bleiben nur die Fälle mit paarweise verschiedenen $(k_1, \ldots, k_n)$ übrig. Dann aber handelt es sich um das Bild $(\sigma(1), \ldots, \sigma(n))$ unter einer Permutation $\sigma \in S_n$. Von der obigen n-fachen Summe mit n^n Summanden bleibt

$$\Delta(\boldsymbol{x}_1, \ldots, \boldsymbol{x}_n) = \sum_{\sigma \in S_n} a_{1\sigma(1)} \ldots a_{n\sigma(n)} \,\Delta(\boldsymbol{b}_{\sigma(1)}, \ldots, \boldsymbol{b}_{\sigma(n)})$$
$$\overset{(*)}{=} \Delta(\boldsymbol{b}_1, \ldots, \boldsymbol{b}_n) \sum_{\sigma \in S_n} \operatorname{sgn}\sigma \cdot a_{1\sigma(1)} \ldots a_{n\sigma(n)}$$

mit $n!$ Summanden übrig. Eine alternierende Multilinearform muss also bis auf den Faktor $\Delta(\boldsymbol{b}_1, \ldots, \boldsymbol{b}_n)$ durch die Leibniz'sche Formel zu berechnen sein; dabei muss im nicht trivialen Fall $\Delta(\boldsymbol{b}_1, \ldots, \boldsymbol{b}_n) \neq 0$ sein.

Dies reicht hin, denn die Regeln von Seite 482 zeigen, dass der durch die Summenformel errechnete Wert einer Matrix (a_{ik}) in der Tat die Regeln (D1) bis (D3) erfüllt. Nicht triviale alternierende Multilinearformen auf V^n sind also *bis auf einen Faktor eindeutig* bestimmt und durch die Leibniz'sche Formel zu berechnen. Wie kommen wir von der alternierenden Multilinearform auf V zur Determinante einer Matrix? Wir sehen die Matrix $\boldsymbol{A}$ als n-Tupel ihrer Zeilenvektoren $\boldsymbol{z}_1, \ldots, \boldsymbol{z}_n \in \mathbb{K}^n$ und berechnen diejenige alternierende Multilinearform Δ_1, welche der kanonischen Basis $(\boldsymbol{e}_1, \ldots, \boldsymbol{e}_n)$ den Wert 1 zuweist. Dann ist offensichtlich $\det \boldsymbol{A} = \Delta_1(\boldsymbol{z}_1, \ldots, \boldsymbol{z}_n)$.

Im Folgenden zeigen wir noch zwei wichtige Eigenschaften von alternierenden Multilinearformen, die wir von den Determinanten der Matrizen bereits kennen:

1) Ist Δ eine nicht triviale alternierende Multilinearform auf dem Vektorraum V, so *kennzeichnet* $\Delta(\boldsymbol{x}_1, \ldots, \boldsymbol{x}_n) = 0$ *die lineare Abhängigkeit von* $\{\boldsymbol{x}_1, \ldots, \boldsymbol{x}_n\}$.

Sind nämlich $\{\boldsymbol{x}_1, \ldots, \boldsymbol{x}_n\}$ linear unabhängig, so bilden sie eine Basis, und bei $\Delta(\boldsymbol{x}_1, \ldots, \boldsymbol{x}_n) = 0$ wäre Δ trivial. Bei linear abhängigen $\{\boldsymbol{x}_1, \ldots, \boldsymbol{x}_n\}$ gilt – gegebenenfalls nach einer Umreihung – $\boldsymbol{x}_n = \sum_{i=1}^{n-1} \lambda_i \boldsymbol{x}_i$. Dann folgt mit den Regeln (D1) bis (D3) $\Delta(\boldsymbol{x}_1, \ldots, \boldsymbol{x}_{n-1}, \sum_{i=1}^{n-1} \lambda_i \boldsymbol{x}_i) = 0$.

2) Alternierende Multilinearformen führen direkt zum Begriff der *Determinante der Endomorphismen* von V, also der linearen Abbildungen $f: V \to V$: Ausgehend von einer nicht trivialen alternierenden Multilinearform Δ definieren wir

$$\Delta_f: V^n \to \mathbb{K}, \quad (\boldsymbol{x}_1, \ldots, \boldsymbol{x}_n) \mapsto \Delta(f(\boldsymbol{x}_1), \ldots, f(\boldsymbol{x}_n)).$$

Offensichtlich erfüllt auch Δ_f wegen der Linearität von f die Forderungen (D1) bis (D3). Daher unterscheidet sich $\Delta_f(\boldsymbol{x}_1, \ldots, \boldsymbol{x}_n)$ nur durch einen von $(\boldsymbol{x}_1, \ldots, \boldsymbol{x}_n)$ unabhängigen Faktor von $\Delta(\boldsymbol{x}_1, \ldots, \boldsymbol{x}_n)$, und diesen definieren wir als Determinante von f:

$$\det f = \frac{\Delta(f(\boldsymbol{x}_1), \ldots, f(\boldsymbol{x}_n))}{\Delta(\boldsymbol{x}_1, \ldots, \boldsymbol{x}_n)}.$$

Setzt man die obige Summenformel für Δ ein, so kürzt sich $\Delta(\boldsymbol{b}_1, \ldots, \boldsymbol{b}_n)$. Der Wert $\det f$ ist somit unabhängig von der Wahl der Basis B und übrigens gleich den Determinanten aller Darstellungsmatrizen von f.

Beispiel Wir prüfen, ob die drei Vektoren

$$\boldsymbol{u} = \begin{pmatrix} 2 \\ 2 \\ 4 \end{pmatrix}, \ \boldsymbol{v} = \begin{pmatrix} 1 \\ 3 \\ 6 \end{pmatrix}, \ \boldsymbol{w} = \begin{pmatrix} 0 \\ 5 \\ 2 \end{pmatrix} \in \mathbb{R}^3$$

linear abhängig sind. Wegen

$$\det \begin{pmatrix} 2 & 1 & 0 \\ 2 & 3 & 5 \\ 4 & 6 & 2 \end{pmatrix} = \det \begin{pmatrix} 2 & 1 & 0 \\ 0 & 2 & 5 \\ 0 & 4 & 2 \end{pmatrix} = 2\,(2 \cdot 2 - 5 \cdot 4) \neq 0$$

ist die Matrix $\boldsymbol{A}$ mit den Spalten $\boldsymbol{u}$, $\boldsymbol{v}$, $\boldsymbol{w}$ invertierbar. Somit gilt rg $\boldsymbol{A} = 3$, d.h., die angegebenen Vektoren sind linear unabhängig. ◄

Die spezielle lineare Gruppe ist die Menge der Matrizen mit Determinante 1

Wir greifen die Menge $\mathrm{GL}_n(\mathbb{K})$ der invertierbaren $n \times n$-Matrizen über einem Körper $\mathbb{K}$ erneut auf (Seiten 448 und 453). Die Menge $\mathrm{GL}_n(\mathbb{K})$ bildet mit der Matrizenmultiplikation eine Gruppe, die allgemeine lineare Gruppe vom Grad n. Da die Determinante multiplikativ ist, ist die nach dem Invertierbarkeitskriterium von Seite 483 wohldefinierte Abbildung

$$\det : \begin{cases} \mathrm{GL}_n(\mathbb{K}) & \to \ \mathbb{K} \setminus \{0\}, \\ \boldsymbol{A} & \mapsto \ \det(\boldsymbol{A}) \end{cases}$$

ein Gruppenhomomorphismus. Den Kern dieses Homomorphismus bezeichnen wir mit

$$\mathrm{SL}_n(\mathbb{K}) = \ker(\det) = \{ \boldsymbol{A} \in \mathrm{GL}_n(\mathbb{K}) \mid \det(\boldsymbol{A}) = 1 \} .$$

Es ist $\mathrm{SL}_n(\mathbb{K})$ nach dem Lemma auf Seite 74 eine Untergruppe von $\mathrm{Gl}_n(\mathbb{K})$ – man nennt sie die **spezielle lineare Gruppe** vom Grad n.

Die Abbildung det ist surjektiv, da für jedes $\lambda \in \mathbb{K} \setminus \{0\}$ die Matrix

$$\begin{pmatrix} \lambda & 0 & \cdots & 0 \\ 0 & 1 & \cdots & 0 \\ \vdots & & \ddots & \vdots \\ 0 & 0 & \cdots & 1 \end{pmatrix}$$

ein Element aus $\mathrm{GL}_n(\mathbb{K})$ ist und die Determinante λ hat. Nach dem Homomorphiesatz für Gruppen von Seite 77 gilt damit:

$$\mathrm{GL}_n(\mathbb{K}) / \mathrm{SL}_n(\mathbb{K}) \cong \mathbb{K} \setminus \{0\} .$$

Kommentar: Die linearen Gruppen $\mathrm{GL}_n(\mathbb{K})$ (später kommen noch weitere hinzu) beschreiben Symmetrien. Die $\mathrm{SL}_n(\mathbb{K})$ enthält z. B. die volumen- und orientierungstreuen linearen Abbildungen (Kapitel 7).

Beispiel Für jedes $\alpha \in [0, 2\pi[$ ist

$$\begin{pmatrix} \cos \alpha & -\sin \alpha \\ \sin \alpha & \cos \alpha \end{pmatrix} \quad \text{bzw.} \quad \begin{pmatrix} \cos \alpha & -\sin \alpha & 0 \\ \sin \alpha & \cos \alpha & 0 \\ 0 & 0 & 1 \end{pmatrix}$$

ein Element von $\mathrm{SL}_2(\mathbb{R})$ bzw. $\mathrm{SL}_3(\mathbb{R})$. Die Matrix beschreibt jeweils eine Drehung um den Winkel α. Im $\mathbb{R}^2$ wird um den Nullpunkt gedreht, im $\mathbb{R}^3$ um die x_3-Achse (Abb. 13.1). ◄

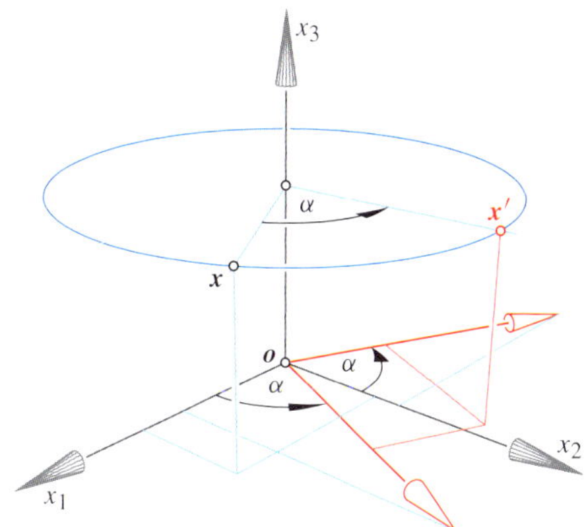

Abbildung 13.1 Drehung um die x_3-Achse.

Mit der Determinante lässt sich das Inverse einer Matrix bestimmen

Ist $\boldsymbol{A} \in R^{n \times n}$ eine invertierbare Matrix, so lässt sich $\boldsymbol{A}^{-1}$ anhand der folgenden Formel ermitteln. Dabei bezeichne $\boldsymbol{A}_{ji}$ die Matrix, die aus $\boldsymbol{A}$ durch Streichen der j-ten Zeile und i-ten Spalte hervorgeht.

Die adjunkte Matrix

Für jede quadratische Matrix $\boldsymbol{A} = (a_{ij})_{i,j} \in R^{n \times n}$ nennt man die $n \times n$-Matrix

$$\mathrm{ad}(\boldsymbol{A}) = (a_{ij}^*)_{i,j} \ \text{mit} \ a_{ij}^* = (-1)^{i+j} \det(\boldsymbol{A}_{ji})$$

die **adjunkte Matrix** zu $\boldsymbol{A}$. Es gilt:

$$\boldsymbol{A} \, \mathrm{ad}(\boldsymbol{A}) = \mathrm{ad}(\boldsymbol{A}) \, \boldsymbol{A} = \det(\boldsymbol{A}) \, \mathbf{E}_n .$$

Falls $\boldsymbol{A}$ invertierbar ist, so gilt:

$$\boldsymbol{A}^{-1} = \frac{1}{\det \boldsymbol{A}} \, \mathrm{ad}(\boldsymbol{A}) .$$

Beweis: Die adjunkte Matrix lautet ausführlich

$$\mathrm{ad}(\boldsymbol{A}) = \begin{pmatrix} (-1)^{1+1} \det(\boldsymbol{A}_{11}) & \cdots & (-1)^{1+n} \det(\boldsymbol{A}_{n1}) \\ \vdots & & \vdots \\ (-1)^{n+1} \det(\boldsymbol{A}_{1n}) & \cdots & (-1)^{n+n} \det(\boldsymbol{A}_{nn}) \end{pmatrix}$$

Beachten Sie, dass hier in der adjunkten Matrix der erste Index von $\boldsymbol{A}_{ji}$ der Spaltenindex ist und der zweite der Zeilenindex.

Wir bezeichnen die Einträge in dem Matrizenprodukt $\boldsymbol{A}\,\mathrm{ad}(\boldsymbol{A})$ mit c_{ij}, d.h.,

$$\boldsymbol{A}\,\mathrm{ad}(\boldsymbol{A}) = (c_{ij}) ,$$

und zeigen

$$c_{ij} = \det(\boldsymbol{A})\,\delta_{ij} \ \text{mit} \ \delta_{ij} = \begin{cases} 1, & \text{falls } i = j, \\ 0, & \text{sonst.} \end{cases}$$

Es gilt dann $\boldsymbol{A}\,\mathrm{ad}(\boldsymbol{A}) = \det(\boldsymbol{A})\,\mathbf{E}_n .$

Für jedes $i \in \{1, \ldots, n\}$ ist c_{ii} das Produkt der i-ten Zeile von A mit der i-ten Spalte von $\mathrm{ad}(A)$:

$$c_{ii} = (a_{i1}, \ldots, a_{in}) \begin{pmatrix} (-1)^{1+i} \det(A_{i1}) \\ \vdots \\ (-1)^{n+i} \det(A_{in}) \end{pmatrix}$$

$$= \sum_{k=1}^{n} a_{ik} (-1)^{k+i} \det(A_{ik}).$$

Nach dem Entwicklungssatz von Laplace (Entwicklung nach i-ter Zeile) von Seite 477 gilt daher für jedes $i \in \{1, \ldots, n\}$:

$$c_{ii} = \det(A).$$

Und für $i \neq j$ gilt analog:

$$c_{ij} = \sum_{k=1}^{n} a_{ik} (-1)^{k+j} \det(A_{jk}) = \det(A'),$$

wobei $A' \in R^{n \times n}$ aus A durch Ersetzen der j-ten Zeile durch die i-te Zeile entsteht. Da die Determinante einer Matrix mit gleichen Zeilen null ist, erhalten wir $\det(A') = 0$, also $c_{ij} = 0$ für $i \neq j$. Damit ist gezeigt:

$$A \, \mathrm{ad}(A) = \det(A) \, \mathbf{E}_n.$$

Die Formel $\mathrm{ad}(A) \, A = \det(A) \, \mathbf{E}_n$ erhält man analog durch Entwicklung nach der i-ten Spalte.

Ist schließlich $A \in R^{n \times n}$ invertierbar, so ist auch $\det(A) \in R$ invertierbar (siehe die Folgerung auf Seite 475). Wir multiplizieren die bewiesene Gleichung $\mathrm{ad}(A) \, A = \det(A) \, \mathbf{E}_n$ mit $(\det(A))^{-1}$ durch und erhalten

$$\left[\frac{1}{\det A} \, \mathrm{ad}(A) \right] A = \mathbf{E}_n.$$

Folglich ist $\frac{1}{\det A} \, \mathrm{ad}(A)$ das zu A inverse Element A^{-1}. ∎

Der Satz zur adjunkten Matrix liefert eine Formel zum Invertieren von Matrizen. Für eine invertierbare 2×2-Matrix über einem Körper $\mathbb{K}$ lautet die Formel:

Das Inverse einer 2×2-Matrix

Für $A \in \mathbb{K}^{2 \times 2}$ mit $\det(A) \neq 0$ gilt:

$$A = \begin{pmatrix} a & b \\ c & d \end{pmatrix} \Rightarrow A^{-1} = \frac{1}{ad - bc} \begin{pmatrix} d & -b \\ -c & a \end{pmatrix}$$

Die Elemente auf der Hauptdiagonalen werden vertauscht, die anderen Elemente werden mit einem Minuszeichen versehen, und es wird durch die Determinante geteilt.

Bei einer 3×3-Matrix ist das Invertieren mit der adjunkten Matrix deutlich komplizierter, wir zeigen dies an einem Beispiel.

Beispiel Wir berechnen $\mathrm{ad}(A)$ und damit A^{-1} für

$$A = \begin{pmatrix} 1 & 2 & 1 \\ -2 & 1 & 4 \\ 1 & 3 & 2 \end{pmatrix} \in \mathbb{R}^{3 \times 3}.$$

Wir ermitteln die Komponenten a_{ij}^* der Adjunkten von A:

$$a_{11}^* = (-1)^{1+1} \det A_{11} = \det \begin{pmatrix} 1 & 4 \\ 3 & 2 \end{pmatrix} = -10,$$

$$a_{21}^* = (-1)^{2+1} \det A_{12} = - \det \begin{pmatrix} -2 & 4 \\ 1 & 2 \end{pmatrix} = 8,$$

$$a_{31}^* = (-1)^{3+1} \det A_{13} = \det \begin{pmatrix} -2 & 1 \\ 1 & 3 \end{pmatrix} = -7,$$

$$a_{12}^* = (-1)^{1+2} \det A_{21} = - \det \begin{pmatrix} 2 & 1 \\ 3 & 2 \end{pmatrix} = -1,$$

$$a_{22}^* = (-1)^{2+2} \det A_{22} = \det \begin{pmatrix} 1 & 1 \\ 1 & 2 \end{pmatrix} = 1,$$

$$a_{32}^* = (-1)^{3+2} \det A_{23} = - \det \begin{pmatrix} 1 & 2 \\ 1 & 3 \end{pmatrix} = -1,$$

$$a_{13}^* = (-1)^{1+3} \det A_{31} = \det \begin{pmatrix} 2 & 1 \\ 1 & 4 \end{pmatrix} = 7,$$

$$a_{23}^* = (-1)^{2+3} \det A_{32} = - \det \begin{pmatrix} 1 & 1 \\ -2 & 4 \end{pmatrix} = -6,$$

$$a_{33}^* = (-1)^{3+3} \det A_{33} = \det \begin{pmatrix} 1 & 2 \\ -2 & 1 \end{pmatrix} = 5.$$

Damit erhalten wir:

$$\mathrm{ad}(A) = \begin{pmatrix} -10 & -1 & 7 \\ 8 & 1 & -6 \\ -7 & -1 & 5 \end{pmatrix}$$

und wegen $\det(A) = -1$ folgt:

$$A^{-1} = \frac{\mathrm{ad}(A)}{\det A} = \begin{pmatrix} 10 & 1 & -7 \\ -8 & -1 & 6 \\ 7 & 1 & -5 \end{pmatrix} \qquad \blacktriangleleft$$

Die Methoden aus dem Abschnitt 12.6 zum Invertieren von Matrizen führen im Allgemeinen deutlich schneller zum Ziel als die hier vorgestellte Methode mit der adjunkten Matrix. Aber der Satz zur adjunkten Matrix hat eine wichtige theoretische Bedeutung, mit ihm folgt nun ein allgemeines Invertierbarkeitskriterium für Matrizen über einem kommutativen Ring R mit 1.

Folgerung

Für eine Matrix $A \in R^{n \times n}$ sind die folgenden Aussagen gleichwertig:

- Die Matrix A ist invertierbar.
- Die Determinante $\det A \in R$ ist invertierbar in R.

Man vergleiche dieses Resultat mit dem Invertierbarkeitskriterium für eine Matrix A über einem Körper $\mathbb{K}$.

Kommentar: In der *Zahlentheorie* und ihren Anwendungen in der Kryptologie und Codierungstheorie wird dieses Ergebnis wie auch die im Folgenden behandelte Cramer'sche Regel mehrfach benutzt. Wir können hier die Ergebnisse leider nur etwas unmotiviert darstellen und müssen darauf hoffen, dass ein Leser an unsere Ausführungen hier zurückdenkt und auf diesen Seiten nachblättert, sobald in der Zahlentheorie, Kryptologie oder Codierungstheorie darauf verwiesen wird, dass man diese Dinge ja im ersten Semester in der linearen Algebra gelernt habe.

Die Cramer'sche Regel liefert die eindeutig bestimmte Lösung eines linearen Gleichungssystems komponentenweise

Eine weitere Anwendung der Determinante betrifft das Lösen von linearen Gleichungssystemen mit quadratischer und invertierbarer Koeffizientenmatrix.

Die Cramer'sche Regel

Es sei
$$A\,x = b$$
ein lineares Gleichungssystem mit
$$A = (s_1, \ldots, s_n) \in R^{n\times n}, \; b \in R^n.$$

Falls $\det(A) \in R$ invertierbar in R ist, so hat das System $A\,x = b$ genau eine Lösung $v = (v_i)$.

Man erhält die Komponenten v_i der Lösung v durch
$$v_i = \frac{1}{\det A}\,\det(A_i) \text{ für } i = 1, \ldots, n,$$
wobei
$$A_i = (s_1, \ldots, s_{i-1}, b, s_{i+1}, s_n) \in R^{n\times n}.$$

Die Matrix A_i entsteht aus A durch Ersetzen von s_i durch b.

Beweis: Nach der Folgerung auf Seite 486 ist $\det(A)$ genau dann invertierbar, wenn die Matrix A invertierbar ist, d. h., wenn $A^{-1} \in R^{n\times n}$ existiert. Es ist dann $v = A^{-1}b$ die eindeutig bestimmte Lösung des linearen Gleichungssystems. Damit ist der erste Teil bereits gezeigt.

Nun sei $\det A$ in R invertierbar, und es sei $v = (v_1, \ldots, v_n)$ die eindeutig bestimmte Lösung des Systems $A\,x = b$. Dann gilt $b = A\,v = \sum_{j=1}^{n} v_j\,s_j$, sodass wegen der Multilinearität der Determinante
$$\det(A_i) = \det\Big((s_1, \ldots, s_{i-1}, \sum_{j=1}^{n} v_j s_j, s_{i+1}, s_n)\Big)$$
$$= \sum_{j=1}^{n} v_j\,\det((s_1, \ldots, s_{i-1}, s_j, s_{i+1}, s_n)).$$

Nun ist aber nach der zweiten Regel für die Determinanten von Seite 474 die Determinante einer Matrix mit gleichen Spalten null, sodass in dieser letzten Summe für jedes $j \neq i$ aus $\{1, \ldots, n\}$
$$\det((s_1, \ldots, s_{i-1}, s_j, s_{i+1}, s_n)) = 0$$
gilt und in dieser Summe somit nur der i-te Summand verbleibt, d. h.,
$$\det(A_i) = v_i\,\det(A).$$

Da $\det(A) \in R$ invertierbar ist, können wir diese Gleichung mit dem Inversen davon multiplizieren und erhalten wie gewünscht $v_i = \frac{1}{\det A}\,\det(A_i)$. $\blacksquare$

Will man die Cramer'sche Regel zum Lösen eines Gleichungssystems $A\,x = b$ mit invertierbarer Matrix A anwenden, so ist die Determinante der Koeffizientenmatrix A und für jede Komponente v_i des Lösungsvektors v die Determinante der Matrix
$$A_i = (s_1, \ldots, s_{i-1}, b, s_{i+1}, s_n)$$
zu bestimmen. Damit läuft das Lösen eines solchen Gleichungssystems auf das Bestimmen von $n + 1$ Determinanten von $n \times n$-Matrizen hinaus. Der Algorithmus von Gauß und Jordan führt im Allgemeinen schneller zur Lösung. Interessiert man sich aber etwa nur für eine oder einzelne Komponenten des Lösungsvektors, so kann der Einsatz der Cramer'schen Regel durchaus sinnvoll sein. Wir zeigen dies an einem Beispiel.

Beispiel Wir bestimmen die x_2-Komponente der Lösung des reellen linearen Gleichungssystems:
$$\begin{array}{rcrcrcr}
-x_1 & + & 8\,x_2 & + & 3\,x_3 & = & 2 \\
2\,x_1 & + & 4\,x_2 & - & 1\,x_3 & = & 1 \\
-2\,x_1 & + & x_2 & + & 2\,x_3 & = & -1
\end{array}$$

Wegen
$$\det\begin{pmatrix} -1 & 8 & 3 \\ 2 & 4 & -1 \\ -2 & 1 & 2 \end{pmatrix} = 5 \neq 0$$
hat das gegebene System genau eine Lösung $(v_1, v_2, v_3)^\top$, und es gilt mit der Cramer'schen Regel:
$$v_2 = \frac{1}{5}\begin{vmatrix} -1 & 2 & 3 \\ 2 & 1 & -1 \\ -2 & -1 & 2 \end{vmatrix} = \frac{1}{5}(-5) = -1. \quad \blacktriangleleft$$

Zu $n + 1$ verschiedenen Stützstellen existiert genau ein Polynom vom Grad kleiner gleich n, das die vorgegebenen Stellen interpoliert

Bei einer **Polynominterpolationsaufgabe** wird zu gegebenen **Stützstellen**
$$(x_0, y_0), \ldots, (x_n, y_n) \in \mathbb{R}^2$$

mit verschiedenen $x_0, \ldots, x_n \in \mathbb{R}$ ein Polynom $p \in \mathbb{R}[X]$ gesucht, sodass der Graph $\{(x, p(x)) \mid x \in \mathbb{R}\}$ der Polynomfunktion p diese Stützstellen enthält, d. h., es gilt:

$$p(x_i) = y_i \ \text{ für alle } \ i \in \{0, 1, \ldots, n\} \,.$$

Das Polynom p nennt man in diesem Fall ein **Interpolationspolynom**.

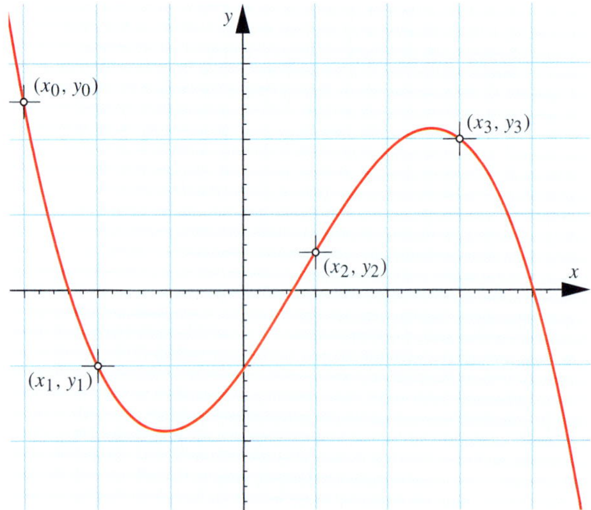

Abbildung 13.2 Das kubische Polynom $p = -\frac{21}{20} + \frac{161}{120} X + \frac{11}{30} X^2 - \frac{19}{120} X^3 \in \mathbb{R}[X]_3$ enthält die gegebenen Stützstellen $(-3, \frac{5}{2})$, $(-2, -1)$, $(1, \frac{1}{2})$ und $(3, 2)$.

Wir zeigen nun, dass es zu verschiedenen $x_0, x_1, \ldots, x_n$ und beliebigen $y_0, y_1, \ldots, y_n$ genau ein Interpolationspolynom $p \in \mathbb{R}[X]_n$, d. h. eines vom Grad kleiner oder gleich n, gibt. Dabei spielt die sogenannte *Vandermonde-Matrix* eine wichtige Rolle.

> **Existenz und Eindeutigkeit des Interpolationspolynoms**
>
> Zu $n + 1$ Stützstellen $(x_0, y_0), \ldots, (x_n, y_n)$ mit paarweise verschiedenen $x_0, \ldots, x_n \in \mathbb{R}$ und beliebigen $y_0, \ldots, y_n \in \mathbb{R}$ gibt es genau ein Polynom
>
> $$p = a_0 + a_1 X + \cdots + a_n X^n \in \mathbb{R}[X]_n$$
>
> mit $p(x_i) = y_i$ für $i = 0, \ldots, n$.

Beweis: Zu zeigen ist die Existenz und Eindeutigkeit reeller Zahlen $a_0, \ldots, a_n$ mit der Eigenschaft

$$y_i = a_0 + a_1 x_i + \cdots + a_n x_i^n \ \text{ für } i = 0, \ldots, n\,. \qquad (*)$$

Es ist dann

$$p = a_0 + a_1 X + \cdots + a_n X^n \in \mathbb{R}[X]_n$$

das eindeutig bestimmte Polynom mit der gewünschten Eigenschaft.

Die $n + 1$ Gleichungen in $(*)$ liefern ein lineares Gleichungssystem für die $n + 1$ zu bestimmenden Koeffizienten $a_0, a_1, \ldots, a_n \in \mathbb{R}$.

Das Gleichungssystem lautet ausführlich

$$
\begin{aligned}
a_0\, x_0^0 + a_1\, x_0 + \cdots + a_n\, x_0^n &= y_0 \\
a_0\, x_1^0 + a_1\, x_1 + \cdots + a_n\, x_1^n &= y_1 \\
a_0\, x_2^0 + a_1\, x_2 + \cdots + a_n\, x_2^n &= y_2 \\
\vdots \qquad \vdots \qquad\qquad \vdots \qquad\ \ \vdots \\
a_0\, x_n^0 + a_1\, x_n + \cdots + a_n\, x_n^n &= y_n \,.
\end{aligned}
$$

Als Koeffizientenmatrix erhalten wir die sogenannte $(n + 1) \times (n + 1)$-**Vandermonde-Matrix**

$$
V = \begin{pmatrix}
1 & x_0 & x_0^2 & \ldots & x_0^n \\
1 & x_1 & x_1^2 & \ldots & x_1^n \\
\vdots & \vdots & \vdots & & \vdots \\
1 & x_n & x_n^2 & \ldots & x_n^n
\end{pmatrix}
= (x_i^j) \in \mathbb{R}^{(n+1)\times(n+1)} \,.
$$

Es existiert genau dann eine eindeutig bestimmte Lösung des Gleichungssystems $(*)$, also das eindeutig bestimmte Polynom $p = a_0 + a_1 X + \cdots + a_n X^n$ mit $a_n, \ldots, a_1, a_0 \in \mathbb{R}$, wenn die Determinante der Vandermonde-Matrix von Null verschieden ist.

Wir berechnen nun diese Determinante. Wir lassen die erste Spalte unverändert und subtrahieren von der zweiten Spalte das x_0-Fache der ersten Spalte, von der dritten Spalte das x_0-Fache der zweiten Spalte usw.:

$$\det V =$$

$$
= \begin{vmatrix}
1 & 0 & 0 & \ldots & 0 \\
1 & x_1 - x_0 & x_1^2 - x_0 x_1 & \ldots & x_1^n - x_0 x_1^{n-1} \\
\vdots & \vdots & \vdots & & \vdots \\
1 & x_n - x_0 & x_n^2 - x_0 x_n & \ldots & x_n^n - x_0 x_n^{n-1}
\end{vmatrix}
$$

$$
= \begin{vmatrix}
1 & 0 & 0 & \ldots & 0 \\
1 & x_1 - x_0 & (x_1 - x_0) x_1 & \ldots & (x_1 - x_0) x_1^{n-1} \\
\vdots & \vdots & \vdots & & \vdots \\
1 & x_n - x_0 & (x_n - x_0) x_n & \ldots & (x_n - x_0) x_n^{n-1}
\end{vmatrix}
$$

$$
= \prod_{i=1}^{n} (x_i - x_0)
\begin{vmatrix}
1 & x_1 & \ldots & x_1^{n-1} \\
\vdots & \vdots & \vdots & \\
1 & x_n & \ldots & x_n^{n-1}
\end{vmatrix}
$$

Bei diesem Schritt haben wir also die $(n + 1) \times (n + 1)$-Vandermonde-Matrix auf eine $n \times n$-Vandermonde-Matrix zurückgeführt. Induktiv folgt nun unter Beachtung von $\det(1) = 1$ die Formel

$$\det V = \prod_{j=0}^{n-1} \prod_{i=j+1}^{n} (x_i - x_j) \,.$$

Dies wird meistens in der Kurzform

$$\begin{vmatrix} 1 & x_0 & x_0^2 & \dots & x_0^n \\ 1 & x_1 & x_1^2 & \dots & x_1^n \\ \vdots & \vdots & \vdots & & \vdots \\ 1 & x_n & x_n^2 & \dots & x_n^n \end{vmatrix} = \prod_{i>j}(x_i - x_j)$$

geschrieben.

Es ist $\det V \neq 0 \Leftrightarrow x_i \neq x_j$ für alle $i \neq j$.

Also existiert genau dann ein eindeutig bestimmtes Polynom $\boldsymbol{p} = a_0 + a_1 X + \dots + a_n X^n \in \mathbb{R}[X]_n$ mit $\boldsymbol{p}(x_i) = y_i$ für alle i, wenn die vorgegebenen Stellen $x_0, \dots, x_n$ paarweise verschieden sind, und dies wurde vorausgesetzt. $\blacksquare$

Der Wert der Determinante einer 2×2-Matrix ist der Flächeninhalt des von den Spalten aufgespannten Parallelogramms

Wir deuten den Wert der Determinante einer 2×2-Matrix geometrisch.

Sind $\boldsymbol{v} = \begin{pmatrix} v_1 \\ v_2 \end{pmatrix}$, $\boldsymbol{w} = \begin{pmatrix} w_1 \\ w_2 \end{pmatrix}$ Vektoren des $\mathbb{R}^2$ mit $v_1, v_2, w_1, w_2 > 0$, so bilden die vier Punkte $\boldsymbol{0}, \boldsymbol{v}, \boldsymbol{w}, \boldsymbol{v}+\boldsymbol{w}$ die Ecken eines Parallelogramms im ersten Quadranten des $\mathbb{R}^2$ (Abb. 13.3). Wir bestimmen den Flächeninhalt F dieses Parallelogramms. Dazu ermitteln wir die zwei Flächeninhalte F_1 und F_2, wobei F_1 die Fläche unterhalb des Streckenzugs von $\boldsymbol{0}$ über $\boldsymbol{w}$ zu $\boldsymbol{v} + \boldsymbol{w}$ eingeschlossen mit der x_1-Achse ist und F_2 jene unterhalb des Streckenzugs von $\boldsymbol{0}$ über $\boldsymbol{v}$ zu $\boldsymbol{v} + \boldsymbol{w}$ eingeschlossen mit der x_1-Achse ist. Es gilt dann $F = F_1 - F_2$ (Abb. 13.4).

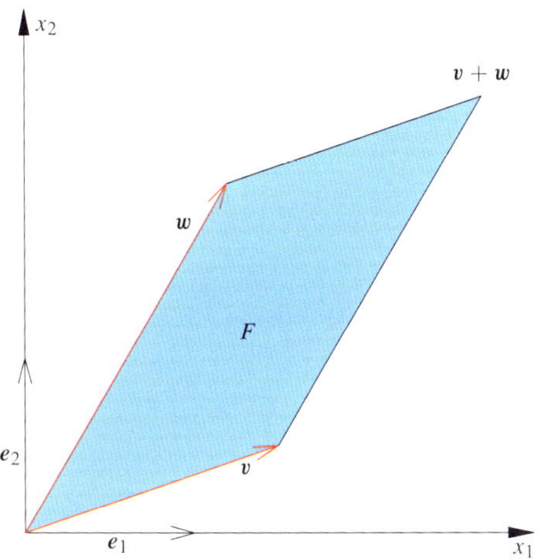

Abbildung 13.3 Die Spaltenvektoren $\boldsymbol{v} = (v_i)$ und $\boldsymbol{w} = (w_i)$ einer 2×2-Matrix A erzeugen ein Parallelogramm mit dem Flächeninhalt $F = \det A$.

Für F_1 gilt:

$$F_1 = \frac{1}{2} w_1 w_2 + \frac{1}{2} v_1 (v_2 + 2 w_2).$$

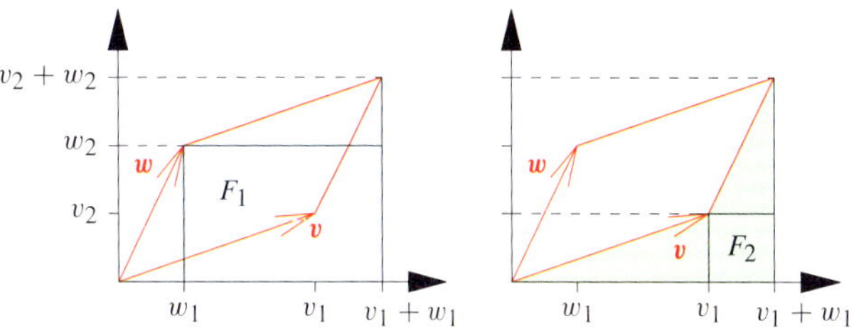

Abbildung 13.4 Der Flächeninhalt des Parallelogramms ist gleich der Differenz der beiden Flächeninhalte F_1 und F_2.

Für F_2 erhalten wir:

$$F_2 = \frac{1}{2} v_1 v_2 + \frac{1}{2} w_1 (2 v_2 + w_2).$$

Damit gilt $F = F_1 - F_2 = v_1 w_2 - w_1 v_2$, d. h.,

$$F = \left| \det \begin{pmatrix} v_1 & w_1 \\ v_2 & w_2 \end{pmatrix} \right|.$$

Insbesondere folgt, dass die Determinante null ist, wenn die beiden Vektoren $\boldsymbol{v}$ und $\boldsymbol{w}$ linear abhängig sind, da in diesem Fall die Vektoren $\boldsymbol{v}$, $\boldsymbol{w}$ keinen nicht verschwindenden Flächeninhalt aufspannen.

Bei linear unabhängigen Vektoren $\boldsymbol{v}$ und $\boldsymbol{w}$ kann der Flächeninhalt $F = \det((\boldsymbol{v}, \boldsymbol{w}))$ des von $\boldsymbol{v}$ und $\boldsymbol{w}$ erzeugten Parallelogramms positiv oder negativ sein. Im Gegensatz zu dem im Kapitel 7 beim Vektorprodukt aufgetretenen Inhalt (Seite 241) sprechen wir daher hier besser von einem *orientierten Flächeninhalt* im $\mathbb{R}^2$. Was bedeutet dabei das Vorzeichen von F?

Die Determinante $\det \begin{pmatrix} v_1 & w_1 \\ v_2 & w_2 \end{pmatrix}$ ist positiv, wenn die Richtung von $\boldsymbol{w}$ aus jener von $\boldsymbol{v}$ durch eine Drehung gegen den Uhrzeigersinn entsteht, wobei der Drehwinkel zwischen 0 und 180 Grad liegt. In diesem Fall nennt man die Vektoren $(\boldsymbol{v}, \boldsymbol{w})$ in dieser Reihenfolge **positiv orientiert** (siehe Abbildung 13.5).

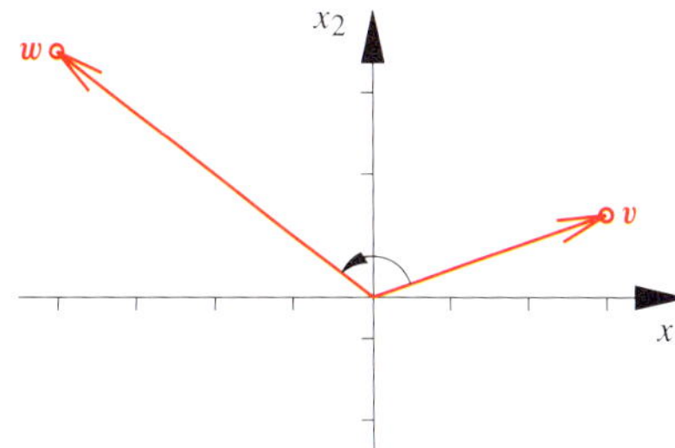

Abbildung 13.5 Die Vektoren $(\boldsymbol{v}, \boldsymbol{w})$ sind positiv orientiert und $(\boldsymbol{w}, \boldsymbol{v})$ negativ.

Gilt $\det \begin{pmatrix} v_1 & w_1 \\ v_2 & w_2 \end{pmatrix} < 0$, so nennt man die Vektoren $(\boldsymbol{v}, \boldsymbol{w})$ in dieser Reihenfolge **negativ orientiert**. Das Vertauschen der Spalten, also das Umreihen der Basisvektoren ändert die Orientierung der Basis.

Beispiel Mittels der Determinante können wir die Flächeninhalte von Dreiecken bestimmen. So erzeugen zwei positiv orientierte Vektoren $(\boldsymbol{v}, \boldsymbol{w})$ das Dreieck $\boldsymbol{0}, \boldsymbol{v}, \boldsymbol{w}$ mit dem Flächeninhalt $F = 1/2 \det((\boldsymbol{v}, \boldsymbol{w}))$ (Abb. 13.6).

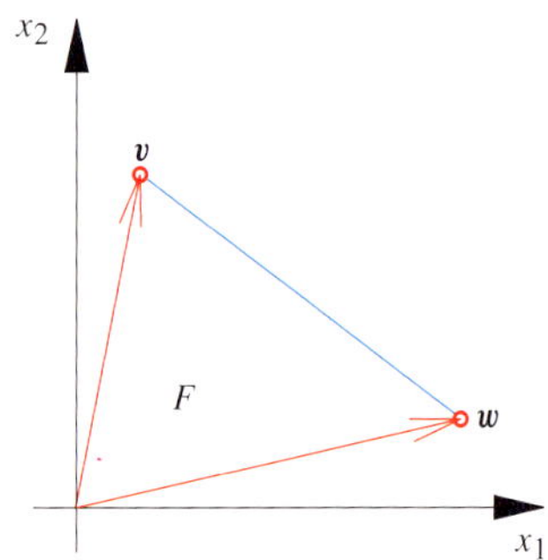

Abbildung 13.6 Zwei positiv orientierte Vektoren bestimmen ein Dreieck mit dem Flächeninhalt $F = 1/2 \det((\boldsymbol{v}, \boldsymbol{w}))$.

Damit lassen sich aber auch wesentlich kompliziertere Flächeninhalte im $\mathbb{R}^2$ bestimmen. Wir betrachten die Fläche F in Abbildung 13.7, die von den Vektoren $\boldsymbol{v}_1, \ldots, \boldsymbol{v}_5$ erzeugt wird.

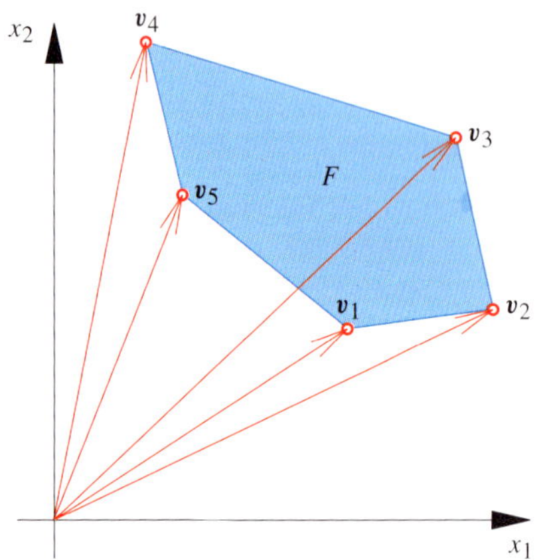

Abbildung 13.7 Die fünf Vektoren $\boldsymbol{v}_1, \ldots, \boldsymbol{v}_5$ bestimmen die Fläche F.

Die Fläche F ist die *Differenz* zweier Flächen (Abb. 13.8). Wir geben diese beiden Flächen an: Die *große* Fläche F_1 wird von den Vektoren $\boldsymbol{0}, \boldsymbol{v}_2, \boldsymbol{v}_3, \boldsymbol{v}_4$ erzeugt, die *kleinere* F_2 von den Vektoren $\boldsymbol{0}, \boldsymbol{v}_1, \boldsymbol{v}_2, \boldsymbol{v}_4, \boldsymbol{v}_5$.

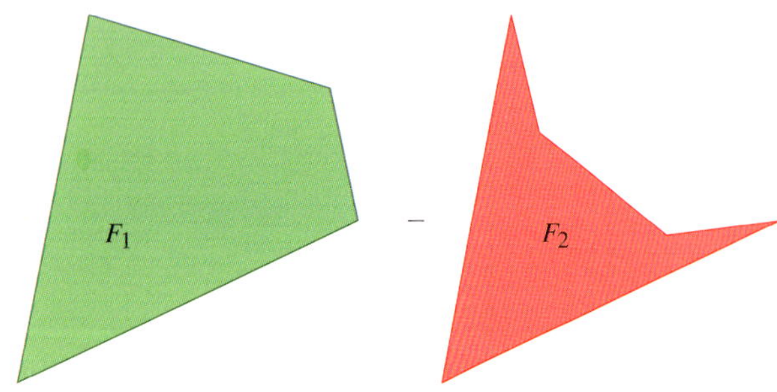

Abbildung 13.8 Die Fläche F ist die *Differenz* der beiden Flächen F_1 und F_2.

Für den Inhalt der *großen* Fläche F_1 gilt:

$$2\, F_1 = \det((\boldsymbol{v}_2, \boldsymbol{v}_3)) + \det((\boldsymbol{v}_3, \boldsymbol{v}_4)),$$

und für jenen der *kleinen* Fläche F_2 gilt:

$$2\, F_2 = \det((\boldsymbol{v}_2, \boldsymbol{v}_1)) + \det((\boldsymbol{v}_1, \boldsymbol{v}_5)) + \det((\boldsymbol{v}_5, \boldsymbol{v}_4)).$$

Damit ist dann $F = F_1 - F_2$.

Wir haben die Vektoren gegen den Uhrzeigersinn nummeriert – das war nicht ganz ohne Absicht. Beachtet man nämlich nun noch die Orientierung, so erhalten wir die deutlich einfachere Formel:

$$\begin{aligned}
2\, F = {} & \det((\boldsymbol{v}_1, \boldsymbol{v}_2)) + \det((\boldsymbol{v}_2, \boldsymbol{v}_3)) \\
& + \det((\boldsymbol{v}_3, \boldsymbol{v}_4)) + \det((\boldsymbol{v}_4, \boldsymbol{v}_5)) \\
& + \det((\boldsymbol{v}_5, \boldsymbol{v}_1)).
\end{aligned}$$
◄

Der Wert der Determinante einer 3×3-Matrix ist das Volumen des von den Spalten aufgespannten Parallelepipeds

Sind $\boldsymbol{u} = \begin{pmatrix} u_1 \\ u_2 \\ u_3 \end{pmatrix}$, $\boldsymbol{v} = \begin{pmatrix} v_1 \\ v_2 \\ v_3 \end{pmatrix}$ und $\boldsymbol{w} = \begin{pmatrix} w_1 \\ w_2 \\ w_3 \end{pmatrix}$ Vektoren des reellen Vektorraums $\mathbb{R}^3$, so bilden die acht Punkte $\boldsymbol{0}, \boldsymbol{u}, \boldsymbol{v}, \boldsymbol{w}, \boldsymbol{u}+\boldsymbol{v}, \boldsymbol{v}+\boldsymbol{w}, \boldsymbol{u}+\boldsymbol{w}, \boldsymbol{u}+\boldsymbol{v}+\boldsymbol{w}$ die Ecken eines *Spates* oder *Parallelepiped* (Abb. 13.9) mit dem Volumen

$$\begin{aligned}
|\det(\boldsymbol{u}, \boldsymbol{v}, \boldsymbol{w})| = {} & |u_1 v_2 w_3 + u_2 v_3 w_1 + u_3 v_1 w_2 \\
& - (u_1 v_3 w_2 + u_2 v_1 w_3 + u_3 v_2 w_1)|.
\end{aligned}$$

Diese Formel wurde in Kapitel 7 auf Seite 244 hergeleitet. Dort wurde auch das Spatprodukt $\det(\boldsymbol{u}, \boldsymbol{v}, \boldsymbol{w})$ als *orientiertes Volumen* im Anschauungsraum eingeführt.

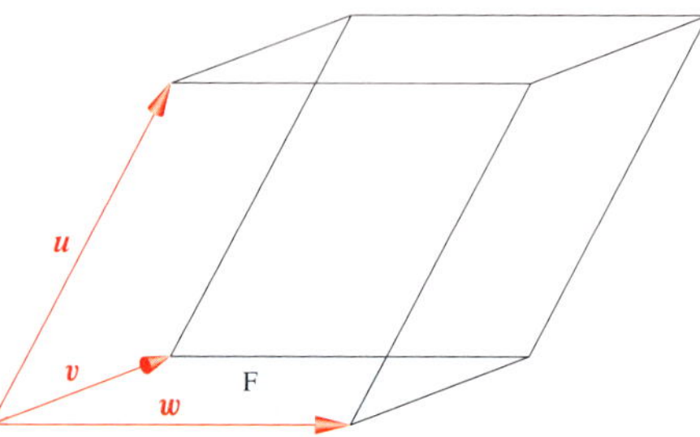

Abbildung 13.9 Die Spaltenvektoren $\boldsymbol{u}, \boldsymbol{v}$ und $\boldsymbol{w}$ einer Matrix A erzeugen einen Spat, dessen Volumen der Betrag der Determinante von A ist.

Das Volumen $|\det(\boldsymbol{u}, \boldsymbol{v}, \boldsymbol{w})|$ des Parallelepipeds ist genau dann null, wenn die drei Vektoren $\boldsymbol{u}, \boldsymbol{v}, \boldsymbol{w} \in \mathbb{R}^3$ linear abhängig sind. Der Spat ist dann „flach", also in einer Ebene gelegen oder auf einer Geraden, oder er ist überhaupt auf einen einzigen Punkt geschrumpft.

Die vom Koordinatenursprung aus abgetragenen Vektoren $\boldsymbol{u}, \boldsymbol{v}, \boldsymbol{w}$ sind Mantelkanten einer dreiseitigen Pyramide. Nach Seite 245 beträgt das Volumen dieser Pyramide gerade ein Sechstel des Volumens des von $\boldsymbol{u}, \boldsymbol{v}, \boldsymbol{w}$ aufgespannten Parallelepipeds. Dies ist die Grundlage für die im Essay auf Seite 491 behandelte Cayley-Menger'sche Determinante, durch welche das Volumen einer dreiseitigen Pyramide aus deren 6 Kantenlängen berechenbar ist.

Hintergrund und Ausblick: Die Cayley-Menger-Formel für das Volumen einer dreiseitigen Pyramide

Die Bedeutung dieser von Arthur Cayley (1821–1895) entwickelten und später von Karl Menger (1902–1985) auf metrische Räume verallgemeinerten Formel liegt darin, dass das Volumen einer dreiseitigen Pyramide allein durch die Längen l_{ij} der sechs Kanten auszudrücken ist. Das Verschwinden dieses Volumens kennzeichnet die Komplanarität der Eckpunkte anhand einer von den gegenseitigen Distanzen zu erfüllenden Gleichung.

Das Volumen V der dreiseitigen Pyramide mit den Eckpunkten $a_0, \ldots, a_3$ ist gleich einem Sechstel des Volumens jenes Parallelepipeds, welches von den Vektoren $a_1 - a_0$, $a_2 - a_0$ und $a_3 - a_0$ aufgespannt wird (siehe Beispiel auf Seite 245). Daher gilt:

$$V = \frac{1}{6} \det(a_1 - a_0,\ a_2 - a_0,\ a_3 - a_0).$$

Wir bezeichnen die Koordinaten der Punkte a_i für $i = 0, \ldots, 3$ mit $(x_{i1},\ x_{i2},\ x_{i3})$ und schreiben diese wie gewohnt in Spaltenform. Dies ergibt:

$$V = \frac{1}{6} \begin{vmatrix} x_{11} - x_{01} & x_{21} - x_{01} & x_{31} - x_{01} \\ x_{12} - x_{02} & x_{22} - x_{02} & x_{32} - x_{02} \\ x_{13} - x_{03} & x_{23} - x_{03} & x_{33} - x_{03} \end{vmatrix}$$

Diese 3×3-Matrix wird schrittweise umgeformt, ohne ihre Determinante zu verändern.

Wir erweitern durch die Zeile $(1\,0\,0\,0)$ zu einer 4×4-Matrix. Deren Entwicklung nach der ersten Zeile beweist, dass die Determinante unabhängig ist von den restlichen Einträgen in der ersten Spalte. Demnach ist

$$V = \frac{1}{6} \begin{vmatrix} 1 & 0 & \ldots & 0 \\ x_{01} & x_{11} - x_{01} & \ldots & x_{31} - x_{01} \\ x_{02} & x_{12} - x_{02} & \ldots & x_{32} - x_{02} \\ x_{03} & x_{13} - x_{03} & \ldots & x_{33} - x_{03} \end{vmatrix}$$

Dann addieren wir zu den Spalten 2 bis 4 die erste:

$$V = \frac{1}{6} \begin{vmatrix} 1 & 1 & 1 & 1 \\ x_{01} & x_{11} & x_{21} & x_{31} \\ x_{02} & x_{12} & x_{22} & x_{32} \\ x_{03} & x_{13} & x_{23} & x_{33} \end{vmatrix}$$

In den Spalten kommen genau die Koordinaten der vier gegebenen Punkte vor. Nach nochmaliger Erweiterung zu einer 5×5-Matrix können wir abkürzend schreiben

$$V = \frac{1}{6} \begin{vmatrix} 1 & 0 & 0 & 0 & 0 \\ 0 & 1 & 1 & 1 & 1 \\ \mathbf{0} & a_0 & a_1 & a_2 & a_3 \end{vmatrix}$$

wobei die Vektorsymbole die in Spalten geschriebenen Koordinatentripel repräsentieren. Derselbe Wert tritt bei der transponierten Matrix auf, in der wir zusätzlich noch die ersten beiden Spalten vertauschen, d. h.,

$$V = -\frac{1}{6} \begin{vmatrix} 0 & 1 & \mathbf{0}^\top \\ 1 & 0 & a_0^\top \\ \vdots & \vdots & \vdots \\ 1 & 0 & a_3^\top \end{vmatrix}$$

mit $a_i^\top$ als Koordinatentripel in Zeilenform. Wir multiplizieren die letzte Formel mit der vorletzten und nutzen,

dass das Produkt der Determinanten gleich ist der Determinante des Matrizenprodukts. So entsteht

$$V^2 = -\frac{1}{36} \begin{vmatrix} 0 & 1 & 1 & 1 & 1 \\ 1 & a_0 \cdot a_0 & a_0 \cdot a_1 & a_0 \cdot a_2 & a_0 \cdot a_3 \\ 1 & a_1 \cdot a_0 & a_1 \cdot a_1 & a_1 \cdot a_2 & a_1 \cdot a_3 \\ 1 & a_2 \cdot a_0 & a_2 \cdot a_1 & a_2 \cdot a_2 & a_2 \cdot a_3 \\ 1 & a_3 \cdot a_0 & a_3 \cdot a_1 & a_3 \cdot a_2 & a_3 \cdot a_3 \end{vmatrix}$$

Nun subtrahieren wir für $0 \le i \le 3$ von der $(i+2)$-ten Zeile $(1\ a_i \cdot a_0\ a_i \cdot a_1\ a_i \cdot a_2\ a_i \cdot a_3)$ die mit $a_i \cdot a_i / 2$ multiplizierte erste Zeile und danach von der $(j+2)$-ten Spalte, $0 \le j \le 3$, die mit $a_j \cdot a_j / 2$ multiplizierte erste Spalte. Damit erhalten wir Nullen in der Hauptdiagonale. Und an die Stelle $(i+2,\ j+2), i \ne j$, kommt der Wert

$$a_i \cdot a_j - \tfrac{1}{2} a_i \cdot a_i - \tfrac{1}{2} a_j \cdot a_j = -\tfrac{1}{2} l_{ij}^2$$

mit l_{ij} als Distanz der Punkte a_i und a_j, denn

$$l_{ij}^2 = \|a_i - a_j\|^2 = a_i \cdot a_i - 2 a_i \cdot a_j + a_j \cdot a_j.$$

Es bleibt

$$V^2 = \frac{-1}{36} \begin{vmatrix} 0 & 1 & 1 & 1 & 1 \\ 1 & 0 & -l_{01}^2/2 & -l_{02}^2/2 & l_{03}^2/2 \\ 1 & -l_{10}^2/2 & 0 & -l_{12}^2/2 & -l_{13}^2/2 \\ 1 & -l_{20}^2/2 & -l_{21}^2/2 & 0 & -l_{23}^2/2 \\ 1 & -l_{30}^2/2 & -l_{31}^2/2 & -l_{32}^2/2 & 0 \end{vmatrix}$$

Zur weiteren Vereinfachung multiplizieren wir in dieser symmetrischen Matrix die erste Spalte mit $-1/2$, um dann aus den Zeilen 2 bis 5 jeweils $-1/2$ wieder herauszuheben. Nach den Regeln über Determinanten folgt schließlich die Formel

$$V^2 = \frac{1}{288} \begin{vmatrix} 0 & 1 & 1 & 1 & 1 \\ 1 & 0 & l_{01}^2 & l_{02}^2 & l_{03}^2 \\ 1 & l_{10}^2 & 0 & l_{12}^2 & l_{13}^2 \\ 1 & l_{20}^2 & l_{21}^2 & 0 & l_{23}^2 \\ 1 & l_{30}^2 & l_{31}^2 & l_{32}^2 & 0 \end{vmatrix}$$

mit der *Cayley-Menger'schen Determinante*.

Kommentar: Die zweidimensionale Version dieser Volumenformel liefert für das Dreieck mit den Seitenlängen a, b, c genau die Heron'sche Flächenformel

$$A^2 = s(s - a)(s - b)(s - c) \quad \text{mit } s = \tfrac{1}{2}(a + b + c).$$

Bei der analog begründbaren n-dimensionalen Fassung dieser Formel für das Quadrat des Volumens eines Simplex im $\mathbb{R}^n$ lautet der Anfangskoeffizient $(-1)^{n+1} / \left(2^n (n!)^2\right)$.

Die Determinante ermöglicht die Definition eines n-dimensionalen Volumens

Im Anschluss an die vorhin betrachteten Fälle im $\mathbb{R}^2$ und $\mathbb{R}^3$ liegt folgende Verallgemeinerung nahe: Wir betrachten im $\mathbb{R}^n$ das n-dimensionales *Parallelepiped* $\mathcal{P}$, welches von den n Vektoren $\boldsymbol{v}_1, \ldots, \boldsymbol{v}_n$ aufgespannt wird. Wir definieren das n-dimensionale Volumen dieses Parallelepipeds als

$$\mathrm{vol}_n(\mathcal{P}) = |\det(\boldsymbol{v}_1, \ldots, \boldsymbol{v}_n)| \,.$$

Für eine lineare Abbildung φ des $\mathbb{R}^n$ erklären wir das Bild $\varphi(\mathcal{P})$ als dasjenige Parallelepiped, welches von den n Bildvektoren $\varphi(\boldsymbol{v}_1), \ldots, \varphi(\boldsymbol{v}_n)$ aufgespannt wird.

Die lineare Abbildung φ habe die Darstellungsmatrix $\boldsymbol{A} = {}_{E_n}\boldsymbol{M}(\varphi)_{E_n}$ bezüglich der geordneten Standardbasis E_n, d. h., $\varphi(\boldsymbol{v}_i) = \boldsymbol{A}\,\boldsymbol{v}_i$ für alle $i = 1, \ldots, n$. Damit erhalten wir für das n-dimensionale Volumen $\mathrm{vol}_n(\varphi(\mathcal{P}))$ des Bildes von $\mathcal{P}$ aufgrund des Determinantenmultiplikationssatzes den Wert

$$|\det(\boldsymbol{A}\,\boldsymbol{v}_1, \ldots, \boldsymbol{A}\,\boldsymbol{v}_n)| = |\det \boldsymbol{A}\,\det(\boldsymbol{v}_1, \ldots, \boldsymbol{v}_n)| \,.$$

Zusammenfassend gilt:

$$\mathrm{vol}_n(\varphi(\mathcal{P})) = |\det \boldsymbol{A}|\,\mathrm{vol}_n(\mathcal{P}) \,.$$

Die Volumina sämtlicher Parallelepipede werden mit demselben Faktor $|\det \boldsymbol{A}|$ multipliziert (Abb. 13.10). Dieser *Volumenverzerrungsfaktor* gilt übrigens für sämtliche Körperinhalte im $\mathbb{R}^n$, nicht nur für Parallelepipede.

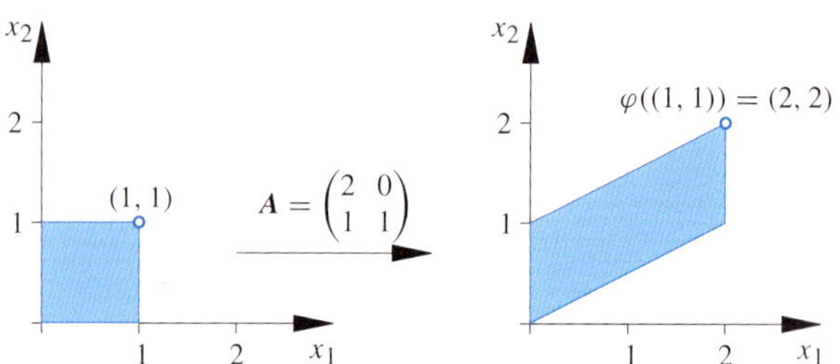

Abbildung 13.10 Der Flächeninhalt des Parallelogramms wird mit dem Faktor $|\det \boldsymbol{A}| = 2$ verzerrt.

----------- **?** -----------

Welche linearen Abbildungen sind *volumentreu*, d. h. ändern die Volumina nicht?

Im Kapitel 22 zu den Gebietsintegralen werden wir auf diese Formeln zu den n-dimensionalen Volumina wieder zurückkommen.

Zusammenfassung

Wir erklären zu jeder quadratischen Matrix $\boldsymbol{A} = (a_{ij}) \in R^{n \times n}$ über einem kommutativen Ring R mit 1 die Determinante von $\boldsymbol{A}$ durch die Leibniz'sche Formel:

Definition der Determinante

Für jede quadratische Matrix $\boldsymbol{A} \in R^{n \times n}$ mit Einträgen aus einem kommutativen Ring R heißt

$$\det(\boldsymbol{A}) = \sum_{\sigma \in S_n} \mathrm{sgn}(\sigma) \prod_{i=1}^{n} a_{i\,\sigma(i)}$$

die **Determinante** von $\boldsymbol{A}$.

Hierbei wird die Summe über die $n!$ Permutationen aus der symmetrischen Gruppe S_n gebildet, und es ist $\mathrm{sgn}(\sigma) = \pm 1$ das Signum der Permutation σ. Die Determinante von $\boldsymbol{A} = (a_{ij})$ ist somit eine Summe von Produkten von Komponenten von $\boldsymbol{A}$. Im Fall $n = 2$ bzw. $n = 3$ kann man sich die Leibniz'sche Formel, die sich über $n!$ Summanden erstreckt, leicht merken, es gilt nämlich für $n = 2$:

$$\begin{vmatrix} a_{11} & a_{12} \\ a_{21} & a_{22} \end{vmatrix} = \begin{pmatrix} \overset{+}{a_{11}} & \overset{-}{a_{12}} \\ a_{21} & a_{22} \end{pmatrix}$$

und für $n = 3$:

$$\begin{vmatrix} a_{11} & a_{12} & a_{13} \\ a_{21} & a_{22} & a_{23} \\ a_{31} & a_{32} & a_{33} \end{vmatrix} = \begin{matrix} a_{13} \\ a_{23} \\ a_{33} \end{matrix} \begin{pmatrix} \overset{+}{a_{11}} & \overset{+}{a_{12}} & \overset{-}{a_{13}} \\ a_{21} & a_{22} & a_{23} \\ a_{31} & a_{32} & a_{33} \end{pmatrix} \begin{matrix} \overset{-}{a_{11}} \\ a_{21} \\ a_{31} \end{matrix}$$

Zur Berechnung von mehrreihigen Determinanten ist die Leibniz'sche Formel jedoch ungeeignet und auch nicht nötig. Tatsächlich berechnet man die Determinante einer großen Matrix fast immer durch Entwicklung nach einer Zeile oder Spalte, hierbei wird die Berechnung einer n-reihigen Determinante auf die Berechnung von möglicherweise mehreren $(n-1)$-reihigen Determinanten zurückgeführt:

Die Entwicklung nach beliebigen Zeilen und Spalten

Für $\boldsymbol{A} = (a_{ij}) \in R^{n \times n}$ und beliebige $r, s \in \{1, \ldots, n\}$ gilt:

Entwicklung nach der r-ten Zeile:

$$\det \boldsymbol{A} = \sum_{s=1}^{n} (-1)^{r+s} a_{rs}\,\det \boldsymbol{A}_{rs} \,.$$

Entwicklung nach der s-ten Spalte:

$$\det \boldsymbol{A} = \sum_{r=1}^{n} (-1)^{r+s} a_{rs}\,\det \boldsymbol{A}_{rs} \,.$$

Vorteilhaft ist die Entwicklung nach einer Zeile oder Spalte, die viele Nullen enthält. Ist dies nicht der Fall, so kann man vorab Nullen erzeugen, indem man elementare Zeilen- oder Spaltenumformungen durchführt. Dabei muss man die folgenden Regeln beachten:

- Vertauscht man zwei Zeilen oder Spalten, so ändert die Determinante ihr Vorzeichen.
- Addiert man zu einer Zeile oder Spalte das Vielfache einer anderen Zeile oder Spalte, so ändert sich die Determinante nicht.
- Multipliziert man eine Zeile oder Spalte mit einem Skalar λ, so multipliziert sich auch die Determinante mit diesem λ.

Natürlich betreibt man diesen Aufwand, also die Erzeugung von Nullen in einer Zeile oder Spalte der Matrix A und darauffolgende Entwicklung nach dieser Zeile oder Spalte, nur dann, wenn nicht einer der beiden folgenden Sonderfälle von Matrizen vorliegt: Sind die Zeilen oder Spalten der Matrix A linear abhängig, so gilt $\det A = 0$, und hat die Matrix A eine Blockdreiecksgestalt, so ist $\det A$ das Produkt der Determinanten der Blöcke auf der Diagonalen.

Dass man bei den Regeln zur Berechnung der Determinante $\det A$ einer quadratischen Matrix A nicht zwischen den Zeilen und den Spalten von A unterscheiden muss, liegt im Wesentlichen an dem folgendem Satz:

Die Determinante einer transponierten Matrix

Für jede quadratische Matrix $A \in R^{n \times n}$ gilt:
$$\det(A) = \det(A^{\top}).$$

Beim Beweis haben wir die Leibniz'sche Formel auf $A^{\top}$ angewandt und uns davon überzeugt, dass dies letztlich die Formel für A ist.

Die Gültigkeit der oben erwähnten Regeln bei den elementaren Zeilen- oder Spaltenumformungen zur Erzeugung von Nullen haben wir mit dem Determinantenmultiplikationssatz nachgewiesen:

Determinantenmultiplikationssatz

Sind $A,\ B \in R^{n \times n}$, so gilt:
$$\det(A\,B) = \det A \ \det B.$$

Auch den Beweis dieses Satzes führten wir mit der Leibniz'schen Formel. Mit ihrer Hilfe berechneten wir $\det(A\,B)$ und überzeugten uns durch geschicktes Umformen davon, dass dies gerade $\det A \ \det B$ ergibt.

Der Determinantenmultiplikationssatz ist zentral, schließlich folgt aus ihm das für alles weitere wichtige Kriterium:

Invertierbarkeitskriterium

Für eine Matrix $A \in \mathbb{K}^{n \times n}$ sind die folgenden Aussagen gleichwertig:
- Die Matrix A ist invertierbar.
- Es gilt $\det A \neq 0$.

Die Determinante hat verschiedene Anwendungen. So kann man mithilfe der Determinante das Inverse einer invertierbaren Matrix bestimmen; man kann die Determinante auch zur Flächenberechnung bei Vielecken im $\mathbb{R}^2$ einsetzen, und die Cramer'sche Regel ist eine Methode zur Lösung eines linearen Gleichungssystems, die auf der Determinante beruht. Tatsächlich ist aber die Determinante nicht unabdingbar zur Lösung dieser Problemstellungen. Es gibt zu diesen Aufgaben andere Methoden, die meist effizienter sind. Wirklich benötigt wird die Determinante zur Bestimmung der Eigenwerte einer Matrix. Das ist das Thema des nächsten Kapitels.

Abschließend bemerken wir noch, dass es auch möglich und sinnvoll ist, von einer Determinante eines Endomorphismus eines endlich-dimensionalen Vektorraums V zu sprechen: Ist nämlich φ ein solcher Endomorphismus, so wähle eine Basis B von V und bilde die Darstellungsmatrix $A = {}_B M(\varphi)_B$ und setze $\det \varphi = \det A$. Diese Definition ist unabhängig von der Wahl der Basis. Dies beruht wiederum auf dem Determinantenmultiplikationssatz.

Aufgaben

Die Aufgaben gliedern sich in drei Kategorien: Anhand der *Verständnisfragen* können Sie prüfen, ob Sie die Begriffe und zentralen Aussagen verstanden haben, mit den *Rechenaufgaben* üben Sie Ihre technischen Fertigkeiten und die *Beweisaufgaben* geben Ihnen Gelegenheit, zu lernen, wie man Beweise findet und führt.

Ein Punktesystem unterscheidet leichte Aufgaben •, mittelschwere •• und anspruchsvolle ••• Aufgaben. Lösungshinweise am Ende des Buches helfen Ihnen, falls Sie bei einer Aufgabe partout nicht weiterkommen. Dort finden Sie auch die Lösungen – betrügen Sie sich aber nicht selbst und schlagen Sie erst nach, wenn Sie selber zu einer Lösung gekommen sind. Ausführliche Lösungswege stehen auf der Website des Verlags zur Verfügung.

Viel Spaß und Erfolg bei den Aufgaben!

Verständnisfragen

13.1 • Begründen Sie: Sind A und B zwei reelle $n \times n$-Matrizen mit

$$A\,B = 0\,, \quad \text{aber}\ \ A \neq 0\ \text{und}\ B \neq 0\,,$$

so gilt

$$\det(A) = 0 = \det(B)\,.$$

13.2 • Hat eine Matrix $A \in \mathbb{R}^{n \times n}$ mit $n \in 2\mathbb{N} + 1$ und $A = -A^\top$ die Determinante 0?

13.3 • Folgt aus der Invertierbarkeit einer Matrix A stets die Invertierbarkeit der Matix $A^\top$?

Rechenaufgaben

13.4 •• Bestimmen Sie die Determinante der Matrix

$$A = \begin{pmatrix} 0 & 0 & a & 0 \\ 0 & 0 & 0 & b \\ 0 & c & 0 & 0 \\ d & 0 & 0 & 0 \end{pmatrix} \in R^{4 \times 4}$$

mittels der Leibniz'schen Formel.

13.5 • Berechnen Sie die Determinanten der folgenden reellen Matrizen:

$$A = \begin{pmatrix} 1 & 2 & 0 & 0 \\ 2 & 1 & 0 & 0 \\ 0 & 0 & 3 & 4 \\ 0 & 0 & 4 & 3 \end{pmatrix}, \quad B = \begin{pmatrix} 2 & 0 & 0 & 0 & 2 \\ 0 & 2 & 0 & 2 & 0 \\ 0 & 0 & 2 & 0 & 0 \\ 0 & 2 & 0 & 2 & 0 \\ 2 & 0 & 0 & 0 & 2 \end{pmatrix}$$

13.6 •• Berechnen Sie die Determinante des magischen Quadrats

16	3	2	13
5	10	11	8
9	6	7	12
4	15	14	1

aus Albrecht Dürers *Melancholia*.

13.7 •• Bestimmen Sie die Determinante der folgenden *Tridiagonalmatrizen*

$$\begin{pmatrix} 1 & i & 0 & \dots & 0 \\ i & 1 & i & \ddots & \vdots \\ 0 & i & 1 & \ddots & 0 \\ \vdots & \ddots & \ddots & \ddots & i \\ 0 & \dots & 0 & i & 1 \end{pmatrix} \in \mathbb{C}^{n \times n}\,.$$

Zusatzfrage: Was haben Kaninchenpaare damit zu tun?

13.8 •• Es seien V ein $\mathbb{K}$-Vektorraum und n eine natürliche Zahl. Welche der folgenden Abbildungen $\varphi \colon V^n \to \mathbb{K}$, $n > 1$, sind Multilinearformen? Begründen Sie Ihre Antworten.

(a) Es sei $V = \mathbb{K}$, $\varphi \colon V^n \to \mathbb{K}$, $(a_1, \dots, a_n)^\top \mapsto a_1 \cdots a_n$.

(b) Es sei $V = \mathbb{K}$, $\varphi \colon V^n \to \mathbb{K}$, $(a_1, \dots, a_n)^\top \mapsto a_1 + \dots + a_n$.

(c) Es sei $V = \mathbb{R}^{2 \times 2}$, $\varphi \colon V^3 \to \mathbb{R}$, $(X, Y, Z) \mapsto \mathrm{Sp}(X Y Z)$. Dabei ist die **Spur** $\mathrm{Sp}(X)$ einer $n \times n$-Matrix $X = (a_{ij})$ die Summe der Diagonalelemente: $\mathrm{Sp}(X) = a_{11} + a_{22} + \dots + a_{nn}$.

13.9 ••• Berechnen Sie die Determinante der reellen $n \times n$-Matrix

$$A = \begin{pmatrix} 0 & \dots & 0 & d_1 \\ \vdots & \iddots & d_2 & * \\ 0 & \iddots & \iddots & \vdots \\ d_n & * & \dots & * \end{pmatrix}$$

13.10 •• Es sei $V = \mathbb{R}^{2 \times 2}$ sowie $\varphi \colon V \to V$ definiert durch $X \mapsto (A X - 2 X^\top)$ mit $A = \begin{pmatrix} 1 & -2 \\ 0 & -1 \end{pmatrix} \in \mathbb{R}^{2 \times 2}$. Bestimmen Sie $\det(\varphi)$.

Beweisaufgaben

13.11 •• Zeigen Sie, dass für invertierbare Matrizen A, $B \in \mathbb{K}^{n \times n}$ gilt:

$$\mathrm{ad}(A\,B) = \mathrm{ad}(B)\,\mathrm{ad}(A)\,.$$

13.12 ••• Zu jeder Permutation $\sigma : \{1, \ldots, n\} \to \{1, \ldots, n\}$ wird durch $f_\sigma(e_j) = e_{\sigma(j)}$ für $1 \leq j \leq n$ ein Isomorphismus $f_\sigma : \mathbb{K}^n \to \mathbb{K}^n$ erklärt. Es sei $P_\sigma \in \mathbb{K}^{n\times n}$ die Matrix mit $f_\sigma(x) = P_\sigma x$. Zeigen Sie $P_\sigma P_\tau = P_{\sigma\tau}$, $P_\sigma^{-1} = P_{\sigma^{-1}} = P_\sigma^\top$ und $P_\sigma^{-1}(a_{ij})P_\sigma = (a_{\sigma(i)\sigma(j)})$. Welche Determinante kann P_σ nur haben?

13.13 ••• Für Elemente $r_1, \ldots, r_n$ eines beliebigen Körpers $\mathbb{K}$ sei die Abbildung $f : \mathbb{K} \to \mathbb{K}$, durch $f(x) = (r_1 - x)(r_2 - x)\cdots(r_n - x)$ erklärt. Zeigen Sie:

$$\begin{vmatrix} r_1 & a & a & \ldots & a \\ b & r_2 & a & \ldots & a \\ b & b & r_3 & \ldots & a \\ & & \ldots\ldots & & \\ b & b & b & \ldots & r_n \end{vmatrix} = \frac{af(b) - bf(a)}{a - b} \qquad \text{für} \quad a \neq b.$$

13.14 •• Zeigen Sie, dass jede Permutation $\sigma \in S_n$ ein Produkt von Transpositionen ist, d. h., es gibt Transpositionen $\tau_1, \ldots, \tau_k \in S_n$ mit

$$\sigma = \tau_1 \circ \cdots \circ \tau_k.$$

13.15 ••• Es seien $\mathbb{K}$ ein Körper und $A \in \mathbb{K}^{m\times m}$, $B \in \mathbb{K}^{n\times n}$. Die Blockmatrix $A \otimes B = (a_{ij} B)_{i,j=1,\ldots,m} \in \mathbb{K}^{mn\times mn}$ heißt das **Tensorprodukt** von A und B. Zeigen Sie

$$\det A \otimes B = (\det A)^n (\det B)^m$$

(a) zunächst für den Fall, dass A eine obere Dreiecksmatrix, ist;

(b) für beliebiges A.

13.16 •• Es sei x ein Element eines Körpers $\mathbb{K}$, und $A_n = ((x - 1)\delta_{ij} + 1)_{i,j=1,\ldots,n} \in \mathbb{K}^{n\times n}$. Hierbei ist δ_{ij} das Kroneckersymbol: $\delta_{ij} = 0$ für $i \neq j$, und $\delta_{ii} = 1$. Zeigen Sie:

$$\det(A_n) = (x - 1)^{n-1}(x + n - 1).$$

Antworten der Selbstfragen

S. 471
Wegen $\mathrm{sgn(id)} = 1$ und der Homomorphie von sgn gilt

$$\mathrm{sgn}(\sigma^{-1})\,\mathrm{sgn}(\sigma) = \mathrm{sgn}(\sigma^{-1} \circ \sigma) = \mathrm{sgn(id)} = 1\,.$$

Damit erhalten wir $\mathrm{sgn}(\sigma^{-1}) = \mathrm{sgn}(\sigma)$.

S. 471
Mithilfe des Untergruppenkriteriums auf Seite 67 kann man einfach zeigen, dass A_n eine Untergruppe von S_n ist. Noch einfacher geht es mit der auf Seite 75 stehenden Aussage: A_n ist nämlich der Kern des Homomorphismus sgn und als solcher eine Untergruppe von S_n.

S. 473
Ja. Die Determinante ist das Produkt der Diagonalelemente; das folgt aus der Regel von Sarrus.

S. 475
Nein. Man wähle etwa $A = \mathbf{E}_2$ und $B = -\mathbf{E}_2$.

S. 476
Ja, sie stellen lineare Abbildungen eines n-dimensionalen Raums in einen n-dimensionalen Vektorraum dar. Damit ist jede Darstellungsmatrix eine $n \times n$-Matrix.

S. 481
Durch elementare Zeilen- oder Spaltenumformungen kann man eine Nullzeile oder Nullspalte erzeugen. Die Determinante der Matrix mit einer Nullzeile oder Nullspalte ist null, folglich ist auch die Determinante der ursprünglichen Matrix A null.

S. 483
Ja, man wende den Determinantenmultiplikationssatz an:

$$0 \neq \det(A\,B) = \det(A)\,\det(B)\,.$$

Somit gilt $\det(A)$, $\det(B) \neq 0$.

S. 492
Jene mit Determinante $|\det \varphi| = 1$ lassen die Volumina unverändert. Jene mit $\det \varphi = 1$ bilden übrigens die spezielle lineare Gruppe $\mathrm{SL}_n(\mathbb{K})$ von Seite 485. Lineare Abbildungen mit $\det \varphi = -1$ ändern nur das Vorzeichen der orientierten Volumina.

Normalformen – Diagonalisieren und Triangulieren

14

Wie berechnet man auf einfache Art Potenzen von Matrizen?

Welche Matrizen sind diagonalisierbar?

Wodurch unterscheidet sich eine Jordan-Normalform von einer Diagonalform?

© Springer-Verlag GmbH Deutschland, ein Teil von Springer Nature 2022
T. Arens et al., *Grundwissen Mathematikstudium*,
https://doi.org/10.1007/978-3-662-63313-7_14

Lineare Abbildungen von Vektorräumen in sich sind im Allgemeinen nicht einfach zu beschreiben. Bei endlichdimensionalen Vektorräumen ist es möglich, solche Abbildungen bezüglich einer gewählten Basis des Vektorraums durch Matrizen darzustellen. Zu jedem Endomorphismus eines endlichdimensionalen Vektorraums gehört eine Äquivalenzklasse von zueinander ähnlichen Matrizen (Seite 456). Wir wollen aus jeder Äquivalenzklasse einen Repräsentanten bestimmen, der eine möglichst einfache Form hat. Als besonders einfach betrachten wir dabei eine Diagonalmatrix. Leider lässt sich nicht jeder Endomorphismus so *diagonalisieren*, jedoch kann oft ein Repräsentant bestimmt werden, der zumindest eine obere Dreiecksgestalt hat. Die Ursache dafür, ob es eine solche einfache Form gibt oder nicht, ist im zugrunde gelegten Körper $\mathbb{K}$ des Vektorraums zu suchen: Ist $\mathbb{K}$ algebraisch abgeschlossen, d. h. zerfällt jedes nicht konstante Polynom über $\mathbb{K}$ in Linearfaktoren, so ist die Existenz einer einfachen Form gesichert. Insbesondere werden Polynome (siehe Abschnitt 3.4) eine wesentliche Rolle im vorliegenden Kapitel spielen.

Die Vorteile von Diagonal- oder Dreiecksmatrizen liegen auf der Hand – die Rechnung mit solchen Matrizen ist deutlich einfacher als mit *vollen* Matrizen. Und wenn man bedenkt, dass das Rechnen mit (Darstellungs-)Matrizen nichts weiter ist, als das Anwenden von linearen Abbildungen, so sieht man, dass sich damit der Kreis zu den Anwendungen der Mathematik schließt. Tatsächlich werden die erzielten Ergebnisse in zahlreichen Gebieten der Naturwissenschaften aber auch innerhalb der Mathematik, z. B. bei den Differenzialgleichungssystemen, benutzt.

Die Schlüsselrolle beim Diagonalisieren bzw. Triangulieren spielen Vektoren v, die durch einen Endomorphismus auf skalare Vielfache $\lambda\,v$ von sich selbst abgebildet werden – man nennt v einen *Eigenvektor* und λ einen *Eigenwert*.

Wir bezeichnen in diesem Kapitel mit $\mathbb{K}$ einen Körper.

14.1 Diagonalisierbarkeit

Um unser Vorgehen zu motivieren, zeigen wir, welche Vorteile Matrizen in Diagonalgestalt gegenüber anderen quadratischen Matrizen haben.

Mit Diagonalmatrizen wird vieles einfacher

Die Multiplikation einer Diagonalmatrix $D \in \mathbb{K}^{n\times n}$ mit einem Vektor $v = (v_i) \in \mathbb{K}^n$ ist sehr einfach:

$$D\,v = \begin{pmatrix} \lambda_1 & \cdots & 0 \\ \vdots & \ddots & \vdots \\ 0 & \cdots & \lambda_n \end{pmatrix} \begin{pmatrix} v_1 \\ \vdots \\ v_n \end{pmatrix} = \begin{pmatrix} \lambda_1\,v_1 \\ \vdots \\ \lambda_n\,v_n \end{pmatrix}.$$

Entsprechend einfach ist die Multiplikation einer Diagonalmatrix $D = \operatorname{diag}(\lambda_1, \ldots, \lambda_n)$ mit einer Matrix A. Die i-te

Zeile des Produkts $D\,A$ ist das λ_i-Fache der i-ten Zeile z_i von A:

$$A = \begin{pmatrix} z_1 \\ \vdots \\ z_n \end{pmatrix} \ \Rightarrow\ D\,A = \begin{pmatrix} \lambda_1\,z_1 \\ \vdots \\ \lambda_n\,z_n \end{pmatrix}.$$

Und Potenzen einer Diagonalmatrix zu bilden, bedeutet Potenzen der Diagonaleinträge zu bilden, denn es gilt für jedes $k \in \mathbb{N}$:

$$D = \begin{pmatrix} \lambda_1 & \cdots & 0 \\ \vdots & \ddots & \vdots \\ 0 & \cdots & \lambda_n \end{pmatrix} \ \Rightarrow\ D^k = \begin{pmatrix} \lambda_1^k & \cdots & 0 \\ \vdots & \ddots & \vdots \\ 0 & \cdots & \lambda_n^k \end{pmatrix}$$

Für die reelle Matrix $A = \begin{pmatrix} 1.8 & 0.8 \\ 0.2 & 1.2 \end{pmatrix}$ gilt

$$A^2 = 1/5 \begin{pmatrix} 17 & 12 \\ 3 & 8 \end{pmatrix}, \quad A^3 = \frac{1}{5} \begin{pmatrix} 33 & 28 \\ 7 & 12 \end{pmatrix};$$

bei Diagonalmatrizen ist es viel einfacher Potenzen zu bilden.

Die Matrizenmultiplikation wird also mit Diagonalmatrizen deutlich erleichtert. Es gibt noch einen weiteren Anlass, bei dem man sich Diagonalmatrizen wünscht, bei Darstellungsmatrizen linearer Abbildungen – letztlich ist es aber auch hier wieder nur die Vereinfachung der Matrizenmultiplikation, die man sich dabei zum Ziel setzt.

Ein Endomorphismus heißt diagonalisierbar, wenn es eine Basis gibt, bezüglich der die Darstellungsmatrix diagonal ist

Eine lineare Abbildung nennen wir auch Endomorphismus, wenn die Bildmenge gleich der Definitionsmenge ist. Wir betrachten nun einen Endomorphismus φ eines n-dimensionalen Vektorraums V, $n \in \mathbb{N}$:

$$\varphi \colon \begin{cases} V & \to & V, \\ v & \mapsto & \varphi(v). \end{cases}$$

Die Darstellungsmatrix des Endomorphismus φ bezüglich einer geordneten Basis $A = (a_1, \ldots, a_n)$ bezeichnen wir kurz mit A:

$$A = {}_A M(\varphi)_A = ({}_A\varphi(a_1), \ldots, {}_A\varphi(a_n)).$$

Die i-te Spalte der Darstellungsmatrix ist der Koordinatenvektor des Bildes des i-ten Basisvektors.

Nehmen wir nun an, es gibt zur linearen Abbildung φ eine solche geordnete Basis $B = (b_1, \ldots, b_n)$, für die gilt:

$$\varphi(b_1) = \lambda_1\,b_1, \ldots, \ \varphi(b_n) = \lambda_n\,b_n$$

mit $\lambda_1, \ldots, \lambda_n \in \mathbb{K}$; d. h., jeder Basisvektor wird auf ein Vielfaches von sich abgebildet. Dann erhalten wir als

Darstellungsmatrix von φ bezüglich einer solchen geordneten Basis B die Diagonalmatrix

$$\boldsymbol{B} = {}_B\boldsymbol{M}(\varphi)_B = ({}_B\varphi(\boldsymbol{b}_1), \ldots, {}_B\varphi(\boldsymbol{b}_n)) = \begin{pmatrix} \lambda_1 & \cdots & 0 \\ \vdots & \ddots & \vdots \\ 0 & \cdots & \lambda_n \end{pmatrix}$$

weil die Koordinatenvektoren der Bilder der Basisvektoren $\boldsymbol{b}_1, \ldots, \boldsymbol{b}_n$ bezüglich der Basis B eine solche einfache Gestalt haben. Und wir haben weiterhin den Zusammenhang

$$\boldsymbol{B} = \begin{pmatrix} \lambda_1 & \cdots & 0 \\ \vdots & \ddots & \vdots \\ 0 & \cdots & \lambda_n \end{pmatrix} = \boldsymbol{S}^{-1} \boldsymbol{A} \, \boldsymbol{S}$$

mit der Darstellungsmatrix $\boldsymbol{A}$ von φ bezüglich der Basis A und

$$\boldsymbol{S} = {}_A\boldsymbol{M}(\mathrm{id})_B = ({}_A\boldsymbol{b}_1, \ldots, {}_A\boldsymbol{b}_n),$$

beachte das Ergebnis auf Seite 455. Die Matrix $\boldsymbol{A} = {}_A\boldsymbol{M}(\varphi)_A$ ist somit zu der Diagonalmatrix $\boldsymbol{B} = {}_B\boldsymbol{M}(\varphi)_B$ ähnlich.

Beispiel Die Spiegelung σ (siehe auch das Beispiel auf Seite 422) an der Geraden $x_2 = x_1$ (Abb. 14.1) hat bezüglich der Standardbasis E_2 die Darstellungsmatrix

$$\boldsymbol{A} = {}_{E_2}\boldsymbol{M}(\sigma)_{E_2} = \begin{pmatrix} 0 & 1 \\ 1 & 0 \end{pmatrix}$$

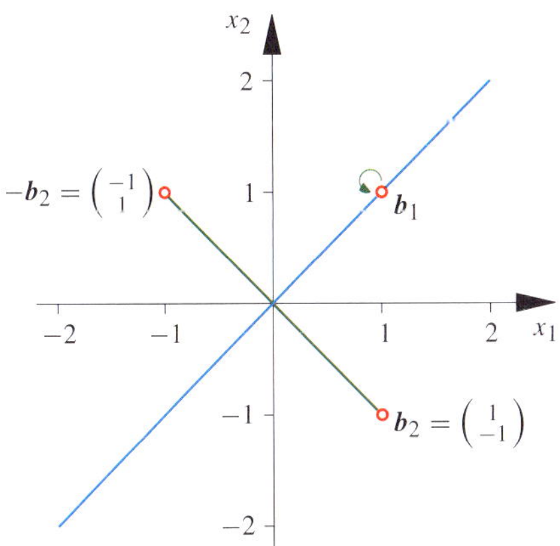

Abbildung 14.1 Bei einer Spiegelung an der Geraden $x_2 = x_1$ wird der Vektor $\boldsymbol{b}_1$ auf $1\,\boldsymbol{b}_1$ und $\boldsymbol{b}_2$ auf $-1\,\boldsymbol{b}_2$ abgebildet.

Für die Elemente $\boldsymbol{b}_1 = \begin{pmatrix} 1 \\ 1 \end{pmatrix}$ und $\boldsymbol{b}_2 = \begin{pmatrix} 1 \\ -1 \end{pmatrix}$ gilt:

$$\sigma(\boldsymbol{b}_1) = 1\,\boldsymbol{b}_1 \quad \text{und} \quad \sigma(\boldsymbol{b}_2) = -1\,\boldsymbol{b}_2,$$

d. h., dass für die geordnete Basis $B = (\boldsymbol{b}_1, \boldsymbol{b}_2)$ gilt:

$$_B\boldsymbol{M}(\sigma)_B = \begin{pmatrix} 1 & 0 \\ 0 & -1 \end{pmatrix} = \boldsymbol{S}^{-1} \begin{pmatrix} 0 & 1 \\ 1 & 0 \end{pmatrix} \boldsymbol{S}$$

mit $\boldsymbol{S} = \begin{pmatrix} 1 & 1 \\ 1 & -1 \end{pmatrix}$ ◀

Nicht zu jedem Endomorphismus existiert eine solche Basis, bei der jeder Basisvektor auf ein Vielfaches von sich abgebildet wird. Ein einfaches Beispiel für einen solchen *nicht diagonalisierbaren* Endomorphismus ist eine Drehung um den Ursprung um einen Winkel $\alpha \in (0, \pi)$.

Beispiel Bei einer Drehung δ_α um den Ursprung im $\mathbb{R}^2$ um einen Winkel $\alpha \in (0, \pi)$ gibt es keinen vom Nullvektor verschiedenen Vektor, der auf ein Vielfaches von sich selbst abgebildet wird (Abb. 14.2).

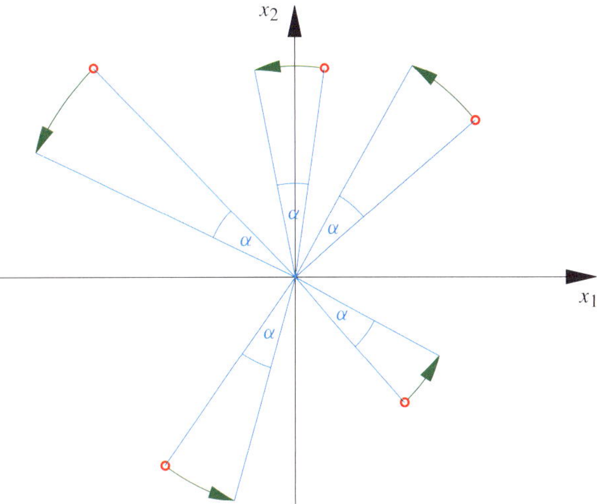

Abbildung 14.2 Jeder Vektor wird um den gleichen Winkel um den Ursprung herum gedreht.

Die Darstellungsmatrix dieser Drehung δ_α bezüglich der Standardbasis E_2 erhalten wir einfach durch Angabe der Koordinatenvektoren der Bilder der Basisvektoren:

$$_{E_2}\boldsymbol{M}(\delta_\alpha)_{E_2} = \begin{pmatrix} \cos\alpha & -\sin\alpha \\ \sin\alpha & \cos\alpha \end{pmatrix}.$$

— **?** —

Was ist mit den Winkeln $\alpha = 0$ und $\alpha = \pi$?

◀

Nicht alle Endomorphismen lassen sich durch eine Diagonalmatrix darstellen, aber jene, für die das möglich ist, nennen wir *diagonalisierbare Endomorphismen*, genauer:

Diagonalisierbare Endomorphismen

Ein Endomorphismus $\varphi\colon V \to V$ eines n-dimensionalen Vektorraums, $n \in \mathbb{N}$, heißt **diagonalisierbar**, wenn es eine geordnete Basis $B = (\boldsymbol{b}_1, \ldots, \boldsymbol{b}_n)$ von V gibt, bezüglich der die Darstellungsmatrix $_B\boldsymbol{M}(\varphi)_B$ Diagonalgestalt hat.

Die obige Spiegelung im $\mathbb{R}^2$ ist damit ein diagonalisierbarer Endomorphismus, die Drehung im $\mathbb{R}^2$ um einen Winkel $\alpha \in (0, \pi)$ dagegen nicht.

Eine Matrix heißt diagonalisierbar, wenn sie ähnlich zu einer Diagonalmatrix ist

In den Aufgaben und Anwendungen zur Diagonalisierbarkeit werden wir seltener Endomorphismen, sondern vielmehr Matrizen *diagonalisieren*. Dabei nennen wir eine Matrix $A \in \mathbb{K}^{n \times n}$ **diagonalisierbar**, wenn der Endomorphismus

$$\varphi_A : \begin{cases} \mathbb{K}^n & \to & \mathbb{K}^n, \\ v & \mapsto & A\,v \end{cases}$$

des $\mathbb{K}^n$ diagonalisierbar ist, d. h., dass es eine geordnete Basis $B = (b_1, \ldots, b_n)$ des $\mathbb{K}^n$ gibt, bezüglich der $_B M(\varphi_A)_B$ Diagonalgestalt hat. Dies können wir nach der Transformationsformel für quadratische Matrizen auf Seite 457 auch unabhängig vom Endomorphismus φ_A formulieren:

Diagonalisierbare Matrizen

Eine Matrix $A \in \mathbb{K}^{n \times n}$ heißt **diagonalisierbar**, wenn sie ähnlich zu einer Diagonalmatrix D ist, d. h., wenn es eine invertierbare Matrix $S \in \mathbb{K}^{n \times n}$ gibt, sodass

$$D = S^{-1} A\,S$$

eine Diagonalmatrix ist.

Nun könnte man zum einen meinen, dass wir die Endomorphismen unter den Tisch fallen lassen und nur noch von der *Diagonalisierbarkeit von Matrizen* sprechen könnten. Tatsächlich aber sind die Endomorphismen für die Theorie von großer Bedeutung, vor allem dann, wenn wir zu den nicht diagonalisierbaren Matrizen eine dennoch möglichst einfache Darstellungsmatrix bestimmen werden.

Andererseits könnte man einwenden, dass wir die Matrizen nicht extra zu betrachten brauchen und anstelle von der Matrix A nur noch vom Endomorphismus φ_A sprechen sollten. Aber tatsächlich hat man es in den Anwendungen fast immer mit Matrizen zu tun, sodass es etwas weltfremd wäre, wenn wir nur noch mit Endomorphismen hantieren würden. Außerdem haben die Begriffe in der Sprache der Matrizen teils ein *Eigenleben*, wie bereits bei dem einfachen Begriff der *Diagonalisierbarkeit* oben.

Wir werden im Folgenden daher viele Begriffe doppelt einführen, einmal für Endomorphismen, einmal für Matrizen. Die Begriffe für die Endomorphismen benötigen wir mehr für die Theorie, die für die Matrizen für das tatsächliche Rechnen und das Anwenden der Theorie.

Beispiel
- Jede Diagonalmatrix D ist diagonalisierbar; man wähle $S = \mathbf{E}_n$.
- Die Matrix $A = \begin{pmatrix} 0 & 1 \\ 1 & 0 \end{pmatrix}$ ist diagonalisierbar. Man wähle

$$S = \begin{pmatrix} 1 & 1 \\ 1 & -1 \end{pmatrix} \qquad \blacktriangleleft$$

Nicht jeder Endomorphismus bzw. jede Matrix ist diagonalisierbar (siehe das Beispiel auf Seite 499). Zwei grundlegende Fragen tauchen auf:

- Welche Endomorphismen bzw. Matrizen sind diagonalisierbar?
- Wenn der Endomorphismus φ bzw. die Matrix A diagonalisierbar ist, wie bestimmt man effizient die Basis B mit $_B M(\varphi)_B = D$ bzw. die Matrix S mit $S^{-1} A\,S = D$, wobei D eine Diagonalmatrix ist?

Einen ersten Hinweis liefert das folgende Kriterium:

---

1. Kriterium für Diagonalisierbarkeit

- Ein Endomorphismus $\varphi : V \to V$ eines n-dimensionalen Vektorraums V ist genau dann diagonalisierbar, wenn es eine geordnete Basis $B = (b_1, \ldots, b_n)$ von V mit der Eigenschaft

$$\varphi(b_1) = \lambda_1\,b_1, \; \ldots, \; \varphi(b_n) = \lambda_n\,b_n$$

gibt. In diesem Fall ist $D = \,_B M(\varphi)_B$ eine Diagonalmatrix mit den Diagonalelementen $\lambda_1, \ldots, \lambda_n$.

- Eine Matrix $A \in \mathbb{K}^{n \times n}$ ist genau dann diagonalisierbar, wenn es eine geordnete Basis $B = (b_1, \ldots, b_n)$ des $\mathbb{K}^n$ mit der Eigenschaft

$$A\,b_1 = \lambda_1\,b_1, \; \ldots, \; A\,b_n = \lambda_n\,b_n$$

gibt. In diesem Fall ist die Matrix $D = S^{-1} A\,S$ mit $S = (b_1, \ldots, b_n)$ eine Diagonalmatrix mit den Diagonalelementen $\lambda_1, \ldots, \lambda_n$.

Beweis: Es sei φ ein Endomorphismus eines n-dimensionalen $\mathbb{K}$-Vektorraums V. Der Endomorphismus φ ist genau dann diagonalisierbar, wenn eine geordnete Basis $B = (b_1, \ldots, b_n)$ von V existiert mit

$$_B M(\varphi)_B = \begin{pmatrix} \lambda_1 & & 0 \\ & \ddots & \\ 0 & & \lambda_n \end{pmatrix}$$

Dies ist gleichwertig mit

$$\varphi(b_1) = \lambda_1 b_1, \; \ldots, \; \varphi(b_n) = \lambda_n b_n \,.$$

Für eine Matrix $A \in \mathbb{K}^{n \times n}$ folgt die Aussage aus dem ersten Teil, indem man den Endomorphismus $\varphi_A : \mathbb{K}^n \to \mathbb{K}^n$ betrachtet.

Die Aussage $D = S^{-1} A\,S$ mit $S = (b_1, \ldots, b_n)$ steht bereits in der Transformationsformel für quadratische Matrizen auf Seite 457. $\qquad \blacksquare$

Kommentar: Übrigens folgt aus der Gleichung $D = S^{-1} A\,S$ mit einer Diagonalmatrix $D = \mathrm{diag}(\lambda_1, \ldots, \lambda_n)$ und einer invertierbaren Matrix $S = (b_1, \ldots, b_n)$ durch Multiplikation mit S die Gleichung $S\,D = A\,S$, d. h.,

$$(\lambda_1\,b_1, \; \ldots, \; \lambda_n\,b_n) = (A\,b_1, \; \ldots, \; A\,b_n)\,,$$

also $A\,b_1 = \lambda_1\,b_1, \; \ldots, \; A\,b_n = \lambda_n b_n.$

Beispiel   Nach den beiden Beispielen auf Seite 499 ist die Matrix

$$A = \begin{pmatrix} 0 & 1 \\ 1 & 0 \end{pmatrix}$$

diagonalisierbar, die Matrix

$$B = \begin{pmatrix} \cos \alpha & -\sin \alpha \\ \sin \alpha & \cos \alpha \end{pmatrix}$$

für $\alpha \in (0, \pi)$ jedoch nicht. ◀

Von diagonalisierbaren Matrizen lassen sich ganz einfach beliebig hohe Potenzen bilden

Eine der wichtigsten Eigenschaften von Diagonalmatrizen ist es, dass man Potenzen davon auf sehr einfache Art und Weise bestimmen kann. Ist $A \in \mathbb{K}^{n \times n}$ eine nicht notwendig diagonale, aber diagonalisierbare Matrix, so kann man sich mit einem Trick behelfen, um Potenzen von A zu berechnen.

Da $A \in \mathbb{K}^{n \times n}$ diagonalisierbar ist, existiert eine invertierbare Matrix $S \in \mathbb{K}^{n \times n}$ mit

$$D = S^{-1} A S = \begin{pmatrix} \lambda_1 & & 0 \\ & \ddots & \\ 0 & & \lambda_n \end{pmatrix}$$

Diese Gleichung besagt

$$A = S D S^{-1} ,$$

also gilt für jedes $k \in \mathbb{N}$:

$$A^k = (S D S^{-1})^k = \underbrace{S D S^{-1} S D S^{-1} \cdots S D S^{-1}}_{k-\mathrm{mal}}$$

$$= S D^k S^{-1} .$$

Wir erhalten in diesem Fall die k-te Potenz von A durch Bilden der k-ten Potenz einer Diagonalmatrix und Bilden des Produkts dreier Matrizen.

Diesen Trick wenden wir bei den Fibonacci-Zahlen auf Seite 513 an, um eine explizite Formel für die k-te Fibonacci-Zahl herzuleiten. Aber dazu müssen wir erst herausfinden, wie man zu einer nicht diagonalen, aber diagonalisierbaren Matrix A die *auf Diagonalform transformierende* Matrix S bestimmt. Dazu dienen *Eigenwerte* und *Eigenvektoren*.

14.2 Eigenwerte und Eigenvektoren

Im Mittelpunkt aller bisherigen Überlegungen standen Vektoren $v \in V \setminus \{\mathbf{0}\}$, für die $\varphi(v) = \lambda\, v$ für ein $\lambda \in \mathbb{K}$ gilt. Wir geben diesen Vektoren v wie auch den zugehörigen Körperelementen λ Namen.

Eigenwerte und Eigenvektoren machen nur gemeinsam einen Sinn

Wir definieren Eigenwerte und Eigenvektoren gleichzeitig für Endomorphismen und Matrizen.

> **Eigenwerte und Eigenvektoren**
>
> - Man nennt ein Element $\lambda \in \mathbb{K}$ einen **Eigenwert** eines Endomorphismus $\varphi \colon V \to V$, wenn es einen Vektor $v \in V \setminus \{\mathbf{0}\}$ mit
>
> $$\varphi(v) = \lambda\, v$$
>
>   gibt. Der Vektor v heißt in diesem Fall **Eigenvektor** von φ zum Eigenwert λ.
> - Man nennt ein Element $\lambda \in \mathbb{K}$ einen **Eigenwert** der Matrix $A \in \mathbb{K}^{n \times n}$, wenn es einen Vektor $v \in \mathbb{K}^n \setminus \{\mathbf{0}\}$ mit
>
> $$A\, v = \lambda\, v$$
>
>   gibt. Der Vektor v heißt in diesem Fall **Eigenvektor** von A zum Eigenwert λ.

Achtung: Der Nullvektor $\mathbf{0}$ ist kein Eigenvektor – für keinen Eigenwert. Eine solche Definition wäre auch nicht sinnvoll, da der Nullvektor sonst wegen

$$\varphi(\mathbf{0}) = \mathbf{0} = \lambda\, \mathbf{0} \text{ für alle } \lambda \in \mathbb{K}$$

Eigenvektor zu *jedem* Eigenwert wäre. Es ist jedoch durchaus zugelassen, dass $0 \in \mathbb{K}$ ein Eigenwert ist.

Beispiel

1. Die Einheitsmatrix $\mathbf{E}_n \in \mathbb{K}^{n \times n}$ hat den Eigenwert 1, da für jeden Vektor $v \in \mathbb{K}^n$ gilt:

$$\mathbf{E}_n\, v = 1\, v .$$

   Damit kann $\mathbf{E}_n$ auch keine weiteren Eigenwerte haben, da bereits jeder vom Nullvektor verschiedene Vektor des $\mathbb{K}^n$ Eigenvektor zum Eigenwert 1 ist.

2. Die Matrix $A = \begin{pmatrix} 3 & -1 \\ 1 & 1 \end{pmatrix} \in \mathbb{C}^{2 \times 2}$ hat wegen

$$A \begin{pmatrix} 1 \\ 1 \end{pmatrix} = \begin{pmatrix} 2 \\ 2 \end{pmatrix} = 2 \begin{pmatrix} 1 \\ 1 \end{pmatrix}$$

   den Eigenwert 2 und den Eigenvektor $\begin{pmatrix} 1 \\ 1 \end{pmatrix}$ zum Eigenwert 2. Ebenso ist jedes Vielfache $\lambda \begin{pmatrix} 1 \\ 1 \end{pmatrix}$, $\lambda \in \mathbb{C} \setminus \{0\}$, wegen

$$A \lambda \begin{pmatrix} 1 \\ 1 \end{pmatrix} = \lambda \begin{pmatrix} 2 \\ 2 \end{pmatrix} = 2 \lambda \begin{pmatrix} 1 \\ 1 \end{pmatrix}$$

   ein Eigenvektor zum Eigenwert 2.

3. Die Matrix $A = \begin{pmatrix} \overline{0} & \overline{1} \\ \overline{1} & \overline{0} \end{pmatrix} \in \mathbb{Z}_2^{2 \times 2}$ hat wegen

$$A \begin{pmatrix} \overline{1} \\ \overline{1} \end{pmatrix} = \overline{1} \begin{pmatrix} \overline{1} \\ \overline{1} \end{pmatrix}$$

den Eigenwert $\overline{1}$ und den Eigenvektor $\begin{pmatrix} \overline{1} \\ \overline{1} \end{pmatrix}$ zum Eigenwert $\overline{1}$.

4. Nicht jede reelle Matrix besitzt Eigenwerte. So gibt es etwa zur Matrix $A = \begin{pmatrix} 0 & -1 \\ 1 & 0 \end{pmatrix} \in \mathbb{R}^{2\times 2}$ keine Eigenvektoren und damit auch keine Eigenwerte, denn die Gleichung

$$A \begin{pmatrix} v_1 \\ v_2 \end{pmatrix} = \lambda \begin{pmatrix} v_1 \\ v_2 \end{pmatrix}$$

liefert das System

$$-v_2 = \lambda\, v_1\,, \qquad v_1 = \lambda\, v_2\,,$$

dessen einzige Lösung wegen $\lambda^2 \neq -1$ für alle $\lambda \in \mathbb{R}$ der Vektor $\begin{pmatrix} v_1 \\ v_2 \end{pmatrix} = \begin{pmatrix} 0 \\ 0 \end{pmatrix}$ ist. Weil der Nullvektor aber kein Eigenvektor ist, gibt es keine Eigenvektoren und folglich keine Eigenwerte. ◄

?

Welche Eigenwerte und Eigenvektoren hat die Nullmatrix $\mathbf{0} \in \mathbb{K}^{n\times n}$?

Mit dem Begriff des Eigenvektors können wir das Kriterium für die Diagonalisierbarkeit einer Matrix A von Seite 500 kürzer fassen.

> **2. Kriterium für Diagonalisierbarkeit**
>
> - Ein Endomorphismus $\varphi \colon V \to V$ eines n-dimensionalen Vektorraums V ist genau dann diagonalisierbar, wenn es eine geordnete Basis $B = (b_1, \ldots, b_n)$ von V aus Eigenvektoren von φ gibt.
>   In diesem Fall ist $D = {}_B M(\varphi)_B$ eine Diagonalmatrix mit den Eigenwerten $\lambda_1, \ldots, \lambda_n$ auf der Diagonalen.
> - Eine Matrix $A \in \mathbb{K}^{n\times n}$ ist genau dann diagonalisierbar, wenn es eine geordnete Basis $B = (b_1, \ldots, b_n)$ des $\mathbb{K}^n$ aus Eigenvektoren von A gibt.
>   In diesem Fall ist die Matrix $D = S^{-1} A S$ mit $S = (b_1, \ldots, b_n)$ eine Diagonalmatrix mit den Eigenwerten $\lambda_1, \ldots, \lambda_n$ auf der Diagonalen.

Der Eigenraum zu einem Eigenwert besteht aus allen Eigenvektoren plus dem Nullvektor

Zu einem Eigenwert λ eines Endomorphismus $\varphi \colon V \to V$ bzw. einer Matrix $A \in \mathbb{K}^{n\times n}$ gehören im Allgemeinen viele verschiedene Eigenvektoren. Ist nämlich v ein Eigenvektor zu λ, d. h. $\varphi(v) = \lambda\, v$ bzw. $A\, v = \lambda\, v$, so gilt für jedes beliebige $\mu \in \mathbb{K} \setminus \{0\}$:

$$\varphi(\mu\, v) = \mu\, \varphi(v) = \mu\, \lambda\, v = \lambda\, (\mu\, v)\,.$$

bzw.

$$A\,(\mu\, v) = \mu\, A\, v = \mu\, \lambda\, v = \lambda\,(\mu\, v)\,.$$

Somit ist mit einem Eigenvektor v zu λ auch jedes vom Nullvektor verschiedene Vielfache $\mu\, v$ wieder ein Eigenvektor zu λ.

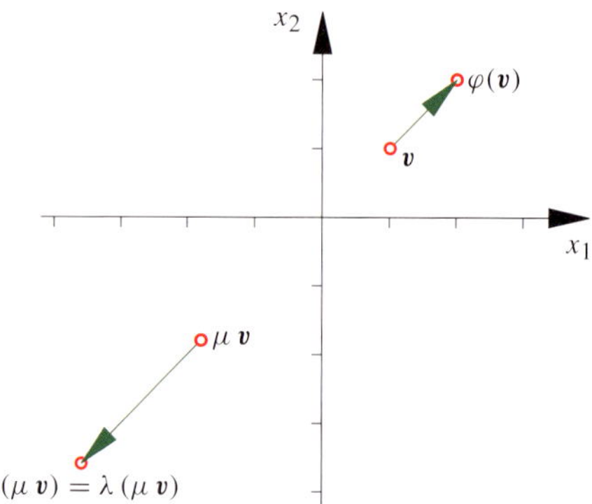

Abbildung 14.3 Ist v ein Eigenvektor, so auch $\mu\, v$, wenn nur $\mu \neq 0$ gilt.

Sind v und w Eigenvektoren zu dem Eigenwert λ, so auch deren Summe, falls nur $v + w \neq \mathbf{0}$ gilt, da

$$\varphi(v + w) = \varphi(v) + \varphi(w) = \lambda\, v + \lambda\, w = \lambda\,(v + w)$$

bzw.

$$A\,(v + w) = A\, v + A\, w = \lambda\, v + \lambda\, w = \lambda\,(v + w)\,.$$

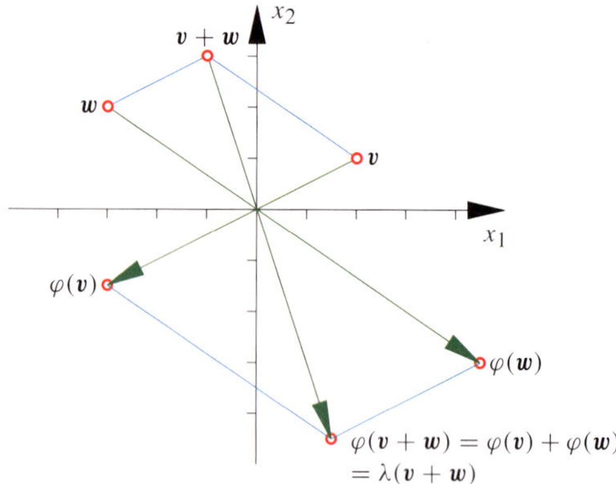

Abbildung 14.4 Sind v und w Eigenvektoren, so auch deren Summe $v + w$.

Fassen wir alle Eigenvektoren zu einem Eigenwert λ eines Endomorphismus φ bzw. einer Matrix A zusammen und ergänzen diese Menge noch mit dem Nullvektor, so erhalten wir also einen Vektorraum – den sogenannten *Eigenraum* zum Eigenwert λ.

> **Der Eigenraum zum Eigenwert λ**
>
> Ist $\lambda \in \mathbb{K}$ ein Eigenwert des Endomorphismus $\varphi \colon V \to V$ bzw. der Matrix $A \in \mathbb{K}^{n\times n}$, so nennt man den Untervektorraum
>
> $$\mathrm{Eig}_\varphi(\lambda) = \big\{ v \in V \mid \varphi(v) = \lambda\, v \big\}$$
>
> von V bzw.
>
> $$\mathrm{Eig}_A(\lambda) = \big\{ v \in \mathbb{K}^n \mid A\, v = \lambda\, v \big\}$$
>
> von $\mathbb{K}^n$ den **Eigenraum** zum Eigenwert λ.

Bald werden wir klären, wie wir den Eigenraum zu einem Eigenwert λ bestimmen können. Zuerst untersuchen wir, wie wir sämtliche Eigenwerte bestimmen können.

— **?** —

Unter welchem anderen Namen ist Ihnen $\mathrm{Eig}_\varphi(0)$ bzw. $\mathrm{Eig}_A(0)$ noch bekannt?

Zu dem Invertierbarkeitskriterium einer Matrix auf Seite 483 gesellt sich nun ein weiteres.

Invertierbarkeitskriterium

Eine Matrix $A \in \mathbb{K}^{n \times n}$ ist genau dann invertierbar, wenn $0 \in \mathbb{K}$ kein Eigenwert von A ist.

Beweis: Die Matrix A hat genau dann den Eigenwert 0, wenn das lineare Gleichungssystem $(A \mid \mathbf{0})$ vom Nullvektor verschiedene Lösungen besitzt. Das ist genau dann der Fall, wenn A einen Rang echt kleiner als n hat (Seite 431). Und das ist nach dem Kriterium für Invertierbarkeit auf Seite 449 gleichwertig damit, dass A nicht invertierbar ist. ∎

Beispiel

- Es ist 1 der einzige Eigenwert des Endomorphismus id_V bzw. der Einheitsmatrix $\mathbf{E}_n \in \mathbb{K}^{n \times n}$, und es gilt:

$$\mathrm{Eig}_{\mathrm{id}_V}(1) = V \ \text{ bzw. } \ \mathrm{Eig}_{\mathbf{E}_n}(1) = \mathbb{K}^n \,.$$

- Die Diagonalmatrix $D = \begin{pmatrix} \lambda_1 & 0 \\ 0 & \lambda_2 \end{pmatrix} \in \mathbb{K}^{2 \times 2}$ hat im Fall $\lambda = \lambda_1 = \lambda_2$ den Eigenraum

$$\mathrm{Eig}_D(\lambda) = \mathbb{K}^2$$

und im Fall $\lambda_1 \neq \lambda_2$ die jeweiligen Eigenräume

$$\mathrm{Eig}_D(\lambda_1) = \left\langle \begin{pmatrix} 1 \\ 0 \end{pmatrix} \right\rangle \ \text{ und } \ \mathrm{Eig}_D(\lambda_2) = \left\langle \begin{pmatrix} 0 \\ 1 \end{pmatrix} \right\rangle .$$

- Für die Matrix $A = \begin{pmatrix} 3 & -1 \\ 1 & 1 \end{pmatrix} \in \mathbb{C}^{2 \times 2}$ können wir bisher nur folgende Aussage treffen

$$\left\langle \begin{pmatrix} 1 \\ 1 \end{pmatrix} \right\rangle \subseteq \mathrm{Eig}_A(2)$$

(siehe 2. Beispiel, Seite 501). ◀

Tatsächlich gilt in dem letzten Beispiel sogar Gleichheit. Wir werden nun Methoden kennenlernen, wie wir dies feststellen können.

14.3 Berechnung der Eigenwerte und Eigenvektoren

In diesem Abschnitt zeigen wir, wie man die Eigenwerte, die Eigenräume und damit die Eigenvektoren eines Endomorphismus $\varphi \colon V \to V$ bzw. einer Matrix $A \in \mathbb{K}^{n \times n}$ sys-

tematisch berechnen kann. Dabei behandeln wir zuerst den Fall einer Matrix $A \in \mathbb{K}^{n \times n}$. Die Eigenwerte, Eigenräume und Eigenvektoren eines Endomorphismus $\varphi \colon V \to V$ eines endlichdimensionalen $\mathbb{K}$-Vektorraums V erhalten wir, indem wir die Eigenwerte, Eigenräume und Eigenvektoren einer den Endomorphismus darstellenden Matrix bezüglich irgendeiner geordneten Basis B von V bestimmen. Wir werden sehen, dass es dabei egal ist, welche Basis man wählt.

Das wesentliche Hilfsmittel für die Bestimmung der Eigenwerte einer Matrix ist das *charakteristische Polynom*, das wir mithilfe der Determinante erklären werden.

Kommentar: Hier lernen wir nun einen wesentlichen Grund kennen, weswegen wir die Determinante einer Matrix eingeführt haben. Wir benutzen die Determinante zur Bestimmung des charakteristischen Polynoms einer Matrix A, dessen Nullstellen die Eigenwerte von A sind. Theoretisch könnten wir auch auf die Determinante verzichten. Das passiert auch in dem Lehrbuch von Sheldon Axler, *Linear Algebra Done Right*, Springer. Wir erläutern die Idee von Sheldon Axler auf Seite 506.

Die Eigenwerte sind die Nullstellen des charakteristischen Polynoms

Wir zeigen nun, dass $\lambda \in \mathbb{K}$ genau dann ein Eigenwert einer Matrix $A \in \mathbb{K}^{n \times n}$ ist, wenn $\det(A - \lambda\,\mathbf{E}_n) = 0$ gilt:

$$
\begin{aligned}
\lambda \text{ ist ein EW von } A \ &\Leftrightarrow\ A\,v = \lambda\,v, \ v \neq \mathbf{0} \\
&\Leftrightarrow\ A\,v - \lambda\,v = \mathbf{0}, \ v \neq \mathbf{0} \\
&\Leftrightarrow\ (A - \lambda\mathbf{E}_n)\,v = \mathbf{0}, \ v \neq \mathbf{0} \\
&\Leftrightarrow\ \det(A - \lambda\mathbf{E}_n) = 0 \,.
\end{aligned}
$$

Für diese letzte Äquivalenz beachte man das Invertierbarkeitskriterium auf Seite 483.

Um also die Eigenwerte einer Matrix A zu bestimmen, können wir den Ansatz

$$\det(A - X\,\mathbf{E}_n) = 0$$

in der Unbestimmten X machen. Man beachte, dass die Komponenten der Matrix $A - X\,\mathbf{E}_n$ Elemente des kommutativen Polynomrings $\mathbb{K}[X]$ sind, d. h.

$$A - X\,\mathbf{E}_n \in \mathbb{K}[X]^{n \times n} \,.$$

Somit ist die Determinante

$$
\det(A - X\,\mathbf{E}_n) = \begin{vmatrix}
a_{11} - X & a_{12} & \dots & a_{1n} \\
a_{21} & a_{22} - X & & \vdots \\
\vdots & & \ddots & \\
a_{n1} & \dots & & a_{nn} - X
\end{vmatrix}
$$

ein Polynom in der Unbestimmten X über dem Körper $\mathbb{K}$, d. h., $\det(A - X\,\mathbf{E}_n) \in \mathbb{K}[X]$, und die Nullstellen dieses Polynoms sind die Eigenwerte.

Das charakteristische Polynom einer Matrix

Das Polynom

$$\chi_A = \det(A - X\mathbf{E}_n)$$
$$= (-1)^n X^n + c_{n-1}X^{n-1} + \cdots + c_1 X + c_0 \in \mathbb{K}[X]$$

vom Grad n heißt **charakteristisches Polynom** der Matrix $A \in \mathbb{K}^{n \times n}$.

Es gilt:

$$\lambda \in \mathbb{K} \text{ ist ein Eigenwert von } A \;\Leftrightarrow\; \chi_A(\lambda) = 0 \,.$$

Die Matrix A hat höchstens n Eigenwerte.

Die letzte Behauptung ist klar, da χ_A als Polynom vom Grad n über einem Körper $\mathbb{K}$ nicht mehr als n Nullstellen haben kann (siehe den Satz auf Seite 94).

Kommentar: In anderen Büchern findet man auch die Definition

$$\chi_A = \det(X\mathbf{E}_n - A) \,.$$

Wegen $\det(X\mathbf{E}_n - A) = (-1)^n \det(A - X\mathbf{E}_n)$ ist das für ungerades n zwar im Allgemeinen nicht das gleiche Polynom, aber die Nullstellen, also die Eigenwerte, sind die gleichen.

Es folgen nun Beispiele für das Berechnen der Eigenwerte einer Matrix $A \in \mathbb{K}^{n \times n}$. Man berechnet hierzu das charakteristische Polynom χ_A und ermittelt dessen Nullstellen – dies sind die Eigenwerte von A.

Beispiel

- Wir berechnen die Eigenwerte der Matrix

$$A = \begin{pmatrix} \overline{3} & \overline{4} \\ \overline{1} & \overline{1} \end{pmatrix} \in \mathbb{Z}_5^{2 \times 2} \,.$$

Es gilt:

$$\chi_A - \det(A - X\mathbf{E}_2) = \begin{vmatrix} \overline{3} - X & \overline{4} \\ \overline{1} & \overline{1} - X \end{vmatrix}$$
$$= (\overline{3} - X)(\overline{1} - X) + \overline{1} = (\overline{2} - X)^2 \,.$$

Da $\overline{2}$ die einzige Nullstelle des charakteristischen Polynoms von A ist, ist $\overline{2}$ der einzige Eigenwert von A.
- Wir berechnen die Eigenwerte der Matrix

$$A = \begin{pmatrix} 1 & 2 & 2 \\ 2 & -2 & 1 \\ 2 & 1 & -2 \end{pmatrix} \in \mathbb{R}^{3 \times 3} \,.$$

Zuerst bestimmen wir wieder das charakteristische Polynom, indem wir nach der ersten Zeile entwickeln.

$$\chi_A = \det(A - X\mathbf{E}_3) = \begin{vmatrix} 1 - X & 2 & 2 \\ 2 & -2 - X & 1 \\ 2 & 1 & -2 - X \end{vmatrix}$$

$$= (1 - X)\begin{vmatrix} -2 - X & 1 \\ 1 & -2 - X \end{vmatrix}$$
$$+ (-2)\begin{vmatrix} 2 & 1 \\ 2 & -2 - X \end{vmatrix} + 2\begin{vmatrix} 2 & -2 - X \\ 2 & 1 \end{vmatrix}$$
$$= -X^3 - 3X^2 + 9X + 27 = (3 - X)(-3 - X)^2 \,.$$

Da 3 und -3 die einzigen Nullstellen des charakteristischen Polynoms von A sind, sind 3 und -3 auch die einzigen Eigenwerte von A.
- Wir berechnen die Eigenwerte der Matrix

$$A = \begin{pmatrix} -3 & 1 & 0 & 0 & 0 \\ -1 & -1 & 0 & 0 & 0 \\ -3 & 1 & -2 & 1 & 1 \\ -2 & 1 & 0 & -2 & 1 \\ -1 & 1 & 0 & 0 & -2 \end{pmatrix} \in \mathbb{R}^{5 \times 5} \,.$$

Zum Berechnen des charakteristischen Polynoms nutzen wir aus, dass die Matrix eine Blockdreiecksmatrix ist (siehe den Merksatz auf Seite 481):

$$\chi_A = \det(A - X\mathbf{E}_3)$$

$$= \begin{vmatrix} -3 - X & 1 & 0 & 0 & 0 \\ -1 & -1 - X & 0 & 0 & 0 \\ -3 & 1 & -2 - X & 1 & 1 \\ -2 & 1 & 0 & -2 - X & 1 \\ -1 & 1 & 0 & 0 & -2 - X \end{vmatrix}$$

$$= \begin{vmatrix} -3 - X & 1 \\ -1 & -1 - X \end{vmatrix} \begin{vmatrix} -2 - X & 1 & 1 \\ 0 & -2 - X & 1 \\ 0 & 0 & -2 - X \end{vmatrix}$$

$$= (-2 - X)^5 \,.$$

Der einzige Eigenwert von A ist also -2.
- Besonders einfach ist die Bestimmung der Eigenwerte von Dreiecks- bzw. Diagonalmatrizen. Ist nämlich

$$D = \begin{pmatrix} \lambda_{11} & * & \cdots & * \\ 0 & \lambda_{22} & \ddots & \vdots \\ \vdots & \ddots & \ddots & * \\ 0 & \cdots & 0 & \lambda_{nn} \end{pmatrix} \in \mathbb{K}^{n \times n}$$

etwa eine obere Dreiecksmatrix, so sind wegen

$$\chi_D = (\lambda_{11} - X)(\lambda_{22} - X) \cdots (\lambda_{nn} - X)$$

gerade die Diagonalelemente von D die Eigenwerte von D. Das gilt analog für untere Dreiecksmatrizen. ◀

Die Summe der Hauptdiagonalelemente einer Matrix ist die Spur der Matrix

Drei Koeffizienten des charakteristischen Polynoms χ_A lassen sich mithilfe von Größen der Matrix A genau angeben, es gilt nämlich:

Lemma

Für jede Matrix $A = (a_{ij}) \in \mathbb{K}^{n \times n}$ gilt:

$$\chi_A = (-1)^n X^n + (-1)^{n-1} \operatorname{Sp} A \, X^{n-1} + \cdots + \det(A) \,,$$

wobei $\operatorname{Sp} A = a_{11} + \cdots + a_{nn}$ die **Spur von A** bezeichnet.

Beweis: Wir berechnen das charakteristische Polynom χ_A, d. h. die Determinante der Matrix $(b_{ij}) = A - X \mathbf{E}_n$ mit der Leibniz'schen Formel (Seite 471):

$$\chi_A = \det(A - X \mathbf{E})$$

$$= \sum_{\sigma \in S_n} \operatorname{sgn}(\sigma) \prod_{i=1}^{n} b_{i \, \sigma(i)}$$

$$= \operatorname{sgn}(\mathrm{id}) \prod_{i=1}^{n} b_{i \, \mathrm{id}(i)} + \sum_{\sigma \in S_n \setminus \{\mathrm{id}\}} \operatorname{sgn}(\sigma) \prod_{i=1}^{n} b_{i \, \sigma(i)}$$

$$= \prod_{i=1}^{n} (a_{ii} - X) + \sum_{\sigma \in S_n \setminus \{\mathrm{id}\}} \operatorname{sgn}(\sigma) \prod_{i=1}^{n} b_{i \, \sigma(i)} \,.$$

Wir betrachten diese beiden Terme näher, dabei interessieren uns nur die Koeffizienten vor X^n und X^{n-1}. Der erste Term hat die Form

$$\prod_{i=1}^{n} (a_{ii} - X) = (-1)^n X^n + (-1)^{n-1} (a_{11} + \cdots + a_{nn}) X^{n-1}$$

$$+ \text{ Polynome vom Grad kleinergleich } n - 2 \,.$$

Die Summanden des zweiten Terms

$$\sum_{\sigma \in S_n \setminus \{\mathrm{id}\}} \operatorname{sgn}(\sigma) \prod_{i=1}^{n} b_{i \, \sigma(i)}$$

haben die Form

$$\pm b_{1 \, \sigma(1)} \cdots b_{n \, \sigma(n)} \,.$$

Für $\sigma \neq \mathrm{id}$ sind dies aber alles Polynome vom Grad kleinergleich $n - 2$. Man beachte: nur die Faktoren $b_{ii} = a_{ii} - X$ liefern Beiträge zu den Graden der Summanden, und falls $b_{i \, \sigma(i)} = b_{ii}$ bereits $(n-1)$-mal in einem Summanden auftaucht, so gilt $b_{i \, \sigma(i)} = b_{ii}$ schon n-mal, d. h., $\sigma = \mathrm{id}$, da σ eine Permutation ist.

Damit sind die beiden höchsten Koeffizienten des Polynoms χ_A bereits bestimmt. Für den konstanten Koeffizienten c_0 des charakteristischen Polynoms gilt:

$$c_0 = \chi_A(0) = \det(A - 0 \, \mathbf{E}_n) = \det(A) \,,$$

d. h., dass der konstante Koeffizient von χ_A die Determinante von A ist. $\blacksquare$

Für die restlichen Koeffizienten des charakteristischen Polynoms lassen sich keine solch prägnanten Formeln angeben.

Die Spur einer (quadratischen) Matrix A, das ist die Summe $a_{11} + \cdots + a_{nn}$ der Hauptdiagonalelemente von $A = (a_{ij}) \in$ $\mathbb{K}^{n \times n}$, hat wichtige Eigenschaften. So gilt etwa $\operatorname{Sp} A = \operatorname{Sp} S^{-1} A \, S$ für jede invertierbare Matrix S, d. h.:

Lemma

Zueinander ähnliche Matrizen haben dieselbe Spur.

Beweis: Es seien A und B zueinander ähnliche $n \times n$-Matrizen über einem Körper $\mathbb{K}$, d. h.,

$$S^{-1} A \, S = B$$

für eine invertierbare Matrix $S \in \mathbb{K}^{n \times n}$. Wir zeigen zuerst für beliebige $n \times n$-Matrizen M, N die Formel

$$\operatorname{Sp}(M \, N) = \operatorname{Sp}(N \, M) \,.$$

Für die Matrizen $M = (m_{ij})$ und $N = (n_{ij})$ gilt:

$$\operatorname{Sp}(M \, N) = \sum_{i=1}^{n} \left(\sum_{j=1}^{n} m_{ij} \, n_{ji} \right) = \sum_{j=1}^{n} \left(\sum_{i=1}^{n} n_{ji} \, m_{ij} \right)$$

$$= \operatorname{Sp}(N \, M) \,.$$

Nun folgt mit $M = S^{-1}$ und $N = A \, S$:

$$\operatorname{Sp} B = \operatorname{Sp} S^{-1} A \, S = \operatorname{Sp} A \, S \, S^{-1} = \operatorname{Sp} A \,.$$

Das ist die Behauptung. $\blacksquare$

Ähnliche Matrizen A und B haben viel gemeinsam. Wir stellen ihre wesentlichen gemeinsamen Eigenschaften in einer Übersicht auf Seite 543 zusammen.

Das charakteristische Polynom eines Endomorphismus ist das charakteristische Polynom einer Darstellungsmatrix

Es sei $\varphi \colon V \to V$ ein Endomorphismus eines n-dimensionalen Vektorraums V mit einer geordneten Basis $B = (b_1, \ldots, b_n)$. Unter dem **charakteristischen Polynom des Endomorphismus** χ_φ von φ versteht man das charakteristische Polynom der Darstellungsmatrix $A = {}_B M(\varphi)_B$:

$$\chi_\varphi = \chi_A = \det(A - X \, \mathbf{E}_n) \,.$$

Damit diese Definition sinnvoll ist, muss noch gezeigt werden, dass die Wahl der Basis B keine Rolle spielt; anders formuliert: Wählt man irgendwelche Basen B und C von V, so müssen die charakteristischen Polynome

$$\chi_{{}_B M(\varphi)_B} = \det({}_B M(\varphi)_B - X \, \mathbf{E}_n) \ \text{ und}$$

$$\chi_{{}_C M(\varphi)_C} = \det({}_C M(\varphi)_C - X \, \mathbf{E}_n)$$

gleich sein. Da je zwei Darstellungsmatrizen A und B ein und desselben Endomorphismus zueinander ähnliche Darstellungsmatrizen haben, d. h., da

$$B = S^{-1} A \, S$$

Hintergrund und Ausblick: Lineare Algebra ohne Determinante

Üblicherweise bestimmt man die Eigenwerte einer komplexen Matrix $A \in \mathbb{C}^{n \times n}$ als die Nullstellen des charakteristischen Polynoms χ_A. Das charakteristische Polynom ist dabei über die Determinante erklärt: $\chi_A = \det(A - X\,\mathbf{E}_n) \in \mathbb{C}[X]$. Wenn man bedenkt, dass dies eine der wesentlichen Anwendungen der Determinante ist, so taucht natürlich die Frage auf, ob sich der Aufwand lohnt, die Determinante über die Leibniz'sche Formel einzuführen und die Methoden zu ihrer Berechnung zu entwickeln. Sheldon Axler publizierte 1994 eine Arbeit mit dem Titel *Down with Determinants!*, in der er zeigte, dass man die Eigenwerte mit ihren Vielfachheiten auch ohne Determinanten ermitteln kann. Seinen Vorschlag, lineare Algebra ohne Determinanten darzustellen, konkretisierte er dann in seinem Buch *Linear Algebra Done Right*, das im Springer-Verlag erschienen ist.

Jede Matrix $A \in \mathbb{C}^{n \times n}$ besitzt einen Eigenwert $\lambda \in \mathbb{C}$.

Das folgt mit dem Fundamentalsatz der Algebra, wonach das charakteristische Polynom $\chi_A \in \mathbb{C}[X]$ vom Grad n eine Nullstelle $\lambda \in \mathbb{C}$ hat.

Für diese Begründung haben wir die Determinante benutzt, da χ_A durch diese gebildet wird. Wir begründen diesen Satz erneut, ohne die Determinante zu bemühen: Für jeden vom Nullvektor verschiedenen Vektor $v \in \mathbb{C}^n$ sind die $n+1$ Vektoren v, $A\,v$, ..., $A^n\,v \in \mathbb{C}^n$ linear abhängig, d. h., es existieren a_0, a_1, ..., $a_m \in \mathbb{C}$, die nicht alle gleich null sind, mit

$$a_0 v + a_1 A\,v + \cdots + a_m A^m\,v = 0, \ (m \leq n, a_m \neq 0).$$

Wir betrachten nun das folgende Polynom vom Grad m mit diesen Koeffizienten a_0, a_1, ..., $a_m \in \mathbb{C}$, das wir aufgrund des Fundamentalsatzes der Algebra in faktorisierter Form angeben können:

$$p = a_0 + a_1 X + \cdots + a_m X^m = c(X - \lambda_1) \cdots (X - \lambda_m),$$

wobei $c = a_m$ und λ_1, ..., $\lambda_m \in \mathbb{C}$ die nicht notwendig verschiedenen Nullstellen von p sind. In das Polynom $p \in \mathbb{C}[X]$ können wir wegen $\mathbb{C} \subseteq \mathbb{C}^{n \times n}$ (nach Identifikation) die Matrix A für X einsetzen, man beachte den Merksatz zum Einsetzen in Polynome auf Seite 90, und erhalten

$$
\begin{aligned}
p(A) &= a_0 \mathbf{E}_n + a_1 A + \cdots + a_m A^m \\
&= c(A - \lambda_1 \mathbf{E}_n) \cdots (A - \lambda_m \mathbf{E}_n).
\end{aligned}
$$

Für die letzte Gleichung beachte man, dass die Diagonalmatrizen der Form $\lambda\,\mathbf{E}_n$ mit der Matrix A vertauschen, d. h., $(\lambda\,\mathbf{E}_n)A = A\,(\lambda\,\mathbf{E}_n)$. Wegen

$$
\begin{aligned}
\mathbf{0} &= (a_0 \mathbf{E}_n + a_1 A + \cdots + a_m A^m)\,v \\
&= c(A - \lambda_1 \mathbf{E}_n) \cdots (A - \lambda_m \mathbf{E}_n)\,v
\end{aligned}
$$

muss eine der Matrizen $A - \lambda_i \mathbf{E}_n$ einen Rang echt kleiner n haben, da $v \neq \mathbf{0}$. Das heißt aber, dass es zu dieser Matrix $A - \lambda_i \mathbf{E}_n$ einen Vektor $w \in \mathbb{C}^n \setminus \{\mathbf{0}\}$ gibt mit

$$(A - \lambda_i \mathbf{E}_n)\,w = \mathbf{0} \ \Leftrightarrow \ A\,w = \lambda_i\,w.$$

Das zeigt, dass A einen (komplexen) Eigenwert λ_i hat.

Hat man einen Eigenwert von A auf diese Art und Weise bestimmt, so ist die Frage offen, wie man die Vielfach-

heit des Eigenwerts bestimmt. Dabei verstehen wir unter der Vielfachheit des Eigenwerts λ die Vielfachheit der Nullstelle λ im charakteristischen Polynom χ_A. Die Kenntnis dieser Vielfachheit spielt eine große Rolle bei der Diagonalisierbar- und Triangulierbarkeit.

Da wir ja χ_A bei der *determinantenfreien* linearen Algebra nicht bestimmen wollen, müssen wir einen anderen Weg finden, diese Vielfachheit zu ermitteln. Und das ist möglich. Man berechnet für jeden gefundenen Eigenwert λ von A den sogenannten *Hauptraum* $\ker(A - \lambda\,\mathbf{E}_n)^n$. Die Dimension des Hauptraums ist die Vielfachheit des Eigenwerts λ (wir werden das später auch noch begründen).

Auf diese Art und Weise können wir sukzessive die Eigenwerte mit ihren Vielfachheiten bestimmen, ohne dazu die Determinante zu benutzen. Wir sind fertig, sobald die Summe der ermittelten Vielfachheiten n ergibt. So erhalten wir auch das charakteristische Polynom χ_A ohne Determinante.

Das Verfahren ist umständlich, aber tatsächlich ist das Bestimmen des charakteristischen Polynoms bei größeren Matrizen auch nicht gerade einfach. Und man muss auch bedenken, dass man durch dieses Verfahren auf die Determinante vollständig verzichten kann.

Ein Einwand mag sein, dass das Verfahren nur für komplexe Matrizen geschildert wird. Aber auch das kann umgangen werden. Wir haben den Körper $\mathbb{C}$ benutzt, da über ihm jedes Polynom in Linearfaktoren zerlegbar ist. Hat man nun einen Körper $\mathbb{K}$, über dem das Polynom p nicht in Linearfaktoren zerfällt, so gibt es stets einen Körper $\overline{\mathbb{K}}$, der den Körper $\mathbb{K}$ umfasst und über dem das Polynom p in Linearfaktoren zerfällt. Die Existenz eines solchen *algebraisch abgeschlossenen* Oberkörpers zu einem beliebigen Körper $\mathbb{K}$ – es ist etwa $\mathbb{C}$ ein algebraisch abgeschlossener Oberkörper über $\mathbb{R}$ – zeigt man in der (nichtlinearen) Algebra. Dieser Nachweis ist nicht ganz einfach, für unsere Zwecke hier reicht es aus zu wissen, dass es geht!

Wir können so für jeden Körper $\mathbb{K}$ die Eigenwerte mit ihren Vielfachheiten jeder Matrix $A \in \mathbb{K}^{n \times n}$ ohne Benutzung der Determinante bestimmen.

Jetzt machen wir einen letzten Schritt: Wir definieren nun die Determinante von $A \in \mathbb{K}^{n \times n}$, quasi durch die Hintertür, als das Produkt der Eigenwerte.

mit einer invertierbaren Matrix S gilt, reicht es dazu aus, folgendes Lemma zu beweisen:

Lemma

Zueinander ähnliche Matrizen haben dasselbe charakteristische Polynom.

Beweis: Die zwei $n \times n$-Matrizen A und B mit Einträgen aus einem Körper $\mathbb{K}$ seien zueinander ähnlich; d. h., es gelte $B = S^{-1} A S$ für eine invertierbare Matrix $S \in \mathbb{K}^{n \times n}$. Nun berechnen wir das charakteristische Polynom von B, wobei wir $S^{-1} S = \mathbf{E}_n$ und den Determinantenmultiplikationssatz auf Seite 474 benutzen.

$$
\begin{aligned}
\chi_B &= \det(B - X \mathbf{E}_n) = \det(S^{-1} A S - X S^{-1} S) \\
&= \det(S^{-1}) \det(A - X \mathbf{E}_n) \det(S) \\
&= \det(S^{-1}) \det(S) \det(A - X \mathbf{E}_n) \\
&= \det(A - X \mathbf{E}_n) = \chi_A \, .
\end{aligned}
$$

Damit ist gezeigt, dass die charakteristischen Polynome ähnlicher Matrizen übereinstimmen. $\blacksquare$

Übrigens folgen aus diesem Lemma in Verbindung mit dem Lemma auf Seite 505 erneut die bereits bewiesenen Behauptungen, dass zueinander ähnliche Matrizen dieselbe Determinante haben (Seite 505). Wir erläutern das ausführlich: Sind A und B ähnliche $n \times n$-Matrizen, so gilt für die charakteristischen Polynome χ_A und χ_B nach dem eben bewiesenen Lemma

$$
\chi_A = \chi_B \, .
$$

Mit dem Lemma auf Seite 505 gilt:

$$
\begin{aligned}
\chi_A &= (-1)^n X^n + (-1)^{n-1} \operatorname{Sp} A \, X^{n-1} + \cdots + \det(A) \, , \\
\chi_B &= (-1)^n X^n + (-1)^{n-1} \operatorname{Sp} B \, X^{n-1} + \cdots + \det(B) \, .
\end{aligned}
$$

Ein Koeffizientenvergleich liefert nun

$$
\operatorname{Sp} A = \operatorname{Sp} B \quad \text{und} \quad \det(A) = \det(B) \, .
$$

Da die Nullstellen des charakteristischen Polynoms χ_A die Eigenwerte von A sind, erhalten wir außerdem:

Folgerung

Zueinander ähnliche Matrizen haben dieselben Eigenwerte.

Den Eigenraum und damit die Eigenvektoren erhält man durch Lösen eines homogenen linearen Gleichungssystems

Hat eine Matrix A nicht gerade Dreiecks- oder Diagonalgestalt, so bestimmt man im Allgemeinen die Eigenwerte von A systematisch durch Berechnen der Nullstellen des charakteristischen Polynoms χ_A von A.

Wir gehen nun einen Schritt weiter und erklären, wie wir die Eigenräume und damit die Eigenvektoren zu den Eigenwerten von A bestimmen können.

Ist $\lambda \in \mathbb{K}$ ein Eigenwert der Matrix $A \in \mathbb{K}^{n \times n}$, so besteht der Eigenraum aus dem Nullvektor und aus allen Eigenvektoren zum Eigenwert λ, und es gilt:

$$
\begin{aligned}
\operatorname{Eig}_A(\lambda) &= \left\{ v \in \mathbb{K}^n \mid A\, v = \lambda\, v \right\} \\
&= \left\{ v \in \mathbb{K}^n \mid (A - \lambda \mathbf{E}_n)\, v = \mathbf{0} \right\} .
\end{aligned}
$$

Also erhält man den Eigenraum $\operatorname{Eig}_A(\lambda)$ zum Eigenwert λ durch Lösen des homogenen linearen Gleichungssystems

$$
(A - \lambda \mathbf{E}_n)\, x = \mathbf{0} \, .
$$

Die Lösungsmenge dieses Systems ist der Eigenraum des Eigenwertes λ, und jeder vom Nullvektor verschiedene Vektor dieses Eigenraums ist ein Eigenvektor zu dem Eigenwert λ.

Bestimmung des Eigenraums zum Eigenwert λ

Ist λ ein Eigenwert von A, so ist die Lösungsmenge des homogenen linearen Gleichungssystems

$$
(A - \lambda \mathbf{E}_n)\, x = \mathbf{0}
$$

der Eigenraum zum Eigenwert λ.

Ist λ ein Eigenwert der quadratischen Matrix A, so gibt es einen Vektor $v \in \mathbb{K}^n$, $v \neq 0$ mit $A\, v = \lambda\, v$. Also ist die Dimension des Eigenraums $\operatorname{Eig}_A(\lambda)$ mindestens 1

--- **?** ---

Wie lautet das System

$$
(A - \lambda \mathbf{E}_n)\, x = \mathbf{0}
$$

in den Fällen $A = \mathbf{E}_n$ bzw. $A = \mathbf{0}$ für die entsprechenden Eigenwerte der Einheits- bzw. Nullmatrix, und was sind die entsprechenden Eigenräume?

Wir bestimmen für die Beispiele, die wir auf Seite 504 betrachtet haben, die jeweiligen Eigenräume.

Beispiel

- Wir berechnen die Eigenräume der Matrix

$$
A = \begin{pmatrix} \overline{3} & \overline{4} \\ \overline{1} & \overline{1} \end{pmatrix} \in \mathbb{Z}_5^{2 \times 2} \, .
$$

Wegen $\chi_A = (\overline{2} - X)^2$ hat A den einzigen Eigenwert $\overline{2}$. Den Eigenraum $\operatorname{Eig}_A(\overline{2})$ von A zum Eigenwert $\overline{2}$ erhalten wir also als Lösungsmenge des homogenen Systems

$$
(A - \overline{2}\,\mathbf{E}_n)\, v = \mathbf{0} \, , \ \text{d. h.} \ \left(\begin{array}{cc|c} \overline{3} - \overline{2} & \overline{4} & \overline{0} \\ \overline{1} & \overline{1} - \overline{2} & \overline{0} \end{array} \right)
$$

Durch eine Zeilenumformung erhalten wir

$$\left(\begin{array}{cc|c} \overline{1} & \overline{4} & \overline{0} \\ 1 & 4 & 0 \end{array}\right) \rightarrow \left(\begin{array}{cc|c} \overline{1} & \overline{4} & \overline{0} \\ 0 & 0 & 0 \end{array}\right).$$

Damit erhalten wir den Eigenraum zum Eigenwert $\overline{2}$:

$$\operatorname{Eig}_A(\overline{2}) = \left\langle \begin{pmatrix} \overline{1} \\ 1 \end{pmatrix} \right\rangle.$$

■ Wir bestimmen die Eigenräume der Matrix

$$A = \begin{pmatrix} 1 & 2 & 2 \\ 2 & -2 & 1 \\ 2 & 1 & -2 \end{pmatrix} \in \mathbb{C}^{3\times3}.$$

Wegen $\chi_A = (3-X)(-3-X)^2$ hat A die beiden verschiedenen Eigenwerte 3 und -3.

Wir berechnen zuerst den Eigenraum $\operatorname{Eig}_A(3)$ von A zum Eigenwert 3. Wir erhalten ihn als Lösungsmenge des homogenen Systems

$$(A - 3\,\mathbf{E}_n)\,\boldsymbol{v} = \mathbf{0}, \text{ d.h.}$$

$$\left(\begin{array}{ccc|c} 1-\mathbf{3} & 2 & 2 & 0 \\ 2 & -2-\mathbf{3} & 1 & 0 \\ 2 & 1 & -2-\mathbf{3} & 0 \end{array}\right)$$

Durch Zeilenumformungen erhalten wir

$$\left(\begin{array}{ccc|c} -2 & 2 & 2 & 0 \\ 2 & -5 & 1 & 0 \\ 2 & 1 & -5 & 0 \end{array}\right) \rightarrow \left(\begin{array}{ccc|c} -1 & 1 & 1 & 0 \\ 0 & -3 & 3 & 0 \\ 0 & 3 & -3 & 0 \end{array}\right)$$

$$\rightarrow \left(\begin{array}{ccc|c} 1 & 0 & -2 & 0 \\ 0 & 1 & -1 & 0 \\ 0 & 0 & 0 & 0 \end{array}\right)$$

Also erhalten wir als Eigenraum

$$\operatorname{Eig}_A(3) = \left\langle \begin{pmatrix} 2 \\ 1 \\ 1 \end{pmatrix} \right\rangle.$$

Nun berechnen wir noch den Eigenraum $\operatorname{Eig}_A(-3)$ von A zum Eigenwert -3. Wir erhalten ihn als Lösungsmenge des homogenen Systems

$$(A + 3\,\mathbf{E}_n)\,\boldsymbol{v} = \mathbf{0}, \text{ d.h.}$$

$$\left(\begin{array}{ccc|c} 1+\mathbf{3} & 2 & 2 & 0 \\ 2 & -2+\mathbf{3} & 1 & 0 \\ 2 & 1 & -2+\mathbf{3} & 0 \end{array}\right)$$

Durch Zeilenumformungen erhalten wir

$$\left(\begin{array}{ccc|c} 4 & 2 & 2 & 0 \\ 2 & 1 & 1 & 0 \\ 2 & 1 & 1 & 0 \end{array}\right) \rightarrow \left(\begin{array}{ccc|c} 2 & 1 & 1 & 0 \\ 0 & 0 & 0 & 0 \\ 0 & 0 & 0 & 0 \end{array}\right)$$

Also gilt für den Eigenraum:

$$\operatorname{Eig}_A(-3) = \left\langle \begin{pmatrix} -1 \\ 0 \\ 2 \end{pmatrix}, \begin{pmatrix} -1 \\ 2 \\ 0 \end{pmatrix} \right\rangle.$$

■ Wir berechnen die Eigenräume der Matrix

$$A = \begin{pmatrix} -3 & 1 & 0 & 0 & 0 \\ -1 & -1 & 0 & 0 & 0 \\ -3 & 1 & -2 & 1 & 1 \\ -2 & 1 & 0 & -2 & 1 \\ -1 & 1 & 0 & 0 & -2 \end{pmatrix} \in \mathbb{C}^{5\times5}.$$

Wegen $\chi_A = (-2-X)^5$ ist -2 der einzige Eigenwert von A.

Den Eigenraum $\operatorname{Eig}_A(-2)$ von A zum Eigenwert -2 erhalten wir als Lösungsmenge des homogenen Systems

$$(A + 2\,\mathbf{E}_5)\,\boldsymbol{v} = \mathbf{0}, \text{ d.h.}$$

$$\left(\begin{array}{ccccc|c} -3+\mathbf{2} & 1 & 0 & 0 & 0 & 0 \\ -1 & -1+\mathbf{2} & 0 & 0 & 0 & 0 \\ -3 & 1 & -2+\mathbf{2} & 1 & 1 & 0 \\ -2 & 1 & 0 & -2+\mathbf{2} & 1 & 0 \\ -1 & 1 & 0 & 0 & -2+\mathbf{2} & 0 \end{array}\right)$$

Durch Zeilenumformungen erhalten wir

$$\left(\begin{array}{ccccc|c} -1 & 1 & 0 & 0 & 0 & 0 \\ -1 & 1 & 0 & 0 & 0 & 0 \\ -3 & 1 & 0 & 1 & 1 & 0 \\ -2 & 1 & 0 & 0 & 1 & 0 \\ -1 & 1 & 0 & 0 & 0 & 0 \end{array}\right) \rightarrow \left(\begin{array}{ccccc|c} -1 & 1 & 0 & 0 & 0 & 0 \\ 0 & 0 & 0 & 0 & 0 & 0 \\ -3 & 1 & 0 & 1 & 1 & 0 \\ -2 & 1 & 0 & 0 & 1 & 0 \\ 0 & 0 & 0 & 0 & 0 & 0 \end{array}\right)$$

Also ist der Eigenraum

$$\operatorname{Eig}_A(-2) = \left\langle \begin{pmatrix} 1 \\ 1 \\ 1 \\ 1 \\ 1 \end{pmatrix}, \begin{pmatrix} 0 \\ 0 \\ 1 \\ 0 \\ 0 \end{pmatrix} \right\rangle. \qquad \blacktriangleleft$$

Wenn $\lambda \in \mathbb{K}$ ein Eigenwert der Matrix $A \in \mathbb{K}^{n\times n}$ ist, so hat das Gleichungssystem

$$(A - \lambda\,\mathbf{E}_n)\,\boldsymbol{x} = \mathbf{0}$$

vom Nullvektor verschiedene Lösungen, da ja gerade die Eigenwerte jene Elemente sind, für welche der Rang der Matrix $A - \lambda\,\mathbf{E}_n$ echt kleiner als n ist.

Dies kann zur Kontrolle der Rechnung benutzt werden, da die Berechnung des Kerns von $A - \lambda\,\mathbf{E}_n$ stark anfällig für Rechenfehler ist. Erhält man nach einer Rechnung als Eigenraum den Nullraum, so hat man sich zwangsläufig verrechnet.

Es ist auch leicht, seine Ergebnisse zu überprüfen. Erhält man $\operatorname{Eig}_A(\lambda) = \langle \boldsymbol{b}_1, \ldots, \boldsymbol{b}_r \rangle$, so überprüfe man, ob die Gleichungen $A\,\boldsymbol{b}_i = \lambda\,\boldsymbol{b}_i$ für alle $i = 1, \ldots, r$ erfüllt sind. Dies kann man oft im Kopf nachrechnen.

------------- **?** -------------

Prüfen Sie die Gleichungen $A\,\boldsymbol{b}_i = \lambda\,\boldsymbol{b}_i$ für einige $i = 1, \ldots, r$ und $\operatorname{Eig}_A(\lambda) = \langle \boldsymbol{b}_1, \ldots, \boldsymbol{b}_r \rangle$ in den eben aufgeführten Beispielen nach.

Den Eigenraum eines Endomorphismus – und damit die Eigenvektoren – erhält man mit dem Eigenraum einer Darstellungsmatrix

Ist $\varphi\colon V \to V$ ein Endomorphismus des n-dimensionalen Vektorraums V mit der geordneten Basis $B = (\boldsymbol{b}_1, \ldots, \boldsymbol{b}_n)$, so erhält man die Eigenwerte von φ als die Nullstellen des charakteristischen Polynoms der Darstellungsmatrix $_B\boldsymbol{M}(\varphi)_B$, die wir einfacher mit $\boldsymbol{A}$ bezeichnen, $\boldsymbol{A} = {}_B\boldsymbol{M}(\varphi)_B$:

$$\chi_\varphi = \det(\boldsymbol{A} - X\,\mathbf{E}_n)\,.$$

Es seien $\lambda_1, \ldots, \lambda_r \in \mathbb{K}$ die verschiedenen Eigenwerte von φ. Nun berechnen wir die Eigenräume und damit die Eigenvektoren der Matrix $\boldsymbol{A}$:

$$\mathrm{Eig}_{\boldsymbol{A}}(\lambda_1) = \langle \boldsymbol{b}_1^{(1)}, \ldots, \boldsymbol{b}_{s_1}^{(1)}\rangle\,,$$

$$\vdots$$

$$\mathrm{Eig}_{\boldsymbol{A}}(\lambda_r) = \langle \boldsymbol{b}_1^{(r)}, \ldots, \boldsymbol{b}_{s_r}^{(r)}\rangle\,.$$

Damit haben wir die Eigenvektoren der Darstellungsmatrix $\boldsymbol{A} = {}_B\boldsymbol{M}(\varphi)_B$ des Endomorphismus $\varphi\colon V \to V$ bestimmt, d. h. Vektoren $\boldsymbol{b}_j^{(i)} \in \mathbb{K}^n$ mit

$$_B\boldsymbol{M}(\varphi)_B\,\boldsymbol{b}_j^{(i)} = \lambda_i\,\boldsymbol{b}_j^{(i)}\,.$$

Gesucht sind aber die Eigenvektoren des Endomorphismus φ. Aber die findet man nun einfach mit dem Satz auf Seite 433. Wir interpretieren die oben erhaltenen Eigenvektoren $\boldsymbol{b}_j^{(i)}$ der Darstellungsmatrix $\boldsymbol{A} = {}_B\boldsymbol{M}(\varphi)_B$ als die Koordinatenvektoren $\boldsymbol{b}_j^{(i)} = {}_B\boldsymbol{b}_j^{(i)}$ der Eigenvektoren von φ bezüglich der Basis B, damit gilt dann:

$$_B\boldsymbol{M}(\varphi)_B\,{}_B\boldsymbol{b}_j^{(i)} = \lambda_i\,{}_B\boldsymbol{b}_j^{(i)}\,.$$

Beispiel Die Darstellungsmatrix des Endomorphismus $\varphi\colon \mathbb{R}^{2\times 2} \to \mathbb{R}^{2\times 2}$,

$$\varphi(\boldsymbol{X}) = \boldsymbol{M}\,\boldsymbol{X} - \boldsymbol{X}\,\boldsymbol{M} \ \text{ mit } \ \boldsymbol{M} = \begin{pmatrix} 1 & 1 \\ 1 & 1 \end{pmatrix}$$

bezüglich der geordneten kanonischen Basis $E = (\mathbf{E}_{11}, \mathbf{E}_{12}, \mathbf{E}_{21}, \mathbf{E}_{22})$ von $\mathbb{R}^{2\times 2}$ ist

$$\boldsymbol{A} = {}_E\boldsymbol{M}(\varphi)_E = \begin{pmatrix} 0 & -1 & 1 & 0 \\ -1 & 0 & 0 & 1 \\ 1 & 0 & 0 & -1 \\ 0 & 1 & -1 & 0 \end{pmatrix}$$

Die Eigenwerte dieser Matrix $\boldsymbol{A}$ sind

$$\lambda_1 = 0,\ \lambda_2 = 2,\ \lambda_3 = -2\,.$$

Als Eigenräume erhalten wir

$$\underbrace{\left\langle \begin{pmatrix} 1 \\ 0 \\ 0 \\ 1 \end{pmatrix},\ \begin{pmatrix} 0 \\ 1 \\ 1 \\ 0 \end{pmatrix}\right\rangle}_{=\mathrm{Eig}_{\boldsymbol{A}}(0)},\ \underbrace{\left\langle \begin{pmatrix} 1 \\ -1 \\ 1 \\ -1 \end{pmatrix}\right\rangle}_{=\mathrm{Eig}_{\boldsymbol{A}}(2)},\ \underbrace{\left\langle \begin{pmatrix} 1 \\ 1 \\ -1 \\ -1 \end{pmatrix}\right\rangle}_{=\mathrm{Eig}_{\boldsymbol{A}}(-2)}\,.$$

Wir betrachten diese, die Eigenräume erzeugenden Spaltenvektoren als Koordinatenvektoren von 2×2-Matrizen bezüglich der Basis E, damit erhalten wir die Eigenräume von φ:

$$\underbrace{\left\langle \begin{pmatrix} 1 & 0 \\ 0 & 1 \end{pmatrix},\ \begin{pmatrix} 0 & 1 \\ 1 & 0 \end{pmatrix}\right\rangle}_{=\mathrm{Eig}_\varphi(0)},\ \underbrace{\left\langle \begin{pmatrix} 1 & -1 \\ 1 & -1 \end{pmatrix}\right\rangle}_{=\mathrm{Eig}_\varphi(2)},\ \underbrace{\left\langle \begin{pmatrix} 1 & 1 \\ -1 & -1 \end{pmatrix}\right\rangle}_{=\mathrm{Eig}_\varphi(-2)}\,.$$

------------------------ **?** ------------------------

Prüfen Sie nach, dass die angegebenen Vektoren tatsächlich Eigenvektoren von φ sind.

◄

Komplexe Eigenwerte und Eigenvektoren reeller Matrizen treten paarweise auf

Es ist oftmals mühsam und langwierig, die Eigenwerte und Eigenräume einer Matrix zu bestimmen. Gerne greift man daher auf jeden Trick zurück, durch den man die Rechnungen vereinfachen oder abkürzen kann. Einen solchen Trick gibt es bei komplexen Matrizen mit reellen Komponenten, d. h. bei den Matrizen der Form

$$\boldsymbol{A} = (a_{ij}) \in \mathbb{C}^{n\times n} \ \text{ mit } \ a_{ij} \in \mathbb{R}\,.$$

Zur Bestimmung der komplexen Eigenwerte und komplexen Eigenvektoren einer solchen Matrix $\boldsymbol{A}$ ist das folgende Ergebnis nützlich.

Lemma

Für jede Matrix $\boldsymbol{A} \in \mathbb{C}^{n\times n}$ mit reellen Komponenten a_{ij} gilt:

(i) Ist $\lambda \in \mathbb{C}$ ein Eigenwert von $\boldsymbol{A}$, so ist auch $\overline{\lambda}$ ein Eigenwert von $\boldsymbol{A}$.

(ii) Ist $\boldsymbol{v} = (v_j) \in \mathbb{C}^n$ ein Eigenvektor von $\boldsymbol{A}$ zum Eigenwert λ, so ist $\overline{\boldsymbol{v}} = (\overline{v}_j)$ ein Eigenvektor von $\boldsymbol{A}$ zum Eigenwert $\overline{\lambda}$.

Beweis: Das charakteristische Polynom $\chi_{\boldsymbol{A}}$ einer Matrix $\boldsymbol{A}$ mit reellen Komponenten hat nur reelle Koeffizienten $a_0, \ldots, a_n$, wie man der Leibniz'schen Formel für die Determinante von Seite 471 entnimmt, d. h.:

$$\chi_{\boldsymbol{A}} = a_0 + a_1 X + \ldots + a_n X^n \in \mathbb{R}[X]\,.$$

Ist $\lambda \in \mathbb{C}$ ein Eigenwert von $\boldsymbol{A}$, so gilt $\chi_{\boldsymbol{A}}(\lambda) = 0$. Wegen

$$\begin{aligned} 0 = \overline{0} = \overline{\chi_{\boldsymbol{A}}(\lambda)} &= \overline{a_0 + a_1\lambda + \ldots + a_n\lambda^n} \\ &= \overline{a}_0 + \overline{a}_1\,\overline{\lambda} + \ldots + \overline{a}_n\,\overline{\lambda}^n \\ &= a_0 + a_1\,\overline{\lambda} + \ldots + a_n\,\overline{\lambda}^n \\ &= \chi_{\boldsymbol{A}}(\overline{\lambda}) \end{aligned}$$

ist auch das konjugiert Komplexe $\overline{\lambda}$ eine Nullstelle von $\chi_{\boldsymbol{A}}$, also auch ein Eigenwert von $\boldsymbol{A}$.

Ist $v = (v_j) \in \mathbb{C}^n$ ein Eigenvektor von $A = (a_{ij})$ zum Eigenwert λ, so gilt $A\,v = \lambda\,v$. Da die Komponenten a_{ij} von A reell sind, gilt:

$$(a_{ij})\,(\overline{v}_j) = \begin{pmatrix} \sum_{j=1}^{n} a_{1j}\overline{v}_j \\ \vdots \\ \sum_{j=1}^{n} a_{nj}\overline{v}_j \end{pmatrix} = \overline{\begin{pmatrix} \sum_{j=1}^{n} a_{1j}v_j \\ \vdots \\ \sum_{j=1}^{n} a_{nj}v_j \end{pmatrix}}.$$

Damit gilt $A\,\overline{v} = \overline{A\,v}$ und daher

$$A\,\overline{v} = \overline{A\,v} = \overline{\lambda\,v} = \overline{\lambda}\,\overline{v}.$$

Somit ist der komplexe Vektor $\overline{v}$ ein Eigenvektor zum Eigenwert $\overline{\lambda}$. ∎

?

Bestimmen Sie die komplexen Eigenwerte und Eigenvektoren der Matrix $\begin{pmatrix} 0 & 1 \\ -1 & 0 \end{pmatrix}$.

14.4 Algebraische und geometrische Vielfachheit

Im Folgenden formulieren wir alle Aussagen für Matrizen. Die entsprechenden Aussagen für Endomorphismen endlich-dimensionaler Vektorräume erhält man dann durch Übergang zu Darstellungsmatrizen von Endomorphismen.

Nach dem Satz auf Seite 502 ist eine Matrix $A \in \mathbb{K}^{n \times n}$ genau dann diagonalisierbar, wenn es eine Basis des $\mathbb{K}^n$ aus Eigenvektoren von A gibt. Wir wollen nun ein Kriterium dafür herleiten, wann eine solche Basis aus Eigenvektoren von A existiert. Dazu ordnen wir jedem Eigenwert λ einer Matrix A zwei natürliche Zahlen zu, zum einen die *algebraische Vielfachheit*, zum anderen die *geometrische Vielfachheit*. Der Fall, dass diese beiden Zahlen für jeden Eigenwert λ von A übereinstimmen, liefert die wesentliche Aussage für die Existenz einer Basis des $\mathbb{K}^n$ aus Eigenvektoren von A. Dass wir dabei die Eigenwerte einzeln, also unabhängig voneinander betrachten dürfen, liegt an den folgenden Ausführungen.

Eigenvektoren zu verschiedenen Eigenwerten sind linear unabhängig

Es seien $v_1, \ldots, v_r$ Eigenvektoren zu verschiedenen Eigenwerten $\lambda_1, \ldots, \lambda_r$ einer Matrix $A \in \mathbb{K}^{n \times n}$:

$$A\,v_1 = \lambda_1\,v_1, \ldots, A\,v_r = \lambda_r\,v_r.$$

Wir zeigen mit vollständiger Induktion nach der natürlichen Zahl r, dass die Vektoren $v_1, \ldots, v_r$ linear unabhängig sind.

Induktionsanfang: Die Behauptung ist korrekt, da $v_1 \neq 0$ linear unabhängig ist.

Induktionsvoraussetzung: Die Behauptung sei für $r - 1$ Eigenvektoren zu verschiedenen Eigenwerten $\lambda_1, \ldots, \lambda_{r-1}$ korrekt.

Induktionsschritt: Es seien $v_1, \ldots, v_r$ Eigenvektoren zu verschiedenen Eigenwerten $\lambda_1, \ldots, \lambda_r$. Aus der Gleichung

$$\mu_1\,v_1 + \cdots + \mu_r\,v_r = 0 \tag{14.1}$$

mit $\mu_1, \ldots, \mu_r \in \mathbb{K}$ folgt durch

- Multiplikation der Gleichung (14.1) mit der Matrix A:

$$\begin{aligned} 0 = A\,0 &= A\,(\mu_1\,v_1 + \cdots + \mu_r\,v_r) \\ &= \mu_1 A\,v_1 + \cdots + \mu_r A\,v_r \\ &= \mu_1 \lambda_1 v_1 + \cdots + \mu_r \lambda_r v_r \end{aligned}$$

und durch

- Multiplikation der Gleichung (14.1) mit dem Eigenwert λ_r:

$$\begin{aligned} 0 = \lambda_r\,0 &= \lambda_r\,(\mu_1\,v_1 + \cdots + \mu_r\,v_r) \\ &= \mu_1\,\lambda_r\,v_1 + \cdots + \mu_r\,\lambda_r\,v_r. \end{aligned}$$

Durch Gleichsetzen erhalten wir

$$\mu_1\,\lambda_1\,v_1 + \cdots + \mu_r\,\lambda_r\,v_r = \mu_1\,\lambda_r\,v_1 + \cdots + \mu_r\,\lambda_r\,v_r.$$

Es gilt somit:

$$(\lambda_r - \lambda_1)\,\mu_1\,v_1 + \cdots + (\lambda_r - \lambda_{r-1})\,\mu_{r-1}\,v_{r-1} = 0.$$

Nach Induktionsvoraussetzung sind die Vektoren $v_1, \ldots, v_{r-1}$ linear unabhängig, sodass wegen $\lambda_r - \lambda_i \neq 0$ für alle $i = 1, \ldots, r - 1$ die Koeffizienten $\mu_1, \ldots, \mu_{r-1}$ allesamt null sind:

$$\mu_1 = \cdots = \mu_{r-1} = 0.$$

Aus der Gleichung (14.1) folgt nun $\mu_r = 0$, da $v_r \neq 0$ gilt. Damit ist bewiesen:

Lineare Unabhängigkeit von Eigenvektoren

Eigenvektoren zu verschiedenen Eigenwerten sind linear unabhängig.

?

Welche Konsequenz hat dieses Ergebnis für eine Matrix $A \in \mathbb{K}^{n \times n}$ mit n verschiedenen Eigenwerten?

Die algebraische Vielfachheit eines Eigenwerts λ ist die Vielfachheit der Nullstelle λ im charakteristischen Polynom

Wir zerlegen das charakteristische Polynom χ_A einer Matrix $A \in \mathbb{K}^{n \times n}$ soweit wie möglich in Linearfaktoren $(\lambda_i - X)$, wobei wir gleiche Linearfaktoren unter Exponenten k_i sammeln, siehe auch den Abschnitt auf Seite 94:

$$\chi_A = (\lambda_1 - X)^{k_1} \cdots (\lambda_r - X)^{k_r} \, p \in \mathbb{K}[X] \, .$$

Dabei ist $p \in \mathbb{K}[X]$ der nicht weiter durch Linearfaktoren teilbare Anteil des Polynoms χ_A. Das bedeutet, dass p keine weiteren Nullstellen in $\mathbb{K}$ hat. Die Nullstellen $\lambda_1, \ldots, \lambda_r$ von χ_A sind die Eigenwerte von A.

Man nennt die Vielfachheit k der Nullstelle λ im charakteristischen Polynom χ_A die **algebraische Vielfachheit** des Eigenwerts λ, und man sagt auch λ ist ein k-**facher** Eigenwert der Matrix A. Für die algebraische Vielfachheit k des Eigenwerts λ benutzen wir auch die Schreibweise $m_a(\lambda)$, der Buchstabe m steht dabei für *multiplicity*.

Es ist manchmal nützlich, die Eigenwerte mit ihren entsprechenden algebraischen Vielfachheiten zu zählen, d. h., man fasst einen k-fachen Eigenwert λ, $k \geq 2$, auch auf als k (nicht verschiedene) Eigenwerte.

Beispiel

- Ist $\chi_A = X^4 - 2 X^3 + 2 X^2 - 2 X + 1 \in \mathbb{R}[X]$, so gilt:

$$\chi_A = (1 - X)^2 \, (1 + X^2)$$

  mit $p = X^2 + 1$. Die Matrix A hat also den einzigen Eigenwert 1 der algebraischen Vielfachheit 2 oder kürzer: Die Matrix A hat den zweifachen Eigenwert 1 oder $m_a(1) = 2$.
- Ist $\chi_A = X^4 - 2 X^3 + 2 X^2 - 2 X + 1 \in \mathbb{C}[X]$, so gilt:

$$\chi_A = (1 - X)^2 \, (\mathrm{i} + X) \, (-\mathrm{i} + X) \, .$$

  In diesem Fall hat die Matrix A den zweifachen Eigenwert 1 und die jeweils einfachen Eigenwerte i und $-$i, d. h., $m_a(1) = 2$, $m_a(\mathrm{i}) = 1$, $m_a(-\mathrm{i}) = 1$.
- Ist $\chi_A = X^2 + \overline{1} \in \mathbb{Z}_2[X]$, so gilt:

$$\chi_A = (\overline{1} + X)^2 \, .$$

  In diesem Fall hat die Matrix A den zweifachen Eigenwert $\overline{1}$. ◀

?

Welche algebraischen Vielfachheiten haben die Eigenwerte der komplexen Matrix A mit dem charakteristischen Polynom

$$\chi_A = (1 - X)^2 \, (3 + X)^4 \, (X^2 + X + 1) \in \mathbb{C}[X] \, ?$$

In dem Abschnitt zu Polynomen auf Seite 94 haben wir eine suggestive Bezeichnung eingeführt: Wir sagen, das charakteristische Polynom χ_A einer $n \times n$-Matrix $A \in \mathbb{K}^{n \times n}$ vom Grad n *zerfällt über* $\mathbb{K}$ *in Linearfaktoren*, falls

$$\chi_A = (\lambda_1 - X)^{k_1} \cdots (\lambda_r - X)^{k_r}$$

mit verschiedenen $\lambda_1, \ldots, \lambda_r \in \mathbb{K}$ gilt.

In dieser Situation gilt für die Summe der Exponenten $k_1 + \cdots + k_r = n$. Die Matrix A hat dann die verschiedenen Eigenwerte $\lambda_1, \ldots, \lambda_r$ mit den jeweiligen algebraischen Vielfachheiten $k_1, \ldots, k_r$, insgesamt also n nicht notwendig verschiedene Eigenwerte, die genau dann verschieden sind, wenn $n = r$ gilt.

Im Fall $\mathbb{K} = \mathbb{C}$ zerfällt für jede Matrix $A \in \mathbb{C}^{n \times n}$ das Polynom χ_A in Linearfaktoren, da wegen des Fundamentalsatzes der Algebra jedes nicht konstante komplexe Polynom eine Nullstelle in $\mathbb{C}$ hat. Damit können wir für jede komplexe $n \times n$-Matrix A mit dem charakteristischen Polynom $\chi_A \in \mathbb{C}[X]$ folgern:

Zur Anzahl der Eigenwerte komplexer Matrizen

Jede komplexe $n \times n$-Matrix $A \in \mathbb{C}^{n \times n}$, $n \in \mathbb{N}$, hat n nicht notwendig verschiedene Eigenwerte.

Die geometrische Vielfachheit ist stets kleiner oder gleich der algebraischen Vielfachheit

Die algebraische Vielfachheit eines Eigenwerts λ ist die Vielfachheit der Nullstelle λ im charakteristischen Polynom χ_A. Es gilt ein enger Zusammenhang zwischen der *algebraischen* und der *geometrischen Vielfachheit*.

Unter der **geometrischen Vielfachheit** des Eigenwerts λ einer Matrix A versteht man die Dimension des Eigenraums $\mathrm{Eig}_A(\lambda)$, also $\dim \mathrm{Eig}_A(\lambda)$, wir schreiben $m_g(\lambda)$ für die geometrische Vielfachheit.

Das kann man sich einfach merken: Geometrie spielt sich in Räumen ab, daher ist es klar, den Dimensionsbegriff mit der *geometrischen* Vielfachheit zu verknüpfen. Die Algebra beschäftigt sich mit dem Auflösen von Polynomen, daher wird man den Exponenten eines Linearfaktors eines Polynoms mit der *algebraischen* Vielfachheit bezeichnen.

Der Zusammenhang zwischen geometrischer und algebraischer Vielfachheit eines Eigenwerts ist folgender:

Geometrische und algebraische Vielfachheit

Ist λ ein Eigenwert der Matrix A, so ist die geometrische Vielfachheit von λ zwar größer gleich 1, aber stets kleiner oder gleich der algebraischen Vielfachheit von λ, d. h.,

$$1 \leq m_g(\lambda) \leq m_a(\lambda) \, .$$

Beweis: Es sei $\lambda \in \mathbb{K}$ ein Eigenwert der Matrix $A \in \mathbb{K}^{n \times n}$ mit der algebraischen Vielfachheit $m_a(\lambda)$ und der geometrischen Vielfachheit $r = m_g(\lambda)$. Wir wählen eine Basis $\{v_1, \ldots, v_r\}$ des Eigenraums $\mathrm{Eig}_A(\lambda)$ der Dimension $r = m_g(\lambda)$ und ergänzen diese durch Vektoren $v_{r+1}, \ldots, v_n$ zu einer Basis B des Vektorraums $\mathbb{K}^n$. Die Darstellungsmatrix $_B M(\varphi_A)_B$ der linearen Abbildung $\varphi_A \colon \mathbb{K}^n \to \mathbb{K}^n$,

$v \mapsto A\,v$ bezüglich dieser Basis B hat die Form

$$_B M(\varphi_A)_B = \left(\begin{array}{ccc|c} \lambda & & 0 & \\ & \ddots & & B \\ 0 & & \lambda & \\ \hline & \mathbf{0} & & C \end{array}\right)$$

mit *passenden* Matrizen $B \in \mathbb{K}^{r \times (n-r)}$, $C \in \mathbb{K}^{(n-r) \times (n-r)}$ und $\mathbf{0} \in \mathbb{K}^{(n-r) \times r}$.

Nach dem Satz auf Seite 481 gilt (man beachte die Blockdreiecksgestalt der Matrix $_B M(\varphi_A)_B$):

$$\chi_A = \chi_{_B M(\varphi_A)_B} = (\lambda - X)^r \chi_C \,.$$

Somit ist die algebraische Vielfachheit $m_a(\lambda)$ mindestens r, da evtl. χ_C noch durch $\lambda - X$ teilbar ist. $\blacksquare$

Der Extremfall, nämlich dann wenn bei der zweiten Ungleichung Gleichheit anstelle von kleiner oder gleich gilt, d. h., $m_g(\lambda) = m_a(\lambda)$, liefert das wesentliche Kriterium für die Existenz einer Basis des $\mathbb{K}^n$, bestehend aus Eigenvektoren einer Matrix $A \in \mathbb{K}^{n \times n}$.

Bevor wir dieses Kriterium formulieren, halten wir noch ein Ergebnis für zueinander ähnliche Matrizen fest. Nach dem Lemma auf Seite 507 haben zueinander ähnliche Matrizen das gleiche charakterisitsche Polynom und damit auch die gleichen Eigenwerte. Es gilt noch mehr:

Lemma

Die Eigenwerte zueinander ähnlicher Matrizen haben die gleichen algebraischen und geometrischen Vielfachheiten.

Beweis: Die Matrizen A und B aus $\mathbb{K}^{n \times n}$ seien zueinander ähnlich, es gelte $S^{-1} A\,S = B$ mit der invertierbaren Matrix S. Die charakteristischen Polynome χ_A und χ_B dieser beiden Matrizen stimmen nach obiger Bemerkung überein. Wir zerlegen das Polynom $\chi_A = \chi_B$ soweit wie möglich in verschiedene Linearfaktoren

$$\chi_A = (X - \lambda_1)^{k_i} \cdots (X - \lambda_r)^{k_r}\, p = \chi_B$$

mit einem weiter nicht über $\mathbb{K}$ in Linearfaktoren zerfallenden Polynom $p \in \mathbb{K}[X]$. Hieraus folgt bereits die Behauptung für die algebraischen Vielfachheiten k_i.

Wir begründen, dass auch die geometrischen Vielfachheiten übereinstimmen, d. h., dass

$$m_g^A(\lambda_i) = \dim \mathrm{Eig}_A(\lambda_i) = \dim \mathrm{Eig}_B(\lambda_i) = m_g^B(\lambda_i)$$

für $i = 1, \dots, r$ gilt. Für ein solches i gilt:

$$\begin{aligned} m_g^A(\lambda_i) &= \dim(\mathrm{Eig}_A(\lambda_i)) = \dim(\ker(A - \lambda_i E_n)) \\ &= \dim(\ker(S^{-1} B\,S - \lambda_i S^{-1} S)) \\ &= \dim(\ker(S^{-1}(B - \lambda_i E_n)\,S)) \\ &= \dim(\ker(B - \lambda_i E_n)) \\ &= \dim(\mathrm{Eig}_B(\lambda_i)) \\ &= m_g^B(\lambda_i)\,. \end{aligned}$$

Dabei haben wir benutzt, dass wegen der Invertierbarkeit von S und S^{-1} die Dimensionen der Kerne von $S^{-1}(B - \lambda_i E_n)\,S$ und $B - \lambda_i E_n$ übereinstimmen (siehe die Folgerung auf Seite 455). $\blacksquare$

Zerfällt χ_A, und ist die algebraische Vielfachheit für jeden Eigenwert gleich der geometrischen, so ist A diagonalisierbar

Wir nehmen an, dass das charakteristische Polynom χ_A einer Matrix $A \in \mathbb{K}^{n \times n}$ über $\mathbb{K}$ in Linearfaktoren zerfällt, d. h.,

$$\chi_A = (\lambda_1 - X)^{k_1} \cdots (\lambda_r - X)^{k_r}$$

mit verschiedenen $\lambda_1, \dots, \lambda_r \in \mathbb{K}$. Es sind $\lambda_1, \dots, \lambda_r$ die Eigenwerte von A mit den jeweiligen algebraischen Vielfachheiten $k_1, \dots, k_r$, wobei $k_1 + \cdots + k_r = n$.

Ist nun für jeden der Eigenwerte $\lambda_1, \dots, \lambda_r$ die geometrische Vielfachheit gleich der algebraischen, so ist die Summe der Dimensionen der Eigenräume gerade die Dimension des Vektorraums $\mathbb{K}^n$.

Weil Eigenvektoren zu verschiedenen Eigenwerten linear unabhängig sind (siehe den Satz zur linearen Unabhängigkeit von Eigenvektoren auf Seite 510), erhalten wir in dieser Situation die Existenz einer Basis B des $\mathbb{K}^n$, die aus Eigenvektoren $v_1, \dots, v_n$ der Matrix A besteht. Dabei trägt jeder Eigenraum genauso viele linear unabhängige Vektoren zu dieser Basis bei, wie die algebraische Vielfachheit dieses Eigenwerts angibt.

3. Kriterium für Diagonalisierbarkeit

Eine Matrix $A \in \mathbb{K}^{n \times n}$ ist genau dann diagonalisierbar, wenn

- das charakteristische Polynom χ_A in Linearfaktoren zerfällt:

$$\chi_A = (\lambda_1 - X)^{m_a(\lambda_1)} \cdots (\lambda_r - X)^{m_a(\lambda_r)}\,,$$

und

- für jeden Eigenwert die algebraische Vielfachheit gleich der geometrischen Vielfachheit ist:

$$m_a(\lambda_1) = m_g(\lambda_1), \ \dots, \ m_a(\lambda_r) = m_g(\lambda_r)\,.$$

Beweis: Es ist nur noch $\Rightarrow$ zu begründen. Die Matrix A sei also diagonalisierbar, und es seien $\lambda_1, \dots, \lambda_r$ die verschiedenen Eigenwerte von A. Nach dem Kriterium für Diagonalisierbarkeit auf Seite 502 existiert eine Basis $\{b_1, \dots, b_n\}$ des $\mathbb{K}^n$ aus Eigenvektoren von A, und weil die geometrische Vielfachheit stets kleiner gleich der algebraischen ist, gilt:

$$n = \sum_{i=1}^{r} m_g(\lambda_i) \le \sum_{i=1}^{r} m_a(\lambda_i) \le \deg(\chi_A) = n\,.$$

Anstelle der beiden $\leq$ gilt also sogar $=$. Aus der ersten entstehenden Gleichheit folgt sogleich $m_g(\lambda_i) = m_a(\lambda_i)$ für alle $i = 1, \ldots, r$ und aus der zweiten entstehenden Gleichheit folgt, dass das Polynom χ_A zerfällt. ∎

Wir erhalten hieraus die Folgerung:

Folgerung

Hat eine $n \times n$-Matrix n verschiedene Eigenwerte, so ist sie diagonalisierbar.

Das folgt aus obigem Kriterium, weil in diesem Fall das charakteristische Polynom zerfällt und für jeden Eigenwert die algebraische Vielfachheit, die gleich 1 ist, mit der geometrischen Vielfachheit, die größer gleich 1 sein muss, übereinstimmt.

Dieses Ergebnis erwarteten wir bereits als Antwort auf die Frage auf Seite 510.

Um eine diagonalisierbare Matrix $A \in \mathbb{K}^{n \times n}$ zu *diagonalisieren*, geht man zweckmäßigerweise so vor, wie wir es in der Übersicht auf Seite 515 geschildert haben.

Wir führen das Verfahren an Beispielen durch.

Beispiel

■ Für die Matrix

$$A = \begin{pmatrix} 1 & 2 & 2 \\ 2 & -2 & 1 \\ 2 & 1 & -2 \end{pmatrix} \in \mathbb{R}^{3 \times 3}$$

haben wir bereits in den Beispielen auf Seite 507 die Eigenwerte und Eigenräume bestimmt. Wir erhielten

$$\operatorname{Eig}_A(3) = \left\langle \begin{pmatrix} 2 \\ 1 \\ 1 \end{pmatrix} \right\rangle, \ \operatorname{Eig}_A(-3) = \left\langle \begin{pmatrix} -1 \\ 0 \\ 2 \end{pmatrix}, \begin{pmatrix} -1 \\ 2 \\ 0 \end{pmatrix} \right\rangle.$$

Damit existiert eine Basis des $\mathbb{R}^3$ aus Eigenvektoren der Matrix A. Die Matrix ist also diagonalisierbar, und es gilt mit den Vektoren

$$b_1 = \begin{pmatrix} 2 \\ 1 \\ 1 \end{pmatrix}, \ b_2 = \begin{pmatrix} -1 \\ 0 \\ 2 \end{pmatrix}, \ b_3 = \begin{pmatrix} -1 \\ 2 \\ 0 \end{pmatrix}$$

und

$$S = (b_1, \, b_2, \, b_3)$$

die Gleichung:

$$S^{-1} A \, S = \begin{pmatrix} 3 & 0 & 0 \\ 0 & -3 & 0 \\ 0 & 0 & -3 \end{pmatrix}$$

— ? —

Prüfen Sie dies nach, indem Sie $S^{-1} A \, S$ tatsächlich berechnen.

■ Die Matrix

$$A = \begin{pmatrix} \overline{3} & \overline{4} \\ \overline{1} & \overline{1} \end{pmatrix} \in \mathbb{Z}_5^{2 \times 2}$$

hat wegen

$$\chi_A = (\overline{2} - X)^2$$

den einzigen Eigenwert $\overline{2}$ der algebraischen Vielfachheit 2. Der Eigenraum $\operatorname{Eig}_A(\overline{2})$ von A lautet

$$\operatorname{Eig}_A(\overline{2}) = \left\langle \begin{pmatrix} \overline{1} \\ \overline{1} \end{pmatrix} \right\rangle.$$

Damit hat der Eigenwert $\overline{2}$ die geometrische Vielfachheit 1. Weil die geometrische Vielfachheit des Eigenwerts $\overline{2}$ echt kleiner der algebraischen ist, ist die Matrix nicht diagonalisierbar.

■ Die Matrix

$$A = \begin{pmatrix} 1 & 3 & 6 \\ -3 & -5 & -6 \\ 3 & 3 & 4 \end{pmatrix}$$

hat das charakteristische Polynom $\chi_A = -(2+X)^2 \, (4-X)$, also den zweifachen Eigenwert -2 und einfachen Eigenwert 4. Wir erhalten als Eigenräume

$$\operatorname{Eig}_A(-2) = \left\langle \begin{pmatrix} -1 \\ 1 \\ 0 \end{pmatrix}, \begin{pmatrix} -2 \\ 0 \\ 1 \end{pmatrix} \right\rangle, \ \operatorname{Eig}_A(4) = \left\langle \begin{pmatrix} 1 \\ -1 \\ 1 \end{pmatrix} \right\rangle.$$

Damit stimmen für jeden Eigenwert geometrische und algebraische Vielfachheit überein, d. h., dass die Matrix A diagonalisierbar ist. Mit der Matrix

$$S = (b_1, \, b_2, \, b_3),$$

wobei

$$b_1 = \begin{pmatrix} -1 \\ 1 \\ 0 \end{pmatrix}, \ b_2 = \begin{pmatrix} -2 \\ 0 \\ 1 \end{pmatrix}, \ b_3 = \begin{pmatrix} 1 \\ -1 \\ 1 \end{pmatrix},$$

gilt:

$$S^{-1} A \, S = \begin{pmatrix} -2 & 0 & 0 \\ 0 & -2 & 0 \\ 0 & 0 & 4 \end{pmatrix}.$$

— ? —

Wie ändert sich die Diagonalmatrix, wenn man in der Matrix S zwei Spalten vertauscht?

◀

Kennt man bereits einige Eigenwerte einer Matrix, etwa durch geometrische Überlegungen, so kann man gelegentlich mit einer einfachen Rechnung die restlichen Eigenwerte dieser Matrix bestimmen. Das liegt daran, dass das Produkt aller Eigenwerte und die Summe aller Eigenwerte einer Matrix A bekannte bzw. oftmals leicht bestimmbare Kenngrößen von A sind.

Unter der Lupe: Das 3. Kriterium zur Diagonalisierbarkeit

Ein Kriterium zur Diagonalisierbarkeit einer Matrix $A \in \mathbb{K}^{n \times n}$ erhalten wir durch Angabe von Eigenschaften der Matrix A, die notwendig und hinreichend dafür sind, dass die Matrix A diagonalisierbar ist. Im dritten Kriterium zur Diagonalisierbarkeit haben wir zwei solche Eigenschaften von A gefunden, es gilt nämlich: Eine Matrix $A \in \mathbb{K}^{n \times n}$ ist genau dann diagonalisierbar, wenn

(i) das charakteristische Polynom χ_A in Linearfaktoren zerfällt: $\chi_A = (\lambda_1 - X)^{m_a(\lambda_1)} \cdots (\lambda_r - X)^{m_a(\lambda_r)}$ und

(ii) für jeden Eigenwert die algebraische Vielfachheit gleich der geometrischen Vielfachheit ist: $m_a(\lambda_i) = m_g(\lambda_i)$ für $i = 1, \ldots, r$.

Es sind zwei Richtungen zu zeigen:

- Wenn die Matrix A diagonalisierbar ist, so gelten (i) und (ii).
- Wenn (i) und (ii) gelten, so ist die Matrix A diagonalisierbar.

Wir beginnen mit der ersten dieser beiden Richtungen. Es sei also $A \in \mathbb{K}^{n \times n}$ eine diagonalisierbare Matrix. Wir wollen zeigen, dass das charakteristische Polynom χ_A in Linearfaktoren zerfällt. Dazu bietet sich das folgende naheliegende Vorgehen an: Da A diagonalisierbar ist, ist A zu einer Diagonalmatrix $D = \mathrm{diag}(\lambda_1, \ldots, \lambda_n)$ ähnlich. Da die beiden Matrizen ähnlich sind, haben sie dasselbe charakteristische Polynom. Und weil das charakteristische Polynom einer Diagonalmatrix $D = \mathrm{diag}(\lambda_1, \ldots, \lambda_n)$ in Linearfaktoren zerfällt, zerfällt auch das charakteristische Polynom von A in solche:

$$\chi_A = \chi_D = (\lambda_1 - X) \cdots (\lambda_n - X) \,.$$

Damit ist bereits (i) gezeigt. Dieser Beweis basiert auf der naheliegenden Idee, dass die Matrix A zu einer Diagonalmatrix ähnlich ist. Wir können nun auch versuchen, die Aussage (ii) auf diese Art zu zeigen. Wir wollen zeigen, dass die algebraische Vielfachheit $m_a(\lambda)$ für jeden Eigenwert λ von A gleich der geometrischen Vielfachheit $m_g(\lambda)$ ist. Wir benutzen wieder, dass A zu einer Diagonalmatrix $D = \mathrm{diag}(\lambda_1, \ldots, \lambda_n)$ ähnlich ist. Wir können die obige Beweisidee wieder aufgreifen und gehen den Umweg über die zu A ähnliche Diagonalmatrix D: Wir zeigen, dass die Behauptung für die Diagonalmatrix D gilt und wegen der Ähnlichkeit dann auch für A.

Die ähnlichen Matrizen A und D haben die gleichen charakteristischen Polynome und somit auch die gleichen Eigenwerte $\lambda_1, \ldots, \lambda_r$:

$$\chi_A = (\lambda_1 - X)^{k_1} \cdots (\lambda_r - X)^{k_1} = \chi_D \,.$$

Daher haben die gleichen Eigenwerte von A und D auch jeweils die gleichen algebraischen Vielfachheiten. Bei einer Diagonalmatrix ist aber natürlich die algebraische Vielfachheit eines Eigenwerts stets gleich der geometrischen Vielfachheit dieses Eigenwerts, da die Dimension des Eigenraums $\mathrm{Eig}_D(\lambda)$ wegen

$$\mathrm{Eig}_D(\lambda) = \ker \begin{pmatrix} \lambda_1 - \lambda & & 0 \\ & \ddots & \\ 0 & & \lambda_r - \lambda \end{pmatrix}$$

gleich der Anzahl der Einträge λ in der Diagonalen ist, und diese Anzahl ist gerade die algebraische Vielfachheit von λ. Damit ist gezeigt, dass bei einer Diagonalmatrix D

stets $m_a^D(\lambda) = m_g^D(\lambda)$ für jeden Eigenwert λ gilt. Da nun die algebraischen und geometrischen Vielfachheiten der jeweils gleichen Eigenwerte ähnlicher Matrizen übereinstimmen, erhalten wir

$$m_g^A(\lambda) = m_g^D(\lambda) = m_a^D(\lambda) = m_a^A(\lambda) \,,$$

d. h., dass (ii) gilt.

Der Beweis ist naheliegend und durchsichtig aber etwas lang. Durch einen kleinen Trick können wir den Nachweis von (i) und (ii) viel kürzer fassen: Ist $A \in \mathbb{K}^{n \times n}$ diagonalisierbar, so gibt es zu den r verschiedenen Eigenwerten $\lambda_1, \ldots, \lambda_r \in \mathbb{K}$ eine Basis $(b_1, \ldots, b_n)$ des $\mathbb{K}^n$ aus Eigenvektoren von A. Somit ist die Summe der Dimensionen der Eigenräume von A gleich n, d. h., es gilt $n = \sum_{i=1}^{r} m_g(\lambda_i)$.

Andererseits gilt $\sum_{i=1}^{r} m_a(\lambda_i) \leq n$, da die Zahlen $m_a(\lambda_i)$ die Vielfachheiten der Nullstellen λ_i des charakteristischen Polynoms χ_A vom Grad n sind.

Hat man nun erst einmal diese zwei Ungleichungen, so erhält man wegen $m_g(\lambda_i) \leq m_a(\lambda_i)$ für jedes λ_i:

$$n = \sum_{i=1}^{r} m_g(\lambda_i) \leq \sum_{i=1}^{r} m_a(\lambda_i) \leq n$$

und damit wie im Beweis im Text (i) und (ii).

Zur zweiten Richtung: *Wenn (i) und (ii) gelten, so ist die Matrix A diagonalisierbar*:

Je mehr Linearfaktoren sich vom charakteristischen Polynom χ_A abspalten lassen, um so mehr Eigenwerte hat die Matrix $A \in \mathbb{K}^{n \times n}$. Zerfällt das Polynom χ_A gar, d. h. es gilt (i), so gibt es die maximale Anzahl von Eigenwerten, die mit ihrer algebraischen Vielfachheit entsprechend gezählt gerade $n = \dim \mathbb{K}^n$ ist. Gilt nun zudem (ii) $m_g(\lambda) = m_a(\lambda)$ für jeden Eigenwert λ von A, so gibt es zu jedem Eigenwert die maximal mögliche Zahl linear unabhängiger Eigenvektoren. Zu jedem Eigenwert λ von A stecken wir nun diese $m_g(\lambda) = m_a(\lambda)$ vielen linear unabhängigen Eigenvektoren in eine Basis B_λ. Da Eigenvektoren zu verschiedenen Eigenwerten linear unabhängig sind, ist die Vereinigung $B = B_{\lambda_1} \cup \cdots \cup B_{\lambda_r}$ all dieser Basen B_{λ_i} für die verschiedenen Eigenwerte $\lambda_1, \ldots, \lambda_r$ von A linear unabhängig. Und da nun die Summe der geometrischen Vielfachheiten $m_g(\lambda_i) = |B_{\lambda_i}|$ gerade die Summe der algebraischen Vielfachheiten $m_a(\lambda_i)$, also nach (ii) gleich n ist, gilt $|B| = n$. Also ist B eine Basis des $\mathbb{K}^n$ aus Eigenvektoren von A.

Übersicht: Diagonalisieren einer Matrix

Gegeben ist eine diagonalisierbare Matrix $A \in \mathbb{K}^{n \times n}$. Das Bestimmen einer invertierbaren Matrix S, die die Eigenschaft hat, dass $D = S^{-1} A S$ eine Diagonalmatrix ist, nennt man auch **Diagonalisieren** von A. Als Spalten der Matrix S wählt man dabei die Vektoren einer Basis des $\mathbb{K}^n$ aus Eigenvektoren von A. Zum Diagonalisieren dieser Matrix A geht man meistens wie folgt vor:

- Bestimme das charakteristische Polynom χ_A von A.
- Zerlege χ_A in Linearfaktoren

$$\chi_A = (\lambda_1 - X)^{m_a(\lambda_1)} \cdots (\lambda_r - X)^{m_a(\lambda_r)} \, .$$

  Die r verschiedenen Nullstellen $\lambda_1, \ldots, \lambda_r$ sind die Eigenwerte der Matrix A.
- Bestimme Basen $B_1, \ldots, B_r$ der r Eigenräume $\mathrm{Eig}_A(\lambda_1), \ldots, \mathrm{Eig}_A(\lambda_r)$, dabei gilt:

$$|B_1| = m_a(\lambda_1), \ldots, |B_r| = m_a(\lambda_r) \, .$$

- Ordne die Basisvektoren der Basis $B = \bigcup\limits_{i=1}^{r} B_i$ des $\mathbb{K}^n$

aus Eigenvektoren der Matrix A zu einer geordneten Basis $B = (\boldsymbol{b}_1, \ldots, \boldsymbol{b}_n)$.
- Mit der Matrix $S = (\boldsymbol{b}_1, \ldots, \boldsymbol{b}_n)$ gilt dann die Gleichung:

$$\begin{pmatrix} \lambda_1 & \cdots & 0 \\ \vdots & \ddots & \vdots \\ 0 & \cdots & \lambda_n \end{pmatrix} = S^{-1} A S \, .$$

Diese Gleichung muss *nicht* nachgeprüft werden, sie gilt bereits nach Konstruktion. Es ist dabei $\boldsymbol{b}_i$ ein Eigenvektor zum Eigenwert λ_i – man achte also auf die Anordnung der Basisvektoren.

Die Determinante ist das Produkt der Eigenwerte, die Spur die Summe der Eigenwerte

Wenn zwei Matrizen zueinander ähnlich sind, so haben sie dieselbe Determinante und dieselbe Spur. Wir betrachten nun die Situation, dass eine dieser beiden Matrizen eine Diagonalmatix ist. Die Determinante und die Spur einer Diagonalmatrix sind gerade das Produkt und die Summe der Diagonaleinträge.

Es sei $A \in \mathbb{K}^{n \times n}$ zu einer Diagonalmatrix D ähnlich:

$$\underbrace{\begin{pmatrix} a_{11} & \cdots & a_{1n} \\ \vdots & \ddots & \vdots \\ a_{n1} & \cdots & a_{nn} \end{pmatrix}}_{=A} \sim \underbrace{\begin{pmatrix} \lambda_1 & & 0 \\ & \ddots & \\ 0 & & \lambda_n \end{pmatrix}}_{=D}$$

so erhalten wir:

$$\det A = \det D = \lambda_1 \cdots \lambda_n \quad \text{und}$$
$$\mathrm{Sp}\, A = \mathrm{Sp}\, D = \lambda_1 + \cdots + \lambda_n \, .$$

Damit ist gezeigt:

Der Zusammenhang zwischen Spur, Determinante und den Eigenwerten einer Matrix

Es seien $\lambda_1, \ldots, \lambda_n$ die nicht notwendig verschiedenen Eigenwerte einer diagonalisierbaren $n \times n$-Matrix $A \in \mathbb{K}^{n \times n}$. Dann gilt:

$$\mathrm{Sp}\, A = \lambda_1 + \cdots + \lambda_n \, , \quad \det A = \lambda_1 \cdots \lambda_n \, .$$

Kommentar: Dieses Ergebnis gilt sogar noch etwas allgemeiner für alle Matrizen, deren charakteristisches Polynom in Linearfaktoren zerfällt. Wir begründen das auf Seite 544.

?

Man prüfe diese beiden Formeln an einigen bisher betrachteten Matrizen, deren charakteristische Polynome in Linearfaktoren zerfallen.

Diese Formeln sind nützlich. Zum einen hat man eine Kontrollmöglichkeit zu den berechneten Eigenwerten, zum anderen kann man gelegentlich ohne Bestimmung des charakteristischen Polynoms unbekannte Eigenwerte einer Matrix erschließen, wenn man bereits Informationen über die Matrix hat. Zum Beispiel hat die Matrix

$$A = \begin{pmatrix} 1 & 1 \\ 2 & 2 \end{pmatrix}$$

aufgrund der linearen Abhängigkeit der Zeilen offensichtlich den Eigenwert 0. Wegen $\mathrm{Sp}\, A = 3$ muss der zweite Eigenwert 3 sein. Wir führen ein weiteres Beispiel an.

Beispiel Wir betrachten als Beispiel eine komplexe 4×4-Matrix A, von der wir wissen, dass sie die Eigenwerte 1 und -1 hat – eine solche Information hat man etwa dann, wenn es vom Nullvektor verschiedene Vektoren gibt, die auf sich bzw. auf ihr Negatives abgebildet werden. Gilt etwa $\det A = -9$ und $\mathrm{Sp}\, A = -6$, so folgt mit den angegebenen Formeln für die beiden unbekannten Eigenwerte λ_1 und λ_2

$$\lambda_1 \lambda_2 = 9 \quad \text{und} \quad \lambda_1 + \lambda_2 = -6 \, ,$$

woraus man $\lambda_1 = -6 - \lambda_2$ und $-\lambda_2^2 - 6\lambda_2 - 9 = 0$, also $\lambda_2 = -3 = \lambda_1$ erhält. ◀

Kommentar: Wir haben ein Kriterium für die Diagonalisierbarkeit einer Matrix A hergeleitet: Wenn das charakteristische Polynom χ_A in Linearfaktoren zerfällt und für jeden

Beispiel: Die Fibonacci-Zahlen und ihre Näherungen

Wir möchten eine explizite Formel für die Fibonacci-Zahlen a_0, a_1, a_2, ... bestimmen, die rekursiv definiert sind durch

$$a_0 = 1, \; a_1 = 1, \; a_{n+1} = a_n + a_{n-1} \;\text{ für } n \in \mathbb{N},$$

man vergleiche hierzu auch Seite 278.

Problemanalyse und Strategie: Wir geben diese Rekursionsvorschrift durch eine Matrix $A \in \mathbb{R}^{2\times 2}$ wieder und gelangen durch Berechnen von Potenzen von A zu einer guten Näherungslösung für hinreichend große n.

Lösung:

Wir bestimmen zunächst die Matrix $A \in \mathbb{R}^{2\times 2}$ mit

$$\begin{pmatrix} a_n \\ a_{n+1} \end{pmatrix} = A^n \begin{pmatrix} a_0 \\ a_1 \end{pmatrix}, \; n \in \mathbb{N}$$

und berechnen anschließend explizit die Potenzen A^n. Es gilt:

$$\begin{pmatrix} a_n \\ a_{n+1} \end{pmatrix} = \begin{pmatrix} 0 & 1 \\ 1 & 1 \end{pmatrix} \begin{pmatrix} a_{n-1} \\ a_n \end{pmatrix} = \cdots = \begin{pmatrix} 0 & 1 \\ 1 & 1 \end{pmatrix}^n \begin{pmatrix} a_0 \\ a_1 \end{pmatrix},$$

insbesondere also

$$A = \begin{pmatrix} 0 & 1 \\ 1 & 1 \end{pmatrix}.$$

Die Eigenwerte von A sind die Nullstellen des charakteristischen Polynoms

$$\chi_A = \begin{vmatrix} -X & 1 \\ 1 & 1-X \end{vmatrix} = X^2 - X - 1$$

$$= \left(\frac{1+\sqrt{5}}{2} - X \right) \left(\frac{1-\sqrt{5}}{2} - X \right).$$

Die Eigenvektoren erhalten wir als Lösungen der Gleichungssysteme $(A - \frac{1\pm\sqrt{5}}{2} \mathbf{E}_2 \mid \mathbf{0})$, und zwar erhalten wir

$$\boldsymbol{b}_1 = \begin{pmatrix} 1 \\ \frac{1+\sqrt{5}}{2} \end{pmatrix} \text{ zum Eigenwert } \frac{1+\sqrt{5}}{2} \text{ und}$$

$$\boldsymbol{b}_2 = \begin{pmatrix} 1 \\ \frac{1-\sqrt{5}}{2} \end{pmatrix} \text{ zum Eigenwert } \frac{1-\sqrt{5}}{2}.$$

Wir setzen $\boldsymbol{S} = (\boldsymbol{b}_1, \boldsymbol{b}_2)$ und erhalten

$$\boldsymbol{S}^{-1} \boldsymbol{A} \boldsymbol{S} = \begin{pmatrix} \frac{1+\sqrt{5}}{2} & 0 \\ 0 & \frac{1-\sqrt{5}}{2} \end{pmatrix} = \boldsymbol{D}.$$

Und nun kommt der entscheidende Trick. Wegen $\boldsymbol{A} = \boldsymbol{S} \boldsymbol{D} \boldsymbol{S}^{-1}$ gilt:

$$\boldsymbol{A}^n = (\boldsymbol{S} \boldsymbol{D} \boldsymbol{S}^{-1})^n =$$

$$= \underbrace{\boldsymbol{S} \boldsymbol{D} \boldsymbol{S}^{-1} \, \boldsymbol{S} \boldsymbol{D} \boldsymbol{S}^{-1} \, \ldots \, \boldsymbol{S} \boldsymbol{D} \boldsymbol{S}^{-1}}_{n-\text{mal}} = \boldsymbol{S} \boldsymbol{D}^n \boldsymbol{S}^{-1}.$$

Und dieses Produkt $\boldsymbol{S} \boldsymbol{D}^n \boldsymbol{S}^{-1}$ ist nun wegen der Diagonalform von $\boldsymbol{D}$ einfach zu berechnen. Zur Abkürzung setzen wir $a = \frac{1+\sqrt{5}}{2}$ und $b = \frac{1-\sqrt{5}}{2}$. Wir erhalten $\boldsymbol{A}^n$ durch Berechnen des Matrixprodukts, wobei wir $a\,b = -1$ berücksichtigen:

$$-\frac{1}{\sqrt{5}} \begin{pmatrix} 1 & 1 \\ a & b \end{pmatrix} \begin{pmatrix} a^n & 0 \\ 0 & b^n \end{pmatrix} \begin{pmatrix} b & -1 \\ -a & 1 \end{pmatrix}$$

$$= \frac{1}{\sqrt{5}} \begin{pmatrix} a^{n-1} - b^{n-1} & a^n - b^n \\ a^n - b^n & a^{n+1} - b^{n+1} \end{pmatrix}$$

Daraus liest man

$$a_n = \frac{1}{\sqrt{5}} \left(\left(\frac{1+\sqrt{5}}{2} \right)^{n+1} - \left(\frac{1-\sqrt{5}}{2} \right)^{n+1} \right),$$

für $n \in \mathbb{N}$ ab, und zwar durch Berechnung von $\begin{pmatrix} a_n \\ a_{n+1} \end{pmatrix} = \boldsymbol{A}^n \begin{pmatrix} a_0 \\ a_1 \end{pmatrix} = \boldsymbol{A}^n \begin{pmatrix} 1 \\ 1 \end{pmatrix}$ oder einfacher durch die Beobachtung, dass die durch $b_0 = 0$, $b_1 = 1$ und $b_n = b_{n-1} + b_{n-2}$ für $n \geq 2$ definierte Folge (b_n) die Bedingung $b_{n+1} = a_n$ erfüllt, woraus folgt:

$$\begin{pmatrix} a_{n-1} \\ a_n \end{pmatrix} = \begin{pmatrix} b_n \\ b_{n+1} \end{pmatrix} = \boldsymbol{A}^n \begin{pmatrix} b_0 \\ b_1 \end{pmatrix} = \boldsymbol{A}^n \begin{pmatrix} 0 \\ 1 \end{pmatrix}.$$

Ein Vorteil dieser Matrizendarstellung der Fibonacci-Zahlen besteht darin, dass man an ihr das Wachstumsverhalten von a_n gut erkennen kann. Da der zweite Summand wegen $(\sqrt{5} - 1)/2 \approx 0.618$ sehr schnell klein wird, gilt:

$$a_n \approx \frac{1}{\sqrt{5}} \left(\frac{1+\sqrt{5}}{2} \right)^{n+1}$$

in guter Näherung, und a_n ergibt sich für jedes n aus dieser Näherung durch Runden zur nächsten ganzen Zahl:

n	a_n	Näherung
0	1	0.723 606 798 0
1	1	1.170 820 394
2	2	1.894 427 192
3	3	3.065 247 586
4	5	4.959 674 780
5	8	8.024 922 370
6	13	12.984 597 15
7	21	21.009 519 52
8	34	33.994 116 68

Kommentar: Die Zahl $a = \frac{1+\sqrt{5}}{2}$ ist übrigens das Verhältnis des *goldenen Schnitts*: Wegen der linearen Abhängigkeit der Zeilen der Matrix $\boldsymbol{A} - a\,\mathbf{e}_2 = \begin{pmatrix} -a & 1 \\ 1 & 1-a \end{pmatrix}$ erhält man $a : 1 = 1 : (a - 1)$.

Aus der obigen Formel $a_n = \frac{a^{n+1} - b^{n+1}}{\sqrt{5}}$ folgt weiter $\lim_{n\to\infty} \frac{a_n}{a_{n-1}} = a$, d.h., dass sich das Verhältnis aufeinanderfolgender Fibonacci-Zahlen dem Verhältnis des goldenen Schnitts nähert.

Beispiel: Eigenwerte und Eigenvektoren von Spiegelungen und Drehungen im $\mathbb{R}^2$

Spiegelungen an Geraden durch den Nullpunkt und Drehungen um den Nullpunkt des $\mathbb{R}^2$ sind lineare Abbildungen. Somit lassen sich diese Abbildungen durch Matrizen A aus $\mathbb{R}^{2\times 2}$ bezüglich der Standardbasis darstellen.

Problemanalyse und Strategie: Wir bestimmen die Eigenwerte und Eigenvektoren der darstellenden Matrizen.

Lösung:
Ist $\sigma_\alpha \colon \mathbb{R}^2 \to \mathbb{R}^2$ die Spiegelung an der Geraden $\left\langle \begin{pmatrix} \cos(\frac{\alpha}{2}) \\ \sin(\frac{\alpha}{2}) \end{pmatrix} \right\rangle$, die mit der x_1-Achse einen Winkel $\frac{\alpha}{2} \in [0,\ \pi[$ einschließt, so gilt nach dem Beispiel auf Seite 439

$$\sigma = \varphi_A \text{ mit } A = \begin{pmatrix} \cos\alpha & \sin\alpha \\ \sin\alpha & -\cos\alpha \end{pmatrix}, \text{ also } \sigma(x) = A\,x\,.$$

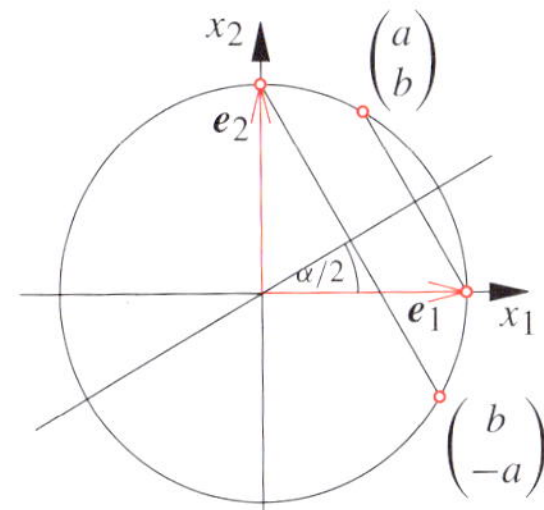

Zwar wissen wir durch das Bild, dass die Spiegelung σ genau zwei Geraden des $\mathbb{R}^2$ durch $\mathbf{0}$ auf sich selbst abbildet, nämlich die Spiegelungsachse und die dazu senkrechte Gerade. Die Vektoren v auf der Spiegelungsachse sind Fixpunkte von σ, d. h., $A\,v = v$, während die Vektoren auf der dazu senkrechten Geraden durch σ auf ihre entgegengesetzten Vektoren abgebildet werden, d. h., $A\,v = -v$. Also besitzt A die beiden Eigenwerte 1 und -1 mit zugehörigen Eigenräumen. Wir wollen dies nun auch rechnerisch nachweisen. Dazu bestimmen wir das charakteristische Polynom der Matrix A.

$$\chi_A = \begin{vmatrix} \cos\alpha - X & \sin\alpha \\ \sin\alpha & -\cos\alpha - X \end{vmatrix}$$
$$= X^2 - \cos^2\alpha - \sin^2\alpha = (1 - X)(-1 - X)\,.$$

Also hat A die beiden einfachen Eigenwerte 1 und -1. Insbesondere ist also A diagonalisierbar. Wir bestimmen die Eigenräume zu den beiden Eigenwerten:

$$\text{Eig}_A(1) = \ker\begin{pmatrix} \cos\alpha - 1 & \sin\alpha \\ \sin\alpha & -\cos\alpha - 1 \end{pmatrix}, (\alpha \neq 0)$$
$$= \ker\begin{pmatrix} -2\sin^2\left(\frac{\alpha}{2}\right) & 2\sin\left(\frac{\alpha}{2}\right)\cos\left(\frac{\alpha}{2}\right) \\ 0 & 0 \end{pmatrix}$$
$$= \ker\begin{pmatrix} -\sin\left(\frac{\alpha}{2}\right) & \cos\left(\frac{\alpha}{2}\right) \\ 0 & 0 \end{pmatrix}$$

Also ist $\text{Eig}_A(1) = \left\langle \begin{pmatrix} \cos\left(\frac{\alpha}{2}\right) \\ \sin\left(\frac{\alpha}{2}\right) \end{pmatrix} \right\rangle$ auch für $\alpha = 0$.

Die Berechnung von $\text{Eig}_A(-1) = \left\langle \begin{pmatrix} -\sin\left(\frac{\alpha}{2}\right) \\ \cos\left(\frac{\alpha}{2}\right) \end{pmatrix} \right\rangle$ verläuft analog. Wir halten fest: *Für jedes $\alpha \in [0,\ \pi[$ ist die Matrix $A = \begin{pmatrix} \cos\alpha & \sin\alpha \\ \sin\alpha & -\cos\alpha \end{pmatrix}$ diagonalisierbar, und zwar*

gilt mit $b_1 = \begin{pmatrix} \cos\left(\frac{\alpha}{2}\right) \\ \sin\left(\frac{\alpha}{2}\right) \end{pmatrix}$ und $b_2 = \begin{pmatrix} -\sin\left(\frac{\alpha}{2}\right) \\ \cos\left(\frac{\alpha}{2}\right) \end{pmatrix}$ sowie $S = (b_1,\ b_2)$ die Gleichung:

$$S^{-1}\,A\,S = \begin{pmatrix} 1 & 0 \\ 0 & -1 \end{pmatrix}$$

Wir kommen zur Drehung. Ist $\delta_\alpha \colon \mathbb{R}^2 \to \mathbb{R}^2$ die Drehung um den Winkel $\alpha \in [0,\ 2\pi[$ um den Ursprung, so gilt:

$$\delta = \varphi_A \text{ mit } A = \begin{pmatrix} \cos\alpha & -\sin\alpha \\ \sin\alpha & \cos\alpha \end{pmatrix}, \text{ also } \delta(x) = A\,x\,.$$

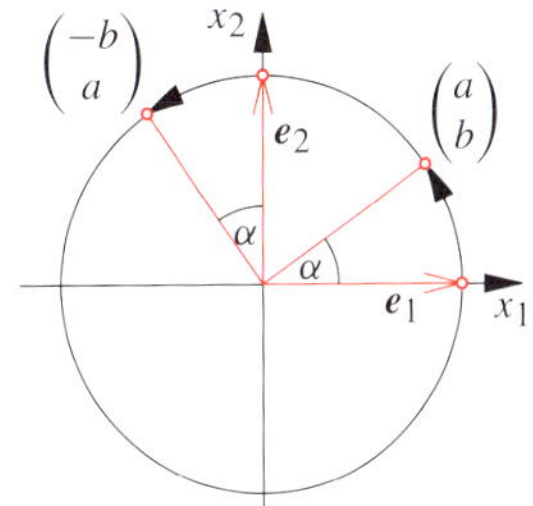

Wir wissen bereits, dass die Drehung δ_α – abgesehen von zwei Ausnahmefällen – keine Gerade durch $\mathbf{0}$ auf sich selbst abbildet und somit keine Eigenwerte besitzt. Die beiden Ausnahmen sind die Drehung um den Winkel $\alpha = 0$, d. h., $A = \begin{pmatrix} 1 & 0 \\ 0 & 1 \end{pmatrix}$, und die Drehung um den Winkel $\alpha = \pi$, d. h., $A = \begin{pmatrix} -1 & 0 \\ 0 & -1 \end{pmatrix}$. In diesen beiden Fällen ist die Matrix A bereits diagonal, die Eigenräume sind in beiden Fällen jeweils der ganze $\mathbb{R}^2$.

Für $\alpha \notin \{0,\ \pi\}$ bestätigen wir unsere Vermutung nun rechnerisch und bestimmen das charakteristische Polynom χ_A:

$$\chi_A = \begin{vmatrix} \cos\alpha - X & -\sin\alpha \\ \sin\alpha & \cos\alpha - X \end{vmatrix}$$
$$= X^2 - 2\cos\alpha\,X + 1\,.$$

Für die Nullstellen $\lambda_{1/2}$ dieses Polynoms gilt:

$$\lambda_{1/2} = \cos\alpha \pm \left(\cos^2\alpha - 1\right)^{\frac{1}{2}}\,.$$

Für $\alpha \notin \{0,\ \pi\}$ gilt aber $|\cos\alpha| < 1$ und damit $\cos^2\alpha - 1 < 0$. Also hat das Polynom $\chi_A = X^2 - 2\cos\alpha\,X + 1 = 0$ im Fall $\alpha \notin \{0,\ \pi\}$ keine reellen Nullstellen, und damit hat in diesem Fall die Matrix A auch keinen Eigenwert. Wir halten fest: *Für jedes $\alpha \in\ ]0,\ 2\pi[\setminus\{\pi\}$ ist die Matrix $A = \begin{pmatrix} \cos\alpha & -\sin\alpha \\ \sin\alpha & \cos\alpha \end{pmatrix}$ nicht diagonalisierbar, und in den Fällen $\alpha = 0$ und $\alpha = \pi$ hat A bereits Diagonalform.*

Eigenwert die algebraische Vielfachheit mit der geometrischen übereinstimmt, so ist die Matrix A diagonalisierbar. Es ist natürlich mühsam, all diese Eigenschaften nachzuprüfen. Es wäre sehr nützlich, wenn wir einer Matrix noch viel schneller, quasi ohne jede Rechnung ansehen könnten, dass sie diagonalisierbar ist. Und das geht oftmals, z. B. gilt: *Jede reelle symmetrische Matrix ist diagonalisierbar.* Wir werden diese Tatsache in Kapitel 17 begründen.

Die Matrix A ist Nullstelle ihres charakteristischen Polynoms

Wir betrachten zu einer Matrix $A \in \mathbb{K}^{n \times n}$ das charakteristische Polynom

$$\chi_A = (-1)^n\, X^n + c_{n-1}\, X^{n-1} + \cdots + c_1\, X + c_0 \in \mathbb{K}[X]\,.$$

Nach dem Lemma auf Seite 446 können wir den Körper $\mathbb{K}$ als einen kommutativen Teilring des Rings $\mathbb{K}^{n \times n}$ auffassen. Dabei identifizieren wir jedes Element $\lambda \in \mathbb{K}$ mit der Diagonalmatrix $\lambda\, \mathbf{E}_n \in \mathbb{K}^{n \times n}$:

$$\lambda \;\longleftrightarrow\; \iota(\lambda) = \begin{pmatrix} \lambda & & 0 \\ & \ddots & \\ 0 & & \lambda \end{pmatrix}.$$

Nach dem Merksatz zum Einsetzen in Polynome auf Seite 90 (wir setzen in diesem Satz $R = \mathbb{K} = \iota(\mathbb{K})$ und $S = \mathbb{K}^{n \times n}$) dürfen wir daher quadratische Matrizen M aus $\mathbb{K}^{n \times n}$ in das charakteristische Polynom χ_A für X einsetzen:

$$\chi_A(M) = (-1)^n\, M^n + c_{n-1} M^{n-1} + \cdots + c_1 M + c_0 M^0\,,$$

dabei ist $\chi_A(M) \in \mathbb{K}^{n \times n}$. Hierbei ist nun die Addition bzw. Multiplikation die Matrizenaddition bzw. Matrizenmultiplikation.

Es gibt einen berühmten Satz, der besagt, dass das charakteristische Polynom χ_A einer Matrix A eben diese Matrix als Nullstelle hat, d. h. $\chi_A(A) = \mathbf{0}$.

Beispiel Die Matrix $A = \begin{pmatrix} 0 & 1 \\ -1 & 0 \end{pmatrix}$ hat das charakteristische Polynom $\chi_A = X^2 + 1$, und es gilt:

$$\chi_A(A) = A^2 + \mathbf{E}_2 = \begin{pmatrix} -1 & 0 \\ 0 & -1 \end{pmatrix} + \begin{pmatrix} 1 & 0 \\ 0 & 1 \end{pmatrix}$$

$$= \begin{pmatrix} 0 & 0 \\ 0 & 0 \end{pmatrix} = \mathbf{0}\,. \qquad \blacktriangleleft$$

Der Satz von Cayley-Hamilton

Für jede Matrix $A \in \mathbb{K}^{n \times n}$ gilt:

$$\chi_A(A) = \mathbf{0}\,,$$

wobei $\mathbf{0}$ die Nullmatrix aus $\mathbb{K}^{n \times n}$ bezeichnet.

Von den vielen verschiedenen Beweisen, die es gibt, entscheiden wir uns für den wohl kürzesten. Dabei benutzen wir wiederholt das Kronecker-Symbol

$$\delta_{ij} = \begin{cases} 1 & \text{für } i = j, \\ 0 & \text{für } i \neq j. \end{cases}$$

Beweis: Mithilfe der Matrix $A = (a_{ij})$ bilden wir die Matrix $B = A^\top - X\, \mathbf{E}_n = (b_{ij}) \in \mathbb{K}[X]^{n \times n}$:

$$B = \begin{pmatrix} a_{11} - X & \cdots & a_{n1} \\ \vdots & \ddots & \vdots \\ a_{1n} & \cdots & a_{nn} - X \end{pmatrix} = (a_{ji} - \delta_{ij}\, X)\,.$$

Und es sei $C = (c_{ij})$ die Adjunkte zu B (Seite 485); es gilt:

$$C\, B = \det(B)\, \mathbf{E}_n = \chi_A\, \mathbf{E}_n\,,$$

da $A^\top$ und A das gleiche charakteristische Polynom haben. Wir betrachten diese Gleichheit von Matrizen nun komponentenweise: Für alle $j, k \in \{1, \ldots, n\}$ gilt:

$$\sum_{i=1}^{n} c_{ki}\, b_{ij} = \delta_{jk}\, \chi_A\,.$$

Dies sind n^2 Gleichungen im Polynomring $\mathbb{K}[X]$. Wir setzen nun für die Unbestimmte X die Matrix A ein und erhalten

$$\sum_{i=1}^{n} c_{ki}(A)\, b_{ij}(A) = \delta_{jk}\, \chi_A(A)\,. \qquad (14.2)$$

Wegen $b_{ij}(A) = a_{ji}\mathbf{E}_n - \delta_{ij}\, A$ gilt für alle $i = 1, \ldots, n$:

$$\sum_{j=1}^{n} b_{ij}(A)\, \boldsymbol{e}_j = \sum_{j=1}^{n} (a_{ji}\mathbf{E}_n - \delta_{ij}\, A)\, \boldsymbol{e}_j$$

$$= \sum_{j=1}^{n} a_{ji}\, \boldsymbol{e}_j - A\, \boldsymbol{e}_i = \mathbf{0}\,. \qquad (14.3)$$

Nun folgt für alle $k \in \{1, \ldots, n\}$:

$$\chi_A(A)\, \boldsymbol{e}_k = \sum_{j=1}^{n} \delta_{jk}\, \chi_A(A)\, \boldsymbol{e}_j$$

$$\overset{(14.2)}{=} \sum_{j=1}^{n} \sum_{i=1}^{n} c_{ki}(A)\, b_{ij}(A)\, \boldsymbol{e}_j$$

$$= \sum_{i=1}^{n} c_{ki}(A) \left(\sum_{j=1}^{n} b_{ij}(A)\, \boldsymbol{e}_j \right)$$

$$\overset{(14.3)}{=} \mathbf{0}\,.$$

Somit gilt $\chi_A(A) = \mathbf{0}$. $\qquad \blacksquare$

?

Wieso ist der folgende „Beweis" des Satzes von Cayley-Hamilton falsch?

$$\chi_A = \det(A - X\, \mathbf{E}_n) \;\Rightarrow\; \chi_A(A) = |A - A\mathbf{E}_n| = |\mathbf{0}| = 0\,.$$

Kommentar: Der von uns geführte Beweis des Satzes von Cayley-Hamilton wirkt für einen Neuling in der Mathematik sicher ein bisschen wie *algebraische Zauberei*. Aber die Umformungen und Schlüsse sind völlig korrekt, und es kommt das gewünschte Ergebnis heraus. Auf einen solchen Beweis kommt ein Student des ersten Studienjahrs ziemlich sicher nicht selbstständig. Das erwartet man auch gar nicht. Ein Student sollte sich von der Korrektheit dieses Beweises überzeugen können, das sollte im ersten Studienjahr vollkommen ausreichen. Tatsächlich stammt die Beweisidee aus einer völlig anderen algebraischen Theorie, der sogenannten *Modultheorie*. Bei dortigen Rechnungen hatte man *zufällig* festgestellt, dass entsprechende Rechnungen mit Matrizen über Körpern gerade den Satz von Cayley-Hamilton beweisen. So wurde dieser kurze und prägnante Beweis dieses Satzes gefunden (siehe *A Course in Commutative Algebra*, G. Kemper, Springer). Jeder andere Beweis, der geometrische und naheliegende Beweisideen benutzt, ist im Allgemeinen deutlich länger und unserer Auffassung nach komplizierter als der hier angegebene Beweis.

14.5 Die Exponentialfunktion für Matrizen

Eine wesentliche Anwendung der Diagonalisierung von Matrizen ist das Lösen von Differenzialgleichungen. Dabei spielt die Exponentialfunktion für Matrizen eine wichtige Rolle. Dazu verallgemeinern wir den Ausdruck e^a für eine komplexe Zahl a auf den Ausdruck e^A für eine komplexe, quadratische Matrix A.

Die Exponentialfunktion für Matrizen ist durch eine Reihe definiert

Um die Exponentialfunktion für Matrizen zu definieren, benutzen wir die Reihendarstellung der Exponentialfunktion. Per Definition gilt für jede komplexe Zahl a:

$$\mathrm{e}^a = \sum_{k=0}^{\infty} \frac{a^k}{k!} = 1 + a + \frac{a^2}{2!} + \cdots .$$

Dabei geschieht die Potenzbildung $a^k = \underbrace{a \cdots a}_{k\text{-mal}}$ durch Multiplikation in $\mathbb{C}$ und die Summenbildung durch die Addition in $\mathbb{C}$. Aber quadratische Matrizen aus $\mathbb{C}^{n\times n}$ lassen sich auch addieren und multiplizieren, daher liegt es nahe, $A^0 = \mathbf{E}_n$ zu setzen und die Exponentialfunktion e^A wie folgt zu definieren:

$$\mathrm{e}^A = \sum_{k=0}^{\infty} \frac{1}{k!} A^k = \mathbf{E}_n + A + \frac{1}{2!} A^2 + \cdots .$$

Hierbei werden Potenzen bezüglich der Matrizenmultiplikation gebildet, und das Summenzeichen beschreibt jetzt die Addition von Matrizen.

Es ist nicht unmittelbar klar, dass der Ausdruck $\sum_{k=0}^{\infty} \frac{1}{k!} A^k$ überhaupt existiert und wieder eine komplexe Matrix ist. Wir begründen nun, dass diese Definition sinnvoll ist. Unter der **Konvergenz der Reihe**

$$\sum_{k=0}^{\infty} \frac{1}{k!} A^k$$

versteht man die Konvergenz aller n^2 Komponentenfolgen

$$\left(\sum_{k=0}^{N} \frac{(A^k)_{ij}}{k!} \right)_{N \in \mathbb{N}_0} , \qquad 1 \le i, j \le n,$$

der Folge $\left(\sum_{k=0}^{N} \frac{1}{k!} A^k \right)_{N \in \mathbb{N}_0}$ ihrer Partialsummen. Nun zeigen wir:

Die Exponentialfunktion für Matrizen

Für jede $n \times n$-Matrix $A \in \mathbb{C}^{n\times n}$ konvergiert die *Reihe*

$$\sum_{k=0}^{\infty} \frac{1}{k!} A^k .$$

Den Grenzwert

$$\lim_{N \to \infty} \sum_{k=0}^{N} \frac{1}{k!} A^k \in \mathbb{C}^{n\times n}$$

bezeichnen wir mit $\exp A$ oder e^A. Damit haben wir also eine Abbildung

$$\exp \colon \begin{cases} \mathbb{C}^{n\times n} & \to & \mathbb{C}^{n\times n}, \\ A & \mapsto & \mathrm{e}^A \end{cases}$$

erklärt.

Beweis: Die Konvergenz von $\sum_{k=0}^{\infty} \frac{1}{k!} (A^k)_{ij}$ beweist man am einfachsten mit dem Majorantenkriterium: Es sei c eine obere Schranke für die Zahlen $|a_{ij}|$. Dann gilt $|(A^2)_{ij}| = |\sum_{s=1}^{n} a_{is} a_{sj}| \le nc^2$. Allgemein ergibt sich mit vollständiger Induktion $|(A^k)_{ij}| \le n^{k-1} c^k$, und die Konvergenz der Reihe

$$\sum_{k=0}^{\infty} \frac{n^{k-1} c^k}{k!}$$

zeigt dann die (absolute) Konvergenz der Reihen $\sum_{k=0}^{\infty} \frac{1}{k!} (A^k)_{ij}$. ∎

Beispiel Wir berechnen $\exp A$ für die Matrix $A = \begin{pmatrix} 1 & 1 \\ 0 & 0 \end{pmatrix}$.

Wegen $A^k = A$ für $k \ge 1$ gilt:

$$\mathrm{e}^A = \begin{pmatrix} 1 & 0 \\ 0 & 1 \end{pmatrix} + \begin{pmatrix} 1 & 1 \\ 0 & 0 \end{pmatrix} + \frac{1}{2} \begin{pmatrix} 1 & 1 \\ 0 & 0 \end{pmatrix} + \cdots = \begin{pmatrix} \mathrm{e} & \mathrm{e} - 1 \\ 0 & 1 \end{pmatrix} .$$

Und für die Matrix $\mathbf{E}_{12} = \begin{pmatrix} 0 & 1 \\ 0 & 0 \end{pmatrix} \in \mathbb{C}^{2\times 2}$ gilt wegen $\mathbf{E}_{12}^k = \begin{pmatrix} 0 & 0 \\ 0 & 0 \end{pmatrix}$ für $k \geq 2$:

$$\mathrm{e}^{\mathbf{E}_{12}} = \begin{pmatrix} 1 & 0 \\ 0 & 1 \end{pmatrix} + \begin{pmatrix} 0 & 1 \\ 0 & 0 \end{pmatrix} + \frac{1}{2}\begin{pmatrix} 0 & 0 \\ 0 & 0 \end{pmatrix} + \cdots = \begin{pmatrix} 1 & 1 \\ 0 & 1 \end{pmatrix}. \blacktriangleleft$$

Achtung: Für eine Matrix $\mathbf{A} = (a_{ij})$ gilt im Allgemeinen:
$$\mathrm{e}^{\mathbf{A}} \neq (\mathrm{e}^{a_{ij}}).$$

Man erhält also $\mathrm{e}^{\mathbf{A}}$ nicht einfach durch komponentenweises Bilden der Potenzen $\mathrm{e}^{a_{ij}}$.

Für diagonalisierbare Matrizen lässt sich e^{A} explizit angeben

In den beiden letzten Beispielen konnten wir nur deshalb e^{A} explizit bestimmen, da wir A^k für alle natürlichen Zahlen angeben konnten. Das ist im allgemeinen Fall natürlich nicht so. Aber mithilfe der folgenden Rechenregeln können wir e^{A} für alle diagonalisierbaren Matrizen explizit bestimmen.

Eigenschaften der Exponentialfunktion für Matrizen

Die Abbildung
$$\exp \colon \mathbb{C}^{n\times n} \to \mathbb{C}^{n\times n}$$

hat folgende Eigenschaften:
(a) Für jede invertierbare Matrix $S \in \mathbb{C}^{n\times n}$ gilt:
$$\mathrm{e}^{S^{-1}AS} = S^{-1}\,\mathrm{e}^{A}\,S.$$

(b) Für Diagonalmatrizen gilt die Regel:
$$\exp\begin{pmatrix} \lambda_1 & \cdots & 0 \\ \vdots & \ddots & \vdots \\ 0 & \cdots & \lambda_n \end{pmatrix} = \begin{pmatrix} \mathrm{e}^{\lambda_1} & \cdots & 0 \\ \vdots & \ddots & \vdots \\ 0 & \cdots & \mathrm{e}^{\lambda_n} \end{pmatrix}.$$

Beweis:
(a) Aus $S^{-1}A^k\,S = (S^{-1}A\,S)^k$ folgt:
$$S^{-1}\left(\sum_{k=0}^{N} \frac{1}{k!}\,A^k\right)S = \sum_{k=0}^{N} \frac{1}{k!}(S^{-1}A\,S)^k.$$

Die rechte Seite konvergiert für $N \to \infty$ gegen $\mathrm{e}^{S^{-1}A\,S}$. Wir begründen nun, dass die linke Seite gegen $S^{-1}\mathrm{e}^{A}\,S$ konvergiert, es folgt dann die Behauptung.

Dazu beachten wir, dass für eine $n \times n$-Matrix $X = (x_{ij})$ die Einträge von $S^{-1}X\,S$ Linearkombinationen der x_{ij} sind, genauer

$$(*) \quad S^{-1}X S = \begin{pmatrix} \sum_{i,j} \lambda_{ij}^{(11)} x_{ij} & \cdots & \sum_{i,j} \lambda_{ij}^{(1n)} x_{ij} \\ \vdots & \ddots & \vdots \\ \sum_{i,j} \lambda_{ij}^{(n1)} x_{ij} & \cdots & \sum_{i,j} \lambda_{ij}^{(nn)} x_{ij} \end{pmatrix}$$

mit $\lambda_{ij}^{(rs)} \in \mathbb{C}$, $r, s \in \{1, \ldots, n\}$. Wir schreiben für jedes $N \in \mathbb{N}_0$

$$A_N = (a_{ij}^{(N)}) = \sum_{k=0}^{N} \frac{1}{k!}\,A^k$$

und beachten
$$\lim_{N\to\infty} A_N = \mathrm{e}^{A} = (a_{ij}^{(\infty)}).$$

Setzt man A_N in $(*)$ für X ein, so erhält man:

$$S^{-1}A_N S = \begin{pmatrix} \sum_{i,j} \lambda_{ij}^{(11)} a_{ij}^{(N)} & \cdots & \sum_{i,j} \lambda_{ij}^{(1n)} a_{ij}^{(N)} \\ \vdots & \ddots & \vdots \\ \sum_{i,j} \lambda_{ij}^{(n1)} a_{ij}^{(N)} & \cdots & \sum_{i,j} \lambda_{ij}^{(nn)} a_{ij}^{(N)} \end{pmatrix}.$$

Nun bilden wir den Limes $N \to \infty$, man beachte dabei, dass in der Matrix rechts der Limes in jeder Komponente gebildet wird; wegen der Additivität und der Homogenität der Limesbildung, d. h.

$$\lim_{N\to\infty} \sum_{i,j} \lambda_{ij}^{(rs)} a_{ij}^{(N)} = \sum_{i,j} \lambda_{ij}^{(rs)} \lim_{N\to\infty} a_{ij}^{(N)},$$

erhalten wir:

$$\lim_{N\to\infty} S^{-1}A_N S = \left(\sum_{i,j} \lambda_{ij}^{(rs)} a_{ij}^{(\infty)}\right)_{r,s} = S^{-1}\mathrm{e}^{A}S.$$

(b) Es gilt

$$\sum_{k=0}^{N} \frac{1}{k!}\begin{pmatrix} \lambda_1 & \cdots & 0 \\ \vdots & \ddots & \vdots \\ 0 & \cdots & \lambda_n \end{pmatrix}^k = \sum_{k=0}^{N} \frac{1}{k!}\begin{pmatrix} \lambda_1^k & \cdots & 0 \\ \vdots & \ddots & \vdots \\ 0 & \cdots & \lambda_n^k \end{pmatrix}$$

$$= \begin{pmatrix} \sum_{k=0}^{N} \frac{\lambda_1^k}{k!} & & \\ & \ddots & \\ & & \sum_{k=0}^{N} \frac{\lambda_n^k}{k!} \end{pmatrix} \xrightarrow{N\to\infty} \begin{pmatrix} \mathrm{e}^{\lambda_1} & \cdots & 0 \\ \vdots & \ddots & \vdots \\ 0 & \cdots & \mathrm{e}^{\lambda_n} \end{pmatrix}. \quad\blacksquare$$

Neben den eben bewiesenen beiden wichtigen Rechenregeln

$$\mathrm{e}^{S^{-1}A\,S} = S^{-1}\,\mathrm{e}^{A}\,S \quad \text{und}$$
$$\mathrm{e}^{\mathrm{diag}(\lambda_1,\ldots,\lambda_n)} = \mathrm{diag}(\mathrm{e}^{\lambda_1},\ldots,\mathrm{e}^{\lambda_n})$$

gilt zudem für alle A, $B \in \mathbb{C}^{n\times n}$ mit $A\,B = B\,A$ das Additionstheorem:

$$\mathrm{e}^{A+B} = \mathrm{e}^{A}\,\mathrm{e}^{B}.$$

Den Beweis dieses Additionstheorems (das wir im Folgenden nicht benutzen werden) führt man am elegantesten über den Nachweis der folgenden Gleichung mittels einer sogenannten *Operatornorm* – man vergleiche diese Gleichung mit dem Cauchy-Produkt für absolut konvergente Reihen:

$$e^A \, e^B = \left(\sum_{m=0}^{\infty} \frac{1}{m!} A^m \right) \left(\sum_{n=0}^{\infty} \frac{1}{n!} B^n \right)$$

$$= \sum_{n=0}^{\infty} \left(\sum_{m=0}^{n} \frac{1}{m! \, (n-m)!} A^m B^{n-m} \right) .$$

Wir verzichten auf diesen Nachweis, versäumen aber nicht anzumerken, dass die binomische Formel für Matrizen aus Aufgabe 14.11 dann sofort die gewünschte Gleichheit liefern würde, da:

$$e^{A+B} = \sum_{n=0}^{\infty} \frac{1}{n!} (A + B)^n$$

$$= \sum_{n=0}^{\infty} \frac{1}{n!} \sum_{m=0}^{n} \binom{n}{m} A^m B^{n-m}$$

$$= \sum_{n=0}^{\infty} \frac{1}{n!} \sum_{m=0}^{n} \frac{n!}{m! \, (n-m)!} A^m B^{n-m}$$

$$= \sum_{n=0}^{\infty} \left(\sum_{m=0}^{n} \frac{1}{m! \, (n-m)!} A^m B^{n-m} \right) .$$

Beispiel Ein Beispiel dafür, dass $e^{A+B} = e^A \, e^B$ nicht allgemein gilt, liefern bereits die nicht miteinander vertauschbaren Matrizen $\mathbf{E}_{11} = \begin{pmatrix} 1 & 0 \\ 0 & 0 \end{pmatrix}$ und $\mathbf{E}_{12} = \begin{pmatrix} 0 & 1 \\ 0 & 0 \end{pmatrix}$. Mit den oben berechneten Matrizen gilt nämlich:

$$\exp(\mathbf{E}_{11} + \mathbf{E}_{12}) = \exp \begin{pmatrix} 1 & 1 \\ 0 & 0 \end{pmatrix} = \begin{pmatrix} e & e-1 \\ 0 & 1 \end{pmatrix},$$

$$\exp(\mathbf{E}_{11}) \exp(\mathbf{E}_{12}) = \begin{pmatrix} e & 0 \\ 0 & 1 \end{pmatrix} \begin{pmatrix} 1 & 1 \\ 0 & 1 \end{pmatrix} = \begin{pmatrix} e & e \\ 0 & 1 \end{pmatrix}. \quad \blacktriangleleft$$

Ist $A \in \mathbb{C}^{n \times n}$ eine diagonalisierbare Matrix, so existieren eine invertierbare Matrix $S \in \mathbb{C}^{n \times n}$ und komplexe Zahlen $\lambda_1, \ldots, \lambda_n$ mit der Eigenschaft

$$S^{-1} A S = \begin{pmatrix} \lambda_1 & \cdots & 0 \\ \vdots & \ddots & \vdots \\ 0 & \cdots & \lambda_n \end{pmatrix} = D, \quad \text{d.h.,} \quad A = S D S^{-1}.$$

Nun erhalten wir mit obigen Rechenregeln:

$$e^A = e^{S D S^{-1}} = S \, e^D \, S^{-1},$$

womit wir e^A für diagonalisierbare Matrizen stets berechnen können.

Die Exponentialfunktion für diagonalisierbare Matrizen

Ist $A \in \mathbb{C}^{n \times n}$ eine diagonalisierbare Matrix mit den Eigenwerten $\lambda_1, \ldots, \lambda_n$ und Eigenvektoren $s_1, \ldots, s_n$, so gilt mit $S = (s_1, \ldots, s_n)$:

$$e^A = S \begin{pmatrix} e^{\lambda_1} & \cdots & 0 \\ \vdots & \ddots & \vdots \\ 0 & \cdots & e^{\lambda_n} \end{pmatrix} S^{-1}.$$

Man kann demnach mit D und S die Matrix e^A berechnen. Wir zeigen dies an Beispielen.

Beispiel Wir berechnen für ein $t \in \mathbb{C}$ die komplexen Matrizen

$$\exp \begin{pmatrix} 0 & t \\ t & 0 \end{pmatrix} \quad \text{und} \quad \exp \begin{pmatrix} 0 & -t \\ t & 0 \end{pmatrix}.$$

Die Matrix $A = \begin{pmatrix} 0 & t \\ t & 0 \end{pmatrix}$ hat das charakteristische Polynom $\chi_A = X^2 - t^2$, also die beiden Eigenwerte t und $-t$. Es sind $s_1 = \begin{pmatrix} 1 \\ 1 \end{pmatrix}$ ein Eigenvektor zum Eigenwert t und $s_2 = \begin{pmatrix} 1 \\ -1 \end{pmatrix}$ ein solcher zum Eigenwert $-t$. Wir setzen $S = (s_1, s_2)$ und erhalten

$$S = \begin{pmatrix} 1 & 1 \\ 1 & -1 \end{pmatrix} \quad \text{und} \quad S^{-1} = -1/2 \begin{pmatrix} -1 & -1 \\ -1 & 1 \end{pmatrix},$$

also

$$\exp \begin{pmatrix} 0 & t \\ t & 0 \end{pmatrix} = -\frac{1}{2} \begin{pmatrix} 1 & 1 \\ 1 & -1 \end{pmatrix} \begin{pmatrix} e^t & 0 \\ 0 & e^{-t} \end{pmatrix} \begin{pmatrix} -1 & -1 \\ -1 & 1 \end{pmatrix}$$

$$= \frac{1}{2} \begin{pmatrix} e^t + e^{-t} & e^t - e^{-t} \\ e^t - e^{-t} & e^t + e^{-t} \end{pmatrix}$$

$$= \begin{pmatrix} \cosh t & \sinh t \\ \sinh t & \cosh t \end{pmatrix}.$$

Die Matrix $B = \begin{pmatrix} 0 & -t \\ t & 0 \end{pmatrix}$ hat das charakteristische Polynom $\chi_B = X^2 + t^2$, also die beiden Eigenwerte $\mathrm{i}\,t$ und $-\mathrm{i}\,t$. Es sind $t_1 = \begin{pmatrix} 1 \\ -\mathrm{i} \end{pmatrix}$ ein Eigenvektor zum Eigenwert $\mathrm{i}\,t$ und $t_2 = \begin{pmatrix} 1 \\ \mathrm{i} \end{pmatrix}$ ein solcher zum Eigenwert $-\mathrm{i}\,t$. Wir setzen $T = (t_1, t_2)$ und erhalten

$$T = \begin{pmatrix} 1 & 1 \\ -\mathrm{i} & \mathrm{i} \end{pmatrix} \quad \text{und} \quad T^{-1} = \mathrm{i}/2 \begin{pmatrix} -\mathrm{i} & 1 \\ -\mathrm{i} & -1 \end{pmatrix},$$

also

$$\exp \begin{pmatrix} 0 & -t \\ t & 0 \end{pmatrix} = \frac{\mathrm{i}}{2} \begin{pmatrix} 1 & 1 \\ -\mathrm{i} & \mathrm{i} \end{pmatrix} \begin{pmatrix} e^{\mathrm{i}t} & 0 \\ 0 & e^{-\mathrm{i}t} \end{pmatrix} \begin{pmatrix} -\mathrm{i} & 1 \\ -\mathrm{i} & -1 \end{pmatrix}$$

$$= \frac{1}{2} \begin{pmatrix} e^{\mathrm{i}t} + e^{-\mathrm{i}t} & -\frac{1}{\mathrm{i}}(e^{\mathrm{i}t} - e^{-\mathrm{i}t}) \\ \frac{1}{\mathrm{i}}(e^{\mathrm{i}t} - e^{-\mathrm{i}t}) & e^{\mathrm{i}t} + e^{-\mathrm{i}t} \end{pmatrix}$$

$$= \begin{pmatrix} \cos t & -\sin t \\ \sin t & \cos t \end{pmatrix}. \quad \blacktriangleleft$$

Wir heben eine weitere interessante Formel für die Spur und die Exponentialfunktion hervor.

Ist $A \in \mathbb{C}^{n \times n}$ eine diagonalisierbare Matrix mit den Eigenwerten $\lambda_1, \ldots, \lambda_n$, so gibt es eine invertierbare Matrix $S \in \mathbb{C}^{n \times n}$ mit

$$e^A = S \begin{pmatrix} e^{\lambda_1} & \cdots & 0 \\ \vdots & \ddots & \vdots \\ 0 & \cdots & e^{\lambda_n} \end{pmatrix} S^{-1}.$$

Wir wenden auf diese Gleichheit die Determinante an und erhalten unter Beachtung des Determinantenmultiplikationssatzes und des Resultats von Seite 515:

$$\det \mathrm{e}^{A} = (\det S)\,(\mathrm{e}^{\lambda_1 + \cdots + \lambda_n})\,(\det S^{-1}) = \mathrm{e}^{\operatorname{Sp} A}\,.$$

Die Determinante von e^{A}

Ist $A \in \mathbb{C}^{n \times n}$ diagonalisierbar, so gilt:

$$\det \mathrm{e}^{A} = \mathrm{e}^{\operatorname{Sp} A}\,.$$

14.6 Das Triangulieren von Endomorphismen

Wir gehen jetzt etwas weg von konkreten Berechnungen und graben wieder etwas tiefer in der Theorie der linearen Abbildungen. Daher stellen wir nun die konkreten Matrizen etwas in den Hintergrund und holen dafür die etwas abstrakteren Endomorphismen eines endlichdimensionalen $\mathbb{K}$-Vektorraums V hervor. Dabei behalten wir aber im Hinterkopf, dass der Unterschied nur marginal ist: Nach Wahl einer Basis B von V ist ein Endomorphismus φ von V nichts anderes als eine Matrix A (siehe Seite 437),

$$A = {}_B M(\varphi)_B\,.$$

Nicht jeder Endomorphismus ist diagonalisierbar, genauer gilt nach dem Kriterium von Seite 512: Der Endomorphismus $\varphi_A\colon V \to V,\ v \mapsto A\,v$ mit $A \in \mathbb{K}^{n \times n}$ ist genau dann diagonalisierbar, wenn

(i) χ_A über $\mathbb{K}$ in Linearfaktoren zerfällt und

(ii) $m_a(\lambda) = m_g(\lambda)$ für jeden Eigenwert λ von A gilt.

Wir wollen in diesem Abschnitt zeigen, dass unter der Voraussetzung (i) der Endomorphismus φ_A *triangulierbar* ist. Dabei nennen wir einen Endomorphismus φ eines n-dimensionalen $\mathbb{K}$-Vektorraums **triangulierbar**, wenn es eine geordnete Basis B von V gibt, bezüglich der die Darstellungsmatrix ${}_B M(\varphi)_B$ eine obere Dreiecksmatrix ist, d. h.,

$$ {}_B M(\varphi)_B = \begin{pmatrix} * & \cdots & * \\ & \ddots & \vdots \\ 0 & & * \end{pmatrix} $$

Eine Matrix $A \in \mathbb{K}^{n \times n}$ heißt **triangulierbar**, falls der Endomorphismus φ_A triangulierbar ist, d. h., falls es eine invertierbare Matrix $S \in \mathbb{K}^{n \times n}$ gibt mit

$$ S^{-1} A\,S = \begin{pmatrix} * & \cdots & * \\ & \ddots & \vdots \\ 0 & & * \end{pmatrix}\,. $$

Dazu führen wir neue Begriffe ein.

Ein Endomorphismus von V ist genau dann triangulierbar, wenn es eine Fahnenbasis von V gibt

Es sei $\varphi\colon V \to V$ ein Endomorphismus eines endlichdimensionalen $\mathbb{K}$-Vektorraums V, dim $V = n$. Ein Untervektorraum U von V heißt φ-**invariant**, falls $\varphi(U) \subseteq U$ gilt.

Beispiel

- Die trivialen Untervektorräume $\{\mathbf{0}\}$ und V sind φ-invariant für jeden Endomorphismus φ von V.
- Wir betrachten den Endomorphismus

$$ \varphi\colon \mathbb{K}^2 \to \mathbb{K}^2,\ \begin{pmatrix} v_1 \\ v_2 \end{pmatrix} \mapsto \begin{pmatrix} -1 & 1 \\ 0 & -1 \end{pmatrix} \begin{pmatrix} v_1 \\ v_2 \end{pmatrix}\,. $$

  Der Untervektorraum $U = \left\langle \begin{pmatrix} 1 \\ 0 \end{pmatrix} \right\rangle$ ist φ-invariant, der Untervektorraum $U = \left\langle \begin{pmatrix} 0 \\ 1 \end{pmatrix} \right\rangle$ nicht.
- Ist $U = \operatorname{Eig}_\varphi(\lambda)$ der Eigenraum eines Endomorphismus φ von V zum Eigenwert λ von φ, so ist U wegen

$$ \varphi(v) = \lambda\,v \in U \quad \text{für jedes } v \in U $$

  φ-invariant. ◄

Wir betrachten nun eine besondere Art einer Basis eines n-dimensionalen $\mathbb{K}$-Vektorraums V. Ist φ ein Endomorphismus von V, so nennen wir eine geordnete Basis $B = (b_1, \ldots, b_n)$ von V eine **Fahnenbasis für φ von V**, falls die Untervektorräume

$$ \langle b_1 \rangle,\ \langle b_1, b_2 \rangle,\ \ldots,\ \langle b_1, \ldots, b_n \rangle $$

φ-invariant sind, d. h., dass für jedes $i = 1, \ldots, n$ gilt:

$$ \varphi(\langle b_1, \ldots, b_i \rangle) \subseteq \langle b_1, \ldots, b_i \rangle\,. $$

Bei einer Fahnenbasis für φ von V hat man also eine aufsteigende Folge von ineinander geschachtelten φ-invarianten Untervektorräumen von V:

$$ \langle b_1 \rangle \subseteq \langle b_1, b_2 \rangle \subseteq \cdots \subseteq \langle b_1, \ldots, b_n \rangle\,. $$

Beispiel

- Die kanonische Basis $E_2 = (e_1, e_2)$ ist für den Endomorphismus

$$ \varphi\colon \mathbb{K}^2 \to \mathbb{K}^2,\ \begin{pmatrix} v_1 \\ v_2 \end{pmatrix} \mapsto \begin{pmatrix} -1 & 1 \\ 0 & -1 \end{pmatrix} \begin{pmatrix} v_2 \\ v_2 \end{pmatrix} $$

  eine Fahnenbasis des $\mathbb{R}^2$, denn es gilt:

$$ \varphi(\langle e_1 \rangle) \subseteq \langle e_1 \rangle \quad \text{und} \quad \varphi(\mathbb{R}^2) \subseteq \mathbb{R}^2\,. $$

- Ist φ ein diagonalisierbarer Endomorphismus eines n-dimensionalen $\mathbb{K}$-Vektorraums V, und ist $B = (b_1, \ldots, b_n)$ eine geordnete Basis von V aus Eigenvektoren von φ, so ist B wegen

$$ \varphi(\langle b_1, \ldots, b_i \rangle) \subseteq \langle b_1, \ldots, b_i \rangle $$

  für alle $i = 1, \ldots, n$ eine Fahnenbasis für φ von V.

- Für den Endomorphismus φ_A von $\mathbb{K}^n$ mit einer oberen Dreiecksmatrix

$$A = \begin{pmatrix} * & \cdots & * \\ & \ddots & \vdots \\ 0 & & * \end{pmatrix} = (s_1, \ldots, s_n) \in \mathbb{K}^{n \times n}$$

ist die geordnete kanonische Basis $E_n = (e_1, \ldots, e_n)$ eine Fahnenbasis für φ_A des $\mathbb{K}^n$, denn es gilt:

$$\varphi(\langle e_1, \ldots, e_i \rangle) = \langle s_1, \ldots, s_i \rangle \subseteq \langle e_1, \ldots, e_i \rangle$$

für alle $i = 1, \ldots, n$. ◄

Das letzte Beispiel lässt sich verschärfen, es gilt:

Lemma

Für einen Endomorphismus φ eines n-dimensionalen $\mathbb{K}$-Vektorraums V sind äquivalent:

(i) φ ist triangulierbar.

(ii) Es existiert eine Fahnenbasis für φ von V.

Beweis: (i) $\Rightarrow$ (ii): Es sei $B = (b_1, \ldots, b_n)$ eine geordnete Basis mit der Eigenschaft, dass $_B M(\varphi)_B = (a_{ij})$ eine obere Dreiecksmatrix ist. Nach dem Satz zur Darstellungsmatrix einer linearen Abbildung auf Seite 437 gilt nun für jedes $j \in \{1, \ldots, n\}$:

$$\varphi(b_j) = \sum_{i=1}^{j} a_{ij} b_i \in \langle b_1, \ldots, b_j \rangle,$$

d. h., dass $B = (b_1, \ldots, b_n)$ eine Fahnenbasis für φ von V ist.

(ii) $\Rightarrow$ (i): Es sei $B = (b_1, \ldots, b_n)$ eine Fahnenbasis für φ von V. Wir bestimmen die Darstellungsmatrix $A = {}_B M(\varphi)_B$. In der i-ten Spalte von A steht der Koordinatenvektor des Bildes $\varphi(b_i)$ des i-ten Basisvektors b_i. Aufgrund der Voraussetzung gilt für jedes $i \in \{1, \ldots, n\}$:

$$\varphi(b_i) \in \langle b_1, \ldots, b_i \rangle,$$

sodass

$$\varphi(b_i) = a_{1i} b_1 + \cdots + a_{ii} b_i .$$

Somit ist die Darstellungsmatrix eine obere Dreiecksmatrix:

$$A = \begin{pmatrix} a_{11} & \cdots & a_{1n} \\ & \ddots & \vdots \\ 0 & & a_{nn} \end{pmatrix} \in \mathbb{K}^{n \times n} . \qquad \blacksquare$$

Wenn wir einen Endomorphismus φ bzw. eine Matrix A triangulieren wollen, müssen wir somit eine Fahnenbasis für φ bzw. φ_A bestimmen. Der Beweis des folgenden Kriteriums für Triangulierbarkeit liefert den entscheidenen Hinweis darauf, wie man eine Fahnenbasis bestimmt. Bevor wir aber diesen entscheidenen Satz formulieren, geben wir ein Visualisierung der bisher behandelten Normalformen *Diagonalform* und *obere Dreiecksform*.

Diagonalisierbare und triangulierbare Endomorphismen lassen sich veranschaulichen

Wir stellen uns Untervektorräume als *Kleeblätter* vor. Dabei stehen überlappende Kleeblätter für sich schneidende Untervektorräume, und jedes Kleeblatt enthält den Nullvektor (siehe Abbildung 14.5).

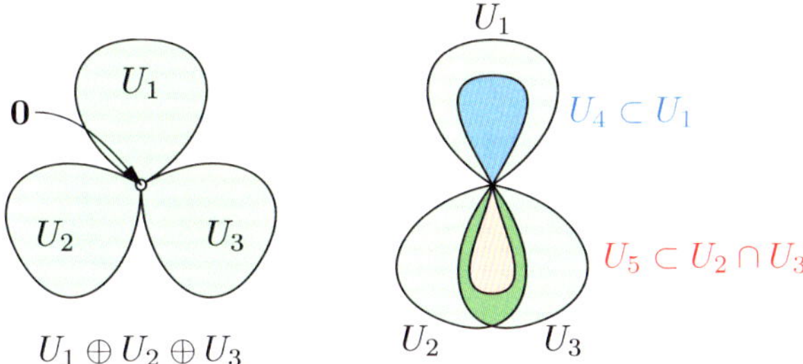

Abbildung 14.5 Disjunkte *Kleeblätter* stellen eine direkte Summe dar, die Schnittmenge sich überlappender bzw. ineinanderliegender *Kleeblätter* sind wieder Kleeblätter, nämlich Untervektorräume.

Ist ein Endomorphismus φ eines endlichdimensionalen $\mathbb{K}$-Vektorraums V diagonalisierbar, so ist V die direkte Summe seiner Eigenräume. Der Einfachheit halber (und weil Kleeblätter üblicherweise drei Blätter haben) nehmen wir an, dass φ drei Eigenwerte hat, wir setzen

$$U_1 = \mathrm{Eig}_A(\lambda_1), \ U_2 = \mathrm{Eig}_A(\lambda_2), \ U_3 = \mathrm{Eig}_A(\lambda_3).$$

Es gilt damit:

$$V = U_1 \oplus U_2 \oplus U_3,$$

und wegen $\varphi(U_1) \subseteq U_1$, $\varphi(U_2) \subseteq U_2$, $\varphi(U_3) \subseteq U_3$ erhalten wir

$$\varphi(V) = \varphi(U_1) \oplus \varphi(U_2) \oplus \varphi(U_3).$$

---------------- **?** ----------------

Es sei U ein Eigenraum von φ zum Eigenwert λ. Wann gilt $\varphi(U) = U$ bzw. $\varphi(U) \subsetneq U$?

Daher können wir uns diagonalisierbare Endomorphismen wie in Abbildung 14.6 veranschaulichen.

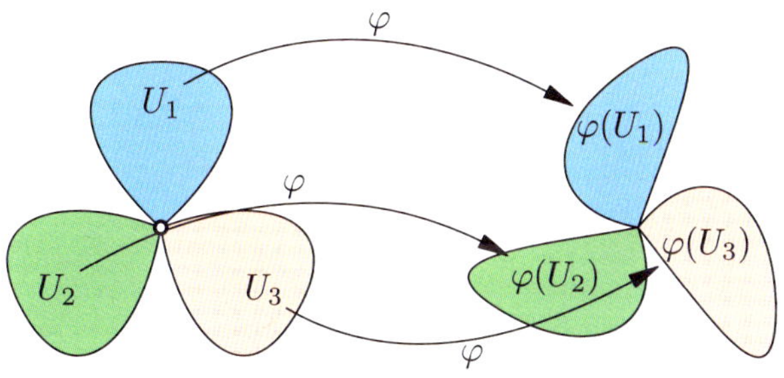

Abbildung 14.6 Diagonalisierbare Endomorphismen bilden Eigenräume in Eigenräume ab. Man beachte, dass ein evtl. vorhandener Eigenraum zum Eigenwert 0 auf den trivialen Untervektorraum $\{0\}$ abgebildet wird, d. h. ein Kleeblatt verschwindet.

Ist φ hingegen ein triangulierbarer, aber nicht diagonalisierbarer Endomorphismus, so können wir uns die φ-invarianten Untervektorräume

$$U_1 = \langle \boldsymbol{b}_1 \rangle \subseteq U_2 = \langle \boldsymbol{b}_1, \boldsymbol{b}_2 \rangle \subseteq \cdots \subseteq U_n = \langle \boldsymbol{b}_1, \ldots, \boldsymbol{b}_n \rangle$$

einer Fahnenbasis für φ wie in der Abbildung 14.7 veranschaulichen.

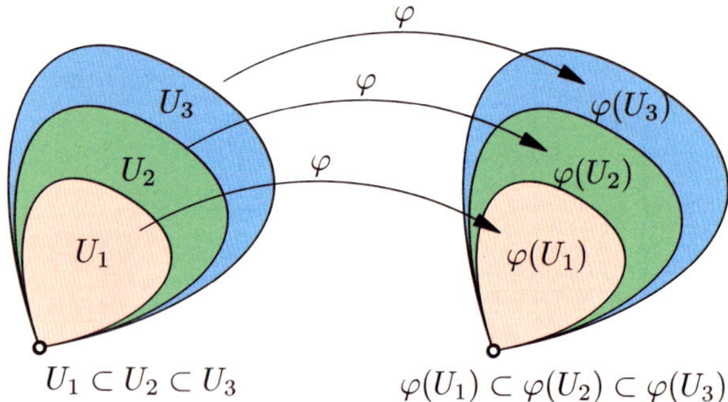

Abbildung 14.7 Eine Fahnenbasis bildet Untervektorräume ineinander ab.

Ein Endomorphismus ist genau dann triangulierbar, wenn das charakteristische Polynom in Linearfaktoren zerfällt

Die Elemente einer Fahnenbasis bestimmt man sukzessive, so wie es der Beweis des folgenden Kriteriums nahelegt.

> **Kriterium für Triangulierbarkeit**
>
> Für einen Endomorphismus φ eines n-dimensionalen $\mathbb{K}$-Vektorraums V sind äquivalent:
> (i) φ ist triangulierbar.
> (ii) Das charakteristische Polynom χ_φ von φ zerfällt in Linearfaktoren.

Beweis: (i) $\Rightarrow$ (ii): Das charakteristische Polynom χ_φ ist das charakteristische Polynom einer (beliebigen) Darstellungsmatrix $_B \boldsymbol{M}(\varphi)_B$ (siehe das Lemma auf Seite 507). Da φ triangulierbar ist, wählen wir zur Bestimmung des charakteristischen Polynoms die Basis B, bezüglich der φ eine obere Dreiecksgestalt hat:

$$_B \boldsymbol{M}(\varphi)_B = \begin{pmatrix} \lambda_1 & \cdots & * \\ & \ddots & \vdots \\ 0 & & \lambda_n \end{pmatrix}.$$

Es folgt $\chi_\varphi = (\lambda_1 - X) \cdots (\lambda_n - X)$.

(ii) $\Rightarrow$ (i): Es gelte $\chi_\varphi = (\lambda_1 - X) \cdots (\lambda_n - X)$. Wir zeigen per Induktion nach der Dimension n von V, dass eine Fahnenbasis für φ von V existiert. Mit dem Lemma von Seite 523 erhalten wir so, dass φ triangulierbar ist.

Induktionsbeginn: Im Fall $n = 1$ ist jede Basis eine Fahnenbasis für φ von V, da jede 1×1-Matrix eine obere Dreiecksmatrix ist.

Induktionsbehauptung: Es sei $n \geq 2$. Für jeden Endomorphismus φ mit in Linearfaktoren zerfallenden charakteristi-

schen Polynom eines $(n-1)$-dimensionalen $\mathbb{K}$-Vektorraums V existiere eine Fahnenbasis von V.

Induktionsschritt: Es sei φ ein Endomorphismus eines n-dimensionalen $\mathbb{K}$-Vektorraums V mit einem in Linearfaktoren zerfallenden charkateristischen Polynom. Wegen $\chi_\varphi = (\lambda_1 - X) \cdots (\lambda_n - X)$ und $n \geq 2$ existiert zum Eigenwert λ_1 von φ ein Eigenvektor $\boldsymbol{b}_1$, $\boldsymbol{b}_1 \neq \boldsymbol{0}$, von φ:

$$\varphi(\boldsymbol{b}_1) = \lambda_1 \boldsymbol{b}_1.$$

Wir ergänzen $\{\boldsymbol{b}_1\}$ zu einer Basis $B = (\boldsymbol{b}_1, \ldots, \boldsymbol{b}_n)$ von V und betrachten die Darstellungsmatrix von φ bezüglich B:

$$A = {}_B\boldsymbol{M}(\varphi)_B = \left(\begin{array}{c|ccc} \lambda_1 & a_{12} & \cdots & a_{1n} \\ \hline 0 & & & \\ \vdots & & \boldsymbol{C} & \\ 0 & & & \end{array} \right)$$

Die $(n-1) \times (n-1)$-Matrix

$$\boldsymbol{C} = \begin{pmatrix} a_{22} & \cdots & a_{2n} \\ \vdots & & \vdots \\ a_{n2} & \cdots & a_{nn} \end{pmatrix}$$

liefert wie im Folgenden geschildert einen Endomorphismus ψ des $(n-1)$-dimensionalen $\mathbb{K}$-Vektorraums $U = \langle \boldsymbol{b}_2, \ldots, \boldsymbol{b}_n \rangle$: Man wähle für ψ die eindeutig bestimmte lineare Fortsetzung der Abbildung $\sigma : \{\boldsymbol{b}_2, \ldots, \boldsymbol{b}_n\} \to U$:

$$\sigma(\boldsymbol{b}_2) = \sum_{i=2}^{n} a_{i2} \boldsymbol{b}_i, \quad \ldots, \quad \sigma(\boldsymbol{b}_n) = \sum_{i=2}^{n} a_{in} \boldsymbol{b}_i.$$

Die Darstellungsmatrix von ψ bezüglich der geordneten Basis $(\boldsymbol{b}_2, \ldots, \boldsymbol{b}_n)$ ist gerade die Matrix $\boldsymbol{C}$.

Wegen der Blockdreiecksgestalt der Matrix $\boldsymbol{A}$ gilt:

$$\chi_\varphi = \chi_A = (\lambda_1 - X) \chi_C = (\lambda_1 - X) \chi_\psi.$$

Folglich gilt $\chi_\psi = (\lambda_2 - X) \cdots (\lambda_n - X)$, d. h., dass χ_ψ in Linearfaktoren zerfällt. Da ψ somit ein Endomorphismus eines $(n-1)$-dimensionalen $\mathbb{K}$-Vektorraums U mit einem in Linearfaktoren zerfallenden charakteristischen Polynom ist, können wir die Induktionsvoraussetzung anwenden: Für ψ existiert eine Fahnenbasis $(\boldsymbol{c}_2, \ldots, \boldsymbol{c}_n)$ von U. Wir zeigen nun, dass $C = (\boldsymbol{b}_1, \boldsymbol{c}_2, \ldots, \boldsymbol{c}_n)$ eine Fahnenbasis für φ von V ist. Offenbar ist die Menge C eine geordnete Basis von V, und es gilt:

$$\varphi(\langle \boldsymbol{b}_1 \rangle) \subseteq \langle \boldsymbol{b}_1 \rangle.$$

Für $i, j \in \{2, \ldots, n\}$ erhalten wir zum einen:

$$\varphi(\boldsymbol{b}_j) = a_{1j} \boldsymbol{b}_1 + \underbrace{a_{2j} \boldsymbol{b}_2 + \cdots + a_{nj} \boldsymbol{b}_n}_{= \psi(\boldsymbol{b}_j)}$$

und zum anderen:

$$\boldsymbol{c}_i = \mu_2 \boldsymbol{b}_2 + \cdots + \mu_n \boldsymbol{b}_n$$

mit gewissen $\mu_i \in \mathbb{K}$. Mit diesen Bezeichnungen erhalten wir

$$\varphi(\boldsymbol{c}_i) = \sum_{j=2}^{n} \mu_j\, \varphi(\boldsymbol{b}_j) = \sum_{j=2}^{n} \mu_j\, (a_{1j}\, \boldsymbol{b}_1 + \psi(\boldsymbol{b}_j))$$

$$= \sum_{j=2}^{n} \mu_j\, a_{1j}\, \boldsymbol{b}_1 + \psi(\mu_j\, \boldsymbol{b}_j)$$

$$= \mu\, \boldsymbol{b}_1 + \psi(\boldsymbol{c}_i) \in \langle \boldsymbol{b}_1,\, \boldsymbol{c}_1,\, \ldots,\, \boldsymbol{c}_i \rangle$$

für ein $\mu \in \mathbb{K}$; man beachte, dass $(\boldsymbol{c}_2,\, \ldots,\, \boldsymbol{c}_n)$ eine Fahnenbasis für ψ von U ist. Somit ist alles gezeigt. $\blacksquare$

Kommentar: Der Beweis lässt sich für die Triangulierbarkeit einer Matrix etwas durchsichtiger mit einem Matrizenformalismus führen. Wir führen das in Aufgabe 14.10 durch. Jedoch ist die durch den Matrizenformalismus motivierte Konstruktion der Fahnenbasis dann aufwendiger, solange man mit Bleistift und Papier eine solche Basis bestimmen will.

Wie man nun tatsächlich einen Endomorphismus bzw. eine Matrix trianguliert, wird durch unseren Beweis nahegelegt. Wir führen die Konstruktion einer Fahnenbasis an einem Beispiel vor.

Beispiel Wir konstruieren eine Fahnenbasis des $\mathbb{R}^4$ für den Endomorphismus $\varphi_A : \boldsymbol{v} \mapsto \boldsymbol{A}\,\boldsymbol{v}$ mit

$$\boldsymbol{A} = \begin{pmatrix} 2 & 0 & 0 & 0 \\ 2 & 2 & 0 & 0 \\ 1 & -1 & 2 & -1 \\ 0 & 1 & 0 & 2 \end{pmatrix}$$

1. Schritt: Wegen $\chi_A = (2 - X)^4$ – man beachte die Blockdreiecksgestalt der Matrix – hat der Endomorphismus ψ_A den vierfachen Eigenwert 2. Als Eigenraum erhalten wir

$$\mathrm{Eig}_A(2) = \ker \begin{pmatrix} 0 & 0 & 0 & 0 \\ 2 & 0 & 0 & 0 \\ 1 & -1 & 0 & -1 \\ 0 & 1 & 0 & 0 \end{pmatrix} = \left\langle \begin{pmatrix} 0 \\ 0 \\ 1 \\ 0 \end{pmatrix} \right\rangle.$$

Wir ergänzen die linear unabhängige Menge $\{\boldsymbol{e}_3\}$ zu einer geordneten Basis B_1 des $\mathbb{R}^4$:

$$B_1 = \left(\underbrace{\begin{pmatrix} 0 \\ 0 \\ 1 \\ 0 \end{pmatrix}}_{=:s_1},\; \underbrace{\begin{pmatrix} 1 \\ 0 \\ 0 \\ 0 \end{pmatrix}}_{=:s_2},\; \underbrace{\begin{pmatrix} 0 \\ 1 \\ 0 \\ 0 \end{pmatrix}}_{=:s_3},\; \underbrace{\begin{pmatrix} 0 \\ 0 \\ 0 \\ 1 \end{pmatrix}}_{=:s_4} \right).$$

Wir bestimmen die Koordinatenvektoren der Bilder der Basisvektoren:

$$\varphi_A(\boldsymbol{s}_1) = \begin{pmatrix} 0 \\ 0 \\ 2 \\ 0 \end{pmatrix} = 2\,\boldsymbol{s}_1 + 0\,\boldsymbol{s}_2 + 0\,\boldsymbol{s}_3 + 0\,\boldsymbol{s}_4\,,$$

$$\varphi_A(\boldsymbol{s}_2) = \begin{pmatrix} 2 \\ 2 \\ 1 \\ 0 \end{pmatrix} = 1\,\boldsymbol{s}_1 + 2\,\boldsymbol{s}_2 + 2\,\boldsymbol{s}_3 + 0\,\boldsymbol{s}_4\,,$$

$$\varphi_A(\boldsymbol{s}_3) = \begin{pmatrix} 0 \\ 2 \\ -1 \\ 1 \end{pmatrix} = -1\,\boldsymbol{s}_1 + 0\,\boldsymbol{s}_2 + 2\,\boldsymbol{s}_3 + 1\,\boldsymbol{s}_4\,,$$

$$\varphi_A(\boldsymbol{s}_4) = \begin{pmatrix} 0 \\ 0 \\ -1 \\ 2 \end{pmatrix} = -1\,\boldsymbol{s}_1 + 0\,\boldsymbol{s}_2 + 0\,\boldsymbol{s}_3 + 2\,\boldsymbol{s}_4\,.$$

Als Darstellungsmatrix von φ_A bezüglich der Basis B erhalten wir somit:

$$_{B_1}\boldsymbol{M}(\varphi_A)_{B_1} = \begin{pmatrix} 2 & 1 & -1 & -1 \\ 0 & 2 & 0 & 0 \\ 0 & 2 & 2 & 0 \\ 0 & 0 & 1 & 2 \end{pmatrix}$$

Und die Matrix $\boldsymbol{S} = (\boldsymbol{s}_1,\, \ldots,\, \boldsymbol{s}_4)$ erfüllt

$$_{B_1}\boldsymbol{M}(\varphi_A)_{B_1} = \boldsymbol{S}^{-1}\boldsymbol{A}\,\boldsymbol{S}\,.$$

2. Schritt: Wir kümmern uns nun um die 3×3-Untermatrix

$$\boldsymbol{B} = \begin{pmatrix} 2 & 0 & 0 \\ 2 & 2 & 0 \\ 0 & 1 & 2 \end{pmatrix}$$

Der Endomorphismus ψ von $U = \langle \boldsymbol{s}_2,\, \boldsymbol{s}_3,\, \boldsymbol{s}_4 \rangle$ mit der Darstellungsmatrix $\boldsymbol{B}$ bezüglich der Basis $(\boldsymbol{s}_2,\, \boldsymbol{s}_3,\, \boldsymbol{s}_4)$ hat wegen $\chi_B = (2 - X)^3$ den dreifachen Eigenwert 2. Wegen

$$\mathrm{Eig}_B(2) = \ker \begin{pmatrix} 0 & 0 & 0 \\ 2 & 0 & 0 \\ 0 & 1 & 0 \end{pmatrix} = \left\langle \begin{pmatrix} 0 \\ 0 \\ 1 \end{pmatrix} \right\rangle$$

ist $0\,\boldsymbol{s}_2 + 0\,\boldsymbol{s}_3 + 1\,\boldsymbol{s}_4 = \boldsymbol{s}_4$ ein Eigenvektor zum Eigenwert 2 von ψ, d. h., $\mathrm{Eig}_\psi(2) = \langle \boldsymbol{s}_4 \rangle$.

Wir ergänzen nun die linear unabhängige Menge $\{\boldsymbol{e}_3,\, \boldsymbol{s}_4 = \boldsymbol{e}_4\}$ der beiden aus den bisherigen Schritten gewonnenen linear unabhängigen Vektoren $\boldsymbol{e}_3$ und $\boldsymbol{e}_4$ zu einer geordneten Basis B_2 des $\mathbb{R}^4$:

$$B_2 = \left(\underbrace{\begin{pmatrix} 0 \\ 0 \\ 1 \\ 0 \end{pmatrix}}_{=:t_1},\; \underbrace{\begin{pmatrix} 0 \\ 0 \\ 0 \\ 1 \end{pmatrix}}_{=:t_2},\; \underbrace{\begin{pmatrix} 1 \\ 0 \\ 0 \\ 0 \end{pmatrix}}_{=:t_3},\; \underbrace{\begin{pmatrix} 0 \\ 1 \\ 0 \\ 0 \end{pmatrix}}_{=:t_4} \right).$$

Als Darstellungsmatrix von φ_A bezüglich dieser Basis B_2 erhalten wir

$$_{B_2}\boldsymbol{M}(\varphi_A)_{B_2} = \begin{pmatrix} 2 & -1 & 1 & -1 \\ 0 & 2 & 0 & 1 \\ 0 & 0 & 2 & 0 \\ 0 & 0 & 2 & 2 \end{pmatrix}$$

Und die Matrix $\boldsymbol{T} = (\boldsymbol{t}_1,\, \ldots,\, \boldsymbol{t}_4)$ erfüllt

$$_{B_2}\boldsymbol{M}(\varphi_A)_{B_2} = \boldsymbol{T}^{-1}\boldsymbol{A}\,\boldsymbol{T}\,.$$

3. Schritt: Wir kümmern uns nun um die 2×2-Untermatrix

$$C = \begin{pmatrix} 2 & 0 \\ 2 & 2 \end{pmatrix}$$

Der Endomorphismus ψ von $U = \langle t_3, t_4 \rangle$ mit der Darstellungsmatrix C bezüglich der Basis (t_3, t_4) hat wegen $\chi_C = (2 - X)^2$ den zweifachen Eigenwert 2. Wegen

$$\mathrm{Eig}_C(2) = \ker \begin{pmatrix} 0 & 0 \\ 2 & 0 \end{pmatrix} = \left\langle \begin{pmatrix} 0 \\ 1 \end{pmatrix} \right\rangle$$

ist $0\,t_3 + 1\,t_4 = e_2$ ein Eigenvektor zum Eigenwert 2 von ψ, d. h., $\mathrm{Eig}_\psi(2) = \langle t_4 \rangle$.

Wir ergänzen nun die linear unabhängige Menge $\{e_3, s_4 = e_4, t_4 = e_2\}$ der drei aus den bisherigen Schritten gewonnenen linear unabhängigen Vektoren e_3, e_4 und e_2 zu einer geordneten Basis B_3 des $\mathbb{R}^4$:

$$B_3 = \left(\underbrace{\begin{pmatrix} 0 \\ 0 \\ 1 \\ 0 \end{pmatrix}}_{=:u_1}, \underbrace{\begin{pmatrix} 0 \\ 0 \\ 0 \\ 1 \end{pmatrix}}_{=:u_2}, \underbrace{\begin{pmatrix} 0 \\ 1 \\ 0 \\ 0 \end{pmatrix}}_{=:u_3}, \underbrace{\begin{pmatrix} 1 \\ 0 \\ 0 \\ 0 \end{pmatrix}}_{=:u_4} \right).$$

Als Darstellungsmatrix von φ_A bezüglich dieser Basis B_3 erhalten wir

$$_{B_3}M(\varphi_A)_{B_3} = \begin{pmatrix} 2 & -1 & -1 & 1 \\ 0 & 2 & 1 & 0 \\ 0 & 0 & 2 & 2 \\ 0 & 0 & 0 & 2 \end{pmatrix}$$

Und die Matrix $U = (u_1, \ldots, u_4)$ erfüllt

$$_{B_3}M(\varphi_A)_{B_3} = U^{-1}A\,U .$$

Damit ist der Endomorphismus φ_A bzw. die Matrix A trianguliert. Die Spalten $u_1, \ldots, u_4$ der Matrix U bilden eine Fahnenbasis für φ_A des $\mathbb{R}^4$. ◀

?

Können Sie ein Kriterium dafür angeben, wann ein Endomorphismus φ eines n-dimensionalen $\mathbb{K}$-Vektorraums V durch eine untere Dreiecksmatrix dargestellt werden kann?

14.7 Die Jordan-Normalform

Diagonalisierbare Matrizen haben gegenüber allgemeinen und Dreiecksmatrizen den großen Vorteil, dass sich beliebige Potenzen auf relativ einfache Art und Weise berechnen lassen. Leider kann nicht jede Matrix diagonalisiert werden.

Aber die Vorteile von Diagonalmatrizen lassen sich auch für einen weiteren Typ von Matrizen ausnutzen. Tatsächlich lassen sich auch beliebige Potenzen von Matrizen effizient berechnen, zu denen eine sogenannte *Jordan-Normalform* existiert. Dabei sagt man etwas salopp ausgedrückt, dass eine Matrix *Jordan-Normalform* hat, wenn sie abgesehen von einigen Einsen auf der oberen Nebendiagonale eine Diagonalmatrix ist. Das Wesentliche ist nun, dass zum Beispiel zu jeder komplexen Matrix eine solche *Jordan-Normalform* existiert, weil wie bei der Triangulierbarkeit das Zerfallen des charakteristischen Polynoms hinreichend ist für die Existenz dieser Normalform.

Potenzen von Matrizen in Jordan-Normalform berechnet man mit der Binomialformel

Nicht jede Matrix ist diagonalisierbar, so hat etwa die komplexe Matrix

$$A = \begin{pmatrix} 2 & 1 \\ 0 & 2 \end{pmatrix} \in \mathbb{C}^{2 \times 2}$$

den Eigenwert 2 mit der algebraischen Vielfachheit 2 und der geometrischen Vielfachheit 1 – nach dem Kriterium für Diagonalisierbarkeit auf Seite 512 ist A also nicht diagonalisierbar.

Wir berechnen nun Potenzen dieser Matrix A. Dazu schreiben wir die Matrix als eine Summe einer Diagonalmatrix D und einer Matrix N, deren Quadrat die Nullmatrix ist,

$$A = \underbrace{\begin{pmatrix} 2 & 0 \\ 0 & 2 \end{pmatrix}}_{=:D} + \underbrace{\begin{pmatrix} 0 & 1 \\ 0 & 0 \end{pmatrix}}_{=:N} .$$

Nun berechnen wir – etwas naiv, aber korrekt – mittels der Binomialformel Potenzen von A:

$$A^k = (D + N)^k = \sum_{i=0}^{k} \binom{k}{i} D^{k-i}\,N^i .$$

Wegen $N^2 = 0$ verkürzt sich diese Formel für $k \geq 1$ auf zwei Summanden. Es gilt also

$$\begin{aligned}
A^k &= (D + N)^k \\
&= D^k + k\,D^{k-1}\,N \\
&= \begin{pmatrix} 2^k & 0 \\ 0 & 2^k \end{pmatrix} + k \begin{pmatrix} 2^{k-1} & 0 \\ 0 & 2^{k-1} \end{pmatrix} \begin{pmatrix} 0 & 1 \\ 0 & 0 \end{pmatrix} \\
&= \begin{pmatrix} 2^k & k\,2^{k-1} \\ 0 & 2^k \end{pmatrix} .
\end{aligned}$$

Wir halten zuerst das wesentliche Hilfsmittel für diese Potenzbildung fest.

Die Binomialformel für Matrizen

Für Matrizen $D, N \in \mathbb{K}^{n \times n}$ mit $D N = N D$ und jede natürliche Zahl k gilt:

$$(D + N)^k = \sum_{i=0}^{k} \binom{k}{i} D^{k-i} N^i .$$

Der Beweis erfolgt analog zur Binomialformel für komplexe Zahlen per Induktion. Dabei ist wesentlich, dass die beiden Matrizen miteinander kommutieren. Dies zu begründen haben wir als Übungsaufgabe gestellt.

Weil im obigen Beispiel die beiden Matrizen miteinander kommutieren, war diese Rechnung auch korrekt.

Wenn eine gewisse Potenz einer Matrix die Nullmatrix ergibt, so nennt man diese Matrix nilpotent, genauer: Gibt es zu einer Matrix N eine natürliche Zahl k, sodass $N^k = 0$, so nennt man N **nilpotent**, und die kleinste Zahl $r \in \mathbb{N}$ mit $N^r = 0$ nennt man den **Nilpotenzindex** von N. Mit der Binomialformel erhalten wir folgende Aussage.

Die Potenz einer Summe einer Diagonalmatrix mit einer nilpotenten Matrix

Lässt sich eine Matrix A als Summe einer Diagonalmatrix D und einer nilpotenten Matrix N mit Nilpotenzindex r schreiben, d. h.,

$$A = D + N,$$

so gilt im Fall $D\,N = N\,D$:

$$A^k = D^k + k\,D^{k-1}\,N + \cdots + \binom{k}{r-1}\,D^{k-r-1}\,N^{r-1}.$$

Je kleiner r ist, desto kürzer ist diese Summe, desto *leichter* also ist A^k zu berechnen.

Wir werden bald sehen, dass jede Matrix in *Jordan-Normalform* die angegebenen Voraussetzungen erfüllt.

Die Jordan-Normalform ist von einigen Einsen in der oberen Nebendiagonalen abgesehen eine Diagonalform

Eine Matrix $(a_{ij}) \in \mathbb{K}^{s \times s}$ heißt ein **Jordan-Kästchen** zu einem $\lambda \in \mathbb{K}$, wenn

$$a_{11} = \cdots = a_{ss} = \lambda,$$
$$a_{12} = \cdots = a_{s-1,s} = 1 \text{ und}$$
$$a_{ij} = 0 \text{ sonst},$$

d. h.,

$$(a_{ij}) = \begin{pmatrix} \lambda & 1 & & \\ & \ddots & \ddots & \\ & & \ddots & 1 \\ & & & \lambda \end{pmatrix}$$

Ein Jordan-Kästchen ist also von den Einsen in der oberen Nebendiagonalen abgesehen eine Diagonalmatrix, es sind

$$(\lambda)\,,\ \begin{pmatrix} \lambda & 1 \\ 0 & \lambda \end{pmatrix}\,,\ \begin{pmatrix} \lambda & 1 & 0 \\ 0 & \lambda & 1 \\ 0 & 0 & \lambda \end{pmatrix}\,,\ \begin{pmatrix} \lambda & 1 & 0 & 0 \\ 0 & \lambda & 1 & 0 \\ 0 & 0 & \lambda & 1 \\ 0 & 0 & 0 & \lambda \end{pmatrix}$$

Beispiele für Jordan-Kästchen.

Eine Matrix $J \in \mathbb{K}^{n \times n}$ heißt **Jordan-Matrix**, falls

$$J = \begin{pmatrix} J_1 & & \\ & \ddots & \\ & & J_l \end{pmatrix}$$

eine Blockdiagonalgestalt mit Jordan-Kästchen $J_1, \ldots, J_l$ hat. Dabei müssen die Diagonaleinträge λ_i der J_i nicht verschieden sein, und es dürfen auch 1×1-Jordan-Kästchen vorkommen.

Beispiel

- Jordan-Matrizen mit einem Jordan-Kästchen:

$$\left(\boxed{1}\right)\,,\ \begin{pmatrix} 1 & 1 \\ 0 & 1 \end{pmatrix}\,,\ \begin{pmatrix} 0 & 1 \\ 0 & 0 \end{pmatrix}\,,\ \begin{pmatrix} 2 & 1 & 0 \\ 0 & 2 & 1 \\ 0 & 0 & 2 \end{pmatrix}$$

- Jordan-Matrizen mit zwei Jordan-Kästchen:

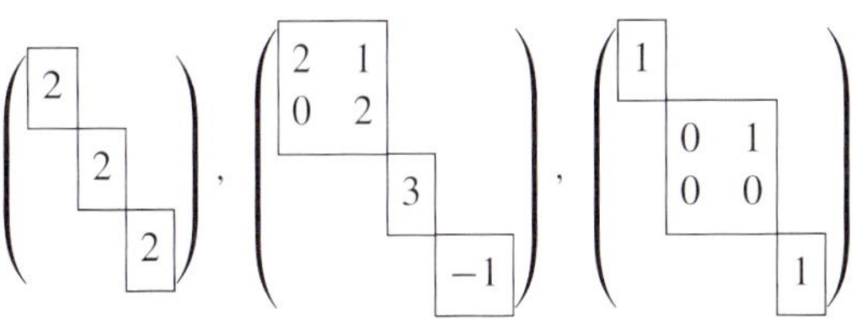

- Jordan-Matrizen mit drei Jordan-Kästchen:

$$\begin{pmatrix} 2 & & \\ & 2 & \\ & & 2 \end{pmatrix}\,,\ \begin{pmatrix} 2 & 1 & \\ 0 & 2 & \\ & & 3 \\ & & & -1 \end{pmatrix}\,,\ \begin{pmatrix} 1 & & \\ & 0 & 1 \\ & 0 & 0 \\ & & & 1 \end{pmatrix}$$

◀

Bisher war nur von Matrizen die Rede. Für die folgenden theoretischen Betrachtungen wird es wieder unabdingbar sein, Endomorphismen zu betrachten. Daher führen wir die notwendigen Begriffe für Endomorphismen und Matrizen ein.

Wir nannten einen Endomorphismus $\varphi\colon V \to V$ eines n-dimensionalen $\mathbb{K}$-Vektorraums diagonalisierbar bzw. triangulierbar, wenn es eine Basis $B = (b_1, \ldots, b_n)$ von V gibt mit der Eigenschaft, dass die Darstellungsmatrix

$$D = {}_B M(\varphi)_B$$

von φ bezüglich B Diagonal- bzw. obere Dreiecksgestalt hat. Entsprechend sagen wir nun, dass ein Endomorphismus $\varphi\colon V \to V$ eine **Jordan-Normalform besitzt** oder **sich auf Jordan-Normalform bringen lässt**, falls es eine Basis $B = (b_1, \ldots, b_n)$ von V gibt mit der Eigenschaft, dass die Darstellungsmatrix

$$J = {}_B M(\varphi)_B$$

von φ bezüglich B eine Jordan-Matrix ist.

Jordan-Basis und Jordan-Normalform

Existiert zu einem Endomorphismus φ eines n-dimensionalen $\mathbb{K}$-Vektorraums V eine geordnete Basis $B = (b_1, \ldots, b_n)$ von V, sodass

$$_B M(\varphi)_B = J = \begin{pmatrix} J_1 & & \\ & \ddots & \\ & & J_l \end{pmatrix}$$

eine Jordan-Normalform mit Jordan-Kästchen $J_1, \ldots, J_l$ ist, so nennt man B eine **Jordan-Basis** von V zu φ und die Matrix J eine **Jordan-Normalform** von φ.

Nullen außerhalb der Jordan-Kästchen lassen wir immer weg.

Wir benutzen diese Begriffe ebenso für eine Matrix $A \in \mathbb{K}^{n \times n}$ und meinen dabei eigentlich den Endomorphismus φ_A von $\mathbb{K}^n$. Ist also $B = (b_1, \ldots, b_n)$ eine Jordan-Basis zu einer Matrix $A \in \mathbb{K}^{n \times n}$, so besagt dies, dass A ähnlich zu einer Jordan-Matrix J ist, dabei gilt:

$$S^{-1} A S = J = \begin{pmatrix} J_1 & & \\ & \ddots & \\ & & J_l \end{pmatrix}$$

mit der Matrix $S = (b_1, \ldots, b_n)$. Die Jordan-Matrix J ist in diesem Fall eine Jordan-Normalform zu A.

Eine Jordan-Normalform ist im Allgemeinen nicht eindeutig, beim Vertauschen der Kästchen entsteht wieder eine Jordan-Normalform, in der Jordan-Basis werden dabei die dazugehörigen Jordan-Basisvektoren mit vertauscht.

Eine Jordan-Normalform unterscheidet sich also von einer Diagonalform höchstens dadurch, dass sie einige Einsen in der ersten oberen Nebendiagonale hat.

Beispiel Jede Diagonalmatrix hat Jordan-Normalform. Und auch die Matrizen

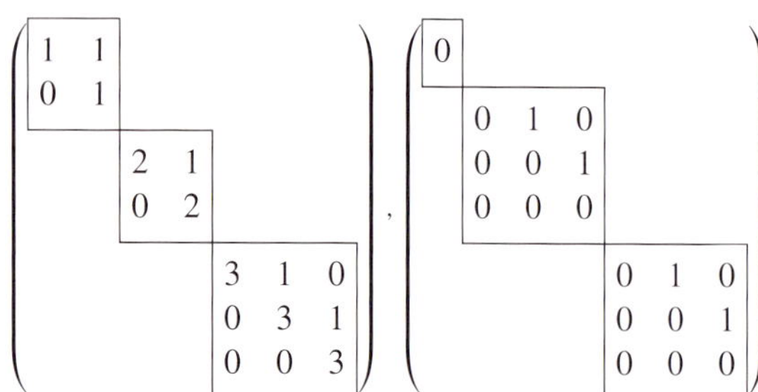

haben Jordan-Normalform. Hingegen ist

$$A = \begin{pmatrix} 1 & 1 \\ 0 & -1 \end{pmatrix}$$

keine Jordan-Normalform, da in den Jordan-Kästchen auf der Diagonalen nur gleiche Einträge stehen. Aber es sind

$$J = \begin{pmatrix} 1 & \\ & -1 \end{pmatrix} \quad \text{und} \quad J' = \begin{pmatrix} -1 & \\ & 1 \end{pmatrix}$$

die zwei verschiedenen Jordan-Normalformen dieser Matrix A, da diese diagonalisierbar ist. Jordan-Basen sind in diesem Beispiel Basen aus Eigenvektoren von A. ◄

Achtung: In manchen Lehrbüchern werden die Jordan-Kästchen auch in der Form

$$\begin{pmatrix} \lambda & & & \\ 1 & \ddots & & \\ & \ddots & \ddots & \\ & & 1 & \lambda \end{pmatrix}$$

eingeführt, die Einsen stehen also auf der unteren Nebendiagonale. Hierbei werden die Vektoren der Jordan-Basis anders sortiert.

Nach dem Kriterium für Diagonalisierbarkeit von Seite 512 ist ein Endomorphismus φ genau dann diagonalisierbar, wenn das charakteristische Polynom χ_φ in Linearfaktoren zerfällt und für jeden Eigenwert λ von φ die algebraische Vielfachheit gleich der geometrischen ist. Die Bedingungen für die Existenz einer Jordan-Normalform eines Endomorphismus sind deutlich einfacher:

Eine Jordan-Normalform existiert zu φ genau dann, wenn φ in Linearfaktoren zerfällt.

Der Beweis dieses Existenzsatzes einer Jordan-Normalform ist nicht einfach. In Arch. Math., Vol. 50, 323–327 (1988) gibt Johann Hartl einen Induktionsbeweis für diesen Satz an. Wir bringen den Beweis von Johann Hartl mit einigen weiteren Vereinfachungen. Dazu stellen wir erst mal einige Hilfsmittel bereit.

Zum Beweis des Existenzsatzes benötigen wir einige Hilfsmittel

Für den Beweis des Existenzsatzes einer Jordan-Normalform benötigen wir vier Lemmata. Wir stellen diese in diesem Abschnitt vor. Die Beweise sind teils recht aufwendig. Wieder wollen wir explizit darauf hinweisen, dass wir von einem Leser keineswegs erwarten, dass er selbstständig auf diese Beweise kommen sollte. Es reicht vollkommen aus, wenn Sie als Studierender im ersten Studienjahr diese Schlüsse nachvollziehen können.

Lemma 1

Es sei V ein endlichdimensionaler $\mathbb{K}$-Vektorraum. Ist $V = U \oplus W$ die direkte Summe zweier φ-invarianter Untervektorräume U und W, so gilt:

(a) $\psi = \varphi|_U$ und $\rho = \varphi|_W$ sind Endomorphismen von U und W.

(b) Für $U, W \neq \{0\}$ gilt $\chi_\varphi = \chi_\psi \, \chi_\rho$.

(c) Sind B_U und B_W Jordan-Basen zu ψ und ρ, so ist $B_U \cup B_W$ eine Jordan-Basis zu φ.

Beweis: (a) Weil U und W invariant sind unter φ, gilt $\psi(U) \subseteq U$ und $\rho(W) \subseteq W$. Folglich sind ψ und ρ Endomorphismen von U und W.

(b) Das charakteristische Polynom eines Endomorphismus ist das charakteristische Polynom einer Darstellungsmatrix bezüglich einer beliebig gewählten Basis. Es seien B_U und B_W irgendwelche Basen von U und W. Die Vereinigung $B = B_U \cup B_W$ ist wegen der Direktheit der Summe dann eine Basis von ganz V. Die Darstellungsmatrizen der Endomorphismen ψ und ρ bezüglich der Basen B_U und B_W seien A_ψ und A_ρ:

$$A_\psi = {}_{B_U}M(\psi)_{B_U} \quad \text{und} \quad A_\rho = {}_{B_W}M(\rho)_{B_W}.$$

Wir erhalten als Darstellungsmatrix von φ bezüglich der Basis B von V:

$$_B M(\varphi)_B = \begin{pmatrix} A_\psi & 0 \\ 0 & A_\rho \end{pmatrix}. \tag{14.4}$$

Nun bilden wir das charakteristische Polynom von φ:

$$\chi_\varphi = \begin{vmatrix} A_\psi - X\,\mathbf{E} & 0 \\ 0 & A_\rho - X\,\mathbf{E} \end{vmatrix} = \chi_\psi\, \chi_\rho.$$

(c) Diese Aussage folgt aus der Darstellungsmatrix in (14.4): Sind nämlich A_ψ und A_ρ Jordan-Normalformen, so ist es auch $_B M(\varphi)_B$. $\blacksquare$

?

Wieso haben wir $U, W \neq \{\mathbf{0}\}$ in (b) verlangt?

Lemma 2

Es sei $U \subseteq V$ ein φ-invarianter Untervektorraum eines $\mathbb{K}$-Vektorraums V. Dann gilt:

(a) U ist ein Untervektorraum von $\varphi^{-1}(U)$, d.h., $U \subseteq \varphi^{-1}(U)$.

(b) Jeder Untervektorraum W von V mit der Eigenschaft $U \subseteq W \subseteq \varphi^{-1}(U)$ ist φ-invariant, d.h., $\varphi(W) \subseteq W$.

(c) Jeder Untervektorraum W von V mit der Eigenschaft $W \subseteq \ker \varphi$ ist φ-invariant, d.h., $\varphi(W) \subseteq W$.

(d) Jeder Untervektorraum W von V mit der Eigenschaft $\mathrm{Bild}\,\varphi \subseteq W$ ist φ-invariant, d.h., $\varphi(W) \subseteq W$.

Beweis: (a) Wegen der Invarianz von U unter φ gilt $\varphi(u) \in U$ für alle $u \in U$. Es folgt $u \in \varphi^{-1}(U)$ für alle $u \in U$, d.h., $U \subseteq \varphi^{-1}(U)$.

(b) Wegen $W \subseteq \varphi^{-1}(U)$ gilt $w \in \varphi^{-1}(U)$ für alle $w \in W$. Es folgt $\varphi(w) \in U$. Und wegen $U \subseteq W$ gilt somit $\varphi(w) \in W$ für alle $w \in W$, d.h., $\varphi(W) \subseteq W$.

(c) Das folgt aus (b) mit dem φ-invarianten Untervektorraum $U = \{\mathbf{0}\}$ von V.

(d) Wegen $\varphi(W) \subseteq \mathrm{Bild}\,\varphi$ folgt die Behauptung sogleich aus $\mathrm{Bild}\,\varphi \subseteq W$. $\blacksquare$

?

Zeichnen Sie Bilder mit den entsprechenden Untervektorräumen.

Lemma 3

Es sei φ ein Endomorphismus eines n-dimensionalen $\mathbb{K}$-Vektorraums V mit $n \geq 2$.

Falls der Kern von φ nicht im Bild von φ enthalten ist, $\ker \varphi \not\subseteq \mathrm{Bild}\,\varphi$, so gilt $V = U \oplus W$ mit echten φ-invarianten Untervektorräumen U und W von V, d.h., $U, W \subsetneq V$, $\varphi(U) \subseteq U$, $\varphi(W) \subseteq W$.

Beweis: *1. Fall.* $\ker \varphi = V$, d.h., φ ist die Nullabbildung. Da in diesem Fall jeder Untervektorraum φ-invariant ist, wähle man für U irgendeinen eindimensionalen Untervektorraum und für W das Komplement zu U in V. Es sind dann U und W zwei echte φ-invariante Untervektorräume von V mit $V = U \oplus W$ (man beachte den Satz zur Existenz von Komplementen auf Seite 218).

2. Fall. $\ker \varphi \subsetneq V$. Wähle eine Basis B_0 von $\ker \varphi \cap \mathrm{Bild}\,\varphi$,

$$\ker \varphi \cap \mathrm{Bild}\,\varphi = \langle B_0 \rangle,$$

und ergänze diese zum einen zu einer Basis $B_0 \cup B_1$ von $\ker \varphi$,

$$\ker \varphi = \langle B_0 \cup B_1 \rangle,$$

und zum anderen zu einer Basis $B_0 \cup B_2$ von $\mathrm{Bild}\,\varphi$,

$$\mathrm{Bild}\,\varphi = \langle B_0 \cup B_2 \rangle.$$

Wie im Beweis zur Dimensionsformel für Untervektorräume (siehe Seite 217) zeigt man:

$$B_0 \cup B_1 \cup B_2 \text{ ist linear unabhängig.}$$

Wir ergänzen nun diese linear unabhängige Menge $B_0 \cup B_1 \cup B_2$ um weitere Vektoren aus einer Menge B_3 zu einer Basis

$$B = B_0 \cup B_1 \cup B_2 \cup B_3$$

von V. Wir wählen nun zwei Untervektorräume U und W von V gemäß

$$U = \langle B_1 \rangle \quad \text{und} \quad W = \langle B_0 \cup B_2 \cup B_3 \rangle.$$

Wegen Lemma 2 (c) und (d) sind die Untervektorräume U und W φ-invariant. Weiter gilt $V = U \oplus W$, da $B_0 \cup B_1 \cup B_2 \cup B_3 \subseteq U + W$.

Schließlich gilt $B_1 \neq \emptyset$ wegen $\ker \varphi \not\subseteq \mathrm{Bild}\,\varphi$, d. h., dass $U \neq \{0\}$. Es folgt $W \neq V$.

Und aus $\ker \varphi \neq V$ folgt $B_1 \subsetneq B$, d. h., dass auch $U \neq V$ gilt. $\blacksquare$

Wir formulieren den letzten Hilfssatz.

Lemma 4

Es sei φ ein Endomorphismus eines n-dimensionalen $\mathbb{K}$-Vektorraums V.

Falls $\mathrm{Bild}\,\varphi = U' \oplus W'$ mit φ-invarianten Untervektorräumen U' und W' von V gilt, so gibt es Untervektorräume U und W von V mit

(a) $V = U \oplus W$.
(b) $U' \subseteq U$ und $W' \subseteq W$.
(c) U und W sind φ-invariant.

Beweis: Wir zeigen die Behauptungen in mehreren Schritten.

(i) *Es gilt* $V = \varphi^{-1}(U') + \varphi^{-1}(W')$.

Denn nach Voraussetzung gibt es zu jedem $v \in V$ ein $u' \in U'$ und $w' \in W'$ mit $\varphi(v) = u' + w'$. Wegen $U' \subseteq \varphi(V)$ gibt es ein $u \in V$ mit $u' = \varphi(u)$, d. h., $u \in \varphi^{-1}(U')$.

Für die Differenz $w = v - u$ folgt:

$$\varphi(w) = \varphi(v) - \varphi(u) = \varphi(v) - u' = w' \in W',$$

also $v = u + w \in \varphi^{-1}(U') + \varphi^{-1}(W')$. Damit gilt (i).

Nach Lemma 2 (a) gilt $U' \subseteq \varphi^{-1}(U')$. Nach dem Satz zur Existenz eines Komplements auf Seite 218 gibt es einen Untervektorraum A von V mit

$$\left(\left(\varphi^{-1}(U') \cap \varphi^{-1}(W')\right) + U'\right) \oplus A = \varphi^{-1}(U'). \quad (14.5)$$

Erneut wegen Lemma 2 (a) gilt $W' \subseteq \varphi^{-1}(W')$, außerdem haben wir $U' \cap W' = \{0\}$. Somit gibt es erneut nach dem Satz zur Existenz eines Komplements einen Untervektorraum B von V mit

$$\left(\left(U' \cap \varphi^{-1}(W')\right) \oplus W'\right) \oplus B = \varphi^{-1}(W'). \quad (14.6)$$

Nun erklären wir die Untervektorräume U und W durch

$$U = U' \oplus A \quad \text{und} \quad W = W' \oplus B.$$

Hieraus folgt $U' \subseteq U$, $W' \subseteq W$, und es gilt:

$$U \subseteq \varphi^{-1}(U') \quad \text{und} \quad W \subseteq \varphi^{-1}(W'),$$

d. h., dass U und W φ-invariant sind.

Wegen der Gleichungen (14.5) und (14.6) gelten die Inklusionen

$$\varphi^{-1}(U') \subseteq \varphi^{-1}(W') + U' + A \quad \text{und}$$
$$\varphi^{-1}(W') \subseteq U' + W' + B,$$

sodass mithilfe von (i) folgt:

$$V = \varphi^{-1}(U') + \varphi^{-1}(W') \subseteq U' + W' + B + A$$
$$= U + W.$$

Nun zeigen wir:

(ii) *Es gilt* $U \cap \varphi^{-1}(W') = U' \cap \varphi^{-1}(W')$.

Denn: die Inklusion $\supseteq$ folgt aus $U' \subseteq U$. Es sei $v \in U \cap \varphi^{-1}(W')$. Dann gilt $v = u' + a$ mit einem $u' \in U'$ und $a \in A$, da $U = U' + A$. Wegen Gleichung (14.5) gilt $U \subseteq \varphi^{-1}(U')$, d. h., dass $v \in \varphi^{-1}(U') \cap \varphi^{-1}(W')$. Es folgt

$$a = v - u' \in \left(\varphi^{-1}(U') \cap \varphi^{-1}(W')\right) + U'.$$

Mit Gleichung (14.5) folgt $a = 0$, also $v = u' \in U' \cap \varphi^{-1}(W')$. Somit ist (ii) begründet.

(iii) *Es gilt* $U \cap W = \{0\}$.

Aus (ii) folgt wegen $W \subseteq \varphi^{-1}(W')$, der Gleichung (14.6) und $W = W' + B$:

$$U \cap W = U \cap \left(\varphi^{-1}(W') \cap W\right)$$
$$= \left(U \cap \varphi^{-1}(W')\right) \cap W$$
$$= \left(U' \cap \varphi^{-1}(W')\right) \cap (W' + B)$$
$$= \{0\}.$$

Damit ist alles begründet. $\blacksquare$

Der Beweis des Existenzsatzes erfolgt per Induktion nach der Dimension des Vektorraums

Wir haben im letzten Abschnitt alle wesentlichen Hilfsmittel zum Beweis des folgenden Existenzsatzes einer Jordan-Normalform bereitgestellt:

Kriterium für die Existenz einer Jordan-Normalform

Für einen Endomorphismus φ eines n-dimensionalen $\mathbb{K}$-Vektorraums V, $n \in \mathbb{N}$, sind äquivalent:

(i) φ besitzt eine Jordan-Normalform.
(ii) Das charakteristische Polynom χ_φ zerfällt über $\mathbb{K}$ in Linearfaktoren.

Beweis: (i) $\Rightarrow$ (ii): Falls φ eine Jordan-Normalform besitzt, so ist dies eine obere Dreiecksmatrix. Somit zerfällt χ_φ über $\mathbb{K}$ in Linearfaktoren.

(ii) $\Rightarrow$ (i): Nun zerfalle das charakteristische Polynom χ_φ des Endomorphismus φ eines n-dimensionalen $\mathbb{K}$-Vektorraums V über $\mathbb{K}$ in Linearfaktoren. Wir zeigen die Existenz einer Jordan-Normalform mit Induktion nach der Dimension n des Vektorraums V.

Induktionsanfang. Für $n = 1$ gilt die Behauptung, da ${}_B M(\varphi)_B = (\lambda) \in \mathbb{K}^{1\times 1}$ für jede beliebige Basis B von jedem Vektorraum V der Dimension 1 bereits Jordan-Normalform hat.

Induktionsvoraussetzung. Die Behauptung sei richtig für alle Vektorräume V mit $1 \le \dim V \le n - 1$ und alle Endomorphismen φ von V mit zerfallendem charakteristischem Polynom χ_φ.

Induktionsschritt. Es sei $\lambda \in \mathbb{K}$ eine Nullstelle von χ_φ, d. h., $\chi_\varphi(\lambda) = 0$. Für den Kern des Endomorphismus $\varphi - \lambda \,\mathrm{id}_V$ von V gilt:

$$\ker(\varphi - \lambda \,\mathrm{id}_V) \ne \{\mathbf{0}\}\,,$$

sodass wir für die Dimension des Bildes von $\varphi - \lambda \,\mathrm{id}_V$ nach der Dimensionsformel auf Seite 427 erhalten:

$$\dim \mathrm{Bild}(\varphi - \lambda \,\mathrm{id}_V) < n\,. \qquad (*)$$

Wir treffen eine Fallunterscheidung:

1. Fall. $\ker(\varphi - \lambda \,\mathrm{id}_V) \not\subseteq \mathrm{Bild}(\varphi - \lambda \,\mathrm{id}_V)$: Wegen Lemma 3 existieren $(\varphi - \lambda \,\mathrm{id}_V)$-invariante Untervektorräume U und W von V mit $\dim U$, $\dim W < n$ und $V = U \oplus W$. Da für jedes $\boldsymbol{u} \in U$ und $\boldsymbol{w} \in W$ gilt:

$$(\varphi - \lambda \,\mathrm{id}_V)(\boldsymbol{u}) = \varphi(\boldsymbol{u}) - \lambda \,\boldsymbol{u} \in U \ \text{ und}$$
$$(\varphi - \lambda \,\mathrm{id}_V)(\boldsymbol{w}) = \varphi(\boldsymbol{w}) - \lambda \,\boldsymbol{w} \in W\,,$$

sind die Untervektorräume U und W somit auch φ-invariant.

Nach Lemma 1 (b) ist das charakteristische Polynom von φ das Produkt der charakteristischen Polynome von $\psi = \varphi|_U$ und $\rho = \varphi|_W$:

$$\chi_\varphi = \chi_\psi \,\chi_\rho\,.$$

Mit χ_φ zerfallen auch die charakteristischen Polynome χ_ψ und χ_ρ. Wegen der Induktionsannahme existieren Jordanbasen B_U und B_W bezüglich ψ und ρ. Nach Lemma 1 (c) ist die Vereinigung $B = B_U \cup B_W$ eine Jordan-Basis bezüglich φ von V.

2. Fall. $\ker(\varphi - \lambda \,\mathrm{id}_V) \subseteq \mathrm{Bild}(\varphi - \lambda \,\mathrm{id}_V)$: Nach Lemma 2 (d) ist der Untervektorraum $T = \mathrm{Bild}(\varphi - \lambda \,\mathrm{id}_V)$ invariant unter $\varphi - \lambda \,\mathrm{id}_V$ und somit (wie im 1. Fall gezeigt) auch invariant unter φ, d. h., $\varphi(T) \subseteq T$. Der Endomorphismus $\varphi|_T$ von T hat ein in Linearfaktoren zerfallendes charakteristisches Polynom $\chi_{\varphi|_T}$.

Wegen $(*)$ besitzt T nach der Induktionsvoraussetzung eine Jordan-Basis $B_T = (\boldsymbol{b}_1, \ldots, \boldsymbol{b}_k)$ bezüglich $\varphi|_T$. Die Darstellungsmatrix

$$A_T = {}_{B_T} M(\varphi|_T)_{B_T}$$

ist eine Jordan-Normalform von $\varphi|_T$.

Wir treffen eine weitere Fallunterscheidung:

Fall 2a. Die Jordan-Matrix A_T enthält zwei Jordan-Kästchen, d. h.

$$A_T = \begin{pmatrix} A_1 & & \\ & A_2 & \\ & & \ddots \end{pmatrix}$$

wobei das Jordan-Kästchen A_1 genau j Zeilen enthalte, $1 \le j < k$. Die beiden zueinander komplementären Untervektorräume

$$U' = \langle \boldsymbol{b}_1, \ldots, \boldsymbol{b}_j \rangle \ \text{ und } \ W' = \langle \boldsymbol{b}_{j+1}, \ldots, \boldsymbol{b}_k \rangle$$

von T sind $\varphi|_T$-invariant, also φ-invariant und schließlich auch $(\varphi - \lambda \,\mathrm{id}_V)$-invariant. Damit ist T die direkte Summe zweier $(\varphi - \lambda \,\mathrm{id}_V)$-invarianter Untervektorräume U' und W':

$$U' \oplus W' = T = \mathrm{Bild}(\varphi - \lambda \,\mathrm{id}_V)\,.$$

Somit gibt es nach Lemma 4 Untervektorräume U und W von V mit $U' \subseteq U$ und $W' \subseteq W$, die unter $\varphi - \lambda \,\mathrm{id}_V$ invariant sind und $V = U \oplus W$ erfüllen. Da U', $W' \ne \{\mathbf{0}\}$ gilt, erhalten wir auch U, $W \ne \{\mathbf{0}\}$. Nach Lemma 1 (b) gilt:

$$\chi_\varphi = \chi_{\varphi|_U}\, \chi_{\varphi|_W}\,.$$

Somit zerfallen $\chi_{\varphi|_U}$ und $\chi_{\varphi|_W}$ in Linearfaktoren. Wegen U, $W \ne \{\mathbf{0}\}$ gilt $\dim U$, $\dim W < n$. Mit der Induktionsvoraussetzung und Lemma 1 (c) folgt die Behauptung in diesem Fall.

Fall 2b. Die Jordan-Matrix A_T ist ein Jordan-Kästchen, d. h.

$$A_T = {}_{B_T} M(\varphi|_T)_{B_T} = \begin{pmatrix} \mu & 1 & & \\ & \ddots & \ddots & \\ & & \ddots & 1 \\ & & & \mu \end{pmatrix}$$

Da zum einen λ ein Eigenwert von φ ist und zum anderen $\ker(\varphi - \lambda \,\mathrm{id}_V) \subseteq \mathrm{Bild}(\varphi - \lambda \,\mathrm{id}_V)$ vorausgesetzt ist, erhalten wir

$$\{\mathbf{0}\} \ne \ker(\varphi - \lambda \,\mathrm{id}_V) = \ker\big((\varphi - \lambda \,\mathrm{id}_V)|_T\big)$$
$$= \ker(\varphi|_T - \lambda \,\mathrm{id}_T)\,.$$

Da A_T die Darstellungsmatrix von $\varphi|_T$ bezüglich B_T ist, muss somit $\mu = \lambda$ gelten, da andernfalls $\ker(\varphi|_T - \lambda\,\mathrm{id}_T) = \{\mathbf{0}\}$ gelten würde.

Mit der Dimensionsformel von Seite 427 gilt nun:

$$
\begin{aligned}
1 &= \dim\ker(\varphi|_T - \lambda\,\mathrm{id}_T) \\
&= \dim\ker(\varphi - \lambda\,\mathrm{id}_V) \\
&= n - \dim\mathrm{Bild}(\varphi - \lambda\,\mathrm{id}_V)\,,
\end{aligned}
$$

d. h., dass

$$\dim T = \dim\mathrm{Bild}(\varphi - \lambda\,\mathrm{id}_V) = n - 1\,.$$

Wegen der Form der Darstellungsmatrix A_T gilt für die erzeugenden Vektoren von $T = \langle \mathbf{b}_1,\ \ldots,\ \mathbf{b}_{n-1}\rangle$:

$$
\begin{aligned}
(\varphi - \lambda\,\mathrm{id}_V)(\mathbf{b}_1) &= \mathbf{0}\,, \\
(\varphi - \lambda\,\mathrm{id}_V)(\mathbf{b}_i) &= \mathbf{b}_{i-1}\,, \ 1 < i < n\,.
\end{aligned}
$$

Weiter gibt es wegen $(\varphi - \lambda\,\mathrm{id}_V)(V) = T$ ein $\mathbf{b}_n \in V \setminus T$ mit

$$(\varphi - \lambda\,\mathrm{id}_V)(\mathbf{b}_n) = \mathbf{b}_{n-1}\,.$$

Da $\mathbf{b}_n \notin T$, ist $B = (\mathbf{b}_1,\ \ldots,\ \mathbf{b}_n)$ eine Basis von V. Wegen

$$
{}_B M(\varphi)_B = \begin{pmatrix} \lambda & 1 & & & \\ & \ddots & \ddots & & \\ & & \ddots & \ddots & \\ & & & \ddots & 1 \\ & & & & \lambda \end{pmatrix}
$$

ist B eine Jordan-Basis von V bezüglich φ. $\blacksquare$

Da über dem algebraisch abgeschlossenen Körper $\mathbb{C}$ jedes Polynom in Linearfaktoren zerfällt, erhalten wir die Folgerung:

Jordan-Normalform komplexer Matrizen

Jeder Endomorphismus φ eines $\mathbb{C}$-Vektorraums V besitzt eine Jordan-Normalform. Insbesondere ist jede komplexe Matrix zu einer Jordan-Matrix ähnlich.

14.8 Die Berechnung einer Jordan-Normalform und Jordan-Basis

In den folgenden Beispielen berechnen wir die Jordan-Normalformen von Matrizen. Die Jordan-Normalform eines Endomorphismus φ erhält man aus der Jordan-Normalform einer und damit jeder Darstellungsmatrix von φ.

Wir schildern die Konstruktion einer Jordan-Basis und damit der Jordan-Normalform zuerst an Beispielen. Das allgemeine Vorgehen wird dann schnell klar. Vorher stellen wir Hilfsmittel bereit, mit denen man in vielen Fällen eine Jordan-Normalform einer Matrix bestimmen kann, ohne eine Jordan-Basis angeben zu müssen.

Wir beginnen mit dem Fall, dass die Matrix A nur einen Eigenwert hat.

Die Dimension des Eigenraums ist die Anzahl der Jordan-Kästchen

Gegeben ist eine Matrix $A \in \mathbb{K}^{n \times n}$ mit einem in Linearfaktoren zerfallendem charakteristischem Polynom $\chi_A = (\lambda - X)^n$. Also ist $\lambda \in \mathbb{K}$ der einzige Eigenwert von A mit der algebraischen Vielfachheit n und der geometrischen Vielfachheit $m_g(\lambda)$, wobei wir von dieser nur wissen, dass

$$1 \le m_g(\lambda) \le n$$

gilt. Weil das charakteristische Polynom in Linearfaktoren zerfällt, existiert zu A eine Jordan-Normalform J, d. h., es gibt eine Matrix $S = (\mathbf{b}_1,\ \ldots,\ \mathbf{b}_n) \in \mathbb{K}^{n \times n}$ mit

$$
J = \begin{pmatrix} J_1 & & \\ & \ddots & \\ & & J_l \end{pmatrix} = S^{-1}\,A\,S\,,
$$

wobei $J_1,\ \ldots,\ J_l$ Jordan-Kästchen sind.

Da A und J ähnlich sind, haben A und J dasselbe charakteristische Polynom und auch denselben Eigenwert λ mit der gleichen algebraischen und geometrischen Vielfachheit. Damit haben also alle Jordan-Kästchen $J_1,\ \ldots,\ J_l$ nur λ als Diagonaleinträge,

$$
J = \begin{pmatrix} J_1 & & \\ & \ddots & \\ & & J_l \end{pmatrix} \text{ mit } J_i = \begin{pmatrix} \lambda & 1 & & & \\ & \ddots & \ddots & & \\ & & \ddots & \ddots & \\ & & & \ddots & 1 \\ & & & & \lambda \end{pmatrix}
$$

für $i = 1,\ \ldots,\ l$. Und wegen

$$
\begin{aligned}
m_g(\lambda) &= \dim(\ker(J - \lambda\,\mathbf{E}_n)) \\
&= \text{Anzahl der Jordan-Kästchen von } J\,,
\end{aligned}
$$

siehe etwa

$$
J - \lambda\,\mathbf{E}_7 = \begin{pmatrix} 0 & & & & & & \\ & 0 & 1 & & & & \\ & & 0 & 1 & & & \\ & & & 0 & & & \\ & & & & 0 & 1 & \\ & & & & & 0 & 1 \\ & & & & & & 0 \end{pmatrix}
$$

erhalten wir damit:

Die Anzahl der Jordan-Kästchen

Die Anzahl der Jordan-Kästchen einer Jordan-Normalform J zu einer Matrix $A \in \mathbb{K}^{n \times n}$ zu dem Eigenwert λ ist die geometrische Vielfachheit $m_g(\lambda)$ des Eigenwerts λ von A.

Damit ist die Jordan-Normalform von A genau dann eine Diagonalmatrix, wenn die geometrische Vielfachheit von λ gleich der algebraischen Vielfachheit ist.

?

Durch die Dimension der Eigenräume ist die Jordan-Normalform einer 3×3-Matrix $A \in \mathbb{K}^{3 \times 3}$ bis auf die Reihenfolge der Jordan-Kästchen eindeutig festgelegt. Welche wesentlich verschiedenen Formen gibt es?

Das größte Jordan-Kästchen hat r Zeilen, wobei r der Nilpotenzindex ist

Wir betrachten weiterhin die Matrix $A \in \mathbb{K}^{n \times n}$ mit dem charakteristischen Polynom $\chi_A = (\lambda - X)^n$ und entscheiden, wie groß das größte Jordan-Kästchen der Jordan-Normalform

$$J = \begin{pmatrix} J_1 & & \\ & \ddots & \\ & & J_l \end{pmatrix}$$

ist, dabei bezieht sich der Begriff *Größe* auf die Anzahl der Zeilen bzw. Spalten der Kästchen.

Die Matrix

$$J - \lambda\,\mathbf{E}_n = \begin{pmatrix} J_1 - \lambda\,\mathbf{E}_{n_1} & & \\ & \ddots & \\ & & J_l - \lambda\,\mathbf{E}_{n_l} \end{pmatrix}$$

ist nilpotent, da für jedes Kästchen

$$J_j - \lambda\,\mathbf{E}_{n_j} = \begin{pmatrix} 0 & 1 & & \\ & \ddots & \ddots & \\ & & \ddots & 1 \\ & & & 0 \end{pmatrix}$$

mit n_j Zeilen die Gleichung

$$(J_j - \lambda\,\mathbf{E}_{n_j})^{n_j} = \begin{pmatrix} 0 & 1 & & \\ & \ddots & \ddots & \\ & & \ddots & 1 \\ & & & 0 \end{pmatrix}^{n_j} = \mathbf{0}$$

gilt, z. B.

$$\underbrace{\begin{pmatrix} 0 & 1 & 0 & 0 \\ 0 & 0 & 1 & 0 \\ 0 & 0 & 0 & 1 \\ 0 & 0 & 0 & 0 \end{pmatrix}}_{N} \xrightarrow{N\,\cdot} \begin{pmatrix} 0 & 0 & 1 & 0 \\ 0 & 0 & 0 & 1 \\ 0 & 0 & 0 & 0 \\ 0 & 0 & 0 & 0 \end{pmatrix} \xrightarrow{N\,\cdot} \begin{pmatrix} 0 & 0 & 0 & 1 \\ 0 & 0 & 0 & 0 \\ 0 & 0 & 0 & 0 \\ 0 & 0 & 0 & 0 \end{pmatrix} \xrightarrow{N\,\cdot} \mathbf{0},$$

bei jeder Multiplikation *rutscht* die Diagonale mit den Einsen um eine Reihe hoch.

Somit ist das Kästchen $J_j - \lambda\,\mathbf{E}_{n_j}$ nilpotent mit Nilpotenzindex n_j. Folglich ist die ganze Matrix $J - \lambda\,\mathbf{E}_n$ auch nilpotent. Und der Nilpotenzindex r von $J - \lambda\,\mathbf{E}_n$ ist das Maximum der Nilpotenzindizes der Jordan-Kästchen, also $r = \max\{n_1, \ldots, n_l\}$.

Wegen $J = S^{-1} A\,S$ gilt:

$$\begin{aligned} J - \lambda\,\mathbf{E}_n &= S^{-1} A\,S - \lambda\,S^{-1} S \\ &= S^{-1}(A - \lambda\,\mathbf{E}_n)\,S\,. \end{aligned}$$

Damit erhalten wir

$$\begin{aligned} (J - \lambda\,\mathbf{E}_n)^k = \mathbf{0} &\Leftrightarrow S^{-1}(A - \lambda\,\mathbf{E}_n)^k\,S = \mathbf{0} \\ &\Leftrightarrow (A - \lambda\,\mathbf{E}_n)^k = \mathbf{0}\,. \end{aligned}$$

Also ist auch $A - \lambda\,\mathbf{E}_n$ nilpotent vom Nilpotenzindex r. Das besagt, dass der Nilpotenzindex von $A - \lambda\,\mathbf{E}_n$ die Zeilenanzahl des größten Jordan-Kästchens J_j einer Jordan-Normalform von A angibt.

Die Zeilenzahl des größten Jordan-Kästchen

Die Zeilenzahl des größten Jordan-Kästchens einer Jordan-Normalform von A ist der Nilpotenzindex r der Matrix $A - \lambda\,\mathbf{E}_n$.

?

Welche Jordan-Normalform J kann eine Matrix $A \in \mathbb{C}^{5 \times 5}$ mit 5-fachem Eigenwert 1 der geometrischen Vielfachheit 3 haben, wenn $A - \mathbf{E}_5$ den Nilpotenzindex 3 hat?

Wir gewinnen nun die wesentliche Motivation für die Konstruktion einer Jordan-Basis. Dabei gehen wir von der gleichen Situation wie bisher aus: Gegeben ist eine Matrix $A \in \mathbb{K}^{n \times n}$ mit nur einem Eigenwert λ und einem in Linearfaktoren zerfallendem charakteristischem Polynom $\chi_A = (\lambda - X)^n$. Es sei J eine Jordan-Matrix zu A mit einer Transformationsmatrix S, d. h., $J = S^{-1} A\,S$. Dann gilt für jedes $k \in \mathbb{N}$:

$$(J - \lambda\,\mathbf{E}_n)^k = S^{-1}(A - \lambda\,\mathbf{E}_n)^k\,S$$

und damit wegen der Invertierbarkeit von S (man beachte die Folgerung auf Seite 455):

$$\dim \ker(J - \lambda\,\mathbf{E}_n)^k = \dim \ker(A - \lambda\,\mathbf{E}_n)^k\,.$$

Wir setzen nun $N = A - \lambda\,\mathbf{E}_n$ und erhalten aufgrund der besonderen Form der Matrix $J - \lambda\,\mathbf{E}_n$ eine Kette

$$\{\mathbf{0}\} \subsetneq \ker N \subsetneq \ker N^2 \subsetneq \cdots \subsetneq \ker N^r = \mathbb{K}^n\,.$$

Dabei gilt:

- Es ist r der Nilpotenzindex von N bzw. $J - \lambda\,\mathbf{E}_n$.
- Es ist $m_g(\lambda) = \dim \ker N$.
- Es ist $m_a(\lambda) = \dim \ker N^r$.

Zur Konstruktion einer Jordan-Basis gibt es ein übersichtliches Verfahren

Wir gehen nach wie vor davon aus, dass die betrachtete Matrix A nur einen Eigenwert λ hat. Mit den beiden Hilfsgrößen, der Dimension des Eigenraums und des Nilpotenzindixes, ist eine Jordan-Normalform in vielen Fällen bereits festgelegt. Wir geben ein Beispiel.

Beispiel Als Matrix A betrachten wir die reelle Matrix

$$A = \begin{pmatrix} 3 & 1 & 0 & 0 \\ -1 & 1 & 0 & 0 \\ 1 & 1 & 3 & 1 \\ -1 & -1 & -1 & 1 \end{pmatrix} \in \mathbb{R}^{4\times 4}$$

mit dem charakteristischen Polynom $\chi_A = (2 - X)^4$. Weil das Polynom in Linearfaktoren zerfällt, existiert zu A eine Jordan-Normalform J.

Wir bestimmen die geometrische Vielfachheit des einzigen Eigenwerts 2 von A, also die Lösungsmenge des Systems $(A - 2\,\mathbf{E}_4)\,\mathbf{v} = \mathbf{0}$. Wegen

$$A - 2\,\mathbf{E}_4 = \begin{pmatrix} 1 & 1 & 0 & 0 \\ -1 & -1 & 0 & 0 \\ 1 & 1 & 1 & 1 \\ -1 & -1 & -1 & -1 \end{pmatrix}$$

erhalten wir sogleich:

$$\mathrm{Eig}_A(2) = \left\langle \begin{pmatrix} 1 \\ -1 \\ 0 \\ 0 \end{pmatrix}, \begin{pmatrix} 0 \\ 0 \\ 1 \\ -1 \end{pmatrix} \right\rangle \text{ und } (A - 2\,\mathbf{E}_4)^2 = \mathbf{0}.$$

Weil die Dimension des Eigenraums 2 ist, hat die Jordan-Normalform zwei Jordankästchen zum Eigenwert 2. Weil die kleinste natürliche Zahl k mit $(A - 2\,\mathbf{E}_4)^k = \mathbf{0}$ gleich 2 ist, ist das längste Jordankästchen ein 2×2-Kästchen. Damit hat eine Jordan-Normalform zu A das Aussehen

$$J = \begin{pmatrix} \begin{array}{cc|cc} 2 & 1 & & \\ 0 & 2 & & \\ \hline & & 2 & 1 \\ & & 0 & 2 \end{array} \end{pmatrix}$$

Hier ist die Jordan-Normalform sogar eindeutig, da ein Vertauschen der Kästchen die Matrix nicht ändert. ◄

Weil wir nun das Aussehen der Jordan-Normalform J von A in diesem Beispiel kennen, könnten wir auch eine Jordan-Basis konstruieren. Hierzu könnten wir ausnutzen, dass wir nun die Koordinatenvektoren der Bilder der Jordan-Basisvektoren unter der Abbildung $\varphi_A \colon \mathbf{v} \mapsto A\,\mathbf{v}$ kennen – dies sind ja die Spalten von J, also der Darstellungsmatrix der Abbildung $\mathbf{v} \mapsto A\,\mathbf{v}$ bezüglich der Jordan-Basis

$B = (\mathbf{b}_1,\, \mathbf{b}_2,\, \mathbf{b}_3,\, \mathbf{b}_4)$, d. h., es gilt:

$$\begin{aligned} A\,\mathbf{b}_1 &= 2\,\mathbf{b}_1\,, \\ A\,\mathbf{b}_2 &= 1\,\mathbf{b}_1 + 2\,\mathbf{b}_2\,, \\ A\,\mathbf{b}_3 &= 2\,\mathbf{b}_3\,, \\ A\,\mathbf{b}_4 &= 1\,\mathbf{b}_3 + 2\,\mathbf{b}_4\,. \end{aligned}$$

Die Vektoren $\mathbf{b}_1$ und $\mathbf{b}_3$ sind somit Eigenvektoren, hierfür können wir also die zwei linear unabhängigen Vektoren wählen, welche den Eigenraum erzeugen, und $\mathbf{b}_2$ und $\mathbf{b}_4$ erhalten wir sodann als Lösungen der beiden linearen Gleichungssysteme

$$(A - 2\,\mathbf{E}_4)\,\mathbf{b}_2 = \mathbf{b}_1 \text{ und } (A - 2\,\mathbf{E}_4)\,\mathbf{b}_4 = \mathbf{b}_3\,.$$

Dies ist eine Möglichkeit, eine Jordan-Basis $B = (\mathbf{b}_1, \mathbf{b}_2, \mathbf{b}_3, \mathbf{b}_4)$ zu konstruieren. Wir geben nun ein durchsichtigeres Verfahren in Form von Beispielen an, das man auch dann anwenden kann, wenn man eine Jordan-Normalform der Matrix A noch gar nicht kennt.

Beispiel Wir betrachten die Matrix

$$A = \begin{pmatrix} i & i \\ 0 & i \end{pmatrix} \in \mathbb{C}^{2\times 2}\,,$$

deren einziger Eigenwert die komplexe Zahl i mit der algebraischen Vielfachheit 2 ist. Im Folgenden wird die Matrix

$$N = A - i\,\mathbf{E}_2$$

eine wesentliche Rolle spielen. Wir betrachten die folgende Kette:

$$\{\mathbf{0}\} \subsetneq \underbrace{\ker N^1}_{= \left\langle \binom{1}{0} \right\rangle} \subsetneq \underbrace{\ker N^2}_{= \left\langle \binom{1}{0}, \binom{0}{1} \right\rangle} .$$

Dabei ist $\ker N^1$ gerade der Eigenraum zum Eigenwert i von A. Weil dieser Eigenraum eindimensional ist, können wir gleich folgern, dass es nur ein Jordan-Kästchen gibt, damit liegt die Jordan-Normalform bereits fest, wir benutzen im Folgenden aber dieses Wissen nicht.

?

Wie sieht die Jordan-Normalform aus?

Wir wählen vielmehr ein Element $\mathbf{b}_2 \in \ker N^2 \setminus \ker N^1$, und zwar

$$\mathbf{b}_2 = \begin{pmatrix} 0 \\ 1 \end{pmatrix}\,.$$

Dies ist gerade der Basisvektor, den wir zu einer Basis von $\ker N$ ergänzt haben, um eine Basis von $\ker N^2$ zu erhalten. Dieser Vektor $\mathbf{b}_2$ erfüllt wegen seiner speziellen Wahl die folgenden Eigenschaften:

- $\mathbf{b}_2$ ist kein Eigenvektor von A,
- $N\,\mathbf{b}_2 \in \ker N^1 \setminus \{\mathbf{0}\}$.

Die zweite Eigenschaft gilt, weil $\mathbf{b}_2 \in \ker N^2$, d. h.,

$$\mathbf{0} = N^2\,\mathbf{b}_2 = N\,(N\,\mathbf{b}_2)\,,$$

d. h., $N\,b_2 \in \ker N^1$. Und $N\,b_2 \neq 0$, da sonst $b_2 \in \ker N^1$ gelten würde.

Wir setzen nun $b_1 = N\,b_2$,

$$b_1 = N\,b_2 = (A - \mathrm{i}\,E_2)\,b_2 = A\,b_2 - \mathrm{i}\,b_2\,.$$

Nun gilt:

- b_1, b_2 sind linear unabhängig, da $b_2 \in \ker N^2 \setminus \langle b_1 \rangle$.
- $A\,b_1 = \mathrm{i}\,b_1$, da $b_1 \in \ker N = \mathrm{Eig}_A(\mathrm{i})$.
- $A\,b_2 = 1\,b_1 + \mathrm{i}\,b_2$.

Also ist $B = (b_1, b_2)$ eine Jordan-Basis mit der Jordan-Normalform

$$J = \begin{pmatrix} \mathrm{i} & 1 \\ 0 & \mathrm{i} \end{pmatrix}$$

zu A.

Und mit der Matrix $S = (b_1, b_2)$ gilt $J = S^{-1}\,A\,S$.

?

Ist $(b_2,\,b_1)$ auch eine Jordan-Basis zu A?

◀

Wir haben den Vektor b_1 noch gar nicht explizit angegeben. Wir haben auch an keiner Stelle vom speziellen Aussehen des Vektors b_2 Gebrauch gemacht, sondern nur von der Tatsache, dass $b_2 \in \ker N^2 \setminus \ker N^1$ gilt. Damit haben wir also ein Verfahren entwickelt, das für beliebige nicht diagonalisierbare 2×2-Matrizen A mit zerfallendem charakteristischem Polynom anwendbar ist, um eine Jordan-Basis zu A zu bestimmen.

Jordan-Basen von 2×2-Matrizen

Ist $A \in \mathbb{K}^{2 \times 2}$ nicht diagonalisierbar und zerfällt das charakteristische Polynom von A in Linearfaktoren, so hat A einen zweifachen Eigenwert λ, und es ist $B = (b_1, b_2)$ mit

$$b_2 \in \ker N^2 \setminus \ker N^1 \text{ und } b_1 = N\,b_2\,,$$

wobei $N = A - \lambda\,E_2$, eine Jordan-Basis zu A.

Dieses Verfahren kann auf größere Matrizen übertragen werden. Wir behandeln auf Seite 536 ausführlich weitere Beispiele.

?

Können Sie eine Jordan-Basis und die Jordan-Normalform zur Matrix A aus dem Beispiel auf Seite 536 für den Fall $\varepsilon = 2$ angeben?

Bei der durchgeführten Konstruktion entstehen automatisch die größten Jordankästchen unten: Das größte Jordan-Kästchen hat genauso viele Zeilen wie die Kette $\{0\} \subsetneq \ker N^1 \subsetneq \ker N^2 \subsetneq \cdots \subsetneq \ker N^r$ echte Inklusionen aufweist, dies ist gerade der Nilpotenzindex r von $N = A - \lambda\,E_3$.

Mit den gesammelten Erfahrungen ist es nun nicht mehr schwierig, Jordan-Basen zu größeren Matrizen zu bestimmen.

Beispiel Wir bestimmen eine Jordan-Basis und eine Jordan-Normalform zur Matrix

$$A = \begin{pmatrix} 2 & 1 & 1 & 0 & 0 & 0 \\ 0 & 2 & 1 & 0 & 0 & 0 \\ 0 & 0 & 2 & 0 & 0 & 0 \\ 0 & 1 & 0 & 2 & 1 & -1 \\ 0 & 0 & 0 & 0 & 2 & 0 \\ 0 & 0 & 1 & 0 & 0 & 2 \end{pmatrix} \in \mathbb{R}^{6 \times 6}\,.$$

Wegen $\chi_A = (2 - X)^6$ existiert eine Jordan-Normalform zu A.

Wir berechnen für $N = A - 2\,E_6$ die Kette

$$\{0\} \subsetneq \ker N^1 \subsetneq \ker N^2 \subsetneq \cdots \subsetneq \ker N^r = \mathbb{R}^6\,.$$

Es gilt:

$$\ker N = \left\langle \begin{pmatrix} 1 \\ 0 \\ 0 \\ 0 \\ 0 \\ 0 \end{pmatrix}, \begin{pmatrix} 0 \\ 0 \\ 0 \\ 1 \\ 0 \\ 0 \end{pmatrix}, \begin{pmatrix} 0 \\ 0 \\ 0 \\ 0 \\ 1 \\ 1 \end{pmatrix} \right\rangle$$

und

$$\ker N^2 = \left\langle \begin{pmatrix} 1 \\ 0 \\ 0 \\ 0 \\ 0 \\ 0 \end{pmatrix}, \begin{pmatrix} 0 \\ 0 \\ 0 \\ 1 \\ 0 \\ 0 \end{pmatrix}, \begin{pmatrix} 0 \\ 0 \\ 0 \\ 0 \\ 0 \\ 1 \end{pmatrix}, \begin{pmatrix} 0 \\ 1 \\ 0 \\ 0 \\ 0 \\ 0 \end{pmatrix}, \begin{pmatrix} 0 \\ 0 \\ 0 \\ 0 \\ 0 \\ 1 \end{pmatrix} \right\rangle$$

und

$$\ker N^3 = \mathbb{R}^6\,.$$

Es gibt also 3 Jordan-Kästchen, und das größte ist ein 3×3-Kästchen.

Wir betrachten die Kette mit den zugehörigen Dimensionen

$$\{0\} \subsetneq \underbrace{\ker N}_{\dim = 3} \subsetneq \underbrace{\ker N^2}_{\dim = 5} \subsetneq \underbrace{\ker N^3}_{\dim = 6} = \mathbb{R}^6$$

und gehen nun wie folgt vor, um eine Jordan-Basis $(b_1, \ldots, b_6)$ zu konstruieren:

(i) Wir wählen einen Vektor $b_6 \in \ker N^3 \setminus \ker N^2$ und setzen $b_5 = N\,b_6 \in \ker N^2$ und $b_4 = N\,b_5 \in \ker N$. Dieser *Durchlauf* der Kette von hinten nach vorne liefert ein 3×3-Jordan-Kästchen.

(ii) Wir wählen einen Vektor $b_3 \in \ker N^2 \setminus \ker N$, der zum Vektor b_5 linear unabhängig ist – aus Dimensionsgründen ist eine solche Wahl noch möglich –, und setzen $b_2 = N\,b_3 \in \ker N$. Dieser *Durchlauf* der Kette von hinten nach vorne liefert ein 2×2-Jordan-Kästchen.

(iii) Wir wählen einen Vektor $b_1 \in \ker N \setminus \{0\}$, der zu den Vektoren b_2 und b_4 linear unabhängig ist – aus Dimensionsgründen ist eine solche Wahl noch möglich. Dieser *Durchlauf* der Kette von hinten nach vorne liefert ein 1×1-Jordan-Kästchen.

Beispiel: Zur Bestimmung von Jordan-Basen

Wir bestimmen eine Jordan-Basis und eine Jordan-Normalform zu der Matrix

$$A = \begin{pmatrix} 1 & 1 & 1 \\ 0 & 1 & \varepsilon \\ 0 & 0 & 1 \end{pmatrix} \in \mathbb{R}^{3\times 3} \text{ mit } \varepsilon \in \{0, 1\},$$

deren einziger Eigenwert die reelle Zahl 1 mit der algebraischen Vielfachheit 3 ist.

Problemanalyse und Strategie: Wir unterscheiden nach den beiden Fällen $\varepsilon = 1$ und $\varepsilon = 0$. In beiden Fällen bilden wir die Matrix $N = A - 1\,\mathbf{E}_2$, die Kette

$$\{\mathbf{0}\} \subsetneq \ker N^1 \subsetneq \ker N^2 \subsetneq \cdots \subsetneq \mathbb{R}^3$$

und wählen dann beim $\mathbb{R}^3$ beginnend sukzessive jeweils der Reihe nach die Vektoren $\boldsymbol{b}_3$, $\boldsymbol{b}_2$ und $\boldsymbol{b}_1$, um eine Jordan-Basis $(\boldsymbol{b}_1, \boldsymbol{b}_2, \boldsymbol{b}_3)$ zu A zu erhalten.

Lösung:

1. Fall $\varepsilon = 1$: Wir setzen

$$N = A - 1\,\mathbf{E}_3 = \begin{pmatrix} 0 & 1 & 1 \\ 0 & 0 & 1 \\ 0 & 0 & 0 \end{pmatrix}$$

Wir berechnen die Kerne der Matrizen N^1, N^2 und N^3:

$$\{\mathbf{0}\} \subsetneq \underbrace{\ker N^1}_{=\left\langle \begin{pmatrix}1\\0\\0\end{pmatrix}\right\rangle} \subsetneq \underbrace{\ker N^2}_{=\left\langle \begin{pmatrix}1\\0\\0\end{pmatrix}, \begin{pmatrix}0\\1\\0\end{pmatrix}\right\rangle} \subsetneq \underbrace{\ker N^3}_{=\left\langle \begin{pmatrix}1\\0\\0\end{pmatrix}, \begin{pmatrix}0\\1\\0\end{pmatrix}, \begin{pmatrix}0\\0\\1\end{pmatrix}\right\rangle}.$$

Es ist $\ker N^1$ der Eigenraum zum Eigenwert 1 von A. Weil dieser Eigenraum eindimensional ist, können wir gleich folgern, dass es nur ein Jordan-Kästchen gibt, damit liegt die Jordan-Normalform bereits fest.

Wir wählen ein Element $\boldsymbol{b}_3 \in \ker N^3 \setminus \ker N^2$, und zwar $\boldsymbol{b}_3 = \begin{pmatrix} 0 \\ 0 \\ 1 \end{pmatrix}$. Nun setzen wir $\boldsymbol{b}_2 = N\,\boldsymbol{b}_3 \in \ker N^2 \setminus \ker N^1$ und fassen zusammen,

$$\boldsymbol{b}_2 = \begin{pmatrix} 1 \\ 1 \\ 0 \end{pmatrix} = N\,\boldsymbol{b}_3 = (A - 1\,\mathbf{E}_3)\,\boldsymbol{b}_3 = A\,\boldsymbol{b}_3 - 1\,\boldsymbol{b}_3,$$

also:

- $\boldsymbol{b}_2$ und $\boldsymbol{b}_3$ sind linear unabhängig.
- $A\,\boldsymbol{b}_3 = 1\,\boldsymbol{b}_2 + 1\,\boldsymbol{b}_3$.

Wir setzen $\boldsymbol{b}_1 = N\,\boldsymbol{b}_2 \in \ker N^1 \setminus \{\mathbf{0}\}$ und fassen wieder zusammen,

$$\boldsymbol{b}_1 = \begin{pmatrix} 1 \\ 0 \\ 0 \end{pmatrix} = N\,\boldsymbol{b}_2 = (A - 1\,\mathbf{E}_3)\,\boldsymbol{b}_2 = A\boldsymbol{b}_2 - 1\,\boldsymbol{b}_2,$$

also:

- $\boldsymbol{b}_1$, $\boldsymbol{b}_2$ und $\boldsymbol{b}_3$ sind linear unabhängig.
- $A\,\boldsymbol{b}_3 = 1\,\boldsymbol{b}_2 + 1\,\boldsymbol{b}_3$.
- $A\,\boldsymbol{b}_2 = 1\,\boldsymbol{b}_1 + 1\,\boldsymbol{b}_2$.
- $A\,\boldsymbol{b}_1 = 1\,\boldsymbol{b}_1$.

Damit ist also $B = (\boldsymbol{b}_1, \boldsymbol{b}_2, \boldsymbol{b}_3)$ eine Jordan-Basis zu A, und es hat A eine Jordan-Normalform:

$$J = \begin{pmatrix} 1 & 1 & 0 \\ 0 & 1 & 1 \\ 0 & 0 & 1 \end{pmatrix}$$

2. Fall $\varepsilon = 0$: Wir setzen

$$N = A - 1\,\mathbf{E}_3 = \begin{pmatrix} 0 & 1 & 1 \\ 0 & 0 & 0 \\ 0 & 0 & 0 \end{pmatrix}$$

Wir berechnen die Kerne der Matrizen N^1 und N^2:

$$\{\mathbf{0}\} \subsetneq \underbrace{\ker N^1}_{=\left\langle \begin{pmatrix}1\\0\\0\end{pmatrix}, \begin{pmatrix}0\\1\\-1\end{pmatrix}\right\rangle} \subsetneq \underbrace{\ker N^2}_{=\left\langle \begin{pmatrix}1\\0\\0\end{pmatrix}, \begin{pmatrix}0\\1\\-1\end{pmatrix}, \begin{pmatrix}0\\0\\1\end{pmatrix}\right\rangle}$$

Nun ist bereits $\ker N^2$ dreidimensional, ein weiteres Potenzieren der Matrix kann den Kern nicht weiter vergrößern, daher bricht diese Kettenbildung bereits hier ab. An dieser Kette kann man die Struktur der Jordan-Normalform bereits ablesen: Man wählt einen Vektor $\boldsymbol{b}_3$ aus $\ker N^2 \setminus \ker N^1$, bildet diesen mit N auf den Vektor $\boldsymbol{b}_2 \in \ker N^1 \setminus \{\mathbf{0}\}$, also auf einen Eigenvektor, ab und wählt als $\boldsymbol{b}_1$ einen zu $\boldsymbol{b}_2$ linear unabhängigen Eigenvektor. Weil der Eigenraum zweidimensional ist, ist dies auch möglich. So entsteht eine Jordan-Basis.

Wir wählen ein Element $\boldsymbol{b}_3 \in \ker N^2 \setminus \ker N^1$, und zwar $\boldsymbol{b}_3 = \begin{pmatrix} 0 \\ 0 \\ 1 \end{pmatrix}$. Nun setzen wir $\boldsymbol{b}_2 = N\,\boldsymbol{b}_3 = \begin{pmatrix} 1 \\ 0 \\ 0 \end{pmatrix} \in \ker N^1 \setminus \{\mathbf{0}\}$. Schließlich gilt mit

$$\boldsymbol{b}_1 = \begin{pmatrix} 0 \\ 1 \\ -1 \end{pmatrix} \in \ker N^1 \setminus \left\langle \begin{pmatrix}1\\0\\0\end{pmatrix} \right\rangle$$

- $\boldsymbol{b}_1$, $\boldsymbol{b}_2$ und $\boldsymbol{b}_3$ sind linear unabhängig.
- $A\,\boldsymbol{b}_3 = 1\,\boldsymbol{b}_2 + 1\,\boldsymbol{b}_3$.
- $A\,\boldsymbol{b}_2 = 1\,\boldsymbol{b}_2$.
- $A\,\boldsymbol{b}_1 = 1\,\boldsymbol{b}_1$.

Damit ist also $B = (\boldsymbol{b}_1, \boldsymbol{b}_2, \boldsymbol{b}_3)$ eine Jordan-Basis zu A, und es hat A eine Jordan-Normalform:

$$J = \begin{pmatrix} 1 & 0 & 0 \\ 0 & 1 & 1 \\ 0 & 0 & 1 \end{pmatrix}$$

Wir erhalten so Vektoren

$$\underbrace{\boldsymbol{b}_1,\ \boldsymbol{b}_2,\ \boldsymbol{b}_4,}_{\in\ker N\setminus\{\mathbf{0}\}}\qquad \underbrace{\boldsymbol{b}_3,\ \boldsymbol{b}_5,}_{\in\ker N^2\setminus\ker N}\qquad \underbrace{\boldsymbol{b}_6}_{\in\ker N^3\setminus\ker N^2}\quad .$$

Falls nun $\{\boldsymbol{b}_1,\ \boldsymbol{b}_2,\ \boldsymbol{b}_4\}$ und $\{\boldsymbol{b}_3,\ \boldsymbol{b}_5\}$ linear unabhängig sind, haben wir eine Jordan-Basis $(\boldsymbol{b}_1,\ \ldots,\ \boldsymbol{b}_6)$ gefunden. Dazu ist nur nachzuprüfen, dass $\boldsymbol{b}_2$ und $\boldsymbol{b}_4$ linear unabhängig sind, die restlichen Unabhängigkeiten sind per Konstruktion erfüllt.

Kommentar: Man beachte, dass wir bei dieser Konstruktion nicht unbedingt eine Jordan-Basis erhalten: Falls $\boldsymbol{b}_2$ und $\boldsymbol{b}_4$ linear abhängig sind, so ist Schritt (ii) mit einer anderen Wahl für $\boldsymbol{b}_3$ zu wiederholen. Diese Problematik lässt sich durch eine Modifikation dieser Konstruktion umgehen; wir formulieren dieses modifizierte Vorgehen in einem Algorithmus auf Seite 540. Bei Rechnungen mit Bleistift und Papier ist aber das oben geschilderte Vorgehen im Allgemeinen zu bevorzugen; eventuell muss man einen gewählten Vektor verwerfen und eine neue, geschicktere Wahl treffen.

Wir schildern die Konstruktion in unserem Beispiel ausführlich:

(i) Wir wählen

- $\boldsymbol{b}_6 = (0,\ 0,\ 1,\ 0,\ 0,\ 0)^\top \in \ker N^3 \setminus \ker N^2,$

und setzen

- $\boldsymbol{b}_5 = N\,\boldsymbol{b}_6 = (1,\ 1,\ 0,\ 0,\ 0,\ 1)^\top \in \ker N^2 \setminus \ker N^1,$
- $\boldsymbol{b}_4 = N\,\boldsymbol{b}_5 = (1,\ 0,\ 0,\ 0,\ 0,\ 0)^\top \in \ker N \setminus \{\mathbf{0}\}.$

Die Vektoren $\boldsymbol{b}_6,\ \boldsymbol{b}_5,\ \boldsymbol{b}_1$ liefern ein 3×3-Jordan-Kästchen.

(ii) Weiter wählen wir

- $\boldsymbol{b}_3 = (0,\ 1,\ 0,\ 0,\ 0,\ 0)^\top \in \ker N^2 \setminus \langle\boldsymbol{b}_5\rangle$

und setzen

- $\boldsymbol{b}_2 = N\,\boldsymbol{b}_3 = (1,\ 0,\ 0,\ 1,\ 0,\ 0)^\top \in \ker N \setminus \{\mathbf{0}\}.$

Die Vektoren $\boldsymbol{b}_2$ und $\boldsymbol{b}_4$ sind offenbar linear unabhängig. Und die Vektoren $\boldsymbol{b}_3,\ \boldsymbol{b}_2$ liefern ein 2×2-Jordan-Kästchen.

(iii) Schließlich wählen wir

- $\boldsymbol{b}_1 = (0,\ 0,\ 0,\ 0,\ 1,\ 1)^\top \in \ker N \setminus \langle\boldsymbol{b}_2,\ \boldsymbol{b}_4\rangle.$

Der Vektor $\boldsymbol{b}_1$ liefert ein 1×1-Jordan-Kästchen.

Insgesamt ist $B = (\boldsymbol{b}_1,\ \ldots,\ \boldsymbol{b}_6)$ eine Jordan-Basis zu $\boldsymbol{A}$, und es ist

$$J = \begin{pmatrix} 2 & & & & & \\ & 2 & 1 & & & \\ & 0 & 2 & & & \\ & & & 2 & 1 & 0 \\ & & & 0 & 2 & 1 \\ & & & 0 & 0 & 2 \end{pmatrix}$$

eine Jordan-Normalform von $\boldsymbol{A}$. ◄

Bei verschiedenen Eigenwerten bestimmt man die Jordan-Basen nacheinander für die einzelnen Eigenwerte

Ab nun verzichten wir auf die Einschränkung, dass die Matrix $\boldsymbol{A} \in \mathbb{K}^{n \times n}$ nur einen Eigenwert λ hat. Es sind dann die verschiedenen Eigenwerte $\lambda_1,\ \ldots,\ \lambda_s$ von $\boldsymbol{A}$ nacheinander zu untersuchen. Dazu betrachtet man die Matrizen

$$\boldsymbol{N}_1 = \boldsymbol{A} - \lambda_1 \mathbf{E}_n,\ \ldots,\ \boldsymbol{N}_s = \boldsymbol{A} - \lambda_s \mathbf{E}_n$$

mit den zugehörigen *Ketten*

$$\{\mathbf{0}\} \subsetneq \ker \boldsymbol{N}_i \subsetneq \ker \boldsymbol{N}_i^{\,2} \subsetneq \cdots \subsetneq \ker \boldsymbol{N}_i^{\,r_i} = \ker \boldsymbol{N}_i^{\,r_i+1}\ .$$

Man nennt die Untervektorräume $\ker \boldsymbol{N}_i^{\,j}$ **verallgemeinerte Eigenräume** zum Eigenwert λ_i, den größten verallgemeinerten Eigenraum $\ker \boldsymbol{N}_i^{\,r_i}$ bezeichnet man auch als **Hauptraum** zum Eigenwert λ_i. Die Elemente aus dem Hauptraum $\ker \boldsymbol{N}_i^{\,r_i}$ zum Eigenwert λ_i nennt man auch **Hauptvektoren**. Wie im Fall eines einzigen Eigenwerts (Seite 533) zeigt man:

Die Dimension des Hauptraums

Zerfällt das charakteristische Polynom χ_A von $\boldsymbol{A} \in \mathbb{K}^{n \times n}$ in Linearfaktoren:

$$\chi_A = (\lambda_1 - X)^{m_a(\lambda_1)} \cdots (\lambda_s - X)^{m_a(\lambda_s)},$$

so gibt es zu jedem Eigenwert λ_i, $i = 1,\ \ldots,\ s$, und $\boldsymbol{N}_i = \boldsymbol{A} - \lambda_i \mathbf{E}_n$ eine natürliche Zahl r_i mit $1 \le r_i \le n$ und

$$\{\mathbf{0}\} \subsetneq \ker \boldsymbol{N}_i \subsetneq \ker \boldsymbol{N}_i^{\,2} \subsetneq \cdots \subsetneq \ker \boldsymbol{N}_i^{\,r_i}\ ,$$

wobei $\dim \ker \boldsymbol{N}_i^{r_i} = m_a(\lambda_i)$.
Die Dimension des Hauptraums zum Eigenwert λ ist somit die algebraische Vielfachheit des Eigenwerts λ.

Kommentar: Für diese Zahlen $r_1,\ \ldots,\ r_s$ gilt:

$$\mathbb{K}^n = \ker \boldsymbol{N}^{r_1} \oplus \cdots \oplus \ker \boldsymbol{N}^{r_s}\ .$$

Man spricht von der **Hauptraumzerlegung** des $\mathbb{K}^n$. Dies nachzuweisen haben wir als Übungsaufgabe formuliert (siehe Abbildung 14.8).

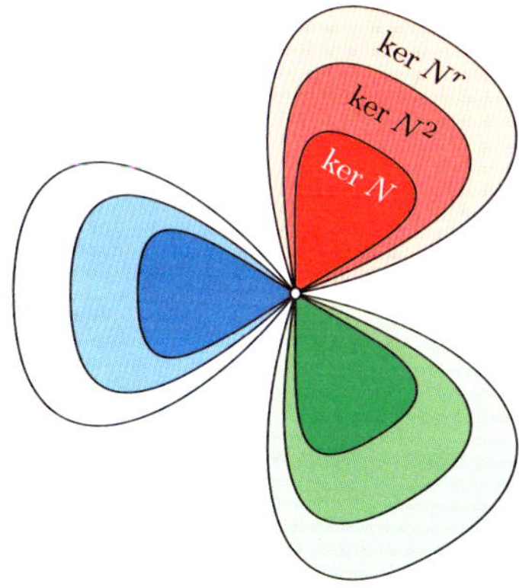

Abbildung 14.8 Der Vektorraum V wird in seine Haupträume für die verschiedenen Eigenwerte zerlegt

Wir erhalten:

Zur Anzahl und Größe der Jordan-Kästchen

Es sei $A \in \mathbb{K}^{n \times n}$ eine Matrix mit zerfallendem charakteristischem Polynom χ_A. Ist $\lambda \in \mathbb{K}$ ein Eigenwert von A mit der Kette der verallgemeinerten Eigenräume

$$\underbrace{\ker N}_{\dim = m_g(\lambda)} \subsetneq \ker N^2 \subsetneq \cdots \subsetneq \underbrace{\ker N^r}_{\dim = m_a(\lambda)} = \ker N^{r+1},$$

wobei $N = A - \lambda\, \mathbf{E}_n$, so gilt:

(a) Die Dimension des Hauptraums $\ker N^r$ zum Eigenwert λ ist die algebraische Vielfachheit $m_a(\lambda)$ des Eigenwerts λ.

(b) Die Dimension des Eigenraums $\ker N$ ist die Anzahl der Jordan-Kästchen zum Eigenwert λ.

(c) Die Zahl r ist die Länge des größten Jordan-Kästchens zum Eigenwert λ.

Beispiel Wir betrachten die Matrix

$$A = \begin{pmatrix} 2 & 1 & 1 & 0 & 0 & 0 \\ 0 & 2 & 1 & 0 & 0 & 0 \\ 0 & 0 & 2 & 0 & 0 & 0 \\ 0 & -1 & 0 & 3 & 1 & -1 \\ 0 & 0 & -1 & 0 & 3 & 1 \\ 0 & 0 & 0 & 0 & 0 & 4 \end{pmatrix} \in \mathbb{R}^{6 \times 6}.$$

Es gilt $\chi_A = (2 - X)^3 (3 - X)^2 (4 - X)$, sodass eine Jordan-Normalform von A existiert. Wir bestimmen eine Jordan-Basis, indem wir das bisherige Verfahren einfach für die einzelnen Eigenwerte anwenden. Wir beginnen mit dem Eigenwert 2 und berechnen die Kette

$$\{\mathbf{0}\} \subsetneq \ker(A - 2\,\mathbf{E}_6)^1 \subsetneq \cdots \subsetneq \ker(A - 2\,\mathbf{E}_6)^r.$$

Es gilt:

$$\ker(A - 2\,\mathbf{E}_6)^1 = \left\langle \begin{pmatrix} 1 \\ 0 \\ 0 \\ 0 \\ 0 \\ 0 \end{pmatrix} \right\rangle$$

und

$$\ker(A - 2\,\mathbf{E}_6)^2 = \left\langle \begin{pmatrix} 1 \\ 0 \\ 0 \\ 0 \\ 0 \\ 0 \end{pmatrix}, \begin{pmatrix} 0 \\ 1 \\ 0 \\ 1 \\ 0 \\ 0 \end{pmatrix} \right\rangle$$

und

$$\ker(A - 2\,\mathbf{E}_6)^3 = \left\langle \begin{pmatrix} 1 \\ 0 \\ 0 \\ 0 \\ 0 \\ 0 \end{pmatrix}, \begin{pmatrix} 0 \\ 1 \\ 0 \\ 1 \\ 0 \\ 0 \end{pmatrix}, \begin{pmatrix} 0 \\ 0 \\ 1 \\ 0 \\ 1 \\ 0 \end{pmatrix} \right\rangle.$$

Hier bricht die Kette ab, weil der Eigenwert 2 die algebraische Vielfachheit 3 hat. Es gehören also 3 Jordan-Basisvektoren zu dem Eigenwert 2, und diese finden wir in dieser Kette. An der Kette erkennen wir auch, dass es genau ein 3×3-Jordan-Kästchen zum Eigenwert 2 gibt.

Wir wählen

- $b_6 = (0,\, 0,\, 1,\, 0,\, 1,\, 0)^\top \in \ker(A - 2\,\mathbf{E}_6)^3 \setminus \ker(A - 2\,\mathbf{E}_6)^2$

und setzen

- $b_5 = (A - 2\,\mathbf{E}_6)\, b_6 = (1,\, 1,\, 0,\, 1,\, 0,\, 0)^\top \in \ker(A - 2\,\mathbf{E}_6)^2 \setminus \ker(A - 2\,\mathbf{E}_6)^1$,
- $b_4 = (A - 2\,\mathbf{E}_6)\, b_5 = (1,\, 0,\, 0,\, 0,\, 0,\, 0)^\top \in \ker(A - 2\,\mathbf{E}_6)^1 \setminus \{\mathbf{0}\}$.

Die Jordan-Basisvektoren b_6, b_5, b_4 liefern ein 3×3-Jordan-Kästchen.

Nun wenden wir das Verfahren auf den zweifachen Eigenwert 3 an und berechnen die Kette

$$\{\mathbf{0}\} \subsetneq \ker(A - 3\,\mathbf{E}_6)^1 \subsetneq \cdots \subsetneq \ker(A - 3\,\mathbf{E}_6)^r.$$

Es gilt:

$$\ker(A - 3\,\mathbf{E}_6)^1 = \left\langle \begin{pmatrix} 0 \\ 0 \\ 0 \\ 1 \\ 0 \\ 0 \end{pmatrix} \right\rangle$$

und

$$\ker(A - 3\,\mathbf{E}_6)^2 = \left\langle \begin{pmatrix} 0 \\ 0 \\ 0 \\ 1 \\ 0 \\ 0 \end{pmatrix}, \begin{pmatrix} 0 \\ 0 \\ 0 \\ 0 \\ 1 \\ 0 \end{pmatrix} \right\rangle.$$

Hier bricht die Kette ab, weil der Eigenwert 3 die algebraische Vielfachheit 2 hat. Es gehören also 2 Jordan-Basisvektoren zu dem Eigenwert 3, und diese finden wir in dieser Kette. An der Kette erkennen wir auch, dass es genau ein 2×2-Jordan-Kästchen zum Eigenwert 3 gibt.

Wir wählen

- $b_3 = (0,\, 0,\, 0,\, 0,\, 1,\, 0)^\top \in \ker(A - 3\,\mathbf{E}_6)^2 \setminus \ker(A - 3\,\mathbf{E}_6)^1$

und setzen

- $b_2 = (A - 3\,\mathbf{E}_6)\, b_3 = (0,\, 0,\, 0,\, 1,\, 0,\, 0)^\top \in \ker(A - 2\,\mathbf{E}_6)^1 \setminus \{\mathbf{0}\}$.

Die Jordan-Basisvektoren b_3, b_2 liefern ein 2×2-Jordan-Kästchen.

Schließlich wenden wir das Verfahren auf den Eigenwert 4 an. Weil 4 ein einfacher Eigenwert ist, bricht die Kette bereits nach dem Eigenraum ab, da nur ein Jordan-Basisvektor zu diesem Eigenwert gehört, und dieser ist ein Eigenvektor:

$$\{\mathbf{0}\} \subsetneq \ker(A - 4\,\mathbf{E}_6)^1.$$

Und es gilt:

$$\ker(\boldsymbol{A} - 4\,\mathbf{E}_6)^1 = \left\langle \begin{pmatrix} 0 \\ 0 \\ 0 \\ 0 \\ 1 \\ 1 \end{pmatrix} \right\rangle.$$

Der Jordan-Basisvektor $\boldsymbol{b}_1 = (0,\,0,\,0,\,0,\,1,\,1)^\top$ liefert ein 1×1-Jordan-Kästchen.

Wir erhalten mit der Jordan-Basis $B = (\boldsymbol{b}_1,\,\ldots,\,\boldsymbol{b}_6)$ die Jordan-Normalform

$$\boldsymbol{J} = \begin{pmatrix} 4 & & & & & \\ & 3 & 1 & & & \\ & 0 & 3 & & & \\ & & & 2 & 1 & 0 \\ & & & 0 & 2 & 1 \\ & & & 0 & 0 & 2 \end{pmatrix}$$

zu $\boldsymbol{A}$. ◄

Man kann das Verfahren zur Bestimmung einer Jordan-Basis allgemein schildern. Der Formalismus ist nicht ganz einfach, man kann sich diesen *Algorithmus* auch nicht gut einprägen. Durch das Berechnen weniger Beispiele wird die Konstruktion einer Jordan-Basis klar. Die Schwierigkeit, die bestehen kann, haben wir bereits auf Seite 537 angedeutet: Es kann eben passieren, dass beim zweiten Durchlauf der Kette zwei Vektoren $\boldsymbol{b}_i$ und $\boldsymbol{b}_j$ aus ein und demselben verallgemeinerten Eigenraum konstruiert werden, die jedoch linear abhängig sind. Somit können diese Vektoren nicht Elemente einer Jordan-Basis sein. Wir formulieren in einer Übersicht auf Seite 540 einen Algorithmus, der dieses Problem bewältigt.

Die Jordan-Normalform einer Matrix ist bis auf die Reihenfolge der Jordan-Kästchen eindeutig bestimmt

Bei den bisherigen Beispielen zur Jordan-Normalform einer Matrix $\boldsymbol{A}$ spielte die Matrix $\boldsymbol{N} = \boldsymbol{A} - \lambda\,\mathbf{E}_n$ eine Schlüsselrolle. Mit den praktischen Erfahrungen, die wir in den Beispielen gesammelt haben, fällt es nun nicht mehr schwer, die folgenden Ergebnisse nachzuvollziehen:

Für eine Matrix $\boldsymbol{A} \in \mathbb{K}^{n \times n}$, $\lambda \in \mathbb{K}$ und $k \in \mathbb{N}$ setzen wir

$$r_k(\boldsymbol{A}, \lambda) = \mathrm{rg}(\boldsymbol{A} - \lambda\,\mathbf{E}_n)^k.$$

Die Zahl $r_k(\boldsymbol{A}, \lambda)$ ist der Rang der Matrix $(\boldsymbol{A} - \lambda\,\mathbf{E}_n)^k$.

Falls λ kein Eigenwert von $\boldsymbol{A}$ ist, so gilt $r_k(\boldsymbol{A}, \lambda) = n$.

Falls λ ein Eigenwert von $\boldsymbol{A}$ ist, so steigt die Folge $(r_k(\boldsymbol{A}, \lambda))_k$ monoton und konvergiert gegen die algebraische Vielfachheit des Eigenwerts λ.

Für jedes $k \in \mathbb{N}$ setzen wir weiter:

$$c_k(\boldsymbol{A}, \lambda) = r_{k+1}(\boldsymbol{A}, \lambda) + r_{k-1}(\boldsymbol{A}, \lambda) - 2\,r_k(\boldsymbol{A}, \lambda)$$

und zeigen:

Lemma
Zerfällt das charakteristische Polynom χ_A von $\boldsymbol{A} \in \mathbb{K}^{n \times n}$, so ist für jeden Eigenwert λ von $\boldsymbol{A}$ die Zahl $c_k(\boldsymbol{A}, \lambda)$, $k \in \mathbb{N}$, die Anzahl der Jordan-Kästchen der Länge k zum Eigenwert λ.

Beweis: Da für zueinander ähnliche Matrizen $\boldsymbol{A}$ und $\boldsymbol{B}$ für jedes $k \in \mathbb{N}_0$ die Zahlen $r_k(\boldsymbol{A}, \lambda)$ und $r_k(\boldsymbol{B}, \lambda)$ gleich sind, können wir ohne Einschränkung annehmen, dass $\boldsymbol{A}$ in Jordan-Normalform vorliegt:

$$\boldsymbol{A} = \begin{pmatrix} \boldsymbol{J}_1 & & \\ & \ddots & \\ & & \boldsymbol{J}_l \end{pmatrix} \text{ mit } \boldsymbol{J}_i = \begin{pmatrix} \lambda_i & 1 & & \\ & \ddots & \ddots & \\ & & \ddots & 1 \\ & & & \lambda_i \end{pmatrix} \in \mathbb{K}^{n_i \times n_i}$$

für $i = 1,\,\ldots,\,l$. Wegen der Dreiecksgestalt von $\boldsymbol{A}$ gilt:

$$r_k(\boldsymbol{A}, \lambda) = \sum_{i=1}^{l} r_k(\boldsymbol{J}_i, \lambda).$$

Nun sei $i \in \{1,\,\ldots,\,l\}$.

1. Fall. $\lambda_i \neq \lambda$: Dann ist die Matrix $\boldsymbol{J} - \lambda\,\mathbf{F}_{n_l}$ invertierbar. Somit ist auch $(\boldsymbol{J} - \lambda\,\mathbf{E}_{n_i})^k$ für jedes $k \in \mathbb{N}_0$ invertierbar. Es folgt:

$$r_k(\boldsymbol{J}_i, \lambda) = n_i \quad \text{für jedes } k \in \mathbb{N}$$

und somit $c_k(\boldsymbol{J}_i, \lambda) = 0$.

2. Fall. $\lambda_i = \lambda$: Dann hat die Matrix

$$\boldsymbol{J}_i - \lambda\,\mathbf{E}_{n_i} = \begin{pmatrix} 0 & 1 & & \\ & \ddots & \ddots & \\ & & \ddots & 1 \\ & & & 0 \end{pmatrix}$$

den Rang $n_i - 1$, d. h., $r_1(\boldsymbol{J}_i, \lambda) = n_i - 1$. Für die Potenzen $(\boldsymbol{J}_i - \lambda\,\mathbf{E}_{n_i})^k$ gilt:

$$r_k(\boldsymbol{J}_i, \lambda) = \begin{cases} n_i - k, & k \leq n_i, \\ 0, & k > n_i, \end{cases}$$

sodass

$$c_k(\boldsymbol{J}_i, \lambda) = \begin{cases} 0, & k < n_i, \\ 1, & k = n_i, \\ 0, & k > n_i. \end{cases}$$

Damit folgt die Behauptung.   ∎

Übersicht: Bestimmung einer Jordan-Basis

Gegeben ist eine Matrix $A \in \mathbb{K}^{n \times n}$ mit in Linearfaktoren zerfallendem charakteristischem Polynom. Das Bestimmen einer invertierbaren Matrix S, die die Eigenschaft hat, dass $J = S^{-1} A\, S$ eine Jordan-Matrix ist, nennt man auch **Transformation von A auf Jordan-Normalform**. Als Spalten der Matrix S wählt man dabei die Vektoren einer Jordan-Basis des $\mathbb{K}^n$ von A. Zur Transformation dieser Matrix A geht man meistens wie folgt vor:

Es sei

$$\chi_A = (\lambda_1 - X)^{m_a(\lambda_1)} \cdots (\lambda_s - X)^{m_a(\lambda_s)}$$

das charakteristische Polynom von A mit den s verschiedenen Eigenwerten $\lambda_1, \ldots, \lambda_s$.

Für jeden Eigenwert λ von A setze $N = A - \lambda\, E_n$ und bestimme dann wie folgt eine Jordan-Basis des Hauptraums $\mathrm{Hau}_A(\lambda)$:

- Bestimme

$$\ker N, \ldots, \ker N^r,$$

wobei $\dim \ker N^r = m_a(\lambda)$. Setze

$$t_k = \dim \ker N^k - \dim \ker N^{k-1} \quad \text{für } k = r, \ldots, , 1.$$

Es gilt $t_k \geq t_{k+1}$ für alle k.

- Bestimme linear unabhängige Vektoren $b_{r,i}$ für $i = 1, \ldots, t_r$, sodass

$$\ker N^r = \ker N^{r-1} \oplus \langle b_{r,1}, \ldots, b_{r,t_r} \rangle.$$

- Berechne für $i = 1, \ldots, t_r$

$$b_{l,i} = N^{r-l} b_{r,i} \quad \text{für } l = r-1, \ldots, 1.$$

Es ist $B_i = (b_{1,i}, \ldots, b_{r,i})$ eine geordnete linear unabhängige Menge, die ein $r \times r$-Jordan-Kästchen liefert. Da

$$b_{r,i} \notin \ker N^{r-1} \oplus \langle \{b_{r,1}, \ldots, b_{r,t_r}\} \setminus \{b_{r,i}\} \rangle$$

folgt, dass die Menge

$$\bigcup_{i=1}^{t_r} B_i$$

linear unabhängig ist.

- Iteration für $k = r - 1, \ldots, 1$:
  Für $i = 1, \ldots, t_{k+1} =: t'$ seien schon die Vektoren

$$b_{k,i} \in \ker N^k \setminus \ker N^{k-1}$$

bestimmt, sodass $(b_{k,1}, \ldots, b_{k,t'})$ eine geordnete linear unabhängige Menge ist; wir setzen

$$T_{k-1} = \ker N^{k-1} \oplus \langle b_{k,1}, \ldots, b_{k,t'} \rangle.$$

Falls $t_k > t_{k+1}$, so bestimme linear unabhängige Vektoren $b_{k,i}$ mit $i = t' + 1, \ldots, t_k$, sodass

$$\ker N^k = T_{k-1} \oplus \langle b_{k,t'+1}, \ldots, b_{k,t_k} \rangle$$

und für $i = t' + 1, \ldots, t_k$

$$b_{l,i} = N^{k-l} b_{k,i} \quad \text{für } l = k-1, \ldots, 1.$$

Für $i = t' + 1, \ldots, t_k$ ist dann

$$B_i = (b_{1,i}, \ldots, b_{k,i})$$

linear unabhängig und liefert ein $k \times k$-Jordan-Kästchen.
Falls $t_k = t_{k+1}$, so gehe zu $k - 1$ über.

- Die geordnete Menge

$$B_\lambda = (B_{t_1}, \ldots, B_2, B_1)$$

ist eine geordnete Jordan-Basis des Hauptraums $\mathrm{Hau}_A(\lambda)$.

Die Vereinigung und Anordnung der Jordan-Basen aller Haupträume liefert dann eine Jordan-Basis zu A.

Die ermittelte Formel kann dazu dienen, die Jordan-Normalform einer Matrix zu ermitteln. Dazu ist es nicht notwendig, dass eine Jordan-Basis bestimmt wird.

Beispiel   Gegeben ist die Matrix

$$A = \begin{pmatrix} -3 & -1 & 4 & -3 & -1 \\ 1 & 1 & -1 & 1 & 0 \\ -1 & 0 & 2 & 0 & 0 \\ 4 & 1 & -4 & -5 & 1 \\ -2 & 0 & 2 & -2 & 1 \end{pmatrix} \in \mathbb{C}^{5 \times 5}.$$

Als charakteristisches Polynom erhalten wir

$$\chi_A = (2 - X)(1 - X)^4.$$

Zum Eigenwert $\lambda = 2$: Die Matrix

$$A - 2\, E_5 = \begin{pmatrix} -5 & -1 & 4 & -3 & -1 \\ 1 & -1 & -1 & 1 & 0 \\ -1 & 0 & 0 & 0 & 0 \\ 4 & 1 & -4 & -7 & 1 \\ -2 & 0 & 2 & -2 & -1 \end{pmatrix}$$

hat den Rang 4. Der Rang der Matrix $(A - 2\, E_5)^2$ ist damit auch 4, da für die algebraische Vielfachheit $1 = m_a(2) = 5 - \mathrm{rg}(A - 2\, E_5)$ gilt.

Damit erhalten wir

$$c_1(A, 2) = \underbrace{r_2(A, 2)}_{=4} + \underbrace{r_0(A, 2)}_{=5} - 2\, \underbrace{r_1(A, 2)}_{=4} = 1,$$

Beispiel: Konstruktion einer Jordan-Basis

Man bestimme zu der Matrix

$$A = \begin{pmatrix} 2 & 1 & 1 & 1 & 0 & 0 & 0 & 0 \\ 0 & 2 & 1 & 0 & 1 & 1 & 0 & 0 \\ 0 & 0 & 2 & 0 & 0 & 1 & 2 & 0 \\ 0 & 0 & 0 & 2 & 0 & 1 & 1 & 0 \\ 0 & 0 & 0 & 0 & 2 & 0 & 0 & 0 \\ 0 & 0 & 0 & 0 & 0 & 1 & 0 & 0 \\ 0 & 0 & 0 & 0 & 0 & 0 & 1 & 0 \\ 0 & 0 & 0 & 0 & 0 & 2 & 1 & 1 \end{pmatrix}$$

eine Jordan-Normalform und eine Jordan-Basis.

Problemanalyse und Strategie: Man wende das geschilderte Verfahren an.

Lösung:

Das charakteristische Polynom von A erhält man leicht wegen der Blockdreiecksgestalt und der Dreiecksgestalt der Blöcke auf der Diagonalen, es gilt:

$$\chi_A = (2 - X)^5 (1 - X)^3 \,.$$

Wir beginnen mit dem Eigenwert 2. Wir setzen $N = A - 2\,\mathbf{E}_8$ und erhalten

$$N = \begin{pmatrix} 0 & 1 & 1 & 1 & 0 & 0 & 0 & 0 \\ 0 & 0 & 1 & 0 & 1 & 1 & 0 & 0 \\ 0 & 0 & 0 & 0 & 0 & 1 & 2 & 0 \\ 0 & 0 & 0 & 0 & 0 & 1 & 1 & 0 \\ 0 & 0 & 0 & 0 & 0 & 0 & 0 & 0 \\ 0 & 0 & 0 & 0 & 0 & -1 & 0 & 0 \\ 0 & 0 & 0 & 0 & 0 & 0 & -1 & 0 \\ 0 & 0 & 0 & 0 & 0 & 2 & 1 & -1 \end{pmatrix}, \quad N^2 = \begin{pmatrix} 0 & 0 & 1 & 0 & 1 & 3 & 3 & 0 \\ 0 & 0 & 0 & 0 & 0 & 0 & 2 & 0 \\ 0 & 0 & 0 & 0 & 0 & -1 & -2 & 0 \\ 0 & 0 & 0 & 0 & 0 & -1 & -1 & 0 \\ 0 & 0 & 0 & 0 & 0 & 0 & 0 & 0 \\ 0 & 0 & 0 & 0 & 0 & 1 & 0 & 0 \\ 0 & 0 & 0 & 0 & 0 & 0 & 1 & 0 \\ 0 & 0 & 0 & 0 & 0 & -4 & -2 & 1 \end{pmatrix}$$

$$N^3 = \begin{pmatrix} 0 & 0 & 0 & 0 & 0 & -2 & -1 & 0 \\ 0 & 0 & 0 & 0 & 0 & 0 & -2 & 0 \\ 0 & 0 & 0 & 0 & 0 & 1 & 2 & 0 \\ 0 & 0 & 0 & 0 & 0 & 1 & 1 & 0 \\ 0 & 0 & 0 & 0 & 0 & 0 & 0 & 0 \\ 0 & 0 & 0 & 0 & 0 & -1 & 0 & 0 \\ 0 & 0 & 0 & 0 & 0 & 0 & -1 & 0 \\ 0 & 0 & 0 & 0 & 0 & 6 & 3 & -1 \end{pmatrix}$$

Wegen $\dim \ker N^3 = 5 = m_a(2)$ ist $\ker N^3$ der Hauptraum von A zum Eigenwert 2, und es gilt:

$$\left\langle \begin{pmatrix} 1 \\ 0 \\ 0 \\ 0 \\ 0 \\ 0 \\ 0 \\ 0 \end{pmatrix}, \begin{pmatrix} 0 \\ 1 \\ 0 \\ -1 \\ 0 \\ 0 \\ 0 \\ 0 \end{pmatrix}, \begin{pmatrix} 0 \\ 1 \\ -1 \\ 0 \\ 1 \\ 0 \\ 0 \\ 0 \end{pmatrix} \right\rangle \subsetneq \left\langle \begin{pmatrix} 1 \\ 0 \\ 0 \\ 0 \\ 0 \\ 0 \\ 0 \\ 0 \end{pmatrix}, \begin{pmatrix} 0 \\ 1 \\ 0 \\ -1 \\ 0 \\ 0 \\ 0 \\ 0 \end{pmatrix}, \begin{pmatrix} 0 \\ 1 \\ -1 \\ 0 \\ 1 \\ 0 \\ 0 \\ 0 \end{pmatrix}, \begin{pmatrix} 0 \\ 0 \\ 0 \\ 0 \\ 0 \\ 1 \\ 0 \\ 0 \end{pmatrix} \right\rangle$$

$$\underbrace{}_{= \ker N} \qquad \underbrace{}_{= \ker N^2}$$

$$\subsetneq \left\langle \begin{pmatrix} 1 \\ 0 \\ 0 \\ 0 \\ 0 \\ 0 \\ 0 \\ 0 \end{pmatrix}, \begin{pmatrix} 0 \\ 1 \\ 0 \\ -1 \\ 0 \\ 0 \\ 0 \\ 0 \end{pmatrix}, \begin{pmatrix} 0 \\ 1 \\ -1 \\ 0 \\ 1 \\ 0 \\ 0 \\ 0 \end{pmatrix}, \begin{pmatrix} 0 \\ 0 \\ 0 \\ 0 \\ 0 \\ 1 \\ 0 \\ 0 \end{pmatrix}, \begin{pmatrix} 0 \\ 0 \\ 1 \\ 0 \\ 0 \\ 0 \\ 0 \\ 0 \end{pmatrix} \right\rangle .$$

$$\underbrace{}_{= \ker N^3}$$

Das größte Jordan-Kästchen zum Eigenwert 2 hat damit 3 Zeilen, und wegen $\dim \ker N = 3$ gibt es drei Jordan-Kästchen zum Eigenwert 2. Wir wählen $b_8 \in \ker N^3 \setminus \ker N^2$ und erhalten b_7 und b_6 wie folgt:

$$b_8 = \begin{pmatrix} 0 \\ 0 \\ 1 \\ 0 \\ 0 \\ 0 \\ 0 \\ 0 \end{pmatrix}, \quad b_7 = N b_8 = \begin{pmatrix} 1 \\ 1 \\ 0 \\ 0 \\ 0 \\ 0 \\ 0 \\ 0 \end{pmatrix}, \quad b_6 = N b_7 = \begin{pmatrix} 1 \\ 0 \\ 0 \\ 0 \\ 0 \\ 0 \\ 0 \\ 0 \end{pmatrix}.$$

Damit haben wir bereits einmal die Kette von hinten nach vorne durchlaufen. Nun wählen wir Vektoren $b_5, b_4 \in \ker N \setminus \{\mathbf{0}\}$, sodass b_4, b_5, b_6 linear unabhängig sind:

$$b_5 = \begin{pmatrix} 0 \\ 1 \\ 0 \\ -1 \\ 0 \\ 0 \\ 0 \\ 0 \end{pmatrix}, \quad b_4 = \begin{pmatrix} 0 \\ 1 \\ -1 \\ 0 \\ 1 \\ 0 \\ 0 \\ 0 \end{pmatrix}.$$

Dies liefert zwei 1×1-Jordan-Kästchen zum Eigenwert 2. Wir machen nun mit dem Eigenwert 1 weiter. Wir setzen $N = A - \mathbf{E}_8$ und erhalten

$$N = \begin{pmatrix} 1 & 1 & 1 & 1 & 0 & 0 & 0 & 0 \\ 0 & 1 & 1 & 0 & 1 & 1 & 0 & 0 \\ 0 & 0 & 1 & 0 & 0 & 1 & 2 & 0 \\ 0 & 0 & 0 & 1 & 0 & 1 & 1 & 0 \\ 0 & 0 & 0 & 0 & 1 & 0 & 0 & 0 \\ 0 & 0 & 0 & 0 & 0 & 0 & 0 & 0 \\ 0 & 0 & 0 & 0 & 0 & 0 & 0 & 0 \\ 0 & 0 & 0 & 0 & 0 & 2 & 1 & 0 \end{pmatrix}, \quad N^2 = \begin{pmatrix} 1 & 2 & 3 & 2 & 1 & 3 & 3 & 0 \\ 0 & 1 & 2 & 0 & 2 & 2 & 2 & 0 \\ 0 & 0 & 1 & 0 & 0 & 1 & 2 & 0 \\ 0 & 0 & 0 & 1 & 0 & 1 & 1 & 0 \\ 0 & 0 & 0 & 0 & 1 & 0 & 0 & 0 \\ 0 & 0 & 0 & 0 & 0 & 0 & 0 & 0 \\ 0 & 0 & 0 & 0 & 0 & 0 & 0 & 0 \\ 0 & 0 & 0 & 0 & 0 & 0 & 0 & 0 \end{pmatrix}$$

Wegen $\dim \ker N^2 = 3 = m_a(1)$ ist $\ker N^2$ der Hauptraum von A zum Eigenwert 1. Und es gilt:

$$\left\langle \begin{pmatrix} 0 \\ 0 \\ 0 \\ 0 \\ 0 \\ 0 \\ 0 \\ 1 \end{pmatrix}, \begin{pmatrix} 0 \\ -4 \\ 3 \\ 1 \\ 0 \\ 1 \\ -2 \\ 0 \end{pmatrix} \right\rangle \subsetneq \left\langle \begin{pmatrix} 0 \\ 0 \\ 0 \\ 0 \\ 0 \\ 0 \\ 0 \\ 1 \end{pmatrix}, \begin{pmatrix} 0 \\ -4 \\ 3 \\ 1 \\ 0 \\ 1 \\ -2 \\ 0 \end{pmatrix}, \begin{pmatrix} 1 \\ -2 \\ 1 \\ 0 \\ 0 \\ 1 \\ -1 \\ 0 \end{pmatrix} \right\rangle .$$

$$\underbrace{}_{= \ker N} \qquad \underbrace{}_{= \ker N^2}$$

Das größte Jordan-Kästchen zum Eigenwert 1 hat damit 2 Zeilen, und wegen $\dim \ker N = 2$ gibt es zwei Jordan-Kästchen zum Eigenwert 2. Wir wählen und setzen

$$b_3 = \begin{pmatrix} 1 \\ -2 \\ 1 \\ 0 \\ 0 \\ 1 \\ -1 \\ 0 \end{pmatrix}, \quad b_2 = N b_3 = \begin{pmatrix} 0 \\ 0 \\ 0 \\ 0 \\ 0 \\ 0 \\ 0 \\ 1 \end{pmatrix}.$$

Damit haben wir bereits einmal die Kette von hinten nach vorne durchlaufen. Nun wählen wir einen Vektor $b_1 \in \ker N \setminus \{\mathbf{0}\}$, sodass b_1, b_2 linear unabhängig sind:

$$b_1 = \begin{pmatrix} 0 \\ -4 \\ 3 \\ 1 \\ 0 \\ 1 \\ -2 \\ 0 \end{pmatrix}.$$

Es ist nun $B = (b_1, \ldots, b_8)$ eine Jordan-Basis zu A mit der zugehörigen Jordan-Normalform:

$$J = \begin{pmatrix} 1 & & & & & & & \\ & 1 & 1 & & & & & \\ & & 1 & & & & & \\ & & & 2 & & & & \\ & & & & 2 & & & \\ & & & & & 2 & 1 & \\ & & & & & & 2 & 1 \\ & & & & & & & 2 \end{pmatrix}$$

d. h., dass es (wie erwartet) genau ein Jordan-Kästchen der Länge 1 zum Eigenwert 2 gibt.

Zum Eigenwert $\lambda = 1$: Die Matrix

$$A - E_5 = \begin{pmatrix} -4 & -1 & 4 & -3 & -1 \\ 1 & 0 & -1 & 1 & 0 \\ -1 & 0 & 1 & 0 & 0 \\ 4 & 1 & -4 & -6 & 1 \\ -2 & 0 & 2 & -2 & 0 \end{pmatrix}$$

hat den Rang 3. Die Matrix

$$(A - E_5)^2 = \begin{pmatrix} 1 & 1 & -1 & 1 & 1 \\ 1 & 0 & -1 & 1 & 0 \\ 3 & 1 & -3 & 3 & 1 \\ 3 & 0 & -3 & 3 & 0 \\ -2 & 0 & 2 & -2 & 0 \end{pmatrix}$$

hat den Rang 2. Der Rang der Matrix $(A - E_5)^3$ ist damit 1, da für die algebraische Vielfachheit $4 = m_a(1) = 5 - \mathrm{rg}(A - 2\,E_5)^3$ gilt.

Damit erhalten wir

$$c_1(A, 1) = \underbrace{r_2(A, 1)}_{=2} + \underbrace{r_0(A, 1)}_{=5} - 2\,\underbrace{r_1(A, 1)}_{=3} = 1\,,$$

d. h., dass es genau ein Jordan-Kästchen der Länge 1 zum Eigenwert 1 gibt. Weiter gilt:

$$c_2(A, 1) = \underbrace{r_3(A, 1)}_{=1} + \underbrace{r_1(A, 1)}_{=3} - 2\,\underbrace{r_2(A, 1)}_{=2} = 0\,,$$

d. h., dass es kein Jordan-Kästchen der Länge 2 zum Eigenwert 1 gibt. Weiter gilt:

$$c_3(A, 1) = \underbrace{r_4(A, 1)}_{=1} + \underbrace{r_2(A, 1)}_{=2} - 2\,\underbrace{r_3(A, 1)}_{=1} = 1\,,$$

d. h., dass es genau ein Jordan-Kästchen der Länge 3 zum Eigenwert 1 gibt.

Eine Jordan-Normalform von A ist damit

$$J = \begin{pmatrix} 2 & & & & \\ & 1 & & & \\ & & 1 & 1 & 0 \\ & & 0 & 1 & 1 \\ & & 0 & 0 & 1 \end{pmatrix}$$

Natürlich muss man nicht alle Zahlen c_k bestimmen, wenn man nur herausfinden will, wie die Jordan-Normalform aussieht. Wir hätten nur mit der Bestimmung von c_1 bereits eine Jordan-Normalform erkannt: Dass es nur ein Jordan-Kästchen zum Eigenwert 2 gibt, ist klar, da 2 ein einfacher Eigenwert ist. Und dass das zweite (dass es nur zwei gibt, folgt aus $m_g(1) = 2$) Jordan-Kästchen zum Eigenwert 1 ein Kästchen der Länge 3 ist, ist auch klar, da 1 ein vierfacher Eigenwert ist. ◀

Wir sprechen immer von *einer* Jordan-Normalform und nicht von *der* Jordan-Normalform. Das liegt an der Tatsache, dass es zu einer Matrix durchaus verschiedene Jordan-Normalformen geben kann. Es scheint aber so zu sein, dass sich je zwei verschiedene Jordan-Normalformen nur in der Anordnung der Jordan-Kästchen unterscheiden. Dass dem tatsächlich so ist, können wir nun zeigen.

Zur Eindeutigkeit der Jordan-Normalform

Es seien A, $B \in \mathbb{K}^{n \times n}$ zwei Matrizen mit zerfallendem charakteristischem Polynom und zugehörigen Jordan-Normalformen J_A, J_B. Dann sind äquivalent:

(i) Die Matrizen A und B sind ähnlich.

(ii) Die Matrizen J_A und J_B stimmen bis auf die Reihenfolge der Jordan-Kästchen überein.

Insbesondere ist die Jordan-Normalform einer Matrix bis auf die Reihenfolge der Jordan-Kästchen eindeutig bestimmt.

Beweis: (i) $\Rightarrow$ (ii): Für jedes $\lambda \in \mathbb{K}$ und $k \in \mathbb{N}$ gilt $r_k(A, \lambda) = r_k(B, \lambda)$, d. h., dass $c_k(A, \lambda) = c_k(B, \lambda)$. Somit haben die ähnlichen Matrizen A und B gleich viele gleich lange Jordan-Kästchen zu den gleichen Eigenwerten. Damit gilt (ii).

(ii) $\Rightarrow$ (i): Die Matrizen J_A und J_B sind ähnlich, da sie dieselbe lineare Abbildung bezüglich verschieden sortierter Basen darstellen. Wegen der Transitivität der Ähnlichkeitsrelation $\sim$ von Matrizen folgt aus

$$A \sim J_A \sim J_B \sim B$$

die Ähnlichkeit von A und B. ∎

Potenzen von Matrizen in Jordan-Normalform lassen sich einfach bestimmen

Nachdem wir nun wissen, wie man eine Jordan-Normalform und eine Jordan-Basis zu einer Matrix bestimmt, wenden wir uns nun den ursprünglichen Fragen zu: Wie bildet man Potenzen von Matrizen? Dies ist im Allgemeinen ein rechenaufwendiges Unterfangen. Bei diagonalisierbaren Matrizen ist es deutlich einfacher. Wir haben das in einem Abschnitt auf Seite 501 geschildert. Aber für Matrizen in Jordan-Normalform ist es auch noch relativ einfach, beliebige Potenzen zu bilden. Dazu können wir nämlich die Binomialformel von Seite 526 benutzen, dabei gilt Folgendes:

Die Jordan-Zerlegung der Jordan-Normalform

Ist J eine Jordan-Normalform, so gibt es eine Diagonalmatrix D und eine nilpotente Matrix N mit

$$J = D + N \quad \text{und} \quad D\,N = N\,D\,.$$

Wir nennen diese Darstellung der Jordan-Matrix J als Summe die **Jordan-Zerlegung** von J.

Übersicht: Die gemeinsamen Eigenschaften ähnlicher Matrizen

Zwei Matrizen A, $B \in \mathbb{K}^{n \times n}$ heißen äquivalent, wenn es eine invertierbare Matrix $S \in \mathbb{K}^{n \times n}$ gibt mit

$$B = S^{-1} A S.$$

Wir stellen die gemeinsamen Eigenschaften ähnlicher Matrizen zusammen.

Die $n \times n$-Matrizen A und B seien ähnlich. Es gelte $B = S^{-1} A S$.

- A und B haben dieselbe Determinante.
- A und B haben dieselbe Spur.
- Ist A invertierbar, so auch B.
- Ist A diagonalisierbar, so auch B, die Diagonalformen können gleich gewählt werden.
- Ist A triangulierbar, so auch B.
- Gibt es zu A eine Jordan-Normalform, so auch zu B, die Jordan-Normalformen können gleich gewählt werden.

- A und B haben dasselbe charakteristische Polynom.
- A und B haben dieselben Eigenwerte.
- Die algebraischen Vielfachheiten der Eigenwerte von A und B stimmen überein.
- Die geometrischen Vielfachheiten der Eigenwerte von A und B stimmen überein.
- Die Dimensionen der verallgemeinerten Eigenräume zu einem Eigenwert λ von A und B stimmen überein.

Beispiel

$$\begin{pmatrix} 2 & 1 & & \\ & 2 & & \\ & & 3 & 1 \\ & & & 3 \end{pmatrix} = \begin{pmatrix} 2 & & & \\ & 2 & & \\ & & 3 & \\ & & & 3 \end{pmatrix} + \begin{pmatrix} & 1 & & \\ & & & \\ & & & 1 \\ & & & \end{pmatrix} \qquad \blacktriangleleft$$

Nun können wir auch das angekündigte Beispiel angeben.

Beispiel Mittels der Jordan-Normalform kann man späte Folgenglieder rekursiv definierter Folgen relativ einfach bestimmen. Dabei benutzen wir einen Trick, den wir auch schon beim Diagonalisieren benutzt haben. Wir betrachten die Folge $(g_n)_{n \in \mathbb{N}_0}$ mit

$$g_0 = 0, \quad g_1 = 1, \quad g_{n+1} = -4 g_{n-1} + 4 g_n \quad \text{für } n \geq 1$$

und interessieren uns etwa für das Folgenglied g_{20}.

Dazu suchen wir erst eine Matrix $A \in \mathbb{R}^{2 \times 2}$, mittels der sich die Rekursion für $n \geq 1$ in der Form

$$\begin{pmatrix} g_n \\ g_{n+1} \end{pmatrix} = A \begin{pmatrix} g_{n-1} \\ g_n \end{pmatrix}$$

schreiben lässt. Das leistet offenbar die Matrix

$$A = \begin{pmatrix} 0 & 1 \\ -4 & 4 \end{pmatrix}$$

Nun bestimmen wir eine Jordan-Basis zu A und eine zugehörige Jordan-Normalform J. Das charakteristische Polynom von A lautet $\chi_A = (2 - X)^2$, und $\begin{pmatrix} 1 \\ 2 \end{pmatrix}$ spannt den eindimensionalen Eigenraum zum Eigenwert 2 der algebraischen Vielfachheit 2 auf.

Wir wählen den Vektor $b_2 = \begin{pmatrix} 1 \\ 0 \end{pmatrix} \in \ker(A - 2\,\mathbf{E}_2)^2 \setminus \ker(A - 2\,\mathbf{E}_2)$ und setzen $b_1 = (A - 2\,\mathbf{E}_2)\,b_2 = \begin{pmatrix} -2 \\ -4 \end{pmatrix}$.

Damit ist $B = (b_1, b_2)$ eine geordnete Jordan-Basis, und es hat A die Jordan-Normalform

$$J = \begin{pmatrix} 2 & 1 \\ 0 & 2 \end{pmatrix}$$

Weiter erfüllt die Matrix $S = (b_1, b_2)$, deren Spalten gerade die Elemente der Jordan-Basis sind, die Eigenschaft $J = S^{-1} A S$.

Damit und mit der angegebenen Rekursion können wir nun g_{20} ermitteln, es gilt nämlich:

$$\begin{pmatrix} g_{19} \\ g_{20} \end{pmatrix} = A \begin{pmatrix} g_{18} \\ g_{19} \end{pmatrix} = A^{19} \begin{pmatrix} g_0 \\ g_1 \end{pmatrix} = S J^{19} S^{-1} \begin{pmatrix} g_0 \\ g_1 \end{pmatrix}.$$

Wir setzen nun

$$J = \underbrace{\begin{pmatrix} 2 & 0 \\ 0 & 2 \end{pmatrix}}_{=:D} + \underbrace{\begin{pmatrix} 0 & 1 \\ 0 & 0 \end{pmatrix}}_{=:N}$$

und berechnen J^{19} mit der Formel von Seite 527:

$$J^{19} = D^{19} + 19\,D^{18} N = \begin{pmatrix} 2^{19} & 19 \cdot 2^{18} \\ 0 & 2^{19} \end{pmatrix}$$

Daraus erhält man nach Berechnen der zweiten Zeile von $S J^{19} S^{-1} \begin{pmatrix} g_0 \\ g_1 \end{pmatrix}$ das Ergebnis $g_{20} = 20 \cdot 2^{19}$. $\qquad \blacktriangleleft$

Nun können wir auch die auf Seite 515 gemachte Behauptung beweisen:

Der Zusammenhang zwischen Spur, Determinante und den Eigenwerten einer Matrix

Zerfällt das charakteristische Polynom χ_A der Matrix $A \in \mathbb{K}^{n \times n}$ in seine n Linearfaktoren, d. h.

$$\chi_A = (\lambda_1 - X) \cdots (\lambda_n - X) \,,$$

so gilt:

$$\operatorname{Sp} A = \lambda_1 + \cdots + \lambda_n \,, \quad \det A = \lambda_1 \cdots \lambda_n \,.$$

Beweis: Da χ_A zerfällt, ist A ähnlich zu einer Jordan-Matrix J. Da die charakteristischen Polynome ähnlicher Matrizen gleich sind, folgt die Behauptung wie auf Seite 515.

∎

14.9 Das Minimalpolynom einer Matrix

Nach dem Satz von Cayley-Hamilton ist eine quadratische Matrix A Nullstelle des charakteristischen Polynoms χ_A, d. h. $\chi_A(A) = \mathbf{0}$. Hierbei wird in das Polynom χ_A anstelle der Variablen X die Matrix A eingesetzt, genauer: In das Polynom

$$\chi_A = (-1)^n \, X^n + c_{n-1} \, X^{n-1} + \cdots + c_1 \, X + c_0$$

setzen wir A für X ein und erhalten

$$\chi_A(A) = (-1)^n A^n + c_{n-1} A^{n-1} + \cdots + c_1 A + c_0 A^0 = \mathbf{0} \,.$$

Es gibt viele weitere Polynome, die A als Nullstellen haben, so haben etwa alle Vielfachen von χ_A auch A als Nullstelle.

Zu jeder quadratischen Matrix gibt es genau ein Minimalpolynom

Wir suchen ein ganz bestimmtes Polynom, das A als Nullstelle hat und werden dies dann **das** *Minimalpolynom* von A nennen: Den Schlüssel zur Eindeutigkeit liefert dabei die sogenannte Normierung: Man nennt ein Polynom **normiert**, falls der höchste Koeffizient 1 ist.

Beispiel Das Polynom

$$P = -3X^3 - 12X^2 + 9$$

ist nicht normiert, da es den höchsten Koeffizienten $-3 \neq 1$ hat. Wir *normieren* es, indem wir es mit $\frac{-1}{3}$ multiplizieren und erhalten damit das normierte Polynom

$$Q = X^3 + 4X^2 - 3 \,. \qquad \blacktriangleleft$$

In den folgenden Ausführungen benutzen wir immer wieder die folgende Tatsache, die wir im Abschn. 3.4 nachgewiesen

haben: Sind P und Q irgendwelche Polynome aus $\mathbb{K}[X]$, so gelten für das *Einsetzen* einer Matrix $A \in \mathbb{K}^{n \times n}$ die Regeln:

$$(P + Q)(A) = P(A) + Q(A) \text{ und}$$
$$(P \, Q)(A) = P(A) \, Q(A) \,.$$

Nun zeigen wir:

Das Minimalpolynom

Es seien $\mathbb{K}$ ein Körper und $n \in \mathbb{N}$. Zu einer quadratischen Matrix $A \in \mathbb{K}^{n \times n}$ gibt es ein eindeutig bestimmtes normiertes Polynom $\mu_A \neq 0$ kleinsten Grades mit $\mu(A) = \mathbf{0}$.

Das Polynom μ_A nennt man das **Minimalpolynom von A**

Beweis: Wir betrachten die Menge aller Polynome über dem Körper $\mathbb{K}$, die die Matrix A als Nullstelle haben:

$$I = \{P \in \mathbb{K}[X] \mid P(A) = \mathbf{0}\} \,.$$

Existenz von μ_A: Nach dem Satz von Cayley-Hamilton liegt das vom Nullpolynom 0 verschiedene charakteristische Polynom χ_A in I, sodass die Menge $I \setminus \{0\}$ nichtleer ist. Wir wählen in dieser Menge $I \setminus \{0\}$ der vom Nullpolynom verschiedenen Polynome, die A als Nullstelle haben, ein normiertes Polynom kleinsten Grades und bezeichnen dieses mit μ_A.

Eindeutigkeit von μ_A: Es sei P ein weiteres normiertes Polynom mit $P(A) = \mathbf{0}$ und identischem Grad $r = \deg(P) = \deg(\mu_A)$. Da beide Polynome P und μ_A normiert sind und den gleichen Grad haben, ist der Summand mit dem höchsten Grad identisch, also

$$\mu_A = X^r + a_{r-1} X^{r-1} + \ldots + a_1 X + a_0 \text{ und}$$
$$P = X^r + b_{r-1} X^{r-1} + \ldots + b_1 X + b_0$$

mit irgendwelchen a_i und b_j aus $\mathbb{K}$. Angenommen, das Polynom $P - \mu_A$ ist nicht das Nullpolynom, $P - \mu_A \neq 0$. Dann liegt $P - \mu_A$ wegen

$$(P - \mu_A)(A) = P(A) - \mu_A(A) = \mathbf{0} - \mathbf{0} = \mathbf{0}$$

in $I \setminus \{0\}$. Aber wegen $\deg(P - \mu_A) < r$ ist das ein Widerspruch. Unser Polynom μ_A war doch ein Polynom in $I \setminus \{0\}$ mit kleinstem Grad. Somit muss $P - \mu_A = 0$ gelten, das liefert $P = \mu_A$. ∎

Zu jeder quadratischen Matrix gibt es somit ein eindeutig bestimmtes Minimalpolynom. Wie wir dieses Minimalpolynom zu einer Matrix A bestimmen können, ist aber noch unklar.

Das Minimalpolynom findet man unter besonderen Teilern des charakteristischen Polynoms

Mit den folgenden Ausführungen erhalten wir eine einfache Methode zum Bestimmen des Minimalpolynoms, wenn das charakteristische Polynom bereits bekannt ist.

Wichtige Eigenschaften des Minimalpolynoms

Es sei $A \in \mathbb{K}^{n \times n}$ eine quadratische Matrix mit dem charakteristischen Polynom χ_A und dem Minimalpolynom μ_A. Dann gilt:
(a) χ_A ist ein Vielfaches von μ_A.
(b) Ist λ eine Nullstelle von χ_A, so ist λ eine Nullstelle von μ_A.

Beweis: (a) Wir zeigen etwas allgemeiner als angegeben: Jedes Polynom P mit $P(A) = \mathbf{0}$ ist ein Vielfaches von μ_A. Da nach dem Satz von Cayley-Hamilton das charakteristische Polynom $\chi_A(A) = \mathbf{0}$ erfüllt, folgt so die Behauptung.

Es sei also P irgendein Polynom ungleich dem Nullpolynom mit $P(A) = \mathbf{0}$. Wir dividieren das Polynom P per Polynomdivision mit Rest durch μ_A und erhalten Polynome Q und R mit

$$P = Q\,\mu_A + R, \text{ wobei } R = 0 \text{ oder } \deg(R) < \deg \mu_A.$$

Angenommen, das Polynom $R = P - Q\,\mu_A$ ist nicht das Nullpolynom. Dann ist wegen

$$R(A) = P(A) - Q(A)\,\mu_A(A) = \mathbf{0} - Q(A)\,\mathbf{0} = \mathbf{0}$$

das Polynom R ein Polynom kleineren Grades als μ_A und hat doch A als Nullstelle. Dieser Widerspruch belegt, dass $R = 0$ gelten muss. Somit erhalten wir $P = Q\,\mu_A$, d. h., P ist ein Vielfaches von μ_A.

(b) Ist λ eine Nullstelle des charakteristischen Polynoms χ_A, so ist λ ein Eigenwert von A, d. h., es gibt ein $v \in \mathbb{K}^n$, $v \neq \mathbf{0}$ mit $A\,v = \lambda\,v$. Es gilt somit auch $A^k v = \lambda^k v$ für jedes $k \in \mathbb{N}$ und damit also auch für jedes Polynom $P = a_r X^r + \cdots + a_1 X + a_0 \in \mathbb{K}[X]$:

$$\begin{aligned}
P(A)\,v &= (a_r A^r + \cdots + a_1 A + a_0 \mathbf{E}_n)\,v \\
&= a_r A^r v + \cdots + a_1 A\,v + a_0 \mathbf{E}_n v \\
&= a_r \lambda^r v + \cdots + a_1 \lambda\,v + a_0 v \\
&= (a_r \lambda^r + \cdots + a_1 \lambda + a_0)v \\
&= P(\lambda)\,v.
\end{aligned}$$

Mit der Wahl μ_A für P erhalten wir wegen $\mu_A(A) = \mathbf{0}$ somit $\mu_A(\lambda) = 0$, da $v \neq \mathbf{0}$ gilt. $\blacksquare$

Wir finden das Minimalpolynom einer Matrix A also unter den (üblicherweise) wenigen Teilern des charakteristischen Polynoms (das sagt der Teil (a) des eben bewiesenen Satzes), wobei wir uns auch noch auf die Teiler einschränken dürfen,

in denen jeder Linearfaktor des charakteristischen Polynoms vorkommt (das besagt der Teil (b) des obigen Satzes).

Beispiel
- Die reelle Matrix

$$A = \begin{pmatrix} 1 & 1 & 1 \\ 0 & 1 & 0 \\ 0 & 0 & 1 \end{pmatrix}$$

hat das charakteristische Polynom $\chi_A = (1 - X)^3$. Für das Minimalpolynom gilt also

$$\mu_A \in \{X - 1,\ (X - 1)^2,\ (X - 1)^3\}.$$

Durch Probieren findet man

$$A - \mathbf{E}_3 \neq \mathbf{0},\ (A - \mathbf{E}_2)^2 = \mathbf{0},$$

sodass also $\mu_A = (X - 1)^2$ gilt.
- Die reelle Matrix

$$A = \begin{pmatrix} -3 & -1 & 4 & -3 & -1 \\ 1 & 1 & -1 & 1 & 0 \\ -1 & 0 & 2 & 0 & 0 \\ 4 & 1 & -4 & -5 & 1 \\ -2 & 0 & 2 & -2 & 1 \end{pmatrix}$$

hat das charakteristische Polynom $\chi_A = (1 - X)^4 (2 - X)$. Für das Minimalpolynom gilt also

$$\begin{aligned}
\mu_A \in \{&(X - 1)(X - 2),\ (X - 1)^2 (X - 2), \\
&(X - 1)^3 (X - 2),\ (X - 1)^4 (X - 2)\}.
\end{aligned}$$

Durch Probieren findet man

$$(A - \mathbf{E}_5)(A - 2\mathbf{E}_5) \neq \mathbf{0},\ (A - \mathbf{E}_5)^2 (A - 2\mathbf{E}_5) \neq \mathbf{0},$$

aber

$$(A - \mathbf{E}_5)^3 (A - 2\mathbf{E}_5) = \mathbf{0},$$

sodass also $\mu_A = (X - 1)^3 (X - 2)$ gilt. ◀

Kommentar: Eine weitere Möglichkeit, das Minimalpolynom für eine $n \times n$-Matrix $A \in \mathbb{K}^{n \times n}$ zu bestimmen – ohne vorher das charakteristische Polynom zu ermitteln – geht wie folgt beschrieben: Man bilde sukzessiv die Potenzen $A^0, A^1, A^2 \ldots$ und teste vor jeder weiteren Potenzierung die Matrizen $A^0, A^1, A^2, \ldots, A^k$ auf lineare Abhängigkeit: Das kleinste k für das die Matrizen $A^0, A^1, A^2, \ldots, A^k$ linear abhängig sind, für das also eine Relation der Form

$$\lambda_0 A^0 + \lambda_1 A^1 + \lambda_2 A^2 + \ldots + \lambda_k A^k = \mathbf{0}$$

mit $\lambda_i \in \mathbb{K}$ gilt, liefert das Minimalpolynom

$$\mu_A = \lambda_0 + \lambda_1 X + \lambda_2 X^2 + \ldots + \lambda_k X^k \in \mathbb{K}[X].$$

Zueinander ähnliche Matrizen haben dasselbe Minimalpolynom

Sind zwei $n \times n$-Matrizen A und B mit Koeffizienten aus dem Körper $\mathbb{K}$ ähnlich zueinander, so gibt es eine invertierbare Matrix $S \in \mathbb{K}^{n \times n}$ mit

$$B = S^{-1} A\,S,\ \text{also } B^k = S^{-1} A^k S$$

für jede natürlichen Zahl $k \in \mathbb{N}$. Für das Minimalpolynom $\mu_A = X^r + a_{r-1} X^{r-1} + \ldots + a_1 X + a_0$ von A folgt somit

$$
\begin{aligned}
\mu_A(B) &= B^r + a_{r-1} B^{r-1} + \ldots + a_1 B + a_0 E_n \\
&= S^{-1} A^r S + a_{r-1} S^{-1} A^{r-1} S + \ldots + a_1 S^{-1} A S \\
&\quad + a_0 S^{-1} S \\
&= S^{-1}(A^r + a_{r-1} A^{r-1} + \ldots + a_1 A + a_0 E_n) S \\
&= S^{-1} \mu_A(A) S = 0 \,.
\end{aligned}
$$

Somit ist μ_A ein Vielfaches von μ_B. Analog folgt, dass μ_B ein Vielfaches von μ_A ist. Wegen der Normierung der beiden Polynome, sind die beiden Minimalpolynome somit gleich. Damit haben wir gezeigt:

Achtung: Es kann durchaus sein, dass Matrizen nicht ähnlich sind und dennoch dasselbe Minimalpolynom haben, z. B. sind die beiden Matrizen

$$
A = \begin{pmatrix} 0 & 0 & 0 & 0 \\ 0 & 0 & 0 & 0 \\ 0 & 0 & 0 & 1 \\ 0 & 0 & 0 & 0 \end{pmatrix} \text{ und } B = \begin{pmatrix} 0 & 1 & 0 & 0 \\ 0 & 0 & 0 & 0 \\ 0 & 0 & 0 & 1 \\ 0 & 0 & 0 & 0 \end{pmatrix}
$$

nicht ähnlich, da sie verschiedenen Rang haben (ähnliche Matrizen haben denselben Rang). Aber, wie man leicht nachrechnet, gilt $\mu_A = X^2$ und ebenso $\mu_B = X^2$, denn beide Matrizen haben das charakteristische Polynom $\chi_A = X^4 = \chi_B$ und beide Matrizen erfüllen $A^1 \neq 0 \neq B^1$ und $A^2 = 0 = B^2$.

Am Minimalpolynom erkennt man, ob eine Matrix diagonalisierbar ist

Angenommen, wir haben eine Matrix $A \in \mathbb{K}^{n \times n}$ mit zerfallendem charakteristischen Polynom

$$
\chi_A = \pm (X - \lambda_1)^{\nu_1} \cdots (X - \lambda_r)^{\nu_r} \,.
$$

Diese Matrix A ist dann ähnlich zu einer Jordanmatrix

$$
J = \begin{pmatrix} J_1 & & \\ & \ddots & \\ & & J_s \end{pmatrix}
$$

mit den insgesamt s Jordankästchen der Bauart

$$
J_i = \begin{pmatrix} \lambda & 1 & & \\ & \ddots & \ddots & \\ & & \ddots & 1 \\ & & & \lambda \end{pmatrix} \in \mathbb{K}^{l \times l}
$$

zu einem der Eigenwerte λ. Wegen

$$
(J_i - \lambda E_l)^{l-1} = \begin{pmatrix} 0 & 1 & & \\ & \ddots & \ddots & \\ & & \ddots & 1 \\ & & & 0 \end{pmatrix}^{l-1} \neq 0
$$

und

$$
(J_i - \lambda E_l)^{l} = \begin{pmatrix} 0 & 1 & & \\ & \ddots & \ddots & \\ & & \ddots & 1 \\ & & & 0 \end{pmatrix}^{l} = 0
$$

kann man an der Jordan-Normalform J der Matrix A das Minimalpolynom von J und wegen der Ähnlichkeit von J zu A auch jenes von A ablesen. Es ist

$$
\mu_A = (X - \lambda_1)^{l_1} \cdots (X - \lambda_r)^{l_r}
$$

das Minimalpolynom von A, wobei l_i die Zeilen- bzw. Spaltenzahl des größten Jordankästchens zum Eigenwert λ_i ist.

Beispiel Die folgenden beiden Matrizen

$$
A = \begin{pmatrix} \begin{smallmatrix} 1 & 1 \\ 0 & 1 \end{smallmatrix} & & \\ & \begin{smallmatrix} 2 & 1 \\ 0 & 2 \end{smallmatrix} & \\ & & \begin{smallmatrix} 2 & 1 & 0 \\ 0 & 2 & 1 \\ 0 & 0 & 2 \end{smallmatrix} \end{pmatrix} , \; B = \begin{pmatrix} 0 & & \\ & \begin{smallmatrix} 0 & 1 & 0 \\ 0 & 0 & 1 \\ 0 & 0 & 0 \end{smallmatrix} & \\ & & \begin{smallmatrix} 0 & 1 & 0 \\ 0 & 0 & 1 \\ 0 & 0 & 0 \end{smallmatrix} \end{pmatrix}
$$

haben die Minimalpolynome

$$
\mu_A = (X - 1)^2 (X - 2)^3 \,, \; \mu_B = X^3 \qquad \blacktriangleleft
$$

Ist eine Matrix diagonalisierbar, so ist die Jordan-Normalform dieser Matrix sogar eine Diagonalform, sämtliche Jordan-Kästchen haben die Länge 1. Es gilt somit:

Folgerung

Ist eine Matrix $A \in \mathbb{K}^{n \times n}$ diagonalisierbar mit den verschiedenen Eigenwerten $\lambda_1 \ldots, \lambda_r$, so hat diese Matrix das Minimalpolynom

$$
\mu_A = (X - \lambda_1) \cdots (X - \lambda_r) \,.
$$

Wir halten dieses Ergebnis in einer deutlich allgemeineren Form fest und führen den Beweis (der einen Richtung) erneut, ohne die Jordan-Normalform dazu heranzuziehen:

Diagonalisierbarkeit und das Minimalpolynom

Es sei $A \in \mathbb{K}^{n \times n}$, $\mathbb{K}$ ein Körper, $n \in \mathbb{N}$. Die Matrix A ist genau dann diagonalisierbar, wenn das Minimalpolynom μ_A in Linearfaktoren zerfällt und keine mehrfachen Nullstellen hat.

Beweis: Die Matrix A sei diagonalisierbar mit den verschiedenen Eigenwerten $\lambda_1, \ldots, \lambda_r$. Da es eine Basis des $\mathbb{K}^n$ aus Eigenvektoren der Matrix A gibt, ist jedes Element $v \in \mathbb{K}^n$ darstellbar als Summe

$$v = v_1 + \ldots + v_r,$$

wobei die $v_i \in \mathrm{Eig}_A(\lambda_i)$ Eigenvektoren von A zum Eigenwert λ_i sind. Wir betrachten das Polynom

$$P = (X - \lambda_1) \cdots (X - \lambda_r).$$

Für dieses Polynom P folgt mit obiger Darstellung eines (beliebigen) Vektors $v \in \mathbb{K}^n$:

$$P(A)\,v = P(A)\,v_1 + \ldots + P(A)\,v_r$$
$$= P(\lambda_1)\,v_1 + \ldots + P(\lambda_r)\,v_r = \mathbf{0},$$

da $P(\lambda_i) = 0$ für alle $i = 1, \ldots, r$. Somit muss $P(A) = \mathbf{0}$ die Nullmatrix sein. Das Polynom P hat also die Matrix A als Nullstelle. Außerdem ist das Polynom P aufgrund des Teils (b) des Satzes zu den wichtigen Eigenschaften des Minimalpolynoms offenbar ein Polynom minimalen Grades, das A als Nullstelle hat. Und weiterhin ist P auch normiert. Folglich muss P das Minimalpolynom von A sein, d. h.

$$\mu_A = (X - \lambda_1) \cdots (X - \lambda_r).$$

Nun zerfalle das Minimalpolynom μ_A der quadratischen $n \times n$-Matrix A in Linearfaktoren und habe keine mehrfachen Nullstellen, es gelte

$$\mu_A = (X - \lambda_1) \cdots (X - \lambda_r),$$

wobei die Skalare $\lambda_1, \ldots, \lambda_r$ verschieden seien. Wir zeigen per Induktion nach der Dimension $n = \dim(\mathbb{K}^n)$, dass die Matrix A diagonalisierbar ist.

Ist $n = 1$, so hat die Matrix $A = (\lambda_1)$ bereits Diagonalform. Daher sei $n > 1$.

1. Fall. $r = 1$: Da in diesem Fall das Minimalpolynom $\mu_A = X - \lambda_1$ ist, gilt $A - \lambda_1 \mathbf{E}_n = \mathbf{0}$, sodass A bereits Diagonalform hat, insbesondere also diagonalisierbar ist.

2. Fall. $r > 1$: Zu dem Eigenwert λ_1 von A betrachten wir die folgenden beiden Untervektorräume des $\mathbb{K}^n$:

$$U = \{ v \in \mathbb{K}^n \mid A\,v - \lambda_1 v = \mathbf{0} \} \text{ und}$$
$$W = \{ w \in \mathbb{K}^n \mid A\,v - \lambda_1 v = w,\ v \in \mathbb{K}^n \}$$

Es ist somit U der Kern und W das Bild der linearen Abbildung $v \mapsto (A - \lambda_1 \mathbf{E}_n)\,v$. Der Kern U ist gerade der Eigenraum von A zum Eigenwert λ_1.

Wir zeigen nun:

$$\mathbb{K}^n = U \oplus W.$$

Zum Nachweis dieser Gleichheit dividieren wir vorab das Polynom $P = (X - \lambda_2) \cdots (X - \lambda_r)$ vom Grad größergleich 1 (da $r > 1$) durch das Polynom $X - \lambda_1$ vom Grad 1 mit Rest und erhalten daher einen Rest vom Grad kleiner als 1. Es gilt sogar mit einem $Q \in \mathbb{K}[X]$:

$$P = (X - \lambda_1)\,Q + R \ \text{ mit } R \in \mathbb{K} \setminus \{0\}, \qquad (14.7)$$

da $X - \lambda_1$ kein Teiler von P ist: Die Elemente $\lambda_1 \ldots, \lambda_r$ sind nach Voraussetzung alle verschieden, sodass der Rest R ungleich null ist.

Wir setzen nun in die Polynome links und rechts des Gleichheitszeichens der Gleichung (14.7) die Matrix A ein und wenden die Matrizen auf ein beliebiges $v \in \mathbb{K}^n$ an, wir erhalten

$$P(A)\,v = (A - \lambda_1 \mathbf{E}_n)\,Q(A)\,v + R\,v \ \text{ mit } R \in \mathbb{K} \setminus \{0\}.$$

Das liefert für $v \in \mathbb{K}^n$ nach Kürzen von $R \neq 0$ die Gleichung – wobei wir gleich noch zu erläuternde Klammern setzen:

$$v = R^{-1}[P(A)\,v] - R^{-1}[(A - \lambda_1 \mathbf{E}_n)\,Q(A)\,v] \quad (14.8)$$

mit $R \in \mathbb{K} \setminus \{0\}$. Wir stellen nun fest:

(1) Wegen

$$(A - \lambda_1 \mathbf{E}_n)\,P(A)\,v - \mu_A(A)\,v = \mathbf{0}\,v = \mathbf{0}$$

ist $P(A)\,v$ ein Element von U.

(2) Wegen $Q(A)\,v \in \mathbb{K}^n$ ist $(A - \lambda_1 \mathbf{E}_n)\,Q(A)\,v$ ein Element von W.

Somit liefert die Gleichung (14.8): $\mathbb{K}^n = U + W$.

Aufgrund der Dimensionsformel für lineare Abbildungen gilt zudem

$$\dim(\mathbb{K}^n) = \dim(U) + \dim(W).$$

Die Dimensionsformel für Untervektorräume (siehe Abschnitt 6.5) zeigt schließlich, dass die Summe direkt ist.

Wir führen nun den Induktionsbeweise fort: Es sei $w \in W$. Dann gibt es ein $v \in \mathbb{K}^n$ mit $w = (A - \lambda_1 \mathbf{E}_n)\,v$. Wegen

$$A\,w = A\,(A - \lambda_1 \mathbf{E}_n)\,v = (A - \lambda_1 \mathbf{E}_n)\,A\,v \in W$$

gilt

$$\{ A\,w \mid w \in W \} \subseteq W.$$

Wir wählen eine geordnete Basis $(u_1 \ldots, u_r)$ von U und ergänzen diese mit linearen unabhängigen Vektoren aus W zu einer Basis

$$B = (u_1 \ldots, u_r, w_{r+1} \ldots, w_n)$$

des $\mathbb{K}^n$. Für die Darstellungsmatrix $\tilde{A}$ der linearen Abbildung $\varphi_A : \boldsymbol{v} \mapsto A\,\boldsymbol{v}$ bzgl. der Basis B gilt

$$\tilde{A} = {}_B M(\varphi_A)_B = \left(\begin{array}{ccc|c} \lambda_1 & & 0 & \\ & \ddots & & \boldsymbol{0} \\ 0 & & \lambda_1 & \\ \hline & \boldsymbol{0} & & C \end{array} \right) .$$

Wegen der Ähnlichkeit von A und $\tilde{A}$ haben diese Matrizen dasselbe Minimalpolynom; die Matrix C hat demnach das Minimalpolynom

$$\mu_C = (X - \lambda_2) \cdots (X - \lambda_n) \,.$$

Wegen $m = n - r = \dim(W) < n$ ist die $m \times m$-Matrix C nach Induktionsvoraussetzung diagonalisierbar. Somit ist auch A diagonalisierbar. $\blacksquare$

?

Warum ist jede Matrix $A \in \mathbb{K}^n$ mit der Eigenschaft $A^2 = \mathbf{E}_n$ diagonalisierbar?

Zusammenfassung

Jeder Endomorphismus φ eines n-dimensionalen $\mathbb{K}$-Vektorraums V lässt sich durch eine quadratische Matrix $A \in \mathbb{K}^{n \times n}$ nach Wahl einer Basis B darstellen. Umgekehrt definiert jede quadratische Matrix $A \in \mathbb{K}^{n \times n}$ einen Endomorphismus φ_A des n-dimensionalen $\mathbb{K}^n$. Wir untersuchen in diesem Kapitel die Diagonalisierbarkeit und Verallgemeinerungen davon solcher Endomorphismen und Matrizen. Die Zusammenfassung schildern wir für Endomorphismen, eine Zusammenfassung für Matrizen erhält man hieraus, indem man den Endomorphismus φ_A des $\mathbb{K}^n$ betrachtet.

Diagonalisierbare Endomorphismen

Ein Endomorphismus $\varphi \colon V \to V$ eines n-dimensionalen Vektorraums, $n \in \mathbb{N}$, heißt **diagonalisierbar**, wenn es eine geordnete Basis $B = (\boldsymbol{b}_1, \ldots, \boldsymbol{b}_n)$ von V gibt, bezüglich der die Darstellungsmatrix ${}_B M(\varphi)_B$ Diagonalgestalt hat.

Das besagt aber gerade, dass

$$\varphi(\boldsymbol{b}_1) = \lambda_1 \boldsymbol{b}_1, \ldots, \varphi(\boldsymbol{b}_n) = \lambda_n \boldsymbol{b}_n$$

für Skalare $\lambda_1, \ldots, \lambda_n \in \mathbb{K}$ gilt.

Man nennt ein Element $\lambda \in \mathbb{K}$ einen Eigenwert eines Endomorphismus $\varphi \colon V \to V$, wenn es einen Vektor $\boldsymbol{v} \in V \setminus \{\boldsymbol{0}\}$ mit

$$\varphi(\boldsymbol{v}) = \lambda\,\boldsymbol{v}$$

gibt. Der Vektor $\boldsymbol{v}$ heißt in diesem Fall Eigenvektor von φ zum Eigenwert λ.

Mihilfe dieser Begriffe können wir ein Kriterium für Diagonalisierbarkeit formulieren:

2. Kriterium für Diagonalisierbarkeit

Ein Endomorphismus $\varphi \colon V \to V$ eines n-dimensionalen Vektorraums V ist genau dann diagonalisierbar, wenn es eine geordnete Basis $B = (\boldsymbol{b}_1, \ldots, \boldsymbol{b}_n)$ von V aus Eigenvektoren von φ gibt.

In diesem Fall ist $D = {}_B M(\varphi)_B$ eine Diagonalmatrix mit den Eigenwerten $\lambda_1, \ldots, \lambda_n$ auf der Diagonalen.

Um einen Endomorphismus φ eines n-dimensionalen $\mathbb{K}$-Vektorraums zu diagonalisieren, bestimmt man die Eigenwerte von φ und zugehörige Eigenvektoren. Die Eigenwerte erhält man als die Nullstellen des charakteristischen Polynoms

$$\chi_\varphi = \det(A - X\,\mathbf{E}_n) \in \mathbb{K}[X]_n \,,$$

wobei A die Darstellungsmatrix von φ bezüglich einer beliebig gewählten Basis von V ist. Diese Definition ist unabhängig von der Wahl der Basis, wie man mithilfe des Determinantenmultiplikationssatzes zeigen kann. Sind nun $\lambda_1, \ldots, \lambda_r$ die verschiedenen Eigenwerte von φ mit den Vielfachheiten $m_a(\lambda_1), \ldots, m_a(\lambda_r)$, so bestimmt man als nächstes Basen der r Eigenräume $\mathrm{Eig}_\varphi(\lambda_1), \ldots, \mathrm{Eig}_\varphi(\lambda_r)$ mit den Dimensionen $m_g(\lambda_1), \ldots, m_g(\lambda_r)$:

$$\mathrm{Eig}_\varphi(\lambda_i) = \{\boldsymbol{v} \in V \mid (\varphi - \lambda_i\,\mathrm{id})(\boldsymbol{v}) = \boldsymbol{0}\} \ \forall\, i = 1, \ldots, r \,.$$

Jeder Vektor $\boldsymbol{v} \in \mathrm{Eig}_\varphi(\lambda)$, $\lambda \in \{\lambda_1, \ldots, \lambda_r\}$, $\boldsymbol{v} \neq \boldsymbol{0}$, ist ein Eigenvektor zum Eigenwert λ. Können wir hierbei insgesamt n linear unabhängige Eigenvektoren bestimmen, so können wir φ diagonalisieren. Da Eigenvektoren zu verschiedenen Eigenwerten linear unabhängig sind und für jeden Eigenwert λ von φ gilt $m_g(\lambda) \leq m_a(\lambda)$, gilt:

3. Kriterium für Diagonalisierbarkeit

Der Endomorphismus φ ist genau dann diagonalisierbar, wenn das charakteristische Polynom χ_φ in Linearfaktoren zerfällt und $m_a(\lambda) = m_g(\lambda)$ für jeden Eigenwert λ von φ.

Übrigens nennt man $m_a(\lambda)$ die algebraische Vielfachheit und $m_g(\lambda)$ die geometrische Vielfachheit des Eigenwertes λ.

Kann man einen Endomorphismus φ nicht diagonalisieren, so kann man ihn eventuell durchaus triangulieren, d. h., eine Basis B bestimmen, sodass die Darstellungsmatrix von φ bezüglich dieser Basis eine obere Dreiecksgestalt hat. Dies ist tatsächlich unter schwächeren Voraussetzungen möglich, es gilt nämlich:

Kriterium für Triangulierbarkeit

Für einen Endomorphismus φ eines n-dimensionalen $\mathbb{K}$-Vektorraums V sind äquivalent:
(i) φ ist triangulierbar.
(ii) Das charakteristische Polynom χ_φ von φ zerfällt in Linearfaktoren.

Bei der praktischen Bestimmung der Basis B von V bezüglich der φ eine obere Dreiecksgestalt hat, konstruiert man eine Fahnenbasis $(\boldsymbol{b}_1, \ldots, \boldsymbol{b}_n)$ für φ von V, man bestimmt also Untervektorräume

$$\langle \boldsymbol{b}_1 \rangle, \ \langle \boldsymbol{b}_1, \boldsymbol{b}_2 \rangle, \ \ldots, \ \langle \boldsymbol{b}_1, \ldots, \boldsymbol{b}_n \rangle,$$

sodass für jedes $i = 1, \ldots, n$ gilt:

$$\varphi(\langle \boldsymbol{b}_1, \ldots, \boldsymbol{b}_i \rangle) \subseteq \langle \boldsymbol{b}_1, \ldots, \boldsymbol{b}_i \rangle.$$

Es ist sogar möglich, eine besonders günstige obere Dreiecksmatrix zu erhalten. Es kann nämlich unter der Voraussetzung, dass das charakteristische Polynom von φ über $\mathbb{K}$ zerfällt, stets eine Jordan-Basis gewählt werden. Die Darstellungsmatrix bezüglich einer Jordan-Basis hat eine Jordan-Normalform, d. h., die Darstellungmatrix ist von einigen Einsen in der ersten oberen Nebendiagonale abgesehen eine Diagonalmatrix. Der Beweis des Satzes, der dies ausdrückt, ist reichlich kompliziert, er erfordert einige Hilfsmittel und ist per Induktion möglich:

Kriterium für die Existenz einer Jordan-Normalform

Für einen Endomorphismus φ eines n-dimensionalen $\mathbb{K}$-Vektorraums V, $n \in \mathbb{N}$, sind äquivalent:
(i) φ besitzt eine Jordan-Normalform.
(ii) Das charakteristische Polynom χ_φ zerfällt über $\mathbb{K}$ in Linearfaktoren.

Da über $\mathbb{C}$ jedes Polynom vom Grad ≥ 1 in Linearfaktoren zerfällt, haben wir hiermit gezeigt, dass zu jedem Endomorphismus eines endlichdimensionalen komplexen Vektorraums eine Basis existiert, bezüglich der die Darstellungsmatrix eine Jordan-Normalform ist. Die Konstruktion einer Jordan-Basis erfolgt über die Bestimmung von Basen der verallgemeinerten Eigenräume zu den verschiedenen Eigenwerten von φ: Ist λ ein Eigenwert von φ, so nennt man

$$\ker(\varphi - \lambda\,\mathrm{id}), \ \ker(\varphi - \lambda\,\mathrm{id})^2, \ \ldots, \ \ker(\varphi - \lambda\,\mathrm{id})^r$$

die verallgemeinerten Eigenräume von φ zum Eigenwert λ. Dabei erfüllt r die Eigenschaft

$$\ker(\varphi - \lambda\,\mathrm{id})^r = \ker(\varphi - \lambda\,\mathrm{id})^{r+1} = \cdots$$

Die Zahl r sei dabei minimal mit dieser Eigenschaft gewählt. Es gilt

- $\dim \ker(\varphi - \lambda\,\mathrm{id})^r = m_a(\lambda)$,
- $m_g(\lambda)$ ist die Anzahl der Jordan-Kästchen zum Eigenwert λ,
- r ist die Zeilen- und Spaltenzahl des größten Jordan-Kästchens zum Eigenwert λ.

Man erhält $m_a(\lambda)$ linear unabhängige Vektoren zum Eigenwert λ, die zu einer Jordan-Basis von φ gehören, indem man die Kette

$$\ker(\varphi - \lambda\,\mathrm{id}) \subseteq \ker(\varphi - \lambda\,\mathrm{id})^2 \subseteq \cdots \subseteq \ker(\varphi - \lambda\,\mathrm{id})^r$$

evtl. mehrfach von hinten nach vorne durchläuft. Führt man das für jeden Eigenwert von φ durch, so erhält man insgesamt $n = \deg \chi_\varphi = \dim V$ linear unabhängige Vektoren und damit eine Jordan-Basis von V.

Aufgaben

Die Aufgaben gliedern sich in drei Kategorien: Anhand der *Verständnisfragen* können Sie prüfen, ob Sie die Begriffe und zentralen Aussagen verstanden haben, mit den *Rechenaufgaben* üben Sie Ihre technischen Fertigkeiten und die *Beweisaufgaben* geben Ihnen Gelegenheit, zu lernen, wie man Beweise findet und führt.

Ein Punktesystem unterscheidet leichte Aufgaben •, mittelschwere •• und anspruchsvolle ••• Aufgaben. Lösungshinweise am Ende des Buches helfen Ihnen, falls Sie bei einer Aufgabe partout nicht weiterkommen. Dort finden Sie auch die Lösungen – betrügen Sie sich aber nicht selbst und schlagen Sie erst nach, wenn Sie selber zu einer Lösung gekommen sind. Ausführliche Lösungswege stehen auf der Website des Verlags zur Verfügung.

Viel Spaß und Erfolg bei den Aufgaben!

Verständnisfragen

14.1 • Gegeben ist ein Eigenvektor v zum Eigenwert λ einer Matrix A.

(a) Ist v auch Eigenvektor von A^2? Zu welchem Eigenwert?

(b) Wenn A zudem invertierbar ist, ist dann v auch ein Eigenvektor zu A^{-1}? Zu welchem Eigenwert?

14.2 •• Wieso hat jede Matrix $A \in \mathbb{K}^{n \times n}$ mit $A^2 = E_n$ einen der Eigenwerte ± 1 und keine weiteren?

14.3 •• Haben die quadratischen $n \times n$-Matrizen A und $A^\top$ dieselben Eigenwerte? Haben diese gegebenenfalls auch dieselben algebraischen und geometrischen Vielfachheiten?

14.4 • Gegeben ist eine Matrix $A \in \mathbb{C}^{n \times n}$. Sind die Eigenwerte der quadratischen Matrix $A^\top A$ die Quadrate der Eigenwerte von A?

14.5 •• Der Satz von Cayley-Hamilton bietet eine Möglichkeit,

(a) das Inverse A^{-1} einer (invertierbaren) Matrix A zu bestimmen,

(b) eine Quadratwurzel $\sqrt{A}$ einer komplexen Matrix $A \in \mathbb{C}^{2 \times 2}$ mit $\mathrm{Sp}\, A + 2\sqrt{\det A} \neq 0$ zu bestimmen (dabei heißt eine Matrix B eine Quadratwurzel aus A, falls $B^2 = A$ gilt).

Wie funktioniert das? Berechnen Sie mit dieser Methode das Inverse von A und eine Quadratwurzel B von A', wobei

$$A = \begin{pmatrix} 1 & 4 & -2 \\ 0 & 1 & 0 \\ 0 & 3 & 1 \end{pmatrix} \quad \text{und} \quad A' = \begin{pmatrix} -2 & 6 \\ -3 & 7 \end{pmatrix}$$

Rechenaufgaben

14.6 • Geben Sie die Eigenwerte und Eigenvektoren der folgenden Matrizen an:

(a) $A = \begin{pmatrix} 3 & -1 \\ 1 & 1 \end{pmatrix} \in \mathbb{R}^{2 \times 2}$,

(b) $B = \begin{pmatrix} 0 & 1 \\ 1 & 0 \end{pmatrix} \in \mathbb{C}^{2 \times 2}$.

14.7 •• Welche der folgenden Matrizen sind diagonalisierbar? Geben Sie gegebenenfalls eine invertierbare Matrix S an, sodass $D = S^{-1} A S$ Diagonalgestalt hat.

(a) $A = \begin{pmatrix} 1 & i \\ i & -1 \end{pmatrix} \in \mathbb{C}^2$

(b) $B = \begin{pmatrix} 3 & 0 & 7 \\ 0 & 1 & 0 \\ 7 & 0 & 3 \end{pmatrix} \in \mathbb{R}^3$

(c) $C = \frac{1}{3} \begin{pmatrix} 1 & 2 & 2 \\ 2 & -2 & 1 \\ 2 & 1 & -2 \end{pmatrix} \in \mathbb{C}^2$

14.8 •• Im Vektorraum $\mathbb{R}[X]_3$ der reellen Polynome vom Grad höchstens 3 ist für ein $a \in \mathbb{R}$ die Abbildung $\varphi \colon \mathbb{R}[X]_3 \to \mathbb{R}[X]_3$ durch

$$\varphi(p) = p(a) + p'(a)(X - a)$$

erklärt.

(a) Begründen Sie, dass φ linear ist.

(b) Berechnen Sie die Darstellungsmatrix von φ bezüglich der Basis $E_3 = (1,\, X,\, X^2,\, X^3)$ von $\mathbb{R}[X]_3$.

(c) Bestimmen Sie eine geordnete Basis B von $\mathbb{R}[X]_3$, bezüglich der die Darstellungsmatrix von φ Diagonalgestalt hat.

14.9 •• Gegeben sei die vom Parameter $a \in \mathbb{R}$ abhängige Matrix

$$A = \begin{pmatrix} 5 & -1 & 3 \\ 2 & 2 & 3 \\ a - 3 & 1 & a - 1 \end{pmatrix} \in \mathbb{R}^{3 \times 3}.$$

(a) Bestimmen Sie in Abhängigkeit von a die Jordan-Normalform J von A.

(b) Berechnen Sie für $a = 1$ und $a = -1$ jeweils eine Jordan-Basis des $\mathbb{R}^3$ zu A.

Beweisaufgaben

14.10 ••• Beweisen Sie das folgende Kriterium für die Triangulierbarkeit einer Matrix:

Für eine Matrix $A \in \mathbb{K}^{n \times n}$ sind äquivalent:

(i) A ist triangulierbar.

(ii) Das charakteristische Polynom χ_A von A zerfällt in Linearfaktoren.

14.11 •• Begründen Sie die Binomialformel für Matrizen: Für Matrizen D, $N \in \mathbb{K}^{n \times n}$ mit $D N = N D$ und jede natürliche Zahl k gilt:

$$(D + N)^k = \sum_{i=0}^{k} \binom{k}{i} D^{k-i} N^i \,.$$

14.12 •• Gegeben ist eine nilpotente Matrix $A \in \mathbb{C}^{n \times n}$ mit Nilpotenzindex $p \in \mathbb{N}$, d. h., es gilt:

$$A^p = 0 \text{ und } A^{p-1} \neq 0.$$

Zeigen Sie:

(a) Die Matrix A ist nicht invertierbar.
(b) Die Matrix A hat einen Eigenwert der Vielfachheit n.
(c) Es gilt $p \leq n$.

14.13 •• Es sei φ ein diagonalisierbarer Endomorphismus eines n-dimensionalen $\mathbb{K}$-Vektorraumes V ($n \in \mathbb{N}$) mit der Eigenschaft: Sind v und w Eigenvektoren von φ, so ist $v + w$ ein Eigenvektor von φ oder $v + w = 0$.

Zeigen Sie, dass es ein $\lambda \in \mathbb{K}$ mit $\varphi = \lambda \cdot \mathrm{id}$ gibt.

14.14 •• Es seien $\mathbb{K}$ ein Körper und $n \in \mathbb{N}$; weiter seien A, $B \in \mathbb{K}^{n \times n}$. Zeigen Sie: $A B$ und $B A$ haben dieselben Eigenwerte.

14.15 ••• Begründen Sie die auf Seite 537 gemachte Behauptung zur Hauptraumzerlegung.

14.16 ••• Es sei V ein endlichdimensionaler $\mathbb{K}$-Vektorraum, und die linearen Abbildungen φ, $\psi : V \to V$ seien diagonalisierbar, d. h., es gibt jeweils eine Basis von V aus Eigenvektoren von φ bzw. ψ. Man zeige:

Es gibt genau dann eine Basis von V aus gemeinsamen Eigenvektoren von φ und ψ, wenn $\varphi \circ \psi = \psi \circ \varphi$ gilt.

Antworten der Selbstfragen

S. 499

Die Drehung mit $\alpha = 0$ ist die Identität, hierbei wird jeder Vektor auf sich selbst abgebildet, sodass die Darstellungsmatrix bezüglich jeder geordneten Basis Diagonalgestalt hat – sie ist die Einheitsmatrix $\mathbf{E}_2$. Bei der Drehung mit $\alpha = \pi$ wird jeder Vektor $v \in \mathbb{R}^2$ auf sein entgegengesetztes Element $-v$ abgebildet. Damit ist diese Abbildung auch *diagonalisierbar*, die Darstellungsmatrix ist bezüglich jeder geordneten Basis das Negative der Einheitsmatrix $-\mathbf{E}_2$.

S. 502

Sie hat den einzigen Eigenwert 0, da für jeden Vektor $v \in \mathbb{K}^n$

$$0\,v = 0\,v$$

gilt. Jeder vom Nullvektor verschiedene Vektor des $\mathbb{K}^n$ ist Eigenvektor zum Eigenwert 0.

S. 503

Unter Kern des Endomorphismus φ bzw. der Matrix A (vgl. Seite 427 und Seite 431).

S. 507

Das Gleichungssystem ist jeweils das triviale Gleichungssystem

$$0 = 0$$

zu dem jeweils einzigen Eigenwert 1 bzw. 0, und der Lösungsraum ist somit jeweils der ganze $\mathbb{K}^n$. Jeder vom Nullvektor verschiedene Vektor ist ein Eigenvektor zum Eigenwert 1 der Einheitsmatrix bzw. zum Eigenwert 0 der Nullmatrix.

S. 508

Im ersten Beispiel gilt etwa:

$$A \begin{pmatrix} 1 \\ 1 \end{pmatrix} = 2 \begin{pmatrix} 1 \\ 1 \end{pmatrix} \,.$$

S. 509

Wegen

$$\varphi\left(\begin{pmatrix} 1 & 0 \\ 0 & 1 \end{pmatrix}\right) = M\,\mathbf{E}_2 - \mathbf{E}_2 M = \mathbf{0} = 0 \begin{pmatrix} 1 & 0 \\ 0 & 1 \end{pmatrix}$$

und

$$\varphi\left(\begin{pmatrix} 0 & 1 \\ 1 & 0 \end{pmatrix}\right) = \begin{pmatrix} 1 & 1 \\ 1 & 1 \end{pmatrix}\begin{pmatrix} 0 & 1 \\ 1 & 0 \end{pmatrix} - \begin{pmatrix} 0 & 1 \\ 1 & 0 \end{pmatrix}\begin{pmatrix} 1 & 1 \\ 1 & 1 \end{pmatrix}$$
$$= \mathbf{0} = 0 \begin{pmatrix} 0 & 1 \\ 1 & 0 \end{pmatrix}$$

sind diese beiden Vektoren tatsächlich Eigenvektoren zum Eigenwert 0. Wir prüfen als Beispiel noch den angegebenen Vektor des Eigenraums zum Eigenwert -2 nach, es gilt:

$$\varphi\left(\begin{pmatrix} 1 & 1 \\ -1 & -1 \end{pmatrix}\right) = \begin{pmatrix} 1 & 1 \\ 1 & 1 \end{pmatrix}\begin{pmatrix} 1 & 1 \\ -1 & -1 \end{pmatrix} - \begin{pmatrix} 1 & 1 \\ -1 & -1 \end{pmatrix}\begin{pmatrix} 1 & 1 \\ 1 & 1 \end{pmatrix}$$
$$= \begin{pmatrix} -2 & -2 \\ 2 & 2 \end{pmatrix} = -2 \begin{pmatrix} 1 & 1 \\ -1 & -1 \end{pmatrix} \,.$$

S. 510

Die Eigenwerte sind die konjugiert komplexen Zahlen $\pm i$; Eigenvektoren sind die *konjugiert komplexen* Vektoren $\begin{pmatrix} 1 \\ \pm i \end{pmatrix}$.

S. 510

Weil es zu jedem Eigenwert auch einen Eigenvektor gibt, und Eigenvektoren zu verschiedenen Eigenwerten linear unabhängig sind, existiert zu einer solchen Matrix A also eine Basis aus Eigenvektoren – eine solche Matrix A ist damit diagonalisierbar.

S. 511

Der Eigenwert 1 von A hat die algebraische Vielfachheit 2 und der Eigenwert -3 die algebraische Vielfachheit 4. Und die beiden konjugiert komplexen Eigenwerte $-\frac{1}{2}(1 \pm \sqrt{3}\,\mathrm{i})$ haben jeweils die algebraische Vielfachheit 1.

S. 513

Es gilt:

$$S = \begin{pmatrix} 2 & -1 & -1 \\ 1 & 0 & 2 \\ 1 & 2 & 0 \end{pmatrix} \text{ und } S^{-1} = \frac{1}{12} \begin{pmatrix} 4 & 2 & 2 \\ -2 & -1 & 5 \\ -2 & 5 & -1 \end{pmatrix}$$

und weiter:

$$\frac{1}{12} \begin{pmatrix} 4 & 2 & 2 \\ -2 & -1 & 5 \\ -2 & 5 & -1 \end{pmatrix} \begin{pmatrix} 1 & 2 & 2 \\ 2 & -2 & 1 \\ 2 & 1 & -2 \end{pmatrix} \begin{pmatrix} 2 & -1 & -1 \\ 1 & 0 & 2 \\ 1 & 2 & 0 \end{pmatrix}$$

$$= \begin{pmatrix} 3 & 0 & 0 \\ 0 & -3 & 0 \\ 0 & 0 & -3 \end{pmatrix}.$$

S. 513

Es vertauschen sich die zugehörigen Eigenwerte in der Diagonalmatrix.

S. 515

Es gilt etwa für die komplexe Matrix $A = \begin{pmatrix} 0 & 1 \\ -1 & 0 \end{pmatrix}$ mit dem charakteristischen Polynom $\chi_A = (\mathrm{i} - X)(-\mathrm{i} - X)$ und den beiden Eigenwerten $-\mathrm{i}$, i:

$$\det A = 1 = (-\mathrm{i})\,\mathrm{i} \text{ und } \operatorname{Sp} A = 0 = -\mathrm{i} + \mathrm{i}.$$

S. 518

Ein erster Hinweis dafür, dass dieser „Beweis" nicht in Ordnung ist, liefert die Tatsache, dass bei diesem „Beweis" ein Widerspruch im Fall $n > 1$ entsteht:

$$\mathbb{K}^{n \times n} \ni \mathbf{0} = \chi_A(A) = 0 \in \mathbb{K}.$$

Tatsächlich wurde hier die Matrix A falsch eingesetzt, die Multiplikation bei $X\,\mathbf{E}_n$ in $A - X\,\mathbf{E}_n$ ist die Multiplikation mit Skalaren, durchgeführt wurde aber bei $A - A\,\mathbf{E}_n$ die Matrizenmultiplikation. Dass der „Beweis" falsch ist, wird ganz offensichtlich, wenn man sich überlegt, was sich für das Polynom $q(Y) = Sp(A - Y\mathbf{E}_n)$ ergäbe.

S. 523

Wegen $\varphi(\boldsymbol{u}) = \lambda\,\boldsymbol{u}$ für jedes $\boldsymbol{u} \in U$ gilt $\varphi(U) \subseteq U$. Weiter gilt $\varphi(U) = U$ genau dann, wenn $\lambda \neq 0$ ist, denn: $\varphi(U) = U$ bedeutet $\varphi|U : \boldsymbol{u} \mapsto \lambda\,\boldsymbol{u}$ ist surjektiv, d. h. $\lambda \neq 0$.

S. 526

Das ist auch genau dann der Fall, wenn das charakteristische Polynom χ_φ in Linearfaktoren zerfällt. Ist $(\boldsymbol{b}_1, \ldots, \boldsymbol{b}_n)$ eine Basis von V bezüglich der φ obere Dreiecksgestalt hat, so ist $(\boldsymbol{b}_n, \ldots, \boldsymbol{b}_1)$ eine Basis von V bezüglich der φ eine untere Dreiecksgestalt hat.

S. 529

Weil wir für einen Endomorphismus des Nullraums $\{\mathbf{0}\}$ kein charakteristisches Polynom erklärt haben. Mit der Vereinbarung $\chi_\varphi = 1$, falls $U = \{\mathbf{0}\}$, hätten wir den Beweis auch für beliebige U (und W) formulieren können.

S. 529

Z. B.:

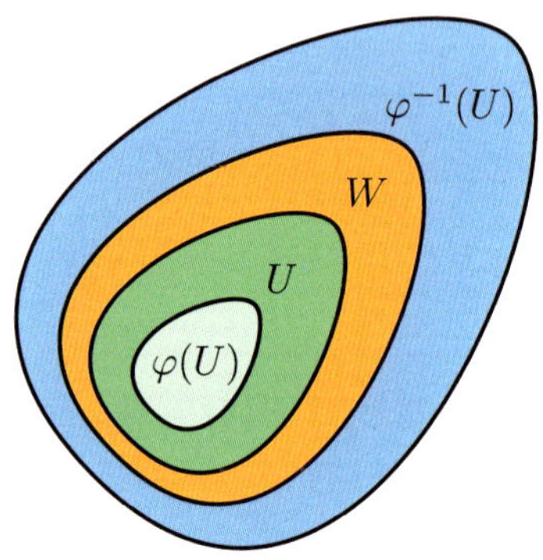

S. 533

Drei verschiedene Eigenwerte λ_1, λ_2, λ_3: Es gibt nur eine Jordan-Normalform, nämlich

$$\begin{pmatrix} \lambda_1 & & \\ & \lambda_2 & \\ & & \lambda_3 \end{pmatrix}$$

Zwei verschiedene Eigenwerte λ_1, λ_2: Es gibt zwei wesentlich verschiedene Jordan-Normalformen, nämlich

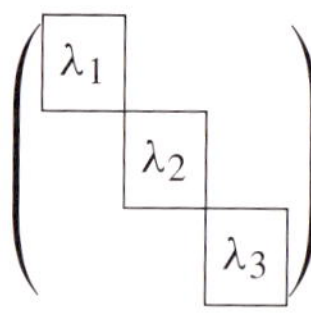

$$\begin{pmatrix} \lambda_1 & & \\ & \lambda_2 & \\ & & \lambda_2 \end{pmatrix} \text{ und } \begin{pmatrix} \lambda_1 & & \\ & \lambda_2 & 1 \\ & & \lambda_2 \end{pmatrix}$$

Ein Eigenwert λ: Es gibt drei wesentlich verschiedene Jordan-Normalformen, nämlich

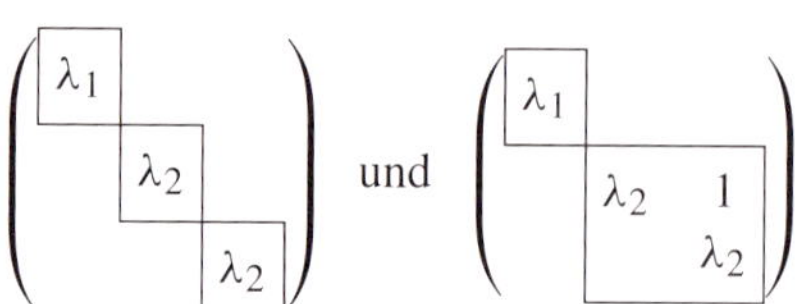

$$\begin{pmatrix} \lambda & & \\ & \lambda & \\ & & \lambda \end{pmatrix}, \; \begin{pmatrix} \lambda & & \\ & \lambda & 1 \\ & & \lambda \end{pmatrix} \text{ und } \begin{pmatrix} \lambda & 1 & \\ & \lambda & 1 \\ & & \lambda \end{pmatrix}$$

S. 533

$$J = \begin{pmatrix} \boxed{1} & & & & \\ & \boxed{1} & & & \\ & & 1 & 1 & 0 \\ & & 0 & 1 & 1 \\ & & 0 & 0 & 1 \end{pmatrix}$$

und jede andere Reihenfolge dieser drei Kästchen.

S. 534

$J = \begin{pmatrix} i & 1 \\ 0 & i \end{pmatrix}$.

S. 535

Nein, die Darstellungsmatrix bezüglich dieser Basis ist $\begin{pmatrix} i & 0 \\ 1 & i \end{pmatrix}$. Bei unserer Definition stehen die Einsen oberhalb der Hauptdiagonalen. In manchen Lehrbüchern wählt man aber die umgekehrte Reihenfolge – es stehen dann die Einsen, so wie hier, unterhalb der Hauptdiagonalen.

S. 535

Es bilden in diesem Fall etwa $b_1 = \begin{pmatrix} 2 \\ 0 \\ 0 \end{pmatrix}$, $b_2 = \begin{pmatrix} 1 \\ 2 \\ 0 \end{pmatrix}$ und $b_3 = \begin{pmatrix} 0 \\ 0 \\ 1 \end{pmatrix}$ eine Jordan-Basis, und es ist $J = \begin{pmatrix} 1 & 1 & 0 \\ 0 & 1 & 1 \\ 0 & 0 & 1 \end{pmatrix}$ die Jordan-Normalform.

S. 548

Wegen $A^2 = \mathbf{E}_n$ gilt $A^2 - \mathbf{E}_n = \mathbf{0}$, also

$$(A - \mathbf{E}_n)\,(A + \mathbf{E}_n) = \mathbf{0}\,.$$

Somit hat die Matrix A eines der folgenden Polynome als Minimalpolynom μ_A:

$$X - 1\,,\; X + 1\,,\; (X - 1)\,(X + 1)\,.$$

Auf jeden Fall ist A nach obigem Satz zur Diagonalisierbarkeit und dem Minimalpolynom diagonalisierbar.

Differenzialrechnung – die Linearisierung von Funktionen

Welche Information über das lokale Verhalten einer Funktion steckt in der Ableitung?

Wie beweist man den Mittelwertsatz?

Welche Funktionen lassen sich durch Taylorreihen darstellen?

© Springer-Verlag GmbH Deutschland, ein Teil von Springer Nature 2022
T. Arens et al., *Grundwissen Mathematikstudium*,
https://doi.org/10.1007/978-3-662-63313-7_15

Die Differenzialrechnung ist mit Sicherheit ein zentrales Kalkül der Mathematik. Den meisten Lesern werden deswegen die Begriffe Ableitung und Differenzial schon in verschiedenen Facetten begegnet sein. Häufig überlagern aber rein rechentechnische Aspekte den wesentlichen Charakter des Differenzierens, nämlich Veränderungen berechenbar zu machen. Die Idee der Linearisierung eines funktionalen Zusammenhangs ist der entscheidende Hintergrund für die herausragende Bedeutung der Ableitung. Außerdem gibt uns unter anderem der *Mittelwertsatz* ein wichtiges Werkzeug zur Beweisführung an die Hand.

Der Weg zur Differenzialrechnung wurde durch Sir Isaac Newton (1643–1727) und Gottfried Wilhelm von Leibniz (1646–1716) geebnet. Beiden stand ein genauer Grenzwertbegriff noch nicht zur Verfügung, und die damaligen Argumente von *unendlich kleinen Größen* wirken heute sehr vage. Mit dem Begriff des Grenzwerts, wie wir ihn in Kapitel 8 kennengelernt haben, gibt es diese philosophischen Probleme beim Umgang mit Ableitungen nicht mehr. Somit liegt heute eine mathematisch exakte Definition vor, die wir in diesem Kapitel genauer betrachten.

15.1 Die Ableitung

Im Beispiel zum Newton'schen Gravitationsgesetz auf Seite 397 ist ein extrem wichtiges Vorgehen in den Naturwissenschaften und in der Technik angeklungen. Ein funktionaler Zusammenhang, den man durch eine Potenzreihe beschreiben kann, wird durch Partialsummen der Potenzreihe genähert.

Dies bedeutet etwa, dass man in einem Modell eine komplizierte Abbildung $f \colon I \subseteq \mathbb{R} \to \mathbb{R}$ mit

$$f(x) = \sum_{j=0}^{\infty} a_j (x - x_0)^j$$

zunächst durch die einfachere Funktion

$$g(x) = a_0 + a_1 (x - x_0)$$

ersetzt. Die Approximation ist im Allgemeinen aber nur sinnvoll, solange das Argument x relativ nah beim Entwicklungspunkt x_0 liegt (Abb. 15.1).

Man nennt eine solche Näherung *Linearisierung* der Funktion f, da die approximierende Funktion g eine affin-lineare Funktion ist. Aus dem mathematischen Blickwinkel drängen sich einige Fragen auf: Für welche Funktionen bietet sich eine solche Näherung an? Wie ist eine „sinnvolle Approximation" zu verstehen? Und wie lassen sich passende Koeffizienten a_0 und a_1 berechnen?

Ein passender Wert für a_0 ist mit $g(x_0) = a_0 = f(x_0)$ leicht auszumachen; die Funktion f, auch wenn sie nicht durch eine Potenzreihe gegeben ist, und ihre Linearisierung g sollten in x_0 denselben Funktionswert besitzen.

Wie ergibt sich a_1? Dazu erinnern wir an das historische Beispiel auf dem Weg zur Differenzialrechnung. Fassen wir

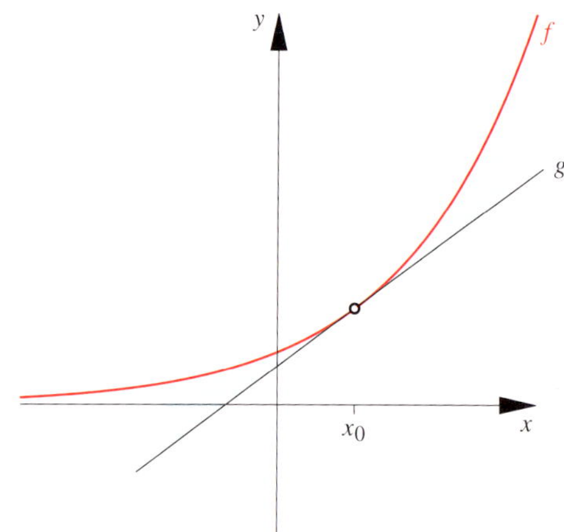

Abbildung 15.1 Die ersten beiden Summanden einer Potenzreihe liefern eine Näherung an die Funktion in einer Umgebung um den Entwicklungspunkt.

g als zurückgelegte Strecke einer gleichförmigen Bewegung einer Punktmasse auf, so ist

$$a_1 = \frac{g(x) - g(x_0)}{x - x_0}$$

mit $x \in \mathbb{R} \setminus \{x_0\}$ die *Geschwindigkeit* dieser Bewegung, die *Änderungsrate*. Für die Festlegung von a_1 bietet sich somit an, die entsprechende Änderungsrate der Funktion f zu wählen.

In Abbildung 15.2 sind einige affin-lineare Funktionen g mit $g(x) = f(x_0) + \tilde{a}_1 (x - x_0)$ und verschiedenen Werten für die Steigung $\tilde{a}_1$ eingezeichnet, die mit dem Graphen der Funktion f den Punkt $(x_0, f(x_0))$ gemeinsam haben. Offensichtlich lässt sich der jeweilige Wert von $\tilde{a}_1$ mithilfe der Schnittstelle x_1 der Graphen von f und g bestimmen, da dort $f(x_1) = g(x_1)$ gilt. Wir erhalten

$$\tilde{a}_1 = \frac{f(x_1) - f(x_0)}{x_1 - x_0} \, .$$

Die Differenz der Funktionswerte im Verhältnis zur Differenz der Argumente liefert die Steigung des Graphen von g.

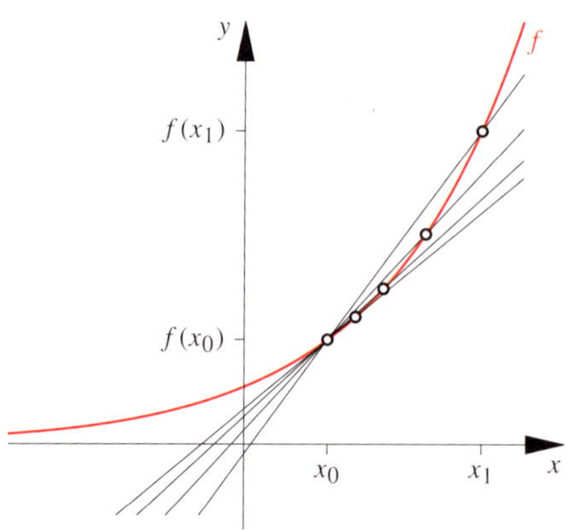

Abbildung 15.2 Verschiedene Sekanten zum Graphen einer Funktion f.

Eine solche Gerade durch zwei Punkte auf dem Graphen wird **Sekante** genannt und Quotienten von der Form

$$\frac{f(x_1) - f(x_0)}{x_1 - x_0}$$

heißen **Differenzenquotient** der Funktion f.

Lassen wir im Differenzenquotienten den Abstand $|x_1 - x_0|$ immer kleiner werden, so wird offensichtlich, dass die durch die Funktion g beschriebene Gerade im Grenzfall tangential am Graphen von f liegen wird. Wenn es einen Grenzwert des Differenzenquotienten für $x_1 \to x_0$ gibt, so ist dies gerade die gesuchte Änderungsrate, der Koeffizient a_1 der Linearisierung von f um x_0.

Definition der Ableitung

Eine Funktion $f : I \to \mathbb{R}$, die auf einem offenen Intervall $I \subseteq \mathbb{R}$ gegeben ist, heißt **an einer Stelle** $x_0 \in I$ **differenzierbar**, wenn der Grenzwert

$$\lim_{\substack{x \to x_0 \\ x \neq x_0}} \frac{f(x) - f(x_0)}{x - x_0}$$

existiert. Diesen Grenzwert nennt man die **Ableitung von** f **in** x_0. Er wird mit $f'(x_0)$ bezeichnet.

Kommentar: Die Betrachtungen zur Differenzierbarkeit von Funktionen werden hier zunächst nur für Funktionen in einer reellen Variablen gemacht. Später, im Kapitel 21, werden die Begriffe auf mehrdimensionale Abhängigkeiten übertragen. Die folgenreiche Erweiterung des Ableitungskalküls auf komplexe Argumente wird in der *Funktionentheorie* ausführlich behandelt.

Beispiel

- Als erstes Beispiel differenzierbarer Funktionen betrachten wir Monome, also eine Funktion $f : \mathbb{R} \to \mathbb{R}$ mit $f(x) = x^n$ und $n \in \mathbb{N}$. Klammern wir an einer Stelle $x_0 \in \mathbb{R}$ den linearen Faktor $(x - x_0)$ zur Nullstelle des Polynoms $f(x) - f(x_0) = x^n - x_0^n$ aus, so folgt für den Differenzenquotienten:

$$\frac{f(x) - f(x_0)}{x - x_0} = \frac{x^n - x_0^n}{x - x_0}$$

$$= \frac{(x - x_0)\left(x^{n-1} + x^{n-2}x_0 + \cdots + x\,x_0^{n-2} + x_0^{n-1}\right)}{x - x_0}$$

$$= x^{n-1} + x^{n-2}x_0 + \cdots + x\,x_0^{n-2} + x_0^{n-1},$$

wenn $x \neq x_0$ ist. Der Grenzwert für $x \to x_0$ existiert und wir erhalten

$$f'(x_0) = \lim_{\substack{x \to x_0 \\ x \neq x_0}} \frac{x^n - x_0^n}{x - x_0} = n\,x_0^{n-1}.$$

- Untersucht man die Betragsfunktion $f : \mathbb{R} \to \mathbb{R}$ mit $f(x) = |x|$, so ergibt sich für den Differenzenquotienten an der Stelle $x_0 = 0$ der Ausdruck

$$\frac{|x| - |0|}{x - 0} = \begin{cases} 1 & \text{für } x > 0, \\ -1 & \text{für } x < 0. \end{cases}$$

Es gibt in diesem Fall keinen Grenzwert für $x \to 0$, da unterschiedliche Werte beim Grenzübergang von rechts bzw. von links gegen die kritische Stelle angenommen werden. Die Betragsfunktion ist somit an der Stelle $x_0 = 0$ nicht differenzierbar.

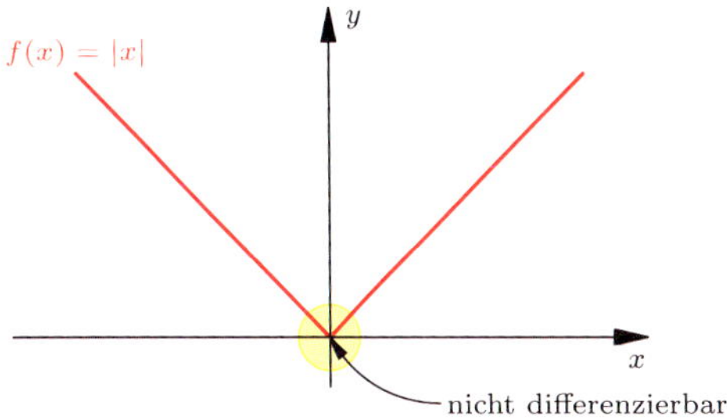

Abbildung 15.3 Die Betragsfunktion ist an der Stelle $x = 0$ nicht differenzierbar.

An beliebigen anderen Stellen $x_0 \neq 0$ ist die Funktion mit $f(x) = |x|$ differenzierbar mit den Ableitungen

$$f'(x_0) = \lim_{\substack{x \to x_0 \\ x \neq x_0}} \frac{|x| - |x_0|}{x - x_0} = \begin{cases} 1 & \text{für } x_0 > 0, \\ -1 & \text{für } x_0 < 0. \end{cases}$$

- Die Exponentialfunktion $f(x) = \mathrm{e}^x$ ist an jeder Stelle $x_0 \in \mathbb{R}$ differenzierbar. Wir sehen diese Eigenschaft der Exponentialfunktion, wenn wir die charakterisierende Ungleichung auf Seite 398 zweimal ausnutzen. Es gilt:

$$1 + (x - x_0) \leq \mathrm{e}^{x - x_0} = \frac{1}{\mathrm{e}^{x_0 - x}}$$

$$\leq \frac{1}{1 + (x_0 - x)}$$

$$= \frac{1 - (x - x_0) + (x - x_0)}{1 - (x - x_0)}$$

$$= 1 + \frac{(x - x_0)}{1 - (x - x_0)}.$$

Subtrahieren wir 1, multiplizieren die Ungleichungen mit e^{x_0} und dividieren durch $x - x_0 > 0$ oder $x - x_0 < 0$, so ergeben sich für den Differenzenquotienten in beiden Fällen die Abschätzungen

$$\frac{1}{1 + |x - x_0|}\mathrm{e}^{x_0} \leq \frac{\mathrm{e}^x - \mathrm{e}^{x_0}}{x - x_0} \leq \frac{1}{1 - |x - x_0|}\mathrm{e}^{x_0}$$

für $x \neq x_0$ und $|x - x_0| < 1$. Das Einschließungskriterium auf Seite 289 liefert Konvergenz für $x \to x_0$, und die Ableitung ist

$$f'(x_0) = \lim_{\substack{x \to x_0 \\ x \neq x_0}} \frac{\mathrm{e}^x - \mathrm{e}^{x_0}}{x - x_0} = \mathrm{e}^{x_0}. \qquad \blacktriangleleft$$

Zur Bestimmung von Ableitungen ist es manchmal günstiger, den Grenzwert anders zu notieren, indem wir $h = x - x_0$ als Störung der Stelle x_0 um den Wert $h \in \mathbb{R}$ auffassen. Es ist dann:

$$f'(x_0) = \lim_{\substack{x \to x_0 \\ x \neq x_0}} \frac{f(x) - f(x_0)}{x - x_0}$$

$$= \lim_{\substack{h \to 0 \\ h \neq 0}} \frac{f(x_0 + h) - f(x_0)}{h}$$

(siehe Beispiel auf Seite 559). Beachten Sie, dass in der Definition keine Vorzeichenbeschränkung an $x - x_0$ bzw. h vorausgesetzt ist, d. h., der Grenzwert gilt nicht nur für monotone Folgen, die ausschließlich von rechts oder von links gegen x_0 konvergieren, sondern auch für beliebig um x_0 alternierende Folgen.

?

Die Definition der Ableitung würde sich ändern, wenn der Grenzwert des Differenzenquotienten durch den symmetrischen Ausdruck

$$\lim_{\substack{h \to 0 \\ h \neq 0}} \frac{f(x_0 + h) - f(x_0 - h)}{2h}$$

ersetzt wird. Finden Sie ein Beispiel, bei dem ein Unterschied sichtbar wird.

Neben der Notation $f'(x_0)$ ist auch eine weitere Schreibweise für die Ableitung üblich, der sogenannte **Differenzialquotient**:

$$\frac{\mathrm{d}f}{\mathrm{d}x}(x_0) = f'(x_0).$$

Um den Begriff eines *Differenzials* zu verstehen, nutzen wir die anschauliche Vorstellung, die wir von Ableitungen haben. Zunächst konkretisieren wir die vage Vorstellung von der lokalen Approximation durch eine affin-lineare Funktion.

Die Ableitung liefert eine lineare Approximation

Betrachten wir die Differenz einer Funktion $f : (a, b) \to \mathbb{R}$ und der affin-linearen Funktion $g : \mathbb{R} \to \mathbb{R}$ mit

$$g(x) = f(x_0) + f'(x_0)(x - x_0).$$

Die Differenz der beiden Funktionswerte beschreiben wir mit einer Hilfsfunktion $h : (a, b) \to \mathbb{R}$ durch:

$$f(x) - g(x) = f(x) - f(x_0) - f'(x_0)(x - x_0)$$
$$= (x - x_0)\,h(x),$$

d. h.,

$$h(x) = \begin{cases} \dfrac{f(x) - f(x_0)}{x - x_0} - f'(x_0) & \text{für } x \in (a, b) \backslash \{x_0\}, \\ 0 & \text{für } x = x_0. \end{cases}$$

Wenn die Funktion f in x_0 differenzierbar ist, so ist h eine stetige Funktion in x_0. Damit wird deutlich, was unter einer *Linearisierung* einer Funktion zu verstehen ist. Wir haben eine Richtung des folgenden Satzes bewiesen.

Linearisierung einer Funktion

Eine Funktion $f : (a, b) \subseteq \mathbb{R} \to \mathbb{R}$ ist in einer Stelle $x_0 \in (a, b)$ differenzierbar genau dann, wenn es eine an der Stelle x_0 stetige Funktion $h : (a, b) \to \mathbb{R}$ gibt mit $h(x) \to 0$ für $x \to x_0$ und

$$f(x) = \underbrace{f(x_0) + f'(x_0)(x - x_0)}_{\text{„Linearisierung“}} + h(x)(x - x_0).$$

Beweis: Die eine Implikation haben wir in der Herleitung oben bereits gesehen. Für die Rückrichtung der Äquivalenzrelation nehmen wir an, dass es zu $f : (a, b) \to \mathbb{R}$ eine Darstellung der Form

$$f(x) = f(x_0) + \alpha(x - x_0) + h(x)(x - x_0)$$

mit einer in x_0 stetigen Funktion $h : (a, b) \to \mathbb{R}$ mit $h(x) \to 0$ für $x \to x_0$ gibt. Betrachten wir den Differenzenquotienten, so folgt, dass der Grenzwert existiert, und wir erhalten:

$$\lim_{\substack{x \to x_0 \\ x \neq x_0}} \frac{f(x) - f(x_0)}{x - x_0} = \alpha,$$

d. h., f ist differenzierbar in x_0 mit $f'(x_0) = \alpha$.   ∎

In anderen Worten ausgedrückt besagt diese Darstellung, dass die Differenz zwischen f und der Linearisierung, also der Term $h(x)(x - x_0)$, *schneller* gegen null konvergiert als der lineare Ausdruck $(x - x_0)$, wenn x gegen x_0 strebt. In diesem Sinne approximiert die Linearisierung eine Funktion. Mit der Landau-Symbolik, wie wir sie in Abschnitt 11.3 eingeführt haben, schreibt man kurz:

$$f(x) - g(x) = \mathrm{o}(|x - x_0|).$$

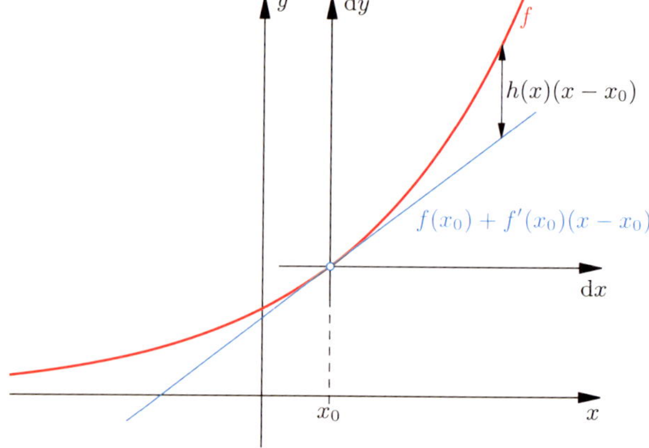

Abbildung 15.4 Der Graph der Linearisierung einer Funktion um eine Stelle x_0 ist die Tangente an f in x_0.

Beispiel: Die Ableitungen von sin und cos

Mithilfe der allgemeinen Definition wird die Differenzierbarkeit der Sinus- und der Kosinusfunktion gezeigt. Dazu ist eine geeignete Abschätzung des Zählers im entsprechenden Differenzenquotienten erforderlich.

Problemanalyse und Strategie: Mit einem geeigneten Additionstheorem zum Sinus schreiben wir den Zähler $\sin(x_0 + h) - \sin(x_0)$ im Differenzenquotienten zur Sinusfunktion so, dass eine Abschätzung gegenüber der Störung h deutlich wird.

Lösung:

Mit den Additionstheoremen lässt sich eine Differenz von Funktionswerten zur Sinusfunktion durch

$$\sin(x_0 + h) - \sin x_0 = \sin x_0 \, \cos h + \cos x_0 \, \sin h - \sin x_0$$
$$= \sin x_0 \, (\cos h - 1) \, + \, \cos x_0 \, \sin h$$

ausdrücken. In der Herleitung zur Zahl π im Abschnitt auf Seite 406 haben wir mit dem Leibniz-Kriterium die beiden Abschätzungen

$$\left| \frac{\sin h}{h} - 1 \right| \leq \frac{h^2}{6}$$

und

$$|\cos h - 1| \leq \frac{h^2}{2}$$

für $|h| \leq 2$ gezeigt. Mit diesen Abschätzungen folgt für den Differenzenquotienten

$$\frac{\sin(x_0 + h) - \sin(x_0)}{h} = \sin x_0 \, \frac{\cos h - 1}{h} + \cos x_0 \, \frac{\sin h}{h}$$
$$\to \cos x_0, \quad \text{für } h \to 0 \, .$$

Also existiert der Grenzwert und wir erhalten die Ableitung

$$f'(x_0) = \cos x_0 \, .$$

Wir können ähnlich vorgehen, um die Ableitung des Kosinus zu zeigen. Schneller sehen wir dies aber, wenn wir die Verschiebung $\cos x = \sin(x + \frac{\pi}{2})$ ausnutzen. Denn so erhalten wir mit dem oben betrachteten Grenzwert an der Stelle $x + \frac{\pi}{2}$ für den Differenzenquotienten der Kosinusfunktion:

$$\frac{\cos(x_0 + h) - \cos x_0}{h} = \frac{\sin(x_0 + \frac{\pi}{2} + h) - \sin(x_0 + \frac{\pi}{2})}{h}$$
$$\to \cos(x_0 + \frac{\pi}{2}) = -\sin x_0$$

für $h \to 0$, $h \neq 0$. Die letzte Identität sieht man mit dem Additionstheorem $\cos(x_0 + \frac{\pi}{2}) = \cos x_0 \cos \frac{\pi}{2} - \sin x_0 \sin \frac{\pi}{2} = -\sin x_0$, wobei die Funktionswerte $\cos \frac{\pi}{2} = 0$ und $\sin \frac{\pi}{2} = 1$ eingesetzt wurden.

Die Ableitung gibt die Steigung der Tangente an

Wir nennen die Gerade, die durch den Graphen von g beschrieben ist, die **Tangente** zu f an der Stelle x_0 (Abb. 15.4). Betrachten wir die Tangente vom Punkt $(x_0, f(x_0)) \in \mathbb{R}^2$ aus, so gilt lokal, d. h. in einer entsprechend kleinen Umgebung um die Stelle x_0:

$$(f(x) - f(x_0)) \approx g(x) - f(x_0) = f'(x_0)(x - x_0)$$

in dem oben beschriebenen Sinn.

Verschieben wir den Ursprung des Koordinatensystems in den Punkt $(x_0, f(x_0))$ und bezeichnen die neuen Koordinaten mit $(\delta x, \delta f)$, so ist die Tangente gegeben durch die Gleichung

$$\delta f = f'(x_0) \delta x \, .$$

(Abb. 15.4). Die so beschriebene lineare Abbildung $\mathrm{d}f \colon \mathbb{R} \to \mathbb{R}$ mit $\mathrm{d}f(\delta x) = f'(x_0)\delta x$ wird als das **Differenzial** $\mathrm{d}f$ von f in x_0 bezeichnet. Schreibt man entsprechend die Identitätsabbildung als Differenzial $\mathrm{d}x$, so ist $\mathrm{d}f = f'(x_0)\mathrm{d}x$.

———————— **?** ————————

Drei grundlegende Interpretationen des Begriffs *Ableitung* wurden vorgestellt. Welche Variante würden Sie als geometrischen, welchen als analytischen und welchen als physikalischen Zugang bezeichnen?

Differenzierbare Funktionen einer Veränderlichen sind stetig

Die Eigenschaft der Differenzierbarkeit einer Funktion an einer Stelle x_0 gibt eine lokale Information über den Verlauf der Funktion. Eine weitere lokale Eigenschaft von Funktionen kennen wir bereits aus Kapitel 7, die Stetigkeit. Wir betrachten für eine in x_0 differenzierbare Funktion die Differenz der Funktionswerte und erhalten

$$\lim_{\substack{x \to x_0 \\ x \neq x_0}} |f(x) - f(x_0)| = \lim_{\substack{x \to x_0 \\ x \neq x_0}} \left(|x - x_0| \left| \frac{f(x) - f(x_0)}{x - x_0} \right| \right)$$
$$= 0 \cdot f'(x_0) = 0 \, .$$

Dies zeigt, dass Differenzierbarkeit einer Funktion eine stärkere Bedingung ist als Stetigkeit. Halten wir die Aussage fest.

Differenzierbare Funktionen sind stetig

Ist $f: I \subseteq \mathbb{R} \to \mathbb{R}$ eine in einer Stelle $x_0 \in I$ differenzierbare Funktion, so ist f in x_0 stetig.

Beispiel Die Betragsfunktion ist ein Beispiel für eine Funktion, die in $x_0 = 0$ zwar stetig aber nicht differenzierbar ist. Ein weiteres Beispiel ist die stückweise gegebene, stetige Funktion $f: \mathbb{R} \to \mathbb{R}$ mit

$$f(x) = \begin{cases} x, & x < 0, \\ x^2, & x \geq 0. \end{cases}$$

Betrachten wir den Differenzenquotienten in $x_0 = 0$, so ist

$$\lim_{\substack{x \to 0 \\ x > 0}} \frac{f(x) - f(0)}{x - 0} = \lim_{\substack{x \to 0 \\ x > 0}} \frac{x^2}{x} = \lim_{\substack{x \to 0 \\ x > 0}} x = 0.$$

Andererseits gilt

$$\lim_{\substack{x \to 0 \\ x < 0}} \frac{f(x) - f(0)}{x - 0} = \lim_{\substack{x \to 0 \\ x < 0}} \frac{x}{x} = 1.$$

Da die Grenzwerte unterschiedlich sind, existiert der Grenzwert $\lim\limits_{\substack{x \to x_0 \\ x \neq x_0}} \frac{f(x) - f(x_0)}{x - x_0}$ nicht, die Funktion ist nicht differenzierbar.

Modifizieren wir im letzten Beispiel die Funktion f zu

$$\tilde{f}(x) = \begin{cases} 0, & x < 0, \\ x^2, & x \geq 0. \end{cases}$$

so handelt es sich um eine in $x_0 = 0$ differenzierbare Funktion, wie aus der analogen Rechnung ersichtlich ist. Die Abbildung 15.5 der Graphen zeigt, dass $\tilde{f}$ an der Stelle x_0 *glatter* ist als f. ◀

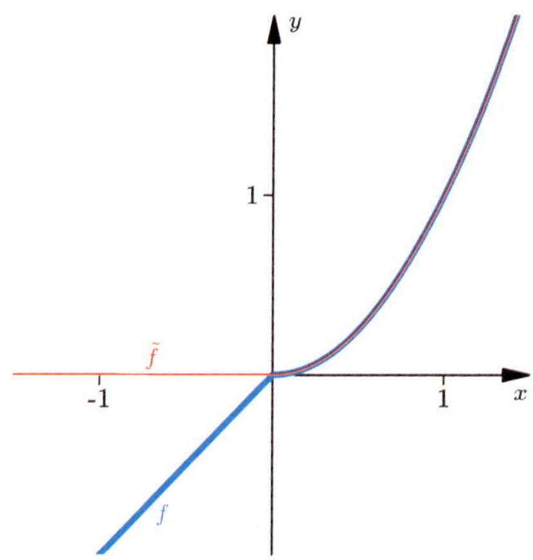

Abbildung 15.5 Zwei abschnittsweise definierte Funktionen, f ist stetig aber nicht differenzierbar, $\tilde{f}$ ist stetig und differenzierbar.

Die Ableitung als Funktion

Bisher wurde nur *lokal* für eine feste Stelle x_0 von einer Ableitung gesprochen. Die Ableitung hängt explizit von der Stelle x_0 ab, an der der Grenzwert betrachtet wird. Wenn der Grenzwert für jede beliebige Stelle x_0 im offenen Definitionsbereich $D \subseteq \mathbb{R}$ einer Funktion $F: D \to \mathbb{R}$ existiert, so sprechen wir von einer differenzierbaren Funktion und lassen den Zusatz „an einer Stelle" fallen. Es ergibt sich aus der Konstruktion der Ableitung in diesem Fall eine neue Funktion

$$f': D \to \mathbb{R}.$$

Diese Funktion nennt man **Ableitungsfunktion** oder auch kurz die Ableitung von f, wenn keine Verwechselung zu befürchten ist. Somit ist etwa zu $f: \mathbb{R} \to \mathbb{R}$ mit $f(x) = x^2$ die Ableitungsfunktion $f': \mathbb{R} \to \mathbb{R}$ durch $f'(x) = 2x$ gegeben. Bei der Exponentialfunktion $\exp: \mathbb{R} \to \mathbb{R}$ ist die Ableitungsfunktion wegen

$$\exp'(x) = \exp(x) \quad \text{für } x \in \mathbb{R}$$

wieder dieselbe Funktion.

Die Auswertung der Ableitungsfunktion liefert uns an jeder Stelle $x \in D$ des Definitionsbereichs die lokale Änderungsrate, die Ableitung $f'(x)$.

Wenn eine Ableitungsfunktion $f': D \to \mathbb{R}$ selbst eine stetige Funktion ist, so sprechen wir von einer **stetig differenzierbaren** Funktion f. Ist die Ableitungsfunktion f' sogar differenzierbar, so heißt

$$f'' = (f')': D \to \mathbb{R}$$

die **zweite Ableitung** von f. Eine physikalischen Bedeutung der zweiten Ableitung zeigt etwa der Ausblick auf Seite 561.

Induktiv lassen sich höhere Ableitungen zur Funktion f definieren.

Definition von r-mal stetig differenzierbar

Eine Funktion f auf einer offenen Menge $D \subseteq \mathbb{R}$ heißt **r-mal stetig differenzierbar**, wenn $f: D \to \mathbb{R}$ eine r-mal differenzierbare Funktion ist und die r-te Ableitung eine stetige Funktion ist.

Für die 2-te Ableitungsfunktion nutzt man die Notation f'' wie oben angegeben. Bei höheren Ableitungen sind die beiden Schreibweisen

$$f^{(r)}(x) = \frac{\mathrm{d}^r f}{\mathrm{d}x^r}(x)$$

für den Wert der r-ten Ableitung an einer Stelle $x \in D$ üblich.

Beispiel

- Die Funktion $f: \mathbb{R} \to \mathbb{R}$ mit $f(x) = x^n$ für eine Zahl $n \in \mathbb{N}$ ist unendlich oft differenzierbar, und es gilt:

$$f^{(r)}(x) = n(n-1) \cdot \ldots \cdot (n-r+1)x^{n-r}$$

für $1 \leq r \leq n$ bzw.

$$f^{(r)}(x) = 0$$

für $r > n$.

Hintergrund und Ausblick: Der harmonische Oszillator

Die Bewegung eines Pendels wird durch eine Differenzialgleichung modelliert. Dabei stellt die Differenzialgleichung eine Beziehung zwischen Auslenkung und der zweiten Ableitung dieser Funktion her. Erst eine Linearisierung der allgemeinen Beschreibung aus der klassischen Mechanik führt auf die bekannte *Schwingungsgleichung*.

Beim idealen Pendel schwingt eine Punktmasse M nur unter Einfluss der Schwerkraft. Es werden Reibungskräfte durch die Aufhängung und der Luftwiderstand vernachlässigt. Bezeichnet man mit $l > 0$ die Länge des Pendels, mit $m > 0$ die Masse und mit $s(t)$ die Länge des Bogenstücks zwischen Punktmasse und dem Ruhepunkt des Pendels zum Zeitpunkt $t \in \mathbb{R}$, so lässt sich die Strecke auch mithilfe des Auslenkungswinkels $\alpha(t) \in [-\pi, \pi]$ durch $s(t) = l\alpha(t)$ beschreiben, wenn wir den Winkel im Bogenmaß messen (siehe Abbildung).

Nach dem Newton'schen Kraftgesetz ist das Produkt aus Masse und Beschleunigung gleich der auf der Punktmasse wirkenden Kraft. Da wegen der Aufhängung der Masse nur der Anteil der Gravitationskraft tangential zur Bahn der Punktmasse auf die Masse wirkt, erhalten wir für die Kraft

$$F(t) = -mg \sin \alpha(t)\,,$$

und es ergibt sich eine *Differenzialgleichung*

$$ml\alpha''(t) = ms''(t) = -mg \sin \alpha(t)$$

zur Beschreibung der Schwingung. Immer wenn eine Funktion und/oder ihre Ableitungen zueinander in einer Gleichungsrelation stehen, spricht man von einer Differenzialgleichung.

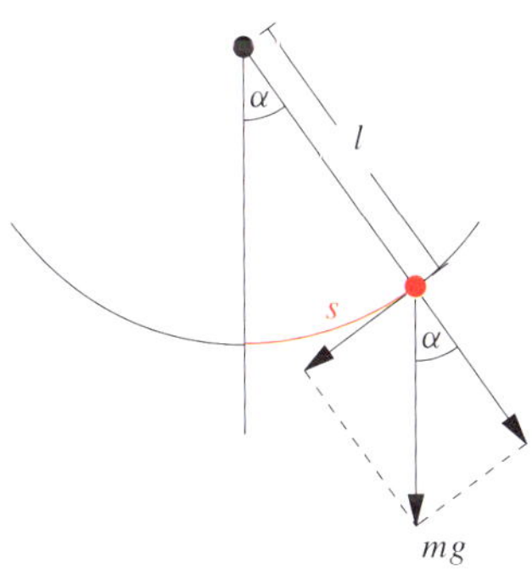

Geht man von relativ kleinen Winkeln $\alpha(t)$ für die Auslenkung aus, so ist eine Linearisierung der Sinusfunktion um $\alpha = 0$ in dieser Gleichung eine sinnvolle Approximation. Mit

$$\sin(\alpha) \approx \sin(0) + \sin'(0)\alpha = \alpha$$

folgt die Differenzialgleichung

$$\alpha''(t) + \frac{g}{l}\alpha(t) = 0\,.$$

Diese Gleichung wird auch **Schwingungsgleichung** genannt. Sie beschreibt einen harmonischen Oszillator. Durch die Linearisierung vereinfacht sich die Differenzialgleichung, sodass explizit Lösungen bestimmt werden können. In diesem Fall erhalten wir Lösungen von der Gestalt

$$\alpha(t) = c_1 \cos \left(\sqrt{\frac{g}{l}}\, t \right) + c_2 \sin \left(\sqrt{\frac{g}{l}}\, t \right),$$

wie wir nachprüfen können, indem wir die zweite Ableitung berechnen. Im Kapitel 20 über Differenzialgleichungen werden wir eine Methode kennenlernen, wie man solche Lösungen aus der Differenzialgleichung heraus bestimmen kann. Außerdem werden wir sehen, dass alle Lösungen die oben angegebene Form haben müssen. Die Modellierung von Oszillationen mithilfe der Schwingungsgleichung ist grundlegend in vielen Anwendungen.

Nimmt man hingegen keine Linearisierung in der Differenzialgleichung vor, lassen sich allgemeine Lösungen nicht explizit angeben. Die mathematische Theorie, die wir noch diskutieren werden, garantiert aber, dass auch zu dieser Differenzialgleichung eine Lösung existiert. Wir sind auf numerische Verfahren angewiesen, um solche Lösungen zu berechnen.

Das Bild zeigt ein Foucault'sches Pendel an der Uni Heidelberg. Es dient zum experimentellen Nachweis der Erddrehung. Das relativ ideale mathematische Pendel schwingt scheinbar nicht in einer Ebene. Dies muss aber aufgrund der Drehimpulserhaltung der Fall sein. Somit dreht sich die Bodenplatte gegenüber der Schwingungsebene.

Die Aussage zeigen wir induktiv: Für $r = 1$ und festem Wert $n \in \mathbb{N}$ haben wir die Ableitungsfunktion $f'(x) = nx^{n-1}$ zu f im Beispiel auf Seite 557 bestimmt.

Nehmen wir nun an, dass für $1 \leq r < n$ gilt

$$f^{(r)}(x) = n(n-1) \cdot \ldots \cdot (n-r+1)x^{n-r},$$

so können wir den von x unabhängigen Faktor $n(n-1) \ldots (n-r+1)$ aus dem Differenzenquotienten der Funktion $f^{(r)}$ ausklammern und erhalten analog für die $(r+1)$-te Ableitung aus

$$f^{(r+1)}(x) = \left(f^{(r)}\right)'(x)$$

die Identität

$$f^{(r+1)}(x) = \left(n(n-1) \cdot \ldots \cdot (n-r+1)x^{n-r}\right)'$$
$$= n(n-1) \ldots (n-r+1)(n-r)x^{n-(r+1)}$$

für $r + 1 \leq n$.

Im Fall $r = n$ ist die Funktion

$$f^{(n)}(x) = n(n-1) \ldots \cdot 1 = n!$$

konstant. Damit verschwindet ihre Ableitung und somit auch alle höheren Ableitungen von f. Dies beweist die Aussage, dass f unendlich oft differenzierbar ist mit den angegebenen Ableitungsfunktionen.

- Die Funktion

$$g(x) = \begin{cases} x^2 + 1, & x \geq 0, \\ 1, & x < 0 \end{cases}$$

ist genau einmal stetig differenzierbar in 0.

Die Differenzierbarkeit für $x \neq 0$ folgt aus dem Beispiel auf Seite 557, und es ist

$$g'(x) = \begin{cases} 2x, & x > 0, \\ 0, & x < 0. \end{cases}$$

Betrachten wir noch die Stelle $x = 0$. Es ist

$$\frac{1}{h}\left[g(h) - g(0)\right] = \begin{cases} \frac{h^2}{h} = h, & h > 0, \\ 0, & h < 0. \end{cases}$$

Daher gilt

$$\frac{1}{h}\left[g(h) - g(0)\right] \to 0$$

für $h \to 0$. Also ist g auch in $x = 0$ differenzierbar mit $g'(0) = 0$. Die Abbildung $g' \colon \mathbb{R} \to \mathbb{R}$ ist stetig auf $\mathbb{R}$, da insbesondere

$$\lim_{\substack{x \to 0 \\ x < 0}} g'(x) = \lim_{\substack{x \to 0 \\ x > 0}} g'(x) = 0$$

gilt. Für die zweite Ableitung von g bei $x = 0$ müssen wir den Differenzenquotienten zur Ableitungsfunktion betrachten:

$$\frac{1}{h}\left[g'(h) - g'(0)\right] = \begin{cases} \frac{2h}{h} = 2, & h > 0, \\ 0, & h < 0. \end{cases}$$

Dieser Ausdruck konvergiert nicht für $h \to 0$, da die Grenzwerte von rechts und von links verschieden sind. Die Funktion g ist genau einmal stetig differenzierbar. Nur außerhalb der Stelle $x = 0$ kann auch die zweite Ableitung angegeben werden.

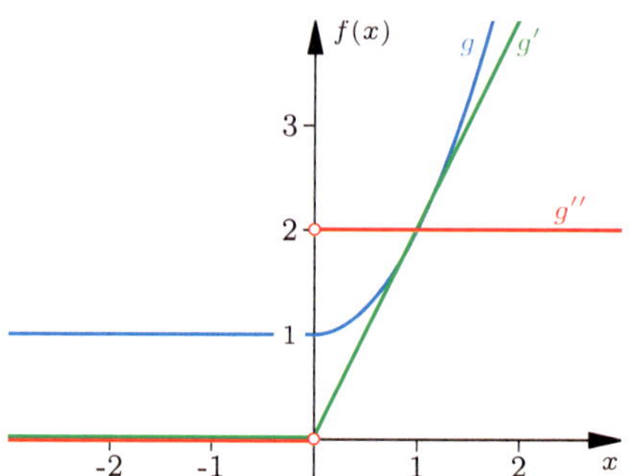

Abbildung 15.6 Graphen der stückweise definierten Funktion g und ihrer Ableitungen.

- Die Funktion

$$h(x) = \begin{cases} x^2 \sin\left(\frac{1}{x}\right), & x > 0, \\ 0, & x \leq 0 \end{cases}$$

ist genau einmal differenzierbar in $x = 0$. Aber die Ableitungsfunktion ist nicht stetig in $x = 0$, d. h., die Funktion ist nicht stetig differenzierbar.

Um dies zu sehen, betrachten wir den Differenzenquotienten

$$\frac{h(x) - h(0)}{x - 0} = \frac{x^2 \sin\left(\frac{1}{x}\right)}{x} = x \sin\left(\frac{1}{x}\right), \quad x \neq 0,$$

an der Stelle $x_0 = 0$. Dieser Ausdruck konvergiert gegen 0 für $x \to 0$ wegen der Abschätzung

$$\left| x \sin\left(\frac{1}{x}\right) \right| \leq |x| \to 0, \quad x \to 0.$$

Also ist h in $x = 0$ differenzierbar mit $h'(0) = 0$.

Weiter unten werden wir mit der Kettenregel sehen, dass für $x > 0$ die Funktion h differenzierbar ist mit Ableitung $h'(x) = 2x \sin(1/x) - \cos(1/x)$. Wir ersparen uns hier eine Herleitung dieser Ableitung direkt aus dem Differenzenquotienten. Für $x < 0$ ist offensichtlich $h'(x) = 0$. Insgesamt erhalten wir die Ableitungsfunktion

$$h'(x) = \begin{cases} 2x \sin(1/x) - \cos(1/x), & x > 0, \\ 0, & x \leq 0. \end{cases}$$

Diese Funktion ist **nicht** stetig in 0, denn wählen wir etwa die Nullfolge mit $x_n = 1/(2\pi n)$, $n \in \mathbb{N}$, so folgt

$$h'(x_n) = \frac{1}{\pi n} \sin(2\pi n) - \cos(2\pi n) = -1.$$

Mit der Nullfolge $x_n = 1/((2n + 1)\pi)$ erhalten wir

$$h'(x_n) = \frac{2}{(2n + 1)\pi} \sin((2n+1)\pi) - \cos((2n+1)\pi) = 1.$$

Die Ableitung kann somit in $x = 0$ nicht stetig sein.

Außerdem sehen wir, dass aus der Tatsache, dass der Grenzwert von $h'(x)$ für $x \to 0$ nicht existiert, nicht geschlossen werden kann, dass die Funktion h in $x = 0$ nicht differenzierbar ist.

Am Beispiel erkennt man, dass das Verhalten von Funktionen und deren Ableitungen an Oszillationsstellen relativ kompliziert sein kann und im Einzelfall zu untersuchen ist. ◄

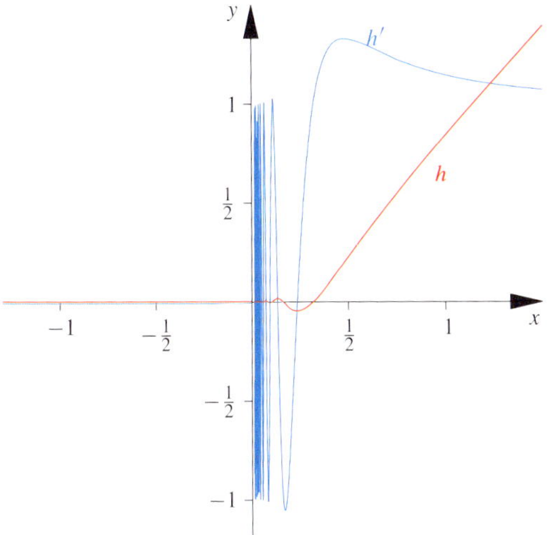

Abbildung 15.7 Graphen von h und der Ableitung h' aus dem Beispiel auf Seite 563.

Im Beispiel auf Seite 320 hatten wir gesehen, dass $\sin\left(\frac{1}{x}\right)$ in null nicht stetig fortgesetzt werden kann. Überlegen Sie sich, dass mit $x \sin\left(\frac{1}{x}\right)$ eine stetige aber in null nicht differenzierbare Funktion gegeben ist.

Analytische Eigenschaften einer Funktion, wie Stetigkeit oder Differenzierbarkeit, werden oft zusammengefasst unter dem Oberbegriff der **Regularität** einer Funktion. Beim Umgang mit Funktionen spielt die Regularität nicht nur theoretisch, sondern auch numerisch eine entscheidende Rolle, wie wir es etwa beim *Newton-Verfahren* auf Seite 576 noch sehen werden. Daher ist es nützlich, alle Funktionen mit gleichen Regularitätseigenschaften zu Mengen zusammenzufassen. Die Menge der r-mal stetig differenzierbaren Funktionen wird international durch die Notation

$$C^r(D) = \{f : D \to \mathbb{R} \mid f \text{ ist r-mal stetig differenzierbar}\}$$

angegeben. Der Buchstabe C erinnert dabei an die englische Bezeichnung *continuous* für stetig. Im Spezialfall $r = 0$ lässt man den Index weg und schreibt

$$C(D) = \{f : D \to \mathbb{R} \mid f \text{ ist stetig}\}$$

für die Menge der stetigen Funktionen.

Wenn $f \in C^r(a, b)$ gilt, in welcher Menge ist dann die n-te Ableitungsfunktion $f^{(n)}$ für $0 < n \le r$.

Die oben angegebenen Beispiele belegen, dass es sich bei diesen Mengen um eine Kaskade von Teilmengen handelt (Abb. 15.8).

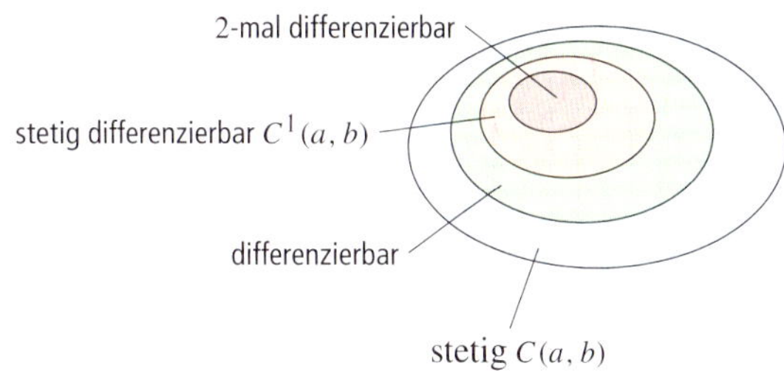

Abbildung 15.8 Einbettung der differenzierbaren Funktionen in die Klasse der stetigen Funktionen.

Es werden auch Ableitungsfunktionen $f' \in C([a, b])$ auf abgeschlossenen Intervallen betrachtet, wobei die Funktionswerte $f'(a)$ und $f'(b)$ durch eine stetige Fortsetzung der Ableitungsfunktion definiert sind (Seite 318).

Diese Definition einer Ableitung in einem Randpunkt der Definitionsmenge ist zu unterscheiden von einseitigen Ableitungen, die unabhängig von den Eigenschaften der Ableitungsfunktion im Intervall (a, b) durch einseitige Grenzwerte, etwa

$$\lim_{\substack{h \to 0 \\ h > 0}} \frac{f(a + h) - f(a)}{h}$$

gegeben sind. Dieser Grenzwert, wenn er existiert, heißt **rechtsseitige Ableitung** von f in a. Analog wird die **linksseitige Ableitung** definiert.

Beispiel Betrachten wir die beiden Funktionen $f, g : (-1, 1) \to \mathbb{R}$ mit

$$f(x) = (1 - x^2)^{\frac{1}{2}}$$

und

$$g(x) = (1 - x^2)^{\frac{3}{2}}$$

und untersuchen die einseitigen Differenzquotienten bei $x = 1$. Für das erste Beispiel gilt für $x \in (-1, 1)$ die Identität

$$\frac{\sqrt{1 - x^2} - 0}{x - 1} = \frac{\sqrt{(1 - x)(1 + x)}}{x - 1} = -\frac{\sqrt{1 + x}}{\sqrt{1 - x}},$$

und es wird deutlich, dass der Grenzwert für $x \to 1$ nicht existiert. Im zweiten Fall erhalten wir:

$$\lim_{\substack{x \to 1 \\ x < 1}} \frac{(1 - x^2)^{3/2} - 0}{x - 1} = \lim_{\substack{x \to 1 \\ x < 1}} \frac{(1 - x)^{3/2}(1 + x)^{3/2}}{x - 1}$$

$$= -\lim_{\substack{x \to 1 \\ x < 1}} (1 - x)^{1/2}(1 + x)^{3/2} = 0.$$

Der Grenzwert existiert. Also besitzt die Funktion g eine linksseitige Ableitung in $x = 1$ mit dem Wert 0. Anhand der Graphen (siehe die Abbildung 15.9) wird das signifikant unterschiedliche Verhalten der Funktionen an der Stelle $x = 1$ deutlich. ◀

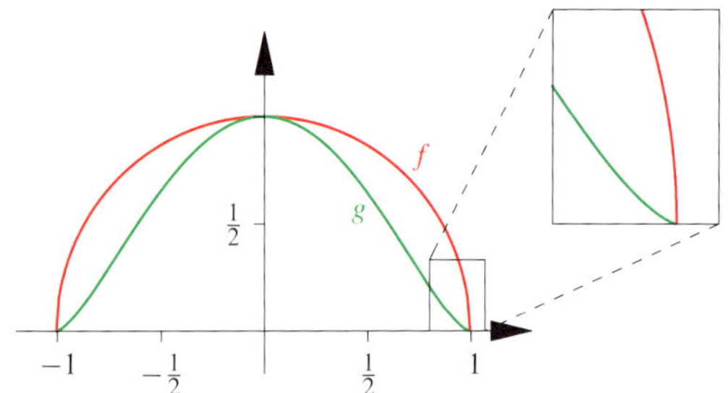

Abbildung 15.9 Das unterschiedliche Verhalten der beiden Funktionen f und g am Intervallrand zeigt sich in der Existenz einer einseitigen Ableitung

Kommentar: Wir haben so zwei verschiedene Betrachtungen von Ableitungen in Randpunkten, durch eine stetige Fortsetzung der Ableitungsfunktion oder durch den einseitigen Differenzenquotienten. Die Existenz des Grenzwerts des einseitigen Differenzenquotienten sichert keine stetige Fortsetzung der Ableitungsfunktion, wie wir es im Beispiel auf Seite 562 schon gesehen haben. Mithilfe des Mittelwertsatzes werden wir sehen, dass für $f \in C^1([a, b])$ auch die einseitigen Grenzwerte existieren und mit den fortgesetzten Funktionswerten $f'(a)$ bzw. $f'(b)$ übereinstimmen (Seite 575).

15.2 Differenziationsregeln

Die Berechnung einer Ableitung durch Bilden des Grenzwerts des Differenzenquotienten ist relativ aufwendig. Zum Glück gibt es Regeln, die es ermöglichen, Ableitungen von Funktionen auf einige wenige differenzierbare Standardfunktionen zurückzuführen.

Ableiten ist eine lineare Operation

Eine Regel ist leicht aus der Definition zu ersehen. Betrachten wir die Summe $f + g$ von zwei differenzierbaren Funktionen $f, g \colon D \to \mathbb{R}$, so gilt mit den allgemeinen Rechenregeln zu Grenzwerten, dass

$$
\begin{aligned}
&\lim_{x \to x_0} \frac{(f + g)(x) - (f + g)(x_0)}{x - x_0} \\
&= \lim_{x \to x_0} \frac{f(x) - f(x_0) + g(x) - g(x_0)}{x - x_0} \\
&= \lim_{x \to x_0} \frac{f(x) - f(x_0)}{x - x_0} + \lim_{x \to x_0} \frac{g(x) - g(x_0)}{x - x_0} \\
&= f'(x_0) + g'(x_0) .
\end{aligned}
$$

Diese Eigenschaft wird auch **Additivität** des Differenzierens genannt. Analog erhalten wir die **Homogenität**. Es bedeutet,

wenn wir eine Funktion mit einem Faktor $\lambda \in \mathbb{R}$ multiplizieren, gilt die Identität $(\lambda f)'(x) = \lambda\, f'(x)$. Beide Eigenschaften, Additivität und Homogenität zusammen ergeben die **Linearität** des *Differenzialoperators*.

Linearität des Differenzialoperators

Sind $f, g \colon D \subseteq \mathbb{R} \to \mathbb{R}$ differenzierbare Funktionen und $\lambda \in \mathbb{R}$ eine beliebige Konstante, so sind auch die Funktionen $f + g$ und λf differenzierbar, und es gilt

$$
(f + g)'(x) = f'(x) + g'(x)
$$

und

$$
(\lambda f)'(x) = \lambda f'(x) .
$$

Beispiel Polynome sind beliebig oft differenzierbar und mit

$$
p(x) = \sum_{k=0}^{n} a_k\, x^k
$$

ist

$$
p'(x) = \sum_{k=1}^{n} k\, a_k\, x^{k-1} = \sum_{j=0}^{n-1} (j + 1)\, a_{j+1}\, x^{j}
$$

ein Polynom vom Grad $n - 1$.

Die Aussage ergibt sich aus der Differenzierbarkeit von Monomen mit $\frac{\mathrm{d}}{\mathrm{d}x}(x^k) = kx^{k-1}$ und der Linearität, da sich Polynome aus einer endlichen Summe solcher Funktionen zusammensetzen. ◀

Konsequenz der Linearität des Differenzialoperators bzw. der analogen Eigenschaft bei Stetigkeit ist, dass die Menge der k-mal stetig differenzierbaren Funktionen, $C^k(a, b)$, mit $k \in \mathbb{N}$ einen Vektorraum (siehe Kapitel 6) bildet. Genauer lässt sich festhalten, das es sich um eine Kette von Unterräumen handelt, d. h., es gilt

$$
C^{k+1}(a, b) \subseteq C^k(a, b) \quad \text{für } k \in \mathbb{N}_0 .
$$

Es stehen uns somit allgemeine Aussagen zu Vektorräumen auch in diesen *Funktionenräumen* zur Verfügung. Eine Tatsache, die sich als nützlich erweisen wird.

Es handelt sich bei der Schachtelung von Unterräumen übrigens um echte Teilmengen, wie wir es etwa am Beispiel der Betragsfunktion für $k = 0$ leicht sehen. Bei solchen Beispielen ist die Differenzierbarkeit nur in einer diskreten Stelle verletzt. Ein interessantes weiteres Beispiel einer stetigen aber nirgends differenzierbaren Funktion ist auf Seite 565 konstruiert. Da die Suche nach Gegenbeispielen eine wichtige Beweismethode der Mathematik ist, wird diese Konstruktion exemplarisch genauer betrachtet. In diesem Zusammenhang sei auch auf das Lehrbuch *Analysis in Beispielen und Gegenbeispielen* von J. Appell hingewiesen.

Unter der Lupe: Eine stetige, nirgends differenzierbare Funktion

Es ist ein Beispiel gesucht, mit dem belegt wird, dass es Funktionen gibt, die zwar stetig sind, aber in keiner Stelle differenzierbar. Wir kennen bereits Funktionen, wie die Betragsfunktion, die in isolierten Stellen stetig, aber nicht differenzierbar sind. Aber der Graph der gesuchten Funktion muss ausschließlich aus „Ecken" bestehen.

Wie lässt sich eine solche Funktion konstruieren? Zunächst verschaffen wir uns mit der Betragsfunktion eine Funktion, die unendlich viele Stellen aufweist, die nicht differenzierbar sind, z. B. die Sägezahnfunktion $s : \mathbb{R} \to \mathbb{R}$ (siehe Abbildung), die durch periodische Fortsetzung von $s(x) = |x|$ für $|x| \leq 1$ entsteht. Offensichtlich ist s stetig, aber in den Stellen $x = k \in \mathbb{N}$ nicht differenzierbar.

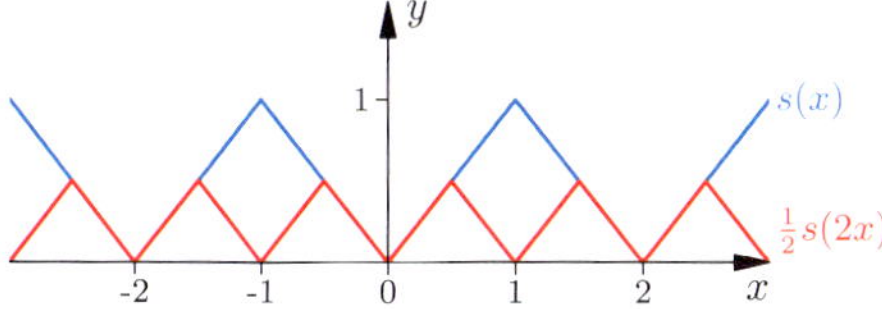

Schieben wir die Knicke etwa durch $s(nx)$, $n \in \mathbb{N}$ zusammen, erhalten wir keine stetige Funktion im Grenzfall für $n \to \infty$. Verkleinern wir zusätzlich dabei die Amplitude, etwa durch $\frac{1}{n}s(nx)$, wird die Grenzfunktion konstant null. Es ist eine Funktion zwischen diesen beiden Extremen zu konstruieren.

Die Idee besteht darin, die Zacken aufzusummieren. Damit wir sicherstellen, dass die so entstandene Reihe für $x \in \mathbb{R}$ konvergiert, wählen wir für n nur Potenzen von 2 und betrachten

$$f(x) = \sum_{j=0}^{\infty} \frac{1}{2^j} s(2^j x)\,.$$

Die Konvergenz lässt sich mit dem Majorantenkriterium und der geometrischen Reihe zu $q = \frac{1}{2}$ zeigen.

Betrachten wir Differenzenquotienten zu den einzelnen Summanden. Wir beobachten, dass mit $k \in \mathbb{Z}$ gilt:

$$\frac{\frac{1}{2^j}\left(s(2^j y) - s(2^j x)\right)}{y - x} = \pm 1\,,$$

falls $x, y \in [\frac{k}{2^j}, \frac{k+1}{2^j}]$. Außerdem ist $s(2^j \frac{k}{2^n}) = 0$ für $j \geq n + 1 \in \mathbb{N}$ und $k \in \mathbb{Z}$. An diesen Stelle wird f zu einer endlichen Summe. Um den Differenzenquotienten an einer Stelle $\hat{x} \in \mathbb{R}$ zu untersuchen betrachten wir benachbarte Nullstellen, d. h., wir definieren Zahlen $k_n \in \mathbb{Z}$ und Folgen (x_n), (y_n) sodass

$$x_n = \frac{k_n}{2^n} \leq \hat{x} \leq \frac{k_n + 1}{2^n} = y_n$$

gilt. Dann ist $|x_n - y_n| = \frac{1}{2^n}$, beide Folgen konvergieren gegen $\hat{x}$ und es folgt

$$\frac{f(y_n) - f(x_n)}{y_n - x_n} = \sum_{j=0}^{n} \frac{\frac{1}{2^j}(s(2^j y_n) - s(2^j x_n))}{y_n - x_n}\,.$$

Da alle Summanden entweder 1 oder -1 sind, beobachten wir, dass für n ungerade die Summe eine gerade Zahl ist und für n gerade die Summe ungerade ist. Also kann die Folge der Quotienten nicht konvergieren.

Jetzt müssen wir noch zeigen, dass dies im Widerspruch zur Differenzierbarkeit steht. Nehmen wir an, f sei differenzierbar in $\hat{x}$, dann folgt mit der Linearisierung (Seite 558), dass es eine stetige Funktion $h : \mathbb{R} \to \mathbb{R}$ gibt mit $\lim_{x \to \hat{x}} h(x) = 0$ und

$$\frac{f(y_n) - f(x_n)}{y_n - x_n}$$
$$= \frac{1}{y_n - x_n}\big(f(\hat{x}) + f'(\hat{x})(y_n - \hat{x}) + h(y_n)(y_n - \hat{x})$$
$$- f(\hat{x}) - f'(\hat{x})(x_n - \hat{x}) - h(x_n)(x_n - \hat{x})\big)$$
$$= f'(\hat{x}) + h(y_n)\frac{y_n - \hat{x}}{y_n - x_n} - h(x_n)\frac{x_n - \hat{x}}{y_n - x_n}\,.$$

Da nach Wahl von x_n und y_n gilt $|\frac{y_n - \hat{x}}{y_n - x_n}| \leq 1$ und $|\frac{x_n - \hat{x}}{y_n - x_n}| \leq 1$, folgt, dass für eine differenzierbare Funktion der Grenzwert des Quotienten existiert und gleich $f'(\hat{x})$ ist. Wir haben aber mit der Konstruktion gezeigt, dass der Grenzwert nicht existiert. Also ist die Funktion f in keiner Stelle $\hat{x}$ differenzierbar.

Andererseits können wir bei der Konstruktion als Reihe über stetige Funktionen hoffen, dass f stetig ist. Dies muss aber noch gezeigt werden. Geben wir uns dazu $\varepsilon > 0$ vor. Mit der geometrischen Reihe können wir $N \in \mathbb{N}$ so festlegen, dass

$$\sum_{j=N+1}^{\infty} \frac{s(2^j x)}{2^j} \leq \frac{1}{2^{N+1}} \sum_{j=0}^{\infty} \frac{1}{2^j} = \frac{1}{2^N} \leq \varepsilon$$

für alle $x \in \mathbb{R}$ gilt. Weiter lässt sich nun zu den noch übrigen endlich vielen stetigen und periodischen Funktionen $\frac{1}{2^j}s(2^j x)$ mit $j = 0, \ldots, N$ zu ε ein $\delta > 0$ finden, sodass $|\frac{1}{2^j}(h(2^j x) - h(2^j \hat{x}))| < \frac{\varepsilon}{N+1}$ für alle $|x - \hat{x}| \leq \delta$ ist. Insgesamt sehen wir die Stetigkeit durch

$$|f(x) - f(\hat{x})| \leq \sum_{j=0}^{\infty} \frac{|s(2^j x) - s(2^j \hat{x})|}{2^j}$$
$$+ \sum_{j=N+1}^{\infty} \frac{1}{2^j} + \sum_{j=N+1}^{\infty} \frac{1}{2^j}$$
$$\leq (N+1)\frac{\varepsilon}{N+1} + \varepsilon + \varepsilon = 3\varepsilon\,.$$

Die Produktregel

Nachdem wir die Summe von Funktionen betrachtet haben, wenden wir uns dem Produkt zu. Wenn $f, g: D \subseteq \mathbb{R} \to \mathbb{R}$ differenzierbare Funktionen sind, so folgt für den Differenzenquotienten zum Produkt $f \cdot g$ die Identität

$$\frac{f(x)g(x) - f(x_0)g(x_0)}{x - x_0}$$
$$= \frac{f(x)g(x) - f(x)g(x_0) + f(x)g(x_0) - f(x_0)g(x_0)}{x - x_0}$$
$$= f(x)\frac{g(x) - g(x_0)}{x - x_0} + \frac{f(x) - f(x_0)}{x - x_0}g(x_0)$$

für $x \neq x_0$. Da f und g differenzierbar sind und f insbesondere auch stetig in x_0 ist, existiert der Grenzwert, und wir erhalten:

$$\lim_{\substack{x \to x_0 \\ x \neq x_0}} \frac{f(x)g(x) - f(x_0)g(x_0)}{x - x_0} = f(x_0)g'(x_0) + f'(x_0)g(x_0).$$

Wir haben somit die folgende Rechenregel bewiesen.

Produktregel

Sind zwei Funktionen $f, g: D \to \mathbb{R}$ in einer Stelle $x \in D$ differenzierbar, so ist auch das Produkt fg in x differenzierbar, und es gilt

$$(fg)'(x) = f(x)\,g'(x) + f'(x)\,g(x).$$

Beispiel Die beiden Funktionen $f: \mathbb{R} \to \mathbb{R}$ mit $f(x) = \cos^2 x$ und $g: \mathbb{R} \to \mathbb{R}$ mit $g(x) = \sin^2 x$ sind nach der Produktregel differenzierbar, und wir erhalten die Ableitungen

$$f'(x) = -\cos x \sin x - \sin x \cos x = -2\cos x \sin x$$

und

$$g'(x) = \sin x \cos x + \cos x \sin x = 2\cos x \sin x.$$

Addieren wir die beiden Funktionen, so folgt, wie es aus dem Additionstheorem $\cos^2 x + \sin^2 x = 1$ zu erwarten ist,

$$(f + g)'(x) = (\cos^2 x + \sin^2 x)' = 0. \qquad \blacktriangleleft$$

Mit der Produktregel ergibt sich auch eine Aussage zum Quotienten zweier differenzierbarer Funktionen. Wir zeigen zunächst folgendes Lemma.

Lemma

Sind $D \subseteq \mathbb{R}$ eine offene Menge und $g: D \to \mathbb{R}$ eine in $x \in D$ differenzierbare Funktion mit $g(x) \neq 0$, so ist $\frac{1}{g}: D \to \mathbb{R}$ differenzierbar in x, und es gilt

$$\left(\frac{1}{g}\right)'(x) = -\frac{g'(x)}{(g(x))^2}.$$

Beweis: Da g in x stetig ist (Seite 560), gibt es ein $\delta > 0$ mit $g(y) \neq 0$ für alle $y \in (x - \delta, x + \delta) \subseteq D$. Für den Differenzenquotienten der Funktion $1/g$ folgt

$$\frac{\frac{1}{g(y)} - \frac{1}{g(x)}}{y - x} = \frac{g(x) - g(y)}{g(y)g(x)(y - x)}$$
$$= -\frac{1}{g(y)g(x)}\frac{g(y) - g(x)}{y - x}$$

für $y \in (x - \delta, x + \delta)\setminus\{x\}$. Wegen der Differenzierbarkeit von g existiert der Grenzwert des Differenzenquotienten für $y \to x$, und wir erhalten zusammen mit der Stetigkeit von g die Ableitung

$$\left(\frac{1}{g}\right)'(x) = -\frac{g'(x)}{(g(x))^2}. \qquad \blacksquare$$

Mit dem Lemma und der Produktregel ergibt sich

$$\left(\frac{f}{g}\right)'(x) = f'(x)\frac{1}{g(x)} - f(x)\frac{g'(x)}{(g(x))^2}$$
$$= \frac{f'(x)g(x) - f(x)g'(x)}{(g(x))^2},$$

wenn $g(x) \neq 0$ gilt und f, g beide differenzierbar sind. Also ist der Quotient differenzierbar, und es gilt diese als **Quotientenregel** bezeichnete Formel:

$$\left(\frac{f}{g}\right)' = \frac{f'\,g - f\,g'}{g^2}.$$

Beispiel
- Die Quotientenregel lässt sich auf die Funktion $f: \mathbb{R} \to \mathbb{R}$ mit $f(x) = x/(1 + x^2)$ anwenden, und wir erhalten

$$f'(x) = \frac{1 + x^2 - 2x^2}{(1 + x^2)^2} = \frac{1 - x^2}{(1 + x^2)^2}.$$

- Mit der Quotientenregel folgt, dass der Tangens $\tan: (-\pi/2, \pi/2) \to \mathbb{R}$ differenzierbar ist mit der Ableitung

$$\tan' x = \left(\frac{\sin x}{\cos x}\right)' = \frac{\cos^2 x + \sin^2 x}{\cos^2 x} = \frac{1}{\cos^2 x}.$$

Beachten Sie, dass wir den vorletzten Bruch in zwei Summanden zerlegen können, sodass die Ableitung auch durch

$$\tan' x = 1 + \tan^2 x$$

dargestellt werden kann. $\qquad \blacktriangleleft$

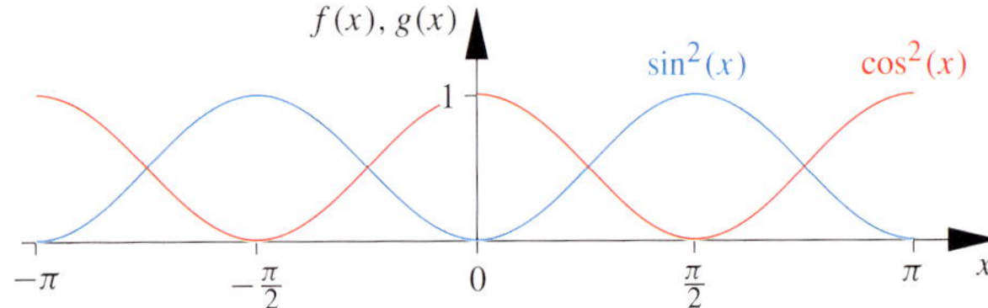

Abbildung 15.10 Graphen der beiden Funktionen mit $f(x) = \cos^2 x$ und $g(x) = \sin^2 x$.

Beim Ableiten von Verkettungen gilt: „äußere mal innere Ableitung"

Neben der Linearität und der Produktregel gibt es eine weitere grundlegende Regel zum Ableiten, die im Folgenden ständig genutzt wird. Es ist die Kettenregel zur Differenziation der Komposition zweier Funktionen.

Kettenregel

Wenn zwei differenzierbare Funktionen $f: D \to \mathbb{R}$ und $g: f(D) \to \mathbb{R}$ gegeben sind, so ist die Verkettung der Funktionen differenzierbar, und es gilt für $x \in D$:

$$(g \circ f)'(x) \,=\, g'\big(f(x)\big)\, f'(x)\,.$$

Beweis: Um die Kettenregel herzuleiten, betrachten wir die Ableitung an einer Stelle $x_0 \in D$. Beim Beweis muss man ein wenig mehr aufpassen als bei den anderen Regeln, um eine zusätzliche Voraussetzung der Form $f(x) \neq f(x_0)$ für alle $x \neq x_0$ in einer Umgebung um x_0 zu vermeiden.

Setzen wir $y_0 \,=\, f(x_0)$ und definieren die Funktion $\Phi: f(D) \to \mathbb{R}$ durch

$$\Phi(y) \,=\, \begin{cases} \dfrac{g(y) - g(y_0)}{y - y_0} & \text{für } y \neq y_0\,, \\[2mm] g'(y_0) & \text{für } y = y_0\,. \end{cases}$$

Da die Funktion g in $y_0 \in f(D)$ differenzierbar ist, ist die Funktion Φ stetig. Mit dieser Funktion Φ folgt

$$\frac{g\big(f(x)\big) - g\big(f(x_0)\big)}{x - x_0} \,=\, \Phi\big(f(x)\big)\, \frac{f(x) - f(x_0)}{x - x_0}$$

für $x \neq x_0$. Da für $x \to x_0$ die Funktionswerte $f(x)$ gegen $f(x_0)$ konvergieren, existiert der Grenzwert des Differenzenquotienten für $x \to x_0$, und wir erhalten die Behauptung

$$\frac{g\big(f(x)\big) - g\big(f(x_0)\big)}{x - x_0} \,\to\, \Phi\big(f(x_0)\big)\, f'(x_0)$$
$$=\, g'(y_0)\, f'(x_0) \quad \text{für } x \to x_0\,. \quad \blacksquare$$

Um sich die Kettenregel zu merken, ist eventuell die Leibniz-Notation der Ableitung hilfreich. Denn in dieser Notation ist

$$\frac{\mathrm{d}}{\mathrm{d}x}(g(f(x))) = \frac{\mathrm{d}g}{\mathrm{d}f}(f(x))\, \frac{\mathrm{d}f}{\mathrm{d}x}(x)\,,$$

d. h., formal sieht die Regel aus, wie ein Erweitern des Differenzialquotienten um das Differenzial $\mathrm{d}f$.

Beispiel
- Eine Verkettung von Polynomen ist stets differenzierbar. Da allgemein eine Verkettung von Polynomen wieder ein Polynom ist, überrascht diese Aussage nicht. Aber es ist häufig wesentlich angenehmer die Kettenregel zu verwenden, anstatt zunächst ein Polynom auszumultiplizieren.

Als Beispiel betrachten wir $f: \mathbb{R} \to \mathbb{R}$ gegeben mit $f(x) = (x^3 + 1)^7$. Die Funktion f ist offensichtlich eine Komposition $f = g \circ h$ mit $h(x) = x^3 + 1$ und $g(y) = y^7$. Mit der Kettenregel folgt die Ableitung:

$$f'(x) = 7(x^3 + 1)^6 \cdot (3x^2) = 21\, x^2 (x^3 + 1)^6\,.$$

- Die Funktion $f: \mathbb{R} \to \mathbb{R}$ mit $f(x) = \cos(\sin(x))$ ist differenzierbar. Mit der Kettenregel erhalten wir

$$f'(x) = -\sin(\sin(x)) \cdot \cos(x)\,. \qquad \blacktriangleleft$$

Beachten Sie, dass die Aussage der Kettenregel nicht nur in der Rechenregel zur Berechnung einer solchen Ableitung besteht, sondern dass auch die Existenz der Ableitung von $f \circ g$ aus der Differenzierbarkeit der beiden einzelnen Funktionen folgt.

Die Differenziationsregeln lassen sich nun beliebig verschachtelt nutzen, um Ableitungen zu berechnen.

------------------------ **?** ------------------------

Berechnen Sie die Ableitungen zu $f: \mathbb{R} \to \mathbb{R}$ mit

a) $\quad f(x) = \mathrm{e}^{x \sin x}$ b) $\quad f(x) = \dfrac{1}{2 + \sin x\, \cos x}$

Umkehrfunktionen differenzierbarer Funktionen sind differenzierbar

Ähnlich lässt sich mit der Kettenregel elegant die Ableitung einer Umkehrfunktion gewinnen, falls wir wissen, dass diese differenzierbar ist. Denn aus der Identität

$$f^{-1}(f(x)) = x$$

folgt, wenn wir beide Seiten ableiten:

$$\left(f^{-1}\right)'(f(x))\, f'(x) = 1\,.$$

Also gilt mit $y = f(x)$:

$$\left(f^{-1}\right)'(y) = \frac{1}{f'(f^{-1}(y))}\,.$$

Der Haken an dieser Rechnung besteht darin, dass vorausgesetzt werden muss, dass die Funktion f^{-1} differenzierbar ist. Somit ist die Rechnung eine Merkhilfe, aber kein Beweis. Dieser lässt sich führen, wenn die Funktion streng monoton ist.

Folgerung
Ist $f: I \to \mathbb{R}$ eine auf einem offenen Intervall $I \subseteq \mathbb{R}$ streng monoton wachsende oder fallende Funktion, die in $x_0 \in I$ differenzierbar ist mit $f'(x_0) \neq 0$, so ist auch

---

Beispiel: Anwenden der Differenziationsregeln

Berechnen Sie zu $a \in \mathbb{R}$ die Ableitungen der Funktionen, die durch die Ausdrücke

$$f(x) = a^x, \quad f(x) = x^x, \quad f(x) = \operatorname{arccot}(\cos ax) \quad \text{und} \quad f(x) = \cosh\left(\sinh(x^2)\right)$$

jeweils auf entsprechenden Definitionsmengen gegeben sind.

Problemanalyse und Strategie: Die angesprochenen Ableitungsregeln kommen häufig bunt ineinander verschachtelt zur Anwendung. Zunächst müssen wir also Produkte und Verkettungen in den jeweiligen Ausdrücken identifizieren, um so einen Weg zur Berechnung der Ableitung durch Hintereinanderausführen von Differenziationsregeln zu finden.

Lösung:

Ist $f: \mathbb{R} \to \mathbb{R}$ durch $f(x) = a^x$ mit $a > 0$ gegeben, so schreiben wir den Ausdruck mithilfe der Exponentialfunktion zu

$$f(x) = \mathrm{e}^{(\ln(a))\,x} .$$

Nun lässt sich die Kettenregel anwenden, und wir erhalten die Ableitungsfunktion

$$f'(x) = \ln(a)\mathrm{e}^{(\ln(a))\,x} = \ln(a)a^x .$$

Analog gehen wir im zweiten Beispiel vor. Für $f(x) = x^x$ und $x > 0$ schreiben wir den Ausdruck als

$$f(x) = x^x = \mathrm{e}^{(\ln(x))\,x}$$

und wenden die Kettenregel an, auf die Exponentialfunktion verkettet mit $g(x) = x\ln(x)$. Da die Funktion g nach der Produktregel für $x > 0$ differenzierbar ist mit

$$g'(x) = \ln(x) + \frac{x}{x} = \ln(x) + 1$$

ergibt sich insgesamt:

$$f'(x) = (\ln(x) + 1)\,\mathrm{e}^{x\ln(x)} = (\ln(x) + 1)\,x^x .$$

Im dritten Beispiel handelt es sich um eine Verkettung der drei Funktionen arccot, cos und Multiplikation mit a. Mit den Ableitungen dieser Funktionen (siehe Übersicht auf Seite 570) und der Kettenregel folgt, dass f differenzierbar ist auf $\mathbb{R}$ mit

$$f'(x) = a(-\sin(ax))\frac{-1}{1 + \cos^2(ax)} = \frac{a\sin(ax)}{1 + \cos^2(ax)} .$$

Im letzten Fall für $f(x) = \cosh(\sinh(x^2))$ werden die beiden hyperbolischen Funktionen mit $g(x) = x^2$ verkettet. Zunächst bestimmen wir mit der Linearität des Differenzierens die Ableitungen

$$\cosh'(x) = \frac{\mathrm{d}}{\mathrm{d}x}\left(\frac{\mathrm{e}^x + \mathrm{e}^{-x}}{2}\right)$$
$$= \frac{\mathrm{e}^x - \mathrm{e}^{-x}}{2} = \sinh(x),$$
$$\sinh'(x) = \frac{\mathrm{d}}{\mathrm{d}x}\left(\frac{\mathrm{e}^x - \mathrm{e}^{-x}}{2}\right)$$
$$= \frac{\mathrm{e}^x + \mathrm{e}^{-x}}{2} = \cosh(x) .$$

Nun können wir wieder die Kettenregel anwenden, und es ergibt sich die Ableitung

$$f'(x) = 2x\,\cosh(x^2)\,\sinh(\sinh(x^2)) .$$

---

die Umkehrfunktion $f^{-1}: f(I) \to \mathbb{R}$ in $y_0 = f(x_0)$ differenzierbar, und es gilt

$$\left(f^{-1}\right)'(y_0) = \frac{1}{f'(f^{-1}(y_0))} .$$

Beweis: Wir nehmen an, dass $f: I \to \mathbb{R}$ eine stetige, streng monotone und in $x_0 \in I$ differenzierbare Funktion mit $f'(x_0) \neq 0$ ist und setzen $y \neq y_0$, $x = f^{-1}(y)$ und $x_0 = f^{-1}(y_0)$. Wegen der Monotonie ist insbesondere $x \neq x_0$. Da f differenzierbar ist und $f'(x_0) \neq 0$, folgt für den Differenzenquotienten der Grenzwert

$$\frac{f^{-1}(y) - f^{-1}(y_0)}{y - y_0} = \frac{x - x_0}{f(x) - f(x_0)}$$
$$= \frac{1}{\frac{f(x) - f(x_0)}{x - x_0}} \to \frac{1}{f'(x_0)}$$

für $y \to y_0$. Also ist f^{-1} differenzierbar in y_0 mit der angegebenen Ableitung. ∎

Beispiel

- Da der Logarithmus die Umkehrfunktion zur Exponentialfunktion ist, deren Ableitung wir schon berechnet haben, folgt:

$$\ln'(x) = \frac{1}{\exp'\left(\ln(x)\right)} = \frac{1}{\exp\left(\ln(x)\right)} = \frac{1}{x} .$$

- Nutzen wir dieses Ergebnis und berechnen die Ableitung einer allgemeinen Potenzfunktion. Sind $a \in \mathbb{R}$ und $f: \mathbb{R}_{>}0 \to \mathbb{R}$ mit $f(x) = x^a$. Dann folgt mit der Kettenregel

$$f'(x) = (x^a)' = \left(\mathrm{e}^{a\ln x}\right)'$$
$$= a\,\frac{1}{x}\,\mathrm{e}^{a\ln x} = ax^{a-1},$$

da sich die Funktion als Komposition der Funktionen exp und $a \cdot \ln$ auffassen lässt.

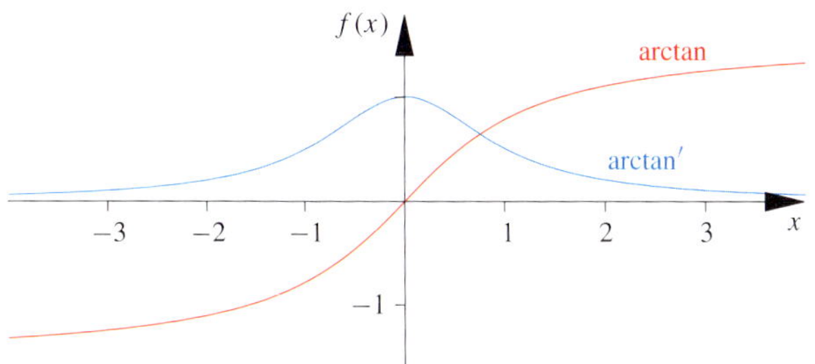

Abbildung 15.11 Die Funktion arctan und ihre Ableitungsfunktion.

- Die Ableitung der Umkehrfunktion $\arctan\colon \mathbb{R} \to (-\frac{\pi}{2}, \frac{\pi}{2})$ des Tangens ergibt sich mit der zweiten Darstellung im Beispiel auf Seite 566 zu

$$\arctan'(x) = \frac{1}{\tan'\big(\arctan(x)\big)}$$
$$= \frac{1}{1 + \tan^2\big(\arctan(x)\big)} = \frac{1}{1 + x^2}. \qquad \blacktriangleleft$$

Implizites Differenzieren

Wenn eine Ableitung aus einer Gleichung heraus zu gewinnen ist, wie bei der Umkehrfunktion, etwa aus

$$\arctan\big(\tan(x)\big) = x$$

(siehe Beispiel auf Seite 569), so spricht man von **implizitem Differenzieren**. Diese Variante, Ableitungen zu bekommen, ist häufig nützlich und wird uns später öfter begegnen.

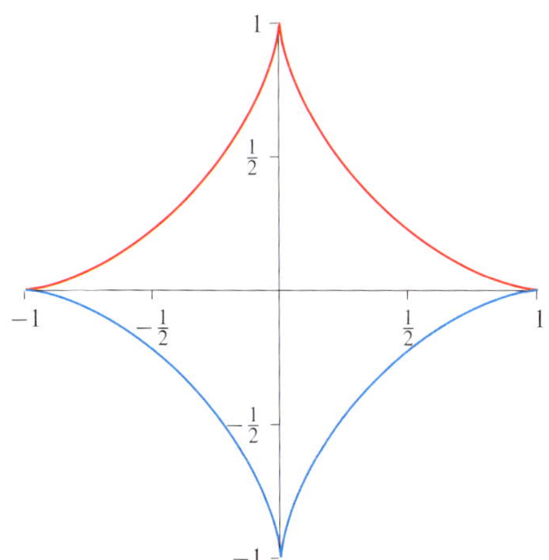

Abbildung 15.12 Die Astroide aus dem Beispiel auf Seite 569. Die Teilstücke lassen sich als Graphen entsprechender Funktionen auffassen.

Beispiel Die Gleichung

$$|x|^{2/3} + |y|^{2/3} = 1$$

wird von den Punkten (x, y) in der Koordinatenebene erfüllt, die auf einer sogenannten *Astroide* liegen (Abb. 15.12). In der oberen oder in der unteren Halbebene können wir die Linie als Graph einer Funktion $y\colon [-1, 1] \to \mathbb{R}$ auffassen. Diese Funktion ist durch

$$y(x) = \left(1 - |x|^{\frac{2}{3}}\right)^{\frac{3}{2}},$$

bzw. $-y(x)$ für den Zweig in der unteren Halbebene, gegeben.

Suchen wir zu $y\colon (0, 1) \to \mathbb{R}$ die Ableitung, so können wir diese entweder direkt aus der expliziten Darstellung ermitteln oder implizit mit der Kettenregel aus der Gleichung

$$x^{2/3} + \big(y(x)\big)^{2/3} = 1$$

bestimmen. Bilden wir die Ableitung auf beiden Seiten der Gleichung, so folgt:

$$\frac{2}{3}x^{-\frac{1}{3}} + \frac{2}{3}\big(y(x)\big)^{-\frac{1}{3}}\, y'(x) = 0,$$

und wir erhalten $y'(x) = -\sqrt[3]{\frac{y(x)}{x}}$. Nun können wir die explizite Darstellung der Funktion y auf $(0, 1)$ einsetzen, um die Ableitungsfunktion $y'\colon (0, 1) \to \mathbb{R}$ dieses Zweigs von y durch

$$y'(x) = -\frac{\sqrt{\left(1 - x^{\frac{2}{3}}\right)}}{\sqrt[3]{x}}$$

anzugeben. $\qquad \blacktriangleleft$

Die bisher hergeleiteten Ableitungsfunktionen zusammen mit den drei grundlegenden Regeln erlauben, Funktionen zu differenzieren, die sich aus Standardfunktionen bilden lassen. Daher ist eine Liste dieser Regeln zusammen mit den wesentlichen Ableitungen, wie sie im Überblick auf Seite 570 zusammengestellt ist, hilfreich.

Auch komplexwertige Funktionen lassen sich differenzieren

Darüber hinaus ist mit der Linearität des Differenzierens offensichtlich, wie bei komplexwertigen Funktionen in einer reellen Variablen, also $f\colon D \to \mathbb{C}$ auf einer offenen Menge $D \subseteq \mathbb{R}$, die Differenzierbarkeit erklärt werden kann. Wir bilden getrennt die Ableitung des Real- und des Imaginärteils. Somit ist

$$f'(x) = (\mathrm{Re}(f) + \mathrm{i}\,\mathrm{Im}(f))'(x)$$
$$= (\mathrm{Re}\, f)'(x) + \mathrm{i}\,(\mathrm{Im}\, f)'(x).$$

---------------- **?** ----------------

Berechnen Sie die Ableitung der Funktion $f\colon (0, 2\pi) \to \mathbb{C}$ mit $f(t) = \mathrm{e}^{zt}$ mit $z = a + \mathrm{i}b \in \mathbb{C}$.

Übersicht: Differenziationsregeln und Ableitungsfunktionen

Die wichtigsten Ableitungen und Regeln für differenzierbare Funktionen $f, g : D \to \mathbb{R}$ lassen sich knapp zusammenfassen.

Linearität

$$(f + g)'(x) = f'(x) + g'(x)$$
$$(af)'(x) = af'(x)$$

Produktregel

$$(f \cdot g)'(x) = f'(x)g(x) + f(x)g'(x)$$

Quotientenregel

$$\left(\frac{f}{g}\right)'(x) = \frac{f'(x)g(x) - f(x)g'(x)}{(g(x))^2} \quad \text{für } g(x) \neq 0$$

Kettenregel

$$(f \circ g)'(x) = f'(g(x))\, g'(x)$$

Potenzreihen

Mit

$$f(x) = \sum_{k=0}^{\infty} a_k\, (x - x_0)^k$$

folgt

$$f'(x) = \sum_{k=1}^{\infty} k\, a_k\, (x - x_0)^{k-1}$$

für $x \in (x_0 - R, x_0 + R)$ und Konvergenzradius $R \geq 0$. Ableitungen von Standardfunktionen, wobei $a \in \mathbb{R}$ eine Konstante bezeichnet:

$f(x)$	$f'(x)$
a	0
x^a	$a\, x^{a-1}$
$\exp x$	$\exp x$
$\ln x$	$\dfrac{1}{x}$
a^x	$a^x \ln a, \quad a > 0$
$\log_a x$	$\dfrac{1}{x \ln a}$
$\sin x$	$\cos x$
$\cos x$	$-\sin x$
$\tan x$	$\dfrac{1}{\cos^2 x} = 1 + \tan^2 x$
$\cot x$	$\dfrac{-1}{\sin^2 x} = -1 - \cot^2 x$
$\arcsin x$	$\dfrac{1}{\sqrt{1 - x^2}}$
$\arccos x$	$\dfrac{-1}{\sqrt{1 - x^2}}$
$\arctan x$	$\dfrac{1}{1 + x^2}$
$\operatorname{arccot} x$	$-\dfrac{1}{1 + x^2}$

Potenzreihen sind beliebig oft differenzierbar

Die Bedeutung von Potenzreihen (siehe Kapitel 11) ist schon hervorgehoben worden. Ein weiterer Aspekt ist die Differenzierbarkeit von Funktionen, die durch Potenzreihen gegeben sind.

Ableitungen einer Potenzreihe

Eine Funktion $f : (x_0 - r, x_0 + r) \to \mathbb{R}$, die sich um den Entwicklungspunkt x_0 in eine Potenzreihe mit Konvergenzradius $r > 0$ entwickeln lässt, d. h., es gilt

$$f(x) = \sum_{k=0}^{\infty} a_k\, (x - x_0)^k$$

für $x \in (x_0 - r, x_0 + r)$, ist beliebig oft differenzierbar, und die Ableitungen sind durch die gliedweise differenzierten Potenzreihen

$$f'(x) = \sum_{k=1}^{\infty} k\, a_k\, (x - x_0)^{k-1},$$

$$f''(x) = \sum_{k=2}^{\infty} k(k - 1)\, a_k\, (x - x_0)^{k-2}$$

usw. im Konvergenzintervall $(x_0 - r, x_0 + r)$ gegeben.

Beweis: Ohne Beschränkung der Allgemeinheit betrachten wir den Entwicklungspunkt $x_0 = 0$. Wir stellen den Beweis hier vor, schließen aber eine ausführliche Diskussion der relativ technischen Beweisführung in der Box auf Seite 572 an.

Zunächst ist zu zeigen, dass die beiden Potenzreihen

$$f(x) = \sum_{k=0}^{\infty} a_k\, x^k \quad \text{und} \quad g(x) = \sum_{k=1}^{\infty} k\, a_k\, x^{k-1}$$

denselben Konvergenzradius besitzen. Bezeichnen wir mit r und r' die beiden Konvergenzradien von f und g. Für die Partialsummen S_m von f gilt:

$$|S_m(x)| \leq |a_0| + \sum_{k=1}^{m} |a_k|\, |x|^k$$

$$\leq |a_0| + \sum_{k=1}^{m} k\, |a_k|\, |x|^k = |a_0| + |x| \sum_{k=1}^{m} k\, |a_k|\, |x|^{k-1}.$$

Für $|x| < r'$ konvergieren die Partialsummen auf der rechten Seite der Ungleichung für $m \to \infty$. Also konvergiert auch die linke Reihe nach dem Majorantenkriterium, und es folgt $r' \leq r$.

Seien nun andererseits $|x| < r$ und $\lambda = \frac{1}{2}\left(1 + r/|x|\right)$. Dann konvergiert die Potenzreihe zu f auch für λx. Ferner konvergiert die Folge $\alpha_k = \frac{k}{\lambda^k}$ gegen 0. Also gibt es insbesondere eine Konstante $c > 0$ mit $\alpha_k \le c$ für alle k, d. h. $k \le c\lambda^k$ für alle k. Es ergibt sich:

$$\sum_{k=1}^{m} k\,|a_k|\,|x|^{k-1} \;\le\; \frac{c}{|x|} \sum_{k=1}^{m} \lambda^k\,|a_k|\,|x|^k$$

$$= \frac{c}{|x|} \sum_{k=1}^{m} |a_k|\,|\lambda x|^k\,. \qquad (15.1)$$

Wiederum folgern wir mit dem Majorantenkriterium auf Konvergenz der linken Partialsumme, und wir haben gezeigt, dass $r \le r'$ ist. Zusammengenommen erhalten wir $r' = r$.

Für den zweiten Teil des Beweises halten wir $|x| < r$ fest und wählen $\varepsilon > 0$ mit $\rho = |x| + \varepsilon < r$. Dann gilt mit der binomischen Formel:

$$\frac{1}{h}\big[(x+h)^k - x^k\big] = \sum_{j=1}^{k} \binom{k}{j} h^{j-1} x^{k-j}$$

$$= \underbrace{\binom{k}{1}}_{=k} x^{k-1} + h \sum_{j=2}^{k} \binom{k}{j} h^{j-2} x^{k-j}\,.$$

Es folgt für $|h| \le \varepsilon$ die Abschätzung

$$\left| \frac{1}{h}\big[(x+h)^k - x^k\big] - k\,x^{k-1} \right|$$

$$\le\; |h| \sum_{j=2}^{k} \binom{k}{j} \varepsilon^{j-2}\,|x|^{k-j}$$

$$=\; \frac{|h|}{\varepsilon^2} \sum_{j=2}^{k} \binom{k}{j} \varepsilon^{j}\,|x|^{k-j}$$

$$\le\; \frac{|h|}{\varepsilon^2}\,(\varepsilon + |x|)^k \;=\; \frac{|h|}{\varepsilon^2}\,\rho^k\,. \qquad (15.2)$$

Somit gilt für die Partialsummen:

$$\left| \frac{1}{h}\big[S_m(x+h) - S_m(x)\big] - S_m'(x) \right| \le \frac{|h|}{\varepsilon^2} \sum_{k=1}^{m} |a_k|\,\rho^k$$

$$\le\; \gamma\,|h|$$

mit $\gamma = \frac{1}{\varepsilon^2}\big(\sum_{k=1}^{\infty} |a_k|\,\rho^k\big)$. Diese Abschätzung gilt für alle $m \in \mathbb{N}$. Der Grenzübergang $m \to \infty$ liefert

$$\left| \frac{1}{h}\big[f(x+h) - f(x)\big] - g(x) \right| \le \gamma\,|h|\,.$$

Für $h \to 0$ erhalten wir die Behauptung, dass die Potenzreihe f im Konvergenzbereich differenzierbar ist mit der Ableitung $f' = g$. ∎

Achtung: Beachten Sie, dass der konstante erste Term einer Potenzreihe beim gliedweisen Ableiten zu null wird und daher etwa die Reihe zu f' erst bei $k = 1$ beginnt. Wenn dies deutlich ist, kann man mit Indexverschiebungen die Ableitung auch anders darstellen durch

$$\left(\sum_{k=1}^{\infty} k\,a_k\,(x - x_0)^{k-1} \right) = \left(\sum_{k=0}^{\infty} (k+1)\,a_{k+1}\,(x - x_0)^{k} \right).$$

Manchmal wird in der Literatur auch der Term zu $k = 0$ mit angegeben:

$$\left(\sum_{k=1}^{\infty} k\,a_k\,(x - x_0)^{k-1} \right) = \left(\sum_{k=0}^{\infty} k\,a_k\,(x - x_0)^{k-1} \right).$$

Diese Variante vermeiden wir im Folgenden, da die scheinbare Singularität des Ausdrucks $1/(x - x_0)$ nur durch den Faktor $k = 0$ aufgehoben wird.

------------------------ **?** ------------------------

Bestätigen Sie die Identität

$$\exp'(x) = \exp(x),$$

indem Sie die Potenzreihe der Exponentialfunktion differenzieren.

Die Aussage zur Differenzierbarkeit bedeutet, dass Potenzreihen im Konvergenzbereich unendlich oft differenzierbare Funktionen repräsentieren; denn die Ableitung einer Potenzreihe ist schließlich wieder eine Potenzreihe mit demselben Konvergenzradius. So lassen sich die Standardfunktionen exp, cos, sin, etc. beliebig oft differenzieren. Andererseits besagt dies aber auch, dass eine Funktion, die an einer Stelle nur endlich viele Ableitungen hat, in einer Umgebung dieser Stelle nicht in eine Potenzreihe entwickelt werden kann.

Beispiel

- Wir suchen einen geschlossenen Ausdruck für die Potenzreihe

$$\sum_{n=1}^{\infty} n x^n$$

in ihrem Konvergenzbereich $|x| < 1$. Für die geometrische Reihe kennen wir die Darstellung

$$\sum_{n=0}^{\infty} x^n = \frac{1}{1 - x}$$

für $|x| < 1$. Betrachten wir die Funktion $f(x) = 1/(1-x)$ für $x \ne 1$. Die Funktion ist differenzierbar, und wir berechnen in beiden Darstellungen die Ableitung

$$f'(x) = \sum_{n=1}^{\infty} n x^{n-1} = \frac{1}{(1-x)^2}$$

für $x \in (-1, 1)$. Eine Multiplikation der Identität mit x führt auf die Darstellung

$$\sum_{n=1}^{\infty} n x^n = \frac{x}{(1-x)^2}\,.$$

Unter der Lupe: Beweis der Differenzierbarkeit von Potenzreihen

Um die Ableitung einer Potenzreihe zu zeigen, muss bewiesen werden, dass die Potenzreihen

$$\left(\sum_{k=0}^{\infty} a_k \, (x - x_0)^k \right) \quad \text{und} \quad \left(\sum_{k=1}^{\infty} k \, a_k \, (x - x_0)^{k-1} \right)$$

denselben Konvergenzradius besitzen und im Konvergenzbereich die zweite Reihe die Ableitung der ersten ist.

Zunächst lassen sich durch $\tilde{x} = x - x_0$ die Potenzreihen auf den Entwicklungspunkt $x_0 = 0$ transformieren. Daher kann ohne die allgemeine Aussage einzuschränken im Beweis von $x_0 = 0$ ausgegangen werden.

Man beginnt mit den Konvergenzradien. Wenn der Grenzwert $\lim_{k \to \infty} |a_{k+1}|/|a_k|$ existiert, folgt

$$\lim_{k \to \infty} \frac{|a_{k+1}|}{|a_k|} |x| = \lim_{k \to \infty} \frac{(k+1)|a_{k+1}|}{k|a_k|} |x|.$$

In diesem Fall führt schon das Quotientenkriterium auf dieselben Konvergenzradien.

Leider existiert der Grenzwert der Quotienten nicht in jedem Fall. Es muss deswegen expliziter vorgegangen werden. Ausgangspunkt sind die beiden Potenzreihen f und g mit Konvergenzradien r für f und r' für g. Es bietet sich an, die Aussage aufzuspalten und getrennt zu zeigen, dass sowohl $r \leq r'$ als auch $r \geq r'$ ist.

Betrachtet man die Partialsumme $S_m(x) = \sum_{k=0}^{m} a_k x^k$, so lässt sich diese mithilfe der Dreiecksungleichung, Vergrößern der Koeffizienten um den Faktor k und durch Ausklammern von $|x|$ durch die Terme der Potenzreihe g abschätzen, wie es in der ersten Ungleichung im Beweis gezeigt ist. Das Majorantenkriterium liefert somit Konvergenz von (S_m) für $|x| < r'$. Daher muss der Konvergenzradius von f größer sein, d. h., es gilt $r' \leq r$.

Es bleibt $r \leq r'$ zu zeigen. Eine analoge Abschätzung der Partialsumme $\sum_{k=1}^{m} k \, |a_k| \, |x|^{k-1}$ funktioniert nicht, da $k|a_k| \geq d|a_k|$ für jede beliebige Konstante d und $k > d$ gilt. Um das schnellere Wachsen der Koeffizienten $k|a_k|$ gegenüber den Koeffizienten $|a_k|$ in den Partialsummen von f zu kontrollieren, bleiben nur die Potenzen $|x|^k$.

Die Idee besteht nun darin, statt x einen etwas größeren Wert im Konvergenzbereich zu betrachten, der das lineare Wachstum des Faktors k in den Koeffizienten der Ableitung kompensiert. Daher wählen wir $\lambda > 1$ mit $\lambda|x| < r$, zum Beispiel, wie im Text, $\lambda = \frac{1}{2}(1 + r/|x|)$; denn $\lambda|x| = \frac{1}{2}(|x| + r) < r$ für $|x| < r$. Mit dieser Wahl von λ konvergiert die Potenzreihe zu f auch für λx und wir erhalten Summanden der Form $a_k \lambda^k x^k$.

Es ist noch erforderlich, eine Konstante $c > 0$ zu finden mit $k \leq c\lambda^k$ für alle $k \in \mathbb{N}$, um die Partialsummen von g abzuschätzen. Die Existenz einer solchen Konstante lässt sich begründen, indem wir die Folge mit $\alpha_k = \frac{k}{\lambda^k}$ betrachten. Die Folge ist eine Nullfolge, was sich etwa aus dem Quotientenkriterium für die Reihe $\left(\sum_{k=0}^{\infty} \alpha_k \right)$ ergibt.

Für $\lambda > 1$ ist die Reihe absolut konvergent, und somit ist $(\alpha_k)_{k \in \mathbb{N}}$ eine Nullfolge. Insbesondere ist die Folge beschränkt, d. h., es gibt eine Konstante $c > 0$ mit $\alpha_k < c$ für alle $k \in \mathbb{N}$.

Insgesamt folgt die Ungleichung (15.1). Das Majorantenkriterium liefert Konvergenz der linken Partialsummen, und wir haben gezeigt, dass auch $r \leq r'$ sein muss.

Für den zweiten Teil des Beweises müssen wir an einer Stelle x mit $|x| < r$ den Differenzenquotienten zur Potenzreihe f betrachten, d. h., es ist eine Abschätzung von

$$\left| \frac{1}{h}(f(x + h) - f(x)) - g(x) \right|$$

gesucht, die belegt, dass im Grenzfall für $h \to 0$ die Differenz null wird. Wir erlauben nur Störungen h mit $|x + h| < r$, damit $f(x + h)$ definiert ist. Also wählen wir eine Schranke $\varepsilon > 0$ mit $\varepsilon < r - |x|$ und betrachten Werte mit $|h| < \varepsilon$.

Wir haben es wieder mit zwei Grenzprozessen zu tun, und müssen entsprechend vorsichtig argumentieren. Betrachten wir zunächst die Differenz der Partialsummen

$$\left| \frac{1}{h}(S_m(x + h) - S_m(x)) - S_m'(x) \right|$$

mit den Summanden $\frac{1}{h}[(x + h)^k - x^k] - kx^{k-1}$. Es ist naheliegend, den Term $(x + h)^k$ wie im Beweis mit der allgemeinen binomischen Formel umzuschreiben. Eingesetzt führt uns dies auf die Abschätzung (15.2). Beachten Sie, dass es sich in der letzten Zeile wirklich um eine Abschätzung handelt, da die Terme für $k = 0$ und $k = 1$ addiert wurden.

Diese Rechnung führt auf die entscheidende Ungleichung

$$\left| \frac{1}{h}(S_m(x + h) - S_m(x)) - S_m'(x) \right| \leq \gamma |h|,$$

wobei die Zahl γ unabhängig(!) von m ist.

Hier steckt sie wieder, die Gleichmäßigkeit, die wir benötigen beim Vertauschen von Grenzprozessen, wie wir es schon im Kapitel 11 auf Seite 387 gesehen haben. Für den Beweis ist es wesentlich, dass wir eine solche Abschätzung gegenüber $h \to 0$ für alle $m \in \mathbb{N}$, also unabhängig vom aktuellen Wert von m, zeigen. So können wir letztendlich auf beiden Seiten der Ungleichung zunächst den Grenzwert $m \to \infty$ und dann $h \to 0$ betrachten, um den Beweis abzuschließen.

■ Wir betrachten noch die Potenzreihe

$$f(x) = \sum_{n=1}^{\infty} \frac{(2x+1)^n}{n} \,.$$

Um den Konvergenzradius und den Entwicklungspunkt zu bestimmen, schreiben wir die Reihe um zu

$$f(x) = \sum_{n=1}^{\infty} \frac{2^n}{n} \left(x + \frac{1}{2} \right)^n \,.$$

Es ist $x_0 = -1/2$ der Entwicklungspunkt, und das Quotientenkriterium liefert den Konvergenzradius $R = \frac{1}{2}$. Die Potenzreihe ist auf dem Intervall $(-1, 0)$ konvergent und die Funktion $f : (-1, 0) \to \mathbb{R}$ ist unendlich oft differenzierbar. Die erste Ableitungsfunktion ist gegeben durch

$$f'(x) = \sum_{n=1}^{\infty} \frac{2^n}{n} n \left(x + \frac{1}{2} \right)^{n-1} = \sum_{n=1}^{\infty} 2^n \left(x + \frac{1}{2} \right)^{n-1} \,.$$

Nun beobachten wir, dass für $x = -1$ die Potenzreihe zu f nach dem Leibniz-Kriterium konvergiert. Aber die Reihenglieder in der Ableitung an der Stelle $x = -1$ sind $a_n = 2(-1)^{n-1}$ für $n = 1, 2, \ldots$ Dies ist keine Nullfolge, und somit ist die Reihe nicht konvergent.

Wir sehen, dass das Konvergenzverhalten von Potenzreihen und ihren Ableitungen auf dem Rand des Konvergenzintervalls unterschiedlich sein kann.   ◀

15.3   Der Mittelwertsatz

Auf Seite 331 haben wir gesehen, dass jede stetige Funktion auf kompakten Mengen Minima und Maxima besitzt. In vielen Situationen lassen sich kritische Stellen, an denen solche Extrema liegen, mithilfe der Ableitung bestimmen.

Zur Erinnerung: Wir sprechen von einer **lokalen Maximalstelle** $\hat{x} \in [a, b]$ einer Funktion $f : [a, b] \to \mathbb{R}$, falls es eine Umgebung $I = (\hat{x} - \varepsilon, \hat{x} + \varepsilon) \cap [a, b]$ mit $\varepsilon > 0$ um $\hat{x}$ gibt, sodass

$$f(x) \;\leq\; f(\hat{x})$$

für alle $x \in I$ gilt. Analog werden **lokale Minimalstellen** definiert. Wenn sogar $f(x) \leq f(\hat{x})$ bzw. $f(x) \geq f(\hat{x})$ für alle $x \in [a, b]$ gilt, so spricht man von einer **globalen** Maximal- bzw. Minimalstelle.

Eine Stelle $\hat{x}$ heißt lokale oder globale **Extremalstelle**, wenn $\hat{x}$ Minimal- oder Maximalstelle ist. Zur Unterscheidung bezeichnet man den Maximal- bzw. Minimalwert $f(\hat{x})$ an einer solchen Stelle als globales oder lokales **Maximum** bzw. **Minimum** der Funktion.

Ableitung gleich null ist notwendige Bedingung für innere Extrema

Mit dem Differenzenquotienten an einer Extremalstelle sieht man, dass die Ableitung einer differenzierbaren Funktion an einer Extremalstelle gleich null sein muss.

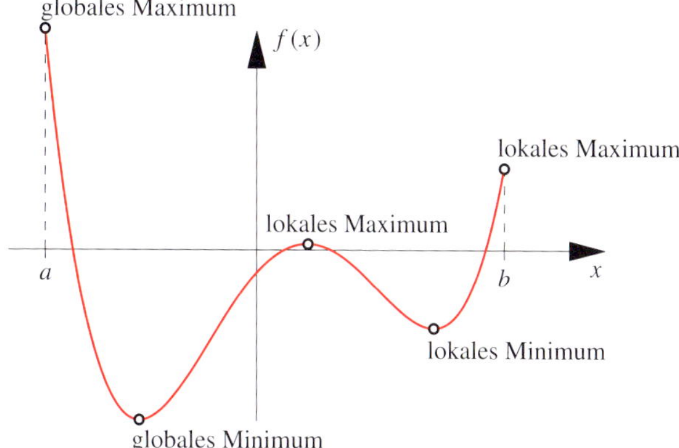

Abbildung 15.13 Verschiedene Typen von Maxima und Minima einer Funktion auf dem abgeschlossenen Intervall $[a, b]$.

Die Ableitung ist null an Extremalstellen

Wenn eine Funktion $f : [a, b] \subseteq \mathbb{R} \to \mathbb{R}$ in $\hat{x} \in (a, b)$ ein lokales Maximum oder Minimum hat und in $\hat{x}$ differenzierbar ist, gilt

$$f'(\hat{x}) = 0 \,.$$

Achtung: Liegt eine Extremalstelle $\hat{x}$ am Rand des Intervalls $[a, b]$, d. h., $\hat{x} = a$ oder $\hat{x} = b$, so muss die Ableitung nicht null sein (Abb. 15.13).

Beweis: Wir nehmen an, dass in $\hat{x} \in (a, b)$ ein lokales Maximum vorliegt. Dann können wir einen Wert $\varepsilon > 0$ so wählen, dass $f(\hat{x} + h) \leq f(\hat{x})$ gilt für alle $|h| \leq \varepsilon$. Für jeden positiven Wert $0 < h \leq \varepsilon$ ist nun

$$\frac{f(\hat{x} + h) - f(\hat{x})}{h} \leq 0 \,.$$

Lässt man h gegen 0 gehen, so konvergiert der Differenzenquotient gegen $f'(\hat{x})$ und aus der Ungleichung folgt auch im Grenzfall $f'(\hat{x}) \leq 0$.

Für negative Werte $-\varepsilon \leq h < 0$ ist andererseits

$$\frac{f(\hat{x} + h) - f(\hat{x})}{h} \geq 0 \,,$$

da in $\hat{x}$ ein Maximum vorliegt. Also gilt mit $h \to 0$ in diesem Fall $f'(\hat{x}) \geq 0$. Beide Ungleichungen zusammen liefern $f'(\hat{x}) = 0$.

Im Fall, dass an der Stelle $\hat{x}$ eine lokale Minimalstelle ist, zeigt man die Aussage entsprechend.   ∎

Beispiel   Die Minimalstelle der Funktion $f : \mathbb{R}_{>0} \to \mathbb{R}$ mit $f(x) = (x + \frac{1}{x})^2$ lässt sich finden, indem wir die Ableitung

$$f'(x) = 2 \left(x + \frac{1}{x} \right) \left(1 - \frac{1}{x^2} \right)$$

berechnen und beobachten, dass diese auf $\mathbb{R}_{>0}$ nur eine Nullstelle bei $x = 1$ besitzt.

Dies zeigt aber noch nicht, dass bei $x = 1$ ein Minimum liegt. In dem Beispiel lässt sich aber argumentieren, dass es nur eine Stelle mit $f'(x) = 0$ gibt und $f(x) \to \infty$ für $x \to 0$ und für $x \to \infty$ gilt. Deswegen muss ein globales Minimum an der Stelle vorliegen. ◀

Eine Aussage zur Existenz von Nullstellen der Ableitungsfunktion lässt sich bei differenzierbaren Funktionen ähnlich wie beim Zwischenwertsatz (siehe Seite 334) machen. Mit dieser nach dem Mathematiker Michel Rolle (1652–1719) benannten Aussage starten wir, um die Eigenschaften differenzierbarer Funktionen genauer zu beleuchten.

Der Satz von Rolle

Ist $f : [a, b] \subseteq \mathbb{R} \to \mathbb{R}$ eine stetige Funktion, die auf (a, b) differenzierbar ist, dann folgt aus $f(a) = f(b)$, dass es eine Stelle $\hat{x} \in (a, b)$ gibt mit $f'(\hat{x}) = 0$.

Beweis: Ist die Funktion f auf $[a, b]$ konstant, so sind die Differenzenquotienten stets null und somit auch die Ableitung von f. Man kann für $\hat{x}$ jeden beliebigen Punkt in (a, b) wählen.

Betrachten wir den Fall, dass f nicht konstant ist. Wir bezeichnen mit $x_1 \in [a, b]$ eine globale Maximalstelle und mit $x_2 \in [a, b]$ eine Minimalstelle. Beide existieren, da f stetig und das Intervall $[a, b]$ kompakt ist (siehe Seite 330). Außerdem muss $f(x_2) < f(x_1)$ sein, da die Funktion nicht konstant ist. Somit liegt mindestens eine der beiden Stellen x_1 oder x_2 im Innern des Intervalls. Aus der notwendigen Bedingung für Extremalstellen folgt die Behauptung für diesen der beiden Punkte $\hat{x} = x_1$ bzw. $\hat{x} = x_2$ im Intervall (a, b). ∎

—————————— **?** ——————————

Skizzieren Sie die Aussage des Satzes von Rolle.

Der Mittelwertsatz, im Zentrum der Analysis

Der Satz von Rolle liefert uns eine Existenzaussage für *kritische* Stellen, also Stellen $\hat{x} \in (a, b)$ mit $f'(\hat{x}) = 0$. Beachten Sie, dass dabei nichts über die Anzahl oder über die Lage dieser Stellen ausgesagt wird. Die Bedeutung des Satzes kommt aber voll zum Tragen durch eine Folgerung, die zentral ist für die gesamte Analysis.

Der Mittelwertsatz

Ist $f : [a, b] \subseteq \mathbb{R} \to \mathbb{R}$ eine stetige Funktion, die auf (a, b) differenzierbar ist, dann gibt es eine Zwischenstelle $z \in (a, b)$ mit

$$f(b) - f(a) = f'(z)\,(b - a).$$

Auch dies ist eine reine Existenzaussage, ohne Auskunft zu geben, wo im Intervall $[a, b]$ die Zwischenstelle z liegt. Anschaulich besagt der Satz, dass die Sekante durch die Punkte $(a, f(a))$ und $(b, f(b))$ eine Steigung besitzt, die der Steigung einer Tangenten am Graphen von f an mindestens einer Stelle zwischen a und b entspricht (Abb. 15.14).

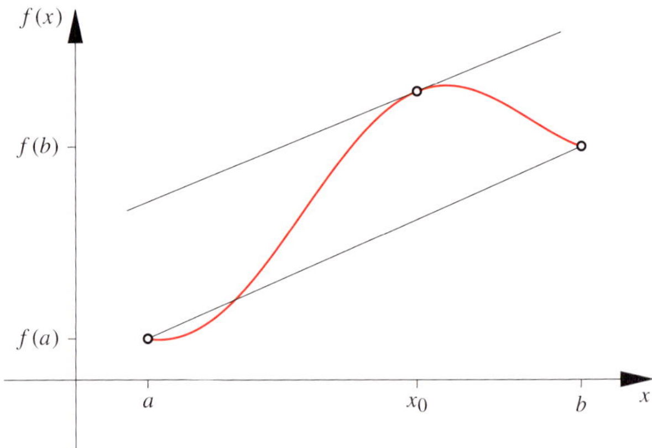

Abbildung 15.14 Der Mittelwertsatz besagt, dass die Steigung der Sekante zwischen zwei Punkten auf dem Graphen einer differenzierbaren Funktion auch Steigung einer Tangente ist.

Beweis: Der Mittelwertsatz lässt sich zeigen, indem wir den Satz von Rolle auf die stetige Funktion $\Phi : [a, b] \to \mathbb{R}$ mit

$$\Phi(x) = f(x) - \frac{f(b) - f(a)}{b - a}\,(x - a)$$

anwenden. Denn es gilt $\Phi(a) = f(a) = \Phi(b)$. Daher gibt es einen Wert $z \in (a, b)$ mit

$$0 = \Phi'(z) = f'(z) - \frac{f(b) - f(a)}{b - a}.$$

Dies ist gerade die Behauptung des Mittelwertsatzes. ∎

Funktionen mit gleichen Ableitungen unterscheiden sich höchstens um eine Konstante

Viele Eigenschaften differenzierbarer Funktionen stützen sich auf den Mittelwertsatz. Exemplarisch sprechen wir einige Folgerungen aus dem Mittelwertsatz in diesem Kapitel an, um unter anderem besser einschätzen zu können, wo der Mittelwertsatz eine entscheidende Rolle spielt.

Es lässt sich etwa zeigen, dass sich Funktionen mit gleicher Ableitungsfunktion höchstens um eine Konstante unterscheiden.

Folgerung

■ Eine differenzierbare Funktion $f : (a, b) \to \mathbb{R}$ mit $f'(x) = 0$ für alle $x \in (a, b)$ ist konstant.

Beispiel: Anwendungen des Mittelwertsatzes

Viele Aussagen der Analysis einer reellen Variablen stützen sich auf den Mittelwertsatz. Wie dieser Satz in Beweisen zum Einsatz kommt, lässt sich am Beispiel der Lipschitz-Stetigkeit und beim Beweis von Differenzierbarkeit an Nahtstellen illustrieren.

Problemanalyse und Strategie: In beiden Fällen wird die Differenz von Funktionswerten durch den Mittelwertsatz beschrieben, um Eigenschaften der Ableitung wie Beschränktheit oder Stetigkeit zu nutzen.

Lösung:

Auf Seite 321 wurde der Begriff der lipschitz-stetigen Funktion eingeführt. Bei Funktionen $f \in C^1([a, b])$ folgt diese Eigenschaft direkt aus dem Mittelwertsatz durch

$$|f(x) - f(y)| = |f'(z)(x - y)| \le \max_{z \in [a,b]} (|f'(z)|) \, |x - y| \, .$$

Wir sehen aber auch mit dem Mittelwertsatz, dass die Funktionen $f : \mathbb{R}_{\ge 0} \to \mathbb{R}$ mit $f(x) = x^\alpha$ und $\alpha \in (0, 1)$, also etwa die Wurzelfunktion, in $x = 0$ nicht lipschitz-stetig sind. Denn da die Funktionen stetig und auf $\mathbb{R}_{>0}$ differenzierbar sind, können wir den Mittelwertsatz anwenden und erhalten für $x > 0$:

$$f(x) - f(0) = f'(z)x = \alpha z^{\alpha - 1} x$$

mit $z \in (0, x)$. Der Term $z^{\alpha - 1}$ ist unbeschränkt für $x \to 0$. Es lässt sich somit auf keinem Intervall $[0, b]$ für $f : [0, b] \to \mathbb{R}$ eine Lipschitz-Konstante angeben.

Eine andere Art der Anwendung des Mittelwertsatzes steckt hinter einem nützlichen hinreichenden Kriterium für Differenzierbarkeit von stückweise zusammengesetzten Funktionen an „Nahtstellen", wie etwa $f : \mathbb{R} \to \mathbb{R}$ mit $f(x) = x^2$ für $x \ge 0$ und $f(x) = 0$ für $x < 0$.

Wir setzen voraus, dass auf einem offenen Intervall I eine Funktion $f : I \to \mathbb{R}$ gegeben ist, die für alle $x \in I \setminus \{\hat{x}\}$ differenzierbar ist mit Ausnahme einer Stelle $\hat{x} \in I$. Wenn die Ableitung $f' : I \setminus \{\hat{x}\} \to \mathbb{R}$ stetig fortsetzbar ist in $\hat{x}$, dann ist f auch stetig differenzierbar in $\hat{x}$.

Zum Beweis betrachten wir den Differenzenquotienten und wenden den Mittelwertsatz an, der besagt, dass es ein z zwischen x und $\hat{x}$ gibt mit

$$\frac{f(x) - f(\hat{x})}{x - \hat{x}} = f'(z) \, .$$

Wir schreiben $z = z(x)$, um deutlich zu machen, dass z von x abhängt. Wenn $x \to \hat{x}$ konvergiert, so strebt auch die Zwischenstelle $z(x)$ gegen $\hat{x}$. Da f' stetig fortsetzbar im Punkt $\hat{x}$ ist, existiert der Grenzwert, und es gilt:

$$\lim_{x \to \hat{x}} \frac{f(x) - f(\hat{x})}{x - \hat{x}} = \lim_{x \to \hat{x}} f'(z(x)) = f'(\hat{x}) \, .$$

Damit ist die Differenzierbarkeit von f in $\hat{x}$ gezeigt, und der Grenzwert des Differenzenquotient stimmt mit der Fortsetzung $f'(\hat{x})$ der Ableitungsfunktion überein.

Kommentar: Beachten Sie, dass die letzte Aussage auch in a und b für $f \in C^1([a, b])$ gilt, wenn wir den jeweiligen einseitigen Differenzenquotienten betrachten. Eine Aussage, die wir am Ende von Abschnitt 15.1 schon erwähnt haben.

Beide Anwendungen des Mittelwertsatzes, einmal, um Abschätzungen zu gewinnen, zum anderen, um Grenzwerte zu untersuchen, wird man häufig in der Analysis finden.

- Sind $f, g : (a, b) \to \mathbb{R}$ zwei differenzierbare Funktionen mit $f' = g'$ auf (a, b), so gibt es eine Konstante $c \in \mathbb{R}$ mit $f(x) = g(x) + c$ für alle $x \in (a, b)$.

Beweis: Ist $a \le x_1 < x_2 \le b$, so liefert die Anwendung des Mittelwertsatzes im Intervall $[x_1, x_2]$ die Existenz von $z \in (x_1, x_2)$ mit

$$f(x_2) - f(x_1) = f'(z)(x_2 - x_1).$$

Da aber die Ableitung $f'(z) = 0$ ist, folgt:

$$f(x_2) - f(x_1) = 0$$

bzw. $f(x_1) = f(x_2)$.

Für die zweite Folgerung wenden wir die erste Aussage einfach auf die Differenz $f - g$ an. ∎

Die Folgerungen zusammen mit der Differenzierbarkeit von Potenzreihen lassen sich nutzen, um Potenzreihen von Funktionen zu bestimmen.

Beispiel

- Aus dem Beispiel auf Seite 569 kennen wir bereits die Ableitungsfunktion

$$\arctan'(x) = \frac{1}{1 + x^2} \, .$$

Mit der geometrischen Reihe folgt die Potenzreihe

$$\arctan'(x) = \frac{1}{1 + x^2} = \sum_{n=0}^{\infty} (-x^2)^n$$

für $|x| < 1$.

Andererseits rechnen wir nach, dass die Funktion $g : (-1, 1) \to \mathbb{R}$, die durch die Potenzreihe

$$g(x) = \sum_{n=0}^{\infty} \frac{(-1)^n}{(2n + 1)} x^{2n+1}$$

gegeben ist, im Konvergenzintervall dieselbe Ableitung

$$g'(x) = \sum_{n=0}^{\infty} (-1)^n x^{2n}$$

besitzt. Somit ist mit obiger Feststellung $\arctan(x) = g(x) + c$ für $|x| < 1$ mit einer Konstanten $c \in \mathbb{R}$. Aus

$$0 = \arctan(0) = g(0) + c = 0 + c$$

folgt $c = 0$, und wir erhalten die Potenzreihendarstellung

$$\arctan(x) = \sum_{n=0}^{\infty} \frac{(-1)^n}{(2n+1)} x^{2n+1}$$

für $|x| < 1$.

Diese Reihendarstellung lässt sich zum Beispiel nutzen, um eine Dezimaldarstellung der Zahl π zu berechnen, indem die Auswertung von

$$\frac{\pi}{4} = \arctan(1) = \sum_{n=0}^{\infty} \frac{(-1)^n}{(2n+1)}$$
$$= 1 - \frac{1}{3} + \frac{1}{5} - \frac{1}{7} + \frac{1}{9} - \dots$$

bei hinreichender Genauigkeit abgebrochen wird.

- Gesucht ist eine Potenzreihendarstellung für den Logarithmus, $f(x) = \ln x$, $x > 0$. Mit der Ableitung

$$f'(x) = \frac{1}{x} = \frac{1}{1 - (1-x)}$$

erkennen wir, dass zumindest für die Ableitung wieder eine geometrische Reihe genutzt werden kann. Wir erhalten auf diesem Weg die Potenzreihendarstellung

$$f'(x) = \sum_{n=0}^{\infty} (-1)^n (x-1)^n$$

für $|x - 1| < 1$ um den Entwicklungspunkt $x_0 = 1$.

Andererseits lässt sich leicht nachrechnen, dass die Potenzreihe

$$g(x) = -\sum_{n=1}^{\infty} \frac{(-1)^n}{n} (x-1)^n$$

in ihrem Konvergenzintervall $(0, 2)$ auch die Ableitung

$$g'(x) = -\sum_{n=1}^{\infty} (-1)^n (x-1)^{n-1} = \sum_{n=0}^{\infty} (-1)^n (x-1)^n$$

besitzt. Wir können in diesem Fall schließen, dass

$$\ln(x) = g(x) + c$$

mit einer Konstanten $c \in \mathbb{R}$ im Konvergenzintervall $(0, 2)$ gilt. Berechnen wir $f(1) = \ln(1) = 0$ und berücksichtigen, dass die Potenzreihe $g(1) = 0$ erfüllt, so folgt die Identität

$$\ln(x) = -\sum_{n=1}^{\infty} \frac{(-1)^n}{n} (x-1)^n \quad \text{für } |x-1| < 1.$$

In diesen Beispielen haben wir aus Kenntnissen zur Ableitung einer Funktion zurück auf die Funktion geschlossen, im Vorgriff auf die Integration im folgenden Kapitel. ◀

Mit dem Newton-Verfahren lassen sich Nullstellen approximieren

Wir werden dem Mittelwertsatz als beweistechnisches Werkzeug immer wieder begegnen, zum Beispiel beim Abschätzen der *Konvergenzordnung* numerischer Verfahren. Ein solches Verfahren ist das Newton-Verfahren zur Lösung von nichtlinearen Gleichungen der Form $f(x) = 0$. Nur in speziellen Situationen, etwa bei affin-linearen oder quadratischen Gleichungen, lassen sich Lösungen in geschlossener Form angeben. In den meisten Fällen sind wir auf numerische Approximationen angewiesen, etwa um reelle Lösungen zu $\cos x - x = 0$ zu bestimmen. Das notwendige Kriterium $f'(x) = 0$ zur Bestimmung von Extremalstellen führt häufig auf solche Gleichungen, deren explizite Lösung nur durch ein Näherungsverfahren bestimmt werden kann.

Der Idee der Linearisierung einer Funktion kommt dabei eine entscheidende Bedeutung zu und führt unter anderem auf das **Newton-Verfahren**, die am häufigsten genutzte Methode zum Lösen nichtlinearer Gleichungen.

Suchen wir eine Nullstelle $\hat{x} \in (a, b)$ einer differenzierbaren Funktion $f : (a, b) \to \mathbb{R}$, so startet die Methode zunächst mit einer Stelle $x_0 \in (a, b)$, die man vorab wählen bzw. errechnen muss. Dort betrachtet man die Linearisierung, d. h.

$$f(x) \approx g(x) = f(x_0) + f'(x_0)(x - x_0).$$

Dies ist die Tangente an f im Punkt $(x_0, f(x_0))$ (siehe Abbildung 15.15). Um eine Approximation an die gesuchte Nullstelle zu bekommen, verwenden wir die Nullstelle dieser Tangente, d. h., wir bestimmen eine neue Stelle x_1 aus der linearen Gleichung

$$0 = f(x_0) + f'(x_0)(x_1 - x_0).$$

Wenn die Ableitung $f'(x_0)$ von null verschieden ist, folgt $x_1 = x_0 - f(x_0)/f'(x_0)$.

Aus der Abbildung wird deutlich, dass zumindest in der gezeigten Situation x_1 näher an der Nullstelle liegt als x_0. Das Newton-Verfahren wiederholt diesen Vorgang, und konstruiert so eine rekursive Folge

$$x_{n+1} = x_n - \frac{f(x_n)}{f'(x_n)}, \quad n \in \mathbb{N}.$$

Nehmen wir an, dass die Folge (x_n) gegen einen Grenzwert $\hat{x} \in (a, b)$ konvergiert und $x_n \in (a, b)$ für alle $n \in \mathbb{N}$ gilt, so folgt im Grenzfall aus der Rekursionsgleichung $f(\hat{x})/f'(\hat{x}) = 0$, d. h., der Grenzwert $\hat{x}$ ist Nullstelle von f.

Ein numerisches Verfahren nennt man **Iterationsverfahren**, wenn, wie beim Newton-Verfahren, rekursiv eine Folge berechnet wird, die sich einer Lösung nähert.

Folgerung

Sind $f : (a, b) \to \mathbb{R}$ zweimal stetig differenzierbar, $f(\hat{x}) = 0$ für ein $\hat{x} \in (a, b)$ und $f'(\hat{x}) \neq 0$. Dann gibt es ein $\delta > 0$,

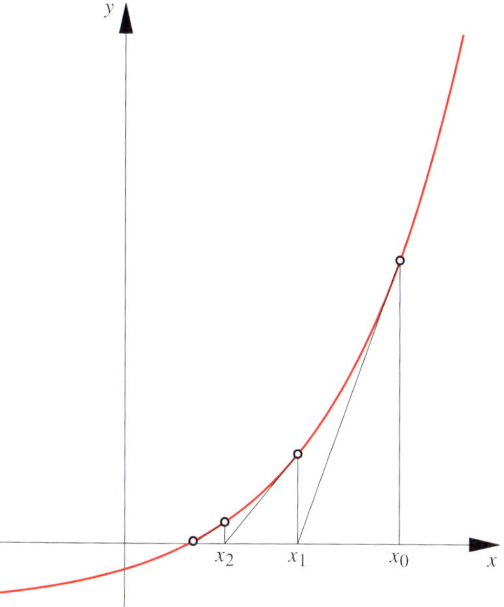

Abbildung 15.15 Bereits die ersten beiden Iterationsschritte des Newton-Verfahrens verdeutlichen die Näherung an eine Nullstelle

sodass das Newton-Verfahren für alle $x_0 \in (\hat{x} - \delta, \hat{x} + \delta) \subseteq (a, b)$ gegen $\hat{x}$ konvergiert, und es gilt die Fehlerabschätzung:

$$|x_{n+1} - \hat{x}| \leq c|x_n - \hat{x}|^2 \quad \text{für alle } n \in \mathbb{N}$$

mit einer Konstante $c > 0$.

Beweis: Zunächst beachten wir, dass es wegen der Stetigkeit von f' ein Intervall um die Stelle $\hat{x}$ gibt, auf dem f' nicht null ist; denn es gilt:

$$f'(x) = f'(\hat{x}) \left(1 + \frac{f'(x) - f'(\hat{x})}{f'(\hat{x})} \right)$$

und $f'(\hat{x}) \neq 0$. Also können wir $\tilde{\delta} > 0$ und eine Konstante $\tilde{c} > 0$ angeben mit $|f'(x)| \geq \tilde{c} > 0$ für $x \in [\hat{x} - \tilde{\delta}, \hat{x} + \tilde{\delta}]$. Im Intervall $[\hat{x} - \delta, \hat{x} + \delta]$ ist somit ein Newton-Iterationsschritt

$$x_{n+1} = x_n - \frac{f(x_n)}{f'(x_n)}$$

wohldefiniert.

Betrachten wir die Differenz zwischen der $(n+1)$-ten Iterierten $x_{n+1} = x_n - f(x_n)/f'(x_n)$ und x_n. Anwenden des Mittelwertsatzes führt auf

$$|x_{n+1} - \hat{x}| = \left| x_n - \frac{\overbrace{f(x_n) - f(\hat{x})}^{=0}}{f'(x_n)} - \hat{x} \right|$$

$$= \left| (x_n - \hat{x}) \left(1 - \frac{f'(z_1)}{f'(x_n)} \right) \right|$$

$$= \left| (x_n - \hat{x}) \left(\frac{f'(x_n) - f'(z_1)}{f'(x_n)} \right) \right|$$

mit einer Zwischenstelle z_1 zwischen x_n und $\hat{x}$. Da f zweimal stetig differenzierbar ist, können wir den Mittelwertsatz noch

einmal nutzen und zwar für die Differenz $f'(x_n) - f'(z_1) = f''(z_2)(x_n - z_1)$ mit einer weiteren Zwischenstelle z_2. Auf dem kompakten Intervall ist die stetige Funktionen f'' beschränkt, d. h., es gibt eine Konstante $\alpha > 0$ mit $|f''(x)| \leq \alpha$ für alle $x \in [\hat{x} - \delta, \hat{x} + \delta]$. Schätzen wir noch die Differenz $|x_n - z_1| \leq |x_n - \hat{x}|$ ab, so folgt die quadratische Abschätzung:

$$|x_{n+1} - \hat{x}| \leq \left| \frac{f''(z_2)}{f'(x_n)} \right| |x_n - \hat{x}|^2 \leq \frac{\alpha}{\tilde{c}} |x_n - \hat{x}|^2.$$

Mit $c = \alpha/\tilde{c}$, einem Wert $\delta > 0$ mit

$$\delta < \min\{1, \frac{1}{c}, \tilde{\delta}\}$$

und einem Startwert $x_0 \in (\hat{x} - \delta, \hat{x} + \delta)$ folgt induktiv, dass alle $x_n \in (\hat{x} - \delta, \hat{x} + \delta)$ sind und

$$|x_n - \hat{x}| \leq c|x_{n-1} - \hat{x}|^2$$

$$\leq \cdots \leq c^n |x_0 - \hat{x}|^{2n} \leq \delta^n$$

für alle $n \in \mathbb{N}$ gilt. Insbesondere ist jeder Newton-Schritt wohldefiniert, und es konvergiert $|x_n - \hat{x}| \to 0$ für $n \to \infty$.

∎

Kommentar: Die Fehlerabschätzung bezeichnet man als **quadratische Konvergenzordnung**, da sich die Differenz zwischen Approximation und wahrer Lösung in jedem Iterationsschritt quadratisch mit $|x_n - \hat{x}|^2$ verkleinert. An der Abschätzung $|x_n - \hat{x}| \leq \delta^n$ sehen wir, dass es sich um eine relativ schnelle Konvergenz handelt. Ist etwa $\delta = 1/10$, so gewinnen wir in jedem Iterationsschritt eine Dezimalstelle an Genauigkeit.

Zwei Beispiele zum Newton-Verfahren, das ausführlich für n-dimensionale Probleme im Rahmen der *Numerischen Mathematik* untersucht wird, fügen wir hier noch an.

Beispiel

- Das bekannte *Heron-Verfahren* (siehe Seite 296) zur Berechnung der Wurzel $\sqrt{a}$ einer positiven Zahl $a \in \mathbb{R}$ ist eine Anwendung des Newton-Verfahrens auf die Funktion $f: \mathbb{R}_{>0} \to \mathbb{R}$ mit $f(x) = x^2 - a$, denn mit der Ableitung $f'(x) = 2x$ folgt der Newton-Iterationsschritt

$$x_{n+1} = x_n - \frac{x_n^2 - a}{2x_n} = \frac{1}{2} \left(x_n + \frac{a}{x_n} \right).$$

Da diese Methode zur Approximation von Quadratwurzeln schon im antiken Babylon bekannt war, spricht man auch vom babylonischen Wurzelziehen.

- Als zweites Beispiel suchen wir eine Lösung der Gleichung

$$\cos x = x^2.$$

Dazu wenden wir das Newton-Verfahren auf die Funktion f mit $f(x) = x^2 - \cos x$ an. Starten wir mit dem Wert $x_0 = 1$ oder $x_0 = -0.1$, so folgen die Iterationsschritte

n	x_n	x_n
0	1.000 000 00	$-0.100\,000\,00$
1	0.838 218 40	$-3.385\,171\,40$
2	0.824 241 87	$-1.481\,426\,36$
3	0.824 132 32	$-0.949\,613\,66$
4	0.824 132 31	$-0.831\,722\,98$
5	0.824 132 31	$-0.824\,164\,39$
6	0.824 132 31	$-0.824\,132\,31$

Beachten Sie, dass das Verfahren beim zweiten Startwert gegen eine andere Nullstelle konvergiert. Die schnelle Konvergenz ist in der Tabelle deutlich zu sehen. Beim Startwert $x_0 = -0.1$ benötigt das Verfahren einige Schritte mehr als beim Startwert $x_0 = 1.0$. Zum einen ist dieser Startwert weiter entfernt von der Nullstelle und zum anderen näher an der Stelle $x = 0$, in der die Ableitung verschwindet. Der Startwert $x_0 = 0$ ist offensichtlich nicht zulässig, da $f'(0) = 0$ gilt.

Dies illustriert, dass die Wahl des Startwerts x_0 immens wichtig für den Erfolg des Verfahrens ist. Auch die Voraussetzung, dass f zweimal stetig differenzierbar ist, spielt eine Rolle. Wie sich die Regularität der betrachteten Funktion auf die Konvergenz und die Konvergenzgeschwindigkeit des Verfahrens auswirkt, untersuchen wir in einer Übungsaufgabe zu diesem Abschnitt. ◄

Der Mittelwertsatz lässt sich für Quotienten verallgemeinern

In manchen Situationen ist eine allgemeinere Fassung des Mittelwertsatzes hilfreich, die den Quotienten zweier Ausdrücke berücksichtigt.

Verallgemeinerter Mittelwertsatz

Es seien $f, g\colon [a, b] \subseteq \mathbb{R} \to \mathbb{R}$ stetige Funktionen, die in (a, b) differenzierbar sind. Gilt darüber hinaus, dass $g'(x) \neq 0$ für alle $x \in (a, b)$. Dann gibt es eine Zwischenstelle $z \in (a, b)$ mit

$$\frac{f(b) - f(a)}{g(b) - g(a)} = \frac{f'(z)}{g'(z)}.$$

Beweis: Der Satz von Rolle impliziert, dass $g(a) \neq g(b)$ ist, sodass der Quotient existiert. Um die Aussage zu zeigen, lässt sich der Mittelwertsatz nicht direkt auf f und auf g getrennt anwenden, da sich im Allgemeinen nur zwei verschiedene Zwischenstellen ergeben würden. Gehen wir den Beweis des Mittelwertsatzes auf Seite 574 aber nochmal durch und ersetzen dabei die Funktion Φ durch

$$\Phi(x) = f(x) - \frac{f(b) - f(a)}{g(b) - g(a)}\big[g(x) - g(a)\big]$$

auf $a \leq x \leq b$, so folgt die Behauptung. ∎

Als Konsequenz aus dem verallgemeinerten Mittelwertsatz betrachten wir eine Möglichkeit, Grenzwerte von rationalen

Ausdrücken der Form $f(x)/g(x)$ zu berechnen. Die Aussage ist benannt nach Guillaume François Antoine Marquis de L'Hospital (1661–1704), der sie im ersten Lehrbuch zur Differenzialrechnung 1696 veröffentlichte.

Die L'Hospital'sche Regel

Es seien $f, g\colon I \to \mathbb{R}$ differenzierbare Funktionen auf einem Intervall $I = (a, b) \subseteq \mathbb{R}$ mit

$$\lim_{\substack{x \to a \\ x > a}} f(x) = \lim_{\substack{x \to a \\ x > a}} g(x) = 0$$

und $g(x) \neq 0$, $g'(x) \neq 0$ für $x \in I$. Wenn der Grenzwert $\lim\limits_{\substack{x \to a \\ x > a}} f'(x)/g'(x)$ existiert, dann existiert auch der Grenzwert $\lim\limits_{\substack{x \to a \\ x > a}} f(x)/g(x)$, und es gilt:

$$\lim_{\substack{x \to a \\ x > a}} \frac{f(x)}{g(x)} = \lim_{\substack{x \to a \\ x > a}} \frac{f'(x)}{g'(x)}.$$

Die Aussage gilt entsprechend für linksseitige Grenzwerte bei b und in den Fällen $I = (a, \infty)$ für $x \to \infty$ oder $I = (-\infty, b)$ für $x \to -\infty$.

Beweis: Mit den stetigen Fortsetzungen $f(a) = g(a) = 0$ lässt sich der verallgemeinerte Mittelwertsatz anwenden auf

$$\frac{f(x)}{g(x)} = \frac{f(x) - f(a)}{g(x) - g(a)} = \frac{f'(z)}{g'(z)}$$

mit einer Zwischenstelle $z \in (a, x)$. Für eine Folge (x_n) in I, die gegen a konvergiert, streben auch die zugehörigen Zwischenstellen z_n mit $a < z_n < x_n$ gegen a. Da der Grenzwert auf der rechten Seite existiert, folgt somit auch die Existenz des linken Grenzwerts.

Analog lässt sich der Fall einer rechtsseitigen Umgebung von b zeigen. In den asymptotischen Fällen $x \to \infty$ oder $x \to -\infty$ führt eine Variablentransformation $y = \frac{1}{x}$ auf eine rechtsseitige bzw. linksseitige Umgebung der Null. Der erste Teil des Satzes beweist auch in diesen Fällen die Konvergenz, wenn wir die einseitigen Grenzwerte von der Form $\lim\limits_{\substack{y \to 0 \\ y \neq 0}} h(\frac{1}{y})$ für die Funktionen $f, g, f/g$ oder f'/g' betrachten. ∎

Selbstverständlich können wir den Satz auch für Grenzwerte betrachten, d. h., rechts- und linksseitiger Grenzwert existieren und sind gleich. Die Regeln bieten oft elegante Möglichkeiten, Grenzwerte bei rationalen Ausdrücken zu bestimmen.

Beispiel

- Wir berechnen mit der Regel von L'Hospital den Grenzwert

$$\lim_{x \to 0} \frac{\cos x - 1}{x} = \lim_{x \to 0} \frac{-\sin x}{1} = 0.$$

- Oft ist es zunächst nötig den Ausdruck umzuformen, damit die L'Hospital'sche Regel genutzt werden kann.

Außerdem ist häufig die Regel mehrmals anzuwenden, um Erfolg zu haben.

Es gilt zum Beispiel:

$$\lim_{x\to 0}\left(\frac{1}{x}-\frac{1}{\sin x}\right)=\lim_{x\to 0}\left(\frac{\sin x-x}{x\sin x}\right)$$
$$=\lim_{x\to 0}\frac{\cos x-1}{\sin x+x\cos x}$$
$$=\lim_{x\to 0}\frac{-\sin x}{2\cos x-x\sin x}=0. \quad \blacktriangleleft$$

?

Bei welchem der folgenden beiden Ausdrücke können wir die L'Hospital'sche Regel anwenden, um einen Grenzwert $x\to 0$ zu bestimmen,

$$\frac{x}{\sin x}\quad\text{und}\quad\frac{x}{\cos x}\,?$$

Bei unbeschränkten Funktionen lässt sich eine Variante der L'Hospital'sche Regel nutzen

Neben der oben angegebene Regel von L'Hospital gibt es eine zweite nützliche Variante, die aber aufwendiger zu zeigen ist.

L'Hospital'sche Regel (zweiter Teil)

Sind $f, g\colon I=(a,b)\to\mathbb{R}$ differenzierbare Funktionen mit $\lim\limits_{x\to a}\frac{1}{|f(x)|}=0$ und $\lim\limits_{x\to a}\frac{1}{|g(x)|}=0$, dann ist

$$\lim_{\substack{x\to a\\x>a}}\frac{f(x)}{g(x)}=\lim_{\substack{x\to a\\x>a}}\frac{f'(x)}{g'(x)},$$

falls der Grenzwert auf der rechten Seite existiert. Analog, wie bei den vorherigen L'Hospitalschen Regeln gilt auch diese Variante für linkseitige Grenzwerte bei b und in den Fällen $I=(a,\infty)$ für $x\to\infty$ oder $I=(-\infty,b)$ für $x\to-\infty$.

Achtung: Es handelt sich bei der Regel von l'Hospital um eine hinreichende Bedingung für die Existenz des Grenzwerts. Die Bedingung ist nicht notwendig, wie es am Beispiel $\lim_{x\to\infty}\frac{\sin x+x}{x}=1$ zu sehen ist.

Beweis: Benennen wir den Grenzwert mit

$$\gamma=\lim_{\substack{x\to a\\x>a}}\frac{f'(x)}{g'(x)},$$

so ist zu zeigen, dass der Quotient $f(x)/g(x)$ gegen γ konvergiert. Einen Zusammenhang zwischen den beiden Quotienten bekommen wir durch den verallgemeinerten Mittelwertsatz.

Um auf entsprechende Differenzen von Funktionswerten zu kommen, schreiben wir

$$\frac{f(x)}{g(x)}=\frac{f(x)-f(\tilde b)}{g(x)-g(\tilde b)}\frac{f(x)}{f(x)-f(\tilde b)}\frac{g(x)-g(\tilde b)}{g(x)}$$
$$=\frac{f'(z)}{g'(z)}\frac{1}{1-\frac{f(\tilde b)}{f(x)}}\left(1-\frac{g(\tilde b)}{g(x)}\right),$$

wobei nach dem Mittelwertsatz die Zwischenstelle z mit $x<z<\tilde b$ von den Punkten $x,\tilde b\in(a,b)$ abhängt. Bei der Umformung müssen wir gewährleisten, dass alle Nenner von null verschieden sind. Dies können wir aufgrund der Unbeschränktheit von f und g sicherstellen, wenn $x\neq\tilde b$ hinreichend nah bei a liegt.

Betrachten wir nun die drei Faktoren. Die letzten beiden streben gegen 1 für $x\to a$ und der erste Quotient gegen γ, wenn $z\to a$ bzw. $\tilde b\to a$. Dies lässt sich folgendermaßen ausnutzen:

Es sei $\varepsilon>0$ vorgegeben. Dann gibt es $\tilde b\in(a,b)$, sodass

$$\left|\frac{f'(z)}{g'(z)}-\gamma\right|\le\varepsilon$$

für alle $z\in(a,b)$ mit $|z-a|\le|\tilde b-a|$, da dieser Quotient konvergiert. Wir halten den Wert $\tilde b$ fest. Weiterhin gibt es einen Wert $\delta>0$, sodass $\delta<|\tilde b-a|$ ist und

$$\left|\frac{1-\frac{g(\tilde b)}{g(x)}}{1-\frac{f(\tilde b)}{f(x)}}-1\right|\le\varepsilon$$

für alle $x\in(a,a+\delta)$ gilt. Insgesamt erhalten wir mit der obigen Gleichung und der Dreiecksungleichung die Abschätzung

$$\left|\frac{f(x)}{g(x)}-\gamma\right|\le\left|\frac{f'(z)}{g'(z)}-\gamma\right|\left|\frac{1-\frac{g(\tilde b)}{g(x)}}{1-\frac{f(\tilde b)}{f(x)}}\right|$$
$$+|\gamma|\left|\frac{1-\frac{g(\tilde b)}{g(x)}}{(1-\frac{f(\tilde b)}{f(x)})}-1\right|$$
$$\le\varepsilon(1+\varepsilon)+|\gamma|\varepsilon$$

für alle $x\in(a,b)$ mit $|x-a|\le\delta$. Dies zeigt die Existenz und den Wert von $\lim\limits_{\substack{x\to a\\x>a}}f(x)/g(x)=\gamma$. $\blacksquare$

Bei vielen Modellen sind gerade die Grenzfälle interessant, um zu sehen, inwieweit eine Beschreibung konsistent ist gegenüber Spezialfällen. Die L'Hospital'sche Regel kann dazu nützlich sein, wie das folgende Beispiel zeigt.

Beispiel Fällt ein Körper mit Masse $m=1$ unter Einfluss der Schwerkraft, so wird die turbulente Reibung des Mediums durch eine Kraft $F_r=\mu v^2(t)$ in Abhängigkeit der momentanen Geschwindigkeit modelliert. Dieses Modell wird

Beispiel: Die L'Hospital'sche Regel

Die Regel von de L'Hospital ist häufig anwendbar, auch wenn zunächst der Ausdruck, dessen Limes gesucht ist, nicht als Bruch vorliegt. Nach entsprechenden Umformungen lassen sich so etwa die Grenzwerte

$$\lim_{s \to 0} \frac{1}{s^2}\left(1 - \frac{1}{\cos^2 s}\right), \quad \lim_{x \to 0} x^x \quad \text{und} \quad \lim_{t \to \infty}\left(1 + \frac{x}{t}\right)^t \quad (\text{mit } x \in \mathbb{R})$$

bestimmen.

Problemanalyse und Strategie: Zunächst müssen Darstellungen gefunden werden, die rationale Terme enthalten, die im Grenzfall auf unbestimmte Ausdrücke der Form „$\frac{0}{0}$" oder „$\frac{\infty}{\infty}$" führen. Dann kann die entsprechende Regel von L'Hospital angewandt werden.

Lösung:

Indem wir den Ausdruck auf einem Bruch schreiben, ergibt sich im Grenzfall die unbestimmte Form „$\frac{0}{0}$", sodass die L'Hospital'sche Regel anwendbar ist. Die folgende Rechnung zeigt, dass wir in diesem Beispiel zweimal die Regel anwenden müssen, um im Grenzfall auf einen bestimmten Ausdruck und somit auf den Grenzwert zu kommen. Wir erhalten:

$$\lim_{x \to 0} \frac{1}{x^2}\left(1 - \frac{1}{\cos^2 x}\right)$$
$$= \lim_{x \to 0} \frac{\cos^2 x - 1}{x^2 \cos^2 x}$$
$$= \lim_{x \to 0} \frac{-2 \cos x \, \sin x}{2x \cos^2 x - 2x^2 \cos x \, \sin x}$$
$$= \lim_{x \to 0} \frac{-2 \cos^2 x + 2 \sin^2 x}{2 \cos^2 x - 8x \cos x \, \sin x - 2x^2(\cos^2 x - \sin^2 x)}$$
$$= -1 \, .$$

Im zweiten Fall schreiben wir

$$x^x = \exp(x \ln(x)) = \exp\left(\frac{\ln x}{\frac{1}{x}}\right).$$

Da die Exponentialfunktion stetig ist, genügt es den Grenzwert

$$\lim_{x \to 0} \frac{\ln x}{\frac{1}{x}} = \lim_{x \to 0} \frac{\frac{1}{x}}{-\frac{1}{x^2}}$$
$$= -\lim_{x \to 0} x = 0$$

mit dem zweiten Teil der Regel von L'Hospital von Seite 579 für den Grenzfall „$\frac{\infty}{\infty}$" zu berechnen. Für den gesuchten Limes erhalten wir:

$$\lim_{x \to 0} x^x = \exp\left(\lim_{x \to 0} \frac{\ln x}{\frac{1}{x}}\right) = \exp(0) = 1 \, .$$

Auch im dritten Beispiel nutzen wir die Stetigkeit der Exponentialfunktion. Es gilt:

$$\lim_{t \to \infty}\left(1 + \frac{x}{t}\right)^t = \lim_{t \to \infty} \exp\left[t \ln\left(1 + \frac{x}{t}\right)\right]$$
$$= \exp\left\{\lim_{t \to \infty}\left[t \ln\left(1 + \frac{x}{t}\right)\right]\right\},$$

und wir untersuchen den Exponenten. Dazu schreiben wir

$$\lim_{t \to \infty}\left[t \ln\left(1 + \frac{x}{t}\right)\right] = \lim_{t \to \infty} \frac{\ln\left(1 + \frac{x}{t}\right)}{1/t}$$
$$= \lim_{\varepsilon \to 0} \frac{\ln(1 + \varepsilon x)}{\varepsilon}$$
$$= \lim_{\varepsilon \to 0} \frac{x/(1 + \varepsilon x)}{1} = x \, .$$

Beachten Sie dabei, dass die Ableitungen bezüglich der Variablen $\varepsilon = 1/t$ betrachtet werden.

Mit der Stetigkeit der Exponentialfunktion folgt so die Identität

$$\lim_{t \to \infty}\left(1 + \frac{x}{t}\right)^t = \exp\left\{\lim_{t \to \infty}\left[t \ln\left(1 + \frac{x}{t}\right)\right]\right\} = \mathrm{e}^x \, ,$$

die wir schon kennen und auf Seite 400 auf anderem Weg gezeigt haben.

auch *Newton'sche Reibung* genannt. Die Bewegung lässt sich durch die Differenzialgleichung

$$x''(t) + \mu(x'(t))^2 = g$$

beschreiben, wobei $x(t)$ die bis zur Zeit t zurückgelegte Höhendifferenz, $v(t) = x'(t)$ die Geschwindigkeit, μ den Reibungskoeffizienten und g die Erdbeschleunigung bezeichnen.

Durch Nachrechnen prüfen wir, dass die Funktion

$$x(t) = \frac{1}{\mu} \ln\left(\cosh(\sqrt{\mu g}\, t)\right)$$

Lösung dieser Gleichung mit den Eigenschaften $x(0) = x'(0) = 0$ ist.

Mit der Regel von L'Hospital können wir zeigen, dass diese Lösung für $\mu \to 0$ gegen die bekannte Lösung $x(t) = \frac{g}{2} t^2$ des freien Falls im Vakuum konvergiert.

Dazu fassen wir den Ausdruck für $x(t)$ bei festem Zeitpunkt $t > 0$ als Funktion in μ auf. Zweimal L'Hospital'sche Regel anwenden liefert:

$$\lim_{\mu \to 0} \frac{1}{\mu} \ln \left(\cosh\left(\sqrt{\mu g}\, t\right)\right) = \lim_{\mu \to 0} \frac{\frac{t\,g\,\sinh(\sqrt{\mu g}\,t)}{2\sqrt{\mu g}\,\cosh(\sqrt{\mu g}\,t)}}{1}$$

$$= \frac{t g}{2} \lim_{\mu \to 0} \frac{\sinh\left(\sqrt{\mu g}\,t\right)}{\sqrt{\mu g}}$$

$$= \frac{t g}{2} \lim_{\mu \to 0} \frac{\frac{1}{2} t g \cosh\left(\sqrt{\mu g}\,t\right)}{\sqrt{\mu g}\,\frac{1}{2\sqrt{\mu g}}\,g}$$

$$= \frac{g}{2} t^2 \,,$$

wobei wir den Grenzwert $\lim_{\mu \to 0} \cosh\left(\sqrt{\mu g}\,t\right) = 1$ eingesetzt haben. Dies bestätigt die im Grenzfall bekannte Lösung zum freien, ungedämpften Fall. ◄

15.4 Verhalten differenzierbarer Funktionen

Nachdem mit den letzten Abschnitten geklärt ist, wie man Ableitungen bestimmen und den Mittelwertsatz nutzen kann, werden wir nun weiter untersuchen, welche Information die Ableitung über das lokale Änderungsverhalten eines funktionalen Zusammenhangs liefert. Betrachten wir Tangenten am Graphen einer stetigen Funktion, so ist offensichtlich, dass die Steigungen dieser Tangenten Hinweise zum Verhalten der Funktion etwa an extremen Stellen beinhalten (Abb. 15.16).

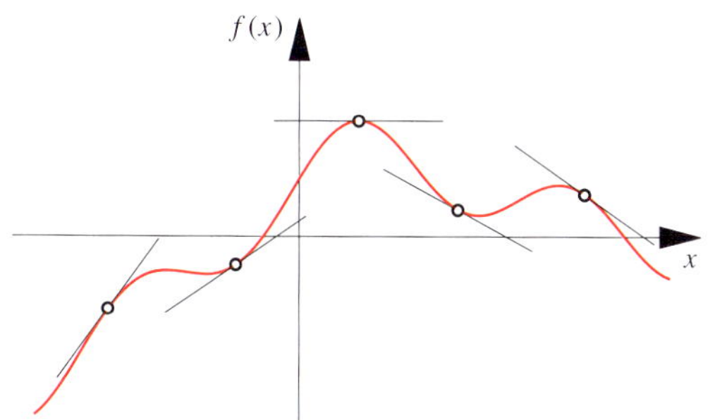

Abbildung 15.16 Die Lage der Tangenten am Graphen einer differenzierbaren Funktion gibt Auskunft über das lokale Verhalten einer Funktion.

Auf Seite 331 haben wir gesehen, dass jede stetige Funktion auf kompakten Mengen Minima und Maxima besitzt. In vielen Situationen lassen sich kritische Stellen, an denen solche Extrema liegen, mithilfe des notwendigen Kriteriums $f'(\hat{x}) = 0$ bestimmen (siehe Seite 573). Betrachten wir dazu noch ein weiteres Beispiel:

Beispiel Gesucht sind alle globalen Extremalstellen der Funktion

$$f(x) = x + 2 \sin x$$

auf dem Intervall $[-2\pi, 2\pi]$.

Wir gehen in mehreren Schritten vor: Zunächst stellen wir fest, dass es mindestens ein globales Minimum und ein globales Maximum geben muss, da f auf dem kompakten Intervall $[-2\pi, 2\pi]$ eine stetige Funktion ist.

In einem zweiten Schritt suchen wir Extrema im Inneren des Intervalls. Da f differenzierbar ist, genügt es, die notwendige Bedingung $f'(\hat{x}) = 0$ zu untersuchen. Wir berechnen

$$f'(x) = 1 + 2 \cos x \,.$$

Aus der Bedingung $f'(\hat{x}) = 0$ folgt:

$$\cos \hat{x} = -\frac{1}{2}$$

als Bedingung für kritische Stellen $\hat{x} \in [-2\pi, 2\pi]$. Mit der Tabelle auf Seite 405 folgen die Möglichkeiten:

$$\hat{x} = \frac{2}{3}\pi \,, \quad \hat{x} = \frac{4}{3}\pi, \quad \hat{x} = -\frac{2}{3}\pi \quad \text{oder} \quad \hat{x} = -\frac{4}{3}\pi \,.$$

Nun berechnen wir die Funktionswerte an den kritischen Stellen und in den Randpunkten $x = -2\pi$ und $x = 2\pi$, um festzustellen, an welcher Stelle ein globales Maximum bzw. ein globales Minimum liegt. Wir erhalten

$$f(-2\pi) = -2\pi \,, \qquad f\left(-\frac{4}{3}\pi\right) = -\frac{4}{3}\pi + \sqrt{3} \,,$$

$$f\left(-\frac{2}{3}\pi\right) = -\frac{2}{3}\pi - \sqrt{3} \,, \qquad f\left(\frac{2}{3}\pi\right) = \frac{2}{3}\pi + \sqrt{3} \,,$$

$$f\left(\frac{4}{3}\pi\right) = \frac{4}{3}\pi - \sqrt{3} \,, \qquad f(2\pi) = 2\pi \,.$$

Vergleichen wir diese Funktionswerte, so wird deutlich, dass ein globales Minimum der Funktion bei $x = -2\pi$ und ein globales Maximum bei $x = 2\pi$ liegen. Ob es sich bei den kritischen Stellen im Inneren des Intervalls um lokale Extrema handelt, können wir mit dieser Information noch nicht entscheiden. Ein Bild des Graphen gibt uns natürlich Auskunft über die Extremalstellen (Abb. 15.17). ◄

Wir haben ein Kriterium, um eine Funktion auf Extremalstellen hin zu untersuchen. Aber es handelt sich um eine **notwendige Bedingung**. Dies bedeutet, wenn ein Minimum oder Maximum zu einer differenzierbaren Funktion in $\hat{x} \in (a, b)$ vorliegt, dann gilt $f'(\hat{x}) = 0$. Andersherum können wir nicht folgern, d. h., wenn wir eine Stelle finden mit der Bedingung $f'(\hat{x}) = 0$, so ist noch nicht gewährleistet, dass es sich um ein Extremum handelt. Das kanonische Beispiel ist die Funktion $f: \mathbb{R} \to \mathbb{R}$ mit $f(x) = x^3$. Mit $f'(x) = 3x^2$ ist $f'(0) = 0$. Es liegt aber weder ein lokales Minimum noch ein lokales Maximum vor, denn $f(x) < 0$ für $x < 0$ und $f(x) > 0$ für $x > 0$. Eine Stelle, in der die erste Ableitung verschwindet, aber dennoch kein lokales Extremum vorliegt heißt **Sattelpunkt** der Funktion f (Abb. 15.18).

Trotzdem ist es bei der Suche nach Extrema sinnvoll, die notwendige Bedingung $f'(x) = 0$ zu betrachten. Lösungen dieser im Allgemeinen nichtlinearen Gleichung nennen wir **kritische Stellen**.

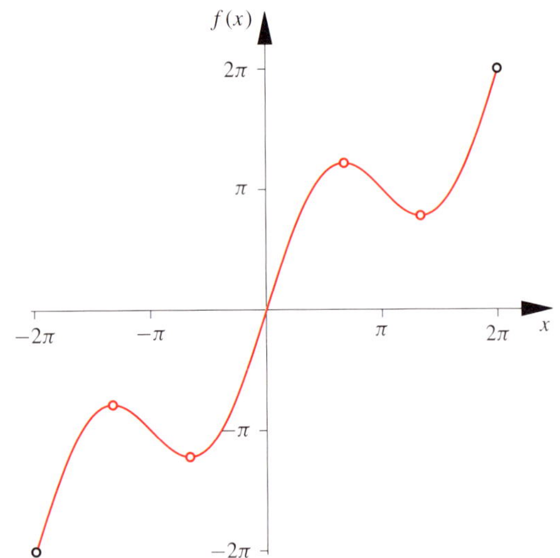

Abbildung 15.17 Die Extremalstellen der Funktion $f(x) = x + 2 \sin x$.

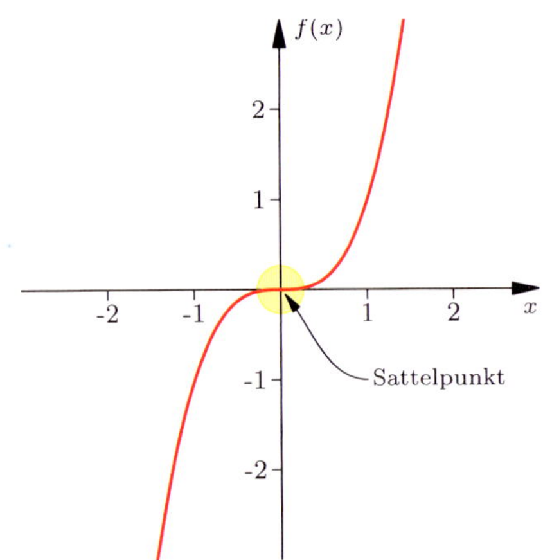

Abbildung 15.18 An der Stelle $x = 0$ liegt ein Sattelpunkt der Funktion $f : \mathbb{R} \to \mathbb{R}$ mit $f(x) = x^3$.

Zur Berechnung von kritischen Stellen muss die Gleichung $f'(x) = 0$ für Argumente $x \in D$ im Definitionsbereich gelöst werden. Schon bei Polynomen höheren Grads ist dies in geschlossener Form im Allgemeinen nicht möglich, sodass wir nur in Spezialfällen explizit Lösungen zu solchen Gleichungen angeben können. Andernfalls bleibt uns nur die Möglichkeit, Lösungen anzunähern, etwa mit dem auf Seite 576 vorgestellten *Newton-Verfahren*.

Neben dem geschlossenen oder numerischen Lösen solcher Gleichung stellen sich weitere Fragen, etwa: „Unter welchen Voraussetzungen gibt es überhaupt kritische Stellen?", oder „Handelt es sich um eine Minimal- oder eine Maximalstelle?" Wir wenden uns diesen Fragen zu.

Nicht negative Ableitung bedeutet monoton steigend

Der Mittelwertsatz gibt uns die Möglichkeit, das lokale Verhalten von stetig differenzierbaren Funktionen mithilfe der Ableitung zu analysieren.

Lemma

Wenn $f : [a, b] \to \mathbb{R}$ eine stetige und auf (a, b) differenzierbare Funktion ist, so gelten die folgenden Äquivalenzen:

- Es ist $f'(x) \geq 0$ für alle $x \in (a, b)$ genau dann, wenn f in (a, b) monoton steigend ist.
- Es ist $f'(x) \leq 0$ für alle $x \in (a, b)$ genau dann, wenn f in (a, b) monoton fallend ist.

Beweis: Wir zeigen nur den ersten Fall. Der Beweis für monoton fallende Funktionen verläuft entsprechend.

Gehen wir von $f'(x) \geq 0$ für alle $x \in (a, b)$ aus und wählen zwei Stellen $x_1, x_2 \in [a, b]$ mit $x_1 < x_2$. Anwendung des Mittelwertsatzes im Intervall $[x_1, x_2]$ liefert die Existenz einer Stelle $z \in (x_1, x_2)$ mit

$$f(x_2) - f(x_1) = f'(z)(x_2 - x_1) \geq 0,$$

also gilt $f(x_1) \leq f(x_2)$.

Andererseits folgt für eine monoton steigende Funktion, dass der Differenzenquotient

$$\frac{f(x + h) - f(x)}{h} \geq 0$$

nicht negativ ist. Die Ungleichung bleibt im Grenzfall $h \to 0$ erhalten. Also ist $f'(x) \geq 0$. $\blacksquare$

Beachten Sie, dass die gesamte Ableitungsfunktion auf dem Intervall positiv sein muss. Für diese Bedingung wird häufig auch kurz $f' \geq 0$ ohne Argument geschrieben.

----------- **?** -----------

Finden Sie ein Gegenbeispiel, um zu belegen, dass aus Positivität der Ableitung an einer Stelle im Allgemeinen nicht Monotonie folgt

Eine Implikation der letzten Aussage lässt sich übrigens verschärfen. Eine positive Ableitung $f' > 0$ auf einem Intervall (a, b) impliziert, dass die Funktion streng monoton steigend ist. Analog gilt, dass negative Ableitungen ein streng monoton fallendes Verhalten implizieren. Dies wird deutlich, wenn wir im ersten Teil des obigen Beweises die Ungleichungen durch echte Ungleichungen ersetzen.

----------- **?** -----------

Kann man diese Aussage zur strengen Monotonie umkehren?

Beispiel Ist die Ableitungsfunktion einer differenzierbaren Funktion auf einem Intervall positiv, so ist die Funktion streng monoton wachsend, und es existiert eine differenzierbare Umkehrfunktion. Auf welchem Intervall ist die Funktion $f : \mathbb{R} \to \mathbb{R}$

$$f(x) = \cosh(x)$$

umkehrbar?

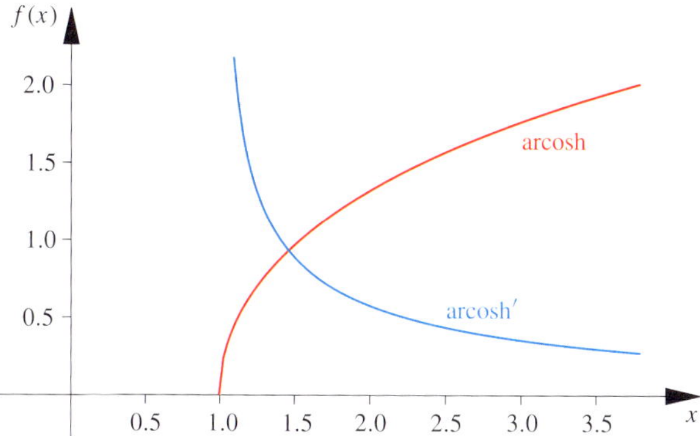

Abbildung 15.19 Der Graph des Areakosinus hyperbolicus und die zugehörige Ableitungsfunktion.

Man berechnet zunächst die Ableitung $f'(x) = \sinh(x)$. Aus

$$f'(x) = \frac{e^x - e^{-x}}{2} = \frac{e^x}{2}(1 - e^{-2x})$$

ergibt sich, dass

$$f'(x) > 0 \quad \text{für } x > 0$$

und

$$f'(x) < 0 \quad \text{für } x < 0$$

gilt. Somit ist cosh streng monoton auf $\mathbb{R}_{>0}$ bzw. auf $\mathbb{R}_{<0}$ und insbesondere umkehrbar auf diesen Intervallen. Die Umkehrfunktion ist der Areakosinus hyperbolicus mit

$$\operatorname{arcosh}(x) = \ln(x + \sqrt{x^2 - 1}), \quad x \geq 1,$$

als Umkehrfunktion zu $\cosh : \mathbb{R}_{\geq 0} \to \mathbb{R}_{\geq 1}$ und

$$g(x) = \ln(x - \sqrt{x^2 - 1}), \quad x \geq 1,$$

als Umkehrfunktion zu $\cosh : \mathbb{R}_{\leq 0} \to \mathbb{R}_{\geq 1}$ (siehe Seite 403). Für die Ableitung erhalten wir:

$$\frac{\mathrm{d}}{\mathrm{d}x} \operatorname{arcosh}(x) = \frac{1}{\sinh(\operatorname{arcosh}(x))}$$

$$= \left[\frac{1}{2}\left(\exp(\ln(x + \sqrt{x^2 - 1})) - \frac{1}{\exp(\ln(x + \sqrt{x^2 - 1}))}\right)\right]^{-1}$$

$$= \left[\frac{1}{2}\left(x + \sqrt{x^2 - 1} - \frac{x - \sqrt{x^2 - 1}}{x^2 - (x^2 - 1)}\right)\right]^{-1}$$

$$= \left[\sqrt{x^2 - 1}\right]^{-1} = \frac{1}{\sqrt{x^2 - 1}}$$

für $x > 1$ (Abb. 15.19), bzw.

$$g'(x) = -\frac{1}{\sqrt{x^2 - 1}}$$

im zweiten Fall. ◀

Ein Vorzeichenwechsel der Ableitungsfunktion unterscheidet Minimum und Maximum

Wir kommen zurück auf die Extremalprobleme. Wir wissen bereits, dass in einer Extremalstelle $\hat{x}$ einer differenzierbaren Funktion die Bedingung $f'(\hat{x}) = 0$ gelten muss. Gilt darüber hinaus, dass die Ableitungsfunktion links der kritischen Stelle negativ ist und rechts positiv ist, so folgt mit entsprechender Zwischenstelle z aus dem Mittelwertsatz

$$f(x) - f(\hat{x}) = \underbrace{f'(z)}_{<0} \underbrace{(x - \hat{x})}_{<0} > 0$$

für $x < z < \hat{x}$ und

$$f(x) - f(\hat{x}) = \underbrace{f'(z)}_{>0} \underbrace{(x - \hat{x})}_{>0} > 0$$

für $x > z > \hat{x}$. Wir haben also ein Kriterium gezeigt, um in kritischen Stellen zu entscheiden, ob es sich um ein Minimum oder ein Maximum handelt. Wir formulieren dies sowohl für lokale Minima als auch für lokale Maxima in folgender Aussage.

Ein hinreichendes Optimalitätskriterium

Ist $f : (a, b) \to \mathbb{R}$ eine differenzierbare Funktion mit $f'(\hat{x}) = 0$ an einer Stelle $\hat{x} \in (a, b)$, und gibt es $\varepsilon > 0$ mit

$$f'(x) < 0 \quad \text{für alle } x \in (\hat{x} - \varepsilon, \hat{x})$$

und

$$f'(x) > 0 \quad \text{für alle } x \in (\hat{x}, \hat{x} + \varepsilon),$$

so ist $\hat{x}$ Minimalstelle der Funktion f.

Ändert sich das Vorzeichen der Ableitungen andererseits von positiven zu negativen Werten, so ist in $\hat{x}$ ein lokales Maximum.

Beispiel Kehren wir zurück zum Beispiel auf Seite 581, wo wir die Funktion $f : [-2\pi, 2\pi] \to \mathbb{R}$ mit

$$f(x) = x + 2\sin x$$

betrachtet haben. Wir hatten festgestellt, dass etwa bei $\hat{x} = \frac{2}{3}\pi$ und bei $\hat{x} = \frac{4}{3}\pi$ kritische Stellen dieser Funktion liegen. Aus den Abschätzungen

$$\cos x \begin{cases} > -\frac{1}{2} & \text{für } x \in \left(0, \frac{2}{3}\pi\right), \\[2mm] < -\frac{1}{2} & \text{für } x \in \left(\frac{2}{3}\pi, \frac{4}{3}\pi\right), \\[2mm] > -\frac{1}{2} & \text{für } x \in \left(\frac{4}{3}\pi, 2\pi\right) \end{cases}$$

folgt für

$$f'(x) = 1 + 2\cos x$$

ein Vorzeichenwechsel der Ableitung von positiv zu negativ in einer Umgebung um $\hat{x} = \frac{2}{3}\pi$, d. h., dort liegt ein lokales Maximum der Funktion. Analog sehen wir am Vorzeichenwechsel der Ableitung von negativ zu positiv, dass bei $\hat{x} = \frac{4}{3}\pi$ ein lokales Minimum liegt (Abb. 15.20). ◄

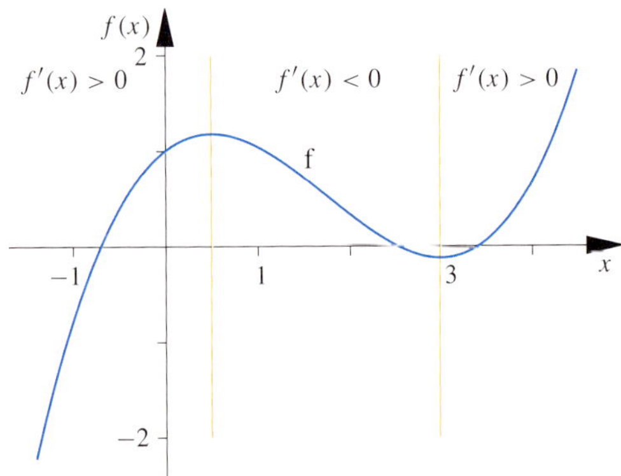

Abbildung 15.20 Ein Vorzeichenwechsel der ersten Ableitung liefert Informationen über den Typ einer Extremalstelle.

Mit *Optimierungstheorie* bezeichnet man den Zweig der Mathematik, der sich mit solchen Existenzkriterien und mit der Bestimmung von Minima und Maxima beschäftigt (siehe Kapitel 6). Ein Spezialfall in der *Optimierung*, der die letzte Beobachtung verallgemeinert, sind konvexe Funktionen.

Zunächst wird definiert, was eine konvexe Mengen ist.

Konvexe Mengen

Eine Menge $M \subseteq V$ in einem reellen Vektorraum V heißt konvex, wenn alle Verbindungsstrecken zwischen Punkten der Menge ganz in M liegen, d. h., mit $x, y \in M$ folgt

$$x + t(y - x) \in M \quad \text{für alle } t \in [0, 1].$$

Man spricht bei Funktionen in einer Variablen von einer *konvexen Funktion*, wenn die Teilmenge des $\mathbb{R}^2$, die oberhalb des Graphen der Funktion liegt, konvex ist, wie zum Beispiel bei der Normalparabel (Abb. 15.21).

Strikt konvexe Funktionen haben genau ein Minimum

Die Eigenschaft formulieren wir so, dass sie sich allgemein auf Funktionen zwischen Vektorräumen übertragen lässt. Beim Graphen einer konvexen Funktion muss jede Sekante oberhalb des Graphen liegen. Zwischen zwei Punkten $(x, f(x))$ und $(y, f(y))$ ist die Sekante gegeben durch die affin-lineare Funktion

$$g(z) = \frac{f(y) - f(x)}{y - x}(z - x) + f(x).$$

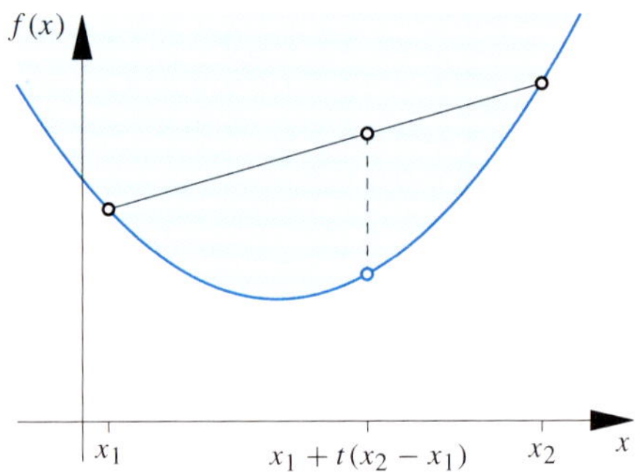

Abbildung 15.21 Der Graph einer konvexen Funktion. Die Menge oberhalb des Graphen ist konvex.

Beschreiben wir die Stellen im Intervall $[x, y]$ durch $z = x + t(y - x)$ mit $t \in [0, 1]$, so ergibt sich für die Sekante

$$g(z(t)) = (f(y) - f(x))t + f(x)$$
$$= (1 - t)f(x) + t f(y).$$

Die Bedingung, dass diese Gerade im Intervall $[x, y]$ oberhalb des Graphen von f liegt, bedeutet $f(z(t)) \leq g(z(t))$ für alle Werte $0 \leq t \leq 1$ (siehe auch Seite 230). Diese formale Darstellung nutzt man für die Definition von Konvexität einer Funktion, indem man sie für alle Paare $x, y \in [a, b]$ fordert.

Definition konvexer Funktionen

Eine Funktion $f : D \to \mathbb{R}$ auf einem Intervall $D = [a, b] \subseteq \mathbb{R}$ heißt konvex, wenn

$$f(x + t(y - x)) = f((1 - t)x + ty)$$
$$\leq (1 - t)f(x) + t f(y)$$

für alle $t \in [0, 1]$ und alle $x, y \in D$ gilt.

Können wir die Ungleichung für $t \in (0, 1)$ durch eine echte Ungleichung, „<", ersetzen, so wird die Funktion **strikt konvex** oder **streng konvex** genannt. Entsprechend nennt man eine Funktion **konkav** bzw. **strikt konkav** auf einem Intervall, wenn die Funktion $-f$ konvex bzw. strikt konvex ist.

——————————— **?** ———————————

Begründen Sie, warum eine strikt konvexe Funktion auf keinem Intervall $[x, y]$ mit $x \neq y$ konstant sein kann.

———————————————————————

Beispiel

- Quadratische Polynome sind entweder strikt konvex oder strikt konkav. Dazu betrachten wir $f : \mathbb{R} \to \mathbb{R}$ mit

$$f(x) = ax^2 + 2bx + c.$$

Abbildung 15.22 Optische Linsen sind konvex oder konkav.

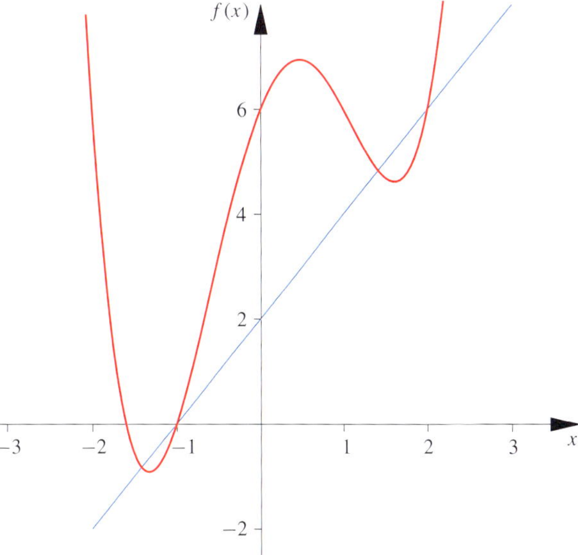

Abbildung 15.23 Eine Funktion, die weder konvex noch konkav ist.

Für $x, y \in \mathbb{R}$ und $t \in [0, 1]$ gilt:

$$
\begin{aligned}
f\,&(x + t(y - x)) \\
&= a(x + t(y - x))^2 + 2b(x + t(y - x)) + c \\
&= ax^2 + 2atxy - 2atx^2 + at^2y^2 - 2at^2xy \\
&\quad + at^2x^2 + 2bx + 2bty - 2btx + c \\
&= (1 - t)(ax^2 + 2bx + c) + t(ay^2 + 2by + c) \\
&\quad - at(x^2 - 2xy + y^2) + at^2(x^2 + y^2 - 2xy) \\
&= (1 - t)f(x) + tf(y) + at(t - 1)(x - y)^2 \,.
\end{aligned}
$$

Da der Faktor $(t - 1) < 0$ ist, folgt im Fall $a > 0$ die Abschätzung

$$
f(x + t(y - x)) < (1 - t)f(x) + tf(y)
$$

für $x \neq y$ und $t \in (0, 1)$. Die Funktion ist strikt konvex. Andererseits folgt für $a < 0$, dass die Funktion strikt konkav ist.

- Die Funktion $f : \mathbb{R} \to \mathbb{R}$ mit $f(x) = |x|$ ist konvex, denn mit der Dreiecksungleichung folgt:

$$
|x + t(y - x)| = |(1 - t)x + ty| \leq (1 - t)|x| + t|y| \,.
$$

- Die Funktion $f : \mathbb{R} \to \mathbb{R}$ mit $f(x) = x^4 - x^3 - 4x^2 + 4x + 6$ ist weder konvex noch konkav. Es gilt zum Beispiel mit $x = -1$ und $y = 2$:

$$
6 = f(0) = f(-1 + \tfrac{1}{3}(2 + 1)) \geq \tfrac{2}{3}f(-1) + \tfrac{1}{3}f(2) = 2
$$

und andererseits:

$$
\tfrac{75}{16} = f(3/2) = f(-1 + \tfrac{5}{6}(2 + 1)) \leq \tfrac{1}{6}f(-1) + \tfrac{5}{6}f(2) = 5 \,.
$$

Beachten Sie, dass sich auf Teilintervallen die Funktion f sehr wohl konvex oder konkav verhält (Abb. 15.23). ◄

Satz

Falls eine stetige Funktion $f : [a, b] \to \mathbb{R}$ strikt konvex bzw. strikt konkav ist auf einem Intervall $[a, b]$, besitzt sie genau ein Minimum bzw. Maximum auf diesem Intervall.

Beweis: Wir führen den Beweis nur im Fall einer strikt konvexen Funktion und einem Minimum. Die konkave Situation mit einem Maximum gilt entsprechend.

Wir nehmen an, es gibt zwei lokale Minimalstellen x_1 und x_2. Da wir wissen, dass es mindestens ein globales Minimum geben muss, genügt es, diese Annahme auf einen Widerspruch zu führen. Aufgrund der Konvexität folgt

$$
\begin{aligned}
f(x_1 + t(x_2 - x_1))) &< (1 - t)f(x_1) + tf(x_2) \\
&\leq \max\{f(x_1), f(x_2)\}
\end{aligned}
$$

für alle $t \in (0, 1)$. Dies ist aber ein Widerspruch. Denn sowohl in einer Umgebung des lokalen Minimums x_1 als auch des Minimums bei x_2 müssen die Funktionswerte $f(x)$ größer als $f(x_1)$ bzw. $f(x_2)$ sein, da es sich um lokale Minimalstellen handelt. Zumindest auf einer Seite, für kleine $t > 0$ oder für große Werte $t < 1$ trifft dies wegen der obigen Ungleichung nicht zu, wenn wir von zwei unterschiedlichen Minimalstellen ausgehen. Also kann es nur eine Minimalstelle geben. ∎

Wir können somit bei strikt konvexen Funktionen folgern, dass es sich um eine Minimalstelle handelt, wenn wir eine kritische Stelle $\hat{x} \in (a, b)$ mit $f'(\hat{x}) = 0$ finden. Und entsprechend folgt bei einer konkaven Funktion aus $f'(\hat{x}) = 0$, dass bei $\hat{x}$ ein Maximum liegt.

Um die Eigenschaften konvex oder konkav zu definieren, muss keine Regularität der Funktion, wie Stetigkeit oder Differenzierbarkeit, vorausgesetzt werden. Wenn aber eine zweimal stetig differenzierbare Funktion vorliegt, so kann man die

Beobachtung auch anders beschreiben. Der Zusammenhang zur zweiten Ableitung einer Funktion lässt sich anschaulich begründen. Eine positive zweite Ableitung $f''(x) > 0$ bedeutet, eine monoton steigende Ableitungsfunktion f'. Aber genau dies ist charakteristisch für eine konvexe Funktion, wie Abbildung 15.24 veranschaulicht.

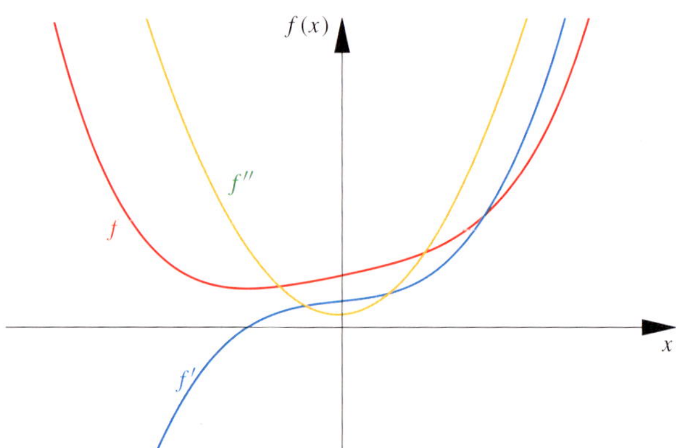

Abbildung 15.24 Die Eigenschaft $f'' > 0$ impliziert, dass f' monoton steigt und damit, dass f konvex ist.

Eine positive zweite Ableitung bedeutet lokal ein konvexes Verhalten einer Funktion

Diese Überlegung formulieren wir genauer:

Folgerung

Ist $f : [a, b] \to \mathbb{R}$ eine stetige Funktion, die auf dem offenen Intervall (a, b) zweimal stetig differenzierbar ist, so gilt:

- $f''(x) \geq 0$ für alle $x \in (a, b)$ genau dann, wenn f konvex ist.
- $f''(x) \leq 0$ für alle $x \in (a, b)$ genau dann, wenn f konkav ist.

Beweis: Um die Aussagen zu beweisen, müssen beide Richtungen begründet werden. Einerseits muss bei nicht negativer zweiter Ableitung gezeigt werden, dass die Funktion konvex ist, und andererseits müssen wir zeigen, dass für eine konvexe zweimal differenzierbare Funktion folgt, dass $f''(x) \geq 0$ ist. Die entsprechende Aussage für konkave Funktionen ergibt sich analog. Es wird deswegen nur der Beweis für die erste Aussage präsentiert.

Beginnen wir mit einer Funktion, für die $f''(x) \geq 0$ für alle $x \in (a, b)$ gilt. Zu zwei Stellen $a \leq x < y \leq b$ betrachten wir die Differenz

$$(1 - t)f(x) + tf(y) - f(x + t(y - x))$$
$$= (1 - t)\big(f(x) - f(x + t(y - x))\big)$$
$$\qquad -t\big(f(x + t(y - x)) - f(y)\big)$$

für ein $t \in (0, 1)$. Wenden wir den Mittelwertsatz jeweils in den Intervallen $(x, x + t(y - x))$ und $(x + t(y - x), y)$ an, so gibt es Zwischenstellen $z_1, z_2 \in (a, b)$ mit $x < z_1 < x + t(y - x) < z_2 < y$ mit

$$(1 - t)f(x) + tf(y) - f(x + t(y - x))$$
$$= (1 - t)f'(z_1)(x - (x + t(y - x)))$$
$$\qquad -tf'(z_2)(x + t(y - x) - y)$$
$$= -(1 - t)f'(z_1)t(y - x) + tf'(z_2)(1 - t)(y - x)$$
$$= (1 - t)t(y - x)\big(f'(z_2) - f'(z_1)\big).$$

Nun lässt sich der Mittelwertsatz ein weiteres Mal anwenden und zwar auf die Ableitungsfunktion f'. Es gibt somit eine Stelle $z_3 \in (z_1, z_2)$ mit

$$(1 - t)f(x) + tf(y) - f(x + t(y - x))$$
$$= (1 - t)t(y - x)f''(z_3)(z_2 - z_1).$$

Da aber nach Voraussetzung die zweite Ableitung $f''(z_3)$ nicht negativ ist, folgt:

$$(1 - t)f(x) + tf(y) - f(x + t(y - x)) \geq 0.$$

Dies gilt für alle Werte $t \in (0, 1)$ und für alle $a \leq x < y \leq b$. Also ist die Funktion auf dem Intervall konvex.

Es bleibt die andere Implikation der Aussage zu beweisen. Dazu starten wir mit der Voraussetzung, dass die Funktion konvex ist. Dies bedeutet, dass für Sekanten g mit $g(t) = f(x) + t(f(y) - f(x))$ gilt:

$$f(x + t(y - x)) \leq g(t)$$

für $t \in (0, 1)$. Wählen wir $x, y \in (a, b)$ mit $x < y$ und setzen $z = x + t(y - x)$, so folgt

$$\frac{f(z) - f(x)}{z - x} \leq \frac{g(t) - g(0)}{t(y - x)} = \frac{f(y) - f(x)}{y - x}$$

für alle $t \in (0, 1)$, da $f(z) \leq g(t)$ und $f(x) = g(0)$ gilt. Die Abschätzung bleibt auch im Grenzfall $z \to x$ erhalten. Da f differenzierbar ist, folgt

$$f'(x) \leq \frac{f(y) - f(x)}{y - x}.$$

Analog erhalten wir aus

$$\frac{f(y) - f(z)}{y - z} \geq \frac{g(1) - g(t)}{(1 - t)(y - x)} = \frac{f(y) - f(x)}{y - x}$$

an der Stelle y die Ungleichung

$$f'(y) \geq \frac{f(y) - f(x)}{y - x}.$$

Insbesondere ergibt sich, dass $f'(x) \leq f'(y)$ gilt. Die Abschätzung folgt für alle $x, y \in (a, b)$ mit $x < y$. Also ist die Funktion f' monoton steigend. Da f' differenzierbar ist, folgt $f''(x) \geq 0$. $\blacksquare$

Gehen wir den ersten Teil des Beweises noch einmal durch, so wird deutlich, dass die Ungleichungen durch echte Ungleichungszeichen ersetzt werden können. Dies führt auf die Aussage, dass $f'' > 0$ strikte Konvexität impliziert. Auch hier können wir somit die Aussage, wie bei der Monotonie, in einer Richtung verschärfen. Andersherum klappt es wiederum nicht.

In einer Umgebung einer Minimalstelle einer zweimal differenzierbaren Funktion im Inneren eines Intervalls (a, b) lässt sich das konvexe Verhalten gut verdeutlichen. In einem Minimum ist die Tangentensteigung null. Links vom Minimum ist die Steigung der Funktion negativ und rechts vom Minimum positiv (Abb. 15.24). Also wechselt die Ableitungsfunktion im Minimum von negativen zu positiven Werten (siehe Optimalitätskriterium auf Seite 583). Dies bedeutet, die Steigung der Ableitungsfunktion muss positiv sein.

Setzen wir voraus, dass die zweite Ableitungsfunktion stetig ist, genügt es zu zeigen, dass $f''(\hat{x}) > 0$ gilt, denn wegen der Stetigkeit gibt es ein Intervall um den Punkt $\hat{x}$, auf dem die zweite Ableitung positiv ist. Also ist die Funktion lokal auf diesem Intervall konvex. Damit haben wir aus der Folgerung ein nützliches hinreichendes Kriterium für Extremalstellen bewiesen.

Hinreichendes Kriterium für Extremalstellen

Ist eine Funktion $f : (a, b) \to \mathbb{R}$ zweimal stetig differenzierbar in $\hat{x} \in (a, b)$ mit $f'(\hat{x}) = 0$ und $f''(\hat{x}) > 0$ bzw. $f''(\hat{x}) < 0$. Dann ist $\hat{x}$ eine lokale Minimalstelle bzw. Maximalstelle der Funktion f auf (a, b).

Beispiel Gesucht sind die Extremalstellen der beiden Funktionen $f, g : \mathbb{R} \to \mathbb{R}$ mit

$$f(x) = x + 2\cos x \quad \text{und} \quad g(x) = x + \cos x \,.$$

Wir berechnen die Ableitungen

$$f'(x) = 1 - 2\sin x \quad \text{und} \quad g'(x) = 1 - \sin x \,.$$

Aus der Bedingung $f'(x) = 0$, d. h., $\sin x = 1/2$, folgen für die Funktion f die kritischen Punkte

$$x_k = \frac{\pi}{6} + 2k\pi \quad \text{bzw.} \quad y_k = \frac{5\pi}{6} + 2k\pi$$

für $k \in \mathbb{Z}$. Mit der zweiten Ableitung

$$f''(x) = -2\cos x$$

erhalten wir $f''(x_k) = -2\cos(\pi/6) < 0$ und $f''(y_k) = -2\cos(5\pi/6) > 0$. Also liegen an den kritischen Stellen x_k lokale Maxima der Funktion, und die Punkte y_k sind lokale Minimalstellen.

Betrachten wir die zweite Funktion g und bestimmen die Nullstellen der Ableitung $g'(x) = 1 - \sin x$. Aus $\sin z_k = 1$ ergeben sich die kritischen Punkte $z_k = \frac{\pi}{2} + 2k\pi$ für $k \in \mathbb{Z}$.

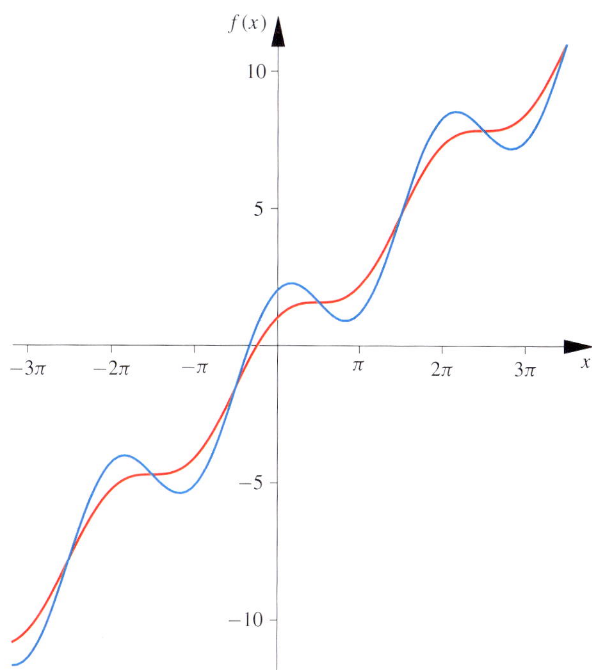

Abbildung 15.25 Die Graphen der Funktionen f, g mit $f(x) = x + 2\cos x$ und $g(x) = x + \cos x$.

Die zweite Ableitung g'' mit $g''(x) = -\cos x$ hat an diesen Stellen die Werte $g''(z_k) = 0$. Somit liefert uns das Kriterium keine Auskunft über den Typ der kritischen Stellen. Aber aus $g'(x) = 1 - \sin x \geq 0$ für alle $x \in \mathbb{R}$ folgt, dass f monoton wachsend ist. Daraus lässt sich schließen, dass die Funktion g keine Minima oder Maxima auf $\mathbb{R}$ besitzt (Abb. 15.25). ◄

Achtung: Beachten Sie, dass das diskutierte Kriterium zu Extremalstellen im Fall $f'(\hat{x}) = 0$ und $f''(\hat{x}) = 0$ keine Aussagen über den Typ der kritischen Stelle macht, etwa in $x = 0$ für die Funktion f mit $f(x) = x^3$. In der Aufgabe 15.21 überlegen wir uns, wie die Werte höherer Ableitungen weiterhelfen können.

15.5 Taylorreihen

Kommen wir zurück zur Linearisierung einer Funktion, d. h.,

$$f(x) \approx f(x_0) + f'(x_0)(x - x_0) \,.$$

Es ist naheliegend zu fragen, wie die Näherung, die wir durch Linearisierung erreichen, gegebenenfalls durch Polynome höheren Grades verbessert werden könnte. Geben wir eine Stelle $x_0 \in D$ vor, so besteht eine Möglichkeit darin, ein Polynom p_n vom Grad n zu suchen mit der Eigenschaft

$$f^{(k)}(x_0) = p_n^{(k)}(x_0)$$

für den Funktionswert und die Ableitungen, $k = 1, \ldots, n$, an der Stelle x_0.

Beispiel: Die Monotonie der Mittelwertfunktion

Zu positiven Zahlen $a_1, \ldots, a_n$ ist durch die Funktion $m : \mathbb{R} \to \mathbb{R}$ mit

$$m(x) = \left(\frac{1}{n} \sum_{j=1}^{n} a_j^x \right)^{\frac{1}{x}} \quad \text{für } x \neq 0 \quad \text{mit stetiger Ergänzung} \quad m(0) = \lim_{x \to 0} \left(\frac{1}{n} \sum_{j=1}^{n} a_j^x \right)^{\frac{1}{x}}$$

ein allgemeiner Mittelwert definiert. Diese Funktion ist streng monoton steigend. Die Monotonie impliziert die Abschätzungen zwischen verschiedenen üblichen Mittelwerten.

Problemanalyse und Strategie: Um Monotonie der Funktion m zunächst für positive Argumente $0 < x < y$ zu zeigen, betrachten wir die konvexe Funktion $f : \mathbb{R}_{>0} \to \mathbb{R}$ mit $f(z) = z^t$ für $t = \frac{y}{x} > 1$. Die anderen Fälle werden dann auf diesen Fall zurückgeführt.

Lösung:

Sind $t > 1$ und $f : \mathbb{R}_{\geq 0} \to \mathbb{R}$ definiert durch $f(z) = z^t$, dann gilt für die zweite Ableitung:

$$f''(z) = t\,(t - 1)\, z^{t-2} > 0$$

für alle $z > 0$. Die Funktion f ist strikt konvex. Insbesondere ist

$$f\left(\frac{1}{2}(b_1 + b_2) \right) < \frac{1}{2} f(b_1) + \frac{1}{2} f(b_2)$$

für $b_1, b_2 > 0$. Wir verwenden diese Ungleichung als Induktionsanfang, um zu zeigen, dass die Abschätzung

$$\left(\frac{1}{n} \sum_{j=1}^{n} b_j \right)^t = f\left(\frac{1}{n} \sum_{j=1}^{n} b_j \right)$$

$$< \frac{1}{n} \sum_{j=1}^{n} f(b_j) = \frac{1}{n} \sum_{j=1}^{n} b_j^t$$

für positive Zahlen $b_1, b_2, \ldots, b_n > 0$ gilt. Der entsprechende Induktionsschritt ergibt sich mit der Konvexität von f aus

$$f\left(\frac{1}{n+1} \sum_{j=1}^{n+1} b_j \right)$$

$$= f\left(\left(1 - \frac{1}{n+1}\right) \frac{1}{n} \sum_{j=1}^{n} b_j + \frac{1}{n+1} b_{n+1} \right)$$

$$< \frac{n}{n+1} f\left(\frac{1}{n} \sum_{j=1}^{n} b_j \right) + \frac{1}{n+1} f(b_{n+1})$$

$$< \frac{1}{n+1} \left(f(b_1) + \cdots + f(b_n) \right) + \frac{1}{n+1} f(b_{n+1}),$$

wobei die erste Abschätzung aus der Konvexität folgt und die zweite Ungleichung die Induktionsannahme verwendet.

Setzen wir in der Ungleichung für $0 < x < y$ den Parameter $t = y/x > 1$ und $b_j = a_j^x$, so folgt:

$$\left(\frac{1}{n} \sum_{j=1}^{n} a_j^x \right)^{y/x} < \frac{1}{n} \sum_{j=1}^{n} a_j^y .$$

Da die Exponentialfunktion streng monoton ist, bleibt die Ungleichung erhalten, wenn wir beide Seiten mit $\frac{1}{y}$ potenzieren. Es folgt die gesuchte Ungleichung

$$\left(\frac{1}{n} \sum_{j=1}^{n} a_j^x \right)^{1/x} < \left(\frac{1}{n} \sum_{j=1}^{n} a_j^y \right)^{1/y}$$

für $0 < x < y$. Dies bedeutet, die Funktion m ist streng monoton steigend für positive Argumente.

Für $x < y < 0$ betrachten wir die Kehrwerte und erhalten mit der oben gezeigten Abschätzung die Monotonie mit $|y| < |x|$ aus

$$\left(\frac{1}{n} \sum_{j=1}^{n} a_j^x \right)^{1/x} = \frac{1}{\left(\frac{1}{n} \sum_{j=1}^{n} \frac{1}{a_j}^{|x|} \right)^{1/|x|}}$$

$$< \frac{1}{\left(\frac{1}{n} \sum_{j=1}^{n} \frac{1}{a_j}^{|y|} \right)^{1/|y|}} = \left(\frac{1}{n} \sum_{j=1}^{n} a_j^y \right)^{1/y} .$$

In Aufgabe 15.18 zum Kapitel zeigen wir noch den Grenzwert

$$\lim_{x \to 0} \left(\frac{1}{n} \sum_{j=1}^{n} a_j^x \right)^{1/x} = \sqrt[n]{a_1 \cdot a_2 \cdot \ldots \cdot a_n} .$$

Aufgrund der Stetigkeit der Funktion m gelten somit die Monotonieabschätzungen auch für $x = 0$ oder $y = 0$.

In der Abbildung ist der Graph von m für $a_1 = 2$, $a_2 = 3$ und $n = 2$ gezeigt.

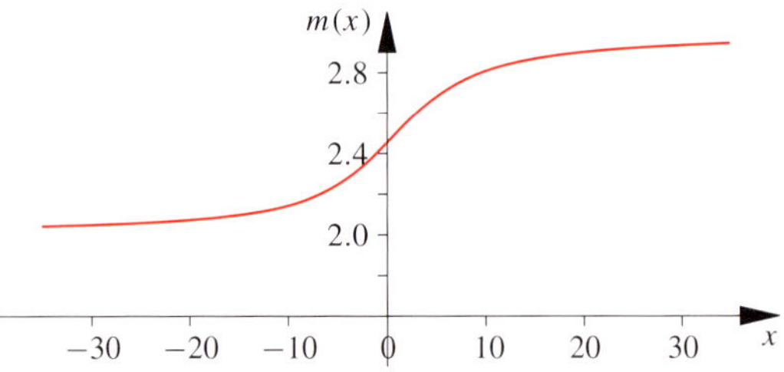

Wir haben gezeigt, dass die Funktion $m : \mathbb{R} \to \mathbb{R}$ streng monoton wächst. Für Spezialfälle – etwa $x = -1$, dem *harmonischen Mittel*, $x = 0$, dem *geometrischen Mittel*, und $x = 1$, dem *arithmetischen Mittel* – erhalten wir wichtige Ungleichungen der Statistik.

Beispiel: Kurvendiskussion

Der wesentliche Verlauf einer Funktion, die durch einen Ausdruck gegeben ist, lässt sich durch eine **Kurvendiskussion** ermitteln. Es soll das Verhalten der rationalen Funktion f, die durch

$$f(x) = \frac{x^4 - 5x^2}{4(x-1)^3}$$

gegeben ist, untersucht werden.

Problemanalyse und Strategie: Um die durch den Ausdruck gegebene Funktion zu diskutieren, sind mehrere Aspekte zu betrachten. Zunächst müssen wir einen zulässigen Definitionsbereich der Funktion festlegen. Dann berechnet man die Nullstellen von f, f', f''. Aus diesen Informationen, zusammen mit der Stetigkeit, können Intervalle identifiziert werden, in denen die Funktion positiv oder negativ, monoton und konvex oder konkav ist. Außerdem ergeben sich aus den kritischen Stellen die lokalen Extremalstellen der Funktion. Weiter betrachtet man die Grenzwerte von f an den Rändern des Definitionsbereichs, um das asymptotische Verhalten für $x \to \pm\infty$ oder an Polstellen zu ermitteln.

Lösung:

1. **Definitionsbereich:** Da der Nenner des Ausdrucks nur bei $\hat{x} = 1$ eine Nullstelle aufweist, können wir als maximalen Definitionsbereich in den reellen Zahlen die Menge $D = \mathbb{R}\setminus\{1\}$ betrachten.

2. **Nullstellen der Funktion und der Ableitungen:** Die Nullstellen von f ergeben sich aus $x^4 - 5x^2 = x^2(x^2 - 5) = 0$ zu $x_0 = 0$, $x_1 = -\sqrt{5}$ und $x_2 = \sqrt{5}$. Für die Ableitungen berechnen wir

$$f'(x) = \frac{x(x^3 - 4x^2 + 5x + 10)}{4(x-1)^4}$$

und

$$f''(x) = \frac{x^2 - 20x - 5}{2(x-1)^5}.$$

Die kritischen Punkte liegen in den reellen Nullstellen der ersten Ableitung, die sich aus der Faktorisierung

$$f'(x) = x(x+1)(x^2 - 5x + 10)$$

zu $x_3 = -1$, $x_4 = 0 = x_0$ ergeben. Nun berechnen wir noch die Nullstellen $x_5 = 10 - \sqrt{105}$ und $x_6 = 10 + \sqrt{105}$ zu f''.

Alle diese Nullstellen liefern uns Intervallränder, an denen Vorzeichenwechsel in f, f' oder f'' auftreten können. Betrachten wir jeweils eine einfach zu rechnende Stelle innerhalb des entsprechenden Intervalls, etwa $\frac{1}{2} \in (x_0, 1)$, so lässt sich das Vorzeichen der betreffenden Funktion im Teilintervall angeben, und wir können folgende Tabelle zum Verhalten der Funktion f aufstellen:

$x \in (-\infty, x_1)$, $x \in (1, x_2)$	$f(x) < 0$	negativ
$x \in (x_1, x_0)$, $x \in (x_0, 1)$, $x \in (x_2, \infty)$	$f(x) > 0$	positiv
$x \in (-\infty, x_3)$, $x \in (x_0, 1)$, $x \in (1, \infty)$	$f'(x) > 0$	monoton steigend
$x \in (x_3, x_0)$	$f'(x) < 0$	monoton fallend
$x \in (-\infty, x_5)$, $x \in (1, x_6)$	$f''(x) < 0$	konkav
$x \in (x_5, 1)$, $x \in (x_6, \infty)$	$f''(x) > 0$	konvex

Aus den Vorzeichenwechseln der Ableitungen erkennen wir auch den Typ der kritischen Stellen. So liegt bei $x_3 = -1$ ein lokales Maximum und bei $x_4 = 0$ ein lokales Minimum.

3. **Asymptotisches Verhalten:** Mit den Grenzwerten

$$\frac{x^4 - 5x^2}{4(x-1)^3} \to \infty \quad \text{für } x \to 1, \ x < 1,$$

und

$$\frac{x^4 - 5x^2}{4(x-1)^3} \to -\infty \quad \text{für } x \to 1, \ x > 1,$$

klärt sich das Verhalten um die Polstelle bei $x = 1$.

Weiter folgt mit einer Polynomdivision:

$$\frac{x^4 - 5x^2}{4(x-1)^3} = \frac{1}{4}x + \frac{3}{4} + \frac{x^2 - 8x + 3}{4(x-1)^3}.$$

Somit gilt:

$$\frac{x^4 - 5x^2}{4(x-1)^3} \to \pm\infty, \quad \text{für } x \to \pm\infty.$$

Genauer sieht man aus der Darstellung das asymptotische Verhalten $\lim_{x\to\pm\infty} |f(x) - g(x)| = 0$ für die Funktion $g: \mathbb{R} \to \mathbb{R}$ mit $g(x) = \frac{1}{4}x + \frac{3}{4}$. Also verhält sich die Funktion f für sehr große und sehr kleine Argumente wie die affin-lineare Funktion g.

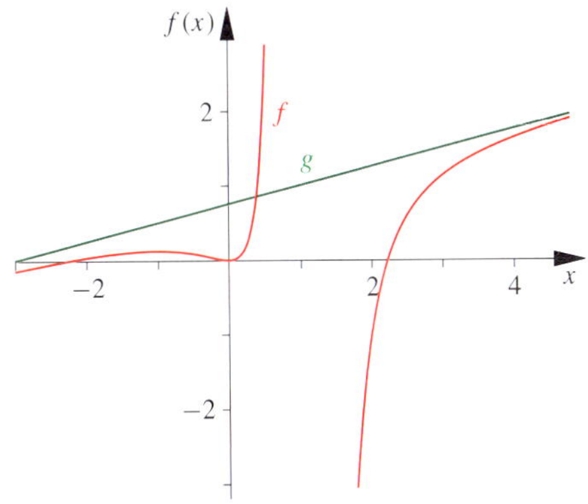

Mit diesen Informationen lässt sich relativ leicht eine Skizze des Graphen anfertigen (siehe Abbildung).

Übersicht: Verhalten differenzierbarer Funktionen

Das lokale Verhalten differenzierbarer Funktionen lässt sich an den Werten der Ableitungen ablesen.

Bezeichnen $f: D \to \mathbb{R}$ eine hinreichend oft stetig differenzierbare Funktion und $(a, b) \subseteq D$ ein offenes Teilintervall des Definitionsbereichs, dann gelten folgende Aussagen zum lokalen Verhalten von f auf (a, b) und den Ableitungen auf (a, b):

Extrema

$$f'(\hat{x}) = 0 \Leftrightarrow \hat{x} \in (a, b) \text{ kritischer Punkt}$$

$$f'(\hat{x}) = 0 \text{ und } f''(\hat{x}) > 0$$
$$\implies \quad \hat{x} \in (a, b) \text{ Minimalstelle}$$

$$f'(\hat{x}) = 0 \text{ und } f''(\hat{x}) < 0$$
$$\implies \quad \hat{x} \in (a, b) \text{ Maximalstelle}$$

Monotonie

$$f' \leq 0 \text{ auf } (a, b) \iff f \text{ monoton fallend auf } (a, b)$$

$$f' \geq 0 \text{ auf } (a, b) \iff f \text{ monoton steigend auf } (a, b)$$

$$f' < 0 \text{ auf } (a, b)$$
$$\implies \quad f \text{ streng monoton fallend auf } (a, b)$$

$$f' > 0 \text{ auf } (a, b)$$
$$\implies \quad f \text{ streng monoton steigend auf } (a, b)$$

Krümmung

$$f'' \geq 0 \text{ auf } (a, b) \iff f \text{ konvex auf } (a, b)$$

$$f'' \leq 0 \text{ auf } (a, b) \iff f \text{ konkav auf } (a, b)$$

$$f'' > 0 \text{ auf } (a, b) \implies f \text{ strikt konvex auf } (a, b)$$

$$f'' < 0 \text{ auf } (a, b) \implies f \text{ strikt konkav auf } (a, b)$$

Für $n = 0$ ist dies offensichtlich das konstante Polynom $p_0(x) = f(x_0)$ für alle $x \in \mathbb{R}$ und für $n = 1$ ergibt sich aus den beiden Bedingungen

$$p_1(x_0) = f(x_0) \quad \text{und} \quad p_1'(x_0) = f'(x_0),$$

wenn wir für das Polynom den Ansatz $p_1(x) = a + bx$ machen, $a + bx_0 = f(x_0)$ und $b = f'(x_0)$. Also erhalten wir mit $a_0 = f(x_0)$ und $a_1 = f'(x_0)$ die schon diskutierte Linearisierung

$$p_1(x) = f(x_0) + f'(x_0)(x - x_0), \quad x \in \mathbb{R}.$$

Nun lässt sich sukzessive der Grad des zu betrachtenden Polynoms erhöhen, und man erhält die nach dem englischen Mathematiker Brook Taylor (1685–1731) benannten Taylorpolynome zur Funktion f um den Entwicklungspunkt x_0.

Definition der Taylorpolynome

Wenn eine Funktion $f: D \subseteq \mathbb{R} \to \mathbb{R}$ n-mal stetig differenzierbar ist auf einem offenen Intervall $D \subseteq \mathbb{R}$, dann heißt die Polynomfunktion $p_n: \mathbb{R} \to \mathbb{R}$ mit

$$p_n(x; x_0) = \sum_{k=0}^{n} \frac{f^{(k)}(x_0)}{k!}(x - x_0)^k, \quad x \in \mathbb{R},$$

das **Taylorpolynom vom Grad n zu f um den Entwicklungspunkt x_0**.

Beachten Sie, dass das Taylorpolynom auch vom Entwicklungspunkt x_0 abhängt. Wir kennzeichnen dies hier mit zusätzlicher Angabe dieses Parameters durch Semikolon vom Argument der Funktion getrennt.

?

Prüfen Sie nach, dass das n-te Taylorpolynom die Bedingung

$$f^{(k)}(x_0) = p_n^{(k)}(x_0; x_0)$$

für $k = 0, \ldots, n$ erfüllt.

Beispiel Wir betrachten die Funktion $f: \mathbb{R}_{>-1} \to \mathbb{R}$ mit $f(x) = \frac{1}{1+x}$. Aus den ersten beiden Ableitungen

$$f'(x) = \frac{-1}{(1+x)^2}, \quad f''(x) = \frac{2}{(1+x)^3}$$

ist zu vermuten, dass

$$f^{(n)}(x) = \frac{(-1)^n n!}{(1+x)^{n+1}}$$

gilt. Dies lässt sich induktiv mit dem Induktionsschritt

$$f^{(n+1)}(x) = \frac{\mathrm{d}}{\mathrm{d}x}\left(f^{(n)}(x)\right) = \frac{\mathrm{d}}{\mathrm{d}x}\left(\frac{(-1)^n n!}{(1+x)^{n+1}}\right)$$
$$= \frac{(-1)^{n+1} n! \, (n+1)}{(1+x)^{n+2}}$$

zeigen. Also ergeben sich die Taylorpolynome bei Entwicklung von f um $x_0 = 0$ zu

$$p_1(x; 0) = 1 - x,$$
$$p_3(x; 0) = 1 - x + x^2 - x^3,$$
$$p_5(x; 0) = 1 - x + x^2 - x^3 + x^4 - x^5.$$

In der Abbildung 15.26 ist die Approximationseigenschaft dieser Polynome an $f(x)$ illustriert. ◀

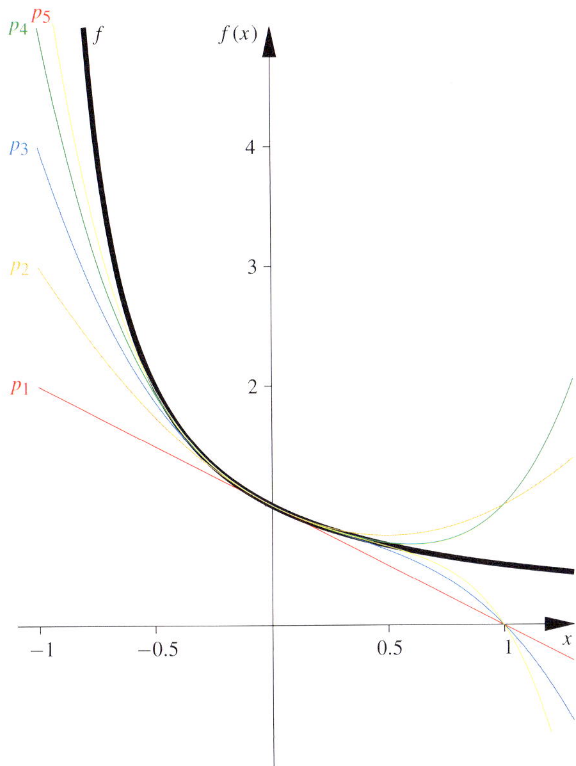

Abbildung 15.26 Approximation der Funktion, die durch $1/(1+x)$ gegeben ist, durch einige ihrer Taylorpolynome in einer Umgebung um $x_0 = 0$.

$$?$$

Bestimmen Sie um den Entwicklungspunkt $x_0 = 1$ das Taylorpolynom vom Grad 3 zu der Funktion $f(x) = \exp(x)$

Die Differenz zwischen Funktion und Taylorpolynom – das Restglied

Wir erwarten auch in der Umgebung des Punktes x_0 eine gute Approximation von f durch p_n. Wie gut diese Approximation für Punkte $x \neq x_0$ wirklich ist, bleibt noch zu analysieren. Dazu definieren wir die Differenz zwischen Funktion und Taylorpolynom $r_n(x; x_0) = f(x) - p_n(x; x_0)$, das **Restglied**. Auch beim Restglied kennzeichnen wir durch Angabe des Parameters die Abhängigkeit vom Entwicklungspunkt. Anders ausgedrückt gilt mit dem Restglied die folgende Identität:

Die Taylorformel

Die Darstellung einer n-mal stetig differenzierbaren Funktion $f : (a, b) \to \mathbb{R}$ durch

$$f(x) = p_n(x; x_0) + r_n(x; x_0)$$

mit dem Taylorpolynom p_n und dem Restglied r_n um einen Entwicklungspunkt $x_0 \in (a, b)$ heißt **Taylorformel**.

Mit der Verallgemeinerung des Mittelwertsatzes können wir das Restglied in Abhängigkeit der Stelle x_0, dem Argument x und dem Grad des Taylorpolynoms anders darstellen. Dies ermöglicht explizite Abschätzungen der Differenz $f - p_n$, also des Fehlers bei Approximation der Funktion f durch ihr Taylorpolynom.

Restglieddarstellung von Lagrange

Wenn $f : (a, b) \subseteq \mathbb{R} \to \mathbb{R}$ eine $(n + 1)$-mal stetig differenzierbare Funktion ist und $x_0 \in (a, b)$, dann gibt es zu jedem $x \in (a, b)$ eine Stelle z zwischen x und x_0 mit

$$r_n(x; x_0) = \frac{1}{(n + 1)!} (x - x_0)^{n+1} f^{(n+1)}(z).$$

Beweis: Das Restglied

$$r_n(x; x_0) = f(x) - \sum_{j=0}^{n} \frac{f^{(j)}(x_0)}{j!} (x - x_0)^j$$

lässt sich bei fester Wahl von x_0 und n als Funktion von x auffassen. Es gilt für diese Funktion an der Stelle x_0 die Gleichung $r_n(x_0; x_0) = 0$. Auch für die Ableitungen gilt $r_n^{(j)}(x_0; x_0) = 0$ für $j = 1, \ldots, n$, denn dies ist gerade die Bedingung, die am Anfang an die Taylorpolynome gestellt wurde. Differenzieren wir ein weiteres Mal, so folgt $r_n^{(n+1)}(x; x_0) = f^{(n+1)}(x)$ für alle $x \in (a, b)$, da die weiteren Terme im Restglied vom Taylorpolynom herrühren und somit maximalen Grad n besitzen.

Nun wenden wir den verallgemeinerten Mittelwertsatz (siehe Seite 578) $(n + 1)$-mal an. Es folgt die Behauptung aus

$$\frac{r_n(x; x_0)}{(x - x_0)^{n+1}}$$

$$= \frac{r_n(x; x_0) - r_n(x_0; x_0)}{(x - x_0)^{n+1} - (x_0 - x_0)^{n+1}} = \frac{r_n'(z_1; x_0)}{(n + 1)(z_1 - x_0)^n}$$

$$= \frac{r_n'(z_1; x_0) - r_n'(x_0; x_0)}{(n + 1)((z_1 - x_0)^n - 0^n)} = \ldots$$

$$= \frac{r_n^{(n)}(z_n; x_0)}{(n + 1)!(z_n - x_0)} = \frac{r_n^{(n)}(z_n; x_0) - r_n^{(n)}(x_0; x_0)}{(n + 1)!((z_n - x_0) - 0)}$$

$$= \frac{r_n^{(n+1)}(z_{n+1}; x_0)}{(n + 1)!} = \frac{f^{(n+1)}(z_{n+1})}{(n + 1)!}$$

mit Zwischenstellen $z_{j+1} \in \mathbb{R}$ mit $|z_{j+1} - x_0| < |z_j - x_0|$ für alle $j = 1, \ldots, n$. Mit $z_{n+1} = z$ ist die Existenz der Zwischenstelle in der Lagrange'schen Restglieddarstellung gezeigt. ∎

Beispiel Betrachten wir als einfaches Beispiel $f(x) = e^x$ und $x_0 = 0$. Wir rechnen aus: $f^{(k)}(x) = e^x$ bzw. $f^{(k)}(0) = 1$. Somit ist

$$f(x) = \sum_{k=0}^{n} \frac{1}{k!} x^k + r_n(x; 0)$$

mit

$$r_n(x; 0) = \frac{1}{(n+1)!}\, x^{n+1}\, e^z$$

für ein z zwischen 0 und x. Die Taylorformel liefert eine Darstellung des Fehlers, wenn wir die Reihe für $\exp(x)$ nach $n+1$ Termen abbrechen. Bislang konnten wir den Fehler nur bei alternierenden Reihen mit dem Leibniz-Kriterium abschätzen.

Als konkretes Beispiel kann man die Frage stellen: Wie groß muss n mindestens sein, damit der Fehler $r_n(x; 0)$ zwischen der Funktion $f(x) = e^x$ und dem Taylorpolynom p_n für $|x| \leq 1$ höchstens 10^{-2} ist?

Wir schätzen mit der Lagrange-Form des Restglieds ab:

$$|r_n(x; 0)| = \frac{1}{(n+1)!}\,|x|^{n+1}\, e^z \leq \frac{1}{(n+1)!}\, e^1 .$$

Dieser Ausdruck ist sicher kleiner als 10^{-2} für $n \geq 5$. Wollen wir also e^x für $|x| \leq 1$ auf 2 Stellen hinter dem Komma genau berechnen, so können wir das Taylorpolynom $p_5(x; 0) = \sum_{k=0}^{5} \frac{1}{k!}\, x^k$ verwenden. ◀

Beachten Sie, dass wir durch die Abschätzung des Lagrange'schen Restglieds im letzten Beispiel auch das Verhalten $|r_n(x; x_0)| \to 0$ für $n \to \infty$ sehen. Also konvergiert das Taylorpolynom an der Stelle x gegen den Funktionswert $f(x)$ für $n \to \infty$. Betrachten wir ein weiteres Beispiel.

Beispiel Zu einer beliebigen reellen Zahl $\alpha \in \mathbb{R}$ ist die Funktion $f : \mathbb{R}_{>-1} \to \mathbb{R}$ mit $f(x) = (1 + x)^\alpha$ gegeben. Berechnen wollen wir das zugehörige Taylorpolynom um den Entwicklungspunkt $x_0 = 0$.

Es gilt $f'(x) = \alpha\,(1 + x)^{\alpha - 1}$ und weiter folgt induktiv:

$$f^{(k)}(x) = \alpha\,(\alpha - 1)\,\cdots\,(\alpha - k + 1)\,(1 + x)^{\alpha - k}, \quad x > -1,$$

für $k \in \mathbb{N}$. Mit den Werten $f^{(k)}(0)$ lautet die Taylorformel vom Grad $n \in \mathbb{N}$ um den Entwicklungspunkt $x_0 = 0$:

$$(1 + x)^\alpha = 1 + \sum_{k=1}^{n} \frac{\alpha\,\cdots\,(\alpha - k + 1)}{k!}\, x^k + r_n(x; 0)$$

mit der Lagrange-Darstellung des Restglieds

$$r_n(x; 0) = \frac{\alpha\,\ldots\,(\alpha - n)}{(n+1)!}\,(1 + z)^{\alpha - n - 1}\, x^{n+1} .$$

Für beliebiges $\alpha \in \mathbb{R}$ und $k \in \mathbb{N} \cup \{0\}$ führt man die **verallgemeinerten Binomialkoeffizienten** $\binom{\alpha}{k}$ ein durch:

$$\binom{\alpha}{k} = \frac{\alpha\,\ldots\,(\alpha - k + 1)}{k!} \quad \text{und} \quad \binom{\alpha}{0} = 1 .$$

Beachten Sie, dass für $\alpha \in \mathbb{N}$ diese mit den klassischen Binomialkoeffizienten übereinstimmen. Dann schreibt sich mit $n \in \mathbb{N}$ die Taylorformel einprägsam als

$$(1 + x)^\alpha = \sum_{k=0}^{n} \binom{\alpha}{k}\, x^k + r_n(x; 0) .$$

Im Spezialfall $\alpha = n \in \mathbb{N}$ ist $\alpha \ldots (\alpha - n) = 0$, also $r_n(x; 0) = 0$, und man erhält wieder die bekannte binomische Formel.

Nun untersuchen wir noch das Restglied. Zunächst beobachten wir, dass mit dem Quotientenkriterium folgt, dass für $|x| < 1$ die Reihe

$$\left(\sum_{k=0}^{\infty} \binom{\alpha}{k}\, x^k \right)$$

absolut konvergiert; denn es ist

$$\lim_{k \to \infty} \left| \frac{\binom{\alpha}{k+1}\, x^{k+1}}{\binom{\alpha}{k}\, x^k} \right| = \lim_{k \to \infty} \frac{|\alpha - k|}{k + 1}\,|x| = |x| .$$

Insbesondere ist somit $\left(\binom{\alpha}{k} x^k \right)$ eine Nullfolge. Nehmen wir nun an, dass $x \in (0, 1)$ und somit auch $z \in (0, x)$ gilt, so ist für $n > \alpha - 1$ der Term $|1 + z|^{\alpha - n - 1} \leq 1$ im Restglied beschränkt und wir erhalten:

$$|r_n(x; 0)| \leq \left| \binom{\alpha}{n + 1} \right|\,|x|^{n+1} \to 0 \quad \text{für } n \to \infty . \blacktriangleleft$$

Die Abschätzung des Lagrange'schen Restglieds im obigen Beispiel scheitert für $x \in (-1, 0)$. Deswegen betrachten wir noch eine andere Restglieddarstellung, die nach dem Mathematiker Augustin Louis Cauchy (1789–1857) benannt ist.

Cauchy'sche Restglieddarstellung

Wenn $f : (a, b) \subseteq \mathbb{R} \to \mathbb{R}$ eine $(n + 1)$-mal stetig differenzierbare Funktion ist und $x_0 \in (a, b)$, dann gibt es zu jedem $x \in (a, b)$ ein $\tau \in (0, 1)$ mit

$$r_n(x; x_0) = \frac{(x - x_0)^{n+1}}{n!}\,(1 - \tau)^n\, f^{(n+1)}(x_0 + \tau(x - x_0)) .$$

Beweis: Zu x definieren wir die Funktion $F : \mathbb{R} \to \mathbb{R}$ durch

$$F(y) = f(x) - \sum_{j=0}^{n} \frac{f^{(j)}(y)}{j!}\,(x - y)^j .$$

Die Funktion ist so gewählt, dass $F(x_0) = r_n(x; x_0)$ und $F(x) = 0$ gilt. Außerdem ist F stetig differenzierbar mit

$$F'(y) = -f'(y)$$

$$-\sum_{j=1}^{n} \left(\frac{f^{(j+1)}(y)}{j!}\,(x - y)^j - \frac{f^{(j)}(y)}{(j-1)!}\,(x - y)^{j-1} \right)$$

$$= -\sum_{j=0}^{n} \frac{f^{(j+1)}(y)}{j!}\,(x - y)^j + \sum_{j=0}^{n-1} \frac{f^{(j+1)}(y)}{(j)!}\,(x - y)^j$$

$$= -\frac{f^{(n+1)}(y)}{n!}\,(x - y)^n .$$

Anwenden des Mittelwertsatzes auf die Funktion F mit $x = x_0 + h$ liefert die Existenz von $\tau \in (0, 1)$ mit

$$
\begin{aligned}
-r_n(x; x_0) &= F(x_0 + h) - F(x_0) \\
&= F'(x_0 + \tau h)h \\
&= -\frac{f^{(n+1)}(x_0 + \tau h)}{n!}(x_0 + h - (x_0 + \tau h))^n h \\
&= -\frac{f^{(n+1)}(x_0 + \tau h)}{n!}(h - \tau h)^n h \\
&= -\frac{f^{(n+1)}(x_0 + \tau h)}{n!}(1 - \tau)^n h^{n+1} . \quad\blacksquare
\end{aligned}
$$

Mit dieser Restglieddarstellung können wir das Beispiel abschließen.

Beispiel Wir betrachten wieder die Funktion $f(x) = (1 + x)^\alpha$ und setzen für $x \in (-1, 0)$ die Ableitung in die Cauchy'sche Restglieddarstellung ein. Es folgt

$$
r_n(x; 0) = -\frac{x^{n+1}}{n!}(1 - \tau)^n (\alpha \cdot \cdots \cdot (\alpha - n))(1 + \tau x)^{\alpha - n - 1}
$$

bzw.

$$
|r_n(x; 0)| = \left| \binom{\alpha}{n} \right| |x|^{n+1} |\alpha - n| \left(\frac{1 - \tau}{1 - \tau|x|} \right)^n (1 + \tau x)^{\alpha - 1}
$$

mit $\tau \in (0, 1)$. Da $\frac{1-\tau}{1-\tau|x|} \leq 1$ und $|1 + \tau x|^{\alpha-1} \leq \max\{1, (1 - |x|)^{\alpha-1}\}$ gilt, bleibt das Verhalten der Folge $\left(\binom{\alpha}{n}(\alpha - n)|x|^{n+1} \right)_{n\in\mathbb{N}}$ zu untersuchen. Analog zum Fall $x \in (0, 1)$ ergibt sich mit dem Quotientenkriterium, dass es sich um eine Nullfolge handelt. Insbesondere strebt das Restglied gegen null. Fassen wir beide Fälle zusammen, so haben wir gezeigt, dass die Taylorpolynome zu f für jedes $x \in (-1, 1)$ gegen den Funktionswert $f(x) = (1 + x)^\alpha$ konvergieren. ◀

Vom Taylorpolynom zur Taylorreihe

Wenn die betrachtete Funktion unendlich oft differenzierbar ist, können wir uns allgemein fragen, was passiert, wenn wir den Grad n im Taylorpolynom gegen unendlich gehen lassen. Wir erhalten dann eine Potenzreihe, die von f und von der Stelle x_0 abhängt.

Definition der Taylorreihe

Die Potenzreihe

$$
\left(\sum_{n=0}^\infty \frac{f^{(n)}(x_0)}{n!}(x - x_0)^n \right),
$$

generiert durch eine unendlich oft differenzierbare Funktion $f: (a, b) \to \mathbb{R}$ um einen **Entwicklungspunkt** $x_0 \in (a, b)$, heißt **Taylorreihe** zu f um x_0.

Mit den Betrachtungen aus Kapitel 11 konnten wir bislang, wie in den vorherigen Beispielen, zu Funktionen eine Potenzreihe angeben, wenn sich die Funktion irgendwie als Grenzwert einer geometrischen Summe schreiben ließ oder wir die Funktion durch die Potenzreihe definiert haben. Die Taylorreihe bietet prinzipiell die Möglichkeit, auch in anderen Fällen Potenzreihendarstellungen zu berechnen. Dazu muss aber noch geklärt werden, was die Taylorreihe innerhalb ihres Konvergenzradius mit den Funktionswerten der sie generierenden Funktion f zu tun hat. Dazu haben wir bereits zwei Aussagen fast gezeigt.

Lemma

■ Ist eine Funktion $f : (x_0 - R, x_0 + R) \to \mathbb{R}$ durch eine Potenzreihe

$$
f(x) = \sum_{n=0}^\infty a_n(x - x_0)^n
$$

mit Konvergenzradius $R > 0$ gegeben, so ist dies die Taylorreihe zu f, d. h., f ist unendlich oft differenzierbar in x_0, und es gilt $f^{(k)}(x_0) = k! \, a_k$ für $k \in \mathbb{N}$.

■ Ist $f : \{x \in \mathbb{R} : |x - x_0| < d\} \to \mathbb{R}$ eine in $x_0 \in \mathbb{R}$ unendlich oft differenzierbare Funktion und gilt für das Restglied zur Taylorformel

$$
\lim_{n \to \infty} |r_n(x; x_0)| = 0
$$

für alle $x \in (x_0 - d, x_0 + d)$, dann ist f lokal in eine Potenzreihe entwickelbar mit Konvergenzradius $R \geq d$, und es gilt:

$$
f(x) = \sum_{n=0}^\infty \frac{f^{(n)}(x_0)}{n!}(x - x_0)^n
$$

für $|x - x_0| < R$.

Beweis: Die erste Aussage ergibt sich induktiv aus den Ableitungen

$$
f^{(k)}(x) = \sum_{n=k}^\infty n(n-1)\dots(n-k+1)a_n(x - x_0)^{n-k} .
$$

Werten wir die Reihe auf der rechten Seite an der Stelle $x = x_0$ aus, so folgt:

$$
f^{(k)}(x_0) = k! \, a_k .
$$

Für die Koeffizienten der Potenzreihe gilt $a_k = f^{(k)}(x_0)/k!$. Dies sind gerade die Koeffizienten der Taylorreihe. Die Potenzreihe einer solchen Funktion ist also auch die Taylorreihe zu dieser Funktion.

Die zweite Aussage folgt direkt aus der Taylorformel mit

$$
|f(x) - p_n(x; x_0)| = |r_n(x; x_0)| \to 0 \quad \text{für } n \to \infty
$$

an einer Stelle $x \in (x_0 - d, x_0 + d)$. $\quad\blacksquare$

Da der Weg, Potenzreihen über eine Taylorreihe zu ermitteln in den meisten Fällen aufwendig ist, wird man, wenn möglich, versuchen, Potenzreihen durch Umformen und Einsetzen bekannter Potenzreihen zu bestimmen. Häufig ist auch die Idee nützlich, durch Betrachtung der Ableitung einer Funktion eine Potenzreihe zu ermitteln. Wir haben dies im Beispiel auf Seite 571 schon gesehen.

Beispiel

■ Gesucht ist eine Potenzreihe zur Funktion $f : \mathbb{R} \to \mathbb{R}$ mit $f(x) = \sin^2 x$ um den Entwicklungspunkt $x_0 = 0$.

Um die Potenzreihe zu finden, können wir mit den Additionstheoremen

$$f(x) = \sin^2 x = \frac{1 - \cos 2x}{2}$$

schreiben. Nutzen wir die bekannte Potenzreihe für $\cos 2x$, so folgt die Entwicklung:

$$f(x) = \frac{1}{2} - \frac{1}{2} \sum_{n=0}^{\infty} \frac{(-1)^n}{(2n)!} (2x)^{2n}$$

$$= \sum_{n=1}^{\infty} \frac{(-1)^{n-1}}{(2n)!} 2^{2n-1} x^{2n}$$

für alle $x \in \mathbb{R}$.

Wir versuchen, dasselbe Ergebnis direkt aus der Definition der Taylorreihe zu ermitteln. Mit den Ableitungen

$$f'(x) = \sin 2x, \quad f''(x) = 2 \cos 2x \quad f'''(x) = -4 \sin 2x$$

usw. können wir induktiv zeigen, dass

$$f^{(n)}(x) = \begin{cases} 2^{n-1} (-1)^{n/2-1} \cos 2x, & n \text{ gerade} \\ 2^{n-1} (-1)^{(n-1)/2} \sin 2x, & n \text{ ungerade} \end{cases}$$

gilt.

Es ergibt sich die Taylorreihe

$$p_\infty(x; 0) = f(0) + \sum_{k=1}^{\infty} \frac{f^{(k)}(0)}{k!} x^k$$

$$= \sum_{n=1}^{\infty} \frac{(-1)^{n-1} 2^{2n-1}}{(2n)!} x^{2n} .$$

Ohne die Kenntnis des Konvergenzradius sehen wir zwar mit dem Quotientenkriterium, dass die Reihe für alle $x \in \mathbb{R}$ konvergiert, wegen

$$\left| \frac{2^{2j+1} (2j)!}{(2j+2)! \, 2^{2j-1}} \frac{x^{2j+2}}{x^{2j}} \right| = \frac{4}{(2j+1)(2j+2)} |x|^2 \to 0$$

für $j \to \infty$. Aber um zu beweisen, dass die so gewonnene Reihe die Potenzreihe zu $\sin^2$ um $x_0 = 0$ ist, bleibt noch zu zeigen, dass das Restglied gegen null konvergiert. Mit

$$r_{2n-1}(x; 0) = \frac{f^{(2n)}(\xi)}{(2n)!} x^{2n} = \frac{2^{2n-1} (-1)^{n-1} \cos 2\xi}{(2n)!} x^{2n}$$

schätzen wir ab:

$$|r_{2n-1}(x; 0)| \leq \frac{1}{2} \frac{(2x)^{2n}}{(2n)!} \to 0$$

für $n \to \infty$ (siehe Seite 287). Mit diesen Beweisschritten haben wir nun direkt aus der Taylorformel die Potenzreihe zu $\sin^2$ um $x_0 = 0$ hergeleitet.

■ Mit den Überlegungen zur allgemeinen binomischen Reihe im Beispiel auf Seite 592 und dem zweiten Teil des Lemmas haben wir insbesondere eine Potenzreihenentwicklung der Wurzelfunktion $f : \mathbb{R}_{>0} \to \mathbb{R}$ mit $f(x) = \sqrt{x}$ um $x = 1$ mit Konvergenzradius $R = 1$ gezeigt. Denn es ist

$$\sqrt{x} = (1 + (x - 1))^{\frac{1}{2}}.$$

Also erhalten wir für $|x - 1| < 1$ die Darstellung

$$\sqrt{x} = 1 + \frac{1}{2}(x - 1) + \sum_{n=2}^{\infty} \frac{1 \cdot 3 \cdot \ldots \cdot (2n - 3)}{2^n \, n!} (x - 1)^n .$$

◀

Nicht jede Taylorreihe konvergiert gegen die sie generierende Funktion

Im letzten Beispiel ergibt sich aus dem Quotientenkriterium mit

$$\left| \frac{1 \cdot 3 \cdot \ldots \cdot (2n - 1) \, 2^n \, n!}{1 \cdot 3 \cdot \ldots \cdot (2n - 3) 2^{n+1} \, (n + 1)!} \frac{(x - 1)^{n+1}}{(x - 1)^n} \right|$$

$$= \frac{(2n + 1)}{2(n + 1)} |x - 1| \longrightarrow |x - 1|, \quad n \to \infty$$

direkt der Konvergenzradius $R = 1$, d. h., die Taylorreihe konvergiert für alle $x \in (0, 2)$.

Aber um zu zeigen, dass es sich bei dieser Reihe um die Potenzreihe zur Wurzelfunktion handelt, mussten wir zeigen, dass das Restglied $r_n(x; 1)$ für $n \to \infty$ gegen null strebt. Diese Arbeit können wir uns nicht ersparen, denn es gibt Taylorreihen, die nicht gegen den Funktionswert konvergieren.

Achtung: Es gibt Taylorreihen, die zwar konvergieren, aber nicht gegen den Funktionswert $f(x)$ der sie generierenden Funktion f.

—————————— **?** ——————————

Geben Sie die Taylorreihe zur Funktion $f : \mathbb{R} \to \mathbb{R}$ mit $f(x) = |x|$ um den Entwicklungspunkt $x_0 = 1$ an, und vergleichen Sie die Funktion und die Taylorreihe.

Damit die durch die Taylorreihe gegebene Potenzreihe in ihrem Konvergenzkreis mit der Funktion f übereinstimmt, darf die oben geforderte Bedingung nicht außer Acht gelassen

Beispiel: Bestimmung von Taylorreihen

Wir stellen uns die Aufgabe, Taylorreihen um $x_0 = 0$ zu den Funktionen $f, g : (-1, 1) \to \mathbb{R}$ mit

$$f(x) = \operatorname{artanh} x = \frac{1}{2} \ln\left(\frac{x+1}{x-1}\right) \quad \text{und} \quad g(x) = \arcsin x$$

zu berechnen.

Problemanalyse und Strategie: Um die Taylorreihen zu ermitteln, versuchen wir, schon bekannte Potenzreihen zu nutzen. Im ersten Fall schreiben wir $f(x) = \frac{1}{2}(\ln(1+x) - \ln(1-x))$ und verwenden die Potenzreihe zum Logarithmus. Im zweiten Beispiel betrachten wir die Ableitung der Funktion g mit $g'(x) = 1/\sqrt{1-x^2}$ und nutzen die allgemeine binomische Reihe.

Lösung:
Die Darstellung

$$\operatorname{artanh} x = \frac{1}{2}\Big(\ln(1+x) - \ln(1-x) \Big)$$

ermöglicht es uns, die Potenzreihen

$$\ln(1+x) = -\sum_{n=1}^{\infty} \frac{(-1)^n}{n} x^n$$

und

$$\ln(1-x) = -\sum_{n=1}^{\infty} \frac{(-1)^n}{n}(-x)^n = -\sum_{n=1}^{\infty} \frac{1}{n} x^n$$

für $|x| < 1$ zu betrachten (siehe Beispiel auf Seite 576). Bilden wir die Differenz, so ergibt sich wegen der absoluten Konvergenz die Potenzreihe

$$\operatorname{artanh} x = \frac{1}{2}\left(-\sum_{n=1}^{\infty} \frac{(-1)^n}{n} x^n + \sum_{n=1}^{\infty} \frac{1}{n} x^n \right)$$

$$= \frac{1}{2} \sum_{n=1}^{\infty} (1 + (-1)^{n-1}) \frac{1}{n} x^n$$

$$= \sum_{k=1}^{\infty} \frac{1}{2k-1} x^{2k-1}.$$

Für die Funktion g nutzen wir die binomische Reihe

$$(1 + x)^{-\frac{1}{2}} = \sum_{n=0}^{\infty} \binom{-\frac{1}{2}}{n} x^n$$

für $|x| < 1$ (siehe Übersicht auf Seite 596). Es folgt:

$$g'(x) = \frac{1}{\sqrt{1-x^2}}$$

$$= \sum_{n=0}^{\infty} \binom{-\frac{1}{2}}{n} (-1)^n x^{2n}$$

$$= \sum_{n=0}^{\infty} \left(-\frac{1}{2}\right)^n \frac{1 \cdot 3 \cdot 5 \cdot \ldots (2n-1)}{n!} (-1)^n x^{2n}$$

$$= \sum_{n=0}^{\infty} \frac{1 \cdot 3 \cdot 5 \cdot \ldots (2n-1)}{2^n\, n!} x^{2n}.$$

Da diese Potenzreihe in ihrem Konvergenzintervall die Ableitung von

$$\sum_{n=0}^{\infty} \frac{1 \cdot 3 \cdot 5 \cdot \ldots (2n-1)}{(2n+1)2^n\, n!} x^{2n+1}$$

ist und die Reihe für $x = 0$ den Wert $\arcsin(0) = 0$ annimmt, haben wir die Potenz- und Taylorreihe zu arcsin um den Entwicklungspunkt $x_0 = 0$ ermittelt.

---

werden, dass das Restglied eine Nullfolge bilden muss. Das folgende Gegenbeispiel zeigt, dass diese Schwierigkeit beim Umgang mit Taylorreihen auch bei unendlich oft differenzierbaren Funktionen auftritt. Das Beispiel zeigt auch, dass die Menge der unendlich oft differenzierbaren Funktionen auf einem Intervall mehr Funktionen umfasst als die analytischen, also die Funktionen, die sich in eine Potenzreihe entwickeln lassen.

Beispiel Die Funktion $f : \mathbb{R} \to \mathbb{R}$ mit

$$f(x) = \begin{cases} \exp(-1/x), & x > 0, \\ 0, & x \le 0 \end{cases}$$

ist beliebig oft differenzierbar. Durch vollständige Induktion

zeigt man, dass für $x \neq 0$ jede Ableitung von der Form

$$f^{(k)}(x) = \begin{cases} \frac{q_k(x)}{x^{2k}} \exp(-1/x), & x > 0 \\ 0, & x < 0 \end{cases}$$

mit einem Polynom q_k vom Grad $\le k$ ist.

Jetzt benötigen wir den Grenzwert

$$\lim_{x \to 0} \frac{1}{x^m} e^{-1/x} = 0.$$

für $x > 0$ und für jeden Grad $m \in \mathbb{N}$. Dies sehen wir mit der Potenzreihe zur Exponentialfunktion. Setzen wir $t = 1/x > 0$,

Übersicht: Potenzreihen und Taylorreihen

Zusammenstellung einiger Potenzreihenentwicklungen und die zugehörigen Konvergenzbereiche.

Die allgemeine binomische Reihe

$$(1 + x)^\alpha = \sum_{n=0}^{\infty} \binom{\alpha}{n} x^n \quad \text{für } |x| < 1$$

mit dem verallgemeinerten Binomialkoeffizienten

$$\binom{\alpha}{n} = \frac{\alpha \cdot \ldots \cdot (\alpha - n + 1)}{n!}\,.$$

Die Exponentialfunktion

$$\exp(x) = \sum_{n=0}^{\infty} \frac{1}{n!} x^n \quad \text{für } x \in \mathbb{C}$$

$$\cosh(x) = \sum_{n=0}^{\infty} \frac{1}{(2n)!} x^{2n} \quad \text{für } x \in \mathbb{C}$$

$$\sinh(x) = \sum_{n=0}^{\infty} \frac{1}{(2n+1)!} x^{2n+1} \quad \text{für } x \in \mathbb{C}$$

$$\tanh(x) = \sum_{n=1}^{\infty} \frac{(-1)^{n+1} 2^{2n} (2^{2n} - 1) B_{2n}}{(2n)!} x^{2n-1}, \; |x| < \frac{\pi}{2}$$

$$\ln(x + 1) = \sum_{n=1}^{\infty} (-1)^{n+1} \frac{x^n}{n}\,, \quad |x| < 1$$

$$\operatorname{artanh} x = \frac{1}{2} \ln\left(\frac{1+x}{1-x}\right) = \sum_{n=0}^{\infty} \frac{1}{2n+1} x^{2n+1}\,, \; |x| < 1$$

Trigonometrische Funktionen

$$\cos x = \sum_{n=0}^{\infty} \frac{(-1)^n}{(2n)!} x^{2n} \quad \text{für } x \in \mathbb{C}$$

$$\sin x = \sum_{n=0}^{\infty} \frac{(-1)^n}{(2n+1)!} x^{2n+1} \quad \text{für } x \in \mathbb{C}$$

$$\tan x = \sum_{n=1}^{\infty} \frac{2^{2n} (2^{2n} - 1) B_{2n}}{(2n)!} x^{2n-1}, \quad |x| < \frac{\pi}{2}$$

$$\arccos x = \frac{\pi}{2} - \sum_{n=1}^{\infty} \frac{1 \cdot 3 \ldots (2n-1)}{(2n+1)\, 2^n\, n!} x^{2n+1}, \quad |x| < 1$$

$$\arcsin x = \sum_{n=1}^{\infty} \frac{1 \cdot 3 \ldots (2n-1)}{(2n+1)\, 2^n\, n!} x^{2n+1}, \quad |x| < 1$$

$$\arctan x = \sum_{n=0}^{\infty} \frac{(-1)^n}{(2n+1)} x^{2n+1}, \quad |x| < 1$$

$$\operatorname{arccot} x = \frac{\pi}{2} - \sum_{n=0}^{\infty} \frac{(-1)^n}{(2n+1)} x^{2n+1}, \quad |x| < 1$$

Mit B_{2k} sind die sogenannten *Bernoulli-Zahlen* bezeichnet, die sich rekursiv aus

$$B_0 = 1 \quad \text{und} \quad \sum_{k=0}^{n} \binom{n+1}{k} B_k = 0$$

für $n \in \mathbb{N}$ berechnen lassen.

so lässt sich abschätzen:

$$\frac{1}{x^m}\, \mathrm{e}^{-1/x} = \frac{t^m}{\mathrm{e}^t} = \frac{t^m}{\sum_{k=0}^{\infty} \frac{1}{k!} t^k}$$

$$\leq \frac{t^m}{\frac{1}{(m+1)!} t^{m+1}}$$

$$= (m + 1)! \frac{1}{t}\, \rightarrow\, 0\,, \text{ für } t \rightarrow \infty,$$

für alle $m = 0, 1, 2, \ldots$, und der Grenzwert folgt aus dem Majorantenkriterium. Daher ist in unserem Beispiel die k-te Ableitung $f^{(k)}$ für jedes $k = 0, 1, 2, \ldots$ ergänzbar mit $f^{(k)}(0) = 0$ zu einer stetigen Funktion auf $\mathbb{R}$. Jedes Taylorpolynom um Entwicklungspunkt $x_0 = 0$ ist konstant null. Für keinen Wert $x > 0$ konvergiert $\left(p_n(x; 0)\right)_{n \in \mathbb{N}}$ gegen den Funktionswert $f(x)$. ◀

Zusammenfassung

Änderungsrate, Steigung des Graphen und Linearisierung, alle drei Betrachtungen führen auf den zentralen Begriff dieses Kapitels, die Ableitung.

Definition der Ableitung

Eine Funktion $f : I \to \mathbb{R}$, die auf einem offenen Intervall $I \subseteq \mathbb{R}$ gegeben ist, heißt **an einer Stelle** $x_0 \in I$ **differenzierbar**, wenn der Grenzwert

$$\lim_{\substack{x \to x_0 \\ x \neq x_0}} \frac{f(x) - f(x_0)}{x - x_0}$$

existiert. Diesen Grenzwert nennt man die **Ableitung von** f **in** x_0. Er wird mit $f'(x_0)$ bezeichnet.

Die Ableitung eines gegebenen Ausdrucks anhand der Definition zu bestimmen, ist mühselig. Mit den grundlegenden Techniken der Produktregel

$$(fg)'(x) = f(x)g'(x) + f'(x)g(x)$$

und der Kettenregel

$$(g \circ f)'(x) = g'(f(x))f'(x)$$

lässt sich das Differenzieren aber auf einige wenige Ableitungen zurückführen.

Ist eine Funktion in eine Potenzreihe entwickelbar, so ist sie im Konvergenzbereich beliebig oft differenzierbar, und die Ableitung ist durch die gliedweise differenzierte Reihe gegeben. Beim Beweis zeigt sich ein weiteres Mal die Bedeutung gleichmäßiger Abschätzungen beim Vertauschen von Grenzprozessen, hier im Fall von Differenzquotienten zu Partialsummen.

Die bei Differenzierbarkeit sinnvolle Approximation durch Linearisierung

$$f(x) = \underbrace{f(x_0) + f'(x_0)(x - x_0)}_{\text{„Linearisierung“}} + \mathrm{o}(|x - x_0|).$$

hat weitreichende Konsequenzen beim Umgang mit Funktionen. So liefert der Mittelwertsatz eine nützliche Darstellung der Differenz von Funktionswerten bei differenzierbaren Funktionen.

Der Mittelwertsatz

Ist $f : [a, b] \subseteq \mathbb{R} \to \mathbb{R}$ eine stetige Funktion, die auf (a, b) differenzierbar ist, dann gibt es eine Zwischenstelle $z \in (a, b)$ mit

$$f(b) - f(a) = f'(z)\,(b - a)\,.$$

Der Mittelwertsatz lässt sich zur Abschätzung von Differenzen von Funktionswerten sowie bei Grenzwerten nutzen. Eine Verallgemeinerung führt unter anderem auf die Regeln von L'Hospital. Mit dem Mittelwertsatz lassen sich darüber hinaus Eigenschaften des Verhaltens von Funktionen, wie Monotonie und Konvexität und auch Extremalstellen anhand der Ableitung charakterisieren. Diese Zusammenhänge sind in der Übersicht auf Seite 590 aufgelistet.

Deutlich wird die Beziehung zwischen einer Funktion und ihren Ableitungen anhand der **Taylorpolynome**:

$$p_n(x; x_0) \;=\; \sum_{k=0}^{n} \frac{f^{(k)}(x_0)}{k!}\,(x - x_0)^k\,, \quad x \in \mathbb{R}\,.$$

Gilt für das **Restglied**, die Differenz zwischen Funktion und Taylorpolynom, mit wachsendem Grad, dass

$$|f(x) - p_n(x, x_0)| \to 0\,, \quad n \to \infty\,,$$

so ist die Funktion in eine Potenzreihen entwickelbar. Und diese Potenzreihe ist durch die Taylorreihe gegeben.

Definition der Taylorreihe

Die Potenzreihe

$$\left(\sum_{n=0}^{\infty} \frac{f^{(n)}(x_0)}{n!}(x - x_0)^n \right),$$

generiert durch eine unendlich oft differenzierbare Funktion $f : (a, b) \to \mathbb{R}$ um einen **Entwicklungspunkt** $x_0 \in (a, b)$, heißt **Taylorreihe** zu f um x_0.

Aufgaben

Die Aufgaben gliedern sich in drei Kategorien: Anhand der *Verständnisfragen* können Sie prüfen, ob Sie die Begriffe und zentralen Aussagen verstanden haben, mit den *Rechenaufgaben* üben Sie Ihre technischen Fertigkeiten und die *Beweisaufgaben* geben Ihnen Gelegenheit, zu lernen, wie man Beweise findet und führt.

Ein Punktesystem unterscheidet leichte Aufgaben •, mittelschwere •• und anspruchsvolle ••• Aufgaben. Lösungshinweise am Ende des Buches helfen Ihnen, falls Sie bei einer Aufgabe partout nicht weiterkommen. Dort finden Sie auch die Lösungen – betrügen Sie sich aber nicht selbst und schlagen Sie erst nach, wenn Sie selber zu einer Lösung gekommen sind. Ausführliche Lösungswege stehen auf der Website des Verlags zur Verfügung.

Viel Spaß und Erfolg bei den Aufgaben!

Verständnisfragen

15.1 • Zeigen Sie, dass eine differenzierbare Funktion $f : (a, b) \to \mathbb{R}$ affin-linear ist, wenn ihre Ableitung konstant ist.

15.2 •• Untersuchen Sie die Funktionen $f_n : \mathbb{R} \to \mathbb{R}$ mit

$$f_n(x) = \begin{cases} x^n \cos \dfrac{1}{x}, & x \neq 0, \\ 0, & x = 0 \end{cases}$$

für $n = 1, 2, 3$ auf Stetigkeit, Differenzierbarkeit oder stetige Differenzierbarkeit.

15.3 •• Zeigen Sie, dass die Funktion $f : \mathbb{R} \to \mathbb{R}$ mit $f(x) = x^4$ konvex ist,
(a) indem Sie nach Definition $f(\lambda x + (1 - \lambda)y) \leq \lambda f(x) + (1 - \lambda)f(y)$ für alle $\lambda \in [0, 1]$ prüfen,
(b) mittels der Bedingung $f'(x)(y - x) \leq f(y) - f(x)$.

15.4 •• Wie weit kann man bei optimalen Sichtverhältnissen von einem Turm der Höhe $h = 10\,\text{m}$ sehen, wenn die Erde als Kugel mit Radius $R \approx 6\,300\,\text{km}$ angenommen wird?

15.5 • Beweisen Sie: Wenn $f : [0, 1] \to \mathbb{R}$ stetig differenzierbar ist mit $f(0) = 0$ und $f(1)\,f'(1) < 0$, so gibt es eine Stelle $\hat{x} \in (0, 1)$ mit der Eigenschaft $f'(\hat{x}) = 0$.

Rechenaufgaben

15.6 • Berechnen Sie die Ableitungen der Funktionen $f : D \to \mathbb{R}$ mit

$$f_1(x) = \left(x + \frac{1}{x}\right)^2, \quad x \neq 0$$

$$f_2(x) = \cos(x^2) \cos^2 x, \quad x \in \mathbb{R}$$

$$f_3(x) = \ln\left(\frac{e^x - 1}{e^x}\right), \quad x \neq 0$$

$$f_4(x) = x^{x^x}, \quad x > 0$$

auf dem jeweiligen Definitionsbereich der Funktion.

15.7 •• Zeigen Sie durch eine vollständige Induktion die Ableitungen

$$\frac{\mathrm{d}^n}{\mathrm{d}x^n}(e^x \sin x) = (\sqrt{2})^n e^x \sin\left(x + \frac{n\pi}{4}\right)$$

für $n = 0, 1, 2, \ldots$

15.8 •• Wenden Sie das Newton-Verfahren an, um die Nullstelle $x = 0$ der beiden Funktionen

$$f(x) = \begin{cases} x^{4/3}, & x \geq 0, \\ -|x|^{4/3}, & x < 0 \end{cases}$$

und

$$g(x) = \begin{cases} \sqrt{x}, & x \geq 0, \\ -\sqrt{|x|}, & x < 0 \end{cases}$$

zu bestimmen. Falls das Verfahren konvergiert, geben Sie die Konvergenzordnung an und ein Intervall für mögliche Startwerte.

15.9 • Zeigen Sie, dass die Abschätzungen

$$\frac{\pi}{4} \leq \arctan(x) + \frac{1 - x}{1 + x^2} \leq \frac{\pi}{2}$$

für alle $x \in \mathbb{R}_{\geq 0}$ gelten.

15.10 •• Bestimmen Sie die Potenzreihe zu $f : \mathbb{R}_{>0} \to \mathbb{R}$ mit $f(x) = 1/x^2$ um den Entwicklungspunkt $x_0 = 1$ und ihren Konvergenzradius.

15.11 • Bestimmen Sie zu

$$f(x) = x^3 \cosh\left(\frac{x^3}{6}\right)$$

die Werte der 8. und 9. Ableitung an der Stelle $x = 0$.

15.12 • Bestimmen Sie die Taylorreihe zu $f : \mathbb{R} \to \mathbb{R}$ mit $f(x) = x \exp(x - 1)$ zum einen direkt und andererseits mithilfe der Potenzreihe zur Exponentialfunktion. Untersuchen Sie weiterhin die Reihe auf Konvergenz.

15.13 •• Zeigen Sie für $|x| < 1$ die Taylorformel

$$\ln \frac{1-x}{1+x} = -2\left(x + \frac{x^3}{3} + \cdots + \frac{x^{2n-1}}{2n-1}\right) + r_{2n}(x; 0)$$

mit dem Restglied

$$r_{2n}(x; 0) = \frac{-x^{2n+1}}{2n+1}\left(\frac{1}{(1+tx)^{2n+1}} + \frac{1}{(1-tx)^{2n+1}}\right)$$

für ein $t \in (0, 1)$.

Approximieren Sie mithilfe des Taylorpolynoms vom Grad $n = 2$ den Wert $\ln(2/3)$ und zeigen Sie, dass der Fehler kleiner als $5 \cdot 10^{-4}$ ist.

15.14 • Berechnen Sie die vier Grenzwerte

$$\lim_{x\to\infty} \frac{\ln(\ln x)}{\ln x}, \qquad \lim_{x\to 0} \frac{1}{e^x - 1} - \frac{1}{x},$$

$$\lim_{x\to 0} \cot(x)(\arcsin(x)), \qquad \lim_{x\to a} \frac{x^a - a^x}{a^x - a^a}, \quad a \in \mathbb{R}_{>0}\setminus\{1\}.$$

15.15 • Bestimmen Sie eine Konstante $c \in \mathbb{R}$, sodass die Funktion $f : [-\pi/2, \pi/2] \to \mathbb{R}$

$$f(x) = \begin{cases} (\cos x)^{\frac{1}{x^2}}, & x \neq 0, \\ c, & x = 0 \end{cases}$$

stetig ist.

Beweisaufgaben

15.16 • Beweisen Sie induktiv die Leibniz'sche Formel für die n-te Ableitung eines Produkts zweier n-mal differenzierbarer Funktionen f und g:

$$(fg)^{(n)} = \sum_{k=0}^{n} \binom{n}{k} f^{(k)} g^{(n-k)} \quad \text{für} \quad n \in \mathbb{N}_0.$$

15.17 •• Zeigen Sie, dass es genau eine Funktion $f : \mathbb{R}_{>0} \to \mathbb{R}$ gibt (den Logarithmus), mit den beiden Eigenschaften:

$$f(xy) = f(x) + f(y), \quad f(x) \leq x - 1,$$

indem Sie beweisen: f ist differenzierbar mit der Ableitung $f'(x) = \frac{1}{x}$.

15.18 •• Zeigen Sie, dass der verallgemeinerte Mittelwert für $x \to 0$ gegen das geometrische Mittel positiver Zahlen $a_1, \ldots a_k \in \mathbb{R}_{>0}$ konvergiert, d. h., es gilt:

$$\lim_{x\to 0} \left(\frac{1}{n} \sum_{j=1}^{n} a_j^x\right)^{\frac{1}{x}} = \sqrt[n]{\prod_{j-1}^{n} a_j}.$$

15.19 •• Gegeben sind Zahlen $x_j \in [a, b]$, $\lambda_j \in (0, 1)$ für $j = 1, \ldots, n$ und $\sum_{j=1}^{n} \lambda_j = 1$.
(a) Zeigen Sie, dass für eine konvexe Funktion $f : [a, b] \to \mathbb{R}$ die Ungleichung

$$f\left(\sum_{j=1}^{n} \lambda_j x_j\right) \leq \sum_{j=1}^{n} \lambda_j f(x_j)$$

gilt.
(b) Beweisen Sie für positive Zahlen $x_j \geq a > 0$ die Ungleichung zwischen gewichteten arithmetischen und geometrischen Mittelwerten:

$$\prod_{j=1}^{n} x_j^{\lambda_j} \leq \sum_{j=1}^{n} \lambda_j x_j.$$

15.20 ••• Zeigen Sie, dass eine konvexe Funktion $f : [a, b] \to \mathbb{R}$ auf einem kompakten Intervall $[a, b]$
(a) nach oben beschränkt und
(b) in $x \in (a, b)$ stetig ist.

15.21 •• Begründen Sie, dass eine $2n$-mal stetig differenzierbare Funktion $f : (a, b) \to \mathbb{R}$ mit der Eigenschaft

$$f'(\hat{x}) = \cdots = f^{(2n-1)}(\hat{x}) = 0$$

und

$$f^{(2n)}(\hat{x}) > 0$$

im Punkt $\hat{x} \in (a, b)$ ein Minimum hat.

15.22 • Beweisen Sie zur Taylorformel die Restglieddarstellung von Schlömilch:

$$r_n(x; x_0) = \frac{(x - x_0)^{n+1}}{n!\, p}(1-\tau)^{n+1-p} f^{(n+1)}(x_0 + \tau(x - x_0))$$

mit $p \in \mathbb{N}$, indem sie den verallgemeinerten Mittelwertsatz anwenden auf die Funktion $F : \mathbb{R} \to \mathbb{R}$ aus dem Beweis zum Cauchy'schen Restglied und die Funktion $G : \mathbb{R} \to \mathbb{R}$ mit $G(y) = (x - y)^p$.

15.23 ••• Neben dem Newton-Verfahren gibt es zahlreiche andere iterative Methoden zur Berechnung von Nullstellen von Funktionen. Das sogenannte *Halley-Verfahren* etwa besteht ausgehend von einem Startwert x_0 in der Iterationsvorschrift

$$x_{j+1} = x_j - \frac{f(x_j)f'(x_j)}{(f'(x_j))^2 - \frac{1}{2}f''(x_j)f(x_j)}, \quad j \in \mathbb{N}.$$

Beweisen Sie mithilfe der Taylorformeln erster und zweiter Ordnung, dass das Verfahren in einer kleinen Umgebung um eine Nullstelle $\hat{x}$ einer dreimal stetig differenzierbaren Funktion $f : D \to \mathbb{R}$ mit der Eigenschaft $f'(\hat{x}) \neq 0$ sogar kubisch konvergiert, d. h., es gilt in dieser Umgebung

$$|\hat{x} - x_{j+1}| \leq c|\hat{x} - x_j|^3$$

mit einer von j unabhängigen Konstanten $c > 0$.

Antworten der Selbstfragen

S. 558

Wenn wir die Betragsfunktion um die Stelle $x_0 = 0$ betrachten, so gilt:

$$\lim_{\substack{h \to 0 \\ h \neq 0}} \frac{f(x+h) - f(x-h)}{2h} = \lim_{\substack{h \to 0 \\ h \neq 0}} \frac{|h| - |h|}{2h} = 0$$

Der Grenzwert existiert somit, aber die Funktion ist in $x_0 = 0$ nicht differenzierbar, wie wir im Beispiel auf Seite 557 gesehen haben.

S. 559

Die Ableitung im Sinne der Linearisierung einer Funktion ist ein analytisches Konzept. Die Anschauung als Steigung der Tangente an einem Graphen ist hingegen eher ein geometrischer Zugang. Die Interpretation der Ableitung als Änderungsrate, bzw. bei zeitlicher Änderung einer Ortsvariable als Geschwindigkeit, ist physikalischer Natur.

S. 563

Da $|x \sin(1/x)| \le |x| \to 0$ für $x \to 0$ gilt, ist die Funktion stetig in null mit $f(0) = 0$. Der Differenzenquotient für $x \neq 0$ ist

$$\frac{f(x) - f(0)}{x - 0} = \sin\left(\frac{1}{x}\right),$$

d. h., der Grenzwert $x \to 0$ existiert nicht, die Funktion ist in null nicht differenzierbar.

S. 563

Es gilt $f^{(n)} \in C^{r-n}(a, b)$.

S. 567

a) Mit Ketten- und Produktregel ergibt sich:

$$f'(x) = (\sin x + x \cos x)e^{x \sin x}.$$

b) Sehen wir den Ausdruck etwa als Komposition von $1/x$ und dem Nenner an, so folgt mit der Kettenregel:

$$f'(x) = -\frac{1}{(2 + \sin x \, \cos x)^2}(\cos^2 x - \sin^2 x)$$
$$= \frac{1 - 2\cos^2 x}{(2 + \sin x \, \cos x)^2}.$$

S. 569

Es gilt:

$$f'(t) = (e^{at}(\cos(bt) + i\sin(bt)))'$$
$$= ae^{at}(\cos(bt) + i\sin(bt)) + be^{at}(-\sin(bt) + i\cos(bt))$$
$$= (a + ib)e^{at}(\cos(bt) + i\sin(bt))$$
$$= ze^{zt}.$$

Man beachte, dass sich die Rechenregel aus dem Reellen überträgt.

S. 571

Mit der Potenzreihendarstellung

$$\exp(x) = e^x = \sum_{n=0}^{\infty} \frac{1}{n!}x^n$$

für $x \in \mathbb{R}$ folgt:

$$\exp'(x) = \sum_{n=1}^{\infty} \frac{n}{n!}x^{n-1} = \sum_{n=1}^{\infty} \frac{1}{(n-1)!}x^{n-1}.$$

Verschiebt man den Index $n - 1 \rightsquigarrow n$, so bestätigt sich das frühere Resultat

$$\exp'(x) = \sum_{n=0}^{\infty} \frac{1}{n!}x^n = \exp(x).$$

S. 574

Da entweder ein Maximum oder ein Minimum nicht am Rand der Funktion liegen kann, gibt es eine Stelle mit verschwindender Ableitung, wie die Skizze in Abbildung 15.14 eines möglichen Graphen illustriert.

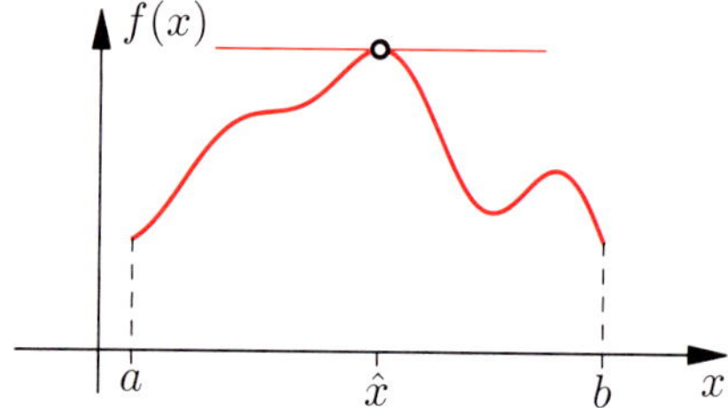

Abbildung 15.27 Illustration zum Satz von Rolle.

S. 579

Nur im ersten Beispiel ist die Regel anwendbar, denn sowohl für den Zähler als auch für den Nenner gilt $\sin x \to 0$ und $x \to 0$ für $x \to 0$. Damit ergibt sich der Grenzwert

$$\lim_{x \to 0} \frac{x}{\sin x} = \lim_{x \to 0} \frac{1}{\cos x} = 1.$$

Im zweiten Fall ist der Grenzwert des Nenners, $\cos x \to 1$ für $x \to 0$, von null verschieden, und die Regel ist nicht anwendbar. Der Grenzwert ergibt sich in diesem Fall direkt zu

$$\lim_{x \to 0} \frac{x}{\cos x} = \frac{0}{1} = 0.$$

S. 582

Als Beispiel dient etwa die Oszillationsstelle bei der differenzierbaren Funktion $f : \mathbb{R} \to \mathbb{R}$ mit $f(x) = 2x + x^2 \sin(1/x)$ für $x \neq 0$ (siehe Beispiel auf Seite 562).

S. 582

Im Fall der strengen Monotonie folgt im Allgemeinen nur, dass $f' \geq 0$ ist, auch wenn f streng monoton ist. Betrachten wir z. B. den Sattelpunkt $x = 0$ zur Funktion $f : \mathbb{R} \to \mathbb{R}$ mit $f(x) = x^3$. Die Funktion f ist streng monoton steigend, aber im Punkt $x = 0$ ist $f'(x) = 0$.

S. 584

Angenommen eine Funktion ist konstant zwischen x und y mit einem Wert $c \in \mathbb{R}$, dann ist

$$c = f(x + t(y - x)) = (1 - t)c + tc = (1 - t)f(x) + tf(y),$$

also kann die Funktion nicht strikt konvex sein.

S. 590

Induktiv erhalten wir für $l = 0, \ldots, n$, dass

$$p_n^{(l)}(x; x_0) = \sum_{k=l}^{n} \frac{f^{(k)}(x_0)}{(k - l)!}(x - x_0)^{k-l}$$

ist. Damit ergibt sich $p_n^{(l)}(x_0; x_0) = \frac{f^{(l)}(x_0)}{1}(x - x_0)^0 = f^{(l)}(x_0)$.

S. 591

Mit den Ableitungen

$$f^{(k)}(x) = e^x$$

erhalten wir für f das Taylorpolynom dritten Grades

$$p_3(x; 1) = \sum_{k=0}^{3} \frac{e^1}{k!}(x - 1)^k$$
$$= e\left(1 + (x - 1) + \frac{1}{2}(x - 1)^2 + \frac{1}{6}(x - 1)^3\right).$$

S. 594

Die Taylorreihe zu f ist eine endliche Summe, da alle höheren Ableitungen verschwinden:

$$p_\infty(x; 1) = 1 + (x - 1).$$

Offensichtlich stimmen Funktion und Taylorreihe nur für $x \geq 0$ überein. Für $x < 0$ ist $f(x) \neq p_\infty(x; 1)$.

Integrale – von lokal zu global

16

Wie definiert man das Integral?

Was ist eine Stammfunktion und wie lässt sie sich bestimmen?

Welche Bedeutung hat der Satz von Beppo Levi?

© Springer-Verlag GmbH Deutschland, ein Teil von Springer Nature 2022
T. Arens et al., *Grundwissen Mathematikstudium*,
https://doi.org/10.1007/978-3-662-63313-7_16

Neben der Differenzialrechnung ist die Integralrechnung die zweite tragende Säule der Analysis. Während sich die Differenzialrechnung in erster Linie mit dem *lokalen* Änderungsverhalten von Funktionen befasst, macht die Integralrechnung *globale* Aussagen. Entscheidend ist der Zusammenhang – das Integrieren lässt sich als Umkehrung des Differenzierens auffassen.

Bleiben wir, wie schon beim Differenzieren, bei skalarwertigen Funktionen in einer reellen Variablen. Der Ansatzpunkt für den Integralbegriff ist das Problem des Inhalts der Fläche zwischen dem Graphen einer Funktion und der x-Achse. Dabei gibt es verschiedene Möglichkeiten, zu einer sinnvollen Definition zu gelangen. Wir stellen einen zentralen Integralbegriff ausführlich vor, der nach dem französischen Mathematiker Henri Leon Lebesgue (1875–1941) benannt ist.

Da die subtilen Unterschiede der verschiedenen Definitionen zum Integral mathematisch Grundlegendes beleuchten, diskutieren wir in Abschnitt 16.7 zwei weitere häufig gewählte Zugänge, über *Regelfunktionen* und über *Riemann-Summen*. Das gesamte Kapitel ist so aufgebaut, dass ein erster elementarer Einstieg in die Integralrechnung durch die Kapitel 16.1, 16.3 und 16.4 gegeben ist, wenn man zunächst auf Details einer exakten Definition verzichtet. Bei stetigen Funktionen auf kompakten Intervallen ergeben sich letztlich dieselben Eigenschaften, sodass Unterschiede der verschiedenen Integralbegriffe erst in Abschnitt 16.5 und 16.6 zum Tragen kommen.

16.1 Integration von Treppenfunktionen

Das ursprüngliche Problem, das zum Begriff des bestimmten Integrals führt, ist die Bestimmung von Flächeninhalten. Während die Frage für einfache Flächen, wie etwa Rechtecke oder Dreiecke, schon von der elementaren Geometrie beantwortet wird, ist sie für allgemeine Flächen nicht direkt zugänglich.

Die Integralrechnung fragt nach Flächeninhalten

Der Begriff des Flächeninhalts wird anhand von Rechtecken bzw. Quadraten definiert. Man erklärt etwa, dass ein Quadrat mit einem Meter Seitenlänge einen Flächeninhalt von einem Quadratmeter hat. Alle anderen Flächenangaben sind dann relative Angaben, wie vielen derartigen Quadraten der Inhalt einer Fläche entspricht.

Von daher stammt auch der Ausdruck *Quadratur* für Flächenbestimmung bzw. für die bestimmte Integration. Manchmal wird Quadratur allerdings in einem engeren Sinne verwendet, nämlich als Umwandlung einer gegebenen Fläche in ein flächengleiches Quadrat nur mittels Zirkel und Lineal. In diesem Sinne ist die berühmte *Quadratur des Kreises* tatsächlich nicht möglich.

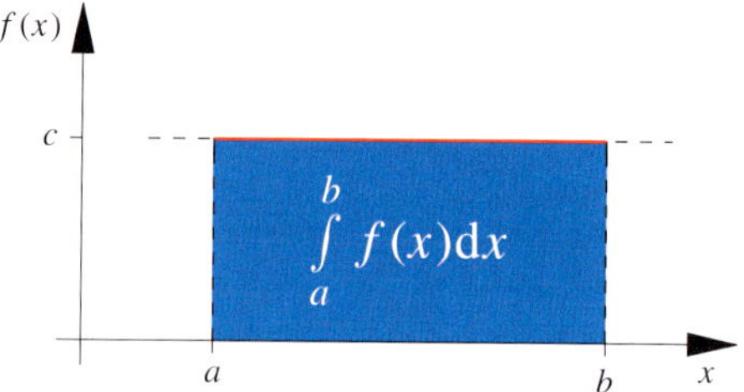

Abbildung 16.1 Die Fläche unter dem Graphen einer konstanten Funktion ist ein Rechteck.

Im einfachsten Fall einer konstanten Funktion f mit $f(x) = c$ für alle $x \in [a, b]$ ist die Fläche zwischen dem Intervall $[a, b]$ auf der x-Achse und dem Graphen der Funktion ein Rechteck mit Flächeninhalt $A = c(b - a)$ (Abb. 16.1). Mit dieser Fläche beginnen wir und erweitern die Idee auf stückweise konstante Funktionen.

Treppenfunktionen sind stückweise konstant

Eine Funktion $f : [a, b] \to \mathbb{R}$ ist eine **Treppenfunktion**, wenn es eine Zerlegung $Z = \{x_0, x_1, \ldots, x_n\}$ mit

$$a = x_0 < x_1 < x_2 < \cdots < x_{n-1} < x_n = b$$

des Intervalls $[a, b]$ gibt und Zahlen $c_j \in \mathbb{R}$, $j = 1, \ldots, n$, sodass stückweise

$$f(x) = c_j \quad \text{für } x \in (x_{j-1}, x_j)$$

für $j = 1, \ldots, n$ gilt. Die Werte der Treppenfunktionen an den Nahtstellen, x_j, spielen für die Eigenschaft von f, eine Treppenfunktion zu sein, keine Rolle. In Abbildung 16.2 ist der Graph einer Treppenfunktion abgebildet.

Addieren bzw. Subtrahieren der Flächeninhalte aller Rechtecke zwischen x-Achse und Graph einer Treppenfunktion

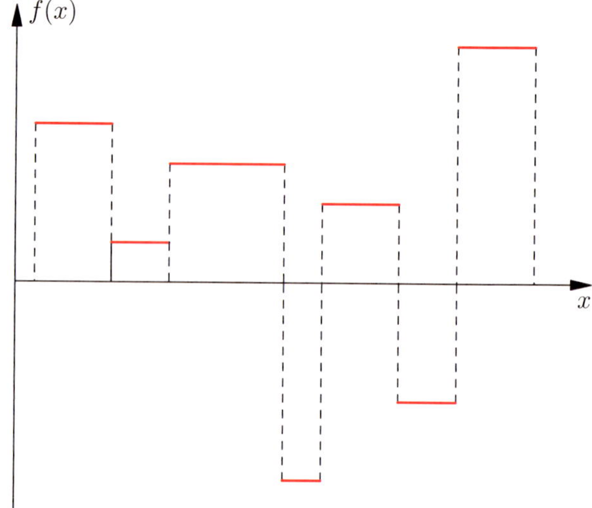

Abbildung 16.2 Eine Treppenfunktion ist stückweise konstant.

liefert die Summe

$$S(Z) = \sum_{j=1}^{n} c_j\,(x_j - x_{j-1})\,.$$

Lemma

Die Summe $S(Z)$ zu einer Treppenfunktion $f : [a, b] \to \mathbb{R}$ ist unabhängig von der Wahl der Zerlegung Z.

Beweis: Nehmen wir zu f und einer Zerlegung Z eine weitere Stelle $t \in [x_{l-1}, x_l]$ hinzu, so gilt:

$$\sum_{j=1}^{n} c_j\,(x_j - x_{j-1}) = c_l(x_l - t) + c_l(t - x_{l-1})$$

$$+ \sum_{j=1,\,j\neq l}^{n} c_j\,(x_j - x_{j-1})\,.$$

Also ändert der weitere Zerlegungspunkt den Wert der Summe nicht.

Betrachten wir nun zu f zwei Zerlegungen Z mit $a = x_0 < x_1 \cdots < x_n = b$ und $\tilde{Z}$ mit $a = y_0 < y_1 \cdots < y_m = b$, so bildet die Vereinigung $Z \cup \tilde{Z}$ eine neue Zerlegung. Diese fügt sowohl zur Zerlegung Z als auch zur Zerlegung $\tilde{Z}$ endlich viele Punkte hinzu. Also folgt mit der ersten Beobachtung:

$$S(Z) = S(Z \cup \tilde{Z}) = S(\tilde{Z})\,.$$

Die Summen sind gleich. $\blacksquare$

Wegen dieser Überlegung können wir durch

$$\int_a^b f(x)\,\mathrm{d}x = \sum_{j=1}^{n} c_j\,(x_j - x_{j-1})$$

das **Integral** der Treppenfunktion $f : [a, b] \to \mathbb{R}$ mit $f(x) = c_j \in \mathbb{R}$ innerhalb der Teilintervalle $x \in (x_{j-1}, x_j)$ definieren.

Beim Integralzeichen $\int$ sind a bzw. b die **untere** bzw. **obere Integrationsgrenze**, x die **Integrationsvariable**, f der **Integrand** und $\mathrm{d}x$ das **Differenzial** (siehe Seite 559).

Kommentar: Das Integralzeichen $\int$ ist ein stilisiertes S und soll daran erinnern, dass das Integral aus einer Summe hervorgeht.

----- **?** -----

Berechnen Sie den Wert des Integrals

$$\int_0^1 f(x)\,\mathrm{d}x$$

für die Treppenfunktion $f : [0, 1] \to \mathbb{R}$ mit

$$f(x) = (-1)^n n \quad \text{für } x \in \left(\frac{n-1}{10}, \frac{n}{10}\right),\ n = 1, 2, \ldots, 10.$$

Die Integration ist eine lineare Abbildung

Wir haben zwar nun einen Integralbegriff, aber die Menge der integrierbaren Funktionen ist noch sehr eingeschränkt. Trotzdem ergibt sich bereits eine lineare Struktur. Sind f, g Treppenfunktionen, so gibt es eine Zerlegung des Intervalls, etwa die Vereinigung aller Nahtstellen x_j^f, x_j^g zu f und g, sodass f und g beide konstant sind auf den Teilintervallen, d. h. die Summe zweier Treppenfunktionen ist wiederum eine Treppenfunktion. Außerdem ist λf mit $\lambda \in \mathbb{R}$ eine Treppenfunktion. Die Menge der Treppenfunktionen bildet also einen Vektorraum. Da das Integral für Treppenfunktionen eine endliche Summe ist, gilt weiter

$$\int_a^b f(x) + g(x)\,\mathrm{d}x = \int_a^b f(x)\,\mathrm{d}x + \int_a^b g(x)\,\mathrm{d}x$$

und

$$\int_a^b \lambda f(x)\,\mathrm{d}x = \lambda \int_a^b f(x)\,\mathrm{d}x\,.$$

Das Integrieren ist somit eine lineare Abbildung vom Vektorraum der Treppenfunktionen in die reellen Zahlen.

Approximation durch Treppenfunktionen liefert weitere integrierbare Funktionen

Ziel ist es, den Integralbegriff auf einen möglichst großen Vektorraum von Funktionen auszudehnen, zu dem unter anderem auch die stetigen Funktionen gehören.

Eine naheliegende Idee besteht darin, eine Funktion durch Treppenfunktionen so anzunähern, dass die Folge der Integrale konvergiert. Die Grenzfunktion ist dann eine *integrierbare* Funktion und der Grenzwert der Integrale der Treppenfunktionen wird als *Integralwert* der Funktion definiert. Mathematisch stoßen wir an dieser Stelle auf Schwierigkeiten: Was heißt denn „Annähern" einer Funktion?

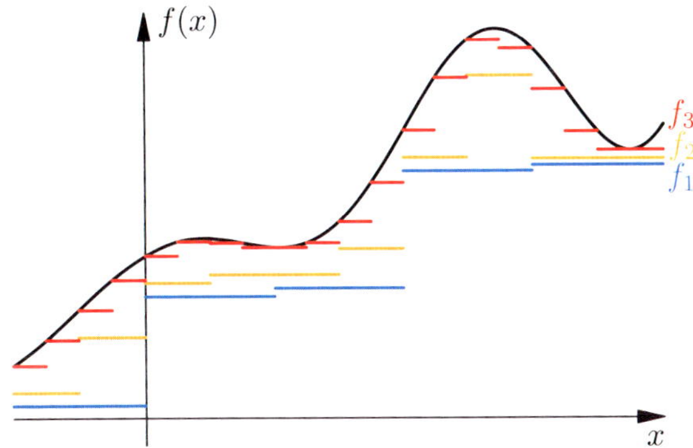

Abbildung 16.3 Annäherung einer Funktion durch Treppenfunktionen.

Es ist erforderlich, Folgen von Treppenfunktionen zu betrachten. In Anlehnung an die bereits bekannten Notationen bei Zahlenfolgen definieren wir Monotonie und eine erste Variante von Konvergenz bei Folgen von Funktionen.

Punktweise Konvergenz von Funktionenfolgen

- Eine Folge $(f_n)_{n\in\mathbb{N}}$ von Funktionen $f_n: D \to \mathbb{R}$ mit gemeinsamer Definitionsmenge $D \subseteq \mathbb{R}$ heißt **monoton wachsend (fallend)**, wenn

$$f_{n+1}(x) \geq f_n(x) \quad \left(\text{bzw. } f_{n+1}(x) \leq f_n(x)\right)$$

für alle $x \in D$ ist.

- Die Folge $(f_n)_{n\in\mathbb{N}}$ heißt **punktweise konvergent** gegen eine Funktion $f: D \to \mathbb{R}$, wenn der Grenzwert

$$\lim_{n\to\infty} f_n(x) = f(x)$$

für jedes $x \in D$ existiert.

Um zwischen der Monotonie einer Funktionenfolge und der Monotonie der Folge einzelner Funktionswerte, $f_n(x)$ für festes $x \in D$, zu unterscheiden, werden auch die Begriffe **isoton** für eine monoton steigende und **antiton** für eine monoton fallende Funktionenfolge und die Notationen $f_n \nearrow f$ bzw. $f_n \searrow f$, $n \to \infty$, verwendet. Bei Funktionenfolgen gibt es verschiedene Arten von Konvergenz, etwa neben der punktweisen auch die *gleichmäßige Konvergenz*. Diese ist übrigens schon auf Seite 387 bei den Potenzreihen angeklungen.

Gleichmäßige Konvergenz

Die Folge $(f_n)_{n\in\mathbb{N}}$ heißt **gleichmäßig konvergent** gegen die Funktion $f: D \to \mathbb{R}$, wenn es zu jedem $\varepsilon > 0$ ein $N \in \mathbb{N}$ gibt, sodass

$$|f_n(x) - f(x)| \leq \varepsilon \quad \text{für alle } x \in [a,b] \text{ und } n \geq N$$

gilt.

?

Worin besteht der Unterschied bei den Definitionen von punktweiser und gleichmäßiger Konvergenz?

Später werden auch noch weitere Konvergenzbegriffe bei Funktionenfolgen betrachtet (siehe Kapitel 19). Wir beschäftigen uns zunächst mit diesen beiden. Eine nützliche Charakterisierung der gleichmäßigen Konvergenz bei Funktionenfolgen ergibt sich mit der **Supremumsnorm**, die zu $f: D \to \mathbb{R}$ definiert ist durch

$$\|f\|_\infty = \sup_{x\in D} |f(x)|,$$

wenn das Supremum existiert.

Lemma

Eine Folge von Funktionen $f_n: D \subseteq \mathbb{R} \to \mathbb{R}$, $n \in \mathbb{N}$, konvergiert gleichmäßig gegen $f: D \to \mathbb{R}$ genau dann, wenn $\|f_n - f\|_\infty \to 0$, $n \to \infty$, gilt.

Beweis: Ist (f_n) gleichmäßig konvergent gegen die Funktion f, so gibt es zu $\varepsilon > 0$ ein $N \in \mathbb{N}$ mit $|f_n(x) - f(x)| \leq \varepsilon$ für alle $x \in D$ und $n \geq N$. Da die Menge $\{|f_n(x) - f(x)| \mid x \in D\}$ beschränkt ist, existiert ein Supremum, und die Abschätzung bleibt für das Supremum erhalten:

$$\sup_{x\in D} |f_n(x) - f(x)| \leq \varepsilon.$$

Also ist $\lim\limits_{n\to\infty} \|f_n - f\|_\infty = 0$.

Andererseits folgt aus $\lim\limits_{n\to\infty} \|f_n - f\|_\infty = 0$, dass es zu $\varepsilon > 0$ ein $N \in \mathbb{N}$ gibt mit

$$|f_n(x) - f(x)| \leq \sup_{y\in D} |f_n(y) - f(y)| = \|f_n - f\|_\infty \leq \varepsilon$$

für alle $x \in D$ und für alle $n \geq N$. Also ist die Funktionenfolge gleichmäßig konvergent. $\blacksquare$

Gleichmäßig konvergente Funktionenfolgen konvergieren auch punktweise

Es wird insbesondere deutlich, dass eine gleichmäßig konvergente Funktionenfolge auch punktweise konvergiert. Umgekehrt ist dies nicht der Fall. Die folgenden beiden Beispiele belegen, dass es punktweise konvergente Funktionenfolgen gibt, die nicht gleichmäßig konvergieren.

Beispiel

- Die Funktionenfolge (f_n) auf $[0, q]$ mit $f_n = x^n$ konvergiert gleichmäßig gegen die Nullfunktion $f = 0$, wenn $q < 1$ ist; denn mit obigem Lemma folgt die Konvergenz aus

$$\sup_{x\in[0,q]} \|x^n - 0\| \leq q^n \to 0, \quad n \to \infty.$$

Für $q = 1$ ist die Folge punktweise konvergent gegen

$$f(x) = \begin{cases} 0 & \text{für } x \in [0, 1), \\ 1 & \text{für } x = 1. \end{cases}$$

Die Folge konvergiert aber nicht gleichmäßig; denn wählen wir etwa zu $\varepsilon = 1/2$ Stellen $x_n = 1/\sqrt[n]{2} \in [0, 1]$, so gilt:

$$\sup_{x\in[0,1]} |f_n(x) - f(x)| \geq |f_n(x_n) - 0| \geq \frac{1}{2}$$

für $n \in \mathbb{N}$. Die Funktionenfolge konvergiert somit nicht gleichmäßig.

- Die Funktionenfolge $f_n: [0, 1] \to \mathbb{R}$ mit

$$f_n(x) = nx(1 - x)^n$$

konvergiert punktweise gegen die Nullfunktion; denn es ist $f_n(0) = f_n(1) = 0$, und bei fest vorgegebenen

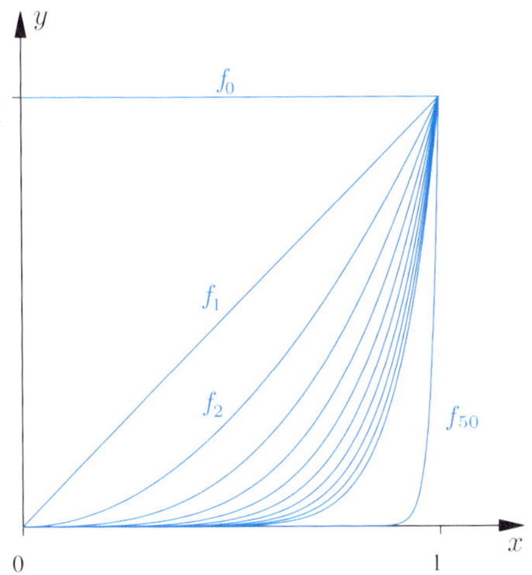

Abbildung 16.4 Eine Folge von Funktionen, die fast überall gegen 0 konvergiert.

$x \in (0, 1)$ folgt $nx(1 - x)^n \to 0$ für $n \to \infty$ (siehe Aufgabe 8.16).

Gleichmäßige Konvergenz gilt für dieses Beispiel nicht. Dazu betrachte man $f_n'(x) = n(1 - x)^{n-1}(1 - x - nx)$. Aus $f_n'(\hat{x}_n) = 0$ ermitteln wir, dass f_n bei $\hat{x}_n = 1/(n + 1) \in [0, 1]$ ein Maximum besitzt mit den Funktionswerten $f_n(\hat{x}_n) = \left(1 - \frac{1}{n+1}\right)^{n+1} \to \frac{1}{e}$ für $n \to \infty$ (siehe Seite 292). Somit gibt es etwa ein $N \in \mathbb{N}$ mit $|f_n(\hat{x}_n)| \ge \frac{1}{2e}$ für alle $n \ge N$ und wir erhalten:

$$\|f_n - 0\|_\infty \ge |f_n(\hat{x}_n) - 0| \ge \frac{1}{2e} > 0$$

für alle $n \ge N$. Die Funktionenfolge ist nicht gleichmäßig konvergent.

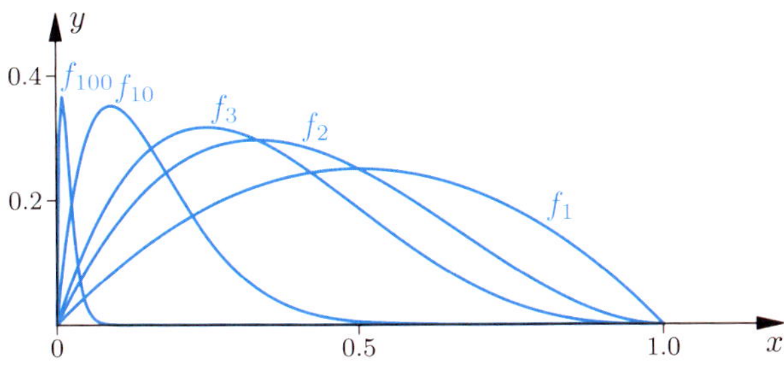

Abbildung 16.5 Die Funktionenfolge mit $f_n(x) = nx(1 - x)^n$. ◀

Wir halten fest, dass es bei Funktionenfolgen unterschiedliche Arten von Konvergenzen gibt, von denen wir hier zwei kennengelernt haben. Für eine detailliertere Diskussion verweisen wir auf das Kapitel 19 und kommen zurück zum Integralbegriff. Eine Definition des Integrals erfordert nach diesen Überlegungen eine Festlegung, welche Art von Approximation durch Treppenfunktionen betrachtet werden soll. Letztlich basieren die unterschiedlichen Integrationsbegriffe auf verschiedenen Konvergenzbegriffen zu Folgen von Treppenfunktionen. Es gibt aber noch eine weitere Schwierigkeit. Funktionen lassen sich durch unterschiedliche Folgen

von Treppenfunktionen annähern. Dazu betrachten wir das folgende Beispiel.

Beispiel Um eine Folge von Treppenfunktionen zu konstruieren, bietet es sich an, das Intervall $[a, b]$ durch sukzessives Halbieren zu zerlegen. So gilt etwa für die Identität, also die Funktion $f : [0, 1) \to \mathbb{R}$ mit $f(x) = x$, dass die Treppenfunktionen mit

$$\left.\begin{aligned} \varphi_n(x) &= \frac{j}{2^n} \\[2mm] \psi_n(x) &= \frac{j - 1}{2^n} \\[2mm] \xi_n(x) &= \frac{j}{2^n} - \frac{1}{2^{n+1}} \end{aligned}\right\} \quad \text{für } x \in \left[\frac{j - 1}{2^n}, \frac{j}{2^n}\right)$$

$j \in \{1, \dots, 2^n\}$, punktweise gegen f konvergieren (Abb. 16.6). Dies sehen wir etwa für φ_n aus der Abschätzung $|\varphi_n(x) - x| \le \frac{1}{2^n}$.

Es konvergiert die erste Folge monoton fallend, da für alle $x \in [0, 1]$ mit $x \ne \frac{j}{2^{n+1}}$ gilt $\varphi_{n+1}(x) \le \varphi_n(x)$. Entsprechend ist die Folge (ψ_n) monoton wachsend. Im letzten Beispiel (ξ_n) liegt keine Monotonie vor, da für $\frac{j-1}{2^n} < x < \frac{j}{2^n} - \frac{1}{2^{n+1}}$ die Abschätzung $\xi_n(x) > \xi_{n+1}(x)$ und für $\frac{j}{2^n} - \frac{1}{2^{n+1}} < x < \frac{j}{2^n}$ die Abschätzung $\xi_n(x) < \xi_{n+1}(x)$ gilt.

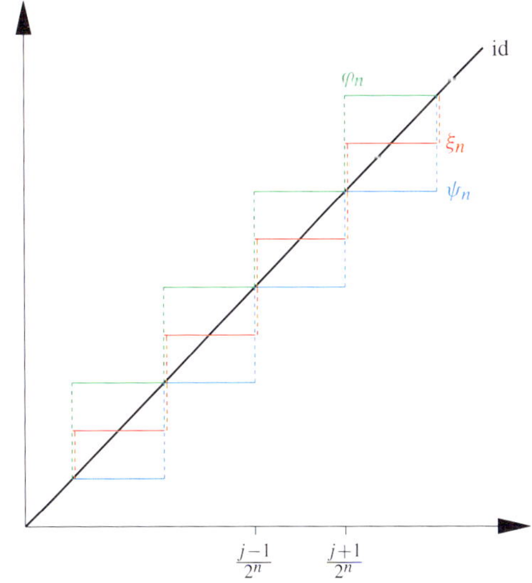

Abbildung 16.6 Approximation der Identität durch Folgen von Treppenfunktionen mit unterschiedlichen Monotonieeigenschaften. ◀

Bei einer Definition muss gewährleistet sein, dass der Integralwert zu einer Funktion f unabhängig von der speziellen Wahl einer approximierenden Folge von Treppenfunktionen ist. Damit wird deutlich, was neben den Eigenschaften (siehe Übersicht auf Seite 615) im Detail gezeigt werden muss, um den Begriff des Integrals für eine größere Klasse von Funktionen zu klären.

Verschiedene Arten von Konvergenz führen auf unterschiedliche Integralbegriffe

Eine Möglichkeit ist es, die Menge aller Grenzfunktionen von gleichmäßig konvergenten Treppenfunktionen zu betrachten. Diese Funktionen heißen *Regelfunktionen* und liefern einen Vektorraum *integrierbarer Funktionen*. Das *Riemann-Integral* hingegen basiert auf einer anderen Idee. Das Integral wird als Grenzwert von *Riemann-Summen*, d. h.:

$$\sum_{j=1}^{n} f(\xi_j^n)|x_{j+1}^n - x_j^n|$$

definiert, wobei mit wachsendem n feinere Zerlegungen des Intervalls $[a, b]$ und weitere Stellen $\xi_j^n \in [x_j^n, x_{j+1}^n]$ in den entsprechenden Teilintervallen gewählt werden. Dies bedeutet, wir betrachten Folgen von Treppenfunktionen, die an speziellen Stellen mit f übereinstimmen und deren Riemann-Summen konvergieren.

Die verschiedenen Zugänge diskutieren wir in Abschnitt 16.7 genauer und zeigen unter anderem, dass stetige Funktionen auf kompakten Intervallen bei allen Varianten integrierbar sind. Im folgenden Abschnitt wenden wir uns einer dritten Möglichkeit zu, dem *Lebesgue-Integral*. Dabei werden wir eine Verallgemeinerung der punktweisen Konvergenz nutzen. Die Herleitung dieses Integrationsbegriffs ist aufwendiger. Aber wir werden belohnt mit einem Vektorraum integrierbarer Funktionen, der genau die Eigenschaften aufweist, die in sehr vielen weiterführenden Bereichen der Mathematik grundlegend sind. Warum dies so ist, wird mit den Abschnitten 16.5 bis 16.7 deutlich werden. Auch die spätere Erweiterung der Integration im $\mathbb{R}^n$ (siehe Kapitel 22) ergibt sich relativ direkt mit der folgenden Definition.

16.2 Das Lebesgue-Integral

Wir sehen uns die Definition der Treppenfunktionen und ihre Integrale genauer an. Es fällt auf, dass an den Sprungstellen $x_j \in [a, b]$ keine Funktionswerte festgelegt werden. Denn für das Vorhaben, die Integrale zu definieren, spielt es keine Rolle, ob der Funktionswert $f(x_j) = c_j$ oder $f(x_j) = c_{j+1}$ ist, das Integral bleibt davon unbeeindruckt. Es kann an diesen Stellen jeder beliebige Wert $f(x_j) \in \mathbb{R}$ angenommen werden, ohne dass sich das Integral ändern würde. Das bedeutet, dass der Funktionswert der Treppenfunktion an einer festen Stelle $x \in [a, b]$ den Wert des Integrals nicht beeinflusst.

Diese Beobachtung scheint zunächst angenehm, aber theoretisch ist genau damit ein Problem verbunden. Welche Funktionswerte bestimmen denn den Wert des Integrals, wenn es ein einzelner Wert $f(x) \in \mathbb{R}$ nicht tut? In dieser Uneindeutigkeit steckt eine wesentliche Schwierigkeit für die Definition des Integrals.

Nullmengen in $\mathbb{R}$ sind Mengen mit Maß Null

Deswegen werden Teilmengen von $[a, b]$ betrachtet, die keine *Länge*, gewissermaßen keine Ausdehnung besitzen. Solche Teilmengen der reellen Zahlen nennt man *Nullmengen*. Um eine exakte Definition zu erreichen, führen wir die Notation $|I| = |b - a|$ für die **Länge eines Intervalls** $I = (a, b)$ ein. Wir sprechen auch vom Maß oder vom Inhalt des Intervalls I. Mit dieser Bezeichnung lässt sich der Begriff Nullmenge definieren.

Definition von Nullmengen

Eine Menge $M \subseteq \mathbb{R}$ heißt **Nullmenge**, wenn es zu jedem Wert $\varepsilon > 0$ abzählbar viele beschränkte Intervalle $J_k \subseteq \mathbb{R}$, $k \in \mathbb{N}$, gibt mit den beiden Eigenschaften:

- Die Vereinigung all dieser Intervalle überdeckt die Menge M, d. h.:

$$M \subseteq \bigcup_{k=1}^{\infty} J_k \, .$$

- Die Summe der Intervalllängen ist durch

$$\sum_{k=1}^{\infty} |J_k| \le \varepsilon$$

abschätzbar.

Beachten Sie, dass in der Definition $J_k = \emptyset$ zugelassen ist und somit auch endlich viele Intervalle ausreichen können.

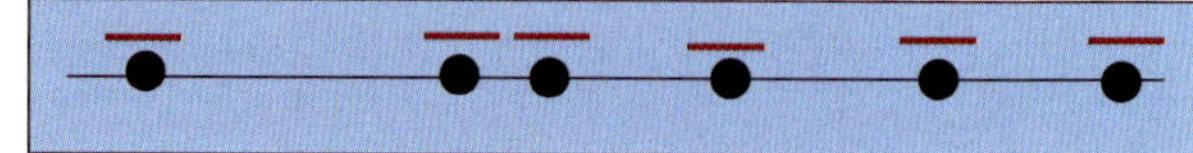

Abbildung 16.7 Eine Nullmenge lässt sich durch Intervalle überdecken, deren Gesamtlänge durch $\varepsilon > 0$ nach oben beschränkt ist.

Wenn eine Aussage $A(x)$ in Abhängigkeit einer Variablen $x \in [a, b]$ außerhalb einer Nullmenge M gilt, d. h., $A(x)$ ist wahr für $x \in [a, b]\setminus M$, so sagen wir, $A(x)$ gilt **für fast alle** $x \in [a, b]$ oder auch **fast überall** auf $[a, b]$. Als Abkürzung werden wir im Folgenden **f. ü.** verwenden. Diese Notation ist praktisch, denn wir müssen dabei die Nullmenge M nicht genauer charakterisieren.

Beispiel Jede Teilmenge von $\mathbb{R}$, die nur endlich oder abzählbar viele Zahlen enthält, also $M = \{x_k \in \mathbb{R} \mid k \in \mathbb{N}\}$, ist eine Nullmenge. Denn setzen wir $J_k := [x_k - \varepsilon 2^{-k-1}, x_k + \varepsilon 2^{-k-1}]$ für $k = 1, 2, \ldots$, so überdeckt die Vereinigung $\bigcup_{k=1}^{\infty} J_k$ die Menge M. Mit der geometrischen Reihe ist

$$\sum_{k=1}^{\infty} |J_k| = \varepsilon \sum_{k=1}^{\infty} \frac{1}{2^k} = \frac{\varepsilon}{2} \sum_{k=0}^{\infty} \frac{1}{2^k} = \frac{\varepsilon}{2} \frac{1}{1 - \frac{1}{2}} = \varepsilon \, .$$

Insbesondere können wir festhalten, dass Treppenfunktionen im Allgemeinen zwar nicht stetig sind, aber zumindest fast überall stetig, da Sprünge nur an endlich vielen Stellen auftreten. ◄

Mit dem Beispiel ergibt sich etwa, dass die rationalen Zahlen $\mathbb{Q} \cap [a, b] \subseteq [a, b]$ eine Nullmenge bilden, da wir die rationalen Zahlen abzählen können (siehe Seite 122).

?

Kann ein Intervall $(a, b) \subseteq \mathbb{R}$ eine Nullmenge sein?

Achtung: Hier, in der Maß- und Integrationstheorie, wird der Ausdruck „fast alle" für „alle bis auf eine Menge vom Maß Null" verwendet. Die genaue Bedeutung der Phrase hängt aber vom Kontext ab. Gilt etwa eine Aussage für fast alle Glieder einer Folge (a_n), so gilt sie für alle bis auf endlich viele Folgenglieder.

Jede abzählbare Vereinigung von Nullmengen ist wieder eine Nullmenge

Zwei Eigenschaften von Nullmengen sind für die Konstruktion eines allgemeinen Integralbegriffs wichtig. Die erste Aussage ist relativ klar.

Lemma

Jede Teilmenge einer Nullmenge ist wieder eine Nullmenge

Beweis: Eine Überdeckung einer Nullmenge, wie in der Definition, ist auch Überdeckung einer Teilmenge der Menge. Somit überträgt sich die Eigenschaft, eine Nullmenge zu sein, auf Teilmengen. ∎

Die zweite Aussage betrachtet abzählbar viele Nullmengen und ist ein wenig diffiziler.

Lemma

Wenn $M_n \subseteq \mathbb{R}$ für $n \in \mathbb{N}$ Nullmengen sind, so ist auch die Vereinigung $M = \bigcup_{n=1}^{\infty} M_n$ eine Nullmenge.

Beweis: Wir bedienen uns des Cantor'schen Diagonalverfahrens (siehe Seite 122). Angenommen, es sind Nullmengen $M_n \subseteq \mathbb{R}$, $n \in \mathbb{N}$, gegeben. Dann lässt sich zu einem Wert $\varepsilon > 0$ und für jede der Nullmengen M_n eine Überdeckung durch Intervalle J_j^n, $j \in \mathbb{N}$, auswählen mit der Eigenschaft

$$\sum_{j=1}^{\infty} |J_j^n| \leq \frac{\varepsilon}{2^n} \, .$$

Mit dem Diagonalverfahren zählen wir alle Intervalle $\tilde{J}_k = J_j^n$, wobei sich induktiv $k = \frac{1}{2}(n+j-2)(n+j-1)+j$ ergibt.

Unter Ausnutzung der geometrischen Reihe erhalten wir die Abschätzung

$$\sum_{k=1}^{\infty} |\tilde{J}_k| = \sum_{n=1}^{\infty} \sum_{j=1}^{\infty} |J_j^n| \leq \sum_{n=1}^{\infty} \frac{\varepsilon}{2^n} = \varepsilon \, .$$

Somit ist $\tilde{J}_k$ eine Überdeckung von $M = \bigcup_{n=1}^{\infty} M_n$ mit einer Gesamtlänge kleiner ε. Eine entsprechende Abschätzung gilt für jeden Wert $\varepsilon > 0$. Es folgt, dass M eine Nullmenge ist. ∎

Mit dem Beispiel in der Vertiefung auf Seite 610 wird deutlich, dass es auch überabzählbare Nullmengen gibt.

Fast überall punktweise konvergente und monotone Funktionenfolgen sind der Schlüssel zum Integralbegriff

Mit dem Begriff der Nullmenge können wir nun angeben, welche Art Grenzwerte von Folgen von Treppenfunktionen beim Lebesgue-Integral betrachtet werden. Wir nennen eine Folge $(f_n)_{n \in \mathbb{N}}$ von Funktionen **fast überall monoton**, wenn

$$f_{n+1}(x) \geq f_n(x) \quad \big(\text{bzw. } f_{n+1}(x) \leq f_n(x)\big)$$

für fast alle $x \in [a, b]$ gilt. Entsprechend ist (f_n) **fast überall punktweise konvergent** gegen $f : [a, b] \to \mathbb{R}$, wenn

$$\lim_{n \to \infty} f_n(x) = f(x)$$

für fast alle $x \in [a, b]$ gilt, d. h., mit Ausnahme einer Nullmenge gilt punktweise Konvergenz.

Beispiel Betrachten wir nochmal das erste Beispiel auf Seite 606. Die Funktionenfolge $f_n : [0, 1] \to \mathbb{R}$ mit $f_n(x) = x^n$ ist wegen

$$f_n(x) = x^n < x^{n-1} = f_{n-1}(x)$$

für $x \in (0, 1)$ streng monoton fallend. Außerdem gilt:

$$\lim_{n \to \infty} f_n(x) = \begin{cases} 0, & \text{für } x \in [0, 1) \, , \\ 1, & \text{für } x = 1 \, . \end{cases}$$

Somit können wir festhalten: die Folge $(f_n)_{n \in \mathbb{N}}$ ist fast überall streng monoton fallend, nämlich mit Ausnahme der Stellen $x = 0$ und $x = 1$. Darüber hinaus konvergiert die Folge fast überall punktweise gegen die konstante Funktion mit $f(x) = 0$. ◀

Fast überall monoton wachsende und punktweise konvergente Folgen von Treppenfunktionen ermöglichen den ersten wesentlichen Schritt. Wir definieren die folgende Menge von Funktionen.

Hintergrund und Ausblick: Eine überabzählbare Menge vom Maß Null

Abzählbare Mengen sind stets Nullmengen. Etwas erstaunlich ist, dass es auch überabzählbare Mengen mit dieser Eigenschaft gibt. Eine kennen wir bereits, nämlich die **Cantormenge**.

Im Beispiel auf Seite 325 haben wir die Cantormenge

$$C = \bigcap_{n=1}^{\infty} C_n$$

konstruiert, wobei die Teilmengen C_n rekursiv durch Entfernen der offenen, mittleren Drittel der Teilintervalle ausgehend von $[0, 1]$ definiert sind. Es wurde gezeigt, dass diese Menge abgeschlossen und überabzählbar ist.

Betrachten wir nun die Summe der Intervalllängen in der Menge C_n nach dem n-ten Drittelungsschritt. Es ist

$$|C_0| = 1, \quad |C_1| = \frac{2}{3}, \quad |C_2| = \left(\frac{2}{3}\right)^2,$$

und weiter ergibt sich:

$$|C_n| = \left(\frac{2}{3}\right)^n \xrightarrow[n \to \infty]{} 0.$$

Jede Menge C_n ist eine Überdeckungen der Cantormenge $C = \bigcap_{n=0}^{\infty} C_n$, denn $C_{n+1} \subseteq C_n$. Also ist C eine Nullmenge.

Die Cantormenge ist wie die Mandelbrotmenge von Seite 282 ebenfalls ein Beispiel für ein *Fraktal*. Der Menge kann man nicht mehr sinnvoll eine ganzzahlige Dimension zuordnen.

Übrigens lässt sich das Prinzip der Cantormenge nutzen, um eine stetige Funktion $f : [0, 1] \to \mathbb{R}$ zu konstruieren mit $f(0) = 0$ und $f(1) = 1$, die aber fast überall konstant ist.

Die ersten Schritte zur Konstruktion einer solchen Funktion $f : [0, 1] \to \mathbb{R}$, der *Teufelstreppe*, sind in der folgenden Abbildung gezeigt:

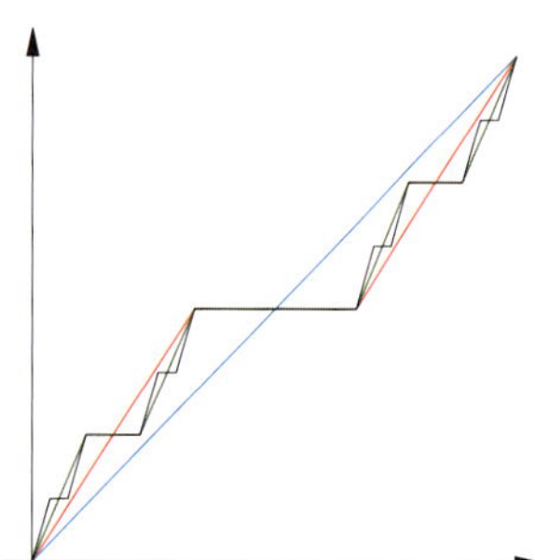

Rekursiv beschreiben wir die Konstruktion durch eine Folge von Funktionen $f_n : [0, 1] \to \mathbb{R}$, $n \in \mathbb{N}$, mit $f_1(x) = x$ und

$$f_{n+1}(x) = \begin{cases} \frac{1}{2} f_n(3x), & x \in \left[0, \frac{1}{3}\right], \\ \frac{1}{2}, & x \in \left(\frac{1}{3}, \frac{2}{3}\right), \\ \frac{1}{2}(1 + f_n(3x - 2)), & x \in \left[\frac{2}{3}, 1\right]. \end{cases}$$

Mit $|f_2(x) - f_1(x)| \leq \frac{1}{2}$ für alle $x \in [0, 1]$ folgt induktiv

$$|f_{n+1}(x) - f_n(x)| \leq \frac{1}{2^n} \quad \text{für } x \in [0, 1],$$

wegen $|f_{n+1}(x) - f_n(x)| = \frac{1}{2}|f_n(3x) - f_{n-1}(3x)| \leq \frac{1}{2} \frac{1}{2^{n-1}}$ für $x \in [0, \frac{1}{3}]$ und $|f_{n+1}(x) - f_n(x)| = \frac{1}{2}|f_n(3x-2) - f_{n-1}(3x - 2)| \leq \frac{1}{2} \frac{1}{2^{n-1}}$ für $x \in [\frac{2}{3}, 1]$. Somit ergibt sich mithilfe einer Teleskopsumme und der geometrischen Reihe für $m \geq n$:

$$|f_m(x) - f_n(x)| \leq \sum_{k=0}^{m-n-1} |f_{n+k+1}(x) - f_{n+k}(x)|$$

$$\leq \sum_{k=0}^{m-n-1} \frac{1}{2^{n+k}} \leq \frac{1}{2^{n-1}} \to 0, \quad n \to \infty.$$

Also ist $f_n(x)$ eine Cauchy-Folge und insbesondere konvergent. Wir definieren die Grenzfunktion $f : [0, 1] \to \mathbb{R}$ durch $f(x) = \lim_{n \to \infty} f_n(x)$.

Die Funktion f ist stetig. Dies folgt aus obiger Abschätzung; denn die Cauchy-Folgen lassen sich gleichmäßig über $x \in [0, 1]$ abschätzen, d. h., $\|f_m - f_n\|_\infty \to 0$, $m, n \to \infty$. Später in Kapitel 19 werden wir sehen, dass stets aus gleichmäßiger Konvergenz gegen f Stetigkeit der Grenzfunktion folgt.

Es bleibt zu überlegen, dass die Grenzfunktion außerhalb der Nullmenge C stückweise konstant ist. Dazu zeigen wir induktiv:

$$f_m(x) = f_n(x) \quad \text{auf } [0, 1] \backslash C_{n-1} \quad \text{für } m \geq n.$$

Wegen $[0, 1] \backslash C_{n-1} \subseteq [0, 1] \backslash C_n$ für alle $n \in \mathbb{N}$ genügt es, die Aussage für $m = n + 1$ zu zeigen. Ist f_n auf $[0, 1] \backslash C_{n-1}$ stückweise konstant, so bleibt die Eigenschaft bei festem $n \in \mathbb{N}$ für alle folgenden Funktionen f_m mit $m \geq n$ und somit für f erhalten.

Ein Induktionsanfang ist gegeben, da $f_3(x) = f_2(x) = \frac{1}{2}$ auf $[0, 1] \backslash C_1 = \left(\frac{1}{3}, \frac{2}{3}\right)$ gilt. Für den Induktionsschritt beobachten wir, dass aus $x \in \left[0, \frac{1}{3}\right] \backslash C_n$ folgt $3x \in [0, 1] \backslash C_{n-1}$. Somit erhalten wir für $x \in \left[0, \frac{1}{3}\right] \backslash C_n$ mit der Induktionsannahme und der Rekursion:

$$f_{n+2}(x) = \frac{1}{2} f_{n+1}(3x) = \frac{1}{2} f_n(3x) = f_{n+1}(x).$$

Analog folgt die Identität auf $\left[\frac{2}{3}, 1\right] \backslash C_n$. Da auf $\left(\frac{1}{3}, \frac{2}{3}\right)$ nach Definition stets Gleichheit gilt, ist der Induktionsschritt für die gesamte Menge $[0, 1] \backslash C_n$ gezeigt.

Die Menge $L^\uparrow(a, b)$

Eine Funktion $f \colon (a, b) \to \mathbb{R}$ ist Element der Menge $L^\uparrow(a, b)$, wenn es eine fast überall monoton wachsende Folge (φ_n) von Treppenfunktionen gibt mit

$$\lim_{n \to \infty} \varphi_n(x) = f(x) \quad \text{für fast alle } x \in [a, b],$$

deren zugehörige Folge von Integralen

$$\left(\int_a^b \varphi_n(x)\, \mathrm{d}x \right)_{n \in \mathbb{N}}$$

konvergiert.

Anschaulich bedeutet die Definition, dass wir zunächst nur Integranden erlauben, die sich von unten fast überall punktweise durch Treppenfunktionen approximieren lassen. Der Grenzwert

$$\int_a^b f(x)\, \mathrm{d}x = \lim_{n \to \infty} \int_a^b \varphi_n(x)\, \mathrm{d}x$$

ermöglicht die Definition des Integrals von f, wenn gezeigt wird, dass der Grenzwert unabhängig von der speziellen Wahl der Folge von Treppenfunktionen ist.

Der Beweis erfordert einigen Aufwand. Wir gehen in drei Schritten vor, die wir in den folgenden Lemmata formulieren. Dabei wird unter anderem deutlich, warum zunächst die zusätzliche Forderung nach Monotonie der Folge erforderlich ist. Ausgangspunkt ist eine Eigenschaft monoton gegen die Nullfunktion fallender Treppenfunktionen.

Lemma

Für eine nicht negative Folge (φ_n) von Treppenfunktionen auf einem Intervall $[a, b]$, die fast überall monoton fallend gegen die Nullfunktion konvergiert,

$$\lim_{n \to \infty} \varphi_n(x) = 0 \quad \text{f.ü. auf } [a, b],$$

konvergiert auch die Folge der Integrale mit

$$\lim_{n \to \infty} \int_a^b \varphi_n(x)\, \mathrm{d}x = 0.$$

Dabei bedeutet *nicht negativ*, dass $\varphi_n(x) \geq 0$ für fast alle $x \in [a, b]$.

Beweis: Der Beweis gliedert sich in zwei wesentliche Schritte, die wir hier darstellen. Auf Seite 612 findet sich aber noch eine Diskussion der Aussage und der Beweisidee.

Es sei ein Wert $\varepsilon > 0$ vorgegeben. Mit M bezeichnen wir die Menge aller Sprungstellen der Treppenfunktionen $\varphi_n, n \in \mathbb{N}$, vereinigt mit der Nullmenge, auf der keine Konvergenz vorliegt. Nach Voraussetzung ist M eine Nullmenge. Daher gibt

es offene Intervalle $U_j \subseteq \mathbb{R}$, $j \in \mathbb{N}$, mit den Eigenschaften $M \subseteq \bigcup_{j=1}^\infty U_j$ und $\sum_{j=1}^\infty |U_j| \leq \varepsilon$. Die Vereinigung $\bigcup_{j=1}^\infty U_j$ ist eine offene Menge. Daher ist das Komplement, die Menge $J := [a, b] \setminus \bigcup_{j=1}^\infty U_j$, abgeschlossen. Außerdem ist die Menge J beschränkt. Sie ist also kompakt. Es gilt $J \subseteq [a, b] \setminus M$, sodass die Funktionen φ_n auf der Menge J stetig sind, und für jede Zahl $x \in J$ konvergieren die Funktionswerte $\varphi_n(x) \to 0$ monoton fallend, wenn $n \to \infty$ strebt.

Die Funktionen $\varphi_n \colon J \to \mathbb{R}$ sind stetige Funktionen auf einer kompakten Menge. Daher besitzen sie jeweils ein Maximum. In einem ersten Schritt zeigen wir durch einen Widerspruch für diese Maxima, dass $\max\limits_{x \in J} \varphi_n(x) \to 0$ für $n \to \infty$ gilt. Denn wäre dies nicht der Fall, so gäbe es einen Wert $\delta > 0$ und zu jedem n ein $x_n \in J$ mit $\varphi_n(x_n) \geq \delta$. Nach dem Satz von Bolzano-Weierstraß (siehe Seite 299) gibt es eine konvergente Teilfolge (x_{n_j}). Wir benennen den Grenzwert dieser Teilfolge mit $\lim\limits_{j \to \infty} x_{n_j} = x \in J$.

Wählen wir nun eine feste Zahl $m \in \mathbb{N}$, dann folgt wegen der Monotonie für Indizes $n_j \geq m$ die Abschätzung

$$\delta \leq \varphi_{n_j}(x_{n_j}) \leq \varphi_m(x_{n_j}).$$

Da φ_m stetig ist, erhalten wir im Grenzwert $j \to \infty$ die Ungleichung $\delta \leq \varphi_m(x)$. Diese Abschätzung lässt sich für jede Zahl $m \in \mathbb{N}$ durchführen im Widerspruch zu $\varphi_m(x) \to 0$, $m \to \infty$. Also gibt es ein $n_0 \in \mathbb{N}$ mit $\max\limits_{x \in J} \varphi_n(x) \leq \varepsilon$ für alle $n \geq n_0$.

Im zweiten Schritt des Beweises zeigen wir nun noch, dass

$$\int_a^b \varphi_n(x)\, \mathrm{d}x \leq (b - a + C)\varepsilon$$

für alle $n \geq n_0$ ist, wobei $C > 0$ eine Konstante bezeichnet mit $\varphi_n(x) \leq C$ für alle $n \in \mathbb{N}$ und für fast alle $x \in [a, b]$.

Zu dem im ersten Schritt ermittelten $n_0 \in \mathbb{N}$ wählen wir $n \geq n_0$. Die Treppenfunktion φ_n hat die Form $\varphi_n(x) = c_\ell$ für $x \in (z_{\ell-1}, z_\ell)$, $\ell = 1, \ldots, N$, wenn $a = z_0 < \cdots < z_N = b$ die zu φ_n gehörende Zerlegung des Intervalls $[a, b]$ ist. Weiter definieren wir

$$L := \left\{ \ell \in \{1, \ldots, N\} \colon (z_{\ell-1}, z_\ell) \cap J \neq \emptyset \right\}.$$

Dann ist $c_\ell \leq \varepsilon$ für $\ell \in L$, da $\varphi_n(x) \leq \varepsilon$ für $x \in J$ gilt und φ_n auf $(z_{\ell-1}, z_\ell)$ konstant mit Wert c_ℓ ist. Für $\ell \notin L$ ist $(z_{\ell-1}, z_\ell) \subseteq \bigcup_{j=1}^\infty U_j$ also ist auch die Vereinigung $\bigcup_{\ell \notin L}(z_{\ell-1}, z_\ell) \subseteq \bigcup_{j=1}^\infty U_j$. Daher ist

$$\sum_{\ell \notin L} |z_\ell - z_{\ell-1}| \;\leq\; \sum_{j=1}^\infty |U_j| \;\leq\; \varepsilon.$$

Letztendlich können wir mit der oben angegebenen Konstante $C > 0$ abschätzen:

Unter der Lupe: Konvergenz der Integrale monoton gegen null fallender Treppenfunktionen

Eine Folge nicht negativer Treppenfunktionen, die fast überall monoton fallend gegen null konvergiert, liefert eine gegen null konvergente Folge von Integralen. Diese naheliegende Feststellung des Lemmas auf Seite 611 ist der entscheidende Schlüssel zur allgemeinen Definition des Integrals. Denn sie liefert die Monotonieabschätzung des folgenden Lemmas und somit, dass die Menge $L^{\uparrow}(a, b)$ auf Seite 613 wohldefiniert ist. Deswegen sehen wir uns die Aussage und die Struktur des Beweises noch einmal an.

Schon beim Begriff des Integrals bei einer Treppenfunktion musste sichergestellt sein, dass die Definition nicht von unterschiedlichen Zerlegungen abhängt (siehe Lemma auf Seite 605). Dieses Problem stellt sich verstärkt, wenn wir eine Funktion durch Treppenfunktionen approximieren. Egal welcher Konvergenzbegriff zugrunde liegt, die konstruierte Folge von Integralen muss konvergieren, und der Grenzwert darf nicht von der konkreten Wahl einer speziellen Folge abhängen. Das Lemma zielt auf den zweiten Aspekt. Es wird gezeigt, dass der Grenzwert der Integrale einer fast überall monoton gegen null fallenden Folge von Treppenfunktionen existiert und null ist.

Starten wir mit einer monoton fallenden Folge von Treppenfunktionen. Für die Integrale ergibt sich:

$$\int_a^b \varphi_n(x)\, dx = \sum_{j=1}^n c_j^{(n)}(x_j - x_{j-1})$$

$$\leq \sup_{j,n}\left\{c_j^{(n)}\right\}(b - a).$$

Wäre die Folge überall auf $[a, b]$ monoton gegen null konvergent und die Funktionswerte an den Nahtstellen durch $c_j^{(n)}$ oder $c_{j+1}^{(n)}$ gegeben, so wäre zu zeigen, dass zu $\varepsilon > 0$ ein $N \in \mathbb{N}$ existiert, sodass sich die Funktionswerte $|c_j^{(N)}| < \varepsilon$, $j = 1, \ldots, N$, abschätzen lassen. Aufgrund der Monotonie der Folge ergäbe sich so die Abschätzung

$$\int \varphi_n(x)\, dx \leq \varepsilon(b - a)$$

für alle $n \geq N$, und die gesuchte Konvergenz der Integrale wäre gezeigt.

Bei dieser Idee ergeben sich zwei Probleme. Zum einen soll die Folge der Treppenfunktionen nur fast überall konvergieren, und es sollten beliebige Funktionswerte an den Nahtstellen zugelassen sein. Zweitens müssen wir darauf achten, dass eine *gleichmäßige* Abschätzung $|c_j^{(N)}| < \varepsilon$, d. h. für alle $j = 1, \ldots, N$ bei einem Wert N, erreicht werden muss.

Um beide Schwierigkeiten zu überwinden, ist es erforderlich, das Intervall $[a, b] = J \cup ([a, b]\backslash J)$ aufzuteilen, wie

es am Anfang des Beweises beschrieben wird. Mit der einen Teilmenge werden alle Stellen überdeckt, an denen die punktweise Konvergenz der Treppenfunktionen nicht gewährleistet ist. Da es sich bei diesen kritischen Stellen um eine Nullmenge handelt, lässt sich das Maß der Teilmenge kleiner als jeder vorgegebene Wert ε annehmen.

Auf der verbleibenden abgeschlossenen Menge J sind die Treppenfunktionen φ_n stetig, da alle kritischen Stellen ausgenommen sind. Auf J lässt sich deswegen das zweite oben beschriebene Problem der Gleichmäßigkeit lösen. Ausgearbeitet wird dies im ersten Schritt des Beweises. Mit der Monotonie der Folge von Treppenfunktionen wird gezeigt, dass

$$\max_{x \in J} \varphi_n(x) \leq \varepsilon$$

gilt. Somit lässt sich der entsprechende Anteil in der Folge der Integrale abschätzen.

Für den Rest benötigen wir eine obere Schranke $C > 0$ für Werte der Treppenfunktionen, die aufgrund der Monotonie etwa durch die Konstante $c_1^{(1)}$ gegeben ist. Zusammen mit dem Maß $|[a, b]\backslash J| \leq \varepsilon$ der verbleibenden Teilmenge erhalten wir die gesuchte Abschätzung

$$\int_a^b \varphi_n(x)\, dx \leq (b - a + C)\,\varepsilon,$$

die für jeden Wert $\varepsilon > 0$ gilt und somit die Konvergenz beweist.

Beachten sollte man, dass das Lemma in der angegebenen Allgemeinheit auf der Kombination beruht, auf J die Funktionswerte auf der Ordinate abzuschätzen und auf $[a, b]\backslash J$ das Maß längs der Abszisse zu kontrollieren. Das Zusammenwirken von Nullmenge und punktweiser Konvergenz ist hier somit entscheidend für die Aussage und letztendlich für die Definition des Integrals. Die beiden sich herauskristallisierenden Probleme, die beschriebene Gleichmäßigkeit und der Umgang mit Nahtstellen, sind prinzipieller Natur und treten nicht erst durch den gewählten Zugang auf.

$$\int_a^b \varphi_n(x)\, dx = \sum_{\ell \in L} c_\ell\, |z_\ell - z_{\ell-1}| + \sum_{\ell \notin L} c_\ell\, |z_\ell - z_{\ell-1}|$$

$$\leq \varepsilon \sum_{\ell=1}^N |z_\ell - z_{\ell-1}| + C \sum_{\ell \notin L} |z_\ell - z_{\ell-1}|$$

$$\leq \varepsilon\,(b - a) + C\,\varepsilon = (b - a + C)\,\varepsilon.$$

Damit ist die Konvergenz der Folge der Integrale gegen null gezeigt. ∎

Integrale lassen sich entsprechend der Integranden abschätzen

Nun ist eine wichtige Vorarbeit geleistet, mit der wir die Monotonie der Integralwerte zeigen können.

Lemma

Sind $(\varphi_n)_n$ bzw. $(\psi_n)_n$ zwei monoton wachsende Folgen von Treppenfunktionen, die punktweise fast überall gegen Funktionen f, g konvergieren, und es gilt die Ungleichung $f(x) \leq g(x)$ fast überall auf $[a, b]$, dann ist im Grenzfall auch

$$\lim_{n \to \infty} \int_a^b \varphi_n(x) \, \mathrm{d}x \ \leq \ \lim_{n \to \infty} \int_a^b \psi_n(x) \, \mathrm{d}x \, ,$$

falls die Grenzwerte existieren.

Beweis: Zu festem $m \in \mathbb{N}$ untersuchen wir die Folge $(\varphi_m - \psi_n)_{n \in \mathbb{N}}$. Die Differenz ist monoton fallend und konvergiert fast überall mit

$$\lim_{n \to \infty} \big[\varphi_m(x) - \psi_n(x)\big] = \varphi_m(x) - g(x)$$
$$\leq f(x) - g(x) \leq 0$$

für fast alle $x \in [a, b]$. Wir definieren

$$\xi_n(x) \ = \ \begin{cases} \varphi_m(x) - \psi_n(x) & \text{für } \varphi_m(x) - \psi_n(x) > 0 \, , \\ 0 & \text{sonst.} \end{cases}$$

Dann ist (ξ_n) eine Folge von nicht negativen, monoton fallenden Treppenfunktionen mit $\lim_{n \to \infty} \xi_n = 0$ f. ü., und es gilt die Abschätzung

$$\int_a^b \varphi_m \, \mathrm{d}x \ - \ \int_a^b \psi_n \, \mathrm{d}x \ \leq \ \int_a^b \xi_n \, \mathrm{d}x \, .$$

Mit der auf Seite 611 gezeigten Konvergenz erhalten wir im Grenzfall:

$$\int_a^b \varphi_m(x) \, \mathrm{d}x \ \leq \ \lim_{n \to \infty} \int_a^b \psi_n(x) \, \mathrm{d}x \, .$$

Da dies für jedes $m \in \mathbb{N}$ gilt, gilt die Abschätzung auch im Grenzfall für $m \to \infty$, und die Behauptung ist bewiesen. ∎

Mit diesem Lemma lässt sich zeigen, dass eine Definition des Integrals zu einer Funktion aus $L^\uparrow(a, b)$ sinnvoll ist. Denn mit zwei Folgen (φ_n) und (ψ_n) von Treppenfunktionen, die monoton wachsend gegen $f \in L^\uparrow(a, b)$ konvergieren, erhalten wir die Ungleichung des letzten Lemmas (auf Seite 613) in beiden Richtungen, d. h., es gilt sowohl

$$\lim_{n \to \infty} \int_a^b \varphi_n(x) \, \mathrm{d}x \ \leq \ \lim_{n \to \infty} \int_a^b \psi_n(x) \, \mathrm{d}x$$

als auch

$$\lim_{n \to \infty} \int_a^b \psi_n(x) \, \mathrm{d}x \ \leq \ \lim_{n \to \infty} \int_a^b \varphi_n(x) \, \mathrm{d}x \, .$$

Somit müssen nach dem Einschließungskriterium die Grenzwerte gleich sein.

Wir haben den ersten Schritt zur Verallgemeinerung der Menge der integrierbaren Funktionen abgeschlossen und halten fest: Funktionen $f \in L^\uparrow(a, b)$ sind **integrierbar** mit

$$\int_a^b f(x) \, \mathrm{d}x = \lim_{n \to \infty} \int_a^b \varphi_n(x) \, \mathrm{d}x \, .$$

In den folgenden Abschnitten werden sich zwar einfachere Wege ergeben, Integrale zu berechnen, aber es ist trotzdem aufschlussreich, an einem Beispiel die bisherige Definition explizit anzuwenden.

Beispiel Gesucht ist das Integral zur Funktion f mit $f(x) = x$ auf dem Intervall $(0, b)$. Durch

$$\varphi_n(x) = \frac{j}{2^n} b \quad \text{für } x \in \left(\frac{j}{2^n} b, \ \frac{j+1}{2^n} b \right),$$

$j = 0, 1, \ldots, 2^n - 1$, ist eine Folge von monoton wachsenden Treppenfunktionen auf $[0, b]$ gegeben, die wegen $|\varphi_n(x) - x| \leq b/2^n$ punktweise gegen f konvergiert. Also ist $f \in L^\uparrow(0, b)$, und wir berechnen mit der Summenformel von Seite 130 das Integral

$$\int_0^b x \, \mathrm{d}x = \lim_{n \to \infty} \int_0^b \varphi_n(x) \, \mathrm{d}x$$
$$= \lim_{n \to \infty} \frac{b^2}{2^{2n}} \sum_{j=0}^{2^n - 1} j$$
$$= \lim_{n \to \infty} \left(\frac{b^2}{2^{2n}} \frac{(2^n - 1) \, 2^n}{2} \right) = \frac{1}{2} b^2 \, . \quad \blacktriangleleft$$

Aus der Definition von $L^\uparrow(a, b)$ folgt unmittelbar, dass mit $f, g \in L^\uparrow(a, b)$ und $\lambda \geq 0$ auch $f + g$ und λf Elemente der Menge $L^\uparrow(a, b)$ sind mit den Integralen

$$\int_a^b (f + g)(x) \, \mathrm{d}x \ = \ \int_a^b f(x) \, \mathrm{d}x \ + \ \int_a^b g(x) \, \mathrm{d}x \, ,$$
$$\int_a^b (\lambda f)(x) \, \mathrm{d}x \ = \ \lambda \int_a^b f(x) \, \mathrm{d}x \, .$$

Es kann aber z. B. $-f \notin L^\uparrow(a, b)$ sein, da wir nur monoton wachsende Folgen von Treppenfunktionen zur Näherung zulassen. So ist etwa die Funktion $f : (0, 1) \to \mathbb{R}$ mit $f(x) = \frac{1}{\sqrt{x}}$ durch eine monoton wachsende Folge von Treppenfunktionen approximierbar, aber $-f$ nicht (Abb. 16.8). Um letztendlich einen Vektorraum von integrierbaren Funktionen zu bekommen, werden Funktionen, die sich monoton fallend approximieren lassen, noch mit berücksichtigt.

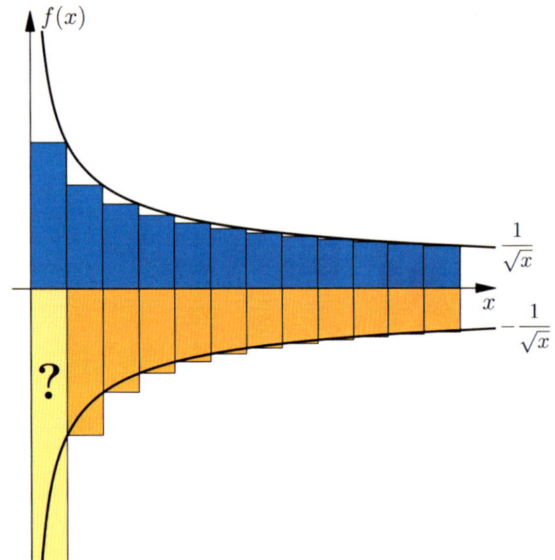

Abbildung 16.8 Approximation der Funktion mit $f(x) = 1/\sqrt{x}$ durch monoton steigende Folgen von Treppenfunktionen. Eine solche Approximation ist bei $-f(x)$ nicht möglich, da die Funktion in jedem Intervall $(0,\varepsilon)$ mit $\varepsilon > 0$ nicht nach unten beschränkt ist.

Lebesgue-integrierbare Funktionen

Eine Funktion $f : (a,b) \subseteq \mathbb{R} \to \mathbb{R}$ heißt **lebesgue-integrierbar**, wenn es Funktionen $f_1, f_2 \in L^{\uparrow}(a,b)$ gibt, sodass

$$f = f_1 - f_2$$

gilt. Die Menge der lebesgue-integrierbaren Funktionen, wird mit

$$L(a,b) = \left\{ f = f_1 - f_2 : (a,b) \to \mathbb{R} \mid f_1, f_2 \in L^{\uparrow}(a,b) \right\}$$

bezeichnet. Für $f \in L(a,b)$ definiert man

$$\int_a^b f(x)\,\mathrm{d}x = \int_a^b f_1(x)\,\mathrm{d}x - \int_a^b f_2(x)\,\mathrm{d}x.$$

Da es verschiedene Zerlegungen der Form $f_1 - f_2$ zu einer Funktion $f \in L(a,b)$ geben kann, bleibt noch zu zeigen, dass der Integralwert von der speziellen Wahl von $f_1, f_2 \in L^{\uparrow}(a,b)$ unabhängig ist. Dies liefert das folgende Lemma.

Lemma

Gilt zu Funktionen $f_1, f_2, g_1, g_2 \in L^{\uparrow}(a,b)$, dass $f_1(x) - f_2(x) = g_1(x) - g_2(x)$ für fast alle $x \in [a,b]$, so ist

$$\int_a^b f_1(x)\,\mathrm{d}x - \int_a^b f_2(x)\,\mathrm{d}x = \int_a^b g_1(x)\,\mathrm{d}x - \int_a^b g_2(x)\,\mathrm{d}x.$$

Beweis: Für die vier Funktionen gilt $f_1 + g_2 = g_1 + f_2 \in L^{\uparrow}(a,b)$. Somit bleibt zu zeigen, dass auch $\int_a^b f_1(x)\,\mathrm{d}x + \int_a^b g_2(x)\,\mathrm{d}x = \int_a^b g_1(x)\,\mathrm{d}x + \int_a^b f_2(x)\,\mathrm{d}x$ ist.

Mit der Abschätzung im Lemma auf Seite 613 ergibt sich für die Funktionen $(f_1 + g_2), (f_2 + g_1) \in L^{\uparrow}(a,b)$ mit $f_1 + g_2 \leq f_2 + g_1$ auch

$$\int_a^b (f_1 + g_2)(x)\,\mathrm{d}x \leq \int_a^b (f_2 + g_1)(x)\,\mathrm{d}x.$$

Da $f_1 + g_2 = f_2 + g_1$ ist, lassen sich die Rollen in der Abschätzung vertauschen und wir erhalten die gesuchte Gleichheit der Integrale

$$\int_a^b (f_1 + g_2)(x)\,\mathrm{d}x = \int_a^b (f_2 + g_1)(x)\,\mathrm{d}x. \qquad \blacksquare$$

Damit ist die Definition der Menge der lebesgue-integrierbaren Funktionen abgeschlossen. Ausgehend vom Integral über Treppenfunktionen, ließen sich zunächst unter Ausnutzung der Monotonie die Funktionen in $L^{\uparrow}(a,b)$ mit ihren Integralen festlegen. Mit der Erweiterung, auch Differenzen solcher Funktionen zuzulassen, ergab sich letztlich die Menge $L(a,b)$ der integrierbaren Funktionen mit ihrer linearen Struktur. Als Nächstes stellen wir elementare Eigenschaften des Integrals zusammen, wie sie unter anderem in der Übersicht auf Seite 615 aufgelistet sind.

Mit der Definition ergeben sich die elementaren Eigenschaften des Integrals

Die ersten drei Aussagen zum Integral, aufgelistet in der linken Spalte der Übersicht auf Seite 615, sind direkte Folgerungen aus der Definition als Grenzwert von Integralen über Treppenfunktionen. Wir haben bereits festgestellt, dass durch die Linearität, d. h., mit $f, g \in L(a,b)$ sind auch $f + g \in L(a,b)$ und $\lambda f \in L(a,b)$ mit $\lambda \in \mathbb{R}$, die Menge der Lebesgue integrierbaren Funktionen die algebraische Struktur eines Vektorraum bekommt. Beachten Sie, dass auf diesem Vektorraum durch $\varphi : L(a,b) \to \mathbb{R}$ mit

$$\varphi(f) = \int_a^b f(x)\,\mathrm{d}x$$

eine $\mathbb{R}$-lineare Abbildung, also ein Homomorphismus, definiert ist (siehe Seite 418). Diese schlichte Beobachtung liefert später ein einfaches Beispiel für die Begriffsbildungen in der *Funktionalanalysis*.

Beweise zu den weiteren Eigenschaften erfordern einige Gewöhnung im Umgang mit der Definition des Integrals.

?

Begründen Sie die Monotonie des Lebesgue-Integrals

Übersicht: Eigenschaften des Integrals

Wesentliche Eigenschaften des Integrals, die im Folgenden ständig genutzt werden, ergeben sich direkt aus der Definition. Bei den folgenden Aussagen wird vorausgesetzt, dass $f, g \in L(a, b)$ lebesgue-integrierbare Funktionen sind und $\lambda \in \mathbb{R}$ gilt.

Linearität

$$\int_a^b (f(x) + g(x))\,\mathrm{d}x = \int_a^b f(x)\,\mathrm{d}x + \int_a^b g(x)\,\mathrm{d}x$$

$$\int_a^b \lambda f(x)\,\mathrm{d}x = \lambda \int_a^b f(x)\,\mathrm{d}x\,.$$

Zerlegung des Integrationsintervalls

Wenn $c \in (a, b)$ gilt, so ist $f: (a, b) \to \mathbb{R}$ genau dann integrierbar, wenn f über den Intervallen (a,c) und (c,b) integrierbar ist. Es gilt:

$$\int_a^b f(x)\,\mathrm{d}x = \int_a^c f(x)\,\mathrm{d}x + \int_c^b f(x)\,\mathrm{d}x\,.$$

Monotonie

Aus $f(x) \le g(x)$ für fast alle $x \in (a, b)$ folgt:

$$\int_a^b f(x)\,\mathrm{d}x \le \int_a^b g(x)\,\mathrm{d}x\,.$$

Insbesondere ergibt sich aus $f(x) = g(x)$ fast überall auf (a, b) die Identität

$$\int_a^b f(x)\,\mathrm{d}x = \int_a^b g(x)\,\mathrm{d}x\,.$$

Betrag, Maximum und Minimum

Die Funktionen $|f|$, $\max(f, g)$ und $\min(f, g)$ mit

$$|f|(x) := |f(x)|,$$
$$\max(f, g)(x) := \max(f(x), g(x)),$$
$$\min(f, g)(x) := \min(f(x), g(x))$$

sind integrierbar.

Dreiecksungleichung für Integrale

$$\left| \int_a^b f(x)\,\mathrm{d}x \right| \le \int_a^b |f(x)|\,\mathrm{d}x\,.$$

Wenn der Integrand $f: [a, b] \to \mathbb{R}$ durch $|f(x)| \le c \in \mathbb{R}$ f. ü. beschränkt ist, kann weiter abgeschätzt werden

$$\int_a^b |f(x)|\,\mathrm{d}x \le c\,|b - a|\,.$$

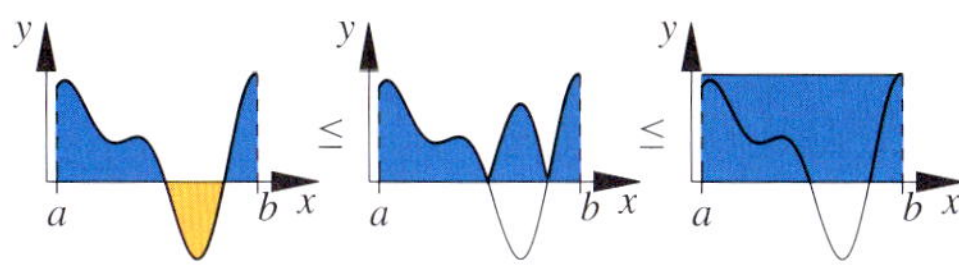

Definitheit

Aus $f(x) \ge 0$ fast überall auf (a, b) und

$$\int_a^b f(x)\,\mathrm{d}x = 0$$

folgt, dass $f(x) = 0$ für fast alle $x \in (a, b)$ ist.

Orientierung

$$\int_a^a f(x)\,\mathrm{d}x := 0$$

und

$$\int_b^a f(x)\,\mathrm{d}x := - \int_a^b f(x)\,\mathrm{d}x\,.$$

Hauptsätze (i) Ist $f: [a, b] \to \mathbb{R}$ stetig, so ist $F: [a, b] \to \mathbb{R}$ gegeben durch

$$F(x) = \int_a^x f(t)\,\mathrm{d}t$$

differenzierbar mit $F' = f$ auf (a, b).
(ii) $F \in C([a, b]) \cap C^1((a, b))$ und $F' \in L(a, b)$, dann ist

$$\int_a^b F'(t)\,\mathrm{d}t = F(b) - F(a)\,.$$

Partielle Integration $u, v \in C([a, b]) \cap C^1((a, b))$ und $u'v, uv' \in L(a, b)$, so ist

$$\int_a^b u'(x)v(x)\,\mathrm{d}x = u(x)v(x)\big|_a^b - \int_a^b u(x)v'(x)\,\mathrm{d}x\,.$$

Substitution $f \in C([\alpha, \beta])$, $u \in C([a, b]) \cap C^1((a, b))$, $u([a, b]) \subseteq [\alpha, \beta]$ und $(f \circ u)u' \in L(a, b)$, so ist

$$\int_a^b f(u(x))\,u'(x)\,\mathrm{d}x = \int_{u(a)}^{u(b)} f(u)\,\mathrm{d}u\,.$$

Der Betrag einer lebesgue-integrierbaren Funktion ist integrierbar

Folgerung
Aus $f \in L(a, b)$ folgt $|f| \in L(a, b)$.

Beweis: Für Funktionen $f, g \in L^{\uparrow}(a, b)$ und zugehörige Folgen von Treppenfunktionen φ_n, ψ_n ist $\max(\varphi_n, \psi_n)$ eine Treppenfunktion, die monoton und punktweise fast überall gegen $\max(f, g)$ konvergiert. Wir definieren $\tilde{\varphi}_n = \varphi_n - \varphi_1$ und $\tilde{\psi}_n = \psi_n - \psi_1$, sodass $\tilde{\varphi}_n, \tilde{\psi}_n \geq 0$ sind. Aus

$$\int_a^b \max(\tilde{\varphi}_n, \tilde{\psi}_n)\, \mathrm{d}x \;\leq\; \int_a^b (\tilde{\varphi}_n + \tilde{\psi}_n)\, \mathrm{d}x$$
$$\leq\; \int_a^b (f - \varphi_1)\, \mathrm{d}x + \int_a^b (g - \psi_1)\, \mathrm{d}x$$

sehen wir, dass die Folge der Integrale $\int_a^b \max(\tilde{\varphi}_n, \tilde{\psi}_n)\, \mathrm{d}x$ beschränkt ist. Außerdem ist die Folge der Integrale monoton wachsend. Somit ist $(\int_a^b \max(\tilde{\varphi}_n, \tilde{\psi}_n)\, \mathrm{d}x)$ konvergent, und es folgt $\max(f, g) \in L^{\uparrow}(a, b)$. Analog zeigen wir dies für die Funktion $\min(f, g)$.

Daraus ergibt sich $|f| \in L(a, b)$. Denn da es eine Darstellung $f = f_1 - f_2$ mit $f_1, f_2 \in L^{\uparrow}(a, b)$ gibt, können wir den Betrag zerlegen in $|f| = \max(f_1, f_2) - \min(f_1, f_2)$, eine Differenz aus zwei integrierbaren Funktionen in $L^{\uparrow}(a, b)$. ∎

Aus der letzten Folgerung ergeben sich einige weitere nützliche Eigenschaften.

Folgerungen
- Mit $f, g \in L(a, b)$ folgt $\max(f, g), \min(f, g) \in L(a, b)$.
- Für $f \in L(a, b)$ gilt die Dreiecksungleichung

$$\left| \int_a^b f(x)\, \mathrm{d}x \right| \leq \int_a^b |f(x)|\, \mathrm{d}x \,.$$

Beweis:
- Es gilt $\max(f, g) = \frac{1}{2}(f + g + |f - g|)$ und $\min(f, g) = \frac{1}{2}(f + g - |f - g|)$ für Funktionen $f, g \in L(a, b)$. Also sind die Maximum- und die Minimumfunktion lineare Kombinationen von integrierbaren Funktionen und somit selbst wieder integrierbar.
- Die Dreiecksungleichung ergibt sich aus $f \leq |f|, -f \leq |f|$, der Integrierbarkeit von $|f|$ und der Monotonie des Integrals. ∎

Die Eigenschaft der Definitheit im Überblick auf Seite 615 erfordert den aufwendigsten Beweis.

Folgerung
Aus

$$\int_a^b f(x)\, \mathrm{d}x = 0$$

für eine Funktion $f \in L(a, b)$ mit $f \geq 0$ fast überall, folgt, dass $f(x) = 0$ ist für fast alle $x \in (a, b)$.

Beweis: Für eine Zerlegung $f = f_1 - f_2$ mit $f_1, f_2 \in L^{\uparrow}(a, b)$ ist zu zeigen, dass aus $f_2 \leq f_1$ f. ü. und $\int_a^b f_1(x)\, \mathrm{d}x = \int_a^b f_2(x)\, \mathrm{d}x$ die Identität $f_1(x) = f_2(x)$ für fast alle $x \in [a, b]$ folgt.

Wir wählen (φ_n) bzw. (ψ_n) monoton wachsende Folgen von Treppenfunktionen, die fast überall gegen f_1 bzw. f_2 konvergieren, und definieren $M_{n,k} = \{x \in I : f_2(x) < \varphi_n(x) - \frac{1}{k}\}$. Dann gilt:

$$M = \{x \in I : f_2(x) < f_1(x)\} = \bigcup_{n,k=1}^{\infty} M_{n,k}\,.$$

Ein Widerspruch zu der Annahme, dass M keine Nullmenge ist, zeigt die Aussage. Gehen wir nämlich davon aus, dass M keine Nullmenge ist. Dann gibt es mindestens ein Paar von Indizes $n_0, k_0 \in \mathbb{N}$, sodass M_{n_0, k_0} keine Nullmenge ist. Also existiert ein $\varepsilon \geq 0$, sodass für jede Überdeckung von M_{n_0, k_0} durch Intervalle I_j gilt $\sum_{j=1}^{\infty} |I_j| \geq \varepsilon$. Sei nun $J_m = \{x \in I : \psi_m(x) < \varphi_{n_0}(x) - \frac{1}{k_0}\}$. Dann ist J_m eine Vereinigung von Intervallen und $M_{n_0, k_0} \subseteq J_m$. Also gilt insbesondere $|J_m| \geq \varepsilon$. Aus den Eigenschaften des Integrals erhalten wir:

$$\int_a^b \psi_m(x)\, \mathrm{d}x = \int_{J_m} \psi_m(x)\, \mathrm{d}x + \int_{I \setminus J_m} \psi_m(x)\, \mathrm{d}x$$
$$\leq \int_{J_m} \varphi_{n_0}(x)\, \mathrm{d}x - \frac{1}{k_0} |J_m| + \int_{I \setminus J_m} f_2(x)\, \mathrm{d}x$$
$$\leq \int_{J_m} f_1(x)\, \mathrm{d}x - \frac{1}{k_0} |J_m| + \int_{I \setminus J_m} f_1(x)\, \mathrm{d}x$$
$$= \int_a^b f_1(x)\, \mathrm{d}x - \frac{\varepsilon}{k_0} = \int_a^b f_2(x)\, \mathrm{d}x - \frac{\varepsilon}{k_0}\,.$$

Da aber die linke Seite dieser Ungleichung für $m \to \infty$ gegen $\int_a^b f_2(x)\, \mathrm{d}x$ strebt, ergibt sich ein Widerspruch. ∎

Die beiden Angaben zur Orientierung in der Übersicht auf Seite 615 sind keine Folgerungen aus der Definition, sondern Festlegungen im Sinne einer konsistenten Notation. Denn so bleibt die Eigenschaft

$$\int_a^b f(x)\, \mathrm{d}x = \int_a^c f(x)\, \mathrm{d}x + \int_c^b f(x)\, \mathrm{d}x$$

bei Zerlegung des Integrationsintervalls richtig, auch wenn $c = a$, $c = b$ oder $c \notin [a, b]$ ist, zumindest solange alle auftretenden Integrale existieren.

Kommentar: Selbstverständlich werden häufig andere Variablennamen, nicht nur x, genutzt. Durch Angabe des Differenzials, etwa $\mathrm{d}x$, $\mathrm{d}t$ oder $\mathrm{d}\varphi$, ist die Integrationsvariable und der Integrand eindeutig ersichtlich. Es finden sich in der Literatur auch Notationen für das Integral, bei denen das Differenzial nicht angegeben wird. Beim Lesen müssen Sie dann entsprechend aufpassen.

Stetige Funktionen auf kompakten Intervallen sind integrierbar

In vielen Fällen müssen wir uns zum Glück relativ wenig Gedanken über die Existenz eines Integrals machen, denn für stetige Integranden lässt sich eine allgemeine Aussage machen.

Integrierbarkeit stetiger Funktionen

Es gilt $C([a, b]) \subseteq L(a, b)$.

Beweis: Konstruktionen von Folgen von Treppenfunktionen durch Intervallhalbierung sind uns bereits begegnet. Zu jeder stetigen Funktion auf einem kompakten Intervall lässt sich eine monoton wachsende Folge von Treppenfunktionen konstruieren, die gegen f konvergiert.

Setzen wir $z_j^{(n)} = a + \frac{j}{2^n}(b - a)$, $j = 0, \ldots, 2^n$, und definieren wir Treppenfunktionen durch

$$\varphi_n(x) = \min\left\{ f(z) : z \in [z_{j-1}^{(n)}, z_j^{(n)}] \right\}$$
$$\text{für } x \in \left(z_{j-1}^{(n)}, z_j^{(n)} \right),$$

$j = 1, \ldots, 2^n$. Beachten Sie, dass wir an dieser Stelle die Voraussetzung der Stetigkeit nutzen, da so garantiert ist, dass das Minimum existiert (siehe Seite 322). Zu $x \in [a, b]$ bezeichnen wir die Minimalstelle $z_{\min}^{(n)}$ mit $|z_{\min}^{(n)} - x| \leq \frac{b-a}{2^n}$. Dann gilt $|z_{\min}^{(n)} - x| \to 0$, $n \to \infty$ und wegen der Stetigkeit von f folgt $\varphi_n(x) = f(z_{\min}^{(n)}) \to f(x)$ für $n \to \infty$.

Aus der Monotonie und der Beschränktheit

$$\int_a^b \varphi_n(x)\, dx \leq \max_{x \in [a,b]} \{f(x)\}(b - a)$$

für alle $n \in \mathbb{N}$ ergibt sich die Konvergenz der Folge von Integralen $\left(\int_a^b \varphi_n(x)\, dx \right)$. Also ist die stetige Funktion f integrierbar. Es gilt sogar $f \in L^\uparrow(a, b)$. ∎

Man beachte, dass wegen der Zerlegungseigenschaft des Integrals auch stückweise stetige Funktionen auf kompakten Intervallen integrierbar sind (Abb. 16.9).

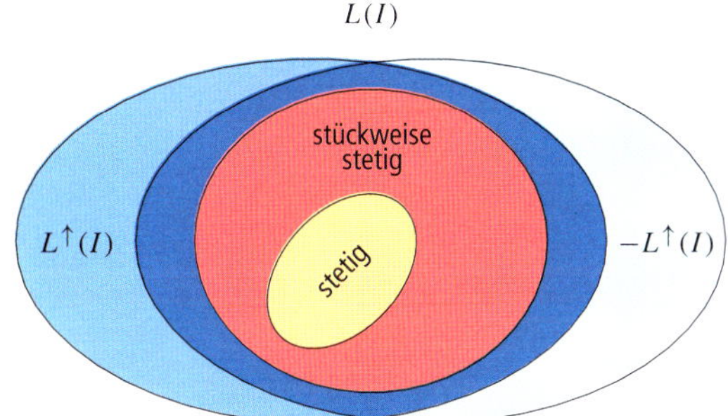

Abbildung 16.9 Die stetigen Funktionen über kompakten Intervallen als Teilmenge der integrierbaren Funktionen.

An dieser Stelle wird deutlich, dass die Menge $L^\uparrow(a, b)$ auch Funktionen mit negativen Funktionswerten enthält. Denn wir

haben gezeigt, dass alle stetigen Funktionen in dieser Menge liegen. Wir können bei stetigen Funktionen in der Definition des Lebesgue-Integrals $f_2 = 0$ setzen. Im dritten Teil des Beweises zum Satz von Beppo Levi (auf Seite 630) kommen wir auch im allgemeinen Fall nochmal genauer auf Wahlmöglichkeiten von f_2 in der Zerlegung $f = f_1 - f_2$ zurück.

Bemerkung: In der *Maßtheorie* werden abstraktere Zugänge zum Lebesgue-Integral und auch andere *Maße* betrachtet. Dabei geht man von sogenannten *messbaren* Mengen im Bild einer Funktion aus und definiert elegant, dass eine Funktion messbar ist, wenn Urbilder messbarer Mengen wieder messbar sind. Dies wollen wir hier nicht weiter vertiefen, kommen aber in Kapitel 22 wieder darauf zurück.

16.3 Stammfunktionen

Wie umfassend der nun definierte Vektorraum der integrierbaren Funktionen letztendlich ist, werden wir in Abschnitt 16.5 genauer untersuchen. Zunächst wenden wir uns dem zentralen Zusammenhang zwischen Integral und Ableitung zu. Dies wird unter anderem Wege aufzeigen, die nach der Definition relativ mühselig erscheinende Berechnung von Integralwerten in vielen Fällen zu erleichtern.

Mit dem Zwischenwertsatz folgt der Mittelwertsatz der Integralrechnung

Zunächst erhalten wir aus dem Zwischenwertsatz einen Zusammenhang zwischen Integral und Integrand. Setzen wir eine stetige Funktion $f : [a, b] \to \mathbb{R}$ voraus. Da das Intervall $[a, b]$ kompakt ist, nimmt f auf dieser Menge ein Maximum und ein Minimum an. Wir definieren $m = \min_{x \in [a,b]} \{f(x)\}$ und $M = \max_{x \in [a,b]} \{f(x)\}$. Also ist

$$m \leq f(x) \leq M \quad \text{für alle } x \in [a, b].$$

Integriert man die drei Terme in den beiden Ungleichungen, so ergibt sich wegen der Monotonie des Integrals:

$$m(b - a) = m \int_a^b 1\, dx \leq \int_a^b f(x)\, dx$$
$$\leq M \int_a^b 1\, dx = M(b - a)$$

bzw.

$$m \leq \frac{\int_a^b f(x)\, dx}{b - a} \leq M.$$

Da f stetig ist, wird nach dem Zwischenwertsatz (siehe Seite 334) jeder Wert zwischen m und M angenommen. Somit gibt es eine Stelle $z \in [a, b]$ mit der Eigenschaft

$$f(z) = \frac{\int_a^b f(x)\, dx}{b - a}.$$

Dies ist der Beweis zu folgendem Mittelwertsatz.

Mittelwertsatz der Integralrechnung

Zu einer stetigen Funktion $f : [a, b] \to \mathbb{R}$ gibt es ein $z \in [a, b]$ mit

$$\int_a^b f(x)\,\mathrm{d}x = f(z)(b - a)\,.$$

Die Aussage des Mittelwertsatzes der Integralrechnung kann man sich in einer Skizze grafisch veranschaulichen (Abb. 16.10).

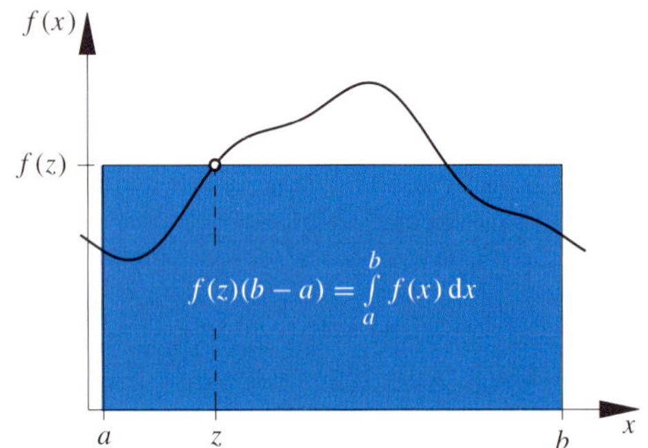

Abbildung 16.10 Der Mittelwertsatz der Integralrechnung gibt an, dass es zu jeder auf $[a, b]$ stetigen Funktion eine Stelle z gibt, sodass der Wert des Integrals $\int_a^b f(x)\,\mathrm{d}x$ gleich der Rechtecksfläche $f(z)(b - a)$ ist.

Integrieren ist die Umkehrung des Differenzierens

Der Mittelwertsatz führt uns direkt auf eine zentrale Aussage der Analysis, eine Beziehung zwischen Differenzieren und Integrieren.

1. Hauptsatz der Differenzial- und Integralrechnung

Die Funktion $F : [a, b] \to \mathbb{R}$ mit

$$F(x) = \int_a^x f(t)\,\mathrm{d}t$$

zu einer stetigen Funktion $f : [a, b] \to \mathbb{R}$ ist differenzierbar auf (a, b), und es gilt:

$$F'(x) = f(x) \quad \text{für } x \in (a, b)\,.$$

Beweis: Zu $f \in C([a, b])$ und $F : [a, b] \to \mathbb{R}$, gegeben durch

$$F(x) = \int_a^x f(t)\,\mathrm{d}t\,,$$

betrachten wir für zwei Stellen $x, x_0 \in (a, b)$ den Differenzenquotienten von F, d. h.

$$\frac{F(x) - F(x_0)}{x - x_0} = \frac{1}{x - x_0}\left[\int_c^x f(t)\,\mathrm{d}t - \int_c^{x_0} f(t)\,\mathrm{d}t\right]$$

$$= \frac{1}{x - x_0}\int_{x_0}^x f(t)\,\mathrm{d}t\,.$$

Wenden wir den Mittelwertsatz (siehe Seite 618) im Intervall $[x_0, x]$ bzw. $[x, x_0]$ an, so gibt es eine Zwischenstelle z zwischen x_0 und x mit

$$\frac{F(x) - F(x_0)}{x - x_0} = f(z)\,.$$

Da f eine stetige Funktion ist, folgt $\lim_{z \to x_0} f(z) = f(x_0)$. Somit gilt mit $|z - x_0| \leq |x - x_0| \to 0$ für $x \to x_0$, dass der Grenzwert des Differenzenquotienten existiert. Wir erhalten

$$F'(x_0) = \lim_{\substack{x \to x_0 \\ x \neq x_0}} \frac{F(x) - F(x_0)}{x - x_0} = f(x_0)\,.$$

Dies gilt für jeden Wert $x_0 \in (a, b)$. ∎

Beispiel

- Wir verifizieren die Aussage des ersten Hauptsatzes am Beispiel auf Seite 613. Es gilt:

$$F(x) = \int_0^x t\,\mathrm{d}t = \frac{1}{2}x^2\,,$$

und wir erhalten die Ableitung $F'(x) = x$ sowohl durch Differenzieren der rechten Seite als auch durch Anwenden des ersten Hauptsatzes.

- Definieren wir die Funktion $F : (0, \infty) \to \mathbb{R}$ mit

$$F(x) = \int_0^x \mathrm{e}^{-t^2}\,\mathrm{d}t\,.$$

Da der Integrand e^{-t^2} stetig ist, ist nach dem ersten Hauptsatz die Funktion F differenzierbar, und es gilt:

$$F'(x) = \mathrm{e}^{-x^2}\,. \qquad \blacktriangleleft$$

Der erste Hauptsatz lässt sich anschaulich interpretieren: Die Änderung des Flächeninhalts $F(x_0)$ zwischen dem Graph einer positiven Funktion f und der x-Achse ist in linearer Näherung durch $f(x_0)(x - x_0)$ gegeben, d. h., mit $f(x_0)$ erhalten wir die Änderungsrate (Abb. 16.11).

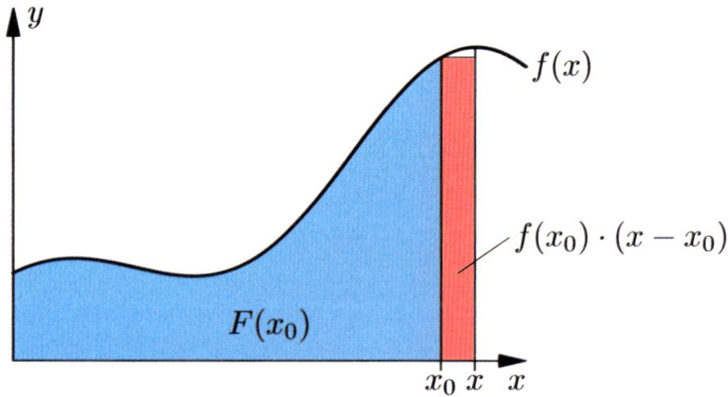

Abbildung 16.11 Der Funktionswert $f(x_0)$ entspricht der Änderungsrate des Flächeninhalts $F(x_0)$ unter dem Graphen von f.

?

Im Beweis des 1. Hauptsatzes wird die Stetigkeit von f genutzt, um Differenzierbarkeit von F zu zeigen. Mit unstetigen Integranden gilt der Satz im Allgemeinen nicht. Geben Sie ein Gegenbeispiel an.

Offensichtlich impliziert die Voraussetzung der Stetigkeit von f die Differenzierbarkeit von F. Ohne eine solche Voraussetzung gilt dies nicht. Wir können aber zumindest zeigen, dass F stetig ist. Ein wichtiges Resultat, wie wir später noch sehen werden.

Satz

Sind $f \in L(a, b)$ und $x \in [a, b]$, dann ist die Funktion $F \colon [a, b] \to \mathbb{R}$ mit

$$F(x) = \int_a^x f(t)\,\mathrm{d}t$$

stetig.

Beweis: Für diesen Beweis müssen wir nochmal auf die Definition des Integrals eingehen. Da f integrierbar ist, gibt es eine Zerlegung $f = f_1 - f_2$ mit $f_1, f_2 \in L^\uparrow(a, b)$. Somit genügt es, Stetigkeit für $f \in L^\uparrow(a, b)$ zu zeigen.

Wir gehen von $f \in L^\uparrow(a, b)$ aus. Dann gibt es zu $\varepsilon > 0$ eine Treppenfunktion $\varphi \colon [a, b] \to \mathbb{R}$ mit $\varphi \leq f$ fast überall und

$$0 \leq \int_a^b \Big(f(t) - \varphi(t) \Big)\,\mathrm{d}t \leq \frac{\varepsilon}{2}\,.$$

Betrachten wir nun $x, x_0 \in [a, b]$, so ergibt sich mit der Dreiecksungleichung:

$$|F(x) - F(x_0)| = \left| \int_{x_0}^x f(t)\,\mathrm{d}t \right|$$

$$\leq \left| \int_{x_0}^x f(t) - \varphi(t)\,\mathrm{d}t \right| + \left| \int_{x_0}^x \varphi(t)\,\mathrm{d}t \right|$$

$$\leq \frac{\varepsilon}{2} + \left| \int_{x_0}^x \varphi(t)\,\mathrm{d}t \right|\,.$$

Setzen wir weiter $c = \max_{j=1,\dots,M} |c_j|$ für die endlich vielen Funktionswerte c_j, $j = 1, \dots, M$, der Treppenfunktion φ, so folgt:

$$\left| \int_{x_0}^x \varphi(t)\,\mathrm{d}t \right| \leq c|x - x_0|\,.$$

Damit erhalten wir, wenn

$$|x - x_0| \leq \frac{\varepsilon}{2c}$$

ist, die Abschätzung $|F(x) - F(x_0)| \leq \varepsilon/2 + \varepsilon/2 = \varepsilon$. Also ist F stetig. ∎

Der Zusammenhang $F' = f$, wie er im ersten Hauptsatz gegeben ist, ist grundlegend für die Differenzial- und Integralrechnung, und man führt eine Bezeichnung dafür ein.

Definition der Stammfunktion

Ist $f \colon (a, b) \to \mathbb{R}$ eine auf einem offenen Intervall (a, b) definierte Funktion, dann heißt jede differenzierbare Funktion $F \colon (a, b) \to \mathbb{R}$ mit $F' = f$ **Stammfunktion** von f.

Im Fall $F' = f$, sprechen wir also einerseits von der Ableitung f der Funktion F und andererseits von einer Stammfunktion F zu f. Im Englischen ist mit den Bezeichnungen *derivative* und *antiderivative* deutlicher, dass es sich um die gleiche Situation aus zwei verschiedenen Blickwinkeln handelt.

Die Funktion

$$F(x) = \int_a^x f(t)\,\mathrm{d}t$$

aus dem ersten Hauptsatz ist eine Stammfunktion der stetigen Funktion f, und wir können schreiben:

$$\frac{\mathrm{d}}{\mathrm{d}x} \left(\int_a^x f(t)\,\mathrm{d}t \right) = f(x)\,, \quad \text{für } x \in (a, b)\,.$$

Beispiel Durch Differenzieren bekannter Funktionen lassen sich Stammfunktionen zu einer Vielzahl von Funktionen auflisten:

- Es ist die Funktion $f \colon \mathbb{R} \to \mathbb{R}$ mit $f(x) = \mathrm{e}^{-x}$ die Ableitung der Funktion F mit $F(x) = -\mathrm{e}^{-x}$. Also ist F eine Stammfunktion zu f.
- Genauso sehen wir, dass durch $F(x) = \frac{1}{n+1}x^{n+1}$ eine Stammfunktion zur Funktion f mit $f(x) = x^n$ gegeben ist.
- Leiten wir F mit $F(x) = \sin x$ ab, so ergibt sich $F'(x) = \cos x$. Mit anderen Worten: Der Sinus ist eine Stammfunktion zur Kosinusfunktion. ◀

Der Hauptsatz besagt, dass die Existenz einer Stammfunktion für stetige Funktionen f gesichert ist. Beachten sollten wir, dass es nicht nur eine Stammfunktion zu einer Funktion f gibt. Deswegen sprechen wir von *der* Ableitung, aber von *einer* Stammfunktion. Wir können eine beliebige Konstante zu F addieren, d. h. $G(x) = F(x) + c$ mit $c \in \mathbb{R}$ betrachten. Die Eigenschaft $G'(x) = f(x)$ gilt analog wie für F, d. h., G ist auch eine Stammfunktion. So ist etwa die Funktion $G \colon \mathbb{R} \to \mathbb{R}$ mit $G(x) = 1 - \mathrm{e}^{-x}$ auch eine Stammfunktion zu e^{-x}.

Stammfunktionen einer Funktion unterscheiden sich höchstens um eine Konstante

Diese Beobachtung können wir umkehren, was Sie in folgender Aufgabe zeigen sollten.

--- **?** ---

Beweisen Sie: Ist F irgendeine Stammfunktion einer stetigen Funktion f auf (a, b), so sind alle weiteren Stammfunktionen von der Form

$$G(x) = F(x) + c$$

für $x \in (a, b)$ mit Konstanten $c \in \mathbb{R}$.

Manchmal ist es nicht offensichtlich, dass zwei Darstellungen von Stammfunktionen nur durch eine Konstante voneinander abweichen.

Beispiel Für die Funktion $F : \mathbb{R} \to (-\frac{\pi}{2}, \frac{\pi}{2})$ mit $F(x) = \arctan(x)$ ist die Ableitung $\arctan'(x) = \frac{1}{1+x^2}$. Außerdem ist

$$\arctan(x) = -\operatorname{arccot}(x) + \frac{\pi}{2}.$$

Also sind sowohl durch $\arctan(x)$ als auch durch $-\operatorname{arccot}(x)$ Stammfunktionen zu f mit $f(x) = \frac{1}{1+x^2}$ gegeben. ◄

Wenn eine Stammfunktion zu einer stetigen Funktion betrachtet wird, wobei es auf eine Festlegung der Konstanten nicht ankommt, schreibt man häufig

$$\int f(x)\,\mathrm{d}x.$$

Man nennt dies ein **unbestimmtes Integral** im Gegensatz zu dem **bestimmten Integral** $\int_a^b f(x)\,\mathrm{d}x$, wenn die Grenzen angegeben sind. Ein unbestimmtes Integral bezeichnet somit die Klasse aller Stammfunktionen. Hingegen ist ein bestimmtes Integral eine Zahl.

Achtung: Häufig wird die Schreibweise

$$F(x) = \int f\,\mathrm{d}x$$

verwendet. Es ist gemeint, dass F irgendeine Stammfunktion zu f bezeichnet. Lassen Sie sich dabei nicht durch die Variablennamen irritieren. Die Variable x auf der linken Seite ist wie im ersten Hauptsatz zu verstehen und hat nichts mit der Integrationsvariablen x auf der rechten Seite der Gleichung zu tun. Mathematisch korrekt ist etwa

$$F(x) = \int_a^x f(t)\,\mathrm{d}t + c$$

mit einer frei wählbaren Konstanten c zu schreiben. Diese etwas umständlichere Notation erspart man sich gerne.

Mithilfe von Stammfunktionen lassen sich bestimmte Integrale berechnen

Der Zusammenhang zwischen bestimmtem Integral und Stammfunktion wird im zweiten Hauptsatz ausgedrückt, den wir nun formulieren.

2. Hauptsatz der Differenzial- und Integralrechnung

Wenn $F : [a, b] \to \mathbb{R}$ eine stetige und auf (a, b) stetig differenzierbare Funktion ist mit integrierbarer Ableitung F', d. h., $F' \in L(a, b) \cap C(a, b)$, dann gilt:

$$\int_a^b F'(t)\,\mathrm{d}t = F(b) - F(a).$$

Beweis: Nehmen wir an, dass $\alpha, \beta \in (a, b)$ sind, so ist nach dem ersten Hauptsatz durch die Abbildung $x \mapsto \int_\alpha^x F'(t)\,\mathrm{d}t$ für $x \in (\alpha, \beta)$ eine Stammfunktion zur stetigen, integrierbaren Funktion F' auf (α, β) gegeben.

Also existiert für die Stammfunktion F zu F' eine Darstellung $F(x) = c + \int_\alpha^x F'(t)\,\mathrm{d}t$ mit einer Konstanten $c \in \mathbb{R}$. Durch Einsetzen von $x = \alpha$ berechnen wir $F(\alpha) = c$. Insgesamt folgt für das bestimmte Integral im Intervall (α, β) die Identität

$$\int_\alpha^\beta F'(t)\,\mathrm{d}t = F(\beta) - F(\alpha).$$

Der linke Ausdruck ist wegen $F' \in L(a, b)$ nach dem Satz auf Seite 619 stetig in $\beta \in [a, b]$ und analog auch bezüglich $\alpha \in [a, b]$. Außerdem ist vorausgesetzt, dass $F \in C([a, b])$ gilt. Die Grenzwerte für $\alpha \to a$ und $\beta \to b$ in obiger Gleichung liefern die Behauptung

$$\int_a^b F'(t)\,\mathrm{d}t = F(b) - F(a). \qquad \blacksquare$$

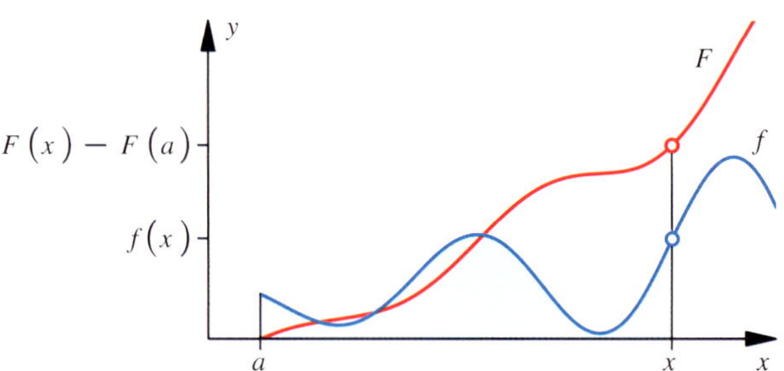

Abbildung 16.12 Ist F Stammfunktion einer positiven, stetigen Funktion f, so liefert $F(x) - F(a)$ den Flächeninhalt unter dem Graphen von f über dem Intervall $[a, x]$. In der Abbildung ist $F(a) = 0$.

Achtung: Zu beachten ist, dass die Aussage nicht für jede differenzierbare Funktion F gilt. Die Existenz des Integrals muss vorausgesetzt werden (siehe auch Aufgabe 16.5).

Für die Differenz der Funktionswerte von F an zwei Stellen $a, b \in \mathbb{R}$ ist die Notation

$$F(x)\Big|_a^b = F(b) - F(a)$$

üblich, und wir werden sie im Folgenden nutzen.

Beispiel

- Mit den Stammfunktionen $F(x) = \frac{1}{n+1}x^{n+1}$ zu $f(x) = x^n$ und der Linearität des Integrals lassen sich Integrale über Polynomfunktionen bestimmen. Wir berechnen etwa

$$\int_{-1}^1 \left(x^2 + x\right)\,\mathrm{d}x = \left(\frac{1}{3}x^3 + \frac{1}{2}x^2\right)\Big|_{-1}^1 = \frac{2}{3}.$$

- Für die Funktion $F(x) = \arcsin(x)$ auf $(-1, 1)$ bestimmen wir durch Differenzieren der Umkehrfunktion die

Übersicht: Tabelle einiger Stammfunktionen

Durch Ableiten jeweils der Funktion auf der rechten Seite der Identitäten lassen sich folgende häufig genutzte Stammfunktionen zusammenstellen. In allen Beispielen ist auf die Angabe einer Integrationskonstante verzichtet worden, die stets addiert werden kann.

Grundlegende Stammfunktionen

Die folgenden Stammfunktionen sind so zentral, dass man sie sich gut einprägen sollte:

$$\int x^\alpha \, dx \; = \; \frac{x^{\alpha+1}}{\alpha+1} \quad \text{für } \alpha \neq -1$$

$$\text{auf } \mathbb{R}, \text{ falls } \alpha \in \mathbb{N},$$

$$\text{bzw. auf } \mathbb{R}_{>0}, \text{ falls } \alpha \in \mathbb{R} \setminus \{-1\}$$

$$\int \frac{1}{x} \, dx \; = \; \ln|x| \quad \text{auf } \mathbb{R}_{>0} \text{ oder } \mathbb{R}_{<0}$$

$$\int \frac{1}{1+x^2} \, dx \; = \; \arctan x \quad \text{auf } \mathbb{R}$$

$$\int e^x \, dx \; = \; e^x \quad \text{auf } \mathbb{R}$$

$$\int \ln x \, dx \; = \; x \ln x - x \quad \text{auf } \mathbb{R}_{>0}$$

$$\int \cos x \, dx \; = \; \sin x \quad \text{auf } \mathbb{R}$$

$$\int \sin x \, dx \; = \; -\cos x \quad \text{auf } \mathbb{R}$$

$$\int \cosh x \, dx \; = \; \sinh x \quad \text{auf } \mathbb{R}$$

$$\int \sinh x \, dx \; = \; \cosh x \quad \text{auf } \mathbb{R}$$

Weitere Stammfunktionen

$$\int \frac{1}{1-x^2} \, dx \; = \; \frac{1}{2} \ln \left| \frac{1+x}{1-x} \right|$$

$$\text{auf } \mathbb{R}_{<-1}, \; (-1,1) \text{ oder } \mathbb{R}_{>1}$$

$$\int \frac{1}{\sqrt{1+x^2}} \, dx \; = \; \operatorname{arsinh} x \quad \text{auf } \mathbb{R}$$

$$\int \frac{1}{\sqrt{1-x^2}} \, dx \; = \; \arcsin x \quad \text{auf } (-1,1)$$

$$\int \frac{1}{\sqrt{x^2-1}} \, dx \; = \; \begin{cases} \operatorname{arcosh} x & \text{auf } \mathbb{R}_{>1}, \\ -\operatorname{arcosh}(-x) & \text{auf } \mathbb{R}_{<-1} \end{cases}$$

$$\int \frac{1}{\cos^2 x} \, dx \; = \; \tan x \quad \text{auf } \left(-\tfrac{\pi}{2}, \tfrac{\pi}{2}\right)$$

$$\int \frac{1}{\sin^2 x} \, dx \; = \; -\cot x \quad \text{auf } (0, \pi)$$

$$\int \frac{1}{\cosh^2 x} \, dx \; = \; \tanh x \quad \text{auf } \mathbb{R}$$

$$\int \frac{1}{\sinh^2 x} \, dx \; = \; -\coth x \quad \text{auf } \mathbb{R}$$

$$\int \tan x \, dx \; = \; -\ln|\cos x| \quad \text{auf } \left(-\tfrac{\pi}{2}, \tfrac{\pi}{2}\right)$$

$$\int \cot x \, dx \; = \; \ln|\sin x| \quad \text{auf } (0, \pi)$$

$$\int \tanh x \, dx \; = \; \ln(\cosh x) \quad \text{auf } \mathbb{R}$$

$$\int \coth x \, dx \; = \; \ln|\sinh x| \quad \text{auf } \mathbb{R}_{>0} \text{ oder } \mathbb{R}_{<0}$$

Ableitung

$$F'(x) = \frac{1}{\cos(\arcsin(x))} = \frac{1}{\sqrt{\cos^2(\arcsin(x))}}$$

$$= \frac{1}{\sqrt{1-\sin^2(\arcsin(x))}} = \frac{1}{\sqrt{1-x^2}} \, .$$

Somit gilt:

$$\int_{-\frac{1}{2}}^{\frac{1}{2}} \frac{1}{\sqrt{1-x^2}} \, dx = \arcsin(x)\Big|_{-\frac{1}{2}}^{\frac{1}{2}} = \frac{\pi}{6} - \left(-\frac{\pi}{6}\right) = \frac{\pi}{3} \, .$$

◀

Auf der Grundlage der Hauptsätze der Differenzial- und Integralrechnung lassen sich viele Stammfunktionen notieren, wenn wir die uns bekannten Ableitungen zusammenstellen.

In der Übersicht auf Seite 621 sind die wichtigsten Stammfunktionen aufgelistet.

——————————— **?** ———————————

Berechnen Sie die Integrale

$$I_1 = \int_0^1 e^{-x} \, dx \quad \text{und} \quad I_2 = \int_0^1 \frac{1}{1+x^2} \, dx \, .$$

Beispiel Die Aussage des zweiten Hauptsatzes bedeutet, dass eine Bilanz, also der Wert

$$F(b) = F(a) + \int_a^b F'(x) \, dx \, ,$$

aus dem Anfangszustand $F(a)$ und der Änderung F' ermittelt werden kann, wenn diese Änderung eine integrierbare Funktion ist.

So zeichnet ein Fahrtenschreiber, wie er in Abbildung 16.13 dargestellt ist, nur die momentane Geschwindigkeit $v(t)$ auf.

Da die Geschwindigkeit die Ableitung des zurückgelegten Wegs s nach der Zeit t ist,

$$v(t) = s'(t),$$

erhält man umgekehrt die in einem Zeitintervall $[t_1, t_2]$ zurückgelegte Wegstrecke S durch

$$S = \int_{t_1}^{t_2} v(t)\, \mathrm{d}t\,. \qquad \blacktriangleleft$$

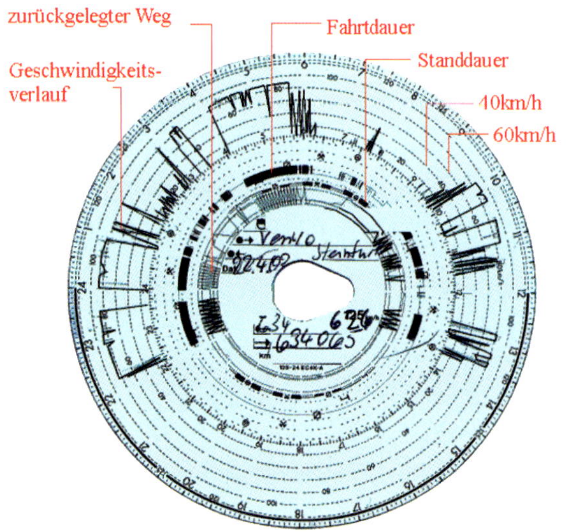

Abbildung 16.13 Ein Fahrtenschreiber zeichnet nur die momentane Geschwindigkeit auf. Dennoch lässt sich aus diesen Daten der insgesamt zurückgelegte Weg ermitteln.

Mit dem bisherigen Wissen zur Integration lassen sich Stammfunktionen durch „Raten" finden, indem wir fragen, welche Funktion den Integranden als Ableitung besitzt. Das ist allerdings keine wirklich befriedigende Vorgehensweise. Mit den Hauptsätzen ergeben sich weitere Techniken, die helfen können, eine Stammfunktion zu bestimmen.

16.4 Integrationstechniken

Mit Linearität, Zerlegung in Teilintervalle und einer Liste von Stammfunktionen, wie in den Übersichten auf den Seiten 615 und 621 ist offensichtlich, dass auch Integrale zu stückweise gegebenen Funktionen berechnet werden können.

Beispiel Die Signumfunktion $\mathrm{sign} : \mathbb{R} \to \mathbb{R}$ ist definiert durch

$$\mathrm{sign}(x) = \begin{cases} -1 & \text{für } x < 0, \\ 0 & \text{für } x = 0, \\ 1 & \text{für } x > 0. \end{cases}$$

Für $x \neq 0$ ist die Funktion $F : [-1, 1] \to \mathbb{R}$ mit $F(x) = |x|$ eine Stammfunktion von $f = \mathrm{sign}$. Beachten Sie, dass F

zwar stetig, jedoch an der Sprungstelle von f nicht differenzierbar ist. Mit der Zerlegungseigenschaft können wir den zweiten Hauptsatz auf den Teilintervallen anwenden und erhalten:

$$\begin{aligned} \int_{-1}^{1} \mathrm{sign}(x)\, \mathrm{d}x &= \int_{-1}^{0} \mathrm{sign}(x)\, \mathrm{d}x + \int_{0}^{1} \mathrm{sign}(x)\, \mathrm{d}x \\ &= -\int_{-1}^{0} \mathrm{d}x + \int_{0}^{1} \mathrm{d}x \\ &= \frac{1}{2}|x|\big|_{-1}^{0} + \frac{1}{2}|x|\big|_{0}^{1} = 0\,. \qquad \blacktriangleleft \end{aligned}$$

Potenzreihen lassen sich gliedweise integrieren

In manchen Situationen kann auch die Potenzreihendarstellung des Integranden weiterhelfen. Da im Konvergenzbereich durch eine Potenzreihe eine stetige Funktion gegeben ist, folgt insbesondere, dass eine Potenzreihe auf kompakten Teilintervallen des Konvergenzbereichs integrierbar ist. Gliedweises Integrieren führt auf eine Stammfunktion.

Satz
Ist $f : (x_0 - r, x_0 + r) \to \mathbb{R}$ durch eine Potenzreihe

$$f(x) = \sum_{n=0}^{\infty} a_n (x - x_0)^n$$

mit Konvergenzradius $r > 0$ gegeben, so definiert die Potenzreihe

$$F(x) = \sum_{n=0}^{\infty} \frac{a_n}{n+1} (x - x_0)^{n+1}$$

eine Stammfunktion F zu f auf $(x_0 - r, x_0 + r)$.

Beweis: Mit $\frac{|a_n|}{n+1} \leq |a_n|$ für $n \in \mathbb{N}_0$ und der Darstellung

$$F(x) = (x - x_0) \sum_{n=0}^{\infty} \frac{a_n}{n+1} (x - x_0)^n$$

liefert das Majorantenkriterium absolute Konvergenz der Reihe auf $(x_0 - r, x_0 + r)$. Also ist F eine Potenzreihe mit Konvergenzradius $R \geq r$, und die Differenzierbarkeit von F im Konvergenzkreis (siehe Seite 570) liefert $F' = f$. $\qquad \blacksquare$

Das Resultat lässt sich nutzen, um elegant Potenzreihen zu ermitteln, ohne Restgliedabschätzung entsprechender Taylorreihen. Übrigens haben wir diesen Zusammenhang indirekt schon bei der Ermittlung etwa der Potenzreihe zu $f : (-1, 1) \to \mathbb{R}$ mit $f(x) = \ln(1+x)$ auf Seite 576 genutzt.

Beispiel Betrachten wir die Funktion $\arctan : (-1, 1) \to \mathbb{R}$. Die Funktion ist differenzierbar mit

$$\arctan'(x) = \frac{1}{1 + x^2}\,.$$

Mit der geometrischen Reihe erhalten wir für die Ableitung die Potenzreihendarstellung

$$\arctan'(x) = \sum_{n=0}^{\infty} (-1)^n x^{2n}$$

für $|x| < 1$. Mit dem Satz ergibt sich eine Potenzreihe für eine Stammfunktion, also gilt:

$$\arctan(x) = c + \sum_{n=0}^{\infty} \frac{(-1)^n}{2n+1} x^{2n+1}$$

für $|x| < 1$ mit einer Integrationskonstanten $c \in \mathbb{R}$. Setzen wir $x = 0$ in die Identität ein, so folgt $c = 0$, und wir erhalten die Potenzreihendarstellung des Arkustangens. ◄

Die Produktregel führt auf partielle Integration

Mit den Hauptsätzen führen uns die Ableitungsregeln (siehe Übersicht auf Seite 570) letztendlich auch auf Integrationsregeln. Aus der Produktregel ergibt sich die *partielle Integration* oder *Produktintegration*.

Partielle Integration

Sind $u, v \in C([a, b])$ auf (a, b) stetig differenzierbar mit $u'v, uv' \in L(a, b)$, so gilt:

$$\int_a^b u'(x)v(x)\,\mathrm{d}x = u(x)v(x)\big|_a^b - \int_a^b u(x)v'(x)\mathrm{d}x .$$

Beweis: Mit der Produktregel ist $(uv)' = u'v + uv' \in L(a, b)$, und der zweiten Hauptsatz ist auf das Produkt uv anwendbar. Es folgt die Identität

$$u(x)v(x)\big|_a^b = \int_a^b (uv)'(x)\,\mathrm{d}x$$
$$= \int_a^b u'(x)\,v(x)\,\mathrm{d}x + \int_a^b u(x)\,v'(x)\,\mathrm{d}x. \quad ∎$$

Wir können das Resultat des Satzes mit dem ersten Hauptsatz auch entsprechend für Stammfunktionen schreiben und erhalten kurz:

$$\int u'v\,\mathrm{d}x = uv - \int uv'\mathrm{d}x.$$

Beispiel
- Mit zweimaliger partieller Integration ergibt sich

$$\int_0^{\frac{\pi}{2}} x^2 \sin x\,\mathrm{d}x = -x^2 \cos x\big|_0^{\frac{\pi}{2}} + 2\int_0^{\frac{\pi}{2}} x \cos x\,\mathrm{d}x$$
$$= 0 + 2\left[x \sin x\big|_0^{\frac{\pi}{2}} - \int_0^{\frac{\pi}{2}} \sin x\,\mathrm{d}x \right]$$
$$= \pi + 2\cos x\big|_0^{\frac{\pi}{2}} = \pi - 2 .$$

Beachten Sie, um die partielle Integration anzuwenden, müssen Sie sich entscheiden, welcher Term die Rolle von u bzw. v übernimmt. Es ist in diesem Beispiel sinnvoll, den Ausdruck x^2 abzuleiten, da durch das Ableiten die Potenz reduziert wird. Außerdem ändert sich der Charakter des zweiten Terms nicht durch Integrieren, aus Sinus wird lediglich Kosinus.

- Gesucht ist eine Stammfunktion zur Funktion $f : \mathbb{R} \to \mathbb{R}$ mit $f(x) = \cos^2 x$. Auch hier bietet sich eine partielle Integration an. Für Stammfunktionen folgt:

$$\int \cos^2 x\,\mathrm{d}x = -\sin x\,\cos x + \int \sin^2 x\,\mathrm{d}x .$$

Eine weitere partielle Integration hilft an dieser Stelle nicht weiter, probieren Sie es aus! Nutzen wir aber das Additionstheorem $\sin^2 x + \cos^2 x = 1$, so ist

$$\int \cos^2 x\,\mathrm{d}x = -\sin x\,\cos x + \int 1 - \cos^2 x\,\mathrm{d}x$$
$$= -\sin x\,\cos x + x - \int \cos^2 x\,\mathrm{d}x$$

bzw.

$$\int \cos^2 x\,\mathrm{d}x = \frac{1}{2}(x - \sin x\,\cos x) + c$$

mit beliebiger Konstante $c \in \mathbb{R}$. ◄

—————————— **?** ——————————

Berechnen Sie eine Stammfunktion zu $f : \mathbb{R} \to \mathbb{R}$ mit $f(x) = \sin x\,\cos x$.

In manchen Fällen ist ein passendes Produkt für die Anwendung der partiellen Integration nicht sofort offensichtlich. Ein Paradebeispiel liefert der Logarithmus.

Beispiel Gesucht ist eine Stammfunktion zu $f : \mathbb{R}_{>0} \to \mathbb{R}$ mit $f(x) = \ln x$. Dazu ergänzen wir den Integranden $v(x) = \ln x$ durch den Faktor $u'(x) = 1$ und erhalten mit partieller Integration:

$$\int \ln x\,\mathrm{d}x = \int 1 \cdot \ln x\,\mathrm{d}x = x \ln x - \int \mathrm{d}x = x \ln x - x + c$$

mit Integrationskonstante $c \in \mathbb{R}$. ◄

Das Gegenstück zur Kettenregel ist die Substitutionsregel

Die Produktregel führte uns auf partielle Integration. Entsprechend folgt aus der Kettenregel eine weitere wesentliche Möglichkeit beim Integrieren.

Beispiel: Integraldarstellung des Restglieds

Für eine $(n+1)$-mal stetig differenzierbare Funktion $f : \mathbb{R} \to \mathbb{R}$ ist die Integraldarstellung

$$r_n(x;0) = \frac{1}{n!} \int_0^x (x-t)^n f^{(n+1)}(t)\, \mathrm{d}t$$

des Restglieds der Taylorformel zu zeigen. Mit diesem Resultat soll weiterhin bewiesen werden, dass eine gerade, unendlich oft differenzierbare Funktion $f : \mathbb{R} \to \mathbb{R}$ mit $f^{(2n)}(x) \geq 0$ für alle $|x| \leq 1$ und $n \in \mathbb{N}_0$ durch eine Potenzreihe um $x_0 = 0$ mit Konvergenzradius $r \geq 1$ darstellbar ist.

Problemanalyse und Strategie: Für die Integraldarstellung nutzen wir den zweiten Hauptsatz und partielle Integration. Für die zweite Aussage ist zu beachten, dass für gerade Funktionen $r_{2n}(x;0) = r_{2n+1}(x;0)$ gilt, um zu zeigen, dass das Restglied mit wachsendem n gegen Null konvergiert.

Lösung:

Ist f stetig differenzierbar, so gilt mit dem zweiten Hauptsatz

$$f(x) = f(0) + \int_0^x f'(t)\, \mathrm{d}t, \quad \text{für } x \in \mathbb{R}$$

und partielle Integration liefert

$$f(x) = f(0) + (t-x)f'(t)\big|_0^x - \int_0^x (t-x) f''(t)\, \mathrm{d}t$$
$$= f(0) + f'(0)x + \int_0^x (x-t) f''(t)\, \mathrm{d}t .$$

Ist die Funktion $(n+1)$-mal stetig differenzierbar, so lässt sich n-mal partiell integrieren und wir bekommen

$$f(x) = f(0) + f'(0)x + \cdots + \frac{f^{(n)}(0)}{n!} x^n$$
$$+ \int_0^x \frac{(x-t)^n}{n!} f^{(n+1)}(t)\, \mathrm{d}t .$$

Damit haben wir die gesuchte Integraldarstellung des Restglieds gezeigt.

Sei nun f eine gerade und unendlich oft differenzierbare Funktion. Induktiv erhalten wir $f^{(2n)}(x) = f^{(2n)}(-x)$ und $f^{(2n+1)}(x) = -f^{(2n+1)}(-x)$. Also gilt insbesondere $f^{(2n+1)}(0) = 0$ für jedes $n \in \mathbb{N}_0$ und die Taylorformel lautet

$$f(x) = f(0) + f''(0)x^2 + \ldots + \frac{f^{(2n)}(0)}{(2n)!} x^{2n} + r_{2n}(x;0)$$

mit

$$r_{2n}(x;0) = \int_0^x \frac{(x-t)^{2n}}{(2n)!} f^{(2n+1)}(t)\, \mathrm{d}t .$$

Da $r_{2n+1}(x;0) = r_{2n}(x;0)$ ist, bleibt zu zeigen, dass $r_{2n}(x;0) \to 0$ für $n \to \infty$ konvergiert.

Im Fall $x > 0$ substituieren wir im Integral $t = xs$ und erhalten

$$r_{2n}(x;0) = \frac{x^{2n+1}}{(2n)!} \int_0^1 (1-s)^{2n} f^{(2n+1)}(xs)\, \mathrm{d}s .$$

Da $f^{(2n+2)}(x) \geq 0$ ist, ist die Funktion $f^{(2n+1)}$ monoton steigend und wir können abschätzen

$$r_{2n}(x;0) \leq x^{2n+1} r_{2n}(1;0) .$$

Weiterhin gilt mit der Taylorformel und den positiven geraden Ableitungen

$$f(1) = \sum_{j=0}^{n} \frac{f^{(2n)}(0)}{(2n)!} + r_{2n}(1;0) \geq r_{2n}(1;0)$$

für $x > 0$. Somit ergibt sich

$$r_{2n}(x;0) \leq x^{2n+1} f(1) \to 0, \quad n \to \infty,$$

wenn $0 \leq x < 1$ gilt. Zusammen mit

$$r_{2n}(x;0) = r_{2n+1}(x;0)$$
$$= \int_0^x \frac{(x-t)^{2n+1}}{(2n)!} f^{(2n+2)}(t)\, \mathrm{d}t \geq 0$$

folgt die Konvergenz des Restglieds gegen Null. Analog gilt dies für den Fall $-1 < x < 0$. Insgesamt ergibt sich die Konvergenz der Taylorreihe gegen $f(x)$, und wir erhalten die Potenzreihendarstellung

$$f(x) = \sum_{n=0}^{\infty} \frac{f^{(2n)}(0)}{(2n)!} x^{2n}$$

für $|x| < 1$.

Die Substitutionsregel

Sind $f \in C([\alpha, \beta])$ stetig, $u \in C([a, b])$ auf (a, b) stetig differenzierbar mit Bildmenge $u([a, b]) \subseteq [\alpha, \beta]$ und $(f \circ u)u'$ integrierbar, so gilt:

$$\int_a^b f\big(u(x)\big)\, u'(x)\, \mathrm{d}x = \int_{u(a)}^{u(b)} f(u)\, \mathrm{d}u \,.$$

Beweis: Da f stetig ist, ist f integrierbar auf kompakten Intervallen, und es gibt wegen des ersten Hauptsatzes eine Stammfunktion $F \colon [\alpha, \beta] \to \mathbb{R}$. Mit einer solchen Stammfunktion liefert die Kettenregel:

$$(F \circ u)'(x) = F'(u(x))\, u'(x)$$

für $x \in (a, b)$. Wenden wir den zweiten Hauptsatz an, so erhalten wir:

$$\int_a^b f(u(x))\, u'(x)\, \mathrm{d}x = \int_a^b (F \circ u)'(x)\, \mathrm{d}x$$

$$= F(u(b)) - F(u(a)) = \int_{u(a)}^{u(b)} f(u)\, \mathrm{d}u \,,$$

und die Aussage ist unter den gegeben Voraussetzungen gezeigt. $\blacksquare$

Beachten Sie, dass die Integrierbarkeit von $(f \circ u)u'$ explizit gefordert ist. Wenn $u \in C^1([a, b])$ bis zum Rand stetig differenzierbar ist, ist diese Voraussetzung stets erfüllt. Später werden wir dies noch genauer beleuchten, wenn wir uns mit allgemeineren Formulierungen sowohl der partiellen Integration als auch der Substitution beschäftigen (siehe Seite 632 und Aufgabe 16.20).

Bei der Substitutionsregel ist weiter zu beachten, dass Umkehrbarkeit von u für diese Formulierung nicht erforderlich ist. Wenn u umkehrbar ist, so lässt sich die Regel auch in der Form

$$\int_\alpha^\beta f(u)\, \mathrm{d}u = \int_{u^{-1}(\alpha)}^{u^{-1}(\beta)} f(u(x))\, u'(x)\, \mathrm{d}x$$

angeben. Für die Grenzen sind also bei der Substitutionsregel die Beziehungen zwischen x und u an den Randpunkten einzusetzen. Leicht merken lässt sich die Substitutionsregel in der Form

$$\int f(u)\, \mathrm{d}u = \int f(u(x))\, \frac{\mathrm{d}u(x)}{\mathrm{d}x}\, \mathrm{d}x$$

für die Stammfunktionen bei Substitution $u = u(x)$ auf Intervallen mit $u' > 0$ oder $u' < 0$.

Beispiel

- Ermitteln wir den Wert des Integrals

$$\int_0^{\sqrt{\pi}} x\, \sin(x^2)\, \mathrm{d}x \,.$$

Wir setzen $u = x^2$ mit der Ableitung $u'(x) = 2x$ und erhalten:

$$\int_0^{\sqrt{\pi}} x\, \sin(x^2)\, \mathrm{d}x = \frac{1}{2} \int_0^\pi \sin u\, \mathrm{d}u$$

$$= -\frac{1}{2} \cos u \Big|_0^\pi = \frac{1}{2} \cdot 2 = 1 \,.$$

In Abbildung 16.14 ist ein Vergleich der beiden Flächen dargestellt.

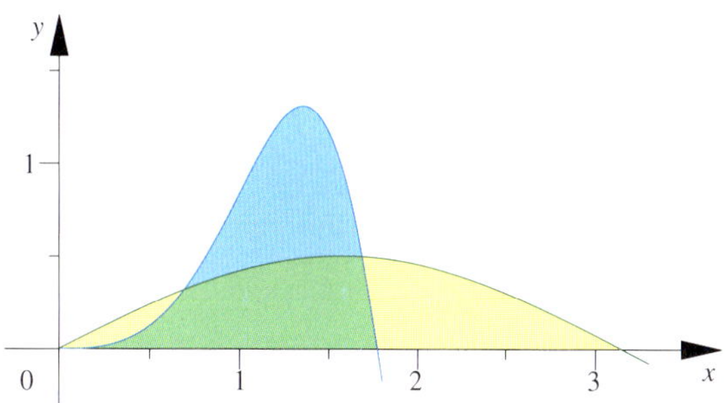

Abbildung 16.14 Eine Substitution $u = x^2$ ändert den Integranden und die Integrationsgrenzen, bei unverändertem Flächeninhalt unter den Graphen.

- Es ist eine Stammfunktion zu $f \colon (-1, 1) \to \mathbb{R}$ mit

$$f(u) = \frac{1}{\sqrt{1 - u^2}}$$

gesucht. Um die Wurzel im Nenner zu vermeiden, bietet sich die Substitution $u(x) = \sin x$ an mit $u'(x) = \cos x > 0$ auf $(-\pi/2, \pi/2)$. Es ergibt sich:

$$F(u) = \int \frac{1}{\sqrt{1 - u^2}}\, \mathrm{d}u$$

$$= \int \frac{1}{\sqrt{1 - \sin^2 x}}\, \cos x\, \mathrm{d}x$$

$$= \int 1\, \mathrm{d}x = x + c = \arcsin u + c$$

mit der Umkehrung $x = \arcsin u$ für $u \in (-1, 1)$ und einer Integrationskonstanten $c \in \mathbb{R}$. Wir sehen, dass wir mit den Regeln relativ gezielt Stammfunktionen berechnen können, im Gegensatz zum Beispiel auf Seite 621. $\blacksquare$

An den Beispielen ist zu sehen, dass die Identität der Substitutionsregel in beiden Richtungen, sowohl von links nach rechts als auch von rechts nach links, nützlich sein kann.

— **?** —

Bestimmen Sie

$$\int \frac{f'(x)}{f(x)}\, \mathrm{d}x$$

für eine stetig differenzierbare Funktion $f \colon [a, b] \to \mathbb{R} \backslash \{0\}$.

Kommentar: Es ist angebracht, sich für konkrete Beispiele eine Schreibweise anzugewöhnen, die die Substitution nachvollziehbar werden lässt. Eine Möglichkeit ist etwa

$$\int_0^{\sqrt{\pi}} x \sin(x^2)\, dx = \frac{1}{2} \int_0^{\pi} \sin u\, du \quad \left| \begin{array}{l} u = x^2 \\ du = 2x\, dx \end{array} \right.$$

$$= \dots$$

bei der Rechnung im Beispiel auf Seite 625.

Rationale Funktionen lassen sich mittels Partialbruchzerlegung integrieren

Neben diesen beiden grundlegenden Integrationstechniken betrachten wir noch die Integration von rationalen Funktionen, also Quotienten der Form

$$f(x) = \frac{p(x)}{q(x)}$$

mit Polynomen $p, q \colon \mathbb{R} \to \mathbb{R}$. Eine rationale Funktion lässt sich durch eine *Partialbruchzerlegung* so umschreiben, dass Stammfunktionen angeben werden können. Dazu wird das Nennerpolynom in seine Linearfaktoren zerlegt. In Vorbereitung der allgemeinen Aussage überlegen wir zunächst, wie sich der Grad des Zählers im Rest bei Division durch einen linearen Faktor verhält.

Lemma
Sind $p, q \colon \mathbb{C} \to \mathbb{C}$ Polynome mit $\deg(p) < \mu + \deg(q)$, $\mu \in \mathbb{N}$, und $z \in \mathbb{C}$ mit $q(z) \neq 0$, dann gibt es eine Zahl $a \in \mathbb{C}$ und ein Polynom $r \colon \mathbb{C} \to \mathbb{C}$ mit $\deg(r) < \mu + \deg(q) - 1$, sodass die Zerlegung

$$\frac{p(x)}{(x-z)^\mu q(x)} = \frac{a}{(x-z)^\mu} + \frac{r(x)}{(x-z)^{\mu-1} q(x)}$$

gilt.

Beweis: Durch Division mit Rest (siehe Seite 92) finden wir $p(x) = s_p(x)(x-z) + c_p$ und $q(x) = s_q(x)(x-z) + c_q$ mit Polynomen s_p, s_q mit $\deg(s_p) \leq \deg(p) - 1$ und $\deg(s_q) \leq \deg(q) - 1$ und Konstanten c_p, c_q. Nach Voraussetzung gilt $c_q \neq 0$, da z keine Nullstelle von q ist. Setzen wir $a = c_p/c_q$, so ist $c_p = aq - as_q(x - z)$. Insgesamt erhalten wir:

$$\frac{p(x)}{(x-z)^\mu q(x)} = \frac{s_p(x)(x-z) + c_p}{(x-z)^\mu q(x)}$$

$$= \frac{s_p(x)(x-z) + aq(x) - as_q(x)(x-z)}{(x-z)^\mu q(x)}$$

$$= \frac{a}{(x-z)^\mu} + \frac{r(x)}{(x-z)^{\mu-1} q(x)}$$

mit $r(x) = s_p(x) - as_q(x)$, und es gilt $\deg(r) < \mu - 1 + \deg(q)$. ∎

Der Fundamentalsatz der Algebra liefert eine vollständige Faktorisierung von q. Damit ergibt sich, zusammen mit dem Lemma, eine additive Zerlegung rationaler Funktionen.

Partialbruchzerlegung
Sind $p, q \colon \mathbb{C} \to \mathbb{C}$ Polynome mit $\deg(p) < \deg(q)$ und der Faktorisierung $q(x) = q_n \prod_{j=1}^{m}(x - z_j)^{\mu_j}$ mit $\mu_j \in \mathbb{N}$ und $\sum_{j=1}^{m} \mu_j = \deg(q) = n \in \mathbb{N}$, dann gibt es eindeutig bestimmte Konstanten $a_{jk} \in \mathbb{C}$, $k = 1, \dots, \mu_j$ sodass

$$\frac{p(x)}{q(x)} = \sum_{j=1}^{m} \sum_{k=1}^{\mu_j} \frac{a_{jk}}{(x - z_j)^k}$$

gilt.

Beweis: Wegen des Fundamentalsatzes der Algebra gibt es zu dem Polynom q die angegebene Faktorisierung. Mit dem Lemma lassen sich sukzessive die Terme der Ordnung $(x - z_1)^{-\mu_1}, (x - z_1)^{-\mu_1+1}, \dots, (x - z_1), (x - z_2)^{-\mu_2}, \dots, (x - z_m)$ abspalten. Daher gibt es eine Partialbruchzerlegung.

Es bleibt zu zeigen, dass die Koeffizienten a_{jk} eindeutig bestimmt sind. Nehmen wir an, es gäbe zwei Darstellungen

$$\frac{p(x)}{q(x)} = \sum_{j=1}^{m} \sum_{k=1}^{\mu_j} \frac{a_{jk}}{(x - z_j)^k} = \sum_{j=1}^{m} \sum_{k=1}^{\mu_j} \frac{b_{jk}}{(x - z_j)^k}.$$

Multiplizieren wir die Identität mit $(x - z_l)^{\mu_l}$ für ein $l \in \{1, \dots, m\}$, so folgt:

$$a_{l\mu_l} + \sum_{k=1}^{\mu_l - 1} a_{lk}(x - z_l)^{\mu_l - k} + \sum_{j=1, j \neq l}^{m} \sum_{k=1}^{\mu_j} \frac{a_{jk}(x - z_l)^{\mu_l}}{(x - z_j)^k}$$

$$= b_{l\mu_l} + \sum_{k=1}^{\mu_l - 1} b_{lk}(x - z_l)^{\mu_l - k} + \sum_{j=1, j \neq l}^{m} \sum_{k=1}^{\mu_j} \frac{b_{jk}(x - z_l)^{\mu_l}}{(x - z_j)^k}$$

für alle $x \in \mathbb{C}$. Setzen wir $x = z_l$ in diese Gleichung ein, ergibt sich $a_{l\mu_l} = b_{l\mu_l}$. Ziehen wir weiter $a_{l\mu_l}$ von der Gleichung ab und dividieren durch $(x - z_l)$, so folgt analog $a_{l(\mu_l-1)} = b_{l(\mu_l-1)}$. Induktiv erhalten wir $a_{lk} = b_{lk}$ für $k = 1, \dots \mu_l$. Da dies für alle $l = 1, \dots, m$ gilt, sind die entsprechenden Koeffizienten in den beiden Darstellungen identisch. ∎

Wir kommen zurück auf die Integration von rationalen Funktionen. Mithilfe der Partialbruchzerlegung lassen sich stets Stammfunktionen bestimmen.

Beispiel Gesucht ist eine Stammfunktion zu

$$f(x) = \frac{x^4}{x^3 - x^2 + x - 1}$$

auf $\mathbb{R}_{<1}$ bzw. $\mathbb{R}_{>1}$. Zunächst führt eine Polynomdivision auf

$$f(x) = x + 1 + \frac{1}{x^3 - x^2 + x - 1}.$$

Damit erzielen wir im letzten Term einen Grad des Zählerpolynoms kleiner als der des Nennerpolynoms. Für diesen Anteil lässt sich eine Partialbruchzerlegung durchführen.

Mit der Faktorisierung $x^3 - x^2 + x - 1 = (x-1)(x+i)(x-i)$ ergibt sich:

$$\frac{1}{x^3 - x^2 + x - 1} = \frac{a}{x-1} + \frac{b}{x+i} + \frac{c}{x-i}$$

$$= \frac{(a+b+c)x^2 + (-b-c-i(b+c))x + a + i(b-c)}{x^3 - x^2 + x - 1}.$$

Ein Koeffizientenvergleich führt auf

$$\begin{aligned}
a +\quad\quad b +\quad\quad\quad c &= 0, \\
-\ (1+i)\,b -\ (1-i)\,c &= 0, \\
a +\quad\quad i\,b -\quad\quad\ i\,c &= 1.
\end{aligned}$$

Wir lösen das lineare Gleichungssystem und erhalten $a = \frac{1}{2}$, $b = -\frac{1+i}{4}$ und $c = -\frac{1-i}{4}$, d. h., es gilt die Partialbruchzerlegung

$$\frac{1}{x^3 - x^2 + x - 1} = \frac{1}{2}\frac{1}{x-1} - \frac{1}{4}\frac{1+i}{x+i} - \frac{1}{4}\frac{1-i}{x-i}.$$

Bringen wir die letzten beiden Summanden auf den gemeinsamen Hauptnenner, so folgt:

$$\frac{1}{x^3 - x^2 + x - 1} = \frac{1}{2}\frac{1}{x-1} - \frac{1}{2}\frac{x+1}{x^2+1}.$$

Mit dieser Zerlegung lässt sich eine Stammfunktion bestimmen zu:

$$\int \frac{x^4}{x^3 - x^2 + x - 1}\,\mathrm{d}x$$

$$= \int x + 1\,\mathrm{d}x + \int \frac{1}{x^3 - x^2 + x - 1}\,\mathrm{d}x$$

$$= \frac{1}{2}x^2 + x + \frac{1}{2}\int \frac{1}{x-1}\,\mathrm{d}x$$

$$-\ \frac{1}{2}\int \frac{x}{x^2+1}\,\mathrm{d}x - \frac{1}{2}\int \frac{1}{x^2+1}\,\mathrm{d}x$$

$$= \frac{1}{2}x^2 + x + \frac{1}{2}\ln|x-1| - \frac{1}{4}\ln(x^2+1) - \frac{1}{2}\arctan(x)$$

mit der Substitution $u = x^2$ im mittleren Integral.　◀

Wenn man das Beispiel genau betrachtet, so fällt auf, dass b und c zueinander konjugiert sind und wir deswegen die beiden Anteile zu den konjugiert komplexen Nullstellen, $\pm i$, zu einem reellen quadratischen Term zusammenfassen können. In Aufgabe 16.17 überlegen wir, dass dies bei reellen Koeffizienten stets der Fall sein muss. Wir können also alternativ die Partialbruchzerlegung mit einem reellwertigen, aber quadratischen Ansatz durchführen.

Wie beim Differenzieren (siehe Seite 569) übertragen sich auch die Integrationstechniken auf komplexwertige Funktionen in einer reellen Variablen. Unter Ausnutzung der Euler'schen Formel kann dies hilfreich sein.

Beispiel　Wir bestimmen die beiden Stammfunktionen

$$I_1 = \int e^{ax}\cos(bx)\,\mathrm{d}x \quad \text{und} \quad I_2 = \int e^{ax}\sin(bx)\,\mathrm{d}x\,.$$

Durch zweimaliges partielles Integrieren erhalten wir:

$$I_1 = \frac{1}{a^2 + b^2}e^{ax}(a\cos(bx) + b\sin(bx)) + C_1$$

und

$$I_2 = \frac{1}{a^2 + b^2}e^{ax}(a\sin(bx) - b\cos(bx)) + C_2\,.$$

Eleganter erhält man diese Stammfunktionen durch das Integral

$$I = I_1 + iI_2 = \int e^{ax}\,e^{ibx}\,\mathrm{d}x = \int e^{(a+ib)x}\,\mathrm{d}x$$

$$= \frac{1}{a+ib}e^{(a+ib)x} = \frac{a-ib}{a^2+b^2}\,e^{ax}\,e^{ibx} + C$$

$$= \frac{a-ib}{a^2+b^2}\,e^{ax}\,(\cos(bx) + i\sin(bx)) + C\,,$$

wenn wir Real- und Imaginärteil vergleichen und die Integrationskonstante zu $C = C_1 + iC_2$ aufspalten.　◀

Weitere grundlegende Techniken zum Berechnen von bestimmten Integralen durch komplexe Formulierungen ergeben sich im Rahmen der *Funktionentheorie*, die üblicherweise nicht Stoff des ersten Studienjahrs ist. In der Funktionentheorie beschäftigt man sich mit komplex differenzierbaren Funktionen und ihren Eigenschaften. Dabei ergibt sich ein enger Zusammenhang zur Theorie der Potenzreihen.

Wir haben einige Techniken bereitgestellt, um Integrale zu berechnen. Aber es gibt auch Integranden, wie etwa e^{-x^2}, zu denen eine Stammfunktion nicht durch elementare Funktionen ausgedrückt werden kann. Insbesondere in solchen Situation ist es erforderlich, Integralwerte numerisch zu approximieren. Im Ausblick auf Seite 629 finden sich ein paar Anmerkungen zu diesem Thema, das in der *Numerischen Mathematik* ausführlich behandelt wird.

16.5　Integration über unbeschränkte Intervalle oder Funktionen

Wenn wir die Definition integrierbarer Funktionen genauer betrachten, fällt auf, dass die Funktion f letztendlich nur fast überall definiert sein muss. Auch bei den Eigenschaften ist

Beispiel: Zwei Standardsubstitutionen

Es sind Stammfunktionen $F : \mathbb{R}_{>0} \to \mathbb{R}$ und $G : \left(0, \frac{\pi}{2}\right) \to \mathbb{R}$ gesucht zu

$$f(x) = \frac{1}{x\sqrt{1 + x^2}} \quad \text{für } x > 0 \quad \text{und} \quad g(x) = \frac{\cos x + \sin x + 1}{(1 + \cos x)\left(1 - \cot\left(\frac{x}{2}\right)\right)} \quad \text{auf } \left(0, \frac{\pi}{2}\right).$$

Problemanalyse und Strategie: Bei rationalen Ausdrücke mit Potenzen von x und $\sqrt{1 + x^2}$ sind Substitutionen durch sinh sinnvoll, um letztendlich auf eine rationale Funktion zu kommen, die mit einer Partialbruchzerlegung integriert werden kann. Bei rationalen Ausdrücken mit trigonometrischen Funktionen hilft stets eine Substitution $t = \tan(x/2)$.

Lösung:

Um den Ausdruck $\sqrt{1 + x^2}$ zu vereinfachen, bietet sich eine Substitution $x = \sinh(s), s > 0$, an. Denn mit $x'(s) = \cosh(s)$ und dem Additionstheorem $1 + \sinh^2(s) = \cosh^2(s)$ folgt:

$$\begin{aligned}
F(x) &= \int \frac{1}{x\sqrt{1 + x^2}}\, \mathrm{d}x \\
&= \int \frac{\cosh(s)}{\sinh(s)\,\cosh(s)}\, \mathrm{d}s \\
&= \int \frac{2}{\mathrm{e}^s - \mathrm{e}^{-s}}\, \mathrm{d}s\,.
\end{aligned}$$

Wir erhalten einen rationalen Ausdruck in e^s und eine weitere Substitution $u = \mathrm{e}^s > 1$ führt auf einen rationalen Integranden, bei dem eine Partialbruchzerlegung weiter hilft:

$$\begin{aligned}
F(x) &= 2 \int \frac{1}{u^2 - 1}\, \mathrm{d}u \\
&= \int \frac{1}{u - 1} - \frac{1}{u + 1}\, \mathrm{d}u = \ln|u - 1| - \ln|u + 1|\,.
\end{aligned}$$

Schreiben wir diesen Ausdruck ein wenig anders, so führt die Rücksubstitution auf die Stammfunktion

$$\begin{aligned}
F(x) &= -\frac{1}{2} \ln\left(\frac{(u + 1)^2}{(u - 1)^2}\right) \\
&= -\frac{1}{2} \ln\left(\frac{1 + \frac{1}{\cosh s}}{1 - \frac{1}{\cosh s}}\right) \\
&= -\operatorname{artanh}\left(\frac{1}{\sqrt{1 + x^2}}\right)\,.
\end{aligned}$$

Eine andere Darstellung von F erhalten wir, wenn wir in der zweiten Zeile zurück substituieren und den Bruch erweitern. Es ergibt sich:

$$\begin{aligned}
F(x) &= -\frac{1}{2} \ln\left(\frac{\sqrt{1 + x^2} + 1}{\sqrt{1 + x^2} - 1}\right) \\
&= -\frac{1}{2} \ln\left(\frac{(\sqrt{1 + x^2} + 1)^2}{(1 + x^2) - 1}\right) \\
&= \ln\left(\frac{x}{1 + \sqrt{1 + x^2}}\right)\,.
\end{aligned}$$

Im zweiten Beispiel beginnen wir mit der Substitution $t = \tan\left(\frac{x}{2}\right)$. Die Ableitung

$$\left(\tan\left(\frac{x}{2}\right)\right)' = \frac{1}{2\cos^2\left(\frac{x}{2}\right)} = \frac{1}{2}\left(1 + \tan^2\left(\frac{x}{2}\right)\right)$$

liefert $\mathrm{d}t = \frac{1}{2}(1 + t^2)\, \mathrm{d}x$. Weiter erhalten wir aus den Additionstheoremen

$$\cos x = \frac{1 - \tan^2\left(\frac{x}{2}\right)}{1 + \tan^2\left(\frac{x}{2}\right)}$$

und

$$\sin x = \frac{2\tan\left(\frac{x}{2}\right)}{1 + \tan^2\left(\frac{x}{2}\right)}\,.$$

Also gilt $\frac{\sin x}{1 + \cos x} = \tan\left(\frac{x}{2}\right)$, und eine Stammfunktion ist

$$\begin{aligned}
G(x) &= \int \frac{\cos x + \sin x + 1}{(1 + \cos x)\left(1 - \cot\left(\frac{x}{2}\right)\right)}\, \mathrm{d}x \\
&= \int \frac{1 + \frac{\sin x}{1 + \cos x}}{1 - \cot\left(\frac{x}{2}\right)}\, \mathrm{d}x \\
&= \int \frac{1 + \tan\left(\frac{x}{2}\right)}{1 - \cot\left(\frac{x}{2}\right)}\, \mathrm{d}x\,.
\end{aligned}$$

Die Substitution führt mit Partialbruchzerlegung und Rücksubstitution im Intervall $\left(0, \frac{\pi}{2}\right)$ auf die Stammfunktion

$$\begin{aligned}
G(x) &= 2 \int \frac{t(t + 1)}{(t - 1)(t^2 + 1)}\, \mathrm{d}t \\
&= 2 \int \left(\frac{1}{t - 1} + \frac{1}{t^2 + 1}\right)\, \mathrm{d}t \\
&= 2 \ln\left(1 - \tan\left(\frac{x}{2}\right)\right) + x\,.
\end{aligned}$$

Hintergrund und Ausblick: Quadraturformeln

Die numerische Integration geht davon aus, dass der Integrand f an gegebenen Stützstellen $a \leq x_0 < x_1 < \cdots < x_n \leq b$ auf dem Integrationsintervall $[a, b]$ aufgrund von Messungen bekannt ist oder berechnet werden kann. Eine Näherung an den Wert des Integrals der Gestalt

$$\sum_{j=0}^{N} \omega_j f(x_j) \approx \int_a^b f(x)\,\mathrm{d}x$$

mit *Gewichten* $\omega_j \in \mathbb{R}$, $j = 1, \ldots, N$, nennt man **Quadraturformel**. In der Numerischen Mathematik werden unter anderem solche Quadraturformeln und deren Approximationseigenschaften systematisch untersucht.

Die einfachste Quadraturformel ergibt sich direkt aus dem Zugang zum Integral über Treppenfunktionen. Als erste Näherung können wir $\int_a^b f(x)\,\mathrm{d}x \approx (b - a) f(a)$ betrachten. Diese Regel heißt **Rechteckregel** und benötigt nur die Kenntnis von f an der Stelle a. Verbessern lässt sich die Approximation, wenn auch $f(b)$ bekannt ist durch die *Trapezregel*

$$\int_a^b f(x)\,\mathrm{d}x \approx \frac{(b - a)}{2}\big(f(a) + f(b)\big).$$

Dabei wird die Fläche des Trapezes mit Eckpunkten $(a, 0)^\top$, $(b, 0)^\top$, $(b, f(b))^\top$ und $(a, f(a))^\top$ als Näherung genutzt.

Kennen wir den Integranden an $N + 1$ äquidistanten Stützstellen $x_j = a + j\frac{b-a}{N}$ mit Abstand $h = \frac{b-a}{N} > 0$, so lassen sich die Regeln zusammensetzen, etwa zu der **zusammengesetzten Trapezregel**:

$$h\left(\frac{f(x_0)}{2} + f(x_1) + f(x_2) + \ldots + f(x_{N-1}) + \frac{f(x_N)}{2}\right)$$

Offensichtlich ist eine Näherung sinnvoll, wenn bewiesen werden kann, dass im Grenzfall $h \to 0$ die Summe gegen den Wert des Integrals konvergiert. Ist die Funktion zweimal stetig differenzierbar, so lässt sich mit der entsprechenden Taylorentwicklung zeigen, dass der Fehler bei der Trapezregel durch

$$\left| T_h(f) - \int_a^b f(x)\,\mathrm{d}x \right| \leq \frac{b - a}{12} h^2 \max_{x \in [a,b]} |f''(x)|$$

abschätzbar ist. Man nennt die zusammengesetzte Trapezregel *von quadratischer Ordnung*, weil der Fehler mit h^2 fällt. Verkleinern von h bedeutet aber mehr Funktionsauswertungen $f(x_j)$, $j = 0, \ldots, N$, also einen höheren Rechenaufwand.

Viele Varianten von Quadraturformeln werden in der Literatur diskutiert, die unter entsprechenden Voraussetzungen bei gleicher Stützstellenzahl bessere Approximationen erlauben. Dürfen wir etwa annehmen, dass die Funktion f viermal stetig differenzierbar ist, so erreicht man eine Konvergenzordnung vierter Ordnung, indem die stückweise lineare Interpolation von f bei der Trapezregel durch quadratische Funktionen ersetzt wird. Dies führt auf die **Simpsonregel**:

$$\int_a^b f(x)\,\mathrm{d}x \approx \frac{h}{3}\big(f(x_0) + 4f(x_1) + 2f(x_2)$$
$$+ \cdots + 2f(x_{N-2}) + 4f(x_{N-1}) + f(x_N)\big).$$

In der Tabelle werden die Integralwerte der letzten beiden Methoden für $f(x) = \frac{\sin x}{x}$ auf $[0, 2\pi]$ verglichen. Deutlich ist die schnellere Konvergenzordnung zu erkennen.

N	Trapezregel	Simpsonregel
2	1.5708	1.0472
4	1.4521	1.4125
8	1.4264	1.4179
16	1.4202	1.4181
32	1.4187	1.4181

Die Abbildung illustriert die verschiedenen Approximationen durch Rechteck-, Trapez- und Simpsonregel.

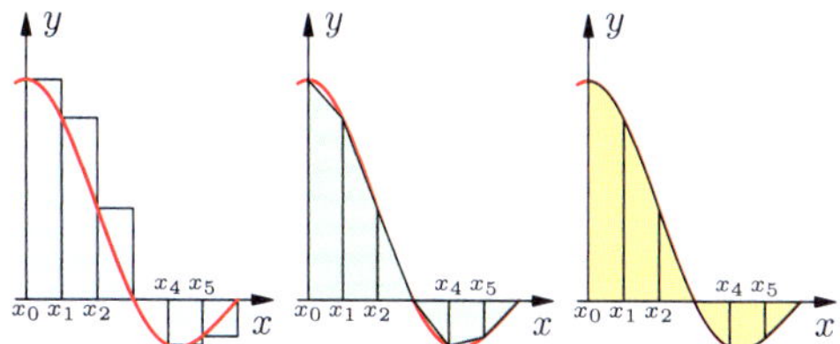

Andere Möglichkeiten, bessere Quadraturformeln zu finden, bestehen darin, die Äquidistanz aufzugeben und die Stützstellen optimal an bestimmte Klassen von Integranden anzupassen. Dies führt auf die *Gauß-Quadraturen*.

Eine weitere Idee zur Verbesserung von Quadraturformeln basiert auf einer genaueren Betrachtung des Fehlers. Es lässt sich etwa aus einer allgemeinen Darstellung, der *Euler-McLaurin'schen Formel*, das Verhalten in Abhängigkeit von h bei der zusammengesetzten Trapezregel in der Gestalt

$$\int_a^b f(x)\,\mathrm{d}x - T_h(f) = \alpha_1 h^2 + \alpha_2 h^4 + \mathcal{O}(h^6)$$

mit von h unabhängigen Koeffizienten α_1, α_2 angeben. Betrachtet man auch die Trapezregel $T_{\frac{h}{2}}(f)$ mit verdoppelter Stützstellenzahl, so lässt sich der quadratische Term eliminieren, und wir erhalten durch

$$\frac{3}{4} T_{\frac{h}{2}}(f) - \frac{1}{3} T_h(f) \approx \int_a^b f(x)\,\mathrm{d}x$$

ein Verfahren vierter Ordnung. Diese Idee führt auf das *Romberg-Verfahren*, das zur Gruppe der *Extrapolationsmethoden* zählt.

ein Funktionswert des Integranden etwa in den Randpunkten a, b eines Intervalls nicht erforderlich. Damit stellt sich die Frage, ob Funktionen, die an einer Stelle nicht definiert sind, etwa einer Oszillationsstelle oder einer Singularität (siehe Seite 320), zur Menge der integrierbaren Funktionen gehören. Wir haben diesen Aspekt bisher unterschlagen. Nur in dem Beispiel der Funktion $f : (0, 1] \to \mathbb{R}$ mit $f(x) = \frac{1}{\sqrt{x}}$ auf Seite 614 wurde schon eine Singularität angedeutet. Ein weitreichendes Kriterium, um die Frage nach der Integrierbarkeit einer Funktion zu klären, ist Ziel dieses Abschnitts.

Wichtige Anwendungen der Integralrechnung erfordern darüber hinaus die Integration über unbeschränkte Bereiche, wie etwa $\mathbb{R}$ oder $\mathbb{R}_{>0}$. Beispiele dafür sind Integraltransformationen wie die *Fouriertransformation* oder die *Laplacetransformation*. Auch bei diesen Integralen stellt sich die Frage nach der Existenz.

Beide Situationen lassen sich parallel klären. Daher erweitern wir zunächst die Definition des Integrals von den bisher in Abschnitt 16.2 betrachteten kompakten Intervallen auf unbeschränkte Intervalle.

Treppenfunktionen auf unbeschränkten Intervallen erweitern die Integraldefinition

Unter einer Treppenfunktion auf einem unbeschränkten Intervall versteht man eine Funktion f, die auf einem beschränkten Intervall $\tilde{I} \subseteq I$ eine Treppenfunktion nach der Definition in Abschnitt 16.2 ist und außerhalb, auf $I \setminus \tilde{I}$, konstant 0 ist (Abb. 16.15).

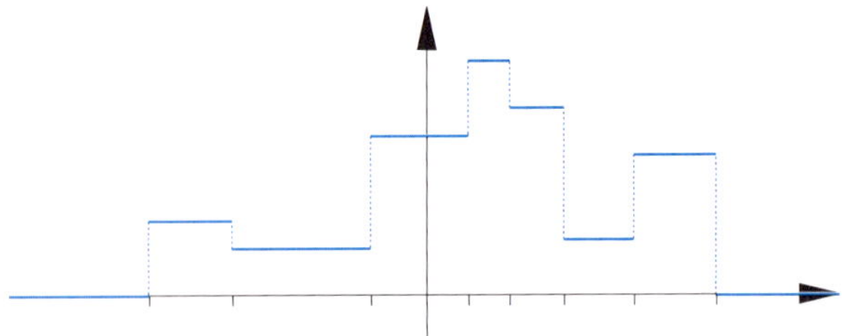

Abbildung 16.15 Eine Treppenfunktion über den gesamten reellen Zahlen.

Wenn Sie die Beweise des Abschnitts 16.2 durchsehen, ist schnell offensichtlich, dass mit dieser Erweiterung des Begriffs Treppenfunktion auch auf unbeschränkten Intervallen die Menge der lebesgue-integrierbaren Funktionen definiert ist. Somit lässt sich insbesondere die Menge $L(\mathbb{R})$ der integrierbaren Funktionen über $\mathbb{R}$ betrachten.

Wir erfassen alle uns interessierenden Konstellationen, indem wir im Folgenden von einem offenen Intervall $I \subseteq \mathbb{R}$, beschränkt oder unbeschränkt, ausgehen und klären, ob Funktionen in der Menge $L(I)$ sind.

Der Satz von B. Levi liefert die zentrale Konvergenzaussage zu monotonen Folgen integrierbarer Funktionen

Wie aus der Definition des Integrals zu erwarten ist, ist *punktweise Konvergenz fast überall* von Funktionenfolgen die zentrale Eigenschaft in der Klasse der integrierbaren Funktionen, um Existenzfragen zu klären. Die folgende grundlegende Aussage der Lebesgue-Theorie, die nach dem Mathematiker Beppo Levi (1875–1961) benannt wird, belegt dies deutlich.

Der Satz von Beppo Levi

Ist $(f_n)_{n \in \mathbb{N}}$ eine fast überall monotone Folge von lebesgue-integrierbaren Funktionen $f_n \in L(I)$, und ist die Folge der Integrale $\left(\int_I f_n \, dx \right)_{n \in \mathbb{N}}$ in $\mathbb{R}$ beschränkt, dann konvergiert die Funktionenfolge (f_n) punktweise fast überall gegen eine integrierbare Funktion $f \in L(I)$, und es gilt:

$$\lim_{j \to \infty} \int_I f_j \, dx = \int_I f \, dx .$$

Beachten Sie, dass dieser Satz nicht nur die Konvergenz der Integrale beinhaltet, sondern auch die Existenz der integrierbaren Grenzfunktion $f \in L(I)$ klärt. Wir können die Aussage des Satzes als Monotoniekriterium im Funktionenraum $L(I)$ bezüglich der punktweisen Konvergenz auffassen. Daraus lässt sich erahnen, welche zentrale Rolle diese Aussage in der Lebesgue-Theorie spielt.

Beweis: Der Beweis des Satzes ist sicher einer der aufwendigsten, den wir in diesem Werk behandeln. Wir gehen in vier Schritten vor. Zunächst zeigen wir, dass eine monoton wachsende Folge von Treppenfunktionen, deren Integrale beschränkt bleiben, einen Grenzwert in $L^{\uparrow}(I)$ besitzen. Damit können wir im zweiten Schritt die Aussage des Satzes für beliebige Funktionenfolgen in $L^{\uparrow}(I)$ zeigen. Zur Vorbereitung des allgemeinen Falls beweisen wir im dritten Schritt, dass zu einer Funktion $f \in L(I)$ bei Zerlegung in eine Differenz aus Elementen aus $L^{\uparrow}(I)$ der zweite Anteil beliebig klein gewählt werden kann. Mit diesen Vorarbeiten lässt sich dann im vierten Schritt die allgemeine Aussage für eine Folge mit $f_n \in L(a, b)$ herleiten.

i) Die erste Behauptung lautet: Ist (φ_n) eine monoton wachsende Folge von Treppenfunktionen auf einem Intervall I mit der Eigenschaft, dass die Integrale

$$\int_I \varphi_n(x) \, dx \leq C$$

für alle $n \in \mathbb{N}$ durch eine Konstante $C \in \mathbb{R}_{>0}$ beschränkt sind, so gibt es eine Funktion $f \in L^{\uparrow}(I)$ mit

$$\lim_{n \to \infty} \varphi_n(x) = f(x) \quad \text{f.ü.}$$

und

$$\lim_{n \to \infty} \int_I \varphi_n(x) \, dx = \int_I f(x) \, dx .$$

Betrachten wir eine solche monoton steigende Folge (φ_n) von Treppenfunktionen. Ohne Einschränkung, können wir annehmen, dass $\varphi_n \geq 0$ gilt, denn sonst betrachten wir die Folge $\varphi_n - \varphi_1$ anstelle von φ_n, die wegen der Monotonie nichtnegativ ist. Zu einem Wert $\varepsilon > 0$ definieren wir die Menge

$$N_n = \left\{ x \in I \mid \varphi_n(x) \geq \frac{C}{\varepsilon} \right\} .$$

Diese Menge ist entweder leer oder besteht aus endlich vielen Intervallen, und wir können die *Gesamtlänge* $|N_n|$ abschätzen durch

$$\frac{C}{\varepsilon} |N_n| = \frac{C}{\varepsilon} \int_{N_n} 1 \, dx \leq \int_{N_n} \varphi_n(x) \, dx \leq \int_I \varphi_n(x) \leq C .$$

Somit ist $|N_n| \leq \varepsilon$ für alle $n \in \mathbb{N}$.

Da die Monotonie $\varphi_n \leq \varphi_{n+1}$ f. ü. vorausgesetzt ist, gilt $N_n \subseteq N_{n+1}$, und wir können die Differenzmengen $N_{n+1} \setminus N_n$ als Vereinigung endlich vieler disjunkter Intervalle ansehen. Deswegen ist die Vereinigung $N = \bigcup_{n=1}^{\infty} N_n$ eine Vereinigung von höchstens abzählbar vielen Intervallen $J_1, J_2, \ldots$, indem man zunächst die endlich vielen Intervalle zur Darstellung von $N_2 \setminus N_1$ und dann von $N_3 \setminus N_2$ usw. zählt. Aufgrund der Konstruktion gilt für die von ε abhängende Menge $N = \bigcup_{j=1}^{\infty} J_j$ die Abschätzung

$$\sum_{j=1}^{\infty} |J_j| \leq \varepsilon .$$

Nun betrachten wir die Menge

$$M = \left\{ x \in I \mid (\varphi_n(x))_{n \in \mathbb{N}} \text{ ist unbeschränkt} \right\} .$$

Dann ist $M \subseteq N$ für jedes $\varepsilon > 0$. Somit ist M eine Nullmenge. Für eine Stelle $x \in I \setminus M$ ist die monoton wachsende Folge $(\varphi_n(x))$ beschränkt und somit nach dem Monotoniekriterium konvergent. Bezeichnen wir den Grenzwert mit $f(x) \in \mathbb{R}$, so bekommen wir durch

$$f(x) = \begin{cases} \lim_{n \to \infty} \varphi_n(x) & \text{für } x \in I \setminus M , \\ 0 & \text{für } x \in M \end{cases}$$

eine Funktion f, die fast überall Grenzwert der Treppenfunktionen φ_n ist. Also gilt $f \in L^{\uparrow}(I)$, was wir im ersten Schritt zeigen wollten.

ii) Wir betrachten die Aussage des Satzes jetzt für den Fall einer monoton wachsenden Folge $(f_n)_{n \in \mathbb{N}}$ von Funktionen aus $L^{\uparrow}(I)$, für die es eine obere Schranke $K > 0$ zu den Integralen gibt, d. h.:

$$\int_I f_j(x) \, dx \leq K \quad \text{für alle } j \in \mathbb{N} .$$

Auch hier können wir wieder annehmen, dass $f_j \geq 0$ fast überall gilt, da wir im allgemeinen Fall statt f_j die nichtnegative Folge $f_j - f_1$ betrachten können. Es soll gezeigt werden, dass (f_n) punktweise fast überall gegen eine Funktion $f \in L^{\uparrow}(I)$ konvergiert und für die Integrale

$$\lim_{n \to \infty} \int_I f_n(x) \, dx = \int_I f(x) \, dx$$

gilt.

Dazu wählen wir zu jedem f_n eine monoton wachsende Folge von Treppenfunktionen (φ_k^n) aus, die für $k \to \infty$ punktweise fast überall gegen f_n konvergiert. Wegen der Monotonie der Folge $(f_n)_{n \in \mathbb{N}}$ gilt nach Konstruktion fast überall:

$$\varphi_k^n \leq f_n \leq f_k$$

für $n \leq k$. Definieren wir mit diesen Treppenfunktionen eine weitere monoton wachsende Folge durch

$$\psi_n(x) = \max\{ \varphi_k^j(x) \mid k, j = 1, \ldots, n \} ,$$

dann gilt:

$$\int_I \psi_n(x) \, dx \leq \int_I f_n(x) \, dx \leq K .$$

Die Folge der Integrale über ψ_n bleibt somit beschränkt.

Nach Teil i) des Beweises gibt es eine Grenzfunktion $f \in L^{\uparrow}(I)$, und es gilt:

$$\lim_{n \to \infty} \int_I \psi_n(x) \, dx = \int_I f(x) \, dx .$$

Weiter ist für $n \leq j$ auch $\varphi_j^n \leq \psi_j$. Diese Ungleichung bleibt im Grenzfall $j \to \infty$ bestehen, d. h., es ist $f_n \leq f$ für alle $n \in \mathbb{N}$. Aus der Ungleichungskette

$$\psi_n \leq f_n \leq f$$

und der punktweisen Konvergenz $\psi_n(x) \to f(x)$, f. ü., folgt:

$$\begin{aligned} \int_I f(x) \, dx &= \lim_{n \to \infty} \int_I \psi_n(x) \, dx \\ &\leq \lim_{n \to \infty} \int_I f_n(x) \, dx \\ &\leq \int_I f(x) \, dx . \end{aligned}$$

Wegen dieser Einschließungen ergibt sich, dass die Folge (f_n) punktweise fast überall gegen f konvergiert und auch die Integrale konvergieren.

iii) Um nun dieses Resultat auch für beliebige Funktionen in $L(I)$ herzuleiten, benötigen wir zunächst noch eine Aussage zur Auswahlmöglichkeit der Darstellung von Funktionen $f \in L(I)$ durch Differenzen der Form $f = g - h$ mit $g, h \in L^{\uparrow}(I)$. Und zwar lässt sich zu jedem $\varepsilon > 0$ eine solche Zerlegung finden, bei der die Funktion $h \geq 0$ ist und

$$\int_I h(x) \, dx \leq \varepsilon$$

gilt.

Diese Behauptung zeigt man, indem man von einer beliebigen Zerlegung $f = g_0 - h_0$ mit $g_0, h_0 \in L^{\uparrow}(I)$ startet. Wegen der Definition der Menge $L(I)$ muss es eine solche Darstellung geben. Zu h_0 wählen wir eine approximierende Folge von monoton wachsenden Treppenfunktionen (φ_n). Wählen wir weiter $N \in \mathbb{N}$ so groß, dass

$$0 \leq \int_I h_0(x) \, dx - \int_I \varphi_N(x) \, dx \leq \varepsilon$$

ist, und setzen wir

$$
h(x) = \begin{cases} h_0(x) - \varphi_N(x), & \text{falls } h_0(x) \geq \varphi_N(x), \\ 0, & \text{sonst.} \end{cases}
$$

Dann ist $h \in L^{\uparrow}(I)$. Da $h_0 - \varphi_N \geq 0$ nur fast überall gilt, ist in der Definition von h auf der Nullmenge, wo diese Abschätzung nicht gilt, der Wert auf null gesetzt, sodass die resultierende Funktion die Bedingung $h \geq 0$ auf ganz I erfüllt. Am Integralwert ändert sich durch diese Korrektur nichts, und es gilt:

$$
\int_I h(x)\,\mathrm{d}x \leq \varepsilon \, .
$$

Außerdem ist mit $g := g_0 - \varphi_N = g_0 + h - h_0$ eine Funktion $g \in L^{\uparrow}(I)$ gegeben, und wir erhalten mit

$$
f = g_0 - h_0 = g_0 + h - h_0 - h = g - h
$$

die gewünschte Zerlegung.

iv) Mit diesen Vorbereitungen lässt sich jetzt der allgemeine Satz von Beppo Levi beweisen. Es genügt eine fast überall monoton wachsende Folge $(f_n)_{n\in\mathbb{N}}$ von Funktionen in $L(I)$ zu betrachten. Der Fall einer monoton fallenden Folge ist damit auch abgedeckt, da man in diesem Fall die Aussage für die steigende Folge $(-f_n)$ hat. Außerdem nehmen wir an, dass $f_n \geq 0$ fast überall gilt. Andernfalls betrachten wir die Folge $f_n - f_1$ wie bereits im Teil i) und ii), die aufgrund der Monotonie nicht negativ ist.

Zu dieser Folge (f_n) können wir mit dem dritten Teil Funktionen $g_k, h_k \in L^{\uparrow}(I)$ finden mit

$$
f_k - f_{k-1} = g_k - h_k \, ,
$$

sodass $h_k \geq 0$ und

$$
\int_I h_k(x)\,\mathrm{d}x \leq \frac{1}{2^k}
$$

gilt für $k \in \mathbb{N}$. Dabei setzen wir $f_0 = 0$. Offensichtlich ist auch

$$
g_k = \underbrace{f_k - f_{k-1}}_{\geq 0} + \underbrace{h_k}_{\geq 0} \geq 0 \, .
$$

Nun definieren wir weiter die Summen

$$
G_n = \sum_{k=1}^{n} g_k \quad \text{und} \quad H_n = \sum_{k=1}^{n} h_k \, .
$$

Die Folgen (G_n) und (H_n) sind monoton wachsende Folgen in $L^{\uparrow}(I)$, und es gilt:

$$
f_n = \sum_{k=1}^{n} (f_k - f_{k-1}) = G_n - H_n \, .
$$

Außerdem folgt:

$$
\int_I H_n(x)\,\mathrm{d}x = \sum_{k=1}^{n} \int_I h_k(x)\,\mathrm{d}x \leq \sum_{k=1}^{n} \frac{1}{2^k} \leq 1
$$

mit der geometrischen Summe. Auch die Folge der Integrale zu G_n bleibt wegen

$$
\int_I G_n(x)\,\mathrm{d}x = \int_I f_n(x)\,\mathrm{d}x + \int_I H_n(x)\,\mathrm{d}x
$$

beschränkt, da nach Voraussetzung die Integrale über f_n beschränkt sind.

Wir können die Aussage des zweiten Teils ii) anwenden auf $G_n \in L^{\uparrow}(I)$ und $H_n \in L^{\uparrow}(I)$. Diese besagt, dass beide Folgen punktweise fast überall gegen Funktionen $G, H \in L^{\uparrow}(I)$ konvergieren, d. h., es existiert die Grenzfunktion mit

$$
f_n = G_n - H_n \to G - H =: f \in L(I), \quad n \to \infty
$$

punktweise fast überall, und es gilt:

$$
\lim_{n\to\infty} \int_I f_n(x)\,\mathrm{d}x
$$
$$
= \lim_{n\to\infty} \int_I G_n(x)\,\mathrm{d}x - \lim_{n\to\infty} \int_I H_n(x)\,\mathrm{d}x
$$
$$
= \int_I G(x)\,\mathrm{d}x - \int_I H(x)\,\mathrm{d}x = \int_I f(x)\,\mathrm{d}x \, .
$$

Damit haben wir alle Beweisschritte abgeschlossen. ∎

Der Satz gibt uns eine Möglichkeit, Integrierbarkeit von Funktionen zu zeigen, und hat weitreichende Konsequenzen. Es lässt sich etwa eine Verallgemeinerung der partiellen Integration mit dem Satz von Beppo Levi beweisen.

Beispiel (a) Wir definieren die Folge von Funktionen $f_n \colon [0, 1] \to \mathbb{R}, n \in \mathbb{N}$, durch

$$
f_n(x) = \begin{cases} 1, & 0 \leq x < \frac{1}{n}, \\ \sin \frac{1}{x}, & \frac{1}{n} \leq x \leq 1. \end{cases}
$$

Wähle zu $x \in (0, 1]$ ein $N \in \mathbb{N}$ mit $x \geq \frac{1}{N}$, so ist $f_n(x) = \sin \frac{1}{x}$ für $n \geq N$. Außerdem gilt $f_n(0) = 1$ für alle $n \in \mathbb{N}$. Also ist die Folge (f_n) punktweise konvergent gegen $\sin \frac{1}{x}$ für $x \in (0, 1]$ und gegen 1 für $x = 0$. Darüber hinaus ist die Folge (f_n) wegen $\sin \frac{1}{x} \leq 1$ monoton fallend. Da

$$
\int_0^1 |f_n(x)|\,\mathrm{d}x \leq \int_0^1 \mathrm{d}x = 1
$$

für alle $n \in \mathbb{N}$ gilt, folgt aus dem Satz von Beppo Levi, dass die Grenzfunktion mit $f(x) = \sin \frac{1}{x}$ auf $[0, 1]$ integrierbar ist. In diesem Fall können wir keine Stammfunktion explizit angeben, sodass wir zur Berechnung des Werts des Integrals auf numerische Näherungen angewiesen sind (siehe den Ausblick auf Seite 629)

(b) Mit dem Satz von Beppo Levi lässt sich die Aussage der **partiellen Integration** (siehe Seite 623) verallgemeinern. Sind $u, v \in L(a, b)$, so gilt:

$$
\int_a^b u\, V \,\mathrm{d}x = U\, V \,\big|_a^b - \int_a^b U\, v \,\mathrm{d}x \, ,
$$

wobei $U, V : [a, b] \to \mathbb{R}$ die stetigen Funktionen

$$U(x) = \int_a^x u(t)\,\mathrm{d}t \quad \text{und} \quad V(x) = \int_a^x v(t)\,\mathrm{d}t$$

bezeichnen (siehe Seite 619). Wir vermeiden hier den Begriff *Stammfunktion* für U oder V, da die Funktionen zwar stetig, aber nicht unbedingt differenzierbar sind. In der Literatur wird teilweise der Begriff *unbestimmtes Integral* in diesem allgemeineren Sinne verwendet.

Um die partielle Integration zu zeigen, nehmen wir zunächst an, dass $u, v \in L^{\uparrow}(a, b)$ sind. Wir benennen die deswegen existierenden Folgen von Treppenfunktionen (φ_n), (ψ_n), die punktweise fast überall, monoton gegen u bzw. v konvergieren, und definieren

$$\Phi_n(x) = \int_a^x \varphi_n(t)\,\mathrm{d}t \quad \text{und} \quad \Psi_n(x) = \int_a^x \psi_n(t)\,\mathrm{d}t\,.$$

Ohne Einschränkung nehmen wir an, dass φ_n und ψ_n nicht negativ sind. Sonst betrachte man $\varphi_n - \varphi_1$ und $\psi_n - \psi_1$. Dann sind auch die Produkte $(\varphi_n \Psi_n)$ und $(\Phi_n \psi_n)$ monoton steigende Funktionenfolgen und sie konvergieren fast überall mit

$$\lim_{n \to \infty} \varphi_n(x)\Psi_n(x) = u(x)V(x)$$

und

$$\lim_{n \to \infty} \Phi_n(x)\psi_n(x) = U(x)v(x)\,.$$

Nach dem Satz von B. Levi folgt $uV \in L(a, b)$ und $Uv \in L(a, b)$ mit

$$\lim_{n \to \infty} \int_a^b \varphi_n(x)\Psi_n(x)\,\mathrm{d}x = \int_a^b u(x)V(x)\,\mathrm{d}x$$

und

$$\lim_{n \to \infty} \int_a^b \Phi_n(x)\psi_n(x)\,\mathrm{d}x = \int_a^b U(x)v(x)\,\mathrm{d}x\,.$$

Wir rechnen die partielle Integration für die stückweise konstanten Treppenfunktionen explizit nach und betrachten den Grenzfall $n \to \infty$: Für eine gemeinsame Zerlegung $a = x_0 < \cdots < x_n = b$ und Werte $c_j \in \mathbb{R}$ bzw. $\tilde{c}_j \in \mathbb{R}$ der Treppenfunktionen φ_n und ψ_n auf den Teilintervallen $I_j = [x_j, x_{j+1}]$ folgt:

$$\int_a^b \varphi_n(x)\Psi_n(x)\,\mathrm{d}x$$

$$= \sum_{j=0}^{n-1} c_j \int_{x_j}^{x_{j+1}} \int_a^x \psi_n(t)\,\mathrm{d}t\,\mathrm{d}x$$

$$= \sum_{j=0}^{n-1} c_j \int_{x_j}^{x_{j+1}} \left(\sum_{i=1}^{j-1} \tilde{c}_i |I_i| + \tilde{c}_j \int_{x_j}^x \mathrm{d}t \right) \mathrm{d}x$$

$$= \sum_{j=0}^{n-1} \sum_{i<j} c_j \tilde{c}_i |I_i|\,|I_j| + \sum_{j=0}^{n-1} c_j \tilde{c}_j \int_{x_j}^{x_{j+1}} \int_{x_j}^x \mathrm{d}t\,\mathrm{d}x$$

$$= \sum_{j=0}^{n-1} \sum_{i<j} c_j \tilde{c}_i |I_i|\,|I_j| + \frac{1}{2} \sum_{j=0}^{n-1} c_j \tilde{c}_j |I_j|^2\,.$$

Vertauschen wir die Rollen von φ_n und ψ_n und addieren beide Integrale auf, so folgt die Behauptung:

$$\int_a^b u(x)\,V(x)\,\mathrm{d}x + \int_a^b U(x)\,v(x)\,\mathrm{d}x$$

$$= \lim_{n \to \infty} \int_a^b \varphi_n(x)\Psi_n(x)\,\mathrm{d}x + \int_a^b \Phi_n(x)\psi_n(x)\,\mathrm{d}x$$

$$= \lim_{n \to \infty} \sum_{j=0}^{n-1} \sum_{i=0}^{n-1} c_j \tilde{c}_i |I_i|\,|I_j|$$

$$= \lim_{n \to \infty} \Phi_n(b)\Psi_n(b) = U V \Big|_a^b\,.$$

Der allgemeine Fall $u, v \in L(a, b)$ ergibt sich nun aus Zerlegungen $u = u_1 - u_2$ und $v = v_1 - v_2$ mit $u_1, u_2, v_1, v_2 \in L^{\uparrow}(a, b)$ und der Linearität des Integrals. Man beachte, dass das Resultat richtig bleibt, wenn zu U oder V eine Konstante addiert wird, d.h., die Wahl der verallgemeinerten Stammfunktionen U und V spielt keine Rolle. ◀

?

Worin besteht die Verallgemeinerung der hier angegebenen partiellen Integration gegenüber der ursprünglichen Formulierung von Seite 623 ?

Wir greifen das erste der beiden Beispiele nochmal auf. Mit dem Satz von Beppo Levi lässt sich ein nützliches, allgemeines Kriterium zeigen, das in vielen Fällen geeignet ist, Existenz von Integralen zu beweisen.

Konvergenzkriterium für Integrale

Eine Funktion $f : I \to \mathbb{R}$ ist integrierbar über einem offenen Intervall I, d.h. $f \in L(I)$, wenn f auf einer Folge von Teilintervallen $I_1 \subseteq I_2 \subseteq \cdots \subseteq I \subseteq \mathbb{R}$ mit $I = \bigcup_{j=1}^{\infty} I_j$ integrierbar ist, kurz $f \in L(I_j)$ für $j \in \mathbb{N}$, und die Folge der Integrale

$$\left(\int_{I_j} |f(x)|\,\mathrm{d}x \right)_{j \in \mathbb{N}}$$

beschränkt ist. In diesem Fall gilt:

$$\int_I f(x)\,\mathrm{d}x = \lim_{j \to \infty} \int_{I_j} f(x)\,\mathrm{d}x\,.$$

Beweis: Um zu sehen, dass das Konvergenzkriterium eine Folgerung des Satzes von Beppo Levi ist, nehmen wir zunächst $f \geq 0$ auf dem Intervall I an und definieren die Folge

$$f_j(x) = \begin{cases} f(x), & x \in I_j, \\ 0, & \text{sonst.} \end{cases}$$

Die Funktionenfolge (f_j) konvergiert punktweise und monoton gegen f. Da die Folge der Integrale

$$\left(\int_I f_j\,\mathrm{d}x \right) = \left(\int_{I_j} f\,\mathrm{d}x \right)$$

nach Voraussetzung beschränkt ist, folgt nach dem Satz von Beppo Levi, dass $f \in L(I)$ lebesgue-integrierbar ist und

$$\int_I f \, \mathrm{d}x = \lim_{j \to \infty} \int_{I_j} f \, \mathrm{d}x$$

gilt.

Ist nun $f : I \to \mathbb{R}$ beliebig, so zerlegen wir $f = f^+ - f^-$ mit

$$f^+(x) = \begin{cases} f(x) & \text{für } f(x) \geq 0, \\ 0 & \text{für } f(x) < 0 \end{cases}$$

und

$$f^-(x) = \begin{cases} 0 & \text{für } f(x) \geq 0, \\ -f(x) & \text{für } f(x) < 0. \end{cases}$$

Damit lässt sich das obige Resultat für positive Funktionen auf f^+ und f^- anwenden, und wir erhalten die Behauptung. $\blacksquare$

Die Tragweite des Kriteriums verdeutlichen wir uns an verschiedenen Beispielen.

Beispiel Wir prüfen mit dem Konvergenzkriterium, dass das Integral

$$\int_0^\infty x \mathrm{e}^{-x} \, \mathrm{d}x$$

existiert.

Da $x \mathrm{e}^{-x} \geq 0$ für $x \geq 0$ gilt, können wir das Kriterium direkt anwenden. Wir suchen eine Stammfunktion zum Integranden. Mit der Produktregel folgt $\frac{\mathrm{d}}{\mathrm{d}x}((1+x)\mathrm{e}^{-x}) = \mathrm{e}^{-x} - (1+x)\mathrm{e}^{-x} = -x\mathrm{e}^{-x}$. Setzen wir weiter $I_j = (0, j)$ für $j \in \mathbb{N}$, so erhalten wir:

$$\int_0^j x\mathrm{e}^{-x} \, \mathrm{d}x = -(1+x)\mathrm{e}^{-x}\big|_0^j = -(1+j)\mathrm{e}^{-j} + 1 \, .$$

Wegen der Eigenschaft $0 \leq \mathrm{e}^{-j}$ der Exponentialfunktion für $j \in \mathbb{N}$ lassen sich die Integrale durch

$$\int_0^j x\mathrm{e}^{-x} \, \mathrm{d}x = 1 - (1+j)\mathrm{e}^{-j} \leq 1$$

abschätzen und somit ist die Folge der Integrale beschränkt. Das Konvergenzkriterium besagt, dass das Integral über $(0, \infty)$ existiert. Außerdem erhalten wir den Wert

$$\int_0^\infty x\mathrm{e}^{-x} \, \mathrm{d}x = \lim_{j \to \infty} \int_0^j x\mathrm{e}^{-x} \, \mathrm{d}x = \lim_{j \to \infty} 1 - (1+j)\mathrm{e}^{-j} = 1 \, .$$

◀

Das Beispiel legt ein allgemeines Vorgehen nahe. Denn, wenn der Integrand f auf beschränkten Intervallen integrierbar ist, etwa da f stetig ist, so besagt das Kriterium, dass die Funktion auf (a, ∞) oder $(-\infty, b)$ integrierbar ist, wenn der Grenzwert für

$$\lim_{b \to \infty} \int_a^b |f(x)| \, \mathrm{d}x \quad \text{bzw.} \quad \lim_{a \to -\infty} \int_a^b |f(x)| \, \mathrm{d}x$$

existiert. In diesem Fall können wir das Integral berechnen, etwa mithilfe einer Stammfunktion, durch den Grenzwert

$$\int_a^\infty f(x) \, \mathrm{d}x = \lim_{b \to \infty} \int_a^b f(x) \, \mathrm{d}x$$

oder

$$\int_{-\infty}^b f(x) \, \mathrm{d}x = \lim_{a \to -\infty} \int_a^b f(x) \, \mathrm{d}x \, .$$

Es gibt unbeschränkte, aber integrierbare Funktionen

Nachdem wir das Konvergenzkriterium bei unbeschränkten Intervallen angewandt haben, sehen wir uns jetzt noch Definitionslücken des Integranden genauer an.

Im einfachsten Fall lässt sich eine Lücke im Definitionsbereich wie jene von

$$f(x) = \frac{\sin x}{x} \quad \text{durch } f(0) = 1$$

bei $x = 0$ stetig ergänzen (siehe Seite 318). Da das Integral stetiger Funktionen über abgeschlossenen Intervallen existiert und einzelne Punkte keinen Einfluss auf das Integral haben, ist die Existenz des Integrals gesichert. Ein Wert lässt sich mit einer Stammfunktion bestimmen, wenn wir diese kennen. Auch ein endlicher Sprung im Integranden lässt sich durch Aufteilen in zwei Integrationsintervalle klären (siehe Seite 615). Schwierigkeiten machen hingegen Funktionen wie

$$f(x) = \sin\left(\frac{1}{x}\right), \quad f(x) = \ln|x| \quad \text{oder} \quad f(x) = \frac{1}{x},$$

die an einer Stelle x_0, wie hier für $x_0 = 0$, nicht definiert sind. Auch wenn die Funktion bei Annäherung an eine singuläre Stelle betragsmäßig beliebig groß wird, kann es durchaus sein, dass ihr Integral begrenzt bleibt. Es gibt aber auch Situationen, in denen der Flächeninhalt unter dem Graphen unbeschränkt ist.

Beispiel Wir kennen bereits die Stammfunktion $F : (-1, 1) \to \mathbb{R}$ mit $F(x) = \arcsin x$ zur Funktion f mit $f(x) = \frac{1}{\sqrt{1-x^2}}$. Also erhalten wir mit $I_j = \left(0, 1 - \frac{1}{j}\right)$ die Abschätzung

$$\int_0^{1-\frac{1}{j}} \frac{1}{\sqrt{1-x^2}} \, \mathrm{d}x = \arcsin x \big|_0^{1-\frac{1}{j}}$$

$$= \arcsin\left(1 - \frac{1}{j}\right) - \arcsin 0 \leq \frac{\pi}{2}$$

für alle $j \in \mathbb{N}$. Mit dem Konvergenzkriterium existiert das Integral über dem Intervall $(0, 1)$, und es gilt:

$$\int_0^1 \frac{1}{\sqrt{1-x^2}} \, \mathrm{d}x = \lim_{j \to \infty} \arcsin\left(1 - \frac{1}{j}\right) = \arcsin(1) = \frac{\pi}{2} \, .$$

◀

Beispiel: Integration auf unbeschränkten Intervallen oder unbeschränkter Funktionen

Wir untersuchen die Existenz folgender Integrale:

$$J_1 = \int_1^\infty \frac{1}{x + x^2}\, dx\,, \qquad J_2 = \int_0^1 \frac{1 + \cos x}{x}\, dx\,, \qquad J_3 = \int_0^\infty e^{-x^2}\, dx\,.$$

Problemanalyse und Strategie: Da die Integranden auf den Integrationsgebieten positiv sind, müssen wir den Grenzwert über den Betrag der Funktionen nicht gesondert betrachten. Mit passenden Majoranten/Minoranten lässt sich die Existenz der Integrale klären.

Lösung:

Im ersten Beispiel stellen wir zunächst fest, dass für positive $x > 0$ immer die Ungleichung

$$\frac{1}{x + x^2} \le \frac{1}{x^2}$$

gilt. Das Integral über die rechte Seite der Ungleichung können wir aber problemlos ermitteln, und damit erhalten wir mit dem Vergleich, dass das Integral J_1 existiert. Genauer gilt:

$$J_1 = \int_1^\infty \frac{dx}{x + x^2} \le \int_1^\infty \frac{dx}{x^2}$$

$$= \lim_{b \to \infty} \int_1^b \frac{dx}{x^2} = \lim_{b \to \infty} \left[-\frac{1}{x}\right]_1^b$$

$$= -\lim_{b \to \infty} \frac{1}{b} + 1 = 1\,.$$

Im zweiten Beispiel wissen wir, dass der Kosinus für $x \in (-\frac{\pi}{2}, \frac{\pi}{2})$ positiv ist, also insbesondere auch im Intervall $[0, 1]$. Damit ergibt sich:

$$J_2 = \int_0^1 \frac{1 + \cos x}{x}\, dx \ge \int_0^1 \frac{1}{x}\, dx\,.$$

Da das Integral auf der rechten Seite divergiert, existiert auch das Integral J_2 nicht.

Im dritten Beispiel suchen wir eine Funktion, mit der wir $f(x) = e^{-x^2}$ nach oben abschätzen können.

Ein Kandidat ist $g(x) = e^{-x}$, denn es gilt:

$$e^{-x^2} \le e^{-x}\,,$$

wenn $x \ge 1$ ist. Auf dem Intervall $[1, \infty)$ haben wir eine integrierbare Majorante gefunden; denn es gilt wegen $(e^{-x})' = -e^{-x}$:

$$\lim_{b \to \infty} \int_1^b e^{-x}\, dx = \lim_{b \to \infty} \left[-e^{-x}\right]_1^b$$

$$= \lim_{b \to \infty} \left[-e^{-b} + \frac{1}{e}\right] = \frac{1}{e}\,.$$

Somit ist e^{-x} integrierbar auf $[1, \infty)$ mit

$$\int_1^\infty e^{-x}\, dx = \frac{1}{e}\,.$$

Das Integral von $f(x) = e^{-x^2}$ über dem Intervall $[0, 1]$ existiert, da die Funktion stetig ist. Da für alle $x \in [0, 1]$ immer $e^{-x^2} \le 1$ ist, kann man das Integral großzügig mit

$$J_3 = \int_0^1 e^{-x^2}\, dx + \int_1^{+\infty} e^{-x^2}\, dx$$

$$\le \int_0^1 dx + \int_1^\infty e^{-x}\, dx$$

$$= 1 + \frac{1}{e}$$

abschätzen. Später auf Seite 644 werden wir sehen, dass dieses Integral den Wert

$$J_3 = \frac{\sqrt{\pi}}{2}$$

hat. Dies können wir hier noch nicht zeigen, da sich eine Stammfunktionen von f nicht durch elementare Funktionen ausdrücken lässt.

Auch in dieser Situation, wenn eine Stammfunktion bekannt ist, lässt sich aus dem allgemeinen Kriterium ein generelles Vorgehen ableiten. Nun nehmen wir an, dass eine Singularität des Integranden am linken oder rechten Rand des Integrationsbereichs liegt. Andernfalls spalten wir das Integral entsprechend auf.

Für die Integration über Funktionen mit einer Singularität an einer Stelle $x_0 \in \mathbb{R}$ können wir den Grenzwert

$$\lim_{b \to x_0-} \int_a^b |f(x)|\, dx \quad \text{bzw.} \quad \lim_{a \to x_0+} \int_a^b |f(x)|\, dx$$

prüfen. Wenn dieser Grenzwert existiert, ist die Funktion integrierbar, und es gilt:

$$\int_a^{x_0} f(x)\, dx = \lim_{b \to x_0-} \int_a^b f(x)\, dx$$

bzw.

$$\int_{x_0}^{b} f(x)\,\mathrm{d}x = \lim_{a \to x_0+} \int_{a}^{b} f(x)\,\mathrm{d}x\,.$$

Beispiel

■ Mit der Ableitung

$$(x \ln x - x)' = x\,\frac{1}{x} + \ln x - 1 = \ln x$$

und der Regel von de L'Hospital erhalten wir für die Berechnung des Integrals $\int_0^1 \ln x\,\mathrm{d}x$:

$$\int_{\epsilon}^{1} |\ln x|\,\mathrm{d}x = -\int_{\epsilon}^{1} \ln x\,\mathrm{d}x = -(x \ln x - x)\big|_{\epsilon}^{1}$$
$$= 1 + (\epsilon \ln \epsilon - \epsilon) \to 1$$

für $\epsilon \to 0$. Da der Grenzwert existiert, gilt $\ln \in L((0,1))$. Unter Berücksichtigung des Vorzeichens erhalten wir:

$$\int_{0}^{1} \ln x\,\mathrm{d}x = -1\,.$$

■ Mit der Ableitungsregel $(\ln x)' = \frac{1}{x}$ erhalten wir:

$$\int_{\varepsilon}^{1} \frac{1}{x}\,\mathrm{d}x = \ln x\big|_{\varepsilon}^{1} = -\ln \varepsilon\,,$$

und dieser Ausdruck divergiert für $\varepsilon \to 0$. Das Integral $\int_0^1 \frac{1}{x}\,\mathrm{d}x$ existiert nicht. ◄

Wir haben auf Seite 628 bereits ein Beispiel gesehen, bei dem keine Stammfunktion durch Standardfunktionen ausgedrückt werden kann. Damit lässt sich ein Grenzwert, wie oben beschrieben, nicht ausnutzen. Aber es lässt sich eine weitere Möglichkeit ableiten, die Existenz eines Integrals zu prüfen, und zwar ohne den Wert des Integrals zu berechnen.

Mit einer Majorante lässt sich die Existenz eines Integrals auch ohne Kenntnis einer Stammfunktion klären

Betrachten wir das Konvergenzkriterium noch einmal genau, so beantwortet es uns die Frage nach der Existenz des Integrals, wenn wir neben $f \in L(I_j)$ zeigen können, dass die Folge der Integrale

$$\left(\int_{I_j} |f(x)|\,\mathrm{d}x \right)_{j \in \mathbb{N}}$$

beschränkt ist. Also genügt eine Abschätzung für diese Folge. Wegen der Monotonie des Integrals ist es naheliegend, den Integranden durch Funktionen abzuschätzen, zu denen uns die Existenz des entsprechenden Integrals bekannt ist. Wir sprechen dann von einer **Majorante** bzw. **Minorante**. Im Beispiel auf Seite 635 ist diese durch die Konstante 1 gegeben.

Oft ist ein Vergleich mit der Funktion g mit $g(x) = \frac{1}{x^\alpha} = x^{-\alpha}$ hilfreich. In Abhängigkeit vom Parameter $\alpha > 0$ lassen sich Aussagen über das gesuchte Integral machen. Um diese Technik nutzen zu können, untersuchen wir zunächst solche Vergleichsintegrale. Für das Integral

$$\int_{1}^{\infty} \frac{1}{x^\alpha}\,\mathrm{d}x$$

erhalten wir mit $\alpha \neq 1$:

$$\lim_{b \to \infty} \int_{1}^{b} x^{-\alpha}\,\mathrm{d}x = \lim_{b \to \infty} \frac{x^{-\alpha+1}}{-\alpha+1}\bigg|_{1}^{b}$$
$$= \lim_{b \to \infty} \frac{b^{1-\alpha}}{1-\alpha} - \frac{1}{1-\alpha}\,.$$

Für $\alpha > 1$ existiert der Grenzwert

$$\lim_{b \to \infty} b^{1-\alpha} = 0$$

und somit auch das Integral. Für $\alpha < 1$ hingegen liegt Divergenz vor. Den ausgeschlossenen Fall $\alpha = 1$ haben wir schon im letzten Beispiel geklärt. Das Integral existiert nicht.

Analog betrachten wir noch

$$\int_{0}^{1} \frac{1}{x^\alpha}\,\mathrm{d}x\,.$$

Setzen wir wieder zunächst $\alpha \neq 1$ voraus, so ist

$$\int_{a}^{1} x^{-\alpha}\,\mathrm{d}x = \frac{x^{-\alpha+1}}{-\alpha+1}\bigg|_{a}^{1}$$
$$= \frac{1}{1-\alpha} - \frac{a^{1-\alpha}}{1-\alpha}\,.$$

In diesem Fall existiert das Integral für $\alpha < 1$, denn wir erhalten den Grenzwert:

$$\lim_{a \to 0} \int_{a}^{1} x^{-\alpha}\,\mathrm{d}x = \frac{1}{1-\alpha} - \lim_{a \to 0} a^{1-\alpha} = \frac{1}{1-\alpha}\,.$$

Für $\alpha > 1$ divergiert der Limes und somit auch das Integral. Den Ausnahmefall $\alpha = 1$ haben wir oben überprüft, das Integral existiert nicht.

Wie man diese Integrale als Majoranten nutzen kann, ist in einigen der Beispiele auf Seite 635 zu sehen. Gerade beim letzten der dort gezeigten Beispiele wird die Bedeutung solcher Abschätzungen deutlich. Wir können klären, ob ein Integral existiert, auch wenn keine Stammfunktion gegeben ist.

Lässt sich die Existenz eines Integrals auf Intervallen der Form (N, ∞) klären, so liefert dies ein weiteres Kriterium für die Konvergenz entsprechender Reihen.

Integralkriterium für Reihen Ist $f : [N, \infty) \to \mathbb{R}$ eine monoton fallende, positive, auf kompakten Teilintervallen integrierbare Funktion und ist $a_n = f(n)$ für $n \geq N \in \mathbb{N}$, so konvergiert die Reihe

$$\left(\sum_{n=N}^{\infty} a_n \right) = \left(\sum_{n=N}^{\infty} f(n) \right)$$

Übersicht: Einige bestimmte Integrale

Da zum Beweis der Existenz von Integralen oft der Vergleich mit bekannten Integralen erforderlich ist, stellt die folgende kurze Liste die dazu am häufigsten genutzten bestimmten Integrale zusammen.

Bestimmte Integrale

$$\int_1^\infty \frac{1}{x^\alpha}\,\mathrm{d}x = \frac{1}{\alpha - 1} \quad \text{für } \alpha > 1$$

$$\int_0^\infty \mathrm{e}^{-x}\,\mathrm{d}x = 1$$

$$\int_0^\infty \mathrm{e}^{-x^2}\,\mathrm{d}x = \frac{\sqrt{\pi}}{2}$$

$$\int_{-\infty}^\infty \frac{1}{1+x^2}\,\mathrm{d}x = \pi$$

$$\int_0^1 \frac{1}{x^\alpha}\,\mathrm{d}x = \frac{1}{1-\alpha} \quad \text{für } 0 \le \alpha < 1$$

$$\int_0^1 \ln x\,\mathrm{d}x = -1$$

Divergente Integrale

Die folgenden Grenzwerte sind unbeschränkt und somit existieren die entsprechenden Integrale nicht.

$$\int_1^b \frac{1}{x^\alpha}\,\mathrm{d}x \to \infty, \quad b \to \infty \quad \text{für } \alpha \le 1$$

$$\int_1^b \ln x\,\mathrm{d}x \to \infty, \quad b \to \infty$$

$$\int_a^1 \frac{1}{x^\alpha}\,\mathrm{d}x \to \infty, \quad a \to 0 \quad \text{für } \alpha \ge 1$$

Kommentar: Den Zusammenhang zwischen Konvergenz und Divergenz der Integrale über $\frac{1}{x^\alpha}$ einerseits in $(0,\,1)$, andererseits in $(1,\,\infty)$ kann man mit der Substitutionsregel aus Kapitel 16.4 direkt herstellen. Durch die Substitution $u = \frac{1}{x}$ wird die Komplementarität klar.

---

genau dann, wenn das Integral

$$\int_N^\infty f(x)\,\mathrm{d}x$$

existiert.

Beweis: Aus $a_j = f(j) \le f(x) \le f(j+1) = a_{j+1}$ für $j \ge N$ und $x \in [j,\, j+1]$ und mit $I_n = [N, n]$ für $n \in \mathbb{N}$ gilt:

$$\sum_{j=N}^{n-1} a_j \le \int_{I_n} f(x)\,\mathrm{d}x \le \sum_{j=N+1}^{n} a_j.$$

Also liefert die Reihe eine Majorante für die Integrale über alle I_n. Nach dem Konvergenzkriterium auf Seite 633 existiert somit

$$\int_N^\infty f(x)\,\mathrm{d}x.$$

Andererseits folgt aus der Existenz des Integrals $\int_N^\infty f(x)\,\mathrm{d}x$ eine obere Schranke für die monoton steigende Folge der Partialsummen. Nach dem Monotoniekriterium konvergiert damit die Reihe. ∎

Das Konvergenzkriterium ist in manchen Fällen ein eleganter Weg, um Konvergenz zu belegen.

Beispiel Um zu klären, ob die Reihe

$$\sum_{k=1}^\infty \frac{\ln(k)}{k^\alpha}$$

für $\alpha > 1$ konvergiert, betrachten wir mit der Substitution $u = \ln(x)$ und partieller Integration

$$\int_1^b \frac{\ln(x)}{x^\alpha}\,\mathrm{d}x = \int_0^{\ln b} u\,\mathrm{e}^{(1-\alpha)u}\,\mathrm{d}u$$

$$- \frac{1}{(1-\alpha)^2}\,\frac{b^{(1-\alpha)}}{(1-\alpha)^2} \Big| \frac{\ln(b)\,b^{(1-\alpha)}}{1-\alpha}$$

$$\to \frac{1}{(1-\alpha)^2}, \qquad b \to \infty.$$

Mit dem Kriterium ergibt sich Konvergenz der Reihe. ◄

Manchmal reicht das Lebesgue-Integral nicht aus

Auch wenn die Klasse der integrierbaren Funktionen recht umfassend ist, gibt es Situationen, in denen diese nicht ausreicht. Ein für die Signalverarbeitung wichtiges Beispiel ist auf Seite 639 gezeigt. Wir sprechen von einem **uneigentlichen Integral**, wenn die betrachtete Funktion nicht integrierbar ist, aber ein Grenzwert, etwa wie im Beispiel

$$\lim_{x\to\infty} \int_0^x \operatorname{sinc}(t)\,\mathrm{d}t,$$

existiert. Beachten Sie, dass das Konvergenzkriterium in diesen Fällen nicht greift, da entsprechende Folgen von Integralen über den Betrag des Integranden nicht beschränkt sind, d. h. $\operatorname{sinc} \notin L(\mathbb{R})$.

Eine weitere Erweiterung des Integralbegriffs ist mit dem sogenannten Cauchy'schen Hauptwert gegeben. Nach der Definition existiert das Integral

$$\int_{-1}^{1} \frac{1}{x}\, \mathrm{d}x$$

nicht, da die beiden Integrale

$$\lim_{B\to 0-}\int_{-1}^{B}\frac{\mathrm{d}x}{x}\quad\text{und}\quad\lim_{A\to 0+}\int_{A}^{1}\frac{\mathrm{d}x}{x}$$

divergieren. Andererseits verhalten sich beide Anteile symmetrisch. Wenn man die Grenzübergänge nicht separat, sondern simultan vollzieht, ergibt sich:

$$\fint_{-1}^{1}\frac{\mathrm{d}x}{x} := \lim_{T\to 0+}\left\{\int_{-1}^{-T}\frac{\mathrm{d}x}{x}+\int_{T}^{1}\frac{\mathrm{d}x}{x}\right\}$$

$$= \lim_{T\to 0+}\left\{\ln(-x)\Big|_{-1}^{-T}+\ln x\Big|_{T}^{1}\right\}$$

$$= \lim_{T\to 0+}\{\ln T - \ln 1 + \ln 1 - \ln T\} = 0.$$

Wenn ein solcher symmetrischer Grenzwert existiert, nennt man ihn **Cauchy'scher Hauptwert**. Um dieses Integral von eigentlichen Integralen zu unterscheiden, wird es manchmal mit $\mathcal{P}$ für *principal value* gekennzeichnet.

16.6 Parameterabhängige Integrale

In Formelsammlungen werden Sie häufig Integraldarstellungen von speziellen Funktionen begegnen. So ist etwa die **Gammafunktion** für $t > 0$ definiert durch

$$\Gamma(t) = \int_{0}^{\infty} \mathrm{e}^{-x}\, x^{t-1}\, \mathrm{d}x\, .$$

Diese Funktion verallgemeinert die Fakultät. In Aufgabe 16.12 werden wir die Funktion genauer betrachten und unter anderem zeigen, dass $(n-1)! = \Gamma(n)$ gilt, die Gammafunktion somit eine stetige Fortsetzung der Fakultät auf $\mathbb{R}_{>0}$ ist.

Für uns ist an dieser Stelle Folgendes wichtig: Es handelt sich um ein Integral, dessen Integrand von einem Parameter t abhängt. Bezüglich dieses Parameters können wir den Ausdruck wieder als Funktion auffassen.

Beispiel

- Durch $f : \mathbb{R}_{>-1} \to \mathbb{R}$ mit

$$f(t) = \int_{0}^{1} x^t\, \mathrm{d}x = \frac{1}{t+1}\, x^{t+1}\Big|_{x=0}^{1} = \frac{1}{t+1}$$

ist diese differenzierbare Funktion zum einen mithilfe eines Parameterintegrals und zum anderen durch einen expliziten Ausdruck dargestellt.

- Wir definieren eine Funktion $g : \mathbb{R}_{>1} \to \mathbb{R}$ durch das Integral

$$g(s) = \int_{0}^{\infty} \mathrm{e}^{x}\, \mathrm{e}^{-sx}\, \mathrm{d}x\, .$$

Diese Definition ist sinnvoll, da das Integral für $s > 1$ existiert, und es gilt:

$$g(s) = \int_{0}^{\infty} \mathrm{e}^{(1-s)x}\, \mathrm{d}x$$

$$= \lim_{b\to\infty}\frac{1}{1-s}\mathrm{e}^{(1-s)x}\Big|_{x=0}^{b}$$

$$= \frac{1}{s-1}$$

mit dem Grenzwert $\lim_{b\to\infty}\mathrm{e}^{(1-s)b} = 0$ für $s > 1$. Die Funktion g nennt man die *Laplacetransformierte* der Funktion exp.

- Ist mit $f : \mathbb{R} \to \mathbb{R}$ die *Rechteckfunktion* mit

$$f(x) = \begin{cases} 1, & t \in [-1, 1], \\ 0, & \text{sonst} \end{cases}$$

notiert, dann erhalten wir bis auf einen Faktor die sogenannte *Fouriertransformation* $g : \mathbb{R} \to \mathbb{C}$ durch

$$g(s) = \int_{-\infty}^{\infty} f(t)\mathrm{e}^{-\mathrm{i}st}\, \mathrm{d}t\, .$$

Dieses Integral existiert, und wir berechnen

$$g(s) = \int_{-1}^{1} \mathrm{e}^{-\mathrm{i}st}\, \mathrm{d}t = -\frac{1}{\mathrm{i}s}\,\mathrm{e}^{-\mathrm{i}st}\Big|_{-1}^{1}$$

$$= \frac{1}{\mathrm{i}s}\left(\mathrm{e}^{\mathrm{i}s} - \mathrm{e}^{-\mathrm{i}s}\right) = 2\frac{\sin s}{s} = 2\,\mathrm{sinc}(s)$$

mithilfe der Euler'schen Formel. Der Sinus Cardinalis (siehe Beispiel auf Seite 639) ist somit bis auf einen Faktor die Fouriertransformierte zu f. ◄

Die letzten beiden Beispiele sind sogenannte *Integraltransformationen*. Solche Transformationen von Funktionen sind nicht nur vielschichtige mathematische Studienobjekte, sondern spielen etwa bei der Behandlung von *Differenzialgleichungen* eine wichtige Rolle.

Um Eigenschaften solcher Funktionen wie Stetigkeit oder Differenzierbarkeit zu untersuchen, auch wenn keine explizite Stammfunktion bekannt ist, müssen Grenzprozesse bezüglich der Variablen t mit der Integration vertauscht werden. Im Allgemeinen stoßen wir hier auf Schwierigkeiten, wie es am folgenden Beispiel deutlich wird.

Beispiel Wir definieren Funktionen $f_k : \mathbb{R} \to \mathbb{R}$ durch

$$f_k(x) = \begin{cases} x + 1 - k, & k - 1 \le x < k, \\ k + 1 - x, & k \le x < k + 1, \\ 0, & x \notin [k-1, k+1) \end{cases}$$

zu $k \in \mathbb{N}$. Der Graph der Funktion f_k ist ein Hut mit Spitze bei $x = k$ (Abb. 16.16).

Beispiel: Der Sinus Cardinalis und der Integralsinus

Der **Sinus Cardinalis**, die Funktion $\mathrm{sinc}(x) = \frac{\sin x}{x}$, ist auf $I = (0, \infty)$ im Lebesgue'schen Sinn nicht integrierbar, aber der Grenzwert des **Integralsinus** $\mathrm{Si} \colon \mathbb{R} \to \mathbb{R}$,

$$\lim_{x \to \infty} \mathrm{Si}(x) = \lim_{x \to \infty} \int_0^x \frac{\sin t}{t} \, \mathrm{d}t$$

existiert.

Problemanalyse und Strategie: Es ist zu zeigen, dass $\left(\int_0^\infty |\mathrm{sinc}(x)| \, \mathrm{d}x \right)$ unbeschränkt ist, aber der Grenzwert, wenn der Integrand ohne Betrag betrachtet wird, existiert.

Lösung:

Aus der Divergenz der harmonischen Reihe folgt:

$$\int_0^{n\pi} \left| \frac{\sin x}{x} \right| \, \mathrm{d}x \geq \sum_{j=1}^n \int_{(j-\frac{3}{4})\pi}^{(j-\frac{1}{4})\pi} \frac{|\sin x|}{x} \, \mathrm{d}x$$

$$\geq \sum_{j=1}^n \frac{\sin \frac{1}{4}\pi}{2\left(j - \frac{1}{4}\right)}$$

$$= \frac{\sqrt{2}}{4} \sum_{j=1}^n \frac{1}{j - \frac{1}{4}} \to \infty \text{ für } n \to \infty.$$

Beachten Sie, dass etwa mit der L'Hospital'schen Regel $\frac{\sin x}{x} \to 1$ für $x \to 0$ gilt. Daher ist $|\mathrm{sinc}\, x|$ auf dem kompakten Intervall $[0, n\pi]$ stetig, also integrierbar. Aber die Folge der Integrale ist unbeschränkt und somit kann das Integral über $(0, \infty)$ nicht existieren.

Da $\frac{\sin x}{x}$ auf $[0, 1]$ stetig ist, existiert das Integral

$$\left(\int_0^1 \frac{\sin x}{x} \, \mathrm{d}x \right),$$

und es genügt, den restlichen Anteil zu betrachten. Mit partieller Integration folgt:

$$\int_1^b \frac{\sin x}{x} \, \mathrm{d}x = \cos 1 - \frac{\cos b}{b} + \int_1^b \frac{\cos x}{x^2} \, \mathrm{d}x.$$

Mit der Majorante $\frac{1}{x^2}$ ist offensichtlich, dass die Funktion $\frac{\cos x}{x^2}$ auf $[1, \infty)$ integrierbar ist, und es gilt:

$$\left| \int_1^b \frac{\cos x}{x^2} \, \mathrm{d}x \right| \leq \int_1^b \frac{1}{x^2} \, \mathrm{d}x \leq 1$$

für alle $b > 1$. Somit existiert der Grenzwert mit

$$\lim_{b \to \infty} \int_1^b \frac{\sin x}{x} \, \mathrm{d}x = \cos 1 + \int_1^\infty \frac{\cos x}{x^2} \, \mathrm{d}x.$$

Der Wert $\lim_{b \to \infty} \int_0^b \frac{\sin x}{x} \, \mathrm{d}x = \frac{\pi}{2}$ lässt sich etwa mit Hilfe der *Laplacetransformation* zeigen, auf die wir hier aber nicht genauer eingehen können.

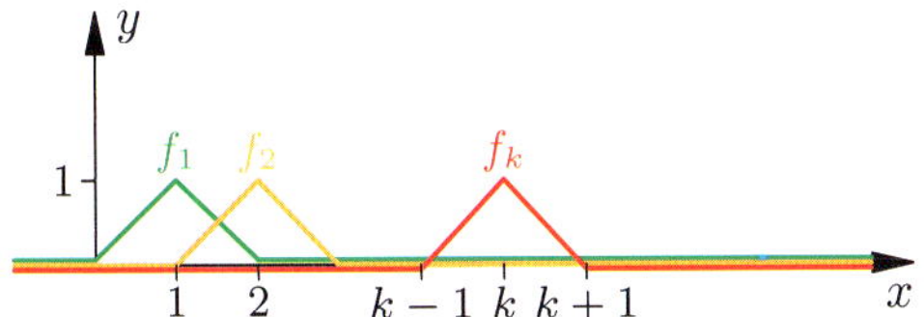

Abbildung 16.16 Graphen der Funktionen aus dem Beispiel auf Seite 638.

Man sieht, dass die Folge punktweise gegen null konvergiert. Für die Folge der Integrale gilt aber:

$$\int_{-\infty}^\infty f_k(x) \, \mathrm{d}x = \int_{k-1}^k (x+1-k) \, \mathrm{d}x + \int_k^{k+1} (k+1-x) \, \mathrm{d}x = 1.$$

Somit ist

$$1 = \lim_{k \to \infty} \int_{-\infty}^\infty f_k(x) \, \mathrm{d}x \neq \int_{-\infty}^\infty \lim_{k \to \infty} (f_k(x)) \, \mathrm{d}x = 0.$$

Es macht einen Unterschied, ob wir den Grenzwert der Integrale betrachten oder ob wir über den Grenzwert der Integranden integrieren. ◄

Der Lebesgue'sche Konvergenzsatz sichert Vertauschbarkeit von Integration und weiteren Grenzprozessen

Ein zentraler Satz der Integrationstheorie gibt an, unter welchen Voraussetzungen an die Folge der Integranden Grenzwert und Integral vertauscht werden können, ohne dass sich der Wert ändert.

Lebesgue'scher Konvergenzsatz

Wenn es zu einer Folge von integrierbaren Funktionen $f_n \in L(I)$ über einem Intervall $I \subset \mathbb{R}$, die punktweise fast überall gegen $f \colon I \to \mathbb{R}$ konvergiert, eine integrierbare Funktion $g \in L(I)$ gibt mit $|f_n(x)| \leq g(x)$ für fast alle $x \in I$ und alle $n \in \mathbb{N}$, dann ist $f \in L(I)$ integrierbar, und es gilt:

$$\lim_{n \to \infty} \int_I f_n(x) \, \mathrm{d}x = \int_I f(x) \, \mathrm{d}x.$$

Beachten Sie, dass diese Aussage nicht nur das Vertauschen der Grenzprozesse ermöglicht, sondern auch zeigt, dass die Grenzfunktion eine integrierbare Funktion ist.

Beweis: Der Konvergenzsatz lässt sich zeigen, indem wir zunächst für ein $n \in \mathbb{N}$ die Funktionenfolgen

$$g_{nj} := \min\{f_n, f_{n+1}, \ldots, f_{n+j}\}$$

und

$$h_{nj} := \max\{f_n, f_{n+1}, \ldots, f_{n+j}\}$$

betrachten. Da die Funktionen f_n in $L(I)$ liegen, gilt auch mit den allgemeinen Eigenschaften des Integrals, dass $g_{nj} \in L(I)$ und $h_{nj} \in L(I)$ bzgl. $j \in \mathbb{N}$ wieder Folgen integrierbarer Funktionen sind.

Die Folge $(g_{nj})_{j \in \mathbb{N}}$ ist monoton fallend, denn wenn wir von j zu $j+1$ übergehen, kommt eine weitere Funktion hinzu, sodass das Minimum der Funktionen $g_{n\,(j+1)}$ höchstens kleiner wird. Analog ist die Folge h_{nj} monoton wachsend. Nutzen wir nun noch, dass mit der im Satz vorausgesetzten integrierbaren Majorante g die Abschätzungen

$$-\int_I g(x)\,\mathrm{d}x \leq \int_I g_{nj}(x)\,\mathrm{d}x \leq \int_I h_{nj}(x)\,\mathrm{d}x \leq \int_I g(x)\,\mathrm{d}x$$

für alle $n, j \in \mathbb{N}$ gelten, so folgt mit dem Satz von Beppo Levi, dass die Folgen punktweise fast überall konvergieren mit Grenzfunktionen $\lim_{j \to \infty} g_{nj} =: g_n \in L(I)$ und $\lim_{j \to \infty} h_{nj} =: h_n \in L(I)$. Es gilt:

$$-\int_I g(x)\,\mathrm{d}x \leq \int_I g_n(x)\,\mathrm{d}x \leq \int_I h_n(x)\,\mathrm{d}x \leq \int_I g(x)\,\mathrm{d}x\,.$$

Für die so konstruierten Folgen integrierbarer Funktionen (g_n) und (h_n) wenden wir ein weiteres Mal den Satz von Beppo Levi an. Dazu müssen wir uns noch die Monotonie dieser Folgen bzgl. $n \in \mathbb{N}$ überlegen:

Wenn mit $M \subseteq I$ die Nullmenge bezeichnet ist, auf der die Folge $(f_n(x))$ nicht punktweise gegen $f(x)$ konvergiert, so gilt für eine Stelle $x \in I \setminus M$ Konvergenz, d. h., zu jedem $\varepsilon \geq 0$ gibt es eine Zahl $n_0 \in \mathbb{N}$ mit $|f_n(x) - f(x)| \leq \varepsilon$ für alle $n \geq n_0$. Wegen der Konstruktion gilt diese Abschätzung auch für g_n und h_n anstelle von f_n, wenn $n \geq n_0$ gewählt ist. Dies zeigt, dass die Folgen g_n und h_n punktweise fast überall, nämlich auf $I \setminus M$, gegen f konvergieren.

Außerdem ist g_n fast überall monoton steigend, da das Minimum $g_{nj} = \min\{f_n, f_{n+1}, \ldots, f_{n+j}\}$ größer wird, wenn die erste Funktion gestrichen wird, d. h., bei Übergang von g_{nj} zu $g_{(n+1)\,j}$. Genauso ist die Folge h_n fast überall monoton fallend. Mit der oben angegebenen Beschränkung der Integrale folgt mit dem Satz von Beppo Levi, dass die Grenzfunktion $f \in L(I)$ integrierbar ist mit

$$\lim_{n \to \infty} \int_I g_n(x)\,\mathrm{d}x = \int_I f(x)\,\mathrm{d}x$$

und

$$\lim_{n \to \infty} \int_I h_n(x)\,\mathrm{d}x = \int_I f(x)\,\mathrm{d}x\,.$$

Schließlich ergibt sich aus den beiden Abschätzungen

$$\int_I g_n(x)\,\mathrm{d}x \leq \int_I f_n(x)\,\mathrm{d}x \leq \int_I h_n(x)\,\mathrm{d}x$$

für $n \in \mathbb{N}$, auch die Konvergenz der Integrale

$$\lim_{n \to \infty} \int_I f_n(x)\,\mathrm{d}x = \int_I f(x)\,\mathrm{d}x$$

durch das Einschließungskriterium zu Folgen (siehe Seite 289). $\qquad\blacksquare$

Die Aussage des Konvergenzsatzes gibt uns die Möglichkeit zu entscheiden, ob ein Grenzprozess mit einer Integration vertauscht werden darf. Wir werden dieser Situation häufiger begegnen. Wie wir schon in anderen Situationen beim Vertauschen von Grenzwerten gesehen haben (siehe etwa Seite 387), ist auch hier Gleichmäßigkeit des Grenzprozesses die wesentliche Voraussetzung. Die Gleichmäßigkeit steckt in diesem Fall in der Bedingung, dass die integrierbare Majorante g unabhängig von n für alle Folgengliedern f_n existieren muss.

Beispiel Die Funktionenfolgen (f_n), (h_n) der integrierbaren Funktionen $f_n, h_n \colon [0, 1] \to \mathbb{R}$ mit

$$f_n(x) = \begin{cases} \sqrt{n} & \text{für } x \in \left[0, \frac{1}{n}\right), \\ 0 & \text{für } x \in \left[\frac{1}{n}, 1\right] \end{cases}$$

und

$$h_n(x) = \begin{cases} n & \text{für } x \in \left[0, \frac{1}{n}\right), \\ 0 & \text{für } x \in \left[\frac{1}{n}, 1\right] \end{cases}$$

konvergieren beide punktweise mit Ausnahme der Stelle $x = 0$ gegen die konstante Funktion $f \colon [0, 1] \to \mathbb{R}$ mit $f(x) = 0$ (Abb. 16.17).

Im ersten Fall können wir eine integrierbare Majorante $g \colon [0, 1] \to \mathbb{R}$ mit $g(x) = \frac{1}{\sqrt{x}}$ angeben. Daher besagt der Lebesgue'sche Konvergenzsatz, dass auch für die Integrale

$$\lim_{n \to \infty} \int_0^1 f_n(x)\,\mathrm{d}x = \int_0^1 f(x)\,\mathrm{d}x = 0$$

gilt. Das Ergebnis können wir verifizieren, indem wir

$$\int_0^1 f_n(x)\,\mathrm{d}x = \int_0^{\frac{1}{n}} \sqrt{n}\,\mathrm{d}x = \frac{1}{n}\sqrt{n} = \frac{1}{\sqrt{n}}$$

berechnen.

Im zweiten Fall gilt:

$$\int_0^1 h_n(x)\,\mathrm{d}x = \int_0^{\frac{1}{n}} n\,\mathrm{d}x = \frac{1}{n}n = 1$$

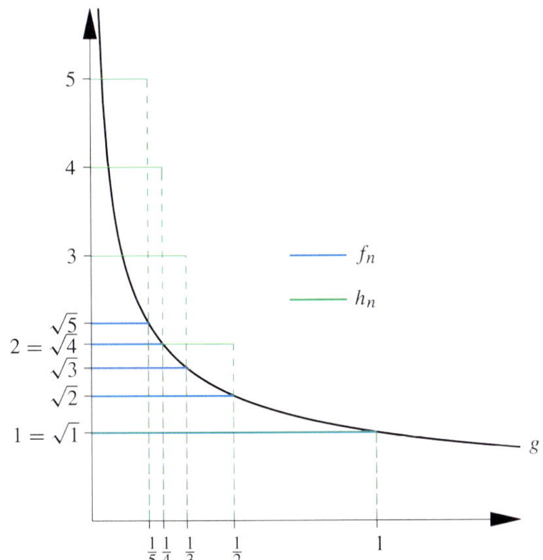

Abbildung 16.17 Ein Beispiel und ein Gegenbeispiel zum Konvergenzsatz.

für alle $n \in \mathbb{N}$. Es gilt deswegen:

$$1 = \lim_{n \to \infty} \int_0^1 h_n(x)\,\mathrm{d}x \neq \int_0^1 f(x)\,\mathrm{d}x = 0\,.$$

Der Lebesgue'sche Konvergenzsatz ist nicht anwendbar, da das Integral und der Grenzprozess nicht vertauschbar sind. Es gibt keine integrierbare Majorante $g \in L((0,1))$. ◄

— **?** —

Begründen Sie, dass folgende Umkehrung der Aussage des Konvergenzsatzes gilt: Ist $f \in L(I)$, so gibt es eine punktweise fast überall gegen f konvergente Folge von integrierbaren Funktionen und eine integrierbare Majorante mit $f(x) \leq g(x)$ fast überall.

Zwei wichtige Konsequenzen aus dem Konvergenzsatz im Zusammenhang mit Parameterintegralen werden häufig genutzt.

Wenn eine integrierbare Majorante existiert, ist ein Parameterintegral stetig vom Parameter abhängig

Mit dem Konvergenzsatz lässt sich klären, unter welchen Bedingungen bei einer durch ein Integral definierten Funktion, wie bei der Gammafunktion, Stetigkeit der Funktion folgt.

Um den Integranden bei diesen Integralen allgemein zu beschreiben, greifen wir ein wenig dem Kapitel 21 vor. Der Integrand hängt von zwei Variablen ab, zum einen von der Integrationsvariable, bei der Gammafunktion hatten wir x gewählt, und zum anderen von dem Parameter, den wir oben mit t bezeichnet haben. Wir fassen den Integranden deswegen als einen Ausdruck bzw. eine Funktion in zwei Variablen auf und notieren eine auf einem Intervall $I \subseteq \mathbb{R}$ und

einem kompakten Intervall $[a, b] \subseteq \mathbb{R}$ definierte Funktion $f : [a, b] \times I \to \mathbb{R}$ etwa durch $f(t, x)$. So lässt sich ein parameterabhängiges Integral allgemein durch

$$G(t) = \int_I f(t, x)\,\mathrm{d}x$$

beschreiben. Selbstverständlich entscheiden Eigenschaften der Funktion f über die Eigenschaften der Funktion G.

Zunächst muss sichergestellt werden, dass das Integral für jeden möglichen Wert $t \in [a, b]$ existiert. Wir müssen die Forderung stellen, dass die Funktionen $h : I \to \mathbb{R}$ mit $h(x) = f(t, x)$ bei fest vorgegebenem Wert t integrierbar sind. Abkürzend schreiben wir für diese Voraussetzung:

$$f(t, \cdot) \in L(I) \quad \text{für alle } t \in [a, b]\,.$$

Mit der Notation $f(t, .)$ bezeichnen wir im Folgenden eine solche Funktion h, ohne eine weitere Bezeichnung wie den Buchstaben h jeweils einzuführen.

Zusammenfassend bedeutet diese Überlegung: Ist $f : I \times [a, b] \to \mathbb{R}$ eine Funktion mit $f(t, .) \in L(I)$, dann ist durch $G : [a, b] \to \mathbb{R}$ eine Funktion auf $[a, b]$ definiert.

Machen wir Aussagen über die Funktion bezüglich der Variablen t bei festgehaltenem $x \in I$, so schreiben wir analog $f(., x)$. Mit dieser Notation können wir die Voraussetzungen formulieren, dass G eine stetige Funktion ist.

Stetigkeit von Parameterintegralen

Ist $f : [a, b] \times I \to \mathbb{R}$ eine Funktion, sodass $f(., x)$ für fast alle $x \in I$ eine stetige Funktion auf $[a, b]$ ist, und gibt es weiter für alle $t \in [a, b]$ eine integrierbare Funktion $g \subset L(I)$ mit $|f(t, x)| \leq g(x)$ für fast alle $x \in I$, so ist die durch

$$G(t) = \int_I f(t, x)\,\mathrm{d}x, \quad t \in [a, b]\,,$$

definierte Funktion $G : [a, b] \to \mathbb{R}$ stetig.

Beweis: Wir betrachten eine beliebige Folge (t_n) in $[a, b]$, die gegen $\hat{t} \in [a, b]$ konvergiert. Zu jedem t_n definieren wir eine integrierbare Funktion $h_n \in L(I)$ durch $h_n(x) = f(t_n, x)$. Da $f(., x)$ stetig ist, konvergiert die Folge $(h_n(x))$ punktweise für fast alle $x \in I$ gegen eine Funktion $h : I \to \mathbb{R}$ mit $h(x) = f(\hat{t}, x)$. Außerdem ist

$$|h_n(x)| = |f(t_n, x)| \leq g(x)$$

für alle $n \in \mathbb{N}$. Also ist durch g eine integrierbare Majorante zu (h_n) gegeben. Der Lebesgue'sche Konvergenzsatz liefert:

$$\lim_{n \to \infty} G(t_n) = \lim_{n \to \infty} \int_I f(t_n, x)\,\mathrm{d}x$$
$$= \int_I \lim_{n \to \infty} f(t_n, x)\,\mathrm{d}x = \int_I f(\hat{t}, x)\,\mathrm{d}x = G(\hat{t})\,.$$

Da diese Identität für beliebige konvergente Folgen gilt, ist $G : [a, b] \to \mathbb{R}$ stetig. ∎

Beispiel Die am Anfang des Abschnitts definierte Gammafunktion ist eine stetige Funktion für $t > 0$. Dies ergibt sich aus der oben gezeigten Aussage, denn die Integranden $\mathrm{e}^{-x} x^{t-1}$ sind bei festem Wert $t > 0$ auf $I = (0, \infty)$ integrierbar. Außerdem handelt es sich um stetige Funktionen bezüglich der Variablen t für jedes $x > 0$. Eine integrierbare Majorante erhalten wir auf jedem abgeschlossenen Intervall $[a, b] \subseteq (0, \infty)$ durch die Abschätzung

$$f(t, x) \leq g(x) = \begin{cases} \mathrm{e}^{-x} x^{a-1} & x \leq 1 \\ \mathrm{e}^{-x} x^{b-1} & x > 1 \end{cases}$$

für $t \in [a, b]$. ◀

Auch Differenzierbarkeit nach einem Parameter lässt sich mittels einer Majorante prüfen

Wenn $f(., x)$ differenzierbar ist auf einem Intervall $[a, b]$, so überträgt sich dies auch auf G, aber wiederum nur unter gewissen zusätzlichen Voraussetzungen.

Die Ableitung eines Parameterintegrals

Sind $f(., x)$ für fast alle $x \in I$ differenzierbare Funktionen auf $[a, b]$ mit Ableitungen $\frac{\partial f}{\partial t}(., x) = (f(., x))'$, und gibt es für alle $t \in [a, b]$ eine integrierbare Funktion $g \in L(I)$ mit $|\frac{\partial f}{\partial t}(t, x)| \leq g(x)$ für fast alle $x \in I$, so ist das Parameterintegral G differenzierbar, und es gilt:

$$G'(t) = \int_I \frac{\partial f}{\partial t}(t, x)\,\mathrm{d}x, \quad t \in [a, b].$$

Dabei bezeichnet $\frac{\partial f}{\partial t}$ die partielle Ableitung von f nach t (siehe Kapitel 21), salopp gesprochen also den Ausdruck, den man erhält, wenn man x vorübergehend als konstant betrachtet und nach t ableitet.

Beweis: Auch diese Aussage folgt aus dem Lebesgue'schen Konvergenzsatz – analog zur Stetigkeit, aber mit Folgen

$$h_n(x) = \frac{f(t_n, x) - f(\hat{t}, x)}{t_n - \hat{t}}$$

und Grenzfunktionen

$$h(x) = \frac{\partial f}{\partial t}(\hat{t}, x).$$

Die Folge h_n wird durch g majorisiert, da es zu $x \in I$ nach dem Mittelwertsatz der Differenzialrechnung eine Stelle $s_n \in (t_n, \hat{t})$ gibt mit

$$|h_n(x)| = \left|\frac{\partial f}{\partial t}(s_n, x)\right| \leq g(x). \qquad \blacksquare$$

Beispiel Wir suchen jene Parabel p mit Scheitel im Ursprung, für die die integrierte quadratische Abweichung von $q(x) = x^4$ im Intervall $[-1, 1]$ minimal wird.

Durch die Forderungen $p(0) = 0$ und $p'(0) = 0$ sind zwei Koeffizienten der Parabel festgelegt. Es bleibt nur noch ein freier Parameter, den wir mit t bezeichnen, d. h., die gesuchte Parabel ist gegeben durch $p(x) = tx^2$. Für die integrierte quadratische Abweichung erhalten wir

$$F(t) = \int_{-1}^{1} \left[x^4 - tx^2\right]^2 \mathrm{d}x.$$

Aus unseren Ergebnissen zu Parameterintegralen wissen wir, dass F differenzierbar ist. Um ein Extremum zu finden, leiten wir den Ausdruck nach t ab, indem wir, wie gezeigt, den Integranden differenzieren und erhalten:

$$F'(t) = 2 \int_{-1}^{1} \left[x^4 - tx^2\right] (-x^2)\,\mathrm{d}x$$

$$= -2 \int_{-1}^{1} \left[x^6 - tx^4\right] \mathrm{d}x$$

$$= -2 \left[\frac{x^7}{7} - t\frac{x^5}{5}\right]_{-1}^{1} = -4\left[\frac{1}{7} - t\frac{1}{5}\right].$$

Nullsetzen der Ableitung liefert $t = \frac{5}{7}$. Wegen $F''(t) = \frac{4}{5} > 0$ haben wir tatsächlich ein Minimum gefunden. Das Polynom q, die beste Parabel p und die quadratische Abweichung sind in Abbildung 16.18 dargestellt. ◀

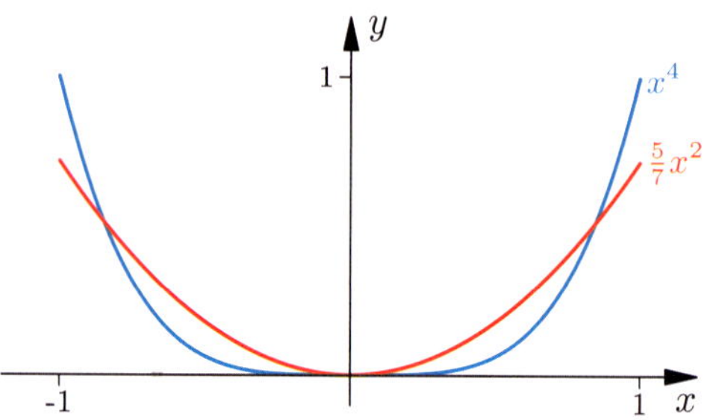

Abbildung 16.18 Ein Polynom vierten Grades (blau) und die beste Näherung im Sinne der integrierten quadratischen Abweichung.

16.7 Weitere Integrationsbegriffe

Schon zu Beginn dieses Kapitels wurde angedeutet, dass es neben dem in Abschnitt 16.2 vorgestellten Zugang andere Möglichkeiten gibt, Integrale zu definieren. Wir diskutieren in diesem Kapitel zwei weitere Varianten. Es wird sich später herausstellen, dass der Vektorraum der lebesgue-integrierbaren Funktionen reichhaltiger ist und mit dem Satz von B. Levi und dem Lebesgue'schen Konvergenzsatz wichtige Eigenschaften aufweist, die in vielen Bereichen grundlegend sind.

Man kann die unterschiedlichen Definitionen an verschiedenen Konvergenzbegriffen bei den betrachteten Folgen von Treppenfunktionen festmachen. Die Lebesgue-Theorie nutzt fast überall monoton wachsende und fast überall punktweise konvergente Folgen (siehe Seite 609). Alternativ lässt sich gleichmäßige Konvergenz (siehe Seite 606) zugrunde legen.

Hintergrund und Ausblick: Die Stirling-Formel

Parameterabhängige Integrale zusammen mit dem Lebesgue'schen Konvergenzsatz sind mächtige Werkzeuge, um ein asymptotisches Verhalten von Ausdrücken zu begründen. So lässt sich etwa die häufig genutzte **Stirling-Formel**

$$n! = n^n \mathrm{e}^{-n} \sqrt{2\pi n}\,(1 + o(1))$$

für $n \to \infty$ zeigen. Zur Darstellung des Verhaltens nutzen wir hier die Landau Schreibweise (siehe Seite 396)

Zunächst überlegen wir, wie man eine Idee über das asymptotische Verhalten der Fakultät bekommen kann. Dazu ist es sinnvoll, sich den Logarithmus anzusehen:

$$\ln(n!) = \sum_{j=1}^{n} \ln(j)\,.$$

Die Summe rechts lässt sich etwa im Sinne der Trapezregel (siehe Seite 629) interpretieren, d. h.:

$$\sum_{j=1}^{n} \ln(j) - \frac{1}{2}\ln(n) \approx \int_{1}^{n} \ln x\,\mathrm{d}x$$

mit Intervallbreite $h = 1$. Da wir eine Stammfunktion zum Integral kennen, erhalten wir die Approximation

$$\sum_{j=1}^{n} \ln(j) \approx n\ln(n) - n + 1 + \frac{1}{2}\ln(n)$$

bzw. mit der Exponentialfunktion

$$n! \approx \mathrm{e}\,\sqrt{n}\left(\frac{n}{\mathrm{e}}\right)^n\,.$$

Die Differenz zwischen dem Integral und der Trapezsumme für große n lässt sich mithilfe der sogenannten *Euler-MacLaurin Summenformel* genauer untersuchen. So lässt sich die Approximation auch als Startpunkt für einen rigorosen Beweis der Stirling'schen Formel nutzen, den wir hier aber nicht weiter ausführen.

Eine andere Möglichkeit, nun das asymptotische Verhalten der Fakultät für wachsendes $n \in \mathbb{N}$ zu beweisen, ist es den Quotienten

$$q_n = \frac{n!\,\mathrm{e}^n}{n^n \sqrt{n}}$$

zu betrachten. Auf diesem Weg können wir Parameterintegrale anwenden, genauer die Darstellung der Fakultät mithilfe der Gammafunktion, $(n-1)! = \Gamma(n)$ (siehe Aufgabe 16.12). Es folgt:

$$q_n = \frac{\mathrm{e}^n\,\Gamma(n)}{n^{n-1}\sqrt{n}}$$
$$= \frac{\mathrm{e}^n}{n^{n-1}\sqrt{n}} \int_0^{\infty} \xi^{n-1}\mathrm{e}^{-\xi}\,\mathrm{d}\xi\,.$$

Einer Idee von J. M. Patin in *A very short proof of Stirling's formula*, Amer. Math. Monthly **96** (1989) folgend ergibt sich mit der Substitution

$$\xi = n\left(1 + \frac{x}{2\sqrt{n}}\right)^2$$

die Identität

$$q_n = \int_{-2\sqrt{n}}^{\infty} \left(1 + \frac{x}{2\sqrt{n}}\right)^{2n-1} \mathrm{e}^{-\sqrt{n}\,x - \frac{x^2}{4}}\,\mathrm{d}x\,.$$

Wir definieren

$$h_n(x) = \begin{cases} \left(1 + \dfrac{x}{2\sqrt{n}}\right)^{2n-1} \mathrm{e}^{-\sqrt{n}\,x}\,, & x > -2\sqrt{n}\,, \\ 0\,, & x \le -2\sqrt{n}\,. \end{cases}$$

Die Funktion h_n ist nicht negativ auf $\mathbb{R}$, und es gilt $\lim_{x\to\infty} h_n(x) = 0$ für jedes $n \in \mathbb{N}$. Mit der Ableitung

$$h'(x)$$
$$= \left(\frac{2n-1}{2\sqrt{n}} - \sqrt{n}(1 + \frac{x}{2\sqrt{n}})\right)\left(1 + \frac{x}{2\sqrt{n}}\right)^{2n-2}\mathrm{e}^{-\sqrt{n}\,x}$$

auf $(-2\sqrt{n}, \infty)$ ergibt sich die einzige kritische Stelle bei $x = \frac{-1}{\sqrt{n}}$. Also liegt dort ein Maximum; und es gilt die Abschätzung:

$$0 \le h_n(x) \le h_n(\frac{-1}{\sqrt{n}}) = (1 - \frac{1}{2n})^{2n-1}\mathrm{e} \le \mathrm{e}\,.$$

Damit erhalten wir eine integrierbare Majorante, $g(x) = \exp\left(-\frac{x^2}{4} + 1\right)$. Mit dem Lebesgue'schen Konvergenzsatz ist

$$\lim_{n\to\infty} q_n = \int_{-\infty}^{\infty} \lim_{n\to\infty} h_n(x)\,\mathrm{e}^{-\frac{x^2}{4}}\,\mathrm{d}x\,.$$

Für den punktweisen Grenzwert von $(h_n(x))_{n\in\mathbb{N}}$ schreiben wir

$$h_n(x) = \left(1 + \frac{x}{2\sqrt{n}}\right)^{-1} \mathrm{e}^{2n\ln(1+\frac{x}{2\sqrt{n}}) - \sqrt{n}\,x}$$

für $x > -2\sqrt{n}$. Mit der Taylorformel 2. Ordnung zu $\ln(1 + \xi)$ um $\xi = 0$ folgt:

$$\lim_{n\to\infty}\left[2n\ln\left(1 + \frac{x}{2\sqrt{n}}\right) - \sqrt{n}\,x\right]$$
$$= \lim_{n\to\infty}\left[2n\left(\frac{x}{2\sqrt{n}} - \frac{1}{2}\frac{x^2}{4n} + \mathcal{O}\left(\left(\frac{x}{2\sqrt{n}}\right)^3\right)\right) - \sqrt{n}\,x\right]$$
$$= -\frac{x^2}{4}$$

für jeden Wert $x \in \mathbb{R}$. Insgesamt erhalten wir die Stirling'sche Formel aus

$$\lim_{n\to\infty} q_n = \int_{-\infty}^{\infty} \lim_{n\to\infty} h_n(x)\mathrm{e}^{-\frac{x^2}{4}}\,\mathrm{d}x$$
$$= \int_{-\infty}^{\infty} \mathrm{e}^{-\frac{x^2}{2}}\,\mathrm{d}x = \sqrt{2\pi}\,,$$

wobei wir den Wert des letzten Integrals im Beispiel auf Seite 644 berechnen.

Beispiel: Das Gauß-Integral

Wir bestimmen den Wert des Integrals $\int_0^\infty e^{-x^2}\,dx$. Zu beachten ist, dass der Integrand keine Stammfunktion hat, die sich durch elementare Funktionen ausdrücken lässt.

Problemanalyse und Strategie: Wir benutzen ein Parameterintegral, um das gesuchte Integral über einen Umweg zu bestimmen.

Lösung:
Die Existenz des Integrals haben wir bereits auf Seite 635 gezeigt.

Wir betrachten nun die Funktion $G: \mathbb{R} \to \mathbb{R}$ mit

$$G(t) = \int_0^1 \frac{e^{-(1+x^2)t^2}}{1+x^2}\,dx\,.$$

Mit der Ableitung, $|-2t e^{-(1+x^2)t^2}| \le 2t$, des Integranden ist die Konstante $2T$ integrierbare Majorante auf $[0, 1]$ für alle $t \in [0, T]$ mit $T > 0$. Somit ist das Parameterintegral G differenzierbar, und wir erhalten mit der Substitution $u = t\,x$:

$$G'(t) = -2\int_0^1 \frac{(1+x^2)t\,e^{-(1+x^2)t^2}}{1+x^2}\,dx$$

$$= \underbrace{-2e^{-t^2}\int_0^t e^{-u^2}\,du}_{=\,g(t)}\,.$$

Mit der angegebenen Definition ist g eine Stammfunktion zu $g'(t) = e^{-t^2}$. Der zweite Hauptsatz der Integralrechnung liefert aber

$$G(t) - G(0) = \int_0^t G'(\tau)\,d\tau$$

$$= -2\int_0^t \left(e^{-\tau^2}\int_0^\tau e^{-x^2}\,dx\right)\,d\tau$$

$$= -2\int_0^t g'(\tau)g(\tau)\,d\tau$$

$$= -2\,(g(\tau))^2\Big|_0^t + 2\int_0^t g'(\tau)g(\tau)\,d\tau$$

$$= -2\left(\int_0^t e^{-x^2}\,dx\right)^2 - G(t) + G(0)\,.$$

Da

$$G(0) = \int_0^1 \frac{1}{1+x^2}\,dx = \arctan x\big|_0^1 = \frac{\pi}{4}$$

ist, ergibt sich insgesamt:

$$\left(\int_0^t e^{-x^2}\,dx\right)^2 = \frac{\pi}{4} - G(t)\,.$$

Nun können wir den Grenzwert

$$\lim_{t\to\infty} G(t) = \lim_{t\to\infty} \int_0^1 \frac{e^{-(1+x^2)t^2}}{1+x^2}\,dx = 0$$

unter Verwendung des Lebesgue'schen Konvergenzsatzes bestimmen, da mit $1/(1+x^2)$ eine auf $[0, 1]$ integrierbare Majorante gegeben ist. Insgesamt erhalten wir:

$$\int_0^\infty e^{-x^2}\,dx = \frac{1}{2}\sqrt{\pi}\,.$$

Später auf Seite 948 werden wir sehen, wie der Wert dieses Integrals noch auf einem anderen Weg bestimmt werden kann.

Regelfunktionen sind Grenzwerte gleichmäßig konvergenter Folgen von Treppenfunktionen

Betrachten wir wieder Treppenfunktionen auf einem kompakten Intervall $[a, b]$.

Definition der Regelfunktion

Eine Funktion $f: [a, b] \to \mathbb{R}$ heißt **Regelfunktion**, wenn es eine Folge von Treppenfunktionen $\varphi_n: [a, b] \to \mathbb{R}$ gibt, die gleichmäßig gegen f konvergiert.

Die Menge aller Regelfunktionen über $[a, b]$ bildet einen Vektorraum; denn mit der Definition und der Linearität des Grenzwerts folgt für zwei Regelfunktionen f, g, dass auch $\lambda f + \mu g$ für $\lambda, \mu \in \mathbb{R}$ Regelfunktion ist.

Beispiel
- Jede stetige Funktion $f \in C([a, b])$ ist Regelfunktion, da sich eine Folge von Treppenfunktionen konstruieren lässt, die gleichmäßig gegen f konvergiert.

  Um eine solche Folge zu bekommen, nutzen wir zunächst, dass f auf dem kompakten Intervall gleichmäßig stetig ist. Es gibt somit zu $\varepsilon > 0$ ein $\delta > 0$ mit

$$|f(x) - f(y)| \le \varepsilon$$

für alle $x, y \in [a, b]$ mit $|x - y| \le \delta$. Zu einer Zerlegung des Intervalls durch $a = x_0 < x_1 < \cdots < x_{N-1} < x_N = b$ mit $x_n - x_{n-1} \le \delta$ und Stellen $z_n \in (x_{n-1}, x_n)$ für $n = 1, \ldots, N$ definieren wir die Treppenfunktion $\varphi : [a, b] \to \mathbb{R}$ durch

$$\varphi(x) = f(z_n), \quad \text{für } x \in [x_{n-1}, x_n)$$

und $\varphi(b) = f(b)$. Dann ist

$$|f(x) - \varphi(x)| \le \varepsilon$$

für alle $x \in [a, b]$, da zu $x \in [a, b]$ ein $n \in \mathbb{N}$ existiert mit $x \in [x_{n-1}, x_n)$, und somit ist $|x - z_n| \le |x_n - x_{n-1}| \le \delta$. Konstruieren wir zu $\varepsilon_m = 1/m$ diese Treppenfunktion φ_m, so erhalten wir eine Folge von Treppenfunktionen $(\varphi_m)_{m \in \mathbb{N}}$ mit

$$\|f - \varphi_m\|_\infty \le \frac{1}{m} \to 0, \quad m \to \infty.$$

Das bedeutet (φ_m) konvergiert gleichmäßig gegen f, und wir haben gezeigt, dass f eine Regelfunktion ist.

■ Die Funktion $f : [0, 1] \to \mathbb{R}$ mit

$$f(x) = \begin{cases} 0, & x = 0, \\ \sin \frac{1}{x}, & x \in (0, 1] \end{cases}$$

ist keine Regelfunktion.

Angenommen f wäre Regelfunktion, so gibt es eine Treppenfunktion φ mit $\|f - \varphi\|_\infty \le \frac{1}{4}$. Weiter wählen wir zur Treppenfunktion ein $\delta > 0$, sodass $\varphi(x) = c \in \mathbb{R}$ für $x \in (0, \delta)$ konstant ist. Ist nun $N \in \mathbb{N}$ hinreichend groß mit $\frac{1}{2\pi N} < \delta$, so folgt:

$$|c| = \left|\varphi\left(\frac{1}{2\pi N}\right)\right| = \left|f\left(\frac{1}{2\pi N}\right) - \varphi\left(\frac{1}{2\pi N}\right)\right| \le \frac{1}{4}$$

im Widerspruch zu

$$|1 - c| = \left|f\left(\frac{1}{2\pi N + \frac{\pi}{2}}\right) - \varphi\left(\frac{1}{2\pi N + \frac{\pi}{2}}\right)\right| \le \frac{1}{4}.$$

Daher ist f keine Regelfunktion. ◀

Eine andere Charakterisierung der Regelfunktionen beleuchtet das letzte Gegenbeispiel genauer und wird auf Seite 646 angesprochen. In Hinblick auf die Integration konzentrieren wir uns auf einige wenige Eigenschaften dieser Funktionen. Nutzen Sie die Regelfunktionen als Einstieg in die Integrationstheorie, sollten Sie bei den folgenden Aussagen Teil (b) ignorieren.

Satz

(a) Jede Regelfunktion $f : [a, b] \to \mathbb{R}$ ist beschränkt.
(b) Jede Regelfunktion $f : [a, b] \to \mathbb{R}$ ist lebesgue-integrierbar.
(c) Ist $(f_n)_{n \in \mathbb{N}}$ eine Folge von Regelfunktionen auf $[a, b]$, die gleichmäßig gegen eine Funktion $f : [a, b] \to \mathbb{R}$ konvergiert, so ist auch die Grenzfunktion f eine Regelfunktion.

Beweis:

(a) Ist $f : [a, b] \to \mathbb{R}$ Regelfunktion, so gibt es eine Folge von Treppenfunktionen φ_n, die gleichmäßig gegen f konvergiert. Insbesondere gibt es $N \in \mathbb{N}$ mit

$$\|f - \varphi_N\|_\infty \le 1.$$

Die Treppenfunktion φ_N ist beschränkt, da sie endlich viele Werte, die Funktionswerte der Stufen und gegebenenfalls isolierte Werte an den endlich vielen Sprungstellen, annimmt. Mit der Dreiecksungleichung erhalten wir für die Supremumsnorm von f:

$$\|f\| = \|f - \varphi_N + \varphi_N\|_\infty \le 1 + \|\varphi_N\|_\infty.$$

Somit ist auch f beschränkt.

(b) Eine gleichmäßig gegen f konvergierende Folge von Treppenfunktionen (φ_n) ist wegen

$$|f(x) - \varphi_n(x)| \le \|f - \varphi_n\|_\infty \to 0, \quad n \to \infty$$

auch punktweise konvergent, und mit Teil (a) ist durch die Konstante $\|f\|_\infty$ auf dem kompakten Intervall $[a, b]$ eine integrierbare Majorante gegeben. Mit dem Lebesgue'schen Konvergenzsatz (siehe Seite 639) ist daher auch die Grenzfunktion f lebesgue-integrierbar.

(c) Wir zeigen, dass die Grenzfunktion eine Regelfunktion ist. Denn wenn $\varepsilon > 0$ vorgegeben ist, so gibt es zu jedem $f_n, n \in \mathbb{N}$, eine Treppenfunktion φ_n mit

$$\|f_n - \varphi_n\|_\infty \le \frac{\varepsilon}{2}.$$

Außerdem gibt es $N \in \mathbb{N}$, sodass

$$\|f - f_n\|_\infty \le \frac{\varepsilon}{2} \quad \text{für } n \ge N$$

gilt. Es folgt mit der Dreiecksungleichung

$$\|f - \varphi_n\|_\infty \le \|f - f_n\|_\infty + \|f_n - \varphi_n\|_\infty \le \frac{\varepsilon}{2} + \frac{\varepsilon}{2} = \varepsilon.$$

Mit (φ_n) ist eine Folge von Treppenfunktionen gegeben, die gleichmäßig gegen f konvergiert. Also ist f Regelfunktion. ∎

Mit den ersten beiden Aussagen wird deutlich, dass die Menge der Regelfunktionen eine echte Teilmenge der lebesgue-integrierbaren Funktionen ist. Die letzte Aussage bedeutet, dass die Regelfunktionen bezüglich der gleichmäßigen Konvergenz bzw. der Supremumsnorm einen *abgeschlossenen normierten Raum* bilden (siehe Kapitel 19).

Das Integral einer Regelfunktion definiert man analog zum Lebesgue-Integral als Grenzwert der Integrale über die approximierenden Treppenfunktionen. Für eine solche Definition müssen vorab zwei Fragen geklärt werden.

Hintergrund und Ausblick: Charakterisierung der Regelfunktionen

Eine Funktion $f : [a, b] \to \mathbb{R}$ ist genau dann eine Regelfunktion, wenn in jedem Punkt $x_0 \in (a, b)$ ein rechtsseitiger und ein linksseitiger Grenzwert $\lim\limits_{x \to x_0^{\pm}} f(x)$ und die einseitigen Grenzwerte $\lim\limits_{x \to a^+} f(x)$ und $\lim\limits_{x \to b^-} f(x)$ existieren. Diese Charakterisierung der Regelfunktionen gibt uns eine bessere Vorstellung von diesen Funktionen.

Die Treppenfunktionen haben offensichtlich die Eigenschaft, dass sich die Funktion auch in den Sprungstellen sowohl von links als auch von rechts stetig fortsetzen lässt und nur ein endlicher Sprung vorliegt. Solche Stellen werden in der Literatur auch *Unstetigkeit 1. Art* genannt. Bei den Regelfunktionen bleibt diese Eigenschaft erhalten. Interessant ist, dass andersherum genau diese Eigenschaft die Regelfunktionen charakterisiert. Damit bekommt man eine deutlichere Vorstellung, welche Funktionen Regelfunktionen sind.

Um diese Äquivalenz zu zeigen, betrachten wir die Implikationen separat. Zunächst gilt es zu beweisen, dass es bei einer Regelfunktion $f : [a, b] \to \mathbb{R}$ zu jeder Stelle $x \in (a, b)$ einen linksseitigen und einen rechtsseitigen Grenzwert gibt und in den Randpunkten die jeweils entsprechende stetige Fortsetzung existiert.

Dazu betrachte man eine Folge von Treppenfunktionen (φ_n), die gleichmäßig gegen f konvergiert. Mit der Dreiecksungleichung folgt:

$$|f(x) - f(y)|$$
$$\leq |f(x) - \varphi_n(x)| + |\varphi_n(x) - \varphi_n(y)| + |\varphi_n(y) - f(y)|$$

für $x, y \in [a, b]$. Da (φ_n) gleichmäßig konvergiert, gibt es zu $\varepsilon > 0$ ein $N \in \mathbb{N}$, sodass $|f(x) - \varphi_n(x)| \leq \varepsilon$ für alle $x \in [a, b]$ und $n \geq N$ gilt. Also können wir den ersten und dritten Term durch ε abschätzen.

Fixieren wir nun $n \geq N$ und eine Stelle $z \in [a, b]$. Da zur Treppenfunktion φ_n der Grenzwert $\lim\limits_{x \to z^+} \varphi_n(x)$ existiert, gibt es $\delta > 0$ mit $|\varphi_n(x) - \varphi_n(y)| \leq \varepsilon$ für alle $x, y \in I = \{x \in (z, b) \mid |x - z| \leq \delta\}$. Somit lässt sich auch der mittlere Term abschätzen, und obige Ungleichung zeigt, dass rechtsseitig eine Cauchy-Folge vorliegt und somit der rechtsseitige Grenzwert existiert. Analog folgt die Existenz des linksseitigen Grenzwerts für $z \in (a, b)$.

Für die Rückrichtung müssen wir zeigen, dass eine Funktion $f : [a, b] \to \mathbb{R}$, zu der in jeder Stelle x_0 die entsprechenden links- bzw. rechtsseitigen Grenzwerte existieren, eine Regelfunktion ist:

Geben wir uns ein $n \in \mathbb{N}$ vor. Wenn die Grenzwerte existieren, so gibt es zu jedem $x_0 \in [a, b]$ ein $\delta > 0$, sodass $|f(x) - f(y)| \leq \frac{1}{n}$ für alle $x, y \in I_\delta(x_0) = \{x \in [a, b] \mid |x - x_0| \leq \delta\}$ mit $x < y < x_0$ bzw. $x_0 < y < x$ gilt.

Da $[a, b]$ kompakt ist, gibt es eine endliche Überdeckung von $[a, b]$ durch solche Intervalle $I_\delta(z_j)$, $j \in \{1, \ldots, M\}$ mit $z_1, \ldots, z_M \in [a, b]$. Nun betrachten wir die Zerlegung $a = x_0 < x_1, \cdots < x_{m-1} < x_m = b$, bestehend aus den Randpunkten a, b, den Mittelpunkten z_j und den Randpunkten der Intervalle $I_{\delta_j}(z_j)$ nach ihrer Größe sortiert (siehe Abbildung).

Wir wählen aus jedem Intervall $\xi_j \in (x_j, x_{j+1})$ und definieren die Treppenfunktionen

$$\varphi_n(x) = \begin{cases} f(\xi_j) & \text{für } x \in (x_j, x_{j+1}), \\ f(x_j) & \text{für } x = x_j. \end{cases}$$

Damit folgt:

$$|f(x) - \varphi_n(x)| \leq \frac{1}{n}$$

für alle $x \in [a, b]$. Wir haben somit eine Folge von Treppenfunktionen (φ_n) konstruiert, die gleichmäßig gegen f konvergiert. Also ist f eine Regelfunktion.

Insgesamt erhalten wir die Äquivalenz zwischen der Eigenschaft von existierenden einseitigen Grenzwerten und der Regelfunktion.

Lemma

(a) Ist (φ_n) eine Folge von Treppenfunktionen, die gleichmäßig gegen die Regelfunktion f konvergiert, so bilden die Integrale eine in $\mathbb{R}$ konvergente Folge

$$\left(\int_a^b \varphi_n(x) \, \mathrm{d}x \right)_{n \in \mathbb{N}}.$$

(b) Sind (φ_n), (ψ_n) zwei Folgen von Treppenfunktionen, die beide gleichmäßig gegen eine Regelfunktion f konver-

gieren, so gilt:

$$\lim_{n \to \infty} \int_a^b \varphi_n(x) \, \mathrm{d}x = \lim_{n \to \infty} \int_a^b \psi_n(x) \, \mathrm{d}x.$$

Beweis:

(a) Gehen wir von einer gleichmäßig gegen f konvergenten Folge von Treppenfunktionen φ_n aus, d.h., es gibt zu $\varepsilon > 0$ ein $N \in \mathbb{N}$ mit

$$\| f - \varphi_n \|_\infty \leq \varepsilon$$

für alle $n \geq N$. Wir erhalten mit der Dreiecksungleichung für die Supremumsnorm:

$$\|\varphi_n - \varphi_m\|_\infty \leq \|f - \varphi_n\|_\infty + \|f - \varphi_m\|_\infty \leq 2\varepsilon$$

für alle $n, m \geq N$. Für die Integrale über die Treppenfunktionen $\varphi_n - \varphi_m$ folgt

$$\left| \int_a^b \varphi_n(x) - \varphi_m(x)\,dx \right| \leq \int_a^b |\varphi_n(x) - \varphi_m(x)|\,dx$$

$$\leq \|\varphi_n - \varphi_m\|_\infty \int_a^b dx$$

$$\leq 2\varepsilon\,(b - a).$$

Somit ist die Folge der Integrale $\left(\int_a^b \varphi_n(x)\,dx \right)_{n \in \mathbb{N}}$ eine Cauchy-Folge in $\mathbb{R}$ und wegen des Cauchy-Kriteriums konvergent.

(b) Für die zweite Aussage können wir ähnlich argumentieren. Sind $(\varphi_n), (\psi_n)$ zwei Folgen von Treppenfunktionen, die gleichmäßig gegen f konvergieren, so folgt mit der Dreiecksungleichung:

$$\|\varphi_n - \psi_n\|_\infty \leq \|f - \varphi_n\|_\infty + \|f - \psi_n\|_\infty \to 0$$

für $n \to \infty$. Damit ergibt sich für die Differenzen, die wiederum Treppenfunktionen sind, die Konvergenz

$$\left| \int_a^b \varphi_n(x)\,dx - \int_a^b \psi_n(x)\,dx \right|$$

$$\leq \int_a^b |\varphi_n(x) - \psi_n(x)|\,dx$$

$$\leq \|\varphi_n - \psi_n\|_\infty\,(b - a) \to 0, \quad n \to \infty.$$

Die Grenzwerte sind identisch. ∎

Regelfunktionen sind integrierbar

Mit diesen Vorüberlegungen lässt sich das **Integral für Regelfunktionen** unabhängig vom Lebesgue-Integral durch

$$\int_a^b f(x)\,dx = \lim_{n \to \infty} \int_a^b \varphi_n(x)\,dx$$

mit einer gleichmäßig gegen f konvergierenden Folge von Treppenfunktionen φ_n definieren.

Mit dem Argument zur Lebesgue-Integrierbarkeit der Regelfunktion (siehe Seite 645) ist offensichtlich, dass der so bei Regelfunktionen definierte Integralwert identisch ist mit dem Wert des Lebesgue-Integrals über f. Die Eigenschaften aus der Übersicht auf Seite 615 lassen sich direkt aus der Definition für Regelfunktionen zeigen.

Überlegen Sie, dass das Integral über Regelfunktionen linear ist, d. h., für Regelfunktionen f, g und Zahlen $\lambda, \mu \in \mathbb{R}$ gilt:

$$\int_a^b \lambda f(x) + \mu g(x)\,dx = \lambda \int_a^b f(x)\,dx + \mu \int_a^b g(x)\,dx.$$

Beispiel Wir überlegen uns als Beispiel die Monotonie bei Regelfunktionen, d. h., für zwei Regelfunktionen f, g mit $f(x) \leq g(x)$ für $x \in [a, b]$ folgt:

$$\int_a^b f(x)\,dx \leq \int_a^b g(x)\,dx.$$

Bezeichnen wir mit φ_n und ψ_n Folgen von Treppenfunktionen, die gegen f bzw. g gleichmäßig konvergieren. Zu φ_n definieren wir $\tilde{\varphi}_n = \varphi_n - \|f - \varphi_n\|_\infty$. Dann ist $\tilde{\varphi}_n$ auch eine Folge von Treppenfunktionen, und mit der Dreiecksungleichung gilt:

$$\|f - \tilde{\varphi}_n\|_\infty = \|f - \varphi_n - \|f - \varphi_n\|_\infty\|_\infty \leq 2\|f - \varphi_n\| \to 0,$$

für $n \to \infty$. Darüber hinaus ist

$$\tilde{\varphi}_n(x) = f(x) - f(x) + \varphi_n(x) - \|f - \varphi_n\|_\infty$$

$$\leq f(x) + \|f - \varphi_n\|_\infty - \|f - \varphi_n\|_\infty = f(x).$$

Analog definieren wir die gegen g konvergierenden Treppenfunktionen $\tilde{\psi}_n = \psi_n + \|g - \psi_n\|_\infty$ und erhalten $g \leq \tilde{\psi}_n$.

Es gilt $\tilde{\varphi}_n(x) \leq f(x) \leq g(x) \leq \tilde{\psi}_n(x)$. Wegen der Monotonieeigenschaft für Treppenfunktionen folgt:

$$\int_a^b f(x)\,dx = \lim_{n \to \infty} \int_a^b \tilde{\varphi}_n(x)\,dx$$

$$\leq \lim_{n \to \infty} \int_a^b \tilde{\psi}_n(x)\,dx$$

$$= \int_a^b g(x)\,dx. \qquad \blacktriangleleft$$

In der Aufgabe 16.21 bleibt als weitere Eigenschaft zu zeigen, dass der Betrag $|f|$ einer Regelfunktion $f: [a, b] \to \mathbb{R}$ integrierbar ist und die daraus resultierende, insbesondere bei stetigen Funktionen häufig genutzte Beschränkung

$$\left| \int_a^b f(x)\,dx \right| \leq \|f\|_\infty |b - a|,$$

gilt.

Im Sinne uneigentlicher Integrale lassen sich auch unbeschränkte Intervalle und Funktionen betrachten

Mit diesen Überlegungen ist der Zugang zum Integral mithilfe von Regelfunktionen abgeschlossen, und man kann mit

Abschnitt 16.3 die Hauptsätze und Integrationstechniken herleiten. Unterschiede zeigen sich erst in den Abschnitten 16.5 und 16.6. Zum Beispiel haben wir bereits gesehen, dass unbeschränkte Funktionen keine Regelfunktionen sind. Es gibt somit Funktionen, die lebesgue-integrierbar, aber im Sinne der Regelfunktionen nicht integrierbar sind. Wird der Integralbegriff über die Regelfunktionen eingeführt, weicht man bei unbeschränkten Integranden oder Integrationsgebieten auf uneigentliche Integrale aus, wie wir es beim Lebesgue-Integral auf Seite 637 gesehen haben. Der Begriff des uneigentlichen Integrals wird bei der Einführung des Integrals von Regelfunktionen für erheblich mehr Funktionen relevant.

Beispiel Betrachten wir etwa $f : (0, 1] \to \mathbb{R}$ mit $f(x) = 1/\sqrt{x}$. Auf Seite 636 haben wir gezeigt, dass f lebesgueintegrierbar ist mit

$$\int_0^1 f(x)\,\mathrm{d}x = \lim_{a \to 0} \int_a^1 \frac{1}{\sqrt{x}}\,\mathrm{d}x = \lim_{a \to 0} 2\sqrt{x}\big|_a^1 = 2\,.$$

Die Funktion f ist aber nur auf $[a, 1]$ eine Regelfunktion, nicht auf $(0, 1]$. Da aber der Grenzwert des Integrals für $a \to 0$ existiert, spricht man von einem „uneigentlichen" Integral und schreibt genauso $\int_0^1 f(x)\,\mathrm{d}x$. ◄

Das Riemann-Integral ist Grenzwert der Riemann-Folgen

Wenden wir uns einer weiteren Möglichkeit zu, Integrale zu definieren. Auch bei dieser Variante muss bei unbeschränkten Integranden oder Integrationsgebieten auf uneigentliche Integrale ausgewichen werden. Die Definition der *riemann-integrierbaren Funktionen* war bereits in Abschnitt 16.1 angedeutet worden. Wir erinnern uns an die Definition einer **Riemann-Summe**:

$$R(Z, \mathbf{z}) = \sum_{j=1}^{N} f(z_j)|x_j - x_{j-1}|$$

zu einer Funktion f, wobei mit $a = x_0 < x_1 < \cdots < x_{N-1} < x_N = b$ eine Zerlegung Z des Intervalls $[a, b]$ mit Zwischenstellen $z_j \in [x_{j-1}, x_j]$ bezeichnet ist. Zur Abkürzung werden die Zwischenstellen zu einem Vektor $\mathbf{z} \in \mathbb{R}^N$ zusammengefasst.

Mit

$$|Z| = \max\{|x_j - x_{j-1}| \mid j = 1, \ldots, N\}$$

bezeichnen wir die Feinheit einer Zerlegung. Betrachten wir eine Folge von Zerlegungen Z^N mit $|Z^N| \to 0$ für $N \to \infty$, so heißt eine zugehörige Folge von Riemann-Summen $(R(Z^N, \mathbf{z}^N))_{N \in \mathbb{N}}$ eine **Riemann-Folge**. Mit dieser Notation lässt sich eine Definition riemann-integrierbarer Funktionen angeben.

Definition riemann-integrierbarer Funktionen

Eine Funktion $f : [a, b] \to \mathbb{R}$ heißt **riemann-integrierbar**, wenn jede Riemann-Folge konvergiert. Der Grenzwert

$$\lim_{N \to \infty} \sum_{j=1}^{N} f(z_j^N)\left(x_j^N - x_{j-1}^N\right) = \int_a^b f(x)\,\mathrm{d}x$$

zu einer Riemann-Folge heißt Riemann-Integral von f.

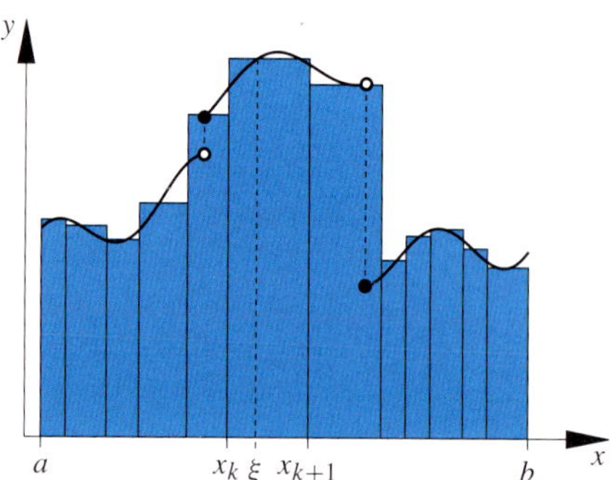

Abbildung 16.19 Bei der Riemann-Summe wird wiederum der Flächeninhalt von Rechtecken addiert

Die Definition fordert Konvergenz aller Folgen von Treppenfunktionen mit Werten $f(z_j^N)$ auf (x_{j-1}^N, x_j^N) im Sinne konvergierender Riemann-Summen. Damit die Definition sinnvoll ist, bleibt noch zu zeigen, dass unter der Voraussetzung der Konvergenz aller Riemann-Folgen diese Folgen alle denselben Grenzwert besitzen. Dies beweisen wir mit folgendem Lemma.

Lemma

Sind zu einer Funktion $f : [a, b] \to \mathbb{R}$ alle Riemann-Folgen konvergent, so besitzen all diese Folgen denselben Grenzwert.

Beweis: Sind $\left(R(Z^N, \mathbf{z}^N)\right)_{N \in \mathbb{N}}$ und $\left(R(W^N, \mathbf{w}^N)\right)_{N \in \mathbb{N}}$ zwei Riemann-Folgen zur Funktion f, so ist auch die zusammengesetzte Folge zu den Zerlegungen $(Z^1, W^1, Z^2, W^2, \ldots)$ und Zwischenstellen $\mathbf{z}^1, \mathbf{w}^1, \mathbf{z}^2, \mathbf{w}^2, \ldots$ eine Folge von Riemann-Summen zu Zerlegungen, deren Feinheit gegen null konvergiert, also eine Riemann-Folge. Da diese nach Voraussetzung konvergiert, besitzen Teilfolgen denselben Grenzwert, insbesondere ist

$$\lim_{N \to \infty} R\left(Z^N, \mathbf{z}^N\right) = \lim_{N \to \infty} R\left(W^N, \mathbf{w}^N\right). \qquad \blacksquare$$

Auch für die Riemann-Integrale lassen sich die in der Übersicht auf Seite 615 aufgelisteten Eigenschaften des Integrals beweisen.

Beispiel Die Linearität des Integrals folgt aus der entsprechenden Eigenschaft für Grenzwerte. Betrachten wir eine Folge von Zerlegungen Z^N mit Zwischenstellen $\mathbf{z}^N$ und

Hintergrund und Ausblick: Integrabilitätskriterien zu riemann-integrierbaren Funktionen

Zwei weitere, äquivalente Möglichkeiten, das Riemann-Integral zu definieren, verdeutlichen die Funktionenklasse. Zum einen ist der Wert des Integrals durch Einschachteln zwischen sogenannten Unter- und Obersummen beschreibbar. Dieser Ansatz geht auf Riemann und Darboux zurück. Das *Riemann'sche Integrabilitätskriterium* belegt die Äquivalenz beider Zugänge. Eine weitere Charakterisierung liefert das Lebesgue'sche Integrabilitätskriterium mit der Aussage, dass eine Funktion auf einem kompakten Intervall genau dann riemann-integrierbar ist, wenn sie beschränkt und fast überall stetig ist.

Denken wir an das Problem des Flächeninhalts unter einem Graphen, so ist es naheliegend, zu einer Zerlegung Z des Intervalls $[a, b]$ in jedem Teilintervall den größten und den kleinsten Funktionswert

$$\underline{f}_k = \inf_{[x_{k-1}, x_k]} f(x), \quad \overline{f}_k = \sup_{[x_{k-1}, x_k]} f(x).$$

zu betrachten und den Inhalt durch *Ober-* bzw. *Untersummen* einzuschachteln. Man definiert die **Riemann-Darboux**'sche Unter- bzw. Obersumme durch

$$\underline{S}_Z = \sum_{k=1}^{n} \underline{f}_k \cdot (x_k - x_{k-1})$$

$$\overline{S}_Z = \sum_{k=1}^{n} \overline{f}_k \cdot (x_k - x_{k-1}).$$

Anschaulich werden bei einer nicht negativen Funktion f die Flächen von Rechtecken aufsummiert, die in jedem Teilintervall sicher unter bzw. über dem Funktionsgraphen liegen (Abb.).

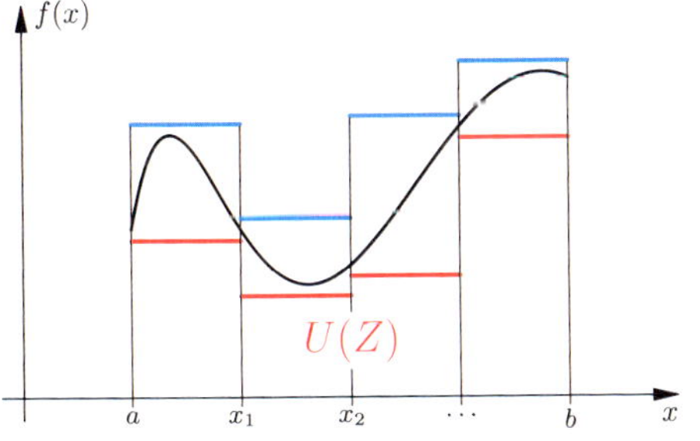

Die Werte von $\underline{S}_Z$ und $\overline{S}_Z$ hängen von der Zerlegung ab. Aber es lässt sich zeigen, dass für beschränkte Funktionen stets

$$\sup_Z \underline{S}_Z \leq \inf_Z \overline{S}_Z$$

erfüllt ist. Gilt sogar Gleichheit in dieser Relation, so definiert der Grenzwert ein Integral der Funktion f. Das Riemann'sche Integrabilitätskriterium besagt, dass diese

Definition äquivalent ist zur Definition des Riemann-Integrals, d.h., es gilt Gleichheit in der obigen Ungleichung genau dann, wenn f riemann-integrierbar ist, und wir erhalten in diesem Fall:

$$\sup_Z \underline{S}_Z = \int_a^b f(x)\,\mathrm{d}x = \inf_Z \overline{S}_Z.$$

Wesentliche Aspekte des Beweises dieser Äquivalenz finden sich im Text, im Beispiel auf Seite 652. Für einen vollständigen Beweis verweisen wir etwa auf das Lehrbuch der Analysis, Teil I, von H. Heuser.

Auch der Beweis der zweiten äquivalente Beschreibung von Riemann-Integrierbarkeit findet sich dort. Diese stützt sich auf den Begriff der Nullmenge. Das sogenannte **Lebesgue'sche Integrabilitätskriterium** besagt, dass eine Funktion $f: [a, b] \to \mathbb{R}$ genau dann riemann-integrierbar ist, wenn sie beschränkt und fast überall stetig ist.

Auch zum Beweis dieser Aussage sind die wesentlichen Argumente in dem Beispiel auf Seite 652 ff angeklungen. Mithilfe des Kriteriums sind einige Eigenschaften des Integrals leicht zu sehen. Etwa ist mit f auch die Funktion $|f|$ riemann-integrierbar.

Kommentar: Ein Beispiel für eine fast überall stetige Funktion, etwa eine Funktion, die auf den rationalen Zahlen unstetig und auf den irrationalen Zahlen stetig ist, ist durch die Thomae-Funktion $f: [0, 1] \to \mathbb{R}$ gegeben. Sie ist definiert durch $f(0) = 0$ und

$$f(x) = \begin{cases} \frac{1}{q} & \text{für } x = \frac{p}{q}, \\ 0 & \text{für } x \text{ irrational}. \end{cases}$$

Dabei seien in der Darstellung $x = p/q$ die Zahlen $p, q \in \mathbb{N}$ teilerfremd. Übrigens, will man die Situation umdrehen, so wird sich kein Beispiel finden. Denn als Konsequenz aus dem *Satz von Young* der *deskriptiven Mengenlehre* gibt es keine Funktion, die stetig auf den rationalen Zahlen und unstetig auf den irrationalen Zahlen ist.

$|Z^N| \to 0$ für $N \to \infty$ gegeben. Sind f, g riemann-integrierbare Funktionen, und ist $\varepsilon > 0$ vorgegeben, so gelten für alle $N > N_0$, wenn N_0 hinreichend groß ist, die Abschätzungen

$$\left| \sum_{j=1}^{N} f(z_j^N)(x_j - x_{j-1}) - \int_a^b f(x)\,dx \right| \leq \frac{\varepsilon}{2}$$

und entsprechend für die Funktion g. Also erhalten wir für die Summe $f + g$:

$$\left| \sum_{j=1}^{N} (f + g)(z_j^N)(x_j - x_{j-1}) - \int_a^b f(x)\,\mathrm{d}x - \int_a^b g(x)\,\mathrm{d}x \right|$$

$$\leq \left| \sum_{j=1}^{N} f(z_j^N)(x_j - x_{j-1}) - \int_a^b f(x)\,\mathrm{d}x \right|$$

$$+ \left| \sum_{j=1}^{N} g(z_j^N)(x_j - x_{j-1}) - \int_a^b g(x)\,\mathrm{d}x \right|$$

$$\leq \frac{\varepsilon}{2} + \frac{\varepsilon}{2} = \varepsilon\,.$$

Damit ist gezeigt, dass eine Riemann-Folge zu $f + g$ konvergiert. Also ist $f + g$ riemann-integrierbar, und es gilt:

$$\int_a^b (f + g)(x)\,\mathrm{d}x = \int_a^b f(x)\,\mathrm{d}x + \int_a^b g(x)\,\mathrm{d}x\,.$$

Entsprechend lässt sich auch

$$\int_a^b \lambda f(x)\,\mathrm{d}x = \lambda \int_a^b f(x)\,\mathrm{d}x$$

für $\lambda \in \mathbb{R}$ zeigen. Wie zu erwarten war, ist das Riemann-Integral eine lineare Operation. ◀

Insbesondere bildet die Menge der riemann-integrierbaren Funktionen einen Vektorraum.

—————————— **?** ——————————

Zeigen Sie, dass für zwei riemann-integrierbare Funktionen f, g mit $f(x) \leq g(x)$ für $x \in [a, b]$ die Monotonie

$$\int_a^b f(x)\,\mathrm{d}x \leq \int_a^b g(x)\,\mathrm{d}x$$

gilt.

————————————————————————

Mit diesem Einstieg lassen sich nun die Hauptsätze und die Integrationstechniken wie in den Abschnitten 16.3 und 16.4 auch für riemann-integrierbare Funktionen belegen.

Die verschiedenen Integrationsbegriffe führen auf unterschiedliche Mengen von integrierbaren Funktionen

Es bleibt noch zu klären, in welcher Beziehung die drei vorgestellten Integral-Begriffe zueinander stehen. Obwohl die

Beweise der drei folgenden Aussagen aufwendig und unabhängig voneinander sind, stellen wir sie der besseren Übersicht wegen in einem Satz zusammen.

Satz

(a) Eine Regelfunktion $f : [a, b] \to \mathbb{R}$ ist riemann-integrierbar.

(b) Ist $f : [a, b] \to \mathbb{R}$ riemann-integrierbar, so ist f beschränkt.

(c) Eine riemann-integrierbare Funktion $f : [a, b] \to \mathbb{R}$ ist lebesgue-integrierbar.

Beweis:

(a) Als erstes zeigen wir, dass jede Regelfunktion $f : [a, b] \to \mathbb{R}$ auch riemann-integrierbar ist. Dazu beweist man, dass zu jedem $\varepsilon > 0$ ein $\delta > 0$ existiert mit

$$\left| R(Z, \mathbf{z}) - \int_a^b f(x)\,dx \right| \leq \varepsilon$$

für alle Zerlegungen Z von $[a, b]$ mit Feinheit $|Z| \leq \delta$. Man beachte, dass das Integral existiert, da f Regelfunktion ist.

Außerdem ist f Grenzwert von Treppenfunktionen im Sinne gleichmäßiger Konvergenz. Daher ist es naheliegend, die Differenz gegenüber Treppenfunktionen zu betrachten. Seien also Z eine Zerlegung des Intervalls und φ eine Treppenfunktion, so gilt mit der Dreiecksungleichung:

$$\left| R(Z, \mathbf{z}) - \int_a^b f(x)\,dx \right|$$

$$\leq \sum_{j=1}^{N} |f(z_j) - \varphi(z_j)|(x_j - x_{j-1})$$

$$+ \left| \sum_{j=1}^{N} \varphi(z_j)(x_j - x_{j-1}) - \int_a^b \varphi(x)\,\mathrm{d}x \right|$$

$$+ \int_a^b |\varphi(x) - f(x)|\,\mathrm{d}x$$

$$\leq 2\|f - \varphi\|_\infty (b - a)$$

$$+ \left| \sum_{j=1}^{N} \varphi(z_j)(x_j - x_{j-1}) - \int_a^b \varphi(x)\,\mathrm{d}x \right|\,.$$

Da es eine Folge von Treppenfunktionen gibt mit $\|f - \varphi_N\|_\infty \to 0$ für $N \to \infty$, bleibt zu zeigen, dass Riemann-Summen zu einer Treppenfunktion mit $|Z| \to 0$ gegen ihr Integral konvergieren.

Wir zeigen dies mittels einer Induktion nach der Anzahl $m \in \mathbb{N}$ der Sprungstellen der Treppenfunktion. Riemann-Summen sind gleich dem Integral, wenn die Treppenfunktion φ konstant ist, also keine Sprungstellen aufweist. Damit haben wir einen Induktionsanfang mit $m = 0$. Für den Induktionsschritt nehmen wir an, dass es zu jedem $\varepsilon > 0$ und einer Treppenfunktion mit bis zu $m \in \mathbb{N}$ Sprungstellen stets ein $\delta > 0$ gibt, sodass

$$\left| \sum_{j=1}^{N} \varphi(z_j)(x_j - x_{j-1}) - \int_a^b \varphi(x)\, \mathrm{d}x \right| \le \varepsilon$$

gilt für alle Zerlegungen mit $|Z| \le \delta$. Ist nun φ eine Treppenfunktion mit $m + 1$ Sprungstellen, so zerlegen wir $\varphi = \tilde{\varphi} + \hat{\varphi}$ mit

$$\tilde{\varphi}(x) = \begin{cases} \varphi(x) & \text{für } a \le x < \xi_{m+1}, \\ \varphi_m & \text{für } \xi_{m+1} \le x \le b \end{cases}$$

und

$$\hat{\varphi}(x) = \begin{cases} 0 & \text{für } a \le x < \xi_{m+1}, \\ \varphi_{m+1} - \varphi_m & \text{für } \xi_{m+1} \le x \le b, \end{cases}$$

wobei mit ξ_j die j-te Sprungstelle der Treppenfunktion und mit φ_j der Funktionswert auf dem j-ten Intervall bezeichnet sind. Da sowohl $\tilde{\varphi}$ als auch $\hat{\varphi}$ eine bzw m Sprungstellen haben, gibt es nach Induktionsvoraussetzung zu $\varepsilon > 0$ ein δ, sodass für beide Funktionen die Differenz kleiner als $\varepsilon/2$ ist. Wir erhalten mit diesem δ und der Dreiecksungleichung:

$$\left| \sum_{j=1}^{N} \varphi(z_j)(x_j - x_{j-1}) - \int_a^b \varphi(x)\, \mathrm{d}x \right|$$

$$\le \left| \sum_{j=1}^{N} \tilde{\varphi}(z_j)(x_j - x_{j-1}) - \int_a^b \tilde{\varphi}(x)\, \mathrm{d}x \right|$$

$$+ \left| \sum_{j=1}^{N} \hat{\varphi}(z_j)(x_j - x_{j-1}) - \int_a^b \hat{\varphi}(x)\, \mathrm{d}x \right|$$

$$\le \frac{\varepsilon}{2} + \frac{\varepsilon}{2} = \varepsilon.$$

Damit ist die Induktion abgeschlossen. Insgesamt gibt es zu gegebenem $\varepsilon > 0$ eine Treppenfunktion φ mit $\|f - \varphi\|_\infty \le \frac{\varepsilon}{3(b-a)}$, und zu dieser Treppenfunktion lässt sich $\delta > 0$ wählen, sodass

$$\left| \sum_{j=1}^{N} \varphi(z_j)(x_j - x_{j-1}) - \int_a^b \varphi(x)\, \mathrm{d}x \right| \le \frac{\varepsilon}{3}$$

für alle Zerlegungen mit $|Z| < \delta$ gilt. Obige Abschätzung liefert:

$$\left| R(Z, \mathbf{z}) - \int_a^b f(x)\, \mathrm{d}x \right| \le \frac{2\varepsilon}{3} + \frac{\varepsilon}{3} = \varepsilon$$

für alle Zerlegungen mit $|Z| < \delta$. ∎

(b) Für die zweite Aussage bietet sich ein Widerspruchsbeweis an. Wir nehmen an, dass $f \colon [a, b] \to \mathbb{R}$ eine unbeschränkte riemann-integrierbare Funktion ist. Ohne Einschränkung können wir davon ausgehen, dass f nach

oben unbeschränkt ist. Andernfalls betrachten wir $-f$. Es gibt somit eine Folge (ξ_n) in $[a, b]$ mit $\xi_n \to \xi \in [a, b]$ und $f(\xi_n) \to \infty$ für $n \to \infty$.

Wählen wir weiter eine Riemann-Folge zu Zerlegungen Z^N des Intervalls $[a, b]$. Da die Stelle $\xi \in [a, b]$ ist, gibt es zu jedem $N \in \mathbb{N}$ ein $k \in \{1, \ldots, N\}$ mit $\xi \in [x_{k-1}, x_k]$. Setze $I^N = [x_{k-1}, x_k]$, wenn $\xi \in (x_{k-1}, x_k)$. Im Fall, dass $\xi = x_{k-1}$ oder $\xi = x_k$ gilt, wählen wir gegebenenfalls ein benachbartes Intervall für I^N, sodass zumindest eine Teilfolge von (ξ_n) ganz in I^N liegt. Ohne Änderung der Notation nutzen wir im Folgenden auch in diesem Fall den von N abhängenden Index k für das Intervall I^N und die Bezeichnung (ξ_n) für diese Teilfolge.

Wir streichen zunächst jeweils das k-te Intervall aus den Riemann-Summen und definieren

$$S^N = \sum_{j=1, j \ne k}^{N} f(z_j^N)(x_j^N - x_{j-1}^N).$$

Im Intervall I^N modifizieren wir die Zwischenstelle z_k^N. Da die Folge $(f(\xi_n))$ unbeschränkt ist, gibt es zu jedem $N \in \mathbb{N}$ ein $n \in \mathbb{N}$ mit $\xi_n \in I^N$ und

$$f(\xi_n) \ge \frac{N - S^N}{(x_k - x_{k-1})}.$$

Wir nutzen die Zwischenstellen $\tilde{\mathbf{z}}^N$, bei denen gegenüber $\mathbf{z}^N$ nur das k-te Element z_k^N durch ξ_n ersetzt ist. Es folgt für die zugehörige Riemann-Folge:

$$R(Z^N, \tilde{\mathbf{z}}^N) = S^N + f(\xi_n)(x_k - x_{k-1}) \ge N \to \infty$$

für $N \to \infty$, im Widerspruch zur Riemann-Integrierbarkeit von f. ∎

(c) Im dritten Beweis gehen wir in drei Schritten, (i)–(iii), vor. Zunächst zeigen wir, dass Untersummen gegen das Riemann-Integral konvergieren. Im zweiten Schritt folgt mit dem Satz von B. Levi, dass die zugehörige Folge von Treppenfunktionen gegen eine lebesgue-integrierbare Funktion $\tilde{f}$ konvergiert. Im letzten Schritt müssen wir noch belegen, dass $\tilde{f}$ fast überall mit f übereinstimmt und somit gezeigt ist, dass f lebesgue-integrierbar ist.

(i) Seien $f \colon [a, b] \to \mathbb{R}$ eine riemann-integrierbare Funktion und Z^N eine Folge verfeinerter Zerlegungen, etwa $x_j^N = a + \frac{j}{2^N}(b - a)$ für $j = 0, \ldots, 2^N$. Da f beschränkt ist (siehe Seite 650), existiert auf jedem Teilintervall $\inf_{z \in [x_{j-1}^N, x_j^N]} f(z)$ für $j = 1, \ldots, 2^N$, und wir können zu jeder Zerlegung die *Untersummen*

$$U(Z^N) = \sum_{j=1}^{2^N} \inf_{z \in [x_{j-1}^N, x_j^N]} \left(x_j^N - x_{j-1}^N \right)$$

definieren (siehe auch Seite 649).

Ist $\varepsilon > 0$ vorgegeben, so gibt es Zwischenstellen $z_j^N \in [x_{j-1}, x_j]$ mit

$$\left| f(z_j^n) - \inf_{z \in [x_{j-1}, x_j]} f(z) \right| \le \frac{\varepsilon}{2(b - a)}.$$

Da f riemann-integrierbar ist, gilt für die zugehörigen Riemann-Summen für hinreichend große $N \in \mathbb{N}$:

$$\left| R(Z^N, \mathbf{z}^N) - \int_a^b f(x)\,\mathrm{d}x \right| \le \frac{\varepsilon}{2}.$$

Mit der Dreiecksungleichung folgt:

$$\left| U(Z^N) - \int_a^b f(x)\,\mathrm{d}x \right|$$

$$\le \left| R(Z^N, \mathbf{z}^N) - U(Z^N) \right| + \left| R(Z^N, \mathbf{z}^N) - \int_a^b f(x)\,\mathrm{d}x \right|$$

$$\le \left| \sum_{j=1}^{n} \left(f(z_j^N) - \inf_{z \in [x_{j-1}^N, x_j^N]} f(z) \right) (x_j^N - x_{j-1}^N) \right| + \frac{\varepsilon}{2}$$

$$\le \frac{\varepsilon}{2} + \frac{\varepsilon}{2} = \varepsilon.$$

Also konvergiert die Folge der Untersummen $(U(Z^N))_{N \in \mathbb{N}}$ gegen den Wert des Riemann-Integrals von f.

(ii) Definieren wir zu Z^N die Treppenfunktionen

$$\varphi^N(x) = \begin{cases} \displaystyle\inf_{z \in [x_{j-1}^N, x_j^N]} f(z) & \text{für } x \in \left[x_{j-1}^N, x_j^N \right), \\ f(b) & \text{für } x = b. \end{cases}$$

Mit den Zerlegungen Z^N ist (φ^N) offensichtlich monoton steigend. Somit ist eine monoton wachsende Folge von Treppenfunktionen gegeben mit

$$\lim_{N \to \infty} \int_a^b \varphi^N(x)\,\mathrm{d}x = \int_a^b f(x)\,\mathrm{d}x.$$

Nach dem Satz von Beppo Levi (siehe Seite 630) konvergiert φ^N punktweise fast überall gegen eine lebesgue-integrierbare Funktion $\tilde{f} \in L(a, b)$.

(iii) Es bleibt zu zeigen, dass $\tilde{f} = f$ fast überall auf $[a, b]$ gilt. Wir nutzen die oben konstruierte Folge von Treppenfunktionen und betrachten an einer Stelle $\xi \in [a, b]$ die Abschätzung

$$|\tilde{f}(\xi) - f(\xi)| \le \left| \tilde{f}(\xi) - \varphi^N(\xi) \right| + \left| \varphi^N(\xi) - f(\xi) \right|.$$

φ^N konvergiert fast überall punktweise gegen $\tilde{f}$, sodass die erste Differenz fast überall gegen null konvergiert. Betrachten wir noch die zweite Differenz. Sei wieder I^N das Intervall bezüglich der N-ten Zerlegung mit $\xi \in I^N$, so ist

$$|\varphi^N(\xi) - f(\xi)| = f(\xi) - \inf_{z \in I^N} f(z) = \omega^N(\xi).$$

Da die Folge (ω_N) beschränkt und monoton fallend ist, existiert der Grenzwert $\omega(\xi) = \lim_{N \to \infty} \omega^N(\xi)$ für jedes $\xi \in [a, b]$.

Ziel ist es, $\omega(\xi) = 0$ für fast alle $\xi \in [a, b]$ zu zeigen. Dazu betrachtet man die Mengen

$$\Omega_l = \left\{ \xi \in [a, b] \mid \omega(\xi) \ge \frac{1}{l} \right\}$$

mit $l \in \mathbb{N}$ und zeigt, Ω_l ist Nullmenge. Damit ist auch die abzählbare Vereinigung $\bigcup_{l=1}^{\infty} \Omega_l$ Nullmenge, und wir erhalten $\omega(\xi) = 0$ fast überall.

Um zu sehen, dass Ω_l Nullmenge ist, fassen wir zur Zerlegung Z^N die Indizes $J^N = \{j \in \{1, \dots, 2^N\} \mid \Omega_l \cap I_j^N \ne \emptyset\}$ zusammen. Dann ergibt sich mit Teil (i):

$$\frac{1}{l} |\Omega_l| \;\le\; \frac{1}{l} \sum_{k \in J^N} |I_k^N|$$

$$\le \sum_{j=1}^{2^N} \left(f(z_j) - \inf_{z \in I_j^N} f(z) \right) (x_j - x_{j-1})$$

$$= R(Z^N, \mathbf{z}^N) - U(Z^N) \to 0$$

für $N \to \infty$, wobei wir für die Zerlegung in den Intervallen I_j^N mit $j \in J^N$ Zwischenstellen $z_j^N = \xi \in \Omega_l$ wählen.

Insgesamt haben wir gezeigt, dass die riemann-integrierbare Funktion f fast überall mit einer lebesgue-integrierbaren Funktion $\tilde{f}$ übereinstimmt und somit selbst lebesgue-integrierbar ist. ∎

Da stetige Funktionen Regelfunktionen sind (siehe Seite 635), sehen wir mit der ersten Aussage, dass stetige Funktionen riemann-integrierbar sind. Beachten Sie, dass wir im ersten Beweis auch explizit gezeigt haben, dass Treppenfunktionen riemann-integrierbar sind. Als weitere Bemerkung weisen wir noch darauf hin, dass wir im dritten Beweis sogar $f \in L^{\uparrow}(a, b)$ gezeigt haben (siehe Definition auf Seite 611).

Das Lebesgue-Integral ist der allgemeinere Integrationsbegriff

Mit Abschnitt 16.5 wurde deutlich, dass unbeschränkte Funktionen auf einem kompaktem Intervall lebesgue-integrierbar sein können. Offensichtlich umfasst der Vektorraum der lebesgue-integrierbaren Funktionen die Menge der riemann-integrierbaren Funktionen, beinhaltet aber noch weitere Funktionen. Die folgenden Beispiele vervollständigen das Bild.

Beispiel

- Im Beispiel auf Seite 645 haben wir bereits gesehen, dass die Funktion $f : [0, 1] \to \mathbb{R}$ mit

$$f(x) = \begin{cases} \sin\left(\dfrac{1}{x}\right) & \text{für } x \ne 0, \\ 0 & \text{für } x = 0 \end{cases}$$

keine Regelfunktion ist.

Da f beschränkt und fast überall stetig ist, handelt es sich nach dem Lebesgue'sche Integrabilitätskriterium um eine riemann-integrierbare Funktion. Explizit sehen wir dies, indem wir einige wesentliche Argumente, die zu den beiden Integrabilitätskriterien führen (siehe Seite 649), am Beispiel nachvollziehen.

Sei Z^N eine Folge von Zerlegungen des Intervalls $[a, b]$ mit $|Z^N| \to 0$ für $N \to \infty$. Da f beschränkt ist, gibt es zu jeder Zerlegung eine Unter- und eine Obersumme, und es gilt:

$$
\begin{aligned}
U(Z^N) &= \sum_{j=0}^{N} \inf_{z \in I_j^N} f(z)\,(x_j - x_{j-1}) \\
&\leq \sum_{j=0}^{N} f(z_j^N)\,(x_j - x_{j-1}) = R(Z^N, \mathbf{z}^N) \\
&\leq \sum_{j=0}^{N} \sup_{z \in I_j^N} f(z)\,(x_j - x_{j-1}) = O(Z^N)
\end{aligned}
$$

mit $I_j^N = [x_{j-1}^N, x_j^N]$.

Ist $\varepsilon > 0$ vorgegeben, so definieren wir die Indizes $J^N = \{k \in \mathbb{N} \mid x_k^N \leq \varepsilon\}$. f ist auf $[\frac{\varepsilon}{2}, 1]$ gleichmäßig stetig. Daher lässt sich $N_0 \in \mathbb{N}$ finden mit

$$
\sup_{z \in I_j^N} f(z) - \inf_{z \in I_j^N} f(z) \leq \frac{\varepsilon}{(b-a)}
$$

für alle $N \geq N_0$ und $j \notin J^N$. Es folgt für die Differenz aus Ober- und Untersumme:

$$
\begin{aligned}
0 &\leq O(Z^N) - U(Z^N) \\
&\leq 2 \sum_{j \in J^N} |I_j^N| + \sum_{j \notin J^N} \left(\sup_{z \in I_j^N} f(z) - \inf_{z \in I_j^N} f(z) \right) |I_j^N| \\
&\leq 3\varepsilon .
\end{aligned}
$$

Also gilt $O(Z^N) - U(Z^N) \to 0$ für $N \to \infty$.

Nun benötigen wir noch, dass für zwei Zerlegungen Z_1 und Z_2 stets $U(Z_1) \leq O(Z_2)$ gilt; denn betrachten wir die Zerlegung Z, die sich durch Zusammenfügen der beiden Zerlegungen ergibt, so werden sowohl Z_1 als auch Z_2 durch Hinzunahme von Zerlegungsstellen verfeinert, und es gilt:

$$
U(Z_1) \leq U(Z) \leq O(Z) \leq O(Z_2) .
$$

Damit folgt weiterhin:

$$
\sup_{N \in \mathbb{N}} U(Z^N) \leq \inf_{N \in \mathbb{N}} O(Z^N) ,
$$

und aus der oben gezeigten Konvergenz erhalten wir:

$$
0 \leq \inf_{N \in \mathbb{N}} O(Z^N) - \sup_{N \in \mathbb{N}} U(Z^N) \leq O(Z^N) - U(Z^N) \to 0
$$

für $N \to \infty$, d. h., $\sup_{N \in \mathbb{N}} U(Z^N) = \inf_{N \in \mathbb{N}} O(Z^N)$. Mit $\varepsilon > 0$ und $N \geq N_0$ ergibt sich für die Riemann-Summen:

$$
\begin{aligned}
-3\varepsilon \leq U(Z^N) - O(Z^N) &\leq R(Z^N, \mathbf{z}^N) - O(Z^N) \\
&\leq R(Z^N, \mathbf{z}^N) - \inf_{M \in \mathbb{N}} O(Z^M) \\
&= R(Z^N, \mathbf{z}^N) - \sup_{M \in \mathbb{N}} U(Z^M) \\
&\leq R(Z^N, \mathbf{z}^N) - U(Z^N) \leq O(Z^N) - U(Z^N) \leq 3\varepsilon .
\end{aligned}
$$

Wir haben gezeigt, dass jede Riemann-Summe konvergiert mit $R(Z^N, \mathbf{z}^N) \to \sup_{M \in \mathbb{N}} U(Z^M)$ für $N \to \infty$, d. h., f ist riemann-integrierbar.

- Ein klassisches Beispiel für eine beschränkte, lebesgue-integrierbare Funktion, die nicht riemann-integrierbar ist, ist die **Dirichlet'sche Sprungfunktion** $D \colon \mathbb{R} \to \{0, 1\}$, die gegeben ist durch

$$
D(x) = \begin{cases} 1 & \text{für } x \in \mathbb{Q}, \\ 0 & \text{für } x \notin \mathbb{Q}. \end{cases}
$$

In jedem beliebig kleinen Intervall nimmt diese Funktion die Werte Null und Eins an.

Da $\mathbb{Q} \cap [a, b]$ eine Nullmenge ist, konvergiert die Folge der Treppenfunktionen, die konstant null sind, punktweise und monoton fast überall gegen D. Somit ist $D \in L^{\uparrow}(a, b)$, und es gilt:

$$
\int_a^b D(x)\,\mathrm{d}x = 0 .
$$

Andererseits können wir zu jeder Zerlegung Z eines Intervalls $[a, b]$ Zwischenstellen $z_j, w_j \in [x_{j-1}, x_j]$ angeben mit $f(z_j) = 1$ bzw. $f(w_j) = 0$, und wir erhalten zu jeder Zerlegung Riemann-Summen mit

$$
R(Z, \mathbf{z}) = 1, \quad \text{und } R(Z, \mathbf{w}) = 0 .
$$

Es können somit nicht alle Riemann-Folgen gegen denselben Grenzwert konvergieren. Die Funktion ist nicht riemann-integrierbar. ◄

Zusammenfassen können wir die Betrachtungen zu den verschiedenen Integralbegriffen über kompakte Intervalle in einem Diagramm (Abb. 16.20). Mit den lebesgue-integrierbaren Funktionen und den Konvergenzaussagen aus den Abschnitten 16.5 und 16.6 werden wir später den vollständigen normierten Raum der integrierbaren Funktionen $L^1(a, b)$ definieren, der eine zentrale Rolle in der Analysis spielt (siehe Kapitel 19). Weder die Regelfunktionen noch das Riemann-Integral sind für diese Konstruktion ausreichend. Darüber hinaus ermöglicht uns das Lebesgue-Integral eine direkte Erweiterung der Integration auf höhere Dimensionen (siehe Kapitel 22).

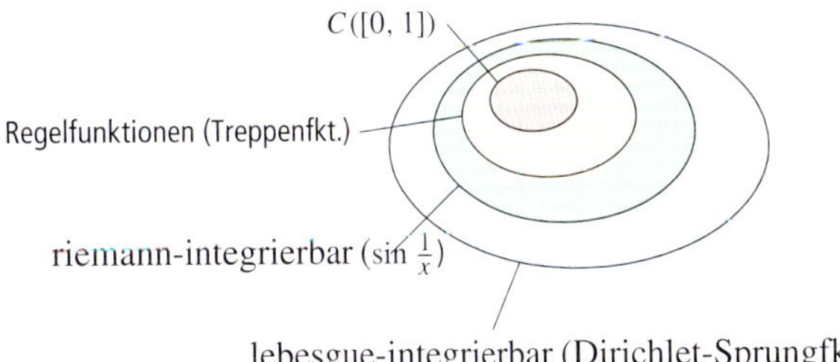

Abbildung 16.20 Die verschiedenen Integrationsbegriffe über einem kompakten Intervall führen auf echte Unterräume zur Menge der lebesgue-integrierbaren Funktionen. Beispiele von Funktionen etwa auf $(0, 1)$, die nicht zu den jeweiligen Teilmengen gehören, sind mit angegeben.

Auf das Adjektiv „uneigentlich" kann in manchen Situationen nicht verzichtet werden

Wird das Integral über Regelfunktionen oder im Riemann-Sinne definiert, so ist man, wie wir gesehen haben, bei unbeschränkten Integranden oder Intervallen auf die Erweiterung zum uneigentlichen Integral angewiesen, d. h., man definiert etwa die Notation

$$\int_a^\infty f(x)\,\mathrm{d}x = \lim_{b\to\infty} \int_a^b f(x)\,\mathrm{d}x,$$

wenn der Grenzwert existiert. Dies ist ein Unterschied zur Lebesgue-Theorie, die auch in solchen Situationen Integrierbarkeit kennt (siehe Beispiel auf Seite 632).

Mit dem Beispiel auf Seite 639 wird deutlich, dass auch bei Nutzung des Lebesgue-Integrals manchmal uneigentliche Integrale oder Cauchy'sche Hauptwerte betrachtet werden müssen. Beim Lebesgue-Integral ist der Zusatz *uneigentlich* somit sehr wichtig, da eine Notation wie $\int_a^\infty f\,\mathrm{d}x$ sonst Integrierbarkeit suggeriert. Legt man den Riemann'schen Begriff oder Regelfunktionen zugrunde, wird das Adjektiv in der Literatur oft nicht angemerkt, da Integrale bei unbeschränktem Integrationsgebiet und/oder Integrand dann stets nur im uneigentlichen Sinn definiert sind.

Zusammenfassung

Integrale von **Treppenfunktionen** sind anschaulich durch den Flächeninhalt zwischen x-Achse und ihrem Graphen definiert. Einen allgemeinen Begriff vom Integral erhalten wir durch punktweise fast überall konvergente Folgen von Treppenfunktionen, deren Integralwerte beschränkt sind. Solche Folgen ermöglichen die Definition des **Lebesgue-Integrals**. Andere Zugänge zu Integration, die zumindest für einen Teil der betrachteten Integranden erklärt sind, ergeben sich durch Regelfunktionen oder durch Riemann-Summen.

Nachdem die Definition des Integrals festgelegt ist, zeigt sich, dass stetige Funktionen über kompakten Intervallen integrierbar sind. Damit ergeben sich grundlegende Aussagen, wie etwa der Mittelwertsatz.

Mittelwertsatz der Integralrechnung

Zu einer stetigen Funktion $f : [a, b] \to \mathbb{R}$ gibt es ein $z \in [a, b]$ mit

$$\int_a^b f(x)\,\mathrm{d}x = f(z)(b-a)\,.$$

Mit dem Mittelwertsatz folgt unter anderem ein elementarer Zusammenhang zwischen Ableitung und Integral. Dies wird durch die beiden Hauptsätze der Differenzial- und Integralrechnung ausgedrückt.

1. Hauptsatz der Differenzial- und Integralrechnung

Die Funktion $F : [a, b] \to \mathbb{R}$ mit

$$F(x) = \int_a^x f(t)\,\mathrm{d}t$$

zu einer stetigen Funktion $f : [a, b] \to \mathbb{R}$ ist differenzierbar auf (a, b), und es gilt:

$$F'(x) = f(x) \quad \text{für } x \in (a, b)\,.$$

Der erste Hauptsatz besagt, dass die durch das Integral definierte Funktion F eine **Stammfunktion** des Integranden f ist, d. h., es gilt F ist differenzierbar mit $F' = f$. Der zweite Hauptsatz vervollständigt das Bild.

2. Hauptsatz der Differenzial- und Integralrechnung

Wenn $F : [a, b] \to \mathbb{R}$ eine stetige und auf (a, b) stetig differenzierbare Funktion ist mit integrierbarer Ableitung F', d. h. $F' \in L(a, b) \cap C(a, b)$, dann gilt

$$\int_a^b F'(t)\,\mathrm{d}t = F(b) - F(a)\,.$$

Mit diesem Zusammenhang lassen sich die Regeln zum Differenzieren auch bei Integralen wiederentdecken. Die Produktregel führt auf die **partielle Integration**:

$$\int_a^b u'(x)v(x)\,\mathrm{d}x = u(x)v(x)\big|_a^b - \int_a^b u(x)v'(x)\,\mathrm{d}x$$

etwa für $u, v \in C^1([a, b])$. Ähnlich liefert die Kettenregel beim Differenzieren die Möglichkeit der **Substitution**:

$$\int_a^b f(u(x))\,u'(x)\,\mathrm{d}x = \int_{u(a)}^{u(b)} f(u)\,\mathrm{d}u\,,$$

wenn die Funktionen hinreichend regulär sind.

Verallgemeinerungen dieser Integrationstechniken in Hinblick auf weniger reguläre Integranden oder unbeschränkte Integrationsgebiete lassen sich mithilfe einer zentralen Konvergenzaussage der Lebesgue'schen Integrationstheorie, dem Satz von Beppo Levi, erreichen.

Der Satz von Beppo Levi

Ist $(f_n)_{n \in \mathbb{N}}$ eine fast überall monotone Folge von lebesgue-integrierbaren Funktionen $f_n \in L(I)$, und die Folge der Integrale $\left(\int_I f_n \, dx \right)_{n \in \mathbb{N}}$ in $\mathbb{R}$ ist beschränkt, dann konvergiert die Funktionenfolge (f_n) punktweise fast überall gegen eine integrierbare Funktion $f \in L(I)$, und es gilt:

$$\lim_{j \to \infty} \int_I f_j \, dx = \int_I f \, dx \,.$$

Eine nützliche Konsequenz aus dem Satz von Beppo Levi ist das Konvergenzkriterium. Wenn $f : I \to \mathbb{R}$ über einer Folge von Teilintervallen $I_1 \subseteq I_2 \subseteq \cdots \subseteq I \subseteq \mathbb{R}$ mit $I = \bigcup_{j=1}^{\infty} I_j$ integrierbar ist und die Folge $\left(\int_{I_j} |f(x)| \, dx \right)_{j \in \mathbb{N}}$ beschränkt bleibt, so ist f auf I integrierbar mit

$$\int_I f(x) \, dx = \lim_{j \to \infty} \int_{I_j} f(x) \, dx \,.$$

Viele weitere Aussagen stützen sich auf den Satz von B. Levi. Die Vielschichtigkeit lässt sich erahnen, wenn man sich verdeutlicht, dass der Satz ein Monotoniekriterium im Funktionenraum $L(I)$ der integrierbaren Funktionen ist.

Eine weitere wichtige Folgerung ergibt sich im Zusammenhang mit parameterabhängigen Integralen. Der Lebesgue'sche Konvergenzsatz beschreibt sehr allgemeine Bedingungen, unter denen ein Grenzprozess mit einer Integration vertauscht werden darf.

Lebesgue'scher Konvergenzsatz

Wenn es zu einer Folge von integrierbaren Funktionen $f_n \in L(I)$ über einem Intervall $I \subset \mathbb{R}$, die punktweise fast überall gegen $f : I \to \mathbb{R}$ konvergiert, eine integrierbare Funktion $g \in L(I)$ gibt mit $|f_n(x)| \le g(x)$ für fast alle $x \in I$ und alle $n \in \mathbb{N}$, dann ist $f \in L(I)$ integrierbar, und es gilt:

$$\lim_{n \to \infty} \int_I f_n(x) \, dx = \int_I f(x) \, dx \,.$$

Es handelt sich um eine Aussage von weitreichender Bedeutung, etwa wenn eine Funktion wie die Gammafunktion mithilfe einer Integraldarstellung beschrieben wird.

Aufgaben

Die Aufgaben gliedern sich in drei Kategorien: Anhand der *Verständnisfragen* können Sie prüfen, ob Sie die Begriffe und zentralen Aussagen verstanden haben, mit den *Rechenaufgaben* üben Sie Ihre technischen Fertigkeiten und die *Beweisaufgaben* geben Ihnen Gelegenheit, zu lernen, wie man Beweise findet und führt.

Ein Punktesystem unterscheidet leichte Aufgaben •, mittelschwere •• und anspruchsvolle ••• Aufgaben. Lösungshinweise am Ende des Buches helfen Ihnen, falls Sie bei einer Aufgabe partout nicht weiterkommen. Dort finden Sie auch die Lösungen – betrügen Sie sich aber nicht selbst und schlagen Sie erst nach, wenn Sie selber zu einer Lösung gekommen sind. Ausführliche Lösungswege stehen auf der Website des Verlags zur Verfügung.

Viel Spaß und Erfolg bei den Aufgaben!

Verständnisfragen

16.1 ••• Ähnlich zur Cantormenge (siehe Seite 610) entfernen wir aus dem Intervall $[0, 1]$ das offene Mittelintervall der Länge $\frac{1}{4}$, also $(\frac{3}{8}, \frac{5}{8})$. Es bleiben die Intervalle

$$C_1 = \left[0, \frac{3}{8}\right] \cup \left[\frac{5}{8}, 1\right]$$

übrig, aus denen jeweils das offene Mittelintervall der Länge $\frac{1}{4^2}$ entfernt wird. Dies liefert die vier Intervalle

$$I_{21} = \left[0, \frac{5}{32}\right], \quad I_{22} = \left[\frac{7}{32}, \frac{12}{32}\right],$$

$$I_{23} = \left[\frac{20}{32}, \frac{25}{32}\right], \quad I_{24} = \left[\frac{27}{32}, 1\right].$$

Wir definieren $C_2 = \bigcup_{j=1}^{4} I_{2j}$. Analoges Fortfahren liefert im n-ten Schritt eine Menge C_n bestehend aus 2^n Intervallen. Zeigen Sie, dass

$$M = \bigcap_{n=1}^{\infty} C_n$$

keine Nullmenge ist.

16.2 • Wir betrachten eine stetige Funktion $f : [a, b] \to \mathbb{R}$. Zeigen Sie: Aus

$$\int_a^b f(x) \, g(x) \, dx = 0$$

für alle stetigen Funktionen $g \in C([a, b])$ mit $g(a) = g(b) = 0$ folgt, dass f identisch null ist.

16.3 • Zeigen Sie, dass für eine stetig differenzierbare, umkehrbare Funktion $f : [a, b] \to \mathbb{R}$ gilt:

$$\int_a^b f(x) \, dx + \int_{f(a)}^{f(b)} f^{-1}(x) \, dx = b \, f(b) - a \, f(a) \,,$$

und veranschaulichen Sie sich die Aussage durch eine Skizze.

16.4 • Die folgenden Aussagen zu Integralen über unbeschränkte Integranden oder unbeschränkte Intervalle sind falsch. Geben Sie jeweils ein Gegenbeispiel an.

1. Wenn $\int_a^b \{f(x) + g(x)\}\,dx$ existiert, dann existieren auch $\int_a^b f(x)\,dx$ und $\int_a^b g(x)\,dx$.

2. Wenn $\int_a^b f(x)\,dx$ und $\int_a^b g(x)\,dx$ existieren, dann existiert auch $\int_a^b f(x)\,g(x)\,dx$.

3. Wenn $\int_a^b f(x)\,g(x)\,dx$ existiert, dann existieren auch $\int_a^b f(x)\,dx$ und $\int_a^b g(x)\,dx$.

16.5 •• Warum gilt der zweite Hauptsatz nicht für die stetige Fortsetzung $F\colon [0,1] \to \mathbb{R}$ von $F(x) = x \cos\left(\frac{1}{x}\right)$, $x \neq 0$?

Rechenaufgaben

16.6 •• Die *Fresnel'schen Integrale* C und S sind auf $\mathbb{R}$ gegeben durch

$$C(x) = \int_0^x \cos(t^2)\,dt\,,$$

$$S(x) = \int_0^x \sin(t^2)\,dt\,.$$

Bestimmen und klassifizieren Sie alle Extrema dieser Funktionen.

16.7 • Man berechne die Integrale

$$I_1 = \int_0^\pi t^2 \sin(2t)\,dt\,, \qquad I_2 = \int_0^1 \frac{e^x}{(1+e^x)^2}\,dx\,,$$

$$I_3 = \int_0^1 r^2 \sqrt{1-r}\,dr\,, \qquad I_4 = \int_{\frac{1}{2}}^2 \frac{1}{x}\arctan((\ln(x))^3)\,dx\,.$$

16.8 •• Bestimmen Sie in Abhängigkeit der Parameter $a, b > 0$ Stammfunktionen zu folgenden Funktionen $f\colon D \to \mathbb{R}$ mit Hilfe passender Integrationsregeln.

(a) $\quad f(x) = \dfrac{\cos(\ln(ax))}{x} \quad$ mit $D = \mathbb{R}_{>0}$

(b) $\quad f(x) = \sin(ax)\,\sin(bx) \quad$ mit $D = \mathbb{R}$

(c) $\quad f(x) = \dfrac{x}{\sqrt{(x+a)^2 - b^2}} \quad$ mit $D = \mathbb{R}_{>b-a}$

16.9 • Bestimmen Sie auf Intervallen $I \subseteq \mathbb{R}\setminus\{-1\}$ eine Stammfunktion zum Ausdruck

$$\frac{1}{x^4 + 2x^3 + 2x^2 + 2x + 1}\,, \quad x \notin \{-1, i, -i\}\,.$$

16.10 • Bestimmen Sie auf möglichst großen Intervallen $D_{f,g} \subseteq \mathbb{R}$ Stammfunktionen zu $f\colon D_f \to \mathbb{R}$ und

$g\colon D_g \to \mathbb{R}$ mit

$$f(x) = \frac{e^{4x} + 1}{e^{2x} + 1}\,,$$

$$g(x) = \frac{2}{\tan(\frac{x}{2}) + \cos(x) - \sin(x)}\,.$$

16.11 •• Sind die folgenden Funktionen auf dem angegebenen Intervall integrierbar:

$$f(x) = \frac{1}{x^2 + \sqrt{x}} \quad \text{auf } [0, \infty)\,,$$

$$g(x) = \frac{1}{\sin x} \quad \text{auf } \left[0, \frac{\pi}{2}\right]\,,$$

$$h(x) = x^\alpha \sin\left(\frac{1}{x}\right) \quad \text{auf } [0, 1] \text{ mit } \alpha \in \mathbb{R}\,.$$

16.12 • Durch das Parameterintegral

$$\Gamma(t) = \int_0^\infty x^{t-1}\,e^{-x}\,dx\,, \quad t > 0$$

ist die Gammafunktion definiert.

(a) Begründen Sie, dass das Integral für alle $t > 0$ existiert.
(b) Beweisen Sie

$$\Gamma(t+1) = t\,\Gamma(t)$$

und für $n \in \mathbb{N}$ die Identität

$$\Gamma(n+1) = n!$$

(c) Berechnen Sie den Wert $\Gamma(\frac{1}{2}) = \sqrt{\pi}$.
(d) Zeigen Sie $\Gamma \in C(\mathbb{R}_{>0})$.

16.13 •• Berechnen Sie das Parameterintegral

$$J(t) = \int_0^1 \arcsin(tx)\,dx\,, \quad 0 \leq t < 1\,,$$

indem Sie dessen Ableitung $J'(t)$ im offenen Intervall $0 < t < 1$ bestimmen und auf $J(t)$, $0 \leq t < 1$ zurückschließen. Ist $J(t)$ nach $t = 1$ stetig fortsetzbar?

16.14 • Untersuchen Sie folgende Reihen auf Konvergenz:

$$\left(\sum_{k=0}^\infty k\,e^{-k}\right) \quad \text{und} \quad \left(\sum_{k=0}^\infty k^k\,e^{-k}\right)\,.$$

Beweisaufgaben

16.15 • Zeigen Sie, dass eine stetige Funktion $f\colon \mathbb{R} \to \mathbb{R}$, die der Funktionalgleichung $f(x+y) = f(x) + f(y)$ für $x, y \in \mathbb{R}$ genügt, differenzierbar ist mit konstanter Ableitung $f'(x) = c \in \mathbb{R}$.

16.16 • Zeigen Sie in einer Umgebung um einen Entwicklungspunkt x_0 die Integraldarstellung

$$r_n(x, x_0) = f(x) - \sum_{k=0}^{n} \frac{f^{(k)}(x_0)}{k!}(x - x_0)^k$$
$$= \frac{1}{n!} \int_{x_0}^{x} (x - t)^n f^{(n+1)}(t)\, dt$$

des Restglieds zur Taylorentwicklung einer $(n+1)$-mal stetig differenzierbaren Funktion f.

16.17 ••• Zeigen Sie, dass zu Polynomen p, q mit reellen Koeffizienten und $\deg(p) < \deg(q)$ durch Partialbruchzerlegung

$$\frac{p(x)}{q(x)} = \sum_{j=1}^{m} \sum_{k=1}^{\mu_j} \frac{a_{jk}}{(x - z_j)^k}$$

stets eine reelle Stammfunktion zu $p/q : I \to \mathbb{R}$ auf offenen Intervallen $I \subseteq \mathbb{R}$, die keine Nullstelle von q enthalten, angegeben werden kann.

16.18 •• Zeigen Sie: Ist $f \in C([a, b])$ und $g \in L(a, b)$ dann gibt es in Verallgemeinerung des Mittelwertsatzes ein $z \in [a, b]$ mit

$$\int_a^b f(x) g(x)\, dx = f(z) \int_a^b g(x)\, dx\,.$$

16.19 •• (a) Beweisen Sie das Lemma von Fatou: Ist (f_n) eine Folge nicht negativer, integrierbarer Funktionen, die fast überall punktweise gegen eine Funktion $f : (a, b) \to \mathbb{R}$ konvergiert und deren Integrale

$$\int_a^b f_n(x)\, dx \leq c$$

für alle $n \in \mathbb{N}$ durch $c > 0$ beschränkt sind, so ist f integrierbar.

(b) Belegen Sie den wesentlichen Unterschied zum Lebesgue'schen Konvergenzsatz, indem Sie die Funktionenfolge (f_n) mit $f_n : [0, 1] \to \mathbb{R}$ und

$$f_n(x) = \begin{cases} n, & x \in \left[0, \frac{1}{n}\right), \\ 0, & x \in [1/n, 1] \end{cases}$$

untersuchen.

16.20 ••• Zeigen Sie folgende Verallgemeinerung der Substitutionsregel: Sind $f \in L(\alpha, \beta)$ und $u \in C([a, b])$ auf (a, b) monotone, stetig differenzierbare Funktionen mit $u(a) = \alpha$ und $u(b) = \beta$, dann ist $f(u(.))u'(.)$ integrierbar auf (a, b), und es gilt:

$$\int_a^b f(u(x))\, u'(x)\, dx = \int_{u(a)}^{u(b)} f(u)\, du\,.$$

16.21 •• (a) Zeigen Sie: Ist f Regelfunktion auf $[a, b]$, so gilt

$$\left| \int_a^b f(x)\, dx \right| \leq \|f\|_\infty |b - a|,$$

wobei nur vom Integralbegriff für Regelfunktionen auszugehen ist.

(b) Begründen Sie: Zu zwei Regelfunktionen f und g ist auch das Produkt fg eine Regelfunktion.

(c) Finden Sie ein Gegenbeispiel, um zu belegen, dass die Aussage aus Teil (b) im Allgemeinen für lebesgue-integrierbare Funktionen nicht gilt.

Antworten der Selbstfragen

S. 605

Einsetzen der Treppenfunktion f liefert das Integral

$$\int_0^1 f(x)\, dx = \frac{1}{10}(-1 + 2 - 3 + \cdots - 9 + 10) = \frac{1}{2}\,.$$

S. 606

Punktweise Konvergenz bedeutet, dass zu jedem $\varepsilon > 0$ und $x \in [a, b]$ ein $N \in \mathbb{N}$ existiert mit

$$|f_n(x) - f(x)| \leq \varepsilon \quad \text{für } n \geq N\,.$$

Im Gegensatz zur gleichmäßigen Konvergenz ist bei der punktweisen Konvergenz die Zahl N von der Stelle x abhängig. Bei gleichmäßiger Konvergenz kann N angegeben werden, sodass die Abschätzung für alle $x \in [a, b]$ gilt.

S. 609

Für $a < b$ und eine Überdeckung $\{J_k \mid k \in \mathbb{N}\}$ des Intervalls (a, b) ist

$$\sum_{j=1}^{\infty} |J_k| \geq b - a \neq 0.$$

Also gibt es etwa zu $\varepsilon = (b - a)/2$ keine abzählbare Überdeckung. Die Menge ist keine Nullmenge. Nur im Fall $a = b$, d. h., $(a, b) = \emptyset$, handelt es sich um eine Nullmenge.

S. 614

Sind $f, g \in L(a, b)$ mit $f \leq g$ fast überall. Dann gilt für die Zerlegungen $f = f_1 - f_2$ und $g = g_1 - g_2$ mit $f_1, f_2, g_1, g_2 \in L^\uparrow(a, b)$, dass $f_1 + g_2 \leq g_1 + f_2$. Da $f_1 + g_2, g_1 + f_2 \in L^\uparrow(a, b)$ sind, folgt die Monotonie

$$\int_a^b f_1(x) + g_2(x)\, dx \leq \int_a^b g_1(x) + f_2(x)\, dx$$

mit dem Lemma auf Seite 613. Zusammen mit der Linearität des Integrals folgt:

$$\int_a^b f(x)\,\mathrm{d}x \le \int_a^b g(x)\,\mathrm{d}x.$$

S. 618

Betrachten wir die Treppenfunktion $f \colon [0,1] \to \mathbb{R}$ mit

$$f(x) = \begin{cases} 0 & \text{für } x \in [0, 1/2), \\ 1 & \text{für } x \in [1/2, 1], \end{cases}$$

dann ist

$$F(x) = \int_0^x f(t)\,\mathrm{d}t = \begin{cases} 0 & \text{für } x \subset [0, \tfrac{1}{2}], \\ x - \dfrac{1}{2} & \text{für } x \in [\tfrac{1}{2}, 1]. \end{cases}$$

Die Funktion F ist in $x = 1/2$ nicht differenzierbar.

S. 619

Nehmen wir an, es sind F_1 und F_2 zwei Stammfunktionen zu $f \colon (a, b) \to \mathbb{R}$. Dann ergibt sich für die Differenz $F = F_1 - F_2$, dass $F' = F_1' - F_2' = f - f = 0$ ist. Mit dem Mittelwertsatz der Differenzialrechnung wissen wir, dass eine Funktion, deren Ableitung verschwindet, konstant sein muss. Also gibt es eine Konstante $c \in \mathbb{R}$ mit $F_1(x) - F_2(x) = c$ für alle $x \in (a, b)$, d. h., die beiden Stammfunktionen von f unterscheiden sich höchstens durch eine additive Konstante c.

S. 621

Aus der Tabelle der Stammfunktionen sehen wir sofort:

$$I_1 = \int_0^1 \mathrm{e}^{-x}\,\mathrm{d}x = -\int_0^1 (-\mathrm{e}^{-x})\,\mathrm{d}x = -\left.\mathrm{e}^{-x}\right|_0^1$$

$$= \left.\mathrm{e}^{-x}\right|_1^0 = \mathrm{e}^0 - \mathrm{e}^{-1} = 1 - \frac{1}{\mathrm{e}}$$

und

$$I_2 = \int_0^1 \frac{1}{1+x^2}\,\mathrm{d}x = \left.\arctan x\right|_0^1$$

$$= \arctan(1) - \arctan(0) = \frac{\pi}{4}.$$

S. 623

Partielle Integration führt auf

$$\int \sin x \, \cos x \,\mathrm{d}x = \sin^2 x - \int \sin x \, \cos x \,\mathrm{d}x,$$

und es folgt:

$$\int \sin x \, \cos x \,\mathrm{d}x = \frac{1}{2}\sin^2 x + c$$

mit einer Integrationskonstante $c \in \mathbb{R}$.

S. 625

Mit der Substitution $f = f(x)$ und der Ableitung des Logarithmus folgt:

$$\int \frac{f'(x)}{f(x)}\,\mathrm{d}x = \int \frac{1}{f}\,\mathrm{d}f = \ln|f| + c = \ln|f(x)| + c$$

nach Rücksubstitution in den Fällen $f(x) > 0$ für $x \in [a, b]$ oder $f(x) < 0$ für $x \in [a, b]$. Falls f Nullstellen auf $[a, b]$ besitzt, können wir nur entsprechend gewählte Teilintervalle betrachten.

S. 633

Beachten wir die unterschiedlichen Notationen und ersetzen u, v in der Formulierung auf Seite 623 durch U, V. Bei der ursprünglichen Formulierung der partiellen Integration müssen die Ableitungen, also hier u, v, in (a, b) stetig vorausgesetzt werden, sodass nach dem ersten Hauptsatz mit $U, V \in C([a, b])$ Stammfunktionen auf (a, b) zu $u = U'$ und $v = V'$ gegeben sind. Darüber hinaus muss dort die Integrierbarkeit von uV und Uv über $[a, b]$ gefordert werden, da im Allgemeinen U' bzw. V' auf $[a, b]$ nicht zwangsläufig integrierbar sind. In der neuen Formulierung wird diese Existenz durch den Satz von Beppo Levi garantiert.

S. 641

Als Majoranten dient etwa der Betrag $|f|$, und man kann einfach die konstante Folge (f_n) mit $f_n = f$ wählen, die offensichtlich gegen f konvergiert.

S. 647

Da der Grenzwert sich linear verhält und für Treppenfunktionen die entsprechende Eigenschaft gilt, folgt mit zwei Folgen von Treppenfunktionen φ_n und ψ_n, die f bzw. g approximieren:

$$\int_a^b \lambda f(x) + \mu g(x)\,\mathrm{d}x = \lim_{n\to\infty} \int_a^b \lambda \varphi_n(x) + \mu \psi_n(x)\,\mathrm{d}x$$

$$= \lim_{n\to\infty} \lambda \int_a^b \varphi_n(x)\,\mathrm{d}x + \lim_{n\to\infty} \mu \int_a^b \psi_n(x)\,\mathrm{d}x$$

$$= \lambda \int_a^b f(x)\,\mathrm{d}x + \mu \int_a^b g(x)\,\mathrm{d}x.$$

S. 650

Gilt $f(x) \le g(x)$ auf $[a, b]$ so gilt für die Riemann-Summen zu einer Zerlegung Z die Abschätzung

$$\sum_{j=1}^\infty f(z_j)(x_j - x_{j-1}) \le \sum_{j=1}^\infty g(z_j)(x_j - x_{j-1}).$$

Sind f und g riemann-integrierbar, so bleibt die Abschätzung im Grenzfall entsprechender Riemann-Folgen erhalten. Das Integrieren ist monoton.

Euklidische und unitäre Vektorräume – orthogonales Diagonalisieren

17

Was ist der kürzeste Abstand eines Vektors zu einem Untervektorraum?

Warum sind symmetrische Matrizen diagonalisierbar?

Sind die Darstellungsmatrizen orthogonaler Endomorphismen orthogonal?

Wann ist eine Matrix normal?

© Springer-Verlag GmbH Deutschland, ein Teil von Springer Nature 2022
T. Arens et al., *Grundwissen Mathematikstudium*,
https://doi.org/10.1007/978-3-662-63313-7_17

Im Kapitel 7 zur analytischen Geometrie haben wir ausführlich das kanonische Skalarprodukt im (reellen) Anschauungsraum behandelt. Wir haben festgestellt, dass zwei Vektoren genau dann orthogonal zueinander sind, wenn ihr Skalarprodukt den Wert null ergibt.

Wir sind auch mit höherdimensionalen reellen und komplexen Vektorräumen und auch mit Vektorräumen, deren Elemente Funktionen oder Polynome sind, vertraut. Es ist daher eine naheliegende Frage, ob es auch möglich ist, ein Skalarprodukt zwischen Vektoren solcher Vektorräume zu erklären. Dabei sollte aber das vertraute Standardskalarprodukt des Anschauungsraums verallgemeinert werden. Dass dies in vielen Vektorräumen möglich ist, zeigen wir im vorliegenden Kapitel. Dabei können wir aber nicht mehr mit der Anschauung argumentieren. Wir werden vielmehr die algebraischen Eigenschaften des Skalarprodukts im Anschauungsraum nutzen, um ein (allgemeines) Skalarprodukt in reellen bzw. komplexen Vektorräumen zu erklären. Damit gelingt es dann auch von einer Orthogonalität von Funktionen zu sprechen – Funktionen sind per Definition dann orthogonal, wenn ihr Skalarprodukt den Wert null hat.

Tatsächlich erfordern viele Anwendungen der linearen Algebra, wie etwa die abstrakte Formulierung der Quantenmechanik, eine solche Orthogonalitätsrelation für Funktionen. Auch bei der Entwicklung periodischer Funktionen in eine Fourierreihe behilft man sich mit der Tatsache, dass das Skalarprodukt zwischen bestimmten trigonometrischen Funktionen den Wert null hat.

Wie immer in der Algebra betrachten wir neben einer algebraischen Struktur, in vorliegendem Fall die euklidischen und unitären Vektorräume, die strukturerhaltenden Abbildungen. Da lineare Abbildungen in verschiedener Art und Weise mit Skalarprodukten verträglich sein können, unterscheiden wir auch verschiedene Arten von linearen Abbildungen. Wir behandeln ausführlich orthogonale bzw. unitäre, selbstadjungierte und normale Endomorphismen. Wir können auch entscheiden, welche dieser Endomorphismen diagonalisierbar sind.

17.1 Euklidische Vektorräume

Wir wollen den Begriff des Senkrechtstehens zweier Vektoren weitreichend verallgemeinern. Neben den bisher betrachteten Vektorräumen $\mathbb{R}^n$ und $\mathbb{C}^n$, in denen wir von *zueinander orthogonalen Vektoren* gesprochen haben, wollen wir eine solche Relation auch für Elemente abstrakter Vektorräume erklären, wie etwa dem Vektorraum aller auf einem kompakten Intervall stetiger reellwertiger Funktionen. Wir beginnen mit dem reellen Fall.

Längen von Vektoren und Winkel zwischen Vektoren sind im $\mathbb{R}^2$ bzw. $\mathbb{R}^3$ mit dem Skalarprodukt bestimmbar

Für jede natürliche Zahl n und Vektoren

$$
v = \begin{pmatrix} v_1 \\ \vdots \\ v_n \end{pmatrix}, \ w = \begin{pmatrix} w_1 \\ \vdots \\ w_n \end{pmatrix} \in \mathbb{R}^n
$$

nannten wir das Produkt

$$
v \cdot w = v^\top w = \sum_{i=1}^{n} v_i\, w_i \in \mathbb{R}
$$

das **kanonische Skalarprodukt** oder auch das **Standardskalarprodukt** von v und w. Dieses ist ein Produkt zwischen zwei Vektoren des reellen Vektorraums $\mathbb{R}^n$, bei dem als Ergebnis eine reelle Zahl entsteht.

Kommentar: Statt $v \cdot w$ schreibt man oft auch $\langle v,\, w \rangle$ oder $s(v,\, w)$. Und anstelle von $v \cdot v$ findet man oft auch die Schreibweise v^2. Wir werden üblicherweise die Notation $v \cdot w$ verwenden, falls es sich um Vektoren v und w des $\mathbb{R}^n$ oder um nicht näher spezifizierte Vektoren handelt. Sind v und w aber Funktionen f und g eines Vektorraums von Funktionen, so bevorzugen wir die Schreibweise $\langle f,\, g \rangle$, da dies bei Funktionen die übliche Notation ist.

In den Anschauungsräumen, also in den Fällen $n = 2$ und $n = 3$, drückt $v \cdot w = 0$ die Tatsache aus, dass die beiden Vektoren v und w senkrecht aufeinanderstehen. Der Wert

$$
\|v\| = \sqrt{v \cdot v} = \sqrt{v_1^2 + v_2^2} \quad \text{bzw.}
$$
$$
\|v\| = \sqrt{v \cdot v} = \sqrt{v_1^2 + v_2^2 + v_3^2},
$$

also die Wurzel des Skalarprodukts eines Vektors mit sich selbst, gibt die Länge des Vektors v an. Anstelle von der *Länge* eines Vektors sprachen wir auch von der *Norm* eines Vektors.

— **?** —

Wieso existiert $\sqrt{v \cdot v}$ für jedes $v \in \mathbb{R}^2$ bzw. $\mathbb{R}^3$? Anders gefragt: Wieso ist $v \cdot v$ eine nicht negative reelle Zahl?

Über die geometrischen Eigenschaften des kanonischen Skalarprodukts wurde im Kapitel 7 berichtet. Nun stellen wir die algebraischen Eigenschaften dieses Skalarprodukts in den Vordergrund und definieren dann den allgemeinen Begriff eines Skalarprodukts eines reellen Vektorraums durch diese Eigenschaften.

Das kanonische Skalarprodukt ist eine symmetrische, positiv definite Bilinearform

Wir fassen das kanonische Skalarprodukt als eine Abbildung auf:

$$\cdot : \begin{cases} \mathbb{R}^n \times \mathbb{R}^n & \to & \mathbb{R}, \\ (v,\, w) & \mapsto & v \cdot w = v^\top w\,. \end{cases}$$

Nun gilt für alle $v,\, w,\, v',\, w' \in \mathbb{R}^n$ und $\lambda \in \mathbb{R}$:

- $(v + v') \cdot w = v \cdot w + v' \cdot w$ und $(\lambda\, v) \cdot w = \lambda\, (v \cdot w)$ (*Linearität im ersten Argument*),
- $v \cdot (w + w') = v \cdot w + v \cdot w'$ und $v \cdot (\lambda\, w) = \lambda\, (v \cdot w)$ (*Linearität im zweiten Argument*),
- $v \cdot w = w \cdot v$ (*Symmetrie*),
- $v \cdot v \geq 0$ und $v \cdot v = 0 \Leftrightarrow v = 0$ (*positive Definitheit*).

Der Nachweis dieser Eigenschaften ist einfach. Die Symmetrie etwa zeigt man wie folgt: Für alle $v = (v_i)$, $w = (w_i) \in \mathbb{R}^n$ gilt:

$$v \cdot w = \sum_{i=1}^n v_i\, w_i = \sum_{i=1}^n w_i\, v_i = w \cdot v\,.$$

Eine Abbildung von einem Vektorraum in seinen zugrunde liegenden Körper nennt man auch eine *Form*. Die ersten beiden Eigenschaften besagen, dass die Abbildung $\cdot$, also das Skalarprodukt, in den beiden Argumenten $(\cdot,\, \cdot) \in \mathbb{R}^n \times \mathbb{R}^n$ linear, also *bilinear* ist. Daher rührt der Begriff *Bilinearform* für Abbildungen mit diesen Eigenschaften.

Wegen der dritten Eigenschaft, der *Symmetrie*, folgt die zweite aus der ersten – oder die erste aus der zweiten. Man kann also eine der ersten beiden Eigenschaft aus der jeweils anderen mit der Symmetrie folgern. Wir werden gleich zeigen, wie das tatsächlich geht.

Die vierte Eigenschaft, die *positive Definitheit*, ist gleichwertig zu der Eigenschaft

$$v \cdot v > 0 \ \text{ für alle } \ v \in \mathbb{R}^n \setminus \{0\}\,.$$

Ein euklidisches Skalarprodukt ist eine symmetrische, positiv definite Bilinearform eines reellen Vektorraums

Wir benutzen die algebraischen Eigenschaften des kanonischen Skalarprodukts, um das Skalarprodukt in beliebigen reellen Vektorräumen einzuführen, um dann in solchen Vektorräumen von Normen von Vektoren und von Winkeln zwischen Vektoren sprechen zu können.

Euklidisches Skalarprodukt und euklidischer Vektorraum

Ist V ein reeller Vektorraum, so heißt eine Abbildung

$$\cdot : \begin{cases} V \times V & \to & \mathbb{R} \\ (v,\, w) & \mapsto & v \cdot w \end{cases}$$

ein **euklidisches Skalarprodukt**, wenn für alle $v,\, v',\, w \in V$ und $\lambda \in \mathbb{R}$ die folgenden Eigenschaften erfüllt sind:

(i) $(v + v') \cdot w = v \cdot w + v' \cdot w$ und $(\lambda\, v) \cdot w = \lambda\, (v \cdot w)$ (*Linearität im ersten Argument*),

(ii) $v \cdot w = w \cdot v$ (*Symmetrie*),

(iii) $v \cdot v \geq 0$ und $v \cdot v = 0 \Leftrightarrow v = 0$ (*positive Definitheit*).

Ist $\cdot$ ein euklidisches Skalarprodukt in V, so nennt man V einen **euklidischen Vektorraum**.

Kommentar: Später werden wir auch andere Skalarprodukte erklären, daher sollte man eigentlich stets das Adjektiv *euklidisch* mitführen. Wenn aber keine Verwechslungsgefahr besteht, werden wir es auch manchmal weglassen.

Wegen der Symmetrie folgt die Linearität im zweiten Argument, da für alle $v,\, w,\, w' \in V$ und $\lambda \in \mathbb{R}$ gilt:

$$v \cdot (w + w') \overset{\text{(ii)}}{=} (w + w') \cdot v \qquad\qquad v \cdot (\lambda\, w) \overset{\text{(ii)}}{=} (\lambda\, w) \cdot v$$
$$\overset{\text{(i)}}{=} w \cdot v + w' \cdot v \qquad\qquad\qquad \overset{\text{(i)}}{=} \lambda\, (w \cdot v)$$
$$\overset{\text{(ii)}}{=} v \cdot w + v \cdot w'\,, \qquad\qquad\quad\; \overset{\text{(ii)}}{=} \lambda\, (v \cdot w)\,.$$

?

Warum gilt für jedes v eines euklidischen Vektorraums $0 \cdot v = 0 = v \cdot 0$?

Beispiel

- Für jede natürliche Zahl n ist im reellen Vektorraum $\mathbb{R}^n$ das kanonische Skalarprodukt

$$v \cdot w = v^\top w \qquad (v,\, w \in \mathbb{R}^n)$$

ein euklidisches Skalarprodukt.

- Wir definieren für Vektoren $v,\, w \in \mathbb{R}^2$ mittels der Matrix $A = \begin{pmatrix} 2 & 1 \\ 1 & 1 \end{pmatrix}$ das Produkt

$$v \cdot w = v^\top A\, w$$

zwischen den Vektoren v und w und stellen fest, dass für alle $v,\, v',\, w \in \mathbb{R}^2$ und $\lambda \in \mathbb{R}$

$$(v + v') \cdot w = (v + v')^\top A\, w = v^\top A\, w + v'^\top A\, w$$
$$= v \cdot w + v' \cdot w$$

und

$$(\lambda\, v) \cdot w = (\lambda\, v)^\top A\, w = \lambda\, v^\top A\, w = \lambda\, (v \cdot w)$$

gilt. Das besagt, dass das so definierte Produkt $\cdot$ linear im ersten Argument ist. Das Produkt ist auch symmetrisch, da wegen

$$v^\top A\, w = (v^\top A\, w)^\top = w^\top A^\top v$$

(das Transponieren ändert eine reelle Zahl nicht) und der Symmetrie der Matrix A, d. h. $A^\top = A$, gilt:

$$v \cdot w = v^\top A\, w = w^\top A^\top v$$
$$= w^\top A\, v = w \cdot v\,.$$

Und schließlich ist das Produkt positiv definit, da für alle $v = \begin{pmatrix} v_1 \\ v_2 \end{pmatrix} \in \mathbb{R}^2$ gilt:

$$v \cdot v = v^\top A\, v = (2\, v_1 + v_2,\ v_1 + v_2) \begin{pmatrix} v_1 \\ v_2 \end{pmatrix}$$
$$= 2\, v_1^2 + 2\, v_1\, v_2 + v_2^2$$
$$= v_1^2 + (v_1 + v_2)^2 \geq 0\,,$$

und Gleichheit gilt hierbei genau dann, wenn $v_1 = 0 = v_2$, d. h. $v = \mathbf{0}$ ist.

Damit ist also gezeigt, dass $\cdot$ ein euklidisches Skalarprodukt ist und der $\mathbb{R}^2$ mit diesem Skalarprodukt ein euklidischer Vektorraum ist.

- Wir erklären ein Produkt $\langle\,,\,\rangle$ im Vektorraum aller auf einem abgeschlossenen Intervall $I = [a,\ b] \subseteq \mathbb{R}$ mit $a < b$ stetigen reellwertigen Funktionen, also im reellen Vektorraum

$$C(I) = \{f \in \mathbb{R}^I \mid f \text{ ist stetig}\}\,.$$

Dazu multiplizieren wir zwei Funktionen f und g aus $C(I)$ folgendermaßen:

$$\langle f, g \rangle = \int_a^b f(t)\, g(t)\, \mathrm{d}t \in \mathbb{R}\,.$$

Weil stetige Funktionen nach einem Ergebnis auf Seite 617 integrierbar sind, ist dieses Produkt auch definiert.

Nun verifizieren wir, dass dieses Produkt

$$\langle\,,\,\rangle \colon C(I) \times C(I) \to \mathbb{R}$$

ein Skalarprodukt ist.

Aufgrund der Rechenregeln von Seite 615 für das Integral gilt für alle Funktionen $f,\ g,\ h \in C(I)$:

$$\langle f + g, h \rangle = \int_a^b (f(t) + g(t))\, h(t)\, \mathrm{d}t$$
$$= \int_a^b f(t)\, h(t)\, \mathrm{d}t + \int_a^b g(t)\, h(t)\, \mathrm{d}t$$
$$= \langle f, h \rangle + \langle g, h \rangle\,.$$

Analog gilt für jede reelle Zahl λ:

$$\langle \lambda\, f, g \rangle = \lambda\, \langle f, g \rangle\,.$$

Damit ist bereits gezeigt, dass $\langle\,,\,\rangle$ linear im ersten Argument ist. Für alle $f,\ g \in C(I)$ gilt:

$$\langle f, g \rangle = \int_a^b f(t)\, g(t)\, \mathrm{d}t = \int_a^b g(t)\, f(t)\, \mathrm{d}t = \langle g, f \rangle\,,$$

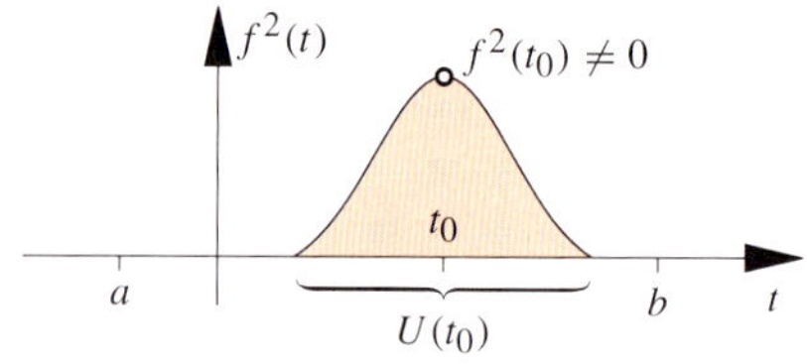

Abbildung 17.1 Der Graph der stetigen Funktion f^2 schließt mit der t-Achse einen positiven Flächeninhalt ein.

also ist das Produkt auch symmetrisch und somit eine symmetrische Bilinearform.

Wir zeigen nun, dass das Produkt positiv definit ist. Für jedes $f \in C(I)$ gilt:

$$\langle f, f \rangle = \int_a^b f(t)\, f(t)\, \mathrm{d}t = \int_a^b (f(t))^2\, \mathrm{d}t \geq 0\,.$$

Ist f nicht die Nullfunktion, so gibt es ein $t_0 \in [a,\ b]$ mit $f(t_0) \neq 0$. Da f stetig ist, gibt es somit eine Umgebung $U(t_0) \subseteq [a,\ b]$, sodass f für alle Argumente aus $U(t_0)$ von null verschiedene Werte annimmt (Abb. 17.1). Da

$$0 < \int_{U(t_0)} f(t)^2\, \mathrm{d}t \leq \int_a^b f(t)^2\, \mathrm{d}t\,,$$

ist das Integral $\langle f, f \rangle = \int_a^b (f(t))^2\, \mathrm{d}t$ größer als null. Es folgt die positive Definitheit:

$$\langle f, f \rangle = 0 \Leftrightarrow f = 0\,.$$

Somit ist $\cdot$ ein Skalarprodukt.

Kommentar: Hätten wir anstatt der Stetigkeit nur die Integrierbarkeit gefordert, so wäre das so definierte Produkt kein Skalarprodukt. Eine Funktion f, die außer an einer Stelle t_0 zwischen a und b stets den Wert Null annimmt, ist nicht die Nullfunktion, sie ist aber integrierbar, und es gilt $\langle f, f \rangle = \int_a^b f(t)^2\, \mathrm{d}t = 0$ (Abb. 17.2).

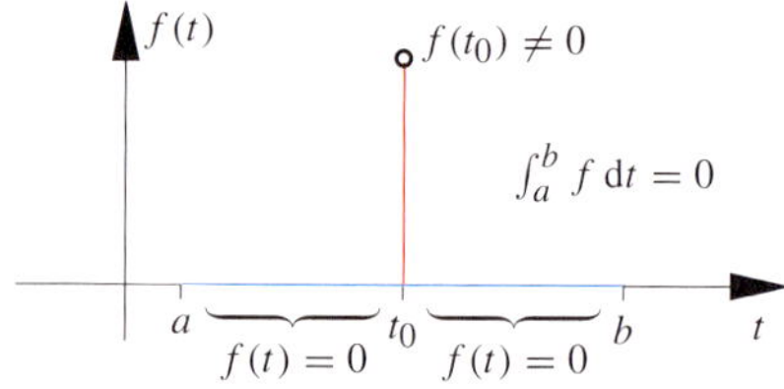

Abbildung 17.2 Das Integral einer Funktion, die nur auf einer Nullmenge von null verschiedene Werte annimmt, ist null.

- Anstelle von $C(I)$ können wir auch den Vektorraum der Polynome vom Grad kleiner oder gleich einer natürlichen Zahl n wählen. Weil Polynomfunktionen stetig sind, ist dann

$$\langle p, q \rangle = \int_a^b p(t)\, q(t)\, \mathrm{d}t$$

ein Skalarprodukt. ◀

Achtung: Beim Skalarprodukt darf man im Allgemeinen nicht kürzen:

Aus $a \cdot v = a \cdot w$ folgt nicht unbedingt $v = w$.

Wegen der Linearität kann man aber

$$a \cdot (v - w) = 0$$

folgern.

Positiv definite Matrizen liefern euklidische Skalarprodukte

Wir betrachten noch einmal das zweite Beispiel von Seite 661. Für jede reelle symmetrische Matrix A ist das Produkt von Vektoren v, w des $\mathbb{R}^n$, das definiert ist durch

$$v \cdot w = v^\top A\, w\,,$$

linear im ersten Argument, symmetrisch – dies liegt an der Symmetrie der Matrix A – und damit linear im zweiten Argument.

Damit dieses Produkt ein Skalarprodukt ist, fehlt noch die Eigenschaft $v \cdot v > 0$, also $v^\top A\, v > 0$, für alle vom Nullvektor verschiedenen Vektoren v des $\mathbb{R}^n$.

Nicht jede symmetrische Matrix erfüllt diese positive Definitheit. Man betrachte etwa die symmetrische Matrix $\begin{pmatrix} 1 & 1 \\ 1 & 1 \end{pmatrix}$, für die gilt:

$$(1,\, -1) \begin{pmatrix} 1 & 1 \\ 1 & 1 \end{pmatrix} \begin{pmatrix} 1 \\ -1 \end{pmatrix} = 0\,,$$

obwohl $\begin{pmatrix} 1 \\ -1 \end{pmatrix} \neq 0$ gilt.

?

Ist $v \cdot w = v^\top A\, v$ mit der Matrix

$$A = \begin{pmatrix} 1 & 0 & 0 \\ 0 & 0 & 0 \\ 0 & 0 & -1 \end{pmatrix}$$

ein Skalarprodukt im $\mathbb{R}^3$?

Definitheit symmetrischer Matrizen

Wir nennen eine reelle symmetrische $n \times n$-Matrix A

- **positiv definit**, wenn für alle $v \in \mathbb{R}^n \setminus \{0\}$ gilt:

$$v^\top A\, v > 0\,,$$

- **negativ definit**, wenn für alle $v \in \mathbb{R}^n \setminus \{0\}$ gilt:

$$v^\top A\, v < 0\,,$$

- **positiv semidefinit**, wenn für alle $v \in \mathbb{R}^n \setminus \{0\}$ gilt:

$$v^\top A\, v \geq 0\,,$$

- **negativ semidefinit**, wenn für alle $v \in \mathbb{R}^n \setminus \{0\}$ gilt:

$$v^\top A\, v \leq 0\,,$$

- **indefinit**, wenn es Vektoren v, $w \in \mathbb{R}^n$ gibt mit

$$v^\top A\, v > 0 \text{ und } w^\top A\, w < 0\,.$$

Achtung: Man beachte, dass die Symmetrie im Begriff der *Definitheit* steckt: Positiv definite Matrizen sind symmetrisch.

Beispiel Für eine Diagonalmatrix $D = \mathrm{diag}(\lambda_1, \ldots, \lambda_n) \in \mathbb{R}^{n \times n}$ gilt offenbar:

$$D \text{ ist positiv definit} \Leftrightarrow \lambda_1, \ldots, \lambda_n > 0\,,$$
$$D \text{ ist negativ definit} \Leftrightarrow \lambda_1, \ldots, \lambda_n < 0\,,$$
$$D \text{ ist positiv semidefinit} \Leftrightarrow \lambda_1, \ldots, \lambda_n \geq 0\,,$$
$$D \text{ ist negativ semidefinit} \Leftrightarrow \lambda_1, \ldots, \lambda_n \leq 0\,,$$
$$D \text{ ist indefinit} \Leftrightarrow \exists\, i,\, j \text{ mit } \lambda_i < 0,\, \lambda_j > 0\,.$$

Weitere Beispiele werden auf Seite 664 diskutiert. ◄

Jede positiv definite Matrix liefert ein euklidisches Skalarprodukt, das besagt der folgende Satz.

Positiv definite Matrizen definieren Skalarprodukte

Jede positiv definite Matrix $A \in \mathbb{R}^{n \times n}$ definiert durch

$$v \cdot w = v^\top A\, w$$

ein euklidisches Skalarprodukt. Mit diesem Skalarprodukt $\cdot$ ist der $\mathbb{R}^n$ ein euklidischer Vektorraum.

Beweis: Die Betrachtungen zu Beginn dieses Abschnitts zeigen, dass $\cdot$ eine symmetrische Bilinearform ist. Schließlich ist diese Bilinearform wegen der positiven Definitheit der Matrix A auch positiv definit, da für alle $v \in \mathbb{R}^n \setminus \{0\}$ gilt:

$$v \cdot v = v^\top A\, v > 0\,.$$

Folglich ist $\cdot$ ein euklidisches Skalarprodukt. ∎

Man erhält bei diesem Skalarprodukt mit der Wahl $A = \mathbf{E}_n$ das kanonische Skalarprodukt zurück – die Einheitsmatrix $\mathbf{E}_n$ ist positiv definit.

Die Darstellungsmatrix einer Bilinearform erhält man komponentenweise

Ist φ ein Endomorphismus eines n-dimensionalen $\mathbb{K}$-Vektorraums V, so können wir diesen durch eine Matrix aus $\mathbb{K}^{n \times n}$ darstellen. Diese Darstellungsmatrix ${}_B M(\varphi)_B$ von φ bezüglich einer gewählten Basis B von V erhält man spaltenweise: *In der i-ten Spalte steht der Koordinatenvektor des*

Beispiel: Definitheit symmetrischer Matrizen

Wir überprüfen, ob die folgenden symmetrischen Matrizen positiv definit, negativ definit, positiv semidefinit, negativ semidefinit oder indefinit sind.

$$A = \begin{pmatrix} 1 & 1 \\ 1 & 1 \end{pmatrix} \in \mathbb{R}^{2\times 2}, \quad B = \begin{pmatrix} 2 & 1 \\ 1 & 1 \end{pmatrix} \in \mathbb{R}^{2\times 2}, \quad C = \begin{pmatrix} 1 & 0 & 0 \\ 0 & 0 & 1 \\ 0 & 1 & 0 \end{pmatrix} \in \mathbb{R}^{3\times 3}, \quad D = \begin{pmatrix} -1 & 1 \\ 1 & -2 \end{pmatrix} \in \mathbb{R}^{2\times 2}.$$

Problemanalyse und Strategie: Wir bestimmen für jede der angegebenen Matrizen $M \in \mathbb{R}^{n\times n}$ und jeden Vektor $v \in \mathbb{R}^n$ die Zahl $v^\top M v \in \mathbb{R}$ und stellen Überlegungen über das Vorzeichen an.

Lösung:

Die Matrix A ist wegen

$$(v_1, v_2)\, A \begin{pmatrix} v_1 \\ v_2 \end{pmatrix} = v_1^2 + v_1 v_2 + v_2 v_1 + v_2^2$$
$$= (v_1 + v_2)^2 \geq 0$$

auf jeden Fall zumindest positiv semidefinit. Die Matrix ist aber nicht positiv definit, da für $v_1 = -v_2$, $v_1 \neq 0$, gilt $v^\top A v = 0$. Somit ist A positiv semidefinit.

Die Matrix B ist wegen

$$(v_1, v_2)\, B \begin{pmatrix} v_1 \\ v_2 \end{pmatrix} = 2 v_1^2 + 2 v_1 v_2 + v_2^2$$
$$= v_1^2 + (v_1 + v_2)^2 \geq 0$$

zumindest positiv semidefinit. Wegen

$$(v_1, v_2)\, B \begin{pmatrix} v_1 \\ v_2 \end{pmatrix} = 0 \Leftrightarrow v_1 = 0 = v_2$$

ist B positiv definit.

Die Matrix C ist wegen

$$(0, 1, -1)\, C \begin{pmatrix} 0 \\ 1 \\ -1 \end{pmatrix} = -2 \quad \text{und} \quad (1, 0, 0)\, C \begin{pmatrix} 1 \\ 0 \\ 0 \end{pmatrix} = 1$$

indefinit.

Die Matrix D ist wegen

$$(v_1, v_2)\, D \begin{pmatrix} v_1 \\ v_2 \end{pmatrix} = -v_1^2 + 2 v_1 v_2 - 2 v_2^2$$
$$= -((v_1 - v_2)^2 + v_2^2) \leq 0$$

zumindest negativ semidefinit. Wegen

$$(v_1, v_2)\, D \begin{pmatrix} v_1 \\ v_2 \end{pmatrix} = 0 \Leftrightarrow v_1 = 0 = v_2$$

ist D negativ definit.

Bildes des i-ten Basisvektors. Die Darstellungsmatrix enthält alle wesentlichen Informationen des Endomorphismus, es ist

$$\varphi \mapsto {}_B M(\varphi)_B$$

bei einer fest gewählten Basis B ein Isomorphismus von $\mathrm{End}_{\mathbb{K}}(V)$ auf $\mathbb{K}^{n\times n}$ (Seite 445).

Wir gehen nun für euklidische Skalarprodukte endlichdimensionaler euklidischer Vektorräume ähnlich vor: Wie wir wissen, liefert jede positiv definite Matrix $A \in \mathbb{R}^{n\times n}$ ein euklidisches Skalarprodukt auf dem Vektorraum $\mathbb{R}^n$. Nun zur Umkehrung:

Darstellungsmatrix eines euklidischen Skalarprodukts

Ist V ein n-dimensionaler euklidischer Vektorraum mit dem euklidischen Skalarprodukt $\cdot$ und einer Basis $B = (b_1, \ldots, b_n)$, so nennt man die $n \times n$-Matrix

$$M_B(\cdot) = (b_i \cdot b_j)_{i,j} = \begin{pmatrix} b_1 \cdot b_1 & \cdots & b_1 \cdot b_n \\ \vdots & & \vdots \\ b_n \cdot b_1 & \cdots & b_n \cdot b_n \end{pmatrix} \in \mathbb{R}^{n\times n}$$

die **Darstellungsmatrix von** $\cdot$ **bezüglich der Basis** B.

Die Matrix $M_B = M_B(\cdot)$ ist positiv definit, und für alle

$$v = \sum_{i=1}^n v_i\, b_i \quad \text{und} \quad w = \sum_{i=1}^n w_i\, b_i \in V$$

gilt:

$$v \cdot w = (v_1, \ldots, v_n)\, M_B \begin{pmatrix} w_1 \\ \vdots \\ w_n \end{pmatrix}.$$

Beweis: Für $v = \sum_{i=1}^n v_i\, b_i$, $w = \sum_{i=1}^n w_i\, b_i \in V$ gilt wegen der Linearität des Produkts in beiden Argumenten:

$$v \cdot w = \left(\sum_{i=1}^n v_i\, b_i \right) \cdot \left(\sum_{i=1}^n w_i\, b_i \right)$$
$$= \sum_{i,j=1}^n v_i\, w_j\, (b_i \cdot b_j)$$
$$= (v_1, \ldots, v_n)\, M_B \begin{pmatrix} w_1 \\ \vdots \\ w_n \end{pmatrix}.$$

Die Symmetrie und schließlich die positive Definitheit von M_B folgt hieraus mit der Symmetrie und der positiven Definitheit des Skalarprodukts. ∎

Anstelle von der Darstellungsmatrix von · bezüglich B spricht man auch von der **Gram'schen Matrix** von · bezüglich B.

Man beachte die Ähnlichkeit zwischen der Darstellung eines Endomorphismus und der Darstellung eines Skalarprodukts: Das Anwenden eines Endomorphismus wird auf die Multiplikation der Darstellungsmatrix mit einem Koordinatenvektor zurückgeführt:

$$\varphi(\boldsymbol{v}) \longleftrightarrow {}_B\boldsymbol{M}(\varphi)_B \, {}_B\boldsymbol{v}\,,$$

und die Produktbildung beim Skalarprodukt erfolgt durch Multiplikation von Koordinatenvektoren mit der Darstellungsmatrix

$$\boldsymbol{v}\cdot\boldsymbol{w} \longleftrightarrow {}_B\boldsymbol{v}^\top \boldsymbol{M}_B \, {}_B\boldsymbol{w}\,.$$

Wir können aus obigem Ergebnis eine Folgerung ziehen, die die Ähnlichkeit der Darstellungen von Endomorphismen und Skalarprodukten weiter unterstreicht.

Folgerung

Für jede Basis B eines n-dimensionalen Vektorraums V ist die Abbildung

$$\psi_B \colon s \mapsto \boldsymbol{M}_B(s)$$

eine Bijektion von der Menge aller euklidischer Skalarprodukte auf V in die Menge aller positiv definiten $n \times n$-Matrizen.

Beweis: Nach dem obigen Satz zur Darstellungsmatrix eines euklidischen Skalarprodukts ist ψ_B eine Abbildung von der Menge aller euklidischer Skalarprodukte auf V in die Menge aller positiv definiten $n \times n$-Matrizen. Diese Abbildung ist injektiv, da aus $\boldsymbol{M}_B(s) = \boldsymbol{M}_B(s')$ für zwei euklidische Skalarprodukte s und s' erneut nach obigem Satz $s = s'$ folgt. Schließlich ist die Abbildung auch surjektiv, da für jede positiv definite $n \times n$-Matrix $\boldsymbol{A}$ das wie folgt auf V erklärte Skalarprodukt

$$\boldsymbol{v}\cdot\boldsymbol{w} = {}_B\boldsymbol{v}^\top \boldsymbol{A} \, {}_B\boldsymbol{w}\,, \quad \boldsymbol{v},\,\boldsymbol{w}\in V\,,$$

die Darstellungsmatrix $\boldsymbol{M}_B(\cdot) = \boldsymbol{A}$ hat. ∎

Darstellungsmatrizen ein und desselben Skalarprodukts bezüglich verschiedener Basen sind zueinander kongruent

Wir erinnern erneut an die Darstellungsmatrizen von Endomorphismen: Sind ${}_B\boldsymbol{M}(\varphi)_B$ und ${}_C\boldsymbol{M}(\varphi)_C$ zwei Darstellungsmatrizen eines Endomorphismus φ eines n-dimensionalen $\mathbb{K}$-Vektorraums V, so sind die Darstellungsmatrizen

zueinander ähnlich, d. h., es gibt eine invertierbare Matrix $\boldsymbol{S} \in \mathbb{K}^{n\times n}$ mit

$$_C\boldsymbol{M}(\varphi)_C = \boldsymbol{S}^{-1}\,{}_B\boldsymbol{M}(\varphi)_B\,\boldsymbol{S}\,.$$

Dabei gilt $\boldsymbol{S} = {}_B\boldsymbol{M}(\mathrm{id})_C$ – beachte auch das folgende Diagramm:

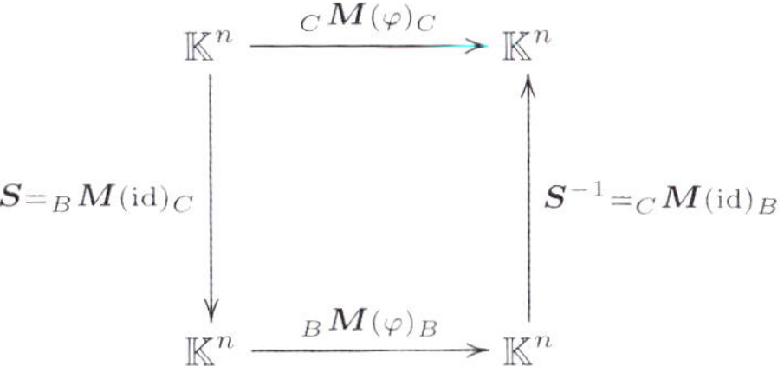

Natürlich stellen wir uns nun die Frage, wie die Situation im vorliegenden Fall eines euklidischen Vektorraums ist. Wie ist der Zusammenhang von Darstellungsmatrizen eines euklidischen Skalarprodukts bezüglich verschiedener Basen? Die Antwort liefert der folgende Satz.

Darstellungsmatrizen bezüglich verschiedener Basen

Ist V ein n-dimensionaler euklidischer Vektorraum mit dem euklidischen Skalarprodukt · und den Basen $B = (\boldsymbol{b}_1, \ldots, \boldsymbol{b}_n)$ und $C = (\boldsymbol{c}_1, \ldots, \boldsymbol{c}_n)$, so gilt mit der Matrix $\boldsymbol{S} = {}_B\boldsymbol{M}(\mathrm{id})_C$ die Gleichung:

$$\boldsymbol{M}_C = \boldsymbol{S}^\top \boldsymbol{M}_B \, \boldsymbol{S}\,.$$

Beweis: Die i-te Spalte der Matrix $\boldsymbol{S} = (s_{ij})$ ist der Koordinatenvektor von $\boldsymbol{c}_i$ bezüglich der Basis B, d. h., $\boldsymbol{c}_i = \sum_{k-1}^n s_{ki}\,\boldsymbol{b}_k$.

An der Stelle $(i,\,j)$ der Matrix $\boldsymbol{M}_C$ steht der Eintrag

$$\boldsymbol{c}_i\cdot\boldsymbol{c}_j = \left(\sum_{k=1}^n s_{ki}\,\boldsymbol{b}_k\right)\cdot\left(\sum_{l=1}^n s_{lj}\,\boldsymbol{b}_l\right) = \sum_{k,l=1}^n s_{ki}\,s_{lj}\,(\boldsymbol{b}_k\cdot\boldsymbol{b}_l)\,,$$

und dies ist der Eintrag in der Matrix $\boldsymbol{S}^\top \boldsymbol{M}_B \, \boldsymbol{S}$ an der Stelle $(i,\,j)$. ∎

Es sei $\mathbb{K}$ ein Körper. Man nennt zwei Matrizen $\boldsymbol{A}$, $\boldsymbol{B} \in \mathbb{K}^{n\times n}$ **zueinander kongruent**, wenn es eine invertierbare Matrix $\boldsymbol{S} \in \mathbb{K}^{n\times n}$ gibt, sodass

$$\boldsymbol{B} = \boldsymbol{S}^\top \boldsymbol{A}\,\boldsymbol{S}$$

gilt. Da die *Basistransformationsmatrix* ${}_B\boldsymbol{M}(\mathrm{id})_C$ invertierbar ist, sind also je zwei Darstellungsmatrizen eines Skalarprodukts zueinander kongruent.

Dass die Kongruenz von Matrizen eine Äquivalenzrelation auf $\mathbb{K}^{n\times n}$ liefert, begründet man analog zur entsprechenden Aussage zur Ähnlichkeit auf Seite 455:

Lemma

Für jeden Körper $\mathbb{K}$ und für jede natürliche Zahl n definiert die Kongruenz $\sim$ von Matrizen eine Äquivalenzrelation auf der Menge $\mathbb{K}^{n\times n}$.

Dies ausführlich zu begründen haben wir als Übungsaufgabe gestellt.

Nach dem Satz auf Seite 55 zerlegt jede Äquivalenzrelation ihre Grundmenge in ihre nichtleeren Äquivalenzklassen. Die Äquivalenzklassen bezüglich der Äquivalenzrelationen *Ähnlichkeit* $\overset{\text{ä}}{\sim}$ und *Kongruenz* $\overset{\text{k}}{\sim}$ sind jedoch im Allgemeinen sehr verschieden, es können nämlich alle möglichen Fälle auftreten:

- Zueinander kongruente Matrizen können zueinander ähnlich sein:

$$\begin{pmatrix} 1 & 0 \\ 0 & 2 \end{pmatrix} \overset{\text{k}}{\sim} \begin{pmatrix} 1 & 0 \\ 0 & 2 \end{pmatrix} \quad \text{und} \quad \begin{pmatrix} 1 & 0 \\ 0 & 2 \end{pmatrix} \overset{\text{ä}}{\sim} \begin{pmatrix} 1 & 0 \\ 0 & 2 \end{pmatrix}.$$

- Zueinander nicht kongruente Matrizen können zueinander ähnlich sein:

$$\begin{pmatrix} 1 & 0 \\ 0 & 2 \end{pmatrix} \overset{\text{k}}{\nsim} \begin{pmatrix} 0 & 1 \\ -2 & 3 \end{pmatrix} \quad \text{und} \quad \begin{pmatrix} 1 & 0 \\ 0 & 2 \end{pmatrix} \overset{\text{ä}}{\sim} \begin{pmatrix} 0 & 1 \\ -2 & 3 \end{pmatrix}.$$

- Zueinander nicht ähnliche Matrizen können zueinander kongruent sein:

$$\begin{pmatrix} 1 & 0 \\ 0 & 2 \end{pmatrix} \overset{\text{ä}}{\nsim} \begin{pmatrix} 4 & 0 \\ 0 & 8 \end{pmatrix} \quad \text{und} \quad \begin{pmatrix} 1 & 0 \\ 0 & 2 \end{pmatrix} \overset{\text{k}}{\sim} \begin{pmatrix} 4 & 0 \\ 0 & 8 \end{pmatrix}.$$

- Zueinander nicht ähnliche Matrizen können zueinander nicht kongruent sein:

$$\begin{pmatrix} 1 & 0 \\ 0 & 2 \end{pmatrix} \overset{\text{ä}}{\nsim} \begin{pmatrix} 0 & 0 \\ 0 & 0 \end{pmatrix} \quad \text{und} \quad \begin{pmatrix} 1 & 0 \\ 0 & 2 \end{pmatrix} \overset{\text{k}}{\nsim} \begin{pmatrix} 0 & 0 \\ 0 & 0 \end{pmatrix}.$$

?

Begründen Sie diese Behauptungen.

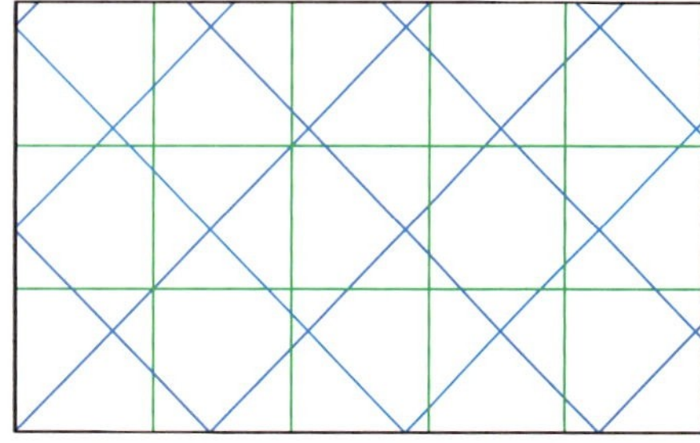

Abbildung 17.3 Die Äquivalenzrelationen *Kongruenz* und *Ähnlichkeit* zerlegen den $\mathbb{K}^{n \times n}$ im Allgemeinen in verschiedene Äquivalenzklassen.

17.2 Norm, Abstand, Winkel, Orthogonalität

In euklidischen Vektorräumen, also in reellen Vektorräumen mit einem euklidischen Skalarprodukt, ist es möglich, Vektoren eine *Norm* zuzuordnen. Diese Norm entspricht dabei dem anschaulichen Begriff der Länge im $\mathbb{R}^2$ bzw. $\mathbb{R}^3$, wenn das Skalarprodukt das kanonische ist. Mit dem Begriff der Norm werden wir dann Abstände zwischen Vektoren und Winkel zwischen Vektoren erklären und so letztlich zu dem Begriff der Orthogonalität kommen.

Vektoren in euklidischen Vektorräumen haben eine Norm

Wir haben für einen Vektor $\boldsymbol{v} = \begin{pmatrix} v_1 \\ v_2 \end{pmatrix}$ der Anschauungsebene $\mathbb{R}^2$ gezeigt, dass der Ausdruck

$$\|\boldsymbol{v}\| = \sqrt{\boldsymbol{v} \cdot \boldsymbol{v}} = \sqrt{v_1^2 + v_2^2}$$

die Länge der Strecke vom Ursprung zum Punkt $\boldsymbol{v}$ angibt. In der Sprechweise des Kapitels 7 ist dies die *Norm des Vektors* $\boldsymbol{v}$.

Der Ausdruck $\sqrt{\boldsymbol{v} \cdot \boldsymbol{v}}$ existiert aber für jedes euklidische Skalarprodukt $\cdot$. Dies liegt an der positiven Definitheit, die sicherstellt, dass man diese Wurzel bilden kann.

Wir werden die Größe $\sqrt{\boldsymbol{v} \cdot \boldsymbol{v}}$ die *Norm* des Vektors $\boldsymbol{v}$ nennen und sie wieder mit $\|\boldsymbol{v}\|$ bezeichnen.

> **Die Norm von Vektoren**
>
> Ist $\boldsymbol{v}$ ein Element eines euklidischen Vektorraums mit dem euklidischen Skalarprodukt $\cdot$, so nennt man die nichtnegative reelle Zahl
>
> $$\|\boldsymbol{v}\| = \sqrt{\boldsymbol{v} \cdot \boldsymbol{v}}$$
>
> die **Norm** bzw. **Länge** des Vektors $\boldsymbol{v}$.

Beispiel Wir können also etwa $\| \exp \|$ für die auf dem Intervall $[0, 1]$ stetige reelle Funktion exp bezüglich des Skalarprodukts $\langle f, g \rangle = \int_0^1 f(t)\, g(t)\, \mathrm{d}t$ auf dem reellen Vektorraum C der auf dem Intervall $[0, 1]$ stetigen Funktionen bilden:

$$\| \exp \| = \sqrt{\langle \exp, \exp \rangle} = \sqrt{\int_0^1 \mathrm{e}^{2t}\, \mathrm{d}t} = \sqrt{\frac{1}{2}\,(\mathrm{e}^2 - 1)}.$$

Damit hat die Funktion exp in diesem euklidischen Vektorraum die *Norm* $\frac{1}{\sqrt{2}}\sqrt{(\mathrm{e}^2 - 1)}$.

Hätten wir für das Skalarprodukt etwa das Intervall $[0, 2]$ gewählt, so hätte exp eine andere *Norm*, nämlich $\frac{1}{\sqrt{2}}\sqrt{(\mathrm{e}^4 - 1)}$. Dieser Begriff der *Norm* hängt vom erklärten Skalarprodukt ab. ◀

?

Welche Norm hat die Polynomfunktion $\boldsymbol{p} : \mathbb{R} \to \mathbb{R}$, $\boldsymbol{p}(t) = t^2$ bezüglich des euklidischen Skalarprodukts

$$\langle f, g \rangle = \int_0^1 f(t)\, g(t)\, \mathrm{d}t\,?$$

Die Cauchy-Schwarz'sche Ungleichung besagt, dass der Betrag des Skalarprodukts zweier Vektoren kleiner ist als das Produkt der Normen beider Vektoren

Die *Cauchy-Schwarz'sche Ungleichung* ist eine Ungleichung von fundamentaler Bedeutung in verschiedenen Gebieten der Mathematik. Wir werden sie benutzen, um einen sinnvollen Abstands- und Winkelbegriff in euklidischen Vektorräumen einzuführen.

Die Cauchy-Schwarz'sche Ungleichung

Für alle Elemente v und w eines euklidischen Vektorraums V gilt die Cauchy-Schwarz'sche Ungleichung:

$$|v \cdot w| \leq \|v\| \, \|w\| \, .$$

Die Gleichheit gilt hier genau dann, wenn v und w linear abhängig sind.

Beweis: Im Fall $w = 0$ stimmen alle Behauptungen. Darum setzen wir von nun an $w \neq 0$ voraus.

Für alle $\lambda, \mu \in \mathbb{R}$ gilt die Ungleichung:

$$0 \leq (\lambda \, v + \mu \, w) \cdot (\lambda \, v + \mu \, w) \, .$$

Wir wählen nun $\lambda = w \cdot w \, (> 0)$ und $\mu = -v \cdot w$ und erhalten so:

$$
\begin{aligned}
0 &\leq (\lambda \, v + \mu \, w) \cdot (\lambda \, v + \mu \, w) \\
&= \lambda \lambda \, (v \cdot v) + \lambda \mu \, (v \cdot w) + \mu \lambda \, (w \cdot v) + \mu \mu \, (w \cdot w) \\
&= \lambda \, (\lambda \, (v \cdot v) + \mu \, (v \cdot w) + \mu \, (w \cdot v) + \mu \mu) \\
&= \lambda \, ((w \cdot w) \, (v \cdot v) - \mu \mu - \mu \mu + \mu \mu) \\
&= \lambda \, (\|w\|^2 \, \|v\|^2 - (v \cdot w) \, (v \cdot w)) \, .
\end{aligned}
$$

Wir können die positive Zahl λ in dieser Ungleichung kürzen und erhalten

$$(v \cdot w)^2 \leq \|w\|^2 \, \|v\|^2 \, .$$

Da die Wurzelfunktion monoton wächst, folgt die Cauchy-Schwarz'sche Ungleichung

$$|v \cdot w| \leq \|v\| \, \|w\| \, .$$

Weiterhin folgt aus der Gleichheit

$$|v \cdot w| = \|v\| \, \|w\|$$

mit obiger Wahl für λ und μ sogleich

$$(\lambda \, v + \mu \, w) \cdot (\lambda \, v + \mu \, w) = 0 \, ,$$

wegen der positiven Definitheit des Skalarprodukts also $\lambda \, v + \mu \, w = 0$. Weil $\lambda \neq 0$ gilt, bedeutet dies, dass v und w linear abhängig sind.

Ist andererseits vorausgesetzt, dass v und w linear abhängig sind, so existiert ein $\nu \in \mathbb{R}$ mit $v = \nu \, w$. Wir erhalten

$$|v \cdot w| = |\nu| \, \|w\| \, \|w\| = \|\nu \, w\| \, \|w\| = \|v\| \, \|w\| \, .$$

Damit ist alles begründet. $\blacksquare$

Jedes Skalarprodukt liefert eine Norm

Tatsächlich ist der Begriff der *Norm* eines Vektors sogar noch etwas allgemeiner als unsere Definition.

Wir betrachten im Folgenden einen reellen oder komplexen Vektorraum V – man beachte, dass wir kein Skalarprodukt voraussetzen. Um beide Fälle in einem abhandeln zu können, schreiben wir $\mathbb{K}$ für den Grundkörper des Vektorraums V.

Definition einer Norm

Es sei V ein $\mathbb{K}$-Vektorraum. Man nennt eine Abbildung

$$N : \begin{cases} V & \to & \mathbb{R}_{\geq 0} \, , \\ v & \mapsto & N(v) \end{cases}$$

von V in die Menge der nicht negativen reellen Zahlen eine **Norm**, wenn die folgenden drei Eigenschaften erfüllt sind:
(N1) $N(v) = 0 \Leftrightarrow v = 0$,
(N2) $N(\lambda \, v) = |\lambda| \, N(v)$ für alle $\lambda \in \mathbb{K}$.
(N3) $N(v + w) \leq N(v) + N(w)$ für alle $v, w \in V$ (*Dreiecksungleichung*).
Einen $\mathbb{K}$-Vektorraum V mit einer Norm N nennt man auch **normierten Raum**.

Beispiel Wir betrachten die folgenden Abbildungen N_1, N_2 und N_∞ von $V = \mathbb{K}^n$ in $\mathbb{R}_{\geq 0}$, die gegeben sind durch

- $N_1((v_i)_i) = \sum\limits_{i=1}^n |v_i|$,

- $N_2((v_i)_i) = \sqrt{\sum\limits_{i=1}^n |v_i|^2}$,

- $N_\infty((v_i)_i) = \max\{|v_i| \mid i = 1, \ldots, n\}$.

Die Behauptung ist, dass die Abbildungen N_1, N_2, $N_\infty : V \to \mathbb{R}_{\geq 0}$ Normen sind.

(N1) und (N2) sind offenbar für jede der Abbildungen N_1, N_2, N_∞ erfüllt.

(N3) besagt für

- N_1: Für alle $v = (v_i)$, $w = (w_i) \in \mathbb{K}^n$ gilt:

$$\sum_{i=1}^n |v_i + w_i| \leq \sum_{i=1}^n |v_i| + \sum_{i=1}^n |w_i| \, ,$$

was bekanntlich nach der Dreiecksungleichung in $\mathbb{K}$ erfüllt ist.

Beispiel: Einheitskreise bezüglich verschiedener euklidischer Skalarprodukte im $\mathbb{R}^2$

Unter der Größe $\|v\| = \sqrt{v \cdot v}$ verstehen wir die Norm des Vektors v bezüglich des euklidischen Skalarprodukts $\cdot$. Wir wollen die Menge all jener Vektoren des $\mathbb{R}^2$ bestimmen, welche die Norm 1 haben, also die Menge $\mathbb{E} = \{v \in \mathbb{R}^2 \mid \|v\| = 1\}$. Diese Menge nennt man auch den **Einheitskreis** des $\mathbb{R}^2$ bezüglich des euklidischen Skalarprodukts $\cdot$, die Form des *Kreises* hängt natürlich sehr vom Skalarprodukt ab.

Wir bestimmen diese Menge bezüglich der drei verschiedenen euklidischen Skalarprodukte

$$v \cdot w = v^\top A\, w \ \text{ mit (1)} \ A = \begin{pmatrix} 1 & 0 \\ 0 & 1 \end{pmatrix}, \ \ (2) \ A = \begin{pmatrix} 2 & 1 \\ 1 & 1 \end{pmatrix}, \ \ (3) \ A = \begin{pmatrix} 4 & 0 \\ 0 & 1 \end{pmatrix}.$$

Problemanalyse und Strategie: Die Vektoren $v \in \mathbb{R}^2$ der Länge 1 lassen sich wegen

$$\sqrt{v \cdot v} = 1 \ \Leftrightarrow \ v \cdot v = 1$$

durch die Gleichung $v \cdot v = 1$ beschreiben. Die Lösungsmenge dieser Gleichung sind die gesuchten Vektoren, sie lässt sich grafisch darstellen.

Lösung:

(1) Im Fall $A = E_2$ ist das gegebene euklidische Skalarprodukt das kanonische Skalarprodukt. Der Vektor $v = \begin{pmatrix} v_1 \\ v_2 \end{pmatrix} \in \mathbb{R}^2$ hat die Länge

$$\|v\| = \sqrt{v_1^2 + v_2^2}\,.$$

Der Einheitskreis besteht also in dieser Situation aus den Punkten $v = \begin{pmatrix} v_1 \\ v_2 \end{pmatrix}$ mit

$$v_1^2 + v_2^2 = 1\,.$$

Die Punkte v, deren Komponenten diese Gleichung erfüllen, bilden im $\mathbb{R}^2$ den Kreis um den Ursprung mit Radius 1.

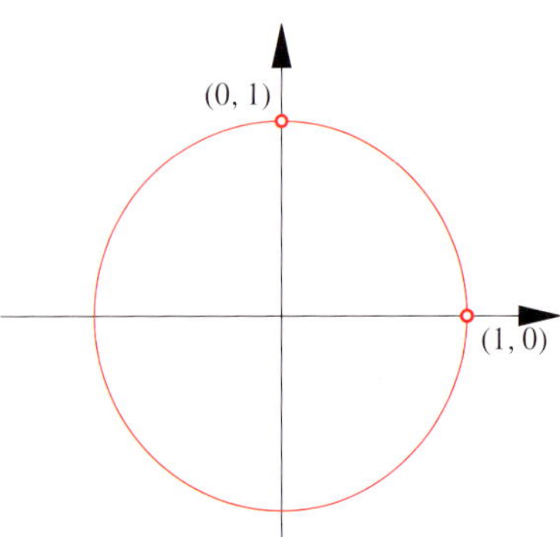

(2) Im Fall $A = \begin{pmatrix} 2 & 1 \\ 1 & 1 \end{pmatrix}$ hat der Vektor $v = \begin{pmatrix} v_1 \\ v_2 \end{pmatrix} \in \mathbb{R}^2$ die Norm

$$\|v\| = \sqrt{2\,v_1^2 + 2\,v_1\,v_2 + v_2^2}\,.$$

Der Einheitskreis besteht also in dieser Situation aus den Punkten $v = \begin{pmatrix} v_1 \\ v_2 \end{pmatrix}$ mit

$$v_1^2 + (v_1 + v_2)^2 = 1\,.$$

Die Punkte v, deren Komponenten diese Gleichung erfüllen, bilden im $\mathbb{R}^2$ die folgende Menge:

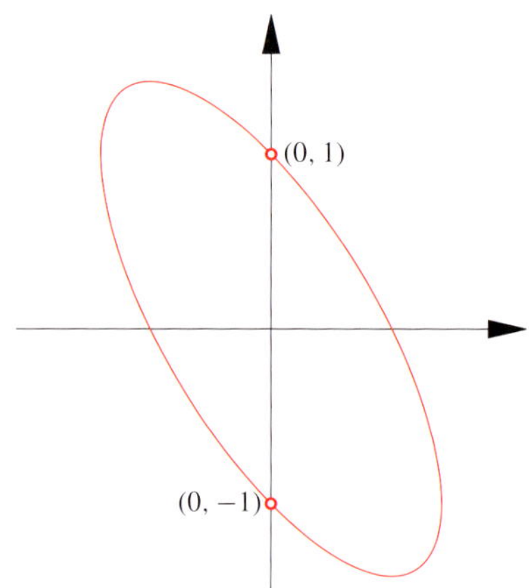

(3) Im Fall $A = \begin{pmatrix} 4 & 0 \\ 0 & 1 \end{pmatrix}$ hat der Vektor $v = \begin{pmatrix} x_1 \\ x_2 \end{pmatrix} \in \mathbb{R}^2$ die Länge

$$\|v\| = \sqrt{4\,v_1^2 + v_2^2}\,.$$

Der Einheitskreis besteht also in dieser Situation aus den Punkten $v = \begin{pmatrix} v_1 \\ v_2 \end{pmatrix}$ mit

$$4\,v_1^2 + v_2^2 = 1\,.$$

Die Punkte v, deren Komponenten diese Gleichung erfüllen, bilden im $\mathbb{R}^2$ die folgende Menge:

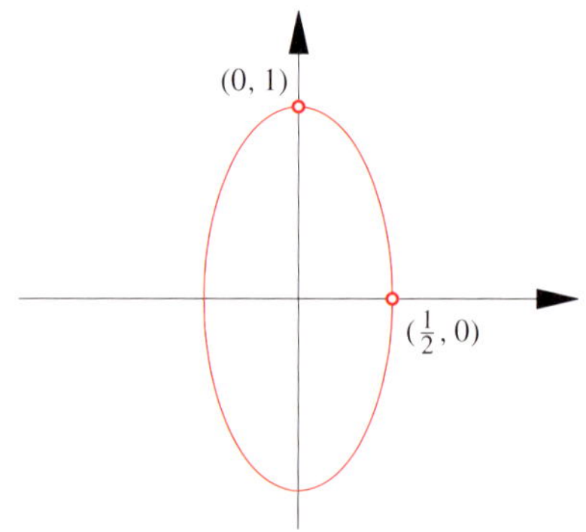

- N_2: Für alle $\boldsymbol{v} = (v_i)$, $\boldsymbol{w} = (w_i) \in \mathbb{K}^n$ gilt:

$$\sqrt{\sum_{i=1}^{n} |v_i + w_i|^2} \le \sqrt{\sum_{i=1}^{n} |v_i|^2} + \sqrt{\sum_{i=1}^{n} |w_i|^2}\,.$$

Diese Ungleichung heißt **Minkowski-Ungleichung**, die Gültigkeit dieser Ungleichung nachzuweisen haben wir als Übungsaufgabe 17.16 gestellt.

- N_∞: Für alle $\boldsymbol{v} = (v_i)$, $\boldsymbol{w} = (w_i) \in \mathbb{K}^n$ gilt:

$$\max_{i=1,\,\dots,\,n} \{|v_i + w_i|\} \le \max_{i=1,\,\dots,\,n} \{|v_i|\} + \max_{i=1,\,\dots,\,n} \{|w_i|\}\,,$$

was offensichtlich korrekt ist.

In Abbildung 17.4 zeigen wir für den Fall $\mathbb{K} = \mathbb{R}$ und $n = 2$ die Menge aller Vektoren, deren Norm 1 ist.

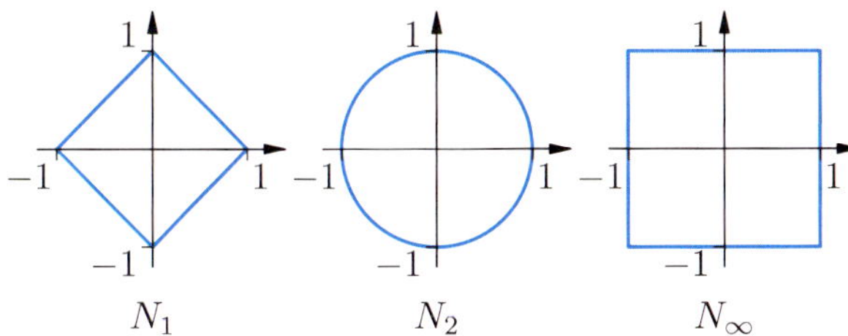

Abbildung 17.4 Die *Einheitskreise* im $\mathbb{R}^2$ bezüglich der Normen N_1, N_2, N_∞.

Man nennt

- N_1 auch 1-**Norm**,
- N_2 auch **euklidische Norm**,
- N_∞ auch **Maximumsnorm**

auf dem $\mathbb{K}^n$. ◀

Wir wollen nun zeigen, dass jeder Vektorraum V mit einem euklidischen Skalarprodukt $\cdot$ insbesondere ein normierter Raum ist. Dazu zeigen wir, dass die Abbildung

$$\|\cdot\| : \begin{cases} V & \to & \mathbb{R}_{\ge 0}\,, \\ \boldsymbol{v} & \mapsto & \sqrt{\boldsymbol{v} \cdot \boldsymbol{v}}\,, \end{cases}$$

die jedem Vektor seine Länge zuordnet, eine Norm in dem eben geschilderten Sinne ist. Daher rührt auch der Begriff der *Norm* eines Vektors, wie wir ihn gebrauchen.

Wenn wir beweisen wollen, dass tatsächlich unser Längenbegriff eine Norm ist, müssen wir also die drei definierenden Eigenschaften (N1), (N2) und (N3) einer Norm für die Abbildung $\|\cdot\|$ nachweisen. Die ersten beiden Eigenschaften (N1) und (N2) sind unmittelbar einsichtig, die dritte Eigenschaft (N3) aber, also die Dreiecksungleichung, verlangt etwas Aufwand, wir benutzen dazu die Cauchy-Schwarz'sche Ungleichung.

Euklidische Vektorräume sind normiert

Ist V ein euklidischer Vektorraum, so ist die Abbildung

$$\|\cdot\| : \begin{cases} V & \to & \mathbb{R}_{\ge 0}\,, \\ \boldsymbol{v} & \mapsto & \sqrt{\boldsymbol{v} \cdot \boldsymbol{v}} \end{cases}$$

eine Norm auf V. Man nennt $\|\cdot\|$ die von $\cdot$ auf V **induzierte Norm**.

Beweis: Wegen $\|\boldsymbol{v}\| = 0 \Leftrightarrow \boldsymbol{v} = \boldsymbol{0}$ und $\|\lambda\,\boldsymbol{v}\| = |\lambda|\,\|\boldsymbol{v}\|$ für alle $\lambda \in \mathbb{R}$ und $\boldsymbol{v} \in V$ ist nur die Dreiecksungleichung zu begründen. Es seien dazu $\boldsymbol{v},\,\boldsymbol{w} \in V$. Dann gilt wegen der Cauchy-Schwarz'schen Ungleichung:

$$\begin{aligned} \|\boldsymbol{v} + \boldsymbol{w}\|^2 &= (\boldsymbol{v} + \boldsymbol{w}) \cdot (\boldsymbol{v} + \boldsymbol{w}) \\ &= \|\boldsymbol{v}\|^2 + \|\boldsymbol{w}\|^2 + 2\,\boldsymbol{v} \cdot \boldsymbol{w} \\ &\le \|\boldsymbol{v}\|^2 + \|\boldsymbol{w}\|^2 + 2\,|\boldsymbol{v} \cdot \boldsymbol{w}| \\ &\le \|\boldsymbol{v}\|^2 + \|\boldsymbol{w}\|^2 + 2\,\|\boldsymbol{v}\|\,\|\boldsymbol{w}\| \\ &= (\|\boldsymbol{v}\| + \|\boldsymbol{w}\|)^2\,. \end{aligned}$$

Da die Wurzelfunktion auf $\mathbb{R}_{\ge 0}$ monoton wachsend ist, folgt $\|\boldsymbol{v} + \boldsymbol{w}\| \le \|\boldsymbol{v}\| + \|\boldsymbol{w}\|$. ∎

Jedes Skalarprodukt definiert somit eine Norm eines reellen Vektorraums. Aber es gibt auch Normen auf reellen Vektorräumen, die von keinem Skalarprodukt herrühren, beachte das folgende Beispiel. Der Themenkreis der normierten Vektorräume wird übrigens im Kapitel 19 behandelt.

Beispiel Wir begründen, dass die Maximumsnorm N_∞ auf dem $\mathbb{R}^2$ durch kein Skalarprodukt induziert wird. Dazu benutzen wir die folgende Tatsache:

Ist $\cdot$ ein Skalarprodukt auf $\mathbb{R}^2$, so hat der Einheitskreis $\mathbb{E} = \{\boldsymbol{v} \in \mathbb{R}^2 \mid \|\boldsymbol{v}\| = 1\}$ bezüglich der von $\cdot$ auf $\mathbb{R}^2$ induzierten Norm $\|\cdot\|$ mit jeder Geraden $\boldsymbol{a} + \boldsymbol{b}\,\mathbb{R}$ mit $\boldsymbol{a},\,\boldsymbol{b} \subset \mathbb{R}^2$ höchstens zwei Schnittpunkte.

Denn: Ein Element $\boldsymbol{v} = \boldsymbol{a} + \boldsymbol{b}\,\lambda$ der Geraden $\boldsymbol{a} + \boldsymbol{b}\,\mathbb{R}$ ist genau dann ein Element des Einheitskreises, wenn gilt:

$$1 = \|\boldsymbol{v}\|^2 = \|\boldsymbol{a} + \boldsymbol{b}\,\lambda\|^2 = \|\boldsymbol{a}\|^2 + \|\boldsymbol{b}\|^2\,\lambda^2 + 2\,(\boldsymbol{a} \cdot \boldsymbol{b})\,\lambda\,.$$

Und diese quadratische Gleichung in der *Unbestimmten* λ über $\mathbb{R}$ hat höchstens zwei Lösungen.

Da bei der Maximumsnorm N_∞ die Gerade $\boldsymbol{e}_2 + \mathbb{R}\,\boldsymbol{e}_1$ aber unendlich viele Schnittpunkte mit dem *Einheitskreis* $\mathbb{E}$ bezüglich N_∞ hat (Abb. 17.4), kann diese somit von keinem Skalarprodukt induziert sein. ◀

Kommentar: Die Normen eines Vektorraums V, die von Skalarprodukten induziert werden, lassen sich kennzeichnen. Es sind dies genau jene Normen, die der *Parallelogrammidentität*

$$\|\boldsymbol{v} + \boldsymbol{w}\|^2 + \|\boldsymbol{v} - \boldsymbol{w}\|^2 = 2\,\|\boldsymbol{v}\|^2 + 2\,\|\boldsymbol{w}\|^2 \quad \text{für alle } \boldsymbol{v},\,\boldsymbol{w} \in V$$

genügen. Wir zeigen das in Kapitel 19.

Je zwei Vektoren haben einen Abstand

Mit dem Begriff der Norm können wir Abstände zwischen Vektoren bestimmen.

Sind v und w zwei Vektoren eines euklidischen Vektorraums V, so nennen wir die reelle Zahl

$$d(v,\, w) = \|v - w\| = \|w - v\|$$

den **Abstand** oder die **Distanz** von v und w.

Im $\mathbb{R}^2$ oder $\mathbb{R}^3$ mit dem kanonischen Skalarprodukt entspricht dies genau dem anschaulichen Abstand zweier Punkte voneinander.

Wir ermitteln einige Abstände zwischen Vektoren euklidischer Vektorräume.

Beispiel

- Im euklidischen $\mathbb{R}^2$ mit dem kanonischen Skalarprodukt ist der Abstand von e_1 zu e_2

$$\|e_1 - e_2\| = \left\| \begin{pmatrix} 1 \\ -1 \end{pmatrix} \right\| = \sqrt{1^2 + (-1)^2} = \sqrt{2}\,.$$

Aber bezüglich des Skalarprodukts, das durch $v \cdot w = v^\top A w$ mit der Matrix $A = \begin{pmatrix} 2 & 1 \\ 1 & 1 \end{pmatrix}$ definiert ist, erhalten wir

$$\|e_1 - e_2\| = \left\| \begin{pmatrix} 1 \\ -1 \end{pmatrix} \right\| = \sqrt{(1,\, -1)\, A\, \begin{pmatrix} 1 \\ -1 \end{pmatrix}}$$

$$= \sqrt{(1,\, 0) \begin{pmatrix} 1 \\ -1 \end{pmatrix}} = 1\,.$$

- Die Polynomfunktion $p\colon \mathbb{R} \to \mathbb{R}$, $p(x) = x$ hat von der Sinusfunktion $\sin\colon \mathbb{R} \to \mathbb{R}$ bezüglich des euklidischen Skalarprodukts

$$\langle f, g \rangle = \int_{-\pi}^{\pi} f(t)\, g(t)\, \mathrm{d}t$$

den Abstand

$$\|p - \sin\| = \sqrt{\int_{-\pi}^{\pi} t^2 - 2\,t\,\sin t + \sin^2(t)\, \mathrm{d}t}$$

$$= \sqrt{\frac{2}{3}\,\pi^3 - 3\pi}\,. \qquad \blacktriangleleft$$

Winkel zwischen Vektoren eines euklidischen Vektorraums werden mithilfe des Skalarprodukts erklärt

In der Anschauungsebene $\mathbb{R}^2$ haben wir Winkel zwischen Vektoren durch das kanonische Skalarprodukt ausgedrückt. Zwischen zwei vom Nullvektor verschiedenen Vektoren v und w existieren stets zwei Winkel.

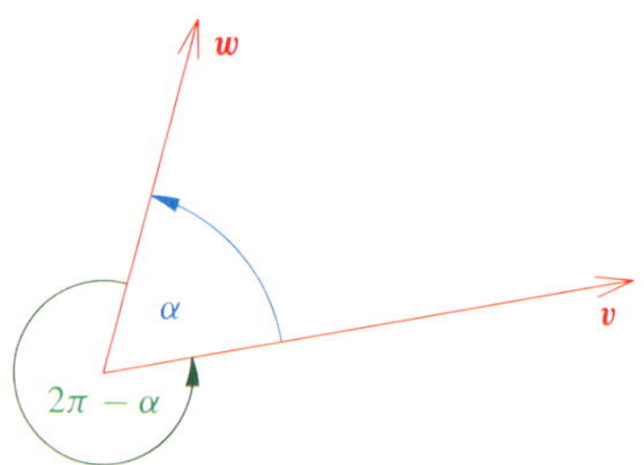

Abbildung 17.5 Zwischen zwei Vektoren existieren zwei Winkel.

Für den kleineren Winkel α zwischen den beiden Vektoren v und w haben wir auf Seite 235 die Formel

$$\alpha = \arccos \frac{v \cdot w}{\|v\|\,\|w\|}$$

hergeleitet.

Nun gehen wir umgekehrt vor: Wir nutzen die Cauchy-Schwarz'sche Ungleichung aus, um Winkel zwischen Vektoren eines allgemeinen euklidischen Vektorraums, die nicht der Nullvektor sind, *zu definieren*. Dabei gehen wir so vor, dass diese Definition sich mit der intuitiven Begriffsbildung im Anschauungsraum aus dem Kapitel 7 deckt.

Dazu schreiben wir die Cauchy-Schwarz'sche Ungleichung für zwei vom Nullvektor verschiedene Vektoren v, w eines euklidischen Vektorraums mit dem euklidischen Skalarprodukt $\cdot$ um:

$$-1 \le \frac{v \cdot w}{\|v\|\,\|w\|} \le 1\,.$$

Zu jeder reellen Zahl zwischen -1 und 1 gibt es genau ein $\alpha \in [0,\, \pi]$ mit

$$\cos \alpha = \frac{v \cdot w}{\|v\|\,\|w\|}$$

(Abb. 17.6).

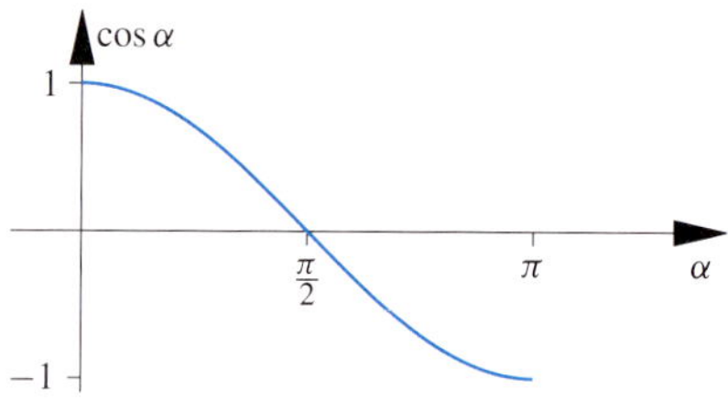

Abbildung 17.6 Der Kosinus bildet das Intervall $[0,\, \pi]$ bijektiv auf das Intervall $[-1,\, 1]$ ab.

Der Winkel zwischen Vektoren

Sind v und w zwei vom Nullvektor verschiedene Vektoren eines euklidischen Vektorraums V mit dem euklidischen Skalarprodukt $\cdot$, so nennt man das eindeutig bestimmte $\alpha \in [0,\, \pi]$ mit

$$\cos \alpha = \frac{v \cdot w}{\|v\|\,\|w\|}$$

den **Winkel** zwischen v und w und schreibt hierfür auch

$$\alpha = \angle(v,\, w)\,.$$

Um je zwei solchen Vektoren genau einen Winkel zuordnen zu können, haben wir die Definitionsmenge auf das abgeschlossene Intervall $[0,\,\pi]$ eingeschränkt. Dadurch entspricht unsere Definition in der Anschauungsebene mit dem kanonischen Skalarprodukt der Wahl des kleineren Winkels zwischen zwei Vektoren (Abb. 17.7).

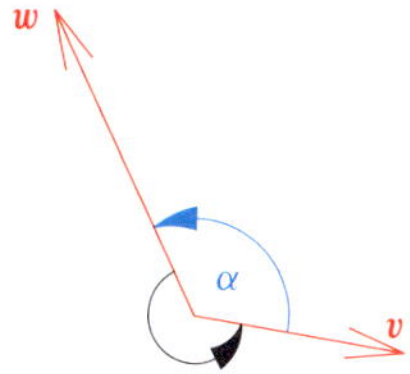

Abbildung 17.7 Die Einschränkung auf $[0,\,\pi]$ entspricht der Wahl des kleineren Winkels α der beiden Winkel zwischen zwei Vektoren.

Beispiel

- Im euklidischen $\mathbb{R}^2$ mit dem kanonischen Skalarprodukt schließen die beiden Vektoren e_1 und $e_1 + e_2$ den Winkel

$$\angle(e_1,\,e_1 + e_2) = \arccos \frac{1}{\sqrt{2}} = \pi/4$$

  ein.

- In dem euklidischen Vektorraum aller auf dem abgeschlossenen Intervall $[0,\,1]$ stetigen reellen Funktionen mit dem euklidischen Skalarprodukt

$$\langle f, g \rangle = \int_0^1 f(t)\,g(t)\,\mathrm{d}t$$

  schließen die Polynomfunktion p mit $p(x) = x$ und die Funktion $\exp$ wegen $\langle p, \exp \rangle = \int_0^1 t\,\exp t\,\mathrm{d}t = 1$, $\|\exp\| = \frac{1}{\sqrt{2}}\sqrt{\mathrm{e}^2 - 1}$ und $\|p\| = 1/\sqrt{3}$ den Winkel

$$\angle(p,\,\exp) = \arccos \frac{1}{\sqrt{6\,(\mathrm{e}^2 - 1)}} = 1.409\ldots$$

  ein. ◀

Zwei Vektoren sind orthogonal zueinander, wenn ihr Skalarprodukt null ergibt

In Abschnitt 7.2 haben wir gezeigt, dass zwei Vektoren v und w des $\mathbb{R}^3$ genau dann orthogonal zueinander sind, wenn ihr kanonisches Skalarprodukt $v^\top w = 0$ ist. Wir haben dabei mit der Anschauung argumentiert. Nun abstrahieren wir dies, indem wir das *Senkrechtstehen* für Vektoren eines euklidischen Raums, also für beliebige euklidische Skalarprodukte, definieren.

Orthogonalität von Vektoren

Sind v und w Elemente eines euklidischen Vektorraums V mit dem euklidischen Skalarprodukt $\cdot$, so sagt man, v **ist orthogonal zu w** oder **steht senkrecht auf w**, wenn

$$v \cdot w = 0$$

gilt. Für diesen Sachverhalt schreibt man auch

$$v \perp w\,.$$

Sind v und w vom Nullvektor verschieden, so gilt:

$$v \perp w \Leftrightarrow \angle(v,\,w) = \pi/2\,.$$

Beispiel

- Bezüglich des Skalarprodukts, das durch $v \cdot w = v^\top A\,w$ mit der Matrix $A = \begin{pmatrix} 2 & 1 \\ 1 & 1 \end{pmatrix}$ definiert ist, gilt:

$$\begin{pmatrix} -1 \\ 1 \end{pmatrix} \perp \begin{pmatrix} 0 \\ 1 \end{pmatrix},$$

  da

$$(-1,\,1)\begin{pmatrix} 2 & 1 \\ 1 & 1 \end{pmatrix}\begin{pmatrix} 0 \\ 1 \end{pmatrix} = 0$$

  (Abb. 17.8).

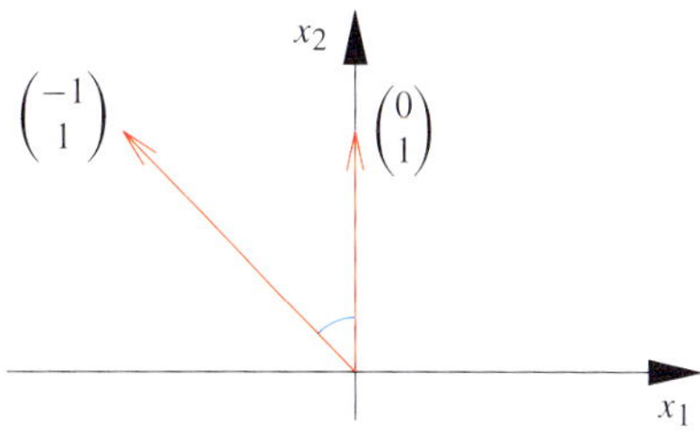

Abbildung 17.8 Bezüglich des durch die Matrix A definierten Skalarprodukts stehen die beiden Vektoren senkrecht aufeinander, wenngleich die Anschauung anderes vermittelt.

- In dem euklidischen Vektorraum aller auf dem abgeschlossenen Intervall $[0,\,1]$ stetigen reellen Funktionen mit dem euklidischen Skalarprodukt

$$\langle f, g \rangle = \int_0^1 f(t)\,g(t)\,\mathrm{d}t$$

  steht die Polynomfunktion q mit $q(x) = 2 - 3\,x$ auf dem Polynom p mit $p(x) = x$ senkrecht, da

$$\langle 2 - 3\,x, x \rangle = \int_0^1 2t - 3t^2\,\mathrm{d}t = 0\,.$$

- Die sogenannten *Legendre'schen Polynome* p_n mit

$$p_n(x) = \frac{1}{2^n\,n!}\,\frac{\mathrm{d}^n}{\mathrm{d}x^n}(x^2 - 1)^n$$

  sind auf ganz $\mathbb{R}$ für $n = 0, 1, \ldots$ Lösungen der *Legendre'schen Differenzialgleichung*

$$(1 - x^2)\,y'' - 2\,x\,y' + n\,(n + 1)\,y = 0\,.$$

  Die ersten Legendrepolynome lauten

$$\begin{aligned}
p_0(x) &= 1, \\
p_1(x) &= x\,, \\
p_2(x) &= -\frac{1}{2} + \frac{3}{2}\,x^2\,, \\
p_3(x) &= -\frac{3}{2} + \frac{5}{2}\,x^3\,.
\end{aligned}$$

  Wir zeigen nun, dass die Legendrepolynome bezüglich des Skalarprodukts

$$\langle p, q \rangle = \int_{-1}^1 p(t)\,q(t)\,\mathrm{d}t$$

orthogonal zueinander sind. Dazu notieren wir die Legendre'sche Differenzialgleichung etwas anders:

$$\mathcal{D}\, y = n\,(n+1)\,y \ \text{ mit } \ \mathcal{D} = -\frac{\mathrm{d}}{\mathrm{d}x}(1-x^2)\frac{\mathrm{d}}{\mathrm{d}x}\,.$$

Man beachte:

$$\begin{aligned}
\mathcal{D}\, y &= \left(-\frac{\mathrm{d}}{\mathrm{d}x}(1-x^2)\frac{\mathrm{d}}{\mathrm{d}x}\right) y \\
&= -\frac{\mathrm{d}}{\mathrm{d}x}(y' - x^2\, y') = -y'' + 2\,x\,y' + x^2\,y''\,,
\end{aligned}$$

d. h., dass also tatsächlich $\mathcal{D}\, y = n\,(n+1)\,y$ nur eine andere Schreibweise für die Legendre'sche Differenzialgleichung ist.

Kommentar: Tatsächlich ist $\mathcal{D}$ nichts anderes als ein Endomorphismus des Vektorraums aller Polynomfunktionen. Man nennt einen solchen Endomorphismus eines *Funktionenraums* auch **linearen Operator** und benutzt die angegebene Schreibweise $\mathcal{D}\, y$ anstelle von $\mathcal{D}(y)$.

In der Form $\mathcal{D}\, y = n\,(n+1)y$ lässt sich die Legendre'sche Differenzialgleichung auch als Eigenwertgleichung interpretieren: Die Lösung y ist ein Eigenvektor zum Eigenwert $n\,(n+1)$ der (linearen) Abbildung $\mathcal{D}$.
Nun folgt mit partieller Integration für $m,\ n \in \mathbb{N}_0$:

$$\begin{aligned}
\langle \boldsymbol{p}_n, \mathcal{D}\, \boldsymbol{p}_m \rangle &= \int_{-1}^{1} \boldsymbol{p}_n(t)\, \mathcal{D}\, \boldsymbol{p}_m(t)\, \mathrm{d}t \\
&= -(1-t^2)\, (\boldsymbol{p}_n(t)\, \boldsymbol{p}_m'(t) - \boldsymbol{p}_n'(t)\, \boldsymbol{p}_m(t))|_{-1}^{1} \\
&\quad + \int_{-1}^{1} \mathcal{D}\, \boldsymbol{p}_n(t)\, \boldsymbol{p}_m(t)\, \mathrm{d}t \\
&= \langle \mathcal{D}\, \boldsymbol{p}_n, \boldsymbol{p}_m \rangle\,,
\end{aligned}$$

also schließlich:

$$\begin{aligned}
\langle \boldsymbol{p}_n, \mathcal{D}\, \boldsymbol{p}_m \rangle &= m\,(m+1)\,\langle \boldsymbol{p}_n, \boldsymbol{p}_m \rangle \\
\langle \mathcal{D}\, \boldsymbol{p}_n, \boldsymbol{p}_m \rangle &= n\,(n+1)\,\langle \boldsymbol{p}_n, \boldsymbol{p}_m \rangle\,.
\end{aligned}$$

Für $m \neq n$ gilt also $\langle \boldsymbol{p}_n, \boldsymbol{p}_m \rangle = 0$. Und für $m = n$ erhalten wir:

$$\langle \boldsymbol{p}_n, \boldsymbol{p}_n \rangle = \int_{-1}^{1} \left(\frac{1}{2^n\, n!}\, \frac{\mathrm{d}^n}{\mathrm{d}x^n}(x^2-1)^n \right)^2 \mathrm{d}x = \frac{2}{2\,n+1}\,.$$

Also stehen je zwei verschiedene Legendrepolynome senkrecht aufeinander, und das n-te Legendrepolynom hat die Norm $\sqrt{\frac{2}{2\,n+1}}$. ◄

—————————— **?** ——————————

Warum gelten die folgenden, mit der Anschauung verträglichen Merkregeln?

- Ist $\boldsymbol{v}$ orthogonal zu $\boldsymbol{w}$, so ist $\boldsymbol{w}$ orthogonal zu $\boldsymbol{v}$.
- Der Nullvektor ist zu jedem Vektor $\boldsymbol{v}$ orthogonal.
- Vom Nullvektor abgesehen ist kein Vektor zu sich selbst orthogonal.

Die Anschauung vermittelt, dass Vektoren, die orthogonal zueinander sind, linear unabhängig sind. Dies ist tatsächlich für jedes beliebige Skalarprodukt der Fall. Sind nämlich $\boldsymbol{v}_1, \ldots, \boldsymbol{v}_r$ vom Nullvektor verschiedene Vektoren eines euklidischen Vektorraums V orthogonal zueinander, gilt also

$$\boldsymbol{v}_i \cdot \boldsymbol{v}_j = 0 \ \text{ für } \ i \neq j\,,$$

so folgt für $\lambda_1, \ldots, \lambda_r \in \mathbb{R}$ mit

$$\lambda_1 \boldsymbol{v}_1 + \cdots + \lambda_r \boldsymbol{v}_r = \boldsymbol{0}$$

durch Skalarproduktbildung beider Seiten von rechts nacheinander mit $\boldsymbol{v}_1, \ldots, \boldsymbol{v}_r$ und der Linearität im ersten Argument:

$$\begin{aligned}
\lambda_1 &= \lambda_1(\boldsymbol{v}_1 \cdot \boldsymbol{v}_1) + \cdots + \lambda_r(\boldsymbol{v}_r \cdot \boldsymbol{v}_1) = \boldsymbol{0} \cdot \boldsymbol{v}_1 = \boldsymbol{0}\,, \\
\lambda_2 &= \lambda_1(\boldsymbol{v}_1 \cdot \boldsymbol{v}_2) + \cdots + \lambda_r(\boldsymbol{v}_r \cdot \boldsymbol{v}_2) = \boldsymbol{0} \cdot \boldsymbol{v}_2 = \boldsymbol{0}\,, \\
&\vdots \\
\lambda_r &= \lambda_1(\boldsymbol{v}_1 \cdot \boldsymbol{v}_r) + \cdots + \lambda_r(\boldsymbol{v}_r \cdot \boldsymbol{v}_r) = \boldsymbol{0} \cdot \boldsymbol{v}_r = \boldsymbol{0}\,.
\end{aligned}$$

Damit gilt $\lambda_1 = \cdots = \lambda_r = 0$, d. h., $\boldsymbol{v}_1, \ldots, \boldsymbol{v}_r$ sind linear unabhängig.

> **Orthogonale Vektoren sind linear unabhängig**
>
> Jede Menge von Vektoren $\neq \boldsymbol{0}$ eines euklidischen Vektorraums, die paarweise orthogonal zueinander sind, ist linear unabhängig.

Eine naheliegende Fragestellung ist nun folgende: Gibt es in euklidischen Vektorräumen stets Orthonormalbasen? Der folgende Abschnitt behandelt diese Frage.

17.3 Orthonormalbasen und orthogonale Komplemente

Wir zeigen, dass in endlichdimensionalen euklidischen Vektorräumen stets *Orthonormalbasen* existieren.

Eine Orthonormalbasis ist eine Basis, deren Elemente die Länge 1 haben und die paarweise orthogonal zueinander stehen

Neben dem Begriff der *Orthonormalbasis* werden wir auch immer wieder den Begriff eines *Orthonormalsystems* brauchen.

Orthogonal- und Orthonormalbasis

Eine Menge B von Vektoren eines euklidischen Vektorraums V heißt **Orthogonalsystem**, wenn je zwei verschiedene Elemente von B orthogonal zueinander sind:

$$\text{Aus } \boldsymbol{b},\ \boldsymbol{b}' \in B \text{ und } \boldsymbol{b} \neq \boldsymbol{b}' \text{ folgt } \boldsymbol{b} \perp \boldsymbol{b}'.$$

Ein Orthogonalsystem B heißt **Orthonormalsystem**, wenn jeder Vektor aus B zusätzlich normiert ist, also die Länge 1 hat:

$$\text{Für jedes } \boldsymbol{b} \in B \text{ gilt } \sqrt{\boldsymbol{b} \cdot \boldsymbol{b}} = 1.$$

Ein Orthogonalsystem bzw. Orthonormalsystem B heißt **Orthogonalbasis** bzw. **Orthonormalbasis**, wenn B zusätzlich eine Basis ist.

Mithilfe des Kroneckersymbols

$$\delta_{ij} = \begin{cases} 1, & \text{falls } i = j, \\ 0, & \text{sonst} \end{cases}$$

können wir kurz schreiben: Eine Menge B von Vektoren eines euklidischen Vektorraums V ist genau dann ein Orthonormalsystem, falls

$$\boldsymbol{b}_i \cdot \boldsymbol{b}_j = \delta_{ij} \ \text{ für alle } \ \boldsymbol{b}_i,\ \boldsymbol{b}_j \in B.$$

Man kann jeden vom Nullvektor verschiedenen Vektor $\boldsymbol{v}$ eines euklidischen Vektorraums V **normieren**, d. h., man *verkürzt* bzw. *verlängert* den Vektor $\boldsymbol{v}$ auf die Länge 1:

$$\boldsymbol{v} \longrightarrow \frac{1}{\|\boldsymbol{v}\|}\, \boldsymbol{v}.$$

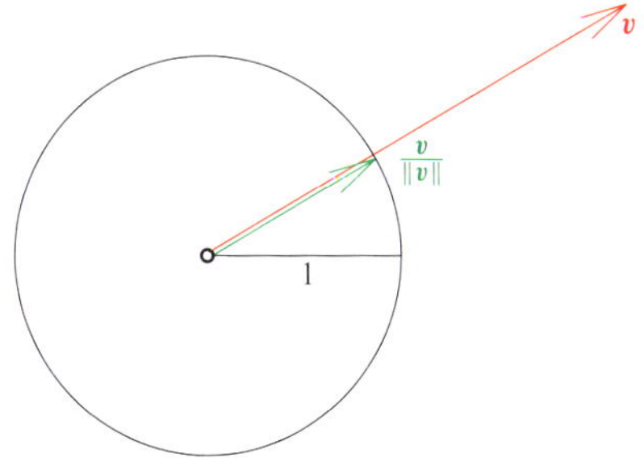

Abbildung 17.9 Normieren eines Vektors; seine Richtung bleibt dabei gleich.

Wegen

$$\left\| \frac{1}{\|\boldsymbol{v}\|}\, \boldsymbol{v} \right\| = \frac{1}{\|\boldsymbol{v}\|}\, \|\boldsymbol{v}\| = 1$$

hat der normierte Vektor die Norm 1.

Damit kann man also aus einer Orthogonalbasis eines euklidischen Vektorraums auf einfache Weise eine Orthonormalbasis konstruieren.

Beispiel

- Es ist

$$\left\{ \begin{pmatrix} 2 \\ -1 \\ 2 \end{pmatrix}, \begin{pmatrix} 1 \\ 2 \\ 0 \end{pmatrix}, \begin{pmatrix} 2 \\ -1 \\ -5/2 \end{pmatrix} \right\}$$

eine Orthogonalbasis des $\mathbb{R}^3$ mit dem kanonischen Skalarprodukt, aber keine Orthonormalbasis. Hingegen ist die Menge, die diese Vektoren in ihrer normierten Form enthält, also

$$\left\{ \frac{1}{3} \begin{pmatrix} 2 \\ -1 \\ 2 \end{pmatrix}, \frac{1}{\sqrt{5}} \begin{pmatrix} 1 \\ 2 \\ 0 \end{pmatrix}, \frac{2}{3\sqrt{5}} \begin{pmatrix} 2 \\ -1 \\ -5/2 \end{pmatrix} \right\},$$

eine Orthonormalbasis des $\mathbb{R}^3$ mit dem kanonischen Skalarprodukt.

- In dem euklidischen Vektorraum V aller auf $[-\pi,\ \pi]$ stetigen reellwertigen Funktionen mit dem euklidischen Skalarprodukt

$$\langle f, g \rangle = \frac{1}{\pi} \int_{-\pi}^{\pi} f(t)\, g(t)\, \mathrm{d}t$$

für $f,\ g \in V$ ist die Menge $B = \left\{ \frac{1}{\sqrt{2}},\ \cos,\ \sin \right\}$ ein Orthonormalsystem.

Dazu muss man nur nachweisen, dass die Länge der drei erzeugenden Elemente jeweils 1 ist und je zwei verschiedene Elemente aus B orthogonal zueinander sind:

$$\left\langle \frac{1}{\sqrt{2}}, \frac{1}{\sqrt{2}} \right\rangle = \frac{1}{\pi} \int_{-\pi}^{\pi} \frac{1}{\sqrt{2}} \frac{1}{\sqrt{2}}\, \mathrm{d}t = 1, \ \text{ d. h.,} \ \left\| \frac{1}{\sqrt{2}} \right\| = 1,$$

$$\langle \cos, \cos \rangle = \frac{1}{\pi} \int_{-\pi}^{\pi} \cos t\ \cos t\, \mathrm{d}t = 1, \ \text{ d. h.,} \ \|\cos\| = 1,$$

$$\langle \sin, \sin \rangle = \frac{1}{\pi} \int_{-\pi}^{\pi} \sin t\ \sin t\, \mathrm{d}t = 1, \ \text{ d. h.,} \ \|\sin\| = 1$$

und

$$\left\langle \frac{1}{\sqrt{2}}, \sin \right\rangle = \frac{1}{\pi} \int_{-\pi}^{\pi} \frac{1}{\sqrt{2}} \sin t\, \mathrm{d}t = 0, \ \text{ d. h.,} \ \frac{1}{\sqrt{2}} \perp \sin,$$

$$\left\langle \frac{1}{\sqrt{2}}, \cos \right\rangle = \frac{1}{\pi} \int_{-\pi}^{\pi} \frac{1}{\sqrt{2}} \cos t\, \mathrm{d}t = 0, \ \text{ d. h.,} \ \frac{1}{\sqrt{2}} \perp \cos,$$

$$\langle \sin, \cos \rangle = \frac{1}{\pi} \int_{-\pi}^{\pi} \sin t\ \cos t\, \mathrm{d}t = 0, \ \text{ d. h.,} \ \sin \perp \cos.$$

Etwas allgemeiner kann man zeigen, dass die Menge B der Funktionen

$$\frac{1}{\sqrt{2}},\ \cos(n\,t),\ \sin(n\,t),\ n \in \mathbb{N}$$

bezüglich dieses Skalarprodukts ein Orthonormalsystem bildet.

Wie weit diese Menge B davon entfernt ist, eine *Orthonormalbasis* von V zu sein, ist Thema der *Fouriertheorie* (siehe Kapitel 19). ◀

Jeder endlichdimensionale euklidische Vektorraum besitzt eine Orthonormalbasis

Die Orthogonalität von Vektoren erleichtert vieles. Orthogonale Vektoren sind linear unabhängig, und auch die Darstellung von Vektoren bezüglich Orthonormalbasen ist leicht.

Koordinatenvektoren bezüglich Orthonormalbasen

Ist B eine Orthonormalbasis eines euklidischen Vektorraums V mit dem euklidischen Skalarprodukt $\cdot$, so gilt für jeden Vektor $v \in V$:

$$v = \lambda_1 \, b_1 + \cdots + \lambda_r \, b_r$$

mit Vektoren $b_1, \ldots, b_r \in B$ und $\lambda_i = v \cdot b_i \in \mathbb{R}$ für $i = 1, \ldots, r$.

Beweis: Dass eine Darstellung der Art $v = \lambda_1 \, b_1 + \cdots + \lambda_r \, b_r$ mit $b_1, \ldots, b_r \in B$ und $\lambda_1, \ldots, \lambda_r \in \mathbb{R}$ existiert, folgt aus der Tatsache, dass B eine Basis ist. Die Koeffizienten $\lambda_1, \ldots, \lambda_r$ sind dadurch auch eindeutig festgelegt. Und weiter gilt für alle $i = 1, \ldots, r$:

$$\begin{aligned}
v \cdot b_i &= (\lambda_1 \, b_1 + \cdots + \lambda_r \, b_r) \cdot b_i \\
&= \lambda_1 \, (b_1 \cdot b_i) + \cdots + \lambda_r \, (b_r \cdot b_i) \\
&= \lambda_i \, (b_i \cdot b_i) = \lambda_i \, .
\end{aligned}$$
∎

Achtung: Dies gilt nur für Orthonormalbasen. Bei Orthogonalbasen erhält man λ_i durch zusätzliches Normieren, d. h.,

$$\lambda_i = \frac{1}{\|b_i\|^2} \, v \cdot b_i \, .$$

Dies liefert uns eine Methode, mit der wir sehr einfach den Koordinatenvektor eines Vektors bezüglich einer Orthonormalbasis bestimmen können.

Beispiel Bezüglich der geordneten Orthonormalbasis $B = \left(b_1 = \frac{1}{\sqrt{2}} \begin{pmatrix} 1 \\ 1 \end{pmatrix}, b_2 = \frac{1}{\sqrt{2}} \begin{pmatrix} 1 \\ -1 \end{pmatrix} \right)$ des $\mathbb{R}^2$ mit dem kanonischen Skalarprodukt $\cdot$ erhält man als Darstellung für $v = \begin{pmatrix} 3 \\ 2 \end{pmatrix}$ bezüglich B:

$$\begin{aligned}
v &= (v \cdot b_1) \, b_1 + (v \cdot b_2) \, b_2 \\
&= \frac{5}{\sqrt{2}} \, b_1 + \frac{1}{\sqrt{2}} \, b_2 \, .
\end{aligned}$$

Damit erhalten wir den Koordinatenvektor von v bezüglich B:

$$_B v = \frac{1}{\sqrt{2}} \begin{pmatrix} 5 \\ 1 \end{pmatrix} \, . \qquad \blacktriangleleft$$

Jeder Vektorraum besitzt eine Basis. Dieses tief liegende und wichtige Ergebnis haben wir auf Seite 207 aufgeführt. Euklidische Vektorräume sind spezielle Vektorräume. Nur in solchen Vektorräumen hat es einen Sinn, von Orthogonalität oder spezieller von Orthonormalbasen zu sprechen. Es ist naheliegend zu hinterfragen, ob jeder euklidische Vektorraum eine Orthonormalbasis besitzt. Hierbei bezieht sich die Orthogonalität und das Normiertsein natürlich auf das euklidische Skalarprodukt des betrachteten euklidischen Vektorraums V.

Tatsächlich besitzt nicht jeder euklidische Vektorraum eine Orthonormalbasis. Aber viele wichtige euklidische Vektorräume haben eine solche Basis.

Mit dem Gram-Schmidt'schen Orthonormalisierungsverfahren kann man aus einer gegebenen Basis eines endlichdimensionalen euklidischen Vektorraums eine Orthonormalbasis konstruieren.

Die Geometrie des Verfahrens von Gram und Schmidt haben wir für zwei Vektoren in der Abbildung 17.10 dargestellt. Im Folgenden erläutern wir das Verfahren allgemein.

Das Orthonormalisierungsverfahren von Gram und Schmidt

Ist $\{a_1, \ldots, a_n\}$ eine Menge von linear unabhängigen Vektoren eines euklidischen Vektorraums V mit dem euklidischen Skalarprodukt $\cdot$, so bilde man die Vektoren $b_1, \ldots, b_n$ mit

$$b_1 = \|a_1\|^{-1} \, a_1 \, , \quad b_{k+1} = \|c_{k+1}\|^{-1} \, c_{k+1} \, ,$$

wobei

$$c_{k+1} = a_{k+1} - \sum_{i=1}^{k} (b_i \cdot a_{k+1}) \, b_i$$

für $k = 1, \ldots, n - 1$.

Es ist dann $\{b_1, \ldots, b_n\}$ ein Orthonormalsystem von V, und es gilt:

$$\langle a_1, \ldots, a_n \rangle = \langle b_1, \ldots, b_n \rangle \, .$$

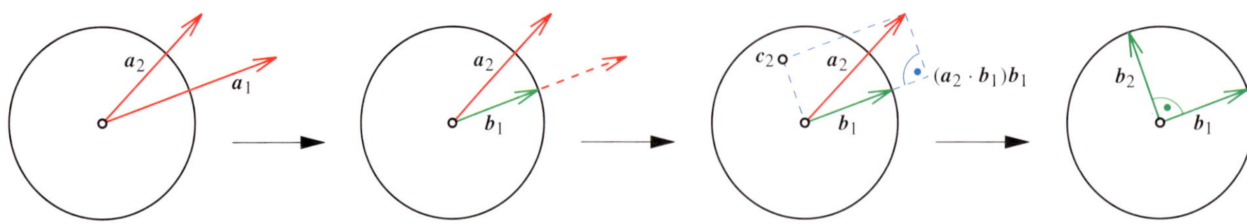

Abbildung 17.10 Mit dem Verfahren von Gram und Schmidt entsteht aus der Basis $\{a_1, a_2\}$ die Orthonormalbasis $\{b_1, b_2\}$.

Beweis: Wir zeigen die Behauptung, indem wir per Induktion nach k beweisen:

- $\{b_1, \ldots, b_k\}$ ist ein Orthonormalsystem,
- $\langle a_1, \ldots, a_k \rangle = \langle b_1, \ldots, b_k \rangle$.

Induktionsanfang: Offenbar gelten die Behauptungen im Fall $k = 1$.

Induktionsvoraussetzung: Die Behauptungen gelten für ein $k \in \{1, \ldots, n\}$.

Induktionsschritt: Es sei $k \geq 1$. Wir betrachten das Element $c_{k+1} = a_{k+1} - \sum_{i=1}^{k}(b_i \cdot a_{k+1})\, b_i$. Wegen der Bilinearität von $\cdot$ gilt für alle $l < k + 1$ nach Induktionsvoraussetzung:

$$b_l \cdot c_{k+1} = b_l \cdot a_{k+1} - \sum_{i=1}^{k}(b_i \cdot a_{k+1})\, \underbrace{(b_l \cdot b_i)}_{=\delta_{li}}$$
$$= b_l \cdot a_{k+1} - b_l \cdot a_{k+1} = 0\,.$$

Somit gilt $c_{k+1} \perp b_l$, wobei wir noch nicht wissen, ob c_{k+1} der Nullvektor ist. Wegen

$$a_{k+1} = c_{k+1} + \sum_{i=1}^{k}(b_i \cdot a_{k+1})\, b_i$$

folgt erneut mit der Induktionsvoraussetzung

$$\langle b_1, \ldots, b_k, c_{k+1} \rangle = \langle b_1, \ldots, b_k, a_{k+1} \rangle$$
$$= \langle a_1, \ldots, a_k, a_{k+1} \rangle\,.$$

Aus dieser Gleichheit können wir aufgrund der linearen Unabhängigkeit von $a_1, \ldots, a_n$ schließen, dass $c_{k+1} \neq 0$ gilt. Mit $b_{k+1} = \|c_{k+1}\|^{-1}\, c_{k+1}$ erhalten wir nun die Behauptungen. $\blacksquare$

Explizit lauten die Formeln für die ersten drei Vektoren b_1, b_2, b_3 der so konstruierten Orthonormalbasis:

- $b_1 = \|a_1\|^{-1}\, a_1$,
- $b_2 = \|c_2\|^{-1}\, c_2$ mit $c_2 = a_2 - (a_2 \cdot b_1)\, b_1$,
- $b_3 = \|c_3\|^{-1}\, c_3$ mit $c_3 = a_3 - (a_3 \cdot b_1)\, b_1 - (a_3 \cdot b_2)\, b_2$.

Als Beispiel bilden wir das Skalarprodukt von c_3 mit b_2:

$$c_3 \cdot b_2 = (a_3 - (a_3 \cdot b_1)\, b_1 - (a_3 \cdot b_2)\, b_2) \cdot b_2$$
$$= a_3 \cdot b_2 - (a_3 \cdot b_1)(b_1 \cdot b_2) - (a_3 \cdot b_2)(b_2 \cdot b_2)$$
$$= 0\,.$$

Auf Seite 676 zeigen wir dieses Orthonormalisierungsverfahren an einem Beispiel, und auf Seite 677 schildern wir eine Anwendung des Verfahrens von Gram und Schmidt – die *QR-Zerlegung* einer invertierbaren Matrix A. Diese *QR*-Zerlegung spielt in mehreren Verfahren der *numerischen Mathematik* eine wichtige Rolle.

Kommentar: Bei der obigen Darstellung des Orthonormalisierungsverfahrens ist vorausgesetzt, dass die Vektoren $a_1, \ldots, a_n$ linear unabhängig sind. Da stellt sich die Frage, ob es nun wirklich nötig ist, dass man erst die lineare Unabhängigkeit der gegebenen Vektoren nachprüfen muss. Tatsächlich ist das nicht der Fall. Sind nämlich die Vektoren $a_1, \ldots, a_n$ linear abhängig, etwa $a_{k+1} \in \langle a_1, \ldots, a_k \rangle$, so entsteht beim Orthonormierungsverfahren als c_{k+1} der Nullvektor (dieser steht nämlich auf allen vorher konstruierten Vektoren des Orthonormalsystems senkrecht). Man variiert das Verfahren dann einfach dadurch, dass man diesen Vektor im Orthonormalsystem weglässt.

Eine unmittelbare Folgerung aus dem Verfahren von Gram und Schmidt und der Tatsache, dass jeder Vektorraum eine Basis besitzt, ist das folgende Ergebnis.

Existenz von Orthonormalbasen

Jeder höchstens abzählbardimensionale euklidische Vektorraum besitzt eine Orthonormalbasis.

Wir wenden nun die erzielten Ergebnisse an, um *minimale Abstände* von Vektoren zu Untervektorräumen zu erklären. Dazu führen wir zuerst den Begriff des *orthogonalen Komplements* eines Untervektorraums ein.

Das orthogonale Komplement eines Untervektorraums eines euklidischen Raums ist ein Untervektorraum

Gegeben ist ein euklidischer Vektorraum V. Das Skalarprodukt bezeichnen wir wieder mit einem Punkt $\cdot$.

Für den Sachverhalt, dass das Skalarprodukt zweier Vektoren $v, w \in V$ null ist, $v \cdot w = 0$, haben wir auch „v *steht senkrecht auf* w" gesagt und mit $v \perp w$ abgekürzt. Sind A und B Teilmengen von V, so ist die Schreibweise $A \perp B$ üblich für die Tatsache, dass jedes $a \in A$ auf jedem $b \in B$ senkrecht steht:

$$A \perp B \;\Leftrightarrow\; a \perp b \;\; \forall a \in A,\, b \in B\,.$$

Ist A eine einelementige Menge $A = \{a\}$, so schreibt man

$$a \perp B \;\; \text{anstelle von} \;\; \{a\} \perp B\,.$$

Ähnlich zur *Komplementbildung* $A^c = V \setminus A$ können wir nun zu einer Teilmenge $A \subseteq V$ die Menge $A^\perp$ aller Vektoren aus V bilden, die zu allen Vektoren aus A senkrecht stehen. Tatsächlich sind aber meist nicht beliebige Teilmengen A von V, sondern vielmehr Untervektorräume U von V von Interesse.

Ist U ein Untervektorraum von V, so setzen wir

$$U^\perp = \{v \in V \mid v \perp u \;\; \text{für alle} \;\; u \in U\}\,.$$

Es besteht $U^\perp$ also aus all jenen Vektoren, die auf allen Vektoren aus U senkrecht stehen. Wir werden $U^\perp$ das *orthogonale Komplement von U in V* nennen. Diese Bezeichnung legt schon mehrere Vermutungen nahe, im Einzelnen sind dies:

Beispiel: Orthonormalisierung einer Basis nach dem Verfahren von Gram und Schmidt

Wir bestimmen eine Orthonormalbasis bezüglich des Standardskalarprodukts von

$$U = \left\langle \begin{pmatrix} 3 \\ -1 \\ -1 \\ -1 \end{pmatrix}, \begin{pmatrix} -1 \\ 3 \\ -1 \\ -1 \end{pmatrix}, \begin{pmatrix} -1 \\ -1 \\ 3 \\ -1 \end{pmatrix} \right\rangle \subseteq \mathbb{R}^4.$$

Problemanalyse und Strategie: Wir nennen die Vektoren der Reihe nach a_1, a_2, a_3 und wenden die Formeln an.

Lösung:

Wir erhalten: $b_1 = \|a_1\|^{-1} a_1 = \frac{1}{2\sqrt{3}} \begin{pmatrix} 3 \\ -1 \\ -1 \\ -1 \end{pmatrix}$. Um b_2 zu erhalten, berechnen wir c_2:

$$c_2 = a_2 - (a_2 \cdot b_1)\, b_1 = \begin{pmatrix} -1 \\ 3 \\ -1 \\ -1 \end{pmatrix}$$

$$- \left(\frac{1}{2\sqrt{3}} (3,\, -1,\, -1,\, -1) \begin{pmatrix} -1 \\ 3 \\ -1 \\ -1 \end{pmatrix} \right) \frac{1}{2\sqrt{3}} \begin{pmatrix} 3 \\ -1 \\ -1 \\ -1 \end{pmatrix}$$

$$= \frac{4}{3} \begin{pmatrix} 0 \\ 2 \\ -1 \\ -1 \end{pmatrix}$$

Damit erhalten wir $b_2 = \|c_2\|^{-1} c_2 = \frac{1}{\sqrt{6}} \begin{pmatrix} 0 \\ 2 \\ -1 \\ -1 \end{pmatrix}$.

Um b_3 zu erhalten, berechnen wir c_3:

$$c_3 = a_3 - (a_3 \cdot b_1)\, b_1 - (a_3 \cdot b_2)\, b_2 = \begin{pmatrix} -1 \\ -1 \\ 3 \\ -1 \end{pmatrix}$$

$$- \left(\frac{1}{2\sqrt{3}} (3,\, -1,\, -1,\, -1) \begin{pmatrix} -1 \\ -1 \\ 3 \\ -1 \end{pmatrix} \right) \frac{1}{2\sqrt{3}} \begin{pmatrix} 3 \\ -1 \\ -1 \\ -1 \end{pmatrix}$$

$$- \left(\frac{1}{\sqrt{6}} (0,\, 2,\, -1,\, -1) \begin{pmatrix} -1 \\ -1 \\ 3 \\ -1 \end{pmatrix} \right) \frac{1}{\sqrt{6}} \begin{pmatrix} 0 \\ 2 \\ -1 \\ -1 \end{pmatrix}$$

$$= 2 \begin{pmatrix} 0 \\ 0 \\ 1 \\ -1 \end{pmatrix}.$$

Damit erhalten wir $b_3 = \|c_3\|^{-1} c_3 = \frac{1}{\sqrt{2}} \begin{pmatrix} 0 \\ 0 \\ 1 \\ -1 \end{pmatrix}$.

Es ist also $B = \{b_1, b_2, b_3\}$ eine Orthonormalbasis von U.

- $U^\perp$ ist ein Untervektorraum von V.
- $U \perp U^\perp$.
- $V = U \oplus U^\perp$ unter evtl. weiteren Voraussetzungen.

Genauer gilt:

Das orthogonale Komplement

Es sei U ein Untervektorraum eines euklidischen Vektorraums V. Dann gilt:

(a) Die Menge $U^\perp$ ist ein Untervektorraum von V. Man nennt $U^\perp$ das **orthogonale Komplement von U in V**.

(b) Jeder Vektor $v \in U^\perp$ steht senkrecht auf jedem Vektor $u \in U$, $U \perp U^\perp$.

(c) Ist V endlichdimensional, so ist V die direkte Summe von U und $U^\perp$, $V = U \oplus U^\perp$.

Beweis: (a) Die Menge $U^\perp$ ist nichtleer, da der Nullvektor $\mathbf{0}$ in $U^\perp$ enthalten ist.

Sind $v_1, v_2 \in U^\perp$, $u \in U$ und $\lambda \in \mathbb{R}$, so gilt

$$(v_1 + v_2) \cdot u = v_1 \cdot u + v_2 \cdot u = 0 + 0 = 0$$

und

$$(\lambda\, v_1) \cdot u = \lambda\, (v_1 \cdot u) = \lambda\, 0 = 0.$$

Somit ist $U^\perp$ ein Untervektorraum von V (man beachte die Definition auf Seite 196).

(b) Dies gilt nach Definition der Menge $U^\perp$.

(c) Die Dimension von V bzw. U sei n bzw. r. Wir wählen eine Orthonormalbasis $\{b_1, \ldots, b_r\}$ von U und ergänzen diese zu einer Orthonormalbasis $B = \{b_1, \ldots, b_r, b_{r+1}, \ldots, b_n\}$ von V. Offenbar gilt $\langle b_{r+1}, \ldots, b_n \rangle \subseteq U^\perp$.

Ist nun v ein beliebiges Element von V, so gibt es $\lambda_1, \ldots, \lambda_n \in \mathbb{R}$ mit

$$v = \underbrace{\lambda_1\, b_1 + \cdots + \lambda_r\, b_r}_{=:u \in U} + \underbrace{\lambda_{r+1}\, b_{r+1} + \cdots + \lambda_n\, b_n}_{=:u' \in U^\perp}.$$

Damit haben wir $V = U + U^\perp$ bewiesen. Wegen $U \cap U^\perp = \{\mathbf{0}\}$ ist diese Summe direkt, d. h., $V = U \oplus U^\perp$. $\blacksquare$

Beispiel: Die $Q\,R$-Zerlegung einer invertierbaren Matrix

Wir zeigen, dass jede invertierbare Matrix $A = (a_1, \ldots, a_n) \in \mathbb{R}^{n \times n}$ ein Produkt einer **orthogonalen** Matrix Q, d. h. $Q^\top Q = E_n$, und einer oberen Dreiecksmatrix R ist:

$$A = Q\,R\,.$$

Problemanalyse und Strategie: Mit dem Orthonormalisierungsverfahren von Gram und Schmidt bilden wir aus den linear unabhängigen Spalten von A eine Orthonormalbasis B des $\mathbb{R}^n$ und bestimmen die Darstellungen der Spalten von A bezüglich dieser Basis B. Das liefert eine Gleichheit der Form $A = Q\,R$ mit $n \times n$ -Matrizen der gesuchten Form.

Lösung:

Weil A invertierbar ist, sind die Spalten $a_1, \ldots, a_n$ linear unabhängig. Also bilden die Spalten von $A = (a_1, \ldots, a_n) \in \mathbb{R}^{n \times n}$ eine Basis des $\mathbb{R}^n$. Mit dem Verfahren von Gram und Schmidt können wir aus dieser Basis eine Orthonormalbasis $B = \{b_1, \ldots, b_n\}$ bezüglich des kanonischen Skalarprodukts des euklidischen $\mathbb{R}^n$ konstruieren. Es gilt dann:

$$a_1 \perp b_2, \ldots, b_n,$$
$$a_2 \perp b_3, \ldots, b_n,$$
$$\vdots$$
$$a_{n-1} \perp b_n.$$

Bezüglich der geordneten Orthonormalbasis $B = (b_1, \ldots, b_n)$ haben die Vektoren $a_1, \ldots, a_n$ die Darstellung

$$a_1 = (a_1 \cdot b_1)\, b_1,$$
$$a_2 = (a_2 \cdot b_1)\, b_1 + (a_2 \cdot b_2)\, b_2,$$
$$\vdots$$
$$a_n = (a_n \cdot b_1)\, b_1 + \cdots + (a_n \cdot b_n)\, b_n.$$

Diese Gleichungen können wir wegen $A = (a_1, \ldots, a_n)$ in einer Matrizengleichung zusammenfassen:

$$A = \underbrace{(b_1, \ldots, b_n)}_{=:Q} \cdot \underbrace{\begin{pmatrix} a_1 \cdot b_1 & a_2 \cdot b_1 & \cdots & a_n \cdot b_1 \\ 0 & a_2 \cdot b_2 & \cdots & a_n \cdot b_2 \\ \vdots & & \ddots & \vdots \\ 0 & \cdots & 0 & a_n \cdot b_n \end{pmatrix}}_{=:R}$$

Eine solche Zerlegung, die für jede invertierbare Matrix A existiert, nennt man eine $Q\,R$-**Zerlegung** von A.

Die Spalten von Q bilden eine Orthonormalbasis des $\mathbb{R}^n$, daher gilt $Q^\top Q = E_n$, d. h., Q ist eine orthogonale Matrix, es gilt $Q^\top = Q^{-1}$. Und R ist wie gewünscht eine obere Dreiecksmatrix.

Ersetzen wir einen Vektor b der Orthonormalbasis B durch $-b$, so erhalten wir wieder eine Orthonormalbasis B' und damit eine andere $Q\,R$-Zerlegung $A = Q'\,R'$. Wenn wir uns darauf einigen, dass wir die Vektoren $b_1, \ldots, b_n$ der

Orthonormalbasis B stets so wählen, dass die Matrix R positive Diagonaleinträge hat, so erreichen wir eine eindeutige Zerlegung in der Form $A = Q\,R$ – man kann dann von **der** $Q\,R$-Zerlegung von A sprechen. Den Nachweis, dass eine solche Zerlegung eindeutig ist, haben wir als Übungsaufgabe 17.20 gestellt.

Wir bestimmen beispielhaft die $Q\,R$-Zerlegung von

$$A = \begin{pmatrix} 1 & 2 & 4 \\ 0 & 1 & 0 \\ 1 & 0 & 0 \end{pmatrix} = (a_1, a_2, a_3)\,,$$

deren Spalten offenbar linear unabhängig sind. Mit dem Verfahren von Gram und Schmidt erhalten wir die Vektoren b_1, b_2, b_3 einer Orthonormalbasis

$$b_1 = \frac{1}{\sqrt{2}} \begin{pmatrix} 1 \\ 0 \\ 1 \end{pmatrix},\; b_2 = \frac{1}{\sqrt{3}} \begin{pmatrix} 1 \\ 1 \\ -1 \end{pmatrix},\; b_3 = \frac{3}{2\sqrt{6}} \begin{pmatrix} 2/3 \\ -4/3 \\ -2/3 \end{pmatrix}.$$

Damit haben wir bereits eine Matrix $Q = (b_1, b_2, b_3)$ bestimmt. Die Matrix R erhalten wir nun durch das Berechnen von sechs Skalarprodukten:

$$R = \begin{pmatrix} \sqrt{2} & \sqrt{2} & 2\sqrt{2} \\ 0 & \sqrt{3} & \tfrac{4}{3}\sqrt{3} \\ 0 & 0 & \tfrac{2}{3}\sqrt{6} \end{pmatrix}$$

Da die Diagonaleinträge alle positiv sind, haben wir bereits die gesuchte Zerlegung:

$$A = \begin{pmatrix} \tfrac{1}{\sqrt{2}} & \tfrac{1}{\sqrt{3}} & \tfrac{1}{\sqrt{6}} \\ 0 & \tfrac{1}{\sqrt{3}} & -\tfrac{2}{\sqrt{6}} \\ \tfrac{1}{\sqrt{2}} & -\tfrac{1}{\sqrt{3}} & -\tfrac{1}{\sqrt{6}} \end{pmatrix} \begin{pmatrix} \sqrt{2} & \sqrt{2} & 2\sqrt{2} \\ 0 & \sqrt{3} & \tfrac{4}{3}\sqrt{3} \\ 0 & 0 & \tfrac{2}{3}\sqrt{6} \end{pmatrix}$$

Kommentar: Die $Q\,R$-Zerlegung ist zum Beispiel bei der numerischen Berechnung der Eigenwerte einer Matrix mithilfe des sogenannten $Q\,R$-*Algorithmus* ein integraler Bestandteil. Tatsächlich wird hierbei die $Q\,R$-Zerlegung im Allgemeinen nicht mit dem Verfahren von Gram und Schmidt bestimmt, da dieses numerisch instabil ist, d. h., kleine Störungen in den Eingabedaten wirken sich stark auf die Berechnungen aus. In der Numerik benutzt man ausgefeilte Methoden, um die $Q\,R$-Zerlegung einer Matrix numerisch stabil zu bestimmen.

Achtung: Die Voraussetzung $\dim V \in \mathbb{N}$ in (c) ist notwendig, es gibt nämlich Beispiele unendlichdimensionaler euklidischer Vektorräume V mit einem Untervektorraum U und $U + U^\perp \subsetneq V$, beachte das folgende Beispiel. In diesem Fall ist das orthogonale Komplement U also kein zu U komplementärer Untervektorraum – ein *orthogonales Komplement* ist also nicht notwendig ein *Komplement*.

Beispiel Es sei V der $\mathbb{R}$-Vektorraum aller stückweise stetigen, beschränkten Funktionen auf dem abgeschlossenen Intervall $[0, 1]$, die an der Stelle 0 stetig sind und an den jeweiligen *rechten Rändern* linksstetig sind (Abb. 17.11).

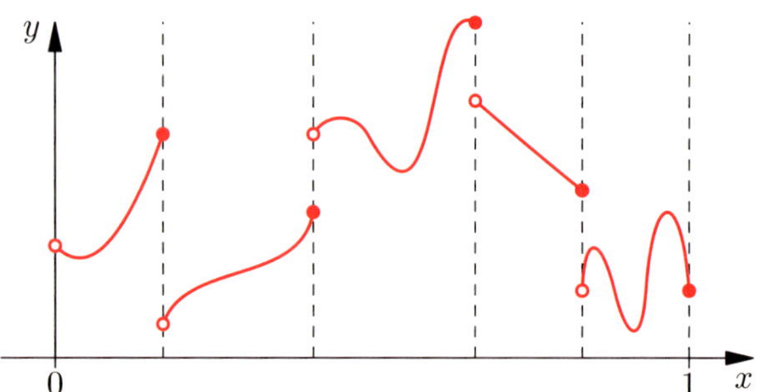

Abbildung 17.11 Die Funktionswerte an den rechten Rändern sind nicht beliebig

Als Skalarprodukt wählen wir wie gewöhnlich auf solchen Vektorräumen

$$\langle f, g \rangle = \int_0^1 f(t)\, g(t)\, \mathrm{d}t \quad \text{für } f,\, g \in V .$$

Nun betrachten wir den Untervektorraum U der Treppenfunktionen

$$U = \{ f \in V \mid f \text{ ist stückweise konstant} \} .$$

Offenbar steht nur die Nullfunktion senkrecht auf allen Treppenfunktionen, d. h. $U^\perp = \{\mathbf{0}\}$. Da aber nicht jedes Element aus V eine Treppenfunktion ist, gilt:

$$U + U^\perp = U \subsetneq V . \qquad \blacktriangleleft$$

Wozu braucht man die *Linksstetigkeit* und die Stetigkeit in 0 in diesem Beispiel?

Ist $V = U \oplus W$ eine direkte Summe, so ist jeder Vektor $v \in V$ auf genau eine Weise als Summe $v = u + w$ mit $u \in U$ und $w \in W$ schreibbar (beachte das Lemma auf Seite 218). Daher erhalten wir als Folgerung (man beachte auch die Dimensionsformel auf Seite 217):

Folgerung

Ist U ein Untervektorraum eines endlichdimensionalen

euklidischen Vektorraums V, so lässt sich jedes $v \in V$ eindeutig in der Form

$$v = u + u'$$

mit $u \in U$ und $u' \in U^\perp$ schreiben. Und im Fall $\dim V = n \in \mathbb{N}$ gilt:

$$\dim U^\perp = \dim V - \dim U .$$

Zeigen Sie die Eindeutigkeit der Darstellung $v = u + u'$ mit $u \in U$ und $u' \in U^\perp$ direkt.

Ist V die direkte Summe von zueinander orthogonalen Untervektorräumen $U_1, \ldots, U_r$, d. h.

$$V = U_1 \oplus \cdots \oplus U_r \quad \text{mit } U_i \perp U_j \text{ für } i \neq j ,$$

so nennt man V auch die **orthogonale Summe** von $U_1, \ldots, U_r$ und schreibt dafür:

$$V = U_1 \,\boxed{\oplus}\, \cdots \,\boxed{\oplus}\, U_r .$$

Beispiel Im $\mathbb{R}^2$ gilt bezüglich des kanonischen Skalarprodukts $\{\mathbf{0}\}^\perp = \mathbb{R}^2$ und $(\mathbb{R}^2)^\perp = \{\mathbf{0}\}$ sowie:

$$\left\langle \begin{pmatrix} 1 \\ -1 \end{pmatrix} \right\rangle^\perp = \left\langle \begin{pmatrix} 1 \\ 1 \end{pmatrix} \right\rangle .$$

Im $\mathbb{R}^3$ gilt bezüglich des kanonischen Skalarprodukts:

$$\left\langle \begin{pmatrix} 1 \\ 1 \\ 1 \end{pmatrix} \right\rangle^\perp = \left\langle \begin{pmatrix} 1 \\ -1 \\ 0 \end{pmatrix} , \begin{pmatrix} 0 \\ 1 \\ -1 \end{pmatrix} \right\rangle$$

(Abb. 17.12).

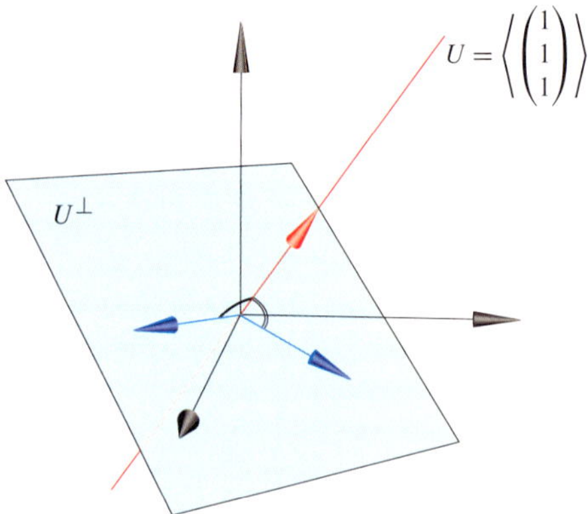

Abbildung 17.12 Der Untervektorraum U und sein orthogonales Komplement $U^\perp$. $\qquad \blacktriangleleft$

Den minimalen Abstand eines Punkts zu einem Untervektorraum erhält man durch Projektion des Punkts auf den Untervektorraum

Wir betrachten die Situation des letzten Beispiels erneut im $\mathbb{R}^2$ für einen eindimensionalen Untervektorraum U (Abb. 17.13).

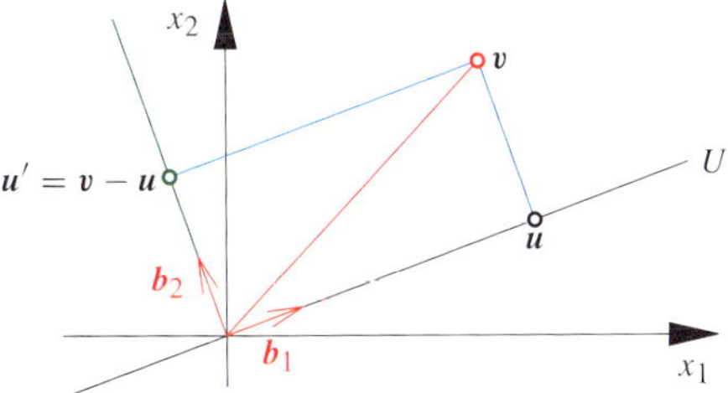

Abbildung 17.13 Der Punkt u entsteht aus dem Punkt v, indem man das Lot von v aus auf die Gerade U fällt. Der Vektor $u' = v - u$ steht senkrecht auf U.

Anschaulich ist klar, dass der kürzeste Abstand von v zu der Geraden U genau jener Abstand von v zu dem Fußpunkt u ist, d. h.:

$$\|u'\| = \|v - u\| \leq \|v - \mu\,b_1\| \quad \text{für alle} \quad \mu \in \mathbb{R}\,.$$

Der Vektor u entsteht dabei durch *Projektion* von v auf den Untervektorraum U. Wir zeigen nun, dass dies allgemeiner möglich ist (vgl. auch die Ausführungen in Abschnitt 7.4).

Projektionssatz

Ist U ein Untervektorraum eines endlichdimensionalen euklidischen Vektorraums V, so gibt es zu jedem $v \in V$ genau ein $u \in U$ mit $v - u \perp U$. Die hierdurch definierte Abbildung

$$\pi : \begin{cases} V & \to & U\,, \\ v & \mapsto & u \end{cases}$$

ist linear, sie heißt **orthogonale Projektion** oder **Normalprojektion** von V auf U.

Für den Vektor $u' = v - u \in U^{\perp}$ gilt:

$$\|u'\| \leq \|v - w\| \quad \text{für alle} \quad w \in U\,.$$

Der **minimale Abstand** von v zu U ist die Länge des Vektors u'.

Für den Endomorphismus π von V gilt offenbar $\pi^2 = \pi$, d. h., dass π eine Projektion ist (vgl. Aufgabe 17.17).

Beweis: Der erste Teil dieser Aussage folgt aus der Folgerung auf Seite 678. Für den zweiten Teil beachte man, dass für jedes $w \in U$ gilt $(v - u) \cdot (u - w) = 0$, da nämlich $v - u$ senkrecht auf $u - w$ steht. Damit erhalten wir die folgende, für alle $w \in U$ gültige Abschätzung:

$$\begin{aligned}
\|v - w\| &= \|(v - u) + (u - w)\| \\
&= \sqrt{(v - u)^2 + 2\,(v - u) \cdot (u - w) + (u - w)^2} \\
&= \sqrt{(v - u)^2 + (u - w)^2} \\
&\geq \sqrt{(v - u)^2} \\
&= \|v - u\|\,. \qquad \blacksquare
\end{aligned}$$

Die Abbildung 17.14 illustriert diesen minimalen Abstand im $\mathbb{R}^3$ mit dem kanonischen Skalarprodukt.

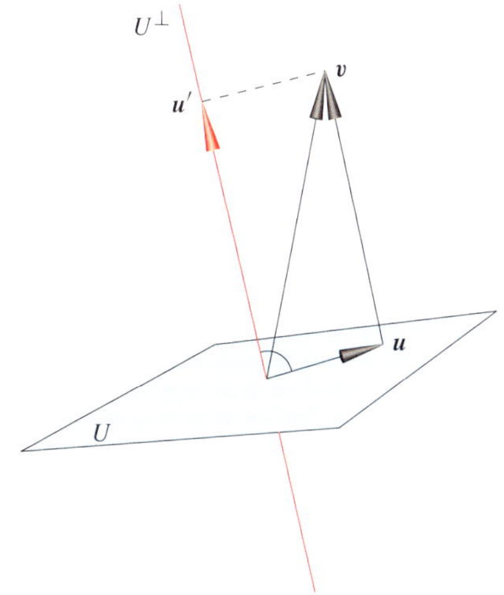

Abbildung 17.14 Der Vektor $u' = v - u$ steht senkrecht auf U, seine Länge ist der minimale Abstand von v zu U.

Der Projektionssatz sagt uns zwar, dass es einen Vektor $w \in U$ gibt, sodass $\|v - w\|$ minimal ist, aber er macht keine allgemeingültige Aussage dazu, wie man dieses w bestimmt (beachten Sie aber auch Aufgabe 17.21). Im $\mathbb{R}^n$ mit dem kanonischen Skalarprodukt $\cdot$ finden wir w durch Lösen eines linearen Gleichungssystems – w ist eine Lösung der sogenannten *Normalgleichung*. Dazu zeigen wir vorab etwas allgemeiner:

Das lineare Ausgleichsproblem

Es seien $A \in \mathbb{R}^{n \times r}$, $n \geq r$ und $v \in \mathbb{R}^n$. Ein Vektor $x \in \mathbb{R}^r$ ist genau dann eine Lösung des **linearen Ausgleichsproblems**

$$\|v - A\,x\| = \min$$

wenn x eine Lösung der **Normalgleichung**

$$A^{\top} A\,x = A^{\top} v$$

ist. Die Lösung x ist genau dann eindeutig bestimmt, wenn der Rang von A maximal, d. h. gleich r ist.

Beweis: Wir wenden den Projektionssatz an. Dazu setzen wir $V = \mathbb{R}^n$ mit dem kanonischen Skalarprodukt $\cdot$ und

$U = \varphi_A(\mathbb{R}^r) = \{A\,x \mid x \in \mathbb{R}^r\} = \langle s_1, \ldots, s_r \rangle \subseteq V$ mit den Spalten $s_1, \ldots, s_r$ von A.

Nach dem Projektionssatz ist ein Element $A\,x \in \mathbb{R}^n$ mit $x \in \mathbb{R}^r$ genau dann eine Lösung von $\|v - A\,x\| = \min$, wenn $v - A\,x \perp U$, d. h., $A\,x$ ist die senkrechte Projektion von v auf U. Nun gilt:

$$
\begin{aligned}
& v - A\,x \perp U & \\
\Leftrightarrow\ & v - A\,x \perp s_i & \text{für alle } i = 1, \ldots, r \\
\Leftrightarrow\ & s_i \cdot (v - A\,x) = 0 & \text{für alle } i = 1, \ldots, r \\
\Leftrightarrow\ & s_i^\top (v - A\,x) = 0 & \text{für alle } i = 1, \ldots, r \\
\Leftrightarrow\ & A^\top (v - A\,x) = 0 & \\
\Leftrightarrow\ & A^\top A\,x = A^\top v. &
\end{aligned}
$$

Damit ist gezeigt, dass die Lösungsmengen des linearen Ausgleichsproblem und der Normalgleichung übereinstimmen. Es bleibt zu zeigen, dass die Lösungsmenge genau dann einelementig ist, wenn A den Rang r hat. Das begründen wir, indem wir zeigen, dass $A^\top A$ genau dann invertierbar ist, wenn A den Rang r hat. Es gilt:

$$
\begin{aligned}
& A^\top A & \text{ist invertierbar} \\
\Leftrightarrow\ & A^\top A\,w = 0 & \text{nur für } w = 0 \\
\Leftrightarrow\ & w^\top A^\top A\,w = 0 & \text{nur für } w = 0 \\
\Leftrightarrow\ & (A\,w) \cdot (A\,w) = 0 & \text{nur für } w = 0 \\
\Leftrightarrow\ & A\,w = 0 & \text{nur für } w = 0 \\
\Leftrightarrow\ & A & \text{hat Rang } r.
\end{aligned}
$$

Damit ist alles gezeigt. $\blacksquare$

Kommentar: Die Matrix $A^\top A$ ist im Allgemeinen nicht invertierbar. Also ist es im Allgemeinen nicht möglich, die Normalgleichung nach dem Vektor v durch Berechnen von $(A^\top A)^{-1}$ aufzulösen.

Wir kehren nun zu der Situation des Projektionssatzes zurück im Fall $V = \mathbb{R}^n$ und $U = \langle b_1, \ldots, b_r \rangle = \varphi_A(\mathbb{R}^r) = \{A\,x \mid x \in \mathbb{R}^r\} \subseteq V$, wobei $A = (b_1, \ldots, b_r)$. Zu $v \in \mathbb{R}^n$ erhalten wir die orthogonale Projektion $\pi(v) = u = A\,x$ durch Lösen der Normalgleichung

$$
A^\top A\,x = A^\top v.
$$

Bilden $b_1, \ldots, b_r$ eine Basis von U, so ist die Lösung eindeutig bestimmt.

Beispiel Wir suchen den minimalen Abstand des Punktes $v = \begin{pmatrix} 1 \\ 2 \\ 3 \end{pmatrix}$ zu der Ebene

$$
U = \left\langle b_1 = \begin{pmatrix} 1 \\ 0 \\ 1 \end{pmatrix},\ b_2 = \begin{pmatrix} 1 \\ 1 \\ 1 \end{pmatrix} \right\rangle.
$$

Wir bilden die Matrix A, deren Spalten die Basisvektoren b_1, b_2 von U sind und erhalten dann den Koordinatenvektor von u bezüglich der Basis $B = (b_1, b_2)$ durch Lösen der Normalgleichung

$$
A^\top A\,x = A^\top v.
$$

Das Gleichungssystem lautet:

$$
\begin{pmatrix} 2 & 2 \\ 2 & 3 \end{pmatrix} x = \begin{pmatrix} 4 \\ 6 \end{pmatrix}.
$$

Die eindeutig bestimmte Lösung $\begin{pmatrix} 0 \\ 2 \end{pmatrix}$ besagt, dass die senkrechte Projektion von v auf U der Vektor $u = 0\,b_1 + 2\,b_2 = \begin{pmatrix} 2 \\ 2 \\ 2 \end{pmatrix}$ ist.

So erhalten wir für den minimalen Abstand von v zu U

$$
\|v - u\| = \left\| \begin{pmatrix} 1 \\ 2 \\ 3 \end{pmatrix} - \begin{pmatrix} 2 \\ 2 \\ 2 \end{pmatrix} \right\| = \sqrt{2}. \qquad \blacktriangleleft
$$

Symmetrische Bilinearformen kann man über beliebige Körpern erklären

Wir haben das (euklidische) Skalarprodukt $\cdot$ eines $\mathbb{R}$-Vektorraums V definiert als eine positiv definite, symmetrische Bilinearform, $\cdot : V \times V \to \mathbb{R}$. Für die *positive Definitheit* ist die Eigenschaft von $\mathbb{R}$ nötig, dass man die von null verschiedenen Elemente von $\mathbb{R}$ in positive und negative Elemente unterscheiden kann. Verzichtet man auf die positive Definitheit, so kann man für jeden Körper $\mathbb{K}$ eine *symmetrische Bilinearform* $\cdot$ in einem $\mathbb{K}$-Vektorraum V erklären, also eine symmetrische, bilineare Abbildung $\cdot : V \times V \to \mathbb{K}$.

Durch das Fehlen der positiven Definitheit haben diese Verallgemeinerungen von Skalarprodukten Eigenschaften, deren geometrische Deutungen etwas seltsam wirken.

Ist V ein $\mathbb{K}$-Vektorraum mit einer symmetrischen Bilinearform $\cdot$, so definiert man (wie beim euklidischen Skalarprodukt):

- v heißt **senkrecht** bzw. **orthogonal** zu w, $v \perp w$, für zwei Vektoren $v,\ w \in V$, falls $v \cdot w = 0$ gilt.
- Man nennt $v \in V$ **isotrop**, falls $v \perp v$ gilt.
- $U^\perp = \{v \in V \mid v \perp u \text{ für alle } u \in U\}$ nennt man den **Orthogonalraum** zu U für jeden Untervektorraum U von V.
- $\mathrm{Rad}(V) = V \cap V^\perp$ ist das **Radikal** von V.
- Man nennt $\cdot$ **ausgeartet**, falls $\mathrm{Rad}(V) \neq \{0\}$.

Die Vektoren im Radikal sind allesamt isotrop, sie stehen nämlich auf allen Vektoren aus V, also insbesondere auch

Beispiel: Methode der kleinsten Quadrate

Eine Messung liefert zu den n verschiedenen Zeitpunkten $t_1, \ldots, t_n$ die jeweiligen Messwerte $y_1, \ldots, y_n$. Gesucht ist eine Funktion $f \in \mathbb{R}^{\mathbb{R}}$, welche die gegebenen Messwerte an den Stellen $t_1, \ldots, t_n$ *möglichst gut annähert*, wobei wir hier als Maß für *gute Annäherung* die Minimalität der Größe $\|\Delta\|$ mit $\Delta = \begin{pmatrix} f(t_1) - y_1 \\ \vdots \\ f(t_n) - y_n \end{pmatrix}$ ansetzen. Es ist dann

$\|\Delta\|^2 = (f(t_1) - y_1)^2 + \cdots (f(t_n) - y_n)^2$ die Summe der Quadrate der Fehler, die dabei gemacht werden.

Die Minimalität dieser Summe besagt, dass die senkrechten Abstände der Funktion f an den Stellen t_i zu den vorgegeben Messwerten y_i minimal ist. Das kann als *beste Annäherung* betrachtet werden.

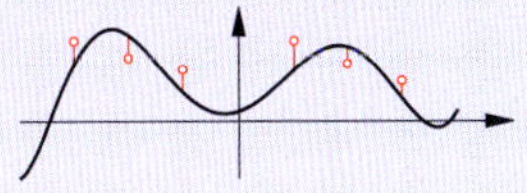

Problemanalyse und Strategie: Wir benutzen die Lösung des linearen Ausgleichsproblems durch die Normalgleichung. Dabei wählen wir *Basisfunktionen*, die einen Untervektorraum U des Vektorraums aller Funktionen erzeugen und bestimmen eine Funktion f aus U, deren Graph einen im oben erwähnten Sinne minimalen Abstand zu den gegebenen Punkten $(t_1, y_1), \ldots, (t_n, y_n)$ hat.

Lösung:

Um eine solche beste Annäherung zu erhalten, trägt man zuerst die *Messpunkte* $(t_1, y_1), \ldots, (t_n, y_n)$ in ein Koordinatensystem ein und überlegt sich, welche Funktionen $f_1, \ldots, f_r$ als *Basisfunktionen* in Betracht zu ziehen sind. Bei der ersten Punkteverteilung in der folgenden Skizze

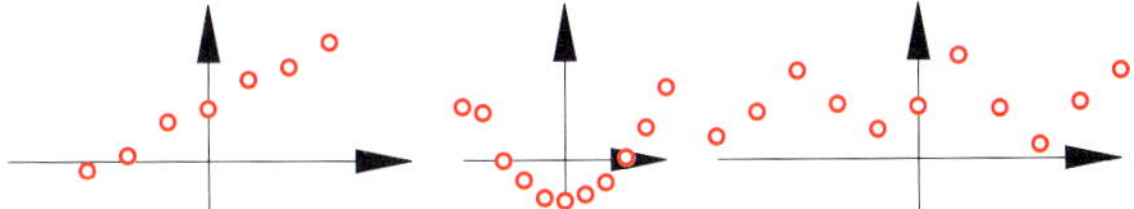

wird man sich auf Geraden, also bei den Basisfunktionen auf $f_1 = 1$ und $f_2 = X$ konzentrieren, bei der zweiten Punkteverteilung auf Parabeln und schließlich bei der dritten Punkteverteilung dieser Skizze auf Sinus- und Kosinusfunktionen.

Hat man den Satz $f_1, \ldots, f_r$ von Funktionen gewählt, so sind $\lambda_1, \ldots, \lambda_r \in \mathbb{R}$ gesucht, sodass die Funktion

$$f = \lambda_1 f_1 + \cdots + \lambda_r f_r$$

die Größe

$$(f(t_1) - y_1)^2 + \cdots + (f(t_n) - y_n)^2$$

minimiert.

Dies lässt sich mithilfe der reellen $n \times r$-Matrix

$$A = \begin{pmatrix} f_1(t_1) & \cdots & f_r(t_1) \\ \vdots & & \vdots \\ f_1(t_n) & \cdots & f_r(t_n) \end{pmatrix} \quad \text{und} \quad v = \begin{pmatrix} y_1 \\ \vdots \\ y_n \end{pmatrix}$$

auch ausdrücken als: Gesucht ist ein $x \in \mathbb{R}^r$ mit der Eigenschaft, dass $\|v - A\,x\|$ minimal ist. Nach dem Satz zum linearen Ausgleichsproblem von Seite 679 erhalten wir x als Lösung der Normalgleichung:

$$A^\top A\,x = A^\top v\,.$$

Betrachten wir ein Beispiel. Eine Messreihe liefert

$$(t_1, y_1) = (-1, 1)\,, \quad (t_2, y_2) = (0, 1)\,,$$
$$(t_3, y_3) = (1, 2)\,, \quad (t_4, y_4) = (2, 2)\,.$$

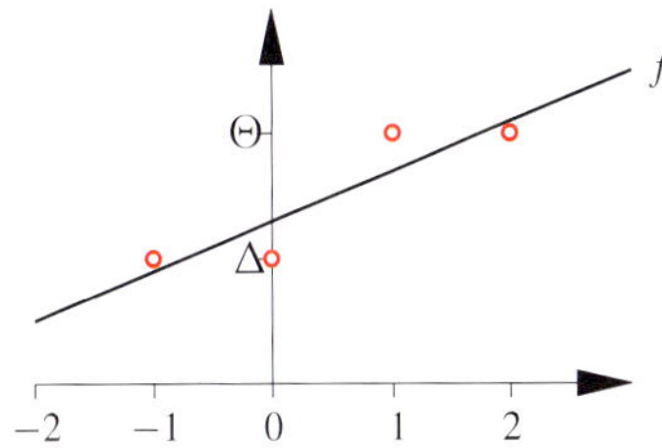

Aufgrund der Verteilung der Punkte suchen wir nach einer *Ausgleichsgeraden* $f: \mathbb{R} \to \mathbb{R}$, $f(x) = a\,x + b$, d. h., wir geben uns die Basisfunktionen $f_1: \mathbb{R} \to \mathbb{R}$, $f(x) = 1$ und $f_2: \mathbb{R} \to \mathbb{R}$, $f(x) = x$ vor.

Als Matrix $A \in \mathbb{R}^{4 \times 2}$ und Vektor $v \in \mathbb{R}^4$ erhalten wir somit:

$$A = \begin{pmatrix} 1 & -1 \\ 1 & 0 \\ 1 & 1 \\ 1 & 2 \end{pmatrix} \quad \text{und} \quad \begin{pmatrix} 1 \\ 1 \\ 2 \\ 2 \end{pmatrix}\,.$$

Nun berechnen wir $A^\top v$ und $A^\top A$:

$$A^\top v = \begin{pmatrix} 1 & 1 & 1 & 1 \\ -1 & 0 & 1 & 2 \end{pmatrix} \begin{pmatrix} 1 \\ 1 \\ 2 \\ 2 \end{pmatrix} = \begin{pmatrix} 6 \\ 5 \end{pmatrix}\,.$$

$$A^\top A = \begin{pmatrix} 1 & 1 & 1 & 1 \\ -1 & 0 & 1 & 2 \end{pmatrix} \begin{pmatrix} 1 & -1 \\ 1 & 0 \\ 1 & 1 \\ 1 & 2 \end{pmatrix} = \begin{pmatrix} 4 & 2 \\ 2 & 6 \end{pmatrix}$$

Zu lösen bleibt nun das System

$$\begin{pmatrix} 4 & 2 \\ 2 & 6 \end{pmatrix} \begin{pmatrix} x_1 \\ x_2 \end{pmatrix} = \begin{pmatrix} 6 \\ 5 \end{pmatrix}\,.$$

Damit erhalten wir als die beste lineare Annäherung die Gerade

$$f: \mathbb{R} \to \mathbb{R}\,, \quad f(x) = \frac{2}{5}x + \frac{13}{10}\,.$$

auf sich selbst, senkrecht. Ist $\mathbb{K} = \mathbb{R}$ und $\cdot$ sogar positiv definit, d. h. ein euklidisches Skalarprodukt, so gilt:

$$\mathrm{Rad}(V) = \{\mathbf{0}\} \,,$$

da $V^{\perp} = \{\mathbf{0}\}$. Außerdem ist nur der Nullvektor in diesem Fall isotrop. Es folgen nun Beispiele von Vektorräumen mit symmetrischen Bilinearformen, die keine euklidischen Skalarprodukte sind.

Beispiel

- Es ist

$$\cdot : \begin{cases} \mathbb{R}^2 \times \mathbb{R}^2 & \to & \mathbb{R}, \\ \left(\begin{pmatrix} v_1 \\ v_2 \end{pmatrix}, \begin{pmatrix} w_1 \\ w_2 \end{pmatrix} \right) & \mapsto & v_1\, w_1 - v_2\, w_2 \end{cases}$$

eine symmetrische Bilinearform auf dem $\mathbb{R}^2$. Wegen

$$\begin{pmatrix} 1 \\ 1 \end{pmatrix} \cdot \begin{pmatrix} 1 \\ 1 \end{pmatrix} = 1 \cdot 1 - 1 \cdot 1 = 0$$

steht der Vektor $(1, 1)^{\top}$ auf sich selbst senkrecht, sodass $(1, 1)^{\top}$ isotrop ist. Der Vektorraum $\mathbb{R}^2$ ist aber bezüglich $\cdot$ nicht ausgeartet, da es zu jedem Vektor $\boldsymbol{v} \in \mathbb{R}^2$, der vom Nullvektor verschieden ist, einen Vektor $\boldsymbol{w} \in \mathbb{R}^2$ gibt mit $\boldsymbol{v} \cdot \boldsymbol{w} \neq 0$.

- Es sei V der $\mathbb{Z}_2$-Vektorraum $\mathbb{Z}_2^2$. Es ist

$$\cdot : \begin{cases} V \times V & \to & \mathbb{Z}_2, \\ \left(\begin{pmatrix} v_1 \\ v_2 \end{pmatrix}, \begin{pmatrix} w_1 \\ w_2 \end{pmatrix} \right) & \mapsto & v_1\, (w_1 + w_2) + v_2\, (w_1 + w_2) \end{cases}$$

eine symmetrische Bilinearform auf V. Da

$$\begin{pmatrix} \overline{1} \\ \overline{1} \end{pmatrix} \perp \boldsymbol{v} \ \text{ für alle } \ \boldsymbol{v} \in V \,,$$

enthält der Untervektorraum $\mathrm{Rad}(V)$ von V den eindimensionalen Untervektorraum $\langle (\overline{1}, \overline{1})^{\top} \rangle$, d. h., dass V bezüglich $\cdot$ ausgeartet ist. Da aber $(\overline{1}, \overline{0})^{\top}$ nicht isotrop ist, ist das Radikal nicht zweidimensional, wir erhalten

$$\mathrm{Rad}(V) = \left\langle \begin{pmatrix} \overline{1} \\ \overline{1} \end{pmatrix} \right\rangle \,.$$

Das Radikal besteht in diesem Beispiel genau aus den isotropen Vektoren. ◄

17.4 Unitäre Vektorräume

Euklidische Vektorräume sind reelle Vektorräume mit einem euklidischen Skalarprodukt. Wir werden nun analog *unitäre Vektorräume* betrachten. Das sind komplexe Vektorräume mit einem sogenannten *unitären Skalarprodukt*. Die Theorie ist nahezu identisch. Vielfach werden euklidische und unitäre Vektorräume sogar parallel eingeführt. Jede Eigenschaft, die man bei dieser parallelen Einführung formuliert,

ist dann in zwei Versionen zu interpretieren: Einmal für den reellen Fall, ein zweites Mal für den komplexen Fall. Um die Theorie übersichtlicher und klarer zu gestalten, wählten wir einen anderen Weg. Wir schließen vorläufig die Theorie der euklidischen Vektorräume ab und führen nun in einem eigenen Abschnitt die *unitären Vektorräume* ein.

In komplexen Vektorräumen gibt es keine symmetrischen, positiv definiten Bilinearformen

An ein euklidisches Skalarprodukt eines reellen Vektorraums stellten wir die drei Forderungen der

- (Bi-)linearität,
- Symmetrie und
- positiven Definitheit.

Die positive Definitheit war es letztlich, die es ermöglichte, Normen von Vektoren und damit Abstände, Winkel und Orthogonalität zwischen Vektoren zu erklären. Würde man in komplexen Vektorräumen nun ebenso vorgehen, um solche Begriffe einführen zu können, so stößt man auf ein Problem.

So ist zwar das Produkt für Vektoren

$$\boldsymbol{v} = \begin{pmatrix} v_1 \\ \vdots \\ v_n \end{pmatrix}, \ \boldsymbol{w} = \begin{pmatrix} w_1 \\ \vdots \\ w_n \end{pmatrix} \in \mathbb{C}^n \,,$$

das wir analog zum kanonischen Produkt im $\mathbb{R}^n$ definieren,

$$\boldsymbol{v} \cdot \boldsymbol{w} = \boldsymbol{v}^{\top} \boldsymbol{w} = \sum_{i=1}^{n} v_i\, w_i \in \mathbb{C} \,,$$

bilinear und symmetrisch, aber nicht positiv definit, da etwa

$$\begin{pmatrix} \mathrm{i} \\ 0 \end{pmatrix} \cdot \begin{pmatrix} \mathrm{i} \\ 0 \end{pmatrix} = \mathrm{i}^2 = -1 \notin \mathbb{R}_{\geq 0} \,.$$

Es kann auch sein, dass die Größe $\boldsymbol{v}^{\top} \boldsymbol{v}$ gar keine reelle Zahl ist:

$$\begin{pmatrix} 1 + \mathrm{i} \\ 0 \end{pmatrix} \cdot \begin{pmatrix} 1 + \mathrm{i} \\ 0 \end{pmatrix} = (1 + \mathrm{i})^2 = 2\,\mathrm{i} \notin \mathbb{R} \,.$$

Also kann es im $\mathbb{C}^n$ keine symmetrischen, positiv definiten Bilinearformen geben.

?

Nennen Sie für jede natürliche Zahl n einen Vektor $\boldsymbol{v} \in \mathbb{C}^n$ mit $\boldsymbol{v}^{\top} \boldsymbol{v} < 0$.

Wir müssen unsere Forderungen ändern. Um weiterhin Normen, Winkel und Abstände betrachten zu können, verabschieden wir uns von der Symmetrie in dieser Form und damit dann auch von der Bilinearität.

Weil man positive reelle Zahlen erhält, wenn man komplexe Zahlen mit ihrem konjugiert Komplexen multipliziert,

$0 \le |z|^2 = z\,\overline{z}$, stellen wir an *unitäre Skalarprodukte* eines komplexen Vektorraums V statt der Symmetrie die Forderung

$$v \cdot w = \overline{w \cdot v} \ \text{ für alle } \ v,\,w \in V\,.$$

Vertauscht man die Faktoren des Produkts, so kommt das konjugiert Komplexe dabei heraus. Wir sagen, ein Produkt $\cdot : V \times V \to \mathbb{C}$ ist **hermitesch**, wenn $v \cdot w = \overline{w \cdot v}$ für alle $v,\,w \in V$ gilt.

Für jede Matrix $A = (a_{ij}) \in \mathbb{C}^{r \times s}$, also auch für jeden Spaltenvektor, schreiben wir wieder $\overline{A} = (\overline{a}_{ij})$ und erwähnen die bereits benutzte Regel

$$\overline{A\,v} = \overline{A}\,\overline{v}$$

für Vektoren v.

Wir erklären nun ein Produkt $\cdot$ von Vektoren des $\mathbb{C}^2$:

$$v \cdot w = v^{\top}\overline{w} = \sum_{i=1}^{n} v_i\,\overline{w}_i \in \mathbb{C}\,.$$

Nun rechnen wir mit unseren obigen Beispielen, aber bezüglich des neu erklärten Produkts $\cdot$ nach:

$$\begin{pmatrix} \mathrm{i} \\ 0 \end{pmatrix} \cdot \begin{pmatrix} \mathrm{i} \\ 0 \end{pmatrix} = (\mathrm{i},\,0) \begin{pmatrix} -\mathrm{i} \\ 0 \end{pmatrix} = \mathrm{i}\,(-\mathrm{i}) = 1 \in \mathbb{R}_{\ge 0}$$

und

$$\begin{pmatrix} 1+\mathrm{i} \\ 0 \end{pmatrix} \cdot \begin{pmatrix} 1+\mathrm{i} \\ 0 \end{pmatrix} = (1+\mathrm{i},\,0) \begin{pmatrix} 1-\mathrm{i} \\ 0 \end{pmatrix} = 2 \in \mathbb{R}_{\ge 0}\,.$$

Allgemeiner besagt die Eigenschaft *hermitesch* im Fall $v = w$:

$$v \cdot v = \overline{v \cdot v}\,,$$

d. h., $v \cdot v \in \mathbb{R}$.

Die Eigenschaft *hermitesch* hat aber Auswirkungen auf die *Linearität* im zweiten Argument. Wir werden das gleich sehen.

Ein unitäres Skalarprodukt ist eine positiv definite, hermitesche Sesquilinearform eines komplexen Vektorraums

Für die folgende Definition vergleiche man jene des euklidischen Skalarprodukts und des euklidischen Vektorraums von Seite 661.

Unitäres Skalarprodukt und unitärer Vektorraum

Ist V ein komplexer Vektorraum, so heißt eine Abbildung

$$\cdot : \begin{cases} V \times V & \to \quad \mathbb{C}, \\ (v,\,w) & \mapsto \quad v \cdot w \end{cases}$$

ein **unitäres Skalarprodukt**, wenn für alle $v,\,v',\,w \in V$ und $\lambda \in \mathbb{C}$ die folgenden Eigenschaften erfüllt sind:

(i) $(v+v') \cdot w = v \cdot w + v' \cdot w$ und $(\lambda\,v) \cdot w = \lambda\,(v \cdot w)$ (*Linearität im ersten Argument*),

(ii) $v \cdot w = \overline{w \cdot v}$ (*hermitesch*),

(iii) $v \cdot v \ge 0$ und $v \cdot v = 0 \Leftrightarrow v = 0$ (*positive Definitheit*).

Ist $\cdot$ ein unitäres Skalarprodukt in V, so nennt man V einen **unitären Vektorraum**.

Wir stellen die Axiome (i), (ii) und (iii) für den euklidischen und den unitären Fall gegenüber:

euklidisch	*unitär*
$(v+v') \cdot w = v \cdot w + v' \cdot w$	$(v+v') \cdot w = v \cdot w + v' \cdot w$
$(\lambda\,v) \cdot w = \lambda\,(v \cdot w)$	$(\lambda\,v) \cdot w = \lambda\,(v \cdot w)$
$v \cdot w = w \cdot v$	$v \cdot w = \overline{w \cdot v}$
$v \cdot v \ge 0$	$v \cdot v \ge 0$
$v \cdot v = 0 \Leftrightarrow v = 0$	$v \cdot v = 0 \Leftrightarrow v = 0$

Aus (ii) folgt wegen der Additivität und der Multiplikativität des Konjugierens die *halbe Linearität* im zweiten Argument, d. h., es gilt für alle $v,\,w,\,w' \in V$ und $\lambda \in \mathbb{C}$:

$$\begin{aligned} v \cdot (w + w') &= \overline{(w + w') \cdot v} = \overline{w \cdot v + w' \cdot v} \\ &= \overline{\overline{v \cdot w} + \overline{v \cdot w'}} = v \cdot w + v \cdot w' \\ v \cdot (\lambda\,w) &= \overline{(\lambda\,w) \cdot v} = \overline{\lambda\,(w \cdot v)} \\ &= \overline{\lambda}\,\overline{v \cdot w} = \overline{\lambda}\,(v \cdot w)\,. \end{aligned}$$

Eine Abbildung von $V \times V$ nach $\mathbb{C}$, die linear im ersten Argument und im obigen Sinne *halb linear* im zweiten Argument ist, nennt man auch eine **Sesquilinearform**, also eine eineinhalbfache Linearform. Damit ist ein unitäres Skalarprodukt eine hermitesche, positiv definite Sesquilinearform.

Achtung: In einem unitären Vektorraum V gilt für alle $v,\,w \in V$ und $\lambda \in \mathbb{C}$:

$$(\lambda\,v) \cdot w = \lambda\,(v \cdot w) \ \text{ und } \ v \cdot (\lambda\,w) = \overline{\lambda}\,(v \cdot w)\,.$$

Auch im unitären Vektorraum V gilt für alle $v \in V$:

$$v \cdot 0 = 0 = 0 \cdot v\,,$$

wenngleich das unitäre Skalarprodukt nicht *kommutativ*, d. h. nicht symmetrisch ist.

Beispiel

- Für jede natürliche Zahl n ist im komplexen Vektorraum $\mathbb{C}^n$ das Produkt

$$\boldsymbol{v} \cdot \boldsymbol{w} = \boldsymbol{v}^\top \overline{\boldsymbol{w}}$$

ein unitäres Skalarprodukt. Dieses Skalarprodukt nennen wir das **kanonische** (unitäre) Skalarprodukt.

Die Linearität im ersten Argument ist unmittelbar klar.

Sind $\boldsymbol{v} = \begin{pmatrix} v_1 \\ \vdots \\ v_n \end{pmatrix}$ und $\boldsymbol{w} = \begin{pmatrix} w_1 \\ \vdots \\ w_n \end{pmatrix}$, so gilt:

$$\boldsymbol{v} \cdot \boldsymbol{w} = \boldsymbol{v}^\top \overline{\boldsymbol{w}} = \sum_{i=1}^{n} v_i \, \overline{w}_i = \sum_{i=1}^{n} \overline{w}_i \, v_i$$

$$= \overline{\sum_{i=1}^{n} w_i \, \overline{v}_i} = \overline{\boldsymbol{w} \cdot \boldsymbol{v}} \, .$$

Also ist das Produkt auch hermitesch. Und die positive Definitheit des Produkts folgt aus

$$\boldsymbol{v} \cdot \boldsymbol{v} = \boldsymbol{v}^\top \overline{\boldsymbol{v}} = |v_1|^2 + \cdots + |v_n|^2 \geq 0 \, ,$$

wobei die Gleichheit genau dann gilt, wenn alle v_i gleich null sind, d. h., wenn $\boldsymbol{v} = \boldsymbol{0}$.

- Wir definieren für Vektoren $\boldsymbol{v}, \, \boldsymbol{w} \in \mathbb{C}^2$ mittels der Matrix $A = \begin{pmatrix} 2 & \mathrm{i} \\ -\mathrm{i} & 1 \end{pmatrix}$ das Produkt

$$\boldsymbol{v} \cdot \boldsymbol{w} = \boldsymbol{v}^\top A \, \overline{\boldsymbol{w}} \, .$$

Die Linearität im ersten Argument begründet man wie im reellen Fall.

Das Produkt ist hermitesch, da wegen

$$\boldsymbol{v}^\top A \, \overline{\boldsymbol{w}} = (\boldsymbol{v}^\top A \, \overline{\boldsymbol{w}})^\top = \overline{\boldsymbol{w}}^\top A^\top \boldsymbol{v}$$

(Transponieren einer komplexen Zahl ändert diese Zahl nicht) und wegen $A^\top = \overline{A}$ gilt:

$$\boldsymbol{v} \cdot \boldsymbol{w} = \boldsymbol{v}^\top A \, \overline{\boldsymbol{w}} = \overline{\boldsymbol{w}}^\top A^\top \boldsymbol{v}$$

$$= \overline{\boldsymbol{w}}^\top \overline{A} \, \boldsymbol{v} = \overline{\boldsymbol{w}^\top A \, \overline{\boldsymbol{v}}} = \overline{\boldsymbol{w} \cdot \boldsymbol{v}} \, .$$

Schließlich ist das Produkt positiv definit, da für $\boldsymbol{v} = \begin{pmatrix} v_1 \\ v_2 \end{pmatrix} \in \mathbb{C}^2$ gilt:

$$\boldsymbol{v}^\top A \, \boldsymbol{v} = (2\, v_1 - \mathrm{i}\, v_2, \, \mathrm{i}\, v_1 + v_2) \begin{pmatrix} \overline{v}_1 \\ \overline{v}_2 \end{pmatrix}$$

$$= 2\, v_1 \, \overline{v}_1 - \mathrm{i}\, v_2 \, \overline{v}_1 + \mathrm{i}\, v_1 \, \overline{v}_2 + v_2 \, \overline{v}_2$$

$$= |v_1|^2 + |v_1 + \mathrm{i}\, v_2|^2 \geq 0 \, ,$$

und Gleichheit gilt hierbei genau dann, wenn $\boldsymbol{v} = \boldsymbol{0}$ ist.

- Wir erklären ein Produkt $\langle \, , \, \rangle$ im Vektorraum aller auf dem abgeschlossenen Intervall $[a, \, b]$ für reelle Zahlen $a < b$ stetigen komplexwertigen Funktionen, also im komplexen Vektorraum

$$C = \{ f : [a, \, b] \to \mathbb{C} \mid f \text{ ist stetig} \} \, .$$

Dabei multiplizieren wir zwei Funktionen f und g aus C folgendermaßen:

$$\langle f, g \rangle = \int_a^b f(t) \, \overline{g(t)} \, dt \, .$$

Weil stetige Funktionen integrierbar sind, ist dieses Produkt auch definiert. Der Nachweis, dass $\cdot$ ein unitäres Skalarprodukt ist, erfolgt analog zum reellen Fall. ◄

Das zweite Beispiel mit der Matrix A lässt sich wesentlich verallgemeinern. Ist n eine natürliche Zahl, so ist für jede Matrix $A \in \mathbb{C}^{n \times n}$ das Produkt

$$\boldsymbol{v} \cdot \boldsymbol{w} = \boldsymbol{v}^\top A \, \overline{\boldsymbol{w}} \text{ für alle } \boldsymbol{v}, \, \boldsymbol{w} \in \mathbb{C}^n$$

linear im ersten Argument. Und erfüllt die Matrix A die Eigenschaft $A^\top = \overline{A}$, so ist das Produkt $\cdot$ auch hermitesch. Daher ist die folgende Definition nur naheliegend.

Hermitesche Matrizen

Eine Matrix $A \in \mathbb{C}^{n \times n}$ mit $A^\top = \overline{A}$, d. h., $\overline{A}^\top = A$, heißt **hermitesch**.

Die Diagonaleinträge a_{ii} einer hermiteschen Matrix $A = (a_{ij}) \in \mathbb{C}^{n \times n}$ müssen wegen

$$\overline{A} = \begin{pmatrix} \overline{a}_{11} & \cdots & \overline{a}_{1n} \\ \vdots & & \vdots \\ \overline{a}_{n1} & \cdots & \overline{a}_{nn} \end{pmatrix} = \begin{pmatrix} a_{11} & \cdots & a_{n1} \\ \vdots & & \vdots \\ a_{1n} & \cdots & a_{nn} \end{pmatrix} = A^\top$$

reell sein. Die hermiteschen Matrizen übernehmen im Komplexen die Rolle der symmetrischen Matrizen im Reellen.

Positiv definite Matrizen definieren unitäre Skalarprodukte

Jede hermitesche Matrix A liefert mit der Definition

$$\boldsymbol{v} \cdot \boldsymbol{w} = \boldsymbol{v}^\top A \, \overline{\boldsymbol{w}} \text{ für alle } \boldsymbol{v}, \, \boldsymbol{w} \in \mathbb{C}^n$$

eine hermitesche Sesquilinearform. Aber das Produkt ist nicht für jede hermitesche Matrix A positiv definit, man wähle etwa die Nullmatrix, diese ist hermitesch, das Produkt aber in diesem Fall sicher nicht positiv definit.

Wir nennen eine hermitesche $n \times n$-Matrix A **positiv definit**, wenn für alle $\boldsymbol{v} \in \mathbb{C}^n$

$$\boldsymbol{v}^\top A \, \overline{\boldsymbol{v}} \geq 0 \text{ und } \boldsymbol{v}^\top A \, \overline{\boldsymbol{v}} = 0 \Leftrightarrow \boldsymbol{v} = \boldsymbol{0}$$

gilt – man beachte $\boldsymbol{v}^\top A \, \overline{\boldsymbol{v}} \in \mathbb{R}$. Jede positiv definite Matrix liefert somit durch die Definition

$$\boldsymbol{v} \cdot \boldsymbol{w} = \boldsymbol{v}^\top A \, \overline{\boldsymbol{w}}$$

ein unitäres Skalarprodukt. Man beachte, dass positiv definite Matrizen insbesondere hermitesch sind.

Vektoren in unitären Vektorräumen haben eine Norm

Unitäre Vektorräume entziehen sich, vom eindimensionalen Fall abgesehen, der Anschauung. Aber auch in diesen Räumen kann man Begriffe wie Norm und Länge einführen. Dazu gehen wir völlig analog zum reellen Fall vor, das können wir wegen der positiven Definitheit des unitären Skalarprodukts.

Die Norm von Vektoren

Ist v ein Element eines unitären Vektorraums mit dem unitären Skalarprodukt $\cdot$, so nennt man die positive reelle Zahl

$$\|v\| = \sqrt{v \cdot v}$$

die **Norm** oder **Länge** des Vektors v.

Nun lassen sich alle Überlegungen aus dem Abschnitt zu den euklidischen Vektorräume für unitäre Vektorräume wiederholen. Wir stellen alle wesentlichen Begriffe und Eigenschaften in einer Übersicht auf Seite 686 zusammen.

Kommentar: In vielen Lehrbüchern findet man auch die Schreibweise $A^H = \overline{A}^\top$. Und Physiker schreiben in der Quantentheorie oft auch $A^\dagger$ für $\overline{A}^\top$.

Wir untersuchen nun lineare Abbildungen in euklidischen und unitären Vektorräumen. Dabei behandeln wir diese Vektorräume nicht wie bisher getrennt, sondern gleichzeitig.

17.5 Orthogonale und unitäre Endomorphismen

In diesem und im folgenden Abschnitt steht das Symbol $\mathbb{K}$ für einen der Körper $\mathbb{R}$ oder $\mathbb{C}$. Wir sprechen allgemein von einem Skalarprodukt, meinen damit stets ein euklidisches Skalarprodukt, falls $\mathbb{K} = \mathbb{R}$ und ein unitäres Skalarprodukt, falls $\mathbb{K} = \mathbb{C}$ gilt.

Orthogonale und unitäre Endomorphismen erhalten Längen und Winkel

Wir haben eine Abbildung φ eines $\mathbb{K}$-Vektorraums V in einen $\mathbb{K}$-Vektorraum W linear genannt, wenn sie den Verknüpfungen der Vektorräume Rechnung trägt, d. h., wenn für alle $v, w \in V$ und $\lambda \in \mathbb{K}$ gilt:

- $\varphi(v + w) = \varphi(v) + \varphi(w)$ (Additivität),
- $\varphi(\lambda\, v) = \lambda\, \varphi(v)$ (Homogenität).

Ist V gleich W, d. h., ist φ eine lineare Abbildung von V in V, so nannten wir φ auch einen *Endomorphismus*.

Bei euklidischen bzw. unitären Vektorräumen haben wir die weitere Verknüpfung $\cdot$ des euklidischen bzw. unitären Skalarprodukts. Trägt ein Endomorphismus φ auch dieser Verknüpfung des Skalarprodukts im folgenden Sinne Rechnung, so wollen wir einen solchen Endomorphismus einen *orthogonalen* bzw. *unitären* Endomorphismus nennen, je nachdem, ob ein euklidischer oder unitärer Vektorraum vorliegt.

Orthogonale und unitäre Endomorphismen

Einen Endomorphismus φ eines euklidischen bzw. unitären Vektorraums V mit Skalarprodukt $\cdot$ mit der Eigenschaft

$$v \cdot w = \varphi(v) \cdot \varphi(w) \ \text{ für alle } \ v, w \in V$$

nennt man im euklidischen Fall, d. h., $\mathbb{K} = \mathbb{R}$, einen **orthogonalen Endomorphismus** und im unitären Fall, d. h., $\mathbb{K} = \mathbb{C}$, einen **unitären Endomorphismus**.

Wir haben die Länge eines Vektors v eines euklidischen oder unitären Vektorraums V definiert als

$$\|v\| = \sqrt{v \cdot v}\,.$$

Ist φ ein orthogonaler oder unitärer Endomorphismus, so gilt für jedes $v \in V$:

$$\|v\| = \sqrt{v \cdot v} = \sqrt{\varphi(v) \cdot \varphi(v)} = \|\varphi(v)\|\,.$$

Und gilt umgekehrt $\|\varphi(v)\| = \|v\|$ für alle v eines erst mal *nur* euklidischen Vektorraums V, so folgt aus

$$\|v + w\|^2 = \|v\|^2 + \|w\|^2 + 2\,(v \cdot w)$$

und

$$\|\varphi(v + w)\|^2 = \|\varphi(v)\|^2 + \|\varphi(w)\|^2 + 2\,(\varphi(v) \cdot \varphi(w))$$

und $\|\varphi(v + w)\| = \|v + w\|$ schließlich

$$v \cdot w = \varphi(v) \cdot \varphi(w) \ \text{ für alle } \ v, w \in V\,.$$

Und ist V ein unitärer Vektorraum, so beweist man analog, aber in zwei Schritten durch Ausnutzen von $\|\varphi(v + w)\| = \|v + w\|$ und $\|\varphi(v + \mathrm{i}w)\| = \|v + \mathrm{i}w\|$,

$$\mathrm{Re}\,(v \cdot w) = \mathrm{Re}\,(\varphi(v) \cdot \varphi(w)) \ \text{ und}$$
$$\mathrm{Im}\,(v \cdot w) = \mathrm{Im}\,(\varphi(v) \cdot \varphi(w))\,,$$

somit gilt auch in diesem Fall

$$v \cdot w = \varphi(v) \cdot \varphi(w) \ \text{ für alle } \ v, w \in V\,.$$

Wir haben damit begründet:

Orthogonale bzw. unitäre Endomorphismen sind längenerhaltend

Ein Endomorphismus φ eines euklidischen bzw. unitären Vektorraums V ist genau dann orthogonal bzw. unitär, wenn für alle $v \in V$ gilt:

$$\|v\| = \|\varphi(v)\|\,.$$

Übersicht: Eigenschaften und Begriffe euklidischer bzw. unitärer Vektorräume

Wir betrachten ein euklidisches bzw. unitäres Skalarprodukt · eines euklidischen bzw. unitären Vektorraums V.

- Für alle Elemente v und w aus V gilt die Cauchy-Schwarz'sche Ungleichung

$$|v \cdot w| \leq \|v\| \, \|w\| \, .$$

  Die Gleichheit gilt hier genau dann, wenn v und w linear abhängig sind.

- Die Abbildung

$$\| \cdot \| : \begin{cases} V & \to & \mathbb{R}_{\geq 0}, \\ v & \mapsto & \|v\| = \sqrt{v \cdot v} \end{cases}$$

  ist eine Norm, insbesondere gilt für alle $v, w \in V$ die Dreiecksunglcichung

$$\|v + w\| \leq \|v\| + \|w\| \, .$$

- Sind v und w zwei Elemente aus V, so nennen wir die reelle Zahl

$$d(v, w) = \|v - w\| = \|w - v\|$$

  den **Abstand** oder die **Distanz** von v zu w.

- Sind v und w Elemente aus V, so sagt man, v **steht senkrecht auf** w oder **ist orthogonal zu** w, wenn

$$v \cdot w = 0$$

  gilt. Für diesen Sachverhalt schreiben wir auch

$$v \perp w \, .$$

- Eine Basis B von V heißt **Orthogonalbasis**, wenn je zwei verschiedene Basisvektoren aus B senkrecht aufeinander stehen.
  Eine Orthogonalbasis heißt **Orthonormalbasis**, wenn jeder Basisvektor die Länge 1 hat.

- Ist $\{a_1, \ldots, a_n\}$ eine Basis von V, so ist $\{b_1, \ldots, b_n\}$ mit

$$b_1 = \|a_1\|^{-1} \cdot a_1 \, , \quad b_{k+1} = \|c_{k+1}\|^{-1} \cdot c_{k+1} \, ,$$

  wobei $c_{k+1} = a_{k+1} - \sum_{i=1}^{k} b_i \cdot (b_i \cdot a_{k+1})$ für $k = 1, \ldots, n - 1$, eine Orthonormalbasis von V, diese Konstruktion einer Orthonormalbasis aus einer Basis nennt man das **Orthonormalisierungsverfahren von Gram und Schmidt**.

- Jeder höchstens abzählbardimensionale euklidische bzw. unitäre Vektorraum besitzt eine Orthogonalbasis.

- Für jeden Untervektorraum U von V ist die Menge

$$U^{\perp} = \{v \in V \mid v \perp w \text{ für alle } w \in U\}$$

  wieder ein Untervektorraum von V, das **orthogonale Komplement** von U in V.

- Ist U ein Untervektorraum von V, so gibt es zu jedem $v \in V$ genau ein $u \in U$ mit $v - u \perp U$. Die hierdurch definierte Abbildung

$$p : \begin{cases} V & \to & U, \\ v & \mapsto & u \end{cases}$$

  heißt **orthogonale Projektion** von V auf U.
  Und für den Vektor $u' = v - u \in U^{\perp}$ gilt:

$$\|u'\| \leq \|v - w\| \text{ für alle } w \in U \, .$$

  Es hat u minimalen Abstand zu v.

Wegen dieser längenerhaltenden Eigenschaften eines orthogonalen bzw. unitären Endomorphismus nennt man eine solche Abbildung auch **Isometrie**.

Weil nur der Nullvektor die Länge 0 hat und eine lineare Abbildung genau dann injektiv ist, wenn ihr Kern nur aus dem Nullvektor besteht, können wir folgern:

Folgerung

Jeder orthogonale bzw. unitäre Endomorphismus φ ist injektiv, und ist V endlichdimensional, so ist φ sogar bijektiv.

Dabei folgt die zweite Behauptung aus dem Kriterium für Bijektivität auf Seite 430.

Orthogonale sind nicht nur längenerhaltend, sie erhalten auch Winkel zwischen vom Nullvektor verschiedenen Vektoren.

Sind v und w nicht der Nullvektor, so gilt für den Winkel α zwischen v und w und einen orthogonalen Endomorphismus φ:

$$\cos \alpha = \frac{v \cdot w}{\|v\| \, \|w\|} = \frac{\varphi(v) \cdot \varphi(w)}{\|\varphi(v)\| \, \|\varphi(w)\|} \, ,$$

also gilt:

$$\angle(v, w) = \angle(\varphi(v), \varphi(w)) \, .$$

Und weil zwei Vektoren genau dann senkrecht aufeinander stehen, wenn ihr Skalarprodukt null ist, erhalten wir aus $v \cdot w = \varphi(v) \cdot \varphi(w)$ für einen orthogonalen bzw. unitären Endomorphismus:

Folgerung

Orthogonale bzw. unitäre Endomorphismen bilden orthogonale Vektoren auf orthogonale Vektoren ab.

Beispiel Zu einem $\alpha \in [0, 2\pi[$ betrachten wir die Matrizen

$$\boldsymbol{S}_\alpha = \begin{pmatrix} \cos\alpha & \sin\alpha, \\ \sin\alpha & -\cos\alpha \end{pmatrix} \quad \text{und} \quad \boldsymbol{D}_\alpha = \begin{pmatrix} \cos\alpha & -\sin\alpha, \\ \sin\alpha & \cos\alpha \end{pmatrix} .$$

Die Abbildungen

$$\sigma_\alpha : \begin{cases} \mathbb{R}^2 & \to & \mathbb{R}^2 \\ \boldsymbol{v} & \mapsto & \boldsymbol{S}_\alpha \boldsymbol{v} \end{cases} \quad \text{und} \quad \delta_\alpha : \begin{cases} \mathbb{R}^2 & \to & \mathbb{R}^2 \\ \boldsymbol{v} & \mapsto & \boldsymbol{D}_\alpha \boldsymbol{v} \end{cases}$$

sind orthogonale Endomorphismen bezüglich des kanonischen euklidischen Skalarprodukts des $\mathbb{R}^2$.

Dass die Abbildungen σ_α und δ_α Endomorphismen sind, ist klar. Wir müssen nur nachweisen, dass beide Abbildungen längenerhaltend sind, dass also:

$$\|\sigma_\alpha(\boldsymbol{v})\| = \|\boldsymbol{v}\| \quad \text{und} \quad \|\delta_\alpha(\boldsymbol{v})\| = \|\boldsymbol{v}\|$$

für jedes $\boldsymbol{v} \in \mathbb{R}^2$ gilt.

Wegen

$$\boldsymbol{S}_\alpha^\top \boldsymbol{S}_\alpha = \begin{pmatrix} \cos\alpha & \sin\alpha \\ \sin\alpha & -\cos\alpha \end{pmatrix} \begin{pmatrix} \cos\alpha & \sin\alpha \\ \sin\alpha & -\cos\alpha \end{pmatrix} = \mathbf{E}_2$$

und

$$\boldsymbol{D}_\alpha^\top \boldsymbol{D}_\alpha = \begin{pmatrix} \cos\alpha & \sin\alpha \\ -\sin\alpha & \cos\alpha \end{pmatrix} \begin{pmatrix} \cos\alpha & -\sin\alpha \\ \sin\alpha & \cos\alpha \end{pmatrix} = \mathbf{E}_2$$

gilt für jedes $\boldsymbol{v} \in \mathbb{R}^2$:

$$\|\sigma_\alpha(\boldsymbol{v})\| = \sqrt{(\boldsymbol{S}_\alpha \, \boldsymbol{v}) \cdot (\boldsymbol{S}_\alpha \, \boldsymbol{v})} = \sqrt{(\boldsymbol{S}_\alpha \, \boldsymbol{v})^\top (\boldsymbol{S}_\alpha \, \boldsymbol{v})}$$
$$= \sqrt{\boldsymbol{v}^\top \boldsymbol{S}_\alpha^\top \boldsymbol{S}_\alpha \, \boldsymbol{v}} = \sqrt{\boldsymbol{v}^\top \boldsymbol{v}} = \|\boldsymbol{v}\| ;$$

und entsprechend für die Abbildung δ_α:

$$\|\delta_\alpha(\boldsymbol{v})\| = \sqrt{(\boldsymbol{D}_\alpha \, \boldsymbol{v}) \cdot (\boldsymbol{D}_\alpha \, \boldsymbol{v})} = \sqrt{\boldsymbol{v}^\top \boldsymbol{D}_\alpha^\top \boldsymbol{D}_\alpha \, \boldsymbol{v}}$$
$$= \sqrt{\boldsymbol{v}^\top \boldsymbol{v}} = \|\boldsymbol{v}\| .$$

Die Abbildung σ_α beschreibt die Spiegelung an der Geraden $\mathbb{R} \begin{pmatrix} \cos\alpha/2 \\ \sin\alpha/2 \end{pmatrix}$ (Abb. 17.15).

Die Abbildung δ_α ist die Drehung um den Winkel α gegen den Uhrzeigersinn (Abb. 17.16).

Drehungen und Spiegelungen im $\mathbb{R}^2$ sind orthogonale Endomorphismen. ◀

Die Matrizen $\boldsymbol{S}_\alpha$ und $\boldsymbol{D}_\alpha$ aus dem vorangegangenen Beispiel haben für jedes $\alpha \in [0, 2\pi[$ die Eigenschaft

$$\boldsymbol{S}_\alpha^\top \boldsymbol{S}_\alpha = \mathbf{E}_2 \quad \text{und} \quad \boldsymbol{D}_\alpha^\top \boldsymbol{D}_\alpha = \mathbf{E}_2 ,$$

d. h., dass die Spalten von $\boldsymbol{S}_\alpha$ und $\boldsymbol{D}_\alpha$ Orthonormalbasen des $\mathbb{R}^n$ sind.

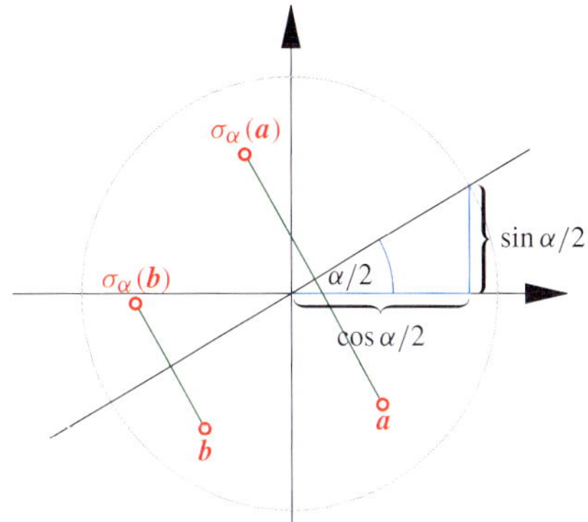

Abbildung 17.15 Die Spiegelung σ_α ist längenerhaltend.

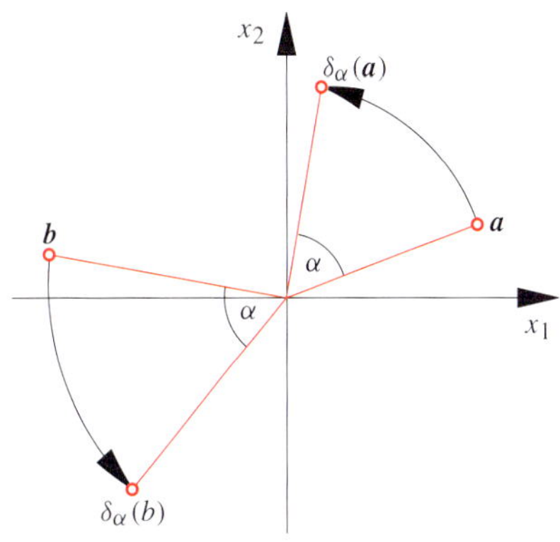

Abbildung 17.16 Die Drehung δ_α ist längenerhaltend.

Spalten und Zeilen von orthogonalen bzw. unitären Matrizen bilden Orthonormalbasen

Ist $B = \{\boldsymbol{b}_1, \dots, \boldsymbol{b}_n\}$ eine Orthonormalbasis des $\mathbb{K}^n$ bezüglich des kanonischen Skalarprodukts

$$\boldsymbol{v} \cdot \boldsymbol{w} = \boldsymbol{v}^\top \overline{\boldsymbol{w}} ,$$

so gilt offenbar für die Matrix $\boldsymbol{A} = (\boldsymbol{b}_1, \dots, \boldsymbol{b}_n) \in \mathbb{K}^{n \times n}$, deren Spalten gerade die Basisvektoren $\boldsymbol{b}_1, \dots, \boldsymbol{b}_n$ der Orthonormalbasis sind:

$$\boldsymbol{A}^\top \overline{\boldsymbol{A}} = \mathbf{E}_n ,$$

da die i-te Zeile von $\boldsymbol{A}^\top$ der Basisvektor $\boldsymbol{b}_i$ und die j-te Spalte der Basisvektor $\boldsymbol{b}_j$ ist, und somit gilt:

$$\boldsymbol{b}_i \cdot \boldsymbol{b}_j = \begin{cases} 1, & \text{falls } i = j , \\ 0 & \text{falls } i \neq j . \end{cases}$$

Wegen $\boldsymbol{A}^\top \overline{\boldsymbol{A}} = \mathbf{E}_n$ ist $\boldsymbol{A}^\top$ das Inverse zu $\overline{\boldsymbol{A}}$, d. h.,

$$\overline{\boldsymbol{A}}^\top = \boldsymbol{A}^{-1} , \text{ und somit gilt auch } \boldsymbol{A} \, \overline{\boldsymbol{A}}^\top = \mathbf{E}_n ,$$

was wiederum besagt, dass die Zeilenvektoren von $\boldsymbol{A}$ paarweise orthogonal zueinander sind und die Länge 1 haben, also auch eine Orthonormalbasis des $\mathbb{K}^n$ bezüglich des kanonischen Skalarprodukts bilden.

Beispiel: Spiegelungen im $\mathbb{R}^n$ sind diagonalisierbare orthogonale Endomorphismen

Wir betrachten im euklidischen $\mathbb{R}^n$ mit dem kanonischen Skalarprodukt $\cdot$ für einen Vektor $\boldsymbol{w} \in \mathbb{R}^n \setminus \{\boldsymbol{0}\}$ der Länge 1, d. h., $\|\boldsymbol{w}\| = 1$, die Abbildung

$$\sigma_{\boldsymbol{w}} \colon \begin{cases} \mathbb{R}^n & \to & \mathbb{R}^n, \\ \boldsymbol{v} & \mapsto & \boldsymbol{v} - 2\,(\boldsymbol{w} \cdot \boldsymbol{v})\,\boldsymbol{w}. \end{cases}$$

Wir nennen $\sigma_{\boldsymbol{w}}$ die **Spiegelung entlang** $\boldsymbol{w}$. Wir begründen: Jede Spiegelung $\sigma_{\boldsymbol{w}}$ ist ein diagonalisierbarer orthogonaler Endomorphismus.

Problemanalyse und Strategie: Wir prüfen nach, dass $\sigma_{\boldsymbol{w}}$ ein längenerhaltender Endomorphismus ist und konstruieren uns schließlich eine Basis bezüglich der der Endomorphismus Diagonalgestalt hat.

Lösung:

Weil für alle $\lambda \in \mathbb{R}$ und $\boldsymbol{u}, \boldsymbol{v} \in \mathbb{R}^n$ die Gleichung

$$\sigma_{\boldsymbol{w}}(\lambda\,\boldsymbol{u} + \boldsymbol{v}) = \lambda\,\boldsymbol{u} + \boldsymbol{v} - 2\,(\boldsymbol{w} \cdot (\lambda\,\boldsymbol{u} + \boldsymbol{v}))\,\boldsymbol{w}$$
$$= \lambda\,\sigma_{\boldsymbol{w}}(\boldsymbol{u}) + \sigma_{\boldsymbol{w}}(\boldsymbol{v})$$

gilt, ist $\sigma_{\boldsymbol{w}}$ ein Endomorphismus. Nun zeigen wir, dass $\sigma_{\boldsymbol{w}}$ längenerhaltend ist. Ist $\boldsymbol{v} \in \mathbb{R}^n$, so gilt:

$$\|\boldsymbol{v} - 2\,(\boldsymbol{w} \cdot \boldsymbol{v})\,\boldsymbol{w}\|^2 = \|\boldsymbol{v}\|^2 - 4\,(\boldsymbol{w} \cdot \boldsymbol{v})\,(\boldsymbol{w} \cdot \boldsymbol{v})$$
$$+ 4\,(\boldsymbol{w} \cdot \boldsymbol{v})^2\,\|\boldsymbol{w}\|^2 = \|\boldsymbol{v}\|^2.$$

Im $\mathbb{R}^2$ stimmt dieser Begriff der Spiegelung mit dem uns bereits bekannten überein. Man muss sich nur klar machen, dass das *Spiegeln entlang* $\boldsymbol{w}$ eben gerade das Spiegeln *an der Geraden senkrecht zu* $\boldsymbol{w}$ bedeutet.

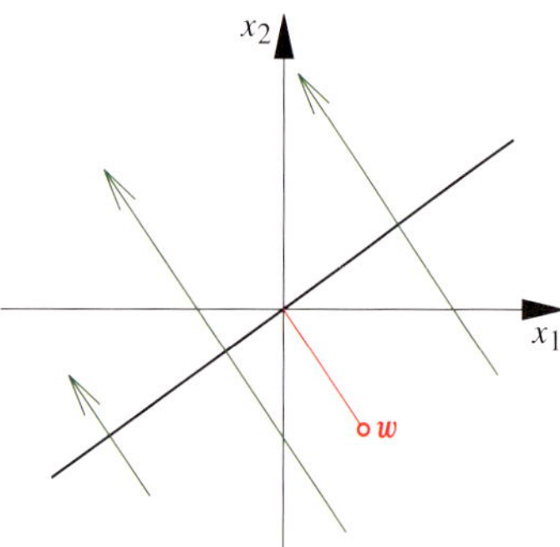

Anstelle von *entlang* $\boldsymbol{w}$ sagt man auch *an der Hyperebene* $\boldsymbol{w}^\perp = \langle \boldsymbol{w} \rangle^\perp$; dies ist ein $(n-1)$-dimensionaler Untervektorraum des $\mathbb{R}^n$, im Fall $n = 2$ also eine Gerade. Wir untersuchen solche Spiegelungen etwas näher.

Offenbar erfüllt jede Spiegelung $\sigma_{\boldsymbol{w}}$ die Eigenschaften:

- $\sigma_{\boldsymbol{w}}(\boldsymbol{w}) = -\boldsymbol{w}$.
- Aus $\boldsymbol{v} \perp \boldsymbol{w}$ folgt $\sigma_{\boldsymbol{w}}(\boldsymbol{v}) = \boldsymbol{v}$.
- Für alle $\boldsymbol{v} \in \mathbb{R}^n$ gilt $\sigma_{\boldsymbol{w}}^2(\boldsymbol{v}) = \boldsymbol{v}$.

Damit erhalten wir sehr einfach eine geordnete Orthonormalbasis des $\mathbb{R}^n$ bezüglich der $\sigma_{\boldsymbol{w}}$ eine Diagonalgestalt hat: Wir wählen die geordnete Orthonormalbasis $(\boldsymbol{w}, \boldsymbol{b}_2, \ldots, \boldsymbol{b}_n)$, wobei $(\boldsymbol{b}_2, \ldots, \boldsymbol{b}_n)$ eine geordnete Orthonormalbasis des $(n-1)$-dimensionalen Untervektorraums $\boldsymbol{w}^\perp$ ist. Für die Darstellungsmatrix $_B\boldsymbol{M}(\sigma_{\boldsymbol{w}})_B$ bezüglich dieser Basis B gilt:

$$\boldsymbol{D} = {}_B\boldsymbol{M}(\sigma_{\boldsymbol{w}})_B = \begin{pmatrix} -1 & 0 & \cdots & 0 \\ 0 & 1 & \cdot & 0 \\ \vdots & & \ddots & \\ 0 & \cdots & & 1 \end{pmatrix}$$

Also ist jede Spiegelung $\sigma_{\boldsymbol{w}}$ im $\mathbb{R}^n$ diagonalisierbar, und offenbar haben damit Spiegelungen und damit auch jede Darstellungsmatrix einer Spiegelung stets die Determinante -1. Wir ermitteln noch die Darstellungsmatrix der Spiegelung $\sigma_{\boldsymbol{w}}$ bezüglich der geordneten Standardbasis E_n des $\mathbb{R}^n$.

Für jedes $\boldsymbol{v} \in \mathbb{R}^n$ gilt:

$$\sigma_{\boldsymbol{w}}(\boldsymbol{v}) = \boldsymbol{v} - 2\,(\boldsymbol{w} \cdot \boldsymbol{v})\,\boldsymbol{w} = \boldsymbol{v} - 2\,\underbrace{(\boldsymbol{w}^\top \boldsymbol{v})}_{\in \mathbb{R}}\,\boldsymbol{w}$$
$$= \boldsymbol{v} - 2\,\boldsymbol{w}\,(\boldsymbol{w}^\top \boldsymbol{v}) = \boldsymbol{v} - 2\,(\boldsymbol{w}\,\boldsymbol{w}^\top)\,\boldsymbol{v}$$
$$= \left(\mathbf{E}_n - 2\,\boldsymbol{w}\,\boldsymbol{w}^\top\right)\,\boldsymbol{v}.$$

Damit haben wir die Darstellungsmatrix der Spiegelung $\sigma_{\boldsymbol{w}}$ bezüglich der Standardbasis E_n ermittelt:

$$_{E_n}\boldsymbol{M}(\sigma_{\boldsymbol{w}})_{E_n} = \mathbf{E}_n - 2\,\boldsymbol{w}\,\boldsymbol{w}^\top.$$

Mit der oben gewählten geordneten Orthonormalbasis $B = (\boldsymbol{w}, \boldsymbol{b}_2, \ldots, \boldsymbol{b}_n)$ des $\mathbb{R}^n$ erhalten wir dann mit der transformierenden Matrix $S = (\boldsymbol{w}, \boldsymbol{b}_2, \ldots, \boldsymbol{b}_n)$ wegen $S^\top = S^{-1}$:

$$\boldsymbol{D} = S^\top\,(\mathbf{E}_n - 2\,\boldsymbol{w}\,\boldsymbol{w}^\top)\,S.$$

Im $\mathbb{R}^3$ hat etwa die Spiegelung $\sigma_{\boldsymbol{w}}$ entlang des Vektors $\boldsymbol{w} = \frac{1}{14} \begin{pmatrix} 1 \\ 2 \\ 3 \end{pmatrix}$ bezüglich der geordneten Standardbasis die Darstellungsmatrix

$$\mathbf{E}_3 - 1/7 \begin{pmatrix} 1 & 2 & 3 \\ 2 & 4 & 6 \\ 3 & 6 & 9 \end{pmatrix} = 1/7 \begin{pmatrix} 6 & -2 & -3 \\ -2 & 3 & -6 \\ -3 & -6 & -2 \end{pmatrix}$$

Kommentar: In manchen Büchern verlangt man nicht, dass der Vektor $\boldsymbol{w}$ die Länge 1 hat, und betrachtet stattdessen für einen beliebigen Vektor $\boldsymbol{w} \neq \boldsymbol{0}$ aus dem $\mathbb{R}^n$ die Abbildung

$$\sigma_{\boldsymbol{w}} \colon \begin{cases} \mathbb{R}^n & \to & \mathbb{R}^n \\ \boldsymbol{v} & \mapsto & \boldsymbol{v} - 2\,\frac{\boldsymbol{w} \cdot \boldsymbol{v}}{\boldsymbol{w} \cdot \boldsymbol{w}}\,\boldsymbol{w} \end{cases}$$

und nennt sie Spiegelung. Diese Abbildung wirkt komplizierter, tatsächlich sorgt aber der Nenner im Bruch für die Normierung, die wir für $\boldsymbol{w}$ vorausgesetzt haben.

Hat umgekehrt eine Matrix $A \in \mathbb{K}^{n \times n}$ die Eigenschaft $\overline{A}^{\top} A = \mathbf{E}_n$, so gilt wie eben auch $A \overline{A}^{\top} = \mathbf{E}_n$, also bilden sowohl die Spalten als auch die Zeilen von A eine Orthonormalbasis des $\mathbb{K}^n$ bezüglich des kanonischen Skalarprodukts.

Matrizen mit dieser Eigenschaft bekommen einen eigenen Namen.

Orthogonale und unitäre Matrizen

Eine reelle bzw. komplexe $n \times n$-Matrix mit der Eigenschaft

$$\overline{A}^{\top} A = \mathbf{E}_n$$

heißt **orthogonale** bzw. **unitäre** Matrix.
Die Zeilen und Spalten einer orthogonalen bzw. unitären $n \times n$-Matrix bilden Orthonormalbasen des $\mathbb{R}^n$ bzw. $\mathbb{C}^n$. Die Determinante jeder orthogonalen bzw. unitären Matrix $A \in \mathbb{K}^{n \times n}$ hat den Betrag 1,

$$|\det A| = 1 \,.$$

Beweis: Wir bestimmen die Determinante einer orthogonalen bzw. unitären Matrix $A \in \mathbb{K}^{n \times n}$:

$$1 = \det \mathbf{E}_n = \det \overline{A}^{\top} A$$

$$\stackrel{(i)}{=} \det \overline{A}^{\top} \det A \stackrel{(ii)}{=} \det \overline{A} \det A$$

$$\stackrel{(iii)}{=} \overline{\det A} \det A = |\det A| \,.$$

Dabei haben wir bei (i) den Determinantenmultiplikationssatz (siehe Seite 474) benutzt. Bei (ii) haben wir ausgenutzt, dass die Determinanten zueinander transponierter Matrizen gleich sind (siehe Seite 473). Und zu (iii) beachte man die Leibniz'sche Formel auf Seite 471, wonach die Determinante eine Summe von Produkten komplexer Zahlen ist. ∎

Achtung: Eine orthogonale Matrix hat die Determinante $+1$ oder -1 und die Determinante einer unitären Matrix liegt auf dem Einheitskreis $\{z \in \mathbb{C} \mid |z| = 1\}$.

?

Sind die Matrizen

$$\begin{pmatrix} 0 & -1 & 0 \\ 0 & 0 & -1 \\ -1 & 0 & 0 \end{pmatrix} \text{ und } \frac{1}{3} \begin{pmatrix} 2 & -1 & 2 \\ 2 & 2 & -1 \\ -1 & 2 & 2 \end{pmatrix}$$

orthogonal?

Die Matrizen S_α und D_α aus obigem Beispiel sind somit orthogonal. Und tatsächlich folgte die Orthogonalität der Abbildungen σ_α und δ_α bezüglich des kanonischen Skalarprodukts nur aus dieser Eigenschaft. Wir erhalten viel allgemeiner:

Orthogonale bzw. unitäre Endomorphismen und orthogonale bzw. unitäre Matrizen

Für eine Matrix $A \in \mathbb{K}^{n \times n}$ ist der Endomorphismus

$$\varphi_A : \begin{cases} \mathbb{K}^n & \to & \mathbb{K}^n, \\ v & \mapsto & A\,v \end{cases}$$

genau dann orthogonal ($\mathbb{K} = \mathbb{R}$) bzw. unitär ($\mathbb{K} = \mathbb{C}$) bezüglich des kanonischen Skalarprodukts, wenn die Matrix A orthogonal bzw. unitär ist.

Beweis: Es ist nur noch zu zeigen, dass die Matrix A orthogonal bzw. unitär ist, wenn φ_A orthogonal bzw. unitär bezüglich des kanonischen Skalarprodukts ist.

Ist nun φ_A orthogonal bzw. unitär, so gilt für alle v und w aus $\mathbb{K}^n$:

$$v^{\top} \overline{w} = v \cdot w = (A\,v) \cdot (\overline{A}\,\overline{w}) = v^{\top} A^{\top} \overline{A}\,\overline{w} \,.$$

Setzt man hier die Standardeinheitsvektoren e_i für v und e_j für w ein, so erhält man rechts die Komponente a_{ij} von $A^{\top}\overline{A}$ und links 0, falls $i \neq j$, und 1, falls $i = j$. Damit gilt $A^{\top}\overline{A} = \mathbf{E}_n$. ∎

Weil die Matrix $A \in \mathbb{K}^{n \times n}$ gerade die Darstellungsmatrix $A = {}_{E_n}\!M(\varphi_A)_{E_n}$ von φ_A bezüglich der kanonischen Basis ist, kann dieses Ergebnis zusammengefasst auch in folgender Art formuliert werden:

Folgerung

Die Darstellungsmatrix des Endomorphismus φ_A ist genau dann orthogonal bzw. unitär, wenn φ_A bezüglich des kanonischen Skalarprodukts orthogonal bzw. unitär ist.

Wir verallgemeinern dieses Ergebnis für beliebige Skalarprodukte endlichdimensionaler Vektorräume.

Die Darstellungsmatrizen von orthogonalen bzw. unitären Endomorphismen bezüglich Orthonormalbasen sind orthogonal bzw. unitär

Wir geben uns in einem endlichdimensionalen euklidischen bzw. unitären Vektorraum V eine Orthonormalbasis $B = (b_1, \ldots, b_n)$ vor. Eine solche existiert stets, man kann sie aus einer Basis mit dem Verfahren von Gram und Schmidt konstruieren.

Wir zeigen, dass zwei Vektoren $v, w \in V$ genau dann senkrecht aufeinander stehen, wenn es ihre Koordinatenvektoren aus $\mathbb{R}^n$ bzw. $\mathbb{C}^n$ bezüglich der Basis B und des kanonischen Skalarprodukts tun, d. h.:

$$v \cdot w = 0 \Leftrightarrow {}_B v \cdot {}_B w = 0 \,.$$

Achtung: Der Punkt $\cdot$ links des Äquivalenzzeichens ist das Skalarprodukt in V, der Punkt $\cdot$ rechts des Äquivalenzzeichens ist das kanonische Skalarprodukt im $\mathbb{K}^n$.

Sind nämlich $v = \lambda_1\,b_1 + \cdots + \lambda_n\,b_n$ und $w = \mu_1\,b_1 + \cdots + \mu_n\,b_n$ mit $\lambda_i,\ \mu_j \in \mathbb{K}$, so ist wegen der Linearität des Skalarprodukts und $b_i \cdot b_j = 0$ für $i \neq j$:

$$
\begin{aligned}
v \cdot w &= (\lambda_1\,b_1 + \cdots + \lambda_n\,b_n) \cdot (\mu_1\,b_1 + \cdots + \mu_n\,b_n) \\
&= (\lambda_1\,\overline{\mu}_1)\,(b_1 \cdot b_1) + \cdots + (\lambda_n\,\overline{\mu}_n)\,(b_n \cdot b_n) \\
&= \lambda_1\,\overline{\mu}_1 + \cdots + \lambda_n\,\overline{\mu}_n = {}_B v \cdot {}_B w\,,
\end{aligned}
$$

also gerade das kanonische Skalarprodukt der Koordinatenvektoren.

Wir betrachten nun einen Endomorphismus φ des euklidischen bzw. unitären Vektorraums V und bilden die Darstellungsmatrix dieses Endomorphismus bezüglich der Orthonormalbasis B

$$
A = {}_B M(\varphi)_B = ({}_B \varphi(b_1),\ \ldots,\ {}_B \varphi(b_n))\,.
$$

Man beachte, dass mit obiger Gleichung $v \cdot w = {}_B v \cdot {}_B w$ insbesondere auch

$$
\varphi(v) \cdot \varphi(w) = {}_B \varphi(v) \cdot {}_B \varphi(w)
$$

gilt. Wir berechnen nun das Produkt $A^{\top}\overline{A}$:

$$
\begin{aligned}
A^{\top}\overline{A} &= \begin{pmatrix} {}_B\varphi(b_1)^{\top} \\ \vdots \\ {}_B\varphi(b_n)^{\top} \end{pmatrix} ({}_B\overline{\varphi(b_1)},\ \ldots,\ {}_B\overline{\varphi(b_n)}) \\
&= \begin{pmatrix} {}_B\varphi(b_1)^{\top}\,{}_B\overline{\varphi(b_1)} & \cdots & {}_B\varphi(b_1)^{\top}\,{}_B\overline{\varphi(b_n)} \\ \vdots & & \vdots \\ {}_B\varphi(b_n)^{\top}\,{}_B\overline{\varphi(b_1)} & \cdots & {}_B\varphi(b_n)^{\top}\,{}_B\overline{\varphi(b_n)} \end{pmatrix}
\end{aligned}
$$

Ist nun φ ein orthogonaler bzw. unitärer Endomorphismus, d. h. $\varphi(v) \cdot \varphi(w) = v \cdot w$, so können wir also φ in den n^2 Produkten weglassen, damit folgt dann, weil die Elemente der Basis B ja eine Orthonormalbasis bilden:

$$
A^{\top}\overline{A} = E_n\,.
$$

Also ist die Matrix A orthogonal bzw. unitär. Ist umgekehrt vorausgesetzt, dass die Matrix A orthogonal bzw. unitär ist, d. h., $A^{\top}\overline{A} = E_n$, so zeigt obige Darstellung des Produkts, dass $\varphi(b_i) \cdot \varphi(b_j) = b_i \cdot b_j$ für alle $i,\ j$. Weil B eine Basis ist, folgt daraus, dass φ orthogonal bzw. unitär ist. Wir haben gezeigt:

> **Darstellungsmatrizen orthogonaler bzw. unitärer Endomorphismen**
>
> Die Darstellungsmatrix eines Endomorphismus eines endlichdimensionalen euklidischen bzw. unitären Vektorraums bezüglich einer Orthonormalbasis ist genau dann orthogonal bzw. unitär, wenn der Endomorphismus orthogonal bzw. unitär ist.

————————— **?** —————————

Beachten Sie, dass in diesem Satz kein mathematisches Symbol auftaucht. Können Sie diese Aussage mit möglichst vielen Symbolen formulieren?

Eigenwerte orthogonaler und unitärer Matrizen haben den Betrag 1 und Eigenvektoren zu verschiedenen Eigenwerten sind senkrecht

Ist λ Eigenwert einer orthogonalen bzw. unitären Matrix $A \in \mathbb{K}^{n \times n}$ und $v \in \mathbb{K}^n$ ein Eigenvektor zum Eigenwert λ, so gilt wegen der Längenerhaltung und der Normeigenschaften der Länge:

$$
\|v\| = \|A\,v\| = \|\lambda\,A\| = |\lambda|\,\|v\|\,,
$$

wegen $v \neq 0$, also $|\lambda| = 1$.

> **Eigenwerte und Eigenvektoren orthogonaler bzw. unitärer Matrizen**
>
> Ist λ ein Eigenwert einer orthogonalen bzw. unitären Matrix, so gilt $|\lambda| = 1$.
>
> Eigenvektoren orthogonaler bzw. unitärer Matrizen zu verschiedenen Eigenwerten stehen senkrecht aufeinander.

Insbesondere können damit höchstens 1 und -1 reelle Eigenwerte orthogonaler bzw. unitärer Matrizen sein; und die komplexen Eigenwerte liegen auf dem Einheitskreis (Abb. 17.17).

Beweis: Sind λ_1 und λ_2 verschiedene Eigenwerte einer orthogonalen bzw. unitären Matrix $A \in \mathbb{K}^{n \times n}$ mit den Eigenvektoren v_1 zu λ_1 und v_2 zu λ_2, so gilt mit dem kanonischen Skalarprodukt $\cdot$ im $\mathbb{K}^n$:

$$
\begin{aligned}
v_1 \cdot v_2 &= (A\,v_1) \cdot (A\,v_2) = (\lambda_1\,v_1) \cdot (\lambda_2\,v_2) \\
&= \lambda_1\,\overline{\lambda}_2 \cdot (v_1 \cdot v_2)\,.
\end{aligned}
$$

Aus $v_1 \cdot v_2 \neq 0$ folgte $\lambda_1\,\overline{\lambda}_2 = 1$, wegen $\overline{\lambda}_2 = \lambda_2^{-1}$ somit $\lambda_1 = \lambda_2$, ein Widerspruch. Damit gilt $v_1 \cdot v_2 = 0$. $\blacksquare$

Die orthogonalen 2×2-Matrizen sind Spiegelungs- oder Drehmatrizen

In den Beispielen auf Seite 687 haben wir die (reellen) orthogonalen Matrizen

$$
S_\alpha = \begin{pmatrix} \cos\alpha & \sin\alpha \\ \sin\alpha & -\cos\alpha \end{pmatrix} \quad \text{und} \quad D_\alpha = \begin{pmatrix} \cos\alpha & -\sin\alpha \\ \sin\alpha & \cos\alpha \end{pmatrix}
$$

für $\alpha \in [0, 2\pi[$ angegeben.

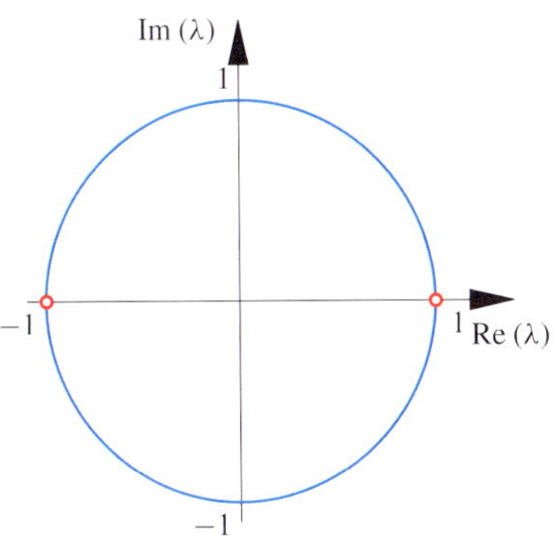

Abbildung 17.17 Die Eigenwerte orthogonaler und unitärer Matrizen liegen auf dem Einheitskreis.

Wir nennen S_α eine 2×2-**Spiegelungsmatrix** und D_α eine 2×2-**Drehmatrix**.

Tatsächlich gibt es keine weiteren orthogonalen 2×2-Matrizen außer diesen. Wir begründen das:

Ist die Matrix $A = \begin{pmatrix} a & b \\ c & d \end{pmatrix}$ orthogonal, so folgt aus $A^\top A = E_2$, d. h. $A^{-1} = A^\top$, und $\det A = a\,d - b\,c \in \{\pm 1\}$:

$$\frac{1}{\det A} \begin{pmatrix} d & -b \\ -c & a \end{pmatrix} = \begin{pmatrix} a & b \\ c & d \end{pmatrix}^{-1} = \begin{pmatrix} a & b \\ c & d \end{pmatrix}^\top = \begin{pmatrix} a & c \\ b & d \end{pmatrix}$$

$$\Leftrightarrow \begin{cases} A = \begin{pmatrix} a & b \\ b & -a \end{pmatrix}, \text{ falls } \det A = -1, \\[2mm] A = \begin{pmatrix} a & -b \\ b & a \end{pmatrix}, \text{ falls } \det A = 1. \end{cases}$$

Zu dem Punkt $\begin{pmatrix} a \\ b \end{pmatrix} \in \mathbb{R}^2$ mit $a^2 + b^2 = 1$ gibt es genau ein $\alpha \in [0,\, 2\,\pi[$ mit $a = \cos\alpha$ und $b = \sin\alpha$. Also gilt:

Diagonalisierbarkeit orthogonaler 2×2-Matrizen

Ist $A \in \mathbb{R}^{2\times2}$ orthogonal, so gilt:

$$A = \begin{pmatrix} \cos\alpha & \sin\alpha \\ \sin\alpha & -\cos\alpha \end{pmatrix} = S_\alpha, \text{ falls } \det A = -1,$$

$$A = \begin{pmatrix} \cos\alpha & -\sin\alpha \\ \sin\alpha & \cos\alpha \end{pmatrix} = D_\alpha, \text{ falls } \det A = 1.$$

Jede 2×2-Spiegelungsmatrix S_α ist diagonalisierbar.

Eine 2×2-Drehmatrix D_α mit $\alpha \in [0,\, 2\,\pi[$ ist genau dann diagonalisierbar, wenn $\alpha \in \{0,\, \pi\}$.

Drehmatrizen über $\mathbb{R}$ sind also nicht immer diagonalisierbar. Wir können aber jede solche (orthogonale) Drehmatrix auch als eine unitäre Matrix über $\mathbb{C}$ auffassen (siehe Aufgabe 17.10).

Dreireihige orthogonale Matrizen stellen Spiegelungen, Drehungen oder Drehspiegelungen dar

Im $\mathbb{R}^3$ gibt es drei Arten von orthogonalen Matrizen: Spiegelungs-, Dreh- und Drehspiegelungsmatrizen.

Wir betrachten zuerst den Fall einer orthogonalen 3×3-Matrix A mit der Determinante $+1$:

Jeder der eventuell komplexen Eigenwerte $\lambda_1, \lambda_2, \lambda_3$ von A hat den Betrag 1. Die Determinante von A ist das Produkt der Eigenwerte:

$$1 = \lambda_1\, \lambda_2\, \lambda_3\,.$$

Sind alle drei Eigenwerte $\lambda_1, \lambda_2, \lambda_3$ reell, so muss also einer der Eigenwerte gleich 1 sein. Ist aber einer der Eigenwerte komplex, etwa $\lambda_1 \in \mathbb{C} \setminus \mathbb{R}$, so ist wegen $\chi_A \in \mathbb{R}[X]$ auch $\overline{\lambda}_1$ ein Eigenwert, also etwa $\overline{\lambda}_1 = \lambda_2$. Damit erhalten wir aber wegen $\lambda_1\, \lambda_2 = 1$ sogleich $\lambda_3 = 1$.

Damit hat also A auf jeden Fall den Eigenwert 1 und damit auch einen Eigenvektor zum Eigenwert 1. Der Eigenraum zum Eigenwert 1 ist entweder ein- oder dreidimensional, in jedem Fall ist also folgende Bezeichnung sinnvoll:

Wir nennen eine orthogonale Matrix $A \in \mathbb{R}^{3\times3}$ mit $\det A = 1$ eine **Drehmatrix**.

--- **?** ---

Wieso kann der Eigenraum zum Eigenwert 1 eigentlich nicht zweidimensional sein?

Zu jeder Drehmatrix $A \in \mathbb{R}^{3\times3}$ existiert also ein normierter Eigenvektor b_1 zum Eigenwert 1.

Wir wählen einen solchen und ergänzen diesen zu einer Orthonormalbasis $(b_1,\, b_2,\, b_3)$ des $\mathbb{R}^3$. Mit der orthogonalen Matrix $S = (b_1,\, b_2,\, b_3)$ gilt dann:

$$M = S^\top A\, S = \begin{pmatrix} 1 & 0 & 0 \\ 0 & r & s \\ 0 & t & u \end{pmatrix}$$

Nun ist auch die Matrix M orthogonal, da

$$M^\top M = (S^\top A\, S)^\top (S^\top A\, S) = S^\top A^\top A\, S = E_3\,.$$

Und weil $\det \begin{pmatrix} r & s \\ t & u \end{pmatrix} = \det M = \det S^\top \det A \det S = \det A = 1$, folgt die Existenz eines $\alpha \in [0,\, 2\,\pi[$ mit

$$\begin{pmatrix} r & s \\ t & u \end{pmatrix} = \begin{pmatrix} \cos\alpha & -\sin\alpha \\ \sin\alpha & \cos\alpha \end{pmatrix}$$

Damit haben wir gezeigt, dass es zu jeder orthogonalen 3×3-Matrix A mit Determinante $+1$, d. h. zu jeder Drehmatrix, eine orthogonale Matrix S und ein $\alpha \in [0,\, 2\,\pi[$ gibt mit

$$S^\top A\, S = \begin{pmatrix} 1 & 0 & 0 \\ 0 & \cos\alpha & -\sin\alpha \\ 0 & \sin\alpha & \cos\alpha \end{pmatrix}$$

Ist $\alpha \neq 0$, so nennt man den dann eindimensionalen Eigenraum zum Eigenwert 1 einer Drehmatrix A die **Drehachse** der Drehung $v \mapsto A\,v$.

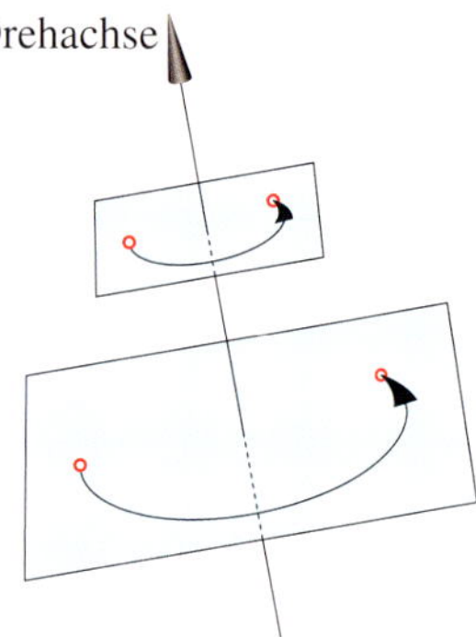

Abbildung 17.18 Die Drehachse einer Drehung im $\mathbb{R}^3$ ist der Eigenraum zum Eigenwert 1.

Eine solche Darstellung einer Drehmatrix bezeichnet man als ihre *Normalform* und meint damit, dass diese Form die *einfachste* Darstellung ist.

***

?

***

Wie sieht die Darstellungsmatrix aus, wenn man die Vektoren der Basis (b_1, b_2, b_3) zyklisch vertauscht?

Nun wenden wir uns dem Fall zu, dass eine orthogonale Matrix $A \in \mathbb{R}^{3 \times 3}$ die Determinante -1 hat. Wie oben zeigt man, dass A in diesem Fall den Eigenwert -1 mit einem zugehörigen normierten Eigenvektor b_1 besitzt. Es gilt also $A\,b_1 = -b_1$.

Wieder ergänzen wir diesen Eigenvektor zu einer geordneten Orthonormalbasis (b_1, b_2, b_3) des $\mathbb{R}^3$. Wir erhalten mit der orthogonalen Matrix $S = (b_1, b_2, b_3)$ die ebenfalls orthogonale Matrix

$$
M = S^\top A\,S = \begin{pmatrix} -1 & 0 & 0 \\ 0 & r & s \\ 0 & t & u \end{pmatrix}
$$

Wegen $-\det\begin{pmatrix} r & s \\ t & u \end{pmatrix} = \det M = \det A = -1$ folgt wieder:

$$
\begin{pmatrix} r & s \\ t & u \end{pmatrix} = \begin{pmatrix} \cos\alpha & -\sin\alpha \\ \sin\alpha & \cos\alpha \end{pmatrix}
$$

für ein $\alpha \in [0,\, 2\pi[$.

1. Fall: $\alpha = 0$. Es handelt sich dann bei

$$
M = \begin{pmatrix} -1 & 0 & 0 \\ 0 & 1 & 0 \\ 0 & 0 & 1 \end{pmatrix}
$$

um die Darstellungsmatrix der Spiegelung entlang b_1 (siehe Seite 688). Damit ist erkannt, dass A die Darstellungsmatrix einer Spiegelung, kurz eine *Spiegelungsmatrix*, ist.

2. Fall: $\alpha \neq 0$. Es handelt sich dann bei

$$
M = \begin{pmatrix} -1 & 0 & 0 \\ 0 & \cos\alpha & -\sin\alpha \\ 0 & \sin\alpha & \cos\alpha \end{pmatrix}
$$

um die Darstellungsmatrix einer **Drehspiegelung**.

> **Die orthogonalen 3 × 3-Matrizen**
>
> Jede orthogonale 3×3-Matrix A ist entweder eine Drehmatrix, eine Spiegelungsmatrix oder eine Drehspiegelungsmatrix.
>
> In jedem Fall gibt es eine orthogonale Matrix $S \in \mathbb{R}^{3 \times 3}$ und ein $\alpha \in [0,\, 2\pi[$ mit
>
> $$
> S^\top A\,S = \begin{pmatrix} \pm 1 & 0 & 0 \\ 0 & \cos\alpha & -\sin\alpha \\ 0 & \sin\alpha & \cos\alpha \end{pmatrix}
> $$

Drehmatrizen und Drehspiegelungsmatrizen lassen sich über $\mathbb{R}$ im Allgemeinen nicht diagonalisieren. Fasst man aber eine solche orthogonale 3×3-Matrix wieder als eine unitäre Matrix über $\mathbb{C}$ auf, so kann man sie diagonalisieren. Wir zeigen gleich viel allgemeiner, dass unitäre Matrizen stets orthogonal diagonalisierbar sind.

Unitäre Matrizen sind diagonalisierbar, orthogonale nicht immer

Bei jeder unitären Matrix $A \in \mathbb{C}^{n \times n}$ zerfällt das charakteristische Polynom χ_A als Polynom über $\mathbb{C}$ stets in Linearfaktoren:

$$
\chi_A = (\lambda_1 - X) \cdots (\lambda_n - X)
$$

mit nicht notwendig verschiedenen $\lambda_1, \ldots, \lambda_n \in \mathbb{C}$.

Wir folgern nun, dass für solche Matrizen stets algebraische und geometrische Vielfachheit für jeden Eigenwert übereinstimmen. Insbesondere sind also unitäre Matrizen stets diagonalisierbar. Wir folgern dieses Ergebnis aus dem Satz:

> **Unitäre Endomorphismen sind diagonalisierbar**
>
> Ist φ ein unitärer Endomorphismus eines endlichdimensionalen unitären Vektorraums V mit den Eigenwerten $\lambda_1, \ldots, \lambda_n$, so existiert eine Orthonormalbasis B von V aus Eigenvektoren von φ, d. h.
>
> $$
> {}_B M(\varphi)_B = \begin{pmatrix} \lambda_1 & & 0 \\ & \ddots & \\ 0 & & \lambda_n \end{pmatrix}
> $$

Beweis: Wir beweisen den Satz durch Induktion nach der Dimension n von V. Ist $n = 1$, so ist die Behauptung richtig, da man jede von Null verschiedene komplexe Zahl als einziges Element einer solchen Orthonormalbasis wählen kann, jede solche Zahl ist ein Eigenvektor von φ. Setzen wir also nun voraus, dass $n > 1$ ist und die Behauptung für alle Zahlen $m < n$ gilt.

Ist $\boldsymbol{v}_1$ ein Eigenvektor zum Eigenwert λ_1 von φ, so betrachten wir das orthogonale Komplement zum Erzeugnis von $\boldsymbol{v}_1$:

$$U = \langle \boldsymbol{v}_1 \rangle^\perp = \{ \boldsymbol{v} \in V \mid \boldsymbol{v}_1 \cdot \boldsymbol{v} = 0 \}.$$

Die Einschränkung des unitären Endomorphismus φ auf den Untervektorraum U von V, also die Abbildung

$$\varphi|_U : \begin{cases} U & \to & V, \\ \boldsymbol{v} & \mapsto & \varphi(\boldsymbol{v}) \end{cases}$$

hat wegen

$$\begin{aligned} \lambda_1 \left(\boldsymbol{v}_1 \cdot \varphi(\boldsymbol{v}) \right) &= (\lambda_1 \, \boldsymbol{v}_1) \cdot \varphi(\boldsymbol{v}) \\ &= \varphi(\boldsymbol{v}_1) \cdot \varphi(\boldsymbol{v}) \\ &= \boldsymbol{v}_1 \cdot \boldsymbol{v} \\ &= 0 \end{aligned}$$

für alle $\boldsymbol{v} \in V$ die Eigenschaft, eine Abbildung von U in U zu sein, $\varphi(U) \subseteq U$ – man beachte, dass $\lambda_1 \neq 0$ wegen $|\lambda_1| = 1$ gilt. Und weil U als Untervektorraum eines unitären Vektorraumes selbst wieder ein unitärer Vektorraum ist und die Dimension von U gleich $n-1 < n$ ist, ist die Induktionsvoraussetzung auf U anwendbar: Der Vektorraum U besitzt eine geordnete Orthonormalbasis $B' = (\boldsymbol{b}_2, \ldots, \boldsymbol{b}_n)$ mit

$$_{B'}\boldsymbol{M}(\varphi|_U)_{B'} = \begin{pmatrix} \lambda_2 & & 0 \\ & \ddots & \\ 0 & & \lambda_n \end{pmatrix}$$

Wir normieren den Eigenvektor $\boldsymbol{v}_1$, setzen also $\boldsymbol{b}_1 = \| \boldsymbol{v}_1 \|^{-1} \cdot \boldsymbol{v}_1$, $B = (\boldsymbol{b}_1, \ldots, \boldsymbol{b}_n)$, und erhalten so die gewünschte Darstellung. $\blacksquare$

Für unitäre Matrizen besagt dieser Satz:

Unitäre Matrizen sind diagonalisierbar

Ist $\boldsymbol{A} \in \mathbb{C}^{n \times n}$ eine unitäre Matrix mit den Eigenwerten $\lambda_1, \ldots, \lambda_n$, so existiert eine unitäre Matrix $\boldsymbol{S} \in \mathbb{C}^{n \times n}$ mit

$$\overline{\boldsymbol{S}}^\top \boldsymbol{A} \, \boldsymbol{S} = \begin{pmatrix} \lambda_1 & & 0 \\ & \ddots & \\ 0 & & \lambda_n \end{pmatrix}$$

Dabei sind die Spalten von $\boldsymbol{S}$ eine Orthonormalbasis des $\mathbb{C}^n$ aus Eigenvektoren von $\boldsymbol{A}$.

Ist $\boldsymbol{A}$ eine unitäre Matrix, so existiert nach dem Satz eine Orthonormalbasis des $\mathbb{C}^n$ aus Eigenvektoren von $\boldsymbol{A}$. Folglich existieren n linear unabhängige Eigenvektoren zu $\boldsymbol{A}$. Damit muss für jeden Eigenwert von $\boldsymbol{A}$ die geometrische Vielfachheit gleich der algebraischen sein, d. h.:

Die Dimension jedes Eigenraums ist der Exponent des zugehörigen Eigenwerts im charakteristischen Polynom.

Damit ist klar, wie wir vorgehen, um zu einer unitären Matrix $\boldsymbol{A} \in \mathbb{C}^{n \times n}$ eine Orthonormalbasis bestehend aus Eigenvektoren von $\boldsymbol{A}$ zu konstruieren:

- Bestimme die Eigenwerte als Nullstellen des charakteristischen Polynoms.
- Bestimme Basen der Eigenräume, wobei man jeweils als Basis gleich eine Orthonormalbasis wählt. Falls dies nicht mit freiem Auge möglich ist, so wende man das Orthonormalisierungsverfahren von Gram und Schmidt an.
- Die Vereinigung der Orthonormalbasen der Eigenräume ist dann eine Orthonormalbasis des $\mathbb{C}^n$ aus Eigenvektoren von $\boldsymbol{A}$.

Beispiel Die Matrix

$$\boldsymbol{A} = \begin{pmatrix} \frac{1+i}{2} & \frac{-1+i}{2} & 0 \\ \frac{-1+i}{2} & \frac{1+i}{2} & 0 \\ 0 & 0 & i \end{pmatrix} \in \mathbb{C}^{3 \times 3}$$

ist unitär, also diagonalisierbar. Die Eigenwerte von $\boldsymbol{A}$ sind die Nullstellen des charakteristischen Polynoms:

$$\chi_A = (i - X)^2 \, (1 - X).$$

Damit haben wir den einfachen Eigenwert 1 und den doppelten Eigenwert i. Nun bestimmen wir die Eigenräume:

$$\operatorname{Eig}_A(1) = \ker(\boldsymbol{A} - \mathbf{E}_3) = \left\langle \underbrace{\begin{pmatrix} \frac{1}{\sqrt{2}} \\ -\frac{1}{\sqrt{2}} \\ 0 \end{pmatrix}}_{=:\boldsymbol{b}_1} \right\rangle,$$

$$\operatorname{Eig}_A(i) = \ker(\boldsymbol{A} - i\,\mathbf{E}_3) = \left\langle \underbrace{\begin{pmatrix} \frac{1}{\sqrt{2}} \\ \frac{1}{\sqrt{2}} \\ 0 \end{pmatrix}}_{=:\boldsymbol{b}_2}, \underbrace{\begin{pmatrix} 0 \\ 0 \\ -i \end{pmatrix}}_{=:\boldsymbol{b}_3} \right\rangle.$$

Die angegebenen Eigenvektoren $\boldsymbol{b}_1$, $\boldsymbol{b}_2$, $\boldsymbol{b}_3$ bilden bereits eine Orthonormalbasis des $\mathbb{C}^3$. Mit der Matrix $\boldsymbol{S} = (\boldsymbol{b}_1, \boldsymbol{b}_2, \boldsymbol{b}_3)$ gilt:

$$\begin{pmatrix} 1 & 0 & 0 \\ 0 & i & 0 \\ 0 & 0 & i \end{pmatrix} = \overline{\boldsymbol{S}}^\top \boldsymbol{A} \, \boldsymbol{S}. \qquad \blacktriangleleft$$

Unitäre Matrizen lassen sich immer diagonalisieren. Wir wissen, dass dies bei orthogonalen Matrizen anders ist. Bei den 3×3-Matrizen haben wir uns auf eine gewisse *schönste* Form, die *Normalform*, geeinigt (siehe Seite 692). Und tatsächlich gibt es so eine Form auch für beliebig große orthogonale Matrizen. Wir zeigen das auf Seite 708.

Jeder orthogonale Endomorphismus ist ein Produkt von Spiegelungen

Die Spiegelungen sind die Bausteine der orthogonalen Endomorphismen, da jeder orthogonale Endomorphismus ein Produkt von Spiegelungen ist. Man hat sogar eine obere Grenze für die Anzahl der Spiegelungen, die hierzu als Faktoren auftauchen. Diese obere Grenze ist die Dimension des Vektorraums, in dem die Spiegelung betrachtet wird; genauer:

Zerlegung orthogonaler Endomorphismen

Jeder orthogonale Endomorphismus φ des $\mathbb{R}^n$ ist ein Produkt von höchstens n Spiegelungen, d. h., es gibt normierte $\boldsymbol{w}_1, \ldots, \boldsymbol{w}_k \in \mathbb{R}^n$ mit $k \leq n$ und

$$\varphi = \sigma_{\boldsymbol{w}_1} \circ \cdots \circ \sigma_{\boldsymbol{w}_k}.$$

Die Identität betrachten wir dabei als ein Produkt von 0 Spiegelungen.

Beweis: Ist φ ein orthogonaler Endomorphismus ungleich der Identität, so wählen wir ein $\boldsymbol{v} \in \mathbb{R}^n$ mit $\varphi(\boldsymbol{v}) \neq \boldsymbol{v}$. Dann gilt $(\boldsymbol{v} - \varphi(\boldsymbol{v})) \cdot \boldsymbol{v} \neq 0$, da andernfalls $\|\boldsymbol{v}\|^2 = \varphi(\boldsymbol{v}) \cdot \varphi(\boldsymbol{v}) = (\boldsymbol{v} - (\boldsymbol{v} - \varphi(\boldsymbol{v}))) \cdot (\boldsymbol{v} - (\boldsymbol{v} - \varphi(\boldsymbol{v}))) = \|\boldsymbol{v}\|^2 + \|\boldsymbol{v} - \varphi(\boldsymbol{v})\|^2$, also $\boldsymbol{v} = \varphi(\boldsymbol{v})$ folgte (vgl. auch Abb. 17.19).

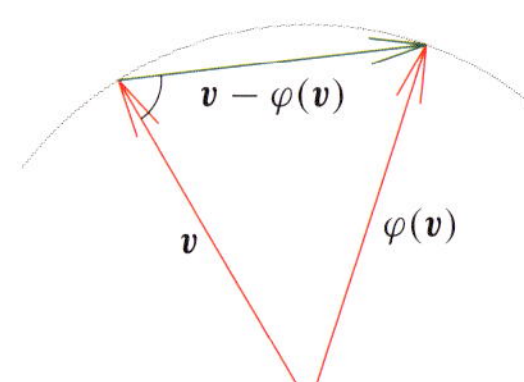

Abbildung 17.19 Der Vektor $\boldsymbol{v} - \varphi(\boldsymbol{v})$ steht nicht senkrecht auf $\boldsymbol{v}$.

Wir setzen nun $\boldsymbol{w} = \boldsymbol{v} - \varphi(\boldsymbol{v}) \neq \boldsymbol{0}$. Wegen

$$\frac{\boldsymbol{w} \cdot \boldsymbol{v}}{\boldsymbol{w} \cdot \boldsymbol{w}} = \frac{\boldsymbol{v} \cdot \boldsymbol{v} - \varphi(\boldsymbol{v}) \cdot \boldsymbol{v}}{\boldsymbol{v} \cdot \boldsymbol{v} + \varphi(\boldsymbol{v}) \cdot \varphi(\boldsymbol{v}) - 2\,\varphi(\boldsymbol{v}) \cdot \boldsymbol{v}} = 1/2$$

gilt also $\sigma_{\frac{1}{\|\boldsymbol{w}\|}\boldsymbol{w}}(\boldsymbol{v}) = \boldsymbol{v} - 2\frac{\boldsymbol{w} \cdot \boldsymbol{v}}{\boldsymbol{w} \cdot \boldsymbol{w}}\boldsymbol{w} = \boldsymbol{v} - \boldsymbol{w} = \boldsymbol{v} + \varphi(\boldsymbol{v}) - \boldsymbol{v} = \varphi(\boldsymbol{v})$.

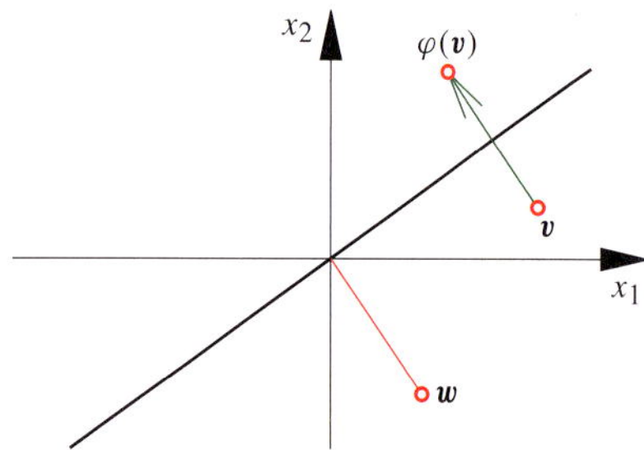

Abbildung 17.20 Die Spiegelung erfolgt entlang $\boldsymbol{w}$.

Und nun begründen wir durch Induktion nach n die Behauptung. Wir betrachten die Abbildung $\varphi' = \sigma_{\frac{1}{\|\boldsymbol{w}\|}\boldsymbol{w}}^{-1} \circ \varphi$. Es ist φ' ein orthogonaler Endomorphismus mit $\varphi'(\boldsymbol{v}) = \boldsymbol{v}$.

Für $W = \langle \boldsymbol{v} \rangle^{\perp}$ gilt $\varphi'(W) = W$, denn für $\boldsymbol{u} \in W$ gilt:

$$\boldsymbol{v} \cdot \varphi'(\boldsymbol{u}) = \varphi'(\boldsymbol{v}) \cdot \varphi'(\boldsymbol{u}) = \boldsymbol{v} \cdot \boldsymbol{u} = 0.$$

Folglich ist $\varphi'|_W$ ein orthogonaler Endomorphismus des $n - 1$-dimensionalen euklidischen Vektorraums W bezüglich des kanonischen Skalarprodukts von W. Nach Induktionsvoraussetzung gibt es normierte $\boldsymbol{w}_2, \ldots, \boldsymbol{w}_k \in W$ mit $k \leq n$ und

$$\varphi'|_W = \sigma_{\boldsymbol{w}_2} \circ \ldots \circ \sigma_{\boldsymbol{w}_k}.$$

Wir zeigen nun $\varphi' = \sigma_{\boldsymbol{w}_2} \circ \ldots \sigma_{\boldsymbol{w}_k}$, wobei wir die $\sigma_{\boldsymbol{w}_i}$ als Spiegelungen auf V auffassen. Dabei benutzen wir, dass sich jeder Vektor $\boldsymbol{v} \in V$ wegen $V = \mathbb{R}\,\boldsymbol{v} + W$ in der Form $\boldsymbol{v} = \lambda \boldsymbol{v} + \boldsymbol{u}$ schreiben lässt.

Sind $\boldsymbol{u} \in W$ und $\lambda \in \mathbb{R}$, so erhalten wir:

$$\begin{aligned}
(\sigma_{\boldsymbol{w}_2} \circ \ldots \circ \sigma_{\boldsymbol{w}_k})(\lambda \boldsymbol{v} + \boldsymbol{u}) &= \lambda\,(\sigma_{\boldsymbol{w}_2} \circ \ldots \circ \sigma_{\boldsymbol{w}_k})(\boldsymbol{v}) \\
&\quad + (\sigma_{\boldsymbol{w}_2} \circ \ldots \circ \sigma_{\boldsymbol{w}_k})(\boldsymbol{u}) \\
&= \lambda \boldsymbol{v} + \varphi'(\boldsymbol{u}) \\
&= \lambda\,\varphi'(\boldsymbol{v}) + \varphi'(\boldsymbol{u}) \\
&= \varphi'(\lambda\,\boldsymbol{v} + \boldsymbol{u}).
\end{aligned}$$

Damit gilt $\varphi = \sigma_{\frac{1}{\|\boldsymbol{w}\|}\boldsymbol{w}} \circ \sigma_{\boldsymbol{w}_2} \circ \ldots \circ \sigma_{\boldsymbol{w}_k}$ mit $k \leq n$. ∎

Beispiel Wir betrachten die orthogonale 3×3-Matrix

$$A = \frac{1}{3}\begin{pmatrix} 2 & -1 & 2 \\ 2 & 2 & -1 \\ -1 & 2 & 2 \end{pmatrix}$$

Es gilt $\det \boldsymbol{A} = 1$. Weil $\boldsymbol{A} \neq \mathbf{E}_3$ gilt, ist $\boldsymbol{A}$ ein Produkt von zwei Spiegelungsmatrizen. Wir zerlegen nun $\boldsymbol{A}$ in ein Produkt von Spiegelungsmatrizen.

Wegen $\boldsymbol{A}\,\boldsymbol{e}_1 = 1/3\begin{pmatrix} 2 \\ 2 \\ -1 \end{pmatrix}$ gilt $\boldsymbol{A}\,\boldsymbol{e}_1 \neq \boldsymbol{e}_1$. Wir wählen also

$\boldsymbol{v} = \boldsymbol{e}_1$ und setzen $\boldsymbol{w} = \boldsymbol{v} - \boldsymbol{A}\,\boldsymbol{v} = 1/3\begin{pmatrix} 1 \\ -2 \\ 1 \end{pmatrix}$. Wir bilden

$$\begin{aligned}
\boldsymbol{S}_{\boldsymbol{w}} &= \mathbf{E}_3 - \frac{2}{\boldsymbol{w}^{\top}\boldsymbol{w}}\,\boldsymbol{w}\,\boldsymbol{w}^{\top} \\
&= 1/3\begin{pmatrix} 3 & 0 & 0 \\ 0 & 3 & 0 \\ 0 & 0 & 3 \end{pmatrix} - \frac{2}{6/9}\,1/9\begin{pmatrix} 1 & -2 & 1 \\ -2 & 4 & -2 \\ 1 & -2 & 1 \end{pmatrix} \\
&= 1/3\begin{pmatrix} 2 & 2 & -1 \\ 2 & -1 & 2 \\ -1 & 2 & 2 \end{pmatrix} \quad \text{und berechnen}
\end{aligned}$$

$$\begin{aligned}
\boldsymbol{A}' &= \boldsymbol{S}_{\boldsymbol{w}}^{-1}\,\boldsymbol{A} = \boldsymbol{S}_{\boldsymbol{w}}\,\boldsymbol{A} \\
&= 1/9\begin{pmatrix} 2 & 2 & -1 \\ 2 & -1 & 2 \\ -1 & 2 & 2 \end{pmatrix}\begin{pmatrix} 2 & -1 & 2 \\ 2 & 2 & -1 \\ -1 & 2 & 2 \end{pmatrix} \\
&= \begin{pmatrix} 1 & 0 & 0 \\ 0 & 0 & 1 \\ 0 & 1 & 0 \end{pmatrix}.
\end{aligned}$$

Weil wir wissen, dass A ein Produkt zweier Spiegelungsmatrizen ist, muss A' eine Spiegelungsmatrix sein. Wir können dies aber auch nachprüfen. Es ist $a_1 = \begin{pmatrix} 0 \\ -1 \\ 1 \end{pmatrix}$ ein Eigenvektor zum Eigenwert -1, und $a_2 = \begin{pmatrix} 1 \\ 0 \\ 0 \end{pmatrix}$, $a_3 = \begin{pmatrix} 0 \\ 1 \\ 1 \end{pmatrix}$ sind Eigenvektoren zum Eigenwert 1. Die Matrix $S = (s_1, s_2, s_3)$ mit den Spalten $s_i = \frac{1}{\|a_i\|}\, a_i$ erfüllt dann

$$S^\top A' S = \begin{pmatrix} -1 & 0 & 0 \\ 0 & 1 & 0 \\ 0 & 0 & 1 \end{pmatrix}.$$

Wir erhalten die gewünschte Zerlegung:

$$A = 1/9 \begin{pmatrix} 2 & 2 & -1 \\ 2 & -1 & 2 \\ -1 & 2 & 2 \end{pmatrix} \begin{pmatrix} 1 & 0 & 0 \\ 0 & 0 & 1 \\ 0 & 1 & 0 \end{pmatrix}. \qquad \blacktriangleleft$$

Wir haben nun ausführlich orthogonale bzw. unitäre Endomorphismen euklidischer bzw. unitärer Vektorräume behandelt. Nun betrachten wir weitere Endomorphismen euklidischer bzw. unitärer Vektorräume.

17.6 Selbstadjungierte Endomorphismen

Wir behandeln in diesem Abschnitt eine weitere wichtige Art von Endomorphismen euklidischer bzw. unitärer Vektorräume, die sogenannten *selbstadjungierten* Endomorphismen. Der Begriff *selbstadjungiert* steht für den reellen wie auch den komplexen Fall, eine Unterscheidung wie bei *orthogonal* und *unitär* gibt es nicht. Es ist allerdings bei den Darstellungsmatrizen eine Unterscheidung üblich: Die Darstellungsmatrix *selbstadjungierter* Endomorphismen euklidischer Vektorräume sind *symmetrisch*, jene *selbstadjungierter* Endomorphismen unitärer Vektorräume hingegen *hermitesch*.

Das wichtigste Resultat lässt sich leicht formulieren:

Selbstadjungierte Endomorphismen lassen sich stets diagonalisieren.

Folglich sind auch reelle symmetrische und hermitesche Matrizen stets diagonalisierbar.

Mit $\mathbb{K}$ bezeichnen wir wieder einen der Körper $\mathbb{R}$ oder $\mathbb{C}$ – je nachdem, ob wir im euklidischen oder unitären Fall sind.

Selbstadjungierte Endomorphismen sind durch $\varphi(v) \cdot w = v \cdot \varphi(w)$ definiert

Wir erinnern an die orthogonalen bzw. unitären Endomorphismen. Für jeden solchen Endomorphismus φ eines eukli-

dischen bzw. unitären Vektorraums V mit dem Skalarprodukt $\cdot$ gilt:

$$v \cdot w = \varphi(v) \cdot \varphi(w)$$

für alle v, $w \in V$. *Selbstadjungierte* Endomorphismen sind ganz ähnlich erklärt:

Selbstadjungierter Endomorphismus

Man nennt einen Endomorphismus φ eines euklidischen bzw. unitären Vektorraums V **selbstadjungiert**, wenn für alle v, $w \in V$ gilt:

$$\varphi(v) \cdot w = v \cdot \varphi(w).$$

Beispiel

- Ist $A \in \mathbb{K}^{n \times n}$ eine symmetrische bzw. hermitesche Matrix, gilt also $A^\top = \overline{A}$, so ist der Endomorphismus $\varphi = \varphi_A : v \mapsto A v$ des $\mathbb{K}^n$ bezüglich des kanonischen Skalarprodukts selbstadjungiert, da für alle v, $w \in \mathbb{K}^n$ gilt:

$$\varphi(v) \cdot w = (A v)^\top \overline{w} = v^\top A^\top \overline{w}$$
$$= v^\top (\overline{A}\,\overline{w}) = v \cdot \varphi(w).$$

- Im euklidischen Vektorraum V aller auf dem Intervall $I = [a,\, b]$ stetiger reellwertiger Funktionen mit dem Skalarprodukt

$$\langle f, g \rangle = \int_a^b f(t)\, g(t)\, \mathrm{d}t$$

ist für jede fest gewählte Funktion $h \in V$ der Endomorphismus

$$\psi : \begin{cases} V & \to & V, \\ f & \mapsto & f \cdot h \end{cases}$$

selbstadjungiert, da

$$\langle f, \varphi(g) \rangle = \int_a^b f(t)\, g(t)\, h(t)\, \mathrm{d}t = \int_a^b f(t)\, h(t)\, g(t)\, \mathrm{d}t$$
$$= \langle \varphi(f), g \rangle \text{ für alle } f, g \in V.$$

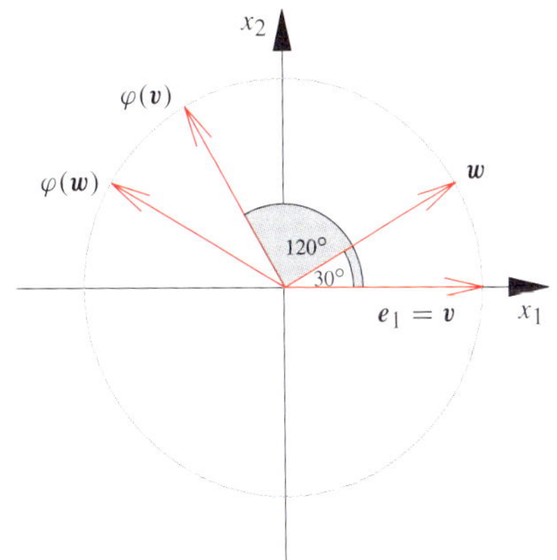

Abbildung 17.21 Die Drehung um den Winkel 120 Grad ist nicht selbstadjungiert bezüglich des kanonischen Skalarprodukts, es ist nämlich $\varphi(v) \cdot w = 0 \neq v \cdot \varphi(w)$.

- Jede Spiegelung σ des $\mathbb{R}^n$ ist selbstadjungiert. Es folgt nämlich aus $\sigma^{-1} = \sigma$ und der Orthogonalität von σ für alle $\boldsymbol{v}, \boldsymbol{w} \in V$:

$$\sigma(\boldsymbol{v}) \cdot \boldsymbol{w} = \boldsymbol{v} \cdot \sigma^{-1}(\boldsymbol{w}) = \boldsymbol{v} \cdot \sigma(\boldsymbol{w}) \,.$$

Ein anderes Argument ist die Symmetrie der Darstellungsmatrizen von Spiegelungen.

- Nicht selbstadjungiert ist die Drehung φ im $\mathbb{R}^2$ um den Winkel 120 Grad. So gilt etwa für den Vektor $\boldsymbol{v}\begin{pmatrix}1\\0\end{pmatrix}$, dass

$$\varphi(\boldsymbol{v}) = \begin{pmatrix}-1/2\\\sqrt{3}/2\end{pmatrix} \text{ und } \boldsymbol{w} = \begin{pmatrix}\sqrt{3}/2\\1/2\end{pmatrix}, \text{ also}$$

$$0 = \varphi(\boldsymbol{v}) \cdot \boldsymbol{w} \neq \boldsymbol{v} \cdot \varphi(\boldsymbol{w}) \,. \qquad \blacktriangleleft$$

Darstellungsmatrizen selbstadjungierter Endomorphismen bezüglich Orthonormalbasen sind symmetrisch bzw. hermitesch

Nach obigem Beispiel bestimmt jede reelle symmetrische bzw. hermitesche Matrix $A \in \mathbb{K}^{n \times n}$ durch $\varphi \colon \boldsymbol{v} \mapsto A\,\boldsymbol{v}$ einen selbstadjungierten Endomorphismus des $\mathbb{K}^n$. Diese Matrix ist dann auch Darstellungsmatrix dieses Endomorphismus bezüglich einer Orthonormalbasis, nämlich der kanonischen Orthonormalbasis E_n.

Wir überlegen uns, dass die Darstellungsmatrizen selbstadjungierter Endomorphismen bezüglich beliebiger Orthonormalbasen reell symmetrisch bzw. hermitesch sind.

Darstellungsmatrizen selbstadjungierter Endomorphismen

Ist φ ein selbstadjungierter Endomorphismus eines endlichdimensionalen euklidischen bzw. unitären Vektorraums mit einer geordneten Orthonormalbasis B, so gilt für die Darstellungsmatrix $A = {}_B M(\varphi)_B$:

$$A^\top = A \text{ bzw. } \overline{A}^\top = A \,.$$

Beweis: Es reicht aus, wenn wir das für den komplexen Fall zeigen, der reelle Fall ergibt sich dann einfach durch Weglassen der Konjugation.

Wir wählen eine beliebige Orthonormalbasis $B = (\boldsymbol{b}_1, \ldots, \boldsymbol{b}_n)$ von V, insbesondere ist also die Dimension von V gleich n.

Ist $A = (a_{ij})$ die Darstellungsmatrix des selbstadjungierten Endomorphismus φ bezüglich B, so ist für alle $i, j \in \{1, \ldots, n\}$

$$a_{ij} = \overline{a}_{ji}$$

zu zeigen. Wir geben uns $i, j \in \{1, \ldots, n\}$ vor. Die j-te Spalte von A ist der Koordinatenvektor des Bildes des j-ten Basisvektors $\boldsymbol{b}_j$:

$$\varphi(\boldsymbol{b}_j) = a_{1j}\,\boldsymbol{b}_1 + \cdots + a_{nj}\,\boldsymbol{b}_n \,.$$

Wir erhalten nun für die Komponente a_{ij} der Darstellungsmatrix wegen der Orthonormalität von B den Ausdruck:

$$\boldsymbol{b}_i \cdot \varphi(\boldsymbol{b}_j) = \boldsymbol{b}_i \cdot (a_{1j}\,\boldsymbol{b}_1 + \cdots + a_{nj}\,\boldsymbol{b}_n) = \overline{a}_{ij}$$

und analog für a_{ji}:

$$\varphi(\boldsymbol{b}_i) \cdot \boldsymbol{b}_j = (a_{1i}\,\boldsymbol{b}_1 + \cdots + a_{ni}\,\boldsymbol{b}_n) \cdot \boldsymbol{b}_j = a_{ji} \,.$$

Wegen $\boldsymbol{b}_i \cdot \varphi(\boldsymbol{b}_j) = \varphi(\boldsymbol{b}_i) \cdot \boldsymbol{b}_j$ folgt also $a_{ij} = \overline{a}_{ji}$. $\qquad \blacksquare$

Mit diesem Satz haben wir die selbstadjungierten Endomorphismen durch reelle symmetrische bzw. hermitesche Darstellungsmatrizen bezüglich Orthonormalbasen beschrieben.

Eigenwerte reeller symmetrischer bzw. hermitescher Matrizen sind reell

Ist $\lambda \in \mathbb{K}$ ein Eigenwert einer reellen symmetrischen bzw. hermiteschen Matrix $A \in \mathbb{K}^{n \times n}$ und $\boldsymbol{v} = (v_i) \in \mathbb{K}^n$ ein Eigenvektor zum Eigenwert λ, so gilt wegen $A = \overline{A}^\top$ und $A\,\boldsymbol{v} = \lambda\,\boldsymbol{v}$:

$$\lambda\,(\overline{\boldsymbol{v}}^\top \boldsymbol{v}) = \overline{\boldsymbol{v}}^\top \lambda\,\boldsymbol{v} = \overline{\boldsymbol{v}}^\top A\,\boldsymbol{v} = (\overline{A\,\boldsymbol{v}})^\top \boldsymbol{v} = \overline{\lambda}\,(\overline{\boldsymbol{v}}^\top \boldsymbol{v}) \,.$$

Nun folgt wegen $\boldsymbol{v} \neq \boldsymbol{0}$ zuerst $\overline{\boldsymbol{v}}^\top \boldsymbol{v} = \sum_{i=1}^{n} |v_i|^2 \neq 0$ und dann $\lambda = \overline{\lambda}$, also $\lambda \in \mathbb{R}$.

Eigenwerte symmetrischer und hermitescher Matrizen

Ist λ ein Eigenwert einer reellen symmetrischen bzw. hermiteschen Matrix, so ist λ reell.

Wir wissen aber bisher noch nichts über die Existenz von Eigenwerten reeller symmetrischer bzw. hermitescher Matrizen. Wir haben nur gezeigt, dass, wenn eine solche Matrix einen Eigenwert hat, dieser dann zwangsläufig reell ist. Tatsächlich ist es aber so, dass jede reelle symmetrische bzw. hermitesche $n \times n$-Matrix auch n Eigenwerte hat, hierbei zählen wir die Eigenwerte entsprechend ihrer algebraischen Vielfachheiten. Die Begründung erfolgt über einen Ausflug ins Komplexe.

Jede symmetrische $n \times n$-Matrix hat n reelle Eigenwerte

Wir betrachten eine symmetrische Matrix $A \in \mathbb{R}^{n \times n}$. Diese Matrix definiert einen selbstadjungierten Endomorphismus $\varphi_A \colon \boldsymbol{v} \mapsto A\,\boldsymbol{v}$ des $\mathbb{R}^n$. Hier setzen wir an: Wir erklären einen selbstadjungierten Endomorphismus in dem *größeren* Vektorraum $\mathbb{C}^n$. Die Abbildung

$$\tilde{\varphi}_A \colon \begin{cases} \mathbb{C}^n & \to & \mathbb{C}^n, \\ \boldsymbol{v} & \mapsto & A\,\boldsymbol{v} \end{cases}$$

ist wegen $A^\top = \overline{A}$ ein selbstadjungierter Endomorphismus des $\mathbb{C}^n$.

Die Darstellungsmatrix $_{E_n}\boldsymbol{M}(\tilde{\varphi}_A)_{E_n} = \boldsymbol{A} \in \mathbb{C}^{n \times n}$ von $\tilde{\varphi}_A$ bezüglich der kanonischen Orthonormalbasis ist hermitesch.

Mit dem Fundamentalsatz der Algebra folgt nun, dass das charakteristische Polynom von $\boldsymbol{A}$ über $\mathbb{C}$ in Linearfaktoren zerfällt:

$$\chi_A = (\lambda_1 - X)^{k_1} \cdots (\lambda_r - X)^{k_r} \,.$$

Dabei sind $\lambda_1, \ldots, \lambda_r$ die verschiedenen Eigenwerte von $\boldsymbol{A}$ mit den jeweiligen algebraischen Vielfachheiten $k_1, \ldots, k_r$, d. h., $k_1 + \cdots + k_r = n$. Die Eigenwerte $\lambda_1, \ldots, \lambda_r$ sind reell.

Wegen $\chi_A = \chi_{\tilde{\varphi}_A} = \chi_{\varphi_A} \in \mathbb{R}[X]$ hat $\boldsymbol{A}$ ein in Linearfaktoren zerfallendes charakteristisches Polynom, und damit hat $\boldsymbol{A}$ die reellen Eigenwerte $\lambda_1, \ldots, \lambda_r$.

Eigenwerte symmetrischer bzw. hermitescher Matrizen

Jede symmetrische bzw. hermitesche $n \times n$-Matrix hat n nicht notwendig verschiedene Eigenwerte. Jeder Eigenwert ist reell.

Wir wollen nun noch begründen, dass es zu jeder reellen symmetrischen bzw. hermiteschen Matrix $\boldsymbol{A} \in \mathbb{K}^{n \times n}$ eine Orthonormalbasis des $\mathbb{K}^n$ aus Eigenvektoren von $\boldsymbol{A}$ gibt. Dazu liefert der folgende Abschnitt einen ersten Anhaltspunkt.

Eigenvektoren zu verschiedenen Eigenwerten stehen senkrecht zueinander

Sind λ_1 und λ_2 verschiedene Eigenwerte einer reellen symmetrischen bzw. hermiteschen Matrix $\boldsymbol{A} \in \mathbb{K}^{n \times n}$ mit Eigenvektoren $\boldsymbol{v}_1$ zu λ_1 und $\boldsymbol{v}_2$ zu λ_2, so gilt mit dem Skalarprodukt $\boldsymbol{v} \cdot \boldsymbol{w} = \boldsymbol{v}^\top \overline{\boldsymbol{w}}$ des $\mathbb{K}^n$ wegen $\boldsymbol{v}_1, \boldsymbol{v}_2 \neq \boldsymbol{0}$:

$$\begin{aligned} \lambda_1(\boldsymbol{v}_1^\top \overline{\boldsymbol{v}}_2) &= (\lambda_1 \, \boldsymbol{v}_1)^\top \overline{\boldsymbol{v}}_2 = (\boldsymbol{A}\,\boldsymbol{v}_1)^\top \overline{\boldsymbol{v}}_2 \\ &= \boldsymbol{v}_1^\top \boldsymbol{A}^\top \overline{\boldsymbol{v}}_2 = \boldsymbol{v}_1^\top (\overline{\boldsymbol{A}}\,\overline{\boldsymbol{v}}_2) \\ &= \boldsymbol{v}_1^\top (\overline{\lambda_2}\,\overline{\boldsymbol{v}}_2) = \overline{\lambda}_2(\boldsymbol{v}_1^\top \overline{\boldsymbol{v}}_2) \,. \end{aligned}$$

Also muss $\boldsymbol{v}_1 \cdot \boldsymbol{v}_2 = \boldsymbol{v}_1^\top \overline{\boldsymbol{v}}_2 = 0$ gelten, da $\lambda_1 \neq \lambda_2 = \overline{\lambda}_2$ vorausgesetzt ist.

Eigenvektoren symmetrischer bzw. hermitescher Matrizen

Eigenvektoren reeller symmetrischer bzw. hermitescher Matrizen zu verschiedenen Eigenwerten stehen senkrecht aufeinander.

Symmetrische bzw. hermitesche Matrizen sind diagonalisierbar

Das charakteristische Polynom reeller symmetrischer bzw. hermitescher Matrizen zerfällt stets in Linearfaktoren, und es

stimmen – wie wir gleich sehen werden – algebraische und geometrische Vielfachheit für jeden Eigenwert überein. Insbesondere sind reelle symmetrische bzw. hermitesche Matrizen also diagonalisierbar (siehe das Kriterium auf Seite 512).

Diagonalisierbarkeit selbstadjungierter Endomorphismen

Ist φ ein selbstadjungierter Endomorphismus eines n-dimensionalen euklidischen bzw. unitären Vektorraums V mit den (reellen) Eigenwerten $\lambda_1, \ldots, \lambda_n$, so existiert eine Orthonormalbasis B von V aus Eigenvektoren von φ mit

$$_B\boldsymbol{M}(\varphi)_B = \begin{pmatrix} \lambda_1 & & 0 \\ & \ddots & \\ 0 & & \lambda_n \end{pmatrix}$$

Der Beweis geht ähnlich zu dem Beweis des Satzes zur Diagonalisierbarkeit unitärer Endomorphismen.

Beweis: Wir beweisen den Satz durch Induktion nach der Dimension n von V. Ist $n = 1$, so ist die Behauptung richtig, man kann jede von Null verschiedene reelle bzw. komplexe Zahl als einziges Element einer solchen Orthonormalbasis wählen, jede solche Zahl ist ein Eigenvektor von φ. Setzen wir also nun voraus, dass $n > 1$ ist und die Behauptung für alle Zahlen $m < n$ gilt.

Ist $\boldsymbol{v}_1$ ein Eigenvektor zum Eigenwert λ_1 von φ, so betrachten wir den Orthogonalraum zum Erzeugnis von $\boldsymbol{v}_1$:

$$U = \langle \boldsymbol{v}_1 \rangle^{\perp} = \{\boldsymbol{v} \in V \mid \boldsymbol{v}_1 \cdot \boldsymbol{v} = 0\} \,.$$

Die Einschränkung des selbstadjungierten Endomorphismus φ auf den Untervektorraum U von V, also die Abbildung

$$\varphi|_U : \begin{cases} U & \to & V, \\ \boldsymbol{v} & \mapsto & \varphi(\boldsymbol{v}) \end{cases}$$

hat wegen

$$\boldsymbol{v}_1 \cdot \varphi(\boldsymbol{v}) = \varphi(\boldsymbol{v}_1) \cdot \boldsymbol{v} = (\lambda_1 \, \boldsymbol{v}_1) \cdot \boldsymbol{v} = \lambda_1 \, (\boldsymbol{v}_1 \cdot \boldsymbol{v}) = 0$$

für alle $\boldsymbol{v} \in V$ die Eigenschaft, eine Abbildung von U in U zu sein, d. h. $\varphi(U) \subseteq U$. Weil U als Untervektorraum eines euklidischen bzw. unitären Vektorraums selbst wieder ein euklidischer bzw. unitärer Vektorraum ist und die Dimension von U gleich $n - 1$ ist, ist die Induktionsvoraussetzung auf U anwendbar. Folglich besitzt der Vektorraum U eine geordnete Orthonormalbasis $B' = (\boldsymbol{b}_2, \ldots, \boldsymbol{b}_n)$ mit

$$_{B'}\boldsymbol{M}(\varphi|_U)_{B'} = \begin{pmatrix} \lambda_2 & & 0 \\ & \ddots & \\ 0 & & \lambda_n \end{pmatrix}$$

Wir normieren den Eigenvektor $\boldsymbol{v}_1$, setzen also $\boldsymbol{b}_1 = \|\boldsymbol{v}_1\|^{-1} \boldsymbol{v}_1$, $B = (\boldsymbol{b}_1, \ldots, \boldsymbol{b}_n)$ und erhalten so die gewünschte Darstellung. $\blacksquare$

Für reelle symmetrische bzw. hermitesche Matrizen lässt sich das wie folgt formulieren:

Diagonalisierbarkeit reeller symmetrischer bzw. hermitescher Matrizen

Ist $A \in \mathbb{K}^{n \times n}$ eine reelle symmetrische bzw. hermitesche Matrix, so gibt es eine orthogonale bzw. unitäre Matrix S und $\lambda_1 \ldots, \lambda_n \in \mathbb{R}$ mit

$$\overline{S}^{\top} A S = \begin{pmatrix} \lambda_1 & & 0 \\ & \ddots & \\ 0 & & \lambda_n \end{pmatrix}$$

Dabei sind die Spalten von S eine Orthonormalbasis des $\mathbb{K}^n$ aus Eigenvektoren von A.

Ist $A \in \mathbb{K}^{n \times n}$ eine reelle symmetrische bzw. hermitesche Matrix, so existiert nach diesem Satz eine Orthonormalbasis des $\mathbb{K}^n$ aus Eigenvektoren von A. Dies heißt aber, dass n linear unabhängige Eigenvektoren von A existieren. Damit muss für jeden Eigenwert von A die geometrische Vielfachheit gleich der algebraischen sein:

Die Dimension jedes Eigenraums ist der Exponent des zugehörigen Eigenwertes im charakteristischem Polynom.

Damit ist wieder klar, wie wir vorgehen, um eine Orthonormalbasis zu einer reellen symmetrischen bzw. hermiteschen Matrix $A \in \mathbb{K}^{n \times n}$ zu konstruieren.

Beispiel Die Matrix

$$A = \begin{pmatrix} 1 & i & 0 \\ -i & 1 & 0 \\ 0 & 0 & 2 \end{pmatrix} \in \mathbb{C}^{3 \times 3}$$

ist hermitesch, also diagonalisierbar. Wir bestimmen die Eigenwerte von A, d. h. die Nullstellen des charakteristischen Polynoms

$$\chi_A = ((1 - X)(1 - X) - 1)(2 - X) = X(2 - X)^2.$$

Damit haben wir den einfachen Eigenwert 0 und den doppelten Eigenwert 2. Nun bestimmen wir die Eigenräume:

$$\mathrm{Eig}_A(0) = \ker A = \left\langle \begin{pmatrix} i \\ -1 \\ 0 \end{pmatrix} \right\rangle,$$

$$\mathrm{Eig}_A(0) = \ker \begin{pmatrix} -1 & i & 0 \\ -i & -1 & 0 \\ 0 & 0 & 0 \end{pmatrix} = \left\langle \begin{pmatrix} i \\ 1 \\ 0 \end{pmatrix}, \begin{pmatrix} 0 \\ 0 \\ 1 \end{pmatrix} \right\rangle.$$

Die angegebenen Vektoren bilden bereits eine Orthogonalbasis des $\mathbb{C}^3$. Wir normieren nun diese Vektoren und erhalten eine geordnete Orthonormalbasis $B = (b_1, b_2, b_3)$, explizit:

$$b_1 = \frac{1}{\sqrt{2}} \begin{pmatrix} i \\ -1 \\ 0 \end{pmatrix}, \ b_2 = \frac{1}{\sqrt{2}} \begin{pmatrix} i \\ 1 \\ 0 \end{pmatrix}, \ b_3 = \begin{pmatrix} 0 \\ 0 \\ 1 \end{pmatrix}.$$

Mit der Matrix $S = (b_1, b_2, b_3)$ gilt:

$$\begin{pmatrix} 0 & 0 & 0 \\ 0 & 2 & 0 \\ 0 & 0 & 2 \end{pmatrix} = \overline{S}^{\top} A S. \qquad \blacktriangleleft$$

Achtung: Reelle symmetrische Matrizen sind zwar stets diagonalisierbar, für komplexe symmetrische Matrizen stimmt das hingegen nicht: Die symmetrische Matrix $A = \begin{pmatrix} 1 & i \\ i & -1 \end{pmatrix} \in \mathbb{C}^2$ ist nicht diagonalisierbar.

Kommentar: Im $\mathbb{R}^3$ hat man das Vektorprodukt $\times$ zur Verfügung. Damit kann man sich oftmals etwas an Arbeit ersparen. Sucht man eine Orthonormalbasis des $\mathbb{R}^3$, wobei ein normierter Basisvektor $b_1 = (b_1, b_2, b_3)^{\top} \neq e_3$ vorgegeben ist, so ist (b_1, b_2, b_3) mit $b_2 = (-b_2, b_1, 0)^{\top}$ und $b_3 = b_1 \times b_2$ eine geordnete Orthogonalbasis. Normieren liefert eine Orthonormalbasis.

Mithilfe der erzielten Ergebnisse können wir nun ein Problem lösen, vor dem wir zu Beginn dieses Kapitels standen.

Die Definitheit von reellen symmetrischen bzw. hermiteschen Matrizen lässt sich mit den Eigenwerten und Hauptunterdeterminanten bestimmen

Es ist im Allgemeinen schwer zu entscheiden, ob eine reelle symmetrische oder hermitesche Matrix $A \in \mathbb{K}^{n \times n}$ positiv (semi-), negativ (semi-) oder indefinit ist, da es im Allgemeinen nicht immer leicht ist, das Vorzeichen von

$$\overline{v}^{\top} A v$$

zu bestimmen. Zum Glück gibt es Kriterien, die bei kleinen Matrizen leicht anzuwenden sind.

Nach dem Ergebnis auf Seite 696 hat eine reelle symmetrische bzw. hermitesche $n \times n$-Matrix n (nicht notwendig verschiedene) reelle Eigenwerte; es ist somit sinnvoll, von positiven und negativen Eigenwerten zu sprechen.

Das Eigenwertkriterium zur Definitheit

Eine reelle symmetrische oder hermitesche $n \times n$-Matrix $A \in \mathbb{K}^{n \times n}$ ist genau dann

- positiv definit, wenn alle Eigenwerte von A positiv sind,
- negativ definit, wenn alle Eigenwerte von A negativ sind,
- positiv semidefinit, wenn alle Eigenwerte von A positiv oder null sind,
- negativ semidefinit, wenn alle Eigenwerte von A negativ oder null sind,
- indefinit, wenn A positive und negative Eigenwerte hat.

Beispiel: Das orthogonale bzw. unitäre Diagonalisieren

Wir bestimmen zu der hermiteschen Matrix $A \in \mathbb{C}^{4\times4}$ bzw. reellen symmetrischen Matrix $B \in \mathbb{R}^{4\times4}$ eine unitäre Matrix $S \in \mathbb{C}^{4\times4}$ bzw. orthogonale Matrix $T \in \mathbb{R}^{4\times4}$, sodass $\overline{S}^\top A\, S$ bzw. $T^\top B\, T$ eine Diagonalmatrix ist:

$$A = \begin{pmatrix} 2 & i & 0 & 0 \\ -i & 2 & 0 & 0 \\ 0 & 0 & 2 & i \\ 0 & 0 & -i & 2 \end{pmatrix} \in \mathbb{C}^{4\times4} \quad \text{bzw.} \quad B = \begin{pmatrix} 1 & 2 & 3 & 4 \\ 2 & 4 & 6 & 8 \\ 3 & 6 & 9 & 12 \\ 4 & 8 & 12 & 16 \end{pmatrix} \in \mathbb{R}^{4\times4}$$

Problemanalyse und Strategie: Wir bestimmen die Eigenwerte und die Orthonormalbasen der Eigenräume.

Lösung:

Wegen

$$\chi_A = ((2 - X)(2 - X) + i^2)^2 = (1 - X)^2 (3 - X)^2$$

hat A die jeweils zweifachen Eigenwerte 1 und 3.

Wir bestimmen Basen für die Eigenräume $\mathrm{Eig}_A(1)$ und $\mathrm{Eig}_A(3)$ zu den beiden Eigenwerten 1 und 3.

$$\mathrm{Eig}_A(1) = \ker(A - 1\,\mathbf{E}_4) = \ker \begin{pmatrix} 1 & i & 0 & 0 \\ -i & 1 & 0 & 0 \\ 0 & 0 & 1 & i \\ 0 & 0 & -i & 1 \end{pmatrix}$$

$$= \ker \begin{pmatrix} 1 & i & 0 & 0 \\ 0 & 0 & 0 & 0 \\ 0 & 0 & 1 & i \\ 0 & 0 & 0 & 0 \end{pmatrix} = \left\langle \underbrace{\begin{pmatrix} i \\ -1 \\ 0 \\ 0 \end{pmatrix}}_{=:a_1}, \underbrace{\begin{pmatrix} 0 \\ 0 \\ i \\ -1 \end{pmatrix}}_{=:a_2} \right\rangle.$$

Wir haben die Basisvektoren a_1 und a_2 so gewählt, dass sie senkrecht aufeinander stehen. Normieren von a_1 und a_2 liefert $b_1 = \|a_1\|^{-1} a_1 = \frac{1}{\sqrt{2}} a_1$ und $b_2 = \|a_2\|^{-1} a_2 = \frac{1}{\sqrt{2}} a_2$. Die Vektoren b_1 und b_2 liefern also den ersten Teil einer Orthonormalbasis des $\mathbb{C}^4$ bestehend aus Eigenvektoren von A.

$$\mathrm{Eig}_A(3) = \ker(A - 3\,\mathbf{E}_4) = \ker \begin{pmatrix} -1 & i & 0 & 0 \\ -i & -1 & 0 & 0 \\ 0 & 0 & -1 & i \\ 0 & 0 & -i & -1 \end{pmatrix}$$

$$= \ker \begin{pmatrix} -1 & i & 0 & 0 \\ 0 & 0 & 0 & 0 \\ 0 & 0 & -1 & i \\ 0 & 0 & 0 & 0 \end{pmatrix} = \left\langle \underbrace{\begin{pmatrix} i \\ 1 \\ 0 \\ 0 \end{pmatrix}}_{=:a_3}, \underbrace{\begin{pmatrix} 0 \\ 0 \\ i \\ 1 \end{pmatrix}}_{=:a_4} \right\rangle.$$

Wieder wurden a_3 und a_4 so gewählt, dass sie senkrecht aufeinander stehen. Normieren liefert $b_3 = \|a_3\|^{-1} a_3 = \frac{1}{\sqrt{2}} a_3$ und $b_4 = \|a_4\|^{-1} a_4 = \frac{1}{\sqrt{2}} a_4$. Mit b_3 und b_4 haben wir den anderen Teil einer Orthonormalbasis des $\mathbb{C}^4$ bestehend aus Eigenvektoren von A.

Mit der unitären Matrix $S = (b_1,\, b_2,\, b_3,\, b_4)$ gilt die Gleichung:

$$\mathrm{diag}(1,\, 1,\, 3,\, 3) = \overline{S}^\top A\, S.$$

Nun zur reellen symmetrischen Matrix B.

Wegen

$$\chi_B = -X^3\,(30 - X)$$

hat B den dreifachen Eigenwert 0 und den einfachen Eigenwert 30.

Wir bestimmen Basen für die Eigenräume $\mathrm{Eig}_B(0)$ und $\mathrm{Eig}_B(30)$ zu den beiden Eigenwerten 0 und 30.

$$\mathrm{Eig}_B(0) = \ker(B - 0\,\mathbf{E}_4) = \ker \begin{pmatrix} 1 & 2 & 3 & 4 \\ 2 & 4 & 6 & 8 \\ 3 & 6 & 9 & 12 \\ 4 & 8 & 12 & 16 \end{pmatrix}$$

$$= \ker \begin{pmatrix} 1 & 2 & 3 & 4 \\ 0 & 0 & 0 & 0 \\ 0 & 0 & 0 & 0 \\ 0 & 0 & 0 & 0 \end{pmatrix} = \left\langle \underbrace{\begin{pmatrix} 2 \\ -1 \\ 0 \\ 0 \end{pmatrix}}_{=:a_1}, \underbrace{\begin{pmatrix} 0 \\ -3 \\ 2 \\ 0 \end{pmatrix}}_{=:a_2}, \underbrace{\begin{pmatrix} 0 \\ 0 \\ -4 \\ 3 \end{pmatrix}}_{=:a_3} \right\rangle.$$

Die drei Basisvektoren a_1, a_2 und a_3 bilden noch keine Orthonormalbasis des Eigenraums. Eine solche erhalten wir, indem wir das Verfahren von Gram und Schmidt auf die Vektoren a_1, a_2 und a_3 anwenden. Damit erhalten wir

$$b_1 = \frac{1}{\sqrt{5}} \begin{pmatrix} 2 \\ -1 \\ 0 \\ 0 \end{pmatrix}, \quad b_2 = \frac{1}{\sqrt{5}} \begin{pmatrix} 0 \\ 0 \\ -4 \\ 3 \end{pmatrix}, \quad b_3 = \frac{1}{5\sqrt{6}} \begin{pmatrix} -5 \\ -10 \\ 3 \\ 4 \end{pmatrix},$$

also eine Orthonormalbasis $\{b_1,\, b_2,\, b_3\}$ des Eigenraums zum Eigenwert 0, also den ersten Teil einer Orthonormalbasis des $\mathbb{R}^4$ bestehend aus Eigenvektoren von B.

$$\mathrm{Eig}_B(30) = \ker(B - 30\,\mathbf{E}_4).$$

Die Bestimmung dieses Kerns ist mühsam. Eine Überlegung erspart uns diese Arbeit. Weil 30 ein einfacher Eigenwert ist, ist dieser Eigenraum eindimensional. Ein Vektor a_4, der diesen Eigenraum erzeugt, steht senkrecht auf allen Eigenvektoren zum Eigenwert 0. Ein Blick auf den Eigenvektor a_1 zeigt, dass als erste zwei Komponenten von a_4 die Zahlen 1 und 2 infrage kommen. Ein Blick auf a_2 liefert dann die mögliche dritte Komponente 3 für a_4, und betrachtet man a_3, so erhält man den Vektor $a_4 = (1,\, 2,\, 3,\, 4)^\top$, der senkrecht auf allen Eigenvektoren zum Eigenwert 0 ist, also ein Eigenvektor zum Eigenwert 30 sein muss. Es liefert dann $b_4 = \|a_4\|^{-1} a_4 = \frac{1}{\sqrt{30}} a_4$ eine Orthonormalbasis von $\mathrm{Eig}_B(30)$.

Mit der orthogonalen Matrix $T = (b_1,\, b_2,\, b_3,\, b_4)$ erhalten wir die Gleichung

$$\mathrm{diag}(0,\, 0,\, 0,\, 30) = T^\top B\, T.$$

Beweis: Wir begründen das Kriterium für die positive Definitheit. Die Beweise für die negative Definitheit und die Semidefinitheit ergeben sich analog. Die Indefinitheit zu beweisen haben wir als Aufgabe gestellt.

Ist $\lambda \in \mathbb{R}$ ein Eigenwert einer positiv definiten Matrix A und v ein zugehöriger Eigenvektor zum Eigenwert λ, so gilt wegen $A\,v = \lambda\,v$ durch Skalarproduktbildung dieser Gleichung mit dem Vektor $\overline{v}^\top$:

$$\underbrace{\overline{v}^\top A\,v}_{>0} = \overline{v}^\top \lambda\,v = \lambda\,\underbrace{\overline{v}^\top v}_{>0}\,.$$

Somit muss λ positiv sein.

Interessanter ist, dass auch die Umkehrung gilt. Wir gehen von einer reellen symmetrischen bzw. komplexen hermiteschen Matrix $A \in \mathbb{K}^{n\times n}$ aus, deren n nicht notwendig verschiedenen Eigenwerte $\lambda_1, \ldots, \lambda_n$ positiv sind. Nach dem Satz zur Diagonalisierbarkeit reeller symmetrischer bzw. hermitescher Matrizen auf Seite 698 existiert eine Orthonormalbasis $B = (v_1, \ldots, v_n)$ des $\mathbb{K}^n$ aus Eigenvektoren von A. Wir stellen $v \in \mathbb{K}^n \setminus \{\mathbf{0}\}$ als Linearkombination bezüglich der Basis B dar:

$$v = \mu_1\,v_1 + \cdots + \mu_n\,v_n\,,$$

wobei also $\mu_1, \ldots, \mu_n \in \mathbb{K}$ sind.

Wegen $\overline{v}_i^\top v_j = 0$ für $i \neq j$ sowie $\overline{v}_i^\top v_i = 1$ erhalten wir mit der Sesquilinearität des kanonischen Skalarprodukts:

$$\overline{v}^\top (A\,v) = \left(\sum_{i=1}^n \overline{\mu}_i\,\overline{v}_i^\top\right)\left(\sum_{i=1}^n \mu_i\,\lambda_i\,v_i\right)$$

$$= \sum_{i=1}^n \lambda_i\,|\mu_i|^2\,\|v_i\|^2 > 0\,,$$

weil alle Eigenwerte $\lambda_1, \ldots, \lambda_n$ positiv sind. ∎

Für ein zweites Kriterium, das ebenfalls leicht anzuwenden ist, führen wir einen neuen Begriff ein.

Für jede $n \times n$-Matrix $A = (a_{ij})_{nn}$ und jede Zahl $k \in \{1, \ldots, n\}$ bezeichnet man die Determinante der linken oberen $k \times k$-Teilmatrix $(a_{ij})_{kk}$ von A als **Hauptminor** oder **Hauptunterdeterminante**. Die n Hauptunterdeterminanten einer $n \times n$-Matrix $A = (a_{ij})_{nn}$ sind der Reihe nach gegeben durch:

$$|a_{11}|,\ \begin{vmatrix} a_{11} & a_{12} \\ a_{21} & a_{22} \end{vmatrix},\ \begin{vmatrix} a_{11} & a_{12} & a_{13} \\ a_{21} & a_{22} & a_{23} \\ a_{31} & a_{32} & a_{33} \end{vmatrix},\ \ldots,\ \begin{vmatrix} a_{11} & \cdots & a_{1n} \\ \vdots & & \vdots \\ a_{n1} & \cdots & a_{nn} \end{vmatrix}$$

Damit können wir das zweite wichtige Kriterium für die Definitheit formulieren.

Das Hauptminorenkriterium zur Definitheit

Eine reelle symmetrische oder hermitesche $n \times n$-Matrix $A \in \mathbb{K}^{n\times n}$ ist genau dann

- positiv definit, wenn alle n Hauptminoren positiv sind,
- negativ definit, wenn die n Hauptminoren alternierend sind, d. h.,

$$\det(a_{ij})_{11} < 0\,,\ \det(a_{ij})_{22} > 0\,,\ \det(a_{ij})_{33} < 0\,,\ \ldots$$

Beweis: Wir begründen das Kriterium für die positive Definitheit:

$\Rightarrow$: Die Matrix A sei positiv definit. Dann sind auch die Matrizen $(a_{ij})_{1\leq i,j\leq k}$ für alle $k = 1, \ldots, n$ positiv definit. Es genügt also, wenn wir $\det(A) > 0$ zeigen. Weil A symmetrisch bzw. hermitesch ist, gibt es eine orthogonale Matrix S und eine Diagonalmatrix $D \in \mathbb{K}^{n\times n}$ mit $\overline{S}^\top A\,S = D$. Da A positiv definit ist, sind sämtliche Diagonaleinträge von D reell und echt größer Null, insbesondere ist $\det(D) > 0$. Also folgt $\det(\overline{S}^\top A\,S) = |\det(S)|^2 \det(A) = \det(D) > 0$ und somit $\det(A) > 0$.

$\Leftarrow$: Es sei nun $\det(a_{ij})_{1\leq i,j\leq k} > 0$ für alle $k = 1,\ldots,n$. Wir beweisen durch vollständige Induktion nach n, dass A positiv definit ist. Für $n = 1$ ist die Behauptung klar. Es sei also $n > 1$. Wir betrachten die zu A gehörige hermitesche Sesquilinearform $\cdot: \mathbb{K}^n \times \mathbb{K}^n \to \mathbb{K}, (v, w) \mapsto \overline{v}^\top A\,w$. Wir setzen $U = \langle e_1, \ldots, e_{n-1}\rangle$, wobei e_i wie üblich den i-ten Vektor der kanonischen Basis des $\mathbb{K}^n$ bezeichne, und $\tilde{A} = (a_{ij})_{1\leq i,j\leq n-1}$. Die Matrix $\tilde{A}$ beschreibt die Sesquilinearform $\cdot|_{U\times U}$ eingeschränkt auf den Untervektorraum U. Nach Induktionsvoraussetzung ist $\cdot|_{U\times U}$ positiv definit. Wir wählen mit dem Verfahren von Gram und Schmidt eine Orthonormalbasis $(a_1, \ldots, a_{n-1})$ von U bezüglich des Skalarprodukts $\cdot|_{U\times U}$ und erhalten $U = \langle a_1, \ldots, a_{n-1}\rangle$. Wir wählen weiter $u = e_n - \sum_{i=1}^{n-1} \frac{a_i \cdot e_n}{\|a_i\|}\,a_i \in \mathbb{K}^n \setminus U$ (wobei wir vereinfachend $\cdot$ anstelle von $\cdot|_{U\times U}$ geschrieben haben). Es gilt $u \perp a_i$ für alle $i \in \{1, \ldots, n-1\}$ (es ist dann $(a_1, \ldots, a_{n-1}, u)$ eine Basis des $\mathbb{K}^n$). Bezüglich der Basis $(a_1, \ldots, a_{n-1}, u)$ können wir dann $\cdot$ darstellen als

$$A' = \left(\begin{array}{c|c} B & 0 \\ \hline 0 & d \end{array}\right)$$

mit $d = u \cdot u$ und einer Diagonalmatrix B. Wegen $\det(A') = \det(B)\,d > 0$ und $\det(B) > 0$ ist auch $d > 0$. Da B nach Induktionsvoraussetzung positiv definit ist (es stellen B und $\tilde{A}$ ein und dieselbe Sesquilinearform bezüglich verschiedener Basen dar) und $d > 0$ ist, ist also auch das durch A' gegebene Produkt positiv definit. Also ist auch A positiv definit.

Das Kriterium für die negative Definitheit einer Matrix $A = (a_{ij})$ ergibt sich hieraus durch Betrachtung von $-A$. Es ist nämlich A genau dann negativ definit, wenn $-A$ positiv definit ist, d. h., nach dem bereits bewiesenen Teil, wenn

$$\det{-(a_{ij})_{11}} > 0\,,\ \det{-(a_{ij})_{22}} > 0\,,\ \det{-(a_{ij})_{33}} > 0\,,\ \ldots$$

Wegen $\det(-B) = -\det(B)$ für jede quadratische Matrix B, deren Zeilen- und Spaltenzahl ungerade ist, folgt die Behauptung. ∎

Kommentar: Es ist nur dann sinnvoll, eines der beiden geschilderten Kriterien zu benutzen, wenn die Matrix *klein* ist. Große Matrizen bringt man besser auf *Sylvester'sche Normalform*. An dieser Normalform kann ebenfalls die Definitheit entschieden werden. Wir behandeln diese Normalform im Kapitel 18.

Beispiel

- Die Matrix $A = \begin{pmatrix} 1 & 1 \\ 1 & 1 \end{pmatrix}$ ist positiv semidefinit. Sie hat nämlich die Eigenwerte 0 und 2.

  Mit dem zweiten Kriterium finden wir, dass A nicht positiv definit ist, da

  $$\det(a_{ij})_{11} = 1 > 0\,, \text{ aber}$$
  $$\det(a_{ij})_{22} = \det A = 1 \cdot 1 - 1 \cdot 1 \not> 0\,.$$

- Die Matrix $A = \begin{pmatrix} 1 & 0 & 1 \\ 0 & 1 & 2 \\ 1 & 2 & 6 \end{pmatrix}$ ist nach dem zweiten Kriterium positiv definit, da

  $$\det(a_{ij})_{11} = 1 > 0\,, \ \det(a_{ij})_{22} = 1 \cdot 1 > 0\,,$$
  $$\det(a_{ij})_{33} = \det A = 6 - (1 + 4) > 0\,.$$

  Mit dieser Matrix A ist also das Produkt zwischen Vektoren v und w des $\mathbb{R}^3$

  $$v \cdot w = v^\top A\, w$$

  von Vektoren v und w des $\mathbb{R}^3$ ein euklidisches Skalarprodukt, und $\mathbb{R}^3$ versehen mit diesem Produkt $\cdot$ ist ein euklidischer Vektorraum. ◀

?

Entscheiden Sie über die Definitheit einer Diagonalmatrix.

17.7 Normale Endomorphismen

Wir haben gezeigt, dass eine $n \times n$-Matrix A über einem beliebigen Körper genau dann diagonalisierbar ist, wenn das charakteristische Polynom über diesem Körper in Linearfaktoren zerfällt und für jeden Eigenwert die algebraische Vielfachheit gleich der geometrischen ist. Wir leiten nun für den Körper $\mathbb{C}$ ein deutlich einfacheres Kriterium her. Über $\mathbb{C}$ zerfällt jedes Polynom vom Grad größer gleich 1 in Linearfaktoren, damit ist die erste Bedingung automatisch erfüllt. Anstelle der Gleichheit der Vielfachheiten ist aber tatsächlich nur die Gleichheit

$$\overline{A}^\top A = A\,\overline{A}^\top$$

nachzuweisen. Wir werden eine komplexe Matrix, die diese Gleichung erfüllt, *normal* nennen. Unter den komplexen Matrizen sind es also genau die normalen Matrizen, die diagonalisierbar sind.

Natürlich behandeln wir nicht nur den komplexen Fall. Wir bestimmen auch im reellen Fall die Normalform normaler Matrizen. Abgesehen von evtl. 2×2-Kästchen auf der Hauptdiagonalen ist dies ebenfalls eine Diagonalmatrix.

Der Begriff des *normalen* Endomorphismus verallgemeinert orthogonale bzw. unitäre und selbstadjungierte Endomorphismen.

Mit $\mathbb{K}$ bezeichnen wir wieder einen der Körper $\mathbb{R}$ oder $\mathbb{C}$ – im euklidischen Fall ist $\mathbb{K} = \mathbb{R}$, im unitären gilt $\mathbb{K} = \mathbb{C}$.

Nicht zu jedem Endomorphismus gibt es einen adjungierten Endomorphismus, aber falls einer existiert, so ist er eindeutig bestimmt

Wir nannten einen Endomorphismus φ eines euklidischen bzw. unitären Vektorraums V selbstadjungiert, wenn für alle $v,\ w \in V$ gilt:

$$v \cdot \varphi(w) = \varphi(v) \cdot w\,.$$

Diese Bedingung schwächen wir nun ab: Sind φ und ψ Endomorphismen eines euklidischen oder unitären Vektorraums V, so heißt der Endomorphismus ψ **zu** φ **adjungiert**, wenn für alle $v,\ w \in V$ gilt:

$$v \cdot \varphi(w) = \psi(v) \cdot w\,.$$

Ist φ selbstadjungiert, so ist φ zu sich selbst adjungiert – so erklärt sich die Namensgebung der selbstadjungierten Endomorphismen.

Ist φ irgendein Endomorphismus von V, so kann man natürlich die Frage stellen, ob es überhaupt einen Endomorphismus ψ von V gibt, der zu φ adjungiert ist. Und falls es einen gibt, dann fragt man als nächstes, ob es verschiedene solche zu φ adjungierte Endomorphismen geben kann. Wir werden zeigen, dass, falls es überhaupt einen zu φ adjungierten Endomorphismus ψ gibt, dieser dann eindeutig bestimmt ist. Daher ist es angebracht, einen Endomorphismus ψ, der zu φ adjungiert ist, mit φ^* zu bezeichnen, $\psi = \varphi^*$, d. h.,

$$v \cdot \varphi(w) = \varphi^*(v) \cdot w \ \text{ für alle } \ v,\ w \in V\,.$$

Mit $\varphi^{**} = (\varphi^*)^*$ bezeichnen wir den (eindeutig bestimmten) zu φ^* adjungierten Endomorphismus.

Eindeutigkeit des adjungierten Endomorphismus

Es sei φ ein Endomorphismus von V. Dann gilt:
(a) Falls ψ und ψ' zu φ adjungierte Endomorphismen sind, so folgt $\psi = \psi'$.
(b) Falls φ^* existiert, so existiert auch φ^{**}, und es gilt $\varphi^{**} = \varphi$.

Beweis: (a) Es seien ψ und ψ' zwei zu φ adjungierte Endomorphismen. Wir zeigen, dass $\psi - \psi'$ der Nullendomorphismus ist, es folgt dann die Behauptung. Dazu sei ein beliebiges $v \in V$ vorgegeben. Für alle $w \in V$ gilt:

$$\begin{aligned}(\psi(v) - \psi'(v)) \cdot w &= \psi(v) \cdot w - \psi'(v) \cdot w \\ &= v \cdot \varphi(w) - v \cdot \varphi(w) \\ &= 0\,.\end{aligned}$$

Somit steht der Vektor $(\psi(v) - \psi'(v))$ auf jedem $w \in V$ senkrecht, d. h., $(\psi(v) - \psi'(v)) \in V^\perp = \{\mathbf{0}\}$. Es folgt $\psi(v) - \psi'(v) = \mathbf{0}$. Da $v \in V$ beliebig war, gilt diese Gleichheit für alle $v \in V$, und somit ist $\psi - \psi'$ die Nullabbildung.

(b) Der zu φ adjungierte Endomorphismus φ^* existiere. Es gilt somit für alle $v,\, w \in V$

$$v \cdot \varphi(w) = \varphi^*(v) \cdot w\,.$$

Wir zeigen nun, dass für alle $v,\, w \in V$ gilt:

$$v \cdot \varphi^*(w) = \varphi(v) \cdot w\,. \quad (*)$$

Es ist dann $\varphi = \varphi^{**}$ gezeigt. Für alle $v,\, w \in V$ folgt mit der Tatsache, dass $\cdot$ hermitesch ist:

$$\begin{aligned}v \cdot \varphi^*(w) &= \overline{\varphi^*(w) \cdot v} \\ &= \overline{\overline{w \cdot \varphi(v)}} \\ &= \varphi(v) \cdot w\,.\end{aligned}$$

Damit ist die Gleichung in $(*)$ bewiesen. $\blacksquare$

Beispiel

- Es sei V der Vektorraum der stetigen komplexwertigen Funktionen auf dem abgeschlossenen Intervall $[a, b]$ mit dem unitären Skalarprodukt

$$\langle f, g \rangle = \int_a^b f(x)\,\overline{g(x)}\,\mathrm{d}x\,.$$

Für eine Funktion $h \in V$ definieren wir den Endomorphismus $\varphi_h : V \to V$ durch

$$\varphi_h : f \mapsto h\,f : \begin{cases} [a, b] &\to \quad \mathbb{C}, \\ x &\mapsto \quad h(x)\,f(x).\end{cases}$$

Es gilt dann für alle $f,\, g \in V$:

$$\begin{aligned}\langle f, \varphi_h(g) \rangle &= \int_a^b f(x)\,\overline{h(x)\,g(x)}\,\mathrm{d}x \\ &= \int_a^b \overline{h(x)}\,f(x)\overline{g(x)}\,\mathrm{d}x \\ &= \langle \varphi_{\overline{h}}(f), g \rangle\,.\end{aligned}$$

Damit ist der zu φ_h adjungierte Endomorphismus gleich $\varphi_{\overline{h}}$, d. h., $\varphi_h^* = \varphi_{\overline{h}}$.

- Es sei V der Vektorraum der auf dem Intervall $[-1, 1]$ stetigen reellwertigen Funktionen mit dem euklidischen Skalarprodukt $\langle f, g \rangle = \int_{-1}^1 f(x)\,g(x)\,\mathrm{d}x$.

Wir wählen den Punkt $0 \in [-1, 1]$ und erklären einen Endomorphismus φ_0 von V durch

$$\varphi_0 : f \mapsto f_0 : \begin{cases} [-1, 1] &\to \quad \mathbb{R}, \\ x &\mapsto \quad f(0).\end{cases}$$

Das Bild von f unter φ_0 ist also die konstante Funktion f_0, die jedem $x \in [-1, 1]$ die reelle Zahl $f(0)$ zuordnet. Wir zeigen nun, dass zu φ_0 keine adjungierte Abbildung existiert. Dazu berechnen wir zuerst $\langle f, \varphi_0(g) \rangle$ für $f,\, g \in V$:

$$\langle f, \varphi_0(g) \rangle = \int_{-1}^1 f(x)\,g(0)\,\mathrm{d}x = g(0) \int_{-1}^1 f(x)\,\mathrm{d}x\,.$$

Angenommen, die zu φ_0 adjungierte Abbildung φ_0^* existiert. Wir setzen $h = \varphi_0^*(f)$ und beachten nun, dass wegen $\langle f, \varphi_0(g) \rangle = \langle \varphi_0^*(f), g \rangle = \langle h, g \rangle$ für alle $g \in V$ gilt:

$$g(0) \int_{-1}^1 f(x)\,\mathrm{d}x = \int_{-1}^1 h(x)\,g(x)\,\mathrm{d}x\,.$$

Wäre nun aber $\int_{-1}^1 f(x)\,\mathrm{d}x \neq 0$, so erhielte man mit den bekannten Abschätzungen für bestimmte Integrale die für alle $g \in V$ gültige Ungleichung

$$g(0) \le M \int_{-1}^1 |g(x)|\,\mathrm{d}x \ \text{ für ein } \ M \in \mathbb{R}_{\ge 0}\,.$$

Aber natürlich gibt es eine auf $[-1, 1]$ stetige Funktion g mit $g(0) > M \int_{-1}^1 |g(x)|\,\mathrm{d}x$, etwa für $c > \max\{1, M\}$ die Funktion g, deren Graph in Abbildung 17.22 gezeigt ist.

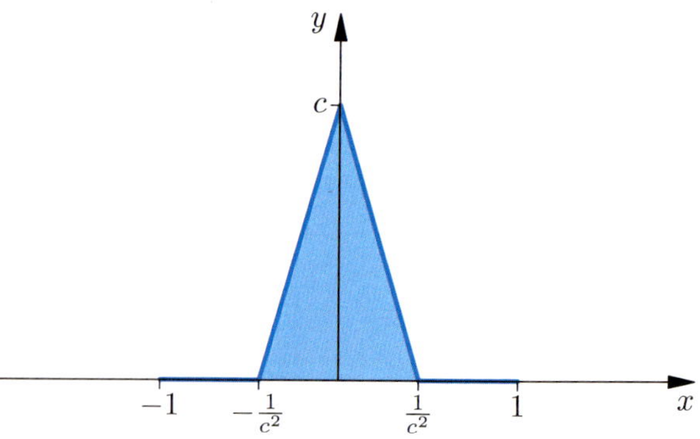

Abbildung 17.22 Das Integral dieser stetigen Funktion ist $\frac{1}{2}\,\frac{2}{c^2}\,c = \frac{1}{c}$

Dieser Widerspruch zeigt, dass $\int_{-1}^1 f(x)\,\mathrm{d}x = 0$ gilt. Aber auch diese Gleichheit ist sicher nicht für alle $f \in V$ erfüllt. Und dieser Widerspruch begründet nun, dass zu φ keine adjungierte Abbildung existieren kann.

- Es sei V der Vektorraum aller $2\,\pi$-periodischen, unendlich oft differenzierbaren komplexwertigen Funktionen auf $\mathbb{R}$. Dabei heißt eine Funktion $2\,\pi$-periodisch, falls

$$f(x + 2\,\pi) = f(x) \ \text{ für alle } \ x \in \mathbb{R}\,.$$

Wir versehen den Vektorraum V mit dem unitären Skalarprodukt

$$\langle f, g \rangle = \int_{-\pi}^{\pi} f(x)\,\overline{g(x)}\,\mathrm{d}x\,.$$

Nun betrachten wir den Endomorphismus $\varphi\colon V \to V$, $f \mapsto f'$. Mit partieller Integration gilt:

$$\begin{aligned}
\langle f, \varphi(g) \rangle &= \int_{-\pi}^{\pi} f(x)\,\overline{g'(x)}\,\mathrm{d}x \\
&= \underbrace{f(\pi)\,\overline{g(\pi)} - f(-\pi)\,\overline{g(-\pi)}}_{=0} \\
&\quad - \int_{-\pi}^{\pi} f'(x)\,\overline{g(x)}\,\mathrm{d}x \\
&= \langle -\varphi(f), g \rangle\,.
\end{aligned}$$

Somit gilt $\varphi^* = -\varphi$. ◄

Wir untersuchen nun die Standardvektorräume $\mathbb{R}^n$ und $\mathbb{C}^n$ mit den kanonischen Skalarprodukten. Jeder Endomorphismus $\varphi\colon \mathbb{K}^n \to \mathbb{K}^n$ hat die Form $\varphi = \varphi_A\colon \boldsymbol{v} \mapsto \boldsymbol{A}\,\boldsymbol{v}$ mit einer Matrix $\boldsymbol{A} \in \mathbb{K}^{n \times n}$. Wir können den Endomorphismus φ mit der Matrix $\boldsymbol{A}$ identifizieren. Wie sieht die Matrix des zu φ adjungierten Endomorphismus aus? Existiert der zu φ adjungierte Endomorphismus überhaupt? Die Antworten sind bestechend einfach:

Adjungierte von Matrizen

- Es sei $V = \mathbb{R}^n$ mit dem kanonischen euklidischen Skalarprodukt. Ist $\boldsymbol{A} \in \mathbb{R}^{n \times n}$, so gilt für den Endomorphismus $\varphi_A\colon \boldsymbol{v} \mapsto \boldsymbol{A}\,\boldsymbol{v}$:

$$\varphi_A^* = \varphi_{\boldsymbol{A}^\top}\,.$$

- Es sei $V = \mathbb{C}^n$ mit dem kanonischen unitären Skalarprodukt. Ist $\boldsymbol{A} \in \mathbb{C}^{n \times n}$, so gilt für den Endomorphismus $\varphi_A\colon \boldsymbol{v} \mapsto \boldsymbol{A}\,\boldsymbol{v}$:

$$\varphi_A^* = \varphi_{\overline{\boldsymbol{A}}^\top}\,.$$

Man nennt die Matrix $\overline{\boldsymbol{A}}^\top \in \mathbb{K}^{n \times n}$ die zu $\boldsymbol{A} \in \mathbb{K}^{n \times n}$ **adjungierte Matrix**.

Beweis: Für alle $\boldsymbol{v},\,\boldsymbol{w} \in \mathbb{R}^n$ gilt:

$$\boldsymbol{v} \cdot \varphi_A(\boldsymbol{w}) = \boldsymbol{v}^\top (\boldsymbol{A}\,\boldsymbol{w}) = (\boldsymbol{A}^\top \boldsymbol{v})^\top \boldsymbol{w} = \varphi_{\boldsymbol{A}^\top}(\boldsymbol{v}) \cdot \boldsymbol{w}\,.$$

Im komplexen Fall folgt die Aussage analog. ∎

Achtung: Man verwechsle nicht die *adjungierte* Matrix (siehe oben) mit der *adjunkten* Matrix (Seite 485).

Im Standardvektorraum $\mathbb{K}^n$ existiert somit zu jedem Endomorphismus φ der dazu adjungierte Endomorphismus φ^*. Ist $\boldsymbol{A}$ die Darstellungsmatrix von φ bezüglich der kanonischen Basis, so ist $\overline{\boldsymbol{A}}^\top$ diese von φ^*.

Ein Endomorphismus ist normal, wenn er mit seinem Adjungierten kommutiert

Nun kommen wir endlich zu der Definition *normaler* Endomorphismen.

Normale Endomorphismen und Matrizen

- Ein Endomorphismus φ eines euklidischen bzw. unitären Vektorraums V heißt **normal**, falls der adjungierte Endomorphismus φ^* existiert und

$$\varphi \circ \varphi^* = \varphi^* \circ \varphi$$

gilt.
- Eine Matrix $\boldsymbol{A} \in \mathbb{K}^{n \times n}$ heißt **normal**, falls

$$\overline{\boldsymbol{A}}^\top \boldsymbol{A} = \boldsymbol{A}\,\overline{\boldsymbol{A}}^\top$$

gilt.

Im Fall $\mathbb{K} = \mathbb{R}$ heißt eine quadratische Matrix also dann normal, wenn $\boldsymbol{A}^\top \boldsymbol{A} = \boldsymbol{A}\,\boldsymbol{A}^\top$ gilt. Wir listen zahlreiche Beispiele auf.

Beispiel

- Jede symmetrische Matrix $\boldsymbol{A} \in \mathbb{R}^{n \times n}$ ist normal; es gilt $\boldsymbol{A}^\top = \boldsymbol{A}$ und damit $\boldsymbol{A}^\top \boldsymbol{A} = \boldsymbol{A}\,\boldsymbol{A}^\top$.
- Jede hermitesche Matrix $\boldsymbol{A} \in \mathbb{C}^{n \times n}$ ist normal; es gilt $\overline{\boldsymbol{A}}^\top = \boldsymbol{A}$ und damit $\overline{\boldsymbol{A}}^\top \boldsymbol{A} = \boldsymbol{A}\,\overline{\boldsymbol{A}}^\top$.
- Jede schiefsymmetrische Matrix $\boldsymbol{A} \in \mathbb{R}^{n \times n}$ ist normal; es gilt $\boldsymbol{A}^\top = -\boldsymbol{A}$ und damit $\boldsymbol{A}^\top \boldsymbol{A} = \boldsymbol{A}\,\boldsymbol{A}^\top$.
- Jede *schiefhermitesche* Matrix $\boldsymbol{A} \in \mathbb{C}^{n \times n}$ ist normal. Dabei heißt eine Matrix $\boldsymbol{A} \in \mathbb{C}^{n \times n}$ **schiefhermitesch**, falls gilt $\overline{\boldsymbol{A}}^\top = -\boldsymbol{A}$. Für jede solche Matrix gilt $\boldsymbol{A}^\top \boldsymbol{A} = \boldsymbol{A}\,\boldsymbol{A}^\top$.
- Jede orthogonale Matrix $\boldsymbol{A} \in \mathbb{R}^{n \times n}$ ist normal; es gilt $\boldsymbol{A}^\top = \boldsymbol{A}^{-1}$ und damit $\boldsymbol{A}^\top \boldsymbol{A} = \boldsymbol{A}\,\boldsymbol{A}^\top$.
- Jede unitäre Matrix $\boldsymbol{A} \in \mathbb{C}^{n \times n}$ ist normal; es gilt $\overline{\boldsymbol{A}}^\top = \boldsymbol{A}^{-1}$ und damit $\overline{\boldsymbol{A}}^\top \boldsymbol{A} = \boldsymbol{A}\,\overline{\boldsymbol{A}}^\top$.
- Die Matrix $\boldsymbol{A} = \begin{pmatrix} 1 & 2 \\ 3 & 4 \end{pmatrix} \in \mathbb{R}^{2 \times 2}$ ist nicht normal. Es gilt:

$$\boldsymbol{A}\,\boldsymbol{A}^\top = \begin{pmatrix} 1 & 2 \\ 3 & 4 \end{pmatrix}\begin{pmatrix} 1 & 3 \\ 2 & 4 \end{pmatrix} = \begin{pmatrix} 5 & 11 \\ 11 & 25 \end{pmatrix}$$

$$\boldsymbol{A}^\top \boldsymbol{A} = \begin{pmatrix} 1 & 3 \\ 2 & 4 \end{pmatrix}\begin{pmatrix} 1 & 2 \\ 3 & 4 \end{pmatrix} = \begin{pmatrix} 10 & 14 \\ 14 & 20 \end{pmatrix}$$

- Jeder orthogonale bzw. unitäre Endomorphismus φ eines euklidischen bzw. unitären Vektorraums V ist normal. Denn es gilt für alle $\boldsymbol{v},\,\boldsymbol{w} \in V$:

$$\boldsymbol{v} \cdot \varphi(\boldsymbol{w}) = \varphi^{-1}(\boldsymbol{v}) \cdot \varphi^{-1}(\varphi(\boldsymbol{w})) = \varphi^{-1}(\boldsymbol{v}) \cdot \boldsymbol{w}\,.$$

Somit gilt $\varphi^* = \varphi^{-1}$. Beachte $\varphi^* \circ \varphi = \mathrm{id}_V = \varphi \circ \varphi^*$.
- Jeder selbstadjungierte Endomorphismus φ ist normal; es gilt $\varphi^* = \varphi$.
- Der Endomorphismus aus obigem Beispiel (das Differenzieren der 2π-periodischen Funktionen) ist normal; es gilt $\varphi^* = -\varphi$. ◄

Damit sind die normalen Endomorphismen eine gemeinsame Verallgemeinerung der orthogonalen bzw. unitären und selbstadjungierten Endomorphismen. Unitäre und selbstadjungierte Endomorphismen endlichdimensionaler $\mathbb{C}$-Vektorräume sind (orthogonal) diagonalisierbar, wie wir längst wissen. Und einer unserer Ziele ist es zu zeigen, dass unter den Endomorphismen endlichdimensionaler $\mathbb{C}$-Vektorräume gerade die normalen die (orthogonal) diagonalisierbaren sind. Das nächste Ergebnis ist der erste Schritt in diese Richtung.

Die Eigenräume normaler Endomorphismen sind senkrecht zueinander

Ist φ ein Endomorphismus eines $\mathbb{K}$-Vektorraums V, so bezeichneten wir den Eigenraum von φ zum Eigenwert $\lambda \in \mathbb{K}$ stets mit $\mathrm{Eig}_\varphi(\lambda)$. Wir verallgemeinern diese Bezeichnung etwas. Für jedes $\lambda \in \mathbb{K}$ setzen wir

$$E_\varphi(\lambda) = \{ v \in V \mid \varphi(v) = \lambda\, v \} \,.$$

Es gilt:

$$E_\varphi(\lambda) = \mathrm{Eig}_\varphi(\lambda) \,,$$

falls λ ein Eigenwert von φ ist. Ist λ hingegen kein Eigenwert von φ, so gilt $E_\varphi(\lambda) = \{\mathbf{0}\}$.

Lemma

Es sei φ ein normaler Endomorphismus eines euklidischen bzw. unitären Vektorraums V. Dann gilt für jedes $\lambda \in \mathbb{K}$:

$$E_\varphi(\lambda) = E_{\varphi^*}(\bar{\lambda}) \,.$$

Ist λ ein Eigenwert von φ, so heißt das, der Eigenraum von φ zum Eigenwert λ ist gleich dem Eigenraum der zu φ adjungierten Abbildung φ^* zum Eigenwert $\bar{\lambda}$.

Beweis: Es sei $v \in E_\varphi(\lambda)$. Wir zeigen vorab zwei Identitäten: Zum einen gilt:

$$\|\varphi^*(v)\|^2 = \varphi^*(v) \cdot \varphi^*(v) = v \cdot \varphi(\varphi^*(v))$$
$$= v \cdot \varphi^*(\varphi(v)) = v \cdot \varphi^*(\lambda\, v) = \bar{\lambda}\,(v \cdot \varphi^*(v)) \,,$$

und zum anderen gilt:

$$\varphi^*(v) \cdot v = v \cdot \varphi(v) = v \cdot (\lambda\, v) = \bar{\lambda}\, \|v\|^2 \,.$$

Mit diesen zwei Aussagen erhalten wir nun:

$$\|\varphi^*(v) - \bar{\lambda}\, v\|^2 = (\varphi^*(v) - \bar{\lambda}\, v) \cdot (\varphi^*(v) - \bar{\lambda}\, v)$$
$$= \|\varphi^*(v)\|^2 - \lambda\,(\varphi^*(v) \cdot v) - \bar{\lambda}\,(v \cdot \varphi^*(v)) + |\lambda|^2 \|v\|^2$$
$$= \bar{\lambda}\,(v \cdot \varphi^*(v)) - |\lambda|^2 \|v\|^2 - \bar{\lambda}\,(v \cdot \varphi^*(v)) + |\lambda|^2 \|v\|^2$$
$$= 0 \,.$$

Damit folgt $\varphi^*(v) - \bar{\lambda}\, v = \mathbf{0}$, d. h. $v \in E_{\varphi^*}(\bar{\lambda})$.

Gezeigt ist hiermit die Inklusion $E_\varphi(\lambda) \subseteq E_{\varphi^*}(\bar{\lambda})$. Die andere Inklusion erhalten wir nun ganz einfach: Wir wenden die obige Argumentation an auf φ^* und $\bar{\lambda}$ anstelle

von φ und λ. Wegen $\varphi^{**} = \varphi$ und $\bar{\bar{\lambda}} = \lambda$ gilt folglich $E_{\varphi^*}(\bar{\lambda}) \subseteq E_\varphi(\lambda)$. $\blacksquare$

Im Fall eines euklidischen Vektorraums, d. h., $\mathbb{K} = \mathbb{R}$, gilt somit für jedes $\lambda \in \mathbb{R}$ wegen $\lambda = \bar{\lambda}$:

$$E_\varphi(\lambda) = E_{\varphi^*}(\lambda) \,,$$

d. h., dass in diesem Fall insbesondere die Eigenräume zu den gleichen Eigenwerten von φ und φ^* gleich sind.

Mit dem eben gezeigten Lemma erhalten wir nun die Folgerung, dass die Eigenräume normaler Endomorphismen zu verschiedenen Eigenwerten senkrecht aufeinander stehen. Damit sind wir dem Ziel, nämlich, dass es bei normalen Endomorphismen endlich-dimensionaler Vektorräume eine Orthonormalbasis aus Eigenvektoren gibt, wieder etwas näher.

Folgerung

Es sei φ ein normaler Endomorphismus des euklidischen bzw. unitären Vektorraums V. Ist $L \subseteq V$ das Erzeugnis aller Eigenvektoren zu allen Eigenwerten von φ, so gilt:

(a) $E_\varphi(\lambda) \perp E_\varphi(\mu)$ für alle $\lambda,\, \mu \in \mathbb{K}$ mit $\lambda \neq \mu$.
(b) $\varphi(L^\perp) \subseteq L^\perp$, und $L^\perp$ enthält keine Eigenvektoren von φ.

Beweis: (a) Es seien $v \in E_\varphi(\lambda)$ und $w \in E_\varphi(\mu)$. Mit obigem Lemma folgt nun $w \in E_{\varphi^*}(\bar{\mu})$, also

$$(\lambda - \mu)\,(v \cdot w) = \lambda\,(v \cdot w) - \mu\,(v \cdot w)$$
$$= (\lambda\, v) \cdot w - v \cdot (\bar{\mu}\, w)$$
$$= \varphi(v) \cdot w - v \cdot \varphi^*(w)$$
$$= v \cdot \varphi^*(w) - v \cdot \varphi^*(w)$$
$$= 0 \,.$$

Für $\lambda \neq \mu$ folgt somit $v \perp w$. Das ist die Behauptung.

(b) Angenommen, es gibt einen Eigenvektor v von φ in $L^\perp$. Dann gilt $v \in L \cap L^\perp$. Wegen $L \cap L^\perp = \{\mathbf{0}\}$ folgt $v = \mathbf{0}$. Somit enthält $L^\perp$ keine Eigenvektoren von φ.

Es sei nun $v \in L^\perp$. Wir zeigen $\varphi(v) \in L^\perp$, d. h., $\varphi(v) \in E_\varphi(\lambda)^\perp$ für alle $\lambda \in \mathbb{K}$. Nach obigem Lemma gilt $E_\varphi(\lambda) = E_{\varphi^*}(\bar{\lambda})$ für jedes $\lambda \in \mathbb{K}$. Damit erhalten wir nun für ein $w \in E_\varphi(\lambda),\, \lambda \in \mathbb{K}$:

$$\varphi(v) \cdot w = v \cdot \varphi^*(w) = v \cdot (\bar{\lambda}\, w) = \lambda\,(v \cdot w) = 0 \,,$$

da $v \in L^\perp$ und $w \in L$. Damit ist auch die Behauptung in (b) begründet. $\blacksquare$

Nun haben wir alle Vorbereitungen getroffen, um das zentrale Ergebnis zu beweisen. Nach der Aussage (a) in obiger Folgerung erhält man mit der Vereinigung von Orthonormalbasen der Eigenräume eines normalen Endomorphismus ein Orthonormalsystem des Vektorraums V bestehend aus Eigenvektoren von V. Mit dem Orthonormierungsverfahren von Gram

Übersicht: Die verschiedenen Klassen von Matrizen

Wir listen wichtige Arten von im Allgemeinen komplexen Matrizen auf, erwähnen wesentliche Eigenschaften und geben jeweils ein typisches Beispiel einer 2×2-Matrix an.

- **Diagonalmatrix**: $A = \mathrm{diag}(\lambda_1, \ldots, \lambda_n)$, hat die Eigenwerte $\lambda_1, \ldots, \lambda_n$, ist genau dann invertierbar, wenn $\lambda_1, \ldots, \lambda_n \neq 0$:

$$A = \begin{pmatrix} 1 & 0 \\ 0 & 3 \end{pmatrix}$$

- **Obere bzw. untere Dreiecksmatrix**: Die Eigenwerte stehen auf der Hauptdiagonalen, ist zu einer Jordan-Matrix ähnlich, ist genau dann invertierbar, wenn alle Diagonaleinträge ungleich null sind:

$$A = \begin{pmatrix} 1 & 2 \\ 0 & 3 \end{pmatrix}$$

- **Reelle symmetrische Matrix**: $A^\top = A$, hat nur reelle Eigenwerte, ist diagonalisierbar, liefert eine symmetrische Bilinearform:

$$A = \begin{pmatrix} 1 & 2 \\ 2 & 3 \end{pmatrix}$$

- **Hermitesche Matrix**: $A^\top = \overline{A}$, hat nur reelle Eigenwerte, ist diagonalisierbar, liefert eine hermitesche Sesquilinearform:

$$A = \begin{pmatrix} 1 & -\mathrm{i} \\ \mathrm{i} & 3 \end{pmatrix}$$

- **Reelle schiefsymmetrische Matrix**: $A^\top = -A$, hat nur Nullen auf der Hauptdiagonalen, hat nur rein imaginäre Eigenwerte.

$$A - \begin{pmatrix} 0 & -1 \\ 1 & 0 \end{pmatrix}$$

- **Invertierbare Matrix**: $A\,A^{-1} = \mathbf{E}_n$, es gilt $\det A \neq 0$, hat höchstens Eigenwerte ungleich 0:

$$A = \begin{pmatrix} 1 & 0 \\ 2 & 3 \end{pmatrix}$$

- **Idempotente Matrix**: $A^2 = A$, stellt eine Projektion dar, hat höchstens die Eigenwerte 0 und 1, ist diagonalisierbar:

$$A = \begin{pmatrix} \frac{1}{2} & \frac{1}{2} \\ \frac{1}{2} & \frac{1}{2} \end{pmatrix}$$

- **Nilpotente Matrix**: $A^p = \mathbf{0}$ für ein $p \in \mathbb{N}$, hat den einzigen Eigenwert 0, ist zu einer Jordan-Matrix ähnlich:

$$A = \begin{pmatrix} -1 & 1 \\ -1 & 1 \end{pmatrix}$$

- **Orthogonale Matrix**: $A^\top = A^{-1}$, hat höchstens die Eigenwerte ± 1, ist invertierbar, ist von evtl. Drehkästchen auf der Diagonalen abgesehen diagonalisierbar, die Spalten und Zeilen der Matrix bilden Orthonormalbasen des $\mathbb{R}^n$:

$$A = \begin{pmatrix} -\frac{1}{\sqrt{2}} & \frac{1}{\sqrt{2}} \\ \frac{1}{\sqrt{2}} & \frac{1}{\sqrt{2}} \end{pmatrix}$$

- **Spezielle orthogonale Matrix**: eine orthogonale Matrix mit $\det A = 1$, stellt eine Drehung dar:

$$A = \begin{pmatrix} \frac{1}{\sqrt{2}} & -\frac{1}{\sqrt{2}} \\ \frac{1}{\sqrt{2}} & \frac{1}{\sqrt{2}} \end{pmatrix}$$

- **Unitäre Matrix**: $\overline{A}^\top = A^{-1}$, hat Eigenwerte vom Betrag 1, ist invertierbar, ist diagonalisierbar, die Spalten und Zeilen der Matrix bilden Orthonormalbasen des $\mathbb{C}^n$:

$$A = \begin{pmatrix} \frac{1}{\sqrt{2}} & \frac{1}{\sqrt{2}} \\ \frac{\mathrm{i}}{\sqrt{2}} & -\frac{\mathrm{i}}{\sqrt{2}} \end{pmatrix}$$

- **Positiv definite Matrix**: $v^\top A\, v > 0$ für alle $v \neq \mathbf{0}$, ist symmetrisch, hat nur positive Eigenwerte, ist invertierbar, liefert ein Skalarprodukt:

$$A = \begin{pmatrix} 1 & 2 \\ 2 & 5 \end{pmatrix}$$

- **Negativ definite Matrix**: $v^\top A\, v < 0$ für alle $v \neq \mathbf{0}$, ist symmetrisch, hat nur negative Eigenwerte, ist invertierbar:

$$A = \begin{pmatrix} -3 & 2 \\ 2 & -2 \end{pmatrix}$$

- **Indefinite Matrix**: Es gibt v, w mit $v^\top A\, v < 0$ und $w^\top A\, w > 0$, ist symmetrisch, hat einen negativen und positiven Eigenwert:

$$A = \begin{pmatrix} -1 & 2 \\ 2 & -2 \end{pmatrix}$$

- **Reelle normale Matrix**: $A^\top A = A\,A^\top$, ist von evtl. 2×2-Kästchen auf der Hauptdiagonalen abgesehen diagonalisierbar:

$$A = \begin{pmatrix} 1 & -1 \\ 1 & 1 \end{pmatrix}$$

- **Komplexe normale Matrix**: $\overline{A}^\top A = A\,\overline{A}^\top$, ist diagonalisierbar:

$$A = \begin{pmatrix} 1 & \mathrm{i} \\ -\mathrm{i} & 5 \end{pmatrix}$$

und Schmidt ist es möglich, in den Eigenräumen Orthonormalbasen zu erzeugen, solange die Dimensionen der Eigenräume höchstens abzählbar unendlich sind. Falls zudem noch $L^\perp = \{\mathbf{0}\}$ im Teil (b) gilt, so ist das Orthonormalsystem sogar eine Orthonormalbasis. Und nun kommt das Entscheidende: Ist V endlichdimensional, so sind diese zwei Dinge von selbst erfüllt.

Zu jedem normalen Endomorphismus eines unitären Vektorraums gibt es eine Orthonormalbasis aus Eigenvektoren

Wir wissen bereits, dass jeder unitäre und selbstadjungierte Endomorphismen φ eines endlichdimensionalen unitären Vektorraums V orthogonal diagonalisierbar ist, d. h, dass eine Orthonormalbasis B von V aus Eigenvektoren von φ existiert, bezüglich der die Darstellungsmatrix von φ eine Diagonalgestalt besitzt.

Unitäre und selbstadjungierte Endomorphismen sind normal. Wir erhalten somit das alte Resultat wieder in dem allgemeinen Satz:

Der Spektralsatz für unitäre Räume

Es sei φ ein normaler Endomorphismus des endlichdimensionalen unitären Vektorraums V. Dann besitzt V eine Orthonormalbasis, die aus Eigenvektoren von φ besteht. Insbesondere ist φ diagonalisierbar.

Beweis: Es sei L das Erzeugnis aller Eigenvektoren aller Eigenwerte von φ. Wir schränken den normalen Endomorphismus φ auf den Untervektorraum $L^\perp$ ein und erhalten wegen der Voraussetzung und dem Teil (b) aus obiger Folgerung:

$$\varphi|_{L^\perp} \in \mathrm{End}_{\mathbb{C}}(L^\perp) \quad \text{und} \quad \dim(L^\perp) < \infty \,.$$

Angenommen, $L^\perp \neq \{\mathbf{0}\}$. Da das charakteristische Polynom von $\varphi|_{L^\perp}$ über $\mathbb{C}$ zerfällt, hat $\varphi|_{L^\perp}$ Eigenwerte. Da nach der Aussage (b) der obigen Folgerung $\varphi|_{L^\perp}$ keine Eigenvektoren hat, erhalten wir einen Widerspruch. Somit gilt $L^\perp = \{\mathbf{0}\}$, d. h., $L = V$.

Sind $\lambda_1, \ldots, \lambda_r$ die verschiedenen Eigenwerte von φ, so gilt also:

$$V = \mathrm{Eig}_\varphi(\lambda_1) + \cdots + \mathrm{Eig}_\varphi(\lambda_r) \,.$$

Wegen dem Teil (a) der Folgerung stehen Eigenräume zu verschiedenen Eigenwerten senkrecht aufeinander. Weiterhin erhalten wir aus $\mathbf{v}_1 + \cdots + \mathbf{v}_r = \mathbf{0}$ mit $\mathbf{v}_i \in \mathrm{Eig}_\varphi(\lambda_i)$:

$$0 = \mathbf{0} \cdot \mathbf{v}_i = (\mathbf{v}_1 + \cdots + \mathbf{v}_r) \cdot \mathbf{v}_i = \|\mathbf{v}_i\|^2 \,,$$

d. h., dass $\mathbf{v}_1 = \cdots = \mathbf{v}_r = \mathbf{0}$ gilt. Wir haben begründet, dass V die direkte orthogonale Summe der Eigenräume ist, d. h.

$$V = \mathrm{Eig}_\varphi(\lambda_1) \oplus \cdots \oplus \mathrm{Eig}_\varphi(\lambda_r) \,.$$

Mit dem Gram-Schmidt'schen Orthonormierungsverfahren können wir in jedem der r Eigenräume $\mathrm{Eig}_\varphi(\lambda_i)$ eine Orthonormalbasis B_i konstruieren. Die Vereinigung

$$B = \bigcup_{i=1}^{r} B_i$$

dieser Orthonormalbasen $B_1, \ldots, B_r$ ist dann eine Orthonormalbasis von V. Die Elemente von B sind Eigenvektoren von φ. Damit ist alles begründet. $\blacksquare$

Wir übersetzen das erhaltene Ergebnis in das Matrizenkalkül und erhalten für eine komplexe quadratische Matrix A, dass A genau dann normal ist, wenn sie orthogonal diagonalisierbar ist, etwas genauer:

Der Spektralsatz für normale Matrizen

Es sei $A \in \mathbb{C}^{n \times n}$. Die Matrix A ist genau dann normal, wenn es eine unitäre Matrix $S \in \mathbb{C}^{n \times n}$, $S^{-1} = \overline{S}^\top$, gibt, sodass

$$D = S^{-1} A S$$

Diagonalgestalt hat.

Beweis: Ist die Matrix $A \in \mathbb{C}^{n \times n}$ normal, so folgt aus dem Spektralsatz für unitäre Räume, dass es eine geordnete Orthonormalbasis $B = (\mathbf{b}_1, \ldots, \mathbf{b}_n)$ des $\mathbb{C}^n$ aus Eigenvektoren des normalen Endomorphismus $\varphi_A \colon \mathbf{v} \mapsto A\mathbf{v}$ gibt. Die Matrix $S = (\mathbf{b}_1, \ldots, \mathbf{b}_n)$, deren Spalten gerade die Basisvektoren der Orthonormalbasis B bilden, ist dann unitär, d. h., $S^{-1} = \overline{S}^\top$, und erfüllt $D = S^{-1} A S$, wobei D eine Diagonalmatrix ist.

Nun existiere zu $A \in \mathbb{C}^{n \times n}$ eine unitäre Matrix S, d. h., $S^{-1} = \overline{S}^\top$, sodass $D = S^{-1} A S$ eine Diagonalmatrix ist. Es folgt:

$$A = S D S^{-1} = S D \overline{S}^\top \quad \text{und} \quad \overline{A}^\top = S \overline{D}\, \overline{S}^\top \,.$$

Hieraus erhalten wir:

$$A \,\overline{A}^\top = S D \overline{D}\, \overline{S}^\top = S \overline{D} D \,\overline{S}^\top = \overline{A}^\top A \,.$$

Folglich ist A normal. $\blacksquare$

Kommentar: In der linearen Algebra bezeichnet man die Menge aller Eigenwerte einer linearen Abbildung φ bzw. einer Matrix A als das **Spektrum** von φ bzw. A. In der Funktionalanalysis wird dieses *Spektrum* für lineare Operatoren unendlichdimensionaler Räume verallgemeinert.

Beim Spektralsatz für unitäre Räume bzw. für normale Matrizen ist es ganz wesentlich, dass der Grundkörper der Körper $\mathbb{C}$ der komplexen Zahlen ist. Über $\mathbb{C}$ zerfällt nämlich jedes Polynom in Linearfaktoren, sodass man sich um die allgemeine Voraussetzung zur Diagonalisierbarkeit, dass nämlich das charakteristische Polynom zerfallen muss, nicht den Kopf zerbrechen muss. Über $\mathbb{R}$ ist dies nicht gewährleistet. Und so wird man natürlich erwarten, dass man über $\mathbb{R}$ nicht jeden normalen Endomorphismus bzw. jede normale Matrix diagonalisieren kann. Wir untersuchen nun den reellen Fall genauer.

Zu jedem normalen Endomorphismus eines euklidischen Vektorraums gibt es eine Orthonormalbasis bezüglich der die Darstellungsmatrix eine Blockdiagonalmatrix ist

Wir haben bereits erwähnt, dass es zu orthogonalen und selbstadjungierten Endomorphismen φ eines endlichdimensionalen euklidischen Vektorraums V eine Orthonormalbasis gibt bezüglich der die Darstellungsmatrix von φ eine Blockdiagonalgestalt hat (Seiten 692 und 697). Im Fall eines selbstadjungierten Endomorphismus ist die Darstellungsmatrix sogar diagonal, im Fall eines orthogonalen Endomorphismus tauchen evtl. 2×2-Matrizen der Form $\left(\begin{smallmatrix} \cos\alpha & -\sin\alpha \\ \sin\alpha & \cos\alpha \end{smallmatrix}\right)$ auf.

Nun sind orthogonale und selbstadjungierte Endomorphismen insbesondere normal. Wir erhalten somit diese Resultate aus dem allgemeineren Satz für normale Endomorphismen:

Der Spektralsatz für euklidische Räume

Es sei φ ein normaler Endomorphismus des endlichdimensionalen euklidischen Vektorraums V. Dann besitzt V eine Orthonormalbasis B, sodass

$$
_{B}M(\varphi)_B = \begin{pmatrix}
\lambda_1 & & & & & & & \\
& \ddots & & & & & & \\
& & \lambda_r & & & & & \\
& & & \boxed{\begin{matrix} a_1 & -b_1 \\ b_1 & a_1 \end{matrix}} & & & \\
& & & & \ddots & & \\
& & & & & \boxed{\begin{matrix} a_s & -b_s \\ b_s & a_s \end{matrix}}
\end{pmatrix}
$$

mit $\lambda_1 \ldots, \lambda_r, a_1, \ldots, a_s, b_1, \ldots, b_s \in \mathbb{R}$, $b_1, \ldots, b_s \neq 0$. Im Fall $s = 0$ ist φ diagonalisierbar.

Zum Beweis dieses Satzes benötigen wir eine Hilfsaussage, die wir dem Beweis des Spektralsatzes voranstellen.

Lemma

Wir betrachten den Endomorphismus $\varphi_A \colon \mathbb{C}^n \to \mathbb{C}^n$, $v \mapsto A\,v$, wobei $A \in \mathbb{R}^{n \times n}$. Dann gilt für jedes $\lambda \in \mathbb{C}$:

(a) $E_{\varphi_A}(\bar{\lambda}) = \overline{E_{\varphi_A}(\lambda)} = \{\bar{v} \mid v \in E_{\varphi_A}(\lambda)\}$.

(b) Für $v \in E_{\varphi_A}(\lambda)$ seien $\mathrm{Re}\,(v)$, $\mathrm{Im}\,(v) \in \mathbb{R}^n$ der Real- und Imaginärteil von v. Dann gilt:

   (i) $\varphi_A(\mathrm{Re}\,(v)) = \mathrm{Re}\,(\lambda)\,\mathrm{Re}\,(v) - \mathrm{Im}\,(\lambda)\,\mathrm{Im}\,(v)$,

   (ii) $\varphi_A(\mathrm{Im}\,(v)) = \mathrm{Im}\,(\lambda)\,\mathrm{Re}\,(v) + \mathrm{Re}\,(\lambda)\,\mathrm{Im}\,(v)$.

Beweis: (a) Wir schreiben kürzer $\varphi = \varphi_A$. Ist $v \in E_\varphi(\lambda)$, so gilt:

$$
\varphi(\bar{v}) = A\,\bar{v} = \overline{A\,v} = \overline{\lambda\,v} = \bar{\lambda}\,\bar{v},
$$

d. h., dass $\bar{v} \in E_\varphi(\bar{\lambda})$, d. h., $\overline{E_\varphi(\lambda)} \subseteq E_\varphi(\bar{\lambda})$. Wendet man nun diese Argumentation auf $\bar{\lambda}$ anstelle von λ an, so erhält man die andere Inklusion $E_\varphi(\bar{\lambda}) \subseteq \overline{E_\varphi(\lambda)}$. Damit ist bereits (a) gezeigt.

(b) Es gilt:

$$
\mathrm{Re}\,(v) = \frac{1}{2}\,(v + \bar{v}), \quad \mathrm{Im}\,(v) = \frac{1}{2\mathrm{i}}\,(v - \bar{v}).
$$

Damit erhalten wir

$$
\mathrm{Re}\,(\lambda)\,\mathrm{Re}\,(v) - \mathrm{Im}\,(\lambda)\,\mathrm{Im}\,(v) =
$$
$$
= \frac{1}{4}\left((\lambda + \bar{\lambda})\,(v + \bar{v}) - \frac{1}{\mathrm{i}^2}(\lambda - \bar{\lambda})\,(v - \bar{v})\right)
$$
$$
= \frac{1}{4}(2\,\lambda\,v + 2\,\bar{\lambda}\,\bar{v})
$$
$$
= \frac{1}{2}\,(\varphi(v) + \varphi(\bar{v}))
$$
$$
= \varphi(\mathrm{Re}\,(v)).
$$

Damit ist (i) in (b) nachgewiesen, die Gleichung in (ii) zeigt man analog. $\blacksquare$

Mit diesem Lemma ist der Beweis des Spektralsatzes kurz.

Beweis: (des Spektralsatzes für euklidische Räume) Wir dürfen ohne Einschränkung annehmen, dass $V = \mathbb{R}^n$, $\cdot$ das kanonische Skalarprodukt und $\varphi = \varphi_A$ durch eine normale Matrix $A \in \mathbb{R}^{n \times n}$ gegeben ist. Nach dem Spektralsatz für normale Matrizen existiert eine Orthonormalbasis $\tilde{B}$ von $\mathbb{C}^n$ aus Eigenvektoren von A. Nach obigem Lemma kann $\tilde{B}$ als

$$
\tilde{B} = (v_1, \ldots, v_r, v_{r+1}, \overline{v_{r+1}}, \ldots, v_{r+s}, \overline{v_{r+s}})
$$

gewählt werden, wobei für $i \leq r$ der Vektor v_i ein Eigenvektor zum Eigenwert $\lambda_i \in \mathbb{R}$ sogar aus dem $\mathbb{R}^n$ gewählt werden kann, und für $j > r$ der Vektor v_j Eigenvektor zum Eigenwert $\lambda_j \in \mathbb{C} \setminus \mathbb{R}$ ist. Setze für jedes solche j nun

$$
u_j = \sqrt{2}\,\mathrm{Re}\,(v_j), \quad w_j = \sqrt{2}\,\mathrm{Im}\,(v_j) \in \mathbb{R}^n.
$$

Es gilt dann:

$$
u_j \cdot w_j = \left(\frac{\sqrt{2}}{2}\right)^2 (v_j + \overline{v_j})\,(v_j - \overline{v_j})
$$
$$
= \frac{1}{2}\,(\|v_j\|^2 - \|\overline{v_j}\|^2) = 0
$$

und

$$
\|u_j\|^2 = \left(\frac{\sqrt{2}}{2}\right)^2 (v_j + \overline{v_j})\,(v_j + \overline{v_j})
$$
$$
= \frac{1}{2}\,(1 + 1) = 1,
$$
$$
\|w_j\|^2 = 1.
$$

Für $k \neq j$ gilt weiterhin $\boldsymbol{w}_j \perp \boldsymbol{v}_k$. Somit ist

$$B = (\boldsymbol{v}_1, \ldots, \boldsymbol{v}_r, \boldsymbol{u}_{r+1}, \boldsymbol{w}_{r+1}, \ldots, \boldsymbol{u}_{r+s}, \boldsymbol{w}_{r+s}) \subseteq \mathbb{R}^n$$

eine Orthonormalbasis. Nach dem Teil (b) aus obigem Lemma gilt:

$$\boldsymbol{A}\,\boldsymbol{u}_j = \underbrace{\operatorname{Re}(\lambda_j)}_{=:a_{j-r}}\boldsymbol{u}_j - \underbrace{\operatorname{Im}(\lambda_j)}_{=:b_{j-r}}\boldsymbol{w}_j\,.$$

Es gilt weiterhin:

$$\boldsymbol{A}\,\boldsymbol{w}_j = -b_{j-r}\,\boldsymbol{u}_j + a_{j-r}\,\boldsymbol{w}_j\,.$$

Das zeigt, dass $_B\boldsymbol{M}(\varphi)_B$ die im Satz angegebene Gestalt hat. $\blacksquare$

Da jeder selbstadjungierte Endomorphismus insbesondere normal ist, können wir den Spektralsatz auf selbstadjungierte Endomorphismen endlichdimensionaler euklidischer Vektorräume anwenden. Diese Endomorphismen können wir weiterhin mit den symmetrischen Matrizen identifizieren, daher erhalten wir:

Der Spektralsatz für symmetrische Matrizen

Es sei $\boldsymbol{A} \in \mathbb{R}^{n\times n}$. Die Matrix $\boldsymbol{A}$ ist genau dann symmetrisch, wenn es eine orthogonale Matrix $\boldsymbol{S} \in \mathbb{R}^{n\times n}$, d. h. $\boldsymbol{S}^{-1} = \boldsymbol{S}^{\top}$, gibt, sodass

$$\boldsymbol{D} = \boldsymbol{S}^{-1}\boldsymbol{A}\,\boldsymbol{S}$$

Diagonalgestalt hat.

Beweis: Ist $\boldsymbol{A} \in \mathbb{R}^{n\times n}$ symmetrisch, so ist der Endomorphismus $\varphi_A \colon \boldsymbol{v} \mapsto \boldsymbol{A}\,\boldsymbol{v}$ selbstadjungiert und somit normal. Nach dem Spektralsatz für euklidische Räume gibt es eine Orthonormalbasis B des $\mathbb{R}^n$ aus Eigenvektoren von $\boldsymbol{A}$ mit der im Satz angegeben Form, $_B\boldsymbol{M}(\varphi_A)_B = \boldsymbol{S}^{-1}\boldsymbol{A}\,\boldsymbol{S}$, wobei die Spalten der orthogonalen Matrix $\boldsymbol{S}$ die Orthonormalbasis B bilden. Man beachte, dass die Darstellungsmatrix $_B\boldsymbol{M}(\varphi_A)_B = \boldsymbol{S}^{-1}\boldsymbol{A}\,\boldsymbol{S}$ wegen

$$(\boldsymbol{S}^{-1}\boldsymbol{A}\,\boldsymbol{S})^{\top} = \boldsymbol{S}^{\top}\boldsymbol{A}^{\top}(\boldsymbol{S}^{-1})^{\top} = \boldsymbol{S}^{-1}\boldsymbol{A}\,\boldsymbol{S}$$

symmetrisch ist. Daher kann es wegen $-b_i = b_i$, $b_i \neq 0$, keine 2×2-Kästchen auf der Diagonalen von $_B\boldsymbol{M}(\varphi_A)_B$ geben. Somit ist $_B\boldsymbol{M}(\varphi_A)_B$ eine Diagonalmatrix.

Nun existiere zu $\boldsymbol{A} \in \mathbb{R}^{n\times n}$ eine orthogonale Matrix $\boldsymbol{S}$, d. h., $\boldsymbol{S}^{-1} = \boldsymbol{S}^{\top}$, sodass $\boldsymbol{D} = \boldsymbol{S}^{-1}\boldsymbol{A}\,\boldsymbol{S}$ eine Diagonalmatrix ist. Es folgt:

$$\begin{aligned}
\boldsymbol{A} = \boldsymbol{S}\,\boldsymbol{D}\,\boldsymbol{S}^{-1} &= \boldsymbol{S}\,\boldsymbol{D}\,\boldsymbol{S}^{\top} \\
&= (\boldsymbol{S}\,\boldsymbol{D}^{\top}\boldsymbol{S}^{\top})^{\top} \\
&= (\boldsymbol{S}\,\boldsymbol{D}\,\boldsymbol{S}^{\top})^{\top} \\
&= \boldsymbol{A}^{\top}\,.
\end{aligned}$$

Folglich ist $\boldsymbol{A}$ symmetrisch. $\blacksquare$

Die Normalform eines orthogonalen Endomorphismus ist von Drehkästchen abgesehen eine Diagonalmatrix

Nun ist es nicht mehr schwer, das bereits früher zitierte Ergebnis zu beweisen:

Die Normalform orthogonaler Endomorphismen

Ist φ ein orthogonaler Endomorphismus eines endlichdimensionalen euklidischen Vektorraums V, so gibt es eine Orthonormalbasis B von V mit

$$_B\boldsymbol{M}(\varphi)_B = \begin{pmatrix} 1 & & & & & & & \\ & \ddots & & & & & & \\ & & 1 & & & & & \\ & & & -1 & & & & \\ & & & & \ddots & & & \\ & & & & & -1 & & \\ & & & & & & \boldsymbol{A}_1 & \\ & & & & & & & \ddots & \\ & & & & & & & & \boldsymbol{A}_k \end{pmatrix}$$

wobei jedes $\boldsymbol{A}_i$ für $i = 1, \ldots, k$ eine 2×2-Drehmatrix ist, also $\boldsymbol{A}_i = \begin{pmatrix} \cos\alpha_i & -\sin\alpha_i \\ \sin\alpha_i & \cos\alpha_i \end{pmatrix}$ mit $\alpha_i \in {]}0,\,2\pi{[}\setminus\{\pi\}$.

Beweis: Laut dem Spektralsatz für euklidische Räume besitzt V eine Orthonormalbasis B, sodass

$$_B\boldsymbol{M}(\varphi)_B = \begin{pmatrix} \lambda_1 & & & & & & \\ & \ddots & & & & & \\ & & \lambda_r & & & & \\ & & & \boxed{\begin{matrix} a_1 & -b_1 \\ b_1 & a_1 \end{matrix}} & & & \\ & & & & \ddots & & \\ & & & & & \boxed{\begin{matrix} a_s & -b_s \\ b_s & a_s \end{matrix}} \end{pmatrix}$$

mit $\lambda_1, \ldots, \lambda_r,\, a_1, \ldots, a_s,\, b_1, \ldots, b_s \in \mathbb{R}$, $b_1, \ldots, b_s \neq 0$.

Da B eine Orthonormalbasis ist, ist die Matrix $_B\boldsymbol{M}(\varphi)_B$ orthogonal. Damit gilt $\lambda_i^2 = 1$, sodass $\lambda_i = \pm 1$ für alle $i = 1, \ldots, r$. Und für die Kästchen $\begin{pmatrix} a_i & -b_i \\ b_i & a_i \end{pmatrix}$ gilt $a_i^2 + b_i^2 = 1$ für alle $i = 1, \ldots, s$. Somit gibt es zu jedem solchen Kästchen ein $\alpha_i \in {]}0,\,2\pi{[}\setminus\{\pi\}$ mit $a_i = \cos\alpha_i$ und $b_i = \sin\alpha_i$, d. h.

$$\begin{pmatrix} a_i & -b_i \\ b_i & a_i \end{pmatrix} = \begin{pmatrix} \cos\alpha_i & -\sin\alpha_i \\ \sin\alpha_i & \cos\alpha_i \end{pmatrix}$$

für jedes solche i. Damit hat $_B\boldsymbol{M}(\varphi)_B$ die gewünschte Form. $\blacksquare$

Übersicht: reell versus komplex

Wir stellen wesentliche Begriffe für den reellen und den komplexen Fall eines Vektorraums mit einem Skalarprodukt gegenüber – dabei geben wir auch die Normalformen der Endomorphismen endlichdimensionaler Vektorräume bzw. Matrizen an.

reell	komplex
euklidisches Skalarprodukt	unitäres Skalarprodukt
symmetrische Matrix, $A = A^\top$, diagonalisierbar	hermitesche Matrix, $A = \overline{A}^\top$, diagonalisierbar
orthogonale Matrix, $A^{-1} = A^\top$, im Allgemeinen nicht diagonalisierbar, evtl. Drehkästchen auf der Diagonalen	unitäre Matrix, $A^{-1} = \overline{A}^\top$, diagonalisierbar
selbstadjungierter Endomorphismus, $\varphi = \varphi^*$, diagonalisierbar	selbstadjungierter Endomorphismus, $\varphi = \varphi^*$, diagonalisierbar
normale Matrix, $A^\top A = A\,A^\top$, im Allgemeinen nicht diagonalisierbar, evtl. schiefsymmetrische Kästchen auf der Diagonalen	normale Matrix, $\overline{A}^\top A = A\,\overline{A}^\top$, diagonalisierbar
normaler Endomorphismus, $\varphi^*\varphi = \varphi\,\varphi^*$, im Allgemeinen nicht diagonalisierbar	normaler Endomorphismus, $\varphi^*\varphi = \varphi\,\varphi^*$, diagonalisierbar

Zusammenfassung

Im Folgenden bezeichne $\mathbb{K}$ einen der Körper $\mathbb{R}$ oder $\mathbb{C}$. Bei einem Skalarprodukt eines $\mathbb{K}$-Vektorraums V werden Vektoren verknüpft, und als Ergebnis erhält man einen Skalar aus $\mathbb{K}$, genauer:

Definition von Skalarprodukt

Ist V ein $\mathbb{K}$-Vektorraum, so heißt eine Abbildung

$$\cdot : \begin{cases} V \times V & \to \quad \mathbb{K}, \\ (v,\, w) & \mapsto \quad v \cdot w \end{cases}$$

ein Skalarprodukt, wenn für alle $v,\, v',\, w \in V$ und $\lambda \in \mathbb{K}$ die folgenden Eigenschaften erfüllt sind:

(i) $(v+v') \cdot w = v \cdot w + v' \cdot w$ und $(\lambda\, v) \cdot w = \lambda\,(v \cdot w)$,

(ii) $v \cdot w = \overline{w \cdot v}$,

(iii) $v \cdot v \geq 0$ und $v \cdot v = 0 \Leftrightarrow v = \mathbf{0}$.

Im Fall $\mathbb{K} = \mathbb{R}$ nennt man das Skalarprodukt euklidisch und V einen euklidischen Vektorraum, im Fall $\mathbb{K} = \mathbb{C}$ nennt man $\cdot$ unitär und V einen unitären Vektorraum. Das bekannteste Beispiel ist das kanonische Skalarprodukt: Für jede natürliche Zahl n ist im Vektorraum $\mathbb{K}^n$ das Produkt

$$v \cdot w = v^\top \overline{w}$$

ein Skalarprodukt. Weitere Beispiele erhält man mit positiv definiten Matrizen. Dabei nennt man eine $n \times n$-Matrix A mit $\overline{A}^\top = A$ positiv definit, wenn für alle $v \in \mathbb{K}^n$

$$v^\top A\,\overline{v} \geq 0 \quad \text{und} \quad v^\top A\,\overline{v} = 0 \ \Leftrightarrow \ v = \mathbf{0}$$

gilt. Ist $A \in \mathbb{K}^{n \times n}$ positiv definit, so wird durch

$$v \cdot w = v^\top A\,\overline{w}$$

ein Skalarprodukt auf dem $\mathbb{K}^n$ erklärt. Ist umgekehrt $\cdot$ ein Skalarprodukt eines endlich-dimensionalen Vektorraums V mit der Basis $B = (b_1,\, \dots,\, b_n)$, so ist die sogenannte Darstellungsmatrix des Skalarprodukts

$$M_B(\cdot) = (b_i \cdot b_j)_{i,j} = \begin{pmatrix} b_1 \cdot b_1 & \cdots & b_1 \cdot b_n \\ \vdots & & \vdots \\ b_n \cdot b_1 & \cdots & b_n \cdot b_n \end{pmatrix} \in \mathbb{K}^{n \times n}$$

positiv definit. Ist C eine weitere Basis von V, so sind die Matrizen M_B und M_C zueinander kongruent, d. h., es existiert eine invertierbare Matrix $S \in \mathbb{K}^{n \times n}$ mit

$$\overline{S}^\top M_B S = M_C\,.$$

Vor allem für die Anwendungen ist das folgende Beispiel eines Skalarprodukts wichtig. Für reelle Zahlen $a < b$ bezeichne C den Vektorraum aller auf $[a, b]$ stetigen Funktionen mit Werten in $\mathbb{K}$. Setzt man für $f, g \in C$

$$\langle f, g \rangle = \int_a^b f(t)\,\overline{g(t)}\,\mathrm{d}t \,,$$

so ist $\langle\,,\,\rangle$ ein Skalarprodukt.

Durch das Skalarprodukt kann man Vektoren $v \in V$ eine Länge und je zwei Vektoren $v, w \in V$ einen Abstand und im Fall $\mathbb{K} = \mathbb{R}$ einen dazwischenliegenden Winkel zuordnen. Diese Begriffe stimmen natürlich im Fall $\mathbb{K} = \mathbb{R}$ und $V = \mathbb{R}^2$ oder $V = \mathbb{R}^3$ mit den kanonischen Skalarprodukten mit den anschaulichen Begriffen von Länge, Abständen und Winkel überein. Für die Definition der Norm bzw. der Länge

$$\|v\| = \sqrt{v \cdot v}$$

eines Vektors v ist wesentlich, dass das Skalarprodukt positiv definit ist. Mithilfe dieser Norm erklärt man den Abstand zwischen Vektoren v und w als die nichtnegative reelle Zahl

$$d(v, w) = \|v - w\| = \|w - v\| \,.$$

Um nun auch Winkel zwischen Vektoren einführen zu können, benötigen wir die Cauchy-Schwarz'sche Ungleichung: Für alle v und w aus V gilt

$$|v \cdot w| \le \|v\|\,\|w\| \,,$$

wobei Gleichheit genau dann gilt, wenn v und w linear abhängig sind.

Diese Cauchy-Schwarz'sche Ungleichung spielt nicht nur in der linearen Algebra eine entscheidende Rolle, wir werden im Kapitel 19 zu den Funktionenräumen darauf zurückgreifen. In der linearen Algebra findet die Ungleichung für zweierlei Dinge eine Verwendung, zum einen kann man mit ihr die sogenannte Dreiecksungleichung

$$\|v + w\| \le \|v\| + \|w\|$$

für alle v und w eines Vektorraums V mit Skalarprodukt begründen, zum anderen benutzt man sie wegen

$$-1 \le \frac{v \cdot w}{\|v\|\,\|w\|} \le 1$$

zur Definition des Winkels $\alpha \in [0, \pi]$ im Fall $\mathbb{K} = \mathbb{R}$ zwischen je zwei vom Nullvektor verschiedenen Vektoren durch

$$\alpha = \arccos \frac{v \cdot w}{\|v\|\,\|w\|} \,.$$

Daher ist es auch sinnvoll zu sagen, zwei Vektoren v und w in V sind orthogonal zueinander, wenn das Skalarprodukt $v \cdot w$ den Wert null ergibt. Für zueinander orthogonale Vektoren kann man zeigen:

Orthogonale Vektoren sind linear unabhängig

Jede Menge von Vektoren $\neq \mathbf{0}$ in V, die paarweise orthogonal zueinander sind, ist linear unabhängig.

Damit stellt sich gleich die Frage nach Orthonormalbasen in solchen Vektorräumen, also nach Basen, bei denen je zwei verschiedenen Elemente orthogonal zueinander sind und jedes Element die Länge 1 hat. Mithilfe des Gram-Schmidt'sche Orthonormierungsverfahren kann zu jeder endlichen linear unabhängigen Menge $X = \{a_1, \ldots, a_n\}$ von Vektoren von V eine Orthonormalbasis $B = \{b_1, \ldots, b_n\}$ angeben werden, die denselben Vektorraum erzeugt, d. h. $\langle X \rangle = \langle B \rangle$, damit erhält man:

Existenz von Orthonormalbasen

Jeder höchstens abzählbardimensionale euklidische Vektorraum besitzt eine Orthonormalbasis.

Von den strukturerhaltenden Abbildungen von Vektorräumen mit einem Skalarprodukt haben wir drei Arten genauer untersucht: Die orthogonalen bzw. unitären Endomorphismen, die selbstadjungierten Endomorphismen und die normalen Endomorphismen. Dabei sind die ersten zwei Arten spezielle normale Endomorphismen.

Orthogonale und unitäre Endomorphismen

Einen Endomorphismus φ von V mit der Eigenschaft

$$v \cdot w = \varphi(v) \cdot \varphi(w) \text{ für alle } v, w \in V$$

nennt man im Fall $\mathbb{K} = \mathbb{R}$ einen orthogonalen Endomorphismus und im Fall $\mathbb{K} = \mathbb{C}$ einen unitären Endomorphismus.

Diese Art von Endomorphismen zeichnet sich dadurch aus, dass sie die Länge der Vektoren erhält, d. h., für alle $v \in V$ gilt:

$$\|v\| = \|\varphi(v)\| \,.$$

Orthogonale bzw. unitäre Endomorphismen sind nicht nur längenerhaltend, sie erhalten auch die Orthogonalität zwischen vom Nullvektor verschiedenen Vektoren.

Die wichtigsten Beispiele orthogonaler Endomorphismen des $\mathbb{R}^n$ sind Spiegelungen. Diese sind nämlich die Bausteine, aus denen die orthogonalen Endomorphismen aufgebaut sind: Jeder orthogonale Endomorphismus φ des $\mathbb{R}^n$ ist nämlich ein Produkt von höchstens n Spiegelungen.

Orthogonale bzw. unitäre Endomorphismen hängen eng mit orthogonalen bzw. unitären Matrizen zusammen. Dabei nennt man eine Matrix $A \in \mathbb{R}^{n \times n}$ orthogonal, falls $A^\top A = \mathbf{E}_n$ gilt, und eine Matrix $A \in \mathbb{C}^{n \times n}$ heißt unitär, falls $\overline{A}^\top A = \mathbf{E}_n$ gilt. Damit bilden die Spalten und Zeilen einer orthogonalen bzw. unitären Matrix eine Orthonormalbasen des $\mathbb{R}^n$ bzw. $\mathbb{C}^n$. Der angesprochene Zusammenhang zwischen den Endomorphismen und den Matrizen beschreibt der Satz:

Darstellungsmatrizen orthogonaler bzw. unitärer Endomorphismen

Die Darstellungsmatrix eines Endomorphismus eines endlichdimensionalen euklidischen bzw. unitären Vektorraums bezüglich einer Orthonormalbasis ist genau dann orthogonal bzw. unitär, wenn der Endomorphismus orthogonal bzw. unitär ist.

Wir beschäftigen uns mit der Diagonalisierbarkeit orthogonaler und unitärer Endomorphismen. Dabei kann man für die Eigenwerte λ solcher Endomorphismen wegen ihrer längenerhaltenden Eigenschaft zeigen, dass $|\lambda| = 1$ gilt. Und die Eigenvektoren zu verschiedenen Eigenwerten stehen senkrecht aufeinander. Im Fall $\mathbb{K} = \mathbb{C}$ zerfällt zudem das charakteristische Polynom in Linearfaktoren. Und tatsächlich gilt in diesem Fall:

Unitäre Endomorphismen sind diagonalisierbar

Ist φ ein unitärer Endomorphismus eines endlichdimensionalen unitären Vektorraums V mit den Eigenwerten $\lambda_1, \ldots, \lambda_n$, so existiert eine Orthonormalbasis B von V aus Eigenvektoren von φ, d. h.

$$ {}_B M(\varphi)_B = \begin{pmatrix} \lambda_1 & & 0 \\ & \ddots & \\ 0 & & \lambda_n \end{pmatrix} $$

Im euklidischen Fall, d. h. $\mathbb{K} = \mathbb{R}$, ist die Situation etwas verzwickter, hier gilt:

Die Normalform orthogonaler Endomorphismen

Ist φ ein orthogonaler Endomorphismus eines endlichdimensionalen euklidischen Vektorraums V, so gibt es eine Orthonormalbasis B von V mit

$$ {}_B M(\varphi)_B = \begin{pmatrix} 1 & & & & & & & & \\ & \ddots & & & & & & & \\ & & 1 & & & & & & \\ & & & -1 & & & & & \\ & & & & \ddots & & & & \\ & & & & & -1 & & & \\ & & & & & & A_1 & & \\ & & & & & & & \ddots & \\ & & & & & & & & A_k \end{pmatrix} $$

wobei jedes A_i für $i = 1, \ldots, k$ eine 2×2-Drehmatrix ist, also $A_i = \begin{pmatrix} \cos \alpha_i & -\sin \alpha_i \\ \sin \alpha_i & \cos \alpha_i \end{pmatrix}$ mit $\alpha_i \in {]0, 2\pi[} \setminus \{\pi\}$.

Wir kommen nun zu den selbstadjungierten Endomorphismen:

Selbstadjungierter Endomorphismus

Man nennt einen Endomorphismus φ von V selbstadjungiert, wenn für alle $v, w \in V$ gilt:

$$ \varphi(v) \cdot w = v \cdot \varphi(w) . $$

Es gibt einen engen Zusammenhang selbstadjungierter Endomorphismen mit reellen symmetrischen bzw. hermiteschen Matrizen, dabei nennt man eine Matrix $A \in \mathbb{R}^{n \times n}$ symmetrisch, wenn $A^\top = A$ gilt, und eine Matrix $A \in \mathbb{C}^{n \times n}$ heißt hermitesch, wenn $\overline{A}^\top = A$ gilt. Der angesprochene Zusammenhang lautet:

Darstellungsmatrizen selbstadjungierter Endomorphismen

Ist φ ein selbstadjungierter Endomorphismus eines endlich-dimensionalen $\mathbb{K}$-Vektorraums V mit einer geordneten Orthonormalbasis B, so ist die Darstellungsmatrix $A = {}_B M(\varphi)_B$ im Fall $\mathbb{K} = \mathbb{R}$ symmetrisch und im Fall $\mathbb{K} = \mathbb{C}$ hermitesch.

Natürlich untersuchen wir wieder die Frage nach der Diagonalisierbarkeit. Dazu stellt man fest, dass das charakteristische Polynom selbstadjungierter Endomorphismen stets in Linearfaktoren zerfällt, dass die Eigenwerte stets reell sind, und Eigenvektoren zu verschiedenen Eigenwerten zueinander orthogonal sind. Tatsächlich kann man per Induktion zeigen:

Diagonalisierbarkeit selbstadjungierter Endomorphismen

Ist φ ein selbstadjungierter Endomorphismus eines n-dimensionalen Vektorraums V mit den (reellen) Eigenwerten $\lambda_1, \ldots, \lambda_n$, so existiert eine Orthonormalbasis B von V aus Eigenvektoren von φ mit

$$ {}_B M(\varphi)_B = \begin{pmatrix} \lambda_1 & & 0 \\ & \ddots & \\ 0 & & \lambda_n \end{pmatrix} $$

Schließlich wenden wir uns den normalen Endomorphismen zu, dazu muss man erst den Begriff der adjungierten Abbildung erklären: Falls es zu einem Endomorphismus φ einen Endomorphismen φ^* gibt mit

$$ v \cdot \varphi(w) = \varphi^*(v) \cdot w $$

für alle $v, w \in V$, so ist dieser eindeutig bestimmt; man nennt ihn dann den zu φ adjungierten Endomorphismus. Und man nennt φ normal, falls es zu φ einen adjungierten Endomorphismus φ^* gibt und φ mit φ^* vertauschbar ist, d. h., wenn gilt

$$\varphi \circ \varphi^* = \varphi^* \circ \varphi.$$

Selbstadjungierte, orthogonale und unitäre Endomorphismen sind Beispiele normaler Endomorphismen. Das wichtigste Ergebnis ist: Zu einem normalen Endomorphismus φ eines komplexen Vektorraums existiert stets eine Orthonormalbasis aus Eigenvektoren von φ:

> **Der Spektralsatz für unitäre Räume**
>
> Es sei φ ein normaler Endomorphismus des endlichdimensionalen unitären Vektorraums V. Dann besitzt V eine Orthonormalbasis, die aus Eigenvektoren von φ besteht. Insbesondere ist φ diagonalisierbar.

Ist der Vektorraum hingegen reell, so lässt sich φ zwar im Allgemeinen nicht diagonalisieren, aber man erhält immerhin:

> **Der Spektralsatz für euklidische Räume**
>
> Es sei φ ein normaler Endomorphismus des endlichdimensionalen euklidischen Vektorraums V. Dann besitzt V eine Orthonormalbasis B, sodass
>
> $$_B M(\varphi)_B = \begin{pmatrix} \lambda_1 & & & & & & \\ & \ddots & & & & & \\ & & \lambda_r & & & & \\ & & & \begin{matrix} a_1 & -b_1 \\ b_1 & a_1 \end{matrix} & & & \\ & & & & \ddots & & \\ & & & & & \begin{matrix} a_s & -b_s \\ b_s & a_s \end{matrix} \end{pmatrix}$$
>
> mit $\lambda_1, \ldots, \lambda_r, a_1, \ldots, a_s, b_1, \ldots, b_s \in \mathbb{R}$, $b_1, \ldots,$ $b_s \neq 0$. Im Fall $s = 0$ ist φ diagonalisierbar.

Aufgaben

Die Aufgaben gliedern sich in drei Kategorien: Anhand der *Verständnisfragen* können Sie prüfen, ob Sie die Begriffe und zentralen Aussagen verstanden haben, mit den *Rechenaufgaben* üben Sie Ihre technischen Fertigkeiten und die *Beweisaufgaben* geben Ihnen Gelegenheit, zu lernen, wie man Beweise findet und führt.

Ein Punktesystem unterscheidet leichte Aufgaben •, mittelschwere •• und anspruchsvolle ••• Aufgaben. Lösungshinweise am Ende des Buches helfen Ihnen, falls Sie bei einer Aufgabe partout nicht weiterkommen. Dort finden Sie auch die Lösungen – betrügen Sie sich aber nicht selbst und schlagen Sie erst nach, wenn Sie selber zu einer Lösung gekommen sind. Ausführliche Lösungswege stehen auf der Website des Verlags zur Verfügung.

Viel Spaß und Erfolg bei den Aufgaben!

Verständnisfragen

17.1 • Sind die folgenden Produkte Skalarprodukte?

$$\cdot : \begin{cases} \mathbb{R}^2 \times \mathbb{R}^2 & \to \quad \mathbb{R}, \\ \left(\begin{pmatrix} v_1 \\ v_2 \end{pmatrix}, \begin{pmatrix} w_1 \\ w_2 \end{pmatrix} \right) & \mapsto v_1 - w_1. \end{cases},$$

$$\cdot : \begin{cases} \mathbb{R}^2 \times \mathbb{R}^2 & \to \qquad \mathbb{R}, \\ \left(\begin{pmatrix} v_1 \\ v_2 \end{pmatrix}, \begin{pmatrix} w_1 \\ w_2 \end{pmatrix} \right) & \mapsto 3\, v_1 w_1 + v_1 w_2 + v_2 w_1 + v_2 w_2. \end{cases}$$

17.2 • Sind $\cdot$ und $\circ$ zwei Skalarprodukte des $\mathbb{R}^n$, so ist jede Orthogonalbasis bezüglich $\cdot$ auch eine Orthogonalbasis bezüglich $\circ$ – stimmt das?

17.3 • Wieso ist für jede beliebige Matrix $A \in \mathbb{C}^{n \times n}$ die Matrix $B = A\, \overline{A}^\top$ hermitesch?

17.4 •• Für welche $a,\, b \in \mathbb{C}$ ist

$$\cdot : \begin{cases} \mathbb{C}^2 \times \mathbb{C}^2 & \to \qquad \mathbb{C}, \\ \left(\begin{pmatrix} v_1 \\ v_2 \end{pmatrix}, \begin{pmatrix} w_1 \\ w_2 \end{pmatrix} \right) & \mapsto \begin{matrix} \overline{v}_1 w_1 + a\, \overline{v}_1 w_2 \\ -2\overline{v}_2 w_1 + b\, \overline{v}_2 w_2 \end{matrix} \end{cases}$$

hermitesch?
Für welche $a,\, b \in \mathbb{C}$ ist f außerdem positiv definit?

Rechenaufgaben

17.5 •• Gegeben ist die reelle, symmetrische Matrix

$$A = \begin{pmatrix} 10 & 8 & 8 \\ 8 & 10 & 8 \\ 8 & 8 & 10 \end{pmatrix}$$

Bestimmen Sie eine orthogonale Matrix $S \in \mathbb{R}^{3 \times 3}$, sodass $D = S^{-1} A\, S$ eine Diagonalmatrix ist.

17.6 •• Auf dem $\mathbb{R}$-Vektorraum $V = \{ f \in \mathbb{R}[X] \mid \deg(f) \leq 3 \} \subseteq \mathbb{R}[X]$ der Polynome vom Grad kleiner oder gleich 3 ist das Skalarprodukt $\cdot$ durch

$$\langle f, g \rangle = \int_{-1}^{1} f(t)\, g(t)\, \mathrm{d}t$$

für $f,\, g \in V$ gegeben.
(a) Bestimmen Sie eine Orthonormalbasis von V bezüglich $\langle \,,\, \rangle$.
(b) Man berechne in V den Abstand von $f = X + 1$ zu $g = X^2 - 1$.

17.7 •• Bestimmen Sie alle normierten Vektoren des $\mathbb{C}^3$, die zu $\boldsymbol{v}_1 = \begin{pmatrix} 1 \\ \mathrm{i} \\ 0 \end{pmatrix}$ und $\boldsymbol{v}_2 = \begin{pmatrix} 0 \\ \mathrm{i} \\ -\mathrm{i} \end{pmatrix}$ bezüglich des kanonischen Skalarprodukts senkrecht stehen.

17.8 • Berechnen Sie den minimalen Abstand des Punktes $\boldsymbol{v} = \begin{pmatrix} 3 \\ 1 \\ -1 \end{pmatrix}$ zu der Ebene $\langle \begin{pmatrix} 1 \\ 1 \\ 1 \end{pmatrix}, \begin{pmatrix} -1 \\ -1 \\ 1 \end{pmatrix} \rangle$.

17.9 •• Im Laufe von zehn Stunden wurde alle zwei Stunden, also zu den Zeiten $t_1 = 0$, $t_2 = 2$, $t_3 = 4$, $t_4 = 6$, $t_5 = 8$ und $t_6 = 10$ in Stunden, die Höhe $h_1, \ldots, h_6$ des Wasserstandes der Nordsee in Metern ermittelt. Damit haben wir sechs Paare (t_i, h_i) für den Wasserstand der Nordsee zu bestimmten Zeiten vorliegen:

$$(0, 1.0), \ (2, 1.5), \ (4, 1.3), \ (6, 0.6), \ (8, 0.4), \ (10, 0.8).$$

Man ermittle eine Funktion, welche diese Messwerte möglichst gut approximiert.

17.10 • Laut Merkbox auf Seite 691 ist eine (reelle) Drehmatrix $\boldsymbol{D}_\alpha$ für $\alpha \in \,]0, 2\pi[\,\backslash\{\pi\}$ nicht diagonalisierbar. Nun kann man jede solche (orthogonale) Matrix $\boldsymbol{D}_\alpha \in \mathbb{R}^{2\times 2}$ auch als unitäre Matrix $\boldsymbol{D}_\alpha \in \mathbb{C}^{2\times 2}$ auffassen. Ist sie dann diagonalisierbar?

17.11 •• Gegeben ist eine elastische Membran im $\mathbb{R}^2$, die von der Einheitskreislinie $x_1^2 + x_2^2 = 1$ berandet wird. Bei ihrer (als lineare Abbildung angenommenen) Verformung gehe der Punkt $\begin{pmatrix} v_1 \\ v_2 \end{pmatrix}$ in den Punkt $\begin{pmatrix} 5\,v_1 + 3\,v_2 \\ 3\,v_1 + 5\,v_2 \end{pmatrix}$ über.

(a) Welche Form und Lage hat die ausgedehnte Membran?
(b) Welche Geraden durch den Ursprung werden auf sich abgebildet?

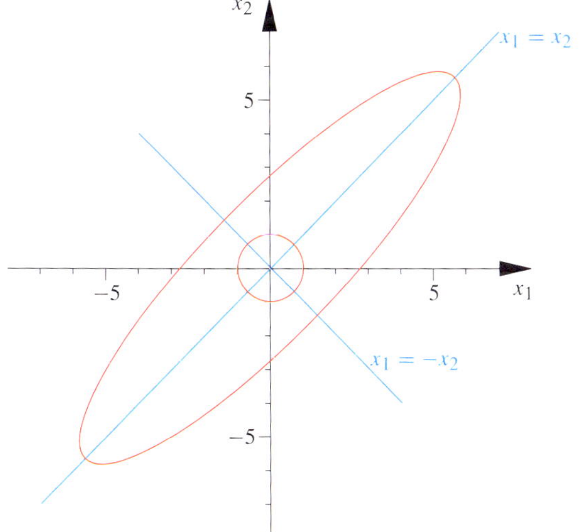

17.12 •• Es sei der euklidische Vektorraum $\mathbb{R}^3$ mit dem Standardskalarprodukt gegeben, weiter seien

$$A = \begin{pmatrix} 0 & -1 & 0 \\ 0 & 0 & -1 \\ -1 & 0 & 0 \end{pmatrix}$$

und $\varphi = \varphi_A \colon \mathbb{R}^3 \to \mathbb{R}^3$, $\boldsymbol{v} \mapsto \boldsymbol{A}\boldsymbol{v}$, die zugehörige lineare Abbildung.

(a) Ist φ eine Drehung?
(b) Stellen Sie φ als Produkt einer minimalen Anzahl von Spiegelungen dar.

17.13 •• Gegeben sei der euklidische Vektorraum $\mathbb{R}[X]_3$ mit dem euklidischen Skalarprodukt

$$\langle p, q \rangle = \int_{-1}^{1} p(t)\, q(t) \,\mathrm{d}t.$$

(a) Zeigen Sie, dass durch

$$L(p) = (1 - X^2)p'' - 2\,X\,p'$$

eine lineare Abbildung $L \colon \mathbb{R}[X]_3 \to \mathbb{R}[X]_3$ definiert wird.
(b) Berechnen Sie die Darstellungsmatrix $\boldsymbol{A}$ von L bezüglich der Basis $(1, X, X^2, X^3)$ von $\mathbb{R}[X]_3$.
(c) Bestimmen Sie eine Basis B von $\mathbb{R}[X]_3$ aus Eigenvektoren von L.
(d) Bestimmen Sie jeweils eine Basis von $\ker(L)$ und $L(\mathbb{R}[X]_3)$.
(e) Zeigen Sie: $\langle L(p), q \rangle = \langle p, L(q) \rangle$ für alle $p, q \in \mathbb{R}[X]_3$, d. h., L ist selbstadjungiert.

Beweisaufgaben

17.14 • Beweisen Sie das Lemma auf Seite 665.

17.15 •• Beweisen Sie die auf Seite 686 formulierte Cauchy-Schwarz'sche Ungleichung im unitären Fall.

17.16 •• Zeigen Sie, dass die auf Seite 669 angegebene Minkowski-Ungleichung gilt.

17.17 • Ein Endomorphismus φ eines Vektorraums V mit $\varphi^2 = \varphi$ heißt **Projektion**. Ist $\{\boldsymbol{b}_1, \ldots, \boldsymbol{b}_n\}$ eine Orthonormalbasis des euklidischen Vektorraums $V = \mathbb{R}^n$ mit dem kanonischen Skalarprodukt $\cdot$, so setzen wir

$$\boldsymbol{P}_i = \boldsymbol{b}_i\,\boldsymbol{b}_i^\top \in \mathbb{R}^{n\times n} \quad \text{für jedes } i \in \{1, \ldots, n\}.$$

Zeigen Sie:

$$\text{(a)} \quad \varphi^2_{\boldsymbol{P}_i} = \varphi_{\boldsymbol{P}_i} \quad \text{und} \quad \text{(b)} \quad \boldsymbol{E}_n = \sum_{i=1}^{n} \boldsymbol{P}_i.$$

Insbesondere ist somit für jedes $i \in \{1, \ldots, n\}$ die lineare Abbildung $\varphi_{\boldsymbol{P}_i}$ eine Projektion.

17.18 •• Zeigen Sie, dass eine hermitesche Matrix $A \in \mathbb{C}^{n \times n}$ genau dann indefinit ist, wenn sie sowohl einen positiven als auch einen negativen Eigenwert hat (Seite 698).

17.19 •• Eine Matrix $A \in \mathbb{K}^{n \times n}$, $\mathbb{K}$ ein Körper, nennt man **idempotent**, falls $A^2 = A$ gilt. Zeigen Sie: Für jede idempotente Matrix $A \in \mathbb{K}^{n \times n}$ gilt:

$$\mathbb{K}^n = \ker A \oplus \operatorname{Bild} A.$$

17.20 •• Zeigen Sie, dass die $Q\,R$-Zerlegung $A = Q\,R$ für eine invertierbare Matrix A eindeutig ist, wenn man fordert, dass die Diagonaleinträge von R positiv sind.

17.21 • Es sei U ein Untervektorraum eines euklidisches Vektorraums V. Zeigen Sie, dass im Fall $U = \mathbb{R}\,u$ mit $\|u\| = 1$ die orthogonale Projektion π durch $\pi(v) = (v \cdot u)\,u$, $v \in V$, gegeben ist (Seite 679).

17.22 • Zeigen Sie: Die Matrix $\mathrm{e}^{\mathrm{i}A}$ ist unitär, falls $A \in \mathbb{C}^{n \times n}$ hermitesch ist.

17.23 • Zeigen Sie, dass man den Spektralsatz für einen selbstadjungierten Endomorphismus φ eines endlich-dimensionalen $\mathbb{R}$- bzw. $\mathbb{C}$-Vektorraums V auch wie folgt formulieren kann: Es ist φ eine Linearkombination der orthogonalen Projektionen auf die verschiedenen Eigenräume, wobei die Koeffizienten die Eigenwerte sind.

Antworten der Selbstfragen

S. 660

Weil Summen von Quadraten reeller Zahlen nicht negativ sind.

S. 661

Aus $0 \cdot v = (0+0) \cdot v = 0 \cdot v + 0 \cdot v$ folgt nach Subtraktion von $0 \cdot v$ links und rechts des Gleichungszeichens die Gleichung $0 \cdot v = 0$. Für die Gleichung $v \cdot 0 = 0$ gehe man im zweiten Argument analog vor.

S. 663

Nein, wegen der nicht positiven Einträge 0 und -1 auf der Diagonalen ist das Produkt nicht positiv definit: $e_2 \cdot e_2 = 0$ bzw. $e_3 \cdot e_3 = -1$.

S. 666

Wir setzen $A = \begin{pmatrix} 1 & 0 \\ 0 & 2 \end{pmatrix}$.

- Mit der Wahl $S = E_2$ gilt:
$$S^{\top} A\,S = A \quad \text{und} \quad S^{-1} A\,S = A.$$

- Es gibt keine invertierbare Matrix S mit $S^{\top} A\,S = \begin{pmatrix} 0 & 1 \\ -2 & 3 \end{pmatrix}$ (ein entsprechender Ansatz führt zu einem nicht lösbaren Gleichungssystem), jedoch gilt:
$$\begin{pmatrix} 2 & -1 \\ -1 & 1 \end{pmatrix}^{-1} A \begin{pmatrix} 2 & -1 \\ -1 & 1 \end{pmatrix} = \begin{pmatrix} 0 & 1 \\ -2 & 3 \end{pmatrix}.$$

- Die Matrizen A und $\begin{pmatrix} 4 & 0 \\ 0 & 8 \end{pmatrix}$ können nicht ähnlich sein, da sie verschiedene Eigenwerte haben, jedoch gilt:
$$\begin{pmatrix} 2 & 0 \\ 0 & 2 \end{pmatrix}^{\top} A \begin{pmatrix} 2 & 0 \\ 0 & 2 \end{pmatrix} = \begin{pmatrix} 4 & 0 \\ 0 & 8 \end{pmatrix}.$$

- Zueinander ähnliche bzw. kongruente Matrizen haben denselben Rang, die Matrix A hat den Rang 2, die Nullmatrix den Rang 0. Somit können die Matrizen weder kongruent noch ähnlich sein.

S. 666

Es gilt

$$\|p\| = \left(\int_0^1 t^2\, t^2 \,\mathrm{d}t \right)^{1/2} = \left(\frac{1}{5}\, t^5 \big|_0^1 \right)^{1/2} = 1/\sqrt{5}.$$

S. 672

Die erste Regel gilt wegen der Symmetrie des Skalarprodukts, die zweite Regel wegen $0 \cdot v = 0$ für jedes v und die dritte Regel wegen der positiven Definitheit des Skalarprodukts.

S. 678

Würde man die Linksstetigkeit nicht fordern, so wäre auch jede Funktion, die stückweise die Nullfunktion ist und an den Zwischenstellen beliebige Werte annimmt, ein Element von V. Das Integral über das Quadrat einer solchen Funktion wäre null, obwohl die Funktion nicht die Nullfunktion ist. Somit wäre $\cdot$ kein Skalarprodukt, da die positive Definitheit verletzt wäre. Die Stetigkeit in 0 sorgt in ähnlicher Weise für die positive Definitheit: Eine Funktion, die abgesehen vom Punkt 0 die Nullfunktion ist und in der 0 einen sonst beliebigen (endlichen) Wert annimmt, wäre überall linksstetig, nicht die Nullfunktion und hätte die Norm 0.

S. 678

Gilt

$$u + u' = v = w + w'$$

für Elemente u, $w \in U$ und u', $w' \in U^\perp$, so folgt:

$$\underbrace{u - w}_{\in U} = \underbrace{w' - u'}_{\in U^\perp}.$$

Weil aber für den Durchschnitt $U \cap U^\perp = \{0\}$ gilt, folgt sogleich $u = w$ und $u' = w'$, also die Eindeutigkeit einer solchen Darstellung.

S. 682

$$v = \begin{pmatrix} v_1 \\ \vdots \\ v_n \end{pmatrix} \in \mathbb{C}^n \text{ mit } v_1 = i \text{ und } v_2, \ldots, v_n = 0, \text{ der Fall}$$

$n = 1$ ist eingeschlossen.

S. 689

Ja, das prüft man durch den Nachweis von $A^\top A = \mathbf{E}_3$ nach.

S. 690

Sind $B = (b_1, \ldots, b_n)$ eine Orthonormalbasis von V und $\varphi \colon V \to V$ linear, so gilt für $A = {}_B M(\varphi)_B$:

$$A^\top \overline{A} = \mathbf{E}_n \iff v \cdot w = \varphi(v) \cdot \varphi(w) \ \forall v, w \in V.$$

S. 691

Weil in diesem Fall die Matrix A den zweifachen Eigenwert 1 haben müsste; der dritte (verbleibende) Eigenwert müsste dann aber auch 1 sein, da die Determinante das Produkt der Eigenwerte ist.

S. 692

Dann *rutscht* die 1 mit zugehöriger Zeile und Spalte nach rechts unten durch,

$$\begin{pmatrix} 1 & 0 & 0 \\ 0 & \cos\alpha & -\sin\alpha \\ 0 & \sin\alpha & \cos\alpha \end{pmatrix},$$

$$\begin{pmatrix} \cos\alpha & 0 & -\sin\alpha \\ 0 & 1 & 0 \\ \cos\alpha & 0 & \sin\alpha \end{pmatrix},$$

$$\begin{pmatrix} \cos\alpha & -\sin\alpha & 0 \\ \sin\alpha & \cos\alpha & 0 \\ 0 & 0 & 1 \end{pmatrix}.$$

S. 701

Eine Diagonalmatrix $D = \mathrm{diag}(\lambda_1, \ldots, \lambda_n)$ ist genau dann positiv semidefinit bzw. negativ semidefinit, wenn alle $\lambda_1, \ldots, \lambda_n$ größer gleich bzw. kleiner gleich null sind. Die Diagonaleinträge von D sind nämlich die Eigenwerte der Matrix D.

Quadriken – vielseitig nutzbare Punktmengen

18

Was ist ein hyperbolisches Paraboloid?

Warum ist die Signatur einer quadratischen Form träge?

Inwiefern löst die Pseudoinverse unlösbare Gleichungssysteme?

© Springer-Verlag GmbH Deutschland, ein Teil von Springer Nature 2022
T. Arens et al., *Grundwissen Mathematikstudium*,
https://doi.org/10.1007/978-3-662-63313-7_18

Unter einer Quadrik in einem affinen Raum verstehen wir die Menge jener Punkte, deren Koordinaten einer quadratischen Gleichung genügen.

Die zweidimensionalen Quadriken sind – von Entartungsfällen abgesehen – identisch mit den Kegelschnitten und seit der Antike bekannt. Den Ausgangspunkt für die Untersuchung der Kegelschnitte bildete damals allerdings nicht deren Gleichung, sondern die Kegelschnitte wurden als geometrische Orte eingeführt, etwa die Ellipse als Ort der Punkte, deren Abstände von den beiden Brennpunkten eine konstante Summe ergeben. Aber auch die Tatsache, dass Ellipsen als perspektive Bilder von Kreisen auftreten, war vermutlich bereits um etwa 300 v. Chr. bekannt. Anfang des 17. Jahrhunderts konnte Johannes Kepler nachweisen, dass die Planetenbahnen Ellipsen sind. Sir Isaak Newton formulierte die zugrunde liegenden mechanischen Gesetze und erkannte, dass sämtliche Kegelschnitttypen als Bahnen eines Massenpunkts bei dessen Bewegung um eine zentrale Masse auftreten.

Dies war nur der Anfang jener herausragenden Bedeutung der Kegelschnitte und ihrer höherdimensionalen Gegenstücke für die Mathematik und ihre Anwendungen in Naturwissenschaften und Technik. Quadriken haben bemerkenswerte geometrische Eigenschaften und werden oft als lokale oder globale Approximationen für Kurven und Flächen verwendet. Ellipsoide spielen in der Konvexitätstheorie eine besondere Rolle. Doch soll die ästhetische Seite nicht unerwähnt bleiben. So treten Ellipsoide als Kuppeln auf oder hyperbolische Paraboloide als attraktive Dachflächen.

Wir behandeln im Folgenden die Hauptachsentransformation und damit zusammenhängend die Klassifikation der Quadriken. Von den Quadriken ist es nur ein kurzer Weg zu anderen wichtigen Begriffen wie der „Singulärwertzerlegung" oder der „Pseudoinversen" einer Matrix, welche z. B. bei Problemen der Ausgleichsrechnung und Approximation eingesetzt werden.

18.1 Symmetrische Bilinearformen

Bei der Definition des Skalarprodukts im Anschauungsraum wurde in Abschnitt 7.2 ein kartesisches Koordinatensystem vorausgesetzt. Im Abschnitt 17.1 gingen wir anders vor, nämlich koordinateninvariant: Das euklidische Skalarprodukt wurde anhand seiner Eigenschaften definiert, und zwar als eine positiv definite symmetrische Bilinearform auf $\mathbb{R}^n$. In diesem Kapitel verwenden wir neben dem Skalarprodukt noch eine weitere symmetrische Bilinearform, und deshalb wiederholen wir zunächst einiges aus Abschnitt 17, insbesondere die Definition der Bilinearformen.

Ist V ein $\mathbb{K}$-Vektorraum, so ist die Abbildung

$$\sigma : \begin{cases} V \times V & \to \quad \mathbb{K}, \\ (\boldsymbol{x}, \boldsymbol{y}) & \mapsto \quad \sigma(\boldsymbol{x}, \boldsymbol{y}) \end{cases}$$

eine **Bilinearform** auf V, wenn für alle $\boldsymbol{x}, \boldsymbol{x}', \boldsymbol{y}, \boldsymbol{y}' \in V$ und $\lambda \in \mathbb{K}$ gilt

$$\begin{aligned} \sigma(\boldsymbol{x} + \boldsymbol{x}', \boldsymbol{y}) &= \sigma(\boldsymbol{x}, \boldsymbol{y}) + \sigma(\boldsymbol{x}', \boldsymbol{y}), \\ \sigma(\lambda \boldsymbol{x}, \boldsymbol{y}) &= \lambda \sigma(\boldsymbol{x}, \boldsymbol{y}), \\ \sigma(\boldsymbol{x}, \boldsymbol{y} + \boldsymbol{y}') &= \sigma(\boldsymbol{x}, \boldsymbol{y}) + \sigma(\boldsymbol{x}, \boldsymbol{y}'), \\ \sigma(\boldsymbol{x}, \lambda \boldsymbol{y}) &= \lambda \sigma(\boldsymbol{x}, \boldsymbol{y}). \end{aligned}$$

Die Bilinearform σ heißt **symmetrisch**, wenn stets gilt: $\sigma(\boldsymbol{y}, \boldsymbol{x}) = \sigma(\boldsymbol{x}, \boldsymbol{y})$. Bei $\sigma(\boldsymbol{y}, \boldsymbol{x}) = -\sigma(\boldsymbol{x}, \boldsymbol{y})$ heißt die Bilinearform **alternierend**.

Beispiel Bei $V = \mathbb{R}^2$ ist z. B.

$$\sigma(\boldsymbol{x}, \boldsymbol{y}) = x_1 y_1 + x_1 y_2 + x_2 y_1 - 5 x_2 y_2$$

für $\boldsymbol{x} = \begin{pmatrix} x_1 \\ x_2 \end{pmatrix}$, $\boldsymbol{y} = \begin{pmatrix} y_1 \\ y_2 \end{pmatrix}$ eine symmetrische Bilinearform. So wie im Kapitel 17 können wir diese Bilinearform auch mithilfe einer symmetrischen Matrix $\boldsymbol{A}$ darstellen, nämlich als

$$\sigma(\boldsymbol{x}, \boldsymbol{y}) = \boldsymbol{x}^\top \boldsymbol{A}\, \boldsymbol{y} = (x_1\ x_2) \begin{pmatrix} 1 & 1 \\ 1 & -5 \end{pmatrix} \begin{pmatrix} y_1 \\ y_2 \end{pmatrix}.$$

Dabei ist zu beachten, dass an der Stelle (i, j) der Matrix $\boldsymbol{A}$ der Koeffizient von $x_i y_j$ steht.

Von der Berechnung zweireihiger Determinanten her kennen wir die alternierende Bilinearform

$$\sigma'(\boldsymbol{x}, \boldsymbol{y}) = x_1 y_2 - x_2 y_1.$$

Die Matrix der Koeffizienten ist schiefsymmetrisch, denn

$$\sigma'(\boldsymbol{x}, \boldsymbol{y}) = (x_1\ x_2) \begin{pmatrix} 0 & 1 \\ -1 & 0 \end{pmatrix} \begin{pmatrix} y_1 \\ y_2 \end{pmatrix}. \qquad \blacktriangleleft$$

Zu je zwei Bilinearformen σ_1, σ_2 auf dem $\mathbb{K}$-Vektorraum V lässt sich eine Summe definieren durch die Vorschrift

$$(\sigma_1 + \sigma_2)(\boldsymbol{x}, \boldsymbol{y}) = \sigma_1(\boldsymbol{x}, \boldsymbol{y}) + \sigma_2(\boldsymbol{x}, \boldsymbol{y})$$

für alle $(\boldsymbol{x}, \boldsymbol{y}) \in V^2$. Offensichtlich ist $\sigma_1 + \sigma_2$ ebenfalls linear in beiden Anteilen und daher wieder eine Bilinearform. Nun erklären wir noch das skalare Vielfache $\lambda \sigma$ einer Bilinearform durch

$$(\lambda \sigma)(\boldsymbol{x}, \boldsymbol{y}) = \lambda \sigma(\boldsymbol{x}, \boldsymbol{y}).$$

Dann lässt sich leicht bestätigen, dass die Bilinearformen auf V ebenfalls einen $\mathbb{K}$-Vektorraum bilden.

— **?** —

a) Zeigen Sie, dass mit den obigen Definitionen für die Summe und das skalare Vielfache von Bilinearformen die Axiome (V1) bis (V4) der Definition eines Vektorraums von Seite 222 erfüllt sind.

b) Zeigen Sie weiterhin, dass die symmetrischen und ebenso die alternierenden Bilinearformen jeweils einen Untervektorraum bilden.

Bilinearformen legen eine eindeutige quadratische Form fest, aber nicht umgekehrt

Nun wollen wir die auf dem $\mathbb{K}$-Vektorraum V definierte Bilinearform $\sigma \colon V \times V \to \mathbb{K}$ auf die *Diagonale* $\{(x, x) \mid x \in V\}$ von V einschränken. Das bedeutet, wir betrachten nur die Fälle von $\sigma(x, y)$ mit $x = y$. Dann entsteht eine **quadratische Form**

$$\rho \colon \begin{cases} V \to \mathbb{K}, \\ x \mapsto \rho(x) = \sigma(x, x) \end{cases}$$

auf V. Auf Seite 720 lernen wir übrigens eine von σ unabhängige Definition quadratischer Formen kennen.

In dem Sonderfall einer *alternierenden* Bilinearform σ entsteht als Einschränkung auf die Diagonale von V lediglich die *Nullform*, denn wegen $\sigma(y, x) = -\sigma(x, y)$ ist $\rho(x) = \sigma(x, x) = -\sigma(x, x)$, und somit $\rho(x) = 0$ für alle $x \in V$.

Beispiel Bei unserem Zahlenbeispiel von vorhin, der symmetrischen Bilinearform

$$\sigma(x, y) = x_1 y_1 + x_1 y_2 + x_2 y_1 - 5 x_2 y_2$$

über $V = \mathbb{R}^2$, gilt für die zugehörige quadratische Form

$$\rho(x) = x_1^2 + 2 x_1 x_2 - 5 x_2^2 .$$

Umgekehrt kann man von $\rho(x)$ nicht auf die Bilinearform zurückschließen, denn

$$\sigma'(x, y) = x_1 y_1 + 3 x_1 y_2 - x_2 y_1 - 5 x_2 y_2$$

ergibt als Einschränkung auf die Diagonale dieselbe quadratische Form. Wenn wir allerdings nur symmetrische Bilinearformen zulassen, so bleibt einzig σ übrig, denn bei der Ermittlung der Bilinearform muss der Koeffizient von $x_1 x_2$ zu gleichen Teilen auf die Koeffizienten von $x_1 y_2$ und $x_2 y_1$ aufgeteilt werden. Wir nennen die zu einer quadratischen Form gehörige symmetrische Bilinearform ihre *Polarform* (siehe Seite 720)

Das zweite Zahlenbeispiel, die alternierende Bilinearform $\sigma'(x, y) = x_1 y_2 - x_2 y_1$, ergibt als zugehörige quadratische Form $\rho'(x) = x_1 x_2 - x_2 x_1$ die Nullform $\rho'(x) = 0$ für alle $x \in V$, wie wir schon oben festgestellt haben. ◀

Quadratische Formen auf dem $\mathbb{R}^2$ lassen sich auf eine Art veranschaulichen, die uns von den Landkarten her als Geländedarstellung mittels Höhenlinien vertraut ist:

Denken wir uns die Ebene $\mathbb{R}^2$ horizontal und tragen wir über jedem Punkt x dieser Ebene den Wert $\rho(x)$ auf. Dann entsteht eine Fläche, der *Graph* der quadratischen Form. Werden horizontale Schnitte dieser Fläche orthogonal in die Ebene $\mathbb{R}^2$ projiziert, so erhalten wir *Niveaulinien* $\rho(x) = c = $ konst. dieser quadratischen Form.

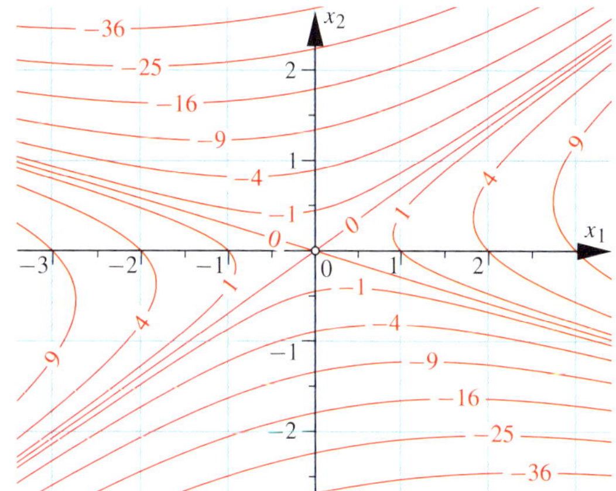

Abbildung **18.1** Einzelne Niveaulinien der quadratischen Form $\rho(x) = x_1^2 + 2x_1 x_2 - 5x_2^2$, also Fasern $\{x \mid \rho(x) = c = $ konst.$\}$ der Abbildung ρ.

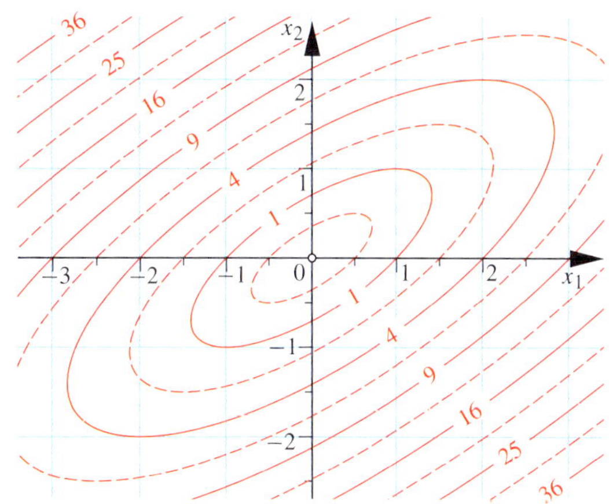

Abbildung **18.2** Niveaulinien der positiv definiten quadratischen Form $\rho(x) = x_1^2 - 2x_1 x_2 + 2x_2^2$.

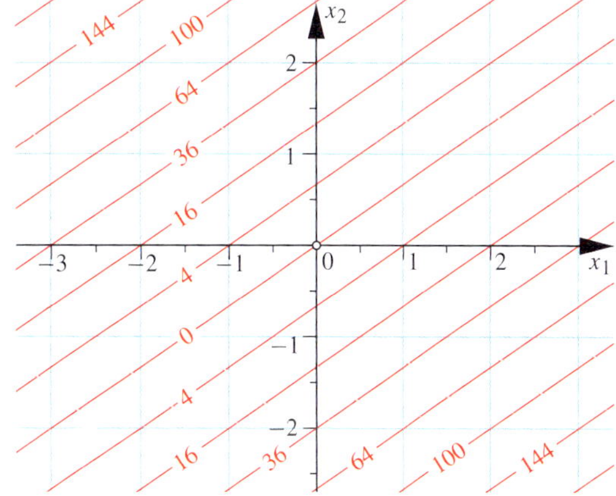

Abbildung **18.3** Zum Vergleich: Niveaulinien der quadratischen Form $\rho(x) = 4x_1^2 - 12x_1 x_2 + 9x_2^2 = (2x_1 - 3x_2)^2$ zu den Werten $c = 0, 4, 16, \ldots$

Alle Punkte einer Niveaulinie haben unter der Abbildung ρ dasselbe Bild c. Die Niveaulinien sind somit die *Fasern* (siehe Seite 75) der Abbildung $\rho \colon \mathbb{R}^2 \to \mathbb{R}$, und sie vermitteln eine Vorstellung von der Werteverteilung der quadratischen Form. Abbildung 18.1 zeigt die Niveaulinien zu den Werten $c = 0, \pm 1, \pm 4, \ldots$ Im Gegensatz dazu nimmt die in Abbildung 18.2 gezeigte quadratische Form keine negativen Werte an. Alternativ dazu ist in Abb. 18.3 eine quadratische Form dargestellt, bei welcher sämtliche Niveaulinien aus Geraden bestehen.

————————————— **?** —————————————

Beweisen Sie, dass die Einschränkungen der Bilinearformen σ und σ' auf die Diagonale genau dann dieselbe quadratische Form ergeben, wenn $\sigma - \sigma'$ alternierend ist, also

$$(\sigma - \sigma')(\boldsymbol{y}, \boldsymbol{x}) = \sigma(\boldsymbol{y}, \boldsymbol{x}) - \sigma'(\boldsymbol{y}, \boldsymbol{x}) = -(\sigma - \sigma')(\boldsymbol{x}, \boldsymbol{y})$$

für alle $\boldsymbol{x}, \boldsymbol{y} \in V$.

———————————————————————————

Wenn wir die quadratische Form ρ als Einschränkung der Bilinearform σ definieren, so gilt nach den Eigenschaften einer Bilinearform $\rho(\lambda \boldsymbol{x}) = \sigma(\lambda \boldsymbol{x}, \lambda \boldsymbol{x}) = \lambda^2 \rho(\boldsymbol{x})$ sowie

$$
\begin{aligned}
\rho(\boldsymbol{x} + \boldsymbol{y}) &= \sigma(\boldsymbol{x} + \boldsymbol{y}, \boldsymbol{x} + \boldsymbol{y}) \\
&= \sigma(\boldsymbol{x}, \boldsymbol{x}) + \sigma(\boldsymbol{y}, \boldsymbol{y}) + (\sigma(\boldsymbol{x}, \boldsymbol{y}) + \sigma(\boldsymbol{y}, \boldsymbol{x})) \\
&= \rho(\boldsymbol{x}) + \rho(\boldsymbol{y}) + \sigma'(\boldsymbol{x}, \boldsymbol{y})
\end{aligned}
$$

mit $\sigma'(\boldsymbol{x}, \boldsymbol{y}) = \sigma(\boldsymbol{x}, \boldsymbol{y}) + \sigma(\boldsymbol{y}, \boldsymbol{x})$ als symmetrischer Bilinearform. Wir nehmen dies zum Anlass für eine Definition, die nicht von Bilinearformen ausgeht.

Definition einer quadratischen Form

Eine Abbildung ρ des Vektorraums V in seinen Grundkörper $\mathbb{K}$ heißt **quadratische Form**, wenn für alle $\boldsymbol{x}, \boldsymbol{y} \in V$ und $\lambda \in \mathbb{K}$ gilt:
1. $\rho(\lambda \boldsymbol{x}) = \lambda^2 \rho(\boldsymbol{x})$, und
2. die Abbildung

$$\widetilde{\sigma}: (\boldsymbol{x}, \boldsymbol{y}) \mapsto \rho(\boldsymbol{x} + \boldsymbol{y}) - \rho(\boldsymbol{x}) - \rho(\boldsymbol{y})$$

   ist eine Bilinearform auf V.

Offensichtlich ist $\widetilde{\sigma}$ symmetrisch. Als Einschränkung von $\widetilde{\sigma}$ auf die Diagonale entsteht die quadratische Form $\widetilde{\rho}$ mit

$$\widetilde{\rho}(\boldsymbol{x}) = \rho(2\boldsymbol{x}) - 2\rho(\boldsymbol{x}) = 2\rho(\boldsymbol{x}).$$

Nun kommt es auf die Charakteristik des Körpers $\mathbb{K}$ an:

- Bei char $\mathbb{K} \neq 2$ gibt es zur quadratischen Form ρ eine symmetrische Bilinearform

$$\sigma_1 = \tfrac{1}{2}\widetilde{\sigma}: (\boldsymbol{x}, \boldsymbol{y}) \mapsto \tfrac{1}{2}\left(\rho(\boldsymbol{x} + \boldsymbol{y}) - \rho(\boldsymbol{x}) - \rho(\boldsymbol{y})\right),$$

  deren Einschränkung auf die Diagonale gleich ρ ist. Man nennt diese Bilinearform die **Polarform** von ρ.

  Angenommen, neben σ_1 sei auch σ_2 eine symmetrische Bilinearform mit $\sigma_2(\boldsymbol{x}, \boldsymbol{x}) = \sigma_1(\boldsymbol{x}, \boldsymbol{x})$ für alle $\boldsymbol{x} \in V$. Dann folgt aus $\sigma_1(\boldsymbol{x} + \boldsymbol{y}, \boldsymbol{x} + \boldsymbol{y}) = \sigma_2(\boldsymbol{x} + \boldsymbol{y}, \boldsymbol{x} + \boldsymbol{y})$ für alle $(\boldsymbol{x}, \boldsymbol{y}) \in V^2$:

$$
\begin{aligned}
\sigma_1(\boldsymbol{x}, \boldsymbol{x}) &+ 2\,\sigma_1(\boldsymbol{x}, \boldsymbol{y}) + \sigma_1(\boldsymbol{y}, \boldsymbol{y}) \\
&= \sigma_2(\boldsymbol{x}, \boldsymbol{x}) + 2\,\sigma_2(\boldsymbol{x}, \boldsymbol{y}) + \sigma_2(\boldsymbol{y}, \boldsymbol{y})
\end{aligned}
$$

  und daher $\sigma_1(\boldsymbol{x}, \boldsymbol{y}) = \sigma_2(\boldsymbol{x}, \boldsymbol{y})$, also $\sigma_1 = \sigma_2$.

- Bei char $\mathbb{K} = 2$ ist $\widetilde{\sigma}$ gleichzeitig alternierend, d. h. $\widetilde{\sigma}(\boldsymbol{y}, \boldsymbol{x}) = -\widetilde{\sigma}(\boldsymbol{x}, \boldsymbol{y})$, und die Einschränkung von $\widetilde{\sigma}$ auf die Diagonale ist die Nullform.

Folgerung

Bei char $\mathbb{K} \neq 2$ gibt es zu jeder quadratischen Form ρ auf dem $\mathbb{K}$-Vektorraum V genau eine symmetrische Bilinearform σ mit $\rho(\boldsymbol{x}) = \sigma(\boldsymbol{x}, \boldsymbol{x})$, nämlich deren Polarform.

Bilinearformen sind stets durch Matrizen darstellbar

In Kapitel 12 wurde gezeigt, dass jede lineare Abbildung $\varphi: V \to W$ zwischen endlichdimensionalen $\mathbb{K}$-Vektorräumen V und W nach der Einführung von Basen B in V und C in W eine Darstellungsmatrix ${}_C\boldsymbol{M}(\varphi)_B$ besitzt mit der Eigenschaft

$$_C\varphi(\boldsymbol{x}) = {}_C\boldsymbol{M}(\varphi)_B \, {}_B\boldsymbol{x}.$$

Dies bedeutet, die C-Koordinaten des Bildes $\varphi(\boldsymbol{x}) \in W$ sind aus den B-Koordinaten des Urbilds $\boldsymbol{x} \in V$ durch Multiplikation mit der Darstellungsmatrix ${}_C\boldsymbol{M}(\varphi)_B$ zu berechnen. Umgekehrt stellt jede Matrix eine lineare Abbildung dar, und Eigenschaften von Matrizen spiegeln sich in Eigenschaften von linearen Abbildungen wieder.

Wir zeigen im Folgenden, dass die symmetrischen Matrizen $\boldsymbol{M}$, also solche mit $\boldsymbol{M}^\top = \boldsymbol{M}$, auf ähnliche Weise den symmetrischen Bilinearformen zugeordnet werden können.

V sei ein n-dimensionaler Vektorraum über $\mathbb{K}$ mit der geordneten Basis $B = (\boldsymbol{b}_1, \ldots, \boldsymbol{b}_n)$. Für $\boldsymbol{x}, \boldsymbol{y} \in V$, also

$$\boldsymbol{x} = x_1\boldsymbol{b}_1 + \cdots + x_n\boldsymbol{b}_n \quad \text{und} \quad \boldsymbol{y} = y_1\boldsymbol{b}_1 + \cdots + y_n\boldsymbol{b}_n,$$

ergibt sich aus unseren Regeln für Bilinearformen

$$\sigma(\boldsymbol{x}, \boldsymbol{y}) = \sigma\left(\sum_{i=1}^{n} x_i\boldsymbol{b}_i, \ \sum_{j=1}^{n} y_j\boldsymbol{b}_j\right) = \sum_{i,j=1}^{n} x_i\, y_j\, \sigma(\boldsymbol{b}_i, \boldsymbol{b}_j).$$

Die letzte Summe erfolgt über alle möglichen Paare (i, j) mit $i, j \in \{1, \ldots, n\}$. Die darin auftretenden n^2 Koeffizienten $\sigma(\boldsymbol{b}_i, \boldsymbol{b}_j)$ legen σ eindeutig fest.

Definition der Darstellungsmatrix

Sind σ eine Bilinearform auf dem n-dimensionalen $\mathbb{K}$-Vektorraum V und B eine Basis von V, so heißt die Matrix

$$\boldsymbol{M}_B(\sigma) = \left(\sigma(\boldsymbol{b}_i, \boldsymbol{b}_j)\right) \in \mathbb{K}^{n \times n}$$

Darstellungsmatrix von σ bezüglich der Basis B.

Mithilfe der Darstellungsmatrix $\boldsymbol{M}_B(\sigma)$ lässt sich $\sigma(\boldsymbol{x}, \boldsymbol{y})$ als Matrizenprodukt schreiben, nämlich:

$$\sigma(\boldsymbol{x}, \boldsymbol{y}) = {}_B\boldsymbol{x}^\top \, \boldsymbol{M}_B(\sigma) \, {}_B\boldsymbol{y}. \qquad (18.1)$$

Beweis: Wir bestätigen die in (18.1) angegebene Matrizenschreibweise für $\sigma(\boldsymbol{x}, \boldsymbol{y})$ durch Nachrechnen:

Zunächst ist

$$
\boldsymbol{M}_B(\sigma) \begin{pmatrix} y_1 \\ \vdots \\ y_n \end{pmatrix} = \begin{pmatrix} \sum_{j=1}^n \sigma(\boldsymbol{b}_1, \boldsymbol{b}_j)\, y_j \\ \vdots \\ \sum_{j=1}^n \sigma(\boldsymbol{b}_n, \boldsymbol{b}_j)\, y_j \end{pmatrix}.
$$

Daraus folgt:

$$
(x_1 \ \ldots \ x_n)\, \boldsymbol{M}_B(\sigma) \begin{pmatrix} y_1 \\ \vdots \\ y_n \end{pmatrix}
$$

$$
= \sum_{i=1}^n x_i \left(\sum_{j=1}^n \sigma(\boldsymbol{b}_i, \boldsymbol{b}_j)\, y_j \right) = \sum_{i,j=1}^n x_i\, y_j\, \sigma(\boldsymbol{b}_i, \boldsymbol{b}_j). \qquad \blacksquare
$$

Man beachte die Bauart der beteiligten Matrizen in der Matrizendarstellung (18.1) von $\sigma(\boldsymbol{x}, \boldsymbol{y})$:

$$
\begin{array}{ccccc}
& \overset{1}{\Box} & = & {}_1\overset{n}{\boxed{}} & \cdot\ \overset{n}{\boxed{}}_{\,n} \cdot\ \overset{1}{\boxed{}}_{\,n} \\
\sigma(\boldsymbol{x}, \boldsymbol{y}) & = & & {}_B\boldsymbol{x}^\top & \boldsymbol{M}_B(\sigma) \qquad {}_B\boldsymbol{y}
\end{array}
$$

Folgerung

Symmetrische Bilinearformen sind durch symmetrische Darstellungsmatrizen gekennzeichnet, alternierende Bilinearformen durch schiefsymmetrische oder alternierende Darstellungsmatrizen.

Beweis: a) Bei symmetrischem σ ergibt sich die Symmetrie der Darstellungsmatrix $\boldsymbol{M}_B(\sigma)$ unmittelbar aus $\sigma(\boldsymbol{b}_j, \boldsymbol{b}_i) = \sigma(\boldsymbol{b}_i, \boldsymbol{b}_j)$, und zwar für alle Basen B.

Umgekehrt legt jede $n \times n$-Matrix $\boldsymbol{M}$ durch die Definition

$$
\sigma_M(\boldsymbol{x}, \boldsymbol{y}) = \boldsymbol{x}^\top \boldsymbol{M}\, \boldsymbol{y}
$$

eine Bilinearform auf $\mathbb{K}^n$ fest, denn es gilt

$$
(\boldsymbol{x} + \boldsymbol{x}')^\top \boldsymbol{M}\, \boldsymbol{y} = \boldsymbol{x}^\top \boldsymbol{M}\, \boldsymbol{y} + \boldsymbol{x}'^\top \boldsymbol{M}\, \boldsymbol{y}\,,
$$
$$
(\lambda \boldsymbol{x})^\top \boldsymbol{M}\, \boldsymbol{y} = \lambda (\boldsymbol{x}^\top \boldsymbol{M}\, \boldsymbol{y})\,,
$$

und analog für den zweiten Vektor $\boldsymbol{y}$.

Bei symmetrischem $\boldsymbol{M}$ ist auch σ_M symmetrisch, denn wegen $\boldsymbol{y}^\top \boldsymbol{M}\, \boldsymbol{x} \in \mathbb{K}$ folgt

$$
\boldsymbol{y}^\top \boldsymbol{M}\, \boldsymbol{x} = (\boldsymbol{y}^\top \boldsymbol{M}\, \boldsymbol{x})^\top = \boldsymbol{x}^\top \boldsymbol{M}^\top \boldsymbol{y} = \boldsymbol{x}^\top \boldsymbol{M}\, \boldsymbol{y}\,.
$$

Es ist zu beachten, dass von den n^2 Einträgen in einer $n \times n$-Matrix im symmetrischen Fall nur $\frac{n(n+1)}{2}$ voneinander unabhängig sind.

b) Bei alternierendem σ ist $\sigma(\boldsymbol{b}_j, \boldsymbol{b}_i) = -\sigma(\boldsymbol{b}_i, \boldsymbol{b}_j)$, also $\boldsymbol{M}_B(\sigma)^\top = -\boldsymbol{M}_B(\sigma)$.

Umgekehrt können wir wie im symmetrischen Fall vorgehen: Bei einer schiefsymmetrischen Matrix $\boldsymbol{M}$ ist

$$
\boldsymbol{y}^\top \boldsymbol{M}\, \boldsymbol{x} = (\boldsymbol{y}^\top \boldsymbol{M}\, \boldsymbol{x})^\top = \boldsymbol{x}^\top \boldsymbol{M}^\top \boldsymbol{y} = -\boldsymbol{x}^\top \boldsymbol{M}\, \boldsymbol{y}
$$

und daher $\sigma_M(\boldsymbol{y}, \boldsymbol{x}) = -\sigma_M(\boldsymbol{x}, \boldsymbol{y})$.

Wegen der Nullen in der Hauptdiagonale einer schiefsymmetrischen $n \times n$-Matrix treten darin nur $\frac{n(n-1)}{2}$ voneinander unabhängige Einträge auf. $\qquad \blacksquare$

Beispiel Wir kehren zurück zum obigen Beispiel einer Bilinearform auf $V = \mathbb{R}^2$:

$$
\sigma(\boldsymbol{x}, \boldsymbol{y}) = x_1 y_1 + x_1 y_2 + x_2 y_1 - 5 x_2 y_2\,.
$$

Wie lautet die Darstellungsmatrix $\boldsymbol{M}_B(\sigma)$ bezüglich der Basis $B = (\boldsymbol{b}_1, \boldsymbol{b}_2)$ mit

$$
\boldsymbol{b}_1 = \begin{pmatrix} 1 \\ 1 \end{pmatrix}, \quad \boldsymbol{b}_2 = \begin{pmatrix} 2 \\ 1 \end{pmatrix}?
$$

Wir berechnen

$$
\sigma(\boldsymbol{b}_1, \boldsymbol{b}_1) = -2,\ \ \sigma(\boldsymbol{b}_1, \boldsymbol{b}_2) = \sigma(\boldsymbol{b}_2, \boldsymbol{b}_1) = 0,\ \ \sigma(\boldsymbol{b}_2, \boldsymbol{b}_2) = 3
$$

und übertragen diese Werte in die Matrix

$$
\boldsymbol{M}_B(\sigma) = \begin{pmatrix} -2 & 0 \\ 0 & 3 \end{pmatrix}.
$$

Die gegebene Koeffizientenmatrix $\boldsymbol{A}$ in der Darstellung

$$
\sigma(\boldsymbol{x}, \boldsymbol{y}) = \boldsymbol{x}^\top \boldsymbol{A}\, \boldsymbol{y} = (x_1\ x_2) \begin{pmatrix} 1 & 1 \\ 1 & -5 \end{pmatrix} \begin{pmatrix} y_1 \\ y_2 \end{pmatrix}
$$

ist die Darstellungsmatrix von σ zur kanonischen Basis $E = (\boldsymbol{e}_1, \boldsymbol{e}_2)$, also $\boldsymbol{A} = \boldsymbol{M}_E(\sigma)$. $\qquad \blacktriangleleft$

Wenn wir nun die auf dem n-dimensionalen $\mathbb{K}$-Vektorraum V definierte Bilinearform σ mit der Darstellungsmatrix $\boldsymbol{M}_B(\sigma)$ auf die Diagonale von V einschränken, so entsteht die *quadratische Form* ρ, wobei mit (18.1) gilt:

$$
\rho(\boldsymbol{x}) = \sigma(\boldsymbol{x}, \boldsymbol{x}) = {}_B\boldsymbol{x}^\top \boldsymbol{M}_B(\sigma)\, {}_B\boldsymbol{x}\,.
$$

Bei $\boldsymbol{M}_B(\sigma) = (a_{ij})$ lautet die Summendarstellung dieser quadratischen Form

$$
\rho(\boldsymbol{x}) = \sum_{i,j=1}^n a_{ij}\, x_i\, x_j\,. \qquad (18.2)
$$

Auf der rechten Seite steht ein Polynom oder genauer eine Polynomfunktion in $(x_1, \ldots, x_n)$, in welcher jeder Summand den Grad 2 hat. Wir können darin die rein quadratischen Glieder $a_{ii}\, x_i^2$ trennen von den *gemischten* Summanden mit $x_i\, x_j$, die bei $i \neq j$ jeweils zweifach vorkommen, nämlich als $(a_{ij} + a_{ji})\, x_i\, x_j$.

Ist umgekehrt die quadratische Form durch die Summenformel (18.2) gegeben, so können wir die Koeffizientenmatrix (a_{ij}) noch abändern, ohne dabei $\rho(x)$ zu ändern. Wir müssen ja nur dafür sorgen, dass die Einträge in der Hauptdiagonalen gleich bleiben und ebenso die Summen $(a_{ij} + a_{ji})$. Bei $\operatorname{char} \mathbb{K} \neq 2$ können wir diese Summen zu gleichen Teilen aufteilen, also

$$a'_{ij} = a'_{ji} = \tfrac{1}{2}\,(a_{ij} + a_{ji})$$

setzen. Damit erhalten wir eine symmetrische Koeffizientenmatrix (a'_{ij}). Diese ist offensichtlich die Darstellungsmatrix der in der Folgerung auf Seite 720 als eindeutig erkannten *Polarform* der quadratischen Form, also jener *symmetrischen* Bilinearform σ', deren Einschränkung auf die Diagonale von V die gegebene quadratische Form liefert.

Ist die Matrix der Koeffizienten a_{ij} in (18.2) bereits symmetrisch, so können wir die Summe auch schreiben als

$$\rho(x) = \sum_{i=1}^{n} a_{ii}\, x_i^2 + 2 \sum_{\substack{i,j=1 \\ i<j}}^{n} a_{ij}\, x_i\, x_j\,.$$

Nachdem die quadratischen Formen und die zugehörigen symmetrischen Bilinearformen, die Polarformen, einander gegenseitig bedingen, macht es keinen Unterschied, ob man von der Darstellungsmatrix einer quadratischen Form spricht oder von der Darstellungsmatrix der Polarform.

—————————————— **?** ——————————————

Bestimmen Sie die Polarform $\sigma(x, y)$ zur gegebenen quadratischen Form

$$\rho(x) = x_1^2 - 3x_3^2 + 2x_1 x_2 - 5x_2 x_3$$

auf dem Vektorraum $\mathbb{R}^3$ zusammen mit deren kanonischer Darstellungsmatrix, also der Darstellungsmatrix $M_E(\sigma)$ bezüglich der kanonischen Basis E.

———————————————————————————————

So wie bei den linearen Abbildungen eines Vektorraums in sich, den Endomorphismen, wollen wir auch bei den Bilinearformen durch die Wahl spezieller Basen möglichst einfache Darstellungsmatrizen erreichen. Dabei ist es hier etwas einfacher, denn es gibt zu *jeder* symmetrischen Bilinearform Darstellungsmatrizen in Diagonalform. Nachdem umgekehrt eine Diagonalmatrix stets symmetrisch ist, muss jede diagonalisierbare Bilinearform symmetrisch sein.

Eine Darstellungsmatrix $M_B(\sigma)$ in Diagonalform hat viele Vorteile: Es vereinfacht sich die Koordinatendarstellung von σ zu

$$\sigma(x, y) = \sum_{i,j=1}^{n} x_i y_j\, \sigma(b_i, b_j) = a_{11}^2 x_1 y_1 + \cdots + a_{nn}^2 x_n y_n\,.$$

Es gibt nur mehr n Summanden. Die zugehörige quadratische Form ρ ist genau dann positiv definit (siehe Seite 663), wenn $a_{ii} > 0$ ist für alle $i \in \{1, \ldots, n\}$.

Je zwei Darstellungsmatrizen einer Bilinearform sind kongruent

Wenn wir in unserem Vektorraum von der Basis B zu B' wechseln, so gilt für die jeweiligen Koordinaten von x:

$$_{B'}x = \,_{B'}T_B \,_B x\,.$$

Die hier auftretende Transformationsmatrix

$$_{B'}T_B = \,_{B'}M(\mathrm{id}_V)_B = (\,_{B'}b_1,\, \ldots,\, _{B'}b_n)$$

ist invertierbar (siehe Kapitel 6). In ihren Spalten stehen die B'-Koordinaten der Basisvektoren von B. Man beachte als Merkregel, dass der linke Index von $_{B'}T_B$ übereinstimmt mit dem linken Index der Spaltenvektoren $_{B'}b_i$ und das Koordinatensystem festlegt, in welchem die Vektoren der im rechten Index angegebenen Basis dargestellt sind.

Umgekehrt ist

$$_B x = \,_B T_{B'} \,_{B'} x \quad \text{mit} \quad _B T_{B'} = \left(\,_{B'} T_B\right)^{-1}\,.$$

Der Wert $\sigma(x, y)$ ist unabhängig von der verwendeten Basis, d. h., für alle $x, y \in V$ muss nach (18.1) gelten:

$$\sigma(x, y) = \,_B x^\top M_B(\sigma)\,_B y = \,_{B'} x^\top M_{B'}(\sigma)\,_{B'} y\,.$$

Wir ersetzen im mittleren Ausdruck die B-Koordinaten von x und y durch die jeweiligen B'-Koordinaten. Dies führt zu

$$\begin{aligned}
&(_B T_{B'} \,_{B'} x)^\top M_B(\sigma)\, (_B T_{B'} \,_{B'} y)\\
&= \,_{B'} x^\top \left(_B T_{B'}^\top M_B(\sigma)\,_B T_{B'}\right)\,_{B'} y\\
&= \,_{B'} x^\top M_{B'}(\sigma)\,_{B'} y\,.
\end{aligned}$$

Nachdem die letzte Gleichung für alle $_{B'} x$, $_{B'} y \in \mathbb{K}^n$ gelten muss, können wir hierfür Vektoren der kanonischen Basis einsetzen, etwa $_{B'} x = e_i$ und $_{B'} y = e_j$. Dann aber bedeutet die Gleichung, dass in $M_{B'}(\sigma)$ und in dem Matrizenprodukt $(_B T_{B'})^\top M_B(\sigma)\,_B T_{B'}$ die Einträge an der Stelle (i, j) übereinstimmen, und zwar für alle $i, j = 1, \ldots, n$. Also sind diese Matrizen gleich.

> **Transformation von Darstellungsmatrizen**
>
> Für die Darstellungsmatrizen der Bilinearform σ bezüglich der Basen B und B' gilt
>
> $$M_{B'}(\sigma) = (_B T_{B'})^\top M_B(\sigma)\,_B T_{B'} \qquad (18.3)$$
>
> mit $_B T_{B'} = \left(_B b'_1\; \cdots\; _B b'_n\right)$ als invertierbarer Matrix.

Als kleine Gedächtnisstütze merken wir uns, indem wir die Transformationsgleichung von rechts lesen: Wir bekommen die Darstellungsmatrix von σ bezüglich B', indem wir die B'-Koordinaten zuerst auf B-Koordinaten umrechnen und diese dann mit der zur Basis B gehörigen Darstellungsmatrix multiplizieren.

Noch ein Hinweis zu der hier verwendeten Bezeichnungsweise der Darstellungsmatrizen: Bei den linearen Abbildungen schreiben wir beide Basen dazu, also z. B. $_{B'}M(\varphi)_B$. Bei den symmetrischen Bilinearformen oder quadratischen Formen ist, so wie in $M_B(\sigma)$, nur eine Basis erforderlich.

Beispiel Wir bestätigen (18.3) anhand des Beispiels der Bilinearform σ auf $V = \mathbb{R}^2$ von Seite 721 mit

$$\sigma(x, y) = x_1\, y_1 + x_1\, y_2 + x_2\, y_1 - 5\, x_2\, y_2,$$

also $\sigma(x, y) = x^\top A\, y$ und

$$M_E(\sigma) = A = \begin{pmatrix} 1 & 1 \\ 1 & -5 \end{pmatrix}$$

als Darstellungsmatrix von σ zur kanonischen Basis $E = (e_1, e_2)$. Wie lautet die Darstellungsmatrix $M_B(\sigma)$ bezüglich der Basis $B = (b_1, b_2)$ mit

$$b_1 = {_E}b_1 = \begin{pmatrix} 1 \\ 1 \end{pmatrix}, \quad b_2 = {_E}b_2 = \begin{pmatrix} 2 \\ 1 \end{pmatrix}?$$

Dazu beachten wir die Transformationsmatrix

$$_E T_B = (\, _E b_1,\ _E b_2) = \begin{pmatrix} 1 & 2 \\ 1 & 1 \end{pmatrix}.$$

Aus unserem Gesetz über die Transformation der Darstellungsmatrizen von Bilinearformen folgt nun:

$$\begin{aligned} M_B(\sigma) &= (_E T_B)^\top M_E(\sigma)\, _E T_B \\ &= \begin{pmatrix} 1 & 1 \\ 2 & 1 \end{pmatrix} \begin{pmatrix} 1 & 1 \\ 1 & -5 \end{pmatrix} \begin{pmatrix} 1 & 2 \\ 1 & 1 \end{pmatrix} \\ &= \begin{pmatrix} 2 & -4 \\ 3 & -3 \end{pmatrix} \begin{pmatrix} 1 & 2 \\ 1 & 1 \end{pmatrix} = \begin{pmatrix} -2 & 0 \\ 0 & 3 \end{pmatrix}, \end{aligned}$$

in Übereinstimmung mit dem auf Seite 721 angegebenen Wert für $M_B(\sigma) = \big(\sigma(b_i, b_j)\big)$. ◄

Allgemein heißt die $n \times n$-Matrix D **kongruent** zur $n \times n$-Matrix C (siehe Seite 665), wenn es eine invertierbare $n \times n$-Matrix T gibt mit $D = T^\top C\, T$.

Folgerung

Alle Darstellungsmatrizen derselben Bilinearform sind untereinander kongruent. Umgekehrt sind je zwei kongruente Matrizen aus $\mathbb{K}^{n \times n}$ aufzufassen als Darstellungsmatrizen derselben Bilinearform auf $\mathbb{K}^n$.

Beweis: Die Umkehrung folgt aus der Tatsache, dass jede invertierbare Matrix aus $\mathbb{K}^{n \times n}$ als Transformationsmatrix für einen Basiswechsel interpretierbar ist. ∎

—————————— **?** ——————————

Beweisen Sie, dass die zu einer symmetrischen Matrix kongruenten Matrizen ebenfalls symmetrisch sind. Dasselbe gilt für die Schiefsymmetrie.

Die Kongruenz von Matrizen ist natürlich zu unterscheiden von der in Kapitel 12 auf Seite 455 behandelten Ähnlichkeit. Zur Erinnerung, zwei quadratische Matrizen C, D heißen zueinander *ähnlich*, wenn $D = T^{-1} C\, T$ ist mit einer invertierbaren Matrix T. Wenn man allerdings die Transformationsmatrizen T auf orthogonale Matrizen T beschränkte, also auf solche mit $T^{-1} = T^\top$ (siehe Seite 687), dann wären ähnliche Matrizen D, C gleichzeitig kongruent und umgekehrt.

Nach den Ergebnissen von Kapitel 12 ändert sich der Rang einer Matrix nicht bei Rechts- oder Linksmultiplikation mit einer invertierbaren Matrix. Demnach haben alle Darstellungsmatrizen einer Bilinearform σ denselben Rang. Wir nennen diesen den **Rang** von σ und bezeichnen ihn mit $\mathrm{rg}(\sigma)$.

Es gibt noch eine andere Begründung für die Invarianz des Rangs, bei der wir uns allerdings auf den Fall einer symmetrischen Bilinearform σ beschränken wollen:

Wie in Kapitel 17 (siehe Seite 680) erklärt, ist σ Anlass für eine symmetrische Relation auf V: Zwei Vektoren $x, y \in V$ heißen σ-**orthogonal** genau dann, wenn $\sigma(x, y) = 0$ ist. Vektoren mit $\sigma(y, y) = 0$ heißen **isotrop** bezüglich σ. Zu jedem Unterraum U von V gibt es einen σ-Orthogonalraum $U^\perp$ mit der Eigenschaft, dass $\sigma(x, y) = 0$ ist für alle $x \in U$ und $y \in U^\perp$.

Der σ-Orthogonalraum $V^\perp$ heißt **Radikal** der symmetrischen Bilinearform σ. Die Vektoren $y \in V^\perp$ sind zu allen Vektoren aus V σ-orthogonal, also insbesondere auch zu sich selbst und daher isotrop.

Die Matrizengleichung $x^\top M_B(\sigma)\, y = 0$ ist genau dann für alle $x \in V$ erfüllt, wenn $M_B(\sigma)\, y = 0$ ist, also y das homogene lineare Gleichungssystem mit der Koeffizientenmatrix $M_B(\sigma)$ löst. Die Dimension des Radikals von σ ist somit $n - \mathrm{rg}\,\sigma$.

Eine symmetrische Bilinearform auf dem n-dimensionalen $\mathbb{K}$-Vektorraum V heißt **entartet**, wenn ihr Rang kleiner ist als n. Andernfalls heißt σ **nicht entartet** oder *radikalfrei*, denn das Radikal ist $\{0\}$. Ist σ z. B. positiv definit, wie bei einem euklidischen Skalarprodukt, so gilt für $x \neq 0$ stets $\sigma(x, x) = x \cdot x > 0$. Dann ist 0 der einzige isotrope Vektor und σ daher radikalfrei.

—————————— **?** ——————————

Welche Eigenschaft hat die symmetrische Darstellungsmatrix $M_B(\sigma)$, wenn der i-te Basisvektor $b_i \in B$ isotrop ist bezüglich σ? Wie sieht $M_B(\sigma)$ aus, wenn b_i dem Radikal von σ angehört?

—————————————————————

Jede symmetrische Bilinearform besitzt eine Darstellungsmatrix in Diagonalform

Ein Wechsel von der geordneten Basis B zu einer anderen Basis B' in dem $\mathbb{K}$-Vektorraum V lässt sich aus folgenden *elementaren Basiswechseln* zusammensetzen:

1. Zwei Basisvektoren werden vertauscht, d. h. $b_i' = b_j$ und $b_j' = b_i$ bei $i \neq j$.
2. Ein Basisvektor wird durch das λ-Fache ersetzt, also $b_i' = \lambda b_i$ und $\lambda \neq 0$.
3. Zum i-ten Basisvektor wird das λ-Fache des j-ten Basisvektors addiert, also $b_i' = b_i + \lambda b_j$ bei $i \neq j$.

Was bedeuten diese elementaren Basiswechsel für die symmetrische Darstellungsmatrix $M_B(\sigma) = \big(\sigma(b_i, b_j)\big)$?

Wir werden erkennen, dass jeder dieser Schritte eine elementare Zeilenumformung und die *gleichartige* elementare Spaltenumformung nach sich zieht. Dabei ist gleichgültig, ob zuerst die Zeilen- und dann die Spaltenumformung vorgenommen wird oder umgekehrt. Diese elementaren Zeilenumformungen sind uns übrigens erstmals im Kapitel 5 beim Verfahren von Gauß und Jordan zur Lösung linearer Gleichungssysteme begegnet.

1. Die Vertauschung von b_i und b_j bewirkt in $M_B(\sigma)$ die Vertauschung der Elemente $\sigma(b_i, b_k)$ mit $\sigma(b_j, b_k)$ für jedes $k \in \{1, \ldots, n\}$, also der i-ten Zeile mit der j-ten Zeile. Es werden aber auch die Elemente an den Stellen (k, i) und (k, j) vertauscht, also die i-Spalte mit der j-Spalte.
2. Die Multiplikation von b_i mit dem Faktor λ bewirkt eine Multiplikation der i-ten Zeile und der i-ten Spalte von $M_B(\sigma)$ mit dem Faktor λ. Insbesondere kommt das Diagonalelement an der Stelle (i, i) zweimal dran; es wird daher insgesamt mit λ^2 multipliziert.
3. Wird b_i ersetzt durch $b_i + \lambda b_j$, so wird zur i-ten Zeile das λ-Fache der j-ten Zeile addiert und zur i-ten Spalte das λ-Fache der j-ten Spalte. Dadurch kommt das Element an der Stelle (i, i) wiederum zweimal dran – ganz in Übereinstimmung mit

$$\sigma(b_i + \lambda b_j, \, b_i + \lambda b_j) = \sigma(b_i, b_i) + 2\lambda \, \sigma(b_i, b_j) + \lambda^2 \sigma(b_j, b_j).$$

Die zu diesen Basiswechseln gehörigen Transformationsmatrizen $_B T_{B'}$, die *Elementarmatrizen* (siehe Kapitel 13), entstehen aus der Einheitsmatrix durch Ausübung der jeweiligen elementaren Spaltenumformung. So gehört etwa zum Ersatz von b_i durch $b_i' = b_i + \lambda b_j$ die Transformationsmatrix

$$_B T_{B'} = \begin{pmatrix} 1 & & & & & & \\ & \ddots & & & & & \\ & & 1 & & & & \\ & & & \ddots & & & \\ & & \lambda & & 1 & & \\ & & & & & \ddots & \\ & & & & & & 1 \end{pmatrix} \begin{matrix} \\ \\ \leftarrow i \\ \\ \leftarrow j \\ \\ \\ \end{matrix}$$

Jeder Umrechnung der Darstellungsmatrix einer symmetrischen Bilinearform auf eine geänderte Basis kommt somit der wiederholten Anwendung von jeweils gleichartigen elementaren Zeilen- und Spaltenumformungen gleich.

In dem folgenden Beispiel wird vorgeführt, welcher Algorithmus angewandt werden kann, um die Darstellungsmatrix

einer symmetrischen Bilinearform durch geeigneten Basiswechsel auf *Diagonalform* zu bringen: Dabei wenden wir wiederholt elementare Zeilenoperationen und die damit gekoppelten gleichartigen Spaltenoperationen an.

Beispiel Gegeben ist die symmetrische Bilinearform $\sigma(x, y) = x^\top A \, y$ auf $\mathbb{R}^4$ mit der Darstellungsmatrix

$$A = \begin{pmatrix} 0 & 1 & -2 & 1 \\ 1 & 1 & 0 & 0 \\ -2 & 0 & -4 & 4 \\ 1 & 0 & 4 & -1 \end{pmatrix}$$

Schritt 1: Wenn es ein Element $a_{ii} \neq 0$ in der Hauptdiagonale gibt, so bringen wir dieses durch die Zeilenvertauschung $z_i \leftrightarrow z_1$ und die gleichartige Spaltenvertauschung $s_i \leftrightarrow s_1$ nach links oben. In unserem Beispiel ist es das Element a_{22}:

$$A \xrightarrow{z_2 \leftrightarrow z_1} \begin{pmatrix} 1 & 1 & 0 & 0 \\ 0 & 1 & -2 & 1 \\ -2 & 0 & -4 & 4 \\ 1 & 0 & 4 & -1 \end{pmatrix} \xrightarrow{s_2 \leftrightarrow s_1} \begin{pmatrix} 1 & 1 & 0 & 0 \\ 1 & 0 & -2 & 1 \\ 0 & -2 & -4 & 4 \\ 0 & 1 & 4 & -1 \end{pmatrix}$$

Schritt 2: Nun subtrahieren wir geeignete Vielfache der ersten Zeile von den übrigen Zeilen und wenden die analogen Spaltenumformungen an. Dadurch werden – bis auf das Element in der Hauptdiagonale – alle Einträge der ersten Zeile und Spalte zu null. In unserem Beispiel subtrahieren wir z_1 von der zweiten Zeile und ebenso s_1 von s_2.

$$\xrightarrow{z_2 - z_1} \begin{pmatrix} 1 & 1 & 0 & 0 \\ 0 & -1 & -2 & 1 \\ 0 & -2 & -4 & 4 \\ 0 & 1 & 4 & -1 \end{pmatrix} \xrightarrow{s_2 - s_1} \begin{pmatrix} 1 & 0 & 0 & 0 \\ 0 & -1 & -2 & 1 \\ 0 & -2 & -4 & 4 \\ 0 & 1 & 4 & -1 \end{pmatrix}$$

Damit sind die erste Zeile und erste Spalte erledigt, und wir verfahren mit der dreireihigen Restmatrix auf dieselbe Weise:

Schritt 1 entfällt, denn es ist $a_{22} \neq 0$. Wir brauchen also nur geeignete Vielfache der zweiten Zeile und Spalte zu subtrahieren:

$$\begin{matrix} z_3 - 2z_2 \\ z_4 + z_2 \end{matrix} \xrightarrow{} \begin{pmatrix} 1 & 0 & 0 & 0 \\ 0 & -1 & -2 & 1 \\ 0 & 0 & 0 & 2 \\ 0 & 0 & 2 & 0 \end{pmatrix} \begin{matrix} s_3 - 2s_2 \\ s_4 + s_2 \end{matrix} \xrightarrow{} \begin{pmatrix} 1 & 0 & 0 & 0 \\ 0 & -1 & 0 & 0 \\ 0 & 0 & 0 & 2 \\ 0 & 0 & 2 & 0 \end{pmatrix}$$

Nun bleibt nur mehr eine zweireihige Matrix rechts unten übrig. Allerdings tritt hier ein neues Phänomen auf: Die Restmatrix ist noch nicht gleich der Nullmatrix, aber ihre Hauptdiagonale enthält nur mehr Nullen. Wir können weder Schritt 1, noch Schritt 2 anwenden, jedoch den folgenden

Schritt 3: Gibt es außerhalb der Hauptdiagonalen noch ein Element $a_{ij} \neq 0$, so addieren wir zur i-ten Zeile die j-te Zeile und verfahren ebenso mit den Spalten. Dies ergibt als neues Diagonalelement $a_{ii} = 2 \, a_{ij}$, und wir können mit Schritt 2 fortfahren.

In unserem Beispiel ist $a_{34} \neq 0$, daher

$$\xrightarrow{z_3 + z_4} \begin{pmatrix} 1 & 0 & 0 & 0 \\ 0 & -1 & 0 & 0 \\ 0 & 0 & 2 & 2 \\ 0 & 0 & 2 & 0 \end{pmatrix} \xrightarrow{s_3 + s_4} \begin{pmatrix} 1 & 0 & 0 & 0 \\ 0 & -1 & 0 & 0 \\ 0 & 0 & 4 & 2 \\ 0 & 0 & 2 & 0 \end{pmatrix}$$

Nun werden die dritte Zeile und Spalte noch gemäß Schritt 2 reduziert:

$$
\xrightarrow{z_4-\frac{1}{2}z_3}
\begin{pmatrix}
1 & 0 & 0 & 0\\
0 & -1 & 0 & 0\\
0 & 0 & \boxed{4} & 2\\
0 & 0 & 0 & -1
\end{pmatrix}
\xrightarrow{s_4-\frac{1}{2}s_3}
\begin{pmatrix}
1 & 0 & 0 & 0\\
0 & -1 & 0 & 0\\
0 & 0 & 4 & 0\\
0 & 0 & 0 & \boxed{-1}
\end{pmatrix}
$$

Das Resultat ist eine Diagonalmatrix, die wir platzsparend als $\mathrm{diag}\,(1,-1,4,-1)$ schreiben können. ◄

Das hier in dem Beispiel aus $\mathbb{R}^4$ vorgeführte Verfahren funktioniert auch in anderen Körpern $\mathbb{K}$. Allerdings versagt bei $\operatorname{char}\mathbb{K}=2$ Schritt 3, denn $2\,a_{ij}=0$.

Diagonalisierbarkeit symmetrischer Bilinearformen

V sei ein endlichdimensionaler $\mathbb{K}$-Vektorraum und $\operatorname{char}\mathbb{K}\neq 2$. Dann gibt es zu jeder symmetrischen Bilinearform σ auf V eine Basis B', für welche $\boldsymbol{M}_{B'}(\sigma)$ eine Diagonalmatrix ist.

Beweis: Wir wenden auf die gegebene n-reihige Darstellungsmatrix $\boldsymbol{A}=\boldsymbol{M}_B(\sigma)$ den folgenden Algorithmus an:

Gibt es in der Hauptdiagonalen von $\boldsymbol{A}$ ein $a_{ii}\neq 0$, so wenden wir die nachstehend angeführten Schritte 1 und 2 an. Stehen hingegen in der Hauptdiagonale lauter Nullen, und gibt es ein $a_{ij}\neq 0$, so beginnen wir mit Schritt 3. Andernfalls ist $\boldsymbol{A}$ die Nullmatrix, und wir sind bereits fertig.

1. Schritt: Wir vertauschen die 1. Zeile mit der i-ten Zeile und ebenso die 1. Spalte mit der i-ten Spalte. Damit entsteht die Matrix $\boldsymbol{A}'=(a'_{jk})$, in welcher links oben ein von null verschiedenes Element a'_{11} steht.

2. Schritt: Wir subtrahieren für $j=2,\ldots,n$ von der j-ten Zeile das a'_{j1}/a'_{11}-Fache der ersten Zeile und ebenso von der j-ten Spalte wegen $a'_{1j}=a'_{j1}$ das a'_{j1}/a'_{11}-Fache der ersten Spalte. Bis auf das Element a'_{11} links oben stehen dann in der ersten Zeile und in der ersten Spalte lauter Nullen.

3. Schritt: Stehen in der Hauptdiagonalen lauter Nullen, und gibt es ein Element $a_{ij}=a_{ji}\neq 0$ bei $j\neq i$, so addieren wir zur i-ten Zeile die j-te Zeile und ebenso zur i-ten Spalte die j-te Spalte. Dann entsteht an der Stelle (i,i) das neue Element $2\,a_{ij}$, das bei $\operatorname{char}\mathbb{K}\neq 0$ von null verschieden ist. Wir können daher mit den Schritten 1 und 2 fortfahren.

In der Folge lassen wir die erste Zeile und die erste Spalte der Matrix $\boldsymbol{A}$ außer Acht und wenden uns der verbleibenden Matrix $\boldsymbol{A}_1\in\mathbb{K}^{(n-1)\times(n-1)}$ zu: Ist $\boldsymbol{A}_1$ die Nullmatrix, so sind wir bereits fertig. Andernfalls beginnen wir je nach Situation mit Schritt 1 oder Schritt 3 und kommen zu einer Matrix, in welcher die ersten beiden Zeilen und Spalten lauter Nullen außerhalb der Hauptdiagonalen aufweisen. Es verbleibt die Restmatrix $\boldsymbol{A}_2\in\mathbb{K}^{(n-2)\times(n-2)}$ u.s.w.

Dieses Vorgehen wird so lange wiederholt, bis die Restmatrix rechts unten nur mehr ein Element enthält oder die Nullmatrix ist. ∎

Will man bei dem oben vorgeführten Algorithmus gleichzeitig wissen, welche Transformationsmatrix $_B\boldsymbol{T}_{B'}$ die Umrechnung von $\boldsymbol{M}_B(\sigma)$ auf $\boldsymbol{M}_{B'}(\sigma)$ bewirkt, so kann man zu Beginn unter der Darstellungsmatrix $\boldsymbol{M}_B(\sigma)$ die Einheitsmatrix $\mathbf{E}_n$ dazuschreiben und bei den elementaren Spaltenumformungen gleichzeitig mit umformen. Dann steht am Ende des Algorithmus unter $\boldsymbol{M}_{B'}(\sigma)$ genau die Transformationsmatrix $_B\boldsymbol{T}_{B'}$, welche mittels (18.3) die Umrechnung auf die Diagonalmatrix ermöglicht.

Beispiel Welche Transformationsmatrix $_B\boldsymbol{T}_{B'}$ bringt gemäß (18.3) in dem Beispiel von Seite 724 die Umrechnung von $\boldsymbol{A}$ auf die endgültige Diagonalmatrix?

Wir wenden alle obigen Spaltenoperationen der Reihe nach auf die Einheitsmatrix $\mathbf{E}_4$ an:

$$
\mathbf{E}_4 \xrightarrow{s_2\leftrightarrow s_1}
\begin{pmatrix}
0 & 1 & 0 & 0\\
1 & 0 & 0 & 0\\
0 & 0 & 1 & 0\\
0 & 0 & 0 & 1
\end{pmatrix}
\xrightarrow{s_2-s_1}
\begin{pmatrix}
0 & 1 & 0 & 0\\
1 & -1 & 0 & 0\\
0 & 0 & 1 & 0\\
0 & 0 & 0 & 1
\end{pmatrix}
$$

$$
\xrightarrow[s_4+s_2]{s_3-2s_2}
\begin{pmatrix}
0 & 1 & -2 & 1\\
1 & -1 & 2 & -1\\
0 & 0 & 1 & 0\\
0 & 0 & 0 & 1
\end{pmatrix}
\xrightarrow{s_3+s_4}
\begin{pmatrix}
0 & 1 & -1 & 1\\
1 & -1 & 1 & -1\\
0 & 0 & 1 & 0\\
0 & 0 & 1 & 1
\end{pmatrix}
$$

$$
\xrightarrow{s_4-\frac{1}{2}s_3}
\begin{pmatrix}
0 & 1 & -1 & 3/2\\
1 & -1 & 1 & -3/2\\
0 & 0 & 1 & -1/2\\
0 & 0 & 1 & 1/2
\end{pmatrix}
= {}_B\boldsymbol{T}_{B'}.
$$

Damit gilt $\boldsymbol{M}_{B'}(\sigma)=({}_B\boldsymbol{T}_{B'})^{\top}\,\boldsymbol{M}_B(\sigma)\,{}_B\boldsymbol{T}_{B'}$, denn

$$
\mathrm{diag}\,(1,-1,4,-1)=
\begin{pmatrix}
0 & 1 & 0 & 0\\
1 & -1 & 0 & 0\\
-1 & 1 & 1 & 1\\
3/2 & -3/2 & -1/2 & 1/2
\end{pmatrix}
$$

$$
\begin{pmatrix}
0 & 1 & -2 & 1\\
1 & 1 & 0 & 0\\
-2 & 0 & -4 & 4\\
1 & 0 & 4 & -1
\end{pmatrix}
\begin{pmatrix}
0 & 1 & -1 & 3/2\\
1 & -1 & 1 & -3/2\\
0 & 0 & 1 & -1/2\\
0 & 0 & 1 & 1/2
\end{pmatrix}
$$
◄

?

Geben Sie einen Basiswechsel an, welcher die symmetrische Bilinearform

$$
\sigma:\mathbb{R}^2\to\mathbb{R},\quad \sigma(\boldsymbol{x},\boldsymbol{y})=x_1y_2+x_2y_1
$$

auf Diagonalform bringt.

Nach der algorithmischen Diagonalisierung folgt noch eine Charakterisierung der diagonalisierenden Basen.

Lemma

Es sei σ eine symmetrische Bilinearform auf dem n-dimensionalen $\mathbb{K}$-Vektorraum V. Dann hat die Darstellungsmatrix $\boldsymbol{M}_B(\sigma)$ genau dann die Diagonalform $\mathrm{diag}\,(a_{11},\ldots,a_{rr},0,\ldots,0)$, wenn die Vektoren der Basis B paarweise σ-orthogonal sind, also $\sigma(\boldsymbol{b}_i,\boldsymbol{b}_j)=0$ ist für alle $i\neq j$, und wenn die letzten Basisvektoren $\boldsymbol{b}_{r+1}, \dots, \boldsymbol{b}_n$ dem Radikal von σ angehören.

Die zum Vektor $\boldsymbol{u} \in V$ σ-orthogonalen Vektoren $\boldsymbol{y}$ gehören dem Kern der Linearform

$$\varphi_{\boldsymbol{u}} : V \to \mathbb{K}, \quad \boldsymbol{y} \mapsto \sigma(\boldsymbol{u}, \boldsymbol{y})$$

an. Liegt $\boldsymbol{u}$ im Radikal von σ, so ist $\varphi_{\boldsymbol{u}}$ die Nullform und der zugehörige Kern ganz V. Andernfalls ist der Kern von $\varphi_{\boldsymbol{u}} \in V^*$ ein $(n-1)$-dimensionaler Unterraum von V.

Kommentar: Bei unserem Diagonalisierungsverfahren mittels gekoppelter Zeilen- und Spaltenumformungen ergibt sich die zugrunde liegende Basis automatisch (Abb. 18.4): Wir können keinesfalls erwarten, dass diese orthogonal oder gar orthonormiert ist. Es gibt zwar in euklidischen Räumen eine diagonalisierende und gleichzeitig orthonormierte Basis, wie wir aus Kapitel 17 wissen, doch erfordert deren Berechnung die Bestimmung von Eigenwerten und -vektoren einer symmetrischen Matrix. Wir kommen darauf noch bei der Hauptachsentransformation auf Seite 731 zurück und nennen dies das *orthogonale Diagonalisieren*.

Eine symmetrische Bilinearform hat viele verschiedene Diagonaldarstellungen

Obwohl der obige Algorithmus zum Diagonalisieren der Darstellungsmatrix eine gewisse Abfolge von Zeilen- und Spaltenumformungen vorschreibt, so bestehen doch Wahlmöglichkeiten in den Schritten 1 und 3. Deshalb sind die diagonalisierten Darstellungsmatrizen der symmetrischen Bilinearform σ keinesfalls eindeutig. Das geht auch aus dem obigen Lemma hervor.

So können wir in der Basis B mit $\boldsymbol{M}_B(\sigma) = \operatorname{diag}(a_{11}, \dots, a_{nn})$ den Vektor $\boldsymbol{b}_i$ durch $\boldsymbol{b}_i' = \lambda\, \boldsymbol{b}_i$ ersetzen. Die Darstellungsmatrix behält Diagonalform, aber das Diagonalelement $\sigma(\boldsymbol{b}_i, \boldsymbol{b}_i) = a_{ii}$ aus $\boldsymbol{M}_B(\sigma)$ wird ersetzt durch $\sigma(\boldsymbol{b}_i', \boldsymbol{b}_i') = \lambda^2 a_{ii}$ in $\boldsymbol{M}_{B'}(\sigma)$.

Aber auch Basiswechsel mit $\boldsymbol{b}_i' \notin \mathbb{K}\boldsymbol{b}_i$ können erneut zu Diagonalmatrizen führen, wie das folgende Beispiel zeigt.

Beispiel Die symmetrische Bilinearform auf $V = \mathbb{R}^2$ von Seite 718 mit der kanonischen Darstellungsmatrix

$$\boldsymbol{M}_E(\sigma) = \begin{pmatrix} 1 & 1 \\ 1 & -5 \end{pmatrix}$$

hat bezüglich der Basis $B = \left(\begin{pmatrix} 1 \\ 1 \end{pmatrix}, \begin{pmatrix} 2 \\ 1 \end{pmatrix} \right)$ (siehe Seite 721 und Abbildung 18.4) die Darstellungsmatrix

$$\boldsymbol{M}_B(\sigma) = \begin{pmatrix} -2 & 0 \\ 0 & 3 \end{pmatrix} = \operatorname{diag}(-2, 3).$$

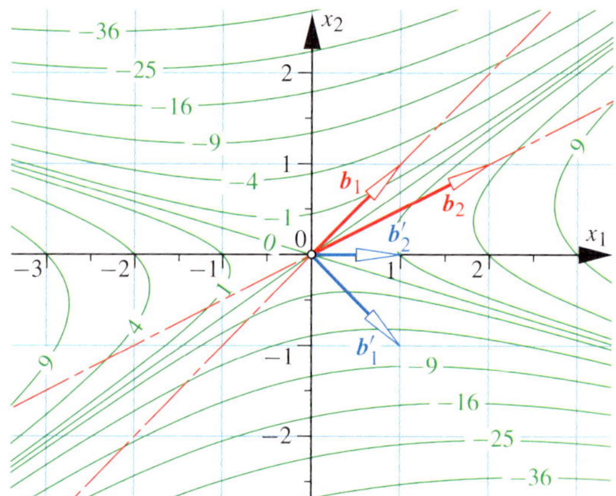

Abbildung 18.4 Die Niveaulinien der quadratischen Form $\rho(\boldsymbol{x})$ aus Abbildung 18.1 samt den diagonalisierenden Basen $B = (\boldsymbol{b}_1, \boldsymbol{b}_2)$ und $B' = (\boldsymbol{b}_1', \boldsymbol{b}_2')$.

Aber auch die Basis

$$B' = (\boldsymbol{b}_1', \boldsymbol{b}_2') \ \text{mit} \ \boldsymbol{b}_1' = \begin{pmatrix} 1 \\ -1 \end{pmatrix}, \ \boldsymbol{b}_2' = \begin{pmatrix} 1 \\ 0 \end{pmatrix}$$

(Abb. 18.4) führt auf eine Diagonalmatrix, denn

$$\boldsymbol{M}_{B'}(\sigma) = \big(\sigma(\boldsymbol{b}_1', \boldsymbol{b}_2')\big) = \begin{pmatrix} -6 & 0 \\ 0 & 1 \end{pmatrix} = \operatorname{diag}(-6, 1).$$

Es sind sowohl $\boldsymbol{b}_1$ und $\boldsymbol{b}_2$ σ-orthogonal, als auch $\boldsymbol{b}_1'$ und $\boldsymbol{b}_2'$. Das ist auch anhand der Niveaulinien der zu σ gehörigen quadratischen Form ρ erkennbar. Man kann nämlich zeigen, dass zwei σ-orthogonale und von $\boldsymbol{0}$ verschiedene Vektoren ein Paar konjugierter Durchmesser der Niveaulinien aufspannen; es haben nämlich die Niveaulinien in den Schnittpunkten mit einem der Durchmesser stets Tangenten, die zu dem anderen Durchmesser parallel sind. ◄

Was haben die verschiedenen diagonalisierten Darstellungsmatrizen von σ gemein? Im Fall $\mathbb{K} = \mathbb{R}$ gibt es darauf eine Antwort, wie der folgende Abschnitt zeigt.

Reelle symmetrische Bilinearformen haben eine eindeutige Signatur

Angenommen, die Darstellungsmatrix $\boldsymbol{M}_B(\sigma) \in \mathbb{R}^{n \times n}$ der symmetrischen Bilinearform σ hat Diagonalform. Dann kann jedes positive Diagonalelement a_{ii} durch den Ersatz von $\boldsymbol{b}_i$ durch $\boldsymbol{b}_i' = \lambda\, \boldsymbol{b}_i$ mit $\lambda = 1/\sqrt{a_{ii}}$ auf 1 normiert werden.

Bei einem negativen a_{ii} ergibt die Wahl $\lambda = 1/\sqrt{-a_{ii}}$ das Diagonalelement -1. Damit kommen in der Hauptdiagonale von $\boldsymbol{M}_{B'}(\sigma)$ nur mehr Werte aus $\{1, -1, 0\}$ vor. Nach einer eventuellen Umreihung der Basisvektoren erreichen wir die folgende Normalform.

Normalform reeller symmetrischer Bilinearformen

Zu jeder symmetrischen Bilinearform σ vom Rang r auf dem n-dimensionalen reellen Vektorraum V gibt es eine Basis B' mit

$$M_{B'}(\sigma) = \mathrm{diag}\,(a_{11}, \ldots, a_{nn}) \quad \text{bei}$$
$$a_{11} = \cdots = a_{pp} = 1, \; a_{p+1\,p+1} = \cdots = a_{rr} = -1,$$
$$a_{r+1\,r+1} = \cdots = a_{nn} = 0 \quad \text{und} \quad 0 \leq p \leq r \leq n.$$

In den zugehörigen Koordinaten gilt:

$$\sigma(\boldsymbol{x}, \boldsymbol{y}) = x_1 y_1 + \cdots + x_p y_p - x_{p+1} y_{p+1} - \cdots - x_r y_r.$$

Wir werden sehen, dass diese spezielle Darstellungsmatrix von σ sogar eindeutig ist, und wir nennen sie die **Normalform** der reellen Bilinearform σ. Zu ihrer Festlegung sind drei Zahlen erforderlich, die Anzahlen p der Einsen, $(r - p)$ der Minus-Einsen und $(n - r)$ der Nullen in der Hauptdiagonale von $M_{B'}(\sigma)$. Dieses Zahlentripel

$$(p, \; r - p, \; n - r)$$

heißt **Signatur** von σ. Dabei sind diese drei Zahlen bereits vor der obigen Normierung als Anzahlen der positiven und negativen Einträge sowie der Nullen in der Hauptdiagonale von $M_B(\sigma) = \mathrm{diag}\,(a_{11}, \ldots, a_{nn})$ feststellbar.

Dass kongruente Matrizen denselben Rang r haben, wissen wir schon. Dass sie aber auch dasselbe p und damit dieselbe Signatur haben, ist Gegenstand des folgenden Satzes.

Trägheitssatz von Sylvester

Alle diagonalisierten Darstellungsmatrizen der reellen symmetrischen Bilinearform σ weisen dieselbe Anzahl p von positiven Einträgen auf. Ebenso haben alle dieselbe Anzahl $r - p$ von negativen Einträgen. Also ist die Signatur $(p, \; r - p, \; n - r)$ von σ eindeutig.

Beweis: Mit jeder σ diagonalisierenden Basis $(\boldsymbol{b}_1, \ldots, \boldsymbol{b}_n)$ sind gewisse Unterräume verknüpft:

Für Vektoren $\boldsymbol{x}$ aus der Hülle der ersten p Basisvektoren, also $\boldsymbol{x} = \sum_{i=1}^{p} x_i \boldsymbol{b}_i \in \langle \boldsymbol{b}_1, \ldots, \boldsymbol{b}_p \rangle$, ist bei $\boldsymbol{x} \neq \boldsymbol{0}$

$$\rho(\boldsymbol{x}) = \sigma(\boldsymbol{x}, \boldsymbol{x}) = a_{11} x_1^2 + \cdots + a_{pp} x_p^2 > 0,$$

nachdem alle hier auftretenden Koeffizienten positiv sind.

Analog ist für alle $\boldsymbol{x} \in \langle \boldsymbol{b}_{p+1}, \ldots, \boldsymbol{b}_n \rangle$

$$\rho(\boldsymbol{x}) = a_{p+1\,p+1} x_{p+1}^2 + \cdots + a_{rr} x_r^2 \leq 0,$$

denn hier sind die Koeffizienten durchwegs negativ, und die restlichen Koordinaten $x_{r+1}, \ldots, x_n$ kommen gar nicht vor.

Wir vergleichen dies mit einer zweiten Diagonaldarstellung von σ: Die Basis $B' = (\boldsymbol{b}_1', \ldots, \boldsymbol{b}_n')$ bringe σ auf eine Diagonalform $\mathrm{diag}\,(a_{11}', \ldots, a_{nn}')$ mit p' positiven und $r - p'$

negativen Einträgen, also mit

$$\rho(\boldsymbol{b}_i') = \begin{cases} a_{ii}' > 0 & \text{für } i = 1, \ldots, p', \\ a_{ii}' < 0 & \text{für } i = p' + 1, \ldots, r, \\ a_{ii}' = 0 & \text{für } i = r + 1, \ldots, n. \end{cases}$$

Wir zeigen, dass die Annahme $p' \neq p$, also z. B. $p > p'$, auf einen Widerspruch führt. Dazu konzentrieren wir uns auf die beiden Unterräume

$$U_{>0} = \langle \boldsymbol{b}_1, \ldots, \boldsymbol{b}_p \rangle \quad \text{mit} \quad \dim U_{>0} = p$$

und

$$U_{\leq 0}' = \langle \boldsymbol{b}_{p'+1}', \ldots, \boldsymbol{b}_n' \rangle \quad \text{mit} \quad \dim U_{\leq 0}' = n - p'.$$

Die Summe der Dimensionen von $U_{>0}$ und $U_{\leq 0}'$ beträgt $p + n - p' > n$. Daher ist nach der Dimensionsformel (siehe Seite 217)

$$\dim \left(U_{>0} \cap U_{\leq 0}' \right) \geq 1.$$

Es gibt also einen Vektor $\boldsymbol{x} \neq \boldsymbol{0}$ aus dem Durchschnitt dieser Unterräume, und dies führt zum offensichtlichen Widerspruch

$$\boldsymbol{x} \in U_{>0} \setminus \{\boldsymbol{0}\} \quad \Longrightarrow \quad \rho(\boldsymbol{x}) > 0 \quad \text{und}$$
$$\boldsymbol{x} \in U_{\leq 0}' \quad \Longrightarrow \quad \rho(\boldsymbol{x}) \leq 0.$$

Somit bleibt $p' = p$. $\blacksquare$

Kommentar:

1. Das etwas ungewohnte Wort „Trägheit" in diesem auf James J. Sylvester (1814–1897) zurückgehenden Ergebnis bezieht sich auf die Tatsache, dass sich die Signatur bei Basiswechseln, also beim Übergang zwischen kongruenten Darstellungsmatrizen, nicht ändert.

2. Der Begriff *Signatur* wird in der Literatur nicht immer einheitlich verwendet: Manchmal bezeichnet man damit nur das Zahlenpaar $(p, \; r - p)$, vor allem dann, wenn die Dimension n von V von vornherein feststeht. Manchmal meint man damit die Folge der Vorzeichen, also etwa $(+ + + - - 0)$ anstelle des Tripels $(3, 2, 1)$.

Natürlich lässt sich anhand der Signatur $(p, \; r - p, \; n - r)$ sofort beantworten, ob eine reelle symmetrische Bilinearform σ oder ihre Darstellungsmatrizen positiv oder negativ definit sind oder semidefinit sind oder indefinit (siehe Seite 663). Negativ semidefinit etwa ist äquivalent zu $p = 0$.

?

Bestimmen Sie die Signatur der auf den Seiten 718, 721, 723 und 726 behandelten symmetrischen Bilinearform σ. Welche Basen B' bringen σ auf die Normalform?

18.2 Hermitesche Sesquilinearformen

Die Aussage, dass die Darstellungsmatrix einer symmetrischen Bilinearform σ diagonalisierbar ist, gilt für alle Körper $\mathbb{K}$ mit $\operatorname{char}\mathbb{K} \neq 2$. Von einer Signatur kann man nur sprechen, wenn in $\mathbb{K}$ zwischen positiven und negativen Elementen sinnvoll unterschieden werden kann. Dies trifft auf angeordnete Körper zu (siehe Seite 84), wie z. B. $\mathbb{R}$, aber nicht auf $\mathbb{C}$.

Und doch gilt ein Resultat ähnlichen Inhalts auch noch für $\mathbb{C}$, allerdings nicht für die symmetrischen Bilinearformen, sondern für die im Kapitel 17 bereits vorgestellten hermiteschen Sesquilinearformen. Wir wiederholen nochmals kurz deren Definition.

Wir setzen V als Vektorraum über $\mathbb{C}$ voraus. Eine Abbildung

$$\sigma : \begin{cases} V \times V & \to & \mathbb{C}, \\ (\boldsymbol{x}, \boldsymbol{y}) & \mapsto & \sigma(\boldsymbol{x}, \boldsymbol{y}) \end{cases}$$

heißt *Sesquilinearform*, wenn für alle $\boldsymbol{x}, \boldsymbol{x}', \boldsymbol{y}, \boldsymbol{y}' \in V$ und $\lambda \in \mathbb{K}$ gilt:

$$\begin{aligned} \sigma(\boldsymbol{x} + \boldsymbol{x}', \boldsymbol{y}) &= \sigma(\boldsymbol{x}, \boldsymbol{y}) + \sigma(\boldsymbol{x}', \boldsymbol{y}), \\ \sigma(\lambda\boldsymbol{x}, \boldsymbol{y}) &= \lambda\,\sigma(\boldsymbol{x}, \boldsymbol{y}), \\ \sigma(\boldsymbol{x}, \boldsymbol{y} + \boldsymbol{y}') &= \sigma(\boldsymbol{x}, \boldsymbol{y}) + \sigma(\boldsymbol{x}, \boldsymbol{y}'), \\ \sigma(\boldsymbol{x}, \lambda\boldsymbol{y}) &= \overline{\lambda}\,\sigma(\boldsymbol{x}, \boldsymbol{y}), \end{aligned}$$

wobei $\overline{\lambda}$ die zu λ konjugiert komplexe Zahl bezeichnet. σ ist somit linear im ersten und halblinear im zweiten Argument, also insgesamt anderthalbfach (lateinisch: *sesqui*) linear.

Nach Charles Hermite (1822–1901) heißt eine Sesquilinearform *hermitesch*, wenn stets gilt:

$$\sigma(\boldsymbol{y}, \boldsymbol{x}) = \overline{\sigma(\boldsymbol{x}, \boldsymbol{y})}. \tag{18.4}$$

---------------------- **?** ----------------------

Warum kann eine Sesquilinearform nicht symmetrisch sein, d. h., warum führt eine generelle Forderung $\sigma(\boldsymbol{y}, \boldsymbol{x}) = \sigma(\boldsymbol{x}, \boldsymbol{y})$ zu Widersprüchen?

Die Einschränkung der hermiteschen Sesquilinearform σ auf die Diagonale von V ist eine Abbildung

$$\rho : \begin{cases} V & \to & \mathbb{R}, \\ \boldsymbol{x} & \mapsto & \rho(\boldsymbol{x}) = \sigma(\boldsymbol{x}, \boldsymbol{x}). \end{cases}$$

Sie heißt **hermitesche Form** auf dem $\mathbb{C}$-Vektorraum V. Dass hier als Zielmenge $\mathbb{R}$ angegeben ist, ist kein Tippfehler, sondern wegen (18.4) $\sigma(\boldsymbol{y}, \boldsymbol{x}) = \overline{\sigma(\boldsymbol{x}, \boldsymbol{y})}$ muss $\rho(\boldsymbol{x}) = \overline{\rho(\boldsymbol{x})}$ und damit reell sein. Es macht also durchaus Sinn, von *positiv definiten* hermiteschen Formen zu sprechen, wenn für alle $\boldsymbol{x} \in V \setminus \{\boldsymbol{0}\}$ das $\rho(\boldsymbol{x}) > 0$ ist. Und dieser Begriff wurde in Abschnitt 17.4 auch schon verwendet.

---------------------- **?** ----------------------

Beweisen Sie für hermitesche Formen die beiden Rechenregeln:

$$\rho(\lambda\boldsymbol{x}) = |\lambda|^2 \rho(\boldsymbol{x}) \;\text{ und }$$
$$\rho(\boldsymbol{x} + \boldsymbol{y}) + \rho(\boldsymbol{x} - \boldsymbol{y}) = 2\,(\rho(\boldsymbol{x}) + \rho(\boldsymbol{y})).$$

Ähnlich wie bei den quadratischen Formen (Seite 720) kann man auch die hermiteschen Formen direkt definieren, ohne von einer hermiteschen Sesquilinearform auf dem $\mathbb{C}$-Vektorraum V auszugehen: Dazu fordert man von einer Abbildung $\rho : V \to \mathbb{R}$ für alle $\boldsymbol{x}, \boldsymbol{y} \in V$ und $\lambda \in \mathbb{C}$:

1. $\rho(\lambda\boldsymbol{x}) = \lambda\,\overline{\lambda}\,\rho(\boldsymbol{x})$.
2. $\rho(\boldsymbol{x} + \boldsymbol{y}) + \rho(\boldsymbol{x} - \boldsymbol{y}) = 2\,(\rho(\boldsymbol{x}) + \rho(\boldsymbol{y}))$.
3. Die induzierte Abbildung $\widetilde{\sigma} : V \times V \to \mathbb{C}$ mit

$$\widetilde{\sigma}(\boldsymbol{x}, \boldsymbol{y}) = \rho(\boldsymbol{x} + \boldsymbol{y}) + \mathrm{i}\rho(\boldsymbol{x} + \mathrm{i}\boldsymbol{y}) - (1 + \mathrm{i})\,(\rho(\boldsymbol{x}) + \rho(\boldsymbol{y}))$$

ist eine Sesquilinearform.

Es stellt sich dann ρ als Einschränkung der Sesquilinearform $\sigma = \frac{1}{2}\widetilde{\sigma}$ auf die Diagonale von V heraus, denn

$$\begin{aligned} \widetilde{\sigma}(\boldsymbol{x}, \boldsymbol{x}) &= 4\,\rho(\boldsymbol{x}) + \mathrm{i}(1 + \mathrm{i})(1 - \mathrm{i})\rho(\boldsymbol{x}) - 2(1 + \mathrm{i})\rho(\boldsymbol{x}) \\ &= 4\,\rho(\boldsymbol{x}) + 2\mathrm{i}\,\rho(\boldsymbol{x}) - 2\rho(\boldsymbol{x}) - 2\mathrm{i}\,\rho(\boldsymbol{x}) = 2\,\rho(\boldsymbol{x}). \end{aligned}$$

Man nennt dann so wie im Reellen $\widetilde{\sigma}$ die zu ρ gehörige *Polarform*.

Alle Darstellungsmatrizen einer hermiteschen Sesquilinearform sind untereinander kongruent

Bei der Definition der *Darstellungsmatrix einer Sesquilinearform* können wir wie im Reellen vorgehen: Sind $B = (\boldsymbol{b}_1, \dots, \boldsymbol{b}_n)$ eine geordnete Basis des endlichdimensionalen $\mathbb{C}$-Vektorraums V und

$$\boldsymbol{x} = \sum_{i=1}^{n} x_i \boldsymbol{b}_i \;\text{ sowie }\; \boldsymbol{y} = \sum_{j=1}^{n} y_j \boldsymbol{b}_j,$$

so folgt aus unseren Regeln für Sesquilinearformen:

$$\sigma(\boldsymbol{x}, \boldsymbol{y}) = \sigma\left(\sum_{i=1}^{n} x_i \boldsymbol{b}_i, \sum_{j=1}^{n} y_j \boldsymbol{b}_j\right) = \sum_{i,j=1}^{n} x_i\,\overline{y_j}\,\sigma(\boldsymbol{b}_i, \boldsymbol{b}_j).$$

Die n^2 Koeffizienten $\sigma(\boldsymbol{b}_i, \boldsymbol{b}_j)$ legen σ eindeutig fest und können in Form der *Darstellungsmatrix*

$$\boldsymbol{M}_B(\sigma) = \big(\sigma(\boldsymbol{b}_i, \boldsymbol{b}_j)\big)$$

angeordnet werden.

Schreiben wir die Koordinaten aus, so bedeutet dies:

$$\begin{aligned} \sigma(\boldsymbol{x}, \boldsymbol{y}) &= (x_1 \ \dots \ x_n)\,\boldsymbol{M}_B(\sigma)\begin{pmatrix} \overline{y_1} \\ \vdots \\ \overline{y_n} \end{pmatrix} \\ &= {}_B\boldsymbol{x}^\top \boldsymbol{M}_B(\sigma)\,\overline{{}_B\boldsymbol{y}}. \end{aligned} \tag{18.5}$$

Ist die Sesquilinearform überdies hermitesch, so hat deren Darstellungsmatrix die kennzeichnende Eigenschaft

$$M_B(\sigma)^\top = \overline{M_B(\sigma)}, \qquad (18.6)$$

denn $a_{ji} = \sigma(\boldsymbol{b}_j, \boldsymbol{b}_i) = \overline{\sigma(\boldsymbol{b}_i, \boldsymbol{b}_j)} = \overline{a_{ij}}$. Derartige Matrizen aus $\mathbb{C}^{n \times n}$ heißen *hermitesch* (siehe Seite 684).

Man beachte: Die Theorie der hermiteschen Sesquilinearformen umfasst jene der reellen symmetrischen Bilinearformen als Sonderfall. Wenn wir nämlich in der Darstellungsmatrix nur Einträge $a_{ij} \in \mathbb{R}$ zulassen, so handelt es sich um die Darstellungsmatrix einer reellen symmetrischen Bilinearform, nachdem die im hermiteschen Fall geforderte Bedingung (18.6) dann wegen $a_{ji} = \overline{a_{ij}} = a_{ij}$ eben nur die gewöhnliche Symmetrie bedeutet.

Wie lautet eine hermitesche Form $\rho(\boldsymbol{x})$, wenn sie in Koordinaten dargestellt wird? Wie kann man aus dieser Darstellung ersehen, dass $\rho(\boldsymbol{x})$ stets reell ist?

Wir spalten die Summe

$$\rho(\boldsymbol{x}) = \sigma(\boldsymbol{x}, \boldsymbol{x}) = \sum_{i,j=1}^{n} a_{ij}\, x_i\, \overline{x_j}$$

auf in

$$\sum_{i=1}^{n} a_{ii}\, \underbrace{x_i\, \overline{x_i}}_{|x_i|^2} + \sum_{i<j} \underbrace{a_{ij}\, x_i\, \overline{x_j}}_{=z} + \sum_{i<j} \underbrace{a_{ji}\, x_j\, \overline{x_i}}_{=\overline{a_{ij}}}.$$

Somit bleibt

$$\rho(\boldsymbol{x}) = \sum_{i} a_{ii}|x_i|^2 + \sum_{i<j} \underbrace{(a_{ij}\, x_i\, \overline{x_j} + \overline{a_{ij}}\, \overline{x_i}\, x_j)}_{z+\overline{z}} \in \mathbb{R}.$$

Hinsichtlich der Auswirkung elementarer Basiswechsel auf diese Darstellungsmatrix zeigt sich ein Unterschied zu den symmetrischen Bilinearformen:

Setzen wir $\boldsymbol{b}_i' = \boldsymbol{b}_i + \lambda\,\boldsymbol{b}_j$, während alle anderen Basisvektoren unverändert bleiben, so wird das Element $a_{ik} = \sigma(\boldsymbol{b}_i, \boldsymbol{b}_k)$ aus $M_B(\sigma)$ zum Element

$$\sigma(\boldsymbol{b}_i + \lambda\,\boldsymbol{b}_j,\ \boldsymbol{b}_k) = \sigma(\boldsymbol{b}_i, \boldsymbol{b}_k) + \lambda\,\sigma(\boldsymbol{b}_j, \boldsymbol{b}_k) = a_{ik} + \lambda\,a_{jk}$$

in der neuen Darstellungsmatrix $M_{B'}(\sigma)$. Dagegen wird $a_{ki} = \sigma(\boldsymbol{b}_k, \boldsymbol{b}_i)$ zu

$$\sigma(\boldsymbol{b}_k,\ \boldsymbol{b}_i + \lambda\,\boldsymbol{b}_j) = \sigma(\boldsymbol{b}_k, \boldsymbol{b}_i) + \overline{\lambda}\,\sigma(\boldsymbol{b}_k, \boldsymbol{b}_j) = a_{ki} + \overline{\lambda}\,a_{kj}.$$

Es wird also beim Übergang von $M_B(\sigma)$ zu $M_{B'}(\sigma)$ zur i-ten Zeile die λ-fache j-te Zeile addiert und zur i-ten Spalte die $\overline{\lambda}$-fache j-Spalte. Jede elementare Zeilenumformung ist also hier mit der gleichartigen, jedoch konjugiert komplexen Spaltenumformung zu koppeln.

Dies folgt auch aus der Matrizendarstellung (18.5): Für alle $\boldsymbol{x}, \boldsymbol{y} \in V$ muss gelten:

$$\begin{aligned}
\sigma(\boldsymbol{x}, \boldsymbol{y}) &= {}_{B'}\boldsymbol{x}^\top M_{B'}(\sigma)\ \overline{{}_{B'}\boldsymbol{y}} = {}_B\boldsymbol{x}^\top M_B(\sigma)\ \overline{{}_B\boldsymbol{y}} \\
&= ({}_B\boldsymbol{T}_{B'}\ {}_{B'}\boldsymbol{x})^\top M_B(\sigma) \left(\overline{{}_B\boldsymbol{T}_{B'}\ {}_{B'}\boldsymbol{y}}\right) \\
&= {}_{B'}\boldsymbol{x}^\top \left(({}_B\boldsymbol{T}_{B'})^\top M_B(\sigma)\ \overline{{}_B\boldsymbol{T}_{B'}}\right)\ {}_{B'}\boldsymbol{y}.
\end{aligned}$$

Das führt auf die folgende Gleichung zwischen den Darstellungsmatrizen.

Darstellungsmatrizen von Sesquilinearformen

Für die Darstellungsmatrizen der Sesquilinearform σ bezüglich der Basen B und B' gilt

$$M_{B'}(\sigma) = ({}_B\boldsymbol{T}_{B'})^\top M_B(\sigma)\ \overline{{}_B\boldsymbol{T}_{B'}} \qquad (18.7)$$

mit ${}_B\boldsymbol{T}_{B'} = \left({}_B\boldsymbol{b}_1' \ \cdots \ {}_B\boldsymbol{b}_n'\right)$ als invertierbarer Matrix. Je zwei derartige Darstellungsmatrizen von σ heißen zueinander **hermitesch kongruent**.

?

Warum sind die zu einer hermiteschen Matrix kongruenten Matrizen wieder hermitesch?

Will man eine hermitesche Darstellungsmatrix diagonalisieren, so kann man mithilfe dieser neuartig gekoppelten elementaren Zeilen- und Spaltenumformungen ganz ähnlich vorgehen wie in dem auf Seite 725 vorstellten Algorithmus für symmetrische Bilinearformen. Wir verzichten auf die genaue Formulierung der notwendigen Schritte 1 bis 3 und zeigen dafür ein Zahlenbeispiel.

Beispiel Gesucht ist eine zu

$$A = \begin{pmatrix} 1 & i & -i \\ -i & 0 & 2-i \\ i & 2+i & 1 \end{pmatrix}$$

hermitesch kongruente Diagonalmatrix.

Wir subtrahieren geeignete Vielfache der ersten Zeile und Spalte von den zweiten und dritten, um in der ersten Zeile und Spalte neben $a_{11} = 1$ nur mehr Nullen zu bekommen:

$$\begin{pmatrix} 1 & i & -i \\ -i & 0 & 2-i \\ i & 2+i & 1 \end{pmatrix} \xrightarrow[]{\substack{z_2+i z_1 \\ z_3-i z_1}} \begin{pmatrix} 1 & i & -i \\ 0 & -1 & 3-i \\ 0 & 3+i & 0 \end{pmatrix}$$

$$\xrightarrow[]{\substack{s_2-i s_1 \\ s_3+i s_1}} \begin{pmatrix} 1 & 0 & 0 \\ 0 & -1 & 3-i \\ 0 & 3+i & 0 \end{pmatrix}$$

Hierauf verfahren wir mit der Restmatrix ähnlich:

$$\begin{pmatrix} 1 & 0 & 0 \\ 0 & -1 & 3-i \\ 0 & 3+i & 0 \end{pmatrix} \xrightarrow[]{z_3+(3+i)z_2} \begin{pmatrix} 1 & 0 & 0 \\ 0 & -1 & 3-i \\ 0 & 0 & 10 \end{pmatrix}$$

$$\xrightarrow[]{s_3+(3-i)s_2} \begin{pmatrix} 1 & 0 & 0 \\ 0 & -1 & 0 \\ 0 & 0 & 10 \end{pmatrix} = \mathrm{diag}\,(1, -1, 10).$$

Soll auch hier so wie auf Seite 725 die Transformationsmatrix ${}_B\boldsymbol{T}_{B'}$ mitberechnet werden, so wenden wir auf die Einheitsmatrix $\boldsymbol{E}_3$ der Reihe nach die obigen Spaltenoperationen an. Dies führt zu $\overline{{}_B\boldsymbol{T}_{B'}}$:

$$\boldsymbol{E}_3 = \begin{pmatrix} 1 & 0 & 0 \\ 0 & 1 & 0 \\ 0 & 0 & 1 \end{pmatrix} \xrightarrow[]{\substack{s_2-i s_1 \\ s_3+i s_1}} \begin{pmatrix} 1 & -i & i \\ 0 & 1 & 0 \\ 0 & 0 & 1 \end{pmatrix}$$

$$\xrightarrow[]{s_3+(3-i)s_2} \begin{pmatrix} 1 & -i & -1-2i \\ 0 & 1 & 3-i \\ 0 & 0 & 1 \end{pmatrix} = \overline{{}_B\boldsymbol{T}_{B'}}.$$

Zur Probe können wir für $M_B(\sigma) = A$ bestätigen:

$$({}_B T_{B'})^\top M_B(\sigma) \, \overline{{}_B T_{B'}} = \begin{pmatrix} 1 & 0 & 0 \\ i & 1 & 0 \\ -1+2i & 3+i & 1 \end{pmatrix}$$

$$\begin{pmatrix} 1 & i & -i \\ -i & 0 & 2-i \\ i & 2+i & 1 \end{pmatrix} \begin{pmatrix} 1 & -i & -1-2i \\ 0 & 1 & 3-i \\ 0 & 0 & 1 \end{pmatrix}$$

$$= \begin{pmatrix} 1 & 0 & 0 \\ 0 & -1 & 0 \\ 0 & 0 & 10 \end{pmatrix} = M_{B'}(\sigma). \qquad \blacktriangleleft$$

Die Elemente in der Hauptdiagonalen einer hermiteschen Matrix sind wegen $\overline{a_{jj}} = a_{jj}$ stets reell. Man kann daher die positiven Diagonaleinträge wieder mittels $b'_j = \lambda\, b_j$ und $\lambda = 1/\sqrt{a_{jj}}$ auf $+1$ normieren und die negativen mit $\lambda = 1/\sqrt{-a_{jj}}$ auf -1.

Nun ist eine Bemerkung notwendig: Da wir mit komplexen Zahlen rechnen, könnte man z. B. bei $a_{jj} = -4$ auch den Basiswechsel $b'_j = \frac{1}{2i}\, b_j$ vornehmen. Wird die j-te Zeile mit $\frac{1}{2i} = -\frac{i}{2}$ multipliziert, so muss die j-te Spalte mit dem konjugiert komplexen Wert $\frac{i}{2}$ multipliziert werden. Beides zusammen ergibt als neues Diagonalelement aber erst wieder $\frac{1}{4}(-4) = -1$. Beide Möglichkeiten führen zu demselben Ergebnis.

Somit gilt die Normalform von Seite 727 auch für die hermiteschen Sesquilinearformen. Und auch der Trägheitssatz von Sylvester von Seite 727 bleibt weiterhin gültig, denn wegen $\rho(x) \in \mathbb{R}$ kann der obige Beweis wortwörtlich übernommen werden.

Trägheitssatz für Sesquilinearformen

Für hermitesche Sesquilinearformen σ gilt ebenfalls der Trägheitssatz von Silvester: σ hat eine eindeutige Signatur $(p,\; r-p,\; n-r)$, und es gibt stets Basen B, deren Darstellungsmatrix $M_B(\sigma)$ die Normalform von Seite 727 aufweist.

Liegt eine positiv definite hermitesche Sesquilinearform vor wie beim Skalarprodukt in unitären Räumen, also mit der Signatur $(n, 0, 0)$, so gibt es Basen B mit der Einheitsmatrix als Darstellungsmatrix. In Koordinaten ausgedrückt nimmt dann die Sesquilinearform die kanonische Form

$$\sigma(x, y) = x_1 \overline{y_1} + \cdots + x_n \overline{y_n} = {}_B x^\top \overline{{}_B y}$$

an. Es ist also tatsächlich jede positiv definite hermitesche Sesquilinearform als ein Skalarprodukt mit den üblichen Eigenschaften aufzufassen. In diesem Sinn ist dann jede Basis B mit $M_B(\sigma) = E_n$ *orthonormiert*.

Im Folgenden verwenden wir in dem $\mathbb{C}$-Vektorraum V zwei hermitesche Sesquilinearformen σ und σ_1 gleichzeitig: Dabei soll σ_1 positiv definit sein. Damit können wir σ_1 als Skalarprodukt interpretieren. Wir verwenden einfachheitshalber den Punkt als Verknüpfungssymbol, setzen also $x \cdot y = \sigma_1(x, y)$. Der Vektorraum V wird dadurch zu einem *unitären Raum* (Seite 682) mit einer weiteren hermiteschen Sesquilinearform σ.

In unitären Räumen haben hermitesche Sesquilinearformen diagonalisierende Orthonormalbasen

Die bisher behandelten Basen, für welche die Darstellungsmatrix einer gegebenen hermiteschen Sesquilinearform σ Diagonalform hatte, wurden allein durch Zeilen- und Spaltenumformungen bestimmt. Sie unterlagen keinerlei weiteren Einschränkungen. Jetzt möchten wir uns aber aus all diesen Basen die orthonormierten heraussuchen. Dazu sind tiefer liegende Methoden erforderlich, die jedoch bereits im Kapitel 17 entwickelt worden sind.

In der Folge verwenden wir neben der Sesquilinearform σ noch das durch einen Punkt gekennzeichnete Skalarprodukt sowie dessen Koordinatendarstellung als Matrizenprodukt, sofern den Koordinaten eine orthonormierte Basis B zugrunde liegt. Das folgende Lemma zeigt, dass sich σ direkt mit einem Skalarprodukt in Beziehung bringen lässt.

Lemma

Zu jeder auf einem unitären Raum definierten Sesquilinearform σ gibt es einen Endomorphismus φ mit

$$\sigma(x, y) = \varphi(x) \cdot y, \quad \text{wobei} \quad {}_B M(\varphi)_B = M_B(\sigma)^\top.$$

σ ist genau dann hermitesch, wenn φ selbstadjungiert ist.

Beweis: Nach (18.5) ist

$$\sigma(x, y) = {}_B x^\top M_B(\sigma)\, \overline{{}_B y}$$
$$= \left(M_B(\sigma)^\top {}_B x\right)^\top \overline{{}_B y} = \varphi(x) \cdot y.$$

Nach den Ergebnissen aus dem Abschnitt 17.6, Seite 696, sind selbstadjungierte Endomorphismen durch hermitesche Darstellungmatrizen gekennzeichnet. Und dies ist in unserem Fall gegeben, denn

$$_B M(\varphi)^\top_B = M_B(\sigma) = \overline{M_B(\sigma)^\top} = \overline{{}_B M(\varphi)_B}. \qquad \blacksquare$$

Mit diesem Lemma ist klar, dass eine orthonormierte Basis, welche σ diagonalisiert, zugleich φ diagonalisieren muss. Nach Kapitel 14, Seite 502, führt der Weg dazu über die Eigenwerte und -vektoren der Darstellungsmatrix.

Wir gehen somit von einer beliebigen orthonormierten Basis B eines n-dimensionalen unitären Vektorraums aus und bestimmen die Eigenvektoren der hermiteschen Darstellungsmatrix $M_B(\sigma)^\top$. Zwar wissen wir bereits aus Kapitel 17 (siehe Seite 698), dass es eine Basis aus Eigenvektoren gibt, die sogar orthonormiert ist, doch zum besseren Verständnis fügen wir noch die folgende Rechnung an. Dabei bezeichnen wir die orthonormierte Basis aus Eigenvektoren mit H, nachdem deren Vektoren $h_1, \ldots, h_n$ die **Hauptachsen** von σ aufspannen. Für die zugehörigen Eigenwerte $\lambda_1, \ldots, \lambda_n$ gilt:

$$M_B(\sigma)^\top {}_B h_i = \lambda_i \, {}_B h_i \quad \text{für } i = 1, \ldots, n.$$

Nun folgt für das Skalarprodukt zweier Eigenvektoren die Gleichung:

$$\begin{aligned}
\lambda_i (\boldsymbol{h}_i \cdot \boldsymbol{h}_j) &= (\lambda_i \boldsymbol{h}_i) \cdot \boldsymbol{h}_j = (\lambda_i\, {}_B\boldsymbol{h}_i)^\top \overline{{}_B\boldsymbol{h}_j} \\
&= \left(\boldsymbol{M}_B(\sigma)^\top\, {}_B\boldsymbol{h}_i\right)^\top \overline{{}_B\boldsymbol{h}_j} \\
&= {}_B\boldsymbol{h}_i^\top\, \boldsymbol{M}_B(\sigma)\, \overline{{}_B\boldsymbol{h}_j} \\
&= {}_B\boldsymbol{h}_i^\top\, \overline{\boldsymbol{M}_B(\sigma)}^\top\, \overline{{}_B\boldsymbol{h}_j} \\
&= {}_B\boldsymbol{h}_i^\top\, \overline{\left(\boldsymbol{M}_B(\sigma)^\top\, {}_B\boldsymbol{h}_j\right)} \\
&= {}_B\boldsymbol{h}_i^\top\, \overline{\left(\lambda_j\, {}_B\boldsymbol{h}_j\right)} \\
&= \boldsymbol{h}_i \cdot (\lambda_j \boldsymbol{h}_j) = \overline{\lambda_j}(\boldsymbol{h}_i \cdot \boldsymbol{h}_j)\,.
\end{aligned}$$

Folgerung

Ist σ eine hermitesche Sesquilinearform auf einem unitären Raum, so gilt für je zwei Eigenvektoren $\boldsymbol{h}_i, \boldsymbol{h}_j$ der Matrix $\boldsymbol{M}_B(\sigma)$ und deren Eigenwerte λ_i bzw. λ_j:

$$\lambda_i (\boldsymbol{h}_i \cdot \boldsymbol{h}_j) = \overline{\lambda_j}(\boldsymbol{h}_i \cdot \boldsymbol{h}_j)\,.$$

Zwei unmittelbare Konsequenzen daraus lauten:

1. Für $i = j$ folgt $\lambda_i (\boldsymbol{h}_i \cdot \boldsymbol{h}_i) = \overline{\lambda_i}(\boldsymbol{h}_i \cdot \boldsymbol{h}_i)$ bei $\boldsymbol{h}_i \neq \boldsymbol{0}$. Die Eigenwerte der hermiteschen Matrix $\boldsymbol{M}_B(\sigma)$ sind also wegen $\lambda_i = \overline{\lambda_i}$ alle reell, das charakteristische Polynom zerfällt bereits über $\mathbb{R}$ in lauter Linearfaktoren.

2. Sind λ_i und λ_j zwei verschiedene Eigenwerte, so folgt wegen $\lambda_i (\boldsymbol{h}_i \cdot \boldsymbol{h}_j) = \overline{\lambda_j}(\boldsymbol{h}_i \cdot \boldsymbol{h}_j)$ für das Skalarprodukt $\boldsymbol{h}_i \cdot \boldsymbol{h}_j = 0$. Zwei zu verschiedenen Eigenwerten gehörige Eigenvektoren sind also zueinander orthogonal.

Schließlich kann durch Induktion gezeigt werden, dass zu einem k-fachen Eigenwert λ einer hermiteschen Matrix $\boldsymbol{M}$ stets ein k-dimensionaler Eigenraum $\mathrm{Eig}_{\boldsymbol{M}}\lambda$ gehört. Aus diesem lassen sich somit k orthonormierte Eigenvektoren auswählen. Dies ermöglicht insgesamt die genannte orthonormierte Basis aus Eigenvektoren $\boldsymbol{h}_1, \ldots, \boldsymbol{h}_n$. Aber dies alles ist lediglich eine Folge des Spektralsatzes für hermitesche Matrizen von Seite 706.

Nun können wir verifizieren, dass die zur orthonormierten Basis H aus Eigenvektoren gehörige Darstellungsmatrix $\boldsymbol{M}_H(\sigma)$ Diagonalform aufweist: Nach (18.5) ist nämlich

$$\begin{aligned}
\sigma(\boldsymbol{h}_i, \boldsymbol{h}_j) &= {}_B\boldsymbol{h}_i^\top\, \boldsymbol{M}_B(\sigma)\, \overline{{}_B\boldsymbol{h}_j} \\
&= \left(\boldsymbol{M}_B(\sigma)^\top\, {}_B\boldsymbol{h}_i\right)^\top \overline{{}_B\boldsymbol{h}_j} \\
&= (\lambda_i\, {}_B\boldsymbol{h}_i)^\top \overline{{}_B\boldsymbol{h}_j} \\
&= (\lambda_i\, \boldsymbol{h}_i) \cdot \boldsymbol{h}_j = \lambda_i (\boldsymbol{h}_i \cdot \boldsymbol{h}_j) = \lambda_i\, \delta_{ij}
\end{aligned}$$

unter Verwendung des Kroneckersymbols δ_{ij}. Also ist $\boldsymbol{M}_H(\sigma) = \mathrm{diag}(\lambda_1, \ldots, \lambda_n)$, was aber auch direkt aus dem obigen Lemma folgt, denn $\sigma(\boldsymbol{h}_i, \boldsymbol{h}_j) = \varphi(\boldsymbol{h}_i) \cdot \boldsymbol{h}_j$.

Bei all diesen Rechnungen sind natürlich die reellen symmetrischen Bilinearformen als Sonderfall enthalten.

Transformation auf Hauptachsen

Zu jeder reellen symmetrischen Bilinearform bzw. hermiteschen Sesquilinearform σ auf einem n-dimensionalen euklidischen bzw. unitären Vektorraum gibt es eine orthonormierte Basis H, welche σ diagonalisiert.

Bei $\boldsymbol{M}_H(\sigma) = \mathrm{diag}(\lambda_1, \ldots, \lambda_n)$ sind die λ_i die stets reellen Eigenwerte der Darstellungsmatrix $\boldsymbol{M}_B(\sigma)$ bezüglich einer beliebigen orthonormierten Basis B. Die B-Koordinaten ${}_B\boldsymbol{h}_i$ der orthonormierten Vektoren aus H sind Eigenvektoren von $\boldsymbol{M}_B(\sigma)^\top$.

Nachdem die Transformationsmatrix

$$_B\boldsymbol{T}_H = ({}_B\boldsymbol{h}_1, \ldots, {}_B\boldsymbol{h}_n)$$

orthogonal bzw. unitär ist, können wir auch sagen: Zu jeder reellen symmetrischen bzw. hermiteschen Matrix $\boldsymbol{M}$ gibt es eine orthogonale bzw. unitäre Matrix $\boldsymbol{T}$ derart, dass

$$\boldsymbol{M}' = \boldsymbol{T}^\top \boldsymbol{M}\, \overline{\boldsymbol{T}} = \mathrm{diag}(\lambda_1, \ldots, \lambda_n)$$

ist mit $\lambda_1, \ldots, \lambda_n \in \mathbb{R}$.

Die Vektoren unserer orthonormierten Basis H sind nicht eindeutig. Es kann z. B. $\boldsymbol{h}_i$ durch $-\boldsymbol{h}_i$ ersetzt werden. Treten zudem mehrfache Eigenwerte der Darstellungsmatrix $\boldsymbol{M}_B(\sigma)$ auf, ist also etwa λ_i ein k-facher Eigenwert, so ist der zugehörige Eigenraum $\mathrm{Eig}_{\boldsymbol{M}}\lambda_i$ k-dimensional, und in diesem Eigenraum sind dann k orthonormierte Eigenvektoren beliebig festsetzbar.

Beispiel Wir bestimmen die Hauptachsen der auf Seite 718 und noch später mehrfach verwendeten reellen symmetrischen Bilinearform

$$\begin{aligned}
\sigma(\boldsymbol{x}, \boldsymbol{y}) &= x_1 y_1 + x_1 y_2 + x_2 y_1 - 5 x_2 y_2 \\
&= (x_1\ x_2) \begin{pmatrix} 1 & 1 \\ 1 & -5 \end{pmatrix} \begin{pmatrix} y_1 \\ y_2 \end{pmatrix}.
\end{aligned}$$

Zunächst berechnen wir die Eigenwerte der kanonischen Darstellungsmatrix $\boldsymbol{M}_F(\sigma)$ als Nullstellen des charakteristischen Polynoms

$$\det \begin{pmatrix} 1 - \lambda & 1 \\ 1 & -5 - \lambda \end{pmatrix} = (\lambda - 1)(5 + \lambda) - 1\,,$$

also die Wurzeln von

$$\lambda^2 + 4\lambda - 6 = 0\,.$$

Wir erhalten:

$$\lambda_1 = -2 + \sqrt{10}, \quad \lambda_2 = -2 - \sqrt{10}$$

und als Lösungen der homogenen linearen Gleichungssysteme $(\boldsymbol{M}_E(\sigma) - \lambda_i\, \boldsymbol{E}_2)\boldsymbol{x} = \boldsymbol{0}$ die orthonormierte Basis $H = (\boldsymbol{h}_1, \boldsymbol{h}_2)$ mit

$$\boldsymbol{h}_{1,2} = \frac{1}{\sqrt{20 \pm 6\sqrt{10}}} \begin{pmatrix} 3 \pm \sqrt{10} \\ 1 \end{pmatrix}.$$

Die neue Darstellungsmatrix von σ lautet:

$$\boldsymbol{M}_H(\sigma) = \begin{pmatrix} \lambda_1 & 0 \\ 0 & \lambda_2 \end{pmatrix} = \begin{pmatrix} -2 + \sqrt{10} & 0 \\ 0 & -2 - \sqrt{10} \end{pmatrix}.$$

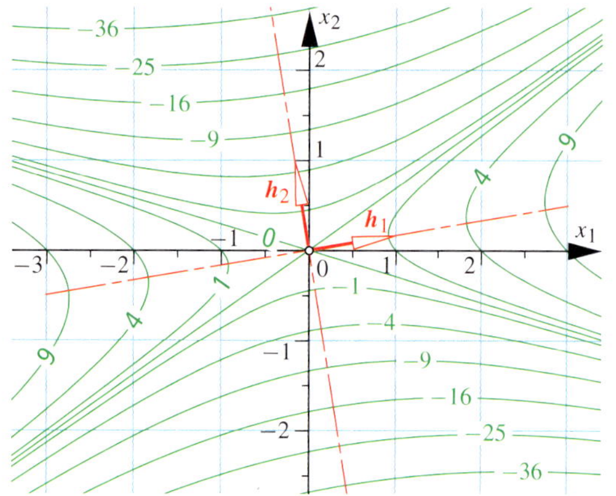

Abbildung 18.5 Niveaulinien der quadratischen Form $\rho(x) = x_1^2 + 2x_1x_2 - 5x_2^2$ mit der orthonormierten und gleichzeitig diagonalisierenden Basis $H = (h_1, h_2)$.

Die Abbildung 18.5 mit den Niveaulinien von $\rho(x)$ verdeutlicht den Unterschied zwischen der nunmehr orthonormierten Basis und den früher verwendeten diagonalisierenden Basen in der Abbildung 18.4. ◄

Ein weiteres Zahlenbeispiel zur Hauptachsentransformation einer quadratischen und einer hermiteschen Form findet sich im Kapitel 17 auf Seite 699.

Wie auf Seite 726 erwähnt, erfordert die Bestimmung diagonalisierender Basen deutlich weniger Aufwand als jene der Hauptachsen. Für einige Fragen müssen die Hauptachsen gar nicht bestimmt werden, so z. B. bei jener nach dem Typ einer Quadrik (siehe Seite 737).

18.3 Quadriken und ihre Hauptachsentransformation

Schauplatz der vorhin behandelten Bilinear- und Sesquilinearformen war ein Vektorraum V. Die nun folgenden Begriffe *quadratische Funktion* und *Quadrik* gehören zum zugehörigen **affinen Raum** $\mathcal{A}(V)$. Darunter versteht man die Gesamtheit der *affinen Teilräume* von V, also der Nebenklassen $a + U$ mit $a \in V$ und mit U als Untervektorraum von V (siehe Seite 229). Die nulldimensionalen affinen Teilräume $\{a\} = a + \{0\}$ sind die *Punkte*. Statt $\{a\}$ schreiben wir einfachheitshalber nur a und sprechen vom „*Punkt a*", so wie bereits im Anschauungsraum (Abschnitt 7.1, Seite 228). Es mag anfangs etwas verwirren, dass Vektoren V und Punkte aus $\mathcal{A}(V)$ mit demselben Symbol bezeichnet werden. Aus dem Zusammenhang wird aber meist klar, was gemeint ist.

Der Hauptgrund, weshalb Quadriken als Punktmengen im affinen Raum $\mathcal{A}(V)$ interpretiert werden, liegt in der größeren Freiheit bei der Festlegung von Koordinaten. Neben einer Basis B des zugrunde liegenden Vektorraums V benötigen wir noch einen Punkt o als *Koordinatenursprung*. Die $(o; B)$-Koordinaten des Punkts p sind dann im Sinne von Kapitel 7,

Seite 229, die Komponenten des *Ortsvektors* $p - o$ bezüglich der Basis B.

Übrigens wird in der Literatur oft gar kein eigenes Symbol für den affinen Raum verwendet wird; so bezeichnet $\mathbb{R}^n$ häufig sowohl den reellen Vektorraum, als auch den reellen affinen Raum. In diesem Sinn wurde im Kapitel 7 vom Anschauungsraum $\mathbb{R}^3$ gesprochen; eigentlich war dabei der affine Raum $\mathcal{A}(\mathbb{R}^3)$ gemeint. Wir wollen in diesem Kapitel nun doch konsequent das Symbol $\mathcal{A}(V)$ für den affinen Raum über dem Vektorraum V verwenden.

Von den quadratischen Formen zu quadratischen Funktionen

Um quadratische Formen bildlich darstellen zu können, haben wir in den Abbildungen 18.1, 18.2 und 18.3 die Niveaulinien von quadratischen Formen $\rho \colon \mathbb{R}^2 \to \mathbb{R}$ dargestellt. Das waren die von den Punkten x mit

$$\rho(x) = c = \text{konst.}$$

gebildeten Kurven, die Fasern der Abbildung ρ. In den genannten Abbildungen traten als Niveaulinien Hyperbeln, Ellipsen und Geradenpaare auf. Wir hatten dort übrigens bereits von *Punkten x* gesprochen, also stillschweigend bereits die affine Ebene $\mathcal{A}(\mathbb{R}^2)$ verwendet.

Wir verallgemeinern diese Punktmengen, indem wir neben der quadratischen Form ρ und der Konstanten c auch noch eine Linearform φ einfügen.

Definition einer quadratischen Funktion

V sei ein endlichdimensionaler Vektorraum über dem Körper $\mathbb{K}$ mit char $\mathbb{K} \neq 2$ und $\mathcal{A}(V)$ der zugehörige affine Raum. Eine Abbildung

$$\psi \colon \begin{cases} \mathcal{A}(V) &\to \mathbb{K} \\ x &\mapsto \psi(x) = \rho(x) + 2\varphi(x) + a \end{cases}$$

mit einer quadratischen Form $\rho \colon V \to \mathbb{K}$ (Seite 720), einer Linearform $\varphi \colon V \to \mathbb{K}$ (Seite 458) und einer Konstanten $a \in \mathbb{K}$ heißt **quadratische Funktion**.

Auch wenn viele Eigenschaften quadratischer Funktionen über beliebigen Körpern $\mathbb{K}$ nachgewiesen werden können, beschränken wir uns von nun an auf den Fall eines n-dimensionalen euklidischen Vektorraums V und damit auf $\mathbb{K} = \mathbb{R}$.

In V sei $B = (b_1, \ldots, b_n)$ eine orthonormierte Basis. Nach Wahl eines Koordinatenursprungs o sprechen wir so wie im Kapitel 7 von einem *kartesischen Koordinatensystem* $(o; B)$ in $\mathcal{A}(V)$. In diesem steht uns die symmetrische Darstellungsmatrix $A = M_B(\sigma) \in \mathbb{R}^{n \times n}$ der zu ρ gehörigen Polarform σ zur Verfügung (siehe Folgerung auf Seite 720) und ebenso der Vektor $a^\top$ als einzeilige Darstellungsmatrix der Linearform $\varphi \colon V \to \mathbb{K}$ und zugleich als Vektor des Dualraums zu

V (siehe Abschnitt 12.9). Die quadratische Funktion hat also die Koordinatendarstellung

$$\psi(\boldsymbol{x}) = \left({}_{(o;B)}\boldsymbol{x}^\top \boldsymbol{A}\, {}_{(o;B)}\boldsymbol{x} \right) + 2 \left(\boldsymbol{a}^\top {}_{(o;B)}\boldsymbol{x} \right) + a \quad (18.8)$$

mit $\boldsymbol{A}^\top = \boldsymbol{A}$. Dies bedeutet ausführlich:

$$\psi(\boldsymbol{x}) = \sum_{i,j}^{n} a_{ij} x_i x_j + 2 \sum_{k=1}^{n} a_k x_k + a \ \text{ bei } \ a_{ji} = a_{ij}\,.$$

Die x_i sind dabei die $(o; B)$-Koordinaten des Punktes $\boldsymbol{x}$. Die Konstante a ist das Bild $\psi(o)$ des Koordinatenursprungs, denn $_{(o;B)}\boldsymbol{o} = \boldsymbol{0}$.

Nach der obigen Definition zählt auch die *Nullfunktion* mit $\psi(\boldsymbol{x}) = 0$ für alle $\boldsymbol{x} \in \mathbb{R}^n$, also mit $\boldsymbol{A}$ als Nullmatrix, $\boldsymbol{a} = \boldsymbol{0}$ und $a = 0$ zu den quadratischen Funktionen.

Es liegt nahe, die n^2 Einträge a_{ik} von $\boldsymbol{A}$ zusammen mit den n Koordinaten $(a_1, \ldots, a_n)$ des Vektors $\boldsymbol{a}^\top$ und der Konstanten a in eine symmetrische $(n+1)$-reihige Matrix zu packen, nämlich in

$$\boldsymbol{M}^*_{(o;B)}(\psi) = \left(\begin{array}{c|c} a & \boldsymbol{a}^\top \\ \hline \boldsymbol{a} & \boldsymbol{A} \end{array} \right) = \left(\begin{array}{c|ccc} a & a_1 & \ldots & a_n \\ \hline a_1 & a_{11} & \ldots & a_{1n} \\ \vdots & \vdots & & \vdots \\ a_n & a_{n1} & \ldots & a_{nn} \end{array} \right)$$

Wir nennen diese symmetrische Matrix aus $\mathbb{R}^{(n+1)\times(n+1)}$ die **erweiterte Darstellungsmatrix** der quadratischen Funktion ψ. So wie bereits in Abschnitt 7.5 können wir die Koordinatenvektoren $\boldsymbol{x}$ der Punkte durch Hinzufügen der nullten Koordinate 1 zu Vektoren $\boldsymbol{x}^* \in \mathbb{R}^{n+1}$ erweitern. Dies führt auf die erweiterte Matrizendarstellung der quadratischen Funktion:

$$\psi(\boldsymbol{x}) = {}_{(o;B)}\boldsymbol{x}^{*\top} \boldsymbol{M}^*_{(o;B)}(\psi)\, {}_{(o;B)}\boldsymbol{x}^* \qquad (18.9)$$

oder ausführlich

$$\psi(\boldsymbol{x}) = (1, x_1, \ldots, x_n) \left(\begin{array}{cccc} a & a_1 & \ldots & a_n \\ a_1 & a_{11} & \ldots & a_{1n} \\ \vdots & \vdots & & \vdots \\ a_n & a_{n1} & \ldots & a_{nn} \end{array} \right) \left(\begin{array}{c} 1 \\ x_1 \\ \vdots \\ x_n \end{array} \right).$$

Beispiel Die erweiterte Koeffizientenmatrix der quadratischen Funktion

$$\psi(\boldsymbol{x}) = 2x_1^2 - x_2^2 + 4x_1 x_3 - 6x_2 - 2x_3 + 5,$$

also

$$\psi(\boldsymbol{x}) = (x_1, x_2, x_3) \left(\begin{array}{ccc} 2 & 0 & 2 \\ 0 & -1 & 0 \\ 2 & 0 & 0 \end{array} \right) \left(\begin{array}{c} x_1 \\ x_2 \\ x_3 \end{array} \right)$$

$$+ (0, -6, -2) \left(\begin{array}{c} x_1 \\ x_2 \\ x_3 \end{array} \right) + 5$$

lautet:

$$\boldsymbol{M}^*_{(\boldsymbol{0};E)}(\psi) = \left(\begin{array}{c|ccc} 5 & 0 & -3 & -1 \\ \hline 0 & 2 & 0 & 2 \\ -3 & 0 & -1 & 0 \\ -1 & 2 & 0 & 0 \end{array} \right). \qquad \blacktriangleleft$$

In Verallgemeinerung der eingangs genannten Niveaulinien einer quadratischen Form interessieren wir uns nun für diejenigen Punkte $\boldsymbol{x}$ des affinen Raums $\mathcal{A}(V)$, welche die Gleichung $\psi(\boldsymbol{x}) = 0$ erfüllen, also für die *Nullstellenmenge* $\psi^{-1}(0)$ der quadratischen Funktion.

Definition einer Quadrik

Ist $\psi : \mathcal{A}(V) \to \mathbb{K}$ eine von der Nullfunktion verschiedene quadratische Funktion, wobei V ein $\mathbb{K}$-Vektorraum ist mit char$\mathbb{K} \neq 2$, so heißt deren Nullstellenmenge

$$Q(\psi) = \psi^{-1}(0) = \{\, \boldsymbol{x} \mid \psi(\boldsymbol{x}) = 0 \,\} \subset \mathcal{A}(V)$$

Quadrik des $\mathcal{A}(V)$.

Wird die Bedingung $\psi(\boldsymbol{x}) = 0$ in Koordinaten dargestellt, so nennt man dies eine **Gleichung** der Quadrik $Q(\psi)$. Diese ist selbstverständlich abhängig vom verwendeten Koordinatensystem. Ist $V = \mathbb{K}^n$, und handelt es sich um kanonische Koordinaten $(\boldsymbol{0}; E)$ in $\mathcal{A}(\mathbb{K}^n)$, so sprechen wir von der **kanonischen Gleichung** der Quadrik.

Beispiel 1. Die Quadrik des $\mathcal{A}(\mathbb{R}^2)$ mit der kanonischen Gleichung

$$\psi(\boldsymbol{x}) = x_1^2 + x_2^2 - 1 = 0$$

ist der *Einheitskreis*.

2. Bei $\psi(\boldsymbol{x}) = x_1^2 - x_2^2$ besteht die Nullstellenmenge $Q(\psi)$ aus den Geraden mit den Gleichungen $x_1 \pm x_2 = 0$.

3. Bei $\psi(\boldsymbol{x}) = x_1^2$ ist die Nullstellenmenge eine einzige Gerade, namlich die x_2-Achse $x_1 = 0$.

4. Bei $\psi(\boldsymbol{x}) = x_1^2 + x_2^2$ ist $Q(\psi) = \{\boldsymbol{0}\}$, d. h., die Quadrik besteht aus einem einzigen Punkt. $\blacktriangleleft$

Kommentar: Die quadratische Funktion ψ bestimmt die zugehörige Quadrik $Q(\psi)$ eindeutig. Umgekehrt ist dies nicht der Fall. So haben z. B. die beiden Funktionen $\psi_1, \psi_2 : \mathcal{A}(\mathbb{R}^2) \to \mathbb{R}$ mit den kanonischen Darstellungen

$$\psi_1(\boldsymbol{x}) = x_1^2 + x_2^2 \ \text{ und } \ \psi_2(\boldsymbol{x}) = 2x_1^2 + x_2^2$$

dieselbe Nullstellenmenge $Q(\psi_1) = Q(\psi_2) = \{\boldsymbol{0}\}$. Erst über $\mathbb{C}$ ist die zu einer Quadrik gehörige quadratische Funktion bis auf einen Faktor eindeutig, außer $\psi(\boldsymbol{x})$ ist das Quadrat einer linearen Funktion. Es haben nämlich z. B. die quadratischen Funktionen

$$\psi_1(\boldsymbol{x}) = x_1 \ \text{ und } \ \psi_2(\boldsymbol{x}) = x_1^2$$

selbst in $\mathcal{A}(\mathbb{C}^2)$ dieselbe Nullstellenmenge.

Koordinatentransformationen können die Gleichung einer Quadrik vereinfachen

Unser Ziel ist es, eine Übersicht über alle möglichen Quadriken in reellen affinen Räumen zu bekommen. Wir erreichen dies, indem wir durch spezielle Wahl des kartesischen Koordinatensystems die Koordinatendarstellung der quadratischen Funktion ψ und damit die Q definierende Gleichung auf eine der auf Seite 737 angegebenen *Normalformen* bringen. Durch einen Basiswechsel gelingt es, die Darstellungsmatrix $A = M_B(\sigma)$ der enthaltenen quadratischen Form zu diagonalisieren. Lässt man auch eine Verschiebung des Koordinatenursprungs zu, so kann in vielen Fällen die enthaltene Linearform zum Verschwinden gebracht werden.

Beispiel Die quadratische Funktion $\psi : \mathcal{A}(\mathbb{R}^2) \to \mathbb{R}$ mit der kanonischen Darstellung

$$\psi(x) = 9\,x_1^2 - 4\,x_1 x_2 + 6\,x_2^2 - 32\,x_1 - 4\,x_2 + 24$$

bestimmt als Nullstellenmenge $Q(\psi)$ eine Ellipse mit den Achsenlängen 1 und $\sqrt{2}$ (Abb. 18.6), denn nach Umrechnung auf die Koordinaten

$$\begin{pmatrix} x_1' \\ x_2' \end{pmatrix} = \frac{1}{\sqrt{5}}\begin{pmatrix} -3 \\ -4 \end{pmatrix} + \frac{1}{\sqrt{5}}\begin{pmatrix} 2 & -1 \\ 1 & 2 \end{pmatrix}\begin{pmatrix} x_1 \\ x_2 \end{pmatrix} \qquad (*)$$

wird dieselbe Punktmenge $Q(\psi)$ durch die Gleichung

$$x_1'^2 + \tfrac{1}{2}\,x_2'^2 - 1 = 0$$

beschrieben (siehe Typ 2a auf Seite 738).

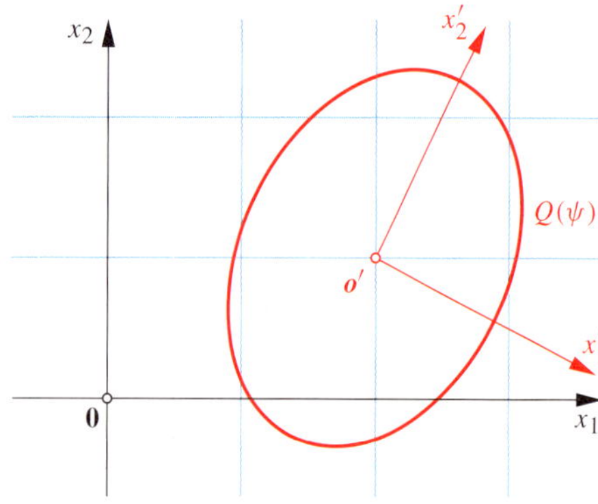

Abbildung 18.6 Die Quadrik $Q(\psi)$ mit der kanonischen Gleichung $\psi(x) = 9x_1^2 - 4x_1x_2 + 6x_2^2 - 32x_1 - 4x_2 + 24 = 0$ ist eine Ellipse.

Wir können dies durch Nachrechnen überprüfen. Dazu bestimmen wir zunächst die Umkehrtransformation zu $(*)$. Nachdem die dort auftretende 2×2-Matrix orthogonal ist, ist ihre Inverse die Transponierte, und wir erhalten:

$$\begin{pmatrix} x_1 \\ x_2 \end{pmatrix} = \frac{1}{\sqrt{5}}\begin{pmatrix} 2 & 1 \\ -1 & 2 \end{pmatrix}\begin{pmatrix} x_1' + 3/\sqrt{5} \\ x_2' + 4/\sqrt{5} \end{pmatrix}$$
$$= \begin{pmatrix} 2 \\ 1 \end{pmatrix} + \frac{1}{\sqrt{5}}\begin{pmatrix} 2 & 1 \\ -1 & 2 \end{pmatrix}\begin{pmatrix} x_1' \\ x_2' \end{pmatrix}.$$

Dies setzen wir in der obigen quadratischen Funktion $\psi(x)$ ein und erhalten nach einiger Rechnung die oben angeführte einfache Gleichung.

Warum genau die Koordinatentransformation $(*)$ auf diese einfache Gleichung führt, soll im Folgenden geklärt werden. ◀

Die Transformation einer Quadrikengleichung auf Normalform erfolgt in zwei Schritten

Wir beginnen damit, die Auswirkungen eines allgemeinen Koordinatenwechsels auf eine quadratische Funktion zu untersuchen. Dabei beschränken wir uns weiterhin auf kartesische Koordinatensysteme. Wir untersuchen in diesem Sinn die euklidische Geometrie der Quadriken und nicht deren affine Geometrie.

Ersetzen wir das Koordinatensystem $(o; B)$ durch das System $(o'; B')$, so bedeutet dies für die Koordinaten desselben Punkts x (vergleiche Abschnitt 7.5):

$$_{(o;B)}x = {}_{(o;B)}o' + {}_{B}T_{B'}\,{}_{(o';B')}x \,,$$

wobei die Matrix $_{B}T_{B'}$ orthogonal, also $(_{B}T_{B'})^{-1} = (_{B}T_{B'})^{\top}$ ist. Wir setzen dies in die Darstellung (18.8)

$$\psi(x) = {}_{(o;B)}x^{\top}A\,{}_{(o;B)}x + 2\,a^{\top}{}_{(o;B)}x + a$$

ein, wobei wir kurz T für die Transformationsmatrix $_{B}T_{B'}$ schreiben sowie t statt $_{(o;B)}o'$ und x' statt $_{(o';B')}x$:

$$\begin{aligned} \psi(x) &= (t^{\top} + x'^{\top}T^{\top})A(t + T\,x') \\ &\quad + 2\,a^{\top}(t + T\,x') + a \\ &= x'^{\top}(T^{\top}A\,T)x' \\ &\quad + \left(t^{\top}A\,T\,x' + x'^{\top}T^{\top}A\,t + 2\,a^{\top}T\,x'\right) \\ &\quad + \left(t^{\top}A\,t + 2\,a^{\top}t + a\right). \end{aligned}$$

Wir formen den mittleren, in x' linearen Term noch etwas um: Wegen $A^{\top} = A$ können wir für die reelle Zahl $x'^{\top}T^{\top}A\,t$ auch schreiben:

$$x'^{\top}T^{\top}A\,t = (x'^{\top}T^{\top}A\,t)^{\top} = t^{\top}A\,T\,x'.$$

Deshalb bleibt als linearer Term:

$$2\,t^{\top}A\,T\,x' + 2\,a^{\top}T\,x' = 2\,(t^{\top}A + a^{\top})\,T\,x'.$$

Lemma

Eine Änderung des kartesischen Koordinatensystems von $(o; B)$ zu $(o'; B')$ mittels der Transformationsgleichung $_{(o;B)}x = t + T_{(o';B')}x$ verändert gleichzeitig die Darstellung $\psi(x) = {}_{(o;B)}x^{\top}A\,{}_{(o;B)}x + 2\,a^{\top}{}_{(o;B)}x + a$ der quadratische Funktion $\psi : \mathcal{A}(V) \to \mathbb{R}$ zu

$$\psi(x) = {}_{(o';B')}x^{\top}A'\,{}_{(o';B')}x + 2\,a'^{\top}{}_{(o';B')}x + a'$$

mit

$$\begin{aligned} A' &= T^{\top}A\,T, \\ a' &= T^{\top}(A\,t + a), \qquad\qquad (18.10) \\ a' &= t^{\top}A\,t + 2\,a^{\top}t + a = \psi(o'). \end{aligned}$$

Kommentar: Die in der quadratischen Funktion $\psi : \mathcal{A}(V) \to \mathbb{R}$ vorkommende quadratische Form $\rho : V \to \mathbb{R}$ bleibt unverändert, denn die Darstellungsmatrix A wird durch eine zu A kongruente Matrix A' ersetzt. Die lineare Abbildung φ hingegen wird verändert, denn der Übergang von der einzeiligen Darstellungsmatrix $a^\top$ zu $a'^\top$ ist bei $t \neq 0$ keine Äquivalenz mehr. Dies ist deshalb ohne Änderung der quadratischen Funktion ψ möglich, weil nach dem Koordinatenwechsel ρ nicht allein auf x, sondern auf $x - o'$ angewendet wird.

Durch die auf Seite 732 definierte quadratische Funktion $\psi : \mathcal{A}(V) \to \mathbb{R}$ wird zwar die quadratische Form ρ eindeutig festgelegt, nicht aber die lineare Abbildung φ sowie die Konstante a. Letztere ändern sich bei Verlagerung des Ursprungs von $\mathcal{A}(V)$.

Wenn wir diesen Koordinatenwechsel so wie im Kapitel 7 durch die erweiterte Transformationsmatrix T^* beschreiben, also in der Form

$$x^* = \binom{1}{x} = \begin{pmatrix} 1 & 0^\top \\ t & T \end{pmatrix} \binom{1}{x'} = T^* x'^* \,,$$

so erhalten wir die gegenüber $M^*_{(o;B)}(\psi)$ aus (18.9) neue erweiterte Darstellungsmatrix $M^*_{(o';B')}(\psi)$ auch direkt als das Matrizenprodukt

$$M^*_{(o';B')}(\psi) = \begin{pmatrix} 1 & t^\top \\ 0 & T^\top \end{pmatrix} \begin{pmatrix} a & a^\top \\ a & A \end{pmatrix} \begin{pmatrix} 1 & 0^\top \\ t & T \end{pmatrix} \,,$$

wie eine einfache Rechnung mittels blockweiser Matrizenmultiplikation bestätigt. Der Rang der erweiterten Matrix bleibt bei dieser Transformation unverändert, weil T^* invertierbar ist.

Nun können wir darangehen, durch eine geeignete Wahl der Basis B' und des Koordinatenursprungs o' die Koordinatendarstellung der quadratischen Funktion ψ aus (18.10) und damit die Gleichung der Quadrik $Q(\psi)$ zu vereinfachen.

1. Schritt: Wir diagonalisieren die Polarform und eliminieren damit in der Quadrikengleichung alle gemischten Summanden $a_{ij} x_i x_j$, $i \neq j$.

Nach der auf Seite 731 erklärten Hauptachsentransformation symmetrischer Bilinearformen haben wir als neue orthonormierte Basis $B' = H$ eine aus lauter Eigenvektoren von A zu wählen. Die Transformationsmatrix lautet

$$_B T_H = (\,_B h_1, \ldots, \,_B h_n)\,.$$

Damit wird A' zur Diagonalmatrix $\operatorname{diag}(\lambda_1, \ldots, \lambda_n)$ mit den Eigenwerten λ_i von A. Deren Vorzeichenverteilung ergibt sich aus der Signatur $(p, r - p, n - r)$ von A. Wir können jedenfalls die p positiven Eigenwerte zu Beginn reihen, anschließend bei $r = \operatorname{rg}(A)$ die $r - p$ negativen und schließlich die $n - r$ Nullen.

Wenn wir die positiven Eigenwerte λ_i durch $1/\alpha_i^2$ ersetzen und die negativen durch $-1/\alpha_i^2$ bei $\alpha_i > 0$, so folgt als quadratischer Anteil in der transformierten Darstellung von ψ:

$$\begin{aligned}
_{(o';B')}x^\top A'\,_{(o';B')}x &= \lambda_1 x_1'^2 + \cdots + \lambda_r x_r'^2 \\
&= \frac{x_1'^2}{\alpha_1^2} + \cdots + \frac{x_p'^2}{\alpha_p^2} - \frac{x_{p+1}'^2}{\alpha_{p+1}^2} - \cdots - \frac{x_r'^2}{\alpha_r^2}
\end{aligned}$$

mit $0 \le p \le r = \operatorname{rg}(A) \le n$.

2. Schritt: Nach der Beseitigung der gemischten Summanden verlagern wir den Ursprung derart, dass die linearen Summanden $a_i x_i$ weitgehend verschwinden.

Um in dem neuen Koordinatensystem $(o'; B')$ gleichzeitig die Linearform zum Verschwinden zu bringen, muss in (18.10) $a' = 0$ sein. Wegen der Invertierbarkeit von T ist hierfür notwendig und hinreichend, dass $t = {}_{(o;B)}o'$ das inhomogene lineare Gleichungssystem

$$A x = -a \tag{18.11}$$

löst. Hier sind zwei Fälle zu unterscheiden.

Fall a) *Das System (18.11) ist lösbar:*
Nach den Ergebnissen von Kapitel 5 wird in diesem Fall der Rang nicht größer, wenn zur Koeffizientenmatrix des Gleichungssystems die Absolutspalte hinzugefügt wird – auch wenn diese zuvor mit -1 multipliziert wird. Also ist

$$\operatorname{rg}(A \mid a) = \operatorname{rg}(A) = r \,.$$

Jeder Punkt m, dessen $(o; B)$-Koordinaten dieses Gleichungssystem lösen, heißt **Mittelpunkt** der Quadrik. In dem Koordinatensystem $(m; H)$ nimmt die Gleichung der Quadrik $Q(\psi)$ die Form

$$\frac{x_1'^2}{\alpha_1^2} + \cdots + \frac{x_p'^2}{\alpha_p^2} - \frac{x_{p+1}'^2}{\alpha_{p+1}^2} - \cdots - \frac{x_r'^2}{\alpha_r^2} + a' = 0$$

an. Die Lösungsmenge dieser Gleichung, also $Q(\psi)$, bleibt unverändert, wenn wir die Gleichung mit einem von null verschiedenen Faktor multiplizieren. Bei $a' \neq 0$ können wir durch die Multiplikation mit $-1/a'$ die Konstante auf -1 normieren. Bei $a' = 0$ erreichen wir durch eine etwaige Multiplikation mit -1, dass die Anzahl der positiven Diagonaleinträge in A' nicht kleiner ist als jene der negativen.

Die Bezeichnung *Mittelpunkt* für die Lösungen von (18.11) ist berechtigt, denn mit $x' \in Q(\psi)$ ist stets auch $-x' \in Q(\psi)$, da die $(m; H)$-Koordinaten $x_1', \ldots, x_n'$ von x alle nur im Quadrat vorkommen. Der Punkt m ist also tatsächlich ein *Symmetriezentrum* der Quadrik.

Bei $r = \operatorname{rg}(A) < n$ gibt es mehr als einen Mittelpunkt; jeder Punkt aus $m + \operatorname{Eig}_A 0$ löst das inhomogene Gleichungssystem, denn der $(n - r)$-dimensionale Eigenraum zum Eigenwert 0 – übrigens das Radikal der Polarform zu quadratischen Form ρ in ψ – ist genau die Lösungsmenge des zu (18.11) gehörigen homogenen Systems $A x = 0$ (siehe Kapitel 5, Seite 183).

Verschwindet die Konstante a' in der Quadrikengleichung, so gehört der Mittelpunkt $\boldsymbol{m}$ gemäß (18.10) der Quadrik an. In diesem Fall enthält die Gleichung nur quadratische Summanden. Die zugehörige Quadrik heißt *kegelig*. Mit jedem vom Koordinatenursprung $\boldsymbol{m}$ verschiedenen Punkt mit den $(\boldsymbol{m}; H)$-Koordinaten $(x'_1, \ldots, x'_n)$ gehört die ganze Verbindungsgerade der Quadrik an, denn dann ist

$$\sum_{i=1}^{r} \lambda_i (t\, x'_i)^2 = t^2 \sum_{i=1}^{r} \lambda_i {x'_i}^2 = 0 \text{ für alle } t \in \mathbb{R}.$$

Fall b) *Das System (18.11) ist nicht lösbar*, es gibt keinen Mittelpunkt: Nun ist $r = \mathrm{rg}(\boldsymbol{A}) < \mathrm{rg}(\boldsymbol{A} \,|\, \boldsymbol{a}) \le n$.

In diesem Fall können nicht alle linearen Summanden $a_i x_i$ in der Quadrikengleichung eliminiert werden. Es wird sich zeigen, dass ein linearer Term $2\, x'_n$ bestehen bleibt. Dazu verhilft eine geeignete Zerlegung von $\boldsymbol{a}$ in die Summe zweier zueinander orthogonaler Komponenten.

Lemma

Ist das lineare Gleichungssystem $\boldsymbol{A}\, \boldsymbol{x} = -\boldsymbol{a}$ in (18.11) nicht lösbar, so lässt sich der Vektor $\boldsymbol{a}$ derart in eine Summe $\boldsymbol{a}_0 + \boldsymbol{a}_1$ zerlegen, dass einerseits $\boldsymbol{a}_0$ ein Eigenvektor von $\boldsymbol{A}$ zum Eigenwert 0 ist und andererseits das System $\boldsymbol{A}\, \boldsymbol{x} = -\boldsymbol{a}_1$ lösbar wird.

Beweis: Für die Lösbarkeit des Systems $\boldsymbol{A}\, \boldsymbol{x} = -\boldsymbol{a}_1$ ist notwendig und hinreichend, dass $\boldsymbol{a}_1$ im Bild der linearen Abbildung $\varphi_A \colon \boldsymbol{x} \mapsto \boldsymbol{A}\, \boldsymbol{x}$ liegt. Dieser Unterraum $\mathrm{Im}(\varphi_A)$ wird wegen $\boldsymbol{A}\, \boldsymbol{h}_i = \lambda_i\, \boldsymbol{h}_i$ für $i = 1, \ldots, n$ bei $\lambda_{r+1} = \cdots = \lambda_n = 0$ von den ersten r Eigenvektoren $\boldsymbol{h}_1, \ldots, \boldsymbol{h}_r$ aufgespannt. Der zur Hülle dieser Eigenvektoren orthogonale Raum ist die Hülle von $\boldsymbol{h}_{r+1}, \ldots, \boldsymbol{h}_n$, der Eigenraum $\mathrm{Eig}_A 0$ zum Eigenwert 0.

Die Zerlegung $\boldsymbol{a} = \boldsymbol{a}_0 + \boldsymbol{a}_1$ wird durch die Bedingungen $\boldsymbol{a}_0 \in \mathrm{Eig}_A 0 = \langle \boldsymbol{h}_{r+1}, \ldots, \boldsymbol{h}_n \rangle$ und $\boldsymbol{a}_1 \in \mathrm{Im}(\varphi_A) = \langle \boldsymbol{h}_1, \ldots, \boldsymbol{h}_r \rangle$ eindeutig. Die beiden Komponenten $\boldsymbol{a}_0$ bzw. $\boldsymbol{a}_1$ entstehen durch orthogonale Projektion von $\boldsymbol{a}$ in den Eigenraum $\mathrm{Eig}_A 0$ bzw. in dessen orthogonales Komplement.

Nachdem die Koordinaten von $\boldsymbol{a}$ bezüglich der Basis H Skalarprodukte sind (siehe Seite 674), gilt:

$$\boldsymbol{a}_0 = \sum_{i=r+1}^{n} (\boldsymbol{a} \cdot \boldsymbol{h}_i)\, \boldsymbol{h}_i, \quad \boldsymbol{a}_1 = \sum_{j=1}^{r} (\boldsymbol{a} \cdot \boldsymbol{h}_j)\, \boldsymbol{h}_j, \quad (18.12)$$

wobei nach wie vor $\boldsymbol{a} = \boldsymbol{a}_0 + \boldsymbol{a}_1$ gilt. Wegen der geforderten Unlösbarkeit des Systems in (18.11) ist $\boldsymbol{a}_0 \ne \boldsymbol{0}$. $\blacksquare$

Angenommen, der erste Schritt ist bereits erledigt. Dann ist die Quadrikengleichung bereits auf die aus Eigenvektoren bestehende Basis H umgerechnet, also $\boldsymbol{A} = \mathrm{diag}\,(\lambda_1, \ldots, \lambda_r, 0, \ldots, 0)$, und die Quadrikengleichung lautet:

$$\lambda_1\, x_1^2 + \cdots + \lambda_r\, x_r^2 + 2\,(a_1 x_1 + \cdots + a_n x_n) + a = 0$$

mit $(a_1, \ldots, a_n)$ als H-Koordinaten von $\boldsymbol{a}$. Das inhomogene Gleichungssystem $\boldsymbol{A}\, \boldsymbol{x} = -\boldsymbol{a}$ aus (18.11) bekommt die Form

$$\begin{aligned} \lambda_1 x_1 \qquad\qquad &= -a_1 \\ \ddots \qquad &\quad \vdots \\ \lambda_r x_r &= -a_r \\ 0 &= -a_{r+1} \\ \vdots \qquad &\quad \vdots \\ 0 &= -a_n \end{aligned}$$

Nun ist die Zerlegung von $\boldsymbol{a}$ in die beiden Komponenten offensichtlich. Wir setzen

$$_H\boldsymbol{a}_1 = \begin{pmatrix} a_1 \\ \vdots \\ a_r \\ 0 \\ \vdots \\ 0 \end{pmatrix} \text{ und } {}_H\boldsymbol{a}_0 = \begin{pmatrix} 0 \\ \vdots \\ 0 \\ a_{r+1} \\ \vdots \\ a_n \end{pmatrix}.$$

Im parabolischen Fall bleibt ein linearer Term in der Quadrikengleichung bestehen

Wenn wir in der $(\boldsymbol{o}; B)$-Darstellung von $\psi(\boldsymbol{x})$ den Vektor $\boldsymbol{a}$ durch die Summe $\boldsymbol{a}_0 + \boldsymbol{a}_1$ nach (18.12) ersetzen, so entsteht

$$\psi(\boldsymbol{x}) = {}_{(o;B)}\boldsymbol{x}^\top \boldsymbol{A} \,_{(o;B)}\boldsymbol{x} + 2\,\boldsymbol{a}_0^\top {}_{(o;B)}\boldsymbol{x} + 2\,\boldsymbol{a}_1^\top {}_{(o;B)}\boldsymbol{x} + a.$$

Darin kann der zweite lineare Summand zum Verschwinden gebracht werden, indem als Ursprung $\boldsymbol{o}'$ ein Punkt gewählt wird, dessen $(\boldsymbol{o}; B)$-Koordinaten das System $\boldsymbol{A}\, \boldsymbol{x} = -\boldsymbol{a}_1$ lösen.

Wegen der freien Wahl der letzten $n - r$ orthonormierten Basisvektoren $\boldsymbol{h}_{r+1}, \ldots, \boldsymbol{h}_n$ innerhalb von $\mathrm{Eig}_A 0$ dürfen wir den letzten in Richtung von $\boldsymbol{a}_0$ festsetzen. Dann ist in $_H\boldsymbol{a}_0$ nur die letzte Koordinate von null verschieden, etwa $_H\boldsymbol{a}_0 = a_n \boldsymbol{h}_n$. Es bleibt in der Gleichung der Quadrik nur ein einziger linearer Term übrig, nämlich $2\, a_n x_n$. Wegen $r < n$ kommt sicherlich kein x_n^2 vor.

Nun können wir noch die Konstante zu null machen, indem wir den Ursprung $\boldsymbol{o}'$ durch ein geeignetes $\boldsymbol{o}'' = \boldsymbol{o}' + \lambda\, \boldsymbol{h}_n$ ersetzen. Dies bedeutet, wir substituieren $x_n = x'_n - \lambda$, während alle anderen Koordinaten unverändert bleiben. Auf der linken Seite der Quadrikengleichung folgt

$$\sum_{i=1}^{r} \lambda_i\, x_i^2 + 2\, a_n (x'_n - \lambda) + a.$$

Die Wahl $\lambda = a/2a_n$ beseitigt die Konstante.

Schließlich können wir noch erreichen (gegebenenfalls nach Multiplikation mit -1), dass unter den quadratischen Summanden die Anzahl der positiven nicht kleiner ist als jene der negativen. Nach der Division durch $|a_n|$ wird der Koeffizient von x_n zu 2 oder -2. Im erstgenannten Fall können wir den Basisvektor $\boldsymbol{h}_n$ noch umorientieren, also x_n durch $-x_n$ ersetzen.

Damit finden wir für jede Quadrik ein geeignetes Koordinatensystem, in welchem die Gleichung eine der nachstehend angeführten Normalformen annimmt. Die Koordinatenachsen sind **Achsen** der Quadrik.

Klassifikation der reellen Quadriken

Es gibt drei Typen von Quadriken in $\mathcal{A}(\mathbb{R}^n)$. Die Normalformen ihrer Gleichungen lauten wie folgt:

Typ 1 (**kegeliger Typ**): $0 \leq p \leq r \leq n$, $p \geq r - p$, $\mathrm{rg}(A^*) = \mathrm{rg}(A \mid a) = \mathrm{rg}(A) = r$:

$$\frac{x_1^2}{\alpha_1^2} + \cdots + \frac{x_p^2}{\alpha_p^2} - \frac{x_{p+1}^2}{\alpha_{p+1}^2} - \cdots - \frac{x_r^2}{\alpha_r^2} = 0.$$

Typ 2 (**Mittelpunktsquadrik**): $0 \leq p \leq r \leq n$, $\mathrm{rg}(A^*) > \mathrm{rg}(A \mid a) = \mathrm{rg}(A) = r$:

$$\frac{x_1^2}{\alpha_1^2} + \cdots + \frac{x_p^2}{\alpha_p^2} - \frac{x_{p+1}^2}{\alpha_{p+1}^2} - \cdots - \frac{x_r^2}{\alpha_r^2} - 1 = 0.$$

Typ 3 (**parabolischer Typ**): $0 \leq p \leq r < n$, $p \geq r - p$, $\mathrm{rg}(A \mid a) > \mathrm{rg}(A) = r$:

$$\frac{x_1^2}{\alpha_1^2} + \cdots + \frac{x_p^2}{\alpha_p^2} - \frac{x_{p+1}^2}{\alpha_{p+1}^2} - \cdots - \frac{x_r^2}{\alpha_r^2} - 2\,x_n = 0.$$

Die in diesen Normalformen auftretenden wichtigen Kennzahlen p und r ergeben sich aus der Signatur der Darstellungsmatrix $M_B(\sigma) = A$ der in ψ enthaltenen quadratischen Form. Diese sind, wie im Abschnitt 18.1 gezeigt wurde, auch allein durch kombinierte Zeilen- und Spaltenumformungen bestimmbar, also ohne orthogonales Diagonalisieren mittels Berechnung der Eigenwerte. Auch die Entscheidung, um welchen Typ es sich handelt, kann ohne die Transformation auf Hauptachsen getroffen werden, nämlich allein anhand der Ränge der Matrizen A, $(A \mid a)$ und der erweiterten Darstellungsmatrix A^*.

Die auf Normalform gebrachte Quadrik vom Typ 2 schneidet die Achse $m + h_i \mathbb{R}$ für $i \leq p$ in Punkten, für deren i-te $(m; H)$-Koordinate gilt:

$$x_i^2/\alpha_i^2 - 1 = 0, \quad \text{also} \ \ x_i = \pm\alpha_i \,,$$

wobei $\lambda_i = 1/\alpha_i^2$ ein positiver Eigenwert von A ist; alle anderen Koordinaten sind null. Diese Schnittpunkte sind **Scheitel** der Quadrik. Das α_i ist die zugehörigen **Achsenlänge**, also der Abstand des Mittelpunkts von den Scheiteln.

Die Geraden $m + h_i \mathbb{R}$ mit $i \leq p$ heißen auch *Hauptachsen* der Quadrik, jene mit $p + 1 \leq i \leq r$ *Nebenachsen*. Die auf Nebenachsen liegenden Schnittpunkte haben rein imaginäre Koordinaten $x_i = \pm\mathrm{i}\sqrt{-\alpha_i}$. Bei einem mehrfachen Eigenwert λ_i ist die Achse $m + h_i \mathbb{R}$ nicht mehr eindeutig.

Warum die Quadriken von Typ 3, also jene ohne Mittelpunkt, auch *parabolisch* genannt werden, zeigen die Fälle in der auf

den Seiten 738 und 742 folgenden Auflistungen der Quadriken im $\mathbb{R}^2$ bzw. $\mathbb{R}^3$.

Beispiel Wir bringen die Ellipse aus Abbildung 18.6 mit der kanonischen Gleichung

$$\psi(\boldsymbol{x}) = 9x_1^2 - 4x_1x_2 + 6x_2^2 - 32x_1 - 4x_2 + 24 = 0$$

auf Normalform.

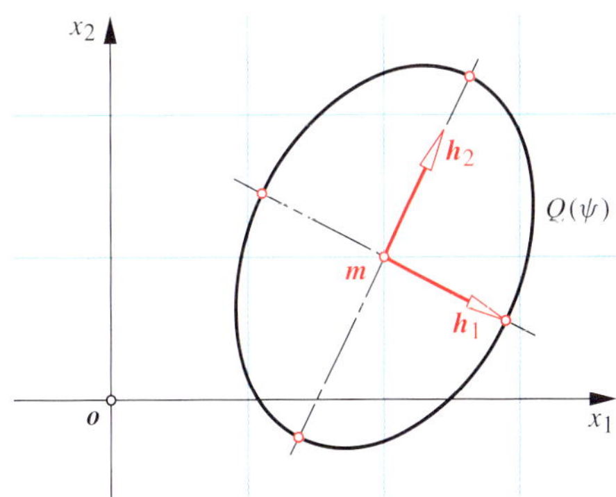

Abbildung 18.7 Die Quadrik $9x_1^2 - 4x_1x_2 + 6x_2^2 - 32x_1 - 4x_2 + 24$ ist eine Ellipse mit den Achsenlängen 1 und $\sqrt{2}$.

In der Bezeichnung von (18.8) ist

$$A = \begin{pmatrix} 9 & -2 \\ -2 & 6 \end{pmatrix}, \quad a = \begin{pmatrix} -16 \\ -2 \end{pmatrix} \text{ und } a = 24\,.$$

Als Nullstellen des charakteristischen Polynoms

$$\det(A - \lambda \mathbf{E}_2) = \det \begin{pmatrix} 9 - \lambda & -2 \\ -2 & 6 - \lambda \end{pmatrix} = \lambda^2 - 15\lambda + 50$$

erhalten wir die Eigenwerte

$$\lambda_1 = 10, \quad \lambda_2 = 5$$

und als orthonormierte Basis von Eigenvektoren

$$h_1 = \frac{1}{\sqrt{5}} \begin{pmatrix} 2 \\ -1 \end{pmatrix}, \quad h_2 = \frac{1}{\sqrt{5}} \begin{pmatrix} 1 \\ 2 \end{pmatrix}.$$

Das Gleichungssystem (18.11)

$$A\,x = -a$$

für die kanonischen Koordinaten des Mittelpunkts ist eindeutig lösbar und liefert

$$m = \begin{pmatrix} 2 \\ 1 \end{pmatrix}.$$

Die Umrechnung auf das Koordinatensystem $(m; H)$ gemäß

$$\begin{pmatrix} x_1 \\ x_2 \end{pmatrix} = {}_E T_H \begin{pmatrix} x_1' \\ x_2' \end{pmatrix} + m$$

mit ${}_E T_H = (h_1, h_2)$, also

$$\begin{pmatrix} x_1 \\ x_2 \end{pmatrix} = \frac{1}{\sqrt{5}} \begin{pmatrix} 2 & 1 \\ -1 & 2 \end{pmatrix} \begin{pmatrix} x_1' \\ x_2' \end{pmatrix} + \begin{pmatrix} 2 \\ 1 \end{pmatrix}$$

bringt die Quadrikengleichung mit (18.10) auf die vereinfachte Form

$$\lambda_1 x_1'^2 + \lambda_2 x_2'^2 + \psi(\boldsymbol{m}) = 10\, x_1'^2 + 5\, x_2'^2 - 10 = 0$$

und nach Division durch 10 auf die Normalform

$$x_1'^2 + \tfrac{1}{2}\, x_2'^2 - 1 = 0$$

mit $\alpha_1 = 1$ und $\alpha_2 = \sqrt{2}$. Die in Abbildung 18.7 markierten Scheitel haben die Koordinaten

$$\left(2 \pm \tfrac{2}{\sqrt{5}},\; 1 \mp \tfrac{1}{\sqrt{5}}\right), \quad \left(2 \pm \sqrt{\tfrac{2}{5}},\; 1 \pm 2\sqrt{\tfrac{2}{5}}\right). \quad \blacktriangleleft$$

Ein Beispiel mit einem parabolischen Typ folgt auf Seite 739.

Die Quadriken in der Ebene und im Raum

Wir beginnen mit der Aufzählung aller Quadriken in $\mathcal{A}\,(\mathbb{R}^2)$. Diese sind auch noch in der Übersicht auf Seite 741 festgehalten.

Typ 1, kegelig: Die Bedingungen $0 \leq p \leq r \leq 2$ und $p \geq r - p$ für (r, p) ergeben drei wesentlich verschiedene Nullstellenmengen:

1a) $(r, p) = (2, 2)$, $\psi(\boldsymbol{x}) = \frac{x_1^2}{\alpha_1^2} + \frac{x_2^2}{\alpha_2^2}$, $Q(\psi) = \{\boldsymbol{0}\}$,

1b) $(r, p) = (2, 1)$, $\psi(\boldsymbol{x}) = \frac{x_1^2}{\alpha_1^2} - \frac{x_2^2}{\alpha_2^2}$, $Q(\psi)$ umfasst zwei Geraden,

1c) $(r, p) = (1, 1)$, $\psi(\boldsymbol{x}) = x_1^2$, $Q(\psi)$ ist eine Gerade.

Die quadratische Funktion $\psi(\boldsymbol{x})$ im Fall 1b ist *reduzibel*, denn

$$\frac{x_1^2}{\alpha_1^2} - \frac{x_2^2}{\alpha_2^2} = \left(\frac{x_1}{\alpha_1} + \frac{x_2}{\alpha_2}\right)\left(\frac{x_1}{\alpha_1} - \frac{x_2}{\alpha_2}\right).$$

Typ 2, Mittelpunktsquadriken: Hier bleiben fünf Fälle:

2a) $(r, p) = (2, 2)$, $\psi(\boldsymbol{x}) = \frac{x_1^2}{\alpha_1^2} + \frac{x_2^2}{\alpha_2^2} - 1$, $Q(\psi)$ ist eine **Ellipse**,

2b) $(r, p) = (2, 1)$, $\psi(\boldsymbol{x}) = \frac{x_1^2}{\alpha_1^2} - \frac{x_2^2}{\alpha_2^2} - 1$, $Q(\psi)$ ist eine **Hyperbel**,

2c) $(r, p) = (2, 0)$, $\psi(\boldsymbol{x}) = -\frac{x_1^2}{\alpha_1^2} - \frac{x_2^2}{\alpha_2^2} - 1$, $Q(\psi) = \emptyset$,

2d) $(r, p) = (1, 1)$, $\psi(\boldsymbol{x}) = \frac{x_1^2}{\alpha_1^2} - 1$, $Q(\psi)$ besteht aus zwei parallelen Geraden,

2e) $(r, p) = (1, 0)$, $\psi(\boldsymbol{x}) = -\frac{x_1^2}{\alpha_1^2} - 1$, $Q(\psi) = \emptyset$.

Eine Ellipse mit $\alpha_1 = \alpha_2$ ist natürlich ein Kreis mit dem Radius α_1. Gilt bei der Ellipse $\alpha_1 > \alpha_2$, so heißt die erste Koordinatenachse *Hauptachse* und α_1 *Hauptachsenlänge* zum Unterschied von der *Nebenachse* und der *Nebenachsenlänge* α_2.

Dieselben Bezeichnungen werden auch bei der Hyperbel mit der obigen Normalform verwendet, wobei aber nur die Hauptachse reelle Scheitel trägt. Die durch die Hyperbelmitte gehenden Geraden mit der Gleichung $\frac{x_1}{\alpha_1} = \pm \frac{x_2}{\alpha_2}$ heißen *Asymptoten*. Sie bilden die Quadrik mit der Gleichung $\frac{x_1^2}{\alpha_1^2} - \frac{x_2^2}{\alpha_2^2} = 0$ vom Typ 1b.

Typ 3, parabolisch: Als einzige Normalformen bleiben

3a) $(r, p) = (1, 1)$, $\psi(\boldsymbol{x}) = \frac{x_1^2}{\alpha_1^2} - 2x_2$, $Q(\psi)$ ist eine **Parabel** mit dem *Scheitel* in $\boldsymbol{0}$,

3b) $(r, p) = (0, 0)$, $\psi(\boldsymbol{x}) = -x_2$, $Q(\psi)$ ist eine Gerade.

Die Konstante α_1^2 in der Parabelgleichung heißt *Parameter* (siehe Abbildung 18.8).

Die Kegelschnitte, also Ellipse, Parabel und Hyperbel, haben trotz ihres verschiedenen Aussehens viele Gemeinsamkeiten. So treten sie alle als Lösungskurven des Einkörperproblems auf (siehe Kapitel 20). Die Abbildung 18.11 illustriert, wie die Bahnen von der Wahl der Anfangsgeschwindigkeit $\dot{\boldsymbol{x}}(t_0)$ im gemeinsamen Anfangspunkt $\boldsymbol{x}(t_0)$ abhängen.

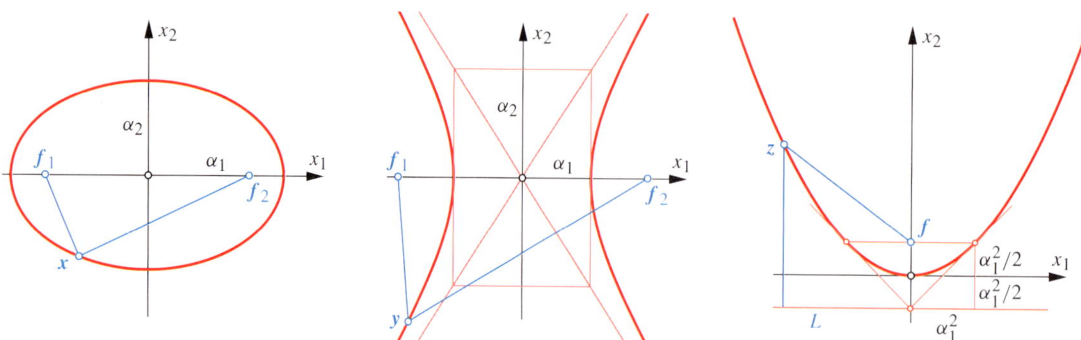

Abbildung 18.8 Die Punkte $\boldsymbol{x}$ der Ellipse (links) mit den Achsenlängen $\alpha_1 > \alpha_2$ und den Brennpunkten $\boldsymbol{f}_i = (\pm e,\, 0)^\top$ bei $e = \sqrt{\alpha_1^2 - \alpha_2^2}$ erfüllen die Bedingung $\|\boldsymbol{x} - \boldsymbol{f}_1\| + \|\boldsymbol{x} - \boldsymbol{f}_2\| = 2\alpha_1$. Die Punkte $\boldsymbol{y}$ der Hyperbel (Mitte) mit den Achsenlängen α_1, α_2 und den Brennpunkten $\boldsymbol{f}_i = (\pm e,\, 0)^\top$, $e = \sqrt{\alpha_1^2 + \alpha_2^2}$, sind durch $\left|\,\|\boldsymbol{y} - \boldsymbol{f}_1\| - \|\boldsymbol{y} - \boldsymbol{f}_2\|\,\right| = 2\alpha_1$ gekennzeichnet. Die Punkte $\boldsymbol{z}$ der Parabel (rechts) haben vom Brennpunkt $\boldsymbol{f} = (0, \alpha_1^2/2)^\top$ und von der Leitgeraden L mit der Gleichung $x_2 = -\alpha_1^2/2$ dieselbe Entfernung.

Beispiel: Normalform einer parabolischen Quadrik

Die durch die quadratische Funktion $\psi : \mathcal{A}(\mathbb{R}^3) \to \mathbb{R}$ festgelegte Quadrik $Q(\psi)$ mit der kanonischen Gleichung $\psi(x) = x_1^2 + 2x_1x_2 + x_2^2 + 4x_1 + 2x_2 - 4x_3 - 3 = 0$ ist durch Wahl eines geeigneten kartesischen Koordinatensystems auf Normalform zu bringen.

Problemanalyse und Strategie: Wir gehen wie oben beschrieben vor: $\psi(x)$ ist die Summe aus der quadratischen Form $x^\top A\,x = x_1^2 + 2x_1x_2 + x_2^2$, der Linearform $2\,a^\top x = 4x_1 + 2x_2 - 4x_3$ und der Konstanten $a = -3$. Im ersten Schritt bestimmen wir die Hauptachsen der quadratischen Form. Im zweiten Schritt erweist sich das lineare Gleichungssystem $A\,x = -a$ aus (18.11) zur Berechnung eines Mittelpunkts als unlösbar. Daher wird a aufgespalten in zwei zueinander orthogonale Komponenten $a = a_0 + a_1$ mit $a_1 \in \mathrm{Im}(\varphi_A)$ und $a_0 \in \ker(\varphi_A) = \mathrm{Eig}_A 0$. Der letzte Vektor h_3 unserer Basis entsteht durch Normierung von a_0. Schließlich wird durch Verschiebung des Ursprungs noch die Konstante zum Verschwinden gebracht.

Lösung:

Es sind

$$A = \begin{pmatrix} 1 & 1 & 0 \\ 1 & 1 & 0 \\ 0 & 0 & 0 \end{pmatrix}, \quad a = \begin{pmatrix} 2 \\ 1 \\ -2 \end{pmatrix}, \quad a = -3 \,.$$

Das charakteristische Polynom

$$\det(A - \lambda \mathbf{E}_3) = -\lambda^2(\lambda - 2)$$

ergibt den einfachen Eigenwert $\lambda_1 = 2$ und den zweifachen Eigenwert $\lambda_2 = 0$. Der zu λ_1 gehörige normierte Eigenvektor

$$h_1 = \frac{1}{\sqrt{2}} \begin{pmatrix} 1 \\ 1 \\ 0 \end{pmatrix}$$

spannt den Bildraum $\mathrm{Im}(\varphi_A)$ auf. Dazu orthogonal ist der Eigenraum $\mathrm{Eig}_A 0 = \ker(\varphi_A)$.

a liegt offensichtlich nicht in $\mathrm{Im}(\varphi_A)$. Also liegt eine parabolische Quadrik vor, und wir müssen a aufspalten. Die Komponente a_1 von a in Richtung des Bildraums ist über das Skalarprodukt mit h_1 zu berechnen:

$$a_1 = (a \cdot h_1)h_1 = \frac{3}{2} \begin{pmatrix} 1 \\ 1 \\ 0 \end{pmatrix} .$$

Somit bleibt

$$a_0 = a - a_1 = \frac{1}{2} \begin{pmatrix} 1 \\ -1 \\ -4 \end{pmatrix} .$$

Normierung von a_0 ergibt den dritten Basisvektor

$$h_3 = \frac{1}{3\sqrt{2}} \begin{pmatrix} 1 \\ -1 \\ -4 \end{pmatrix}$$

und weiter als Vektorprodukt

$$h_2 = h_3 \times h_1 = \frac{1}{3} \begin{pmatrix} 2 \\ -2 \\ 1 \end{pmatrix} .$$

Den Ursprung o' unseres Koordinatensystems verlegen wir zunächst in eine spezielle Lösung von $A\,x = -a_1$, nämlich

$$o' = \begin{pmatrix} -3/2 \\ 0 \\ 0 \end{pmatrix} .$$

Wir verwenden die Formeln aus (18.10), um auf das kartesische Koordinatensystem $(p; H)$ mit $_E T_H = (h_1, h_2, h_3)$ umzurechnen. Es entstehen

$$A' = \begin{pmatrix} 2 & 0 & 0 \\ 0 & 0 & 0 \\ 0 & 0 & 0 \end{pmatrix}, a' = \begin{pmatrix} 0 \\ 0 \\ 3/\sqrt{2} \end{pmatrix}, a' = -\frac{27}{4} \,.$$

Die vereinfachte Gleichung lautet somit:

$$2\,x_1'^{\,2} + 3\,x_3'\sqrt{2} - 27/4 = 0 \,. \tag{$*$}$$

Die letzten beiden Summanden fassen wir zu

$$3\sqrt{2}\left(x_3' - \frac{27}{12\sqrt{2}}\right) = 3\sqrt{2}\left(x_3' - \frac{9}{4\sqrt{2}}\right)$$

zusammen und ersetzen x_3' durch $x_3'' = x_3' - 9/4\sqrt{2}$. Dies bedeutet, dass wir den Ursprung o' ersetzen durch

$$o'' = o' + \frac{9}{4\sqrt{2}}\, h_3 = \begin{pmatrix} -9/8 \\ -3/8 \\ -3/2 \end{pmatrix}$$

Schließlich multiplizieren wir die Gleichung $(*)$ noch mit $2/3\sqrt{2}$ und kehren die Richtung der dritten Koordinatenachse um, indem wir $x_3' = -x_3''$ setzen. Zur Vermeidung eines Linkskoordinatensystems kehren wir auch die x_2'-Achse um. Mithilfe der orthonormierten Basis $H' = (h_1, -h_2, -h_3)$ und des Ursprungs o'' erhalten wir die Normalform

$$\frac{4}{3\sqrt{2}}\, x_1'^{\,2} - 2\,x_3' = 0$$

eines parabolischen Zylinders (siehe Seite 742). Dabei genügt die dahinter stehende Koordinatentransformation der Gleichung

$$\begin{pmatrix} x_1 \\ x_2 \\ x_3 \end{pmatrix} = \frac{1}{3\sqrt{2}} \begin{pmatrix} 3 & -2\sqrt{2} & -1 \\ 3 & 2\sqrt{2} & 1 \\ 0 & -\sqrt{2} & 4 \end{pmatrix} \begin{pmatrix} x_1' \\ x_2' \\ x_3' \end{pmatrix} - \frac{3}{8} \begin{pmatrix} 3 \\ 1 \\ 4 \end{pmatrix}$$

oder umgekehrt

$$\begin{pmatrix} x_1' \\ x_2' \\ x_3' \end{pmatrix} = \frac{1}{3\sqrt{2}} \begin{pmatrix} 3 & 3 & 0 \\ -2\sqrt{2} & 2\sqrt{2} & -\sqrt{2} \\ -1 & 1 & 4 \end{pmatrix} \begin{pmatrix} x_1 \\ x_2 \\ x_3 \end{pmatrix}$$

$$+ \frac{1}{4\sqrt{2}} \begin{pmatrix} 6 \\ -4\sqrt{2} \\ 7 \end{pmatrix} .$$

Abbildung 18.9 Näherungsweiser Hyperbelbogen bei der von Santiago Calatrava entworfenen Alamillo-Brücke in Sevilla, einer Schrägseilbrücke mit einer Spannweite von 200 m.

Abbildung 18.10 Beispiele von *Wurfparabeln*.

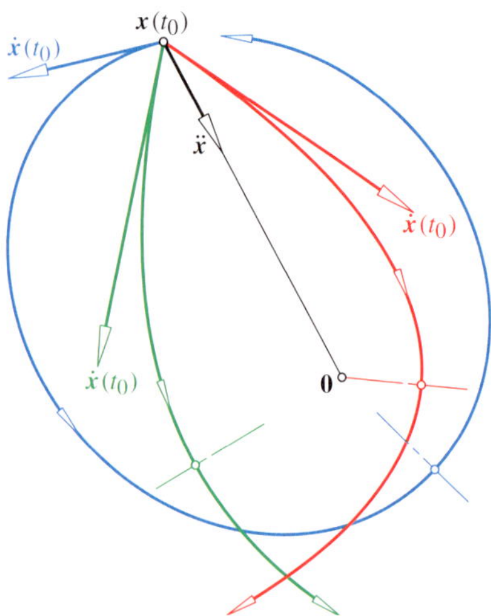

Abbildung 18.11 Die Lösungskurven des Einkörperproblems (siehe Kapitel 20) sind Kegelschnitte. Dargestellt sind mögliche Bahnen des Massenpunkts $\boldsymbol{x}(t_0)$ bei verschiedenen Anfangsgeschwindigkeiten $\dot{\boldsymbol{x}}(t_0)$, und zwar eine Ellipse (blau), eine Hyperbel (grün) und eine Parabel (rot).

Im dreidimensionalen Raum $\mathcal{A}\,(\mathbb{R}^3)$ sind deutlich mehr Fälle zu unterscheiden. In der Übersicht auf Seite 744 sind alle zusammengestellt:

Typ 1, kegelig: Für (r, p) sind nunmehr die Bedingungen $0 \leq p \leq r \leq 3$ und $p \geq r - p$ einzuhalten. Dies führt auf folgende fünf verschiedene Typen:

1a') $(r, p) = (3, 3)$, $\psi(\boldsymbol{x}) = \frac{x_1^2}{\alpha_1^2} + \frac{x_2^2}{\alpha_2^2} + \frac{x_3^2}{\alpha_3^2}$, $Q(\psi) = \{\boldsymbol{0}\}$,

1b') $(r, p) = (3, 2)$, $\psi(\boldsymbol{x}) = \frac{x_1^2}{\alpha_1^2} + \frac{x_2^2}{\alpha_2^2} - \frac{x_3^2}{\alpha_3^2}$, $Q(\psi)$ ist ein quadratischer Kegel,

1c') $(r, p) = (2, 2)$, $\psi(\boldsymbol{x}) = \frac{x_1^2}{\alpha_1^2} + \frac{x_2^2}{\alpha_2^2}$, $Q(\psi)$ ist eine Gerade,

1d') $(r, p) = (2, 1)$, $\psi(\boldsymbol{x}) = \frac{x_1^2}{\alpha_1^2} - \frac{x_2^2}{\alpha_2^2}$, $Q(\psi)$ besteht aus zwei Ebenen,

1e') $(r, p) = (1, 1)$, $\psi(\boldsymbol{x}) = x_1^2$, $Q(\psi)$ ist eine Ebene.

Typ 2, Mittelpunktsquadriken: Hier gibt es neun Fälle:

2a') $(r, p) = (3, 3)$, $\psi(\boldsymbol{x}) = \frac{x_1^2}{\alpha_1^2} + \frac{x_2^2}{\alpha_2^2} + \frac{x_3^2}{\alpha_3^2} - 1$, $Q(\psi)$ ist ein **Ellipsoid**,

2b') $(r, p) = (3, 2)$, $\psi(\boldsymbol{x}) = \frac{x_1^2}{\alpha_1^2} + \frac{x_2^2}{\alpha_2^2} - \frac{x_3^2}{\alpha_3^2} - 1$, $Q(\psi)$ ist ein **einschaliges Hyperboloid**,

2c') $(r, p) = (3, 1)$, $\psi(\boldsymbol{x}) = \frac{x_1^2}{\alpha_1^2} - \frac{x_2^2}{\alpha_2^2} - \frac{x_3^2}{\alpha_3^2} - 1$, $Q(\psi)$ ist ein **zweischaliges Hyperboloid**,

2d') $(r, p) = (3, 0)$, $\psi(\boldsymbol{x}) = -\frac{x_1^2}{\alpha_1^2} - \frac{x_2^2}{\alpha_2^2} - \frac{x_3^2}{\alpha_3^2} - 1$, $Q(\psi) = \emptyset$,

2e') $(r, p) = (2, 2)$, $\psi(\boldsymbol{x}) = \frac{x_1^2}{\alpha_1^2} + \frac{x_2^2}{\alpha_2^2} - 1$, $Q(\psi)$ ist ein **elliptischer Zylinder**,

2f') $(r, p) = (2, 1)$, $\psi(\boldsymbol{x}) = \frac{x_1^2}{\alpha_1^2} - \frac{x_2^2}{\alpha_2^2} - 1$, $Q(\psi)$ ist ein **hyperbolischer Zylinder**,

2g') $(r, p) = (2, 0)$, $\psi(\boldsymbol{x}) = -\frac{x_1^2}{\alpha_1^2} - \frac{x_2^2}{\alpha_2^2} - 1$, $Q(\psi) = \emptyset$,

2h') $(r, p) = (1, 1)$, $\psi(\boldsymbol{x}) = x_1^2 - 1$, $Q(\psi)$ besteht aus zwei parallelen Ebenen,

2i') $(r, p) = (1, 0)$, $\psi(\boldsymbol{x}) = -x_1^2 - 1$, $Q(\psi) = \emptyset$.

Ein Ellipsoid mit paarweise verschiedenen Achsenlängen heißt *dreiachsig* (Abb. 18.14 links). Bei zwei gleichen Achsenlängen spricht man von einem *Drehellipsoid*, dem *eiförmigen* oder verlängerten mit $\alpha_1 > \alpha_2 = \alpha_3$ und dem *linsenförmigen*, abgeplatteten oder verkürzten mit $\alpha_1 = \alpha_2 > \alpha_3$ (Abb. 18.15). Der Sonderfall $\alpha_1 = \alpha_2 = \alpha_3$ ergibt eine Kugel.

Beide Hyperboloide (Abb. 18.14 Mitte und rechts) besitzen einen *Asymptotenkegel* mit der jeweiligen Gleichung $\frac{x_1^2}{\alpha_1^2} \pm \frac{x_2^2}{\alpha_2^2} - \frac{x_3^2}{\alpha_3^2} = 0$. Bei $\alpha_1 = \alpha_2$ im einschaligen Fall und $\alpha_2 = \alpha_3$ im zweischaligen entstehen Drehflächen.

Es gibt einen markanten Unterschiede zwischen beiden Hyperboloiden: das einschalige Hyperboloid trägt zwei Scharen von Geraden, sogenannten *Erzeugenden*. Dies zeigt sich wie

Übersicht: Quadriken im $\mathcal{A}(\mathbb{R}^2)$

Wir stellen in der folgenden Tabelle die verschiedenen Typen der Quadriken der Ebene $\mathcal{A}(\mathbb{R}^2)$ zusammen.

Typ 1, **Kegelige Quadriken**:			$\frac{x_1^2}{\alpha_1^2} + \frac{x_2^2}{\alpha_2^2} = 0$ ein Punkt	
$\frac{x_1^2}{\alpha_1^2} - \frac{x_2^2}{\alpha_2^2} = 0$	zwei sich schneidende Geraden		$\frac{x_1^2}{\alpha_1^2} = 0$ eine Gerade	
Typ 2, **Mittelpunktsquadriken**:			$\frac{x_1^2}{\alpha_1^2} + \frac{x_2^2}{\alpha_2^2} = 1$ Ellipse	
$\frac{x_1^2}{\alpha_1^2} - \frac{x_2^2}{\alpha_2^2} = 1$	Hyperbel		$-\frac{x_1^2}{\alpha_1^2} - \frac{x_2^2}{\alpha_2^2} = 1$ leere Menge	
$\frac{x_1^2}{\alpha_1^2} = 1$	zwei parallele Geraden		$-\frac{x_1^2}{\alpha_1^2} = 1$ leere Menge	
Typ 3, **Parabolische Quadriken**:			$\frac{x_1^2}{\alpha_1^2} - 2x_2 = 0$ Parabel	

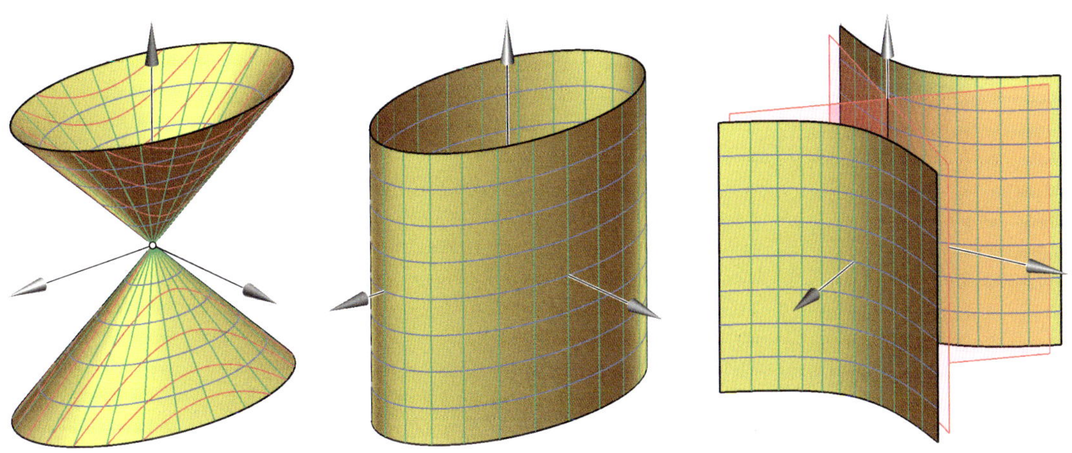

Abbildung 18.12 Von links nach rechts: Quadratischer Kegel mit Hyperbelschnitten, elliptischer Zylinder und hyperbolischer Zylinder mit seinen asymptotischen Ebenen (rot schattiert).

folgt: Jeder Wert $t \in \mathbb{R} \setminus \{0\}$ liefert als Schnitt der Ebenen mit den Gleichungen

$$E_1(t): t\left(\frac{x_1}{\alpha_1} - \frac{x_3}{\alpha_3}\right) = 1 \mp \frac{x_2}{\alpha_2} \quad \text{und}$$

$$E_2(t): \frac{1}{t}\left(\frac{x_1}{\alpha_1} + \frac{x_3}{\alpha_3}\right) = 1 \pm \frac{x_2}{\alpha_2}$$

eine Gerade, welche ganz auf dem Hyperboloid liegt. Wenn wir nämlich die linken Seiten und ebenso die rechten Seiten dieser Gleichungen miteinander multiplizieren, so erhalten wir genau die obige Normalform 2b'. Demnach gehört jeder gemeinsame Punkt der Ebenen $E_1(t)$ und $E_2(t)$ auch der Nullstellenmenge von 2b' an. Je nachdem, ob wir die oberen

Abbildung 18.13 Die Karlskirche in Wien mit ellipsoidförmiger Kuppel, deren Umrissellipse auf dem Foto das Achsenverhältnis breit/hoch ≈ 1.03 hat.

oder die unteren Vorzeichen wählen, entsteht eine Gerade der ersten oder zweiten Erzeugendenschar.

Neben den bisher angegebenen Geraden liegen auf dem Hyperboloid auch noch die insgesamt vier Geraden

$$\frac{x_1}{\alpha_1} \pm \frac{x_3}{\alpha_3} = 1 \pm \frac{x_2}{\alpha_2} = 0 \,,$$

wobei die Vorzeichen hier beliebig kombiniert werden dürfen. Diese Geraden sind die Grenzfälle der Schnittgeraden von $E_1(t)$ und $E_2(t)$ für $t \to 0$ oder $t \to \infty$.

Die beiden Zylinder tragen ebenfalls Geraden. Diese sind alle parallel zur x_3-Achse (Abb. 18.12).

Typ 3, parabolisch: Als Normalformen mit wesentlich verschiedenen Nullstellenmengen bleiben

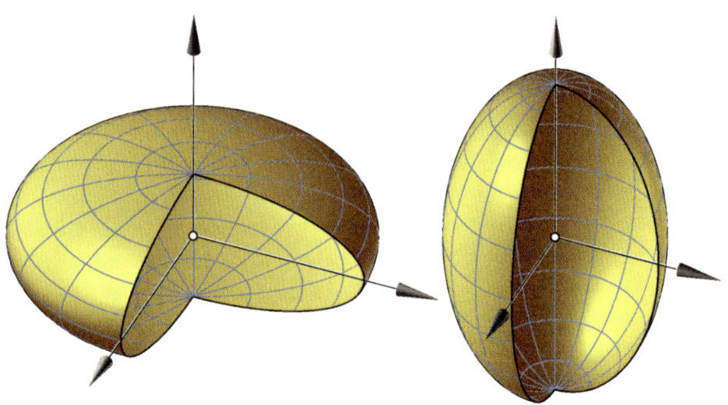

Abbildung 18.15 Die beiden Drehellipsoide, das linsenförmige oder abgeplattete (links) und das eiförmige oder verlängerte (rechts), beide mit einem offenen $90°$-Sektor.

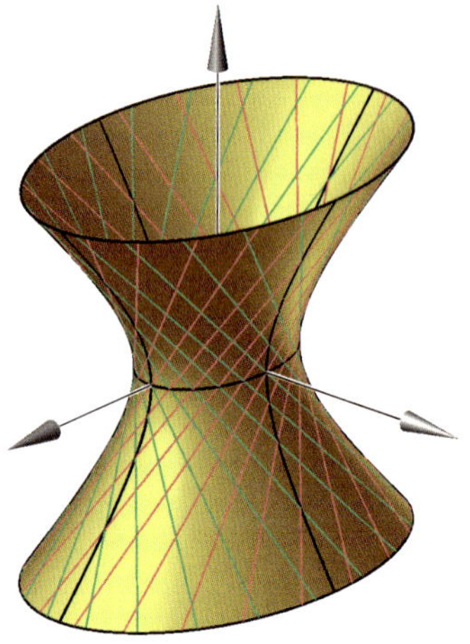

Abbildung 18.16 Die beiden Erzeugendenscharen eines einschaligen Hyperboloids.

3a') $(r, p) = (2, 2)$, $\psi(\boldsymbol{x}) = \dfrac{x_1^2}{\alpha_1^2} + \dfrac{x_2^2}{\alpha_2^2} - 2x_3$, $Q(\psi)$ ist ein **elliptisches Paraboloid**,

3b') $(r, p) = (2, 1)$, $\psi(\boldsymbol{x}) = \dfrac{x_1^2}{\alpha_1^2} - \dfrac{x_2^2}{\alpha_2^2} - 2x_3$, $Q(\psi)$ ist ein **hyperbolisches Paraboloid**,

3c') $(r, p) = (1, 1)$, $\psi(\boldsymbol{x}) = \dfrac{x_1^2}{\alpha_1^2} - 2x_3$, $Q(\psi)$ ist ein **parabolischer Zylinder**.

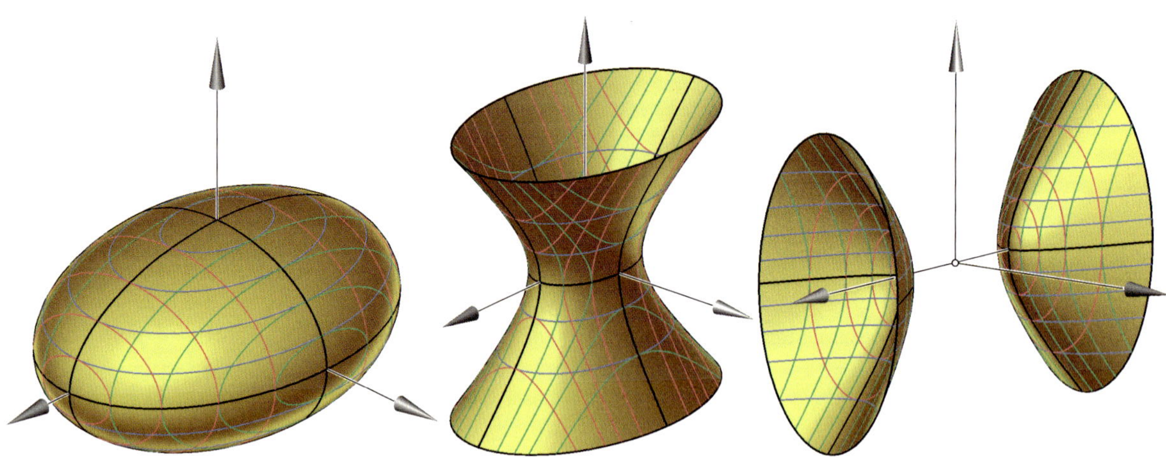

Abbildung 18.14 Das dreiachsige Ellipsoid sowie das ein- und zweischalige Hyperboloid mit achsenparallelen Schnittkurven.

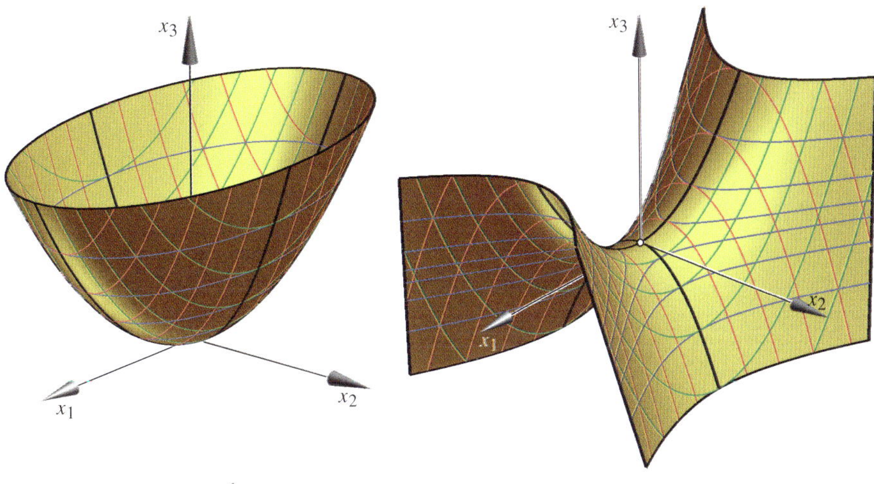

Abbildung 18.17 Die Bezeichnung der beiden Paraboloide ergibt sich aus der Art der Schnittkurven mit den Ebenen $x_3 = $ konst.

Die beiden Paraboloide 3a' und 3b' sind einheitlich als *Schiebflächen* erzeugbar, indem die Schnittparabel P_1 mit der Ebene $x_2 = 0$ entlang der Schnittparabel P_2 mit der Ebene $x_1 = 0$ parallel verschoben wird (Abb. 18.18). Dabei sind im elliptischen Fall diese Schiebparabeln nach derselben Seite offen, im hyperbolischen Fall nach verschiedenen Seiten, weshalb hier eine *Sattelfläche* entsteht.

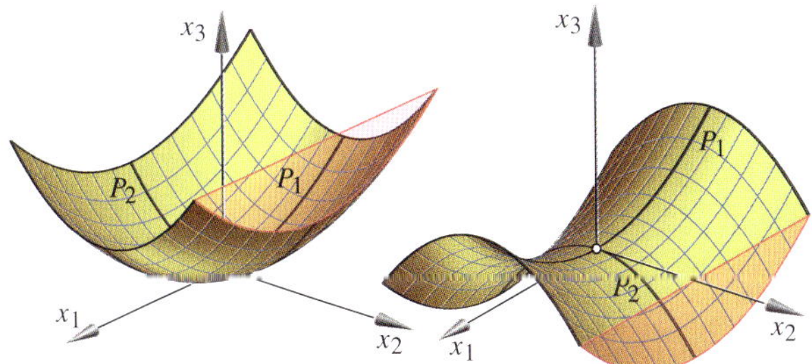

Abbildung 18.18 Beide Paraboloide sind Schiebflächen, nämlich erzeugbar durch Verschiebung einer Parabel (rot schattiert) entlang einer zweiten, die im elliptischen Fall (links) nach oben offen ist, im hyperbolischen Fall (rechts) nach unten.

Diese Schiebflächeneigenschaft folgt aus der Feststellung, dass für jedes $k \in \mathbb{R}$ die Schnittkurve der Paraboloide mit der Ebene $x_2 = k = $ konst. die Gleichung

$$\frac{x_1^2}{\alpha_1^2} \pm \frac{k^2}{\alpha_2^2} - 2x_3 = 0, \quad \text{also} \quad \frac{x_1^2}{\alpha_1^2} - 2\left(x_3 \mp \frac{k^2}{2\alpha_2^2}\right) = 0$$

erfüllt und daher durch die Parallelverschiebung

$$\begin{pmatrix} x_1 \\ x_2 \\ x_3 \end{pmatrix} \mapsto \begin{pmatrix} 0 \\ k \\ \pm k^2/2\alpha_2^2 \end{pmatrix} + \begin{pmatrix} x_1 \\ x_2 \\ x_3 \end{pmatrix}$$

aus der zu $k = 0$ gehörigen Parabel P_1 hervorgeht.

Als Schnittkurven mit den Ebenen $x_3 = k \neq 0$ treten im elliptischen Fall Ellipsen auf, im hyperbolischen Fall Hyperbeln. Dies ist eine Begründung für die Namensgebung der beiden Paraboloide.

Das hyperbolische Paraboloid ist wieder eine Fläche mit zwei Erzeugendenscharen. Ähnlich wie beim einschaligen Hyperboloid können wir wieder Ebenenpaare

$$E_1(t)\colon \left(\frac{x_1}{\alpha_1} \pm \frac{x_2}{\alpha_2}\right) = t\,,$$

$$E_2(t)\colon \left(\frac{x_1}{\alpha_1} \mp \frac{x_2}{\alpha_2}\right) = \frac{2x_3}{t}$$

angeben, deren Schnittgerade für jedes $t \in \mathbb{R} \setminus \{0\}$ zur Gänze dem Paraboloid angehört, weil alle ihre Punkte die Paraboloidgleichung erfüllen. Es ergeben sich erneut zwei Scharen von Geraden je nachdem, ob die oberen oder unteren Vorzeichen gewählt werden. Als Grenzfälle für $t \to 0$ erhält man die beiden Scheitelerzeugenden

$$\frac{x_1}{\alpha_1} \pm \frac{x_2}{\alpha_2} = x_3 = 0\,.$$

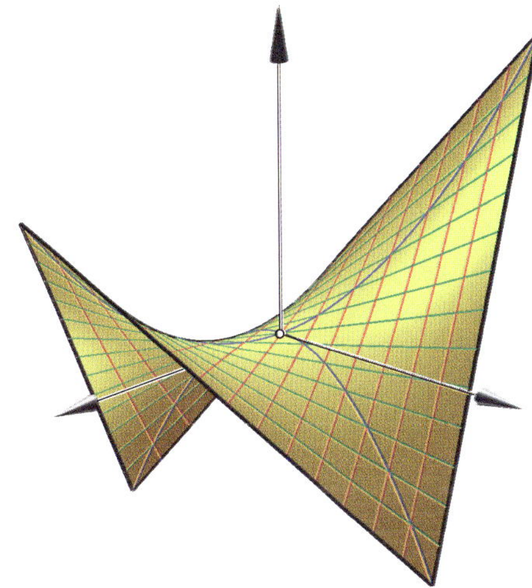

Abbildung 18.19 Das hyperbolische Paraboloid trägt so wie das einschalige Hyperboloid zwei Erzeugendenscharen.

Bei $\alpha_1 = \alpha_2$ wird das elliptische Paraboloid zum *Drehparaboloid*, und das hyperbolische Paraboloid heißt in diesem Fall *orthogonal*.

Übersicht: Quadriken in $\mathcal{A}\,(\mathbb{R}^3)$

Die folgenden Tabelle zeigt Ansichten aller Typen von Quadriken im Raum $\mathcal{A}\,(\mathbb{R}^3)$.

Typ 1, **Kegelige Quadriken:**			$\dfrac{x_1^2}{\alpha_1^2}+\dfrac{x_2^2}{\alpha_2^2}+\dfrac{x_3^2}{\alpha_3^2}=0$	ein Punkt 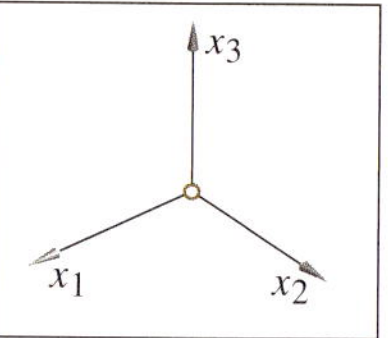
$\dfrac{x_1^2}{\alpha_1^2}+\dfrac{x_2^2}{\alpha_2^2}-\dfrac{x_3^2}{\alpha_3^2}=0$	quadratischer Kegel	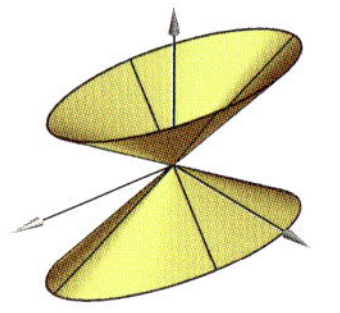	$\dfrac{x_1^2}{\alpha_1^2}+\dfrac{x_2^2}{\alpha_2^2}=0$	eine Gerade 
$\dfrac{x_1^2}{\alpha_1^2}-\dfrac{x_2^2}{\alpha_2^2}=0$	zwei sich schneidende Ebenen	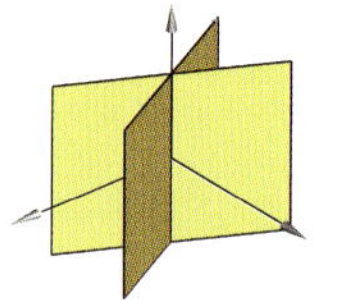	$x_1^2=0$	eine Ebene 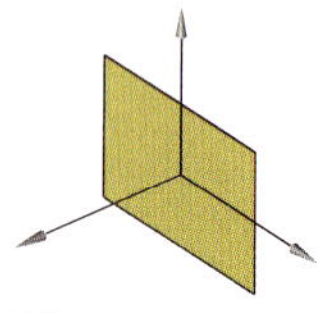
Typ 2, **Mittelpunktsquadriken:**			$\dfrac{x_1^2}{\alpha_1^2}+\dfrac{x_2^2}{\alpha_2^2}+\dfrac{x_3^2}{\alpha_3^2}=1$	Ellipsoid 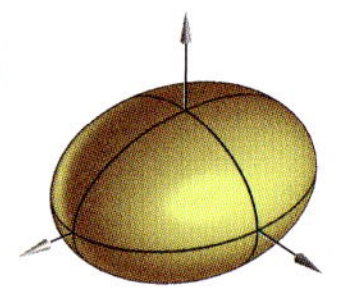
$\dfrac{x_1^2}{\alpha_1^2}+\dfrac{x_2^2}{\alpha_2^2}-\dfrac{x_3^2}{\alpha_3^2}=1$	einschaliges Hyperboloid	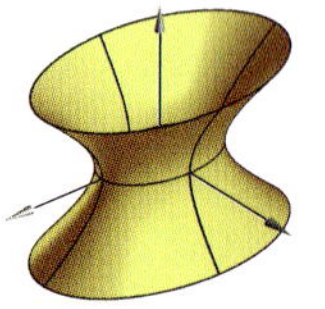	$\dfrac{x_1^2}{\alpha_1^2}-\dfrac{x_2^2}{\alpha_2^2}-\dfrac{x_3^2}{\alpha_3^2}=1$	zweischaliges Hyperboloid 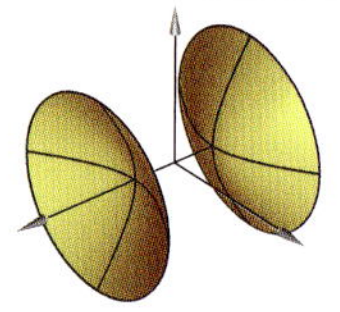
$-\dfrac{x_1^2}{\alpha_1^2}-\dfrac{x_2^2}{\alpha_2^2}-\dfrac{x_3^2}{\alpha_3^2}=1$	leere Menge		$\dfrac{x_1^2}{\alpha_1^2}+\dfrac{x_2^2}{\alpha_2^2}=1$	elliptischer Zylinder 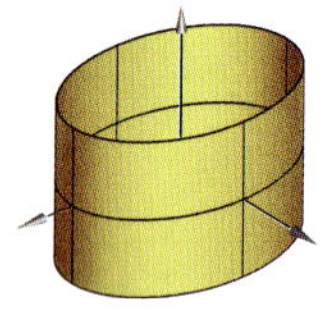
$\dfrac{x_1^2}{\alpha_1^2}-\dfrac{x_2^2}{\alpha_2^2}=1$	hyperbolischer Zylinder	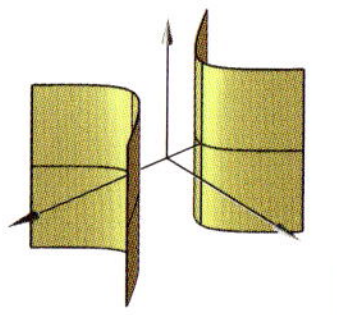	$-\dfrac{x_1^2}{\alpha_1^2}-\dfrac{x_2^2}{\alpha_2^2}=1$	leere Menge 
$\dfrac{x_1^2}{\alpha_1^2}=1$	zwei parallele Ebenen	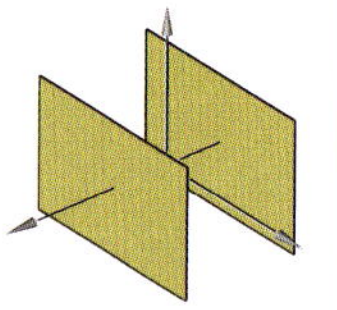	$-\dfrac{x_1^2}{\alpha_1^2}=1$	leere Menge 
Typ 3, **Parabolische Quadriken:**			$\dfrac{x_1^2}{\alpha_1^2}+\dfrac{x_2^2}{\alpha_2^2}-2x_3=0$	elliptisches Paraboloid 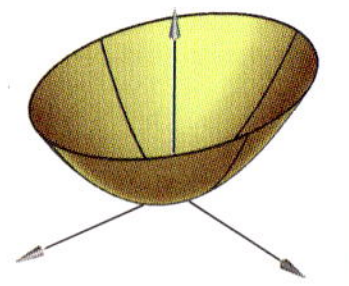
$\dfrac{x_1^2}{\alpha_1^2}-\dfrac{x_2^2}{\alpha_2^2}-2x_3=0$	hyperbolisches Paraboloid	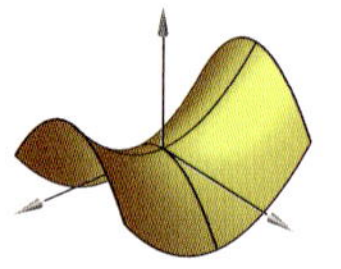	$\dfrac{x_1^2}{\alpha_1^2}-2x_3=0$	parabolischer Zylinder 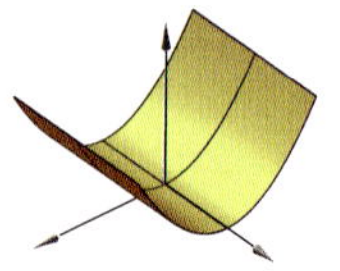

18.4 Die Singulärwertzerlegung

Wir wenden uns noch einmal den linearen Abbildungen zwischen endlichdimensionalen Vektorräumen zu. Welche zusätzlichen Eigenschaften einer derartigen Abbildung $\varphi \colon V \to V'$ kann man feststellen, wenn die beteiligten Vektorräume *euklidisch* sind?

Das Hauptziel des folgenden Abschnitts ist die Bestimmung orthonormierter Basen H bzw. H', bezüglich welcher die Darstellungsmatrix ${}_{H'}\boldsymbol{M}(\varphi)_H$ möglichst einfach wird, nämlich die Normalform

$$
{}_{H'}\boldsymbol{M}(\varphi)_H = \begin{pmatrix} s_1 & \dots & 0 & 0 & \dots & 0 \\ \vdots & \ddots & \vdots & \vdots & & \vdots \\ 0 & \dots & s_r & & & \vdots \\ 0 & \dots & 0 & \vdots & & \vdots \\ \vdots & & & \vdots & & \vdots \\ 0 & \dots & 0 & 0 & \dots & 0 \end{pmatrix} \in \mathbb{R}^{m \times n} \quad (18.13)
$$

annimmt, bei $n = \dim V$, $m = \dim V'$, $r = \mathrm{rg}(\varphi)$ und $s_i > 0$ für $i = 1, \dots, r$. Wir werden diese Normalform kurz mit $\mathrm{diag}\,(s_1, \dots, s_r)$ bezeichnen, auch wenn die Matrix nicht quadratisch sein sollte.

Dabei ist Folgendes zu beachten: Die im Kapitel 12 behandelte Diagonalisierbarkeit einer linearen Abbildung $\varphi \colon V \to V'$ betraf nur Endomorphismen, also den Fall $V' = V$. Damit waren die Darstellungsmatrizen stets quadratisch, und es konnte nur eine einzige Basis modifiziert werden, nämlich jene in V. Dabei stellte sich heraus, dass nicht jeder Endomorphismus diagonalisierbar ist.

Nun ist es anders. Wir können sowohl in V, als auch in V' die Basen der vorliegenden Abbildung φ anpassen. Daher gibt es stets diagonalisierte Darstellungsmatrizen. Wir werden erkennen, dass die Diagonalisierung immer auch mit *orthonormierten* Basen erreichbar ist.

Die Hauptverzerrungsrichtungen von φ bei einem instruktiven Beispiel

Zunächst befassen wir uns mit der Frage, wie sich eine lineare Abbildung φ auf die Länge der Vektoren auswirkt. Dazu berechnen wir das *Längenverzerrungsverhältnis* $\|\varphi(\boldsymbol{x})\|/\|\boldsymbol{x}\|$ des Vektors $\boldsymbol{x} \neq \boldsymbol{0}$. Dieser Quotient aus der Länge des Bilds durch die Länge des Urbilds ist derselbe für alle Vielfachen von $\lambda \boldsymbol{x}$, $\lambda \neq 0$, denn

$$
\frac{\|\varphi(\lambda \boldsymbol{x})\|}{\|\lambda \boldsymbol{x}\|} = \frac{|\lambda|\,\|\varphi(\boldsymbol{x})\|}{|\lambda|\,\|\boldsymbol{x}\|} = \frac{\|\varphi(\boldsymbol{x})\|}{\|\boldsymbol{x}\|} .
$$

Das Verzerrungsverhältnis ist also nur von der Geraden $\langle \boldsymbol{x} \rangle$ abhängig. Man erhält bereits alle möglichen Verzerrungsverhältnisse, wenn man nur Einheitsvektoren abbildet. Für Vektoren aus dem Kern $\ker(\varphi) = \varphi^{-1}(\boldsymbol{0})$ ist das Verzerrungsverhältnis natürlich gleich 0.

Es erweist sich allerdings als günstiger, den umgekehrten Weg einzuschlagen und jene Vektoren $\boldsymbol{x}$ zu betrachten, deren Bildvektoren $\varphi(\boldsymbol{x})$ Einheitsvektoren sind. Diese liegen natürlich alle außerhalb des Kerns von φ.

Wir beginnen mit einem Beispiel: Es sei

$$
\varphi \colon \begin{cases} \mathbb{R}^2 \to \mathbb{R}^2, \\ \boldsymbol{x} \mapsto \boldsymbol{A}\,\boldsymbol{x} \end{cases} \quad \text{mit } \boldsymbol{A} = \begin{pmatrix} 1 & 1 \\ 0 & 1 \end{pmatrix}
$$

und damit bijektiv (Abb. 18.20). Welche Vektoren $\boldsymbol{x} \in V$ werden durch φ auf Einheitsvektoren abgebildet?

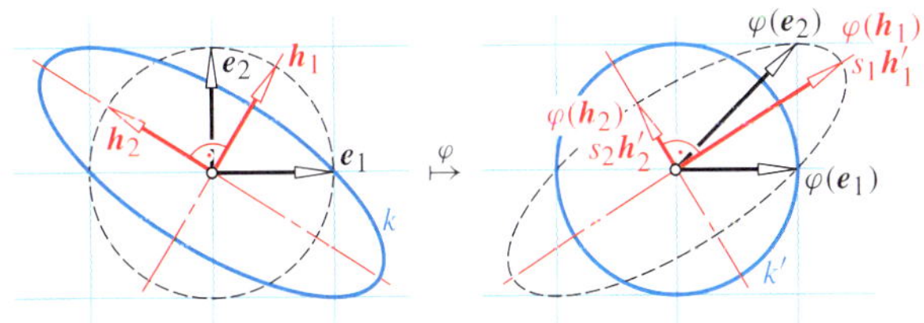

Abbildung 18.20 Die orthonormierte Basis $(\boldsymbol{h}_1, \boldsymbol{h}_2)$ bleibt orthogonal unter der bijektiven linearen Abbildung $\varphi \colon \mathbb{R}^2 \to \mathbb{R}^2$.

Die Forderung $\|\varphi(\boldsymbol{x})\| = 1$ ergibt bei Verwendung des kanonischen Skalarprodukts in Matrizenschreibweise:

$$
\|\boldsymbol{A}\boldsymbol{x}\|^2 = (\boldsymbol{A}\boldsymbol{x})^\top (\boldsymbol{A}\boldsymbol{x}) = \boldsymbol{x}^\top (\boldsymbol{A}^\top \boldsymbol{A})\,\boldsymbol{x} = 1 .
$$

Das ist die kanonische Gleichung einer Quadrik k (siehe Abb. 18.20) des $\mathcal{A}(\mathbb{R}^2)$, deren quadratische Form die Darstellungsmatrix

$$
\boldsymbol{A}^\top \boldsymbol{A} = \begin{pmatrix} 1 & 1 \\ 1 & 2 \end{pmatrix}
$$

hat. Nachdem in dieser Quadrikengleichung die linearen Summanden fehlen, liegt der Mittelpunkt im Ursprung $\boldsymbol{0}$. Wir transformieren diese Quadrik k auf ihre Hauptachsen.

Die Eigenwerte von $\boldsymbol{A}^\top \boldsymbol{A}$ sind die Nullstellen des charakteristischen Polynoms

$$
\det(\boldsymbol{A}^\top \boldsymbol{A} - \lambda \mathbf{E}_2) = \lambda^2 - 3\lambda + 1 ,
$$

also

$$
\lambda_1 = \frac{3+\sqrt{5}}{2}, \quad \lambda_2 = \frac{3-\sqrt{5}}{2} .
$$

Beide sind positiv. Also ist die Quadrik k eine Ellipse mit den Achsenlängen

$$
\alpha_1 = \sqrt{\frac{2}{3+\sqrt{5}}} = \frac{\sqrt{5}-1}{2} \approx 0.618 ,
$$

$$
\alpha_2 = \sqrt{\frac{2}{3-\sqrt{5}}} = \frac{\sqrt{5}+1}{2} \approx 1.618 .
$$

Diese Achsenlängen sind die Extremwerte unter den Längen der Vektoren $\boldsymbol{x} \in k$, d. h.,

$$
\alpha_1 \leq \|\boldsymbol{x}\| \leq \alpha_2 .
$$

Nachdem die Bildvektoren $\varphi(\boldsymbol{x})$ alle die Länge 1 haben, gilt für die Verzerrungsverhältnisse

$$
\frac{1}{\alpha_1} = \sqrt{\lambda_1} \geq \frac{\|\varphi(\boldsymbol{x})\|}{\|\boldsymbol{x}\|} \geq \sqrt{\lambda_2} = \frac{1}{\alpha_2} .
$$

Die Eigenwerte von $A^\top A$ geben also die Quadrate der extremen Längenverzerrungsverhältnisse an. Wir nennen $s_i = \sqrt{\lambda_i}$ für $i = 1, 2$ die *Hauptverzerrungsverhältnisse* oder die *Singulärwerte* von φ. Die Achsen von k sind diejenigen Geraden, längs derer diese extremen Längenverzerrungen auftreten. Sie bestimmen die *Hauptverzerrungsrichtungen* von φ. Vektoren längs der Nebenachse von k werden am stärksten verlängert, jene längs der Hauptachse von k am meisten verkürzt.

Für die orthonormierte Basis H aus Eigenvektoren von $A^\top A$ wählen wir

$$\boldsymbol{h}_1 = \tfrac{1}{w} \begin{pmatrix} 2 \\ 1 - \sqrt{5} \end{pmatrix}, \quad \boldsymbol{h}_2 = \tfrac{1}{w} \begin{pmatrix} -1 - \sqrt{5} \\ 2 \end{pmatrix}$$

bei $w^2 = 10 + 2\sqrt{5}$. Die zugehörigen Bilder

$$\varphi(\boldsymbol{h}_1) = \tfrac{1}{w} \begin{pmatrix} 3 + \sqrt{5} \\ 1 + \sqrt{5} \end{pmatrix}, \quad \varphi(\boldsymbol{h}_2) = \tfrac{1}{w} \begin{pmatrix} 1 - \sqrt{5} \\ 2 \end{pmatrix}$$

haben die Längen $s_1 = \sqrt{\lambda_1}$ bzw. $s_2 = \sqrt{\lambda_2}$, und sie sind zueinander orthogonal, wie deren verschwindendes Skalarprodukt beweist (Abb. 18.20). Durch Normieren entstehen daraus die Vektoren

$$\boldsymbol{h}_1' = \tfrac{1}{s_1}\, \varphi(\boldsymbol{h}_1), \quad \boldsymbol{h}_2' = \tfrac{1}{s_2}\, \varphi(\boldsymbol{h}_2)$$

der orthonormierten Basis H' im Bildraum. φ erhält die Darstellungsmatrix

$$_{H'}\boldsymbol{M}(\varphi)_H = (\,_{H'}\varphi(\boldsymbol{h}_1),\ _{H'}\varphi(\boldsymbol{h}_2)\,) = \begin{pmatrix} s_1 & 0 \\ 0 & s_2 \end{pmatrix}$$

in der Normalform (18.13) mit den beiden Hauptverzerrungsverhältnissen in der Hauptdiagonale.

Nachdem die lineare Abbildung φ in diesem Beispiel sogar bijektiv ist, können wir umgekehrt auf analoge Weise feststellen, dass die Bilder der Einheitsvektoren die Quadrikengleichung

$$\boldsymbol{x}'^\top (A^{\top -1} A^{-1})\, \boldsymbol{x}' = \boldsymbol{x}'^\top (A A^\top)^{-1} \boldsymbol{x}' = 1$$

erfüllen. Dies führt auf die im rechten Bild von Abbildung 18.20 gestrichelt eingezeichnete Ellipse mit Achsenlängen s_1 und s_2, auf welcher die Spitzen von $\varphi(\boldsymbol{e}_1)$, $\varphi(\boldsymbol{e}_2)$, $\varphi(\boldsymbol{h}_1)$ und $\varphi(\boldsymbol{h}_2)$ liegen.

Die Quadrate der Singulärwerte sind die Eigenwerte einer symmetrischen Matrix

Nun wenden wir uns dem allgemeinen Fall einer linearen Abbildung

$$\varphi : \begin{cases} V = \mathbb{R}^n \ \to \ V' = \mathbb{R}^m\,, \\ \qquad \boldsymbol{x} \ \mapsto \ A\,\boldsymbol{x} \end{cases}$$

zu. Das kanonische Skalarprodukt zwischen Bildvektoren in V' bestimmt in V eine symmetrische Bilinearform gemäß der Gleichung

$$\varphi(\boldsymbol{x}) \cdot \varphi(\boldsymbol{y}) = (A\,\boldsymbol{x})^\top (A\,\boldsymbol{y}) = \boldsymbol{x}^\top (A^\top A)\, \boldsymbol{y}\,, \qquad (18.14)$$

denn das Matrizenprodukt $(A^\top A)$ ist symmetrisch.

Ist $\mathrm{rg}(A^\top A) = r$, so gibt es r von null verschiedene Eigenwerte $\lambda_1, \ldots, \lambda_r$ von $(A^\top A)$ und eine orthonormierte Basis $H = (\boldsymbol{h}_1, \ldots, \boldsymbol{h}_n)$ aus Eigenvektoren von V, wobei $\boldsymbol{h}_{r+1}, \ldots, \boldsymbol{h}_n$ den Kern von φ aufspannen. Aus

$$(A^\top A)\, \boldsymbol{h}_j = \lambda_j\, \boldsymbol{h}_j$$

folgt für alle $i, j \in \{1, \ldots, r\}$ nach (18.14):

$$\varphi(\boldsymbol{h}_i) \cdot \varphi(\boldsymbol{h}_j) = \boldsymbol{h}_i^\top (A^\top A)\, \boldsymbol{h}_j = \boldsymbol{h}_i^\top (\lambda_j\, \boldsymbol{h}_j) = \lambda_j (\boldsymbol{h}_i \cdot \boldsymbol{h}_j)\,,$$

also

$$\varphi(\boldsymbol{h}_i) \cdot \varphi(\boldsymbol{h}_j) = \begin{cases} 0 & \text{für } i \neq j\,, \\ \lambda_j & \text{für } i = j\,. \end{cases}$$

Die ersten r Bildvektoren sind $\neq \boldsymbol{0}$ und paarweise orthogonal. Wegen $\lambda_i = \|\varphi(\boldsymbol{h}_i)\|^2$ sind die ersten r Eigenwerte von $(A^\top A)$ positiv. Wir nennen die (positiven) Wurzeln aus diesen Eigenwerten, also

$$s_1 = \sqrt{\lambda_1} = \|\varphi(\boldsymbol{h}_1)\|\,, \ \ldots, \ s_r = \sqrt{\lambda_r} = \|\varphi(\boldsymbol{h}_r)\|\,,$$

die **Singulärwerte** von φ. Dabei setzen wir die *Vielfachheit* von s_i jener von λ_i gleich.

Die durch Normierung der Bildvektoren entstehenden Vektoren

$$\boldsymbol{h}_1' = \tfrac{1}{s_1}\, \varphi(\boldsymbol{h}_1)\,, \ \ldots, \ \boldsymbol{h}_r' = \tfrac{1}{s_r}\, \varphi(\boldsymbol{h}_r)$$

sind orthonormiert und lassen sich zu einer orthonormierten Basis von V' ergänzen. Dabei ist $\langle \boldsymbol{h}_1', \ldots, \boldsymbol{h}_r' \rangle$ das Bild $\mathrm{Im}(\varphi) \subset V'$ und $\langle \boldsymbol{h}_{r+1}', \ldots, \boldsymbol{h}_m' \rangle$ orthogonal dazu.

Wir haben also $\varphi(\boldsymbol{h}_i) = s_i\, \boldsymbol{h}_i'$ für $i \in \{1, \ldots, r\}$ und $\varphi(\boldsymbol{h}_j) = \boldsymbol{0}$ für $j > r$. Die H'-Koordinaten der Bilder $\varphi(\boldsymbol{h}_i)$ sind die Spaltenvektoren in der Darstellungsmatrix $_{H'}\boldsymbol{M}(\varphi)_H$; somit erhält diese die auf Seite 745 gezeigte Normalform (18.13).

Angenommen, B und B' sind beliebige orthonormierte Basen in V bzw. V' und A ist die zugehörige Darstellungsmatrix von φ. Dann ist

$$A = \,_{B'}\boldsymbol{M}(\varphi)_B = \,_{B'}\boldsymbol{T}_{H'} \ _{H'}\boldsymbol{M}(\varphi)_H \ _H\boldsymbol{T}_B\,,$$

und die Transformationsmatrizen $_H T_B \in \mathbb{R}^{n \times n}$ und $_{B'} T_{H'} \in \mathbb{R}^{m \times m}$ sind orthogonal.

Jede Matrix A legt als (kanonische) Darstellungsmatrix eine lineare Abbildung $\varphi \colon x \mapsto A x$ fest. Wir ändern die Bezeichnung und schreiben D für die Normalform $_{H'} M(\varphi)_H$ aus (18.13) in Diagonalgestalt und ferner V statt $_H T_B$ sowie U statt $_{H'} T_{B'}$, also $U^\top$ statt $_{B'} T_{H'}$. Dann ist $U U^\top = E_m$ und $V V^\top = E_n$.

Die Singulärwertzerlegung einer Matrix

Für jede Matrix $A \in \mathbb{R}^{m \times n}$ gibt es orthogonale Matrizen $U \in \mathbb{R}^{m \times m}$ und $V \in \mathbb{R}^{n \times n}$ mit

$$A = U^\top D V \quad \text{bei} \quad D = \mathrm{diag}\,(s_1, \ldots, s_r) \in \mathbb{R}^{m \times n}$$

und $s_1, \ldots, s_r > 0$. Diese Darstellung heißt **Singulärwertzerlegung** von A. Die Quadrate der in der Hauptdiagonale von D auftauchenden *Singulärwerte* $s_1, \ldots, s_r$ von A sind die von null verschiedenen Eigenwerte der symmetrischen Matrix $A^\top A$. Die Vielfachheit des Eigenwerts λ_i gibt an, wie oft der Singulärwert s_i auftritt.

Dass die Matrix A keinesfalls quadratisch zu sein braucht, soll das folgende Schema der Singulärwertzerlegung illustrieren:

$$m\left[\quad{}^{\textstyle n}\quad\right] = m\left[\,{}^{\textstyle m}\,\right] \cdot \left[\,{}^{\textstyle n}\,\right] \cdot \left[\,{}^{\textstyle n}\,\right] n$$

$$A \qquad = \qquad U^\top \qquad D \qquad V$$

Wir fügen noch zwei Bemerkungen an:

1. Der Satz von der Singulärwertzerlegung gilt sinngemäß auch in unitären Räumen. Wir können somit sagen, dass jede Matrix A aus $\mathbb{R}^{m \times n}$ oder $\mathbb{C}^{m \times n}$ orthogonal- bzw. unitäräquivalent ist zu einer Matrix D gleicher Größe, aber in Diagonalgestalt $\mathrm{diag}\,(s_1, \ldots, s_r)$ mit reellen, und zwar positiven s_i.

2. Die Singulärwerte einer Matrix sind abgesehen von ihrer Reihenfolge *eindeutig*. Hingegen sind die Matrizen U und V nur dann eindeutig, wenn alle Singulärwerte einfach sind. Bei einem mehrfachen Eigenwert $\lambda_i = s_i^2$ sind die orthonormierten Eigenvektoren innerhalb des Eigenraums $\mathrm{Eig}_{(A^\top A)} \lambda_i$ frei wählbar.

---------------- **?** ----------------

1. Wie lauten die Singulärwerte einer orthogonalen Matrix $A \in \mathbb{R}^{n \times n}$? Geben Sie Singulärwertzerlegungen von A an.

2. Angenommen, $\varphi \colon \mathbb{R}^3 \to \mathbb{R}^3$ ist die orthogonale Projektion auf eine Ebene des $\mathbb{R}^3$. Wie sieht die zugehörige Diagonalmatrix D mit den Singulärwerten aus?

Jede lineare Abbildung ist aus orthogonalen Endomorphismen und einer Skalierung zusammensetzbar

Nun befassen wir uns noch mit der geometrischen Bedeutung der Singulärwertzerlegung: Die lineare Abbildung $\varphi_A \colon \mathbb{R}^n \to \mathbb{R}^m$ mit $x \mapsto A x$ bei $A = U^\top D V$ ist die Zusammensetzung dreier linearer Abbildungen, nämlich

$$\varphi_A = \varphi_{U^\top} \circ \varphi_D \circ \varphi_V .$$

1. $\varphi_V \colon \mathbb{R}^n \to \mathbb{R}^n$, $x \mapsto V x$ ist ein orthogonaler Endomorphismus, also eine Abbildung, welche Längen und Winkel nicht ändert. Im Abschnitt 17.5 wurden derartige Abbildungen als *Isometrien* bezeichnet. Drehungen und Spiegelungen sind Beispiele dazu.

2. Die Abbildung $\varphi_D \colon \mathbb{R}^n \to \mathbb{R}^m$ mit der Darstellungsmatrix $D = \mathrm{diag}\,(s_1, \ldots, s_r)$ lautet, in Koordinaten ausgeschrieben:

$$\begin{pmatrix} x_1 \\ \vdots \\ x_n \end{pmatrix} \mapsto \begin{pmatrix} x_1' \\ \vdots \\ x_m' \end{pmatrix} \quad \text{mit} \quad \begin{aligned} x_1' &= s_1 x_1 \\ \vdots &\quad \vdots \\ x_r' &= s_r x_r \\ x_{r+1}' &= 0 \\ \vdots &\quad \vdots \\ x_m' &= 0. \end{aligned} \qquad (18.15)$$

Diese Abbildung heißt *Skalierung* oder *axiale Streckung*, denn es werden die Koordinaten lediglich proportional verändert. Einzelne Proportionalitätsfaktoren dürfen auch null sein.

3. Die Abbildung $\varphi_{U^\top} \colon \mathbb{R}^m \to \mathbb{R}^m$, $x \mapsto U^\top x$ ist wieder eine Isometrie, diesmal im $\mathbb{R}^m$.

Die Abbildung 18.21 zeigt einen Fall $m = n = 2$. Die lineare Abbildung φ_A ist zusammengesetzt aus einer Drehung φ_V, einer axialen Streckung, die den eingezeichneten Kreis in eine Ellipse verwandelt, und einer abschließenden Drehung $\varphi_{U^\top}$.

Auf Seite 748 wird die Singulärwertzerlegung bei dem sogenannten *Registrierungsproblem* eingesetzt und auch beim Entwurf von interpolierenden Raumbewegungen.

18.5 Die Pseudoinverse einer linearen Abbildung

Wir gehen aus von einer beliebigen linearen Abbildung $\varphi \colon V \to V'$ zwischen endlichdimensionalen euklidischen Räumen. Bei $\dim V = n$ und $\dim V' = m$ können wir die speziellen orthonormierten Basen H und H' mit der Darstellungsmatrix $_{H'} M(\varphi)_H = \mathrm{diag}\,(s_1, \ldots, s_r) \in \mathbb{R}^{m \times n}$ in der Normalform (18.13) benutzen bzw. die ausführlichen Abbildungsgleichungen aus (18.15). Wir erkennen als Kern bzw. Bild von φ:

$$\begin{aligned} \ker(\varphi) &= \langle h_{r+1}, \ldots, h_n \rangle \subset V, \\ \mathrm{Im}(\varphi) &= \langle h_1', \ldots, h_r' \rangle \subset V'. \end{aligned}$$

Hintergrund und Ausblick: Bestimmung einer optimalen orthogonalen Matrix

Angenommen, im $\mathbb{R}^3$ liegen Messdaten über zwei Positionen $\mathcal{O}'$ und $\mathcal{O}''$ eines starren Objekts $\mathcal{O}$ vor, etwa die Koordinatenvektoren p_i' und p_i'', $i = 1, \ldots, n$, der jeweils zwei Positionen desselben Objektpunkts p_i. Gesucht ist diejenige Bewegung, welche die eine Position in die andere überführt. Diese Bewegung wird – abgesehen von der Verschiebung des Ursprungs – (vergleiche Abschnitt 7.5) – durch eine orthogonale dreireihige Matrix B beschrieben, also durch 9 Einträge, welche 6 quadratische Bedingungen erfüllen müssen.

Um nun diejenige orthogonale Matrix zu berechnen, welche am besten auf die vorliegenden, mit gewissen Ungenauigkeiten behafteten Daten passt, kann man in zwei Schritten vorgehen: Zuerst wird diejenige lineare Abbildung $x \mapsto A\,x$ bestimmt, welche den Daten $p_i' \mapsto p_i''$ am nächsten kommt. Dies führt auf ein überbestimmtes System von linearen Gleichungen $p_i' - A\,p_i = 0$ für die 9 nun unabhängigen Elemente von A. Wie man dieses löst, wird der folgende Abschnitt (siehe Seite 755) zeigen. Im zweiten Schritt wird die orthogonale Matrix B berechnet, die im Sinne der Frobeniusnorm *am nächsten* bei A liegt. Wir behandeln hier nur den zweiten Schritt.

Gegeben sei eine invertierbare Matrix $A \in \mathbb{R}^{3\times 3}$. Gesucht ist diejenige orthogonale Matrix $B \in \mathbb{R}^{3\times 3}$, für welche $\|B - A\|$ minimal ist. Dabei verwenden wir hier die *Frobeniusnorm*, die für die Matrix $C = (c_1,\, c_2,\, c_3)$, durch die Formel

$$\|C\| = \sqrt{\|c_1\|^2 + \|c_2\|^2 + \|c_3\|^2}$$

bestimmt ist. Diese Norm ändert sich nicht, wenn C links mit einer orthogonalen Matrix multipliziert wird, denn dabei bleibt die Länge jedes einzelnen Spaltenvektors c_i von C erhalten. Weil $\|C\|^2$ auch gleich der Quadratsumme der Längen aller Zeilenvektoren ist, lässt die Rechtsmultiplikation von C mit einer orthogonalen Matrix diese Norm ebenfalls invariant.

Wir gehen aus von der Singulärwertzerlegung

$$A = U^\top D\,V \quad \text{mit} \quad D = \operatorname{diag}(s_1,\, s_2,\, s_3)$$

mit $s_1, s_2, s_3 > 0$, weil A invertierbar vorausgesetzt ist. Wir suchen eine Matrix B, für welche die Differenz eine minimale Norm $\|U^\top D\,V - B\|$ aufweist. Dabei sind die Matrizen U, V und B orthogonal. Deshalb ist

$$\|U^\top D\,V - B\| = \|U(U^\top D\,V - B)V^\top\|$$
$$= \|D - U\,B\,V^\top\|.$$

Wir setzen an:

$$U\,B\,V^\top = (r_{ik}) = (r_1,\, r_2,\, r_3)$$

mit $\|r_i\| = 1$, weil das Produkt orthogonaler Matrizen wieder orthogonal ist.

Wegen $D = (s_1 e_1,\, s_2 e_2,\, s_3 e_3)$ mit $(e_1,\, e_2,\, e_3)$ als kanonischer Basis folgt:

$$\begin{aligned}
\|D - U\,B\,V^\top\|^2 &= \sum_{i=1}^{3}(s_i e_i - r_i)^2 \\
&= \sum_{i=1}^{3}\left(s_i^2 e_i^2 - 2 s_i\,(e_i \cdot r_i) + r_i^2\right) \\
&= \sum_{i=1}^{3}\left(s_i^2 - 2 s_i r_{ii} + 1\right) \\
&= \sum_{i=1}^{3} s_i^2 - 2 \sum_{i=1}^{3} s_i r_{ii} + 3.
\end{aligned}$$

Dieser Wert ist minimal, wenn die zu subtrahierende Linearkombination

$$s_1\,r_{11} + s_2\,r_{22} + s_3\,r_{33}$$

mit fest vorgegebenen positiven Koeffizienten s_1, s_2 und s_3 maximal ist. Die r_{ii} sind einzelne Koordinaten von Einheitsvektoren und daher alle ≤ 1. Die minimale Norm liegt also genau dann vor, wenn die Hauptdiagonalelemente $r_{11} = r_{22} = r_{33} = 1$ sind. Somit bleibt $r_i = e_i$, also:

$$U\,B\,V^\top = \mathbf{E}_3 \quad \text{und weiter} \quad B = U^\top V.$$

Man erhält demnach die zu A *nächstgelegene orthogonale Matrix* B einfach dadurch, dass in der Singulärwertzerlegung von A alle Singulärwerte gleich 1 gesetzt werden, also D durch $\mathbf{E}_3$ ersetzt wird.

Kommentar: Dies gilt auch noch, wenn einer der Eigenwerte von $A^\top A$ verschwindet, also etwa bei $s_3 = 0$, weil $r_{11} = r_{22} = 1$ als dritten Spaltenvektor in der orthogonalen Matrix $U\,B\,V^\top$ nur mehr $r_3 = e_3$ zulässt. Erst bei $s_2 = s_3 = 0$ ist das optimale B nicht mehr eindeutig.

Dies wird im Bereich der Bewegungsplanung angewandt, z. B. bei der Steuerung von Robotern:

Zur Festlegung einer stetigen Bewegung zwischen zwei oder auch mehreren vorgegebenen Raumpositionen werden zunächst einzelne Punktbahnen unabhängig voneinander interpoliert, etwa jene des Ursprungs und der Einheitspunkte eines mit dem Raumobjekt starr verbundenen Achsenkreuzes. Diese Bahnpunkte bestimmen zu jedem Zeitpunkt ein zunächst noch affin verzerrtes Objekt, also – abgesehen von der Verschiebung – das Bild in einer linearen Abbildung $x \mapsto A\,x$. Indem nun A nach dem oben beschriebenen Verfahren durch eine orthogonale Matrix approximiert wird, werden die Zwischenlagen kongruent zur Ausgangslage.

Übersicht: Diagonalisieren von Matrizen

Wir unterscheiden folgende Äquivalenzrelationen zwischen gleichartigen Matrizen:

1) Zwei Matrizen $A, B \in \mathbb{K}^{m \times n}$ heißen **äquivalent**, wenn invertierbare Matrizen $R \in \mathbb{K}^{m \times m}$ und $S \in \mathbb{K}^{n \times n}$ existieren mit $B = R^{-1} A S$. Genau dann sind A und B Darstellungsmatrizen derselben linearen Abbildung $\varphi \colon \mathbb{K}^n \to \mathbb{K}^m$.

2) Zwei Matrizen $A, B \in \mathbb{K}^{n \times n}$ heißen **ähnlich**, wenn eine invertierbare Matrix $S \in \mathbb{K}^{n \times n}$ existiert mit $B = S^{-1} A S$. Genau dann sind A und B Darstellungsmatrizen desselben Endomorphismus $\varphi \colon \mathbb{K}^n \to \mathbb{K}^n$.

3) Zwei Matrizen $A, B \in \mathbb{K}^{n \times n}$ heißen **kongruent**, wenn eine invertierbare Matrix $T \in \mathbb{K}^{n \times n}$ existiert mit $B = T^\top A T$. Genau dann sind A und B Darstellungsmatrizen derselben Bilinearform $\sigma \colon \mathbb{K}^n \times \mathbb{K}^n \to \mathbb{K}$.

Wir stellen diejenigen Fälle zusammen, bei welchen innerhalb der Äquivalenzklassen Diagonalmatrizen existieren, insbesondere Normalformen.

Die hier genannten invertierbaren Matrizen R, S, T sind jeweils Transformationsmatrizen zwischen verschiedenen Basen. In euklidischen Vektorräumen, also bei $\mathbb{K} = \mathbb{R}$, können wir als jeweiligen *Fall B* die verschiedenen Äquivalenzrelationen noch einschränken auf diejenigen mit ausschließlich orthogonalen Transformationsmatrizen R, S, T. Diese Resultate lassen sich auch auf unitäre Vektorräume verallgemeinern.

1) Normalform äquivalenter Matrizen

Zu jeder Matrix $A \in \mathbb{K}^{m \times n}$ gibt es invertierbare Matrizen $R \in \mathbb{K}^{m \times m}$ und $S \in \mathbb{K}^{n \times n}$ derart, dass

$$N_r = R^{-1} A S = \left(\begin{array}{c|c} \mathbf{E}_r & \mathbf{0} \\ \hline \mathbf{0} & \mathbf{0} \end{array} \right)$$

$$= \left(\begin{array}{ccc|ccc} 1 & \cdots & 0 & 0 & \cdots & 0 \\ \vdots & \ddots & \vdots & \vdots & & \vdots \\ 0 & \cdots & 1 & & & \\ \hline 0 & \cdots & 0 & & & \\ \vdots & & \vdots & \vdots & & \vdots \\ 0 & \cdots & 0 & 0 & \cdots & 0 \end{array} \right) \in \mathbb{K}^{m \times n}$$

bei $r = \operatorname{rg} A$. Diese Normalform N_r ist durch elementare Zeilenumformungen und Spaltenvertauschungen zu erreichen.

1B) Singulärwertzerlegung

Für jede Matrix $A \in \mathbb{R}^{m \times n}$ gibt es orthogonale Matrizen $U \in \mathbb{R}^{m \times m}$ und $V \in \mathbb{R}^{n \times n}$, also mit $U^{-1} = U^\top$ und $V^{-1} = V^\top$, derart dass

$$A = U^{-1} D_r V \text{ bei}$$

$$D_r = \left(\begin{array}{cccccc} s_1 & \cdots & 0 & 0 & \cdots & 0 \\ \vdots & \ddots & \vdots & \vdots & & \vdots \\ 0 & \cdots & s_r & \vdots & & \vdots \\ 0 & \cdots & 0 & \vdots & & \vdots \\ \vdots & & \vdots & \vdots & & \vdots \\ 0 & \cdots & 0 & 0 & \cdots & 0 \end{array} \right) \in \mathbb{R}^{m \times n}$$

und $s_1, \ldots, s_r > 0$. Die Quadrate der in der Hauptdiagonalen von D_r angeführten *Singulärwerte* $s_1, \ldots, s_r$ von A sind die von null verschiedenen Eigenwerte der symmetrischen Matrix $A^\top A$.

Dasselbe gilt allgemeiner bei $A \in \mathbb{C}^{m \times n}$ mit unitären Matrizen U und V, also bei $U^{-1} = \overline{U}^\top$ und $V^{-1} = \overline{V}^\top$. In diesem Fall sind $s_1^2, \ldots, s_r^2$ Eigenwerte der hermiteschen Matrix $\overline{A}^\top A$.

2) Diagonalisieren von Endomorphismen

Zu einer quadratischen Matrix $A \in \mathbb{K}^{n \times n}$ gibt es nur dann eine invertierbare Matrix $S \in \mathbb{K}^{n \times n}$ mit

$$D = S^{-1} A S = \left(\begin{array}{ccc} \lambda_1 & \cdots & 0 \\ \vdots & \ddots & \vdots \\ 0 & \cdots & \lambda_n \end{array} \right),$$

wenn A eine Basis aus Eigenvektoren besitzt. Die Einträge $\lambda_1, \ldots, \lambda_n$ in der Diagonalmatrix D sind die Eigenwerte von A, also die Nullstellen des charakteristischen Polynoms $\chi_A(X) = \det(A - X \mathbf{E}_n)$. Matrizen A mit dieser Eigenschaft heißen *diagonalisierbar*. Für die Diagonalisierbarkeit von A ist notwendig und hinreichend,

- dass $\chi_A(X)$ in Linearfaktoren zerfällt und
- für jeden Eigenwert λ_i von A die *algebraische* Vielfachheit k_i, also die Vielfachheit als Nullstelle von $\chi_A(X)$, gleich der *geometrischen* Vielfachheit von λ_i ist. Letztere ist definiert als Dimension des Eigenraums $\operatorname{Eig}_A(\lambda_i)$, also der Lösungsmenge des homogenen linearen Gleichungssystems $(A - \lambda_i \mathbf{E}_n) \, x = \mathbf{0}$.

D ist ein Spezialfall der Jordan-Normalform (siehe Abschnitt 14.6); alle Jordan-Kästchen sind 1×1-Matrizen.

3) Kongruente symmetrische Matrizen

Ist $A \in \mathbb{R}^{n \times n}$ *symmetrisch*, also $A^\top = A$, oder $A \in \mathbb{C}^{n \times n}$ *hermitesch*, also $A^\top = \overline{A}$, so gibt es stets invertierbare Matrizen $T \in \mathbb{R}^{n \times n}$ bzw. $S \in \mathbb{C}^{n \times n}$ und eine zu A kongruente Diagonalmatrix

$$D = T^\top A T \quad \text{bzw.} \quad D = \overline{S}^\top A S$$

$$\text{bei } D = \left(\begin{array}{ccc} \lambda_1 & \cdots & 0 \\ \vdots & \ddots & \vdots \\ 0 & \cdots & \lambda_n \end{array} \right)$$

Die Einträge $\lambda_1, \ldots, \lambda_n$ in dieser durch gekoppelte Zeilen- und Spaltenumformungen erreichbaren Diagonalmatrix D sind nicht eindeutig, wohl aber die Anzahlen p, q der positiven bzw. negativen Werte mit $p + q = \operatorname{rg} A$ gemäß dem Trägheitssatz.

3B) Orthogonales Diagonalisieren

Ist $A \in \mathbb{R}^{n \times n}$ symmetrisch oder $A \in \mathbb{C}^{n \times n}$ hermitesch, so sind alle Eigenwerte $\lambda_1, \ldots, \lambda_n$ reell, und es gibt eine orthonormierte Basis von Eigenvektoren. Zu jedem derartigen A gibt es eine orthogonale bzw. unitäre Matrix S, also mit $S^{-1} = S^\top$ bzw. $S^{-1} = \overline{S}^\top$, derart dass

$$D = \operatorname{diag}(\lambda_1, \ldots, \lambda_n) = S^{-1} A S.$$

Darauf beruht die Hauptachsentransformation quadratischer oder hermitescher Formen.

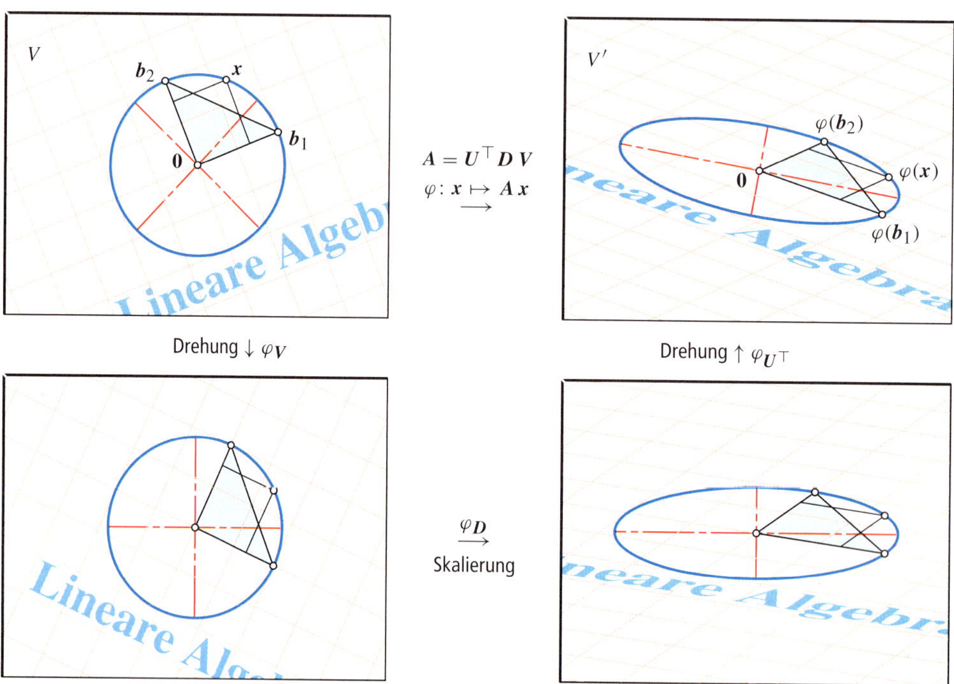

Abbildung 18.21 Die geometrische Deutung der Singulärwertzerlegung von A: Die lineare Abbildung $\varphi : \mathbb{R}^2 \to \mathbb{R}^2$, $x \mapsto A\,x$ ist zusammensetzbar aus zwei Drehungen und einer Skalierung.

Die jeweiligen Orthogonalräume sind

$$
\begin{aligned}
\ker(\varphi)^\perp &= \langle h_1, \ldots, h_r \rangle \subset V, \\
\operatorname{Im}(\varphi)^\perp &= \langle h'_{r+1}, \ldots, h'_m \rangle \subset V'.
\end{aligned}
$$

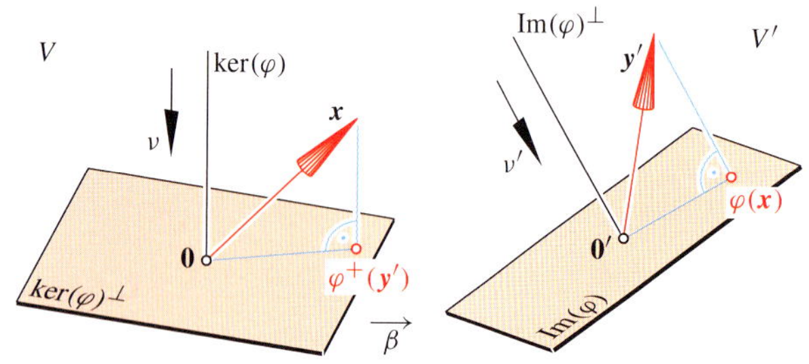

Abbildung 18.22 Die lineare Abbildung φ ist aus einer Orthogonalprojektion ν, der Bijektion β und der Einbettung τ' in V' zusammensetzbar, die Pseudoinverse φ^+ aus der Orthogonalprojektion ν' im Zielraum, der Inversen β^{-1} und der Einbettung in V.

Die Verwendung von H-Koordinaten in V und H'-Koordinaten in V' macht deutlich, dass φ wie folgt zusammensetzbar ist:

$$
V = \mathbb{R}^n \xrightarrow{\nu} \ker(\varphi)^\perp \xrightarrow{\beta} \operatorname{Im}(\varphi) \xrightarrow{\tau'} V' = \mathbb{R}^m
$$

$$
\begin{pmatrix} x_1 \\ \vdots \\ x_r \\ x_{r+1} \\ \vdots \\ x_n \end{pmatrix}
\overset{\nu}{\mapsto}
\begin{pmatrix} x_1 \\ \vdots \\ x_r \end{pmatrix}
\overset{\beta}{\mapsto}
\begin{pmatrix} s_1 x_1 \\ \vdots \\ s_r x_r \end{pmatrix}
\overset{\tau'}{\mapsto}
\begin{pmatrix} s_1 x_1 \\ \vdots \\ s_r x_r \\ 0 \\ \vdots \\ 0 \end{pmatrix}.
$$

In diesem Produkt von linearen Abbildungen ist ν die Orthogonalprojektion von V auf den r-dimensionalen Unterraum $\ker(\varphi)^\perp$ (Abb. 18.22). Hingegen ist β eine Bijektion, und zwar eine Skalierung. Und schließlich ist τ' eine *Einbettungsabbildung*: Vektoren aus dem r-dimensionalen Bild $\operatorname{Im}(\varphi)$ werden als Vektoren des m-dimensionalen Zielraums V' aufgefasst; die r Koordinaten werden durch Nullen zu m Koordinaten aufgefüllt.

Gibt es keine Inverse zu einer linearen Abbildung, so doch eine Pseudoinverse

Ist die lineare Abbildung φ nicht bijektiv, also $r < n$ oder $r < m$, so ist φ nicht invertierbar. Die Menge $\varphi^{-1}(x')$ der Urbilder von $x' \in V'$ ist nur bei $x' \in \operatorname{Im}(\varphi)$ nichtleer und dann gleich der Faser $\beta^{-1}(x') + \ker(\varphi)$. Mithilfe der obigen Zerlegung $\varphi = \tau' \circ \beta \circ \nu$ mit dem bijektiven *Mittelteil* β bietet sich aber die Möglichkeit einer *Ersatz-Inversen* von φ an.

Wir setzen die Orthogonalprojektion ν' von V' auf $\operatorname{Im}(\varphi)$ zusammen mit β^{-1} und einer Einbettungsabbildung in V (Abb. 18.22), also ausführlich

$$
V' = \mathbb{R}^m \xrightarrow{\nu'} \operatorname{Im}(\varphi) \xrightarrow{\beta^{-1}} \ker(\varphi)^\perp \xrightarrow{\tau} V = \mathbb{R}^n
$$

$$
\begin{pmatrix} y'_1 \\ \vdots \\ y'_r \\ y'_{r+1} \\ \vdots \\ y'_m \end{pmatrix}
\overset{\nu'}{\mapsto}
\begin{pmatrix} y'_1 \\ \vdots \\ y'_r \end{pmatrix}
\overset{\beta^{-1}}{\mapsto}
\begin{pmatrix} y'_1/s_1 \\ \vdots \\ y'_r/s_r \end{pmatrix}
\overset{\tau}{\mapsto}
\begin{pmatrix} y'_1/s_1 \\ \vdots \\ y'_r/s_r \\ 0 \\ \vdots \\ 0 \end{pmatrix}.
$$

Wir nennen

$$\varphi^+ = \tau \circ \beta^{-1} \circ \nu' : V' = \mathbb{R}^m \ \to \ V = \mathbb{R}^n$$

nach E. H. Moore (1862–1932) und R. Penrose (geb. 1931) die **Moore-Penrose pseudoinverse Abbildung** oder kurz die **Pseudoinverse** von φ.

Wir können die bisherige, auf der Singulärwertzerlegung von φ beruhende Festlegung der Pseudoinversen noch etwas umformulieren. Es sei $A = {}_{B'}M(\varphi)_B$ die Darstellungsmatrix von φ für beliebige orthonormierte Basen B von V und B' von V'. Dann ist

$$A = ({}_{H'}T_{B'})^\top D \, {}_H T_B \ \text{ mit } \ D = \mathrm{diag}\,(s_1, \ldots, s_r),$$

wenn wir die Orthogonalität der Transformationsmatrix ${}_{H'}T_{B'} \in \mathbb{R}^{m \times m}$ gleich berücksichtigen. Die Darstellungsmatrix der Pseudoinversen ${}_B M(\varphi^+)_{B'}$, die **pseudoinverse Matrix** A^+ von A, lautet dann:

$$
\begin{aligned}
{}_B M(\varphi^+)_{B'} &= ({}_H T_B)^\top D^+ \, {}_{H'}T_{B'} \ \text{ mit} \\
D^+ &= {}_H M(\varphi^+)_{H'} = \mathrm{diag}\,(s_1^{-1}, \ldots, s_r^{-1}).
\end{aligned}
$$

Nun setzen wir noch $U = {}_{H'}T_{B'}$ und $V = {}_H T_B$.

> **Berechnung der pseudoinversen Matrix aus der Singulärwertzerlegung**
>
> Hat A die Singulärwertzerlegung $A = U^\top D V$ mit $D = \mathrm{diag}\,(s_1, \ldots, s_r) \in \mathbb{R}^{m \times n}$, so ist $A^+ = V^\top D^+ U$ mit $D^+ = \mathrm{diag}\,(s_1^{-1}, \ldots, s_r^{-1}) \in \mathbb{R}^{n \times m}$.

Auf diese Weise wird in dem Zahlenbeispiel auf Seite 752 die Pseudoinverse berechnet.

Ist die lineare Abbildung φ bijektiv, also $m = n = r$, so fällt die Pseudoinverse mit der gewöhnlichen Inversen zusammen, denn dann ist $\varphi = \beta$ (Abb. 18.22). Ansonsten teilt die Pseudoinverse mit der Inversen die folgende Eigenschaften:

Folgerung

Ist φ^+ die Pseudoinverse zu φ, so gilt:

$$\varphi \circ \varphi^+ \circ \varphi = \varphi \ \text{ und } \ \varphi^+ \circ \varphi \circ \varphi^+ = \varphi^+ . \qquad (18.16)$$

Ferner sind die Abbildungen $\varphi^+ \circ \varphi : V \to V$ und $\varphi \circ \varphi^+ : V' \to V'$ selbstadjungierte Endomorphismen.

Beweis: Das Produkt

$$\nu = \varphi^+ \circ \varphi : V \to V, \quad \begin{pmatrix} x_1 \\ \vdots \\ x_r \\ x_{r+1} \\ \vdots \\ x_n \end{pmatrix} \mapsto \begin{pmatrix} x_1 \\ \vdots \\ x_r \\ 0 \\ \vdots \\ 0 \end{pmatrix}$$

ist die orthogonale Projektion von V auf den r-dimensionalen Unterraum $\ker(\varphi)^\perp$. Die Darstellungsmatrix

$$_H M(\nu)_H = \mathrm{diag}\,(\underbrace{1, \, \ldots, \, 1}_{r\text{-mal}}) \in \mathbb{R}^{n \times n}$$

ist als Diagonalmatrix symmetrisch, und diese Eigenschaft bleibt bei Wechsel zwischen orthonormierten Basen erhalten. Daher ist $\nu = \varphi^+ \circ \varphi$ *selbstadjungiert* (siehe Seite 696).

Analog ist der Endomorphismus

$$\nu' = \varphi \circ \varphi^+ : V' \to V', \quad \begin{pmatrix} y_1' \\ \vdots \\ y_r' \\ y_{r+1}' \\ \vdots \\ y_m' \end{pmatrix} \mapsto \begin{pmatrix} y_1' \\ \vdots \\ y_r' \\ 0 \\ \vdots \\ 0 \end{pmatrix}$$

mit der symmetrischen Darstellungsmatrix ${}_{H'}M(\nu')_{H'} = \mathrm{diag}\,(1, \ldots, 1) \in \mathbb{R}^{m \times m}$ gleich der orthogonalen Projektion auf $\mathrm{Im}(\varphi)$ und selbstadjungiert.

Wegen $\nu(x) \in x + \ker(\varphi)$ (Abb. 18.22) haben x und $\nu(x)$ dasselbe Bild unter φ. Somit gilt:

$$\varphi \circ (\varphi^+ \circ \varphi) = \varphi \circ \nu = \varphi.$$

Mit einer analogen Begründung folgt:

$$\varphi^+ \circ (\varphi \circ \varphi^+) = \varphi^+ \circ \nu' = \varphi^+ . \qquad \blacksquare$$

Kommentar: Jede orthogonale Projektion ν in einem n-dimensionalen euklidischen Vektorraum V ist selbstadjungiert, sofern sie so wie vorhin als Endomorphismus, also als Abbildung $V \to V$ gesehen wird. Dies folgt auch aus der Tatsache, dass die Darstellungsmatrix analog zu jener im Anschauungsraum (Seite 256) als Summe dyadischer Quadrate von Vektoren einer orthonormierten Basis des Bildraums geschrieben werden kann.

Wird die orthogonale Projektion ν jedoch als Abbildung $V \to \mathrm{Im}(\nu)$ aufgefasst mit einem nunmehr r-dimensionalen Zielraum bei $r = \mathrm{rg}\,\nu < n$, so ist dies kein Endomorphismus mehr und damit natürlich auch nicht selbstadjungiert.

Die obige Folgerung lässt sich aber auch umkehren.

Lemma

Es sei $\varphi : V \to V'$ eine lineare Abbildung zwischen euklidischen Räumen. Erfüllt die Abbildung $\varphi^+ : V' \to V$ die Gleichungen (18.16) und sind $\varphi^+ \circ \varphi$ und $\varphi \circ \varphi^+$ selbstadjungierte Endomorphismen, so ist φ^+ die Moore-Penrose-Pseudoinverse von φ.

Beweis: Liegt der Vektor u im Kern einer linearen Abbildung φ_1, so liegt er auch im Kern jeder Zusammensetzung $\varphi_2 \circ \varphi_1$. Deshalb ist

$$\ker(\varphi) \subset \ker(\varphi^+ \circ \varphi) \subset \ker(\varphi \circ \varphi^+ \circ \varphi) \overset{(18.16)}{=} \ker(\varphi).$$

Also gilt überall die Gleichheit.

Beispiel: Berechnung einer Pseudoinversen

Gegeben ist die lineare Abbildung

$$\varphi: \mathbb{R}^3 \to \mathbb{R}^2, \quad \begin{pmatrix} x_1 \\ x_2 \\ x_3 \end{pmatrix} \mapsto \begin{pmatrix} x_1' \\ x_2' \end{pmatrix} = \begin{pmatrix} 1 & 1 & 0 \\ 2 & 2 & 0 \end{pmatrix} \begin{pmatrix} x_1 \\ x_2 \\ x_3 \end{pmatrix}.$$

Wir lautet die Pseudoinverse φ^+?

Problemanalyse und Strategie: Wir bestimmen den Kern und den Bildraum von φ und die zugehörigen Orthogonalräume. Dann zerlegen wir φ in das Produkt $\tau' \circ \beta \circ \nu$ (Abb. 18.22) und setzen φ^+ aus der orthogonalen Projektion ν' auf $\mathrm{Im}(\varphi)$ und der Bijektion β^{-1} zusammen.

Lösung:

Offensichtlich ist

$$\begin{pmatrix} x_1' \\ x_2' \end{pmatrix} = (x_1 + x_2) \begin{pmatrix} 1 \\ 2 \end{pmatrix} = (x_1 + x_2)\sqrt{5}\, \boldsymbol{v}'$$

mit dem Einheitsvektor

$$\boldsymbol{v}' = \frac{1}{\sqrt{5}} \begin{pmatrix} 1 \\ 2 \end{pmatrix} \quad \text{und} \quad \mathrm{Im}(\varphi) = \langle \boldsymbol{v}' \rangle.$$

Zugleich erkennen wir, dass der Kern von φ in $\mathbb{R}^3$ durch die lineare Gleichung $x_1 + x_2 = 0$ festgelegt ist. Mithilfe eines Normalvektors dieser Ebene folgt:

$$\ker(\varphi)^\perp = \langle \boldsymbol{v} \rangle \quad \text{bei} \quad \boldsymbol{v} = \frac{1}{\sqrt{2}} \begin{pmatrix} 1 \\ 1 \\ 0 \end{pmatrix}.$$

Die Orthogonalprojektion $\nu: \mathbb{R}^3 \to \mathbb{R}^3$ auf $\ker(\varphi)^\perp$ lautet somit $\nu: \boldsymbol{x} \mapsto (\boldsymbol{x} \cdot \boldsymbol{v})\, \boldsymbol{v}$, also:

$$\nu: \boldsymbol{x} \mapsto \frac{x_1 + x_2}{\sqrt{2}}\, \boldsymbol{v} = \frac{1}{2} \begin{pmatrix} 1 & 1 & 0 \\ 1 & 1 & 0 \\ 0 & 0 & 0 \end{pmatrix} \begin{pmatrix} x_1 \\ x_2 \\ x_3 \end{pmatrix}.$$

Diese Darstellungsmatrix ist das dyadische Quadrat $\boldsymbol{v}\,\boldsymbol{v}^\top$ (siehe Seite 256) des Vektors $\boldsymbol{v}$. Wegen

$$\varphi(\boldsymbol{v}) = \frac{1}{\sqrt{2}} \begin{pmatrix} 2 \\ 4 \end{pmatrix} = \sqrt{10}\, \boldsymbol{v}'$$

erhalten wir die Bijektion

$$\beta: \ker(\varphi)^\perp \to \mathrm{Im}(\varphi), \quad x\, \boldsymbol{v} \to x\sqrt{10}\, \boldsymbol{v}'.$$

Nun brauchen wir noch im Bildraum $\mathbb{R}^2$ die orthogonale Projektion ν' auf $\mathrm{Im}(\varphi)$. Es ist $\nu': \boldsymbol{y}' \mapsto (\boldsymbol{y}' \cdot \boldsymbol{v}')\boldsymbol{v}'$, daher

$$\nu': \boldsymbol{y}' \mapsto \frac{y_1' + 2y_2'}{\sqrt{5}}\, \boldsymbol{v}' = \frac{1}{5} \begin{pmatrix} 1 & 2 \\ 2 & 4 \end{pmatrix} \begin{pmatrix} y_1' \\ y_2' \end{pmatrix}.$$

Wir setzen dies mit $\beta^{-1}: y'\boldsymbol{v}' \mapsto \frac{y'}{\sqrt{10}}\, \boldsymbol{v}$ zusammen und erhalten:

$$\varphi^+: \boldsymbol{y}' \mapsto \frac{y_1' + 2y_2'}{\sqrt{5}\,\sqrt{10}}\, \boldsymbol{v} = \frac{y_1' + 2y_2'}{10} \begin{pmatrix} 1 \\ 1 \\ 0 \end{pmatrix}.$$

Dies führt zur kanonischen Darstellungsmatrix der Pseudoinversen

$$\varphi^+: \begin{pmatrix} y_1' \\ y_2' \end{pmatrix} \mapsto \begin{pmatrix} y_1 \\ y_2 \\ y_3 \end{pmatrix} = \frac{1}{10} \begin{pmatrix} 1 & 2 \\ 1 & 2 \\ 0 & 0 \end{pmatrix} \begin{pmatrix} y_1' \\ y_2' \end{pmatrix}.$$

Liegt andererseits der Vektor $\boldsymbol{v}$ im Bild von $\varphi_1 \circ \varphi_2$ für eine mit φ_1 zusammensetzbare Abbildung φ_2, so gehört er auch zum Bild von φ_1. Daher ist

$$\mathrm{Im}(\varphi) \supset \mathrm{Im}(\varphi \circ \varphi^+) \supset \mathrm{Im}(\varphi \circ \varphi^+ \circ \varphi) \overset{(18.16)}{=} \mathrm{Im}(\varphi),$$

und wieder muss überall Mengengleichheit bestehen. Dieselben Argumente gelten für φ^+, und daher ist insgesamt

$$\ker(\varphi) = \ker(\varphi^+ \circ \varphi), \qquad \mathrm{Im}(\varphi) = \mathrm{Im}(\varphi \circ \varphi^+),$$
$$\ker(\varphi^+) = \ker(\varphi \circ \varphi^+), \qquad \mathrm{Im}(\varphi^+) = \mathrm{Im}(\varphi^+ \circ \varphi).$$

Das Produkt $\nu = \varphi^+ \circ \varphi$ ist *idempotent*, denn

$$\nu \circ \nu = (\varphi^+ \circ \varphi \circ \varphi^+) \circ \varphi = \varphi^+ \circ \varphi = \nu.$$

Somit ist ν eine *Projektion*, denn jedes $\boldsymbol{y}$ aus der Faser $\nu(\boldsymbol{x}) + \ker(\nu)$ hat als Bild $\nu(\boldsymbol{y}) = \nu^2(\boldsymbol{x}) + \boldsymbol{0} = \nu(\boldsymbol{x})$ denselben Vektor aus der Faser.

Nun ist ν selbstadjungiert vorausgesetzt. Daher gilt nach der Definition auf Seite 695 für alle Vektor $\boldsymbol{u} \in \ker(\nu)$ und $\boldsymbol{x} \in V$:

$$\boldsymbol{u} \cdot \nu(\boldsymbol{x}) = \nu(\boldsymbol{u}) \cdot \boldsymbol{x} = 0.$$

Das Bild $\mathrm{Im}(\nu)$ ist also orthogonal zu $\ker(\nu)$ und damit zu allen Fasern der Projektion ν. Somit ist ν die *orthogonale Projektion* parallel zum Kern von φ auf $\ker(\varphi)^\perp = \mathrm{Im}(\varphi^+)$. Nach der Vertauschung von φ mit φ^+ folgt ebenso, dass die selbstadjungierte Abbildung $\nu' = \varphi \circ \varphi^+$ eine orthogonale Projektion parallel zu den Fasern von φ^+ in das Bild $\mathrm{Im}(\varphi)$ ist. Wir erhalten, wie in Abbildung 18.22 dargestellt:

$$\ker(\varphi) \perp \mathrm{Im}(\varphi^+) \quad \text{und} \quad \ker(\varphi^+) \perp \mathrm{Im}(\varphi).$$

Nachdem $\varphi^+ \circ \varphi$ die orthogonale Projektion von V entlang der Fasern von φ auf $\mathrm{Im}(\varphi^+)$ ist, muss φ^+ jedes $\varphi(\boldsymbol{x}) \in \mathrm{Im}(\varphi)$ auf das in $\mathrm{Im}(\varphi^+)$ gelegene eindeutige Urbild $\nu(\boldsymbol{x})$ abbilden. Somit ist $\varphi^+ \circ \nu' = \varphi^+$ identisch mit der Pseudoinversen. ∎

Für injektives oder surjektives φ ist die Pseudoinverse direkt berechenbar

Wie können wir die Darstellungsmatrix der Pseudoinversen φ^+ ohne Verwendung der Singulärwertzerlegung von φ ausrechnen? Gibt es explizite Formeln?

Es sei $A = {}_{B'}M(\varphi)_B$ die Darstellungsmatrix von φ für beliebige orthonormierte Basen B von V und B' von V'. Dann ist

$$\mathrm{diag}\,(s_1, \ldots, s_r) = {}_{H'}M(\varphi)_H = {}_{H'}T_{B'}\,A\,{}_BT_H \in \mathbb{R}^{m \times n}\,.$$

Wir betrachten im Folgenden die durch die transponierte Matrix $A^\top$ dargestellte **adjungierte** Abbildung

$$\varphi^*\colon V' \to V, \quad {}_{B'}x' \to A^\top\,{}_{B'}x'\,.$$

Für diese von V' nach V wirkende Abbildung gilt beim Basiswechsel von B zu H und B' zu H':

$$\begin{aligned}{}_H M(\varphi^*)_{H'} &= {}_H T_B\,A^\top\,{}_{B'}T_{H'} = \left({}_{H'}M(\varphi)_H\right)^\top \\ &= \mathrm{diag}\,(s_1, \ldots, s_r) \in \mathbb{R}^{n \times m}\,.\end{aligned}$$

Ähnlich wie φ ist auch die adjungierte Abbildung φ^* zusammensetzbar:

$$V' = \mathbb{R}^m \overset{v'}{\to} \mathrm{Im}(\varphi) \to \ker(\varphi)^\perp \overset{\tau}{\to} V = \mathbb{R}^n,$$

$$\begin{pmatrix} y'_1 \\ \vdots \\ y'_r \\ y'_{r+1} \\ \vdots \\ y'_m \end{pmatrix} \overset{v'}{\mapsto} \begin{pmatrix} y'_1 \\ \vdots \\ y'_r \end{pmatrix} \mapsto \begin{pmatrix} s_1 y'_1 \\ \vdots \\ s_r y'_r \end{pmatrix} \overset{\tau}{\mapsto} \begin{pmatrix} s_1 y'_1 \\ \vdots \\ s_r y'_r \\ 0 \\ \vdots \\ 0 \end{pmatrix}$$

Die adjungierte Abbildung φ^* unterscheidet sich von φ^+ lediglich im „Mittelteil": Statt die i-te Koordinate durch s_i zu dividieren, wird hier mit s_i multipliziert. Man kann φ^+ demnach aus φ^* und der Skalierung mit den Faktoren $1/s_1^2, \ldots, 1/s_r^2$ innerhalb von $\ker(\varphi)^\perp$ zusammensetzen.

Die Skalierung mit den jeweils reziproken Werten, also mit $s_1^2, \ldots, s_r^2$, tritt bei der Zusammensetzung $\varphi^* \circ \varphi\colon V \to V$ auf, denn deren Darstellungsmatrix ist

$$\begin{aligned} &\left({}_{H'}M(\varphi)_H\right)^\top {}_{H'}M(\varphi)_H \\ &= \mathrm{diag}\,(s_1^2, \ldots, s_r^2, 0 \ldots, 0) \in \mathbb{R}^{n \times n}\,. \end{aligned}$$

Bei $r = n$ ist die Abbildung φ *injektiv*, und es fehlen die Nullen in der Hauptdiagonale; die Produktmatrix ist invertierbar. Dann erledigt die zugehörige Inverse gerade diejenige Skalierung, durch welche φ^* zur Pseudoinversen φ^+ wird. Bei injektivem φ gilt also

$$\varphi^+ = (\varphi^* \circ \varphi)^{-1} \circ \varphi^*\,,$$

d. h., bei $A = {}_{B'}M(\varphi)_B \in \mathbb{R}^{m \times n}$ und $\mathrm{rg}(\varphi) = \dim(V)$, also $r = n$, ist

$$A^+ = {}_B M(\varphi^+)_{B'} = (A^\top A)^{-1} A^\top\,.$$

Achtung: Die Faktoren in dem Matrizenprodukt $(A^\top A)$ müssen nicht quadratisch sein. Nur bei quadratischen Matrizen darf $(A^\top A)^{-1}$ durch $A^{-1}(A^\top)^{-1}$ ersetzt werden, womit dann $A^+ = A^{-1}$ ist.

---------------- **?** ----------------

Bestätigen Sie, dass bei $A \in \mathbb{R}^{m \times n}$ mit $r = \mathrm{rg}\,A = n$ die pseudoinverse Matrix $A^+ = (A^\top A)^{-1} A^\top$ die Gleichungen

$$A\,A^+ A = A \quad \text{und} \quad A^+ A\,A^+ = A^+$$

erfüllt und dass die Produktmatrizen

$$A^+ A \quad \text{und} \quad A\,A^+$$

symmetrisch sind.

Ähnliche Überlegungen sind auch bei *surjektivem* φ, also bei $r = m$ möglich:

Um den Unterschied zwischen der adjungierten Abbildung und der Pseudoinversen aufzuheben, können wir auch bereits vor der Abbildung φ^* (Abb. 18.22) in $\mathrm{Im}(\varphi)$ die Skalierung mit den Faktoren $(1/s_1^2, \ldots, 1/s_m^2)$ vornehmen, indem wir die Inverse zu $(\varphi \circ \varphi^*)$ anwenden. Dies ergibt

$$\varphi^+ = \varphi^* \circ (\varphi \circ \varphi^*)^{-1}\,,$$

und somit bei $\mathrm{rg}(\varphi) = \dim(V')$, also bei $r = m$, die Darstellungsmatrix

$$A^+ = {}_B M(\varphi^+)_{B'} = A^\top (A\,A^\top)^{-1}\,.$$

Pseudoinverse Matrix in Sonderfällen

Sind in der Matrix $A \in \mathbb{R}^{m \times n}$ die Zeilen oder die Spalten linear unabhängig, so lässt sich die pseudoinverse Matrix A^+ direkt berechnen, also ohne Singulärwertzerlegung. Bei $\mathrm{rg}\,\varphi = m$ ist $A^+ = A^\top (A\,A^\top)^{-1}$, bei $\mathrm{rg}\,\varphi = n$ ist $A^+ = (A^\top A)^{-1} A^\top$.

Man beachte: In dem Beispiel auf Seite 752 ist φ weder injektiv noch surjektiv. Dort ist keine der angegebenen Formeln verwendbar. Siehe dazu auch die Aufgabe 18.16.

Kommentar: Alle diese Überlegungen über die Pseudoinverse einschließlich des Zusammenhangs mit der adjungierten Abbildung gelten auch in unitären Räumen. Der einzige Unterschied besteht darin, dass die Darstellungsmatrix von φ^* die konjugiert komplexe der transponierten Abbildung ist, also ${}_B M(\varphi^*)_{B'} = \overline{\left({}_{B'}M(\varphi)_B\right)}^\top$.

Nochmals zur Methode der kleinsten Quadrate

Man kann φ^+ zur Bestimmung einer *Näherungslösung* für ein unlösbares reelles lineares Gleichungssystem verwenden, also zur Bestimmung einer Lösung, bei welcher das Ergebnis der linken Seite möglichst wenig von den vorgegebenen Werten der Absolutspalte abweicht. Dies ist etwa dann nötig, wenn die Absolutglieder Messergebnisse sind und mehr Gleichungen als Unbekannte vorliegen. Wir greifen hier nochmals die Überlegungen von Seite 681 auf.

Wir schreiben die m Gleichungen in n Unbekannten in gewohnter Weise in Matrizenform als $A\,x = b$ mit $A \in \mathbb{R}^{m \times n}$. Die Unlösbarkeit resultiert aus der Tatsache, dass für die durch A bestimmte lineare Abbildung

$$\varphi \colon V = \mathbb{R}^n \to V' = \mathbb{R}^m, \quad x \mapsto A\,x$$

die gegebene Absolutspalte $b \in V'$, also der vorgeschriebene Bildvektor $\varphi(x)$ des gesuchten Urbilds x, nicht dem Bildraum $\mathrm{Im}(\varphi)$ angehört. Um eine Näherungslösung zu finden, ändern wir die Absolutspalte ab: Wir ersetzen b durch den Punkt $(b + v) \in \mathrm{Im}(\varphi)$, wobei der Vektor v der *Verbesserungen* eine minimale Länge $\|v\|$ haben soll. Nach dem Projektionssatz von Seite 679 wird $b + v$ zum Fußpunkt f der aus b an $\mathrm{Im}(\varphi)$ gelegten Normalen (Abb. 18.23).

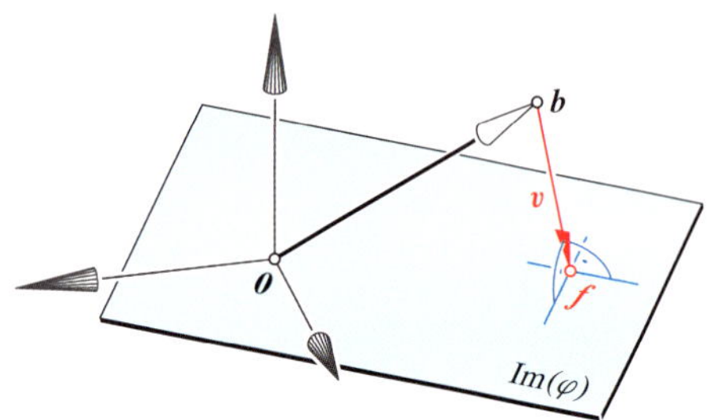

Abbildung 18.23 Die Forderung nach Verbesserungen mit minimaler Quadratsumme führt zum Fußpunkt f der aus b an den Bildraum $\mathrm{Im}(\varphi)$ legbaren Normalen.

Diese Näherungslösung entsteht, wenn wir b orthogonal nach $\mathrm{Im}(\varphi)$ projizieren und davon ein Urbild aus der Menge $\varphi^{-1}(f)$ bestimmen. Nach unserer Erklärung der Pseudoinversen ist das in $\ker(\varphi)^\perp$ gelegene Urbild identisch mit dem Bild von b unter der Pseudoinversen φ^+ (vergleiche mit der Abbildung 18.22).

> **Näherungslösung eines unlösbaren inhomogenen Systems linearer Gleichungen**
>
> Ist $A\,x = b$ ein unlösbares inhomogenes reelles lineares Gleichungssystem und bezeichnet φ die lineare Abbildung $x \mapsto A\,x$, so ist $\tilde{l} = \varphi^+(b)$ mit φ^+ als Moore-Penrose-Pseudoinverser von φ die Näherungslösung aus $\ker(\varphi)^\perp$ mit möglichst kleinem Fehler $\|A\,\tilde{l} - b\|$.
>
> Neben $\tilde{l}$ ergeben alle Vektoren $l \in \tilde{l} + \ker(\varphi)$ denselben minimalen Fehler, und diese Vektoren bilden die Lösung der **Normalgleichungen**
>
> $$(A^\top A)\,x = A^\top b.$$

Beweis: Wir erhalten unsere Näherungslösung, indem wir statt $A\,x = b$ das System $A\,x = f$, also $\varphi(x) = f$, lösen mit $f \in \mathrm{Im}(\varphi)$ (Abb. 18.23).

Nun verwenden wir neben $\varphi \colon \mathbb{R}^n \to \mathbb{R}^m, x \mapsto A\,x$ noch die adjungierte Abbildung

$$\varphi^* \colon \mathbb{R}^m \to \mathbb{R}^n, \quad x \mapsto A^\top x.$$

Wegen $\ker(\varphi^*) \perp \mathrm{Im}(\varphi)$ ist die Einschränkung von φ^* auf $\mathrm{Im}(\varphi)$ injektiv. Daher ist die Aussage $\varphi(x) = f$ äquivalent zu der durch Anwendung von φ^* entstehenden Aussage

$$(\varphi^* \circ \varphi)(x) = \varphi^*(f).$$

Wegen $b \in f + \ker(\varphi^*)$ ist $\varphi^*(f) = \varphi^*(b)$. Also bleibt das System $(\varphi^* \circ \varphi)(x) = \varphi^*(b)$ mit der Matrizendarstellung $A^\top A\,x = A^\top b$.

Die Bauart der Normalgleichungen ist leicht zu merken, denn diese Gleichungen entstehen aus dem Ausgangssystem $A\,x = b$ durch Linksmultiplikation mit $A^\top$. $\blacksquare$

Kommentar: Der in der Lösungsmenge der Normalgleichungen vorkommende Vektor $\varphi^+(b)$ ist zusätzlich orthogonal zum Kern von φ (Abb. 18.22 auf Seite 750).

Bei invertierbarem $A^\top A$ ist die Näherungslösung eindeutig und gleich $\varphi^+(b)$. In diesem Fall lässt sich das System der Normalgleichungen wegen $\mathrm{rg}(A) = n$ auch aus der zweiten Formel für die pseudoinverse Matrix A^+ von Seite 753 folgern, denn

$$\varphi^+(b) = A^+ b = (A^\top A)^{-1} A^\top b.$$

Nach Multiplikation von links mit $A^\top A$ erkennen wir $\tilde{l} = \varphi^+(b)$ erneut als Lösung der Normalgleichungen.

--- **?** ---

Warum gilt für den Vektor $v = A\,\tilde{l} - b$ der Verbesserungen die Gleichung $A^\top v = 0$ und für das Quadrat des Fehlers $\|v\|^2 = -v \cdot b$.

Beispiel Wir erinnern an das Beispiel von Seite 171 und berechnen die optimale Näherungslösung des unlösbaren linearen Gleichungssystems

$$\begin{array}{rcl} x_1 + x_2 &=& 1 \\ 2x_1 - x_2 &=& 5 \\ 3x_1 + x_2 &=& 4 \end{array} \quad \text{oder} \quad \begin{pmatrix} 1 & 1 \\ 2 & -1 \\ 3 & 1 \end{pmatrix} \begin{pmatrix} x_1 \\ x_2 \end{pmatrix} = \begin{pmatrix} 1 \\ 5 \\ 4 \end{pmatrix}.$$

Die eindeutige Lösung $(l_1, l_2) = (2, -1)$ der ersten beiden Gleichungen erfüllt die dritte Gleichung nicht mehr. Also ist dieses System unlösbar, und wir können nur eine Näherungslösung erwarten.

Wir bestimmen die Normalgleichungen, indem wir beide Seiten des Gleichungssystems von links mit der transponierten Koeffizientenmatrix multiplizieren:

$$\begin{pmatrix} 1 & 2 & 3 \\ 1 & -1 & 1 \end{pmatrix} \begin{pmatrix} 1 & 1 \\ 2 & -1 \\ 3 & 1 \end{pmatrix} \begin{pmatrix} x_1 \\ x_2 \end{pmatrix} = \begin{pmatrix} 1 & 2 & 3 \\ 1 & -1 & 1 \end{pmatrix} \begin{pmatrix} 1 \\ 5 \\ 4 \end{pmatrix},$$

also

$$\begin{pmatrix} 14 & 2 \\ 2 & 3 \end{pmatrix} \begin{pmatrix} x_1 \\ x_2 \end{pmatrix} = \begin{pmatrix} 23 \\ 0 \end{pmatrix}.$$

Die Lösung der Normalgleichungen und damit Näherungslösung für das Ausgangssystem lautet

$$\widetilde{l} = \begin{pmatrix} 69/38 \\ -46/38 \end{pmatrix} \text{ und } f = A\widetilde{l} = \begin{pmatrix} 23/38 \\ 184/38 \\ 161/38 \end{pmatrix}.$$

Aus den Abweichung von den gegebenen Absolutwerten folgt als Fehler

$$\|f - b\| = \frac{\sqrt{15^2 + 6^2 + 9^2}}{38} = \frac{\sqrt{342}}{38} = \frac{3}{\sqrt{38}} \approx 0.487.$$

Kommentar: Von *der* optimalen Näherungslösung können wir nur sprechen, wenn wir keine Vervielfachung einzelner Gleichungen zulassen. An sich bleibt die Lösungsmenge einer Gleichung bei einer derartigen Multiplikation gleich, aber das Absolutglied ändert sich und damit das Größenverhältnis unter den Absolutgliedern des Systems.

Derartige Näherungslösungen sind also nur dann sinnvoll, wenn z. B. auf der rechten Seite lauter Messdaten stehen, die annähernd die gleiche Genauigkeit aufweisen. Sind diese Genauigkeiten wesentlich verschieden, so sollte man zuerst durch Vervielfachung der einzelnen Gleichungen diese Genauigkeiten angleichen. ◄

Die optimale Lösung eines überbestimmten homogenen Gleichungssystems ist ein Eigenvektor

Vorhin bei dem unlösbaren *inhomogenen* linearen Gleichungssystem $A\,x = b$ haben wir eine Näherungslösung $\widetilde{l}$ dann als optimal bezeichnet, wenn der auf der rechten Seite auftretende Vektor $v = b - A\widetilde{l}$ der Verbesserungen eine minimale Länge hat. Analog könnte man bei einem überbestimmten *homogenen* System $A\,x = 0$ mit m Gleichungen für n Unbekannte, also mit $A \in \mathbb{R}^{m \times n}$ bei $m > n$ vorgehen: Wir fordern eine minimale Norm $\|A\widetilde{l}\|$. Diese erreichen wir aber natürlich immer, und zwar mit der trivialen Lösung $\widetilde{l} = 0$.

Dass eine derartige Forderung im homogenen Fall nicht zielführend ist, zeigt sich auch daran, dass der bei einem Vektor l auf der rechten Seite auftretende Fehler $\|A\,l\|$ sofort unterboten werden kann, weil $\frac{1}{2}l$ eine nur mehr halb so große Abweichung liefert.

Eine sinnvolle Forderung ist aber, l in seiner Länge nach unten zu begrenzen, etwa durch $\|l\| = 1$, und dann nach jenem Einheitsvektor $\widetilde{l}$ zu fragen, für welchen $\|A\widetilde{l}\|$ minimal ist. Wir suchen also eine Richtung mit möglichst kleiner Längenverzerrung unter der linearen Abbildung

$$\varphi_A \colon \mathbb{R}^n \to \mathbb{R}^m, \quad x \mapsto A\,x.$$

Nach den Ergebnissen aus dem Abschnitt 18.4 über die Singulärwertzerlegung ist diese minimale Längenverzerrung gleich dem kleinsten Singulärwert s von A. Eine optimale Lösung $\widetilde{l} \neq 0$ mit minimaler Längenverzerrung ist somit ein Eigenvektor zum kleinsten Eigenwert s^2 der symmetrischen Produktmatrix $A^\top A$.

Es gibt noch eine andere Erklärung: Wir können die Richtung mit der kleinsten Längenverzerrung unter φ_A auch so bestimmen, dass wir wie in Abbildung 18.20 unter allen Urbildern von Einheitsvektoren den längsten suchen. Nun bilden die Urbilder ein Ellipsoid mit der kanonischen Gleichung $x^\top A^\top A\,x = 1$. Ist in der zugehörigen Normalform

$$\lambda_1 x_1'^2 + \cdots + \lambda_n x_n'^2 = \frac{x_1'^2}{\alpha_1^2} + \cdots + \frac{x_n'^2}{\alpha_n^2} = 1$$

α_i die längste Halbachse, so ist $\lambda_i = 1/\alpha_i^2$ der kleinste Eigenwert der Matrix $A^\top A$.

Näherungslösung eines überbestimmten homogenen Gleichungssystems

Ist $A\,x = 0$ ein nur trivial lösbares lineares homogenes Gleichungssystem, so ist jeder Eigenvektor $\widetilde{l}$ zum kleinsten Eigenwert λ von $A^\top A$ eine optimale Näherungslösung, denn unter allen Vektoren derselben Länge hat $\widetilde{l}$ ein Bild $A\widetilde{l}$ mit minimaler Norm, also mit der kleinsten Abweichung von 0. Bei $\|\widetilde{l}\| = 1$ ist $\|A\widetilde{l}\| = \sqrt{\lambda}$.

Nun noch eine dritte Interpretation: Wir können die Zeilenvektoren $z_1, \ldots, z_m$ der Koeffizientenmatrix A als Punkte im $\mathcal{A}(\mathbb{R}^n)$ interpretieren und x mit $\|x\| = 1$ als Normalvektor einer Hyperebene E durch 0. Dann bestimmt die linke Seite der i-ten linearen Gleichung $z_i \cdot x$ den orientierten Normalabstand d_i des Punkts z_i von E (Abb. 18.24). Die geforderte Bedingung für eine optimale Lösung führt somit zur Ebene E durch 0 mit der kleinsten Summe $Q_E = \sum_{i=1}^{m} d_i^2$ aller Abstandsquadrate.

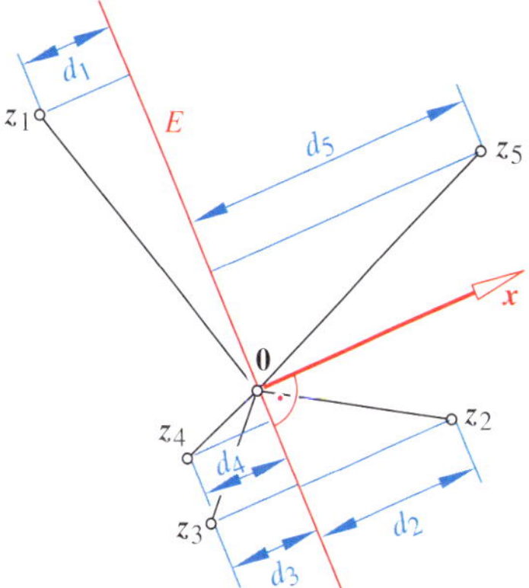

Abbildung 18.24 Die optimale Lösung eines homogenen Gleichungssystems führt zur Ebene E mit minimaler Quadratsumme der Abstände von einer gegebenen Punktmenge $\{z_1, \ldots, z_m\}$.

Wir schließen aus, dass alle Punkte $z_1, \ldots, z_m$ innerhalb einer Hyperebene E durch 0 liegen. Damit können wir

Hintergrund und Ausblick: Ausgleichskegelschnitt

Gesucht ist ein Kegelschnitt, welcher $n > 5$ gegebene Punkte $\boldsymbol{p}_1, \ldots, \boldsymbol{p}_n$ in der affinen Ebene $\mathcal{A}\,(\mathbb{R}^2)$ bestmöglich approximiert. Die in den Abbildungen 18.9 und 18.10 über die Fotos gezeichneten Kegelschnitte wurden nach diesem Verfahren berechnet.

Wir setzen die kanonische Darstellung der zugrunde liegenden quadratischen Funktion $\psi(\boldsymbol{x})$ an als

$$\psi(\boldsymbol{x}) = k_1\,x_1^2 + k_2\,x_1 x_2 + k_3\,x_2^2 + k_3\,x_1 + k_5\,x_2 + k_6$$

mit vorerst unbekannten Koeffizienten $k_1, \ldots, k_6$. Wenn der Punkt $\boldsymbol{p}_i$ der Quadrik $Q(\psi)$ angehört, muss $\psi(\boldsymbol{p}_i) = 0$ sein. Dies ist eine lineare homogene Gleichung für die Koeffizienten. Die n Punkte führen demnach auf ein überbestimmtes System von n homogenen linearen Gleichungen. Wir suchen dessen optimale Lösung nach dem auf Seite 755 beschriebenen Verfahren und gehen daher wie folgt vor:

Für jedes $i \in \{1, \ldots, n\}$ berechnen wir aus den Koordinaten $(x_1, x_2)^\top$ des Punkts $\boldsymbol{p}_i$ den Zeilenvektor

$$z_i = (x_1^2,\ x_1 x_2,\ x_2^2,\ x_1,\ x_2,\ 1).$$

Dies ergibt insgesamt eine $n \times 6$-Matrix als Koeffizientenmatrix $\boldsymbol{A}$ unseres homogenen Gleichungssystems.

Hierauf bestimmen wir das Matrizenprodukt $\boldsymbol{A}^\top \boldsymbol{A}$ und suchen den kleinsten Eigenwert λ_1 dieser symmetrischen 6×6-Matrix. Ist dann $\boldsymbol{e}$ ein Eigenvektor zu λ_1, so bilden die Koordinaten von $\boldsymbol{e}$ die Koeffizienten in der Gleichung $\psi(\boldsymbol{x}) = 0$ des gesuchten Kegelschnitts.

Im Gegensatz zu dem in der Abbildung 18.24 gezeigten Beispiel mit einer linearen Funktion gibt der Wert $\psi(\boldsymbol{x})$ keinesfalls den Normalabstand des Punkts $\boldsymbol{x}$ vom Kegelschnitt $Q(\psi)$ an; $\psi(\boldsymbol{x})$ hat keine unmittelbar erkennbare geometrische Bedeutung. Die berechnete Lösung hängt von der Wahl des Koordinatensystems ab. Bereits eine Verschiebung des Koordinatenursprungs kann zu einem anderen Kegelschnitt führen.

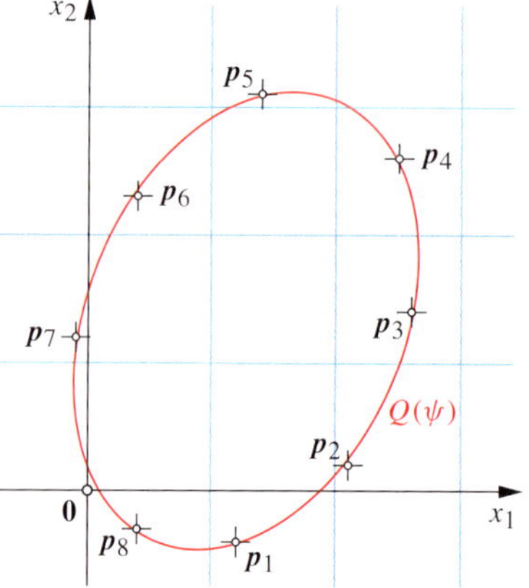

$Q_E > 0$ voraussetzen für alle E, also für alle $\boldsymbol{x}$ mit $\|\boldsymbol{x}\| = 1$. Dabei ist, wenn wir die z_i nach wie vor als Zeilenvektoren auffassen,

$$
\begin{aligned}
Q_E &= \sum_{i=1}^{m} d_i^2 = \sum_{i=1}^{m} (z_i \cdot \boldsymbol{x})^2 = \sum_{i=1}^{m} (\boldsymbol{x}^\top z_i^\top)(z_i\,\boldsymbol{x}) \\
&= \boldsymbol{x}^\top \left[\sum_{i=1}^{m} (z_i^\top z_i) \right] \boldsymbol{x} \\
&= \boldsymbol{x}^\top (z_1^\top, \ldots, z_n^\top) \begin{pmatrix} z_1 \\ \vdots \\ z_n \end{pmatrix} \boldsymbol{x} = \boldsymbol{x}^\top (\boldsymbol{A}^\top \boldsymbol{A})\,\boldsymbol{x}.
\end{aligned}
$$

Die quadratische Form auf der rechten Seite ist nach Voraussetzung positiv definit.

Durch Abtragen der Länge $1/\sqrt{Q_E}$ längs des Normalvektors $\boldsymbol{x}$ mit $\|\boldsymbol{x}\| = 1$ entstehen die Punkte

$$\boldsymbol{y} = \pm \frac{1}{\sqrt{Q_E}}\,\boldsymbol{x} = \pm \frac{1}{\sqrt{\boldsymbol{x}^\top (\boldsymbol{A}^\top \boldsymbol{A})\,\boldsymbol{x}}}\,\boldsymbol{x}.$$

Einer Hyperebene E mit minimalem Q_E entsprechen dabei Punkte $\boldsymbol{y}$ mit maximaler Norm $\|\boldsymbol{y}\|$.

Alle Punkte $\boldsymbol{y}$ genügen der quadratischen Gleichung

$$\boldsymbol{y}^\top (\boldsymbol{A}^\top \boldsymbol{A})\,\boldsymbol{y} = 1,$$

denn

$$\boldsymbol{y}^\top (\boldsymbol{A}^\top \boldsymbol{A})\,\boldsymbol{y} = \frac{1}{\boldsymbol{x}^\top (\boldsymbol{A}^\top \boldsymbol{A})\,\boldsymbol{x}}\,\boldsymbol{x}^\top (\boldsymbol{A}^\top \boldsymbol{A})\,\boldsymbol{x} = 1.$$

Wir erhalten somit lauter Punkte $\boldsymbol{y}$ einer Quadrik, und zwar eines Ellipsoids, nachdem alle Eigenwerte von $\boldsymbol{A}^\top \boldsymbol{A}$ positiv sind. Der kleinste Eigenwert bestimmt die längste Achse und damit als Eigenvektoren Normalvektoren der Hyperebene E durch $\boldsymbol{0}$ mit der kürzeste Abstandsquadratsumme Q_E.

Kommentar: Wie bei inhomogenen Gleichungssystemen ist auch im homogenen Fall festzuhalten, dass die Vervielfachung einer einzelnen Gleichung die Matrix $\boldsymbol{A}$ und damit das Ergebnis verändert. Von einer *optimalen Näherungslösung* können wir wieder nur sprechen, wenn die Zeilenvektoren in der Koeffizientenmatrix längenmäßig ausgeglichen sind.

Zusammenfassung

Eine **Bilinearform** auf dem $\mathbb{K}$-Vektorraum V ist eine Abbildung $\sigma : V \times V \to \mathbb{K}$, $(x, y) \to \sigma(x, y)$, die in den Komponenten x und y linear ist. Ihre Einschränkung auf die Diagonale ist eine **quadratische Form** $\rho : V \to \mathbb{K}$ mit $\rho(x) = \sigma(x, x)$. Bei char $\mathbb{K} \neq 2$ gibt es umgekehrt zu jeder quadratischen Form ρ auf V eine symmetrische Bilinearform $\widetilde{\sigma}$ mit $\rho(x) = \widetilde{\sigma}(x, x)$, die Polarform von ρ.

Die **Darstellungsmatrix** von σ bezüglich der Basis B von V ist definiert als $M_B(\sigma) = \left(\sigma(b_i, b_j)\right) \in \mathbb{K}^{n \times n}$. Je zwei Darstellungsmatrizen einer Bilinearform sind untereinander kongruent. Ist σ symmetrisch, also $\sigma(y, x) = \sigma(x, y)$, so gibt es bei char $\mathbb{K} \neq 2$ stets Darstellungsmatrizen in Diagonalform. Bei $\mathbb{K} = \mathbb{R}$ gibt es darunter eine Normalform, in deren Hauptdiagonalen nur die Zahlen 1, -1 oder 0 vorkommen. Dasselbe gilt allgemeiner auch für hermiteschen Sequilinearformen, also für die in x linearen und in y halblinearen Abbildungen $\sigma : \mathbb{C}^n \times \mathbb{C}^n \to \mathbb{C}$ mit $\sigma(y, x) = \overline{\sigma(x, y)}$.

Trägheitssatz von Sylvester

Alle diagonalisierten Darstellungsmatrizen einer reellen symmetrischen Bilinearform oder einer hermiteschen Sesquilinearform haben dieselbe **Signatur**. Das bedeutet, sie stimmen in den Anzahlen der positiven und der negativen Einträge wie auch der Nullen in der Hauptdiagonale überein.

Ist V euklidisch oder unitär und werden nur orthonormierte Basen zugelassen, so sind dennoch Darstellungsmatrizen in Diagonalform erreichbar. Deren Ermittlung führt über die Eigenwerte der Darstellungsmatrizen.

Transformation auf Hauptachsen

Zu jeder reellen symmetrischen Bilinearform bzw. hermiteschen Sesquilinearform σ auf $\mathbb{R}^n$ bzw. $\mathbb{C}^n$ gibt es eine orthonormierte Basis H, welche σ diagonalisiert. Die Vektoren aus H sind Eigenvektoren, die Diagonalelemente in $M_H(\sigma)$ Eigenwerte der transponierten Darstellungsmatrizen $M_B(\sigma)^T$.

Nun sei $\mathcal{A}(V)$ der affine Raum über dem $\mathbb{K}$-Vektorraum V, also die Gesamtheit der Nebenklassen von V einschließlich der Punkte x. Ist char $\mathbb{K} \neq 2$, dann heißt eine Abbildung $\psi : \mathcal{A}(V) \to \mathbb{K}$ mit $x \mapsto \psi(x) = \rho(x) + 2\varphi(x) + a$ mit einer quadratischen Form ρ, einer Linearform φ und einer Konstanten $a \in \mathbb{K}$ **quadratische Funktion** auf $\mathcal{A}(V)$.

Definition einer Quadrik

Ist die quadratische Funktion $\psi : \mathcal{A}(V) \to \mathbb{K}$ verschieden von der Nullfunktion, so heißt die Punktmenge $Q(\psi) = \{x \mid \psi(x) = 0\}$ **Quadrik** des $\mathcal{A}(V)$.

Bei euklidischem V lässt sich die Gleichung jeder Quadrik $Q(\psi)$ durch eine Änderung des kartesischen Koordinatensystems in $\mathcal{A}(V)$ auf eine Normalform bringen. Bei dieser **Hauptachsentransformation** geht man in zwei Schritten vor: Im ersten wird die in ψ enthaltene quadratische Form ρ diagonalisiert. Im zweiten Schritt wird der Koordinatenursprung geeignet verlegt, um die in ψ enthaltene Linearform φ weitestgehend zu eliminieren.

Klassifikation der reellen Quadriken

Es gibt drei Typen von Quadriken in $\mathcal{A}(\mathbb{R}^n)$. Die Normalformen der zugehörigen Gleichungen lauten:

Typ 1 kegelig, $0 \leq p \leq r \leq n$, $p \geq r - p$:

$$\frac{x_1^2}{\alpha_1^2} + \cdots + \frac{x_p^2}{\alpha_p^2} - \frac{x_{p+1}^2}{\alpha_{p+1}^2} - \cdots - \frac{x_r^2}{\alpha_r^2} = 0 \,,$$

Typ 2 Mittelpunktsquadrik, $0 \leq p \leq r \leq n$:

$$\frac{x_1^2}{\alpha_1^2} + \cdots + \frac{x_p^2}{\alpha_p^2} - \frac{x_{p+1}^2}{\alpha_{p+1}^2} - \cdots - \frac{x_r^2}{\alpha_r^2} - 1 = 0 \,,$$

Typ 3 parabolisch: $0 \leq p \leq r < n$, $p \geq r - p$:

$$\frac{x_1^2}{\alpha_1^2} + \cdots + \frac{x_p^2}{\alpha_p^2} - \frac{x_{p+1}^2}{\alpha_{p+1}^2} - \cdots - \frac{x_r^2}{\alpha_r^2} - 2\,x_n = 0 \,.$$

Die Bedingung, dass ein Vektor x unter einer linearen Abbildung $\varphi : \mathbb{R}^n \to \mathbb{R}^m$ auf einen Einheitsvektor $\varphi(x)$ abgebildet wird, führt auf die Nullstellenmenge einer quadratischen Funktion, also auf eine Quadrik im $\mathcal{A}(\mathbb{R}^n)$. Deren Hauptachsentransformation ist die Grundlage für die Singulärwertzerlegung von φ.

Die Singulärwertzerlegung einer Matrix

Für jede Matrix $A \in \mathbb{R}^{m \times n}$ gibt es orthogonale Matrizen $U \in \mathbb{R}^{m \times m}$ und $V \in \mathbb{R}^{n \times n}$ mit

$$A = U^{-1} D V \quad \text{bei} \quad D = \mathrm{diag}\,(s_1, \ldots, s_r) \in \mathbb{R}^{m \times n} \,.$$

Die Quadrate der in der Hauptdiagonalen von D aufscheinenden, durchwegs positiven **Singulärwerte** $s_1, \ldots, s_r$ von A sind die von null verschiedenen Eigenwerte der symmetrischen Matrix $A^T A$.

Zu jeder linearen Abbildung $\varphi : \mathbb{R}^m \to \mathbb{R}^n$ gibt es eine Abbildung $\varphi^+ : \mathbb{R}^n \to \mathbb{R}^m$ mit $\varphi \circ \varphi^+ \circ \varphi = \varphi$ und $\varphi^+ \circ \varphi \circ \varphi^+ = \varphi^+$, wobei überdies $\varphi \circ \varphi^+$ und $\varphi^+ \circ \varphi$ selbstadjungiert sind. Die Abbildung φ^+ heißt **Moore-Penrose Pseudoinverse** von φ.

Näherungslösung eines überbestimmten inhomogenen Systems linearer Gleichungen

Ist das System $A\,x = b$ unlösbar, so ist $\tilde{l} = \varphi^+(b)$ mit φ^+ als Moore-Penrose Pseudoinverser von $\varphi: x \mapsto A\,x$ die Näherungslösung aus $\ker(\varphi)^\perp$ mit minimalem Fehler $\|A\,\tilde{l} - s\|$. Alle Vektoren $l \in \tilde{l} + \ker(\varphi)$ haben denselben Fehler und lösen das System der **Normalgleichungen** $A^T A\,x = A^T b$.

Bei einem nur trivial lösbaren homogenen linearen Gleichungssystem $A\,x = 0$ ist jeder Eigenvektor $\tilde{l}$ zum kleinsten Eigenwert λ von $A^T A$ eine optimale Näherungslösung, denn unter allen Vektoren derselben Länge hat $\tilde{l}$ das kürzeste Bild $A\,\tilde{l}$.

Aufgaben

Die Aufgaben gliedern sich in drei Kategorien: Anhand der *Verständnisfragen* können Sie prüfen, ob Sie die Begriffe und zentralen Aussagen verstanden haben, mit den *Rechenaufgaben* üben Sie Ihre technischen Fertigkeiten und die *Beweisaufgaben* geben Ihnen Gelegenheit, zu lernen, wie man Beweise findet und führt.

Ein Punktesystem unterscheidet leichte Aufgaben •, mittelschwere •• und anspruchsvolle ••• Aufgaben. Lösungshinweise am Ende des Buches helfen Ihnen, falls Sie bei einer Aufgabe partout nicht weiterkommen. Dort finden Sie auch die Lösungen – betrügen Sie sich aber nicht selbst und schlagen Sie erst nach, wenn Sie selber zu einer Lösung gekommen sind. Ausführliche Lösungswege stehen auf der Website des Verlags zur Verfügung.

Viel Spaß und Erfolg bei den Aufgaben!

Verständnisfragen

18.1 • Welche der nachstehend genannten Polynome stellen quadratischen Formen, welche quadratische Funktionen dar:
a) $f(x) = x_1^2 - 7x_2^2 + x_3^2 + 4x_1x_2x_3$
b) $f(x) = x_1^2 - 6x_2^2 + x_1 - 5x_2 + 4$
c) $f(x) = x_1x_2 + x_3x_4 - 20x_5$
d) $f(x) = x_1^2 - x_3^2 + x_1x_4$

18.2 • Welche der nachstehend genannten Abbildungen sind symmetrische Bilinearformen, welche hermitesche Sesquilinearformen?
a) $\sigma: \mathbb{C}^2 \times \mathbb{C}^2 \to \mathbb{C} \quad \sigma(x, y) = x_1\overline{y}_1$
b) $\sigma: \mathbb{C}^2 \times \mathbb{C}^2 \to \mathbb{C} \quad \sigma(x, y) = x_1\overline{y}_1 + \overline{x}_2 y_2$
c) $\sigma: \mathbb{C} \times \mathbb{C} \to \mathbb{C} \quad \sigma(x, y) = \overline{x}\,\overline{y}$
d) $\sigma: \mathbb{C} \times \mathbb{C} \to \mathbb{C} \quad \sigma(x, y) = \overline{x}\,y + \overline{y}\,y$
e) $\sigma: \mathbb{C}^3 \times \mathbb{C}^3 \to \mathbb{C} \quad \sigma(x, y) = x_1y_2 - x_2y_1 + x_3y_3$

18.3 • Bestimmen Sie die Polarform der folgenden quadratischen Formen:
a) $\rho: \mathbb{R}^3 \to \mathbb{R}, \rho(x) = 4x_1x_2 + x_2^2 + 2x_2x_3$
b) $\rho: \mathbb{R}^3 \to \mathbb{R}, \rho(x) = x_1^2 - x_1x_2 + 6x_1x_3 - 2x_3^2$

18.4 • Welche der folgenden Quadriken $Q(\psi)$ des $\mathcal{A}(\mathbb{R}^3)$ ist parabolisch?
a) $\psi(x) = x_2^2 + x_3^2 + 2x_1x_2 + 2x_3$
b) $\psi(x) = 4x_1^2 + 2x_1x_2 - 2x_1x_3 - x_2x_3 + x_1 + x_2$

Rechenaufgaben

18.5 •• Bringen Sie die folgenden quadratischen Formen auf eine Normalform laut Seite 727. Wie lauten die Si-

gnaturen, wie die zugehörigen diagonalisierenden Basen?
a) $\rho: \mathbb{R}^3 \to \mathbb{R}; \quad \rho(x) = 4x_1^2 - 4x_1x_2 + 4x_1x_3 + x_3^2$
b) $\rho: \mathbb{R}^3 \to \mathbb{R}; \quad \rho(x) = x_1x_2 + x_1x_3 + x_2x_3$

18.6 •• Bringen Sie die folgende hermitesche Sesquilinearform auf Diagonalform und bestimmen Sie die Signatur:

$$\rho: \mathbb{C}^3 \to \mathbb{C}, \quad \rho(x) = 2x_1\overline{y}_1 + 2i\,x_1\overline{y}_2 - 2i\,x_2\overline{y}_1.$$

18.7 • Bestimmen Sie Rang und Signatur der quadratischen Form

$$\rho: \mathbb{R}^6 \to \mathbb{R}, \quad \rho(x) = x_1x_2 - x_3x_4 + x_5x_6.$$

18.8 •• Bringen Sie die folgenden quadratischen Formen durch Wechsel zu einer anderen orthonormierten Basis auf ihre Diagonalform:
a) $\rho: \mathbb{R}^3 \to \mathbb{R}, \quad \rho(x) = x_1^2 + 6x_1x_2 + 12x_1x_3 + x_2^2$
$$+ 4x_2x_3 + 4x_3^2$$
b) $\rho: \mathbb{R}^3 \to \mathbb{R}, \quad \rho(x) = 5x_1^2 - 2x_1x_2 + 2x_1x_3 + 2x_2^2$
$$- 4x_2x_3 + 2x_3^2$$
c) $\rho: \mathbb{R}^3 \to \mathbb{R}, \quad \rho(x) = 4x_1^2 + 4x_1x_2 + 4x_1x_3 + 4x_2^2$
$$+ 4x_2x_3 + 4x_3^2$$

18.9 •• Transformieren Sie die folgenden Kegelschnitte $Q(\psi)$ auf deren Normalform und geben Sie Ursprung und Richtungsvektoren der Hauptachsen an:
a) $\psi(x) = x_1^2 + x_1x_2 - 2$
b) $\psi(x) = 5x_1^2 - 4x_1x_2 + 8x_2^2 + 4\sqrt{5}\,x_1 - 16\sqrt{5}\,x_2 + 4$
c) $\psi(x) = 9x_1^2 - 24x_1x_2 + 16x_2^2 - 10x_1 + 180x_2 + 325$

18.10 •• Bestimmen Sie den Typ und im nicht parabolischen Fall einen Mittelpunkt der folgenden Quadriken $Q(\psi)$ des $\mathcal{A}(\mathbb{R}^3)$:

a) $\psi(\boldsymbol{x}) = 8x_1^2 + 4x_1x_2 - 4x_1x_3 - 2x_2x_3 + 2x_1 - x_3$
b) $\psi(\boldsymbol{x}) = x_1^2 - 6x_2^2 + x_1 - 5x_2$.
c) $\psi(\boldsymbol{x}) = 4x_1^2 - 4x_1x_2 - 4x_1x_3 + 4x_2^2 - 4x_2x_3$
    $+ 4x_3^2 - 5x_1 + 7x_2 + 7x_3 + 1$

18.11 •• Bestimmen Sie in Abhängigkeit vom Parameter $c \in \mathbb{R}$ den Typ der folgenden Quadrik $Q(\psi)$ des $\mathcal{A}(\mathbb{R}^3)$:

$$\psi(\boldsymbol{x}) = 2x_1x_2 + c\,x_3^2 + 2(c-1)x_3$$

18.12 ••• Transformieren Sie die folgenden Quadriken $Q(\psi)$ des $\mathcal{A}(\mathbb{R}^3)$ auf deren Hauptachsen und finden Sie damit heraus, um welche Quadrik es sich handelt:

a) $\psi(\boldsymbol{x}) = x_1^2 - 4x_1x_2 + 2\sqrt{3}\,x_2x_3 - 2\sqrt{3}\,x_1$
    $+ \sqrt{3}\,x_2 + x_3$
b) $\psi(\boldsymbol{x}) = 4x_1^2 + 8x_1x_2 + 4x_2x_3 - x_3^2 + 4x_3$
c) $\psi(\boldsymbol{x}) = 3x_1^2 + 4x_1x_2 - 4x_1x_3 - 2x_2x_3 - 30$
d) $\psi(\boldsymbol{x}) = 13x_1^2 - 10x_1x_2 + 13x_2^2 + 18x_3^2 - 72$

18.13 • Bestimmen Sie den Typ der Quadriken $Q(\psi_0)$ und $Q(\psi_1)$ mit

$$\psi_0(\boldsymbol{x}) = \rho(\boldsymbol{x}) \quad \text{und} \quad \psi_1(\boldsymbol{x}) = \rho(\boldsymbol{x}) + 1,$$

wobei

$$\rho: \mathbb{R}^6 \to \mathbb{R}, \quad \rho(\boldsymbol{x}) = x_1x_2 - x_3x_4 + x_5x_6.$$

18.14 •• Berechnen Sie die Singulärwerte der linearen Abbildung

$$\varphi: \mathbb{R}^3 \to \mathbb{R}^4, \quad \begin{pmatrix} x_1' \\ \vdots \\ x_4' \end{pmatrix} = \begin{pmatrix} 2 & 0 & -10 \\ -11 & 0 & 5 \\ 0 & 3 & 0 \\ 0 & -4 & 0 \end{pmatrix} \begin{pmatrix} x_1 \\ x_2 \\ x_3 \end{pmatrix}.$$

18.15 ••• Berechnen Sie die Singulärwertzerlegung der linearen Abbildung

$$\varphi: \mathbb{R}^3 \to \mathbb{R}^3, \quad \begin{pmatrix} x_1' \\ x_2' \\ x_3' \end{pmatrix} = \begin{pmatrix} -2 & 4 & -4 \\ 6 & 6 & 3 \\ -2 & 4 & -4 \end{pmatrix} \begin{pmatrix} x_1 \\ x_2 \\ x_3 \end{pmatrix}.$$

18.16 ••• Berechnen Sie die Moore-Penrose Pseudoinverse φ^+ zur linearen Abbildung

$$\varphi: \mathbb{R}^3 \to \mathbb{R}^3, \quad \begin{pmatrix} x_1' \\ x_2' \\ x_3' \end{pmatrix} = \begin{pmatrix} 1 & 0 & 0 \\ 1 & 0 & 0 \\ 1 & 2 & 1 \end{pmatrix} \begin{pmatrix} x_1 \\ x_2 \\ x_3 \end{pmatrix}.$$

Überprüfen Sie die Gleichungen $\varphi \circ \varphi^+ \circ \varphi = \varphi$ und $\varphi^+ \circ \varphi \circ \varphi^+ = \varphi^+$.

18.17 •• Berechnen Sie eine Näherungslösung des überbestimmten linearen Gleichungssystems

$$\begin{array}{rcrcl} 2x_1 & + & 3x_2 & = & 23.8 \\ x_1 & + & x_2 & = & 9.6 \\ & & x_2 & = & 4.1 \end{array}$$

In der Absolutspalte stehen Messdaten von vergleichbarer Genauigkeit.

18.18 •• Berechnen Sie in $\mathcal{A}(\mathbb{R}^2)$ die *Ausgleichsgerade* der gegebenen Punkte

$$\boldsymbol{p}_1 = \begin{pmatrix} 1 \\ -1 \end{pmatrix}, \ \boldsymbol{p}_2 = \begin{pmatrix} 3 \\ 0 \end{pmatrix}, \ \boldsymbol{p}_3 = \begin{pmatrix} 4 \\ 1 \end{pmatrix}, \ \boldsymbol{p}_4 = \begin{pmatrix} 4 \\ 2 \end{pmatrix},$$

also diejenige Gerade G, für welche die Quadratsumme der Normalabstände aller $\boldsymbol{p}_i$ minimal ist.

18.19 •• Die *Ausgleichsparabel* P einer gegebenen Punktmenge in der x_1x_2-Ebene ist diejenige Parabel mit zur x_2-Achse paralleler Parabelachse, welche die Punktmenge nach der Methode der kleinsten Quadrate bestmöglich approximiert. Berechnen Sie die Ausgleichsparabel der gegebenen Punkte

$$\boldsymbol{p}_1 = \begin{pmatrix} 0 \\ 5 \end{pmatrix}, \ \boldsymbol{p}_2 = \begin{pmatrix} 2 \\ 4 \end{pmatrix}, \ \boldsymbol{p}_3 = \begin{pmatrix} 3 \\ 4 \end{pmatrix}, \ \boldsymbol{p}_4 = \begin{pmatrix} 5 \\ 8 \end{pmatrix}.$$

Beweisaufgaben

18.20 • Beweisen Sie den folgenden Satz: Ist die Matrix $\boldsymbol{A} \in \mathbb{R}^{n \times n}$ darstellbar als eine Linearkombination der dyadischen Quadrate orthonormierter Vektoren $(\boldsymbol{h}_1, \dots, \boldsymbol{h}_r)$, also

$$\boldsymbol{A} = \sum_{i=1}^{r} \lambda_i\,(\boldsymbol{h}_i\,\boldsymbol{h}_i^\top) \quad \text{bei } \boldsymbol{h}_i \cdot \boldsymbol{h}_j = \delta_{ij},$$

so sind die $\boldsymbol{h}_i$ Eigenvektoren von $\boldsymbol{A}$ und die λ_i die zugehörigen Eigenwerte.

18.21 •• Beweisen Sie den folgenden Satz: Zu jeder symmetrischen Matrix $\boldsymbol{A} \in \mathbb{R}^{n \times n}$ gibt es eine orthonormierte Basis $(\boldsymbol{h}_1, \dots, \boldsymbol{h}_n)$ derart, dass $\boldsymbol{A}$ darstellbar ist als eine Linearkombination der dyadischen Quadrate $\boldsymbol{A} = \sum_{i=1}^{n} \lambda_i\,(\boldsymbol{h}_i\,\boldsymbol{h}_i^\top)$.

18.22 •• Beweisen Sie den folgenden Satz: Es sei φ ein selbstadjungierter Endomorphismus des euklidischen Vektorraums V. Andererseits seien $p_1, \dots, p_s$ die Orthogonalprojektionen von V auf sämtliche Eigenräume $\mathrm{Eig}_\varphi \lambda_1, \dots, \mathrm{Eig}_\varphi \lambda_s$ von φ. Dann ist

$$\varphi = \sum_{i=1}^{s} \lambda_i\,p_i.$$

Antworten der Selbstfragen

S. 718

Man erkennt sofort, dass für alle $(\boldsymbol{x}, \boldsymbol{y}) \in V^2$ die vier Forderungen

$$
\begin{aligned}
(\lambda(\sigma_1 + \sigma_2))\,(\boldsymbol{x}, \boldsymbol{y}) &= (\lambda\,\sigma_1)(\boldsymbol{x}, \boldsymbol{y}) + (\lambda\,\sigma_2)(\boldsymbol{x}, \boldsymbol{y}) \\
((\lambda + \mu)\sigma)\,(\boldsymbol{x}, \boldsymbol{y}) &= (\lambda\,\sigma)(\boldsymbol{x}, \boldsymbol{y}) + (\mu\,\sigma)(\boldsymbol{x}, \boldsymbol{y}) \\
((\lambda\,\mu)\sigma)\,(\boldsymbol{x}, \boldsymbol{y}) &= (\lambda\,(\mu\,\sigma))\,(\boldsymbol{x}, \boldsymbol{y}) \\
(1\,\sigma)(\boldsymbol{x}, \boldsymbol{y}) &= \sigma(\boldsymbol{x}, \boldsymbol{y})
\end{aligned}
$$

erfüllt sind.

Sind σ_1 und σ_2 symmetrisch, so auch $(\sigma_1 + \sigma_2)$ und $\lambda\,\sigma_1$ für alle $\lambda \in \mathbb{K}$. Damit sind für die symmetrischen Bilinearformen auf V die Bedingungen (U1) und (U2) eines Untervektorraums erfüllt (siehe Seite 196). Dasselbe trifft auf die alternierenden Bilinearformen zu.

S. 720

Stimmen die Einschränkungen auf die Diagonale überein, so folgt aus $\sigma(\boldsymbol{x} + \boldsymbol{y}, \boldsymbol{x} + \boldsymbol{y}) = \sigma'(\boldsymbol{x} + \boldsymbol{y}, \boldsymbol{x} + \boldsymbol{y})$

$$
\sigma(\boldsymbol{x}, \boldsymbol{x}) + \sigma(\boldsymbol{x}, \boldsymbol{y}) + \sigma(\boldsymbol{y}, \boldsymbol{x}) + \sigma(\boldsymbol{y}, \boldsymbol{y})
$$
$$
= \sigma'(\boldsymbol{x}, \boldsymbol{x}) + \sigma'(\boldsymbol{x}, \boldsymbol{y}) + \sigma'(\boldsymbol{y}, \boldsymbol{x}) + \sigma'(\boldsymbol{y}, \boldsymbol{y}),
$$

daher wegen $\sigma(\boldsymbol{x}, \boldsymbol{x}) = \sigma'(\boldsymbol{x}, \boldsymbol{x})$ und $\sigma(\boldsymbol{y}, \boldsymbol{y}) = \sigma'(\boldsymbol{y}, \boldsymbol{y})$

$$
\sigma(\boldsymbol{x}, \boldsymbol{y}) - \sigma'(\boldsymbol{x}, \boldsymbol{y}) = \sigma'(\boldsymbol{y}, \boldsymbol{x}) - \sigma(\boldsymbol{y}, \boldsymbol{x})
$$

und somit $(\sigma - \sigma')(\boldsymbol{x}, \boldsymbol{y}) = -(\sigma - \sigma')(\boldsymbol{y}, \boldsymbol{x})$.

Setzt man umgekehrt $\sigma - \sigma'$ alternierend voraus, also $(\sigma - \sigma')(\boldsymbol{x}, \boldsymbol{y}) = -(\sigma - \sigma')(\boldsymbol{y}, \boldsymbol{x})$, so folgt bei $\boldsymbol{y} = \boldsymbol{x}$ $(\sigma - \sigma')(\boldsymbol{x}, \boldsymbol{x}) = 0$, also $\sigma(\boldsymbol{x}, \boldsymbol{x}) = \sigma'(\boldsymbol{x}, \boldsymbol{x})$.

S. 722

Durch Aufspalten der rein quadratischen und der gemischten Summanden entsteht

$$
\sigma(\boldsymbol{x}, \boldsymbol{y}) = x_1 y_1 - 3\,x_3 y_3 + x_1 y_2 + x_2 y_1 - \frac{5}{2}\,x_2 y_3 - \frac{5}{2}\,x_3 y_2
$$

mit der Matrizendarstellung

$$
\sigma(\boldsymbol{x}, \boldsymbol{y}) = (x_1\ x_2\ x_3) \begin{pmatrix} 1 & 1 & 0 \\ 1 & 0 & -\frac{5}{2} \\ 0 & -\frac{5}{2} & -3 \end{pmatrix} \begin{pmatrix} y_1 \\ y_2 \\ y_3 \end{pmatrix}.
$$

S. 723

Wir interpretieren die symmetrische Matrix $\boldsymbol{C}$ als Darstellungsmatrix einer Bilinearform σ. Nach der Folgerung auf Seite 721 folgt aus der Symmetrie einer Darstellungsmatrix jene von σ und damit auch jene aller anderen Darstellungsmatrizen von σ, also aller zu $\boldsymbol{C}$ kongruenten Matrizen $\boldsymbol{D}$. Dieselbe Argumentation ist auf schiefsymmetrische Matrizen und die zugehörigen alternierenden Bilinearformen anwendbar.

Wir können aber auch nach den Regeln der Matrizenrechnung vorgehen: Aus $\boldsymbol{C}^\top = \pm\boldsymbol{C}$ folgt für die dazu kongruente Matrix $\boldsymbol{D} = \boldsymbol{T}^\top \boldsymbol{C}\,\boldsymbol{T}$:

$$
\boldsymbol{D}^\top = \left(\boldsymbol{T}^\top \boldsymbol{C}\,\boldsymbol{T}\right)^\top = \boldsymbol{T}^\top \boldsymbol{C}^\top \boldsymbol{T} = \pm\boldsymbol{D}.
$$

S. 723

Die Matrix $\boldsymbol{M}_B(\sigma)$ wird von $\sigma(\boldsymbol{b}_j, \boldsymbol{b}_k)$ gebildet. $\boldsymbol{b}_i$ ist genau dann isotrop, wenn in $\boldsymbol{M}_B(\sigma)$ an der Stelle (i, i) null steht. $\boldsymbol{b}_i$ liegt genau dann im Radikal von σ, wenn $\boldsymbol{b}_i$ σ-orthogonal zu allen Vektoren aus V ist. Dafür ist $\sigma(\boldsymbol{b}_i, \boldsymbol{b}_k) = 0$ für $k \in \{1, \dots, n\}$ notwendig und hinreichend. Dies bedeutet, dass in $\boldsymbol{M}_B(\sigma)$ die i-te Zeile und die i-te Spalte aus lauter Nullen bestehen.

S. 725

Wir wenden den obigen Algorithmus auf die kanonische Darstellungsmatrix $\boldsymbol{M}_E(\sigma) = \begin{pmatrix} 0 & 1 \\ 1 & 0 \end{pmatrix}$ an. Diesmal muss mit Schritt 3 begonnen werden:

$$
\left(\begin{array}{c} \boldsymbol{M}_E(\sigma) \\ \hline \boldsymbol{E}_2 \end{array}\right) = \begin{pmatrix} 0 & 1 \\ 1 & 0 \\ 1 & 0 \\ 0 & 1 \end{pmatrix} \xrightarrow{s_1 + s_2} \begin{pmatrix} 1 & 1 \\ 1 & 0 \\ 1 & 0 \\ 1 & 1 \end{pmatrix} \xrightarrow{z_1 + z_2} \begin{pmatrix} 2 & 1 \\ 1 & 0 \\ 1 & 0 \\ 1 & 1 \end{pmatrix}
$$

$$
\xrightarrow{s_2 - \frac{1}{2} s_1} \begin{pmatrix} 2 & 0 \\ 1 & -\frac{1}{2} \\ 1 & -\frac{1}{2} \\ 1 & \frac{1}{2} \end{pmatrix} \xrightarrow{z_2 - \frac{1}{2} z_1} \begin{pmatrix} 2 & 0 \\ 0 & -\frac{1}{2} \\ 1 & -\frac{1}{2} \\ 1 & \frac{1}{2} \end{pmatrix} = \left(\begin{array}{c} \boldsymbol{M}_B(\sigma) \\ \hline {}_E\boldsymbol{T}_B \end{array}\right)
$$

Damit ist

$$
\boldsymbol{M}_B(\sigma) = ({}_E\boldsymbol{T}_B)^\top\,\boldsymbol{M}_E(\sigma)\,{}_E\boldsymbol{T}_B,
$$

also

$$
\begin{pmatrix} 2 & 0 \\ 0 & -\frac{1}{2} \end{pmatrix} = \begin{pmatrix} 1 & 1 \\ -\frac{1}{2} & \frac{1}{2} \end{pmatrix} \begin{pmatrix} 0 & 1 \\ 1 & 0 \end{pmatrix} \begin{pmatrix} 1 & -\frac{1}{2} \\ 1 & \frac{1}{2} \end{pmatrix}.
$$

Die zu σ gehörige quadratische Form lautet $\rho(\boldsymbol{x}) = 2\,x_1 x_2$. Ihre einfache Bauart lässt erraten, dass auch die Substitution

$$
\begin{aligned}
x_1 &= x_1' + x_2' \\
x_2 &= x_1' - x_2'
\end{aligned}
\quad \text{bzw.} \quad {}_E\boldsymbol{T}_{B'} = \begin{pmatrix} 1 & 1 \\ 1 & -1 \end{pmatrix}
$$

die Bilinearform diagonalisiert, denn

$$
\begin{aligned}
\sigma(\boldsymbol{x}, \boldsymbol{y}) &= (x_1' + x_2')(y_1' - y_2') + (x_1' - x_2')(y_1' + y_2') \\
&= 2\,x_1' y_1' - 2\,x_2' y_2'.
\end{aligned}
$$

Für die neue Basis B' ist

$$
\boldsymbol{M}_{B'}(\sigma) = ({}_E\boldsymbol{T}_{B'})^\top\,\boldsymbol{M}_E(\sigma)\,{}_E\boldsymbol{T}_{B'} = \begin{pmatrix} 2 & 0 \\ 0 & -2 \end{pmatrix}.
$$

S. 727

Die Signatur ist $(1, 1, 0)$. Gemäß Seite 726 sind mögliche diagonalisierende Basen

$$\widetilde{B} = \left(\frac{1}{\sqrt{3}} \binom{2}{1}, \ \frac{1}{\sqrt{2}} \binom{1}{1} \right) \quad \text{und}$$

$$\widetilde{B}' = \left(\binom{1}{0}, \ \frac{1}{\sqrt{6}} \binom{1}{-1} \right).$$

S. 728

Dann wäre $\sigma(\lambda \boldsymbol{x}, \boldsymbol{y}) = \lambda \sigma(\boldsymbol{x}, \boldsymbol{y})$ stets gleich dem $\sigma(\boldsymbol{y}, \lambda \boldsymbol{x}) = \overline{\lambda} \sigma(\boldsymbol{y}, \boldsymbol{x}) = \overline{\lambda} \sigma(\boldsymbol{x}, \boldsymbol{y})$, ein Widerspruch bei nicht reellem λ und sofern σ nichttrivial ist, also ein Paar von Vektoren $(\boldsymbol{x}, \boldsymbol{y}) \in V^2$ existiert mit $\sigma(\boldsymbol{x}, \boldsymbol{y}) \neq 0$.

S. 728

Aus den obigen Definitionen folgt unmittelbar

$$\rho(\lambda \boldsymbol{x}) = \sigma(\lambda \boldsymbol{x}, \lambda \boldsymbol{x}) = \lambda \overline{\lambda} \sigma(\boldsymbol{x}, \boldsymbol{x}) = \lambda \overline{\lambda} \rho(\boldsymbol{x}) = |\lambda|^2 \rho(\boldsymbol{x}).$$

Ferner ist

$$\begin{aligned}
\rho(\boldsymbol{x} + \boldsymbol{y}) &+ \rho(\boldsymbol{x} - \boldsymbol{y}) \\
&= \sigma(\boldsymbol{x} + \boldsymbol{y}, \ \boldsymbol{x} + \boldsymbol{y}) + \sigma(\boldsymbol{x} - \boldsymbol{y}, \ \boldsymbol{x} - \boldsymbol{y}) \\
&= \sigma(\boldsymbol{x}, \boldsymbol{x}) + 2\sigma(\boldsymbol{x}, \boldsymbol{y}) + \sigma(\boldsymbol{y}, \boldsymbol{y}) \\
&\quad + \sigma(\boldsymbol{x}, \boldsymbol{x}) - 2\sigma(\boldsymbol{x}, \boldsymbol{y}) + \sigma(\boldsymbol{y}, \boldsymbol{y}) \\
&= 2\rho(\boldsymbol{x}) + 2\rho(\boldsymbol{y}).
\end{aligned}$$

S. 729

Die Aussage $\sigma(\boldsymbol{y}, \boldsymbol{x}) = \overline{\sigma(\boldsymbol{x}, \boldsymbol{y})}$ ist natürlich unabhängig von der verwendeten Basis, andererseits aber äquivalent zur Aussage, dass $M_B(\sigma)$ hermitesch ist, also $M_B(\sigma)^\top = \overline{M_B(\sigma)}$ für jede beliebige Basis B.

Aber wir können die Eigenschaft (18.6) der Matrix $M_{B'}(\sigma)$ auch mithilfe von (18.7) überprüfen. Dabei schreiben wir vorübergehend kurz T statt $_B T_{B'}$:

$$M_{B'}(\sigma)^\top = \left(T^\top M_B(\sigma) \, \overline{T} \right)^\top = \overline{T}^\top M_B(\sigma)^\top \, T$$
$$= \overline{T}^\top \, \overline{M_B(\sigma)}^\top \, \overline{T} = \overline{T^\top \, M_B(\sigma) \, \overline{T}} = \overline{M_{B'}(\sigma)}.$$

S. 747

1. Wegen $A^\top A = \mathbf{E}_n$ ist 1 n-facher Eigenwert von $A^\top A$ und daher auch n-facher Singulärwert von A. Also ist $D = \mathbf{E}_n$. Für die Singulärwertzerlegung $U^\top D V$ von A kann

z. B. die orthogonale Matrix V beliebig gewählt werden. Wegen $D = \mathbf{E}_n$ bleibt $U^\top = A V^\top$ als orthogonaler erster Faktor in der Zerlegung.

2. Wir wählen eine orthonormierte Basis mit $\boldsymbol{h}_3$ in Projektionsrichtung. Dann ist $\ker(\varphi) = \langle \boldsymbol{h}_3 \rangle$, und die Vektoren $\boldsymbol{h}_1$ und $\boldsymbol{h}_2$ liegen in der zu $\ker(\varphi)$ orthogonalen Bildebene. Daher ändern sich die $\boldsymbol{h}_i$ nicht mehr bei der Projektion; es ist $\varphi(\boldsymbol{h}_i) = \boldsymbol{h}_i$ für $i = 1, 2$. Die zugehörigen Längenverzerrungen sind 1, und es bleibt $D = \operatorname{diag}(1, 1) \in \mathbb{R}^{3 \times 3}$.

S. 753

Bei $A^+ = (A^\top A)^{-1} A^\top$ ist

$$A \, A^+ A = A(A^\top A)^{-1}(A^\top A) = A$$

und

$$A^+ A \, A^+ = (A^\top A)^{-1}(A^\top A)(A^\top A)^{-1} A^\top = A^+.$$

Die Matrix

$$A^+ A = (A^\top A)^{-1} A^\top A = \mathbf{E}_n$$

ist natürlich symmetrisch, aber auch die Matrix

$$A \, A^+ = A(A^\top A)^{-1} A^\top$$

ist gleich ihrer Transponierten.

S. 754

Das Bild $\operatorname{Im}(\varphi)$ der linearen Abbildung $\varphi : \boldsymbol{x} \mapsto A\boldsymbol{x}$ wird von den Spaltenvektoren der Matrix A aufgespannt. Der Vektor $\boldsymbol{v}$ ist orthogonal zu $\operatorname{Im}(\varphi)$, hat daher mit allen Spaltenvektoren von A ein verschwindendes Skalarprodukt, also $A^\top \boldsymbol{v} = \boldsymbol{0}$. Bei invertierbarem $A^\top A$ können wir das auch durch Nachrechnen bestätigen:

$$\begin{aligned}
A^\top \boldsymbol{v} &= A^\top A \widetilde{\boldsymbol{l}} - A^\top \boldsymbol{b} \\
&= A^\top A(A^\top A)^{-1} A^\top \boldsymbol{b} - A^\top \boldsymbol{b} \\
&= A^\top \boldsymbol{b} - A^\top \boldsymbol{b} = \boldsymbol{0}.
\end{aligned}$$

In allen Fällen gilt:

$$\begin{aligned}
\|\boldsymbol{v}\|^2 &= \boldsymbol{v} \cdot \boldsymbol{v} = \boldsymbol{v}^\top \boldsymbol{v} = (\widetilde{\boldsymbol{l}}^\top A^\top - \boldsymbol{b}^\top) \boldsymbol{v} \\
&= \widetilde{\boldsymbol{l}}^\top (A^\top \boldsymbol{v}) - \boldsymbol{b}^\top \boldsymbol{v} = -\boldsymbol{b} \cdot \boldsymbol{v}.
\end{aligned}$$

Dieses Resultat lässt sich auch aus dem rechtwinkeligen Dreieck $\boldsymbol{0}\,\boldsymbol{b}\,\boldsymbol{f}$ in Abbildung 18.23 ablesen.

Metrische Räume – Zusammenspiel von Analysis und linearer Algebra

19

Was ist der Unterschied zwischen einer Norm und einer Metrik?

Wie kann man kompakte Mengen erkennen?

Wieso sind die reellen Zahlen zusammenhängend, die rationalen aber nicht?

Was fehlt einem Banach-Raum zum Hilbert-Raum?

© Springer-Verlag GmbH Deutschland, ein Teil von Springer Nature 2022
T. Arens et al., *Grundwissen Mathematikstudium*,
https://doi.org/10.1007/978-3-662-63313-7_19

In diesem Kapitel beginnen wir mit dem systematischen Studium von Funktionen mehrerer Veränderlicher und der ausführlichen Betrachtung von Funktionenräumen. Wir entwickeln das Konzept des metrischen Raums, das einen Mittelweg zwischen geometrischer Anschauung und Abstraktion darstellt.

Schon im Kapitel 4 haben wir darauf hingewiesen, dass für z, $w \in \mathbb{C}$ durch $|z - w|$ eine Funktion definiert wird, die wir den Abstand von z und w genannt haben. Vom Abstand ist auch in der Elementargeometrie die Rede: zwei Punkte einer Geraden oder einer Ebene haben einen bestimmten Abstand zueinander; eine Kreislinie in $\mathbb{C}$ mit Mittelpunkt z_0 und Radius r ist die Menge aller Punkte aus $\mathbb{C}$, die von z_0 den Abstand r haben. Weniger trivial ist es allerdings, den kürzesten Abstand zweier Punkte auf einer Kugeloberfläche zu erklären. Gewisse Grundeigenschaften haben alle Abstandsbegriffe aus diesen Beispielen gemeinsam. In dem nun zu entwickelnden Konzept des metrischen Raums werden diese verwendet, um unsere Vorstellungen vom Abstand zu axiomatisieren.

Durch Axiomatisierung des Abstandsbegriffs gelangt man zum Begriff des metrischen Raums, in dem wir Umgebungen seiner Elemente definieren können. Begriffe wie Konvergenz, offene Menge, abgeschlossene Menge, Rand, kompakte Menge und Stetigkeit, die wir aus Kapitel 9 schon kennen, lassen sich in allgemeinen Situationen mithilfe des Umgebungsbegriffs definieren. Auch der Zusammenhang einer Menge, d. h., ob sie salopp gesprochen aus einem Stück besteht, lässt sich so rigoros definieren.

Zum einen geben uns die metrischen Räume die Möglichkeit, die Begriffe der Analysis von Funktionen einer Veränderlichen auf das Mehrdimensionale zu übertragen. Zum anderen lassen sich so auch allgemeinere Mengen als die Teilmengen n-dimensionaler Vektorräume mit einem Abstandsbegriff versehen. Eine entscheidende Eigenschaft, die für die Reichhaltigkeit der möglichen mathematischen Aussagen in einer solchen Menge verantwortlich ist, ist die Vollständigkeit, d. h. die Tatsache, dass Cauchy-Folgen stets einen Grenzwert besitzen. Hiermit gelingen uns auch erste Untersuchungen in Funktionenräumen, die im Allgemeinen keine endliche Dimension aufweisen.

19.1 Metrische Räume und ihre Topologie

In den Mengen der reellen oder komplexen Zahlen haben wir durch die Betragsfunktion in natürlicher Weise die Möglichkeit, einen Abstandsbegriff zu definieren. In Vektorräumen wurde diese Möglichkeit durch das Konzept der Norm verallgemeinert. In diesem Abschnitt wollen wir beleuchten, wie ein Abstandsbegriff auch ohne eine lineare Struktur axiomatisch definiert werden kann.

Definition einer Metrik und eines metrischen Raums

Sei X eine nichtleere Menge. Eine Abbildung $d \colon X \times X \to \mathbb{R}$ heißt **Metrik** auf X, wenn für alle $x, y, z \in X$ gilt:

(M_1) $d(x, y) = 0 \Leftrightarrow x = y$,

(M_2) $d(x, y) = d(y, x)$ (Symmetrie),

(M_3) $d(x, z) \leq d(x, y) + d(y, z)$.   (Dreiecksungleichung)

Das Paar (X, d) heißt **metrischer Raum**.

Die Elemente $x \in X$ nennen wir auch **Punkte** des metrischen Raums. Den Wert $d(x, y)$ nennen wir auch den **Abstand** (die **Distanz**) von x und y.

?

Ist für $x, y \in \mathbb{R}$ durch

(a) $d(x, y) = |x^2 - y^2|$ bzw. durch
(b) $\tilde{d}(x, y) = |x^3 - y^3|$

eine Metrik auf $\mathbb{R}$ definiert?

Häufig schreiben wir nur X, wenn klar ist, welche Metrik betrachtet wird. Da es aber auf einer Menge X verschiedene Metriken geben kann, wie etwa das Beispiel auf Seite 766 zeigt, ist manchmal die präzise Schreibweise (X, d) nötig.

Wir besprechen kurz einige Konsequenzen der Definition. Setzt man in (M_3) $z = x$, dann folgt $d(x, y) \geq 0$ für alle $x, y \in X$. Eine Metrik liefert also stets nicht negative Werte, wie man es von einem Abstandsbegriff erwartet. Ebenfalls aus der Dreiecksungleichung folgt die Dreiecksungleichung für Abschätzungen nach unten:

$$|d(x, z) - d(x, y)| \leq d(y, z).$$

Die Ungleichung formuliert den geometrischen Sachverhalt, dass jede Seite eines Dreiecks mindestens so groß wie die Differenz der beiden anderen ist.

Beispiel

- Für $\mathbb{K} = \mathbb{R}$ oder $\mathbb{K} = \mathbb{C}$ wird mit $\boldsymbol{x} = (x_1, \ldots, x_n) \in \mathbb{K}^n$ und $\boldsymbol{y} = (y_1, \ldots, y_n) \in \mathbb{K}^n$ durch

$$d_2(\boldsymbol{x}, \boldsymbol{y}) := \sqrt{\sum_{\nu=1}^{n} |x_\nu - y_\nu|^2}$$

die **euklidische Metrik** auf $\mathbb{K}^n$ definiert. Die Eigenschaften einer Metrik zeigt man wie die entsprechenden Eigenschaften der euklidischen Norm in Kapitel 17. Die euklidische Metrik auf $\mathbb{K}^n$ nennen wir auch die **natürliche Metrik** auf $\mathbb{K}^n$. Sie entspricht unserem geometrischen Abstandsbegriff. Im Fall $n = 1$ stimmt sie mit dem Betrag auf $\mathbb{R}$ bzw. $\mathbb{C} = \mathbb{R}^2$ überein.

- Auch auf der Einheitssphäre $S^{n-1} = \{\boldsymbol{x} \in \mathbb{K}^n \mid \|\boldsymbol{x}\|_2 = 1\}$ stellt d_2 eine Metrik dar. Die zugrunde liegende Menge ist jetzt aber kein Vektorraum.

■ Ist X eine Menge mit mindestens zwei Elementen, dann wird durch

$$\delta(x, y) = \begin{cases} 1, & \text{falls } x \neq y, \\ 0, & \text{falls } x = y \end{cases}$$

eine Metrik auf X definiert, die sogenannte **diskrete Metrik**. Eine mit der diskreten Metrik versehene Menge X hat im Hinblick auf die Anschauung ungewohnte Eigenschaften (siehe Übungsaufgabe 19.7). ◀

Die Metrik d_2 aus dem vorhergehenden Beispiel erhält man aus einer **Norm** des $\mathbb{K}^n$. Die Definition einer Norm bzw. eines normierten Raums finden Sie in Abschnitt 17.2. Das folgende Beispiel ist ein normierter Raum ganz anderer Natur als der $\mathbb{K}^n$, dem wir später in diesem Kapitel mehrfach wieder begegnen werden.

Beispiel Ist $[a, b]$ ein kompaktes Intervall, so ist der Vektorraum der auf $[a, b]$ stetigen Funktionen $C([a, b])$ mit der **Supremumsnorm**

$$\|f\|_\infty = \sup_{t \in [a,b]} |f(t)|, \qquad f \in C([a, b]),$$

ein normierter Raum. Die Normeigenschaften ergeben sich aus elementaren Eigenschaften der Betragsfunktion. Da das Supremum in diesem Fall tatsächlich ein Maximum ist, spricht man auch von der **Maximumsnorm**. ◀

Auch die p-Metriken aus dem Beispiel auf Seite 766 lassen sich aus entsprechenden Normen ableiten. Diese Konstruktion von Metriken gelingt ganz allgemein.

Lemma
Ist $(V, \|\ \|)$ ein normierter Raum, so ist durch die Definition

$$d(v, w) := \|v - w\| \qquad (v, w \in V)$$

ein metrischer Raum (V, d) gegeben. Wir nennen dies die aus einer Norm **abgeleitete** Metrik.

Beweis: Aus $\|x\| = 0$ genau dann wenn $x = 0$ ergibt sich (M$_1$). Die Eigenschaft (M$_2$) folgt einfach aus den Rechenregeln in einem Vektorraum, (M$_3$) aus der Dreiecksungleichung für Normen. ∎

Achtung: Im Beispiel haben wir schon gesehen, dass es Sinn macht, eine Metrik auf einer Menge zu definieren, die kein Vektorraum ist. Aber es gibt, wie das folgende Lemma zeigt, selbst auf einem Vektorraum Metriken, die nicht aus Normen abgeleitet sind.

Lemma
Sind V ein metrischer Raum und d eine Metrik auf V, so ist durch

$$\tilde{d}(x, y) = \frac{d(x, y)}{1 + d(x, y)}, \qquad x, y \in V,$$

ebenfalls eine Metrik auf V definiert. Es gilt $\tilde{d}(x, y) \leq 1$ für alle $x, y \in V$.

Beweis: Die ersten beiden Eigenschaften sind wieder elementar. Die Dreiecksungleichung folgt aus:

$$1 + \frac{1}{d(x, z)} \geq 1 + \frac{1}{d(x, y) + d(y, z)}$$

für alle $x, y, z \in V$. Hieraus ergibt sich:

$$\frac{d(x, z)}{1 + d(x, z)} \leq \frac{d(x, y) + d(y, z)}{1 + d(x, y) + d(y, z)},$$

was die Dreiecksungleichung für $\tilde{d}$ impliziert. Die Schranke für $\tilde{d}$ ist wieder offensichtlich. ∎

—————————— **?** ——————————

Wieso ist die durch eine Norm abgeleitete Metrik auf einem normierten Raum V niemals beschränkt?

———————————————————

Aus Normen abgeleitete Metriken haben den Vorteil, dass sie **translationsinvariant** sind. Das heißt, dass für alle $u, v, w \in V$ gilt:

$$d(v+u, w+u) = \|(v+u)-(w+u)\| = \|v-w\| = d(v, w)$$

Aus vorhandenen Metriken gewinnt man neue Metriken

Sind (X, d) ein metrischer Raum und $X_0 \subseteq X$ eine nichtleere Teilmenge, so liefert die Einschränkung der Metrik $d : X \times X \rightarrow \mathbb{R}$ auf die Teilmenge X_0 eine Metrik $d_0 : X_0 \times X_0 \rightarrow \mathbb{R}$:

$$d_0(x, y) := d(x, y) \ \text{ für } \ x, y \in X_0.$$

Die Abbildung d_0 heißt die auf X_0 (von der Metrik d auf X) **induzierte Metrik**.

Ist X_0 eine Teilmenge des metrischen Raums X, so werden wir in der Regel X_0 mit der induzierten Metrik versehen. Sind z. B. $X = \mathbb{R}$ mit der üblichen Metrik und $X_0 = \mathbb{Z}$, dann ist die auf X_0 induzierte Metrik nicht die diskrete Metrik.

—————————— **?** ——————————

Warum ist die induzierte Metrik in diesem Fall nicht die diskrete Metrik?

———————————————————

Wir kommen auf die induzierte Metrik häufig zurück. Es gibt eine Reihe weiterer Konstruktionen, um Metriken aus vorhandenen Metriken zu gewinnen. Für uns sind insbesondere kartesische Produkte metrischer Räume interessant.

Beispiel
■ Die Metriken d_p, $p \geq 1$, und d_∞ auf $\mathbb{K}^n$ besitzen Analoga für Produkte von metrischen Räumen: Sind $(X_1, d^{(1)}), (X_2, d^{(2)}), \ldots, (X_n, d^{(n)})$ metrische Räume, und ist

$$X := X_1 \times X_2 \times \ldots \times X_n,$$

Beispiel: Die p-Metriken und die Maximumsmetrik

Es soll bewiesen werden, dass im $\mathbb{K}^n$ in Verallgemeinerung der euklidischen Metrik für jedes $p \geq 1$ durch

$$d_p(\boldsymbol{x}, \boldsymbol{y}) = \left(\sum_{\nu=1}^{n} |x_\nu - y_\nu|^p \right)^{\frac{1}{p}}, \qquad \boldsymbol{x}, \boldsymbol{y} \in \mathbb{K}^n,$$

eine Metrik definiert ist. Für $p \to \infty$ erhält man die **Maximumsmetrik** $d_\infty(\boldsymbol{x}, \boldsymbol{y}) = \max_{1 \leq \nu \leq n} \{|x_\nu - y_\nu|\}, \boldsymbol{x}, \boldsymbol{y} \in \mathbb{K}^n$.

Problemanalyse und Strategie: Die Eigenschaften (M_1) und (M_2) für die p-Metriken sind sehr einfach zu zeigen. Ganz anders sieht es für die Dreiecksungleichung aus, für die wir zwei klassische Ungleichungen benötigen, die wir nun zunächst herleiten. Der Grenzübergang zur Maximumsmetrik gelingt über das Sandwichtheorem.

Lösung:

Ist $[a, b] \subseteq \mathbb{R}$ ein abgeschlossenes Intervall, und gilt für eine Funktion $f \in C^2([a, b])$, dass $f''(x) \geq 0$ ist für alle $x \in [a, b]$, so erhält man aus einfachen Extremwertbetrachtungen die Abschätzung

$$f(s\,a + (1-s)\,b) \leq s\,f(a) + (1-s)\,f(b), \qquad s \in [0, 1].$$

Allgemein nennt man eine Funktion, die eine solche Ungleichung erfüllt, konvex.

Eine spezielle Funktion, deren zweite Ableitung stets positiv ist, ist die Exponentialfunktion. Für $p \geq 1$ definieren wir $q \geq 1$ durch $1/p + 1/q = 1$. Nun wenden wir die Ungleichung für $a = \ln x^p$, $b = \ln y^q$ und $s = 1/p$ an, wobei $x, y \in \mathbb{R}_{\geq 0}$ (und ohne Einschränkung $x^p \leq y^q$):

$$xy = e^{\ln x} e^{\ln y} = e^{\frac{1}{p} \ln x^p + \frac{1}{q} \ln y^q}$$

$$\leq \frac{1}{p} e^{\ln x^p} + \frac{1}{q} e^{\ln y^q} = \frac{x^p}{p} + \frac{y^q}{q}.$$

Hieraus folgt für zwei Vektoren $\boldsymbol{x}, \boldsymbol{y} \in \mathbb{K}^n$ mit den Abkürzungen

$$X = \left(\sum_{j=1}^{n} |x_j|^p \right)^{1/p}, \qquad Y = \left(\sum_{j=1}^{n} |y_j|^q \right)^{1/q},$$

die Abschätzung

$$\frac{\sum_{j=1}^{n} |x_j\,y_j|}{X\,Y} = \sum_{j=1}^{n} \left[\frac{|x_j|}{X} \frac{|y_j|}{Y} \right] \leq \frac{1}{p} + \frac{1}{q} = 1,$$

also:

$$\sum_{j=1}^{n} |x_j\,y_j| \leq \left(\sum_{j=1}^{n} |x_j|^p \right)^{1/p} \left(\sum_{j=1}^{n} |y_j|^q \right)^{1/q}.$$

Dies ist die **Hölder'sche Ungleichung** für Vektoren des $\mathbb{K}^n$.

Hiermit und mit der Dreiecksungleichung für den Betrag folgern wir:

$$\sum_{j=1}^{n} |x_j + y_j|^p \leq \sum_{j=1}^{n} \left[|x_j|\,|x_j + y_j|^{p-1} + |y_j|\,|x_j + y_j|^{p-1} \right]$$

$$\leq \left[\left(\sum_{j=1}^{n} |x_j|^p \right)^{\frac{1}{p}} + \left(\sum_{j=1}^{n} |y_j|^p \right)^{\frac{1}{p}} \right] \left(\sum_{j=1}^{n} |x_j + y_j|^{(p-1)q} \right)^{\frac{1}{q}}.$$

Beachten wir noch $(p-1)q = p$, so ergibt sich die **Minkowski'sche Ungleichung** für Vektoren des $\mathbb{K}^n$:

$$\left(\sum_{j=1}^{n} |x_j + y_j|^p \right)^{1/p} \leq \left(\sum_{j=1}^{n} |x_j|^p \right)^{\frac{1}{p}} + \left(\sum_{j=1}^{n} |y_j|^p \right)^{\frac{1}{p}}.$$

Hieraus erhalten wir direkt die Dreiecksungleichung für die p-Metriken.

Wieso ergibt sich nun im Grenzübergang $p \to \infty$ die Maximumsmetrik? Dazu beachten wir zunächst

$$\left(\sum_{j=1}^{n} |x_j|^p \right)^{\frac{1}{p}} = \exp \left(\frac{1}{p} \ln \left(\sum_{j=1}^{n} |x_j|^p \right) \right).$$

Ferner gilt:

$$\frac{\ln \left(\sum_{j=1}^{n} |x_j|^p \right)}{p} \geq \frac{\ln \max_{j=1,\ldots,n} |x_j|^p}{p} = \ln \max_{j=1,\ldots,n} |x_j|.$$

Andererseits gilt nach der Regel von l'Hospital, dass

$$\lim_{p \to \infty} \frac{\ln \left(\sum_{j=1}^{n} |x_j|^p \right)}{p} = \lim_{p \to \infty} \frac{\sum_{j=1}^{n} |x_j|^p \ln(|x_j|)}{\sum_{j=1}^{n} |x_j|^p},$$

sofern einer der beiden Grenzwerte existiert. Den Quotienten rechts können wir aber nach oben abschätzen. Ist r die Anzahl der Koeffizienten von $\boldsymbol{x}$ mit $x_k = \max_{j=1,\ldots,n} |x_j|$, so gilt:

$$\frac{\sum_{j=1}^{n} |x_j|^p \ln(|x_j|)}{\sum_{j=1}^{n} |x_j|^p} \leq \frac{\sum_{j=1}^{n} |x_j|^p \ln(|x_j|)}{r \max_{j=1,\ldots,n} |x_j|^p} \to \ln \max_{j=1,\ldots,n} |x_j|.$$

Nach dem Sandwichtheorem existiert somit der Grenzwert. Mit der Stetigkeit der Exponentialfunktion erhalten wir schließlich:

$$d_\infty(\boldsymbol{x}, \boldsymbol{y}) = \lim_{p \to \infty} d_p(\boldsymbol{x}, \boldsymbol{y}).$$

Die Eigenschaften einer Metrik für d_∞ ergeben sich nun ganz automatisch mit Stetigkeitsargumenten aus den entsprechenden Eigenschaften von d_p.

dann werden mit $x = (x_1, \ldots, x_n) \in X$ und $y = (y_1, \ldots, y_n) \in X$ durch

$$d_p(x, y) := \left(\sum_{j=1}^{n} d^{(j)}(x_j, y_j)^p \right)^{\frac{1}{p}} \quad \text{bzw.}$$

$$d_\infty(x, y) := \max_{1 \leq j \leq n} \{ d^{(j)}(x_j, y_j) \}$$

jeweils Metriken definiert. Der Nachweis erfolgt ganz analog zum Nachweis der Eigenschaften der p-Metriken auf dem $\mathbb{K}^n$ im Beispiel auf Seite 766. Meist versieht man $X = X_1 \times X_2 \times \ldots \times X_n$ mit der Metrik d_∞ und nennt diese die Produktmetrik.

- Auf einem *unendlichen* Produkt $X := \prod_{n=0}^{\infty} X_n$ von metrischen Räumen $(X_n, d^{(n)})$ erhält man durch

$$d(x, y) = \sum_{n=0}^{\infty} \frac{1}{2^{n+1}} \frac{d^{(n)}(x_n, y_n)}{1 + d^{(n)}(x_n, y_n)}$$

mit $x = (x_n) \in X$ und $y = (y_n) \in X$ eine Metrik. Der Beweis gelingt mit dem Lemma auf Seite 765 schnell. ◄

Auch durch bijektive Abbildungen lassen sich Metriken von einer Menge auf eine andere übertragen. Ist (X, d) ein metrischer Raum, Y eine Menge und $\alpha \colon Y \to X$ eine bijektive Abbildung, so wird Y durch

$$\tilde{d}(y_1, y_2) = d(\alpha(y_1), \alpha(y_2)), \qquad y_1, y_2 \in Y,$$

ebenfalls zu einem metrischen Raum. Die Eigenschaften einer Metrik für $\tilde{d}$ lassen sich dabei durch elementare Rechnungen überprüfen. Die Räume (X, d) und $(Y, \tilde{d})$ lassen sich hierbei von ihrer metrischen Struktur her nicht unterscheiden. Diese besondere Eigenschaft wollen wir auch in allgemeineren Situationen herausstellen.

Isometrie

Sind (X, d_1) und (Y, d_2) metrische Räume und existiert eine bijektive Abbildung $\alpha \colon X \to Y$ mit

$$d_1(u, v) = d_2(\alpha(u), \alpha(v)), \qquad u, v \in X,$$

so nennt man α eine **Isometrie** und die Räume **isometrisch.**

Die unmittelbare Umgebung eines Punkts untersuchen wir durch Kugeln

Mit dem Abstandsbegriff der Metrik können wir Mengen von Punkten definieren, deren Abstand von einem gegebenen Punkt eine bestimmte Zahl nicht überschreitet. In unserer geometrischen Anschauung entspricht dies einer Kugel, auch wenn uns die Beispiele zeigen werden, dass für manche Metriken die so entstehenden Mengen nicht unbedingt kugelförmig zu nennen sind.

Definition offener und abgeschlossener Kugeln, r-Umgebung, Sphäre

Sei (X, d) ein metrischer Raum. Für $a \in X$ und $r \in \mathbb{R}$ mit $r > 0$ heißt
- $U_r(a) := \{ x \in X; \ d(x, a) < r \}$ die **offene Kugel** mit Mittelpunkt a und Radius r. Statt offener Kugel sagt man auch kurz r-**Umgebung** von a.
- $\overline{U}_r(a) := \{ x \in X; \ d(x, a) \leq r \}$ die **abgeschlossene Kugel** mit Mittelpunkt a und Radius r.
- $S_r(a) := \{ x \in X; \ d(x, a) = r \}$ heißt die **Sphäre** mit Mittelpunkt a und Radius r.

Kommentar: Statt der Bezeichnung $U_r(a)$ bzw. $\overline{U}_r(a)$ für Kugeln findet man in der Literatur auch häufig $B_r(a)$ bzw. $B(a, r)$ und $\overline{B}_r(a)$ bzw. $\overline{B}(a, r)$ (von englisch „ball" oder französisch „boule").

Für $X = \mathbb{R}^3$ versehen mit der euklidischen Metrik hat $U_r(a)$ tatsächlich die geometrische Gestalt einer Kugel ($\overline{U}_r(a)$ ist eine „Vollkugel"), weshalb man auch im allgemeinen Fall von einer „Kugel" spricht. Wählt man im $\mathbb{R}^3$ etwa die Maximumsmetrik, so ist die entsprechende „Kugel" ein „Würfel", nämlich die Menge

$$U_r^\infty(a)$$
$$= \{ x \in \mathbb{R}^3; \ \max\{ |x_1 - a_1|, |x_2 - a_2|, |x_3 - a_3| \} < r \}$$
$$= (a_1 - r, a_1 + r) \times (a_2 - r, a_2 + r) \times (a_3 - r, a_3 + r)$$

mit $x = (x_1, x_2, x_3)$ und $a = (a_1, a_2, a_3) \in \mathbb{R}^3$. Abbildung 19.1 zeigt die offene Kugel im $\mathbb{R}^3$ bezüglich der euklidischen Norm bzw. der Maximumsnorm.

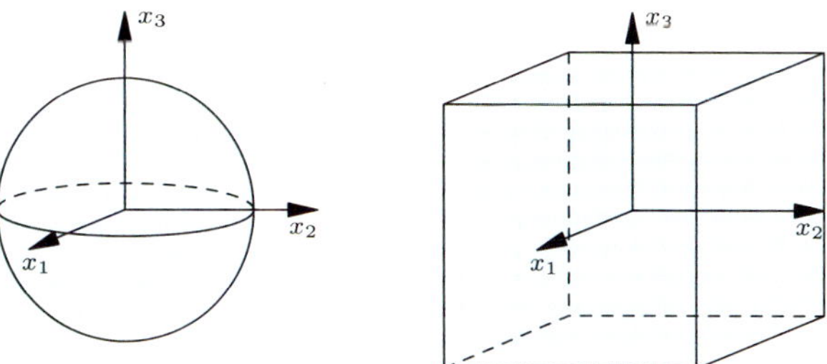

Abbildung 19.1 Kugel im $\mathbb{R}^3$ bezüglich der euklidischen Norm (links) und der Maximumsnorm (rechts).

Im Fall $n = 2$ erhält entspricht die Vollkugel einer Kreisscheibe bezüglich der euklidischen Norm und einem Quadrat bezüglich der Maximumsnorm (Abb. 19.2).

Im Fall $n = 1$ fallen die beiden Metriken zusammen, und es ist $U_r(a) = (a - r, a + r)$ ein „offenes Intervall".

Beispiel
- Sind $X = C([a, b]) = \{ f \colon [a, b] \to \mathbb{R}, \ f \text{ stetig} \}$ und $d(f, g) = \| f - g \|_\infty$ die Supremums-Metrik auf X, dann ist für $f \in X$ und $\varepsilon > 0$

$$U_\varepsilon(f) = \{ g \in X; \ \| g - f \|_\infty < \varepsilon \}$$

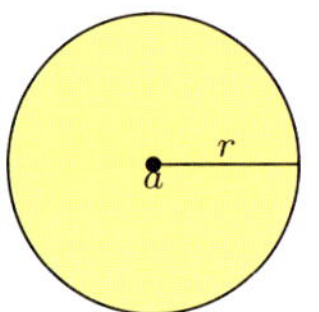 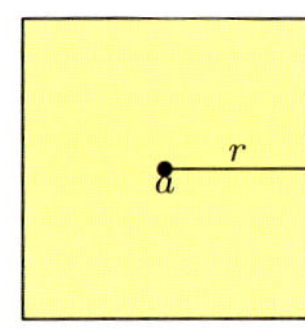

Abbildung 19.2 Kugel im $\mathbb{R}^2$ bezüglich der euklidischen Norm (links) und der Maximumsnorm (rechts).

die Menge aller Funktionen $g \in X$, die im „ε-Schlauch" um f liegen (Abb. 19.3).

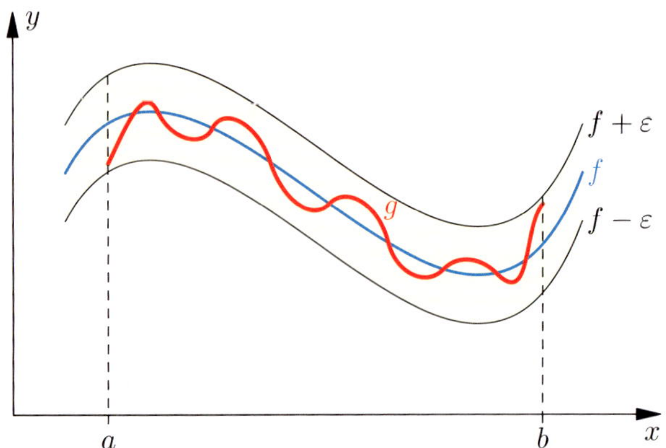

Abbildung 19.3 Im ε-Schlauch um f verlaufen alle Funktionen g mit $\|f - g\|_\infty < \varepsilon$.

- Versieht man allgemein ein Produkt von metrischen Räumen $(X_1, d^{(j)}), (X_2, d^{(j)}), \ldots, (X_n, d^{(n)})$ mit der Maximumsmetrik d_∞:

$$d_\infty(x, y) = \max_{1 \le j \le n} \{d_j(x_j, y_j)\},$$

dann zerfällt die $r-$Kugel bezüglich d_∞ in ein Produkt von $r-$Kugeln:

$$
\begin{aligned}
U_r(a) &:= \{x \in X; \ d_\infty(x, a) < r\} \\
&= \{x_1 \in X_1; \ d_1(x_1, a_1) < r\} \\
&\quad \times \cdots \times \{x_n \in X_n; \ d_n(x_n, a_n) < r\} \\
&= U_r(a_1) \times U_r(a_2) \times \cdots \times U_r(a_n).
\end{aligned}
$$

Man beachte: Im Fall $r = 0$ sind

$$U_0(a) = \emptyset, \ \overline{U_0}(a) = \{a\} \text{ und } S_0(a) = \{a\}.$$

- Sind $a, b \in \mathbb{R}, \ a < b$, dann gilt für das offene Intervall (a, b):

$$(a, b) = U_r(x_0) \ \text{ mit } \ r := \frac{b - a}{2} \ \text{ und } \ x_0 = \frac{a + b}{2}.$$

◀

Offene und abgeschlossene Mengen sind topologische Grundbegriffe

Durch das Konzept der Kugeln haben wir die Möglichkeit, Punkte *in der Nähe* eines gegebenen Punkts zu identifizieren,

also die Umgebung eines Punkts zu untersuchen. Wir werden von **topologischen Eigenschaften** einer Menge oder eines Raums sprechen, wenn es um Begriffe geht, die allein durch solche Umgebungen geprägt sind. Den Anfang bei diesen Begriffen macht die *offene Menge*, die wir jetzt aus dem Umgebungsbegriff heraus, also topologisch, definieren wollen. Wir verallgemeinern damit diesen Begriff für Teilmengen von $\mathbb{R}$ oder $\mathbb{C}$, wie wir ihn in Kapitel 9 definiert hatten.

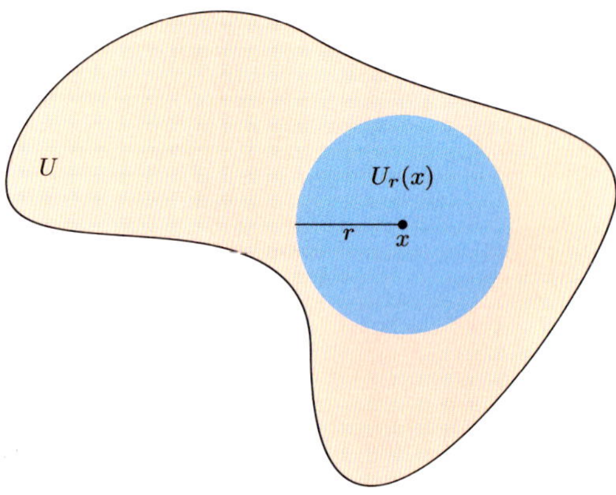

Abbildung 19.4 Eine Umgebung U von x enthält immer eine offene Kugel $U_r(x)$ mit Mittelpunkt x.

Definition offene bzw. abgeschlossene Umgebung

Sei (X, d) ein metrischer Raum. Eine Teilmenge $U \subseteq X$ heißt

- **Umgebung von** $x \in X$, wenn es ein $r \in \mathbb{R}, \ r > 0$ gibt mit

$$U_r(x) \subseteq U.$$

Man beachte:

$$x \in U_r(x) \subseteq U \subseteq X.$$

- Sie heißt **offen in** X, wenn U Umgebung jedes Punkts $x \in U$ ist, d. h., wenn es zu jedem $x \in U$ ein $\varepsilon_x > 0$ gibt mit

$$U_{\varepsilon_x}(x) \subseteq U.$$

- Eine Teilmenge $A \subseteq X$ heißt **abgeschlossen in** X, wenn ihr Komplement $X \setminus A$ offen in X ist.

Der Zusatz *in X* wird oft weggelassen, wenn aus dem Kontext klar ist, welches X gemeint ist.

Abbildung 19.5 *Offene Intervalle* (a, b) sind tatsächlich offen im Sinne der topologischen Definition.

Beispiel

- Sind $a, b \in \mathbb{R}, \ a < b$, dann ist das *offene Intervall*

$$(a, b) = \{x \in \mathbb{R}; \ a < x < b\}$$

offen, denn ist $x \in (a, b)$, so gilt mit $r_x := \min\{|a - x|,$ $|b - x|\}$:

$$U_{r_x}(x) \subseteq (a, b).$$

Auch die *uneigentlichen Intervalle*

$$(a, \infty) \text{ bzw. } (-\infty, a) \quad (a \in \mathbb{R})$$

sind offen, ebenso das Intervall $(-\infty, \infty) = \mathbb{R}$. Das Intervall $[a, b]$ $(a \leq b)$ ist dagegen nicht offen, auch nicht das Intervall $[a, b)$, denn für kein $r > 0$ liegt $U_r(a)$ ganz in $[a, b]$ oder $[a, b)$.

Das *abgeschlossene Intervall* $[a, b]$ ist jedoch abgeschlossen im Sinne unserer Definition, wie man direkt zeigen oder aus dem nächsten Beispiel folgern kann.

■ Sind (X, d) ein metrischer Raum, $a \in X$, $r \geq 0$, dann ist die offene Kugel $U_r(a)$ offen und die abgeschlossene Kugel $\overline{U}_r(a)$ abgeschlossen. Dies sieht man folgendermaßen:

Für $r = 0$ ist $U_0(a) = \emptyset$, und die leere Menge ist nach Definition offen. Seien nun $r > 0$ und $x \in U_r(a)$ sowie $\rho := r - d(x, a) > 0$. Dann ist $U_\rho(x) \subseteq U_r(a)$, denn für $y \in U_\rho(x)$ gilt nach der Dreiecksungleichung:

$$d(y, a) \leq d(y, x) + d(x, a) < \rho + d(x, a)$$
$$= r - d(x, a) + d(x, a) = r.$$

Siehe hierzu auch die Abbildung 19.6.

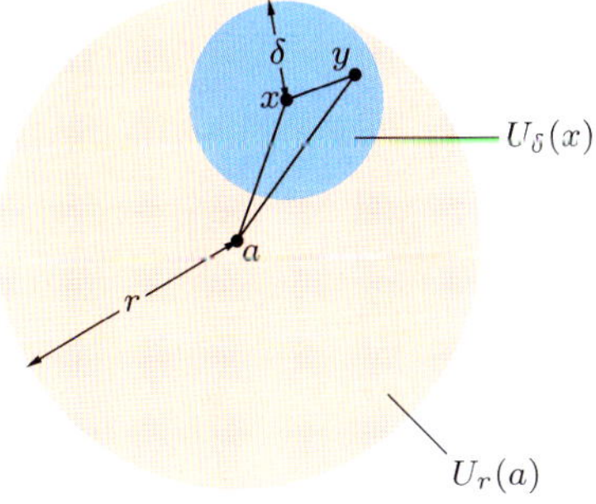

Abbildung 19.6 Jeder Punkt $x \in U_r(a)$ ist Mittelpunkt einer offenen δ-Kugel, die vollständig in $U_r(a)$ liegt.

Seien nun $r \geq 0$ und $M := \overline{U}_r(a)$ die abgeschlossene Kugel. Wir haben zu zeigen, dass $U := X \setminus M$ offen ist. Sei dazu $x_0 \in U$, dann ist

$$d(a, x_0) := r + \delta \quad \text{mit } \delta > 0.$$

Für $x \in U_\delta(x_0)$ folgt daraus mit der Dreiecksungleichung:

$$d(a, x) \geq d(a, x_0) - d(x_0, x) > r + \delta - \delta = r,$$

also liegt auch x in U, d.h., das Komplement von $M = \overline{U}_r(a)$ ist offen, folglich $\overline{U}_r(a)$ abgeschlossen (siehe Abbildung 19.7).

Man beachte, dass im Fall $r = 0$ gilt: $\overline{U}_0(a) = \{a\}$. ◄

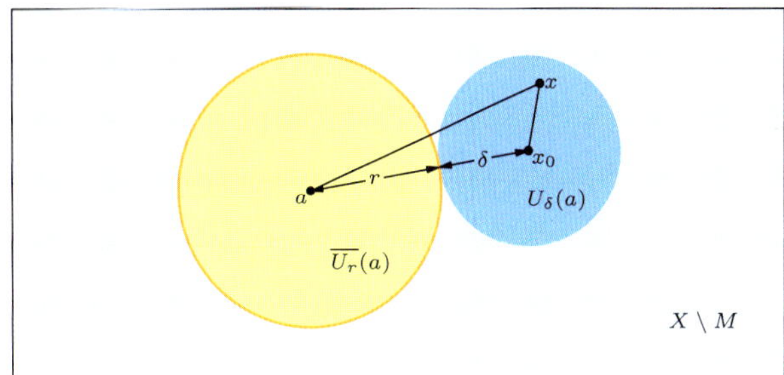

Abbildung 19.7 Das Komplement $X \setminus M$ enthält zu jedem seiner Punkte x_0 eine offene ε-Umgebung von x_0. Die Menge $X \setminus M$ ist also offen, daher $M = \overline{U}_r(a)$ abgeschlossen in X.

Die Beispiele $[a, b)$ und $(a, b]$ zeigen, dass eine Teilmenge von $\mathbb{R}$ oder allgemeiner eines metrischen Raums weder offen noch abgeschlossen zu sein braucht. Insbesondere folgt aus der Tatsache, dass eine Teilmenge $M \subseteq X$ nicht offen ist keineswegs, dass sie automatisch abgeschlossen ist. Die Begriffe „offen" und „abgeschlossen" sind keine logischen Alternativen, sondern über die mengentheoretische Operation der Komplementbildung miteinander verbunden.

In $\mathbb{R}$ sind die leere Menge $\emptyset$ und der ganze Raum die einzigen Teilmengen, die zugleich abgeschlossen und offen („abgeschloffen") sind (siehe Kapitel 9); in einem Raum mit der diskreten Metrik ist jedoch jede offene Kugel auch abgeschlossen und jede abgeschlossene Kugel auch offen. Jedoch ist das nicht der „Normalfall". Auf derartige Phänomene kommen wir bei der Behandlung der Zusammenhangsbegriffe in Abschnitt 19.4 zurück.

Eine besondere Betrachtung verdienen die offenen Teilmengen bezüglich einer induzierten Metrik. Ist $X_0 \subseteq X$ eine nichtleere Teilmenge von X, so ist (X_0, d_0) mit der eingeschränkten Metrik $d := d \mid X_0 \times X_0$ ein eigenständiger metrischer Raum mit dem System in X_0 offener Mengen. Eine Teilmenge $U_0 \subseteq X_0$, die offen in X_0 ist, nennen wir auch X_0**-offen** oder, wenn der Bezug klar ist, **relativ offen**.

Für die bezüglich d_0 gebildete Kugel

$$U_r^{d_0}(a) := \{x \in X_0 \mid d_0(x, a) = d(x, a) < r\}$$

gilt offensichtlich:

$$U_r^{d_0}(a) = U_r(a) \cap X_0.$$

Aus diesem Grund ist eine Teilmenge $U_0 \subseteq X_0$ genau dann X_0-offen, wenn es eine in X offene Menge U gibt mit $U_0 = U \cap X_0$. Analog definiert ist die relative Abgeschlossenheit. Eine Teilmenge $A_0 \subseteq X_0$ ist genau dann X_0**-abgeschlossen,** wenn es eine in X abgeschlossene Teilmenge A gibt mit $A_0 = A \cap X_0$.

Zur Illustration betrachte man etwa $X = \mathbb{R}^2$ mit der euklidischen Metrik sowie den ersten Quadranten

$$X_0 = \{(x, y) \in \mathbb{R}^2; \; x \geq 0 \text{ und } y \geq 0\},$$

(Abb. 19.8). Dann ist für $r > 0$:

$$U_r^{d_0}\big((0,0)\big) = \{(x,y) \in X_0;\ d_0\big((0,0),(x,y)\big) < r\}$$
$$= U_r\big((0,0)\big) \cap X_0.$$

Man beachte, dass $U_r^{d_0}\big((0,0)\big)$ offen in X_0, aber nicht offen in $X = \mathbb{R}^2$ ist; jeder Punkt $(a,0)$ bzw. $(0,a)$ mit $0 \le a < r$ ist innerer Punkt von X_0 bezüglich X_0, aber nicht innerer Punkt von X_0 bezüglich X.

Dass eine Teilmenge $U_0 \subseteq X_0$ offen in X_0 ist, bedeutet also nicht, dass U_0 offen in X ist. Ist jedoch X_0 selbst offen in X, dann ist eine Teilmenge $U_0 \subseteq X_0$ genau dann X_0-offen, wenn sie offen in X ist.

Beispiel Das halboffene Intervall $X_0 = [0,1) \subset \mathbb{R}$ ist bezüglich der natürlichen Metrik weder offen noch abgeschlossen in $\mathbb{R}$, aber X_0 ist offen und abgeschlossen in X_0, da der ganze Raum immer offen und abgeschlossen zugleich ist. Ebenso ist das Intervall $[0, \frac{1}{2})$ offen in X_0 und das Intervall $[\frac{1}{2}, 1)$ abgeschlossen in X_0. ◀

—————————— **?** ——————————

Geben Sie für $X_0 = [0,1)$ eine in $\mathbb{R}$ offene Menge U bzw. eine in $\mathbb{R}$ abgeschlossene Menge A an mit

$$\left[0,\ \frac{1}{2}\right) = U \cap X_0 \ \text{ bzw. } \ \left[\frac{1}{2},\ 1\right) = A \cap X_0.$$

———————————————————————

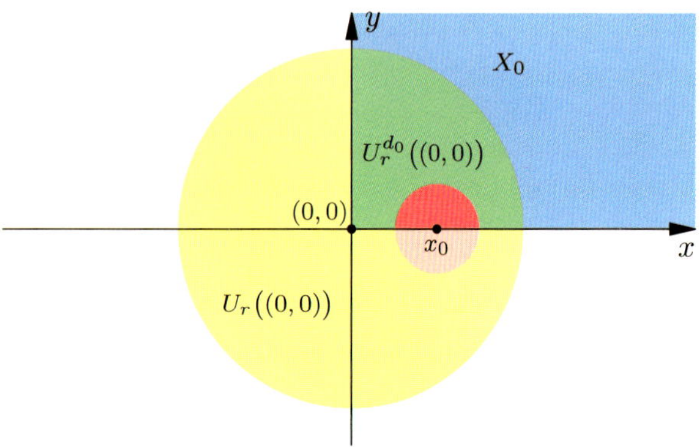

Abbildung 19.8 Eine r-Umgebung von $(0,0)$ in (X,d) (gelb) und in (X_0, d_0) (grün). Der Punkt $x_0 = (r/2, 0)$ ist innerer Punkt bezüglich X_0, aber eine volle ε-Umgebung liegt nicht in X_0.

Verschiedene Punkte kann man durch Umgebungen trennen

Als eine wichtige topologische Eigenschaft eines metrischen Raums wollen wir festhalten, dass Umgebungen zum *Trennen* von Punkten verwendet werden können, d. h. zum Auffinden zweier verschiedener Punkte in disjunkten Umgebungen.

Beweis: Sind $x, y \in X$ zwei verschiedene Punkte, dann ist $d(x,y) > 0$. Setzt man etwa $r := \frac{d(x,y)}{3}$, dann gilt für $U(x) := U_r(x)$ und $U(y) := U_r(y)$ und jedes $z \in U(x) \cap U(y)$:

$$3r = d(x,y) \le d(x,z) + d(z,y) < r + r = 2r.$$

Somit ist

$$U_r(x) \cap U_r(y) = \emptyset. \qquad \blacksquare$$

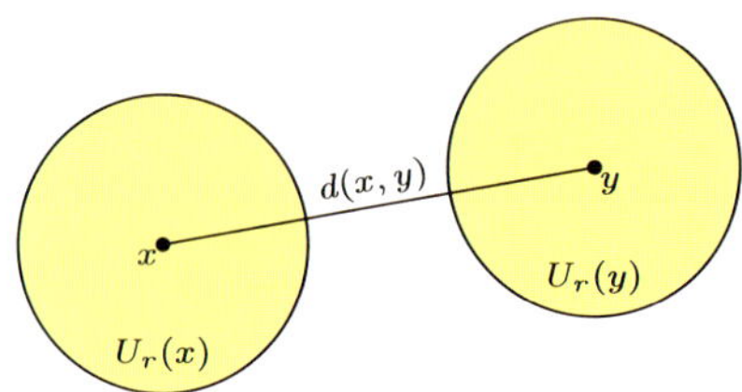

Abbildung 19.9 Die beiden r-Kugeln um x und y haben keine gemeinsamen Punkte.

Wir werden auf die Hausdorff-Eigenschaft im Zusammenhang mit der Konvergenz von Folgen im nächsten Abschnitt zurückkommen. Auf dieser Eigenschaft der Umgebungen in einem metrischen Raum beruht nämlich die Tatsache, dass eine konvergente Folge in einem metrischen Raum einen eindeutig bestimmten Grenzwert besitzt. Bevor wir jedoch den Konvergenzbegriff einführen, wollen wir uns noch mit Grundeigenschaften offener und abgeschlossener Mengen beschäftigen.

Aus der Definition der offenen und abgeschlossenen Teilmengen eines metrischen Raums ergeben sich einige zentrale Eigenschaften solcher Mengen. Diese Eigenschaften haben sich als so fundamental erwiesen, dass man sie in der mathematischen Disziplin der *Topologie* als Axiome verwendet. Man gelangt so zu einem abstrakten Typ von Räumen, den sogenannten *topologischen Räumen*. In der Vertiefung auf Seite 781 werden diese Räume vorgestellt, in denen man nur mit Eigenschaften offener und abgeschlossener Mengen ganz ohne Metrik arbeitet.

(2) Sind Λ irgendeine Indexmenge und $(O_\lambda)_{\lambda \in \Lambda}$ ein System von Teilmengen mit $O_\lambda \in \mathcal{T}_d$, dann gilt auch:

$$\bigcup_{\lambda \in \Lambda} O_\lambda \in \mathcal{T}_d,$$

d. h., *eine beliebige Vereinigung offener Mengen ist wieder offen.*

(3) Sind $O_1, O_2, \ldots, O_n \in \mathcal{T}_d$ $(n \in \mathbb{N})$, so ist auch der Durchschnitt

$$O_1 \cap O_2 \cap O_3 \cap \ldots \cap O_n \in \mathcal{T}_d,$$

d. h., *endliche Durchschnitte offener Mengen sind offen.*

Beweis: (0) Da die leere Menge überhaupt kein Element enthält, ist die Aussage: „Für jedes $x \in \emptyset$ und jedes $r > 0$ ist $U_r(x) \in \emptyset$" richtig. Für jedes $x \in X$ und jedes $r > 0$ ist natürlich $U_r(x) \subseteq X$, d. h., X ist offen.

(1) Ist $x \in \bigcup_{\lambda \in \Lambda} O_\lambda$, dann gibt es ein $\lambda_0 \in \Lambda$ mit $x \in O_{\lambda_0}$. Da O_{λ_0} offen ist, gibt es ein $r > 0$ mit $U_r(x) \subseteq O_{\lambda_0}$ und damit $U_r(x) \subseteq O_{\lambda_0} \subseteq \bigcup_{\lambda \in \Lambda} O_\lambda$, d. h. $\bigcup_{\lambda \in \Lambda} O_\lambda$ ist offen.

(2) Seien $O := O_1 \cap O_2 \cap \ldots \cap O_n$ und $x \in O$. Für jedes $j \in \{1, 2, \ldots, n\}$ gibt es dann ein $r_j > 0$ mit $U_{r_j}(x) \subseteq O_j$.

Setzt man $r = \min\{r_1, \ldots, r_n\}$, dann ist $U_r(x) \subseteq O := O_1 \cap O_2 \cap \ldots \cap O_n$, also ist O offen. ∎

Um aus den Eigenschaften offener Mengen diejenigen der abgeschlossenen Mengen abzuleiten, werden die *de Morgan'schen Regeln* verwendet. Diese hatten wir für zwei Mengen in Kapitel 2, Seite 38 bewiesen. Ganz analog lassen sie sich für beliebige Vereinigungen und Durchschnitte nachweisen.

Satz (Grundeigenschaften abgeschlossener Mengen)

Ist (X, d) ein metrischer Raum, dann gilt:

(0') $\emptyset$ und X sind abgeschlossen.

(1') Sind Λ eine beliebige Indexmenge und $A_\lambda \subseteq X$ abgeschlossen für alle $\lambda \in \Lambda$, dann ist auch $\bigcap_{\lambda \in \Lambda} A_\lambda$ abgeschlossen, d. h., *beliebige Durchschnitte abgeschlossener Mengen sind abgeschlossen.*

(2') Sind $A_1, \ldots, A_n \subseteq X$ abgeschlossen $(n \in \mathbb{N})$, dann ist auch $A_1 \cup A_2 \cup \ldots \cup A_n$ abgeschlossen, d. h., *endliche Vereinigungen abgeschlossener Mengen sind wieder abgeschlossen.*

Achtung:

- Beliebige Durchschnitte offener Mengen brauchen nicht offen zu sein. Nimmt man für $k \in \mathbb{N}$ und $a \in \mathbb{R}^n$

$$U_k := U_{\frac{1}{k}}(a)$$

die offenen Kugeln vom Radius $\frac{1}{k}$ bezüglich der euklidischen Metrik, dann ist $\bigcap_{k=1}^{\infty} U_k = \{a\}$ eine einpunktige Menge. Eine solche Menge ist im $\mathbb{R}^n$ abgeschlossen und somit nicht offen.

- Beliebige Vereinigungen abgeschlossener Teilmengen müssen nicht abgeschlossen sein. Nimmt man z. B. $X = \mathbb{R}$ mit der natürlichen Metrik und betrachtet die abgeschlossenen Intervalle

$$A_k := \left[-1 + \frac{1}{k}, \ 1 - \frac{1}{k}\right], \quad k \in \mathbb{N},$$

dann ist $\bigcup_{k=1}^{\infty} A_k = (-1, 1)$.

—————————————— **?** ——————————————

Kann eine einpunktige Menge eines metrischen Raums unter Umständen auch offen sein?

Definitionen

Seien (X, d) ein metrischer Raum, $M \subseteq X$ eine Teilmenge. Ein Punkt $x \in X$ heißt

- **Berührpunkt** von M, falls für jede Umgebung U von x gilt: $U \cap M \neq \emptyset$. Die Menge $\overline{M}$ aller Berührpunkte heißt der **Abschluss von** M (die **abgeschlossene Hülle** von M);
- **Häufungspunkt** von M, falls für jede Umgebung U von x gilt: $U \cap (M \setminus \{x\}) \neq \emptyset$;
- **innerer Punkt** von M, falls M Umgebung von x ist. Die Menge M° aller inneren Punkte von M heißt das **Innere von** M (der **offene Kern** von M);
- **Randpunkt** von M, wenn x Berührpunkt von M und $X \setminus M$ ist. Die Menge aller Randpunkte von M heißt der **Rand** von M, man bezeichnet ihn mit ∂M;
- **äußerer Punkt** von M falls x innerer Punkt von $X \setminus M$ ist;
- **isolierter Punkt** von M, falls $x \in M$, und es eine Umgebung U von x gibt mit $U \cap M = \{x\}$.

Aus diesen Begriffen ergeben sich einige offensichtliche Konsequenzen. Zunächst gilt stets $M^\circ \subseteq M$. Ferner ist $\partial M = \overline{M} \cap \overline{X \setminus M}$. Der Rand einer Menge ist als Durchschnitt zweier abgeschlossenen Mengen also stets abgeschlossen.

Mit M' oder $H(M)$ wird häufig die Menge aller Häufungspunkte von M bezeichnet. Man beachte die Inklusion $M' = H(M) \subseteq \overline{M}$.

Ein wichtiges Konzept in diesem Zusammenhang ist schließlich der einer dichten Teilmenge. Die Menge M heißt **dicht in** X, wenn $\overline{M} = X$ gilt.

Beispiel Wir betrachten einige Beispiele zu diesen Begriffen, wobei wir als metrischen Raum stets $\mathbb{R}$ mit der Metrik $d(x, y) = |x - y|$ zugrunde legen.

- Sei $M = [0, 1] \cup \{3\} \subseteq \mathbb{R}$. Dann sind $M^\circ = (0, 1)$ und $\overline{M} = [0, 1] \cup \{3\} = M$. Weiter ist $\partial M = \{0, 1, 3\}$, und 3 ist ein isolierter Punkt, denn $U_{\frac{1}{2}}(3) \cap M = \{3\}$.
- Seien $M = [0, 1]$ und $N = [1, 2]$. Dann ist $M \cup N = [0, 2]$, $M^\circ = (0, 1)$, $N^\circ = (1, 2)$, aber

$$(M \cup N)^\circ = (0, 2) \neq (0, 1) \cup (1, 2) = M^\circ \cup N^\circ.$$

- Ist $M = \mathbb{Z}$, so ist jeder Punkt $k \in \mathbb{Z}$ isolierter Punkt, denn es gilt $\left(k - \frac{1}{3}, k + \frac{1}{3} \right) \cap \mathbb{Z} = \{k\}$ für jedes $k \in \mathbb{Z}$.
- Jede Umgebung einer rationalen Zahl enthält sowohl rationale als auch irrationale Zahlen. Jedes $q \in \mathbb{Q}$ ist also Berührpunkt und Häufungspunkt von $\mathbb{Q}$. Die Zahl q ist sogar Randpunkt von $\mathbb{Q}$. Da ein innerer Punkt niemals ein Berührpunkt von $X \setminus M$ sein kann, ein Randpunkt also niemals ein innerer Punkt, ist q kein innerer Punkt, und es gilt $\mathbb{Q}^{\circ} = \emptyset$.

Sogar jede Umgebung einer beliebigen reellen Zahl enthält rationale und irrationale Zahlen. Somit ist jedes $x \in \mathbb{R}$ ein Berührpunkt von $\mathbb{Q}$. Es gilt $\overline{\mathbb{Q}} = \mathbb{R}$. Die Menge $\mathbb{Q}$ liegt dicht in $\mathbb{R}$. Analog sehen wir auch $\overline{\mathbb{R} \setminus \mathbb{Q}} = \mathbb{R}$. ◄

------------------------------ **?** ------------------------------

Betrachten Sie die Menge $M = \{\frac{1}{n};\ n \in \mathbb{N}\}$ der Kehrwerte natürlicher Zahlen im Raum $\mathbb{R}$ mit der Betragsmetrik. Was sind M° und $\overline{M}$? Besitzt M isolierte Punkte?

Charakterisierung von M° **und** $\overline{M}$

Seien (X, d) ein metrischer Raum und $M \subseteq X$. Dann gilt:

- M° ist die größte in M enthaltene offene Menge von X, also

$$M^{\circ} = \bigcup_{\substack{U \subseteq M \\ U \text{ offen}}} U.$$

M ist genau dann offen, wenn $M = M^{\circ}$.

- $\overline{M}$ ist abgeschlossen, und $\overline{M}$ ist die kleinste abgeschlossene Teilmenge von X, die M umfasst, d. h.:

$$\overline{M} = \bigcap_{\substack{M \subseteq A \subseteq X \\ A \text{ abgeschlossen}}} A.$$

Ist F irgendeine abgeschlossene Teilmenge von X mit $M \subseteq F$, dann gilt also $\overline{M} \subseteq F$.
M ist genau dann abgeschlossen wenn $M = \overline{M}$.

- Es gilt:

$$\overline{M} = \underbrace{M^{\circ} \cup \partial M}_{\text{disjunkte Vereinigung}} = M \cup \partial M = M \cup H(M).$$

- Es gilt:

$$M \text{ abgeschlossen} \ \Leftrightarrow \ \partial M \subseteq M \ \Leftrightarrow \ H(M) \subseteq M.$$

Beweis: Sei zunächst $x \in M^{\circ}$. Dann ist M Umgebung von x, und somit existiert eine offene Kugel $U_r(x) \subseteq M$, und es folgt $\bigcup_{\substack{U \subseteq M \\ U \text{ offen}}} U$. Ist umgekehrt $x \in U$ für eine offene Teilmenge von U, so ist M Umgebung von x und $x \in M^{\circ}$.

Damit folgt auch $M = M^{\circ}$ genau dann, wenn M offen ist.

Wir zeigen nun, dass $\overline{M}$ abgeschlossen ist. Wir nehmen dazu an, dass $X \setminus \overline{M}$ nicht offen ist. Somit existiert ein $x \in X \setminus \overline{M}$,

sodass keine Umgebung von x Teilmenge von $X \setminus \overline{M}$ ist. Wir wählen eine offene Menge U mit $x \in U$. Somit ist dann U keine Teilmenge von $X \setminus \overline{M}$, d. h., $U \cap \overline{M} \neq \emptyset$. Ist nun $z \in U \cap \overline{M}$, so ist z Berührpunkt von M und U offene Umgebung von z. Damit ist $U \cap M \neq \emptyset$. Wir haben also gezeigt, dass für jede Umgebung V von x gilt: $V \cap M \neq \emptyset$. Somit ist x Berührpunkt von M, was einen Widerspruch zu $x \in X \setminus \overline{M}$ darstellt. Also ist $X \setminus \overline{M}$ offen und $\overline{M}$ abgeschlossen. Aus $M \subseteq \overline{M}$ folgt jetzt auch:

$$\bigcap_{\substack{M \subseteq A \subseteq X \\ A \text{ abgeschlossen}}} A \subseteq \overline{M}.$$

Seien umgekehrt $x \in \overline{M}$ und $M \subseteq A \subseteq X$ mit A abgeschlossen. Wir nehmen an, dass $x \in X \setminus A$ gilt. Da $X \setminus A$ offen ist, gibt es eine Umgebung U von x mit $U \subseteq X \setminus A$. Es ist dann $U \cap M \neq \emptyset$, denn x ist Berührpunkt von M. Dies ist ein Widerspruch, weil aus $M \subseteq A$ folgt, dass

$$M \cap U \subseteq M \cap (X \setminus A) = \emptyset.$$

Also ist $x \in A$. Damit liegt $x \in \overline{M}$ in jeder abgeschlossenen Obermenge von M.

Ist M selbst abgeschlossen, so ist M ein solches A, und es folgt $M \subseteq \overline{M} \subseteq M$.

Dass $M^{\circ} \cap \partial M = \emptyset$, ergibt sich direkt aus der Definition beider Mengen. Aus dem bereits Gesagten folgt weiter die Inklusionskette

$$M^{\circ} \cup \partial M \subseteq M \cup \partial M \subseteq \overline{M}.$$

Ist nun $x \in \overline{M} \setminus \partial M$, so gibt es eine Umgebung U von x mit $U \cap (X \setminus M) = \emptyset$. Das bedeutet $U \subseteq M$, und somit ist $x \in M^{\circ}$. Es folgt $\overline{M} \subseteq M^{\circ} \cup \partial M$, was Gleichheit in obiger Inklusionskette bedeutet. Offensichtlich gilt auch $M \cup H(M) \subseteq \overline{M}$, und ganz analog zum eben Gesagten erhalten wir $\overline{M} \setminus H(M) \subseteq M$.

Da die Abgeschlossenheit von M äquivalent zu $M = \overline{M}$ ist, ergeben sich die noch zu zeigenden Äquivalenzen sofort aus der eben gezeigten Gleichung. ∎

Beispiel Wir kommen noch einmal auf den Fall $M = \mathbb{Q}$ aus dem letzten Beispiel zurück. Nach dem Satz ist $\mathbb{R} = \overline{\mathbb{Q}} = \partial \mathbb{Q} \cup \mathbb{Q}^{\circ}$, und die Vereinigung ist disjunkt. Da $\mathbb{Q}^{\circ} = \emptyset$, folgt $\mathbb{R} = \partial \mathbb{Q}$. Eine Menge (hier $\mathbb{Q}$) kann also in ihrem Rand (hier $\mathbb{R}$) enthalten sein.

Dies folgt aus der Tatsache, dass in jeder Umgebung einer reellen Zahl sowohl rationale als auch irrationale Zahlen liegen (siehe Kapitel 2). ◄

19.2 Konvergenz und Stetigkeit in metrischen Räumen

In diesem Abschnitt behandeln wir die Konvergenz von Folgen in metrischen Räumen, ferner wird der Begriff der stetigen Abbildung zwischen metrischen Räumen diskutiert. Dies

Beispiel: Topologische Grundbegriffe in mehreren Dimensionen

Charakterisieren Sie Inneres, abgeschlossene Hülle und Rand für die folgenden Teilmengen des $\mathbb{R}^n$ bezüglich der euklidischen Metrik:

(a) die abgeschlossene Einheitskugel $M = \overline{U}_1(0)$ im $\mathbb{R}^n$,

(b) die Menge $M = \{(x, y) \in \mathbb{R}^2;\ 0 \le x,\ 0 < y \le 1\} = \mathbb{R}_{\ge 0} \times (0, 1)$.

Lösung:

(a) Die Menge $\overline{U}_1(0)$ ist nach dem Beispiel auf Seite 768 abgeschlossen, und somit stimmt sie mit ihrem Abschluss überein.

Wir zeigen nun, dass $\left(\overline{U}_1(0)\right)^\circ = U_1(0)$ ist. Da $U_1(0)$ offen ist und $U_1(0) \subseteq \overline{U}_1(0)$ gilt, folgt nach der Charakterisierung von M° auf Seite 772, dass $U_1(0) \subseteq \left(\overline{U}_1(0)\right)^\circ$.

Sei nun $x \in \left(\overline{U}_1(0)\right)^\circ$. Dann existiert eine offene Kugel $U_\delta(x) \subseteq \overline{U}_1(0)$. Somit ist

$$y = \left(1 + \frac{\delta}{2}\right) x \in U_\delta(x) \subseteq \overline{U}_1(0).$$

Es folgt $1 \ge \|y\|_2 = \left(1 + \frac{\delta}{2}\right) \|x\|_2$. Damit ist $\|x\|_2 \le 1 - \frac{\delta}{2} \|x\| < 1$, also $x \in U_1(0)$. Wir haben somit $\left(\overline{U}_1(0)\right)^\circ \subseteq U_1(0)$ gezeigt, damit sind beide Mengen gleich.

Aus der Charakterisierung von $\overline{M}$ auf Seite 772 folgt:

$$\partial \overline{U}_1(0) = \overline{U}_1(0) \setminus U_1(0) = \mathbb{S}^{n-1},$$

wobei $\mathbb{S}^{n-1}$ die **Einheitssphäre** im $\mathbb{R}^n$ bezeichnet:

$$\mathbb{S}^{n-1} = \{x \in \mathbb{R}^n \mid \|x\|_2 = 1\}.$$

Kommentar: Sind (X, d) ein metrischer Raum, $a \in X$ und Radius $r > 0$, so gilt immer $\overline{U_r(a)} \subseteq \overline{U}_r(a)$, denn die abgeschlossene Kugel $\overline{U}_r(a)$ ist abgeschlossen und enthält $U_r(a)$, während $\overline{U_r(a)}$ die kleinste abgeschlossene Menge ist, welche $U_r(a)$ enthält.

Eigentlich würde man das Gleichheitszeichen erwarten. Dass dies im Allgemeinen nicht gilt, zeigt das Beispiel der diskreten Metrik auf einer zumindest zweielementigen Menge. Hier gilt $U_1(x) = \{x\}$, also $\overline{U_1(x)} = \overline{\{x\}} = \{x\}$, aber $\overline{U}_1(x) = X$, also ist $\overline{U_1(x)}$ echt in $\overline{U}_1(x)$ enthalten.

(b) In diesem Fall gilt:

$$M^\circ = \{(x, y) \in \mathbb{R}^2;\ x > 0,\ 0 < y < 1\},$$

denn durch explizites Angeben einer entsprechenden Kugel um jedes Element zeigt man, dass dies eine offen Teilmenge von M ist. Analog zeigt man, dass jedes (x, y) mit $x = 0$ oder $y = 1$ ein Randpunkt von M ist und somit kein innerer Punkt. Also ist die angegebene Menge die größte offene Teilmenge von M.

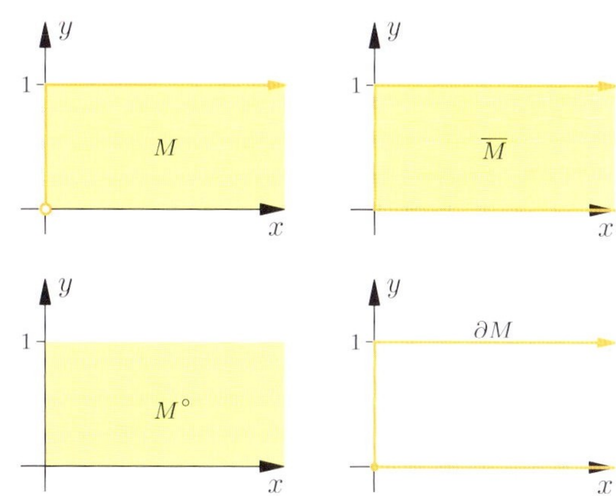

Ebenfalls durch explizite Rechnung zeigt man, dass jedes

$$A = \{(x, y) \in \mathbb{R}^2;\ x \ge 0,\ 0 \le y \le 1\}$$

eine abgeschlossene Obermenge von M ist, und dass jedes $x \in B = A \setminus M^\circ$ ein Randpunkt von M ist, d. h., $B \subseteq \partial M$. Somit ist

$$A = M^\circ \cup B \subseteq M^\circ \cup \partial M = \overline{M}.$$

Da es keine kleinere abgeschlossene Obermenge von M als $\overline{M}$ gibt, muss $A = \overline{M}$ gelten. Ohne weitere Überlegung erhalten wir auch:

$$B = \partial M = \{(x, y) \in \overline{M} \mid x = 0 \text{ oder } y = 0 \text{ oder } y = 1\}.$$

Kommentar: Ist $M \subseteq \mathbb{R}^n$ durch endlich viele Ungleichungen mit stetigen Ausdrücken für die Koordinaten gegeben, so ist die Menge offen, wenn alle Ungleichungen die Gleichheit ausschließen und abgeschlossen, wenn alle Ungleichungen Gleichheit zulassen.

verallgemeinert die Begriffsbildungen über Konvergenz und Stetigkeit aus Kapitel 9. Die im ersten Abschnitt eingeführten Begriffe (wie etwa r-Umgebung, offen, abgeschlossen usw.) werden uns dabei nützlich sein.

Definition der Folgen-Konvergenz in einem metrischen Raum

Sei (X, d) ein metrischer Raum. Eine Folge $(x_k)_{k \in \mathbb{N}}$ von Elementen $x_k \in X$ heißt konvergent, wenn es ein $a \in X$ mit folgenden Eigenschaften gibt:

Zu jeder ε-Umgebung $U_\varepsilon(a)$ von a gibt es ein $N \in \mathbb{N}$, sodass für alle $k \in \mathbb{N}$ mit $k \geq N$ gilt $x_k \in U_\varepsilon(a)$.

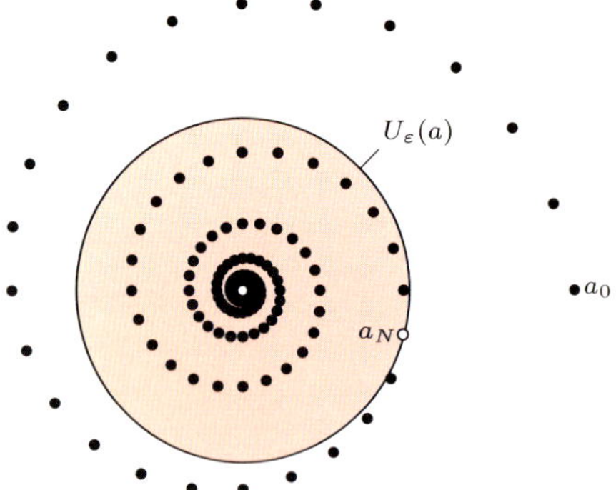

Abbildung 19.10 Bei einer konvergenten Folge liegen für jede ε-Umgebung $U_\varepsilon(a)$ des Grenzwerts a ab einem Index N alle Folgenglieder innerhalb von $U_\varepsilon(a)$.

Die Definition wird durch Abbildung 19.10 illustriert. Vergleichen Sie die Definition auch mit der Definition konvergenter Folgen in $\mathbb{R}$ oder $\mathbb{C}$ aus Kapitel 8.

Wegen $x_k \in U_\varepsilon(a)$ genau dann, wenn $d(x_k, a) < \varepsilon$, ist die Konvergenzbedingung gleichbedeutend damit, dass die reelle Folge der Abstände $(d(x_k, a))$ eine Nullfolge ist. Man kann die Konvergenzbedingung auch so ausdrücken: In einer beliebig vorgegebenen ε-Umgebung $U_\varepsilon(a)$ liegen **fast alle** Folgenglieder. Hierbei heißt *fast alle* wie in Kapitel 8: Alle Folgenglieder bis auf endlich viele Ausnahmen.

Wegen der Hausdorff-Eigenschaft eines metrischen Raums ist a im Fall der Existenz eindeutig bestimmt, und man nennt a den **Grenzwert der Folge** (x_k). Man kann deshalb wieder kurz

$$a = \lim_{k \to \infty} x_k$$

schreiben, wenn (x_k) gegen a konvergiert. Man notiert auch $x_k \to a \ (k \to \infty)$.

--- **?** ---

Können Sie mit der Hausdorff-Eigenschaft beweisen, dass der Grenzwert einer konvergenten Folge eindeutig bestimmt ist?

Man kann in der Definition der Folgen-Konvergenz den Ausdruck „jede ε-Umgebung $U_\varepsilon(a)$" ersetzen durch „jede Umgebung U von a". Denn wenn die Bedingung für *jede* Umgebung von a gilt, gilt sie insbesondere für jede ε-Umgebung $U_\varepsilon(a)$. Es gilt aber auch die Umkehrung, da eine beliebige Umgebung U von a stets eine ε-Umgebung $U_\varepsilon(a)$ enthält.

Gilt $\lim_{k \to \infty} x_k = a$, dann gilt auch $\lim_{j \to \infty} x_{k_j} = a$ für jede Teilfolge (x_{k_j}) von (x_k). Dabei ist $1 \leq k_1 < k_2 < \dots$ eine streng monoton wachsende Folge natürlicher Zahlen.

Im nachfolgenden Abschnitt werden wir uns ausführlich mit diesem Konvergenzbegriff im $\mathbb{K}^n$ auseinandersetzen. Hier zunächst zwei Beispiele für uns weniger vertraute metrische Räume.

Beispiel

- Wir betrachten den Raum $C([a, b])$ mit der Supremumsmetrik. Ist $f \in C^\infty([a, b])$, so besagt die Taylor-Formel:

$$f(x) = p_n(a) + \frac{f^{(n+1)}(\xi)}{(n+1)!}\,(x - a)^{n+1}, \qquad x \in [a, b],$$

wobei p_n das Taylor-Polynom n-ten Grades und ξ eine gewisse Stelle im Intervall (a, x) bezeichnet. Damit folgt:

$$d(f, p_n) \leq \|f^{(n+1)}\|_\infty \frac{(b - a)^{n+1}}{(n+1)!}.$$

Ist die rechte Seite dieser Abschätzung eine Nullfolge in $\mathbb{R}$, so ergibt sich, dass die Folge der Taylor-Polynome bezüglich der Supremumsmetrik auf $[a, b]$ gegen f konvergiert.

- In einer Menge M mit der diskreten Metrik und $a \in M$ ist $U_\varepsilon(a) = \{a\}$ für jedes $\varepsilon < 1$. Damit sind die bezüglich der diskreten Metrik konvergenten Folgen genau diejenigen, die ab einem gewissen Index konstant sind. ◄

Wie auch in $\mathbb{R}$ bzw. in $\mathbb{C}$ verlangt die Definition der Konvergenz einer Folge in einem beliebigen metrischen Raum, dass der Grenzwert bekannt ist. Eine Möglichkeit, eine konvergente Folge ohne Kenntnis des Grenzwerts zu erkennen, liefern die *Cauchy-Folgen*, die im Abschnitt 19.5 die wesentliche Rolle spielen.

Äquivalenz der Metriken bedeutet identische Konvergenzbegriffe

Da der Konvergenzbegriff auf der zugrunde liegenden Metrik beruht, ein Raum aber mit verschiedenen Metriken versehen werden kann, stellt sich die Frage, wie die so gewonnenen Konvergenzbegriffe zusammenhängen. Da diejenigen Metriken, die aus Normen abgeleitet sind, uns am vertrautesten sind, betrachten wir zuerst diesen Fall. Man nennt hierbei zwei Normen N_1 und N_2, die auf demselben Vektorraum V definiert sind, **äquivalent**, falls es Konstanten $c_1, c_2 > 0$ gibt mit

$$c_1 N_1(x) \leq N_2(x) \leq c_2 N_1(x) \quad \text{für alle } x \in V.$$

In Übungsaufgabe 19.13 können Sie beispielsweise zeigen, dass für die Standardnormen $\|x\|_\infty$, $\|x\|_2$ und $\|x\|_1$ auf $\mathbb{K}^n$ folgende Ungleichungen gelten:

$$\|x\|_\infty \leq \|x\|_2 \leq \sqrt{n}\,\|x\|_\infty \quad \text{und}$$
$$\frac{1}{\sqrt{n}}\|x\|_1 \leq \|x\|_2 \leq \|x\|_1.$$

Diese drei Normen sind also äquivalent. Im Abschnitt 19.3 werden wir sogar zeigen, dass alle Normen auf dem $\mathbb{K}^n$ äquivalent sind. Dies gilt aber keineswegs für beliebige Vektorräume: In Abschnitt 19.6 wird gezeigt, dass auf dem Raum der über einem kompakten Intervall stetigen Funktionen die

Supremumsnorm und die sogenannte L^p-Norm nicht äquivalent sind.

Für die abgeleiteten Metriken bedeutet die Äquivalenz der zugrunde liegenden Normen, dass jede Kugel bezüglich der einen Metrik eine Kugel bezüglich der anderen enthält, und umgekehrt. Zur Illustration siehe auch die Abbildung 19.11.

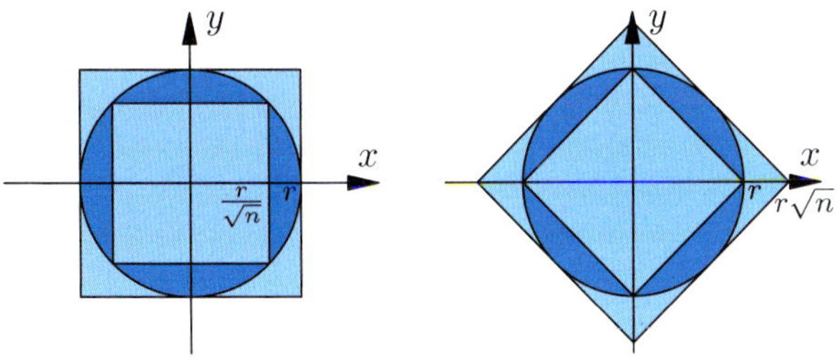

Abbildung 19.11 Jede r-Kugel bezüglich d_2 ist in einer r-Kugel bezüglich d_∞ enthalten und enthält eine $r/\sqrt{n}$-Kugel bezüglich d_∞. Umgekehrt enthält sie eine r-Kugel bezüglich d_1 und ist in einer $r\sqrt{n}$-Kugel enthalten.

Topologisch gesprochen enthält dann jede Umgebung eines Punkts x bezüglich der einen Metrik eine Umgebung von x bezüglich der anderen und umgekehrt. Wir nennen daher zwei **Metriken** d, d' auf einer Menge X **äquivalent,** falls die beiden dasselbe System offener Mengen erzeugen, $\mathcal{T}_d = \mathcal{T}_{\tilde{d}}$. Sind d und d' solch äquivalente Metriken auf X, dann gilt für einen Punkt $a \in X$ und eine Folge $(x_k) \subseteq X$:

$$\lim_{k \to \infty} d(x_k, a) = 0 \;\Leftrightarrow\; \lim_{k \to \infty} d'(x_k, a) = 0 \,.$$

Für den $\mathbb{K}^n$ ist eine Folge der Äquivalenz der drei Normen $\|\cdot\|_1, \|\cdot\|_2$ und $\|\cdot\|_\infty$, dass eine Folge genau dann gegen einen Grenzwert a konvergiert, wenn die Koordinaten der Folgenglieder in $\mathbb{K}$ jeweils gegen die entsprechenden Koordinaten des Grenzwerts konvergieren.

Satz

Eine Folge $(\boldsymbol{x}_k)$ mit $\boldsymbol{x}_k = (x_{k,1}, \ldots, x_{k,n})^\top \in \mathbb{K}^n$ konvergiert genau dann gegen $\boldsymbol{a} = (a_1, \ldots, a_n)^\top \in \mathbb{K}^n$ bezüglich d_1, d_2 oder d_∞, wenn für jedes $j \in \{1, \ldots, n\}$ die „Koordinatenfolge" $(x_{k,j})$ gegen a_j konvergiert:

$$\lim_{k \to \infty} x_{k,j} = a_j \;\text{ für }\; j \in \{1, \ldots, n\} \,.$$

Beweis: Zunächst folgt aus der Konvergenz bezüglich d_∞ die Konvergenz aller Koordinatenfolgen. Denn aus

$$|x_{kj} - a_j| \le \max_{1 \le j \le n} \{|x_{kj} - a_k\} = \|\boldsymbol{x}_k - \boldsymbol{a}\|_\infty$$

für $j = 1, \ldots, n$ folgt mit dem Majorantenkriterium:

$$\lim_{k \to \infty} d_\infty(\boldsymbol{x}_k, \boldsymbol{a}) = 0 \;\implies\; \lim_{k \to \infty} |x_{kj} - a_j| = 0$$

für $j = 1, \ldots, n$.

Andererseits folgt aus der Konvergenz aller Koordinatenfolgen die Konvergenz bezüglich der Metrik d_1, denn

$$d_1(\boldsymbol{x}_k, \boldsymbol{a}) = \sum_{j=1}^{n} |x_{kj} - a_j|.$$

Die Abschätzungen

$$d_\infty(\boldsymbol{x}_k, \boldsymbol{a}) \le d_2(\boldsymbol{x}_k, \boldsymbol{a}) \le d_1(\boldsymbol{x}_k, \boldsymbol{a}),$$

die sich aus den entsprechenden Abschätzungen für die Normen ergibt, liefert nun, dass die koordinatenweise Konvergenz und die Konvergenz bezüglich aller drei Metriken gleichbedeutend ist. $\blacksquare$

Im Fall $\mathbb{K} = \mathbb{R}$ liefert der obige Satz die Möglichkeit, die klassischen Konvergenzkriterien aus Kapitel 8 anzuwenden, indem man sie auf die Koordinatenfolgen, die reelle Zahlenfolgen sind, anwendet.

Kommentar: Im Abschnitt 19.3 über Kompaktheit werden wir zeigen, dass im Standardvektorraum $\mathbb{K}^n$ sogar *alle* Normen äquivalent sind, d. h. den gleichen Konvergenzbegriff liefern. Der Satz über die komponentenweise Konvergenz gilt damit pauschal, also unabhängig von der Wahl einer bestimmten Norm.

In einem normierten Raum gelten allgemeine Rechenregeln für konvergente Folgen

In normierten Räumen gelten grundlegende Permanenzeigenschaften für konvergente Folgen: Die Grenzwertbildung überträgt sich auf Summe, Produkt, Norm und gegebenenfalls Skalarprodukt einer bzw. zweier konvergenter Folgen.

Permanenzeigenschaften konvergenter Folgen

Sei $(V, \|\cdot\|)$ ein normierter $\mathbb{K}$-Vektorraum, und sei $d(x, y) = \|x - y\|$ die aus der Norm abgeleitete Metrik. Dann gilt:

1. Sind (x_k) und (y_k) konvergente Folgen in V, und ist (t_k) eine konvergente Folge reeller oder komplexer Zahlen, dann sind auch die Folgen

$$(x_k + y_k) \quad \text{und} \quad (t_k x_k)$$

konvergent, und es gilt:

$$\lim_{k \to \infty} (x_k + y_k) = \lim_{k \to \infty} x_k + \lim_{k \to \infty} y_k \quad \text{und}$$

$$\lim_{k \to \infty} (t_k x_k) = \lim_{k \to \infty} t_k \cdot \lim_{k \to \infty} x_k.$$

Bezeichnet $\mathrm{Kon}(V)$ die Menge aller konvergenten Folgen in V, dann ist $\mathrm{Kon}(V)$ ein Vektorraum und die Abbildung $\mathrm{Kon}(V) \to V$, $(x_k) \mapsto \lim_{k \to \infty} x_k$ linear.

2. Die Folge $(\|x_k\|)$ der Normen ist konvergent mit

$$\lim_{k \to \infty} \|x_k\| = \| \lim_{k \to \infty} x_k\|.$$

3. Wird die Norm $\|\cdot\|$ von einem Skalarprodukt $\langle \cdot, \cdot \rangle$ auf V induziert, gilt außerdem:

$$\lim_{k \to \infty} \langle x_k, y_k \rangle = \langle \lim_{k \to \infty} x_k, \lim_{k \to \infty} y_k \rangle.$$

Beweis: Die Beweise ergeben sich wie im Fall $\mathbb{K} = \mathbb{R}$ oder $\mathbb{K} = \mathbb{C}$ in Kapitel 8, man muss dazu nur den Betrag $|\cdot|$ durch die Norm $\|\cdot\|$ ersetzen. Die letzte Behauptung über das Skalarprodukt folgt aus der Dreiecksungleichung und der Cauchy-Schwarz'schen Ungleichung: Sind $x := \lim_{k\to\infty} x_k$ und $y := \lim_{k\to\infty} y_k$, dann ist

$$|\langle x_k, y_k\rangle - \langle x, y\rangle| = |\langle x_k - x, y_k\rangle - \langle x, y - y_k\rangle|$$
$$\leq |\langle x_k - x, y_k\rangle| + |\langle x, y - y_k\rangle|$$
$$\leq \|x_k - x\|\,\|y_k\| + \|x\|\,\|y - y_k\|.$$

Da eine konvergente Folge stets beschränkt ist, geht die rechte Seite für $k \to \infty$ gegen null. ∎

Abgeschlossene Teilmengen eines metrischen Raums (X, d) können eine sehr komplexe Struktur haben, wie wir schon am Cantor'schen Diskontinuum auf Seite 325 gesehen hatten. Mithilfe des Begriffs der konvergenten Folge lassen sich jedoch abgeschlossene Teilmengen eines metrischen Raums einfach charakterisieren: Abgeschlossenheit bedeutet das Gleiche wie *Folgenabgeschlossenheit,* d. h., es gilt folgender Satz.

> **Satz (Äquivalenz von Abgeschlossenheit und Folgen-abgeschlossenheit)**
>
> Ist (X, d) ein metrischer Raum und $A \subseteq X$ eine Teilmenge, dann gilt: A ist genau dann abgeschlossen in X, wenn für jede konvergente Folge (a_k) mit $a_k \in A$ und $x = \lim_{k\to\infty} a_k \in X$ bereits $x \in A$ gilt.

Beweis: Seien $A \subseteq X$ abgeschlossen und (a_k) eine Folge mit $a_k \in A$ und $x := \lim_{k\to\infty} a_k \in X$. Wir nehmen an, dass x *nicht* in A liegt. Da das Komplement $X \setminus A$ offen ist, ist dann $X \setminus A$ eine Umgebung von x, in welcher fast alle Folgenglieder liegen müssen: Es gibt also ein $N \in \mathbb{N}$, sodass für alle $k \geq N$ gilt $a_k \in X \setminus A$. Das steht aber im Widerspruch zur Voraussetzung, dass $a_k \in A$ für alle $k \in \mathbb{N}$ gilt.

Umgekehrt sei die „Folgenbedingung" erfüllt. Wir müssen zeigen, dass A dann abgeschlossen ist. Wir nehmen an, dass A *nicht* abgeschlossen ist. Dann ist $U := X \setminus A$ nicht offen. Es gibt daher einen Punkt $x \in U$, sodass keine offene Kugel mit Mittelpunkt x in U liegt. Insbesondere enthält dann jede Kugel $U_{\frac{1}{k}}(x)$ einen Punkt a_k mit $a_k \notin U$. Für die Folge (a_k) gilt also $a_k \in A$ und wegen $d(a_k, x) < \frac{1}{k}$ für alle k konvergiert sie gegen x. Wegen der vorausgesetzten Folgenbedingung muss also $x \in A$ gelten, das steht aber im Widerspruch zu $x \in X \setminus A$. Also war unsere Annahme, dass A nicht abgeschlossen ist, falsch. ∎

Die Metrik ermöglicht eine Charakterisierung stetiger Abbildungen

In Kapitel 9 hatten wir uns mit Eigenschaften auf Teilmengen von $\mathbb{R}$ oder $\mathbb{C}$ definierter stetiger Funktionen beschäftigt. Es gilt, diesen Begriff auf Abbildungen zwischen allgemeineren Mengen zu erweitern. Naheliegend ist der Fall von Funktionen, die von $\mathbb{K}^n$ nach $\mathbb{K}^m$ abbilden. Aber durch die konsequente Verwendung der Begriffswelt metrischer Räume ist es uns möglich, auch viel allgemeinere Fälle mit abzudecken. Insbesondere werden wir globale Stetigkeit einer Abbildung topologisch, also allein durch den Umgebungsbegriff, fassen können.

Wir betrachten im Folgenden Abbildungen $f : X \to Y$, wobei X und Y beliebige metrische Räume sind. Da die Metriken in X und Y eine Rolle spielen, wollen wir eine Metrik in X mit d_X und eine Metrik in Y mit d_Y bezeichnen.

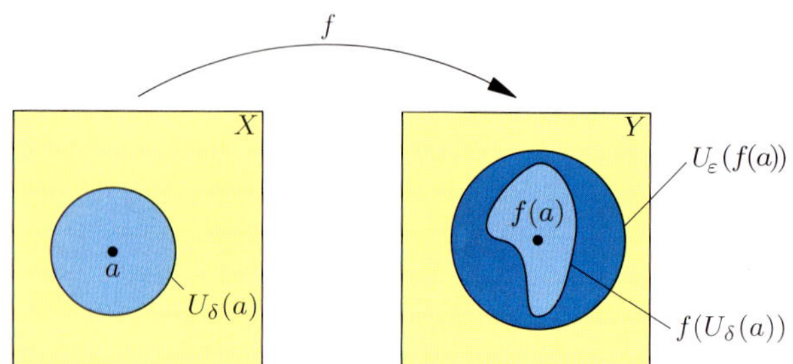

Abbildung 19.12 Zur ε-δ-Stetigkeit: Mit der Vorgabe eines beliebigen $\varepsilon > 0$ wird eine Umgebung $U_\varepsilon\big(f(a)\big) \subseteq Y$ festgelegt, zu der es dann in X eine δ-Umgebung von a geben muss, deren Bild in der beliebig vorgegebenen ε-Umgebung des Bildpunkts $f(a)$ liegt.

> **Satz und Definition; Äquivalenzsatz für Stetigkeit**
>
> Seien $X = (X, d_X)$ und $Y = (Y, d_Y)$ metrische Räume, $f : X \to Y$ eine Abbildung, $a \in X$ und $b = f(a)$. Dann sind folgende Aussagen äquivalent:
>
> (a) **ε-δ-Stetigkeit, 1. Formulierung:** Zu jedem $\varepsilon > 0$ gibt es ein $\delta > 0$, sodass für alle $x \in X$ mit $x \in U_\delta(a)$ (d. h. $d_X(x, a) < \delta$) gilt:
>
> $$f(x) \in U_\varepsilon\big(f(a)\big) \quad \big(\text{d. h. } d_Y\big(f(y), f(a)\big) < \varepsilon\big).$$
>
> (b) **ε-δ-Stetigkeit, 2. Formulierung:** Für jede ε-Umgebung $U_\varepsilon(f(a))$ von $f(a)$ in Y gibt es eine δ-Umgebung $U_\delta(a)$ von a in X mit
>
> $$f(U_\delta(a)) \subseteq U_\varepsilon\big(f(a)\big).$$
>
> (c) **Umgebungsstetigkeit:** Zu jeder Umgebung V von $f(a)$ in Y gibt es eine Umgebung U von a in X mit
>
> $$f(U) \subseteq V.$$

(d) **Folgenstetigkeit:** Für *jede* Folge (x_k) mit $x_k \in X$ und $\lim\limits_{k \to \infty} x_k = a$ konvergiert die Bildfolge $(f(x_k))$ in Y gegen $f(a)$.

f heißt **stetig in** a, wenn eine (und damit jede) der Bedingungen (a), (b), (c) und (d) erfüllt ist.

f heißt **stetig auf** X, wenn f in jedem Punkt $a \in X$ stetig ist.

------------------- **?** -------------------

Wählen Sie eine unstetige Funktion und überprüfen Sie, dass diese jede der Bedingungen (a) – (d) verletzt.

Beweis: Die Äquivalenz von (a) und (b) ist offensichtlich aufgrund der Definition von ε- bzw. δ-Umgebung.

Wir zeigen schrittweise die anderen Äquivalenzen:

- (c) $\Rightarrow$ (b): Sei $\varepsilon > 0$ beliebig vorgegeben. Dann ist $V = U_\varepsilon(f(a))$ eine Umgebung von $f(a)$. Nach Voraussetzung gibt es eine Umgebung U von a in X mit

$$f(U) \subseteq V = U_\varepsilon(f(a)) .$$

Wieder nach Definition enthält U eine δ-Umgebung von a, d. h. $U_\delta(a) \subseteq U$. Wegen

$$f(U_\delta(a)) \subseteq f(U) \subseteq V = U_\varepsilon(f(a))$$

gilt also:
$$f(U_\delta(a)) \subseteq U_\varepsilon(f(a)).$$

- (b) $\Rightarrow$ (c): Sei V eine beliebige Umgebung von $b = f(a)$, dann enthält V eine Kugelumgebung $U_\varepsilon(b) \subseteq V$ von b. Zu dieser ε-Umgebung gibt es nach Voraussetzung eine δ-Umgebung $U_\delta(a)$ von a mit

$$f(U_\delta(a)) \subseteq U_\varepsilon(b) \subseteq V .$$

Jetzt wählt man $U = U_\delta(a)$. Damit sind U bzw. V Umgebungen von a bzw. b mit $f(U) \subseteq V$.

- (b) $\Rightarrow$ (d): Seien (x_k) eine Folge mit $x_k \in X$ und $\lim\limits_{k \to \infty} x_k = a$. Zu vorgegebenem $\varepsilon > 0$ können wir nach Voraussetzung ein $\delta = \delta(\varepsilon) > 0$ so bestimmen, dass $f(U_\delta(a)) \subseteq U_\varepsilon(f(a))$ gilt.
  Weil aber die Folge (x_k) gegen a konvergiert, liegen fast alle x_k in $U_\delta(a)$:
  Es gibt also ein $N = N(\delta) \in \mathbb{N}$, sodass für alle $k \in \mathbb{N}$ mit $k \geq N$ gilt:
$$x_k \in U_\delta(a).$$
  Dann ist aber wegen $f(U_\delta(a)) \subseteq U_\varepsilon(f(a))$ für alle $k \geq N$ auch
$$f(x_k) \in U_\varepsilon(f(a)) ,$$
  d. h., die Bildfolge $(f(x_k))$ konvergiert gegen $f(a)$.

- Es bleibt noch (d) $\Rightarrow$ (c) zu zeigen. Dazu führen wir einen indirekten Beweis durch. Wenn (c) nicht gilt, existiert eine *Ausnahmeumgebung* V_0 von $f(a)$, sodass für *jede* Umgebung U von a gilt:

$$f(U) \not\subseteq V_0 .$$

Für jedes $k \in \mathbb{N}$ sei $U_k = U_{\frac{1}{k}}(a)$, und wir wählen $x_k \in U_k \subseteq X$ mit $f(x_k) \notin V_0$. Die Folge (x_k) konvergiert gegen a, aber kein Bildelement $f(x_k)$ gehört zu V_0. Damit haben wir eine Folge konstruiert, für welche Bedingung (d) nicht erfüllt ist, und damit folgt aus (d) die Aussage (c). $\blacksquare$

Beispiel

- Betrachte die Funktion $f : \mathbb{R}^2 \to \mathbb{R}$ mit

$$f(\boldsymbol{x}) = \frac{x_1^2 \, \sqrt{|x_2|}}{x_1^2 + x_2^2}, \qquad \boldsymbol{x} \in \mathbb{R}^2 \setminus \{0\},$$

und $f(0) = 0$. Wir wollen die Stetigkeit von f in 0 nachweisen, zunächst mit der Folgenstetigkeit. Ist $(\boldsymbol{x}_k)$ eine Folge in $\mathbb{R}^2$, die gegen 0 konvergiert, so setzen wir $\boldsymbol{z}_k = \boldsymbol{x}_k / \|\boldsymbol{x}_k\|_2$. Dann ist $|z_{kj}| \leq 1$ für $j = 1, 2, k \in \mathbb{N}$. Wir erhalten:

$$|f(\boldsymbol{x}_k)| = \left| \frac{z_{k1}^2 \, \sqrt{|z_{k2}|} \, \|\boldsymbol{x}_k\|_2^{5/2}}{\|\boldsymbol{x}_k\|_2^2} \right|$$
$$= z_{k1}^2 \, \sqrt{|z_{k2}|} \, \sqrt{\|\boldsymbol{x}_k\|_2} \leq \sqrt{\|\boldsymbol{x}_k\|_2}.$$

Damit folgt $\lim\limits_{k \to \infty} f(\boldsymbol{x}_k) = 0 = f(0)$.
Nun versuchen wir den Nachweis mit der 2. Formulierung der ε-δ-Stetigkeit. Zu $U_\varepsilon(0) \subseteq \mathbb{R}$ leistet $U_{\varepsilon^2}(0) \subseteq \mathbb{R}^2$ das Gewünschte, denn für $\boldsymbol{x} \in U_{\varepsilon^2}(0)$ ergibt sich:

$$|f(\boldsymbol{x})| = \frac{x_1^2}{x_1^2 + x_2^2} \, \sqrt{|x_2|} \leq \sqrt{\|\boldsymbol{x}\|_2} < \varepsilon,$$

und somit $f(\boldsymbol{x}) \in U_\varepsilon(0)$.

- Versieht man den Ausgangsraum X mit der diskreten Metrik δ mit

$$\delta(x, y) = \begin{cases} 1 & \text{für } x \neq y, \\ 0 & \text{für } x = y, \end{cases}$$

dann ist *jede* Abbildung $f : X \to Y$ stetig, wobei Y ein beliebiger metrischer Raum ist. Denn sind $a \in X$ und (x_k) eine Folge aus X, die gegen a konvergiert, dann gilt wegen $U_{\frac{1}{2}}(a) = \{a\}$ für fast alle x_k auch $x_k = a$.
Trivialerweise konvergiert dann die Bildfolge $(f(x_k))$ gegen $f(a)$. $\blacktriangleleft$

Der Äquivalenzsatz impliziert ein einfach anzuwendendes Kriterium, mit dem sich die Unstetigkeit einer Funktion feststellen lässt.

Folgerung (Unstetigkeitskriterium)

Eine Abbildung $f : X \to Y$ zwischen metrischen Räumen X und Y ist nicht stetig in $a \in X$, wenn es eine Folge (x_k) gibt mit $x_k \in X$ und $\lim\limits_{k \to \infty} x_k = a$, für welche die Bildfolge $(f(x_k))$ nicht konvergiert oder für welche die Bildfolge $(f(x_k))$ gegen einen Wert $\neq f(a)$ konvergiert.

Beispiel Wir betrachten $f : \mathbb{R}^2 \to \mathbb{R}$ mit

$$f(\boldsymbol{x}) = \frac{2\,x_1\,x_2}{x_1^2 + x_2^2}, \qquad \boldsymbol{x} \in \mathbb{R}^2 \setminus \{0\},$$

und $f(0) = 0$. Offensichtlich gilt:

$$\lim_{k\to\infty} f\left(\frac{1}{k}, 0\right) = \lim_{k\to\infty} f\left(0, \frac{1}{k}\right) = 0 = f(0).$$

Trotzdem ist f in 0 nicht stetig, denn es gilt auch:

$$\lim_{k\to\infty} f\left(\frac{1}{k}, \frac{1}{k}\right) = 1 \neq 0 = f(0).$$

Die Funktion ist in der Abbildung 19.13 dargestellt. Man kann die Unstetigkeit im Nullpunkt erkennen.

Das Maximum von f hat den Wert 1, das Minimum den Wert -1. Diese Werte werden für alle $\boldsymbol{x} \in \mathbb{R}^2 \setminus \{0\}$ mit $x_1 = x_2$ bzw. $x_1 = -x_2$ angenommen. ◄

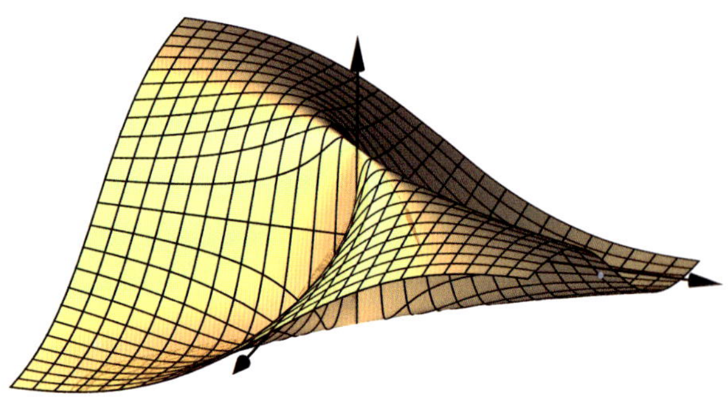

Abbildung 19.13 Die Einschränkungen von f auf die x_1- und x_2-Achsen sind beide stetig im Nullpunkt, die Funktion selbst allerdings nicht.

Häufig ist eine Abbildung f nicht auf dem ganzen metrischen Raum X definiert, sondern nur auf einer Teilmenge $D \subseteq X$. Zunächst einmal ist dann (D, d_0) mit der von x induzierten Metrik d_0 (vgl. Seite 765) wieder ein metrischer Raum. Somit können wir die Stetigkeit von f durch d_0 ausdrücken. Andererseits möchte man häufig in Formulierungen von Aussagen über eine solche Funktion von Umgebungen in X sprechen. Wir übersetzen daher die Stetigkeit in (D, d_0) entsprechend der Bedingung (b) des Äquivalenzsatzes in eine Aussage, die nur den metrischen Raum (X, d) verwendet. Dazu beachten wir, dass die Umgebungen eines Punkts $a \in D$ bezüglich d_0 genau diejenigen Teilmengen U_0 von D sind, die sich in der Gestalt $U_0 = U \cap D$ schreiben lassen, wobei U eine Umgebung von a in X ist.

> **Stetigkeit auf Teilmengen** $D \subseteq X$
>
> $f : D \to Y$ ist genau dann stetig in $a \in D$, wenn es zu jeder ε-Umgebung $U_\varepsilon(f(a))$ (in Y) eine δ-Umgebung $U_\delta(a)$ von a (in X) gibt mit
>
> $$f(U_\delta(a) \cap D) \subseteq U_\varepsilon(f(a)),$$
>
> (Abb. 19.14).

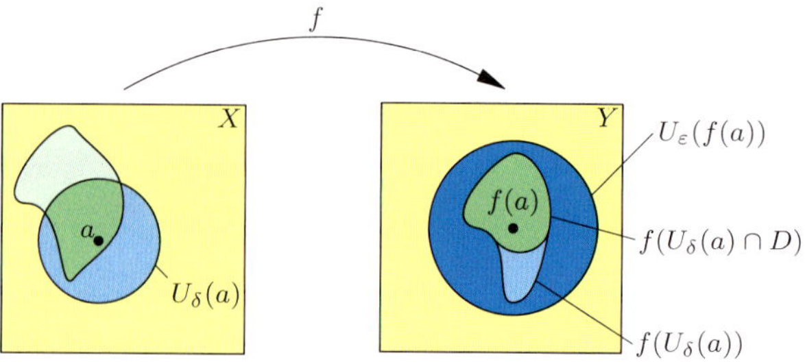

Abbildung 19.14 f ist stetig in $D \subseteq X$.

Ist $f : X \to Y$ stetig und ist $D \subseteq X$, dann ist die Einschränkung $f|D : D \to Y$ auch stetig. Das folgt unmittelbar daraus, dass Stetigkeit eine lokale Eigenschaft ist.

Man könnte nun daher auf die Idee kommen, dass eine Abbildung $f : X \times X \to Y$ bereits dann schon stetig in einem Punkt $a = (a_1, a_2)^\top$ ist, wenn ihre Einschränkungen auf die Mengen $\{(x_1, a_2);\ x_1 \in X\}$ und $\{(a_1, x_2);\ x_2 \in X\}$ in den Punkten $a_1 \in X$ bzw. $a_2 \in X$ stetig sind. Für eine auf $\mathbb{R}^2$ definierte Funktion sind dies gerade achsenparallele Geraden durch den Punkt a. Dass dies nicht zutrifft, zeigt das Beispiel oben: Diese Einschränkungen der Funktion f sind stetig, die Funktion selbst aber nicht. Siehe dazu auch die Abbildung 19.13.

Charakterisierung der globalen Stetigkeit

Stetigkeit ist als eine *lokale* Eigenschaft einer Abbildung definiert, die sie an Punkten $a \in X$ besitzt. Die **globale Stetigkeit** einer Abbildung $f : X \to Y$, d. h. die Eigenschaft, stetig in jedem Punkt $a \in X$ (auf ganz X) zu sein, lässt sich elegant mithilfe der Begriffe Urbild und offene Menge charakterisieren. Sie hat den Vorteil, dass sie auch für allgemeinere *topologische Räume* (siehe die Vertiefung auf Seite 781) verwendet werden kann.

> **Satz (Charakterisierung der globalen Stetigkeit)**
>
> Seien (X, d_X) und (Y, d_Y) metrische Räume.
>
> (a) Eine Abbildung $f : X \to Y$ ist genau dann stetig, wenn für jede offene Menge V in Y das Urbild $f^{-1}(V)$ offen in X ist.
>
> (b) Ist $D \subseteq X$ eine nichtleere Teilmenge, dann ist eine Abbildung $f : D \to Y$ genau dann stetig, wenn für jede offene Teilmenge $V \subseteq Y$ das Urbild $f^{-1}(V)$ D-offen ist, d. h., es gibt eine offene Menge $U \subseteq X$ mit
>
> $$f^{-1}(V) = U \cap D.$$
>
> (c) Eine Abbildung $f : X \to Y$ ist genau dann stetig, wenn für jede abgeschlossene Teilmenge $A \subseteq Y$ das Urbild $f^{-1}(A)$ abgeschlossen in X ist.

Beispiel: Eine fast, aber eben doch nicht, stetige Funktion

Betrachte $f: \mathbb{R}^2 \to \mathbb{R}$, definiert durch:

$$
f(x_1, x_2) = \begin{cases} \dfrac{x_2}{x_1^2}, & 0 < x_2 \le x_1^2, \\[2mm] \dfrac{x_1^2}{x_2}, & 0 \le x_1^2 < x_2, \\[2mm] 0, & \text{sonst.} \end{cases}
$$

Zeigen Sie, dass f stetig auf $\mathbb{R}^2 \setminus \{0\}$ ist, dass für alle $v \in \mathbb{R}^2$ gilt $\lim\limits_{t \to 0+} f(tv) = 0$, aber dass f in 0 nicht stetig ist.

Problemanalyse und Strategie: Die Stetigkeit in den vom Ursprung verschiedenen Punkten gelingt mit klassischen Grenzwertbetrachtungen. Bei den dafür notwendigen Betrachtungen stoßen wir auf Punkte, die beliebig dicht am Ursprung liegen, bei denen der Funktionswert jedoch von null wegbeschränkt bleibt.

Lösung:

In einer Umgebung aller Punkte mit $x_2 < 0$ ist f konstant gleich null und damit stetig. Für $0 < x_2 < x_1^2$ oder $0 \le x_1^2 < x_2$ handelt es sich um einen Quotienten stetiger Funktionen, wobei der Nenner von null verschieden ist. Auch auf diesen Gebieten ist die Funktion also stetig. Es bleiben die Fälle $x_2 = 0$, $x_1 \ne 0$ sowie $x_2 = x_1^2$ als Ausnahmefälle zu betrachten.

Sei $\varepsilon > 0$. Für $x_2 = 0$, $x_1 \ne 0$ setze

$$
\delta = \min\left\{ \frac{|x_1|}{2}, \frac{x_1^2}{4}, \frac{\varepsilon x_1^2}{4} \right\}.
$$

Dann ist $f(y) = y_2/y_1^2$ auf $U_\delta(x) \cap \{y_2 > 0\}$ und $f(y) = 0$ auf $U_\delta(x) \cap \{y_2 \le 0\}$. Ferner ist $|y_1| > x_1/2$ und $y_2 < \varepsilon x_1^2/4$. Insgesamt folgt:

$$
|f(y)| \le \frac{y_2}{y_1^2} < \frac{4\,\varepsilon x_1^2}{4\,x_1^2} = \varepsilon.
$$

Damit ist f in x stetig.

Es bleibt noch, einen Punkt x mit $0 < x_2 = x_1^2$ zu betrachten. Hier gilt immer $f(x) = 1$. Wir setzen hier:

$$
\delta = \min\left\{ \frac{|x_1|}{2}, \frac{x_2}{2}, \frac{\varepsilon x_1^2}{4 + 10\,|x_1|} \right\}.
$$

Dann ist für $y \in U_\delta(x)$

$$
\left| f(x) - \frac{y_2}{y_1^2} \right| = \left| 1 - \frac{y_2}{y_1^2} \right| = \frac{|y_1^2 - y_2|}{y_1^2}
$$

$$
< \frac{4}{x_1^2} \left(|y_1^2 - x_1^2| + |x_2 - y_2| \right)
$$

$$
\le \frac{4}{x_1^2} \left(|y_1| + |x_1| + 1 \right) \delta
$$

$$
< \frac{4 + 10\,|x_1|}{x_1^2}\, \delta \le \varepsilon
$$

und

$$
\left| f(x) - \frac{y_1^2}{y_2} \right| = \left| 1 - \frac{y_1^2}{y_2} \right| = \frac{|y_1^2 - y_2|}{y_2}
$$

$$
< \frac{2}{x_2} \left(|y_1^2 - x_1^2| + |x_2 - y_2| \right)
$$

$$
\le \frac{2}{x_1^2} \left(|y_1| + |x_1| + 1 \right) \delta
$$

$$
< \frac{2 + 5\,|x_1|}{x_1^2}\, \delta \le \frac{\varepsilon}{2}.
$$

Insgesamt haben wir:

$$
|f(y) - f(x)| < \varepsilon \quad \text{für } y \in U_\delta(x),
$$

d. h., f ist in x stetig.

Sei nun $v \in \mathbb{R}^2$. Ohne Einschränkung können wir $v_2 > 0$ annehmen, da für $v_2 \le 0$ und alle $t \ge 0$ gilt $f(tv) = 0$. Wir betrachten nun $t \ge 0$ mit

$$
t < \frac{v_2}{v_1^2}, \quad \text{falls } v_1 \ne 0.
$$

Dann ist

$$
f(tv) = \frac{t^2 v_1^2}{t v_2} = t\,\frac{v_1^2}{v_2} \longrightarrow 0
$$

für $t \to 0$. Dies bedeutet $\lim\limits_{t \to 0+} f(tv) = 0$.

Die Überlegungen oben haben uns aber schon einen Hinweis gegeben, dass f im Ursprung nicht stetig sein kann: Es ist $f(y) = 1$ für alle y mit $y_1^2 = y_2 > 0$. Für die Folge (y_k) mit $y_k = (\frac{1}{k}, \frac{1}{k^2})^\top$, $k \in \mathbb{N}$, gilt also:

$$
\lim_{k \to \infty} y_k = 0 \quad \text{und} \quad \lim_{k \to \infty} f(y_k) = 1.
$$

Kommentar: Das Beispiel zeigt, dass Stetigkeit im Mehrdimensionalen nicht als *Stetigkeit in allen Richtungen* aufgefasst werden darf.

(d) Ist $D \subseteq X$ und $f : D \to Y$ eine Abbildung, dann ist f genau dann stetig, wenn für jede abgeschlossene Teilmenge $A \subseteq Y$ das Urbild D-abgeschlossen ist, d. h., es gibt eine abgeschlossenen Teilmenge $B \subseteq X$ mit $f^{-1}(A) = B \cap D$.

?

Wählen Sie wieder eine unstetige Funktion und überprüfen Sie, dass diese die Bedingungen (a) und (c) verletzt.

Beweis: (a) Seien $f : X \to Y$ stetig, $V \subseteq Y$ offen und $a \in f^{-1}(V)$. Wir können $f^{-1}(V) \neq \emptyset$ voraussetzen, denn die leere Menge $\emptyset$ ist offen. Wir zeigen, dass a ein innerer Punkt von $f^{-1}(V)$ ist.

Sei $b := f(a) \in Y$. Da V offen ist, gibt es ein $\varepsilon > 0$ mit $U_\varepsilon(b) \subseteq V$. Da f stetig in a ist, gibt es ein $\delta > 0$ mit $f(U_\delta(a)) \subseteq U_\varepsilon(f(a))$.

Daher ist

$$U_\delta(a) \subseteq f^{-1}\big(f(U_\delta(a))\big) \subseteq f^{-1}\big(U_\varepsilon(f(a))\big) \subseteq f^{-1}(V),$$

also ist a innerer Punkt von $f^{-1}(V)$. Da dies für jedes $a \in f^{-1}(V)$ gilt, ist $f^{-1}(V)$ offen in X.

Sei umgekehrt $f^{-1}(V)$ offen für jede offene Menge $V \subseteq Y$. Wir zeigen, dass dann f stetig ist. Dazu seien $a \in X$ und $b = f(a)$.

Für jedes $\varepsilon > 0$ ist die Kugel $V := U_\varepsilon(b)$ offen in Y. Nach Voraussetzung ist dann $f^{-1}(V)$ offen in X. Nun ist aber $a \in f^{-1}(V) = f^{-1}(U_\varepsilon(f(a)))$, daher gibt es ein $\delta > 0$ mit

$$U_\delta(a) \subseteq f^{-1}\big(U_\varepsilon(f(a))\big),$$

d. h. aber:

$$f\big(U_\delta(a)\big) \subseteq f\Big(f^{-1}\big(U_\varepsilon(f(a))\big)\Big) \subseteq U_\varepsilon(f(a)),$$

das bedeutet f ist stetig in a.

(b) Der Beweis in der relativen Situation $D \subseteq X$ ist völlig analog, man muss nur mit der induzierten Metrik d_0 arbeiten.

(c) Da für beliebige Teilmengen A von Y gilt:

$$f^{-1}(Y \setminus A) = X \setminus f^{-1}(A),$$

und da nach Definition A in Y genau dann abgeschlossen ist, wenn $Y \setminus A$ offen ist, folgt (c) aus (a). Analog beweist man (d). $\blacksquare$

Beispiel Sind (X, d) ein metrischer Raum und $f : X \to \mathbb{R}$ stetig, so gilt für jedes $c \in \mathbb{R}$: die Mengen

- $U_1 := \{x \in X ;\ f(x) < c\}$ bzw.
  $U_2 := \{x \in X ;\ f(x) > c\}$ sind offen in X;
- $A_1 := \{x \in X ;\ f(x) \le c\}$ bzw.
  $A_2 := \{x \in X ;\ f(x) \ge c\}$ sind abgeschlossen in X.

Insbesondere sind Nullstellenmengen $N := \{x \in X ;\ f(x) = 0\}$ stetiger Funktionen wegen $N = f^{-1}(\{0\})$ stets abgeschlossen. ◄

Man könnte auf die Idee kommen, dass auch die Bilder offener bzw. abgeschlossener Mengen unter einer stetigen Abbildung wieder offen bzw. abgeschlossen sind.

Aber schon aus der grundlegenden Analysis sind **Gegenbeispiele** bekannt:

Beispiel

- $f : (0, 2\pi) \to \mathbb{R};\ x \mapsto \sin x$ bildet das offene Intervall $(0, 2\pi)$ auf das abgeschlossene Intervall $[-1, 1]$ ab.

- $f : [1, \infty) \to \mathbb{R};\ x \mapsto \frac{1}{x}$ bildet die im $X_0 := [1, \infty)$ abgeschlossene Menge $[1, \infty)$ auf die in $\mathbb{R}$ nicht abgeschlossene Menge $(0, 1]$ ab.

- $f : \mathbb{R} \to \mathbb{R}^2;\ t \mapsto (t, t)$ bildet $\mathbb{R}$ auf die Gerade G mit der Gleichung $y = x$ ab.
  Daher ist für keine offene Menge $U \subseteq \mathbb{R}$, $U \neq \emptyset$, das Bild $f(U)$ offen in $\mathbb{R}^2$. ◄

Stetigkeit linearer Abbildungen

In den Kapiteln zur linearen Algebra haben lineare Abbildung eine herausragende Stellung eingenommen. Indem wir Vektorräume mit einer Norm und der dadurch abgeleiteten Metrik versehen, können wir die globale Stetigkeit einer solchen Abbildung untersuchen. Es zeigt sich, dass lineare Abbildungen bereits dann global stetig sind, wenn sie in einem einzelnen Punkt, zum Beispiel im Nullpunkt, stetig sind.

Stetigkeit von linearen Abbildungen

Sind $(V, \| \cdot \|_V)$ und $(W, \| \cdot \|_W)$ normierte $\mathbb{K}$-Vektorräume und ist $T : V \to W$ eine $\mathbb{K}$-lineare Abbildung, dann sind folgende Aussagen äquivalent:

(a) T ist stetig,

(b) T ist stetig in 0,

(c) Es gibt eine Konstante $C > 0$, sodass gilt:

$$\|T(x)\|_W \le C \cdot \|x\|_V \quad \text{für alle } x \in V.$$

Beweis: Die Implikation (a) $\Rightarrow$ (b) ist klar, da aus der Stetigkeit in jedem Punkt $x \in V$ speziell die Stetigkeit in Null folgt.

(b) $\Rightarrow$ (c): Ist T stetig in 0, dann gibt es zu $\varepsilon = 1$ ein $\delta > 0$ mit $\|T(\xi)\|_W < 1$ für alle $\xi \in V$ mit $\|\xi\| < \delta$. Für alle $x \in V$, $x \neq 0$ ist dann

$$\begin{aligned}
\|T(x)\|_W &= \left\| T\left(\frac{2\|x\|_V}{\delta} \cdot \frac{\delta}{2} \frac{x}{\|x\|_V} \right) \right\|_W \\
&= \frac{2\|x\|_V}{\delta} \cdot \left\| T\left(\frac{\delta}{2} \cdot \frac{x}{\|x\|_V} \right) \right\|_W < \frac{2}{\delta} \|x\|_V,
\end{aligned}$$

und mit $C := \frac{2}{\delta}$ ist $\|T(x)\|_W \le C\|x\|_V$. Für $x = 0$ ist die Behauptung offensichtlich auch richtig.

Hintergrund und Ausblick: Topologie

Schon im Haupttext hatten wir den Begriff des topologischen Raums erwähnt. Man nimmt die Grundeigenschaften der offenen Mengen eines metrischen Raums als Axiome einer neuen Theorie, der Theorie der topologischen Räume.

Es gibt mehrere Gründe, den Begriff des metrischen Raums nochmals zu verallgemeinern, einige von ihnen möchten wir hier anführen.

- Man möchte einen Stetigkeitsbegriff zur Verfügung haben, der von Metriken unabhängig ist.
- Während der Begriff der gleichmäßigen Konvergenz von Funktionenfolgen auf dem Vektorraum $B(X) := \{f : X \to \mathbb{R} \mid f \text{ beschränkt}\}$, wobei X eine beliebige Menge ist, mithilfe der Supremumsnorm und damit mithilfe einer Metrik erklärt werden kann, gilt dies für den Begriff der punktweisen Konvergenz nicht.
- Nicht jede folgenstetige Abbildung zwischen topologischen Räumen ist stetig.

Definition eines topologischen Raums

Ein System $\mathcal{T}$ von Teilmengen einer Menge X heißt **Topologie auf** X, wenn folgende Bedingungen erfüllt sind:

(1) Jede Vereinigung von Mengen aus $\mathcal{T}$ gehört zu $\mathcal{T}$.
(2) Der Durchschnitt von endlich vielen Mengen aus $\mathcal{T}$ gehört zu $\mathcal{T}$.
(3) X und die leere Menge $\emptyset$ gehören zu $\mathcal{T}$.

Ein **topologischer Raum** ist ein Paar $(X, \mathcal{T})$ bestehend aus einer Menge X und einer Topologie $\mathcal{T}$ auf X. Die Teilmengen von X, die zum System $\mathcal{T}$ gehören, nennt man **offene Mengen** von $(X, \mathcal{T})$, ihre Komplemente heißen **abgeschlossene Mengen** von $(X, \mathcal{T})$.

Die Eigenschaft (3) ist nach den Konventionen der Mengenlehre (die Vereinigung bzw. der Durchschnitt über die leere Indexmenge ist die leere Menge bzw. der ganze Raum) eine Folge von (1) und (2).

Besondere Topologien

(a) Man wählt $\mathcal{T} = \mathcal{T}_{\text{disk}} = \mathcal{P}(X)$, also die volle Potenzmenge von X. Dann sind in X alle Teilmengen offen, d. h., es gibt keine Topologie, die eine größere Anzahl an offenen Mengen hat. $(X, \mathcal{T})$ heißt **diskreter topologischer Raum** und $\mathcal{T}_{\text{disk}}$ **diskrete Topologie**. $\mathcal{T}_{\text{disk}}$ ist die **feinste Topologie** auf X.

(b) Man wählt $\mathcal{T} = \mathcal{T}_{\text{ind}} = \{\emptyset, X\}$. In diesem Fall gibt es nur zwei offene Mengen, die leere Menge $\emptyset$ und den ganzen Raum X. Man nennt $\mathcal{T}_{\text{ind}}$ die **indiskrete Topologie**, gelegentlich auch „chaotische Topologie" oder „Klumpentopologie". $\mathcal{T}_{\text{ind}}$ ist die **gröbste Topologie** auf X.

(c) Sind $(X, \mathcal{T})$ ein topologischer Raum und $Y \subseteq X$, dann wird durch $\mathcal{T}|_Y := \{Y \cap U \mid U \in \mathcal{T}\}$ eine Topologie auf X erklärt, die sogenannte **Teilraumtopologie**.

(d) Ist (X, d) ein metrischer Raum, dann ist $(X, \mathcal{T}_d)$ ein topologischer Raum mit $\mathcal{T} = \mathcal{T}_d$. Man sagt: Die Topologie wird von d induziert.

(e) Sind $(X_1, \mathcal{T}_1)$ und $(X_2, \mathcal{T}_2)$ topologische Räume, dann heißt eine Teilmenge $W \subseteq X_1 \times X_2$ offen (in $X_1 \times X_2$), falls es zu jedem Punkt $(x, y) \in W$ Umgebungen U_1 von x und U_2 von y gibt, sodass $U_1 \times U_2 \subseteq W$ gilt. Hierdurch wird eine Topologie auf $X_1 \times X_2$ definiert, die sogenannte **Produkttopologie**. Man beachte aber, dass die Produkte $U_1 \times U_2 \subseteq X_1 \times X_2$ von offenen Mengen $U_1 \subseteq X_1$ und $U_2 \subseteq X_2$ nicht die einzigen offenen Mengen in $X_1 \times X_2$ sind. Sie bilden lediglich eine **Basis** der Topologie auf $X_1 \times X_2$, d. h., jede offene Menge aus $X_1 \times X_2$ ist Vereinigung solcher „offenen Kästchen". Speziell sind für $X = \mathbb{R}^n$ mit der euklidischen Metrik d die offenen Mengen die Vereinigungsmengen von offenen Kugeln.

Die Maximumsmetrik d_∞ und die d_1-Metrik ergeben dasselbe System von offenen Mengen. Das führt zum Begriff der **Äquivalenz von Metriken**. Zwei Metriken $\mathcal{T}_1$ und $\mathcal{T}_2$ auf derselben Menge X heißen **äquivalent**, wenn $\mathcal{T}_{d_1} = \mathcal{T}_{d_2}$ gilt, also eine bezüglich der einen Metrik offene Kugel enthält eine bezüglich der anderen Kugel offene Metrik und umgekehrt, die Metriken d_1, d_2 und d_∞ in $\mathbb{R}^n$ sind also äquivalent.

Ein topologischer Raum $(X, \mathcal{T})$ heißt **metrisierbar**, wenn es eine Metrik d auf X gibt, sodass $\mathcal{T} = \mathcal{T}_d$ gilt. Ist jeder topologische Raum metrisierbar?

Die indiskrete Metrik $\mathcal{T}_{\text{ind}}$ auf einer Menge X ist nicht metrisierbar, denn wenn eine Topologie von einer Metrik stammt, so gilt in $(X, \mathcal{T}_d)$ die Hausdorff-Eigenschaft, in dem zu verschiedenen Punkte stets paarweise disjunkte Umgebungen existieren. In $(X, \mathcal{T}_{\text{ind}})$ besitzen aber zwei verschiedene Punkte keine disjunkten Umgebungen (da X die einzige nichtleere offene Menge ist).

Das System $\mathcal{U}(x)$ *aller* Umgebungen eines Punkts x hat bemerkenswerte Eigenschaften. Ist $(X, \mathcal{T})$ ein topologischer Raum, und ist $x \in X$, dann gilt:

- Ist $U \in \mathcal{U}(x)$ und gilt $V \supseteq U$, dann ist auch $V \in \mathcal{U}(x)$
- Gilt $U_1, U_2 \in \mathcal{U}(x)$, dann auch $U_1 \cap U_2 \in \mathcal{U}(x)$.

Ferner gilt: $U \subseteq X$ ist *offen* genau dann, wenn $U \subseteq \mathcal{U}(y)$ für alle $y \in U$.

Man beachte, dass eine Umgebung U von x nicht offen sein muss: In $(\mathbb{R}^2, d_2)$ ist die abgeschlossene Kugel $U_r(x_0) = \{x \in \mathbb{R}^2; d_2(x, x_0) \leq r\}$ eine Umgebung von x_0.

Rand- und Berührungspunkte in topologischen Räumen werden wie in metrischen Räumen erklärt.

Hintergrund und Ausblick: Stetigkeit und Kompaktheit in topologischen Räumen

Wir orientieren uns an der Charakterisierung stetiger Abbildungen zwischen metrischen Räumen, bei der nur der Begriff der offenen Menge verwendet wird.

Die ϵ-δ-Definition der Stetigkeit auf Seite 776 setzt eine Metrik auf Bild- und Zielmenge voraus. Bei Abbildungen zwischen allgemeinen topologischen – also nicht notwendigerweise metrischen – Räumen, benutzt man eine allgemeinere Definition der Stetigkeit.

Definition

Sind $(X, \mathcal{T}_1)$ und $(Y, \mathcal{T}_2)$ topologische Räume, so heißt eine Abbildung $f : X \to Y$ **stetig**, wenn $f^{-1}(O) \in \mathcal{T}_1$ für alle $O \in \mathcal{T}_2$ gilt.

Für alle topologischen Räumen gilt der folgende

Äquivalenzsatz für Stetigkeit

Eine Abbildung $f : X \to Y$ ist genau dann stetig, wenn das Urbild jeder offenen Menge in $(Y, \mathcal{T}_2)$ auch offen in $(X, \mathcal{T}_1)$ ist.

Durch Übergang zu den Komplementen erhält man als äquivalente Formulierung: $f : X \to Y$ ist genau dann stetig, wenn für jede abgeschlossene Teilmenge $F \in (Y, \mathcal{T}_2)$ gilt: $f^{-1}(F)$ ist abgeschlossen in $(X, \mathcal{T}_1)$.

Eine Abbildung $f : (X, \mathcal{T}_1) \to (Y, \mathcal{T}_2)$ heißt **stetig im Punkt** $x \in X$, wenn es zu jeder Umgebung $V \in U_2(f(x))$ von $f(x)$ eine Umgebung $U \in U_1(x)$ von x gibt mit $f(U) \subseteq V$, mit anderen Worten: Für alle $V \in U_2\big(f(x)\big)$ gilt $f^{-1}(V) \in U_1(x)$.

Es gilt: Eine Abbildung $(X, \mathcal{T}_1) \to (X, \mathcal{T}_2)$ ist genau dann stetig, wenn sie in jedem Punkt $x \in X$ stetig ist.

Sind $(X, \mathcal{T})$ ein topologischer Raum und (x_k) eine Folge von Elementen aus X. Die Folge (x_k) heißt **konvergent**, wenn es ein $a \in X$ mit folgenden Eigenschaften gibt: Für jedes $U \in \mathcal{U}(a)$ gibt es ein $N \in \mathbb{N}$ mit $a_n \in U$ für alle $n \geq N$.

Grenzwerte von Folgen müssen im Gegensatz zum Fall metrischer Räume nicht eindeutig bestimmt sein. Falls aber die Hausdorff-Eigenschaft erfüllt ist, es also zu $a \neq b$ $(a, b \in X)$ stets Umgebungen $U \subseteq \mathcal{U}(a)$ und $V \in \mathcal{U}(b)$ mit $U \cap V = \emptyset$ gibt, so ist der Grenzwert einer konvergenten Folge eindeutig bestimmt. Topologische Räume, in denen man zwei verschiedene Punkte stets derart durch Umgebungen trennen kann, heißen **Hausdorff-Räume**.

Das Beispiel $(X, \mathcal{T}_{\mathrm{ind}})$ zeigt, dass in einem topologischen Raum jede Folge gegen ein beliebiges Element $x \in X$ konvergieren kann. Daraus folgt insbesondere, dass Folgenstetigkeit und Stetigkeit für Abbildungen zwischen beliebigen topologischen Räumen keine äquivalenten Eigenschaften sind, im Unterschied zur Situation in metrischen Räumen.

Beispiele:

- Versieht man X mit der diskreten Topologie $\mathcal{T}_{\mathrm{dis}}$, und ist $(Y, \mathcal{T}_Y)$ ein beliebiger topologischer Raum, so ist *jede* Abbildung $f : X \to Y$ stetig.
- Ist $(Y, \mathcal{T}_{\mathrm{ind}})$ ein indiskreter topologischer Raum und $(X, \mathcal{T})$ ein beliebiger topologischer Raum, so ist jede Abbildung $f : X \to Y$ stetig.

Wie in metrischen Räumen lassen sich auch in topologischen Räumen die Begriffe „folgenkompakt" und „kompakt" definieren. Dabei heißt ein topologischer Raum **folgenkompakt**, wenn jede Folge in X eine in X konvergente Teilfolge besitzt. Der Begriff „kompakt" wird wie in metrischen Räumen mithilfe offener Überdeckungen definiert. Ständig benutzte Eigenschaften kompakter Räume sind:

- Jeder abgeschlossene Teilraum eines kompakten Raums X ist kompakt.
- Sind X ein kompakter topologischer Raum und $f : X \to f(X)$ stetig, dann ist $f(X)$ kompakt – *Stetige Bilder kompakter Räume sind kompakt.*
- Ist X ein kompakter Teilraum eines Hausdorff-Raums Y, dann ist X abgeschlossen in Y.
- Sind $f : X \to Y$ stetig und bijektiv, X kompakt und Y ein Hausdorff-Raum, dann ist f ein Homöomorphismus.

Ein zentraler Satz ist der **Satz von Tychonoff**: Ein Produkt $X = \prod_{j \in J} X_j$ von topologischen Räumen ist genau dann kompakt, wenn jeder Faktor X_j kompakt ist. X sei dabei mit der Produkttopologie versehen, das ist die gröbste Topologie auf X, für welche alle Projektionen $p_j : X \to X_j$ stetig sind.

Der Raum $[0, 1]^{[0, 1]}$ ist demnach kompakt, er ist aber nicht folgenkompakt. Im Gegensatz zu metrischen Räumen impliziert also die Kompaktheit in A nicht die Folgenkompaktheit (auch die Umkehrung gilt i. A. nicht).

Die Begriffe und Resultate über **Wege** und **Zusammenhang** lassen sich auf topologische Räume sinnvoll übertragen.

Begriffe wie z. B. „Cauchy-Folge", „Vollständigkeit" oder „gleichmäßige Konvergenz" lassen sich im Rahmen topologischer Räume nicht definieren, die adäquate Verallgemeinerung ist die Theorie der *uniformen Räume*.

(c) $\Rightarrow$ (a): Wir arbeiten mit dem ε-δ-Kriterium. Wegen der Linearität von V gilt dann für alle $x, y \in V$ mit $\|x - y\|_V < \frac{\varepsilon}{C+1}$:

$$\|T(x) - T(y)\|_W = \|T(x - y)\|_W \leq C \cdot \|x - y\|_W$$
$$< C \cdot \frac{\varepsilon}{C + 1} < \varepsilon\,. \qquad \blacksquare$$

Kommentar: Eine lineare Abbildung mit der Eigenschaft (c) wird häufig als *beschränkt* bezeichnet. Dies ist aber etwas anderes, als eine beschränkte Funktion: Bei einer beschränkten Funktion ist das Bild eine beschränkte Menge. Bei der Eigenschaft (c) ist dagegen nur das Bild jeder beschränkten Menge wieder beschränkt. Das Bild $T(V)$ ist bei einer linearen Abbildung $T : V \to W$ immer ein linearer Unterraum von W und damit unbeschränkt, falls T nicht die Nullabbildung ist.

Beispiel Ist $V = C([a, b])$ der Vektorraum der stetigen, reellwertigen Funktionen auf $[a, b]$ versehen mit der Supremums-Norm $\|f\|_\infty$ und $I : V \to \mathbb{R}$ die durch das Integral $I(f) := \int_a^b f(x)\,\mathrm{d}x$ gegebene lineare Abbildung, dann ist I stetig, denn es gilt $|I(f)| \leq (b - a)\|f\|_\infty$ für alle $f \in V$. ◄

Der Satz über Stetigkeit von linearen Abbildungen auf Seite 780 besagt keineswegs, dass lineare Abbildungen immer stetig sind. Das folgende Beispiel zeigt dies. Gleich im Anschluss, im Zusammenhang mit der *Lipschitz-Stetigkeit* zeigen wir jedoch, dass eine lineare Abbildung zwischen endlichdimensionalen Räumen stets stetig ist. Es reicht sogar aus, dass das Bild der linearen Abbildung endlichdimensional ist.

Beispiel Seien $V = C^1([0, 1], \mathbb{R})$ und $W = C([0, 1], \mathbb{R})$, jeweils versehen mit der Supremums-Norm und $D : V \to W$ die lineare Abbildung $D(f) = f'$. Dann ist D nicht stetig, denn für die Funktionen $f_n \in V$ mit $f_n(x) = x^n$ gilt $\|f_n\|_\infty = 1$ und $\|Df_n\|_\infty = n$. Es gibt also keine Konstante $C \geq 0$ mit $\|Df_n\|_\infty \leq C\|f_n\|_\infty$ für alle $n \in \mathbb{N}$. ◄

Auch den Begriff der Lipschitz-Stetigkeit können wir in metrische Räume übertragen.

> **Lipschitz-Stetigkeit**
>
> Eine Abbildung $f : X \to Y$ zwischen metrischen Räumen heißt **lipschitz-stetig**, wenn es eine Konstante $L \geq 0$ gibt, sodass für alle $x, x' \in X$ gilt:
>
> $$d_Y(f(x), f(x')) \leq L \cdot d_X(x, x')\,.$$

Im Fall der Lipschitz-Stetigkeit hat man zu vorgegebenem $\varepsilon > 0$ mit $\delta = \frac{\varepsilon}{L+1}$ für jedes $a \in X$ die Aussage: Aus $x \in U_\delta(a)$ folgt:

$$d_Y(f(x), f(a)) \leq L\, d_X(x, y) \leq L\,\delta = \frac{L\,\varepsilon}{L + 1} < \varepsilon\,.$$

Also ist ein lipschitz-stetiges f immer global stetig, und es kann der Wert von δ, mit welchem die ε-δ-Bedingung erfüllt ist, unabhängig von der betrachteten Stelle a gewählt werden. Wie im eindimensionalen Fall spricht man von *gleichmäßiger Stetigkeit*. Wir werden auf die gleichmäßige Stetigkeit später noch genauer zu sprechen kommen.

Im folgenden Beispiel betrachten wir Klassen lipschitz-stetiger Abbildungen. Als zentrales Resultat wollen wir festhalten, dass lineare Abbildungen zwischen endlichdimensionalen Räumen lipschitz-stetig und damit stetig sind.

Beispiel

- Wir zeigen, dass jede lineare Abbildung $f : \mathbb{K}^n \to \mathbb{K}^m$ ($n, m \in \mathbb{N}$) lipschitz-stetig ist. $\mathbb{K}^n$ bzw. $\mathbb{K}^m$ seien dabei jeweils mit der Maximumsmetrik versehen, wegen der Äquivalenz aller Normen auf dem $\mathbb{K}^n$ gilt das Ergebnis aber genauso für jede andere Norm.

  Zum Beweis sei $(e_1, \ldots, e_n)$ die Standardbasis von $\mathbb{K}^n$, dann gilt für $x \in \mathbb{K}^n$ bzw. $a \in \mathbb{K}^n$:

  $$x = \sum_{j=1}^{n} x_j\, e_j \quad \text{und} \quad a = \sum_{j=1}^{n} a_j\, e_j$$

  mit eindeutig bestimmten Koeffizienten $x_j, a_j \in \mathbb{K}$, $1 \leq j \leq n$.

  Aus $x - a = \sum_{j=1}^{n}(x_j - a_j)\, e_j$ und der Linearität bzw. Eigenschaften von $\|\cdot\|_\infty$ folgt:

  $$\|f(x) - f(a)\|_\infty = \|f(x - a)\|_\infty$$
  $$= \left\| \sum_{j=1}^{n}(x_j - a_j)\, f(e_j) \right\|_\infty \leq \sum_{j=1}^{n} |x_j - a_j|\, \|f(e_j)\|_\infty$$
  $$\leq \|x - a\|_\infty \sum_{j=1}^{n} \|f(e_j)\|_\infty\,.$$

  Das zeigt die Lipschitz-Stetigkeit von f mit der Konstanten $L = \sum_{j=1}^{n} \|f(e_j)\|_\infty$.

- Ist $(V, \|\cdot\|)$ ein beliebiger normierter $\mathbb{K}$-Vektorraum, dann ist die Norm $\|\cdot\| : V \to \mathbb{R}$ lipschitz-stetig mit der Lipschitz-Konstanten 1, denn es gilt für beliebige $x, a \in V$:

  $$\big| \|x\| - \|a\| \big| \leq \|x - a\| = 1 \cdot \|x - a\|\,. \qquad ◄$$

Die algebraische Verträglichkeit von Stetigkeit liefert einfache Stetigkeitsnachweise

In Analogie zur Situation auf $\mathbb{R}$ oder $\mathbb{C}$ kann man Rechenregeln für stetige Funktionen formulieren; die Beweise mithilfe des Folgenkriteriums lassen sich im Wesentlichen wörtlich übertragen. Wir fassen uns deshalb kurz.

Satz (Permanenzeigenschaften stetiger Funktionen)

Seien $f : X \to \mathbb{K}$ und $g : X \to \mathbb{K}$ stetige Funktionen auf einem metrischen Raum X. Dann gilt:

(a) Die Abbildung $f + g \colon X \to W$ ist stetig.

(b) Die Abbildung $fg \colon X \to W$ ist stetig.

(c) Falls $g(a) \neq 0$ ist, ist auch die Abbildung

$$\frac{f}{g} \colon X \setminus \{\text{Nullstellen von } g\} \to W$$

stetig in a. Ist insbesondere $g(x) \neq 0$ für alle $x \in X$, dann ist auch $\frac{f}{g} \colon X \to W$ stetig.

Beispiel

- Eine Polynomfunktion $p \colon \mathbb{C}^n \to \mathbb{C}$ ist stetig. Hierbei hat eine Polynomfunktion auf $\mathbb{C}^n$ die Gestalt

$$x \mapsto \sum_{\substack{k_1,\ldots,k_n \in \mathbb{N}_0 \\ k_1 + \ldots + k_n \leq r}} c_{k_1 \ldots k_n}\, x_1^{k_1} \ldots x_n^{k_n}\,.$$

Da eine solche Funktion durch endlich viele Additionen und Multiplikationen aus der Koordinatenfunktion $x_1, \ldots, x_n$ und den Konstanten entsteht, folgt die Behauptung durch mehrfache Anwendung von (a) und (b).

- Die rationale Funktion

$$R \colon \mathbb{R}^2 \to \mathbb{R}, \quad (x, y) \mapsto \frac{x^2 + y^2 - 1}{x^2 + y^2 + 1}$$

ist stetig, denn Zähler und Nenner sind Polynomfunktionen, also stetig, und der Nenner besitzt keine Nullstellen. Somit ist R nach Aussage (c) stetig.

Allgemeiner sind alle rationalen Funktionen, also alle Quotienten von Polynomfunktionen, außerhalb der Nullstellenmenge des Nennerpolynoms stetig. ◀

Die Stetigkeit verträgt sich auch mit der Zusammensetzung von Funktionen.

> **Stetigkeit zusammengesetzter Funktionen**
>
> Sind $f \colon X \to Y$ stetig in a, $g \colon Y \to Z$ stetig in $f(a)$ und ist $f(X) \subseteq Y$, dann ist $g \circ f \colon X \to Z$ stetig in a. Kurz: Die Zusammensetzung stetiger Funktionen ist stetig.

Beweis: Sei (x_k) eine Folge mit $x_k \in X$ und $\lim_{k \to \infty} x_k = a$. Dann gilt wegen der Stetigkeit von f in a:

$$\lim_{k \to \infty} f(x_k) = f(a) = b\,.$$

Wegen der Stetigkeit von g in $b = f(a)$ folgt:

$$\lim_{k \to \infty} g\big(f(x_k)\big) = g(b) = g\big(f(a)\big),$$

also

$$\lim_{k \to \infty} (g \circ f)(x_k) = (g \circ f)(a)\,. \qquad \blacksquare$$

— **?** —

Geben Sie einen weiteren Beweis mithilfe der Umgebungscharakterisierung der Stetigkeit an.

Beispiel Sei $X = \big(\mathbb{K}^n, \|\ \|_2\big)$. Dann ist die Abbildung

$$h \colon X \to \mathbb{R}; \quad x \mapsto \exp(\|x\|_2^2) = \exp(x_1^2 + \ldots + x_n^2)$$

als Zusammensetzung der stetigen Abbildungen

$$f \colon X \to \mathbb{R};\ x \mapsto \|x\|_2^2 \ \text{ und } \ g \colon \mathbb{R} \to \mathbb{R};\ y \mapsto \exp y$$

stetig. ◀

Um die nächste Regel zu formulieren, ist eine kleine Vorbemerkung angebracht.

Sind (X, d) und $(Y_1, d_1), \ldots, (Y_m, d_m)$ metrische Räume, und ist

$$f \colon X \to Y := Y_1 \times \ldots \times Y_m$$

eine gegebene Abbildung, so kann man diese in „Komponenten" $f_j \colon \ \to X \to Y_j$ zerlegen, für die dann gilt: $f = (f_1, \ldots, f_m)$.

Jede Komponente kann man auffassen als Zusammensetzung $\mathrm{pr}_j \circ f$ von f mit der Projektion

$$\mathrm{pr}_j \colon Y := Y_1 \times \ldots \times Y_m \to Y_j; \quad (y_1, \ldots, y_m) \mapsto y_j\,.$$

Man erhält das folgende kommutative Diagramm.

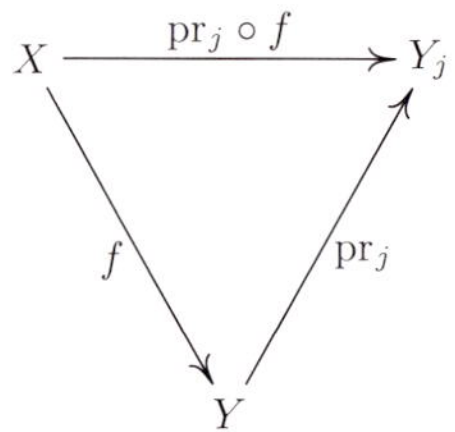

Da eine Folge (y_k) mit $y_k \in Y = Y_1 \times \ldots \times Y_m$ genau dann konvergiert, wenn jede Komponentenfolge in Y_j konvergiert, sind die Projektionen $\mathrm{pr}_j \colon Y_1 \times \ldots \times Y_m \to Y_j$ alle stetig ($1 \leq j \leq m$).

Sind umgekehrt für $j \in \{1, \ldots, n\}$ Abbildungen $f_j \colon X \to Y_j$ gegeben, so kann man diese durch

$$f := (f_1, \ldots, f_m) \colon X \to Y := Y_1 \times \ldots \times Y_m$$

zu einer Abbildung von X nach Y zusammenfassen.

> **Stetigkeit bei Abbildungen in Produkträume**
>
> (a) Sind X und $Y_1, \ldots, Y_m$ metrische Räume, und ist $Y = Y_1 \times \ldots \times Y_m$ ihr Produkt versehen mit der Produkt-Metrik, dann ist eine Abbildung
>
> $$f = (f_1, \ldots, f_m) \colon X \to Y$$
>
> genau dann stetig in $a \in X$, wenn alle Komponenten $f_j \colon X \to Y$ stetig in a sind.
>
> (b) Ist insbesondere jedes $Y_j = \mathbb{K}$ ($1 \leq j \leq m$), dann ist eine Abbildung
>
> $$f = (f_1, \ldots, f_m) \colon X \to \mathbb{K}^m$$
>
> genau dann stetig in a, wenn jede Komponentenfunktion $f_j \colon X \to \mathbb{K}$ ($1 \leq j \leq m$) stetig in a ist.

Beweis: Der Beweis ist nach der Vorbemerkung klar, denn die Konvergenz von $f(x_k) = (f_1(x_k), \ldots, f_m(x_k))$ gegen $(f_1(a), \ldots, f_m(a))$ ist äquivalent mit der komponentenweisen Konvergenz (siehe den Satz auf Seite 775). ∎

Die Teilaussage (b) kann man als **Reduktionslemma** betrachten: Bei der Untersuchung stetiger Abbildungen $f = (f_1, \ldots, f_m)\colon X \to \mathbb{K}^m$ kann man sich immer auf den Fall $m = 1$ zurückziehen.

Zum Abschluss betrachten wir noch die Umkehrabbildung einer bijektiven stetigen Abbildung. Ist diese auch wieder stetig? Sind (X, d_X) und (Y, d_Y) metrische Räume, und ist die Abbildung $f\colon X \to Y$ bijektiv, so existiert die Umkehrabbildung $g\colon Y \to X$, und es gilt:

$$g\big(f(x)\big) = x \ \text{ für alle } x \in X \quad \text{und}$$
$$f\big(g(y)\big) = y \ \text{ für alle } y \in Y\,.$$

Ist nun $U \subseteq X$ eine Teilmenge, so stimmt das Bild $f(U)$ mit dem Urbild $g^{-1}(U)$ überein:

$$g^{-1}(U) = \{y \in Y \mid g(y) \in U\} = \{y \in Y \mid x := g(y) \in U\}$$
$$= \{f(x) \mid x \in U\} = f(U)\,.$$

Daher ist die Umkehrabbildung g von f genau dann stetig auf Y, wenn das Bild jeder offenen Teilmenge $U \subseteq X$ unter f wieder offen in Y ist. Diese Eigenschaft liefert den Schlüssel zur Definition der Stetigkeit in allgemeinen topologischen Räumen (siehe dazu die Vertiefungsbox auf Seite 782)

Ferner liefert der Zusammenhang ein weiteres Beispiel dafür, dass Urbilder sich oft „besser" verhalten als Bilder, so ist z. B. das Urbild mit Schnitt und Vereinigung kompatibel, das Bild nicht (vgl. Kapitel 2, insbesondere Aufgabe 2.8).

Homöomorphismen sind diejenigen Abbildungen zwischen topologischen Räumen, die die topologischen Eigenschaften erhalten

Ist die Umkehrabbildung einer bijektiven Abbildung $f\colon X \to Y$ stetig, so bildet f nach der vorangegangenen Überlegung offene Mengen auf offene Mengen ab. Ist auch f stetig, so gilt auch die Umkehrung, und wir können offene Mengen in X mit ihren Bildern in Y identifizieren. Solche Abbildungen f bekommen einen besonderen Namen.

Homöomorphismus

Eine stetige, bijektive Abbildung $f\colon X \to Y$ zwischen metrischen Räumen (X, d_X) und (Y, d_Y), für welche die Umkehrabbildung $f^{-1}\colon Y \to X$ ebenfalls stetig ist, heißt **Homöomorphismus**.

Eine bijektive Abbildung $f\colon X \to Y$ ist also genau dann ein Homöomorphismus, wenn für eine beliebige Teilmenge $U \subseteq X$ gilt:

$$U \text{ offen in } X \Leftrightarrow f(U) \text{ offen in } Y.$$

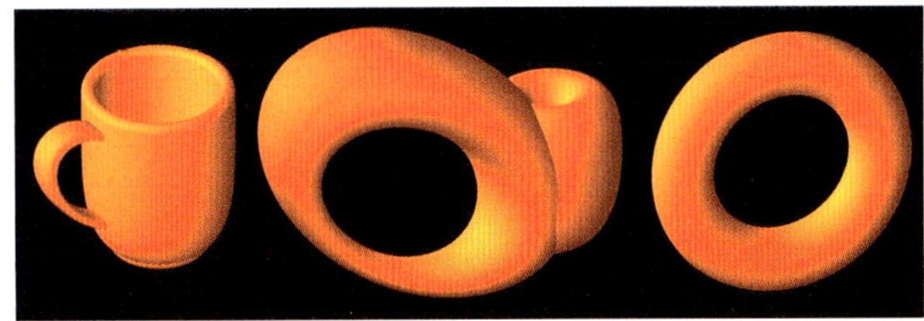

Abbildung 19.15 Eine Kaffeetasse und ein Torus (ein „Donut") sind homöomorph, da sie sich stetig ineinander transformieren lassen.

Man nennt zwei metrische Räume X und Y **homöomorph**, wenn es einen Homöomorphismus $f\colon X \to Y$ gibt. Aussagen über offene oder abgeschlossene Teilmengen von X lassen sich mittels eines Homöomorphismus in entsprechende Aussagen in Y übersetzen. Man sagt auch, dass X und Y dieselbe *topologische Struktur* haben.

Beispiel

- Betrachtet man $\mathbb{R}$ mit der natürlichen Metrik. Dann sind die Abbildungen

$$\tan\colon \left(-\frac{\pi}{2}, \frac{\pi}{2}\right) \to \mathbb{R} \ \text{ und } \ \arctan\colon \mathbb{R} \to \left(-\frac{\pi}{2}, \frac{\pi}{2}\right)$$

jeweils stetig und Umkehrabbildungen voneinander. Daher ist $\mathbb{R}$ homöomorph zum Intervall $\left(-\frac{\pi}{2}, \frac{\pi}{2}\right)$.

- Wir betrachten ein Beispiel für nicht homöomorphe Mengen. Dazu seien $a < b < c < d$ reelle Zahlen und wir versehen $X = (a, b) \cup (c, d)$ mit der durch $\mathbb{R}$ induzierten Metrik. Dann sind (a, b) und (c, d) sowohl offen als auch abgeschlossen in X. Jetzt nehmen wir an, es gäbe einen Homöomorphismus $f\colon X \to \mathbb{R}$. Dann sind auch $U = f((a, b))$ und $V = f((c, d))$ offen und abgeschlossen in $\mathbb{R}$, ferner gilt $\mathbb{R} = U \cup V$ und $U \cap V = \emptyset$. Da aber die einzigen offenen und zugleich abgeschlossenen Teilmengen von $\mathbb{R}$ die Mengen $\emptyset$ und $\mathbb{R}$ sind, ist entweder U oder V die leere Menge. Dies ist ein Widerspruch. Dieses Beispiel zeigt, dass ein Homöomorphismus in unserer Anschauung *zusammenhängende* Teile einer Menge auch auf zusammenhängende Bilder, getrennte Teile auf getrennte Bilder abbilden muss. Wir werden diese Aspekte im Abschnitt 19.4 vertiefen. Klassisch in diesem Zusammenhang sind auch Beispiele zur Charakterisierung von Mengen mit *Löchern* (siehe Abb. 19.15).

- Wir betrachten im $\mathbb{R}^n$ die euklidische Metrik $\|\ \|_2$ und die Abbildungen

$$f := \mathbb{R}^n \to U_1(0) := \{x \in \mathbb{R}^n \mid \|x\|_2 < 1\};$$
$$x \mapsto \frac{x}{1 + \|x\|_2}\,,$$
$$g := U_1(0) \to \mathbb{R}^n \mid y \mapsto \frac{y}{1 - \|y\|_2}\,.$$

Beide Abbildungen sind stetig und Umkehrungen voneinander. Daher sind der ganze $\mathbb{R}^n$ und die (offene) euklidische Einheitskugel $U_1(0)$ homöomorph. ◀

?

- Können Sie einen Homöomorphismus $f : \mathbb{R} \to (-1, 1)$ angeben?
- Sind die offenen Einheitskugeln $U_1(0)$ bezüglich euklidischer Norm, der Maximumsnorm bzw. der Eins-Norm in $\mathbb{R}^n$ homöomorph?

Das folgende Beispiel ist ein sehr wichtiges Beispiel eines Homöomorphismus.

Beispiel Wir identifizieren den $\mathbb{R}^3$ mit $\mathbb{C} \times \mathbb{R}$ und identifizieren $\mathbb{C}$ mit $\mathbb{C} \times \{0\} \subseteq \mathbb{R}^3$ und schreiben die (euklidische) Einheitssphäre in $\mathbb{R}^3$ als

$$\mathbb{S}^2 = \{(w, t) \in \mathbb{C} \times \mathbb{R}; \ |w|^2 + t^2 = 1\}.$$

Ferner sei $N = (0, 1) \in \mathbb{C} \times \mathbb{R}$ der „Nordpol" der Sphäre $\mathbb{S}^2$.

Dann werden durch

$$\sigma : \mathbb{S}^2 \setminus \{N\} \to \mathbb{C}; \quad (w, t) \mapsto \frac{w}{1 - t},$$

$$\tau : \mathbb{C} \to \mathbb{S}^2 \setminus \{N\}; \qquad z \mapsto \left(\frac{2z}{|z|^2 + 1}, \frac{|z|^2 - 1}{|z|^2 + 1} \right)$$

stetige Abbildungen definiert, die Umkehrungen voneinander sind (siehe Abb. 19.16). Man rechne dies nach.

Daher sind die im Nordpol punktierte Sphäre $\mathbb{S}^2 \setminus \{N\}$ und die komplexe Zahlenebene $\mathbb{C}$ homöomorph.

σ nennt man auch **stereografische Projektion**. ◄

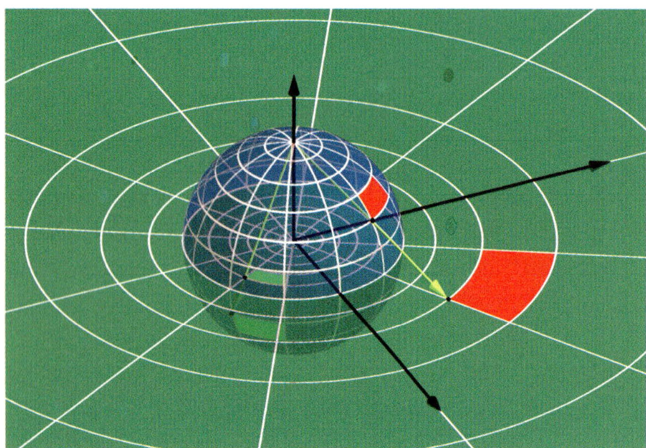

Abbildung 19.16 Die stereografische Projektion bildet die komplexe Zahlenebene homöomorph auf die punktierte Sphäre ab.

?

Wenn der Punkt $(w, t) \in \mathbb{S}^2$ bei der stereografischen Projektion in den Nordpol „wandert", wohin wandert dann der Bildpunkt $\sigma(w, t) \in \mathbb{C}$?

Eine stetige, bijektive Abbildung $f : X \to Y$ muss keine stetige Umkehrabbildung haben, wie das nächste Beispiel zeigt.

Beispiel
Wir betrachten $X := [0, 1)$ und die Einheitskreislinie $S^1 := \{(x, y) \in \mathbb{R}^2 \mid x^2 + y^2 = 1\}$ mit der von $\mathbb{R}^2$ induzierten Metrik und die Abbildung

$$f : X \to Y, \quad t \mapsto (\cos 2\pi t, \ \sin 2\pi t).$$

Dann ist f stetig und bijektiv, also existiert die Umkehrabbildung $g : S^1 \to X$. Diese ist jedoch unstetig im Punkt $(1, 0)$. Dann betrachtet man eine Folge $z_k = (z_{k1}, z_{k2}) \in S^1$ mit $z_{k2} < 0$ und $\lim_{k \to \infty} z_k = (1, 0)$, dann konvergiert die Bildfolge $\big(g(z_k)\big)$ gegen 1, aber $g(1, 0) = 0$. ◄

Die Tatsache, dass eine Abbildung f zwar bijektiv und stetig, aber kein Homöomorphismus ist, schließt nicht von vornherein aus, dass es eventuell doch einen Homöomorphismus $h : [0, 1) \to S^1$ gibt.

Mithilfe des **Kompaktheitsbegriffs**, den wir im nächsten Abschnitt untersuchen, können wir das aber ausschließen. Dort werden wir auch ein sehr einfaches und brauchbares **Homöomorphiekriterium** kennenlernen.

Die Grenzfunktion einer gleichmäßig konvergenten Folge stetiger Funktionen ist stetig

Im Zusammenhang mit der Lipschitz-Stetigkeit linearer Funktionen sind wir auf den Fall gestoßen, dass die Wahl der Zahl δ in der ε-δ-Bedingung unabhängig von der konkret betrachteten Stelle a ist. Im eindimensionalen Fall hatten wir hier von *gleichmäßiger Konvergenz* gesprochen. Dieser Begriff hat auch bei der Einführung des Integrals über Regelfunktionen (siehe Seite 644) die zentrale Rolle gespielt. Eine wichtige Aussage in diesem Zusammenhang ist, dass eine Folge (f_k) von stetigen Funktionen f_k mit einem Intervall $D \subseteq \mathbb{R}$ als Definitionsbereich, die gleichmäßig auf D konvergiert, eine stetige Grenzfunktion f auf D besitzt. Wir wollen diesen Satz verallgemeinern und benötigen dazu den Begriff der gleichmäßigen Konvergenz in metrischen Räumen.

Gleichmäßige Konvergenz in metrischen Räumen

Seien $X = (X, d_X)$ und $Y = (Y, d_Y)$ metrische Räume, $f_k : X \to Y$, $k \in \mathbb{N}$, und $f : X \to Y$ Abbildungen. Man sagt: Die Folge (f_k) **konvergiert gleichmäßig** gegen f, falls zu jedem $\varepsilon > 0$ ein $N \in \mathbb{N}$ existiert, sodass für alle $x \in X$ und alle $k \geq N$ gilt:

$$d_Y \big(f_n(x), f(x)\big) < \varepsilon.$$

Die entscheidende Eigenschaft gleichmäßig konvergenter Funktionenfolgen besteht darin, dass die Stetigkeit der Folgenglieder bei der Grenzwertbildung erhalten bleibt.

Stetigkeit der Grenzfunktion bei gleichmäßiger Konvergenz

Sind (X, d_X) und (Y, d_Y) metrische Räume, und ist (f_k) eine Folge stetiger Funktionen $f_k \colon X \to Y$, die gleichmäßig gegen die Funktion $f \colon X \to Y$ konvergiert, dann ist auch f stetig.

Beweis: Wir zeigen die Stetigkeit von f in einem beliebigen Punkt $a \in X$. Die Schlüsselungleichung ist die folgende:

$$d_Y(f(x), f(a)) \le d_Y(f(x), f_N(x))$$
$$+ d_Y(f_N(x), f_N(a)) + d_Y(f_N(a), f(a)).$$

Wir wählen zunächst N so groß, dass die beiden äußeren Terme zusammen kleiner als $\frac{\varepsilon}{2}$ sind, unabhängig von der Wahl von x und a. Dies gelingt wegen der gleichmäßigen Konvergenz der Funktionenfolge. Für dieses feste N wird der mittlere Term wegen der Stetigkeit von f_N in a ebenfalls kleiner als $\frac{\varepsilon}{2}$ für alle $x \in X$ mit $x \in U_\delta(a)$ mit einem geeigneten $\delta > 0$. ∎

Für die stetigen Funktionen auf einem kompakten Intervall ist die gleichmäßige Konvergenz gleichbedeutend mit Konvergenz bezüglich der Supremumsmetrik. Um dies einzusehen, betrachten wir ein kompaktes Intervall $I \subseteq \mathbb{R}$ und eine Folge (f_n) auf I stetiger Funktionen sowie $f \in C(I)$.

Konvergiert (f_n) gleichmäßig gegen f, so existiert für $\varepsilon > 0$ ein $N \in \mathbb{N}$ mit

$$\sup_{x \in I} |f_n(x) - f(x)| < \varepsilon \quad \text{für alle } n \ge N.$$

Dies heißt gerade, dass $\lim_{n \to \infty} \| f_n - f \|_\infty = 0$ ist.

Liegt umgekehrt Konvergenz bezüglich der Supremumsnorm vor, so bedeutet dies, dass für gegebenes $\varepsilon > 0$ ein $N \in \mathbb{N}$ existiert, sodass für jedes $x \in I$ gilt:

$$|f_n(x) - f(x)| \le \sup_{z \in I} |f_n(z) - f(z)| < \varepsilon \quad \text{für alle } n \ge N.$$

Damit konvergiert (f_n) gleichmäßig gegen f. Im Zusammenhang mit der Betrachtung von Banach-Räumen in Abschnitt 19.6 werden wir hierauf zurückkommen.

19.3 Kompaktheit

In Kapitel 9 hatten wir eine Teilmenge $K \subseteq \mathbb{R}$ oder $K \subseteq \mathbb{C}$ *kompakt* genannt, wenn sie abgeschlossen und beschränkt ist. Dabei bedeutete „abgeschlossen", dass der Grenzwert jeder konvergenten Folge (a_k), $a_k \in K$, wieder in K liegt. Diese Eigenschaft ist die sogenannte **Folgenabgeschlossenheit**. In der Zwischenzeit wissen wir, dass dieser Begriff der „Folgenabgeschlossenheit" mit dem Abgeschlossenheitsbegriff in metrischen Räumen X äquivalent ist, und in diesem Fall demzufolge $X \setminus K$ offen ist.

Ferner haben wir die *Bolzano-Weierstraß-Charakterisierung* des Begriffs „kompakt" kennengelernt: „Eine Teilmenge $K \subseteq \mathbb{K}$ ($\mathbb{K} = \mathbb{R}$ oder $\mathbb{K} = \mathbb{C}$) ist genau dann kompakt, wenn jede Folge von Elementen aus K eine Teilfolge besitzt, die gegen einen Punkt aus K konvergiert."

Beispiel Typische Beispiele kompakter Teilmengen aus Kapitel 9 sind:

- Im Fall $\mathbb{K} = \mathbb{R}$ sind die prototypischen kompakten Mengen die „kompakten Intervalle", also Intervalle vom Typ $[a, b]$, $a, b \in \mathbb{R}$, $a \le b$.

- Im Fall $K = \mathbb{C} \, (= \mathbb{R}^2)$ sind die kompakten Kreisscheiben

$$K := \{ z \in \mathbb{C}; \ |z| \le r \}, \ (r \ge 0),$$

oder allgemeine Kreisscheiben

$$\overline{U}_r(a) = \{ z \in \mathbb{C}; \ |z - a| \le r \}; \ a \in \mathbb{C}, \ r \ge 0,$$

oder auch Produkte von kompakten Intervallen

$$[a, b] \times [c, d]$$

mit $a, b, c, d \in \mathbb{R}$; $a \le b$, $c \le d$ Beispiele kompakter Mengen. ◀

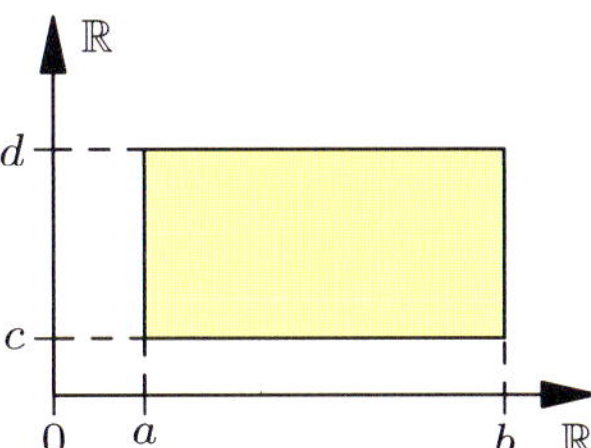

Abbildung 19.17 Das kartesische Produkt kompakter Intervalle ist wieder eine kompakte Menge.

Ferner wissen wir seit Kapitel 9, dass eine stetige Funktion $f \colon [a, b] \to \mathbb{R}$ auf $[a, b]$ ein Maximum und ein Minimum besitzt, und somit insbesondere beschränkt ist auf dem kompakten Intervall $[a, b]$.

Wir wollen in diesem Abschnitt den Begriff des kompakten Intervalls so verallgemeinern, dass die zu definierenden kompakten metrischen Räume X wieder die Eigenschaft haben, dass z. B. jede stetige Funktion $f \colon X \to \mathbb{R}$ ein Maximum bzw. Minimum auf X besitzt. Dazu benötigen wir einen allgemeineren Kompaktheitsbegriff, den der *Überdeckungs-Kompaktheit*.

Für die Standardmetriken werden wir jedoch zeigen, dass eine Teilmenge $K \subseteq \mathbb{K}^n$ genau dann (überdeckungs-)kompakt ist, wenn sie beschränkt und abgeschlossen ist. Dies ist das Theorem von Heine-Borel. Im $\mathbb{K}^n$ stimmen also der bisher verwendete Kompaktheitsbegriff (kompakt entspricht abgeschlossen und beschränkt) mit dem nun zu definierenden Kompaktheitsbegriff überein.

Wir beschäftigen uns zunächst mit dem Begriff der *Überdeckung*. Dazu zunächst einige Beispiele.

Unter der Lupe: Vertauschung von Grenzprozessen

Eine zentrale Fragestellung in der Analysis ist, ob zwei nacheinander durchzuführende Grenzübergänge miteinander vertauscht werden dürfen. Der Satz **Stetigkeit der Grenzfunktion bei gleichmäßiger Konvergenz** von Seite 787 ist ein Beispiel dafür. Andere Beispiele sind Aussagen über die Differenzierbarkeit des Grenzwerts differenzierbarer Funktionen oder Sätze aus der Integrationstheorie wie der **Satz von Beppo Levi** (siehe Seite 630), der **Lebesgue'sche Konvergenzsatz** (siehe Seite 639) oder die daraus abgeleiteten Sätze über die Stetigkeit oder Differenzierbarkeit von Parameterintegralen (siehe Abschnitt 16.6).

Stetigkeit einer Grenzfunktion: Wir betrachten die Situation einer Folge (f_n) stetiger Funktionen $f_n \colon I \to \mathbb{R}$ auf einem Intervall I, die punktweise gegen eine Grenzfunktion $f \colon I \to \mathbb{R}$ konvergiert. Die Frage, ob diese Grenzfunktion f selbst stetig ist, charakterisiert man durch die Formulierung: Gilt für jedes $x \in I$ und jede Folge (x_k) aus I, die gegen x konvergiert, die Formel

$$\lim_{n \to \infty} \lim_{k \to \infty} f_n(x_k) = \lim_{k \to \infty} \lim_{n \to \infty} f_n(x_k) \; ?$$

Da die f_n als stetig vorausgesetzt sind, ist die linke Seite nämlich $f(x)$, die rechte Seite wegen der punktweisen Konvergenz der f_n gleich $\lim_{k \to \infty} f(x_k)$. Es geht also um die Vertauschung zweier Grenzprozesse.

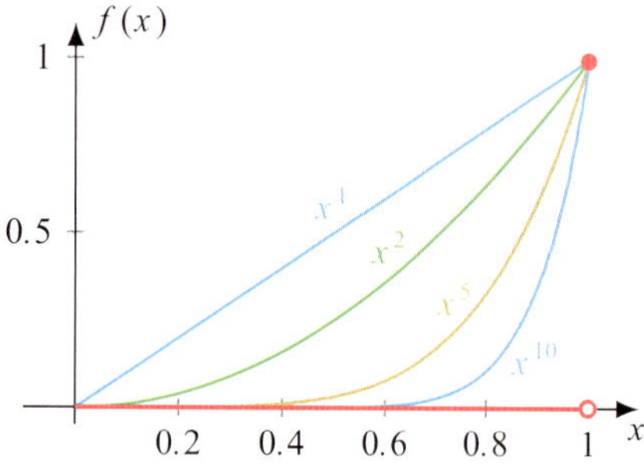

Dass die Formel im Allgemeinen falsch ist, zeigt das einfache Beispiel der Folge der Monome (x^n) auf dem Intervall $I = [0, 1]$, das auch in der Abbildung dargestellt ist. Punktweise konvergiert die Folge gegen die Grenzfunktion

$$f(x) = \begin{cases} 0, & x \in [0, 1), \\ 1, & x = 1, \end{cases}$$

und diese Funktion ist offensichtlich nicht stetig.

Die entscheidende notwendige Voraussetzung, damit die Vertauschung möglich ist, ist nach dem Satz von Seite 787 die **Gleichmäßigkeit** der Konvergenz.

Weitere Beispiele: Die oben beschriebene Argumentation über die gleichmäßige Konvergenz ist uns schon an anderer Stelle in diesem Buch begegnet. Auf Seite 386 wurde die **Stetigkeit von Potenzreihen** bewiesen. Eine genauere Betrachtung der Argumentation dort zeigt, dass damit die gleichmäßige Konvergenz der Partialsummen gegen die Potenzreihe auf jeder kompakten Teilmenge des Konvergenzkreises gezeigt wird.

Ganz ähnlich verhält es sich mit der Differenzierbarkeit von Potenzreihen. Wie in der Box auf Seite 572 dargelegt wird, ist hier die gleichmäßige Konvergenz der Ableitungen der Partialsummen gegen die gliedweise Ableitung der Potenzreihe entscheidend. Das gilt übrigens auch allgemeiner für differenzierbare Funktionen:

Ist I ein Intervall und $f_n : I \to \mathbb{R}$ differenzierbar, punktweise konvergent gegen $f : I \to \mathbb{R}$ und konvergiert f_n' gleichmäßig gegen $g : I \to \mathbb{R}$, so ist f differenzierbar auf I und $f' = g$.

Diese Aussage findet sich auch impliziert in der Aussage auf Seite 809 wieder, dass der Raum der stetig differenzierbaren Funktionen ein Banach-Raum ist, wenn die Norm die Summe der Supremumsnormen von f und f' ist. Konvergenz bezüglich der Supremumsnorm ist gleichbedeutend mit gleichmäßiger Konvergenz.

Die Vertauschbarkeit von Grenzprozessen ist auch die zentrale Aussage von vielen Sätzen der Integrationstheorie. Als Beispiel betrachten wir den Lebesgue'schen Konvergenzsatz von Seite 639. Eine Folge auf einem Intervall I integrierbarer Funktionen f_n konvergiert fast überall punktweise gegen $f : I \to \mathbb{R}$. Gilt nun

$$\lim_{n \to \infty} \int_I f_n(x) \, \mathrm{d}x = \int_I \lim_{n \to \infty} f_n(x) \, \mathrm{d}$$
$$= \int_I f(x) \, \mathrm{d}x \; ?$$

Die Approximation von f durch f_n wird hier vertauscht mit der Bildung des Integrals. Beides ist mathematisch durch Grenzübergänge erklärt.

Die entscheidende Voraussetzung, damit diese Formel richtig ist, ist hier die Beschränktheit *aller* Funktionen f_n durch eine einzige integrierbare Funktion g, also die *gleichmäßige Beschränktheit* der f_n. Die Beispiele auf den Seiten 638–640 belegen, dass die Aussage des Konvergenzsatzes ohne diese Voraussetzung falsch ist.

Fazit: Damit die Vertauschung von Grenzübergängen möglich ist, muss immer eine Gleichmäßigkeitseigenschaft erfüllt sein. Bei jeder Vertauschung von Grenzübergängen ist Vorsicht geboten: Es muss immer überprüft werden, ob die entsprechende Voraussetzung erfüllt ist.

Beispiel

- Betrachtet man in $\mathbb{R}^2$ (mit der euklidischen Metrik) alle offenen Kreisscheiben $U_1(p)$ vom Radius 1 und Mittelpunkt $p = (m, n) \in \mathbb{Z} \times \mathbb{Z}$, dann liegt jeder Punkt $z = (x, y) \in \mathbb{R} \times \mathbb{R}$ in mindestens einer dieser Kreisscheiben. Die Vereinigung aller dieser Kreisscheiben überdeckt also den ganzen $\mathbb{R}^2$ (Abb. 19.18):

$$\mathbb{R}^2 \subseteq \bigcup_{p \in \mathbb{Z}^2} U_1(p) \,.$$

Da jede dieser Kreisscheiben Teilmenge von $\mathbb{R}^2$ ist, gilt sogar Gleichheit.

- Nimmt man jedoch alle Kreisscheiben mit ganzzahligen Mittelpunkten und jeweils Radius $\frac{1}{2}$, dann gibt es Punkte $z = (x, y) \in \mathbb{R}^2$, die in keiner dieser Kreisscheiben liegen (siehe Abbildung 19.19). Zum Beispiel liegt der Punkt $\left(\frac{1}{2}, \frac{1}{2}\right) \in \mathbb{R}^2$ in keiner dieser offenen Kreisscheiben. Die Kreisscheiben $U_{\frac{1}{2}}(p)$, $p \in \mathbb{Z}^2$, bilden keine Überdeckung von $\mathbb{R}^2$.

- Wir betrachten eine offene Kugel $U_r(a)$ in $\mathbb{R}^n$ bezüglich der euklidischen Metrik und einen festen Punkt $y \in \mathbb{R}^n$ mit $d(y, a) = r$, also einen Randpunkt der Kugel. Für $k \in \mathbb{N}$ setzen wir:

$$U_k = \left\{ z \in U_r(a) \mid d(z, y) > \frac{1}{k} \right\} \,.$$

Wir erhalten so ein System offener Mengen $(U_k)_{k \in \mathbb{N}}$. Da für $z \in U_r(a)$ stets $d(z, y) > 0$ gilt, bilden die $(U_k)_{k \in \mathbb{N}}$ eine offene Überdeckung von $U_r(a)$, also gilt $U_r(a) \subseteq \bigcup_{k \in \mathbb{N}} U_k$ (Abb. 19.20).

Es ist auch evident, dass nicht schon endlich viele U_k ausreichen, um $U_r(a)$ zu überdecken, denn andernfalls hätte man $U_r(a) = U_k$ für ein geeignetes $k \in \mathbb{N}$, da die U_k eine aufsteigende Folge von Teilmengen von $U_r(a)$ bilden.

- Man erhält eine weitere Überdeckung von $U_r(a)$, indem man zu jedem $z \in U_r(a)$ die offene Kugel $U_z = U_{r/2}(z)$ wählt. Offensichtlich gilt $U_r(a) \subseteq \bigcup_{z \in U_r(a)} U_z$. Hier braucht man nicht alle U_z, um $U_r(a)$ zu überdecken, es reichen endlich viele geeignete U_z aus. ◄

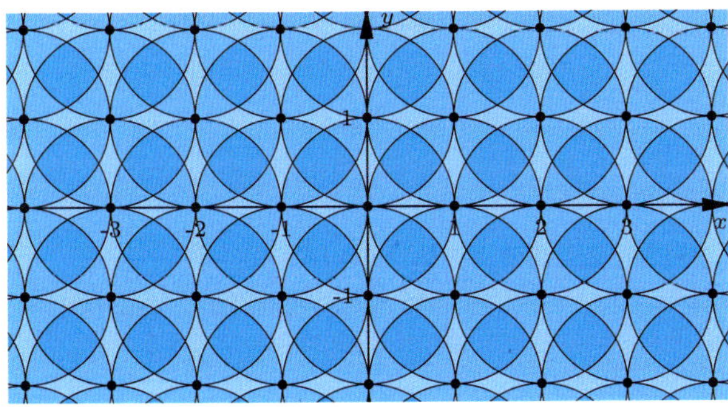

Abbildung 19.18 Die Vereinigung aller Kreisscheiben $U_1(p)$ mit $p \in \mathbb{Z}^2$ überdeckt den $\mathbb{R}^2$.

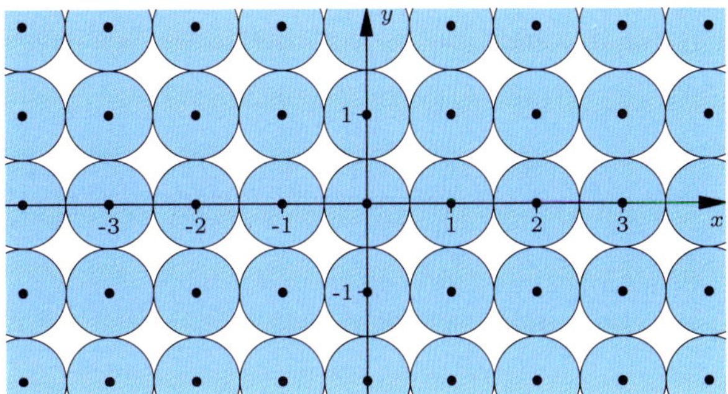

Abbildung 19.19 Die Vereinigung aller Kreisscheiben $U_{1/2}(p)$ mit $p \in \mathbb{Z}^2$ überdeckt den $\mathbb{R}^2$ nicht.

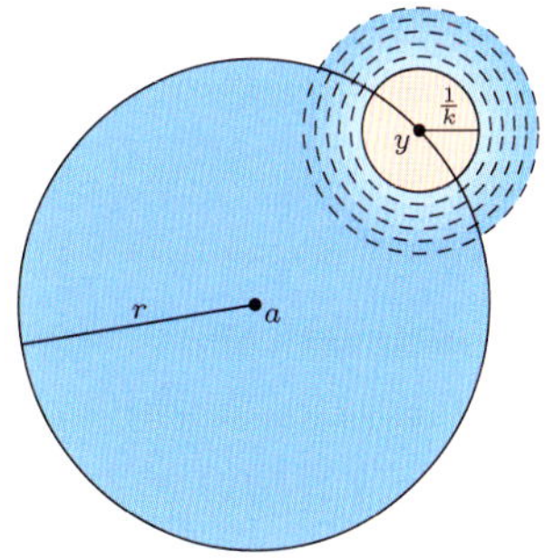

Abbildung 19.20 Die Vereinigung aller U_k überdeckt $U_r(a)$, aber endlich viele dieser Mengen reichen nicht aus, um $U_r(a)$ zu überdecken.

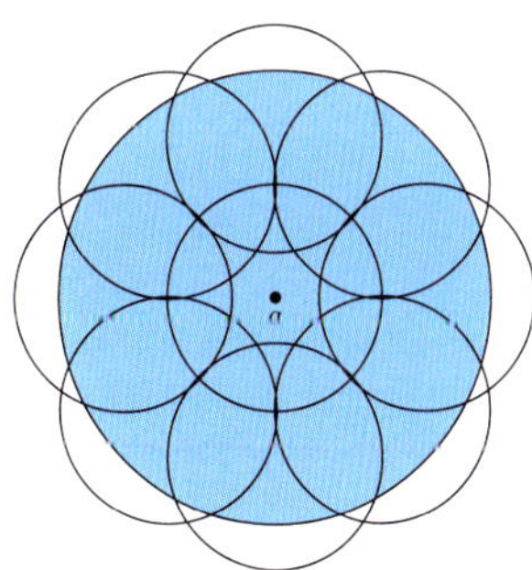

Abbildung 19.21 Hier wird $U_r(a)$ durch endlich viele offene Mengen überdeckt.

Die vorhergehenden Beispiele und Überlegungen motivieren die folgende Begriffsbildung.

Überdeckung, Teilüberdeckung

Seien (X, d) ein metrischer Raum und $D \subseteq X$. Ein System von Teilmengen U_j, $j \in J$, wobei J eine beliebige Indexmenge $\neq \emptyset$ ist, heißt **Überdeckung** von D, wenn

$$D \subseteq \bigcup_{j \in J} U_j$$

gilt, wenn also jeder Punkt $x \in D$ in mindestens einer Teilmenge U_j liegt.

Die Überdeckung heißt **offen**, wenn jede Menge U_j eine offene Teilmenge von X ist.

Ist $(U_j)_{j\in J}$ eine Überdeckung von D und $J_0 \subseteq J$ und gilt schon

$$D \subseteq \bigcup_{j\in J_0} U_j\,,$$

dann heißt das System $(U_j)_{j\in J_0}$ eine **Teilüberdeckung** von $(U_j)_{j\in J}$.

Ist dabei J_0 eine *endliche* Menge, so spricht man von einer **endlichen Teilüberdeckung**.

Die vorigen Beispiele zeigen, dass es bei einer vorgegebenen Menge D (hier $D = U_r(a)$) sowohl offene Überdeckungen $(U_j)_{j\in J}$ gibt, bei denen endlich viele U_j ausreichen, um D zu überdecken (letztes Beispiel), als auch offene Überdeckungen, bei denen das nicht der Fall ist (etwa das vorletzte Beispiel). Wir wollen nun diejenigen Mengen herausstellen, bei denen *jede* offene Überdeckung von K eine endliche Teilüberdeckung enthält.

(Überdeckungs-) Kompaktheit

Sei (X, d) ein metrischer Raum. Eine Teilmenge $K \subseteq X$ heißt **kompakt**, wenn es zu *jeder* Überdeckung $(U_j)_{j\in J}$ von K durch (in X) offene Mengen U_j eine endliche Teilüberdeckung gibt, d. h., es gibt eine endliche Teilmenge $J_0 = \{j_1, \ldots, j_r\} \subseteq J$ mit

$$K \subseteq \bigcup_{k=1}^{r} U_{j_k}\,.$$

Achtung: Die Definition besagt *nicht*, dass K kompakt ist, wenn K eine endliche Überdeckung durch offene Mengen besitzt, sondern dass bei einer *beliebigen* Überdeckung durch offene Mengen bereits immer endlich viele ausreichen, um K zu überdecken!

?

Wieso besitzt eine beliebige Teilmenge M eines metrischen Raums X immer eine Überdeckung aus offenen Mengen?

Beispiel

- Eine offene Kreisscheibe $U_r(a)$ in $\mathbb{R}^n$ (mit der euklidischen Metrik) ist nicht kompakt, wie das vorletzte Beispiel zeigt.
- Sind $x_1, \ldots, x_r$ endlich viele (verschiedene) Punkte eines metrischen Raums X, so ist $K = \{x_1, \ldots, x_r\}$ kompakt.
- Ist (X, d) ein metrischer Raum, und sind (x_k) eine konvergente Folge in X und $a = \lim_{k\to\infty} x_k$, so ist die Menge

$$K = \{x_k \mid k \in \mathbb{N}\} \cup \{a\} \subseteq X$$

kompakt.

Ist nämlich $(U_j)_{j\in J}$ eine beliebige offene Überdeckung von K, so gibt es, da $a \in K$ gilt, ein $j^* \in J$ mit $a \in U_{j^*}$. Da U_{j^*} offen ist, ist U_{j^*} eine Umgebung von a, in der fast

alle Glieder der Folge (a_k) liegen: Es gibt also ein $N \in \mathbb{N}$, sodass für alle $k \geq N$ gilt $a_k \in U_{j^*}$.

Andererseits liegt jedes Folgenglied x_k in einem geeigneten U_{j_k} ($j_k \in J$). Offensichtlich gilt dann bereits:

$$K \subseteq U_{j_1} \cup U_{j_2} \cup \ldots \cup U_{j_{N-1}} \cup U_{j^*}\,,$$

d. h., wir haben eine endliche Teilüberdeckung konstruiert.

- Lässt man im letzten Beispiel den Grenzwert in der Definition von K weg, so wird die Behauptung falsch. Als Gegenbeispiel betrachten wir die Menge $M = \left\{\frac{1}{k}; k \in \mathbb{N}\right\} \subseteq \mathbb{R}$. Dies ist keine kompakte Teilmenge von $\mathbb{R}$.

Betrachtet man nämlich die offene Überdeckung von M mit

$$U_1 := \left(\frac{1}{2},\, 2\right); \quad U_k = \left(\frac{1}{k+1},\, \frac{1}{k-1}\right); \quad k \geq 2\,,$$

so sind die U_k offen und $(U_k)_{k\geq 1}$ ist eine offene Überdeckung von M. Dabei gilt $U_k \cap M = \left\{\frac{1}{k}\right\}$, jedes U_k enthält also genau einen Punkt von M, nämlich $\frac{1}{k}$. Deshalb kann M von keinem endlichen Teilsystem $(U_{k_1}, U_{k_2}, \ldots, U_{k_n})$ überdeckt werden.

Das Beispiel zeigt auch: Um nachzuweisen, dass eine Teilmenge $M \subseteq X$ *nicht* kompakt ist, genügt es, *eine* offene Überdeckung von M anzugeben, aus der man keine endliche Teilüberdeckung auswählen kann. ◀

Weitere wichtige Klassen kompakter Mengen werden wir in den nachfolgenden Sätzen kennenlernen.

Ist ein metrischer Raum X kompakt, so ist häufig folgende, **Kompaktheitsschluss** genannte Schlussweise möglich:

Wir bezeichnen mit $E(U)$ eine Eigenschaft oder einen Sachverhalt, der für jede offene Teilmenge U von X entweder gilt oder nicht gilt. Folgt aus $E(U)$ und $E(V)$, dass auch $E(U \cup V)$ richtig ist, und gibt es zu jedem Punkt $x \in X$ eine – wenn auch noch so kleine – offene Umgebung U_x, für die $E(U_x)$ gilt, dann ist sogar $E(X)$ richtig, also ganz X hat die Eigenschaft.

Beweis: Mittels Induktion zeigt man, dass E für die Vereinigung von endlich vielen offenen Mengen U aus X gilt, und damit gilt E wegen

$$X = U_{x_1} \cup \ldots \cup U_{x_r}$$

mit geeigneten $x_j \in X$ auch für X. ∎

Dieser Kompaktheitsschluss erlaubt es häufig, von lokalen Sachverhalten auf globale Sachverhalte zu schließen. Wir zeigen das am Beispiel lokal beschränkter Funktionen und lokal gleichmäßig beschränkter Funktionenfolgen auf kompakten Mengen.

Als ein Beispiel betrachten wir eine Funktion $f : X \to \mathbb{R}$ auf einem metrischen Raum X. Eine solche Funktion heißt **lokal**

beschränkt, wenn es zu jedem $x \in X$ eine (o. E. offene) Umgebung U_x und eine Zahl $c_x \in \mathbb{R}$ gibt mit

$$|f(x)| \leq c_x \quad \text{für alle } x \in U_x.$$

Eine lokal beschränkte Funktion muss nicht beschränkt sein. So ist etwa die Exponentialfunktion $\exp \colon \mathbb{R} \to \mathbb{R}$ lokal beschränkt, aber nicht beschränkt.

Es gilt jedoch: Sind X kompakt und $f \colon X \to \mathbb{K}$ lokal beschränkt, so ist f beschränkt, denn dann ist für geeignete $x_1, \ldots, x_r \in X$:

$$X = U_{x_1} \cup \ldots \cup U_{x_r},$$

und daher gilt für alle $x \in X$:

$$|f(x)| \leq c := \max\{|c_{x_1}|, \ldots, |c_{x_r}|\}.$$

Eine ähnliche Situation gibt es bei der gleichmäßigen Konvergenz. Ist (f_k) eine Folge von Funktionen $f_k \colon X \to \mathbb{R}$, und gibt es zu jedem $x \in X$ eine o.B.d.A. offene Umgebung U_x, sodass $(f_k|_{U_x})$ gleichmäßig konvergiert, so heißt die Folge **lokal gleichmäßig konvergent**. Der Beweis des folgenden Satzes gelingt jetzt ganz analog mit dem obigen Kompaktheitsschluss:

Satz

Sei X ein kompakter metrische Raum. Ist (f_k) eine Folge von Funktionen $f_k \colon X \to \mathbb{R}$ und, konvergiert (f_k) lokal gleichmäßig auf X, so konvergiert (f_k) auf ganz X gleichmäßig.

Kompaktheit einer Teilmenge $K \subset X$ ist eine sogenannte „innere Eigenschaft" der Teilmenge K, d. h. man kann sie prüfen, ohne K zu verlassen, d. h. mit den K-offenen Mengen. Eine Teilmenge $K \subseteq X$ ist genau dann kompakt, wenn K bezüglich der induzierten Metrik kompakt ist, d. h., wenn jede Überdeckung von K durch K-offene Teilmengen eine endliche Teilüberdeckung enthält. Die Kompaktheit einer Teilmenge $K \subseteq X$ lässt sich also allein durch die induzierte Metrik entscheiden (die Lage von K in X spielt dabei keine Rolle – im Gegensatz zum Begriff der Abgeschlossenheit). Der Beweis ist klar, da die K-offenen Mengen die Gestalt $U \cap K$ mit U offen in X haben, bedeutet

$$K = \bigcup_{j \in J} (U_j \cap K) \quad \text{nichts anderes als} \quad K \subseteq \bigcup_{j \in J} U_j.$$

Wir bevorzugen jedoch die bequemere ursprüngliche Definition.

Die folgenden Sätze dienen zur Konstruktion und Kennzeichnung kompakter Mengen in metrischen Räumen. Sie erlauben häufig durch einen „einfachen Blick" zu entscheiden, ob eine vorgegebene Menge K kompakt ist oder nicht. Da man in der Definition der Kompaktheit *jede* offene Überdeckung zu testen hat, ob sie eine endliche Teilüberdeckung enthält, sind solche Kompaktheitskriterien ausgesprochen nützlich.

Kompaktheit, Abgeschlossenheit, Beschränktheit

Sind (X, d) ein metrischer Raum und $K \subseteq X$ kompakt, dann ist K abgeschlossen in X und beschränkt. Beschränkt bedeutet dabei: K ist in einer geeigneten Kugel $U_r(a)$ enthalten mit $a \in X, r > 0$.

Beweis: Abgeschlossenheit: Da X stets abgeschlossen ist, können wir $K \neq X$ voraussetzen.

Um nachzuweisen, dass K abgeschlossen ist, müssen wir zeigen, dass das Komplement $X \setminus K$ offen ist. Sei also $p \in X \setminus K$ ein beliebiger Punkt. Wir konstruieren eine ε-Umgebung $U_\varepsilon(p)$ mit $U_\varepsilon(p) \subseteq X \setminus K$. Dazu setzen wir für $k \in \mathbb{N}$:

$$U_k = \left\{ y \in X \mid d(y, p) > \frac{1}{k} \right\}.$$

Dann ist U_k offen, und es gilt:

$$\bigcup_{k=1}^{\infty} U_k = X \setminus \{p\} \supseteq K.$$

Es gibt daher wegen der Kompaktheit von K endlich viele $k_1, \ldots, k_r$ mit

$$K \subseteq \bigcup_{j=1}^{r} U_{k_j}.$$

Setzt man $N = \max\{k_1, \ldots, k_r\}$ und $\varepsilon := \frac{1}{N}$, so ist $U_\varepsilon(p) \subseteq X \setminus K$, d. h., p ist innerer Punkt von $X \setminus K$. K ist also abgeschlossen.

Wir geben einen Alternativbeweis für die Abgeschlossenheit, der die Hausdorff-Eigenschaft eines metrischen Raums benutzt und auch für kompakte Teilmengen von Hausdorff-Räumen funktioniert.

Sei also wieder $p \in X \setminus K$. Wegen der Hausdorff-Eigenschaft können wir in X zu jedem $a \in K$ disjunkte Umgebungen U_a von p und V_a von a finden (Abb. 19.22).

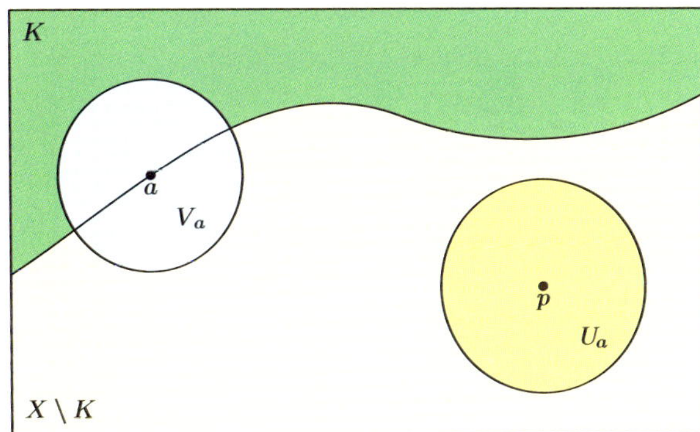

Abbildung 19.22 Zwei verschiedene Punkte a und p eines metrischen Raums besitzen disjunkte Umgebungen.

Da K kompakt ist, gilt $K \subseteq V_{a_1} \cup \ldots \cup V_{a_r}$ für geeignete $a_1, \ldots, a_r \in K$. Aus $U_a \cap V_a = \emptyset$ folgt nun:

$$\left(\bigcap_{j=1}^{r} U_{a_j} \right) \cap \left(\bigcup_{j=1}^{r} V_{a_j} \right) = \emptyset \,.$$

Für $U := U_{a_1} \cap \ldots \cap U_{a_r}$ gilt dann: U ist Umgebung von p und $U \subseteq X \setminus K$.

Beschränktheit: Ist $a \in X$ beliebig, dann ist $X = \bigcup_{k=1}^{\infty} U_k(a)$, und wegen $K \subseteq X$ gibt es endlich viele $k_1, \ldots, k_r \in \mathbb{N}$ mit

$$K \subseteq \bigcup_{j=1}^{r} U_{k_j}(a) \,.$$

Nimmt man $N = \max\{k_1, \ldots, k_r\}$, so ist $K \subseteq U_N(a)$, K also beschränkt. ∎

Da bei einer konvergenten Folge fast alle Folgenglieder in einer offenen Umgebung des Grenzwerts liegen, ist die Menge der Folgenglieder einer konvergenten Folge vereinigt mit ihrem Grenzwert eine kompakte Menge. Aus dem eben bewiesenen Satz ergibt sich damit eine Aussage zur Beschränktheit konvergenter Folgen.

Folgerung

Jede konvergente Folge in einem metrischen Raum ist beschränkt.

Eine naheliegende Frage ist, inwiefern die Umkehrung des eben bewiesenen Satzes gilt.

Abgeschlossene Teilmengen in kompakten metrischen Räumen sind kompakt

Sind X ein kompakter metrischer Raum und $A \subseteq X$ eine abgeschlossene Teilmenge, dann ist A ebenfalls kompakt.

Beweis: Sei dazu nämlich $(U_j)_{j \in J}$ irgendeine offene Überdeckung von A:

$$A \subseteq \bigcup_{j \in J} U_j \,.$$

Es ist $U = X \setminus A$ offen und offensichtlich

$$X = U \cup \left(\bigcup_{j \in J} U_j \right) \supseteq A \,.$$

Da X kompakt ist, gibt es endlich viele $j_1, \ldots, j_r \in J$ mit

$$X = U \cup U_{j_1} \cup \ldots \cup U_{j_r} \supseteq A \,.$$

Wegen $U \cap A = \emptyset$ folgt hieraus bereits:

$$A \subseteq U_{j_1} \cup \ldots \cup U_{j_r} \,.$$ ∎

Der klassische Satz von Bolzano-Weierstraß besagt, dass jede beschränkte Folge in $\mathbb{K}$ ($\mathbb{K} = \mathbb{R}$ oder $\mathbb{K} = \mathbb{C}$) eine konvergente Teilfolge (d. h. einen Häufungswert) besitzt. Es gilt folgende Verallgemeinerung.

Satz von Bolzano-Weierstraß für metrische Räume

Sind K eine kompakte Teilmenge eines metrischen Raums X, und (x_k) eine Folge von Punkten $x_k \in K$, dann gibt es eine Teilfolge (x_{k_j}) von (x_k), die gegen einen Punkt $a \in K$ konvergiert.

Beweis: Wir nehmen an, dass keine Teilfolge von (a_k) gegen einen Punkt von K konvergiert. Dann besitzt jeder Punkt $x \in K$ eine offene Umgebung U_x, in der höchstens endlich viele Glieder der Folge (x_k) liegen. Wenn nämlich in jeder Umgebung von x unendlich viele Folgenglieder liegen, dann könnte man eine Teilfolge von (x_k) konstruieren, die gegen x konvergiert.

Es gilt $K \subseteq \bigcup_{x \in K} U_x$, und wegen der Kompaktheit von K gibt es endlich viele Punkte $x_1, \ldots, x_r \in K$ mit

$$K \subseteq U_{x_1} \cup \ldots \cup U_{x_r} \,.$$

Damit liegen in ganz K nur endlich viele Folgenglieder, Widerspruch. ∎

Nennt man eine Teilmenge K eines metrischen Raums **folgenkompakt**, wenn jede Folge von Elementen aus K eine *in K* konvergente Teilfolge besitzt, dann kann man den Satz auch folgendermaßen formulieren:

Folgerung

Eine kompakte Teilmenge K eines metrischen Raums X ist folgenkompakt.

Hiervon gilt auch die Umkehrung, d. h., es gilt:

Satz

Eine Teilmenge K eines metrischen Raums ist genau dann kompakt, wenn sie folgenkompakt ist.

Beweisskizze: Der Beweis der Umkehrung sei als (etwas schwierigere) Übungsaufgabe gestellt. Man beweise hierzu zunächst:

Sei K eine folgenkompakte Teilmenge eines metrischen Raums X, dann gilt:

(a) das **Lebesgue'sche Lemma**: Zu jeder offenen Überdeckung $(U_j)_{j \in J}$ von K gibt es ein $\lambda > 0$, sodass für jedes $x \in K$ die λ-Umgebung $U_\lambda(x)$ in einer der Mengen U_j enthalten ist.
Ein solches λ nennt man auch eine *Lebesgue'sche Zahl* der Überdeckung.

(b) Zu jedem $\varepsilon > 0$ gibt es endlich viele Punkte $x_1, \ldots, x_r \in K$, sodass die ε-Umgebungen $U_\varepsilon(x_j)$ der x_j eine (offene) Überdeckung von K bilden.
Hierfür sagt man auch: Eine folgenkompakte Teilmenge ist totalbeschränkt. ∎

Eine Möglichkeit, aus bekannten kompakten Räumen neue kompakte Räume zu konstruieren, ist die Produktbildung.

Produkt kompakter Räume

Sind X und Y kompakte metrische Räume, dann ist auch das kartesische Produkt $X \times Y$, versehen mit der Produktmetrik, kompakt.

Beweis: Sei $(U_j)_{j \in J}$ irgendeine offene Überdeckung von $X \times Y$, also

$$X \times Y = \bigcup_{j \in J} U_j , \quad U_j \text{ offen in } X \times Y .$$

Dann müssen wir eine endliche Teilüberdeckung konstruieren.

(i) Es sei $b \in Y$ ein fester Punkt, dann ist $X \times \{b\}$, versehen mit der von $X \times Y$ induzierten Metrik, wie X selbst auch ein kompakter metrischer Raum, daher gibt es endlich viele Indizes $j_1, j_2, \dots, j_r$ mit

$$X \times \{b\} \subseteq U_{j_1} \cup U_{j_2} \cup \dots \cup U_{j_r} .$$

(siehe Abb. 19.23)

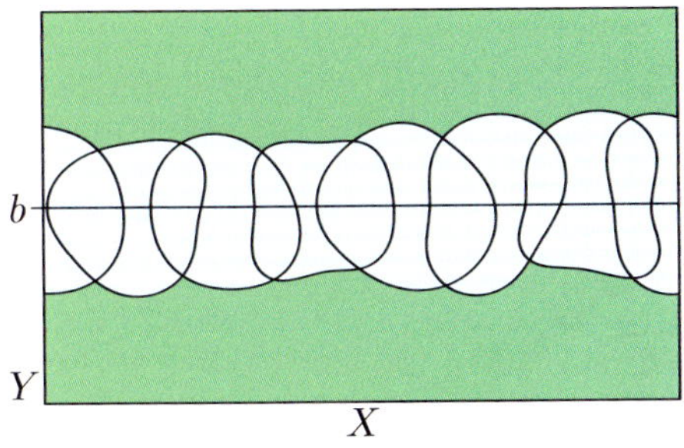

Abbildung 19.23 Die Menge $X \times \{b\}$ ist kompakt, wird also von endlich vielen Mengen $U_{j_1}, \dots, U_{j_r}$ überdeckt.

(ii) Sei $U = U_{j_1} \cup \dots \cup U_{j_r}$.

Die Menge U hängt von b ab, wir schreiben daher $U = U(b)$. Diese Menge ist jedenfalls als Vereinigung offener Mengen offen in $X \times Y$. Hieraus wollen wir schließen, dass es ein $r = r(b) > 0$ gibt mit $X \times U_r(b) \subseteq U$ (siehe Abb. 19.25).

Dies kann man so einsehen: Die Kugelumgebungen in $X \times Y$ sind Produkte von Kugelumgebungen in X bzw. Y. Da U offen ist, existiert zu jedem Punkt $x \in X$ eine reelle Zahl $r(x) > 0$, sodass

$$U_{r(x)}(x) \times U_{r(x)}(b) \subseteq U$$

gilt. Es gilt also

$$X \times \{b\} \subseteq \bigcup_{x \in X} \left(U_{r(x)}(x) \times U_{r(x)}(b) \right) \subseteq U .$$

Da aber $X \times \{b\}$ kompakt ist, gibt es $x_1, \dots, x_n$ und Radien $r_1 = r(x_1), \dots, r_n = r(x_n) > 0$, sodass bereits

$$X \times \{b\} \subseteq (U_{r_1}(x_1) \times U_{r_1}(b)) \times \dots \times (U_{r_n}(x_n) \times U_{r_n}(b)) \subseteq U$$

gilt (siehe Abb. 19.24).

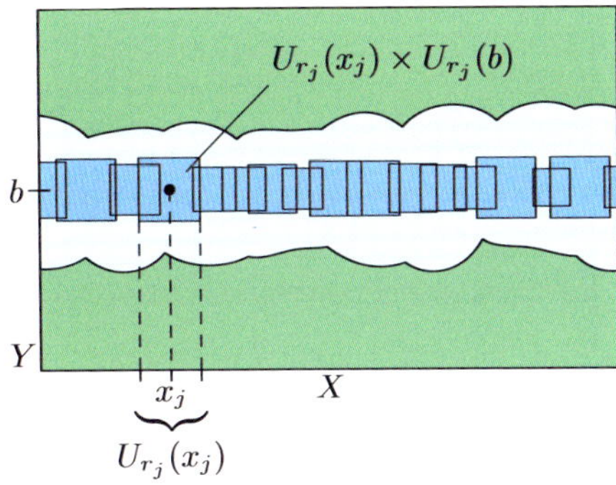

Abbildung 19.24 Die Menge $\{b\} \times X$ wird bereits von endlich vielen „Kästchen" $U_{r_j}(x_j) \times U_{r_j}(b)$ überdeckt, die alle in U liegen.

Setzt man jetzt

$$r = \min\{r_1, \dots, r_n\} ,$$

so gilt offensichtlich:

$$X \times \{b\} \subseteq X \times U_r(b) \subseteq U .$$

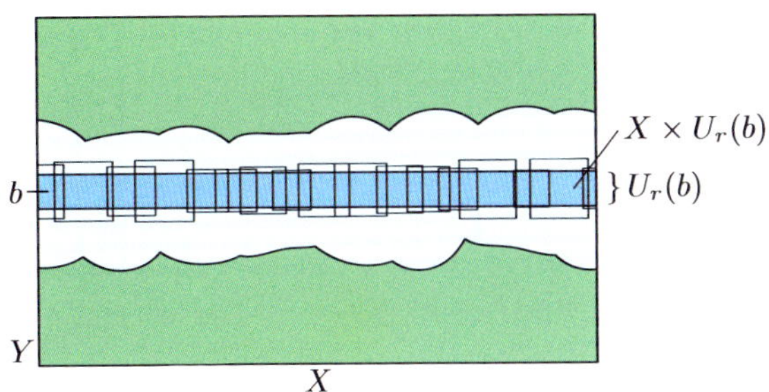

Abbildung 19.25 Die Menge U enthält ein „Rechteck" $X \times U_r(b)$.

(iii) Unsere bisherigen Überlegungen zeigen:

Zu jedem $b \in Y$ gibt es eine reelle Zahl $r > 0$, sodass $X \times U_r(b)$, $r = r(b)$, von endlich vielen der Mengen U_j überdeckt sind.

Nun gilt aber:

$$Y = \bigcup_{b \in Y} U_r(b) .$$

Wegen der Kompaktheit von Y gibt es dann endlich viele Punkte $b_1, \dots, b_k \in Y$ mit

$$Y = U_{r_1}(b_1) \cup \dots \cup U_{r_k}(b_k) .$$

Daher ist

$$X \times Y = \bigcup_{\nu=1}^{k} \left(X \times U_{r_\nu}(b_\nu) \right) .$$

Jede der Mengen $X \times U_{r_\nu}(b_\nu)$ $(1 \leq \nu \leq k)$ wird aber durch endlich viele U_j überdeckt, daher genügen auch schon endlich viele U_j, um $X \times Y$ zu überdecken, das bedeutet also, dass auch $X \times Y$ kompakt ist. ∎

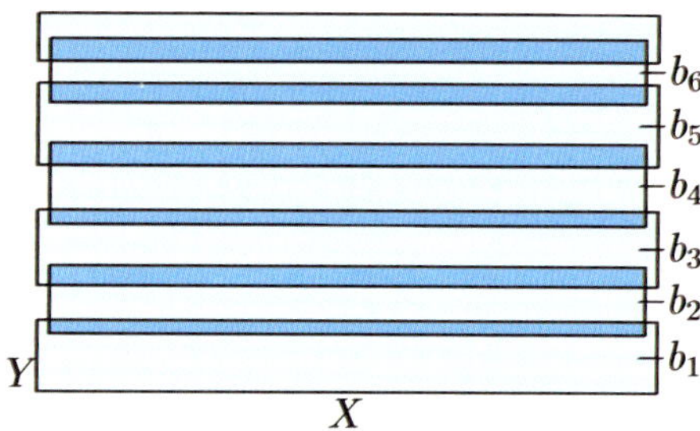

Abbildung 19.26 Da Y kompakt ist, wird Y durch endlich viele Mengen $U_{r_1}(b_1), \ldots, U_{r_k}(b_k)$ überdeckt. Die Mengen $X \times U_{r_\nu}$ mit $\nu = 1, \ldots, k$ bilden dann eine endliche Überdeckung von $X \times Y$.

Der Beweis lässt sich sofort auf endlich viele Faktoren übertragen: Sind $X_1, \ldots, X_n$ kompakte metrische Räume und $X = X_1 \times \ldots \times X_n$ ihr Produkt, dann ist auch X kompakt bezüglich der Produktmetrik. Den Fall eines beliebigen Produkts sprechen wir in der Vertiefung auf Seite 782 an.

Als Nächstes werden wir den Satz von Heine-Borel für den $\mathbb{K}^n$ beweisen. Als Vorstufe dafür benötigen wir folgenden Spezialfall.

Satz (Spezialfall des Satzes von Heine-Borel)
Für beliebige $a, b \in \mathbb{R}$ mit $a \leq b$ ist das Intervall

$$D = [a, b] = \{x \in \mathbb{R} \mid a \leq x \leq b\}$$

kompakt.

Das Intervall vom Typ $[a, b]$, das wir bisher auch „kompaktes" Intervall genannt haben, ist also tatsächlich im Sinne unserer neuen allgemeineren Definition kompakt.

Beweis: Sei $(U_j)_{j \in J}$ irgendeine Überdeckung von D durch offene Mengen $U_j \subseteq \mathbb{R}$, also $D \subseteq \bigcup_{j \in J} U_j$ und

$$M = \left\{ x \in [a, b] \;\middle|\; \begin{array}{l} [a, x] \text{ besitzt eine Überdeckung} \\ \text{durch endlich viele } U_j \end{array} \right\}.$$

Dann ist $M \neq \emptyset$ (da $a \in M$) und nach oben beschränkt, also existiert ein $\xi = \sup M$.

Offenbar gilt: Ist $x \in M$ und ist $a \leq t \leq x$, dann folgt $t \in M$, mit anderen Worten: M ist ein Intervall:

$$M = [a, \xi[\quad \text{oder} \quad M = [a, \xi].$$

Wir wählen einen Index $j_0 \in J$ mit $\xi \in U_{j_0}$. Da U_{j_0} offen ist, existiert ein $\varepsilon > 0$ mit

$$U_\varepsilon(\xi) =]\xi - \varepsilon, \xi + \varepsilon[\subseteq U_{j_0}.$$

Man wähle nun irgendein x mit

$$\xi - \varepsilon < x < \xi \quad \text{und} \quad a \leq x.$$

Dann gilt $x \in M$, also:

$$[a, x] \subseteq U_{j_1} \cup U_{j_2} \cup \ldots \cup U_{j_r} \quad (r \in \mathbb{N} \text{ geeignet}).$$

Daher ist auch

$$[a, \xi] \subseteq U_{j_0} \cup U_{j_1} \cup \ldots \cup U_{j_r},$$

also gilt auch $\xi \in M$ und damit ist $M = [a, \xi]$.

Wäre $\xi < b$, so könnte man $\varepsilon > 0$ so klein wählen, dass noch $\xi + \varepsilon \leq b$ gilt und man hätte dann

$$[a, \xi + \varepsilon] \subseteq U_{j_0} \cup U_{j_1} \cup \ldots \cup U_{j_r}$$

im Widerspruch zur Definition von ξ als Supremum. ∎

Nach dieser Vorbereitung können wir nun den Satz von Heine-Borel für den $\mathbb{K}^n$ formulieren und beweisen.

Satz von Heine-Borel für den $\mathbb{K}^n$

Eine Teilmenge $K \subseteq \mathbb{K}^n$, $n \in \mathbb{N}$ ($\mathbb{K} = \mathbb{R}$ oder $\mathbb{K} = \mathbb{C}$), ist genau dann kompakt, wenn sie beschränkt und abgeschlossen ist.

Beweis:

„⇐": Sei zunächst K beschränkt und abgeschlossen in $\mathbb{K}^n$. Wegen der Beschränktheit ist K in einem Würfel enthalten: Es gibt ein $\lambda > 0$ mit

$$K \subseteq W := [-\lambda, \lambda]^n \subseteq \mathbb{R}^n.$$

Auch in W ist K noch abgeschlossen, denn das Komplement ist ja

$$W \setminus K = W \cap (\mathbb{R}^n \setminus K)$$

und damit offen in W.

Der Würfel ist als Produkt kompakter Intervalle kompakt. Als abgeschlossene Teilmenge von W ist daher auch K kompakt (vgl. Seite 791).

„⇒": Wir wissen (siehe Seite 791), dass eine kompakte Teilmenge eines metrischen Raums beschränkt und abgeschlossen ist. ∎

Achtung: Kompakte Teilmengen eines metrischen Raums sind immer beschränkt und abgeschlossen. Die Umkehrung gilt für die Standardvektorräume $\mathbb{K}^n$ mit den Standardmetriken, ist im Allgemeinen aber falsch. Ein simples Beispiel ist $X = (0, 1)$ (als metrischer Raum mit der von $\mathbb{R}$ induzierten Metrik), und nimmt man $K = X$, dann ist K beschränkt und da der ganze Raum immer abgeschlossen ist (bezüglich der induzierten Metrik), ist K auch abgeschlossen, aber K ist nicht kompakt.

—————————— **?** ——————————

Geben Sie eine offene Überdeckung von $(0, 1)$ an, die keine endliche Teilüberdeckung enthält.

——————————————————

Stetigkeit und Kompaktheit vertragen sich gut

Viele wichtige Existenzaussagen der Analysis beruhen auf Eigenschaften stetiger Abbildungen kompakter Räume, insbesondere auf dem Satz von der Annahme eines Maximums und Minimums für stetige reellwertige Funktionen auf kompakten Mengen und dem Satz von der gleichmäßigen Stetigkeit für stetige Funktionen auf kompakten Mengen.

Beide Sätze haben wir im Spezialfall eines Kompaktums $K \subseteq \mathbb{K}$ früher bewiesen (siehe Abschnitt 9.5). Wir erhalten sie als Spezialfall nochmals aus den folgenden allgemeinen Sätzen.

Stetige Bilder kompakter Räume

Sind X und Y metrische Räume, X kompakt, $f : X \to Y$ stetig, dann ist das Bild $f(X)$ eine kompakte Teilmenge von Y.

Kurz: Stetige Bilder kompakter Räume sind kompakt.

Beweis: Sei $(V_j)_{j \in J}$ irgendeine offene Überdeckung von $f(X)$, also

$$f(X) \subseteq \bigcup_{j \in J} V_j \, .$$

Wir müssen eine endliche Teilüberdeckung konstruieren.

Wegen der Stetigkeit von f sind die Urbilder $U_j = f^{-1}(V_j)$ offen in X und bilden daher eine offene Überdeckung von X:

$$X = \bigcup_{j \in J} U_j \, .$$

Da X kompakt ist, gibt es eine endliche Teilmenge $J_0 \subseteq J$ mit $X = \bigcup_{j \in J_0} U_j$. Dann gilt aber:

$$f(X) \subseteq \bigcup_{j \in J_0} V_j \, . \qquad \blacksquare$$

Als Folgerung ergibt sich das folgende berühmte Theorem:

Satz von Weierstraß
(Existenzsatz für globale Extrema)

Sind $X \neq \emptyset$ ein kompakter metrischer Raum und $f : X \to \mathbb{R}$ eine stetige Funktion, dann besitzt f ein Maximum und Minimum, d. h., es gibt Punkte $x_{\max} \in X$ und $x_{\min} \in X$ mit

$$f(x_{\max}) \geq f(x) \quad \text{bzw.} \quad f(x_{\min}) \leq f(x)$$

für alle $x \in X$.

Beweis: Nach dem vorangehenden Satz ist das Bild $A = f(X)$ eine kompakte Teilmenge von $\mathbb{R}$. A ist also insbesondere (nach oben und unten) beschränkt und nichtleer. Also existieren $M = \sup A$ und $m = \inf A$.

Wegen der Abgeschlossenheit von A gehören aber die Häufungspunkte M und m von A selber zu A. $\blacksquare$

Zusammen mit der Charakterisierung kompakter Teilmengen von Seite 791 ergibt sich daraus die

Folgerung
Ist $K \subseteq \mathbb{R}^n$ eine (nichtleere) beschränkte und abgeschlossene Teilmenge von $\mathbb{R}^n$ und ist $f : K \to \mathbb{R}$ eine stetige Funktion, dann hat f auf K ein (absolutes) Maximum und (absolutes) Minimum.

Beispiel Definiert man als Abstand zweier nichtleerer Teilmengen K und A eines metrischen Raums (X, d) die nicht negative reelle Zahl

$$d(K, A) := \inf\{d(x, y); \; x \in K, y \in A\} \, ,$$

dann gilt: Sind K kompakt, A abgeschlossen und $K \cap A = \emptyset$, dann gibt es einen Punkt $p \in K$ mit

$$d(p, A) := d(\{p\}, A) = d(K, A) \, ,$$

insbesondere ist stets $d(K, A) > 0$.

Zur Begründung dieser Aussage betrachten wir die auf K definierte Funktion $x \mapsto d(x, A)$. Diese ist stetig und nimmt auf K ein Minimum an. Es gibt daher einen Punkt $p \in K$ mit $d(p, A) = d(K, A)$. Wegen $K \cap A = \emptyset$, liegt p nicht in A. Da ferner A abgeschlossen ist, gibt es eine Kugel $U_r(p)$ mit $U_r(p) \cap A = \emptyset$. Folglich ist

$$d(p, a) \geq r > 0$$

für alle $a \in A$, also $d(p, A) > 0$. ◀

Bijektive stetige Abbildungen können unstetige Inverse besitzen

Zu den grundlegenden Gestaltungsprinzipien der heutigen Mathematik gehört es, dass man nicht nur Objekte betrachtet, wie z. B. Gruppen, Vektorräume, Moduln usw., sondern auch Abbildungen, die mit den jeweiligen Strukturen verträglich sind, z. B. Gruppenhomomorphismen, Vektorraumhomomorphismen, etc. Ist z. B. $f : V \to W$ eine *bijektive* lineare Abbildung zwischen endlichdimensionalen K-Vektorräumen, dann ist die existierende Umkehrung $g : W \to V$ stets automatisch auch linear.

——————————— **?** ———————————

Können Sie diese Behauptung aus dem Stegreif beweisen?

Ähnliches gilt für bijektive Abbildungen zwischen Gruppen. Man könnte daher vermuten, dass eine *bijektive*, stetige Abbildung $f : X \to Y$ zwischen metrischen Räumen X und Y stets auch eine stetige Umkehrabbildung besitzt, also ein Homöomorphismus ist. Das ist im Allgemeinen jedoch nicht der Fall, wie schon durch ein Beispiel auf Seite 786 gezeigt wurde. Die Umkehrabbildung einer stetigen Bijektion

$X \to Y$ ist also im Allgemeinen nicht stetig, sie ist es jedoch unter der Voraussetzung, dass X kompakt ist.

Satz (Stetigkeit der Umkehrabbildung)

Sind X ein kompakter metrischer Raum und $f: X \to Y$ eine bijektive stetige Abbildung auf einen metrischen Raum Y, dann ist die Umkehrabbildung $g: Y \to X$ stetig, f ist also ein Homöomorphismus.

Beweis: Der Beweis gestaltet sich mit den uns jetzt zur Verfügung stehenden Mitteln ganz einfach.

Wir wissen aufgrund der Charakterisierung der globalen Stetigkeit (siehe Seite 778), dass eine Abbildung zwischen metrischen Räumen genau dann stetig ist, wenn die Urbilder offener (bzw. abgeschlossener) Mengen wieder offen (bzw. abgeschlossen) sind.

Da wir die Stetigkeit von $g: Y \to X$ zu zeigen haben, betrachten wir eine abgeschlossene Teilmenge $A \subseteq X$. Das Urbild von A ist dann aber gerade

$$g^{-1}(A) = f(A) \subseteq Y.$$

Nun ist aber A als abgeschlossene Teilmenge des kompakten Raums X nach dem Satz auf Seite 792 selbst kompakt, und $f(A)$ als stetiges Bild eines Kompaktums nach der Aussage auf Seite 795 kompakt, folglich abgeschlossen in Y. ∎

Im $\mathbb{K}^n$ sind alle Normen äquivalent

Eine weitere schöne Anwendung des Weierstraß'schen Satzes ist die Tatsache, dass in den Standardvektorräumen $\mathbb{K}^n$ ($\mathbb{K} = \mathbb{R}$ oder $\mathbb{K} = \mathbb{C}$) *alle Normen äquivalent* sind und damit den gleichen Konvergenzbegriff liefern. Wir verallgemeinern so also die Aussage, die wir für die Summennorm, die euklidische Norm und die Maximumsnorm schon in Abschnitt 19.2 gezeigt hatten.

Äquivalenzsatz für Normen

In $\mathbb{K}^n$ sind je zwei Normen äquivalent. D. h.: Sind $N_1, N_2: \mathbb{K}^n \to \mathbb{R}$ zwei beliebige Normen, dann gibt es positive reelle Zahlen a, b mit

$$aN_1(x) \le N_2(x) \le bN_1(x)$$

für alle $x \in \mathbb{K}^n$.

Kommentar: Auf einem beliebigen $\mathbb{R}$- oder $\mathbb{C}$-Vektorraum V ist von vornherein nicht zu erwarten, dass je zwei Normen äquivalent sind. In Abschnitt 19.6 präsentieren wir hierzu im Zusammenhang mit den L^p-Normen ein Gegenbeispiel.

Beweis des Äquivalenzsatzes Es genügt zu zeigen, dass eine beliebige Norm N auf $\mathbb{K}^n$ zur Maximumsnorm $\|\ \|_\infty$ äquivalent ist, hier sei also

$$\|x\|_\infty = \max\{|x_1|, |x_2|, \ldots, |x_n|\}$$

für $x = (x_1, x_2, \ldots, x_n)^\top \in \mathbb{K}^n$.

Ist $N: \mathbb{K}^n \to \mathbb{R}$ eine beliebige Norm, so gilt mit der Standard-Basis $(e_1, \ldots, e_n)$ von $\mathbb{K}^n$ zunächst:

$$x = \sum_{j=1}^{n} x_j e_j, \quad x_j \in \mathbb{K}, \quad 1 \le j \le n,$$

und

$$N(x) = N\left(\sum_{j=1}^{n} x_j e_j\right) \le \sum_{j=1}^{n} |x_j| N(e_j) \le b\|x\|_\infty$$

mit $b = \sum_{j=1}^{n} N(e_j) > 0$.

Hieraus schließen wir, dass die Abbildung N stetig ist, wenn man $\mathbb{K}^n$ mit der Maximumsnorm versieht. Es gilt für $x, y \in \mathbb{K}^n$:

$$|N(x) - N(y)| \le N(x - y)$$

aufgrund der Dreiecksungleichung für N, und damit:

$$|N(x) - N(y)| \le N(x - y) \le b\|x - y\|_\infty.$$

Wir wissen schon, dass $N(x) \le b\|x\|_\infty$ gilt. Um eine Abschätzung nach unten zu erhalten, betrachten wir, dass die Würfeloberfläche

$$W := \{x \in \mathbb{K}^n \mid \|x\|_\infty = 1\}$$

kompakt ist.

Da W nicht den Nullpunkt enthält, sind die Werte der stetigen Funktion N auf W stets echt positiv, aufgrund des Weierstraß'schen Satzes gibt es daher ein $a > 0$ mit der Eigenschaft:

$$\|y\|_\infty = 1 \quad \Rightarrow \quad N(y) \ge a.$$

Hieraus folgt durch Übergang von $x \ne 0$ zu $y = \frac{x}{\|x\|_\infty}$ in der Tat:

$$N(x) \ge a\|x\|_\infty$$

für alle $x \in \mathbb{K}^n \setminus \{0\}$. Für $x = 0$ gilt das Gleichheitszeichen. ∎

—————————————— **?** ——————————————

Zeigen Sie: Je zwei Normen auf einem endlichdimensionalen $\mathbb{K}$-Vektorraum ($\mathbb{K} = \mathbb{R}$ oder $\mathbb{K} = \mathbb{C}$) sind äquivalent.

Zum Abschluss unserer Betrachtungen über kompakte Räume zeigen wir, dass eine stetige Funktion auf einem kompakten Raum *gleichmäßig stetig* ist, eine Eigenschaft, die wir von stetigen Funktionen auf kompakten Intervallen kennen und z. B. beim Beweis, dass eine stetige Funktion

$f : [a, b] \to \mathbb{R}$ eine Regelfunktion und damit im Sinne der Definition des Integrals von Regelfunktionen integrierbar ist, von zentraler Bedeutung war (siehe Seite 644).

Gleichmäßige Stetigkeit auf kompakten Räumen

Sind (X, d) und $(Y, \tilde{d})$ metrische Räume, und ist X kompakt. Dann ist jede stetige Abbildung $f : X \to Y$ gleichmäßig stetig.

Beweis: Sei $\varepsilon > 0$ beliebig vorgegeben. Dann gibt es zu jedem $p \in X$ ein $\delta(p) > 0$, sodass für alle $x \in U_{\delta(p)}(p)$ gilt:

$$\widetilde{d}(f(x), f(p)) < \frac{\varepsilon}{2} .$$

Da $\bigcup_{p \in X} U_{\frac{1}{2}\delta(p)}(p) = X$ gilt und X kompakt ist, gibt es endlich viele Punkte $p_1, \ldots, p_k \in X$ mit

$$\bigcup_{j=1}^{k} U_{\frac{1}{2}\delta(p_j)}(p_j) = X .$$

Sei $\delta = \frac{1}{2} \min\{\delta(p_1), \ldots, \delta(p_k)\}$. Sind dann $x, x' \in X$ beliebig mit $d(x, x') < \delta$, so gibt es ein $j \in \{1, \ldots, k\}$ mit $x \in U_{\frac{1}{2}\delta(p_j)}(p_j)$, und es gilt dann $x' \in U_{\delta(p_j)}(p_j)$. Es folgt:

$$\widetilde{d}(f(x), f(p_j)) < \frac{\varepsilon}{2} \quad \text{und} \quad \tilde{d}(f(x'), f(p_j)) < \frac{\varepsilon}{2} ,$$

daher:

$$\widetilde{d}(f(x), f(x')) \leq \tilde{d}(f(x), f(p_j)) + \tilde{d}(f(p_j), f(x')) < \varepsilon .$$

∎

Kommentar: Die Umkehrung des Satzes gilt trivialerweise: Eine gleichmäßig stetige Abbildung ist natürlich stetig.

19.4 Zusammenhangsbegriffe

Betrachtet man ein aus mehr als einem Punkt bestehendes Intervall $M \in \mathbb{R}$, etwa $M = (-\infty, \infty) = \mathbb{R}$ oder $M = [a, b]$, $a, b \in \mathbb{R}$, so ist intuitiv klar, dass diese Intervalle *aus einem Stück* bestehen. Nimmt man jedoch z. B. aus $\mathbb{R}$ den Nullpunkt heraus, dann gilt $\mathbb{R} \setminus \{0\} = (-\infty, 0) \cup (0, \infty)$. Die Menge $\mathbb{R} \setminus \{0\}$ zerfällt also in disjunkte nichtleere offene Teilmengen. Die Vereinigung zweier disjunkter Kreisscheiben in der Ebene besteht ebenfalls nicht aus „einem Stück".

Können $\mathbb{R}$ und $\mathbb{R}^n$ für $n \geq 2$ homöomorph sein?

Den intuitiv klaren, aber doch etwas vagen Begriff *aus einem Stück* wollen wir im Folgenden präzisieren. Wir werden dabei den Zwischenwertsatz für stetige reellwertige Funktionen

wesentlich verallgemeinern. Wir definieren den Begriff des Zusammenhangs für metrische Räume, wobei wir allerdings nur den Begriff der offenen Teilmenge verwenden, also rein topologisch vorgehen.

Zusammenhängender metrischer Raum

Ein metrischer Raum X heißt **zusammenhängend**, wenn es keine Zerlegung von X in zwei offene, nichtleere und disjunkte Teilmengen gibt, d. h., es gibt keine Teilmengen $U, V \subseteq X$ mit den Eigenschaften: U und V sind offen, nichtleer und disjunkt und $X = U \cup V$.

Eine Teilmenge $X_0 \subseteq X$ heißt zusammenhängend, wenn X_0 bezüglich der auf X_0 induzierten Metrik zusammenhängend ist.

Offene und zusammenhängende Teilmengen eines metrischen Raums nennt man **Gebiete**.

Beispiel

- $\mathbb{R}$ ist zusammenhängend. Denn nehmen wir an, es gäbe nicht-leere offene, disjunkte Teilmengen $U, V \subseteq \mathbb{R}$ mit $\mathbb{R} = U \cup V$. Dann sind U und V als Komplement auch abgeschlossen. Wir wissen aber (siehe Seite 326), dass $\mathbb{R}$ und $\emptyset$ die einzigen zugleich offenen und abgeschlossenen Teilmengen von $\mathbb{R}$ sind. Es muss also $U = \emptyset$ oder $V = \emptyset$ gelten, Widerspruch.

- $\mathbb{R} \setminus \{0\}$ ist nicht zusammenhängend, denn es gilt $\mathbb{R} \setminus \{0\} = (-\infty, 0) \cup (0, \infty)$ und $U = (-\infty, 0)$ und $V = (0, \infty)$ sind nichtleere offene Teilmengen mit $\mathbb{R} \setminus \{0\} = U \cup V$.

- Die leere Menge $\emptyset$ ist zusammenhängend, und für jedes $x \in X$ ist die Menge $\{x\}$ zusammenhängend. Dies ergibt sich unmittelbar aus der Definition.

- Die Menge $\mathbb{N}$ der natürlichen Zahlen ist als Teilmenge von $\mathbb{R}$ nicht zusammenhängend, denn für jedes $n \in \mathbb{N}$ ist der Abschnitt $A_n = \{1, 2, \ldots, n\}$ in $\mathbb{N}$ offen und abgeschlossen. Setzt man $U = A_n$ und $V = \mathbb{N} \setminus A_n$, dann ist $\mathbb{N} = U \cup V$, $U \cap V = \emptyset$, wobei U und V offen in $\mathbb{N}$ sind.

- Die Menge $\mathbb{Q}$ der rationalen Zahlen ist keine zusammenhängende Teilmenge von $\mathbb{R}$, denn die Mengen $U = \{x \in \mathbb{Q} \mid x < \sqrt{2}\}$ und $V = \{x \in \mathbb{Q} \mid x > \sqrt{2}\}$ sind $\mathbb{Q}$-offene nichtleere Teilmengen von $\mathbb{Q}$ mit $U \cap V = \emptyset$ und $U \cup V = \mathbb{Q}$. ◄

Das dritte Beispiel lässt sich verallgemeinern und führt zu folgender

Charakterisierung zusammenhängender Mengen

In einem metrischen Raum X sind folgende Aussagen äquivalent:

(a) X ist zusammenhängend,

(b) X ist die einzige nichtleere offene und zugleich abgeschlossene Teilmenge von X,

(c) jede lokal konstante Funktion $f : X \to \mathbb{C}$ ist konstant.

Dabei heißt eine Funktion $f : X \to \mathbb{C}$ lokal konstant, wenn es zu jedem Punkt $x \in X$ eine Umgebung $U(x)$ gibt, in welcher f konstant ist.

Beweis: Wir zeigen zunächst die Äquivalenz der Aussagen (a) und (b). Seien X zusammenhängend und U eine nichtleere zugleich offene und abgeschlossene Teilmenge von X. Dann ist auch das Komplement $V = X \setminus U$ offen und abgeschlossen in X, und es gilt $X = U \cup V$ und $U \cap V = \emptyset$. Da X zusammenhängend ist und U als nichtleer vorausgesetzt wurde, muss V leer sein. Also gilt $U = X$.

Setzen wir hingegen voraus, dass X die einzige nichtleere offene und zugleich abgeschlossene Teilmenge von X und dass X nicht zusammenhängend ist, so gibt es zwei offene, nichtleere Teilmengen U und V von X mit $U \cap V = \emptyset$ und $U \cup V = X$. Dann ist $U = X \setminus V$ offen und abgeschlossen in X und nichtleer, also ist nach Voraussetzung $U = X \setminus U = X$, und das ergibt den Widerspruch $V = \emptyset$.

Um die Implikation (b) $\Rightarrow$ (c) zu zeigen, fixieren wir einen Punkt $p \in X$ und betrachten $U = \{x \in X \mid f(x) = f(p)\}$, dabei sei $f : X \to \mathbb{C}$ eine lokal konstante Funktion. Wegen $p \in U$ ist $U \neq \emptyset$ und offen, da f lokal konstant ist. Wegen $U = f^{-1}(\{f(p)\})$ ist U auch abgeschlossen in X und damit folgt nach Voraussetzung $U = X$, d. h., $f(x) = f(p)$ für alle $x \in X$.

Um (c) $\Rightarrow$ (b) zu zeigen, nehmen wir an, dass U eine zugleich offene und abgeschlossene Teilmenge von X ist. Die durch

$$\chi(x) = \begin{cases} 1, & \text{falls } x \in U, \\ 0, & \text{falls } x \in X \setminus U \end{cases}$$

definierte Funktion $\chi : X \to \mathbb{C}$ ist lokal konstant, also nach Voraussetzung konstant. Wegen $U \neq \emptyset$ nimmt χ den Wert 1 wirklich an, daher folgt $\chi(x) = 1$ für alle $x \in X$, d. h., $U = X$. $\blacksquare$

Kommentar: Der letzte Satz enthält ein wichtiges **Beweisprinzip**. Seien X ein metrischer Raum und ξ eine Eigenschaft, die ein $x \in X$ haben kann oder nicht. Will man etwa zeigen, dass die Eigenschaft für alle Punkte $x \in X$ gilt, dann genügt es, Folgendes zu zeigen: Die Menge $U = \{x \in X \mid \xi(x) \text{ ist wahr}\}$ ist nichtleer, offen und abgeschlossen in X. Dann gilt $\xi(x)$ für alle $x \in X$, falls X zusammenhängend ist.

In der Aufgabe 19.15 haben wir einige Eigenschaften von Schnitten, Vereinigungen und Teilmengen von zusammen-

hängenden Teilmengen metrischer Räume zusammengestellt.

Wir wissen schon, dass $\mathbb{R}$ zusammenhängend ist. Nun werden wir alle zusammenhängenden Teilmengen der reellen Zahlen identifizieren.

Satz (Charakterisierung zusammenhängender Teilmengen von $\mathbb{R}$)

Eine Teilmenge M von $\mathbb{R}$ ist genau dann zusammenhängend, wenn M ein Intervall ist.

Beweis: Wir zeigen zum Beweis zunächst, dass eine Teilmenge $M \subseteq \mathbb{R}$, die kein Intervall ist, nicht zusammenhängend sein kann. Wir können annehmen, dass M mindestens zwei Elemente enthält. Ist M kein Intervall, dann gibt es Elemente x, z, y mit $x, y \in M$ und $z \notin M$, für die $x < z < y$ gilt. Für die offenen Teilmengen $U = (-\infty, z)$ und $V = (z, \infty)$ von $\mathbb{R}$ gilt dann $M \subseteq U \cup V$ und $M \cap U \cap V = \emptyset$, aber M ist weder Teilmenge von U (weil y nicht in U liegt) noch Teilmenge von V (weil x nicht in V liegt). Daher ist M nicht zusammenhängend.

Zum Beweis der Umkehrung können wir annehmen, dass $M \subseteq \mathbb{R}$ ein Intervall ist, das mindestens zwei Elemente enthält, denn die leere Menge $\emptyset$ und Intervalle, die nur aus einem Punkt bestehen, sind zusammenhängend. Seien also M ein solches Intervall und $U, V \subseteq \mathbb{R}$ offen mit der Eigenschaft $M \subseteq U \cup V$ und $M \cap U \cap V = \emptyset$.

Um zu zeigen, dass M zusammenhängend ist, müssen wir zeigen, dass $M \subseteq U$ oder $M \subseteq V$ gilt. Dazu definieren wir eine Abbildung $f : M \to \mathbb{R}$ durch $f(x) = 0$, falls $x \in M \cap U$ und $f(x) = 1$, falls $x \in M \cap V$ gilt. Jeder Punkt $x \in M$ liegt in U oder in V, aber nicht in beiden Mengen gleichzeitig, daher ist f wohldefiniert. Ferner ist f lokal konstant, daher stetig. Nach dem Zwischenwertsatz (siehe Seite 334) ist die Bildmenge $f(M)$ ein Intervall in $\mathbb{R}$. Aber in $f(M)$ liegen höchstens die Punkte 0 und 1. Damit $f(M)$ ein Intervall ist, muss also entweder $f(M) = \{0\}$ gelten, d. h., aber $M \subseteq U$, oder es muss $f(M) = \{1\}$ gelten, d. h., aber $M \subseteq V$. Nach Definition ist also M zusammenhängend.

Man beachte, dass wir bei der Umkehrung den Zwischenwertsatz für stetige reellwertige Funktionen benutzt haben, für dessen Beweis die Vollständigkeit von $\mathbb{R}$ benutzt wird. $\blacksquare$

Im Kapitel 9 über stetige Funktionen hatten wir auf Seite 336 die folgende Aussage bewiesen: Ist $M \subseteq \mathbb{R}$ ein Intervall und $f : M \to \mathbb{R}$ stetig, dann ist auch das Bild $f(M)$ ein Intervall; kurz: Stetige Bilder von Intervallen sind Intervalle. Aus dem Beweis ergibt sich im Übrigen, dass diese Aussage äquivalent zum Zwischenwertsatz ist. Die Aussage kann nun folgendermaßen verallgemeinert werden:

Stetige Bilder zusammenhängender Mengen sind zusammenhängend

Sind X, Y metrische Räume und ist $f: X \to Y$ stetig und ist $Z \subseteq X$ zusammenhängend, dann ist auch $f(Z)$ zusammenhängend.

Beweis: Sind nämlich $U, V \subseteq Y$ offene Mengen, für die $f(Z) \subseteq U \cup V$ und $f(Z) \cap U \cap V = \emptyset$ gilt, dann ist $Z \subseteq f^{-1}(U) \cup f^{-1}(V)$ und $Z \cap f^{-1}(U) \cap f^{-1}(V) = \emptyset$. Als Urbilder offener Mengen sind $f^{-1}(U)$ und $f^{-1}(V)$ offen in X. Da Z nach Voraussetzung zusammenhängend ist, folgt $Z \subseteq f^{-1}(U)$ oder $Z \subseteq f^{-1}(V)$, d.h., die Bildmenge ist zusammenhängend. ∎

Im Spezialfall $Y = \mathbb{R}$ erhält man eine allgemeinere Formulierung des Zwischenwertsatzes.

Folgerung (Verallgemeinerter Zwischenwertsatz)

Sind X ein metrischer Raum und $f: X \to \mathbb{R}$ stetig und $Z \subseteq X$ zusammenhängend und sind $a, b \in Z$ beliebige Punkte, dann nimmt f jeden Wert zwischen $f(a)$ und $f(b)$ an.

Beweis: Die Bildmenge $f(Z)$ ist eine zusammenhängende Teilmenge von $\mathbb{R}$, also ein Intervall, das mit $f(a)$ und $f(b)$ auch alle Zahlen dazwischen enthält. ∎

Zusammenhang ist eine schwächere Bedingung als Wegzusammenhang

Die Definition des Zusammenhangsbegriffs ist recht abstrakt. Für normierte $\mathbb{K}$-Vektorräume ($\mathbb{K} = \mathbb{R}$ oder $\mathbb{K} = \mathbb{C}$) ist oftmals ein stärkerer Zusammenhangsbegriff von Interesse. Er spiegelt die anschauliche Vorstellung wieder, dass man in einer zusammenhängenden Menge von jedem Punkt auf einem stetigen Weg zu jedem anderen Punkt gelangen kann, ohne die Menge zu verlassen.

Wegzusammenhängend

Ein metrischer Raum X heißt **wegzusammenhängend**, wenn es zu je zwei Punkten $x, y \in X$ eine stetige Abbildung $\alpha: [a, b] \to X$ mit $\alpha(a) = x$ und $\alpha(b) = y$ gibt. Die stetige Abbildung α nennt man auch einen **Weg** in X mit dem Anfangspunkt x und dem Endpunkt y.

Dass Wegzusammenhang ein Spezialfall von Zusammenhang ist, besagt der folgende Satz.

Wegzusammenhängend impliziert zusammenhängend

Jeder wegzusammenhängende metrische Raum X ist zusammenhängend.

Beweis: Wäre X nicht zusammenhängend, dann gibt es offene, nichtleere Teilmengen $U, V \subseteq X$ mit $X = U \cup V$ und $U \cap V = \emptyset$.

Ist $\alpha: [0, 1] \to X$ ein Weg mit $\alpha(0) \in U$ und $\alpha(1) \in V$, dann ist $\alpha^{-1}(U) \cup \alpha^{-1}(V) = [0, 1]$ eine disjunkte Zerlegung von $[0, 1]$ in nichtleere offene Mengen, im Widerspruch zum Zusammenhang von $[0, 1]$. ∎

Beispiel

- Ist V ein normierter $\mathbb{K}$-Vektorraum, dann ist V wegzusammenhängend, denn für $x, y \in V$ ist die Abbildung $\alpha: [0, 1] \to V$ mit $\alpha(t) = x + t(y - x)$ stetig, $\alpha(0) = x$ und $\alpha(1) = y$.

  Speziell ist also der Standardraum $\mathbb{R}^n$ wegzusammenhängend.

- Für $n \geq 2$ sind $\mathbb{R}^n \setminus \{0\}$ und die Sphäre $\mathbb{S}^{n-1}$ wegzusammenhängend.

  Denn sind $\boldsymbol{x}$ und $\boldsymbol{y}$ zwei verschiedene Punkte aus $\mathbb{R}^n \setminus \{\boldsymbol{0}\}$, deren Verbindungsstrecke $\alpha: [0, 1] \to \mathbb{R}^n$ mit $\alpha(t) = \boldsymbol{x} + t \cdot (\boldsymbol{y} - \boldsymbol{x})$ nicht durch den Nullpunkt verläuft, dann ist α ein stetiger Weg von $\boldsymbol{x}$ nach $\boldsymbol{y}$ in $\mathbb{R}^n \setminus \{\boldsymbol{0}\}$. Liegen $\boldsymbol{x}$ und $\boldsymbol{y}$ auf S^{n-1}, dann hat die Kurve $\gamma: [0, 1] \to S^{n-1}$ mit $t \mapsto \frac{\alpha}{\|\alpha\|}$ diese Eigenschaft in S^{n-1}.

  Für den Fall, dass α durch den Nullpunkt verläuft, gibt es einen weiteren Punkt $\boldsymbol{z} \in \mathbb{R}^n \setminus \{\boldsymbol{0}\}$ mit der Eigenschaft, dass weder die Strecke von $\boldsymbol{x}$ nach $\boldsymbol{z}$ noch die von $\boldsymbol{z}$ nach $\boldsymbol{x}$ den Nullpunkt enthält. ◀

Als Anwendung dieses Beispiels erkunden wir die Auswirkung der Dimension auf mögliche Homöomorphie.

Satz

Ist $n \in \mathbb{N}, n \geq 2$, dann sind $\mathbb{R}^n$ und $\mathbb{R}$ nicht homöomorph.

Beweis: Für $n \geq 2$ ist $\mathbb{R}^n \setminus \{\boldsymbol{0}\}$ nach dem eben behandelten Beispiel wegzusammenhängend, also zusammenhängend. Entfernt man aus $\mathbb{R}$ einen Punkt y, dann ist das Komplement $\mathbb{R} \setminus \{y\}$ kein Intervall, also nicht zusammenhängend. Wenn es einen Homöomorphismus $\varphi: \mathbb{R}^n \to \mathbb{R}$ gäbe, so induzierte dieser einen Homöomorphismus $\widetilde{\varphi}: \mathbb{R}^n \setminus \{0\} \to \mathbb{R} \setminus \{\varphi(0)\}$. Da der Zusammenhang eine topologische Invariante ist, erhält man einen Widerspruch: $\mathbb{R}^n \setminus \{0\}$ ist zusammenhängend, $\mathbb{R} \setminus \{\varphi(0)\}$ aber nicht. ∎

Kommentar: L. E. Brouwer hat 1911 bewiesen, dass $\mathbb{R}^n$ und $\mathbb{R}^m$ genau dann homöomorph sind, wenn $n = m$ gilt (Invarianz der Dimension). Der allgemeine Beweis erfordert Hilfsmittel der algebraischen Topologie.

Für offene Teilmengen eines normierten Raums V hat man die folgende nützliche Charakterisierung des Wegzusammenhangs.

Zusammenhangsbegriffe für offene Teilmengen eines Vektorraums

Ist V ein normierter $\mathbb{K}$-Vektorraum. Dann sind für eine offene Menge $D \subseteq V$ folgende Aussagen äquivalent.

(1) Zu $x, y \in D$ gibt es Punkte $x_0, x_1, \ldots, x_r \in D$ mit $x = x_0$ und $y = x_r$ und eine stetige Abbildung $\varsigma \colon [0, r] \to D$ mit

$$\varsigma(t) = x_j + (t - j)(x_{j+1} - x_j)$$
$$\text{für } j \leq t \leq j + 1 \text{ und } j = 0, \ldots, r - 1.$$

(2) D ist wegzusammenhängend.

(3) Ist $\emptyset \neq M \subseteq D$ und ist M D-offen und D-abgeschlossen, dann ist $M = D$.

Geometrisch bedeutet die Eigenschaft (a), dass es einen in D verlaufenden Streckenzug gibt, der x mit y innerhalb D verbindet (Abb. 19.27). Man sagt dann, D ist **polygonzusammenhängend**.

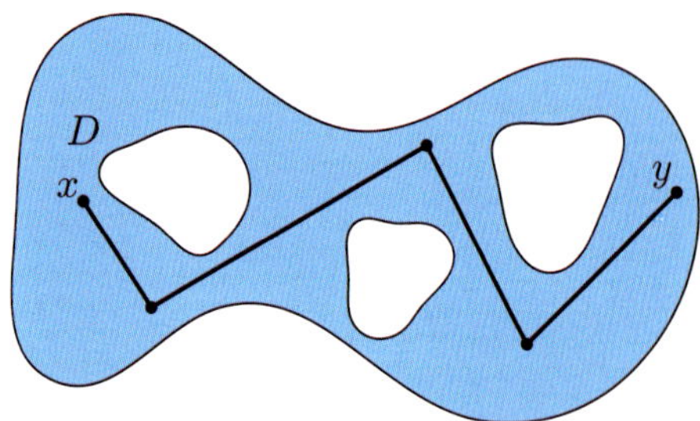

Abbildung 19.27 Polygonzusammenhang: Die Punkte x und y lassen sich in D durch einen Streckenzug verbinden.

Beweis: Die Implikation (1) $\Rightarrow$ (2) ist klar.

(2) $\Rightarrow$ (3): Seien D wegzusammenhängend und M eine nichtleere Teilmenge von D, die D-offen und D-abgeschlossen ist. Wir nehmen an, dass $M \neq D$ ist, es existiert also $x \in M$ und $y \in D \setminus M$, ferner eine stetige Abbildung $\alpha \colon [0, 1] \to D$ mit $\alpha(0) = x$ und $\alpha(1) = y$.

Wir definieren nun

$$\hat{t} = \sup\{t \in [0, 1] \mid \alpha(t) \in M\}.$$

Da M D-abgeschlossen ist, liegt $\alpha(\hat{t}) \in M$. Es existiert aber auch eine Folge $(\alpha(t_j))$ aus $D \setminus M$, die gegen $\alpha(\hat{t})$ konvergiert. Da M D-offen ist, ist $D \setminus M$ D-abgeschlossen und somit liegt $\alpha(\hat{t}) \in D \setminus M$. Wir haben einen Widerspruch gezeigt, es ist $M = D$.

(3) $\Rightarrow$ (1): Sei $x \in D$. Wir definieren eine Menge $M \subseteq D$ durch

$$M = \{y \in D \mid \text{ es gibt einen Polygonzug,}$$
$$\text{der } y \text{ mit } x \text{ verbindet}\}.$$

Sind nun $z \in M$ und $U_\varepsilon(z) \subseteq D$, so ist für jedes $u \in U_\varepsilon(z)$ die Verbindungsstrecke von z und u in $U_\varepsilon(z)$ und damit in D enthalten. Also ist $U_\varepsilon(z) \subseteq M$. Die Menge M ist D-offen.

Seien ferner $z \in D \setminus M$ und wieder $U_\varepsilon(z) \subseteq D$. Liegt nun ein $u \in M$ auch in $U_\varepsilon(z)$, so erweitern wir den Polygonzug von x nach u um die Strecke von u nach z und erhalten einen Polygonzug von x nach z. Somit gibt es ein solches u nicht, es folgt $U_\varepsilon(z) \subseteq D \setminus M$. Damit ist $D \setminus M$ D-offen, also M selbst D-abgeschlossen. Nach Aussage (3) ist $M = D$. $\blacksquare$

Nach Punkt (2) der Charakterisierung zusammenhängender Mengen auf Seite 798 bedeutet Punkt (3) des vorhergehenden Satzes gerade, dass D zusammenhängend ist. Es folgt also, dass jede zusammenhängende offene Menge, also jedes Gebiet, in einem normierten $\mathbb{K}$-Vektorraum V wegzusammenhängend, ja sogar polygonal zusammenhängend ist: Je zwei Punkte lassen sich durch einen Streckenzug miteinander verbinden.

Achtung: Beliebige zusammenhängende Teilmengen in einem normierten $\mathbb{K}$-Vektorraum müssen nicht wegzusammenhängend sein. Ein typisches Beispiel ist die „Sinuskurve der Topologen":

$$M = M_1 \cup M_2 \subseteq \mathbb{R}^2$$

mit

$$M_1 = \left\{ \left(x, \sin\frac{1}{x} \right) \mid x > 0 \right\} \qquad M_2 = \{0\} \times [-1, 1]$$

aus Abbildung 19.28.

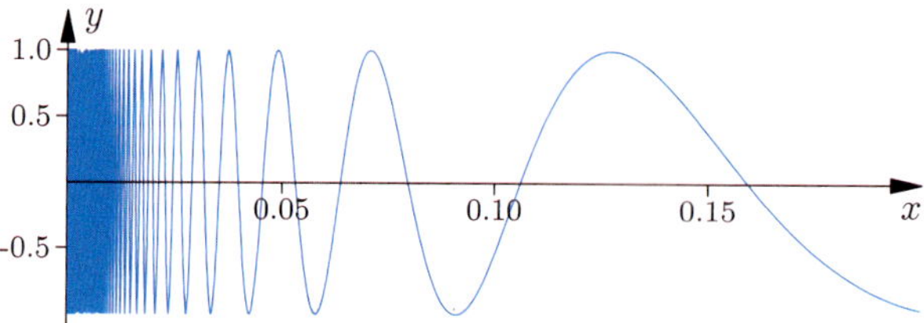

Abbildung 19.28 Der Graph der „Sinuskurve der Topologen" ist als Teilmenge von $\mathbb{R}^2$ zusammenhängend, aber nicht wegzusammenhängend.

Die Mengen M_1 und M_2 sind disjunkt und als stetige Bilder von Intervallen jeweils zusammenhängend. Ist f eine auf M lokal konstante Funktion, so gilt also $f|_{M_1} = c_1$ und $f|_{M_2} = c_2$ mit zwei entsprechenden Konstanten c_1, c_2. Ferner gibt es zu $0 \in M_2$ eine offene Kugel $U_\varepsilon(0)$ im $\mathbb{R}^2$, sodass f konstant auf $M \cap U_\varepsilon(0)$ ist. In dieser Kugel liegen aber auch Punkte aus M_1, sodass $c_1 = c_2$ folgt. Nach der Charakterisierung zusammenhängender Mengen auf Seite 798 ist M also zusammenhängend.

Wir nehmen nun an, M wäre wegzusammenhängend. Dann gibt es ein stetiges $\alpha \colon [0, 1] \to M$ mit $\alpha(0) = (1/\pi, 0)^\top \in M_1, \alpha(1) = (0, 0)^\top \in M_2$. Definiere noch

$$J = \{t > 0 \mid \alpha_1(s) > 0 \text{ für alle } s < t\}$$

Hintergrund und Ausblick: Fragestellungen der Topologie

Wir haben den Begriff des Homöomorphismus für bijektive, stetige Abbildungen zwischen zwei metrischen Räumen definiert, deren Umkehrabbildung ebenfalls stetig ist. Eine solche Definition kann man auch für Abbildungen zwischen topologischen Räumen machen, solche Abbildungen werden dann auch **topologische Abbildungen** genannt.

Gibt es eine topologische Abbildung zwischen zwei topologischen Räumen, so heißen diese homöomorph. Einige uns schon bekannte Beispiele sind:

- Alle nichtleeren offenen Intervalle in $\mathbb{R}$ sind homöomorph.
- Die komplexe Zahlenebene und die offene Einheitskreisscheibe $\mathbb{E} = \{z \in \mathbb{C} \mid |z| < 1\}$ sind homöomorph:

$$f \colon \mathbb{C} \to \mathbb{E}, \quad z \mapsto \frac{z}{1 + |z|},$$

$$g \colon \mathbb{E} \to \mathbb{C}, \quad w \mapsto \frac{w}{1 - |w|}.$$

Die Abbildungen f und g sind beide stetig und jeweils Umkehrabbildungen voneinander.

Ein Hauptproblem der Topologie ist es zu entscheiden, ob zwei vorgegebene topologische Räume X und Y homöomorph sind oder nicht. Um zu zeigen, dass X und Y homöomorph sind, muss man eine topologische Abbildung $f \colon X \to Y$ konstruieren. Um zu zeigen, dass X und Y nicht homöomorph sind, muss man eine topologische Eigenschaft von X, also eine Eigenschaft, die unter Homöomorphismen erhalten bleibt, angeben, die Y nicht hat. Man beachte hierzu das Beispiel am Ende von 19.4, wo wir gezeigt haben, dass $\mathbb{R}^n$ und $\mathbb{R}$ für $n \geq 2$ nicht homöomorph sind.

Neben der *mengentheoretischen Topologie* ist heute die *algebraische Topologie* von zentraler Bedeutung. Hier werden topologischen Räumen algebraische Objekte wie etwa Gruppen (Homotopie- und Homologiegruppen) so zugeordnet, dass gilt: sind die topologischen Räume homöomorph, so sind die zugeordneten Gruppen isomorph, bzw. umgekehrt: sind die zugeordneten Gruppen nicht isomorph, so können die topologischen Räume nicht homöomorph sein.

Der Begriff „Topologie" wurde 1836 von Listing eingeführt. Bis dahin war auch das Wort „analysis situs" ge-

bräuchlich. Wichtige Beiträge zur Topologie haben u. a. Riemann, Poincaré, Möbius, Cantor, Fréchet und Hausdorff geleistet. Hausdorff definiert in seinem berühmten Buch „Grundzüge der Mengenlehre" topologische Räume über Umgebungsaxiome. Eine äquivalente Definition stammt von Kuratowski. Die heutige Methode, topologische Räume mittels offener Mengen zu definieren, stammt von P. Alexandroff (1925).

Man beachte, dass das Wort „Topologie" (genauso wie das Wort „Algebra") in zweifacher Bedeutung verwendet wird: Einmal bezeichnet es das mathematische Teilgebiet, in dem mit topologischen Methoden Räume untersucht werden, zum anderen wird es als Bezeichnung für das System der offenen Mengen eines topologischen Raums verwendet.

Da in der Topologie allgemeine Räume modelliert werden, ist es kein Wunder, dass sie überall dort eine Rolle spielt, wo qualitative Eigenschaften von Räumen untersucht werden. Tief liegende topologische Resultate sind nicht nur für die Mathematik relevant, sondern auch für die moderne Physik, etwa die qualitative Theorie dynamischer Systeme, Elementarteilchentheorie, Stringtheorie, Festkörperphysik und auch die Kosmologie. In der Topologie werden Methoden der Geometrie, Analysis und Algebra zusammengeführt. Ein bemerkenswertes jüngeres Resultat ist der Beweis der Poincaré-Vermutung in der Dimension 3 durch G. Perelman im Jahr 2002: Jede geschlossene dreidimensionale Mannigfaltigkeit M, die einfach zusammenhängend ist, ist homöomorph zur S^3. Dabei bedeutet „einfach zusammenhängend", dass jede geschlossene Schleife in M nullhomotop, also auf einen Punkt zusammenziehbar ist. Unter einer geschlossenen dreidimensionalen Mannigfaltigkeit sollte man sich dabei einen kompakten topologischen Raum vorstellen, der lokal wie $\mathbb{R}^3$ aussieht.

---

und setze $\hat{t} = \sup J$. Dann ist $\hat{t}$ der kleinste Wert, für den $\alpha_1(t) = 0$, also $\alpha(t) \in M_2$, gilt.

Wähle nun $\hat{y} \in [-1, 1]$ mit $\hat{y} \neq \alpha_2(\hat{t})$ und $\hat{x} \in (0, 1/\pi]$ mit $\sin(\frac{1}{\hat{x}}) = \hat{y}$. Für $n \in \mathbb{N}$ definieren wir

$$x_n = \frac{\hat{x}}{2\pi n \hat{x} + 1}.$$

Dann geht $x_n \to 0$ $(n \to \infty)$, und es ist

$$\sin\left(\frac{1}{x_n}\right) = \sin\left(\frac{1 + 2\pi n \hat{x}}{\hat{x}}\right) = \sin\left(\frac{1}{\hat{x}}\right) = \hat{y}.$$

Da α stetig ist, ist insbesondere die erste Komponente von α stetig. Wir finden also nach dem Zwischenwertsatz zu jedem n ein $t_n \in J = (0, \hat{t})$ mit $\alpha_1(t_n) = x_n$. Nun folgt

$$\alpha(\hat{t}) \neq \begin{pmatrix} 0 \\ \hat{y} \end{pmatrix} = \lim_{n \to \infty} \begin{pmatrix} x_n \\ \sin\left(\frac{1}{x_n}\right) \end{pmatrix} = \lim_{n \to \infty} \alpha(t_n)$$

im Widerspruch zur Stetigkeit von α.

19.5 Vollständigkeit

Bei der Definition der Menge der reellen Zahlen wurde in Abschnitt das folgende *Vollständigkeitsaxiom* eingeführt: Jede nach oben beschränkte, nichtleere Teilmenge der reellen Zahlen besitzt ein Supremum. An vielen Stellen der Analysis ist dieses Axiom zum Beweis zentraler Aussagen notwendig. Beispiele sind

- die Existenz von Quadratwurzeln für alle nicht-negativen reellen Zahlen,
- die Äquivalenz der Begriffe *konvergente Folge* und *Cauchy-Folge* für Folgen aus $\mathbb{R}$,
- der Satz von Bolzano-Weierstraß: Jede beschränkte Folge in $\mathbb{R}$ besitzt eine konvergente Teilfolge,
- der Zwischenwertsatz.

In diesem Abschnitt wird es darum gehen, wie wir den Inhalt dieses Axioms in metrischen Räumen formulieren können.

Zunächst lässt sich der Begriff der **Cauchy-Folge** auch in einem beliebigen metrischen Raum definieren.

Definition einer Cauchy-Folge

Sei (X, d) ein metrischer Raum. Eine Folge (x_k) von Elementen $x_k \in X$ heiÿt **Cauchy-Folge** (in X), wenn es zu jedem $\varepsilon > 0$ einen Index $N \in \mathbb{N}$ gibt, sodass für alle $k, l \in \mathbb{N}$ mit $k, l \geq N$ gilt:

$$d(x_k, x_l) < \varepsilon.$$

Diese Definition entspricht derjenigen im Fall $\mathbb{R}$ bzw. $\mathbb{C}$. Wie dort lässt sich auch in metrischen Räumen festhalten, dass die konvergenten Folgen eine Teilmenge der Cauchy-Folgen bilden. Dies ermöglicht es prinzipiell, Aussagen über die Konvergenz einer Folge zu formulieren, ohne dass man den Grenzwert kennt.

Konvergente Folgen sind Cauchy-Folgen

In einem metrischen Raum (X, d) ist jede konvergente Folge eine Cauchy-Folge.

Beweis: Seien (x_k) eine konvergente Folge in X und $a = \lim_{k \to \infty} x_k$ ihr Grenzwert in X. Dann gibt es nach Definition zu jedem $\varepsilon > 0$ einen Index $N \in \mathbb{N}$, sodass für alle $k \in \mathbb{N}$ mit $k \geq N$ gilt:

$$d(x_k, a) < \frac{\varepsilon}{2}.$$

Ist nun $l \in \mathbb{N}$ und gilt auch $l \geq N$, dann ist auch $d(x_k, a) < \frac{\varepsilon}{2}$. Nach der Dreiecksungleichung gilt:

$$d(x_k, x_l) = d(x_k, a) + d(a, x_l) = d(x_k, a) + d(x_l, a)$$
$$< \frac{\varepsilon}{2} + \frac{\varepsilon}{2} = \varepsilon$$

für alle $k, l \geq N$, d. h., (x_k) ist eine Cauchy-Folge in X.

Eine Cauchy-Folge in einem metrischen Raum X braucht umgekehrt im Allgemeinen nicht konvergent in X zu sein. Räume X, für welche die Umkehrung des obigen Satzes gilt, werden in diesem Abschnitt allerdings die zentrale Rolle spielen.

Vollständiger metrischer Raum

Ein metrischer Raum (M, d) heißt **vollständig,** falls jede Cauchy-Folge in M einen Grenzwert in M besitzt.

Wir sind bereits mit einer großen Zahl vollständiger metrischer Räume vertraut: Im $\mathbb{R}^n$ ist zum Beispiel jede Cauchy-Folge bezüglich der durch die euklidische Norm induzierten Metrik konvergent. Damit ist jede abgeschlossene Teilmenge des $\mathbb{R}^n$ mit dieser Metrik ein vollständiger metrischer Raum.

Andererseits ist längst nicht jeder metrische Raum vollständig. Die Zahlenmenge $\mathbb{Q}$ mit der durch den Betrag induzierten Metrik ist beispielsweise nicht vollständig, denn man kann in ihr Cauchy-Folgen bilden, die keinen Grenzwert in $\mathbb{Q}$ besitzen. So ist die rekursiv definierte Folge des babylonischen Wurzelziehens (siehe Seite 296),

$$a_0 = 1, \qquad a_n = \frac{1}{2}\left(a_{n-1} + \frac{x}{a_{n-1}}\right), \quad n \in \mathbb{N},$$

eine Folge aus $\mathbb{Q}$, die für jedes $x \in \mathbb{Q}_{\geq 0}$ gegen $\sqrt{x} \in \mathbb{R}$ konvergiert. Damit ist sie eine Cauchy-Folge in $\mathbb{Q}$. Etwa für $x = 2$ ist der Grenzwert aber keine rationale Zahl, die Folge besitzt also keinen Grenzwert in $\mathbb{Q}$.

Über den Begriff der Kompaktheit werden uns ebenfalls vollständige metrische Räume geliefert.

Satz (Kompaktheit und Vollständigkeit)

Jeder kompakte metrische Raum X ist vollständig.

Beweis: Seien (x_k) eine Cauchy-Folge in X und $\varepsilon > 0$ beliebig vorgegeben. Nach Definition gibt es dann einen Index $N_1 \in \mathbb{N}$, sodass für alle $k > m \geq N_1$ gilt:

$$d(x_k, x_m) < \frac{\varepsilon}{2}.$$

Nach dem Satz von Bolzano-Weierstraß (siehe Seite 792) besitzt (x_k) eine konvergente Teilfolge (x_{k_j}) mit einem Grenzwert $a \in X$. Es gibt also ein $N_2 \in \mathbb{N}$, sodass für alle $j \geq N_2$ gilt:

$$d(x_{k_j}, a) < \frac{\varepsilon}{2}.$$

Ist $N = \max\{N_1, N_2\}$, dann gilt für $k \geq N$:

$$d(x_k, a) \leq d(x_k, x_{k_N}) + d(x_{k_N}, a) < \frac{\varepsilon}{2} + \frac{\varepsilon}{2} = \varepsilon,$$
$$\text{d. h., } \lim_{k \to \infty} x_k = a. \qquad \blacksquare$$

Jeder metrische Raum lässt sich vervollständigen

Im Kapitel 4 haben wir zunächst die Menge $\mathbb{R}$ der reellen Zahlen axiomatisch definiert und anschließend die rationalen Zahlen $\mathbb{Q}$ als eine gewisse Teilmenge von $\mathbb{R}$ festgelegt. Wir wollen hier vorführen, dass man auch andersherum vorgehen kann: $\mathbb{R}$ kann als die kleinste vollständige Obermenge von $\mathbb{Q}$ definiert werden. Um dies als Satz auch zu beweisen, benötigen wir den folgenden Begriff: Eine Teilmenge V eines metrischen Raums M heißt **dicht**, falls jedes $x \in M$ Grenzwert einer Folge aus V ist. Die Elemente von M können durch Elemente von V beliebig gut approximiert werden.

Im Prinzip ist zu einem beliebigen metrischen Raum ein vollständiger Raum zu konstruieren, in dem der ursprüngliche Raum dicht liegt. Zunächst ist festzuhalten, dass dies bis auf Isometrie (siehe Seite 767) nur auf höchstens eine Weise geschehen kann.

Satz

Ist (M, d) ein metrischer Raum, so gibt es bis auf Isometrie höchstens einen vollständigen metrischen Raum $(\overline{M}, \overline{d})$, in dem M dicht liegt.

Beweis: Wir betrachten zwei metrische Räume (M_1, d_1) bzw. (M_2, d_2), in denen M dicht liegt. Das bedeutet auch:

$$d(x, y) = d_1(x, y) = d_2(x, y)$$

für alle $x, y \in M$.

Betrachte nun $z_1 \in M_1$. Dann existiert eine Folge (x_n) aus M, die gegen z_1 konvergiert. Damit ist die Folge (x_n) eine Cauchy-Folge in M und somit auch in M_2. Es existiert also ein $z_2 \in M_2$ mit

$$d_2(x_n, z_2) \to 0, \qquad (n \to \infty).$$

Das Element $z_2 \in M_2$ ist von der konkreten Wahl von (x_n) unabhängig. Ist nämlich (y_n) eine zweite Folge aus M, die gegen z_1 konvergiert, so gilt:

$$\begin{aligned} d_2(y_n, z_2) &\leq d(y_n, x_n) + d_2(x_n, z_2) \\ &\leq d_1(y_n, z_1) + d_1(z_1, x_n) + d_2(x_n, z_2) \\ &\to 0 \qquad (n \to \infty). \end{aligned}$$

Diese Unabhängigkeit von der konkreten Wahl der approximierende Folge impliziert, dass die Zuordnung $z_1 \mapsto z_2$ eine wohldefinierte Abbildung $I : (M_1, d_1) \to (M_2, d_2)$ definiert. Durch Umkehrung des gerade durchgeführten Approximationsprozesses sieht man, dass I surjektiv ist. Für x, $y \in M_1$ mit approximierenden Folgen (x_n) bzw. (y_n) aus M, folgt ferner:

$$\begin{aligned} d_1(x, y) &\leq d_1(x, x_n) + d_2(x_n, Ix) + d_2(Ix, Iy) \\ &\quad + d_2(Iy, y_n) + d_1(y_n, y) \\ &\to d_2(Ix, Iy) \end{aligned}$$

für $n \to \infty$. Damit ist $d_1(x, y) \leq d_2(Ix, Iy)$ und I ist injektiv. Diese Abschätzung gelingt aber ganz analog auch umgekehrt, und somit ist I eine Isometrie. Die Räume (M_1, d_1) und (M_2, d_2) sind also als metrische Räume nicht zu unterscheiden. $\blacksquare$

Eine ganz zentrale Überlegung, die in weiterführenden Vorlesungen aus dem Gebiet der Analysis immer wieder Verwendung findet, ist, dass es auch stets gelingt, zu einem metrischen Raum einen solchen kleinstmöglichen vollständigen Oberraum zu konstruieren. Für $\mathbb{Q}$ ist dies genau die Menge $\mathbb{R}$.

Vervollständigung eines metrischen Raums

Ist (M, d) ein metrischer Raum, so existiert ein bis auf Isometrie eindeutig bestimmter vollständiger metrischer Raum $(\overline{M}, \overline{d})$ derart, dass (M, d) isometrisch zu einem dichten Unterraum von $(\overline{M}, \overline{d})$ ist. Man nennt $(\overline{M}, \overline{d})$ die **Vervollständigung** von (M, d).

Der Beweis dieser Aussage ist nicht einfach. Wir wollen ihn in einer Reihe von Hilfssätzen erbringen. Zuvor skizzieren wir allerdings die Beweisidee anhand des Beispiels der Vervollständigung von $\mathbb{Q}$. Die irrationalen Zahlen kann man als diejenigen reellen Zahlen charakterisieren, die Grenzwert einer Folge aus $\mathbb{Q}$ sind, aber nicht selbst in $\mathbb{Q}$ enthalten sind. Jeder solchen Folge entspricht also eine irrationale Zahl, nämlich ihr Grenzwert. Da solche Folgen in $\mathbb{R}$ konvergent sind, sind sie Cauchy-Folgen in $\mathbb{Q}$. Man betrachtet also die Menge aller Cauchy-Folgen aus $\mathbb{Q}$.

Jetzt hat man allerdings eine zu große Menge erzeugt: Unterschiedliche Cauchy-Folgen aus $\mathbb{Q}$ können sehr wohl denselben Grenzwert in $\mathbb{R}$ besitzen. Sie entsprechen also derselben irrationalen Zahl. Ist dies der Fall, so ist ihre Differenz allerdings eine Nullfolge. Wir betrachten also Äquivalenzklassen von Cauchy-Folgen, die sich jeweils nur um eine Nullfolge unterscheiden. Mit einer geeigneten Metrik ist der so konstruierte Raum isometrisch zu $\mathbb{R}$.

Genau dieses Beweisschema wollen wir nun für die allgemeine Aussage in metrischen Räumen durchführen. Die Eindeutigkeitsaussage ist bereits erbracht, somit also nur noch die Konstruktion von $(\overline{M}, \overline{d})$ zu leisten. Wir konstruieren zunächst $\overline{M}$ und definieren danach die Metrik $\overline{d}$.

Mit V wollen wir die Menge aller Cauchy-Folgen aus M bezeichnen. Auf V führen wir eine Relation $\sim$ ein:

$$(x_n) \sim (y_n) \quad \text{genau dann, wenn} \quad \lim_{n \to \infty} d(x_n, y_n) = 0.$$

Lemma
Durch $\sim$ ist eine Äquivalenzrelation auf V gegeben.

Beweis: Sind $(x_n), (y_n) \in V$, so gilt $d(x_n, x_n) = 0$ und $d(x_n, y_n) = d(y_n, x_n)$ für alle $n \in \mathbb{N}$. Somit ist die Relation $\sim$ reflexiv und symmetrisch.

Die Transitivität ergibt sich aus der Dreiecksungleichung. Gilt nämlich $(x_n) \sim (y_n)$ und $(y_n) \sim (z_n)$, so ist

$$\lim_{n \to \infty} d(x_n, z_n) \leq \lim_{n \to \infty} d(x_n, y_n) + \lim_{n \to \infty} d(y_n, z_n) = 0 \,.$$

Somit folgt $(x_n) \sim (z_n)$. ∎

Mit der Äquivalenzrelation $\sim$ kann die Menge V faktorisiert werden. Wir definieren $\overline{M} = V/\sim$. Die Elemente von $\overline{M}$ sind also Äquivalenzklassen von Cauchy-Folgen aus M. Wir zeigen als Nächstes, wie sich durch Wahl von Vertretern aus den Äquivalenzklassen und Einsetzen in d eine Metrik auf $\overline{M}$ definieren lässt.

Lemma

Für $X, Y \in \overline{M}$ und $(x_n) \in X$, $(y_n) \in Y$, definieren wir

$$\overline{d}(X, Y) = \lim_{n \to \infty} d(x_n, y_n) \,.$$

Dann ist durch $\overline{d}$ eine Metrik auf $\overline{M}$ gegeben.

Beweis: Zunächst ist zu zeigen, dass die Definition von $\overline{d}$ sinnvoll ist, dass also der Grenzwert existiert und von der Wahl der Vertreter (x_n), (y_n) aus den Äquivalenzklassen X, Y unabhängig ist.

Sind $(x_n), (y_n) \in V$ und $\varepsilon > 0$ beliebig gewählt, so existiert ein $N \in \mathbb{N}$ mit

$$d(x_n, x_m), \; d(y_n, y_m) \leq \frac{\varepsilon}{2} \quad \text{für alle } n, m \geq N \,.$$

Wir wählen $n, m \geq N$ und nehmen ohne Einschränkung an, dass $d(x_n, y_n) \geq d(x_m, y_m)$ gilt. Es folgt:

$$\begin{aligned}
&d(x_n, y_n) - d(x_m, y_m) \\
&\quad \leq d(x_n, x_m) + d(x_m, y_m) + d(y_m, y_n) - d(x_m, y_m) \\
&\quad \leq \varepsilon \,.
\end{aligned}$$

Somit ist $(d(x_n, y_n))$ eine Cauchy-Folge in $\mathbb{R}$ und daher konvergent.

Sind nun $(x_n), (\tilde{x}_n) \in X$ und $(y_n), (\tilde{y}_n) \in Y$, so folgt aus der Definition der Äquivalenzrelation $\sim$:

$$\begin{aligned}
&\lim_{n \to \infty} d(x_n, y_n) \\
&\quad \leq \lim_{n \to \infty} \big[d(x_n, \tilde{x}_n) + d(\tilde{x}_n, \tilde{y}_n) + d(\tilde{y}_n, y_n) \big] \\
&\quad = \lim_{n \to \infty} d(\tilde{x}_n, \tilde{y}_n) \,.
\end{aligned}$$

Dieselbe Abschätzung erhalten wir analog auch umgekehrt. Also ist

$$\lim_{n \to \infty} d(x_n, y_n) = \lim_{n \to \infty} d(\tilde{x}_n, \tilde{y}_n)$$

für alle $(x_n), (\tilde{x}_n) \in X$ und $(y_n), (\tilde{y}_n) \in Y$.

Insgesamt haben wir nun gezeigt, dass $\overline{d}$ wohldefiniert ist. Die Eigenschaften einer Metrik lassen sich nun ganz einfach über Wahl von Vertretern der Äquivalenzklassen aus den entsprechenden Eigenschaften von d ableiten. ∎

Technisch aufwendig ist nun der nächste Schritt, der Nachweis der Vollständigkeit von $\overline{M}$. Es gelingt, zu einer Cauchy-Folge (X_n) aus $\overline{M}$ eine Äquivalenzklasse anzugeben, gegen die diese Folge konvergiert.

Lemma

Der metrische Raum $(\overline{M}, \overline{d})$ ist vollständig.

Beweis: Wir wählen dazu eine beliebige Cauchy-Folge (X_n) aus $\overline{M}$ aus. Aus jeder Äquivalenzklasse X_n wählen wir einen Vertreter $(x_k^{(n)})_k$ aus. Dieser ist also eine Cauchy-Folge in M.

Wir geben uns nun $\varepsilon > 0$ vor. Zu jedem $n \in \mathbb{N}$ gibt es einen Index $K(n)$ mit

$$d(x_j^{(n)}, x_k^{(n)}) \leq \frac{\varepsilon}{3} \qquad \text{für } j, k \geq K(n) \,. \tag{19.1}$$

Dies ist gerade die Cauchy-Folgen-Eigenschaft für $(x_k^{(n)})_k$. Wir erhalten nun eine Folge (y_n) aus M, indem wir $y_n = x_{K(n)}^{(n)}$ setzen.

Wir wollen zeigen, dass (y_n) eine Cauchy-Folge in M ist. Dazu benötigen wir noch folgende Überlegung: Es ist (X_n) eine Cauchy-Folge. Es existiert daher ein Index N mit

$$\overline{d}(X_n, X_m) \leq \frac{\varepsilon}{3} \qquad \text{für } n, m \geq N \,.$$

Mit der Definition von $\overline{d}$ bedeutet dies, dass

$$\lim_{k \to \infty} d(x_k^{(n)}, x_k^{(m)}) \leq \frac{\varepsilon}{3} \qquad \text{für } n, m \geq N \,.$$

Nun schätzen wir für $n, m \geq N$ und ein beliebiges $k \geq \max\{K(n), K(m)\}$ ab:

$$\begin{aligned}
d(y_n, y_m) &= d\left(x_{K(n)}^{(n)}, x_{K(m)}^{(m)}\right) \\
&\leq d\left(x_{K(n)}^{(n)}, x_k^{(n)}\right) + d\left(x_k^{(n)}, x_k^{(m)}\right) + d\left(x_k^{(m)}, x_{K(m)}^{(m)}\right) \\
&\leq \frac{2\varepsilon}{3} + d\left(x_k^{(n)}, x_k^{(m)}\right) \,.
\end{aligned}$$

Hierbei haben wir zweimal die Abschätzung (19.1) verwendet. Lassen wir auf der rechten Seite $k \to \infty$ gehen, so folgt $d(y_n, y_m) \leq \varepsilon$, falls $n, m \geq N$. Dies bedeutet, dass (y_n) eine Cauchy-Folge ist.

Somit ist (y_n) Element einer Äquivalenzklasse $Y \in \overline{M}$. Wir zeigen noch, dass Y Grenzwert der Folge (X_n) ist. Es ist

$$\overline{d}(Y, X_n) = \lim_{m \to \infty} d\left(y_m, x_m^{(n)}\right)$$

und

$$d\left(y_m, x_m^{(n)}\right) \leq d(y_m, y_n) + d\left(y_n, x_m^{(n)}\right) \,.$$

Wieder geben wir uns $\varepsilon > 0$ vor. Dann existiert ein Index N mit

$$d(y_n, y_m) \leq \frac{2\varepsilon}{3} \qquad \text{für } n, m \geq N \,.$$

Ist nun $m \geq \max\{K(n), N\}$, so folgt mit (19.1)

$$d\left(x^{(n)}_{K(n)}, x^{(n)}_m\right) \leq \frac{\varepsilon}{3}\,.$$

Also gilt für $n \geq N$ und $m \geq \max\{K(n), N\}$ stets:

$$d\left(y_m, x^{(n)}_m\right) \leq \varepsilon\,.$$

Mit $m \to \infty$ erhalten wir $\overline{d}(Y, X_n) \leq \varepsilon$ für $n \geq N$, d.h., $Y = \lim\limits_{n \to \infty} X_n$. ■

Um den Satz über die Vervollständigung eines metrischen Raums von Seite 803 komplett zu beweisen, fehlt jetzt nur noch die Aussage, dass wir (M, d) in dem neu konstruierten Raum $(\overline{M}, \overline{d})$ wiederfinden.

Lemma

Der metrische Raum (M, d) ist isometrisch zu einem dichten Unterraum $(U, \overline{d})$ von $(\overline{M}, \overline{d})$.

Beweis: Zu $x \in M$ ist die konstante Folge (x) eine Cauchy-Folge. Es bezeichne $X(x)$ diejenige Äquivalenzklasse aus $\overline{M}$, die (x) enthält. Wir setzen:

$$U = \{X(x) \mid x \in M\}\,.$$

Für $x, y \in M$ ist nach der Definition von $\overline{d}$:

$$d(x, y) = \overline{d}(X(x), Y(y))\,.$$

Somit ist $(U, \overline{d})$ isometrisch zu (M, d).

Ist $Z \in \overline{M}$ beliebig gewählt, so wählen wir eine Cauchy-Folge (z_n) aus Z aus. Dann ist

$$\lim_{n \to \infty} \overline{d}(X(z_n), Z) = \lim_{n \to \infty} \lim_{m \to \infty} d(z_n, z_m) = 0\,.$$

Somit konvergiert die Folge $(X(z_n))$ aus U gegen Z. Wir haben also gezeigt, dass U dicht in $\overline{M}$ liegt. ■

Die Vervollständigung von $\mathbb{Q}$ ist $\mathbb{R}$

Mit den eben bewiesenen vier Lemmata wurde die Existenz einer Vervollständigung von (M, d) nachgewiesen. Wenden wir den Satz auf $\mathbb{Q}$ an, so gibt es einen vollständigen metrischen Raum $(R, \overline{d})$ mit einem dichten Teilraum $(Q, \overline{d})$, der zu $\mathbb{Q}$ isometrisch ist.

Andererseits lässt sich, zum Beispiel durch Dezimalzahlenentwicklungen, nachweisen, dass sich jede reelle Zahl durch rationale Zahlen approximieren lässt. Damit liegt $\mathbb{Q}$ dicht in $\mathbb{R}$ und somit ist $\mathbb{R}$ isometrisch zu $(R, \overline{d})$.

Diese Überlegungen sind die Grundlage für die Gleichwertigkeit der beiden prinzipiellen Zugänge für die Definition der reellen Zahlen, die in Kapitel 4 vorgestellt wurden:

- Man definiert die Menge $\mathbb{R}$ der reellen Zahlen axiomatisch, wie wir es in diesem Buch getan haben. Aus $\mathbb{R}$ lassen sich sukzessive $\mathbb{N}$, $\mathbb{Z}$ und $\mathbb{Q}$ definieren. Man kann dann beweisen, dass $\mathbb{Q}$ dicht in $\mathbb{R}$ liegt.
- Man definiert die Menge $\mathbb{N}$ der natürlichen Zahlen axiomatisch durch die sogenannten *Peano-Axiome*. Aus $\mathbb{N}$ lässt sich $\mathbb{Z}$ und anschließend $\mathbb{Q}$ konstruieren. Schließlich gewinnt man $\mathbb{R}$ aus $\mathbb{Q}$ durch den oben dargestellten Vervollständigungsprozess.

Achtung: Wählt man den zweiten Zugang, kann man für die Definition der Metrik auf $\mathbb{Q}$ nicht, wie wir es getan haben, $\mathbb{R}$ verwenden. Das ist auch nicht nötig, da Abstände rationaler Zahlen immer rational sind. Die Definition von $\overline{d}$ lässt sich aber nicht durchführen. Hier muss man bei der Definition der Zahlenmengen mehr Handarbeit leisten und direkt mit der Definition der Konvergenz in $\mathbb{Q}$ arbeiten. Das prinzipielle Vorgehen ist aber dasselbe.

Es gibt noch weitere Möglichkeiten, Zahlen zu definieren. Zum Beispiel kann man von den Axiomen der Mengenlehre ausgehen. Wir wollen dies aber nicht vertiefen, dies sind Themen aus den *Grundlagen der Mathematik*. Festzuhalten bleibt aber:

> ### Vervollständigung von $\mathbb{Q}$
>
> $\mathbb{R}$ ist der, bis auf Isometrie eindeutig bestimmte vollständige metrische Raum, in dem $\mathbb{Q}$ dicht liegt.

Neben $\mathbb{R}$ sind auch viele wichtige Teilmengen von $\mathbb{R}$ vollständige metrische Räume, zum Beispiel alle abgeschlossenen Intervalle. Im Gegensatz zu $\mathbb{R}$ selbst besitzen Intervalle nicht die Struktur eines Vektorraums. Hat man eine solche lineare Struktur vorliegen, so lässt sich oft in normierten Räumen arbeiten. Beispiele dazu hatten wir schon in Abschnitt 19.1 vorgestellt. Bei einem vollständigen normierten Raum spricht man von einem *Banach-Raum*. Wir werden diesen Begriff in Abschnitt 19.6 vertiefen. Doch auch ohne eine lineare Struktur stellt der Begriff des vollständigen metrischen Raums ein so reichhaltiges Konzept dar, dass sich wichtige Aussagen damit gewinnen lassen. Eine davon betrifft die Lösbarkeit von Fixpunktgleichungen.

Der Fixpunktsatz von Banach garantiert die Lösbarkeit einer Fixpunktgleichung

Ein grundlegendes Problem der Analysis ist, die Lösbarkeit von Gleichungen der Form

$$F(x) = y$$

für irgendeine Funktion F sicherzustellen. Ist F zum Beispiel eine stetige Funktion der reellen Zahlen, so könnte der Zwischenwertsatz in geeigneten Umständen die Existenz einer

Lösung garantieren. Er macht jedoch keine Aussage über die Anzahl der möglicherweise existierenden Lösungen.

Achtung: Der Zwischenwertsatz benötigt in seinem Beweis ganz wesentlich die Vollständigkeit von $\mathbb{R}$.

Eine andere Möglichkeit, die Gleichung $F(x) = y$ zu untersuchen, besteht in einer Umformulierung: Ist $\lambda \neq 0$, so können wir die Gleichung umschreiben zu

$$x = x + \lambda\big(y - F(x)\big).$$

Setzen wir $G(x) = x + \lambda(y - F(x))$, so erhalten wir die zur ursprünglichen Gleichung äquivalente **Fixpunktgleichung**

$$x = G(x).$$

Der Name Fixpunktgleichung stammt daher, dass die Funktion G eine Lösung x auf sich selbst abbildet, x also ein Fixpunkt von G ist.

Dieser Zusammenhang zwischen allgemeinen Gleichungen und Fixpunktgleichungen ist eine Motivation, sich mit letzteren genauer zu beschäftigen. Statt Zahlen und Funktionen können wir allgemeiner vollständige metrische Räume und Abbildungen zwischen ihnen betrachten. Es wird sich herausstellen, dass eine Fixpunktgleichung in diesem Rahmen für eine große Klasse von Abbildungen G immer genau eine Lösung besitzt.

Definition einer Kontraktion

Ist M ein metrischer Raum, so heißt eine Abbildung $G\colon M \to M$ eine **Kontraktion,** falls es eine Zahl $q < 1$ gibt mit

$$d(Gx, Gy) \leq q\, d(x, y) \qquad \text{für alle } x, y \in M.$$

Beispiel

- Betrachten Sie als metrischen Raum das Intervall $M = (0, 3)$ mit der durch den Betrag induzierten Norm $d(x, y) = |x - y|$. Dann bildet die Abbildung $f\colon M \to M$, definiert durch $f(x) = \frac{1}{4}\exp(1 - x^2)$, eine Kontraktion.

  Dies sieht man folgendermaßen: Zunächst wollen wir uns klarmachen, dass das Bild von f tatsächlich in M enthalten ist. Dies folgt, da $f(x) \leq f(0) = \frac{1}{4}\exp(1) < 3$ für alle $x \in M$ ist. Ferner ist natürlich $f(x) > 0$ für alle $x \in M$.

  Die Kontraktionseigenschaft erhält man durch Anwendung des Mittelwertsatzes. Für $x, y \in M$ gilt:

$$|f(x) - f(y)| = \left|\frac{1}{4}\exp(1 - x^2) - \frac{1}{4}\exp(1 - y^2)\right|$$
$$= \left|-\frac{\xi}{2}\exp(1 - \xi^2)\right| |x - y|$$

für irgendein ξ zwischen x und y. Wir bestimmen das Maximum des ersten Betrags für alle $\xi \in M$. Auf $(0, 3)$ hat der Ausdruck ein lokales Maximum, charakterisiert durch:

$$0 = \left(\frac{1}{2} - \xi^2\right)\exp(1 - \xi^2),$$

also an der Stelle $\xi = 1/\sqrt{2}$. Der Wert ist $1/(2\sqrt{2})\exp(1/2) \approx 0.583$ und damit größer als die Werte an den Randstellen 0 und 3, die 0 bzw. $5.0 \cdot 10^{-4}$ betragen. Damit haben wir:

$$|f(x) - f(y)| \leq \frac{\exp(1/2)}{2\sqrt{2}}\, |x - y|$$

für alle $x, y \in M$ mit $\exp(1/2)/(2\sqrt{2}) < 1$. Somit ist f eine Kontraktion auf M.

- Nun betrachten wir als metrischen Raum die Menge

$$M = \{f\colon [-1, 1] \to [-1, 1] \mid f \text{ ist stetig}\}$$

mit der aus der Supremumsnorm induzierten Metrik. Wir betrachten die Abbildung $G\colon f \mapsto Gf$

$$(Gf)(x) = \frac{1}{2} + \frac{1}{2}\int_0^x t\, f(t)^2\, \mathrm{d}t, \qquad x \in [-1, 1].$$

Offensichtlich ist Gf wieder stetig. Aus

$$|(Gf)(x)| \leq \frac{1}{2} + \frac{1}{2}\|f\|_\infty^2 \left|\int_0^x t\, \mathrm{d}t\right| \leq \frac{1}{2} + \frac{x^2}{4}\|f\|_\infty^2$$

für alle $x \in [-1, 1]$, folgt $\|Gf(x)\|_\infty \leq 1$, d. h., G bildet M auf sich selbst ab.

Ferner ist G eine Kontraktion, denn es gilt für alle f, $g \in M$ und alle $x \in [-1, 1]$ die Abschätzung:

$$|(Gf)(x) - (Gg)(x)| = \frac{1}{2}\left|\int_0^x t\,(f(t)^2 - g(t)^2)\, \mathrm{d}t\right|$$
$$\leq \frac{1}{2}\|f + g\|_\infty \|f - g\|_\infty \int_0^x |t|\, \mathrm{d}t$$
$$= \frac{x^2}{4}(\|f\|_\infty + \|g\|_\infty)\|f - g\|_\infty$$
$$\leq \frac{1}{2}\|f - g\|_\infty.$$

Es folgt $\|Gf - Gg\|_\infty \leq (1/2)\|f - g\|_\infty$. ◄

Die Vollständigkeit des Raums und die Kontraktionseigenschaft sind die entscheidenden Begriffe für die Richtigkeit des folgenden Satzes.

Banach'scher Fixpunktsatz

Wenn M ein vollständiger metrischer Raum ist und $G\colon M \to M$ eine Kontraktion, dann hat G genau einen Fixpunkt $x \in M$. Dieser ist Grenzwert jeder Folge (x_n) definiert durch einen beliebigen Startwert $x_0 \in M$ und die Rekursionsvorschrift

$$x_n = G(x_{n-1}), \qquad n \in \mathbb{N}.$$

Kommentar: Es gibt viele weitere Fixpunktsätze, die schwächere Voraussetzungen als der Banach'sche Satz verwenden. Diesen ist gemeinsam, dass sie nur die Existenz, nicht aber die Eindeutigkeit des Fixpunkts garantieren. Außerdem liefert der Banach'sche Fixpunktsatz durch die Folge (x_n) gleich ein konstruktives Verfahren zu Bestimmung des Fixpunkts mit.

Beweis: Wir betrachten die im Satz definierte Folge (x_n) für einen beliebigen Startwert $x_0 \in M$. Für $n \geq 2$ folgt dann die Abschätzung:

$$d(x_n, x_{n-1}) = d(G(x_{n-1}), G(x_{n-2}))$$
$$\leq q\, d(x_{n-1}, x_{n-2})$$
$$\leq q^{n-1}\, d(x_1, x_0)\,.$$

Damit wiederum erhalten wir durch die Dreiecksungleichung und eine Anwendung der geometrischen Summenformel:

$$d(x_{n+k}, x_n) \leq \sum_{j=0}^{k-1} d(x_{n+j+1}, x_{n+j})$$
$$\leq d(x_1, x_0) \sum_{j=0}^{k-1} q^{n+j}$$
$$\leq d(x_1, x_0) \frac{q^n (1 - q^k)}{1 - q}\,.$$

Dies liefert die Abschätzung:

$$d(x_{n+k}, x_n) \leq \frac{q^n}{1 - q}\, d(x_1, x_0)\,, \qquad n \in \mathbb{N}\,. \qquad (19.2)$$

Die rechte Seite ist nun aber unabhängig von k und geht für $n \to \infty$ gegen null, wenn G eine Kontraktion ist. Damit ist gezeigt, dass die Folge (x_n) eine Cauchy-Folge ist. Da M ein vollständiger metrischer Raum ist, konvergiert sie also gegen einen Grenzwert $x \in M$. Nochmals mit der Kontraktionseigenschaft von G folgt nun für diesen Grenzwert x:

$$d(G(x), x) \leq d(G(x), G(x_n)) + d(G(x_n), x_n) + d(x_n, x)$$
$$\leq q\, d(x, x_n) + d(x_{n+1}, x_n) + d(x_n, x)$$
$$\to 0 \qquad (n \to \infty)\,,$$

d. h., es gilt $x = G(x)$.

Die Eindeutigkeit des Fixpunkts folgt direkt aus der Kontraktionseigenschaft von G. Sind $x, y \in M$ Fixpunkte von G, so folgt:

$$d(x, y) = d(G(x), G(y)) \leq q\, d(x, y)\,.$$

Da $q < 1$ vorausgesetzt ist, folgt $d(x, y) = 0$, d. h., $x = y$. ∎

Die Lösung der Fixpunktgleichung erhält man durch sukzessive Approximationen

Die im Banach'schen Fixpunktsatz gebildete Folge (x_n) aus M wird auch als **Folge der sukzessiven Approximationen** bezeichnet. Wir wollen sie noch etwas genauer untersuchen.

Im Beweis des Banach'schen Fixpunktsatzes wurde für alle $n, k \in \mathbb{N}$ die Ungleichung (19.2) gezeigt. Lassen wir in ihr k gegen unendlich gehen, so erhalten wir:

$$d(x, x_n) \leq \frac{q^n}{1 - q}\, d(x_1, x_0)\,, \quad n \in \mathbb{N}\,.$$

Diese Ungleichung wird auch als **a priori Abschätzung** bezeichnet: Bevor wir x_n ausgerechnet haben, können wir bereits eine obere Schranke für den Unterschied zwischen x und der Approximation x_n angeben.

Mit ganz ähnlichen Argumenten wie im Beweis kann man auch eine Abschätzung herleiten, die erst nach der Berechnung von x_n eine Schranke liefert. Es folgt mit der geometrischen Summenformel:

$$d(x_{n+k}, x_n) \leq \sum_{j=1}^{k} d(x_{n+j}, x_{n+j-1})$$
$$\leq d(x_{n+1}, x_n) \sum_{j=0}^{k} q^j$$
$$\leq \frac{1 - q^{k+1}}{1 - q}\, q\, d(x_n, x_{n-1})\,.$$

Lassen wir jetzt wieder k gegen unendlich streben, so folgt die **a posteriori Abschätzung**:

$$d(x, x_n) \leq \frac{q}{1 - q}\, d(x_n, x_{n-1})\,.$$

In der Praxis zeigt sich, dass beide Schranken oft recht pessimistisch sind. Allerdings lassen sie sich auf vielfältige Weise in Konvergenzbeweisen und Aufwandsabschätzungen von Approximationsverfahren verwenden.

Beispiel Wir greifen das zweite Beispiel für eine Kontraktion auf Seite 806 nochmals auf. Im Vorgriff auf den Satz auf Seite 808 verwenden wir, dass $C([-1, 1])$ mit der Supremumsnorm vollständig ist. Also bildet die Menge M als abgeschlossene Teilmenge von $C([-1, 1])$ einen vollständigen metrischen Raum. Somit ist der Fixpunktsatz von Banach für die Fixpunktgleichung $Gf = f$ anwendbar, also die Gleichung

$$f(x) = \frac{1}{2} + \frac{1}{2} \int_0^x t\, f(t)^2\, \mathrm{d}t\,, \qquad x \in [-1, 1]\,.$$

Man nennt eine solche Gleichung eine *Integralgleichung*, genauer handelt es sich um eine *Volterra'sche Integralgleichung der zweiten Art.*

Nach dem Fixpunktsatz besitzt die Gleichung genau eine Lösung, die wir durch sukzessive Approximationen bestimmen können. Wir beginnen mit der ersten Approximation

$f_1(x) = 1/2$, $x \in [-1, 1]$, und erhalten:

$$f_2(x) = \frac{1}{2} + \frac{1}{2} \int_0^x \frac{t}{4}\,dt = \frac{1}{2} + \frac{x^2}{16},$$

$$f_3(x) = \frac{1}{2} + \frac{1}{2} \int_0^x t \left(\frac{1}{2} + \frac{t^2}{16} \right)^2 dt$$

$$= \frac{1}{2} + \frac{x^2}{16} + \frac{x^4}{128} + \frac{x^6}{3072}.$$

Man kann auch die exakte Lösung bestimmen: Durch Differenziation der Integralgleichung erhält man ein Anfangswertproblem für eine gewöhnliche Differenzialgleichung erster Ordnung, das durch Separation gelöst werden kann. Die exakte Lösung lautet:

$$f(x) = \frac{4}{8 - x^2} \qquad x \in [-1, 1].$$

In der Abbildung 19.29 sind f und f_2 dargestellt. Ein optischer Unterschied zwischen f und f_3 wäre in der Abbildung nicht mehr erkennbar. Mit

$$\|f_2 - f_3\|_\infty = \frac{1}{128} + \frac{1}{3072} \approx 8.138 \cdot 10^{-3}$$

und $q = 1/2$ erhält man aus der a posteriori Abschätzung ebenfalls $\|f - f_3\|_\infty \leq 8.138 \cdot 10^{-3}$.

Den exakten Fehler kann man bestimmen, indem man mit der geometrischen Reihe die auf $[-1, 1]$ konvergente Potenzreihendarstellung

$$f(x) = \frac{1}{2} \sum_{n=0}^{\infty} \left(\frac{x}{2\sqrt{2}} \right)^{2n}$$

$$= \frac{1}{2} + \frac{x^2}{16} + \frac{x^4}{128} + \frac{x^6}{1024} + \cdots$$

verwendet. Hieraus können wir $\|f - f_3\|_\infty \approx 6.5 \cdot 10^{-4}$ berechnen. ◄

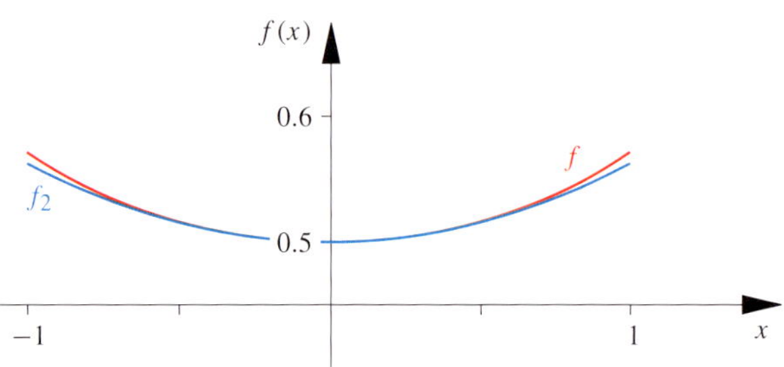

Abbildung 19.29 Die exakte Lösung $f(x) = \frac{4}{8-x^2}$, $x \in [-1, 1]$, der Fixpunktgleichung aus dem Beispiel und die Approximation f_2.

19.6 Banach- und Hilbert-Räume

Da jeder normierte Raum auch ein metrischer Raum ist, überträgt sich der Begriff der Vollständigkeit ganz natürlich auf normierte Räume.

Definition eines Banach-Raums

Ein vollständiger normierter Raum heißt **Banach-Raum.**

Banach-Räume spielen in der Fortführung der Analysis, der *Funktionalanalysis,* eine zentrale Rolle. In diesem Gebiet der Mathematik geht es unter anderem um die Lösbarkeit von Operatorgleichungen, zum Beispiel von Differenzial- und Integralgleichungen. Viele Aussagen hängen davon ab, dass die Lösungen dieser Gleichungen Elemente von Banach-Räumen sind. Der Ausblick auf Seite 816 nennt einige zentrale Resultate. In diesem Abschnitt sollen einige wichtige Banach-Räume vorgestellt werden.

Die stetigen Funktionen auf einem kompakten Intervall bilden mit der Supremumsnorm einen Banach-Raum

Im Abschnitt 19.1 hatten wir die Supremumsnorm für stetige Funktionen auf einem kompakten Intervall I eingeführt. Wir zeigen nun, dass dieser normierte Raum vollständig ist.

Vollständigkeit von $C(I)$

Ist $I \subseteq \mathbb{R}$ ein kompaktes Intervall, so ist $C(I)$ mit der Supremumsnorm ein Banach-Raum.

Beweis: Wir geben uns eine Cauchy-Folge (f_n) aus $C(I)$ vor. Dann ist für jedes $x \in I$ die Zahlenfolge $(f_n(x))$ eine Cauchy-Folge in $\mathbb{C}$ und damit konvergent. Wir setzen:

$$f(x) = \lim_{n \to \infty} f_n(x), \qquad x \in I.$$

Wegen der Cauchy-Folgen-Eigenschaft gibt es zu $\varepsilon > 0$ ein $N \in \mathbb{N}$ mit

$$|f_n(x) - f_m(x)| \leq \|f_n - f_m\| < \varepsilon$$

für alle $n, m \geq N$ und $x \in I$. Lässt man nun m gegen unendlich gehen, so folgt:

$$|f_n(x) - f(x)| < \varepsilon$$

für alle $n \geq N$ und alle $x \in I$. Mit der Dreiecksungleichung folgt für alle $x, y \in I$:

$$|f(x) - f(y)| \leq |f(x) - f_n(x)| + |f_n(x) - f_n(y)| + |f_n(y) - f(y)|.$$

Nach der oben gezeigten Abschätzung gilt für n groß genug, dass

$$|f(x) - f(y)| < \frac{2\varepsilon}{3} + |f_n(x) - f_n(y)|.$$

Da f_n stetig ist, existiert ein $\delta > 0$, sodass der verbleibende Betrag kleiner als $\varepsilon/3$ ist, falls $|x - y| < \delta$ ist. Insgesamt folgt $|f(x) - f(y)| < \varepsilon$ für $|x - y| < \delta$, was bedeutet, dass f stetig ist.

Aus der Cauchy-Folgen-Eigenschaft folgt schließlich $f_n \to f$ in $C(I)$. ∎

Die Norm eines vollständigen Raums muss passen

Der Raum der stetigen Funktionen auf einem kompakten Intervall I besitzt lineare Unterräume, die für sich genommen wichtig sind. So werden etwa die Räume $C^k(I)$, $k \in \mathbb{N}$, der k-mal stetig differenzierbaren Funktionen oft benötigt. Allerdings sind dies keine abgeschlossenen Unterräume: Stattet man sie mit der Supremumsnorm aus, so sind sie nicht mehr vollständig.

Beispiel Setze $I = [-1, 1]$ und

$$f_n(x) = |x|^{1+1/n}, \qquad x \in [-1, 1], \quad n \in \mathbb{N}.$$

Die Funktionen f_n sind auf $(-1, 1)$ stetig differenzierbar mit den Ableitungen

$$f_n'(x) = \operatorname{sign}(x) \left(1 + \frac{1}{n} \right) |x|^{1/n}, \quad x \in (-1, 1), \, n \in \mathbb{N}.$$

Wir zeigen nun, dass (f_n) gleichmäßig gegen $|x|$, $x \in [-1, 1]$, konvergiert. Dazu geben wir uns ε mit $1 > \varepsilon > 0$ vor. Ist $|x| < \varepsilon$, so gilt:

$$\left| |x|^{1+1/n} - |x| \right| = |x| \left(1 - |x|^{1/n} \right) \leq |x| < \varepsilon.$$

Ist $1 \geq |x| \geq \varepsilon$, so gilt für jedes $n > \log(\varepsilon)/\log(1-\varepsilon)$:

$$\frac{1}{n} \log(\varepsilon) > \log(1 - \varepsilon)$$
$$\varepsilon^{1/n} > 1 - \varepsilon$$

und damit:

$$|x| \left(1 - |x|^{1/n} \right) \leq 1 - |x|^{1/n} \leq 1 - \varepsilon^{1/n} < \varepsilon.$$

Somit konvergiert f_n bezüglich der Supremumsnorm gegen $f(x) = |x|$, $x \in [-1, 1]$. Diese Grenzfunktion ist aber nicht stetig differenzierbar. Somit ist $C^1([-1, 1])$ bezüglich der Supremumsnorm nicht abgeschlossen. ◀

Im Grunde ist es nicht verwunderlich, dass der Raum der stetig differenzierbaren Funktionen mit der Supremumsnorm nicht abgeschlossen ist: Die Supremumsnorm enthält keinerlei Informationen über Ableitungen. Möchte man die stetig differenzierbaren Funktionen zu einem Banach-Raum machen, so benötigt man eine Norm, die solche Informationen enthält.

$C^1([a, b])$ als Banach-Raum

Für $a, b \in \mathbb{R}$, $a < b$, ist der Raum $C^1([a, b])$ mit der Norm

$$\|f\|_{1,\infty} = \|f\|_\infty + \|f'\|_\infty, \qquad f \in C^1([a, b]),$$

ein Banach-Raum.

Beweis: Die Normeigenschaften von $\| \cdot \|_{1,\infty}$ ergeben sich direkt aus den entsprechenden Eigenschaften der Supremumsnorm. Sei nun (f_n) eine Cauchy-Folge in $C^1([a, b])$ bezüglich dieser Norm. Dann sind sowohl (f_n) als auch (f_n') Cauchy-Folgen in $C([a, b])$ bezüglich Supremumsnorm und konvergieren damit gegen f bzw. $g \in C([a, b])$. Definieren wir

$$G(x) = f(a) + \int_a^x g(t)\, \mathrm{d}t \qquad x \in [a, b],$$

so ist G nach dem ersten Hauptsatz der Differenzial- und Integralrechnung stetig differenzierbar, und es ist $G' = g$. Es bleibt zu zeigen, dass $f = G$ gilt.

Wir wählen dazu $x \in [a, b]$. Dann gilt für alle $n \in \mathbb{N}$ die Abschätzung

$$|f(x) - G(x)| \leq |f(x) - f_n(x)| + |f(a) - f_n(a)|$$
$$+ \left| \int_a^x \left(f_n'(t) - g(t) \right) \mathrm{d}t \right|$$
$$\leq 2 \|f - f_n\|_\infty + (b - a) \|f_n' - g\|_\infty.$$

Mit dem Grenzübergang $n \to \infty$ folgt $f = G$. ∎

Ganz analog kann jeder der Räume $C^k([a, b])$ mit $k \in \mathbb{N}$ durch Hinzunahme der Supremumsnormen aller Ableitungen zu einem Banach-Raum gemacht werden. Anders ist der Sachverhalt beim Raum $C^\infty([a, b])$ der auf $[a, b]$ beliebig oft stetig differenzierbaren Funktionen. Hier lässt sich eine Metrik angeben, bezüglich der $C^\infty([a, b])$ ein vollständiger metrischer Raum ist, jedoch ist diese Metrik nicht durch eine Norm induziert. Wir betrachten dies in Aufgabe 19.17.

Die L^p-Räume sind Banach-Räume

Die Supremumsnorm ist nur eine von vielen Möglichkeiten, eine Norm auf dem Raum $C(I)$ zu definieren. Eine andere wichtige Möglichkeit ist die folgende.

Definition der L^p-Norm

Ist I ein kompaktes Intervall, so ist für $p \geq 1$ durch

$$\|f\|_p = \left(\int_I |f(x)|^p \, \mathrm{d}x \right)^{1/p}, \qquad f \in C(I),$$

die L^p-**Norm** auf dem Raum der auf I stetigen Funktionen $C(I)$ gegeben.

Beweis: Jede stetige Funktion auf einem kompakten Intervall ist integrierbar, daher ist die Zahl $\|f\|_p$ für $f \in C(I)$ wohldefiniert. Die Positiv-Definitheit und die Homogenität ergeben sich direkt aus Eigenschaften des Lebesgue-Integrals und der Betragsfunktion. Im Falle der Positiv-Definitheit nutzen wir allerdings aus, dass wir es mit stetigen Funktionen zu tun haben. Aus der Gleichung

$$\int_I |f(x)|^p \, \mathrm{d}x = 0$$

folgt zunächst nur, dass $|f(x)|^p$ und damit $f(x)$ für fast alle $x \in I$ verschwindet. Aus der Stetigkeit von f ergibt sich dann, dass $f(x) = 0$ für alle $x \in I$ ist.

Die Dreiecksungleichung bezüglich der L^p-Norm ist gerade die Minkowski'sche Ungleichung, die in der Aufgabe 19.18 zu beweisen ist. ∎

Wir wollen uns nun an einem einfachen Beispiel davon überzeugen, dass die Supremumsnorm und die L^p-Norm auf $C(I)$ nicht äquivalent sein können.

Beispiel Wir betrachten die Folge (x^n) in $C([0, 1])$. Zunächst zeigen wir, dass diese Folge in jeder L^p-Norm gegen die Nullfunktion konvergiert. Für alle $n \in \mathbb{N}_0$ und alle $p \geq 1$ gilt:

$$\int_0^1 |x^n|^p \, \mathrm{d}x = \int_0^1 x^{np} \, \mathrm{d}x = \left[\frac{1}{np+1} x^{np+1} \right]_0^1$$

$$= \frac{1}{np+1} \to 0 \qquad (n \to \infty).$$

Wie sieht die Situation bezüglich der Supremumsnorm aus? Für jedes $n \in \mathbb{N}$ ist $1^n = 1$. Damit folgt:

$$\|x^n\|_{\infty, [0,1]} = 1.$$

Die Folge (x_n) konvergiert bezüglich der Supremumsnorm also keinesfalls gegen die Nullfunktion.

Wären die L^p-Norm und die Supremumsnorm allerdings äquivalent, so würde Konvergenz bezüglich der einen auch immer Konvergenz bezüglich der anderen implizieren. ◀

Es ist sogar so, dass es Funktionen mit beliebig kleiner L^p-Norm, aber beliebig großer Supremumsnorm gibt.

Beispiel Wir betrachten $f_n \colon [0, 1] \to \mathbb{R}$ mit

$$f_n(x) = \begin{cases} n^{9/2}\, x, & 0 \leq x \leq \dfrac{1}{n^4}, \\[2mm] \dfrac{1}{\sqrt{n}\, x^{1/4}}, & \dfrac{1}{n^4} < x \leq 1, \end{cases} \qquad n \in \mathbb{N}.$$

Die Funktionen f_n sind stetig und nehmen ihr Maximum jeweils in $x_n = \frac{1}{n^4}$ an. Es ist $f_n(x_n) = \sqrt{n} \to \infty$ für $n \to \infty$. Die Folge der Supremumsnormen ist somit unbeschränkt.

Nun berechnen wir

$$\|f_n\|_{L^2(0,1)}^2 = \int_0^{1/n^4} n^9 x^2 \, \mathrm{d}x + \int_{1/n^4}^1 \frac{1}{n \sqrt{x}} \, \mathrm{d}x$$

$$= \frac{1}{3 n^3} + \frac{2}{n} - \frac{2}{n^3} \to 0 \quad (n \to \infty).$$

Die Folge der L^2-Normen ist eine Nullfolge. ◀

Stehen nun die Supremums- und die L^p-Norm in gar keinem Verhältnis zueinander? Auch dies ist nicht der Fall, sondern es lässt sich zumindest die folgende Aussage festhalten.

Satz
Ist I ein kompaktes Intervall, so gilt für $p \geq 1$:

$$\|f\|_{L^p(I)} \leq |I|^{1/p} \|f\|_\infty \qquad \text{für alle } f \in C(I).$$

Man sagt, die Supremumsnorm ist **stärker** als die L^p-Norm. Aus Konvergenz in $C(I)$ bezüglich der Supremumsnorm folgt insbesondere stets Konvergenz bezüglich der L^p-Norm.

Beweis:

$$\|f\|_{L^p(I)}^p = \int_I |f(x)|^p \, \mathrm{d}x$$

$$\leq \int_I \sup_{t \in I} |f(t)|^p \, \mathrm{d}x$$

$$= \|f\|_\infty^p \int_I \mathrm{d}x = |I| \, \|f\|_\infty^p.$$

Die Abschätzung erhalten wir nun durch Ziehen der p-ten Wurzel. ∎

Bezüglich der L^p-Normen ist die Menge der stetigen Funktionen nicht abgeschlossen, wie das folgende Beispiel zeigt.

Beispiel Wir betrachten die Funktionenfolge (f_n) aus $C([0, 2])$ mit

$$f_n(x) = \begin{cases} nx - n + 1, & \dfrac{n-1}{n} \leq x \leq 1, \\[2mm] n + 1 - nx, & 1 < x \leq \dfrac{n+1}{n}, \\[2mm] 0, & \text{sonst}, \end{cases} \qquad n \in \mathbb{N}.$$

Punktweise konvergiert (f_n) gegen f mit

$$f(x) = \begin{cases} 1, & x = 1, \\ 0, & \text{sonst}, \end{cases}$$

und dies ist keine stetige Funktion. Aber auch in der L^p-Norm konvergiert (f_n) gegen diese Funktion. Dazu benötigen wir nur, dass alle f_n durch 1 beschränkt sind und außerhalb eines Intervalls der Länge $2/n$ verschwinden. Es folgt:

$$\int_0^2 |f_n(x) - f(x)|^p \, \mathrm{d}x = \int_{(n-1)/n}^{(n+1)/n} |f_n(x)|^p \, \mathrm{d}x$$

$$\leq \frac{2}{n} \longrightarrow 0 \qquad (n \to \infty). \ ◀$$

Wir benötigen mehr Funktionen als nur die stetigen, um Vollständigkeit zu erhalten. Grundsätzlich ist der Wert $\|f\|_{L^p(a,b)}$ für jede Funktion erklärt, für die $|f|^p$ auf dem Intervall (a, b) integrierbar ist. Um hinreichend gutartige Funktionen zu erhalten, benötigt man aber noch eine zusätzliche

Eigenschaft. Ist $I \subseteq \mathbb{R}$ ein Intervall, so heißt $f : I \to \mathbb{C}$ **messbar,** falls es eine Folge von Treppenfunktionen gibt, die fast überall gegen f konvergiert.

----------------- **?** -----------------

Überlegen Sie sich ein Beispiel für ein Intervall I und eine messbare Funktion $f : I \to \mathbb{C}$, die über I nicht integrierbar ist.

Wir können nun die L^p-Norm für jede Funktion aus der Menge

$$\{ f : I \to \mathbb{C} \mid f \text{ messbar und } |f|^p \in L(I) \}$$

erklären. Allerdings erhalten wir auf dieser Menge keine Norm: Jede Funktion f, die auf einer Nullmenge von null verschiedene Werte annimmt, sonst aber null ist, liefert $\|f\|_{L^p} = 0$. Trotzdem handelt es sich nicht um die Nullfunktion, die Normeigenschaft der Positiv-Definitheit ist verletzt.

----------------- **?** -----------------

Wieso tritt dieses Problem beim normierten Raum $(C([a, b]), \|\cdot\|_{L^p})$ nicht auf?

Um dieses Problem zu umschiffen, behilft man sich wieder mit Äquivalenzklassen: Es werden all diejenigen Funktionen identifiziert, die sich nur auf einer Nullmenge unterscheiden. Jede Funktion mit $\|f\|_{L^p} = 0$ gehört nämlich dann zur Äquivalenzklasse der Nullfunktion. Wir erhalten durch den entsprechenden Faktorraum einen normierten Raum.

> **Definition von $L^p(I)$**
>
> Seien $p \geq 1$ und $I \subseteq \mathbb{R}$ ein Intervall. Wir definieren
>
> $$L^p(I) = \{ f : I \to \mathbb{C} \mid f \text{ messbar und } |f|^p \in L(I) \},$$
>
> wobei Funktionen identifiziert werden, die sich nur auf einer Nullmenge unterscheiden.

Bis auf die Äquivalenzklassenbildung ergibt sich unmittelbar, dass der Raum $L^1(I)$ dem Raum der lebesgueintegrierbaren Funktionen $L(I)$ entspricht.

Die L^p-Räume sind für viele Fragestellungen in der höheren Analysis von zentraler Bedeutung. Ausführlich zeigen wir noch, dass der Raum $L^p(I)$ vollständig ist.

> **$L^p(I)$ ist ein Banach-Raum**
>
> Sind $p \geq 1$ und $I \subseteq \mathbb{R}$ ein Intervall, so ist $L^p(I)$ ein Banach-Raum.

Beweis: Sei (f_n) eine Cauchy-Folge aus $L^p(I)$. Wir konstruieren zunächst einen Kandidaten für einen Grenzwert dieser Folge. Zu $k \in \mathbb{N}$ existiert $n_k \in \mathbb{N}$ mit

$$\|f_n - f_m\|_{L^p(I)} \leq \frac{1}{2^k}, \qquad n, m \geq n_k.$$

Ohne Einschränkung können wir annehmen, dass die Folge (n_k) monoton wächst. Daher gilt:

$$\|f_{n_{k+1}} - f_{n_k}\|_{L^p(I)} \leq \frac{1}{2^k}, \qquad k \in \mathbb{N}.$$

Wegen des Monotoniekriteriums konvergiert somit die Reihe

$$\left(\sum_{k=1}^{\infty} \|f_{n_{k+1}} - f_{n_k}\|_{L^p(I)} \right).$$

Betrachte nun zunächst

$$g_n = |f_{n_1}| + \sum_{k=1}^{n} |f_{n_{k+1}} - f_{n_k}|.$$

Dann ist (g_n^p) eine monoton wachsende Folge integrierbarer Funktionen. Ferner ist die Folge der Integrale beschränkt durch

$$\int_I g_n^p \, \mathrm{d}x \leq \left(\|f_{n_1}\|_{L^p(I)} + \sum_{k=1}^{\infty} \|f_{n_{k+1}} - f_{n_k}\|_{L^p(I)} \right)^p.$$

Nach dem Satz von Beppo Levi konvergiert (g_n^p) fast überall gegen eine integrierbare Funktion h. Aufgrund der Definition der g_n ist h zudem nicht negativ und damit $h^{1/p}$ ebenfalls.

Für fast alle $x \in I$ ist nun

$$f_{n_K}(x) = f_{n_1}(x) + \sum_{k=1}^{K-1} \left(f_{n_{k+1}}(x) - f_{n_k}(x) \right)$$

absolut konvergent für $K \to \infty$. Damit konvergiert auch $(f_{n_K}(x))$ für fast alle $x \in I$. Den Grenzwert bezeichnen wir mit $f(x)$. Da jede Funktion f_{n_K} messbar ist, ist das auch für f der Fall. Ferner gilt:

$$|f(x)| \leq h(x)^{1/p}.$$

Hieraus folgt, dass $|f|^p \in L(I)$ ist.

Somit haben wir $f \in L^p(I)$ gezeigt, und dass es eine Teilfolge der (f_n) gibt, die in $L^p(I)$ gegen f konvergiert. Jeder Häufungspunkt einer Cauchy-Folge ist aber deren Grenzwert, somit folgt $f_n \to f$ in $L^p(I)$. $\blacksquare$

Kommentar: Die Konvergenz bezüglich der L^p-Norm ist eine sehr schwache Konvergenz. Insbesondere kann man nicht auf punktweise Konvergenz schließen. Der *Lebesgue'sche Auswahlsatz* besagt immerhin, dass eine konvergente Folge in $L^p(I)$ eine Teilfolge enthält, die fast überall punktweise konvergiert.

Stetige Funktionen kann man durch Polynome approximieren

Interessant ist die Frage, aus welchen Vektorräumen der Banach-Raum der stetigen Funktionen über einem kompakten Intervall durch Vervollständigung gewonnen werden kann. Eine wichtige Aussage der Analysis ist, dass hierzu bereits der Raum der Polynome ausreicht.

Weierstraß'scher Approximationssatz

Ist $I \subseteq \mathbb{R}$ ein kompaktes Intervall, so existiert zu jedem $f \in C(I)$ und jedem $\varepsilon > 0$ ein Polynom p mit

$$\|f - p\|_\infty < \varepsilon.$$

Man kann also jede stetige Funktion auf einem kompakten Intervall beliebig gut gleichmäßig durch Polynome approximieren. Auf jedem kompakten Intervall liegen die Polynome bezüglich der Supremumsnorm dicht im Raum der stetigen Funktionen.

Beweis: Ohne Beschränkung nehmen wir $I = [0, 1]$ an. Gegeben seien $f \in C([0, 1])$ und ein kompaktes Intervall $[\alpha, \beta] \subseteq \mathbb{R}$ mit $[0, 1] \subsetneq [\alpha, \beta]$. Wir können f stetig auf $[\alpha, \beta]$ fortsetzen. Wir definieren nun

$$p_n(x) = \frac{\int_\alpha^\beta f(t)\,(1 - (t - x)^2)^n\,\mathrm{d}t}{\int_{-1}^1 (1 - t)^n\,\mathrm{d}t}, \qquad x \in [0, 1].$$

Offensichtlich ist dies ein Polynom vom Grad $2n$. Wir werden zeigen, dass $\|f - p_n\|_{I;\infty}$ für $n \to \infty$ gegen null konvergiert.

Wir halten $x \in [0, 1]$ fest und substituieren $s = t - x$ im Zähler:

$$\int_\alpha^\beta f(t)\,(1 - (t - x)^2)^n\,\mathrm{d}t = \int_{\alpha - x}^{\beta - x} f(s + x)\,(1 - s^2)^n\,\mathrm{d}s.$$

Wir wählen nun $\gamma \in (0, 1)$ mit $\alpha - x < -\gamma < 0 < \gamma < \beta - x$. Damit können wir das Integral aufteilen in:

$$\int_\alpha^\beta f(t)\,(1 - (t - x)^2)^n\,\mathrm{d}t = \int_{\alpha - x}^{-\gamma} f(s + x)\,(1 - s^2)^n\,\mathrm{d}s$$
$$+ \int_{-\gamma}^\gamma f(s + x)\,(1 - s^2)^n\,\mathrm{d}s$$
$$+ \int_\gamma^{\beta - x} f(s + x)\,(1 - s^2)^n\,\mathrm{d}s.$$

Wir betrachten zunächst das mittlere Integral:

$$\int_{-\gamma}^\gamma f(s + x)\,(1 - s^2)^n\,\mathrm{d}s = f(x) \int_{-\gamma}^\gamma (1 - s^2)^n\,\mathrm{d}s$$
$$+ \int_{-\gamma}^\gamma (f(s + x) - f(x))\,(1 - s^2)^n\,\mathrm{d}s.$$

Mit den Abkürzungen

$$J_n = \int_0^1 (1 - s^2)^n\,\mathrm{d}s, \qquad J_{n,\gamma} = \int_\gamma^1 (1 - s^2)^n\,\mathrm{d}s,$$

erhalten wir:

$$\int_{-\gamma}^\gamma f(s + x)\,(1 - s^2)^n\,\mathrm{d}s$$
$$= 2\,f(x)\,(J_n - J_{n,\gamma})$$
$$+ \int_{-\gamma}^\gamma (f(s + x) - f(x))\,(1 - s^2)^n\,\mathrm{d}s.$$

Als stetige Funktion auf dem abgeschlossenen Intervall $[x - \gamma, x + \gamma]$ ist f sogar gleichmäßig stetig (siehe Seite 797). Ist $\varepsilon > 0$ vorgegeben, können wir γ so klein wählen, dass

$$|f(s + x) - f(x)| < \varepsilon, \qquad s \in [x - \gamma, x + \gamma],$$

gilt. Somit ist

$$\left| \int_{-\gamma}^\gamma (f(s + x) - f(x))\,(1 - s^2)^n\,\mathrm{d}s \right|$$
$$\leq 2\,\varepsilon \int_0^\gamma (1 - s^2)^n\,\mathrm{d}s \leq 2\,\varepsilon\,J_n.$$

Für das erste Integral in der Aufteilung oben gilt die Abschätzung

$$\left| \int_{\alpha - x}^{-\gamma} f(s + x)\,(1 - s^2)^n\,\mathrm{d}s \right| \leq \|f\|_{[\alpha,\beta];\infty} \int_{-1}^{-\gamma} (1 - s^2)^n\,\mathrm{d}s$$
$$\leq \|f\|_{[\alpha,\beta];\infty}\,J_{n,\gamma}.$$

Ganz analog erhalten wir dieselbe Abschätzung für das dritte Integral.

Der Nenner der Polynome p_n ist gerade $2\,J_n$. Somit erhalten wir:

$$|p_n(x) - f(x)|$$
$$\leq \left| f(x)\,\frac{J_n - J_{n,\gamma}}{J_n} - f(x) \right| + \varepsilon + \|f\|_{[\alpha,\beta];\infty}\,\frac{J_{n,\gamma}}{J_n}$$
$$\leq \varepsilon + 2\,\|f\|_{[\alpha,\beta];\infty}\,\frac{J_{n,\gamma}}{J_n}.$$

Um den letzten Bruch abzuschätzen, beachten wir

$$J_n = \int_0^1 (1 - s^2)^n\,\mathrm{d}s \geq \int_0^1 s\,(1 - s^2)^n\,\mathrm{d}s$$
$$= \left[-\frac{1}{2}\,\frac{1}{n + 1}\,(1 - s^2)^{n+1} \right]_0^1 = \frac{1}{2}\,\frac{1}{n + 1},$$
$$J_{n,\gamma} = \int_\gamma^1 (1 - s^2)^n\,\mathrm{d}s \leq \int_\gamma^1 (1 - \gamma^2)^n\,\mathrm{d}s$$
$$= (1 - \gamma^2)^n\,(1 - \gamma) \leq (1 - \gamma^2)^n.$$

Somit ist

$$\frac{J_{n,\gamma}}{J_n} \leq 2(n + 1)\,(1 - \gamma^2)^n \to 0 \quad (n \to \infty).$$

Wählen wir also n groß genug, so ist

$$|p_n(x) - f(x)| \leq 2\varepsilon.$$

Dies war zu zeigen. $\blacksquare$

Der Weierstraß'sche Approximationssatz ist ein wichtiges Hilfsmittel in vielen Beweisen der höheren Analysis. Der hier angegebene Beweis ist sogar konstruktiv in dem Sinne, dass das approximierende Polynom explizit angegeben wird.

Trotzdem ist es nicht leicht, die Güte der Approximation einzuschätzen, und die Konstruktion ist auch sehr speziell für den Fall der Polynome und eine stetige Funktion.

In der Geometrie dagegen werden recht allgemeine Approximationsprobleme gelöst. Dazu benötigt man Winkel, und diese werden durch ein Skalarprodukt definiert. Wir wollen im Folgenden einen Eindruck davon vermitteln, dass diese Konzepte weit über die Geometrie hinaus tragfähig sind.

Ein Hilbert-Raum ist ein vollständiger Innenproduktraum

In der analytischen Geometrie verwendet man das Standardskalarprodukt im $\mathbb{R}^n$, um Längen und Winkel zu bestimmen. Vektorräume, auf denen Skalarprodukte definiert sind, haben wir in der linearen Algebra *euklidisch* bei reellen bzw. *unitär* bei komplexen Zahlen als Grundkörper genannt. Zusammengefasst spricht man von **Innenprodukträumen.** Hat man mit Räumen unendlicher Dimension zu tun, ist auch der Begriff **Prä-Hilbert-Raum** gebräuchlich.

Für die Notation des Skalarprodukts verwendet man bei Funktionenräumen üblicherweise die Schreibweise als Paar, $\langle x, y \rangle$. Auf einem Innenproduktraum ist durch das Skalarprodukt immer auch eine Norm definiert:

$$\|x\| = \sqrt{\langle x, x \rangle}.$$

Dies entspricht genau dem aus der Geometrie bekannten Sachverhalt, dass die Länge eines Vektors gleich der Wurzel aus seinem Skalarprodukt mit sich selbst ist. Jeder Innenproduktraum ist also bezüglich der durch sein Skalarprodukt definierten Norm auch ein normierter Raum. Schon dieses Zusammenspiel von Norm und Skalarprodukt ist eine mathematisch reiche Struktur. Zum Beispiel haben wir die Cauchy-Schwarz'sche Ungleichung (siehe auch Seite 237)

$$|\langle x, y \rangle| \leq \|x\| \, \|y\|$$

ganz allgemein in jedem Innenproduktraum bewiesen.

Diese Ungleichung hat wichtige Konsequenzen für die analytischen Eigenschaften eines Innenproduktraums. Aus der Stetigkeit der Norm (siehe den Satz auf Seite 237) folgt mit ihr sofort die folgende Aussage.

Satz

Ist X ein Innenproduktraum mit Skalarprodukt $\langle \cdot, \cdot \rangle$, so ist das Skalarprodukt eine stetige Abbildung von $X \times X$ in $\mathbb{C}$.

Wir wollen nun ein für die Analysis wichtiges Beispiel eines Innenproduktraums betrachten.

Beispiel Auf dem Raum $C([a, b])$ haben wir schon in Kapitel 17 nachgewiesen, dass durch

$$\langle f, g \rangle = \int_a^b f(t) \, \overline{g(t)} \, dt \,, \qquad f, g \in C([a, b]) \,,$$

ein Skalarprodukt gegeben ist. Die zugehörige Norm ist

$$\|f\| = \sqrt{\langle f, f \rangle} = \left(\int_a^b |f(t)|^2 \, dt \right)^{1/2} \,,$$

also gerade die L^2-Norm auf $[a, b]$. Für diesen Fall lautet die Cauchy-Schwarz'sche Ungleichung:

$$\left| \int_a^b f(t) \, \overline{g(t)} \, dt \right| \leq \left(\int_a^b |f(t)|^2 \, dt \right)^{1/2} \left(\int_a^b |g(t)|^2 \, dt \right)^{1/2}$$

für alle $f, g \in L^2(a, b)$. Mit einer Funktion f ist auch die Funktion $|f|$ ein Element von $L^2(a, b)$. Somit können wir die gebräuchlichere Ungleichung

$$\int_a^b |f(t) \, g(t)| dt \leq \left(\int_a^b |f(t)|^2 \, dt \right)^{1/2} \left(\int_a^b |g(t)|^2 \, dt \right)^{1/2}$$

angeben, die ein spezieller Fall der **Hölder'schen Ungleichung** (siehe Aufgabe 19.18) ist. ◀

Ein Innenproduktraum ist stets ein normierter Raum. Umgekehrt kann man aber nicht jede Norm aus irgendeinem Skalarprodukt ableiten.

Satz (Parallelogramm-Gleichung)

In einem Innenproduktraum X über $\mathbb{R}$ oder $\mathbb{C}$ gilt die Parallelogramm-Gleichung

$$\|x + y\|^2 + \|x - y\|^2 = 2 \|x\|^2 + 2 \|y\|^2, \qquad x, y \in X \,.$$

Ist andererseits Y ein normierter Raum über $\mathbb{R}$, in dem die Parallelogrammgleichung gilt, so ist durch

$$\langle x, y \rangle = \frac{1}{4} \|x + y\|^2 - \frac{1}{4} \|x - y\|^2, \qquad x, y, \in Y \,,$$

ein Skalarprodukt auf Y gegeben, das die Norm $\|\cdot\|$ erzeugt.

Beweis: Ist X ein Innenproduktraum über $\mathbb{R}$ oder $\mathbb{C}$, so gilt für $x, y \in X$:

$$\begin{aligned}
\|x + y\|^2 + \|x - y\|^2 &= \langle x + y, x + y \rangle + \langle x - y, x - y \rangle \\
&= \langle x, x \rangle + 2\mathrm{Re} \langle x, y \rangle + \langle y, y \rangle \\
&\quad + \langle x, x \rangle - 2\mathrm{Re} \langle x, y \rangle + \langle y, y \rangle \\
&= 2 \langle x, x \rangle + 2 \langle y, y \rangle = 2 \|x\|^2 + 2 \|y\|^2 \,.
\end{aligned}$$

Für den zweiten Teil der Aussage folgt die Symmetrie von $\langle \cdot, \cdot \rangle$ direkt aus der Definition. Ferner gilt für alle $x \in Y$:

$$\langle x, x \rangle = \frac{1}{4} \|x + x\|^2 - \frac{1}{4} \|x - x\|^2 = \|x\|^2 \,.$$

Aus der entsprechenden Eigenschaft der Norm folgt die positive Definitheit von $\langle \cdot, \cdot \rangle$.

Übersicht: Erkenntnisgewinn durch Abstraktion

Es gibt die eher scherzhaft gemeinte Empfehlung: „Kann man ein mathematisches Problem nicht lösen, dann verallgemeinere man die Fragestellung." Dahinter verbirgt sich ein sehr wichtiges Prinzip der Mathematik, nämlich jenes der Abstraktion. In der folgenden Übersicht wird dokumentiert, wie an ausgewählten Begriffen im Rahmen dieses Buches das Prinzip der Abstraktion klar zu verfolgen ist.

Skalarprodukt:

(a) *Kanonisches Skalarprodukt:* Im Kapitel 7 wurde das Skalarprodukt zweier Vektoren u, $v \in \mathbb{R}^3$ definiert durch die Formel, nach welcher dieses Produkt aus den Koordinaten der beteiligten Vektoren berechenbar ist. Sieht man den $\mathbb{R}^3$ als mathematisches Modell unseres physikalischen Raums, so lässt sich das Skalarprodukt geometrisch deuten. Es ist nämlich gleich dem Produkt $\|u\|\|v\| \cos \varphi$ mit φ als Winkel zwischen den Vektoren. Damit ist das Skalarprodukt sicherlich unabhängig von der Wahl der kartesischen Koordinaten im $\mathbb{R}^3$, und jetzt erst erweist sich eine auf willkürlich festsetzbaren Koordinaten beruhende Definition als sinnvoll.

(b) *Euklidischer Vektorraum:* Die Abstraktion erfolgt, indem gewisse Eigenschaften des kanonischen Skalarprodukts herausgegriffen und zur Definition eines „allgemeinen" Skalarprodukts verwendet werden: Im Kapitel 17 wird auf reellen Vektorräumen ein euklidisches Skalarprodukt definiert als eine symmetrische und positiv definite Bilinearform. Diese Definition fordert nur gewisse Eigenschaften, und trotzdem gelingt es, Aussagen über das kanonische Skalarprodukt, wie etwa die Cauchy-Schwarz'sche Ungleichung, auch auf euklidische Vektorräume zu verallgemeinern. Die ursprüngliche geometrische Deutung des kanonischen Skalarprodukts führt nun zur Definition von Winkeln sowie zur Einführung des Begriffs der Orthogonalität in euklidischen Vektorräumen.

(c) *Funktionenräume:* Die Begriff des Skalarprodukts aus euklidischen Vektorräumen lässt sich ganz analog über positiv definite Sesquilinearformen in beliebigen Innenprodukträumen und damit auch in Funktionenräumen verwenden. Hier geht jede geometrische Anschauung verloren, trotzdem steckt hinter der so definierten Orthogonalprojektion dasselbe Prinzip wie beim Fällen des Lots von einem Punkt auf eine Gerade im zweidimensionalen Anschauungsraum. Das Auffinden eines Lotfußpunkts unterscheidet sich aus dieser abstrakten Sicht nicht vom Auffinden des bestapproximierenden trigonometrischen Polynoms an eine gegebene Funktion im Sinne des quadratischen Mittels, oder von vielen weiteren Approximationsaufgaben.

Länge:

(a) *Abstände von Punkten im Anschauungsraum:* Elementare Längenmessungen ergeben sich durch Vergleich von Strecken mit vordefinierten Einheiten, etwa durch geometrische Konstruktion. So ergibt sich als eine einfache Beobachtung, dass in einem Dreieck die Summe der Längen zweier Seiten immer größer als die Länge der verbleibenden Seite ist. Die kanonische Längenmessung ist dabei untrennbar mit dem kanonischen Skalarprodukt verknüpft.

(b) *Normen von Vektoren im Vektorraum:* Im Vektorraum kristallisieren sich zentrale Eigenschaften der Längenbestimmung heraus: positiv Definitheit, Homogenität und die Dreiecksungleichung. Die Abstraktion besteht aus der Definition des Norm-Begriffs aus diesen drei Eigenschaften. Bemerkenswerterweise stellt sich heraus, dass die Längenmessung unabhängig von der Existenz eines Skalarprodukts und damit unabhängig von einer Winkelmessung definiert werden kann.

(c) *Metriken:* Offensichtlich kann eine Abstandsbestimmung auch auf Teilmengen von Vektorräumen erfolgen. Die lineare Struktur ist hier nicht notwendig. Diese weitere Abstraktion liefert Mengen, deren einzige mathematische Struktur in der Möglichkeit der Abstandsbestimmung liegt, eben die metrischen Räume.

Integral:

(a) *Flächeninhalte:* Ursprung des Integralbegriffs ist die Flächenberechnung: Die Fläche zwischen dem Graphen einer Funktion und der x-Achse wird durch eine Vereinigung von Rechtecken approximiert. In Kapitel 16 ist dargestellt, wie verschiedene Formen der Approximation zu Integralbegriffen führen.

(b) *Messbare Mengen:* Die Approximation durch Rechtecke liefert ein System von Teilmengen des $\mathbb{R}^2$, denen sinnvoll ein Flächeninhalt zugewiesen werden kann. Ganz analog funktioniert dies in höheren Dimensionen. Man erhält so das System der Borel-Mengen (siehe Seite 928). Die Abstraktion besteht aus der Identifikation typischer Eigenschaften dieses Systems und deren Verwendung zur Definition von σ-*Algebren* und *Maßen*. Ein häufiger, allerdings nicht in diesem Buch verfolgter Weg zur Definition von Gebietsintegralen besteht im Nachweis, dass die Borel-Mengen in jeder Dimension eine σ-Algebra bilden, der Definition des Lebesgue-Maßes und dem Aufbau des Integralbegriffs nur auf den Eigenschaften einer σ-Algebra messbarer Mengen.

(c) *Allgemeinere Integralbegriffe:* Dieser Zugang zum Lebesgue-Integral lässt sich auch mit jeder anderen σ-Algebra und einem darauf definierten Maß durchführen. In der *Maßtheorie* erhält man so einen einheitlichen Zugang zu ganz unterschiedlichen Integralbegriffen. Wichtige Vertreter sind *Wahrscheinlichkeitsmaße,* die in der *Stochastik* Verwendung finden.

Bemerkenswerterweise ist der Nachweis der Bilinearität der schwierigste Teil des Beweises. Zunächst gilt für $x, y, z \in Y$ die Gleichung:

$$\langle x + y, z \rangle + \langle x - y, z \rangle$$
$$= \frac{1}{4} \left(\|x + y + z\|^2 - \|x + y - z\|^2 \right.$$
$$\left. + \|x - y + z\|^2 - \|x - y - z\|^2 \right)$$
$$= \frac{1}{4} \left(\|x + y + z\|^2 + \|x - y + z\|^2 \right)$$
$$- \frac{1}{4} \left(\|x + y - z\|^2 + \|x - y - z\|^2 \right).$$

Nun wenden wir die Parallelogrammgleichung an und erhalten:

$$\langle x + y, z \rangle + \langle x - y, z \rangle$$
$$= \frac{1}{2} \left(\|x + z\|^2 + \|y\|^2 - \|x - z\|^2 - \|y\|^2 \right)$$
$$= 2 \langle x, z \rangle.$$

Mit $x = y$ erhalten wir insbesondere $\langle 2x, z \rangle = 2 \langle x, z \rangle$. Nun folgt:

$$\langle x + y, z \rangle = 2 \left\langle \frac{x + y}{2}, z \right\rangle$$
$$= \left\langle \frac{x + y}{2} + \frac{x - y}{2}, z \right\rangle + \left\langle \frac{x + y}{2} - \frac{x - y}{2}, z \right\rangle$$
$$= \langle x, z \rangle + \langle y, z \rangle.$$

Die Additivität im zweiten Argument erhält man mit der Symmetrie.

Die Gleichheit
$$\langle \alpha x, y \rangle = \alpha \langle x, y \rangle$$

für alle $\alpha \in \mathbb{N}_0$, $x, y \in Y$ kann noch durch vollständige Induktion bewiesen werden. Daraus erhält man dieselbe Gleichheit auch für $\alpha \in \mathbb{Z}$ bzw. $\alpha \in \mathbb{Q}$. Für $\alpha \in \mathbb{R}$ erhält man die Aussage dann durch einen Grenzübergang wegen der Stetigkeit der Norm. Wiederum durch die Symmetrie gilt auch $\langle x, \alpha y \rangle = \alpha \langle x, y \rangle$. ∎

Kommentar: In einem normierten Raum über $\mathbb{C}$ erhält man den zweiten Teil der Aussage des Satzes mit:

$$\langle x, y \rangle = \frac{1}{4} \left[\|x + y\|^2 - \|x - y\|^2 \right.$$
$$\left. + i \|x + iy\|^2 - i \|x - iy\|^2 \right], \qquad x, y, \in Y,$$

Die Parallelogramm-Gleichung ist also für Innenprodukträume charakteristisch.

Eine weitere Aussage, die stets aufgrund des Skalarprodukts erfüllt ist, ist der Satz des Pythagoras.

Zeigen Sie den **Satz des Pythagoras:** Ist X ein Innenproduktraum, und sind $x, y \in X$ mit $\langle x, y \rangle = 0$, so gilt:

$$\|x + y\|^2 = \|x\|^2 + \|y\|^2.$$

Wir wollen uns nun mit solchen Innenprodukträumen beschäftigen, die bezüglich der vom Skalarprodukt erzeugten Norm Banach-Räume sind.

Definition eines Hilbert-Raums

Ein Innenproduktraum, der bezüglich der vom Skalarprodukt erzeugten Norm vollständig ist, heißt **Hilbert-Raum.**

Die Namensgebung geht auf den deutschen Mathematiker David Hilbert (1862–1943) zurück. Es stellt sich heraus, dass Hilbert-Räume eine so reichhaltige mathematische Struktur besitzen, dass wir in ihnen viele nützliche Ergebnisse erzielen können. Das wichtigste Beispiel für einen Hilbert-Raum ist das folgende.

Beispiel Den Raum $L^2(a, b)$ hatten wir als einen speziellen L^p-Raum definiert und seine Vollständigkeit bewiesen. Oben haben wir aber auch schon gesehen, dass die L^2-Norm durch das Skalarprodukt

$$\langle f, g \rangle = \int_a^b f(x) \overline{g(x)} \, dx$$

erzeugt wird. Damit ist der $L^2(a, b)$ ein Hilbert-Raum. ◄

Um nur einen ganz kleinen Eindruck von der Reichhaltigkeit der Aussagen zu erhalten, die sich allein aus der Hilbert-Raum-Struktur ergeben, wollen wir den Satz über die orthogonale Projektion beweisen. Die orthogonale Projektion entspricht dem Fällen eines Lots in der Geometrie der Anschauung. Sie ist die Bestapproximation in einem abgeschlossenen Unterraum U an ein gegebenes x aus einem Hilbert-Raum X.

Orthogonale Projektion

Ist U ein abgeschlossener Unterraum eines Hilbert-Raums X, so gibt es eine **Orthogonalprojektion** $\mathcal{P} \colon X \to U$, die durch die Eigenschaft

$$\|x - \mathcal{P}x\| \leq \|x - u\| \qquad \text{für alle } u \in U, \; x \in X,$$

definiert ist.
Die Abbildung $\mathcal{P}$ ist linear, und es gilt $\|\mathcal{P}x\| \leq \|x\|$ für alle $x \in X$. Ferner gilt:

$$\langle x - \mathcal{P}x, u \rangle = 0 \qquad \text{für alle } u \in U, \; x \in X$$

Hintergrund und Ausblick: Funktionalanalysis

Viele der in diesem Kapitel angesprochenen Thematiken sind ein Teil des mathematischen Gebiets der *Funktionalanalysis*. Wir möchten eine knappe Beschreibung dieses Felds geben und einige wichtige Resultate benennen.

Die Funktionalanalysis entwickelte sich ab der Wende vom 19. zum 20. Jahrhundert zu einer eigenständigen mathematischen Disziplin. Ausgangspunkt war die Untersuchungen zur Lösbarkeit von Integralgleichungen, insbesondere durch Vito Volterra und Erik Ivar Fredholm. Es begann eine Entwicklung, die konkreten Probleme aus der Analysis abstrakter zu formulieren. Die wichtigsten Komponenten solcher Betrachtungen sind die im Kapitel vorgestellten normierten Räume, insbesondere die vollständigen unter ihnen, sowie lineare Abbildungen zwischen diesen Räumen. Man spricht in der Funktionalanalysis von **linearen Operatoren.**

Besonders einfache Abbildungen dieses Typs sind die **linearen Funktionale,** lineare Abbildungen einer Funktion auf eine Zahl. Sie treten auch in der Physik auf, etwa ist die in einem Prozess im Zeitintervall $[0, T]$ verrichtete Arbeit das Integral der zu jedem Zeitpunkt erbrachten Leistung P:

$$E = \int_0^T P(t)\, \mathrm{d}t\,.$$

Mathematisch gesehen haben wir die lineare Abbildung $P \mapsto E$ von einem Raum integrierbarer Funktionen in die reellen Zahlen.

Besonders einfache lineare Operatoren zwischen normierten Räumen sind solche, die beschränkte Mengen in beschränkte Mengen abbilden. Wir sprechen von einem **beschränktem Operator** $A\colon X \to Y$, wobei X und Y normierte Räume bezeichnen. Es gibt dann eine Konstante L mit

$$\|Ax\|_Y \le L \|x\|_X \quad \text{für alle } x \in X\,.$$

Es stellt sich nun die Frage nach der Invertierbarkeit solcher Abbildungen. Eine noch recht einfach zu zeigende Aussage ist als *Satz über die Neumann'sche Reihe* auch als *Störungslemma* bekannt: Ist für $A\colon X \to X$ die obige Abschätzung mit einem $L < 1$ richtig, und ist X ein Banach-Raum, so ist der Operator $I - A$ invertierbar, die Inverse ist auch wieder beschränkt, und es gilt die Formel:

$$(I - A)^{-1}x = \sum_{n=0}^{\infty} A^n x, \qquad x \in X\,.$$

Hierbei ist I die Identität.

Diese Formel macht deutlich, dass es sich um eine Verallgemeinerung der geometrischen Reihe handelt, und der Beweis funktioniert auch ganz analog. In diesem Sinne sind auch viele andere grundlegende Aussagen der Funktionalanalysis als Verallgemeinerungen von Aussagen der Analysis und der linearen Algebra zu verstehen. Für Endomorphismen eines endlichdimensionalen Vektorraums gilt etwa die Aussage, dass Injektivität und Surjektivität äquivalent sind. Die Antwort darauf, was von dieser Aussage in Räumen unendlicher Dimension erhalten bleibt, liefern die *Riesz-* und die *Fredholm-Theorie*. Der Schlüssel sind hier sogenannte **kompakte lineare Operatoren,** bei denen beschränkte Mengen in kompakte abgebildet werden. Sind X ein Banach-Raum und $A\colon X \to X$ kompakt, so gilt etwa noch, dass aus der Injektivität von $I - A$ auch die Surjektivität folgt (nicht aber die umgekehrte Implikation).

In Fortführung der Theorie der euklidischen und unitären Vektorräume betrachtet man die Hilbert-Räume. Die in Abschnitt 19.6 dargestellten Ergebnisse zu den Fourier-Reihen lassen sich in viel allgemeinerer Form formulieren. In der Konsequenz lassen sich viele aus dem Endlichdimensionalen bekannte Überlegungen direkt oder abgeschwächt in die Hilbert-Räume übertragen. Aber eben längst nicht alle. Ein Beispiel ist der Satz von Bolzano-Weierstraß. Ein beschränkte Folge in einem Hilbert-Raum muss keine konvergente Teilfolge besitzen. Schon die Folge der trigonometrischen Monome im $L^2(-\pi, \pi)$ ist ein Gegenbeispiel.

Große Teilbereiche des weiten Felds der Funktionalanalysis sind auch die *Spektraltheorie* von Operatoren, die Analyse von *Operatorenalgebren* und die Theorie *topologischer Vektorräume*. Die Anwendungen sind reichhaltig, nicht nur für die Analysis: In der gesamten angewandten Mathematik werden Sätze der Funktionalanalysis verwendet. Die Funktionalanalysis ist ein zentraler Baustein der modernen Mathematik.

Beweis: Wähle $x \in X$. Wir setzen $a_0 = 0$ und $b_0 = \|x - u_0\|$ für irgendein $u_0 \in U$. Jetzt konstruieren wir rekursiv zwei Folgen. Ausgehend von a_{n-1} und b_{n-1} definieren wir

$$c_n = \frac{a_{n-1} + b_{n-1}}{2}, \qquad n \in \mathbb{N}\,.$$

Ist nun

$$c_n \le \|x - u\| \qquad \text{für alle } u \in U\,,$$

so setzen wir:

$$a_n = c_n \quad \text{und} \quad b_n = b_{n-1}\,.$$

Andernfalls setzen wir:

$$a_n = a_{n-1} \quad \text{und} \quad b_n = c_n\,.$$

Die so konstruierten Folgen (a_n) bzw. (b_n) sind monoton wachsend bzw. monoton fallend. (a_n) ist durch b_0 nach oben beschränkt, (b_n) durch 0 nach unten. Beide Folgen sind nach dem Monotoniekriterium konvergent. Mit einem Widerspruchsbeweis lässt sich auch schnell zeigen, dass beide denselben Grenzwert besitzen. Wir haben nun zweierlei erhalten:

- Der Grenzwert der Folgen ist eine Zahl $\rho \geq 0$, die wir den **Abstand von** x **zu** U nennen.
- Durch die Konstruktion der Folge (b_n) erhalten wir auch eine Folge (u_n) aus U mit $\|x - u_n\| \to \rho$.

Die Parallelogrammgleichung (siehe Seite 813) liefert nun:

$$\|u_n - u_m\|^2$$
$$= \|u_n - x - (u_m - x)\|^2$$
$$= 2\|u_n - x\|^2 + 2\|u_m - x\|^2 - 4\left\|\frac{u_n + u_m}{2} - x\right\|^2$$
$$\leq 2\|u_n - x\|^2 + 2\|u_m - x\|^2 - 4\rho^2.$$

Für $n, m \to \infty$ geht die Schranke auf der rechten Seite gegen null. Es folgt, dass (u_n) eine Cauchy-Folge ist und damit einen Grenzwert $\hat{u} \in U$ besitzt. Damit haben wir die Existenz einer Bestapproximation nachgewiesen, denn aufgrund unserer Konstruktion gilt:

$$\|x - \hat{u}\| = \rho \leq \|x - u\| \qquad \text{für alle } u \in U.$$

Um die Orthogonalitätsaussage einzusehen, wählen wir ein beliebiges $v \in U$ und eine Zahl $\alpha \in \mathbb{C}$. Dann gilt:

$$\|x - \hat{u}\|^2 \leq \|x - \hat{u} - \alpha v\|^2$$
$$= \|x - \hat{u}\|^2 - 2\mathrm{Re}\left(\overline{\alpha}\,\langle x - \hat{u}, v\rangle\right) + |\alpha|^2 \|v\|^2.$$

Wir wählen nun

$$\alpha = \frac{\langle x - \hat{u}, v\rangle}{\|v\|^2}.$$

Dann folgt:

$$\|x - \hat{u}\|^2 \leq \|x - \hat{u}\|^2 - \frac{|\langle x - \hat{u}, v\rangle|^2}{\|v\|^2}.$$

Diese Ungleichung kann nur stimmen, wenn das Skalarprodukt im Zähler des Bruchs null ist, denn alle auftauchenden Größen sind positiv. Da $v \in U$ beliebig war, haben wir gezeigt:

$$\langle x - \hat{u}, v\rangle = 0 \qquad \text{für alle } v \in U.$$

Einzige Voraussetzung für die Orthogonalitätsaussage ist, dass $\hat{u}$ eine Stelle mit $\|x - \hat{u}\| = \rho$ ist. Hat $\tilde{u} \in U$ ebenfalls diese Eigenschaft, so folgt aus der Orthogonalitätsaussage und dem Satz des Pythagoras, dass

$$\rho^2 = \|x - \hat{u}\|^2 \leq \|x - \hat{u}\|^2 + \|\hat{u} - \tilde{u}\|^2$$
$$= \|x - \tilde{u}\|^2 = \rho^2.$$

Somit ist $\|\hat{u} - \tilde{u}\| = 0$, und es ist auch gezeigt, dass die Bestapproximation an x aus U eindeutig festgelegt ist.

Es bleibt noch zu zeigen, dass $\mathcal{P}$ linear ist und die Ungleichung $\|\mathcal{P}x\| \leq \|x\|$ für alle $x \in X$ erfüllt ist. Wir wählen $x, y \in X$ und $\alpha \in \mathbb{C}$ beliebig. Für jedes $u \in U$ gilt:

$$\langle \mathcal{P}(x + y), u\rangle = \langle x + y, u\rangle = \langle x, u\rangle + \langle y, u\rangle$$
$$= \langle \mathcal{P}x, u\rangle + \langle \mathcal{P}y, u\rangle = \langle \mathcal{P}x + \mathcal{P}y, u\rangle,$$
$$\langle \mathcal{P}(\alpha x), u\rangle = \langle \alpha x, u\rangle = \alpha \langle x, u\rangle$$
$$= \alpha \langle \mathcal{P}x, u\rangle = \langle \alpha \mathcal{P}x, u\rangle.$$

Also ist

$$\langle \mathcal{P}(x + y) - (\mathcal{P}x + \mathcal{P}y), u\rangle = 0$$

und

$$\langle \mathcal{P}(\alpha x) - \alpha \mathcal{P}x, u\rangle = 0$$

für jedes $u \in U$. In der ersten Gleichung wählen wir speziell $u = \mathcal{P}(x + y) - (\mathcal{P}x + \mathcal{P}y)$ und in der zweiten $u = \mathcal{P}(\alpha x) - \alpha \mathcal{P}x$. Wir erhalten:

$$\mathcal{P}(x + y) - (\mathcal{P}x + \mathcal{P}y) = 0 \quad \text{und} \quad \mathcal{P}(\alpha x) - \alpha \mathcal{P}x = 0.$$

Somit ist $\mathcal{P}$ linear.

Wegen $\langle x - \mathcal{P}x, \mathcal{P}x\rangle = 0$ erhalten wir die noch fehlende Abschätzung mit dem Satz des Pythagoras:

$$\|x\|^2 = \|x - \mathcal{P}x\|^2 + \|\mathcal{P}x\|^2 \geq \|\mathcal{P}x\|^2. \qquad \blacksquare$$

Im nächsten Unterabschnitt wollen wir nun eine wichtige Anwendung für den Projektionssatz im $L^2(-\pi, \pi)$ betrachten.

Die trigonometrischen Polynome bilden einen Unterraum des $L^2(-\pi, \pi)$

Definition der trigonometrischen Polynome

Ein **trigonometrisches Polynom** vom Grad n ist eine Funktion $p \colon \mathbb{R} \to \mathbb{C}$ der Form

$$p(x) = \sum_{k=-n}^{n} c_k\, \mathrm{e}^{\mathrm{i}kx}, \qquad x \in \mathbb{R},$$

mit Koeffizienten $c_k \in \mathbb{C}$.

Kommentar: Der Ausdruck *Polynom* in dieser Definition stammt daher, dass Potenzen von $t = \mathrm{e}^{\mathrm{i}x}$ gebildet werden. Substituiert man diesen Ausdruck, so erhält man:

$$p(x) = \sum_{k=-n}^{n} c_k\, t^k,$$

und dies erinnert schon sehr an ein Polynom in t. Zu beachten ist aber, dass auch negative Potenzen von $\mathrm{e}^{\mathrm{i}x}$ auftauchen.

Für mathematische Rechnungen ist die Darstellung der trigonometrischen Polynome durch die komplexe Exponentialfunktion gut geeignet, da sie kurz und prägnant ist und einfache Rechenregeln für die Exponentialfunktion gelten. Manchmal ist man aber an einer reellen Darstellung interessiert. Diese wird auch das Wort *trigonometrisch* in der Namensgebung erklären. Der Schlüssel dafür ist die Euler'sche Formel,

$$e^{ix} = \cos x + i \sin x, \qquad x \in \mathbb{R}.$$

Damit stellt sich ein trigonometrisches Polynom vom Grad n dar als:

$$\begin{aligned}
p(x) &= \sum_{k=-n}^{n} c_k \, e^{ikx} \\
&= \sum_{k=-n}^{n} c_k \, (\cos(kx) + i \sin(kx)) \\
&= c_0 + \sum_{k=1}^{n} \big[c_k \cos(kx) + c_{-k} \cos(-kx) \\
&\qquad\qquad + i c_k \sin(kx) + i c_{-k} \sin(-kx) \big].
\end{aligned}$$

Wir nutzen nun aus, dass die Kosinusfunktion gerade, die Sinusfunktion aber ungerade ist. Damit folgt:

$$p(x) = c_0 + \sum_{k=1}^{n} (c_k + c_{-k}) \, \cos(kx) + i(c_k - c_{-k}) \, \sin(kx).$$

Führen wir für die Koeffizienten bei den Kosinus- und Sinusfunktionen noch neue Variablen ein, so erhalten wir eine neue Darstellung des trigonometrischen Polynoms.

Reelle Darstellung trigonometrischer Polynome

Ein trigonometrisches Polynom $p \colon \mathbb{R} \to \mathbb{C}$ kann als

$$p(x) = a_0 + \sum_{k=1}^{n} [a_k \cos(kx) + b_k \sin(kx)]$$

geschrieben werden. Dabei berechnen sich die neuen Koeffizienten $a_k, b_k \in \mathbb{C}$ durch

$$\begin{aligned}
a_0 &= c_0 \\
a_k &= c_k + c_{-k}, \\
b_k &= i\,(c_k - c_{-k}),
\end{aligned} \qquad k = 1, \ldots, n,$$

aus den ursprünglichen Koeffizienten c_k. Sind alle a_k und b_k reelle Zahlen, so ist auch das trigonometrische Polynom p reellwertig.

Natürlich gewinnen wir aus den obigen Formeln auch umgekehrt die ursprünglichen Koeffizienten c_k aus den neuen Koeffizienten a_k und b_k zurück. Es ist

$$c_k = \begin{cases} a_0, & k = 0, \\ (a_k - i b_k)/2, & k = 1, \ldots, n, \\ (a_k + i b_k)/2, & k = -n, \ldots, -1. \end{cases}$$

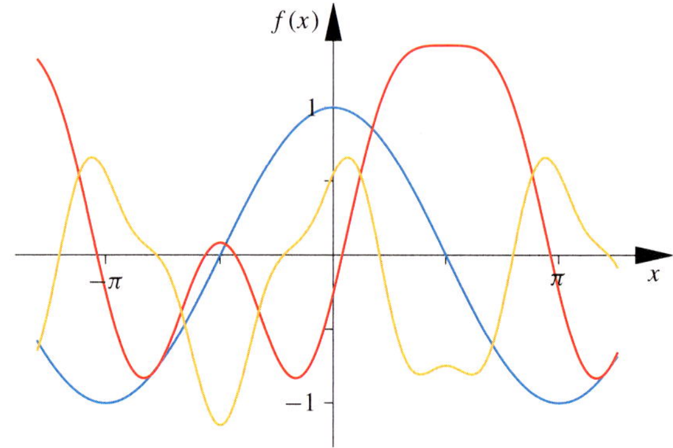

Abbildung 19.30 Die Graphen der Realteile von drei verschiedenen trigonometrischen Polynomen. Es handelt sich um 2π-periodische Funktionen.

?

Welche Eigenschaft gilt für die c_k, falls das trigonometrische Polynom reellwertig ist?

Eine weitere Eigenschaft der trigonometrischen Polynome wird an der reellen Darstellung besonders deutlich: Alle trigonometrischen Polynome sind **periodische Funktionen** mit der Periode 2π, d. h.:

$$p(x + 2\pi) = p(x).$$

Die **Menge der trigonometrischen Polynome** wollen wir mit T bezeichnen. T ist ein Vektorraum und besitzt unendliche Dimension. Eine Basis ist zum Beispiel die Menge der trigonometrischen Monome:

$$\{ e^{ikx} \mid k \in \mathbb{Z} \}.$$

Genau als Menge aller Linearkombinationen von trigonometrischen Monomen wurde T ja definiert. Wollen wir uns nur auf trigonometrische Polynome vom Grad *höchstens n* einschränken, so bezeichnen wir den entsprechenden Unterraum von T mit T_n.

Der Raum T, und damit auch jeder Unterraum T_n, $n \in \mathbb{N}$, ist ein Unterraum des Hilbert-Raums $L^2(-\pi, \pi)$. Statt des Intervalls $(-\pi, \pi)$ könnten wir auch jedes andere Intervall der Länge 2π wählen, die ja gerade mit der Periode der trigonometrischen Polynome übereinstimmt. Es gilt nun der folgende Satz.

Orthonormalbasis von T

Die Funktionen

$$\varphi_k(x) = \frac{1}{\sqrt{2\pi}} \, e^{ikx}, \qquad x \in \mathbb{R}, k \in \mathbb{Z}$$

bilden eine **Orthonormalbasis** auf T bezüglich des Skalarprodukts von $L^2(-\pi, \pi)$, d. h.,

$$\langle \varphi_k, \varphi_j \rangle_{L^2(-\pi, \pi)} = \begin{cases} 1, & j = k, \\ 0, & j \neq k. \end{cases}$$

Beweis: Wir berechnen einfach das Skalarprodukt zweier trigonometrischer Monome:

$$\langle \mathrm{e}^{\mathrm{i}jx}, \mathrm{e}^{\mathrm{i}kx} \rangle = \int_{-\pi}^{\pi} \mathrm{e}^{\mathrm{i}(j-k)x}\, \mathrm{d}x$$

$$= \begin{cases} \displaystyle\int_{-\pi}^{\pi} 1\, \mathrm{d}x = 2\pi, & j = k, \\[2ex] \displaystyle\left[\frac{-\mathrm{i}}{j-k}\, \mathrm{e}^{\mathrm{i}(j-k)x} \right]_{-\pi}^{\pi} = 0, & j \neq k, \end{cases}$$

für $j, k \in \mathbb{Z}$. Im Fall $j \neq k$ ist das Ergebnis 0, da die Exponentialfunktion 2π-periodisch und $2\pi(j-k)$ ein ganzzahliges Vielfaches von 2π ist. ∎

Ganz offensichtlich ist die Menge $\{\varphi_k \mid k \in \mathbb{Z}, |k| \leq n\}$ eine Orthonormalbasis von T_n. Wir werden nun die Orthogonalprojektion von Funktionen aus $L^2(-\pi, \pi)$ auf T_n betrachten.

Definition des Fourierpolynoms

Es bezeichne $\mathcal{P}_n$ die Orthogonalprojektion von $L^2(-\pi, \pi)$ auf T_n. Dann heißt zu $f \in L^2(-\pi, \pi)$ das trigonometrische Polynom

$$p_n = \mathcal{P}_n f$$

das **Fourierpolynom** p_n vom Grad n zu f. In der Darstellung

$$p_n(x) = \sum_{k=-n}^{n} c_k \mathrm{e}^{\mathrm{i}kx}, \qquad x \in \mathbb{R},$$

gilt für die **Fourierkoeffizienten**:

$$c_k = \frac{1}{2\pi} \int_{-\pi}^{\pi} f(x)\, \mathrm{e}^{-\mathrm{i}kx}\, \mathrm{d}x.$$

Beweis: Zunächst bemerken wir, dass T_n eine endliche Dimension besitzt und daher ein *abgeschlossener* Unterraum von T_n ist. Dies bedeutet, dass die Orthogonalprojektion $\mathcal{P}_n$ wohldefiniert ist.

Es ist nur noch die Darstellung der Fourierkoeffizienten zu zeigen. Es ist für $j = -n, \ldots, n$:

$$\langle p_n, \varphi_j \rangle = \left\langle \sum_{k=-n}^{n} \sqrt{2\pi}\, c_k\, \varphi_k, \varphi_j \right\rangle$$

$$= \sum_{k=-n}^{n} \sqrt{2\pi}\, c_k\, \langle \varphi_k, \varphi_j \rangle = \sqrt{2\pi}\, c_j,$$

und andererseits, da die Differenz $f - p_n$ orthogonal zu T_n ist:

$$\langle p_n, \varphi_j \rangle = \langle f, \varphi_j \rangle = \frac{1}{\sqrt{2\pi}} \int_{-\pi}^{\pi} f(x)\, \mathrm{e}^{-\mathrm{i}kx}\, \mathrm{d}x. \qquad ∎$$

Aus der Definition der Orthogonalprojektion ergibt sich, dass das Fourierpolynom das eindeutig bestimmte trigonometri-

sche Polynom aus T_n ist, welches f in der L^2-Norm am besten approximiert. Man spricht auch von der Bestapproximation im quadratischen Mittel.

Bevor wir im nächsten Abschnitt untersuchen, wie gut die Fourierpolynome eine L^2-Funktion approximieren, wollen wir noch eine Folgerung aus dem Weierstraß'schen Approximationssatz beweisen. Dazu definieren wir den Raum

$$C_{2\pi} = \{ f \in C(\mathbb{R}) \mid f(-\pi) = f(\pi) \}$$

der 2π-periodischen stetigen Funktionen. Die Funktionen aus $C_{2\pi}$ lassen sich nun gleichmäßig durch trigonometrische Polynome approximieren.

Satz

Zu jedem $f \in C_{2\pi}$ und jedem $\varepsilon > 0$ gibt es ein $p \in T$ mit

$$\| f - p \|_\infty \leq \varepsilon.$$

Beweis: (i) Wir zeigen die Aussage zunächst für ein gerades $f \in C_{2\pi}$, d. h., $f(-x) = f(x)$ für alle $x \in \mathbb{R}$. Dazu setzen wir:

$$g(s) = f(\arccos(s)), \qquad s \in [-1, 1].$$

Die Funktion g ist als Verkettung stetiger Funktionen selbst stetig. Daher gibt es nach dem Weierstraß'schen Approximationssatz ein Polynom $q(s) = \sum_{j=0}^{n} \alpha_j\, s^j$, $j \in \mathbb{R}$, mit

$$\| g - q \|_{[-1,1];\infty} \leq \varepsilon.$$

Mit der Substitution $s = \cos x$, $x \in [0, \pi]$, erhalten wir:

$$\max_{x \in [0,\pi]} \left| f(x) - \sum_{j=0}^{n} \alpha_j \cos^j x \right| \leq \varepsilon.$$

Mit der Darstellung der Kosinusfunktion durch die Exponentialfunktion und mit der binomischen Formel sieht man ein, dass $p(x) = \sum_{j=0}^{n} \alpha_j \cos^j x$ ein trigonometrisches Polynom ist. Ferner sind sowohl p als auch f gerade Funktionen, es gilt also sogar:

$$\| f - p \|_{[-\pi,\pi];\infty} \leq \varepsilon.$$

Wegen der Periodizität können wir $[-\pi, \pi]$ sogar durch ganz $\mathbb{R}$ ersetzen.

(ii) Wir zeigen die Aussage nun für $f \in C_{2\pi}$ mit $f(x) = g(x) \sin^2(x)$, $x \in \mathbb{R}$, mit einem $g \in C_{2\pi}$. Dazu schreiben wir zunächst:

$$f(x) = g_1(x) \sin^2(x) + g_2(x) \sin(x), \qquad x \in \mathbb{R},$$

mit

$$g_1(x) = \frac{g(x) + g(-x)}{2},$$

$$g_2(x) = \frac{g(x) - g(-x)}{2} \sin(x).$$

Offensichtlich sind sowohl g_1 als auch g_2 stetig, 2π-periodisch und gerade, d. h., nach (i) gibt es trigonometrische Polynome p_1, p_2 mit

$$\|g_j - p_j\|_\infty \le \frac{\varepsilon}{2}.$$

Setzen wir $p(x) = g_1(x) \sin^2(x) + g_2(x) \sin(x)$, $x \in \mathbb{R}$, so folgt für alle $x \in \mathbb{R}$:

$$
\begin{aligned}
|f(x) - p(x)| &\le |g_1(x) - p_1(x)| \sin^2(x) \\
&\quad + |g_2(x) - p_2(x)| \, |\sin(x)| \\
&\le \frac{\varepsilon}{2} \left(\sin^2(x) + |\sin(x)| \right) \le \varepsilon.
\end{aligned}
$$

Mit der Darstellung der Sinusfunktion durch die Exponentialfunktion folgt, dass p ein trigonometrische Polynom ist.

(iii) Für eine Funktion $f \in C_{2\pi}$ mit $f(x) = g(x) \cos^2(x)$, $x \in \mathbb{R}$, mit einem $g \in C_{2\pi}$, ist die Aussage ebenfalls richtig. Wir setzen dazu $\tilde{f}(x) = f(x - \pi/2) = g(x - \pi/2) \sin^2(x)$, $x \in \mathbb{R}$ und wenden (ii) auf $\tilde{f}$ an. Eine Verschiebung eines trigonometrischen Polynoms ist aber wieder ein trigonometrisches Polynom.

(iv) Für allgemeines $f \in C_{2\pi}$ erhalten wir die Aussage nun aus (ii) und (iii) sowie der Formel

$$f(x) = f(x) \sin^2(x) + f(x) \cos^2(x), \qquad x \in \mathbb{R}. \quad \blacksquare$$

Der Raum der quadratintegrierbaren Funktionen ergibt sich als Abschluss der Fourierpolynome

Es stellt sich nun ganz natürlich die Frage, ob die Fourierpolynome einer quadratintegrierbaren Funktion diese im quadratischen Mittel beliebig gut approximieren. Wir merken dazu zunächst an, dass sich ein normierter Raum ganz analog zu einem metrischen Raum vervollständigen lässt, um einen Banach-Raum zu erhalten: Bei der im Abschnitt 19.5 beschriebenen Konstruktion bleibt auch eine lineare Struktur erhalten. Analog kann man jeden Innenproduktraum zu einem Hilbert-Raum vervollständigen. Die Frage lautet daher, ob die Vervollständigung von T in der Norm des $L^2(-\pi, \pi)$ gerade der Raum $L^2(-\pi, \pi)$ ist.

Fourier'scher Entwicklungssatz

Die Folge (p_n) der Fourierpolynome zu eine Funktion $f \in L^2(-\pi, \pi)$ konvergiert in $L^2(-\pi, \pi)$ gegen f, d. h.:

$$\int_{-\pi}^{\pi} |p_n(x) - f(x)|^2 \, \mathrm{d}x \longrightarrow 0 \quad (n \to \infty).$$

Die in diesem Sinne konvergente Reihe

$$\left(\sum_{k=-\infty}^{\infty} c_k \mathrm{e}^{\mathrm{i}kx} \right)$$

mit den Fourierkoeffizienten (c_k) von f heißt **Fourierreihe**.

Ferner gilt die **Parseval'sche Gleichung**:

$$\sum_{k=-\infty}^{\infty} |c_k|^2 = \frac{1}{2\pi} \int_{-\pi}^{\pi} |f(x)|^2 \, \mathrm{d}x.$$

Beweis: Wir bezeichnen mit $\overline{T}$ die Vervollständigung von T in der Norm des $L^2(-\pi, \pi)$. Mit Aufgabe 19.19 sehen wir, dass es eine Funktion $g \in \overline{T}$ gibt, mit $p_n \to g$. Somit gilt wegen der Stetigkeit des Skalarprodukts für alle $\varphi \in T$:

$$\langle g, \varphi \rangle = \lim_{n \to \infty} \langle p_n, \varphi \rangle = \langle f, \varphi \rangle.$$

Daher ist

$$\langle g - f, \varphi \rangle = 0 \qquad \text{für alle } \varphi \in T.$$

Zu zeigen bleibt, dass hieraus $g - f = 0$ folgt.

Wir setzen zur Abkürzung $u = g - f$ und definieren

$$U(x) = \int_{-\pi}^{x} u(t) \, \mathrm{d}t, \qquad x \in [-\pi, \pi].$$

Dann ist U stetig (siehe den Satz auf Seite 619), und da u orthogonal zum trigonometrischen Polynom 1 ist, folgt:

$$U(-\pi) = U(\pi) = 0.$$

Somit lässt sich U stetig auf $\mathbb{R}$ zu einer 2π-periodischen Funktion fortsetzen.

Setzen wir:

$$c = \frac{1}{2\pi} \int_{-\pi}^{\pi} U(x) \, \mathrm{d}x,$$

so folgt:

$$\int_{-\pi}^{\pi} (U(x) - c) \, 1 \, \mathrm{d}x = 2\pi \, c - c \int_{-\pi}^{\pi} \mathrm{d}x = 0.$$

Also ist $U - c$ ebenfalls orthogonal zum trigonometrischen Polynom 1.

Wir zeigen nun, dass $U - c$ auch zu allen anderen trigonometrischen Polynomen orthogonal ist. Dazu verwenden wir die partielle Integration in der Form des Teils (b) des Beispiels auf Seite 632. Sei $n \in \mathbb{Z} \setminus \{0\}$. Dann gilt $\mathrm{e}^{\mathrm{i}n\pi} = \mathrm{e}^{-\mathrm{i}n\pi}$, und da u orthogonal zu allen Funktionen aus T ist, folgt:

$$
\begin{aligned}
0 &= \int_{-\pi}^{\pi} u(x) \, \mathrm{e}^{\mathrm{i}nx} \, \mathrm{d}x - c \, \mathrm{e}^{\mathrm{i}n\pi} + c \, \mathrm{e}^{-\mathrm{i}n\pi} \\
&= \left[(U(x) - c) \, \mathrm{e}^{\mathrm{i}nx} \right]_{-\pi}^{\pi} - \mathrm{i}n \int_{-\pi}^{\pi} (U(x) - c) \, \mathrm{e}^{\mathrm{i}nx} \, \mathrm{d}x \\
&= -\mathrm{i}n \int_{-\pi}^{\pi} (U(x) - c) \, \mathrm{e}^{\mathrm{i}nx} \, \mathrm{d}x.
\end{aligned}
$$

Es gilt somit:

$$\int_{-\pi}^{\pi} (U - c) \, p \, \mathrm{d}x = 0 \qquad \text{für alle } p \in T.$$

Da $U - c$ stetig und 2π-periodisch ist, gibt es nach dem Weierstraß'schen Approximationssatz eine Folge (p_n) aus T, die in der Supremumsnorm gegen $U - c$ konvergiert. Daher gilt auch:

$$\left| \int_{-\pi}^{\pi} (U - c)(U - c - p_n)\, \mathrm{d}x \right|$$
$$\leq 2\pi \, \|U - c\|_\infty \, \|U - c - p_n\|_\infty \to 0 \qquad (n \to \infty).$$

Damit erhalten wir:

$$\int_{-\pi}^{\pi} (U - c)^2 \, \mathrm{d}x = \lim_{n \to \infty} \int_{-\pi}^{\pi} (U - c)\, p_n \, \mathrm{d}x = 0.$$

Also ist $U - c = 0$ fast überall, und da es sich um eine stetige Funktion handelt, sogar überall. Da wir vorher schon $U(-\pi) = U(\pi) = 0$ gesehen hatten ist U die Nullfunktion.

Aus der Definition von U ergibt sich nun die Aussage, dass

$$\int_{a}^{b} u(t)\, \mathrm{d}t = 0 \quad \text{für alle } [a, b] \subseteq [-\pi, \pi].$$

Die Aussage, dass hieraus $u = 0$ fast überall folgt, lässt sich mit Mitteln der *Maßtheorie* sehr elegant beweisen. Da uns diese nicht zur Verfügung stehen, gestaltet sich der Beweis etwas technischer. Die Aussage wird im folgenden Lemma formuliert und bewiesen. Damit ist gezeigt, dass $p_n \to f$ in $L^2(-\pi, \pi)$. Die Parzeval'sche Gleichung ergibt sich nun aus $\lim\limits_{n \to \infty} \|p_n\|^2 = \|f\|^2$. ∎

Lemma

Ist $u \in L(-\pi, \pi)$ und

$$\int_{a}^{b} u(t)\, \mathrm{d}t = 0 \quad \text{für alle } (a, b) \subseteq (-\pi, \pi),$$

so ist $u(t) = 0$ fast überall auf $(-\pi, \pi)$.

Beweis: Wir definieren $u^+ = \max(u, 0) \in L(-\pi, \pi)$ und $U = \{t \in (-\pi, \pi) \mid u(t) > 0\}$. Wir nehmen an, dass

$$\int_{-\pi}^{\pi} u^+(t)\, \mathrm{d}t > 0$$

ist, was wegen der positiv Definitheit des Lebesgue-Integrals gleichbedeutend damit ist, dass U keine Nullmenge ist.

Im Folgenden werden wir häufig für eine Menge $M \subseteq (-\pi, \pi)$ deren **charakteristische Funktion**

$$\mathbf{1}_M(t) = \begin{cases} 1, & t \in M \\ 0, & \text{sonst,} \end{cases}$$

verwenden und erinnern an die Notation $M^c = (-\pi, \pi) \setminus M$ für das Komplement der Menge M. Der Beweis erfolgt nun in drei Schritten.

(i) Wir zeigen, dass $\mathbf{1}_U \in L(-\pi, \pi)$ und

$$\mu := \int_{-\pi}^{\pi} \mathbf{1}_U(t)\, \mathrm{d}t > 0$$

ist.

Da u^+ integrierbar ist, existiert eine Folge von Treppenfunktionen (φ_n), die fast überall gegen u^+ konvergiert. Definiere für $k \in \mathbb{N}$ die stetige Funktion

$$\psi_k(t) = \begin{cases} 0, & t \leq 0, \\ kt, & 0 < t < 1/k, \\ 1, & t \geq 1/k. \end{cases}$$

Dann ist $(\psi_k \circ \varphi_n)_n$ für jedes k eine Folge von Treppenfunktionen, deren Betrag durch 1 beschränkt ist. Nach dem Lebesgue'schen Konvergenzsatz konvergiert diese Folge gegen eine integrierbare Funktion g_k. Die Folge $(g_k)_k$ ist punktweise monoton wachsend. Betrachte ein t mit $\varphi_n(t) \to u^+(t)$ für $n \to \infty$. Ist $u^+(t) > 0$, so ist $\varphi_n(t) > u^+(t)/2$ für alle hinreichend großen n. Damit existiert ein k_0 mit $g_k(t) = 1$ für alle $k \geq k_0$. Ist dagegen $u^+(t) = 0$, so ist wegen der Stetigkeit von ψ_k auch $g_k(t) = 0$ für alle k. Somit ist (g_k) fast überall punktweise konvergent gegen $\mathbf{1}_U$. Nach dem Satz von Beppo Levi ist $\mathbf{1}_U$ integrierbar. Wäre $\int_{-\pi}^{\pi} \mathbf{1}_U\, \mathrm{d}t = 0$, so wäre U eine Nullmenge im Widerspruch zur Annahme.

(ii) Wir zeigen, dass es eine Menge $W \supseteq U^c$ mit $\int_{-\pi}^{\pi} \mathbf{1}_W(t)\, \mathrm{d}t < 2\pi$ gibt, die (bis auf eine Nullmenge) Vereinigung offener Intervalle ist.

Dazu schreiben wir wie im 4. Schritt des Beweises des Satzes von Beppo Levi die Funktion $\mathbf{1}_{U^c} = 1 - \mathbf{1}_U = G - H$ mit $G, H \in L^\uparrow(-\pi, \pi)$, wobei $H \geq 0$ fast überall und $\int_{\pi}^{\pi} H(t)\, \mathrm{d}t \leq \mu/2$ gelten soll. Wir setzen

$$V = \{t \in (-\pi, \pi) : G(t) \geq 1\}.$$

und bemerken $U^c \subseteq V$. Die Integrierbarkeit von $\mathbf{1}_V$ folgt wie die von $\mathbf{1}_U$ im ersten Schritt des Beweises. Da $\mathbf{1}_V \leq G$, folgt

$$\int_{-\pi}^{\pi} \mathbf{1}_V(t)\, \mathrm{d}t \leq \int_{-\pi}^{\pi} G(t)\, \mathrm{d}t \leq \int_{-\pi}^{\pi} \mathbf{1}_{U^c}(t)\, \mathrm{d}t + \int_{-\pi}^{\pi} H(t)\, \mathrm{d}t$$
$$\leq 2\pi - \mu + \frac{\mu}{2} = 2\pi - \frac{\mu}{2}.$$

Es sei nun (g_n) eine monoton wachsende Folge von Treppenfunktionen, die fast überall gegen G konvergiert. Wir definieren die Mengen

$$V_{n,k} = \left\{ t \in (-\pi, \pi) : g_n(t) > 1 - \frac{1}{k} \right\}.$$

Diese sind bis auf Nullmengen endliche Vereinigungen offener Intervalle. Wir betrachten nun ein t für das $g_n(t)$ gegen $G(t)$ konvergiert. Ist $t \in V$, so gibt es zu jedem $k \in \mathbb{N}$ eine $n \in \mathbb{N}$ mit $t \in V_{n,k}$. Ist umgekehrt für jedes k der Punkt $t \in V_{n_0, k}$ für ein n_0, so gilt dies wegen $V_{n,k} \subseteq V_{n+1,k}$ auch für alle $n \geq n_0$. Dann ist $G(t) > 1 - \frac{1}{k}$ für alle k und somit $t \in V$. Wir haben gezeigt, dass

$$V = \left(\bigcap_{k=1}^{\infty} W_k \right) \setminus M := \left(\bigcap_{k=1}^{\infty} \bigcup_{n=1}^{\infty} V_{n,k} \right) \setminus M,$$

wobei M eine Nullmenge ist. Die W_k sind abzählbare Vereinigungen offener Intervalle und somit ist $\mathbf{1}_{W_k}$ integrierbar und W_k ebenfalls offen. Ist $\int_{-\pi}^{\pi} \mathbf{1}_{W_k}(t)\, \mathrm{d}t = 2\pi$ für alle k, so sind alle Komplemente W_k^c Nullmengen. Das gleiche gilt dann für $\bigcup_{k=1}^{\infty} W_k^c$, diese Menge stimmt aber bis auf eine Nullmenge mit V^c überein. Oben haben wir bereits gezeigt, dass das Integral über $\mathbf{1}_V$ echt kleiner als 2π ist. Somit gilt für ein k

$$\int_{-\pi}^{\pi} \mathbf{1}_{W_k}(t)\,\mathrm{d}t < 2\pi\,.$$

Wir setzen $W = W_k$ mit diesem k.

(iii) Wir zeigen nun, dass $W^c \subseteq U$ keine Nullmenge ist leiten daraus den gewünschten Widerspruch ab.

Da

$$\int_{-\pi}^{\pi} \mathbf{1}_{W^c}(t)\,\mathrm{d}t = \int_{-\pi}^{\pi} (1 - \mathbf{1}_W(t))\,\mathrm{d}t > 0$$

ist, erhalten wir sofort, dass W^c keine Nullmenge ist. Da $U^c \subseteq V \subseteq W$, ist $W^c \subseteq U$ und damit $u^+ \cdot \mathbf{1}_{W^c} > 0$ auf W^c. Wir verwenden wieder die Treppenfunktionen φ_n aus Schritt (i). Die Produkte $\varphi_n \cdot \mathbf{1}_{W^c}$ sind integrierbar, nichtnegativ, durch u^+ nach oben beschränkt und konvergieren punktweise fast überall gegen $u^+ \cdot \mathbf{1}_{W^c}$. Insgesamt folgt, dass

$$\int_{-\pi}^{\pi} u^+(t)\,\mathbf{1}_{W^c}(t)\,\mathrm{d}t > 0\,.$$

Andererseits gilt aber $u^+ \cdot \mathbf{1}_{W^c} = u \cdot \mathbf{1}_{W^c}$ und folglich mit $V_{0,k} = \emptyset$

$$\int_{-\pi}^{\pi} u^+(t)\,\mathbf{1}_{W^c}(t)\,\mathrm{d}t = \int_{-\pi}^{\pi} u(t)\,\mathrm{d}t - \int_{-\pi}^{\pi} u(t)\,\mathbf{1}_W(t)\,\mathrm{d}t$$

$$= \int_{-\pi}^{\pi} u(t)\,\mathrm{d}t - \sum_{n=1}^{\infty} \int_{V_{n,k}\setminus V_{n-1,k}} u(t)\,\mathrm{d}t$$

$$= 0\,.$$

Die letzte Identität folgt, weil alle Integrale Summen von Integralen über Intervalle sind, die nach Voraussetzung null sind. Damit haben wir einen Widerspruch erhalten, also ist $u = 0$ fast überall.

Kommentar: Wir wir in Kapitel 20 noch genauer ausführen werden, nennt man eine Menge, deren charakteristische Funktion integrierbar ist, *Lebesgue-messbar* und das entsprechende Lebesgue-Integral ihr *Lebesgue-Maÿ*. Ausgedrückt mit diesen Begriffen haben wir gezeigt, dass wenn U keine Nullmenge ist, es eine abgeschlossene Teilmenge von U mit positivem Lebesgue-Maÿ gibt. In der *Maÿtheorie* ergibt sich dieses Ergebnis durch einen anderen abstrakteren Zugang praktisch automatisch.

Zum Abschluss des Kapitels bringen wir nun noch ein Beispiel zum Fourier'schen Entwicklungssatz.

Beispiel Wir betrachten die Funktion $f : (-\pi, \pi) \to \mathbb{R}$ mit

$$f(x) = \begin{cases} \dfrac{x + \pi}{\pi}, & x \in (-\pi, 0)\,, \\[2mm] \dfrac{x - \pi}{\pi}, & x \in [0, \pi)\,. \end{cases}$$

Die Funktion ist ungerade, $f(-x) = -f(x)$ für $x \in (-\pi, \pi)$. Eine leichte Rechnung liefert:

$$c_k = \frac{1}{2\pi} \int_{-\pi}^{\pi} f(x)\,\mathrm{e}^{\mathrm{i}kx}\,\mathrm{d}x = -\frac{\mathrm{i}}{\pi} \int_0^{\pi} f(x)\,\sin(kx)\,\mathrm{d}x$$

für alle $k \in \mathbb{Z}$. Insbesondere erhalten wir $c_0 = 0$ und $c_k = -c_{-k}, k \in \mathbb{Z}$. Mit

$$\int_0^{\pi} f(x)\,\sin(kx)\,\mathrm{d}x$$

$$= \frac{1}{\pi}\left[\int_0^{\pi} x\,\sin(kx)\,\mathrm{d}x + \int_0^{\pi} \sin(kx)\,\mathrm{d}x \right]$$

$$= \frac{1}{\pi}\left[\frac{\sin(kx)}{k^2} - \frac{x\cos(kx)}{k} \right]_0^{\pi} + \left[\frac{\cos(kx)}{k} \right]_{x=0}^{\pi}$$

$$= \frac{1}{\pi}\left(-\frac{\pi\,(-1)^k}{k} \right) + \left(\frac{(-1)^k}{k} - \frac{1}{k} \right)$$

$$= -\frac{1}{k}\,,$$

folgt $c_k = \mathrm{i}/(k\pi), k \in \mathbb{N}$.

Somit ist

$$\sum_{k=-\infty}^{\infty} c_k \mathrm{e}^{\mathrm{i}k\cdot} = \sum_{k=1}^{\infty} c_k\left(\mathrm{e}^{\mathrm{i}k\cdot} - \mathrm{e}^{-\mathrm{i}k\cdot} \right)$$

$$= \sum_{k=1}^{\infty} 2\mathrm{i}\,c_k\,\sin(k\cdot) = -\frac{2}{\pi}\sum_{k=1}^{\infty} \frac{1}{k}\,\sin(k\cdot)\,.$$

Nach dem Fourier'schen Entwicklungssatz gilt also:

$$f(\cdot) = -\frac{2}{\pi}\sum_{k=1}^{\infty} \frac{1}{k}\,\sin(k\cdot)$$

auf $(-\pi, \pi)$, wobei die Gleichheit der Funktionen im Sinne des L^2 zu verstehen ist. Die Abbildung 19.31 zeigt die Funktion und zwei ihrer Fourierpolynome.

Achtung: Beachten Sie, dass die Konvergenz bzw. Gleichheit der Funktionen keinesfalls punktweise zu verstehen ist. Die Fourierpolynome erfüllen allesamt $p_n(0) = 0$, wohingegen $f(0) = 1$ gilt. Selbst die Tatsache, dass die Fourierreihe fast überall punktweise konvergiert, ist eine tiefliegende Tatsache, die erheblichen Aufwand für den Beweis erfordert. Wir wollen hier nicht darauf eingehen. ◄

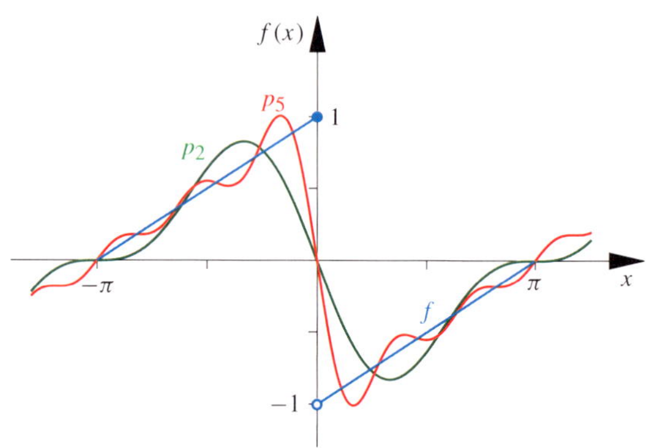

Abbildung 19.31 Eine Funktion und zwei ihrer Fourierpolynome. Die Fourierpolynome konvergieren im quadratischen Mittel gegen die Funktion. Es liegt keine punktweise Konvergenz vor: An der Stelle 0 haben die Fourierpolynome stets den Wert 0, die Funktion aber den Wert 1.

Zusammenfassung

Definition einer Metrik und eines metrischen Raums

Sei X eine nichtleere Menge. Eine Abbildung $d \colon X \times X \to \mathbb{R}$ heißt **Metrik** auf X, wenn für alle $x, y, z \in X$ gilt:

(M$_1$) $d(x, y) = 0 \Leftrightarrow x = y$

(M$_2$) $d(x, y) = d(y, x)$ (Symmetrie)

(M$_3$) $d(x, z) \le d(x, y) + d(y, z)$ (Dreiecks-
                                   ungleichung)

Das Paar (X, d) heißt **metrischer Raum**.

Die Elemente $x \in X$ nennen wir auch **Punkte** des metrischen Raums. Den Wert $d(x, y)$ nennen wir auch den **Abstand** (die **Distanz**) von x und y.

Einfache metrische Räume gewinnt man aus normierten Räumen. Aus jeder Norm lässt sich eine Metrik ableiten. Aber Metriken benötigen keine zugrunde liegende lineare Struktur, sie können beschränkt sein und andere nicht intuitive Eigenschaften besitzen. Eine sehr einfache Metrik ist die diskrete, die beliebigen verschiedenen Punkten den Abstand 1, gleichen Punkten den Abstand 0 zuweist.

Durch eine Metrik lassen sich offene Kugeln $U_r(x)$ um einen Punkt x definieren. Damit charakterisiert man wieder offene und abgeschlossene Mengen sowie Umgebungen.

Definition offene bzw. abgeschlossene Umgebung

Sei (X, d) ein metrischer Raum. Eine Teilmenge $U \subseteq X$ heißt

- **Umgebung von** $x \in X$, wenn es ein $r \in \mathbb{R}$, $r > 0$ gibt mit
$$U_r(x) \subseteq U,$$

  Man beachte:
$$x \in U_r(x) \subseteq U \subseteq X.$$

- **offen in** X, wenn U Umgebung jedes Punkts $x \in U$ ist, d. h., wenn es zu jedem $x \in U$ ein $\varepsilon_x > 0$ gibt mit
$$U_{\varepsilon_x}(x) \subseteq U.$$

- Eine Teilmenge $A \subseteq X$ heißt **abgeschlossen in** X, wenn ihr Komplement $X \setminus A$ offen in X ist.

Diese Begriffe nehmen eine zentrale Stellung ein. Mit ihrer Hilfe lassen sich Eigenschaften von Punkten relativ zu gegebenen Mengen definieren, also Begriffe wie **innerer Punkt, Berührpunkt, Häufungspunkt, Randpunkt** oder **äußerer**

Punkt. Auf der anderen Seite lassen sich Grundeigenschaften von offenen bzw. abgeschlossenen Mengen identifizieren, die als Axiome in der *Topologie* Verwendung finden.

Die offenen Kugeln gestatten auch die Definition der **Folgen-Konvergenz** in metrischen Räumen ganz analog zu der Situation in $\mathbb{R}$ oder $\mathbb{C}$. Es ergeben sich entsprechende Rechenregeln und analoge Begriffe wie zum Beispiel den der **Cauchy-Folgen.**

Die **Stetigkeit** von Abbildungen zwischen metrischen Räumen lässt sich nun auf verschiedenen Art und Weise charakterisieren: durch offene Kugeln, Umgebungen oder durch konvergente Folgen. Es ergeben sich auch eine Reihe von Charakterisierungen für die Stetigkeit in jedem Punkt des Definitionsbereichs.

Satz: Charakterisierung der globalen Stetigkeit

Seien (X, d_X) und (Y, d_Y) metrische Räume.

(a) Eine Abbildung $f \colon X \to Y$ ist genau dann stetig, wenn für jede offene Menge V in Y das Urbild $f^{-1}(V)$ offen in X ist.

(b) Ist $D \subseteq X$ eine nichtleere Teilmenge, dann ist eine Abbildung $f \colon D \to Y$ genau dann stetig, wenn für jede offene Teilmenge $V \subseteq Y$ das Urbild $f^{-1}(V)$ D-offen ist, d. h., es gibt eine offene Menge $U \subseteq X$ mit
$$f^{-1}(V) = U \cap D.$$

(c) Eine Abbildung $f \colon X \to Y$ ist genau dann stetig, wenn für jede abgeschlossene Teilmenge $A \subseteq Y$ das Urbild $f^{-1}(A)$ abgeschlossen in X ist.

(d) Ist $D \subseteq X$ und $f \colon D \to Y$ eine Abbildung, dann ist f genau dann stetig, wenn für jede abgeschlossene Teilmenge $A \subseteq Y$ das Urbild D-abgeschlossen ist, d. h., es gibt eine abgeschlossenen Teilmenge $B \subseteq X$ mit $f^{-1}(A) = B \cap D$.

Interessant ist, dass diese Formulierungen ohne die explizite Verwendung des Begriffs der Metrik auskommen. Sie lassen sich also auch dann verwenden, wenn man einen von Metriken unabhängigen Begriff einer offenen Menge zur Verfügung hat, wie es in der Topologie der Fall ist.

Auch andere Konzepte wie **Lipschitz-Stetigkeit** lassen sich auf den Fall von Abbildungen zwischen metrischen Räumen verallgemeinern. Im Sinne der Umgebungsdefinition strukturerhaltene Abbildungen zwischen zwei metrischen Räumen sind die **Homöomorphismen,** bei denen sowohl die Abbildung selbst als auch ihre Umkehrabbildung stetig ist. Für die spätere Anwendung in Funktionenräumen ist der Satz wichtig, dass eine gleichmäßig konvergente Folge stetiger Abbildungen auch einen stetigen Grenzwert besitzt.

Schon in Kapitel 9 hatten wir den Satz gezeigt, dass eine stetige, reellwertige Funktion mit kompaktem Definitionsbereich ein Maximum und ein Minimum besitzt. Um diesen Satz zu verallgemeinern benötigen wir einen Kompaktheitsbegriff in metrischen Räumen.

(Überdeckungs-) Kompaktheit

Sei (X, d) ein metrischer Raum. Eine Teilmenge $K \subseteq X$ heißt **kompakt,** wenn es zu *jeder* Überdeckung $(U_j)_{j \in J}$ von K durch (in X) offene Mengen U_j eine endliche Teilüberdeckung gibt, d. h., es gibt eine endliche Teilmenge $J_0 = \{j_1, \dots, j_r\} \subseteq J$ mit

$$K \subseteq \bigcup_{k=1}^{r} U_{j_k} \,.$$

Jede kompakte Menge ist beschränkt und abgeschlossen, aber im Allgemeinen gilt die Umkehrung nicht. Man erhält aber den **Satz von Bolzano-Weierstraß,** dass jede Folge aus einer kompakten Menge eine konvergente Teilfolge besitzt. Dass dieser Satz im Endlichdimensionalen für beschränkte Mengen formuliert werden kann, ist charakteristisch:

Satz von Heine-Borel für den $\mathbb{K}^n$

Eine Teilmenge $K \subseteq \mathbb{K}^n$, $n \in \mathbb{N}$ ($\mathbb{K} = \mathbb{R}$ oder $\mathbb{K} = \mathbb{C}$) ist genau dann kompakt, wenn sie beschränkt und abgeschlossen ist.

Schließlich gelingt auch die Formulierung des Satzes über die Existenz von Minima und Maxima stetiger reellwertiger Abbildungen.

Satz von Weierstraß

Sind $X \neq \emptyset$ ein kompakter metrischer Raum und $f : X \to \mathbb{R}$ eine stetige Funktion, dann besitzt f ein Maximum und Minimum, d. h., es gibt Punkte $x_{\max} \in X$ und $x_{\min} \in X$ mit

$$f(x_{\max}) \geq f(x) \quad \text{bzw.} \quad f(x_{\min}) \leq f(x)$$

für alle $x \in X$.

Eine Folgerung ist, dass in einem endlichdimensionalem Vektorraum alle Normen äquivalent sind.

Für Beweise zentraler Sätze der Analysis wie etwa dem Zwischenwertsatz macht man sich besondere Eigenschaften von Intervallen zunutze. In metrischen Räumen bilden **zusammenhängende Mengen** ein entsprechendes Konzept. Unter stetigen Abbildungen werden zusammenhängende Mengen auch wieder auf zusammenhängende Mengen abgebildet. Ein speziellerer Begriff ist der **Wegzusammenhang,** bei dem je zwei Punkte einer Menge durch das Bild einer stetigen Abbildung des Intervalls $[0, 1]$ verbunden werden können, das ganz in der Menge enthalten ist.

Vollständiger metrischer Raum

Ein metrischer Raum (M, d) heißt **vollständig,** falls jede Cauchy-Folge in M einen Grenzwert in M besitzt.

Jeder kompakte metrische Raum ist vollständig, die Menge $\mathbb{Q}$ jedoch nicht. Jedoch kann man einen unvollständigen metrischen Raum immer in eindeutiger Art und Weise vervollständigen.

Vervollständigung eines metrischen Raums

Ist (M, d) ein metrischer Raum, so existiert ein bis auf Isometrie eindeutig bestimmter vollständiger metrischer Raum $(\overline{M}, \overline{d})$ derart, dass (M, d) isometrisch zu einem dichten Unterraum von $(\overline{M}, \overline{d})$ ist. Man nennt $(\overline{M}, \overline{d})$ die **Vervollständigung** von (M, d).

Für die Menge $\mathbb{Q}$ liefert diese Vervollständigung gerade die Menge $\mathbb{R}$.

Die Vollständigkeit des zugrunde liegenden Raums ist eine für viele wichtige mathematische Aussagen zentrale Voraussetzung. Ein Beispiel liefert der Banach'sche Fixpunktsatz.

Banach'scher Fixpunktsatz

Wenn M ein vollständiger metrischer Raum ist und $G : M \to M$ eine Kontraktion, dann hat G genau einen Fixpunkt $x \in M$. Dieser ist Grenzwert jeder Folge (x_n) definiert durch einen beliebigen Startwert $x_0 \in M$ und die Rekursionsvorschrift

$$x_n = G(x_{n-1}), \qquad n \in \mathbb{N} \,.$$

Vollständige normierte Räume nennt man **Banach-Räume.** Beispiele für solche Räume sind die Räume $\mathbb{K}^n$ mit jeder beliebigen Norm, aber auch der Raum $C([a, b])$ mit der Supremumsnorm. Mit einer L^p-Norm dagegen ist $C([a, b])$ nicht vollständig. Die entsprechende Vervollständigung bilden die Räume $L^p(a, b)$.

Eine häufige Fragestellung der Analysis ist die Approximation beliebiger Funktionen durch einfache Funktionen.

Weierstraß'scher Approximationssatz

Ist $I \subseteq \mathbb{R}$ ein kompaktes Intervall, so existiert zu jedem $f \in C(I)$ und jedem $\varepsilon > 0$ ein Polynom p mit

$$\|f - p\|_\infty < \varepsilon \,.$$

In der linearen Algebra verwendet man für entsprechende Abstandsbestimmungen den Begriff der Orthogonalität, der auf einem **Skalarprodukt** beruht. Im Allgemeinen spricht man von einem **Innenproduktraum** oder **Prä-Hilbert-Raum.** Ist der Raum mit der durch das Skalarprodukt induzierten Norm vollständig, so nennen wir ihn **Hilbert-Raum.** In dieser reichhaltigen Struktur gelingen Beweise vieler wichtiger Aussagen, zum Beispiel die der Existenz einer **Orthogonalprojektion** auf einen abgeschlossenen Unterraum.

Als eine Anwendung betrachten wir den Raum $L^2(-\pi, \pi)$ und als Unterraum einen endlichdimensionalen Raum tri-

gonometrischer Polynome. Die Orthogonalprojektion einer Funktion f auf diesen Unterraum nennt man das **Fourierpolynom** zu f. Der **Fourier'sche Entwicklungssatz** besagt, dass die Folge der Fourierpolynome jeder Funktion $f \in L^2(-\pi, \pi)$ in diesem Raum gegen f konvergieren.

Aufgaben

Die Aufgaben gliedern sich in drei Kategorien: Anhand der *Verständnisfragen* können Sie prüfen, ob Sie die Begriffe und zentralen Aussagen verstanden haben, mit den *Rechenaufgaben* üben Sie Ihre technischen Fertigkeiten und die *Beweisaufgaben* geben Ihnen Gelegenheit, zu lernen, wie man Beweise findet und führt.

Ein Punktesystem unterscheidet leichte Aufgaben •, mittelschwere •• und anspruchsvolle ••• Aufgaben. Lösungshinweise am Ende des Buches helfen Ihnen, falls Sie bei einer Aufgabe partout nicht weiterkommen. Dort finden Sie auch die Lösungen – betrügen Sie sich aber nicht selbst und schlagen Sie erst nach, wenn Sie selber zu einer Lösung gekommen sind. Ausführliche Lösungswege stehen auf der Website des Verlags zur Verfügung.

Viel Spaß und Erfolg bei den Aufgaben!

Verständnisfragen

19.1 • Zeigen Sie, dass die im Beispiel auf Seite 19.1 definierte diskrete Metrik tatsächlich eine Metrik ist.

19.2 • Seien $X = \mathbb{R} \setminus \{0\}$ und $d(x, y) = \left| \frac{1}{x} - \frac{1}{y} \right|$ für $x, y \in X$. Warum ist d eine Metrik auf X?

19.3 • Sei $X = \mathbb{C}$ (topologisch identifiziert mit $\mathbb{R}^2$) und $p_0 \in X$ ein fester Punkt. Man zeige, dass durch

$$d(z, w) = \begin{cases} |z - w|, & \text{falls } z \text{ und } w \text{ auf einer Geraden} \\ & \text{durch } p_0 \text{ liegen,} \\ |z - p_0| + |w - p_0| & \text{sonst} \end{cases}$$

eine Metrik auf X definiert wird.

Diese Metrik nennt man häufig die *Metrik des französischen Eisenbahnsystems* oder *SNCF-Metrik*. Warum wohl?

19.4 •• Handelt es sich bei den folgenden Vektorräumen V über $\mathbb{C}$ mit den angegebenen Abbildungen $\|\cdot\| : V \to \mathbb{R}_{\geq 0}$ um normierte Räume?
(a) $V = \{f \in C(\mathbb{R}) \mid \lim\limits_{x \to \pm\infty} f(x) = 0\}$
 mit $\|f\| = \max\limits_{x \in \mathbb{R}} |f(x)|$,
(b) $V = \{(a_n) \text{ aus } \mathbb{C} \mid (a_n) \text{ konvergiert }\}$
 mit $\|(a_n)\| = |\lim\limits_{n \to \infty} a_n|$,
(c) $V = \{(a_n) \text{ aus } \mathbb{C} \mid (a_n) \text{ ist Nullfolge }\}$
 mit $\|(a_n)\| = \max\limits_{n \in \mathbb{N}} |a_n|$.

19.5 •• Handelt es sich bei den unten stehenden Folgen um Cauchy-Folgen?
(a) (a_n) aus $\mathbb{R}$ mit

$$a_0 = 1, \qquad a_n = \sqrt{2 a_{n-1}}, \quad n \in \mathbb{N},$$

(b) (f_k) mit

$$f_k(x) = \begin{cases} x - k + 1, & k - 1 \leq x < k, \\ k + 1 - x, & k \leq x \leq k + 1, \\ 0, & \text{sonst,} \end{cases}$$

für $x \in \mathbb{R}$, $k \in \mathbb{N}$, aus dem Raum der beschränkten stetigen Funktionen mit der Maximumsnorm,
(c) (x^k) aus $C([0, 1])$ mit der Maximumsnorm,
(d) (x^k) aus $L^2(0, 1)$ mit der L^2-Norm.

19.6 • Skizzieren Sie die abgeschlossenen Kugeln mit Mittelpunkt $(0, 0)$ und Radius 1 bezüglich der drei Metriken auf dem $\mathbb{R}^2$

$$\delta_p(\boldsymbol{x}, \boldsymbol{y}) = \|\boldsymbol{x} - \boldsymbol{y}\|_p, \quad \boldsymbol{x}, \boldsymbol{y} \subset \mathbb{R}^2, \quad p \subset \{1, 2, \infty\}.$$

19.7 • Bestimmen Sie in einem diskreten metrischen Raum X die offenen und abgeschlossenen Kugeln und die Sphären mit dem Mittelpunkt $x_0 \in X$.

19.8 ••• Sei $f : \mathbb{R} \to \mathbb{R}$ die Abbildung $x \mapsto \arctan x$. Zeigen Sie:
(a) Durch

$$d_f(x, y) = |f(x) - f(y)|, \quad x, y \in \mathbb{R},$$

ist eine Metrik auf $\mathbb{R}$ definiert, für die $d_f(x, y) < \pi$ für alle $x, y \in \mathbb{R}$ gilt.
(b) Die durch $d(x, y) = |x - y|$ definierte Standardmetrik und die Metrik d_f erzeugen dieselben offenen Mengen auf $\mathbb{R}$. Man sagt, die Metriken sind topologisch äquivalent.
(c) Die Folge (n) der natürlichen Zahlen ist bezüglich d_f eine Cauchy-Folge, der Raum $(\mathbb{R}, d_f)$ ist aber nicht vollständig. Widerspricht dies der topologischen Äquivalenz von d und d_f?

Rechenaufgaben

19.9 • Sei (X, d) ein metrischer Raum. Zeigen Sie: Durch $\delta(x, y) = \min\{1, d(x, y)\}$ wird eine Metrik auf X definiert, für die gilt $\delta(x, y) \leq 1$ für alle $x, y \in X$.

19.10 • Bestimmen Sie die komplexen Fourierkoeffizienten der Funktion f, die durch

$$f(x) = \begin{cases} 0, & -\pi < x \leq 0, \\ e^{ix}, & 0 < x \leq \pi \end{cases}$$

gegeben ist.

19.11 •• Man betrachte den $\mathbb{R}$-Vektorraum $V = C([0, 1])$ der stetigen Funktionen auf $[0, 1]$ und die für $f, g \in V$ folgendermaßen definierten Metriken d und e:

$$d(f, g) = \int_0^1 |f(x) - g(x)| \, \mathrm{d}x,$$

$$e(f, g) = \sup_{x \in [0,1]} \{f(x) - g(x)\}.$$

(a) Für $f, g \in V$ mit

$$f(x) = 2 \quad \text{und}$$

$$g(x) = \begin{cases} -\frac{4x}{r} + 4, & \text{falls } 0 \leq x \leq \frac{r}{2}, \\ 2, & \text{falls } \frac{r}{2} < x \leq 1, \end{cases}$$

mit $r > 0$ zeige man, dass g bezüglich der Metrik d in der offenen Kugel um f mit Radius r liegt, nicht jedoch bezüglich der Metrik e.

(b) Folgern Sie, dass d und e nicht dieselben offenen Mengen erzeugen, also nicht topologisch äquivalent sind.

Beweisaufgaben

19.12 • Zeigen Sie, dass stets $\overline{U_r(x)} \subseteq \overline{U}_r(x)$ gilt, aber im Allgemeinen keine Gleichheit erwartet werden kann.

19.13 •• Für $x = (x_1, \ldots, x_n)^\top \in \mathbb{K}^n$ ($\mathbb{K} = \mathbb{R}$ oder $\mathbb{K} = \mathbb{C}$) und die Normen

$$\|x\|_1 = \sum_{j=1}^n |x_j|,$$

$$\|x\|_2 = \sqrt{\sum_{j=1}^n |x_j|^2},$$

$$\|x\|_\infty = \max\{|x_1|, \ldots, |x_n|\}$$

zeige man die Ungleichungen

$$\|x\|_\infty \leq \|x\|_2 \leq \sqrt{n} \cdot \|x\|_\infty \quad \text{und}$$

$$\frac{1}{\sqrt{n}} \|x\|_1 \leq \|x\|_2 \leq \|x\|_1.$$

19.14 •• Beweisen Sie: Sind (X, d) ein metrischer Raum und $K_1, K_2 \subset X$ kompakte Teilräume, dann ist auch

$$K_1 \cap K_2 \quad \text{und} \quad K_1 \cup K_2$$

kompakt.

19.15 •• Zeigen Sie:

(a) Sind X ein metrischer Raum und (X_j), $1 \leq j \leq n$ ein System zusammenhängender Teilmengen von X mit $X_j \cap X_{j+1} \neq \emptyset$ für $j \in \{1, \ldots, n - 1\}$, dann ist auch die Vereinigung $\bigcup_{j=1}^n X_j$ zusammenhängend.

(b) Sind X ein metrischer Raum, $A \subseteq X$ eine zusammenhängende Teilmenge und $B \subseteq X$ eine Teilmenge mit $A \subseteq B \subseteq \bar{A}$, dann ist auch B zusammenhängend. Insbesondere ist der Abschluss $\bar{A}$ zusammenhängend.

Kommentar: Speziell impliziert die Eigenschaft $\bigcap_{j=1}^n X_j \neq \emptyset$, dass die Vereinigung $\bigcup_{j=1}^n X_j$ zusammenhängend ist.

19.16 • Zeigen Sie, dass ein vollständiger metrischer Raum (X, d) auch bezüglich der Metrik $e(x, y) = \min\{1, d(x, y)\}$ vollständig ist.

19.17 ••• Beweisen Sie, dass auf dem Raum der auf dem Intervall $[a, b] \subseteq \mathbb{R}$ beliebig oft stetig differenzierbaren Funktionen $C^\infty([a, b])$ durch

$$d(f, g) = \sum_{j=0}^\infty \frac{1}{2^j} \frac{\|f^{(j)} - g^{(j)}\|_\infty}{1 + \|f^{(j)} - g^{(j)}\|_\infty}$$

eine Metrik gegeben ist, bezüglich der $C^\infty([a, b])$ vollständig ist, dass diese Metrik aber nicht von einer Norm abgeleitet werden kann.

19.18 •• Es seien $p, q \geq 1$ und $\frac{1}{p} + \frac{1}{q} = 1$. Ferner sei I ein kompaktes Intervall.

(a) Zeigen Sie die Hölder-Ungleichung: Für $f, g \in C(I)$ gilt:

$$\int_I |f(x) \, g(x)| \, \mathrm{d}x \leq \left(\int_I |f(x)|^p \, \mathrm{d}x \right)^{1/p} \left(\int_I |g(x)|^q \, \mathrm{d}x \right)^{1/q}.$$

(b) Zeigen Sie die Minkowski'sche Ungleichung: Für $f, g \in C(I)$ gilt:

$$\left(\int_I |f(x) + g(x)|^p \, \mathrm{d}x \right)^{1/p}$$

$$\leq \left(\int_I |f(x)|^p \, \mathrm{d}x \right)^{1/p} + \left(\int_I |g(x)|^p \, \mathrm{d}x \right)^{1/p}.$$

19.19 •• Es sei $f \in L^2(-\pi, \pi)$ und p_n das zugehörige Fourierpolynom vom Grad n mit Fourierkoeffizienten $c_k, \|k\| \leq n$.

(a) Zeigen Sie aus den Eigenschaften der Orthogonalprojektion die **Bessel'sche Ungleichung:**

$$\sum_{k=-n}^n |c_k|^2 \leq \frac{1}{2\pi} \int_{-\pi}^\pi |f(x)|^2 \, \mathrm{d}x.$$

(b) Zeigen Sie mithilfe von (a), dass die Folge der Fourierpolynome eine Cauchy-Folge in T ist.

19.20 ••• Sind $f, g : \mathbb{R} \to \mathbb{C}$ 2π-periodische Funktionen mit f und $g \in L^2(-\pi, \pi)$, so ist auch h definiert durch

$$h(x) = \int_{-\pi}^{\pi} f(x - t)\, g(t) \, \mathrm{d}t, \qquad x \in (-\pi, \pi),$$

eine Funktion aus $L^2(-\pi, \pi)$. Man nennt h die **Faltung** von f mit g.

Wir bezeichnen mit (f_k), (g_k) bzw. (h_k) die Fourierkoeffizienten der entsprechenden Funktion. Zeigen Sie den *Faltungssatz*:

$$h_k = 2\pi\, f_k g_k, \qquad k \in \mathbb{Z}.$$

Antworten der Selbstfragen

S. 764

(a) Nein, Axiom (M_1) ist nicht erfüllt: $d(-1, 1) = 0$.
(b) Ja, denn

$$\tilde{d}(x, y) = 0 \Leftrightarrow |x^3 - y^3| = 0 \Leftrightarrow x^3 = y^3 \Leftrightarrow x = y.$$
$$\tilde{d}(x, y) = |x^3 - y^3| = |y^3 - x^3| = \tilde{d}(y, x)$$
$$\tilde{d}(x, z) = |x^3 - z^3| = |(x^3 - y^3) + (y^3 - z^3)|$$
$$\leq |x^3 - y^3| + |y^3 - z^3| = \tilde{d}(x, y) + \tilde{d}(y, z).$$

S. 765

Für festes $x \in V \setminus \{O\}$ und $t \in \mathbb{R}_{>0}$ gilt:

$$d(tx, O) = t\, \|x\| \to \infty \quad (t \to \infty).$$

S. 765

Für die induzierte Metrik d_0 gilt $d_0(1, 4) = 3$, für die diskrete Metrik δ jedoch $\delta(1, 4) = 1$.

S. 770

Man nehme z. B. $U = \left(-\frac{1}{2}, \frac{1}{2}\right)$ bzw. $A = \left[\frac{1}{2}, \frac{3}{2}\right]$.

S. 771

Ja, ein Beispiel liefert die diskrete Metrik, in der jede nichtleere Menge offen ist.

S. 772

Da $M \subseteq \mathbb{Q}$ und $\mathbb{Q}$ keine inneren Punkte besitzt, besitzt auch M keine inneren Punkte. Wir bestimmen den Abschluss von M: Offensichtlich ist $M \subseteq \overline{M} \subseteq [0, 1]$. Für $x \in (\frac{1}{n+1}, \frac{1}{n})$ wählen wir $\delta < \min\{x - \frac{1}{n+1}, \frac{1}{n} - x\}$ und erhalten $(x - \delta, x + \delta) \cap M = \emptyset$. Somit ist x kein Berührpunkt. Es bleibt noch $x = 0$ übrig, und dies ist ein Berührpunkt, da jede Umgebung von 0 Kehrwerte natürlicher Zahlen enthält. Wir haben $\overline{M} = \{0\} \cup M = \partial M$ gezeigt.
Mit $\delta < \frac{1}{n} - \frac{1}{n+1}$ gilt schließlich $(\frac{1}{n} - \delta, \frac{1}{n} + \delta) \cap M = \{\frac{1}{n}\}$, also ist jedes Element von M isolierter Punkt.

S. 774

Die Antwort ergibt sich aus Abbildung 19.9 und der letzten Definition.

S. 777

Für $f : \mathbb{R} \to \mathbb{R}$ mit $f(x) = 0$, $x \leq 0$ und $f(x) = 1$, $x > 0$,

wähle man $a = 0$ und $V = U_{1/2}(0) = (-1/2, 1/2)$ als Umgebung von $f(a) = 0$. Jede Umgebung von a enthält ein offenes Intervall $(-\delta, \delta) = U_\delta(0)$ und damit ein $x > 0$. Es gilt $f(x) = 1 \notin V$. Dies zeigt, dass (a)–(c) verletzt ist.
Die Funktion f ist nicht folgenstetig, da $x_k = 1/k$ gegen $a = 0$ konvergiert, aber $f(x_k) \to 1 \neq 0 = f(a)$

S. 780

Betrachte $f : \mathbb{R} \to \mathbb{R}$ mit $f(x) = 0$, $x \leq 0$ und $f(x) = 1$, $x > 0$.
Das Urbild der offenen Menge $V = (-1/2, 1/2)$ ist $(-\infty, 0]$. Diese Menge ist nicht offen, also ist (a) verletzt.
Das Urbild der abgeschlossenen Menge $A = \{1\}$ ist $(0, \infty)$. Diese Menge ist nicht abgeschlossen, also ist (c) verletzt.

S. 784

Sei $U_Z \subseteq Z$ eine Umgebung von $c = g(b)$. Wegen der Stetigkeit von g gibt es eine Umgebung $U_Y \subseteq Y$ von b mit $g(U_Y) \subseteq U_Z$. Wegen der Stetigkeit von f gibt es wiederum eine Umgebung von $U_X \subseteq X$ von a, sodass $g(U_X) \subseteq U_Y$. Somit gilt $g \circ f(U_X) \subseteq U_Z$, das heißt, $g \circ f$ ist stetig in a.

S. 786

1. Z. B. $f : x \mapsto \frac{2}{\pi} \cdot \arctan x$.
2. Ja, denn für jede der Normen liefert die Abbildung

$$f : \mathbb{R}^n \to U_1(0); x \mapsto \frac{x}{1 + \|x\|}$$

mit ihrer Umkehrabbildung

$$f^{-1} : U_1(0) \to \mathbb{R}^n; x \mapsto \frac{x}{1 - \|x\|}$$

einen Homöomorphismus zwischen $U_1(0)$ und $\mathbb{R}^n$. Durch entsprechende Verkettung von Abbildung und Umkehrabbildung erhält man daraus Homöomorphismen zwischen den verschiedenen Einheitskugeln.

S. 786

Die Folge der Bildpunkte divergiert.

S. 790

Es ist $M \subseteq X$ und X ist offen.

S. 794

Eine mögliche Wahl ist $U_n = (\frac{1}{n+1}, 1)$, $n \in \mathbb{N}$. Dann ist $(0, 1) = \bigcup_{n=1}^{\infty} U_n$, aber jede endliche Vereinigung dieser Mengen ist selbst eines der U_n und damit eine echte Teilmenge von $(0, 1)$.

S. 795

Ist $\alpha \colon V \to W$ linear und bijektiv, so existieren zu y_1 und $y_2 \in W$ eindeutige Urbilder x_1, $x_2 \in V$. Damit folgt:

$$\alpha(x_1 + x_2) = \alpha(x_1) + \alpha(x_2) = y_1 + y_2$$

und damit durch Anwendung von α^{-1}

$$\alpha^{-1}(y_1) + \alpha^{-1}(y_2) = x_1 + x_2 = \alpha^{-1}(y_1 + y_2) \,.$$

Analog gilt für $\lambda \in \mathbb{K}$ die Identität

$$\alpha^{-1}(\lambda y_1) = \alpha^{-1}(\lambda \alpha(x_1)) = \lambda x_1 = \lambda \alpha^{-1}(y_1) \,.$$

S. 796

Dies ergibt sich aus der Isomorphie der Vektorräume zu $\mathbb{K}^n$.

S. 811

Ein solches Beispiel ist $I = (0, 1)$ und $f(x) = 1/x$, $x \in I$. Durch rekursives Unterteilen des Intervalls kann man leicht sogar eine monoton wachsende Folge von Treppenfunktionen erzeugen, die fast überall gegen f konvergiert. Aber das Integral $\int_0^1 f(x)\, \mathrm{d}x$ existiert nicht.

S. 811

Eine stetige Funktion, die fast überall verschwindet, verschwindet sogar überall.

S. 815

Mit den angegebenen Voraussetzungen gilt:

$$\begin{aligned}
\|x + y\|^2 &= \langle x + y, x + y \rangle \\
&= \langle x, x \rangle + 2\mathrm{Re}\,\langle x, y \rangle + \langle y, y \rangle \\
&= \langle x, x \rangle + \langle y, y \rangle = \|x\|^2 + \|y\|^2 \,.
\end{aligned}$$

S. 818

Wenn ein trigonometrisches Polynom reellwertig ist, dann sind die Zahlen a_k, $k = 0, \dots, n$ und b_k, $k = 1, \dots, n$ alle reell. Die eben bestimmte Formel für die c_k zeigt, dass in diesem Fall

$$c_{-k} = \overline{c_k}\,, \qquad k = -n, \dots, n\,,$$

gilt.

Differenzialgleichungen – Funktionen sind gesucht

20

Was bedeutet Trennung der Veränderlichen?

Wann existiert eine Lösung eines Anfangswertproblems?

Was ist ein Runge-Kutta-Verfahren?

© Springer-Verlag GmbH Deutschland, ein Teil von Springer Nature 2022
T. Arens et al., *Grundwissen Mathematikstudium*,
https://doi.org/10.1007/978-3-662-63313-7_20

Gleichungen, in denen eine gesuchte Funktion und ihre Ableitungen auftauchen, nennt man Differenzialgleichungen. Viele physikalische Probleme lassen sich mithilfe von Differenzialgleichungen mathematisch beschreiben. Solche Gleichungen sind ein wesentlicher Baustein der mathematischen Modellierung von naturwissenschaftlichen Phänomenen.

Zur Lösung von Differenzialgleichungen benötigen wir unser gesamtes Vorwissen über Differenzial- und Integralrechnung. Ähnlich wie bei der Integration rückt man vielen Gleichungen mit gewissen Tricks oder wenig offensichtlichen *Ansätzen* zu Leibe. Die Motivation für die einzelnen Lösungstechniken darzulegen, ist ein besonderes Anliegen dieses Kapitels.

Mathematisch ist vor allem die Frage relevant, ob überhaupt Lösungen einer Differenzialgleichung existieren und welche Anzahl von unterschiedlichen Lösungen es gibt. Falls es eine besondere Struktur der Lösungsmenge gibt, möchte man diese herausfinden. Der zentrale Satz hinsichtlich Existenz und Eindeutigkeit von Lösungen ist der Satz von Picard-Lindelöf, den wir im dritten Abschnitt des Kapitels vorstellen wollen.

Selbst wenn es möglich ist, die Existenz einer eindeutigen Lösung zu zeigen, kann man keineswegs für jede Differenzialgleichung eine Formel für die Lösungsfunktion angeben. Dazu kommt, dass der Computer heute die Formelsammlungen als Mittel der Bestimmung von Lösungen bestimmter Gleichungstypen immer mehr ablöst. Die Lösung von Differenzialgleichungen mit Computer-Algebra-Systemen oder ihre Simulation mit numerischen Methoden nehmen heute einen großen Stellenwert ein. Daher stellen wir in diesem Kapitel den klassischen analytischen Lösungsmethoden eine kurze Einführung in die numerischen Lösungsmethoden zur Seite.

20.1 Begriffsbildungen

In diesem Abschnitt wollen wir einen Einstieg in das Thema Differenzialgleichungen finden, indem wir klären, was man unter einer solchen Gleichung versteht und wo solche Gleichungen in der Anwendung auftauchen. Um uns dem Begriff zu nähern, beginnen wir mit einem kleinen Beispiel.

Beispiel Bestimmen Sie alle Funktionen $y : [0, 1] \to \mathbb{R}$, die die Gleichung

$$y'(x) = \cos(x), \qquad x \in (0, 1)$$

erfüllen.

Die Lösung dieser Aufgabe besteht natürlich einfach darin, die Stammfunktionen der Kosinusfunktion zu berechnen. Dies sind gerade die Funktionen

$$y(x) = \sin(x) + C, \qquad x \in [0, 1].$$

Dabei ist $C \in \mathbb{R}$ eine beliebige Integrationskonstante.　◄

In diesem sehr einfachen Beispiel kommen schon die wesentlichsten Elemente einer Differenzialgleichung vor:

- Wir haben es mit einer Gleichung zu tun, in der eine *Funktion* die Unbekannte ist.
- In der Gleichung tauchen *Ableitungen* der gesuchten Funktion auf.
- Zur Lösung der Gleichung ist eine *Integration* notwendig.
- Durch die Integration kommt eine *Integrationskonstante* ins Spiel. Die Lösung der Differenzialgleichung ist also nicht eindeutig – es gibt viele Lösungen.

Diese Liste enthält typische Elemente, die beim Umgang mit Differenzialgleichungen eine Rolle spielen. In den verschiedenen nun folgenden Beispielen und vor allem bei den analytischen Lösungsverfahren aus dem Abschnitt 20.2 werden sie immer wieder auftauchen.

Eine Differenzialgleichung ist ein Zusammenhang zwischen einer unbekannten Funktion und ihren Ableitungen

Wir wollen nun zunächst grundsätzlich formulieren, was wir unter einer Differenzialgleichung verstehen.

Definition einer Differenzialgleichung n-ter Ordnung

Unter einer **Differenzialgleichung n-ter Ordnung** $(n \in \mathbb{N})$ auf einem Intervall $I \subseteq \mathbb{R}$ versteht man eine Gleichung der Form

$$y^{(n)}(x) = f\big(x, y(x), y'(x), \ldots, y^{(n-1)}(x)\big)$$

für alle $x \in I$. Hierbei ist $f : I \times \mathbb{C}^n \to \mathbb{C}$ eine Funktion von $n + 1$ Veränderlichen, $y \in C^n(I)$ die gesuchte Funktion.

Kommentar: Streng genommen ist dies die Definition einer *expliziten* Differenzialgleichung. Allgemeiner könnte man auch Gleichungen zulassen, die nicht explizit nach $y^{(n)}(x)$ aufgelöst werden können. In diesem Fall spricht man von einer impliziten Differenzialgleichung. Dies wollen wir aber hier nicht weiter verfolgen.

Genauer gesagt sollte man eigentlich von einer **gewöhnlichen Differenzialgleichung** sprechen, im Gegensatz zu den *partiellen Differenzialgleichungen,* die ein wesentlicher Gegenstand der höheren Analysis sind. Bei einer gewöhnlichen Differenzialgleichung hängt die gesuchte Funktion nur von einer Variablen ab, und es tauchen nur gewöhnliche Ableitungen auf. Bei einer partiellen Differenzialgleichung ist eine Funktion mehrerer Veränderlicher gesucht, und es treten partielle Ableitungen auf.

Der Begriff *n-te Ordnung* in dieser Definition bezieht sich auf die höchste Ableitung der gesuchten Funktion y, die in der Gleichung vorkommt. In diesem nur zur Einführung dienenden Kapitel werden wir uns bis auf wenige Beispiele auf Differenzialgleichungen erster Ordnung beschränken.

Betrachten wir einige Beispiele zu dieser Definition.

Beispiel

- Eine der einfachsten Differenzialgleichungen ist

$$y'(x) = y(x), \quad x \in \mathbb{R}.$$

Hier gibt es keine explizite Abhängigkeit von der Variablen x auf der rechten Seite. Eine Funktion, die diese Gleichung erfüllt, ist $y(x) = \mathrm{e}^x$, $x \in \mathbb{R}$.

- Einen komplizierteren Zusammenhang bildet

$$y'(x) = x\big(y(x)\big)^2, \quad x > 0.$$

Rechnen Sie zur Übung nach, dass die Funktion $y(x) = -2/x^2$ diese Gleichung erfüllt. Diese und noch eine weitere Lösung sind in Abbildung 20.1 dargestellt.

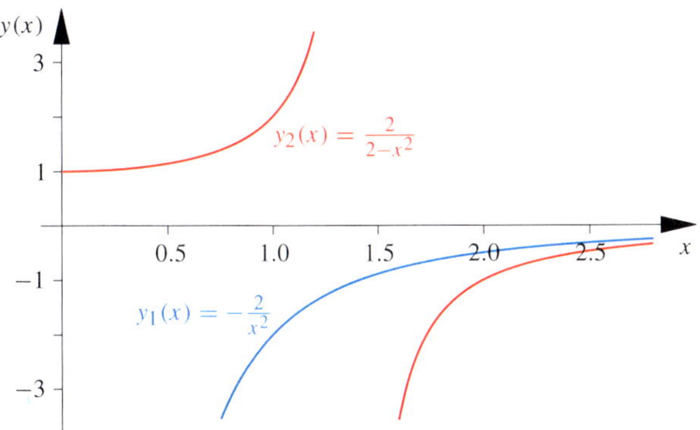

Abbildung 20.1 Zwei verschiedene Lösungen der Differenzialgleichung $y'(x) = x\,y(x)^2$, $x > 0$. Die Lösung y_2 existiert dabei nicht auf ganz $I = (0, \infty)$, sondern nur auf $(0, \sqrt{2})$ oder auf $(\sqrt{2}, \infty)$.

- Bei den ersten beiden Beispielen haben wir uns auf reellwertige Funktionen beschränkt. Bei der Differenzialgleichung

$$y'(x) = \frac{x}{\exp\big(\mathrm{i}\, y(x)\big)}, \quad x \in \mathbb{R},$$

haben wir dagegen explizit mit komplexwertigen Funktionen zu tun. Man kann nachrechnen, dass zum Beispiel

$$y(x) = -\mathrm{i}\,\ln\left(\frac{\mathrm{i}}{2}\,(x^2 + 1)\right), \quad x \in \mathbb{R}$$

diese Differenzialgleichung erfüllt.

- Ein Beispiel für eine Differenzialgleichung zweiter Ordnung ist

$$y''(x) + y(x) = \sin(x), \quad x \in \mathbb{R}.$$

Man kann zeigen, dass sich *jede* Lösung dieser Differenzialgleichung in der Form

$$y(x) = \frac{x}{2}\,\cos(x) + C_1 \sin(x) + C_2 \cos(x), \quad x \in \mathbb{R},$$

schreiben lässt. Hierbei sind C_1 und C_2 zwei beliebige Integrationskonstanten. Drei verschiedene dieser Lösungen sind in Abbildung 20.2 zu sehen.

Die Anzahl der Konstanten entspricht hier gerade der Ordnung der Differenzialgleichung. Wir werden im Abschnitt 20.3 Bedingungen an die Differenzialgleichung formulieren, die diesen Zusammenhang auch allgemein sicherstellen. ◀

In den bisherigen Beispielen haben wir immer eine Funktion angegeben, die die Differenzialgleichung erfüllt. Eine solche Funktion nennen wir eine *Lösung* der Differenzialgleichung.

Definition einer Lösung

Unter einer **Lösung** einer Differenzialgleichung auf einem Intervall $J \subseteq I$ versteht man eine Funktion $y: J \to \mathbb{C}$, die die Differenzialgleichung für alle $x \in J$ erfüllt, wenn man sie und ihre Ableitungen in die Gleichung einsetzt. Insbesondere muss eine Lösung einer Differenzialgleichung n-ter Ordnung also n-mal stetig differenzierbar sein.

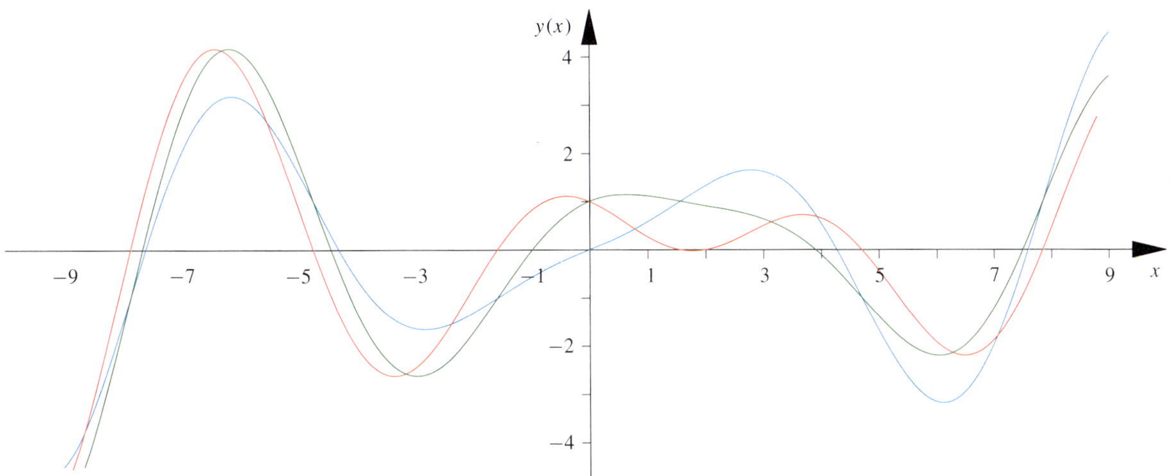

Abbildung 20.2 Drei Lösungen der Differenzialgleichung $y''(x) + y(x) = \sin(x)$. Die Wahl der Konstanten ist $C_1 = 1$, $C_2 = 0$ (blau), $C_1 = 0$, $C_2 = 1$ (rot) und $C_1 = 1$, $C_2 = 1$ (grün).

Kommentar: Eine Lösung muss nach dieser Definition nicht unbedingt auf dem ganzen Intervall definiert sein, für das man die Differenzialgleichung aufgestellt hat. Es kann $J \neq I$ sein. Dies erlaubt es uns, Lösungen zuzulassen, die an einzelnen Stellen nicht definiert sind, wie in der Abbildung 20.1. Es kann aber auch passieren, dass man bei der Formulierung einer Differenzialgleichung einfach zu optimistisch war und die Lösung gar nicht auf ganz I existieren kann.

?

Welche der folgenden Funktionen sind Lösung der Differenzialgleichung

$$y'(x) = 3x^2 \left(y(x) + 1 \right), \quad x \in \mathbb{R}?$$

(a) $y(x) = \exp(x^3)$ (c) $y(x) = 2 \exp(x^3) - 1$

(b) $y(x) = -1$ (d) $y(x) = -1 + \dfrac{1}{3x^2}$

Das wesentliche Thema dieses Kapitels ist es, Lösungen von Differenzialgleichungen zu bestimmen. Dafür gibt es viele verschiedene Möglichkeiten. Eines sei aber gleich zu Beginn gesagt: Es gibt viele lösbare Differenzialgleichungen, bei denen man die Lösungen nicht explizit angeben kann. In einem solchen Fall bleibt nur, eine Lösung numerisch mit dem Computer zu bestimmen. Gerade in den Anwendungen ist dies heute sowieso die gängige Methode, sich mit Differenzialgleichungen auseinanderzusetzen. Andererseits ist es sehr wohl so, dass man die Existenz von Lösungen mathematisch beweisen kann – man kann sie nur nicht durch Standardfunktionen ausdrücken. Den entsprechenden zentralen Satz, den *Satz von Picard-Lindelöf*, lernen wir im Abschnitt 20.3 kennen.

Bei einem Anfangswertproblem wird genau eine Lösung der Differenzialgleichung ausgewählt

Beim Bestimmen der Lösungen von Differenzialgleichungen stößt man stets auf Integrationskonstanten. Es gibt niemals nur eine Lösung, sondern immer eine ganze Schar von Lösungsfunktionen. Bei einer Anwendung steht jedoch eine Differenzialgleichung meist nicht alleine da. Es kommen, oft auf ganz natürliche Weise, noch weitere Bedingungen hinzu.

Beispiel Wir betrachten ein Federpendel ohne äußere Krafteinwirkung (Abb. 20.3). Ein Massestück wird zum Zeitpunkt $t = 0$ um die Länge $y_0 = 1$ ausgelenkt und dann losgelassen. Es führt nun eine Pendelbewegung aus. Die Auslenkung zum Zeitpunkt t bezeichnen wir mit $y(t)$.

Nach dem zweiten Newton'schen Axiom ist die Beschleunigung des Massestücks proportional zur darauf wirkenden

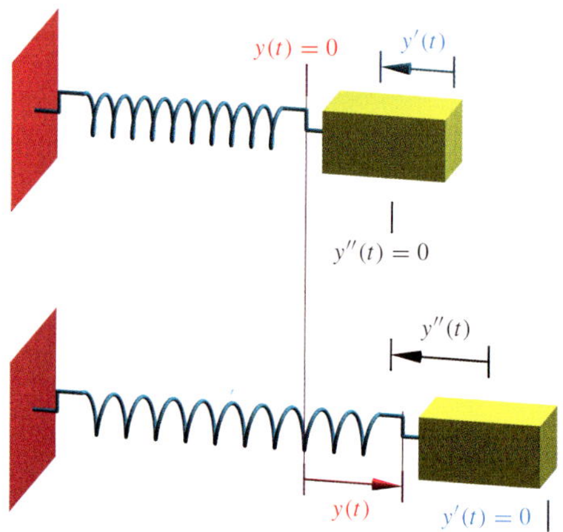

Abbildung 20.3 Bewegung eines Massestücks am Federpendel zu zwei Zeitpunkten. Im Zeitpunkt maximaler Auslenkung (unten) ist das Massestück in Ruhe, und es wirkt eine maximale Rückstellkraft. Bei der Durchquerung der Nulllage wirkt keine Kraft, aber die Geschwindigkeit ist maximal.

Kraft. Nach dem Hooke'schen Gesetz ist diese Kraft wiederum proportional zur Auslenkung. Es ergibt sich konkret der Zusammenhang

$$y''(t) = -\frac{D}{m} \, y(t)$$

mit der Federkonstante D der Feder und der Masse m des Massestücks. Setzen wir $\omega^2 = D/m$, so erhalten wir die Differenzialgleichung

$$y''(t) + \omega^2 \, y(t) = 0, \quad t > 0.$$

Jede Lösung dieser Differenzialgleichung lässt sich als

$$y(t) = A \, \cos(\omega t) + B \, \sin(\omega t), \quad t > 0$$

darstellen.

Die Problemstellung beinhaltet allerdings noch weitere Informationen: Zum Zeitpunkt $t = 0$ haben wir die Auslenkung $y(0) = y_0$. Und außerdem bewegt sich das Massestück in dem Moment, in dem es losgelassen wird, noch nicht. Also gilt $y'(0) = 0$. Wir nutzen diese Bedingungen, um A und B genauer zu bestimmen:

$$y_0 = y(0) = A \, \cos(0) + B \, \sin(0) = A,$$
$$0 = y'(0) = -A \, \omega \, \sin(0) + B \, \omega \, \cos(0) = B\omega.$$

Dabei haben wir einen Grenzübergang $t \to 0$ durchgeführt. Die Rechtfertigung dafür liefert uns wieder die Anwendung: Die Bewegung des Pendels und die Änderung seiner Geschwindigkeit ist stetig. Somit lautet die Lösung des Anwendungsproblems

$$y(t) = y_0 \, \cos(\omega t), \quad t \geq 0. \qquad \blacktriangleleft$$

Die zusätzlichen Bedingungen in der Aufgabenstellung der Anwendung bestimmen die Integrationskonstanten, sodass von der Vielzahl der mathematischen Lösungen der Differenzialgleichung nur eine übrig bleibt. Diese Bedingungen bestimmen aber gerade den Wert entweder der Funktion y oder einer ihrer Ableitungen zum Zeitpunkt $t = 0$, an dem die Betrachtung unseres physikalischen Problems beginnt. Aus diesem Grund sprechen wir von *Anfangswerten*.

Definition eines Anfangswertproblems

Ist zusätzlich zu der Differenzialgleichung

$$y^{(n)}(x) = f(x, y(x), \ldots, y^{(n-1)}(x)), \quad x \in I,$$

noch ein Satz von n Bedingungen

$$y(x_0) = y_0, \quad y'(x_0) = y_1, \ldots, y^{(n-1)}(x_0) = y_{n-1}$$

gegeben, so sprechen wir von einem **Anfangswertproblem** für die gesuchte Funktion y. Dabei muss x_0 eine Stelle aus dem Abschluss des Intervalls I sein.

Die Anzahl der Anfangsbedingungen entspricht gerade der Ordnung der Differenzialgleichung und damit der Anzahl der Integrationskonstanten in der Darstellung der Lösung. Man erhält also gerade ein Gleichungssystem mit n Gleichungen für n Unbekannte.

Durch ein Anfangswertproblem, so es denn überhaupt lösbar ist, wird in der Regel genau eine Lösung der Differenzialgleichung ausgewählt. Im Anwendungsbeispiel des Federpendels erhält man etwa für jedes Paar von Vorgaben für $y(0)$ und $y'(0)$ andere Werte für die Konstanten A und B. Es gibt zwar auch Fälle von Anfangswertproblemen mit mehreren verschiedenen Lösungen, aber ist die Lösung eindeutig, spricht man von *der Lösung eines Anfangswertproblems*. Im Gegensatz dazu steht die Vielzahl der Lösungen einer Differenzialgleichung. Hat man eine Darstellung diese Lösungsschar mit allen Integrationskonstanten gefunden, so spricht man von **der allgemeinen Lösung** der Differenzialgleichung. Damit ist dann aber eben nicht eine einzige Lösung gemeint, sondern die Menge aller Lösungen.

Es gibt natürlich auch andere Möglichkeiten, n Bedingungen zur Bestimmung der n unbekannten Integrationskonstanten zu formulieren. Bei einem **Randwertproblem** werden an zwei oder mehreren Punkten im Abschluss des Intervalls I die Werte von y oder Ableitungen von y vorgegeben. Typischerweise sind dies die Endpunkte des Intervalls, aber auch andere Stellen wären denkbar. Die zugehörige mathematische Theorie solcher Problemstellungen ist jedoch viel komplizierter als die der Anfangswertprobleme.

Für das Federpendel könnte man zum Beispiel vorgeben, dass $y(0) = 1$ und $y(\pi/2) = -1$ ist. Dies ergibt $A = 1$ sowie $B = -1$, die zugehörige Lösung ist in Abbildung 20.4 dargestellt. Bei der Vorgabe $y(0) = 1$ und $y(\pi) = -1$ folgt zwar $A = 1$, aber keine Bedingung für B. Dieses Randwertproblem hat also keine eindeutig bestimmte Lösung. Zwei mögliche Lösungen zeigt Abbildung 20.5. Für andere Vorgaben ist es auf dem Intervall $(0, \pi)$ auch möglich, dass überhaupt keine Lösung existiert.

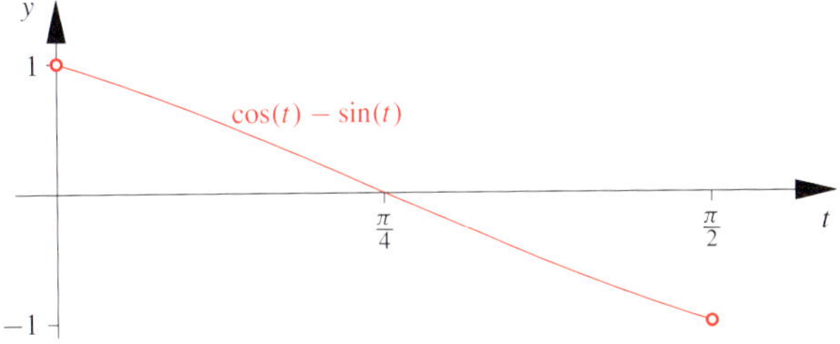

Abbildung 20.4 Das Randwertproblem $y''(t) + y(t) = 0$, $y(0) = 1$, $y(\pi/2) = -1$ hat genau eine Lösung.

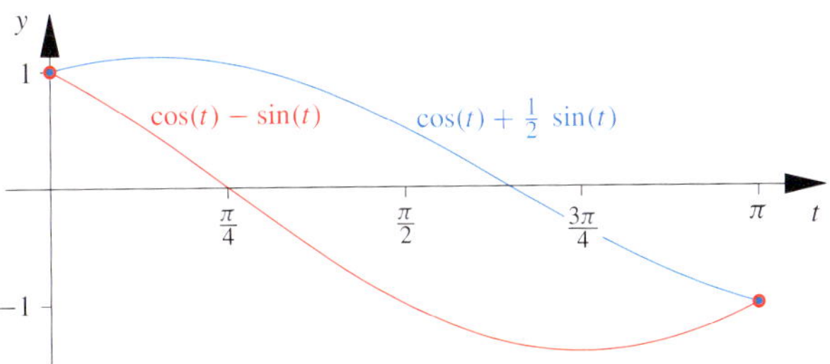

Abbildung 20.5 Das Randwertproblem $y''(t) + y(t) = 0$, $y(0) = 1$, $y(\pi) = -1$ hat viele Lösungen, nur zwei verschiedene sind hier dargestellt.

Differenzialgleichungen beschreiben eine Vielzahl von Anwendungsproblemen

Nachdem wir eine Vorstellung davon entwickelt haben, *was* unter einer Differenzialgleichung zu verstehen ist, wollen wir nun der Frage nachgehen, *woher* solche Gleichungen kommen. Welche Überlegungen führen dazu, für ein Anwendungsproblem eine Differenzialgleichung aufzustellen?

Diese Frage ist eine der *Modellbildung*. Ausgehend von einer Beobachtung naturwissenschaftlicher, technischer, wirtschaftlicher oder auch soziologischer Art, sucht man Größen, die das Problem beschreiben. Dies sind jeweils eigenständige Größen, etwa Kräfte, Momente, Auslenkungen, Geschwindigkeiten und Beschleunigungen in der Mechanik, Ströme, Ladungen und Spannungen in der Elektrotechnik. Aufgrund der Naturgesetze, die der jeweiligen Disziplin zugrunde liegen, ergeben sich nun oft Zusammenhänge, aus denen eine Differenzialgleichung hergeleitet werden kann. So stellt in der Mechanik das zweite Newton'sche Axiom einen Zusammenhang zwischen Kraft, Masse und Beschleunigung her, während sich die Beschleunigung wieder als zweite Ableitung des Ortes erweist. Handelt es sich um Phänomene, die sich nicht direkt durch bekannte Naturgesetze beschreiben lassen, so muss man Annahmen über den Zusammenhang aufstellen, die mit den Beobachtungen übereinstimmen.

Ein typisches Beispiel für eine Anwendung ist ein elektrischer Schwingkreis, bei dem eine Differenzialgleichung zweiter Ordnung die Vorgänge beschreibt.

Beispiel: Einfluss von Parametern

Wie verhalten sich die Lösungen der Differenzialgleichungen

$$y'(x) = (y(x))^p \qquad \text{bzw.} \qquad y''(x) + k\, y(x) = 0$$

bei Änderungen an den Parametern k bzw. p?

Problemanalyse und Strategie: Bei algebraischen Gleichungen ist man gewöhnt, dass ähnliche Gleichungen auch ähnliche Lösungen besitzen. Einschränkungen hatten wir kennengelernt, wenn die auftretenden Funktionen unstetig sind. Auch bei Differenzialgleichungen gilt: In bestimmten Fällen kann eine kleine Änderung an Parametern zu einem vollkommen anderen Lösungsverhalten führen. Wir wollen dies an den beiden Beispielen untersuchen. Für die Integrationskonstanten lassen wir dabei stets nur reelle Werte zu.

Lösung:

Bei der ersten Differenzialgleichung kennen wir bereits den Fall $p = 1$. Die Gleichung

$$y'(x) = y(x)$$

modelliert das exponentielle Wachstum, die Lösung ist $y(x) = c\,\exp(x)$. Für andere Werte von p kann man ebenfalls eine Formel für die Lösung angeben. Sie ist

$$y(x) = (c + (1 - p)\,x)^{\frac{1}{1-p}}.$$

Hier stoßen wir auf ein gänzlich anderes Lösungsverhalten, denn die Lösung enthält keine Exponentialfunktion mehr. Wir wollen die Lösung des Anfangswertproblems mit $y(0) = 1$ für die Fälle $p > 1$ und $p < 1$ näher untersuchen.

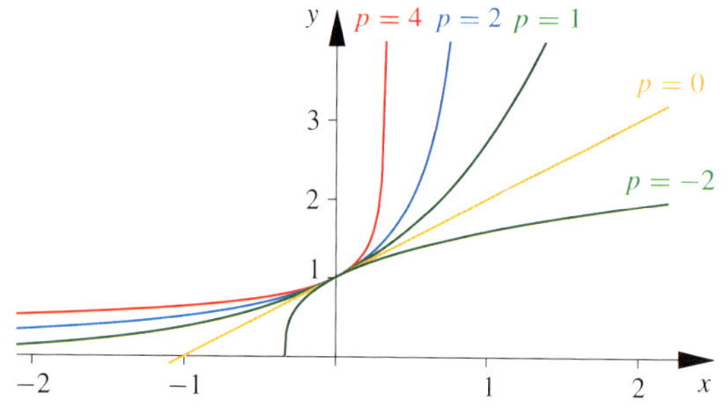

Im Fall $p > 1$ ist der Exponent negativ. Es ergibt sich eine Polstelle in der Lösung für $x \to c/(p-1)$. Für alle $x < c/(p-1)$ ist die Lösung eine wohldefinierte, stetig differenzierbare, reellwertige Funktion.

Im Fall $p < 1$ ist der Exponent positiv. Für $x > c/(p-1)$ ist die Lösung eine wohldefinierte, stetig differenzierbare, reellwertige Funktion. An der Stelle $c/(p-1)$ liegt eine Nullstelle vor.

Ist nun $x > c/(p-1)$ für $p > 1$ bzw. $x < c/(p-1)$ für $p < 1$, so macht die Lösungsformel im Allgemeinen nur als eine komplexe Zahl einen Sinn. Ist aber $1/(1-p)$ eine ganze Zahl, so ist die Lösungsfunktion insgesamt eine rationale Funktion und damit wieder eine auf ganz $\mathbb{R} \setminus \{c/(p-1)\}$ definierte, glatte Funktion. Im Fall $p < 1$ ist sie dann sogar ein Polynom.

Für jedes feste x konvergieren allerdings die Werte der Lösungsfunktionen gegen $\exp(x)$ für $p \to 1$. In diesem Sinn sind die Lösungsfunktionen natürlich schon miteinander verknüpft.

Nun zum zweiten Beispiel, einer Differenzialgleichung zweiter Ordnung. Für $k > 0$ handelt es sich genau um die Differenzialgleichung aus dem Beispiel des Federpendels von Seite 832. Die Lösung lässt sich in Verallgemeinerung des dort Gesagten angeben als

$$y(x) = c_1 \cos(\sqrt{k}\,x) + c_2 \sin(\sqrt{k}\,x).$$

Es handelt sich also um eine beschränkte, oszillierende Funktion.

Im Fall $k = 0$ können wir direkt integrieren und erhalten ein Polynom ersten Grades als Lösungsfunktion:

$$y(x) = c_1 + c_2\, x.$$

Die Lösung ist jetzt also nicht mehr beschränkt. Physikalisch entspricht dies dem Fall, dass keine Feder vorhanden ist: Das Massestück bewegt sich mit seiner Anfangsgeschwindigkeit linear durch den Raum.

Im Fall $k < 0$ erhalten wir die Lösung

$$y(x) = c_1 \exp(\sqrt{-k}\,x) + c_2 \exp(-\sqrt{-k}\,x).$$

Hier ist die Lösung in Abhängigkeit der Integrationskonstanten exponentiell wachsend oder exponentiell abfallend. Auch hier ist die Lösung nicht beschränkt, und es gibt auch keinerlei Oszillationen. Ein Stoßdämpfer ist ein typisches Beispiel für eine Anwendung, die ein solches Verhalten zeigt: Die Dämpfung durch die Feder ist so stark, dass keine Schwingungen auftreten.

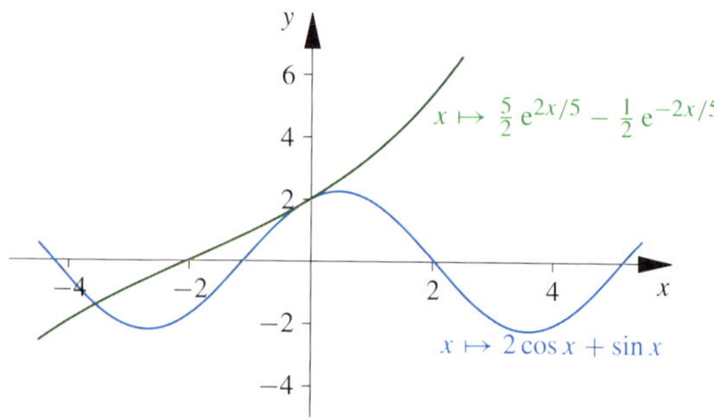

Die Abbildung zeigt typische Lösungskurven im oszillierenden und im exponentiellen Fall. Es ist $k = -4/25$ bzw. $k = +1$ gewählt.

Beispiel Ein elektrischer Schwingkreis bestehe aus einer Spannungsquelle V, einem Widerstand R, einer Spule der Induktivität L und einem Kondensator der Kapazität C (Abb. 20.6). Zum Zeitpunkt t fließt darin ein Strom $I(t)$.

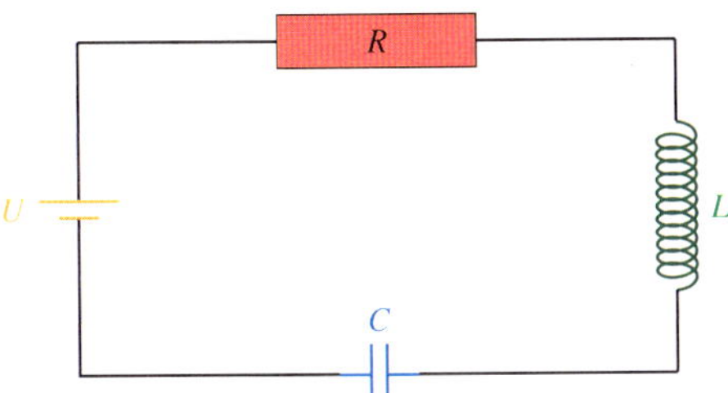

Abbildung 20.6 Schematische Darstellung eines elektrischen Schwingkreises mit Spannungsquelle U, Widerstand R, Spule der Induktivität L und Kondensator der Kapazität C.

Jedes der drei Objekte Widerstand, Spule und Kondensator trägt zum Spannungsabfall im Schwingkreis bei. Nimmt man an, dass die Stärke der Spannungsquelle ebenfalls zeitabhängig ist, gilt nach dem Kirchhoff'schen Gesetz für die Spannung

$$U(t) = U_R(t) + U_C(t) + U_L(t).$$

Dabei ist für den Widerstand $U_R(t) = R\,I(t)$. Für den Kondensator gilt $U_C(t) = Q(t)/C$, wobei $Q(t)$ die Ladung bezeichnet, die der Kondensator zum Zeitpunkt t trägt. Für die Spule schließlich gilt $U_L(t) = L\,I'(t)$. Setzt man dies ein, so erhält man:

$$L\,I'(t) + R\,I(t) + \frac{1}{C}\,Q(t) = U(t).$$

Nun entspricht der Strom gerade der Ladungsänderung auf den Kondensatorplatten, d. h. $I(t) = Q'(t)$. Damit erhalten wir die Differenzialgleichung 2. Ordnung

$$L\,Q''(t) + R\,Q'(t) + \frac{1}{C}\,Q(t) = U(t)$$

für die im Kondensator gespeicherte Ladung. Abbildung 20.7 stellt den Verlauf dieser Ladung, also der Lösung der Differenzialgleichung, dar, wenn zum Zeitpunkt $t = 0$ der Kondensator keine Ladung trägt und für eine Sekunde eine Gleichstromquelle von 1 Volt angeschlossen wird. Dies entspricht den Anfangsbedingungen $Q(0) = 0$ und $Q'(0) = I(0) = 0$.

Der elektrische Schwingkreis ist, wie auch das Federpendel von Seite 832 ein Spezialfall für einen sogenannten *harmonischen Oszillator*. Techniken zur Bestimmung von Lösungen für solche Differenzialgleichungen zweiter oder höherer Ordnung werden wir in diesem Buch nicht besprechen. Dies ist Inhalt von weiterführenden Vorlesungen zu gewöhnlichen Differenzialgleichungen. ◀

Systeme von Differenzialgleichungen lassen sich ganz ähnlich formulieren

Neben Problemen, die sich nur durch eine einzige Differenzialgleichung beschreiben lassen, treten auch solche auf, bei denen mehrere Gleichungen gegeben und auch mehrere unbekannte Funktionen gesucht sind. Wir sprechen von *Differenzialgleichungssystemen.*

Beispiel Wir betrachten ein System aus zwei Punktmassen, von denen sich eine stets im Ursprung, die andere zum Zeitpunkt t im Punkt $\boldsymbol{x}(t)$ befindet. Mit dem Newton'schen Gravitationsgesetz erhalten wir den Zusammenhang

$$\boldsymbol{x}''(t) = -\frac{c}{\|\boldsymbol{x}(t)\|^3}\,\boldsymbol{x}(t)$$

zwischen $\boldsymbol{x}$ und seiner zweiten Ableitung $\boldsymbol{x}''$. Hierbei ist c eine positive Konstante.

Ausgeschrieben handelt es sich bei der Gleichung oben um ein System von Differenzialgleichungen für drei Unbekannte, nämlich die drei Komponenten der Kurve $\boldsymbol{x}$:

$$x_j''(t) = -\frac{c}{\|\boldsymbol{x}(t)\|^3}\,x_j(t)\,, \qquad j = 1, \ldots, 3\,.$$

Die Lösung für Anfangswerte $\boldsymbol{x}(t_0) = \boldsymbol{x}_0$ und $\boldsymbol{x}'(t_0) = \boldsymbol{v}_0$ ist eine Näherung der Bahn des Massepunkts bei $\boldsymbol{x}(t)$. Bei den Lösungskurven handelt es sich um Kegelschnitte (siehe Kapitel 22) mit dem Ursprung als Brennpunkt.

Weil die Planeten des Sonnensystems nahezu punktsymmetrische Masseverteilungen besitzen, kann diese Gleichung gut benutzt werden, um deren Bewegungen zu beschreiben. Die Konstante c ergibt sich aus der Masse der Sonne. Es

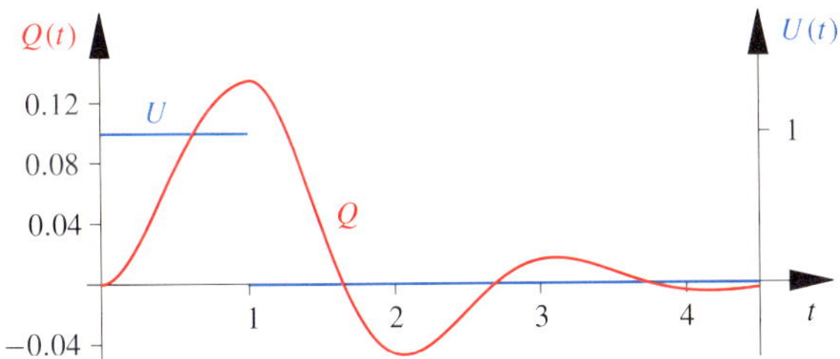

Abbildung 20.7 Verlauf der Ladung in einem elektrischen Schwingkreis mit $L = 1\,\mathrm{H}$, $R = 2\,\Omega$ und $C = 0.1\,\mathrm{F}$. Der Verlauf der Spannung U ist blau eingezeichnet.

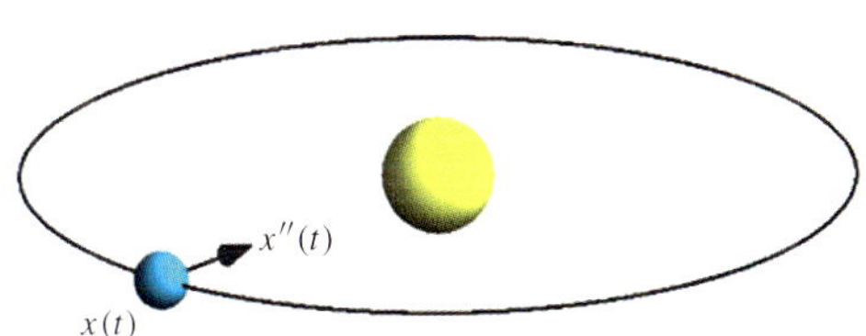

Abbildung 20.8 Die Bahn eines Planeten um die Sonne ergibt sich als Lösung eines Differenzialgleichungssystems mit 3 Gleichungen und 3 Unbekannten.

Beispiel: Ein Hund will zu seinem Herrchen

Das Herrchen läuft mit der konstanten Geschwindigkeit v_1 immer geradeaus. Der Hund startet in einer Entfernung A vom Weg des Herrchens und läuft mit der konstanten Geschwindigkeit v_2 immer genau auf diesen zu. Wie verläuft der Weg des Hundes?

Problemanalyse und Strategie: Das Problem ist zunächst mathematisch zu formulieren: Es sind geeignete Größen und ihre Abhängigkeiten durch Funktionen auszudrücken. Wir denken uns das Herrchen zu Beginn im Ursprung und seine Bewegungsrichtung parallel zur y-Achse. Der Hund startet am Punkt $(A, 0)$ mit $A < 0$. Zum Zeitpunkt t befindet sich der Hund im Punkt $(X(t), Y(t))$. Nach der Aufgabenstellung ist die Funktion $y \colon X(t) \mapsto Y(t)$ gesucht. Um diese zu bestimmen, verwenden wir die Annahmen über die Geschwindigkeiten v_j, $j = 1, 2$, um eine Differenzialgleichung herzuleiten.

Lösung:

Da die Gesamtgeschwindigkeit des Hundes stets v_2 ist, gilt nach dem Satz des Pythagoras die Gleichung

$$\left(X'(t)\right)^2 + \left(Y'(t)\right)^2 = v_2^2 \,.$$

Außerdem bewegt sich der Hund stets nach rechts, d. h. $X'(t) > 0$ für alle t. Dies bedeutet, dass X eine Umkehrfunktion T besitzt, es gilt:

$$X(T(x)) = x \quad \text{und} \quad T(X(t)) = t \,.$$

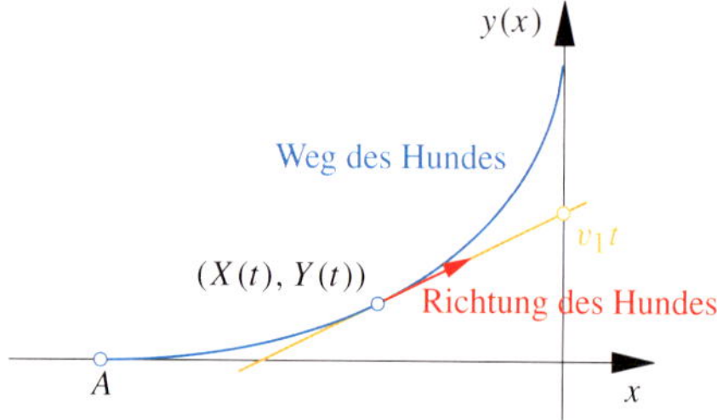

Für die gesuchte Funktion y gilt ja:

$$y(X(t)) = Y(t) \qquad \text{für alle } t \,.$$

Nach der Kettenregel ist dann

$$\sqrt{v_2^2 - X'(t)^2} = Y'(t) = y'(X(t))\, X'(t) \,.$$

Hieraus folgt:

$$X'(t) = \frac{v_2}{\sqrt{1 + y'(X(t))^2}} \,.$$

Mit der Formel für die Ableitung der Umkehrfunktion erhalten wir:

$$v_2\, T'(x) = \sqrt{1 + y'(x)^2} \,.$$

Es muss noch die Tatsache berücksichtigt werden, dass der Hund immer genau auf sein Herrchen zuläuft. Dazu betrachten wir die Tangente g an den Graph von y an einer Stelle x:

$$g(\xi) = y(x) + y'(x)\,(\xi - x)\,, \quad \xi \in \mathbb{R} \,.$$

Wenn der Hund immer genau auf das Herrchen zuläuft, so muss sich das Herrchen im selben Zeitpunkt gerade im Schnittpunkt der Tangente mit der y-Achse befinden, also im Punkt $(0, g(0))$. Der Zeitpunkt ist aber gerade $T(x)$. Damit hat das Herrchen bisher den Weg $v_1 T(x)$ zurückgelegt. Es folgt die Gleichung

$$v_1\, T(x) = g(0) = y(x) - x\, y'(x) \,.$$

Leiten wir diese ab, ergibt sich:

$$v_1\, T'(x) = -x\, y''(x) \,.$$

Durch Gleichsetzen mit dem Ausdruck für $T'(x)$ oben erhält man:

$$\sqrt{1 + y'(x)^2} + \frac{v_2}{v_1}\, x\, y''(x) = 0 \,.$$

Dies ist eine Differenzialgleichung 1. Ordnung für y'. Zusammen mit dem Anfangswert $y'(A) = 0$ hat man ein Anfangswertproblem. Mit den Methoden, die wir im Abschnitt 20.2 kennenlernen werden, ist es möglich, die Lösung anzugeben. Integriert man diese noch unter Verwendung von $y(A) = 0$, erhält man:

$$y(x) = \frac{|A|^{-v_1/v_2}}{2}\, \frac{v_2}{v_2 + v_1}\, |x|^{\frac{v_2 + v_1}{v_2}}$$
$$\qquad - \frac{|A|^{v_1/v_2}}{2}\, \frac{v_2}{v_2 - v_1}\, |x|^{\frac{v_2 - v_1}{v_2}} - \frac{A\, v_1\, v_2}{v_2^2 - v_1^2} \,.$$

Kommentar: Das Problem kommt recht unschuldig daher. Dieselbe Aufgabe beschreibt aber die Verfolgung eines Flugzeugs durch eine Rakete oder die eines Schiffs durch einen Torpedo. Dies ist typisch für mathematische Methoden: Durch ihre abstrakte Natur lassen sie sich auf verschiedene Probleme übertragen, auch auf solche, die ihr ursprünglicher Entdecker niemals im Sinn hatte.

Übersicht: Differenzialgleichungen in den Anwendungen

Manche Differenzialgleichungen sind typisch für bestimmte Anwendungsgebiete, andere tauchen in den verschiedensten Anwendungen immer wieder auf. Hier haben wir einige der wichtigsten zusammengestellt.

Lineare Differenzialgleichung 1. Ordnung mit konstanten Koeffizienten

$$y'(x) + c\, y(x) = f(x)$$

Beispiele:
- exponentielles Wachstum
- radioaktiver Zerfall
- Zinsrechnung

Lineare Differenzialgleichung 2. Ordnung mit konstanten Koeffizienten

$$y''(x) + \sigma\, y'(x) + k\, y(x) = f(x)$$

Harmonischer Oszillator, im Fall $\sigma > 0$ mit Dämpfung. Beispiele:
- Federpendel, Drehpendel
- Fadenpendel im Fall kleiner Auslenkungen
- elektrischer Schwingkreis

Lineare Differenzialgleichung 4. Ordnung

$$E\, I(x)\, y^{(4)}(x) = q(x)$$

Beschreibt die Biegelinie eines elastischen Balkens unter der Linienlast q im Fall kleiner Verformungen.

Legendre'sche Differenzialgleichung

$$(1 - x^2)\, y''(x) - 2x\, y'(x) + n\,(n+1)\, y(x) = 0$$

mit $n \in \mathbb{N}_0$; ist eine homogene lineare Differenzialgleichung 2. Ordnung. Anwendung bei der Bestimmung der Winkelabhängigkeit von Lösungen von Schwingungsproblemen in sphärischen Koordinaten. Beispiele:
- elektromagnetische Felder
- akustische Probleme
- Orbitale von Elektronen

Bessel'sche Differenzialgleichung

$$x^2\, y''(x) + x\, y'(x) + (x^2 - n^2)\, y(x) = 0$$

mit $n \in \mathbb{N}_0$; ist eine homogene lineare Differenzialgleichung 2. Ordnung. Anwendung bei der Bestimmung der radialen Abhängigkeit von Lösungen von Schwingungsproblemen in zylindrischen Koordinaten. Beispiele:
- schwingende Membrane (Pauke)
- Ausbreitung von Wasserwellen
- Wellenleiter (Koaxialkabel)

Eine weitere Anwendung ist die Biegung von Stäben unter Eigenlast (Stichwort Knicklast).

---

wird dabei der Einfluss, den die anderen Planeten auf die Bahn der Erde ausüben, vernachlässigt. In der Praxis werden verschiedene Approximationstechniken eingesetzt, um solche Bahnstörungen zu berücksichtigen. ◄

Dies ist eine relativ einfache Situation. Bei den Differenzialgleichungen, die wir bisher kennengelernt haben, konnte die Funktion $\boldsymbol{F}$ auch explizit von t und auch von der Ableitung $\boldsymbol{x}'$ abhängen. Genau dies wollen wir auch in der allgemeinen Definition eines *Differenzialgleichungssystems* zulassen. Hierbei kehren wir wieder zu unserer alten Konvention zurück und nennen die unbekannte Funktion $\boldsymbol{y}$, die Variable aber x.

Definition eines Differenzialgleichungssystems

Unter einem **Differenzialgleichungssystem n-ter Ordnung** mit m Gleichungen auf einem Intervall $I \subseteq \mathbb{R}$ $(n, m \in \mathbb{N})$ versteht man eine Gleichung der Form

$$\boldsymbol{y}^{(n)}(x) = \boldsymbol{F}\big(x,\, \boldsymbol{y}(x),\, \boldsymbol{y}'(x),\, \ldots,\, \boldsymbol{y}^{(n-1)}(x)\big)$$

für alle $x \in I$. Hierbei ist $\boldsymbol{F}: I \times \mathbb{C}^{m \times n} \to \mathbb{C}^m$ gegeben und die Funktion $\boldsymbol{y} \in C(I, \mathbb{C}^m)$ gesucht.

Jede Differenzialgleichung n-ter Ordnung lässt sich als System erster Ordnung formulieren

Wir können uns bei vielen weiterführenden Betrachtungen auf Differenzialgleichungssysteme erster Ordnung beschränken. Dazu ist lediglich ein geschicktes Einführen von neuen Unbekannten notwendig. Sehen wir uns zunächst ein einfaches Beispiel an.

Beispiel Gegeben ist die Differenzialgleichung dritter Ordnung

$$y'''(x) + 2y''(x) - y'(x) - 2y(x) = \sin(x)\,, \quad x \in I\,.$$

Wir führen eine vektorwertige Funktion $\boldsymbol{u}: I \to \mathbb{C}^3$ ein, indem wir setzen:

$$u_1(x) = y(x)\,, \quad u_2(x) = y'(x)\,, \quad u_3(x) = y''(x)\,.$$

Damit gelten zwei Differenzialgleichungen für die Komponenten von $\boldsymbol{u}$, nämlich

$$u_1'(x) = u_2(x) \quad \text{und} \quad u_2'(x) = u_3(x)\,.$$

Außerdem können die Komponenten von u in die ursprüngliche Differenzialgleichung eingesetzt werden. Man erhält:

$$u_3'(x) = 2u_1(x) + u_2(x) - 2u_3(x) + \sin(x) .$$

Diese drei Gleichungen lassen sich mithilfe einer Matrix auch sehr kompakt als System erster Ordnung notieren:

$$u'(x) = \begin{pmatrix} 0 & 1 & 0 \\ 0 & 0 & 1 \\ 2 & 1 & -2 \end{pmatrix} u(x) + \begin{pmatrix} 0 \\ 0 \\ \sin(x) \end{pmatrix}, \qquad x \in I .$$

Umgekehrt ist die erste Komponente der Lösung u dieses Systems eine Lösung $y = u_1$ der ursprünglichen Differenzialgleichung. ◀

Dieses Vorgehen kann ganz allgemein auf beliebige Systeme von Differenzialgleichungen angewandt werden.

Lemma

Betrachte das durch $F\colon I \times \mathbb{C}^{m \times n} \to \mathbb{C}^m$ definierte Differenzialgleichungssystem n-ter Ordnung mit m Gleichungen:

$$y^{(n)}(x) = F\big(x, y(x), y'(x), \dots, y^{(n-1)}(x)\big), \quad x \in I .$$

Ist $y \in C^n(I, \mathbb{C}^m)$ eine Lösung dieses Systems, so ist mit $k = mn$ die Funktion $u \in C^1(I, \mathbb{C}^k)$ mit

$$u_{j+lm} = y_j^{(l)}, \quad j = 1, \dots, m , \; l = 0, \dots, n - 1 ,$$

eine Lösung des Systems erster Ordnung mit k Gleichungen

$$u'(x) = G\big(x, u(x)\big), \quad x \in I .$$

Hierbei ist $G\colon I \times \mathbb{C}^k \to \mathbb{C}^k$ definiert als

$$G_j(x, u) = \begin{cases} u_{j+m}, & j = 1, \dots, k - m , \\ F_{j-k+m}(x, u), & j = k - m + 1, \dots, k . \end{cases}$$

Umgekehrt ist durch jede Lösung $u \in C^1(I, \mathbb{C}^k)$ des zweiten Systems durch $y_j = u_j$, $j = 1, \dots, m$, eine Lösung $y \in C^n(I, \mathbb{C}^m)$ des ersten Systems gegeben.

Beweis: Sei y eine Lösung des Systemes n-ter Ordnung und u wie im Lemma definiert. Dann ist für $j = 1, \dots, m$ und $l = 0, \dots, n - 2$:

$$u_{j+lm}'(x) = y_j^{(l+1)}(x) = u_{j+(l+1)m}(x), \quad x \in I .$$

Damit sind die ersten $k - m$ Gleichungen des Systems erster Ordnung erfüllt. Für $j = 1, \dots, m$ gilt ferner:

$$\begin{aligned} u_{j+k-m}'(x) &= u_{j+(n-1)m}'(x) = y_j^{(n)}(x) \\ &= F_j(x, y(x), \dots, y^{(n-1)}(x)) \\ &= F_j(x, u(x)), \qquad x \in I . \end{aligned}$$

Damit sind auch die letzten m Gleichungen erfüllt.

Sind umgekehrt u eine Lösung des Systems erster Ordnung und $y_j = u_j$, $j = 1, \dots, m$, so erhält man aus den ersten $m - k$ Gleichungen genau die Beziehungen

$$u_{j+lm} = y_j^{(l)}, \quad j = 1, \dots, m, \; l = 0, \dots, n - 1 .$$

Einsetzen in die letzten m Gleichungen liefert genau das System n-ter Ordnung für y. ∎

Beispiel Betrachten wir ein nichtlineares System 2. Ordnung:

$$\begin{aligned} y_1'' &= (y_1')^2 - y_2' \, y_1 + y_1^3, \\ y_2'' &= \left[(y_2')^2 + (y_1' y_1)^2 \right]^{1/2} . \end{aligned}$$

Wie im Lemma setzt man $u_1 = y_1$, $u_2 = y_2$ sowie $u_3 = y_1'$, $u_4 = y_2'$. Damit gelten die Zusammenhänge

$$u_1' = u_3 \quad \text{und} \quad u_2' = u_4 .$$

Einsetzen in das ursprüngliche System ergibt zwei weitere Gleichungen

$$\begin{aligned} u_3' &= u_3^2 - u_1 u_4 + u_1^3, \\ u_4' &= \left[u_4^2 + (u_1 u_3)^2 \right]^{1/2} . \end{aligned}$$

Insgesamt haben wir ein Gleichungssystem 1. Ordnung mit 4 Gleichungen erhalten. ◀

———————— **?** ————————

Formulieren Sie die Differenzialgleichung

$$u''(t) - \sin(t) \big(u'(t) \big)^2 u(t) = \cosh(t) - \big(u(t) \big)^2$$

als ein System erster Ordnung.

———————————————————————

Das Richtungsfeld liefert schnell eine qualitative Kenntnis der Lösung

Für den Rest dieses Abschnitts wollen wir uns nur mit einer Differenzialgleichung erster Ordnung beschäftigen:

$$y'(x) = f(x, y(x)), \quad x \in I .$$

Ziel ist es, eine anschauliche Vorstellung von der Gestalt der Lösung zu entwickeln, auch ohne diese Lösung explizit angeben zu können.

Dazu machen wir die Annahme, dass $y\colon I \to \mathbb{R}$ eine reellwertige Lösung der Differenzialgleichung ist. Wir wählen willkürlich einen Punkt (x_0, y_0) auf dem Graphen dieser Lösung, d. h., es ist $y(x_0) = y_0$. Dann kennen wir aber sofort auch die Ableitung von y in diesem Punkt, denn nach der Differenzialgleichung ist

$$y'(x_0) = f(x_0, y(x_0)) .$$

Da die Ableitung der Steigung der Tangente t an den Graphen von y im Punkt (x_0, y_0) entspricht, kennen wir also auch diese Tangente (siehe Seite 559), nämlich:

$$t(x) = f(x_0, y(x_0))(x - x_0) + y_0\,, \quad x \in \mathbb{R}\,.$$

Beispiel Wir betrachten die Differenzialgleichung

$$y'(x) = \frac{1 - (y(x))^2}{1 + x^2}\,, \qquad x \in \mathbb{R}\,.$$

In Abbildung 20.9 sehen wir den Graphen derjenigen Lösung, für die $y(1) = 0$ gilt. Die Tangente in diesem Punkt hat die Steigung

$$y'(1) = \frac{1 - 0^2}{1 + 1^2} = \frac{1}{2}\,. \qquad \blacktriangleleft$$

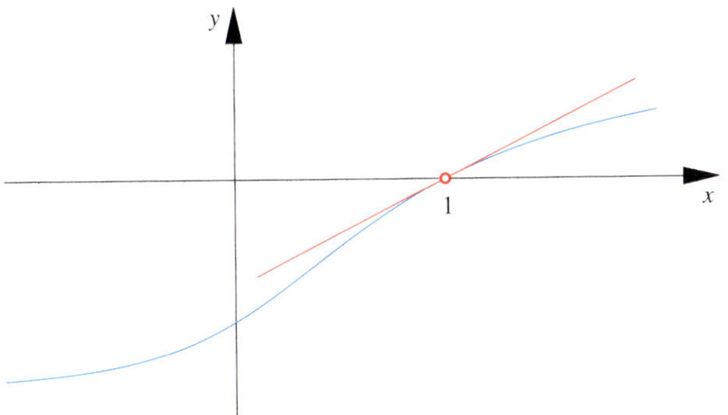

Abbildung 20.9 Die Lösung der Differenzialgleichung $y'(x) = (1 - y(x)^2)/(1 + x^2)$ durch den Punkt $(1, 0)$ und ihre Tangente.

Diese Rechnung können wir für jeden beliebigen Punkt (x, y) durchführen. Geht der Graph einer Lösung durch den Punkt, so ist der Wert $f(x, y)$ gerade die Steigung der Tangente. Es ist anschaulicher, statt der Steigung der Tangente ihre Richtung anzugeben. Grafisch kann dies dadurch geschehen, dass ein kurzer Abschnitt der Geraden gezeichnet wird. Die so erhaltene Abbildung, die jedem Punkt der Ebene die Richtung der zugehörigen Tangente zuweist, wird das *Richtungsfeld* der Differenzialgleichung genannt.

In Abbildung 20.10 ist das Richtungsfeld für die Differenzialgleichung aus dem Beispiel sowie die Lösungskurve durch $(1, 0)$ abgebildet. Schon allein aus der Grafik des Richtungsfeldes könnte man den Verlauf dieser Lösungskurve erraten.

Ein wichtiger Aspekt beim Richtungsfeld ist, dass mögliche Singularitäten, wie etwa Polstellen oder Stellen, an denen die Funktion nicht differenzierbar ist, in der Lösung sofort erkennbar sind. Betrachten wir das Richtungsfeld der Differenzialgleichung

$$y'(x) = \frac{2x\, y(x)}{1 - x^2}$$

in Abbildung 20.11. An den senkrechten Richtungspfeilen bei $x = \pm 1$ wird sofort klar, dass die Lösung für $x \to \pm 1$ eine Singularität besitzen muss. Sie kann also niemals über

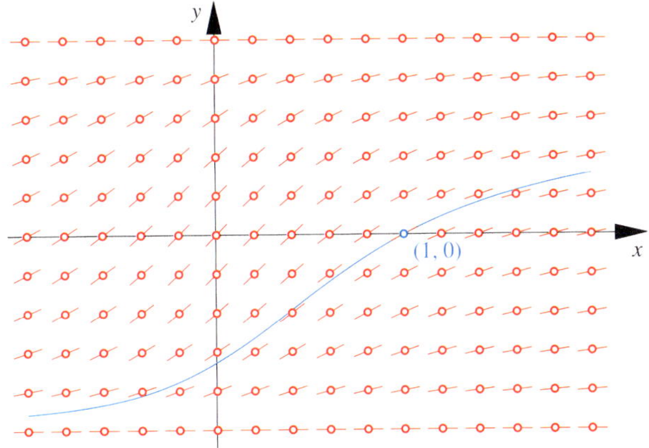

Abbildung 20.10 Das Richtungsfeld für die Differenzialgleichung $y'(x) = (1 - y(x)^2)/(1 + x^2)$ und die Lösung durch den Punkt $(1, 0)$.

das Intervall $(-1, 1)$ hinaus stetig differenzierbar fortgesetzt werden. Die Abbildung zeigt auch eine Lösung dieser Differenzialgleichung nämlich:

$$y(x) = \frac{1}{2}\,\frac{1}{1 - x^2}\,, \quad x \in (-1, 1)\,,$$

die dem Anfangswert $y(0) = 1/2$ genügt.

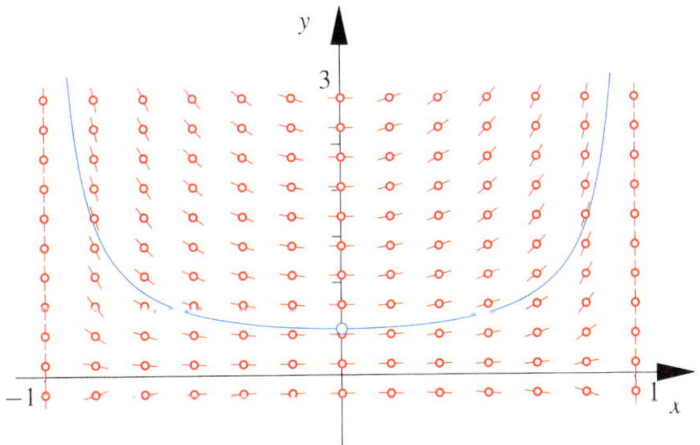

Abbildung 20.11 Im Richtungsfeld kann man Singularitäten in der Lösung an senkrechten Richtungspfeilen, wie hier bei ± 1, deutlich erkennen.

In Zeiten der alltäglichen Anwendung von Computern bedeutet es keinerlei Aufwand, ein Richtungsfeld selbst für komplizierte Differenzialgleichungen abzubilden. Man erhält so eine schnelle qualitative Vorstellung vom Verlauf der Lösung.

20.2 Elementare analytische Techniken

Wir wollen uns nun endlich analytischen Lösungsmethoden für Differenzialgleichungen zuwenden, also Methoden, die Lösungen aus der Differenzialgleichung explizit herzuleiten. Selbst für einfache Gleichungen ist das keinesfalls immer möglich und oft auch recht schwierig. Verschiedene Methoden führen bei unterschiedlichen Typen von Differenzialgleichungen zum Erfolg, und häufig bleibt nichts anderes übrig, als verschiedene mehr oder wenig Erfolg versprechende Ansätze auszuprobieren.

In diesem Abschnitt werden wir uns auf gewisse Typen von Differenzialgleichungen erster Ordnung beschränken. Ein umfangreicheres Studium analytischer Lösungsmethoden würde den Umfang eines nur einführenden Kapitels sprengen. Solche Methoden finden sich in der Literatur (z. B. Heuser, Gewöhnliche Differenzialgleichungen, Vieweg+Teubner).

Die hier vorgestellten Verfahren sind reine Rechentechniken. Man nimmt an, dass die Differenzialgleichung eine Lösung besitzt, die alle Eigenschaften besitzt, die man zur Durchführung der Rechentechnik benötigt. Unter diesen Voraussetzungen rechnet man die Lösung aus. Es sind zwei Dinge zu beachten:

- Es kann weitere Lösungen geben, die die Voraussetzungen für die Durchführung des Rechenverfahrens nicht erfüllen. Nach diesen muss extra gesucht werden. Wir werden bei den einzelnen Verfahren darauf hinweisen.
- Es kann sein, dass die Grundannahme der Lösbarkeit falsch ist, oder dass die tatsächlichen Lösungen nur eine Teilmenge der rechnerisch bestimmten Funktionen darstellen. Daher ist stets eine Probe durchzuführen, ob die berechneten Funktionen wirklich die Differenzialgleichung lösen. Später in diesem Kapitel werden wir theoretische Aussagen über die Beschaffenheit der Lösungsmengen gewisser Differenzialgleichungen kennenlernen. Wir können auf die Probe verzichten, wenn die Struktur der berechneten Lösung genau der theoretischen Lösungsstruktur entspricht.

Bei einer separablen Gleichung kann nach x und y getrennt integriert werden

Am wenigsten Probleme machen die sogenannten *separablen Differenzialgleichungen*. Viele der Gleichungen, die in den bisher vorgestellten Beispielen aufgetreten sind, waren von diesem Typ. Betrachten wir noch einmal die Differenzialgleichung

$$y'(x) = y(x)\,.$$

Wir nehmen zunächst $y(x) \neq 0$ auf einem ganzen Intervall an und betrachten die Differenzialgleichung nur auf diesem Intervall. Nicht alle Lösungen der Differenzialgleichung erfüllen übrigens diese Annahme: Die offensichtliche Lösung $y \equiv 0$ tut es nicht.

Wir dividieren nun durch $y(x)$. Damit ergibt sich:

$$\frac{y'(x)}{y(x)} = 1\,.$$

Durch unbestimmte Integrale können wir zur Stammfunktion übergehen:

$$\int \frac{y'(x)}{y(x)}\, \mathrm{d}x = x + c\,,$$

mit einer Integrationskonstanten $c \in \mathbb{R}$.

Auf der linken Seite führen wir eine Substitution durch: Mit $\eta = y(x)$ und $\mathrm{d}\eta = y'(x)\,\mathrm{d}x$ erhält man:

$$\int \frac{1}{\eta}\, \mathrm{d}\eta = x + c\,.$$

Die Stammfunktion ist

$$\ln|\eta| = x + \tilde{c}\,,$$

wobei die neue Integrationskonstante mit c zur neuen Konstante $\tilde{c}$ zusammengefasst wird. Damit folgt:

$$|\eta| = \mathrm{e}^{\tilde{c}}\, \mathrm{e}^{x}\,.$$

Da $\tilde{c}$ eine beliebige reelle Konstante ist, kann $\mathrm{e}^{\tilde{c}}$ eine beliebige positive Zahl sein. Ersetzen wir also $\mathrm{e}^{\tilde{c}}$ durch eine reelle (möglicherweise auch negative) Konstante C, so können die Betragsstriche aufgelöst werden. Der Fall $C = 0$ ist auch möglich, dies ist gerade die Nulllösung, die wir vorher ausgeschlossen hatten. Mit der Rücksubstitution $\eta = y(x)$ erhält man:

$$y(x) = C\,\mathrm{e}^{x}\,.$$

Für drei verschiedene Werte von C ist diese Lösung in Abbildung 20.12 dargestellt.

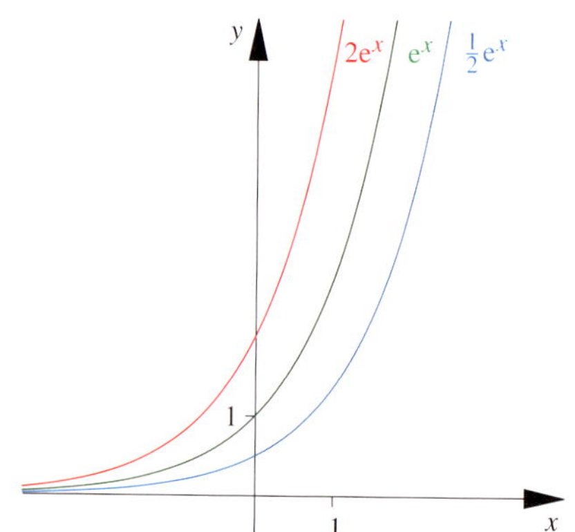

Abbildung 20.12 Verschiedene Lösungen der Differenzialgleichung $y'(x) = y(x)$.

Man rechnet schnell nach, dass jede dieser Funktionen Lösung der Differenzialgleichung ist. Aus Überlegungen, die wir im nächsten Abschnitt anstellen werden, wird sich ergeben, dass wir auch alle möglichen Lösungen gefunden haben. Damit haben wir die allgemeine Lösung dieser Differenzialgleichung gefunden.

Es ist nun möglich, sehr allgemein diejenigen Fälle zu beschreiben, in denen man wir oben im Beispiel vorgehen kann. Das führt auf die folgende Definition.

Definition einer separablen Differenzialgleichung

Eine Differenzialgleichung erster Ordnung der Form

$$y'(x) = g\big(y(x)\big)\,h(x)\,, \quad x \in I\,,$$

wird **separable Differenzialgleichung** genannt. Hierbei sind $g\colon \mathbb{C} \to \mathbb{C}$ und $h\colon I \to \mathbb{C}$ zwei Funktionen *einer* Veränderlichen.

Anders ausgedrückt lässt sich bei einer separablen Differenzialgleichung die Funktion f aus der Definition von Seite 830 als ein Produkt zweier Funktionen schreiben, bei denen die eine nur von x, die andere nur von $y(x)$ abhängt. Man liest auch häufig von einer Differenzialgleichung mit **getrennten Veränderlichen** oder von der **Trennung der Veränderlichen.**

?

Welche der folgenden Differenzialgleichungen sind separabel?

(a) $x\, y'(x) = \dfrac{y(x)}{x^2}$ \qquad (b) $x^2\, y'(x) = \sin(y(x) + x)$

(c) $y'(x) = \exp\big(x + y(x)\big)$ \qquad (d) $\sqrt{x}\, y'(x) = \big(y(x)\big)^2 + x$

In der Tat ist es bei einer separablen Differenzialgleichung in Verallgemeinerung unserer Methode von oben möglich, durch $g(y(x))$ zu dividieren und dann Stammfunktionen zu bilden. Dann erhält man:

$$\int \frac{y'(x)}{g\big(y(x)\big)}\, \mathrm{d}x = \int h(x)\, \mathrm{d}x\,.$$

Das Integral auf der linken Seite kann nun durch die Substitutionsregel auf das Integral

$$\int \frac{1}{g(y)}\, \mathrm{d}y$$

zurückgeführt werden. Man muss nun hoffen, dass die Integrale über h und $1/g$ berechnet werden können und die resultierende Gleichung nach $y(x)$ aufgelöst werden kann. Falls dies gelingt, hat man die allgemeine Lösung der Differenzialgleichung explizit bestimmt.

Beispiel Die Differenzialgleichung des 2. Beispiels von Seite 831 lautet:

$$y'(x) = x\,\big(y(x)\big)^2\,,\quad x > 0\,.$$

Sie ist ebenfalls separabel. Trennung der Variablen und Integration liefert

$$\int \frac{1}{y^2}\, \mathrm{d}y = \int \frac{y'(x)}{\big(y(x)\big)^2}\, \mathrm{d}x = \int x\, \mathrm{d}x\,.$$

Bei der Ausführung der Integrationen definieren wir die Integrationskonstante aus kosmetischen Gründen als $c/2$ – das Ergebnis sieht damit schöner aus. Dies ergibt:

$$-\frac{1}{y(x)} = \frac{x^2}{2} + \frac{c}{2} \quad \text{oder} \quad y(x) = \frac{2}{c - x^2}$$

für $x \neq \pm\sqrt{c}$. Die beiden Lösungen aus Abbildung 20.1 erhält man für $c = 0$ bzw. für $c = 2$. ◄

Kommentar: Häufig wird die Behandlung separabler Differenzialgleichungen in der Literatur mit einer verkürzten Notation dargestellt. Man verwendet dort die Leibniz-Notation für die Ableitung und schreibt

$$\frac{\mathrm{d}y}{\mathrm{d}x}(x) = g\big(y(x)\big)\, h(x)\,.$$

Nun wird die Abhängigkeit von x bei der Funktion y unterdrückt und mit Differenzialen gearbeitet. Damit erhält man durch Multiplikation mit $\mathrm{d}x$ die Gleichung

$$\frac{1}{g(y)}\, \mathrm{d}y = h(x)\, \mathrm{d}x\,,$$

die dann noch mit Integrationszeichen versehen wird. Zum Merken des Vorgehens und für schnelle Rechnungen ist diese Variante sicher sehr gut geeignet. Wir wollen nicht davon abraten, sie in der Praxis zu verwenden. Sie verdeckt allerdings den mathematischen Hintergrund der Anwendung der Substitutionsregel. Damit die Zusammenhänge leichter verständlich sind, werden wir sie daher in den Beispielen nicht gebrauchen.

Bei einem Ansatz hat man schon eine Vorstellung davon, wie die Lösung aussehen könnte

Eine sehr große Klasse von Lösungsverfahren beruht auf einem *Ansatz*. Die Idee dabei ist, dass die Lösung einer Differenzialgleichung oft eine Struktur besitzt, die schon aus dieser Gleichung selbst ersichtlich ist. Ein typischer Fall ist die Differenzialgleichung

$$y'(x) = y(x) + x^2\,,\quad x \in I\,.$$

Es liegt eine Gleichung vor, die aus der separablen Differenzialgleichung $y' = y$ durch Addition des Terms x^2 auf der rechten Seite hervorgeht. Deren Lösungen sind uns bereits bekannt, nämlich

$$y_1(x) = C\, \mathrm{e}^x$$

mit irgendeiner Konstanten C. Wir machen nun einen Ansatz, der den Titel *Variation der Konstanten* trägt: Die Konstante C wird durch eine Funktion ersetzt, das heißt, wir betrachten alle Funktionen der Form

$$y(x) = c(x)\, \mathrm{e}^x\,,\quad x \in I\,.$$

Wie muss nun c beschaffen sein, damit y Lösung der Differenzialgleichung ist? Dazu setzt man y und seine Ableitung in die Gleichung ein. Es ist

$$y'(x) = c(x)\, \mathrm{e}^x + c'(x)\, \mathrm{e}^x\,.$$

Durch das Einsetzen erhält man:

$$c(x)\, \mathrm{e}^x + c'(x)\, \mathrm{e}^x = c(x)\, \mathrm{e}^x + x^2\,,\quad x \in I\,.$$

Der Term $c(x)\,\mathrm{e}^x$ hebt sich gerade weg, da $C\,\mathrm{e}^x$ Lösung von $y' = y$ ist, und man erhält:

$$c'(x) = x^2\,\mathrm{e}^{-x}\,, \quad x \in I\,.$$

Der Knackpunkt hier ist, dass die Funktion c selbst in dieser Gleichung nicht mehr vorkommt. Sie ist durch das Einsetzen herausgefallen. Das ist kein Zufall, sondern liegt direkt an der Struktur der Differenzialgleichung: Die Terme, in denen c nicht abgeleitet wird, entsprechen gerade Termen, die auftreten, wenn ein Vielfaches der Funktion y_1 in die Differenzialgleichung eingesetzt wird. Da jedes Vielfache von y_1 eine Lösung der Differenzialgleichung $y' = y$ ist, addieren sich die entsprechenden Terme zu null.

Es kann nun c durch Integration bestimmt werden, wodurch eine neue Integrationskonstante d ins Spiel kommt:

$$c(x) = d - (x^2 + 2x + 2)\,\mathrm{e}^{-x}\,, \quad x \in I\,.$$

Damit ist also die allgemeine Lösung durch

$$y(x) = d\,\mathrm{e}^x - x^2 - 2x - 2$$

gegeben. Die Abbildung 20.13 zeigt drei Lösungen dieser Differenzialgleichung. Die Wahl der Konstanten entspricht dabei der Wahl aus Abbildung 20.12 für die Gleichung $y' = y$.

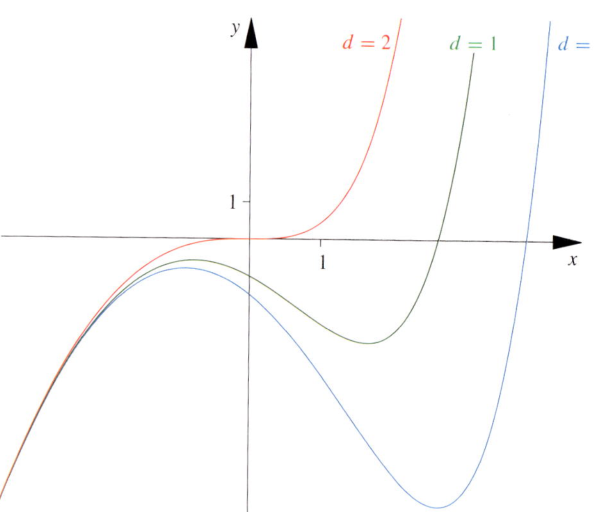

Abbildung 20.13 Lösungen der Differenzialgleichung $y'(x) = y(x) + x^2$ für drei verschiedene Werte der Integrationskonstanten d.

— **?** —

Welche Differenzialgleichung für c erhält man bei der Differenzialgleichung

$$2x\,y(x) - (1 - x^2)\,y'(x) = 2x\,\mathrm{e}^{x^2}$$

mit dem Ansatz $y(x) = c(x)/(1 - x^2)$?

Die Variation der Konstanten ist zwar die bekannteste, aber längst nicht die einzige Form eines Ansatzes. Sie wird insbesondere bei der Klasse der *linearen Differentialgleichungen*

verwendet, auf die wir im nächsten Unterabschnitt noch genauer eingehen werden.

Für Gleichungen von anderem Typ müssen auch andere Ansätze gemacht werden. Es gibt viele Differenzialgleichungen, bei denen man aufgrund der auftretenden Terme bereits eine sehr konkrete Vorstellung von der Form der Lösung bekommen kann. Ein Beispiel ist die Gleichung

$$y'(x) = x^2 + x + 1 + \frac{1 - (y(x))^2}{x^2 - x}\,, \quad 0 < x < 1\,.$$

Multipliziert man mit $x^2 - x$, so erhält man:

$$(x^2 - x)\,y'(x) = x^4 - x + 1 - (y(x))^2\,.$$

Alle auftretenden Ausdrücke in x sind Polynome. Daher kann man vermuten, dass auch die Lösung ein Polynom ist. Der Grad ergibt sich, indem man nach y^2 auflöst:

$$(y(x))^2 = x^4 - x + 1 - (x^2 - x)\,y'(x)\,.$$

Ist n der Grad von y, so ist entweder $2n = 4$ oder $2n = n+1$, d. h., $n = 2$ oder $n = 1$. Daher sind wir mit dem Ansatz

$$y(x) = a\,x^2 + b\,x + c$$

auf der sicheren Seite. Durch Einsetzen in die Differenzialgleichung folgt:

$$\begin{aligned}
a^2\,x^4 + 2ab\,x^3 &+ (2ac + b^2)\,x^2 + 2bc\,x + c^2 \\
&= x^4 - 2a\,x^3 + (2a - b)\,x^2 + (b - 1)\,x + 1\,.
\end{aligned}$$

Damit erhält man durch Koeffizientenvergleich $a = \pm 1$, $b = -1$ und $c = 1$. Es ergeben sich durch den Ansatz zwei Lösungsfunktionen:

$$y_1(x) = x^2 - x + 1 \quad \text{und} \quad y_2(x) = -x^2 - x + 1$$

für $x \in (0, 1)$.

Bei anderen Differenzialgleichungen kann ein Ansatz als rationale Funktion oder als Summe von trigonometrischen Funktionen zum Ziel führen. Die Form des Ansatzes ergibt sich wie oben aus Überlegungen, die sich direkt an der zu lösenden Gleichung orientieren.

Kommentar: Einen Ansatz macht man, wenn man weiß (oder zumindest vermutet), dass er funktioniert. Dies kann der Fall sein, wenn man es gesagt bekommt, den Ansatz in diesem oder einem anderen Buch findet – oder man eine Analyse der vorliegenden Differenzialgleichung durchführt. Es ist längst nicht immer offensichtlich, wie man auf einen bestimmten Ansatz kommt. Niemals aber sollte man einen Ansatz nur blind verwenden, sondern nachvollziehen, welche Schritte im Einzelnen durchgeführt werden. Das ist meist überraschend einfach und für das Verständnis sehr hilfreich.

Bei einer linearen Differenzialgleichung erster Ordnung kombiniert man die Separation und einen Ansatz

Mit den beiden bisher vorgestellten Techniken kann eine große Klasse von Differenzialgleichungen erster Ordnung ganz allgemein angegangen werden. Es handelt sich dabei um sogenannte *lineare* Differenzialgleichungen.

Lineare Differenzialgleichung 1. Ordnung

Eine Differenzialgleichung vom Typ

$$a(x)\, y'(x) + b(x)\, y(x) = f(x)\,, \quad x \in I\,,$$

mit gegebenen Funktion a, b und $f: I \to \mathbb{C}$ nennt man **lineare Differenzialgleichung 1. Ordnung**. Ist f nicht die Nullfunktion, spricht man auch von einer **inhomogenen** linearen Differenzialgleichung.

Einige der Differenzialgleichungen, die uns in den Beispielen begegnet sind, waren von diesem Typ. Lineare Strukturen kennen wir bereits gut aus der linearen Algebra. Im Falle einer linearen Differenzialgleichung definiert die linke Seite der Gleichung eine lineare Abbildung für die Funktion y. Damit hat die Lösungsmenge dieser Gleichung eine ganz analoge Struktur wie die Lösungsmenge eines linearen Gleichungssystem: Mit je zwei Lösungen y_1 bzw. y_2 ist deren Differenz $y = y_1 - y_2$ immer eine Lösung der **zugehörigen homogenen linearen Differenzialgleichung**

$$a(x)\, y'(x) + b(x)\, y(x) = 0\,.$$

Eine lineare Differenzialgleichung heißt **homogen,** falls die Nullfunktion eine Lösung ist. Man kann sich das auch so merken, dass $f(x) = 0$ für alle $x \in I$ gilt, die *Inhomogenität* also verschwindet. Sie können leicht überprüfen, dass die Lösungsmenge einer homogenen linearen Differenzialgleichung immer ein **Vektorraum** ist.

Ist y irgendeine Lösung der inhomogenen linearen Differenzialgleichung, so nennt man y auch eine **partikuläre Lösung**.

Lösungsstruktur einer linearen Differenzialgleichung

Ist y_{p} partikuläre Lösung einer linearen Differenzialgleichung, so hat *jede* andere Lösung y die Form

$$y(x) = y_{\mathrm{p}}(x) + y_{\mathrm{h}}(x)\,,$$

wobei y_{h} eine Lösung der zugehörigen homogenen Gleichung ist.

Beweis: Durch Einsetzen in die Differenzialgleichung erkennt man sofort, dass jede Funktion y der angegebenen Form Lösung ist. Ist nun y irgendeine Lösung, so ist $y_h = y - y_p$ als Differenz zweier Lösungen eine Lösung der zugehörigen homogenen Gleichung. $\blacksquare$

Die homogene Gleichung ist separabel, ihre Lösung ist nach dem Kommentar auf Seite 841 durch

$$y_{\mathrm{h}}(x) = C\, \exp\left(- \int \frac{b(x)}{a(x)}\, \mathrm{d}x \right)$$

mit einer Integrationskonstanten C gegeben. Die partikuläre Lösung kann man hieraus durch Variation der Konstanten gewinnen. Das soll jetzt an einem konkreten Beispiel durchgeführt werden.

Beispiel Die Lösung des Anfangswertproblems

$$x\, y'(x) + y(x) = \frac{1}{x}\,, \quad x > 0\,,$$

mit $y(1) = 0$ soll bestimmt werden. Man erhält hier durch Separation (oder alternativ einfach durch Einsetzen in die obige Lösungsformel)

$$y_{\mathrm{h}}(x) = \frac{C}{x}\,, \qquad x > 0\,.$$

Also wählt man den Ansatz $y_{\mathrm{p}}(x) = c(x)/x$. Die Ableitung ist

$$y'_{\mathrm{p}}(x) = \frac{c'(x)}{x} - \frac{c(x)}{x^2}\,.$$

Durch Einsetzen in die Differenzialgleichung folgt:

$$c'(x) = \frac{1}{x}\,, \quad x > 0\,.$$

Jetzt kommt ein wichtiger Punkt bei linearen Differenzialgleichungen: Man ist an irgendeiner partikulären Lösung interessiert, es spielt keine Rolle, welche es genau ist. Daher können bei der Bestimmung der Stammfunktionen die Integrationskonstanten vernachlässigt werden. Wir erhalten:

$$c(x) = \ln x\,, \quad x > 0\,.$$

Es ist also $y_{\mathrm{p}}(x) = \ln x / x$.

Die allgemeine Lösung der linearen Differenzialgleichung erhalten wir nun durch Addition der allgemeinen Lösung der homogenen linearen Differenzialgleichung zu y_p:

$$y(x) = y_h(x) + y_p(x) = \frac{1}{x}\,(\ln x + C)\,, \quad x > 0\,.$$

Überprüfen Sie an dieser Stelle selbst, dass jede Funktion dieser Form eine Lösung der Differenzialgleichung ist. Die Lösung des Anfangswertproblems bekommt man durch Einsetzen des Anfangswerts $y(1) = 0$. Es folgt dann $C = 0$, also

$$y(x) = \frac{\ln x}{x}\,, \quad x > 0\,. \qquad \blacktriangleleft$$

Kommentar: Die Lösungsstruktur der linearen Differenzialgleichung ist:

allgemeine Lösung der inhomogenen Gleichung

$= $ partikuläre Lösung der inhomogenen Gleichung

$+ $ allgemeine Lösung der homogenen Gleichung .

Diese Struktur ist uns schon bei linearen Gleichungssystemen in der linearen Algebra begegnet (siehe Seite 183). Sie ist typisch für alle *linearen Probleme* und wird Ihnen in allen Bereichen der Mathematik immer wieder begegnen. Sie ist der wesentliche Grund dafür, dass lineare Probleme einfach in den Griff zu bekommen sind, während nichtlineare Probleme im Allgemeinen viel schwieriger sind.

Bei der Lösung durch eine Substitution wird eine Differenzialgleichung auf eine schon bekannte zurückgeführt

Ein Verfahren, das eng mit der Durchführung eines Ansatzes verwandt ist, ist eine *Substitution*. Im vorangegangenen Abschnitt haben wir gesehen, wie ein Ansatz direkt zu einer lösbaren Gleichung für die eingebauten Parameter führt. Bei einer Substitution geht man zweistufig vor: Indem man eine Lösung von einer bestimmten Form sucht, kann man die Differenzialgleichung umschreiben. Die Hoffnung ist, dass dabei eine Gleichung herauskommt, die einfacher zu lösen ist als die Ausgangsgleichung.

Das Musterbeispiel für eine Differenzialgleichung, die durch Substitution gelöst werden kann, ist die Bernoulli'sche Differenzialgleichung.

Bernoulli'sche Differenzialgleichung

Sind α eine reelle Zahl, I ein Intervall und $p, q : I \to \mathbb{R}$ stetige Funktionen, so nennt man die Gleichung

$$y'(x) = p(x)\, y(x) + q(x)\, (y(x))^{\alpha}, \quad x \in I,$$

Bernoulli'sche Differenzialgleichung.

Die Fälle $\alpha = 0$ und $\alpha = 1$ reduzieren die Gleichung auf die uns schon bekannte lineare Differenzialgleichung, es kann hier also $\alpha \notin \{0, 1\}$ vorausgesetzt werden. Wir wollen bei diesem Typ von Differenzialgleichungen nur reelle Lösungen betrachten. Dafür ist die Voraussetzung wichtig, dass p und q nur reellwertig sind. Außerdem wollen wir annehmen, dass y nur positive Werte auf I annimmt.

Wir versuchen es zunächst mit dem Ansatz, dass die Lösung y eine spezielle Form hat, nämlich sich als Potenz einer anderen Funktion u schreiben lässt:

$$y(x) = (u(x))^{\lambda}.$$

Setzen wir diesen Ansatz ein, so erhalten wir

$$\lambda (u(x))^{\lambda - 1}\, u'(x) = p(x)\, (u(x))^{\lambda} + q(x)\, (u(x))^{\alpha\lambda}$$

für alle $x \in I$. Jetzt multiplizieren wir die Gleichung mit $(u(x))^{1-\lambda}$, um nach $u'(x)$ aufzulösen. Das Ergebnis ist

$$\lambda\, u'(x) = p(x)\, u(x) + q(x)\, (u(x))^{\alpha\lambda - \lambda + 1}, \quad x \in I.$$

Zunächst sieht es so aus, als hätten wir nicht viel gewonnen: Die neue Gleichung hat wieder genau die Gestalt einer Bernoulli-Gleichung. Der Vorteil ist aber, dass wir über λ den Exponenten im letzten Term ändern können. Besonders schön wäre es, wenn dieser Exponent null ist, denn dann haben wir es mit einer inhomogenen linearen Differenzialgleichung für u zu tun. Diese Bedingung entspricht gerade

$$\lambda = \frac{1}{1 - \alpha}.$$

Als Fazit der Überlegung halten wir fest: Durch die Substitution

$$y(x) = (u(x))^{\frac{1}{1-\alpha}}$$

kann eine Bernoulli'sche Differenzialgleichung auf eine lineare Differenzialgleichung zurückgeführt werden. Diese kann dann mit den bekannten Methoden der Separation und Variation der Konstanten gelöst werden.

Beispiel Die Lösung des Anfangswertproblems

$$y'(x) = \frac{y(x)}{x} + \frac{x}{y(x)}, \quad x > 0,$$

und $y(1) = 1$ soll bestimmt werden. Hier ist $\alpha = -1$. Damit müssen wir die Substitution

$$y(x) = (u(x))^{\frac{1}{2}} = \sqrt{u(x)}$$

durchführen. Die Ableitung ist

$$y'(x) = \frac{1}{2\sqrt{u(x)}}\, u'(x).$$

Einsetzen in die Differenzialgleichung und Multiplizieren mit $2\sqrt{u(x)}$ liefert:

$$u'(x) = \frac{2}{x}\, u(x) + 2x.$$

Mit Separation findet man die Lösung der zugehörigen homogenen Gleichung $u_\mathrm{h}(x) = c\, x^2$. Mit Variation der Konstanten bestimmt man daraus zusätzlich die partikuläre Lösung $u_\mathrm{p}(x) = 2\, x^2 \ln x$.

Um die allgemeine Lösung der ursprünglichen Gleichung zu erhalten, müssen wir Resubstituieren, d. h.:

$$y(x) = \sqrt{u(x)} = \sqrt{x^2 (2 \ln x + c)}.$$

Um die Konstante c zu bestimmen, werden die Anfangswerte eingesetzt:

$$1 = y(1) = \sqrt{c}, \quad \text{also} \quad c = 1.$$

Damit haben wir die Lösung

$$y(x) = \sqrt{x^2 (2 \ln x + 1)}$$

des Anfangswertproblems gefunden. Allerdings sehen wir auch, dass die Lösungsfunktion nicht für alle $x > 0$ unsere

Beispiel: Das Lösen von Differenzialgleichungen 1. Ordnung

Bestimmen Sie die Lösungen der folgenden Anfangswertprobleme:

$$\text{(a)}\quad x^2\,y(x)\,y'(x) = e^{(y(x))^2}, \quad x > 0, \quad \text{mit}\quad y(1) = 0,$$

$$\text{(b)}\quad u(t)\,(1+t)\,u'(t) = (u(t))^2 - 1 - (1+t)^2, \quad t > 0, \quad \text{mit}\quad u(0) = 1.$$

Problemanalyse und Strategie: Die Differenzialgleichungen können beide durch Trennung der Veränderlichen gelöst werden. Im Fall (b) ist allerdings noch eine Substitution notwendig, die auf eine lineare Differenzialgleichung führt. Die Lösung der inhomogenen Gleichung wird dabei durch Variation der Konstanten aus der Lösung der zugehörigen homogenen Gleichung bestimmt. Die Lösungen der Anfangswertprobleme erhält man jeweils durch Einsetzen der Anfangswerte in die Ausdrücke für die allgemeine Lösung.

Lösung:

Im Problem (a) wird direkt die Separation durchgeführt. Die Trennung von x und $y(x)$ führt auf:

$$y(x)\,y'(x)\,e^{-(y(x))^2} = \frac{1}{x^2}\,.$$

Multipliziert man die Gleichung noch mit einem Faktor -2, so steht auf der linken Seite die Ableitung von $e^{-(y(x))^2}$. Durch Integration erhält man daher:

$$e^{-(y(x))^2} = \frac{2}{x} - c\,.$$

Durch Auflösen nach $y(x)$ erhält man formal für die allgemeine Lösung der Differenzialgleichung.

$$(y(x))^2 = -\ln\left(\frac{2}{x} - c\right) = \ln\left(\frac{x}{2 - cx}\right)\,.$$

An dieser Stelle muss man sich Gedanken über zulässige Werte für c machen. Da $(y(x))^2 \geq 0$ ist, muss $x/(2 - cx) \geq 1$ gelten. Aus der Aufgabe ist außerdem noch $x > 0$ vorgegeben. Dies führt auf die drei Möglichkeiten

$$-1 < c < 0 \quad \text{und}\quad x > \frac{2}{1 + c}\,,$$

$$c = 0 \quad \text{und}\quad x > 2\,,$$

$$c > 0 \quad \text{und}\quad \frac{2}{1 + c} \leq x < \frac{2}{c}\,.$$

Es gibt noch eine weitere Bedingung: Die Anfangsstelle $x = 1$ muss zu den erlaubten Werten für x gehören. Damit bleibt nur die dritte Möglichkeit mit der Zusatzbedingung $1 \leq c < 2$ übrig.

Es ergibt sich:

$$y(x) = \pm\left(\ln\left|\frac{x}{2 - cx}\right|\right)^{1/2}, \quad \frac{2}{1 + c} \leq x < \frac{2}{c}\,.$$

Das Einsetzen der Anfangsbedingung liefert die Gleichung

$$0 = y(1) = \left(\ln\left|\frac{1}{2 - c}\right|\right)^{1/2}\,.$$

Hieraus folgt:

$$\frac{1}{2 - c} = 1\,, \quad \text{also}\quad c = 1\,.$$

Daher hat das Anfangswertproblems zwei Lösungen:

$$y(x) = \pm\left(\ln\left|\frac{x}{2 - x}\right|\right)^{1/2}, \quad 1 \leq x < 2\,.$$

Für das Problem (b) können wir $v(t) = 1 - (u(t))^2$ setzen, ein Beispiel für eine Substitution. Mit

$$v'(t) = -2\,u(t)\,u'(t)$$

ergibt sich für v die lineare Differenzialgleichung

$$(1 + t)\,v'(t) = 2v(t) + 2(1 + t)^2\,.$$

Zunächst bestimmt man die Lösung v_h der zugehörigen homogenen Gleichung durch Separation. Dies ergibt:

$$\frac{v_h'(t)}{v_h(t)} = \frac{2}{1 + t}\,, \quad \text{also}\quad v_h(t) = c\,(1 + t)^2\,.$$

Die inhomogene Gleichung wird nun durch Variation der Konstanten, also den Ansatz $v(t) = c(t)\,(1 + t)^2$ gelöst. Durch Einsetzen ergibt sich die Differenzialgleichung

$$c'(t)\,(1 + t)^3 = 2(1 + t)^2\,.$$

Die Lösung ist $c(t) = \ln(1 + t)^2 + C$ für $t > 0$. Damit ergibt sich v zu:

$$v(t) = (\ln(1 + t)^2 + C)\,(1 + t)^2\,, \quad t > 0\,.$$

Für u erhält man durch Rücksubstitution formal

$$u(t) = \pm\sqrt{1 - v(t)}$$
$$= \pm\left(1 - (\ln(1 + t)^2 + C)\,(1 + t)^2\right)^{1/2}\,.$$

Zur Lösung des Anfangswertproblems setzen wir wieder einfach die Werte ein. Die rechte Seite vereinfacht sich für $t = 0$ zu $\pm\sqrt{1 - C}$. Damit ergibt sich $C = 0$ und das positive Vorzeichen ist zu wählen, d. h.:

$$u(t) = \sqrt{1 - (\ln(1 + t)^2)\,(1 + t)^2}\,, \quad t > 0\,.$$

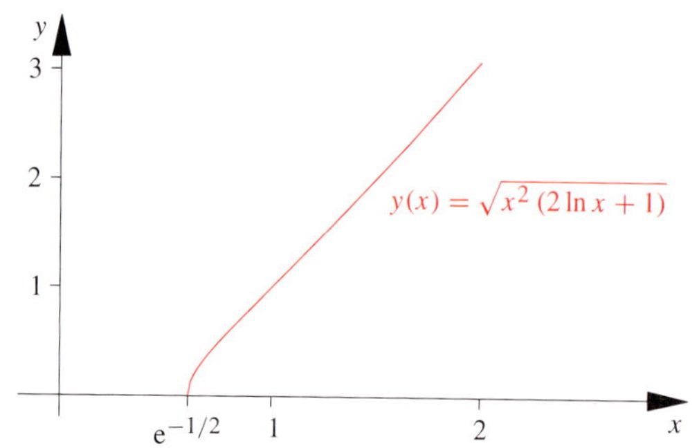

Abbildung 20.14 Die Lösung der Bernoulli'schen Differenzialgleichung $y'(x) = y(x)/x + x/y(x)$ mit dem Anfangswert $y(1) = 1$.

ursprüngliche Voraussetzung erfüllt, reell zu sein. Damit der Term unter der Wurzel positiv bleibt, müssen wir $x > e^{-1/2}$ verlangen. Auch die Abbildung 20.14 veranschaulicht dieses Verhalten. Man sieht, dass die Lösung für $x \to e^{-1/2}$ eine senkrechte Tangente bekommt, d. h., die Ableitung strebt gegen unendlich. ◀

?

Welche Substitution ist bei der Bernoulli'schen Differenzialgleichung

$$y'(x) = \cos(x)\, y(x) + \sin(x)\left(y(x)\right)^2$$

vorzunehmen?

Eine weitere Klasse von Differenzialgleichungen, bei denen man mit einer Substitution zum Ziel kommt, sind die **homogenen Differenzialgleichungen.** Darunter versteht man Gleichungen der Form

$$y'(x) = h\left(\frac{y(x)}{x}\right), \quad x \in I,$$

mit einer Funktion $h: \mathbb{C} \to \mathbb{C}$. Das Intervall I darf hierbei die Null nicht enthalten.

Achtung: Die *homogene Differenzialgleichung* hat nichts zu tun mit der zu einer linearen Differenzialgleichung gehörenden homogenen Gleichung. Leider tragen beide aus historischen Gründen denselben Namen, sie müssen aber gut unterschieden werden.

Als Substitution bietet sich hier $z(x) = y(x)/x$ an. Damit erhalten wir:

$$z'(x) = \frac{y'(x)}{x} - \frac{y(x)}{x^2} = \frac{h\left(z(x)\right) - z(x)}{x}.$$

Nun haben wir es mit einer separablen Differenzialgleichung zu tun. Ob wir diese durch Integration lösen können, hängt natürlich von der konkreten Funktion h ab.

Beispiel Eine Aufgabenstellung, in der typischerweise homogene Differenzialgleichungen auftauchen, ist es, zu einer

gegebenen Schar von Kurven eine zweite zu finden, sodass sich die Kurven der beiden Scharen jeweils orthogonal schneiden, die sogenannten **Orthogonaltrajektorien.** Als Beispiel betrachten wir die Ellipsen, die durch die Gleichungen

$$x^2 + \frac{2}{3}\, xy + y^2 = c$$

für unterschiedliche Wahlen des Parameters $c > 0$ gegeben sind. In Abbildung 20.15 sind einige dieser Ellipsen rot eingezeichnet.

Wir wählen uns einen Punkt auf einer der Ellipsen aus, sodass in einer Umgebung dieses Punktes die y-Koordinate als Funktion der x-Koordinate aufgefasst werden kann. Außer in den Punkten mit vertikalen Tangenten ist dies stets möglich. Dann leiten wir die Ellipsengleichung ab:

$$2x + \frac{2}{3}\, y(x) + \frac{2}{3}\, x\, y'(x) + 2\, y(x)\, y'(x) = 0$$

oder

$$y'(x) = -\frac{x + \frac{1}{3}\, y(x)}{\frac{1}{3}\, x + y(x)}.$$

Dies ist eine homogene Differenzialgleichung. Ihre Lösung ist gerade die Ellipsenschar von oben.

Uns interessiert nun eine Funktion v, sodass der Graph von v die Ellipse orthogonal schneidet. Dazu muss stets

$$v'(x) = -\frac{1}{y'(x)}$$

gelten. Da im Schnittpunkt $v(x) = y(x)$ ist, heißt dies:

$$v'(x) = \frac{\frac{1}{3}\, x + v(x)}{x + \frac{1}{3}\, v(x)}.$$

Wieder liegt eine homogene Differenzialgleichung vor. Mit der Substitution $z(x) = v(x)/x$ erhalten wir die Gleichung

$$z'(x) = \frac{1}{x}\left(\frac{\frac{1}{3} + z(x)}{1 + \frac{1}{3}z(x)} - z(x)\right) = \frac{1}{x} \cdot \frac{1 - \left(z(x)\right)^2}{3 + z(x)}.$$

Die Lösung dieser Differenzialgleichung erfordert eine Partialbruchzerlegung. Es ergibt sich nach einiger Rechnung:

$$\frac{1 + z(x)}{\left(1 - z(x)\right)^2} = c\, x$$

mit einer Integrationskonstante c. Mit der Rücksubstitution kann dies als

$$c\, x^2 - 2c\, x\, v(x) + \left(v(x)\right)^2 - x - v(x) = 0$$

geschrieben werden.

Diese Gleichung beschreibt wieder eine Schar von Kurven, genauer von Parabeln. Diese bilden die Orthogonaltrajektorien zu den Ellipsen. In der Abbildung 20.15 sind sie grün eingezeichnet. Die beiden Geraden ergeben sich für $c = 0$ und für den Grenzfall $c \to \infty$. ◀

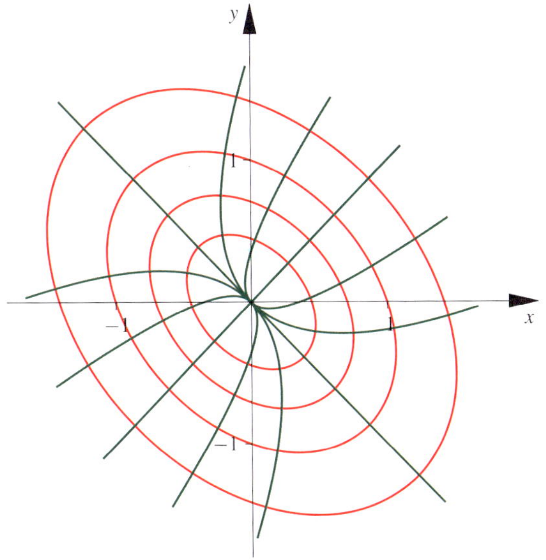

Abbildung 20.15 Die Orthogonaltrajektorien zu der Schar der rot eingezeichneten Ellipsen sind die grün eingezeichneten Parabeln.

Homogene Differenzialgleichungen besitzen ein besonders typisches Richtungsfeld. Da der Wert der Ableitung $y'(x)$ nur vom Quotienten $y(x)/x$ abhängig ist, ist er längs der Geraden, die durch den Ursprung gehen, konstant. In der Abbildung 20.16 ist dies für das Richtungsfeld der Parabelschar aus dem Beispiel veranschaulicht.

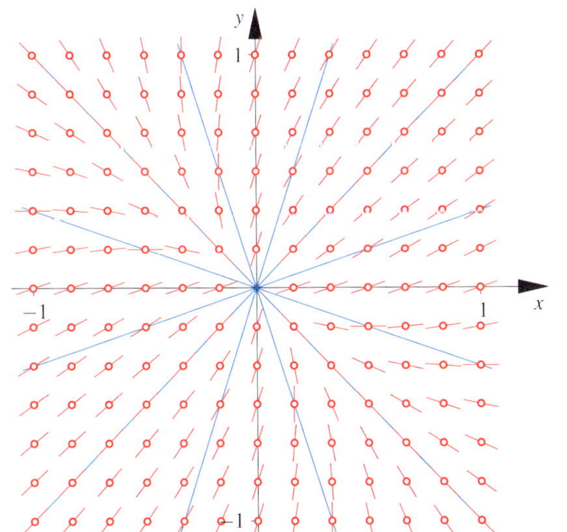

Abbildung 20.16 Bei einer homogenen Differenzialgleichung ist das Richtungsfeld längs der Geraden, die durch den Ursprung gehen, konstant. Hier ist das Richtungsfeld für die Parabelschar aus dem Beispiel, d. h. $v'(x) = (x + 3v(x))/(3x + v(x))$, dargestellt.

20.3 Existenz und Eindeutigkeit

Bei den bisher besprochenen Rechenverfahren ging es lediglich darum, Lösungen von Differenzialgleichungen auszurechnen. Wir haben uns keine Gedanken darüber gemacht, ob eine Differenzialgleichung überhaupt lösbar ist oder ob wir dabei alle Lösungen der betreffenden Gleichung gefunden haben.

Aus den bisherigen Betrachtungen ist klar, dass wir Eindeutigkeit der Lösung nur bei einem Anfangswertproblem erwarten können. Differenzialgleichungen an sich besitzen im Allgemeinen viele Lösungen. Darüber hinaus wissen wir aus dem ersten Abschnitt dieses Kapitels, dass wir Differenzialgleichungen höherer Ordnung und auch Systeme höherer Ordnung immer zu Differenzialgleichungssystemen erster Ordnung transformieren können. Somit genügt es, die Existenz und Eindeutigkeit für Lösungen von Systemen von Differenzialgleichungen erster Ordnung nachzuweisen. Wir wollen uns daher nun mit einem Anfangswertproblem der Form

$$y'(x) = F\big(x, y(x)\big) \quad \text{auf } I \,,$$
$$y(x_0) = y_0 \,,$$

mit einem Intervall I mit $x_0 \in I$ beschäftigen. Hierbei sind $F : I \times D \to \mathbb{C}^n$ mit $D \subseteq \mathbb{C}^n$ und $y_0 \in D$ eine Funktion von $n+1$ Veränderlichen. Genauere Anforderungen an diese Funktion werden wir im Folgenden festlegen, aber F sollte zumindest stetig sein.

Wir können nicht erwarten, dass die Lösung eines Differenzialgleichungssystems auf dem ganzen Intervall I zu existieren braucht, für das wir die Gleichung aufschreiben können. Nur lokal, also in einer Umgebung des Anfangspunkts x_0, ist mit der Existenz einer Lösung zu rechnen. Es macht daher Sinn, unsere Betrachtungen auf Umgebungen von x_0 und y_0 zu konzentrieren. Gesucht ist somit $y : J \to \mathbb{C}^n$ stetig differenzierbar, wobei $J \subseteq I$ ein Intervall ist, das x_0 in seinem Innern enthält.

Der Satz von Picard-Lindelöf: Jedes Anfangswertproblem hat genau eine Lösung

Wir geben uns dazu zwei positive Zahlen $a, b > 0$ vor und definieren für $x_0 \in \mathbb{R}$ das Intervall

$$I = [x_0 - a, x_0 + a]$$

und für $y_0 = (y_{10}, \ldots, y_{n0})^\top \in \mathbb{C}^n$ die Menge

$$Q = \big\{ z \in \mathbb{C}^n \mid \|z - y_0\|_\infty \leq b \big\}$$

mit

$$\|z\|_\infty = \max_{j=1,\ldots,n} |z_j| \,.$$

Eine Komponente eines Vektors in Q weicht also niemals mehr als b von der entsprechenden Komponente von y_0 ab. In zwei Dimensionen handelt es sich bei Q um ein Rechteck, in drei Dimensionen um einen Quader.

Der Ausgangspunkt ist nun das obige Anfangswertproblem mit einer Funktion $F : I \times Q \to \mathbb{C}^n$. Diese Funktion wollen wir zunächst als stetig voraussetzen. Da I und Q kompakte

---

Übersicht: Typen von Differenzialgleichungen erster Ordnung

Hier finden Sie die wichtigsten in diesem Kapitel behandelten Typen von Differenzialgleichungen erster Ordnung und die Methoden zu ihrer analytischen Lösung in Kurzform zusammengestellt.

Separable Differenzialgleichung

$$y'(x) = g\big(y(x)\big)\, h(x)$$

Lösung durch Trennung der Veränderlichen und Substitution $z = y(x)$ auf der linken Seite.

Homogene lineare Differenzialgleichung

$$y'(x) - a(x)\, y(x) = 0$$

Ist separabel, daher Lösung durch Trennung der Veränderlichen.

Inhomogene lineare Differenzialgleichung

$$y'(x) - a(x)\, y(x) = f(x)$$

Lösung durch Variation der Konstanten in der Lösung der zugehörigen homogenen Gleichung.

Bernoulli'sche Differenzialgleichung

$$y'(x) = p(x)\, y(x) + q(x) \big(y(x)\big)^{\alpha}$$

Die Substitution $y(x) = (u(x))^{1/(1-\alpha)}$ führt auf eine lineare Differenzialgleichung für u.

Homogene Differenzialgleichung

$$y'(x) = h\left(\frac{y(x)}{x}\right)$$

Die Substitution $y(x) = x\, u(x)$ führt auf eine separable Differenzialgleichung für u.

Mengen sind, folgt daraus auch sofort, dass die Komponenten $F_1, \ldots, F_n$ von F beschränkte Funktionen sind. Es gibt also eine Zahl $R > 0$ mit

$$|F_j(x, \boldsymbol{y})| \le R, \quad x \in I, \boldsymbol{y} \in Q, j = 1, \ldots, n\,.$$

Allerdings reicht die bloße Stetigkeit von $\boldsymbol{F}$ noch nicht aus, um die Existenz einer eindeutigen Lösung zu garantieren. Wir werden uns damit in einem Ausblick auf Seite 855 beschäftigen. Um insbesondere die Eindeutigkeit zu garantieren, ist eine weitere Voraussetzung an die Funktion $\boldsymbol{F}$ notwendig. Hierbei handelt es sich um die Bedingung, dass es eine Konstante $L > 0$ gibt mit

$$|F_j(x, \boldsymbol{u}) - F_j(x, \boldsymbol{v})| \le L \sum_{k=1}^{n} |u_k - v_k|$$

für $j = 1, \ldots, n$, für alle $x \in I$ und alle $\boldsymbol{u}, \boldsymbol{v} \in Q$. Man sagt auch, dass die Komponenten von $\boldsymbol{F}$ bezüglich des zweiten Arguments einer **Lipschitz-Bedingung** mit **Lipschitz-Konstante** L genügen, bzw. bezüglich des zweiten Arguments **lipschitz-stetig** sind. Siehe dazu auch die die Definition auf Seite 783.

Jetzt verfügen wir über alle Begriffe, um die zentrale Aussage dieses Abschnitts zu formulieren.

Satz von Picard-Lindelöf

Für $x_0 \in \mathbb{R}$, $\boldsymbol{y}_0 \in \mathbb{C}^n$, $a, b > 0$ setze

$$I = [x_0 - a, x_0 + a]$$

und

$$Q = \{\boldsymbol{z} \in \mathbb{C}^n \mid \|\boldsymbol{z} - \boldsymbol{y}_0\| \le b\}.$$

Ist die Funktion $\boldsymbol{F} \colon I \times Q \to \mathbb{C}^n$ stetig, komponentenweise durch R beschränkt und genügt sie bezüglich ihres zweiten Arguments einer Lipschitz-Bedingung mit Lipschitz-Konstante L,

$$|F_j(x, \boldsymbol{u}) - F_j(x, \boldsymbol{v})| \le L \sum_{k=1}^{n} |u_k - v_k|$$

für alle $x \in I$, $\boldsymbol{u}, \boldsymbol{v} \in Q$, so hat das Anfangswertproblem

$$\boldsymbol{y}'(x) = \boldsymbol{F}(x, \boldsymbol{y}(x))\,,$$
$$\boldsymbol{y}(x_0) = \boldsymbol{y}_0\,,$$

auf dem Intervall $J = [x_0 - \alpha, x_0 + \alpha]$ mit $\alpha = \min\{a, b/R\}$ genau eine stetig differenzierbare Lösung $\boldsymbol{y} \colon J \to Q$.

Beweis: (i) Herleitung einer Fixpunktgleichung

Durch eine Integration der Gleichungen des Differenzialgleichungssystems erhalten wir:

$$\boldsymbol{y}(x) = \boldsymbol{y}(x_0) + \int_{x_0}^{x} \boldsymbol{F}(\xi, \boldsymbol{y}(\xi))\, \mathrm{d}\xi\,, \quad x \in I\,.$$

Mit dem Vektor $\boldsymbol{y}_0$, dem Intervall J und der Zahl b aus dem Satz setzen wir:

$$M := \big\{ \boldsymbol{f} \in C(J, \mathbb{C}^n) \mid \|\boldsymbol{f} - \boldsymbol{y}_0\|_\infty \le b \big\}\,.$$

Somit gilt für alle $\boldsymbol{f} \in M$ auch $\boldsymbol{f}(J) \subseteq Q$. Die Abbildung $\mathcal{G} \colon M \to C(J, \mathbb{C}^n)$ mit

$$(\mathcal{G}(\boldsymbol{y}))(x) = \boldsymbol{y}(x_0) + \int_{x_0}^{x} \boldsymbol{F}(\xi, \boldsymbol{y}(\xi))\, \mathrm{d}\xi$$

für alle $x \in I$ ist somit wohldefiniert. Die integrierte Differenzialgleichung schreibt sich somit als

$$y = \mathcal{G}(y)\,, \quad y \in M\,. \tag{20.1}$$

Dies ist eine Fixpunktgleichung.

(ii) Es ist $\mathcal{G}(M) \subseteq M$, und M ist ein vollständiger metrischer Raum.

Für alle $x \in J$ und $j = 1, \ldots, n$ ist

$$|(\mathcal{G}\boldsymbol{f})_j(x) - y_{j0}| = \left| \int_{x_0}^{x} |F_j(\xi, \boldsymbol{f}(\xi))|\,\mathrm{d}\xi \right|$$
$$\leq R \left| \int_{x_0}^{x} \mathrm{d}\xi \right| \leq R\,\frac{b}{R} = b\,.$$

Damit folgt:

$$\|\mathcal{G}\boldsymbol{f} - \boldsymbol{y}_0\|_\infty \leq b\,,$$

und es ist $\mathcal{G}\boldsymbol{f} \in M$. Also gilt $\mathcal{G}\colon M \to M$.

Der Raum $C(J, \mathbb{C}^n)$ ist mit der Supremumsnorm ein Banachraum. M ist eine abgeschlossene Teilmenge dieses Raums, also mit der Metrik $d(\boldsymbol{f}, \boldsymbol{g}) = \|\boldsymbol{f} - \boldsymbol{g}\|_\infty$ ein vollständiger metrischer Raum.

(iii) $\mathcal{G}^m$ ist für hinreichend großes m eine Kontraktion.

Wir behaupten, dass die Abschätzung

$$|(\mathcal{G}^m\boldsymbol{f})_j(x) - (\mathcal{G}^m\boldsymbol{g})_j(x)| \leq \frac{(L\,n\,|x - x_0|)^m}{m!}\,\|\boldsymbol{f} - \boldsymbol{g}\|_\infty$$

für alle $x \in J$, $j = 1, \ldots, n$, $\boldsymbol{f}, \boldsymbol{g} \in M$ und alle $m \in \mathbb{N}$ richtig ist. Wir beweisen dies durch vollständige Induktion.

Für $x \geq x_0$ und $j \in \{1, \ldots, n\}$ erhalten wir:

$$|(\mathcal{G}\boldsymbol{f})_j(x) - (\mathcal{G}\boldsymbol{g})_j(x)|$$
$$= \left| \int_{x_0}^{x} F_j(\xi, \boldsymbol{f}(\xi))\,\mathrm{d}\xi - \int_{x_0}^{x} F_j(\xi, \boldsymbol{g}(\xi))\,\mathrm{d}\xi \right|$$
$$\leq \int_{x_0}^{x} \left| F_j(\xi, \boldsymbol{f}(\xi)) - F_j(\xi, \boldsymbol{g}(\xi)) \right|\,\mathrm{d}\xi$$
$$\leq L \sum_{k=1}^{n} \int_{x_0}^{x} |f_k(\xi) - g_k(\xi)|\,\mathrm{d}\xi$$
$$\leq L\,n\,\|\boldsymbol{f} - \boldsymbol{g}\|_\infty \int_{x_0}^{x} \mathrm{d}\xi$$
$$\leq L\,n\,|x - x_0|\,\|\boldsymbol{f} - \boldsymbol{g}\|_\infty\,.$$

Im vorletzten Schritt haben wir nur jede der n Komponenten-Differenzen $|f_k(\xi) - g_k(\xi)|$ durch $d(\boldsymbol{f}, \boldsymbol{g})$ abgeschätzt, dadurch kommt auch der Faktor n ins Spiel. Ganz analog erhalten wir diese Abschätzung auch für $x < x_0$. Somit gilt die behauptete Abschätzung für $m = 1$.

Der Induktionsschritt ergibt sich, wiederum zunächst für $x \geq x_0$:

$$|(\mathcal{G}^{m+1}\boldsymbol{f})_j(x) - (\mathcal{G}^{m+1}\boldsymbol{g})_j(x)|$$
$$= \left| \int_{x_0}^{x} F_j(\xi, \mathcal{G}^m\boldsymbol{f}(\xi))\,\mathrm{d}\xi - \int_{x_0}^{x} F_j(\xi, \mathcal{G}^m\boldsymbol{g}(\xi))\,\mathrm{d}\xi \right|$$
$$\leq L \sum_{k=1}^{n} \int_{x_0}^{x} |(\mathcal{G}^m\boldsymbol{f})_k(\xi) - (\mathcal{G}^m\boldsymbol{g})_k(\xi)|\,\mathrm{d}\xi\,.$$

Durch Anwendung der Induktionsvoraussetzung, dass die Aussage für m richtig ist, folgt:

$$|(\mathcal{G}^{m+1}\boldsymbol{f})_j(x) - (\mathcal{G}^{m+1}\boldsymbol{g})_j(x)|$$
$$\leq \frac{L^{m+1}n^m}{m!} \sum_{k=1}^{n} \int_{x_0}^{x} (\xi - x_0)^m\,\mathrm{d}\xi\,\|\boldsymbol{f} - \boldsymbol{g}\|_\infty$$
$$= \frac{(L\,n\,|x - x_0|)^{m+1}}{(m + 1)!}\,\|\boldsymbol{f} - \boldsymbol{g}\|_\infty\,.$$

Auch hier ist das Vorgehen für $x < x_0$ analog.

Damit ist unsere Behauptung von oben bewiesen. Aus ihr folgt nun unmittelbar die Abschätzung

$$\|\mathcal{G}^m\boldsymbol{f} - \mathcal{G}^m\boldsymbol{g}\|_\infty \leq \frac{(L\,n\,|J|)^m}{m!}\,\|\boldsymbol{f} - \boldsymbol{g}\|_\infty \tag{20.2}$$

für alle $\boldsymbol{f}, \boldsymbol{g} \in M$ und alle $m \in \mathbb{N}$. Da die Fakultät aber schneller wächst als jede Potenz, wird der Bruch auf der rechten Seite auf jeden Fall kleiner als 1, wenn nur m groß genug gewählt wird. Es existiert also ein $m_0 \in \mathbb{N}$, so dass die Abbildung $\mathcal{G}^m$ für alle $m \geq m_0$ eine Kontraktion ist.

(iv) Nachweis der Existenz eines Fixpunkts.

Der Banach'sche Fixpunktsatz kann nun auf jede der Gleichungen $\mathcal{G}^m\boldsymbol{u} = \boldsymbol{u}$, $m \geq m_0$, angewandt werden. Den zugehörigen Fixpunkt bezeichnen wir mit $\boldsymbol{u}_m \in M$. Wähle nun $m \geq m_0$ und $k \in \mathbb{N}$. Die Kontraktionskonstante von $\mathcal{G}^m$ bezeichnen wir mit q. Dann ist

$$\|\boldsymbol{u}_m - \boldsymbol{u}_{m+1}\|_\infty = \|\mathcal{G}^{km}\boldsymbol{u}_m - \mathcal{G}^{k(m+1)}\boldsymbol{u}_{m+1}\|_\infty$$
$$\leq q^k\,\|\boldsymbol{u}_m - \mathcal{G}^k\boldsymbol{u}_{m+1}\|_\infty$$
$$\leq q^k\,\|\boldsymbol{u}_m - \boldsymbol{y}_0\| + \|\boldsymbol{y}_0 - \mathcal{G}^k\boldsymbol{u}_{m+1}\|_\infty$$
$$\leq 2b\,q^k \longrightarrow 0 \quad (k \to \infty)\,.$$

Es folgt $\boldsymbol{u}_m = \boldsymbol{u}_{m+1}$ für alle $m \geq m_0$. Es handelt sich nur um einen einzigen Fixpunkt, den wir mit $\boldsymbol{y}$ bezeichnen. Somit gilt:

$$\boldsymbol{y} = \mathcal{G}^{m+1}\boldsymbol{y} = \mathcal{G}(\mathcal{G}^m\boldsymbol{y}) = \mathcal{G}\boldsymbol{y}\,.$$

Ein Fixpunkt von $\mathcal{G}^m$ ist also auch Fixpunkt von $\mathcal{G}$. Die Eindeutigkeit von $\boldsymbol{y}$ ergibt sich daraus, dass eine Lösung von (20.1) stets Lösung von $\mathcal{G}^m\boldsymbol{y} = \boldsymbol{y}$ ist, und diese eindeutig bestimmt ist. Die stetige Differenzierbarkeit von $\boldsymbol{y}$ ergibt sich aus dem ersten Hauptsatz der Differenzial- und Integralrechnung (siehe Seite 618). Damit ist die Aussage des Satzes von Picard-Lindelöf bewiesen. $\blacksquare$

Kommentar: Mithilfe der Überlegung, dass sich *jedes* Differenzialgleichungssystem als ein System erster Ordnung schreiben lässt, folgt aus dem Satz von Picard-Lindelöf, dass jedes Anfangswertproblem für ein Differenzialgleichungssystem zumindest in einer kleinen Umgebung des Anfangswerts *genau eine* Lösung besitzt. Allerdings ist dafür notwendig, dass die Funktion F, die sich durch die Transformation auf ein System erster Ordnung ergibt, bezüglich ihres zweiten Arguments eine Lipschitz-Bedingung erfüllt.

Im folgenden Beispiel wollen wir die Rolle der einzelnen Voraussetzungen und ihr Zusammenspiel weiter verdeutlichen.

Beispiel Wir wollen das Anfangswertproblem

$$y'(x) = \frac{x}{1 - y(x)} \qquad \text{für } x \in (-1, 1), \quad y(0) = 0,$$

betrachten. Es handelt sich hier also um den einfachsten Fall, einer einzigen gewöhnlichen Differenzialgleichung erster Ordnung. Die Lösung kann durch Separation sofort bestimmt werden, sie lautet:

$$y(x) = 1 - \sqrt{1 - x^2}, \quad x \in (-1, 1).$$

Sie kann sogar noch stetig auf das abgeschlossene Intervall $[-1, 1]$ fortgesetzt werden, ist in den Endpunkten ± 1 aber nicht mehr differenzierbar.

In diesem Beispiel sind $I = [-a, a]$, $Q = [-b, b]$ und

$$F(x, y) = \frac{x}{1 - y} \quad \text{für } x \in I, \ y \in Q.$$

Die Wahl von a und b beeinflusst die Aussage des Satzes von Picard-Lindelöf darüber, wie groß das Intervall J ist, auf dem die Lösung garantiert existiert. Aufgrund des Ausdrucks für F muss auf jeden Fall $b < 1$ sein, und nach unserer Kenntnis der Lösung macht es keinen Sinn $a \geq 1$ zu wählen. Als Schranke für F erhalten wir dann:

$$|F(x, y)| \leq \frac{a}{1 - b} =: R, \quad x \in I, \ y \in Q.$$

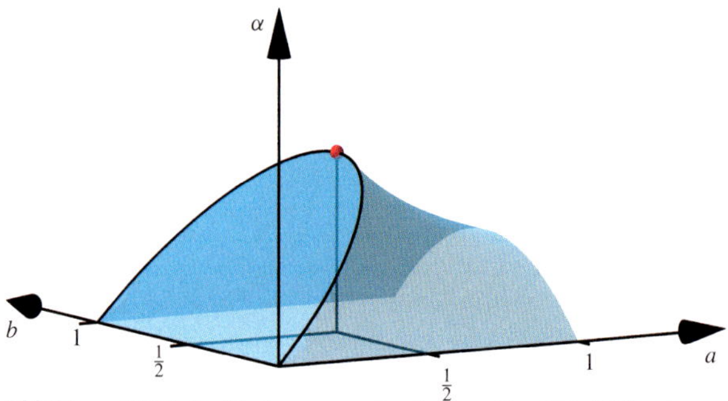

Abbildung 20.17 Der Wert von α aus dem Satz von Picard-Lindelöf, aufgetragen als eine Funktion der Parameter a und b für das Beispiel.

Für $(x, y) = (a, b)$ wird dieser Wert auch tatsächlich angenommen, die Schranke ist also optimal.

Außerdem ist F auch bezüglich y lipschitz-stetig, denn es gilt:

$$\begin{aligned} |F(x, y) - F(x, z)| &= \left| \frac{x}{1 - y} - \frac{x}{1 - z} \right| \\ &= |x| \left| \frac{1 - z - (1 - y)}{(1 - y)(1 - z)} \right| \\ &\leq \frac{a}{(1 - b)^2} |y - z| \end{aligned}$$

für alle $x \in I$ und alle $y, z \in Q$. Also kann der Satz von Picard-Lindelöf angewandt werden.

Die Länge des Existenzintervalls α ergibt sich zu

$$\alpha = \min\left\{ a, \frac{b}{R} \right\} = \min\left\{ a, \frac{b(1 - b)}{a} \right\}.$$

In Abbildung 20.17 ist α als Funktion von a und b dargestellt. Man erkennt, dass α seinen maximalen Wert für $a = b = 1/2$ annimmt. Dies kann man auch analytisch nachweisen. Das ist aber mit etwas Aufwand verbunden, da die Funktion an dieser Stelle nicht differenzierbar ist.

Der Wert R entspricht nach der Differenzialgleichung dem theoretischen Maximum des Betrags der Ableitung der Lö-

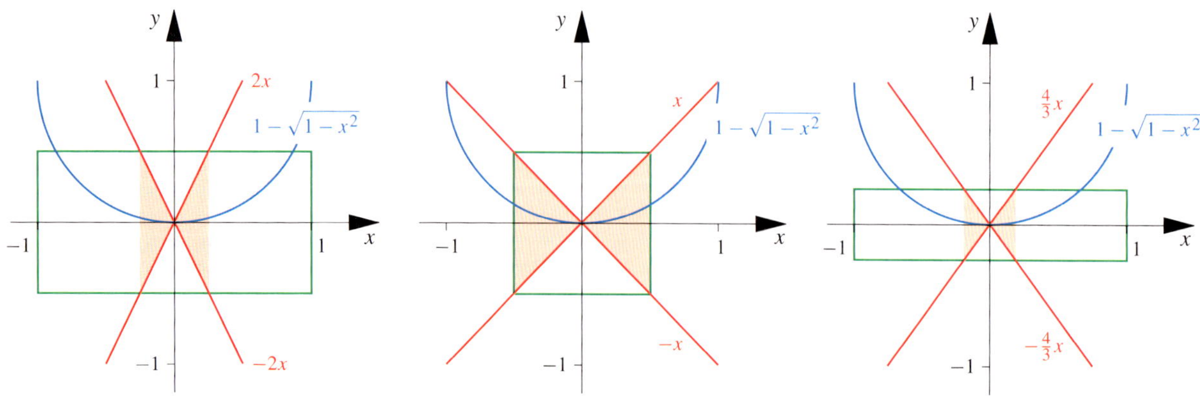

Abbildung 20.18 Das Intervall, für das der Satz von Picard-Lindelöf die Existenz der Lösung garantiert, hängt vom Definitionsbereich der Funktion F (grüne Rechtecke) ab. Links ist $a = 1$, $b = 1/2$, in der Mitte $a = b = 1/2$ und rechts $a = 1$, $b = 1/4$ gewählt.

Unter der Lupe: Der Satz von Picard-Lindelöf

Für $x_0 \in \mathbb{R}$, $y_0 \in \mathbb{C}^n$, $a, b > 0$ setze

$$I = [x_0 - a, x_0 + a] \quad \text{und} \quad Q = \{z \in \mathbb{C}^n \mid \|z - y_0\| \le b\} \,.$$

Ist die Funktion $F \colon I \times Q \to \mathbb{C}^n$ stetig, komponentenweise durch R beschränkt, und genügt sie bezüglich ihres zweiten Arguments einer Lipschitz-Bedingung mit Lipschitz-Konstante L:

$$|F_j(x, u) - F_j(x, v)| \le L \sum_{k=1}^{n} |u_k - v_k|$$

für alle $x \in I$, $u, v \in Q$, so hat das Anfangswertproblem

$$y'(x) = F(x, y(x)) \,, \qquad y(x_0) = y_0 \,,$$

auf dem Intervall $J = [x_0 - \alpha, x_0 + \alpha]$ mit $\alpha = \min\{a, b/R\}$ genau eine stetig differenzierbare Lösung $y \colon J \to Q$.

Die Grundidee des Beweises ist die Anwendung des Banach'schen Fixpunktsatzes. Dafür sind drei Voraussetzungen zu erfüllen:

- Wir benötigen einen vollständigen metrischen Raum M.
- Das Anfangswertproblem ist äquivalent in eine Fixpunktgleichung auf M umzuschreiben.
- Der Operator in der Fixpunktgleichung muss eine Kontraktion sein.

Die zweite Voraussetzung ist am schnellsten erfüllt. Durch Integration der Differenzialgleichung und Verwendung des Anfangswerts ergibt sich die Fixpunktgleichung (20.1) für y, ausführlich:

$$y(x) = y(x_0) + \int_{x_0}^{x} F(\xi, y(\xi)) \, \mathrm{d}\xi \,.$$

Diese wird übrigens auch als eine *Volterra'sche Integralgleichung der zweiten Art* bezeichnet.

Eine geeignete Wahl von M erhält man nun, indem man einen geeigneten Definitionsbereich für die Abbildung $\mathcal{G}$ auf der rechten Seite der Fixpunktgleichung betrachtet. Wir hatten schon erläutert, dass eine Lösung einer Differenzialgleichung nicht notwendigerweise auf dem gesamten Intervall existieren muss, auf dem die Differenzialgleichung sinnvoll formuliert werden kann. Wir erwarten daher, dass die Integralgleichung nur auf einem Intervall $J = [x_0 - \alpha, x_0 + \alpha] \subseteq I$ erfüllt ist. Es bleibt die Frage, wie groß α gewählt werden kann.

Zunächst muss für ein f, das in $\mathcal{G}$ eingesetzt werden kann, $f(J) \subseteq Q$ gelten. Dies liefert die Forderung aus der Definition von M:

$$\|f - y_0\|_\infty \le b \,.$$

Im zweiten Beweisschritt wird dann für ein solches f abgeschätzt:

$$|(\mathcal{G}f)_j(x) - y_{j0}| \le R \left| \int_{x_0}^{x} \mathrm{d}\xi \right| \le R \alpha \,.$$

Damit $\mathcal{G}(M) \subseteq M$ gilt, muss $\alpha \le b/R$ sein. Zusammen mit $J \subseteq I$ liefert dies die Definition $\alpha = \min\{a, b/R\}$.

Die Vollständigkeit von M erhält man aus der Vollständigkeit der stetigen Funktionen bezüglich der Supremumsnorm. Es bleibt noch die Kontraktionseigenschaft nachzuweisen. Diese Bedingung macht die Voraussetzung der Lipschitz-Stetigkeit bezüglich des zweiten Arguments notwendig.

Es gibt hier verschiedene prinzipielle Möglichkeiten: In der ersten Variante betrachtet man nur die Abschätzung, die im Induktionsanfang des dritten Beweisschritts nachgewiesen wird:

$$\|\mathcal{G}f - \mathcal{G}g\|_\infty < L\,n\,|x - x_0|\,\|f - g\|_\infty$$

für alle $x \in J$ und $f, g \in M$. Der Betrag $|x - x_0|$ kann wieder durch α abgeschätzt werden. Ist also $\alpha < 1/(Ln)$, so ist $\mathcal{G}$ schon selbst eine Kontraktion auf M. Diese Variante des Satzes findet man bisweilen in der Literatur.

Ein im Allgemeinen größes Existenzintervall J liefert die von uns präsentierte Variante. Hier ist allerdings $\mathcal{G}$ selbst nicht notwendigerweise eine Kontraktion, sondern nur jede Potenz $\mathcal{G}^m$ mit geeignet groß gewähltem m. Dies liefert die Abschätzung (20.2) am Ende des dritten Beweisschritts. Damit bleibt zu zeigen, dass der Fixpunkt von $\mathcal{G}^m$ auch Fixpunkt von $\mathcal{G}$ ist. Dies geschieht im vierten Beweisschritt.

Andere Autoren vermeiden diese Komplikation, indem sie nicht den Banach'schen Fixpunktsatz anwenden, sondern einen anderen Fixpunktsatz. Im Prinzip wird hierbei allerdings eine ganz analoge Überlegung im Beweis des alternativen Fixpunktsatzes erbracht. Eine direkte Anwendung des Banach'schen Fixpunktsatzes ist auch möglich, indem eine gewichtete Norm verwendet wird. Wir haben diese Beweisvariante als Aufgabe 20.15 gestellt.

sung y. Der Graph der Lösung muss sich also stets zwischen den beiden Geraden $y = \pm R\, x$ befinden. In Abbildung 20.18 ist dies für drei mögliche Wertekombinationen von a und b dargestellt. Der Definitionsbereich von F ist jeweils durch das grüne Rechteck angegeben, die Geraden $y = \pm R\, x$ sind rot eingezeichnet. Sobald diese Geraden den Definitionsbereich von F verlassen, ist die Existenz der Lösung nicht mehr garantiert. Der Satz von Picard-Lindelöf sichert also die Existenz der Lösung nur solange, wie sich der Graph im Innern der roten Dreiecke befindet.

Um für dieses Beispiel beweisen zu können, dass die Lösung sogar auf $(-1, 1)$ existiert, muss man ausgehend von $x = 1/2$ ein neues Anfangswertproblem formulieren und wieder das maximale Existenzintervall für die Lösung bestimmen. Diesen Vorgang kann man dann iterativ wiederholen. Meist ist es aber vollkommen ausreichend zu wissen, dass die Lösung in einer Umgebung des Anfangswerts existiert, wie groß diese Umgebung ist, ist nicht so entscheidend. ◀

—————————— **?** ——————————

Beim Anfangswertproblem

$$y'(x) = x^2 \left(1 - (y(x))^2\right), \quad x \in [1, 3],$$
$$y(2) = 1,$$

soll im Satz von Picard-Lindelöf $b = 1$ gewählt werden. Geben Sie eine Lipschitz-Konstante der Funktion F bezüglich y an. Für welches Intervall garantiert der Satz die Existenz der Lösung?

——————————————————————————

In den Anwendungen hat die Funktion $\boldsymbol{F}$ oft weitaus gutartigere Eigenschaften als bloße Lipschitz-Stetigkeit. Die Voraussetzungen des Satzes von Picard-Lindelöf sind wegen des Mittelwertsatzes insbesondere dann erfüllt, wenn $\boldsymbol{F}$ bezüglich $\boldsymbol{y}$ stetig differenzierbar ist. Solche Differenzierbarkeitsbegriffe für Funktionen mehrerer Veränderlicher werden wir in Kapitel 21 besprechen.

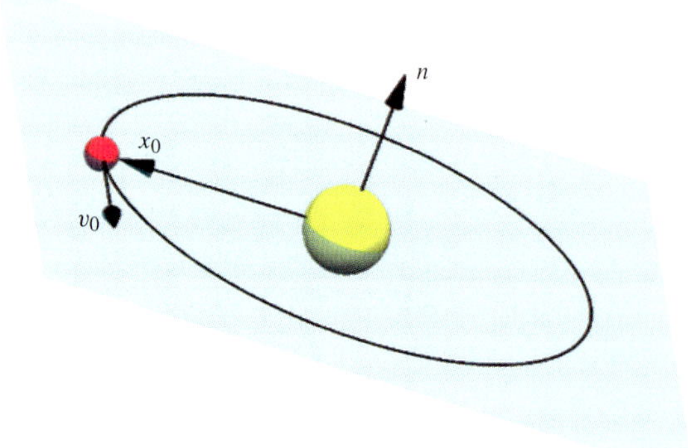

Abbildung 20.19 Die Bahn eines Planeten um die Sonne befindet sich stets in der Ebene, die vom Mittelpunkt der Sonne und den Anfangsvektoren $\boldsymbol{x}_0$ und $\boldsymbol{v}_0$ aufgespannt wird.

Beispiel Die Funktion $\boldsymbol{F}$ auf der rechten Seite des Differenzialgleichungssystems aus dem Beispiel über die Bewegung eines Planeten um die Sonne auf Seite 835,

$$\boldsymbol{F}(\boldsymbol{x}) = -\frac{c}{\|\boldsymbol{x}\|^3}\,\boldsymbol{x}\,,$$

ist beliebig oft stetig differenzierbar, wenn nur $\|\boldsymbol{x}\| > 0$ vorausgesetzt ist. Formuliert man das System als System erster Ordnung, kann daher der Satz von Picard-Lindelöf angewandt werden, und man erhält, dass für Anfangswerte $\boldsymbol{x}(t_0) = \boldsymbol{x}_0$ und $\boldsymbol{x}'(t_0) = \boldsymbol{v}_0$ eine eindeutige Lösung existiert.

Es kann aber noch mehr ausgesagt werden. Wir wählen einen Vektor $\boldsymbol{n}$, der orthogonal zu $\boldsymbol{x}_0$ und $\boldsymbol{v}_0$ sein soll. Damit definieren wir

$$g(t) = \boldsymbol{x}(t) \cdot \boldsymbol{n}\,,$$

wobei $\boldsymbol{x}$ die Lösung des Anfangswertproblems bezeichnet. Durch zweimaliges Ableiten erkennen wir, dass g die Lösung der Differenzialgleichung

$$g''(t) = -\frac{c}{\|\boldsymbol{x}\|^3}\,g(t)$$

ist. Wiederum besitzt diese Differenzialgleichung nach dem Satz von Picard-Lindelöf für jedes Paar von Anfangswerten $g(t_0),\, g'(t_0)$ genau eine Lösung. Die Anfangswerte sind aber

$$g(t_0) = \boldsymbol{x}_0 \cdot \boldsymbol{n} = 0 \quad \text{und} \quad g'(t_0) = \boldsymbol{v}_0 \cdot \boldsymbol{n} = 0\,.$$

Daher ist g die Nullfunktion. Die Konsequenz ist, dass $\boldsymbol{x}(t)$ für alle t orthogonal zu $\boldsymbol{n}$ ist: Der Planet bewegt sich stets innerhalb der Ebene, die durch den Ursprung, d. h. die Sonne, und die Vektoren $\boldsymbol{x}_0,\, \boldsymbol{v}_0$ aufgespannt wird. ◀

Eine Näherung der Lösung erhält man durch sukzessive Approximation

Eine besondere Eigenschaft des Satzes von Picard-Lindelöf ist, dass der Beweis *konstruktiv* erfolgt. Der Satz liefert nicht einfach nur eine Existenzaussage, wie zum Beispiel der Nullstellensatz oder der Mittelwertsatz aus Kapitel 9 es tun, sondern wir erhalten auch eine Vorschrift, wie wir diese Lösung zumindest approximativ berechnen können.

Ein Teil der Aussage des Banach'schen Fixpunktsatzes ist, dass für jeden Startwert x_0 die rekursiv durch

$$x_k = G(x_{k-1})\,, \quad k \in \mathbb{N}\,,$$

definierte Folge (x_k) gegen den Fixpunkt konvergiert. Diese Folge können wir auch für den Operator $\mathcal{G}$ aus Gleichung (20.1) betrachten. Da jedoch $\mathcal{G}$ selbst keine Kontraktion darstellt, sondern nur eine geeignete Potenz $\mathcal{G}^m$ eine solche ist, können wir die Aussage aus dem Banach'schen Fixpunktsatz nicht direkt verwenden.

Trotzdem wollen wir versuchsweise diese Folge betrachten. Wir wählen also eine beliebige Funktion $\boldsymbol{u}_0$ aus M und definieren

$$\boldsymbol{u}_k(x) = (\mathcal{G}\boldsymbol{u}_{k-1})(x)$$
$$= \boldsymbol{y}_0 + \int_{x_0}^{x} \boldsymbol{F}(\xi, \boldsymbol{u}_{k-1}(\xi)) \,\mathrm{d}\xi \,, \quad x \in J, \ k \in \mathbb{N}.$$

Diese Folge heißt auch Folge der **sukzessiven Approximationen**.

Wir können nun eine Abschätzung durchführen, bei der wir zweimal die Ungleichung (20.2) für Potenzen des Operators $\mathcal{G}$ und die Definition der Exponentialfunktion verwenden:

$$\|\boldsymbol{u}_{k+l} - \boldsymbol{u}_k\|_\infty \le \sum_{j=0}^{l-1} \|\boldsymbol{u}_{k+j+1} - \boldsymbol{u}_{k+j}\|_\infty$$
$$= \sum_{j=0}^{l-1} \|\mathcal{G}^j \boldsymbol{u}_{k+1} - \mathcal{G}^j \boldsymbol{u}_k\|_\infty$$
$$\le \sum_{j=0}^{l-1} \frac{(Ln\alpha)^j}{j!} \|\boldsymbol{u}_{k+1} - \boldsymbol{u}_k\|_\infty$$
$$\le \frac{(Ln\alpha)^k}{k!} \|\boldsymbol{u}_1 - \boldsymbol{u}_0\|_\infty \sum_{j=0}^{l-1} \frac{(Ln\alpha)^j}{j!}$$
$$\le \frac{(Ln\alpha)^k}{k!} \exp(Ln\alpha) \|\boldsymbol{u}_1 - \boldsymbol{u}_0\|_\infty$$

für alle $k \in \mathbb{N}_0$, $l \in \mathbb{N}$. Aus dieser Abschätzung folgt zunächst, dass die Folge $(\boldsymbol{u}_k)$ eine Cauchy-Folge bildet und daher im vollständigen metrischen Raum M konvergiert. Ihr Grenzwert ist gerade die Lösung $\boldsymbol{y}$ des Anfangswertproblems. Damit gilt auch eine entsprechende Ungleichung für den Grenzwert:

$$\|\boldsymbol{y} - \boldsymbol{u}_k\|_\infty \le \frac{(Ln\alpha)^k}{k!} \exp(Ln\alpha) \|\boldsymbol{u}_1 - \boldsymbol{u}_0\|_\infty \,, \quad k \in \mathbb{N}_0 \,.$$

Wir fassen zusammen:

A-priori-Abschätzung für sukzessive Approximationen

Ist $\boldsymbol{y} \in C^1(J)$ die Lösung des Anfangswertproblems aus dem Satz von Picard-Lindelöf, so gilt für die Folge $(\boldsymbol{u}_k)$ der sukzessiven Approximationen die **A-priori-Abschätzung**

$$\|\boldsymbol{y} - \boldsymbol{u}_k\|_\infty \le \frac{(Ln\alpha)^k}{k!} \exp(Ln\alpha) \|\boldsymbol{u}_1 - \boldsymbol{u}_0\|_\infty$$

für alle $k \in \mathbb{N}_0$.

Kommentar: Die Wendung *a-priori*, also *vorher*, weist daraufhin, dass man, bevor man die Approximationen berechnet, bereits sagen kann, wie viele Glieder in der Folge berechnet werden müssen, damit eine vorgegebene Fehlerschranke eingehalten werden kann. Alle Terme, die in die rechte Seite eingehen, sind nämlich bereits vor der Rechnung bekannt, oder genauer gesagt, nach Berechnung von $\boldsymbol{u}_0$ und $\boldsymbol{u}_1$.

Das Pendant zu einer A-priori-Abschätzung ist eine **A-posteriori-Abschätzung**. Dabei kann man aus der Kenntnis des k-ten Folgenglieds auf die Güte der Approximation schließen. Eine solche Abschätzung ergibt meist eine genauere Schranke für den Fehler als eine A-priori-Abschätzung.

Die A-priori-Abschätzung ist oft recht pessimistisch, wie wir im folgenden Beispiel zeigen wollen, indem der tatsächliche Fehler um Größenordnungen kleiner ist, als die A-priori-Schranke. Der hauptsächliche Nutzen der Schranke ist, dass sie uns die Konvergenz der sukzessiven Approximationen garantiert.

Beispiel Wir betrachten das Anfangswertproblem

$$u'(x) = x\,(u(x))^2 \,, \quad u(0) = \frac{1}{2} \,.$$

Mit Separation können wir die Lösung bestimmen, sie lautet:

$$u(x) = \frac{2}{4 - x^2} \,.$$

Für die Anwendung des Satzes von Picard-Lindelöf setzen wir:

$$F(x, u) = x\,u^2 \quad \text{für } x \in [-1, 1], \ y \in [0, 1] \,.$$

Damit ist

$$|F(x, u)| \le 1$$

und

$$|F(x, u) - F(x, v)| \le |x\,(u - v)(u + v)| \le 2\,|u - v| \,.$$

Es ist also $a = 1, b = 1/2, R = 1$ und $L = 2$. Damit erhalten wir $\alpha = 1/2$.

Wir wollen nun die Lösung durch sukzessive Approximation annähern, wobei wir $u_0 = 1/2$ setzen. Dann gilt:

$$u_1(x) = \frac{1}{2} + \int_0^x t \left(\frac{1}{2}\right)^2 \mathrm{d}t$$
$$= \frac{1}{2} + \frac{1}{8}\,x^2 \,.$$

Die nächste Approximation ergibt sich zu:

$$u_2(x) = \frac{1}{2} + \int_0^x t \left(\frac{1}{2} + \frac{1}{8}\,t^2\right)^2 \mathrm{d}t$$
$$= \frac{1}{2} + \frac{1}{8}\,x^2 + \frac{1}{32}\,x^4 + \frac{1}{384}\,x^6 \,.$$

Nach demselben Verfahren bestimmen wir noch

$$u_3(x) = \frac{1}{2} + \frac{1}{8}\,x^2 + \frac{1}{32}\,x^4 + \frac{1}{128}\,x^6 + \frac{1}{768}\,x^8$$
$$+ \frac{1}{6144}\,x^{10} + \frac{1}{73728}\,x^{12} + \frac{1}{2064384}\,x^{14} \,.$$

Die ersten drei Summanden entsprechen hier übrigens dem Taylor-Polynom 4. Grades der exakten Lösung um den Entwicklungspunkt Null. Würde man weitere Approximationen berechnen, erhielte man auch weitere Glieder der Taylor-Entwicklung.

Mit der Abschätzung oben wollen wir Schranken für den Fehler bestimmen. Dafür bestimmen wir zunächst

$$\|u_1 - u_0\|_\infty = \max_{x \in [-1/2, 1/2]} \left| \frac{1}{2} + \frac{1}{8}\, x^2 - \frac{1}{2} \right| = \frac{1}{32}\,.$$

Ferner ist $\exp(Ln\alpha) = \exp(2 \cdot 1 \cdot (1/2)) = e$. In der Tabelle sind die Werte der Schranke aufgelistet, außerdem haben wir den tatsächlichen Wert von $\|u - u_k\|_\infty$ auch numerisch bestimmt.

k	Schranke	numerisch
1	0.08494631	0.00208333
2	0.04247315	0.00008952
3	0.01415772	0.00000289

In Fällen wie diesem Beispiel, in dem die sukzessiven Approximationen auf Polynome führen, lassen sich schnell gute Näherungen an die Lösung erzielen. Im Allgemeinen kann man aber nicht damit rechnen, dass sich die Integrale wie hier geschlossen berechnen lassen. ◀

20.4 Grundlegende numerische Verfahren

Es ist in diesem Kapitel schon mehrfach angeklungen: Für längst nicht jedes Anfangswertproblem lässt sich die Lösung explizit angeben. Darüber hinaus ist ein Anwender häufig überhaupt nicht an einer expliziten Darstellung der Lösung interessiert, sondern an einer schnellen qualitativen Aussage über Gestalt und Verhalten der Lösung. Gegebenenfalls muss ein Problem für viele verschiedene Werte von Parametern gelöst werden, um einen Eindruck vom Einfluss dieser Parameter zu erhalten. In all diesen Fällen ist eine Lösung mit dem Computer sinnvoll.

Es gibt eine Vielzahl von Softwarepaketen, die Lösungen von Differenzialgleichungen bestimmen. Auf der einen Seite stehen die Computeralgebrasysteme, die in der Lage sind, für große Klassen von Differenzialgleichungen explizite Lösungen zu bestimmen.

Auf der anderen Seite, und davon soll in diesem Abschnitt vor allem die Rede sein, gibt es numerische Lösungsverfahren. Statt einer Formel für die Lösung werden hier Näherungen für die Funktionswerte der Lösung an gewissen Punkten berechnet. Dadurch kann man sowohl mit den so gewonnenen Werten weitere Rechnungen durchführen als auch eine Abbildung des Graphen der Lösung erstellen.

Für Anfangswertprobleme der verschiedensten Typen gibt es ausgefeilte Lösungsverfahren, die oft auch kommerziell vertrieben werden. Die einfachsten Verfahren aber können schon mit grundlegenden Programmierkenntnissen implementiert werden. Auch wenn man selbst kein Interesse daran hat, einmal ein Lösungsverfahren zu programmieren, ist eine Kenntnis der zugrunde liegenden mathematischen Verfahren aber unerlässlich. Nur sie ermöglicht es, richtig vorzugehen, wenn ein trickreiches Problem bei der Anwendung eines Lösungsverfahrens für Schwierigkeiten sorgt.

In diesem Abschnitt werden wir stets ein Anfangswertproblem für eine Differenzialgleichung erster Ordnung auf dem endlichen Intervall $I = [x_0, x_0 + b]$ betrachten. Als Formel geht es also um das Problem

$$y'(x) = f(x, y(x))\,, \quad x \in (x_0, x_0 + b)\,,$$
$$y(x_0) = y_0\,. \tag{20.3}$$

Wir wollen annehmen, dass dieses Problem eine eindeutig bestimmte, auf I stetig differenzierbare Lösung y besitzt, deren Wertebereich in einem abgeschlossenen Intervall J liegt. Insbesondere wollen wir also annehmen, dass y (und auch f) reellwertig sind. Dies stellt keine wirkliche Einschränkung dar, da die Verfahren genauso bei komplexwertigen Funktionen angewandt werden können, erleichtert uns aber die Illustration. Die hier besprochenen Verfahren funktionieren im Übrigen ganz analog, wenn man statt einer einzelnen Differenzialgleichung erster Ordnung ein System solcher Gleichungen betrachtet.

Die Lösungsverfahren berechnen Näherungen für die Funktionswerte von y an einzelnen Stellen im Intervall I. Dafür gibt man sich eine natürliche Zahl N vor und definiert die **Schrittweite**

$$h = \frac{b}{N}\,.$$

Indem man, ausgehend von x_0, jeweils um die Schrittweite h weiter voranschreitet, erhält man ein **Gitter**, das aus den Stellen

$$x_j = x_0 + jh\,, \quad j = 0, \ldots, N$$

besteht. Insbesondere ist $x_N = x_0 + b$. In Abbildung 20.20 ist dieses Gitter dargestellt.

Abbildung 20.20 Das Gitter, das in den Näherungsverfahren verwendet wird. Benachbarte Gitterpunkte haben jeweils die Schrittweite h als Abstand.

Ein solches Gitter stellt den einfachsten Fall einer **Diskretisierung** des Lösungsgebiets dar. Bei fast allen numerischen Verfahren werden solche Diskretisierungen eingesetzt, um von einem kontinuierlichen Problem zu einem Problem zu kommen, bei dem nur endlich viele Größen zu bestimmen sind. In unserem Fall sind es Näherungswerte für die Lösung in den Gitterpunkten.

Hintergrund und Ausblick: Der Existenzsatz von Peano

Der Satz von Picard-Lindelöf garantiert die Existenz einer eindeutig bestimmten Lösung eines Anfangswertproblems, sofern die Funktion der rechten Seite einer Reihe von Bedingungen genügt: Sie muss stetig und beschränkt sein, ferner lipschitz-stetig bezüglich ihres zweiten Arguments. Es stellt sich die Frage, welche Aussagen noch möglich sind, falls die Voraussetzungen abgeschwächt werden.

Die stärkste Voraussetzung beim Satz von Picard-Lindelöf ist die Lipschitz-Bedingung bezüglich des zweiten Arguments. Es liegt daher nahe zu untersuchen, welche Aussagen noch möglich sind, falls diese Bedingung verletzt ist.

Wir betrachten als erstes Beispiel das Anfangswertproblem

$$y'(x) = \sqrt{y(x)}, \quad x \in [-a, a],$$
$$y(0) = 0.$$

Hierbei ist a irgendeine positive Zahl.

Man erkennt sofort, dass die Nullfunktion eine Lösung dieses Anfangswertproblems ist. Eine weitere Lösung erhalten wir aber durch Trennung der Veränderlichen. Es gilt:

$$\frac{y'(x)}{\sqrt{y(x)}} = 1,$$
$$2\sqrt{y(x)} = x - c,$$
$$y(x) = \left(\frac{x-c}{2}\right)^2.$$

Durch Kombination der Nullfunktion mit dieser Funktion für $x > c$ bzw. $x < c$ kann man unendlich viele verschiedene Lösungen des Anfangswertproblems konstruieren. Die Abbildung zeigt die beiden Lösungszweige $y(x) = x^2/4$ und die Nullfunktion, sowie die weitere Lösung

$$y(x) = \begin{cases} (x-1)^2/4, & x > 1, \\ 0, & x \leq 1. \end{cases}$$

Jede dieser Lösungen ist auf $\mathbb{R}$ stetig differenzierbar. Analog können beliebig viele weitere konstruiert werden.

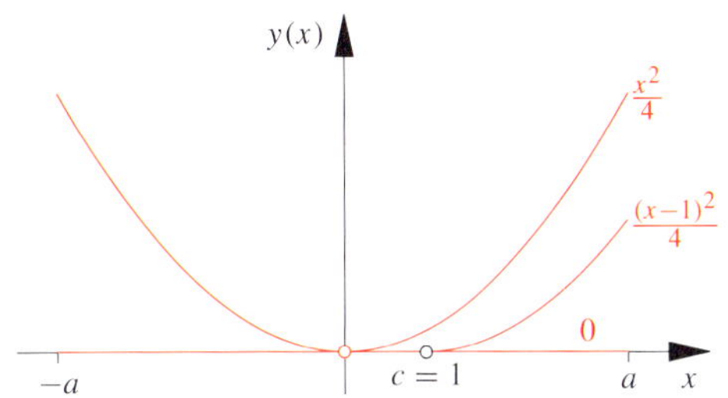

Die Eindeutigkeit der Lösung geht verloren, da die Funktion auf der rechten Seite der Differenzialgleichung keiner Lipschitz-Bedingung genügt. Allerdings ist sie stetig und auf jedem Rechteck $[-a, a] \times [0, b]$ auch beschränkt.

An diesem einfachen Beispiel erkennen wir also, dass die Lipschitz-Bedingung im Satz von Picard-Lindelöf für die Eindeutigkeit der Lösung entscheidend ist. Bloße Stetigkeit der Funktion der rechten Seite ist dafür nicht ausreichend. Allerdings bleibt die Frage, ob denn wenigstens die Existenz einer oder mehrerer Lösungen garantiert ist.

Dies ist in der Tat richtig. Der Satz, der diese Aussage macht, heißt **Existenzsatz von Peano** nach dem italienischen Mathematiker Giuseppe Peano (1858–1932). Sein Beweis ist vom Prinzip her dem Beweis des Satzes von Picard-Lindelöf ähnlich. Allerdings findet statt dem Banach'schen Fixpunktsatz der Fixpunktsatz von Schauder Anwendung. Der entscheidende Punkt hierbei ist, dass die Abbildung auf der rechten Seite der Fixpunktgleichung (20.1) **kompakt** ist. Dies bedeutet, dass das Bild jeder beschränkten Folge unter dieser Abbildung eine konvergente Teilfolge besitzt.

Es ist das fundamentale Problem bei jedem numerischen Verfahren, die Qualität des Verfahrens zu bewerten. Welcher Zusammenhang besteht zwischen der tatsächlichen Lösung und der berechneten Näherung und welchen Einfluss hat die Wahl der Diskretisierung hierauf?

Im Fall unseres einfachen Gitters enthält der Parameter h bereits die volle Information über die Diskretisierung. Zur Bewertung der Qualität betrachtet man den **globalen Fehler**

$$E_h := \max_{j=0,\ldots,N} |y(x_j) - y_j|,$$

zwischen den tatsächlichen Funktionswerten $y(x_j)$ in den Gitterpunkten und den berechneten Näherungen y_j.

Meist kann man E_h nicht explizit berechnen, da ja die tatsächliche Lösung nicht bekannt ist. Aufgrund analytischer Überlegungen gelingt es aber häufig, Schranken für E_h anzugeben. Kann man $E_h \to 0$ für $h \to 0$ sicherstellen, so nennt man das Verfahren **konvergent.** Gilt mit einer Konstanten C eine Abschätzung der Form

$$E_h \leq C h^p, \quad \text{also} \quad E_h = \mathrm{O}(h^p), \quad (h \to 0),$$

so spricht man von der **Konvergenzordnung** p. Zur Erinnerung: Das $\mathrm{O}(h^p)$ ist die in Kapitel 11 eingeführt Landau-Symbolik.

Das Euler-Verfahren nutzt das Richtungsfeld

Das einfachste numerische Verfahren zur Lösung von (20.3) geht auf den Mathematiker Leonard Euler (1707–1783) zurück, nach dem auch die Euler'sche Zahl und die Euler'sche Formel benannt sind. Die Idee liegt in der Anwendung der Taylor-Formel (siehe Abschnitt 15.5). Wenn wir annehmen, dass die Lösung des Anfangswertproblems zweimal stetig differenzierbar ist, so erhalten wir:

$$y(x_{j+1}) = y(x_j + h) = y(x_j) + h y'(x_j) + \frac{1}{2} y''(\xi)\, h^2 \,.$$

Dabei ist ξ irgendeine Stelle im Intervall (x_j, x_{j+1}). Die erste Ableitung von y können wir durch die Differenzialgleichung ausdrücken:

$$y(x_{j+1}) = y(x_j) + h\, f(x_j, y(x_j)) + \frac{1}{2} y''(\xi)\, h^2 \,.$$

Unbekannt auf der rechten Seite ist also nur die zweite Ableitung von y und die Stelle ξ. Da y aber als zweimal stetig differenzierbar angenommen wurde, ist y'' auf $[a, b]$ stetig und besitzt dort ein Maximum. Anders formuliert können wir eine Schranke für den letzten Summanden angeben:

$$\left| \frac{1}{2} y''(\xi)\, h^2 \right| \leq \frac{h^2}{2} \max_{\eta \in I} |y''(\eta)| \,.$$

Das Maximum kennen wir zwar nicht, aber es ist eine Konstante. Für kleine h ist daher zu erwarten, dass dieser Summand deutlich kleiner ist als die anderen Terme in der Formel.

Man erhält das Euler-Verfahren, indem man den letzten Summanden einfach unter den Tisch fallen lässt. Dies liefert die Rekursionsformel

$$y_{j+1} = y_j + h\, f(x_j, y_j), \quad j = 0, 1, 2, \ldots$$

für Näherungen y_j an die Funktionswerte der Lösungen $y(x_j)$. Ausgehend vom Anfangswert y_0 an der Stelle x_0 können so iterativ Näherungen für die Werte $y(x_j)$ gewonnen werden. Der Ablauf des Verfahrens ist in Abbildung 20.21 als Flussdiagramm dargestellt. Als Ergebnis des Verfahrens erhalten wir also eine endliche Abfolge von Paaren (x_j, y_j) die Nährungen an die Punkte $(x_j, y(x_j))$ auf dem Graphen der Lösung darstellen.

Anschaulich kann man sich das Verfahren auch als ein Ausnutzen des Richtungsfeldes interpretieren: Ausgehend von dem Punkt (x_0, y_0) wird mit der Steigung $f(x_0, y_0)$ um h nach rechts gegangen, um den Punkt (x_1, y_1) zu erhalten. Dieser Vorgang wird dann immer weiter wiederholt (Abb. 20.22).

Satz

Ist $f \in C^1(I \times J)$, so besitzt das Euler-Verfahren die Konvergenzordnung 1, d. h. es existiert eine Konstante $c > 0$ mit

$$E_h \leq c\, h \,.$$

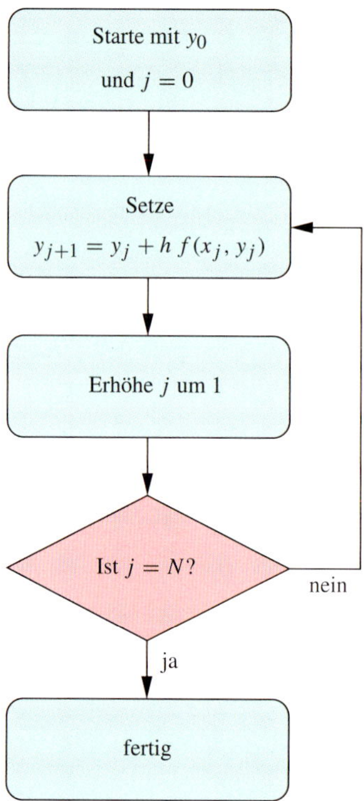

Abbildung 20.21 Der Algorithmus des Euler-Verfahrens als Flussdiagramm.

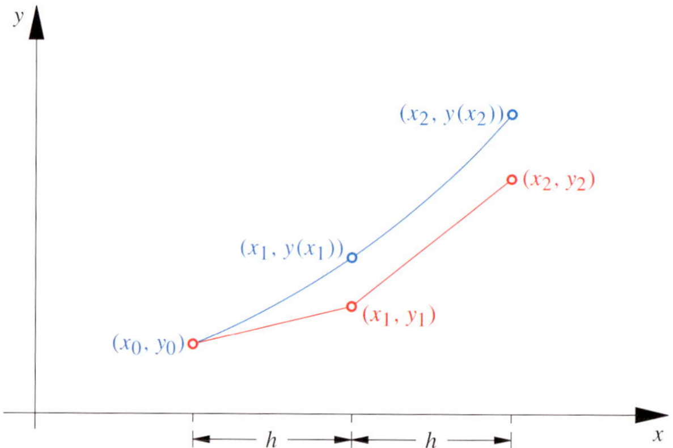

Abbildung 20.22 Die ersten zwei Schritte bei einem Euler-Verfahren. Die Punkte (x_j, y_j) bilden Approximationen von $(x_j, y(x_j))$.

Beweis: Da f als einmal stetig differenzierbar vorausgesetzt ist, folgt, indem wir die Differenzialgleichung einmal differenzieren, dass y zweimal stetig differenzierbar ist. Mit

$$M = \max_{\eta \in I} |y''(\eta)|$$

und der Überlegung mit der Taylor-Formel oben, erhalten wir:

$$|y(x_{j+1}) - y(x_j) - h\, f(x_j, y(x_j))| \leq \frac{h^2}{2} M$$

für $j = 0, \ldots, N - 1$. Ferner gilt mit

$$L = \max_{\eta \in J} \left| \frac{\partial f}{\partial y}(x, \eta) \right|$$

nach dem Mittelwertsatz:

$$|f(x, u) - f(x, v)| \leq L\,|u - v|$$

für alle $x \in I$ und $u, v \in J$. Hiermit schätzen wir ab für $j = 0, \ldots, N - 1$:

$$
\begin{aligned}
&|y(x_{j+1}) - y_{j+1}| \\
&= |y(x_{j+1}) - y_j - h\,f(x_j, y_j)| \\
&= |y(x_{j+1}) - y(x_j) - h\,f(x_j, y(x_j)) \\
&\qquad + y(x_j) + h\,f(x_j, y(x_j)) - y_j - h\,f(x_j, y_j)| \\
&\leq \frac{h^2}{2}\,M + |y(x_j) - y_j| + h|f(x_j, y(x_j)) - f(x_j, y_j)| \\
&\leq \frac{h^2}{2}\,M + (1 + Lh)\,|y(x_j) - y_j|.
\end{aligned}
$$

Aus der Definition der Exponentialfunktion erhalten wir $1 + Lh \leq \mathrm{e}^{Lh}$ und somit:

$$|y(x_{j+1}) - y_{j+1}| \leq \frac{h^2}{2}\,M + \mathrm{e}^{Lh}\,|y(x_j) - y_j|.$$

Unter Beachtung von $y(0) = y_0$ folgt hiermit induktiv:

$$|y(x_{j+1}) - y_{j+1}| \leq M h^2 \sum_{k=0}^{j} \mathrm{e}^{Lhk} = M h^2 \frac{\mathrm{e}^{Lh(j+1)} - 1}{\mathrm{e}^{Lh} - 1},$$

wobei wir für die letzte Gleichheit die geometrische Summenformel ausgenützt haben.

Der Nenner kann nun durch Lh nach unten abgeschätzt werden. Wir erhalten:

$$|y(x_{j+1}) - y_{j+1}| \leq \frac{M\,h}{L} \left(\mathrm{e}^{Lh(j+1)} - 1 \right).$$

Damit ergibt sich für den maximalen globalen Fehler:

$$
\begin{aligned}
E_h &= \max_{j=0,\ldots,N} |y(x_j) - y_j| \\
&\leq \frac{M\,h}{L} \left(\mathrm{e}^{Lb} - 1 \right).
\end{aligned}
$$

Dies ist die Behauptung des Satzes. ∎

Wir wollen das Verfahren in der Praxis erproben, um zu zeigen, dass die im Satz vorausgesagte Konvergenzrate auch tatsächlich auftritt.

Beispiel Eine Näherung für die Lösung des Anfangswertproblems

$$y'(x) = \frac{(x-1)^2}{x^2 + 1}\,y(x), \quad x > 0,$$
$$y(0) = 1,$$

soll mithilfe des Euler-Verfahrens auf dem Intervall $[0, 1]$ berechnet werden. In Abbildung 20.23 ist die tatsächliche Lösung rot eingezeichnet. Sie ist übrigens

$$y(x) = \frac{\exp(x)}{1 + x^2}, \quad x > 0.$$

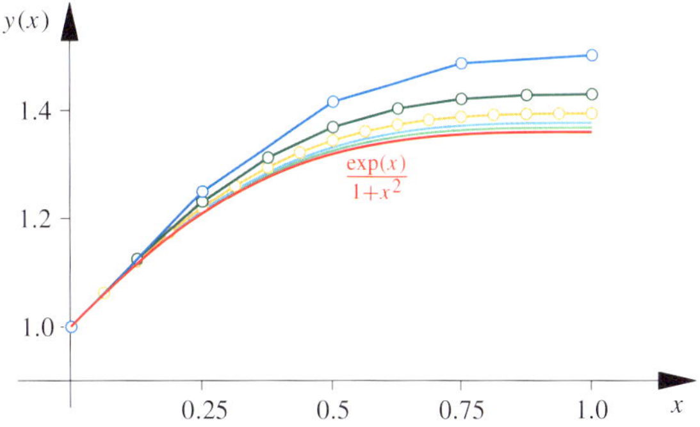

Abbildung 20.23 Näherungslösungen, die mit dem Euler-Verfahren für verschiedene Werte von N berechnet wurden. Die richtige Lösung ist die rote Kurve. Bei den niedrigen Werten für N markieren die kleinen Kreise die tatsächlich berechneten Werte.

Ebenfalls zu sehen sind die mit dem Euler-Verfahren berechneten Näherungslösungen für $N = 4, 8, 16, 32, 64$. Für die ersten drei Werte von N sind die tatsächlich berechneten Punkte durch kleine Kreise markiert, diese Punkte sind durch Strecken verbunden.

Offensichtlich wird die Approximation mit zunehmendem N besser. Wir wollen uns dies in einer Tabelle für den Wert $x_N = 1$ genauer anschauen. Aufgelistet sind jeweils N, der berechnete Wert y_N und der Fehler zum korrekten Wert $y(1) = \mathrm{e}/2$:

N	y_N	Fehler
4	1.501 08	0.141 93
8	1.429 29	0.070 15
16	1.394 00	0.034 86
32	1.376 52	0.017 38
64	1.367 81	0.008 67

Eine Verdopplung von N, also eine Halbierung der Schrittweite, führt also ziemlich genau auch zu einer Halbierung des Fehlers. Dies entspricht genau der erwarteten Konvergenzordnung 1. ◀

Runge-Kutta-Verfahren liefern höhere Konvergenzordnungen

Es ist wünschenswert, Verfahren zur Verfügung zu haben, die genauer sind als das Euler-Verfahren. Ziel dabei ist, eine Methodik zu entwickeln, die eine Größenordnung des Fehlers von h^p mit $p > 1$ garantiert. Für $p = 2$ würde das z. B. bedeuten, dass sich der Fehler bei einer Halbierung der Schrittweite auf ein Viertel reduziert.

In der Tat gibt es eine Vielzahl von Möglichkeiten zur Formulierung solcher Verfahren. Ihre Analyse gestaltet sich jedoch schwierig und würde den Rahmen dieses Kapitels bei Weitem sprengen. Aber einige grundlegende Überlegungen zur Verbesserung des Euler-Verfahrens können wir anstellen, ohne in diesem Abschnitt vollständige Beweise für Konvergenzaussagen zu liefern. Diese gehören in eine Vorlesung zu Numerischer Mathematik.

Wir betrachten wieder dasselbe Anfangswertproblem wie für das Euler-Verfahren. Zunächst folgt durch eine Integration und eine Anwendung der Substitutionsregel für $(x, x + h) \subseteq (x_0, x_0 + b)$:

$$y(x+h) = y(x) + \int_x^{x+h} y'(t)\,\mathrm{d}t = y(x) + h \int_0^1 y'(x+th)\,\mathrm{d}t \,.$$

Vorausgesetzt, dass y dreimal stetig differenzierbar ist, können wir das Integral durch die Trapezregel approximieren (siehe den Ausblick auf Seite 629) und erhalten:

$$y(x + h) = y(x) + \frac{h}{2}\,y'(x) + \frac{h}{2}\,y'(x + h) + \mathrm{O}(h^3)\,.$$

Unter Verwendung der Differenzialgleichung schreibt sich dies als:

$$y(x + h) = y(x) + \frac{h}{2}\,f(x, y(x))$$
$$+ \frac{h}{2}\,f(x + h, y(x + h)) + \mathrm{O}(h^3)\,.$$

Diese Darstellung ist um eine Größenordnung besser als diejenige, die beim Euler-Verfahren durch die Taylor-Formel hergeleitet wurde, also eine Verbesserung. Es gibt aber einen Haken: Den Term $f(x + h, y(x + h))$ können wir nicht auswerten. Da er aber mit $h/2$ multipliziert wird, reicht es aus, diesen mit einem Fehler der Größenordnung h^2 zu approximieren.

Dazu dient folgende Überlegung: Aus der Herleitung des Euler-Verfahrens wissen wir, dass

$$y(x + h) = y(x) + h\,f(x, y(x)) + \mathrm{O}(h^2) \quad h \to 0\,,$$

ist. Wir setzen nun für festes x

$$g(\xi) = f(x + h, \xi) \quad \text{mit} \quad \xi \in J\,.$$

Ist g nun stetig differenzierbar, so gilt mit dem Satz von Taylor, dass

$$g(y(x + h)) = g\Big(y(x) + h\,f(x, y(x)) + \mathrm{O}(h^2)\Big)$$
$$= g\Big(y(x) + h\,f(x, y(x))\Big) + \mathrm{O}(h^2)\,g'(\eta)$$

mit irgendeiner Stelle $\eta \in J$. Ist nun g' beschränkt, und zwar auch für alle $x \in [x_0, x_0 + b]$, so folgt wegen $\mathrm{O}(h^2)\,g'(\eta) = \mathrm{O}(h^2)$:

$$f(x+h, y(x+h)) = f\Big(x+h, y(x) + h\,f(x, y(x))\Big) + \mathrm{O}(h^2)\,.$$

Dies ist genau die gewünschte Darstellung, denn so erhalten wir:

$$y(x + h) = y(x) + \frac{h}{2}\,f(x, y(x))$$
$$+ \frac{h}{2}\,f\Big(x + h, y(x) + h\,f(x, y(x))\Big) + \mathrm{O}(h^3)\,.$$

Lässt man den Term $\mathrm{O}(h^3)$ weg, so erhält man das *verbesserte Euler-Verfahren*. Die übliche Notation hat die Form:

$$k_{j+1}^{(1)} = f(x_j, y_j)\,,$$
$$k_{j+1}^{(2)} = f(x_{j+1}, y_j + hk_{j+1}^{(1)})\,,$$
$$y_{j+1} = y_j + \frac{h}{2}\left(k_{j+1}^{(1)} + k_{j+1}^{(2)}\right)\,.$$

Das verbesserte Euler-Verfahren gehört zur Klasse der Runge-Kutta-Verfahren. Genauer gesagt ist es ein zweistufiges Runge-Kutta-Verfahren. Der Begriff der Stufe bezieht sich dabei auf die Anzahl der Auswertung der Funktion f in jedem Schritt. Durch die Erhöhung der Stufe kann man die Genauigkeit des Verfahrens weiter in die Höhe treiben. Die Analyse wird dann aber zunehmend komplizierter.

Am bekanntesten ist das klassische Runge-Kutta-Verfahren 4. Stufe. Hierbei werden vier Auswertungen der Funktion f verwendet, um die Näherung y_{j+1} zu bestimmen. Der Ablauf des Verfahrens ist in Abbildung 20.24 als Flussdiagramm abgebildet.

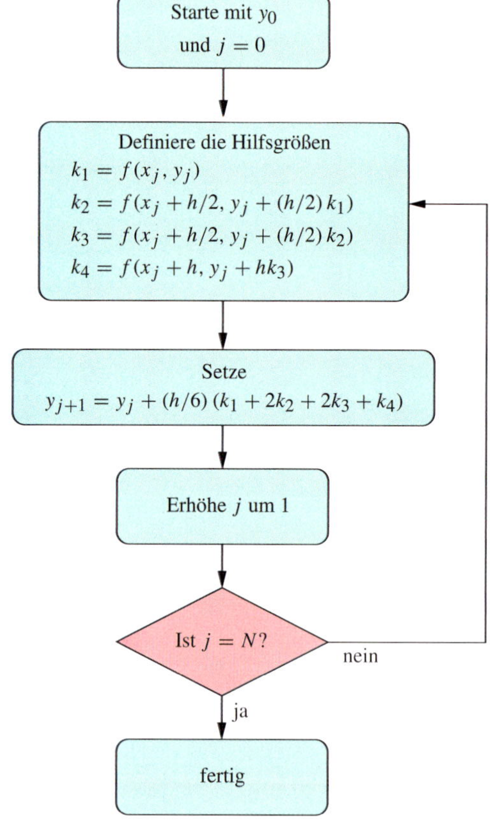

Abbildung 20.24 Der Algorithmus des klassischen Runge-Kutta-Verfahrens der 4. Stufe als Flussdiagramm.

Wir wollen uns jetzt noch einmal am Beispiel aus dem Abschnitt über das Euler-Verfahren ansehen, wie sich die erzielte Genauigkeit bei den drei Methoden, die wir bisher kennengelernt haben, unterscheidet.

Beispiel Das zu untersuchende Anfangswertproblem ist wieder

$$y'(x) = \frac{(x-1)^2}{x^2+1}\, y(x)\,, \quad x > 0\,,$$

$$y(0) = 1\,.$$

Wir berechnen die numerische Lösung auf dem Intervall $[0, 1]$ mit dem Euler-Verfahren, dem verbesserten Euler-Verfahren und dem klassischen Runge-Kutta-Verfahren 4. Stufe. Als Schrittweiten sind jeweils 2^{-n} mit $n = 2, 3, \ldots, 9$ gewählt. Die folgende Tabelle zeigt die errechneten Funktionswerte auf jeweils 8 Nachkommastellen gerundet für die Lösung an der Stelle 1.

N	Euler	verb. Euler	R.-K. 4. Stufe
4	1.501 075 37	1.368 626 94	1.359 099 11
8	1.429 289 92	1.361 813 90	1.359 138 59
16	1.394 003 03	1.359 855 50	1.359 140 78
32	1.376 516 66	1.359 325 94	1.359 140 91
64	1.367 814 59	1.359 188 00	1.359 140 91
128	1.363 474 15	1.359 152 79	1.359 140 91
256	1.361 306 62	1.359 143 90	1.359 140 91
512	1.360 223 54	1.359 141 66	1.359 140 91

Der globale Fehler ist in Abbildung 20.25 dargestellt. In den logarithmischen Skalen bildet sich eine Konvergenz der Ordnung p als eine Gerade mit Steigung p ab. Dies ist in der Grafik gut zu erkennen.

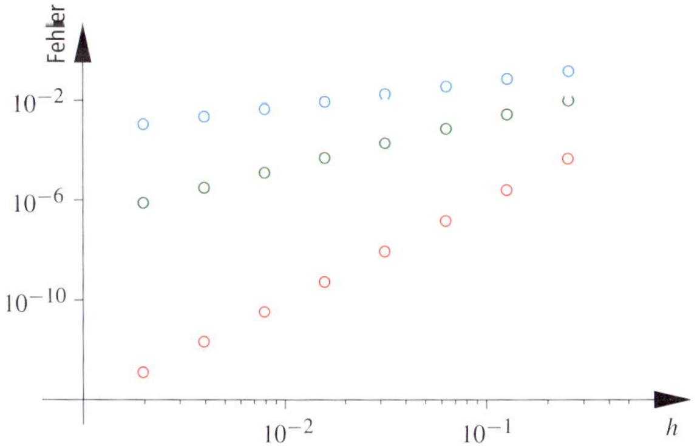

Abbildung 20.25 Der globale Fehler beim Euler-Verfahren (blau), dem verbesserten Euler-Verfahren (grün) und dem klassischen Runge-Kutta-Verfahren 4. Stufe (rot). Dargestellt ist jeweils der globale Fehler gegen die Schrittweite h in logarithmischen Skalen. In dieser Darstellung liegen die Fehler einer Methode entlang einer Geraden, deren Steigung gerade die Konvergenzordnung ist. ◄

Die zu erzielende Genauigkeit ist allerdings nur ein Aspekt bei der Beurteilung eines numerischen Verfahrens. Ein anderer ist der notwendige Aufwand. In diesen Beispielen entspricht er im Wesentlichen der Zahl der notwendigen Auswertungen von f. Diese können kostspielig sein, etwa wenn die Werte von f durch aufwendige numerische Berechnungen bestimmt werden müssen.

Man kann zeigen, dass man beim klassischen Runge-Kutta-Verfahren mit $4N$ Funktionsauswertungen einen Fehler der Größenordnung N^{-4} erzielt. Beim Euler-Verfahren ist dagegen mit derselben Anzahl von Funktionsauswertungen nur ein Fehler von $(4N)^{-1}$ zu erreichen. Sowohl beim direkten Vergleich der Konvergenzordnungen als auch beim Vergleich der Verhältnisse von Aufwand zu Konvergenzordnung hat das Euler-Verfahren also klar das Nachsehen.

In diesem Sinne stellt allerdings das klassische Runge-Kutta-Verfahren 4. Ordnung ein Optimum dar: Man kann beweisen, dass mit 5 Funktionsauswertungen keine Verbesserung der Konvergenzordnung zu erreichen ist, erst mit 6 Funktionsauswertungen ist das wieder möglich. Diese Tatsache hat dazu geführt, dass das klassische Runge-Kutta-Verfahren der 4. Stufe das sicherlich am meisten verbreitete Verfahren zu Lösung von Anfangswertproblemen darstellt.

Es gibt viele weitere Typen von numerischen Verfahren

Die bisher beschriebenen Verfahren gehören zur Klasse der *expliziten Einzelschrittverfahren:* Aus einem Wert y_j wird die Näherung y_{j+1} bestimmt, und hierfür gibt es eine explizite Formel. Der Vorteil solcher Verfahren ist darin zu sehen, dass sie einfach zu implementieren sind und, z. B. im Fall der Runge-Kutta-Verfahren höherer Stufe, eine hohe Konvergenzordnung besitzen.

Eine Alternative sind sogenannte *Mehrschrittverfahren.* Diese berechnen y_{j+1} nicht nur aus y_j, sondern ziehen auch andere vorher berechnete Werte $y_{j-1}, y_{j-2}, \ldots$ heran. Dadurch benötigt man für ein und dieselbe Konvergenzordnung weniger Funktionsauswertungen als bei einem Einzelschrittverfahren.

Einen Aspekt, den wir in unseren Überlegungen bisher ausgeklammert haben, ist die Auswirkung eines Fehlers im Startwert y_0 gegenüber dem exakten Wert $y(0)$ auf die berechneten Näherungen. Man nennt ein numerisches Verfahren für eine Differenzialgleichung *stabil*, wenn die durch Datenfehler hervorgerufenen Abweichungen beschränkt bleiben. Für explizite Verfahren bedeutet dies eine Bedingung an die Schrittweite in Abhängigkeit von der zu betrachtenden Differenzialgleichung.

Insbesondere für Systeme von Differenzialgleichungen kann die Stabilität ein gravierendes Problem darstellen: Obwohl die zu berechnenden Lösungen wenig variieren, müssen sehr kleine Schrittweiten gewählt werden, damit keine Instabilitäten auftreten. Einen Ausweg bieten sogenannte implizite Verfahren. Bei einem impliziten Einzelschrittverfahren ist in jedem Schritt eine nichtlineare Gleichung zu lösen, um y_{j+1} zu bestimmen. Solche Verfahren haben oft sehr viel größere Stabilitätsbereiche als explizite Verfahren und kommen so mit viel größeren Schrittweiten aus. Diesen Fragen wird im Gebiet der Numerischen Mathematik im Detail nachgegangen.

Zusammenfassung

Bei einer Differenzialgleichung ist ein Zusammenhang zwischen einer Funktion und ihren Ableitungen gegeben, aus dem diese Funktion bestimmt werden soll. Wir haben uns in diesem Kapitel im Wesentlichen auf den Fall beschränkt, dass die Gleichung explizit nach der höchsten Ableitung aufgelöst werden kann.

Definition einer gewöhnlichen Differenzialgleichung n-ter Ordnung

Unter einer **gewöhnlichen Differenzialgleichung n-ter Ordnung** ($n \in \mathbb{N}$) auf einem Intervall $I \subseteq \mathbb{R}$ versteht man eine Gleichung der Form

$$y^{(n)}(x) = f\left(x, y(x), y'(x), \ldots, y^{(n-1)}(x)\right)$$

für alle $x \in I$. Hierbei sind $f \colon I \times \mathbb{C}^n \to \mathbb{C}$ eine Funktion von $n + 1$ Veränderlichen und $y \in C^n(I)$ die gesuchte Funktion.

Eine Funktion, die die Differenzialgleichung auf einem Teilintervall von I erfüllt, wird **Lösung** der Differenzialgleichung genannt. Im Allgemeinen besitzt eine Differenzialgleichung viele Lösungen. Mit der **allgemeinen Lösung** meint man einen Ausdruck, der unter Verwendung von Parametern die Gesamtheit aller Lösungen darstellt, also alle Elemente der Lösungsmenge wiedergibt. Eine einzelne Lösung einer Differenzialgleichung wird auch als **partikuläre Lösung** bezeichnet.

Durch zusätzliche Vorgabe der Anfangsbedingungen

$$y(x_0) = y_0, \quad y'(x_0) = y_1, \quad \ldots, \quad y^{(n-1)}(x_0) = y_{n-1}$$

für ein $x_0 \in I$ erhält man ein **Anfangswertproblem**. Eine andere Problemklasse für Differenzialgleichungen sind *Randwertprobleme*.

Bei einem **Differenzialgleichungssystem** n-ter Ordnung mit m Gleichungen ist $\boldsymbol{f} \colon I \times \mathbb{C}^{m \times n} \to \mathbb{C}^m$ gegeben und eine vektorwertige Funktion $\boldsymbol{y} \colon I \to \mathbb{C}^m$ gesucht. Jedes Differenzialgleichungssystem kann durch eine geeignete Transformation äquivalent als ein System erster Ordnung formuliert werden. Daher reicht es für Existenz- und Eindeutigkeitsaussagen aus, Systeme erster Ordnung zu betrachten.

Einfache Klassen von Differenzialgleichungen lassen sich durch analytische Techniken lösen. Die wichtigste Klasse, und Grundbaustein für viele andere Lösungsansätze, sind separable Differenzialgleichungen.

Definition einer separablen Differenzialgleichung

Eine Differenzialgleichung erster Ordnung der Form

$$y'(x) = g(y(x))\, h(x), \quad x \in I,$$

wird **separable Differenzialgleichung** genannt. Hierbei sind $g \colon \mathbb{C} \to \mathbb{C}$ und $h \colon I \to \mathbb{C}$ zwei Funktionen *einer* Veränderlichen.

Indem man nach den Veränderlichen x und y trennt, kann man mit der Substitution $\eta = y(x)$ beide Seiten integrieren:

$$\int h(x)\, \mathrm{d}x = \int \frac{y'(x)}{g(y(x))}\, \mathrm{d}x = \int \frac{1}{g(\eta)}\, \mathrm{d}\eta\,.$$

Ein zweite zentrale Technik ist die Verwendung eines **Ansatzes** für die Lösung, also eines Ausdrucks für die gesuchte Funktion, der zu einer Vereinfachung des Problems führt. Für gewisse Typen von Differenzialgleichungen sind geeignete Ansätze bekannt.

Ein wichtiger Fall ist der Typ der **linearen Differenzialgleichung erster Ordnung**:

$$a(x)\, y'(x) + b(x)\, y(x) = f(x), \quad x \in I\,.$$

Der Ausdruck auf der linken Seite kann hier als eine lineare Abbildung im Sinne der linearen Algebra, zum Beispiel von $C^1(I) \to C(I)$ aufgefasst werden. Die Lösungstheorie linearer Differenzialgleichungen stellt sich ganz analog zur Lösungstheorie linearer Gleichungssysteme dar. Man erhält die zugehörige **homogene lineare Differenzialgleichung** durch Setzen von $f(x) = 0$. Diese kann durch Trennung der Veränderlichen gelöst werden. Die allgemeine Lösung der inhomogenen linearen Differenzialgleichung ist die Summe der allgemeinen Lösung der homogenen Gleichung und einer partikulären Lösung der inhomogenen Gleichung. Im Sinne der linearen Algebra ist die Lösungsmenge also ein affiner Raum. Eine partikuläre Lösung der inhomogenen linearen Differenzialgleichung kann durch den Ansatz der **Variation der Konstanten** bestimmt werden.

Eine dritte analytische Lösungstechnik ist die der **Substitution:** Durch Ersetzen der unbekannten Funktion durch einen Ausdruck mit einer anderen unbekannten Funktion wird die Differenzialgleichung auf einen anderen Typ zurückgeführt, für den schon Lösungen bekannt sind. Beispiele für diese Technik sind die **Bernoulli'schen Differenzialgleichungen** oder **homogene Differenzialgleichungen.**

Von mathematischem Interesse sind insbesondere möglichst allgemeine Aussagen über die Existenz und Eindeutigkeit von Lösungen von Anfangswertproblemen. Der **Satz von**

Picard-Lindelöf macht die Aussage, dass ein Anfangswertproblem für ein System erster Ordnung in einer Umgebung der Anfangswertvorgabe stets eine eindeutige Lösung besitzt, sofern die Funktion F, die die rechte Seite des Systems darstellt, einige gutartige Eigenschaften besitzt: Sie muss in einer Umgebung der Anfangswertvorgabe stetig und beschränkt sein sowie bezüglich ihres zweiten Arguments einer Lipschitz-Bedingung genügen. Es ist dann auch möglich, die Lösung durch Fixpunktiterationen, sogenannte **sukzessive Approximationen,** zu bestimmen.

Da sich für längst nicht alle Differenzialgleichungen die Lösungen durch Ausdrücke aus Standardfunktionen darstellen lassen, haben numerische Verfahren zu Lösungsbestimmung eine große Bedeutung. Das einfachste Verfahren ist das **Euler-Verfahren,** das die Ableitung in der Differenzialgleichung durch einen Differenzenquotienten ersetzt und so die Funktionswerte in gewissen Gitterpunkten näherungsweise bestimmt. Eine Verbesserung dieses Vorgehens führt auf **Runge-Kutta-Verfahren,** die höhere Konvergenzordnungen besitzen.

Aufgaben

Die Aufgaben gliedern sich in drei Kategorien: Anhand der *Verständnisfragen* können Sie prüfen, ob Sie die Begriffe und zentralen Aussagen verstanden haben, mit den *Rechenaufgaben* üben Sie Ihre technischen Fertigkeiten und die *Beweisaufgaben* geben Ihnen Gelegenheit, zu lernen, wie man Beweise findet und führt.

Ein Punktesystem unterscheidet leichte Aufgaben •, mittelschwere •• und anspruchsvolle ••• Aufgaben. Lösungshinweise am Ende des Buches helfen Ihnen, falls Sie bei einer Aufgabe partout nicht weiterkommen. Dort finden Sie auch die Lösungen – betrügen Sie sich aber nicht selbst und schlagen Sie erst nach, wenn Sie selber zu einer Lösung gekommen sind. Ausführliche Lösungswege stehen auf der Website des Verlags zur Verfügung.

Viel Spaß und Erfolg bei den Aufgaben!

Verständnisfragen

20.1 • Gegeben ist die Differenzialgleichung

$$y'(x) = -2\,x\,(y(x))^2\,, \quad x \subset \mathbb{R}\,.$$

(a) Skizzieren Sie das Richtungsfeld dieser Gleichung.
(b) Bestimmen Sie eine Lösung durch den Punkt $P_1 = (1, 1/2)^\top$.
(c) Gibt es eine Lösung durch den Punkt $P_2 = (1, 0)^\top$?

20.2 •• Eine Differenzialgleichung der Form

$$u'(x) = h(u(x))\,,$$

in der also die rechte Seite nicht explizit von x abhängt, nennt man autonom. Zeigen Sie, dass jede Lösung einer autonomen Differenzialgleichung translationsinvariant ist, d. h., mit u ist auch $v(x) = u(x + a)$, $x \in \mathbb{R}$, eine Lösung. Lösen Sie die Differenzialgleichung für den Fall $h(u) = u(u - 1)$.

20.3 •• Das Anfangswertproblem

$$y'(x) = 1 - x + y(x)\,, \quad y(x_0) = y_0$$

soll mit dem Euler-Verfahren numerisch gelöst werden. Ziel ist es zu zeigen, dass die numerische Lösung für $h \to 0$ in jedem Gitterpunkt gegen die exakte Lösung konvergiert.
(a) Bestimmen Sie die exakte Lösung y des Anfangswertproblems.

(b) Mit y_k bezeichnen wir die Approximation des Euler-Verfahrens am Punkt $x_k = x_0 + kh$. Zeigen Sie, dass

$$y_k = (1 + h)^k (y_0 - x_0) + x_k\,.$$

(c) Wir wählen $\hat{x} > x_0$ beliebig und setzen die Schrittweite $h = (\hat{x} - x_0)/n$ für $n \in \mathbb{N}$. Die Approximation des Euler-Verfahrens am Punkt $x_n = \hat{x}$ ist dann y_n. Zeigen Sie

$$\lim_{n \to \infty} y_n = y(\hat{x})\,.$$

20.4 •• Für $(x, y)^\top$ aus dem Rechteck

$$R = \{(x, y) \mid |x| < 10\,, \quad |y - 1| < b\}$$

ist die Funktion f definiert durch

$$f(x, y) = 1 + y^2\,.$$

(a) Geben Sie mit dem Satz von Picard-Lindelöf ein Intervall $[-\alpha, \alpha]$ an, auf dem das Anfangswertproblem

$$y'(x) = f(x, y(x))\,, \quad y(0) = 1\,,$$

genau eine Lösung auf $(-\alpha, \alpha)$ besitzt.
(b) Wie muss man die Zahl b wählen, damit die Intervalllänge 2α aus (a) größtmöglich wird?
(c) Berechnen Sie die Lösung des Anfangswertproblems. Auf welchem Intervall existiert die Lösung?

Rechenaufgaben

20.5 • Berechnen Sie die allgemeinen Lösungen der folgenden Differenzialgleichungen:

(a) $y'(x) = x^2\, y(x)\,,\qquad x \in \mathbb{R}$

(b) $y'(x) + x\,(y(x))^2 = 0\,,\qquad x \in \mathbb{R}$

(c) $x\, y'(x) = \sqrt{1 - (y(x))^2}\,,\quad x \in \mathbb{R}$

20.6 •• Berechnen Sie die Lösungen der folgenden Anfangswertprobleme:

(a) $u'(x) = \dfrac{x}{3\sqrt{1 + x^2\,(u(x))^2}}\,,\qquad x > 0$

$u(0) = 3$

(b) $u'(x) = -\dfrac{1}{2x}\,\dfrac{(u(x))^2 - 6u(x) + 5}{u(x) - 3}\,,\quad x > 1$

$u(1) = 2$

20.7 ••• Bestimmen Sie die Lösung des Anfangswertproblems aus dem Beispiel von Seite 836:

$$\sqrt{1 + (y'(x))^2} + c\,x\,y''(x) = 0\,,\quad x \in (A, 0)\,,$$
$$y(A) = y'(A) = 0$$

mit Konstanten $c > 0$ mit $c \neq 1$ und $A < 0$. Welchen qualitativen Unterschied gibt es in der Lösung für $c < 1$ bzw. für $c > 1$?

20.8 • Bestimmen Sie die allgemeine Lösung der linearen Differenzialgleichung erster Ordnung:

$$u'(x) + \cos(x)\,u(x) = \frac{1}{2}\,\sin(2x)\,,\quad x \in (0, \pi)\,.$$

20.9 •• Bestimmen Sie die allgemeine Lösung der Differenzialgleichung

$$u'(x) = \frac{1}{2x}\,u(x) - \frac{1}{2u(x)}\,,\quad x \in (0, 1)\,.$$

Welche Werte kommen für die Integrationskonstante in Betracht, wenn nur reellwertige Lösungen infrage kommen sollen?

20.10 •• Bestimmen Sie die allgemeine Lösung der Differenzialgleichung

$$y'(x) = 1 + \frac{(y(x))^2}{x^2 + x\,y(x)}\,,\quad x > 0\,.$$

20.11 • Berechnen Sie die ersten drei sukzessiven Iterationen zu dem Anfangswertproblem

$$u'(x) = x - (u(x))^2\,,\quad x \in \mathbb{R}\,,\quad u(0) = 1\,.$$

Beweisaufgaben

20.12 •• Eine Differenzialgleichung der Form

$$y(x) = x\,y'(x) + f\big(y'(x)\big)$$

für x aus einem Intervall I und mit einer stetig differenzierbaren Funktion $f : \mathbb{R} \to \mathbb{R}$ wird **Clairaut'sche Differenzialgleichung** genannt.

(a) Differenzieren Sie die Differenzialgleichung und zeigen Sie so, dass es eine Schar von Geraden gibt, von denen jede die Differenzialgleichung löst.

(b) Es sei konkret

$$f(p) = \frac{1}{2}\ln(1 + p^2) - p \arctan p\,,\quad p \in \mathbb{R}\,.$$

Bestimmen Sie eine weitere Lösung der Differenzialgleichung für $I = (-\pi/2, \pi/2)$.

(c) Zeigen Sie, dass für jedes $x_0 \in (-\pi/2, \pi/2)$ die Tangente der Lösung aus (b) eine der Geraden aus (a) ist. Man nennt die Lösung aus (b) auch die **Einhüllende** der Geraden aus (a).

(d) Wie viele verschiedene stetig differenzierbare Lösungen gibt es für eine Anfangswertvorgabe $y(x_0) = y_0, y_0 > 0$, mit $x_0 \in (-\pi/2, \pi/2)$?

20.13 • Ist $I \subseteq \mathbb{R}$ ein Intervall und sind $a, b, c \in C(I)$, so nennt man die Differenzialgleichung

$$y'(x) = a(x)\,(y(x))^2 + b(x)\,y(x) + c(x)\,,\quad x \in I\,,$$

eine **Riccati'sche Differenzialgleichung.** Zeigen Sie: Ist $y_p \in C^1(I)$ eine partikuläre Lösung dieser Gleichung, so ist jede Lösung y von der Form

$$y = y_p + z\,,$$

wobei z Lösung der Bernoulli'schen Differenzialgleichung

$$z'(x) = \big(2\,a(x)\,y_p(x) + b(x)\big)\,z(x) + a(x)\,(z(x))^2\,,\quad x \in I\,,$$

ist. Umgekehrt ist für jede Lösung z dieser Bernoulli'schen Differenzialgleichung die Summe $y_p + z$ Lösung der Riccati'schen Differenzialgleichung.

20.14 • Zeigen Sie folgende Varianten zum Satz von Picard-Lindelöf:

(a) Ist $Q = I \times \mathbb{C}^n$, so existiert die Lösung auf ganz I.

(b) Erfüllt die Funktion F die Voraussetzungen des Satzes von Picard-Lindelöf für jedes a und $Q = [x_0 - a, x_0 + a] \times \mathbb{C}^n$, so existiert eine auf ganz $\mathbb{R}$ definierte eindeutige Lösung des Anfangswertproblems.

20.15 •• Für das Intervall J aus dem Satz von Picard-Lindelöf kann auf $C(J, \mathbb{C}^n)$ die gewichtete Maximumsnorm

$$\|\boldsymbol{f} - \boldsymbol{g}\| = \max_{k=1,\ldots,n}\; \max_{\xi \in J}\; \left| \mathrm{e}^{-(n+1)\,L\,|\xi - x_0|}\,(f_k(\xi) - g_k(\xi)) \right|$$

eingeführt werden. Zeigen Sie:

(a) Die Menge M ist mit der durch diese Norm induzierten Metrik ein vollständiger metrischer Raum.

(b) Für die Abbildung $\mathcal{G} : M \to M$ und alle $\boldsymbol{f}, \boldsymbol{g} \in M$ gilt die Abschätzung

$$\|\mathcal{G}\boldsymbol{f} - \mathcal{G}\boldsymbol{g}\| \le \frac{n}{n+1}\left(1 - \mathrm{e}^{-(n+1)L\alpha}\right)\|\boldsymbol{f} - \boldsymbol{g}\|\,.$$

(c) Der Satz von Picard-Lindelöf folgt so direkt aus dem Banach'schen Fixpunktsatz.

20.16 •• Gegeben ist ein Intervall I und eine stetige Funktion $F : I \times \mathbb{R} \to \mathbb{R}$, die bezüglich ihres zweiten Arguments lipschitz-stetig ist mit Lipschitz-Konstante L. Zeigen Sie: Sind zwei Lösungen y_j, $j = 1, 2$ der Differenzialgleichung

$$y_j'(x) = F(x, y_j(x))\,, \quad x \in I\,,$$

gegeben, so gilt für alle $x, x_0 \in I$ die Abschätzung

$$|y_1(x) - y_2(x)| \le |y_1(x_0) - y_2(x_0)|\,\mathrm{e}^{L\,|x-x_0|}\,.$$

Antworten der Selbstfragen

S. 832
Die Funktionen aus (b) und (c) sind Lösungen.

S. 838
Mit der Substitution $w_1(t) = u(t)$, $w_2(t) = u'(t)$ gilt

$$w_1'(t) = w_2(t)$$
$$w_2'(t) = \cosh(t) - (w_1(t))^2 + \sin(t)\,(w_2(t))^2\,w_1(t)\,.$$

S. 841
(a) und (c) sind separabel, die anderen beiden nicht.

S. 842
Die Gleichung lautet $c'(x) = 2x\,\exp(x^2)$.

S. 846
Es sollte $y(x) = 1/u(x)$ substituiert werden.

S. 852
Es ist $I = [1, 3]$ und $Q = [0, 2]$. Die Lipschitz-Konstante ergibt sich aus der Abschätzung

$$\begin{aligned}|F(x, y_1) - F(x, y_2)| &= |x^2\,(y_2^2 - y_1^2)|\\ &= x^2\,|y_2 + y_1| \cdot |y_2 - y_1|\,.\end{aligned}$$

Damit ist

$$L = \max_{x \in I,\ y_1, y_2 \in Q} x^2\,|y_2 + y_1| = 9 \cdot 4 = 36\,.$$

Eine Schranke für F ergibt sich aus

$$|1 - y^2| \le 3 \quad \text{für } y \in Q\,.$$

Daher folgt

$$|F(x, y)| = |x^2\,(1 - y^2)| \le 9 \cdot 3 = 27$$

für $(x, y) \in I \times Q$. Es ist damit $R = 27$, und wir erhalten

$$\alpha = \min\left\{1, \frac{b}{R}\right\} = \min\left\{1, \frac{1}{27}\right\} = \frac{1}{27}\,.$$

Also existiert die Lösung garantiert auf dem Intervall $[53/27, 55/27]$.

Funktionen mehrerer Variablen – Differenzieren im Raum

21

Wie kann man den Begriff der Differenzierbarkeit von einer auf mehrere Variable übertragen?

Kann man die Ableitung von Funktionen berechnen, die man gar nicht explizit kennt?

Wie löst man Extremwertaufgaben in mehreren Variablen?

Was ist der Affensattel?

© Springer-Verlag GmbH Deutschland, ein Teil von Springer Nature 2022
T. Arens et al., *Grundwissen Mathematikstudium*,
https://doi.org/10.1007/978-3-662-63313-7_21

Nachdem wir uns im Kapitel 19 ausführlich mit dem Begriff der Stetigkeit von Abbildungen zwischen metrischen und topologischen Räumen beschäftigt haben, entwickeln wir in diesem zentralen Kapitel die fundamentalen Tatsachen der Differenzialrechnung für Abbildungen $f : D \to \mathbb{R}^m$, deren Definitionsbereich i. Allg. eine offene (nichtleere) Menge $D \subseteq \mathbb{R}^n$ ist. Dabei geht es zunächst darum, den „richtigen" Begriff für die Differenzierbarkeit einer Funktion von mehreren Variablen zu finden. Die naheliegende Idee, bei einer Funktion von n Variablen $n - 1$ Variablen festzuhalten und die dadurch entstehende Funktion einer Veränderlichen mit den geläufigen Methoden der Differenzialrechnung einer Variablen zu behandeln, führt zum Begriff der *partiellen Ableitung* und zur *partiellen Differenzierbarkeit*, aus dem aber nicht notwendigerweise die Stetigkeit an der betreffenden Stelle folgt. Wir suchen nach einem stärkeren Differenzierbarkeitsbegriff, für den aus der Differenzierbarkeit auch die Stetigkeit folgt. Als zentraler Begriff wird sich dabei die *totale Differenzierbarkeit* erweisen.

Differenzierbare Funktionen bzw. Abbildungen treten in vielfältiger Weise auf: So interessiert man sich auch bei differenzierbaren Funktionen mehrerer Variablen für lokale Extrema und nach Methoden, diese zu bestimmen und zu charakterisieren. Differenzierbare Abbildungen liefern unter geeigneten Voraussetzungen Koordinatentransformationen. Sie treten als Vektorfelder auf und liefern Darstellungen von Flächen (siehe Abschnitt 23.3).

Auch bei der Transformationsformel für das n-fache Lebesgue-Integral spielen Koordinatentransformationen eine zentrale Rolle. Der lokale Umkehrsatz, der mithilfe des Banach'schen Fixpunktsatzes (siehe Abschnitt 19.5) bewiesen wird, bringt neue, wesentliche Momente in die Betrachtungen und ermöglicht z. B. einen Beweis des Satzes über implizite Funktionen.

21.1 Einführung

Der einfachste Fall für eine Funktion mehrerer Variablen $f : D \subseteq \mathbb{R}^n \to \mathbb{R}^m$ ist $n = 2$ und $m = 1$. Hier lassen sich schon typische Phänomene studieren.

Seien also $D \subseteq \mathbb{R}^2$ offen, $(a, b)^\top \in D$ ein fester Punkt und $f : D \to \mathbb{R}$ eine (reellwertige) Funktion.

Bei festem $y = b$ erhält man durch

$$f_b : M \to \mathbb{R},$$
$$x \mapsto f(x, b)$$

eine Funktion einer Veränderlichen, deren Definitionsbereich die Menge $M = \{x \in \mathbb{R};\ (x, b)^\top \in D\}$ ist (Abb. 21.1).

Diese Menge ist eine offene Umgebung von a (in $\mathbb{R}$). Hat nun diese Funktion in $x = a$ eine Ableitung, existiert also

$$\lim_{\substack{x \to a \\ x \neq a}} \frac{f_b(x) - f_b(a)}{x - a} = \lim_{\substack{x \to a \\ x \neq a}} \frac{f(x, b) - f(a, b)}{x - a},$$

so heißt dieser Grenzwert die **partielle Ableitung** von f nach der ersten Variablen in $(a, b)^\top$. Wir verwenden dabei

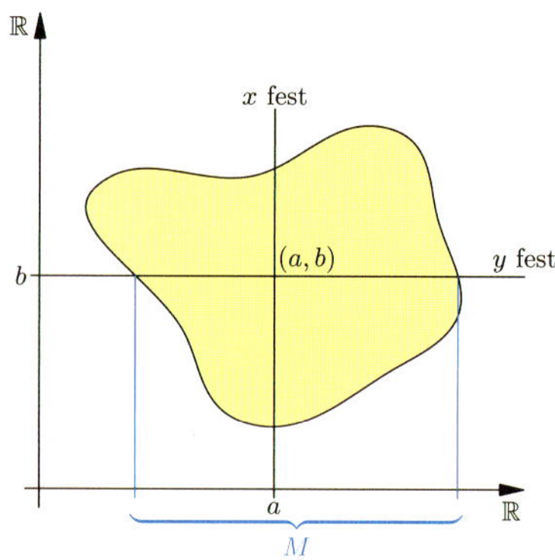

Abbildung 21.1 Definitionsmenge $M = \{x \in \mathbb{R} \mid (x, b)^\top \in D\}$.

die folgende Notation für partielle Ableitungen

$$\partial_1 f(a, b) = \partial_x f(a, b) = \frac{\partial f}{\partial x}(a, b)$$

und völlig analog:

$$\partial_2 f(a, b) = \partial_y f(a, b) = \frac{\partial f}{\partial y}(a, b).$$

Beispiel

- Seien $f(x, y) = 3x - 6y$ und $D = \mathbb{R}^2$. Die partiellen Ableitungen existieren in allen Punkten $(x, y)^\top \in D$ und sind konstant:

$$\partial_1 f(x, y) = 3 \quad \text{und} \quad \partial_2 f(x, y) = -6.$$

- Für $f : \mathbb{R}^2 \to \mathbb{R}$, $(x, y)^\top \mapsto e^x \cos y$ existieren für alle $(x, y)^\top \in \mathbb{R}^2$ die partiellen Ableitungen, und es gilt:

$$\partial_1 f(x, y) = e^x \cos y \quad \text{und} \quad \partial_2 f(x, y) = -e^x \sin y.$$

- Für $f : \mathbb{R}^2 \to \mathbb{R}$ mit

$$f(x, y) = \begin{cases} 0, & \text{falls } x = y = 0, \\ \frac{2xy}{x^2 + y^2}, & \text{falls } (x, y)^\top \neq (0, 0)^\top \end{cases}$$

(für eine Visualisierung des Funktionsgraphen siehe Seite 873) existieren die partiellen Ableitungen im Punkt $(a, b)^\top = (0, 0)^\top$, und es gilt $\partial_1 f(0, 0) = 0 = \partial_2 f(0, 0)$, was sich sofort aus der Definition ergibt. Die Funktion f ist aber, wie wir wissen, an der Stelle $(0, 0)^\top$ nicht stetig (vergl. Seite 778). Wir bemerken hier noch, dass in den Punkten $(0, y)^\top$, $y \neq 0$, $\partial_1 f(0, y) = \frac{2}{y}$ gilt und in den Punkten $(x, 0)^\top$, $x \neq 0$, $\partial_2 f(x, 0) = \frac{2}{x}$. Die beiden partiellen Ableitungen $\partial_1 f$ und $\partial_2 f$ sind also in $(0, 0)^\top$ nicht stetig.

- Noch einfacher ist $f : \mathbb{R}^2 \to \mathbb{R}$ mit $f(x, y) = 0$, falls $xy = 0$ und $f(x, y) = 1$ sonst. Es ist $\partial_1 f(0, 0) = \partial_2 f(0, 0) = 0$, f ist aber unstetig in $(0, 0)^\top$. ◄

Existenz partieller Ableitungen und Stetigkeit

Aus der partiellen Differenzierbarkeit folgt also im Allgemeinen nicht die Stetigkeit der Funktion an der betreffenden Stelle! Wir suchen daher einen *stärkeren Differenzierbarkeitsbegriff*, für welchen aus der Differenzierbarkeit an der betrachteten Stelle auch die Stetigkeit an dieser Stelle folgt.

Das ist der Begriff der **totalen Differenzierbarkeit**. Wir betrachten in der Regel die folgende Situation: D sei eine nichtleere offene Teilmenge im $\mathbb{R}^n$, $a \in D$ und $f: D \to \mathbb{R}^m$ eine Abbildung. Die Grundidee ist dieselbe wie bei Funktionen einer Variablen auf einem Intervall.

Wir wollen die Differenz $f(x) - f(a)$ wenigstens in der Nähe von a durch eine lineare Abbildung geeignet approximieren. Diese lineare Abbildung nennen wir das **Differenzial** von f in a. Die Darstellungsmatrix des Differenzials von f in a bezüglich der Standardbasen von $\mathbb{R}^n$ bzw. $\mathbb{R}^m$ nennen wir die Ableitung von f in a und bezeichnen sie mit $\mathcal{J}(f; a)$ (**Jacobi-Matrix** von f in a) oder einfach $f'(a)$. Die Ableitung ist also eine $m \times n$-Matrix. Der Formalismus bei Funktionen mehrerer Veränderlicher ist komplizierter als in einer Variablen, er erfordert den Einsatz der Hilfsmittel der linearen Algebra. Speziell sind die Vertrautheit mit der Matrixdarstellung von linearen Abbildungen zwischen endlichdimensionalen $\mathbb{R}$-Vektorräumen und Kenntnisse über Determinanten erforderlich.

Die partiellen Ableitungen spielen bei der Berechnung der die lineare Abbildung repräsentierenden Matrix (bzgl. der Standardbasen) – also der Jacobi-Matrix – eine wichtige Rolle, und sie liefern unter der zusätzlichen Voraussetzung ihrer Stetigkeit das fundamentale hinreichende Kriterium für die totale Differenzierbarkeit.

Partielle Ableitungen sind jedoch nur spezielle **Richtungsableitungen** (Ableitungen in Richtung der Einheitsvektoren). Wir beschäftigen uns deshalb zunächst mit:

- verschiedenen Differenzierbarkeitsbegriffen, mit einem Exkurs über den Zusammenhang der (totalen) Differenzierbarkeit in $\mathbb{R}^2$ und der komplexen Differenzierbarkeit in $\mathbb{C}$,
- Rechenregeln für differenzierbare Abbildungen; von besonderer Wichtigkeit sind dabei die Kettenregel, der Mittelwertsatz und der Schrankensatz,
- höheren Ableitungen und dem Vertauschungssatz von Schwarz,
- der Taylor-Formel und lokalen Extremwerten,

In einem kurzen Exkurs beschäftigen wir uns auch mit den folgenden Punkten: Wann besitzt ein Vektorfeld ein Potenzial? Wir erhalten eine einfache notwendige Bedingung: Die Symmetrie der Jacobi-Matrix. Diese ist z. B. in Sterngebieten auch hinreichend für die Existenz eines Potenzials.

Der lokale Umkehrsatz für differenzierbare Abbildungen und der Satz über implizite Funktionen bilden den wesentlichen Kern und Höhepunkt dieses Kapitels.

Extremwerte unter Nebenbedingungen und Lagrange'sche Multiplikatoren werden in Kapitel 25 behandelt.

Im Folgenden ist D meist eine offene (nichtleere) Teilmenge des $\mathbb{R}^n$. Wir betrachten Abbildungen $f: D \to \mathbb{R}^m$,

$$
x \mapsto f(x) = \begin{pmatrix} f_1(x) \\ \vdots \\ f_m(x) \end{pmatrix} = f_1(x)e_1 + \ldots + f_m(x)e_m \,,
$$

wobei $(e_1, \ldots, e_m)$ die Standardbasis des $\mathbb{R}^m$ darstellt.

Die Funktionen $f_j: D \to \mathbb{R}$ $(1 \leq j \leq m)$ heißen die Komponentenfunktionen von f. Ist $m \geq 2$, dann heißt f auch vektorwertige Funktion, für $m = 1$ Skalarfunktion oder einfach nur Funktion.

Aus Platzgründen verwenden wir für $x \in \mathbb{R}^n$ manchmal auch die Zeilenschreibweise $x = (x_1, \ldots, x_n)$, insbesondere bei Argumenten von Funktionen.

Wenden wir jedoch Matrizen auf Elemente $x \in \mathbb{R}^n$ an, so schreiben wir diese als Spaltenvektoren, z. B.:

$$
Ax = A \begin{pmatrix} x_1 \\ \vdots \\ x_n \end{pmatrix} \,, \quad A \in \mathbb{R}^{m \times n} \,.
$$

Ax wird hier als Matrizenprodukt aufgefasst, das Ergebnis ist also ein Spaltenvektor im $\mathbb{R}^m$.

21.2 Differenzierbarkeitsbegriffe: Totale und partielle Differenzierbarkeit

Wir erinnern daran, dass für die Differenzierbarkeit von Funktionen $f: D \to \mathbb{R}$ auf einem echten Intervall D (d. h. ein Intervall, dass mindestens 2 Punkte enthält) und $a \in D$ folgende Aussagen äquivalent sind (siehe Abschnitt 15.1):

(i) Es gibt eine Zahl $l \in \mathbb{R}$ und eine in a stetige Funktion $\varrho: D \to \mathbb{R}$ mit $\varrho(a) = 0$, sodass für alle $x \in D$ gilt:

$$
f(x) = f(a) + l(x - a) + (x - a)\varrho(x).
$$

Dies ist äquivalent zur vertrauten Aussage, dass der Limes des Differenzenquotienten $\lim\limits_{x \to a} \frac{f(x) - f(a)}{x - a}$ existiert und den Wert l hat.

(ii) Es gibt eine Zahl $l \in \mathbb{R}$, sodass für den durch die Gleichung

$$
f(x) = f(a) + l(x - a) + r(x)
$$

definierten Rest $r: D \to \mathbb{R}$ gilt:

$$
\lim_{x \to a} \frac{r(x)}{x - a} = 0 \,.
$$

(iii) Es gibt eine lineare Abbildung $L\colon \mathbb{R} \to \mathbb{R}$ mit

$$\lim_{x \to a} \frac{f(x) - f(a) - L(x - a)}{x - a} = 0.$$

Hier steht der Gedanke der linearen Approximation im Mittelpunkt.

Die Funktionsänderung $f(x) - f(a)$ wird durch eine lineare Abbildung so gut approximiert, dass für den Fehler $r(x) = f(x) - f(a) - L(x - a)$ sogar $\lim_{x \to a} \frac{r(x)}{x-a} = 0$ gilt.

Hier ist $l = f'(a) = L(1)$ der Wert der Ableitung an der Stelle a. Im Mehrdimensionalen müssen wir uns an eine neue Definition der Ableitung gewöhnen.

Keine Unterscheidung von L und L(1) im Eindimensionalen

Im Eindimensionalen ist eine lineare Abbildung $L\colon \mathbb{R} \to \mathbb{R}$ eindeutig bestimmt durch ihren Wert $l = L(1)$, denn es ist für beliebiges $h \in \mathbb{R}$

$$L(h) = L(h \cdot 1) = h L(1) = hl = lh,$$

und umgekehrt bewirkt jedes $l \in \mathbb{R}$ eine lineare Abbildung $L\colon \mathbb{R} \to \mathbb{R}$, nämlich $h \mapsto lh$. Hier unterscheidet man deshalb meist nicht zwischen der linearen Abbildung L und ihrem Wert $l = L(1)$.

Die (totale) Differenzierbarkeit ist ein starker Differenzierbarkeitsbegriff

Definition der totalen Differenzierbarkeit

Seien $n, m \in \mathbb{N}$, $D \subseteq \mathbb{R}^n$ eine offene (nichtleere) Teilmenge und $a \in D$.

Eine Abbildung $f\colon D \to \mathbb{R}^m$ heißt in $a \in D$ **total differenzierbar** oder kurz **differenzierbar**, wenn es eine (i. A. von a abhängige) $\mathbb{R}$-lineare Abbildung

$$L\colon \mathbb{R}^n \to \mathbb{R}^m$$

gibt, sodass der durch die Gleichung

$$f(x) = f(a) + L(x - a) + r(x)$$

definierte Rest $r\colon \mathbb{R}^n \to \mathbb{R}^m$ die Bedingung

$$\lim_{x \to a} \frac{r(x)}{\|x - a\|} = 0 \qquad (*)$$

erfüllt.

Dabei sei $\|\ldots\|$ irgendeine der (äquivalenten) Normen im $\mathbb{R}^n$ (siehe Seite 667 und 774).

Achtung: Es wird also nicht nur $\lim_{x \to a} r(x) = 0$ gefordert, sondern sogar $\lim_{x \to a} \frac{r(x)}{\|x-a\|} = 0$. Man sagt: r geht beim Grenzübergang $x \to a$ schneller gegen Null als $x \mapsto \|x - a\|$.

Wegen $r(x) = f(x) - f(a) - L(x - a)$ bedeutet die Gleichung $(*)$ in der ε-δ-Sprache: Zu jedem $\varepsilon > 0$ gibt es ein $\delta > 0$, sodass für alle $x \in D$ mit $\|x - a\| < \delta$ und $x \neq a$ gilt:

$$\frac{\|f(x) - f(a) - L(x - a)\|}{\|x - a\|} < \varepsilon.$$

Dabei sind die Norm im Zähler irgendeine Norm im $\mathbb{R}^m$ und die Norm im Nenner irgendeine Norm im $\mathbb{R}^n$. Wegen der Äquivalenz der jeweiligen Normen kommt es nicht darauf an, welche Norm man wählt.

Setzt man $h = x - a$, so sagt man auch, dass $h \mapsto f(a+h) - f(a)$ durch $h \mapsto Lh$ bei $h = 0$ in erster Ordnung approximiert wird.

Das Differenzial einer Funktion f ist von ihrer Ableitung zu unterscheiden

Definition des Differenzials

Man nennt L im Fall der Existenz das **Differenzial** von f in a und schreibt

$$L = \mathrm{d}f(a).$$

Wir werden gleich sehen, dass L eindeutig bestimmt ist.

In der Literatur werden auch andere Bezeichnungen für das Differenzial verwendet, z. B. $\mathrm{D}f(a)$ oder $\mathrm{d}f|_a$, gelegentlich auch $f'(a)$. Wir wollen jedoch die Bezeichnung $f'(a)$ für die Matrixdarstellung des Differenzials $\mathrm{d}f(a)$ bezüglich der Standardbasen im $\mathbb{R}^n$ bzw. im $\mathbb{R}^m$ verwenden (vergleiche hierzu die Box über die Jacobi-Matrix, Seite 875).

Ist $f = (f_1, \ldots, f_m)^\top$, so werden wir sehen, dass man $f'(a)$ mithilfe der partiellen Ableitungen der Komponenten f_j von f berechnen kann.

Beweis: (für die Wohldefiniertheit des Differenzials)

Die behauptete Eindeutigkeit ergibt sich so: Gilt auch $f(x) = f(a) + \tilde{L}(x - a) + \tilde{r}(x)$ mit einer linearen Abbildung $\tilde{L}\colon \mathbb{R}^n \to \mathbb{R}^m$ und mit $\lim_{x \to a} \frac{\tilde{r}(x)}{\|x-a\|} = 0$, so folgt:

$$(L - \tilde{L})(x - a) = \tilde{r}(x) - r(x)$$

und damit auch:

$$\lim_{x \to a} \frac{L(x - a) - \tilde{L}(x - a)}{\|x - a\|} = 0.$$

Wählt man nun einen beliebigen Einheitsvektor $v \in \mathbb{R}^n$ und betrachtet diejenigen $x \in D$, für die $x - a = t v$ mit genügend kleinem positiven t gilt, so ergibt sich:

$$\lim_{t \to 0} \frac{L(t v) - \tilde{L}(t v)}{t} = 0,$$

was schon wegen der Homogenität von L natürlich $L(v) = \tilde{L}(v)$ bedeutet. Da man für v jeden Einheitsvektor von $\mathbb{R}^n$ wählen kann, bedeutet dies $L = \tilde{L}$. $\blacksquare$

Für die Eindeutigkeit der approximierenden linearen Abbildung geben wir später einen weiteren Beweis.

Definition einer differenzierbaren Abbildung

Eine Abbildung $f: D \to \mathbb{R}^m$ heißt **differenzierbar**, wenn f an jeder Stelle $a \in D$ differenzierbar ist.

Man beachte: Die Zuordnung $x \mapsto d f(x)$ ist dann eine Abbildung von D in den Raum $\mathrm{Hom}(\mathbb{R}^n, \mathbb{R}^m)$ der $\mathbb{R}$-linearen Abbildungen von $\mathbb{R}^n$ in den $\mathbb{R}^m$. Im Unterschied zur sogenannten **partiellen Differenzierbarkeit**, auf die wir bald zurück kommen, spricht man auch von **total differenzierbar** und der **totalen Differenzierbarkeit**. Wir lassen das Adjektiv „total" meist weg, außer wenn wir die Unterschiede zwischen totaler und partieller Differenzierbarkeit betonen und diese Begriffe ausdrücklich unterscheiden wollen.

Sowohl die lineare Abbildung L also auch der Rest r hängen im Allgemeinen von der betrachteten Stelle ab, was man in der Notation meist nicht extra zum Ausdruck bringt.

Ist $f'(a)$ die Matrixdarstellung des Differenzials $d f(a)$, so verwenden manche Autoren für $d f(a) h = f'(a) h$ die Schreibweise $f'(a, h)$. f' ist dann eine Abbildung von $D \times \mathbb{R}^n \to \mathbb{R}^m$, die bezüglich des zweiten Argumentes linear ist. Der Begriff der totalen Differenzierbarkeit wurde zuerst 1908 von W. H. Young eingeführt und 1911 von M. Fréchet in einem allgemeinen Kontext behandelt.

Statt offener Mengen muss man gelegentlich auch allgemeinere Teilmengen als Definitionsbereiche differenzierbarer Abbildungen zulassen, etwa Mengen $X \subset \mathbb{R}^n$, die für jeden Punkt $x \in X$ einen nichtausgearteten Quader $Q = [a_1, b_1] \times [a_2, b_2] \ldots \times [a_n, b_n]$ mit $x \in Q \subset X$ enthalten. Dabei sind die $[a_j, b_j]$ mit $a_j < b_j$ kompakte Intervalle in $\mathbb{R}$.

Beispiel

- Ist $f: \mathbb{R}^n \to \mathbb{R}^m$ eine konstante Funktion, und gilt etwa $f(x) = c$ für alle $x \in \mathbb{R}^n$ mit $c \in \mathbb{R}^m$, so ist f für alle $a \in \mathbb{R}^n$ differenzierbar, und es ist $L = d f(a) = 0$ für alle $a \in \mathbb{R}^n$.

  Das Differenzial $d f(x)$ ist also die Nullabbildung für alle $x \in \mathbb{R}^n$. Die Definitionsgleichung

$$f(x) = f(a) + L(x - a) + r(x)$$

  ist mit $L = 0$ und $r(x) = 0$ erfüllt.

- Sind $f: \mathbb{R}^n \to \mathbb{R}^m$, $x \mapsto A x + b$ mit $A \in \mathbb{R}^{m \times n}$ und $b \in \mathbb{R}^m$, f also eine affine Abbildung, dann gilt: f ist für alle $a \in \mathbb{R}^n$ differenzierbar, und es gilt für alle $a \in \mathbb{R}^n$:

$$d f(a) = A.$$

  Insbesondere ist das Differenzial hier unabhängig von a. Aus $f(x) = A x + b$ und $f(a) = A a + b$ folgt:

$$f(x) - f(a) = A x - A a = A(x - a).$$

  Also kann man $L = d f(a) = A$ und $r(x) = 0$ für alle $x \in \mathbb{R}^n$ setzen.

Achtung: Man beachte, dass im eindimensionalen Fall, also für Funktionen $f: \mathbb{R} \to \mathbb{R}$, und für den dortigen Differenzierbarkeitsbegriff die Exponentialfunktion die Differenzialgleichung $f' = f$ erfüllt! Man muss also zwischen dem Differenzial und der Ableitung(sfunktion) unterscheiden. Im Sinne unserer neuen Definition sind die linearen Abbildungen $l_c: \mathbb{R} \to \mathbb{R}$,

$$c \mapsto c x, \ c \in \mathbb{R},$$

die einzigen, welche mit ihrem Differenzial übereinstimmen.

- Ist $S \in \mathbb{R}^{n \times n}$ eine symmetrische reelle Matrix, also $S = S^\top$, so betrachten wir die quadratische Form

$$q_S: \mathbb{R}^n \to \mathbb{R}, \ x \mapsto q_S(x) = x^\top S x.$$

  Wir schreiben $x = a + h$ und erhalten:

$$q_S(a + h) - q_S(a) = 2 a^\top S h + h^\top S h.$$

  Durch $L h = 2 a^\top S h$ wird eine lineare Abbildung $L: \mathbb{R}^n \to \mathbb{R}$, also eine Linearform, definiert und $R(h) = h^\top S h$ erfüllt die Bedingung $\lim\limits_{h \to 0} \frac{R(h)}{\|h\|_\infty} = 0$, denn es gilt mit $s = \sum\limits_{j,k=1}^{n} |s_{jk}|$ die Ungleichung

$$|R(h)| \le s \|h\|_\infty^2.$$

  Die Funktion q_S ist also in jedem Punkt $a \in \mathbb{R}^n$ differenzierbar. Für das Differenzial gilt:

$$d f(a)(h) = 2 a^\top S h,$$

  und für die Ableitung in Form der Matrixdarstellung von $d f(a)$ bezüglich der kanonischen Basen in $\mathbb{R}^n$ und $\mathbb{R}$ gilt wiederum:

$$f'(a) = 2 a^\top S.$$

  Nimmt man speziell für S die Einheitsmatrix $\mathbf{E}_n$, so ergibt sich $f'(a) = 2 a^\top$. $\blacktriangleleft$

Definition der Tangentialhyperebene

Ist $f : D \to \mathbb{R}$ eine in $\boldsymbol{a}$ differenzierbare Funktion, so nennt man in Verallgemeinerung des Begriffs der Tangente im Fall $n = m = 1$ die Menge

$$\{(\boldsymbol{x}, x_{n+1})^\top \in \mathbb{R}^{n+1} \mid x_{n+1} = f(\boldsymbol{a}) + \mathrm{d}f(\boldsymbol{a})(\boldsymbol{x} - \boldsymbol{a})\}$$

die **Tangentialhyperebene** an den Graphen von f im Punkt $(\boldsymbol{a}, f(\boldsymbol{a}))$.

Die Tangentialhyperebene ist ein affiner Unterraum der Dimension n (siehe Abschnitt 7.1). Sie approximiert den Graphen von $\boldsymbol{f}$ in einer Umgebung von $\boldsymbol{a}$.

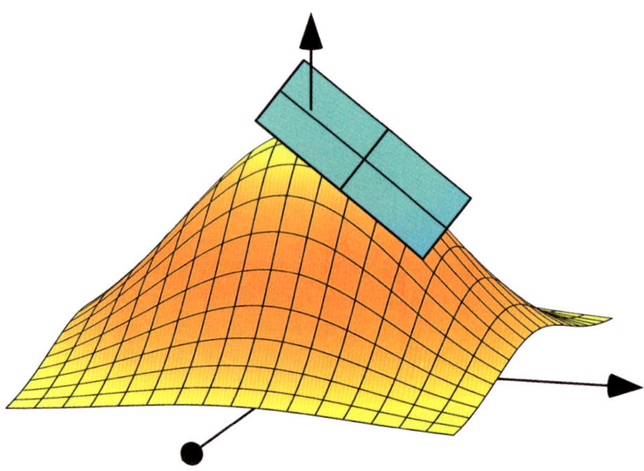

Abbildung 21.2 Beispiel einer Tangentialhyperebene einer Funktion $f : \mathbb{R}^2 \to \mathbb{R}$. Die Tangentialhyperebene approximiert den Graphen von f in einer Umgebung des Berührpunkts.

Beispiel Wie man leicht bestätigt, ist die durch die Gleichung $x_3 = 0$ definierte Ebene (sie ist isomorph zu $\mathbb{R}^2$) im $\mathbb{R}^3$ die Tangentialhyperebene an den Graphen der Funktion

$$f : \mathbb{R}^2 \to \mathbb{R}, \ (x, y)^\top \mapsto x^2 + y^2$$

im Punkt $(0, 0)^\top$. Im $\mathbb{R}^3$ könnte man auch einfach **Tangentialebene** sagen, denn jede Ebene in $\mathbb{R}^3$ ist eine Hyperebene. Die Tangentialebene an den Graphen von f im Punkt $(3, 4)^\top$ erhält man wegen $\partial_1 f(x, y) = 2x$ und $\partial_2 f(x, y) = 2y$ und damit $\partial_1 f(3, 4) = 6$ und $\partial_2 f(3, 4) = 8$ und wegen $f(3, 4) = 3^2 + 4^2 = 25$ als Ebene mit der Gleichung

$$z = 25 + 6(x - 3) + 8(y - 4) = -25 + 6x + 8y \,.$$

Es ist also

$$f(x, y) = 25 + 6(x - 3) + 8(y - 4) + r(x, y) \,.$$

Für $(x, y)^\top = (2.9, 4.2)^\top$ erhält man durch lineare Approximation durch die Tangentialebene den Näherungswert $25 + 6 \cdot (-0.1) + 8 \cdot (0.2) = 26$, während der exakte Wert $(2.9)^2 + (4.2)^2 = 26.05$ beträgt. Im Punkt $(x, y)^\top = (2, 2)^\top$ stellt die lineare Approximation mit dem Wert $25 + 6 \cdot (-1) + 8 \cdot (-2) = 3$ keine gute Approximation mehr an den Funktionswert $f(2, 2) = 2^2 + 2^2 = 8$ dar. ◄

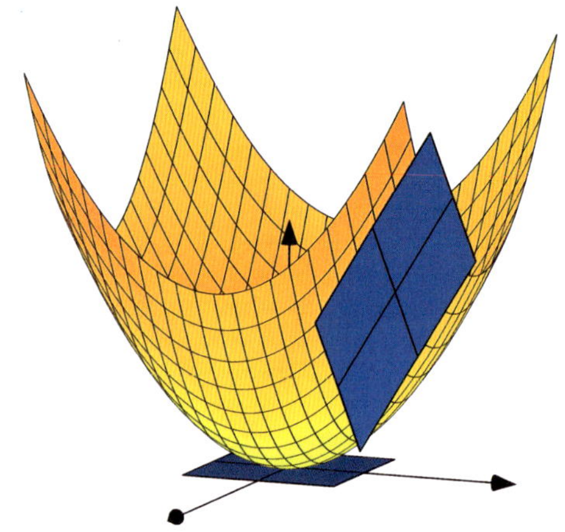

Abbildung 21.3 In dieser Abbildung ist die Tangentialhyperebene des Beispiels $f(x_1, x_2) = x_1^2 + x_2^2$ veranschaulicht.

Aus der totalen Differenzierbarkeit folgt die Stetigkeit

Wir wollten ja einen Differenzierbarkeitsbegriff, bei dem aus der Differenzierbarkeit in einem Punkt die Stetigkeit in dem betreffenden Punkt folgt. Das haben wir mit unserer Definition erreicht, denn es gilt:

Satz

Ist $\boldsymbol{f} : D \to \mathbb{R}^m$ in $\boldsymbol{a} \in D$ total differenzierbar, so ist $\boldsymbol{f}$ stetig in $\boldsymbol{a}$.

Beweis: Ist $\boldsymbol{f}$ differenzierbar in $\boldsymbol{a}$, so ist per Definition die Abbildung $\boldsymbol{\varrho} : D \to \mathbb{R}^m$ mit

$$\boldsymbol{\varrho}(\boldsymbol{x}) = \begin{cases} \frac{f(\boldsymbol{x}) - f(\boldsymbol{a}) - L(\boldsymbol{x} - \boldsymbol{a})}{\|\boldsymbol{x} - \boldsymbol{a}\|}, & \text{falls } \boldsymbol{x} \neq \boldsymbol{a}\,, \\ \boldsymbol{0}, & \text{falls } \boldsymbol{x} = \boldsymbol{a} \end{cases}$$

stetig in $\boldsymbol{a}$, und es gilt für alle $\boldsymbol{x} \in D$:

$$\boldsymbol{f}(\boldsymbol{x}) = \boldsymbol{f}(\boldsymbol{a}) + \boldsymbol{L}(\boldsymbol{x} - \boldsymbol{a}) + \|\boldsymbol{x} - \boldsymbol{a}\|\boldsymbol{\varrho}(\boldsymbol{x}) \,.$$

Weil jede lineare Abbildung $\boldsymbol{L} : \mathbb{R}^n \to \mathbb{R}^m$ stetig ist (es gilt $\|\boldsymbol{L}(\boldsymbol{x})\| \leq C\|\boldsymbol{x}\|$ mit einer geeigneten Konstanten C (siehe dazu Abschnitt 19.2), setzt sich $\boldsymbol{f}$ aus in $\boldsymbol{a}$ stetigen Abbildungen in einfacher Weise zusammen, $\boldsymbol{f}$ ist also selbst stetig in $\boldsymbol{a}$. ∎

Aus der (totalen) Differenzierbarkeit folgt also die Stetigkeit. Wie unser früheres Beispiel (siehe Seite 866) gezeigt hat, folgt allein aus der Existenz der partiellen Ableitungen an einer Stelle $\boldsymbol{a}$ im Allgemeinen nicht die Stetigkeit an der betreffenden Stelle.

Wir werden aber bald sehen, dass unter der zusätzlichen Voraussetzung, dass die partiellen Ableitungen existieren und stetig sind, auch die (totale) Differenzierbarkeit und damit die Stetigkeit der Funktion an der betreffenden Stelle folgt.

Der allgemeine Begriff der partiellen Ableitung

Schon eingangs haben wir den Begriff der partiellen Ableitung für Funktionen von zwei Veränderlichen erläutert. Wir kommen nun systematisch auf diesen Begriff zurück. Der Begriff der partiellen Ableitung lässt sich alleine mit den Mitteln der Differenzialrechnung einer Veränderlichen erklären. Man friert sozusagen $n - 1$ Variablen ein und betrachtet die Funktion zunächst nur als Funktion einer einzigen Variablen. Wir beweisen zunächst das folgende

Reduktionslemma

Ist $D \subseteq \mathbb{R}^n$ offen. Dann ist

$$\boldsymbol{f} = (f_1, \ldots, f_n)^\top \colon D \to \mathbb{R}^m$$

genau dann in $\boldsymbol{a}$ differenzierbar, wenn jede der Komponentenfunktionen $f_j \colon D \to \mathbb{R}$ in a differenzierbar ist $(1 \le j \le m)$.

Beweis: Für jede Matrix $\boldsymbol{A} = (a_{jk}) \in \mathbb{R}^{m \times n}$ mit $\boldsymbol{r} = (r_1, \ldots, r_n)^\top$ gilt:

$$\boldsymbol{f}(\boldsymbol{a} + \boldsymbol{h}) = \boldsymbol{f}(\boldsymbol{a}) + \boldsymbol{A}\boldsymbol{h} + \boldsymbol{r}(\boldsymbol{h})$$

genau dann wenn

$$f_j(\boldsymbol{a} + \boldsymbol{h}) = f_j(\boldsymbol{a}) + \sum_{k=1}^{m} a_{jk}h_k + r_j(\boldsymbol{h})$$

für $(1 \le j \le m)$. ∎

Man könnte sich also im Prinzip immer auf den Fall $m = 1$ beschränken.

Schwieriger ist es jedoch, die Dimension n des Definitionsbereichs zu erniedrigen. Man kann jedoch viele Fragen für Funktionen mehrerer Variablen auf Funktionen einer Veränderlichen zurückführen.

Wir beschreiben einen solchen Spezialisierungsprozess im Folgenden als eine Verallgemeinerung unserer Eingangsüberlegungen. Dies führt uns zum allgemeinen Begriff der partiellen Ableitung.

Seien also $D \subseteq \mathbb{R}^n$ offen, $\boldsymbol{a} = (a_1, \ldots, a_n)^\top \in D$ ein fester Punkt und $f \colon D \to \mathbb{R}$ eine Funktion. Für jedes j mit $1 \le j \le n$ kann man dann die Menge

$$D_j = \{x_j \in \mathbb{R} \mid (a_1, \ldots, a_{j-1}, x_j, a_{j+1}, \ldots, a_n)^\top \in D\}$$

betrachten. Wir halten zunächst fest:

Ist $D \subseteq \mathbb{R}^n$ offen, $\boldsymbol{a} = (a_1, \ldots, a_n)^\top \in D$, dann ist für jedes j mit $1 \le j \le n$ die Menge

$$D_j = \{x_j \in \mathbb{R} \mid (a_1, \ldots, a_{j-1}, x_j, a_{j+1}, \ldots, a_n)^\top \in D\}$$

eine nichtleere Teilmenge von $\mathbb{R}$ mit $a_j \in D_j$.

Da D offen (und nichtleer) ist, existiert ein $\epsilon > 0$ mit $U_\epsilon(a_j) = (a_j - \epsilon, a_j + \epsilon) \subseteq D_j$ (Abb. 21.4).

Ist nun $f \colon D \to \mathbb{R}$ eine Funktion, so erhält man durch den Spezialisierungsprozess

$$f_{[j]} \colon D_j \to \mathbb{R}, \; x_j \mapsto f(a_1, a_2, \ldots, a_{j-1}, x_j, a_{j+1}, \ldots, a_n)$$

Funktionen einer Veränderlichen x_j. D_j enthält insbesondere das offene Intervall $(a_j - \epsilon, a_j + \epsilon)$, also eine ϵ-Umgebung von a_j.

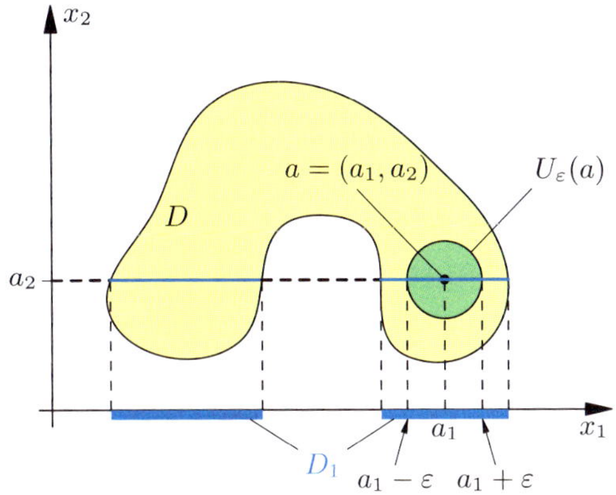

Abbildung 21.4 Definitionsbereich D_1 der ersten partiellen Funktion $f_{[1]}$ der Abbildung f.

Partielle Differenzierbarkeit als Differenzierbarkeitsbegriff bei mehreren Variablen

Definition der partiellen Differenzierbarkeit

Die Funktion $f \colon D \to \mathbb{R}$ heißt im Punkt $\boldsymbol{a} = (a_1, \ldots, a_n)^\top \in D$ nach der j ten Variable $(1 \le j \le n)$ **partiell differenzierbar**, wenn die Funktion (einer Variablen) $f_{[j]} \colon D_j \to \mathbb{R}$,

$$x_j \mapsto f(a_1, a_2, \ldots, a_{j-1}, x_j, a_{j+1}, \ldots, a_n)$$

für $j = 1, \ldots, n$ im Punkt a_j im Sinne der reellen Analysis (siehe Kapitel 15) differenzierbar ist, d. h. der Grenzwert $f_{[j]}'(a_j) = \lim_{t \to 0} \frac{f_{[j]}(a_j + t) - f_{[j]}(a_j)}{t}$ existiert. Wir schreiben:

$$f_{[j]}'(a_j) =: \partial_j f(a_1, \ldots, a_n).$$

f heißt **in D partiell differenzierbar**, wenn f in **jedem** Punkt nach **jeder** Variablen partiell differenzierbar ist.

Achtung: Für die partiellen Ableitungen sind in der Literatur verschiedene Bezeichnungen üblich. Statt $\partial_j f(a_1, \ldots, a_n)$ findet man auch $\frac{\partial}{\partial x_j} f(a_1, \ldots, a_n)$ oder $f_{x_j}(a_1, \ldots, a_n)$.

Insbesondere wenn f in allen Punkten differenzierbar ist und wenn man z. B. die Bezeichnung $f_{x_j}(a_1, \ldots, a_n)$ bzw.

$\frac{\partial}{\partial x_j} f(a_1, \ldots, a_n)$ verwendet, so kann dies leicht zu Missverständnissen führen.

Aus diesem Grund und zur typografischen Vereinfachung verwenden wir im Allgemeinen für die partielle Ableitung nach der j-ten Variablen die vom Variablennamen unabhängige Bezeichnung $\partial_j f$.

?

Aber Vorsicht! Was wäre z.B. unter $\frac{\partial}{\partial x} f(y, x)$ zu verstehen?

Eine direkte Definition der partiellen Ableitung von f nach der j-ten Variablen im Punkt a ist

$$\partial_j f(a) := \lim_{t \to 0} \frac{f(a + t e_j) - f(a)}{t} \, ,$$

wobei e_j der j-te Einheitsvektor in $\mathbb{R}^n$ ist. Durch Addition von $t e_j$ ($t \in \mathbb{R}$) zu a wird a nur in der j-ten Komponente geändert.

Zusammenhang einer partiellen Ableitung und der Ableitung bei einer Veränderlichen

Die partielle Ableitung nach der j-ten Variablen ist also die gewöhnliche Ableitung einer Funktion einer Veränderlichen bei gleichzeitigem Festhalten der restlichen Variablen. Daher gelten für partielle Ableitungen analoge Rechenregeln wie im bekannten eindimensionalen Fall.

Die Graphen der $f_{[j]}$ erhält man als Schnitte durch den Graphen von f (Abb. 21.5).

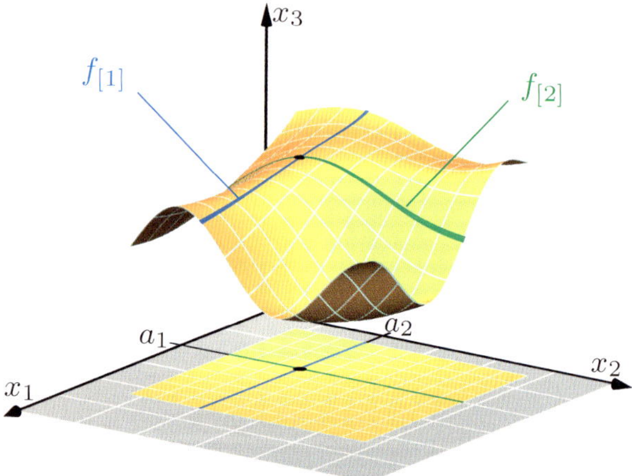

Abbildung 21.5 Im Fall von zwei Variablen ergeben sich die Graphen der partiellen Funktionen $f_{[1]}$ bzw. $f_{[2]}$ durch Schnittbildung mit dem Graphen von f.

Geometrisch ist $\partial_j f(a)$ der Anstieg des Graphen von $f_{[j]}$ in a. Für unsere verschiedenen Fragestellungen ist es wichtig, dass die Funktion f an der betrachteten Stelle a auch für hinreichend viele benachbarte Punkte definiert ist. Daher setzen

wir in der Regel voraus, dass a ein innerer Punkt des Definitionsbereichs ist, was bei offenem D per Definition immer der Fall ist.

Beispiel

$$f: \mathbb{R}^3 \to \mathbb{R}, \ (x, y, z)^\top \mapsto x^2 \mathrm{e}^{3y} + \cos z \, .$$

Hier ist (nach den Rechenregeln einer Variablen)

$$\partial_1 f(x, y, z) = 2x \mathrm{e}^{3y} \, ,$$
$$\partial_2 f(x, y, z) = 3x^2 \mathrm{e}^{3y} \, ,$$
$$\partial_3 f(x, y, z) = - \sin z \, .$$

Hier wird benutzt, dass zur Bestimmung der partiellen Ableitung nach der dritten Variablen (hier z) die Variablen x, y „eingefroren" werden, und da sie nicht von z abhängen, sind ihre Ableitungen Null. ◀

?

Es seien $D \subseteq \mathbb{R}^n$ offen, $a \in D$, $f: D \to \mathbb{R}$ eine Funktion. Warum ist

$$\partial_j f(a) = \lim_{t \to 0} \frac{f(a + t e_j) - f(a)}{t} \, ?$$

Dabei sei e_j der j-te Einheitsvektor im $\mathbb{R}^n$.

Wir führen nun den Begriff des Gradienten ein. Dieser wird im Folgenden häufig benutzt werden. Er spielt zudem in vielen Bereichen, insbesondere in der Physik und z.B. in der Theorie der Differenzialgleichungen eine wichtige Rolle.

Definition des Gradienten

Seien $D \subseteq \mathbb{R}^n$ offen, $a \in D$ und $f: D \to \mathbb{R}$ eine in a partiell differenzierbare Funktion. Dann heißt der Vektor

$$\mathbf{grad}\, f(a) := (\partial_1 f(a), \ldots, \partial_n f(a))^\top .$$

der **Gradient** von f in a.

Statt $\mathbf{grad}\, f(a)$ findet man in der physikalischen Literatur häufig $\nabla f(a)$ (gesprochen: „Nabla f in a").

Existiert in allen Punkten $a \in D$ die partielle Ableitung $\partial_j f(a)$, so kann man $\partial_j f$ wieder als Funktion $\partial_j f: D \to \mathbb{R}$ auffassen ($1 \leq j \leq n$).

Definition der stetigen partiellen Differenzierbarkeit

f heißt **stetig partiell differenzierbar** nach der j-ten Variablen, wenn $\partial_j f: D \to \mathbb{R}$ stetig ist. Sind alle $\partial_j f$ stetig ($1 \leq j \leq n$), dann heißt f stetig partiell differenzierbar (in D).

In einer Variablen folgt aus der Differenzierbarkeit die Stetigkeit der Funktion an der betreffenden Stelle. Wie schon gesehen, ist dies bei partiell differenzierbaren Funktionen im Allgemeinen nicht der Fall, wie das einfache Beispiel $f \colon \mathbb{R}^2 \to \mathbb{R}$ mit

$$f(x, y) = \begin{cases} \frac{2xy}{x^2+y^2} & \text{für } (x, y)^\top \neq (0, 0)^\top \\ 0 & \text{für } (x, y)^\top = (0, 0)^\top \end{cases}$$

zeigt (Seite 866).

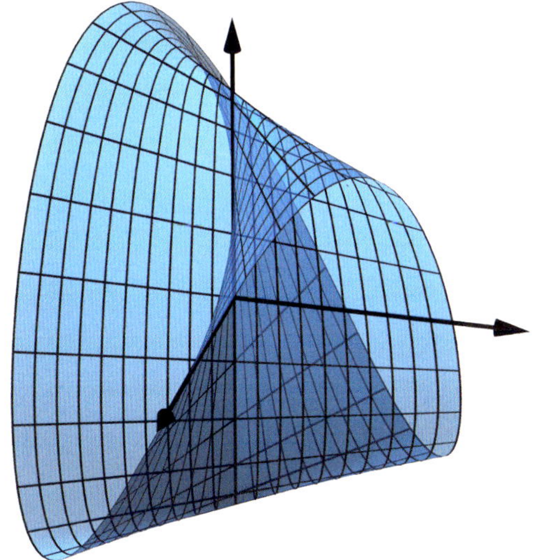

Abbildung 21.6 Graph der Funktion $f(x, y)$ aus dem Beispiel im Text. Aus der partiellen Differenzierbarkeit in $(0, 0)^\top$ folgt nicht die Stetigkeit.

Die partiellen Ableitungen in $(0, 0)^\top$ existieren, sind aber in $(0, 0)^\top$ nicht stetig.

?

Warum ist $r \colon \mathbb{R}^n \to \mathbb{R}$ mit

$$r(x) = \|x\|_2 := \sqrt{x_1^2 + \cdots + x_n^2}$$

in $\mathbb{R}^n \setminus \{0\}$ partiell differenzierbar und warum gilt dort

$$\mathbf{grad}\, r(x) = \frac{1}{r(x)} x\, ?$$

Der Zusammenhang zwischen totaler und partieller Differenzierbarkeit

Wir wollen uns nun mit dem Zusammenhang zwischen totaler Differenzierbarkeit und partieller Differenzierbarkeit intensiver beschäftigen. Wir zeigen zunächst, dass aus der totalen Differenzierbarkeit von f in a die partielle Differenzierbarkeit der Komponentenfunktionen folgt und dass das totale Differenzial $\mathrm{d}f(a)$ bezüglich der Standardbasen in $\mathbb{R}^n$ bzw. $\mathbb{R}^m$, also die Ableitung $f'(a)$ durch die sogenannte Jacobi-Matrix dargestellt wird. Insbesondere ergibt sich damit nochmals die Eindeutigkeit der approximierenden linearen Abbildung.

Die Jacobi-Matrix, Zusammenhang zwischen totaler und partieller Differenzierbarkeit

Seien $D \subseteq \mathbb{R}^n$ offen, $a \in D$ und $f = (f_1, \ldots, f_m)^\top \colon D \to \mathbb{R}^m$ in $a \in D$ partiell differenzierbar, d. h. alle $f_j \colon D \to \mathbb{R}$ $(1 \leq j \leq n)$ seien in a partiell differenzierbar. Dann heißt die Matrix $(a_{jk}) := (\partial_k f_j(a))$ der partiellen Ableitungen

$$\mathcal{J}(f; a) := \begin{pmatrix} \partial_1 f_1(a) & \cdots & \partial_j f_1(a) & \cdots & \partial_n f_1(a) \\ \partial_1 f_2(a) & \cdots & \partial_j f_2(a) & \cdots & \partial_n f_2(a) \\ \vdots & & \vdots & & \vdots \\ \partial_1 f_m(a) & \cdots & \partial_j f_m(a) & \cdots & \partial_n f_m(a) \end{pmatrix}$$

die **Jacobi–Matrix** von f in a. Die k-te Zeile von $\mathcal{J}(f; a)$ ist gerade $\mathbf{grad}\, f_k(a)^\top$. Ist f in a total differenzierbar, so ist die Darstellungsmatrix $f'(a)$ des Differenzials $\mathrm{d}f(a)$ bezüglich der Standardbasen in $\mathbb{R}^n$ bzw. $\mathbb{R}^m$ gerade die Jacobi–Matrix:

$$f'(a) = \mathcal{J}(f; a)\,.$$

Die Jacobi-Matrix (benannt nach Carl Gustav Jakob Jacobi (1804–1851)) wird auch als **Funktionalmatrix** bezeichnet.

Da eine lineare Abbildung und eine ihrer Darstellungsmatrizen (bzgl. fest gewählter Basen) die gleiche Wirkung auf einen Vektor des Ausgangsraums haben, hätten wir in der Definition der totalen Differenzierbarkeit statt mit einer linearen Abbildung auch gleich mit einer Matrix arbeiten können. Wir haben jedoch die koordinatenfreie Definition bevorzugt, die sich auf allgemeinere Situationen (normierte, nicht endlich-dimensionale Vektorräume) verallgemeinern lässt.

Beweis: Wir bezeichnen mit $S = (e_1, \ldots, e_n)$ die Standardbasis von $\mathbb{R}^n$ und mit $S' = (e'_1, \ldots, e'_m)$ die Standardbasis von $\mathbb{R}^m$.

Nach Definition der Matrix einer linearen Abbildung (bzgl. der Basen S und S') ist dann

$$\mathrm{d}f(a)e_j = \sum_{k=1}^m \partial_j f_k(a)e'_k \quad \text{für } 1 \leq j \leq n\,.$$

Das ergibt sich wie folgt: Für $t \in \mathbb{R}$, $t \neq 0$ ist

$$\sum_{k=1}^m \frac{f_k(a + te_j) - f_k(a)}{t} e'_k = \frac{f(a + te_j) - f(a)}{t}$$

$$= \frac{\mathrm{d}f(a)(te_j) + R(te_j)}{t}$$

$$= \mathrm{d}f(a)e_j \pm \frac{R(te_j)}{\|te_j\|}\,.$$

Durch Grenzübergang $t \to 0$ $(t \neq 0)$ erhält man auf der rechten Seite $\mathrm{d}f(a)e_j$ $(1 \leq j \leq n)$.

Also existiert auch der Limes auf der linken Seite (und zwar komponentenweise). Die j-te Spalte der Darstellungsmatrix ist also

$$\begin{pmatrix} \partial_j f_1(\boldsymbol{a}) \\ \vdots \\ \partial_j f_k(\boldsymbol{a}) \\ \vdots \\ \partial_j f_m(\boldsymbol{a}) \end{pmatrix}.$$

Wie das folgende Beispiel zeigt, kann jedoch die Jacobi-Matrix $\mathcal{J}(\boldsymbol{f};\boldsymbol{a})$ existieren, ohne dass $\boldsymbol{f}$ in $\boldsymbol{a}$ (total) differenzierbar ist.

Beispiel Wie unser schon mehrfach betrachtetes Beispiel der Funktion

$$f(x,y) = \begin{cases} 0, & \text{falls } x = y = 0, \\ \frac{2xy}{x^2+y^2}, & \text{falls } (x,y)^\top \neq (0,0)^\top \end{cases}$$

zeigt, kann die Jacobi-Matrix $\mathcal{J}(f;\boldsymbol{a})$ existieren, ohne dass f in $\boldsymbol{a}$ (total) differenzierbar ist. Die Jacobi-Matrix in $\boldsymbol{a} = (0,0)^\top$ ist (siehe partielle Ableitungen von f auf Seite 774) die Matrix $(0,0)^\top$. Wenn f in $\boldsymbol{a} = (0,0)^\top$ total differenzierbar wäre, müsste f in $\boldsymbol{a} = (0,0)^\top$ auch stetig sein. f ist aber unstetig in $(0,0)^\top$. Aus der bloßen Existenz der partiellen Ableitung bzw. der Jacobi-Matrix folgt noch nicht die (totale) Differenzierbarkeit an der betreffenden Stelle. Denn wie wir gesehen haben, sind die partiellen Ableitungen von f in diesem Beispiel in $\boldsymbol{a} = (0,0)^\top$ unstetig! ◀

Achtung: Die Ableitungsmatrix $f'(\boldsymbol{a})$, also die Darstellungsmatrix des Differenzials $\mathrm{d}f(\boldsymbol{a})$ bezüglich der Standardbasen, existiert nur, wenn $\boldsymbol{f}$ total differenzierbar ist. Dagegen setzt die Bildung der Jacobi–Matrix $\mathcal{J}(f;\boldsymbol{a})$ nur die Existenz aller partiellen Ableitungen in $\boldsymbol{a}$ voraus. Nur wenn $\boldsymbol{f}$ total differenzierbar ist, also wenn beide Matrizen existieren, gilt

$$f'(\boldsymbol{a}) = \mathcal{J}(f;\boldsymbol{a}).$$

?

Ist $f : \mathbb{R}^2 \to \mathbb{R}$ mit $(x,y)^\top \mapsto \sqrt{x^2+y^2}$ in $(0,0)^\top$ (total) differenzierbar?

Im Folgenden beschäftigen wir uns mit einem wichtigen hinreichenden Kriterium der (totalen) Differenzierbarkeit. Wir werden sehen, dass aus der Stetigkeit der partiellen Ableitungen an der Stelle $\boldsymbol{a}$ folgt, dass $\boldsymbol{f}$ an der Stelle $\boldsymbol{a}$ total differenzierbar ist.

Kommentar: In der Physikliteratur findet man im Fall $m = 1$ für die Gleichung

$$\mathrm{d}f(\boldsymbol{a})\boldsymbol{h} = \partial_1 f(\boldsymbol{a})h_1 + \ldots + \partial_n f(\boldsymbol{a})h_n$$

unter Weglassen aller Argumente häufig die Kurzschreibweise

$$\mathrm{d}f = \partial_1 f\,\mathrm{d}x_1 + \ldots + \partial_n f\,\mathrm{d}x_n,$$

wobei die „Differenziale" $\mathrm{d}x_1, \ldots, \mathrm{d}x_n$ häufig als „unendlich kleine Größen" interpretiert werden. Eine konkrete Interpretation ist die als **Linearformen** (Differenzialformen 1. Grades oder Pfaff'sche Formen) von $\mathbb{R}^n \to \mathbb{R}$. Dabei ist $\mathrm{d}x_j : \mathbb{R}^n \to \mathbb{R}$ für jedes $\boldsymbol{a} \in \mathbb{R}^n$ die Linearform

$$\mathrm{d}x_j(\boldsymbol{a})\boldsymbol{h} = h_j,\ 1 \le j \le n,\ \boldsymbol{h} = \begin{pmatrix} h_1 \\ \vdots \\ h_n \end{pmatrix} \in \mathbb{R}^n.$$

Die $\mathrm{d}x_j$ haben die gleiche Wirkung wie die Projektionen auf die j-te Koordinate

$$p_j : \mathbb{R}^n \to \mathbb{R},\ \boldsymbol{h} \mapsto h_j.$$

Eine Strategie zur Untersuchung auf totale Differenzierbarkeit

Um eine konkrete Abbildung $\boldsymbol{f} : D \to \mathbb{R}^m$ ($D \subseteq \mathbb{R}^n$ offen) in einem Punkt $\boldsymbol{a} \in D$ auf totale Differenzierbarkeit zu untersuchen, bietet sich folgende Strategie an:

Man untersucht die Komponentenfunktionen $f_k\,(1 \le k \le m)$ von $\boldsymbol{f}$ auf partielle Differenzierbarkeit, bildet gegebenenfalls die Jacobi-Matrix $\mathcal{J}(f;\boldsymbol{a})$ und prüft nach, ob die Gleichung

$$\lim_{\boldsymbol{x}\to\boldsymbol{a}} \frac{\boldsymbol{f}(\boldsymbol{x}) - \boldsymbol{f}(\boldsymbol{a}) - \mathcal{J}(f;\boldsymbol{a})(\boldsymbol{x}-\boldsymbol{a})}{\|\boldsymbol{x}-\boldsymbol{a}\|} = \boldsymbol{0}$$

gilt. Ist dies der Fall, dann ist $\boldsymbol{f}$ in $\boldsymbol{a}$ (total) differenzierbar. Wenn eine der partiellen Ableitungen der Komponentenfunktionen von $\boldsymbol{f}$ nicht existiert, dann ist $\boldsymbol{f}$ nicht (total) differenzierbar.

Beispiel Wir betrachten $f : \mathbb{R}^2 \to \mathbb{R}^2$ mit

$$f(x,y) = \begin{pmatrix} x^2 - y^2 \\ 2xy \end{pmatrix} = \begin{pmatrix} f_1(x,y) \\ f_2(x,y) \end{pmatrix}.$$

Für $\boldsymbol{a} = (a_1, a_2)^\top \in \mathbb{R}^2$ ist

$$\mathcal{J}(f;\boldsymbol{a}) = \begin{pmatrix} \mathbf{grad}\, f_1(\boldsymbol{a})^\top \\ \mathbf{grad}\, f_2(\boldsymbol{a})^\top \end{pmatrix} = \begin{pmatrix} 2a_1 & -2a_2 \\ 2a_2 & 2a_1 \end{pmatrix}.$$

Es ergibt sich hier:

$$f_1(a_1+h_1, a_2+h_2) - f_1(a_1,a_2) - \mathbf{grad}\, f_1(\boldsymbol{a}) \cdot \begin{pmatrix} h_1 \\ h_2 \end{pmatrix}$$
$$= h_1^2 - h_2^2,$$

$$f_2(a_1+h_1, a_2+h_2) - f_2(a_1,a_2) - \mathbf{grad}\, f_2(\boldsymbol{a}) \cdot \begin{pmatrix} h_1 \\ h_2 \end{pmatrix}$$
$$= 2h_1 h_2.$$

Verwendet man die Maximumnorm in $\mathbb{R}^2$, so sieht man leicht, dass

$$\lim_{\boldsymbol{h}\to\boldsymbol{0}} \frac{\boldsymbol{r}(\boldsymbol{h})}{\|\boldsymbol{h}\|} = \lim_{\|\boldsymbol{h}\|\to 0} \begin{pmatrix} \frac{h_1^2 - h_2^2}{\|\boldsymbol{h}\|} \\ \frac{2h_1 h_2}{\|\boldsymbol{h}\|} \end{pmatrix} = \begin{pmatrix} 0 \\ 0 \end{pmatrix}$$

Übersicht: Jacobi-Matrix und Differenzierbarkeit

Wir betrachten nochmals den Zusammenhang zwischen totaler und partieller Differenzierbarkeit (Seite 873): Sind $D \subseteq \mathbb{R}^n$ offen, $a \in D$, und ist

$$f = (f_1, \ldots, f_m)^\top : D \to \mathbb{R}^m$$

in a total differenzierbar, dann sind die Komponentenfunktionen f_j $(1 \le j \le m)$ in a partiell differenzierbar, und das Differenzial $L := \mathrm{d}f(a)$ von f in a hat bezüglich der Standardbasen in $\mathbb{R}^n$ bzw. $\mathbb{R}^m$ die Matrixdarstellung

$$f'(a) =: \mathcal{J}(f; a)$$

$$= \begin{pmatrix} \partial_1 f_1(a) & \cdots & \partial_j f_1(a) & \cdots & \partial_n f_1(a) \\ \partial_1 f_2(a) & \cdots & \partial_j f_2(a) & \cdots & \partial_n f_2(a) \\ \vdots & \ddots & \vdots & \ddots & \vdots \\ \partial_1 f_m(a) & \cdots & \partial_j f_m(a) & \cdots & \partial_n f_m(a) \end{pmatrix}$$

Man beachte jedoch, dass die Jacobi-Matrix $\mathcal{J}(f; a)$ bereits dann existiert, wenn die partiellen Ableitungen aller Komponentenfunktionen existieren. Hieraus folgt jedoch im Allgemeinen nicht, dass f an der Stelle a total differenzierbar ist (vgl. das Beispiel auf Seite 874).

Die Jacobi-Matrix für eine differenzierbare Abbildung $f : D \to \mathbb{R}^m$ $(D \subseteq \mathbb{R}^n$ offen) ist also vom Typ $m \times n$ (m Zeilen, n Spalten). Im Spezialfall $m = 1$ (also für eine Funktion $f : D \to \mathbb{R}$) ist sie vom Typ $1 \times n$, also eine Zeile mit n Einträgen. Hier ist also

$$\mathcal{J}(f; a) = (\partial_1 f(a), \ldots, \partial_n f(a)) = \mathbf{grad}\, f(a)^\top ,$$

und ihre Wirkung auf einen Spaltenvektor

$$h = (h_1, \ldots, h_n)^\top \in \mathbb{R}^n \cong \mathbb{R}^{n \times 1}$$

ist

$$\mathrm{d}f(a)h := \mathcal{J}(f; a)h$$

$$= (\partial_1 f(a), \ldots, \partial_n f(a)) \begin{pmatrix} h_1 \\ \vdots \\ h_n \end{pmatrix}$$

$$= \partial_1 f(a)h_1 + \ldots + \partial_n f(a)h_n = \mathbf{grad}\, f(a) \cdot h$$

mit dem Standardskalarprodukt $\cdot$ in $\mathbb{R}^n$.

Wie im Haupttext beschrieben, bietet sich folgende Strategie zur Untersuchung auf totale Differenzierbarkeit an,

wenn die Jacobi-Matrix $\mathcal{J}(f; a)$ existiert. Man hat zu prüfen, ob

$$\lim_{x \to a} \frac{f(x) - f(a) - \mathcal{J}(f; a)(x - a)}{\|x - a\|} = 0$$

gilt. Ist dies der Fall, dann ist f in a total differenzierbar. Man vergleiche hierzu das Beispiel auf Seite 874.

Die obige, manchmal mühselig nachzuprüfende Grenzwertbildung kann man sich sparen, wenn die partiellen Ableitungen $\partial_j f_k$ in a stetig sind (vgl. das Hauptkriterium für totale Differenzierbarkeit auf Seite 784).

Eine der wichtigsten Rechenregeln der Differenzialrechnung mehrerer Veränderlicher ist die allgemeine Kettenregel (siehe Seite 883):

$D \subseteq \mathbb{R}^n$ sei offen und $f : D \to \mathbb{R}^m$ differenzierbar in $a \in D$. $D' \subseteq \mathbb{R}^m$ sei offen und $g : D' \to \mathbb{R}^l$ sei differenzierbar in $b \in D'$. Ferner sei $f(D) \subseteq D'$. Gilt dann $f(a) = b$, dann ist $g \circ f$ in a differenzierbar, und es gilt:

$$\mathrm{d}(g \circ f)(a) = \mathrm{d}g(f(a)) \circ \mathrm{d}f(a)$$

bzw. für die Jacobi-Matrizen:

$$\mathcal{J}(g \circ f; a) = \mathcal{J}(g; f(a))\, \mathcal{J}(f; a) .$$

$$D \xrightarrow{\ f\ } f(D) \subseteq D' \xrightarrow{\ g\ } \mathbb{R}^l$$
$$\searrow \underset{g \circ f}{\underline{\hspace{3cm}}} \nearrow$$

Setzt man $f'(a) := \mathcal{J}(f; a)$ und $g'(b) := \mathcal{J}(g; b)$, dann lautet die Kettenregel einfach

$$(g \circ f)'(a) = g'(f(a))\, f'(a) .$$

Sind g und f stetig differenzierbar, dann ist auch $g \circ f$ stetig differenzierbar.

Im Fall $m = n$ ist die Jacobi-Matrix $\mathcal{J}(f; a)$ eine quadratische Matrix, und man kann ihre Determinante bilden: $\det \mathcal{J}(f; a)$ heißt auch **Jacobi-Determinante** oder **Funktionaldeterminante**. Sie spielt eine zentrale Rolle, z. B. beim lokalen Umkehrsatz oder der Transformationsformel für das n-fache Lebesgue-Integral (siehe Abschnitt 22.3).

gilt. f ist also für alle $a \in \mathbb{R}^2$ total differenzierbar und

$$f'(a) = \mathcal{J}(f; a) = \begin{pmatrix} 2a_1 & -2a_2 \\ 2a_2 & 2a_1 \end{pmatrix} .$$

Man beachte hier die spezielle Gestalt der Jacobi-Matrix. Sie

ist vom Typ

$$\begin{pmatrix} \partial_1 f_1(a) & \partial_2 f_1(a) \\ \partial_1 f_2(a) & \partial_2 f_2(a) \end{pmatrix} = \begin{pmatrix} \alpha & -\beta \\ \beta & \alpha \end{pmatrix} \quad \text{für } \alpha, \beta \in \mathbb{R},$$

d. h. es ist

$$\partial_1 f_1(\boldsymbol{a}) = \partial_2 f_2(\boldsymbol{a}) \quad \text{und} \quad \partial_2 f_1(\boldsymbol{a}) = -\partial_1 f_2(\boldsymbol{a})\,,$$

$$\det \begin{pmatrix} \alpha & -\beta \\ \beta & \alpha \end{pmatrix} = \alpha^2 + \beta^2 \geq 0\,. \qquad \blacktriangleleft$$

Wir kommen auf das Phänomen (Cauchy-Riemann'sche Differenzialgleichungen) zurück (siehe Seite 879 ff.).

Im Folgenden beschäftigen wir uns mit dem wichtigen hinreichenden Kriterium für totale Differenzierbarkeit, mit dem man das obige Beispiel viel einfacher behandeln kann.

Das Hauptkriterium für Differenzierbarkeit ist die stetige partielle Differenzierbarkeit

Wir zeigen jetzt, dass unter der zusätzlichen Voraussetzung, dass die partiellen Ableitungen der Komponentenfunktionen f_k von $\boldsymbol{f}$ an der Stelle $\boldsymbol{a} \in D$ stetig sind, folgt, dass $\boldsymbol{f}$ in $\boldsymbol{a}$ total differenzierbar ist.

Hauptkriterium für Differenzierbarkeit

Sind $D \subseteq \mathbb{R}^n$ offen, $\boldsymbol{a} \in D$ und

$$\boldsymbol{f} = (f_1, \ldots, f_m)^\top : D \to \mathbb{R}^m$$

eine Abbildung. Existieren die partiellen Ableitungen $\partial_j f_k$ in einer Umgebung von $\boldsymbol{a}$ ($1 \leq j \leq n$, $1 \leq k \leq m$), und sind diese Funktionen stetig in $\boldsymbol{a}$, dann ist $\boldsymbol{f}$ total differenzierbar in $\boldsymbol{a}$.

Beweis: Wir können uns auf den Fall $m = 1$ beschränken, da $\boldsymbol{f}$ genau dann differenzierbar ist, wenn alle Komponentenfunktionen differenzierbar sind. Die Jacobi-Matrix ist in diesem Fall einfach der transponierte Gradient:

$$\mathcal{J}(f; \boldsymbol{a}) = \mathbf{grad}\, f(\boldsymbol{a})^\top = (\partial_1 f(\boldsymbol{a}), \ldots, \partial_n f(\boldsymbol{a}))\,.$$

Die zugehörige Linearform $L : \mathbb{R}^n \to \mathbb{R}$ ist in diesem Fall gegeben durch

$$L\boldsymbol{h} = \mathbf{grad}\, f(\boldsymbol{a})^\top \cdot \boldsymbol{h} = \sum_{j=1}^n \partial_j f(\boldsymbol{a}) h_j \quad (\boldsymbol{h} = (h_1, \ldots, h_n)^\top)\,.$$

Wir müssen also zeigen:

$$\lim_{\boldsymbol{h} \to \boldsymbol{0}} \frac{f(\boldsymbol{a} + \boldsymbol{h}) - f(\boldsymbol{a}) - L(\boldsymbol{h})}{\|\boldsymbol{h}\|} = 0\,.$$

Da D offen ist, gibt es eine offene Würfelumgebung $W = W_\epsilon(\boldsymbol{a}) \subseteq D$. Die Idee des Beweises ist nun, einen beliebigen Punkt $\boldsymbol{a} \in W$ mit $\boldsymbol{a} + \boldsymbol{h} \in W$ durch einen Streckenzug zu verbinden, dessen Teilstrecken parallel zu den Koordinatenachsen verlaufen:

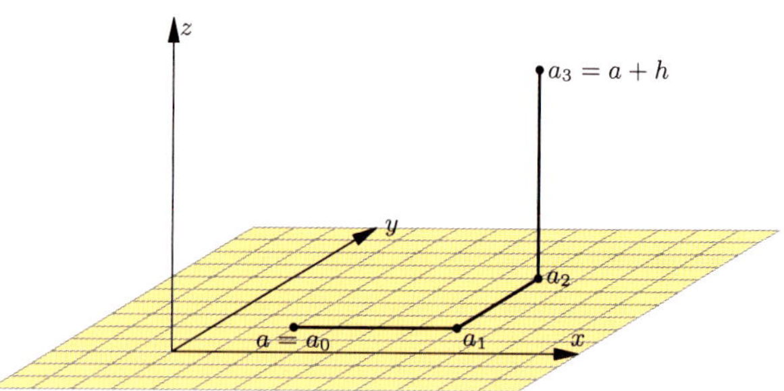

Abbildung 21.7 Der Streckenzug $\boldsymbol{a}_0, \ldots, \boldsymbol{a}_3$, der den Punkt $\boldsymbol{a}$ mit dem Punkt $\boldsymbol{a} + \boldsymbol{h}$ verbindet.

Dazu definieren wir rekursiv die Hilfspunkte $\boldsymbol{a}_0 := \boldsymbol{a}$ und $\boldsymbol{a}_j := \boldsymbol{a}_{j-1} + h_j \boldsymbol{e}_j$, $j = 1, 2, \ldots, n$ (Abb. 21.7). Insbesondere ist dann

$$\boldsymbol{a}_n = \boldsymbol{a} + h_1 \boldsymbol{e}_1 + h_2 \boldsymbol{e}_2 + \ldots + h_n \boldsymbol{e}_n = \boldsymbol{a} + \boldsymbol{h}\,.$$

$\sum_{j=1}^n f(\boldsymbol{a}_j) - f(\boldsymbol{a}_{j-1})$ ist eine teleskopische Summe mit dem Wert $f(\boldsymbol{a} + \boldsymbol{h}) - f(\boldsymbol{a})$. Also gilt:

$$f(\boldsymbol{a} + \boldsymbol{h}) - f(\boldsymbol{a}) = \sum_{j=1}^n f(\boldsymbol{a}_j) - f(\boldsymbol{a}_{j-1})\,. \qquad (1)$$

Die Punkte $\boldsymbol{a}_{j-1}$ und $\boldsymbol{a}_j$ unterscheiden sich nur in der j-ten Koordinate. Die Differenzen in dieser Summe kann man mithilfe des Mittelwertsatzes der Differenzialrechnung (jeweils in einer Variablen) wie folgt umformen:

Dazu betrachten wir die Funktionen ($1 \leq j \leq n$)

$$\varphi_j : [0, h_j] \to \mathbb{R} \quad \text{mit} \quad \varphi_j(t) = f(\boldsymbol{a}_{j-1} + t\boldsymbol{e}_j)\,.$$

Mit diesen Funktionen gilt:

$$f(\boldsymbol{a}_j) - f(\boldsymbol{a}_{j-1}) = \varphi_j(h_j) - \varphi_j(0)\,.$$

Die Funktionen φ_j sind wegen der partiellen Differenzierbarkeit von f differenzierbar, wobei

$$\varphi_j'(t) = \partial_j f(\boldsymbol{a}_{j-1} + t\boldsymbol{e}_j)$$

gilt. Auf die Differenz $\varphi_j(h_j) - \varphi_j(0)$ kann man den Mittelwertsatz der Differenzialrechnung (im Intervall $[0, h_j]$) anwenden. Es gibt also Zwischenpunkte $t_j \in (0, h_j)$ mit

$$\varphi_j(h_j) - \varphi_j(0) = \varphi_j'(t_j) h_j\,.$$

Setzt man $\boldsymbol{z}_j := \boldsymbol{a}_{j-1} + t_j \boldsymbol{e}_j$ so folgt

$$f(\boldsymbol{a}_j) - f(\boldsymbol{a}_{j-1}) = \partial_j f(\boldsymbol{z}_j) h_j\,. \qquad (2)$$

Setzt man nun (2) in (1) ein, so folgt wegen $L\boldsymbol{h} = \sum_{j=1}^n \partial_j f(\boldsymbol{a}) h_j$:

$$f(\boldsymbol{a} + \boldsymbol{h}) - f(\boldsymbol{a}) - L\boldsymbol{h} = \sum_{j=1}^n (\partial_j f(\boldsymbol{z}_j) - \partial_j f(\boldsymbol{a})) h_j$$

und damit:

$$|f(\boldsymbol{a} + \boldsymbol{h}) - f(\boldsymbol{a}) - L\boldsymbol{h}|$$

$$\leq \|\boldsymbol{h}\|_\infty \cdot \sum_{j=1}^{n} |\partial_j f(\boldsymbol{z}_j) - \partial_j f(\boldsymbol{a})| \,.$$

Für $\boldsymbol{h} \to \boldsymbol{0}$ gilt $\boldsymbol{z}_j \to \boldsymbol{a}$ für $1 \leq j \leq n$, was unmittelbar aus der Definition von $\boldsymbol{z}_j = \boldsymbol{a}_{j-1} + t_j \boldsymbol{e}_j$ mit $t_j \in [0, h_j]$ folgt.

Wegen der Stetigkeit der partiellen Ableitungen $\partial_j f$ an der Stelle $\boldsymbol{a}$ folgt nun:

$$\lim_{\boldsymbol{h} \to \boldsymbol{0}} \frac{f(\boldsymbol{a} + \boldsymbol{h}) - f(\boldsymbol{a}) - L\boldsymbol{h}}{\|\boldsymbol{h}\|_\infty} = 0 \,. \qquad \blacksquare$$

Achtung: Genau in diesem letzten Schritt geht die Stetigkeit ein. Ohne sie könnte man den Beweis nicht zu Ende führen!

Da man partielle Ableitungen relativ leicht bilden kann und ihnen häufig die Stetigkeit ohne Rechnung ansieht, ist das hinreichende Kriterium aus dem Theorem das am meisten benutzte Kriterium, um eine Abbildung auf (totale) Differenzierbarkeit zu testen.

Achtung: Die Stetigkeit der partiellen Ableitungen ist jedoch kein notwendiges Kriterium für die totale Differenzierbarkeit, d.h., eine Abbildung kann auch dann (total) differenzierbar sein, wenn die partiellen Ableitungen nicht stetig sind (Seite 880).

Beispiel Aus der Stetigkeit der Polynomfunktionen $p \colon \mathbb{R}^n \to \mathbb{R}$, also Funktionen der Gestalt

$$p(x_1, \ldots, x_n) = \sum a_{j_1 j_2 \ldots j_n} x_1^{j_1} \cdot \ldots \cdot x_n^{j_n}$$

mit Koeffizienten $a_{j_1 \ldots j_n} \in \mathbb{R}$ und $j_1, \ldots, j_n \in \mathbb{N}_0$, folgt nun direkt, dass sie überall (total) differenzierbar sind, da die partiellen Ableitungen wieder Polynomfunktionen und damit auch stetig sind. ◀

Dieses Beispiel führt zu folgender

Definition der stetigen partiellen Differenzierbarkeit

Sind $D \subseteq \mathbb{R}^n$ offen und $f \colon D \to \mathbb{R}$ eine Funktion. Dann heißt f **stetig partiell differenzierbar** auf D, wenn die partiellen Ableitungen $\partial_j f$ existieren und die dann erklärten Funktionen $\partial_j f \colon D \to \mathbb{R}$ stetige Funktionen sind ($1 \leq j \leq n$). Eine Abbildung

$$\boldsymbol{f} = (f_1, \ldots, f_n)^\top \colon D \to \mathbb{R}^m$$

heißt **stetig partiell differenzierbar**, wenn alle Komponentenfunktionen f_k ($1 \leq k \leq m$) stetig partiell differenzierbar sind.

Wir bezeichnen mit $C^1(D, \mathbb{R}^m)$ die Gesamtheit der stetig partiell differenzierbaren Abbildungen und mit $C^1(D) := C^1(D, \mathbb{R})$ die Gesamtheit der stetig differenzierbaren Funktionen auf D. Nach dem Hauptkriterium ist eine C^1-Abbildung $\boldsymbol{f}$ auf ganz D differenzierbar. Sie ist sogar stetig differenzierbar im Sinne der folgenden Definition. Es ist offensichtlich, dass die betrachteten Mengen $\mathbb{R}$-Vektorräume sind.

Definition der stetigen Differenzierbarkeit

Seien $D \subseteq \mathbb{R}^n$ offen (und nichtleer) und $\boldsymbol{f} \colon D \to \mathbb{R}^m$ eine Abbildung. $\boldsymbol{f}$ heißt auf D **stetig differenzierbar**, wenn $\boldsymbol{f}$ für alle $\boldsymbol{x} \in D$ differenzierbar ist und die dann erklärte Abbildung

$$\boldsymbol{f}' \colon D \to \mathrm{Hom}(\mathbb{R}^n, \mathbb{R}^m) \,,$$

$$\boldsymbol{x} \mapsto \mathrm{d}\boldsymbol{f}(\boldsymbol{x}) \longleftrightarrow \boldsymbol{f}'(\boldsymbol{x}) = \mathcal{J}(\boldsymbol{f}; \boldsymbol{x})$$

stetig auf D ist. Aufgrund der Isomorphie können wir $\mathrm{Hom}(\mathbb{R}^n, \mathbb{R}^m)$ mit $\mathbb{R}^{m \times n}$ und $\mathrm{d}\boldsymbol{f}(\boldsymbol{x})$ mit $\boldsymbol{f}'(\boldsymbol{x}) = \mathcal{J}(\boldsymbol{f}; \boldsymbol{x})$ identifizieren.

Es sei daran erinnert, dass man auf dem Raum der $m \times n$-Matrizen viele (alle untereinander äquivalente) Normen erklären kann, z. B. die Operator- oder Matrixnorm

$$\|A\| := \sup\{\|A\boldsymbol{x}\| \mid \|\boldsymbol{x}\| \leq 1\} \quad \text{oder}$$

$$\|A\|_2 := \left(\sum_{k=1}^{m} \sum_{j=1}^{n} |a_{kj}|^2 \right)^{\frac{1}{2}} \,.$$

Wir wissen, dass eine Folge von Matrizen genau dann konvergiert, wenn sie elementweise konvergiert. Existiert also $\boldsymbol{f}'(\boldsymbol{a})$ $(= \mathcal{J}(\boldsymbol{f}, \boldsymbol{a}))$ auf D, so ist die Aussage

„aus $\boldsymbol{x}_l \to \boldsymbol{a}$ folgt $\boldsymbol{f}'(\boldsymbol{x}_l) \to \boldsymbol{f}'(\boldsymbol{a})$"

nichts anderes als die Aussage

„aus $\boldsymbol{x}_l \to \boldsymbol{a}$ folgt $\partial_j f_k(\boldsymbol{x}_l) \to \partial_j f_k(\boldsymbol{a})$"

(für $j = 1, \ldots, n$ und $k = 1, \ldots, m$)". $\boldsymbol{f}'$ ist also genau dann in $\boldsymbol{a}$ stetig, wenn die partiellen Ableitungen aller Komponentenfunktionen in $\boldsymbol{a}$ stetig sind:

Satz

Ist $D \subseteq \mathbb{R}^n$ offen, dann ist eine Abbildung

$$\boldsymbol{f} \colon D \to \mathbb{R}^m$$

genau dann stetig differenzierbar, wenn

$$\boldsymbol{f} \in C^1(D, \mathbb{R}^m)$$

gilt, d.h. wenn $\boldsymbol{f}$ stetig partiell differenzierbar ist.

Übersicht: Beziehungen zwischen den verschiedenen Differenzierbarkeitsbegriffen

Seien $D \subseteq \mathbb{R}^n$ offen und $f: D \to \mathbb{R}^m$ eine Abbildung, dann gilt:

f **stetig differenzierbar** $\Leftrightarrow$ f **stetig partiell differenzierbar** $\Rightarrow$ f **(total) differenzierbar** $\Rightarrow$ f **partiell differenzierbar.**

Die beiden letzten Implikationspfeile lassen sich, wie unsere Beispiele 4) und 1) zeigen, im Allgemeinen nicht umkehren.

In den folgenden Beispielen benutzen wir den Begriff der Richtungsableitung nach einem beliebigen Einheitsvektor $\boldsymbol{v} \in \mathbb{R}^2$ mit $\|\boldsymbol{v}\|_2 = 1$, der den Begriff der partiellen Ableitung verallgemeinert (Näheres auf Seite 885).

1) Beispiel einer in $\boldsymbol{a} = (0, 0)^\top$ partiell differenzierbaren Funktion $f_1: \mathbb{R}^2 \to \mathbb{R}$, die in $\boldsymbol{a}$ nicht total differenzierbar ist:

$$f_1(x, y) = \begin{cases} \frac{2xy}{x^2+y^2}, & \text{falls } (x, y)^\top \neq (0, 0)^\top, \\ 0, & \text{falls } x = y = 0. \end{cases}$$

Wir wissen, dass $\partial_1 f_1(0, 0) = \partial_2 f_1(0, 0) = 0$ gilt, f_1 ist aber in $(0, 0)^\top$ nicht stetig, also erst recht nicht total differenzierbar. Für den Graph der Funktion siehe Seite 873.

2) Beispiel einer stetigen Funktion $f_2: \mathbb{R}^2 \to \mathbb{R}$, für welche in $\boldsymbol{a} = (0, 0)^\top$ alle Richtungsableitungen existieren, die aber in $\boldsymbol{a}$ nicht total differenzierbar ist:

$$f_2(x, y) = \begin{cases} \frac{xy^2}{x^2+y^2}, & \text{falls } (x, y)^\top \neq (0, 0)^\top, \\ 0, & \text{falls } (x, y)^\top = (0, 0)^\top. \end{cases}$$

Wegen $|f_2(x, y)| \leq |x|$ ist f_2 stetig auf $\mathbb{R}^2$ und wegen

$$f_2(t\boldsymbol{v}) = \frac{tv_1 t^2 v_2^2}{t^2} = tv_1 v_2^2 \qquad (\boldsymbol{v} = (v_1, v_2)^\top)$$

existiert die Richtungsableitung; es ist nach Definition $\partial_v f_2(0, 0) = \lim\limits_{t \to 0} \frac{f_2(t\boldsymbol{v}) - f_2(0,0)}{t} = v_1 v_2^2$ in $(0, 0)^\top$ für alle Richtungen $\boldsymbol{v}$. Speziell ist $\partial_1 f_2(0, 0) = \partial_2 f_2(0, 0) = 0$, und damit ist das Differenzial $\mathrm{d} f_2(0, 0)$ die Nullabbildung bzw. $\mathbf{grad}\, f_2(0, 0) = \begin{pmatrix} 0 \\ 0 \end{pmatrix}$. Wäre f_2 in $a = (0, 0)^\top$ differenzierbar, müsste

$$\partial_v f_2(0, 0) = \mathbf{grad}\, f_2(0, 0) \cdot \boldsymbol{v} = 0$$

gelten. Es ist aber $\partial_v f_2(0, 0) = v_1 v_2^2 \neq 0$.

Die folgende Abbildung zeigt, dass im Nullpunkt in jeder Richtung Tangenten existieren, aber keine Tangentialebene.

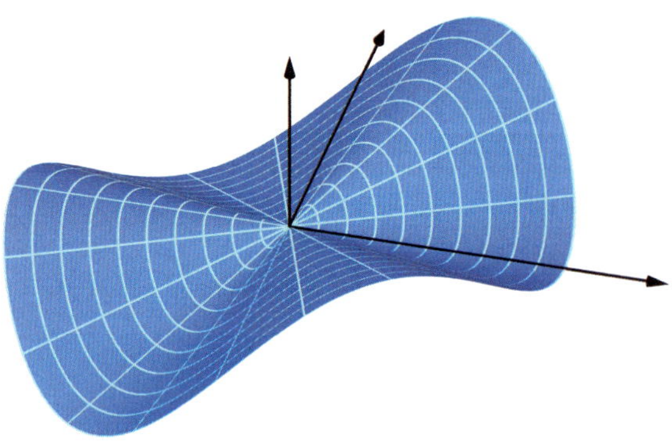

3) Beispiel einer Funktion $f_3: \mathbb{R}^2 \to \mathbb{R}$, für die alle Richtungsableitungen in $\boldsymbol{a} = (0, 0)^\top$ existieren, die aber in $\boldsymbol{a}$ nicht stetig ist:

$$f_3(x, y) = \begin{cases} \frac{xy^3}{x^2+y^6}, & \text{falls } (x, y)^\top \neq (0, 0)^\top, \\ 0, & \text{falls } (x, y)^\top = (0, 0)^\top. \end{cases}$$

Hier gilt:

$$f_3(t\boldsymbol{v}) = \frac{t^4 v_1 v_2^3}{t^2 v_1^2 + t^6 v_2^6}$$

und damit $\partial_v f_3(0, 0) = 0$. Speziell ist

$$\partial_1 f_3(0, 0) = \partial_2 f_3(0, 0) = 0,$$

und es gilt:

$$\partial_v f_3(0, 0) = \mathbf{grad}\, f_3(0, 0) \cdot \boldsymbol{v} = 0.$$

Aber wegen $f_3(t^3, t) = \frac{1}{2}$ ist f_3 an der Stelle $(0, 0)^\top$ nicht stetig, speziell auch nicht differenzierbar.

4) Beispiel einer Funktion $f_4: \mathbb{R}^2 \to \mathbb{R}$, die in $\boldsymbol{a} = (0, 0)^\top$ total differenzierbar ist, für die aber die partiellen Ableitungen $\partial_1 f_4(0, 0)$ und $\partial_2 f_4(0, 0)$ in $(0, 0)^\top$ nicht stetig sind.

$$f_4(x, y) = \begin{cases} (x^2 + y^2) \sin \frac{1}{\sqrt{x^2+y^2}}, & \text{falls } (x, y)^\top \neq (0, 0)^\top, \\ 0, & \text{falls } (x, y)^\top = (0, 0)^\top. \end{cases}$$

Dieses Beispiel, das zeigt, dass die Stetigkeit der partiellen Ableitungen in einem Punkt lediglich ein hinreichendes Kriterium für die totale Differenzierbarkeit ist, wird in der Unter-der-Lupe-Box auf S. 880 ausführlich behandelt.

Die Beispiele zeigen, dass der Begriff der partiellen Ableitung ein relativ schwacher Begriff ist, aus dem z. B. nicht einmal die Stetigkeit an der betreffenden Stelle gefolgert werden kann. Auch die Existenz aller Richtungsableitungen impliziert im Fall $n > 1$ nicht die totale Differenzierbarkeit, selbst wenn die Funktion an der betreffenden Stelle zusätzlich stetig ist (vgl. Beispiel 2). Die totale Differenzierbarkeit an einem Punkt ist also eine sehr starke Eigenschaft, die sich selbst mit allen Geraden durch diesen Punkt nicht erfassen lässt.

Zusammenhang zwischen (total) reeller Differenzierbarkeit in $\mathbb{R}^2$ und komplexer Differenzierbarkeit

Wegen $\mathbb{C} = \mathbb{R} \times \mathbb{R} = \mathbb{R}^2$ verfügen wir in $\mathbb{C}$ über den Begriff der totalen reellen Differenzierbarkeit. Da die komplexen Zahlen einen Körper bilden, kann man den Begriff der **komplexen Differenzierbarkeit** aber auch für Funktionen $f : D \to \mathbb{C}$ ($D \subseteq \mathbb{C}$ offen) in völliger Analogie zum reellen Fall definieren.

Definition der komplexe Differenzierbarkeit

Sei $D \subseteq \mathbb{C}$ offen und nichtleer. Eine Funktion

$$f : D \to \mathbb{C}$$

heißt in $a \in D$ **komplex differenzierbar**, falls der Grenzwert

$$l := \lim_{z \to a} \frac{f(z) - f(a)}{z - a}$$

existiert, d. h., dass für jede Folge $x_n \in D - \{a\}$ mit $\lim_{n \to \infty} z_n = a$

$$\lim_{z_n \to a} \frac{f(z_n) - f(a)}{z_n - a} = l$$

gilt. Im Fall der Existenz wird dieser Grenzwert l wie üblich mit $f'(a)$ bezeichnet und heißt dann (der **Wert der**) **Ableitung** von f an der Stelle a. Ist f in allen Punkten $z \in D$ komplex differenzierbar, dann heißt die Funktion

$$f' : D \to \mathbb{C}, \; z \mapsto f'(z)$$

die **Ableitung(sfunktion)** von f. Man nennt dann f auch **holomorph** oder **analytisch** in D.

Äquivalent mit der obigen Definition ist die Existenz einer komplexen Zahl l ($= f'(a)$), für welche dann der durch die Gleichung

$$f(z) = f(a) + l(z - a) + r(z)$$

definierte Rest $r : D \to \mathbb{C}$ die Eigenschaft

$$\lim_{z \to a} \frac{r(z)}{z - a} = \lim_{z \to a} \frac{r(z)}{|z - a|} = 0$$

hat. Ist f in a komplex differenzierbar, und ist $l = f'(a)$, dann wird durch

$$L : \mathbb{C} \to \mathbb{C}, \; h \mapsto lh$$

eine $\mathbb{C}$-lineare Abbildung definiert (dabei ist $l = L(1)$), welche die Funktionsänderung $f(z) - f(a)$ in a komplex-linear approximiert (bis auf den Fehler r).

Komplexe Differenzierbarkeit von f in a ist also auch äquivalent mit der Existenz einer (von a abhängigen) $\mathbb{C}$-linearen Abbildung

$$L : \mathbb{C} \to \mathbb{C}$$

mit

$$\lim_{z \to a} \frac{f(z) - f(a) - L(z - a)}{|z - a|} = 0.$$

Nun ist aber jede $\mathbb{C}$-lineare Abbildung $L : \mathbb{C} \to \mathbb{C}$ erst recht $\mathbb{R}$-linear. Identifiziert man wie üblich die komplexen Zahlen $\mathbb{C}$ mit $\mathbb{R}^2$ über

$$x + \mathrm{i}y \longleftrightarrow (x, y) \quad \text{oder} \quad x + \mathrm{i}y \longleftrightarrow \begin{pmatrix} x \\ y \end{pmatrix},$$

so sieht man sofort, dass eine in $a \in \mathbb{C} = \mathbb{R}^2$ komplex differenzierbare Funktion in a auch (total) reell differenzierbar ist.

Uns interessiert die umgekehrte Frage: Wann folgt aus der (totalen) reellen Differenzierbarkeit von f in a die komplexe Differenzierbarkeit? Oder anders ausgedrückt, wann ist eine $\mathbb{R}$-lineare Abbildung $L : \mathbb{C} = \mathbb{R}^2 \to \mathbb{C} = \mathbb{R}^2$ auch $\mathbb{C}$-linear? Dann, wenn L die Wirkung $L(h) = lh$ für alle $h \in \mathbb{C} = \mathbb{R}^2$ mit geeignetem $l \in \mathbb{C} = \mathbb{R}^2$ hat!

Schreibt man also $l = \alpha + \mathrm{i}\beta$, $\alpha, \beta \in \mathbb{R}$ und $h = x + \mathrm{i}y$, $x, y \in \mathbb{R}$, so entspricht

$$h \mapsto lh = (\alpha x - \beta y) + \mathrm{i}(\alpha y + \beta x)$$

der Abbildung

$$\begin{pmatrix} x \\ y \end{pmatrix} \mapsto \begin{pmatrix} \alpha & -\beta \\ \beta & \alpha \end{pmatrix} \begin{pmatrix} x \\ y \end{pmatrix}.$$

Zerlegt man f in Real- und Imaginärteil

$$f = u + \mathrm{i}v \longleftrightarrow \begin{pmatrix} u \\ v \end{pmatrix},$$

so sieht man, dass die Jacobi-Matrix

$$\begin{pmatrix} \partial_1 u(a) & \partial_2 u(a) \\ \partial_1 v(a) & \partial_2 v(a) \end{pmatrix}$$

von f in a eine spezielle Gestalt hat, nämlich vom Typ

$$\begin{pmatrix} \alpha & -\beta \\ \beta & \alpha \end{pmatrix}$$

sein muss, falls sie auch eine $\mathbb{C}$-lineare Abbildung bewirken soll.

Das bedeutet einmal, dass im Fall komplexer Differenzierbarkeit von f in a die Funktion f (total) reell differenzierbar ist und zudem der Realteil und der Imaginärteil die Cauchy-Riemann'schen Differenzialgleichungen erfüllen müssen.

Cauchy-Riemann'sche Differenzialgleichungen

Eine komplex differenzierbare Funktion $f = u + \mathrm{i}v$ erfüllt auch die **Cauchy-Riemann'schen Differenzialgleichungen**

$$\partial_1 u(a) = \partial_2 v(a) \quad \text{und} \quad \partial_2 u(a) = -\partial_1 v(a).$$

Unter der Lupe: Aus der Differenzierbarkeit folgt nicht die Stetigkeit der partiellen Ableitungen

Wir betrachten eine Funktion $f : \mathbb{R}^2 \to \mathbb{R}$, die für alle $(x, y)^\top \in \mathbb{R}^2$ differenzierbar ist, die also speziell auch in $\mathbf{0} = (0, 0)^\top$ differenzierbar ist, für die aber die partiellen Ableitungen im Nullpunkt nicht stetig sind. Das Beispiel zeigt, dass die Stetigkeit der partiellen Ableitungen (hier im Punkt $\mathbf{0} = (0, 0)^\top$) lediglich ein hinreichendes Kriterium für die (totale) Differenzierbarkeit in dem betreffenden Punkt ist.

Dazu betrachten wir die Funktion $f : \mathbb{R}^2 \to \mathbb{R}$,

$$\begin{pmatrix} x \\ y \end{pmatrix} \mapsto \begin{cases} (x^2 + y^2) \sin \dfrac{1}{\sqrt{x^2+y^2}}, & \text{falls } (x, y)^\top \neq (0, 0)^\top, \\ 0, & \text{falls } (x, y)^\top = (0, 0)^\top. \end{cases}$$

Die partiellen Ableitungen in einem Punkt $(x, y)^\top \in \mathbb{R}^2 \setminus \{\mathbf{0}\}$ berechnet man unter Verwendung der Produkt- und Kettenregel für Funktionen einer Variablen zu

$$\partial_1 f(x, y) = 2x \sin \frac{1}{\sqrt{x^2 + y^2}}$$
$$- (x^2 + y^2) \frac{x}{(x^2 + y^2)^{3/2}} \cos \frac{1}{\sqrt{x^2 + y^2}}$$

bzw.

$$\partial_2 f(x, y) = 2y \sin \frac{1}{\sqrt{x^2 + y^2}}$$
$$- (x^2 + y^2) \frac{y}{(x^2 + y^2)^{3/2}} \cos \frac{1}{\sqrt{x^2 + y^2}}.$$

Als Zusammensetzung stetiger Funktionen sind die partiellen Ableitungen stetig in jedem Punkt des $\mathbb{R}^2 \setminus \{\mathbf{0}\}$, daher ist nach dem Hauptkriterium f in $\mathbb{R}^2 \setminus \{\mathbf{0}\}$ total differenzierbar.

Wir zeigen, dass f auch in $\mathbf{0}$ total differenzierbar ist, aber dass die partiellen Ableitungen in $\mathbf{0}$ nicht stetig sind. Für $x \neq 0$ bzw. $y \neq 0$ gilt:

$$f(x, 0) = x^2 \sin \frac{1}{|x|} \quad \text{und} \quad f(0, y) = y^2 \sin \frac{1}{|y|}$$

woraus wegen der Beschränktheit von sin folgt:

$$\partial_1 f(0, 0) = \lim_{x \to 0} x \sin \frac{1}{|x|} = 0 \quad \text{und}$$

$$\partial_2 f(0, 0) = \lim_{y \to 0} y \sin \frac{1}{|y|} = 0.$$

Wäre f in $\mathbf{0}$ total differenzierbar, dann müsste ihr Differenzial $\mathrm{d}f(x)$ bzw. die Ableitung $f(\mathbf{0})$ die Nullabbildung sein. Wir zeigen, dass mit $f'(\mathbf{0}) = (0, 0)^\top$ die Definition der totalen Differenzierbarkeit in $\mathbf{0} = (0, 0)^\top$ erfüllt ist:

$$f(x, y) = f(\mathbf{0}) + f'(\mathbf{0}) \begin{pmatrix} x \\ y \end{pmatrix} + r(x, y) \equiv r(x, y),$$

wobei

$$\lim_{(x,y)^\top \to \mathbf{0}} \frac{f(x, y)}{\sqrt{x^2 + y^2}} = \lim_{(x,y)^\top \to \mathbf{0}} \frac{r(x, y)}{\sqrt{x^2 + y^2}}$$

gelten muss. Nach Definition ist aber

$$0 \leq \frac{|f(x, y)|}{\sqrt{x^2 + y^2}} \leq \sqrt{x^2 + y^2} \text{ falls } (x, y)^\top \neq (0, 0)^\top$$

und $\displaystyle \lim_{(x,y)^\top \to \mathbf{0}} \sqrt{x^2 + y^2} = 0$, daher ist

$$\lim_{(x,y)^\top \to \mathbf{0}} \frac{f(x, y)}{\sqrt{x^2 + y^2}} = \lim_{(x,y)^\top \to \mathbf{0}} \frac{r(x, y)}{\sqrt{x^2 + y^2}} = 0.$$

f ist also auch in $\mathbf{0}$ total differenzierbar, wobei $f'(\mathbf{0})$ die Nullabbildung ist.

Die partiellen Ableitungen in $\mathbf{0} = (0, 0)^\top$ sind jedoch nicht stetig:

Für $x \neq 0$ bzw. $y \neq 0$ ist

$$\partial_1 f(x, 0) = 2x \sin \frac{1}{|x|} - \frac{x}{|x|} \cos \frac{1}{|x|} \quad \text{bzw.}$$

$$\partial_2 f(0, y) = 2y \sin \frac{1}{|y|} - \frac{y}{|y|} \cos \frac{1}{|y|}.$$

Aber der Grenzwert (man wähle eine geeignete Nullfolge) $\displaystyle \lim_{x \to 0} \partial_1 f(x, 0)$ existiert nicht, also ist $\partial_1 f$ nicht stetig in $(0, 0)^\top$. Der Grenzwert $\displaystyle \lim_{y \to 0} \partial_2 f(0, y)$ existiert ebenfalls nicht, deshalb ist auch $\partial_2 f$ in $(0, 0)^\top$ nicht stetig.

Ist umgekehrt f total reell differenzierbar in a ($\in \mathbb{C} = \mathbb{R}^2$), und erfüllen u und v in a die Cauchy-Riemann'schen Differenzialgleichungen, dann ist f in a komplex differenzierbar.

Zusammenhang zwischen reeller und komplexer Differenzierbarkeit

Sei $D \subseteq \mathbb{C}$ offen und nichtleer. Eine Funktion

$$f : D \to \mathbb{C}$$

ist in $a \in D$ genau dann komplex differenzierbar, wenn f in a (total) reell differenzierbar ist ($\mathbb{C} = \mathbb{R}^2$) und $u = \operatorname{Re} f$ und $v = \operatorname{Im} f$ in a die Cauchy-Riemann'schen Differenzialgleichungen erfüllen:

$$\partial_1 u(a) = \partial_2 v(a) \quad \text{und} \quad \partial_2 u(a) = -\partial_1 v(a) \,.$$

In diesem Fall gilt:

$$f'(a) = \partial_1 u(a) + \mathrm{i}\partial_1 v(a) =: \alpha + \mathrm{i}\beta$$

sowie

$$\det \mathcal{J}(f; a) = |f'(a)|^2 = \alpha^2 + \beta^2 \,.$$

Das systematische Studium analytischer (holomorpher) Funktionen ist Gegenstand der Funktionentheorie.

Obwohl die Definition der komplexen Differenzierbarkeit formal wie im Reellen aussieht, ergeben sich gewaltige Unterschiede. Z. B. ist eine auf einer offenen Menge $D \subseteq \mathbb{C}$ ($D \neq \emptyset$) einmal komplex differenzierbare Funktion beliebig oft komplex differenzierbar.

?

Geben Sie ein Beispiel einer reell differenzierbaren Funktion an, die nur einmal reell differenzierbar ist.

Beispiel Die Abbildung $f : \mathbb{C} \to \mathbb{C}$, $z \mapsto z^2$ ist analytisch, denn hier ist für $z = x + \mathrm{i}y = (x, y)^\top$

$$\operatorname{Re} f(z) = u(x, y) = x^2 - y^2 \,,$$
$$\operatorname{Im} f(z) = v(x, y) = 2xy \,.$$

Es gilt damit:

$$\partial_1 u(x, y) = 2x \,, \quad \partial_2 u(x, y) = -2y \,,$$
$$\partial_1 v(x, y) = 2y \,, \quad \partial_2 v(x, y) = 2x \,.$$

Die Cauchy-Riemann'schen Differenzialgleichungen sind also überall erfüllt, und da u und v stetig partiell differenzierbar sind, ist f (total) reell differenzierbar, und für die Ableitung ergibt sich:

$$f'(z) = 2x + 2\mathrm{i}y = 2(x + \mathrm{i}y) = 2z \,,$$

was man natürlich auch direkt bestätigen kann. ◀

Beispiel Die Abbildung $f : \mathbb{C} \to \mathbb{C}$, $z \mapsto \bar{z}$ ist nirgends komplex differenzierbar, denn die erste Cauchy-Riemann'sche Differenzialgleichung ist nie erfüllt ($\partial_1 u(x, y) = 1 \neq -1 = \partial_2 v(x, y)$). ◀

Beispiel Die komplexe Exponentialfunktion $\exp : \mathbb{C} \to \mathbb{C}$, $z \mapsto \mathrm{e}^z = \mathrm{e}^x \cdot \mathrm{e}^{\mathrm{i}y} = \mathrm{e}^x(\cos y + \mathrm{i}\sin y)$ ist analytisch, und es gilt $\exp'(z) = \exp(z)$ für alle $z \in \mathbb{C}$.

Hier sind $u(x, y) = \mathrm{e}^x \cos y$ und $v(x, y) = \mathrm{e}^x \sin y$. Die Cauchy-Riemann'schen Differenzialgleichungen sind überall erfüllt, u und v sind stetig partiell differenzierbar und damit ist f komplex differenzierbar (in ganz $\mathbb{C}$).

Beweis:
$$\exp'(z) = \partial_1 u(x, y) + \mathrm{i}\partial_1 v(x, y)$$
$$= \mathrm{e}^x \cos y + \mathrm{i}\mathrm{e}^x \sin y$$
$$= \mathrm{e}^x \cdot (\cos y + \mathrm{i}\sin y)$$
$$= \mathrm{e}^x \cdot \mathrm{e}^{\mathrm{i}y} = \exp(x + \mathrm{i}y) = \exp(z). \quad \blacksquare$$

◀

?

Warum ist $g : \mathbb{C} \to \mathbb{C}$, $z \mapsto z\bar{z}$ nur an der Stelle 0 komplex differenzierbar?

Kommentar: Der Begriff *analytisch* wurde schon in Kapitel 11 für Funktionen verwendet, die sich in der Umgebung eines Punktes in eine Potenzreihe entwickeln lassen. Tatsächlich lässt sich zeigen, dass eine Funktion genau dann holomorph ist, wenn sie sich in jedem Punkt ihres Definitionsbereichs in eine Potenzreihe entwickeln lässt.

21.3 Differenziationsregeln

In diesem Abschnitt werden wir sehen, dass sich die uns aus der Theorie einer Variablen vertrauten Differenziationsregeln (wie z. B. die algebraischen Differenziationsregeln über Summen oder Produkte, sowie die Kettenregel) auf Funktionen von mehreren Variablen übertragen lassen. Die Beweise sind denen in einer Variablen analog, manchmal etwas umständlicher. Die wichtigste Regel ist sicherlich die Kettenregel, die ganz grob besagt, dass die Zusammensetzung $g \circ f$ zweier differenzierbarer Abbildungen f und g wieder differenzierbar ist und dass für die Jacobi-Matrizen

$$\mathcal{J}(g \circ f; a) = \mathcal{J}(g; f(a))\, \mathcal{J}(f; a)$$

gilt. Wir beginnen mit den algebraischen Regeln.

Aus der Linearität der Ableitung folgen die altbekannten algebraischen Regeln

Algebraische Differenziationsregeln

Seien $D \subseteq \mathbb{R}^n$ offen, $a \in D$, und sind $f, g : D \to \mathbb{R}^m$ in a differenzierbare Abbildungen, dann sind auch

$$f + g : D \to \mathbb{R}^m \quad \text{und}$$
$$\alpha f : D \to \mathbb{R}^m, \quad \alpha \in \mathbb{R},$$

in a differenzierbar, und für die Differenziale bzw. die Jacobi-Matrizen gilt die Summenregel

$$\mathrm{d}(f + g)(a) = \mathrm{d}f(a) + \mathrm{d}g(a)$$

und die „Vertauschungsregel"

$$\mathrm{d}(\alpha f)(a) = \alpha\,\mathrm{d}f(a)$$

bzw.

$$\mathcal{J}(f + g; a) = \mathcal{J}(f; a) + \mathcal{J}(g; a),$$

$$\mathcal{J}((\alpha f); a) = \alpha\,\mathcal{J}(f; a)$$

also die **Linearität der Ableitung**.

Im Fall $m = 1$ kann man eine Produkt- und Quotientenregel formulieren:

Für $f : D \to \mathbb{R}$ und $g : D \to \mathbb{R}$ sei fg das durch

$$(fg)(x) = f(x)g(x)$$

definierte punktweise Produkt der Funktionswerte. Es gilt dann:

> **Produkt- und Quotientenregel für den Fall $m = 1$**
>
> fg ist in a differenzierbar, und es gilt die **Produktregel**
>
> $$\mathrm{d}(fg)(a) = g(a)\mathrm{d}f(a) + f(a)\mathrm{d}g(a)$$
>
> und falls $g(a) \neq 0$, gilt die **Quotientenregel**
>
> $$\mathrm{d}\left(\frac{f}{g}\right)(a) = \frac{g(a)\mathrm{d}f(a) - f(a)\mathrm{d}g(a)}{(g(a))^2}.$$

Für die Jacobi-Matrizen gilt also hier:

$$\mathcal{J}(fg; a) = g(a)\mathcal{J}(f; a) + f(a)\mathcal{J}(g; a) \text{ bzw.}$$

$$\mathcal{J}\left(\frac{f}{g}; a\right) = \frac{1}{(g(a))^2}\left(g(a)\mathcal{J}(f; a) - f(a)\mathcal{J}(g; a)\right).$$

Sind f und g in D stetig differenzierbar, dann sind es auch $f + g$ und im Fall $m = 1$ auch fg, ferner $\frac{f}{g}$ in $\{x \in D;\ g(x) \neq 0\}$.

Es gibt auch noch weitere Produktregeln. Für in a differenzierbare Abbildungen $f, g : D \to \mathbb{R}^m$ kann man wegen $f(a) \in \mathbb{R}^m$ und $g(a) \in \mathbb{R}^m$ das Skalarprodukt

$$(f \cdot g)(a) := f(a) \cdot g(a) = \sum_{\nu=1}^{m} f_\nu(a)g_\nu(a)$$

definieren.

> **Produktregel für das Skalar- und Vektorprodukt zweier Funktionen**
>
> Seien n, m beliebig. Dann ist $f \cdot g$ in a differenzierbar, und es gilt:
>
> $$\mathcal{J}(f \cdot g; a) = g(a)^\top \mathcal{J}(f; a) + f(a)^\top \mathcal{J}(g; a).$$
>
> Hier steht auf der rechten Seite jeweils das Produkt einer $1 \times m$-Matrix mit einer $m \times n$-Matrix.
>
> Für $n = 1$, $m = 3$ ist das Vektorprodukt $f \times g$ in a differenzierbar, und es gilt die Regel:
>
> $$\mathrm{d}(f \times g)(a) = \mathrm{d}f(a) \times g(a) + f(a) \times \mathrm{d}g(a).$$

Zur Erinnerung: Sei $f = (f_1, f_2, f_3)^\top$ und $g = (g_1, g_2, g_3)^\top$. Dann ist für $t \in D$

$$(f \times g)(t) = \begin{pmatrix} f_2(t)g_3(t) - f_3(t)g_2(t) \\ f_3(t)g_1(t) - f_1(t)g_3(t) \\ f_1(t)g_2(t) - f_2(t)g_1(t) \end{pmatrix}.$$

Wenn man beachtet, dass im Fall $m = 1$ gerade $\mathcal{J}(f; a) = \mathbf{grad}\,f(a)^\top$ gilt, so haben wir speziell die

> **Rechenregeln für den Gradienten**
>
> $$\mathbf{grad}\,(fg)(a) = g(a)\,\mathbf{grad}\,f(a) + f(a)\,\mathbf{grad}\,g(a)$$
>
> $$\mathbf{grad}\left(\frac{f}{g}\right)(a) = \frac{g(a)\,\mathbf{grad}\,f(a) - f(a)\,\mathbf{grad}\,g(a)}{(g(a))^2}$$

bewiesen. Diese Rechenregeln gelten übrigens auch, wenn man nur die Existenz des Gradienten $\mathbf{grad}\,f(a)$ bzw. $\mathbf{grad}\,g(a)$ voraussetzt.

Beweis: Wir wissen, dass die Differenzierbarkeit von f in a gleichbedeutend ist mit der Existenz einer linearen Abbildung $L = \mathrm{d}f(a)$ und einer in a stetigen Abbildung $\varrho : D \to \mathbb{R}$ mit

$$f(x) = f(a) + \mathrm{d}f(a)(x - a) + \|x - a\|\varrho(x)$$

und $\varrho(a) = 0$. Schreibt man entsprechend

$$g(x) = g(a) + \mathrm{d}g(a)(x - a) + \|x - a\|\tilde{\varrho}(x)$$

mit $\tilde{\varrho} : D \to \mathbb{R}$, wobei $\tilde{\varrho}$ stetig in a und $\tilde{\varrho}(a) = 0$ gilt, so kann man wie in einer Variablen schließen. Die Linearitätsregeln liest man sofort ab, die Produkt- und Quotientenregel sind etwas aufwendiger zu beweisen. Man vergleiche hierzu auch die Aufgabe 21.25. $\blacksquare$

?

Beweisen Sie die Produktregel im Spezialfall $f(x) = 1$ für alle $x \in D$.

Die wichtigste Differenziationsregel ist die Kettenregel

Kettenregel

$D \subseteq \mathbb{R}^n$ sei offen und $f \colon D \to \mathbb{R}^m$ differenzierbar in $a \in D$. $D' \subseteq \mathbb{R}^m$ sei offen und $g \colon D' \to \mathbb{R}^l$ sei differenzierbar in $b \in D'$. Ferner sei $f(D) \subseteq D'$. Gilt dann $f(a) = b$, dann ist $g \circ f$ in a differenzierbar, und es gilt:

$$\mathrm{d}(g \circ f)(a) = \mathrm{d}g(f(a)) \circ \mathrm{d}f(a)$$

bzw. für die Jacobi-Matrizen:

$$\mathcal{J}(g \circ f; a) = \mathcal{J}(g; f(a))\, \mathcal{J}(f; a)\,,$$

wobei rechts ein Matrizenprodukt steht.

$$D \xrightarrow{\ f\ } f(D) \subseteq D' \xrightarrow{\ g\ } \mathbb{R}^l$$
$$\searrow \underline{\qquad g \circ f \qquad} \nearrow$$

Sind g und f stetig differenzierbar, dann ist auch $g \circ f$ stetig differenzierbar.

Setzt man $h := g \circ f$ und schreibt man für $\mathcal{J}(f; a) = f'(a)$, geht die obige Aussage in die einprägsame Form

$$h'(a) = g'(f(a))\, f'(a)$$

über, wobei zu beachten ist, dass es sich hier um ein Matrizenprodukt handelt.

Beweis: Nach Voraussetzung gilt:

$$f(a + h) = f(a) + \mathrm{d}f(a)h + \|h\|\varrho_1(h)$$

mit ϱ_1 stetig in $\mathbf{0}$ und $\varrho_1(\mathbf{0}) = \mathbf{0}$ bzw.

$$g(b + k) = g(b) + \mathrm{d}g(b)k + \|k\|\varrho_2(k)$$

mit ϱ_2 stetig in $\mathbf{0}$ und $\varrho_2(\mathbf{0}) = \mathbf{0}$.

Setzt man speziell $k := \mathrm{d}f(a)h + \|h\|\varrho_1(h)$, so folgt:

$$(g \circ f)(a + h) = (g \circ f)(a) + (\mathrm{d}g(b) \circ \mathrm{d}f(a))h + R(h)$$

mit $R(h) = \|h\|\mathrm{d}g(b)\varrho_1(h) + \|k\|\varrho_2(k)$.

Die Kettenregel ist bewiesen, wenn wir $\lim\limits_{h \to 0} \frac{R(h)}{\|h\|} = \mathbf{0}$ zeigen können.

Da die lineare Abbildung $\mathrm{d}f(a) \colon \mathbb{R}^n \to \mathbb{R}^m$ lipschitz-stetig ist, gilt für k mit einer passenden Konstante C:

$$\|k\| \leq \|h\|(C + \|\varrho_1(h)\|)\,.$$

Damit folgt dann $\lim\limits_{h \to 0} \frac{R(h)}{\|h\|} = \mathbf{0}$.

Das beweist die Differenzierbarkeit von $g \circ f$ in a und die Formel für das Differenzial $\mathrm{d}(g \circ f)(a)$. ∎

Bei Anwendungen der Kettenregel treten besonders häufig die Spezialfälle $n = 1$, m beliebig und $l = 1$ bzw. m, n beliebig und $l = 1$ auf.

Die Kettenregel im Spezialfall $n = 1$, m beliebig und $l = 1$

Wir nehmen an, dass $D \subseteq \mathbb{R}$ ein offenes (echtes) Intervall ist, und

$$\boldsymbol{\alpha} \colon D \to \mathbb{R}^m, \ t \mapsto \boldsymbol{\alpha}(t) = (\alpha_1(t), \ldots, \alpha_m(t))^\top$$

sei eine differenzierbare Abbildung ($\boldsymbol{\alpha}$ entspricht dann f aus der Kettenregel).

Ferner sei $g \colon D' \to \mathbb{R}$ eine Funktion mit

$$\mathrm{Bild}(\boldsymbol{\alpha}) \subseteq D'\,.$$

Dann wird durch $\varphi \colon D \to \mathbb{R}$,

$$t \mapsto g(\boldsymbol{\alpha}(t)) = g(\alpha_1(t), \ldots, \alpha_m(t))$$

eine reellwertige Funktion definiert.

Ist nun auch g auf D' differenzierbar, dann ist auch φ auf D differenzierbar, und es gilt für $t \in D$:

$$\varphi'(t) = \sum_{j=1}^{m} \partial_j g(\alpha_1(t), \ldots, \alpha_m(t))\, \alpha_j'(t)$$
$$= \mathbf{grad}\, g(\boldsymbol{\alpha}(t)) \cdot \boldsymbol{\alpha}'(t)\,.$$

Beweis: Für $t \in D$ ist

$$\boldsymbol{\alpha}'(t) = \begin{pmatrix} \alpha_1'(t) \\ \vdots \\ \alpha_m'(t) \end{pmatrix}$$

und auf D'

$$\mathbf{grad}\, g(\boldsymbol{x}) = (\partial_1 g(\boldsymbol{x}), \ldots, \partial_m g(\boldsymbol{x}))^\top\,.$$

Mit der Kettenregel finden wir also:

$$\varphi'(t) = \mathrm{d}g(\boldsymbol{\alpha}(t)) \cdot \boldsymbol{\alpha}'(t)$$
$$= (\partial_1 g(\boldsymbol{\alpha}(t)), \ldots, \partial_m g(\boldsymbol{\alpha}(t)))^\top \begin{pmatrix} \alpha_1'(t) \\ \vdots \\ \alpha_m'(t) \end{pmatrix}$$
$$= \sum_{j=1}^{m} \partial_j g(\boldsymbol{\alpha}(t)) \cdot \alpha_j'(t)\,. \qquad ∎$$

— **?** —

Gilt diese Formel auch, wenn D ein nicht offenes (echtes) Intervall in $\mathbb{R}$ ist?

Die Kettenregel im Spezialfall m, n beliebig und $l = 1$

Die Kettenregel beinhaltet insbesondere auch Formeln für die partiellen Ableitungen von $g \circ f$. Hat nämlich $g: D' \to \mathbb{R}^l$ die Komponentenfunktionen $g_1, \ldots, g_l$, so sind die Komponentenfunktionen von $g \circ f$ gegeben durch:

$$g_1 \circ f, \ g_2 \circ f, \ \ldots, \ g_l \circ f.$$

Das (i, j)-te Glied der Jacobi-Matrix $\mathcal{J}(g \circ f; a)$ berechnet sich dann zu

$$\partial_j(g_i \circ f)(a) = \sum_{k=1}^{m} \frac{\partial g_i}{\partial y_k}(f(a)) \frac{\partial f_k}{\partial x_j}(a),$$

dabei haben wir die m unabhängigen Veränderlichen von g bzw. der g_i mit $y_1, \ldots, y_m$ bezeichnet und haben der Deutlichkeit halber $\frac{\partial f_k}{\partial x_j}(a)$ statt wie meist üblich $\partial_j f_k(a)$ geschrieben.

Insbesondere in älteren Lehrbüchern findet man die folgende suggestive Schreibweise: Man setzt:

$$y_k := f_k(x_1, \ldots, x_n),$$
$$z_i := g_i(y_1, \ldots, y_m)$$

und erhält dann:

$$\frac{\partial z_i}{\partial x_j} = \sum_{k=1}^{m} \frac{\partial z_i}{\partial y_k} \frac{\partial y_k}{\partial x_j}.$$

Im Spezialfall $n = 1$ hat man Funktionen $y_k = f_k(t)$ einer Variablen t und man erhält:

$$\frac{\mathrm{d}z_i}{\mathrm{d}t} = \sum_{k=1}^{m} \frac{\mathrm{d}z_i}{\mathrm{d}y_k} \frac{\mathrm{d}y_k}{\mathrm{d}t}.$$

Bei der Benutzung dieser Formeln muss man allerdings die richtigen Argumente einsetzen!

Völlig analog zeigt man: Seien $D \subseteq \mathbb{R}^n$ und $D' \subseteq \mathbb{R}^m$ offen,

$$g: D' \to \mathbb{R}, \ y \mapsto g(y)$$

sowie

$$f = \begin{pmatrix} f_1 \\ \vdots \\ f_m \end{pmatrix} : D \to \mathbb{R}^m$$

differenzierbare Abbildungen mit $f(D) \subseteq D'$. Dann ist $h: D \to \mathbb{R}$ mit $h = g \circ f$ partiell differenzierbar, und es gilt für $1 \le j \le n$:

$$\partial_j h(x_1, \ldots, x_n)$$
$$= \sum_{k=1}^{m} \frac{\partial g}{\partial y_k}(f_1(x), \ldots, f_m(x)) \frac{\partial f_k}{\partial x_j}(x_1, \ldots, x_n).$$

Man betrachtet die Jacobi–Matrizen von h, g und f. Sie sind

$$\mathcal{J}(h; x) = (\mathbf{grad}\, h(x))^\top = (\partial_1 h(x), \ldots, \partial_n h(x)),$$

$$\mathcal{J}(g; f(x)) = \left(\frac{\partial g}{\partial y_1}(f(x)), \ldots, \frac{\partial g}{\partial y_m}(f(x)) \right),$$

$$\mathcal{J}(f; x) = \begin{pmatrix} \frac{\partial f_1}{\partial x_1}(x) & \cdots & \frac{\partial f_1}{\partial x_n}(x) \\ \vdots & & \vdots \\ \frac{\partial f_m}{\partial x_1}(x) & \cdots & \frac{\partial f_m}{\partial x_n}(x) \end{pmatrix}.$$

Nach der Kettenregel gilt aber:

$$\mathcal{J}(h; x) = \mathcal{J}(g \circ f; x) = \mathcal{J}(g; f(x))\, \mathcal{J}(f; x).$$

Durch obige Formel werden aber genau die Elemente dieses Matrizenprodukts geliefert.

Die Richtungsableitung gibt die Funktionsänderung längs einer Richtung an

Das Differenzial einer differenzierbaren Funktion $f: D \to \mathbb{R}$ ($D \subseteq \mathbb{R}^n$ offen) liefert eine Approximation für die Änderungsrate der Funktion beim Übergang von $a \in D$ zu $a + h \in D$:

$$f(a + h) - f(a) \approx \mathrm{d}f(a)h.$$

Um das Änderungsverhalten einer Funktion in einer Umgebung von $a \in D$ zu untersuchen, kann man auch eine Gerade durch a betrachten, etwa die durch

$$\varphi: \mathbb{R} \to \mathbb{R}^n, \ t \mapsto a + tv,$$

definierte. Dabei sei $v \in \mathbb{R}^n$ ein Richtungsvektor der Geraden, also ein Vektor $v \ne 0$, den wir auf die euklidische Länge 1 normieren: $\|v\|_2 = 1$.

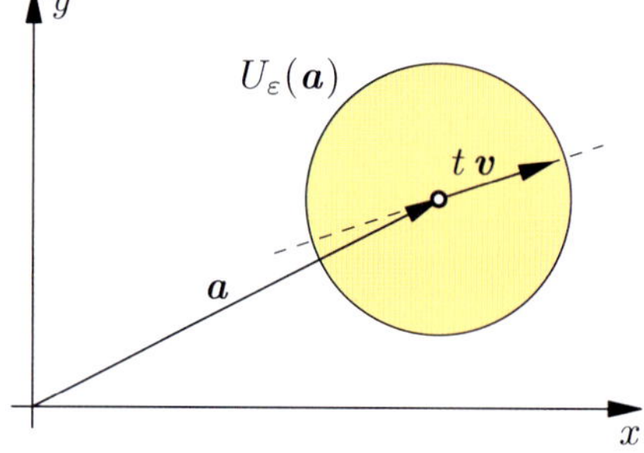

Abbildung 21.8 Der Punkt $a + tv$ liegt in $U_\epsilon(a)$, wenn $|t| < \epsilon$.

Man kann nun alle möglichen Geraden durch a betrachten und das Änderungsverhalten von f auf solchen Geraden in einer Umgebung von a untersuchen. Das führt zum folgenden Begriff der Richtungsableitung.

Definition der Richtungsableitung

Seien $D \subseteq \mathbb{R}^n$ offen, $f : D \to \mathbb{R}$ eine Funktion, $a \in D$ und $v \in \mathbb{R}^n$ ein Richtungsvektor mit $\|v\|_2 = 1$. Existiert der Grenzwert

$$\lim_{t \to 0} \frac{f(a + tv) - f(a)}{t},$$

dann heißt er die **Richtungsableitung** von f im Punkt a in Richtung v. Wir schreiben:

$$\partial_v f(a) = \lim_{t \to 0} \frac{f(a + tv) - f(a)}{t}.$$

Ist $v = e_j$ der j-te Standardbasisvektor des $\mathbb{R}^n$, dann ist

$$\partial_{e_j} f(a) = \lim_{t \to 0} \frac{f(a + te_j) - f(a)}{t} = \partial_j f(a)$$

gerade die j-te partielle Ableitung von f in a. Partielle Ableitungen sind also spezielle Richtungsableitungen.

Ist $f : D \to \mathbb{R}$ nun eine differenzierbare Funktion, so existieren in allen Punkten $x \in D$ die Richtungsableitungen $\partial_v f(x)$ für jede Richtung v.

Eine im Punkt a total differenzierbare Funktion hat Richtungsableitungen in alle Richtungen

Seien $D \subseteq \mathbb{R}^n$ offen, $a \in D$ und $f : D \to \mathbb{R}$ in a differenzierbar. Dann existiert die Richtungsableitung $\partial_v f(a)$ für jeden Richtungsvektor v, und es gilt:

$$\partial_v f(a) = \partial_1 f(a) v_1 + \partial_2 f(a) v_2 + \ldots + \partial_n f(a) v_n$$

für $v = (v_1, \ldots, v_n)^\top$. Dies kann man mithilfe des Skalarprodukts auch so schreiben:

$$\partial_v f(a) = \mathbf{grad}\, f(a) \cdot v.$$

?

Können Sie den obigen Satz mithilfe der Definition der Differenzierbarkeit beweisen?

Wir beweisen den Satz mit der Kettenregel:

Beweis: Ist $\varphi : \mathbb{R} \to \mathbb{R}^n$ definiert durch

$$\varphi(t) = a + tv = (a_1 + t_1, \ldots, a_n + tv_n)^\top$$

(Gerade durch a mit dem Richtungsvektor v, $\|v\|_2 = 1$), dann ist für hinreichend kleine $\epsilon > 0$

$$\varphi((-\epsilon, \epsilon)) \subseteq D,$$

also ist $h = f \circ \varphi : (-\epsilon, \epsilon) \to \mathbb{R}$ definiert. Nach der Definition der Richtungsableitung ist

$$\partial_v f(a) = \lim_{t \to 0} \frac{f(a + tv) - f(a)}{t}$$
$$= \lim_{t \to 0} \frac{f(\varphi(t)) - f(\varphi(0))}{t} = h'(0).$$

Nach der Kettenregel ist aber

$$h'(t) = \sum_{j=1}^{n} \frac{\partial f}{\partial x_j}(\varphi(t)) \cdot \frac{\partial \varphi_j(t)}{\partial t}.$$

Nun ist aber $\varphi_j(t) = a_j + tv_j$, also:

$$\varphi_j'(t) = \frac{\partial \varphi_j}{\partial t}(t) = \frac{\mathrm{d}}{\mathrm{d}t}(a_j + tv_j) = v_j,$$

daher ist

$$h'(0) = \sum_{j=1}^{n} \frac{\partial f}{\partial x_j}(a) v_j = \mathbf{grad}\, f(a) \cdot v. \qquad \blacksquare$$

Eigenschaften des Gradienten

Aufgrund der Cauchy-Schwarz'schen Ungleichung gibt es einen Winkel $\phi \in [0, \pi]$ zwischen den Vektoren $\mathbf{grad}\, f(a)$ und v derart, dass gilt:

$$\partial_v f(a) = \|\mathbf{grad}\, f(a)\|_2 \|v\|_2 \cos \phi$$
$$= \|\mathbf{grad}\, f(a)\|_2 \cos \phi.$$

Hieraus kann man eine **Maximalitätseigenschaft des Gradienten** ablesen:

(1) Seine Länge (Norm) $\|\mathbf{grad}\, f(a)\|_2$ ist das Maximum aller Richtungsableitungen $\partial_v f(a)$, d. h.:

$$\|\mathbf{grad}\, f(a)\|_2 = \max\{\partial_v f(a),\ \|v\|_2 = 1\} = M;$$

(2) Ist $M \neq 0$, dann gibt es genau einen Richtungsvektor v_0 mit $\partial_{v_0} f(a) = M$, und mit diesem ist $\mathbf{grad}\, f(a) = M v_0$.

Man sagt deshalb: Der Gradient von f im Punkt a zeigt in die Richtung des stärksten Anstiegs der Funktion im Punkt a.

Ist nämlich $M \neq 0$, so kann man $v_0 = \frac{\mathbf{grad}\, f(a)}{\|\mathbf{grad}\, f(a)\|_2}$ wählen.

Ist v ein Richtungsvektor, dann ist $-v$ ebenfalls ein solcher, und es gilt offensichtlich:

$$\partial_{-v} f(a) = -\partial_v f(a).$$

Die Gegenrichtung des Gradienten von f in a ist die Richtung des stärksten Gefälles und diese ist gegeben durch $-\|\mathbf{grad}\, f(a)\|_2$.

Wir schließen diesen Abschnitt mit weiteren Beispielen.

Beispiel Wir betrachten $f : \mathbb{R}^2 \to \mathbb{R}^2$ mit

$$f(x, y) = \begin{pmatrix} \exp(x) \cos y \\ \exp(x) \sin y \end{pmatrix}.$$

Die Komponentenfunktionen sind also

$$f_1(x, y) = \exp(x) \cos y \quad \text{und} \quad f_2(x, y) = \exp(x) \sin y,$$

Hintergrund und Ausblick: Das Newton-Verfahren im $\mathbb{R}^n$

Schon im Eindimensionalen sind wir auf Gleichungen gestoßen, für die es keine expliziten Lösungsformeln gibt, wie etwa für Gleichungen fünften Grades. In solchen Fällen blieb uns nichts anderes übrig, als zumindest numerisch eine Näherungslösung zu bestimmen. Als sehr nützliches Werkzeug dafür stellte sich das Newton-Verfahren heraus, das auf Seite 576 beschrieben wird.

Auch im Mehrdimensionalen stößt man auf ähnliche Probleme – hier sind es nichtlineare *Gleichungssysteme*, zu denen man zumindest Näherungslösungen finden möchte. Als Hilfsmittel dafür stellen wir eine mehrdimensionale Variante des Newton-Verfahrens vor.

Das mehrdimensionale Newton-Verfahren hat ein ganz ähnliches Aussehen wie sein eindimensionales Gegenstück. Wie so oft stellt sich aber die mehrdimensionale Variante bei genauerem Hinsehen als deutlich aufwendiger heraus.

Die Iterationsvorschrift

$$x_{k+1} := x_k - \frac{1}{f'(x_k)}\, f(x_k)$$

überträgt sich nahezu unverändert ins Mehrdimensionale:

$$\boldsymbol{x}_{k+1} := \boldsymbol{x}_k - (\mathcal{J}(\boldsymbol{f}; \boldsymbol{x}_k))^{-1}\, \boldsymbol{f}(\boldsymbol{x}_k).$$

Wie wir es gewohnt sind, wendet man das Verfahren an, indem man einen Startwert $\boldsymbol{x}_0$ rät und dann wiederholt die Iterationsvorschrift benutzt. Unter nicht allzu harten Voraussetzungen, die zum Beispiel im zweiten Band von Harro Heuser: *Lehrbuch der Analysis* diskutiert werden, konvergiert das Verfahren.

Aufwendig ist allerdings die Bestimmung des unscheinbaren Ausdrucks $(\mathcal{J}(\boldsymbol{f}; \boldsymbol{x}_k))^{-1}$. Während man im Eindimensionalen lediglich durch die erste Ableitung am Punkt x_k dividiert, muss man hier die Jacobi-Matrix $\mathcal{J}(\boldsymbol{f}; \boldsymbol{x}_k)$ invertieren.

Für höherdimensionale Probleme ist das ein erheblicher Aufwand, dem man gerne aus dem Weg gehen würde. Daher verwendet man häufig das vereinfachte Newton-Verfahren mit der Iterationsvorschrift

$$\boldsymbol{x}_{k+1} := \boldsymbol{x}_k - (\mathcal{J}(\boldsymbol{f}; \boldsymbol{x}_0))^{-1}\, \boldsymbol{f}(\boldsymbol{x}_k).$$

Hier muss die Jacobi-Matrix nur einmal, anstatt in jedem Schritt invertiert werden. Die Verringerung des Rechenaufwands für die einzelnen Schritte bezahlt man allerdings mit einer langsameren Konvergenz.

Speziell für Funktionen $\boldsymbol{f}\colon \mathbb{R}^2 \to \mathbb{R}^2$,

$$\boldsymbol{f}(\boldsymbol{x}) = (f(x, y),\, g(x, y))^\top$$

erhält man mit $J_k := \det \mathcal{J}(\boldsymbol{f}; \boldsymbol{x}_k)$:

$$\left(\frac{\partial(f, g)}{\partial(x, y)}\right)^{-1} = \frac{1}{J_k}\begin{pmatrix} g_y & -f_y \\ -g_x & f_x \end{pmatrix}$$

und weiter:

$$x_{k+1} = x_k - \frac{1}{J_k}\Big(f(x_k, y_k)\, g_y(x_k, y_k)$$
$$- f_y(x_k, y_k)\, g(x_k, y_k)\Big),$$
$$y_{k+1} = y_k - \frac{1}{J_k}\Big(f_x(x_k, y_k)\, g(x_k, y_k)$$
$$- f(x_k, y_k)\, g_x(x_k, y_k)\Big).$$

Als Beispiel bestimmen wir näherungsweise eine Lösung des Gleichungssystems

$$\sin^2 x = y, \qquad x + y^2 = 1,$$

die in der Nähe von $(x_0, y_0)^\top = (0, 0)^\top$ liegt. Dazu definieren wir

$$f(x, y) := \sin^2 x - y,$$
$$g(x, y) := x + y^2 - 1$$

und suchen nach simultanen Nullstellen von f und g. Die Jacobi-Matrix von $\boldsymbol{f} = (f, g)^\top$ ist

$$\mathcal{J}(\boldsymbol{f}; (x, y)^\top) = \begin{pmatrix} 2\cos x\, \sin x & -1 \\ 1 & 2y \end{pmatrix},$$

am Startpunkt $(x_0, y_0)^\top$ also

$$\mathcal{J}(\boldsymbol{f}; (x_0, y_0)^\top) = \begin{pmatrix} 0 & -1 \\ 1 & 0 \end{pmatrix},$$
$$\mathcal{J}(\boldsymbol{f}; (x_0, y_0)^\top)^{-1} = \begin{pmatrix} 0 & 1 \\ -1 & 0 \end{pmatrix}.$$

Die Newton-Vorschrift gibt uns als nächsten Punkt

$$\begin{pmatrix} x_1 \\ y_1 \end{pmatrix} = \begin{pmatrix} x_0 \\ y_0 \end{pmatrix} - \mathcal{J}(\boldsymbol{f}; (x_0, y_0)^\top)^{-1}\begin{pmatrix} f(x_0, y_0) \\ g(x_0, y_0) \end{pmatrix} = \begin{pmatrix} 1 \\ 0 \end{pmatrix}.$$

Dort erhalten wir:

$$\mathcal{J}(\boldsymbol{f}; (x_1, y_1)^\top) \approx \begin{pmatrix} 0.909297 & -1 \\ 1 & 0 \end{pmatrix}$$
$$\mathcal{J}(\boldsymbol{f}; (x_1, y_1)^\top)^{-1} \approx \begin{pmatrix} 0 & 1 \\ -1 & 0.909297 \end{pmatrix}$$

und damit:

$$\begin{pmatrix} x_2 \\ y_2 \end{pmatrix} = \begin{pmatrix} x_1 \\ y_1 \end{pmatrix} - \mathcal{J}(\boldsymbol{f}; (x_1, y_1)^\top)^{-1}\begin{pmatrix} f(x_1, y_1) \\ g(x_1, y_1) \end{pmatrix}$$
$$= \begin{pmatrix} 1 \\ 0.708073 \end{pmatrix}.$$

Die nächsten beiden Iterationsschritte liefern:

$$\begin{pmatrix} x_3 \\ y_3 \end{pmatrix} = \begin{pmatrix} 0.708073 \\ 0.508793 \end{pmatrix}, \qquad \begin{pmatrix} x_4 \\ y_4 \end{pmatrix} = \begin{pmatrix} 0.767891 \\ 0.482494 \end{pmatrix},$$

was bereits relativ nahe an der Lösung

$$(x^*, y^*)^\top \approx (0.767538, 0.482143)^\top$$

liegt.

und es gilt:

$$\partial_1 f_1(x, y) = \exp(x)\cos y, \quad \partial_2 f_1(x, y) = -\exp(x)\sin y,$$
$$\partial_1 f_2(x, y) = \exp(x)\sin y, \quad \partial_2 f_2(x, y) = \exp(x)\cos y.$$

Damit gilt für die Jacobi-Matrix:

$$\mathcal{J}(f; (x, y)) = \begin{pmatrix} \exp(x)\cos y & -\exp(x)\sin y \\ \exp(x)\sin y & \exp(x)\cos y \end{pmatrix}$$

Da die partiellen Ableitungen sogar C^∞-Funktionen sind, insbesondere also von der Klasse C^1 sind, ist f in jedem Punkt $(x, y) \in \mathbb{R}^2$ (total) differenzierbar. Man beachte wieder die spezielle Struktur der Jacobi-Matrix, die wieder vom Typ

$$\begin{pmatrix} \alpha & -\beta \\ \beta & \alpha \end{pmatrix}$$

ist.

Identifiziert man durch $(x, y)^\top \mapsto x + \mathrm{i}y = z$ den $\mathbb{R}^2$ mit $\mathbb{C}$, so handelt es sich bei der Abbildung f um die komplexe Exponentialfunktion

$$\exp\colon \mathbb{C} \to \mathbb{C}, \; z \mapsto \exp(z) = \exp(x)(\cos y + \mathrm{i}\sin y)$$

$(z = x + \mathrm{i}y, \; x, y \in \mathbb{R})$. ◀

Beispiel Sind $M \subseteq [0, \infty[$ ein echtes Intervall, $F\colon M \to \mathbb{R}$ eine Funktion und

$$K(M) = \left\{ x \in \mathbb{R}^n \; \middle| \; \|x\|_2 = \sqrt{x_1^2 + \ldots + x_n^2} \in M \right\}$$

eine Kugelschale, so erhält man durch

$$f\colon K(M) \; \to \; \mathbb{R}, \; x \mapsto F(\|x\|_2)$$

eine Funktion, für welche für alle orthogonalen Matrizen A gilt

$$f(x) = f(Ax).$$

Eine solche Funktion nennt man auch **rotationssymmetrisch**.

Sind nun M ein offenes Intervall und F stetig differenzierbar, dann ist auch die Kugelschale $K(M)$ offen (in $\mathbb{R}^n$), und f ist in jedem Punkt $x \in K(M)$, $x \neq 0$, stetig partiell differenzierbar mit den partiellen Ableitungen

$$\partial_j f(x) = F'(\|x\|_2)\frac{x_j}{\|x\|_2}, \quad 1 \leq j \leq n.$$

Somit ist f in jedem Punkt $x \in K(M)$, $x \neq 0$, auch (stetig) differenzierbar, und es gilt:

$$f'(x) = \mathcal{J}(f; x) = \frac{F'(\|x\|_2)}{\|x\|_2} x^\top.$$

Wählt man speziell $F = \mathrm{id}_M$, dann ist $f(x) = \|x\|_2 =: r(x)$ und unsere Betrachtung zeigt, dass $r\colon \mathbb{R}^n \setminus \{0\} \to \mathbb{R}$ (stetig) differenzierbar ist und dass

$$\mathcal{J}(r; x) = \mathbf{grad}\, r(x) = \frac{1}{\|x\|_2} x$$

gilt ($x = (x_1, \ldots, x_n)^\top$). Diese Überlegungen setzen wir später fort (Seite 894). ◀

Beispiel Eng verwandt mit der Abbildung aus dem ersten Beispiel ist die Abbildung $P_2\colon \mathbb{R}^2 \to \mathbb{R}$ mit

$$P_2(r, \varphi) = \begin{pmatrix} r\cos\varphi \\ r\sin\varphi \end{pmatrix} = \begin{pmatrix} f_1(r, \varphi) \\ f_2(r, \varphi) \end{pmatrix}$$

(**Polarkoordinaten-Abbildung**). Hier ist

$$\mathcal{J}(P_2; (r, \varphi)) = \begin{pmatrix} \cos\varphi & -r\sin\varphi \\ \sin\varphi & r\cos\varphi \end{pmatrix}$$

und damit

$$\det \mathcal{J}(P_2; (r, \varphi)) = r(\cos^2\varphi + \sin^2\varphi) = r.$$

$\mathcal{J}(P_2; (r, \varphi))$ ist also für $(r, \varphi) \in \mathbb{R}^2$ mit $r \neq 0$ invertierbar. ◀

--------------------------- **?** ---------------------------

Berechnen Sie die inverse Matrix!

Noch festzustellen bleibt, dass eine Abbildung $\alpha = (\alpha_1, \ldots, \alpha_n)^\top\colon M \to \mathbb{R}^m$ eines offenen (echten) Intervalls $M \subseteq \mathbb{R}$ genau dann differenzierbar in $t \in M$ ist, wenn dort jede Komponente α_k differenzierbar ist. Es gilt dann:

$$\alpha'(t) := \dot{\alpha}(t) = (\dot{\alpha}_1(t), \ldots, \dot{\alpha}_n(t))^\top,$$

d. h., die früher gegebene Ad-hoc-Definition der Ableitungen einer Kurve stimmt mit der neuen Definition überein.

Der Gradient ist immer orthogonal zur Niveaumenge

Im $\mathbb{R}^n$ betrachten wir das Standardskalarprodukt $\cdot$. Sind $f\colon D \to \mathbb{R}$ eine differenzierbare Funktion auf einer offenen (nichtleeren) Menge $D \subseteq \mathbb{R}^n$ und $\alpha\colon M \to D$ eine differenzierbare Kurve ($M \subseteq \mathbb{R}$ ein offenes, echtes Intervall)

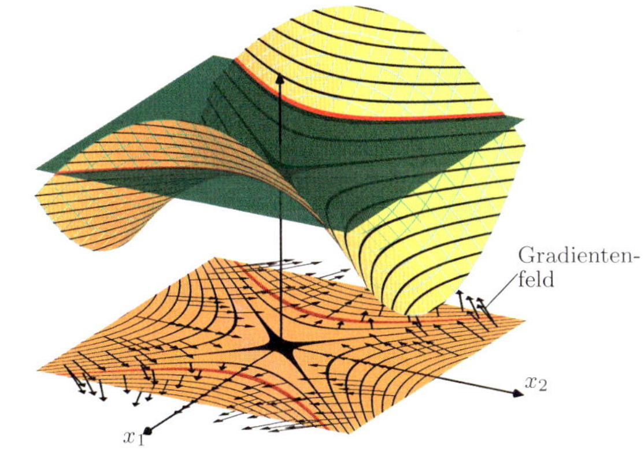

Abbildung 21.9 Gradient und Niveaumenge.

und verläuft $\boldsymbol{\alpha}$ ganz in einer **Niveaumenge (Faser)** von f, d. h., gibt es ein $c \in \mathbb{R}$ mit $f(\boldsymbol{\alpha}(t)) = c$ für alle $t \in M$. Dann gilt:

$$\mathbf{grad}\, f(\boldsymbol{\alpha}(t)) \cdot \dot{\boldsymbol{\alpha}}(t) = \begin{pmatrix} \partial_1 f(\alpha(t)) \\ \vdots \\ \partial_n f(\alpha(t)) \end{pmatrix} \cdot \begin{pmatrix} \dot{\alpha}_1(t) \\ \vdots \\ \dot{\alpha}_n(t) \end{pmatrix} = 0\,.$$

Orthogonalität von Gradient und Niveaumenge

Der Gradient von f im Punkt $\boldsymbol{\alpha}(t)$ und der Tangentialvektor $\dot{\boldsymbol{\alpha}}(t)$ stehen aufeinander senkrecht:

$$\mathbf{grad}\, f(\boldsymbol{\alpha}(t)) \perp \dot{\boldsymbol{\alpha}}(t) \text{ für alle } t \in M\,.$$

Der Beweis ergibt sich wegen der Konstanz von $h = f \circ \boldsymbol{\alpha}$ sofort aus der Kettenregel:

$$0 = \dot{h}(t) = \mathbf{grad}\, f(\boldsymbol{\alpha}(t)) \cdot \dot{\boldsymbol{\alpha}}(t)\,.$$

Beispiel Sind $(a_1, \ldots, a_n)^\top \in \mathbb{R}^n$, nicht alle a_j gleich Null und $f : \mathbb{R}^n \to \mathbb{R}$ definiert durch

$$f(x_1, \ldots, x_n) = a_1 x_1 + \ldots + a_n x_n\,,$$

dann ist die Niveaumenge

$$H = \{\boldsymbol{x} \in \mathbb{R}^n \mid a_1 x_1 + \ldots + a_n x_n = 0\}$$

eine Hyperebene. Man hat

$$\mathbf{grad}\, f(\boldsymbol{x}) = (a_1, \ldots, a_n)^\top$$

für alle $\boldsymbol{x} \in \mathbb{R}^n$. Der Vektor $(a_1, \ldots, a_n)^\top$ ist daher ein Normalenvektor für H. ◀

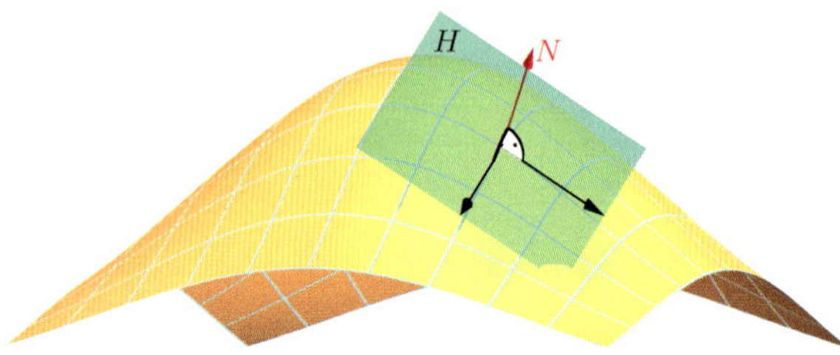

Abbildung 21.10 Der Normalenvektor steht senkrecht auf der Hyperebene H.

Beispiel Ist

$$f : \mathbb{R}^n \to \mathbb{R},\ \boldsymbol{x} \mapsto \|\boldsymbol{x}\|_2 = \sqrt{x_1^2 + \ldots + x_n^2}\,,$$

dann ist die Niveaumenge $\{\boldsymbol{x} \in \mathbb{R}^n \mid f(\boldsymbol{x}) = 1\}$ die Sphäre S^{n-1}.

Hier ist der Gradient $\mathbf{grad}\, f(\boldsymbol{x}) = \frac{1}{\|\boldsymbol{x}\|_2} \boldsymbol{x}^\top$ für $\boldsymbol{x} \neq \boldsymbol{0}$. Insbesondere gilt für $\boldsymbol{x}_0 \in S^{n-1}$ für den Gradienten $\mathbf{grad}\, f(\boldsymbol{x}_0) = \boldsymbol{x}_0$.

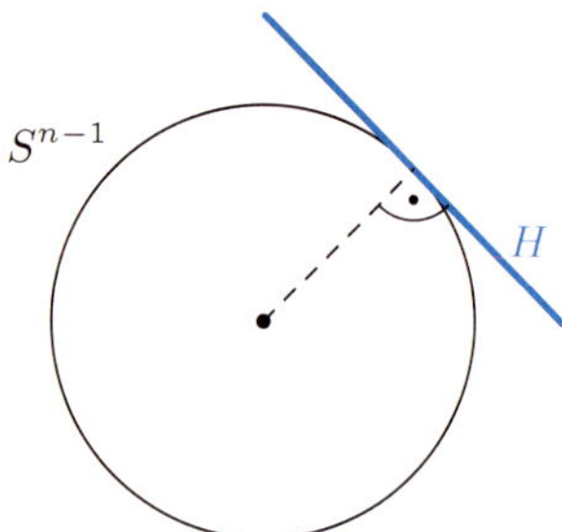

Abbildung 21.11 Die Sphäre und ihr Tangentialraum in einem Schnittbild.

Die affine Hyperebene

$$H = \{\boldsymbol{x}_0 + \boldsymbol{v} \mid \boldsymbol{v} \in \mathbb{R}^n,\ \boldsymbol{x}_0 \cdot \boldsymbol{v} = 0\}$$

ist gerade der sogenannte **Tangentialraum** an S^{n-1} im Punkt $\boldsymbol{x}_0$.

Im Spezialfall $n = 2$, kann man den Graphen von $f : D \to \mathbb{R}$ als „Landschaft" über D mit $f(\boldsymbol{x})$ als „Höhe" über dem Punkt $\boldsymbol{x}$ interpretieren. Die Niveaulinien von f sind dann die Höhenlinien der Landschaft (man denke an eine topografische Karte).

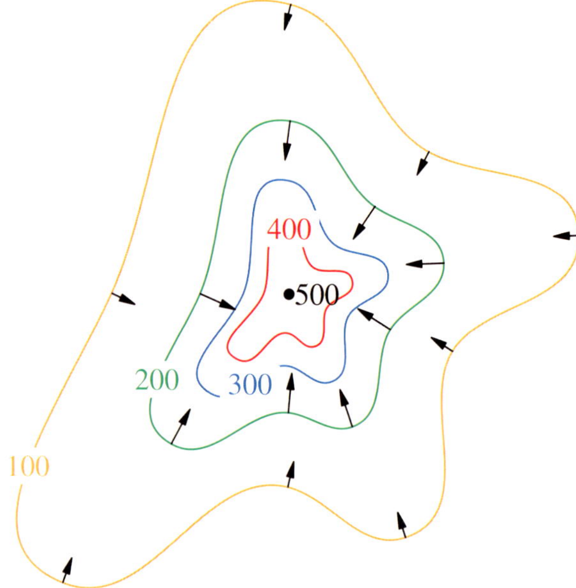

Abbildung 21.12 Orthogonalität von Gradient und Höhenlinien.

Der Gradient von f in $\boldsymbol{a}$ steht nach unserer Feststellung senkrecht auf der Höhenlinie durch $\boldsymbol{x}$, und $\mathbf{grad}\, f(\boldsymbol{x})$ zeigt in die Richtung des stärksten Anstiegs von f und $-\mathbf{grad}\, f(\boldsymbol{x})$ in die Richtung des stärksten Abstiegs. Ferner ist $\|\mathbf{grad}\, f(\boldsymbol{x})\|_2$ ein Maß für die Steilheit am Ort $\boldsymbol{x}$. ◀

Abbildung 21.13 Eigernordwand aufgenommen von der Kleinen Scheidegg.

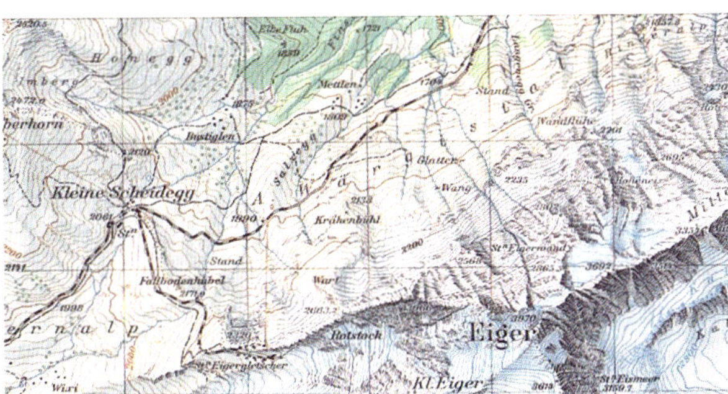

Abbildung 21.14 Das erste Bild zeigt eine Fotografie der Eiger-Nordwand, aufgenommen von der Kleinen Scheidegg; das zweite Bild ist ein Ausschnitt aus einer topografischen Karte. Man achte besonders auf die Höhenlinien.

21.4 Mittelwertsätze und Schrankensätze

Ein beherrschender Satz der Differenzialrechnung einer Veränderlichen ist der Mittelwertsatz. Wichtiger noch sind seine Folgerungen (Schrankensatz, Monotonie-Kriterium, Konvexität etc.).

Man kann ihn ohne große Änderungen auf reellwertige Funktionen einer Vektorvariablen übertragen. Er liefert Aussagen über das Änderungsverhalten einer Funktion mithilfe von im Definitionsbereich verlaufender Kurven.

Mittelwertsatz für reellwertige Funktionen

Seien $D \subseteq \mathbb{R}^n$ offen und $f : D \to \mathbb{R}$ eine differenzierbare Funktion. Ferner seien $a, b \in D$ Punkte, sodass auch ihre Verbindungsstrecke

$$S_{a,b} = \{a + t(b - a) \mid 0 \leq t \leq 1\}$$

in D liegt. Dann gibt es einen Punkt $\xi \in S$ mit

$$f(b) - f(a) = \mathbf{grad}\, f(\xi) \cdot (b - a)\,.$$

Beweis: Der Beweis ergibt sich unmittelbar aus der „eindimensionalen" Version des Mittelwertsatzes und der Kettenregel. O. B. d. A. sei $a \neq b$. Wir betrachten die Verbindungsstrecke

$$\alpha : [0, 1] \to D \quad \text{mit} \quad \alpha(t) = a + t(b - a)\,.$$

Das Bild von α ist gerade die Strecke $S_{a,b}$ und gilt $\dot{\alpha}(t) = b - a$.

Für $t \in [0, 1]$ setzen wir $\varphi(t) = f(\alpha(t))$.

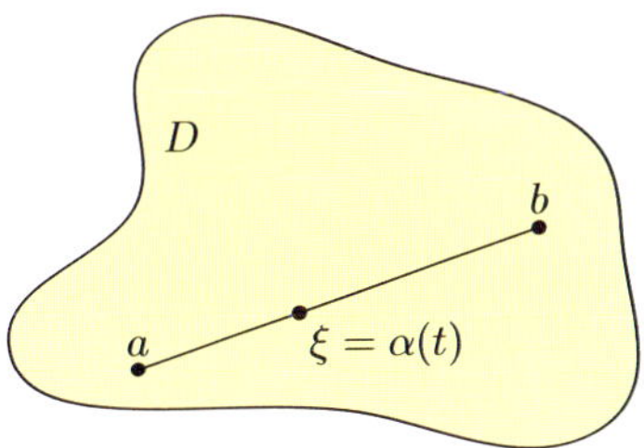

Abbildung 21.15 Verbindungsstrecke von a und b.

Dann ist φ auf $[0, 1]$ differenzierbar, und dort gilt nach der Kettenregel:

$$\begin{aligned}
\varphi'(t) = (f \circ \varphi)'(t) &= \mathbf{grad}\, f(\alpha(t)) \cdot \dot{\alpha}(t) \\
&= \mathbf{grad}\, f(\alpha(t)) \cdot (b - a)\,.
\end{aligned}$$

Auf $\varphi : [0, 1] \to \mathbb{R}$ kann man den Mittelwertsatz anwenden. Es gibt daher ein τ mit $0 \leq \tau \leq 1$ und $\varphi(1) - \varphi(0) = \varphi'(\tau)$, also ist mit $\xi := \alpha(\tau) \in S_{a,b}$

$$\begin{aligned}
f(b) - f(a) &= \mathbf{grad}\, f(\alpha(\tau)) \cdot (b - a) \\
&= \mathbf{grad}\, f(\xi) \cdot (b - a)\,. \qquad \blacksquare
\end{aligned}$$

Aus dem Mittelwertsatz ergibt sich eine Charakterisierung konstanter Funktionen über den Gradienten

Charakterisierung konstanter Funktionen

Ist $D \subseteq \mathbb{R}^n$ offen und **wegzusammenhängend**, dann ist eine differenzierbare Funktion $f : D \to \mathbb{R}$ genau dann konstant, wenn für alle $x \in D$

$$\mathbf{grad}\, f(x) = 0$$

gilt.

Der Begriff „wegzusammenhängend" ist äquivalent zu dem Begriff „polygonzusammenhängend".

— **?** —

Zeigen Sie die „Hin-Richtung" („$\Rightarrow$") des Satzes.

Beweis: Wir zeigen die „Rück–Richtung" („$\Leftarrow$"). f ist stetig differenzierbar, also können wir den Mittelwertsatz anwenden.

Dazu sei $\boldsymbol{x}_0 \in D$ ein fester Punkt. Da D polygonzusammenhängend ist, gibt es weitere Punkte $\boldsymbol{x}_1, \ldots, \boldsymbol{x}_k := \boldsymbol{x}$ in D, sodass die Verbindungsstrecken $S_{\boldsymbol{x}_{\nu-1}\boldsymbol{x}_\nu}$ für $\nu = 1, \ldots, k$ in D liegen. Nach dem Mittelwertsatz folgt:

$$f(\boldsymbol{x}_0) = f(\boldsymbol{x}_1),$$
$$f(\boldsymbol{x}_1) = f(\boldsymbol{x}_2),$$
$$\ldots,$$
$$f(\boldsymbol{x}_{k-1}) = f(\boldsymbol{x}_k) = f(\boldsymbol{x})$$

und damit $f(\boldsymbol{x}) = f(\boldsymbol{x}_0)$ für beliebige $\boldsymbol{x} \in D$. ∎

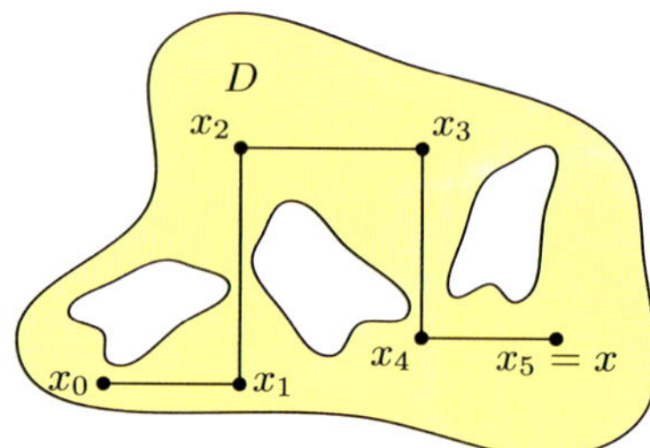

Abbildung 21.16 In der Abbildung zu sehen ist ein spezieller Polygonzug, der $\boldsymbol{x}_0$ mit $\boldsymbol{x}$ verbindet.

Beispiel Als kleine Anwendung beweisen wir die Funktionalgleichung

$$\log(xy) = \log x + \log y \quad (x, y \in \mathbb{R}_{>0}),$$

die bekanntermaßen für den natürlichen Logarithmus $\log: \mathbb{R}_{>0} \to \mathbb{R},\ x \mapsto \log x$, gilt. Dazu betrachten wir die Funktionen

$$f: \mathbb{R}_{>0} \times \mathbb{R}_{>0} \to \mathbb{R},\ (x, y) \mapsto \log(xy),$$

und

$$g: \mathbb{R}_{>0} \times \mathbb{R}_{>0} \to \mathbb{R},\ (x, y) \mapsto \log x + \log y.$$

Man beachte, dass $D := \mathbb{R}_{>0} \times \mathbb{R}_{>0}$ wegzusammenhängend ist. Für ihre Gradienten gilt:

$$\mathbf{grad}\, f(x, y) = \begin{pmatrix} \frac{1}{x} \\ \frac{1}{y} \end{pmatrix} \quad \text{bzw.}$$

$$\mathbf{grad}\, g(x, y) = \begin{pmatrix} \frac{1}{x} \\ \frac{1}{y} \end{pmatrix}.$$

Für $h = f - g$ gilt also $\mathbf{grad}\, h(x, y) = \boldsymbol{0}$ für alle $(x, y)^\top \in \mathbb{R}_{>0} \times \mathbb{R}_{>0}$, also ist für alle $(x, y)^\top \in \mathbb{R}_{>0} \times \mathbb{R}_{>0}$

$$h(x, y) = c$$

mit einer geeigneten Konstanten $c \in \mathbb{R}$, d. h., $f(x, y) = g(x, y) + c$.

Zur Ermittlung der Konstanten setzen wir $(x, y)^\top = (1, 1)^\top$ und erhalten:

$$0 = \log 1 = \log(1 \cdot 1) = \log 1 + \log 1 + c = 0 + c$$

und somit $c = 0$. Also haben wir die Funktionalgleichung des Logarithmus mit den Rechenregeln der Differenzialrechnung mehrerer Variablen bewiesen. ◀

Der folgende Satz liefert eine Integraldarstellung der Funktionsänderung $f(\boldsymbol{b}) - f(\boldsymbol{a})$, falls sich $\boldsymbol{a}$ und $\boldsymbol{b}$ durch eine in D verlaufende Kurve verbinden lassen. Der Satz stellt eine Art „Hauptsatz der Differenzial- und Integralrechnung" in $\mathbb{R}^n$ dar.

Satz über die Integraldarstellung des Funktionszuwachses

Seien $D \subseteq \mathbb{R}^n$ offen, $f: D \to \mathbb{R}$ eine C^1-Funktion und $\boldsymbol{\alpha}: [0, 1] \to D$ eine C^1-Kurve mit $\boldsymbol{\alpha}(0) = \boldsymbol{a}$ und $\boldsymbol{\alpha}(1) = \boldsymbol{b}$. Dann gilt:

$$f(\boldsymbol{b}) - f(\boldsymbol{a}) = \int_0^1 \mathbf{grad}\, f(\boldsymbol{\alpha}(t)) \cdot \dot{\boldsymbol{\alpha}}(t)\, \mathrm{d}t.$$

Das Integral ist das Kurvenintegral des Vektorfelds $\mathbf{grad}\, f$ längs $\boldsymbol{\alpha}$ (siehe Kapitel 23).

Beweis: Der Beweis folgt aus dem Hauptsatz der Differenzial- und Integralrechnung und der Kettenregel: Es ist nämlich mit $\varphi = f \circ \boldsymbol{\alpha}$

$$f(\boldsymbol{b}) - f(\boldsymbol{a}) = f(\boldsymbol{\alpha}(1)) - f(\boldsymbol{\alpha}(0)) = \int_0^1 \varphi'(t)\, \mathrm{d}t$$

$$= \int_0^1 \mathbf{grad}\, f(\boldsymbol{\alpha}(t)) \cdot \dot{\boldsymbol{\alpha}}(t)\, \mathrm{d}t. \quad ∎$$

Aus dem Mittelwertsatz folgt der wichtige Schrankensatz

Schrankensatz

Sind $D \subseteq \mathbb{R}^n$ offen, $f \in C^1(D)$ und liegt für $\boldsymbol{a}, \boldsymbol{b} \in D$ auch die Verbindungsstrecke $S_{\boldsymbol{a},\boldsymbol{b}}$ in D, dann gilt:

$$|f(\boldsymbol{b}) - f(\boldsymbol{a})| \leq M \|\boldsymbol{b} - \boldsymbol{a}\|_2$$

mit $M = \max\{\|\mathbf{grad}\, f(\boldsymbol{x})\|_2 \mid \boldsymbol{x} \in S\}$.

Beweis: Mit $\boldsymbol{\alpha}(t) = \boldsymbol{a} + t(\boldsymbol{b} - \boldsymbol{a})$, $0 \leq t \leq 1$ ergibt sich aus dem Satz über die Integraldarstellung des Funktionszuwachses mithilfe der Cauchy-Schwarz'schen Ungleichung

$$|f(\boldsymbol{b}) - f(\boldsymbol{a})| = \left| \int_0^1 \mathbf{grad}\, f(\boldsymbol{\alpha}(t)) \cdot (\boldsymbol{b} - \boldsymbol{a})\, \mathrm{d}t \right|$$

$$\leq \int_0^1 \|\mathbf{grad}\, f(\boldsymbol{\alpha}(t))\|_2 \cdot \|\boldsymbol{b} - \boldsymbol{a}\|_2\, \mathrm{d}t$$

$$\leq M \|\boldsymbol{b} - \boldsymbol{a}\|_2. \quad ∎$$

Bei unseren Sätzen haben wir vorausgesetzt, dass die Dimension des Zielraums eins ist. Betrachtet man Abbildungen

$$f = \begin{pmatrix} f_1 \\ \vdots \\ f_m \end{pmatrix} : D \to \mathbb{R}^m \,,$$

so kann man den Mittelwertsatz auf jede Komponente f_j anwenden, muss aber in der Regel für jede Komponente einen anderen Zwischenwert $\boldsymbol{\xi}$ nehmen, im Allgemeinen gibt es keine Zwischenstellen $\boldsymbol{\xi} \in S_{a,b}$ mit

$$f(\boldsymbol{b}) - f(\boldsymbol{a}) = \mathcal{J}(f; \boldsymbol{\xi})(\boldsymbol{b} - \boldsymbol{a}) \,.$$

Beispiel   Gegeben sei die Funktion ($n = 1$, $m = 2$)

$$f: \mathbb{R} \to \mathbb{R}^2 \quad \text{mit} \quad f(t) = \begin{pmatrix} \cos t \\ \sin t \end{pmatrix}$$

und $a = 0$, $b = 2\pi$. Dann ist $f(b) - f(a) = \begin{pmatrix} 0 \\ 0 \end{pmatrix}$, aber für alle $t \in [0, 2\pi]$ ist

$$\mathcal{J}(f; t)(2\pi - 0) = \begin{pmatrix} -\sin t \\ \cos t \end{pmatrix} 2\pi \neq \begin{pmatrix} 0 \\ 0 \end{pmatrix} \,. \qquad \blacktriangleleft$$

Wir formulieren daher für vektorwertige Funktionen $f: D \to \mathbb{R}^m$ einen Mittelwertsatz und einen Schrankensatz.

Auch für vektorwertige Funktionen gibt es einen Mittelwertsatz und einen Schrankensatz

Mittelwertsatz für vektorwertige Funktionen

Seien $D \subseteq \mathbb{R}^n$ offen und $f: D \to \mathbb{R}^m$ stetig differenzierbar. Mit $\boldsymbol{a}, \boldsymbol{b} \in D$ sei auch die Strecke

$$S_{a,b} = \{\boldsymbol{a} + t(\boldsymbol{b} - \boldsymbol{a}) \mid 0 \leq t \leq 1\}$$

in D enthalten. Dann gilt:

$$f(\boldsymbol{b}) - f(\boldsymbol{a}) = \left(\int_0^1 \mathcal{J}(f; \boldsymbol{a} + t(\boldsymbol{b} - \boldsymbol{a})) \, \mathrm{d}t \right)(\boldsymbol{b} - \boldsymbol{a}) \,.$$

Achtung: Dabei wird das Integral über die Jacobi-Matrix komponentenweise gebildet. Das Ergebnis ist wieder eine $m \times n$-Matrix, die im Sinne der Matrizenmultiplikation mit dem Spaltenvektor $\boldsymbol{b} - \boldsymbol{a}$ multipliziert wird.

Beweis: Sei $\varphi_k(t) = f_k(\boldsymbol{a} + t(\boldsymbol{b} - \boldsymbol{a}))$ für $0 \leq t \leq 1$ und $1 \leq k \leq m$. Dann ist für $1 \leq k \leq m$

$$f_k(\boldsymbol{b}) - f_k(\boldsymbol{a})$$

$$= \varphi_k(1) - \varphi_k(0) = \int_0^1 \varphi_k'(t) \, \mathrm{d}t$$

$$= \int_0^1 \left(\sum_{j=1}^n \partial_j \varphi_k(\boldsymbol{a} + t(\boldsymbol{b} - \boldsymbol{a}))(b_j - a_j) \right) \mathrm{d}t$$

$$= \sum_{j=1}^n \left(\int_0^1 \partial_j \varphi_k(\boldsymbol{a} + t(\boldsymbol{b} - \boldsymbol{a})) \, \mathrm{d}t \right)(b_j - a_j) \,.$$

Da die Jacobi-Matrix $\mathcal{J}(f; \boldsymbol{a} + t(\boldsymbol{b} - \boldsymbol{a}))$ die Komponenten $\partial_j \varphi_k(\boldsymbol{a} + t(\boldsymbol{b} - \boldsymbol{a}))$ hat, ergibt sich die Behauptung. $\blacksquare$

Schrankensatz für vektorwertige Funktionen

Unter den Voraussetzungen des gerade gezeigten Mittelwertsatzes gilt mit

$$L := \max\{\|\mathcal{J}(f; \boldsymbol{a} + t(\boldsymbol{b} - \boldsymbol{a}))\|_2 \mid 0 \leq t \leq 1\}$$

(siehe Seite 877) die Abschätzung:

$$\|f(\boldsymbol{b}) - f(\boldsymbol{a})\|_2 \leq L \|\boldsymbol{b} - \boldsymbol{a}\|_2 \,.$$

Beweis: Ist $f = \begin{pmatrix} f_1 \\ \vdots \\ f_m \end{pmatrix}$, so folgt nach dem Mittelwertsatz:

$$|f_k(\boldsymbol{b}) - f_k(\boldsymbol{a})|^2 \leq \|\boldsymbol{b} - \boldsymbol{a}\|_2^2 \left(\int_0^1 \|\mathbf{grad}\, f_k(\boldsymbol{\alpha}(t))\| \, \mathrm{d}t \right)^2 .$$

Mit der Cauchy-Schwarz'schen Ungleichung in der Form

$$\left| \int_0^1 u(t) \cdot 1 \, \mathrm{d}t \right|^2 \leq \int_0^1 |u(t)|^2 \, \mathrm{d}t \cdot \int_0^1 1^2 \, \mathrm{d}t$$

folgt durch Summation über alle k

$$\|f(\boldsymbol{b}) - f(\boldsymbol{a})\|_2^2 \leq \|\boldsymbol{b} - \boldsymbol{a}\|_2^2 \int_0^1 \sum_{k=1}^m \|\mathbf{grad}\, f_k(\boldsymbol{\alpha}(t))\|_2^2 \, \mathrm{d}t \,,$$

und durch Wurzelziehen ergibt sich:

$$\|f(\boldsymbol{b}) - f(\boldsymbol{a})\|_2 \leq L \|\boldsymbol{b} - \boldsymbol{a}\|_2 \,. \qquad \blacksquare$$

21.5 Höhere partielle Ableitungen und der Vertauschungssatz von H. A. Schwarz

Sind $D \subseteq \mathbb{R}^n$ offen und $f: D \to \mathbb{R}$ eine partiell differenzierbare Funktion, dann kann man sich fragen, ob die partiellen Ableitungen

$$\partial_j f: D \to \mathbb{R}, \; \boldsymbol{x} \mapsto \partial_j f(\boldsymbol{x}) \,,$$

selber wieder partiell differenzierbar sind. Man wird f zweimal partiell differenzierbar nennen, falls die n Funktionen

$$\partial_j f : D \to \mathbb{R} \quad (1 \le j \le n)$$

wieder partiell differenzierbar sind, d. h. wenn

$$\begin{array}{ccc} \partial_1\partial_1 f, & \ldots, & \partial_n\partial_1 f \\ \partial_1\partial_2 f, & \ldots, & \partial_n\partial_2 f \\ \vdots & & \vdots \\ \partial_1\partial_n f, & \ldots, & \partial_n\partial_n f \end{array}$$

existieren. Dieses Spiel kann man weitertreiben, und man definiert allgemein:

Definition der r-maligen partiellen Differenzierbarkeit

Seien $n \in \mathbb{N}$, $D \subseteq \mathbb{R}^n$ offen und $f : D \to \mathbb{R}$ eine Funktion (von n Variablen).

Ist $r \in \mathbb{N}$, so heißt f **r-mal partiell differenzierbar** genau dann, wenn alle partiellen Ableitungen der Form

$$\partial_{j_r}\partial_{j_{r-1}}\ldots\partial_{j_1} f \quad (j_r,\ldots,j_1 \in \{1,\ldots,n\})$$

in D existieren.

Das bedeutet: Für $j_r, j_{r-1},\ldots, j_1 \in \{1, 2,\ldots, n\}$ ist f nach der j_1-ten Variablen differenzierbar, $\partial_{j_1} f$ nach der j_2-ten Variablen, $\partial_{j_{r-1}}\ldots\partial_{j_2}\partial_{j_1} f$ nach der j_r-ten Variablen in D partiell differenzierbar.

Der Vertauschungssatz von H. A. Schwarz gibt an, wann partielle Ableitungen vertauschbar sind

Es stellt sich dabei sofort die Frage, ob das Ergebnis von der Reihenfolge der Differenziation abhängt, ob also z. B. $\partial_1\partial_2 f$ das Gleiche ist wie $\partial_2\partial_1 f$, sodass dann in Wirklichkeit nicht n^2 partielle Ableitungen der Ordnung 2 existieren, sondern lediglich $\frac{1}{2}n(n+1)$.

Anders ausgedrückt ist für jeden Punkt $\boldsymbol{a} \in D$ zu prüfen, ob die sogenannte Hesse-Matrix symmetrisch ist. Historische Notiz: Ludwig Hesse (1811–1874), auch bekannt durch die Hesse'sche Normalform, lehrte von 1855–1868 in Heidelberg, wo er einige seiner Hauptwerke verfasste.

Definition der Hesse-Matrix

$$\boldsymbol{H}_f(\boldsymbol{a}) = \begin{pmatrix} \partial_1\partial_1 f(\boldsymbol{a}) & \cdots & \partial_n\partial_1 f(\boldsymbol{a}) \\ \vdots & \ddots & \vdots \\ \partial_1\partial_n f(\boldsymbol{a}) & \cdots & \partial_n\partial_n f(\boldsymbol{a}) \end{pmatrix}$$

Einfache Beispiele zeigen, dass dies manchmal so ist.

Beispiel Sei die Funktion

$$f : \mathbb{R}^2 \to \mathbb{R}, \ (x, y)^\top \mapsto x^2 + xy^2 \,,$$

gegeben. Hier gilt:

$$\begin{aligned} \partial_1 f(x, y) &= 2x + y^2 \,, \\ \partial_2 f(x, y) &= 2xy \,, \\ \partial_2\partial_1 f(x, y) &= 2y \,, \\ \partial_1\partial_2 f(x, y) &= 2y \,, \end{aligned}$$

also:

$$\partial_2\partial_1 f(x, y) = \partial_2\partial_1 f(x, y) \,.$$

◀

Das folgende, auf H. A. Schwarz zurückgehende Beispiel zeigt jedoch, dass die „gemischten Ableitungen" im Allgemeinen nicht vertauschbar sind!

Beispiel Sei $f : \mathbb{R}^2 \to \mathbb{R}$ definiert durch

$$f(x, y) = \begin{cases} xy\dfrac{x^2 - y^2}{x^2 + y^2}, & \text{falls } (x, y)^\top \neq 0 \,, \\ 0, & \text{falls } (x, y)^\top = 0 \,. \end{cases}$$

Dann existieren die partiellen Ableitungen $\partial_2\partial_1 f(0, 0)$ bzw. $\partial_1\partial_2 f(0, 0)$, sind aber verschieden:

$$\begin{aligned} \partial_1 f(0, y) &= -y \quad \text{für alle } y \text{ und} \quad \partial_2\partial_1 f(0, 0) = -1 \,, \\ \partial_2 f(x, 0) &= x \quad \ \ \text{für alle } x \text{ und} \quad \partial_1\partial_2 f(0, 0) = 1 \,, \end{aligned}$$

wie wir ausführlich in der Aufgabe 21.2 zeigen werden. ◀

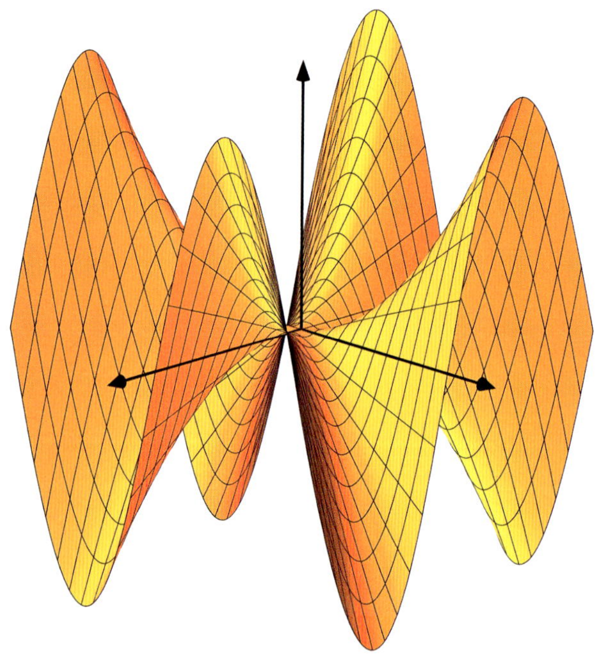

Abbildung 21.17 Für die Funktion $f(x, y)$ existieren die partiellen Ableitungen $\partial_2\partial_1 f$ und $\partial_1\partial_2 f$, sind aber im Ursprung verschieden.

Aus unseren früheren Überlegungen wissen wir, dass allein aus der Existenz der partiellen Ableitungen an einer Stelle a noch nicht die (totale) Differenzierbarkeit der betreffenden Funktion in a folgt. Sind die partiellen Ableitungen jedoch stetig in a, so konnten wir auf die (totale) Differenzierbarkeit von f in a schließen.

Im obigen Beispiel sind die partiellen Ableitungen $\partial_1\partial_2 f$ und $\partial_2\partial_1 f$ in Null nicht stetig.

------ **?** ------

Wieso sind die gemischten partiellen Ableitungen $\partial_1\partial_2 f$ bzw. $\partial_2\partial_1 f$ in Null nicht stetig?

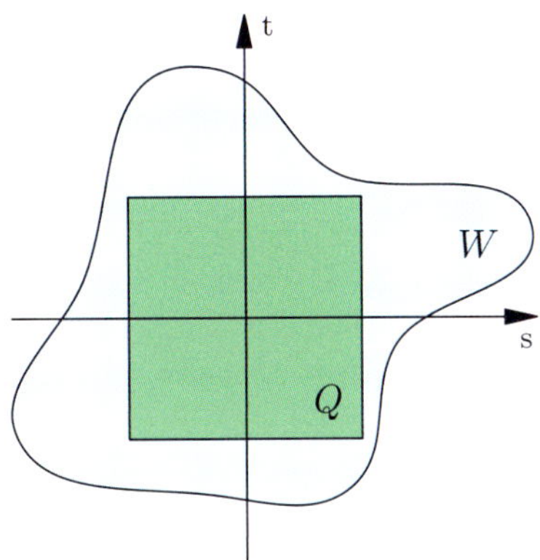

Abbildung 21.18 Die offene Umgebung W von $(0,0)^\top$ enthält das Quadrat Q.

Wenn man die Stetigkeit voraussetzt, kann man die Vertauschbarkeit beweisen. Dabei genügt es sogar, nur die Existenz und Stetigkeit einer der gemischten Ableitungen vorauszusetzen. Denn dann existiert auch die andere, und sie sind einander gleich. Das ist die Aussage des Vertauschungssatzes von H. A. Schwarz (1843–1921).

Vertauschungssatz von H. A. Schwarz

Sei $a \in \mathbb{R}^n$, und die Funktion f besitze in einer offenen Umgebung $U(a) \subseteq \mathbb{R}^n$ die partiellen Ableitungen $\partial_k f$, $\partial_j f$ und $\partial_k\partial_j f$. Ferner sei $\partial_k\partial_j f$ stetig in a. Dann existiert auch $\partial_j\partial_k f(a)$ und es gilt:

$$\partial_k\partial_j f(a) = \partial_j\partial_k f(a).$$

Beweis: Um die Bezeichnungen zu vereinfachen, setzen wir $\varphi(s,t) = f(a + s e_k + t e_t)$ $(s,t \in \mathbb{R})$.

Dann besagt die Voraussetzung, dass die partielle Ableitung $\partial_1\partial_2\varphi(0,0)$ existiert und in $(0,0)^\top$ stetig ist.

Zu zeigen ist die Existenz von $\partial_2\partial_1\varphi(0,0)$ und die Gleichheit $\partial_2\partial_1\varphi(0,0) = \partial_1\partial_2\varphi(0,0)$.

Die Beweisidee beruht auf mehrfacher Anwendung des Mittelwertsatzes der Differenzialrechnung (Seite 889) auf geeignete Funktionen einer Veränderlichen.

φ ist in einer geeigneten offenen Umgebung W von $(0,0)^\top \in \mathbb{R}^2$ definiert, welche das Quadrat

$$Q = \{(s,t) \mid |s| \leq r,\ |t| \leq r\} \quad (r > 0 \text{ geeignet})$$

enthält.

Nach Definition ist nun

$$\partial_2\partial_1\varphi(0,0)$$
$$= \lim_{t \to 0}\lim_{s \to 0} \frac{1}{s}\frac{(\varphi(s,t) - \varphi(0,t)) - (\varphi(s,0) - \varphi(0,0))}{t}.$$

Der Bruch rechts ist ein Differenzenquotient bezüglich der zweiten Variablen (t), auf den man den Mittelwertsatz anwenden kann. Man erhält:

$$\frac{1}{s}\frac{(\varphi(s,t) - \varphi(0,t)) - (\varphi(s,0) - \varphi(0,0))}{t}$$
$$= \frac{1}{s}(\partial_2\varphi(s,\vartheta_2 t) - \partial_2\varphi(0,\vartheta_2 t)).$$

Dabei ist $0 < \vartheta_2 < 1$. Der letzte Ausdruck ist wieder ein Differenzenquotient, jetzt bezüglich der ersten Variablen, auf den man wegen der Existenz von $\partial_1\partial_2$ wieder den Mittelwertsatz anwenden kann. Man erhält:

$$\partial_1\partial_2\varphi(\vartheta_1 s, \vartheta_2 t), \quad 0 < \vartheta_1, \vartheta_2 < 1.$$

Wegen der Stetigkeit von $\partial_1\partial_2\varphi$ an der Stelle $(0,0)^\top$ folgt:

$$\lim_{t \to 0}\lim_{s \to 0} \partial_1\partial_2\varphi(\vartheta_1 s, \vartheta_2 t) = \partial_1\partial_2\varphi(0,0),$$

also insgesamt $\partial_2\partial_1\varphi(0,0) = \partial_1\partial_2\varphi(0,0)$. ∎

Definition der r-maligen stetigen partiellen Differenzierbarkeit

Eine Funktion $f: D \to \mathbb{R}$ $(D \subseteq \mathbb{R}^n$ offen$)$ heißt r-**mal stetig partiell differenzierbar**, wenn sie r-mal partiell differenzierbar ist und alle partiellen Ableitungen der Ordnung $\leq r$ stetig sind.

$C^r(D)$ sei der Vektorraum der r-mal stetig partiell differenzierbaren Funktionen auf D, und wir setzen noch

$$C^\infty(D) = \bigcap_{r=0}^{\infty} C^r(D) \quad (\text{dabei ist } C^0(D) = C(D)).$$

Als Folgerung aus dem Satz von Schwarz erhalten wir das Korollar:

Beliebige Vertauschbarkeit

Seien $D \subseteq \mathbb{R}^n$ offen und $f \in C^r(D)$. Dann gilt:

$$\partial_{j_r}\ldots\partial_{j_2}\partial_{j_1} f = \partial_{j_{\pi(r)}}\ldots\partial_{j_{\pi(2)}}\partial_{j_{\pi(1)}} f$$

für jede Permutation $\pi: \{1,\ldots,r\} \to \{1,\ldots,r\}$.

Beweis: Der Beweis ergibt sich mit vollständiger Induktion nach r und der Erzeugung der symmetrischen Gruppe durch Transpositionen benachbarter Glieder („Nachbarvertauschungen"). ∎

Da in der Literatur viele verschiedene Schreibweisen für die höheren partiellen Ableitungen üblich sind, stellen wir an dieser Stelle die häufigsten zusammen:

Schreibweisen höherer partieller Ableitungen:

$$\partial_k \partial_j f = \frac{\partial^2 f}{\partial x_k \partial x_j},$$

$$\partial_j \partial_j f = \partial_j^2 f = \frac{\partial^2 f}{\partial x_j^2},$$

$$\partial_{j_r} \dots \partial_{j_1} f = \frac{\partial^r f}{\partial x_{j_r} \dots \partial x_{j_1}}.$$

Beispiel Wir setzen unsere Überlegungen zu rotationssymmetrischen Funktionen von Seite 887 fort. Sei

$$r: \mathbb{R}^n \to \mathbb{R}, \quad r(\boldsymbol{x}) = \|\boldsymbol{x}\|_2 = \sqrt{x_1^2 + \dots + x_n^2}$$

wieder die Abstandsfunktion. Ist $f \in C^2(0, \infty)$, so gilt für die rotationssymmetrische Funktion $f \circ r$ (nach Seite 887) für $\boldsymbol{x} \neq \boldsymbol{0}$, wobei bei r jeweils das Argument $\boldsymbol{x}$ einzusetzen ist

$$\partial_j^2 (f \circ r) = \partial_j \frac{f'(r)}{r} x_j = \frac{f'(r)}{r} + \frac{r f''(r) - f'(r)}{r^2} \frac{x_j}{r} x_j$$
$$= \frac{f'(r)}{r} + \left(f''(r) - \frac{f'(r)}{r} \right) \frac{x_j^2}{r^2},$$

und Summation über j liefert

$$\Delta(f \circ r) = \sum_{j=1}^{n} \partial_j^2 (f \circ r) = f''(r) + \frac{n-1}{r} f'(r). \quad (*)$$

Der Differenzialoperator

$$\Delta := \sum_{j=1}^{n} \partial_j^2$$

heißt **Laplace-Operator**. Funktionen $f \in C^2(D)$ ($D \subseteq \mathbb{R}^n$ offen), die der partiellen Differenzialgleichung $\Delta f = 0$ genügen, nennt man **harmonische Funktionen** auf D.

Unser Ziel ist es, die harmonischen rotationssymmetrischen Funktionen auf $\mathbb{R}^n \setminus \{\boldsymbol{0}\}$ zu bestimmen. Nach der Gleichung $(*)$ ist $f \circ r$ genau dann harmonisch auf $\mathbb{R}^n \setminus \{\boldsymbol{0}\}$, wenn die durch $g(r) = f'(r)$ definierte Funktion g die gewöhnliche Differenzialgleichung

$$g'(r) + \frac{n-1}{r} g(r) = 0 \qquad (**)$$

erfüllt ($r > 0$). Nun ist aber $(n-1) \log r$ eine Stammfunktion von $\frac{n-1}{r}$ ($r > 0$), und daher ist

$$g(r) = a \exp(-(n-1) \log r) = a r^{1-n}$$

mit einer geeigneten Konstanten a die allgemeine Lösung der Differenzialgleichung $(**)$. Die rotationssymmetrischen harmonischen Funktionen auf $\mathbb{R}^n \setminus \{\boldsymbol{0}\}$ sind daher gegeben durch:

$$f(r) = \begin{cases} a r^{2-n} + b_1, & \text{falls } n \geq 3, \\ a \log r + b_2, & \text{falls } n = 2, \end{cases}$$

b_1, b_2 geeignete Konstanten. Insbesondere ist

$$N(\boldsymbol{x}) = \begin{cases} \log \|\boldsymbol{x}\|_2, & \text{für } n = 2, \\ -\dfrac{1}{\|\boldsymbol{x}\|_2^{n-2}}, & \text{im Fall } n \geq 3 \end{cases}$$

eine auf $\mathbb{R}^n \setminus \{\boldsymbol{0}\}$ erklärte harmonische Funktion. Bis auf eine multiplikative Konstante ist N das sogenannte **Newton-Potenzial**. ◀

Wann hat ein Vektorfeld ein Potenzial?

Als Anwendung des Satzes von Schwarz wollen wir uns nun mit der Frage befassen, wann es zu einer stetigen Abbildung $\boldsymbol{f}: D \to \mathbb{R}^n$ ($D \subseteq \mathbb{R}^n$ offen) eine stetig differenzierbare Funktion $\varphi: D \to \mathbb{R}$ gibt, sodass $\boldsymbol{f} \equiv \operatorname{\mathbf{grad}} \varphi$ gilt.

Eine Abbildung $\boldsymbol{f}: D \to \mathbb{R}^n$ nennt man auch **Vektorfeld** und wenn es eine stetig differenzierbare Funktion $\varphi: D \to \mathbb{R}$ mit $\operatorname{\mathbf{grad}} \varphi = \boldsymbol{f}$ gibt, so sagt man: $\boldsymbol{f}$ hat ein **Potenzial**. Potenziale sind auf einem Gebiet $D \subseteq \mathbb{R}^n$ bis auf Konstanten eindeutig bestimmt (vgl. Satz auf Seite 889).

Die Bezeichnung „Vektorfeld" hat physikalischen Ursprung, man stelle sich z. B. ein Kraftfeld oder elektrisches Feld vor. In der physikalischen Literatur wird allerdings häufig $-\varphi$ als Potenzial von $\boldsymbol{f}$ bezeichnet.

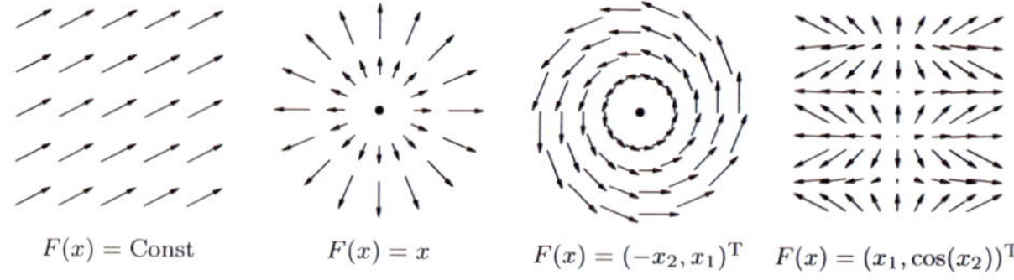

Abbildung 21.19 In dieser Abbildung sind einige Vektorfelder visualisiert.

Beispiel Das Gravitationsfeld (γ sei die Gravitationskonstante) $\boldsymbol{f}: \mathbb{R}^3 \setminus \{\boldsymbol{0}\} \to \mathbb{R}^3$ mit

$$\boldsymbol{f}(\boldsymbol{x}) = -\frac{\gamma M}{r^3} \boldsymbol{x} \qquad (r = \|\boldsymbol{x}\|_2)$$

einer Punktmasse M im Nullpunkt hat das Potenzial $\varphi(\boldsymbol{x}) = \frac{\gamma M}{r}$. ◀

Satz (Integrabilitätsbedingungen)

Seien $D \subseteq \mathbb{R}^n$ offen und $f = (f_1, \dots, f_n)^\top : D \to \mathbb{R}^n$ ein stetig differenzierbares Vektorfeld.

Höchstens dann gibt es eine stetig differenzierbare Funktion $\varphi : D \to \mathbb{R}$ mit $\mathbf{grad}\,\varphi = f$, falls $f = (f_1, \dots, f_n)^\top$ die **Integrabilitätsbedingungen**

$$\partial_k f_j(\boldsymbol{a}) = \partial_j f_k(\boldsymbol{a}), \quad 1 \le j, k \le n, \ \ \boldsymbol{a} \in D,$$

erfüllt, d. h., wenn die Jacobi–Matrix $\mathcal{J}(f; \boldsymbol{a})$ von f in $\boldsymbol{a}$ symmetrisch ist (für alle $\boldsymbol{a} \in D$).

Beweis: Gilt nämlich

$$\mathbf{grad}\,\varphi = (\partial_1 \varphi_1, \dots, \partial_n \varphi_n)^\top = f = (f_1, \dots, f_n)^\top$$

mit einem geeigneten φ, dann ist nach dem Satz von Schwarz

$$\partial_k f_j = \partial_k \partial_j \varphi = \partial_j \partial_k \varphi = \partial_j f_k \,. \qquad \blacksquare$$

Halten wir speziell die Fälle $n = 2$ und $n = 3$ fest:

Im Fall $n = 2$, also $f = (f_1, f_2)^\top$ lautet die Integrabilitätsbedingung einfach

$$\partial_2 f_1 = \partial_1 f_2 \,,$$

und im Fall $n = 3$ lauten die Bedingungen:

$$\partial_2 f_1 = \partial_1 f_2, \quad \partial_3 f_1 = \partial_1 f_3, \quad \partial_3 f_2 = \partial_2 f_3 \,,$$

d. h., für das dem Vektorfeld f zugeordnete Vektorfeld

$$\mathbf{rot}\,f = (\partial_2 f_3 - \partial_3 f_2, \partial_3 f_1 - \partial_1 f_3, \partial_1 f_2 - \partial_2 f_1)^\top$$

gilt $\mathbf{rot}\,f = \mathbf{0}$.

Damit sich ein stetig partiell differenzierbares Vektorfeld f als Gradient einer stetig differenzierbaren Funktion $\varphi : D \to \mathbb{R}$ darstellen lässt, muss notwendigerweise $\mathbf{rot}\,f = \mathbf{0}$ gelten. Der Begriff der Rotation wird ausführlich in Abschnitt 23.4 diskutiert.

Beispiel Das „Wirbelfeld"

$$\boldsymbol{v} : \mathbb{R}^2 \to \mathbb{R}^2, \ (x, y)^\top \mapsto \frac{1}{2}(-y, x)^\top = (v_1, v_2)^\top,$$

kann kein Potenzial besitzen, denn es gilt:

$$\partial_2 v_1 = -\frac{1}{2} \ne \frac{1}{2} = \partial_1 v_2 \,. \qquad \blacktriangleleft$$

----------------------------- **?** -----------------------------

Untersuchen Sie für das „Windungsfeld"

$$\boldsymbol{w} : \mathbb{R}^2 \setminus \{\mathbf{0}\} \to \mathbb{R}^2, \ (x, y)^\top \mapsto \left(-\frac{y}{r^2}, \frac{x}{r^2}\right)^\top, \ r^2 = x^2 + y^2,$$

ob es die Integrabilitätsbedingung erfüllt. Besitzt es auch ein Potenzial?

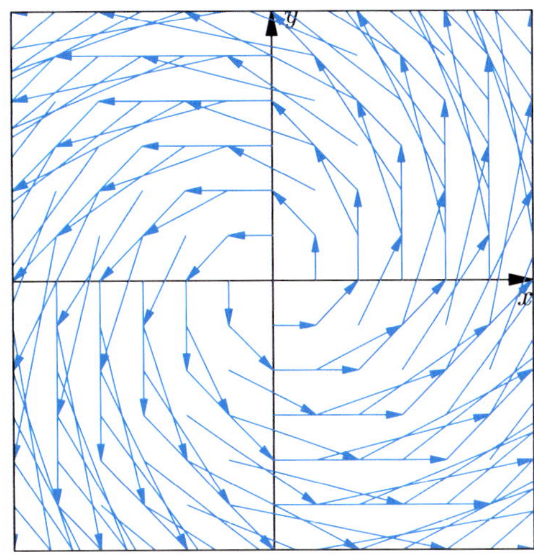

Abbildung 21.20 Das Wirbelfeld $\boldsymbol{v}(x, y) = \frac{1}{2}(-y, x)^\top$.

Ist $D \subseteq \mathbb{R}^n$ jedoch z. B. ein Sterngebiet (siehe Abb. 23.10) bezüglich $\mathbf{0} \subseteq \mathbb{R}^n$, d. h. für jeden Punkt $\boldsymbol{x}$ aus D liegt auch die Verbindungsstrecke mit $\mathbf{0}$ in D, und ist $\boldsymbol{v} = (v_1, \dots, v_n)^\top \to \mathbb{R}^n$ ein stetig differenzierbares Vektorfeld, das die Integrabilitätsbedingung $\partial_j v_k = \partial_k v_j$ $(1 \le j, k \le n)$ erfüllt, dann besitzt $\boldsymbol{v}$ ein Potenzial, nämlich: $\varphi : D \to \mathbb{R}$ mit

$$\varphi(\boldsymbol{x}) = \sum_{j=1}^{n} \left(\int_0^1 v_j(t\boldsymbol{x})\,\mathrm{d}t \right) x_j \,.$$

Man bestätigt dies durch Anwendung des Satzes über die Differenziation parameterabhängiger Integrale (vgl. Kap. 16).

Beispiel Für das Vektorfeld $\boldsymbol{v}(x, y, z) = (x, y, z)^\top$ verifiziert man direkt, dass durch

$$\varphi(x, y, z) = \frac{1}{2}(x^2 + y^2 + z^2)$$

eine Potenzialfunktion gegeben ist. Eine Berechnung des Potenzials nach der obigen Definition für φ ergibt dasselbe Resultat. $\qquad \blacktriangleleft$

21.6 Taylor-Formel und lokale Extrema

Wir erinnern an den Mittelwertsatz für differenzierbare Funktionen $f : D \to \mathbb{R}$ $(D \subseteq \mathbb{R}^n$ offen):

Sind $\boldsymbol{a}, \boldsymbol{b} \in D$ Punkte, für welche auch die Verbindungsstrecke

$$S_{a,b} = \{\boldsymbol{a} + t(\boldsymbol{b} - \boldsymbol{a}) \mid 0 \le t \le 1\}$$

in D liegt, dann gibt es ein $\vartheta \in (0, 1)$ mit

$$f(\boldsymbol{b}) - f(\boldsymbol{a}) = \mathbf{grad}\,f(\boldsymbol{a} + \vartheta(\boldsymbol{b} - \boldsymbol{a})) \cdot (\boldsymbol{b} - \boldsymbol{a}) \,.$$

Der Beweis ergab sich unmittelbar aus der „eindimensionalen" Version des Mittelwertsatzes und der Kettenregel. Wir wollen nun den Mittelwertsatz zum Satz von Taylor (Taylor'sche Formel) verallgemeinern und bedienen uns der gleichen Methode wie bisher, indem wir den mehrdimensionalen Fall auf die bekannte Taylor'sche Formel einer Veränderlichen zurückführen.

Taylor-Entwicklung zweiter Ordnung

Seien $D \subseteq \mathbb{R}^n$ offen, $\boldsymbol{a} \in D$ und $f \in C^2(D)$. Dann gibt es zu jedem Vektor $\boldsymbol{h} = (h_1, \ldots, h_n)^\top \in \mathbb{R}^n$, für den auch die Verbindungsstrecke $S_{\boldsymbol{a},\boldsymbol{a}+\boldsymbol{h}}$ in D liegt, ein $\vartheta \in (0, 1)$ mit dem sich $f(\boldsymbol{a} + \boldsymbol{h})$ so ausdrücken lässt:

$$f(\boldsymbol{a}) + \sum_{k=1}^{n} \partial_k f(\boldsymbol{a}) h_k + \frac{1}{2} \sum_{j=1}^{n} \sum_{k=1}^{n} \partial_j \partial_k f(\boldsymbol{a} + \vartheta \boldsymbol{h}) h_j h_k \,.$$

Fasst man die ersten partiellen Ableitungen durch den Gradienten $\mathbf{grad}\, f(\boldsymbol{x})$ oder die Ableitungsmatrix $\boldsymbol{f}'(\boldsymbol{x})$ und die zweiten partiellen Ableitungen durch die bereits bekannte Hesse-Matrix

$$\boldsymbol{H}_f(\boldsymbol{x}) = \boldsymbol{f}''(\boldsymbol{x}) = (\partial_j \partial_k f(\boldsymbol{x})) \,,$$

zusammen, dann ist $\boldsymbol{H}_f(\boldsymbol{x})$ nach dem Satz von Schwarz symmetrisch, und die Taylor-Entwicklung erhält die besonders einprägsame Form:

$$f(\boldsymbol{a} + \boldsymbol{h}) = f(\boldsymbol{a}) + \mathbf{grad}\, f(\boldsymbol{a}) \cdot \boldsymbol{h} + \frac{1}{2} \boldsymbol{h}^\top \boldsymbol{H}_f(\boldsymbol{a} + \vartheta \boldsymbol{h}) \boldsymbol{h}$$

oder

$$f(\boldsymbol{a} + \boldsymbol{h}) = f(\boldsymbol{a}) + \boldsymbol{f}'(\boldsymbol{a}) \boldsymbol{h} + \frac{1}{2} \boldsymbol{h}^\top \boldsymbol{f}''(\boldsymbol{a} + \vartheta \boldsymbol{h}) \boldsymbol{h} \,.$$

Beweis: Wir betrachten die Funktion $\varphi \colon [0, 1] \to \mathbb{R}$ mit $\varphi(t) = f(\boldsymbol{a} + t\boldsymbol{h})$. Nach der Kettenregel ist zunächst

$$\varphi'(t) = \sum_{k=1}^{n} \partial_k f(\boldsymbol{a} + t\boldsymbol{h}) \cdot h_k$$

und nach nochmaliger Anwendung der Kettenregel erhält man

$$\varphi''(t) = \sum_{j=1}^{n} \partial_j \left(\sum_{k=1}^{n} \partial_k f(\boldsymbol{a} + t\boldsymbol{h}) h_k \right) h_j$$

$$= \sum_{j=1}^{n} \sum_{k=1}^{n} \partial_j \partial_k f(\boldsymbol{a} + t\boldsymbol{h}) h_j h_k \,.$$

Nach der Taylor'schen Formel in einer Veränderlichen gilt aber mit $0 < \vartheta < 1$:

$$\varphi(1) = \varphi(0) + \varphi'(0) + \frac{1}{2} \varphi''(\vartheta) \,.$$

Beachtet man die Definition $\varphi(t) = f(\boldsymbol{a} + t\boldsymbol{h})$, so folgt die Behauptung. $\blacksquare$

Bemerkung: Setzt man $f \in C^{r+1}(D)$, $r \geq 1$ voraus, so erhält man aus der Taylor'schen Formel

$$\varphi(1) = \varphi(0) + \varphi'(0) + \ldots + \frac{1}{r!} \varphi^{(r)}(0) + \frac{1}{(r+1)!} \varphi^{(r+1)}(\vartheta)$$

Taylor-Entwicklungen höherer Ordnung, die man mit der *Multiindexschreibweise* einigermaßen übersichtlich schreiben kann.

Für unsere Zwecke – bei der Anwendung auf lokale Extremwerte – reicht jedoch die einfache Form der Taylor'schen Formel, der wir für den anschließenden Gebrauch eine leicht veränderte Form geben wollen.

Taylor-Entwicklung zweiter Ordnung mit Rest

Seien $D \subseteq \mathbb{R}^n$ offen, $f \in C^2(D)$ und U eine ganz in D liegende Umgebung von $\boldsymbol{a} \in D$. Dann gilt für alle $\boldsymbol{h} = (h_1, \ldots, h_n)^\top \in \mathbb{R}^n$ mit $\boldsymbol{a} + \boldsymbol{h} \in U$ die Gleichung

$$f(\boldsymbol{a} + \boldsymbol{h}) = f(\boldsymbol{a}) + \mathbf{grad}\, f(\boldsymbol{a}) \cdot \boldsymbol{h}$$
$$+ \frac{1}{2} \boldsymbol{h}^\top \boldsymbol{H}_f(\boldsymbol{a}) \boldsymbol{h} + \|\boldsymbol{h}\|^2 \varrho(\boldsymbol{h})$$

mit $\lim\limits_{\boldsymbol{h} \to \boldsymbol{0}} \varrho(\boldsymbol{h}) = 0$. Diese Gleichung verallgemeinert die Definition der (totalen) Differenzierbarkeit von f in $\boldsymbol{a}$.

Ein Vorteil gegenüber der Taylor-Entwicklung zweiter Ordnung liegt darin, dass die Hesse-Matrix $\boldsymbol{H}_f(\boldsymbol{a})$ an der Stelle $\boldsymbol{a}$ betrachtet wird und nicht an der Stelle $\boldsymbol{a} + \vartheta \boldsymbol{h}$. Allerdings muss man noch das Restglied $\|\boldsymbol{h}\|^2 \varrho(\boldsymbol{h})$ berücksichtigen.

Beweis: Wegen dem Satz über die Taylor-Entwicklung zweiter Ordnung gilt:

$$f(\boldsymbol{a} + \boldsymbol{h}) = f(\boldsymbol{a}) + \mathbf{grad}\, f(\boldsymbol{a}) \cdot \boldsymbol{h} + \frac{1}{2} \boldsymbol{h}^\top \boldsymbol{H}_f(\boldsymbol{a}) \boldsymbol{h} + r(\boldsymbol{h})$$

mit $r(\boldsymbol{h}) = \frac{1}{2} \boldsymbol{h}^\top (\boldsymbol{H}_f(\boldsymbol{a} + \vartheta \boldsymbol{h}) - \boldsymbol{H}_f(\boldsymbol{a})) \boldsymbol{h}$.
Da für $0 < x \leq y$ ($x, y \in \mathbb{R}$) stets

$$\frac{xy}{x^2 + y^2} \leq \frac{y^2}{x^2 + y^2} \leq 1$$

gilt, folgt für $\boldsymbol{h} \neq \boldsymbol{0}$ wegen der Stetigkeit der zweiten partiellen Ableitungen unter Beachtung von

$$r(\boldsymbol{h}) = \frac{1}{2} \sum_{j,k=1}^{n} (\partial_j \partial_k f(\boldsymbol{a} + \vartheta \boldsymbol{h}) - \partial_j \partial_k f(\boldsymbol{a})) \cdot h_j h_k \,,$$

dass

$$\frac{\|r(\boldsymbol{h})\|_2}{\|\boldsymbol{h}\|_2^2} = \frac{\|r(\boldsymbol{h})\|_2}{h_1^2 + \ldots + h_n^2}$$

$$\leq \frac{1}{2} \sum_{j,k=1}^{n} \left| \partial_j \partial_k f(\boldsymbol{a} + \vartheta \boldsymbol{h}) - \partial_j \partial_k f(\boldsymbol{a}) \right| \,,$$

gilt. (Da über alle Paare (j, k), $1 \leq j, k \leq n$ summiert wird, kann man o. B. d. A. $h_j \leq h_k$ voraussetzen.) Wir erhalten

$$\lim_{h \to 0} \frac{\|r(h)\|_2}{\|h\|_2} = 0 .$$

Wegen $\varrho(h) := \frac{r(h)}{\|h\|^2}$ und der Äquivalenz aller Normen in $\mathbb{R}^n$ folgt dann auch $\lim_{h \to 0} \varrho(h) = 0$. ∎

Lokale Extrema von Funktionen mehrerer Variablen definiert man wie im Fall einer Variablen:

Definition von lokalen Extrema: Maximum und Minimum

Sei $D \subseteq \mathbb{R}^n$ beliebig, aber nichtleer. Man sagt $f : D \to \mathbb{R}$ besitzt an der Stelle $a \in D$ **ein lokales Maximum** bzw. **Minimum**, wenn es eine r-Umgebung $U_r(a)$ von a gibt, sodass für alle $x \in U_r(a) \cap D$ stets

$$f(x) \leq f(a) \quad \text{bzw.} \quad f(x) \geq f(a)$$

gilt.

Lokale Maxima bzw. lokale Minima heißen auch **lokale Extrema**, und die Stellen $a \in D$, an denen f ein Extremum besitzt, heißen auch **Extrem(al)stellen** von f oder genauer **Maximal-** bzw. **Minimalstellen** von f.

Liegt bei a ein lokales Maximum (bzw. Minimum) vor, so sagt man auch: a sei ein **lokaler Maximierer** oder **Minimierer** von f.

Gilt sogar $f(x) < f(a)$ bzw. $f(x) > f(a)$ für alle $x \in U_r(a) \setminus \{a\}$, so spricht man von einem **strikten lokalen Maximum** bzw. **Minimum** bei a.

Um den Unterschied zwischen den lokalen (man sagt auch **relativen**) Extrema einerseits und den Extrema andererseits sprachlich besser hervorzuheben, nennt man die letzteren auch häufig **globale** oder **absolute Extrema** der betrachteten Funktion.

?

Geben Sie eine Funktion $f : \mathbb{R}^2 \to \mathbb{R}$ an, die weder ein lokales, noch ein globales Maximum besitzt!

Für differenzierbare Funktionen in (echten) Intervallen wissen wir, dass das Verschwinden der Ableitung in einem inneren Punkt eine notwendige Bedingung für das Vorliegen eines Extremwerts in diesem Punkt ist (Lemma von Fermat) und dass man etwa mithilfe der zweiten Ableitung (falls diese existiert) auch ein hinreichendes Kriterium erhält.

In mehreren Veränderlichen bestehen gewisse Analogien. Wir nehmen zunächst einmal an, dass eine Funktion $f : D \to \mathbb{R}$ ($D \subseteq \mathbb{R}^n$ offen und nichtleer) in $a \in D$ (total) differenzierbar ist und in a ein lokales Extremum hat.

Alle Richtungsableitungen, insbesondere alle partiellen Ableitungen, müssen dann in a verschwinden.

Beweis: Da f in a total differenzierbar ist, existieren zunächst einmal alle Richtungsableitungen, d. h., für alle $v \in \mathbb{R}^n$ mit $\|v\|_2 = 1$ existiert

$$\partial_v f(a) = \lim_{t \to 0} \frac{f(a + t v) - f(a)}{t} .$$

Wir nehmen o. B. d. A an, dass in a ein lokales Maximum vorliegt (sonst gehen wir einfach von f zu $-f$ über). Für alle hinreichend kleinen t liegt dann $a + t v$ in einer offenen Kugel um a, und es gilt $f(a + t v) \leq f(a)$ für diese t.

Die in einer Umgebung von 0 definierte Funktion ϱ mit $\varrho(t) = f(a + t v)$ hat daher ein lokales Maximum bei $t = 0$. Daher ist $\varrho'(0) = 0$.

Wegen $\varrho'(0) = \partial_v f(a)$ ist also $\partial_v f(a) = 0$.

Insbesondere müssen alle partiellen Ableitungen $\partial_1 f(a)$, ..., $\partial_n f(a)$ in a verschwinden, d. h., es gilt:

$$\mathbf{grad}\, f(a) = \mathbf{0} .$$
∎

Definition eines kritischen Punkts

Wir nennen einen Punkt $a \in D$, in welchem die partiellen Ableitungen existieren und in welchem $\mathbf{grad}\, f(a) = \mathbf{0}$ gilt, einen **kritischen Punkt** von f.

Wir haben dann gezeigt:

Notwendige Bedingung für ein lokales Extremum

Ist f in einem inneren Punkt $a \in D$ differenzierbar und besitzt a in D ein lokales Extremum, so ist a ein kritischer Punkt.

Für das Weitere erinnern wir zunächst an die Definitionen für positive und negative Definitheit einer reellen symmetrischen Matrix $H \in \mathbb{R}^{n \times n}$ und die bisher bekannten Entscheidungskriterien.

Definitheit einer reellen symmetrischen Matrix

Eine reelle, symmetrische Matrix $H \in \mathbb{R}^{n \times n}$ heißt

- **positiv definit**, falls für alle $v \in \mathbb{R}^n$, $v \neq \mathbf{0}$ gilt $v^\top H v > 0$
- **positiv semidefinit**, falls für alle $v \in \mathbb{R}^n$ gilt $v^\top H v \geq 0$
- **negativ definit**, falls $-H$ positiv definit
- **negativ semidefinit**, falls $v^\top H v \leq 0$ für alle $v \in \mathbb{R}^n$
- **indefinit**, falls es $v \in \mathbb{R}^n$ und $w \in \mathbb{R}^n$ gibt mit $v^\top H v > 0$ und $w^\top H w < 0$.

Wie in einer Variablen, kann nun in einem kritischen Punkt a ein Maximum, ein Minimum oder keines von beiden vorliegen.

Ist f eine reelle C^1-Funktion in einer Umgebung von $a \in \mathbb{R}^n$, so nennt man den Graphen von f im Punkt $(a, f(a))$

- *elliptisch*, falls die Hesse-Matrix $H_f(a)$ positiv oder negativ definit ist,
- *hyperbolisch*, falls $\det H_f(a) \neq 0$ und $H_f(a)$ indefinit ist,
- *parabolisch*, falls $\det H_f(a) = 0$ und $H_f(a) \neq \mathbf{0}$ ist.

Hyperbolische Punkte nennt man auch **Sattelpunkte**.

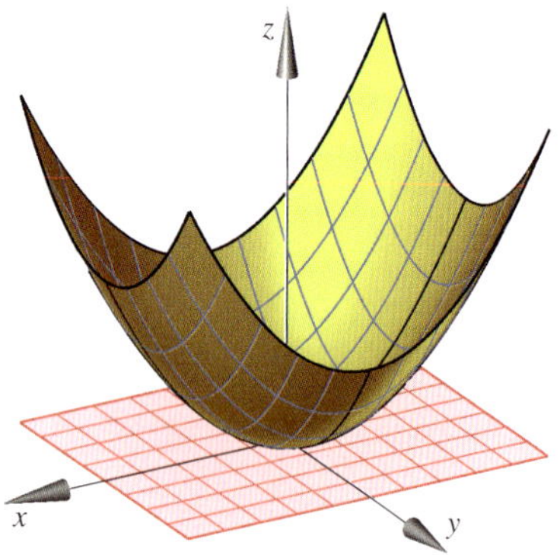

Abbildung 21.21 Beispiel eines elliptischen Graphen: $H_f(\mathbf{0})$ ist definit.

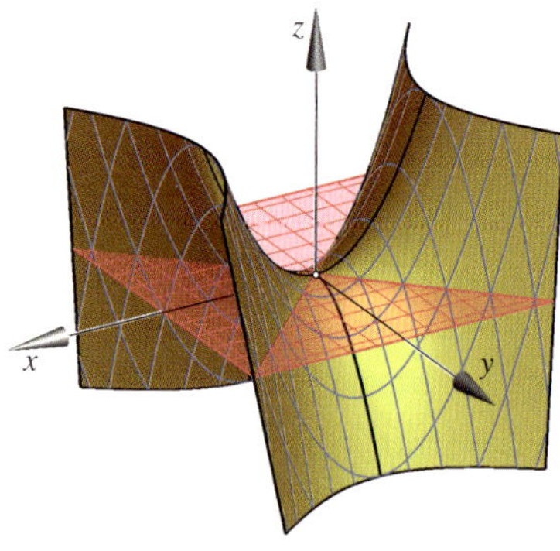

Abbildung 21.22 Beispiel eines hyperbolischen Graphen: $H_f(\mathbf{0})$ ist indefinit.

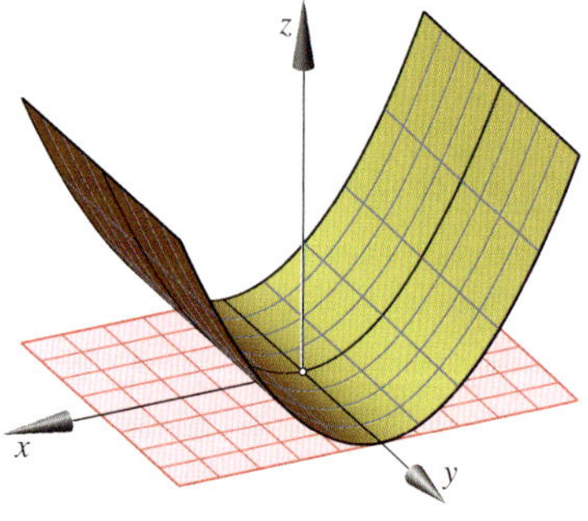

Abbildung 21.23 Beispiel eines parabolischen Graphen: $H_f(\mathbf{0})$ hat einen verschwindenden Eigenwert.

Im Fall $f : \mathbb{R}^2 \to \mathbb{R}$ mit $f(x, y) = x^3 - 3xy^2$ ist $a = (0, 0)^\top$ ein Sattelpunkt. Den entsprechenden Graphen nennt man einen Affensattel.

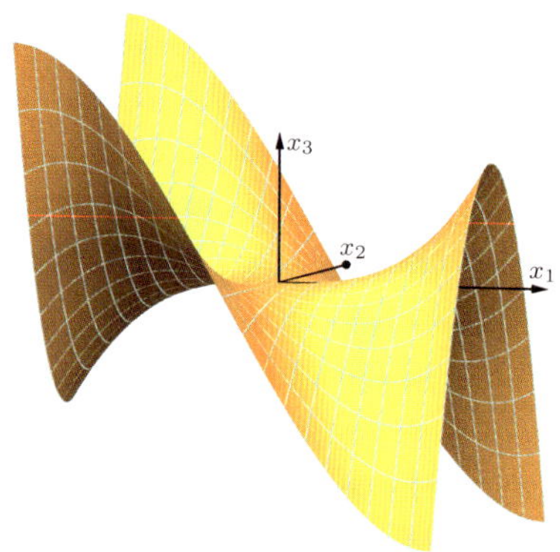

Abbildung 21.24 Der Affensattel: $f(x, y) = x^3 - 3xy^2$.

An dieser Stelle können wir auch die Eingangsfrage nach dem Affensattel klären: Stellt man sich den Graphen als Gebirgslandschaft vor, dann hat der Affensattel die Gestalt eines Gebirgspasses, in dem drei Gipfel und drei Senken zusammenlaufen. Stellt man sich den Graphen als Pferdesattel vor, so kann ein auf dem Sattel sitzender Affe auch noch bequem seinen Schwanz unterbringen.

In Kapitel 17 wurde das Eigenwertkriterium für positive Definitheit bewiesen:

Eigenwertkriterium für positive Definitheit symmetrischer Matrizen

Eine symmetrische Matrix $H \in \mathbb{R}^{n \times n}$ ist genau dann positiv definit, wenn ihre Eigenwerte alle positiv sind. Dabei genügt es zu fordern, dass der kleinste Eigenwert positiv ist.

?

Beweisen Sie das oben stehende Kriterium.

Ferner wurde auch das *Hauptminorenkriterium* für positive Definitheit bewiesen:

Hauptminorenkriterium für positive Definitheit

Eine symmetrische Matrix $H = (h_{\mu\nu})_{\substack{1 \leq \mu \leq n \\ 1 \leq \nu \leq n}}$ ist genau dann positiv definit, wenn alle Hauptminoren positiv sind.

?

Beweisen Sie das Hauptminorenkriterium im Fall $n = 2$.

Das Eigenwertkriterium und das Hauptminorenkriterium sind für Anwendungen (außer für Matrizen von kleinem Format) nicht sonderlich geeignet. Bei einer 1000×1000-Matrix muss man z. B. testen, ob ihre Determinante positiv ist. Wenn man bedenkt, dass $1000!$ im Zehnersystem 2568 Stellen hat, dann ist die Berechnung der Determinante einer solchen Matrix etwa nach den Leibniz'schen Regel viel zu aufwendig.

Hintergrund und Ausblick: Definitheitskriterien mit dem Trägheitssatz von Sylvester

Die bisher bekannten Definitheitskriterien (Eigenwertkriterium, Hauptminorenkriterium) einer symmetrischen Matrix $A \in \mathbb{R}^{n \times n}$ sind von eher theoretischem Interesse und für kleine n nützlich, bei großem n jedoch wegen des großen Rechenaufwands nicht sonderlich brauchbar. Wir sind deshalb an einem Algorithmus interessiert, der relativ schnell Aussagen über das Definitheitsverhalten einer symmetrischen Matrix liefert.

Eine solche Möglichkeit liefert der Trägheitssatz von Sylvester (man vergleiche hierzu den Trägheitssatz auf Seite 727 und den anschließenden Kommentar). Wir wiederholen das Wesentliche:

Zunächst erinnern wir uns an den folgenden Satz (siehe Abschnitt 18.1):

Zu jeder symmetrischen Matrix $A \in \mathbb{R}^{n \times n}$ gibt es eine Matrix $P \in \mathrm{GL}(n, \mathbb{R})$ mit $P^\top A P = \mathrm{diag}(d_1, \ldots, d_n)$.

Die Zahlen d_j sind im Allgemeinen keineswegs eindeutig bestimmt, aber nach dem Trägheitssatz von Sylvester sind die Vorzeichen dieser Zahlen eindeutig festgelegt. Offensichtlich ist, dass A genau dann positiv definit ist, wenn alle d_j $(1 \le j \le n)$ positiv sind. Durch einen geeigneten Basiswechsel kann man jedoch immer erreichen, dass

$$
P^\top A P = \left.\left(\begin{array}{ccccccc}
+1 & & & & & & 0 \\
& \ddots & & & & & \\
& & +1 & & & & \\
& & & -1 & & & \\
& & & & \ddots & & \\
& & & & & -1 & \\
& & & & & & 0 \\
& & & & & & & \ddots \\
0 & & & & & & & 0
\end{array}\right)\right\}
\begin{array}{l} \\[1.2em] p \\[1.5em] \\ q \\ \end{array}
$$

mit $p, q \in \mathbb{N}_0$ und $p + q < n$ gilt.

Wir wollen hier diese Normalform kurz die „**Sylvester'sche Normalform**" von A nennen. Offensichtlich ist A genau dann positiv definit, wenn $P^\top A P$ positiv definit ist, d.h., wenn $p = n$ gilt, d.h., die Sylvester'sche Normalform ist die Einheitsmatrix $\mathbf{E}_n$.

Der Trägheitssatz von Sylvester besagt nun, dass alle Darstellungsmatrizen einer reellen symmetrischen Bilinear-

form σ immer dieselbe Anzahl von positiven und negativen Einträgen ausweisen, das Gleiche gilt für die Anzahl der negativen Einträge. Die Zahlen p und q in der Sylvester'schen Normalform sind also eindeutig bestimmt.

Wir erhalten ein weiteres Kriterium für die Definitheit einer symmetrischen Matrix $A \in \mathbb{R}^{n \times n}$ mit Sylvester'scher Normalform

$$
\begin{pmatrix}
\mathbf{E}_p & & 0 \\
& -\mathbf{E}_q & \\
0 & & \mathbf{0}
\end{pmatrix},
$$

mit $\mathbf{E}_p, \mathbf{E}_q$ Einheitsmatrizen, $p, q \in \mathbb{N}_0$ und $p + q \le n$.

A ist also

- positiv definit genau dann, wenn $q = 0$ und $p = n$ gilt. Die Sylvester'sche Normalform ist dann $\mathbf{E}_n$;
- negativ definit genau dann, wenn $p = 0$ und $q = n$ gilt. Die Sylvester'sche Normalform ist dann $-\mathbf{E}_n$;
- positiv semidefinit genau dann, wenn $q = 0$ gilt;
- negativ semidefinit genau dann, wenn $p = 0$ gilt;
- indefinit, wenn $p \ne 0$ und $q \ne 0$ gilt.

> Aus der Sylvester'schen Normalform einer symmetrischen Matrix kann man ihr Definitheitsverhalten ablesen.

Ihr großer Vorteil ist: Die Sylvester'sche Normalform lässt sich mit dem in Abschnitt 18.1 geschilderten symmetrischen Algorithmus rasch herstellen (simultane Zeilen- und Spaltenoperationen).

Wir stellen deshalb in einer Box weitere Definitheitskriterien zusammen, die besser zu handhaben sind als die obigen.

Weitere Kriterien für positive Definitheit einer reellen symmetrischen $n \times n$-Matrix erhält man mithilfe der Pivot-Elemente der Matrix A. Dazu muss man sich klarmachen, dass die Lösung eines homogenen linearen Gleichungssystems $Ax = 0$ auf eine multiplikative Zerlegung von A hinausläuft.

Ist z. B.

$$
A = \begin{pmatrix} 2 & 1 & 0 \\ 1 & 2 & 1 \\ 0 & 1 & 2 \end{pmatrix},
$$

dann besitzt A die Faktorisierung

$$
A = \underbrace{\begin{pmatrix} 1 & 0 & 0 \\ \frac{1}{2} & 1 & 0 \\ 0 & \frac{2}{3} & 1 \end{pmatrix}}_{=L} \cdot \underbrace{\begin{pmatrix} 2 & 1 & 0 \\ 0 & \frac{3}{2} & 1 \\ 0 & 0 & \frac{4}{3} \end{pmatrix}}_{=R} = L R.
$$

Die Matrix R lässt sich weiter zerlegen:

$$
R = \underbrace{\begin{pmatrix} 2 & 0 & 0 \\ 0 & \frac{3}{2} & 1 \\ 0 & 0 & \frac{4}{3} \end{pmatrix}}_{=D} \cdot \underbrace{\begin{pmatrix} 1 & \frac{1}{2} & 0 \\ 0 & 1 & \frac{2}{3} \\ 0 & 0 & 1 \end{pmatrix}}_{=U} = D U,
$$

also insgesamt:

$$A = LDU = \begin{pmatrix} 1 & 0 & 0 \\ \frac{1}{2} & 1 & 0 \\ 0 & \frac{2}{3} & 1 \end{pmatrix} \begin{pmatrix} 2 & 0 & 0 \\ 0 & \frac{3}{2} & 0 \\ 0 & 0 & \frac{4}{3} \end{pmatrix} \begin{pmatrix} 1 & \frac{1}{2} & 0 \\ 0 & 1 & \frac{2}{3} \\ 0 & 0 & 1 \end{pmatrix}$$

Die Diagonalmatrix D enthält gerade die Pivot-Elemente $2, \frac{3}{2}, \frac{4}{3}$ als Einträge, und es gilt $U = L^\top$.

Man beachte, dass L eine untere Dreiecksmatrix mit Einsen auf der Hauptdiagonalen und R eine obere Dreiecksmatrix ist.

Allgemein gilt: Lässt sich $A = A^\top$ ohne Zeilenvertauschungen in LDU faktorisieren, so gilt $U = L^\top$. A besitzt also die symmetrische Faktorisierung $A = LDL^\top$. Hieraus ergibt sich eine Faktorisierung

$$D = P^\top A P$$

mit $P \in \mathrm{GL}(n, \mathbb{R})$. Die Diagonalmatrix D enthält gerade die Pivot-Elemente von A. Sind diese alle positiv, so ist A positiv definit. Hierfür gilt auch die Umkehrung. Wir erhalten zusammenfassend:

Ist $A \in \mathbb{R}^{n \times n}$ eine symmetrische Matrix, und lässt sich das lineare Gleichungssystem $Ax = 0$ ohne Zeilenvertauschungen lösen, so ist A genau dann positiv definit, wenn alle Pivot-Elemente von A positiv sind. Wir haben dabei benutzt, dass A positiv definit ist, wenn $D = P^\top A P$ gilt, was man durch Betrachtung von $x^\top D x$ mithilfe der Substitution $y = Px$ erkennt.

Satz über notwendige und hinreichende Kriterien für Extremwerte

Seien $D \subseteq \mathbb{R}^n$ offen ($\neq \emptyset$), $f \in C^2(D)$ $a \in D$ und $H = H_f(a)$ die Hessematrix.
1. Hat f in a ein lokales Maximum (Minimum), so ist notwendig $\mathbf{grad}\, f(a) = 0$ und die Hesse-Matrix H ist negativ semidefinit (positiv semidefinit).
2. Ist $\mathbf{grad}\, f(a) = 0$, und ist die Hesse-Matrix H negativ definit (positiv definit), so besitzt f in a ein lokales Maximum (lokales Minimum).
3. Nimmt die quadratische Form $x \mapsto x^\top H x$ sowohl positive als auch negative Werte an, so hat f in a keine Extremalstelle.

Beweis: Dass $\mathbf{grad}\, f(a) = 0$ sein muss, wissen wir schon. Wegen

$$f''(0) = \sum_{j=1}^{n} \sum_{k=1}^{n} \partial_j \partial_k f(a) h_j h_k = h^\top H_f(a) h$$

gilt im Fall eines Minimums $f''(0) \geq 0$ und daher $h^\top H_f(a) h \geq 0$ für alle $h \in \mathbb{R}^n$. Die Hesse-Matrix muss also positiv semidefinit sein im Fall eines Minimums und negativ semidefinit im Fall eines Maximums. Damit ist die erste Teilaussage bereits bewiesen.

Die zweite Aussage lässt sich wie folgt beweisen. Wegen $\mathbf{grad}\, f(a) = 0$ gilt nach der Taylor'schen Formel:

$$f(a + h) = f(a) + \frac{1}{2} h^\top H_f(a) h + \|h\|_2^2 \varrho(h)$$

mit $\lim_{h \to 0} \varrho(h) = 0$. Sei zur Abkürzung $Q(h) = h^\top H_f(a) h$ und Q positiv definit. Dann gilt für alle $h \neq 0$ mit hinreichend kleiner Norm:

$$\frac{f(a + h) - f(a)}{\|h\|_2^2} = \frac{1}{2} Q\left(\frac{h}{\|h\|}\right) + \varrho(h)$$

mit $\lim_{h \to 0} \varrho(h) = 0$. Da $H_f(a)$ positiv definit ist, gibt es nach dem Hilfssatz ein $\alpha(= \lambda_1) > 0$ mit $Q\left(\frac{h}{\|h\|}\right) \geq \alpha$ für alle $h \neq 0$. Zu diesem α existiert dann wegen $\lim_{h \to 0} \varrho(h) = 0$ ein $\delta > 0$, sodass für $\|h\| < \delta$ stets $|\varrho(h)| < \frac{\alpha}{4}$ gilt.

Das δ denken wir uns gleich so klein gewählt, dass $U := U_\delta(a) \subseteq D$ gilt. Da wir jedes $x \in U$ in der Form $x = a + h$ mit $\|h\| < \delta$ schreiben können, ergibt sich für alle $x = a + h \in U_\delta(a)$:

$$\frac{f(x) - f(a)}{\|h\|^2} \geq \frac{1}{2} Q(h) - \varrho(h) \geq \alpha - \frac{\alpha}{4} = \frac{3}{4}\alpha > 0.$$

Das Vorzeichen von $f(x) - f(a)$ ist also durch das Vorzeichen der quadratischen Form Q, also das Definitheitsverhalten der Hesse-Matrix bestimmt. f hat in diesem Fall sogar ein striktes lokales Minimum. Ist Q negativ definit, so schließt man völlig analog und erhält, dass f in diesem Fall in a ein striktes lokales Maximum hat. $\blacksquare$

?

Können Sie einen Beweis für die dritte Teilaussage geben?

Ist die Hesse-Matrix lediglich semidefinit, so kann an der betreffenden Stelle ein lokales Extremum vorliegen oder auch nicht. Typische Beispiele sind:

$$f : \mathbb{R}^2 \to \mathbb{R} \quad \text{mit} \quad f(x, y) = x^2 + y^3 \quad \text{bzw.}$$
$$g : \mathbb{R}^2 \to \mathbb{R} \quad \text{mit} \quad g(x, y) = x^2 + y^4.$$

Hier gilt:

$$H_f(0) = \begin{pmatrix} 2 & 0 \\ 0 & 0 \end{pmatrix}, \quad 0 = (0, 0)^\top.$$

Die Hesse-Matrix ist also positiv semidefinit. f hat in 0 kein lokales Extremum, g hat dagegen in 0 ein absolutes Minimum (siehe Abb. 21.25 und 21.26).

Wegen der besonderen Einfachheit und des häufigen Vorkommens formulieren wir den Test für Funktionen zweier Variablen nochmals extra:

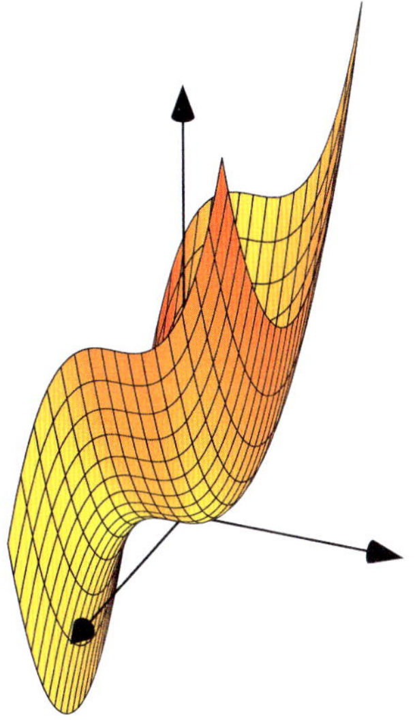

Abbildung 21.25 Der Graph der Funktion $f(x, y) = x^2 + y^3$: $H_f(0)$ ist positiv semidefinit, es liegt kein lokales Extremum vor.

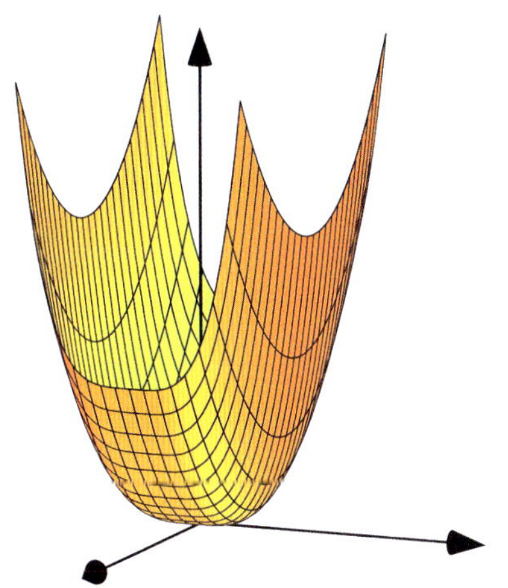

Abbildung 21.26 Der Graph der Funktion $f(x, y) = x^2 + y^4$: $H_f(0)$ ist positiv semidefinit, es liegt ein Minimum vor.

Extrema für Funktionen zweier Variablen

Seien $D \subseteq \mathbb{R}^2$ offen, $f \in C^2(D)$, $a \in D$ mit $\mathbf{grad}\,(f(a)) = \mathbf{0}$ und $H_f(a)$ die Hesse-Matrix von f in a. Dann gilt:

- Sind det $H_f(a) > 0$ und $\partial_1^2 f(a) > 0$, dann hat f in a ein lokales Minimum.
- Sind det $H_f(a) > 0$ und $\partial_1^2 f(a) < 0$, dann hat f in a ein lokales Maximum.
- Ist det $H_f(a) < 0$, dann hat f einen Sattelpunkt in a.
- Ist det $H_f(a) = 0$, so ist alles möglich: f kann in a ein lokales Maximum oder Minimum haben, oder einen Sattelpunkt, oder keiner der genannten Fälle tritt ein.

Kommentar: Als mögliche Extremalstellen einer Funktion $f: D \to \mathbb{R}$ kommen infrage:

- bei offenem Definitionsbereich D und differenzierbarem f die kritischen Punkte, das heißt die Punkte $a \in D$ mit $\mathbf{grad}\,f(a) = 0$,
- bei beliebigem D und f auch zu D gehörige Randpunkte,
- eventuelle Punkte im Inneren von D, in denen f nicht differenzierbar ist. Für kompaktes D und stetiges $f: D \to \mathbb{R}$ garantiert der Satz von Weierstraß die Existenz von lokalen Extremalstellen, liefert aber keine konkrete Methode, diese zu finden.

Beispiel Wir betrachten ein einfaches Beispiel: Die Funktion $f: \mathbb{R}^2 \to \mathbb{R}$ mit

$$f(x, y) = \frac{1}{2}x^2 + 3y^3 + 9y^2 - 3xy - 9x + 9y$$

ist auf lokale Extrema zu untersuchen. Hier gilt:

$$\mathbf{grad}\,f(x, y) = \left(x - 3y - 9,\, 9y^2 + 18y - 3x + 9\right)^\top.$$

Aus $\mathbf{grad}\,f(x, y) = (0, 0)^\top$ erhält man durch Elimination von x aus der ersten Gleichung und Einsetzen in die zweite $9y^2 + 9y - 18$ mit den Lösungen $y = -2$ und $y = 1$. Die entsprechenden x-Werte sind $x = 3$ und $x = 12$. Die kritischen Punkte sind also $(3, -2)^\top$ und $(12, 1)^\top$. Für die Hesse-Matrix $H_f(x, y)$ gilt:

$$\det H_f(x, y) = 1 \cdot (18y + 18) - (-3)^2 = 18y + 9.$$

Wegen $\det H_f(3, -2) = -36 + 9 < 0$ ist $(3, -2)^\top$ ein Sattelpunkt von f, und wegen $\det H_f(12, 1) = 18 + 9 = 27 > 0$ und $\partial_1^2 f(12, 1) = 1 > 0$ liegt an der Stelle $(12, 1)^\top$ ein lokales Minimum vor. ◄

Im Beispiel auf Seite 902 ist noch ein komplizierterer Fall der Bestimmung von globalen Extrema einer Funktion mehrerer Veränderlicher dargestellt.

21.7 Der lokale Umkehrsatz

In diesem Abschnitt wollen wir uns mit der folgenden Frage beschäftigen: Gegeben seien eine nichtleere offene Menge $D \subseteq \mathbb{R}^n$ und eine nichtleere offene Menge $\widetilde{D} \subseteq \mathbb{R}^n$, sowie eine stetig differenzierbare bijektive Abbildung $f: D \to \widetilde{D}$. Unter welchen Voraussetzungen ist die (dann existierende) Umkehrabbildung $g: \widetilde{D} \to D$ wieder stetig differenzierbar?

Wir wollen für den Augenblick annehmen, dass es eine solche Umkehrabbildung gibt und einige Folgerungen aus der Existenz ziehen. Nach Voraussetzung gilt $g \circ f = \mathbf{id}_D$ und $f \circ g = \mathbf{id}_{\widetilde{D}}$. Nach der Kettenregel (Seite 883) folgt hieraus für die Jacobi-Matrizen mit $y := f(x)$, $x \in D$:

$$\mathcal{J}(g; y) \cdot \mathcal{J}(f; x) = \mathbf{E}_n \quad \text{und} \quad \mathcal{J}(f; x) \cdot \mathcal{J}(g; y) = \mathbf{E}_m.$$

Beispiel: Bestimmen und Klassifizieren von Extrema

Wir wollen das globale Maximum und Minimum der Funktion

$$f : [0, 1] \times [0, 1] \to \mathbb{R}, \ (x, y)^\top \mapsto 1 + 4x + y - 2(1 + y^2)x^2$$

bestimmen.

Problemanalyse und Strategie: Wir arbeiten sowohl mit den Methoden der Differenzialrechnung, nutzen aber auch Eigenschaften der gegebenen Funktion auf der kompakten Menge $[0, 1] \times [0, 1]$ aus.

Lösung:

Sinnvollerweise betrachtet man zunächst die Einschränkung von f auf die vier Randstrecken des Quadrats $Q := [0, 1] \times [0, 1]$, also die vier Funktionen

$$f_1(y) := f(0, y) = 1 + y,$$
$$f_2(y) := f(1, y) = 3 + y - 2y^2 \text{ für } 0 \le y \le 1,$$

und

$$f_3(x) := f(x, 0) = 1 + 4x - 2x^2,$$
$$f_4(x) := f(x, 1) = 2 + 4x - 4x^2 \text{ für } 0 \le x \le 1.$$

Maximum und Minimum erhält man mit den Methoden einer Variablen. Wir geben das Ergebnis in Form einer Tabelle an.

	Maximum		Minimum	
	Stelle	Wert	Stelle	Wert
$f(0, y)$	$(0, 1)$	2	$(0, 0)$	1
$f(1, y)$	$\left(1, \frac{1}{4}\right)$	3.125	$(1, 1)$	2
$f(x, 0)$	$(1, 0)$	3	$(0, 0)$	1
$f(x, 1)$	$\left(\frac{1}{2}, 1\right)$	3	$(0, 1), \ (1, 1)$	2

Die weiteren Kandidaten für Extremalstellen sind die kritischen Punkte von f in Inneren von Q. Es gilt:

$$\operatorname{\mathbf{grad}} f(x, y) = (4 - 4x(1 + y^2), \ 1 - 4x^2 y)^\top,$$

also $\operatorname{\mathbf{grad}} f(x, y) = \mathbf{0}$ genau dann, wenn

$$x(1 + y^2) = 1 \quad \text{und} \quad 4x^2 y = 1.$$

Durch Elimination von $y = \frac{1}{4x^2}$ aus diesem nichtlinearen Gleichungssystem erhält man für x eine quadratische Gleichung 4. Grades:

$$x^4 - x^3 + \frac{1}{16} = 0.$$

$x = \frac{1}{2}$ ist offensichtlich eine Nullstelle und führt auf $y = 1$, $(x, y)^\top = \left(\frac{1}{2}, 1\right)^\top$ ist ein Randpunkt von Q. Polynomdivision ergibt:

$$x^4 - x^3 + \frac{1}{16} = \left(x - \frac{1}{2}\right)\left(x^3 - \frac{1}{2}x^2 - \frac{1}{4}x - \frac{1}{8}\right).$$

Eine Visualisierung mit einem CAS oder eine Kurvendiskussion ergeben, dass das Polynom

$$x \mapsto x^3 - \frac{1}{2}x^2 - \frac{1}{4}x - \frac{1}{8}$$

nur eine reelle Nullstelle x_0 besitzt und dass $x_0 \approx \frac{9}{10}$. Man kann x_0 exakt mit der *Cardani'schen Formel* (siehe Kap. 4)

$$x_0 = \frac{1}{6}\left(1 + \sqrt[3]{19 + \sqrt{297}} + \sqrt[3]{19 - \sqrt{297}}\right)$$

berechnen.

$x_0 = \frac{9}{10}$ ergibt $y_0 \approx \frac{3}{10}$ und $f(x_0, y_0) > 3.13$. Vergleicht man dies mit der obigen Tabelle, so ergibt sich:

f hat ein absolutes Minimum im Punkt $(0, 0)^\top$ mit dem Wert $f(0, 0) = 1$ und ein absolutes Maximum im Punkt $(x_0, y_0)^\top$ mit dem Wert $f(x_0, y_0) > 3.13$.

Insbesondere ergibt sich auch, dass in $(x_0, y_0)^\top$ ein lokales Maximum vorliegt, was man auch mithilfe der Hesse-Matrix leicht nachprüfen kann, denn diese ist im Punkt $(x_0, y_0)^\top$ negativ definit:

$$\mathbf{H}_f(x_0, y_0) = \begin{pmatrix} -\frac{4}{x_0} & -\frac{2}{x_0} \\ -\frac{2}{x_0} & -\frac{1}{y_0} \end{pmatrix} = \begin{pmatrix} a & b \\ b & c \end{pmatrix}$$

Hier ist nämlich $a = -\frac{4}{x_0} < 0$ und

$$ac - b^2 = \det \mathbf{H}_f(x_0, y_0) = \frac{4}{x_0 y_0} - \frac{4}{x_0} > 0.$$

Die lineare Algebra liefert, dass die Jacobi-Matrix $\mathcal{J}(f; x)$ für jedes $x \in D$ ein Isomorphismus $\mathbb{R}^n \to \mathbb{R}^m$ (mit der Umkehrung $\mathcal{J}(g; y)$, $y = f(x)$) ist, also gilt notwendig $n = m$, und die Jacobi-Matrix $\mathcal{J}(g; y)$ ist die zur Jacobi-Matrix $\mathcal{J}(f; x)$ inverse Matrix

$$\mathcal{J}(g; y) = \mathcal{J}(f; x)^{-1}.$$

Es ist sinnvoll, die folgenden Begriffe einzuführen.

Definition eines C^1-Diffeomorphismus

Sind $D, \widetilde{D} \subseteq \mathbb{R}^n$ (nichtleere) offene Teilmengen, dann heißt eine stetig differenzierbare bijektive Abbildung $f : D \to \widetilde{D}$ ein C^1-**Diffeomorphismus** (oder auch eine C^1-**Koordinatentransformation**), falls auch die Umkehrabbildung $g : \widetilde{D} \to D$ stetig differenzierbar ist.

Diffeomorphismen spielen eine wichtige Rolle als Koordinatentransformationen.

Beispiel Wir betrachten ein Beispiel:

Seien

$$D = \{x \in \mathbb{R}^n \mid 0 < \|x\|_2 < 1\},$$
$$\widetilde{D} = \{x \in \mathbb{R}^n \mid \|y\|_2 > 1\}$$

und $f : D \to \widetilde{D}$ definiert durch $x \mapsto \frac{x}{\|x\|_2^2}$. Interpretiert man die Abbildung f geometrisch, so erkennt man, dass x und $f(x)$ auf der Geraden durch $\mathbf{0}$ und x liegen, ferner gilt:

$$\|f(x)\| = \frac{\|x\|}{\|x\|_2^2} = \frac{1}{\|x\|_2} .$$

Der Abstand von $f(x)$ zum Nullpunkt ist also gerade das Reziproke des Abstands von x zum Nullpunkt, speziell liegt $f(x)$ im Äußeren von $S^{n-1} = \{x \in \mathbb{R}^n \mid \|x\|_2 = 1\}$. Die Abbildung nennt man Spiegelung (Inversion) an der Sphäre S^{n-1}. Man bestätigt direkt, dass die durch $g(y) = \frac{y}{\|y\|_2^2}$ definierte Abbildung $g : \widetilde{D} \to \mathbb{R}^n$ die Eigenschaften

$$g(f(x)) = \frac{f(x)}{\|f(x)\|_2^2} = \frac{x}{\|x\|_2^2} \|x\|_2^2 = x \quad \text{für} \quad x \in D$$

und

$$f(g(y)) = \frac{g(y)}{\|g(y)\|_2^2} = \frac{y}{\|y\|_2^2} \|y\|_2^2 = y \quad \text{für} \quad y \in \widetilde{D}$$

hat. Insbesondere ist f ein C^1-Diffeomorphismus, $f : D \to \widetilde{D}$. Hier haben wir den lokalen Umkehrsatz (Seite 904) in einem Spezialfall verifiziert. ◄

─────────── **?** ───────────

Seien $D, \widetilde{D} \subseteq \mathbb{R}^n$ offen, nichtleer. Wann wird man eine bijektive Abbildung $f : D \to \widetilde{D}$ einen C^r-Diffeomorphismus nennen ($r \in \mathbb{N} \cup \{\infty\}$)?

─────────────────────────

Unsere Eingangsüberlegungen haben als Resultat: Ist $f : D \to \widetilde{D}$ ein C^1-Diffeomorphismus, dann ist für jedes $x \in D$ die Jacobi-Matrix $\mathcal{J}(f; x)$ invertierbar (also $\mathcal{J}(f; x) \in \mathrm{GL}(n; \mathbb{R})$). Die zugehörigen Differenziale $\mathrm{d}f(x)$ liefern für jedes $x \in D$ Isomorphismen $\mathbb{R}^n \to \mathbb{R}^n$.

─────────── **?** ───────────

Kann es zwischen $\mathbb{R}^n$ und $\mathbb{R}^m$ im Fall $n \neq m$ einen C^1-Diffeomorphismus $f : \mathbb{R}^n \to \mathbb{R}^m$ geben?

─────────────────────────

Der Zusammenhang $\mathcal{J}(g; y) = \mathcal{J}(f; x)^{-1}$ (mit $y = f(x)$) zeigt außerdem, dass gewisse Eigenschaften der Jacobi-Matrix von f auch der Jacobi-Matrix von g zukommen: Sind $f \in C^r(D, \widetilde{D})$, $r \in \mathbb{N} \cup \{\infty\}$, so ist auch $g \in C^r(\widetilde{D}, D)$. Wir kommen hierauf zurück.

Im Falle $n = 1$ gilt eine gewisse Umkehrung unseres obigen Resultats; zur Erinnerung (siehe Seite 567):

Seien $M \subseteq \mathbb{R}$ ein (echtes) offenes Intervall und $f : M \to \mathbb{R}$ eine stetig differenzierbare Funktion mit der Eigenschaft, dass für alle $x \in M$ gilt $f'(x) \neq 0$. Dann ist $\widetilde{M} = f(M)$ wieder ein offenes Intervall, die Umkehrabbildung $g : \widetilde{M} \to M$ ist stetig differenzierbar, und es gilt:

$$g'(y) f'(x) = 1 \quad \text{oder} \quad g'(y) = \frac{1}{f'(x)} \quad (y = f(x)).$$

Denn wegen des Zwischenwertsatzes hat f' in M einheitliche Vorzeichen ($f'(x) > 0$ oder $f'(x) < 0$ für alle $x \in M$), d. h., f ist in M streng monoton und damit injektiv. In unserer jetzigen Sprechweise ist also $f : M \to \widetilde{M}$ ein C^1-Diffeomorphismus.

Der eindimensionale Fall könnte die Vermutung nahelegen, dass die notwendige Bedingung $\det \mathcal{J}(f; x) \neq 0$ für *alle* $x \in D$, auch im n-dimensionalen Fall ($n > 1$) dafür hinreichend ist; dass also gilt:

Vermutung: Sind $D, \widetilde{D} \subseteq \mathbb{R}^n$ offen, nichtleer, und ist $f : D \to \widetilde{D}$ eine stetig differenzierbare surjektive Abbildung, für welche die Jacobi-Matrix für jedes $x \in D$ invertierbar ist, dann ist f ein C^1-Diffeomorphismus.

Die Vermutung ist jedoch falsch, wie das Beispiel $f : \mathbb{R}^2 \to \mathbb{R}^2$,

$$\begin{pmatrix} x \\ y \end{pmatrix} \mapsto \begin{pmatrix} \exp(x) \cos y \\ \exp(x) \sin y \end{pmatrix}$$

zeigt. Hier ist $\det \mathcal{J}(f; (x, y)^\top) = \exp(2x) > 0$ für alle $(x, y)^\top \in \mathbb{R}^2$. Da cos und sin aber 2π-periodische Funktionen sind, muss man, um C^1-Umkehrbarkeit zu erreichen, die Variable y einschränken, etwa auf das Intervall $(-\pi, \pi)$ (oder auf irgendein offenes Intervall der Länge 2π). Dann ist die Umkehrabbildung

$$f : \mathbb{R} \times (-\pi, \pi) \to \mathbb{R}^2 \setminus \{(x, 0)^\top \mid x \leq 0\}$$

ein C^1-Diffeomorphismus.

Ein zweites, schon verwendetes Beispiel ist die Polarkoordinatenabbildung

$$\mathbf{P}_2 : \mathbb{R}_{>0} \times \mathbb{R} \to \mathbb{R} \times \mathbb{R},$$
$$\begin{pmatrix} r \\ \varphi \end{pmatrix} \mapsto \begin{pmatrix} r \cos \varphi \\ r \sin \varphi \end{pmatrix} =: \begin{pmatrix} x \\ y \end{pmatrix}$$

mit $\det \mathcal{J}(f; (r, \varphi)^\top) = r > 0$ für alle $(r, \varphi) \in \mathbb{R} \times \mathbb{R}$. Schränkt man φ wieder auf das offene Intervall $(-\pi, \pi)$ ein, so erhält man einen C^1-Diffeomorphismus

$$\mathbf{P}_2 : \mathbb{R}_{>0} \times (-\pi, \pi) \to \mathbb{R}^2 \setminus \{(x, 0)^\top \mid x \leq 0\} .$$

Bezeichnen wir mit g_2 die Umkehrabbildung von $\mathbf{P}_2|_{\mathbb{R}_{>0} \times (-\pi, \pi)}$, so ergibt sich unter Beachtung von

$$P_2(r, \varphi) = (x, y)^\top = (r \cos \varphi, \, r \sin \varphi)^\top:$$

$$\mathcal{J}(g_2; (x, y)^\top) = (\mathcal{J}(P_2; (r, \varphi)^\top))^{-1}$$

$$= \begin{pmatrix} \cos \varphi & -r \sin \varphi \\ \sin \varphi & r \cos \varphi \end{pmatrix}^{-1}$$

$$= \begin{pmatrix} \cos \varphi & \sin \varphi \\ -\dfrac{\sin \varphi}{r} & \dfrac{\cos \varphi}{r} \end{pmatrix} = \begin{pmatrix} \dfrac{x}{r} & \dfrac{y}{r} \\ -\dfrac{y}{r^2} & \dfrac{x}{r^2} \end{pmatrix}$$

mit $r^2 = x^2 + y^2$. Wir haben also – ohne die Umkehrabbildung explizit zu kennen – deren Jacobi-Matrix berechnet.

Die Beispiele zeigen, dass unter geeigneten Voraussetzungen wenigstens lokale C^1-Invertierbarkeit garantiert werden kann. Diese Aussage präsentieren wir im folgenden fundamentalen Satz:

Lokaler Umkehrsatz

Seien $D \subseteq \mathbb{R}^n$ eine (nichtleere) offene Menge und $f : D \to \mathbb{R}^n$ eine stetig differenzierbare Abbildung. Für einen Punkt $a \in D$ sei die Jacobi-Matrix $\mathcal{J}(f; a)$ invertierbar, d. h., es gelte $\det \mathcal{J}(f; a) \neq 0$.

Dann gibt es eine offene Umgebung U von a und eine Umgebung V von $f(a)$, sodass gilt:
(1) $f|_U$ ist injektiv.
(2) Die Bildmenge $V = f(U)$ ist offen.
(3) Ist $g : V \to U$ die lokale Umkehrung von $f|_U$, dann ist g stetig differenzierbar.
Insgesamt ist also $f|_U : U \to V$ ein C^1-Diffeomorphismus mit $\mathcal{J}(g; y) \cdot \mathcal{J}(f; x) = \mathbf{E}_n$ für $x \in U$ und $y \in V$.

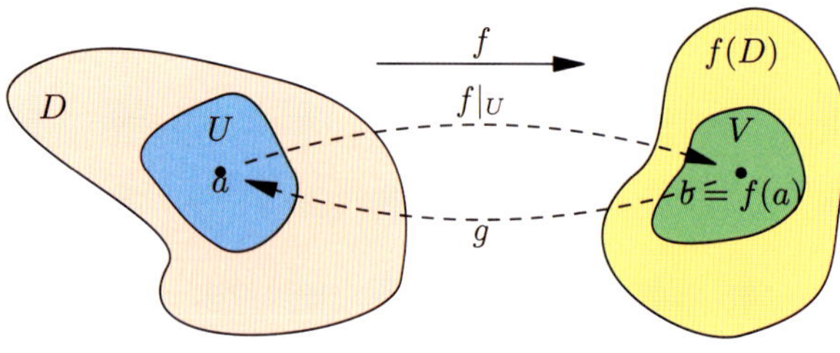

Abbildung 21.27 Die Situation im lokalen Umkehrsatz: Sind $f : D \to \mathbb{R}^n$ stetig differenzierbar und $\det \mathcal{J}(f; a) \neq 0$, so gibt es eine offene Umgebung U von a und V von $f(a)$, sodass $f|_U : U \to V$ ein C^1-Diffeomorphismus ist.

Kommentar: Die Invertierbarkeit von $\mathcal{J}(f; a)$ ist also eine hinreichende Bedingung für die lokale Umkehrbarkeit. Da man f auf eine geeignete Umgebung von a einschränken muss, spricht man von einem lokalen Diffeomorphismus.

Es gibt mehrere Methoden, den lokalen Umkehrsatz zu beweisen. Wir stellen einen Beweis vor, bei dem der Schrankensatz und als wesentliches Hilfsmittel der Banach'sche Fixpunktsatz (siehe Seite 806) benutzt werden. Im Grunde wollen wir ja die Gleichung

$$f(x) = y$$

nach x auflösen. Jede Gleichung im $\mathbb{R}^n$ ist aber äquivalent mit einer Fixpunktgleichung. Um den Banach'schen Fixpunktsatz anwenden zu können, müssen wir einen geeigneten Banachraum X und eine kontrahierende Selbstabbildung dieses Raumes finden.

Beweis: Wir führen den Beweis in mehreren Schritten durch.

1. Reduktion auf ein Fixpunktproblem

Wir machen zunächst die Zusatzannahmen

$$a = b = f(a) = 0 \quad \text{und} \quad \mathcal{J}(f; 0) = \mathbf{E}_n.$$

Diese Zusatzannahmen vereinfachen den Beweis, von ihnen werden wir uns am Schluss des Beweises wieder befreien. Es ist also $f(0) = 0$, und die Jacobi-Matrix $\mathcal{J}(f; 0)$ ist die Einheitsmatrix $\mathbf{E}_n$. Wir wollen insbesondere die Gleichung $f(x) = y$ für gewisse $y \in \mathbb{R}^n$ mit hinreichend kleiner Norm (wir verwenden im $\mathbb{R}^n$ durchgehend die euklidische Norm $\| \ldots \|_2$) nach x auflösen. Da $\mathcal{J}(f; 0) = \mathbf{E}_n$ ist, gilt in einer hinreichend kleinen Umgebung von 0:

$$y = f(x) \approx f(0) + \mathcal{J}(f; 0) \cdot x = x,$$

und somit ist x also ungefähr gleich y.

Wir definieren deshalb für $x \in D$ und $y \in \mathbb{R}^n$ (über das noch geeignet verfügt wird):

$$F_y(x) := y + (x - f(x)).$$

Dann gilt $y = f(x) \Leftrightarrow F_y(x) = x$. Die Lösungen der Fixpunktgleichung

$$F_y(x) = x$$

sind also die f-Urbilder von y. Um den Banach'schen Fixpunktsatz anwenden zu können, müssen wir zunächst wissen, ob die Abbildung $x \mapsto F_y(x)$ kontrahierend ist.

2. F_y ist eine kontrahierende Abbildung

Nach Voraussetzung gilt:

$$\mathcal{J}(F_y; 0) = \mathcal{J}(y + (x - f(x)); 0)$$
$$= \mathbf{E}_n - \mathcal{J}(f; 0) = 0,$$

wobei die letzte 0 die Nullmatrix ist. Wegen der Stetigkeit der partiellen Ableitungen (von f und dann auch von F_y) gibt es ein $r > 0$, sodass die abgeschlossene Kugel $\overline{U}_r(0) = \{x \in \mathbb{R}^n \mid \|x\| \leq r\}$ in D enthalten ist und dass gilt:

$$\|\mathcal{J}(F_y; x)\| \leq \frac{1}{2} \quad \text{für alle } x \in \overline{U}_r(0),$$

wobei die Norm in der letzten Ungleichung eine beliebige Matrix-Norm ist. Nach dem Schrankensatz ist dann für $x_1, x_2 \in \overline{U}_r(0)$

$$(1) \quad \|F_y(x_1) - F_y(x_2)\| \leq \frac{1}{2} \|x_1 - x_2\|$$

und damit ist F_y kontrahierend mit der Kontraktionskonstanten $q = \frac{1}{2}$.

Für $\|y\| < r/2$ und $\|x\| \le r$ folgt nun

$$(2) \quad \|F_y(x)\| \le \|F_y(x) - F_y(0)\| + \|y\| < \frac{r}{2} + \frac{r}{2} = r .$$

Damit wird die abgeschlossene Kugel $\overline{U}_r(0)$ durch F_y in sich abgebildet. Der Funktionswert $F_y(x)$ liegt sogar in der offenen Kugel $U_r(0)$.

Zudem liefert die Dreiecksungleichung für Abschätzungen nach unten für f die Abschätzung

$$\begin{aligned}
\|f(x_1) &- f(x_2)\| \\
&= \|x_1 - F_y(x_1) + y - (x_2 - F_y(x_2) + y)\| \\
&\ge \big| \|x_1 - x_2\| - \|F_y(x_1) - F_y(x_2)\| \big| \\
&\ge \frac{1}{2}\|x_1 - x_2\| .
\end{aligned}$$

Für alle $x_1, x_2 \in \overline{U}_r(0)$ gilt also:

$$(3) \quad \|x_1 - x_2\| \le 2 \cdot \|f(x_1) - f(x_2)\| .$$

Speziell folgt, dass $f|_{\overline{U}_r(0)}$ injektiv ist.

3. Der vollständige metrische Raum X, auf den der Banach'sche Fixpunktsatz angewendet werden kann

Wie gerade gesehen, bildet F_y die abgeschlossene Kugel $\overline{U}_r(0)$ in sich ab. Wir zeigen nun, dass es zu jedem $y \in U_{r/2}(0)$ (genau) ein $x \in \overline{U}_r(0)$ mit $f(x) = y$ gibt, was gleichbedeutend mit einer Lösung unseres Fixpunktproblems $F_y(x) = x$ ist.

Dazu verifizieren wir die Voraussetzungen für die Anwendung des Banach'schen Fixpunktsatzes auf den vollständigen metrischen Raum $X = \overline{U}_r(0)$. Als (folgen)abgeschlossener Teilraum des $\mathbb{R}^n$ ist X selbst vollständig. Ist nämlich (x_k) ein Cauchyfolge in X, dann ist (x_k) auch eine Cauchyfolge im vollständigen metrischen Raum $\mathbb{R}^n$, es existiert also $x = \lim_{k \to \infty} x_k \in \mathbb{R}^n$. Wegen der Folgenabgeschlossenheit folgt damit aber $x \in X$. Da X nicht nur abgeschlossen, sondern auch beschränkt und damit kompakt ist, folgt die Vollständigkeit von X auch aus dem Satz über Kompaktheit und Vollständigkeit aus Kapitel 19.

a) Für $y \in U_{r/2}(0)$ bildet F_y die abgeschlossene Kugel $\overline{U}_r(0)$ in sich ab (siehe (2)).

b) Aus dem zweiten Beweisschritt wissen wir, dass F_y kontrahierend mit der Kontraktionskonstanten $q = \frac{1}{2}$ ist. Dies galt sogar für alle $y \in \mathbb{R}^n$, insbesondere also für $y \in U_{r/2}(0)$.

Die Voraussetzungen des Banach'schen Fixpunktsatzes sind also erfüllt und wir folgern:

Zu jedem $y \in U_{r/2}(0)$ gibt es genau ein $x \in \overline{U}_r(0)$ mit $F_y(x) = x$, d.h. mit $f(x) = y$. Wegen (2) liegt der Fixpunkt x sogar in der offenen Kugel $U_r(0)$. Wir definieren daher:

$$g(y) = x ,$$

sodass eine Abbildung

$$g: U_{r/2}(0) \to U_r(0) \ \text{ mit } \ f(g(y)) = y$$

für alle $y \in U_{r/2}(0)$ und $x \in U_r(0)$ entsteht.

Wir werden sehen, dass wir für die gesuchte Umgebung V von $y = 0$ die offene Kugel $U_{r/2}(0)$ nehmen können und für die gesuchte Umgebung U von $x = 0$ den Durchschnitt $f^{-1}(V) \cap U_r(0)$.

4. Konstruktion der Umgebungen U und V

Wir beweisen zunächst, dass $g: U_{r/2}(0) \to U_r(0)$ stetig ist und $g(U_{r/2}(0)) \subset U_r(0)$ gilt. Die Abschätzung (3) liefert dann für $x_1 = g(y_1)$ und $x_2 = g(y_2)$ für $y_1, y_2 \in U_{r/2}(0)$ die folgende Ungleichung:

$$\|g(y_1) - g(y_2)\| \le 2\|y_1 - y_2\| .$$

g ist also sogar lipschitz-stetig, insbesondere also stetig. Außerdem folgt aus der obigen Ungleichung für $\|y\| < \frac{r}{2}$ sogar

$$\|g(y)\| = \|g(y) - g(0)\| \le 2\|y - 0\| = 2\|y\| < r ,$$

d.h., g bildet die offene Kugel $U_{r/2}(0)$ in die offene Kugel $U_r(0)$ ab.

Wir setzen nun $V = U_{r/2}(0)$ und $U = g(V) \subseteq U_r(0)$. Offenbar gelten die folgenden Äquivalenzen:

$$\begin{aligned}
x \in U \Leftrightarrow &\ x = g(y) \ \text{ mit } \ y \in V \\
\Leftrightarrow &\ x \in U_r(0) \ \text{ und } \ f(x) \in V ,
\end{aligned}$$

mit anderen Worten $U = f^{-1}(V) \cap U_r(0)$. Als Durchschnitt zweier offener Mengen ist U offen, und außerdem gilt $g(f(x)) = x$ für alle $x \in U$.

Zwischenergebnis:

Damit haben wir also eine offene Umgebung U von Null in D konstruiert, die durch f auf $V = U_{r/2}(0)$ abgebildet wird, und eine stetige Abbildung $g: V \to U$ mit $g \circ f = \mathbf{id}_U$ und $f \circ g = \mathbf{id}_V$. Somit ist g die gesuchte Umkehrabbildung von f.

Es bleibt noch zu zeigen, dass g wieder stetig differenzierbar ist, was gleichbedeutend damit ist, dass $f|_U: U \to V$ ein lokaler Diffeomorphismus mit der Umkehrung g ist.

5. g ist differenzierbar auf V

Wir zeigen zunächst die Differenzierbarkeit von g in 0.

Für $y \ne 0$ (äquivalent zu $g(y) = x \ne 0$) gilt

$$\begin{aligned}
&\frac{\|g(y) - g(0) - \mathrm{id}(y - 0)\|}{\|y - 0\|} \\
&= \frac{\|g(y) - y\|}{\|y\|} \\
&= \frac{\|x - f(x)\|}{\|f(x)\|} \\
&= \frac{\|x\|}{\|f(x)\|} \frac{\|f(x) - f(0) - \mathrm{id}(x - 0)\|}{\|x - 0\|} .
\end{aligned}$$

Da f stetig auf U und g stetig auf V ist, sind die Aussagen $x \to \mathbf{0}$ und $y = f(x) \to \mathbf{0}$ zueinander äquivalent. Aus der Differenzierbarkeit von f in $\mathbf{0}$ folgt unter Beachtung von $\frac{\|x\|}{\|f(x)\|} \leq 2$, dass

$$\lim_{x \to \mathbf{0}} \frac{\|x\|}{\|f(x)\|} \frac{\|f(x) - f(\mathbf{0}) - \mathrm{id}(x - \mathbf{0})\|}{\|x - \mathbf{0}\|} = 0$$

gilt. Also gilt auch

$$\lim_{y \to \mathbf{0}} \frac{\|g(y) - g(\mathbf{0}) - \mathrm{id}(y - \mathbf{0})\|}{\|y - \mathbf{0}\|} = 0 \,,$$

d.h. g ist in $\mathbf{0}$ differenzierbar mit dem Differenzial $\mathrm{d}g(\mathbf{0}) = \mathrm{id}_V$.

Um die Differenzierbarkeit von g auf ganz V zu zeigen, wählen wir den Radius r so klein, dass für alle $x \in \overline{U}_r(\mathbf{0})$ und damit für alle $x \in U$ die Jacobi-Matrix $\mathcal{J}(f; x)$ invertierbar ist. Dann zeigt die obige Argumentation die Differenzierbarkeit von g in allen Punkten $y = f(x) \in V$. Man beachte dabei auch die Reduktion auf den Spezialfall in Punkt 7.

6. g ist stetig differenzierbar auf V

Wir zeigen die stetige partielle Differenzierbarkeit von g auf V. Nach der Kettenregel ist die Jacobi-Matrix $\mathcal{J}(g; y)$ die zur Jacobi-Matrix $\mathcal{J}(f; x)$ inverse Matrix $(y = f(x))$. Die Cramer'sche Regel liefert daher:

$$\mathcal{J}(g; y) = (\mathcal{J}(f; x))^{-1} = \frac{\mathrm{ad}\,(\mathcal{J}(f; x))}{\det\,(\mathcal{J}(f; x))} \,,$$

wobei für eine Matrix A mit $\mathrm{ad}\,(A)$ die sogenannte Adjunkte bezeichnet sei. Wegen der Stetigkeit von g hängt x stetig von y ab. Die Einträge der adjunkten Matrix und die Determinante von $\mathcal{J}(f; x)$ sind aber Polynome in den Matrixkoeffizienten von $\mathcal{J}(f; x)$, hängen also stetig von x ab, da f stetig partiell differenzierbar ist. Andererseits sind die partiellen Ableitungen von g die Koeffizienten der Jacobi-Matrix $\mathcal{J}(g; y)$. Daher sind dies stetige Funktionen der Variablen $y \in V$. Daher ist g auf V stetig partiell differenzierbar und damit auch differenzierbar.

7. Elimination der eingangs gemachten zusätzlichen Voraussetzungen

Zum Schluss befreien wir uns wie angekündigt von den eingangs gemachten Voraussetzungen $a = b = f(\mathbf{0}) = \mathbf{0}$ und $\mathcal{J}(f; \mathbf{0}) = \mathbf{E}_n$. Dazu modifiziert man f mit geeigneten affin-linearen Abbildungen:

$$\varphi \colon \mathbb{R}^n \to \mathbb{R}^n, \ x \mapsto Ax + a \ \text{ mit } \ A \in \mathrm{GL}(n; \mathbb{R})$$

und

$$\psi \colon \mathbb{R}^n \to \mathbb{R}^n, \ y \mapsto y - b \ \text{ mit } \ b = f(a) \,.$$

Diese haben die Jacobi-Matrix A bzw. $\mathbf{E}_n$ und sind also invertierbar in $\mathbb{R}^n$. Ihre Umkehrabbildung ist wieder affin-linear. Wenn daher

$$\widetilde{f} = \psi \circ f \circ \varphi$$

bei $x = \mathbf{0}$ eine lokale Umkehrabbildung $\widetilde{g}$ besitzt, dann hat f bei $x = a$ eine lokale Umkehrabbildung, nämlich:

$$g = \varphi \circ \widetilde{g} \circ \psi \,.$$

Andererseits gilt $\widetilde{f}(\mathbf{0}) = \mathbf{0}$ und $\mathcal{J}(\widetilde{f}; \mathbf{0}) = \mathbf{E}_n$, falls man $A := \mathcal{J}(\widetilde{f}; a)^{-1}$ wählt. Genau an dieser Stelle geht die Invertierbarkeit der Jacobi-Matrix $\mathcal{J}(\widetilde{f}; a)$ ein. ∎

Der lokale Umkehrsatz hat zahlreiche Anwendungen, z.B. werden wir mit seiner Hilfe den Satz über implizite Funktionen beweisen. Als unmittelbare Anwendung des lokalen Umkehrsatzes beweisen wir nun den Satz von der Gebietstreue (Offenheitssatz) und einen Diffeomorphiesatz.

Satz von der Gebietstreue (Offenheitssatz)

Ist $D \subseteq \mathbb{R}^n$ ein Gebiet und $f \colon D \to \mathbb{R}^n$ stetig differenzierbar, und ist die Jacobi-Matrix $\mathcal{J}(\widetilde{f}; x)$ in jedem Punkt $x \in D$ invertierbar, dann gilt: $f(D)$ ist wieder ein Gebiet, also offen und zusammenhängend. Ferner ist für jede offene Teilmenge $U \subseteq D$ die Bildmenge $f(U)$ offen.

Beweis: Man beachte, dass man wegen der Voraussetzung $D \subseteq \mathbb{R}^n$ offen keinen Unterschied zwischen U offen in D und U offen in $\mathbb{R}^n$ machen muss.

Ist $U = \emptyset$, dann ist $f(U) = f(\emptyset) = \emptyset$, also $f(U)$ offen. Ist $U \neq \emptyset$, dann besitzt jeder Punkt $x \in U$ nach dem lokalen Umkehrsatz (angewendet auf U) eine offene Umgebung U_x, deren Bild $f(U_x)$ offen ist. Damit ist auch

$$f(U) = \bigcup_{x \in U} f(U_x)$$

als Vereinigung offener Mengen offen. Speziell ist auch $f(D)$ offen und wenn D zusammenhängend ist, dann ist auch $f(D)$ wieder zusammenhängend, also wieder ein Gebiet. ∎

Als direkte Folgerung ergibt sich ein

(Nicht-) Maximumprinzip bzw. (Nicht-) Minimumprinzip

Erfüllt die Funktion f die Voraussetzungen des Satzes der Gebietstreue, dann besitzt die Funktion $h \colon D \to \mathbb{R}, \ x \mapsto \|f(x)\|_2$ kein globales Maximum und, falls $f(x) \neq \mathbf{0}$ für alle $x \in D$ gilt, auch kein globales Minimum.

Hätte nämlich h an einer Stelle $x_0 \in D$ ein (globales) Maximum, dann wäre $h(x) \leq h(x_0)$ für alle $x \in D$, d.h.:

$$\|f(x)\|_2 \leq \|f(x_0)\|_2 \,.$$

Alle Funktionswerte würden in der abgeschlossenen Kugel $\overline{U}_{h(x_0)}(\mathbf{0})$ liegen, und damit kann $f(x_0)$ kein innerer Punkt von $f(D)$ sein.

Eine weitere wichtige Folgerung aus dem lokalen Umkehrsatz ist der folgende

Diffeomorphiesatz

Sind $D \subseteq \mathbb{R}^n$ offen ($\neq \emptyset$) und $\boldsymbol{f} : D \to \mathbb{R}^n$ eine injektive stetig differenzierbare Abbildung, für welche alle Jacobi-Matrizen $\boldsymbol{\mathcal{J}}(\boldsymbol{f}; \boldsymbol{x})$, $\boldsymbol{x} \in D$, invertierbar sind. Dann liefert $\boldsymbol{f}$ einen Diffeomorphismus $\boldsymbol{f} : D \to \boldsymbol{f}(D)$.

Beweis: Man überlegt sich zuerst, dass die Umkehrabbildung $\boldsymbol{g} : \boldsymbol{f}(D) \to D$ stetig ist, denn für jede offene Menge $U \subseteq D$ gilt:

$$\boldsymbol{g}^{-1}(U) = \boldsymbol{f}(U)$$

und $\boldsymbol{f}(U)$ ist nach dem Offenheitssatz offen. Damit ist $\boldsymbol{f}$ ein stetig differenzierbarer Homöomorphismus $\boldsymbol{f} : D \to \boldsymbol{f}(D)$. Nach dem lokalen Umkehrsatz ist dann aber $\boldsymbol{g}$ stetig differenzierbar, da ja

$$\boldsymbol{\mathcal{J}}(\boldsymbol{g}; \boldsymbol{f}(\boldsymbol{x})) = \boldsymbol{\mathcal{J}}(\boldsymbol{f}; \boldsymbol{x})^{-1}$$

gilt (man vergleiche hierzu den 5. Beweisschritt beim lokalen Umkehrsatz). $\blacksquare$

21.8 Der Satz über implizite Funktionen

Wir beginnen unsere Überlegungen zu diesem Abschnitt mit einer einfachen Frage: Sei $D \subseteq \mathbb{R}^2$ offen ($\neq \emptyset$) und $f : D \to \mathbb{R}$ eine reellwertige stetig differenzierbare Funktion. Kann man dann die Gleichung $f(x, y) = 0$ zumindest für alle x aus einem geeigneten Intervall M nach y auflösen? Genauer gefragt: Gibt es ein Intervall $M \subseteq \mathbb{R}$ und eine Funktion $\varphi : M \to \mathbb{R}$, sodass für alle $x \in M$ gilt:

$$f(x, \varphi(x)) = 0?$$

Falls dies möglich ist, sagt man: φ ist durch die Gleichung $f(x, \varphi(x)) = 0$ implizit definiert. Ferner ist die Frage naheliegend, ob man Aussagen über die Stetigkeit, Differenzierbarkeit etc. von φ machen kann und wie man gegebenenfalls φ' einfach berechnen kann.

Wir orientieren uns an einigen Beispielen.

Beispiel $f : \mathbb{R}^2 \to \mathbb{R}$ sei gegeben durch

$$f(x, y) = x^2 + y^2 - 1.$$

Dann ist die Nullstellenmenge von f gerade die Einheitskreislinie S^1:

$$S^1 = \{(x, y)^\top \in \mathbb{R}^2 \mid x^2 + y^2 = 1\}$$
$$= \{(x, y)^\top \in \mathbb{R}^2 \mid f(x, y) = 0\}.$$

Für jedes $x \in (-1, 1)$ besitzt die Gleichung $x^2 + y^2 = 1$ jedoch zwei Lösungen:

$$y_1 = \varphi_1(x) = \sqrt{1 - x^2} \quad \text{und} \quad y_2 = \varphi_2(x) = -\sqrt{1 - x^2}.$$

Man erhält also zwei Funktionen

$$\varphi_1 : (-1, 1) \to \mathbb{R} \quad \text{und} \quad \varphi_2 : (-1, 1) \to \mathbb{R}$$

mit

$$f(x, \varphi_1(x)) = 0 \quad \text{und} \quad f(x, \varphi_2(x)) = 0.$$

Es ist also die „obere Hälfte der Einheitskreislinie", d. h. $\{(x, y)^\top \in S^1 \mid x \in (-1, 1), y > 0\}$, Graph der Funktion $\varphi_1 : (-1, 1) \to \mathbb{R}$ und entsprechend die untere Hälfte der Einheitskreislinie Graph der Funktion $\varphi_2 : (-1, 1) \to \mathbb{R}$.

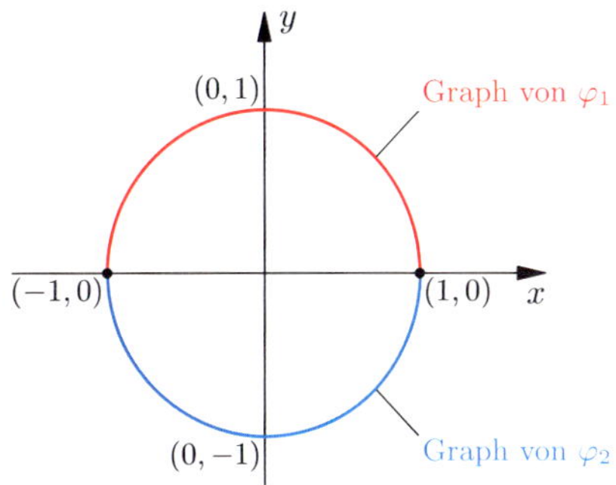

Abbildung 21.28 Parametrisierung des Einheitskreises durch φ_1 und φ_2.

Wir haben das offene Intervall $(-1, 1)$ als Definitionsbereich von φ_1 bzw. φ_2 gewählt, um *differenzierbare* Funktionen von x zu erhalten.

Nebenbei bemerkt: Die Ableitung z. B. der impliziten Funktion φ_1 ergibt sich aus

$$x^2 + (\varphi_1(x))^2 = 1$$

durch Differenzieren nach x unter Verwendung der Kettenregel zu

$$2x + 2\varphi_1(x)\varphi_1'(x) = 0$$

oder

$$\varphi_1'(x) = -\frac{x}{\varphi_1(x)} = -\frac{x}{\sqrt{1 - x^2}} \quad (x \in (-1, 1)).$$

Die Punkte $(1, 0)^\top$ und $(-1, 0)^\top$ haben wir nicht erfasst. Aber man kann die Gleichung $x^2 + y^2 = 1$ auch nach x auflösen:

Für $x > 0$ sei $x = \psi_1(y) = \sqrt{1 - y^2}$, $y \in (-1, 1)$ bzw. für $x < 0$ sei $x = \psi_2(y) = -\sqrt{1 - y^2}$, $y \in (-1, 1)$.

Insgesamt ist es uns gelungen, alle Teile der Einheitskreislinie S^1 als Graphen differenzierbarer Funktionen von x bzw. y darzustellen: S^1 ist die Vereinigung aller Graphen der vier Funktionen $\varphi_1, \varphi_2, \psi_1, \psi_2$. $\blacktriangleleft$

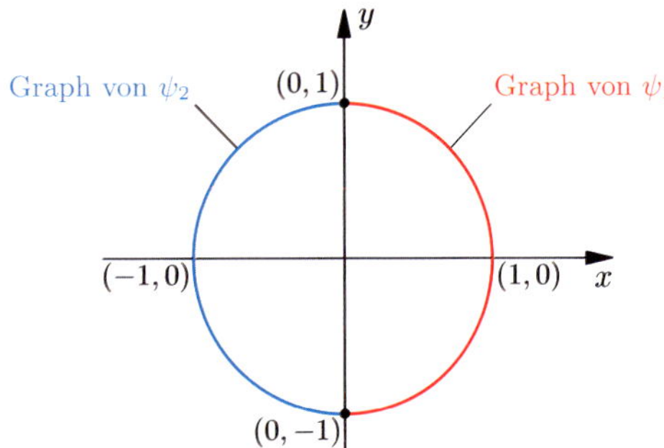

Abbildung 21.29 Parametrisierung des Einheitskreises durch ψ_1 und ψ_2.

Es ist unser allgemeines Ziel, die Nullstellenmenge von f, also die Menge

$$N(f) = \{(x, y)^\top \in D \mid f(x, y) = 0\},$$

dadurch zu beschreiben, dass wir y als differenzierbare Funktion von x oder x als differenzierbare Funktion von y darstellen. Anders ausgedrückt: $N(f)$ soll sich als Graph einer differenzierbaren Funktion von x bzw. von y darstellen lassen. Wie das Beispiel der Einheitskreislinie zeigt, wird das jedoch lediglich *lokal* möglich sein. Es kann aber auch überhaupt nicht möglich sein.

------------------------------ **?** ------------------------------

Warum ist es nicht möglich, die Gleichung

$$x^2 + y^2 = 1$$

nach y in einer Umgebung von $(1, 0)^\top$ aufzulösen?

Beispiel $f : \mathbb{R}^2 \to \mathbb{R}$ sei gegeben durch $f(x, y) = x^2 - y^2$. Dann ist

$$N(f) = \{(x, y)^\top \in \mathbb{R}^2 \mid y = x \text{ oder } y = -x\}$$

die Vereinigung von zwei Geraden.

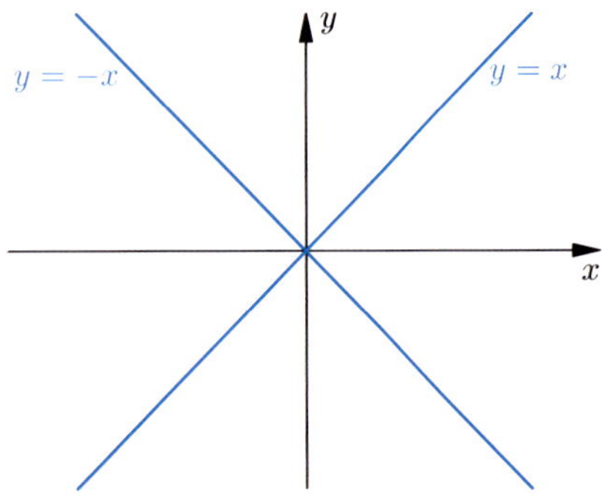

Abbildung 21.30 Veranschaulichung der obigen Nullstellenmenge.

In keiner Umgebung von $(0, 0)^\top$ lässt sich $N(f)$ als Graph einer Funktion von x oder y darstellen. ◄

Beispiel Für $f : \mathbb{R}^2 \to \mathbb{R}$ mit $f(x, y) = x^2 - y^3$ ist die Nullstellenmenge

$$N(f) = \{(x, y)^\top \in \mathbb{R}^2 \mid x^2 - y^3 = 0\}$$

eine „Neil'sche Parabel" mit einer Spitze im Punkt $(0, 0)^\top$.

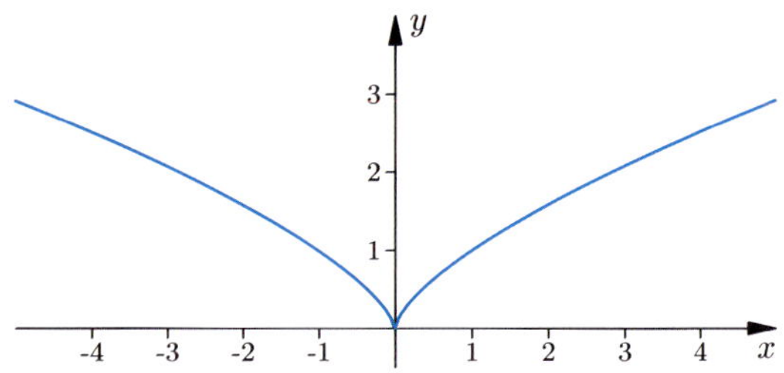

Abbildung 21.31 Neil'sche Parabel.

In keiner Umgebung von $(0, 0)^\top$ lässt sich $N(f)$ als Funktion von y darstellen. Jedoch gilt $(x, y)^\top \in N(f)$ genau dann, wenn $y = \sqrt[3]{x^2}$ gilt, das bedeutet, dass $N(f)$ der Graph der Funktion $g : \mathbb{R} \to \mathbb{R}$ mit

$$g(x) = \sqrt[3]{x^2}$$

ist. Die Funktion g ist aber in 0 nicht differenzierbar. ◄

Als Spezialfall des Satzes für implizite Funktionen werden wir sehen, dass $N(f)$ in einer Umgebung eines Punktes $(x_0, y_0)^\top$ mit $f(x_0, y_0)$ jedenfalls dann als Graph einer stetig differenzierbaren Funktion darstellbar ist, wenn **grad** $f(x_0, y_0) \neq \mathbf{0}$ gilt.

Um die Problematik in einem allgemeineren Rahmen zu entfalten, orientiert man sich am besten an unterbestimmten linearen Gleichungssystemen. Sei dazu $\boldsymbol{A} = (a_{ij}) \in \mathbb{R}^{m \times n}$ eine $m \times n$-Matrix ($m < n$) mit Rang $\boldsymbol{A} = m$. Ist $\boldsymbol{x} = (x_1, \ldots, x_n)^\top$ eine Lösung des linearen Gleichungssystems $\boldsymbol{A}\boldsymbol{x} = \mathbf{0}$, dann können nach eventueller Umnummerierung die ersten m Variablen durch die restlichen $n - m$ Variablen ausgedrückt werden. Um das Problem für nichtlineare Gleichungen zu formulieren, führt man zweckmäßigerweise die folgenden Notationen ein: Wir setzen $n = k + m$, $\mathbb{R}^n = \mathbb{R}^{k+m} \cong \mathbb{R}^k \times \mathbb{R}^m$.

Seien $D \subseteq \mathbb{R}^{k+m} \cong \mathbb{R}^k \times \mathbb{R}^m$ offen und $\boldsymbol{f} = (f_1, \ldots, f_m)^\top : D \to \mathbb{R}^k$ eine stetige differenzierbare Abbildung. Ferner gebe es ein $\boldsymbol{c} = (a, b)^\top$ mit $\boldsymbol{f}(\boldsymbol{c}) = \mathbf{0}$.

Wir unterteilen diese Jacobi-Matrix nun in zwei Teile wie folgt:

$$
\begin{aligned}
&\mathcal{J}(\boldsymbol{f}; \boldsymbol{c}) \\
&= \left(\begin{array}{ccc|ccc}
\partial_{x_1} f_1(\boldsymbol{c}) \ldots \partial_{x_k} f_1(\boldsymbol{c}) & & & \partial_{y_1} f_1(\boldsymbol{c}) \ldots \partial_{y_m} f_1(\boldsymbol{c}) & & \\
\vdots \qquad \vdots & & & \vdots \qquad \vdots & & \\
\partial_{x_1} f_m(\boldsymbol{c}) \ldots \partial_{x_k} f_m(\boldsymbol{c}) & & & \partial_{y_1} f_m(\boldsymbol{c}) \ldots \partial_{y_m} f_m(\boldsymbol{c}) & &
\end{array} \right) \\
&= (\partial_X \boldsymbol{f}(\boldsymbol{c}) \mid \partial_Y \boldsymbol{f}(\boldsymbol{c})),
\end{aligned}
$$

dabei ist $\partial_Y \boldsymbol{f}(\boldsymbol{c})$ eine quadratische Teilmatrix vom Typ $m \times m$. Diese abkürzende Schreibweise werden wir im Folgenden weiter verwenden.

Satz über implizite Funktionen

Seien $D \subseteq \mathbb{R}^{k+m}$ offen und $\boldsymbol{f} = (f_1, \ldots, f_m)^\top \colon D \to \mathbb{R}^m$ eine C^s-Abbildung ($s \in \mathbb{N} \cup \{\infty\}$). Es gebe ein $\boldsymbol{c} = (\boldsymbol{a}, \boldsymbol{b})^\top \in D$ mit $\boldsymbol{f}(\boldsymbol{c}) = \boldsymbol{0}$, und die partielle Jacobi-Matrix $\partial_Y \boldsymbol{f}(\boldsymbol{c})$ sei invertierbar. Dann existieren offene Umgebungen $U \subseteq \mathbb{R}^k$ von $\boldsymbol{a}$ und $V \subseteq \mathbb{R}^m$ von $\boldsymbol{b}$ mit $U \times V \subseteq D$, sodass die Gleichung $\boldsymbol{f}(\boldsymbol{x}, \boldsymbol{y}) = \boldsymbol{0}$ in $U \times V$ eindeutig nach $\boldsymbol{y}$ auflösbar ist, d. h., es gibt genau eine C^s-Abbildung $\boldsymbol{\varphi} \colon U \to V$ mit der Eigenschaft

$$\boldsymbol{f}(\boldsymbol{x}, \boldsymbol{y}) = \boldsymbol{0} \Leftrightarrow \boldsymbol{y} = \boldsymbol{\varphi}(\boldsymbol{x}) \text{ für } (\boldsymbol{x}, \boldsymbol{y}) \in U \times V \,.$$

Hierfür sagt man auch: Die Abbildung $\boldsymbol{\varphi}$ entsteht durch Auflösung der Gleichung $\boldsymbol{f}(\boldsymbol{x}, \boldsymbol{y}) = \boldsymbol{0}$ nach $\boldsymbol{y}$. Die Invertierbarkeit der partiellen Jacobi-Matrix $\partial_Y \boldsymbol{f}(\boldsymbol{c})$ nennt man auch gelegentlich die *Auflösungsbedingung*.

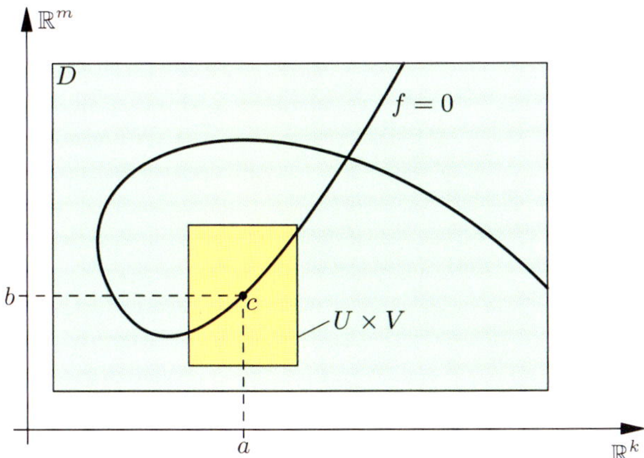

Abbildung 21.32 Veranschaulichung des Satzes über implizite Funktionen.

Beweis: Die Abbildung $\boldsymbol{f} \colon D \to \mathbb{R}^m$ wird hier zu einer Abbildung

$$\boldsymbol{F} \colon D \to \mathbb{R}^{k+m}, \quad (\boldsymbol{x}, \boldsymbol{y}) \mapsto (\boldsymbol{x}, \boldsymbol{f}(\boldsymbol{x}, \boldsymbol{y}))$$

erweitert. Es ist $\mathbf{pr}_1 \circ \boldsymbol{F} = \mathbf{pr}_1$ und $\mathbf{pr}_2 \circ \boldsymbol{F} = \boldsymbol{f}$, und somit kommutiert das Diagramm in Abbildung 21.33. Die Jacobi-Matrix von $\boldsymbol{F}$ in $\boldsymbol{c} = (\boldsymbol{a}, \boldsymbol{b})^\top$ ist quadratisch. Sie hat die

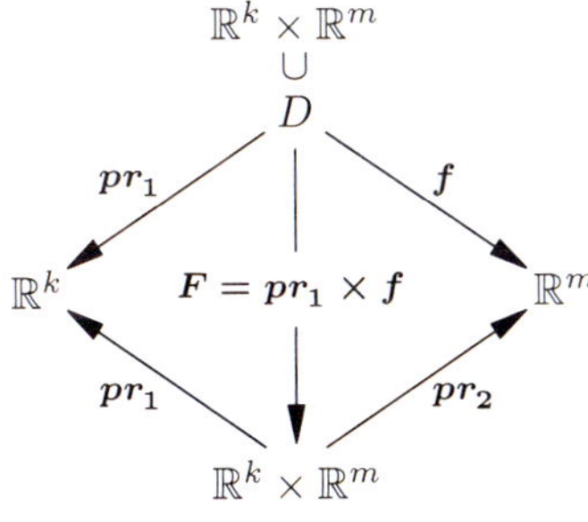

Abbildung 21.33 Das kommutative Diagramm ist der Schlüssel zum Beweis des Satzes.

Gestalt

$$\mathcal{J}(\boldsymbol{F}; \boldsymbol{c}) = \left(\begin{array}{c|c} \mathbf{E}_k & \boldsymbol{0} \\ \hline * & \partial_Y \boldsymbol{f}(\boldsymbol{c}) \end{array} \right) \begin{array}{l} \} k \\ \} m \end{array}$$
$$\underbrace{\phantom{\mathbf{E}_k}}_{k} \quad \underbrace{\phantom{\partial_Y \boldsymbol{f}(\boldsymbol{c})}}_{m}$$

und ist wegen $\det\left(\partial_Y \boldsymbol{f}(\boldsymbol{c})\right) \neq 0$ auch invertierbar. Also ist der lokale Umkehrsatz anwendbar. Es gibt daher offene Umgebungen $W \subseteq D$ von $\boldsymbol{c} = (\boldsymbol{a}, \boldsymbol{b})^\top$ und W' von $(\boldsymbol{a}, \boldsymbol{0})^\top$ in $\mathbb{R}^k \times \mathbb{R}^m$, zwischen denen $\boldsymbol{F}$ einen C^1-Diffeomorphismus stiftet. Wir berechnen die lokale Umkehrung $\boldsymbol{G} \colon W' \to W$. Wegen der Kommutativität des Diagramms ist $\boldsymbol{G}$ vom gleichen Typ wie $\boldsymbol{F}$, d. h., $\boldsymbol{G}(\boldsymbol{u}, \boldsymbol{v}) = (\boldsymbol{u}, \boldsymbol{\Phi}(\boldsymbol{u}, \boldsymbol{v}))^\top$, wobei $\boldsymbol{\Phi} \colon W' \to \mathbb{R}^m$ eine C^1-Abbildung ist. Es gilt daher:

(1) $\begin{pmatrix} \boldsymbol{u} \\ \boldsymbol{v} \end{pmatrix} = \boldsymbol{F}(\boldsymbol{G}(\boldsymbol{u}, \boldsymbol{v})) = \begin{pmatrix} \boldsymbol{u} \\ \boldsymbol{f}(\boldsymbol{G}(\boldsymbol{u}, \boldsymbol{v})) \end{pmatrix}$

für $(\boldsymbol{u}, \boldsymbol{v})^\top \in W'$,

(2) $\begin{pmatrix} \boldsymbol{x} \\ \boldsymbol{y} \end{pmatrix} = \boldsymbol{G}(\boldsymbol{F}(\boldsymbol{x}, \boldsymbol{y})) = \boldsymbol{G}(\boldsymbol{x}, \boldsymbol{f}(\boldsymbol{x}, \boldsymbol{y}))$

für $(\boldsymbol{x}, \boldsymbol{y})^\top \in W$.

Setzt man in (1) $\boldsymbol{v} = \boldsymbol{0}$, so ergibt sich:

$$\boldsymbol{0} = \boldsymbol{f}(\boldsymbol{G}(\boldsymbol{u}, \boldsymbol{0})) = \boldsymbol{f}(\boldsymbol{u}, \boldsymbol{\Phi}(\boldsymbol{u}, \boldsymbol{0})) \,.$$

Definiert man nun $\boldsymbol{\varphi}$ durch $\boldsymbol{\varphi}(\boldsymbol{u}) = \boldsymbol{\Phi}(\boldsymbol{u}, \boldsymbol{0})$, dann ist $\boldsymbol{\varphi}$ s-mal stetig differenzierbar in einer Umgebung U von $\boldsymbol{a}$, und es gilt $\boldsymbol{f}(\boldsymbol{x}, \boldsymbol{\varphi}(\boldsymbol{x})) = \boldsymbol{0}$ für $(\boldsymbol{x}, \boldsymbol{y}) \in U \times V$. Umgekehrt folgt aus $\boldsymbol{f}(\boldsymbol{x}, \boldsymbol{y}) = \boldsymbol{0}$ nach (2):

$$\begin{pmatrix} \boldsymbol{x} \\ \boldsymbol{y} \end{pmatrix} = \boldsymbol{G}(\boldsymbol{x}, \boldsymbol{0}) = \begin{pmatrix} \boldsymbol{x} \\ \boldsymbol{\Phi}(\boldsymbol{x}, \boldsymbol{0}) \end{pmatrix} = \begin{pmatrix} \boldsymbol{x} \\ \boldsymbol{\varphi}(\boldsymbol{x}) \end{pmatrix} \,,$$

d. h., $\boldsymbol{y} = \boldsymbol{\varphi}(\boldsymbol{x})$. ∎

Die explizite Berechnung der Auflösung $\boldsymbol{\varphi}$ ist im Allgemeinen schwierig oder unmöglich. Jedoch lässt sich die Jacobi-Matrix mithilfe der Kettenregel berechnen.

Aus $\boldsymbol{f}(\boldsymbol{x}, \boldsymbol{y}) = \boldsymbol{0}$ folgt nämlich mit der Kettenregel:

$$\mathcal{J}\left(\boldsymbol{f}; (\boldsymbol{x}, \boldsymbol{\varphi}(\boldsymbol{x}))^\top\right) (\mathbf{E}_k, \mathcal{J}(\boldsymbol{\varphi}; \boldsymbol{x})) = \boldsymbol{0} \,.$$

Dies lässt sich mit den partiellen Jacobi-Matrizen $\partial_X \boldsymbol{f}(\boldsymbol{x}, \boldsymbol{\varphi}(\boldsymbol{x}))$ bzw. $\partial_Y \boldsymbol{f}(\boldsymbol{x}, \boldsymbol{\varphi}(\boldsymbol{x}))$ auch in die Form

$$\partial_X \boldsymbol{f}(\boldsymbol{x}, \boldsymbol{\varphi}(\boldsymbol{x})) + \partial_Y \boldsymbol{f}(\boldsymbol{x}, \boldsymbol{\varphi}(\boldsymbol{x})) \, \mathcal{J}(\boldsymbol{\varphi}; \boldsymbol{x}) = \boldsymbol{0}$$

schreiben. Unter der Voraussetzung, dass $\partial_Y \boldsymbol{f}(\boldsymbol{x}, \boldsymbol{\varphi}(\boldsymbol{x}))$ invertierbar ist (dies ist zumindest in einer geeigneten Umgebung von $(\boldsymbol{a}, \boldsymbol{b})^\top$ erfüllt) folgt:

$$\mathcal{J}(\boldsymbol{f}; \boldsymbol{x}) = -\left(\partial_Y \boldsymbol{f}(\boldsymbol{x}, \boldsymbol{\varphi}(\boldsymbol{x}))\right)^{-1} \partial_X \boldsymbol{f}(\boldsymbol{x}, \boldsymbol{\varphi}(\boldsymbol{x})) \,.$$

Im Spezialfall einer stetig differenzierbaren Funktion

$$f \colon \mathbb{R}^2 \to \mathbb{R}, \quad (x, y)^\top \mapsto f(x, y) \,,$$

für welche $\partial_2 f(x, y) \neq 0$ ist, gilt daher für die Ableitung die Auflösung:

$$\varphi'(x) = -\frac{\partial_1 f(x, y)}{\partial_2 f(x, y)}.$$

Den Spezialfall des Satzes über implizite Funktionen mit nur einer Gleichung, der häufig vorkommt, wollen wir gesondert festhalten.

Satz über implizite Funktionen mit nur einer Gleichung

Seien $D \subseteq \mathbb{R}^n$ offen, $\boldsymbol{x} = (x_1, \ldots, x_n)^\top$ und

$$f: D \to \mathbb{R}, \ \boldsymbol{x} \mapsto f(\boldsymbol{x}),$$

eine stetig differenzierbare Funktion, $\boldsymbol{c} = (c_1, \ldots, c_n)^\top \in D$ ein Punkt mit $\boldsymbol{f}(\boldsymbol{c}) = 0$ und $\partial_n f(\boldsymbol{c}) \neq 0$. Dann gibt es in einer offenen Umgebung von $\boldsymbol{c}^* = (c_1, \ldots, c_{n-1})^\top$ eine Auflösung $x_n = \varphi(x_1, \ldots, x_{n-1})$, für deren Ableitung in $\boldsymbol{c}^*$

$$\varphi'(\boldsymbol{c}^*) = -\frac{1}{\partial_n f(\boldsymbol{c})} \big(\partial_1 f(\boldsymbol{c}), \ldots, \partial_{n-1} f(\boldsymbol{c})\big)$$

gilt.

Beispiel Wir beginnen mit einem Beispiel, in dem man den Satz über die implizite Funktion gar nicht benötigt, ihn aber natürlich auch verwenden kann. Sei $f: \mathbb{R}^3 \to \mathbb{R}$ definiert durch

$$f(x, y, z) = (x^2 + y^2)e^z - 2x^2 - 1.$$

Dann gilt:

(a) Ist $N = \{(x, y, z)^\top \in \mathbb{R}^3 \mid f(x, y, z) = 0\}$, dann ist $(0, 1, 0)^\top \in N$, und aus $f(x, y, z) = 0$ folgt $e^z = \frac{2x^2+1}{x^2+y^2}$ für alle $(x, y)^\top \in \mathbb{R}^2 \setminus \{\boldsymbol{0}\}$ und damit $z = \log\frac{2x^2+1}{x^2+y^2}$ für $(x, y)^\top \neq \boldsymbol{0}$.

(b) Für $\varphi: \mathbb{R}^2 \setminus \{\boldsymbol{0}\} \to \mathbb{R}$ mit

$$\varphi(x, y) = \log\frac{2x^2+1}{x^2+y^2}$$

gilt $\varphi(0, 1) = 0$ und $f(x, y, \varphi(x, y)) = 0$.

(c) Durch Nachrechnen findet man $\mathcal{J}(\varphi; (0, 1)^\top) = (0, -2)$. ◄

Beispiel Die Abbildung 21.34 stellt eine sogenannte Lemniskate dar. Darunter versteht man die Menge aller Punkte P in der Ebene $\mathbb{R}^2$, für die das Produkt $r_1 r_2$ der Abstände r_1 und r_2 von zwei fest gewählten Punkten $\boldsymbol{A}$ und $\boldsymbol{B}$ mit dem Abstand $2d$ den festen Wert d^2 annimmt.

In der Abbildung ist der Fall $d = 1$, $\boldsymbol{A} = (-1, 0)^\top$ und $\boldsymbol{B} = (1, 0)^\top$ visualisiert. Für einen beliebigen Punkt $P = (x, y)^\top \in \mathbb{R}^2$ gilt dann für das Quadrat des Abstands

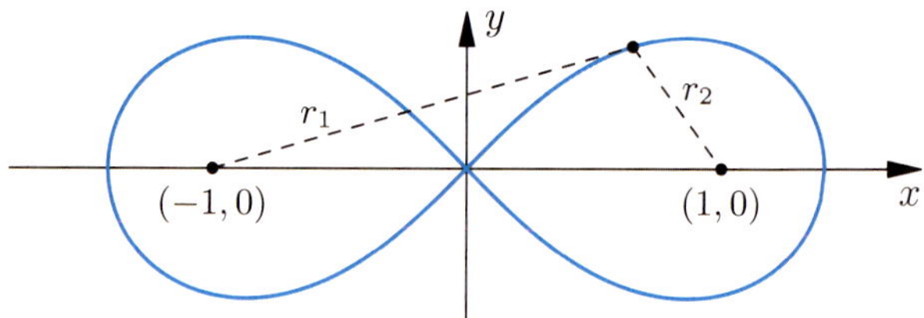

Abbildung 21.34 Eine sogenannte Lemniskate.

von $\boldsymbol{A}$ und $\boldsymbol{P}$ $(x + 1)^2 + y^2$ und für das Quadrat des Abstands von $\boldsymbol{B}$ und $\boldsymbol{P}$ $(x - 1)^2 + y^2$ und $r_1 r_2 = 1$, also auch $r_1^2 r_2^2 = 1$. Die letzte Bedingung ist mit der Gleichung

$$(x^2 + y^2)^2 = 2(x^2 - y^2)$$

äquivalent. Die Lemniskate ist also die Nullstellenmenge von $f: \mathbb{R}^2 \to \mathbb{R}$ mit

$$f(x, y) = (x^2 + y^2)^2 - 2(x^2 - y^2).$$

Zu jedem $x \neq 0$ mit $|x| < \sqrt{2}$ gibt es zwei verschiedene Werte y_1, y_2 mit $f(x, y_1) = 0 = f(x, y_2)$, und zu jedem $y \neq 0$ mit $|y| < \frac{1}{2}$ gibt es sogar vier verschiedene Punkte x_1, x_2, x_3, x_4 mit $f(x_j, y) = 0$. In keiner Umgebung von $(0, 0)^\top$ ist also eine Auflösung $y = \varphi(x)$ oder $x = \psi(y)$ möglich. Wir stellen fest, dass für die partiellen Ableitungen $\partial_1 f(0, 0) = \partial_2 f(0, 0) = 0$ gilt.

Ferner besitzt die Gleichung $f(x, y) = 0$ in keiner Umgebung der Punkte $(-\sqrt{2}, 0)^\top$ bzw. $(\sqrt{2}, 0)^\top$ eine Auflösung der Gestalt $y = \varphi(x)$, weil jede Umgebung von $(-\sqrt{2}, 0)^\top$ bzw. von $(\sqrt{2}, 0)^\top$ Punkte enthält, zu denen es jeweils zwei y-Werte gibt. In geeigneten Umgebungen von $(-\sqrt{2}, 0)^\top$ bzw. $(\sqrt{2}, 0)^\top$ gibt es jedoch Auflösungen der Gestalt $x = \psi(y)$. Die Auflösung mit $\psi'(0) = 1$ lautet etwa:

$$x = \psi(y) = \sqrt{1 - y^2 + \sqrt{1 + y^4}}.$$

Man beachte, dass hier $\partial_2 f(\pm\sqrt{2}, 0) = 0$, aber $\partial_1 f(\pm\sqrt{2}, 0) \neq 0$ gilt. ◄

Kommentar: Die Invertierbarkeit von $\partial_y f(\boldsymbol{c})$ ist keine notwendige Voraussetzung für die Auflösung nach y, wie das Beispiel $f: \mathbb{R}^2 \to \mathbb{R}$, $f(x, y) = x^3 - y^3 = 0$ am Punkt $x = y = 0$ zeigt. $x^3 - y^3$ ist sowohl nach x als auch nach y auflösbar (sogar global), denn $x^3 - y^3 = 0$ ist äquivalent zu $x = y$.

Wir haben den Satz über implizite Funktionen in der Herleitung aus dem lokalen Umkehrsatz gefolgert. Es gilt auch umgekehrt:

Satz

Aus dem Satz über implizite Funktionen folgt der lokale Umkehrsatz. Die Aussagen der beiden Sätze sind also äquivalent.

Beweis: Die Voraussetzungen des lokalen Umkehrsatzes (Seite 904) seien erfüllt. Wir führen seinen Beweis im Folgenden auf den Satz über implizite Funktionen zurück und betrachten dazu die Abbildung

$$\boldsymbol{F} : \mathbb{R}^n \times D \to \mathbb{R}^n \quad \text{mit} \quad (\boldsymbol{x}, \boldsymbol{y})^\top \mapsto \boldsymbol{F}(\boldsymbol{x}, \boldsymbol{y}) := \boldsymbol{x} - \boldsymbol{f}(\boldsymbol{y}).$$

Mit $\boldsymbol{f}$ ist auch $\boldsymbol{F}$ stetig differenzierbar. Es gilt nach Voraussetzung $\boldsymbol{F}(\boldsymbol{b}, \boldsymbol{a}) = \boldsymbol{b} - \boldsymbol{f}(\boldsymbol{a}) = \boldsymbol{0}$. Da

$$\partial_Y \boldsymbol{F}(\boldsymbol{x}, \boldsymbol{y}) = -\mathcal{J}(\boldsymbol{f}; \boldsymbol{y})$$

gilt und $\mathcal{J}(\boldsymbol{f}; \boldsymbol{a})$ invertierbar ist, können wir den Satz über implizite Funktionen anwenden. Es gibt also eine offene Umgebung $\widetilde{V}$ von $\boldsymbol{b}$ und eine offene Umgebung $\widetilde{U} \subseteq D$ von $\boldsymbol{a}$

und eine stetig differenzierbare Abbildung $\boldsymbol{\varphi} : \widetilde{V} \to \widetilde{U}$ mit den folgenden Eigenschaften:

1) $\boldsymbol{0} = \boldsymbol{F}(\boldsymbol{x}, \boldsymbol{\varphi}(\boldsymbol{x})) = \boldsymbol{x} - \boldsymbol{f}(\boldsymbol{\varphi}(\boldsymbol{x}))$, d. h., $\boldsymbol{f}(\boldsymbol{\varphi}(\boldsymbol{x})) = \boldsymbol{x}$ für alle $\boldsymbol{x} \in \widetilde{V}$.

2) Ist $(\boldsymbol{x}, \boldsymbol{y})^\top \in \widetilde{V} \times \widetilde{U}$ mit $\boldsymbol{F}(\boldsymbol{x}, \boldsymbol{y}) = \boldsymbol{0}$, d. h., $\boldsymbol{x} = \boldsymbol{f}(\boldsymbol{y})$, dann folgt $\boldsymbol{y} = \boldsymbol{\varphi}(\boldsymbol{x})$.

Wegen der Stetigkeit von $\boldsymbol{f}$ gibt es eine offene Umgebung U von $\boldsymbol{a}$ mit $U \subseteq \widetilde{U}$ und $\boldsymbol{f}(U) \subseteq \widetilde{V}$. Aus 2) folgt:

$$V := f(U) = \boldsymbol{\varphi}^{-1}(U).$$

Da $\boldsymbol{\varphi}$ stetig ist, ist V eine offene Umgebung von $\boldsymbol{b}$. Nach Konstruktion ist $\boldsymbol{f}|_U : U \to V$ bijektiv mit der Umkehrung $\boldsymbol{\varphi}$. ∎

Zusammenfassung

Gegenstand des Kapitels 21 sind Abbildungen $\boldsymbol{f} = (f_1, \ldots, f_m)^\top : D \to \mathbb{R}^m$, wobei D eine (im Allgemeinen nichtleere offene) Teilmenge des $\mathbb{R}^n$ ist. Besonders wichtig ist der Fall $m = n$.

Wir wissen, dass eine Abbildung

$$\boldsymbol{f} = (f_1, \ldots, f_m)^\top : D \to \mathbb{R}^m$$

genau dann stetig in $\boldsymbol{a} \in D$ ist, wenn die Komponentenfunktionen $f_j : D \to \mathbb{R}$ stetig in $\boldsymbol{a}$ sind ($1 \leq j \leq m$). Auch für die Differenzierbarkeitsbegriffe kann man sich durch Übergang zu den Komponentenfunktionen stets auf reellwertige Funktionen beschränken.

Für Funktionen mehrerer Veränderlicher gibt es verschiedene Differenzierbarkeitsbegriffe:

- die partielle Differenzierbarkeit,
- die stetige partielle Differenzierbarkeit,
- die totale Differenzierbarkeit,
- die stetige totale Differenzierbarkeit,
- die Differenzierbarkeit nach einem beliebigen Einheitsvektor (Richtungsableitung).

Der einfachste Begriff ist die partielle Differenzierbarkeit für reellwertige Funktionen, der sich auf den Begriff der Differenzierbarkeit von Funktionen einer Variablen zurückführen lässt:

Definition der partiellen Differenzierbarkeit

Die Funktion $f : D \to \mathbb{R}$ heißt im Punkt $\boldsymbol{a} = (a_1, \ldots, a_n)^\top \in D$ nach der j-ten Variable ($1 \leq j \leq n$) **partiell differenzierbar**, wenn der Grenzwert

$$\partial_j f(\boldsymbol{a}) = \lim_{h \to 0} \frac{f(\boldsymbol{a} + h\boldsymbol{e}_j) - f(\boldsymbol{a}))}{h}$$

existiert. f heißt **in D partiell differenzierbar**, wenn f in **jedem** Punkt nach **jeder** Variablen partiell differenzierbar ist.

Die partielle Ableitung $\partial_j f$ lässt sich auffassen als gewöhnliche Ableitung einer Funktion nach einer Variablen (bei Festhalten der restlichen Variablen). Daher sind partielle Ableitungen besonders einfach auszurechnen. Eine vektorwertige Funktion $\boldsymbol{f} = (f_1, \ldots, f_m)^\top : D \to \mathbb{R}^m$ heißt partiell differenzierbar, wenn alle Komponentenfunktionen partiell differenzierbar sind.

Definition des Gradienten

Seien $D \subseteq \mathbb{R}^n$ offen, $\boldsymbol{a} \in D$ und $f : D \to \mathbb{R}$ eine in $\boldsymbol{a}$ partiell differenzierbare Funktion. Dann heißt der Vektor

$$\mathbf{grad}\, f(\boldsymbol{a}) := (\partial_1 f(\boldsymbol{a}), \ldots, \partial_n f(\boldsymbol{a}))^\top$$

der **Gradient** von f in $\boldsymbol{a}$.

Der Begriff der partiellen Differenzierbarkeit ist ein schwacher Differenzierbarkeitsbegriff, weil er nur das Veränderungsverhalten der Funktion in Richtung der Koordinatenachsen beschreibt. Wie wir gezeigt haben, folgt aus der Existenz der partiellen Ableitungen in einem Punkt im Allgemeinen nicht die Stetigkeit der betreffenden Funktion in diesem Punkt. Das ist anders beim zentralen Begriff der totalen Differenzierbarkeit.

Definition der totalen Differenzierbarkeit

Eine Abbildung $\boldsymbol{f} : D \to \mathbb{R}^m$ heißt in $\boldsymbol{a} \in D$ **total differenzierbar** oder kurz **differenzierbar**, wenn es eine (im Allgemeinen von $\boldsymbol{a}$ abhängige) $\mathbb{R}$-lineare Abbildung

$$\boldsymbol{L} : \mathbb{R}^n \to \mathbb{R}^m$$

gibt, sodass der durch die Gleichung

$$f(x) = f(a) + L(x - a) + r(x)$$

definierte Rest $r : \mathbb{R}^n \to \mathbb{R}^m$ die Bedingung

$$\lim_{x \to a} \frac{r(x)}{\|x - a\|} = 0$$

erfüllt.

Zusatz: $f : D \to \mathbb{R}^m$ heißt differenzierbar, wenn f an jeder Stelle $a \in D$ differenzierbar ist.

(Totale) Differenzierbarkeit von f in a bedeutet also, dass $f(x) - f(a)$ in einer Umgebung von a durch eine lineare Abbildung (das Differenzial) so gut approximiert werden kann, dass der Fehler beim Grenzübergang $x \to a$ schneller gegen Null konvergiert als $\|x - a\|$.

Über den Zusammenhang zwischen totaler und partieller Differenzierbarkeit gilt der folgende fundamentale Satz:

Zusammenhang zwischen totaler und partieller Differenzierbarkeit, die Jacobi-Matrix

Seien $D \subseteq \mathbb{R}^n$ offen, $a \in D$ und $f = (f_1, \ldots, f_m)^\top : D \to \mathbb{R}^m$ in $a \in D$ total differenzierbar.

Dann sind die Komponentenfunktionen f_j, $1 \le j \le m$ in a partiell differenzierbar, und für die Matrixdarstellung des Differenzials $L = \mathrm{d}f(a)$ bezüglich der Standardbasen in $\mathbb{R}^n$ bzw. in $\mathbb{R}^m$, also für $f'(a)$, gilt: $f'(a)$ ist die **Jacobi-Matrix** von f in a. Es gilt also:

$$f'(a) =: \mathcal{J}(f; a) = \begin{pmatrix} \mathbf{grad}\, f_1(a)^\top \\ \mathbf{grad}\, f_2(a)^\top \\ \vdots \\ \mathbf{grad}\, f_m(a)^\top \end{pmatrix}$$

$$= \begin{pmatrix} \partial_1 f_1(a) & \cdots & \partial_j f_1(a) & \cdots & \partial_n f_1(a) \\ \partial_1 f_2(a) & \cdots & \partial_j f_2(a) & \cdots & \partial_n f_2(a) \\ \vdots & & \vdots & & \vdots \\ \partial_1 f_m(a) & \cdots & \partial_j f_m(a) & \cdots & \partial_n f_m(a) \end{pmatrix}.$$

Da man partielle Ableitungen in der Regel leicht berechnen kann, ist das folgende hinreichende Kriterium für die totale Differenzierbarkeit von grundsätzlicher Bedeutung:

Hauptkriterium für Differenzierbarkeit

Sind $D \subseteq \mathbb{R}^n$ offen, $a \in D$ und

$$f = (f_1, \ldots, f_m)^\top : D \to \mathbb{R}^m$$

eine Abbildung. Existieren die partiellen Ableitungen $\partial_j f_k$ in einer Umgebung von a ($1 \le j \le n$, $1 \le k \le m$), und sind diese Funktionen stetig in a, dann ist f total differenzierbar in a.

Man sagt dafür auch, f ist stetig partiell differenzierbar. Ist $f : D \to \mathbb{R}^m$ in jedem Punkt stetig partiell differenzierbar, dann ist die Abbildung

$$f' : D \to \mathrm{Hom}(\mathbb{R}^n, \mathbb{R}^m) \cong \mathbb{R}^{m \times n}, \quad x \mapsto f'(x)$$

stetig, d. h., es gilt:

Satz

Ist $D \subseteq \mathbb{R}^n$ offen, dann ist eine Abbildung

$$f : D \to \mathbb{R}^m$$

genau dann stetig differenzierbar, wenn

$$f \in C^1(D, \mathbb{R}^m)$$

gilt, d. h., wenn f stetig partiell differenzierbar ist.

Zusammengefasst gilt:

Beziehungen zwischen den verschiedenen Differenzierbarkeitsbegriffen

Seien $D \subseteq \mathbb{R}^n$ offen und $f : D \to \mathbb{R}^m$ eine Abbildung, dann gilt:

$$f \text{ stetig differenzierbar} \quad \Leftrightarrow$$
$$f \text{ stetig partiell differenzierbar} \quad \Rightarrow$$
$$f \text{ (total) differenzierbar} \quad \Rightarrow$$
$$f \text{ partiell differenzierbar.}$$

Partielle Ableitungen sind spezielle Richtungsableitungen.

Definition der Richtungsableitung

Seien $D \subseteq \mathbb{R}^n$ offen, $f : D \to \mathbb{R}$ eine Funktion, $a \in D$ und $v \in \mathbb{R}^n$ ein Richtungsvektor mit $\|v\|_2 = 1$. Existiert der Grenzwert

$$\partial_v f(a) := \lim_{t \to 0} \frac{f(a + tv) - f(a)}{t},$$

dann heißt er die **Richtungsableitung** von f im Punkt a in Richtung v.

Eine im Punkt a total differenzierbare Funktion hat Richtungsableitungen in alle Richtungen

Seien $D \subseteq \mathbb{R}^n$ offen, $a \in D$ und $f : D \to \mathbb{R}$ in a differenzierbar. Dann existiert die Richtungsableitung $\partial_v f(a)$ für jeden Richtungsvektor v, und es gilt:

$$\partial_v f(a) = \partial_1 f(a) v_1 + \partial_2 f(a) v_2 + \ldots + \partial_n f(a) v_n$$

für $\boldsymbol{v} = (v_1, \ldots, v_n)^\top$. Dies kann man mithilfe des Skalarprodukts auch so schreiben:

$$\partial_v f(\boldsymbol{a}) = \mathbf{grad}\, f(\boldsymbol{a}) \cdot \begin{pmatrix} v_1 \\ \vdots \\ v_n \end{pmatrix} = \begin{pmatrix} \partial_1 f(\boldsymbol{a}) \\ \vdots \\ \partial_n f(\boldsymbol{a}) \end{pmatrix} \cdot \begin{pmatrix} v_1 \\ \vdots \\ v_n \end{pmatrix}$$

mit dem Standardskalarprodukt $\cdot$ in $\mathbb{R}^n$.

Ein einfaches Beispiel zeigt, dass aus der Existenz aller Richtungsableitungen in einem Punkt im Allgemeinen nicht die (totale) Differenzierbarkeit folgt.

Orthogonalität von Gradient und Niveaumenge

Der Gradient von f im Punkt $\boldsymbol{\alpha}(t)$ und der Tangentialvektor $\dot{\boldsymbol{\alpha}}(t)$ stehen aufeinander senkrecht:

$$\mathbf{grad}\, f(\boldsymbol{\alpha}(t)) \perp \dot{\boldsymbol{\alpha}}(t) \text{ für alle } t \in M.$$

Wie im eindimensionalen Fall gelten die algebraischen Differenziationsregeln (Summenregel, Konstantenregel) und im Fall $m = 1$ auch Produkt- und Quotientenregel. Für das Vektorprodukt im $\mathbb{R}^3$ gilt eine spezielle Produktregel.

Die wichtigste Regel ist die Kettenregel.

Kettenregel

$D \subseteq \mathbb{R}^n$ sei offen und $\boldsymbol{f}: D \to \mathbb{R}^m$ differenzierbar in $\boldsymbol{a} \in D$. $D' \subseteq \mathbb{R}^m$ sei offen und $\boldsymbol{g}: D' \to \mathbb{R}^l$ sei differenzierbar in $\boldsymbol{b} \in D'$. Ferner sei $\boldsymbol{f}(D) \subseteq D'$. Gilt dann $\boldsymbol{f}(\boldsymbol{a}) = \boldsymbol{b}$, dann ist $\boldsymbol{g} \circ \boldsymbol{f}$ in $\boldsymbol{a}$ differenzierbar, und es gilt:

$$\mathrm{d}(\boldsymbol{g} \circ \boldsymbol{f})(\boldsymbol{a}) = \mathrm{d}\boldsymbol{g}(\boldsymbol{f}(\boldsymbol{a})) \circ \mathrm{d}\boldsymbol{f}(\boldsymbol{a})$$

bzw. für die Jacobi-Matrizen:

$$\mathcal{J}(\boldsymbol{g} \circ \boldsymbol{f}; \boldsymbol{a}) = \mathcal{J}(\boldsymbol{g}; \boldsymbol{f}(\boldsymbol{a})) \cdot \mathcal{J}(\boldsymbol{f}; \boldsymbol{a}),$$

wobei der Punkt rechts das Matrizenprodukt bedeutet.

$$D \xrightarrow{\ f\ } \boldsymbol{f}(D) \subseteq D' \xrightarrow{\ g\ } \mathbb{R}^l$$
$$\searrow \underset{g \circ f}{\underline{\qquad\qquad}} \nearrow$$

Sind $\boldsymbol{g}$ und $\boldsymbol{f}$ stetig differenzierbar, dann ist auch $\boldsymbol{g} \circ \boldsymbol{f}$ stetig differenzierbar.

Für Funktionen mehrerer Variablen gilt ein Mittelwertsatz und ein Schrankensatz, der es erlaubt die Änderungsrate $\boldsymbol{f}(\boldsymbol{b}) - \boldsymbol{f}(\boldsymbol{a})$ einer differenzierbaren Funktion mithilfe der Ableitung darzustellen.

Sind die partiellen Ableitungen $\partial_1 f, \ldots, \partial_n f$ einer Funktion $f: D \to \mathbb{R}$ wieder partiell differenzierbar, so kann man höhere partielle Ableitungen bilden.

Definition der r-maligen partiellen Differenzierbarkeit

Seien $n \in \mathbb{N}$, $D \subseteq \mathbb{R}^n$ offen und $f: D \to \mathbb{R}$ eine Funktion (von n Variablen).

Ist $r \in \mathbb{N}$, so heißt f r-**mal partiell differenzierbar** genau dann, wenn alle partiellen Ableitungen der Form

$$\partial_{j_r} \partial_{j_{r-1}} \ldots \partial_{j_1} f \quad (j_r, \ldots, j_1 \in \{1, \ldots, n\})$$

in D existieren.

Sind die partiellen Ableitungen alle stetig, so ist das Ergebnis der Differenziation unabhängig von der Reihenfolge und die **Hesse-Matrix**

$$\boldsymbol{H}_f(\boldsymbol{a}) = \begin{pmatrix} \partial_1 \partial_1 f(a) & \cdots & \partial_n \partial_1 f(a) \\ \vdots & \ddots & \vdots \\ \partial_1 \partial_n f(a) & \cdots & \partial_n \partial_n f(a) \end{pmatrix}$$

ist symmetrisch.

Wie in einer Variablen ist die Differenzialrechnung in mehreren Variablen ein wichtiges Hilfsmittel zur Lösung von Extremwertproblemen.

Notwendige Bedingung für lokale Extrema

Ist $f: D \to \mathbb{R}$ in $\boldsymbol{a}$ differenzierbar und hat f in $\boldsymbol{a}$ ein lokales Extremum, dann ist notwendig

$$\mathbf{grad}\, f(\boldsymbol{a}) = (\partial_1 f(\boldsymbol{a}), \ldots, \partial_n f(\boldsymbol{a}))^\top = \boldsymbol{0}.$$

Ob tatsächlich ein Extremum vorliegt, kann man häufig mit den Definitheitskriterien der Hesse-Matrix $\boldsymbol{H}_f(\boldsymbol{a}) = \big(\partial_\mu \partial_\nu f(\boldsymbol{a})\big)$ entscheiden.

Lokaler Umkehrsatz

Seien $D \subseteq \mathbb{R}^n$ eine (nichtleere) offene Menge und $\boldsymbol{f}: D \to \mathbb{R}^n$ eine stetig differenzierbare Abbildung. Für einen Punkt $\boldsymbol{a} \in D$ sei die Jacobi-Matrix $\mathcal{J}(\boldsymbol{f}; \boldsymbol{a})$ invertierbar, d. h., es gelte $\det \mathcal{J}(\boldsymbol{f}; \boldsymbol{a}) \neq 0$.
Dann gibt es eine offene Umgebung U von $\boldsymbol{a}$ und eine Umgebung V von $\boldsymbol{f}(\boldsymbol{a})$, sodass gilt:
(1) $\boldsymbol{f}|_U$ ist injektiv.
(2) Die Bildmenge $V := \boldsymbol{f}(U)$ ist offen.
(3) Ist $\boldsymbol{g}: V \to U$ die lokale Umkehrung von $\boldsymbol{f}|_U$, dann ist $\boldsymbol{g}$ stetig differenzierbar.
Insgesamt ist also $\boldsymbol{f}|_U: U \to V$ ein C^1-Diffeomorphismus mit $\mathcal{J}(\boldsymbol{g}; \boldsymbol{y}) \cdot \mathcal{J}(\boldsymbol{f}; \boldsymbol{x}) = \mathbf{E}_n$ für $\boldsymbol{x} \in U$ und $\boldsymbol{y} \in V$.

Satz über implizite Funktionen

Seien $D \subseteq \mathbb{R}^{k+m}$ offen und $\boldsymbol{f} = (f_1, \ldots, f_m)^\top: D \to \mathbb{R}^m$ eine C^s-Abbildung ($s \in \mathbb{N} \cup \{\infty\}$). Es gebe ein $\boldsymbol{c} = (\boldsymbol{a}, \boldsymbol{b})^\top \in D$ mit $\boldsymbol{f}(\boldsymbol{c}) = \boldsymbol{0}$, und die partielle Jacobi-Matrix $\partial_Y \boldsymbol{f}(\boldsymbol{c})$ sei invertierbar. Dann existieren offene Umgebungen $U \subseteq \mathbb{R}^k$ von $\boldsymbol{a}$ und $V \subseteq \mathbb{R}^m$ von $\boldsymbol{b}$ mit $U \times V \subseteq D$, sodass die Gleichung $\boldsymbol{f}(\boldsymbol{x}, \boldsymbol{y}) = \boldsymbol{0}$ in $U \times V$ eindeutig nach $\boldsymbol{y}$ auflösbar ist, d. h., es gibt genau eine C^s-Abbildung $\boldsymbol{\varphi}: U \to V$ mit der Eigenschaft

$$\boldsymbol{f}(\boldsymbol{x}, \boldsymbol{y}) = 0 \Leftrightarrow \boldsymbol{y} = \boldsymbol{\varphi}(\boldsymbol{x}) \text{ für } (\boldsymbol{x}, \boldsymbol{y}) \in U \times V.$$

Aufgaben

Die Aufgaben gliedern sich in drei Kategorien: Anhand der *Verständnisfragen* können Sie prüfen, ob Sie die Begriffe und zentralen Aussagen verstanden haben, mit den *Rechenaufgaben* üben Sie Ihre technischen Fertigkeiten und die *Beweisaufgaben* geben Ihnen Gelegenheit, zu lernen, wie man Beweise findet und führt.

Ein Punktesystem unterscheidet leichte Aufgaben •, mittelschwere •• und anspruchsvolle ••• Aufgaben. Lösungshinweise am Ende des Buches helfen Ihnen, falls Sie bei einer Aufgabe partout nicht weiterkommen. Dort finden Sie auch die Lösungen – betrügen Sie sich aber nicht selbst und schlagen Sie erst nach, wenn Sie selber zu einer Lösung gekommen sind. Ausführliche Lösungswege stehen auf der Website des Verlags zur Verfügung.

Viel Spaß und Erfolg bei den Aufgaben!

Verständnisfragen

21.1 • Sei $D \subseteq \mathbb{R}^n$ offen (und $\neq \emptyset$) und $f : D \to \mathbb{R}$ in $\boldsymbol{a}$ total differenzierbar.

(a) Warum existieren dann alle Richtungsableitungen $\partial_v f(\boldsymbol{a})$?

(b) Welcher Zusammenhang besteht zwischen $\partial_v f(\boldsymbol{a})$ und $\mathbf{grad}\, f(\boldsymbol{a})$?

(c) Falls $\mathbf{grad}\, f(\boldsymbol{a}) \neq \boldsymbol{0}$ gilt, warum ist dann

$$\|\mathbf{grad}\, f(\boldsymbol{a})\|_2 = \max \{\, \partial_v f(\boldsymbol{a}) \mid \|\boldsymbol{v}\|_2 = 1 \,\}\,.$$

(d) Ist f in allen Punkten $\boldsymbol{x} \in D$ total differenzierbar und

$$\boldsymbol{\alpha} : M \to D\,, \quad t \mapsto (\alpha_1(t), \dots, \alpha_n(t))^\top$$

($M \subseteq \mathbb{R}$ ein Intervall), und gibt es ein $c \in \mathbb{R}$ mit $f(\boldsymbol{\alpha}(t)) = c$, warum gilt dann $\mathbf{grad}\, f(\boldsymbol{\alpha}(t))$ und $\dot{\boldsymbol{\alpha}}(t) = (\dot\alpha_1(t), \dots \dot\alpha_n(t))^\top$ orthogonal?

21.2 •• Sei $f : \mathbb{R}^2 \to \mathbb{R}$ definiert durch

$$f(x, y) = \begin{cases} x y \dfrac{x^2 - y^2}{x^2 + y^2} & \text{für } (x, y)^\top \neq (0, 0)^\top\,, \\ 0 & \text{für } (x, y)^\top = (0, 0)^\top\,. \end{cases}$$

Zeigen Sie:

(a) f ist in $\mathbb{R}^2$ stetig partiell differenzierbar.

(b) f ist in $\mathbb{R}^2 \setminus \{\boldsymbol{0}\}$ beliebig oft stetig partiell differenzierbar.

(c) f ist in $(0, 0)^\top$ zweimal partiell differenzierbar, aber es gilt $\partial_2 \partial_1 f(0, 0) \neq \partial_1 \partial_2 f(0, 0)$.

(d) Ist dies ein Widerspruch zum Vertauschungssatz von Schwarz?

21.3 •• Sei $f : \mathbb{R}^2 \to \mathbb{R}$ definiert durch

$$f(x, y) = \begin{cases} \dfrac{x^2 y}{x^4 + y^2} & \text{für } (x, y)^\top \neq (0, 0)^\top\,, \\ 0 & \text{für } (x, y)^\top = (0, 0)^\top\,. \end{cases}$$

Zeigen Sie:

(a) f ist in $\mathbb{R}^2 \setminus \{\boldsymbol{0}\}$ beliebig oft stetig partiell differenzierbar.

(b) f ist unstetig in $(0, 0)^\top$.

(c) Alle Richtungsableitungen in $(0, 0)^\top$ existieren.

21.4 •• Zeigen Sie, dass die Determinante der Jacobi-Matrix von

$$\boldsymbol{f} : \mathbb{R}^2 \to \mathbb{R}^2\,, \quad (x, y)^\top \mapsto (x^2 - y^2, 2xy)^\top$$

für $(x, y)^\top \neq (0, 0)^\top$ stets positiv ist und damit $\boldsymbol{f}$ lokal umkehrbar ist. $\boldsymbol{f}$ ist jedoch nicht global umkehrbar. Können Sie die letzte Aussage begründen? Berechnen Sie anschließend für $U = \{(x, y)^\top \in \mathbb{R}^2 \mid x > 0\}$ das Bild $\boldsymbol{f}(U)$.

21.5 • Sei

$$f : \mathbb{R}^2 \to \mathbb{R} \quad \text{mit} \quad f(x, y) = 2x^2 - 3xy^2 + y^4\,.$$

Zeigen Sie: f hat auf allen Geraden durch $(0, 0)^\top$ ein Minimum im Punkt $(0, 0)^\top$, aber $(0, 0)^\top$ ist kein lokales Minimum von f.

21.6 • Was ist der Unterschied zwischen dem Differenzial und der Jacobi-Matrix einer in einem Punkt $\boldsymbol{a} \in D$ ($D \subseteq \mathbb{R}^n$ offen) (total) differenzierbaren Abbildung $\boldsymbol{f} : D \to \mathbb{R}^n$?

21.7 • Was besagt die Kettenregel?

Rechenaufgaben

21.8 • Bestimmen Sie – ohne den Satz von Schwarz zu benutzen – alle partiellen Ableitungen erster und zweiter Ordnung der Funktionen (a) $f : \mathbb{R}^2 \to \mathbb{R}$ mit $f(x, y) = x^4 + y^4 - 4x^2 y^2$,

(b) $g : \mathbb{R}^2 \to \mathbb{R}$ mit $g(s, t) = \sin(s^2 + t) \exp(st)$.

21.9 • Für $f : \mathbb{R}^2 \setminus \{\boldsymbol{0}\} \to \mathbb{R}$ mit

$$f(x, y) = \log \sqrt{x^2 + y^2}$$

zeige man durch direktes Nachrechnen

$$\partial_1^2 f + \partial_2^2 f = 0\,.$$

21.10 ••• Wir definieren $\boldsymbol{p} : \mathbb{R}_{>0} \times \mathbb{R} \to \mathbb{R}^2$ durch

$$(r, \varphi)^\top \mapsto (r \cos \varphi, r \sin \varphi)^\top\,.$$

Zeigen Sie: Ist $u : D \to \mathbb{R}$ eine auf der nichtleeren offenen Menge $D \subseteq \mathbb{R}^2$ zweimal stetig partiell differenzierbare Funktion, dann gilt auf der Menge $\boldsymbol{p}^{-1}(D)$ die Gleichung:

$$(\Delta u) \circ \boldsymbol{p} = \frac{\partial^2 (u \circ \boldsymbol{p})}{\partial r^2} + \frac{1}{r}\frac{\partial (u \circ \boldsymbol{p})}{\partial r} + \frac{1}{r^2}\frac{\partial^2 (u \circ \boldsymbol{p})}{\partial \varphi^2}\,.$$

Als Anwendung bestimme man diejenigen harmonischen Funktionen $u : \mathbb{R}^2 \setminus \{\boldsymbol{0}\} \to \mathbb{R}$ (d. h., $\Delta u = 0$), die nur von $r = r(x, y) = \sqrt{x^2 + y^2}$ abhängen.

21.11 •• Für die Abbildung $\boldsymbol{P} : \mathbb{R}^3 \to \mathbb{R}^3$ mit

$$(r, \vartheta, \varphi)^\top \mapsto (r \sin \vartheta \cos \varphi, r \sin \vartheta \sin \varphi, r \cos \vartheta)^\top$$

bestimme man die Jacobi-Matrix und deren Determinante.

21.12 • Zeigen Sie, dass die Funktionen

$$u : \mathbb{R}^2 \to \mathbb{R}, \ (x, y)^\top \mapsto \cos x \cosh y \quad \text{und}$$
$$v : \mathbb{R}^2 \to \mathbb{R}, \ (x, y)^\top \mapsto -\sin x \sinh y$$

die Cauchy-Riemann'schen Differenzialgleichungen erfüllen. Welche wohlbekannte analytische Funktion ist durch $f = u + \mathrm{i}v : \mathbb{C} \to \mathbb{C}$ gegeben?

21.13 •• Definiert man für $f = u + \mathrm{i}v$ und $a \in D$

$$\partial_1 f(a) = \partial_1 u(a) + \mathrm{i}\partial_1 v(a) \quad \text{bzw.}$$
$$\partial_2 f(a) = \partial_2 u(a) + \mathrm{i}\partial_2 v(a),$$

so ist das System der Cauchy-Riemann'schen Differenzialgleichungen

$$\partial_1 u(a) = \partial_2 v(a)$$
$$\partial_2 u(a) = -\partial_1 v(a)$$

äquivalent mit der Gleichung

$$\partial_1 f(a) + \mathrm{i}\partial_2 f(a) = 0 \quad \text{bzw.} \quad \partial_1 f(a) = -\mathrm{i}\partial_2 f(a).$$

Häufig definiert man noch die Wirtinger-Operatoren

$$\partial f(a) = \frac{1}{2}(\partial_1 f(a) - \mathrm{i}\partial_2 f(a)) \quad \text{und}$$
$$\bar{\partial} f(a) = \frac{1}{2}(\partial_1 f(a) + \mathrm{i}\partial_2 f(a)).$$

$f : D \to \mathbb{C}$ ist genau dann analytisch (holomorph), wenn f (total) reell differenzierbar in D ist, und für alle $a \in D$ gilt $\bar{\partial} f(a) = 0$. Zeigen Sie: Analytisch sind genau die Funktionen $f : D \to \mathbb{C}$, die (total) reell differenzierbar sind und die im Kern des Wirtinger-Operators $\bar{\partial}$ liegen.

21.14 •• Weisen Sie für die durch

$$\boldsymbol{f} : \mathbb{R}^2 \to \mathbb{R}^3, \ (x_1, x_2)^\top \mapsto (x_1^2 + x_2^2, x_1, x_2)^\top$$

gegebene Funktion $\boldsymbol{f}$ nach, dass durch das folgende Differenzial $\mathrm{d}\boldsymbol{f}(\boldsymbol{x})$ die Bedingung $(*)$ aus der Definition der Differenzierbarkeit (siehe Seite 868) erfüllt ist.

$$\mathrm{d}\boldsymbol{f}(\boldsymbol{x})\boldsymbol{h} = \begin{pmatrix} 2x_1 & 2x_2 \\ 1 & 0 \\ 0 & 1 \end{pmatrix} \boldsymbol{h}.$$

21.15 • Zeigen Sie: Für $g : \mathbb{R}^* \times \mathbb{R} \to \mathbb{R}$,

$$g(x, y) = \arctan \frac{y}{x}$$

gilt $\partial_1^2 g(x, y) + \partial_2^2 g(x, y) = 0$.

21.16 •• Für $h : \mathbb{R}^3 \setminus \{\boldsymbol{0}\} \to \mathbb{R}$ mit

$$h(x, y, z) = \frac{1}{\sqrt{x^2 + y^2 + z^2}}$$

gilt $\partial_1^2 h(x, y, z) + \partial_2^2 h(x, y, z) + \partial_3^2 h(x, y, z) = 0$.

21.17 •• (a) Zeigen Sie, dass die Abbildung $\boldsymbol{f} : \mathbb{R}^3 \to \mathbb{R}^2$ mit $\boldsymbol{f}(x, y, z) = (x + y^2, xy^2z)^\top$ in jedem Punkt $(x, y, z)^\top \in \mathbb{R}^3$ differenzierbar ist und berechnen Sie die Jacobi-Matrix in $(x, y, z)^\top$.
(b) Zeigen Sie für die Abbildung $\boldsymbol{g} : \mathbb{R}^2 \to \mathbb{R}^3$ mit

$$\boldsymbol{g}(u, v) = (u^2 + v, uv, \exp(v))^\top$$

die Differenzierbarkeit in jedem Punkt $(u, v)^\top \in \mathbb{R}^2$ und berechnen Sie die Jacobi-Matrix von $\boldsymbol{g}$ in $(u, v)^\top$.
(c) Berechnen Sie die Jacobi-Matrix von $\boldsymbol{g} \circ \boldsymbol{f}$ im Punkt $(x, y, z)^\top \in \mathbb{R}^3$ einmal direkt (d. h. mit Berechnung von $(\boldsymbol{g} \circ \boldsymbol{f})(x, y, z)$) und einmal mithilfe der Kettenregel.

21.18 •• Zeigen Sie: Sind $a_{ij} : \mathbb{R} \to \mathbb{R}$ ($1 \leq i, j \leq n$) differenzierbare Funktionen, und ist

$$f(t) = \det\big(a_{ij}(t)\big) \qquad (t \in \mathbb{R}),$$

dann ist $f : \mathbb{R} \to \mathbb{R}$ differenzierbar mit

$$f'(t) = \sum_{j=1}^n \det \begin{pmatrix} a_{11}(t) & \cdots & a'_{1j}(t) & \cdots & a_{1n}(t) \\ \vdots & \ddots & \vdots & \ddots & \vdots \\ a_{i1}(t) & \cdots & a'_{ij}(t) & \cdots & a_{in}(t) \\ \vdots & \ddots & \vdots & \ddots & \vdots \\ a_{n1}(t) & \cdots & a'_{nj}(t) & \cdots & a_{nn}(t) \end{pmatrix}$$

21.19 •• Für $x \in \mathbb{R}_{>0}$ und $y \subset \mathbb{R}$ sei

$$f(x, y) = x^y = \exp(y \log x).$$

Man zeige:

$$\partial_1 f(x, y) = yx^{y-1},$$
$$\partial_2 f(x, y) = x^y \log x,$$
$$\partial_1^2 f(x, y) = \partial_1 (\partial_1 f(x, y)) = y(y-1)x^{y-2},$$
$$\partial_2 \partial_1 f(x, y) = x^{y-1}(1 + y \log x),$$
$$\partial_1 \partial_2 f(x, y) = x^{y-1}(1 + y \log x),$$
$$\partial_2^2 f(x, y) = \partial_2 (\partial_2 f(x, y)) = x^y (\log x)^2.$$

Ist die Gleichheit der gemischten Ableitungen ein Zufall?

21.20 •• Welche der Richtungsableitungen der Funktion $f : \mathbb{R}^2 \to \mathbb{R}$ mit

$$f(x, y) = x \cos(xy)$$

hat im Punkt $\boldsymbol{a} = (1, \frac{\pi}{2})^\top$ den größten bzw. den kleinsten Wert?

Geben Sie die Werte und die zugehörigen Richtungen an.

21.21 ••• Wir betrachten die Funktion
$\psi \colon \mathbb{R}^n \times \mathbb{R}_{>0} \to \mathbb{R}$ mit

$$\psi(\boldsymbol{x}, t) = t^{-n/2} \exp\left(-\frac{\|\boldsymbol{x}\|^2}{4kt}\right), \ (\boldsymbol{x}, t) \in \mathbb{R}^n \times \mathbb{R}_{>0}, \ k > 0,$$

hierbei ist $\|\boldsymbol{x}\| = \sqrt{\boldsymbol{x}^\top \boldsymbol{x}}$. Wir bezeichnen die partiellen Ableitungen nach den Komponenten der „Raumvariablen" $\boldsymbol{x} = (x_1, x_2, \ldots, x_n)^\top$ mit ∂_j, $1 \le j \le n$, und die partielle Ableitung nach der „Zeitvariablen" t mit ∂_t. Zeigen Sie:

$$\Delta \psi(\boldsymbol{x}, t) = \sum_{j=1}^{n} \partial_j^2 \psi(\boldsymbol{x}, t) = \frac{1}{k} \partial_t \psi(\boldsymbol{x}, t).$$

Man sagt: ψ ist Lösung der Wärmeleitungsgleichung.

21.22 • Für die drei Funktionen

$$f \colon \mathbb{R}^2 \to \mathbb{R} \quad \text{mit} \quad f(x, y) = x^4 + y^4,$$
$$g \colon \mathbb{R}^2 \to \mathbb{R} \quad \text{mit} \quad g(x, y) = -(x^4 + y^4),$$
$$h \colon \mathbb{R}^2 \to \mathbb{R} \quad \text{mit} \quad h(x, y) = x^4 - y^4$$

zeige man, dass $\boldsymbol{a} = (0, 0)^\top$ ein kritischer Punkt ist. In $\boldsymbol{a}$ hat f ein lokales Minimum, g ein lokales Maximum und h einen Sattelpunkt.

21.23 • Die Funktion $f \colon \mathbb{R}^2 \to \mathbb{R}$ mit

$$f(x, y) = x^3 + y^3 - 3xy$$

erfüllt in einer Umgebung von $(\sqrt[3]{2}, \sqrt[3]{4})^\top$ die Voraussetzungen des Satzes über implizite Funktionen. Man bestimme die Extrema der Auflösungsfunktion $\varphi(x)$.

Beweisaufgaben

21.24 ••• (a) Zeigen Sie: Seien a, b, c, d reelle Zahlen. Dann ist die Abbildung

$$f \colon \mathbb{R}^3 \to \mathbb{R}, \ \boldsymbol{x} = (x, y, z)^\top \mapsto ax + by + cz + d$$

(total) differenzierbar, und für ihr Differenzial $\mathrm{d}f(\boldsymbol{x})$ gilt für $\boldsymbol{h} = (u, v, w)^\top$:

$$\mathrm{d}f(\boldsymbol{x})\boldsymbol{h} = au + bv + cw.$$

Das Differenzial ist also unabhängig von $\boldsymbol{x}$. Hierzu vergleiche man auch ein Beispiel auf Seite 869.
(b) Ist umgekehrt $f \colon \mathbb{R}^3 \to \mathbb{R}$ eine differenzierbare Funktion, die in jedem Punkt $\boldsymbol{x} = (x, y, z)^\top \in \mathbb{R}^3$ das durch

$$\mathrm{d}f(\boldsymbol{x})\boldsymbol{h} = au + bv + cw$$

definierte Differenzial hat ($\boldsymbol{h} = (u, v, w)^\top$), so bestimme man f.
(c) Man folgere: Eine differenzierbare Abbildung $f \colon \mathbb{R}^3 \to \mathbb{R}$ ist genau dann affin-linear, wenn ihr Differenzial $\mathrm{d}f(\boldsymbol{x})$ unabhängig vom Punkt $\boldsymbol{x}$ ist.

21.25 • Sei $D \subseteq \mathbb{R}^n$ offen und nichtleer. Die Funktionen $f, g \colon D \to \mathbb{R}$ seien in $\boldsymbol{a} \in D$ differenzierbar, dann sind auch $f + g$, αf ($\alpha \in \mathbb{R}$) und fg und, falls $g(\boldsymbol{a}) \ne 0$ ist, auch $\frac{f}{g}$ in $\boldsymbol{a}$ differenzierbar. Zeigen Sie, dass die folgenden Rechenregeln gelten:

$$\mathbf{grad}\,(f + g)(\boldsymbol{a}) = \mathbf{grad}\,f(\boldsymbol{a}) + \mathbf{grad}\,g(\boldsymbol{a}),$$
$$\mathbf{grad}\,(\alpha f)(\boldsymbol{a}) = \alpha\,\mathbf{grad}\,f(\boldsymbol{a}),$$
$$\mathbf{grad}\,(fg)(\boldsymbol{a}) = g(\boldsymbol{a})\,\mathbf{grad}\,f(\boldsymbol{a}) + f(\boldsymbol{a})\,\mathbf{grad}\,g(\boldsymbol{a}),$$
$$\mathbf{grad}\,\left(\frac{f}{g}\right)(\boldsymbol{a}) = \frac{g(\boldsymbol{a})\,\mathbf{grad}\,f(\boldsymbol{a}) - f(\boldsymbol{a})\,\mathbf{grad}\,g(\boldsymbol{a})}{(g(\boldsymbol{a}))^2}.$$

21.26 ••• Wir betrachten die Menge der $n \times n$-Matrizen mit reellen Einträgen, also $\mathbb{R}^{n \times n} (\cong \mathbb{R}^{n^2})$, und die Abbildung

$$\boldsymbol{f} \colon \mathbb{R}^{n \times n} \to \mathbb{R}^{n \times n}, \quad \boldsymbol{X} \mapsto \boldsymbol{X}^2.$$

Zeigen Sie, dass $\boldsymbol{f}$ differenzierbar ist und für das Differenzial $\mathrm{d}\boldsymbol{f}(\boldsymbol{X})$ gilt ($\boldsymbol{H} \in \mathbb{R}^{n \times n}$):

$$\mathrm{d}\boldsymbol{f}(\boldsymbol{X})\boldsymbol{H} = \boldsymbol{X}\boldsymbol{H} + \boldsymbol{H}\boldsymbol{X}.$$

21.27 ••• Zeigen Sie, dass für eine Abbildung $L \colon \mathbb{C} \to \mathbb{C}$ folgende Aussagen äquivalent sind:

- L ist $\mathbb{R}$-linear.
- Es gibt Konstanten $l, m \in \mathbb{C}$ mit der Eigenschaft $L(z) = lz + m\bar{z}$ für alle $z \in \mathbb{C}$. Dabei ist $l = \frac{1}{2}(L(1) - \mathrm{i}L(\mathrm{i}))$ und $m = \frac{1}{2}(L(1) + \mathrm{i}L(\mathrm{i}))$.

Zeigen Sie ferner: Eine $\mathbb{R}$-lineare Abbildung $L \colon \mathbb{C} \to \mathbb{C}$ ist genau dann $\mathbb{C}$-linear, wenn $L(\mathrm{i}) = \mathrm{i}L(1)$ gilt. Im Fall einer $\mathbb{C}$-linearen Abbildung L gilt dann $m = 0$ und somit $L(z) = lz$ mit $l = L(1)$ und die Darstellungsmatrix von L zur $\mathbb{R}$-Basis $(1, \mathrm{i})$ von $\mathbb{C}$ hat die spezielle Gestalt

$$\begin{pmatrix} \alpha & -\beta \\ \beta & \alpha \end{pmatrix}$$

wobei $l = \alpha + \mathrm{i}\beta$, $\alpha, \beta \in \mathbb{R}$ gilt.

21.28 •• Wir betrachten die Determinante als Abbildung

$$\det \colon \mathbb{R}^{n \times n} = (\mathbb{R}^n)^n \to \mathbb{R}, \ (\boldsymbol{a}_1, \ldots, \boldsymbol{a}_n) \mapsto \det(\boldsymbol{a}_1, \ldots, \boldsymbol{a}_n).$$

Zeigen Sie: Für das Differenzial gilt

$$\mathrm{d}\,(\det(\boldsymbol{a}_1, \ldots, \boldsymbol{a}_n))\,(\boldsymbol{h}_1, \ldots, \boldsymbol{h}_n)$$
$$= \sum_{j=1}^{n} \det(\boldsymbol{a}_1, \ldots, \boldsymbol{a}_{j-1}, \boldsymbol{h}_j, \boldsymbol{a}_{j+1}, \ldots, \boldsymbol{a}_n).$$

21.29 ••• Sind $D \subseteq \mathbb{R}^2$ offen und $f : D \to \mathbb{R}$ zweimal stetig differenzierbar und $(a, b)^\top \in D$ mit $f(a, b) = 0$ und $\partial_2 f(a, b) \neq 0$ und $y = \varphi(x)$ die nach dem Satz über implizite Funktionen in einer Umgebung von $(a, b)^\top$ existierende Auflösung der Gleichung $f(a, b) = 0$. Zeigen Sie, dass φ sogar zweimal (stetig) differenzierbar ist und bestimmen Sie $\varphi''(x)$.

21.30 • Sei $f : \mathbb{R}^n \to \mathbb{R}$ stetig differenzierbar, und ist $c \in \mathbb{R}^n$ ein Punkt mit $f(c) = 0$ und

$$\mathbf{grad}\, f(c) = (\partial_1 f(c), \ldots, \partial_n f(c))^\top \neq \mathbf{0}\,,$$

dann ist die Gleichung $f(x_1, \ldots, x_n) = 0$ in einer Umgebung von c nach jeder der n Variablen x_j auflösbar. Zeigen

Sie, dass für die Auflösungen in c gilt:

$$\frac{\partial x_1}{\partial x_2} \cdot \frac{\partial x_2}{\partial x_3} \cdot \ldots \cdot \frac{\partial x_n}{\partial x_1} = (-1)^n.$$

21.31 • Es seien im $\mathbb{R}^n$ Punkte $a_1, \ldots, a_r$ gegeben. Wir betrachten die Funktion

$$f : \mathbb{R}^n \to \mathbb{R}\,, \quad x \mapsto \sum_{j=1}^{r} \|x - a_j\|^2.$$

Gesucht ist ein Punkt $\widetilde{x} \in \mathbb{R}^n$, für den $f(\widetilde{x}) \leq f(x)$ für alle $x \in \mathbb{R}^n$ gilt, also ein absolutes Minimum von f.

Antworten der Selbstfragen

S. 872

Sei z. B. $f(x, y) = x + xy$. Dann ist $\frac{\partial}{\partial x} f(x, y) = \partial_1 f(x, y) = 1 + y$ und folglich $\frac{\partial}{\partial x} f(y, x) = 1 + x$, obwohl $\frac{\partial}{\partial x}(y + xy) = y$ ist.

Es ist also bei der Bestimmung von $\frac{\partial}{\partial x} f(y, x)$ zuerst $\frac{\partial}{\partial x} f(x, y)$ zu bilden, und dann sind die neuen Argumente einzusetzen.

S. 872

Für $t \neq 0$, $t \in \mathbb{R}$, ist

$$\frac{f(a + t e_j) - f(a)}{t}$$
$$= \frac{f(a_1, \ldots, a_{j-1}, a_j + t, a_{j+1}, \ldots, a_n) - f(a_1, \ldots, a_n)}{t}$$
$$= \frac{f_{[j]}(a_j + t) - f_{[j]}(a_j)}{t}.$$

S. 873

In diesem Fall gilt:

$$r_{[j]}(\zeta) = \sqrt{x_1^2 + x_2^2 + \cdots + x_{j-1}^2 + \zeta^2 + x_{j+1}^2 + \cdots + x_n^2}.$$

$r_{[j]}$ ist für $\zeta \neq 0$ differenzierbar, und nach der Kettenregel erhält man:

$$\partial_j r(x) = r'_{[j]}(x_j) = \frac{2x_j}{2\sqrt{x_1^2 + \cdots + x_j^2 + \cdots + x_n^2}} = \frac{x_j}{r(x)}.$$

S. 874

$$\partial_1 f(0, 0) = \lim_{h \to 0} \frac{f(h, 0) - f(0, 0)}{h}$$
$$= \lim_{h \to 0} \frac{\sqrt{h^2 + 0} - 0}{h} = \lim_{h \to 0} \frac{|h|}{h}.$$

Für $h > 0$ ist $\frac{|h|}{h} = 1$ und für $h < 0$ ist $\frac{|h|}{h} = -1$. Der Grenzwert $\lim_{h \to 0} \frac{|h|}{h}$ existiert also nicht. Die partielle Ableitung $\partial_1 f(0, 0)$ existiert also nicht. Auch die partielle Ableitung $\partial_2 f(0, 0)$ existiert nicht. f kann also in $\mathbf{0}$ nicht total differenzierbar sein.

S. 881

Sei $f : \mathbb{R} \to \mathbb{R}$ mit

$$f(x) = \begin{cases} \frac{1}{2} x^2, & \text{falls } x \geq 0\,, \\ -\frac{1}{2} x^2, & \text{falls } x < 0\,. \end{cases}$$

Dann ist f auf ganz $\mathbb{R}$ differenzierbar, und es gilt $f'(x) = |x|$. f' ist aber in 0 nicht differenzierbar.

S. 881

Die Cauchy-Riemann'schen Differenzialgleichungen sind nur in 0 erfüllt, und dort sind die partiellen Ableitungen stetig.

S. 882

In diesem Fall ist

$$\mathbf{grad}\, (fg)(a) = \mathbf{grad}\, (1 \cdot g)(a) = \mathbf{grad}\, g(a) + \mathbf{0}\,.$$

S. 883

Ja, wenn man in den Randpunkten die einseitigen Grenzwerte verwendet.

S. 885

Da f in a total differenzierbar ist, gilt für einen Richtungsvektor v und alle hinreichend kleinen reellen $t \neq 0$:

$$\frac{f(a + t v) - f(a)}{t} = \frac{f'(a)(t v) + r(t v)}{t} = f'(a) v + \frac{r(t v)}{t}\,.$$

Aus $\lim_{t \to 0} \frac{r(t v)}{t} = 0$ und $f'(a) = \mathbf{grad}\, f(a)^\top$ folgt die Behauptung.

S. 887

Eine Matrix $\begin{pmatrix} a & c \\ b & d \end{pmatrix} \in \mathbb{R}^{2\times 2}$ ist bekanntlich genau dann invertierbar, wenn $\det \begin{pmatrix} a & c \\ b & d \end{pmatrix} = ad - cb \neq 0$ gilt, und dann ist (siehe Kapitel 12)

$$\begin{pmatrix} a & c \\ b & d \end{pmatrix}^{-1} = \frac{1}{ad - bc} \begin{pmatrix} d & -c \\ -b & a \end{pmatrix}.$$

Für

$$A = \begin{pmatrix} \cos\varphi & -r\sin\varphi \\ \sin\varphi & r\cos\varphi \end{pmatrix}$$

ist also (beachte $r > 0$)

$$A^{-1} = \frac{1}{r} \begin{pmatrix} r\cos\varphi & r\sin\varphi \\ -\sin\varphi & \cos\varphi \end{pmatrix} = \begin{pmatrix} \cos\varphi & \sin\varphi \\ -\frac{1}{r}\sin\varphi & \frac{1}{r}\cos\varphi \end{pmatrix}.$$

S. 889

Ist $\operatorname{grad} f(x) = 0$ für alle $x \in D$, dann ist für zwei beliebige Punkte a, $b \in D$ nach der obigen Formel

$$f(b) - f(a) = \operatorname{grad} f(\alpha(\tau)) \cdot (b - a) = \mathbf{0}^\top \cdot (b - a) = 0.$$

S. 893

$$\partial_2 \partial_1 f(x, y) = \partial_1 \partial_2 f(x, y) = \frac{(x^2 - y^2)(x^4 + 10x^2 y^2 + y^4)}{(x^2 + y^2)^3}.$$

Für $(x_k, y_k)^\top = \left(\frac{1}{k}, \frac{1}{k}\right)^\top$, $k \in \mathbb{N}$, folgt:

$$\partial_2 \partial_1 f\left(\frac{1}{k}, \frac{1}{k}\right) = \partial_1 \partial_2 f\left(\frac{1}{k}, \frac{1}{k}\right) = 0,$$

und damit:

$$\lim_{k\to\infty} \partial_2 \partial_1 f\left(\frac{1}{k}, \frac{1}{k}\right) = 0 \neq \partial_2 \partial_1 f(0, 0) = -1,$$

$$\lim_{k\to\infty} \partial_1 \partial_2 f\left(\frac{1}{k}, \frac{1}{k}\right) = 0 \neq \partial_1 \partial_2 f(0, 0) = 1.$$

S. 895

Das Vektorfeld w erfüllt wegen

$$\partial_2 \left(\frac{-y}{x^2 + y^2}\right) = \frac{y^2 - x^2}{(x^2 + y^2)^2} = \partial_1 \left(\frac{x}{x^2 + y^2}\right)$$

die Integrabilitätsbedingungen, besitzt aber kein Potenzial, denn ist φ ein Potenzial von w auf $\mathbb{R}^2 \setminus \{\mathbf{0}\}$, dann folgt für den geschlossenen Weg

$$E : [0, 2\pi] \to \mathbb{R}^2 \setminus \{\mathbf{0}\}, t \mapsto (\cos t, \sin t)^\top,$$

aus dem Satz über die Integraldarstellung des Funktionszuwachses:

$$\int_0^{2\pi} w(E(t)) \cdot \dot{E}(t)\, dt = \int_0^{2\pi} \operatorname{grad}\varphi(E(t)) \cdot \dot{E}(t)\, dt$$
$$= \varphi(E(2\pi)) - \varphi(E(0)) = 0.$$

Wegen

$$w(E(t)) \cdot \dot{E}(t) = (-\sin t, \cos t)^\top \cdot (-\sin t, \cos t) = 1$$

hat das Integral andererseits den Wert 2π.

S. 897

$f : \mathbb{R}^2 \to \mathbb{R}$, $(x, y)^\top \mapsto xy$ ist ein solches Beispiel.

S. 898

Siehe Text in Kapitel 17.

S. 898

Ist

$$A = \begin{pmatrix} \alpha & \beta \\ \beta & \delta \end{pmatrix} \in \mathbb{R}^{2\times 2},$$

dann ist A genau dann positiv definit, wenn $\alpha > 0$ und $\det A = \alpha\delta - \beta^2 > 0$ gilt. Ist $x = \begin{pmatrix} x_1 \\ x_2 \end{pmatrix}$, dann ist (quadratische Ergänzung)

$$\alpha \cdot x^\top A x = \alpha^2 x_1^2 + 2\alpha\beta x_1 x_2 + \alpha\delta x_2^2$$
$$= (\alpha x_1 + \beta x_2)^2 + (\alpha\delta - \beta^2) x_2^2.$$

Aus dieser Identität kann man das Kriterium unmittelbar ablesen.

S. 900

Wir beweisen die Aussage 3 durch Angabe eines Gegenbeispiels. Betrachten Sie die Funktion $f : (x, y) \mapsto \frac{1}{2}(x^2 - y^2)$. Die Hessematrix ist

$$\begin{pmatrix} 1 & 0 \\ 0 & -1 \end{pmatrix}.$$

Die quadratische Form nimmt in einer Umgebung von $\mathbf{0}$ positive und negative Werte an; die Funktion f hat in $\mathbf{0}$ keine Extremalstelle.

S. 903

f heißt C^r-Diffeomorphismus, falls f und die Umkehrabbildung $g : \widetilde{D} \to D$ eine C^r-Abbildung ist.

S. 903

Wenn es einen solchen Diffeomorphismus gäbe, liefert die entsprechende Jacobi-Matrix einen Isomorphismus zwischen $\mathbb{R}^n$ und $\mathbb{R}^m$. Einen solchen Ismomorphismus gibt es aber nur im Fall $n = m$.

S. 908

Ist U eine solche Umgebung, dann gibt es für jedes $x \in U \cap (0, 1)$ zwei unterschiedliche Werte y_1 und y_2 ($y_2 = -y_1$) mit $x^2 + y_1^2 = x^2 + y_2^2 = 1$. Man beachte auch, dass für $\partial_2 f(x, y)$ im Punkt $(1, 0)^\top$ gilt $\partial_2 f(1, 0) = 0$.

Gebietsintegrale – das Ausmessen von Mengen

22

© Springer-Verlag GmbH Deutschland, ein Teil von Springer Nature 2022
T. Arens et al., *Grundwissen Mathematikstudium*,
https://doi.org/10.1007/978-3-662-63313-7_22

In diesem Kapitel wollen wir den ersten Schritt unternehmen, die Integralrechnung auf den $\mathbb{R}^n$ zu übertragen. Es gibt dabei viele verschiedene Integralbegriffe im Mehrdimensionalen, z. B. *Kurvenintegrale* oder *Oberflächenintegrale*, mit denen wir uns erst im Kapitel 23 beschäftigen werden. In diesem Kapitel wird es dagegen ausschließlich um sogenannte Gebietsintegrale gehen.

Kennzeichnend für Gebietsintegrale ist, dass die Dimension des Integrationsgebiets mit der Dimension des betrachteten Raums übereinstimmt. Im Zweidimensionalen integrieren wir über einen ebenen Bereich, im Dreidimensionalen über ein Volumen. Typische Anwendungen dieser Integrale sind die Berechnung von Volumen, Massen oder Schwerpunkten von Körpern.

Zentrale mathematische Fragen sind, wie die integrierbaren Funktionen zu charakterisieren sind und welche Integrationsbereiche im Mehrdimensionalen erlaubt sind. Hierzu ist die Betrachtung *messbarer* Mengen unerlässlich, um aus der Vielfachheit komplizierter Teilmengen des $\mathbb{R}^n$ einigermaßen gutartige Vertreter auszuwählen. Es zeigt sich, dass es Teilmengen des $\mathbb{R}^n$ gibt, denen kein vernünftiges *Maß*, also ein Flächeninhalt im $\mathbb{R}^2$ oder ein Volumen im $\mathbb{R}^3$, zugeordnet werden kann.

Im Hinblick auf weiterführende Integralbegriffe sind die Gebietsintegrale, wenn man das schon bekannte Lebesgue-Integral aus dem Eindimensionalen als Spezialfall hinzuzählt, die Basis für die Definition der oben schon erwähnten komplizierteren Integraltypen. Es ist dieses Fundament, auf dem die Sätze der Vektoranalysis in Integralform und dadurch die mathematischen Modelle der Physik aufbauen.

Erstaunlicherweise zeigt sich, dass die Berechnung von Integralen selbst über komplizierte Integrationsbereiche im Mehrdimensionalen doch immer wieder auf die Berechnung von einzelnen eindimensionalen Integralen zurückgeführt werden kann. Die zentralen Werkzeuge hierzu, der Satz von Fubini und die Transformationsformel, bilden die wichtigsten Aussagen dieses Kapitels.

22.1 Definition und Eigenschaften

Wir erinnern uns zunächst daran, auf welche Art und Weise das eindimensionale Lebesgue-Integral eingeführt wurde. Ziel war es, die Fläche zwischen der reellen Achse und dem Graphen einer Funktion $f : I \to \mathbb{R}$ zu bestimmen, wobei $I \subseteq \mathbb{R}$ ein Intervall war. Dazu wurde zunächst definiert, was unter dieser Fläche im Fall von sehr einfachen Funktionen, den sogenannten Treppenfunktionen, zu verstehen ist.

Treppenfunktionen sind stückweise konstant, die gesuchte Fläche ergibt sich bei ihnen einfach als eine Summe von Rechtecken. Für andere Funktionen ergibt sich das Integral durch einen Grenzprozess. Die integrierbaren Funktionen sind solche, die sich in einer bestimmten Art und Weise durch eine Folge von Treppenfunktionen approximieren lassen und

bei denen auch die Folge der Integrale über diese Treppenfunktionen konvergiert. Der entscheidende Punkt dabei ist, dass der Grenzwert dieser Folge von Integralen von der konkreten Wahl der approximierenden Folge von Treppenfunktionen unabhängig ist. Diesen Grenzwert haben wir das Integral über f genannt.

Das Vorgehen lässt sich ganz analog in das Mehrdimensionale übertragen. Wir beginnen damit, ein Integral für eine Funktion $f : D \to \mathbb{R}$ mit $D \subseteq \mathbb{R}^n$ zu definieren. Oft, aber nicht immer, wird D offen und zusammenhängend sein, also ein **Gebiet.** Dies motiviert den Namen *Gebietsintegral* für den mehrdimensionalen Integrationsbegriff.

Welche Größe berechnen wir durch ein Integral? Ist $n = 2$, so handelt es sich um das *Volumen* zwischen der (x_1, x_2)-Ebene und dem Graphen von f. Für größere Werte von n handelt es sich um eine Verallgemeinerung der Begriffe Flächeninhalt oder Volumen für höhere Dimensionen.

Integrale über Treppenfunktionen sind Summen von Volumen von Quadern

Unter einem ***n*-dimensionalen Quader** Q verstehen wir ein kartesisches Produkt von n offenen Intervallen (a_j, b_j), $j = 1, \ldots, n$:

$$Q = (a_1, b_1) \times (a_2, b_2) \times \cdots \times (a_n, b_n) \subseteq \mathbb{R}^n .$$

Solche Mengen sind für $n = 2$ und $n = 3$ in den Abbildungen 22.1 und 22.2 dargestellt.

Für ein solch einfaches geometrisches Gebilde Q erscheint es plausibel, das **(Lebesgue-)Maß** $\mu(Q)$ als Produkt der Länge der Intervalle aus dem kartesischen Produkt zu definieren:

$$\mu(Q) = \prod_{j=1}^{n} (b_j - a_j) .$$

Diese Definition entspricht für $n = 2$ natürlich dem Flächeninhalt eines Rechtecks, für $n = 3$ dem Volumen eines Quaders. Im Verlaufe dieses Kapitels werden wir den Begriff des Maßes für eine große Klasse von Teilmengen des $\mathbb{R}^n$ einführen können.

Unter einer **Treppenfunktion** wollen wir nun eine Funktion $\varphi : D \to \mathbb{R}$ mit folgenden zwei Eigenschaften verstehen:

- Der Abschluss des Definitionsbereichs D ist die Vereinigung der Abschlüsse von endlich vielen Quadern $Q_j \subseteq \mathbb{R}^n$, $j = 1, \ldots, N$. Dabei sollen die Q_j paarweise disjunkt sein, also $Q_j \cap Q_k = \emptyset$, $j, k = 1, \ldots, N$, $j \neq k$.
- Auf jedem Q_j ist die Funktion φ konstant:

$$\varphi(x) = c_j, \qquad x \in Q_j$$

mit $c_j \in \mathbb{R}$, $j = 1, \ldots, N$.

Für eine solche Treppenfunktion ist das Integral nun schnell definiert.

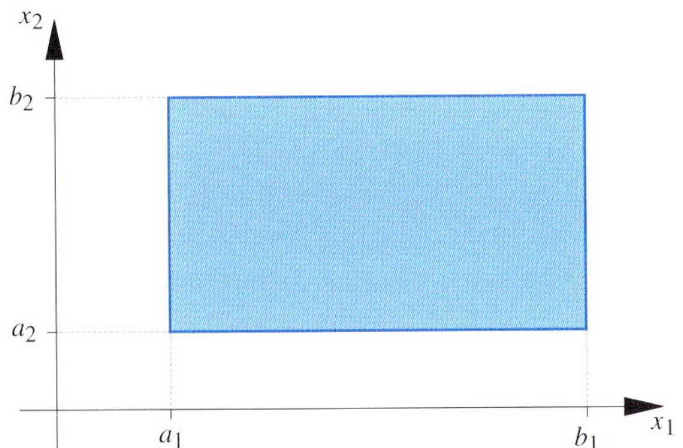

Abbildung 22.1 Ein Rechteck im $\mathbb{R}^2$ ist ein kartesisches Produkt von 2 Intervallen (a_1, b_1) und (a_2, b_2) auf den Koordinatenachsen.

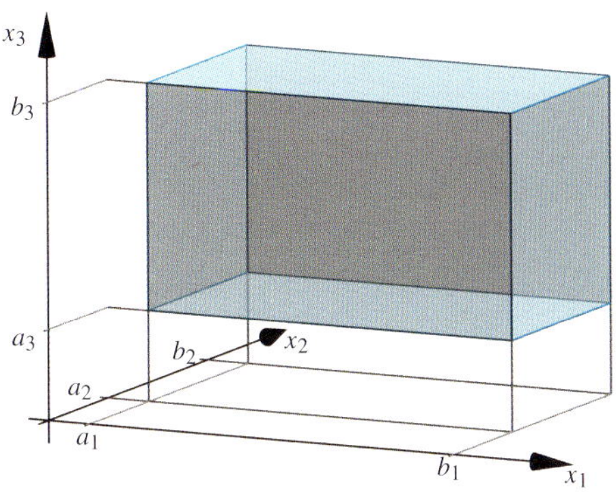

Abbildung 22.2 Ein Quader im $\mathbb{R}^3$ ist ein kartesisches Produkt von 3 Intervallen (a_1, b_1), (a_2, b_2) und (a_3, b_3) auf den Koordinatenachsen.

Definition des Gebietsintegrals einer Treppenfunktion

Ist $\varphi: D \to \mathbb{R}$ eine Treppenfunktion, so lautet das Gebietsintegral von φ:

$$\int_D \varphi(x)\,\mathrm{d}x = \sum_{j=1}^{N} c_j\,\mu(Q_j)\,.$$

Indem wir eine Treppenfunktion $\varphi: D \to \mathbb{R}$ außerhalb von D durch null fortsetzen, können wir immer davon sprechen, dass eine Treppenfunktion auf ganz $\mathbb{R}^n$ definiert ist.

Gebietsintegrale ergeben sich als Grenzwerte von Integralen über Treppenfunktionen

Die Definition des Gebietsintegrals für eine allgemeine Funktion $f: D \to \mathbb{R}$ ergibt sich nun wie im eindimensionalen Fall, der im Kapitel 16 besprochen wurde, durch die Approximation mit Treppenfunktionen. Um die Art und Weise der Approximation genau charakterisieren zu können, benötigen wir wieder den Begriff der Nullmenge.

Definition einer Nullmenge

Eine Menge $M \subset \mathbb{R}^n$ nennt man eine **Nullmenge,** falls wir zu jedem vorgegebenen ε abzählbar viele n-dimensionale Quader $Q_k, k \in \mathbb{N}$, finden können mit den beiden Eigenschaften:

- Die Vereinigung all dieser Quader überdeckt M, d. h.

$$M \subseteq \bigcup_{k=1}^{\infty} Q_k\,,$$

- und das Maß aller Quader zusammen ist kleiner oder gleich ε:

$$\sum_{k=1}^{\infty} \mu(Q_k) \leq \varepsilon\,.$$

Wie im eindimensionalen Fall gilt eine Aussage $\mathcal{A}(x)$ in Abhängigkeit eines Punktes $x \in \mathbb{R}^n$ **fast überall** oder **für fast alle x,** falls die Menge, auf der $\mathcal{A}(x)$ nicht gilt, eine Nullmenge ist. Die Abkürzungen **f. ü.** oder **f. f. a. x** finden ebenfalls weiter Verwendung.

Wir raten an dieser Stelle dazu, die Definition einer Nullmenge noch einmal mit der Definition von Seite 608 zu vergleichen. Machen Sie sich klar, welche Unterschiede bestehen und welche Auswirkungen diese für den Charakter von Nullmengen im $\mathbb{R}^n$ bewirken.

— **?** —

Überlegen Sie sich einige Beispiele für Nullmengen im $\mathbb{R}^2$ und im $\mathbb{R}^3$.

Achtung: Der Begriff der Nullmenge ist von der Dimension des betrachteten Raums abhängig. Das Intervall $(0, 1) \subseteq \mathbb{R}$ ist keine, die Menge $(0, 1) \times \{0\} \subseteq \mathbb{R}^2$ ist eine Nullmenge. Die Menge $\mathbb{R}$ ist keine, die Menge $\mathbb{R} \times \{0\} \subseteq \mathbb{R}^2$ ist eine Nullmenge, obwohl sie unbeschränkt ist.

Aufbauend auf dem Begriff der Nullmenge können wir nun eine Konvergenz von Treppenfunktionen gegen andere Funktionen definieren. Dazu solle (φ_k) eine Folge von Treppenfunktionen und $f: D \to \mathbb{R}$ eine Funktion mit $D \subseteq \mathbb{R}^n$ sein. Man sagt, dass die Folge von Treppenfunktionen **fast überall auf D** gegen die Funktion strebt, falls

$$\lim_{k \to \infty} \varphi_k(x) = f(x)$$

für fast alle $x \in D$ gilt.

Darüber hinaus nennen wir eine Folge (φ_k) von Treppenfunktionen **monoton wachsend,** falls für alle $k \in \mathbb{N}$ und fast alle $x \in \mathbb{R}^n$ die Ungleichung

$$\varphi_k(x) \leq \varphi_{k+1}(x)$$

gilt.

Mit diesen beiden Begriffen gelingt uns nun die Definition des Gebietsintegrals. Interessant sind dabei für uns Funktionen $f : D \to \mathbb{R}$ für $D \subseteq \mathbb{R}^n$ mit den folgenden Eigenschaften:

- Es gibt eine monoton wachsende Folge von Treppenfunktionen (φ_k), die fast überall auf D gegen f konvergiert.
- Die Folge der Integrale

$$\left(\int_D \varphi_k(\boldsymbol{x})\, \mathrm{d}\boldsymbol{x} \right)$$

soll konvergieren.

Lebesgue-integrierbare Funktionen

Für $D \subseteq \mathbb{R}^n$ ist die Menge $L^{\uparrow}(D)$ die Menge derjenigen Funktionen, die fast überall in D Grenzwert einer monoton wachsenden Folge von Treppenfunktionen (φ_k) sind und für die die Folge $\left(\int_D \varphi_k(\boldsymbol{x})\, \mathrm{d}\boldsymbol{x} \right)$ konvergiert. Für $f \in L^{\uparrow}(D)$ ist

$$\int_D f(\boldsymbol{x})\, \mathrm{d}\boldsymbol{x} = \lim_{k \to \infty} \int_D \varphi_k(\boldsymbol{x})\, \mathrm{d}\boldsymbol{x} \,.$$

Die Menge $L(D)$, definiert durch

$$L(D) = L^{\uparrow}(D) - L^{\uparrow}(D)$$
$$= \{ f = f_1 - f_2 : f_1, f_2 \in L^{\uparrow}(D) \} \,,$$

heißt die **Menge der lebesgue-integrierbaren Funktionen** über D. Für $f \in L(D)$ ist das **Gebietsintegral** definiert durch

$$\int_D f(\boldsymbol{x})\, \mathrm{d}\boldsymbol{x} = \int_D f_1(\boldsymbol{x})\, \mathrm{d}\boldsymbol{x} - \int_D f_2(\boldsymbol{x})\, \mathrm{d}\boldsymbol{x} \,.$$

Zwar enthält die obige Aussage nur Definitionen, aber es ist zu beweisen, dass diese Definitionen sinnvoll sind. Dies ergibt sich ganz genauso wie es im Kapitel 16 für das eindimensionale Integral durchgeführt wurde. Wir wollen daher nicht alles wiederholen, sondern nur an die zentralen Punkte erinnern. Es ist zunächst zu zeigen, dass der Grenzwert

$$\lim_{k \to \infty} \int_D \varphi_k(\boldsymbol{x})\, \mathrm{d}\boldsymbol{x}$$

nicht von der speziellen Folge (φ_k), sondern allein von der Funktion f abhängig ist. Damit ist das Gebietsintegral für Funktionen aus der Menge $L^{\uparrow}(D)$ wohldefiniert. Bei der Bildung der Menge $L(D)$ ist es notwendig zu beweisen, dass der Wert des Integrals ebenfalls nicht von der speziellen Wahl von f_1 und f_2 abhängig ist, sondern nur von f selbst.

Es ergibt sich durch die Definition, die ja ganz analog zum eindimensionalen Fall erfolgt, dass auch analoge Rechenregeln für den Umgang mit Gebietsintegralen angewandt werden können. Die Übersicht auf Seite 923 listet die wichtigsten davon auf.

Zahlreiche Notationen für Gebietsintegrale sind üblich

Die Schreibweise, ja selbst die Namensgebung, für Gebietsintegrale ist keineswegs eindeutig. In der Literatur findet man häufig auch den äquivalenten Begriff *Bereichsintegral*. Daneben sind vor allem in den Anwendungen Namen gebräuchlich, die für spezielle Raumdimensionen verwendet werden. So gibt es z. B. für $n = 3$ den Ausdruck *Volumenintegral*.

In der Notation gibt es viele Varianten, die zu einem großen Teil ebenfalls an bestimmte Dimensionsanzahlen angepasst sind. Meistens geht es dabei um das Differenzial. Für Gebiete $D \subseteq \mathbb{R}^2$ findet man

$$\int_D f(\boldsymbol{x})\, \mathrm{d}A \,,$$

wobei das große A an das lateinische *area* für Fläche erinnern soll. Im Dreidimensionalen geht es um Volumen, daher ist für $D \subseteq \mathbb{R}^3$ die Notation

$$\int_D f(\boldsymbol{x})\, \mathrm{d}V$$

üblich. Der Nachteil solcher Schreibweisen ist, dass man am Differenzial nicht erkennen kann, welches die Integrationsvariable ist. Dies muss sich aus dem Kontext erschließen oder auf andere Art und Weise explizit dazugeschrieben werden. Daher wollen wir solche Notationen nicht verwenden.

In der Physik ist für Raumvariablen die Schreibweise $\boldsymbol{r} = (x, y, z)$ gebräuchlich. Die sich damit ergebende Version

$$\int_D f(\boldsymbol{r})\, \mathrm{d}\boldsymbol{r}$$

ist aber nichts anderes als die von uns verwendete Notation, nur mit einer anderen Variable. Will man bei einer solchen Notation die Komponenten einzeln aufzählen, so sollte man dies als

$$\int_D f(x, y, z)\, \mathrm{d}(x, y, z)$$

tun. Manchmal findet man in Büchern stattdessen allerdings die Schreibweise $\mathrm{d}x\, \mathrm{d}y\, \mathrm{d}z$, die aber schnell zu Verwechslungen mit den *iterierten Integralen* führt, die wir ab Seite 929 einführen werden und die von den Gebietsintegralen zu unterscheiden sind.

Andere Möglichkeiten, die Dimension des Gebiets, über das integriert wird, hervorzuheben, sind die Notation von n im Differenzial:

$$\int_D f(\boldsymbol{x})\, \mathrm{d}^n \boldsymbol{x} \quad \text{oder} \quad \int_D f(\boldsymbol{x})\, \mathrm{d}^n x$$

oder eine entsprechend häufige Wiederholung des Integralzeichens. Für $D \subseteq \mathbb{R}^3$ schreibt man dann beispielsweise

$$\iiint_D f(\boldsymbol{x})\, \mathrm{d}\boldsymbol{x} \,.$$

Übersicht: Eigenschaften von Gebietsintegralen

Für Gebietsintegrale gelten im Wesentlichen dieselben Eigenschaften und Rechenregeln wie für eindimensionale Integrale. Hier sind die wichtigsten Regeln zusammengestellt.

Linearität

Für $f, g \in L(D)$ und $\lambda \in \mathbb{C}$ gilt:

$$\int_D (f(x) + g(x))\, \mathrm{d}x = \int_D f(x)\, \mathrm{d}x + \int_D g(x)\, \mathrm{d}x,$$

$$\int_D \lambda f(x)\, \mathrm{d}x = \lambda \int_D f(x)\, \mathrm{d}x.$$

Zerlegung des Integrationsgebiets

Für $D = D_1 \cup D_2$ mit $D_1 \cap D_2$ einer Nullmenge, ist $f : D \to \mathbb{C}$ genau dann integrierbar, wenn f über den Gebieten D_1 und D_2 integrierbar ist. Es gilt:

$$\int_D f(x)\, \mathrm{d}x = \int_{D_1} f(x)\, \mathrm{d}x + \int_{D_2} f(x)\, \mathrm{d}x.$$

Monotonie

Aus $f(x) \leq g(x)$ für fast alle $x \in D$ folgt:

$$\int_D f(x)\, \mathrm{d}x \leq \int_D g(x)\, \mathrm{d}x.$$

Insbesondere ergibt sich aus $f(x) = g(x)$ fast überall in D die Identität

$$\int_D f(x)\, \mathrm{d}x = \int_D g(x)\, \mathrm{d}x.$$

Integrale über Nullmengen

Aus der Monotonie-Eigenschaft ergibt sich insbesondere: Ist $f = 0$ fast überall auf D, so ist

$$\int_D f(x)\, \mathrm{d}x = 0.$$

Betrag, Maximum und Minimum

Sind $f, g \in L(D)$, so sind die Funktionen $|f|$, $\max(f, g)$ und $\min(f, g)$ mit

$$|f|(x) := |f(x)|,$$
$$\max(f, g)(x) := \max\big(f(x), g(x)\big),$$
$$\min(f, g)(x) := \min\big(f(x), g(x)\big)$$

über D integrierbar.

Dreiecksungleichung

$$\left| \int_D f(x)\, \mathrm{d}x \right| \leq \int_D |f(x)|\, \mathrm{d}x.$$

Wenn f beschränkt ist, kann weiter abgeschätzt werden:

$$\int_D |f(x)|\, \mathrm{d}x \leq \sup_{x \in D}\{|f(x)|\}\, \mu(D).$$

Definitheit

Aus $f(x) \geq 0$ fast überall in D und

$$\int_D f(x)\, \mathrm{d}x = 0$$

folgt, dass $f(x) = 0$ für fast alle $x \in D$ ist.

Zuletzt wollen wir noch darauf hinweisen, dass man auch oft Gebietsintegrale über vektorwertige Funktionen $f : D \to \mathbb{R}^m$ bildet:

$$\int_D f(x)\, \mathrm{d}x.$$

Dies ist so zu verstehen, dass das Integral für jede Komponente von f separat berechnet wird. Das Ergebnis ist also der Vektor der Gebietsintegrale $\int_D f_j(x)\, \mathrm{d}x$.

Ebenso können Gebietsintegrale für komplexwertige Funktionen $f : D \to \mathbb{C}$ mit $D \subseteq \mathbb{R}^n$ erklärt werden, indem man sie für den Real- und den Imaginärteil getrennt bestimmt. Hieraus setzen wir dann das gesamte Integral zusammen:

$$\int_D f(x)\, \mathrm{d}x = \int_D \mathrm{Re}\,(f(x))\, \mathrm{d}x + \mathrm{i} \int_D \mathrm{Im}\,(f(x))\, \mathrm{d}x.$$

Alle Ergebnisse für reelle Integrale übertragen sich dann sinngemäß auch auf Integrale für komplexwertige Funktionen.

Der Satz von Beppo Levi liefert eine nützliche Charakterisierung integrierbarer Funktionen

Schon bei den Lebesgue-Integralen im Eindimensionalen spielt der Satz von Beppo Levi eine herausragende Rolle für die Charakterisierung integrierbarer Funktionen. Im Beweis vieler weiterführender Resultate ist er ein zentrales Element. Dies ist im Mehrdimensionalen nicht anders.

Satz von Beppo Levi

Sind $D \subseteq \mathbb{R}^n$ und (f_j) eine fast überall monotone Folge aus $L(D)$, und ist die Folge der Integrale $\left(\int_D f_j\, \mathrm{d}x \right)$ in $\mathbb{R}$ beschränkt, so konvergiert die Funktionenfolge (f_j) punktweise fast überall gegen eine Funktion $f \in L(D)$, und es gilt:

$$\lim_{j \to \infty} \int_D f_j\, \mathrm{d}x = \int_D f\, \mathrm{d}x.$$

Die bei der Definition des Integrals notwendigen Hilfsmittel, die Treppenfunktionen und die Nullmengen, sind ganz analog zum eindimensionalen Fall definiert worden. Auch der Beweis des Satzes von Beppo Levi kann fast wortwörtlich aus Kapitel 16 übernommen werden. Es ist im Wesentlichen das Wort Intervall durch das Wort Quader zu ersetzen. Wir wollen daher auf eine Wiederholung verzichten, empfehlen aber, den Beweis aus Kapitel 16 noch einmal durchzugehen und sich die Übertragbarkeit ins Mehrdimensionale klar zu machen.

Als eine erste Anwendung des Satzes von Beppo Levi wollen wir ein Hilfsmittel bereitstellen, das wir später beim Beweis des für die praktische Berechnung von Gebietsintegralen zentralen Satz von Fubini (siehe Seite 929) benötigen. Es geht hierbei um eine genauere Charakterisierung von Nullmengen im $\mathbb{R}^n$. Der Schnitt einer Nullmenge mit einem niedriger dimensionalen Raum muss keine Nullmenge sein. Am Beispiel $\mathbb{R} \times \{0\} \subseteq \mathbb{R}^2$ und $\mathbb{R}$ selbst hatten wir dies schon verdeutlicht. Es wird aber von Bedeutung sein, dass fast jeder solche Schnitt eine Nullmenge ist.

Lemma

Ist $M \subseteq \mathbb{R}^{p+q}$ eine Nullmenge, so ist für fast alle $z \in \mathbb{R}^q$ der Schnitt

$$M_z = \{ \boldsymbol{y} \in \mathbb{R}^p \mid (\boldsymbol{y}, z) \in M \}$$

eine Nullmenge im $\mathbb{R}^p$.

Beweis: Wir konstruieren zunächst eine spezielle Folge von Treppenfunktionen: Zu $n \in \mathbb{N}$ wählen wir eine Überdeckung $(Q_{n,j})_j$ von M durch offene Quader aus mit

$$\sum_{j=1}^{\infty} |Q_{n,j}| \le \frac{1}{n^3} .$$

Dann setzen wir $\varphi_1(\boldsymbol{x}) = 1$ für $\boldsymbol{x} \in Q_{1,j}$ für irgendein $j \in \mathbb{N}$ sowie null sonst und definieren rekursiv

$$\varphi_{n+1}(\boldsymbol{x}) = \varphi_n(\boldsymbol{x}) + \begin{cases} n+1, & \boldsymbol{x} \in \bigcup_{j=1}^{\infty} Q_{n+1,j}, \\ 0, & \text{sonst.} \end{cases}$$

Dann ist (φ_n) monoton steigend, und mit vollständiger Induktion ergibt sich

$$\int_{\mathbb{R}^{p+q}} \varphi_n(\boldsymbol{x}) \, \mathrm{d}\boldsymbol{x} \le \sum_{k=1}^{n} \frac{1}{k^2} .$$

Der Induktionsanfang ist hierbei

$$\int_{\mathbb{R}^{p+q}} \varphi_1(\boldsymbol{x}) \, \mathrm{d}\boldsymbol{x} \le 1 ,$$

der Induktionsschritt ergibt sich als

$$\int_{\mathbb{R}^{p+q}} \varphi_{n+1}(\boldsymbol{x}) \, \mathrm{d}\boldsymbol{x} \le \sum_{k=1}^{n} \frac{1}{k^2} + \sum_{j=1}^{\infty} (n+1) \, |Q_{n+1,j}| \le \sum_{k=1}^{n+1} \frac{1}{k^2} .$$

Die Folge der Integrale ist somit beschränkt. Andererseits ist $(\varphi_n(\boldsymbol{x}))$ für $\boldsymbol{x} \in M$ unbeschränkt.

Für $\boldsymbol{x} \in \mathbb{R}^{p+q}$ schreiben wir im Folgenden $\boldsymbol{x} = (\boldsymbol{y}, z)$, $\boldsymbol{y} \in \mathbb{R}^p$, $z \in \mathbb{R}^q$. Wir setzen ferner:

$$\psi_n(z) = \int_{\mathbb{R}^p} \varphi_n(\boldsymbol{y}, z) \, \mathrm{d}\boldsymbol{y}, \qquad z \in \mathbb{R}^q , \; n \in \mathbb{N} .$$

Wegen der Monotonie der (φ_n) und der Monotonieeigenschaft des Integrals sind auch die ψ_n monoton wachsend. Mit Aufgabe 22.2 (b) ist

$$\int_{\mathbb{R}^q} \psi_n(z) \, \mathrm{d}z = \int_{\mathbb{R}^{p+q}} \varphi_n(\boldsymbol{y}, z) \, \mathrm{d}(\boldsymbol{y}, z) ,$$

und die Folge der Integrale ist nach der Überlegung oben beschränkt. Somit kann der Satz von Beppo Levi angewandt werden, der besagt, dass (ψ_n) fast überall auf $\mathbb{R}^q$ konvergiert.

Wir wählen nun $\hat{z} \in \mathbb{R}^q$ aus, für das $(\psi_n(\hat{z}))$ konvergiert. Demnach konvergiert die Folge der Integrale

$$\int_{\mathbb{R}^p} \varphi_n(\boldsymbol{y}, \hat{z}) \, \mathrm{d}\boldsymbol{y}$$

und ist somit erst recht beschränkt. Wiederum nach dem Satz von Beppo Levi konvergiert damit $(\varphi_n(\boldsymbol{y}, \hat{z}))$ für fast alle $\boldsymbol{y} \in \mathbb{R}^p$. Somit ist $(\boldsymbol{y}, \hat{z}) \notin M$ für fast alle $\boldsymbol{y} \in \mathbb{R}^p$, da (φ_n) auf M unbeschränkt ist, also divergiert. Dies bedeutet, dass $M_{\hat{z}}$ eine Nullmenge ist.

Da gezeigt wurde, dass (ψ_n) fast überall auf $\mathbb{R}^q$ konvergiert, ist M_z für fast alle $z \in \mathbb{R}^q$ eine Nullmenge. Dies war zu zeigen. $\blacksquare$

Ein wesentlicher Aspekt im Satz von Beppo Levi ist, dass die approximierende Folge monoton sein muss. Möchte man hierauf verzichten, benötigt man zumindest, dass die Folge durch eine integrierbare Funktion majorisiert wird. Dies ist die Aussage des Lebesgue'schen Konvergenzsatzes.

Lebesgue'scher Konvergenzsatz

Gibt es zu einer Folge von über einer Menge $D \subset \mathbb{R}^n$ integrierbaren Funktionen $f_n \in L(D)$, die punktweise fast überall gegen $f \colon D \to \mathbb{R}$ konvergiert, unabhängig von n eine integrierbare Funktion $g \in L(D)$ mit $|f_n| \le g$ fast überall auf D, so ist $f \in L(D)$ integrierbar, und es gilt:

$$\lim_{n \to \infty} \int_D f_n(\boldsymbol{x}) \, \mathrm{d}\boldsymbol{x} = \int_D f(\boldsymbol{x}) \, \mathrm{d}\boldsymbol{x} .$$

Auch hier verweisen wir für den Beweis auf den entsprechenden Satz für eindimensionale Integrale im Kapitel 16.

Der Lebesgue'sche Konvergenzsatz wird im Folgenden mehrfach zum Einsatz kommen, wenn es darum geht, die Integrierbarkeit von charakteristischen Funktionen sogenannter *messbarer Mengen* nachzuweisen. Für ein konkretes Rechenbeispiel fehlen uns an dieser Stelle noch verschiedene Techniken. Wir holen dies auf Seite 947 nach.

Messbare Mengen sind die Grundlage für integrierbare Funktionen

Bei der Definition der über D integrierbaren Funktionen haben wir uns bisher keinerlei Gedanken über die Menge D gemacht. Unser Zugang zu diesem Begriff setzt implizit voraus, dass es für gegebenes D von null verschiedene Funktionen gibt, die über D integrierbar sind. Übrigens gibt es andere (und auch allgemeinere) Zugänge zum Lebesgue'schen Integral, die genau diese Charakterisierung geeigneter Integrationsbereiche an den Anfang stellen (siehe den Ausblick auf Seite 928).

Anders als im eindimensionalen Fall, bei dem man sich im Wesentlichen auf Intervalle beschränken kann, können sinnvolle Integrationsbereiche im Mehrdimensionalen eine sehr komplizierte Struktur aufweisen. Andererseits gibt es Mengen, die die Integration selbst gutartiger Funktionen unmöglich machen.

Wie wir am Beispiel gleich sehen werden, ist die Arbeit mit dem Begriff der Integrierbarkeit selbst zu einschränkend. Wir benötigen einen allgemeineren Begriff. Ist $D \subseteq \mathbb{R}^n$, so nennen wir eine Funktion $f : D \to \mathbb{R}$ **messbar,** falls es eine Folge von Treppenfunktionen gibt, die fast überall auf D gegen f konvergiert.

Beispiel Wählt man $D = \mathbb{R}_{>0} \times \mathbb{R}_{>0}$, so sind etwa die konstanten Funktionen auf D messbar. Ist f eine solche Funktion, so setzt man $f_n(\boldsymbol{x}) = f(\boldsymbol{x})$ für $x \in (0, n)^2$ und $f_n(\boldsymbol{x}) = 0$ sonst. Man erhält so eine Folge von Treppenfunktionen, die fast überall auf D gegen f konvergiert. Ist f konstant, aber nicht die Nullfunktion, so ist f über D nicht integrierbar: Die Folge (f_n) ist monoton wachsend, die Folge der Integrale über diese Treppenfunktionen geht aber gegen unendlich. ◀

Ebenfalls über konstante Funktionen können nun Mengen charakterisiert werden, die als Integrationsgebiete einigermaßen gutartig sind.

Definition einer messbaren Menge

Eine Menge $D \subseteq \mathbb{R}^n$ heißt **messbar,** falls die konstante Funktion 1 über D messbar ist.

Äquivalent kann man sagen, dass D messbar ist, falls die **charakteristische Funktion** $\mathbf{1}_D$ von D,

$$\mathbf{1}_D(\boldsymbol{x}) = \begin{cases} 1, & x \in D, \\ 0, & \text{sonst}, \end{cases}$$

über $\mathbb{R}^n$ messbar ist.

Wie wir unten sehen werden, sind die für die praktische Arbeit relevanten Mengen, wie etwa offene oder abgeschlossene Mengen, alle messbar. Trotzdem gibt es auch unendlich viele nicht messbare Mengen. Im Eindimensionalen bilden die sogenannten *Vitali-Mengen* berühmte Beispiele. Sie sind benannt nach dem italienischen Mathematiker Giuseppe Vitali

(1875–1932). Es sind dies Teilmengen von $[0, 1]$, von denen sich zwei Elemente niemals um eine rationale Zahl unterscheiden. Mehrdimensionale Beispiele liefert das berühmte *Banach-Tarski-Paradoxon (Stefan Banach, 1892–1945, Alfred Tarski, 1901–1983):* Eine Kugel im $\mathbb{R}^3$ kann so in 5 disjunkte Teilmengen zerlegt werden, dass die Vereinigung dieser Teilmengen nach geeigneten Drehungen und Translationen zwei Kugeln desselben Radius ergibt. Diese Teilmengen können aufgrund der Eigenschaften messbarer Mengen, die wir uns im Folgenden überlegen wollen, nicht alle messbar sein. Eine populärwissenschaftliche Darstellung dieser Sachverhalte findet sich z. B. in Leonard M. Wapner, *Aus 1 mach 2,* Spektrum Akademischer Verlag, 2007.

Wie die Namensgebung nahelegt, lässt sich der Begriff des Maßes, den wir bisher nur für Quader eingeführt haben, sinnvoll auf messbare Mengen erweitern. Wir betrachten zunächst den Fall einer beschränkten, messbaren Menge M. Hier gibt es einen beschränkten Quader Q mit $M \subseteq Q$. Ist nun (φ_n) eine Folge von Treppenfunktionen, die fast überall gegen $\mathbf{1}_M$ konvergiert, so können wir annehmen, dass jedes φ_n auf $\mathbb{R}^n \setminus Q$ identisch null ist und auf Q nur Werte aus dem Intervall $[0, 1]$ annimmt. Es ist nämlich durch

$$\tilde{\varphi}_n = \min(\max(\varphi_n, 0), \mathbf{1}_Q)$$

eine Folge von Treppenfunktionen gegeben, die ebenfalls fast überall gegen $\mathbf{1}_M$ konvergiert.

Es ist also $0 \leq \varphi_n(\boldsymbol{x}) \leq \mathbf{1}_Q(\boldsymbol{x})$ für fast alle $\boldsymbol{x} \in \mathbb{R}^n$ und $\mathbf{1}_Q \in L(\mathbb{R}^n)$. Nach dem Lebesgue'schen Konvergenzsatz ist somit $\mathbf{1}_M \in L(\mathbb{R}^n)$, und wir setzen:

$$\mu(M) = \int_{\mathbb{R}^n} \mathbf{1}_M(\boldsymbol{x}) \, d\boldsymbol{x} \, .$$

Im Falle einer unbeschränkten Menge M, müssen wir unterscheiden, ob $\mathbf{1}_M$ integrierbar ist oder nicht. Wir setzen:

$$\mu(M) = \begin{cases} \int_{\mathbb{R}^n} \mathbf{1}_M(\boldsymbol{x}) \, d\boldsymbol{x} \, , & \mathbf{1}_M \in L(\mathbb{R}^n) \, , \\ \infty \, , & \text{sonst} \, . \end{cases}$$

Achtung: Die Begriffe Messbarkeit und Integrierbarkeit hängen eng zusammen. Beachten Sie aber folgenden Unterschied: Eine messbare Menge kann ein unendliches Maß besitzen. Das Integral einer integrierbaren Funktion ist aber stets ein endlicher Wert.

Für messbare Mengen gelten eine Reihe nützlicher Rechenregeln. Nur wenige davon wollen wir hier beweisen. Wir führen Sie im folgenden Satz auf. Zusätzliche Eigenschaften messbarer Mengen finden Sie in dem Ausblick auf Seite 928. Beachten Sie auch die Aufgaben 22.16 und 22.17.

Satz

(a) Sind $A, B \subseteq \mathbb{R}^n$ messbare Mengen, so sind auch $A \cap B$, $A \cup B$ und $A \setminus B$ messbar.

(b) Sind $A_j \subseteq \mathbb{R}^n$, $j \in \mathbb{N}$, messbare und paarweise disjunkte Mengen, so ist auch $\bigcup_{j=1}^{\infty} A_j$ messbar mit

$$\mu\left(\bigcup_{j=1}^{\infty} A_j\right) = \sum_{j=1}^{\infty} \mu(A_j).$$

Beweis: (a) Mit (φ_k) bzw. (ψ_k) bezeichnen wir Folgen von Treppenfunktionen, die fast überall gegen $\mathbf{1}_A$ bzw. $\mathbf{1}_B$ konvergieren. Dann sind auch $\max(\varphi_k, \psi_k)$ und $\min(\varphi_k, \psi_k)$ Treppenfunktionen.

Nun bezeichne M die Nullmenge, auf der (φ_k) nicht gegen $\mathbf{1}_A$, und N die Nullmenge, auf der (ψ_k) nicht gegen $\mathbf{1}_B$ konvergiert. Dann ist auch $M \cup N$ eine Nullmenge. Für $\boldsymbol{x} \in \mathbb{R}^n \setminus (M \cup N)$ gilt:

$$\lim_{k \to \infty} \varphi_k(\boldsymbol{x}) = 1 = \mathbf{1}_A(\boldsymbol{x}), \qquad \text{falls } \boldsymbol{x} \in A,$$

$$\lim_{k \to \infty} \psi_k(\boldsymbol{x}) = 1 = \mathbf{1}_B(\boldsymbol{x}), \qquad \text{falls } \boldsymbol{x} \in B,$$

$$\lim_{k \to \infty} \varphi_k(\boldsymbol{x}) = \lim_{k \to \infty} \psi_k(\boldsymbol{x}) = 0, \quad \text{falls } \boldsymbol{x} \in \mathbb{R}^n \setminus (A \cup B).$$

Insgesamt folgt $\lim_{k \to \infty} \max(\varphi_k, \psi_k)(\boldsymbol{x}) = \mathbf{1}_{A \cup B}(\boldsymbol{x})$.

Ganz analog sieht man, dass $\min(\varphi_k, \psi_k)$ fast überall gegen $\mathbf{1}_{A \cap B}$ konvergiert. Die Aussage für die Differenzmenge ergibt sich mit den Treppenfunktionen $\max(\varphi_k - \psi_k, 0)$.

(b) Wir setzen $A = \bigcup_{j=1}^{\infty} A_j$. Wir betrachten eine Folge $(\varphi_{j,k})_k$ von Treppenfunktionen, die fast überall gegen $\mathbf{1}_{A_j}$ konvergiert. Dann ist durch

$$\psi_k = \sum_{j=1}^{k} \varphi_{j,k}$$

eine Folge (ψ_k) von Treppenfunktionen definiert, die fast überall gegen $\mathbf{1}_A$ konvergiert. Also ist A messbar. Aus der Monotonie des Integrals folgt:

$$\sum_{j=1}^{k} \mu(A_j) \leq \mu(A).$$

Insbesondere konvergiert die linke Seite für $k \to \infty$, falls A endliches Maß hat. Divergiert die Reihe $\left(\sum_{j=1}^{\infty} \mu(A_j)\right)$, so sind beide Seiten unendlich.

Wir nehmen nun an, dass alle A_j endliches Maß besitzen und die Reihe konvergiert. Dann ist

$$\sum_{j=1}^{k} \mu(A_j) = \int_{\mathbb{R}^n} \sum_{j=1}^{k} \mathbf{1}_{A_j}(\boldsymbol{x}) \, \mathrm{d}x.$$

Die Folge der Integranden $\left(\sum_{j=1}^{k} \mathbf{1}_{A_j}\right)$ ist eine monoton wachsende Folge integrierbarer Funktionen. Sie konvergiert fast überall gegen $\mathbf{1}_A$. Es folgt mit dem Satz von Beppo Levi, dass $\mathbf{1}_A \in L(\mathbb{R}^n)$ mit

$$\sum_{j=1}^{\infty} \mu(A_j) = \mu(A).$$

Dies war noch zu zeigen. $\blacksquare$

Die messbaren Mengen bilden ein recht reichhaltiges System. Ein zentrales Resultat ist, dass etwa alle offenen Mengen dazugehören.

Beweis: Besitzt M keinen Randpunkt, so ist M entweder leer oder ganz $\mathbb{R}^n$. Im ersten Fall konvergiert die konstante Folge von Nullfunktionen fast überall gegen die charakteristische Funktion von M. Im anderen Fall definiert man für $n \in \mathbb{N}$ die Treppenfunktion

$$\varphi_n(\boldsymbol{x}) = \begin{cases} 1, & \|\boldsymbol{x}\|_\infty < n, \\ 0, & \text{sonst.} \end{cases}$$

Dann konvergiert (φ_n) fast überall im $\mathbb{R}^n$ gegen 1.

Besitzt M mindestens einen Randpunkt, so ist die Konstruktion einer Folge von Treppenfunktionen, die fast überall gegen $\mathbf{1}_M$ konvergiert, aufwendiger. Wir zeigen zunächst, dass sich M als Vereinigung abzählbar vieler Quader darstellen lässt. Zunächst wählen wir zu jedem $\boldsymbol{x} \in M$ einen Quader $Q(\boldsymbol{x})$ mit $x \in Q(\boldsymbol{x}) \subseteq M$.

Da M einen Randpunkt besitzt, existiert für jedes $\boldsymbol{x} \in M$ die Zahl $\inf_{y \in \partial M} \|\boldsymbol{x} - \boldsymbol{y}\|_\infty$. Setze

$$\rho(\boldsymbol{x}) = \frac{1}{2} \inf_{y \in \partial M} \|\boldsymbol{x} - \boldsymbol{y}\|_\infty.$$

Für $\boldsymbol{x} \in M$ bezeichnen wir nun mit $Q(\boldsymbol{x})$ den Quader

$$Q(\boldsymbol{x}) = \{\boldsymbol{y} \in \mathbb{R}^n \mid \|\boldsymbol{x} - \boldsymbol{y}\|_\infty < \rho(\boldsymbol{x})\}.$$

Mit dieser Definition ist

$$M = \bigcup_{\boldsymbol{x} \in M} Q(\boldsymbol{x}).$$

Wir setzen nun

$$\tilde{M} = \bigcup_{\boldsymbol{x} \in M \cap \mathbb{Q}^n} Q(\boldsymbol{x})$$

und behaupten $\tilde{M} = M$. Offensichtlich gilt $\tilde{M} \subseteq M$. Ferner ist $M \cap \mathbb{Q}^n \subseteq \tilde{M}$.

Wir wählen nun $\boldsymbol{x} \in M \setminus \mathbb{Q}^n$. Zu zeigen ist $\boldsymbol{x} \in \tilde{M}$. Dazu wählen wir eine Folge $(\boldsymbol{x}_n)$ aus $M \cap \mathbb{Q}^n$, die gegen $\boldsymbol{x}$ konvergiert. Dies geht, da M eine offene Menge ist und sich irrationale Zahlen beliebig gut durch rationale approximieren lassen. Für n groß genug ist

$$\inf_{y \in \partial M} \|\boldsymbol{x}_n - \boldsymbol{y}\|_\infty \geq \inf_{y \in \partial M} \|\boldsymbol{x} - \boldsymbol{y}\|_\infty - \|\boldsymbol{x} - \boldsymbol{x}_n\|_\infty$$

$$> \frac{1}{2} \inf_{y \in \partial M} \|\boldsymbol{x} - \boldsymbol{y}\|_\infty.$$

Da $\boldsymbol{x}_n \to \boldsymbol{x}$ für $n \to \infty$ gilt, ist somit $\boldsymbol{x} \in Q(\boldsymbol{x}_n)$, wenn nur n groß genug gewählt wird. Es folgt $\boldsymbol{x} \in \tilde{M}$.

Da $\mathbb{Q}^n$ abzählbar ist, sind auch die Quader aus der Definition von $\tilde{M}$ abzählbar. Wir bezeichnen sie mit Q_k, $k \in \mathbb{N}$. Nach Aufgabe 22.2 (a) ist $\bigcup_{k=1}^{n} Q_k$ für jedes $n \in \mathbb{N}$ die Vereinigung von endlich vielen disjunkten Quadern und einer Nullmenge. Somit ist

$$\varphi_n(\boldsymbol{x}) = \begin{cases} 1, & \boldsymbol{x} \in \bigcup_{k=1}^{n} Q_k, \\ 0, & \text{sonst} \end{cases}$$

eine Treppenfunktion, und die Folge (φ_n) konvergiert fast überall gegen $\mathbf{1}_M$. $\blacksquare$

Folgerung

Jede abgeschlossene Menge $M \subseteq \mathbb{R}^n$ ist messbar.

Beweis: Der $\mathbb{R}^n$ ist messbar, und $\mathbb{R}^n \setminus M$ ist offen und daher messbar. Mit $M = \mathbb{R}^n \setminus (\mathbb{R}^n \setminus M)$ und da Differenzen messbarer Mengen messbar sind, erhalten wir die zu beweisende Aussage. $\blacksquare$

Stetige Funktionen auf kompakten Mengen sind integrierbar

Mit dem Begriff der messbaren Menge können wir jetzt leicht überprüfbare Eigenschaften finden, die die Integrierbarkeit einer Funktion garantieren. Insbesondere können wir hinreichende Voraussetzungen angeben, unter denen eine stetige Funktionen integrierbar ist.

Satz

Ist $D \subseteq \mathbb{R}^n$ messbar mit endlichem Maß und ist $f \colon D \to \mathbb{R}$ stetig, beschränkt und stetig fortsetzbar auf $\overline{D}$, so ist $f \in L(D)$.

Beweis: Wir betrachten zunächst den Fall, dass D beschränkt ist. Ziel ist die Konstruktion einer monoton wachsenden Folge stückweise konstanter Funktionen, die fast überall auf D gegen f konvergiert. Dazu bestimmen wir jeweils das Minimum von f auf Teilmengen von D, die immer kleiner gewählt werden.

Da f stetig auf die kompakte Menge $\overline{D}$ fortgesetzt werden kann, ist die konstante Funktion $f_0 \colon D \to \mathbb{R}$ mit

$$f_0(\boldsymbol{x}) = \min_{\boldsymbol{y} \in \overline{D}} f(\boldsymbol{y}), \quad \boldsymbol{x} \in D,$$

wohldefiniert. Da $\mathbf{1}_D$ integrierbar ist, ist auch $f_0 \in L(D)$.

Mit Q_0 bezeichnen wir einen offenen Würfel im $\mathbb{R}^n$ der Kantenlänge a mit $\overline{D} \subseteq Q_0$. Durch Halbierung aller Kanten teilen wir Q_0 disjunkt auf in offene Würfel $Q_{1,1}, \dots, Q_{1,2^n}$ der Kantenlänge $a/2$ und die Nullmenge $N_1 = Q_0 \setminus \bigcup_{k=1}^{2^n} Q_{1,k}$. Setze für $\boldsymbol{x} \in D$:

$$f_1(\boldsymbol{x}) = \begin{cases} \displaystyle\min_{\boldsymbol{y} \in \overline{D \cap Q_{1,k}}} f(\boldsymbol{y}), & \boldsymbol{x} \in D \cap Q_{1,k} \text{ für ein } k, \\ f_0(\boldsymbol{x}), & \boldsymbol{x} \in D \cap N_1. \end{cases}$$

Dann ist $f_1 \geq f_0$ auf D. Da jedes $D \cap Q_{1,k}$ als Schnitt messbarer, beschränkter Mengen selbst messbar und beschränkt ist, folgt $f_1 \in L(D \cap Q_{1,k})$ und somit auch $f_1 \in L(D)$.

Diese Konstruktion setzen wir rekursiv fort. Im j-ten Schritt erhalten wir eine Zerlegung von Q_0 in Würfel $Q_{j,1}, \dots, Q_{j,2^{nj}}$ der Kantenlänge $a/2^j$ und eine Nullmenge N_j. Analog zu f_1 definieren wir $f_j \in L(D)$ mit $f_j \geq f_{j-1}$ auf D.

Die Folge (f_j) konvergiert fast überall auf D gegen f. Ist nämlich $\boldsymbol{x} \in D$ derart, dass eine Folge (Q_{j,m_j}) existiert mit $\boldsymbol{x} \in \bigcap_{j=1}^{\infty} Q_{j,m_j}$, so konvergiert wegen der Stetigkeit von f auch $f_j(\boldsymbol{x}) \to f(\boldsymbol{x})$ $(j \to \infty)$. Hat $\boldsymbol{x} \in D$ nicht diese Eigenschaft, so gilt $\boldsymbol{x} \in \bigcup_{j=1}^{\infty} N_j$. Die abzählbare Vereinigung von Nullmengen ist aber wieder eine Nullmenge.

Schließlich gilt $f_j(\boldsymbol{x}) \leq f(\boldsymbol{x})$ für $\boldsymbol{x} \in D$ aufgrund der Konstruktion. Somit ist

$$\int_D f_j(\boldsymbol{x}) \, \mathrm{d}\boldsymbol{x} \leq \int_D \max_{\boldsymbol{y} \in \overline{D}} f(\boldsymbol{y}) \, \mathrm{d}\boldsymbol{x} \leq \mu(D) \max_{\boldsymbol{y} \in \overline{D}} f(\boldsymbol{y}).$$

Nach dem Satz von Beppo Levi gilt somit $f \in L(D)$.

Wir müssen noch den Fall behandeln, dass D unbeschränkt ist. Ohne Einschränkung können wir $f \geq 0$ voraussetzen. Wir bezeichnen mit B_R die offene Kugel um Null mit Radius R. Setzen wir

$$f_j(\boldsymbol{x}) = \begin{cases} f(\boldsymbol{x}), & \boldsymbol{x} \in D \cap B_R, \\ 0, & \text{sonst}, \end{cases}$$

so ist (f_j) eine monoton wachsende Folge, die auf D punktweise gegen f konvergiert. Nach dem ersten Teil des Beweises ist $f_j \in L(D \cap B_R)$ und damit auch $f_j \in L(D)$, da die Funktion auf dem Komplement verschwindet. Wie im Fall eines beschränkten D erhalten wir:

$$\int_D f_j(\boldsymbol{x}) \, \mathrm{d}\boldsymbol{x} \leq \mu(D) \max_{\boldsymbol{y} \in \overline{D}} f(\boldsymbol{y}).$$

Mit dem Satz von Beppo Levi folgt nun wieder $f \in L(D)$. $\blacksquare$

Kommentar: Ist D beschränkt, so folgt die Voraussetzung f beschränkt bereits daraus, dass f sich stetig auf $\overline{D}$ fortsetzen lässt. Im Falle eines unbeschränkten Integrationsbereichs D muss die Beschränktheit von f jedoch separat gefordert werden.

— **?** —

Geben Sie ein unbeschränktes D mit endlichem Maß sowie auf $\overline{D}$ stetige Funktionen f_1 und f_2 mit $f_1 \in L(D)$ und $f_2 \notin L(D)$. Geben Sie ferner ein messbares D mit unendlichem Maß und ein auf $\overline{D}$ stetiges $f_3 \in L(D)$ an.

Der für die Praxis wichtigste Fall ist der einer stetigen Funktion mit einem kompakten Definitionsbereich. Die Integrierbarkeit einer solchen Funktion ist ein Spezialfall des vorhergehenden Satzes.

Hintergrund und Ausblick: Das Lebesgue-Integral über messbare Mengen

Ein alternativer Zugang zum Lebesgue-Integral startet bei den messbaren Mengen. Das System aller messbaren Teilmengen des $\mathbb{R}^n$ hat eine reichhaltige Struktur. Auch für das hierauf definierte Lebesgue-Maß μ können schöne Eigenschaften bewiesen werden. Hiervon ausgehend können analog zu Treppenfunktionen *einfache Funktionen* als Grundbausteine von integrierbaren Funktionen definiert werden. In der *Maßtheorie* werden diese Dinge abstrahiert und sehr allgemeine Maß- und Integralbegriffe eingeführt. Diese bilden insbesondere die Grundlage der mathematischen Stochastik.

Für $n \in \mathbb{N}$ definieren wir das System

$$\mathcal{M}_n = \{M \subseteq \mathbb{R}^n \mid M \text{ ist messbar}\}.$$

Im Text haben wir die Abbildung $\mu \colon \mathcal{M}_n \to \mathbb{R}_{\geq 0} \cup \{\infty\}$ eingeführt und das **Lebesgue-Maß** auf $\mathbb{R}^n$ genannt.

In Verallgemeinerung des bereits Bewiesenen können folgende Eigenschaften von $\mathcal{M}_n$ gezeigt werden:

- $\mathbb{R}^n \in \mathcal{M}_n$,
- ist $M \in \mathcal{M}_n$, so ist auch $\mathbb{R}^n \setminus M \in \mathcal{M}_n$,
- sind $M_k \in \mathcal{M}_n$, $k \in \mathbb{N}$, so ist auch $\bigcup_{k=1}^{\infty} M_k \in \mathcal{M}_n$.

Sind Ω irgendeine nichtleere Menge und $\mathcal{M}$ eine Teilmenge der Potenzmenge von Ω mit diesen drei Eigenschaften, so nennt man $\mathcal{M}$ eine σ**-Algebra über** Ω.

Die lebesgue-messbaren Mengen des $\mathbb{R}^n$ unterscheiden sich höchstens um Nullmengen von den sogenannten **Borel-Mengen.** Diese bilden eine weitere σ-Algebra, die **Borel'sche** σ**-Algebra,** die z. B. dadurch charakterisiert werden kann, dass es sich um die kleinste σ-Algebra handelt, die alle offenen Teilmengen des $\mathbb{R}^n$ enthält.

Für das Maß μ haben wir folgende Eigenschaften bewiesen:

- $\mu(\emptyset) = 0$
- sind $M_k \in \mathcal{M}_n$, $k \in \mathbb{N}$, paarweise disjunkt, so gilt:

$$\mu\left(\bigcup_{k=1}^{\infty} M_k\right) = \sum_{k=1}^{\infty} \mu(M_k).$$

In der Maßtheorie nennt man eine auf einer σ-Algebra $\mathcal{M}$ über Ω definierte Funktion $m \colon \mathcal{M} \to [0, \infty]$ mit diesen beiden Eigenschaften ein **Maß.** Das Tripel $(\Omega, \mathcal{M}, m)$ wird **Maßraum** genannt.

Das Lebesgue-Maß kann nun folgendermaßen konstruiert werden: Man definiert zunächst, wie wir es getan haben, das Maß von Quadern und deren endlichen Vereinigungen. Mithilfe des tiefliegenden *Satzes von Caratheodory* kann man zeigen, dass es eine eindeutig bestimmte Fortsetzung von μ auf die Borel'sche σ-Algebra $\mathcal{M}_n$ gibt.

Ein Integralbegriff kann nun ganz abstrakt auf einem Maßraum $(\Omega, \mathcal{M}, m)$ eingeführt werden. Ganz analog zu den Treppenfunktionen definiert man *einfache Funktionen*: Diese sind auf endlich vielen Mengen aus $\mathcal{M}$ konstant und verschwinden außerhalb der Vereinigung diese Mengen. Integrierbare Funktionen erhält man, wiederum analog zu unserer Definition, durch monotone Approximation durch einfache Funktionen von unten und weiterhin durch Bildung von Differenzen solcher Funktionen. In der Stochastik arbeitet man hierbei etwa mit sogenannten *Wahrscheinlichkeitsmaßen.*

Angewandt auf das Tripel $(\mathbb{R}^n, \mathcal{M}_n, \mu)$ erhält man das Lebesgue'sche Gebietsintegral. Es ist dabei keineswegs leicht einzusehen, dass die mit beiden Zugängen erhaltenen Integralbegriffe äquivalent sind. Offensichtlich ist jede Treppenfunktion eine einfache Funktion, sodass der maßtheoretische Zugang zunächst allgemeiner erscheint. Der Schlüssel für den Nachweis der Äquivalenz liegt darin, dass man mit beiden Zugängen unabhängig voneinander den Satz von Beppo Levi beweisen kann.

Der maßtheoretische Zugang ist recht abstrakt und mathematisch sehr anspruchsvoll, sodass wir ihn in diesem Werk nicht verwendet haben. Der Vorteil liegt darin, dass er ganz auf dem Begriff des Maßraums aufbaut: Hat man einen Maßraum gefunden, erhält man sofort auch einen zugehörigen Integralbegriff. Dies ist die Stärke der Abstraktion.

Integrierbarkeit stetiger Funktionen auf kompakten Mengen

Sind $D \subseteq \mathbb{R}^n$ kompakt und $f \colon D \to \mathbb{R}$ stetig, so gilt $f \in L(D)$.

Insbesondere sind Polynome auf kompakten Mengen integrierbar, genauso rationale Funktionen und die elementaren Standardfunktionen, wenn die Integrationsbereiche keine Stellen enthalten, an denen diese Funktionen nicht definiert sind.

22.2 Die Berechnung von Gebietsintegralen

Wir haben zwar bereits viele theoretische Aussagen zu Gebietsintegralen gewonnen, aber noch keinen handlichen Weg kennengelernt, solche Integrale auszurechnen. Der Weg, approximierende Folgen von Treppenfunktionen zu definieren und einen Grenzübergang gemäß der Definition durchzuführen, ist theoretisch beschreitbar. Aber er ist viel zu umständlich, um für die Praxis tauglich zu sein.

Die wesentliche Problematik bei der Berechnung von Gebietsintegralen ist die recht komplizierte Gestalt, die ein Integrationsbereich haben kann. Je einfacher ein Integrationsbereich mathematisch zu beschreiben ist, umso leichter wird es uns fallen, den Wert von Integralen hierüber zu bestimmen. Dies ist eine neue Problematik, die durch die Mehrdimensionalität entsteht. Im eindimensionalen Fall sind die Integrationsbereiche stets Intervalle gewesen, die sich denkbar einfach beschreiben lassen.

Wir wenden uns daher zunächst der direkten Verallgemeinerung von Intervallen zu, den Quadern. Wir werden in diesem Abschnitt als zentrales Resultat vorstellen, dass die Integration über einen Quader zurückgeführt werden kann auf die sukzessive Integration über eindimensionale Intervalle. Man spricht hier von einem *iterierten Integral*.

Der Satz von Fubini führt Gebietsintegrale auf eindimensionale Integrale zurück

Beispiel Wir wollen auch für eine kompliziertere Funktion, aber noch stets definiert auf einem Rechteck, die iterierten Integrale berechnen. Dazu betrachten wir $R = (0, \pi/2) \times (0, \pi/2)$ und die Funktion $f : R \to \mathbb{R}$, die durch

$$f(\boldsymbol{x}) = \sin(x_1 + 2x_2), \quad \boldsymbol{x} = (x_1, x_2) \in R,$$

gegeben ist.

Zunächst berechnen wir

$$\int_0^{\pi/2} \int_0^{\pi/2} \sin(x_1 + 2x_2)\, \mathrm{d}x_2\, \mathrm{d}x_1$$
$$= \int_0^{\pi/2} \left[-\frac{1}{2} \cos(x_1 + 2x_2) \right]_{x_2=0}^{\pi/2} \mathrm{d}x_1$$
$$= \int_0^{\pi/2} \left(\frac{1}{2} \cos(x_1) - \frac{1}{2} \cos(x_1 + \pi) \right) \mathrm{d}x_1$$
$$= \int_0^{\pi/2} \cos(x_1)\, \mathrm{d}x_1$$
$$= 1.$$

Nun vertauschen wir die Reihenfolge,

$$\int_0^{\pi/2} \int_0^{\pi/2} \sin(x_1 + 2x_2)\, \mathrm{d}x_1\, \mathrm{d}x_2$$
$$= \int_0^{\pi/2} \left[-\cos(x_1 + 2x_2) \right]_{x_1=0}^{\pi/2} \mathrm{d}x_2$$
$$= \int_0^{\pi/2} \left(\cos(2x_2) - \cos\left(2x_2 + \frac{\pi}{2} \right) \right) \mathrm{d}x_2$$
$$= \left[\frac{1}{2} \sin(2x_2) - \frac{1}{2} \sin\left(2x_2 + \frac{\pi}{2} \right) \right]_0^{\pi/2}$$
$$= \frac{1}{2} \left(\sin(\pi) - \sin\left(\frac{3\pi}{2} \right) - \sin(0) + \sin\left(\frac{\pi}{2} \right) \right)$$
$$= 1.$$

Für beide iterierten Integrale erhalten wir dasselbe Ergebnis. ◄

Achtung: Bei iterierten Integralen muss man stets auf die korrekte Reihenfolge der Integralzeichen und der dazugehörigen Differenziale achten. Das innerste Integralzeichen und das innerste Differenzial gehören zusammen und so weiter schrittweise nach außen. Es handelt sich hierbei ganz einfach um ineinander geschachtelte herkömmliche eindimensionale Integrale.

Insbesondere bei vielen verschiedenen Variablen kann man leicht den Überblick darüber verlieren, welche Grenzen zu welcher Integrationsvariablen gehören. Um sich besser zurechtzufinden, kann man die entsprechende Variable bei den Grenzen dazuschreiben. Wir haben das im Beispiel nur bei den Stammfunktionen getan, aber oft ist es auch nützlich, dies bei den Integralzeichen selbst zu tun. Ein Beispiel ist:

$$\int_{x_1=0}^{\pi/2} \int_{x_2=0}^{\pi/2} \sin(x_1 + 2x_2)\, \mathrm{d}x_2\, \mathrm{d}x_1.$$

In der Physik ist es unter anderem aus diesem Grund üblich, das Differenzial direkt auf das Integralzeichen folgen zu lassen und dann erst den Integranden zu schreiben. Das sieht dann so aus:

$$\int_0^{\pi/2} \mathrm{d}x_1 \int_0^{\pi/2} \mathrm{d}x_2\, \sin(x_1 + 2x_2).$$

Wir haben im Beispiel für eine spezielle Funktion herausgefunden, dass sich bei einer unterschiedlichen Reihenfolge der Integrale im iterierten Integral der Wert nicht ändert. Außerdem stimmt dieser Wert, zumindest für Treppenfunktionen, mit dem Wert des Gebietsintegrals überein. Diese Aussage wollen wir jetzt allgemein für integrierbare Funktionen und auch für beliebige endliche Dimensionen beweisen.

Satz von Fubini

Sind $I \subseteq \mathbb{R}^p$ und $J \subseteq \mathbb{R}^q$ (möglicherweise unbeschränkte) Quader sowie $f \in L(Q)$ eine auf dem Quader $Q = I \times J \subseteq \mathbb{R}^{p+q}$ integrierbare Funktion, so gibt es Funktionen $g \in L(I)$ und $h \in L(J)$ mit

$$g(\boldsymbol{x}) = \int_J f(\boldsymbol{x}, \boldsymbol{y})\, \mathrm{d}\boldsymbol{y} \quad \text{für fast alle } \boldsymbol{x} \in I,$$
$$h(\boldsymbol{y}) = \int_I f(\boldsymbol{x}, \boldsymbol{y})\, \mathrm{d}\boldsymbol{x} \quad \text{für fast alle } \boldsymbol{y} \in J.$$

Ferner ist

$$\int_Q f(\boldsymbol{x}, \boldsymbol{y})\, \mathrm{d}(\boldsymbol{x}, \boldsymbol{y})$$
$$= \int_I \int_J f(\boldsymbol{x}, \boldsymbol{y})\, \mathrm{d}\boldsymbol{y}\, \mathrm{d}\boldsymbol{x} = \int_I g(\boldsymbol{x})\, \mathrm{d}\boldsymbol{x}$$
$$= \int_J \int_I f(\boldsymbol{x}, \boldsymbol{y})\, \mathrm{d}\boldsymbol{x}\, \mathrm{d}\boldsymbol{y} = \int_J h(\boldsymbol{y})\, \mathrm{d}\boldsymbol{y}.$$

Beweis: Es reicht aus, die Aussage für $f \in L^{\uparrow}(Q)$ zu zeigen. Für beliebiges $f \in L(Q)$ folgt sie dann direkt mit einer Darstellung $f = f_1 - f_2$ mit $f_1, f_2 \in L^{\uparrow}(Q)$.

Sei nun (φ_k) eine monoton wachsende Folge von Treppenfunktionen, die fast überall auf Q gegen f konvergiert. Wir setzen:

$$\psi_k(\boldsymbol{y}) = \int_I \varphi_k(\boldsymbol{x}, \boldsymbol{y})\, \mathrm{d}\boldsymbol{x}, \quad \boldsymbol{y} \in J\,.$$

Aus der Definition des Gebietsintegrals für Treppenfunktionen ergibt sich (siehe dazu Aufgabe 22.2 (b)):

$$\int_J \psi_k(\boldsymbol{y})\, \mathrm{d}\boldsymbol{y} = \int_Q \varphi_k(\boldsymbol{x}, \boldsymbol{y})\, \mathrm{d}(\boldsymbol{x}, \boldsymbol{y})\,.$$

Aus der Monotonie der (φ_k) und der Monotonieeigenschaft des Integrals ergibt sich, dass auch die Folge (ψ_k) monoton wachsend ist. Außerdem ist nach der eben gezeigten Gleichheit die Folge der Integrale über die ψ_k beschränkt. Nach dem Satz von Beppo Levi konvergiert somit (ψ_k) fast überall gegen ein $h \in L(J)$.

Als nächstes ist zu zeigen, dass die Formel für h aus der Behauptung gilt. Dazu setzen wir:

$$M = \big\{(\boldsymbol{x}, \boldsymbol{y}) \in Q \mid (\varphi_n(\boldsymbol{x}, \boldsymbol{y}))\ \text{konvergiert}$$
$$\text{nicht gegen}\ f(\boldsymbol{x}, \boldsymbol{y})\big\}\,.$$

M ist eine Nullmenge. Nach dem Lemma von Seite 924 ist somit auch der Schnitt

$$\tilde{M}_{\boldsymbol{y}} = \{\boldsymbol{x} \in I \mid (\boldsymbol{x}, \boldsymbol{y}) \in M\}$$

für fast alle $\boldsymbol{y} \in J$ eine Nullmenge.

Nun wählen wir ein $\hat{\boldsymbol{y}} \in J$ aus, welches folgende beiden Eigenschaften hat: $\tilde{M}_{\hat{\boldsymbol{y}}}$ ist eine Nullmenge, und $(\psi_k(\hat{\boldsymbol{y}}))$ konvergiert gegen $h(\hat{\boldsymbol{y}})$. Da beide Eigenschaften nur auf einer Nullmenge nicht gelten, haben fast alle Punkte aus J diese beiden Eigenschaften.

Ist nun $\boldsymbol{x} \in I \setminus \tilde{M}_{\hat{\boldsymbol{y}}}$, so ist $(\boldsymbol{x}, \hat{\boldsymbol{y}}) \in Q \setminus M$ und daher ist

$$\lim_{k \to \infty} \varphi_k(\boldsymbol{x}, \hat{\boldsymbol{y}}) = f(\boldsymbol{x}, \hat{\boldsymbol{y}})\,.$$

Ferner gilt:

$$\lim_{k \to \infty} \int_I \varphi_k(\boldsymbol{x}, \hat{\boldsymbol{y}})\, \mathrm{d}\boldsymbol{x} = \lim_{k \to \infty} \psi_k(\hat{\boldsymbol{y}}) = h(\hat{\boldsymbol{y}})\,.$$

Somit ist die Folge der Integrale über $\varphi_k(\cdot, \hat{\boldsymbol{y}})$ beschränkt. Da $\tilde{M}_{\hat{\boldsymbol{y}}}$ eine Nullmenge ist, konvergiert die Folge $(\varphi_k(\cdot, \hat{\boldsymbol{y}}))$ fast überall auf I monoton gegen $f(\cdot, \hat{\boldsymbol{y}})$. Nach dem Satz von Beppo Levi folgt:

$$h(\hat{\boldsymbol{y}}) = \lim_{k \to \infty} \int_I \varphi_k(\boldsymbol{x}, \hat{\boldsymbol{y}})\, \mathrm{d}\boldsymbol{x} = \int_I f(\boldsymbol{x}, \hat{\boldsymbol{y}})\, \mathrm{d}\boldsymbol{x}\,.$$

Dies gilt nach Wahl von $\hat{\boldsymbol{y}}$ für fast alle $\hat{\boldsymbol{y}} \in J$.

Nun zeigen wir noch, dass das Gebietsintegral gleich dem iterierten Integral ist. Nach dem oben gezeigten ist

$$\lim_{k \to \infty} \int_J \psi_k(\boldsymbol{y})\, \mathrm{d}\boldsymbol{y} = \int_J h(\boldsymbol{y})\, \mathrm{d}\boldsymbol{y} = \int_J \int_I f(\boldsymbol{x}, \boldsymbol{y})\, \mathrm{d}\boldsymbol{x}\, \mathrm{d}\boldsymbol{y}\,.$$

Andererseits ist

$$\int_J \psi_k(\boldsymbol{y})\, \mathrm{d}\boldsymbol{y} = \int_Q \varphi_k(\boldsymbol{x}, \boldsymbol{y})\, \mathrm{d}(\boldsymbol{x}, \boldsymbol{y}) \to \int_Q f(\boldsymbol{x}, \boldsymbol{y})\, \mathrm{d}(\boldsymbol{x}, \boldsymbol{y})$$

für k gegen unendlich.

Für die andere Integrationsreihenfolge argumentiert man ganz analog. $\blacksquare$

Beispiel   Das dreidimensionale Gebietsintegral

$$\int_D \frac{x_1\,(x_1 + x_3)}{1 + x_2^2}\, \mathrm{d}\boldsymbol{x}$$

über $D = (0, 1) \times (0, 1) \times (0, 1)$ soll berechnet werden. Der Integrand ist eine auf dem Abschluss von D stetige beschränkte Funktion und daher auch integrierbar. Der Satz von Fubini darf also angewandt werden:

$$\int_D \frac{x_1\,(x_1 + x_3)}{1 + x_2^2}\, \mathrm{d}\boldsymbol{x}$$
$$= \int_0^1 \int_0^1 \int_0^1 \frac{x_1\,(x_1 + x_3)}{1 + x_2^2}\, \mathrm{d}x_2\, \mathrm{d}x_3\, \mathrm{d}x_1$$
$$= \int_0^1 \int_0^1 \left[x_1\,(x_1 + x_3)\, \arctan x_2\right]_{x_2=0}^{1}\, \mathrm{d}x_3\, \mathrm{d}x_1$$
$$= \frac{\pi}{4} \int_0^1 \left[x_1^2\, x_3 + \frac{1}{2}\, x_1\, x_3^2\right]_{x_3=0}^{1}\, \mathrm{d}x_1$$
$$= \frac{\pi}{4} \int_0^1 \left(x_1^2 + \frac{1}{2}\, x_1\right)\, \mathrm{d}x_1$$
$$= \frac{\pi}{4} \left[\frac{1}{3}\, x_1^3 + \frac{1}{4}\, x_1^2\right]_0^1 = \frac{7\,\pi}{48}\,. \quad \blacktriangleleft$$

Achtung: Die Umkehrung des Satzes von Fubini gilt nicht. Man darf also aus der Existenz eines iterierten Integrals nicht darauf schließen, dass man die Integrationsreihenfolge vertauschen kann, ohne dass sich der Wert des Integrals ändert. Dieser Schluss ist nur zulässig, wenn die Funktion f über dem Quader Q integrierbar ist. Das Beispiel auf Seite 931 zeigt dies.

----- **?** -----

Falls eines der folgenden Integrale existiert, welche Aussage können Sie über die Existenz der anderen beiden Integrale treffen?

$$\text{(a)} \quad \int_{[0,1]^2} f(x, y)\, \mathrm{d}(x, y)$$
$$\text{(b)} \quad \int_0^1 \int_0^1 f(x, y)\, \mathrm{d}x\, \mathrm{d}y$$
$$\text{(c)} \quad \int_0^1 \int_0^1 f(x, y)\, \mathrm{d}y\, \mathrm{d}x$$

Der Satz von Fubini garantiert uns, sofern die Funktion f integrierbar ist, dass alle Funktionen, die im iterierten Integral auftauchen, integrierbar sind und dass die Integrationsreihenfolge beliebig ist. Dies bedeutet jedoch nicht, dass man immer rechnerisch mit einer beliebigen Reihenfolge zum Ziel kommt. Es gibt Fälle, bei denen nur eine bestimmte Integrationsreihenfolge zum Ziel führt.

Beispiel: Die Integrationsreihenfolge im iterierten Integral ist nicht beliebig

Es sollen die beiden iterierten Integrale

$$\int_0^1 \int_0^1 \frac{x_1 - x_2}{(x_1 + x_2)^3}\, dx_1\, dx_2 \quad \text{und} \quad \int_0^1 \int_0^1 \frac{x_1 - x_2}{(x_1 + x_2)^3}\, dx_2\, dx_1$$

berechnet werden. Darf der Satz von Fubini angewandt werden?

Problemanalyse und Strategie: Man muss nur eines der iterierten Integrale berechnen, da sich der Wert des anderen durch eine Symmetrieüberlegung ergibt. Wir bestimmen zunächst den Wert des inneren Integrals durch partielle Integration. Das äußere Integral kann dann direkt berechnet werden.

Lösung:

Wir betrachten zunächst nur das innere Integral für ein festes $x_2 \in (0, 1)$. Mit partieller Integration, wobei wir als Stammfunktion $x_1 - x_2$ und als Ableitung $(x_1 + x_2)^{-3}$ wählen, erhalten wir:

$$\int_0^1 \frac{x_1 - x_2}{(x_1 + x_2)^3}\, dx_1$$
$$= \left[-\frac{1}{2}\frac{x_1 - x_2}{(x_1 + x_2)^2}\right]_{x_1 = 0}^1 + \frac{1}{2}\int_0^1 \frac{1}{(x_1 + x_2)^2}\, dx_1\,.$$

Mit

$$\int_0^1 \frac{1}{(x_1 + x_2)^2}\, dx_1 = \left[-\frac{1}{x_1 + x_2}\right]_{x_1 = 0}^1\,,$$

ergibt sich:

$$\int_0^1 \frac{x_1 - x_2}{(x_1 + x_2)^3}\, dx_1 = \left[\frac{-x_1}{(x_1 + x_2)^2}\right]_{x_1 = 0}^1 = \frac{-1}{(1 + x_2)^2}\,.$$

Den Wert des iterierten Integrals zu bestimmen, ist jetzt nicht mehr schwer:

$$\int_0^1 \int_0^1 \frac{x_1 - x_2}{(x_1 + x_2)^3}\, dx_1\, dx_2$$
$$= \int_0^1 \frac{-1}{(1 + x_2)^2}\, dx_2$$
$$= \left[\frac{1}{1 + x_2}\right]_0^1 = -\frac{1}{2}\,.$$

Um den Wert des zweiten Integrals zu bestimmen, nutzen wir die Symmetrie aus. Es ist:

$$\int_0^1 \int_0^1 \frac{x_1 - x_2}{(x_1 + x_2)^3}\, dx_2\, dx_1$$
$$= -\int_0^1 \int_0^1 \frac{x_2 - x_1}{(x_1 + x_2)^3}\, dx_2\, dx_1\,.$$

Nun benennen wir die Integrationsvariablen um und schreiben y_1 für x_2 sowie y_2 für x_1. Es ergibt sich:

$$\int_0^1 \int_0^1 \frac{x_1 - x_2}{(x_1 + x_2)^3}\, dx_2\, dx_1$$
$$= -\int_0^1 \int_0^1 \frac{y_1 - y_2}{(y_2 + y_1)^3}\, dy_1\, dy_2\,.$$

Rechts steht nun aber genau das iterierte Integral, das wir eben berechnet haben. Also folgt:

$$\int_0^1 \int_0^1 \frac{x_1 - x_2}{(x_1 + x_2)^3}\, dx_2\, dx_1 = \frac{1}{2}\,.$$

In beiden Fällen existiert hier das iterierte Integral, aber der Wert hängt von der Integrationsreihenfolge ab.

Kommentar: Im Fall dieses Beispiels kann der Satz von Fubini nicht angewandt werden. Die Singularität der Funktion

$$f(\boldsymbol{x}) = \frac{x_1 - x_2}{(x_1 + x_2)^3}\,, \quad \boldsymbol{x} \neq \boldsymbol{0}\,,$$

für $\boldsymbol{x} \to \boldsymbol{0}$ ist so stark, dass f keine integrierbare Funktion auf dem Quadrat $(0, 1) \times (0, 1)$ ist. Die Voraussetzungen des Satzes von Fubini sind hier verletzt.

Beispiel Für $R = (0, 1) \times (0, 1)$ definieren wir die Funktion $f : R \to \mathbb{R}$ durch

$$f(\boldsymbol{x}) = \begin{cases} e^{x_2^2}, & x_1 < x_2\,, \\ 0\,, & x_1 \geq x_2\,. \end{cases}$$

Der Graph der Funktion ist in Abbildung 22.3 dargestellt.

Nach dem Satz von Fubini ist

$$\int_R f(\boldsymbol{x})\, d\boldsymbol{x} = \int_0^1 \int_0^1 f(\boldsymbol{x})\, dx_2\, dx_1\,.$$

Aber damit kommen wir nicht weiter, denn das innere Integral ist

$$\int_0^1 f(\boldsymbol{x})\, dx_2 = \int_{x_1}^1 e^{x_2^2}\, dx_2\,.$$

Dies folgt aus der Tatsache, dass für festes x_1 und $x_2 \in (0, x_1)$ die Funktion $f(x_1, x_2) = 0$ ist. Da sich keine explizite Formel für eine Stammfunktion von $\exp(t^2)$ angeben lässt, können wir so nicht weiterrechnen.

Vertauschen wir aber die Integrationsreihenfolge, so ergibt sich:

$$\int_R f(x)\, dx = \int_0^1 \int_0^1 f(x)\, dx_1\, dx_2$$
$$= \int_0^1 \int_0^{x_2} e^{x_2^2}\, dx_1\, dx_2\,,$$

denn für festes x_2 ist $f(x_1, x_2) = 0$ für $x_1 \in (x_2, 1)$.

Da der Integrand nicht von x_1 abhängt, kann es aus dem inneren Integral herausgezogen werden. Damit folgt:

$$\int_R f(x)\, dx = \int_0^1 e^{x_2^2} \int_0^{x_2} dx_1\, dx_2$$
$$= \int_0^1 x_2\, e^{x_2^2}\, dx_2\,.$$

Mit der Substitution $t = x_2^2$ lässt sich der Wert dieses Integrals nun sofort berechnen. Es ergibt sich:

$$\int_R f(x)\, dx = \frac{1}{2} \int_0^1 e^t\, dt = \frac{e-1}{2}\,. \qquad \blacktriangleleft$$

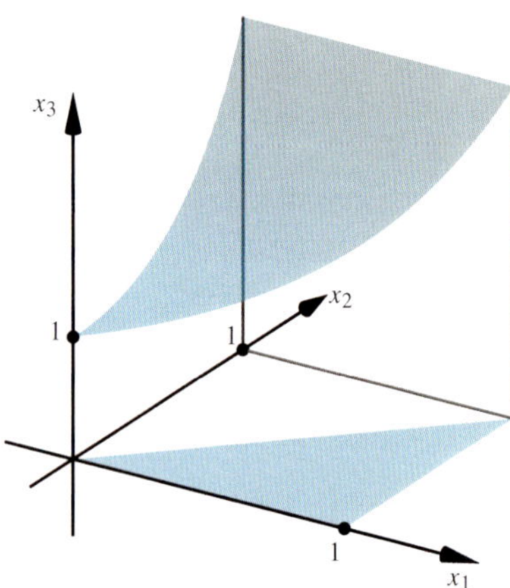

Abbildung 22.3 Der Graph der Funktion f mit $f(x) = e^{x_2^2}$ für $x_1 < x_2$ und $f(x) = 0$ sonst.

Beachten Sie, worin das Problem bei diesem Beispiel liegt: Die Integrale existieren sehr wohl und besitzen auch einen Wert, egal wie wir die Integrationsreihenfolge wählen. Aber da wir in einem Fall keine Stammfunktion angeben können, kommen wir rechnerisch nicht weiter.

Mit dem Satz von Tonelli lässt sich aus der Existenz der iterierten Integrale auf das Gebietsintegral schließen

Die wesentliche Voraussetzung im Satz von Fubini, dass die Funktion f auf Q integrierbar ist, lässt sich oft schwerer

überprüfen als die Existenz der iterierten Integrale. Andererseits zeigt das Beispiel auf Seite 931, dass man aus der Existenz der iterierten Integrale allein eben nicht auf die Existenz des Gebietsintegrals schließen kann. Insofern liegt die Frage nahe, ob dies unter stärkeren zusätzlichen Annahmen möglich ist. Der folgende Satz zeigt, dass dazu zum Beispiel ausreichend ist, dass f messbar ist und keine negativen Werte annimmt.

Satz von Tonelli

Sind $I \subseteq \mathbb{R}^p$ und $J \subseteq \mathbb{R}^q$ (möglicherweise unbeschränkte) Quader sowie f eine auf dem Quader $Q = I \times J \subseteq \mathbb{R}^{p+q}$ messbare Funktion mit $f \geq 0$, und existiert eines der iterierten Integrale

$$\int_I \int_J f(x, y)\, dy\, dx\,, \qquad \int_J \int_I f(x, y)\, dx\, dy\,,$$

so ist $f \in L(Q)$, und es gilt

$$\int_Q f(x, y)\, d(x, y) = \int_I \int_J f(x, y)\, dy\, dx$$
$$= \int_J \int_I f(x, y)\, dx\, dy\,.$$

Beweis: Wir setzen $Q_n = (-n, n)^{p+q}$ und definieren $g_n = \min(f, n\mathbf{1}_{Q_n})$. Dann ist (g_n) eine monoton wachsende Folge messbarer Funktionen, die fast überall auf Q gegen f konvergiert.

Wir zeigen zunächst, dass die g_n sogar integrierbar sind. Sei dazu $(\varphi_{n,k})_k$ eine Folge von nicht-negativen Treppenfunktionen, die fast überall auf Q gegen g_n konvergiert. Setze $\psi_{n,k} = \min(\varphi_{n,k}, n\mathbf{1}_{Q_n})$. Für jedes $z \in Q_n \cap Q$ mit $\varphi_{n,k}(z) \to g_n(z)$ $(k \to \infty)$ gilt nun:

(i) Ist $\varphi_{n,k}(z) \geq n$ für unendlich viele k, so ist

$$g_n(z) = \lim_{k \to \infty} \varphi_{n,k}(z) \geq n \geq g_n(z)\,.$$

Somit ist $\lim_{k \to \infty} \psi_{n,k}(z) = \lim_{k \to \infty} \varphi_{n,k}(z) = g_n(z)$.

(ii) Ist $\varphi_{n,k}(z) < n$ für fast alle k, so ist $\psi_{n,k}(z) = \varphi_{n,k}(z)$ für fast alle k, und es folgt ebenfalls $\lim_{k \to \infty} \psi_{n,k}(z) = g_n(z)$.

Somit gilt $\lim_{k \to \infty} \psi_{n,k}(z) = g_n(z)$ für fast alle $z \in Q \cap Q_n$. Die $\psi_{n,k}$ werden durch die integrierbare Funktion $n\mathbf{1}_{Q_n}$ majorisiert. Auf $Q \setminus Q_n$ ist $g_n \equiv 0$. Mit dem Lebesgue'schen Konvergenzsatz folgt also, dass $g_n \in L(Q)$.

Wir nehmen ohne Einschränkung an, dass das erste der beiden iterierten Integrale über f existiert. Mit dem Satz von Fubini und der Definition von g_n erhalten wir

$$\int_Q g_n(x, y)\, d(x, y) = \int_I \int_J g_n(x, y)\, dy\, dx$$
$$\leq \int_I \int_J f(x, y)\, dy\, dx\,.$$

Somit können wir den Satz von Beppo Levi auf die Folge (g_n) anwenden und erhalten, dass $f \in L(Q)$ ist. Die restliche Behauptung ergibt sich nun durch eine erneute Anwendung des Satzes von Fubini.   ∎

?

An welchen Stellen geht im Beweis ein, dass f keine negativen Werte annimmt?

Liegt eine Funktion f vor, die auch negative Werte annimmt, so kann der Satz von Tonelli auf den Betrag von f angewandt werden. Damit erhält man wieder die Integrierbarkeit von f und kann den Satz von Fubini anwenden. Auch diese Aussage formulieren wir aus:

Folgerung

Sind $I \subseteq \mathbb{R}^p$ und $J \subseteq \mathbb{R}^q$ (möglicherweise unbeschränkte) Quader sowie f eine auf dem Quader $Q = I \times J \subseteq \mathbb{R}^{p+q}$ messbare Funktion, und existiert eines der iterierten Integrale

$$\int_I \int_J |f(\boldsymbol{x}, \boldsymbol{y})| \, \mathrm{d}\boldsymbol{y} \, \mathrm{d}\boldsymbol{x}, \qquad \int_J \int_I |f(\boldsymbol{x}, \boldsymbol{y})| \, \mathrm{d}\boldsymbol{x} \, \mathrm{d}\boldsymbol{y},$$

so ist $f \in L(Q)$, und es gilt

$$\int_Q f(\boldsymbol{x}, \boldsymbol{y}) \, \mathrm{d}(\boldsymbol{x}, \boldsymbol{y}) = \int_I \int_J f(\boldsymbol{x}, \boldsymbol{y}) \, \mathrm{d}\boldsymbol{y} \, \mathrm{d}\boldsymbol{x}$$
$$= \int_J \int_I f(\boldsymbol{x}, \boldsymbol{y}) \, \mathrm{d}\boldsymbol{x} \, \mathrm{d}\boldsymbol{y}.$$

Beispiel   Betrachte $f, g \in L(\mathbb{R})$. Dann existiert das iterierte Integral

$$\int_{-\infty}^{\infty} \int_{-\infty}^{\infty} |f(x-y)\, g(y)| \, \mathrm{d}x \, \mathrm{d}y = \int_{-\infty}^{\infty} |f(x)| \, \mathrm{d}x \int_{-\infty}^{\infty} |g(y)| \, \mathrm{d}y .$$

Nach dem Satz von Tonelli ist also $f(x - y)\, g(y)$ auf $\mathbb{R}^2$ integrierbar. Insbesondere ist durch

$$h(x) = \int_{-\infty}^{\infty} f(x - y)\, g(y) \, \mathrm{d}y$$

eine auf $\mathbb{R}$ integrierbare Funktion definiert. Man nennt h auch die **Faltung** von f und g und schreibt $h = f * g$.

Auch Integrale über Normalbereiche lassen sich als iterierte Integrale berechnen

Im vorletzten Beispiel haben wir im Prinzip schon ein Gebietsintegral für eine Funktion berechnet, die nicht auf einem Quader definiert ist. Denn statt f auf $R = (0, 1) \times (0, 1)$ zu bestimmen, könnten wir den Definitionsbereich auf die

Menge einschränken, auf der f nicht identisch verschwindet, den interessanten Teil sozusagen. Das ist

$$D = \{\boldsymbol{x} = (x_1, x_2)^\top \in R \mid x_1 < x_2\} .$$

Diese Menge ist das Dreieck mit den Eckpunkten $(0, 0)$, $(1, 0)$ und $(0, 1)$.

Vom entgegengesetzten Standpunkt aus betrachtet, zeigt das Beispiel auch, wie man bei einem komplizierteren Gebiet vorgehen kann. Findet man einen Quader Q, der den Definitionsbereich D der Funktion umfasst, so setzt man die Funktion auf $Q \setminus D$ durch 0 fort. Das Integral über Q kann dann mit dem Satz von Fubini als iteriertes Integral bestimmt werden.

In der Praxis verzichtet man meist darauf, Q explizit anzugeben. Stattdessen schreibt man ein iteriertes Integral auf, bei dem die Grenzen der inneren Integrale von den äußeren Integrationsvariablen abhängig sind. Für das Beispiel von Seite 931 sind dies die Ausdrücke

$$\int_R f(\boldsymbol{x}) \, \mathrm{d}\boldsymbol{x} = \int_0^1 \int_{x_1}^1 \mathrm{e}^{x_2^2} \, \mathrm{d}x_2 \, \mathrm{d}x_1 = \int_0^1 \int_0^{x_2} \mathrm{e}^{x_2^2} \, \mathrm{d}x_1 \, \mathrm{d}x_2 .$$

Die Abbildung 22.4 verdeutlicht dabei, wie die Abhängigkeit der Integrationsgrenzen für dieses Beispiel zustande kommen.

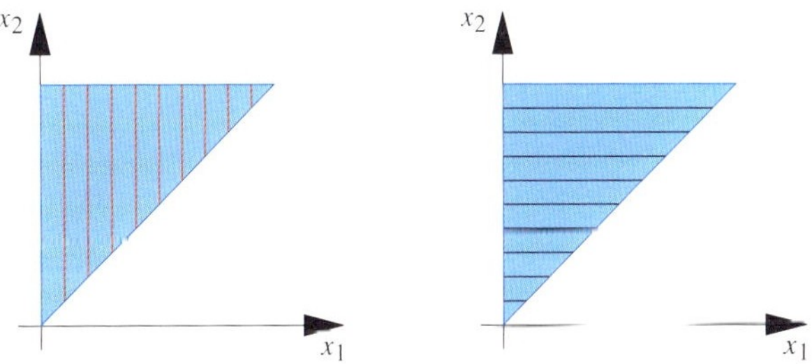

Abbildung 22.4 Integration über ein Dreieck mit unterschiedlicher Integrationsreihenfolge. Die farbigen Linien stellen die Integrationsbereiche der jeweils inneren Integrale dar. Links wird im inneren Integral über x_2, rechts über x_1 integriert.

Nicht für alle Arten von Gebieten ist dieses Vorgehen allerdings sinnvoll. Die Abbildungen zeigen zwei Beispiele. In Abbildung 22.5 ergibt sich für jedes feste x_1 ein Intervall als Integrationsbereich für x_2. In Abbildung 22.6 ist dies nicht der Fall. Es entstehen kompliziertere Integrationsbereiche, nämlich Vereinigungen mehrerer Intervalle.

Beachten Sie auch, dass die Situation in der Abbildung nicht unabhängig von der Integrationsreihenfolge ist: Für ein festes x_2 kann auch in dem Beispiel in Abbildung 22.5 ein Integrationsbereich entstehen, der kein Intervall mehr ist. Es wird also darauf ankommen, die einzelnen Koordinaten in eine sinnvolle Reihenfolge zu bringen.

Um die Darstellung einfach zu halten, werden wir trotzdem zunächst nur mit der natürlichen Reihenfolge der Koordinaten arbeiten. Wir nennen ein Gebiet $D \subseteq \mathbb{R}^n$ einen **Normalbereich,** falls für jedes j und für festes $x_1, \ldots, x_{j-1}$ die

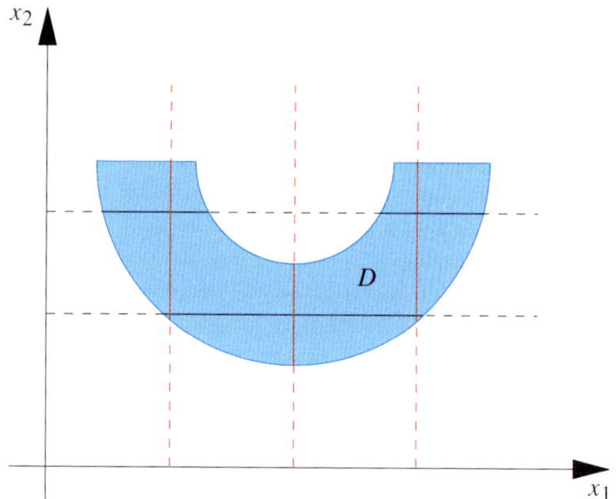

Abbildung 22.5 Bei der Integration über D ergibt sich für jedes x_1 ein Intervall als Integrationsgebiet für x_2 (rote Strecken). Dies ist bei der Umkehrung der Integrationsreihenfolge nicht der Fall: Für manche x_2 entsteht kein Intervall als Integrationsgebiet für x_1 (schwarze Strecken).

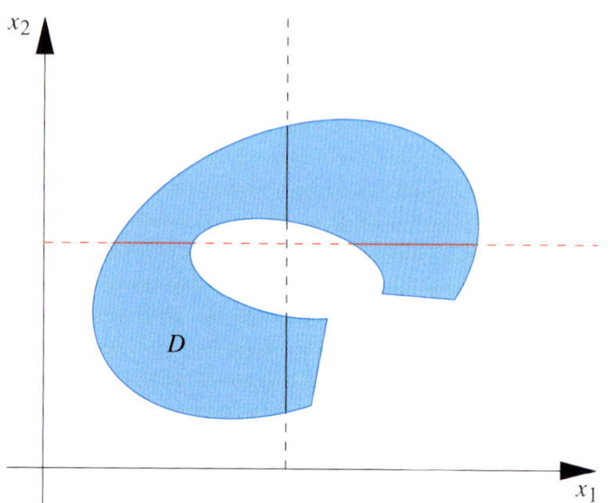

Abbildung 22.6 Weder für jedes x_1 noch für jedes x_2 ergibt sich bei der Integration über D ein Intervall als Integrationsgebiet für die jeweils andere Koordinate.

Menge

$$\{t \mid \text{es gibt } x_{j+1}, \ldots, x_n \text{ mit}$$
$$(x_1, \ldots, x_{j-1}, t, x_{j+1}, \ldots, x_n)^\top \in D\}$$

ein Intervall oder die leere Menge ist. Man kann dies auch so ausdrücken: Es gibt ein Intervall I und Funktionen $g_j, h_j \colon \mathbb{R}^j \to \mathbb{R}$, $j = 1, \ldots, n-1$, sodass

$$D = \{\boldsymbol{x} \in \mathbb{R}^n \mid x_1 \in I,$$
$$g_1(x_1) \le x_2 \le h_1(x_1),$$
$$g_2(x_1, x_2) \le x_3 \le h_2(x_1, x_2), \tag{22.1}$$
$$\ldots,$$
$$g_{n-1}(x_1, \ldots, x_{n-1}) \le x_n \le h_{n-1}(x_1, \ldots, x_{n-1})\}.$$

Wie schon angesprochen, kann diese Bedingung für eine gewisse Reihenfolge der Koordinaten erfüllt sein, für eine andere verletzt. Korrekter nennen wir ein Gebiet einen **Normalbereich**, wenn die Darstellung (22.1) für irgendeine Reihenfolge der Koordinaten richtig ist.

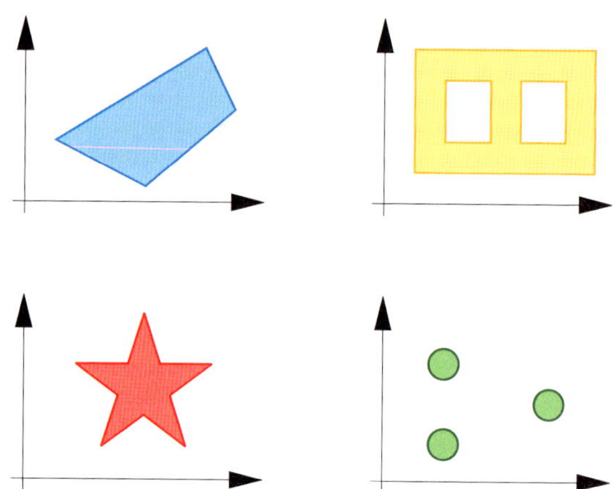

Abbildung 22.7 Welche der dargestellten Mengen sind Normalbereiche?

?

Welche der in Abbildung 22.7 dargestellten Mengen sind Normalbereiche?

Beispiel Wir betrachten die Menge

$$D = \{\boldsymbol{x} \in \mathbb{R}^2 \mid x_1 > 0, \, 1 < x_1^2 + x_2^2 < 4\} \subseteq \mathbb{R}^2.$$

Es handelt sich um die rechte Hälfte eines Kreisrings mit innerem Radius 1 und äußerem Radius 2 (siehe Abb. 22.8).

Bezüglich der ursprünglichen Reihenfolge der Koordinaten ist die Bedingung von oben nicht erfüllt, denn für $x_1 = \frac{1}{2}$ ist

$$\{t \mid (x_1, t)^\top \in D\} = \left(-\frac{\sqrt{15}}{2}, -\frac{\sqrt{3}}{2}\right) \cup \left(\frac{\sqrt{3}}{2}, \frac{\sqrt{15}}{2}\right),$$

und dies ist kein Intervall. Auch dies ist in der Abbildung 22.8 angedeutet. In der umgekehrten Reihenfolge ist dies jedoch sehr wohl der Fall. Wir benutzen dazu die zweite Charakterisierung und geben Funktionen $g, h \colon \mathbb{R} \to \mathbb{R}$ an:

$$g(x_2) = \begin{cases} \sqrt{1 - x_1^2}, & -1 < x_1 < 1, \\ 0, & \text{sonst}, \end{cases}$$

$$h(x_2) = \begin{cases} \sqrt{4 - x_1^2}, & -2 < x_1 < 2, \\ 0, & \text{sonst}. \end{cases}$$

Dann ist:

$$D = \{\boldsymbol{x} \in \mathbb{R}^2 \mid x_2 \in (-2, 2), \, g(x_2) < x_1 < h(x_2)\}. \quad \blacktriangleleft$$

Bezüglich eines Normalbereichs können wir nun das Gebietsintegral genauso ausrechnen, wie für einen Quader: Wir schreiben die Integration als eine sukzessive Folge von eindimensionalen Integralen, also als iteriertes Integral. Allerdings, und dies ist der große Unterschied, ist die Integrationsreihenfolge nun keineswegs egal, sondern entspricht genau

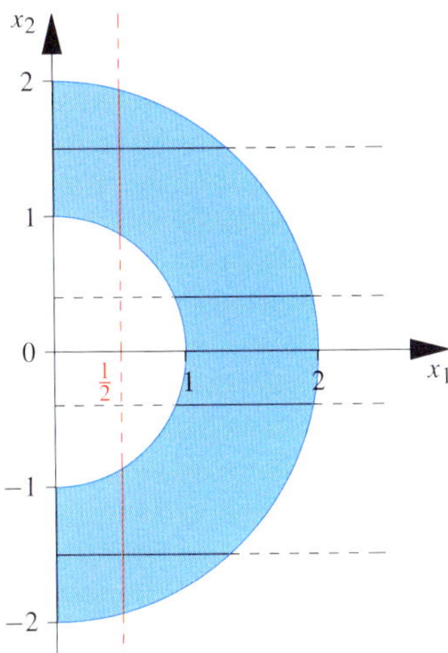

Abbildung 22.8 Das Gebiet D aus dem Beispiel ist die rechte Hälfte eines Kreisrings mit innerem Radius 1 und äußerem Radius 2. Es handelt sich um ein Normalgebiet. Man muss zuerst über x_1, dann über x_2 integrieren. ◄

der Reihenfolge der Koordinaten aus der Definition des Normalbereichs.

Integration über einen Normalbereich

Das Gebiet $D \subset \mathbb{R}^n$ soll bezüglich der natürlichen Reihenfolge der Koordinaten ein Normalbereich mit Darstellung (22.1) und die Funktion $f : D \to \mathbb{R}$ integrierbar sein. Dann ist

$$\int_D f(\boldsymbol{x}) \, \mathrm{d}\boldsymbol{x}$$
$$= \int_I \int_{g_1(x_1)}^{h_1(x_1)} \cdots \int_{g_{n-1}(x_1,\ldots,x_{n-1})}^{h_{n-1}(x_1,\ldots,x_{n-1})} f(\boldsymbol{x}) \, \mathrm{d}x_n \cdots \mathrm{d}x_2 \, \mathrm{d}x_1 \, .$$

Für jede andere Reihenfolge der Koordinaten gilt die Aussage sinngemäß.

Beweis: Wir setzen f auf $\mathbb{R}^n \setminus D$ durch null fort. Dann wenden wir den Satz von Fubini auf $f \in L(\mathbb{R}^n)$ mit der entsprechenden Reihenfolge der Koordinaten an. ∎

Beispiel Wir betrachten die Funktion $f : D \to \mathbb{R}$ mit

$$D = \{\boldsymbol{x} \in \mathbb{R}^2 \mid x_1 > 0, \, 1 < x_1^2 + x_2^2 < 4\} \subseteq \mathbb{R}^2$$

und

$$f(\boldsymbol{x}) = x_1 \, (x_1^2 + x_2), \quad \boldsymbol{x} \in D \, .$$

Das Gebiet ist genau der halbe Kreisring aus dem letzten Beispiel. Wir können das Gebietsintegral daher als iteriertes Integral berechnen:

$$\int_D f(\boldsymbol{x}) \, \mathrm{d}\boldsymbol{x} = \int_{-2}^{2} \int_{g(x_2)}^{h(x_2)} x_1 \, (x_1^2 + x_2) \, \mathrm{d}x_1 \, \mathrm{d}x_2 \, .$$

Die Definition der Funktionen g und h aus dem letzten Beispiel macht es notwendig, das äußere Integral aufzuspalten:

$$\int_D f(\boldsymbol{x}) \, \mathrm{d}\boldsymbol{x} = \int_{-2}^{-1} \int_{0}^{\sqrt{4-x_2^2}} x_1 \, (x_1^2 + x_2) \, \mathrm{d}x_1 \, \mathrm{d}x_2$$

$$+ \int_{-1}^{1} \int_{\sqrt{1-x_2^2}}^{\sqrt{4-x_2^2}} x_1 \, (x_1^2 + x_2) \, \mathrm{d}x_1 \, \mathrm{d}x_2$$

$$+ \int_{1}^{2} \int_{0}^{\sqrt{4-x_2^2}} x_1 \, (x_1^2 + x_2) \, \mathrm{d}x_1 \, \mathrm{d}x_2 \, .$$

Es ergibt sich:

$$\int_{0}^{\sqrt{4-x_2^2}} x_1 \, (x_1^2 + x_2) \, \mathrm{d}x_1 = \left[\frac{1}{4} x_1^4 + \frac{1}{2} x_1^2 x_2 \right]_{x_1=0}^{\sqrt{4-x_2^2}}$$

$$= \frac{1}{4} (4 - x_2^2)^2 + \frac{1}{2} (4 - x_2^2) \, x_2$$

$$= 4 + 2x_2 - 2x_2^2 - \frac{1}{2} x_2^3 + \frac{1}{4} x_2^4$$

und analog

$$\int_{\sqrt{1-x_2^2}}^{\sqrt{4-x_2^2}} x_1 \, (x_1^2 + x_2) \, \mathrm{d}x_1 = \frac{15}{4} + \frac{3}{2} x_2 - \frac{3}{2} x_2^2 \, .$$

Das Einsetzen in die äußeren Integrale und deren Berechnung bereitet nun keine neuen Schwierigkeiten mehr. Als Ergebnis erhalten wir:

$$\int_D f(\boldsymbol{x}) \, \mathrm{d}\boldsymbol{x} = \frac{124}{15} \, .$$

Kommentar: Die hier verwendete Methode ist keineswegs der eleganteste Weg, um dieses Integral zu berechnen. Später werden wir es durch Verwendung von *Polarkoordinaten* auf sehr viel kürzerem Wege erledigen. Es ist auch möglich, das Integral als Differenz von zwei Integralen über Halbkreise darzustellen, was die Rechnung ebenso verkürzt. ◄

Volumen lassen sich über Gebietsintegrale bestimmen

Ziel bei der Definition der Gebietsintegrale ist es, ein $(n+1)$-dimensionales Volumen zu bestimmen, nämlich genau das Volumen zwischen dem $\mathbb{R}^n$ und dem Graphen der Funktion im $\mathbb{R}^{n+1}$. Allerdings ist dies nur eine mögliche Interpretation der Integration. Andererseits ist dieses Volumen gerade das Maß der Menge zwischen dem Graphen der Funktion und dem $\mathbb{R}^n$.

Beispiel: Ein Integral über ein Tetraeder

Das Integral

$$\int_T x\,y\,z\,\mathrm{d}(x, y, z)$$

soll berechnet werden, wobei $T \subseteq \mathbb{R}^3$ das nicht regelmäßige Tetraeder mit den Eckpunkten $(0, 0, 0)^\top$, $(1, 0, 0)^\top$, $(1, 1, 0)^\top$ sowie $(1, 1, 1)^\top$ ist.

Problemanalyse und Strategie: Das Tetraeder muss zunächst so beschrieben werden, dass es als ein Normalbereich zu erkennen ist. Anschließend kann das Integral durch ein iteriertes Integral ausgedrückt und berechnet werden.

Lösung:

Interpretiert man die x- und y-Achsen als horizontal, die z-Achse als vertikal, so ist T ein Körper, der von unten durch die xy-Ebene und von oben durch die Ebene durch $(0, 0, 0)^\top$, $(1, 0, 0)^\top$ und $(1, 1, 1)$ begrenzt wird. Diese obere Begrenzungsebene lässt sich auch durch die Gleichung

$$y - z = 0$$

beschreiben.

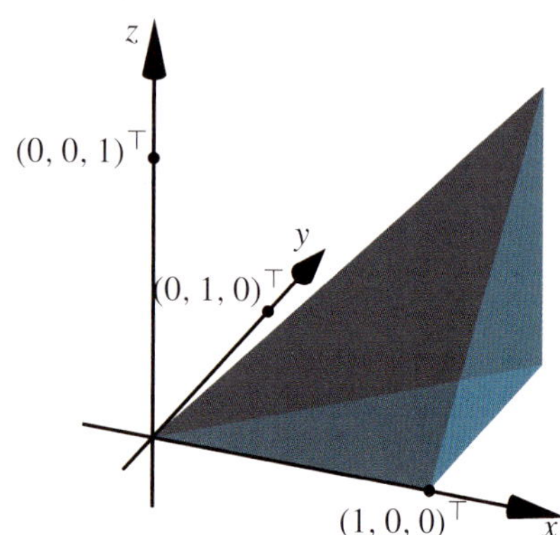

Die Grundfläche D des Tetraeders in der xy-Ebene können wir wie in dem Beispiel auf Seite 931 durch

$$B = \{(x, y, 0)^\top \in \mathbb{R}^3 \mid 0 < y < x < 1\}$$

darstellen. Mit der Darstellung der oberen Begrenzungsebene ergibt sich daraus:

$$
\begin{aligned}
T &= \{(x, y, z)^\top \in \mathbb{R}^3 \mid (x, y, 0)^\top \in B \text{ und } 0 < z < y\} \\
&= \{(x, y, z)^\top \in \mathbb{R}^3 \mid 0 < z < y < x < 1\}.
\end{aligned}
$$

In dieser Darstellung ist T als ein Normalbereich zu erkennen, wenn zunächst über z, dann über y und schließlich über x integriert wird. Es ergibt sich für das Integral:

$$
\begin{aligned}
&\int_T x\,y\,z\,\mathrm{d}(x, y, z) \\
&= \int_0^1 \int_0^x \int_0^y xyz \,\mathrm{d}z\,\mathrm{d}y\,\mathrm{d}x \\
&= \int_0^1 \int_0^x \left[\tfrac{1}{2}xyz^2\right]_{z=0}^{y}\,\mathrm{d}y\,\mathrm{d}x \\
&= \int_0^1 \int_0^x \tfrac{1}{2}xy^3 \,\mathrm{d}y\,\mathrm{d}x = \int_0^1 \left[\tfrac{1}{8}xy^4\right]_{y=0}^{x}\,\mathrm{d}x \\
&= \int_0^1 \tfrac{1}{8}x^5 \,\mathrm{d}x = \left[\tfrac{1}{48}x^6\right]_0^1 \\
&= \frac{1}{48}.
\end{aligned}
$$

Dazu ein Beispiel für den Fall eines zweidimensionalen Gebiets:

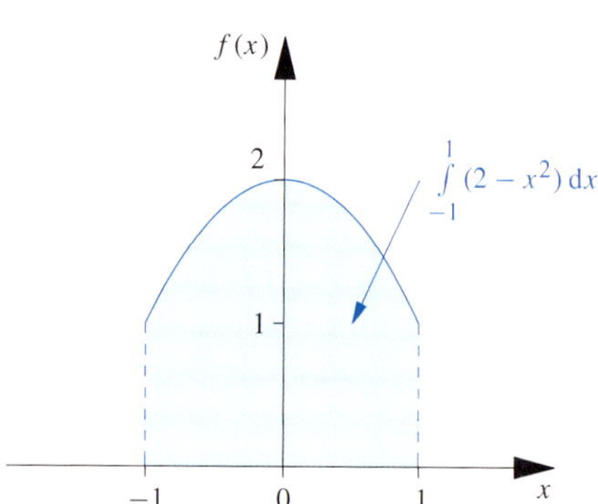

Abbildung 22.9 Bei einem eindimensionalen Gebiet entspricht das Integral dem Inhalt der Fläche zwischen der x-Achse und dem Graphen des Integranden.

Beispiel Ein eindimensionales Integral

$$\int_a^b f(x)\,\mathrm{d}x$$

hat als Wert den Flächeninhalt der Fläche, zwischen dem Intervall (a, b) auf der x-Achse und dem Graphen der Funktion (Abb. 22.9). Als Beispiel wählen wir $(a, b) = (-1, 1)$ und $f(x) = 2 - x^2$. Damit ergibt sich:

$$\int_{-1}^{1} (2 - x^2)\,\mathrm{d}x = \left[2x - \frac{1}{3}x^3\right]_{-1}^{1} = \frac{10}{3}.$$

Die Menge zwischen dem Graphen von f und der x-Achse ist:

$$D = \{\boldsymbol{x} \in \mathbb{R}^2 \mid -1 \leq x_1 \leq 1,\, 0 \leq x_2 \leq 2 - x_1^2\}.$$

Damit gilt:

$$\int_D 1\,\mathrm{d}\boldsymbol{x} = \int_{-1}^{1}\int_0^{2-x_1^2} 1\,\mathrm{d}x_2\,\mathrm{d}x_1$$
$$= \int_{-1}^{1}(2 - x_1^2)\,\mathrm{d}x_1 = \frac{10}{3}\,.$$

Auch die umgekehrte Integrationsreihenfolge kann verwendet werden:

$$\int_D 1\,\mathrm{d}\boldsymbol{x} = \int_1^2\int_{-\sqrt{2-x_2}}^{\sqrt{2-x_2}} 1\,\mathrm{d}x_1\,\mathrm{d}x_2 + \int_0^1\int_{-1}^{1} 1\,\mathrm{d}x_1\,\mathrm{d}x_2$$
$$= \int_{-1}^{1} 2\sqrt{2-x_2}\,\mathrm{d}x_2 + \int_0^1 2\,\mathrm{d}x_2$$
$$= \left[-\frac{4}{3}(2-x_2)^{3/2}\right]_1^2 + 2$$
$$= \frac{4}{3} + 2 = \frac{10}{3}\,. \qquad \blacktriangleleft$$

Ganz allgemein betrachten wir nun ein Gebiet $D \subseteq \mathbb{R}^n$ und eine integrierbare Funktion $f: D \to \mathbb{R}_{\geq 0}$. Dann können wir auch

$$\tilde{D} = \{\boldsymbol{y} = (\boldsymbol{x}, y_{n+1})^\top \in \mathbb{R}^{n+1} \mid \boldsymbol{x} \in D,\ 0 \leq y_{n+1} \leq f(\boldsymbol{x})\}$$

definieren. Damit ist $\tilde{D}$ ein Normalbereich und mit dem Satz von Fubini erhalten wir:

$$\int_D f(\boldsymbol{x})\,\mathrm{d}\boldsymbol{x} = \int_D (f(\boldsymbol{x}) - 0)\,\mathrm{d}\boldsymbol{x}$$
$$= \int_D \int_0^{f(\boldsymbol{x})} 1\,\mathrm{d}y_{n+1}\,\mathrm{d}\boldsymbol{x}$$
$$= \int_{\tilde{D}} 1\,\mathrm{d}\boldsymbol{y} = \mu(\tilde{D})\,.$$

Insbesondere zeigt diese Überlegung, dass $\tilde{D}$ messbar ist.

?

Berechnen Sie das Volumen des Tetraeders aus dem Beispiel von Seite 936 und überprüfen Sie es mit der elementargeometrischen Formel.

Als eine weitere Anwendung des Satzes von Fubini erhalten wir auch eine Darstellung des Maßes einer Menge gewissermaßen mit umgekehrter Integrationsreihenfolge.

Prinzip von Cavalieri

Ist $M \subseteq \mathbb{R}^{n+1}$ messbar mit $\mu(M) < \infty$, so ist auch

$$M_y = \{\boldsymbol{x} \in \mathbb{R}^n \mid (\boldsymbol{x}, y) \in M\}$$

für fast alle $y \in \mathbb{R}$ messbar mit $\mu(M_y) < \infty$, und es gilt:

$$\mu(M) = \int_{\mathbb{R}} \mu(M_y)\,\mathrm{d}y\,.$$

Beweis: Nach Voraussetzung ist die charakteristische Funktion $\mathbf{1}_M$ von M über $\mathbb{R}^{n+1}$ integrierbar. Wir können den Satz von Fubini anwenden und erhalten die Existenz einer Funktion $h \in L(\mathbb{R})$ mit

$$h(y) = \int_{\mathbb{R}^n} \mathbf{1}_M(\boldsymbol{x}, y)\,\mathrm{d}\boldsymbol{x}$$

für fast alle $y \in \mathbb{R}$. Aufgrund der Identität $\mathbf{1}_M(\boldsymbol{x}, y) = \mathbf{1}_{M_y}(\boldsymbol{x})$ für alle $(\boldsymbol{x}, y) \in \mathbb{R}^{n+1}$ ist also

$$h(y) = \int_{\mathbb{R}^n} \mathbf{1}_{M_y}(\boldsymbol{x})\,\mathrm{d}\boldsymbol{x} = \mu(M_y)$$

für fast alle $y \in \mathbb{R}$. Insbesondere ist M_y also messbar und $\mu(M_y)$ ist endlich, jeweils für fast alle $y \in \mathbb{R}$. Mit dem Satz von Fubini folgt nun noch:

$$\mu(M) = \int_{\mathbb{R}^{n+1}} \mathbf{1}_M(\boldsymbol{x}, y)\,\mathrm{d}(\boldsymbol{x}, y)$$
$$= \int_{\mathbb{R}} h(y)\,\mathrm{d}y = \int_{\mathbb{R}} \mu(M_y)\,\mathrm{d}y\,.$$

Dies war zu zeigen. $\qquad\blacksquare$

Anschaulich kann das Prinzip von Cavalieri folgendermaßen interpretiert werden: Sind zwei Körper und eine Gerade im $\mathbb{R}^n$ gegeben, und sind die Inhalte der 2 Schnitte der Körper mit jeder $(n-1)$-dimensionalen Ebene senkrecht zur Geraden gleich, so haben beide Körper auch dasselbe Maß. Die Abbildung 22.10 illustriert diese Aussage. Historisch ist das Prinzip von Cavalieri zur Herleitung von vielen Formeln für das Volumen von Körpern, wie etwa der Kugel, verwendet worden.

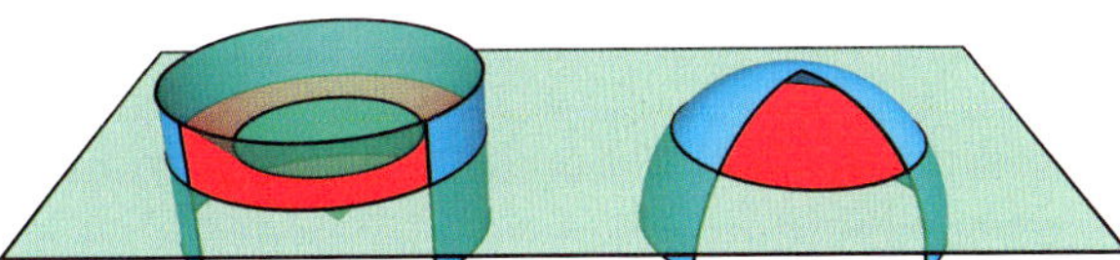

Abbildung 22.10 Nach dem Prinzip von Cavalieri stimmt das Volumen einer Halbkugel mit dem eines Zylinders mit herausgeschnittenem Kegel überein, wenn beide Körper denselben Kreis als Grundfläche haben. Dann haben in jeder Höhe die rot eingezeichneten Schnittflächen mit einer horizontalen Ebene denselben Flächeninhalt.

Wir haben in diesem Abschnitt die Integrale in Zusammenhang mit dem Maß von messbaren Mengen, physikalisch gesehen also mit ihrem Volumen, gebracht. Viele weitere physikalische Größen werden ebenfalls über Gebietsintegrale berechnet. So ergibt sich die Masse eines Körpers als Integral über die Dichte ρ:

$$m(K) = \int_K \rho(\boldsymbol{x})\,\mathrm{d}\boldsymbol{x}\,.$$

Weitere Beispiele sind die Berechnung von Schwerpunkten, Drehmomenten, Ladungen oder von Arbeit.

22.3 Die Transformationsformel

Bei den bisher berechneten Gebietsintegralen handelte es sich durchweg um Integrale über Quader oder allgemeiner über Normalbereiche. Damit lassen sich bereits viele Definitionsmengen von Integranden behandeln, doch es fehlt ein universelles Werkzeug, um den Wert von Integralen über möglichst allgemeine Gebiete zu bestimmen.

Das Werkzeug, das uns dies ermöglicht, ist die *Transformationsformel*. Sie ist eine Verallgemeinerung der Substitutionsregel für ein eindimensionales Integral:

$$\int_{x(a)}^{x(b)} f(t)\,\mathrm{d}t = \int_a^b f\big(x(u)\big)\,x'(u)\,\mathrm{d}u .$$

Hierbei wird ein Integral über dem Intervall $(x(a), x(b))$ ausgedrückt durch ein Integral über dem Intervall (a, b).

Unser ganz analoges Ziel ist es, ein Gebietsintegral über eine komplizierte Menge D durch ein Integral über eine einfachere Menge B darzustellen:

$$\int_D f(\boldsymbol{x})\,\mathrm{d}\boldsymbol{x} = \int_B g(\boldsymbol{y})\,\mathrm{d}\boldsymbol{y} .$$

Dabei soll B nach Möglichkeit ein Normalbereich sein, denn dann kann das rechte Integral mit dem Satz von Fubini berechnet werden.

Der Zusammenhang zwischen den beiden Integralen entsteht durch eine Abbildung $\psi : B \to D$ zwischen den beiden Mengen. Diese Abbildung muss einer Reihe von Voraussetzungen genügen, damit wir sie für unsere Zwecke einsetzen können. Auf diese werden wir im nächsten Abschnitt eingehen. Sind diese Eigenschaften erfüllt, werden wir von einer *Transformation* sprechen.

Eine Transformation bewirkt einen Wechsel des Koordinatensystems

Wir werden von der Abbildung ψ gewisse Eigenschaften fordern müssen, damit wir unser Ziel erreichen können. Bloße Stetigkeit reicht beispielsweise nicht aus. Man kann nämlich zeigen, dass es eine stetige Abbildung gibt, die das Intervall $B = (0, 1)$ auf das Quadrat $D = (0, 1) \times (0, 1)$ abbildet. Wäre eine solche Abbildung zulässig, so müsste das Integral

$$\int_D f(\boldsymbol{x})\,\mathrm{d}\boldsymbol{x}$$

für jede integrierbare Funktion $f : D \to \mathbb{R}$ null sein, denn B ist eine Nullmenge im $\mathbb{R}^2$. Dies ist ein Widerspruch.

Sind $B, D \subseteq \mathbb{R}^n$ offen, so werden wir eine Abbildung $\psi : B \to D$ eine **Transformation** zwischen diesen Gebieten nennen, wenn sie

- bijektiv und
- stetig differenzierbar ist mit $\det \psi'(\boldsymbol{x}) \neq 0$ in B.

Achtung: Man nennt eine Abbildung ψ mit diesen Eigenschaften auch einen C^1-**Diffeomorphismus**. Wir hatten diesen Begriff schon in Abschnitt 21.7 eingeführt und werden durch das Lemma unten gleich erkennen, dass beide Definitionen übereinstimmen. Da wir solche Abbildungen in diesem Kapitel nur für die Transformationsformel einführen, verwenden wir den eingängigeren Namen Transformation. Wir wollen aber bemerken, dass der Ausdruck *Transformation* in der Literatur häufig in einem allgemeineren Sinne gebraucht wird.

Über den lokalen Umkehrsatz (siehe Seite 901) können wir zeigen, dass auch die Umkehrabbildung $D \to B$ wieder eine Transformation ist.

Lemma

Ist $\psi : B \to D$ eine Transformation, so ist auch $\psi^{-1} : D \to B$ eine Transformation.

Beweis: Da ψ bijektiv ist, existiert die Umkehrabbildung ψ^{-1} und ist selbst bijektiv. Ist $\boldsymbol{x} \in B$ beliebig, so existieren nach dem lokalen Umkehrsatz offene Umgebungen U von $\boldsymbol{x}$ und V von $\psi(\boldsymbol{x})$, sodass $\psi^{-1} : V \to U$ stetig differenzierbar ist. Da dies für jedes $\boldsymbol{x} \in B$ gilt, ist $\psi^{-1} : D \to B$ stetig differenzierbar. Da die Ableitung der Identität die Einheitsmatrix ist, ergibt sich aus der Kettenregel:

$$\mathbf{E}_n = (\psi \circ \psi^{-1})'(\boldsymbol{x}) = \psi'(\psi^{-1}(\boldsymbol{x}))(\psi^{-1})'(\boldsymbol{x}), \quad \boldsymbol{x} \in D,$$

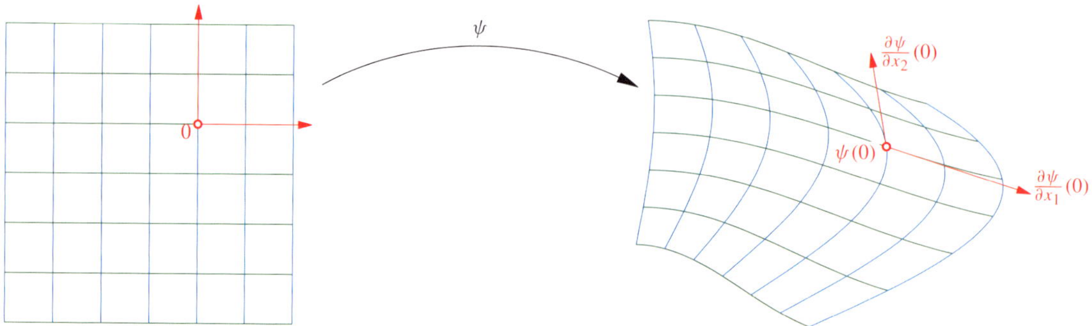

Abbildung 22.11 Eine Transformation als Wechsel des Koordinatensystems. Die kartesischen Koordinatenlinien werden unter ψ auf krumme Koordinatenlinien in D abgebildet. Die Spalten $\partial \psi / \partial x_j$ der Funktionalmatrix sind die Tangentialvektoren an die Bilder der Koordinatenlinien. Ihre Orientierung bleibt dabei stets gleich.

und nach dem Multiplikationssatz für Determinanten:

$$1 = \det\big(\psi'(\psi^{-1}(\boldsymbol{x}))\big)\det\big((\psi^{-1})'(\boldsymbol{x})\big)$$

für alle $\boldsymbol{x} \in D$. Also ist $\det\big((\psi^{-1})'(\boldsymbol{x})\big) \neq 0$ für alle $\boldsymbol{x} \in D$. ∎

Wir wollen verdeutlichen, dass eine Transformation einem Wechsel in ein anderes Koordinatensystem entspricht. Wir beschränken uns auf den $\mathbb{R}^2$ und nehmen zusätzlich an, dass $\boldsymbol{0} \in B$ liegt. Dann ist die Menge

$$\{\boldsymbol{x} \in B \mid x_1 = 0\}$$

nichtleer. Wir nennen diese Menge eine Koordinatenlinie, denn die x_1-Koordinate ist entlang dieser Linie konstant. Weitere Koordinatenlinien erhalten wir für andere Werte für x_1, bzw. auch als Linien, entlang denen x_2 konstant ist. Diese Linien bilden ein Schachbrettmuster auf B, (Abb. 22.11 links).

In Abbildung 22.11 rechts sind die Bilder dieser Koordinatenlinien unter der Transformation ψ zu sehen. Man erkennt, dass man durch Vorgabe eines Punktes $\boldsymbol{x} \in B$ einen Punkt $\boldsymbol{y} \in D$ eindeutig identifizieren kann. Da ψ außerdem stetig differenzierbar ist, sind die Bilder der Koordinatenlinien wieder glatte Kurven.

In Kapitel 23 werden wir uns näher mit Kurven beschäftigen. Es genügt hier zu bemerken, dass die Spalten der Funktionalmatrix ψ' Tangentialvektoren an die Bilder der Koordinatenlinien sind. Die Voraussetzung, dass die Funktionaldeterminante keine Nullstellen besitzt, bedeutet, dass diese Tangentialvektoren stets linear unabhängig sind. Insbesondere kann sich die Orientierung der so gebildeten Basis nicht ändern: Bilden die Tangentialvektoren in einem Punkt ein Rechtssystem, so tun sie dies auch in jedem anderen Punkt.

Durch die Transformation kommt eine Determinante ins Spiel

Für die Herleitung der Transformationsformel ist es zentral herauszufinden, wie eine Transformation das Maß einer Menge verändert. Da die Integrale über Treppenfunktionen gebildet werden, sind hierbei Quader von besonderem Interesse. Wir betrachten zunächst den Fall, dass die Menge Urbild eines Quaders ist.

Der Beweis der folgenden Transformationsformel für Quader ist recht aufwendig. Dafür wird sich herausstellen, dass der Beweis der allgemeinen Transformationsformel im Anschluss ziemlich leicht vonstatten geht.

Transformationsformel für Quader

Seien $B, D \subseteq \mathbb{R}^n$ offen und ferner $\psi \colon B \to D$ eine Transformation. Ist $Q \subseteq \mathbb{R}^n$ ein Quader mit $\overline{Q} \subseteq D$, so gilt:

$$\mu(Q) = \int_{\psi^{-1}(Q)} |\det \psi'(\boldsymbol{y})|\, \mathrm{d}\boldsymbol{y}\,.$$

Beweis: Der Beweis erfolgt über eine Induktion nach der Dimension n des Raums.

Für $n = 1$ ist $Q = (a, b)$ ein offenes Intervall. Es existieren dann offene Intervalle $\tilde{B}, \tilde{D}$ mit $\psi \colon \tilde{B} \to \tilde{D}$ bijektiv und $[a, b] \subseteq \tilde{D}$. Wir können also ohne Einschränkung annehmen, dass B und D offene Intervalle sind.

Da ψ somit eine bijektive, stetige Abbildung zwischen Intervallen ist, ist ψ streng monoton. Wir nehmen $\psi' < 0$ auf B an, der Fall $\psi' > 0$ folgt ganz analog. Es gilt nun nach der Substitutionsregel:

$$\mu(Q) = b - a = \int_a^b \mathrm{d}x = \int_{\psi^{-1}(a)}^{\psi^{-1}(b)} \psi'(t)\, \mathrm{d}t\,.$$

Da ψ streng monoton fallend ist, ist $\psi^{-1}(a) > \psi^{-1}(b)$. Somit ist

$$\mu(Q) = \int_{\psi^{-1}(b)}^{\psi^{-1}(a)} \big(-\psi'(t)\big)\, \mathrm{d}t = \int_{\psi^{-1}(Q)} |\psi'(t)|\, \mathrm{d}t$$

Damit ist der Induktionsanfang gezeigt.

Für den Induktionsschritt nehmen wir an, dass die Transformationsformel für Quader für eine Transformation zwischen offenen n-dimensionalen Mengen richtig ist. Der Beweis der Induktionsbehauptung erfolgt in mehreren Schritten.

(i) Wir betrachten den Fall einer Transformation ψ mit $\psi_{n+1}(\boldsymbol{y}) = y_{n+1}$, $\boldsymbol{y} \in B \subseteq \mathbb{R}^{n+1}$, d. h., die $(n+1)$-te Koordinate jedes Punktes bleibt bei der Transformation unverändert. Zur Abkürzung setzen wir $W = \overline{Q}$ und $V = \psi^{-1}(W)$.

Mit einem Index $\xi \in \mathbb{R}$ bezeichnen wir nun jeweils die Schnitte der Mengen im $\mathbb{R}^{n+1}$ mit der Hyperebene $y_{n+1} = \xi$ aufgefasst als Mengen im $\mathbb{R}^n$, also

$$B_\xi = \{\boldsymbol{y} \in \mathbb{R}^n \mid (\boldsymbol{y}, \xi) \in B\}, \quad D_\xi = \{\boldsymbol{x} \in \mathbb{R}^n \mid (\boldsymbol{x}, \xi) \in D\}\,.$$

Analog definiert man V_ξ bzw. W_ξ. Ferner führen wir für alle $\xi \in \mathbb{R}$ die Funktion $\psi_\xi \colon B_\xi \to D_\xi$ ein, durch:

$$\psi_\xi(\boldsymbol{y}) = (\psi_1(\boldsymbol{y}, \xi), \ldots, \psi_n(\boldsymbol{y}, \xi))^\top\,, \quad \boldsymbol{y} \in B_\xi\,.$$

Dann ist

$$\begin{aligned} W_\xi &= \{\boldsymbol{x} \in \mathbb{R}^n \mid \text{ es ex. } \boldsymbol{y} \in \mathbb{R}^n \text{ mit } (\boldsymbol{y}, \xi) \in V \\ &\qquad\qquad\qquad\qquad \text{und } \psi(\boldsymbol{y}, \xi) = (\boldsymbol{x}, \xi)\} \\ &= \{\boldsymbol{x} \in \mathbb{R}^n \mid \text{ es ex. } \boldsymbol{y} \in V_\xi \text{ und } \psi_\xi(\boldsymbol{y}) = \boldsymbol{x}\} \\ &= \psi_\xi(V_\xi)\,. \end{aligned}$$

Offensichtlich ist $\psi_\xi \colon B_\xi \to D_\xi$ bijektiv und stetig differenzierbar. Um die Funktionaldeterminante zu bestimmen, betrachten wir die Ableitung von ψ. Diese hat die Form

$$\psi'(\boldsymbol{y}, \xi) = \begin{pmatrix} & & & * \\ & \psi_\xi'(\boldsymbol{y}) & & \vdots \\ & & & * \\ \hline 0 & \cdots & 0 & 1 \end{pmatrix},$$

wobei das $*$ einen beliebigen Eintrag bedeutet. Bildung der Determinante und Entwicklung nach der letzten Zeile liefert nun:

$$\det(\psi'_\xi(\boldsymbol{y})) = \det\left(\psi'(\boldsymbol{y}, \xi)\right).$$

Nun wenden wir das Prinzip von Cavalieri, die Induktionsvoraussetzung und schließlich den Satz von Fubini an. So erhalten wir:

$$\begin{aligned}
\mu(Q) &= \int_{\mathbb{R}} \mu(W_\xi)\,\mathrm{d}\xi \\
&= \int_{\mathbb{R}} \int_{V_\xi} \left|\det\psi'_\xi(\boldsymbol{y})\right|\,\mathrm{d}\boldsymbol{y}\,\mathrm{d}\xi \\
&= \int_{\mathbb{R}} \int_{V_\xi} \left|\det\psi'(\boldsymbol{y}, \xi)\right|\,\mathrm{d}\boldsymbol{y}\,\mathrm{d}\xi \\
&= \int_{V} \left|\det\psi'(\boldsymbol{y}, \xi)\right|\,\mathrm{d}(\boldsymbol{y}, \xi).
\end{aligned}$$

Damit ist der Induktionsschritt für den Fall einer Transformation ψ mit $\psi_{n+1}(\boldsymbol{y}) = y_{n+1}$, $\boldsymbol{y} \in B$ erbracht.

(ii) Es seien nun $C \subseteq \mathbb{R}^{n+1}$ offen und $\lambda\colon B \to C$ und $\eta\colon C \to D$ zwei Transformationen, für die die Transformationsformel für Quader jeweils richtig ist. In diesem Schritt zeigen wir, dass sie dann auch für deren Verkettung $\eta \circ \lambda\colon B \to D$ stimmt.

Seien dazu $Q \subseteq D$ ein offener Quader mit $\overline{Q} \subseteq D$ und $R = \eta^{-1}(Q)$. Dann ist $g = |\det\eta'|$ stetig auf $\overline{R}$ und somit ein Element von $L^{\uparrow}(R)$. Daher existiert eine Folge von monoton wachsenden Treppenfunktionen (φ_k), die fast überall auf R gegen g konvergiert. Wir schreiben

$$\varphi_k = \sum_{j=1}^{K_k} c_{k,j}\,\mathbf{1}_{R_{k,j}}$$

mit Konstanten $c_{k,j}$ und paarweise disjunkten offenen Quadern $R_{k,j} \subseteq R$. Somit gilt:

$$\begin{aligned}
\int_R \varphi_k(\boldsymbol{z})\,\mathrm{d}\boldsymbol{z} &= \sum_{j=1}^{K_k} c_{k,j}\,\mu(R_{k,j}) \\
&= \sum_{j=1}^{K_k} c_{k,j} \int_{\lambda^{-1}(R_{k,j})} \left|\det\lambda'(\boldsymbol{y})\right|\,\mathrm{d}\boldsymbol{y} \\
&= \int_{\lambda^{-1}(R)} \sum_{j=1}^{K_k} c_{k,j}\,\mathbf{1}_{R_{k_j}}(\lambda(\boldsymbol{y})) \left|\det\lambda'(\boldsymbol{y})\right|\,\mathrm{d}\boldsymbol{y} \\
&= \int_{\lambda^{-1}(R)} \varphi_k(\lambda(\boldsymbol{y})) \left|\det\lambda'(\boldsymbol{y})\right|\,\mathrm{d}\boldsymbol{y}.
\end{aligned}$$

Auch der Integrand im letzten Integral ist monoton wachsend. Er konvergiert fast überall auf $\lambda^{-1}(R)$ gegen $g(\lambda(\cdot))\,|\det\lambda'|$. Also gilt nach dem Satz von Beppo Levi, dass diese Funktion in $L(\lambda^{-1}(R))$ liegt mit

$$\int_R g(\boldsymbol{z})\,\mathrm{d}\boldsymbol{z} = \int_{\lambda^{-1}(R)} g(\lambda(\boldsymbol{y})) \left|\det\lambda'(\boldsymbol{y})\right|\,\mathrm{d}\boldsymbol{y}.$$

Nach der mehrdimensionalen Kettenregel ist

$$\begin{aligned}
g(\lambda(\boldsymbol{y})) \left|\det\lambda'(\boldsymbol{y})\right| &= \left|\det\eta'(\lambda(\boldsymbol{y}))\det\lambda'(\boldsymbol{y})\right| \\
&= \left|\det(\eta \circ \lambda)'(\boldsymbol{y})\right|.
\end{aligned}$$

Somit haben wir:

$$\begin{aligned}
\mu(Q) &= \int_R \left|\det\eta'(\boldsymbol{z})\right|\,\mathrm{d}\boldsymbol{z} \\
&= \int_{\lambda^{-1}(R)} \left|\det(\eta \circ \lambda)'(\boldsymbol{y})\right|\,\mathrm{d}\boldsymbol{y}.
\end{aligned}$$

Da $\lambda^{-1}(R) = \lambda^{-1}\left(\eta^{-1}(Q)\right) = (\eta \circ \lambda)^{-1}(Q)$, war dies zu zeigen.

(iii) Wir zeigen nun: Aus der Induktionsvoraussetzung folgt, dass es zu jedem $\boldsymbol{y} \in B \subseteq \mathbb{R}^{n+1}$ eine offene Umgebung $\tilde{B} \subseteq B$ gibt, sodass die Transformationsformel für Quader auch für $\psi\colon \tilde{B} \to \psi(\tilde{B})$ richtig ist. Dazu finden wir $\tilde{B}$ so, dass ψ hier als Verkettung von zwei Transformationen geschrieben werden kann, die jeweils mindestens eine Koordinate fest lassen.

Seien also $\hat{\boldsymbol{y}} \in B$ fest gewählt und $\hat{\boldsymbol{x}} = \psi(\hat{\boldsymbol{y}})$. Es ist $\psi'(\hat{\boldsymbol{y}}) \neq 0$. Mindestens eine partielle Ableitung einer Komponente von ψ ist also in diesem Punkt von null verschieden. Da die Definition von Integralen gegenüber Permutationen von Koordinaten invariant ist, können wir annehmen, dass die Koordinaten sowohl in D als auch in B so sortiert sind, dass $\partial_{n+1}\psi_{n+1}(\hat{\boldsymbol{y}}) \neq 0$. Wir definieren nun

$$\lambda(\boldsymbol{y}) = (y_1, \ldots, y_n, \psi_{n+1}(\boldsymbol{y}))^{\top}, \quad \boldsymbol{y} \in B.$$

Es ist $\det\lambda'(\hat{\boldsymbol{y}}) = \partial_{n+1}\psi_{n+1}(\hat{\boldsymbol{y}}) \neq 0$. Somit existieren nach dem lokalen Umkehrsatz offene Umgebungen $\tilde{B}$ von $\hat{\boldsymbol{y}}$ und $\tilde{C}$ von $(\hat{y}_1, \ldots, \hat{y}_n, \hat{x}_{n+1})^{\top}$, sodass $\lambda\colon \tilde{B} \to \tilde{C}$ eine Transformation ist. Setzen wir noch $\tilde{D} = \psi(\tilde{B})$, so ist auch $\eta\colon \tilde{C} \to \tilde{D}$ mit $\eta = \psi \circ \lambda^{-1}$ eine Transformation.

Die Transformation λ lässt mindestens eine Koordinate fest und erfüllt damit die Voraussetzungen von (i). Mit $\xi = \psi_{n+1}(\boldsymbol{y})$, $\boldsymbol{y} \in \tilde{B}$, folgt:

$$\eta_{n+1}(y_1, \ldots, y_n, \xi) = \psi_{n+1}(\boldsymbol{y}) = \xi.$$

Somit erfüllt auch η die Voraussetzung von (i). Mit $\psi = \eta \circ \lambda$ und (ii) folgt, dass die Transformationsformel für Quader für $\psi\colon \tilde{B} \to \tilde{D}$ richtig ist.

(iv) Es bleibt zu zeigen, dass die Transformationsformel für Quader für $\psi\colon B \to D$ richtig ist. Wir bezeichnen mit $K(\boldsymbol{y}, r) \subseteq \mathbb{R}^{n+1}$ eine offene Kugel mit Mittelpunkt $\boldsymbol{y}$ und Radius r. Wir definieren nun

$$S = \{K(\boldsymbol{y}, r) \mid \boldsymbol{y} \in \mathbb{Q}^{n+1} \cap B,\, r \in \mathbb{Q}_{>0},\, \text{und es existiert}$$
$$\text{ein offenes } \tilde{B} \text{ gemäß (iii) mit } K(\boldsymbol{y}, r) \subseteq \tilde{B}\}.$$

Aufgrund der Aussage in (iii) existiert zu jedem $\boldsymbol{y} \in \mathbb{Q}^{n+1} \cap B$ ein $r \in \mathbb{Q}_{>0}$ mit $K(\boldsymbol{y}, r) \in S$. Ferner ist S abzählbar, da S bijektiv auf eine Teilmenge von $\mathbb{Q}^{n+2}$ abgebildet werden kann. Wir bezeichnen die Elemente von S als K_j, $j \in \mathbb{N}$.

Wir begründen nun die Gleichheit der Mengen

$$B = \bigcup_{j=1}^{\infty} K_j \, .$$

Da jedes $K_j \subseteq B$, ist die rechte Menge offensichtlich Teilmenge der linken. Zu $y \in B$ existiert eine offene Menge $\tilde{B}$ gemäß (iii). Ohne Einschränkung können wir annehmen, dass $\tilde{B} = K(y, r)$ mit einem $r \in \mathbb{R}_{>0}$ ist. Wir wählen nun $r' \in \mathbb{Q}_{>0}$ mit $r' < r/2$ und ein $z \in \tilde{B} \cap \mathbb{Q}^{n+1}$ mit $\|z - y\| < r'$. Dann ist $K(z, r') \in S$. Ferner gilt $y \in K(z, r') \subseteq K(y, r) \subseteq \tilde{B}$, und daher ist $K(z, r')$ eine offene Menge gemäß (iii) für y. Also ist die linke Menge in der rechten enthalten.

Setze nun $L_j = \psi(K_j)$, $j \in \mathbb{N}$. Dann ist die Transformationsformel für Quader für $\psi : K_j \to L_j$ richtig. Ferner ist

$$D = \bigcup_{j=1}^{\infty} L_j \, .$$

Ist nun $Q \subseteq D$ ein offener Quader mit $\overline{Q} \subseteq D$, so setzen wir rekursiv $A_1 = Q \cap L_1$ und

$$A_{j+1} = (Q \cap L_{j+1}) \setminus (A_1 \cup \ldots \cup A_j) \, , \quad j \in \mathbb{N} \, .$$

Somit sind die A_j paarweise disjunkt und $Q = \cup_{j=1}^{\infty} A_j$. Es gilt nun:

$$\int_{\psi^{-1}(Q)} |\det \psi'(y)| \, dy = \sum_{j=1}^{\infty} \int_{\psi^{-1}(A_j)} |\det \psi'(y)| \, dy$$
$$- \sum_{j=1}^{\infty} \int_{K_j} \mathbf{1}_{A_j}(\psi(y)) \, |\det \psi'(y)| \, dy \, .$$

Wie im Schritt (ii) approximieren wir die integrierbare, auf $\overline{A_j}$ stetig fortsetzbare Funktion $\mathbf{1}_{A_j}(\psi(\cdot)) \, |\det \psi'|$ durch eine monoton wachsende Folge von Treppenfunktionen. Nach Anwendung der Transformationsformel für Quader und dem Satz von Beppo Levi folgt:

$$\int_{\psi^{-1}(Q)} |\det \psi'(y)| \, dy = \sum_{j=1}^{\infty} \int_{L_j} \mathbf{1}_{A_j}(x) \, dx$$
$$= \sum_{j=1}^{\infty} \mu(A_j) = \mu(Q) \, .$$

Damit ist der Induktionsschritt und somit auch der gesamte Beweis vollständig abgeschlossen. ∎

Ein besonders einfacher Fall einer Transformation ist eine affine Abbildung ψ auf $\mathbb{R}^n$:

$$\psi(x) = z + Ax \, , \quad x \in \mathbb{R}^n \, ,$$

mit einem Vektor $z \in \mathbb{R}^n$ und einer invertierbaren Matrix $A \in \mathbb{R}^{n \times n}$.

Wieso erfüllt eine solche affine Abbildung die Eigenschaften einer Transformation? Wie lautet die Funktionalmatrix?

Das Bild des Einheitswürfels W unter ψ ist in diesem Fall ein **Parallelepiped**, das von den Spaltenvektoren der Matrix A aufgespannt wird. Auf Seite 471 in Kapitel 13 wurde das Volumen eines Parallelepipeds *definiert* als der Betrag der Determinante der Matrix, deren Spalten die aufspannenden Vektoren des Parallelepipeds sind. Wir wollen nun zeigen, dass wir mit der Transformationsformel für Quader dasselbe Resultat erhalten, dass also die Definition des Volumens aus Kapitel 13 mit der des Lebesgue-Maßes für Mengen im $\mathbb{R}^n$ konsistent ist.

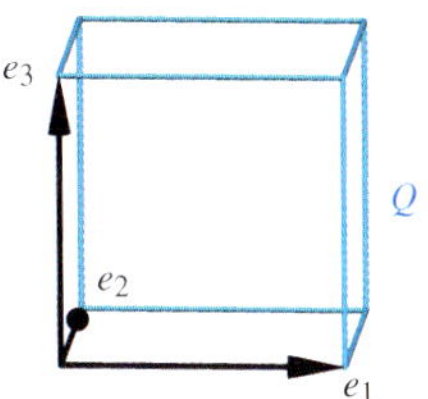
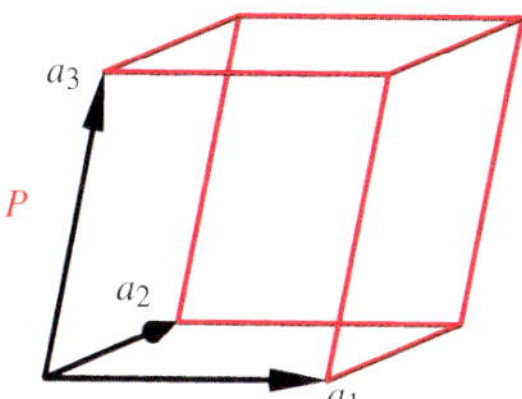

Abbildung 22.12 Ein Quader Q und ein Parallelepiped P in drei Dimensionen.

Folgerung

Sind $\psi : \mathbb{R}^n \to \mathbb{R}^n$ eine affine Transformation mit $\psi(x) = z + Ax$, $x \in \mathbb{R}^n$ und $W \subseteq \mathbb{R}^n$ der Einheitswürfel, so ist

$$\mu(\psi(W)) = |\det A| \, .$$

Beweis: Wir wenden die Transformationsformel für Quader auf ψ^{-1} an und erhalten:

$$1 = \mu(W) = \int_{\psi(W)} |\det \psi'(x)| \, dx = \mu(\psi(W)) \, |\det A^{-1}| \, .$$

Die Aussage ergibt sich nun aus dem Multiplikationssatz für Determinanten. ∎

Wir gehen nun den Beweis der allgemeinen Transformationsformel an, bei der beliebige offene Mengen und darüber integrierbare Funktionen auftauchen sollen. Mit der geleisteten Vorarbeit geht der Beweis recht flott vonstatten.

Die Transformationsformel

Seien $B, D \subseteq \mathbb{R}^n$ offen und ferner $\psi : B \to D$ eine Transformation. Betrachte eine Funktion $f : D \to \mathbb{C}$. Setzen wir $g(y) = f(\psi(y)) \, |\det \psi'(y)|$, $y \in B$, so ist $f \in L(D)$ genau dann, wenn $g \in L(B)$ ist. In diesem Fall gilt:

$$\int_D f(x) \, dx = \int_B f(\psi(y)) \, |\det \psi'(y)| \, dy \, .$$

Unter der Lupe: Der Beweis der Transformationsformel

Seien $B, D \subseteq \mathbb{R}^n$ offen und ferner $\psi : B \to D$ eine Transformation. Betrachte eine Funktion $f : D \to \mathbb{C}$. Setzen wir $g(y) = f(\psi(y)) \, |\det \psi'(y)|$, $y \in B$, so ist genau dann $f \in L(D)$, wenn $g \in L(B)$ ist. In diesem Fall gilt:

$$\int_D f(x) \, \mathrm{d}x = \int_B f(\psi(y)) \, |\det \psi'(y)| \, \mathrm{d}y \, .$$

Der Nachweis dieser Aussage ist sicherlich einer der aufwendigsten Beweise in diesem Buch. Dabei besteht der Hauptaufwand im Zeigen der Transformationsformel für Quader, die auf den ersten Blick eine sehr viel einfachere Aussage zu sein scheint. Da die Transformationsformel für Quader ein Spezialfall der allgemeinen Transformationsformel ist und wir andererseits die allgemeine Transformationsformel aus derjenigen für Quader herleiten, sind beide tatsächlich äquivalent.

Nachweis der Transformationsformel für Quader

Es ist zu beachten, dass im Beweis der Transformationsformel viele wichtige Resultate der Analysis zum Einsatz kommen: Der lokale Umkehrsatz erlaubt die Manipulation der Transformation, Approximationen von Integralen gelingen über den Satz von Beppo Levi, die globale Aussage benötigt die Abzählbarkeit von $\mathbb{Q}^n$.

Die Grundidee des von uns verwendeten Nachweises der Formel für Quader besteht in einer Induktion über die Dimension des Raums. Daher muss die Transformation so umgeschrieben werden, dass man sich auf die Induktionsvoraussetzung berufen kann.

Kern der Idee ist, die Transformation als Verkettung zweier Transformationen zu schreiben, die jeweils eine Koordinate konstant lassen. Dies ist allerdings im Allgemeinen gar nicht möglich. Der lokale Umkehrsatz, der hier zum Einsatz kommt, erlaubt eben nur eine lokale Umkehrung der Komponenten der Transformation. Wir erhalten keinerlei Information darüber, wie groß der Bereich ist, in dem wir die gewünschte Verkettung von Transformationen erhalten.

Wir müssen also aus vielen lokalen Gleichungen wieder zu einer globalen zurückkehren. Dazu verwenden wir die Additivität des Lebesgue-Maßes: Für disjunkte Vereinigungen messbarer Mengen M_k gilt:

$$\mu \left(\bigcup_{k=1}^{\infty} M_k \right) = \sum_{k=1}^{\infty} M_k \, .$$

Zentral ist allerdings, dass wir mit abzählbar vielen Mengen, d. h. abzählbar vielen lokalen Verkettungen zweier Transformationen auskommen müssen. Wir müssen also die Menge B durch abzählbar viele Mengen *überdecken,* sodass jeweils die Transformationsformel lokal gilt. Dies

gelingt durch offene Kugeln mit Mittelpunkten mit rationalen Koordinaten und rationalem Radius.

Nachweis der allgemeinen Transformationsformel

Die grundlegenden Techniken, die bei der Herleitung der allgemeinen Transformationsformel zum Einsatz kommen, sind dieselben wie bei der Konstruktion des Integrals: Darstellung von integrierbaren Funktionen als Differenz zweier Funktionen aus $L^{\uparrow}(D)$ und die Verwendung monoton wachsender Folgen approximierenden Folgen. Dadurch kann der Satz von Beppo Levi verwendet werden.

Eine zusätzliche Schwierigkeit liegt darin, dass die Transformationsformel für Quader verlangt, dass die abgeschlossene Menge $\overline{Q}$ Teilmenge der offenen Menge D ist. Daher kann nicht direkt eine Funktion aus $L^{\uparrow}(D)$ durch Treppenfunktionen approximiert werden: Der Rand eines Quaders aus der Definition einer solchen Treppenfunktion könnte Randpunkte mit D gemeinsam haben. Wir müssen zunächst sicherstellen, dass wir ein Stück vom Rand von D entfernt bleiben. Hierzu dienen die Mengen D_m. Erst in einem zweiten Schritt werden dann Funktion aus $L^{\uparrow}(D)$ durch solche aus $L^{\uparrow}(D_m)$ approximiert.

Alternative Beweise

Trotz seiner Länge scheint der hier dargestellte Beweis einer der kürzeren Beweise zu sein, die in der Literatur zu finden sind. Dies gilt insbesondere, wenn man berücksichtigt, dass viele Autoren die Transformationsformel nicht in der gleichen Allgemeinheit beweisen, wie wir es getan haben. Häufig wird vorausgesetzt, dass die Transformation ψ zwischen offenen Obermengen von $\overline{B}$ und $\overline{D}$ definiert ist. Dies vereinfacht den Beweis, es ist die Transformationsformel dann jedoch gerade für die praktisch wichtigen Transformationen aus Abschnitt 22.4 nicht direkt anwendbar.

Eine alternative Beweistechnik verzichtet auf die Induktion über die Dimension des Raums und arbeitet stattdessen mit Linearisierungen: Man beginnt mit dem Nachweis der Formel für das Volumen eines Parallelepipeds, bei uns die Folgerung auf Seite 941. Hieraus lässt sich die Transformationsformel für Quader nachweisen, indem man den Quader fein zerlegt und die Transformation ψ auf jedem Teilquader linearisiert. Die notwendigen Zerlegungen erfordern jedoch einigen technischen Aufwand.

Beweis: Wir beweisen zunächst die Gültigkeit der Formel und damit auch von $g \in L(B)$ für unterschiedliche Voraussetzungen an f. Schließlich zeigen wir die Äquivalenzaussage.

(i) Wir definieren zunächst zu D die Menge $D_m = \{x \in D \mid \operatorname{dist}(x, \partial D) > \frac{1}{m}\}$ für ein $m \in \mathbb{N}$. Dann ist D_m offen und, da D offen ist, nichtleer, falls m groß genug ist. Insbesondere ist D_m auch messbar.

Im ersten Schritt betrachten wir den Fall, dass f eine Treppenfunktion auf D_m ist. Wir setzen f auf $D \setminus D_m$ durch null fort und schreiben

$$f(x) = \sum_{j=1}^{k} c_j \mathbf{1}_{Q_k}(x) \quad \text{für fast alle } x \in D$$

mit offenen, paarweise disjunkten Quadern $Q_k \subseteq D_m$, $j = 1, \ldots, k$. Aufgrund der Definition von D_m gilt $\overline{Q_j} \subseteq D$ für jedes j, und wir können die Transformationsformel für Quader auf jedes Q_j anwenden. Da ψ bijektiv ist, sind auch die Urbilder $\psi^{-1}(Q_j)$ paarweise disjunkt. Es folgt:

$$\int_D f(x) \, dx = \sum_{j=1}^{k} c_j \, \mu(Q_j)$$

$$= \sum_{j=1}^{k} c_j \int_{\psi^{-1}(Q_j)} |\det \psi'(y)| \, dy$$

$$= \int_B \sum_{j=1}^{k} c_j \, \mathbf{1}_{\psi^{-1}(Q_j)}(y) \, |\det \psi'(y)| \, dy$$

$$= \int_B \sum_{j=1}^{k} c_j \, \mathbf{1}_{Q_j}(\psi(y)) \, |\det \psi'(y)| \, dy$$

$$= \int_B f(\psi(y)) \, |\det \psi'(y)| \, dy \,.$$

(ii) Wir betrachten nun eine Funktion $f \in L(D_m)$. Zunächst nehmen wir sogar $f \in L^{\uparrow}(D_m)$ an. Es existiert also eine monoton wachsende Folge von Treppenfunktionen (f_k), die fast überall gegen f konvergiert. Wir setzen f und jedes f_k auf $D \setminus D_m$ durch null fort. Die Folge $(f_k(\psi(\cdot)) \, |\det \psi'(\cdot)|)$ ist dann ebenfalls monoton wachsend und konvergiert fast überall auf B gegen $f(\psi(\cdot)) \, |\det \psi'(\cdot)|$. Nach Schritt (i) und dem Satz von Beppo Levi gilt somit:

$$\int_D f(x) \, dx = \lim_{k \to \infty} \int_D f_k(x) \, dx$$

$$= \lim_{k \to \infty} \int_B f_k(\psi(y)) \, |\det \psi'(y)| \, dy$$

$$= \int_B f(\psi(y)) \, |\det \psi'(y)| \, dy \,.$$

Für $f \in L(D_m)$ schreiben wir $f = g - h$ mit $g, h \in L^{\uparrow}(D_m)$. Die Richtigkeit der Transformationsformel ergibt sich direkt aus der Linearität des Integrals.

(iii) Es sei nun $f \in L(D)$ nicht negativ. Mit Aufgabe 22.17 erhalten wir $f|_{D_m} \in L(D_m)$ für alle $m \in \mathbb{N}$, und nach Schritt (ii) gilt die Transformationsformel für $\mathbf{1}_{D_m} f$ für jedes m. Nach Definition von D_m, und da f nicht negativ ist, ist die Folge $(\mathbf{1}_{D_m} f)$ monoton wachsend. Sie konvergiert fast überall auf D gegen f. Genauso ist $(\mathbf{1}_{D_m}(\psi(\cdot)) \, f(\psi(\cdot)) \, |\det \psi'(\cdot)|)$ monoton wachsend und konvergiert fast überall auf B gegen $f(\psi(\cdot)) \, |\det \psi'(\cdot)|$. Somit ist mit dem Satz von Beppo Levi $f(\psi(\cdot)) \, |\det \psi'(\cdot)| \in L(B)$, und es gilt:

$$\int_D f(x) \, dx = \lim_{m \to \infty} \int_D \mathbf{1}_{D_m}(x) \, f(x) \, dx$$

$$= \lim_{m \to \infty} \int_B \mathbf{1}_{D_m}(\psi(x)) \, f(\psi(y)) \, |\det \psi'(y)| \, dy$$

$$= \int_B f(\psi(y)) \, |\det \psi'(y)| \, dy \,.$$

(iv) Es sein nun $f \in L(D)$ beliebig. Wir schreiben $f = \max(f, 0) - \max(-f, 0)$ und können auf beide Summanden Schritt (iii) anwenden. Somit gilt die Transformationsformel für f.

(v) Wir setzen nun $g \in L(B)$ voraus. Da auch $\psi^{-1} : D \to B$ eine Transformation ist, folgt, dass $(g \circ \psi^{-1}) \, |\det(\psi^{-1})'| \in L(D)$ ist, und es gilt:

$$\int_B g(y) \, dy = \int_D g(\psi^{-1}(x)) \, |\det(\psi^{-1})'(x)| \, dx \,.$$

Mit dem Multiplikationssatz für Determinanten, der mehrdimensionalen Kettenregel und der Tatsache, dass die Ableitung der Identität im $\mathbb{R}^n$ die Einheitsmatrix ist, erhalten wir:

$$g(\psi^{-1}(x)) \, |\det(\psi^{-1})'(x)|$$

$$= f(x) \left| \det \left[\psi'(\psi^{-1}(x)) \, (\psi^{-1})'(x) \right] \right|$$

$$= f(x) \left| \det(\psi \circ \psi^{-1})'(x) \right|$$

$$= f(x) \,.$$

Wir haben also $f \in L(D)$ und

$$\int_B g(y) \, dy = \int_D f(x) \, dx$$

gezeigt. Somit ist die Transformationsformel vollständig bewiesen. ∎

Beispiel Das Integral

$$\int_D \sqrt{x_1} \, x_2 \, dx$$

mit

$$D = \left\{ x \in \mathbb{R}^2 \mid x_1, x_2 > 0 \,, \ \sqrt{x_1} < x_2 < 2\sqrt{x_1} \,, \right.$$
$$\left. \frac{1}{x_1} < x_2 < \frac{2}{x_1} \right\}.$$

soll berechnet werden. Das Gebiet D ist in Abbildung 22.13 dargestellt.

Um eine geeignete Transformation zu finden, betrachten wir die Bedingungen in der Definition von D genauer. Sie lassen sich umschreiben zu

$$1 < \frac{x_2}{\sqrt{x_1}} < 2 \quad \text{und} \quad 1 < x_1 x_2 < 2 \,.$$

Es liegt daher nahe, als neue Koordinaten $u_1 = x_1 x_2$ und $u_2 = x_2/\sqrt{x_1}$ zu wählen. Umgekehrt hat man dann:

$$\boldsymbol{x} = \psi(\boldsymbol{u}) = \begin{pmatrix} u_1^{2/3} u_2^{-2/3} \\ u_1^{1/3} u_2^{2/3} \end{pmatrix}, \quad 1 < u_1, u_2 < 2 \,.$$

Da man die Darstellung von $\boldsymbol{u}$ durch $\boldsymbol{x}$ und umgekehrt äquivalent in einander umformen kann, ist diese Transformation bijektiv. Als Funktionaldeterminante ergibt sich:

$$\det \psi'(\boldsymbol{u}) = \det \begin{pmatrix} \frac{2}{3} u_1^{-1/3} u_2^{-2/3} & -\frac{2}{3} u_1^{2/3} u_2^{-5/3} \\ \frac{1}{3} u_1^{-2/3} u_2^{2/3} & \frac{2}{3} u_1^{1/3} u_2^{-1/3} \end{pmatrix}$$
$$= \frac{4}{9} u_2^{-1} + \frac{2}{9} u_2^{-1} = \frac{2}{3 u_2} \,.$$

Die Determinante ist daher stets positiv.

Wir können nun die Transformationsformel anwenden und erhalten mit $B = (1, 2) \times (1, 2)$:

$$\int_D \sqrt{x_1}\, x_2 \,\mathrm{d}\boldsymbol{x} = \int_B u_1^{1/3} u_2^{-1/3} u_1^{1/3} u_2^{2/3} \frac{2}{3 u_2} \,\mathrm{d}\boldsymbol{u}$$
$$= \frac{2}{3} \int_1^2 \int_1^2 u_1^{2/3} u_2^{-2/3} \,\mathrm{d}u_1 \,\mathrm{d}u_2$$
$$= \frac{2}{5} (\sqrt[3]{32} - 1) \int_1^2 u_2^{-2/3} \,\mathrm{d}u_2$$
$$= \frac{6}{5} (\sqrt[3]{32} - 1)(\sqrt[3]{2} - 1)$$
$$= \frac{6}{5} \left(5 - \sqrt[3]{32} - \sqrt[3]{2} \right) \,. \qquad \blacktriangleleft$$

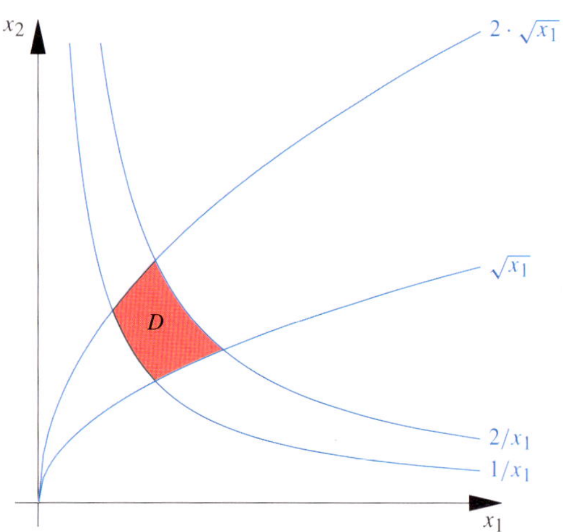

Abbildung 22.13 Das Gebiet D aus dem Beispiel wird durch die vier Kurven $x_2 = \sqrt{x_1}$, $x_2 = 2\sqrt{x_1}$, $x_2 = 1/x_1$ und $x_2 = 2/x_1$ begrenzt.

22.4 Wichtige Koordinatensysteme

Wie die Beispiele aus dem letzten Abschnitt gezeigt haben, ist die Transformationsformel dazu in der Lage, komplizierte Gebiete auf Quader zurückzuführen und uns so die rechnerische Bestimmung des Wertes von Integralen zu erleichtern. Dabei erlaubt sie es uns, mit ganz allgemeinen Transformationen zwischen zwei Gebieten zu arbeiten.

Es gibt nun einige Standardtransformationen, die mit der Beschreibung von Gebieten in bestimmten Koordinatensystemen zusammenhängen und die in der Praxis sehr häufig vorkommen. Diese besprechen wir nun gesondert. Besonders das erste dieser Koordinatensysteme, die *Polarkoordinaten*, ist uns schon von vielen Anwendungen her und im Zusammenhang mit den komplexen Zahlen vertraut. Hier erscheint es unter einem neuen Blickwinkel.

Die wesentlichen Überlegungen stellen wir hier für zwei bzw. für drei Raumdimensionen an. In diesen Fällen tauchen die besprochenen Koordinatensysteme in Anwendungen häufig auf. Im vierten Unterabschnitt gehen wir dann auf Verallgemeinerungen für höhere Dimensionen ein.

Polarkoordinaten

Im $\mathbb{R}^2$ sind uns die **Polarkoordinaten** (r, φ) als eine Alternative zu den kartesischen Koordinaten (x_1, x_2) vertraut. Die Zahl $r \geq 0$ beschreibt den Abstand eines Punktes vom Ursprung, die Zahl $\varphi \in (-\pi, \pi]$ den Winkel zwischen der Verbindungsstrecke des Punktes mit dem Ursprung und der positiven x_1-Achse (Abb. 22.14).

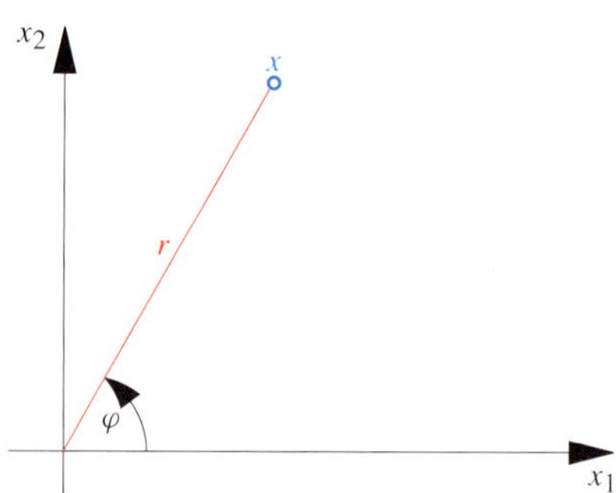

Abbildung 22.14 Die Darstellung eines Punktes $\boldsymbol{x}$ im $\mathbb{R}^2$ durch die Polarkoordinaten (r, φ). Der Abstand des Punktes vom Ursprung ist r, der Winkel zwischen der Verbindungsgerade von $\boldsymbol{x}$ und dem Ursprung mit der positiven x_1-Achse ist φ.

Aus elementargeometrischen Überlegungen folgt der Zusammenhang

$$x_1 = r \cos \varphi \,, \quad x_2 = r \sin \varphi \,.$$

Diese beiden Gleichungen liefern uns bereits die Transformation ψ zwischen der Darstellung einer Teilmenge der Ebene

Hintergrund und Ausblick: Numerische Integration in mehreren Dimensionen

Für die numerische Berechnung von Integralen gibt es im Eindimensionalen eine Reihe von Formeln. Für die Integration im Mehrdimensionalen kann über das iterierte Integral auf diese Formeln zurückgegriffen werden. Dazu kommen einige weitere Techniken.

Wir wollen uns hier beispielhaft mit der Integration über ein beschränktes Gebiet $D \subseteq \mathbb{R}^2$ beschäftigen. Am einfachsten stellt sich die Situation dar, wenn es sich bei D um ein Rechteck handelt:

$$D = (a_1, b_1) \times (a_2, b_2).$$

In diesem Fall können wir das Gebietsintegral als iteriertes Integral schreiben und für beide eindimensionalen Integrale separat eine Quadraturformel verwenden. So erhalten wir:

$$\int_D f(\boldsymbol{x}) \, \mathrm{d}\boldsymbol{x} = \int_{a_1}^{b_1} \int_{a_2}^{b_2} f(x_1, x_2) \, \mathrm{d}x_2 \, \mathrm{d}x_1$$
$$\approx \sum_{j=1}^{n_1} w_{1j} \int_{a_2}^{b_2} f(x_{1j}, x_2) \, \mathrm{d}x_2$$
$$\approx \sum_{j=1}^{n_1} \sum_{k=1}^{n_2} w_{1j} w_{2k} \, f(x_{1j}, x_{2k}).$$

Dies ist eine Quadraturformel mit Gewichten $w_{jk} = w_{1j} w_{2k}$ und Quadraturpunkten $\boldsymbol{x}_{jk} = (x_{1j}, x_{2k})^\top$. Als eindimensionale Quadraturformeln können ganz beliebige Regeln verwendet werden, zum Beispiel die zusammengesetzte Trapezregel oder eine Gauß'sche Quadraturformel.

Bei komplizierteren Gebieten können wir auf diese Methode nicht direkt zurückgreifen. Es ist keine Option, den Integranden außerhalb des eigentlichen Gebiets durch null auf ein Rechteck fortzusetzen. Die Approximationsgüte einer Quadraturformel ist ja wesentlich davon abhängig, dass der Integrand eine glatte Funktion ist.

Für dreieckige Integrationsgebiete sind in der Literatur ebenfalls viele Formeln zu finden. Ist D ein Dreieck mit den Eckpunkten $\boldsymbol{a}, \boldsymbol{b}, \boldsymbol{c} \in \mathbb{R}^2$, so verwendet man für $\boldsymbol{x} \in D$ die Darstellung

$$\boldsymbol{x} = \boldsymbol{a} + s_1 (\boldsymbol{b} - \boldsymbol{a}) + s_2 (\boldsymbol{c} - \boldsymbol{a}),$$
$$s_1 \in (0, 1), \ s_2 \in (0, 1 - s_2).$$

Dadurch ist eine Transformation vom Dreieck B mit den Eckpunkten $(0, 0)^\top$, $(1, 0)^\top$ und $(0, 1)^\top$ auf das Dreieck

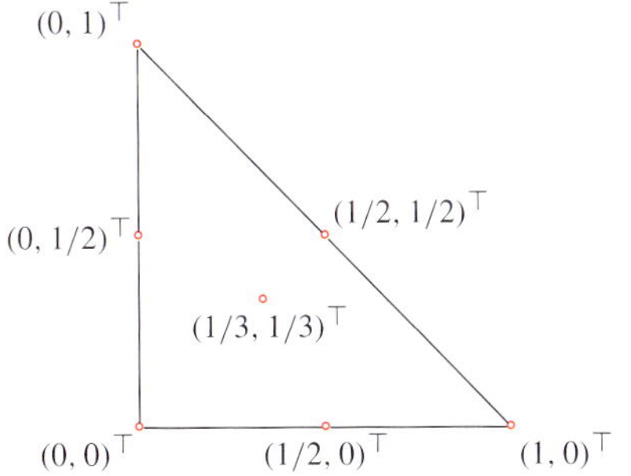

D gegeben. Man erhält:

$$\int_D f(\boldsymbol{x}) \, \mathrm{d}\boldsymbol{x} = \frac{|\det((\boldsymbol{b} - \boldsymbol{a}, \boldsymbol{c} - \boldsymbol{a}))|}{2} \int_B f(\boldsymbol{x}(\boldsymbol{s})) \, \mathrm{d}\boldsymbol{s}.$$

Das Dreieck B wird auch Referenzdreieck genannt. In Büchern zur numerischen Integration sind Formeln zu finden, die Integrale über B für Polynome bis zu einem gewissen Grad exakt berechnen, siehe etwa die unten angegebene Referenz. Ein Beispiel ist die folgende Formel mit 7 Quadraturpunkten, die Polynome bis zum dritten Grad exakt integriert:

$$\int_B f(\boldsymbol{s}) \, \mathrm{d}\boldsymbol{s} \approx \frac{9}{40} f\left(\frac{1}{3}, \frac{1}{3}\right)$$
$$+ \frac{1}{40} \left[f(0, 0) + f(1, 0) + f(0, 1) \right]$$
$$+ \frac{1}{15} \left[f\left(\frac{1}{2}, 0\right) + f\left(0, \frac{1}{2}\right) + f\left(\frac{1}{2}, \frac{1}{2}\right) \right].$$

Die Abbildung links unten zeigt die Lage der Quadraturpunkte.

Bei noch komplizierteren Gebieten unterteilt man das Integrationsgebiet in kleinere Teilgebiete, die jeweils entweder Dreiecke oder Rechtecke sind. Für ein Polygon, also ein Gebiet, das durch einen Streckenzug berandet ist, ist dies exakt möglich. Die folgende Abbildung zeigt ein Beispiel für eine solche Zerlegung.

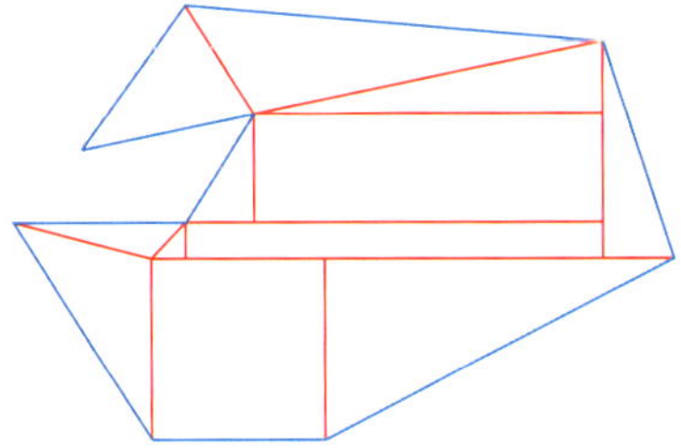

Für krummlinig berandete Gebiete ist es oft notwendig, das Gebiet selbst zu approximieren, wenn nicht eine Transformation bekannt ist, die das Integral vereinfacht. Mittels Spline-Interpolation können z. B. krummlinig berandete Dreiecke auf das Referenzdreieck abgebildet werden. Die entsprechende Funktionaldeterminante muss dann beim Berechnen des Integrals berücksichtigt werden.

In höheren Dimensionen sind verwandte Techniken anzuwenden. Aus Rechtecken werden dann Quader, aus Dreiecken Tetraeder oder prismenförmige Referenzgebiete.

Literatur

A. H. Stroud: *Approximate calculation of multiple integrals.* Prentice-Hall, 1971.

in Polarkoordinaten B und in kartesischen Koordinaten D:

$$\psi(r, \varphi) = \begin{pmatrix} r \cos \varphi \\ r \sin \varphi \end{pmatrix}, \quad (r, \varphi) \in B.$$

Hierbei ist $B \subseteq (0, \infty) \times (-\pi, \pi)$ eine offene Menge.

Achtung: Die Transformationsformel verlangt eine offene Menge B, daher verwenden wir $\varphi \in (-\pi, \pi)$ und $r > 0$. Der Strahl $\{x = r\,(-1, 0)^\top \mid r \geq 0\}$, bildet eine Nullmenge, sodass er für die Integration unerheblich ist. Punkte mit $r = 0$ müssen wir auch ausschließen, da sonst $\psi : B \to \psi(B)$ nicht bijektiv wäre und in diesen Punkten auch $\det \psi' = 0$ gelten würde.

Ein Beispiel zeigt die Abbildung 22.15. Aus dem in kartesischen Koordinaten nur kompliziert zu beschreibenden Segment eines Kreisrings wird in Polarkoordinaten ein Trapez.

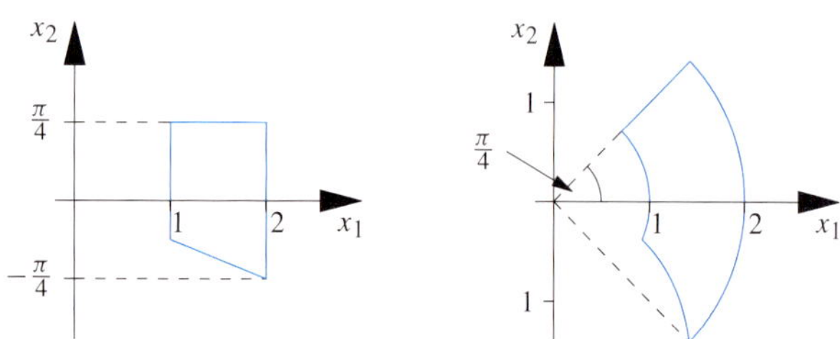

Abbildung 22.15 Das rechts abgebildete Segment eines Kreisrings wäre in kartesischen Koordinaten nur schwer zu beschreiben. Die Polarkoordinaten der Punkte bilden ein Trapez.

Wir wollen zeigen, dass ψ eine Transformation ist. Sind $(r_1, \varphi_1), (r_2, \varphi_2) \in \mathbb{R}_{>0} \times (-\pi, \pi)$ mit $\psi(r_1, \varphi_1) = \psi(r_2, \varphi_2)$, so gilt:

$$r_1 = \|\psi(r_1, \varphi_1)\|_2 = \|\psi(r_1, \varphi_2)\|_2 = r_2.$$

Mit den Eigenschaften der Umkehrfunktionen der trigonometrischen Funktionen und entsprechenden Fallunterscheidungen folgt dann $\varphi_1 = \varphi_2$. Damit ist ψ injektiv.

Die stetige Differenzierbarkeit von ψ folgt aus der Stetigkeit der partiellen Ableitungen beider Komponenten. Die Jacobi-Matrix ist:

$$\frac{\partial(x_1, x_2)}{\partial(r, \varphi)} = \begin{pmatrix} \cos \varphi & -r \sin \varphi \\ \sin \varphi & r \cos \varphi \end{pmatrix}$$

und daher gilt:

$$\det \frac{\partial(x_1, x_2)}{\partial(r, \varphi)} = r \cos^2 \varphi + r \sin^2 \varphi = r > 0.$$

Damit erfüllt ψ die Voraussetzungen an eine Transformation. Wir formulieren den für die Praxis wichtigen Spezialfall der Transformationsformel für Polarkoordinaten noch einmal explizit:

Integration mit Polarkoordinaten

Ist $B \subseteq \mathbb{R}_{>0} \times (-\pi, \pi)$ offen,

$$D = \left\{ x \in \mathbb{R}^2 \mid x = r \begin{pmatrix} \cos \varphi \\ \sin \varphi \end{pmatrix}, (r, \varphi) \in B \right\}$$

und $f \in L(D)$, so gilt:

$$\int_D f(x_1, x_2)\, d(x_1, x_2) = \int_B f(r \cos \varphi, r \sin \varphi)\, r\, d(r, \varphi).$$

?

Wie ändert sich die Funktionalmatrix, wenn die Reihenfolge der Argumente (r, φ) von ψ vertauscht wird? Welchen Einfluss hat dies auf die Funktionaldeterminante und auf die Transformationsformel?

Wir illustrieren die Anwendung dieser Transformation an einem schon bekannten Beispiel.

Beispiel Wir greifen noch einmal das Beispiel von Seite 935 auf und berechnen das Integral

$$\int_D x_1\,(x_1^2 + x_2)\, dx$$

mit

$$D = \{x \in \mathbb{R}^2 \mid x_1 > 0, 1 < x_1^2 + x_2^2 < 4\}.$$

Diesmal sollen jedoch Polarkoordinaten verwendet werden. Wir drücken D aus durch

$$D = \left\{ (r \cos \varphi, r \sin \varphi)^\top \in \mathbb{R}^2 \mid -\frac{\pi}{2} < \varphi < \frac{\pi}{2}, 1 < r < 2 \right\}.$$

Das Gebiet B aus der Transformationsformel ist also genau das Rechteck

$$B = \left\{ (r, \varphi) \in \mathbb{R}^2 \mid -\frac{\pi}{2} < \varphi < \frac{\pi}{2}, 1 < r < 2 \right\}.$$

Damit ergibt sich:

$$\int_D x_1\,(x_1^2 + x_2)\, dx$$

$$= \int_B \left(r^3 \cos^3 \varphi + r^2 \cos \varphi \sin \varphi \right) r\, d(r, \varphi)$$

$$= \int_1^2 \int_{-\frac{\pi}{2}}^{\frac{\pi}{2}} \left(r^4 \cos^3 \varphi + r^3 \cos \varphi \sin \varphi \right) d\varphi\, dr$$

$$= \int_1^2 \left[\frac{r^4}{3} \sin \varphi \cos^2 \varphi + \frac{2\,r^4}{3} \sin \varphi + \frac{r^3}{2} \sin^2 \varphi \right]_{-\frac{\pi}{2}}^{\frac{\pi}{2}} dr$$

$$= \int_1^2 \frac{4}{3} r^4\, dr = \left[\frac{4}{15} r^5 \right]_1^2 = \frac{128 - 4}{15} = \frac{124}{15}.$$

Wir haben tatsächlich genau dasselbe Ergebnis wie auf Seite 935 erhalten. Die Rechnung über Polarkoordinaten ist allerdings erheblich einfacher, denn der Kreisring, der in kartesischen Koordinaten schwer zu beschreiben ist, wird in Polarkoordinaten zu einem Rechteck. ◄

Kommentar: Im Zusammenhang mit Transformationen zwischen Gebieten hatten wir schon auf Seite 939 darauf hingewiesen, dass die Spalten der Funktionalmatrix der Transformation Tangentialvektoren an die Koordinatenlinien darstellen. Bei Polarkoordinaten sind die Koordinatenlinien zum einen Kreise um den Ursprung, wenn r konstant ist, zum anderen sind es vom Ursprung ausgehende Strahlen, wenn φ konstant ist. Es fällt auf, dass die Tangentialvektoren an die beiden Koordinatenlinien, die sich in einem Punkt schneiden, stets zueinander orthogonal sind. Koordinatensysteme, bei denen dies der Fall ist, nennt man **orthogonale Koordinatensystem**. Auch die später in diesem Abschnitt zu besprechenden Zylinder- und Kugelkoordinaten gehören zu dieser Klasse. Orthogonale Koordinatensysteme werden uns in der Vektoranalysis (siehe Kapitel 23) wieder begegnen.

Polarkoordinaten können auch dazu eingesetzt werden, die Integrierbarkeit von unbeschränkten Integranden zu überprüfen. Wir bringen hier ein Beispiel, das gleichzeitig eine Anwendung des Lebesgue'schen Konvergenzsatzes darstellt.

Beispiel Es sei $Q \subseteq \mathbb{R}^2$ ein beschränkter Quader. Zu $f \in C(\overline{Q})$ definieren wir

$$K f(x) = \int_Q k(x, y)\, f(y)\, \mathrm{d}y, \quad x \in \overline{Q}.$$

Hierbei ist k eine auf $V = \{(x, y) \in \overline{Q}^2 \mid x \neq y\}$ definierte stetige Funktion. Zusätzlich soll gelten, dass es eine Konstante $C > 0$ gibt mit

$$|k(x, y)| \leq \frac{C}{\|x - y\|_2}, \quad (x, y) \in V.$$

Man nennt K einen *linearen Integraloperator mit schwachsingulärer Kernfunktion.*

Wir zeigen, dass das Integral in der Definition von $K f$ existiert. Dazu wählen wir $x \in \overline{Q}$ beliebig und bezeichne mit B_n die Kreisscheibe mit Mittelpunkt x und Radius $1/n$. Wir setzen

$$k_n(x, y) = \begin{cases} k(x, y), & y \in Q \setminus B_n, \\ 0, & y \in Q \cap B_n. \end{cases}$$

Dann ist $k_n(x, \cdot)$ stetig und beschränkt auf den messbaren Mengen $Q \setminus B_n$ und auf $Q \cap B_n$, deren disjunkte Vereinigung Q ist. Somit gilt $k_n(x, \cdot) \in L(Q)$. Ferner gilt:

$$|k_n(x, y)| \leq \frac{C}{\|x - y\|_2}, \quad y \in Q \setminus \{x\}.$$

Wir zeigen durch eine Transformation auf Polarkoordinaten, dass die rechte Seite über jedem Kreis B mit Mittelpunkt x

integrierbar ist. Mit R bezeichnen wir den Radius von B und setzen $C = (0, R) \times (-\pi, \pi)$. Dann gilt:

$$\int_B \frac{1}{\|x - y\|_2}\, \mathrm{d}y = \int_C \frac{1}{r}\, r \mathrm{d}(r, \varphi) = 2\pi\, R.$$

Wählt man R groß genug, dass $Q \subseteq B$ gilt, folgt die Integrierbarkeit von $\|x - \cdot\|_2^{-1}$ über Q.

Nach dem Lebesgue'schen Konvergenzsatz folgt nun:

$$\lim_{n \to \infty} \int_Q k_n(x, y)\, f(y)\, \mathrm{d}y = \int_Q k(x, y)\, f(y)\, \mathrm{d}y. \quad ◄$$

Zylinderkoordinaten erweitern Polarkoordinaten um eine dritte Dimension

Im $\mathbb{R}^3$ ergibt sich ein Koordinatensystem auf besonders einfache Art und Weise, indem den zweidimensionalen Polarkoordinaten eine dritte Koordinate hinzugefügt wird. Diese bezeichnen wir gemeinhin mit z, sodass sich insgesamt der Zusammenhang

$$x_1 = \rho \cos \varphi, \quad x_2 = \rho \sin \varphi, \quad x_3 = z$$

ergibt. Hierbei ist $\rho > 0$ der Abstand des Punktes von der x_3-Achse, $\varphi \in (-\pi, \pi)$ der Winkel zwischen dem Lot vom Punkt auf die x_3-Achse und der positiven x_1-Achse (Abb. 22.16). Lässt man ρ konstant, so entsteht durch die Variation von z und φ eine Zylinderfläche, daher trägt das (ρ, φ, z)-Koordinatensystem den Namen **Zylinderkoordinaten.**

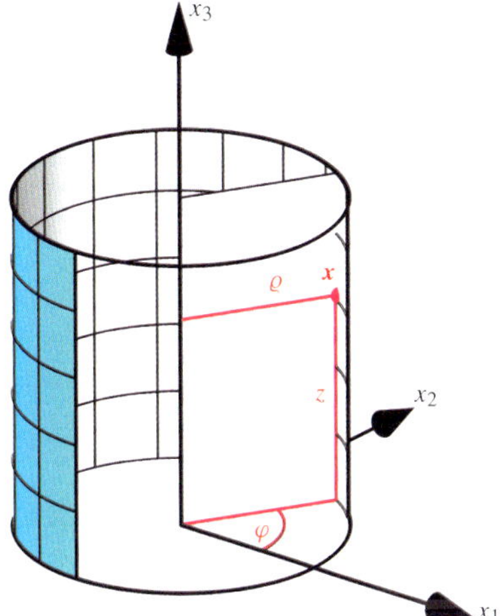

Abbildung 22.16 Zylinderkoordinaten erweitern Polarkoordinaten um eine dritte Koordinate z, die der x_3-Koordinate entspricht.

Die zugehörige Koordinatentransformation ergibt sich als

$$\psi(\rho, \varphi, z) = \begin{pmatrix} \rho \cos \varphi \\ \rho \sin \varphi \\ z \end{pmatrix}, \quad (\rho, \varphi, z) \in B,$$

Beispiel: Die Bestimmung eines Integrals mit unbeschränktem Integrationsbereich

Der Wert des Integrals

$$\int_{-\infty}^{\infty} e^{-x^2}\, dx$$

soll mithilfe einer Transformation auf Polarkoordinaten bestimmt werden.

Problemanalyse und Strategie: Die Funktion e^{-x^2} ist zwar integrierbar, es ist jedoch nicht möglich, ihre Stammfunktion durch die uns bekannten Funktionen in einer expliziten Formel auszudrücken. Mittels einer Darstellung durch ein Gebietsintegral und der Verwendung von Polarkoordinaten kann aber der Wert des oben angegebenen Integrals bestimmt werden.

Lösung:

Die Grundidee ist das Quadrat des Integrals zu betrachten. Dieses lässt sich als ein iteriertes Integral und damit als ein Gebietsintegral über den $\mathbb{R}^2$ schreiben:

$$\left(\int_{-\infty}^{\infty} e^{-x^2}\, dx\right)^2 = \int_{-\infty}^{\infty} e^{-x^2}\, dx \int_{-\infty}^{\infty} e^{-y^2}\, dy$$

$$= \int_{\mathbb{R}^2} e^{-(x^2+y^2)}\, d(x, y)\,.$$

Es bietet sich nun an, dieses Gebietsintegral über eine Transformation auf Polarkoordinaten zu berechnen. Dazu setzen wir

$$B = \{(r, \varphi) \mid r > 0,\ \varphi \in (-\pi, \pi)\}$$

und erhalten:

$$\int_{\mathbb{R}^2} e^{-(x^2+y^2)}\, d(x, y) = \int_B r\, e^{-r^2}\, d(r, \varphi)\,.$$

Durch die Transformation ist der zusätzliche Faktor r ins Spiel gekommen. Er bewirkt, dass wir das Integral nun leicht als iteriertes Integral bestimmen können:

$$\int_B r\, e^{-r^2}\, d(r, \varphi) = \int_0^\infty \int_{-\pi}^\pi r\, e^{-r^2}\, d\varphi\, dr$$

$$= 2\pi \int_0^\infty r\, e^{-r^2}\, dr$$

$$= 2\pi \left[-\frac{1}{2} e^{-r^2}\right]_0^\infty = \pi\,.$$

Somit folgt:

$$\int_{-\infty}^{\infty} e^{-x^2}\, dx = \sqrt{\pi}\,.$$

Kommentar: Dies ist nur eine von vielen Möglichkeiten zur Bestimmung des Werts dieses Integrals. Anwendung findet das Integral in der Wahrscheinlichkeitstheorie im Zusammenhang mit der Normalverteilung.

---

wobei $B \subseteq \mathbb{R}_{>0} \times (-\pi, \pi) \times \mathbb{R}$ eine offene Menge ist. Die Injektivität und stetige Differenzierbarkeit von ψ folgt wie bei den Polarkoordinaten. Die Jacobi-Matrix ist

$$\frac{\partial(x_1, x_2, x_3)}{\partial(\rho, \varphi, z)} = \begin{pmatrix} \cos\varphi & -\rho\,\sin\varphi & 0 \\ \sin\varphi & \rho\,\cos\varphi & 0 \\ 0 & 0 & 1 \end{pmatrix},$$

sodass sich als Funktionaldeterminante $\det \psi'(\rho, \varphi, z) = \rho$ ergibt. Ganz analog zu den Polarkoordinaten nimmt für die Praxis wesentliche Aussage der Transformationsformel für Zylinderkoordinaten die folgende Gestalt an.

Integration mit Zylinderkoordinaten

Ist $B \subseteq \mathbb{R}_{>0} \times (-\pi, \pi) \times \mathbb{R}$ offen,

$$D = \left\{ x \in \mathbb{R}^3 \mid x = \begin{pmatrix} \rho\,\cos\varphi \\ \rho\,\sin\varphi \\ z \end{pmatrix},\ (\rho, \varphi, z) \in B \right\}$$

und $f \in L(D)$, so gilt:

$$\int_D f(x_1, x_2, x_3)\, d(x_1, x_2, x_3)$$

$$= \int_B f(\rho\,\cos\varphi, \rho\,\sin\varphi, z)\, \rho\, d(\rho, \varphi, z)\,.$$

Als eine einfache Anwendung dieser Integrationsformel erhält man die wohlbekannten Formeln zur Bestimmung des Volumens von Kegeln.

Beispiel Wir bestimmen das Volumen eines Kegels, dessen Grundfläche ein Kreis mit Radius R ist und der die Höhe h besitzt (Abb. 22.17). Wir werden die Menge der Punkte im Innern des Kegels durch Zylinderkoordinaten beschreiben. Dabei wählt man die x_3-Achse als Verbindungsgerade der Spitze des Kegels mit dem Mittelpunkt der Grundfläche. Der maximale Abstand eines Punktes des Kegels von der x_3-Achse nimmt dann linear ab vom Wert R am Boden bis zu 0 an der Spitze. Bis auf eine Nullmenge ist der Kegel somit durch die Menge

$$K = \left\{ (\rho\,\cos\varphi, \rho\,\sin\varphi, z)^\top \mid \right.$$

$$\left. 0 < z < h,\ 0 < \rho < R\left(1 - \frac{z}{h}\right),\ -\pi < \varphi < \pi \right\}$$

beschrieben. Die Menge der Tripel (ρ, φ, z), die einen Punkt in K in Zylinderkoordinaten darstellen, nennen wir B. Damit ergibt sich:

$$\mu(K) = \int_K 1 \, \mathrm{d}\boldsymbol{x} = \int_B \rho \, \mathrm{d}(\rho, \varphi, z)$$

$$= \int_0^h \int_0^{R(1-z/h)} \int_0^{2\pi} \rho \, \mathrm{d}\varphi \, \mathrm{d}\rho \, \mathrm{d}z$$

$$= 2\pi \int_0^h \frac{R^2}{2} \left(1 - \frac{z}{h}\right)^2 \mathrm{d}z$$

$$= \pi R^2 \left[-\frac{h}{3} \left(1 - \frac{z}{h}\right)^3 \right]_0^h = \frac{1}{3} \pi R^2 h \, .$$

Es ergibt sich genau der bekannte Ausdruck *ein Drittel mal Grundfläche mal Höhe.* ◄

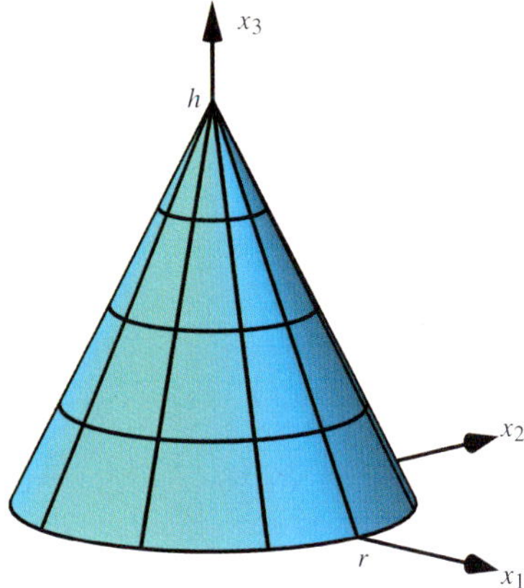

Abbildung 22.17 Ein Kegel ist ein geometrischer Körper, der sich gut durch Zylinderkoordinaten beschreiben lässt.

Ein Kegel ist natürlich nur ein spezieller Fall für einen **Rotationskörper,** also einen Körper, der durch Rotation des Graphen einer stetigen Funktion $f : (a, b) \to \mathbb{R}_{\geq 0}$ um die x-Achse entsteht. Es ist dann

$$K = \{(x, \rho \cos\varphi, \rho \sin\varphi)^\top \in \mathbb{R}^3 \mid$$
$$a < x < b, \ -\pi < \varphi < \pi, \ 0 < \rho < f(x)\} \, .$$

Der Unterschied zu den gewöhnlichen Zylinderkoordinaten besteht hier nur in der anderen Zuordnung zu den kartesischen Koordinaten. Dies ändert jedoch den Betrag der Funktionaldeterminante nicht, sodass wir die folgende Rechnung durchführen können:

$$\mu(K) = \int_K 1 \, \mathrm{d}\boldsymbol{x} = \int_0^{2\pi} \int_a^b \int_0^{f(x)} \rho \, \mathrm{d}\rho \, \mathrm{d}x \, \mathrm{d}\varphi$$

$$= 2\pi \int_a^b \left[\frac{1}{2} \rho^2 \right]_0^{f(x)} \mathrm{d}x = \pi \int_a^b f(x)^2 \, \mathrm{d}x \, .$$

Kugelkoordinaten beschreiben einen Punkt durch eine Länge und zwei Winkel

Bei den Polarkoordinaten wird ein Punkt durch seinen Abstand vom Ursprung und eine Winkelkoordinate beschrieben.

Will man diese Idee in drei Raumdimensionen übertragen, so kommt eine zweite Winkelkoordinate ins Spiel.

Am einfachsten lässt sich ein solches Koordinatensystem aus den Zylinderkoordinaten ableiten. Die Abbildung 22.18 zeigt das Vorgehen. Man behält die Winkelkoordinate φ bei und erhält

$$\rho = r \sin\vartheta \, , \quad z = r \cos\vartheta \, ,$$

wobei $r > 0$ den Abstand des Punktes vom Ursprung und $\vartheta \in (0, \pi)$ den Winkel zwischen der positiven x_3-Achse und der Verbindungsstrecke des Punktes mit dem Ursprung darstellt. Die so erhaltenen Koordinaten nennt man **Kugelkoordinaten** oder auch **sphärische Koordinaten,** in Formeln:

$$x_1 = r \cos\varphi \sin\vartheta \, , \quad x_2 = r \sin\varphi \sin\vartheta \, , \quad x_3 = r \cos\vartheta$$

mit $r > 0$, $\varphi \in (-\pi, \pi)$, $\vartheta \in (0, \pi)$. Lässt man r konstant, so erhält man durch Variation von φ und ϑ eine Sphäre um den Ursprung mit Radius R.

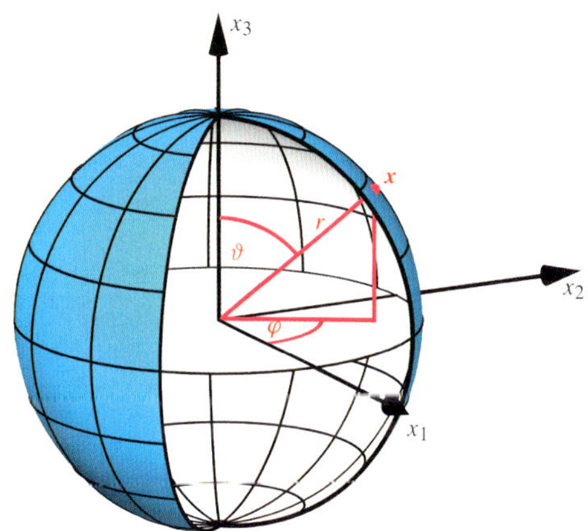

Abbildung 22.18 Man erhält die Kugelkoordinaten, indem man die ρ- und die z-Koordinate der Zylinderkoordinaten durch den Abstand vom Ursprung r und die Winkelkoordinate ϑ ausdrückt.

—————————— **?** ——————————

Wieso darf man für ϑ nicht das Intervall $(-\pi, \pi)$ oder ein anderes Intervall der Länge 2π zulassen?

Die Kugelkoordinaten ergeben die Transformation

$$\psi(r, \varphi, \vartheta) = r \, (\cos\varphi \sin\vartheta, \sin\varphi \sin\vartheta, \cos\vartheta)^\top$$

mit $(r, \varphi, \vartheta) \in B \subseteq \mathbb{R}_{>0} \times (-\pi, \pi) \times (0, \pi)$ offen. Die Injektivität folgt direkt aus der Konstruktion sowie der Injektivität der Polar- und der Zylinderkoordinatentransformation. Die stetige Differenzierbarkeit folgt wieder aus der Stetigkeit der partiellen Ableitungen. Als Funktionaldeterminante ergibt sich:

Beispiel: Integration von unbeschränkten Funktionen

Wir definieren $D = \{x \in \mathbb{R}^3 \mid \|x\| < 1\}$. Zeigen Sie, dass das uneigentliche Integral

$$\int_D \frac{|x_1 + x_2|}{\|x\|^{7/2}}\, dx$$

existiert, und berechnen Sie seinen Wert.

Problemanalyse und Strategie: Es bietet sich an, auf Kugelkoordinaten zu transformieren. Dabei bleiben wir zunächst ein Stück von der Stelle weg, an der sich die Singularität befindet. Durch einen Grenzübergang erhalten wir die Existenz des Integrals.

Lösung:

Um mit Integralen zu arbeiten, die auf jeden Fall existieren, führen wir für $\varepsilon > 0$ die Gebiete

$$D_\varepsilon = \{x \in \mathbb{R}^3 \mid \varepsilon < \|x\| < 1\}$$

ein. Dann ist der Integrand auf jedem D_ε stetig und beschränkt, und er lässt sich stetig auf den Rand von D_ε fortsetzten. Somit ist der Integrand in $L(D_\varepsilon)$ für jedes $\varepsilon > 0$. Mit Kugelkoordinaten und dem Gebiet

$$B_\varepsilon = (\varepsilon, 1) \times (-\pi, \pi) \times (0, \pi)$$

folgt dann:

$$\int_{D_\varepsilon} \frac{|x_1 + x_2|}{\|x\|^{7/2}}\, dx$$

$$= \int_{B_\varepsilon} \frac{|r \cos\varphi \sin\vartheta + r \sin\varphi \sin\vartheta|}{r^{7/2}}\, r^2 \sin\vartheta\, d(r, \varphi, \vartheta)$$

$$= \int_{B_\varepsilon} \frac{|\cos\varphi + \sin\varphi|}{\sqrt{r}}\, \sin^2\vartheta\, d(r, \varphi, \vartheta)\,.$$

Der Integrand zerfällt nun in drei Faktoren, die jeweils nur von einer Integrationsvariablen abhängen. Es folgt:

$$\int_{D_\varepsilon} \frac{|x_1 + x_2|}{\|x\|^{7/2}}\, dx$$

$$= \int_{-\pi}^{\pi} |\cos\varphi + \sin\varphi|\, d\varphi \cdot \int_0^\pi \sin^2\vartheta\, d\vartheta \cdot \int_\varepsilon^1 \frac{1}{\sqrt{r}}\, dr\,.$$

Wir verwenden jetzt

$$\sin\varphi + \cos\varphi = \sqrt{2}\, \sin\left(\varphi + \frac{\pi}{4}\right)$$

und erhalten so:

$$\int_{D_\varepsilon} \frac{|x_1 + x_2|}{\|x\|^{7/2}}\, dx = 2\sqrt{2}\, \pi \left[2\sqrt{r}\right]_\varepsilon^1 \longrightarrow 4\sqrt{2}\, \pi$$

für $\varepsilon \to 0$.

Kommentar: Allgemein gesprochen haben wir in diesem Beispiel eine Funktion $f : D \setminus \{x_0\} \to \mathbb{R}$ mit $D \subseteq \mathbb{R}^3$ betrachtet, die an der Stelle x_0 eine Singularität besitzt. Dabei gilt die Abschätzung $|f(x)| \leq C \|x - x_0\|^{-5/2}$. Durch die Kugelkoordinaten wird ein Faktor $\|x - x_0\|^2$ kompensiert, das Integral existiert. Dieselbe Technik haben wir im Beispiel auf Seite 947 für Polarkoordinaten im $\mathbb{R}^n$ eingesetzt.

Die Herleitung der Funktionaldeterminante (22.2) für Kugelkoordinaten im $\mathbb{R}^n$ auf Seite 951 zeigt, dass man allgemein im $\mathbb{R}^n$ einen Kompensationsfaktor $\|x - x_0\|^{n-1}$ erhält. Somit folgt, dass für $D \subseteq \mathbb{R}^n$ eine Funktion $f : D \to \mathbb{R}$ noch integrierbar ist, wenn eine Abschätzung der Form

$$|f(x)| \leq C \|x - x_0\|^{-\alpha} \quad \text{mit} \quad \alpha < n$$

für fast alle $x \in D \setminus \{x_0\}$ gilt. Man nennt eine solche Funktion **schwach singulär.**

$\det \psi'(r, \varphi, \vartheta)$

$$= \det \begin{pmatrix} \cos\varphi \sin\vartheta & -r \sin\varphi \sin\vartheta & r \cos\varphi \cos\vartheta \\ \sin\varphi \sin\vartheta & r \cos\varphi \sin\vartheta & r \sin\varphi \cos\vartheta \\ \cos\vartheta & 0 & -r \sin\vartheta \end{pmatrix}$$

$$= \cos\vartheta\, \det \begin{pmatrix} -r \sin\varphi \sin\vartheta & r \cos\varphi \cos\vartheta \\ r \cos\varphi \sin\vartheta & r \sin\varphi \cos\vartheta \end{pmatrix}$$

$$\quad - r \sin\vartheta\, \det \begin{pmatrix} \cos\varphi \sin\vartheta & -r \sin\varphi \sin\vartheta \\ \sin\varphi \sin\vartheta & r \cos\varphi \sin\vartheta \end{pmatrix}$$

$$= -r^2 \sin^2\varphi \sin\vartheta \cos^2\vartheta - r^2 \cos^2\varphi \sin\vartheta \cos^2\vartheta$$

$$\quad - r^2 \cos^2\varphi \sin^3\vartheta - r^2 \sin^2\varphi \sin^3\vartheta$$

$$= -r^2 \sin\vartheta\, (\sin^2\varphi + \cos^2\varphi)\, (\sin^2\vartheta + \cos^2\vartheta)$$

$$= -r^2 \sin\vartheta\,.$$

Für $\vartheta \in (0, \pi)$ ist $\sin\vartheta > 0$. Berücksichtigen wir, dass in der Transformationsformel der Betrag der Funktionaldeterminante auftaucht, erhalten wir die folgende Rechenregel.

Integration mit Kugelkoordinaten

Ist $B \subseteq \mathbb{R}_{>0} \times (-\pi, \pi) \times (0, \pi)$ offen,

$$D = \left\{ x \in \mathbb{R}^3 \mid x = r \begin{pmatrix} \cos\varphi \sin\vartheta \\ \sin\varphi \sin\vartheta \\ \cos\vartheta \end{pmatrix}, (r, \varphi, \vartheta) \in B \right\}$$

und $f \in L(D)$, so gilt:

$$\int_D f(x_1, x_2, x_3)\, d(x_1, x_2, x_3)$$

$$= \int_B f(r \cos\varphi \sin\vartheta, r \sin\varphi \sin\vartheta, r \cos\vartheta)$$

$$\cdot r^2 \sin\vartheta\, d(r, \varphi, \vartheta)\,.$$

Beispiel Die Bestimmung des Volumens einer Kugel mit Radius R ist eine typische Anwendung der Kugelkoordinaten. Dazu beschreiben wir die Kugel durch

$$K = \{x \in \mathbb{R}^3 \mid x_1^2 + x_2^2 + x_3^2 \le R^2\}$$
$$= \{r\,(\cos\varphi\,\sin\vartheta,\,\sin\varphi\,\sin\vartheta,\,\cos\vartheta)^\top \in \mathbb{R}^3 \mid$$
$$(r,\varphi,\vartheta)^\top \in B\}$$

mit dem Quader

$$B = (0, R) \times (0, 2\pi) \times (0, \pi)\,.$$

Das Volumen der Kugel ergibt sich dann als

$$\mu(K) = \int_K 1 \, \mathrm{d}x = \int_B r^2 \, \sin\vartheta \, \mathrm{d}(r, \varphi, \vartheta)$$
$$= \int_0^R \int_0^{2\pi} \int_0^\pi r^2 \, \sin\vartheta \, \mathrm{d}\vartheta \, \mathrm{d}\varphi \, \mathrm{d}r$$
$$= 2\pi \int_0^R r^2 \, (\cos 0 - \cos\pi) \, \mathrm{d}r$$
$$= 4\pi \left[\frac{1}{3} r^3\right]_0^R = \frac{4}{3}\,\pi\,R^3\,. \qquad \blacktriangleleft$$

Zylinder- und Kugelkoordinaten können auch in höheren Dimensionen eingeführt werden

Wir definieren die Kugel um den Ursprung mit Radius R im $\mathbb{R}^n$ durch

$$K_R^n = \{r \in \mathbb{R}^n \mid \|r\|_2 < R\}\,.$$

Ihr Volumen ergibt sich als Gebietsintegral, das durch die Verwendung von n-dimensionalen Kugelkoordinaten berechnet werden kann.

Um das Prinzip des Vorgehens zu verstehen, betrachten wir zunächst die Herleitung von vierdimensionalen Kugelkoordinaten. Diese erfolgt ganz analog zu der Überlegung, die von Polarkoordinaten über Zylinderkoordinaten zu dreidimensionalen Kugelkoordinaten führt.

Wir wählen für die Koordinaten x_1, x_2, x_3 die Darstellung durch Kugelkoordinaten, die letzte Koordinate belassen wir zunächst kartesisch und nennen sie z. Also haben wir die Darstellung

$$x_1 = \rho \, \cos\varphi_1 \, \sin\varphi_2\,,$$
$$x_2 = \rho \, \sin\varphi_1 \, \sin\varphi_2\,,$$
$$x_3 = \rho \, \cos\varphi_2\,,$$
$$x_4 = z$$

mit $\varphi \in (-\pi, \pi)$, $\varphi_2 \in (0, \pi)$, $\rho > 0$ und $z \in \mathbb{R}$. Jetzt drücken wir den Punkt $(z, \rho)^\top \in \mathbb{R}^2$ durch Polarkoordinaten aus:

$$z = r \, \cos\varphi_3\,, \quad \rho = r \, \sin\varphi_3\,.$$

Da $\rho > 0$ ist, gilt dabei $\varphi_3 \in (0, \pi)$ und $r > 0$. Damit erhalten wir die vierdimensionalen Kugelkoordinaten

$$x_1 = r \, \cos\varphi_1 \, \sin\varphi_2 \, \sin\varphi_3\,,$$
$$x_2 = r \, \sin\varphi_1 \, \sin\varphi_2 \, \sin\varphi_3\,,$$
$$x_3 = r \, \cos\varphi_2 \, \sin\varphi_3\,,$$
$$x_4 = r \, \cos\varphi_3$$

mit $\varphi_1 \in (-\pi, \pi)$, $\varphi_2 \in (0, \pi)$, $\varphi_3 \in (0, \pi)$ und $r > 0$.

Dieser Prozess kann nun iterativ fortgesetzt werden, und wir erhalten Kugelkoordinaten für jede Raumdimension n. Es ist dabei zweckmäßig, die Rolle der x_1- und x_2-Koordinaten zu vertauschen, um eine griffigere Formel zu erhalten. Hat man dies durchgeführt, so gilt:

$$x_1 = r \, \sin\varphi_1 \cdots \sin\varphi_{n-1}\,,$$
$$x_j = r \, \cos\varphi_{j-1} \, \sin\varphi_j \cdots \sin\varphi_{n-1}\,, \quad j = 2, \ldots, n$$

mit $r > 0$, $\varphi_1 \in (-\pi, \pi)$ und $\varphi_j \in (0, \pi)$, $j = 2, \ldots, n$.

Der Betrag der Funktionaldeterminante für die entsprechende Transformation ergibt sich hieraus als

$$|\det\psi'(r, \varphi_1, \ldots, \varphi_{n-1})|$$
$$= r^{n-1} \, \sin\varphi_2 \, \sin^2\varphi_3 \cdots \sin^{n-2}\varphi_{n-1}\,. \quad (22.2)$$

Um das Volumen von K_R^n zu berechnen, benötigen wir jetzt die Transformationsformel und können den Ausdruck dann als iteriertes Integral schreiben:

$$\mu(K_R^n) = \int_{K_R^n} 1 \, \mathrm{d}x$$
$$= \int_0^R \int_{-\pi}^\pi \int_0^\pi \cdots \int_0^\pi r^{n-1} \, \sin\varphi_2 \, \sin^2\varphi_3 \cdots$$
$$\cdots \sin^{n-2}\varphi_{n-1} \mathrm{d}\varphi_{n-1} \cdots \mathrm{d}\varphi_1 \, \mathrm{d}r\,.$$

Die Integrale über die einzelnen Koordinaten sind nun voneinander unabhängig, sie *separieren*. Man erhält:

$$\mu(K_R^n) = \frac{2\pi \, R^n}{n} \prod_{j=1}^{n-2} \int_0^\pi \sin^j\varphi \, \mathrm{d}\varphi\,.$$

Die verbleibenden Integrale werden *Wallis-Integrale* genannt. Mit partieller Integration erhält man für $j \ge 2$:

$$\int_0^\pi \sin^j\varphi \, \mathrm{d}\varphi = \int_0^\pi \sin^{j-2}\varphi \, (1 - \cos^2\varphi) \, \mathrm{d}\varphi$$
$$= \int_0^\pi \sin^{j-2}\varphi \, \mathrm{d}\varphi - \left[\cos\varphi \, \frac{1}{j-1} \, \sin^{j-1}\varphi\right]_0^\pi$$
$$- \int_0^\pi \frac{1}{j-1} \, \sin^j\varphi \, \mathrm{d}\varphi\,.$$

Es folgt die Rekursionsformel:

$$j \int_0^\pi \sin^j\varphi \, \mathrm{d}\varphi = (j-1) \int_0^\pi \sin^{j-2}\varphi \, \mathrm{d}\varphi \quad j \ge 2\,.$$

Zusammen mit den elementar zu bestimmenden Werten der Integrale für $j = 0$ und $j = 1$ lassen sich Formeln für die

Werte der Integrale für alle $j \in \mathbb{N}$ angeben. Setzt man diese ein, erhält man für gerades n die Formel

$$\mu(K_R^n) = \frac{\pi^{n/2} R^n}{(n/2)!}\,,$$

für ungerades n dagegen

$$\mu(K_R^n) = \frac{\pi^{(n-1)/2} R^n}{\prod_{j=1}^{(n+1)/2}(2j-1)/2}\,.$$

Verwendet man die *Gammafunktion* (siehe Abschnitt 16.6), so lassen sich beide Formeln gemeinsam als

$$\mu(K_R^n) = \frac{\pi^{n/2} R^n}{\Gamma(n/2+1)}$$

ausdrücken.

Zusammenfassung

Für die Definition eines Gebietsintegrals gehen wir von **Treppenfunktionen** aus. Das sind Funktionen, die auf endlich vielen Quadern eine Konstante als Wert besitzen und außerhalb dieser Quader null sind. Integrale über Treppenfunktionen sind Summen über die Volumen dieser Quader multipliziert mit dem Wert der Treppenfunktion.

Gebietsintegrale ergeben sich als Grenzwerte von Integralen über Treppenfunktionen

Lebesgue-integrierbare Funktionen

Für ein Gebiet $D \subseteq \mathbb{R}^n$ ist die Menge $L^{\uparrow}(D)$ die Menge derjenigen Funktionen, die fast überall in D Grenzwert einer monoton wachsenden Folge von Treppenfunktionen (φ_k) sind und für die die Folge $\left(\int_D \varphi_k(x)\,\mathrm{d}x\right)$ konvergiert. Für $f \in L^{\uparrow}(D)$ ist

$$\int_D f(x)\,\mathrm{d}x = \lim_{k \to \infty} \int_D \varphi_k(x)\,\mathrm{d}x\,.$$

Die Menge $L(D)$, definiert durch

$$L(D) = L^{\uparrow}(D) - L^{\uparrow}(D)$$
$$= \{f = f_1 - f_2 : f_1, f_2 \in L^{\uparrow}(D)\}$$

heißt die **Menge der Lebesgue-integrierbaren Funktionen** über D. Für $f \in L(D)$ ist das Integral definiert durch

$$\int_D f(x)\,\mathrm{d}x = \int_D f_1(x)\,\mathrm{d}x - \int_D f_2(x)\,\mathrm{d}x\,.$$

Zur Berechnung von Gebietsintegralen betrachtet man zunächst die einfache Situation, dass der Integrationsbereich ein Quader ist. Der Satz von Fubini führt ein solches Gebietsintegral auf eindimensionale Integrale zurück.

Satz von Fubini

Sind $I \subseteq \mathbb{R}^p$ und $J \subseteq \mathbb{R}^q$ (möglicherweise unbeschränkte) Quader sowie $f \in L(Q)$ eine auf dem Quader $Q = I \times J \subseteq \mathbb{R}^{p+q}$ integrierbare Funktion, so gibt es Funktionen $g \in L(I)$ und $h \in L(J)$ mit

$$g(x) = \int_J f(x, y)\,\mathrm{d}y \quad \text{für fast alle } x \in I\,,$$

$$h(y) = \int_I f(x, y)\,\mathrm{d}x \quad \text{für fast alle } y \in J\,.$$

Ferner ist

$$\int_R f(x, y)\,\mathrm{d}(x, y)$$
$$= \int_I \int_J f(x, y)\,\mathrm{d}y\,\mathrm{d}x = \int_I g(x)\,\mathrm{d}x$$
$$= \int_J \int_I f(x, y)\,\mathrm{d}x\,\mathrm{d}y = \int_J h(y)\,\mathrm{d}y\,.$$

Eine verwandte Situation liegt vor, wenn der Integrationsbereich ein **Normalbereich** ist. Dann kann das Integral als ein **iteriertes Integral** geschrieben werden, wobei die Integrationsgrenzen der inneren Integrale von den Integrationsvariablen der äußeren Integrale abhängen dürfen.

Volumen, Masse und Schwerpunkt

Verschiedene physikalische Größen lassen sich in natürlicher Weise durch ein Gebietsintegral ausdrücken bzw. berechnen. Am einfachsten geht dies für das **Volumen** eines Körpers.

Berechnung eines Volumens

Das Volumen eines beschränkten Körpers $K \subseteq \mathbb{R}^n$ erhalten wir als das Gebietsintegral

$$V(K) = \int_K 1\,\mathrm{d}x\,,$$

falls das Integral existiert.

Auch die **Masse** und der **Schwerpunkt** eines Körpers lassen sich in entsprechender Art und Weise als Gebietsintegrale berechnen.

Die Transformationsformel

Eine **Transformation** ist eine Abbildung, die einen Wechsel des Koordinatensystems bewirkt. Anhand des Volumens eines Parallelepipeds haben wir uns klargemacht, dass bei der Umformung des Gebietsintegrals durch eine Transformation eine Determinante ins Spiel kommt.

Die Transformationsformel

Für B, D und $\psi: B \to D$ sollen die im Text formulierten Voraussetzungen gelten. Eine Funktion $f: D \to \mathbb{R}$ ist genau dann über D integrierbar, wenn $f(\psi(\cdot))|\det \psi'|$ über B integrierbar ist, und es gilt

$$\int_D f(\boldsymbol{x})\, \mathrm{d}\boldsymbol{x} = \int_B f(\psi(\boldsymbol{y}))\,|\det \psi'(\boldsymbol{y})|\,\mathrm{d}\boldsymbol{y}\,.$$

Diese Formel lässt sich ganz allgemein bei Koordinatentransformationen anwenden. Es gibt aber eine Reihe von besonders wichtigen Koordinatensystemen, die in den Anwendungen immer wieder vorkommen.

Integration mit Polarkoordinaten

Ist $D \subseteq \mathbb{R}^2$, $f \in L(D)$ und B die Beschreibung von D durch Polarkoordinaten, so gilt

$$\int_D f(x_1, x_2)\, \mathrm{d}(x_1, x_2)$$
$$= \int_B f(r \cos \varphi, r \sin \varphi)\, r\, \mathrm{d}(r, \varphi)\,.$$

Integration mit Zylinderkoordinaten

Ist $D \subseteq \mathbb{R}^3$, $f \in L(D)$ und B die Beschreibung von D durch Zylinderkoordinaten, so gilt

$$\int_D f(x_1, x_2, x_3)\, \mathrm{d}(x_1, x_2, x_3)$$
$$= \int_B f(\rho \cos \varphi, \rho \sin \varphi, z)\, \rho\, \mathrm{d}(\rho, \varphi, z)\,.$$

Integration mit Kugelkoordinaten

Ist $D \subseteq \mathbb{R}^3$, $f \in L(D)$ und B die Beschreibung von D durch Kugelkoordinaten, so gilt

$$\int_D f(x_1, x_2, x_3)\, \mathrm{d}(x_1, x_2, x_3)$$
$$= \int_B f(r \cos \varphi \sin \vartheta, r \sin \varphi \sin \vartheta, r \cos \vartheta)$$
$$\cdot r^2 \sin \vartheta\, \mathrm{d}(r, \varphi, \vartheta)\,.$$

Aufgaben

Die Aufgaben gliedern sich in drei Kategorien: Anhand der *Verständnisfragen* können Sie prüfen, ob Sie die Begriffe und zentralen Aussagen verstanden haben, mit den *Rechenaufgaben* üben Sie Ihre technischen Fertigkeiten und die *Beweisaufgaben* geben Ihnen Gelegenheit, zu lernen, wie man Beweise findet und führt.

Ein Punktesystem unterscheidet leichte Aufgaben •, mittelschwere •• und anspruchsvolle ••• Aufgaben. Lösungshinweise am Ende des Buches helfen Ihnen, falls Sie bei einer Aufgabe partout nicht weiterkommen. Dort finden Sie auch die Lösungen – betrügen Sie sich aber nicht selbst und schlagen Sie erst nach, wenn Sie selber zu einer Lösung gekommen sind. Ausführliche Lösungswege stehen auf der Website des Verlags zur Verfügung.

Viel Spaß und Erfolg bei den Aufgaben!

Verständnisfragen

22.1 • Mit $W \subseteq \mathbb{R}^3$ bezeichnen wir das Gebiet, das von den Ebenen $x_1 = 0$, $x_2 = 0$, $x_3 = 2$ und der Fläche $x_3 = x_1^2 + x_2^2$, $x_1 \geq 0$, $x_2 \geq 0$ begrenzt wird. Schreiben Sie das Integral

$$\int_W \sqrt{x_3 - x_2^2}\, \mathrm{d}\boldsymbol{x}$$

auf sechs verschiedene Arten als iteriertes Integral in kartesischen Koordinaten. Berechnen Sie den Wert mit der Ihnen am geeignetsten erscheinenden Integrationsreihenfolge.

22.2 ••• Begründen Sie folgende Aussagen:
(a) Seien $Q_1, \ldots, Q_m \subseteq \mathbb{R}^n$ Quader, so existieren paarweise disjunkte Quader $W_1, \ldots, W_l \subseteq \mathbb{R}^n$ mit folgender Eigenschaft: Zu jedem $j \in \{1, \ldots, m\}$ existiert eine

Indexmenge $K(j)$ mit

$$\overline{Q_j} = \bigcup_{k \in K(j)} \overline{W_k}\,.$$

Machen Sie sich hiermit klar: Die Summe, das Maximum und das Minimum zweier Treppenfunktionen ist jeweils wieder eine Treppenfunktion.
(b) Sind $I \subseteq \mathbb{R}^p$ und $J \subseteq \mathbb{R}^q$ offene Quader, und ist $Q = I \times J$, so gilt für jede Treppenfunktion $\varphi: Q \to \mathbb{R}$ die Identität

$$\int_Q \varphi(\boldsymbol{x}, \boldsymbol{y})\, \mathrm{d}(\boldsymbol{x}, \boldsymbol{y}) = \int_I \int_J \varphi(\boldsymbol{x}, \boldsymbol{y})\, \mathrm{d}\boldsymbol{y}\, \mathrm{d}\boldsymbol{x}\,.$$

Verwenden Sie nur die Definition des Gebietsintegrals für Treppenfunktionen.

22.3 •• Gesucht ist das Gebietsintegral

$$\int_{x=0}^{2}\int_{y=0}^{x^2}\frac{x}{y+5}\,\mathrm{d}y\,\mathrm{d}x + \int_{x=2}^{\sqrt{20}}\int_{y=0}^{\sqrt{20-x^2}}\frac{x}{y+5}\,\mathrm{d}y\,\mathrm{d}x \,.$$

Erstellen Sie eine Skizze des Integrationsbereichs. Vertauschen Sie die Integrationsreihenfolge und berechnen Sie so das Integral.

22.4 • Gegeben ist das Gebiet $D \subseteq \mathbb{R}^3$, das als Schnitt der Einheitskugel mit der Menge $\{x \in \mathbb{R}^3 \mid x_1, x_2, x_3 > 0\}$ entsteht. Beschreiben Sie dieses Gebiet in kartesischen Koordinaten, Zylinderkoordinaten und Kugelkoordinaten.

22.5 • Bestimmen Sie für die folgenden Gebiete D je eine Transformation $\psi : B \to D$, bei der B ein Quader ist:

(a) $\quad D = \left\{ x \in \mathbb{R}^2_{>0} \mid 0 < x_1^2 + x_2^2 < 4,\ 0 < \dfrac{x_2}{x_1} < 1 \right\}$

(b) $\quad D = \left\{ x \in \mathbb{R}^3 \mid x_1, x_2 > 0,\ x_1^2 + x_2^2 + x_3^2 < 1 \right\}$

(c) $\quad D = \left\{ x \in \mathbb{R}^2 \mid 0 < x_2 < 1,\ x_2 < x_1 < 2 + x_2 \right\}$

(d) $\quad D = \left\{ x \in \mathbb{R}^3 \mid 0 < x_3 < 1,\ x_2 > 0,\ x_1^2 < 9 - x_2^2 \right\}$

22.6 •• Die Menge all derjenigen Punkte $x \subset \mathbb{R}^3$, die Lösungen einer Gleichung der Form

$$a\,x_1^2 + b\,x_2^2 + c\,x_3^2 = r^2$$

bei gegebenem a, b, c und $r > 0$ sind, nennt man ein **Ellipsoid.** Für $a = b = c$ erhält man den Spezialfall einer Kugel.

Bei Kugelkoordinaten erhält man für konstantes r und variable Winkelkoordinaten eine Kugelschale. Modifizieren Sie die Kugelkoordinaten so, dass bei konstantem r ein Ellipsoid entsteht. Wie lautet die Funktionaldeterminante der zugehörigen Transformation?

Rechenaufgaben

22.7 • Berechnen Sie die folgenden Gebietsintegrale:

(a) $\quad J = \displaystyle\int_D \frac{\sin(x_1 + x_3)}{x_2 + 2}\,\mathrm{d}x \quad$ mit

$$D = \left[-\frac{\pi}{4}, 0\right] \times [0, 2] \times \left[0, \frac{\pi}{2}\right]$$

(b) $\quad J = \displaystyle\int_D \frac{2 x_1 x_3}{(x_1^2 + x_2^2)^2}\,\mathrm{d}x \quad$ mit

$$D = \left[\frac{1}{\sqrt{3}}, 1\right] \times [0, 1] \times [0, 1]$$

22.8 •• Berechnen Sie die folgenden Integrale für beide möglichen Integrationsreihenfolgen:

(a) $\displaystyle\int_B (x^2 - y^2)\,\mathrm{d}(x, y)$ mit dem Gebiet $B \subseteq \mathbb{R}^2$ zwischen den Graphen der Funktionen mit $y = x^2$ und $y = x^3$ für $x \in (0, 1)$

(b) $\displaystyle\int_B \frac{\sin(y)}{y}\,\mathrm{d}(x, y)$ mit $B \subseteq \mathbb{R}^2$ definiert durch

$$B = \left\{ (x, y)^\top \in \mathbb{R}^2 : 0 \le x \le y \le \frac{\pi}{2} \right\}$$

Welche Integrationsreihenfolge ist jeweils die günstigere?

22.9 •• Das Dreieck D ist durch seine Eckpunkte $(0, 0)^\top$, $(\pi/2, \pi/2)^\top$ und $(\pi, 0)^\top$ definiert. Berechnen Sie das Gebietsintegral

$$\int_D \sqrt{\sin x_1 \sin x_2}\,\cos x_2\,\mathrm{d}x \,.$$

22.10 ••• Das Gebiet M ist definiert durch

$$M = \left\{ x \in \mathbb{R}^2 \mid 0 < \frac{x_2}{x_1^2 + x_2^2} < 1 - \frac{x_1}{x_1^2 + x_2^2} < \frac{1}{2} \right\} \,.$$

Bestimmen Sie das Integral

$$\int_M \frac{4(x_1 + x_2)}{(x_1^2 + x_2^2)^3}\,\mathrm{d}x$$

mithilfe der Transformation

$$x_1 = \frac{u_1}{u_1^2 + u_2^2}\,, \qquad x_2 = \frac{u_2}{u_1^2 + u_2^2} \,.$$

22.11 •• Gegeben ist $D = \{ x \in \mathbb{R}^2 \mid x_1^2 + x_2^2 < 1 \}$. Berechnen Sie

$$\int_D (x_1^2 + x_1 x_2 + x_2^2)\,\mathrm{e}^{-(x_1^2 + x_2^2)}\,\mathrm{d}x$$

durch Transformation auf Polarkoordinaten.

22.12 • Gegeben ist die Kugelschale D um den Nullpunkt mit äußerem Radius R und innerem Radius r $(r < R)$. Berechnen Sie den Wert des Integrals

$$\int_D \sqrt{x^2 + y^2 + z^2}\,\mathrm{d}(x, y, z) \,.$$

Beweisaufgaben

22.13 • Der Schwerpunkt einer beschränkten messbaren Menge $M \subseteq \mathbb{R}^n$ lässt sich durch das Integral

$$x_S = \frac{1}{\mu(M)} \int_M x\,\mathrm{d}x$$

berechnen. Gegeben ist ein Dreieck $D \subseteq \mathbb{R}^2$ mit den Eckpunkten $\boldsymbol{a}$, $\boldsymbol{b}$ und $\boldsymbol{c}$. Zeigen Sie, dass für den Schwerpunkt des Dreiecks die Formel

$$\boldsymbol{x}_S = \frac{1}{3}(\boldsymbol{a} + \boldsymbol{b} + \boldsymbol{c})$$

gilt.

22.14 •• Gegeben sind Quader $I \subseteq \mathbb{R}^p$ und $J \subseteq \mathbb{R}^q$ sowie $Q = I \times J \subseteq \mathbb{R}^{p+q}$. Zeigen Sie: Sind $f \in L(I)$, $g \in L(J)$ und ist h definiert durch $h(\boldsymbol{x}, \boldsymbol{y}) = f(\boldsymbol{x})\, g(\boldsymbol{y})$, $\boldsymbol{x} \in I$, $\boldsymbol{y} \in J$, so ist $h \in L(Q)$ mit

$$\int_Q h(\boldsymbol{x}, \boldsymbol{y})\, \mathrm{d}(\boldsymbol{x}, \boldsymbol{y}) = \int_I f(\boldsymbol{x})\, \mathrm{d}\boldsymbol{x} \int_J g(\boldsymbol{y})\, \mathrm{d}\boldsymbol{y}\,.$$

22.15 •• Es sei $f : (a, b) \to \mathbb{R}$ eine fast überall positive Funktion mit $f, \frac{1}{f} \in L(a, b)$. Zeigen Sie, dass die folgende Abschätzung gilt:

$$\int_a^b f(x)\mathrm{d}x \int_a^b \frac{1}{f(x)}\, \mathrm{d}x \geq (b - a)^2\,.$$

22.16 • Zeigen Sie: Jede beschränkte Menge $M \subseteq \mathbb{R}^n$, deren Rand eine Nullmenge ist, ist messbar.

22.17 •• Gegeben seien eine messbare Menge $D \subseteq \mathbb{R}^n$ und $f \in L(\mathbb{R}^n)$. Zeigen Sie $f|_D \in L(D)$.

Antworten der Selbstfragen

S. 921

In jedem Fall sind isolierte Punkte und abzählbare Vereinigungen von isolierten Punkten wie im Eindimensionalen Nullmengen. Das bedeutet etwa, dass $\mathbb{Q}^2 \subseteq \mathbb{R}^2$ oder $\mathbb{Q}^3 \subseteq \mathbb{R}^3$ Nullmengen sind.

Der Rand eines Quaders, im Zweidimensionalen also der Rand eines Rechtecks, ist ebenfalls eine Nullmenge. Dasselbe gilt für abzählbare Vereinigungen solcher Ränder.

Als letztes Beispiel im $\mathbb{R}^2$ sei der Graph einer Funktion $f : \mathbb{R} \to \mathbb{R}$ genannt.

S. 927

Eine unbeschränkte Menge mit endlichem Maß ist z. B.

$$D = \left\{ \boldsymbol{x} \in \mathbb{R}^2 \mid 1 < x_1,\ 0 < x_2 < \frac{1}{x_1^2} \right\}\,.$$

Es ist nämlich

$$\mu(D) = \int_1^\infty \int_0^{x_1^{-2}} 1\, \mathrm{d}x_2\, \mathrm{d}x_1$$
$$= \int_1^\infty \frac{1}{x_1^2}\, \mathrm{d}x_1 = \left[-\frac{1}{x_1} \right]_1^\infty = 1\,.$$

Die konstante Funktion $f_1(\boldsymbol{x}) = 1$ ist auf $\overline{D}$ stetig und integrierbar. Die Funktion $f_2(\boldsymbol{x}) = x_1$, $\boldsymbol{x} \in D$ ist ebenfalls auf $\overline{D}$ stetig, aber dort nicht integrierbar:

$$\int_1^A \int_0^{x_1^{-2}} x_1\, \mathrm{d}x_2\, \mathrm{d}x_1 = \int_1^A \frac{1}{x_1}\, \mathrm{d}x_1 = \ln A \longrightarrow \infty$$

für $A \to \infty$.
Die Menge

$$D = \left\{ \boldsymbol{x} \in \mathbb{R}^2 \mid 1 < x_1,\ 0 < x_2 < \frac{1}{x_1} \right\}$$

ist offen und daher messbar, hat aber kein endliches Maß. Eine auf $\overline{D}$ stetige Funktion, die integrierbar ist, ist z. B. $f_3(\boldsymbol{x}) = 1/x_1$, $\boldsymbol{x} \in D$. Die Rechnungen sind ganz analog zu den ersten Beispielen.

S. 930

Falls (a) existiert, so existieren nach dem Satz von Fubini auch (b) und (c), und der Wert all dieser Integrale stimmt überein. Aus der Existenz von (b) oder (c) kann man weder darauf schließen, dass (a), noch dass das andere iterierte Integral existiert.

S. 933

Da $f \geq 0$, ist auch $g_n \geq 0$ und somit können die $\varphi_{n,k} \geq 0$ gewählt werden (sonst kann man das Maximum von $\varphi_{n,k}$ und 0 betrachten). Dadurch reicht die obere Schranke für die $\psi_{n,k}$ aus, um den Lebesgue'schen Konvergenzsatz anwenden zu können. Auch die Festsellung von $g_n \equiv 0$ auf $Q \setminus Q_n$ geht nur, da $f \geq 0$ ist.

S. 934

Das Viereck links oben ist ein Normalbereich, bei dem sogar die Integrationsreihenfolge beliebig ist. Der Stern links unten und die Menge rechts oben sind keine Normalbereiche. Die drei Kreise hängen nicht zusammen und bilden daher kein Gebiet. Nach unserer Definition sind sie daher kein Normalbereich.

S. 937

Wie im Beispiel von Seite 936 berechnen wir das Volumen durch ein iteriertes Integral:

$$\mu(K) = \int_K 1\, \mathrm{d}\boldsymbol{x} = \int_0^1 \int_0^x \int_0^y 1\, \mathrm{d}z\, \mathrm{d}y\, \mathrm{d}x$$
$$= \int_0^1 \int_0^x y\, \mathrm{d}y\, \mathrm{d}x = \int_0^1 \frac{x^2}{2}\, \mathrm{d}x$$
$$= \frac{1}{6}\,.$$

Nach der elementargeometrischen Formel ist das Volumen eines Tetraeders ein Drittel des Produkts aus Grundfläche und Höhe. Die Grundfläche ist ein rechtwinkliges Dreieck mit Kathetenlänge 1, hat also den Flächeninhalt 1/2. Die Höhe ist 1, also erhalten wir ebenfalls das Ergebnis 1/6.

S. 941

Da A invertierbar ist, ist ψ bijektiv. Die Abbildung ist auch stetig differenzierbar, es ist $\psi'(x) = A$. Somit ist det $\psi' =$ det $A \neq 0$, denn A ist invertierbar.

S. 946

In der Funktionalmatrix werden die beiden Spalten vertauscht. In der Determinante bewirkt dies ein Wechsel des Vorzeichens, der aber auf die Transformationsformel keinen Einfluss hat: Hier geht nur der Betrag der Funktionaldeterminante ein.

S. 949

Dadurch wären die Punkte des Raums nicht mehr eindeutig durch die Kugelkoordinaten darstellbar. Es ist

$$
\begin{pmatrix} r \, \cos\varphi \, \sin(-\vartheta) \\ r \, \sin\varphi \, \sin(-\vartheta) \\ r \, \cos(-\vartheta) \end{pmatrix} = \begin{pmatrix} -r \, \cos\varphi \, \sin\vartheta \\ -r \, \sin\varphi \, \sin\vartheta \\ r \, \cos\vartheta \end{pmatrix}
$$
$$
= \begin{pmatrix} r \, \cos(\varphi + \pi) \, \sin\vartheta \\ r \, \sin(\varphi + \pi) \, \sin\vartheta \\ r \, \cos\vartheta \end{pmatrix} .
$$

Für $(r, \varphi, -\vartheta)$ und $(r, \varphi+\pi, \vartheta)$ erhalten wir denselben Punkt im $\mathbb{R}^3$, die Transformation wäre nicht injektiv.

Vektoranalysis – im Zentrum steht der Gauß'sche Satz

Wie definiert man die Länge einer Kurve?

Was ist ein Flächenintegral?

Gibt es die Hauptsätze der Differenzial- und Integralrechnung auch im $\mathbb{R}^n$?

© Springer-Verlag GmbH Deutschland, ein Teil von Springer Nature 2022
T. Arens et al., *Grundwissen Mathematikstudium*,
https://doi.org/10.1007/978-3-662-63313-7_23

In den Kapiteln 21 und 22 ist deutlich geworden, wie sich wesentliche Aussagen der Differenzial- und Integralrechnung aus dem Eindimensionalen auf vektorwertige Funktionen in mehreren Variablen übertragen lassen. Offen geblieben ist bisher, ob sich der enge Zusammenhang, der durch die Hauptsätze der Differenzial- und Integralrechnung ausgedrückt wird (Seite 618 ff.), auch im Mehrdimensionalen wiederfindet.

Denken wir etwa an den zweiten Hauptsatz. Es spielen die Randpunkte des Integrationsintervalls eine entscheidende Rolle. In höheren Dimensionen sind die Ränder von Integrationsgebieten aber nicht einfach durch einzelne Punkte gegeben, sondern bilden *Kurven*, *Oberflächen* oder höherdimensionale Strukturen. Es ist somit erforderlich, zunächst zu klären, wie sich diese Mengen analytisch beschreiben lassen, und wie sich die Integration auf solche Mengen übertragen lässt .

Die Antwort auf die Frage nach dem Zusammenhang zwischen Integration und Differenziation liefert der Gauß'sche Satz. Dieser Integralsatz lässt sich im $\mathbb{R}^3$ auch physikalisch interpretieren und hat eine zentrale Bedeutung in vielen Anwendungen. Der Satz eröffnet ein weites mathematisches Feld in Hinblick auf abstrakte Verallgemeinerungen und ist wesentliche Grundlage der Theorien zu Differenzial- und Integralgleichungen. Daher stellen wir diesen Satz in den Mittelpunkt der hier präsentierten Einführung in die Grundlagen der Vektoranalysis, die uns in der Mathematik in unterschiedlichen Facetten immer wieder begegnen wird.

23.1 Kurven im $\mathbb{R}^n$

Bevor wir möglichst allgemein die Integration auf Teilmengen im $\mathbb{R}^n$ diskutieren, starten wir mit der wichtigen Klasse der *Kurven*.

Parametrisierung einer Kurve

- Eine stetige Abbildung $\gamma : I \to \mathbb{R}^n$ eines offenen, nichtleeren Intervalls $I \subseteq \mathbb{R}$ heißt **Parametrisierung** einer Kurve.
- Ist eine Parametrisierung k-mal stetig differenzierbar und sind γ und die Ableitungen stetig fortsetzbar auf das abgeschlossene Intervall, also $\gamma \in C^k(\overline{I})$, so spricht man von einer C^k-**Parametrisierung**.
- Zwei Parametrisierungen $\gamma : I \to \mathbb{R}^n$ und $\widetilde{\gamma} : J \to \mathbb{R}^n$ heißen **äquivalent**, wenn es eine bijektive stetige Abbildung $\varphi : I \to J$ gibt mit

$$\gamma(x) = \widetilde{\gamma}(\varphi(x))$$

für $x \in I$.

Man beachte, dass die Definitionen auch für unbeschränkte Intervalle gelten, wie $I = (-\infty, b)$, $I = (a, \infty)$ oder $I = \mathbb{R}$. Im $\mathbb{R}^2$ und im $\mathbb{R}^3$ lassen sich die Bildmengen solcher Abbildungen leicht visualisieren.

Beispiel

- Durch die Funktion $\gamma : [0, 1] \to \mathbb{R}^n$ mit

$$\gamma(t) = u + t(v - u)$$

ist die Verbindungsstrecke zwischen zwei Punkten $u, v \in \mathbb{R}^n$ parametrisiert.

- Die Parametrisierung $\gamma : \mathbb{R} \to \mathbb{R}^2$ mit $\gamma(t) = (t^2, t^3)^\top$ beschreibt die *Neil'sche Parabel* (Abb. 23.1).

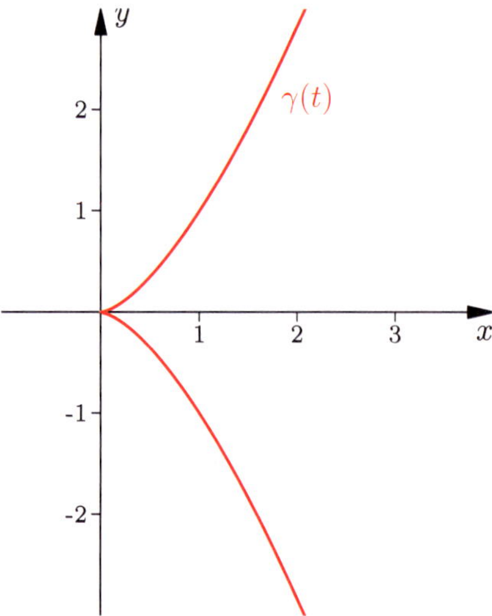

Abbildung 23.1 Die Neil'sche Parabel besitzt die Parametrisierung $\gamma(t) = (t^2, t^3)^\top, t \in \mathbb{R}$.

- Eine Schraubenlinie im $\mathbb{R}^3$ (Abb. 23.2) ist gegeben durch die Parametrisierung $\gamma : \mathbb{R} \to \mathbb{R}^3$ mit

$$\gamma(t) = (r \cos t, r \sin t, t)^\top.$$

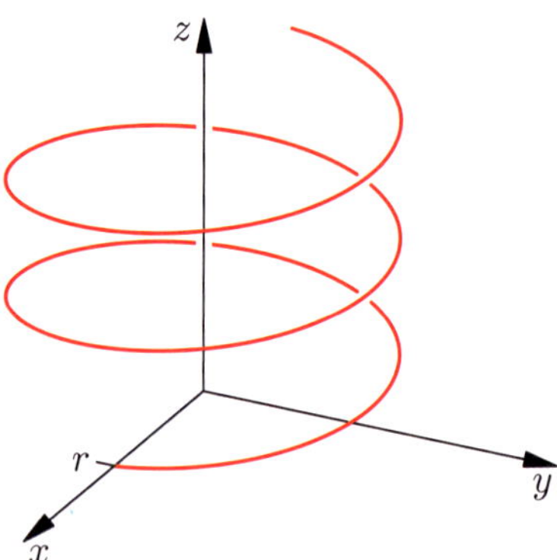

Abbildung 23.2 Durch $\gamma(t) = (r \cos t, r \sin t, t)^\top$ ist eine Schraubenlinie im $\mathbb{R}^3$ beschrieben.

- Einen Halbkreis mit Radius $r > 0$ in der Ebene bekommen wir durch $\gamma : [0, \pi] \to \mathbb{R}^2$ mit $\gamma(\tau) = (r \cos \tau, r \sin \tau)^\top$. Wir können dieselbe Bildmenge auch durch die Parametrisierung $\alpha : [-r, r] \to \mathbb{R}^2$ mit $\alpha(t) = (t, \sqrt{r^2 - t^2})^\top$ beschreiben. Die beiden Parametrisierungen sind äquivalent, wobei durch $\varphi : [0, \pi] \to [-r, r]$ mit $t = \varphi(\tau) = r \cos \tau$ eine bijektive Abbildung gegeben ist, die die Äquivalenz zeigt (Abb. 23.3). ◄

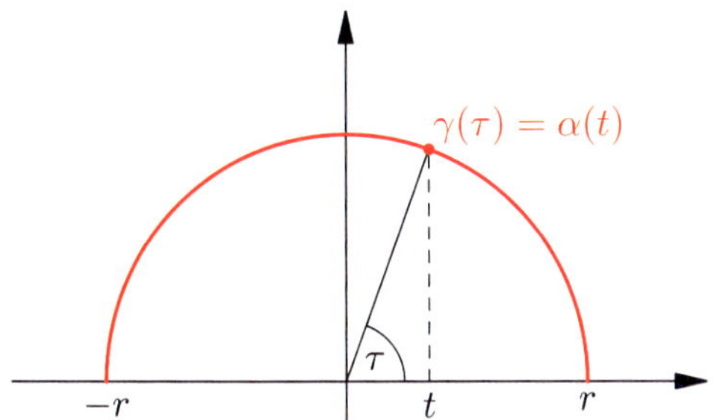

Abbildung 23.3 Die Parameter bei den beiden gezeigten Parametrisierungen des Halbkreises lassen sich anschaulich interpretieren.

Argumente, wie $t \in I$ in den Beispielen, werden **Parameter** genannt. Interessant ist das dritte Beispiel. Offensichtlich gibt es unendlich viele Varianten die Bildmenge durch eine Parametrisierung zu beschreiben. Es ist naheliegend, diese Bildmenge als *Kurve* zu bezeichnen. Dies war auch die historisch erste Definition des Begriffs. Aber die Festlegung entspricht nicht ganz dem Objekt, das man im Sinn hat (Hintergrund und Ausblick auf Seite 960). Mit der Bildmenge ist zum Beispiel nicht unterscheidbar, ob eine volle Kreislinie nur einmal oder mehrere Male durchlaufen wird. Aus diesem Grund legen wir den Begriff genauer fest und nutzen dazu die oben definierte Äquivalenzrelation zu Parametrisierungen (siehe Seite 960).

> **Definition einer Kurve**
>
> Ist $\gamma: I \subseteq \mathbb{R} \to \mathbb{R}^n$ eine Parametrisierung, so heißt die Äquivalenzklasse aller zu γ äquivalenten Parametrisierungen die **Kurve**, die durch γ parametrisiert wird.

Kommentar: In der Literatur werden verschiedene Äquivalenzrelationen betrachtet, etwa ein strengerer Begriff bei dem nur monoton steigende Abbildungen φ zugelassen sind. Dadurch werden bereits in der Definition des Begriffs Kurve verschiedene Durchlaufrichtungen unterschieden. In diesem Sinne sind etwa die beiden angegebenen Parametrisierungen des Halbkreises im obigen Beispiel nicht äquivalent. Auf die Frage der Orientierung werden wir im Rahmen der orientierten Kurvenintegrale später eingehen.

Interessante Kurven werden oft mit speziellen Namen bezeichnet. Allgemein ist zu beachten, dass durchaus unterschiedliche Sprechweisen üblich sind, um eine Parametrisierung und ihre Bildmenge zu unterscheiden. So wird manchmal, anders als in unserer Definition, die Parametrisierung als *Kurve* oder *Weg* bezeichnet (siehe Seite 799). Für die Bildmenge verwendet man auch die Begriffe *Bogen* oder *Spur*.

Der Tangentialvektor liefert die Geschwindigkeit, mit der eine Kurve durchlaufen wird

Hinter all den Bezeichnungen steckt letztendlich eine physikalische Anschauung. Fassen wir den Parameter t als Zeitvariable auf, so können wir die Bildmenge einer Parametrisierung als einen Weg im Raum ansehen, der in der Zeit t durchlaufen wird, d. h., zu einem Zeitpunkt t befindet sich der Punkt an der Stelle $\gamma(t)$. Die Geschwindigkeit, mit der diese Bewegung abläuft, ist durch die Ableitung gegeben. Dies motiviert die folgende Definition.

Ist eine C^k-Parametrisierung einer Kurve gegeben mit $k \geq 1$, so heißt

$$\dot{\gamma}(t) = (\gamma_1'(t), \ldots, \gamma_n'(t))^\top \in \mathbb{R}^n$$

für $t \in I$ der **Tangentialvektor** bzw. **Geschwindigkeitsvektor** von γ an der Kurve, wobei es sich mit den Bezeichnungen aus Kapitel 21 schlicht um die Funktionalmatrix $\dot{\gamma} = \gamma'$ handelt. Wir wählen diese übliche Notation mit dem Punkt für den Tangentialvektor, entsprechend einer Geschwindigkeit in der Physik. Für die Ableitungen der Komponenten dieses Vektors bleiben wir aber bei der gewohnten Notation.

Eine C^1-Parametrisierung $\gamma: I \to \mathbb{R}$ nennt man **regulär**, wenn für $\gamma \in C^1(\overline{I})$ gilt, dass $\dot{\gamma}(t) \neq \mathbf{0}$ für alle $t \in I$ ist. Gibt es zu einer Kurve eine reguläre Parametrisierung, so sprechen wir von einer **regulären Kurve**.

Beispiel

- Die oben definierte Neil'sche Parabel (siehe Seite 958) ist nicht regulär parametrisierbar. Wir sehen insbesondere, dass die Bedingung $\dot{\gamma}(t) \neq 0$ sinnvoll ist; denn für die angegebene Parametrisierung gilt $\gamma \in C^1(\mathbb{R})$, obwohl die Kurve bei $t = 0$ eine Spitze aufweist, die wir bei einer „regulären" Kurve nicht erwarten. In diesem Beispiel sprechen wir auch von einer **stückweise regulären Kurve**, da sich die Neil'sche Parabel aus regulären Teilstücken $\gamma_1: I = \mathbb{R}_{\geq 0} \in \mathbb{R}^2$ und $\gamma_2: I = \mathbb{R}_{\leq 0} \to \mathbb{R}^2$ zusammensetzt.

- Im dritten Beispiel auf Seite 958 mit $r = 1$ liefert die erste Variante eine reguläre Beschreibung der gesamten Kreislinie, nicht nur des Halbkreises mit Tangentialvektor $\dot{\gamma}(t) = (-\sin t, \cos t)^\top$, in dem wir das Parameterintervall auf $[0, 2\pi]$ vergrößern.
  Die zweite Variante, den Halbkreis durch

$$\gamma(t) = \left(t, \sqrt{1 - t^2}\right)^\top, \ t \in [-1, 1]$$

  zu beschreiben, führt nicht auf eine reguläre Parametrisierung, da es keine stetige Fortsetzung zu $\dot{\gamma} = \left(1, -t/\sqrt{1 - t^2}\right)^\top$ in $t = \pm 1$ gibt. Insbesondere kann diese Parametrisierung nicht zu einer C^1-Parametrisierung der gesamten Kreislinie fortgesetzt werden. ◄

Das letzte Beispiel zeigt, dass zu einer regulären Kurve im Allgemeinen nicht jede äquivalente Parametrisierung regulär sein muss.

—————————— **?** ——————————

Zeigen Sie, dass der Gradient einer differenzierbaren Funktion $f: \mathbb{R}^2 \to \mathbb{R}$ „senkrecht" steht zu Tangenten an Niveaulinien der Funktion. Nehmen Sie dazu an, dass eine Niveaulinie zum Level $c \in \mathbb{R}$ als Kurve lokal durch eine reguläre Parametrisierung $\gamma: [a, b] \to \mathbb{R}^2$ beschrieben ist, d. h. $f(\gamma(t)) = c$ für alle $t \in [a, b]$.

Hintergrund und Ausblick: Kurven und die Grenzen der Anschauung

Die historische Entwicklung des Begriffs Kurve ist geprägt von dem Versuch, sowohl die geometrische als auch die mechanische Sichtweise zu erfassen. Vor allem durch Beispiele von Kurven mit überraschenden Eigenschaften mussten Definitionen immer wieder modifiziert werden. Heute bilden Kurven einen Ausgangspunkt für das umfangreiche Gebiet der *Differenzialgeometrie*.

Vor allem in Form von Kegelschnitten hat sich die Mathematik bereits vor 2000 Jahren mit Kurven beschäftigt. Aber auch die physikalische Sicht im Sinne der Bahn eines Massenpunkts wurde damals bereits betrachtet. Der geometrische Zugang führt uns zunächt auf implizite Darstellungen etwa bei ebenen Kurven als Niveaumengen von Funktionen $f : \mathbb{R}^2 \to \mathbb{R}$, d. h. $\Gamma = \{x \in \mathbb{R}^2 \mid f(x) = c\}$. Hingegen liefert die physikalische Motivation direkt Parameterdarstellungen, wobei das Argument t als Zeit zu interpretieren ist.

Die moderne analytische Beschreibung solcher Mengen durch stetige Parametrisierungen geht in wesentlichen Teilen auf C. Jordan (1838–1922) zurück. Er erkannte die Bedeutung der Stetigkeit und bezeichnete zunächst das Bild einer stetigen Abbildung $\gamma : I \subseteq \mathbb{R} \to \mathbb{R}^n$ als Kurve. Da mit dieser Beschreibung etwa Bahnen, die einmal oder mehrmals durchlaufen werden, nicht unterschieden werden können, wird genauer die zugehörige Äquivalenzklasse als die Kurve bezeichnet, wie es im Text auf Seite 959 definiert ist. Da verschiedene Benennungen in der Literatur gebräuchlich sind, muss man beachten, wie in einem gegebenen Text zwischen Parametrisierung, der Bildmenge der Parametrisierung und der Äquivalenzklasse unterschieden wird.

Auch Jordan konkretisierte seine Definition ziemlich bald und verlangte zusätzlich Injektivität. Dies führt auf die heute nach ihm benannten Jordan-Kurven. Der Grund seiner Spezifizierung des Kurvenbegriffs war aber ein anderer. Zum Ende des 19. Jahrhunderts wurde intensiv die Frage nach der Dimension der Bildmengen stetiger Abbildungen gestellt. Die anschauliche Vorstellung wurde erschüttert durch einen Beitrag von Giuseppe Peano (1858–1932). In einer Arbeit von 1890 stellt Peano flächen- bzw. raumfüllende Kurven vor.

Wie eine solche Kurve durch einen iterativen Prozess erreicht werden kann, ist in der Abbildung illustriert, wobei Peano keine anschauliche Beschreibung aufzeigte. Um Peanos Konstruktionsidee nachzuvollziehen, erinnern wir uns an die Cantormenge (siehe Seite 315). In der trialen Darstellung der Zahlen im Intervall $[0, 1]$ lässt sich die Cantormenge durch

$$\mathcal{C} = \left\{ \sum_{j=0}^{\infty} \frac{x_j}{3^j} \mid x_j \in \{0, 2\} \right\}$$

beschreiben. Damit erhalten wir eine surjektive Abbildung $\gamma : \mathcal{C} \to [0, 1] \times [0, 1]$ durch

$$\gamma\left(\sum_{j=1}^{\infty} \frac{x_j}{3^j} \right) = \left(\sum_{j=1}^{\infty} \frac{x_{2j}}{2 \cdot 2^j}, \sum_{j=1}^{\infty} \frac{x_{2j+1}}{2 \cdot 2^j} \right)^{\top}$$

für $x_j = \{0, 2\}$, da wir im Bild sowohl in der ersten als auch in der zweiten Komponente alle dualen Darstellungen der Zahlen in $[0, 1]$ bekommen. Eine stetige Fortsetzung dieser Abbildung auf $[0, 1]$ führt auf eine das Quadrat $[0, 1] \times [0, 1]$ füllende Peano-Kurve.

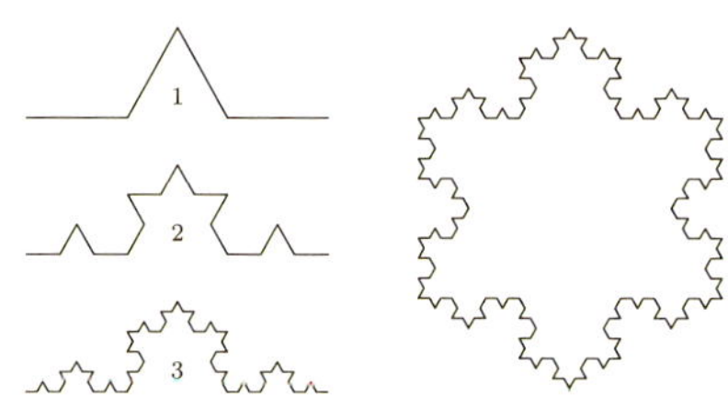

Jordan schränkte den Begriff auf injektive Parametrisierungen ein. Dies schien zunächst elegant der Anschauung zu entsprechen, und mit dem grundlegenden Jordan'schen Kurvensatz konnte er zeigen, dass eine geschlossene Jordan-Kurve stets ein *Innen* und ein *Außen* definiert. Aber die Vorstellung von einem eindimensionalen Objekt wurde auch bei den Jordan-Kurven erschüttert; denn um 1904 beschreibt H.v. Koch (1870–1924) eine Jordan-Kurve, die nicht als eindimensional bezeichnet werden kann und eines der ersten Beispiele einer fraktalen Struktur ist (siehe Seite 282).

Die Konstruktion der Koch'schen Kurve ist in der Abbildung oben angedeutet. Ausgehend von einer Strecke wird diese gedrittelt und in der Mitte entsprechend modifiziert. Rekursiv setzt man die Konstruktion auf den Teilstücken fort. Startet man die Konstruktion mit einem gleichseitigen Dreieck, so ergibt sich das rechte Bild, die *Koch'sche Schneeflocke*. Die Randkurve umschließt zwar eine beschränkte Menge, ist aber nicht rektifizierbar, d. h., es kann ihr keine Länge sinnvoll zugeordnet werden.

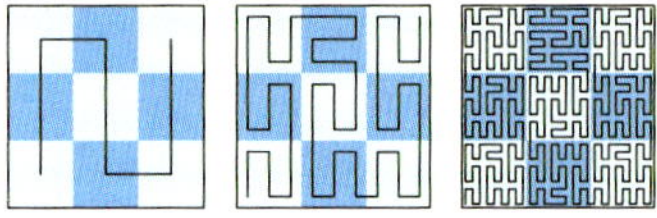

Gibt es zu einer parametrisierten Kurve Parameterwerte $t_1, t_2 \in [a, b]$ mit $t_1 \neq t_2$ und $\boldsymbol{\gamma}(t_1) = \boldsymbol{\gamma}(t_2)$, so heißt eine solche Stelle **Doppelpunkt** (Abb. 23.4). Es gibt genau dann keine Doppelpunkte, wenn die Parametrisierung injektiv ist. Eine Kurve, die durch eine injektive Funktion $\boldsymbol{\gamma} \colon [a, b) \to \mathbb{R}^n$ parametrisiert ist, wird als **Jordan-Kurve** bezeichnet (Camille Jordan, 1838–1922). Beachten Sie, dass bei einer Jordan-Kurve eine stetige Fortsetzung mit $\boldsymbol{\gamma}(a) = \boldsymbol{\gamma}(b)$ zugelassen ist, dies aber der einzig mögliche Doppelpunkt ist. Eine Kurve mit der Eigenschaft, dass Anfangs- und Endpunkt zusammenfallen, $\boldsymbol{\gamma}(a) = \boldsymbol{\gamma}(b)$, heißt **geschlossen**.

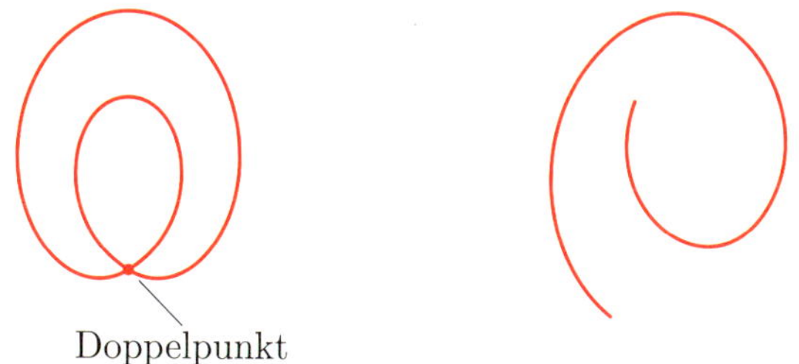

Abbildung 23.4 Das Bild zeigt eine geschlossene Kurve, die aber wegen des Doppelpunkts keine Jordan-Kurve ist, und eine nicht geschlossene Jordan-Kurve.

Rektifizierbare Kurven haben eine Länge

Nachdem einige der wesentlichen Begriffe zur Darstellung von Kurven vorliegen, interessiert eine weitere geometrische Größe, die *Länge* einer Kurve. Die Idee zur Definition der Länge besteht darin, die Kurve durch gerade Strecken zu approximieren (Abb. 23.5). Dazu betrachten wir **Zerlegungen** $Z = (t_0, t_1, \ldots t_m)$ mit $m \in \mathbb{N}$ eines Parameterintervalls $[a, b]$, d. h., es gilt $a = t_0 < t_1 < \cdots < t_m = b$, und die euklidische Länge

$$l(\boldsymbol{\gamma}, Z) = \sum_{j=1}^{m} \|\boldsymbol{\gamma}(t_j) - \boldsymbol{\gamma}(t_{j-1})\|$$

des entsprechenden Polygonzugs. Wie im Kapitel 7 eingeführt, bezeichnen wir weiterhin mit $\|.\|$ die euklidische Norm eines Vektors im $\mathbb{R}^n$. Der Wert $l(\boldsymbol{\gamma}, Z)$ liefert eine Näherung an die Länge der Kurve durch endlich viele Strecken. Ist durch $\boldsymbol{\gamma} \colon [a, b] \to \mathbb{R}^n$ eine Kurve parametrisiert, und ist

$$l(\boldsymbol{\gamma}) = \sup\{l(\boldsymbol{\gamma}, Z) \mid Z \text{ Zerlegung von } [a, b]\} < \infty$$

beschränkt, so heißt die Parametrisierung $\boldsymbol{\gamma}$ **rektifizierbar** und $l(\boldsymbol{\gamma})$ die **Bogenlänge**.

Die angegebene Definition der Bogenlänge ist nur scheinbar von der Parametrisierung abhängig. Wir zeigen im folgenden Lemma, dass die Bogenlänge eine Eigenschaft der Kurve ist, d. h., sie ändert sich nicht bei einer äquivalenten Umparametrisierung. Daher werden wir auch von einer **rektifizierbaren Kurve** und deren Bogenlänge sprechen, falls es eine rektifizierbare Parametrisierung gibt.

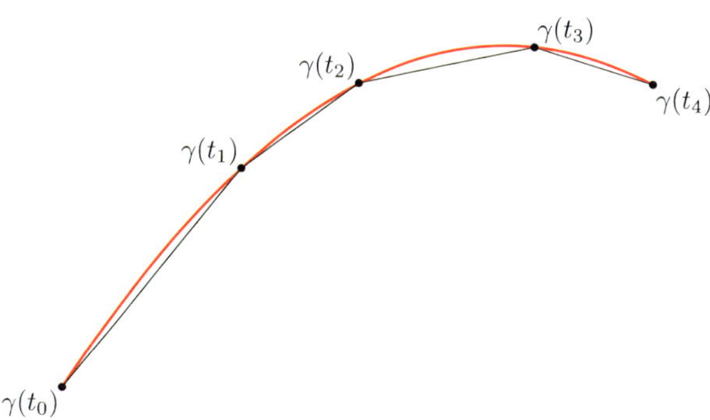

Abbildung 23.5 Um die Länge einer Kurve zu bestimmen, wird sie durch Polygonzüge approximiert.

Lemma

Sind durch $\boldsymbol{\gamma}_1 \colon [a, b] \to \mathbb{R}^n$ und $\boldsymbol{\gamma}_2 \colon [c, d] \to \mathbb{R}^n$ zwei äquivalente Parametrisierungen einer Kurve gegeben, so gilt:

$$l(\boldsymbol{\gamma}_1) = l(\boldsymbol{\gamma}_2) .$$

Beweis: Wir beweisen die Aussage, indem wir für Zerlegungen $l(\boldsymbol{\gamma}_2, Z) \leq l(\boldsymbol{\gamma}_1)$ und entsprechend $l(\boldsymbol{\gamma}_1, Z) \leq l(\boldsymbol{\gamma}_2)$ zeigen.

Da die Parametrisierungen äquivalent sind, gibt es eine bijektive, stetige Funktion $\varphi \colon [c, d] \to [a, b]$ mit $\boldsymbol{\gamma}_2 = \boldsymbol{\gamma}_1 \circ \varphi$. Die Funktion φ ist stetig und injektiv und somit monoton. Wie nehmen an, dass φ monoton steigt. Der andere Fall ergibt sich analog.

Ist $Z_2 = \{t_0, \ldots, t_m\}$ eine Zerlegung von $[c, d]$, so ist $Z_1 = \{\varphi(t_0), \ldots, \varphi(t_m)\}$ eine Zerlegung des Intervalls $[a, b]$ und wir erhalten:

$$
\begin{aligned}
l(\boldsymbol{\gamma}_2, Z_2) &= \sum_{j=1}^{m} \|\boldsymbol{\gamma}_2(t_j) - \boldsymbol{\gamma}_2(t_{j-1})\| \\
&= \sum_{j=1}^{m} \|\boldsymbol{\gamma}_1(\varphi(t_j)) - \boldsymbol{\gamma}_1(\varphi(t_{j-1}))\| \leq l(\boldsymbol{\gamma}_1) .
\end{aligned}
$$

Damit ist $\boldsymbol{\gamma}_2$ rektifizierbar, wenn $\boldsymbol{\gamma}_1$ rektifizierbar ist, da die Abschätzung für alle Zerlegungen Z_2 gilt, und es folgt:

$$l(\boldsymbol{\gamma}_2) \leq l(\boldsymbol{\gamma}_1) .$$

Umgekehrt erhalten wir mit der entsprechenden Abschätzung für Zerlegungen $Z_1 = \{t_0, \ldots, t_m\}$ von $[a, b]$ und $Z_2 = \{\varphi^{-1}(t_0), \ldots, \varphi^{-1}(t_m)\}$ von $[c, d]$ mit der Umkehrfunktion φ^{-1} die Ungleichung

$$l(\boldsymbol{\gamma}_1) \leq l(\boldsymbol{\gamma}_2) .$$

Man beachte, dass mit der Folgerung auf Seite 338 die Umkehrfunktion φ^{-1} stetig ist.

Somit sind die Bogenlängen gleich, $l(\boldsymbol{\gamma}_1) = l(\boldsymbol{\gamma}_2)$. Insbesondere ist $\boldsymbol{\gamma}_2$ rektifizierbar, wenn $\boldsymbol{\gamma}_1$ rektifizierbar ist und umgekehrt. ∎

?

Warum ist die kürzeste rektifizierbare Verbindungskurve zwischen zwei Punkten im $\mathbb{R}^n$ stets die Verbindungsstrecke zwischen den Punkten?

Wir wollen durch ein Beispiel verdeutlichen, dass bloße Stetigkeit der Parametrisierung nicht ausreicht, um Rektifizierbarkeit einer Kurve zu garantieren.

Beispiel Durch die Parametrisierung $\boldsymbol{\gamma} : [0, 1] \to \mathbb{R}^2$ mit

$$\boldsymbol{\gamma}(t) = \begin{pmatrix} t \\ t \sin \frac{\pi}{2t} \end{pmatrix}, \qquad t \in (0, 1]$$

und $\boldsymbol{\gamma}(0) = (0, 0)^\top$ definieren wir eine Kurve. Da der Sinus beschränkt ist, gilt $\lim_{t \to 0} \boldsymbol{\gamma}(t) = \boldsymbol{\gamma}(0)$, und somit ist $\boldsymbol{\gamma}$ stetig. Diese Parametrisierung ist jedoch nicht rektifizierbar. Dazu wählen wir für festes $N \in \mathbb{N}$ die Zerlegung Z_N mit

$$t_0 = 0, \quad t_1 = \frac{1}{N}, \quad t_2 = \frac{1}{N-1}, \dots, t_{N-1} = \frac{1}{2}, \quad t_N = 1,$$

d. h., $t_j = \frac{1}{N-j+1}$, $j = 1, \dots, N$. Mit dieser Zerlegung und $k = N - j + 1$ für $j = 1, \dots, N$ gilt die Abschätzung:

$$\begin{aligned}
&\|\boldsymbol{\gamma}(t_j) - \boldsymbol{\gamma}(t_{j-1})\| \\
&\geq |\gamma_2(t_j) - \gamma_2(t_{j-1})| \\
&= \left| \frac{1}{k} \sin\left(\frac{k\pi}{2}\right) - \frac{1}{k+1} \sin\left(\frac{(k+1)\pi}{2}\right) \right| \\
&\geq \frac{1}{k+1}.
\end{aligned}$$

Hierbei gilt die letzte Ungleichung, da von den beiden Sinus-Termen stets einer null und der andere betragsmäßig eins ist. Durch Aufsummieren erhalten wir:

$$l(\boldsymbol{\gamma}, Z_N) = \sum_{j=1}^{N} \|\boldsymbol{\gamma}(t_j) - \boldsymbol{\gamma}(t_{j-1})\| \geq \sum_{k=1}^{N} \frac{1}{k+1}.$$

Da die harmonische Reihe divergiert, ist $l(\boldsymbol{\gamma}, Z_N)$ für $N \to \infty$ unbeschränkt. Das Supremum über $l(\boldsymbol{\gamma}, Z)$ für alle Zerlegungen Z von $[0, 1]$ existiert nicht. Die Parametrisierung $\boldsymbol{\gamma}$ ist nicht rektifizierbar. ◄

C^1-Kurven sind rektifizierbar

Zentral für das Folgende ist es, dass im Fall einer C^1-Parametrisierung die Bogenlänge der Kurve durch ein Integral gegeben ist.

> **Bogenlänge einer C^1-Kurve**
>
> Ist durch $\boldsymbol{\gamma} : [a, b] \to \mathbb{R}^n$ eine C^1-Parametrisierung einer Kurve gegeben, so ist die Kurve rektifizierbar, und für die Bogenlänge gilt:
>
> $$l(\boldsymbol{\gamma}) = \int_a^b \|\dot{\boldsymbol{\gamma}}(t)\| \, \mathrm{d}t.$$

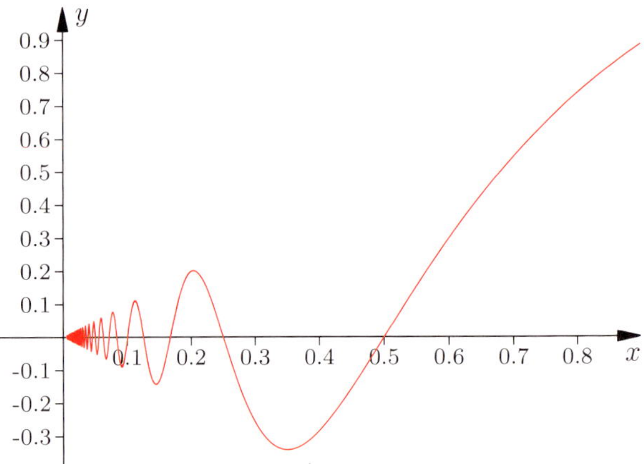

Abbildung 23.6 Durch $(t, \sin \frac{\pi}{2t})^\top$, $t \in (0, 1]$ ist eine beschränkte aber nicht rektifizierbare Kurve parametrisiert.

Beweis: Nach Voraussetzung ist $\dot{\boldsymbol{\gamma}}$ stetig auf dem abgeschlossenen Intervall $[a, b]$. Somit existiert insbesondere das Integral.

Betrachten wir zu $\delta > 0$ eine Zerlegung $Z = \{t_0, \dots, t_m\}$ des Intervalls $[a, b]$ mit $\max_{j=1,\dots,m} |t_j - t_{j-1}| \leq \delta$. Aus dem Mittelwertsatz der Integralrechnung (siehe Seite 618) ergibt sich eine Darstellung des Integrals in der Form

$$\int_a^b \|\dot{\boldsymbol{\gamma}}(t)\| \, \mathrm{d}t = \sum_{j=1}^m \int_{t_{j-1}}^{t_j} \|\dot{\boldsymbol{\gamma}}(t)\| \, \mathrm{d}t = \sum_{j=1}^m (t_j - t_{j-1}) \|\dot{\boldsymbol{\gamma}}(\widetilde{\tau}_j)\|$$

für Stellen $\widetilde{\tau}_j \in [t_{j-1}, t_j]$. Damit erhalten wir unter Verwendung der Dreiecksungleichung:

$$\begin{aligned}
&\left| l(\gamma, Z) - \int_a^b \|\dot{\boldsymbol{\gamma}}(t)\| \, \mathrm{d}t \right| \\
&\leq \sum_{j=1}^m \left| \|\boldsymbol{\gamma}(t_j) - \boldsymbol{\gamma}(t_{j-1})\| - \|\dot{\boldsymbol{\gamma}}(\widetilde{\tau}_j)\|(t_j - t_{j-1}) \right| \\
&\leq \sum_{j=1}^m \|\boldsymbol{\gamma}(t_j) - \boldsymbol{\gamma}(t_{j-1}) - \dot{\boldsymbol{\gamma}}(\widetilde{\tau}_j)(t_j - t_{j-1})\| \\
&\leq \sqrt{n} \sum_{j=1}^m \max_{k=1,\dots,n} \left| \gamma_k(t_j) - \gamma_k(t_{j-1}) - \gamma_k'(\widetilde{\tau}_j)(t_j - t_{j-1}) \right|
\end{aligned}$$

mit der Abschätzung $\|x\| \leq \sqrt{n} \max_{j=1,\dots,n} (|x_j|)$ für den euklidischen Betrag (siehe Kapitel 19, Seite 774).

Nach dem Mittelwertsatz (siehe Seite 597) gibt es zu jeder Komponente $k = 1, \dots, n$ eine Zwischenstelle τ_{jk}, sodass

$$\gamma_k(t_j) - \gamma_k(t_{j-1}) = \gamma_k'(\tau_{jk})(t_j - t_{j-1})$$

gilt. Außerdem sind die Komponenten des Tangentialvektors gleichmäßig stetig auf $[a, b]$. Deswegen existiert bei Vorgabe von $\varepsilon > 0$ ein $\delta > 0$, sodass

$$\|\gamma_j'(\widetilde{t}) - \gamma_j'(t)\| \leq \varepsilon$$

für $j = 1, \ldots, n$ gilt für alle $\tilde{t}, t \in [a, b]$ mit $|\tilde{t} - t| \leq \delta$. Zu $\varepsilon > 0$ wählen wir so $\delta > 0$ und erhalten insgesamt die Abschätzung:

$$\left| l(\boldsymbol{\gamma}, Z) - \int_a^b \|\dot{\boldsymbol{\gamma}}(t)\| \, \mathrm{d}t \right|$$

$$\leq \sqrt{n} \sum_{j=1}^m \max_{k=1\ldots,n} \left| \gamma_k'(\tau_{jk}) - \gamma_k'(\tilde{\tau}_j) \right| (t_j - t_{j-1})$$

$$\leq \sqrt{n}\varepsilon \sum_{j=1}^m (t_j - t_{j-1}) = \sqrt{n}\varepsilon (b - a),$$

wenn die Zerlegung hinreichend fein ist.

Nun benötigen wir noch einen zweiten Aspekt. Bei Verfeinerung der Zerlegung durch Hinzunahme eines weiteren Punktes $\tilde{t}$ verlängert sich der Polygonzug, da mit der Dreiecksungleichung

$$l(\gamma, Z) \leq l(\boldsymbol{\gamma}, Z \cup \{\tilde{t}\})$$

für $\tilde{t} \in [t_{k-1}, t_k]$, $k \in \{1, \ldots, m\}$ folgt.

Mit diesen beiden Beobachtungen lassen sich die beiden Aussage des Satzes beweisen. Zunächst zeigen wir, dass das Supremum $l(\boldsymbol{\gamma})$ existiert. Denn nehmen wir an, es gibt kein Supremum, so gibt es insbesondere eine Zerlegung Z mit $l(\boldsymbol{\gamma}, Z) > \int_a^b \|\dot{\boldsymbol{\gamma}}(t)\| \, \mathrm{d}t + 2\sqrt{n}\varepsilon(b - a)$. Wir können die Zerlegung verfeinern, sodass der Abstand $|t_j - t_{j-1}| \leq \delta$ ist, für die verfeinerte Zerlegung $\tilde{Z}$. Es folgt mit den beiden oben gezeigten Abschätzungen der Widerspruch

$$\sqrt{n}\varepsilon(b - a) \geq l(\boldsymbol{\gamma}, \tilde{Z}) - \int_a^b \|\dot{\boldsymbol{\gamma}}(t)\| \, \mathrm{d}t$$

$$\geq l(\boldsymbol{\gamma}, Z) - \int_a^b \|\dot{\boldsymbol{\gamma}}(t)\| \, \mathrm{d}t \geq 2\sqrt{n}\varepsilon(b - a).$$

Also ist die Kurve rektifizierbar.

Um nun noch den Wert von $l(\boldsymbol{\gamma})$ zu zeigen, wählen wir eine Zerlegung Z mit

$$|l(\boldsymbol{\gamma}) - l(\boldsymbol{\gamma}, Z)| \leq \varepsilon.$$

Durch Hinzunahme weiterer Punkte erreichen wir eine Zerlegung $\tilde{Z}$ mit $|t_j - t_{j-1}| < \delta$ für alle j und

$$l(\boldsymbol{\gamma}) - l(\boldsymbol{\gamma}, \tilde{Z}) \leq l(\boldsymbol{\gamma}) - l(\boldsymbol{\gamma}, Z) \leq \varepsilon.$$

Insgesamt folgt:

$$\left| l(\boldsymbol{\gamma}) - \int_a^b \|\dot{\boldsymbol{\gamma}}(t)\| \, \mathrm{d}t \right|$$

$$\leq \left| l(\boldsymbol{\gamma}) - l(\boldsymbol{\gamma}, \tilde{Z}) \right| + \left| l(\boldsymbol{\gamma}, \tilde{Z}) - \int_a^b \|\dot{\boldsymbol{\gamma}}(t)\| \, \mathrm{d}t \right|$$

$$\leq (1 + \sqrt{n}(b - a))\varepsilon.$$

Da die Abschätzung für jeden Wert $\varepsilon > 0$ gilt, folgt die Behauptung (siehe auch Unter der Lupe auf Seite 964). ∎

Kommentar: Der Beweis motiviert, warum bei C^1-Parametrisierungen die stetige Fortsetzbarkeit der Ableitung bis zum Rand gefordert wird. Diese Voraussetzung sichert die Existenz des Integrals $\int_a^b \|\dot{\boldsymbol{\gamma}}(t)\| \, \mathrm{d}t$, sodass wir die Aussage des Satzes einprägsam formulieren können. Es wird auch deutlich, dass diese Forderung abgeschwächt werden kann, solange Integrierbarkeit gewährleistet ist.

Mit der Definition der Bogenlänge einer Kurve können wir die Lücke zwischen der Definition der Kosinus- und der Sinus-Funktion (siehe Seite 404) und der geometrischen Deutung des Arguments als Winkel schließen, wie das erste der beiden folgenden Beispiele zeigt.

Beispiel

- Betrachten wir die Parametrisierung $\boldsymbol{\gamma}(t) = (\cos t, \sin t)^\top$ mit $t \in [0, 2\pi]$ der Einheitskreislinie. Die Länge eines Kurvenstücks von $\boldsymbol{\gamma}(0)$ bis $\boldsymbol{\gamma}(t)$ ist gegeben durch die Bogenlänge

$$s(t) = \int_0^t \|\dot{\boldsymbol{\gamma}}(\tau)\| \, \mathrm{d}\tau = \int_0^t \mathrm{d}\tau = t.$$

Somit entspricht das Argument in der Kosinus- bzw. Sinusfunktion der Länge des Kreisbogens, dem Radialmaß des Winkels.

- Wir fassen den Graphen einer differenzierbaren Funktion $f : [a, b] \to \mathbb{R}$ als Kurve im $\mathbb{R}^2$ auf. Eine Parametrisierung ist durch $\boldsymbol{\gamma}(x) = (x, f(x))^\top$ gegeben. Für die Länge dieser Kurve ergibt sich das Integral:

$$l(\boldsymbol{\gamma}) = \int_a^b \|\dot{\boldsymbol{\gamma}}(x)\| \, \mathrm{d}x = \int_a^b \sqrt{1 + (f'(x))^2} \, \mathrm{d}x. \quad \blacktriangleleft$$

Mit dem *Kurvenintegral* lässt sich gegebenenfalls auch eine Bogenlänge angeben, wenn das Definitionsintervall der betrachteten Parametrisierung unbeschränkt ist. Die logarithmische Spirale ist ein klassisches Beispiel.

Beispiel Durch die Parametrisierung $\boldsymbol{\gamma} : \mathbb{R}_{\geq 0} \to \mathbb{R}^2$ mit

$$\boldsymbol{\gamma}(t) = \mathrm{e}^{-t} \begin{pmatrix} \cos t \\ \sin t \end{pmatrix}$$

für $t \in \mathbb{R}_{\geq 0}$ ist die sogenannte **logarithmische Spirale** gegeben (Abb. 23.7).

Es ergibt sich der Tangentialvektor

$$\dot{\boldsymbol{\gamma}}(t) = -\mathrm{e}^{-t} \begin{pmatrix} \cos t \\ \sin t \end{pmatrix} + \mathrm{e}^{-t} \begin{pmatrix} -\sin t \\ \cos t \end{pmatrix}.$$

Wir erhalten für die Bogenlänge:

$$s(t) = \int_0^t \|\dot{\boldsymbol{\gamma}}(\tau)\| \, \mathrm{d}\tau$$

$$= \int_0^t \sqrt{2\mathrm{e}^{-2\tau} \cos^2 \tau + 2\mathrm{e}^{-2\tau} \sin^2 \tau} \, \mathrm{d}\tau$$

$$= \sqrt{2} \int_0^t \mathrm{e}^{-\tau} \, \mathrm{d}\tau = \sqrt{2}(1 - \mathrm{e}^{-t}).$$

Unter der Lupe: Von der Bogenlänge zum Kurvenintegral

Genau betrachtet enthält der Satz über die Bogenlänge auf Seite 962 zwei Aussagen. Es wird zum einen behauptet, dass jede C^1-Parametrisierung rektifizierbar ist. Die zweite Aussage bringt dann die geometrisch motivierte Definition der Bogenlänge einer rektifizierbaren Kurve in Zusammenhang mit einem Integral, dem Kurvenintegral. Der Beweis beider Aussagen erfordert einige Schritte, die wir genauer betrachten wollen.

Die physikalischen Interpretation einer Parametrisierung motiviert, dass sich die zurückgelegte Strecke aus Geschwindigkeit mal Zeitdifferenz bzw., bei sich in der Zeit ändernden Geschwindigkeiten, aus dem Integral der Geschwindigkeitsfunktion über dem betrachteten Zeitintervall ergibt. Die angegebene Identität ist daher ein nahe liegendes Ziel.

Um den Zusammenhang mit der Definition der Bogenlänge zu beweisen, ist die Differenz zwischen der Länge einer Zerlegung $l(\gamma, Z)$ und dem Integral abzuschätzen. Es ist dabei eine Abschätzung zu finden, die weitestgehend unabhängig von der konkret gewählten Zerlegung ist, um letztendlich auch Aussagen zum Supremum über alle möglichen Zerlegungen zu bekommen.

Dies ergibt sich im ersten Schritt des Beweises. Die Stetigkeit des Integranden $\|\dot{\gamma}\|$ und der Mittelwertsatz der Integralrechnung liefern mit der Identität

$$\int_a^b \|\dot{\boldsymbol{\gamma}}(t)\|\, \mathrm{d}t = \sum_{j=1}^m \int_{t_{j-1}}^{t_j} \|\dot{\boldsymbol{\gamma}}(t)\|\, \mathrm{d}t$$

$$= \sum_{j=1}^m (t_j - t_{j-1}) \|\dot{\boldsymbol{\gamma}}(\widetilde{\tau}_j)\|$$

zu Zwischenstellen $\widetilde{\tau}_j \in [t_{j-1}, t_j]$ die Möglichkeit, das Integral als diskrete Summe über die Intervalllängen der Zerlegung zu schreiben. Somit lässt sich die Feinheit einer Zerlegung, der Wert $\max_{j=1,\ldots,m} |t_j - t_{j-1}|$, nutzen, um eine Abschätzung für alle Zerlegungen zu erhalten, wenn dieser Wert hinreichend klein ist.

Über diesen Weg ergibt sich letztlich die im Beweis gezeigte Abschätzung

$$\left| l(\boldsymbol{\gamma}, Z) - \int_a^b \|\dot{\boldsymbol{\gamma}}(t)\|\, \mathrm{d}t \right| \le \sqrt{n}\,\varepsilon\,(b - a),$$

wobei die gleichmäßige Stetigkeit aller Komponenten von $\dot{\boldsymbol{\gamma}}$ ausgenutzt werden muss.

Da wir an dieser Stelle noch nicht wissen, ob es ein Supremum $l(\boldsymbol{\gamma})$ gibt und durch welche Zerlegungen das Supremum approximiert wird, genügt diese Abschätzung für

hinreichend feine Zerlegungen noch nicht, um die Behauptung zu zeigen. Wesentlich ist die zweite Beobachtung, dass implizit durch die Definition der Bogenlänge eine Monotonie bezüglich Verfeinerungen von Zerlegungen gegeben ist. Denn ist eine Zerlegung $a = t_0 < t_1 < \cdots < t_n = b$ gegeben, und wird eine weitere Stelle $\widetilde{t} \in [t_{k-1}, t_k]$ mit $k \in \{1, \ldots, m\}$ hinzugenommen, so folgt mit der Dreiecksungleichung:

$$l(\gamma, Z) = \sum_{j=1}^m \|\boldsymbol{\gamma}(t_j) - \boldsymbol{\gamma}(t_{j-1})\|$$

$$= \sum_{\substack{j=1 \\ j \ne k}}^m \|\boldsymbol{\gamma}(t_j) - \boldsymbol{\gamma}(t_{j-1})\|$$

$$+ \|\boldsymbol{\gamma}(t_k) - \boldsymbol{\gamma}(\widetilde{t}) + \boldsymbol{\gamma}(\widetilde{t}) - \boldsymbol{\gamma}(t_{k-1})\|$$

$$\le \sum_{\substack{j=1 \\ j \ne k}}^m \|\boldsymbol{\gamma}(t_j) - \boldsymbol{\gamma}(t_{j-1})\|$$

$$+ \|\boldsymbol{\gamma}(t_k) - \boldsymbol{\gamma}(\widetilde{t})\| + \|\boldsymbol{\gamma}(\widetilde{t}) - \boldsymbol{\gamma}(t_{k-1})\|$$

$$= l(\boldsymbol{\gamma}, Z \cup \{\widetilde{t}\}).$$

Übrigens zeigt sich hier in Hinblick auf die Existenz des Supremums ein Unterschied zur allgemeinen Definition des Lebesgue-Integrals, bei der explizit monotone Folgen von Treppenfunktionen betrachtet werden müssen, oder auch zum Riemann-Integralbegriff, bei dem durch Ober- und Untersummen eine Monotonie der Folgen erzwungen wird. Bei der Definition der Bogenlänge einer Kurve durch Approximation mit Polygonzügen ist diese Monotonie implizit gewährleistet. Es genügt für die Existenz, dass $\sup l(\boldsymbol{\gamma}, Z) < \infty$ ist.

Die Beschränktheit von $l(\boldsymbol{\gamma}, Z)$ über alle Zerlegungen wird im folgenden Teil des Beweises durch einen Widerspruch gezeigt. Man beachte, dass gerade hier die eben gezeigte Monotonie genutzt wird. Dies gelingt, da bei der Richtung der Ungleichungskette auch ohne den Betrag der Differenz abgeschätzt werden kann. Abschließend folgt nun durch eine einfache Anwendung der Dreiecksungleichung auch die Identität zwischen Supremum und Integral.

Somit lässt sich für die Gesamtlänge der Spirale für Parameter im Intervall $t \in [0, \infty)$ der endliche Wert

$$L = \lim_{t \to \infty} \sqrt{2}(1 - \mathrm{e}^{-t}) = \sqrt{2}$$

bestimmen. ◄

Kurven lassen sich nach der Bogenlänge parametrisieren

Weitere Beispiele zur Länge konkreter Kurven finden sich auf Seite 965. Eine Parametrisierung $\boldsymbol{\gamma} : [0, b] \to \mathbb{R}^n$ mit der Eigenschaft $\|\dot{\boldsymbol{\gamma}}(t)\| = 1$ für $t \in (0, b)$, wie im ersten Beispiel

Beispiel: Die Bogenlänge zweier Kurven

Ist eine Kurve durch $\boldsymbol{\gamma}(t) = f(t)\,(\cos t, \sin t)^{\top}$ mit $t \in [a, b]$ und einer differenzierbaren Funktion $f : [a, b] \to \mathbb{R}_{\geq 0}$ parametrisiert, so gilt für die Bogenlänge L der Kurve:

$$L = \int_a^b \sqrt{(f(t))^2 + (f'(t))^2}\,\mathrm{d}t\,.$$

Neben diesem Ausdruck und einigen Beispielen dazu betrachten wir weiterhin die **Zykloide**, die beschrieben ist durch

$$\boldsymbol{\gamma}(t) = R \begin{pmatrix} t - \sin t \\ 1 - \cos t \end{pmatrix}, \qquad t \in [0, 2n\pi]$$

mit $n \in \mathbb{N}$. Die Zykloide entspricht der Bahnkurve eines Punkts, der am Rand eines Rads mit Radius $R > 0$ liegt, während das Rad um n Umdrehungen weiterrollt. Es interessiert die Bogenlänge bei einer Umdrehung des Rads.

Problemanalyse und Strategie: Wir berechnen jeweils die Tangentialvektoren und ihre Normen, um das Integral zur Bogenlänge aufzustellen. Stammfunktionen zu diesen Integralen liefern die Bogenlängen.

Lösung:

Ist eine Kurve durch $\boldsymbol{\gamma}(t) = f(t)\,(\cos t, \sin t)^{\top}$ parametrisiert mit einer differenzierbaren Funktion $f : \mathbb{R} \to \mathbb{R}_{\geq 0}$, so erhalten wir für den Tangentialvektor:

$$\dot{\boldsymbol{\gamma}}(t) = \begin{pmatrix} f'(t)\cos t - f(t)\sin t \\ f'(t)\sin t + f(t)\cos(t) \end{pmatrix}\,.$$

Damit ergibt sich die Geschwindigkeit $\|\dot{\boldsymbol{\gamma}}(t)\|^2 = f^2(t) + f'^2(t)$. Mit dem Satz von Seite 962 folgt

$$L = \int_a^b \sqrt{(f(t))^2 + (f'(t))^2}\,\mathrm{d}t\,.$$

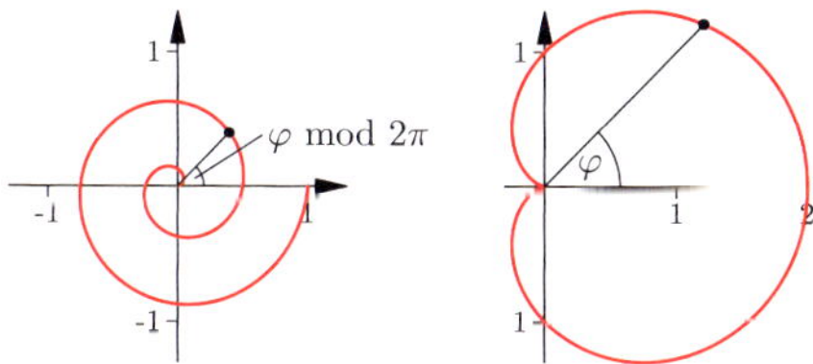

Wir berechnen etwa die Bogenlänge von Teilstücken der **archimedischen Spirale**, die in Polarkoordinaten durch $\boldsymbol{\gamma}(\varphi) = \big(\varphi\cos\varphi,\ \varphi\sin\varphi\big)^{\top}$ gegeben ist (Abb. oben links). Betrachten wir den Abschnitt für $\varphi \in [0, 2\pi]$, so ergibt sich die Länge

$$L = \int_0^{2\pi} \sqrt{1 + \varphi^2}\,d\varphi$$

$$= \frac{1}{2}\left(\varphi\sqrt{1 + \varphi^2} + \operatorname{arcsinh}\varphi \Big|_0^{2\pi} \right)$$

$$= \pi\sqrt{1 + 4\pi^2} + \frac{1}{2}\operatorname{arcsinh} 2\pi\,.$$

Analog folgt die Länge der **Kardioide**, die durch $f(\varphi) = (1 + \cos\varphi)$ mit $\varphi \in [0, 2\pi]$ gegeben ist (Abb. oben rechts), aus

$$L = \int_0^{2\pi} \sqrt{2 + 2\cos\varphi}\,d\varphi$$

$$= 2\int_0^{\pi} \cos\frac{\varphi}{2}\,d\varphi - 2\int_{\pi}^{2\pi} \cos\frac{\varphi}{2}\,d\varphi = 8\,.$$

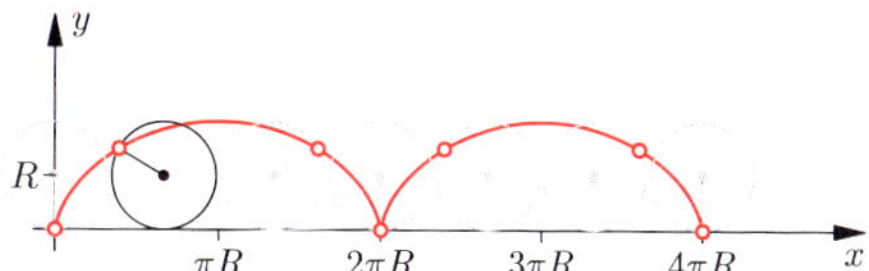

Für die Zykloide (Abb. oben), gilt mit der angegebenen Parametrisierung $\dot{\boldsymbol{\gamma}}(t) = R\,(1 - \cos t, \sin t)^{\top}$. Wir erhalten für die Bogenlänge der Kurve bei einer Umdrehung des Rads:

$$s(2\pi) = \int_0^{2\pi} \|\dot{\boldsymbol{\gamma}}(\tau)\|\,\mathrm{d}\tau$$

$$= \int_0^{2\pi} \sqrt{2R^2 - 2R^2\cos\tau}\,\mathrm{d}\tau$$

$$= 2\sqrt{2}R \int_0^{\pi} \sqrt{1 - \cos\tau}\,\mathrm{d}\tau\,,$$

wobei im Intervall $[\pi, 2\pi]$ die Substitution $\tau \to 2\pi - \tau$ und Symmetrie und Periodizität genutzt wurden. Mit einer weiteren Substitution $u = \cos\tau$ erhalten wir:

$$s(2\pi) = 2\sqrt{2}R \int_{-1}^{1} \sqrt{1 - u}\,\frac{\mathrm{d}u}{\sqrt{1 - \cos^2 u}}$$

$$= 2\sqrt{2}R \int_{-1}^{1} \frac{1}{\sqrt{1 + u}}\,\mathrm{d}u$$

$$= 4\sqrt{2}R\sqrt{1 + u}\,\Big|_{-1}^{1} = 8R\,.$$

Bei n Umdrehungen ist die Kurve stückweise aus diesen regulären Abschnitten zusammengesetzt. Es ergibt sich nach n Umdrehungen die Länge $s(2n\pi) = 8nR$.

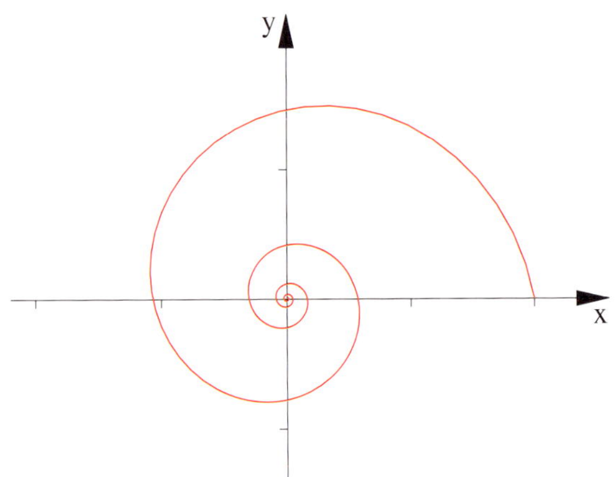

Abbildung 23.7 Eine logarithmische Spirale wird durch $\mathrm{e}^{-t}(\cos t,\sin t)^{\top}$ parametrisiert.

auf Seite 963, heißt **nach der Bogenlänge** parametrisiert. Offensichtlich gilt dann

$$l(\boldsymbol{\gamma}|_{[0,\tau]}) = \int_0^{\tau} \|\dot{\boldsymbol{\gamma}}(t)\|\,\mathrm{d}t = \tau$$

für alle $\tau \in [0, b]$, d. h., der Parameter τ entspricht bei dieser Parametrisierung der Länge des von $\boldsymbol{\gamma}(0)$ bis $\boldsymbol{\gamma}(\tau)$ durchlaufenen Kurvenstücks.

Folgerung

Zu jeder regulären, rektifizierbaren Kurve gibt es eine Parametrisierung nach der Bogenlänge.

Beweis: Mit einer regulären Parametrisierung $\boldsymbol{\gamma}: [a,b] \to \mathbb{R}^n$ der Kurve definieren wir die zugehörige Bogenlänge

$$s(t) = \int_a^t \|\dot{\boldsymbol{\gamma}}(\tau)\|\,\mathrm{d}\tau.$$

Die Funktion $s: [a, b] \to \mathbb{R}$ ist streng monoton wachsend, da $\|\dot{\boldsymbol{\gamma}}(\tau)\| > 0$ für alle $\tau \in (a, b)$ gilt. Also ist die Funktion umkehrbar. Definieren wir $t(\sigma) = s^{-1}(\sigma)$ und die Parametrisierung $\boldsymbol{\psi}(\sigma) = \boldsymbol{\gamma}(t(\sigma))$ für $\sigma \in [0, s(b)]$. Die Funktion $t: s([a, b]) \to \mathbb{R}$ besitzt die Ableitung

$$t'(\sigma) = \frac{1}{s'(t(\sigma))} = \frac{1}{\|\dot{\boldsymbol{\gamma}}(t(\sigma))\|}, \quad \text{für } \sigma \in (0, s(b))$$

Wir erhalten:

$$\dot{\boldsymbol{\psi}}(\sigma) = \dot{\boldsymbol{\gamma}}(t(\sigma))\, t'(\sigma) = \frac{\dot{\boldsymbol{\gamma}}(t(\sigma))}{\|\dot{\boldsymbol{\gamma}}(t(\sigma))\|}.$$

Damit ist $\|\dot{\boldsymbol{\psi}}(\sigma)\| = 1$ für $\sigma \in [0, s(b)]$, d. h., $\boldsymbol{\psi}$ liefert eine Parametrisierung nach der Bogenlänge.

Gehen wir nun den Beweis nochmal durch, so ist ersichtlich, dass die Aussage richtig bleibt, auch für eine reguläre, rektifizierbare Kurve, die durch einen unbeschränkten Parameterbereich $[a, \infty)$ beschrieben ist. $\blacksquare$

?

Wie lautet die Parametrisierung nach der Bogenlänge für eine Kreislinie im $\mathbb{R}^2$ mit Radius $r > 0$ und einem Mittelpunkt $\boldsymbol{v} \in \mathbb{R}^2$?

Ist eine Kurve aus Abschnitten zusammengesetzt, zu denen jeweils eine C^1-Parametrisierung existiert, so spricht man von **stückweise** C^1. Durch eine entsprechende Zerlegung des Integrals in solche Anteile, lässt sich mithilfe des Integrals die Bogenlänge auch in solchen Fällen berechnen, wie dies etwa im Beispiel auf Seite 965 zur Bogenlänge der Zykloide bei mehreren Umdrehungen des Rads angegeben ist.

23.2 Das Kurvenintegral

Der Zusammenhang zwischen Bogenlänge und Integral lässt sich verallgemeinern. Physikalisch können wir die Bogenlänge auch anders interpretieren. Haben wir einen gewundenen Draht, dessen Form durch eine Kurve mit Parametrisierung $\boldsymbol{\gamma}$ gegeben ist, mit konstanter Massendichte $f = 1$, so entspricht die Bogenlänge der Masse dieses Drahtes. Ist nun aber die Dichte variabel, je nachdem an welcher Stelle des Drahtes wir uns befinden, so erhalten wir die Gesamtmasse des Drahtes durch entsprechendes „Aufsummieren" des Produkts aus Dichte und Länge.

Das Kurvenintegral verallgemeinert den Begriff der Bogenlänge

Zumindest, wenn eine positive Funktion f gegeben ist, lässt sich die oben betrachtete Definition der Bogenlänge um einen Faktor, eine „Gewichtung" $f(\boldsymbol{\gamma}(t))$, erweitern. Wir verzichten auf diese allgemeine Herleitung und definieren direkt das *Kurvenintegral*.

Das Kurvenintegral

Sind Γ eine Kurve mit regulärer Parametrisierung $\boldsymbol{\gamma}: [a, b] \to \mathbb{R}^n$ und $f: \mathbb{R}^n \to \mathbb{R}$ eine Funktion mit integrierbarer Komposition $f \circ \boldsymbol{\gamma} \in L^1(a, b)$, dann heißt

$$\int_\Gamma f(x)\,\mathrm{d}l = \int_a^b f(\boldsymbol{\gamma}(t))\,\|\dot{\boldsymbol{\gamma}}(t)\|\,\mathrm{d}t$$

das **Kurvenintegral** von f längs der Kurve Γ.

Für das Differenzial bei der abkürzenden Schreibweise nutzen wir das **Linienelement** $\mathrm{d}l$. Damit die Notation sinnvoll ist, muss wie bei der Bogenlänge gesichert sein, dass das Kurvenintegral unabhängig von der jeweiligen Wahl einer Parametrisierung ist. Dies sehen wir mithilfe der Substitutionsregel.

Beweis: Wir betrachten zwei äquivalente, reguläre Parametrisierungen $\boldsymbol{\gamma}_1 \colon [a, b] \to \mathbb{R}^n$ und $\boldsymbol{\gamma}_2 \colon [c, d] \to \mathbb{R}^n$ der Kurve, d. h., es gibt eine bijektive, stetige Abbildung $\varphi \colon [c, d] \to [a, b]$ mit $\boldsymbol{\gamma}_2 = \boldsymbol{\gamma}_1 \circ \varphi$. Da die Parametrisierungen regulär sind, ist φ differenzierbar mit $\dot{\boldsymbol{\gamma}}_2(s) = \dot{\boldsymbol{\gamma}}_1(\varphi(s))\, \varphi'(s)$, und insbesondere ist $\varphi'(s) \neq 0$ auf (c, d). Somit ist φ streng monoton auf $[c, d]$. Im Fall, dass $\varphi'(s) > 0$ gilt, folgt mit der Substitution $t = \varphi(s)$:

$$
\int_a^b f(\boldsymbol{\gamma}_1(t)) \, \|\dot{\boldsymbol{\gamma}}_1(t)\| \, \mathrm{d}t
$$
$$
= \int_c^d f(\boldsymbol{\gamma}_1(\varphi(s))) \, \|\dot{\boldsymbol{\gamma}}_1(\varphi(s))\| \, \varphi'(s) \, \mathrm{d}s
$$
$$
= \int_c^d f(\boldsymbol{\gamma}_2(s)) \, \|\dot{\boldsymbol{\gamma}}_2(s)\| \, \mathrm{d}s .
$$

Im anderen Fall erhalten wir:

$$
\int_b^a f(\boldsymbol{\gamma}_1(t)) \, \|\dot{\boldsymbol{\gamma}}_1(t)\| \, \mathrm{d}t
$$
$$
= -\int_c^d f(\boldsymbol{\gamma}_1(\varphi(s))) \, \|\dot{\boldsymbol{\gamma}}_1(\varphi(s))\| \, \varphi'(s) \, \mathrm{d}t
$$
$$
= \int_c^d f(\boldsymbol{\gamma}_2(s)) \, \|\dot{\boldsymbol{\gamma}}_2(s)\| \, \mathrm{d}s
$$

für das *nicht orientierte* Kurvenintegral, wobei $a > b$ bei der Angabe der Parametrisierung $\boldsymbol{\gamma}_1$ zu beachten ist. $\blacksquare$

Beispiel Wir bestimmen das Integral

$$
\int_\Gamma \frac{9\, x_2^2}{8\, x_1} \, \mathrm{d}l
$$

längs der Kurve Γ, die durch die Parametrisierung $\boldsymbol{\gamma} \colon [0, 1] \to \mathbb{R}^2, t \mapsto (t, \frac{2\sqrt{2}}{3} t^{3/2})^\top$ gegeben ist. Die Ableitung ist

$$
\dot{\boldsymbol{\gamma}}(t) = \begin{pmatrix} 1 \\ \sqrt{2t} \end{pmatrix} \quad \text{mit} \quad \|\dot{\boldsymbol{\gamma}}(t)\| = \sqrt{1 + 2t}, \qquad t \in (0, 1) .
$$

Die Definition des Kurvenintegrals liefert:

$$
\int_\Gamma \frac{9 x_2^2}{8 x_1} \, \mathrm{d}l = \int_0^1 t^2 \sqrt{1 + 2t} \, \mathrm{d}t .
$$

Mit der Substitution $u = \sqrt{1 + 2t}$ erhalten wir den Wert des Kurvenintegrals:

$$
\int_\Gamma \frac{9 x_2^2}{8 x_1} \, \mathrm{d}l = \int_1^{\sqrt{3}} \left(\frac{u^2 - 1}{2} \right)^2 u^2 \, \mathrm{d}u = \frac{33 \sqrt{3} - 2}{105} .
$$

Alternativ können wir eine andere Parametrisierung der Kurve wählen, zum Beispiel nach der Bogenlänge. Mit dem Ausdruck für die Bogenlänge $\sigma(t)$ erhalten wir:

$$
\sigma(t) = \int_0^t \sqrt{1 + 2\tau} \, \mathrm{d}\tau = \int_1^{\sqrt{1+2t}} u^2 \, \mathrm{d}u = \frac{(1 + 2t)^{3/2} - 1}{3}
$$

Auflösen der Gleichung nach t ergibt die Parametrisierung von Γ nach der Bogenlänge:

$$
\boldsymbol{\psi}(\sigma) = \begin{pmatrix} \frac{(3\sigma + 1)^{2/3} - 1}{2} \\ \frac{((3\sigma+1)^{2/3} - 1)^{3/2}}{3} \end{pmatrix} , \qquad \sigma \in \left[0, \sqrt{3} - \frac{1}{3} \right] .
$$

Zur Kontrolle rechnen wir nach:

$$
\dot{\boldsymbol{\psi}}(\sigma) = (3\sigma + 1)^{-1/3} \begin{pmatrix} 1 \\ ((3\sigma + 1)^{2/3} - 1)^{1/2} \end{pmatrix} ,
$$

und $\|\dot{\boldsymbol{\psi}}(\sigma)\| = 1$. Somit ist das Kurvenintegral:

$$
\int_\Gamma \frac{9 x_2^2}{8 x_1} \, \mathrm{d}l = \int_0^{\sqrt{3} - \frac{1}{3}} \frac{9}{8} \frac{((3\sigma + 1)^{2/3} - 1)^3}{9 ((3\sigma + 1)^{2/3} - 1)} 2 \, \mathrm{d}\sigma
$$
$$
= \int_0^{\sqrt{3} - \frac{1}{3}} \frac{1}{4} \left((3\sigma + 1)^{2/3} - 1 \right)^2 \mathrm{d}\sigma .
$$

Mit der Substitution $v = (3\sigma + 1)^{1/3}$ ist $v^2 \, \mathrm{d}v = \mathrm{d}\sigma$, und wir erhalten:

$$
\int_\Gamma \frac{9 x_2^2}{8 x_1} \, \mathrm{d}l = \int_1^{\sqrt{3}} \frac{1}{4} (v^2 - 1)^2 v^2 \, \mathrm{d}v .
$$

Dies ist dasselbe Integral, das wir oben mit der ursprünglichen Parametrisierung erhalten hatten. $\blacktriangleleft$

Da das Kurvenintegral mithilfe von regulären Parametrisierungen durch das gewöhnliche Integral gegeben ist, übertragen sich einige Eigenschaften direkt.

Folgerung

- Das Kurvenintegral ist linear, d. h., ist Γ eine reguläre Kurve und $f_1, f_2 \colon \mathbb{R}^n \to \mathbb{R}$ Funktionen, die längs Γ integrierbar sind, so gilt:

$$
\int_\Gamma (\alpha_1 f_1 + \alpha_2 f_2) \, \mathrm{d}l = \alpha_1 \int_\Gamma f_1 \, \mathrm{d}l + \alpha_2 \int_\Gamma f_2 \, \mathrm{d}l
$$

für $\alpha_1, \alpha_2 \in \mathbb{C}$.

- Ist eine Kurve Γ aus zwei regulären Stücken Γ_1 und Γ_2 zusammengesetzt, so gilt für jede längs Γ_1 und Γ_2 integrierbare Funktion $f \colon \mathbb{R}^n \to \mathbb{R}$:

$$
\int_\Gamma f \, \mathrm{d}l = \int_{\Gamma_1} f \, \mathrm{d}l + \int_{\Gamma_2} f \, \mathrm{d}l .
$$

Im Fall, dass Γ selbst nicht regulär ist, ist diese Identität als Definition zu betrachten.

- Sind eine reguläre Parametrisierung $\boldsymbol{\gamma}$ einer Kurve Γ und eine Funktion mit stetiger Kombination $f \circ \boldsymbol{\gamma} \colon [a, b] \to \mathbb{R}$ gegeben, so gilt die Abschätzung:

$$\left| \int_\Gamma f(\boldsymbol{x})\, \mathrm{d}l \right| \le \max_{t \in [a,b]} \{|f(\boldsymbol{\gamma}(t))|\}\, l(\Gamma)$$

mit der Bogenlänge $l(\Gamma)$ der Kurve.

Beachten Sie, dass wir mit dem zweiten Teil der Folgerung die Definition des Kurvenintegrals auf stückweise reguläre Kurven erweitert haben.

Orientierte Integrale erkennt man an vektorwertigen Differenzialen

Im Beweis auf Seite 966 zeigt sich deutlich, dass das dort definierte Kurvenintegral nicht von der Richtung abhängt, in der die Kurve durchlaufen wird. Es handelt sich um das nicht orientierte Kurvenintegral, wie es durch die Bogenlänge motiviert ist. In vielen Anwendungen spielt aber die *Orientierung* einer Kurve eine Rolle. Dies ist häufig dadurch gegeben, das der Integrand der Tangentialanteil $f = \boldsymbol{F} \cdot \boldsymbol{\tau}$ eines Vektorfelds $\boldsymbol{F} \colon D \subseteq \mathbb{R}^n \to \mathbb{R}^n$ ist. Dabei bezeichnen wir mit $\boldsymbol{\tau}(t) = \dot{\boldsymbol{\gamma}}(t)/\|\dot{\boldsymbol{\gamma}}(t)\|$, $t \in (a, b)$ den Tangentialvektor zu einer regulären C^1-Parametrisierung $\boldsymbol{\gamma} \colon [a, b] \to \mathbb{R}^n$. Einsetzen in das bereits definierte Kurvenintegral ergibt:

$$\int_\Gamma f(\boldsymbol{x})\, \mathrm{d}l = \int_a^b \boldsymbol{F}(\boldsymbol{\gamma}(t)) \cdot \boldsymbol{\tau}(t)\, \|\dot{\boldsymbol{\gamma}}(t)\|\, \mathrm{d}t$$
$$= \int_a^b \boldsymbol{F}(\boldsymbol{\gamma}(t)) \cdot \dot{\boldsymbol{\gamma}}(t)\, \mathrm{d}t\,.$$

Für diese Integrale führt man ein vektorielles Differenzial ein mit $\mathbf{d}l = \dot{\boldsymbol{\gamma}}(t)\, \mathrm{d}t$ bei gegebener regulärer Parametrisierung und definiert das **orientierte** oder **vektorielle Kurvenintegral**

$$\int_\Gamma \boldsymbol{F}(\boldsymbol{x}) \cdot \mathbf{d}l = \int_a^b \boldsymbol{F}(\boldsymbol{\gamma}(t)) \cdot \dot{\boldsymbol{\gamma}}(t)\, \mathrm{d}t\,.$$

Entsprechend gilt die Definition bei stückweise regulären Kurven. Wir verwenden im Folgenden bei solchen Integralen den Punkt zur Kennzeichnung des Skalarprodukts, um es vom nicht orientierten Kurvenintegral deutlich abzugrenzen.

Kommentar: Beachten Sie, dass der Name orientiertes Kurvenintegral deswegen gewählt wird, da das Vorzeichen von $\dot{\boldsymbol{\gamma}}$, also die Richtung, in der die Kurve durchlaufen wird, auch das Vorzeichen des Integrals beeinflusst, im Gegensatz zum nicht orientierten Kurvenintegral auf Seite 966. Im Fall $n = 1$ liefert das orientierte Kurvenintegral die Substitutionsregel, denn mit der Festlegung $\int_b^a f(x)\, \mathrm{d}x = -\int_a^b f(x)\, \mathrm{d}x$ haben wir dem eindimensionalen Integral eine Orientierung gegeben.

Das orientierte Kurvenintegral beschreibt aus physikalischer Sicht die *Arbeit*, die verrichtet wird, um einen Massenpunkt

in einem Kraftfeld längs der Kurve zu bewegen. Es findet sich auch die Schreibweise $\gamma_j'(t)\, \mathrm{d}t = \mathrm{d}x_j$ für die Komponenten $j = 1, \dots, n$ des vektorwertigen Differenzials $\mathbf{d}l$ und damit die Notation

$$\int_\Gamma \boldsymbol{F}(\boldsymbol{x}) \cdot \mathbf{d}l = \sum_{j=1}^n \int_\Gamma F_j(\boldsymbol{x})\, \mathrm{d}x_j\,.$$

Beispiel Gegeben ist das Vektorfeld $\boldsymbol{F} \colon \mathbb{R}^2 \to \mathbb{R}^2$, $\boldsymbol{x} \mapsto (-x_2^2/2,\, x_1)^\top$. Zu bestimmen ist das orientierte Kurvenintegral

$$\int_\Gamma \boldsymbol{F}(\boldsymbol{x}) \cdot \mathbf{d}l\,,$$

wobei Γ der positiv orientierte Rand des Dreiecks mit den Eckpunkten $(0, 0)^\top$, $(1, 0)^\top$ und $(1, 1)^\top$ ist, d. h., der Rand wird gegen den Uhrzeigersinn durchlaufen (Abb. 23.8).

Die Randkurve ist stückweise regulär, und wir parametrisieren die drei Teilstücke durch

$$\boldsymbol{\gamma}_1(t) = \begin{pmatrix} t \\ 0 \end{pmatrix}, \quad \boldsymbol{\gamma}_2(t) = \begin{pmatrix} 1 \\ t \end{pmatrix}, \quad \boldsymbol{\gamma}_3(t) = \begin{pmatrix} 1 - t \\ 1 - t \end{pmatrix},$$

jeweils für $t \in [0, 1]$. Somit ergibt sich das Kurvenintegral:

$$\int_\Gamma \boldsymbol{F}(\boldsymbol{x}) \cdot \mathbf{d}l = \sum_{j=1}^3 \int_0^1 \boldsymbol{F}(\boldsymbol{\gamma}_j(t)) \dot{\boldsymbol{\gamma}}_j(t)\, \mathrm{d}t$$

$$= \int_0^1 \begin{pmatrix} 0 \\ t \end{pmatrix} \cdot \begin{pmatrix} 1 \\ 0 \end{pmatrix}\, \mathrm{d}t + \int_0^1 \begin{pmatrix} \frac{-t^2}{2} \\ 1 \end{pmatrix} \cdot \begin{pmatrix} 0 \\ 1 \end{pmatrix}\, \mathrm{d}t$$

$$+ \int_0^1 \begin{pmatrix} -\frac{(1-t)^2}{2} \\ 1 - t \end{pmatrix} \cdot \begin{pmatrix} -1 \\ -1 \end{pmatrix}\, \mathrm{d}t$$

$$= 0 + 1 + \int_0^1 \left(\frac{(1-t)^2}{2} - 1 + t \right) \mathrm{d}t = \frac{1}{3}\,.$$

◀

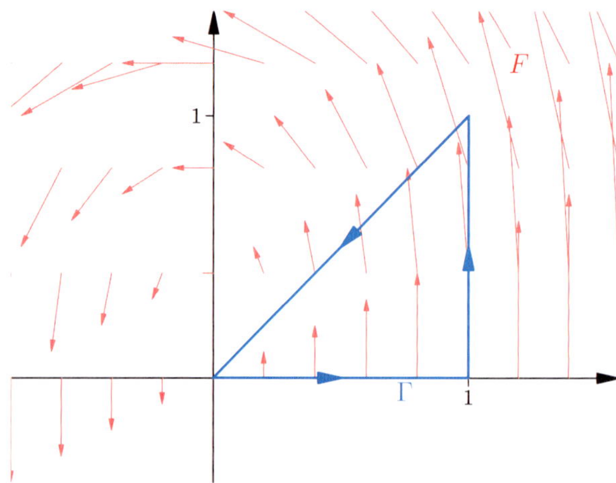

Abbildung 23.8 Die Abbildung zeigt die Randkurve des Dreiecks und das Vektorfeld $\boldsymbol{F}$, das im Beispiel längs der Kurve integriert wird.

Übersicht: Kurven und Kurvenintegrale

Wir stellen elementare Eigenschaften von Parametrisierungen und Kurvenintegralen in dieser Übersicht zusammen. Dabei sind Γ, Γ_1, Γ_2 Kurven mit Parametrisierungen $\boldsymbol{\gamma} : [a, b] \to \mathbb{R}^n$ bzw. $\boldsymbol{\gamma}_1$, $\boldsymbol{\gamma}_2$.

- **Eine Parametrisierung** einer Kurve ist eine stetige Abbildung $\boldsymbol{\gamma} : I \to \mathbb{R}^n$.
  - Ist $\boldsymbol{\gamma} \in C^1([a, b])$ mit $\dot{\boldsymbol{\gamma}}(t) \neq 0$ für $t \in (a, b)$, so heißt die Parametrisierung **regulär**.
  - Eine **Jordan-Kurve** ist eine Kurve, die auf $[a, b)$ injektiv ist.
  - Eine Kurve heißt **geschlossen**, wenn für jede Parametrisierung $\boldsymbol{\gamma} : [a, b] \to \mathbb{R}$ gilt $\boldsymbol{\gamma}(a) = \boldsymbol{\gamma}(b)$.
- **Die Bogenlänge** $l(\Gamma)$ einer Kurve Γ mit C^1-Parametrisierung $\boldsymbol{\gamma} : [a, b] \to \mathbb{R}^n$ ist gegeben durch:

$$l(\Gamma) = \int_a^b \|\dot{\boldsymbol{\gamma}}(t)\| \, \mathrm{d}t \,.$$

- **Das Kurvenintegral**: Für reguläre Kurven Γ gilt:

$$\int_\Gamma f(\boldsymbol{x}) \, \mathrm{d}l = \int_a^b f(\boldsymbol{\gamma}(t)) \, \|\dot{\boldsymbol{\gamma}}(t)\| \, \mathrm{d}t$$

für integrierbare Funktionen $f \circ \boldsymbol{\gamma} \in L^1(a, b)$.

- **Linearität**: Sind f_1, $f_2 : \mathbb{R}^n \to \mathbb{R}$ Funktionen, die längs Γ integrierbar sind, so ist

$$\int_\Gamma (\alpha_1 f_1 + \alpha_2 f_2) \, \mathrm{d}l = \alpha_1 \int_\Gamma f_1 \, \mathrm{d}l + \alpha_2 \int_\Gamma f_2 \, \mathrm{d}l$$

für Zahlen α_1, $\alpha_2 \in \mathbb{R}$.

- **Stückweise zusammengesetzte Kurven:** Für eine Kurve Γ, die aus zwei regulär parametrisierbaren Kurvenstücken Γ_1 und Γ_2 zusammengesetzt ist, folgt:

$$\int_\Gamma f \, \mathrm{d}l = \int_{\Gamma_1} f \, \mathrm{d}l \, + \int_{\Gamma_2} f \, \mathrm{d}l$$

für jede längs Γ_1 und Γ_2 integrierbare Funktion $f : \mathbb{R}^n \to \mathbb{R}$.

- **Abschätzung**: Mit der Bogenlänge $l(\Gamma)$ folgt

$$\left| \int_\Gamma f(\boldsymbol{x}) \, \mathrm{d}l \right| \leq \max_{t \in [a,b]} \{|f(\boldsymbol{\gamma}(t))|\} \, l(\Gamma) \,,$$

wenn $f \circ \boldsymbol{\gamma} \in C([a, b])$.

- **Orientiertes Kurvenintegral**: Zu einem Vektorfeld $\boldsymbol{F} : \mathbb{R}^n \to \mathbb{R}^n$ ist das orientierte Kurvenintegral definiert durch

$$\begin{aligned}
\int_\Gamma \boldsymbol{F} \cdot \mathrm{d}\boldsymbol{l} &= \int_\Gamma \boldsymbol{F} \cdot \frac{\dot{\boldsymbol{\gamma}}}{\|\dot{\boldsymbol{\gamma}}\|} \mathrm{d}l \\
&= \int_a^b \boldsymbol{F}(\boldsymbol{\gamma}(t)) \cdot \dot{\boldsymbol{\gamma}}(t) \, \mathrm{d}t \,,
\end{aligned}$$

falls das rechte Integral existiert.

- Für ein **Gradientenfeld** $\boldsymbol{F} = \nabla u$ mit $u : D \to \mathbb{R}$ in einem Gebiet D gilt:

$$\int_\Gamma \nabla u \cdot \mathrm{d}\boldsymbol{l} = u(\boldsymbol{z}_2) - u(\boldsymbol{z}_1)$$

für jede reguläre Kurve in D mit Anfangspunkt $\boldsymbol{z}_1 \subset D$ und Endpunkt $\boldsymbol{z}_2 \in D$.

Gradientenfelder führen auf wegunabhängige Integrale

Eine besondere Situation beim orientierten Kurvenintegral untersuchen wir noch etwas genauer. Wir erinnern uns an die Kettenregel in folgender Form (siehe Seite 883). Die Ableitung einer Funktion $u \circ \boldsymbol{\gamma} : [a, b] \to \mathbb{R}$, die sich aus der Kombination einer differenzierbaren Funktion $u : \mathbb{R}^n \to \mathbb{R}$ und einer C^1-Parametrisierung $\boldsymbol{\gamma} : [a, b] \to \mathbb{R}^n$ zusammensetzt, ergibt sich durch

$$(u \circ \boldsymbol{\gamma})'(t) = \nabla u(\boldsymbol{\gamma}(t)) \cdot \dot{\boldsymbol{\gamma}}(t) \,.$$

Ist somit im orientierten Kurvenintegral das Vektorfeld $\boldsymbol{F}$ ein **Gradientenfeld**, d.h., es gibt eine Funktion u, sodass $\boldsymbol{F} = \nabla u$ gilt, so ergibt sich für das Integral längs der durch $\boldsymbol{\gamma}$ parametrisierten Kurve Γ mit dem 2. Hauptsatz der Differenzial- und Integralrechnung:

$$\int_\Gamma \boldsymbol{F} \cdot \mathrm{d}\boldsymbol{l} = \int_a^b (u \circ \boldsymbol{\gamma})'(t) \, \mathrm{d}t = u(\boldsymbol{\gamma}(b)) - u(\boldsymbol{\gamma}(a)) \,.$$

Wir haben für differenzierbare Funktionen auf Gebieten, d. h. offenen und zusammenhängenden Teilmengen des $\mathbb{R}^n$ (siehe Seite 797), das folgende Lemma gezeigt.

Lemma

Ist $u : D \to \mathbb{R}$ eine stetig partiell differenzierbare Funktion auf einem Gebiet D und sind $\boldsymbol{z}_1$, $\boldsymbol{z}_2 \in D$, so gilt:

$$\int_\Gamma \nabla u \cdot \mathrm{d}\boldsymbol{l} = u(\boldsymbol{z}_2) - u(\boldsymbol{z}_1)$$

für jede reguläre Kurve Γ in D mit Anfangspunkt $\boldsymbol{z}_1$ und Endpunkt $\boldsymbol{z}_2$, d.h. für Parametrisierungen $\boldsymbol{\gamma}$ mit $\boldsymbol{\gamma}([a, b]) \subseteq D$ und $\boldsymbol{\gamma}(a) = \boldsymbol{z}_1$ und $\boldsymbol{\gamma}(b) = \boldsymbol{z}_2$.

Die Aussage lässt sich in Analogie zum zweiten Hauptsatz der Differenzial- und Integralrechnung im $\mathbb{R}^n$ sehen. In diesem Sinne können wir u als Stammfunktion von $\boldsymbol{F} = \nabla u$ verstehen. Übrigens nennt man $v = -u$ in der Physik das **Potenzial** zum Vektorfeld $\boldsymbol{F}$, wenn $\boldsymbol{F} = -\nabla v$ in einem Gebiet $D \subseteq \mathbb{R}^n$ gilt.

Vektorfelder, deren orientierte Kurvenintegrale in einem Gebiet nur durch Anfangs- und Endpunkt bestimmt sind, heißen **wegunabhängig** integrierbar. Wir haben somit gezeigt, dass Gradientenfelder auf Gebieten wegunabhängig integrierbar sind. Diese Aussage lässt sich umkehren.

Satz

Ist $F\colon D \rightarrow \mathbb{R}^n$ ein stetiges Vektorfeld auf einem Gebiet $D \subseteq \mathbb{R}^n$ mit wegunabhänigigen orientierten Kurvenintegralen, so ist F ein Gradientenfeld, d. h., es gibt eine stetig partiell differenzierbare Funktion $u\colon D \rightarrow \mathbb{R}$ mit $F = \nabla u$.

Beweis: Da das Vektorfeld auf D wegunabhängig integrierbar ist, können wir zu einer festen Stelle $z \in D$ die Funktion $u\colon D \rightarrow \mathbb{R}$ mit

$$u(x) = \int_{\Gamma(z,x)} F \cdot \mathrm{d}l$$

definieren, wobei, $\Gamma(z, x)$ eine reguläre Kurve mit Anfangspunkt z und Endpunkt x bezeichnet.

Wir zeigen, dass u stetig partiell differenzierbar ist mit $\nabla u = F$. Dazu wählen wir zu $x \in D$ ein $\varepsilon > 0$, sodass $K(x, \varepsilon) = \{y \in \mathbb{R}^n \mid \|y - x\| \leq \varepsilon\} \subseteq D$ ist. Mit $\varphi\colon [0, 1] \rightarrow D$ bezeichnen wir die Parametrisierung $\varphi(s) = x + sh$ der Verbindungsstrecke von x zu einem Punkt $x + h$ mit $\|h\| < \varepsilon$. Die Verbindungsstrecke liegt somit in D. Es gilt $\dot{\varphi}(s) = h$ für alle $s \in [0, 1]$. Aus dem Mittelwertsatz der Integralrechnung (siehe Seite 618) ergibt sich:

$$\frac{1}{\|h\|}(u(x + h) - u(x)) = \frac{1}{\|h\|} \int_{\Gamma(x,x+h)} F \cdot \mathrm{d}l$$

$$= \frac{1}{\|h\|} \int_0^1 F(\varphi(t)) \cdot \dot{\varphi}(t)\, \mathrm{d}t$$

$$= F(\varphi(\sigma)) \cdot \frac{h}{\|h\|}$$

mit einer Zwischenstelle $\sigma \in (0, 1)$. Setzen wir $h = te_j$ mit $t \in (0, \varepsilon)$ und dem j-ten Einheitsvektor $e_j = (0, \ldots, 0, 1, 0, \ldots, 0)^\top \in \mathbb{R}^n$, so erhalten wir aufgrund der Stetigkeit von F die partiellen Ableitungen

$$\frac{\partial u}{\partial x_j}(x) = \lim_{t \to 0} \frac{1}{t}\Big(u(x + te_j) - u(x)\Big) = F_j(x).$$

Diese Ableitungen sind offensichtlich stetig. Wir haben die stetige Differenzierbarkeit von u bewiesen mit dem Gradienten

$$\nabla u = F. \qquad \blacksquare$$

?

Wie unterscheiden sich die im letzten Beweis definierten Potenzialfunktionen u, wenn verschiedene Ausgangspunkte $z_1, z_2 \in D$ gewählt werden?

Äquipotenzialkurven liefern Lösungen zu exakten Differenzialgleichungen

Ist zu einem Gradientenfeld $F = \nabla u$ in einem Gebiet $D \subseteq \mathbb{R}^n$ eine Kurve mit regulärer Parametrisierung $\gamma\colon [a, b] \rightarrow D$ gegeben mit $F(\gamma(t)) \cdot \dot{\gamma}(t) = 0$ für alle $t \in [a, b]$, so bedeutet dies wegen der Kettenregel, dass die Ableitung

$$(u \circ \gamma)'(t) = F(\gamma(t)) \cdot \dot{\gamma}(t) = 0$$

der eindimensionalen Funktion $u \circ \gamma\colon [a, b] \rightarrow \mathbb{R}$ verschwindet. Damit ist die Potenzialfunktion längs dieser Kurve konstant. Solche Kurven zu einem Gradientenfeld, also Niveaulinien des zugehörigen Potenzials, werden **Äquipotenzialkurven** genannt.

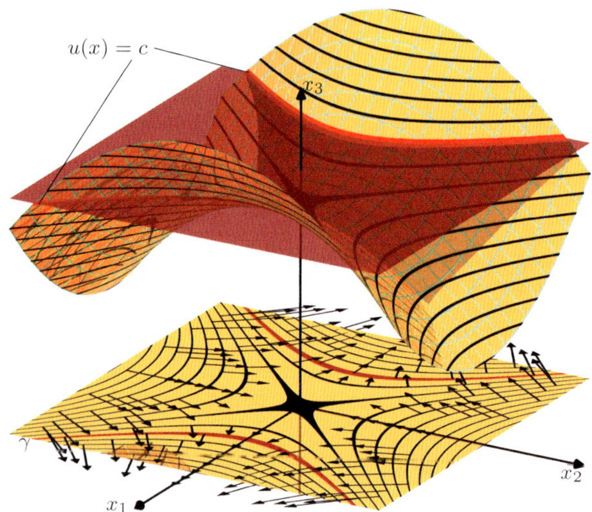

Abbildung 23.9 Äquipotenzialkurven zu einem Gradientenfeld sind Niveaulinien des Potenzials.

Diese Kurven kann man sich insbesondere zunutze machen, um Lösungen zu Differenzialgleichungen der Form

$$p(t, y(t)) + q(t, y(t))\, y'(t) = 0$$

zu bestimmen. Denn fassen wir den Graphen der Funktion y als Kurve im $\mathbb{R}^2$ mit der Parametrisierung $\gamma(t) = (t, y(t))^\top$ auf, und sind p, q die Komponenten eines Gradientenfelds, d. h.:

$$\nabla u(x) = \begin{pmatrix} \dfrac{\partial u}{\partial x_1}(x) \\[2mm] \dfrac{\partial u}{\partial x_2}(x) \end{pmatrix} = \begin{pmatrix} p(x) \\ q(x) \end{pmatrix},$$

so besagt die Differenzialgleichung, dass Lösungen durch Äquipotenzialkurven gegeben sind, d. h., die Lösungen der Differenzialgleichung ergeben sich implizit aus der Gleichung

$$u(t, y(t)) = c$$

zu Konstanten $c \in \mathbb{R}$. Lässt sich der Satz über implizit gegebene Funktionen (siehe Seite 909) anwenden, so ist gesichert, dass diese Gleichung zumindest lokal eine Lösung der Differenzialgleichung beschreibt, die sich, wenn möglich, durch Auflösen der Gleichung nach $y(t)$ angeben lässt.

Beispiel Die Idee zum Lösen von *exakten* Differenzialgleichungen macht man sich am besten anhand eines Beispiels klar. Gesucht ist die Lösung des Anfangswertproblems

$$2t \ln(y(t)) + \left(\frac{t^2}{y(t)} + 1 \right) y'(t) = 0 \quad \text{mit} \quad y(1) = 1 \,.$$

Die Funktionen $p, q \colon \mathbb{R}^2 \to \mathbb{R}$, gegeben durch

$$p(\boldsymbol{x}) = 2x_1 \ln(x_2) \quad \text{und} \quad q(\boldsymbol{x}) = \frac{x_1^2}{x_2} + 1$$

sind Komponenten eines Gradientenfelds. Durch Integration ermitteln wir Stammfunktionen, d. h., für zugehörige Potenziale gilt etwa

$$u(\boldsymbol{x}) = \int p(x_1, x_2) \, \mathrm{d}x_1$$
$$= 2 \int x_1 \ln(x_2) \, \mathrm{d}x_1 = x_1^2 \ln(x_2) + k(x_2) \,.$$

Zu beachten ist, dass die Integrationskonstante k einer Stammfunktion bezüglich x_1 noch von der zweiten Variablen x_2 abhängen kann. Differenzieren wir den so ermittelten Kandidaten für u und vergleichen mit q so folgt,

$$\frac{\partial u}{\partial x_2} = \frac{x_1^2}{x_2} + k'(x_2) = q(\boldsymbol{x}) = \frac{x_1^2}{x_2} + 1 \,.$$

Also finden wir mit $k'(x_2) = 1$ bzw. $k(x_2) = x_2 + \widetilde{k}$ und beliebigen Konstanten $\widetilde{k} \in \mathbb{R}$, die Potenziale

$$u(\boldsymbol{x}) = x_1^2 \ln(x_2) + x_2 + \widetilde{k} \,.$$

Lösungen der Differenzialgleichung sind implizit durch die Gleichung $u(t, y(t)) = \widetilde{c} \in \mathbb{R}$ für alle $t \in I \subseteq \mathbb{R}$ gegeben, d. h.:

$$t^2 \ln(y(t)) + y(t) = c \,.$$

Die Konstante c errechnet sich aus der Anfangsbedingung $y(1) = 1$ zu $c = 1$. Explizit können wir diese Gleichung zwar nicht auflösen, aber der Satz über implizit definierte Funktionen liefert die Existenz der Lösung y in einer Umgebung um $t = 1$. ◀

Die Integrabilitätsbedingungen liefern eine notwendige Bedingung für Potenziale

Das letzte Beispiel zeigt einen nützlichen Weg, um Lösungen von Differenzialgleichungen zu bestimmen, und wir haben darüber hinaus gesehen, wie ein Potenzial durch Berechnung von Stammfunktionen ermittelt werden kann. Es bleibt aber ein Problem: Wie lässt sich bei gegebenen Funktionen p und q erkennen, dass sie Komponenten eines Gradientenfelds

sind. Allgemein im $\mathbb{R}^n$ fragen wir, unter welchen Bedingungen gibt es zu $\boldsymbol{F} \colon D \to \mathbb{R}^n$ ein Potenzial, d. h. eine Funktion $u \colon D \to \mathbb{R}$, sodass $\boldsymbol{F} = \nabla u$ gilt.

Der Satz von Schwarz (siehe Seite 909, Kapitel 21) impliziert zumindest eine einfache notwendige Bedingung, wenn $\boldsymbol{F}$ stetig differenzierbar ist.

Lemma

Ist auf einem Gebiet D ein Gradientenfeld $\boldsymbol{F} \colon D \to \mathbb{R}^n$ stetig differenzierbar, so gelten die **Integrabilitätsbedingungen**

$$\frac{\partial F_j}{\partial x_i}(\boldsymbol{x}) = \frac{\partial F_i}{\partial x_j}(\boldsymbol{x}), \quad \boldsymbol{x} \in D \,,$$

für alle $i, j \in \{1, \dots, n\}$.

Beweis: Da $\boldsymbol{F}$ ein Gradientenfeld ist, gibt es ein Potenzial, d. h., $\boldsymbol{F} = \nabla u$. Da darüber hinaus $\boldsymbol{F}$ stetig differenzierbar ist, folgt mit dem Satz von Schwarz (siehe Seite 909):

$$\frac{\partial F_j}{\partial x_i} = \frac{\partial^2 u}{\partial x_i \, \partial x_j} = \frac{\partial^2 u}{\partial x_j \, \partial x_i} = \frac{\partial F_i}{\partial x_j}$$

auf D für alle Indizes $i, j = 1, \dots, n$. ∎

Anhand des Integrabilitätskriteriums werden auch die oben betrachteten Differenzialgleichungen eingeordnet.

> **Exakte Differenzialgleichungen**
>
> Eine gewöhnliche Differenzialgleichung der Form
>
> $$p(t, y(t)) + q(t, y(t)) \, y'(t) = 0$$
>
> heißt **exakt**, wenn p, q auf einem Gebiet $D \subseteq \mathbb{R}^2$ stetig differenzierbar sind, und die Integrabilitätsbedingung
>
> $$\frac{\partial p}{\partial x_2} = \frac{\partial q}{\partial x_1}$$
>
> auf D erfüllt ist.

Beispiele, wie Exaktheit einer Differenzialgleichung zum Lösen genutzt werden kann, finden sich oben und in der Box auf Seite 972.

Kommentar: In den Anwendungen werden exakte Differenzialgleichungen oft in der differenziellen Form

$$p(\boldsymbol{x}) \mathrm{d}x_1 + q(\boldsymbol{x}) \mathrm{d}x_2 = 0$$

angegeben. Der Grund ist, dass diese Formulierung symmetrisch bezüglich der Abhängigkeiten ist. In der Sprache der Kurven bedeutet es, dass wir sowohl Parametrisierungen von Äquipotenzialkurven in der Form $(t, y(t))^\top$ oder umgekehrt durch $(x(t), t)^\top$ betrachten.

Beispiel: Exakte Differenzialgleichungen und integrierende Faktoren

Gesucht ist die positive Lösung $u \colon \mathbb{R} \to \mathbb{R}_{>0}$ des Anfangswertproblems

$$y(t)\,\ln(y(t)) + t y'(t) = \ln(y(t))\,y'(t) \quad \text{mit} \quad y(0) = \frac{1}{e}.$$

Problemanalyse und Strategie: Zunächst prüfen wir die Integrabilitätsbedingung mit $p(\boldsymbol{x}) = x_2 \ln(x_2)$ und $q(\boldsymbol{x}) = x_1 - (\ln(x_2))^2$. Da diese nicht erfüllt ist, nutzen wir die Idee, die Differenzialgleichung durch Multiplikation mit einer weiteren Funktion, einem *integrierenden Faktor*, in eine exakte Differenzialgleichung zu transformieren. Ist dieser Faktor gefunden, so lässt sich die Lösung implizit entlang der Äquipotenzialkurve bestimmen.

Lösung:

Aus

$$\frac{\partial p(\boldsymbol{x})}{\partial x_2} = \ln(x_2) + 1 \neq 1 = \frac{\partial q(\boldsymbol{x})}{\partial x_1}$$

ist ersichtlich, dass in der gegebenen Form die Integrabilitätsbedingung nicht erfüllt ist. $(p, q)^\top$ kann somit kein Gradientenfeld sein. Deswegen versuchen wir durch Multiplikation der Differenzialgleichung mit einem **Euler-Multiplikator** oder **integrierenden Faktor** eine exakte Differenzialgleichung zu erreichen. Das bedeutet: Wir suchen eine differenzierbare Funktion $\Lambda \colon \mathbb{R}^2 \to \mathbb{R}$ mit

$$\frac{\partial \Lambda p}{\partial x_2}(\boldsymbol{x}) = \frac{\partial \Lambda q}{\partial x_1}(\boldsymbol{x}).$$

Im Allgemeinen führt uns dies auf eine partielle Differenzialgleichung für Λ. Aber wir können versuchen einen Faktor zu finden, der nur von einer der beiden Variablen abhängt. Damit liefert uns die Integrabilitätsbedingung eine gewöhnliche Differenzialgleichung. Wir nehmen zum Beispiel an, dass $\Lambda(\boldsymbol{x}) = \lambda(x_2)$ gilt mit einer differenzierbaren Funktion $\lambda \colon \mathbb{R} \to \mathbb{R}$. Einsetzen in die erweiterte Integrabilitätsbedingung führt in diesem Fall auf

$$\frac{\partial (\lambda(x_2) p(\boldsymbol{x}))}{\partial x_2} = \lambda'(x_2) x_2 \ln(x_2) + \lambda(x_2)(1 + \ln(x_2))$$

und

$$\frac{\partial (\lambda(x_2) q(\boldsymbol{x}))}{\partial x_1} = \lambda(x_2).$$

Wir setzen die beiden Ausdrücke gleich und erhalten für λ die separable Differenzialgleichung

$$\lambda'(x_2) x_2 \ln(x_2) + \lambda(x_2)(1 + \ln(x_2)) = \lambda(x_2)$$

bzw.

$$\frac{\lambda'(x_2)}{\lambda(x_2)} = -\frac{1}{x_2}$$

mit der allgemeinen Lösung

$$\lambda(x_2) = \frac{1}{x_2} + c.$$

Es folgt, dass die Differenzialgleichung

$$\ln(y(t)) + \frac{t - \ln(y(t))}{y(t)} y'(t) = 0$$

exakt ist.

Ein Potenzial zu dieser exakten Differenzialgleichung errechnet sich aus

$$u(\boldsymbol{x}) = \int \ln(x_2)\,\mathrm{d}x_1 = x_1 \ln(x_2) + k(x_2).$$

Aus der Integrabilitätsbedingung

$$\frac{\partial}{\partial x_2}(x_1 \ln(x_2) + k(x_2)) = \frac{x_1}{x_2} + k'(x_2)$$

$$= \lambda(x_2) q(\boldsymbol{x}) = \frac{x_1}{x_2} - \frac{\ln(x_2)}{x_2}$$

ergibt sich die weitere Bedingung

$$k'(x_2) = -\frac{\ln(x_2)}{x_2}$$

bzw.

$$k(x_2) = -\frac{1}{2}\big(\ln(x_2)\big)^2.$$

Insgesamt erhalten wir für die Lösung der Differenzialgleichung die implizite Darstellung

$$c = u(t, y(t)) = t \ln(y(t)) - \frac{1}{2}\big(\ln(y(t))\big)^2$$

für eine Konstante $c \in \mathbb{R}$. Quadratische Ergänzung führt auf

$$(\ln(y(t)) - t)^2 = t^2 + 2c.$$

Wir erhalten die allgemeine Lösung:

$$y(t) = e^{t \pm \sqrt{t^2 + 2c}}.$$

Aus der Anfangsbedingung folgen schließlich das negative Vorzeichen und $2c = 1$, d. h., die Lösung $y \colon \mathbb{R} \to \mathbb{R}_{>0}$ des Anfangswertproblems lautet:

$$y(t) = e^{t - \sqrt{t^2 + 1}}.$$

Es bleibt die Frage zu klären, ob die Integrabilitätsbedingungen auch hinreichend sind für die Existenz eines Potenzials. Ein Anhaltspunkt ergibt sich aus folgendem Beispiel.

Beispiel   Das Vektorfeld $\boldsymbol{F} \colon \mathbb{R}\backslash\{0\} \to \mathbb{R}^2$ mit

$$\boldsymbol{F}(\boldsymbol{x}) = \frac{1}{x_1^2 + x_2^2} \begin{pmatrix} -x_2 \\ x_1 \end{pmatrix}$$

erfüllt die Integrabilitätsbedingung $\frac{\partial F_1}{\partial x_2} = \frac{\partial F_2}{\partial x_1}$, wie man leicht nachrechnet.

Andererseits gilt für das orientierte Kurvenintegral von $\boldsymbol{F}$ längs des Einheitskreises, den wir durch $\boldsymbol{\gamma} \colon [0, 2\pi] \to \mathbb{R}^2$ mit $\boldsymbol{\gamma}(t) = (\cos t, \sin t)^\top$ regulär parametrisieren können, die Identität

$$\int_\Gamma \boldsymbol{F} \cdot \mathbf{d}l = \int_0^{2\pi} \begin{pmatrix} -\sin t \\ \cos t \end{pmatrix} \cdot \begin{pmatrix} -\sin t \\ \cos t \end{pmatrix} \mathrm{d}t$$

$$= \int_0^{2\pi} \mathrm{d}t = 2\pi \,.$$

Da das Integral über einen geschlossenen Weg nicht null ist, ist das Vektorfeld auf dem Gebiet $\mathbb{R}\backslash\{0\}$ nicht wegunabhängig integrierbar. Somit kann $\boldsymbol{F}$ kein Gradientenfeld sein (siehe Satz auf Seite 969).

Die Schwierigkeit wird deutlich, wenn man beachtet, dass eine Stammfunktion im Wesentlichen von der Form $u(\boldsymbol{x}) = \arctan \frac{x_2}{x_1}$ sein muss, wie man durch Differenzieren bestätigt. Dies ist der Winkel von $\boldsymbol{x}$ in Polarkoordinaten, der sich aber nicht auf $\mathbb{R}^2\backslash\{0\}$ stetig fortsetzen lässt. Beim Umlauf um den Ursprung erhalten wir irgendwo einen Sprung um 2π z. B. auf der negativen x_1-Achse, wenn wir den Winkel in $(-\pi, \pi]$ angeben.   ◄

Die Integrabilitätsbedingung kann also im Allgemeinen nicht hinreichend sein für die Existenz eines Potenzials. Setzt man aber zusätzlich voraus, dass die Definitionsmenge D keine *Löcher* aufweist, wie es im Beispiel im Ursprung der Fall ist, so lässt sich die Bedingung beweisen. Diese Eigenschaft von Gebieten heißt *einfach zusammenhängend*. Wir zeigen die Aussage in dem etwas spezielleren Fall von **sternförmigen** Gebieten, d. h., es gibt in D ein $z \in D$, sodass die Verbindungsstrecken zu allen $\boldsymbol{x} \in D$ noch ganz in D liegen, also $\{z + t(\boldsymbol{x} - z) \mid t \in [0, 1]\} \subseteq D$ (Abb. 23.10). Konvexe Mengen zum Beispiel sind sternförmig, denn wir können jeden Punkt $z \in D$ als Zentrum auswählen.

Das Integrabilitätskriterium

Ein stetig partiell differenzierbares Vektorfeld $\boldsymbol{F} \colon D \to \mathbb{R}^n$ auf einem sternförmigen Gebiet $D \subseteq \mathbb{R}^n$ ist genau dann ein Gradientenfeld, d. h., es gibt ein Potenzial $v \in C^1(D)$ mit $\boldsymbol{F} = -\nabla v$, wenn die Integrabilitätsbedingungen

$$\frac{\partial F_j}{\partial x_i} = \frac{\partial F_i}{\partial x_j}$$

für alle $i, j \in \{1, \dots, n\}$ auf D erfüllt sind.

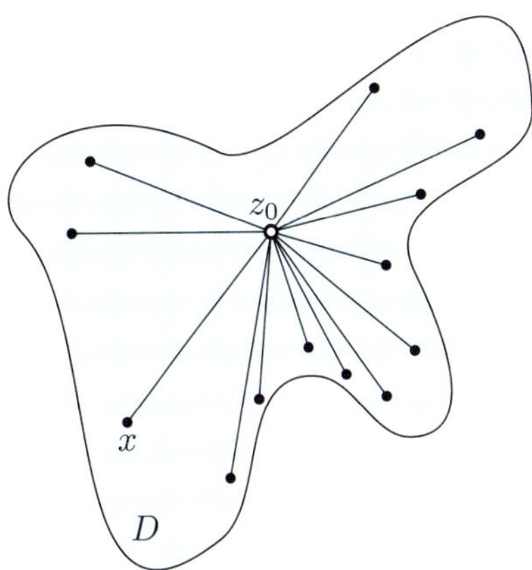

Abbildung 23.10 In einem sternförmigen Gebiet ist jeder Punkt $\boldsymbol{x}$ von einem Zentrum z_0 aus sichtbar.

Beweis: Das Integrabilitätskriterium ist notwendig, wie wir bereits auf Seite 971 gezeigt haben.

Wir müssen nur noch die andere Implikation zeigen. Gehen wir davon aus, dass ein Vektorfeld $\boldsymbol{F}$ mit den Bedingungen

$$\frac{\partial F_j}{\partial x_i} = \frac{\partial F_i}{\partial x_j}$$

für alle $i, j \in \{1, \dots, n\}$ auf einem sternförmigen Gebiet D gegeben ist.

Da das Gebiet sternförmig ist, können wir ein Zentrum $z \in D$ auswählen und die Funktion

$$u(\boldsymbol{x}) = \int_{\Gamma_x} \boldsymbol{F} \cdot \mathbf{d}l = \int_0^1 \boldsymbol{F}(\boldsymbol{\gamma}_x(t)) \cdot (\boldsymbol{x} - z) \, \mathrm{d}t$$

definieren mit den Verbindungsstrecken Γ_x, parametrisiert durch $\boldsymbol{\gamma}_x(t) = z + t(\boldsymbol{x} - z)$, $t \in [0, 1]$.

Mit dem Satz zur Differenzierbarkeit parameterabhängiger Integrale von Seite 642 folgt, dass u partiell differenzierbar ist mit

$$\frac{\partial u}{\partial x_j} = \int_0^1 \frac{\partial}{\partial x_j} \Big(\boldsymbol{F}(\boldsymbol{\gamma}_x(t)) \cdot (\boldsymbol{x} - z) \Big) \mathrm{d}t \,.$$

Mit der Kettenregel erhalten wir für den Integranden

$$\frac{\partial}{\partial x_j} \left(\sum_{i=1}^n (x_i - z_i) F_i(\boldsymbol{\gamma}_x(t)) \right)$$

$$= F_j(z + t(\boldsymbol{x} - z))$$

$$+ \sum_{i=1}^n \left((x_i - z_i) \sum_{l=1}^n \frac{\partial F_i}{\partial x_l}(z + t(\boldsymbol{x} - z)) \frac{\partial (z_l + t(x_l - z_l))}{\partial x_j} \right)$$

$$= F_j(z + t(\boldsymbol{x} - z)) + \sum_{i=1}^n t(x_i - z_i) \frac{\partial F_i}{\partial x_j}(z + t(\boldsymbol{x} - z)) \,.$$

Nutzen wir die Integrabilitätsbedingungen, so folgt:

$$
\frac{\partial}{\partial x_j}\left(\sum_{i=1}^{n}(x_i - z_i)F_i(\boldsymbol{\gamma}_x(t))\right)
$$

$$
= F_j(z + t(\boldsymbol{x} - z)) + \sum_{i=1}^{n} t(x_i - z_i)\frac{\partial F_j}{\partial x_i}(z + t(\boldsymbol{x} - z))
$$

$$
= F_j(z + t(\boldsymbol{x} - z)) + t\frac{\mathrm{d}}{\mathrm{d}t}\Big(F_j(z + t(\boldsymbol{x} - z))\Big).
$$

Wir setzen diese Darstellung des Integranden ein und erhalten mit partieller Integration

$$
\frac{\partial u}{\partial x_j} = \int_0^1 F_j(z + t(\boldsymbol{x} - z))\,\mathrm{d}t
$$

$$
+ \int_0^1 t\frac{\mathrm{d}}{\mathrm{d}t}\Big(F_j(z + t(\boldsymbol{x} - z))\Big)\,\mathrm{d}t
$$

$$
= \int_0^1 F_j(z + t(\boldsymbol{x} - z))\,\mathrm{d}t + \Big[t F_j(z + t(\boldsymbol{x} - z))\Big]\Big|_{t=0}^1
$$

$$
- \int_0^1 F_j(z + t(\boldsymbol{x} - z))\,\mathrm{d}t
$$

$$
= F_j(\boldsymbol{x}).
$$

Somit ist u stetig partiell differenzierbar und liefert ein Potenzial zu $\boldsymbol{F}$. $\blacksquare$

23.3 Flächen und Flächenintegrale

Kurven werden mithilfe eines reellen Parameters beschrieben. Auch Flächen bzw. Hyperflächen lassen sich durch Parametrisierungen angeben, wobei man allerdings mehr Parameter benötigt.

Mit d Parametern beschreibt man d-dimensionale Flächen im $\mathbb{R}^n$

Wir übertragen die Idee einer Parametrisierung direkt auf höhere Dimensionen.

Parametrisierung einer Flächen

Es sei $D \subseteq \mathbb{R}^d$ mit $1 \leq d < n \in \mathbb{N}$ ein nichtleeres Gebiet.

- Eine stetige Abbildung $\boldsymbol{\gamma}: D \to \mathbb{R}^n$ heißt **Parametrisierung** einer Fläche.
- Ist $\boldsymbol{\gamma}$ zusätzlich k-mal stetig differenzierbar mit stetig fortsetzbaren Ableitungen auf $\overline{D}$, d.h., $\boldsymbol{\gamma} \in C^k(\overline{D})$, so spricht man von einer C^k-**Parametrisierung** einer Fläche.
- Zwei Parametrisierungen $\boldsymbol{\gamma}: D \subseteq \mathbb{R}^d \to \mathbb{R}^n$ und $\widetilde{\boldsymbol{\gamma}}: \widetilde{D} \subseteq \mathbb{R}^d \to \mathbb{R}^n$ heißen äquivalent, wenn es eine bijektive stetige Abbildung $\boldsymbol{\varphi}: D \to \widetilde{D}$ gibt mit

$$
\gamma_i(\boldsymbol{v}) = \widetilde{\boldsymbol{\gamma}}(\boldsymbol{\varphi}(\boldsymbol{v})), \quad \boldsymbol{v} \in D.
$$

Die bereits vorgestellten Parametrisierungen von Kurven sind somit der Spezialfall $d = 1$. Mit Blick auf den Gauß'schen Satz gehen wir hier analog zu den offenen Intervallen bei der Definition von Gebieten als Parameterbereich aus (siehe Seite 797).

Genauso wie bei den Kurven ist eine Parametrisierung einer Fläche nicht eindeutig. Es gibt unendlich viele Möglichkeiten, eine Fläche durch Parametrisierungen zu beschreiben. Dabei ist *die Fläche* streng genommen wie bei den Kurven als Äquivalenzklasse zueinander äquivalenter Parametrisierungen zu verstehen.

Im Folgenden nutzen wir weiterhin Γ, um eine Fläche, d.h., eine Äquivalenzklasse, anzugeben, und notieren mit $\boldsymbol{\gamma}(D) \subseteq \mathbb{R}^n$ die zugehörige Bildmenge bei gegebener Parametrisierung. Im Fall $d = n - 1$ nennt man eine Fläche auch **Hyperfläche**. Im $\mathbb{R}^3$ lassen sich Hyperflächen, die Bildmengen von stetigen Abbildungen $\boldsymbol{\gamma}: D \subseteq \mathbb{R}^2 \to \mathbb{R}^3$, veranschaulichen.

Beispiel

- Die Oberfläche einer Kugel im $\mathbb{R}^3$ mit Mittelpunkt $z \in \mathbb{R}^3$ und Radius $r > 0$ lässt sich durch Kugelkoordinaten parametrisieren durch $\boldsymbol{\gamma}: [0, \pi] \times [0, 2\pi] \to \mathbb{R}^3$ mit

$$
\boldsymbol{\gamma}(\theta, \varphi) = z + r\begin{pmatrix} \sin\theta\,\cos\varphi \\ \sin\theta\,\sin\varphi \\ \cos\theta \end{pmatrix}
$$

  (Abb. 23.11).

- Eine Fläche im $\mathbb{R}^3$ mit interessanten Eigenschaften erhalten wir durch die Parametrisierung $\boldsymbol{\gamma}: [0, 2\pi] \times [0, 2\pi]$ mit

$$
\boldsymbol{\gamma}(\boldsymbol{v}) = \begin{pmatrix} (1 - \sin(v_1))\cos(v_1) \\ 0 \\ 5\sin(v_1) \end{pmatrix}
$$

$$
- (2 - \cos(v_1))\begin{pmatrix} \cos\left(\frac{v_1^2}{4\pi}\right)\cos(v_2) \\ \sin(v_2) \\ \frac{1}{2}\sin(v_1)\sin\left(\frac{v_1^2}{4\pi}\right)\cos(v_2) \end{pmatrix}
$$

Die Abbildung 23.12 zeigt die so parametrisierte Fläche, eine **Klein'sche Flasche**. Durchdringungen, wie sie hier auftauchen, werden wir später durch entsprechende Voraussetzungen ausschließen müssen. $\blacktriangleleft$

Auch wenn wir bei den Parametrisierungen $\boldsymbol{\gamma}: D \subseteq \mathbb{R}^2 \to \mathbb{R}^3$ anschaulich *zweidimensionale* Flächen im Sinn haben, sollte man sich klarmachen, dass dies nicht immer der Fall ist. Wie bei der Peano-Kurve (siehe Seite 960) sind auch raumfüllende Flächen konstruierbar, oder die Bildmenge $\boldsymbol{\gamma}(D)$ besteht nur aus einem Punkt oder einer Linie.

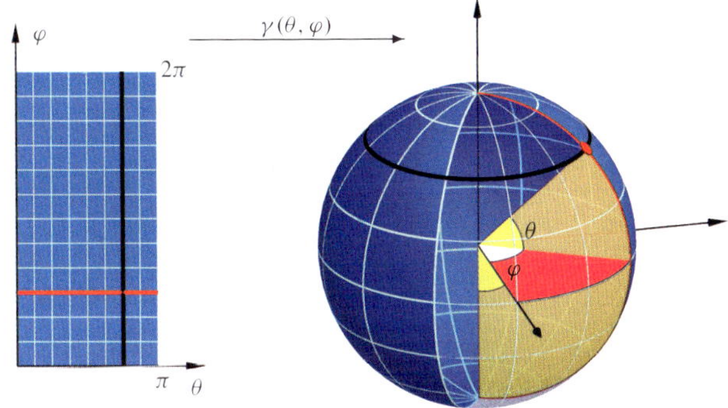

Abbildung 23.11 Sphären im $\mathbb{R}^3$ lassen sich durch Kugelkoordinaten parametrisieren.

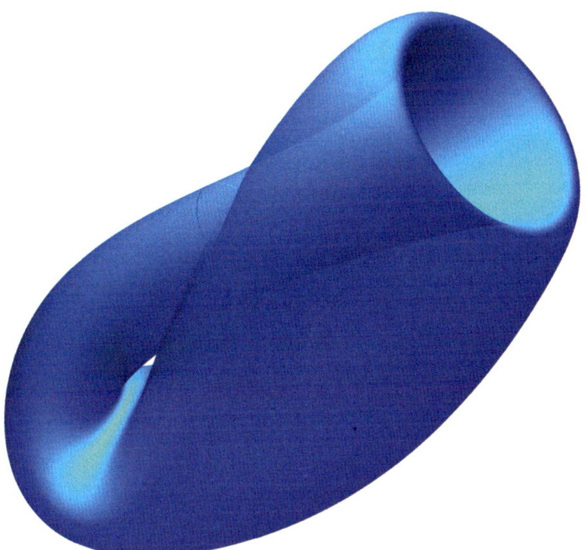

Abbildung 23.12 Auch Oberflächen wie die Klein'sche Flasche, die sich selbst durchdringen, lassen sich durch Parametrisierungen beschreiben.

Bei C^1-Parametrisierungen ist zu jedem Punkt der Tangentialraum gegeben

Ist $\boldsymbol{\gamma} : D \to \mathbb{R}^n$ eine C^1-Parametrisierung einer Fläche Γ im $\mathbb{R}^n$ und parametrisiert $\boldsymbol{v} : [a, b] \to D$ regulär eine Kurve in D, so ist durch $\boldsymbol{\psi} = \boldsymbol{\gamma} \circ \boldsymbol{v} : [a, b] \to \mathbb{R}^n$ eine C^1-Parametrisierung des Bildes dieser Kurve gegeben. Somit beschreibt $\boldsymbol{\psi}$ eine Kurve, die ganz in der Fläche liegt. Für den Tangentialvektor an dieser Kurve folgt mit der Kettenregel:

$$\dot{\boldsymbol{\psi}}(t) = \boldsymbol{\gamma}'(\boldsymbol{v}(t))\,\dot{\boldsymbol{v}}(t)$$

$$= \sum_{j=1}^{d} v_j'(t)\partial_j \boldsymbol{\gamma}(\boldsymbol{v}(t)) \in \text{span}\Big\{\partial_1 \boldsymbol{\gamma}(\boldsymbol{v}(t)), \ldots, \partial_d \boldsymbol{\gamma}(\boldsymbol{v}(t))\Big\},$$

wobei wir abkürzend mit

$$\partial_j \boldsymbol{\gamma}(\boldsymbol{v}) = \begin{pmatrix} \frac{\partial \gamma_1}{\partial v_j}(\boldsymbol{v}) \\ \vdots \\ \frac{\partial \gamma_n}{\partial v_j}(\boldsymbol{v}) \end{pmatrix}, \quad j = 1, \ldots, d$$

Tangentialvektoren in einem Punkt $\boldsymbol{v} \in D$ notieren. Dies sind die Tangentialvektoren an den Kurven in der Fläche längs der Parameter-Koordinatenrichtungen (siehe Abbildung 23.13). Wir haben gezeigt, dass alle Tangentialvektoren an Kurven, die in der Fläche verlaufen und den Punkt $\boldsymbol{\gamma}(\boldsymbol{v})$ treffen, in dem durch $\partial_j \boldsymbol{\gamma}(\boldsymbol{v})$, $j = 1, \ldots, d$, aufgespannten Unterraum liegen. Den Unterraum

$$\text{span}\Big\{\partial_1 \boldsymbol{\gamma}(\boldsymbol{v}(t)), \ldots, \partial_d \boldsymbol{\gamma}(\boldsymbol{v}(t))\Big\}$$

nennt man den **Tangentialraum** von Γ im Punkt $\boldsymbol{\gamma}(\boldsymbol{v})$.

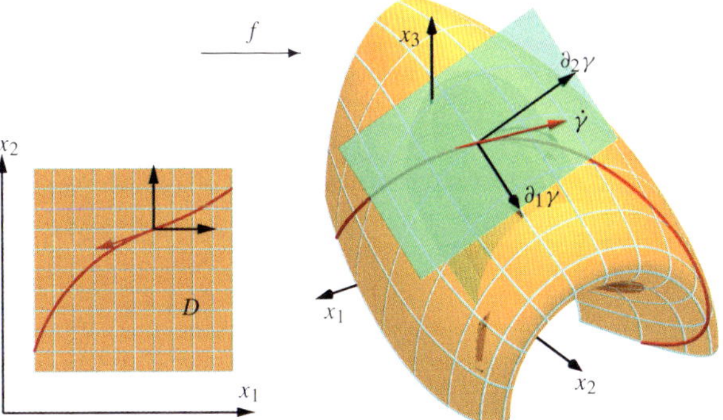

Abbildung 23.13 Die Tangentialvektoren in Richtung der Koordinatenachsen zu einer Parametrisierung $\boldsymbol{\gamma} : D \subseteq \mathbb{R}^2 \to \mathbb{R}^3$ errechnen sich aus den partiellen Ableitungen.

Existiert in jedem Bildpunkt der Fläche ein Tangentialraum mit Dimension d, so spricht man von einer *regulären* Fläche.

Reguläre Flächen

Eine C^1-Parametrisierung $\boldsymbol{\gamma} : D \subseteq \mathbb{R}^d \to \mathbb{R}^n$ heißt **regulär**, wenn in jedem Punkt $x \in \boldsymbol{\gamma}(D)$ die d Tangentialvektoren $\partial_j \boldsymbol{\gamma}$, $j = 1, \ldots, d$, linear unabhängig sind, d. h., die Funktionalmatrix $\boldsymbol{\gamma}'$ besitzt maximalen Rang, $\text{Rg}(\boldsymbol{\gamma}'(\boldsymbol{v})) = d$ für alle $\boldsymbol{v} \in D$. Wir nennen eine Fläche regulär, wenn sie eine reguläre Parametrisierung besitzt.

—————————— **?** ——————————

Vergleichen Sie die Definition der regulären Fläche mit der einer regulären Kurve.

Es findet sich für reguläre Parametrisierungen auch die Bezeichnung **Immersion** in der Literatur.

Beispiel Ist $D \subseteq \mathbb{R}^d$ ein Gebiet, so liefert der Graph einer stetig differenzierbaren Funktion $\boldsymbol{f} : D \to \mathbb{R}^m$ eine reguläre Fläche im $\mathbb{R}^{d+m}$. Dies ergibt sich aus folgender Parametrisierung $\boldsymbol{\gamma} : D \to \mathbb{R}^{d+m}$ des Graphen definiert durch:

$$\begin{aligned} \gamma_1(\boldsymbol{v}) &= v_1 \\ &\vdots \qquad \vdots \\ \gamma_d(\boldsymbol{v}) &= v_d \\ \gamma_{d+1}(\boldsymbol{v}) &= f_1(\boldsymbol{v}) \\ &\vdots \qquad \vdots \\ \gamma_{d+m}(\boldsymbol{v}) &= f_m(\boldsymbol{v}). \end{aligned}$$

Die Parametrisierung ist stetig differenzierbar mit der Funktionalmatrix

$$
\gamma' = \begin{pmatrix}
1 & 0 & \dots & 0 \\
0 & 1 & \ddots & \vdots \\
\vdots & \ddots & \ddots & 0 \\
0 & \dots & 0 & 1 \\
\dfrac{\partial f_1}{\partial v_1} & \dots & & \dfrac{\partial f_1}{\partial v_d} \\
\vdots & & & \vdots \\
\dfrac{\partial f_m}{\partial v_1} & \dots & & \dfrac{\partial f_m}{\partial v_d}
\end{pmatrix}
$$

Die Matrix hat maximalen Rang d, d. h., die Parametrisierung ist regulär. $\blacktriangleleft$

Der Tangentialraum in einer Stelle $\gamma(v)$ einer regulären Fläche ist unabhängig von der Wahl der Parametrisierung. Dies beweist das folgende Lemma.

Lemma

Sind $\gamma: D \subseteq \mathbb{R}^d \to \mathbb{R}^n$ und $\widetilde{\gamma}: \widetilde{D} \subseteq \mathbb{R}^d \to \mathbb{R}^n$ zwei äquivalente, reguläre Parametrisierungen einer Fläche, d. h., es gibt einen Diffeomorphismus (siehe Seite 902) $\varphi: \widetilde{D} \to D$ mit $\widetilde{\gamma}(u) = \gamma(\varphi(u))$, so gilt:

$$
\partial_j \widetilde{\gamma}(u) \in \mathrm{span}\left\{\partial_1 \gamma(\varphi(u)), \dots, \partial_d \gamma(\varphi(u))\right\}
$$

und analog:

$$
\partial_j \gamma(v) \in \mathrm{span}\left\{\partial_1 \widetilde{\gamma}(\varphi^{-1}(v)), \dots, \partial_d \widetilde{\gamma}(\varphi^{-1}(v))\right\}.
$$

Beweis: Der Beweis ergibt sich analog zu der obigen Überlegung zu Tangentialvektoren aus der Kettenregel angewandt auf $\widetilde{\gamma}(u) = \gamma(\varphi(u))$ und $\gamma(v) = \widetilde{\gamma}(\varphi^{-1}(v))$. $\blacksquare$

Eine reguläre Parametrisierung einer Fläche ist lokal injektiv

Das Beispiel greifen wir nochmal auf und zeigen ein weiteres Lemma, um die Eigenschaften regulärer Flächen genauer beurteilen zu können.

Lemma

Ist $\gamma: D \subseteq \mathbb{R}^d \to \mathbb{R}^n$ eine reguläre Parametrisierung einer Fläche, dann gibt es zu jedem $v \in D$ eine Umgebung $V \subseteq D$, sodass die Parametrisierung $\gamma|_V$ äquivalent ist zu einer Parametrisierung $\widetilde{\gamma}: U \to \mathbb{R}^n$ der Form

$$
\begin{aligned}
\widetilde{\gamma}_{p(1)}(u) &= u_1 \\
&\vdots \qquad \vdots \\
\widetilde{\gamma}_{p(d)}(u) &= u_d \\
\widetilde{\gamma}_{p(d+1)}(u) &= f_1(u) \\
&\vdots \qquad \vdots \\
\widetilde{\gamma}_{p(n)}(u) &= f_{n-d}(u)
\end{aligned}
$$

für $u \in U$ und eine stetig differenzierbare Funktion $f: U \to \mathbb{R}^{n-d}$. Dabei bezeichnet $\varphi: U \to V$ die bijektive Abbildung mit $\widetilde{\gamma}(u) = \gamma(\varphi(u))$ und $U = \varphi^{-1}(V) \subseteq \mathbb{R}^d$. Darüber hinaus ist p eine Umnummerierung, eine Permutation, der Indizes, d. h., eine bijektive Abbildung $p: \{1, \dots, n\} \to \{1, \dots, n\}$.

Beweis: Wir bezeichnen mit γ eine reguläre Parametrisierung der Fläche. Dann gibt es mit $v \in D$ in der Funktionalmatrix $\gamma'(v)$ genau d linear unabhängige Zeilen. Für den Beweis können wir ohne Einschränkung die ersten d Zeilen als linear unabhängig annehmen. Anderenfalls muss man eine entsprechende Permutation p wählen, wie es im Lemma formuliert ist. Wir definieren:

$$
\psi(v) = \begin{pmatrix} \gamma_1(v) \\ \vdots \\ \gamma_d(v) \end{pmatrix}.
$$

Nach dem Satz über die lokale Umkehrbarkeit (siehe Seite 904) ist ψ lokal auf einer offenen Menge $V \subseteq D$ umkehrbar, und die Umkehrabbildung $\varphi = \psi^{-1}$ ist stetig differenzierbar. Wir setzen $U = \psi(V)$ und definieren die stetig differenzierbare Funktion $f: U \to \mathbb{R}^{n-d}$ durch

$$
f_j(u) = \gamma_{d+j}(\varphi(u)), \quad j = 1, \dots, n - d.
$$

Somit können wir die Fläche lokal äquivalent durch den Graphen von f beschreiben und erhalten wie im Beispiel die reguläre Parametrisierung

$$
\begin{aligned}
\widetilde{\gamma}_1(u) &= u_1 & &= \gamma_1(\varphi(u)) \\
&\vdots & \vdots & \qquad \vdots \\
\widetilde{\gamma}_d(u) &= u_d & &= \gamma_d(\varphi(u)) \\
\widetilde{\gamma}_{d+1}(u) &= f_1(u) & &= \gamma_{d+1}(\varphi(u)) \\
&\vdots & \vdots & \qquad \vdots \\
\widetilde{\gamma}_n(u) &= f_{n-d}(u) & &= \gamma_n(\varphi(u)).
\end{aligned}
$$
$\blacksquare$

Wir haben gezeigt, dass eine reguläre Fläche lokal als Graph einer Funktion aufgefasst werden kann. Insbesondere ist eine reguläre Parametrisierung lokal injektiv. Dies sehen wir mit dem Lemma, wenn wir uns die ersten d Komponenten in $\widetilde{\gamma}$ ansehen. Mit der konstruierten Parametrisierung wird deutlich, dass wir eine regulär parametrisierte Fläche als d-dimensional bezeichnen können aufgrund der so gegebenen bijektiven Zuordnung $u \mapsto \widetilde{u}$ von Punkten $u \in U \subseteq \mathbb{R}^d$ auf Punkte im Bild $\gamma(V)$ der Fläche.

Beispiel Die **stereografische Projektion** gegeben durch die Parametrisierung $\gamma: \mathbb{R}^2 \to \mathbb{R}^3$ mit

$$
\gamma(v) = \frac{1}{1 + v_1^2 + v_2^2} \begin{pmatrix} 2v_1 \\ 2v_2 \\ 1 - v_1^2 - v_2^2 \end{pmatrix}
$$

liefert eine reguläre Parametrisierung der Einheitssphäre, wenn der Südpol ausgenommen wird (Abb. 23.14). Um dies zu zeigen, berechnen wir die Funktionalmatrix

$$\boldsymbol{\gamma}'(\boldsymbol{v}) = \frac{2}{(1+v_1^2+v_2^2)^2} \begin{pmatrix} 1 - v_1^2 + v_2^2 & -2v_1v_2 \\ -2v_1v_2 & 1 + v_1^2 - v_2^2 \\ -2v_1 & -2v_2 \end{pmatrix}$$

Durch Multiplikation der dritten Zeile mit v_1 bzw. v_2 und Subtraktion von der ersten bzw. zweiten Zeile sehen wir, dass $\mathrm{Rg}(\boldsymbol{\gamma}'(\boldsymbol{v})) = 2 = d$ ist für alle $\boldsymbol{v} \in \mathbb{R}^2$.

Verwenden wir Kugelkoordinaten, so erhalten wir durch $\boldsymbol{\gamma} \colon D = (0,\pi) \times (0,2\pi) \to \mathbb{R}^3$ mit

$$\boldsymbol{\gamma}(\theta,\varphi) = \begin{pmatrix} \sin\theta\,\cos\varphi \\ \sin\theta\,\sin\varphi \\ \cos\theta \end{pmatrix}$$

eine reguläre Parametrisierung der gesamten Kugeloberfläche, da $\boldsymbol{\gamma}$ stetig differenzierbar ist auf D, stetige Fortsetzungen der Ableitungen auf $\overline{D}$ existieren und

$$\boldsymbol{\gamma}'(\theta,\varphi) = \begin{pmatrix} \cos\theta\,\cos\varphi & -\sin\theta\,\sin\varphi \\ \cos\theta\,\sin\varphi & \sin\theta\,\cos\varphi \\ -\sin\theta & 0 \end{pmatrix}$$

für $(\theta,\varphi)^\top \in D$ wegen $\sin\theta \neq 0$ den Rang zwei aufweist. ◀

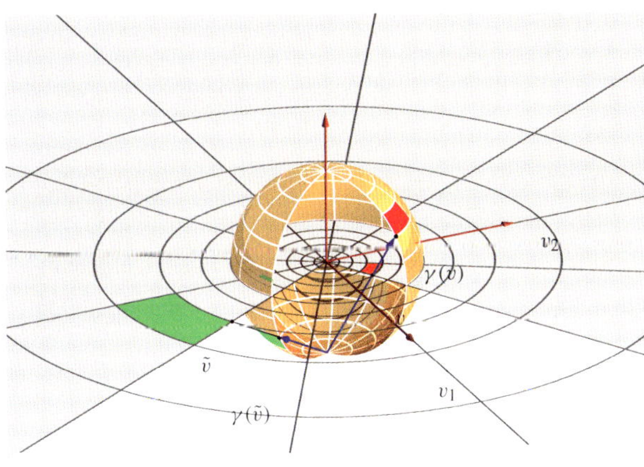

Abbildung 23.14 Die stereografische Projektion des $\mathbb{R}^2$ auf die Kugeloberfläche ist eine reguläre Parametrisierung.

Reguläre Parametrisierungen liefern Normalenvektoren an Hyperflächen

Sind die beiden Tangentialvektoren zu einer regulär parametrisierten Fläche Γ mit $d = 2$ im $\mathbb{R}^3$ linear unabhängig, so gilt:

$$\partial_1\boldsymbol{\gamma}(\boldsymbol{v}) \times \partial_2\boldsymbol{\gamma}(\boldsymbol{v}) \neq 0$$

für $\boldsymbol{v} \in D \subseteq \mathbb{R}^2$. Der Tangentialraum ist eine Ebene senkrecht zu

$$\boldsymbol{v}\big(\boldsymbol{\gamma}(\boldsymbol{v})\big) = \pm\frac{\partial_1\boldsymbol{\gamma}(\boldsymbol{v}) \times \partial_2\boldsymbol{\gamma}(\boldsymbol{v})}{\|\partial_1\boldsymbol{\gamma}(\boldsymbol{v}) \times \partial_2\boldsymbol{\gamma}(\boldsymbol{v})\|}.$$

Der Vektor $\boldsymbol{v}$ heißt *Einheitsnormalenvektor* an Γ in der Stelle $\boldsymbol{x} = \boldsymbol{\gamma}(\boldsymbol{v})$, $\boldsymbol{v} \in D$ (Abb. 23.15).

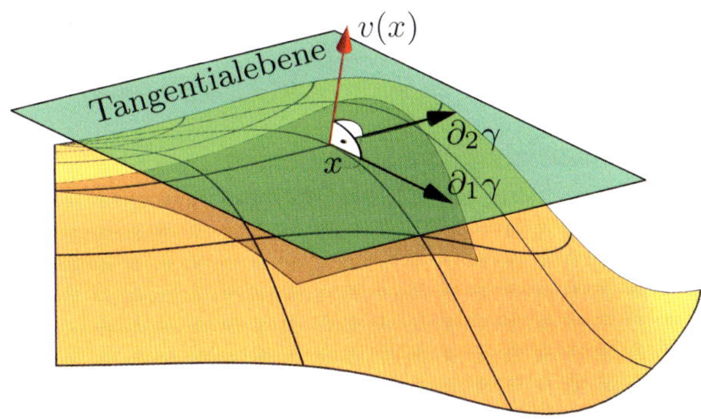

Abbildung 23.15 Ein Normalenfeld steht senkrecht auf den Tangentialräumen einer Hyperfläche Γ.

Allgemein definieren wir auf einer regulären Hyperfläche $\Gamma \subseteq \mathbb{R}^n$ Vektoren $\boldsymbol{v} \in \mathbb{R}^n$ als **Einheitsnormalenvektor** an Γ im Punkt $\boldsymbol{x} = \boldsymbol{\gamma}(\boldsymbol{v}) \in \boldsymbol{\gamma}(D)$, wenn $\|\boldsymbol{v}\| = 1$ gilt und $\boldsymbol{v}$ senkrecht zum Tangentialraum steht, d. h.,

$$\boldsymbol{v}^\top\big(\partial_j\boldsymbol{\gamma}(\boldsymbol{v})\big) = 0 \quad \text{für } j = 1, \ldots, n\,,$$

für eine reguläre Parametrisierung $\boldsymbol{\gamma}$. Wir sprechen im Folgenden kurz von einer **Normalen** an Γ. Ein Vektorfeld $\boldsymbol{v} \colon \boldsymbol{\gamma}(D) \subseteq \mathbb{R}^n \to \mathbb{R}^n$ bestehend aus Einheitsnormalenvektoren wird kurz mit **Normalenfeld** an Γ bezeichnet.

?

Bestimmen Sie die Normalen an der Fläche, die durch den Graphen einer stetig differenzierbaren Funktion $f \colon D \subseteq \mathbb{R}^d \to \mathbb{R}$ gegeben ist.

Das Volumen von d-dimensionalen Parallelotopen ist durch eine Determinante gegeben

In Verallgemeinerung der Bogenlänge ist der *Flächeninhalt* regulärer Flächen zu klären bzw. zu definieren. Dazu beginnen wir mit anschaulich gegebenen Volumen von d-dimensionalen Quadern bzw. ein wenig allgemeiner von *Parallelotopen*. Eine Menge $P \subseteq \mathbb{R}^n$ heißt d-**dimensionales Parallelotop**, wenn es linear unabhängige Vektoren $\boldsymbol{a}^{(1)}, \ldots, \boldsymbol{a}^{(d)} \in \mathbb{R}^n$ und einen Aufpunkt $\boldsymbol{b} \in \mathbb{R}^n$ gibt mit

$$P = \left\{ \boldsymbol{x} = \boldsymbol{b} + \sum_{j=1}^{d} \lambda_j \boldsymbol{a}^{(j)} \in \mathbb{R}^n : \lambda_j \in [0,1],\ j = 1, \ldots, d \right\}.$$

Im Fall $d = n = 2$ handelt es sich offensichtlich um ein ebenes *Parallelogramm*. Den Fall des Parallelepipeds bzw. Spats, $d = n = 3$, kennen wir bereits aus Kapitel 13 und Kapitel 22. An eines der geometrischen Anschauung entsprechendes

Beispiel: Implizit gegebene Flächen

Durch Niveaumengen $M = \{x \in \mathbb{R}^n \mid f(x) = 0\}$ einer stetig differenzierbaren Funktion $f : \mathbb{R}^n \to \mathbb{R}^{n-d}$ mit $d < n \in \mathbb{N}$ ist lokal eine reguläre d-dimensionale Fläche definiert, wenn ein $\hat{x} \in \mathbb{R}^n$ existiert mit $f(\hat{x}) = 0$ und $\mathrm{Rg}(f'(\hat{x})) = n - d$. Lokal bedeutet hier, dass es eine offene Umgebung $U \subseteq \mathbb{R}^n$ um $\hat{x}$ und eine reguläre Parametrisierung $\gamma : D \to \mathbb{R}^n$ mit $D \subseteq \mathbb{R}^d$ gibt, sodass $M \cap U = \gamma(D)$ ist. Im Fall einer Hyperfläche, $d = n - 1$, ist die Normale an dieser Fläche zu bestimmen.

Problemanalyse und Strategie: Wir wenden den Satz über implizit gegebene Funktionen (siehe Seite 909) auf die Funktion f an, um die Existenz einer reguläre Parametrisierung zu zeigen. Im Fall $d = n - 1$ lässt sich dann eine Normale direkt mit dem Gradienten von f angeben.

Lösung:

Aufgrund der gegebenen Voraussetzung lässt sich der Satz über implizit gegebene Funktionen anwenden. Ohne weitere Einschränkung nehmen wir an, dass die letzten $n - d$ Spalten in der Funktionalmatrix $f'(\hat{x})$ linear unabhängig sind. Andernfalls nummerieren wir die Variablen entsprechend um. Dann liefert der Satz über implizite Funktionen, dass es eine offene Menge $D \subseteq \mathbb{R}^d$ und eine stetig differenzierbare Funktion $\varphi : D \to \mathbb{R}^{n-d}$ gibt mit

$$f(u, \varphi(u)) = 0 \quad \text{für } u \in D,$$

und dass es darüber hinaus eine Umgebung $U \subseteq \mathbb{R}^n$ um $\hat{x}$ gibt mit $f(x) \neq 0$, wenn $x \notin U \cap \{(u, \varphi(u))^\top : u \in D\}$. Definieren wir die Parametrisierung $\gamma : D \to \mathbb{R}^n$ durch

$$\gamma(u) = \begin{pmatrix} u \\ \varphi(u) \end{pmatrix},$$

so folgt:

$$M \cap U = \gamma(D),$$

wobei eventuell die offene Menge D noch verkleinert werden muss. Das Bild der Fläche ist somit lokal als Graph der Funktion φ gegeben. Da φ stetig differenzierbar ist, ergibt sich mit dem Beispiel auf Seite 975, dass die Parametrisierung γ regulär ist.

Im Fall $d = n - 1$ ergibt sich aus $f(u, \varphi(u)) = 0$ für $u \in D$ durch Differenzieren:

$$\frac{\partial f}{\partial x_j} + \frac{\partial f}{\partial x_n} \frac{\partial \varphi}{\partial u_j} = 0$$

auf D, d. h., der Gradient ∇f ist senkrecht zu allen Tangentialvektoren

$$\partial_j \gamma(u) = (0, \ldots, 0, \underbrace{1}_{j-\text{te}}, 0 \ldots, 0, \frac{\partial \varphi}{\partial u_j})^\top.$$

Somit sind die Normalen an der Fläche durch

$$v = \pm \frac{\nabla f}{\|\nabla f\|} \quad \text{auf } M \cap U$$

gegeben. Man beachte, dass aufgrund der Voraussetzung $\frac{\partial f}{\partial x_n} \neq 0$ und somit $\nabla f \neq 0$ in der Umgebung U von $\hat{x}$ ist.

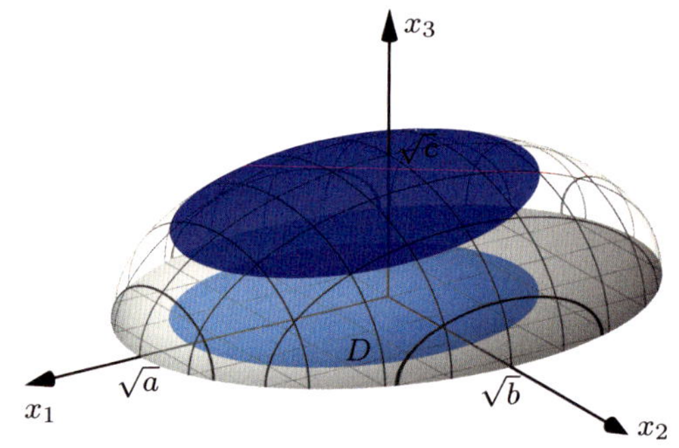

Als Beispiel dient etwa die Oberfläche eines Ellipsoids mit den Halbachsen $\sqrt{a}, \sqrt{b}, \sqrt{c} > 0$, die implizit durch

$$M = \left\{ x \in \mathbb{R}^3 \mid \underbrace{\frac{x_1^2}{a} + \frac{x_2^2}{b} + \frac{x_3^2}{c} - 1 = 0}_{= f(x)} \right\}$$

gegeben ist. Betrachten wir etwa den Punkt $\hat{x} = (0, 0, \sqrt{c})^\top \in M$. Es ist $\mathrm{Rg}(f'(x)) = \mathrm{Rg}\left(\frac{2}{a}x_1, \frac{2}{b}x_2, \frac{2}{c}x_3\right) = 1$, da $x_3 \neq 0$ in einer Umgebung um $\hat{x}$ gilt. Somit lässt sich lokal in einer Umgebung von $\hat{x}$ eine Parametrisierung der Oberfläche durch

$$\gamma(x_1, x_2) = \begin{pmatrix} x_1 \\ x_2 \\ \sqrt{c}\sqrt{1 - \frac{x_1^2}{a} - \frac{x_2^2}{b}} \end{pmatrix}$$

angeben. Man beachte, dass eine solche Parametrisierung als Graph, etwa mit den Parametern x_1 und x_2, nicht für die gesamte Oberfläche möglich ist, sondern nur lokal. Eine Normale an der parametrisierten Hyperfläche ergibt sich zu:

$$v = \pm \frac{\nabla f}{\|\nabla f\|} = \pm \frac{1}{\sqrt{\frac{x_1^2}{a^2} + \frac{x_2^2}{b^2} + \frac{x_3^2}{c^2}}} \begin{pmatrix} \frac{x_1}{a} \\ \frac{x_2}{b} \\ \frac{x_3}{c} \end{pmatrix}.$$

d-dimensionales Volumen bzw. Maß solcher Mengen müssen einige Anforderungen gestellt werden. Das *Volumen* ist unabhängig vom Aufpunkt b gegeben durch eine Funktion

$$\mu: \underbrace{\mathbb{R}^n \times \cdots \times \mathbb{R}^n}_{d \text{ mal}} \to \mathbb{R}_{\geq 0},$$

die insbesondere drei Bedingungen erfüllen muss:

(B1) **Normierung**: $\mu\left(a^{(1)}, \ldots, a^{(d)}\right) = 1$, wenn $\{a^{(1)}, \ldots, a^{(d)}\}$ Orthonormalsystem ist.

(B2) **Skalierung:**

$$\mu\left(a^{(1)}, \ldots, \lambda a^{(j)}, \ldots, a^{(d)}\right)$$
$$= |\lambda|\, \mu\left(a^{(1)}, \ldots, a^{(j)}, \ldots, a^{(d)}\right)$$

für $\lambda \in \mathbb{R}$.

(B3) **Invarianz bei Scherungen:**

$$\mu\left(a^{(1)}, \ldots, a^{(i)}, \ldots, a^{(j)} + \lambda a^{(i)}, \ldots, a^{(d)}\right)$$
$$= \mu\left(a^{(1)}, \ldots, a^{(d)}\right)$$

für $i \neq j$ und $\lambda \in \mathbb{R}$.

Im Gegensatz zum Volumen im Fall $d = n$ in Kapitel 22, fassen wir die drei Bedingungen als Axiome für ein d-dimensionales Volumen eines Parallelepipeds im $\mathbb{R}^n$ auf und erhalten folgende Aussage.

Satz

Es gibt genau eine Funktion $\mu: \underbrace{\mathbb{R}^n \times \cdots \times \mathbb{R}^n}_{d \text{ mal}} \to \mathbb{R}_{\geq 0}$, die die Bedingungen (B1)–(B3) erfüllt, und es gilt:

$$\mu\left(a^{(1)}, \ldots, a^{(d)}\right) = \sqrt{\det(A^\top A)}$$

mit der Matrix $A = \left(a^{(1)}, \ldots, a^{(d)}\right) \in \mathbb{R}^{n \times d}$.

Beweis: Durch die Bedingungen (B1)–(B3) ist die Funktion μ eindeutig festgelegt; denn durch elementare Umformungen wie in (B2) und (B3) lässt sich das linear unabhängige System $\{a^{(1)}, \ldots, a^{(d)}\}$ zu einem Orthonormalsystem transformieren, sodass der Funktionswert $\mu(a^{(1)}, \ldots, a^{(d)})$ wegen der Bedingung (B1) bestimmt ist.

Die Darstellung der Funktion μ durch die angegebene Determinante ergibt sich aus den Rechenregeln für Determinanten (siehe Seite 479). Dies ist ersichtlich, wenn wir das System $\{a^{(1)}, \ldots, a^{(d)}\}$ durch orthonormierte Vektoren $b^{(1)}, \ldots, b^{(n-d)}$ zu einer Basis des $\mathbb{R}^n$ ergänzen und berücksichtigen, dass mit der erweiterten Matrix $\widetilde{A} = \left(A, b^{(1)}, \ldots, b^{(n-d)}\right)$ für die Determinante

$$\det(A^\top A) = \det\begin{pmatrix} A^\top A & 0 \\ 0 & E_{n-d} \end{pmatrix}$$
$$= \det(\widetilde{A}^\top \widetilde{A}) = (\det(\widetilde{A}))^2$$

gilt, sodass die in (B1) bis (B3) gegebenen Bedingungen aus den Rechenregeln für Determinanten angewendet auf $\widetilde{A}$ gewährleistet sind. ∎

In Hinblick auf eine allgemeine Definition eines d-dimensionalen Volumens bzw. Maßes ist folgende Beobachtung wegweisend.

Lemma

Ist eine lineare Abbildung $\alpha: \mathbb{R}^d \to \mathbb{R}^n$ gegeben durch $\alpha(x) = Ax$ für alle $x \in \mathbb{R}^d$ mit Matrix $A \in \mathbb{R}^{n \times d}$, dann gilt für das Volumen eines Parallelotops, das Bild eines Quaders $Q \subseteq \mathbb{R}^d$ ist:

$$\mu(\alpha(Q)) = \sqrt{\det(A^\top A)}\, |Q|$$

mit dem Volumen $|Q| = \int_Q \mathrm{d}x$ des Quaders in $\mathbb{R}^d$, wie es auf Seite 920 definiert ist.

Beweis: Ist der Quader $Q = \{x = \sum_{j=1}^d \lambda_j q^{(j)} : \lambda_j \in [0, 1]\}$ durch paarweise orthogonale Vektoren $\{q^{(1)}, \ldots, q^{(d)}\}$ gegeben, so ist das Bild $\alpha(Q)$ ein Parallelotop aufgespannt durch die Vektoren $Aq^{(j)}$, $j = 1, \ldots, d$ (Abb. 23.16). Für das d-dimensionale Volumen erhalten wir:

$$\mu(\alpha(Q)) = \sqrt{\det((A Q)^\top A Q)} = \sqrt{\det(Q^\top A^\top A Q)}$$
$$= \sqrt{\det(Q^\top Q)}\sqrt{\det(A^\top A)} = |Q|\sqrt{\det(A^\top A)},$$

mit der Matrix $Q = \left(q^{(1)}, \ldots, q^{(d)}\right) \in \mathbb{R}^{d \times d}$ und dem Volumen $|Q| = \sqrt{\det(Q^\top Q)} = \|q^{(1)}\| \cdot \ldots \cdot \|q^{(d)}\|$ des Quaders. ∎

Mit dem Lemma wird deutlich, dass $\sqrt{\det(A^\top A)}$ den Verzerrungsfaktor von Volumina unter der zugehörigen linearen Abbildung liefert.

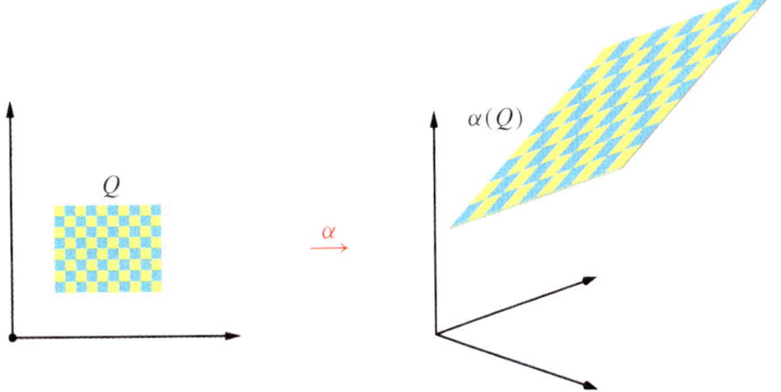

Abbildung 23.16 Das Volumen eines Parallelotops, $\mu(\alpha(Q))$, das Bild eines d-dimensionalen Quaders unter einer linearen Abbildung α ist, ergibt sich aus der Gram'schen Determinante.

Für die Definition eines Volumens bzw. eines Integrals über einer regulären Fläche kann man ähnlich vorgehen wie bei der Bogenlänge. Es lässt sich einer Kurve, wenn sie rektifizierbar ist, mittels Approximation durch Polygonzüge eine Länge zuordnen. Analog kann man Flächen unter hinreichenden Voraussetzungen ein *Maß* zuordnen werden durch eine Approximation etwa durch ebene Dreiecke an Hyperflächen im $\mathbb{R}^3$. Bei einem solchen Grenzprozess ist insbesondere zu gewährleisten, dass die Normalenvektoren der Näherung durch

Dreiecke gleichmäßig abschätzbar gegenüber dem Normalenfeld an der Fläche bleiben. Dies werden wir nicht weiter ausführen und verweisen für genauere Betrachtungen auf die Literatur.

Beispiel Die Schwierigkeit bei Approximation durch ebene Flächenstücke lässt sich an der sogenannten Schwarz'schen Laterne verdeutlichen. Die Abbildung 23.17, die dankenswerterweise von K. Polthier zur Verfügung gestellt wird, zeigt diese Approximation.

Um eine Zylinderoberfläche durch kongruente Dreiecke zu approximieren, teilen wir den Zylinder in $m \in \mathbb{N}$ Schichten. Nehmen wir einfach eine Gesamthöhe $H = 1$ und einen Radius $r = 1$ des Zylinders an, so besitzt jede Schicht die Breite $b = 1/m$. Die die Schichten trennenden Kreislinien approximieren wir durch regelmäßige n-Ecke. Dabei verdrehen wir die Eckpunkte benachbarter n-Ecke, sodass die Ecken jeweils unter der Mitte der Kante des darüber liegenden n-Ecks sind. Verbinden wir diese Eckpunkte, so ergeben sich $2n$ kongruente Dreiecke, die die entsprechende Schicht der Zylinderoberfläche approximieren. Um die Fläche eines solchen Dreiecks auszurechnen, beschreiben wir drei Eckpunkte mit $\boldsymbol{p}_1 = (1, 0, 0)^\top$, $\boldsymbol{p}_2 = \left(\cos \frac{2\pi}{n}, \sin \frac{2\pi}{n}, 0\right)^\top$ und $\boldsymbol{p}_3 = \left(\cos \frac{\pi}{n}, \sin \frac{\pi}{n}, \frac{1}{m}\right)^\top$ und berechnen:

$$A_{\text{Dreieck}} = \frac{1}{2}\|(\boldsymbol{p}_2 - \boldsymbol{p}_1) \times (\boldsymbol{p}_3 - \boldsymbol{p}_1)\|$$
$$= \sin \frac{\pi}{n} \sqrt{\frac{1}{m^2} + \left(1 - \cos \frac{\pi}{n}\right)^2}.$$

Der gesamte Flächeninhalt der Approximation an den Mantel des Zylinders ist somit $2n\,m\,A_{\text{Dreieck}}$. Verfeinern wir nun die Approximation, indem wir entweder $m \to \infty$ oder $n \to \infty$ betrachten, so folgt zwar der Flächeninhalt des Mantels aus

$$\lim_{n \to \infty} 2n\,m \sin \frac{\pi}{n} \sqrt{\frac{1}{m^2} + \left(1 - \cos \frac{\pi}{n}\right)^2} = 2\pi\,,$$

da $\lim_{n \to \infty} n \sin \frac{\pi}{n} = \pi$ ist, aber

$$2n\,m \sin \frac{\pi}{n} \sqrt{\frac{1}{m^2} + \left(1 - \cos \frac{\pi}{n}\right)^2} \to \infty \quad \text{für } m \to \infty\,,$$

d. h., der Ausdruck ist unbeschränkt für $m \to \infty$ und liefert keine sinnvolle Approximation. Es wird deutlich, dass eine beliebige Approximation durch ebene Dreiecke nicht ausreichend sein kann, um einen Flächeninhalt analog zur Bogenlänge bei Kurven zu definieren. ◄

Wir umgehen diese Schwierigkeiten und erinnern uns an den Zusammenhang zwischen Bogenlänge und Kurvenintegral bei regulären Kurven. Wir betrachten lokal um $v \in D$ die Änderung des Volumens von Quadern in D bei Abbildung durch eine reguläre Parametrisierung $\boldsymbol{\gamma} \colon D \subseteq \mathbb{R}^d \to \mathbb{R}^n$. Die Linearisierung der Funktion $\boldsymbol{\gamma}$ um $v \in D$ ist gegeben durch die affin lineare Abbildung

$$\boldsymbol{\gamma}(v + h) \approx \boldsymbol{\gamma}(v) + \boldsymbol{\gamma}'(v)\boldsymbol{h}.$$

Abbildung 23.17 Die Schwarz'sche Laterne zeigt, dass nicht jede Folge von *Triangulierungen* eine sinnvolle Näherung für den Flächeninhalt eines Zylindermantels ergibt. © K. Polthier, Bilder der Mathematik.

Die approximierende lineare Abbildung ist somit beschrieben durch die Funktionalmatrix $\boldsymbol{\gamma}'(v)$. Ein Quader $Q \subseteq D$ wird unter dieser linearen Näherung an $\boldsymbol{\gamma}$ auf ein Parallelotop $P = \boldsymbol{\gamma}(Q)$ im Tangentialraum von Γ an der Stelle $\boldsymbol{\gamma}(v)$ abgebildet. Mit dem Lemma auf Seite 979 erhalten wir das d-dimensionale Volumen

$$\mu(P) = \sqrt{\det\left((\boldsymbol{\gamma}'(v))^\top \boldsymbol{\gamma}'(v)\right)}\, |Q|\,.$$

Somit liefert die Wurzel aus der nach dem Mathematiker Jorgen Pedersen Gram (1850–1916) benannten Determinante den gesuchten lokalen Verzerrungsfaktor.

Gram'sche Determinante

Zu einer stetig differenzierbaren Funktion $\boldsymbol{\gamma} \colon D \subseteq \mathbb{R}^d \to \mathbb{R}^n$ ist die **Gram'sche Determinante** definiert durch:

$$\det\left((\boldsymbol{\gamma}'(v))^\top \boldsymbol{\gamma}'(v)\right) \quad \text{für } v \in D\,.$$

Das Flächenintegral liefert insbesondere das d-dimensionale Volumen einer regulären Fläche

Die geometrischen Überlegungen zur Gram'schen Determinante dienen zur Motivation der folgenden allgemeinen Definition des Flächenintegrals über reguläre Flächen. Es wird analog zum Kurvenintegral die Integration bei gegebener Pa rametrisierung auf ein entsprechendes d-dimensionales Gebietsintegral über D zurückgeführt.

Das Flächenintegral

Sind Γ eine d-dimensionale Fläche mit regulärer Parametrisierung $\boldsymbol{\gamma} : D \subseteq \mathbb{R}^d \to \mathbb{R}^n$ und $f : \mathbb{R}^n \to \mathbb{R}$ eine Funktion, für die $(f \circ \boldsymbol{\gamma})\sqrt{\det(\boldsymbol{\gamma}'^\top \boldsymbol{\gamma})} \in L^1(D)$ integrierbar ist, so heißt

$$\int_\Gamma f \, \mathrm{d}\mu = \int_D f(\boldsymbol{\gamma}(\boldsymbol{v}))\sqrt{\det\left((\boldsymbol{\gamma}'(\boldsymbol{v}))^\top \boldsymbol{\gamma}'(\boldsymbol{v})\right)} \, \mathrm{d}\boldsymbol{v}$$

das **Flächenintegral** von f über Γ.

Insbesondere ist mit $f = 1$ durch

$$\int_\Gamma \mathrm{d}\mu = \int_D \sqrt{\det\left((\boldsymbol{\gamma}'(\boldsymbol{v}))^\top \boldsymbol{\gamma}'(\boldsymbol{v})\right)} \, \mathrm{d}\boldsymbol{v}$$

das **d-dimensionale Volumen** einer regulären Fläche definiert.

Man beachte, dass wir im Fall eines beschränkten Parameterbereichs D nur Integrierbarkeit von $f \circ \boldsymbol{\gamma}$ fordern müssen, da die Gram'sche Determinante bei regulären Flächen eine stetige Funktion ist. Bei der abkürzenden Notation für das Flächenintegral nutzen wir das skalare Flächendifferenzial $\mathrm{d}\mu$, wie es in der Maßtheorie für *Maße* üblich ist, die sich aus der Lebesgue'schen Integrationstheorie ergeben. Diese Bezeichnung verallgemeinert das im vorherigen Kapitel angegebene Linienelement $\mathrm{d}l = \mathrm{d}\mu$ im Fall $d = 1$. In der Literatur finden sich, wie bereits bei den Gebietsintegralen, unterschiedliche Schreibweisen etwa $\mathrm{d}\sigma, \mathrm{d}S, \mathrm{d}s, \mathrm{d}o, etc.$ Auch ein Verzicht auf die Angabe eines Differenzials ist gebräuchlich, was aber dazu führen kann, dass der Integrand oder der Typ des Integrals (siehe Übersicht auf Seite 987) beim Lesen nicht sofort klar ist.

?

In welchem Zusammenhang steht diese Definition des Flächenintegrals zur Transformationsformel bei Gebietsintegralen?

Damit die angegebene Definition sinnvoll ist, bleibt wie bei den Kurvenintegralen noch zu zeigen, dass das Flächenintegral unabhängig von der gewählten Parametrisierung ist.

Satz

Sind $\boldsymbol{T} : \mathbb{R}^d \to \mathbb{R}^d$ ein Diffeomorphismus und $\boldsymbol{\gamma}_1 : D_1 \subseteq \mathbb{R}^d \to \mathbb{R}^n$ und $\boldsymbol{\gamma}_2 : D_2 \subseteq \mathbb{R}^d \to \mathbb{R}^n$ C^1-Parametrisierungen einer regulären Fläche $\Gamma \subseteq \mathbb{R}^n$ mit $\boldsymbol{T}(D_2) = D_1$ und $\boldsymbol{\gamma}_2 = \boldsymbol{\gamma}_1 \circ \boldsymbol{T}$, dann ist

$$\int_{D_1} f(\boldsymbol{y})\sqrt{\det\left((\boldsymbol{\gamma}_1'(\boldsymbol{y}))^\top \boldsymbol{\gamma}_1'(\boldsymbol{y})\right)} \, \mathrm{d}\boldsymbol{y}$$
$$= \int_{D_2} f(\boldsymbol{T}(\boldsymbol{x}))\sqrt{\det\left((\boldsymbol{\gamma}_2'(\boldsymbol{x}))^\top \boldsymbol{\gamma}_2'(\boldsymbol{x})\right)} \, \mathrm{d}\boldsymbol{x} \,.$$

Beweis: Mit der Kettenregel erhalten wir für die Funktionalmatrizen:

$$\boldsymbol{\gamma}_2'(\boldsymbol{x}) = \boldsymbol{\gamma}_1'(\boldsymbol{T}(\boldsymbol{x}))\boldsymbol{T}'(\boldsymbol{x}) \,.$$

Daher folgt mit $\boldsymbol{y} = \boldsymbol{T}(\boldsymbol{x})$ die Identität:

$$\sqrt{\det((\boldsymbol{\gamma}_2'(\boldsymbol{x}))^\top \boldsymbol{\gamma}_2'(\boldsymbol{x}))}$$
$$= \sqrt{\det\left((\boldsymbol{T}'(\boldsymbol{x}))^\top (\boldsymbol{\gamma}_1'(\boldsymbol{T}(\boldsymbol{x}))^\top \boldsymbol{\gamma}_1'(\boldsymbol{T}(\boldsymbol{x}))\boldsymbol{T}'(\boldsymbol{x}))\right)}$$
$$= |\det(\boldsymbol{T}'(\boldsymbol{x}))| \sqrt{\det\left((\boldsymbol{\gamma}_1'(\boldsymbol{T}(\boldsymbol{x}))^\top \boldsymbol{\gamma}_1'(\boldsymbol{T}(\boldsymbol{x})))\right)} \,,$$

und mit dem Transformationssatz (siehe Seite 941) folgt die Behauptung. ∎

Mit dem Flächenintegral lassen sich Flächeninhalte gekrümmter Oberflächen berechnen.

Beispiel Ist eine reguläre Fläche Γ im $\mathbb{R}^n$ durch den Graphen einer stetig differenzierbaren Funktion $f : D \subseteq \mathbb{R}^{n-1} \to \mathbb{R}$ gegeben, so ergibt sich das $(n-1)$-dimensionale Volumen durch das Gebietsintegral

$$\int_\Gamma \mathrm{d}\mu = \int_D \sqrt{1 + \|\nabla f(\boldsymbol{v})\|^2} \, \mathrm{d}\boldsymbol{v} \,.$$

Denn mit der Parametrisierung $\boldsymbol{\gamma} : D \to \mathbb{R}^n$ mit

$$\boldsymbol{\gamma}(\boldsymbol{v}) = \left(v_1, v_2, \ldots, v_{n-1}, f(\boldsymbol{v})\right)$$

folgt

$$\boldsymbol{\gamma}' = \begin{pmatrix} 1 & & 0 \\ & \ddots & \\ 0 & & 1 \\ \frac{\partial f}{\partial v_1} & \cdots & \frac{\partial f}{\partial v_{n-1}} \end{pmatrix},$$

und wir erhalten

$$(\boldsymbol{\gamma}')^\top \boldsymbol{\gamma}' = \left(\delta_{ij} + \frac{\partial f}{\partial v_i}\frac{\partial f}{\partial v_k}\right)_{ij} = \mathbf{E} + \nabla f \, \nabla f^\top$$

mit der Einheitsmatrix $\mathbf{E} \in \mathbb{R}^{(n-1)\times(n-1)}$ und dem angegebenen dyadischen Produkt der Gradienten. Da die Determinante unter Ähnlichkeitstransformationen invariant bleibt (siehe Seite 505), ergänzen wir $\boldsymbol{b}_1 = \frac{1}{\|\nabla f\|}\nabla f$ zu einer Orthogonalbasis $\{\boldsymbol{b}_1, \ldots, \boldsymbol{b}_{n-1}\}$ des $\mathbb{R}^{n-1}$ und definieren die normale Matrix $\boldsymbol{B} = (\boldsymbol{b}_1, \ldots, \boldsymbol{b}_{n-1})$. Es folgt:

$$\det((\boldsymbol{\gamma}')^\top \boldsymbol{\gamma}') = \det(\mathbf{E} + \boldsymbol{B}^\top \nabla f \, \nabla f^\top \boldsymbol{B})$$

$$= \det\left(\mathbf{E} + (\|\nabla f\|, 0, \ldots, 0)\begin{pmatrix} \|\nabla f\| \\ 0 \\ \vdots \\ 0 \end{pmatrix}\right)$$

$$= \det\begin{pmatrix} 1 + \|\nabla f\|^2 & 0 & \ldots & 0 \\ 0 & & \ddots & \ddots & \vdots \\ \vdots & & \ddots & 1 & 0 \\ 0 & & \ldots & 0 & 1 \end{pmatrix}$$

$$= 1 + \|\nabla f\|^2 \,.$$

Mit der Definition des Flächenintegrals folgt die Behauptung:

$$\int_\Gamma \mathrm{d}\mu = \int_D \sqrt{1 + \|\nabla f(\boldsymbol{v})\|^2}\,\mathrm{d}\boldsymbol{v}\,.$$

Betrachten wir etwa die Halbkugeloberfläche mit Radius $R > 0$, die durch den Graphen zu $f : D \to \mathbb{R}$ mit

$$f(\boldsymbol{v}) = \sqrt{R^2 - v_1^2 - v_2^2}$$

auf $D = \{\boldsymbol{v} \in \mathbb{R}^2 \mid \|\boldsymbol{v}\| < R\}$ gegeben ist. Mit dem Gradienten

$$\nabla f(\boldsymbol{v}) = \frac{1}{\sqrt{R^2 - v_1^2 - v_2^2}} \begin{pmatrix} -v_1 \\ -v_2 \end{pmatrix}$$

folgt:

$$\sqrt{1 + \|\nabla f\|^2} = \frac{R}{\sqrt{R^2 - v_1^2 - v_2^2}}\,.$$

Wählen wir für das Gebietsintegral Polarkoordinaten, so folgt mit der Transformationsformel:

$$\begin{aligned}
\int_\Gamma \mathrm{d}\mu &= \int_D \sqrt{1 + \|\nabla f(\boldsymbol{v})\|^2}\,\mathrm{d}v \\
&= R \int_0^R \int_0^{2\pi} \frac{1}{\sqrt{R^2 - r^2}}\, r\,\mathrm{d}\varphi\,\mathrm{d}r \\
&= -\pi R \int_{R^2}^0 \frac{1}{\sqrt{t}}\,\mathrm{d}t \\
&= 2\pi R \sqrt{t}\big|_0^{R^2} = 2\pi R^2\,.
\end{aligned}$$

Aufgrund der Symmetrie erhalten wir für die Sphäre $S = \{\boldsymbol{x} \in \mathbb{R}^3 \mid \|\boldsymbol{x}\| = R\}$ den Flächeninhalt:

$$\mu(S) = 4\pi R^2\,. \qquad \blacktriangleleft$$

Lässt sich eine reguläre Fläche Γ in zwei disjunkte Teilstücke Γ_1 und Γ_2 zerlegen, d. h., es gibt Gebiete $D_1, D_2 \subseteq D$ zu einer Parametrisierung $\boldsymbol{\gamma} : D \subseteq \mathbb{R}^d \to \mathbb{R}^n$ mit $D_1 \cap D_2 = \emptyset$ und $\overline{D_1} \cup \overline{D_2} = \overline{D}$, so gilt aufgrund der Eigenschaften des Gebietsintegrals:

$$\int_\Gamma f\,\mathrm{d}\mu = \int_{\Gamma_1} f\,\mathrm{d}\mu + \int_{\Gamma_2} f\,\mathrm{d}\mu\,,$$

wenn Γ_j, $j = 1, 2$, durch die Parametrisierungen $\boldsymbol{\gamma} : D_j \to \mathbb{R}^n$ gegeben sind. Analog zu den Kurvenintegralen wird die Definition des Flächenintegrals in diesem Sinn auf stückweise reguläre Flächen erweitert. Sind zwei Flächen Γ_1 und Γ_2 gegeben mit Parametrisierungen $\boldsymbol{\gamma}_1 : D_1 \to \mathbb{R}^n$ und $\boldsymbol{\gamma}_2 : D_2 \to \mathbb{R}^n$, und es gilt $\boldsymbol{\gamma}_1(D_1) \cap \boldsymbol{\gamma}_2(D_2) = \emptyset$, so ist

$$\int_{\Gamma_1 \cup \Gamma_2} f\,\mathrm{d}\mu = \int_{\Gamma_1} f\,\mathrm{d}\mu + \int_{\Gamma_2} f\,\mathrm{d}\mu\,.$$

Kommentar: Ist die Bildmenge $M = \boldsymbol{\gamma}(D) \subseteq \mathbb{R}^n$ gegeben, notiert man häufig das Flächenintegral dahingehend

einfacher, dass man das Integrationsgebiet angibt, statt die Äquivalenzklassen Γ_j von Parametrisierungen extra zu benennen, d. h., man schreibt für $\int_\Gamma f\,\mathrm{d}\mu$ auch:

$$\int_M f\,\mathrm{d}\mu\,.$$

Wir werden im Folgenden diese Notation ohne weitere Kommentare nutzen.

Das äußere Produkt ist eine Verallgemeinerung des Kreuzprodukts

Im Fall von Hyperflächen betrachten wir das Flächendifferenzial noch etwas genauer. Etwa für $\boldsymbol{\gamma} : D \subseteq \mathbb{R}^2 \to \mathbb{R}^3$ bekommen wir die Identität

$$\|\partial_1 \boldsymbol{\gamma} \times \partial_2 \boldsymbol{\gamma}\| = \sqrt{\det\left(\boldsymbol{\gamma'}^\top \boldsymbol{\gamma}\right)}\,,$$

da die Wurzel der Gram'schen Determinante den Flächeninhalt des durch die Tangentialvektoren aufgespannten Parallelotops angibt und dies dem Betrag des Kreuzprodukts entspricht (siehe Seite 235). Es folgt ein direkter Zusammenhang zwischen dem Normalenvektor $\partial_1 \boldsymbol{\gamma} \times \partial_2 \boldsymbol{\gamma}$ (siehe Seite 977) an der Hyperfläche und der Gram'schen Determinante.

Mit dem beobachteten Zusammenhang zwischen der Normalen und dem Vektorprodukt im $\mathbb{R}^3$ bietet sich eine Möglichkeit, das Vektorprodukt auf $n - 1$ Vektoren im $\mathbb{R}^n$ zu verallgemeinern. Wir definieren das **äußere Produkt**,

$$\boldsymbol{a}^{(1)} \wedge \ldots \wedge \boldsymbol{a}^{(n-1)} = \begin{pmatrix} \vdots \\ (-1)^{j-1} \det \boldsymbol{A}_j \\ \vdots \end{pmatrix} \in \mathbb{R}^n\,,$$

wobei $\boldsymbol{A}_j \in \mathbb{R}^{(n-1)\times(n-1)}$ durch Streichen der j-ten Zeile aus der Matrix $\boldsymbol{A} \in \mathbb{R}^{n\times(n-1)}$ mit den Spalten $\boldsymbol{a}^{(1)}, \ldots, \boldsymbol{a}^{(n-1)}$ gegeben ist. Beachten Sie, dass mit der Definition offensichtlich $\boldsymbol{x} \times \boldsymbol{y} = \boldsymbol{x} \wedge \boldsymbol{y}$ für $\boldsymbol{x}, \boldsymbol{y} \in \mathbb{R}^3$ gilt.

Mit der Entwicklung nach der ersten Spalte (siehe Seite 477), sehen wir, dass

$$\det\left(\boldsymbol{x}, \boldsymbol{a}^{(1)}, \ldots, \boldsymbol{a}^{(n-1)}\right) = \boldsymbol{x}^\top\left(\boldsymbol{a}^{(1)} \wedge \ldots \wedge \boldsymbol{a}^{(n-1)}\right)$$

$$(23.1)$$

gilt, und wir folgern weiterhin:

Lemma

Das äußere Produkt von $\boldsymbol{a}^{(1)}, \ldots, \boldsymbol{a}^{(n-1)} \in \mathbb{R}^n$ steht senkrecht auf $\boldsymbol{a}^{(j)}$ für alle $j = 1, \ldots, n$, und der Betrag liefert das $(n-1)$-dimensionale Volumen des aufgespannten Parallelotops

$$\left\|\boldsymbol{a}^{(1)} \wedge \ldots \wedge \boldsymbol{a}^{(n-1)}\right\| = \mu\left(\boldsymbol{a}^{(1)}, \ldots, \boldsymbol{a}^{(n-1)}\right)\,.$$

Beweis: Das äußere Produkt steht senkrecht auf dem durch $a^{(1)}, \ldots, a^{(n-1)}$ aufgespannten Unterraum; denn wenn wir $x = a^{(j)}$ in (23.1) der vorher beschriebenen Identität einsetzen, erhalten wir zwei identische Spalten in der Determinante, und somit ist das Skalarprodukt null.

Definieren wir für diesen Normalenvektor zur Abkürzung

$$v = a^{(1)} \wedge \ldots \wedge a^{(n-1)}$$

und setzen $x = v$, so folgt mit obiger Identität $v^\top v = \det(v|A)$, wenn mit $(v|A) \in \mathbb{R}^{n \times n}$ die Matrix mit den Spalten v und $a^{(j)}$, $j = 1, \ldots, n-1$, bezeichnet wird.

Weiter gilt mit den Rechenregeln zu Determinanten:

$$(\det(v|A))^2 = \det\left(\begin{pmatrix} v^\top \\ A^\top \end{pmatrix} (v|A) \right)$$
$$= \det \begin{pmatrix} v^\top v & 0 \\ 0 & A^\top A \end{pmatrix}$$
$$= \det(v|A)\,\det(A^\top A).$$

Also ist

$$\|v\| = \sqrt{\det(v|A)} = \sqrt{\det(A^\top A)} = \mu\left(a^{(1)}, \ldots, a^{(n-1)} \right).$$

$\blacksquare$

Allgemein halten wir fest, dass bei regulären Hyperflächen Γ mit Parametrisierung $\gamma : D \subseteq \mathbb{R}^{n-1} \to \mathbb{R}^n$ durch

$$v = \frac{\partial_1 \gamma \wedge \cdots \wedge \partial_d \gamma}{\|\partial_1 \gamma \wedge \cdots \wedge \partial_d \gamma\|}$$

ein Normalenfeld an Γ gegeben ist. Darüber hinaus erhalten wir für das Flächenintegral

$$\int_\Gamma f \, d\mu = \int_D f(\gamma(v)) \sqrt{\det\left((\gamma'(v))^\top \gamma'(v) \right)} \, dv$$
$$= \int_D f(\gamma) \, \|\partial_1 \gamma \wedge \cdots \wedge \partial_d \gamma\| \, dv.$$

Beispiel Als Beispiel betrachten wir die Fläche Γ mit dem Bild

$$M = \{x \in \mathbb{R}^3 \mid x_1 + x_2 + x_3 = 1 \text{ und } x_1, x_2, x_3 > 0\}$$

(Abb. 23.18). Gesucht ist das Flächenintegral

$$\int_\Gamma g \, d\mu$$

mit $g(x) = x_1$.

Um das Integral zu berechnen, beachten wir zunächst, dass die Fläche Γ durch die Parametrisierung

$$\gamma(v) = \begin{pmatrix} v_1 \\ v_2 \\ 1 - v_1 - v_2 \end{pmatrix}$$

gegeben ist. Wir können sie als Graph der Funktion $f(v) = 1 - v_1 - v_2$ auf dem Gebiet

$$D = \left\{ v \in \mathbb{R}^2 \mid 0 < v_1 < 1,\, 0 < v_2 < 1 - v_1 \right\}$$

auffassen und wie auf Seite 981 das Flächenintegral berechnen. Als Alternative bietet es sich an, das Vektorprodukt der Tangentialvektoren zu betrachten mit

$$\partial_1 \gamma \times \partial_2 \gamma = \begin{pmatrix} 1 \\ 0 \\ -1 \end{pmatrix} \times \begin{pmatrix} 0 \\ 1 \\ -1 \end{pmatrix} = \begin{pmatrix} 1 \\ 1 \\ 1 \end{pmatrix}.$$

Damit erhalten wir das Integral

$$\int_\Gamma g \, d\mu = \int_D v_1 \|\partial_1 \gamma(v) \times \partial_2 \gamma(v)\| \, dv$$
$$= \sqrt{3} \int_0^1 \int_0^{1-v_1} v_1 dv_2 \, dv_1$$
$$= \sqrt{3} \int_0^1 (1 - v_1) v_1 \, dv_1 = \frac{\sqrt{3}}{2} - \frac{\sqrt{3}}{3} = \frac{1}{2\sqrt{3}}.$$

$\blacktriangleleft$

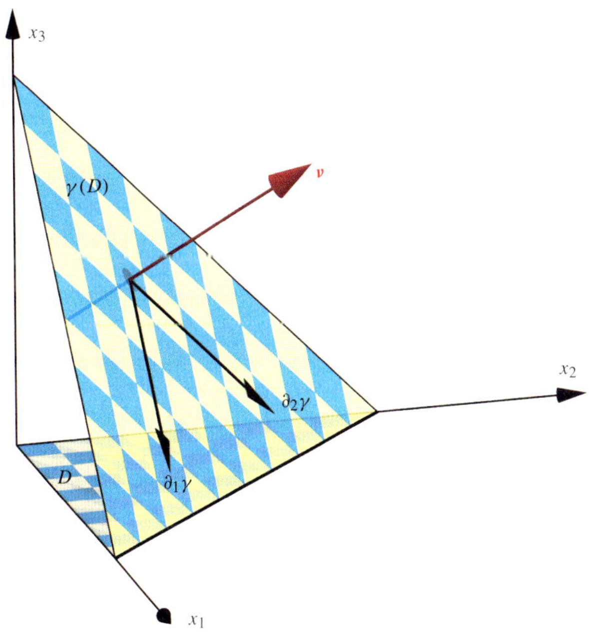

Abbildung 23.18 Die Normalen zu einer Hyperfläche im $\mathbb{R}^3$ ergeben sich aus den Vektorprodukten der Tangentialvektoren.

Normalkomponenten führen auf orientierte Flächenintegrale

Ähnlich zu den Kurven betrachtet man bei Hyperflächen auch orientierte Flächenintegrale. Während bei Kurven durch die Anordnung $a < b$ zu $D = (a, b)$ und den dadurch festgelegten Durchlaufsinn eine Orientierung gegeben ist, ist bei Hyperflächen eine weitere Einschränkung erforderlich.

Beispiel: Flächenintegrale

Es ist der Flächeninhalt des Mantels Γ eines Kegelstumpfs $K = \{x \in \mathbb{R}^3 \mid 0 < x_3 < H, 0 \leq x_1^2 + x_2^2 < R - \frac{R-r}{H} x_3\}$ mit Höhe $H > 0$ und Radien $0 < r \leq R$ gesucht. Darüber hinaus berechne man das orientierte Flächenintegral zum Vektorfeld $F(x) = (x_1 - 2x_1 x_2, x_1 + x_2^2, 0)^\top$, wobei das Normalenfeld nach außen orientiert angenommen wird.

Problemanalyse und Strategie: Zunächst beschaffen wir uns eine reguläre Parametrisierung des Mantels. Dazu bieten sich Zylinderkoordinaten an. Nach Berechnung eines Normalenfelds lassen sich die gesuchten Integrale durch entsprechende Gebietsintegrale über dem Parameterbereich $(0, 2\pi) \times (0, H)$ bestimmen.

Lösung:

Da die x_3-Achse die Symmetrieachse des Kegelstumpfs ist, wählen wir Zylinderkoordinaten $x = (r \cos \varphi, r \sin \varphi, t)^\top$ zur Beschreibung und erhalten für die Mantelfläche die reguläre Parametrisierung $\gamma : (0, 2\pi) \times (0, H) \to \mathbb{R}^3$ mit

$$\gamma(\varphi, t) = \begin{pmatrix} \left(R - \frac{R-r}{H} t \right) \cos \varphi \\ \left(R - \frac{R-r}{H} t \right) \sin \varphi \\ t \end{pmatrix}.$$

Um die Gram'sche Determinante und das Normalenfeld zu bestimmen, berechnen wir

$$\partial_\varphi \gamma(\varphi, t) \times \partial_t \gamma(\varphi, t)$$

$$= \begin{pmatrix} -\left(R - \frac{R-r}{H} t \right) \sin \varphi \\ \left(R - \frac{R-r}{H} t \right) \cos \varphi \\ 0 \end{pmatrix} \times \begin{pmatrix} -\frac{R-r}{H} \cos \varphi \\ -\frac{R-r}{H} \sin \varphi \\ 1 \end{pmatrix}$$

$$= \begin{pmatrix} \left(R - \frac{R-r}{H} t \right) \cos \varphi \\ \left(R - \frac{R-r}{H} t \right) \sin \varphi \\ \left(R - \frac{R-r}{H} t \right) \frac{R-r}{H} \end{pmatrix}$$

und

$$\|\partial_\varphi \gamma(\varphi, t) \times \partial_t \gamma(\varphi, t)\|$$

$$= \left(R - \frac{R-r}{H} t \right) \sqrt{1 + \frac{(R-r)^2}{H^2}}.$$

Es ergibt sich für den Flächeninhalt der Mantelfläche:

$$\int_\Gamma d\mu = \int_0^H \int_0^{2\pi} \|\partial_\varphi \gamma \times \partial_t \gamma\| \, d\varphi \, dt$$

$$= 2\pi \sqrt{1 + \frac{(R-r)^2}{H^2}} \int_0^H \left(R - \frac{R-r}{H} t \right) dt$$

$$= \pi \sqrt{1 + \frac{(R-r)^2}{H^2}} \frac{H}{R-r} (R^2 - r^2)$$

$$= \pi \sqrt{H^2 + (R-r)^2} (R + r).$$

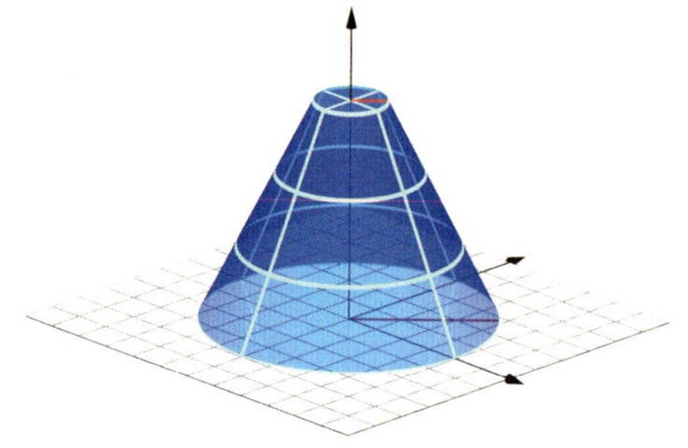

Ein allgemeiner Ausdruck zur Berechnung der Mantelfläche von rotationssymmetrischen Körpern wird in der Aufgaben 23.15 hergeleitet.

Für das Vektorfeld F erhalten wir das orientierte Integral

$$\int_\Gamma F \cdot d\mu$$

$$= \int_0^H \int_0^{2\pi} F(\gamma(\varphi, t)) \cdot \left(\partial_\varphi \gamma(\varphi, t) \times \partial_t \gamma(\varphi, t) \right) d\varphi \, dt$$

$$= \int_0^H \int_0^{2\pi} \left(R - \frac{R-r}{H} t \right)^2 (\cos^2 \varphi + \cos \varphi \sin \varphi) \, d\varphi \, dt$$

$$- \int_0^H \int_0^{2\pi} \left(R - \frac{R-r}{H} t \right)^3 \left(3 \sin^3 \varphi - 2 \sin \varphi \right) d\varphi \, dt$$

$$= \pi \int_0^H \left(R - \frac{R-r}{H} t \right)^2 dt$$

$$= \frac{1}{3} \pi \frac{H}{R-r} \left(R^3 - r^3 \right)$$

$$= \frac{1}{3} \pi H (R^2 + Rr + r^2).$$

Warum sich hier das Volumen des Kegelstumpfs ergibt, klärt der Abschnitt zum Gauß'schen Satz (siehe Seite 986ff).

Orientierbare Hyperflächen

Eine reguläre Hyperfläche Γ heißt **orientierbar**, wenn es ein stetiges Normalenfeld $\nu : \overline{M} \to \mathbb{R}^n$ auf dem Abschluss des Bilds $M = \gamma(D) \subseteq \mathbb{R}^n$ bei regulärer Parametrisierung durch $\gamma : D \to \mathbb{R}^n$ gibt.

Beispiel

- An der Sphäre im $\mathbb{R}^3$ mit Radius $R > 0$, die durch Polarkoordinaten

$$\gamma(\theta, \varphi) = R \begin{pmatrix} \sin \theta \cos \varphi \\ \sin \theta \sin \varphi \\ \cos \theta \end{pmatrix}$$

mit $\theta \in (0, \pi)$ und $\varphi \in (0, 2\pi)$ regulär parametrisiert ist, erhalten wir aus

$$\partial_\theta \boldsymbol{\gamma} \times \partial_\varphi \boldsymbol{\gamma} = R^2 \sin\theta \begin{pmatrix} \sin\theta\,\cos\varphi \\ \sin\theta\,\sin\varphi \\ \cos\theta \end{pmatrix}$$

durch Normierung das Normalenfeld

$$\boldsymbol{v}(\theta, \varphi) = \begin{pmatrix} \sin\theta\,\cos\varphi \\ \sin\theta\,\sin\varphi \\ \cos\theta \end{pmatrix}.$$

Durch die stetige Fortsetzung auf $[0, \pi] \times [0, 2\pi]$ und die 2π-Periodizität bezüglich φ erhalten wir ein stetiges Normalenfeld auf $\overline{\boldsymbol{\gamma}(D)} = \{\boldsymbol{x} \in \mathbb{R}^3 \mid \|\boldsymbol{x}\| = R\}$. Die Sphäre ist orientierbar.

- Durch die Parametrisierung $\boldsymbol{\gamma} : (0, 2\pi) \times (0, 2\pi) \to \mathbb{R}^3$ mit

$$\boldsymbol{\gamma}(t, s) = R \begin{pmatrix} \cos t \\ \sin t \\ 0 \end{pmatrix} + r \begin{pmatrix} \cos t\,\cos s \\ \sin t\,\cos s \\ \sin s \end{pmatrix}$$

für $0 < r < R$ ist ein **Torus** gegeben (Abb. 23.19). Wir berechnen aus

$$\partial_t \boldsymbol{\gamma}(t, s) \times \partial_s \boldsymbol{\gamma}(t, s) = r(R + r\cos s) \begin{pmatrix} \cos t\,\cos s \\ \sin t\,\cos s \\ \sin s \end{pmatrix}$$

ein Normalenfeld

$$\boldsymbol{v}(t, s) = \begin{pmatrix} \cos t\,\cos s \\ \sin t\,\cos s \\ \sin s \end{pmatrix}.$$

Da alle Komponenten periodisch in s und t sind, ergibt sich insbesondere ein stetiges Normalenfeld auf $\overline{\boldsymbol{\gamma}(D)}$, der Torus ist somit orientierbar.

Möbius-Band, das sich herstellen lässt, indem wir einen Streifen Papier um $180°$ verdrehen und die Enden zusammenkleben. Eine solche Fläche mit Zentrum im Ursprung und Breite 1 wird durch die Parametrisierung $\boldsymbol{\gamma} : (-1, 1) \times (0, 2\pi) \to \mathbb{R}^3$ mit

$$\boldsymbol{\gamma}(t, \varphi) = \begin{pmatrix} \cos(\varphi) \\ \sin(\varphi) \\ 0 \end{pmatrix} + \frac{t}{2} \begin{pmatrix} \cos(\varphi)\cos\left(\frac{\varphi}{2}\right) \\ \sin(\varphi)\cos\left(\frac{\varphi}{2}\right) \\ \sin\left(\frac{\varphi}{2}\right) \end{pmatrix}$$

beschrieben. Für Normalenfelder an Γ ergibt sich

$$\boldsymbol{v}(t, \varphi) = \pm \frac{\partial_t \boldsymbol{\gamma} \times \partial_\varphi \boldsymbol{\gamma}}{\|\partial_t \boldsymbol{\gamma} \times \partial_\varphi \boldsymbol{\gamma}\|}$$

$$= \frac{\mp 1}{a} \begin{pmatrix} \cos\varphi\,\sin\frac{\varphi}{2} - \frac{t}{4}\sin\varphi(1 - \cos\varphi) \\ \sin\varphi\,\sin\frac{\varphi}{2} + \frac{t}{4}(\sin^2\varphi + \cos\varphi) \\ -\cos\frac{\varphi}{2} - \frac{t}{4}(1 + \cos\varphi) \end{pmatrix}$$

mit $a = \sqrt{1 + t\cos\frac{\varphi}{2} + \frac{t^2}{16}(3 + 2\cos\varphi)}$. Wählen wir das positive Vorzeichen und betrachten die Stelle $(1, 0, 0)^\top = \boldsymbol{\gamma}(0, 0) = \boldsymbol{\gamma}(0, 2\pi)$, so folgt:

$$\lim_{\varphi \to 0} \boldsymbol{v}(0, \varphi) = \begin{pmatrix} 0 \\ 0 \\ -1 \end{pmatrix},$$

aber:

$$\lim_{\varphi \to 2\pi} \boldsymbol{v}(0, \varphi) = \begin{pmatrix} 0 \\ 0 \\ 1 \end{pmatrix}.$$

Das Normalenfeld ist unstetig auf $\overline{\boldsymbol{\gamma}(D)}$, d. h., die Fläche ist nicht orientierbar. Übrigens ist die in Abbildung 23.12 gezeigte Klein'sche Flasche ein weiteres Beispiel für eine nicht orientierbare Fläche. ◄

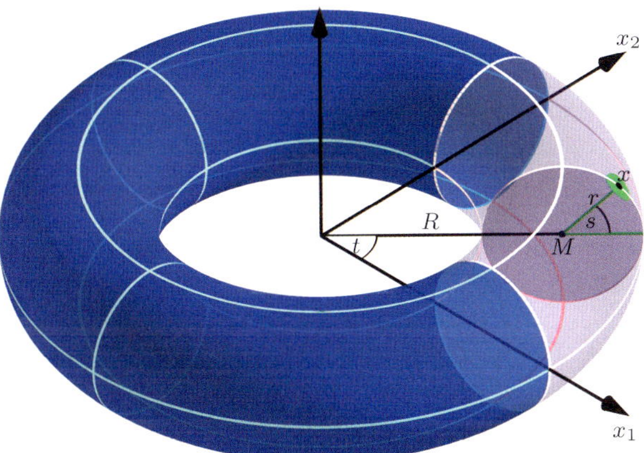

Abbildung 23.19 Ein Torus ist durch eine orientierbare, reguläre Fläche gegeben.

- Das klassische Beispiel einer nicht orientierbaren Fläche zeigt die Abbildung 23.20. Es handelt sich um ein

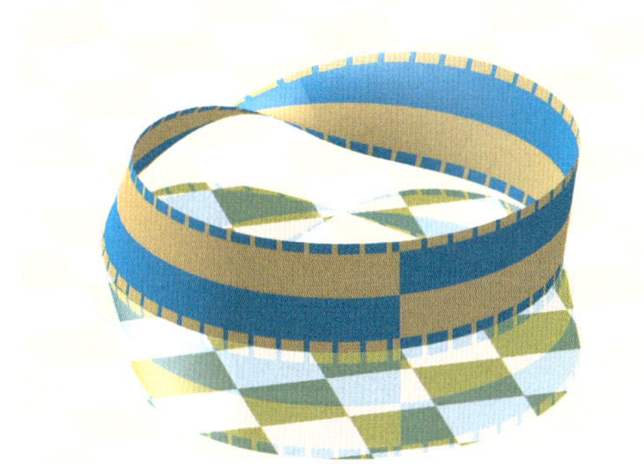

Abbildung 23.20 Ein Möbiusband entsteht durch Zusammenkleben eines Streifens, nachdem dieser um seine Längsachse um den Winkel π gedreht wurde.

Ein orientiertes Flächenintegral ergibt sich, wenn der Normalanteil eines Vektorfelds über einer orientierbaren Hyperfläche, also die Projektion des Vektorfelds auf die Normalenrichtung, betrachtet wird. Da diese Klasse von Integralen eine wichtige mathematische sowie physikalische Bedeutung hat, wie wir im nächsten Abschnitt sehen werden, führt man vektorielle Differenziale ein.

Betrachten wir eine orientierbare Hyperfläche Γ mit regulärer Parametrisierung $\boldsymbol{\gamma} \colon D \subseteq \mathbb{R}^{n-1} \to \mathbb{R}^n$ und dem zugehörigen Normalenfeld $\boldsymbol{\nu} \colon \boldsymbol{\gamma}(D) \to \mathbb{R}^n$ mit

$$\boldsymbol{\nu}(\boldsymbol{v}) = \frac{\partial_1 \boldsymbol{\gamma}(\boldsymbol{v}) \wedge \ldots \wedge \partial_{n-1} \boldsymbol{\gamma}(\boldsymbol{v})}{\|\partial_1 \boldsymbol{\gamma}(\boldsymbol{v}) \wedge \ldots \wedge \partial_{n-1} \boldsymbol{\gamma}(\boldsymbol{v})\|} \, .$$

Für das **orientierte Flächenintegral** des Normalenanteils eines Vektorfelds $\boldsymbol{F} \colon \mathbb{R}^n \to \mathbb{R}^n$ folgt:

$$\begin{aligned}
\int_\Gamma \boldsymbol{F} \cdot \mathrm{d}\boldsymbol{\mu} &= \int_\Gamma \boldsymbol{F}^\top \boldsymbol{\nu} \, \mathrm{d}\mu \\
&= \int_D \boldsymbol{F}(\boldsymbol{\gamma}(\boldsymbol{v}))^\top \left(\partial_1 \boldsymbol{\gamma}(\boldsymbol{v}) \wedge \ldots \wedge \partial_{n-1} \boldsymbol{\gamma}(\boldsymbol{v}) \right) \mathrm{d}\boldsymbol{v} \, ,
\end{aligned}$$

wenn das rechte Gebietsintegral existiert, wobei das vektorwertige Flächendifferenzial $\mathrm{d}\boldsymbol{\mu}$ zur Abkürzung genutzt wird. Beachten Sie, dass das vektorielle Differenzial $\mathrm{d}\boldsymbol{\mu}$ zu einer Hyperfläche normal orientiert ist, im Gegensatz zum vektoriellen Linienelement $\mathrm{d}\boldsymbol{l}$, das tangential orientiert ist, d. h., auch im Spezialfall $d = 1$ und $n = 2$ ist $\mathrm{d}\boldsymbol{\mu} \neq \mathrm{d}\boldsymbol{l}$. Die vektorielle Form des Differenzials unterscheiden wir weiterhin deutlich durch den Punkt des Skalarprodukts von der skalarwertigen Situation.

Beispiel Wir berechnen das orientierte Flächenintegral zum Vektorfeld $\boldsymbol{F} \colon \mathbb{R}^3 \to \mathbb{R}^3$ mit

$$\boldsymbol{F}(\boldsymbol{x}) = \begin{pmatrix} x_2 \\ x_1 \\ x_3 \end{pmatrix}$$

über die obere Halbsphäre mit Mittelpunkt im Ursprung und Radius $R > 0$. Durch die Parametrisierung $\boldsymbol{\gamma} \colon \left(0, \frac{\pi}{2}\right) \times (0, 2\pi)$ mit

$$\boldsymbol{\gamma}(\theta, \varphi) = R \begin{pmatrix} \cos\varphi \sin\theta \\ \sin\varphi \sin\theta \\ \cos\theta \end{pmatrix}$$

erhalten wir das orientierte Flächenelement

$$\mathrm{d}\boldsymbol{\mu} = \partial_\theta \boldsymbol{\gamma} \times \partial_\varphi \boldsymbol{\gamma} \, \mathrm{d}(\theta, \varphi) = R^2 \begin{pmatrix} \cos\varphi \sin^2\theta \\ \sin\varphi \sin^2\theta \\ \cos\theta \sin\theta \end{pmatrix} \mathrm{d}(\theta, \varphi) \, .$$

Damit ergibt sich für das Integral:

$$\int_\Gamma \boldsymbol{F} \cdot \mathrm{d}\boldsymbol{\mu}$$

$$= R^3 \int_0^{\frac{\pi}{2}} \int_0^{2\pi} \begin{pmatrix} \sin\varphi \sin\theta \\ \cos\varphi \sin\theta \\ \cos\theta \end{pmatrix} \cdot \begin{pmatrix} \cos\varphi \sin^2\theta \\ \sin\varphi \sin^2\theta \\ \sin\theta \cos\theta \end{pmatrix} \mathrm{d}\varphi \, \mathrm{d}\theta$$

$$= 2R^3 \int_0^{\frac{\pi}{2}} \underbrace{\int_0^{2\pi} \sin\varphi \cos\varphi \, \mathrm{d}\varphi}_{=0} \sin^3\theta \, \mathrm{d}\theta$$

$$\qquad + R^3 \int_0^{\frac{\pi}{2}} \left(\int_0^{2\pi} \mathrm{d}\varphi \right) \sin\theta \cos^2\theta \, \mathrm{d}\theta$$

$$= \frac{2\pi R^3}{3} \, . \qquad \blacktriangleleft$$

Kommentar: In der Literatur findet sich zu den orientierten Flächenintegralen im Fall $n = 3$ auch eine komponentenweise Notation der Form

$$\int_\Gamma \boldsymbol{F} \cdot \mathrm{d}\boldsymbol{\mu} = \int_\Gamma F_1 \, \mathrm{d}x_2 \wedge \mathrm{d}x_3 + F_2 \, \mathrm{d}x_3 \wedge \mathrm{d}x_1 + F_3 \, \mathrm{d}x_1 \wedge \mathrm{d}x_2 \, ,$$

wobei das verwendete Dachprodukt aus der Theorie zu *Differenzialformen* stammt. Mit der hier genutzten Notation gilt:

$$\mathrm{d}x_i \wedge \mathrm{d}x_j = \det \begin{pmatrix} \dfrac{\partial \boldsymbol{\gamma}_i}{\partial v_1} & \dfrac{\partial \boldsymbol{\gamma}_j}{\partial v_1} \\[2mm] \dfrac{\partial \boldsymbol{\gamma}_i}{\partial v_2} & \dfrac{\partial \boldsymbol{\gamma}_j}{\partial v_2} \end{pmatrix} \mathrm{d}\boldsymbol{v} \, .$$

Im Ausblick auf Seite 1000 werden die Differenzialformen kurz erläutert.

23.4 Der Gauß'sche Satz

Die eingeführten orientierten Flächenintegrale besitzen eine wichtige physikalische Interpretation. Nehmen wir an, es wird mit dem Vektorfeld $\boldsymbol{F}$ eine Strömung im Raum beschrieben. So ist das Flächenintegral über die Normalkomponente der Strömung ein Maß für die Materialmenge, die im Strömungsfeld durch eine Hyperfläche fließt.

Über Quader liefert der zweiten Hauptsatz den Gauß'schen Satz direkt

Die physikalische Beobachtung ist ein Hinweis für die gesuchte Verallgemeinerung der Hauptsätze der Differenzial- und Integralrechnung. Wir tasten uns in diesem Abschnitt schrittweise an den Gauß'schen Satz heran, um letztendlich eine allgemeine Version auf Seite 997 zu beweisen. Danach werden einige Folgerungen diskutiert, die ein wenig die Bedeutung des Satzes beleuchten, sodass der Leser, der zunächst eine komplette Beweisführung überspringen möchte, dort weiterarbeiten kann.

Grundlage aller bisher gezeigten Integrale ist die Lebesgue'sche Integrationstheorie, die auf das **Gebietsintegral**

$$\int_D f(\boldsymbol{v})\,\mathrm{d}\boldsymbol{v}$$

führt. Messbare Mengen $D \subseteq \mathbb{R}^n$ sind durch integrierbare charakteristische Funktionen gegeben (siehe Seite 928). Insbesondere sind offenen Mengen messbar. Die Berechnung der Integrale ergibt sich letztendlich aufgrund des Satzes von Fubini (siehe Seite 929) durch iterierte Integrale.

Durch die Einführung des nicht orientierten **Flächenintegrals**

$$\int_\Gamma f\,\mathrm{d}\mu = \int_D f(\boldsymbol{\gamma}(\boldsymbol{v}))\sqrt{\det\left((\boldsymbol{\gamma}'(\boldsymbol{v}))^\top \boldsymbol{\gamma}'(\boldsymbol{v})\right)}\,\mathrm{d}\boldsymbol{v}$$

über eine d-dimensionale reguläre Fläche im $\mathbb{R}^n$, die durch eine Parametrisierung $\boldsymbol{\gamma}$ gegeben ist, ist eine Verallgemeinerung gewonnen. Denn im Spezialfall $\boldsymbol{\gamma}_1(\boldsymbol{x}) = (x_1, \ldots, x_d, 0, \ldots, 0)^\top$ ist das Flächenintegral das d-dimensionale Gebietsintegral

$$\int_\Gamma f\,\mathrm{d}\mu = \int_D f(\boldsymbol{\gamma}_1(\boldsymbol{x}))\,\mathrm{d}\boldsymbol{x}$$

über ein ebenes Gebiet $D \subseteq \mathbb{R}^d$. Man beachte, dass für die Gram'sche Determinante $\sqrt{\det(\boldsymbol{\gamma}_1'^\top \boldsymbol{\gamma}_1')} = 1$ gilt. Auch die Transformationsformel (siehe Seite 941) ist direkt eingebettet im Begriff des Flächenintegrals. Wählen wir eine Transformation $\boldsymbol{\psi}: B \subseteq \mathbb{R}^d \to D$ und betrachten eine äquivalente Parametrisierung $\boldsymbol{\gamma}_2: B \to \mathbb{R}^n$ mit $\boldsymbol{\gamma}_2(\boldsymbol{y}) = (\psi_1(\boldsymbol{y}), \ldots, \psi_d(\boldsymbol{y}), 0, \ldots, 0)^\top$, so folgt:

$$\int_B f(\boldsymbol{\gamma}_2(\boldsymbol{y}))|\det \boldsymbol{\psi}'(\boldsymbol{y})|\,\mathrm{d}\boldsymbol{y} = \int_\Gamma f\,\mathrm{d}\mu = \int_D f(\boldsymbol{\gamma}_1(\boldsymbol{x}))\,\mathrm{d}\boldsymbol{x}\,,$$

da $|\det(\boldsymbol{\psi}')| = \sqrt{\det(\boldsymbol{\gamma}_2'^\top \boldsymbol{\gamma}_2')}$ gilt. Man beachte, dass sich die Transformationsformel, wie auch der Satz von Fubini auf ein nicht orientiertes Integral beziehen, im Gegensatz zur Substitutionsregel im eindimensionalen Fall, die eine Orientierung beinhaltet.

Ein weiterer Spezialfall ist $d = 1$. In diesem Fall erhalten wir das **Kurvenintegral**

$$\int_\Gamma f\,\mathrm{d}l = \int_a^b f(\boldsymbol{\gamma}(t))\,\|\dot{\boldsymbol{\gamma}}(t)\|\,\mathrm{d}t$$

(siehe Seite 966). Insbesondere lässt sich mit dem Integral zu regulären Kurven die Länge einer Kurve berechnen, die im Allgemeinen durch Approximation mit Polygonzügen bei rektifizierbaren Kurven definiert ist.

In Hinblick auf Anwendungen werden im Zusammenhang mit der Orientierung von Kurven bzw. Hyperflächen zwei weitere, spezielle Notationen verwendet. Das **tangential orientierte Kurvenintegral** ist gegeben durch:

$$\int_\Gamma \boldsymbol{F}(\boldsymbol{x}) \cdot \mathbf{d}l = \int_a^b \boldsymbol{F}(\boldsymbol{\gamma}(t)) \cdot \dot{\boldsymbol{\gamma}}(t)\,\mathrm{d}t$$

(siehe Seite 968), wobei mit $\dot{\boldsymbol{\gamma}} = \boldsymbol{\gamma}'$ der Tangential- bzw. Geschwindigkeitsvektor an einer regulären Kurve bezeichnet wird. Man verwendet als abkürzende Notation ein vektorielles Linienelement, $\mathbf{d}l = \dot{\boldsymbol{\gamma}}(t)\,\mathrm{d}t$.

Im Fall einer orientierbaren Hyperfläche Γ mit Parametrisierung $\boldsymbol{\gamma}$ wird darüber hinaus das **normal orientierte Flächenintegral**

$$\int_\Gamma \boldsymbol{F} \cdot \mathbf{d}\mu = \int_D \boldsymbol{F}(\boldsymbol{\gamma}(\boldsymbol{v}))^\top \left(\partial_1 \boldsymbol{\gamma}(\boldsymbol{v}) \wedge \ldots \wedge \partial_{n-1}\boldsymbol{\gamma}(\boldsymbol{v})\right)\,\mathrm{d}\boldsymbol{v}$$

(siehe Seite 986) betrachtet.

Eigenschaften des Gebietsintegrals/Flächenintegrals gelten bei all diesen Varianten, etwa

- **Linearität**, d. h.

$$\int_\Gamma \alpha_1 f_1 + \alpha_2 f_2\,\mathrm{d}\mu = \alpha_1 \int_\Gamma f_1\,\mathrm{d}\mu + \alpha_2 \int_\Gamma f_2\,\mathrm{d}\mu$$

für $\alpha_1, \alpha_2 \in \mathbb{R}$.
- **Stückweise reguläre Flächen**: Sind Γ_1 und Γ_2 reguläre Flächen mit Parametrisierungen $\boldsymbol{\gamma}_j: D_j \to \mathbb{R}^n$, $j = 1, 2$, und es gilt $\boldsymbol{\gamma}_1(D_1) \cap \boldsymbol{\gamma}_2(D_2) = \emptyset$, so ist

$$\int_{\Gamma_1 \cup \Gamma_2} f\,\mathrm{d}\mu = \int_{\Gamma_1} f\,\mathrm{d}\mu + \int_{\Gamma_2} f\,\mathrm{d}\mu\,.$$

Beispiel Zunächst betrachten wir das einfachste Beispiel, einen Quader der Form $Q = [a_1, b_1] \times \cdots \times [a_n, b_n] \subset \mathbb{R}^n$. Wir zerlegen den Quader in $Q = Q' \times [a_n, b_n]$ mit dem entsprechenden $(n-1)$-dimensionalen Quader $Q' \in \mathbb{R}^{n-1}$.

Ist nun $\boldsymbol{F}: Q \to \mathbb{R}^n$ ein stetig differenzierbares Vektorfeld, so gilt für die n-te Komponente mit dem Satz von Fubini (siehe Seite 929) und dem zweiten Hauptsatz (siehe Seite 620):

$$\int_Q \frac{\partial F_n}{\partial x_n}(\boldsymbol{x})\,\mathrm{d}\boldsymbol{x} = \int_{Q'} \int_{a_n}^{b_n} \frac{\partial F_n}{\partial x_n}(\boldsymbol{x}', x_n)\,\mathrm{d}x_n \mathrm{d}\boldsymbol{x}'$$

$$= \int_{Q'} F_n(\boldsymbol{x}', b_n) - F_n(\boldsymbol{x}', a_n)\,\mathrm{d}\boldsymbol{x}'.$$

Dabei haben wir die Notation $\boldsymbol{x}' = (x_1, \ldots, x_{n-1})^\top \in \mathbb{R}^{n-1}$ genutzt.

Wir schreiben das letzte Integral als Randintegral über den

Hintergrund und Ausblick: Krümmung von Kurven und Flächen

Anhand der Parametrisierungen von Kurven oder Flächen und deren Ableitungen lassen sich neben den Tangentialräumen auch weitere geometrische Eigenschaften dieser Objekte quantifizieren. Dabei sind in der elementaren *Differenzialgeometrie* Krümmungen die entscheidenden Größen. Ein kurzer Ausblick zeigt, wie diese sich aus gegebenen Parametrisierungen ergeben.

An einer Kurve im Raum, die durch eine Parametrisierung $\boldsymbol{\gamma} : (a, b) \to \mathbb{R}^3$ gegeben ist, können wir durch $\boldsymbol{\tau}(t) = \frac{1}{\|\dot{\boldsymbol{\gamma}}(t)\|} \dot{\boldsymbol{\gamma}}(t)$ einen normierten Tangentialvektor angeben. Es interessieren Änderungen von $\boldsymbol{\tau}$ längs der Kurve, ein Maß für die Krümmung. Um eine einfache Darstellung zu erreichen, setzen wir eine hinreichend oft differenzierbare Parametrisierung nach der Bogenlänge voraus, d. h., $\boldsymbol{\tau} = \dot{\boldsymbol{\gamma}}$ und $\|\dot{\boldsymbol{\gamma}}\| = 1$ auf (a, b). Für die zweite Ableitung folgt:

$$\dot{\boldsymbol{\tau}}(t) = \ddot{\boldsymbol{\gamma}}(t) = \underbrace{\|\ddot{\boldsymbol{\gamma}}(t)\|}_{\kappa(t)} \boldsymbol{v}(t) \, ,$$

Der so definierte Einheitsvektor $\boldsymbol{v}(t)$ heißt **Hauptnormalenvektor** und der skalare Faktor $\kappa(t)$ ist die *Krümmung* der Kurve in $\boldsymbol{\gamma}(t)$. Aus $\|\dot{\boldsymbol{\gamma}}\| = 1$ sehen wir mit der Ableitung $0 = \frac{\mathrm{d}}{\mathrm{d}t}(\dot{\boldsymbol{\gamma}} \cdot \dot{\boldsymbol{\gamma}}) = 2\dot{\boldsymbol{\gamma}} \cdot \ddot{\boldsymbol{\gamma}}$, dass $\boldsymbol{\tau}$ und $\boldsymbol{v}$ senkrecht zueinander stehen. Die durch $\boldsymbol{\tau}$ und $\boldsymbol{v}$ aufgespannte Ebene heißt **Schmiegeebene**. Man vervollständigt $\boldsymbol{\tau}$ und $\boldsymbol{v}$ zu einer Orthonormalbasis des $\mathbb{R}^3$ durch den **Binormalenvektor** $\boldsymbol{b} = \boldsymbol{\tau} \times \boldsymbol{v}$, den Normalenvektor der Schmiegeebene.

Zur Beschreibung der Kurve interessiert letztlich die Änderung des Hauptnormalenvektors, d. h., der Vektor $\dot{\boldsymbol{v}}$. Aus $\|\boldsymbol{v}(t)\| = 1, t \in (a, b)$ folgt $\dot{\boldsymbol{v}} \cdot \boldsymbol{v} = 0$. Also gibt es eine Darstellung $\dot{\boldsymbol{v}} = \alpha \boldsymbol{\tau} + \beta \boldsymbol{b}$. Der Koeffizient α bzw. der Betrag des Tangentialanteils $|\dot{\boldsymbol{v}}(t) \cdot \boldsymbol{\tau}(t)| = |\alpha(t)| = \kappa(t)$ definiert die **Krümmung**. Durch Differenzieren von $\boldsymbol{v} \cdot \boldsymbol{\tau} = 0$ folgt $\dot{\boldsymbol{v}} \cdot \boldsymbol{\tau} = -\boldsymbol{v} \cdot \dot{\boldsymbol{\tau}}$, und wir erhalten die oben bereits angegebene Identität $\kappa = \|\ddot{\boldsymbol{\gamma}}\|$ im Fall einer Parametrisierung nach der Bogenlänge. Der verbleibende Koeffizient, der sich analog durch $\beta = \dot{\boldsymbol{v}} \cdot \boldsymbol{b} = -\boldsymbol{v} \cdot \dot{\boldsymbol{b}}$ angeben lässt, heißt die **Torsion** zur Kurve Γ. Ein Fundamentalsatz der Differenzialgeometrie besagt, dass eine hinreichend reguläre Kurve bis auf Bewegungen, d. h. Verschiebungen oder Drehungen, durch Kenntnis der Krümmung und der Torsion eindeutig festgelegt ist.

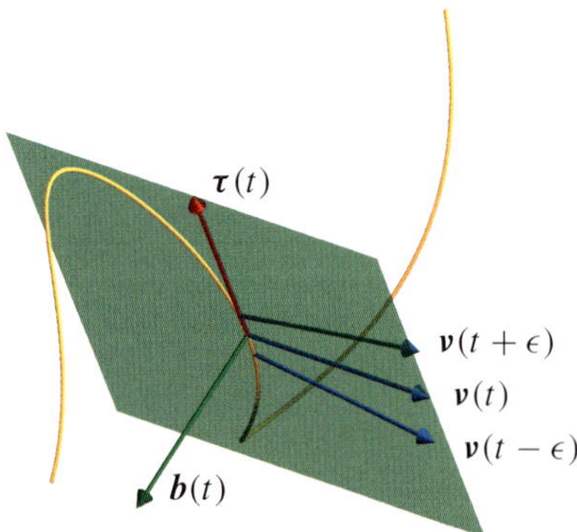

Die Krümmung ist definiert durch den tangentialen Anteil der Ableitung des Hauptnormalenvektors, d. h., die

Projektion $|\dot{\boldsymbol{v}} \cdot \boldsymbol{\tau}| = \kappa$. Diesen Gedanken greift man auf zur Beschreibung von Krümmungen orientierbarer Flächen. Mit einer hinreichend glatten Parametrisierung $\boldsymbol{\gamma} : D \subseteq \mathbb{R}^2 \to \mathbb{R}^3$ einer Fläche ergibt sich das Normalenfeld $\boldsymbol{v} : D \to \mathbb{R}^3$ durch

$$\boldsymbol{v} = \frac{\partial_{v_1} \boldsymbol{\gamma} \times \partial_{v_2} \boldsymbol{\gamma}}{|\partial_{v_1} \boldsymbol{\gamma} \times \partial_{v_2} \boldsymbol{\gamma}|} \, .$$

Aus $\|\boldsymbol{v}\|^2 = 1$ folgt durch Differenzieren nach den beiden Parametern für die Spalten der Funktionalmatrix $\partial_{v_j} \boldsymbol{v} \cdot \boldsymbol{v} = 0$ für $j = 1, 2$. Somit liegen die Vektoren $\partial_{v_j} \boldsymbol{v}$ im Tangentialraum, und es gibt eine Darstellung

$$\partial_{v_j} \boldsymbol{v} = a_{1j} \partial_{v_1} \boldsymbol{\gamma} + a_{2j} \partial_{v_2} \boldsymbol{\gamma} \, .$$

Betrachten wir eine Kurve in D mit Parametrisierung $\boldsymbol{\varphi} : (a, b) \to D$, so ist durch $\boldsymbol{\gamma} \circ \boldsymbol{\varphi} : (a, b) \to \mathbb{R}^3$ eine Kurve auf der Fläche gegeben. Die Krümmung dieser Kurve ist, wie oben, durch die Projektion der Ableitung der Normalen $\boldsymbol{v}(\boldsymbol{\varphi}(t))$ auf den Tangentialvektor $\frac{\mathrm{d}}{\mathrm{d}t}(\boldsymbol{\gamma}(\boldsymbol{\varphi}(t)))$ gegeben. Wir erhalten mit der Kettenregel und den Darstellungen der Ableitungen von $\boldsymbol{v}$:

$$\begin{aligned}
(\boldsymbol{\gamma}' \dot{\boldsymbol{\varphi}})^\top & \boldsymbol{v}' \dot{\boldsymbol{\varphi}} \\
&= \dot{\boldsymbol{\varphi}}^\top \begin{pmatrix} (\partial_1 \boldsymbol{\gamma})^\top \\ (\partial_2 \boldsymbol{\gamma})^\top \end{pmatrix} \begin{pmatrix} \partial_{v_1} \boldsymbol{v}, & \partial_{v_2} \boldsymbol{v} \end{pmatrix} \dot{\boldsymbol{\varphi}} \\
&= \dot{\boldsymbol{\varphi}}^\top \underbrace{\begin{pmatrix} a_{11} & a_{12} \\ a_{12} & a_{22} \end{pmatrix}}_{=A} \dot{\boldsymbol{\varphi}}.
\end{aligned}$$

Wir können einen Punkt $\boldsymbol{\gamma}(\boldsymbol{v}_0)$, $\boldsymbol{v}_0 \in D$, in beliebigen Richtungen auf der Fläche durchlaufen, d. h., jede Richtung $\dot{\boldsymbol{\varphi}}$ ist sinnvoll. Somit beschreibt diese quadratische Form die Krümmungseigenschaften der Fläche im Punkt $\boldsymbol{\gamma}(\boldsymbol{v}_0)$. Die quadratische Form ist durch ihre Eigenwerte und Eigenvektoren charakterisiert (siehe Kapitel 18). Man nennt die beiden Eigenwerte λ_1, λ_2 die **Hauptkrümmungen**. Neben den Hauptkrümmungen werden die **Gauß-Krümmung** $K = \det A = \lambda_1 \lambda_2$ und die **mittlere Krümmung** $H = \frac{1}{2}\operatorname{Spur} A = \frac{1}{2}(\lambda_1 + \lambda_2)$ definiert.

Wir haben hier die verschiedenen Krümmungen in Abhängigkeit einer Parametrisierung dargestellt. Der quadratischen Form liegt aber eigentlich eine lineare Abbildung auf dem Tangentialraum an Γ zugrunde mit den Hauptkrümmungen als Eigenwerten. Die fundamentalen Sätze der klassischen *Differenzialgeometrie* belegen, dass Größen, wie Torsion, Hauptkrümmung, Gauß-Krümmung etc. lokale geometrische Eigenschaften von Kurven bzw. Flächen sind und zwar unabhängig vom Koordinatensystem, von Parametrisierungen oder von Bewegungen des Objekts im Raum.

Abbildung 23.21 Ohne Quellen und Senken ist eine Strömung ausgeglichen -- was in ein Gebiet hineinfließt, fließt auch wieder heraus.

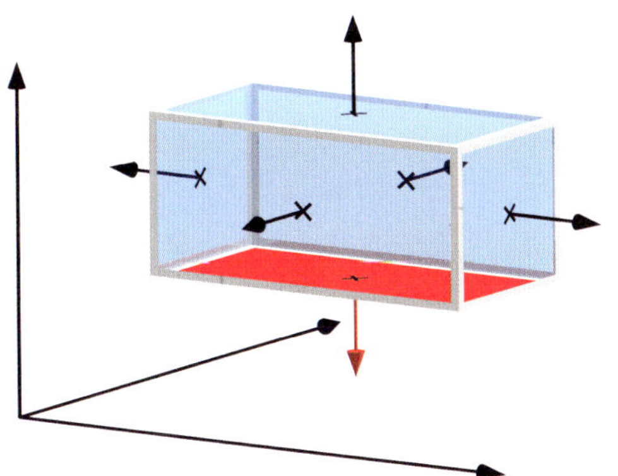

Abbildung 23.22 Quader im $\mathbb{R}^n$ sind die einfachste Situation für den Gauß'schen Integralsatz. In der Abbildung ist das Normalenfeld ν dargestellt. Etwa für die untere Fläche $Q' \times \{a_3\}$ erkennt man, dass die Komponente $\nu_3 = -1$ ist und die anderen beiden Komponenten verschwinden.

gesamten, stückweise regulären Rand ∂Q des Quaders. Dazu bezeichnen wir mit $\nu : \partial Q \to \mathbb{R}^n$ das nach außen gerichtete Normalenfeld auf den regulären Randflächen des Quaders. Es gilt:

$$\nu_n = \begin{cases} 0 & \text{auf } \partial Q' \times (a_n, b_n)\,, \\ -1 & \text{auf } Q' \times \{a_n\}\,, \\ 1 & \text{auf } Q' \times \{b_n\}\,, \end{cases}$$

und wir erhalten:

$$\int_Q \frac{\partial F_n}{\partial x_n}(\boldsymbol{x})\,\mathrm{d}\boldsymbol{x} = \int_{\partial Q} F_n(\boldsymbol{x})\nu_n(\boldsymbol{x})\,\mathrm{d}\mu\,.$$

Die Identität gilt analog für alle Komponenten,

$$\int_Q \frac{\partial F_j}{\partial x_j}(\boldsymbol{x})\,\mathrm{d}\boldsymbol{x} = \int_{\partial Q} F_j(\boldsymbol{x})\nu_j(\boldsymbol{x})\,\mathrm{d}\mu$$

$j = 1, \ldots, n$. Summieren wir die Integrale auf, so ergibt sich für das stetig differenzierbare Vektorfeld $\boldsymbol{F} : Q \to \mathbb{R}^n$ der *Gauß'sche Satz*

$$\int_Q \operatorname{div} \boldsymbol{F}\,\mathrm{d}\boldsymbol{x} = \int_{\partial Q} \boldsymbol{F} \cdot \boldsymbol{\nu}\,\mathrm{d}\mu$$

im Spezialfall eines Quaders. Das Flächenintegral ist das auf Seite 986 eingeführte orientierte Integral.

Auf der linken Seite der Identität tritt der Differenzialoperator

$$\operatorname{div} \boldsymbol{F} = \sum_{j=1}^n \frac{\partial F_j}{\partial x_j}\,,$$

die *Divergenz* des Vektorfelds $\boldsymbol{F}$ auf. ◄

Aufgrund des Beispiels definieren wir den Differenzialoperator.

Die Divergenz

Ist $\boldsymbol{F} : U \to \mathbb{R}^n, n \in \mathbb{N}$, ein differenzierbares Vektorfeld auf einer offenen Menge $U \subseteq \mathbb{R}^n$, so heißt der Differenzialoperator div mit

$$\operatorname{div} \boldsymbol{F} = \sum_{j=1}^n \frac{\partial F_j}{\partial x_j}\,,$$

die **Divergenz** von $\boldsymbol{F}$.

Man beachte, dass es sich bei der Divergenz um einen linearen Operator auf dem Vektorraum der differenzierbaren Funktionen handelt; denn es gilt:

$$\operatorname{div}(\alpha \boldsymbol{F} + \beta \boldsymbol{G}) = \alpha \operatorname{div} \boldsymbol{F} + \beta \operatorname{div} \boldsymbol{G}$$

für $\alpha, \beta \in \mathbb{R}$.

Im Fall $n = 1$ entspricht dies dem zweiten Hauptsatz der Differenzial- und Integralrechnung. Unser Ziel ist es, den Gauß'schen Satz,

$$\int_Q \operatorname{div} \boldsymbol{F}\,\mathrm{d}\boldsymbol{x} = \int_{\partial Q} \boldsymbol{F} \cdot \boldsymbol{\nu}\,\mathrm{d}\mu\,,$$

für möglichst allgemeine Mengen $M \subseteq \mathbb{R}^n$ anstelle von Q zu zeigen. Neben hinreichender Regularität des Vektorfelds $\boldsymbol{F}$ muss offensichtlich das Integrationsgebiet M messbar sein, damit das linke Integral existiert. Für die Integration über dem Rand ist es erforderlich, nur Mengen zuzulassen, deren Rand sich aus regulären Hyperflächen zusammensetzt, sodass die Flächenintegrale über den Rand definiert sind. Außerdem ist die *Orientierung* der Normalen auf den Flächenstücken nicht beliebig wählbar.

Mit diesen Bemerkungen zeichnet sich der Inhalt des Abschnitts ab. Wir gehen in vier Schritten vor. Nachdem wir das Resultat am Quader kennen, betrachten wir zuerst Funktionen mit einem *kompakten Träger*, um im zweiten Schritt die Quader an einer Seite im Sinne eines Graphen einer Funktion zu modifizieren. Drittens werden Gebiete M mit *glatten* Rändern als Integrationsgebiete zugelassen. Dieser Schritt ist erheblich aufwendiger, und wir werden mit der *Partition der Eins* eine wichtige Beweistechnik der Analysis kennenlernen. Eine weitere zentrale Beweistechnik ist im letzten Schritt erforderlich, das *Abglätten* von Funktionen, um zu einer allgemeinen Formulierung des Gauß'schen Satzes zu kommen, die auch Ecken und Kanten erlaubt.

Beginnen wir mit differenzierbaren Vektorfeldern, die einen *kompakten Träger* in einer offenen Menge $M \subseteq \mathbb{R}^n$ aufweisen, d. h., wir betrachten stetig differenzierbare Funktionen $F \colon M \to \mathbb{R}^n$ mit der Eigenschaft, dass es eine kompakte Menge $K \subseteq M$ gibt mit $F(x) = 0$ für $x \in M \setminus K$. Die Menge $\operatorname{supp} F = \overline{\{x \in M \mid F(x) \neq 0\}}$ wird **Träger** genannt und für die Menge der differenzierbaren Funktionen mit kompaktem Träger nutzt man die Notation $C_0^1(M)$.

Satz

Ist $F \in C_0^1(M)$ auf einer offenen Menge $M \in \mathbb{R}^n$, so gilt:

$$\int_M \operatorname{div} F(x)\, \mathrm{d}x = 0 \,.$$

Beweis: Da F außerhalb einer kompakten Menge verschwindet, gibt es einen Quader $Q \subseteq \mathbb{R}^n$ mit $\operatorname{supp} F \subseteq Q$. Setzen wir die Funktion durch 0 auf Q stetig differenzierbar fort, so folgt mit dem Beispiel von Seite 987:

$$\int_M \operatorname{div} F(x)\, \mathrm{d}x = \int_Q \operatorname{div} F(x)\, \mathrm{d}x = 0 \,. \qquad \blacksquare$$

Als nächsten Schritt hin zu einer allgemeinen Version des Gauß'schen Satzes betrachten wir einen modifizierten Quader $\widetilde{Q}$, bei dem eine Seite als Graph einer glatten Funktion aufgefasst werden kann, und erlauben, dass der Integrand auf diesem Randstück von null verschieden ist. Die Voraussetzungen im folgenden Lemma sind ein wenig unübersichtlich, aber die Abbildung 23.23 illustriert die geometrische Situation.

Lemma

Gegeben ist

$$\widetilde{Q} = \left\{ x = (x', x_n) \in \mathbb{R}^n \colon x' \in Q' \text{ und } a \leq x_n \leq g(x') \right\},$$

wobei $Q' = [a_1, b_1] \times \cdots \times [a_{n-1}, b_{n-1}] \subseteq \mathbb{R}^{n-1}$ und $g \colon Q' \to \mathbb{R}$ eine stetig differenzierbare Funktion mit $a < \min_{x' \in Q'}\{g(x')\}$. Weiter sei $F \in C^1(\widetilde{Q}^\circ) \cap C(\widetilde{Q})$ mit integrierbaren partiellen Ableitungen $\frac{\partial F_j}{\partial x_j} \in L^1(\widetilde{Q})$, $j = 1, \ldots, n$ und Träger

$$\operatorname{supp} F \subseteq \{ x = (x', x_n) \in \mathbb{R}^n \colon x' \in (Q')^\circ \text{ und } x_n > a \} \,.$$

Dabei bezeichnen wir mit $\widetilde{Q}^\circ$ das Innere der Menge $\widetilde{Q}$. Es gilt:

$$\int_{\widetilde{Q}} \operatorname{div} F\, \mathrm{d}x = \int_{\Gamma} F \cdot \nu\, \mathrm{d}\mu$$

für $j = 1, \ldots, n$, wenn Γ die reguläre Fläche zum Randstück $\{(x', g(x')) \in \mathbb{R}^n \mid x' \in Q'\}$ bezeichnet, und ν das zugehörige nach außen zeigende Normalenfeld an Γ ist.

Beweis: Zum Beweis betrachten wir eine Komponente F_j des Vektorfelds F und nutzen zunächst den Satz von Fubini (siehe Seite 929). Es ergibt sich für $j \in \{1, \ldots, n\}$:

$$\int_{\widetilde{Q}} \frac{\partial F_j}{\partial x_j}(x)\, \mathrm{d}x = \int_{Q'} \int_a^{g(x')} \frac{\partial F_j}{\partial x_j}(x', x_n)\, \mathrm{d}x_n\, \mathrm{d}x' \,. \quad (23.2)$$

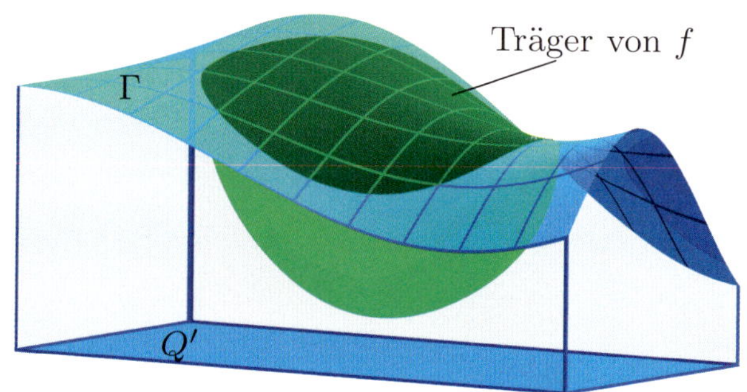

Abbildung 23.23 Erste Verallgemeinerung des Integrationsgebiets.

Für $j \in \{1, \ldots, n-1\}$ setzen wir $h_j \colon Q' \to \mathbb{R}$ mit

$$h_j(x') = \int_a^{g(x')} F_j(x', \xi)\, \mathrm{d}\xi \,.$$

Die Funktionen h_j sind differenzierbar (siehe Seite 642) und besitzen einen kompakten Träger in Q'. Wir erhalten die partiellen Ableitungen

$$\frac{\partial h_j}{\partial x_j}(x') = F_j\left(x', g(x')\right) \frac{\partial g}{\partial x_j}(x') + \int_a^{g(x')} \frac{\partial F_j}{\partial x_j}(x', \xi)\, \mathrm{d}\xi \,.$$

Einsetzen dieser Identität in Gleichung 23.2 führt auf:

$$\int_{\widetilde{Q}} \frac{\partial F_j}{\partial x_j}(x)\, \mathrm{d}x$$

$$= \int_{Q'} \frac{\partial h_j}{\partial x_j}(x')\, \mathrm{d}x' - \int_{Q'} F_j(x', g(x')) \frac{\partial g}{\partial x_j}(x')\, \mathrm{d}x'$$

für $j = 1, \ldots, n-1$. Mit dem Satz von Seite 990 angewendet in $Q' \in \mathbb{R}^{n-1}$ ist

$$\int_{Q'} \frac{\partial h_j}{\partial x_j}(x')\, \mathrm{d}x' = 0 \,.$$

Da die Normale an Γ durch

$$\nu = \frac{1}{\sqrt{1 + \|\nabla g\|^2}} (-\nabla g, 1)^\top$$

gegeben ist (Selbstfrage auf Seite 977), folgt mit der Notation des Flächenintegrals:

$$\int_{\widetilde{Q}} \frac{\partial F_j}{\partial x_j}(x)\, \mathrm{d}x = \int_{\Gamma} F_j(x)\, \nu_j(x)\, \mathrm{d}\mu \,.$$

Für die letzte Komponente $j = n$ erhalten wir direkt mit dem zweiten Hauptsatz:

$$\int_{\widetilde{Q}} \frac{\partial F_n}{\partial x_n}(x)\, \mathrm{d}x = \int_{Q'} F_n(x', g(x')) - F_n(x', a)\, \mathrm{d}x'$$

$$= \int_{Q'} F_n(x', g(x'))\, \mathrm{d}x'$$

$$= \int_{\Gamma} F_n(x)\, \nu_n(x)\, \mathrm{d}\mu \,,$$

da wegen des Trägers von F auch das Integral $\int_{Q'} F_n(x', a)\, \mathrm{d}x'$ verschwindet.

Summieren wir über $j = 1, \ldots, n$, so ergibt sich der Gauß'sche Satz

$$\int_{\widetilde{Q}} \operatorname{div} \boldsymbol{F} \, \mathrm{d}\boldsymbol{x} = \int_{\partial \widetilde{Q}} \boldsymbol{F} \cdot \boldsymbol{v} \, \mathrm{d}\mu$$

für Gebiete $\widetilde{Q}$, die durch den Graphen einer Funktion $g \in C^1(Q')$ begrenzt sind. ∎

Das Resultat gilt entsprechend, wenn statt der Seite $Q \cap \{x_n = b_n\}$ eine andere einzelne Seite $Q \cap \{x_j = a_j\}$ oder $Q \cap \{x_j = b_j\}$, $j = 1, \ldots, n$ eines achsenparallelen Quaders durch den Graph einer Funktion ersetzt wird. Dies ist ersichtlich, wenn wir im letzten Beweis statt $j = n$ einen anderen Index betrachten oder die Koordinaten einfach entsprechend umnummerieren.

Um zu allgemeineren Formulierungen des Gauß'schen Satzes zu kommen, ist die Idee, eine Menge M mit solchen an einer Seite modifizierten Quadern zu überdecken und die Funktion $\boldsymbol{F}$ zu zerlegen, sodass auf jedem einzelnen Quader das letzte Lemma angewendet werden kann.

In Umgebungen regulärer Punkte lassen sich innen und außen unterscheiden

Das Vorhaben müssen wir mit einigen Überlegungen vorbereiten. Wir führen zunächst eine Bezeichnung ein: Ein Randpunkt $\hat{\boldsymbol{x}} \in \partial \overline{M}$ einer Menge $M \subseteq \mathbb{R}^n$ heißt **regulär**, wenn es eine offene Umgebung $U \subseteq \mathbb{R}^n$ und eine stetig differenzierbare Abbildung $\psi \colon U \to \mathbb{R}$ mit $\nabla \psi(\boldsymbol{x}) \neq 0$ für $\boldsymbol{x} \in U$ gibt, sodass

$$\overline{M} \cap U = \{\boldsymbol{x} \in U \mid \psi(\boldsymbol{x}) \leq 0\}$$

ist (Abb. 23.24). Beachten Sie, dass wir $\hat{\boldsymbol{x}}$ auf dem Rand des Abschlusses von M voraussetzen, um isolierte Stellen auszuschließen.

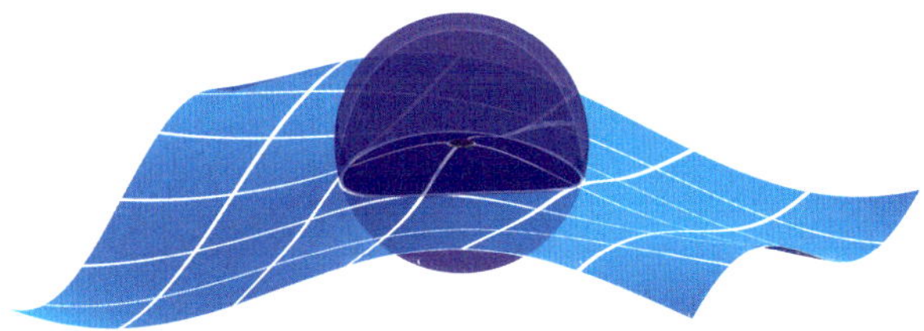

Abbildung 23.24 In regulären Randpunkten lassen sich innen und außen unterscheiden.

Lemma

(a) Ist $\hat{\boldsymbol{x}} \in \partial M$ ein regulärer Randpunkt einer Menge $M \subseteq \mathbb{R}^n$, so ist

$$\partial \overline{M} \cap U = \{\boldsymbol{x} \in U \mid \psi(\boldsymbol{x}) = 0\}$$

mit U und ψ aus der obigen Definition regulärer Punkte.

(b) Auf dem Randstück $\partial \overline{M} \cap U$ gibt es genau ein nach außen gerichtetes Normalenfeld, das durch

$$\boldsymbol{v}(\boldsymbol{x}) = \frac{\nabla \psi(\boldsymbol{x})}{\|\nabla \psi(\boldsymbol{x})\|}$$

gegeben ist.

Beweis: (a) Es sind zwei Inklusionen zu zeigen. Für die eine Richtung nehmen wir $\boldsymbol{x} \in \partial M \cap U$ an. Da $\hat{\boldsymbol{x}}$ regulärer Punkt ist, gilt insbesondere $\psi(\boldsymbol{x}) \leq 0$. Darüber hinaus gibt es eine Folge $(\boldsymbol{x}_n) \in U \setminus \overline{M}$ mit $\lim_{n \to \infty} \boldsymbol{x}_n = \boldsymbol{x}$. Mit der Stetigkeit von ψ erhalten wir:

$$\psi(\boldsymbol{x}) = \lim_{n \to \infty} \underbrace{\psi(\boldsymbol{x}_n)}_{> 0} \geq 0 \,.$$

Also folgt $\psi(\boldsymbol{x}) = 0$.

Für die Rückrichtung sei $\boldsymbol{x} \in U$ mit $\psi(\boldsymbol{x}) = 0$ erfüllt. Angenommen, es existiert eine Umgebung $\widetilde{U} \subseteq U$ von $\boldsymbol{x}$ mit $\psi(\boldsymbol{y}) \leq 0$ für alle $\boldsymbol{y} \in \widetilde{U}$. Dann liegt in $\boldsymbol{x}$ ein lokales Maximum, und es gilt im Widerspruch zur Voraussetzung $\nabla \psi(\boldsymbol{x}) = 0$. Also gibt es in jeder Umgebung $\widetilde{U}$ von $\boldsymbol{x}$ ein $\boldsymbol{y} \in \widetilde{U}$ mit $\psi(\boldsymbol{y}) > 0$, d. h., $\boldsymbol{y} \notin \overline{M}$. Analog erhalten wir aus der Annahme $\psi(\boldsymbol{y}) \geq 0$ für alle $\boldsymbol{y} \in \widetilde{U}$ ein lokales Minimum und somit einen Widerspruch. In jeder Umgebung von $\boldsymbol{x}$ gibt es deswegen auch ein $\boldsymbol{y} \in \overline{M} \cap \widetilde{U}$. Somit haben wir gezeigt, dass $\boldsymbol{x} \in \partial \overline{M}$ ist.

(b) Da der Rand nach Teil (a) lokal Niveaumenge einer stetig differenzierbaren Funktion ψ ist, ist mit dem Beispiel auf Seite 978 durch

$$\boldsymbol{v}(\boldsymbol{x}) = \frac{\nabla \psi(\boldsymbol{x})}{\|\nabla \psi(\boldsymbol{x})\|}$$

für $\boldsymbol{x} \in \partial M \cap U$ ein Normalenfeld gegeben.

Betrachten wir zu diesem Vektorfeld an einer Stelle $\boldsymbol{x} \in \partial \overline{M} \cap U$ die Funktion $\varphi \colon (-\varepsilon, \varepsilon) \to \mathbb{R}$ mit

$$\varphi(t) = \psi(\boldsymbol{x} + t \boldsymbol{v}(\boldsymbol{x})) \,,$$

so sind $\varphi(0) = 0$ und $\varphi'(0) = \nabla \psi(\boldsymbol{x}) \cdot \boldsymbol{v}(\boldsymbol{x}) = \|\nabla \psi(\boldsymbol{x})\| > 0$. Die Funktion besitzt eine positive Steigung in $t = 0$. Also gilt für hinreichend kleines $\varepsilon > 0$ und $t \in (0, \varepsilon)$:

$$\boldsymbol{x} - t \boldsymbol{v}(\boldsymbol{x}) \in \{\boldsymbol{y} \in U \mid \psi(\boldsymbol{y}) \leq 0\} = U \cap \overline{M}$$

und

$$\boldsymbol{x} + t \boldsymbol{v}(\boldsymbol{x}) \in \{\boldsymbol{y} \in U \mid \psi(\boldsymbol{y}) > 0\} = U \setminus \overline{M} \,.$$

Damit ist die Normale $\boldsymbol{v}(\boldsymbol{x})$ nach außen gerichtet. ∎

Anschaulich lässt sich ein regulärer Punkt so interpretieren, dass in einer Umgebung durch die Hyperfläche, die durch $\psi(\boldsymbol{x}) = 0$ gegeben ist, innen und außen getrennt werden können. Mit dem nächsten Lemma zeigen wir genauer, dass der Rand in einer Umgebung eines regulären Randpunkts lokal als Graph über einen achsenparallelen Quader beschrieben werden kann.

Lemma

Ist $\hat{x} \in \partial M$ regulärer Randpunkt einer Menge $M \subseteq \mathbb{R}^n$, so gibt es einen achsenparallelen Quader Q um $\hat{x} \in Q^\circ$ mit folgender Eigenschaft: Nach eventueller Umnummerierung der Koordinaten gilt für $\widetilde{Q} = \overline{M} \cap Q$ die Identität

$$\partial M \cap \widetilde{Q} = \left\{ x = (x', x_n) \in \mathbb{R}^n : x' \in Q', x_n = g(x') \right\},$$

wobei

$$\widetilde{Q} = \left\{ x = (x', x_n) \in \mathbb{R}^n : x' \in Q', a \leq x_n \leq g(x') \right\}$$

oder

$$\widetilde{Q} = \left\{ x = (x', x_n) \in \mathbb{R}^n : x' \in Q', g(x') \leq x_n \leq b \right\}$$

ist mit einem entsprechenden Quader $Q' \in \mathbb{R}^{n-1}$ und einer stetig differenzierbaren Funktion $g \colon Q' \to \mathbb{R}$.

Beweis: Da $\hat{x}$ regulär ist, gibt es eine Umgebung $U \subseteq \mathbb{R}^n$ und eine Funktion $\psi \colon U \to \mathbb{R}^n$, wie in der Definition auf Seite 991. Aus der Bedingung $\nabla \psi(\hat{x}) \neq 0$ folgt, dass ein $j \in \{1, \ldots, n\}$ mit $\frac{\partial \psi}{\partial x_j}(\hat{x}) \neq 0$ existiert. Zur übersichtlicheren Notation nummerieren wir die Koordinaten um, sodass dies für $j = n$ der Fall ist. Der Satz über implizit gegebene Funktionen liefert, dass es einen Quader $Q' \in \mathbb{R}^{n-1}$ um $\hat{x}' \in Q'$ und eine stetig differenzierbare Funktion $g \colon Q' \to \mathbb{R}$ gibt mit $\psi(x', g(x')) = 0$ für alle $x' \in Q'$.

Mit dem vorherigen Lemma gilt $(x', g(x')) \in \partial M \cup U$ für $x' \in Q'$. Wir verkleinern nun eventuell Q' so, dass $Q = Q' \times [\min_{x' \subset Q'} g(x'), \max_{x' \in Q'} g(x')] \in U$ gilt. Dann ist durch Q der gesuchte Quader gegeben, wobei entweder

$$\widetilde{Q} = \left\{ x = (x', x_n) \in \mathbb{R}^n : x' \in Q', \min_{x' \in Q'} g(x') \leq x_n \leq g(x') \right\}$$

oder

$$\widetilde{Q} = \left\{ x = (x', x_n) \in \mathbb{R}^n : x' \in Q', g(x') \leq x_n \leq \max_{x' \in Q'} g(x') \right\}$$

gewählt werden muss. ∎

Kommentar: Insbesondere haben wir gezeigt, dass der lokal durch die Niveaumenge beschriebene Rand als eine reguläre, orientierbare $(n-1)$-dimensionale Hyperfläche aufgefasst werden kann und somit der Tangentialraum in $\hat{x}$ ein $(n-1)$-dimensionaler Unterraum ist.

Eine Teilmenge $M \subseteq \mathbb{R}^n$ mit der Eigenschaft, dass jeder Randpunkt regulär ist, heißt C^1-**glatt** oder Menge mit C^1-glattem Rand. Auch andere Regularitätsanforderungen an Ränder sind manchmal erforderlich. Diese werden durch die Differenzierbarkeitseigenschaften der Funktionen ψ beschrieben, d. h., man spricht etwa von C^2-glatt, wenn $\psi \in C^2(U)$ gilt.

Gehen wir von einer C^1-glatten Menge M aus. Deren Rand wird durch die Quader $Q \subseteq \mathbb{R}^n$ wie im Lemma zu allen Randpunkten $x \in \partial M$ überdeckt. Nehmen wir weiter an, dass der Rand kompakt ist, so können wir endlich viele achsenparallele Quader auswählen, die den Rand ∂M überdecken, und die Randstücke lassen sich in diesen Quadern als Graphen von C^1-Funktionen auffassen. Dies ist etwa der Fall, wenn M eine offene, beschränkte Menge mit glattem Rand ist.

Mit einer Partition der Eins werden Funktionen lokalisiert

Um ein Integrationsgebiet in Quadern zu zerlegen, auf die wir den bereits gezeigten Gauß'schen Satz (Seite 990) anwenden können, ist es erforderlich, den Integranden in Anteile mit kompakten Trägern auf den Quadern aufzuspalten. Dazu zunächst das folgende Lemma.

Lemma

Sind $U \subseteq \mathbb{R}^n$ offen und $M \subseteq U$ kompakt, so gibt es eine Funktion $\varphi \in C_0^\infty(U)$, d. h., u ist unendlich oft differenzierbar und besitzt einen kompakten Träger, mit Wertemenge $\varphi(U) \subseteq [0, 1]$ und

$$\varphi(x) = 1 \text{ für } x \in M .$$

Beweis: Es bezeichne $\alpha \colon \mathbb{R} \to \mathbb{R}$ die beliebig oft differenzierbare Funktion, die durch

$$\alpha(x) = \begin{cases} e^{-\frac{1}{x}} & \text{für } x > 0 , \\ 0 & \text{für } x \leq 0 \end{cases}$$

gegeben ist (Seite 595). Weiter definieren wir $h \colon \mathbb{R} \to \mathbb{R}$ durch

$$h(x) = \frac{\alpha(1 - x^2)}{\alpha(1 - x^2) + \alpha\left(x^2 - \frac{1}{4}\right)}$$

(Abb. 23.25). Dann ist $h \in C^\infty(\mathbb{R})$ mit $0 \leq h(x) \leq 1$ auf $\mathbb{R}$, $h(x) = 1$ für $|x| < \frac{1}{2}$ und $h(x) = 0$ für $|x| > 1$.

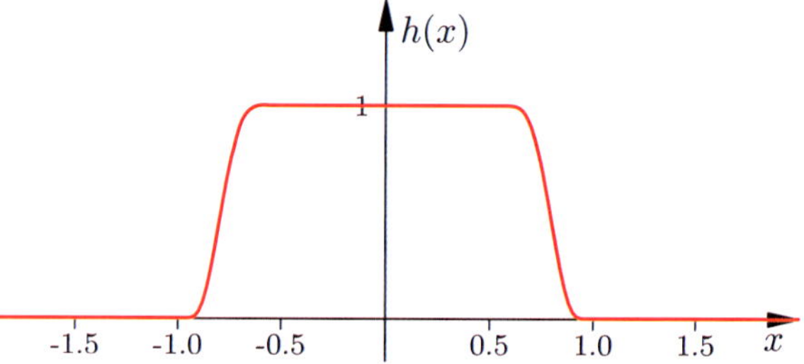

Abbildung 23.25 Der Graph zur Funktion h.

Wir wählen zu jedem $x \in M$ einen Wert $r_x > 0$ so, dass die Kugel

$$B(x, r_x) = \{ y \in \mathbb{R}^n \mid \| y - x \| < r_x \} \subseteq U$$

in U liegt. Insbesondere ist $M \subseteq \bigcup_{x \in M} B(x, r_x/2)$. Da M kompakt vorausgesetzt ist, gibt es endlich viele Punkte $x_1, x_2, \ldots, x_m \in M$ mit

$$M \subseteq \bigcup_{j=1}^{m} B\left(x_j, \frac{r_{x_j}}{2} \right) .$$

Wir betrachten nun die Funktionen

$$\varphi_j(\boldsymbol{x}) = h\left(\frac{1}{r_{\boldsymbol{x}_j}}\|\boldsymbol{x} - \boldsymbol{x}_j\|\right).$$

Nach Konstruktion ist $\varphi_j \colon \mathbb{R}^n \to \mathbb{R}$ beliebig oft differenzierbar mit den Eigenschaften $\varphi_j(\boldsymbol{x}) = 1$ für $\|\boldsymbol{x} - \boldsymbol{x}_j\| < r_{\boldsymbol{x}_j}/2$ und $\varphi_j(\boldsymbol{x}) = 0$ für $\|\boldsymbol{x} - \boldsymbol{x}_j\| \geq r_{\boldsymbol{x}_j}$. Insgesamt erreichen wir die gesuchte Funktion φ mit den gewünschten Eigenschaften durch

$$\varphi(\boldsymbol{x}) = 1 - \prod_{j=1}^{m}(1 - \varphi_j(\boldsymbol{x})). \qquad \blacksquare$$

Mit dieser Vorüberlegung ergibt sich die Möglichkeit zu lokalisieren.

Partition der Eins

Sind $M \subseteq \mathbb{R}^n$ kompakt und $\{U_1, \ldots, U_m\}$ eine Überdeckung von M durch offene Mengen $U_j \subseteq \mathbb{R}^n$, d. h., es gilt $M \subseteq \bigcup_{j=1}^{m} U_j$. Dann gibt es Funktionen $\varphi_j \in C^\infty(\mathbb{R}^n)$ mit

- $\operatorname{supp} \varphi_j \subseteq U_j$,
- $\displaystyle\sum_{j=1}^{m} \varphi_j(\boldsymbol{x}) = 1$ für $\boldsymbol{x} \in M$.

Man nennt $\{\varphi_1, \ldots, \varphi_m\}$ eine der Überdeckung $\{U_1, \ldots, U_m\}$ untergeordnete **Partition der Eins** oder **Zerlegung der Eins**.

Beweis: Ist $\boldsymbol{x} \in M$, so gibt es ein $j \in \{1, \ldots, m\}$ und ein $r_{\boldsymbol{x}} > 0$ mit $B(\boldsymbol{x}, r_{\boldsymbol{x}}) = \{\boldsymbol{y} \in \mathbb{R}^n \mid \|\boldsymbol{y} - \boldsymbol{x}\| < r_{\boldsymbol{x}}\} \subseteq U_j$. Da M kompakt ist, lassen sich endlich viele Stellen $\boldsymbol{x}_1, \ldots \boldsymbol{x}_k \in M$ auswählen mit

$$M \subseteq \bigcup_{i=1}^{k} B(\boldsymbol{x}_i, r_{\boldsymbol{x}_i}).$$

Wir setzen

$$K_j = \bigcup_{\substack{\boldsymbol{x}_i \in U_j \\ i=1,\ldots,k}} \left(\overline{B(\boldsymbol{x}_i, r_{\boldsymbol{x}_i})} \cap M\right).$$

Dann ist $K_j \subseteq U_j$ kompakt, und es gilt $M = \bigcup_{j=1}^{m} K_j$.

Zu jeder der kompakten Teilmengen K_j wählen wir mit obigem Lemma eine unendlich oft differenzierbare Funktion $g_j \colon \mathbb{R}^n \to [0, 1]$ mit

$$g_j(\boldsymbol{x}) = \begin{cases} 1 & \text{für } \boldsymbol{x} \in K_j, \\ 0 & \text{für } \boldsymbol{x} \in \mathbb{R}^n \backslash U_j. \end{cases}$$

Weiter definieren wir die offene Menge $U = \{\boldsymbol{x} \in \mathbb{R}^n \mid \sum_{l=1}^{m} g_l(\boldsymbol{x}) > 0\}$. Es ist $M \subseteq U$. Betrachten wir noch eine unendlich oft differenzierbare Funktion $h \colon \mathbb{R}^n \to [0, 1]$ mit

$h(\boldsymbol{x}) = 1$ für $\boldsymbol{x} \in M$ und $h(\boldsymbol{x}) = 0$ für $\boldsymbol{x} \in \mathbb{R}^n \backslash U$. Dann sind durch

$$\varphi_j(\boldsymbol{x}) = \begin{cases} 0 & \boldsymbol{x} \in \mathbb{R}^n \backslash U, \\[2mm] \dfrac{g_j(\boldsymbol{x})}{\sum_{l=1}^{m} g_l(\boldsymbol{x})} h(\boldsymbol{x}) & \boldsymbol{x} \in U \end{cases}$$

die gesuchten beliebig oft differenzierbaren Funktionen gegeben mit $\varphi_j(\boldsymbol{x}) \in [0, 1]$ und $\sum_{j=1}^{k} \varphi_j(\boldsymbol{x}) = 1$ für $\boldsymbol{x} \in M$. $\qquad \blacksquare$

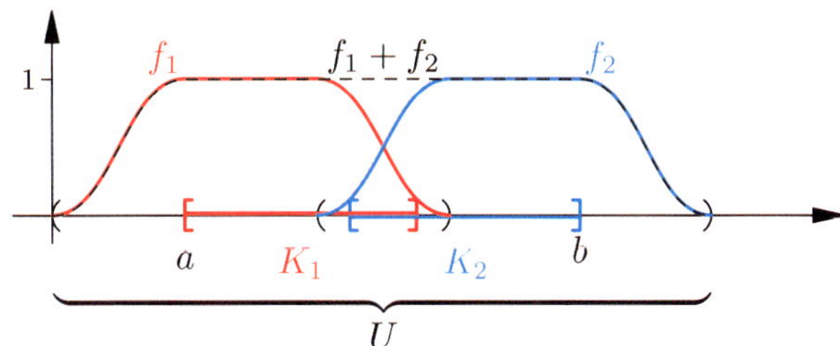

Abbildung 23.26 Die Konstruktion einer Partition der Eins über $[a, b]$ bei zwei offenen Mengen U_j.

Eine Partition der Eins erlaubt die Verallgemeinerung bei C^1-glatten Gebieten

Mit der Partition der Eins haben wir ein wichtiges Hilfsmittel der Analysis zur Hand. Zusammen mit den Vorüberlegungen zu regulären Randpunkten nutzen wir dies, um den Gauß'sche Satz auf C^1-Gebieten zu beweisen.

Der Gauß'sche Satz bei glatten Rändern

Für eine offene, beschränkte Menge $M \subseteq \mathbb{R}^n$ mit C^1-glattem Rand ∂M und ein Vektorfeld $\boldsymbol{F} \in C^1(M) \cap C(\overline{M})$ mit $\frac{\partial F_j}{\partial x_j} \in L^1(M)$ für $j = 1, \ldots, n$ gilt:

$$\int_M \operatorname{div} \boldsymbol{F}(\boldsymbol{x}) \, \mathrm{d}\boldsymbol{x} = \int_{\partial M} \boldsymbol{F}(x) \cdot \boldsymbol{v}(\boldsymbol{x}) \, \mathrm{d}\mu,$$

wobei $\boldsymbol{v}$ das nach Außen gerichtete Normalenfeld an ∂M bezeichnet.

Kommentar: Beachten Sie, dass mit der Voraussetzung einer offenen, beschränkten Menge insbesondere gewährleistet ist, dass M messbar und ∂M kompakt ist.

Beweis: Da alle Randpunkte regulär sind, gibt es nach dem Lemma auf Seite 992 zu jedem Randpunkt $\boldsymbol{x} \in \partial M$ einen achsenparallelen Quader $Q \subseteq \mathbb{R}^n$, sodass der Rand lokal als Graph einer Funktion aufgefasst werden kann. Da der Rand ∂M eine kompakte Menge ist, gibt es eine endliche Überdeckung

$$\partial M \subseteq \bigcup_{j=1}^{m} Q_j^\circ$$

durch solche Quader.

Das Innere dieser Quader Q_j° zusammen mit der offenen Menge M bilden eine endliche Überdeckung von $\overline{M}$. Zu dieser Überdeckung sei durch $\varphi_j : \mathbb{R}^n \to [0,1]$, $j = 0, \ldots m$, eine untergeordnete Partition der Eins gegeben mit

$$\operatorname{supp}\varphi_0 \subseteq M \quad \text{und} \quad \operatorname{supp}\varphi_j \subseteq Q_j^\circ \text{ für } j = 1, \ldots, m.$$

Da

$$\operatorname{div}\left(\sum_{j=0}^{m}(\varphi_j \boldsymbol{F})\right) = \operatorname{div}(\boldsymbol{F})\underbrace{\sum_{j=0}^{m}\varphi_j}_{=1} + \sum_{i=1}^{n}\boldsymbol{F}_i \frac{\partial}{\partial x_i}\underbrace{\left(\sum_{j=0}^{m}\varphi_j\right)}_{=0}$$
$$= \operatorname{div}\boldsymbol{F}$$

auf M gilt, erhalten wir mit der Partition, dem Satz von Seite 990 und dem Lemma von Seite 990 den Gauß'schen Satz:

$$\int_M \operatorname{div}\boldsymbol{F}\,\mathrm{d}\boldsymbol{x} = \sum_{j=0}^{m}\int_M \operatorname{div}(\varphi_j \boldsymbol{F})\,\mathrm{d}\boldsymbol{x}$$
$$= \int_M \operatorname{div}(\varphi_0 \boldsymbol{F})\,\mathrm{d}\boldsymbol{x} + \sum_{j=1}^{m}\int_{M\cap Q_j} \operatorname{div}(\varphi_j \boldsymbol{F})\,\mathrm{d}\boldsymbol{x}$$
$$= 0 + \sum_{j=1}^{m}\int_{\partial M}\varphi_j\,\boldsymbol{F}\cdot\boldsymbol{v}\,\mathrm{d}\mu$$
$$= \int_{\partial M}\boldsymbol{F}\cdot\boldsymbol{v}\,\mathrm{d}\mu. \qquad\blacksquare$$

Beispiel Betrachten wir die Einheitskugel $M = \{\boldsymbol{x} \in \mathbb{R}^3 \mid \|\boldsymbol{x}\| < 1\}$ und das Vektorfeld mit $\boldsymbol{F}(\boldsymbol{x}) = (0,0,x_3)^\top$. Da M ein C^1-glattes Gebiet ist, folgt mit dem Gauß'schen Satz:

$$\int_M \mathrm{d}\boldsymbol{x} = \int_{\partial M}\boldsymbol{F}\cdot\boldsymbol{v}\,\mathrm{d}\mu.$$

Parametrisieren wir den Rand durch Polarkoordinaten, d. h.

$$\boldsymbol{\gamma}(\varphi,\theta) = \begin{pmatrix}\cos\varphi\,\sin\theta \\ \sin\varphi\,\sin\theta \\ \cos\theta\end{pmatrix},$$

so erhalten wir:

$$\partial_\varphi\boldsymbol{\gamma}(\varphi,\theta)\times\partial_\theta\boldsymbol{\gamma}(\varphi,\theta) = \sin\theta\begin{pmatrix}\cos\varphi\,\sin\theta \\ \sin\varphi\,\sin\theta \\ \cos\theta\end{pmatrix}.$$

Da diese Normalenvektoren nach außen zeigen, ergibt sich das Volumen:

$$\int_M \mathrm{d}\boldsymbol{x} = \int_0^{2\pi}\int_0^{\pi}\sin\theta\,\cos^2\theta\,\mathrm{d}\theta\,\mathrm{d}\varphi$$
$$= 2\pi\left(\frac{-1}{3}\cos^3\theta\right)\Big|_0^{\pi} = \frac{4}{3}\pi. \qquad\blacktriangleleft$$

Der Gauß'sche Satz für glatte Ränder ist noch nicht zufriedenstellend. So sind etwa die Quader, mit denen wir gestartet

sind, in der Formulierung nicht erfasst. Unser nächstes Ziel ist es, Ecken und Kanten zuzulassen.

Beispiel Erlauben wir nicht reguläre Punkte auf dem Rand einer offenen Menge M, so sind weitere Bedingungen an den Rand erforderlich, um den Gauß'schen Satz analog zu formulieren. Betrachten wir etwa die geschlitzte Einheitskreisscheibe

$$M = \{\boldsymbol{x} \in \mathbb{R}^2 \mid \|\boldsymbol{x}\| = 1\}\setminus\{\boldsymbol{x} \in \mathbb{R}^2 \mid x_1 \leq 0 \text{ und } x_2 = 0\}$$

(Abb. 23.27). Der Rand setzt sich aus zwei regulären, orientierbaren Kurven zusammen. Aber auf dem Teil mit $x_1 \leq 0$ und $x_2 = 0$ kann keine nach außen gerichtete Normale angegeben werden. $\qquad\blacktriangleleft$

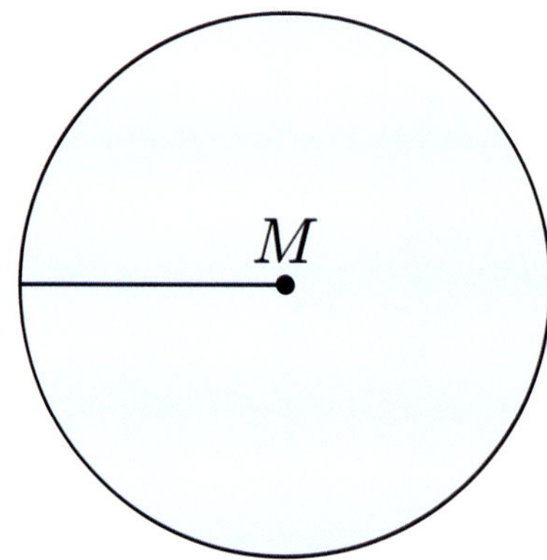

Abbildung 23.27 Nicht auf jedem Gebiet, das durch stückweise reguläre Flächen berandet ist, ist ein nach außen gerichtetes Normalenfeld gegeben.

Es sind weitere Bedingungen an das Integrationsgebiet erforderlich. Andererseits wollen wir eine möglichst große Klasse von Integrationsbereichen und Integranden erfassen.

Mit dem Lebesgue'schen Konvergenzsatz lassen sich auch Ecken und Kanten berücksichtigen

Wir stellen die folgenden drei Bedingungen zu einem beschränkten Gebiet $M \subseteq \mathbb{R}^n$ zusammen:

(a) Der Rand

$$\partial M = \bigcup_{j=1}^{N}\boldsymbol{\gamma}_j(\overline{D_j})$$

besteht aus $N \in \mathbb{N}$ regulären, orientierbaren Hyperflächen $\Gamma_j \subseteq \mathbb{R}^n$, $j = 1, \ldots, N$, mit injektiven Parametrisierungen $\boldsymbol{\gamma}_j : D_j \to \mathbb{R}^n$, und weiter ist

$$\boldsymbol{\gamma}_i(\overline{D_i}) \cap \boldsymbol{\gamma}_j(\overline{D_j}) = \boldsymbol{\gamma}_i(\partial D_i) \cap \boldsymbol{\gamma}_j(\partial D_j) \quad \text{für } i \neq j.$$

Beispiel: Flächeninhalt von Gebieten im $\mathbb{R}^2$

Von einer geschlossenen, regulären Kurve $\boldsymbol{\gamma}\colon (a, b) \to \mathbb{R}^2$ wird ein Gebiet eingeschlossen. Man leite mithilfe des Gauß'schen Satzes ein Integral über (a, b) her, das den Flächeninhalt des eingeschlossenen Gebiets angibt. Mit einem solchen Integral berechne man den Inhalt des **Descart'schen Blatts**, das berandet wird von der Kurve, die implizit durch $x_1^3 - 3x_1 x_2 + x_2^3$ im ersten Quadranten, $x_1, x_2 \geq 0$ gegeben ist.

Problemanalyse und Strategie: Für eine allgemeine Formel suchen wir Vektorfelder $\boldsymbol{F}\colon \mathbb{R}^2 \to \mathbb{R}^2$, deren Divergenz 1 ist und die im Gauß'schen Satz relativ einfache Ausdrücke liefern. Mit der angegebenen Parametrisierung der Kurve lässt sich ein solches Integral nutzen, um den gesuchten Flächeninhalt zu bestimmen

Lösung:

Einfache Vektorfelder mit $\operatorname{div} \boldsymbol{F} = 1$ sind durch $\boldsymbol{F}(\boldsymbol{x}) = (x_1, 0)^\top$ oder $\boldsymbol{F}(\boldsymbol{x}) = (0, x_2)^\top$ definiert. Wird eine reguläre Kurve durch $\boldsymbol{\gamma}\colon (a, b) \to \mathbb{R}^2$ parametrisiert, so ist durch $(\gamma_2'(t), -\gamma_1'(t))^\top$ ein Vektor senkrecht zum Tangentialvektor gegeben, d. h.,

$$\boldsymbol{v} = \frac{1}{\|\dot{\boldsymbol{\gamma}}(t)\|} \begin{pmatrix} \gamma_2'(t) \\ -\gamma_1'(t) \end{pmatrix}$$

ist Normalenfeld an den Rand des eingeschlossenen Gebiets. Wählt man die Parametrisierung $\boldsymbol{\gamma}$, sodass $\boldsymbol{v}$ nach außen zeigt, folgt mit dem Gauß'schen Satz:

$$\begin{aligned} \int_M \mathrm{d}\boldsymbol{x} &= \int_M \operatorname{div} \boldsymbol{F} \, \mathrm{d}\boldsymbol{x} \\ &= \int_{\partial M} \boldsymbol{F} \cdot \boldsymbol{v} \, \mathrm{d}\mu \\ &= \int_a^b \gamma_1(t)\, \gamma_2'(t) \, \mathrm{d}t \,, \end{aligned}$$

wenn wir die erste Variante für $\boldsymbol{F}$ wählen. Mit dem zweiten Vorschlag ergibt sich:

$$\int_M \mathrm{d}\boldsymbol{x} = -\int_a^b \gamma_2(t)\, \gamma_1'(t) \, \mathrm{d}t \,.$$

Für das Descart'sche Blatt ist es hilfreich, die Summe beider Ausdrücke zu betrachten, d. h., wir bekommen

$$\int_M \mathrm{d}\boldsymbol{x} = \frac{1}{2} \int_a^b \gamma_1(t)\, \gamma_2'(t) - \gamma_2(t)\, \gamma_1'(t) \, \mathrm{d}t \,.$$

Als Beispiel betrachten wir das Descart'sche Blatt. Zunächst ist es erforderlich, aus der impliziten Darstellung eine Parametrisierung zu gewinnen. Dies erfordert eine Idee, welcher Zusammenhang zwischen den beiden kartesischen Koordinaten bestehen könnte. Man versucht etwa zu Beginn nach einer der beiden Koordinaten aufzulösen oder betrachtet Polarkoordinaten. Beim Descart'schen Blatt bietet es sich an, das Verhältnis zu betrachten, d. h., wir machen einen Ansatz $x_2 = p x_1$.

Einsetzen des Ansatzes in die implizite Darstellung führt auf die Parametrisierung

$$\boldsymbol{x} = \begin{pmatrix} x_1 \\ x_2 \end{pmatrix} = \frac{3p}{1 + p^3} \begin{pmatrix} 1 \\ p \end{pmatrix}$$

mit $p \in \mathbb{R}_{\geq 0}$. Da es für die Integration später angenehmer ist, gehen wir noch einen Schritt weiter und erzeugen

durch eine Transformation einen beschränkten Parameterbereich, etwa durch

$$p = \frac{1 + t}{1 - t}$$

für $t = (-1, 1)$. Einsetzen führt auf die Parametrisierung

$$\boldsymbol{\gamma}(t) = \frac{3(1 - t^2)}{2(1 + 3t^2)} \begin{pmatrix} 1 - t \\ 1 + t \end{pmatrix} \quad \text{für } t \in (-1, 1)\,.$$

Diese Parametrisierung wählen wir und erhalten:

$$\begin{aligned} \gamma_1(t)\, \gamma_2'(t) - \gamma_2(t)\, \gamma_1'(t) &= \gamma_1^2(t)\, \frac{\mathrm{d}}{\mathrm{d}t}\left(\frac{\gamma_2}{\gamma_1}\right)(t) \\ &= \gamma_1^2(t)\, \frac{\mathrm{d}}{\mathrm{d}t}\left(\frac{1 + t}{1 - t}\right)(t) \\ &= \frac{9}{2} \frac{(1 - t^2)^2}{(1 + 3t^2)^2}\,. \end{aligned}$$

Somit folgt für den Flächeninhalt:

$$\begin{aligned} \int_M \mathrm{d}\boldsymbol{r} &= \frac{1}{2} \int_a^b \gamma_1(t)\, \gamma_2'(t) \quad \gamma_2(t)\, \gamma_1'(t) \, \mathrm{d}t \\ &= \frac{9}{4} \int_{-1}^1 \frac{(1 - t^2)^2}{(1 + 3t^2)^2} \, \mathrm{d}t \\ &= \frac{9}{4} \left.\frac{t + \frac{1}{3}t^3}{1 + 3t^2}\right|_{-1}^1 = \frac{3}{2}\,. \end{aligned}$$

Man beachte, dass durch die Fläche das Dreieck mit den Eckpunkten $(0, 0)^\top$, $(3, 0)^\top$ und $(0, 3)^\top$ in drei gleichgroße Anteile zerlegt wird (Abb.).

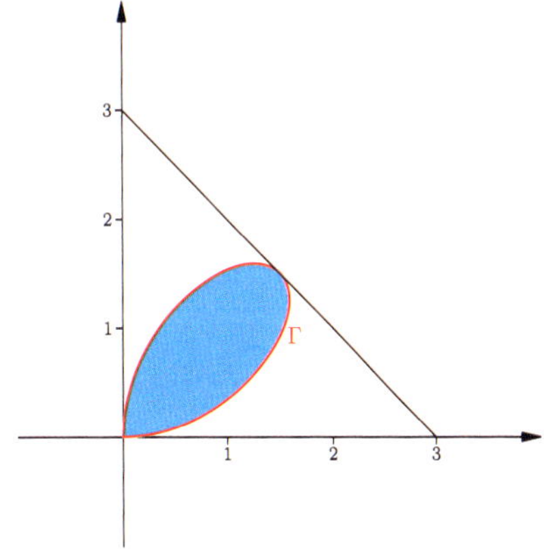

(b) Zu jedem Randpunkt $x \in \partial M$ gibt es eine Folge (x_k) mit $x_k \in \mathbb{R}^n \setminus \overline{M}$ und $\lim_{k \to \infty} x_k = x$.

(c) Zu $\varepsilon > 0$ existieren $x_i \in \bigcup_{j=1}^{N} \gamma_j(\partial D_j)$, $i = 1, \ldots, m$, und $r_i > 0$ mit

$$\bigcup_{j=1}^{N} \gamma_j(\partial D_j) \subseteq \bigcup_{i=1}^{m} B(x_i, r_i)$$

und $\sum_{i=1}^{m} r_i^{n-1} \leq \varepsilon$.

Kommentar: Die Bedingungen erfordern einige Erläuterungen. Zunächst besagt Bedingung a), dass sich der Rand von M stückweise aus endlich vielen regulären und orientierbaren Hyperflächen zusammensetzt, sodass das Flächenintegral über ∂M definiert ist. Die geforderte Injektivität der Parametrisierung und die weitere Bedingung, dass sich die Flächenstücke nur an den Rändern berühren, impliziert insbesondere, dass keine Doppelpunkte, d. h. keine Durchdringungen, auftreten.

Bedingung a) zusammen mit der Bedingung b) garantieren, dass es auf den regulären Randflächen ein nach außen gerichtetes Normalenfeld gibt.

Die letzte Bedingung c), die wir an die Ränder der betrachteten Hyperflächen stellen, formuliert explizit, dass alle nicht regulären Randpunkte in ∂M eine relative $(n-1)$-dimensionale Nullmenge bilden, d. h. eine Nullmenge bezüglich der Flächenintegrale.

Die betrachteten Ränder bestehen aus endlich vielen Hyperflächen, sodass das Randintegral über ∂M mit der Definition des vorherigen Abschnitts gegeben ist. Um den Zusammenhang der Bedingungen zu den oben betrachteten regulären Randpunkten zu sehen, ist noch ein weiteres Lemma erforderlich. Wir zeigen, dass mit den Bedingungen a) und b) Punkte im relativen Inneren der begrenzenden Hyperflächen reguläre Randpunkte sind.

Lemma
Ist M eine offene, beschränkte Menge und gelten die Bedingungen a) und b), so ist $\hat{x} \in \gamma_j(D_j)$ für $j \in \{1, \ldots, N\}$ regulärer Randpunkt von M.

Beweis: Es ist zu zeigen, dass es lokal um einen Punkt $\hat{x} \in \Gamma_j$ eine Umgebung U und eine differenzierbare Funktion $\psi \colon U \to \mathbb{R}$ gibt mit $U \cap \overline{M} = \{x \in U \mid \psi(x) \leq 0\}$ und $\nabla \psi(x) \neq 0$ für $x \in U$.

Sei also $\hat{x} = \gamma_j(\hat{v})$ für ein $j \in 1, \ldots, N$. Zur Abkürzung sparen wir uns im Folgenden den Index j. Da Γ orientierbar ist, gibt es ein stetiges Normalenfeld $v \colon \gamma(\overline{D}) \to \mathbb{R}^n$. Wir setzen $v = v(\hat{x})$ und definieren $h \colon D \times \mathbb{R} \to \mathbb{R}^n$ mit

$$h(v, t) = \gamma(v) + t\,v\,.$$

Das Vektorfeld h ist nach Konstruktion stetig differenzierbar mit invertierbarer Funktionalmatrix

$$h'(\hat{v}, 0) = \big(\partial_1 \gamma(\hat{v}), \ldots, \partial_{n-1} \gamma(\hat{v}), v\big)\,.$$

Nach dem Satz über die lokale Umkehrbarkeit gibt es eine Umgebung $B \times J \subseteq D \times \mathbb{R}$ um $(\hat{v}, 0)$, auf der h ein Diffeomorphismus ist. Definieren wir noch $p \colon \mathbb{R}^n \to \mathbb{R}$ mit $p(v, t) = t$, so ist durch

$$\psi(x) = p(h^{-1}(x)) = t$$

eine stetig differenzierbare Funktion $\psi \colon U = h(B \times J) \subseteq \mathbb{R}^n \to \mathbb{R}$ gegeben.

Es folgt insbesondere

$$\nabla \psi(x) = (0, 0, \ldots, 0, 1)^{\top} (h^{-1})'(x) \neq 0\,,$$

für $x \in U$, da die Funktionalmatrix lokal invertierbar ist.

Als nächsten Schritt verkleinern wir gegebenenfalls die Umgebung U von $\hat{x}$ zu einer Kugel, sodass $\partial M \cap U = \{x \in U \mid \psi(x) = 0\}$ gilt. Dies ist möglich, da γ injektiv ist und wegen $\hat{x} \notin \gamma_i(\overline{D_i}) \cap \gamma_j(\overline{D_j})$ für $i \neq j$ Doppelpunkte auf dem Rand ausgeschlossen sind.

Es existiert aufgrund der Voraussetzung b) ein Punkt $y \in U \setminus \overline{M}$. Damit lässt sich die Normale v so wählen, dass $\psi(y) > 0$ gilt.

Betrachten wir einen weiteren Punkt $z \in U \setminus \overline{M}$. Da $U \setminus \overline{M}$ zusammenhängend ist, gibt es einen stetigen Weg $\alpha \colon [0, 1] \to U \setminus \overline{M}$ mit $\alpha(0) = y$ und $\alpha(1) = z$. Da $\alpha(s) \notin \partial M$ für $s \in [0, 1]$, existiert zu jedem Punkt $\alpha(s)$ eine offenen Umgebung $K_s \subseteq U \setminus \overline{M}$ mit $\mathrm{sign}\,(x) = \mathrm{sign}\,(\psi(\alpha(s)))$ für alle $x \in K_s$ (die Definition der Signum-Funktion findet sich auf Seite 622). Da die Bildmenge $\alpha([0, 1])$ kompakt ist, können wir eine endliche Teilüberdeckung der Kurve, die durch α gegeben ist, auswählen. Aufgrund der Stetigkeit von ψ bleibt das Vorzeichen auf diesen Umgebungen gleich, d. h. insbesondere $\mathrm{sign}\,(\psi(y)) = \mathrm{sign}\,(\psi(z))$. Mit diesem sogenannten **Kreiskettenverfahren** haben wir gezeigt, dass ψ auf $U \setminus \overline{M}$ positiv ist (Abb. 23.28).

Analog beweist man, dass $\mathrm{sign}\,(\psi(y)) = \mathrm{sign}\,(\psi(z))$ gilt für alle $y, z \in U \cap M^{\circ}$. Nehmen wir nun an, dass $\psi(y) \geq 0$ für ein $y \in U \cap M^{\circ}$ ist, so folgt $\psi \geq 0$ auf U. Mit $\psi(x) = 0$ auf $U \cap \partial M$ ergeben sich lokale Minima im Widerspruch zu $\nabla \psi(x) \neq 0$. Also ist

$$U \cap \overline{M} = \{x \in U \mid \psi(x) \leq 0\}\,,$$

d. h., $\hat{x}$ ist regulärer Randpunkt. $\blacksquare$

Mit diesen Bedingungen können wir eine allgemeine Formulierung des Gauß'schen Satzes beweisen, die sowohl C^1-glatte Gebiete als auch Quader und weitere Gebiete mit stückweise regulären Rändern zulässt.

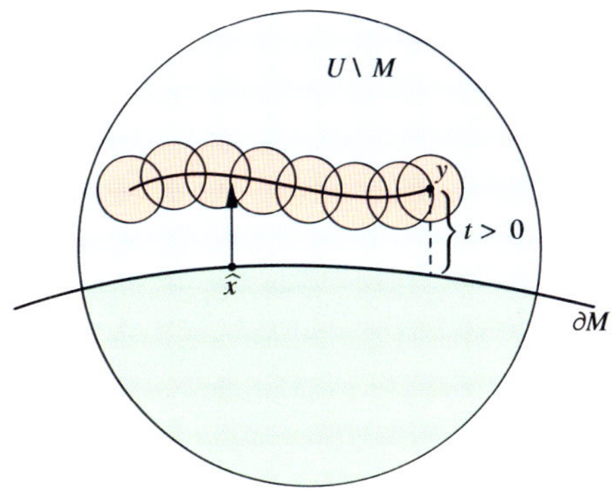

Abbildung 23.28 Illustration zur Definition von ψ und dem Kreiskettenverfahren.

Der Gauß'sche Satz

Für ein beschränktes Gebiet $M \subseteq \mathbb{R}^n$ mit den Bedingungen (a)–(c) und eine Funktion $\boldsymbol{F} \in C^1(M) \cap C(\overline{M})$ mit integrierbaren Ableitungen $\frac{\partial F_j}{\partial x_j} \in L^1(M)$ für $j = 1, \ldots, n$ gilt:

$$\int_M \operatorname{div} \boldsymbol{F}(\boldsymbol{x}) \, \mathrm{d}\boldsymbol{x} = \int_{\partial M} \boldsymbol{F}(\boldsymbol{x}) \cdot \boldsymbol{v} \, \mathrm{d}\mu$$

mit nach außen gerichtetem Normalenfeld $\boldsymbol{v}$ an ∂M.

Beweis: Nach Voraussetzung (c) gibt es zu $\varepsilon > 0$ eine endliche, offene Überdeckung $\bigcup_{j=1}^N \boldsymbol{\gamma}_j(\partial D_j) \subseteq \bigcup_{i=1}^m B(\boldsymbol{x}_i, r_i)$ der nicht regulären Randpunkte, wobei $\boldsymbol{x}_i \in \bigcup_{j=1}^N \boldsymbol{\gamma}_j(\partial D_j)$ für $i = 1, \ldots, m$ und $\sum_{i=1}^m r_i^{n-1} \leq \varepsilon$.

Die Beweisidee besteht in einer in der Analysis häufig angewandten Technik. Die Funktion $\boldsymbol{F}$ wird in den Umgebungen $B(\boldsymbol{x}_i, r_i)$ der nicht regulären Punkte auf null abgeglättet. Für die geglätteten Funktionen lässt sich der bereits bewiesene Gauß'sche Satz bei regulären Randpunkten nutzen. Auf beiden Seiten der Identität kann dann mithilfe des Lebesgue'schen Konvergenzsatzes zum Grenzfall $\varepsilon \to 0$ übergegangen werden.

Zu den Kugeln $B(\boldsymbol{x}_i, r_i)$ seien $\varphi_i \in C_0^\infty(\mathbb{R}^n)$ definiert mit $\varphi_i(\boldsymbol{x}) = 1$ für $\boldsymbol{x} \in B(\boldsymbol{x}_i, r_i)$ und $\varphi_i(\boldsymbol{x}) = 0$ für $\boldsymbol{x} \notin B(\boldsymbol{x}_i, 2r_i)$ wie im Lemma auf Seite 992 konstruiert. Definieren wir weiterhin die Abglättungsfunktion $\psi_\varepsilon \in C^\infty(\mathbb{R}^n)$ mit

$$\psi_\varepsilon(\boldsymbol{x}) = \prod_{i=1}^m \left(1 - \varphi_i(\boldsymbol{x})\right) \in [0, 1].$$

Es ist $\psi_\varepsilon(\boldsymbol{x}) = 1$, wenn $\|\boldsymbol{x} - \boldsymbol{x}_i\| \geq 2\varepsilon^{1/(n-1)} \geq \max_{i=1,\ldots,m}\{2r_i\}$ für alle $i = 1, \ldots, m$ ist. Somit gilt punktweise Konvergenz $\psi_\varepsilon(\boldsymbol{x}) \to 1$, $\varepsilon \to 0$, wenn $\boldsymbol{x} \in \overline{M} \setminus \bigcup_{j=1}^N \boldsymbol{\gamma}_j(\partial D_j)$ ist. Analog gilt für $\boldsymbol{x} \in M$ auch die punktweise Konvergenz $\operatorname{div}(\psi_\varepsilon \boldsymbol{F})(\boldsymbol{x}) \to \operatorname{div} \boldsymbol{F}(\boldsymbol{x})$, $\varepsilon \to 0$.

Für die abgeglättete Funktion $\psi_\varepsilon \boldsymbol{F}$ gilt der Gauß'sche Satz:

$$\int_M \operatorname{div}(\psi_\varepsilon \boldsymbol{F}) \, \mathrm{d}\boldsymbol{x} = \int_{\partial M} \psi_\varepsilon \boldsymbol{F} \cdot \boldsymbol{v} \, \mathrm{d}\mu. \tag{23.3}$$

Um dies zu sehen, müssen wir den Beweis zu regulären Gebieten leicht modifizieren. Mit der Abglättung gilt:

$$\int_M \operatorname{div}(\psi_\varepsilon \boldsymbol{F}) \, \mathrm{d}\boldsymbol{x} = \int_{M \setminus \bigcup_{i=1}^m B(x_i, r_i)} \operatorname{div}(\psi_\varepsilon \boldsymbol{F}) \, \mathrm{d}\boldsymbol{x}$$

und

$$\int_{\partial M} \psi_\varepsilon \boldsymbol{F} \cdot \boldsymbol{v} \, \mathrm{d}\mu = \int_{\partial M \setminus \bigcup_{i=1}^m B(x_i, r_i)} \psi_\varepsilon \boldsymbol{F} \cdot \boldsymbol{v} \, \mathrm{d}\mu.$$

Da die Menge $\partial M \setminus \bigcup_{i=1}^m B(x_i, r_i)$, bestehend aus regulären Randpunkten, kompakt ist, gibt es dazu eine Überdeckung durch offene Quader wie im ursprünglichen Beweis. Konstruieren wir zu dieser Überdeckung entsprechend des ursprünglichen Beweises eine Partition der Eins auf $M \setminus \bigcup_{i=1}^m B(x_i, r_i)$, so ergibt sich analog die Aussage des Gauß'schen Satzes für die abgeglättete Funktion $\psi_\varepsilon \boldsymbol{F}$ über M.

Der letzte Teil des Beweises besteht darin, auf die Integrale in (23.3) jeweils den Lebesgue'schen Konvergenzsatz anzuwenden.

Da $\boldsymbol{F}$ stetig auf $\overline{M}$ und die Menge M beschränkt ist, ist insbesondere auch $\boldsymbol{F}$ beschränkt auf $\overline{M}$. Die zur Konstruktion von ψ_ε genutzte Funktion h (siehe Seite 992) ist differenzierbar mit kompaktem Träger. Deswegen ist $|h'(t)| \leq c$ für alle $t \in \mathbb{R}$ durch eine Konstante $c > 0$ beschränkt, und wir finden mit

$$\nabla \varphi_i(\boldsymbol{x}) = h'\left(\frac{1}{2r_i} \|\boldsymbol{x} - \boldsymbol{x}_i\|\right) \frac{1}{2r_i} \frac{\boldsymbol{x} - \boldsymbol{x}_i}{\|\boldsymbol{x} - \boldsymbol{x}_i\|}$$

die Abschätzung

$$\|\nabla \varphi_i(\boldsymbol{x})\| \begin{cases} = 0 & \text{für } \boldsymbol{x} \notin B(\boldsymbol{x}_i, 2r_i), \\ \leq \dfrac{c}{2r_i} & \text{für } \boldsymbol{x} \in B(\boldsymbol{x}_i, 2r_i). \end{cases}$$

Somit gilt:

$$|\nabla \psi_\varepsilon(\boldsymbol{x})| = \left| \sum_{i=1}^m \left(\nabla \varphi_i(\boldsymbol{x}) \prod_{\substack{j=1 \\ j \neq i}}^m \left(1 - \varphi_j(\boldsymbol{x})\right) \right) \right|$$

$$\leq \sum_{i=1}^m \frac{c}{2r_i} \chi_{B(\boldsymbol{x}_i, 2r_i)}(\boldsymbol{x}),$$

wobei wir mit χ_B die charakteristische Funktion einer Menge $B \subseteq \mathbb{R}^n$ bezeichnen, d. h., es gilt

$$\chi_B(\boldsymbol{x}) = \begin{cases} 1 & \text{für } \boldsymbol{x} \in B, \\ 0 & \text{für } \boldsymbol{x} \notin B \end{cases}$$

(siehe Seite 216).

Betrachten wir zunächst das linke Integral in (23.3). Zur Abkürzung definieren wir die Menge $W = \bigcup_{i=1}^m B(x_i, 2r_i)$. Es gilt:

$$\int_M |\mathrm{div}(\psi_\varepsilon F)|\,dx$$

$$= \int_{M\setminus W} |\mathrm{div}\,F|\,dx + \int_{M\cap W} |\mathrm{div}(\psi_\varepsilon F)|\,dx$$

$$\leq \int_{M\setminus W} |\mathrm{div}(F)|\,dx + \int_{M\cap W} |\psi_\varepsilon \mathrm{div}\,F|\,dx$$

$$+ \int_{M\cap W} |\nabla\psi_\varepsilon \cdot F|\,dx$$

$$\leq \int_M |\mathrm{div}(F)|\,dx + \|F\|_\infty \sum_{i=1}^m \frac{c}{2r_i} \underbrace{\int_{M\cap W} \chi_{B(x_i,2r_i)}(x)\,dx}_{\leq (2r_i)^n\,\omega_n}$$

$$\leq \int_M |\mathrm{div}(F)|\,dx + c\,\omega_n\|F\|_\infty \sum_{i=1}^m (2r_i)^{n-1}$$

$$\leq \int_M |\mathrm{div}(F)|\,dx + 2^{n-1}c\,\omega_n\|F\|_\infty \varepsilon\,,$$

wobei $\omega_n = \int_{B(0,1)} dx$ das Volumen der n-dimensionalen Einheitskugel bezeichnet. Da die Ableitungen zu F integrierbar vorausgesetzt sind, ergibt sich für alle $\varepsilon \leq \varepsilon_0 \in \mathbb{R}_{>0}$ eine integrierbare Majorante der Form $|\mathrm{div}\,F| + k$ mit einer hinreichend großen Konstanten $k > 0$. Mit dem Lebesgue'schen Konvergenzsatz (siehe Seite 924) erhalten wir:

$$\lim_{\varepsilon\to 0} \int_M \mathrm{div}(\psi_\varepsilon F)\,dx = \int_M \mathrm{div}\,F\,dx\,.$$

Das Randintegral in (23.3) ist leichter zu untersuchen, denn es gilt:

$$\int_{\partial M} |\psi_\varepsilon F|\,d\mu \leq \int_{\partial M} |F|\,d\mu\,,$$

d. h., mit $|F|$ ist eine integrierbare Majorante gegeben. Der Lebesgue'sche Konvergenzsatz liefert:

$$\lim_{\varepsilon\to 0} \int_{\partial M} \psi_\varepsilon F\cdot d\mu = \int_{\partial M} F\cdot d\mu\,,$$

und der Integralsatz ist durch den Grenzübergang $\varepsilon \to 0$ in 23.3 gezeigt. ∎

Damit haben wir alle Schritte, vom Quader bis hin zum stückweise glatt berandeten Gebiet, abgeschlossen und die angestrebte Version des Gauß'schen Satzes gezeigt. Die Aussage wird übrigens in der englischen Literatur als *divergence theorem* bezeichnet.

Kommentar: In dreierlei Hinsicht kann man ansetzen, um zu Erweiterungen des Gauß'schen Satzes zu kommen. Es lassen sich der Raum der betrachteten Funktionen oder die Randregularität weiter abschwächen, wobei wegen des Produkts $F\cdot v$ im Randintegral beides nicht unabhängig voneinander ist. Dies führt auf *schwache Ableitungen* und Formulierungen des Satzes in *Sobolevräumen*. In der Theorie

der *Mannigfaltigkeiten* wird der Gauß'sche Satz ein Spezialfall des allgemeinen Stokes'schen Satzes (Ausblick auf Seite 1000). Und in der *Maßtheorie* wird das Lebesgue-Maß, also der hier eingeführte Integrationsbegriff, hinterfragt. Mit entsprechenden Randmaßen lässt sich auch dort der Gauß'sche Satz in abstrakter Form wiederfinden. All diese Themen sind Stoff, der im Rahmen der hier gegebenen Einführung nicht aufgezeigt werden kann.

Beispiel Mithilfe des Gauß'schen Satzes berechnen wir die Darstellung des Divergenzoperators in Kugelkoordinaten. Dazu seien zu den Kugelkoordinaten

$$x(r, \theta, \varphi) = \begin{pmatrix} r\sin\theta\cos\varphi \\ r\sin\theta\sin\varphi \\ r\cos\theta \end{pmatrix}$$

die orthonormalen Basisvektoren

$$e_r = \frac{1}{g_r}\partial_r x, \quad e_\theta = \frac{1}{g_\theta}\partial_\theta x \quad \text{und} \quad e_\varphi = \frac{1}{g_\varphi}\partial_\varphi x$$

mit $g_r = \|\partial_r x\| = 1$, $g_\theta = \|\partial_\theta x\| = r$ und $g_\varphi = \|\partial_\varphi x\| = r\sin\theta$ definiert (Abb. 23.29). Mit der Funktionaldeterminante zur Koordinatentransformation $\sqrt{\det x'^\top x'} = g_r g_\theta g_\varphi = r^2\sin\theta$ und dem Gauß'schen Satz erhalten wir:

$$\int_{r_0}^{r_0+\alpha_r} \int_{\theta_0}^{\theta_0+\alpha_\theta} \int_{\varphi_0}^{\varphi_0+\alpha_\varphi} \mathrm{div}\,F\, g_r g_\varphi g_\theta\,d\varphi\,d\theta\,dr$$

$$= \int_{W_\alpha} \mathrm{div}\,F\,dx = \int_{\partial W_\alpha} F\cdot v\,d\mu$$

im Gebiet $W_\alpha = \{x(r, \theta, \varphi) \in \mathbb{R}^3 \mid (r, \varphi, \theta) \in (r_0, r_0 + \alpha_r) \times (\theta_0, \theta_0 + \alpha_\theta) \times (\varphi_0, \varphi_0 + \alpha_\varphi)\}$. Einsetzen der Normalenvektoren an den regulären Randstücken von ∂W_α und Anwenden des Satzes von Fubini führt auf

$$\int_{r_0}^{r_0+\alpha_r} \int_{\theta_0}^{\theta_0+\alpha_\theta} \int_{\varphi_0}^{\varphi_0+\alpha_\varphi} \mathrm{div}\,F\, g_r g_\varphi g_\theta\,d\varphi\,d\theta\,dr$$

$$= \int_{\theta_0}^{\theta_0+\alpha_\theta} \int_{\varphi_0}^{\varphi_0+\alpha_\varphi} \underbrace{F\cdot e_r}_{=F_r}\, g_\varphi g_\theta \Big|_{r_0}^{r_0+\alpha_r}\,d\varphi\,d\theta$$

$$+ \int_{r_0}^{r_0+\alpha_r} \int_{\varphi_0}^{\varphi_0+\alpha_\varphi} \underbrace{F\cdot e_\theta}_{=F_\theta}\, g_r g_\varphi \Big|_{\theta_0}^{\theta_0+\alpha_\theta}\,d\varphi\,dr$$

$$+ \int_{r_0}^{r_0+\alpha_r} \int_{\theta_0}^{\theta_0+\alpha_\theta} \underbrace{F\cdot e_\varphi}_{=F_\varphi}\, g_r g_\theta \Big|_{\varphi_0}^{\varphi_0+\alpha_\varphi}\,d\theta\,dr$$

$$= \int_{r_0}^{r_0+\alpha_r} \int_{\theta_0}^{\theta_0+\alpha_\theta} \int_{\varphi_0}^{\varphi_0+\alpha_\varphi} \left(\frac{\partial}{\partial r}(r^2\sin\theta\, F_r) \right.$$

$$\left. + \frac{\partial}{\partial\theta}(\sin\theta\, F_\theta) + r\frac{\partial F_\varphi}{\partial\varphi} \right) d\varphi\,d\theta\,dr\,.$$

Da die Identität für alle $\alpha_r, \alpha_\theta, \alpha_\varphi > 0$ mit $W_\alpha \subseteq D$ gilt, ergibt sich Gleichheit der Integranden, d. h.,

$$\mathrm{div}\,F = \frac{1}{r^2}\frac{\partial}{\partial r}(r^2 F_r) + \frac{1}{r\sin\theta}\frac{\partial}{\partial\theta}(\sin\theta\, F_\theta) \frac{1}{r\sin\theta}\frac{\partial F_\varphi}{\partial\varphi}\,.$$

Hintergrund und Ausblick: Lipschitz-Gebiete und der Gauß'sche Satz

Eine häufig genutzte Verallgemeinerung des Gauß'schen Satzes erlaubt, dass die lokalen Parametrisierungen des Rands nur lipschitz-stetig anstelle von stetig differenzierbar sind. Wir können die hier erarbeiteten Beweise in diesem Fall analog führen, wenn wir das Lemma auf Seite 990 für lipschitz-stetige Funktionen $g \colon \tilde{Q} \to \mathbb{R}$ zeigen. Dazu ist eine Generalisierung des eingeführten orientierten Flächenintegrals erforderlich.

Wir betrachten den Beweis des Lemmas auf Seite 990. Die Differenzierbarkeit von g ist erforderlich für die Ableitungen der Funktionen h_j und die Flächennormale ν.

Ein tiefliegender Satz der Lebesgue'schen Integrationstheorie, der auf H. Rademacher (1892-1969) zurückgeht, besagt, dass eine lipschitz-stetige Funktion fast überall differenzierbar ist und die Ableitungen $\frac{\partial g}{\partial x_j}$ integrierbare und fast überall beschränkte Funktionen sind. Somit ist das Normalenvektorfeld

$$\boldsymbol{\nu} = \frac{1}{\sqrt{1 + \|\nabla g\|^2}} \left(-\frac{\partial g}{\partial x_1}, \ldots, -\frac{\partial g}{\partial x_{n-1}}, 1\right)^{\top}$$

fast überall gegeben und beschränkt. Also existieren Oberflächenintegrale, wie etwa $\int_{\Gamma} F_j(\boldsymbol{x}) \, \nu_j(\boldsymbol{x}) \, \mathrm{d}\mu$ im Beweis des Lemmas, auch wenn g nur lipschitz-stetig ist. Alle weiteren Überlegungen lassen sich nun fast wörtlich auch für diesen Fall übernehmen.

Damit gilt der Gauß'sche Satz für Mengen mit glatten Rändern analog auch im Fall von Lipschitz-Rändern, d.h. wenn Randpunkt $\hat{x} \in \partial \overline{M}$ nicht notwendig regulär sind, aber sich der Rand lokal um $\hat{x}$ durch eine lipschitz-stetige Funktion ψ im Sinne der Definition auf Seite 991 parametrisieren lässt.

Durch Lipschitz-Gebiete, also Gebiete mit Lipschitz-Rändern, lassen sich auch Mengen mit Ecken und Kanten beschreiben, wie etwa ein Würfel. Ein Objekt, dass mit dieser Definition nicht abgedeckt ist, ist auf dem Foto gezeigt, da sich der Rand um den Mittelpunkt nicht lokal als Graph einer Funktion beschreiben lässt.

Aber auch für diese Halbkugel des Künstlers Max Bill gilt der Gauß'sche Satz, denn es greifen die Voraussetzungen (a)–(c) auf Seite 997. Die allgemeine Version des Gauß'schen Satzes unter den Bedingungen (a)-(c) bleibt richtig für Mengen, die durch endlich viele Lipschitz-Ränder begrenzt sind; denn wir können den Beweis für reguläre Flächenstücke analog auch im Fall von lipschitz-stetigen Flächenstücken führen.

Einen Beweis des Satzes von Rademacher können wir im Rahmen dieser Einführung nicht präsentieren. Im eindimensionalen Fall bedeutet die Aussage, dass aus der Lipschitz-Stetigkeit einer Funktion $f \colon [a, b] \to \mathbb{R}$ die Existenz einer integrierbaren Funktion $f' \in L([a, b])$ und einer Konstanten $c > 0$ mit $|f'(x)| \leq c$ für fast alle $x \in [a, b]$ folgt, so dass

$$\lim_{h \to 0} \frac{1}{h} \left(f(x + h) - f(x) - f'(x)h\right) = 0$$

für fast alle $x \in [a, b]$ gilt.

Die Idee des Beweises beruht auf der Beobachtung, dass eine lipschitz-stetige Funktion insbesondere **absolut stetig** ist. Absolute Stetigkeit bedeutet, dass zu jedem $\varepsilon > 0$ ein $\delta > 0$ existiert mit $\sum_{j=1}^{N} |f(x_j) - f(y_j)| \leq \varepsilon$ für alle $a \leq x_1 < y_1 < x_2 < \cdots < y_N \leq b$, $N \in \mathbb{N}$, mit $\sum_{j=1}^{N} |x_j - y_j| \leq \delta$. Für den Fall einer lipschitz-stetigen Funktion lässt sich $\delta = \frac{\varepsilon}{L}$ wählen. Weiterhin ergibt sich, dass die Funktion von **beschränkter Variation** ist, d.h., die monotone Funktion $v \colon [a, b] \to \mathbb{R}$ mit

$$v(x) := \sup \left\{ \sum_{j=1}^{N} |f(x_j) - f(x_{j-1})| \ \middle| \ a = x_0 < x_1 < \cdots < x_N = x, N \in \mathbb{N} \right\}$$

ist beschränkt. Die Funktion v ist in unserem Fall durch $L(b - a)$ beschränkt und lipschitz-stetig. Diese Eigenschaften lassen sich nun nutzen, um letztendlich nach Aufteilung in monoton approximierbare Anteile mit Hilfe des Satzes von Beppo Levi Existenz von f' zu zeigen.

Ist die Existenz von f' geklärt, so erhalten wir mit dem Lebesgue'schen Konvergenzsatz die Identität

$$\begin{aligned}
\int_a^b f(x)\varphi'(x) \, \mathrm{d}x &= \lim_{h \to 0} \int_a^b f(x) \frac{\varphi(x + h) - \varphi(x)}{h} \, \mathrm{d}x \\
&= \lim_{h \to 0} \int_a^b \frac{f(x - h) - f(x)}{h} \varphi(x) \, \mathrm{d}x \\
&= \int_a^b f'(x)\varphi(x) \, \mathrm{d}x
\end{aligned}$$

für alle differenzierbaren Funktionen $\varphi \colon (a, b) \to \mathbb{R}$, die am Rand verschwinden, d. h., es gibt $[c, d] \subseteq (a, b)$ mit $\varphi(x) = 0$ für $x \in [a, b] \setminus [c, d]$. Gibt es zu f eine integrierbare Funktion f' mit dieser Eigenschaft, so wird f' **schwache Ableitung** von f genannt.

Hintergrund und Ausblick: Mannigfaltigkeiten und Differenzialformen

Sucht man nach dem Stokes'schen Satz in weiterführender Literatur, so stößt man auf eine erheblich abstraktere Formulierung in der Form

$$\int_M \mathrm{d}\omega = \int_{\partial M} \omega,$$

wobei M eine *orientierbare Mannigfaltigkeit mit Rand* und ω eine *Differenzialform* bezeichnen. Diese Formulierung umfasst nicht nur den vorgestellten klassischen Stokes'schen Satz sondern auch den Gauß'schen Satz.

Die Beschreibung von Kurven und Flächen durch Parametrisierungen ist anschaulich motiviert. Sie birgt aber den Nachteil, dass die Bildmenge $\gamma(D) \subseteq \mathbb{R}^n$ stets Teilmenge eines Vektorraums ist. Deswegen führt man den Begriff der *Mannigfaltigkeit* ein. Eine **Mannigfaltigkeit** M ist ein topologischer Raum (siehe Seite 781), sodass zu jedem Punkt $x \in M$ ein Homöomorphismus $\varphi : U \to D$ einer offene Menge $U \subseteq M$ um $x \in U$ auf eine offene Menge $D \subseteq \mathbb{R}^d$ existiert. Den Begriff Homöomorphismus, eine bijektive, stetige Abbildung mit stetiger Umkehrabbildung $\varphi^{-1} : D \to U$, haben wir auf Seite 784 kennengelernt. Dabei ist die Stetigkeit topologisch erklärt durch die Eigenschaft, dass Urbilder offener Mengen offen sind. Ist $M \subseteq \mathbb{R}^n$, so definiert $\varphi^{-1} : D \to U$ lokal eine Parametrisierung. Man nennt das Tripel (U, φ, D) eine **Karte** zu M.

Eine Familie von Karten, sodass M Vereinigung aller Urbilder U ist, heißt **Atlas** zu M. Sind alle Karten eines Atlas C^k kompatibel, d. h., für alle Paarungen von Karten (U_1, φ_1, D_1) und (U_2, φ_2, D_2) ist die Abbildung $\varphi_1 \circ \varphi_2^{-1} : \varphi_2(U_1 \cap U_2) \to D_1$ k-mal stetig differenzierbar, so spricht man von einer C^k-**differenzierbaren Mannigfaltigkeit**. Beispiel für eine C^∞-Mannigfaltigkeit ist die Einheitssphäre $S^2 = \{x \in \mathbb{R}^3 \mid \|x\| = 1\}$. Durch die beiden stereografischen Projektionen (Seite 786) mit ausgenommenen Nord- bzw. Südpol ist ein Atlas gegeben. Bei einer **Mannigfaltigkeit mit Rand** wird diese Definition dahingehend modifiziert, dass $D \subseteq \{v \in \mathbb{R}^d \mid v_d \geq 0\}$ Teilmenge eines Halbraums ist.

Um eine koordinatenunabhängige Notation der Integranden für alle Dimensionen d zu bekommen, führt man **Differenzialformen** ein. Unter einer Differenzialform d-ter Stufe versteht man eine Abbildung, die jedem Punkt $x \in M$ eine d-*Form* auf dem *Tangentialraum* $T_x(M)$ zuordnet, d. h., es wird jedem Punkt $x \in M$ eine Abbildung zugeordnet. Mit d-**Form** bezeichnet man zu einem Vektorraum V eine stetige Abbildung $\alpha : \underbrace{V \times \cdots \times V}_{d\text{-mal}} \to \mathbb{R}$, die multilinear und alternierend ist. Ein Beispiel im Fall $V = \mathbb{R}^n$ und $d = n$ ist $\alpha(a_1, \ldots, a_n) = \det(a_1, \ldots, a_n)$. Eine Differenzialform ω ist somit eine Abbildung auf M, deren Bilder selbst Abbildungen sind, nämlich d-Formen $\omega_x = \omega(x) : T_x(M) \to \mathbb{R}$. Insbesondere ist noch erforderlich, Tangentialräume $T_x(M)$ an differenzierbaren Mannigfaltigkeiten zu erklären, in Verallgemeinerung der Anschauung an Kurven und Flächen.

Die Menge $\Omega^d(M)$ der Differenzialformen der Stufe d bildet einen Vektorraum $\Omega^d(M)$. Betrachten wir $V = \mathbb{R}^n$ und die kartesischen Basisvektoren $\{e_1, \ldots, e_n\}$, so lässt sich jede 1-Form, oder auch *Pfaff'sche Form*, linear zerlegen zu $\omega(a) = \sum_{i=1}^n a_i \omega(e_i)$. Betrachten wir eine entsprechende Differenzialform, d. h., ω_x hängt von $x \in M$ ab, und ist $a(x)$ Tangentialvektor, so gilt $\omega_x(a(x)) = \sum_{i=1}^n a_i(x)\, \omega_x(e_i)$. Offensichtlich ist die Differenzialform gegeben durch die Werte $F_i(x) = \omega_x(e_i)$, also durch ein Vektorfeld $F : M \to \mathbb{R}^n$. Definieren wir weiter die Basisformen $\mathrm{d}x_i : T_x(M) \to \mathbb{R}$ durch $\mathrm{d}x_i(a(x)) = a_i(x)$, so erhalten wir die Basisdarstellung

$$\omega_x = \sum_{i=1}^n F_i(x)\mathrm{d}x_i.$$

Im Fall einer Kurve mit Parametrisierung $\gamma = \varphi^{-1} : (a, b) \to U$ ist mit dem Tangentialvektor $\dot{\gamma}$ das orientierte Kurvenintegral gegeben:

$$\int_U \omega = \sum_{i=1}^n \int_a^b f_i(x)\, \mathrm{d}x_i = \int_a^b \omega_{\gamma(t)}\big(\dot{\gamma}(t)\big)$$

$$= \sum_{t=1}^n \int_a^b f_i(\gamma(t))\gamma_i'(t)\, \mathrm{d}t = \int_M f \cdot \mathrm{d}l.$$

Auf diesem Weg werden allgemein Integrale von Differenzialformen über Mannigfaltigkeiten definiert. Mit dem äußeren Produkt (Seite 982) ist auf der Menge aller Differenzialformen eine Algebra gegeben. Damit folgen für Differenzialformen höherer Stufe Basisformen der Gestalt $\mathrm{d}x_{i_1} \wedge \cdots \wedge \mathrm{d}x_{i_d}$. Wir erhalten bei Formen 2-ter Stufe im $\mathbb{R}^3$ das orientierte Flächenintegral und zur n-ten Stufe das iterierte Integral mit Orientierung. Differenzialformen mit $d > n$ sind nicht sinnvoll, da aufgrund der Antisymmetrie-Bedingung die einzige Form höherer Stufe die triviale Abbildung ist.

Mithilfe einer Partition der Eins über einen Atlas wird die Integration über die gesamte Mannigfaltigkeit erklärt. Mithilfe der Differenzialformen lässt sich auch eine Orientierung von M definieren, wie sie im Stokes'schen Satz erforderlich ist. Darüber hinaus taucht im Stokes'schen Satz noch die *äußere Ableitung* $\mathrm{d}\omega$ auf. Ist ω eine Differenzialform der Stufe d, so ist $\mathrm{d}\omega$ eine Differenzialform der Stufe $d + 1$. In Koordinatendarstellung mit dem Dachprodukt ergibt sich zu $\omega_x = f(x)\mathrm{d}x_{i_1} \wedge \cdots \wedge \mathrm{d}x_{i_d}$ die Ableitung $\mathrm{d}\omega_x = \mathrm{d}f \wedge \mathrm{d}x_{i_1} \wedge \cdots \wedge \mathrm{d}x_{i_d}$. Die Zusammenstellung der Begriffe macht deutlich, welche Vielzahl an Schritten erforderlich ist, um den Satz von Stokes in seiner Allgemeinheit zu erfassen.

In der Übersicht auf Seite 1008 finden sich weitere Darstellungen von Differenzialoperatoren in Zylinder- und Kugelkoordinaten ohne komplette Beweise. ◄

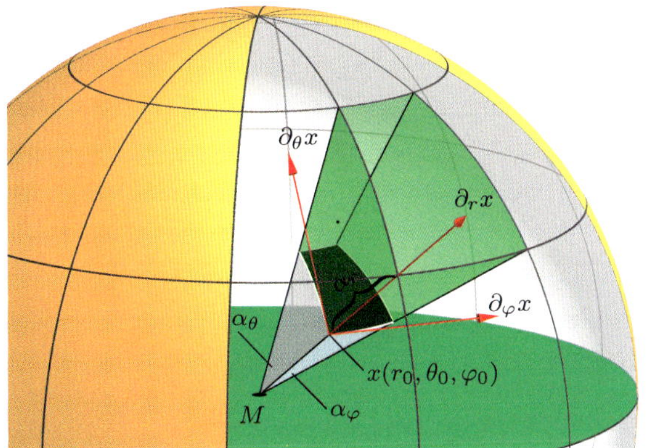

Abbildung 23.29 Die Basisvektoren zu Kugelkoordinaten im $\mathbb{R}^3$ und das Bild $W_{\boldsymbol{\alpha}}$ des Quaders $[r_0, r_0 + \alpha_r] \times [\theta_0, \theta_0 + \alpha_\theta] \times [\varphi_0, \varphi_0 + \alpha_\varphi]$.

Der Gauß'sche Satz liefert eine koordinatenunabhängige Definition der Divergenz

Der Gauß'sche Satz ist ein mächtiges Werkzeug der Analysis. Einige Aspekte wollen wir aufzeigen. So findet sich etwa in der Physik für die Divergenz auch die Bezeichnung *Quelldichte*. Dies ist zu verstehen, wenn man die vom Koordinatensystem unabhängige Definition der Divergenz,

$$\operatorname{div} \boldsymbol{F} = \lim_{|M| \to 0} \int_{\partial M} \boldsymbol{F} \cdot \boldsymbol{v} \, \mathrm{d}\mu \, ,$$

betrachtet. Dabei bezeichnen wir mit $|M|$ die Volumen von Gebieten $M \subseteq \mathbb{R}^n$ und setzen voraus, dass M die Bedingungen (a)–(c) erfüllt, also der Gauß'sche Satz anwendbar ist.

Die Darstellung der Divergenz in kartesischen Koordinaten ergibt sich, wenn man Quader der Form $M = [x_1, x_1 + \varepsilon_1] \times \ldots \times [x_n, x_n + \varepsilon_n]$ betrachtet. Es folgt:

$$\frac{1}{|M|} \int_{\partial M} \boldsymbol{F} \cdot \boldsymbol{v} \, \mathrm{d}\mu$$
$$= \frac{1}{\varepsilon_1 \ldots \varepsilon_n} \int_{x_2}^{x_2 + \varepsilon_2} \ldots \int_{x_n}^{x_n + \varepsilon_n} \Big(\boldsymbol{F}(x_1 + \varepsilon_1, x_2, \ldots, x_n)$$
$$- \boldsymbol{F}(\boldsymbol{x})\Big) \cdot \boldsymbol{e}_1 \, \mathrm{d}x_2 \ldots \mathrm{d}x_n$$
$$+ \ldots$$
$$+ \frac{1}{\varepsilon_1 \ldots \varepsilon_n} \int_{x_1}^{x_1 + \varepsilon_1} \ldots \int_{x_{n-1}}^{x_{n-1} + \varepsilon_{n-1}} \Big(\boldsymbol{F}(x_1, x_2, \ldots, x_n + \varepsilon_n)$$
$$- \boldsymbol{F}(\boldsymbol{x})\Big) \cdot \boldsymbol{e}_n \, \mathrm{d}x_1 \ldots \mathrm{d}x_{n-1} \, .$$

Ist $\boldsymbol{F}$ stetig differenzierbar, so folgt mit dem Mittelwertsatz (Seite 597):

$$\frac{1}{|M|} \int_{\partial M} \boldsymbol{F} \cdot \boldsymbol{v} \, \mathrm{d}\mu$$
$$= \frac{1}{\varepsilon_1 \ldots \varepsilon_n} \int_{x_2}^{x_2 + \varepsilon_2} \ldots \int_{x_n}^{x_n + \varepsilon_n} \frac{\partial F_1}{\partial x_1}(\xi_1^1, x_2, \ldots, x_n) \, \varepsilon_1 \, \mathrm{d}x_2 \ldots \mathrm{d}x_n$$
$$+ \ldots + \frac{1}{\varepsilon_1 \ldots \varepsilon_n}$$
$$\cdot \int_{x_1}^{x_1 + \varepsilon_1} \ldots \int_{x_{n-1}}^{x_{n-1} + \varepsilon_{n-1}} \frac{\partial F_n}{\partial x_n}(x_1, \ldots, x_{n-1}, \xi_n^n) \, \varepsilon_n \mathrm{d}x_1 \ldots \mathrm{d}x_{n-1} \, .$$

Wenden wir auf jedes Integral den Mittelwertsatz der Integralrechnung $(n-1)$-mal an (Seite 654), so existieren weitere Zwischenstellen $\xi_j^i \in (x_j, x_j + \varepsilon_j)$ mit

$$\frac{1}{|M|} \int_{\partial M} \boldsymbol{F} \cdot \boldsymbol{v} \, \mathrm{d}\mu$$
$$= \frac{\partial F_1}{\partial x_1}(\xi_1^1, \xi_2^1, \ldots, \xi_n^1) + \ldots + \frac{\partial F_n}{\partial v x_n}(\xi_1^n, \xi_2^n, \ldots, \xi_n^n) \, .$$

Aus dem Grenzwert $|M| \to 0$ folgt die Darstellung der Divergenz in kartesischen Koordinaten.

Interpretiert man das Flächenintegral als Bilanz des Ein- und Ausströmens des Vektorfelds durch die Hyperfläche, so ist die Bezeichnung Quelldichte für die Divergenz naheliegend. Sind die Flächenintegrale null, d. h., Ein- und Ausströmen sind im Gleichgewicht, so ist $\operatorname{div} \boldsymbol{F} = 0$ auf dem Gebiet. Man spricht in diesem Fall von einem *quellenfreien* Vektorfeld.

Partielle Integration und die Green'schen Sätze folgen direkt aus dem Gauß'schen Satz

Wir haben gesehen, dass der Gauß'sche Satz eine Verallgemeinerung der Hauptsätze der Differenzial- und Integralrechnung in höhere Dimensionen liefert. Darüber hinaus wird mit der Produktregel $\operatorname{div}(g \, \boldsymbol{F}) = g \operatorname{div} \boldsymbol{F} + \nabla g \cdot \boldsymbol{F}$ deutlich, dass aus dem Gauß'schen Satz auch eine Verallgemeinerung der **partiellen Integration** folgt. Wir erhalten:

$$\int_M g \operatorname{div} \boldsymbol{F} \, \mathrm{d}x = \int_{\partial M} g \boldsymbol{F} \cdot \boldsymbol{v} \, \mathrm{d}\mu - \int_M \nabla g \cdot \boldsymbol{F} \, \mathrm{d}x \, , \quad (23.4)$$

wenn $g : M \to \mathbb{R}$ und $\boldsymbol{F} : M \to \mathbb{R}^n$ stetig differenzierbare Funktionen sind.

Wenden wir den Gauß'schen Integralsatz spezieller auf Funktionen der Form $\boldsymbol{F} = g \nabla f$ an, so erhalten wir die *Green'schen Sätze*. Dazu führen wir einen weiteren Differenzialoperator, den **Laplace-Operator** $\Delta = \operatorname{div} \nabla$ ein, der in kartesischen Koordinaten geben ist durch:

$$\Delta u = \sum_{j=1}^{n} \frac{\partial^2 u}{\partial x_j^2} \, .$$

Außerdem bezeichnet man mit

$$\frac{\partial u(\boldsymbol{x})}{\partial \boldsymbol{v}} = \boldsymbol{v}(\boldsymbol{x}) \cdot \nabla u(\boldsymbol{x})$$

für $\boldsymbol{x} \in \partial M$, die Richtungsableitung einer Funktion $u : \mathbb{R}^n \to \mathbb{R}$ in Richtung des Normalenfelds einer orientierbaren Hyperfläche, die sogenannte **Normalableitung**. Mit diesen Notationen lassen sich die beiden wichtigen Green'schen Formeln übersichtlich angeben.

Green'sche Formeln

Ist $M \subset \mathbb{R}^n$ ein beschränktes Gebiet, das eine Anwendung des Gauß'schen Satzes erlaubt, und sind Funktionen $u \in C^2(M) \cap C^1(\overline{M})$, $v \in C^1(M) \cap C(\overline{M})$ mit integrierbaren zweiten bzw. ersten partiellen Ableitungen gegeben, so gilt die **erste Green'sche Formel**

$$\int_M \left[\nabla v(\boldsymbol{x}) \cdot \nabla u(\boldsymbol{x}) + v(\boldsymbol{x}) \, \Delta u(\boldsymbol{x}) \right] \mathrm{d}\boldsymbol{x}$$
$$= \int_{\partial M} v(\boldsymbol{x}) \, \frac{\partial u(\boldsymbol{x})}{\partial \boldsymbol{v}} \, \mathrm{d}\mu \, .$$

Sind $u, v \in C^2(M) \cap C^1(\overline{M})$ und die zweiten Ableitungen integrierbar, dann gilt die **zweite Green'sche Formel**:

$$\int_M \left[v(\boldsymbol{x}) \, \Delta u(\boldsymbol{x}) - u(\boldsymbol{x}) \, \Delta v(\boldsymbol{x}) \right] \mathrm{d}\boldsymbol{x}$$
$$= \int_{\partial M} \left[v(\boldsymbol{x}) \, \frac{\partial u(\boldsymbol{x})}{\partial \boldsymbol{v}} - u(\boldsymbol{x}) \, \frac{\partial v(\boldsymbol{x})}{\partial \boldsymbol{v}} \right] \mathrm{d}\mu \, .$$

Beweis: Die erste Formel ergibt sich mit $g = v$ und $\boldsymbol{F} = \nabla u$ in (23.4). Die zweite Formel folgt, wenn wir in der ersten die Rollen von u und v vertauschen und die Differenz bilden. ∎

Mit der Grundlösung zum Laplace-Operator lassen sich zweimal stetig differenzierbare Funktionen durch Integrale darstellen

Der in diesen Formeln auftretende Laplace-Operator spielt eine Schlüsselrolle in der Potenzialtheorie; denn ist ein differenzierbares Vektorfeld $\boldsymbol{F}$ durch ein Potenzial gegeben, d. h., es gibt $u : \mathbb{R}^n \to \mathbb{R}$ mit $\boldsymbol{F} = \nabla u$, so gilt:

$$\mathrm{div} \, \boldsymbol{F} = \mathrm{div} \nabla u = \Delta u \, .$$

Ein solches Vektorfeld ist somit quellenfrei in einem Gebiet D, wenn die Funktion u die **Potenzialgleichung**

$$\Delta u = 0 \quad \text{in } D$$

erfüllt. Zweimal stetig differenzierbare Funktionen mit der Eigenschaft $\Delta u = 0$ heißen **harmonische Funktionen**.

Ein wichtiges Beispiel einer harmonischen Funktion im Fall $n \geq 3$ ist $\Phi : \mathbb{R}^n \times \mathbb{R}^n \setminus \{(\boldsymbol{x}, \boldsymbol{y}) \mid \boldsymbol{x} = \boldsymbol{y}\} \to \mathbb{R}$ mit

$$\Phi(\boldsymbol{x}, \boldsymbol{y}) = \frac{1}{(n-2)\omega_n} \frac{1}{\|\boldsymbol{x} - \boldsymbol{y}\|^{n-2}} \quad \boldsymbol{x} \neq \boldsymbol{y}$$

und der Konstante $\omega_n = \int_{S^{n-1}} \mathrm{d}\mu$, dem Inhalt der Einheitssphäre $S^{n-1} = \{\boldsymbol{x} \in \mathbb{R}^n \mid \|x\| = 1\}$.

?

Verifizieren Sie, dass bei fest vorgegebenen $\boldsymbol{y} \in \mathbb{R}^3$ die Funktion $\Phi(., \boldsymbol{y})$ harmonisch ist, d. h., $\Delta_{\boldsymbol{x}} \Phi(\boldsymbol{x}, \boldsymbol{y}) = 0$ für $\boldsymbol{x} \neq \boldsymbol{y}$ gilt.

Eng mit den folgenden Betrachtungen hängt die physikalische Bedeutung der Funktion Φ für $n = 3$ zusammen. Bis auf Skalierungsfaktoren beschreibt Φ das Potenzial zum Gravitationsfeld einer Masse in der Newton'schen Mechanik oder das Potenzial zum elektrischen Feld einer Punktladung an der Stelle $\boldsymbol{y} \in \mathbb{R}^3$. Man beachte, dass Φ symmetrisch in $\boldsymbol{x}$ und $\boldsymbol{y}$ ist. Insbesondere gilt auch $\Delta_{\boldsymbol{y}} \Phi(\boldsymbol{x}, \boldsymbol{y}) = 0$. Die Funktion Φ heißt **Grundlösung** zum Laplace-Operator, da der folgende *Darstellungssatz* gilt.

Darstellungssatz für zweimal stetig differenzierbare Funktionen

Sind $D \subseteq \mathbb{R}^n$, $n \geq 3$ ein Gebiet, das die Anwendung des Gauß'schen Satzes erlaubt, und $u \in C^2(\overline{D})$, dann gilt die Darstellung:

$$u(\boldsymbol{x}) = \int_{\partial D} \left[\Phi(\boldsymbol{x}, \boldsymbol{y}) \, \frac{\partial u(\boldsymbol{y})}{\partial \boldsymbol{v}} - \frac{\partial \Phi(\boldsymbol{x}, \boldsymbol{y})}{\partial \boldsymbol{v}_{\boldsymbol{y}}} \, u(\boldsymbol{y}) \right] \mathrm{d}\mu$$
$$- \int_D \Phi(\boldsymbol{x}, \boldsymbol{y}) \, \Delta u(\boldsymbol{y}) \, \mathrm{d}\boldsymbol{y}$$

für $\boldsymbol{x} \in D$. Dabei bezeichnet $\boldsymbol{v} \in \mathbb{R}^n$ den nach außen gerichteten Normaleneinheitsvektor an den Rand ∂D des Gebiets.

Beweis: Halten wir $\boldsymbol{x} \in D$ fest und bezeichnen mit $K_\rho = \{\boldsymbol{y} \in \mathbb{R}^n : \|\boldsymbol{y} - \boldsymbol{x}\| < \rho\}$ die Kugel um $\boldsymbol{x}$ mit Radius ρ (Abb. 23.30). Dann gilt mit dem zweiten Green'schen Satz (Seite 1002) in dem Ringgebiet $D \setminus \overline{K_\rho}$:

$$\int_{\partial D \cup \partial K_\rho} \left[\Phi(\boldsymbol{x}, \boldsymbol{y}) \, \frac{\partial u(\boldsymbol{y})}{\partial \boldsymbol{v}} - \frac{\partial \Phi(\boldsymbol{x}, \boldsymbol{y})}{\partial \boldsymbol{v}_{\boldsymbol{y}}} \, u(\boldsymbol{y}) \right] \mathrm{d}\sigma_{\boldsymbol{y}}$$

$$\tag{23.5}$$

$$= \int_{D \setminus \overline{K_\rho}} \left[\Phi(\boldsymbol{x}, \boldsymbol{y}) \, \Delta u(\boldsymbol{y}) - \Delta_{\boldsymbol{y}} \Phi(\boldsymbol{x}, \boldsymbol{y}) \, u(\boldsymbol{y}) \right] \mathrm{d}\boldsymbol{y}$$

$$= \int_{D \setminus \overline{K_\rho}} \Phi(\boldsymbol{x}, \boldsymbol{y}) \, \Delta u(\boldsymbol{y}) \mathrm{d}\boldsymbol{y} \, .$$

Wir betrachten den Grenzwert $\rho \to 0$. Da Δu stetig und $\Phi(\boldsymbol{x}, .)$ integrierbar auf $\overline{D}$ sind, ergibt sich mit dem Lebes-

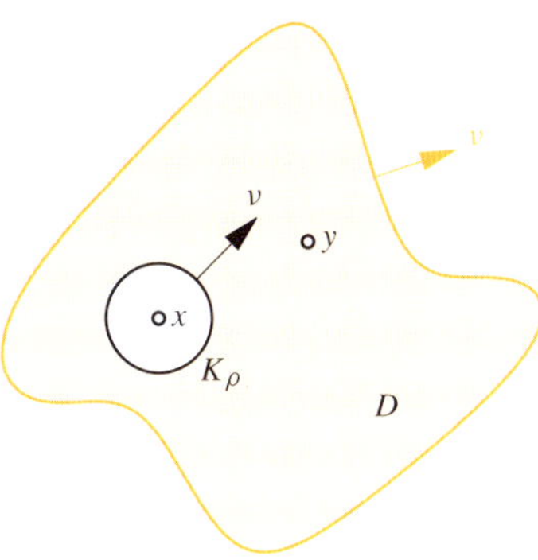

Abbildung 23.30 Für die Anwendung des zweiten Green'schen Satzes wird eine Kugel K_ρ mit Mittelpunkt x aus D ausgenommen.

gue'schen Konvergenzsatz:

$$\lim_{\rho \to 0} \int_{D \setminus \overline{K_\rho}} \Phi(x, y)\, \Delta u(y)\, \mathrm{d}y = \int_D \Phi(x, y)\, \Delta u(y)\, \mathrm{d}y \,.$$

Es bleiben die Randintegrale zu untersuchen. Da das äußere Randintegral von ρ unabhängig ist, müssen wir nur die Integrale über die Kugeloberfläche mit $\|x - y\| = \rho$ betrachten.

Ist mit $\varphi \colon D \subseteq \mathbb{R}^{n-1} \to \mathbb{R}^n$ eine Parametrisierung der Einheitssphäre S^{n-1} gegeben, so ist ∂K_ρ durch $\psi(v) = x + \rho\varphi(v)$ parametrisiert. Im $\mathbb{R}^3$ bieten sich Kugelkoordinaten an, die sich analog auf den Fall $n > 3$ verallgemeinern lassen. Wir erhalten mit $\sqrt{\det((\psi')^\top \psi')} = \rho^{n-1} \sqrt{\det((\varphi')^\top \varphi')}$ die allgemeine Transformation

$$\int_{\partial K_\rho} f(y)\, \mathrm{d}\mu_y = \rho^{n-1} \int_{S^{n-1}} f(x + \rho \hat{y})\, \mathrm{d}\mu_{\hat{y}}$$

für integrierbare Funktionen f.

Damit ergibt sich für das erste Oberflächenintegral:

$$\frac{1}{\omega_n} \int_{\partial K_\rho} \frac{1}{\|x - y\|^{n-2}} \frac{\partial u}{\partial v}(y)\, \mathrm{d}\mu_y$$

$$= -\frac{\rho}{\omega_n} \int_{S^{n-1}} \frac{\partial u}{\partial \rho}(x + \rho \hat{y})\, \mathrm{d}\mu_{\hat{y}} \,.$$

Beachten Sie, dass die äußere Normale am Ringgebiet $D \setminus \overline{K_\rho}$ auf der Sphäre zum Mittelpunkt gerichtet ist, sodass $\partial u / \partial v = -\partial u / \partial \rho$ gilt. Da $u \in C^1(\overline{D})$ ist, ist die Ableitung $\partial u / \partial \rho$ beschränkt, und wir erhalten:

$$\lim_{\rho \to 0} \int_{\partial K_\rho} \Phi(x, y)\, \frac{\partial u}{\partial v}(y)\, \mathrm{d}\mu_y = 0 \,.$$

Für das zweite Integral betrachten wir

$$\nabla_y \left(\frac{1}{\|x - y\|^{n-2}} \right) = -(n - 2) \frac{x - y}{\|x - y\|^n} \,.$$

Auf der Kugeloberfläche ist

$$\frac{\partial \Phi}{\partial v}(x, y) = -\frac{1}{\omega_n} \frac{x - y}{\|x - y\|^n} \cdot \frac{x - y}{\|x - y\|} = \frac{-1}{\omega_n\, \rho^{n-1}} \,,$$

und es gilt:

$$-\int_{\partial K_\rho} \frac{\partial \Phi(x, y)}{\partial v_y}\, u(y)\, \mathrm{d}\mu_y = \frac{1}{\omega_n} \int_{S^{n-1}} u(x + \rho\, \hat{y})\, \mathrm{d}\mu_{\hat{y}} \,.$$

Da u auf $\overline{K_\rho}$ eine stetige Funktion ist, können wir abschätzen:

$$\min_{y \in \overline{K_\rho}} u(y) = \frac{1}{\omega_n} \min_{y \in \overline{K_\rho}} u(y) \int_{S^{n-1}} \mathrm{d}\mu_{\hat{y}}$$

$$\leq \frac{1}{\omega_n} \int_{S^{n-1}} u(x + \rho\, \hat{y})\, \mathrm{d}\mu_{\hat{y}}$$

$$\leq \frac{1}{\omega_n} \max_{y \in \overline{K_\rho}} u(y) \int_{S^{n-1}} \mathrm{d}\mu_{\hat{y}} = \max_{y \in \overline{K_\rho}} u(y) \,.$$

Ein Grenzübergang $\rho \to 0$ zusammen mit der Stetigkeit der Funktion u zeigt durch die Einschließung die Konvergenz:

$$-\lim_{\rho \to 0} \int_{\partial K_\rho} \frac{\partial \Phi(x, y)}{\partial v_y}\, u(y)\, \mathrm{d}\mu_y = u(x) \,.$$

Fügen wir alle Terme zusammen, folgt aus Gleichung (23.5) bei Grenzübergang $\rho \to 0$ die angegebene Darstellungsformel für die Funktion u. ∎

Analog ergibt sich der Darstellungssatz im $\mathbb{R}^2$ mit der Grundlösung $\Phi(x, y) = -\frac{1}{2\pi} \ln(\|x - y\|)$ (Aufgabe 23.18). Interessant ist der Satz im Fall harmonischer Funktionen. Im Beispiel auf Seite 1004 wird dies ausgeführt. Die vielen weiteren Aspekte zu den harmonischen Funktionen, etwa der enge Zusammenhang zur *Funktionentheorie* im Fall $n = 2$, würde aber den Rahmen dieses einführenden Lehrbuchs sprengen. Der Leser mag gespannt sein, an welchen Stellen im weiterem Studium ihm die harmonischen Funktionen wieder begegnen.

Der Differenzialoperator im Satz von Stokes ist die Rotation

Abschließend nutzen wir den Gauß'schen Satz im Parameterbereich einer Fläche im $\mathbb{R}^3$. Damit ergibt sich eine Beziehung zwischen orientiertem Flächenintegral und orientiertem Kurvenintegral längs der Randkurve, der *klassische Satz von Stokes*. Diesen Zusammenhang wollen wir herleiten.

Wir betrachten eine Fläche Γ mit regulärer Parametrisierung $\gamma \colon D \to \mathbb{R}^3$ und setzen zunächst voraus, dass γ zweimal stetig differenzierbar und auf $\overline{D}$ injektiv ist. Ist darüber hinaus $D \subseteq \mathbb{R}^2$ ein Gebiet mit glattem Rand und ∂D durch $\varphi \colon (a, b) \to \mathbb{R}^2$ parametrisiert, so ist wegen der Injektivität

---

Beispiel: Harmonische Funktionen

Als wichtige Folgerungen aus dem Darstellungssatz, also letztendlich aus dem Gauß'schen Satz, ergibt sich die Mittelwerteigenschaft harmonischer Funktionen. Es gilt für $u \in C^2(D)$ mit $\Delta u = 0$ in $K_\rho = \{y \in \mathbb{R}^n \mid \|x - y\| \le \rho\} \subseteq D$ die Identität

$$u(x) = \frac{1}{\omega_n \rho^{n-1}} \int_{\partial K_\rho} u(y)\, \mathrm{d}\mu_y,$$

wobei $\omega_n = \int_{S^{n-1}} \mathrm{d}\mu$. Dieser Satz impliziert das Maximumsprinzip: harmonische Funktionen nehmen ihre Extremwerte auf dem Rand des Gebiets an. Als Folgerung ergibt sich die grundlegende Eindeutigkeitsaussage der Theorie partieller Differenzialgleichungen, dass das homogene *Dirichlet'sche Randwertproblem*, $\Delta u = 0$ in D mit $u = 0$ auf ∂D nur die triviale Lösung $u(x) = 0$ für $x \in D$ besitzt.

Problemanalyse und Strategie: Betrachtet man den Darstellungssatz im Fall einer harmonischen Funktion, so ist nur eines der drei Integrale von null verschieden. Den Spezialfall einer Kugel als Gebiet D mit x als Mittelpunkt nennt man die Mittelwerteigenschaft. Das Maximumsprinzip und damit eine eindeutige Lösung zum Randwertproblem sind direkte Folgerungen.

Lösung:

Wir betrachten die Darstellungsformel für eine harmonische Funktion $u \colon D \to \mathbb{R}$, d. h., $\Delta u = 0$, wenn als Gebiet die Kugel mit Radius ρ um x gewählt wird. Dann ist $\|x - y\| = \rho$ für alle $y \in \partial K_\rho$. Mit der auf Seite 1003 berechneten Ableitung $\frac{\partial \Phi(x, y)}{\partial \nu}$ folgt:

$$u(x) = \frac{1}{(n-2)\omega_n \rho^{n-2}} \int_{\partial K_\rho} \frac{\partial u(y)}{\partial \nu}\, \mathrm{d}\mu_y$$
$$+ \frac{1}{\omega_n \rho^{n-1}} \int_{\partial K_\rho} u(y)\, \mathrm{d}\mu_y.$$

Wählen wir im zweiten Green'schen Satz die harmonischen Funktionen u und v mit $v(x) = 1$ für $x \in K_\rho$, so ist

$$0 = \int_{K_\rho} \Delta u\, v - u\, \Delta v\, \mathrm{d}x$$
$$= \int_{\partial K_\rho} \frac{\partial u}{\partial \nu} v - u\, \frac{\partial v}{\partial \nu}\, \mathrm{d}\mu = \int_{\partial K_\rho} \frac{\partial u}{\partial \nu}\, \mathrm{d}\mu.$$

Somit verschwindet das erste Integral, und wir erhalten für die harmonische Funktion $u \in C^2(D)$ die **Mittelwerteigenschaft**:

$$u(x) = \frac{1}{\omega_n \rho^{n-1}} \int_{\partial K_\rho} u(y)\, \mathrm{d}\mu_y,$$

wenn $x \in D$ und $\rho > 0$ mit $K_\rho \subseteq D$ gilt. Funktionswerte einer harmonischen Funktion ergeben sich als Mittel der Funktionswerte auf einer umgebenden Kugel. Übrigens lässt sich umgekehrt zeigen, dass eine Funktion in einem Gebiet D genau dann harmonisch ist, wenn diese Mittelwerteigenschaft für beliebige Kugeln in D erfüllt ist. Für einen Beweis sei auf Lehrbücher zu partiellen Differenzialgleichungen verwiesen.

Mit der Mittelwerteigenschaft folgt weiter:

$$\frac{1}{\omega_n \rho^{n-1}} \int_{\partial K_\rho} \big[u(x) - u(y) \big]\, \mathrm{d}\mu_y$$
$$= u(x) - \frac{1}{\omega_n \rho^{n-1}} \int_{\partial K_\rho} u(y)\, \mathrm{d}\mu_y = 0$$

für alle Radien $\rho > 0$ mit $K_\rho \subseteq D$, denn es gilt $\int_{\partial K_\rho} \mathrm{d}\mu = \omega_n \rho^{n-1}$ (siehe Transformation auf Seite 1003). Ist $u(x)$ Maximalwert von u auf D, so ist $u(x) - u(y) \ge 0$, und es folgt $u(x) - u(y) = 0$ bzw. $u(y) = u(x)$ für alle y mit $\|x - y\| = \rho$.

Damit ist gezeigt, dass

$$M = \{\tilde{x} \in D \mid u(\tilde{x}) = u(x)\}$$

eine offene Menge ist. Da u stetig ist, ist M abgeschlossen. Also ist $M = D$, da D die einzige nichtleere sowohl offene als auch abgeschlossene Teilmenge der zusammenhängenden Menge D ist. Diese Überlegungen beweisen das **Maximumsprinzip**:

> Eine harmonische Funktion $u \in C^2(\overline{D})$ ist konstant, wenn sie im Gebiet D ihr Maximum annimmt, d. h., wenn es $x \in D$ gibt mit $u(y) \le u(x)$ für alle $y \in D$.

Setzen wir statt u die Funktion $-u$ im Maximumsprinzip ein, so sehen wir, dass genauso ein Minimumsprinzip formuliert werden kann.

Insbesondere folgt aus dem Maximums- und dem Minimumsprinzip, dass eine harmonische Funktion, die $u = 0$ auf dem Rand ∂D eines beschränkten Gebiets D erfüllt, konstant null sein muss. Wir können dieses Resultat auch wie folgt formulieren:

> Das Randwertproblem $\Delta u = 0$ in D mit Randbedingung $u = f$ auf ∂D zu einer stetigen Funktion $f \colon \partial D \to \mathbb{R}$ besitzt höchstens eine Lösung.

Es lässt sich auch zeigen, dass eine Lösung existiert, also dieses Randwertproblem bei vorgegebener Funktion f genau eine Lösung hat. Es gibt unterschiedliche Zugänge zu dieser Frage, die historisch jeweils wesentliche Beiträge zur Theorie der *partiellen Differenzialgleichungen* lieferten und im Rahmen weiterführender Vorlesungen gezeigt werden.

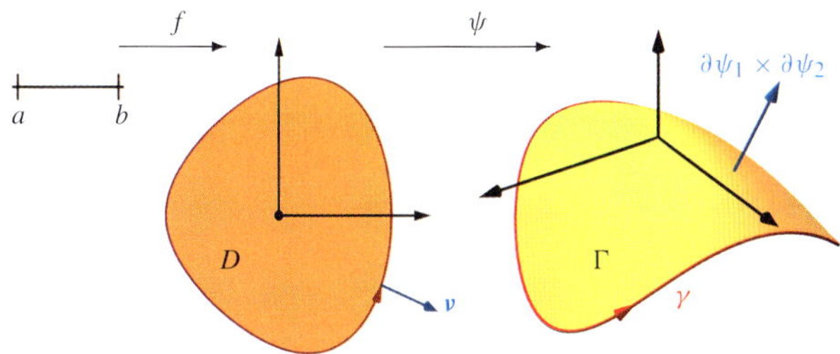

Abbildung 23.31 Zur Herleitung des Satzes von Stokes wird der Gauß'sche Satz im Parameterbereich der Fläche angewendet.

$\boldsymbol{\gamma} \circ \boldsymbol{\varphi} \colon (a, b) \to \mathbb{R}^3$ eine Parametrisierung der Randkurve $\partial \Gamma$ der Fläche Γ. Die Skizze in Abbildung 23.31 illustriert die geometrische Situation.

Ist $\boldsymbol{F} \colon \mathbb{R}^3 \to \mathbb{R}^3$ ein stetig differenzierbares Vektorfeld, so ist das tangential orientierte Kurvenintegral längs $\partial \Gamma$ durch

$$I = \int_{\partial \Gamma} \boldsymbol{F} \cdot \mathrm{d}\boldsymbol{l} = \int_a^b \boldsymbol{F}\big(\boldsymbol{\gamma}(\boldsymbol{\varphi}(t))\big) \cdot \boldsymbol{\tau}(t) \, \mathrm{d}t$$

gegeben. Für den Tangentialvektor erhalten wir mit der Kettenregel:

$$\boldsymbol{\tau}(t) = \boldsymbol{\gamma}'\big(\boldsymbol{\varphi}(t)\big) \, \dot{\boldsymbol{\varphi}}(t), \quad t \in (a, b).$$

Wir nutzen wie bisher die Notationen $\dot{\boldsymbol{\varphi}} = \big(\varphi_1', \varphi_2'\big)^\top$ und für die Funktionalmatrix:

$$\boldsymbol{\gamma}' = (\partial_1 \boldsymbol{\gamma}, \, \partial_2 \boldsymbol{\gamma}) = \begin{pmatrix} \dfrac{\partial \psi_1}{\partial v_1} & \dfrac{\partial \psi_1}{\partial v_2} \\[2mm] \dfrac{\partial \psi_2}{\partial v_1} & \dfrac{\partial \psi_2}{\partial v_2} \\[2mm] \dfrac{\partial \psi_3}{\partial v_1} & \dfrac{\partial \psi_3}{\partial v_2} \end{pmatrix}$$

Explizit erhält man für den Integranden:

$$\boldsymbol{F} \cdot \boldsymbol{\tau} = \boldsymbol{F} \cdot \begin{pmatrix} \dfrac{\partial \psi_1}{\partial v_1} \varphi_1' + \dfrac{\partial \psi_1}{\partial v_2} \varphi_2' \\[2mm] \dfrac{\partial \psi_2}{\partial v_1} \varphi_1' + \dfrac{\partial \psi_2}{\partial v_2} \varphi_2' \\[2mm] \dfrac{\partial \psi_3}{\partial v_1} \varphi_1' + \dfrac{\partial \psi_3}{\partial v_2} \varphi_2' \end{pmatrix}$$

$$= \sum_{j=1}^3 F_j \left(\dfrac{\partial \psi_j}{\partial v_2} v_1 - \dfrac{\partial \psi_j}{\partial v_1} v_2 \right)$$

$$= \begin{pmatrix} \boldsymbol{F} \cdot \partial_2 \boldsymbol{\gamma} \\ -\boldsymbol{F} \cdot \partial_1 \boldsymbol{\gamma} \end{pmatrix} \cdot \boldsymbol{v},$$

wobei $\boldsymbol{v} = (\varphi_2', -\varphi_1')$ den nicht auf Länge 1 normierten Normalenvektor an den Rand ∂D bezeichnet. Man beachte, dass wir wegen der besseren Lesbarkeit die Verkettungen in den Argumenten der Funktionen $\boldsymbol{\gamma}(\boldsymbol{\varphi}(t))$ und $\boldsymbol{F}\big(\boldsymbol{\gamma}(\boldsymbol{\varphi}(t))\big)$ nicht angegeben haben.

Nach Voraussetzung kann der Gauß'sche Satz angewendet werden, und wir erhalten für das Kurvenintegral:

$$I = \int_{\partial D} \begin{pmatrix} (\boldsymbol{F} \circ \boldsymbol{\gamma}) \cdot \partial_2 \boldsymbol{\gamma} \\ -(\boldsymbol{F} \circ \boldsymbol{\gamma}) \cdot \partial_1 \boldsymbol{\gamma} \end{pmatrix} \cdot \boldsymbol{v} \, \mathrm{d}\mu$$

$$= \int_D \operatorname{div}_v \begin{pmatrix} (\boldsymbol{F} \circ \boldsymbol{\gamma}) \cdot \partial_2 \boldsymbol{\gamma} \\ -(\boldsymbol{F} \circ \boldsymbol{\gamma}) \cdot \partial_1 \boldsymbol{\gamma} \end{pmatrix} \mathrm{d}\boldsymbol{v}.$$

Dabei setzen wir voraus, dass die Parametrisierung $\boldsymbol{\varphi}$ so gewählt ist, dass der Normalenvektor $\boldsymbol{v} = (\varphi_2', -\varphi_1')$ an ∂D nach außen zeigt.

Hier ist die angegebene Verkettung zu beachten, da wir die Divergenz ausrechnen wollen. Nutzen wir die Kettenregel und schreiben die Divergenz aus, so entdecken wir die Komponenten des Normalenvektors $\partial_1 \boldsymbol{\gamma} \times \partial_2 \boldsymbol{\gamma}$ an der Fläche. Es ergibt sich folgende Darstellung des Integranden:

$$\operatorname{div} \begin{pmatrix} (\boldsymbol{F} \circ \boldsymbol{\gamma}) \cdot \partial_2 \boldsymbol{\gamma} \\ -(\boldsymbol{F} \circ \boldsymbol{\gamma}) \cdot \partial_1 \boldsymbol{\gamma} \end{pmatrix}$$

$$= \sum_{j=1}^3 \big(\nabla F_j \cdot \partial_1 \boldsymbol{\gamma}\big) \dfrac{\partial \psi_j}{\partial v_2} - \big(\nabla F_j \cdot \partial_2 \boldsymbol{\gamma}\big) \dfrac{\partial \psi_j}{\partial v_1}.$$

Wir verzichten in der zweiten Zeile wieder auf die Verkettung mit $\boldsymbol{\gamma}$ in $\boldsymbol{F}$. Man beachte, dass sich die auftretenden zweiten Ableitungen von $\boldsymbol{\gamma}$ in der Summe gegeneinander aufheben. Rechnen wir weiter, so bleiben letztendlich zwölf Terme stehen, die wir als Skalarprodukt mit dem Normalenvektor notieren können. Wir erhalten:

$$\operatorname{div} \begin{pmatrix} (\boldsymbol{F} \circ \boldsymbol{\gamma}) \cdot \partial_2 \boldsymbol{\gamma} \\ -(\boldsymbol{F} \circ \boldsymbol{\gamma}) \cdot \partial_1 \boldsymbol{\gamma} \end{pmatrix}$$

$$= \begin{pmatrix} \dfrac{\partial F_3}{\partial x_2} - \dfrac{\partial F_2}{\partial x_3} \\[2mm] \dfrac{\partial F_1}{\partial x_3} - \dfrac{\partial F_3}{\partial x_1} \\[2mm] \dfrac{\partial F_2}{\partial x_1} - \dfrac{\partial F_1}{\partial x_2} \end{pmatrix} \cdot \underbrace{\begin{pmatrix} \dfrac{\partial \psi_2}{\partial v_1} \dfrac{\partial \psi_3}{\partial v_2} - \dfrac{\partial \psi_3}{\partial v_1} \dfrac{\partial \psi_2}{\partial v_2} \\[2mm] \dfrac{\partial \psi_3}{\partial v_1} \dfrac{\partial \psi_1}{\partial v_2} - \dfrac{\partial \psi_1}{\partial v_1} \dfrac{\partial \psi_3}{\partial v_2} \\[2mm] \dfrac{\partial \psi_1}{\partial v_1} \dfrac{\partial \psi_2}{\partial v_2} - \dfrac{\partial \psi_2}{\partial v_1} \dfrac{\partial \psi_1}{\partial v_2} \end{pmatrix}}_{= \partial_1 \boldsymbol{\gamma} \times \partial_2 \boldsymbol{\gamma}}$$

und entdecken einen weiteren in der mathematischen Physik zentralen Differenzialoperator, die *Rotation*.

Die Rotation

Ist $\boldsymbol{F} \colon U \to \mathbb{R}^3$ ein stetig differnzierbares Vektorfeld auf einer offenen Menge $U \subseteq \mathbb{R}^3$, so heißt

$$\operatorname{rot} \boldsymbol{F} = \begin{pmatrix} \dfrac{\partial F_3}{\partial x_2} - \dfrac{\partial F_2}{\partial x_3} \\[2mm] \dfrac{\partial F_1}{\partial x_3} - \dfrac{\partial F_3}{\partial x_1} \\[2mm] \dfrac{\partial F_2}{\partial x_1} - \dfrac{\partial F_1}{\partial x_2} \end{pmatrix}$$

die **Rotation** von $\boldsymbol{F}$.

Kommentar: Die Rotation lässt sich leichter merken mit der formalen Notation

$$\operatorname{rot} \boldsymbol{F} = \nabla \times \boldsymbol{F} = \begin{pmatrix} \dfrac{\partial}{\partial x_1} \\[6pt] \dfrac{\partial}{\partial x_2} \\[6pt] \dfrac{\partial}{\partial x_3} \end{pmatrix} \times \begin{pmatrix} F_1 \\ F_2 \\ F_3 \end{pmatrix},$$

sodass man sich nur an das Kreuzprodukt erinnern muss.

Kehren wir zum Kurvenintegral zurück. Wir haben für das Kurvenintegral eine Darstellung als orientiertes Flächenintegral bekommen, den *Stokes'sche Satz*. Bevor wir den hergeleiteten Satz formulieren, ist noch erforderlich, die Orientierungen genau zu betrachten. Sowohl für das tangential orientierte Kurvenintegral als auch das normal orientierte Flächenintegral gibt es jeweils zwei Möglichkeiten der Orientierung, die das Vorzeichen der Integrale ändern. Für die Identität müssen diese Orientierungen zueinander passen.

Wir stellen die Voraussetzungen zusammen: Die orientierbare reguläre Fläche Γ ist durch $\boldsymbol{\gamma} : D \to \mathbb{R}^3$ parametrisiert, wobei $D \subseteq \mathbb{R}^2$ ein glatt berandetes Gebiet ist, $\boldsymbol{\gamma} \in C^2(\overline{D})$ gilt und $\boldsymbol{\gamma}$ auf $\overline{D}$ injektiv ist. Weiter wird vorausgesetzt, dass sich der Rand ∂D regulär durch $\boldsymbol{\varphi} : [a, b] \to \mathbb{R}^2$ parametrisieren lässt, d. h., durch $\boldsymbol{\gamma} \circ \boldsymbol{\varphi}$ ergibt sich eine Parametrisierung der Randkurve $\partial \Gamma$ von Γ. Bezeichnen wir mit $\boldsymbol{\tau} = (\boldsymbol{\gamma} \circ \boldsymbol{\varphi})^{\cdot}$ den Tangentialvektor an $\partial \Gamma$ und mit $\boldsymbol{\nu} = \partial_1 \boldsymbol{\gamma} \times \partial_2 \boldsymbol{\gamma}$ den Normalvektor an Γ, so sind die Integrale so zu orientieren, dass

$$(\boldsymbol{\nu} \times \boldsymbol{\tau}) \cdot \boldsymbol{b} > 0$$

gilt für Differenzen $\boldsymbol{b}(\boldsymbol{\psi}(\boldsymbol{v})) = \boldsymbol{\gamma}\big(\boldsymbol{v} - t\boldsymbol{v}_D(\boldsymbol{v})\big) - \boldsymbol{\gamma}(\boldsymbol{v})$, $\boldsymbol{v} \in \partial D$, mit dem nach außen gerichteten Normalvektor $\boldsymbol{v}_D$ an ∂D und $t \in (0, \varepsilon)$ bei hinreichend kleinem Wert ε. Anders ausgedrückt ist die Orientierung der Integrale so zu wählen, dass für das Normalenfeld $\boldsymbol{\nu}$ an Γ und das Tangentialfeld $\boldsymbol{\tau}$ an $\partial \Gamma$ das positiv orientierte Kreuzprodukt $\boldsymbol{\nu} \times \boldsymbol{\tau}$ zur Fläche hin zeigt. Anschaulich bedeutet es, wenn man auf der Fläche am Rand in Richtung der Orientierung der Randkurve läuft, die Fläche links liegt (siehe Abb. 23.32).

Insgesamt haben wir mit diesen Überlegungen folgenden Satz gezeigt.

Der klassische Stokes'sche Satz

Ist Γ eine orientierbare Fläche, $\partial \Gamma$ Randkurve dieser Fläche mit obiger Orientierung, und ist $\boldsymbol{F} : \mathbb{R}^3 \to \mathbb{R}^3$ ein stetig differenzierbares Vektorfeld, so gilt:

$$\int_{\Gamma} \operatorname{rot} \boldsymbol{F} \cdot \mathrm{d}\boldsymbol{\mu} = \int_{\gamma} \boldsymbol{F} \cdot \mathrm{d}\boldsymbol{l}$$

für die wie in der Voraussetzung normal bzw. tangential orientierten Integrale.

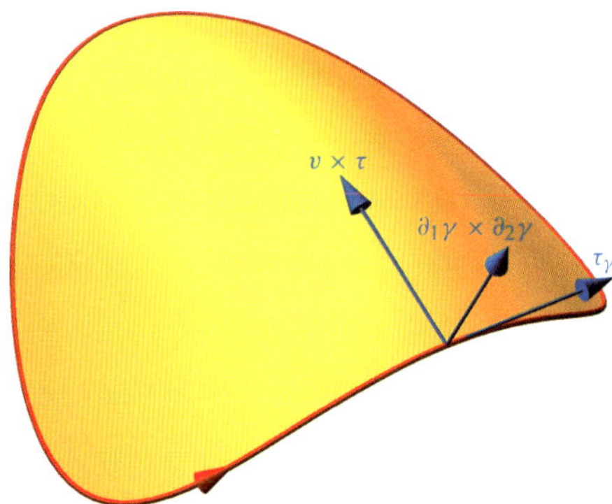

Abbildung 23.32 Die Orientierung der Randkurve beim Stokes'schen Satz. Die Kurve umläuft die Fläche, die durch ein Normalenfeld $\boldsymbol{v}$ orientiert ist, im mathematisch positivem Sinn.

Verallgemeinerungen etwa für stückweise reguläre Randkurven gelten entsprechend. Wir verzichten hier aber auf eine allgemeinere Darstellung. Eine generelle Formulierung des Stokes'schen Satzes im $\mathbb{R}^n$, der sowohl den klassischen Satz aber auch den Gauß'schen Satz umfasst, findet sich in der Theorie zu Differenzialformen (Ausblick auf Seite 1000).

--- **?** ---

Zeigen Sie mithilfe des Gauß'schen Satzes den Grenzfall des Stokes'schen Satzes

$$\int_{\Gamma} \operatorname{rot} \boldsymbol{F} \cdot \mathrm{d}\boldsymbol{\mu} = 0,$$

wenn Γ die geschlossene glatte Oberfläche eines beschränkten Gebiets $U \in \mathbb{R}^3$ ist, also es keine Randkurve gibt. Nehmen Sie dazu an, dass $\boldsymbol{F}$ zweimal stetig differenzierbar ist.

Mit Gradient, Divergenz, Rotation und Laplace-Operator, haben wir die wesentlichen Differenzialoperatoren der *mathematischen Physik* kennengelernt, und die Integralsätze dieses Abschnitt bilden den mathematischen Hintergrund ihrer Bedeutung. Erinnern wir uns etwa an das Integrabilitätskriterium von Seite 973, so können wir mit der Rotation im $\mathbb{R}^3$ auch formulieren, dass ein Vektorfeld $\boldsymbol{F} : U \to \mathbb{R}^3$ in einem sternförmigen Gebiet U genau dann ein Potenzial besitzt, wenn $\operatorname{rot} \boldsymbol{F} = 0$ in U gilt. Vektorfelder mit verschwindender Rotation heißen *wirbelfrei*. Der Stokes'sche Satz liefert physikalisch gesehen eine Bilanz über die Verwirbelungen einer Strömung.

Beispiel Wir verifizieren den Stokes'schen Satz am Beispiel einer elliptischen Paraboloidfläche:

$$S = \left\{ \boldsymbol{x} \in \mathbb{R}^3 \mid x_3 = \frac{3}{4} x_1^2 + \frac{1}{4} x_2^2, \ x_1^2 + x_2^2 \leq 4 \right\}$$

und der Funktion $\boldsymbol{F} : \mathbb{R}^3 \to \mathbb{R}^3$ mit

$$\boldsymbol{F}(\boldsymbol{x}) = \begin{pmatrix} x_2 \\ x_1 x_2 \\ (x_1 - 1) \end{pmatrix}.$$

Dabei ist die Fläche so zu orientieren, dass das Normalenfeld „nach oben" zeigt, d. h., eine positive dritte Koordinate, $v_3 \geq 0$, aufweist. Die Abbildung 23.33 zeigt S und die angegebene Orientierung.

Parametrisieren wir zunächst die Randkurve ∂S, d. h., die Punkte auf dem Zylinder mit $x_1^2 + x_2^2 = 4$. Wählen wir Polarkoordinaten für x_1 und x_2, so folgt für die Randkurve die Parametrisierung $\boldsymbol{\varphi} \colon (0, 2\pi) \to \mathbb{R}^3$ mit

$$\boldsymbol{\varphi}(t) = \begin{pmatrix} 2\cos t \\ 2\sin t \\ 2\cos^2 t + 1 \end{pmatrix}.$$

Wir erhalten für das tangential orientierte Kurvenintegral:

$$\int_{\partial S} \boldsymbol{F} \cdot \mathrm{d}\boldsymbol{\mu} = \int_0^{2\pi} \begin{pmatrix} 2\sin t \\ 4\sin t\,\cos t \\ 2\cos t - 1 \end{pmatrix} \cdot \begin{pmatrix} -2\sin t \\ 2\cos t \\ -4\sin t\,\cos t \end{pmatrix} \mathrm{d}t$$

$$= \int_0^{2\pi} -4\sin^2 t + 8\sin t\,\cos^2 t - 8\sin t\cos^2 t$$

$$\qquad + 4\sin t\cos t\,\mathrm{d}t$$

$$= 2(\sin t\,\cos t - t)\big|_0^{2\pi} - 2\cos^2 t\big|_0^{2\pi} = -4\pi\,.$$

Betrachten wir noch das orientierte Flächenintegral. Dazu parametrisieren wir die Fläche in Zylinderkoordinaten:

$$\boldsymbol{\gamma}(r, t) = \begin{pmatrix} r\cos t \\ r\sin t \\ \dfrac{r^2}{4}(3\cos^2 t + \sin^2 t) \end{pmatrix}$$

mit $r \in (0, 2)$ und $t \in (0, 2\pi)$. Mit den Ableitungen

$$\partial_r \boldsymbol{\gamma}(r, t) = \begin{pmatrix} \cos t \\ \sin t \\ \dfrac{r}{2}(3\cos^2 t + \sin^2 t) \end{pmatrix}$$

und

$$\partial_t \boldsymbol{\gamma}(r, t) = \begin{pmatrix} -r\sin t \\ r\cos t \\ -r^2\cos t\,\sin t \end{pmatrix}$$

folgt der Normalenvektor:

$$\partial_r \boldsymbol{\gamma} \times \partial_t \boldsymbol{\gamma} = \begin{pmatrix} -\dfrac{3}{2}r^2\cos t \\ -\dfrac{1}{2}r^2\sin t \\ r \end{pmatrix}.$$

Da die dritte Komponente positiv ist, haben wir offensichtlich auch die gewünschte Orientierung.

Wir berechnen die Rotation des Vektorfelds:

$$\mathbf{rot}\,\boldsymbol{F}(\boldsymbol{x}) = \begin{pmatrix} 0 - 0 \\ 0 - 1 \\ x_2 - 1 \end{pmatrix}.$$

Es folgt für das orientierte Flächenintegral:

$$\int_S \mathbf{rot}\,(\boldsymbol{F}) \cdot \boldsymbol{v}\,\mathrm{d}\mu$$

$$= \int_0^2 \int_0^{2\pi} \begin{pmatrix} 0 \\ -1 \\ r\sin t - 1 \end{pmatrix} \cdot \begin{pmatrix} -\dfrac{3}{2}r^2\cos t \\ -\dfrac{1}{2}r^2\sin t \\ r \end{pmatrix} \mathrm{d}t\,\mathrm{d}r$$

$$= \int_0^2 \int_0^{2\pi} \dfrac{1}{2}r^2\sin t + (r\sin t - 1)r\,\mathrm{d}t\,\mathrm{d}r$$

$$= \int_0^2 \int_0^{2\pi} \dfrac{3}{2}r^2\sin t - r\,\mathrm{d}t\,\mathrm{d}r = -4\pi.$$

Mit dem Ergebnis zeigt sich auch, dass die Parametrisierung der Randkurve mit der passenden Orientierung ausgewählt wurde. ◀

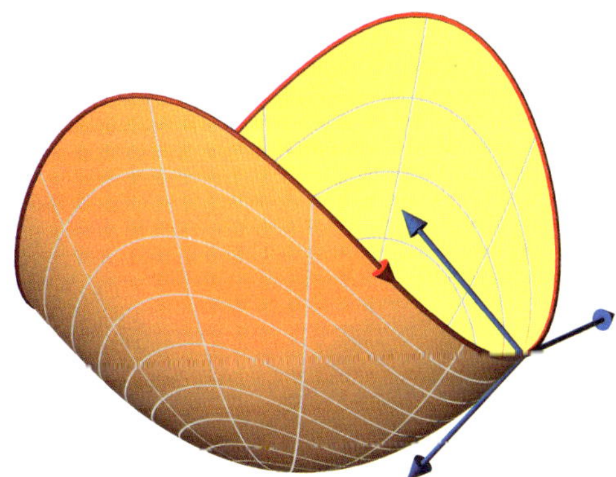

Abbildung 23.33 Im Beispiel wird ein elliptisches Paraboloidstück und dessen Randkurve so parametrisiert, dass die Orientierungen den Vorgaben des Stokes'schen Satzes entsprechen.

Übersicht: Differenzialoperatoren

Der Gradient, die Divergenz, die Rotation und der Laplace-Operator sind Differenzialoperatoren, die häufig in der Vektoranalysis auftreten. Daher ist ein Überblick über einige Darstellungen, Eigenschaften und Rechenregeln nützlich. Herleitungen der Identitäten, wie etwa im Beispiel auf Seite 998, finden sich zum Teil in den Aufgaben.

Es seien $f \colon D \subseteq \mathbb{R}^n \to \mathbb{R}$ und $\boldsymbol{F} \colon D \subseteq \mathbb{R}^n \to \mathbb{R}^n$ hinreichend oft differenzierbare Funktionen.

Darstellungen in kartesischen Koordinaten

$$\nabla f = \left(\frac{\partial f}{\partial x_1}, \dots, \frac{\partial f}{\partial x_n} \right)^{\top},$$

$$\Delta f = \sum_{j=1}^{n} \frac{\partial^2 f}{\partial x_j^2},$$

$$\operatorname{div} \boldsymbol{F} = \sum_{j=1}^{n} \frac{\partial F_j}{\partial x_j}$$

und für $n = 3$

$$\operatorname{\mathbf{rot}} \boldsymbol{F} = \begin{pmatrix} \dfrac{\partial F_3}{\partial x_2} - \dfrac{\partial F_2}{\partial x_3} \\[2ex] \dfrac{\partial F_1}{\partial x_3} - \dfrac{\partial F_3}{\partial x_1} \\[2ex] \dfrac{\partial F_2}{\partial x_1} - \dfrac{\partial F_1}{\partial x_2} \end{pmatrix}.$$

Darstellungen in Zylinderkoordinaten

In Zylinderkoordinaten

$$\boldsymbol{x} = (r \cos \varphi, r \sin \varphi, z) \in \mathbb{R}^3$$

mit $(r, \varphi, z) \in \mathbb{R}_{>0} \times (0, 2\pi) \times \mathbb{R}$ und den Basisvektoren $\boldsymbol{e}_r = (\cos \varphi, \sin \varphi, 0)^{\top}$, $\boldsymbol{e}_\varphi = (-\sin \varphi, \cos \varphi, 0)^{\top}$ und $\boldsymbol{e}_z = (0, 0, 1)^{\top}$ gilt:

$$\nabla f = \frac{\partial f}{\partial r} \boldsymbol{e}_r + \frac{1}{r} \frac{\partial f}{\partial \varphi} \boldsymbol{e}_\varphi + \frac{\partial f}{\partial z} \boldsymbol{e}_z,$$

$$\Delta f = \frac{1}{r} \frac{\partial}{\partial r} \left(r \frac{\partial f}{\partial r} \right) + \frac{1}{r^2} \frac{\partial^2 f}{\partial \varphi^2} + \frac{\partial^2 f}{\partial z^2},$$

$$\operatorname{div} \boldsymbol{F} = \frac{1}{r} \frac{\partial}{\partial r} (r F_r) + \frac{1}{r} \frac{\partial F_\varphi}{\partial \varphi} + \frac{\partial F_z}{\partial z},$$

$$\operatorname{\mathbf{rot}} \boldsymbol{F} = \left(\frac{1}{r} \frac{\partial F_z}{\partial \varphi} - \frac{\partial F_\varphi}{\partial z} \right) \boldsymbol{e}_r$$
$$+ \left(\frac{\partial F_r}{\partial z} - \frac{\partial F_z}{\partial r} \right) \boldsymbol{e}_\varphi$$
$$+ \frac{1}{r} \left(\frac{\partial}{\partial r} (r F_\varphi) - \frac{\partial F_r}{\partial \varphi} \right) \boldsymbol{e}_z,$$

wobei mit $F_r = \boldsymbol{F} \cdot \boldsymbol{e}_r$, $F_\varphi = \boldsymbol{F} \cdot \boldsymbol{e}_\varphi$, $F_z = \boldsymbol{F} \cdot \boldsymbol{e}_z$ die entsprechenden Komponenten bezeichnet sind.

Darstellungen in Kugelkoordinaten

In Kugelkoordinaten

$$\boldsymbol{x} = (r \sin \theta \cos \varphi, r \sin \theta \sin \varphi, r \cos \theta)^{\top} \in \mathbb{R}^3$$

mit $(r, \theta, \varphi) \in \mathbb{R}_{>0} \times (0, \pi) \times (0, 2\pi)$ und den Basisvektoren $\boldsymbol{e}_r = (\sin \theta \cos \varphi, \sin \theta \sin \varphi, \cos \theta)^{\top}$, $\boldsymbol{e}_\theta = (\cos \theta \cos \varphi, \cos \theta \sin \varphi, \sin \theta)^{\top}$ und $\boldsymbol{e}_\varphi = (-\sin \varphi, \cos \varphi, 0)^{\top}$ gilt:

$$\nabla f = \frac{\partial f}{\partial r} \boldsymbol{e}_r + \frac{1}{r} \frac{\partial f}{\partial \theta} \boldsymbol{e}_\theta + \frac{1}{r \sin \theta} \frac{\partial f}{\partial \varphi} \boldsymbol{e}_\varphi,$$

$$\Delta f = \frac{1}{r^2} \frac{\partial}{\partial r} \left(r^2 \frac{\partial f}{\partial r} \right) + \frac{1}{r^2 \sin \theta} \frac{\partial}{\partial \theta} \left(\sin \theta \frac{\partial f}{\partial \theta} \right)$$
$$+ \frac{1}{r^2 \sin^2 \theta} \frac{\partial^2 f}{\partial \varphi^2},$$

$$\operatorname{div} \boldsymbol{F} = \frac{1}{r^2} \frac{\partial}{\partial r} (r^2 F_r)$$
$$+ \frac{1}{r \sin \theta} \frac{\partial}{\partial \theta} (\sin \theta \, F_\theta) + \frac{1}{r \sin \theta} \frac{\partial F_\varphi}{\partial \varphi},$$

$$\operatorname{\mathbf{rot}} \boldsymbol{F} = \frac{1}{r \sin \theta} \left(\frac{\partial}{\partial \theta} (\sin \theta \, F_\varphi) - \frac{\partial F_\theta}{\partial \varphi} \right) \boldsymbol{e}_r$$
$$+ \left(\frac{1}{r \sin \theta} \frac{\partial F_r}{\partial \varphi} - \frac{1}{r} \frac{\partial}{\partial r} (r F_\varphi) \right) \boldsymbol{e}_\theta$$
$$+ \frac{1}{r} \left(\frac{\partial}{\partial r} (r F_\theta) - \frac{\partial F_r}{\partial \theta} \right) \boldsymbol{e}_\varphi,$$

wobei mit $F_r = \boldsymbol{F} \cdot \boldsymbol{e}_r$, $F_\theta = \boldsymbol{F} \cdot \boldsymbol{e}_\theta$ und $F_\varphi = \boldsymbol{F} \cdot \boldsymbol{e}_\varphi$ die entsprechenden Komponenten von $\boldsymbol{F}$ bezeichnet sind.

Einige Notationen und Regeln im $\mathbb{R}^3$

$$\nabla \cdot \boldsymbol{F} = \operatorname{div} \boldsymbol{F},$$
$$\nabla \times \boldsymbol{F} = \operatorname{\mathbf{rot}} \boldsymbol{F},$$
$$\operatorname{div}(\nabla f) = \Delta f,$$
$$\operatorname{\mathbf{rot}}(\nabla f) = \boldsymbol{0},$$
$$\operatorname{div}(\operatorname{\mathbf{rot}} \boldsymbol{F}) = 0,$$
$$\operatorname{\mathbf{rot}}(\operatorname{\mathbf{rot}} \boldsymbol{F}) = \nabla(\operatorname{div} \boldsymbol{F}) - \Delta \boldsymbol{F},$$

wobei $\Delta \boldsymbol{F} = (\Delta F_1, \Delta F_2, \Delta F_3)^{\top}$ ist.

Zusammenfassung

Das Konzept der **Parametrisierung** von Kurven bzw. Flächen, also stetige Abbildungen $\boldsymbol{\gamma} \colon D \subseteq \mathbb{R}^d \to \mathbb{R}^n$, gibt die Möglichkeit verschiedene Teilmengen im $\mathbb{R}^n$ zu beschreiben. Dabei ist **Regularität** der Parametrisierung eine wichtige Voraussetzung, um die der Anschauung entsprechenden geometrischen Aspekte zu identifizieren.

Einer **rektifizierbaren** Kurven lässt sich sinnvoll eine Länge zuordnen. Es zeigt sich, dass reguläre Kurven rektifizierbar sind und die Länge mithilfe eines Integrals

$$\int_a^b \| \dot{\boldsymbol{\gamma}}(t) \| \, \mathrm{d}t$$

über das Parameterintervall $[a, b]$ gegeben ist. Allgemein definiert man das Kurvenintegral.

Das Kurvenintegral

Sind Γ eine Kurve mit regulärer Parametrisierung $\boldsymbol{\gamma} \colon [a, b] \to \mathbb{R}^n$ und $f \colon \mathbb{R}^n \to \mathbb{R}$ eine Funktion mit integrierbarer Komposition $f \circ \boldsymbol{\gamma} \in L^1(a, b)$, dann heißt

$$\int_\Gamma f(x) \, \mathrm{d}l = \int_a^b f(\boldsymbol{\gamma}(t)) \, \| \dot{\boldsymbol{\gamma}}(t) \| \, \mathrm{d}t$$

das **Kurvenintegral** von f längs der Kurve Γ.

Die Kurve ist ein zentraler Begriff der Analysis und findet an vielen Stellen Anwendung. Etwa bei der Suche nach expliziten Lösungen **exakter Differenzialgleichungen**, d. h., Differenzialgleichungen der Gestalt:

$$p(t, y(t)) + q(t, y(t)) \, y'(t) = 0 \,,$$

wobei die Integrabilitätsbedingung

$$\frac{\partial p}{\partial x_2} = \frac{\partial q}{\partial x_1}$$

erfüllt ist.

Eine Verallgemeinerung des Kurvenintegrals führt auf das Flächenintegral über reguläre d-dimensionale Flächen.

Das Flächenintegral

Sind Γ eine d-dimensionale Fläche mit regulärer Parametrisierung $\boldsymbol{\gamma} \colon D \subseteq \mathbb{R}^d \to \mathbb{R}^n$ und $f \colon \mathbb{R}^n \to \mathbb{R}$ eine Funktion, für die $(f \circ \boldsymbol{\gamma})\sqrt{\det(\boldsymbol{\gamma}'^\top \boldsymbol{\gamma}')} \in L^1(D)$ integrierbar ist, so heißt

$$\int_\Gamma f \, \mathrm{d}\mu = \int_D f(\boldsymbol{\gamma}(\boldsymbol{v}))\sqrt{\det \left((\boldsymbol{\gamma}'(\boldsymbol{v}))^\top \boldsymbol{\gamma}'(\boldsymbol{v}) \right)} \, \mathrm{d}\boldsymbol{v}$$

das **Flächenintegral** von f über Γ.

Mit dem Integranden $f = 1$ ergibt sich das d-dimensionale Volumen von Flächen im $\mathbb{R}^n$.

Der Gauß'sche Satz liefert einen engen Zusammenhang zwischen dem Gebietsintegral und dem Integral über die Hyperfläche, die das Gebiet berandet, und beantwortet die Frage nach den Hauptsätzen der Differenzial- und Integralrechnung im $\mathbb{R}^n$.

Der Gauß'sche Satz

Für ein beschränktes Gebiet $M \subseteq \mathbb{R}^n$ mit den Bedingungen a)–c) und eine Funktion $\boldsymbol{F} \in C^1(M) \cap C(\overline{M})$ mit integrierbaren Ableitungen $\frac{\partial F_j}{\partial x_j} \in L^1(M)$ für $j = 1, \ldots, n$ gilt:

$$\int_M \operatorname{div} \boldsymbol{F}(x) \, \mathrm{d}x = \int_{\partial M} \boldsymbol{F}(x) \cdot \boldsymbol{v} \, \mathrm{d}\mu$$

mit nach außen gerichtetem Normalenfeld an ∂M

Der dabei auftretende Differenzialoperator

$$\operatorname{div} \boldsymbol{F} = \sum_{j=1}^n \frac{\partial F_j}{\partial x_j}$$

heißt **Divergenz** eines Vektorfelds $\boldsymbol{F}$. Die im Satz auftretenden Bedingungen finden sich auf Seite 996. Zum Beweis des Gauß'schen Satzes in der angegebenen Allgemeinheit sind zwei grundlegende Techniken der Analysis angeklungen. Zum Einen das Abglätten von Funktionen in der Umgebung von singulären Stellen, hier Ecken und Kanten des Rands, und zweitens die Partition der Eins.

Partition der Eins

Sind $M \subseteq \mathbb{R}^n$ kompakt und $\{U_1, \ldots, U_m\}$ eine Überdeckung von M durch offene Mengen $U_j \subseteq \mathbb{R}^n$, d. h., es gilt $M \subseteq \bigcup_{j=1}^m U_j$. Dann gibt es Funktionen $\varphi_j \in C^\infty(\mathbb{R}^n)$ mit

- $\operatorname{supp} \varphi_j \subseteq U_j$,
- $\displaystyle\sum_{j=1}^m \varphi_j(\boldsymbol{x}) = 1$ für $\boldsymbol{x} \in M$.

Man nennt $\{\varphi_1, \ldots, \varphi_m\}$ eine der Überdeckung $\{U_1, \ldots, U_m\}$ untergeordnete **Partition der Eins** oder **Zerlegung der Eins**.

Anwendungen des Gauß'schen Satzes führen unter anderem auf die beiden **Green'schen Formeln**:

$$\int_M \left[\nabla v(\boldsymbol{x}) \cdot \nabla u(\boldsymbol{x}) + v(\boldsymbol{x}) \, \Delta u(\boldsymbol{x}) \right] \mathrm{d}\boldsymbol{x}$$

$$= \int_{\partial M} v(\boldsymbol{x}) \, \frac{\partial u(\boldsymbol{x})}{\partial \boldsymbol{v}} \, \mathrm{d}\mu \,.$$

und

$$\int_M \big[v(\boldsymbol{x})\,\Delta u(\boldsymbol{x})\, -\, u(\boldsymbol{x})\,\Delta v(\boldsymbol{x}) \big]\,\mathrm{d}\boldsymbol{x}$$
$$= \int_{\partial M} \left[v(\boldsymbol{x})\,\frac{\partial u(\boldsymbol{x})}{\partial \boldsymbol{v}}\, -\, u(\boldsymbol{x})\,\frac{\partial v(\boldsymbol{x})}{\partial \boldsymbol{v}} \right]\,\mathrm{d}\mu\,.$$

Diese sind wiederum Ausgangspunkt für viele Aussagen der Potenzialtheorie und zu **harmonischen Funktionen**, d.h. Funktion $u\colon D \to \mathbb{R}^n$ mit der Eigenschaft $\Delta u = 0$, wobei der **Laplace-Operator** in kartesischen Koordinaten durch

$$\Delta u = \sum_{j=1}^{n} \frac{\partial^2 u}{\partial x_j^2}$$

gegeben ist.

Das Flächenintegral im Gauß'schen Satz lässt sich als **orientiertes Integral** auffassen – Integrale, die in Form des tangential orientierten Kurvenintegrals und des normalorientierten Integrals über Hyperflächen vorgestellt wurden. Im $\mathbb{R}^3$ sind diese durch den klassischen Stokes'schen Satz gekoppelt.

Der klassische Stokes'sche Satz

Sind Γ eine orientierbare Fläche, $\partial\Gamma$ Randkurve dieser Fläche mit obiger Orientierung und ist $\boldsymbol{F}\colon \mathbb{R}^3 \to \mathbb{R}^3$ ein stetig differenzierbares Vektorfeld, so gilt:

$$\int_{\Gamma} \mathbf{rot}\,\boldsymbol{F} \cdot \mathbf{d}\mu = \int_{\partial\Gamma} \boldsymbol{F} \cdot \mathbf{d}l$$

für die wie in der Voraussetzung normal bzw. tangential orientierten Integrale.

Der in diesem Satz auftretende Differenzialoperator

$$\mathbf{rot}\,\boldsymbol{F} = \begin{pmatrix} \dfrac{\partial F_3}{\partial x_2} - \dfrac{\partial F_2}{\partial x_3} \\[2mm] \dfrac{\partial F_1}{\partial x_3} - \dfrac{\partial F_3}{\partial x_1} \\[2mm] \dfrac{\partial F_2}{\partial x_1} - \dfrac{\partial F_1}{\partial x_2} \end{pmatrix}$$

wird die **Rotation** von $\boldsymbol{F}$ genannt.

Aufgaben

Die Aufgaben gliedern sich in drei Kategorien: Anhand der *Verständnisfragen* können Sie prüfen, ob Sie die Begriffe und zentralen Aussagen verstanden haben, mit den *Rechenaufgaben* üben Sie Ihre technischen Fertigkeiten und die *Beweisaufgaben* geben Ihnen Gelegenheit, zu lernen, wie man Beweise findet und führt.

Ein Punktesystem unterscheidet leichte Aufgaben •, mittelschwere •• und anspruchsvolle ••• Aufgaben. Lösungshinweise am Ende des Buches helfen Ihnen, falls Sie bei einer Aufgabe partout nicht weiterkommen. Dort finden Sie auch die Lösungen – betrügen Sie sich aber nicht selbst und schlagen Sie erst nach, wenn Sie selber zu einer Lösung gekommen sind. Ausführliche Lösungswege stehen auf der Website des Verlags zur Verfügung.

Viel Spaß und Erfolg bei den Aufgaben!

Verständnisfragen

23.1 • Ordnen Sie zu: Welche der folgenden Kurven entspricht welcher Parameterdarstellung:

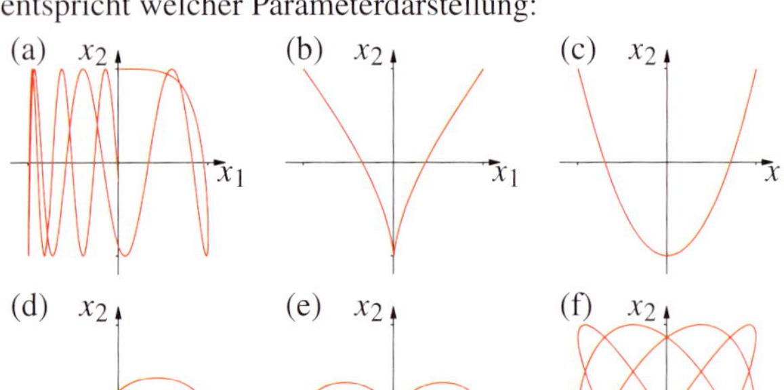

1. $\gamma_1\colon \boldsymbol{x}(t) = \begin{pmatrix} \cos(3t) \\ \sin(4t) \end{pmatrix}, t \in [0,\,2\pi]$

2. $\gamma_2\colon \boldsymbol{x}(t) = \begin{pmatrix} t^3 \\ 2t^6 - 1 \end{pmatrix}, t \in [-1,\,1]$

3. $\gamma_3\colon \boldsymbol{x}(t) = \begin{pmatrix} \sin t \\ \cos(t^2) \end{pmatrix}, t \in [0,\,2\pi]$

4. $\gamma_4\colon \boldsymbol{x}(t) = \begin{pmatrix} t^3 \\ 2t^2 - 1 \end{pmatrix}, t \in [-1,\,1]$

5. $\gamma_5\colon r(\varphi) = \frac{1}{1+\varphi^2},\, \varphi \in [-4\pi,\,4\pi]$

6. $\gamma_6\colon r(\varphi) = \cos^2 \varphi,\, \varphi \in [0,\,2\pi]$

23.2 •• Man beweise, dass ein Vektorfeld $\boldsymbol{F}\colon D \subseteq \mathbb{R}^n \to \mathbb{R}$ in einem Gebiet D genau dann wegunabhängig integrierbar ist, wenn für jede stückweise reguläre, geschlossene Kurve Γ mit Bild in D das orientierte Kurvenintegral verschwindet:

$$\int_{\Gamma} \boldsymbol{F} \cdot \mathbf{d}l = 0\,.$$

23.3 • Überprüfen Sie die folgenden beiden Aussagen:
- Gradientenfelder sind „wirbelfrei".
- Wirbelfelder sind „quellenfrei".

23.4 ••

- Zeigen Sie, dass ein Vektorfeld der Form $V(x) = f(\|x\|)\frac{x}{\|x\|}$ auf $\mathbb{R}^n \setminus \{0\}$ mit einer stetigen Funktion $f : \mathbb{R}_{\geq 0} \to \mathbb{R}$ ein Potenzial besitzt.
- Es sei eine C^2-Parametrisierung $\boldsymbol{\gamma} : (a, b) \to \mathbb{R}^n$ einer Kurve Γ gegeben mit $\ddot{\boldsymbol{\gamma}} = \nabla u$ und einem Potenzial $u \in C^1(\mathbb{R}^n)$. Beweisen Sie die *Energiebilanz*

$$\frac{1}{2}\left(\|\dot{\boldsymbol{\gamma}}(b)\|^2 - \|\dot{\boldsymbol{\gamma}}(a)\|^2\right) = u(\boldsymbol{\gamma}(b)) - u(\boldsymbol{\gamma}(a)).$$

23.5 •• Eine Funktion $f : \mathbb{R}^n \to \mathbb{R}$ heißt homogen vom Grad $p > 0$, wenn $f(tx) = t^p f(x)$ gilt. Zeigen Sie:

$$\int_K \Delta f(x)\, \mathrm{d}x = p \int_{\partial K} f(x)\, \mathrm{d}\mu$$

für eine homogene, zweimal stetig differenzierbare Funktion $f : \mathbb{R}^n \to \mathbb{R}$, wobei $K = \{x \in \mathbb{R}^n \mid \|x\| < 1\}$ die Einheitskugel bezeichnet.

Rechenaufgaben

23.6 •

- Finden Sie eine Parametrisierung der Kurve Γ im $\mathbb{R}^2$, die durch die Gleichung

$$(x^2 + y^2)^2 - 2xy = 0$$

beschrieben ist, eine **Lemniskate**.
- Berechnen Sie zu dieser Kurve das Kurvenintegral

$$\int_\Gamma \sqrt{x^2 + y^2}\, \mathrm{d}l.$$

23.7 •• Gegeben ist die Kurve Γ durch die Parametrisierung $\boldsymbol{\gamma} : [-1, 1] \to \mathbb{R}^2$ mit

$$\boldsymbol{\gamma}(t) = \left(\frac{1 - t^2}{1 + t^2}, \frac{2t}{1 + t^2}\right)^\top, \qquad t \in [-1, 1].$$

Bestimmen Sie eine Parametrisierung nach der Bogenlänge.

23.8 • Bestimmen Sie die allgemeinen Lösungen der folgenden Differenzialgleichungen in impliziter Form:

- $y(x) + x - (y(x) - x)y'(x) = 0$,
- $2xe^{y(x)} - 1 + (x^2 e^{y(x)} + 1)y'(x) = 0$.

23.9 •• Bestimmen Sie mithilfe eines integrierenden Faktors der Gestalt $\lambda(x, u) = h(xu)$ eine Lösung des Anfangswertproblems

$$2x^2 u(x) \ln(u(x)) + (x^3 + x)u'(x) = 0, \quad u(0) = \frac{1}{e}.$$

23.10 •

- Bestimmen Sie das Oberflächenintegral

$$\int_M x^2\, \mathrm{d}\mu$$

zum Flächenstück

$$M = \left\{x \in \mathbb{R}^3 : x_1^2 + x_2^2 = (1 - x_3)^2,\ 0 \leq x_3 \leq 1\right\}.$$

- Berechnen Sie den Flächeninhalt des hyperbolischen Paraboloids $z = xy$ im $\mathbb{R}^3$ über dem Einheitskreis, $\{(x, y) \in \mathbb{R}^2 : x^2 + y^2 \leq 1\}$.

23.11 •• Berechnen Sie in Abhängigkeit von $R > 0$ den Flächeninhalt des Teils der Sphäre:

$$K = \{(x, y, z)^T \in \mathbb{R}^3 : x^2 + y^2 + z^2 = R^2,\ z \geq 0\},$$

der in dem zur z-Achse parallelen Zylinder

$$\left(x - \frac{R}{2}\right)^2 + y^2 \leq \frac{R^2}{4}$$

liegt.

23.12 • Gegeben ist die Halbkugelschale

$$M = \left\{x \in \mathbb{R}^3 : R_1 \leq \|x\| \leq R_2,\ x_3 > 0\right\}$$

für $R_2 > R_1 > 0$. Verifizieren Sie für M und das Vektorfeld $f : \mathbb{R}^3 \to \mathbb{R}^3$ mit $f(x) = (x_2, -x_1, \|x\|)^\top$ den Gauß'schen Satz:

$$\int_{\partial M} f \cdot \mathrm{d}\mu = \int_M \mathrm{div}\, f\, \mathrm{d}x.$$

23.13 • Gegeben ist die Fläche

$$\Gamma = \left\{r \begin{pmatrix} \cos\varphi \\ \sin\varphi \\ \varphi \end{pmatrix} \in \mathbb{R}^3 : r \in [0, 1],\ \varphi \in (-\pi, \pi)\right\}.$$

Berechnen Sie das Flächenintegral

$$\int_\Gamma \mathrm{rot}\, F \cdot \mathbf{d}\boldsymbol{\mu}$$

für $F(x) = (0, 0, |x_3|\sqrt{x_1^2 + x_2^2})^\top$, wobei die Orientierung der Fläche durch eine positive dritte Koordinate des Normalenfelds gegeben ist.

Beweisaufgaben

23.14 •• Zeigen Sie, dass es genau zwei stetige Normalenfelder zu einer orientierbaren, regulären Hyperfläche Γ im $\mathbb{R}^n$ gibt.

23.15 •• Lässt man den Graphen einer stetig differenzierbaren Funktion $f : [a, b] \to \mathbb{R}_{>0}$ um die x-Achse rotieren, so entsteht eine *Rotationsfläche* im $\mathbb{R}^3$, die durch $\boldsymbol{\gamma} : (a, b) \times (0, 2\pi) \to \mathbb{R}^3$ mit

$$\boldsymbol{\gamma}(t, \varphi) = \begin{pmatrix} t \\ f(t)\cos(\varphi) \\ f(t)\sin(\varphi) \end{pmatrix}$$

parametrisiert ist.

- Zeigen Sie, dass der Flächeninhalt der Rotationsfläche Γ durch das Integral

$$2\pi \int_a^b f(t) \sqrt{1 + (f'(t))^2}\, \mathrm{d}t$$

gegeben ist.

- Nutzen Sie dieses Ergebnis, um die Oberfläche eines Torus mit $R = 1$ und $r = \frac{1}{2}$ (Seite 985) zu berechnen.

23.16 • Beweisen Sie für einmal bzw. zweimal stetig differenzierbare Vektorfelder F und G die Identitäten

- $\mathrm{div}(F \times G) = G \cdot \mathrm{rot}\, F - F \cdot \mathrm{rot}\, G$,
- $\mathrm{rot}(\mathrm{rot}\, F) = \nabla(\mathrm{div}\, F) - \Delta F$,

wobei sich der Laplace-Operator in der letzten Gleichung auf jede Komponente des Vektors bezieht.

23.17 ••• Zeigen Sie mithilfe des Gauß'schen Satzes die Darstellung

$$\Delta u = \frac{1}{r} \frac{\partial}{\partial r}\left(r \frac{\partial u}{\partial r}\right) + \frac{1}{r^2} \frac{\partial^2 u}{\partial \varphi^2} + \frac{\partial^2 u}{\partial z^2}$$

des Laplace-Operators in Zylinderkoordinaten.

23.18 •••

- Zeigen Sie, dass die Funktion

$$\Phi(x, y) = \frac{1}{2\pi} \ln \frac{1}{\|x - y\|}$$

für $x \in \mathbb{R}^2 \setminus \{y\}$ harmonisch ist.
- Beweisen Sie den Darstellungssatz

$$u(x) = \int_{\partial D} \left[\Phi(x, y)\, \frac{\partial u(y)}{\partial \nu} - \frac{\partial \Phi(x, y)}{\partial \nu_y}\, u(y) \right] \mathrm{d}\mu$$
$$- \int_D \Phi(x, y)\, \Delta u(y)\, \mathrm{d}y$$

für $u \in C^2(D)$ in einem Gebiet $D \subseteq \mathbb{R}^2$.

23.19 •• Zeigen Sie, dass das Randwertproblem, eine Funktion $v \in C^2(D) \cap C^1(\overline{D})$ zu bestimmen mit

$$\Delta v - v = 0 \quad \text{in } D$$

und $\frac{\partial v}{\partial \nu} = 0$ auf ∂D, nur die Lösung $v(x) = 0$ besitzt. Dabei sei $D \subseteq \mathbb{R}^n$ ein Gebiet, das eine Anwendung des Gauß'schen Satzes erlaubt.

Antworten der Selbstfragen

S. 959

Längs der Niveaulinie ist die Funktion $f \circ \gamma : [a, b] \to \mathbb{R}$ differenzierbar und konstant. Also ist die Ableitung null, und es folgt mit der Kettenregel:

$$0 = \frac{d}{dt} f(\gamma(t)) = \nabla f(\gamma(t)) \cdot \dot{\gamma}(t).$$

Somit steht der Gradient an der Stelle $x = \gamma(t)$ senkrecht zum Tangentialvektor $\dot{\gamma}(t)$ der Niveaulinie.

S. 962

Durch $t_0 = a$ und $t_1 = b$ ist eine Zerlegung Z_0 gegeben, und der zugehörige Polygonzug ist die Verbindungsstrecke zwischen den Endpunkten $\gamma(a)$ und $\gamma(b)$. Da für die Bogenlänge einer beliebigen rektifizierbaren Kurve γ zwischen den Endpunkten gilt:

$$l(\gamma) = \sup_{Z\ \text{Zerlegung}} l(\gamma, Z) \geq l(\gamma, Z_0).$$

liefert die Verbindungsstrecke mit der Länge $l(\gamma, Z_0)$ die kürzeste Möglichkeit.

S. 966

Die bereits erwähnte Polarkoordinatendarstellung des Einheitskreises hilft hier weiter. Passend skaliert ergibt sich die Parametrisierung:

$$\gamma(t) = v + r \begin{pmatrix} \cos \frac{t}{r} \\ \sin \frac{t}{r} \end{pmatrix}$$

mit $t \in [0, 2\pi r]$ für die gewünschte Parametrisierung, denn wir erhalten:

$$\|\dot{\gamma}(t)\| = \left\| \left(-\sin \frac{t}{r},\ \cos \frac{t}{r}\right)^\top \right\| = 1.$$

S. 970

Definieren wir zu zwei Punkten die Potenziale

$$u_1(x) = \int_{\Gamma(z_1, x)} F \cdot \mathrm{d}l \quad \text{und} \quad u_2(x) = \int_{\Gamma(z_2, x)} F \cdot \mathrm{d}l,$$

so folgt für die Differenz:

$$u_2(x) - u_1(x) = \int_{\Gamma(z_1, z_2)} F \cdot \mathrm{d}l.$$

Die beiden Potenziale unterscheiden sich somit nur um eine Konstante, die sich durch das Kurvenintegral über Verbindungskurven zwischen z_1 und z_2 angeben lässt.

S. 975

Da die Funktionalmatrix $\boldsymbol{\gamma}'(t) = \dot{\boldsymbol{\gamma}}(t) \in \mathbb{R}^{n \times 1}$ ist, ist die Bedingung $\mathrm{Rg}(\boldsymbol{\gamma}') = 1 = d$ gleichbedeutend mit $\|\dot{\boldsymbol{\gamma}}(t)\| \neq 0$. Die Definition regulärer Flächen ist somit eine direkte Verallgemeinerung der regulären Parametrisierung von Kurven.

S. 977

Die Fläche wird durch $\boldsymbol{\gamma}(\boldsymbol{x}) = (x_1, \ldots, x_d, f(\boldsymbol{x}))^\top \in \mathbb{R}^{d+1}$ parametrisiert. Somit ergibt sich:

$$\partial_j \boldsymbol{\gamma} = \left(0, \ldots , \underbrace{1}_{\substack{j \text{ te} \\ \text{Stelle}}}, \ldots, 0, \frac{\partial f}{\partial x_j} \right)^\top$$

und wir erhalten für eine Normale $\boldsymbol{v} \in \mathbb{R}^{d+1}$ die Bedingungen

$$v_j + \frac{\partial f}{\partial x_j} v_{d+1} = 0.$$

Wegen der Normierungsbedingung $\|\boldsymbol{v}\| = 1$ folgt $v_{d+1} \neq 0$. Demnach ist

$$\boldsymbol{v} = v_{d+1} \begin{pmatrix} -\frac{\partial f}{\partial x_1} \\ \vdots \\ -\frac{\partial f}{\partial x_d} \\ 1 \end{pmatrix},$$

und mit $\|\boldsymbol{v}\| = 1$ erhalten wir $v_{d+1} = \dfrac{\pm 1}{\sqrt{1 + \|\nabla f\|^2}}$ für eine Normale am Graphen.

S. 981

Setzen wir $d = n$, so ergibt sich aus der Definition des Flächenintegrals die Transformationsformel für Gebietsintegrale von Seite 941; denn mit einen Diffeomorphismus $\boldsymbol{\gamma} \colon D \subseteq \mathbb{R}^n \to \mathbb{R}^n$ gilt für die Funktionalmatrix $\boldsymbol{\gamma}'$ die Identität:

$$\sqrt{\det(\boldsymbol{\gamma}'^\top \boldsymbol{\gamma}')} = \sqrt{\det(\boldsymbol{\gamma}'^\top) \det(\boldsymbol{\gamma}')}$$
$$= \sqrt{(\det(\boldsymbol{\gamma}'))^2} = |\det(\boldsymbol{\gamma}')|.$$

S. 1002

Ausgeschrieben ist

$$\Phi(\boldsymbol{x}, \boldsymbol{y}) = \frac{1}{(n-2)\omega_n} \left(\sum_{j=1}^{n} (x_j - y_j)^2 \right)^{-\frac{(n-2)}{2}}.$$

Damit gilt:

$$\nabla_x \Phi(\boldsymbol{x}, \boldsymbol{y}) = -\frac{1}{\omega_n} \frac{\boldsymbol{x} - \boldsymbol{y}}{\|\boldsymbol{x} - \boldsymbol{y}\|^n},$$

und wir erhalten:

$$\omega_n \Delta_x \Phi(\boldsymbol{x}, \boldsymbol{y}) = \omega_n \mathrm{div}_x \nabla_x \Phi(\boldsymbol{x}, \boldsymbol{y})$$
$$= \sum_{j=1}^{n} \left[-\frac{1}{\|\boldsymbol{x} - \boldsymbol{y}\|^n} \right.$$
$$\left. + n \left(\sum_{i=1}^{n} (x_i - y_i)^2 \right)^{-\frac{n}{2}-1} (x_j - y_j)^2 \right]$$
$$= 0.$$

S. 1006

In diesem Fall gilt die obige Formulierung des Satzes nicht, da $\boldsymbol{\gamma} \colon \overline{D} \to \mathbb{R}^3$ nicht injektiv ist. Aber mit dem Gauß'schen Satz in U erhalten wir:

$$\int_{\partial U} \mathbf{rot}\, F \cdot \mathbf{d}\boldsymbol{\mu} = \int_U \mathrm{div}(\mathbf{rot}\, F)\, \mathrm{d}\boldsymbol{x} = 0$$

für das nach außen gerichtete Normalenfeld, da für zweimal stetig differenzierbare Vektorfelder und dem Satz von Schwarz gilt:

$$\mathrm{div}(\mathbf{rot}\, F) = \frac{\partial}{\partial x_1} \left(\frac{\partial F_3}{\partial x_2} - \frac{\partial F_2}{\partial x_3} \right) + \frac{\partial}{\partial x_2} \left(\frac{\partial F_1}{\partial x_3} - \frac{\partial F_3}{\partial x_1} \right)$$
$$+ \frac{\partial}{\partial x_3} \left(\frac{\partial F_2}{\partial x_1} - \frac{\partial F_1}{\partial x_2} \right) = 0.$$

Optimierung – aber mit Nebenbedingungen

© Springer-Verlag GmbH Deutschland, ein Teil von Springer Nature 2022
T. Arens et al., *Grundwissen Mathematikstudium*,
https://doi.org/10.1007/978-3-662-63313-7_24

Die Suche nach dem Maximum oder dem Minimum einer Funktion ist uns bereits an verschiedenen Stellen begegnet. Die Tragweite solcher Fragen ist zu Beginn des Studiums aber kaum abschätzbar. Die Disziplin, die diese Vielfalt an Problemen in einen allgemeinen mathematischen Rahmen fasst, ist die Optimierungstheorie. Der Optimierung kommt eine zentrale Schlüsselstellung in vielen Bereichen zu, sowohl innerhalb der Mathematik als auch in Anwendungen.

In einer Einführung kann dieses weite Feld nur angedeutet werden. Wir werden ausschließlich endlichdimensionale Optimierungsaufgaben behandeln. Völlig selbstverständlich verzahnen sich die lineare Algebra und die Analysis bei diesen Fragestellungen. Es werden einige Ideen und Konzepte entwickelt, die sich später auf allgemeine normierte Räume übertragen lassen.

Algorithmen zur Berechnung von Minimalstellen werden in der numerischen Mathematik untersucht. In der hier präsentierten Einführung werden wir auf dieses Thema nur in der speziellen Situation der linearen Optimierung eingehen und mit dem Simplex-Verfahren eine allgemeine Methode dazu vorstellen. Im Vordergrund der Optimierungstheorie hingegen stehen Fragen nach der Existenz und Eindeutigkeit von Lösungen und die Aufstellung notwendiger oder hinreichender Optimalitätskriterien. Dies führt auf grundlegende Ideen zu Dualität oder zur Verwendung von Multiplikatoren. Die vielen weiterführenden Aspekte, wie eine allgemeine Theorie in normierten Räumen, hinreichende Optimalitätsbedingungen, numerische Verfahren oder spezielle Fragestellungen, etwa *der Variationsrechnung, der Approximationstheorie, der Kontrolltheorie* oder aus der *diskreten Optimierung* werden dem Leser im weiteren Verlauf des Studiums sicher noch begegnen.

24.1 Lineare Optimierung

Mathematisch lässt sich jede Art von Optimierung abstrakt formulieren. Wir sprechen von einer Optimierungsaufgabe, wenn zu einer Abbildung $f : M \to \mathbb{R}$ auf einer Menge M Elemente $\widehat{x} \in M$ gesucht sind, die f minimieren, d. h..

$$f(\widehat{x}) \le f(x) \quad \text{für alle } x \in M.$$

Wenn die Ungleichung gilt, sprechen wir von einem **globalen** Minimum. Hingegen liegt ein **lokales** Minimum vor, falls die Abschätzung nur für $x \in U$ in einer offenen Umgebung $U \subseteq M$ um $\hat{x}$ gültig ist. Offensichtlich ist es nicht nötig, parallel eine zweite Formulierung für die Suche nach Maxima anzugeben. Ein Maximum von f ist ein Minimum der Funktion $-f$, sodass wir auch bei Maximierung diese Notation wählen können, eben mit der Funktion $-f$.

Eine weitere Generalisierung dieser bereits sehr allgemeinen Notation wird in der *multikriteriellen Optimierung* betrachtet, wenn mehrere Funktionen minimiert werden sollen. In diesem Fall ist die Funktion f vektorwertig und man sucht simultan nach möglichst kleinen Werten in allen Komponenten.

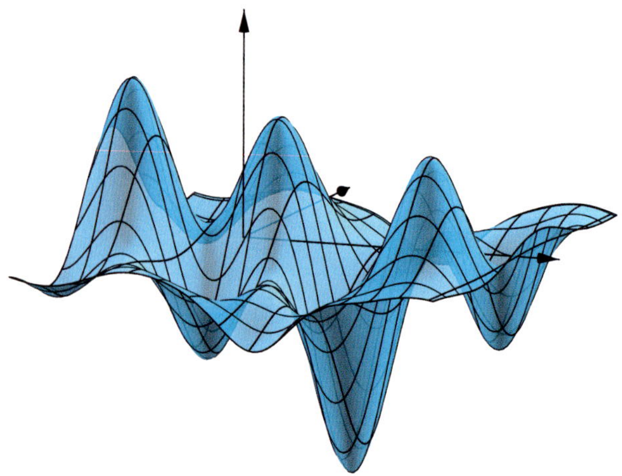

Abbildung 24.1 Es wird zwischen globalen und lokalen Minima einer Funktion unterschieden.

Zielfunktion und zulässige Punkte definieren ein Optimierungsproblem

Um ein Optimierungsproblem (P) anzugeben, notieren wir kurz:

$$\text{(P)} \qquad \underset{x \in M}{\text{Min}}\, f(x)\,.$$

Dabei heißt f das zu minimierende **Zielfunktional** des Problems. Ist $M \subseteq \mathbb{R}^n$, so sprechen wir auch von der **Zielfunktion** oder **Kostenfunktion** des Problems (P). Wir schreiben an dieser Stelle „Min" anstelle von „min", um zu kennzeichnen, dass es sich um eine abkürzende formale Notation des Problems handelt, bei der noch nicht geklärt ist, ob es überhaupt ein Minimum gibt.

— — — — — — — — ? — — — — — — — —

Formulieren Sie den minimalen Abstand der beiden Ellipsen

$$E_1 = \{ \boldsymbol{x} \in \mathbb{R}^2 \mid 4(x_1 - 1)^2 + (x_2 - 1)^2 = 1 \}$$

und

$$E_2 = \{ \boldsymbol{y} \in \mathbb{R}^2 \mid (y_1 + 1)^2 + 4y_2^2 = 1 \}$$

als Optimierungsaufgabe (Abb. 24.2).

— — — — — — — — — — — — — — — —

Ein Problem (P) ist **zulässig**, wenn $M \ne \emptyset$ ist. Ein Element $x \in M$ wird entsprechend in der Optimierungstheorie **zulässiger Punkt** genannt. Gibt es eine Minimalstelle $\widehat{x} \in M$ zu (P), d. h., $f(\widehat{x}) \le f(x)$ für alle $x \in M$, so heißt (P) **lösbar**. Weiter nutzen wir die Notation

$$\inf(\text{P}) = \begin{cases} \underset{x \in M}{\inf}\, f(x), & M \ne \emptyset, \\ +\infty, & M = \emptyset, \end{cases}$$

und im Fall eines lösbaren Problems schreiben wir:

$$\inf(\text{P}) = \min(\text{P}) = \min\{ f(x) \mid x \in M \}$$

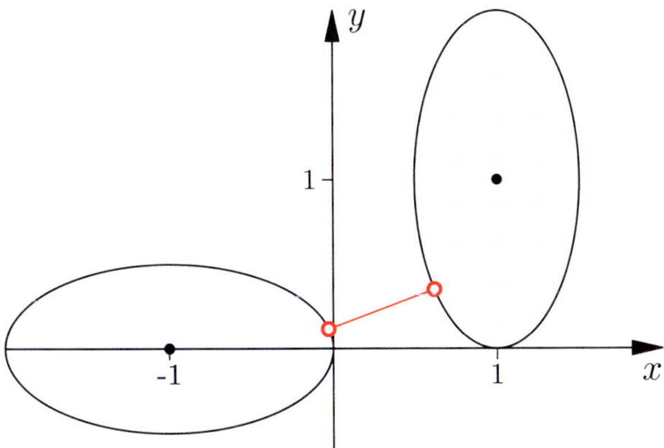

Abbildung 24.2 Der minimale Abstand zwischen zwei Mengen etwa im $\mathbb{R}^2$ wird als Optimierungsaufgabe formuliert.

für den Minimalwert. Im Gegensatz dazu ist für die Menge der Lösungen eines Optimierungsproblems, also die Stellen $x \in M$, an denen f minimal wird, in der Literatur die folgende Schreibweise üblich:

$$\operatorname{argmin}(\mathrm{P}) = \operatorname*{argmin}_{x \in M}(f(x))$$
$$= \{x \in M \mid f(x) \le f(y) \quad \text{für alle } y \in M\}.$$

Die so gewonnene Beschreibung ist sehr allgemein, so kann etwa M Teilmenge eines Funktionenraums sein (siehe Ausblick auf Seite 1018) oder das Zielfunktional das Lösen eines Randwertproblems erfordern. Viele weiterführende Bereiche der Mathematik, wie *Variationsrechnung*, *Approximationstheorie* und *Kontrolltheorie* beschäftigen sich mit speziellen Situationen dieser allgemeinen Formulierung. Wir beschränken uns in diesem Kapitel auf endlichdimensionale Probleme, d. h. $M \subseteq \mathbb{R}^n$, und beginnen mit einigen Beispielen.

Beispiel   In der Selbstfrage auf Seite 1016 haben wir bereits gesehen, wie die geometrische Aufgabe, Punkte mit kleinstem Abstand zu finden, auf Optimierungsaufgaben führt. Aber auch in anderen Zusammenhängen stoßen wir auf Optimierungsprobleme.

Wir können etwa nach einem Polynom fragen, das eine gegebene Funktion $y \colon [a, b] \to \mathbb{R}$ „am besten" approximiert. Wählen wir, um den Abstand zwischen Funktion und einem Polynom p mit $p(x) = \sum_{j=0}^{n} a_j x^j$ zu messen, die Maximumsnorm, dann ergibt sich die zu minimierende Zielfunktion

$$f(a_0, a_1, \ldots, a_n) = \|y - p\|_\infty$$
$$= \max_{x \in [a,b]} \left| y(x) - \sum_{j=0}^{n} a_j x^j \right|.$$

Dabei setzen wir voraus, dass die Funktion $y \in C([a, b])$ stetig ist. Die Menge der zulässigen Punkte ist $M = \mathbb{R}^{n+1}$,

da wir in der Klasse der Polynome bis zum Grad n gerade die $n + 1$ Koeffizienten $a_0, \ldots, a_n$ zur Verfügung haben. Die Aufgabe, die Funktion f über M zu minimieren, wird als **Tschebyscheff-Approximationsproblem** bezeichnet.

In der Approximationstheorie wird gezeigt, dass es eine Lösung, also ein Polynom, gibt, das diesen Abstand unter allen Polynomen bis zum Grad n minimiert. Eine notwendige und hinreichende Bedingung, die dieses Polynom charakterisiert, finden Sie in der Literatur unter dem Namen *Alternantensatz*.

Alternativ lässt sich der Abstand zwischen y und den Polynomen auch anders messen. Betrachtet man zum Beispiel den Abstand im quadratischen Mittel, d. h., die Zielfunktion ist

$$f(p) = \|y - p\|_2^2 = \int_a^b |y(t) - p(t)|^2 \, \mathrm{d}t \,,$$

so ergibt sich ein anderes Optimierungsproblem. In diesem Fall liegt dem Problem die Struktur eines Hilbertraums zugrunde. Der minimale Abstand ist durch eine orthogonale Projektion gegeben und durch die zugehörigen Normalgleichungen charakterisiert (Seite 815). Wählen wir anstelle der Polynome die trigonometrischen Polynome, so führt uns die Optimierungsaufgabe auf die Fourierreihen, wie es im Kapitel 19 aufgezeigt ist.   ◀

Die abstrakte Formulierung liefert noch nicht viel Informationen, um ein Optimierungsproblem zu behandeln. Aber es gibt uns den Rahmen für die zentralen mathematischen Fragen:

- Existenz: Gibt es eine Lösung zu (P)?
- Eindeutigkeit: Wie viele Lösungen gibt es?
- Notwendige/hinreichende Optimalitätsbedingungen: Lassen sich Minimalstellen charakterisieren?

Wir kennen bereits einige Antworten. So ist nach dem Satz von Weierstraß (P) lösbar, wenn $f \colon M \subseteq \mathbb{R}^n \to \mathbb{R}$ stetig und M kompakt ist (Seite 824). Es gibt höchstens eine Lösung, wenn f eine strikt konvexe Funktion auf einem Intervall $[a, b]$ ist (Seite 584). Auch notwendige und hinreichende Bedingungen haben wir bereits erarbeitet, etwa $\nabla f(\widehat{x}) = 0$ in einer Minimalstelle $\widehat{x} \in M^\circ$ im Inneren einer Menge $M \subseteq \mathbb{R}^n$, wenn f differenzierbar ist.

Lineare Probleme lassen sich in Normalform formulieren

Ist die Zielfunktion f linear und ist M durch affin-lineare *Nebenbedingungen* gegeben, so sind erheblich weitreichendere Aussagen möglich.

Beispiel: Minimalflächen

Ein Minimierungsproblem ergibt sich, wenn wir zu gegebenen Randkurven, etwa im $\mathbb{R}^3$, eine Fläche mit diesem Rand und minimalem Flächeninhalt suchen. Solche Flächen werden *Minimalflächen* genannt und bilden ein interessantes Teilgebiet der *Differenzialgeometrie*. Sie finden sich manchmal in der Architektur wieder, wie etwa in der Dachkonstruktion der Olympiaschwimmhalle in München. Es soll diese Frage im Fall von Rotationsflächen als *Optimierungsaufgabe* formuliert werden.

Problemanalyse und Strategie: Mit der allgemeinen Beschreibung des Inhalts einer Rotationsfläche aus Aufgabe 23.15 lässt sich ein Zielfunktional angeben. Für die Menge M können wir alle stetig differenzierbaren Funktionen zulassen, die festgelegte Werte an den Intervallgrenzen haben, um bei Rotation dieselben Randkurven zu erreichen.

Lösung:

Wir betrachten Rotationsflächen, die entstehen, wenn wir den Graph einer Funktion $z \colon [0, 1] \to \mathbb{R}$ mit $z(0) = z_0$ und $z(1) = z_1$ um die x-Achse rotieren lassen. Nun stellt sich die Frage, für welche Funktion z der Flächeninhalt der so entstehenden Mantelfläche minimal ist. Den Flächeninhalt können wir nach den Überlegungen zur Aufgabe 23.15 berechnen durch:

$$J(z) = 2\pi \int_0^1 z(t)\sqrt{1 + (z'(t))^2}\,\mathrm{d}t.$$

Es ergibt sich das Optimierungsproblem, eine differenzierbare Funktion z mit fest vorgegeben Werten z_0 und z_1 bei $t = 0$ und $t = 1$ zu finden, die das Funktional J minimiert. Mit der eingeführten Notation, der Definition

$$M = \{z \in C([0, 1]) \cap C^1((0, 1)) \mid z(0) = z_0,$$
$$z(1) = z_1, z' \in L((0, 1))\}$$

für zulässige Funktionen und dem Zielfunktional J erhalten wir das Optimierungsproblem

$$\operatorname*{Min}_{z \in M} J(z).$$

Flächen mit der hier gesuchten Eigenschaft nennt man *Minimalflächen*.

Im angegebenen Spezialfall der rotationssymmetrischen Fläche, die durch zwei Kreislinien begrenzt wird, ist dies die *Katenoide* (Abbildung). Eine solche Minimalfläche lässt sich experimentell durch einen Seifenfilm zwischen zwei Drahtschleifen erzeugen, allerdings würde die Schwerkraft im Experiment die Form ändern.

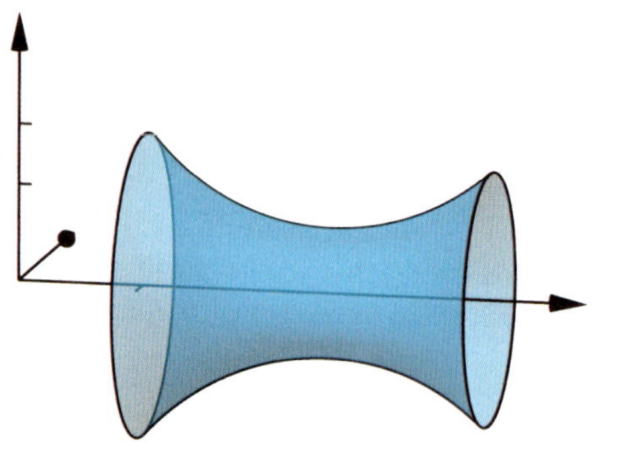

Definition eines linearen Optimierungsproblems

Ein Optimierungsproblem

$$(P) \qquad \operatorname*{Min}_{x \in M} f(x)$$

heißt **linear**, wenn Minima einer linearen Funktion

$$f(x) = c^\top x$$

mit $c \in \mathbb{R}^n$ auf einer Menge

$$M = \left\{ x \in \mathbb{R}^n \mid \sum_{j=1}^n a_{ij} x_j = b_i, i = 1, \ldots, m, \right.$$
$$\left. \sum_{j=1}^n a_{ij} x_j \le b_i, i = m+1, \ldots, m+p \right\}$$

gesucht sind.

Anstelle einer linearen Funktion werden im Folgenden auch affin-lineare Funktionen $f(x) = c^\top x + c_0$ betrachtet. Man beachte, dass eine solche Transformation nur die Werte der Zielfunktion um eine Konstante verschiebt, aber nicht die Minimalstellen.

Für lineare Optimierungsprobleme ist auch die Bezeichnung **lineares Programm** gebräuchlich. Die m affin-linearen Gleichungs- und die p affin-linearen Ungleichungsbedingungen zur Beschreibung von M werden **Nebenbedingungen** oder **Restriktionen** genannt.

Beispiel Betrachten wir folgendes Beispiel:

$$(P) \qquad \operatorname*{Min}_{x \in M} -3x_1 - 2x_2$$

auf

$$M = \left\{ x \in \mathbb{R}^2 \mid x_1 + x_2 \leq 3,\ x_2 \leq 2,\ 2x_1 + x_2 \leq 5 \right.$$
$$\left. - x_1 \leq 0,\ -x_2 \leq 0 \right\}.$$

In der Abbildung 24.3 ist die Menge M eingezeichnet, die wir erhalten, indem wir die Geraden betrachten, die M begrenzen, d. h., zunächst die entsprechenden Gleichungen statt der Ungleichungen berücksichtigen. Durch Einsetzen konkreter Punkte lässt sich leicht klären, welcher Halbraum durch die jeweilige Ungleichung gegeben ist. So liegt etwa $(0, 0)^\top$ im Halbraum, der durch $x_1 + x_2 \leq 3$ beschrieben wird. Die Höhenlinien der Zielfunktion sind ebenso eingezeichnet. Offensichtlich erhalten wir einen minimalen Wert für die Zielfunktion, wenn wir den Eckpunkt von M oben rechts auswählen. Dies liefert uns grafisch das Optimum zum linearen Programm. Wir sehen, dass Eckpunkte der Menge M in der linearen Optimierung eine wesentliche Rolle spielen. Diese Beobachtung liefert sowohl für die theoretische Existenzaussage als auch für den *Simplex-Algorithmus* zur Berechnung von Lösungen die entscheidende Idee. ◀

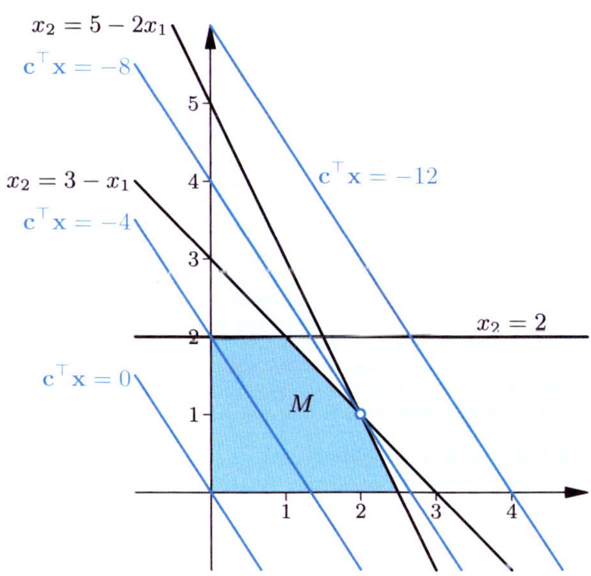

Abbildung 24.3 Grafische Lösung des Beispiels auf Seite 1018

?

Welches der Optimierungsprobleme Min f_j auf M_k für $j = 1, 2$ und $k = 1, 2, 3$ ist linear, wenn

$$f_1(x) = \frac{x_1 x_2 + x_2^2 - x_1 x_3 - x_3^2}{x_2 - x_3},$$

$$f_2(x) = \frac{x_1 x_2 + x_2^2 - x_3^2}{x_2 - x_3}$$

und

$$M_1 = \left\{ x \in \mathbb{R}^3 \mid x_1 x_2 - x_2 - x_2^2 + x_2 x_3 + x_3 - x_1 x_3 \leq 0, \right.$$
$$\left. x_2 \geq x_3 + 1,\ x_3^3 + 1 \geq 0 \right\},$$

$$M_2 = \left\{ x \in \mathbb{R}^3 \mid x_1^2 - x_2^2 + x_3^2 \leq x_1,\ x_1^2 - 4 \leq 0 \right\},$$

$$M_3 = \left\{ x \in \mathbb{R}^3 \mid x_1 + x_3 \leq x_2 - x_1,\ \ln(x_1) \geq 0 \right.$$
$$\left. \text{und } x_j \geq 0,\ j = 1, 2, 3 \right\}?$$

Um eine übersichtliche Schreibweise für die Nebenbedingungen zu bekommen, wird für die Ungleichungen die Ordnungsrelation

$$x \leq y, \quad \text{falls } x_j \leq y_j,\ j = 1, \ldots, p$$

für $x, y \in \mathbb{R}^p$ verwendet. So schreibt sich die Restriktionsmenge M bei einem linearen Programm zu

$$M = \{ x \in \mathbb{R}^n \mid A_g x = b_g \text{ und } A_h x \leq b_h \},$$

wenn wir die Koeffizienten in einer Matrix $A = (a_{ij})_{\substack{i=1,\ldots,p+m \\ j=1,\ldots,n}} \in \mathbb{R}^{p+m \times n}$ mit Teilblöcken

$$A_g = (a_{ij})_{\substack{i=1,\ldots,m \\ j=1,\ldots,n}} \in \mathbb{R}^{m \times n}$$

und

$$A_h = (a_{ij})_{\substack{i=m+1,\ldots,m+p \\ j=1,\ldots,n}} \in \mathbb{R}^{p \times n}$$

und Vektoren $b_g = (b_i)_{i=1,\ldots,m} \in \mathbb{R}^m$, $b_h = (b_i)_{i=m+1,\ldots,m+p} \in \mathbb{R}^p$ sammeln. Auf Seite 1020 sind einige Beispiele für die Formulierung linearer Optimierungsprobleme zusammengestellt.

Durch Hinzufügen weiterer Variable lässt sich jedes lineare Optimierungsproblem auf **Normalform**

$$(\text{P}_N) \qquad \min_{x \in M_N} c^\top x$$

mit

$$M_N = \left\{ x \in \mathbb{R}^n_{\geq 0} \mid Ax = b \right\}$$

umschreiben, d. h. zu einem Problem nur mit Gleichungsnebenbedingungen und mit Vorzeichenbeschränkung für alle Variablen. Für die Vorzeichenbeschränkung bezeichnen wir mit

$$\mathbb{R}^n_{\geq 0} = \{ x \in \mathbb{R}^n \mid x \geq 0 \}$$

den *Kegel* der Vektoren mit nicht negativen Koordinaten. Die Beziehung zwischen *umformulierten* Problemen wollen wir präzisieren. Man nennt zwei Optimierungsprobleme (P_1) und (P_2) **äquivalent**, wenn man aus der Lösung des einen auch eine Lösung des anderen Problems erhält und umgekehrt.

Kommentar: Wir können diese Definition genauer wie folgt formulieren: Zwei Optimierungsprobleme (P_1) und (P_2) heißen äquivalent, falls es eine umkehrbare Abbildungen $\Phi\colon M_1 \to M_2$ gibt mit den Eigenschaften $\Phi(\hat{x}) \in \arg\min(\text{P}_2)$ und $\Phi^{-1}(\hat{y}) \in \arg\min(\text{P}_1)$, wenn $\hat{x} \in M_1$ Lösung zu (P_1) bzw. $\hat{y} \in M_2$ zu (P_2) sind.

Folgerung

Jedes lineare Optimierungsproblem (P) lässt sich in ein äquivalentes Problem (P_N) in Normalform umschreiben.

Hintergrund und Ausblick: Anwendungen der linearen Optimierung

Seit mehr als einem halben Jahrhundert ist die lineare Optimierung ein wichtiges Hilfsmittel zur Planung von wirtschaftlich relevanten Prozessen. Bereits anhand einfacher Beispiele wird deutlich, warum solche Optimierungsaufgaben eine so erhebliche praktische Bedeutung bekommen haben.

Ende der 1930er Jahre werden die ersten Produktionsplanungen und Transportprobleme in Form von linearen Optimierungsaufgaben formuliert. Dabei waren die Arbeiten des sowjetischen Mathematikers Leonid Witaljewitsch Kantorowitsch und des Amerikaners Frank L. Hitchcock wegweisend.

Betrachten wir als einfaches Beispiel einen Betrieb, der zwei Produkte P_1 und P_2 unter Verwendung von zwei Maschinen M_1 und M_2 herstellt. Bei der Herstellung einer Mengeneinheit des Produkts P_1 wird die erste Maschine eine Stunde und die zweite Maschine zwei Stunden benötigt. Beim zweiten Produkt P_2 hingegen werden beide Maschinen für zwei Stunden pro Mengeneinheit genutzt. Insgesamt kann die Maschine M_1 aufgrund von notwendigen Wartungsarbeiten 200 Stunden im Monat laufen und die Maschine M_2 300 Stunden. Die Firma kann derzeit am Markt mit dem Produkt P_1 einen Gewinn von 100 Euro und mit P_2 von 150 Euro pro Mengeneinheit erzielen. Wie sollte die Produktion geplant werden, um einen maximalen Gewinn zu erzielen?

Um die Frage zu beantworten, ist ein lineares Optimierungsproblem zu lösen. Bezeichnen wir mit x_1 und x_2 die Produktmengen des ersten bzw. des zweiten Produkts, so ergeben sich die beiden Nebenbedingungen

$$x_1 + 2x_2 \leq 200,$$
$$2x_1 + 2x_2 \leq 300$$

und die Zielfunktion

$$f(x) = 100x_1 + 150x_2.$$

Setzen wir:

$$A = \begin{pmatrix} 1 & 2 \\ 2 & 2 \end{pmatrix}, \; b = \begin{pmatrix} 200 \\ 300 \end{pmatrix}, \; \text{und } c = \begin{pmatrix} 100 \\ 150 \end{pmatrix},$$

so ergibt sich die Aufgabe:

$$\operatorname*{Min}_{x \in M} c^\top x$$

mit $M = \{x \in \mathbb{R}^2_{\geq 0} \mid Ax \leq b\}$.

Genauso stößt eine Mineralölgesellschaft auf ein lineares Optimierungsproblem, wenn man sich fragt, wie viel Benzin von den N Raffinerien $R_1, \ldots, R_N$ zu den M Tanklagern $T_1, \ldots, T_M$ transportiert werden sollte. Bezeichnet man mit x_{ij} die Liter, die von R_i nach T_j gebracht werden, so ergeben sich die Bedingungen

$$\sum_{j=1}^{M} x_{ij} \leq r_i, \quad \text{und} \quad \sum_{i=1}^{N} x_{ij} \geq t_j,$$

wobei r_i die Benzin-Produktion der Raffinerie R_i und t_j den Bedarf im Lager T_j bezeichnen. Will die Firma die

Kosten minimieren, wenn c_{ij} die Transportkosten pro Liter von R_i nach T_j sind, so ist die Zielfunktion

$$f(x_{11}, \ldots x_{NM}) = \sum_{i=1}^{N} \sum_{j=1}^{M} c_{ij} x_{ij}$$

unter den angegebenen Bedingungen zu minimieren. Mit $n = NM$ unabhängigen Variablen ist ersichtlich, dass die Dimension n bei Transportproblemen schnell relativ groß wird.

Ein Durchbruch zur Behandlung solcher Aufgaben gelang 1947 George Dantzig mit seiner Arbeit zum Simplex-Algorithmus, den wir im zweiten Abschnitt des Kapitels betrachten. Auch wenn mit dem Simplex-Algorithmus und seinen Varianten bewährte Methoden zu linearen Programmen bekannt sind, beschäftigt sich die Optimierung weiterhin intensiv mit der numerischen Lösung linearer Optimierungsprobleme. Das Problem ist, dass der Rechenaufwand des Simplex-Verfahrens im ungünstigsten Fall exponentiell mit der Dimension n steigt. Ein klassisches Beispiel wurde von V. Klee und G. Minty 1972 vorgestellt, bei dem alle 2^n Ecken durchlaufen werden, bevor der Simplex-Algorithmus die Lösung findet. Bis heute ist die Frage offen, ob es eine Strategie zum Simplex-Verfahren gibt, die stets mit einer polynomialen Anzahl an Schritten auskommt. Zumindest ist bekannt, dass im statistischen Mittel der Rechenaufwand polynomial ansteigt. Viel Aufmerksamkeit fand 1979 ein anderer Algorithmus von Leonid G. Kachian, der damit den Beweis erbrachte, dass es möglich ist, lineare Programme mit polynomial anwachsendem Aufwand zu lösen, wobei der vorgeschlagene Algorithmus für die praktische Anwendung nicht relevant ist. Hingegen scheinen sogenannte *Innere-Punkt-Methoden* sehr wohl eine Alternative zum Simplex-Algorithmus zu bieten. Seit den Arbeiten von N. Karmarkar von 1984 werden solche Verfahren intensiv erforscht, die iterativ eine Lösung approximieren und dabei nicht die Ecken der Restriktionsmenge durchlaufen, sondern Punkte im Inneren der Menge M betrachten.

Bei den praktisch relevanten Fragestellungen taucht oft ein weiterer Aspekt auf, den wir hier nicht behandeln, der aber nicht vernachlässigt werden darf. Häufig sind nur ganzzahlige Lösungsvektoren zulässig. Wenn es sich etwa bei den Produkten im ersten Beispiel um Autos handelt, machen halbe Autos keinen Sinn. In diesem Fall spricht man von *diskreter* oder *ganzzahliger* Optimierung. Es handelt sich um ein wichtiges Teilgebiet des *Operations Research*. Der Simplex-Algorithmus ist auch in diesen Fällen eine wesentliche Grundlage.

Beweis: Ist (P) gegeben, so definieren wir für die nicht vorzeichenbeschränkten Variablen jeweils eine Zerlegung

$$x_j = x_j^+ - x_j^-$$

mit

$$x_j^+ = \max\{0, x_j\} \geq 0 \quad \text{und} \quad x_j^- = \max\{-x_j, 0\} \geq 0$$

für $j \in \{1, \ldots, n\}$. Darüber hinaus führen wir für die Ungleichungen *Schlupfvariablen* $x_i^s \geq 0$, $i = 1, \ldots, p$, ein und betrachten das lineare Problem in Normalform:

$$(P_N) \qquad \min_{\boldsymbol{x} \in M_N} \begin{pmatrix} \boldsymbol{c} \\ -\boldsymbol{c} \\ \boldsymbol{0} \end{pmatrix}^\top \begin{pmatrix} \boldsymbol{x}^+ \\ \boldsymbol{x}^- \\ \boldsymbol{x}^s \end{pmatrix}$$

unter der Nebenbedingung

$$M_N = \left\{ \begin{pmatrix} \boldsymbol{x}^+ \\ \boldsymbol{x}^- \\ \boldsymbol{x}^s \end{pmatrix} \in \mathbb{R}_{\geq 0}^{2n+p} \;\middle|\; \right.$$

$$\left. \begin{pmatrix} \boldsymbol{A}_g & -\boldsymbol{A}_g & \boldsymbol{0} \\ \boldsymbol{A}_h & -\boldsymbol{A}_h & \boldsymbol{E}_p \end{pmatrix} \begin{pmatrix} \boldsymbol{x}^+ \\ \boldsymbol{x}^- \\ \boldsymbol{x}^s \end{pmatrix} = \begin{pmatrix} \boldsymbol{b}_g \\ \boldsymbol{b}_h \end{pmatrix} \right\}.$$

Es gilt, wenn $\boldsymbol{x} = \boldsymbol{x}^+ - \boldsymbol{x}^-$ zulässig ist für (P), so ist $(\boldsymbol{x}^+, \boldsymbol{x}^-, \boldsymbol{x}^s) \in \mathbb{R}_{\geq 0}^{2n+p}$ mit $\boldsymbol{x}^s = \boldsymbol{b}_h - \boldsymbol{A}_h \boldsymbol{x}$ zulässig für (P_N). Umgekehrt, wenn $(\boldsymbol{x}^+, \boldsymbol{x}^-, \boldsymbol{x}^s) \in M_N$ ist, folgt $\boldsymbol{x} = \boldsymbol{x}^+ - \boldsymbol{x}^- \in M$.

Weiter gilt für alle $\boldsymbol{x} \in M$ und $(\boldsymbol{x}^+, \boldsymbol{x}^-, \boldsymbol{x}^s) \in M_N$ mit $\boldsymbol{x} = \boldsymbol{x}^+ - \boldsymbol{x}^-$ und $\boldsymbol{x}^s = \boldsymbol{b}_h - \boldsymbol{A}_h \boldsymbol{x}$ die Identität

$$\boldsymbol{c}^\top \boldsymbol{x} = \tilde{\boldsymbol{c}}^\top \begin{pmatrix} \boldsymbol{x}^+ \\ \boldsymbol{x}^- \\ \boldsymbol{x}^s \end{pmatrix}$$

mit $\tilde{\boldsymbol{c}} = (\boldsymbol{c}, -\boldsymbol{c}, \boldsymbol{0})$. Also ist entweder $\min(P) = \min(P_N)$, wenn eines der Probleme lösbar ist, oder $\inf(P) = \inf(P_N) = -\infty$ im Fall von zulässigen Problemen ohne Lösung. $\blacksquare$

Zwei Techniken tauchen bei diesen Umformulierungen auf, die im Folgenden immer wieder nützlich sind. Zum einen lässt sich eine nicht vorzeichenbeschränkte Variable $x \in \mathbb{R}$ stets durch $x = x^+ - x^-$ mit

$$x^+ = \max\{x, 0\} \quad \text{und} \quad x^- = \max\{-x, 0\}$$

in zwei vorzeichenbeschränkte Variable zerlegen. Die zweite Idee sind die **Schlupfvariablen**. Durch Einführen einer weiteren positiven Variable $x^s \in \mathbb{R}_{\geq 0}$ kann eine Ungleichungsbedingung $\boldsymbol{a}^\top \boldsymbol{x} \leq b$ stets auch als Gleichungsbedingung $\boldsymbol{a}^\top \boldsymbol{x} + x^s = b$ dargestellt werden. In beiden Fällen erhöht sich die Anzahl der betrachteten Unbekannten.

?

Formulieren Sie das Optimierungsproblem, die Funktion $f: \mathbb{R}^3 \to \mathbb{R}$ mit $f(\boldsymbol{x}) = x_1 + x_2 + x_3$ unter den vier Bedingungen $x_1 + x_2 \leq 5$, $x_1 - x_2 + 2x_3 \geq -2$, $2x_2 - x_3 \leq 2$ und $-x_2 \leq 0$ zu minimieren, in Normalform.

Geometrische Eigenschaften klären die Existenzfrage

Wir betrachten im Folgenden Probleme in Normalform bzw. zunächst Mengen der Form

$$M = \{\boldsymbol{x} \in \mathbb{R}_{\geq 0}^n \mid \boldsymbol{A}\boldsymbol{x} = \boldsymbol{b}\}$$

mit $\boldsymbol{A} \in \mathbb{R}^{m \times n}$ und $\boldsymbol{b} \in \mathbb{R}^m$. Um eine bessere Vorstellung von M zu bekommen, erinnern wir uns an die folgenden Begriffe:

- Eine Menge $V \subseteq \mathbb{R}^n$ heißt **Unterraum** oder **Teilraum**, wenn mit $\boldsymbol{x}, \boldsymbol{y} \in V$ und $\lambda, \mu \in \mathbb{R}$ auch $\lambda \boldsymbol{x} + \mu \boldsymbol{y} \in V$ gilt.
- Eine Menge $U \subseteq \mathbb{R}^n$ heißt **affiner Unterraum** oder **affiner Teilraum**, wenn mit $\boldsymbol{x}, \boldsymbol{y} \in U$ und $\lambda \in \mathbb{R}$ auch $(1 - \lambda)\boldsymbol{x} + \lambda \boldsymbol{y} \in U$ gilt.
- Eine Menge $M \subseteq \mathbb{R}^n$ heißt **konvex**, wenn mit $\boldsymbol{x}, \boldsymbol{y} \in M$ und $\lambda \in [0, 1]$ auch $(1 - \lambda)\boldsymbol{x} + \lambda \boldsymbol{y} \in M$ gilt.

(siehe Seite 230 und 584).

Analog zu Linearkombinationen $\sum_{j=1}^{k} \lambda_j \boldsymbol{v}_j$ von Vektoren $\boldsymbol{v}_1, \ldots, \boldsymbol{v}_k \in \mathbb{R}^n$ mit $\lambda_j \in \mathbb{R}$ sprechen wir von einer **Konvexkombination** $\boldsymbol{v} \in \mathbb{R}^n$ von Vektoren $\boldsymbol{v}_1, \ldots, \boldsymbol{v}_k$, wenn

$$\boldsymbol{v} = \sum_{j=1}^{k} \lambda_j \boldsymbol{v}_j$$

ist mit $\lambda_j \in [0, 1]$ und $\sum_{j=1}^{k} \lambda_j = 1$.

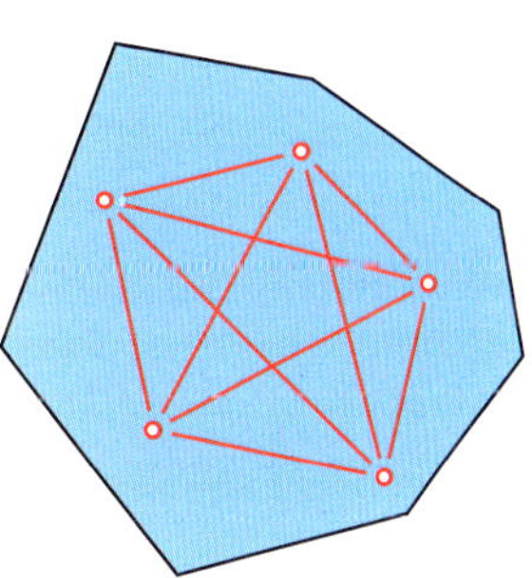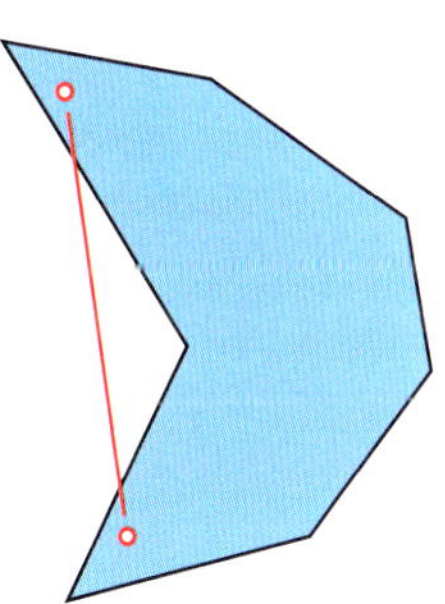

Abbildung 24.4 Eine konvexe und eine nicht konvexe Menge.

Beispiel Ist $\boldsymbol{a} \in \mathbb{R}^n \setminus \{\boldsymbol{0}\}$ und $\gamma \in \mathbb{R}$, so ist durch

$$E = \{\boldsymbol{x} \in \mathbb{R}^n \mid \boldsymbol{a}^\top \boldsymbol{x} = \gamma\}$$

eine **affine Hyperebene** gegeben, also ein $(n - 1)$-dimensionaler affiner Unterraum. Mit $\gamma = 0$ ergibt sich ein entsprechender Unterraum.

Mit der Menge

$$H = \{\boldsymbol{x} \in \mathbb{R}^n \mid \boldsymbol{a}^\top \boldsymbol{x} \leq \gamma\}$$

beschreibt man den zugehörigen **abgeschlossenen Halbraum** im $\mathbb{R}^n$. ◄

Offensichtlich sind affine Teilräume konvex. Auch die Menge M in der Normalform ist konvex, denn mit $\boldsymbol{x}, \boldsymbol{y} \in M = \{\boldsymbol{x} \in \mathbb{R}_{\geq 0}^n \mid \boldsymbol{A}\boldsymbol{x} = \boldsymbol{b}\}$ und $\lambda \in [0, 1]$ folgt für eine Konvex-

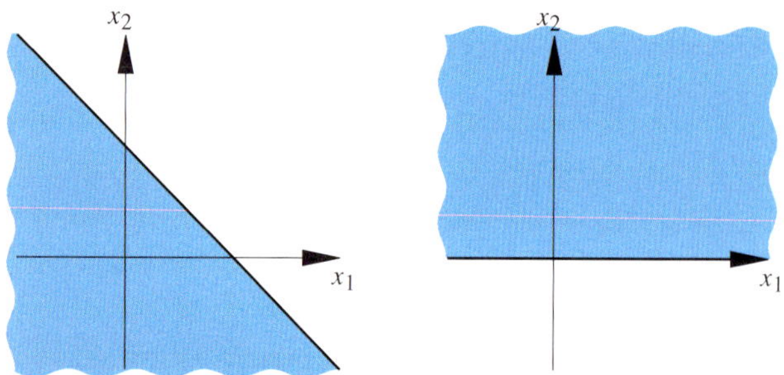

Abbildung 24.5 Die Ungleichungsnebenbedingungen eines linearen Programms beschreiben Halbräume.

kombination:
$$(1 - \lambda)\boldsymbol{x} + \lambda\boldsymbol{y} \geq \boldsymbol{0}$$
und
$$\boldsymbol{A}((1 - \lambda)\boldsymbol{x} + \lambda\boldsymbol{y}) = (1 - \lambda)\boldsymbol{A}\boldsymbol{x} + \lambda\boldsymbol{A}\boldsymbol{y} = \boldsymbol{b}.$$

Betrachten wir einzelne Zeilen der Gleichungsnebenbedingungen, so beschreiben diese affine Hyperebenen im $\mathbb{R}^n$ durch
$$\sum_{j=1}^{n} a_{ij} x_j = b_i.$$

Wir können somit die Menge M der Nebenbedingungen geometrisch als Schnittmenge von m Hyperebenen mit den n Halbräumen auffassen, die durch $x_j \geq 0$ gegeben sind.

Mengen, die durch den Schnitt endlich vieler abgeschlossener Halbräume beschrieben sind, heißen **Polyeder**. Da ein affiner Teilraum mit
$$\sum_{j=1}^{n} a_{ij} x_j = b_i$$
durch die beiden Ungleichungen
$$\sum_{j=1}^{n} a_{ij} x_j \leq b_i \quad \text{und} \quad -\sum_{j=1}^{n} a_{ij} x_j \leq -b_i$$
als Durchschnitt zweier Halbräume aufgefasst werden kann, ist insbesondere die Menge M zu jedem linearen Optimierungsproblem ein Polyeder.

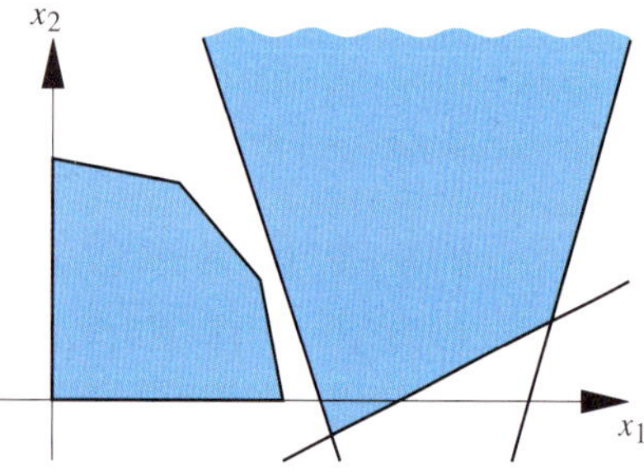

Abbildung 24.6 Zwei Polyeder im $\mathbb{R}^2$, wobei das linke Polyeder sogar ein Polytop ist.

Man nennt ein Polyeder M ein **Polytop**, wenn die Menge beschränkt ist.

Lemma
Die Menge $M = \{\boldsymbol{x} \in \mathbb{R}^n_{\geq 0} \mid \boldsymbol{A}\boldsymbol{x} = \boldsymbol{b}\}$ ist genau dann beschränkt, wenn es keinen Vektor $\boldsymbol{y} \in \mathbb{R}^n_{\geq 0}\setminus\{\boldsymbol{0}\}$ gibt mit $\boldsymbol{A}\boldsymbol{y} = \boldsymbol{0}$.

Beweis: Sind $\boldsymbol{y} \in \mathbb{R}^n\setminus\{0\}$, $\boldsymbol{y} \geq \boldsymbol{0}$ und $\boldsymbol{A}\boldsymbol{y} = \boldsymbol{0}$, so gilt $\boldsymbol{x} + t\boldsymbol{y} \in M$ für $t \geq 0$, wenn $\boldsymbol{x} \in M$ ist. Mit der Dreiecksungleichung
$$\|\boldsymbol{x} + t\boldsymbol{y}\| \geq t\|\boldsymbol{y}\| - \|\boldsymbol{x}\|$$
folgt für $t \to \infty$, dass M unbeschränkt ist.

Andererseits, wenn M unbeschränkt ist, gibt es eine Folge $\boldsymbol{x}_k \in M$ mit $\|\boldsymbol{x}_k\| \to \infty$ für $k \to \infty$. Betrachten wir die normierte Folge von Vektoren $\boldsymbol{y}_k = \boldsymbol{x}_k/\|\boldsymbol{x}_k\|$. Da die Folge beschränkt ist, können wir eine konvergente Teilfolge auswählen. Ohne Einschränkung nehmen wir an, dass $\boldsymbol{y}_k \to \boldsymbol{y} \in \mathbb{R}^n$ für $k \to \infty$. Es gilt für die Komponenten des Grenzwerts:
$$y_j \geq 0 \quad \text{für } j = 1, \ldots, n,$$
und außerdem ist
$$\boldsymbol{A}\boldsymbol{y} = \lim_{k \to \infty} \boldsymbol{A}\boldsymbol{y}_k = \lim_{k \to \infty} \frac{1}{\|\boldsymbol{x}_k\|}\boldsymbol{A}\boldsymbol{x}_k = \lim_{k \to \infty} \frac{1}{\|\boldsymbol{x}_k\|}\boldsymbol{b} = \boldsymbol{0}.\qquad\blacksquare$$

Die Ecken von M lassen sich algebraisch identifizieren

Schon im Beispiel auf Seite 1018 haben wir gesehen, dass *Ecken* des Polyeders M besondere Kandidaten für die Lösung eines linearen Programms sind. Letztendlich gibt uns dies einen Hinweis für einen allgemeinen Satz zur Lösbarkeit von linearen Optimierungsaufgaben. Definieren wir zunächst, was unter einer Ecke zu verstehen ist.

Definition von Ecken bei konvexen Mengen

Ein Punkt $\boldsymbol{x} \in M$ in einer konvexen Menge $M \subseteq \mathbb{R}^n$ heißt **Ecke** von M, wenn sich $\boldsymbol{x}$ nicht als echte Konvexkombination schreiben lässt, d. h., aus $\boldsymbol{x} = (1-\lambda)\boldsymbol{u}+\lambda\boldsymbol{v}$ mit $\lambda \in (0, 1)$ und $\boldsymbol{u}, \boldsymbol{v} \in M$ folgt $\boldsymbol{u} = \boldsymbol{v} = \boldsymbol{x}$.

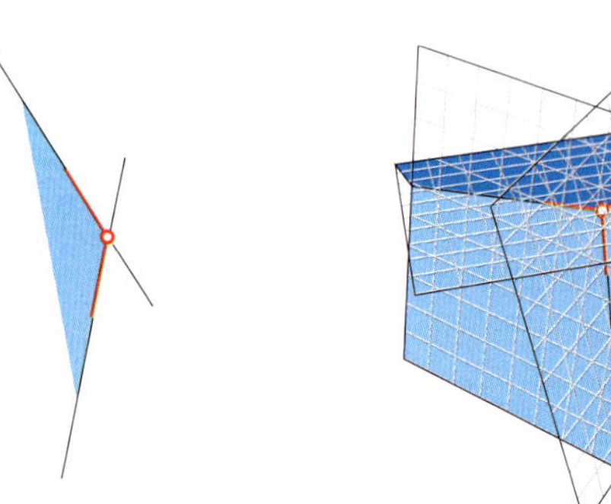

Abbildung 24.7 Ecken einer konvexen Menge lassen sich nicht als Konvexkombination anderer Punkte der Menge schreiben.

Bei Mengen M, die in der Normalform eines linearen Optimierungsproblems auftreten, lassen sich die Ecken genau charakterisieren. Dazu führen wir die Notationen
$$\boldsymbol{a}_{*j} = \begin{pmatrix} a_{1j} \\ \vdots \\ a_{mj} \end{pmatrix} \quad \text{bzw.} \quad \boldsymbol{a}_{j*} = (a_{j1}, \ldots, a_{jn})$$
für die j-te Spalte bzw. Zeile einer Matrix $\boldsymbol{A} \in \mathbb{R}^{m \times n}$ ein.

Eine Charakterisierung von Ecken

Ist $M = \{x \in \mathbb{R}^n_{\geq 0} \mid Ax = b\}$ mit $b \in \mathbb{R}^m$ und $A \in \mathbb{R}^{m \times n}$, so ist $x \in M$ eine Ecke von M genau dann, wenn die Spalten $\{a_{*j}\}_{j \in J_x}$ mit den Indizes

$$J_x = \left\{ j \in \{1, \ldots, n\} \mid x_j > 0 \right\}.$$

linear unabhängig sind.

Beweis: Nehmen wir an, dass zu $x \in M$ mit der Indexmenge J_x die Spalten $\{a_{*j}\}_{j \in J_x}$ linear abhängig sind. Dann gibt es eine Linearkombination

$$\sum_{j \in J_x} \lambda_j a_{*j} = 0,$$

wobei mindestens für ein $j \in J_x$ gilt $\lambda_j \neq 0$. Da $x_j > 0$ für $j \in J_x$ ist, gibt es ein $\varepsilon > 0$ mit $x_j \pm \varepsilon \lambda_j > 0$ für alle $j \in J_x$. Wir definieren $u, v \in \mathbb{R}^n$ durch:

$$u_j = \begin{cases} x_j + \varepsilon \lambda_j & \text{für } j \in J_x, \\ 0 & \text{für } j \notin J_x, \end{cases}$$

und

$$v_j = \begin{cases} x_j - \varepsilon \lambda_j & \text{für } j \in J_x, \\ 0 & \text{für } j \notin J_x. \end{cases}$$

Dann gilt $u \geq 0$, $v \geq 0$ und $Au = Ax = b = Av$, d.h., $u, v \in M$. Außerdem ist $x = \frac{1}{2}u + \frac{1}{2}v$ eine echte Konvexkombination von u und v und somit keine Ecke von M. Indirekt haben wir gezeigt, dass eine Ecke die lineare Unabhängigkeit der Spalten zu den Indizes in J_x impliziert.

Nun müssen wir noch die zweite Richtung im Satz beweisen. Dazu nehmen wir an, dass die Spalten $\{a_{*j}\}_{j \in J_x}$ linear unabhängig sind, und dass es eine Darstellung $x = (1-\lambda)u + \lambda v$ mit $u, v \in M$ und $\lambda \in (0, 1)$ gibt.

Wegen $\lambda \in (0, 1)$ und der nicht negativen Komponenten der Vektoren folgt $u_j = v_j = x_j = 0$ für $j \notin J_x$. Also ist

$$0 = b - b = A(u - v) = \sum_{j \in J_x} (u_j - v_j) a_{*j}.$$

Da die Spalten linear unabhängig vorausgesetzt sind, ergibt sich $u_j = v_j$ bzw. $u = v = x$. Es handelt sich nicht um eine echte Konvexkombination, und somit ist x eine Ecke von M. ∎

Mit der Charakterisierung der Ecken von M lässt sich belegen, dass die Menge M endlich viele Ecken besitzt.

Existenz von Ecken

Sind $M = \{x \in \mathbb{R}^n_{\geq 0} \mid Ax = b\} \neq \emptyset$ mit $b \in \mathbb{R}^m$ und $A \in \mathbb{R}^{m \times n}$, so besitzt M mindestens eine Ecke, und es gibt höchstens endlich viele Ecken.

Beweis: Da $M \neq \emptyset$ ist, gibt es $\widehat{x} \in M$ mit minimaler Anzahl positiver Koordinaten, d.h., für die Kardinalzahlen der Indexmengen gilt:

$$|J_{\widehat{x}}| \leq |J_x| \quad \text{für alle } x \in M.$$

Erster Fall, $|J_{\widehat{x}}| = 0$: In diesem Fall ist $\widehat{x} = 0$ und insbesondere eine Ecke von M, da aus einer Konvexkombination $0 = \widehat{x} = (1-\lambda)u + \lambda v$ bzw. $(1-\lambda)u = -\lambda v$ mit $\lambda \in (0, 1)$ wegen $u, v \geq 0$ die Identität $u = v = 0$ folgt.

Nehmen wir im zweiten Fall, $|J_{\widehat{x}}| > 0$, an, dass die Spalten $\{a_{*j}\}_{j \in J_{\widehat{x}}}$ linear abhängig sind, d.h., es gibt $\lambda_j \in \mathbb{R}$, die nicht alle verschwinden mit

$$\sum_{j \in J_{\widehat{x}}} \lambda_j a_{*j} = 0.$$

Wählen wir

$$\widehat{t} = \min \left\{ \frac{\widehat{x}_j}{|\lambda_j|} \mid j \in J_{\widehat{x}}, \lambda_j \neq 0 \right\}$$

und bezeichnen mit $\widehat{j}$ einen Index mit $\widehat{t} = \frac{\widehat{x}_{\widehat{j}}}{|\lambda_{\widehat{j}}|}$, so folgt $\widehat{x}_j \pm \widehat{t}\lambda_j \geq 0$ für $j \in J_{\widehat{x}}$ und $\widehat{x}_{\widehat{j}} + \widehat{t}\lambda_{\widehat{j}} = 0$ oder $\widehat{x}_{\widehat{j}} - \widehat{t}\lambda_{\widehat{j}} = 0$. Dies steht aber im Widerspruch zur Minimalforderung an $\widehat{x}$; denn, wenn wir zusätzlich $\lambda_j = 0$ für $j \notin J_{\widehat{x}}$ setzen, ist $|J_u| < |J_{\widehat{x}}|$ für $u = \widehat{x} \pm \widehat{t}\lambda \in M$ bei passender Wahl des Vorzeichens. Somit sind die Spalten $\{a_{*j}\}_{j \in J_{\widehat{x}}}$ linear unabhängig, und mit dem vorherigen Lemma ist gezeigt, dass $\widehat{x}$ eine Ecke von M ist.

Im zweiten Teil des Beweises müssen wir noch zeigen, dass höchstens endlich viele Ecken existieren. Dies ergibt sich, da es höchstens endlich viele Kombinationen von linear unabhängigen Spalten der Matrix A gibt und jeweils die zugehörigen linearen Gleichungssysteme

$$\sum_{j \in J} x_j a_{*j} = b$$

mit einer entsprechenden Indexmenge J höchstens eine Lösung besitzen, es also zu jeder Kombination linear unabhängiger Spalten maximal einen Punkt $x \in M$ mit $x_j > 0$ für $j \in J$ und $x_j = 0$ für $j \notin J$ gibt. ∎

Für den angestrebten Existenzsatz zu linearen Programmen ist es noch erforderlich, die gesamte Menge M mithilfe ihrer Ecken zu beschreiben. Dazu dient als letzte Vorbereitung noch das folgende Lemma.

Lemma

Sind $M = \{x \in \mathbb{R}^n_{\geq 0} \mid Ax = b\} \neq \emptyset$ mit $b \in \mathbb{R}^m$ und $A \in \mathbb{R}^{m \times n}$, und bezeichnen wir mit v_k, $k = 1, \ldots, K$ die Ecken von M, so gibt es zu jedem Punkt $x \in M$ eine Darstellung

$$x = \sum_{k=1}^K \alpha_k v_k + y$$

mit $\alpha_k \in [0, 1]$, $\sum_{k=1}^K \alpha_k = 1$, $y \in \mathbb{R}^n_{\geq 0}$ und $Ay = 0$, d.h., x ist Summe aus einer Konvexkombination der Ecken und einem nicht negativen Vektor $y \geq 0$ im Kern von A.

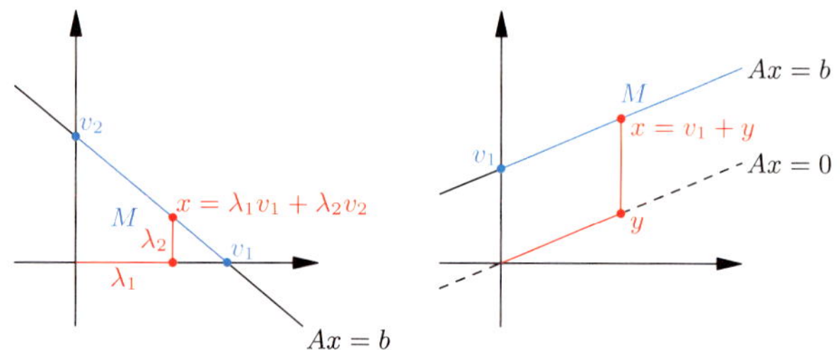

Abbildung 24.8 Zwei verschiedene Situationen, die im Lemma auf Seite 1023 bei der Beschreibung der Menge $M \subseteq \{x \mid Ax = b\}$ auftreten können.

Beweis: Zu Punkten $x \in M$ definieren wir wieder die Indexmenge

$$J_x = \{j \in \{1, \ldots, n\} \mid x_j > 0\}.$$

Die Idee des Beweises besteht in einer Induktion über die Kardinalzahl $|J_x|$.

Ist $|J_x| = 0$ für $x \in M$, so ist $x = 0$ insbesondere auch eine Ecke von $M \subseteq \mathbb{R}^n_{\geq 0}$, d.h., $x = v_k$ für ein k. Diese Beobachtung liefert uns einen Induktionsanfang.

Wir nehmen nun an, dass für alle $x \in M$ mit $|J_x| \leq l < n$ entsprechende Darstellungen existieren und betrachten einen Punkt $x \in M$ mit $|J_x| = l + 1$.

Sind die Spalten $\{a_{*j}\}_{j \in J_x}$ linear unabhängig, so ist x eine Ecke, und insbesondere gibt es die gesuchte Darstellung. Wir müssen somit nur noch den Fall betrachten, dass die Spalten $\{a_{*j}\}_{j \in J_x}$ linear abhängig sind. Dann gibt es $\lambda \in \mathbb{R}^n \setminus \{0\}$ mit $\lambda_j = 0$ für $j \notin J_x$ und $A\lambda = 0$.

Ähnlich zum vorhergehenden Beweis konstruieren wir unter diesen Bedingungen eine Konvexkombination $x = (1 - \mu)u + \mu v$ mit $\mu \in (0, 1)$ und $u, v \in M$, sodass auf u und v die Induktionsannahme angewendet werden kann. Wir unterscheiden drei Fälle. Zunächst nehmen wir an, dass es sowohl positive als auch negative Koordinaten in λ gibt und definieren:

$$t = \min \left\{ \frac{x_j}{\lambda_j} \;\middle|\; j \in J_x, \lambda_j > 0 \right\}$$

und

$$s = \min \left\{ -\frac{x_j}{\lambda_j} \;\middle|\; j \in J_x, \lambda_j < 0 \right\}$$

und definieren

$$u = x - t\lambda \quad \text{und} \quad v = x + s\lambda.$$

Wir erhalten $u, v \in M$ und jeweils für mindestens einen Index $j \in J_x$, für den der Minimalwert t bzw. s angenommen wird, $u_j = 0$ bzw. $v_j = 0$. Also sind

$$|J_u| < |J_x| = l + 1 \quad \text{und} \quad |J_v| < |J_x| = l + 1.$$

Wir können die Induktionsvoraussetzung auf u und v anwenden, d.h., es gibt Darstellungen der Form

$$u = \sum_{k=1}^{K} \alpha_k^u v_k + y^u$$

bzw.

$$v = \sum_{k=1}^{K} \alpha_k^v v_k + y^v,$$

wobei $\alpha_k^{u\,(v)}$ und $y^{u\,(v)}$ jeweils die Bedingungen an die Darstellung erfüllen. Weiter gilt:

$$x = (1 - \mu)u + \mu v$$

mit

$$\mu = \frac{t}{t + s} \in (0, 1).$$

Einsetzen der Darstellungen von u und v liefert die gesuchte Form:

$$x = \sum_{k=1}^{K} \underbrace{((1 - \mu)\alpha_k^u + \mu\alpha_k^v)}_{=\alpha_k} v_k + \underbrace{(1 - \mu)y^u + \mu y^v}_{=y}.$$

Es bleiben noch die anderen beiden Fälle zu zeigen. Ist $\lambda \geq 0$, definieren wir t und u wie im ersten Fall und ignorieren s und v. Dann ergibt sich die gesuchte Darstellung $x = u + t\lambda$, da $y^u + t\lambda \geq 0$ gilt. Analog ergibt sich im letzten Fall mit $\lambda \leq 0$ die gesuchte Darstellung in der Form $x = v - s\lambda$, wenn wir s und v wie im ersten Fall definieren. $\blacksquare$

?

Begründen Sie, warum sich jeder Punkt in M als Konvexkombination der Ecken von M schreiben lässt, wenn M beschränkt ist.

Ein zulässiges lineares Programm mit nach unten beschränkter Zielfunktion besitzt eine Lösung

Mit dem Resultat aus dem Lemma können wir eine Existenzaussage formulieren.

Existenzsatz

Ist ein zulässiges lineares Optimierungsproblem

$$(\text{P}) \qquad \min_{x \in M} c^\top x$$

auf $M = \{x \in \mathbb{R}^n_{\geq 0} \mid Ax = b\}$ mit $c \in \mathbb{R}^n$, $A \in \mathbb{R}^{m \times n}$ und $b \in \mathbb{R}^m$ gegeben, so ist entweder $\inf(\text{P}) = -\infty$, oder es gibt eine Ecke z von M mit $z \in \arg\min(\text{P})$.

Beweis: Wenn ein $y \in \mathbb{R}^n_{\geq 0}$ existiert mit $Ay = 0$ und $c^\top y < 0$, so ist mit $x \in M$ auch

$$A(x + t y) = Ax = b$$

und $x + t y \geq 0$ für alle $t \geq 0$. Also ist $x + t y \in M$ für $t \geq 0$. Mit

$$c^\top (x + t y) \to -\infty \quad \text{für } t \to \infty$$

sehen wir, dass $\inf(\text{P}) = -\infty$ gilt.

Das Problem (P) kann demnach nur lösbar sein, wenn für alle $y \in \mathbb{R}^n_{\geq 0}$ mit $Ay = 0$ gilt $c^\top y \geq 0$. Gehen wir von

---

Beispiel: Ecken bei Ungleichungsnebenbedingungen

Zu einer Matrix $A \in \mathbb{R}^{m \times n}$, $m, n \in \mathbb{N}$, und $b \in \mathbb{R}^m$ sei die Menge $M = \{x \in \mathbb{R}^n : Ax \leq b\}$ gegeben. Wir zeigen, dass $x \in M$ genau dann eine Ecke von M ist, wenn

$$V = \left\{ \sum_{i \in I(x)} \alpha_i a_{i*}^\top : \alpha_i \in \mathbb{R}, i \in I(x) \right\} = \mathbb{R}^n$$

gilt, wobei a_{i*} die i-te Zeile der Matrix A bezeichnet und $I(x) = \{i \in \{1, \ldots, m\} : (Ax)_i = b_i\}$ die aktiven Indizes an der Stelle x angibt.

Problemanalyse und Strategie: Es sind beide Richtungen zu beweisen. Wir zeigen, dass sich im Fall $V \neq \mathbb{R}^n$ der Vektor x als echte Konvexkombination schreiben lässt, also keine Ecke zu M ist. Danach beweisen wir, dass x Ecke ist, wenn $V = \mathbb{R}^n$ gilt.

Lösung:

Zunächst begründen wir den ersten Teil der Aussage. Angenommen es ist $V \neq \mathbb{R}^n$. Da V ein Unterraum ist, gibt es einen Vektor $z \in \mathbb{R}^n$ mit $z \neq 0$ und $z \perp V$, d.h., $(Az)_i = 0$ für $i \in I(x)$. Betrachten wir die Konvexkombinationen

$$x = \frac{1}{2}(x + \varepsilon z) + \frac{1}{2}(x - \varepsilon z).$$

Dann ist $(A(x \pm \varepsilon z))_i = b_i$ für $i \in I(x)$. Außerdem lässt sich, wegen $(Ax)_i < b_i$ für $i \notin I(x)$, ein $\varepsilon > 0$ hinreichend klein wählen, sodass $(A(x \pm \varepsilon z))_i \leq b_i$ gilt. Also

gilt $x \pm \varepsilon z \in M$ und wir haben gezeigt, dass x keine Ecke von M ist.

Andererseits, wenn wir annehmen, dass $V = \mathbb{R}^n$ ist und sich $x = \lambda z^1 + (1 - \lambda) z^2 \in M$ mit $z^j \in M$, $j = 1, 2$, und $\lambda \in (0, 1)$ darstellen lässt, so gilt für $i \in I(x)$

$$b_i = (Ax)_i = \lambda (Az^1)_i + (1 - \lambda)(Az^2)_i \leq b_i.$$

Also ist $(Az^1)_i = (Az^2)_i = b_i$ für jedes $i \in I(x)$. Es folgt $(A(z^1 - z^2))_i = 0$, und wir erhalten $z^1 - z^2 \in V^\perp = \{0\}$ bzw. $z^1 = z^2$. Somit ist x eine Ecke von M.

---

dieser Annahme aus und bezeichnen mit v_k, $k = 1, \ldots, K$, die Ecken von M. Der Darstellungssatz (Seite 1023) besagt, dass jedes $x \in M$ geschrieben werden kann in der Form:

$$x = \sum_{k=1}^{K} \alpha_k v_k + y$$

mit

$$\sum_{k=1}^{K} \alpha_k = 1, \qquad \alpha_k \in [0, 1] \quad \text{für } k = 1, \ldots, K,$$

und $y \in \mathbb{R}^n_{\geq 0}$ mit $Ay = 0$. Da wegen der Annahme $c^\top y \geq 0$ ist, folgt:

$$c^\top x = c^\top \left(\sum_{k=1}^{K} \alpha_k v_k + y \right) = \sum_{k=1}^{K} \alpha_k c^\top v_k + \underbrace{c^\top y}_{\geq 0}$$

$$\geq \min \left\{ c^\top v_k \mid k = 1, \ldots, K \right\} \underbrace{\left(\sum_{k=1}^{K} \alpha_k \right)}_{=1}.$$

Also ist (P) lösbar mit

$$\min(\text{P}) = \min \left\{ c^\top v_k \mid k = 1, \ldots, K \right\}. \qquad \blacksquare$$

Der Satz liefert die Existenzaussage, dass ein zulässiges lineares Optimierungsproblem eine Lösung besitzt, wenn $\inf(\text{P}) > -\infty$ gilt. Außerdem erhalten wir noch, dass zumindest eine Lösung in den Ecken von M zu finden ist. Da

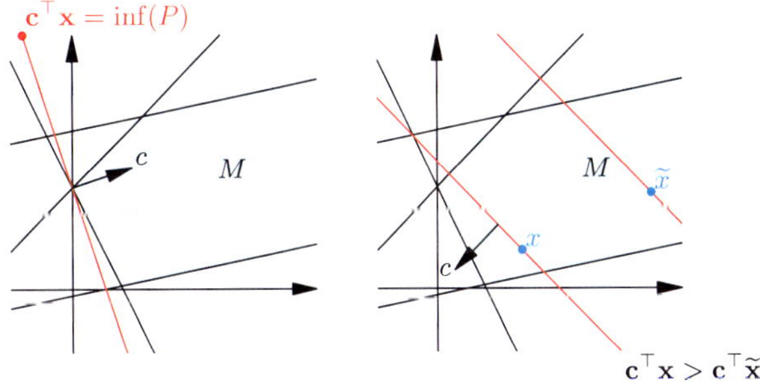

Abbildung 24.9 Zwei zulässige Probleme, wobei das linke lösbar ist und das rechte keine Lösung besitzt.

es nur endlich viele Ecken gibt, können wir theoretisch alle Ecken absuchen, um eine Lösung zu berechnen. Da die Anzahl der Ecken aber im Allgemeinen sehr groß sein wird, ist dies noch kein sinnvolles Vorgehen.

Ein gezielteres Durchsuchen von Ecken liefert das Simplex-Verfahren, das wir im folgenden Abschnitt vorstellen. Man versteht unter einem **Simplex** eine konvexe Hülle

$$S = \operatorname{conv}\{v_k \mid k = 1, \ldots, K\}$$

$$= \left\{ x = \sum_{k=1}^{K} \alpha_k v_k \in \mathbb{R}^n \mid \alpha_k \geq 0 \text{ und } \sum_{k=1}^{K} \alpha_k = 1 \right\}$$

von endlich vielen Vektoren v_k mit der Eigenschaft, dass

$$\{v_2 - v_1, v_3 - v_1, \ldots, v_K - v_1\}$$

linear unabhängig sind. Im Idealfall durchsucht das Simplex-Verfahren die Ecken eines solchen Simplex, indem es schrittweise jeweils eine benachbarte Ecke bestimmt, die einen geringeren Zielfunktionswert hat. Dies gibt dem Verfahren seinen Namen.

24.2 Das Simplex-Verfahren

Das Simplex-Verfahren teilt sich in zwei *Phasen*. In der ersten Phase wird eine zulässige Ecke der Menge M berechnet. Die zweite Phase bestimmt ausgehend von einer Ecke eine nächste Ecke mit geringerem Zielfunktionswert und wird wiederholt, bis man entweder in einer optimalen Ecke gelandet ist oder mit der Erkenntnis abbricht, dass es keine Lösung gibt. Wir beginnen, indem wir anhand des Musterbeispiels auf Seite 1018, das wir bereits grafisch gelöst haben, die Idee der zweiten Phase verdeutlichen.

Elementare Zeilenumformungen führen von Ecke zu Ecke

Gegeben ist das lineare Programm

$$\text{(P)} \qquad \operatorname*{Min}_{x \in M} -3x_1 - 2x_2$$

auf

$$M = \{x \in \mathbb{R}^2_{\geq 0} \mid x_1 + x_2 \leq 3,\ x_2 \leq 2,\ 2x_1 + x_2 \leq 5\}.$$

Wir bringen dieses Problem auf Normalform, indem wir Schlupfvariablen x_3, x_4, x_5 einführen. Die Einführung von x^+ und x^- entfällt hier, da die Variablen bereits vorzeichenbeschränkt sind. Damit ist (P) äquivalent zu

$$\text{(P}_N\text{)} \qquad \operatorname*{Min}_{x \in M_N}\ c^\top x$$

auf $M_N = \{x \in \mathbb{R}^5_{\geq 0} \mid Ax = b\}$ mit

$$A = \begin{pmatrix} 1 & 1 & 1 & 0 & 0 \\ 0 & 1 & 0 & 1 & 0 \\ 2 & 1 & 0 & 0 & 1 \end{pmatrix} \in \mathbb{R}^{3\times 5}$$

und

$$c = \begin{pmatrix} -3 \\ -2 \\ 0 \\ 0 \\ 0 \end{pmatrix} \in \mathbb{R}^5, \qquad b = \begin{pmatrix} 3 \\ 2 \\ 5 \end{pmatrix} \in \mathbb{R}^3.$$

Wegen der Schlupfvariablen können wir sofort eine Ecke $z = (0, 0, 3, 2, 5) \in M_N$ ablesen, da die zugehörigen Spalten a_{*3}, a_{*4}, a_{*5} offensichtlich linear unabhängig sind (Satz auf Seite 1023).

Nun erinnern wir uns an den Gauß-Jordan-Algorithmus (siehe Abschnitt 5.2). Durch entsprechende elementare Zeilenumformungen bekommen wir äquivalente Darstellungen des linearen Gleichungssystems $Ax = b$. Wir können das Gleichungssystem äquivalent umformulieren, sodass die Einheitsvektoren in anderen Spalten auftreten und eine weitere Ecke der Menge M_N einfach ablesbar wird. Wählen wir uns ein entsprechendes Pivotelement und räumen die Spalte bis auf die Pivotzeile komplett leer. Subtrahieren wir etwa die Hälfte der dritten Zeile von der ersten, so folgt für die erweiterte Koeffizientenmatrix:

$$\left(\begin{array}{ccccc|c} 1 & 1 & 1 & 0 & 0 & 3 \\ 0 & 1 & 0 & 1 & 0 & 2 \\ \mathbf{2} & 1 & 0 & 0 & 1 & 5 \end{array}\right) \rightsquigarrow \left(\begin{array}{ccccc|c} 0 & \frac{1}{2} & 1 & 0 & -\frac{1}{2} & \frac{1}{2} \\ 0 & 1 & 0 & 1 & 0 & 2 \\ 1 & \frac{1}{2} & 0 & 0 & \frac{1}{2} & \frac{5}{2} \end{array}\right).$$

Wir lesen eine weitere Ecke von M_N aus dieser Darstellung des Gleichungssystems ab:

$$\tilde{z} = \left(\frac{5}{2}, 0, \frac{1}{2}, 2, 0\right)^\top \in M_N.$$

Betrachten wir nun die Zielfunktionswerte der beiden Ecken:

$$c^\top \tilde{z} = -\frac{15}{2} \leq 0 = c^\top z.$$

Wir haben eine Ecke gefunden mit erheblich kleinerem Zielfunktionswert.

Damit das Vorgehen erfolgreich ist, ist bei der Pivotwahl einiges zu beachten, was wir uns formal an dem Beispiel klar machen: Der Übersicht halber schreiben wir alle auftretenden Größen in (P_N) in ein Tableau der Form:

$$\begin{array}{c|c} A & b \\ \hline c^\top & \eta - c_0 \end{array}$$

bzw. ausgeschrieben in unserem Beispiel nach Einführung der Schlupfvariablen:

$$\begin{array}{ccccc|c} a_{11} & a_{12} & 1 & 0 & 0 & b_1 \\ a_{21} & a_{22} & 0 & 1 & 0 & b_2 \\ a_{31} & a_{32} & 0 & 0 & 1 & b_3 \\ \hline c_1 & c_2 & 0 & 0 & 0 & \eta \end{array}$$

Dabei führen wir einen Parameter η ein und erlauben im Allgemeinen noch eine affine Verschiebung der ursprünglichen Zielfunktionswerte um c_0, d. h., $\eta = f(x) = c^\top x + c_0$. Im Beispiel gilt hier $c_0 = 0$. Abkürzend schreiben wir η anstelle von $\eta(x)$. Es bietet sich an, den Parameter η mitzuführen, da im Laufe des Verfahrens affin verschobene Zielfunktionen der Form $\tilde{c}^\top x + \tilde{c}_0$ mit unterschiedlichen Konstanten auftreten. Mithilfe von η lässt sich später stets der ursprüngliche Zielfunktionswert für $x \in M_N$ aus den berechneten Tableaus ablesen. Wir können diesen selbstverständlich auch durch Ausrechnen von $c^\top x + c_0$ ermitteln.

Für die Umformung des linearen Gleichungssystems $Ax = b$ fragen wir, wie ein Pivotelement $a_{rs} \neq 0$ zu wählen ist, damit die neue, anhand der Einheitsvektoren ablesbare, Lösung des Gleichungssystems erstens zulässig ist, d. h., $\tilde{z} \in M_N$, und zweitens der Zielfunktionswert $f(\tilde{z})$ gegenüber der Ecke z mit $c^\top z = 0$ verkleinert wird.

Die Reduzierung des Zielfunktionswerts erreichen wir durch Auswahl einer Spalte s mit $c_s < 0$, denn so ist $c^\top \tilde{z} = c_s \tilde{z}_s < 0 = c^\top z$. Man beachte dazu, dass nach Konstruktion $c_j \tilde{z}_j = 0$ gilt für jedes $j \neq s$.

Um eine sinnvolle Wahl der Pivotzeile zu begründen, bezeichnen wir mit $\tilde{A}$ und $\tilde{b}$ die Darstellung des linearen Gleichungssystems zur Beschreibung von M_N nach den Gauß-Jordan-Umformungen. Ist a_{rs} das Pivotelement, so gilt:

$$\tilde{b}_r = \frac{b_r}{a_{rs}}$$

und

$$\tilde{b}_i = b_i - a_{is} \frac{b_r}{a_{rs}}$$

für $i \neq r$. Die neue, ablesbare Lösung $\tilde{z}$ des linearen Gleichungssystems ist nur dann ein zulässiger Punkt in M_N, wenn alle Komponenten nicht negativ sind. Also ist

$$\tilde{b}_i \geq 0$$

erforderlich, damit wir eine neue Ecke finden. Unter der Annahme, dass $z \in M_N$ und $b \geq 0$ ist, bedeutet dies, dass die Pivotzeile $r \in \{1, 2, 3\}$ so zu wählen ist, dass $a_{rs} > 0$ und

$$\frac{b_r}{a_{rs}} \leq \frac{b_i}{a_{is}}$$

für alle $i = 1, 2, 3$ mit $a_{is} > 0$ gilt. Diese Bedingung zur Festlegung der Pivotzeile halten wir fest.

Um analog weitere Ecken durchsuchen zu können, wenn $\tilde{z}$ gefunden ist, bietet es sich an, auch die Zielfunktionszeile $c^\top x = \eta - c_0$ mit einer elementaren Zeilenumformung äquivalent für Punkte $x \in M_N$ umzuformen. Wir berechnen einen neuen Kostenvektor $\tilde{c}$ mit $\tilde{c}_s = 0$, indem wir ein entsprechendes Vielfaches der Pivotzeile abziehen, d. h.:

$$c^\top x - \frac{c_s}{a_{rs}} a_{r*}^\top x = \underbrace{(c - \frac{c_s}{a_{rs}} a_{r*})^\top}_{=\tilde{c}} x = \eta \underbrace{- c_0 - c_s \frac{b_r}{a_{rs}}}_{=-\tilde{c}_0} .$$

Die Komponenten $\tilde{c}_i = 0$ zu Spalten $i \neq r$ mit den übrigen Einheitsvektoren in $\tilde{A}$ bleiben bei diesen Umformungen unverändert gegenüber c. Da außerdem $\tilde{c}_s = 0$ ist, gilt für die neu gefundene Ecke:

$$0 = \tilde{c}^\top \tilde{z} = \eta - \tilde{c}_0$$

bzw. wir erhalten für den ursprünglichen Zielfunktionswert in der Ecke $\tilde{z}$ in unserem Beispiel mit $c_0 = 0$ die Gleichung

$$\eta = \tilde{c}_0 = c_s \frac{b_r}{a_{rs}} < 0 .$$

Der Zielfunktionswert $f(\tilde{z}) = \eta(\tilde{z})$ der neuen Ecke $\tilde{z}$ ist somit kleiner als $f(z) = c^\top z = 0$.

Beispiel Wir vervollständigen das obige Beispiel und nutzen dabei die Schreibweise mithilfe des angegebenen Tableaus. Ausgehend vom Problem

$$(\text{P}_N) \qquad \underset{x \in M_N}{\text{Min}} \; c^\top x$$

auf $M_N = \{x \in \mathbb{R}_{\geq 0}^5 \mid Ax = b\}$ in Normalform tragen wir die gegebenen Vektoren und Matrizen in ein Tableau ein:

$$\begin{array}{rrrrr|r} 1 & 1 & 1 & 0 & 0 & 3 \\ 0 & 1 & 0 & 1 & 0 & 2 \\ \boxed{2} & 1 & 0 & 0 & 1 & 5 \\ \hline -3 & -2 & 0 & 0 & 0 & \eta \end{array}$$

Da $b \geq 0$ ist, können wir die Ecke $z = (0,0,3,2,5)^\top \in M_N$ ablesen. Wie oben beschrieben, finden wir das erste eingerahmte Pivotelement und führen die Gauß-Eliminationsschritte aus. Dies liefert das neue Tableau:

$$\begin{array}{rrrrr|r} 0 & \frac{1}{2} & 1 & 0 & -\frac{1}{2} & \frac{1}{2} \\ 0 & 1 & 0 & 1 & 0 & 2 \\ 1 & \frac{1}{2} & 0 & 0 & \frac{1}{2} & \frac{5}{2} \\ \hline 0 & -\frac{1}{2} & 0 & 0 & \frac{1}{2} & \eta + \frac{15}{2} \end{array}$$

Wir haben demnach eine weitere Ecke $\tilde{z} = \left(\frac{5}{2}, 0, \frac{1}{2}, 2, 0\right)^\top \in M_N$ mit Zielfunktionswert $\eta = -\frac{15}{2}$ gefunden.

Da $\tilde{c}_2 = -\frac{1}{2} < 0$ ist, können wir auf diese Darstellung des Optimierungsproblems dieselben Schritte noch einmal anwenden, um eine weitere Ecke zu finden. Betrachten wir die zweite Spalte. Das kleinste Verhältnis b_i / a_{i2}, $i = 1, 2, 3$, erhalten wir in der Zeile $i = 1$. Somit setzen wir als neues Pivotelement $a_{12} = \frac{1}{2}$ fest. Nun räumen wir mit den entsprechenden elementaren Zeilenumformungen die zweite Spalte bis auf die Pivotzeile leer und erhalten:

$$\begin{array}{rrrrr|r} 0 & 1 & 2 & 0 & -1 & 1 \\ 0 & 0 & -2 & 1 & 1 & 1 \\ 1 & 0 & -1 & 0 & 1 & 2 \\ \hline 0 & 0 & 1 & 0 & 0 & \eta + \frac{15}{2} + \frac{1}{2} \end{array}$$

Wir erhalten die nächste Ecke $\hat{z} = (2, 1, 0, 1, 0)^\top \in M_N$ und lesen mit $\tilde{c}^\top \hat{z} = 0$ den Zielfunktionswert

$$c^\top \hat{z} = \eta = -8$$

aus der untersten Zeile ab.

Weitere Schritte sind nun nicht mehr sinnvoll, da es keine negativen Einträge in der neuen Kostenzeile gibt. Es wird sich zeigen, dass wir mit $\hat{z}$ eine Lösung des Problems gefunden haben (siehe auch grafische Lösung auf Seite 1019). ◄

---------------------------------- **?** ----------------------------------

Stellen Sie zu dem Optimierungsproblem

$$\operatorname*{Min}_{x \in M} 2x_1 - x_2 + x_3$$

mit

$$M = \{x \in \mathbb{R}^3_{\geq 0} \mid x_1 + x_2 + x_3 \leq 5, \, x_1 + 2x_2 \leq 2\}$$

analog zum Beispiel das Ausgangstableau in Normalform auf, lesen Sie eine Ecke von M_N ab und schlagen Sie nach den obigen Überlegungen ein Pivotelement vor.

Das Simplex-Verfahren berechnet eine Folge von Basislösungen

Die an dem Beispiel entwickelte Idee lässt sich allgemein zu einem Algorithmus zum Lösen von linearen Optimierungsproblemen ausbauen. Das **Simplex-Verfahren** wurde 1947 von G. Dantzig vorgeschlagen und ermöglicht eine algebraische Lösung linearer Programme. Neben einer allgemeinen Formulierung werden wir zeigen, dass der Algorithmus unter Beachtung einiger Regeln zu lösbaren Problemen stets eine Minimallösung berechnet.

Wir gehen von einem linearen Programm in Normalform aus

$$(\mathrm{P}_N) \qquad \operatorname*{Min}_{x \in M_N} c_N^\top x$$

auf

$$M_N = \{x \in \mathbb{R}^n_{\geq 0} \mid A_N x = b_N\}$$

mit $A_N \in \mathbb{R}^{m \times n}$, $c_N \in \mathbb{R}^n$ und $b_N \in \mathbb{R}^m$. Dabei setzen wir ohne Einschränkung voraus, dass der Rang der Matrix A_N maximal ist, d. h.:

$$\operatorname{Rg}(A_N) = m \leq n.$$

Diese Annahme können wir machen, da zur Beschreibung der Menge M_N weitere, linear abhängige Zeilen eliminiert werden können.

Ein Vektor $x \in \mathbb{R}^n$ heißt **Basislösung** des linearen Gleichungssystems $A_N x = b_N$, wenn es eine m-elementige Indexmenge $J_x \subseteq \{1, 2, \ldots, n\}$ gibt, mit $x_l = 0$ für $l \notin J_x$ und die Spalten $\{a_{*j} \mid j \in J_x\}$ linear unabhängig sind. Die im Einführungsbeispiel gefundenen Stellen z und $\tilde{z}$ sind somit Basislösungen zum betrachteten Problem.

Kommentar: Mit dem Satz von Seite 1023 ist gezeigt, dass zulässige Basislösungen Ecken der Menge M_N sind. Beachten Sie, dass die Indexmenge J_x hier und im Folgenden anders definiert ist als in diesem Satz, wo wir mit J_x die Indizes der von null verschiedenen Komponenten in x bezeichnet haben. Aber zusammen mit der Bedingung, dass

A_N maximalen Rang hat, gibt es m linear unabhängige Spalten in A_N, sodass jede Ecke von M_N auch Basislösung ist.

Mit dieser Bezeichnung können wir nun die Struktur des gesamten Simplex-Algorithmus erläutern. Das Verfahren teilt sich in zwei Phasen auf.

Phase I: In der ersten Phase des Verfahrens wird eine zulässige Basislösung $z \in M_N$ mit Indexmenge J_z und eine Darstellung des Optimierungsproblems in der Form

$$\operatorname*{Min}_{x \in M} c^\top x$$

auf

$$M = \{x \in \mathbb{R}^n_{\geq 0} \mid Ax = b\}$$

bestimmt mit folgenden Eigenschaften:

(a) $a_{*j} = e_{l_j}$ für $j \in J_z$, wobei e_{l_j} den l_j-ten Standard-Einheitsvektor bezeichnet,
(b) $c_j = 0$ für $j \in J_z$,
(c) $b \geq 0$ und
(d) $c^\top x = c_N^\top x - c_N^\top z$ für alle $x \in M_N$.

Man beachte, dass für die Basislösung $z \in M_N$ der affin verschobene Zielfunktionswert $c^\top z = 0$ ist. In (a) sind Indizes l_j notiert, da irgendeiner der m Einheitsvektoren in der j-ten Spalte steht, nicht notwendig der j-te.

Phase II: Sind z und A, b, c wie in Phase I gegeben. In Phase II wird eine Basislösung $\tilde{z}$ und eine zugehörige Darstellung $\tilde{A}$, $\tilde{b}$, $\tilde{c}$ mit den Eigenschaften (a)–(d) berechnet, sodass sich eine Reduktion des Zielfunktionswerts $c^\top \tilde{z} \leq c^\top z$ ergibt. Danach wird (P) durch ($\tilde{\mathrm{P}}$) ersetzt und der Vorgang wiederholt. Diese Suche nach weiteren zulässigen Basislösungen wird abgebrochen, wenn eine optimale Lösung von (P_N) oder das Ergebnis $\inf (\mathrm{P}_N) = -\infty$ gefunden ist.

Wir beginnen mit Phase II, deren Idee im Einführungsbeispiel bereits beschrieben wurden. Durch die Ungleichungsbedingungen und die Eigenschaft $b_N \geq 0$ erübrigt sich im Einführungsbeispiel die Phase I, da eine zulässige Basislösung durch die Schlupfvariablen gegeben ist. Zunächst Phase II zu betrachten ist sinnvoll, da sich die Phase I aus Anwendung von Phase II auf ein Hilfsproblem ergeben wird.

Ein Algorithmus zu Phase II lässt sich leicht implementieren

Für die algorithmische Beschreibung von Phase II gehen wir von einer Basislösung und einer Darstellung des Optimierungsproblems (P), mit den Eigenschaften (a)–(d) aus . Wir bezeichnen im Folgenden mit $j = (j_1, \ldots, j_m)^\top$ den Vektor der Indizes $j_i \in J_z$, bei dem j_i die Spalte der Matrix A angibt, wo der i-te Einheitsvektor steht, d. h., $a_{*j_i} = e_i$. Motiviert durch das Einführungsbeispiel können wir nun folgenden Algorithmus zusammenstellen:

1. Ist $c \geq 0$? Wenn dies der Fall ist, bricht das Verfahren ab, mit dem Ergebnis, z ist Lösung von (P) mit $c^\top z = \eta - c_N^\top z = 0$ bzw. dem Zielfunktionswert $\eta = c_N^\top z$.
2. Wähle einen Spaltenindex $s \in \{1, \ldots, n\} \setminus J_z$ mit $c_s < 0$.
3. Ist die Spalte $a_{*s} \leq 0$? Wenn dieser Fall eintritt, bricht das Verfahren ab mit dem Ergebnis, dass (P) keine Lösung hat. Es gilt $\inf(\mathrm{P}) = -\infty$.
4. Andernfalls wird ein Pivotelement bestimmt, also ein Zeilenindex $r \in \{1, \ldots, m\}$ mit

$$\frac{b_r}{a_{rs}} = \min\left\{\frac{b_i}{a_{is}} \mid i \in \{1, \ldots, m\} \text{ mit } a_{is} > 0\right\}.$$

5. Durch elementare Zeilenumformungen berechnet man eine neue, äquivalente Darstellung $(\tilde{P})$ des Optimierungsproblems, sodass der r-te Einheitsvektor in der Spalte s von $\tilde{A}$ steht. Im Einzelnen ersetzen wir die r-te Zeile durch:

$$\left(\tilde{a}_{r1} \ldots \tilde{a}_{rn}|\tilde{b}_r\right) = \frac{1}{a_{rs}}\left(a_{r1} \ldots a_{rn}|b_r\right),$$

die weiteren Zeilen durch:

$$\left(\tilde{a}_{i1} \ldots \tilde{a}_{in}|\tilde{b}_i\right) = \left(a_{i1} \ldots a_{in}|b_i\right) - a_{is}\left(\tilde{a}_{r1} \ldots \tilde{a}_{rn}|\tilde{b}_r\right)$$

für $i \neq r$ und die Kostenzeile durch

$$\left(\tilde{c}_1 \ldots \tilde{c}_n|\eta - c_N^\top z - c_s\tilde{b}_r\right)$$
$$= \left(c_1 \ldots c_n|\eta - c_N^\top z\right) - c_s\left(\tilde{a}_{r1} \ldots \tilde{a}_{rn}|\tilde{b}_r\right).$$

Außerdem ergeben sich die neuen Basisindizes zu

$$\tilde{j} = (j_1, \ldots, j_{r-1}, s, j_{r+1}, \ldots, j_m),$$

d. h., wir erhalten die Menge $J_{\tilde{z}} = (J_z \setminus \{j_r\}) \cup \{s\}$ für die neue Basislösung $\tilde{z}$ mit

$$\tilde{z}_k = 0 \quad \text{für } k \notin J_{\tilde{z}}$$

und

$$\tilde{z}_{j_i} = \tilde{b}_i \quad \text{für } i = 1, \ldots, m.$$

6. Man ersetze (P) durch $(\tilde{P})$ und beginnt wieder mit 1.

Ein weiteres Beispiel zur Phase II findet sich auf Seite 1030. Mit dem folgenden Satz belegen wir, dass das Vorgehen in Phase II sinnvoll ist.

Durchführbarkeit der Phase II

Ist (P) durch A, b, c gegeben mit einer Basislösung z, Indexmenge $J_z \subseteq \{1, \ldots, n\}$ und den Eigenschaften $(a) - (d)$ (siehe Beschreibung Phase I oben). Wird mit Phase II das Problem $(\tilde{P})$ berechnet, wie im Algorithmus beschrieben, so gelten die folgenden Aussagen:

- $c \geq 0$ impliziert, dass z optimal ist, d. h., $c^\top z \leq c^\top x$ für alle $x \in M$.
- Sind $c_s < 0$ und $a_{*s} \leq 0$, so ist die Zielfunktion $c^\top x$ auf M unbeschränkt, d. h. $\inf(\mathrm{P}) = -\infty$.

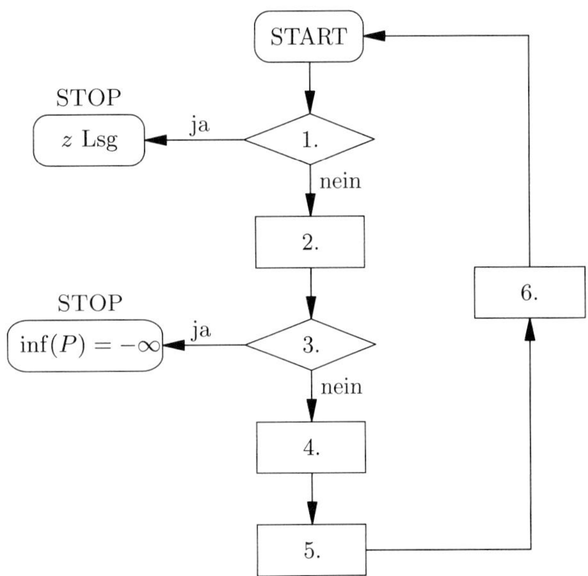

Abbildung 24.10 Ein Flussdiagramm zeigt die Abfolge in Phase II des Simplex-Verfahrens.

- Die Probleme (P) und $(\tilde{P})$ sind äquivalent, wobei für die Zielfunktionen die affine Verschiebung $\tilde{c}^\top x = c^\top x - c^\top \tilde{z}$ für alle $x \in M$ gilt.
- Für die beiden Ecken gilt $c_N^\top \tilde{z} \leq c_N^\top z$.
- Die Darstellung $(\tilde{P})$ des Optimierungsproblems zusammen mit der Basislösung $\tilde{z}$ erfüllt die Bedingungen (a)–(d).

Beweis:
- Ist $c \geq 0$ und $x \in M$ zulässig, so folgt wegen der Vorzeichenbedingung an x:

$$c^\top x \geq 0 = c^\top z,$$

d. h., z ist Lösung des Optimierungsproblems.
- Wir setzen

$$x_j(t) = \begin{cases} t & \text{für } j = s, \\ b_i - ta_{is} & \text{für } j = j_i \in J_z, \\ 0 & \text{sonst} \end{cases}$$

für $t \geq 0$ und $j \in \{1, \ldots, n\}$. Da der Fall $a_{*s} \leq 0$ betrachtet wird, ist $x_j(t) \geq 0$ für alle $t \geq 0$. Weiter gilt:

$$Ax(t) = \sum_{j=1}^n x_j(t)a_{*j} = ta_{*s} + \sum_{i=1}^m (b_i - ta_{is})e_i = b,$$

d. h., $x(t) \in M$ für alle $t \geq 0$. Darüber hinaus gilt:

$$c_N^\top x(t) = c^\top x(t) + c_N^\top z = tc_s + c_N^\top z \to -\infty$$

für $t \to \infty$, da $c_s < 0$ ist.
- Mit

$$\tilde{b}_i = b_i - a_{is}\tilde{b}_r = b_i - a_{is}\frac{b_r}{a_{rs}}$$
$$\geq \begin{cases} b_i - a_{is}\frac{b_i}{a_{is}} = 0 & \text{für } a_{is} > 0, \\ b_i \geq 0 & \text{für } a_{is} \leq 0 \end{cases}$$

Beispiel: Maximierung des Verkaufserlöses

Ein Kaffeeröster bezieht drei verschiedene Sorten Kaffee aus (A) Kuba, (B) Brasilien und (C) Costa Rica. Aufgrund seiner Abnahmeverträge stehen ihm davon wöchentlich maximal 380 kg des kubanischen, 280 kg des brasilianischen und 200 kg des costaricanischen Kaffees zur Verfügung. Aus diesen drei Kaffeesorten stellt der Röster die zwei Kaffeemischungen „Cuba's Best" und „Hallo Wach!" her, wobei „Cuba's Best" zu 60 % aus Sorte A und zu je 20 % aus den Sorten B und C sowie „Hallo Wach!" zu 20 % aus Sorte A, zu 50 % aus Sorte B und zu 30 % aus Sorte C besteht. Der Röster verkauft den Kaffee in Einheiten zu je 10 kg an seine Kunden, wobei er mit dem Verkauf von 10 kg der Mischung „Cuba's Best" 8 Euro, mit dem Verkauf von 10 kg der Mischung „Hallo Wach!" 16 Euro Gewinn macht und monatliche Fixkosten in Höhe von 500 Euro zu veranschlagen sind. Maximal können pro Woche 600 kg „Cuba's Best" und 500 kg „Hallo Wach!" abgesetzt werden. Wie viel der beiden Mischungen muss der Kaffeeröster wöchentlich produzieren, um den Gesamtgewinn zu maximieren?

Problemanalyse und Strategie: Wir formulieren das Problem als lineares Optimierungsproblem und lösen dieses sowohl mit dem Simplex Algorithmus als auch grafisch.

Lösung:

Bezeichnen x_1 und x_2 die Anzahl der produzierten 10-kg-Einheiten der Mischungen „Cuba's Best" und „Hallo Wach!", so liegt das folgende lineare Optimierungsproblem in Standardform vor. Maximiere die Zielfunktion $f(x) = 8x_1 + 16x_2 - 500$ unter den Nebenbedingungen:

$$\begin{aligned}
x_1 &&&\leq 60 \\
&& x_2 &\leq 50 \\
6x_1 &+& 2x_2 &\leq 380 \\
2x_1 &+& 5x_2 &\leq 280 \\
2x_1 &+& 3x_2 &\leq 200 \\
&& x_1, x_2 &\geq 0
\end{aligned}$$

Zunächst gehen wir algorithmisch vor. Das erste Simplex-Tableau lautet:

$$\begin{array}{ccccccc|c}
1 & 0 & 1 & 0 & 0 & 0 & 0 & 60 \\
0 & 1 & 0 & 1 & 0 & 0 & 0 & 50 \\
6 & 2 & 0 & 0 & 1 & 0 & 0 & 380 \\
2 & 5 & 0 & 0 & 0 & 1 & 0 & 280 \\
2 & 3 & 0 & 0 & 0 & 0 & 1 & 200 \\
\hline
-8 & -16 & 0 & 0 & 0 & 0 & 0 & \eta - 500
\end{array}$$

wobei wir das zugehörige Minimierungsproblem betrachten, d. h., $\eta = -f(x)$. Wir wählen die zweite Spalte als Pivotspalte und erhalten die zweite Zeile als Pivotzeile. Nun wird durch Zeilenumformungen ein Einheitsvektor in der zweiten Spalte erzeugt:

$$\begin{array}{ccccccc|c}
1 & 0 & 1 & 0 & 0 & 0 & 0 & 60 \\
0 & 1 & 0 & 1 & 0 & 0 & 0 & 50 \\
6 & 0 & 0 & -2 & 1 & 0 & 0 & 280 \\
2 & 0 & 0 & -5 & 0 & 1 & 0 & 30 \\
2 & 0 & 0 & -3 & 0 & 0 & 1 & 50 \\
\hline
-8 & 0 & 0 & 16 & 0 & 0 & 0 & \eta + 300
\end{array}$$

Durch Wahl der ersten Spalte als Pivotspalte kann der Zielfunktionswert weiter verbessert werden, mit der vierten Zeile als Pivotzeile. Wir multiplizieren die vierte Zeile mit $\frac{1}{2}$ und erzeugen in der ersten Spalte einen Einheitsvektor:

$$\begin{array}{ccccccc|c}
0 & 0 & 1 & 5/2 & 0 & -1/2 & 0 & 45 \\
0 & 1 & 0 & 1 & 0 & 0 & 0 & 50 \\
0 & 0 & 0 & 13 & 1 & -3 & 0 & 190 \\
1 & 0 & 0 & -5/2 & 0 & 1/2 & 0 & 15 \\
0 & 0 & 0 & 2 & 0 & -1 & 1 & 20 \\
\hline
0 & 0 & 0 & -4 & 0 & 4 & 0 & \eta + 420
\end{array}$$

Da wir noch keine optimale Ecke erreicht haben, müssen wir noch einen Simplex-Schritt vollziehen. Als Pivotelement ergibt sich das Element in der vierten Spalte und der fünften Zeile. Wieder wird die Zeile mit $\frac{1}{2}$ multipliziert, sodass eine 1 entsteht, und dann der zugehörige Einheitsvektor in der vierten Spalte erzeugt, wodurch folgendes Tableau entsteht:

$$\begin{array}{ccccccc|c}
0 & 0 & 1 & 0 & 0 & 3/4 & -5/4 & 20 \\
0 & 1 & 0 & 0 & 0 & 1/2 & -1/2 & 40 \\
0 & 0 & 0 & 0 & 1 & 7/2 & -13/2 & 60 \\
1 & 0 & 0 & 0 & 0 & -3/4 & 5/4 & 40 \\
0 & 0 & 0 & 1 & 0 & -1/2 & 1/2 & 10 \\
\hline
0 & 0 & 0 & 0 & 0 & 2 & 2 & \eta + 460
\end{array}$$

Das Optimalitätskriterium ist erfüllt, die zugehörige Ecke $\widehat{z} = (40, 40, 20, 10, 60, 0, 0)^T$ ist optimal. Interpretiert man dieses Ergebnis, so ergibt sich, dass der Kaffeeröster mit der Produktion von je 40 Einheiten beider Kaffeesorten den optimalen Gewinn von 460 Euro pro Woche erzielt. Die Werte der Schlupfvariablen in der Ecke enthalten dabei einige Zusatzinformationen: Es könnten wöchentlich noch 20 Einheiten der Mischung „Cuba's Best" und 10 Einheiten der Mischung „Hallo Wach!" mehr verkauft werden. Vom kubanischen Kaffee stünden noch 60 kg mehr zur Verfügung, während die Lieferkapazitäten der beiden anderen Sorten vollständig ausgenutzt werden. Die grafische Lösung führt auf dasselbe Ergebnis:

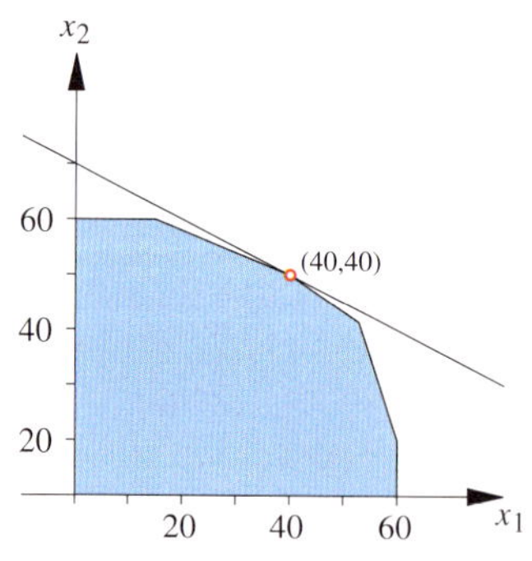

ist $\tilde{b} \geq 0$ und somit insbesondere auch $\tilde{z} \geq 0$. Außerdem ist $\tilde{A}\tilde{z} = \tilde{b}$. Da $\tilde{A}$ und $\tilde{b}$ durch elementare Zeilenumformungen von A und b hervorgehen, sind offensichtlich die linearen Gleichungssysteme äquivalent. Es folgt $\tilde{z} \in M$ ist zulässige Basislösung.

Weiterhin gilt nach Konstruktion für $x \in M$:

$$\tilde{c}^\top x = c^\top x - c_s \sum_{l=1}^{n} \frac{a_{rl}}{a_{rs}} x_l$$
$$= c^\top x - \frac{c_s}{a_{rs}} b_r = c^\top x - c_s \tilde{b}_r .$$

Setzen wir $\tilde{z} \in M$ ein, so folgt:

$$0 = \tilde{c}^\top \tilde{z} = c^\top \tilde{z} - c_s \tilde{b}_r .$$

Also gilt für alle $x \in M$ die Identität:

$$\tilde{c}^\top x = c^\top x - c^\top \tilde{z} .$$

Da die Zielfunktionen sich nur affin um die Konstante $c^\top \tilde{z}$ unterscheiden, ist gezeigt, dass (P) und $(\tilde{P})$ äquivalent sind.

- Mit den Indizes $\tilde{j}$ der neuen Basislösung $\tilde{z}$ folgt:

$$c^\top \tilde{z} = \sum_{i=1}^{m} c_{\tilde{j}_i} \tilde{b}_i = c_s \tilde{b}_r \leq 0 = c^\top z ,$$

da $\tilde{j}_r = s$ und $\tilde{j}_i = j_i$ für $i = 1, \ldots, m$ mit $i \neq r$ gilt. Addieren wir auf beiden Seiten die Konstante $c_N^\top z$, so folgt die Aussage.

- Nach Konstruktion ist für $j = \tilde{j}_i, i = 1, \ldots, m$, die Spalte $\tilde{a}_{*j}$ der i-te Einheitsvektor und $\tilde{c}_j = 0$. Somit gelten die Bedingungen (a) und (b). Oben wurde bereits gezeigt, dass $\tilde{b} \geq 0$ ist. Weiter ergibt sich für $x \in M_N$:

$$\tilde{c}^\top x = c^\top x - c^\top \tilde{z} = c_N^\top x - c_N^\top z - c_N^\top \tilde{z} + c_N^\top z$$
$$= c_N^\top x - c_N^\top \tilde{z} ,$$

sodass auch Bedingung (d) gewährleistet ist. ∎

Damit ist gezeigt, dass die Schritte der Phase II durchführbar sind. Unklar bleibt noch, ob die Phase II stets mit einem Ergebnis im Schritt 1 oder Schritt 3 abbricht. Dazu müssen wir den Algorithmus noch etwas genauer untersuchen. Wir betrachten das folgende Beispiel.

Beispiel Gegeben ist das Optimierungsproblem

$$\underset{x \in M}{\mathrm{Min}} \; -2x_1 - 8x_2$$

auf

$$M = \left\{ x \in \mathbb{R}_{\geq 0}^2 \mid x_1 \leq 3,\, x_1 + 3x_2 \leq 6,\, x_1 + x_2 \leq 4 \right\} .$$

Wie im Einführungsbeispiel ergibt sich hier durch Schlupfvariablen sofort die Startsituation für Phase II. Wir notieren die Aufgabe in einem Simplex-Tableau:

$$\begin{array}{cccc|c}
1 & 3 & 1 & 0 & 0 & 6 \\
1 & 1 & 0 & 1 & 0 & 4 \\
\boxed{1} & 0 & 0 & 0 & 1 & 3 \\
\hline
-2 & -8 & 0 & 0 & 0 & \eta
\end{array}$$

mit der Basislösung $z = (0, 0, 6, 4, 3)^\top$ und $J_z = \{3, 4, 5\}$. Da $c_1 < 0$ ist und $\frac{6}{1} > \frac{4}{1} > \frac{3}{1}$, wählen wir das gekennzeichnete Pivotelement und berechnen im ersten Schritt:

$$\begin{array}{ccccc|c}
0 & 3 & 1 & 0 & -1 & 3 \\
0 & \boxed{1} & 0 & 1 & -1 & 1 \\
1 & 0 & 0 & 0 & 1 & 3 \\
\hline
0 & -8 & 0 & 0 & 2 & \eta + 6
\end{array}$$

Mit $\tilde{c}_2 = -8$ können wir einen weiteren Schritt machen und erhalten bei Wahl des angegebenen Pivotelements:

$$\begin{array}{ccccc|c}
0 & 0 & 1 & -3 & \boxed{2} & 0 \\
0 & 1 & 0 & 1 & -1 & 1 \\
1 & 0 & 0 & 0 & 1 & 3 \\
\hline
0 & 0 & 0 & 8 & -6 & \eta + 14
\end{array}$$

Die so bestimmte Basislösung $\tilde{z} = (3, 1, 0, 0, 0)^\top$ mit dem Zielfunktionswert -14 weist eine Besonderheit auf. Es ist $3 \in J_{\tilde{z}}$ aber $\tilde{z}_3 = \tilde{b}_1 = 0$. Die gefundene Basislösung ist *entartet*. Machen wir einen weiteren Schritt, so folgt:

$$\begin{array}{ccccc|c}
0 & 0 & \frac{1}{2} & -\frac{3}{2} & 1 & 0 \\
0 & 1 & \frac{1}{2} & -\frac{1}{2} & 0 & 1 \\
1 & 0 & -\frac{1}{2} & \frac{3}{2} & 0 & 3 \\
\hline
0 & 0 & 3 & -1 & 0 & \eta + 14
\end{array}$$

Es hat sich der Wert der Zielfunktion nicht verändert, da $b_r = 0$ ist. Führen wir noch einen weiteren Schritt des Algorithmus aus, erhalten wir:

$$\begin{array}{ccccc|c}
1 & 0 & 0 & 0 & 1 & 3 \\
\frac{1}{3} & 1 & -\frac{1}{6} & 0 & 0 & 2 \\
\frac{2}{3} & 0 & -\frac{1}{3} & 1 & 0 & 2 \\
\hline
\frac{2}{3} & 0 & \frac{8}{3} & 0 & 0 & \eta + 16
\end{array}$$

Da nun die Kostenzeile keine negativen Elemente aufweist, haben wir eine Lösung $\hat{z} = (0, 2, 0, 2, 3)^\top$ mit dem Minimalwert $\eta = -16$ gefunden. ◄

Am Beispiel wird deutlich, dass zulässige Basislösungen z mit $z_j = 0$ für ein $j \in J_z$ problematisch sind. Diese Basislösungen heißen **entartet**. Eine zulässige Basislösung ist **nicht entartet**, wenn $z_j > 0$ für alle $j \in J_z$ gilt, d. h., wenn $b_i > 0$ für alle $i = 1, \ldots, m$ ist.

Liegt in Phase II eine nicht entartete Basislösung z vor, so erreichen wir im nächsten Schritt eine echte Verkleinerung des Zielfunktionswerts, denn

$$c^\top \tilde{z} = c_s \frac{b_r}{a_{rs}} < 0 = c^\top z .$$

Treffen wir aber auf eine entartete Ecke, ändert sich der Wert der Zielfunktion beim Übergang zur nächsten Basislösung nicht. Betrachten wir den Schritt im obigen Beispiel in der ursprünglichen Menge $M \subseteq \mathbb{R}^2$, so beobachten wir, dass wir in der Ecke $(3, 1)^\top$ stehengeblieben sind. Es hat sich

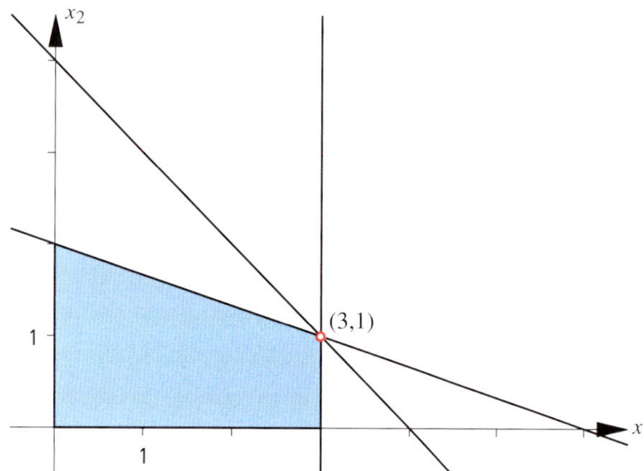

Abbildung 24.11 In der entarteten Ecke $(3, 1)^\top \in M \subseteq \mathbb{R}^2$ treffen sich drei Ränder der Ungleichungsbedingungen.

nur die Basislösungs-Darstellung zu dieser Ecke geändert (Abbildung 24.11).

Im Beispiel ist dies nicht weiter schlimm, da danach dennoch das Minimum gefunden wird. Es kann aber in solchen Situationen zu Zyklen kommen. Das Verfahren läuft dann in eine Endlosschleife von Basislösungen, ohne den Zielfunktionswert zu verkleinern und ohne ein Minimum zu erreichen. Ein klassisches Beispiel von E.M.L. Beale (1955) für einen Zyklus finden Sie in Aufgabe 24.8.

Mit der Regel von Bland können keine Zyklen auftreten

Das Auftreten von Zyklen lässt sich vermeiden. Dazu müssen wir das bisherige Vorgehen weiter konkretisieren.

--- **?** ---

In welchem Schritt ist die Beschreibung von Phase II nicht eindeutig?

Eine Strategie zur Pivotwahl, die solche Zyklen vermeidet ist die **Pivotisierungsregel von Bland**:

- Im zweiten Schritt der Phase II wird als Pivotspalte $s = \min\{j \in \{1, \ldots, n\} \mid c_j < 0\}$ gewählt, d. h., der erste Index mit negativem Eintrag in $\boldsymbol{c}$.
- Die Pivotzeile r ergibt sich aus

$$\frac{b_r}{a_{rs}} = \min\left\{ \frac{b_i}{a_{is}} \mid i = 1, \ldots, m \text{ mit } a_{is} > 0 \right\}$$

und im Fall, dass

$$\frac{b_k}{a_{ks}} = \min\left\{ \frac{b_i}{a_{is}} \mid i = 1, \ldots, m \text{ mit } a_{is} > 0 \right\}$$

für mehrere $k \in \{1, \ldots, m\}$ gilt, wähle man r so, dass $j_r < j_k$ gilt für alle $k \in \{1, \ldots, m\}$ mit diesem minimalen

Verhältnis, d. h., der zugehörige Einheitsvektor steht am weitesten links in $\boldsymbol{A}$.

Mit dieser Strategie lässt sich zeigen, dass keine Zyklen auftreten können.

Phase II des Simplex-Verfahrens

Die Phase II des Simplex-Verfahrens zusammen mit der Regel von Bland stoppt immer in einem Optimum des Problems (P) oder liefert inf (P) $= -\infty$.

Beweis: Angenommen in Phase II tritt ein Zyklus der Länge $L \in \mathbb{N}$ auf, d. h., es gibt Darstellungen des Optimierungsproblems durch $\boldsymbol{A}^{(l)}, \boldsymbol{b}^{(l)}, \boldsymbol{c}^{(l)}, c_0{}^{(l)}, \boldsymbol{z}^{(l)}$ mit Basisindizes $J_{\boldsymbol{z}^{(l)}}$ für $l \in \{1, \ldots, L\}$, sodass durch einen Schritt der Phase II $\boldsymbol{A}^{(l)}, \ldots, \boldsymbol{z}^{(l)}$ durch $\boldsymbol{A}^{(l+1)}, \ldots, \boldsymbol{z}^{(l+1)}$ für $l = 1, \ldots, L-1$ und $\boldsymbol{A}^{(L)}, \ldots, \boldsymbol{z}^{(L)}$ durch $\boldsymbol{A}^{(1)}, \ldots, \boldsymbol{z}^{(1)}$ ersetzt wird. Da es sich um einen Zyklus handelt, sind alle Basislösungen $\boldsymbol{z}^{(l)}$ entartet. Da es nicht zu einer echten Verkleinerung des Zielfunktionswerts kommt, bleiben insbesondere $\boldsymbol{b}^{(l)} = \boldsymbol{b}^{(1)}$ und $c_0{}^{(l)} = c_0{}^{(1)}$ während des gesamten Zyklus für $l = 1, \ldots, L$ unverändert.

Wir definieren den größten Index $q \in \{1, \ldots, n\}$ einer Spalte, die im Laufe der Berechnungen mindestens einmal zu einer Basislösung gehört und mindestens einmal nicht, $q = \max\left\{ j \in \{1, \ldots, n\} \mid \text{es gibt } l, k \text{ mit } j \notin J_{\boldsymbol{z}^{(l)}}, j \in J_{\boldsymbol{z}^{(k)}} \right\}$. Wählen wir nun noch die Zähler l und k gerade so, dass Wechsel in der q-ten Spalte beim nächsten Simplex-Schritt passieren, d. h., $q \notin J_{\boldsymbol{z}^{(l)}}$, $q \in J_{\boldsymbol{z}^{(l+1)}}$, $q \in J_{\boldsymbol{z}^{(k)}}$ und $q \notin J_{\boldsymbol{z}^{(k+1)}}$. Ignorieren wir alle Zeilen und Spalten, die während des Zyklus kein Pivotelement enthalten, so hat der Rest des Tableaus aufgrund der Bland'schen Regel im l-ten Schritt die Gestalt

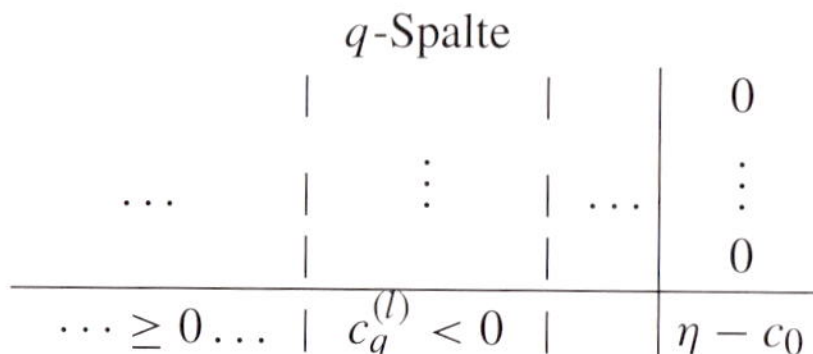

Dagegen ergibt sich der Anteil des k-ten Tableaus in der Form:

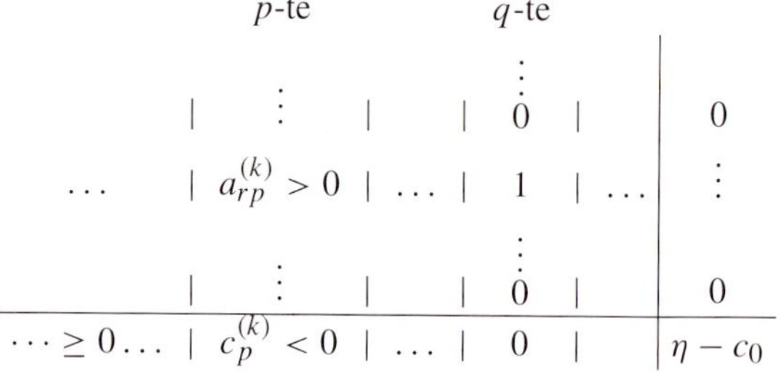

wenn im Schritt $k + 1$ der Einheitsvektor in der q-ten Spalte in die p-te Spalte wandert.

Wir konstruieren nun einen Widerspruch bei Einhaltung der Bland'schen Regel. Wegen des zweiten Teils der Regel gilt für die Indizes $j_i \in J_{z^{(k)}}$ zum i-ten Einheitsvektor mit $j_i < q$, dass $a_{ip}^{(k)} \leq 0$ ist. Ansonsten würde im $k+1$-ten Schritt der Einheitsvektor in der q-ten Spalte nicht in die p-te Spalte wandern. Definieren wir nun $x \in \mathbb{R}^n$ durch

$$x_j = \begin{cases} 1, & j = p, \\ -a_{ip}^{(k)}, & j = j_i \in J_{z^{(k)}}, \\ 0, & \text{sonst}. \end{cases}$$

Dann ist

$$A^{(k)} x = \sum_{j=1}^{n} x_j a_{*j}^{(k)} = a_{*p}^{(k)} - \sum_{i=1}^{m} a_{ip}^{(k)} e_i = 0 = b\,,$$

wenn wir weiterhin nur die Zeilen betrachten, die während des Zyklus Pivotzeile werden. Deswegen bleibt die Berechnung der Kostenzeile, wie im Beweis auf Seite 1031, richtig, und wir erhalten

$$c^{(l)^\top} x = c^{(k)^\top} x\,,$$

obwohl die Vorzeichenbedingung $x_j \geq 0$ nur für $j \leq q$ garantiert ist, d. h., x nicht notwendig in M ist. Beachten Sie, dass sich die affine Verschiebung c_0 während des Zyklus nicht ändert.

Diese Identität ist der gesuchte Widerspruch; denn es gilt einerseits:

$$c^{(k)^\top} x = c_p^{(k)} < 0\,,$$

da p im folgenden Schritt zur Pivotspalte wird, aber andererseits ist

$$c^{(l)^\top} x = \sum_{j<q} \underbrace{c_j^{(l)}}_{\geq 0} \underbrace{x_j}_{\geq 0} + \underbrace{c_q^{(l)}}_{<0} \underbrace{x_q}_{-a_{rp}^{(k)} < 0} > 0\,. \qquad \blacksquare$$

Mit Phase I wird eine Basislösung bestimmt

Wir kommen zur Phase I des Simplex-Verfahrens. Ziel ist es, zu einem Problem in Normalform

$$(P_N) \qquad \operatorname*{Min}_{x \in M_N} c_N^\top x$$

auf

$$M_N = \{x \in \mathbb{R}_{\geq 0}^n \mid A_N x = b_N\}$$

die Zulässigkeit zu zeigen und eine Basislösung mit einer Darstellung mit den Bedingungen (a)–(d) (siehe Seite 1028) zu finden. Ohne Einschränkung können wir annehmen, dass $b_N \geq 0$ gilt. Andernfalls multipliziere man die entsprechende Zeile mit -1.

Die Idee der Phase I ist es, das Hilfsproblem

$$(H) \qquad \operatorname*{Min}_{x \in M_H} e^\top (b_N - A_N x)$$

auf

$$M_H = \{x \in \mathbb{R}_{\geq 0}^n \mid A_N x \leq b_N\}$$

mit $e = (1, 1, \ldots, 1)^\top \in \mathbb{R}^m$ zu betrachten. Wir tragen zusammen, was wir über das Hilfsproblem wissen:

- Da $b_N \geq 0$ vorausgesetzt ist, ist $x = (0, 0, \ldots, 0)^\top \in M_H$. Das lineare Optimierungsproblem ist zulässig.
- Weiter gilt für die Zielfunktion $e^\top (b_N - A_N x) \geq 0$ für $x \in M_H$. Das Problem ist durch 0 beschränkt, und es folgt insbesondere nach dem Existenzsatz von Seite 1024, dass (H) lösbar ist, also inf (H) $\geq 0 > -\infty$.
- Die Menge M_H liegt in der Form vor, wie im Einführungsbeispiel, d. h., durch Einführen von Schlupfvariablen erhalten wir eine Basislösung mit den Bedingungen (a)–(d) und wir können mit Phase II eine optimale Basislösung des Problems (H) bestimmen.
- Ist z diese optimale Basislösung zu (H), so gilt entweder $e^\top (b_N - A_N z) = 0$ – in diesem Fall ist $z \in M_N$ zulässig für das Problem (P_N) –, oder es ist $0 < e^\top (b_N - A_N z) \leq e^\top (b_N - A_N x)$ für alle $x \in M_H$. Dies bedeutet insbesondere $M_N = \emptyset$. Das Problem (P_N) ist nicht zulässig.

Als Fazit können wir festhalten, dass zu einem linearen Optimierungsproblem mit Phase I entweder gezeigt wird, dass das Problem nicht zulässig ist, oder ein zulässiger Punkt $\tilde{z} \in M_N$ gefunden wird.

Das Simplex-Tableau zu diesem Hilfsproblem nach Einführung entsprechender Schlupfvariablen kann folgendermaßen zusammengestellt werden:

a_{11}	$\cdots$	a_{1n}	1	$\ldots$	0	b_1
$\vdots$		$\vdots$	$\vdots$	$\ddots$	$\vdots$	$\vdots$
a_{m1}	$\cdots$	a_{mn}	0	$\ldots$	1	b_m
c_1	$\cdots$	c_n	0	$\ldots$	0	η
$-\sum_{i=1}^{m} a_{i1}$	$\cdots$	$-\sum_{i=1}^{m} a_{in}$	0	$\ldots$	0	$\gamma - \sum_{i=1}^{m} b_i$

Beachten Sie, dass sich die Einträge für die Kostenzeile des Hilfsproblems schlicht aus den Summen der jeweiligen Spalte von A ergeben. Bei dem Tableau zu (H) bietet es sich an, die ursprüngliche Kostenzeile von (P_N) wie angegeben mitzuführen, um durch die Umformungen die passende Darstellung für die folgende Phase II gleich mitzuberechnen.

$$\text{------------------}\ \textbf{?}\ \text{------------------}$$

Stellen Sie das Tableau zum Start der Phase I auf zu folgendem Problem:

$$\operatorname*{Max}_{x \in M} x_2$$

über

$$M = \left\{x \in \mathbb{R}_{\geq 0}^2 \mid 5x_1 - x_2 \leq 5,\ x_1 - x_2 \geq 1\right\}.$$

Wenden wir die Phase II des Simplex-Verfahrens auf das Hilfsproblem an, können nach den Rechnungen drei verschiedene Fälle auftreten:

1. Fall: Für die optimale Basislösung z zu (H) erhalten wir $e^\top (b - Az) > 0$, d. h., min (H) > 0. Dies bedeutet $M_N = \emptyset$. Das Problem (P) ist nicht zulässig.

2. Fall: Es gilt min (H) $= 0$ und $J_z \subseteq \{1, \ldots, n\}$. Dann ist durch den ersten Teil der optimalen Lösung $z_{1,\ldots,n}$ eine

Basislösung zum Problem (P_N) gegeben. Streichen wir im Tableau die letzte Zeile und die Spalten $n+1$ bis $n+m$ zu den Schlupfvariablen des Hilfsproblems, so ergibt sich für den Rest ein Starttableau für Phase II zum ursprünglichen Problem (P_N).

3. Fall: Es gilt $\min(H) = 0$ und $J_z \cap \{n+1, \ldots, n+m\} \neq \emptyset$. In diesem Fall bleiben Schlupfvariablen zum Problem (H) in der optimalen Basislösung stehen. Da $\min(H) = 0$ ist, gilt $A z_{1,\ldots,n} = b$. Dies impliziert, dass $z_{n+1,\ldots,n+m} = 0$ gilt, d. h., die Basislösung ist entartet. Sei etwa $n < j_s \in J_z$. Dann gibt es einen Index $k \in \{1, \ldots, n\} \setminus J_z$ mit $a_{sk} \neq 0$, da der Rang von A_N, ohne die Schlupfvariablen, maximal vorausgesetzt ist. Mit elementaren Zeilenumformungen lässt sich der Einheitsvektor aus der Spalte j_s in die Spalte k transformieren. Dabei ändert sich b nicht, da $b_s = 0$ gilt. Diese Umformungen können wir mit allen Schlupfvariablen, die in der Basislösung auftauchen, durchführen und erhalten letztendlich eine Basislösung zu (P_N) wie im zweiten Fall.

Kommentar: Übrigens lässt sich die letzte Beobachtung in einem Programm nutzen, um die Rangbedingung an A_N zu prüfen. Findet sich im dritten Fall kein $a_{sk} \neq 0$, so ist die Rangbedingung verletzt, und redundante Zeilen müssen vorher eliminiert werden.

Beispiel Gesucht ist eine Lösung zum Problem

$$(P) \qquad \text{Max } x_1 + x_2$$

unter den Nebenbedingungen $x_1, x_2 \geq 0$, $2x_1 + x_2 \leq 10$ und $x_1 + 2x_2 \geq 1$.

Zunächst transformieren wir das Problem auf Normalform durch Einführen zweier Schlupfvariablen. Wir erhalten die äquivalenten Nebenbedingungen

$$\begin{aligned} 2x_1 &+ x_2 &+ x_3 & &= 10 \\ x_1 &+ 2x_2 & &- x_4 &= 1 \end{aligned}$$

für $x_1, x_2, x_3, x_4 \geq 0$. Für das Hilfsproblem zu Phase I des Simplex-Algorithmus ergibt sich das Tableau:

$$\begin{array}{cccccc|c} 2 & 1 & 1 & 0 & 1 & 0 & 10 \\ \boxed{1} & 2 & 0 & -1 & 0 & 1 & 1 \\ \hline -1 & -1 & 0 & 0 & 0 & 0 & \eta \\ \hline -3 & -3 & -1 & 1 & 0 & 0 & \gamma - 11 \end{array}$$

mit der Basislösung $z = (0, 0, 0, 0, 10, 1)^\top$. Beachten Sie dabei, dass η für die negative Zielfunktion steht, da ursprünglich nach einem Maximum gefragt ist. Mit dem nach der Bland'schen Regel markierten ersten Pivotelement folgt im ersten Simplex-Schritt:

$$\begin{array}{cccccc|c} 0 & -3 & \boxed{1} & 2 & 1 & -2 & 8 \\ 1 & 2 & 0 & -1 & 0 & 1 & 1 \\ \hline 0 & 1 & 0 & -1 & 0 & 1 & \eta + 1 \\ \hline 0 & 3 & -1 & -2 & 0 & 3 & \gamma - 8. \end{array}$$

Und ein weiterer Schritt liefert:

$$\begin{array}{cccccc|c} 0 & -3 & 1 & 2 & 1 & -2 & 8 \\ 1 & 2 & 0 & -1 & 0 & 1 & 1 \\ \hline 0 & 1 & 0 & -1 & 0 & 1 & \eta + 1 \\ \hline 0 & 0 & 0 & 0 & 1 & 1 & \gamma \end{array}$$

Phase I ist abgeschlossen mit dem Zielfunktionswert $\gamma = 0$ und der Basislösung $\tilde{z} = (1, 0, 8, 0, 0, 0)^\top$. Wir sind im angenehmen zweiten Fall und lesen aus dem Tableau durch Streichen der Schlupfvariablen und der Kostenzeile des Hilfsproblems ein Starttableau zur Phase II zu (P_N) ab:

$$\begin{array}{cccc|c} 0 & -3 & 1 & \boxed{2} & 8 \\ 1 & 2 & 0 & -1 & 1 \\ \hline 0 & 1 & 0 & -1 & \eta + 1 \end{array}$$

Mit dem markierten Pivotelement liefert ein Simplex-Schritt das Tableau:

$$\begin{array}{cccc|c} 0 & -\frac{3}{2} & \frac{1}{2} & 1 & 4 \\ 1 & \boxed{\frac{1}{2}} & \frac{1}{2} & 0 & 5 \\ \hline 0 & -\frac{1}{2} & \frac{1}{2} & 0 & \eta + 5 \end{array}$$

und weiter

$$\begin{array}{cccc|c} 3 & 0 & 2 & 1 & 19 \\ 2 & 1 & 1 & 0 & 10 \\ \hline 1 & 0 & 1 & 0 & \eta + 10 \end{array}$$

Da die neue Kostenzeile nur positive Einträge aufweist, ist auch Phase II abgeschlossen, und wir erhalten eine Lösung des Optimierungsproblems (P_N) durch die Basislösung

$$\widehat{x}_1 = 0 \quad \text{und} \quad \widehat{x}_2 = 10$$

mit dem optimalen Zielfunktionswert $\max(P_N) = 10$. ◄

24.3 Dualitätstheorie

Als weiterer Aspekt zu linearen Optimierungsproblemen suchen wir nach notwendigen und/oder hinreichenden Optimalitätsbedingungen. Die zentrale Bedeutung solcher Kriterien können wir bereits erahnen, wenn wir an $\nabla f(\widehat{x}) = 0$ in Extremalstellen unrestringierter, differenzierbarer Probleme denken. Insbesondere geben die folgenden Betrachtungen zu linearen Programmen entscheidende Hinweise zur Behandlung nichtlinearer Optimierungsprobleme mit Nebenbedingungen, wie wir später noch sehen werden.

Optimale Basislösungen führen auf eine notwendige Bedingung

In Vorbereitung der *Dualitätstheorie* betrachten wir den Wert der Zielfunktion $c^\top z$ für eine optimale Basislösung eines linearen Programms, die durch das Simplex-Verfahren berechnet wurde. Dies führt uns auf eine notwendige Optimalitätsbedingung.

Beispiel: Die Phase I des Simplex-Algorithmus

Gesucht ist eine Lösung des linearen Optimierungsproblems

$$\operatorname*{Min}_{x \in M} \; x_1 + x_2 + x_3 + x_4$$

mit $M = \left\{ x \in \mathbb{R}^4_{\geq 0} \mid x_1 + x_3 + 2x_4 = 1, \; -x_1 + x_2 + 3x_3 - x_4 = 1, \; x_1 - x_2 - x_3 + x_4 = -1 \right\}$.

Problemanalyse und Strategie: Das Problem ist in Normalform gegeben, sodass wir mit Phase I des Simplex-Verfahrens zunächst eine Basislösung bestimmen müssen. Danach lässt sich ein Minimum mit Phase II berechnen.

Lösung:

Wir beginnen mit dem Starttableau zu Phase I zu diesem Problem. Dazu wird die letzte Gleichung mit -1 multipliziert und drei weitere Schlupfvariable eingeführt. Wir erhalten das Tableau:

$$
\begin{array}{ccccccc|c}
1 & 0 & 1 & 2 & 1 & 0 & 0 & 1 \\
-1 & \boxed{1} & 3 & -1 & 0 & 1 & 0 & 1 \\
-1 & 1 & 1 & -1 & 0 & 0 & 1 & 1 \\
\hline
1 & 1 & 1 & 1 & 0 & 0 & 0 & \eta \\
\hline
1 & -2 & -5 & 0 & 0 & 0 & 0 & \gamma - 3
\end{array}
$$

Mit der Bland'schen Regel ergibt sich das markierte Pivotelement und wir berechnen:

$$
\begin{array}{ccccccc|c}
\boxed{1} & 0 & 1 & 2 & 1 & 0 & 0 & 1 \\
-1 & 1 & 3 & -1 & 0 & 1 & 0 & 1 \\
0 & 0 & -2 & 0 & 0 & -1 & 1 & 0 \\
\hline
2 & 0 & -2 & 2 & 0 & -1 & 0 & \eta - 1 \\
\hline
-1 & 0 & 1 & -2 & 0 & 2 & 0 & \gamma - 1
\end{array}
$$

Ein weiterer Schritt führt auf

$$
\begin{array}{ccccccc|c}
1 & 0 & 1 & 2 & 1 & 0 & 0 & 1 \\
0 & 1 & 4 & 1 & 1 & 1 & 0 & 2 \\
0 & 0 & -2 & 0 & 0 & -1 & 1 & 0 \\
\hline
0 & 0 & -4 & -2 & -2 & -1 & 0 & \eta - 3 \\
\hline
0 & 0 & 2 & 0 & 1 & 2 & 0 & \gamma - 0
\end{array}
$$

Wir haben das Endtableau erreicht und sehen, dass das ursprüngliche Problem zulässig ist. Eine Basislösung lässt sich noch nicht ablesen, da wir im dritten Fall sind. Eine

der für das Hilfsproblem eingeführten Schlupfvariable gehört noch zur Basislösung des Hilfsproblems. Mit einem weiteren Gauß-Schritt ergibt sich:

$$
\begin{array}{ccccccc|c}
1 & 0 & 0 & 2 & 1 & -\frac{1}{2} & \frac{1}{2} & 1 \\
0 & 1 & 0 & 1 & 1 & -1 & 2 & 2 \\
0 & 0 & 1 & 0 & 0 & \frac{1}{2} & -\frac{1}{2} & 0 \\
\hline
0 & 0 & 0 & -2 & -2 & -3 & 3 & \eta - 3 \\
\hline
0 & 0 & 0 & 0 & 1 & 1 & 1 & \gamma - 0
\end{array}
$$

Somit erhalten wir die Basislösung $z = (1, 2, 0, 0)$ zum ursprünglichen Problem. Betrachten wir das zugehörige Tableau:

$$
\begin{array}{cccc|c}
1 & 0 & 0 & \boxed{2} & 1 \\
0 & 1 & 0 & 1 & 2 \\
0 & 0 & 1 & 0 & 0 \\
\hline
0 & 0 & 0 & -2 & \eta - 3
\end{array}
$$

Es handelt sich zwar um eine entartete Ecke, aber mit einem Schritt der Phase II mit dem gekennzeichneten Pivotelement erhalten wir:

$$
\begin{array}{cccc|c}
\frac{1}{2} & 0 & 0 & 1 & \frac{1}{2} \\
-\frac{1}{2} & 1 & 0 & 0 & \frac{3}{2} \\
0 & 0 & 1 & 0 & 0 \\
\hline
1 & 0 & 0 & 0 & \eta - 2
\end{array}
$$

Insgesamt folgt die Lösung $\widehat{z} = (0, 3/2, 0, 1/2)^\top$ mit dem minimalen Zielfunktionswert $f(\widehat{z}) = 2$.

Satz

Bezeichnet (P) das lineare Optimierungsproblem in Normalform

$$(\text{P}) \qquad \operatorname*{Min}_{x \in M} c^\top x$$

auf $M = \left\{ x \in \mathbb{R}^n_{\geq 0} \mid Ax = b \right\}$ mit $A \in \mathbb{R}^{m \times n}$, $b \in \mathbb{R}^m$, $c \in \mathbb{R}^n$, und ist $\widehat{x} \in M$ eine Lösung zu (P), dann gibt es einen Vektor

$$\widehat{y} \in N = \left\{ y \in \mathbb{R}^m \mid A^\top y \leq c \right\}$$

mit

$$b^\top \widehat{y} = c^\top \widehat{x}.$$

Beweis: Zunächst setzen wir voraus, dass der Rang $\operatorname{Rg}(A) = m$ maximal ist. $\widehat{x}$ ist Lösung zu (P), also ist insbesondere (P) lösbar. Das Simplex-Verfahren liefert eine optimale Basislösung $z \in M$ mit Basisindizes $j = (j_1, \ldots, j_m)^\top$. Mit den entsprechenden linear unabhängigen Spalten von A bilden wir die invertierbare Matrix

$$A_J = \left(a_{* j_1} \mid a_{* j_2} \mid \ldots \mid a_{* j_m} \right) \in \mathbb{R}^{m \times m}.$$

Nutzen wir die Abkürzung $x_J = (x_{j_1}, \ldots, x_{j_m})^\top \in \mathbb{R}^m$ für Vektoren $x \in \mathbb{R}^n$, so gilt für diese Komponenten der Basislösung $z_J = A_J^{-1} b$; denn $z \in M$ und $z_i = 0$ für $i \in \{1, \ldots, n\} \setminus J$. Einsetzen in die Zielfunktion führt auf:

$$c^\top \widehat{x} = c^\top z = c_J^\top z_J = b^\top A_J^{-\top} c_J$$

mit der üblichen Schreibweise $A_J^{-\top} = (A_J^{-1})^\top = (A_J^\top)^{-1}$. Definieren wir $\widehat{y} = A_J^{-\top} c_J \in \mathbb{R}^m$, so gilt:

$$c^\top \widehat{x} = b^\top \widehat{y}$$

für den Minimalwert des Optimierungsproblems.

Betrachten wir weiter die Darstellung der Zielfunktion im letzten Schritt des Simplex-Verfahrens, die durch einen Vektor $\tilde{c} \in \mathbb{R}^n_{\geq 0}$ gegeben ist. Im Satz auf Seite 1029 wurde unter anderem gezeigt, dass für alle $x \in M$

$$\tilde{c}^\top x = c^\top x - c^\top z$$

gilt, wobei z weiterhin die optimale Basislösung aus dem letzten Schritt bezeichnet. Da $z_J = A_J^{-1} b$ ist, liefert Einsetzen in diese Gleichung:

$$\begin{aligned}
\tilde{c}^\top x &= c^\top x - c_J^\top z_J \\
&= c^\top x - c_J^\top A_J^{-1} b \\
&= c^\top x - c_J^\top (A_J^{-1} A x) \\
&= (c - A^\top A_J^{-\top} c_J)^\top x \\
&= (c - A^\top \widehat{y})^\top x
\end{aligned}$$

für $x \in M$. Aufgrund der Identität können wir im letzten Simplex-Schritt $\tilde{c}$ durch den Vektor $(c - A^\top \widehat{y})$ ersetzen. Mit $c_J = A_J^\top \widehat{y} = (A^\top \widehat{y})_J$ ist $(c - A^\top \widehat{y})_J = \mathbf{0}$. Außerdem ist z optimal, und es folgt wegen der Abbruchbedingung des Simplex-Verfahrens für den neuen Kostenvektor:

$$c - A^\top \widehat{y} \geq \mathbf{0}.$$

Denn wäre $(c - A^\top \widehat{y})_i < 0$ für ein $i \in \{1, \ldots, n\}$, so ließe sich der Zielfunktionswert mit einem weiteren Simplex-Schritt weiter verkleinern. Insgesamt haben wir bewiesen, dass $\widehat{y} \in N$ mit $b^\top \widehat{y} = c^\top \widehat{x}$ existiert.

Ist der Rang $\mathrm{Rg}(A) < m$, so eliminieren wir zunächst redundante Zeilen und argumentieren für das reduzierte Problem wie oben. Abschließend ergänzt man $\widehat{y}$ durch $y_i = 0$ für die Indizes i der zuvor eliminierten Zeilen zu einem Vektor in $\mathbb{R}^m$ und erhält die notwendige Bedingung entsprechend. ∎

Jedem linearen Programm lässt sich ein duales Problem zuordnen

Die Mengen

$$M = \left\{ x \in \mathbb{R}^n_{\geq 0} \mid A x = b \right\}$$

und die in der notwendigen Bedingung auftretende Menge

$$N = \left\{ y \in \mathbb{R}^m \mid A^\top y \leq c \right\}$$

stehen in einem engen Zusammenhang. Sind $x \in M$ und $y \in N$, so gilt die Abschätzung:

$$b^\top y = (A x)^\top y = x^\top (A^\top y) \leq x^\top c.$$

Die Werte $b^\top y$ mit $y \in N$ sind untere Schranken für die Zielfunktion $c^\top x$ für $x \in M$. Die Ungleichung liefert die Idee der *Dualitätstheorie*, die größte untere Schranke zu bestimmen.

Wir formulieren zu einem gegebenen linearen Programm in Normalform

$$\text{(P)} \qquad \underset{x \in M}{\text{Min}}\ c^\top x$$

auf

$$M = \left\{ x \in \mathbb{R}^n_{\geq 0} \mid A x = b \right\}$$

die Suche nach der größten unteren Schranke als ein weiteres lineares Optimierungsproblem

$$\text{(D)} \qquad \underset{y \in N}{\text{Max}}\ b^\top y$$

auf

$$N = \left\{ y \in \mathbb{R}^m \mid A^\top y \leq c \right\}.$$

Das Problem (D) wird das zu (P) **duale Problem** genannt. Das in Normalform vorliegende Problem (P) heißt entsprechend das **primale Problem**. Beachten Sie, dass wir jedes lineare Programm in Normalform formulieren können, sodass wir auch jedem linearen Optimierungsproblem ein duales Problem zuordnen können. Der offensichtliche Zusammenhang zwischen primalem und dualem Problem wird im *schwachen Dualitätssatz* festgehalten.

> **Schwacher Dualitätssatz**
>
> Sind (P) und (D) zulässig, so gilt:
> - $b^\top y \leq c^\top x$ für alle $x \in M$ und $y \in N$.
> - (P) und (D) sind lösbar.
> - Gibt es $\widehat{x} \in M$ und $\widehat{y} \in N$ mit $b^\top \widehat{y} = c^\top \widehat{x}$, so ist $\widehat{x}$ Lösung des primalen Problems (P) und $\widehat{y}$ Lösung des dualen Problems (D).

Beweis: Die Ungleichung zwischen den beiden Zielfunktionen haben wir bereits gesehen.

Da beide Probleme zulässig sind, gibt es $\tilde{x} \in M$ und $\tilde{y} \in N$. Zusammen mit der Abschätzung ist $b^\top \tilde{y}$ eine untere Schranke für (P), und der Existenzsatz (Seite 1024) impliziert, dass (P) lösbar ist. Analog ist $c^\top \tilde{x}$ obere Schranke für die Zielfunktion von (D), und es folgt die Lösbarkeit von (D), da (D) zulässig ist.

Auch die letzte Aussage folgt relativ direkt. Denn gibt es $\widehat{x} \in M$ und $\widehat{y} \in N$ mit $b^\top \widehat{y} = c^\top \widehat{x}$, so ist mit der ersten Ungleichung

$$c^\top \widehat{x} = b^\top \widehat{y} \leq c^\top x$$

für alle $x \in M$. Also ist $\widehat{x} \in M$ optimal für das primale Problem (P). Analog ist $\widehat{y}$ Maximalstelle von (D). ∎

Beispiel: Diskrete Tschebyscheff-Approximation

Unter der diskreten **Tschebyscheff-Approximation** (T) versteht man das Problem, zu einem linearen Gleichungssystem mit $A \in \mathbb{R}^{m \times n}$ und $b \in \mathbb{R}^m$ eine „optimale" Lösung $x \in \mathbb{R}^n$ zu finden, in dem Sinne, dass die Maximumsnorm $\|Ax - b\|_\infty = \max\{|(Ax - b)_i| \mid i = 1, \ldots, m\}$ minimiert wird. Man vergleiche dies mit der kontinuierlichen Tschebyscheff-Approximation auf Seite 1017. Wir formulieren das Problem als lineares Optimierungsproblem und beweisen mit den Dualitätssätzen die Lösbarkeit und eine Optimalitätsbedingung.

Problemanalyse und Strategie: Durch Einführen einer zusätzlichen nicht negativen Variablen $x_0 = \|Ax - b\|_\infty$ ist mit $f(x_0) = -x_0$ eine lineare Zielfunktion gegeben. Ziel ist es zu zeigen, dass $\widehat{x}$ genau dann Lösung zu (T) ist, wenn $(\widehat{x_0}, \widehat{x}) \in \mathbb{R} \times \mathbb{R}^n$ eine Lösung des linearen Problems

$$(\text{LP}) \qquad \text{Max} -x_0 \quad \text{auf} \quad M = \{(x_0, x) \in \mathbb{R}_{\geq 0} \times \mathbb{R}^n \mid Ax - x_0 e \leq b, -Ax - x_0 e \leq -b\}.$$

ist, wobei $e = (1, \ldots, 1)^\top \in \mathbb{R}^m$ bezeichnet.

Lösung:

Ist $\widehat{x} \in \mathbb{R}^n$ Lösung zu (T) mit Minimalwert $\widehat{x_0} = \|A\widehat{x} - b\|_\infty \geq 0$, so lässt sich dies äquivalent als Minimum von

$$\text{Min } x_0$$

auf

$$\left\{(x_0, x) \in \mathbb{R}_{\geq 0} \times \mathbb{R}^n \mid |(Ax - b)_i| \leq x_0, \; i = 1, \ldots, m\right\}$$

ausdrücken. Lösen wir die Beträge zu $(Ax - b)_i \leq x_0$ und $-(Ax - b)_i \leq x_0$ für $i = 1, \ldots, m$ auf und drücken diese Ungleichungen vektorwertig durch $Ax - x_0 e \leq b$ und $-Ax - x_0 e \leq -b$ aus, so erhalten wir das äquivalente lineare Optimierungsproblem:

$$(\text{LP}) \qquad \text{Max} \, (-1, 0, \ldots, 0) \begin{pmatrix} x_0 \\ x \end{pmatrix}$$

unter der Nebenbedingung

$$\begin{pmatrix} -e & A \\ -e & -A \\ -1 & 0 \end{pmatrix} \begin{pmatrix} x_0 \\ x \end{pmatrix} \leq \begin{pmatrix} b \\ -b \\ 0 \end{pmatrix}.$$

Wir haben zu $\text{Max}(-x_0)$ gewechselt, da so die Form eines dualen Problems vorliegt, und wir das duale Problem zu (LP) direkt in Normalform bekommen:

$$(\text{D}) \qquad \text{Min} \, (b^\top, -b^\top, 0) \begin{pmatrix} u_1 \\ \vdots \\ u_{2m+1} \end{pmatrix}$$

auf

$$N = \left\{ u \in \mathbb{R}_{\geq 0}^{2m+1} \mid \right.$$

$$\left. \begin{pmatrix} -e^\top & -e^\top & -1 \\ A^\top & -A^\top & 0 \end{pmatrix} \begin{pmatrix} u_1 \\ \vdots \\ u_{2m+1} \end{pmatrix} = \begin{pmatrix} -1 \\ 0 \\ \vdots \\ 0 \end{pmatrix} \right\}.$$

Das Problem (LP) ist zulässig, denn $x = 0$, und $x_0 = \|b\|_\infty$ erfüllt die Nebenbedingungen. Ebenso ist (D) zulässig: Setzen wir $u_1 = \ldots = u_{2m} = 0$ und $u_{2m+1} = 1$, gilt $u \in N$. Mit dem schwachen Dualitätssatz folgt die Lösbarkeit beider Probleme, und mit dem starken Dualitätssatz ist

$$\max(\text{LP}) = \min(\text{D}).$$

Sind nun $(\widehat{x_0}, \widehat{x}) \in \mathbb{R} \times \mathbb{R}^n$ Lösung von (LP) und $\widehat{u} \in \mathbb{R}^{2m+1}$ Lösung von (D), so ist die letzte Identität ausgeschrieben:

$$\widehat{u}^\top \begin{pmatrix} -e & A \\ -e & -A \\ 1 & 0 \end{pmatrix} \begin{pmatrix} \widehat{x_0} \\ \widehat{x} \end{pmatrix} = (-1, 0, \ldots, 0) \begin{pmatrix} \widehat{x_0} \\ \widehat{x} \end{pmatrix}$$

$$= (b^\top, -b^\top, 0)\widehat{u}$$

bzw.

$$\underbrace{\left(\underbrace{\begin{pmatrix} b \\ -b \\ 0 \end{pmatrix} - \begin{pmatrix} -e & A \\ -e & -A \\ -1 & 0 \end{pmatrix} \begin{pmatrix} \widehat{x_0} \\ \widehat{x} \end{pmatrix}}_{\geq 0} \right)^\top \underbrace{\widehat{u}}_{\geq 0}} = 0.$$

Für jeden Summanden folgt:

$$\widehat{u}_i = 0 \text{ oder } (A\widehat{x} - b)_i = \widehat{x_0}, \text{ und}$$

$$\widehat{u}_{i+m} = 0 \text{ oder } (A\widehat{x} - b)_i = -\widehat{x_0}$$

für $i = 1, \ldots, m$.

Insbesondere ist mit dem schwachen Dualitätssatz die oben formulierte notwendige Bedingung auch hinreichend. Dieses Resultat wird in der Literatur als *Satz von Kuhn-Tucker* bezeichnet, benannt nach A. W. Tucker (1905–1995) und H. Kuhn (*1925).

Satz von Kuhn-Tucker

$\widehat{x} \in M$ ist genau dann Lösung von (P), wenn es $\widehat{y} \in N$ gibt mit $b^\top \widehat{y} = c^\top \widehat{x}$.

— **?** —

Stellen Sie aus den bisherigen Ergebnissen des Abschnitts den Beweis des Satzes von Kuhn-Tucker zusammen.

Der starke Dualitätssatz komplettiert die Theorie

Der *starke Dualitätssatz* verschärft diese Aussage in Hinblick auf Zulässigkeit der Probleme. Bevor wir uns dieser Aussage zuwenden, betrachten wir den Zusammenhang zwischen primalem und dualem Problem noch etwas genauer.

Lemma

Ist (D) das duale Problem zu (P), dann ist auch (P) dual zu (D).

Beweis: Wir formulieren (D) in Normalform. Dazu setzen wir:

$$y = y^+ - y^-$$

mit $y_i^+ = \max\{y_i, 0\} \geq 0$ und $y_i^- = \max\{-y_i, 0\} \geq 0$ und führen Schlupfvariablen

$$y^s = c - A^\top y \geq 0$$

ein. Das Problem (D) lässt sich äquivalent in Normalform beschreiben durch:

$$\text{Min} \begin{pmatrix} -b \\ b \\ 0 \end{pmatrix}^\top \begin{pmatrix} y^+ \\ y^- \\ y^s \end{pmatrix},$$

unter den Nebenbedingungen

$$N_N = \left\{ \begin{pmatrix} y^+ \\ y^- \\ y^s \end{pmatrix} \in \mathbb{R}^{2m+n}_{\geq 0} \mid \left(A^\top \mid -A^\top \mid E_n \right) \begin{pmatrix} y^+ \\ y^- \\ y^s \end{pmatrix} = c \right\}.$$

Das duale Problem hierzu lautet:

$$\text{Max } c^\top x$$

auf

$$\tilde{M} = \left\{ x \in \mathbb{R}^n \mid \begin{pmatrix} A \\ -A \\ E_n \end{pmatrix} x \leq \begin{pmatrix} -b \\ b \\ 0 \end{pmatrix} \right\}.$$

Ersetzen wir x durch $-x$ in dieser Beschreibung, so erhalten wir das Problem (P). ∎

Wir fassen die Resultate im *starken Dualitätssatz* zusammen.

Starker Dualitätssatz

Sind die Optimierungsprobleme (P) und (D) wie oben gegeben, so gilt:
- Wenn (P) und (D) zulässig sind, so sind beide Probleme lösbar, und es ist:

$$\min (P) = \max (D).$$

- Ist (P) zulässig und (D) nicht, so ist $\inf (P) = -\infty$.
- Ist (D) zulässig und (P) nicht, so ist $\sup (D) = \infty$.

Beweis: Sind beide Probleme zulässig, so folgt Lösbarkeit beider Probleme aus dem schwachen Dualitätssatz. Der Satz von Kuhn-Tucker liefert die Existenz von $\widehat{y} \in N$ mit geschlossener *Dualitätslücke*, d. h., $b^\top \widehat{y} = c^\top \widehat{x} = \min (P)$. Der dritte Teil des schwachen Dualitätssatzes besagt nun, dass $\widehat{y}$ Lösung zu (D) ist, und es folgt $\min (P) = \max (D)$.

Gehen wir davon aus, dass (P) zulässig ist, aber (D) nicht, d. h., $N = \emptyset$. Nehmen wir weiter an, dass $\inf (P) > -\infty$ gilt, so hat (P) eine Lösung. Nach dem Satz von Kuhn-Tucker gibt es dann ein $\widehat{y} \in N$ im Widerspruch zu $N = \emptyset$.

Mit dem vorherigen Lemma gilt die analoge Schlussfolgerung für die letzte Aussage des Satzes, da (P) das duale Problem zu (D) ist. ∎

— **?** —

Welche Aussage lässt sich zum primalen Problem (P) machen, wenn wir das duale Problem zum linearen Programm

$$(P) \qquad \text{Max } x_1 - 2x_2 + 3x_3$$

unter den Nebenbedingungen $x_1 - x_2 - x_3 = -2$, $x_1 + x_2 \leq 5$ und $x_3 \geq 0$ betrachten?

Eine Folgerung aus den Dualitätssätzen, die wir für eine optimale Basislösung aus dem Simplex-Verfahren bereits genutzt haben (siehe Beispiel auf Seite 1037), können wir allgemein für Lösungen der zueinander dualen Probleme formulieren.

Die Komplementaritätsbedingung

Sind $\widehat{x} \in M$ und $\widehat{y} \in N$ optimal zu den Problemen (P) bzw. (D), so ist

$$\widehat{x}^\top (c - A^\top \widehat{y}) = 0,$$

d. h., es gilt $\widehat{x}_j = 0$ oder $c_j = (A^\top \widehat{y})_j$ für $j = 1, \dots, n$.

Beweis: Die Identität folgt aus dem starken Dualitätssatz mit

$$0 = c^\top \widehat{x} - b^\top \widehat{y} = c^\top \widehat{x} - (A\widehat{x})^\top \widehat{y} = \underbrace{\widehat{x}^\top}_{\geq 0} \underbrace{\left(c - A^\top \widehat{y}\right)}_{\geq 0}.$$

Aufgrund der Vorzeichenbedingung folgt für die Komponenten einer optimalen Lösung, dass entweder $\widehat{x}_j = 0$ oder $c_j - (A^\top \widehat{y})_j = 0$ ist für $j \in \{1, \dots, n\}$. ∎

Unter der Lupe: Ein weiterer Beweis des starken Dualitätssatzes

Kennt man bzw. vermutet man aus der Anschauung die Bedeutung der Menge $\Lambda = \left\{ \begin{pmatrix} c^\top x \\ Ax - b \end{pmatrix} \in \mathbb{R}^{1+m} \mid x \geq 0 \right\}$ (Abb. 24.12), so bietet sich eine zweite Möglichkeit, den starken Dualitätssatz zu beweisen. Mathematisch wesentliche Grundlage zu diesem Zugang sind *Trennungssätze*.

Wir betrachten nochmal ein primales Problem (P) in Normalform mit dem zugehörigen dualen Problem (D), wie sie im Text angegeben sind, und konzentrieren uns auf die erste Aussage des starken Dualitätssatzes: Sind (P) und (D) zulässig, so sind beide Probleme lösbar und es gilt:

$$\min (P) = \max (D),$$

d. h., es gibt $\widehat{x} \in M$ und $\widehat{y} \in N$ mit $c^\top \widehat{x} = b^\top \widehat{y}$. Man spricht hier auch von einer *geschlossenen Dualitätslücke* zwischen den beiden Problemen.

Der schwache Dualitätssatz liefert uns zu den beiden als zulässig vorausgesetzten Problemen zunächst die Existenz von Lösungen und die Abschätzung

$$\max (D) \leq \min (P).$$

Um die Aussage zu beweisen, ist somit noch zu zeigen, dass sogar Gleichheit gilt. Die Idee ist, die Annahme $\max (D) < \min (P)$ zum Widerspruch zu führen. Die Skizze zeigt die Situation bzgl. der Menge Λ unter dieser Annahme.

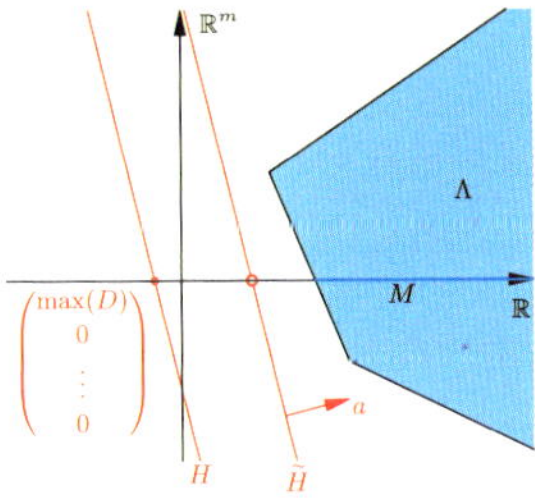

Um einen Widerspruch zu konstruieren, müssen wir eine Hyperebene $\tilde{H}$ finden, die zwischen H und Λ liegt und somit ein $y \in N$ liefert, das einen noch größeren Zielfunktionswert $b^\top y$ erlaubt.

Betrachten wir die Menge

$$\Lambda = \left\{ \begin{pmatrix} c^\top x \\ Ax - b \end{pmatrix} \in \mathbb{R}^{1+m} \mid x \geq 0 \right\}.$$

Die Annahme $\max (D) < \min (P)$ besagt:

$$\big(\max(D), 0, \ldots, 0 \big)^\top \notin \Lambda$$

An dieser Stelle greift ein Trennungssatz, da Λ eine abgeschlossene, konvexe Menge ist.

Trennungssatz: Ist $K \subseteq \mathbb{R}^{m+1}$, eine konvexe, abgeschlossene und nichtleere Menge, und ist $x \notin K$, dann gibt es

eine Hyperebene, die x und K trennt, d. h., es gibt einen Vektor $n \in \mathbb{R}^{m+1} \setminus \{0\}$ und ein $\gamma \in \mathbb{R}$ mit

$$n^\top z \leq \gamma < n^\top x$$

für alle $z \in K$.

Es handelt sich um einen *strikten* Trennungssatz, da rechts eine echte Ungleichung steht. Für einen Beweis dieser Aussage verweisen wir auf die Literatur.

Für den Beweis des starken Dualitätssatzes folgt, dass sich der Punkt $\big(\max(D), 0, \ldots, 0 \big)^\top$ strikt von Λ trennen lässt. Ausgeschrieben bedeutet dies: Es gibt einen Vektor $n \in \mathbb{R}^{m+1}$ und eine Zahl $\gamma \in \mathbb{R}$ mit

$$n^\top \begin{pmatrix} c^\top x \\ Ax - b \end{pmatrix} = n_1 c^\top x + n'^\top (Ax - b)$$

$$\geq \gamma > n^\top \begin{pmatrix} \max (D) \\ 0 \\ \vdots \\ 0 \end{pmatrix} = n_1 \max (D)$$

für alle $x \geq 0$, wobei $n' = (n_2, \ldots, n_{m+1})^\top$ bezeichnet.

Insbesondere erhalten wir für einen zulässigen Punkt $x \in M$:

$$n^\top \begin{pmatrix} c^\top x \\ Ax - b \end{pmatrix} = n_1 c^\top x > n_1 \max (D).$$

Da wegen der schwachen Dualität $c^\top x \geq \max (D)$ ist, folgt $n_1 > 0$.

Wir dividieren durch n_1 und setzen $y = -\frac{1}{n_1} n' \in \mathbb{R}^m$. Dann ist

$$(c - A^\top y)^\top x + y^\top b > \max (D)$$

für alle $x \geq 0$. Insbesondere ist die linke Seite nach unten beschränkt, also muss $c - A^\top y \geq 0$ gelten. Damit ist $y \in N$, und mit $x = 0$ folgt $b^\top y > \max (D)$ im Widerspruch zur Maximalität.

Auch die beiden weiteren Aussagen des starken Dualitätssatzes lassen sich mithilfe des Trennungssatzes zeigen. Diese Alternative zum Beweis der Dualitätstheorie kommt somit ohne den Simplex-Algorithmus aus und eröffnet dadurch die Möglichkeit der Verallgemeinerung der Dualitätstheorie bei konvexen Optimierungsproblemen (Ausblick auf Seite 1044).

Das duale Problem lässt sich anschaulich verstehen

Der Zusammenhang zwischen dem primalen und dem dualen Problem lässt sich illustrieren. Betrachten wir die Menge

$$\Lambda = \left\{ \begin{pmatrix} c^\top x \\ Ax - b \end{pmatrix} \in \mathbb{R}^{1+m} \mid x \geq 0 \right\}.$$

Dann entspricht die Schnittmenge von Λ mit der ersten Koordinatenachse gerade der Menge M, und das Optimum von (P) ist charakterisiert durch den Punkt in dieser Schnittmenge, der am weitesten links liegt (Abb. 24.12).

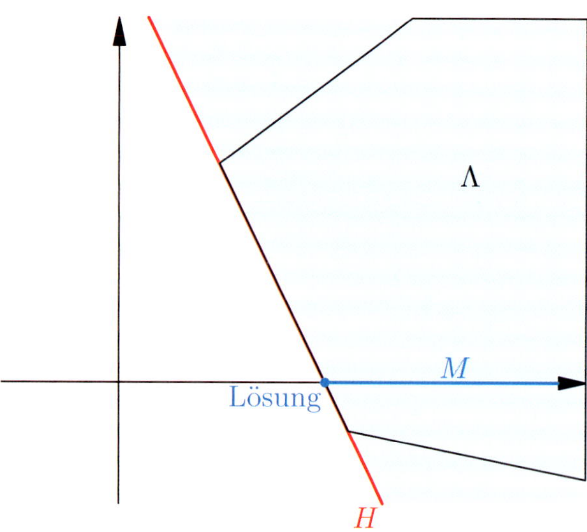

Abbildung 24.12 Veranschaulichung der ersten Situationen des starken Dualitätssatzes: (P) und (D) sind zulässig.

Betrachten wir Hyperebenen

$$H = \left\{ \begin{pmatrix} \rho \\ y \end{pmatrix} \in \mathbb{R}^{1+m} \mid n^\top \begin{pmatrix} \rho \\ y \end{pmatrix} = \gamma \right\}$$

zu einem Normalenvektor $n \in \mathbb{R}^{1+m}$ und $\gamma \in \mathbb{R}$. Hyperebenen, die einen eindeutigen Schnittpunkt mit der x_1-Achse haben, lassen sich durch Normalenvektoren mit $n_1 = 1$ beschreiben. Diese Art der Normierung von n setzen wir im Folgenden voraus. Dann ist $(\gamma, 0, \ldots, 0)^\top \in H$.

Anschaulich wird deutlich, dass wir statt (P) auch das Optimierungsproblem

$$(D') \qquad \underset{(\gamma, n) \in \mathcal{N}}{\text{Max}} \ \gamma$$

unter der Nebenbedingung

$$\mathcal{N} = \left\{ (\gamma, n) \in \mathbb{R} \times \mathbb{R}^{m+1} \mid n = (1, n_2, \ldots, n_{m+1})^\top \right.$$
$$\left. \text{und } \Lambda \subseteq H^+ \right\}$$

betrachten können, wobei H^+ den durch γ und n festgelegten Halbraum

$$H^+ = \left\{ \begin{pmatrix} \rho \\ y \end{pmatrix} \in \mathbb{R}^{1+m} \mid \rho + (n_2, \ldots, n_{m+1}) \, y \geq \gamma \right\}$$

bezeichnet. Notieren wir zur Abkürzung $n' = (n_2, \ldots, n_{m+1})^\top \in \mathbb{R}^m$. $\Lambda \subseteq H^+$ und $(c^\top x, Ax - b) \in \Lambda$, impliziert die Bedingung

$$c^\top x + n'^{\top}(Ax - b) \geq \gamma$$

für alle $x \geq 0$ bzw.

$$(c + A^\top n')^\top x \geq b^\top n' + \gamma.$$

Da diese untere Schranke für alle $x \geq 0$ gegeben ist, folgt:

$$c + A^\top n' \geq 0.$$

Mit $x = 0$ sehen wir weiterhin:

$$-b^\top n' \geq \gamma.$$

Wir können daher (D') äquivalent formulieren durch:

$$(D'') \quad \underset{n' \in N'}{\text{Max}} \ -b^\top n' \quad \text{auf} \quad N' = \{ n' \in \mathbb{R}^m \mid -A^\top n' \leq c \}.$$

Ersetzen wir $n' = -y \in \mathbb{R}^m$, so ergibt sich das duale Problem (D) zu (P).

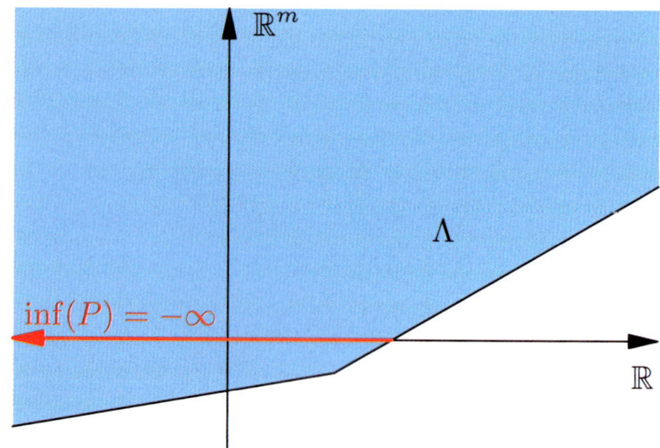

Abbildung 24.13 Veranschaulichung der zweiten Situation im starken Dualitätssatz: (D) ist nicht zulässig.

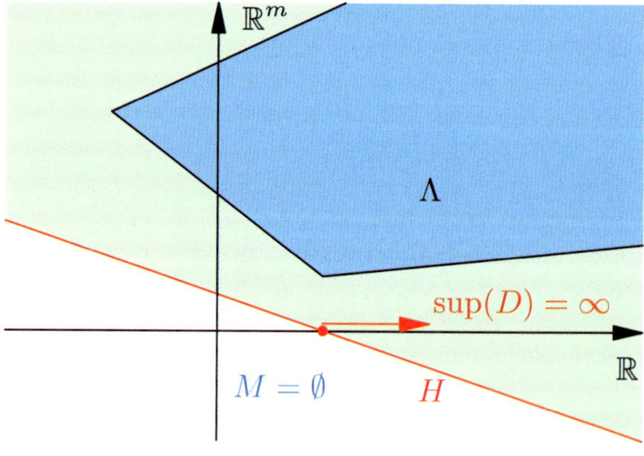

Abbildung 24.14 Veranschaulichung des dritten Falls im starken Dualitätssatz: (P) ist nicht zulässig.

Mit der Dualitätstheorie lassen sich Matrixspiele analysieren

Die lineare Dualitätstheorie findet Anwendung in der Spieltheorie bei sogenannten *Matrixspielen*. Dem Leser ist sicher das bei Kindern beliebte Spiel *Stein, Schere, Papier* bekannt. Bei einem **Matrixspiel** sind zwei Spieler S_1 und S_2 beteiligt, die unabhängig voneinander jeweils n bzw. m Aktions-Alternativen haben. Wählt Spieler S_1 die j-te Aktion und gleichzeitig Spieler S_2 die i-te Aktion, so gibt es eine Auszahlung $a_{ij} \in \mathbb{R}$ von S_1 an S_2. Man fasst alle Auszahlungen, die natürlich auch negativ sein können, zu einer **Auszahlungsmatrix** $A \in \mathbb{R}^{m \times n}$ zusammen. Für das Stein, Schere, Papier Spiel ist dies:

$$A = \begin{pmatrix} 0 & 1 & -1 \\ -1 & 0 & 1 \\ 1 & -1 & 0 \end{pmatrix}$$

wie man aus der Gewinntabelle

$S_2 \backslash S_1$	Stein	Schere	Papier
Stein	0	1	-1
Schere	-1	0	1
Papier	1	-1	0

abliest.

Das Spiel wird nun wiederholt. Bezeichnen wir mit x_j die Wahrscheinlichkeit, bzw. relative Häufigkeit, mit der Spieler S_1 die Alternative j wählt und mit y_i entsprechend für Spieler S_2, so nennt man die Vektoren

$$\mathbf{x} = \begin{pmatrix} x_1 \\ \vdots \\ x_n \end{pmatrix} \in \mathbb{R}^n \quad \text{und} \quad \mathbf{y} = \begin{pmatrix} y_1 \\ \vdots \\ y_m \end{pmatrix} \subset \mathbb{R}^m$$

Strategien der Spieler. Bedingung für eine Strategie sind $x_j, y_i \geq 0$ und $\sum_{j=1}^{n} x_j = \sum_{i=1}^{m} y_i = 1$. Die mittlere zu erwartende Auszahlung, wenn S_1 die Strategie $\mathbf{x}$ und S_2 die Strategie $\mathbf{y}$ wählt errechnet sich aus

$$\Phi(\mathbf{x}, \mathbf{y}) = \mathbf{y}^\top A \mathbf{x} = \sum_{i=1}^{m} \sum_{j=1}^{n} a_{ij} y_i x_j \,.$$

Wählen etwa im Stein-Schere-Papier-Spiel beide Spieler die Strategie $\mathbf{x} = \mathbf{y} = (\frac{1}{3}, \frac{1}{3}, \frac{1}{3})^\top$, so ist

$$\Phi(\mathbf{x}, \mathbf{y}) = 0 \,.$$

Welche Strategie sollte nun der Spieler S_1 favorisieren? Wenn er davon ausgeht, dass sein Gegenspieler optimal spielt, wird er versuchen, die Auszahlungen zu minimieren, d. h., er sucht nach einer Strategie, die das Optimierungsproblem

$$(\mathrm{P}_1) \qquad \underset{\mathbf{x} \in M_1}{\mathrm{Min}} \left(\underset{\mathbf{y} \in M_2}{\max} \mathbf{y}^\top A \mathbf{x} \right)$$

auf

$$M_1 = \{ \mathbf{x} \in \mathbb{R}^n_{\geq 0} \mid \mathbf{e}^\top \mathbf{x} = 1 \}$$

löst, wobei $M_2 \subseteq \mathbb{R}^m$ analog zu M_1 definiert ist und wir im Folgenden $\mathbf{e} = (1, \ldots, 1)^\top$, jeweils mit passender Dimension, setzen.

Entsprechend sucht der zweite Spieler S_2 nach einer Strategie $\mathbf{y}$, die Lösung ist zu

$$(\mathrm{P}_2) \qquad \underset{\mathbf{y} \in M_2}{\mathrm{Max}} \left(\underset{\mathbf{x} \in M_1}{\min} \mathbf{y}^\top A \mathbf{x} \right)$$

auf $M_2 = \{ \mathbf{y} \in \mathbb{R}^m_{\geq 0} \mid \mathbf{e}^\top \mathbf{y} = 1 \}$.

Betrachten wir zunächst die inneren Probleme, etwa

$$\underset{\mathbf{x} \in M_1}{\mathrm{Min}} \; \mathbf{y}^\top A \mathbf{x} \,,$$

für eine fest vorgegebene Strategie $\mathbf{y}$. Es handelt sich um ein lineares Optimierungsproblem in Normalform. Wir wissen, dass Extrema in den Ecken der Restriktionsmenge M_1 liegen, über die wir folgende Aussage machen können.

Lemma

$\widehat{\mathbf{z}} \in M_1$ ist genau dann Ecke von M_1, wenn $\widehat{\mathbf{z}} = \mathbf{e}_j = (0, \ldots, 0, \underset{j.\text{te Stelle}}{1}, 0, \ldots, 0)^\top$ Einheitsvektor zu einem $j \in \{1, \ldots, n\}$ ist.

Beweis: Die Menge M_1 ist konvex, und für Standard-Einheitsvektoren gilt $\mathbf{e}_j \in M_1$ für alle $j = 1, \ldots, n$.

Nehmen wir an, dass $\mathbf{z} \in M_1$ Ecke ist mit $\mathbf{z} \neq \mathbf{e}_j$ für alle $j = 1, \ldots, n$, dann gibt es $\lambda = z_j \in (0, 1)$, und wir erhalten:

$$\mathbf{z} = \lambda \underbrace{\mathbf{e}_j}_{\in M_1} + (1 - \lambda) \underbrace{\sum_{i \neq j} \frac{z_i}{1 - \lambda} \mathbf{e}_i}_{\in M_1} \,,$$

da $\sum_{i \neq j} \frac{z_i}{1 - \lambda} \mathbf{e}_i$ eine konvexe Kombination von Elementen aus M_1 ist. Die Annahme, dass $\mathbf{z}$ Ecke ist, impliziert den Widerspruch $\mathbf{e}_j = \sum_{i \neq j} \frac{z_i}{1 - \lambda} \mathbf{e}_i$. Also kann $\mathbf{z} \in M_1$ nur Ecke sein, wenn $\mathbf{z}$ Einheitsvektor ist.

Wir zeigen noch die Rückrichtung. Gehen wir davon aus, dass für einen Einheitsvektor die Darstellung

$$\mathbf{e}_j = \lambda \mathbf{u} + (1 - \lambda) \mathbf{v}$$

mit $\lambda \in (0, 1)$ und $\mathbf{u}, \mathbf{v} \in M_1$ gilt. Da $\mathbf{u}, \mathbf{v} \geq \mathbf{0}$ sind, folgt aus

$$0 = \lambda u_i + (1 - \lambda) v_i$$

für $i \neq j$, dass $u_i = v_i = 0$ ist. Weiter ergibt sich $1 = \sum_{i=1}^{n} u_i = u_j$ und entsprechend $v_j = 1$, d. h., $\mathbf{u} = \mathbf{v} = \mathbf{e}_j$ ist Ecke von M_1. $\blacksquare$

Analog gilt dieses Resultat für die Menge M_2. Damit lassen sich die beiden Optimierungsprobleme (P_1) und (P_2) äquiva-

Übersicht: Primale und duale Probleme

Der Zusammenhang zwischen primalen und dualen Problemen wird in der linearen Dualitätstheorie betrachtet. Es ergeben sich Optimalitätsbedingungen, die im konkreten Beispiel oft weitreichende Schlussfolgerungen erlauben und in Lösungsroutinen zu linearen Programmen ausgenutzt werden. Wir stellen die grundlegenden Resultate zusammen.

Zu jedem linearen Optimierungsproblem gibt es ein duales Problem. Ist das **primale Problem** in Normalform gegeben, d. h.:

$$\text{(P)} \qquad \operatorname*{Min}_{\boldsymbol{x} \in M} \boldsymbol{c}^\top \boldsymbol{x}$$

auf

$$M = \left\{ \boldsymbol{x} \in \mathbb{R}^n_{\geq 0} \mid \boldsymbol{A}\boldsymbol{x} = \boldsymbol{b} \right\}$$

mit $\boldsymbol{A} \in \mathbb{R}^{m \times n}$, $\boldsymbol{b} \in \mathbb{R}^m$, $\boldsymbol{c} \in \mathbb{R}^n$, so lautet das zugehörige **duale Problem**:

$$\text{(D)} \qquad \operatorname*{Max}_{\boldsymbol{y} \in N} \boldsymbol{b}^\top \boldsymbol{y}$$

auf

$$N = \left\{ \boldsymbol{y} \in \mathbb{R}^m \mid \boldsymbol{A}^\top \boldsymbol{y} \leq \boldsymbol{c} \right\}.$$

Die Dualitätssätze beschreiben die Beziehung, die zwischen diesen beiden linearen Optimierungsproblemen besteht. Man unterscheidet den schwachen und den starken Dualitätssatz.

Schwacher Dualitätssatz:

Sind (P) und (D) zulässig, so gilt:
- $\boldsymbol{b}^\top \boldsymbol{y} \leq \boldsymbol{c}^\top \boldsymbol{x}$ für alle $\boldsymbol{x} \in M$ und $\boldsymbol{y} \in N$.
- (P) und (D) sind lösbar.
- Gibt es $\widehat{\boldsymbol{x}} \in M$ und $\widehat{\boldsymbol{y}} \in N$ mit $\boldsymbol{b}^\top \widehat{\boldsymbol{y}} = \boldsymbol{c}^\top \widehat{\boldsymbol{x}}$, so ist $\widehat{\boldsymbol{x}}$ Lösung des primalen Problems (P) und $\widehat{\boldsymbol{y}}$ Lösung des dualen Problems (D).

Starker Dualitätssatz:

Sind die Optimierungsprobleme (P) und (D) gegeben, so gilt:
- Wenn (P) und (D) zulässig sind, so sind beide Probleme lösbar, und es gilt:

$$\min(\text{P}) = \max(\text{D}).$$

- Ist (P) zulässig und (D) nicht, so ist $\inf(\text{P}) = -\infty$.
- Ist (D) zulässig und (P) nicht, so ist $\sup(\text{D}) = \infty$.

Einige Folgerungen aus der Dualitätstheorie sind zentral und werden besonders herausgestellt. Etwa die sowohl notwendige als auch hinreichende Optimalitätsbedingung.

Satz von Kuhn-Tucker:

Ein Punkt $\widehat{\boldsymbol{x}} \in M$ ist genau dann Lösung von (P), wenn es $\widehat{\boldsymbol{y}} \in N$ gibt mit $\boldsymbol{b}^\top \widehat{\boldsymbol{y}} = \boldsymbol{c}^\top \widehat{\boldsymbol{x}}$.

Auch Komplementarität der beiden Lösungen ergibt sich aus den Dualitätssätzen.

Komplementaritätsbedingung:

Sind $\widehat{\boldsymbol{x}} \in M$ und $\widehat{\boldsymbol{y}} \in N$ optimal zu den Problemen (P) bzw. (D), so ist

$$\widehat{\boldsymbol{x}}^\top (\boldsymbol{c} - \boldsymbol{A}^\top \widehat{\boldsymbol{y}}) = 0,$$

d. h., es gilt $\widehat{x}_j = 0$ oder $c_j = (\boldsymbol{A}^\top \widehat{\boldsymbol{y}})_j$ für $j = 1, \ldots, n$.

---

lent mit endlich vielen Nebenbedingungen formulieren:

$$\text{(P}_1'\text{)} \qquad \operatorname*{Min}_{\boldsymbol{x} \in M_1} \operatorname*{max}_{i=1,\ldots,m} (\boldsymbol{A}\boldsymbol{x})_i$$

und

$$\text{(P}_2'\text{)} \qquad \operatorname*{Max}_{\boldsymbol{y} \in M_2} \operatorname*{min}_{j=1,\ldots,n} (\boldsymbol{A}^\top \boldsymbol{y})_j.$$

Wir führen noch zwei weitere Variable x_0, y_0 ein, um die Probleme äquivalent, als lineare Optimierungsprobleme zu formulieren:

$$\text{(P}_1''\text{)} \qquad \operatorname{Min} x_0$$

auf

$$M_1'' = \{ (x_0, \boldsymbol{x}) \in \mathbb{R} \times \mathbb{R}^n_{\geq 0} \mid \boldsymbol{e}^\top \boldsymbol{x} = 1, \ \boldsymbol{A}\boldsymbol{x} \leq x_0 \boldsymbol{e} \}$$

und

$$\text{(P}_2''\text{)} \qquad \operatorname{Max} y_0$$

auf

$$M_2'' = \{ (y_0, \boldsymbol{y}) \in \mathbb{R} \times \mathbb{R}^m_{\geq 0} \mid \boldsymbol{e}^\top \boldsymbol{y} = 1, \ \boldsymbol{A}^\top \boldsymbol{y} \geq y_0 \boldsymbol{e} \}.$$

Schreiben wir nun noch das Problem (P_1'') in Normalform zu

$$\text{(P}_1'''\text{)} \qquad \operatorname*{Min}_{M_1'''} x_0^+ - x_0^-$$

unter den Nebenbedingungen

$$M_1''' = \left\{ \begin{pmatrix} x_0^+ \\ x_0^- \\ \boldsymbol{x} \\ \boldsymbol{x}^s \end{pmatrix} \in \mathbb{R}^{2+n+m}_{\geq \boldsymbol{0}} \mid \right.$$

$$\left. \begin{pmatrix} 0 & 0 & \boldsymbol{e}^\top & \boldsymbol{0} \\ -\boldsymbol{e} & \boldsymbol{e} & \boldsymbol{A} & \boldsymbol{E}_m \end{pmatrix} \begin{pmatrix} x_0^+ \\ x_0^- \\ \boldsymbol{x} \\ \boldsymbol{x}^s \end{pmatrix} = \begin{pmatrix} 1 \\ \boldsymbol{0} \end{pmatrix} \right\}.$$

Dann lautet das duale Problem mit $\boldsymbol{c} = (1, -1, 0, \ldots, 0)^\top$:

$$\text{(D}_1\text{)} \qquad \operatorname{Max} \begin{pmatrix} 1 \\ 0 \\ \vdots \\ 0 \end{pmatrix}^\top \begin{pmatrix} y_0 \\ y_1 \\ \vdots \\ y_m \end{pmatrix}$$

auf

$$N = \Big\{ (y_0, \boldsymbol{y}) \in \mathbb{R} \times \mathbb{R}^m \mid$$

$$\begin{pmatrix} 0 & -\boldsymbol{e}^\top \\ 0 & \boldsymbol{e}^\top \\ \boldsymbol{e} & \boldsymbol{A} \\ \boldsymbol{0} & \boldsymbol{E}_m \end{pmatrix} \begin{pmatrix} y_0 \\ y_1 \\ \vdots \\ y_m \end{pmatrix} \le \begin{pmatrix} 1 \\ -1 \\ 0 \\ \vdots \\ 0 \end{pmatrix} \Big\} \, .$$

Ersetzen wir $\boldsymbol{y}$ durch $-\boldsymbol{y}$, so erkennen wir, dass dies gerade das Problem (P_2'') ist.

Insgesamt haben wir gezeigt, dass die beiden Probleme (P_1) und (P_2) dual zueinander sind.

Mit dem starken Dualitätssatz folgt mit dieser Dualität der Hauptsatz über Matrixspiele.

Hauptsatz über Matrixspiele

Zu einem Matrixspiel gibt es optimale Strategien $\widehat{\boldsymbol{x}} \in M_1$ und $\widehat{\boldsymbol{y}} \in M_2$, und es gilt:

$$\widehat{\boldsymbol{y}}^\top \boldsymbol{A} \widehat{\boldsymbol{x}} = \min_{\boldsymbol{x} \in M_1} \max_{\boldsymbol{y} \in M_2} \boldsymbol{y}^\top \boldsymbol{A} \boldsymbol{x} = \max_{\boldsymbol{y} \in M_2} \min_{\boldsymbol{x} \in M_1} \boldsymbol{y}^\top \boldsymbol{A} \boldsymbol{x} \, .$$

Beweis: Die Existenz von $\widehat{\boldsymbol{x}}$ und $\widehat{\boldsymbol{y}}$ und die Gleichheit der Zielfunktionswerte folgt aus dem starken Dualitätssatz.

Es bleibt noch die linke Identität der Zielfunktionswerte zu zeigen. Mit dem vorher bewiesenen Lemma erhalten wir:

$$\widehat{\boldsymbol{y}}^\top \boldsymbol{A} \widehat{\boldsymbol{x}} \le \max_{\boldsymbol{y} \in M_2} \boldsymbol{y}^\top \boldsymbol{A} \widehat{\boldsymbol{x}} = \max_{i=1,\dots,m} (\boldsymbol{A} \widehat{\boldsymbol{x}})_i = \min (P_1)$$

und

$$\widehat{\boldsymbol{y}}^\top \boldsymbol{A} \widehat{\boldsymbol{x}} \ge \min_{\boldsymbol{x} \in M_1} \widehat{\boldsymbol{y}}^\top \boldsymbol{A} \boldsymbol{x} = \min_{j=1,\dots,n} (\boldsymbol{A}^\top \widehat{\boldsymbol{y}})_j = \max (D_1) \, .$$

Da keine Lücke zwischen primalem und dualem Problem besteht, folgt die Identität. $\blacksquare$

Kommentar: Für eine Verallgemeinerung der zum Hauptsatz äquivalenten Sattelpunktaussage

$$\Phi(\widehat{\boldsymbol{x}}, \boldsymbol{y}) \le \Phi(\widehat{\boldsymbol{x}}, \widehat{\boldsymbol{y}}) \le \Phi(\boldsymbol{x}, \widehat{\boldsymbol{y}})$$

mit $\Phi(\boldsymbol{x}, \boldsymbol{y}) = \boldsymbol{y}^\top \boldsymbol{A} \boldsymbol{x}$, dem *Gleichgewichtssatz von Nash*, und seiner ökonomischen Interpretation wurde 1994 der Nobelpreis für Wirtschaftswissenschaften an J. Harsanyi (1920–2000), J.F. Nash (*1928), R. Selten (*1930) verliehen.

24.4 Differenzierbare Probleme

Lineare Programme finden sich zwar in vielen Anwendungen, aber sie bilden nur eine sehr spezielle Klasse von Optimierungsaufgaben. Im Beispiel auf Seite 1044 wird angedeutet, dass sich wesentliche Aspekte der Theorie zu linearen Problemen auch auf konvexe Optimierungsprobleme übertragen lassen. Wir betrachten abschließend eine andere allgemeine Situation, die restringierten, differenzierbaren Probleme.

Kuhn-Tucker Punkte des linearisierten Problems liefern Optimalitätsbedingungen auch im nichtlinearen Fall

Indem wir Analysis und lineare Algebra verknüpfen, erhalten wir Kriterien zu nichtlinearen Optimierungsproblemen. Wir betrachten in diesem Abschnitt Optimierungsprobleme von der Form

$$(P) \qquad \operatorname*{Min}_{\boldsymbol{x} \in M} f(\boldsymbol{x})$$

unter den Restriktionen

$$M = \Big\{ \boldsymbol{x} \in D \mid \boldsymbol{g}(\boldsymbol{x}) = \boldsymbol{0}, \boldsymbol{h}(\boldsymbol{x}) \le \boldsymbol{0} \Big\}$$

mit einer stetig differenzierbaren Zielfunktion $f : D \to \mathbb{R}$ auf einer offenen Menge $D \subseteq \mathbb{R}^n$ und Gleichungs- und Ungleichungsnebenbedingungen, die durch stetig differenzierbare Funktionen $\boldsymbol{g} : D \to \mathbb{R}^m$ und $\boldsymbol{h} : D \to \mathbb{R}^p$ beschrieben sind.

Fragen zur Existenz von Lösungen lassen sich häufig durch das bekannte Resultat klären, dass es Extrema in M gibt, wenn M kompakt ist, da die Zielfunktion f stetig ist. Ziel dieses Abschnitts ist es, Optimalitätsbedingungen für das nichtlineare Problem herzuleiten. Dazu benötigen wir sowohl die Analysis als auch die lineare Algebra. Denn das Differenzieren ermöglicht es, in einer Umgebung eines Extremums, anstelle der nichtlinearen Funktionen diese durch ihre Linearisierungen zu approximieren (Übersicht auf Seite 1045). Damit erreichen wir ein lineares Programm, das mit den Methoden der linearen Algebra, insbesondere des Simplex-Algorithmus erfasst werden kann. Wenden wir die lineare Dualitätstheorie auf das linearisierte Problem an und untersuchen den Zusammenhang zu den Ableitungen der ursprünglichen Zielfunktion und den Nebenbedingungen, so folgt eine notwendige Optimalitätsbedingung, die *Lagrange'sche Multiplikatorenregel*. An einigen Beispielen wird ersichtlich, wie diese genutzt werden kann, um Optimierungsprobleme zu lösen.

Wenden wir uns der Linearisierung von (P) zu. Wir schreiben wie bisher $f'(\boldsymbol{x}) \in \mathbb{R}^{1 \times n}$, $\boldsymbol{g}'(\boldsymbol{x}) \in \mathbb{R}^{m \times n}$ und $\boldsymbol{h}'(\boldsymbol{x}) \in \mathbb{R}^{p \times n}$ für die Funktionalmatrizen der in (P) auftretenden Funktionen. Wir werden aber auch die Notation des Gradienten

Hintergrund und Ausblick: Konvexe Optimierung

Es wurde bereits angedeutet, dass sich die Dualitätstheorie auf sogenannte konvexe Optimierungsprobleme verallgemeinern lässt. Ein kurzer Ausflug in die konvexe Optimierung klärt, welche Fragestellungen damit gemeint sind.

Die Bedeutung von Konvexität des Zielfunktionals eines Optimierungsproblems ist bereits im Eindimensionalen im Abschnitt 15.4 herausgestellt worden. Wir nennen ein Funktional $f : M \to \mathbb{R}$ konvex auf einer konvexen Menge $M \subseteq X$ in einem Vektorraum X, wenn

$$f(\lambda x + (1 - \lambda)y) \leq \lambda f(x) + (1 - \lambda)f(y)$$

für alle $x, y \in M$ und $\lambda \in (0, 1)$ gilt. Die Formulierung einer Optimierungsaufgabe als konvexes Problem ist in den Anwendungen wichtig, da bei einem konvexen Problem Schwierigkeiten, die bei vielen lokalen Minima (Abb. 24.1) auftreten, wegfallen.

Man spricht von einem konvexen Optimierungsproblem, wenn die Zielfunktion f konvex ist und sich die Menge $M \subseteq X$ durch konvexe Restriktionen beschreiben lässt, d. h.:

$$\underset{x \in M}{\text{Min}} \; f(x)$$

mit

$$M = \big\{ x \in K \mid g(x) \in -C \big\} .$$

Dabei werden konvexe Kegel $K \subseteq X$ und $C \subseteq Y$ und eine konvexe Abbildung $g : K \to Y$ in einen Vektorraum Y vorausgesetzt. Unter einem Kegel versteht man eine Teilmenge $K \subseteq X$ mit der Eigenschaft, dass aus $x \in K$ stets auch $\lambda x \in K$ für alle $\lambda > 0$ folgt. Auch die Konvexität der Abbildung g muss in diesem allgemeinen Rahmen erst definiert werden. Man nennt $g : K \to Y$ konvex bezüglich eines *Ordnungskegels* $C \subseteq Y$, wenn für alle $x, y \in K$ und alle $\lambda \in (0, 1)$ folgt:

$$\lambda g(x) + (1 - \lambda)g(y) - g(\lambda x + (1 - \lambda)y) \in C .$$

Im endlichdimensionalen Spezialfall $X = \mathbb{R}^n$ und $Y = \mathbb{R}^m$ und den konvexen Kegeln $K = \mathbb{R}^n_{\geq 0}$ und $C = \mathbb{R}^m_{\geq 0}$ ist

$$M = \big\{ x \in \mathbb{R}^n_{\geq 0} \mid g(x) \leq \mathbf{0} \big\}$$

mit einer Funktion $g : \mathbb{R}^n \to \mathbb{R}^m$, die in jeder Komponente konvex ist.

Der Einfachheit halber bleiben wir bei diesem endlichdimensionalen Spezialfall und beschreiben das zugehörige duale Problem. Um das duale Problem zu formulieren, verallgemeinert man die bereits eingeführte Menge

$$\Lambda = \big\{ (f(x)+r, \, g(x)+z) \in \mathbb{R} \times \mathbb{R}^m \mid r \geq 0, \, z \geq \mathbf{0}, \, x \geq \mathbf{0} \big\}.$$

Die Anschauung wie in Abbildung 24.12 bleibt bestehen, wobei Λ jetzt zwar weiterhin konvex, aber nicht notwendig Durchschnitt von Halbräumen ist. Definiert man die *Lagrange-Funktion* $L : \mathbb{R}^n \times \mathbb{R}^m \to \mathbb{R}$ mit

$$L(x, y) = f(x) + y^{\top} g(x) ,$$

so kann das duale Problem zum konvexen Optimierungsproblem durch

$$\underset{y \in N}{\text{Max}} \left(\underset{x \in M}{\inf} \; L(x, y) \right)$$

auf

$$N = \big\{ y \in \mathbb{R}^m_{\geq 0} \mid \underset{x \in M}{\inf} \; L(x, y) > -\infty \big\}$$

beschrieben werden.

Analog zum linearen Fall lassen sich zu den beiden Problemen die Dualitätssätze formulieren. Falls beide Probleme zulässig sind und eine zusätzliche Bedingung an g erfüllt ist, gilt auch im konvexen Fall, dass $\widehat{x} \in M$ genau dann Lösung des primalen Problems ist, wenn es ein $\widehat{y} \in N$ gibt mit $f(\widehat{x}) = \inf_{x \in M} \big(f(x) + \widehat{y}^{\top} g(x) \big)$. Weiter ist dann $\widehat{y} \in N$ Lösung des dualen Problems. Die im konvexen Fall gegenüber dem linearen Fall zusätzlich erforderliche Bedingung ist gegeben durch die *Slater-Bedingung*: Es wird vorausgesetzt, dass ein $x \in \mathbb{R}^n$ existiert mit $g(x) < \mathbf{0}$.

Das Resultat lässt sich auch in Form eines *Sattelpunkts* der Lagrange-Funktion formulieren. Es gilt, dass $\widehat{x} \in M$ und $\widehat{y} \in N$ optimal für das primale bzw. duale Problem sind, genau dann, wenn

$$L(\widehat{x}, y) \leq L(\widehat{x}, \widehat{y}) \leq L(x, \widehat{y})$$

für alle $x \in M$ und $y \in N$.

Sind f und g differenzierbar, so folgt $\nabla_x L(\widehat{x}, \widehat{y}) = \mathbf{0}$ aus der Sattelpunktbedingung, und es ergibt sich die Multiplikatorenregel (Seite 1047). Aber man beachte, dass hier, im konvexen Fall, wegen der Dualität die Regel auch hinreichend ist und nicht nur notwendig.

$\nabla f = (f')^{\top}$ nutzen. Da f, g und h differenzierbar sind, gelten lokal um ein $x \in D$ die Linearisierungen:

$$f(x + z) = f(x) + f'(x)z + o(\|z\|) ,$$
$$g(x + z) = g(x) + g'(x)z + o(\|z\|) ,$$
$$h(x + z) = h(x) + h'(x)z + o(\|z\|) .$$

Betrachten wir das linearisierte Optimierungsproblem zu (P) um eine Stelle $x \in M$, d. h., wir ersetzen alle Funktionen durch ihre linearen Approximationen um x und erhalten das lineare Programm

$$\text{(LP)} \qquad \underset{z \in M_L}{\text{Min}} \; (\nabla f(x))^{\top} z$$

Übersicht: Approximation von Funktionen (kapitelübergreifend)

Die Approximation von Funktionen begegnet uns häufig etwa bei Potenzreihen, bei der Definition des Integrals oder bei Fourierreihen. Dabei werden nicht nur verschiedene Klassen von Funktionen betrachtet, sondern es kommen auch unterschiedliche Abstandsbegriffe zwischen Funktionen zum Tragen. Fragen wir nach der besten Approximation an eine Funktion durch Elemente aus einer durch Parameter oder Koeffizienten festgelegten Menge von Funktionen, so ist ein Optimierungsproblem zu lösen.

Die Approximation von Funktionen durch Polynome, trigonometrische Polynome oder andere Ausdrücke hängt einerseits von diesen Unterräumen ab und andererseits von der Wahl der Norm, dem Abstandsbegriff zwischen Funktionen. Einige grundlegende Varianten bei Funktionen $f: [a, b] \to \mathbb{R}$ sind hier zusammengestellt.

- Ist f differenzierbar, so ist durch die **Linearisierung**

$$f(x) \approx f(x_0) + f'(x_0)(x - x_0)$$

um eine Stelle $x_0 \in [a, b]$ eine Näherung durch eine affin-lineare Funktion an f gegeben. Die Differenz $f(x) - (f(x_0) + f'(x_0)(x - x_0)) = h(x)(x - x_0)$ ist dabei durch einen Rest $h(x)(x - x_0)$ mit der Eigenschaft $h(x) \to 0$ für $x \to x_0$ abschätzbar (Seite 558). Dies ist sicher die in den Anwendungen am häufigsten verwendete Art der Approximation.

- Bei hinreichender Differenzierbarkeit der Funktion f lässt sich eine lokale Approximation durch Polynome höherer Ordnung durch das **Taylorpolynom**

$$p_n(x) = \sum_{k=0}^{n} \frac{f^{(k)}(x_0)}{k!} (x - x_0)^k, \quad x \in \mathbb{R}$$

erreichen mit dem **Restglied**

$$|R_n(x, x_0)| = |f(x) - p_n(x)|$$
$$\leq \frac{1}{(n+1)!} |x - x_0|^{n+1} \max_{\xi \in [a,b]} (|f^{(n+1)}(\xi)|).$$

Konvergiert das Restglied für $n \to \infty$ gegen null, so ist die beliebig oft differenzierbare Funktion f in einer Umgebung um x_0 in eine **Potenzreihe** entwickelbar (siehe Abschnitt 15.5).

- Die Frage nach der besten Approximation einer stetigen Funktion f bezüglich der Maximums- oder Supremumsnorm durch Polynome beantwortet die **Tschebyscheff-Approximation**. Es gibt in der Menge $\mathcal{P}_n$ der Polynome bis zum Grad n genau ein Polynom $p_n \in \mathcal{P}_n$ mit der Eigenschaft

$$\|f - p_n\|_\infty \leq \|f - p\|_\infty$$

für alle $p \in \mathcal{P}_n$. Dabei ist der Abstand zwischen stetigen Funktionen durch die **Maximumsnorm**

$$\|f - p\|_\infty = \max_{x \in [a,b]} |f(x) - p(x)|$$

gegeben.

Bemerkung: Der Weierstrass'sche Approximationssatz besagt, dass jede stetige Funktion beliebig genau durch Polynome approximiert werden kann, d. h., zu jedem Wert $\varepsilon > 0$ gibt es ein Polynom p von entsprechend hohem Grad mit der Eigenschaft $\|f - p\|_\infty \leq \varepsilon$.

- Bei der *Polynom-Interpolation* sind einige Funktionswerte bekannt, und es wird das Polynom mit entsprechendem Grad betrachtet, das an diesen Stellen dieselben Funktionswerte besitzt. Eine generelle Konvergenzaussage gibt es bei der klassischen Polynom-Interpolation nicht. Im Gegensatz dazu erhalten wir eine beliebig genaue Approximation an eine Funktion f, wenn wir Funktionswerte an genügend vielen Stützstellen kennen, durch die *Spline-Interpolation*. Fehlerabschätzungen bezüglich der Maximumsnorm lassen sich in Abhängigkeit der gewählten Menge von Spline-Funktionen angeben. Diese Näherung an Funktionen ist Ausgangspunkt der *Methode der finiten Elemente*.

- Die punktweise Annäherung an Funktionen bedeutet, der Abstand wird an jeder Stelle $x \in [a, b]$ durch $|f(x) - p(x)|$ betrachtet. Die Näherung mit diesem Abstandsbegriff durch **Treppenfunktionen** ist Grundlage der Integralrechnung. Bleibt die Integralfolge von einer **punktweise fast überall** gegen eine Funktion konvergierenden Folge von Treppenfunktionen beschränkt, so ist f eine **lebesgue-integrierbare Funktion** (siehe Abschnitt 16.2). Identifizieren wir Funktionen, die sich höchstens auf einer Nullmenge unterscheiden, so ergibt sich der Funktionenraum $L([a, b])$ der lebesgue-integrierbaren Funktionen.

- Die beste Approximation an eine quadratintegrierbare Funktion $f \in L^2([a, b])$ bezüglich der L^2-**Norm** ist durch das **Fourierpolynom** gegeben. Weiter besagt die Fouriertheorie, dass die Folge der Fourierpolynome (p_n) bezüglich des Abstands, der durch die L^2-Norm

$$\|f - p_n\|_{L^2} = \left(\int_a^b |f(x) - p_n(x)|^2 \, dx \right)^{1/2}$$

definiert ist, gegen die Funktion f konvergiert (siehe Kapitel 19).

in der Menge

$$M_L = \left\{ z \in \mathbb{R}^n \mid g'(x)z = 0, \ h(x) + h'(x)z \leq 0 \right\} .$$

Es ist unser Plan zum einen den Zusammenhang zwischen (P) und (LP) in einer Umgebung einer Lösung $\widehat{x} \in M$ zu analysieren und zweitens mithilfe des Satzes von Kuhn-Tucker, angewandt auf (LP), eine notwendige Bedingung herauszuarbeiten. Als Vorbereitung, um eine Beziehung zwischen (P) und (LP) zu bekommen, untersuchen wir für Gleichungsnebenbedingungen lokal die Differenz zwischen Niveaulinien, $g(x) = 0$, und Tangentialraum (Abb. 24.15). Der Satz über implizite Funktionen führt auf eine nach dem russischen Mathematiker L. Lyusternik (1899–1981) benannte Darstellung der Differenz.

Satz von Lyusternik

Es seien $g \colon D \subseteq \mathbb{R}^n \to \mathbb{R}^m$ stetig differenzierbar und $x \in D$ mit $g(x) = 0$ und $\mathrm{Rg}\, g'(x) = m \leq n$. Weiter sei $z \in \mathbb{R}^n$ mit $g'(x)z = 0$. Dann gibt es $\delta > 0$ und eine stetig differenzierbare Funktion $r \colon (-\delta, \delta) \to \mathbb{R}^n$ mit $r(0) = 0$, $r'(0) = 0$ und

$$g\big(x + tz + r(t)\big) = 0 \quad \text{für } t \in (-\delta, \delta) .$$

Beweis: Zur Abkürzung definieren wir das orthogonale Komplement zum Kern der Funktionalmatrix, den Unterraum

$$U = \big(\mathrm{Kern}\, g'(x)\big)^\perp \subseteq \mathbb{R}^n .$$

Da der Rang von $g'(x)$ maximal vorausgesetzt ist, gilt $\dim U = m$. Wir bezeichnen mit $\{u_1, \ldots, u_m\}$ eine Basis von U und definieren mit der Matrix

$$R = (u_1 \mid u_2 \mid \ldots \mid u_m) \in \mathbb{R}^{n \times m}$$

die Funktion $G \colon \mathbb{R} \times \mathbb{R}^m \to \mathbb{R}^m$ durch

$$G(t, y) = g(x + tz + Ry) .$$

Offensichtlich ist G stetig differenzierbar, und es gilt $G(0, 0) = g(x) = 0$. Weiter erhalten wir:

$$\begin{aligned}
\frac{\partial G}{\partial y}(t, y) &= \left(\frac{\partial G_i}{\partial y_j}(t, y) \right)_{i, j = 1, \ldots, m} \\
&= g'(x + tz + Ry)\, R \ \in \mathbb{R}^{m \times m} .
\end{aligned}$$

Mit der Bedingung an den Rang von $g'(x)$ folgt aus $g'(x)\, Ry = 0$ auch $Ry = 0$. Die lineare Unabhängigkeit der Spalten in R impliziert $y = 0$. Also ist die Matrix

$$\frac{\partial G}{\partial y}(0, 0) = g'(x)\, R$$

regulär. Nach dem Satz über implizit gegebene Funktionen (Abschnitt 21.8) gibt es $\delta > 0$ und eine differenzierbare Parametrisierung $\gamma \colon (-\delta, \delta) \to \mathbb{R}^m$ einer Kurve mit $\gamma(0) = 0$ und

$$g(x + tz + R\gamma(t)) = 0 \quad \text{für } t \in (-\delta, \delta) .$$

Wir definieren die Funktion r durch $r(t) = R\gamma(t)$. Dann ist r stetig differenzierbar mit $r(0) = 0$. Aus $r'(t) = R\dot{\gamma}(t)$ und der implizit gegebenen Ableitung

$$\begin{aligned}
0 &= \frac{d}{dt} g\big(x + tz + R\gamma(t)\big)\Big|_{t=0} \\
&= g'(x)z + g'(x)R\dot{\gamma}(0)
\end{aligned}$$

bzw.

$$\dot{\gamma}(0) = -(g'(x)R)^{-1} \underbrace{g'(x)z}_{=0} = 0$$

folgt die letzte Eigenschaft $r'(0) = R\dot{\gamma}(0) = 0$. $\blacksquare$

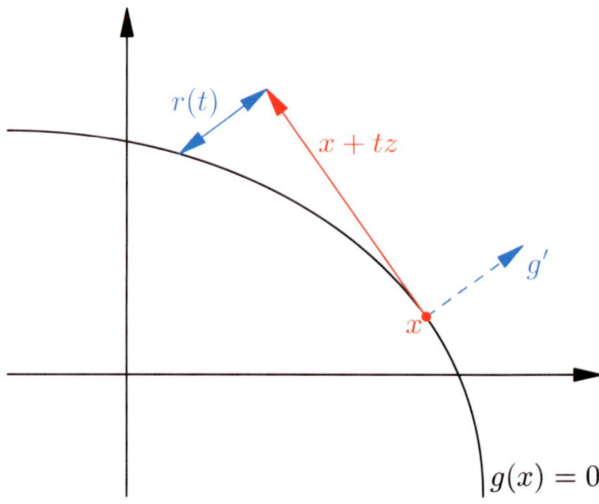

Abbildung 24.15 Eine einfache Skizze verdeutlicht die Aussage des Satzes von Lyusternik.

Lokale Extrema implizieren die lineare Abhängigkeit der Gradienten von Zielfunktion und Nebenbedingungen

Mit dieser Vorbereitung kommen wir zurück zum differenzierbaren Optimierungsproblem. Der einfache Fall $f \colon \mathbb{R}^2 \to \mathbb{R}$ ohne Gleichungsnebenbedingung und mit nur einer Ungleichungsbedingung $h \colon \mathbb{R}^2 \to \mathbb{R}$ wird durch die Skizze in Abbildung 24.16 deutlich. Die beiden Gradienten ∇f und ∇h, die jeweils senkrecht zu den Niveaulinien stehen, sind in Extremalstellen linear abhängig. Den Faktor, um den sich beide Gradienten in der Extremalstelle unterscheiden, nennt man *Multiplikator*. Insbesondere ist hier das Vorzeichen des Multiplikators aufgrund der entgegengesetzten Richtungen der Gradienten festgelegt.

Diese lineare Abhängigkeit zwischen den Gradienten der Zielfunktion und den Nebenbedingungen in Extremalstellen gilt auch allgemein und wird *Lagrange-Multiplikatorenregel* genannt. Wir werden zeigen, dass das linearisierte Problem (LP) um eine Extremalstelle $\widehat{x}$ die Lösung $z = 0$ hat. Dann liefert die Dualitätstheorie zu (LP) die lineare Abhängigkeit und die zugehörigen Multiplikatoren.

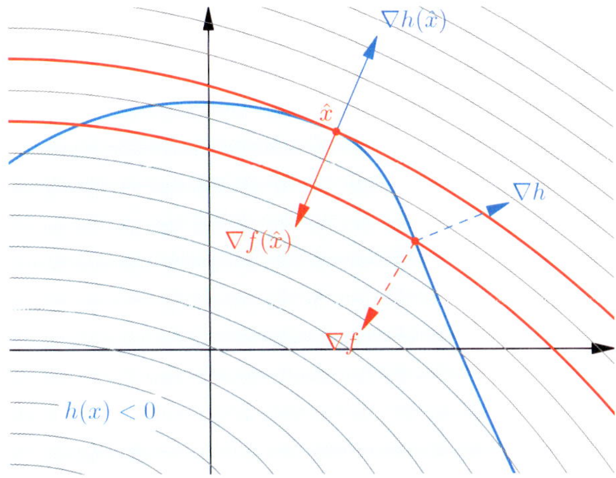

Abbildung 24.16 Im lokalen Minimum lässt sich der Gradient der Zielfunktion als Linearkombination der Gradienten der Nebenbedingungen schreiben.

Für die allgemeine Aussage sind zusätzliche Bedingungen an g und h erforderlich. Wir formulieren zwei Bedingungen:

(i) $\operatorname{Rg} g'(\widehat{x}) = m$ und
(ii) es existiert $z^* \in \mathbb{R}^n$ mit $g'(\widehat{x})z^* = \mathbf{0}$ und $h(\widehat{x}) + h'(\widehat{x})z^* < \mathbf{0}$.

Eigenschaften wie (i) und (ii), die sicherstellen, dass es Multiplikatoren gibt, heißen in der Literatur „**constraint qualifications**". Eine deutsche Übersetzung hat sich bisher nicht etabliert. Wir kürzen deswegen im Folgenden die beiden Bedingungen (i) und (ii) durch (CQ) ab.

Lagrange'sche Multiplikatorenregel

Sind f, g und h stetig differenzierbar auf einer offenen Menge $D \subseteq \mathbb{R}^n$, der Punkt $\widehat{x} \in M = \{x \in D \mid g(x) = \mathbf{0},\ h(x) \leq \mathbf{0}\}$ ein lokales Minimum von f auf M, und gelten die (CQ)-Bedingungen, so gibt es **Lagrange'sche Multiplikatoren** $\widehat{u} \in \mathbb{R}^m$ und $\widehat{v} \in \mathbb{R}^p_{\geq 0}$, d. h.:

$$f'(\widehat{x}) + \widehat{u}^\top g'(\widehat{x}) + \widehat{v}^\top h'(\widehat{x}) = \mathbf{0}$$

und

$$\widehat{v}^\top h(\widehat{x}) = 0\,.$$

Beweis: Wie oben angedeutet, betrachten wir das lineare Problem

$$\text{(LP)} \qquad \operatorname*{Min}_{z \in M_L}\ (\nabla f(\widehat{x}))^\top z$$

auf der Menge

$$M_L = \left\{z \in \mathbb{R}^n \mid g'(\widehat{x})z = \mathbf{0},\ h(\widehat{x}) + h'(\widehat{x})z \leq \mathbf{0}\right\}.$$

Der Beweis gliedert sich in zwei Teile. Erstens zeigen wir, wenn $\widehat{x}$ Lösung des nichtlinearen Problems (P) ist, so ist $\widehat{z} = 0$ Lösung von (LP). Im zweiten Schritt wenden wir den Satz von Kuhn-Tucker auf (LP) an, um zusammen mit $\widehat{z} = 0$ die Existenz der Multiplikatoren zu beweisen.

Da $z = \mathbf{0} \in M_L$ ist, genügt es für den ersten Teil des Beweises durch einen Widerspruch zu zeigen, dass es kein $z \in M_L$ gibt mit $\nabla f(\widehat{x})^\top z < 0$.

Nehmen wir an, dass ein $z \in M_L$ existiert mit $\nabla f(\widehat{x})^\top z < 0$. Mit der Bedingung (ii) aus (CQ) gibt es darüber hinaus z^*. Wir definieren eine Konvexkombination beider Punkte:

$$z_\lambda = \lambda z^* + (1 - \lambda)z$$

mit $\lambda \in (0, 1)$. Offensichtlich sind $g'(\widehat{x})z_\lambda = \mathbf{0}$ und

$$h(\widehat{x}) + h'(\widehat{x})z_\lambda = \lambda \overbrace{\left(h(\widehat{x}) + h'(\widehat{x})z^*\right)}^{<\mathbf{0}}$$
$$+\, (1 - \lambda)\underbrace{\left(h(\widehat{x}) + h'(\widehat{x})z\right)}_{\leq \mathbf{0}} < \mathbf{0}$$

für alle $\lambda \in (0, 1)$. Weiter gilt für die Zielfunktion:

$$(\nabla f(\widehat{x}))^\top z_\lambda = \lambda(\nabla f(\widehat{x}))^\top z^* + (1 - \lambda)\underbrace{(\nabla f(\widehat{x}))^\top z}_{<0}\,.$$

Wir können $\lambda \in (0, 1)$ so klein wählen, dass

$$(\nabla f(\widehat{x}))^\top z_\lambda < 0$$

gilt. Aufgrund der Rangbedingung (i) lässt sich mit diesem λ der Satz von Lyusternik anwenden. Also gibt es eine Funktion $r : (-\delta, \delta) \to \mathbb{R}^n$ mit $r(0) = \mathbf{0}$, $r'(0) = \mathbf{0}$ und $g(\widehat{x} + tz_\lambda + r(t)) = 0$. Dabei ist gegebenenfalls δ zu verkleinern, sodass $\widehat{x} + tz_\lambda + r(t) \in D$ für $t \in (-\delta, \delta)$ erfüllt ist.

Mit der Ableitung von h folgt:

$$h(\widehat{x} + tz_\lambda + r(t))$$
$$= h(\widehat{x}) + h'(\widehat{x})\big(tz_\lambda + r(t)\big) + o\big(\|tz_\lambda + r(t)\|\big)$$
$$= t\underbrace{\left(h(\widehat{x}) + h'(\widehat{x})z_\lambda\right)}_{<\mathbf{0}} + \underbrace{h'(\widehat{x})r(t) + o\big(\|tz_\lambda + r(t)\|\big)}_{\to 0,\ \text{für } t \to 0}$$
$$+\, (1 - t)\underbrace{h(\widehat{x})}_{\leq \mathbf{0}} \leq \mathbf{0}\,,$$

wenn $t > 0$ hinreichend klein gewählt wird. Man beachte, dass bei den Abschätzungen der Ordnung $o(.)$ die Identität $r'(0) = \mathbf{0}$ eingeht. Somit ist $\widehat{x} + tz_\lambda + r(t) \in M$ bei dieser Wahl von λ und t. Andererseits folgt im Widerspruch zur Optimalität von $\widehat{x} \in M$ die Abschätzung:

$$f(\widehat{x} + tz_\lambda + r(t))$$
$$= f(\widehat{x}) + t\underbrace{(\nabla f(\widehat{x}))^\top z_\lambda}_{<0}$$
$$+\, \underbrace{(\nabla f(\widehat{x}))^\top r(t) + o\big(\|tz_\lambda + r(t)\|\big)}_{\to 0,\quad t \to 0}$$
$$< f(\widehat{x})\,,$$

wenn t hinreichend klein gewählt wird. Insgesamt haben wir gezeigt, dass $z = \mathbf{0}$ Lösung des Problems (LP) ist.

Mit Schlupfvariablen z^s und der üblichen Zerlegung $z = z^+ - z^-$ in nicht negative Anteile schreiben wir das lineare Problem in Normalform

$$(\text{LP}_N) \qquad \text{Min } (\nabla f(\widehat{x}))^\top (z^+ - z^-)$$

unter den Nebenbedingungen

$$M_N = \left\{ \begin{pmatrix} z^+ \\ z^- \\ z^s \end{pmatrix} \in \mathbb{R}^{2n+p}_{\geq 0} \mid \right.$$

$$\left. \begin{pmatrix} g'(\widehat{x}) & -g'(\widehat{x}) & \mathbf{0} \\ h'(\widehat{x}) & -h'(\widehat{x}) & E_p \end{pmatrix} \begin{pmatrix} z^+ \\ z^- \\ z^s \end{pmatrix} = \begin{pmatrix} 0 \\ -h(\widehat{x}) \end{pmatrix} \right\}.$$

Der Satz von Kuhn-Tucker liefert die Existenz von

$$\widehat{y} \in \left\{ y \in \mathbb{R}^{m+p} \mid \right.$$

$$\left. \begin{pmatrix} (g'(\widehat{x}))^\top & (h'(\widehat{x}))^\top \\ -(g'(\widehat{x}))^\top & -(h'(\widehat{x}))^\top \\ 0 & E_p \end{pmatrix} y \leq \begin{pmatrix} \nabla f(\widehat{x}) \\ -\nabla f(\widehat{x}) \\ 0 \end{pmatrix} \right\}$$

mit dem Zielfunktionswert

$$\begin{pmatrix} \mathbf{0} \\ -h(\widehat{x}) \end{pmatrix}^\top \widehat{y} = (\nabla f(\widehat{x}))^\top \widehat{z} = 0.$$

Setzen wir $\widehat{u} = -\widehat{y}_{1,\dots,m} \in \mathbb{R}^m$ und $\widehat{v} = -\widehat{y}_{m+1,\dots,m+p} \in \mathbb{R}^p$, so erhalten wir $\widehat{v}^\top h(\widehat{x}) = 0$, die Vorzeichenbedingung an $\widehat{v}$ und die Identität

$$f'(\widehat{x}) + \widehat{u}^\top g'(\widehat{x}) + \widehat{v}^\top h'(\widehat{x}) = 0$$

aus den Bedingungen an $\widehat{y}$, d. h., wir haben die Existenz der Multiplikatoren gezeigt. ∎

Beachten Sie, dass wir aufgrund der Vorzeichenbedingung an $\widehat{v}$ und wegen $h(\widehat{x}) \leq \mathbf{0}$ die Beziehung $\widehat{v}^\top h(\widehat{x}) = 0$ auch komponentenweise interpretieren können, sodass $\widehat{v}_j = 0$ oder $h_j(\widehat{x}) = 0$ für jedes $j = 1, \dots, p$ gilt.

Die lineare Abhängigkeit der Gradienten kann man sich leicht merken, wenn wir die sogenannte **Lagrange-Funktion**

$$L(\boldsymbol{x}, \boldsymbol{u}, \boldsymbol{v}) = f(\boldsymbol{x}) + \boldsymbol{u}^\top g(\boldsymbol{x}) + \boldsymbol{v}^\top h(\boldsymbol{x})$$

definieren.

––––––––––––––––––––– **?** –––––––––––––––––––––

Stellen Sie eine Lagrange-Funktion auf, um den Punkt $\boldsymbol{x}$ auf dem Kreis $x_1^2 + (x_2 - 2)^2 = 1$ zu finden, der den kürzesten Abstand zu der Geraden hat, die durch $x_1 = x_2$ gegeben ist.

––

Der entsprechende Teil der notwendigen Bedingung aus der Multiplikatorenregel ist durch

$$0 = L'(\widehat{x}, \widehat{u}, \widehat{v}) = f'(\widehat{x}) + \widehat{u}^\top g'(\widehat{x}) + \widehat{v}^\top h'(\widehat{x})$$

gegeben und bedeutet, dass in einem lokalen Minimum von (P) ein kritischer Punkt $\widehat{x}$ der Lagrange-Funktion liegt. Man nennt einen Vektor $(\widehat{x}, \widehat{u}, \widehat{v}) \in M \times \mathbb{R}^m \times \mathbb{R}^p_{\geq 0}$ mit den beiden Eigenschaften $\nabla_x L(\widehat{x}, \widehat{u}, \widehat{v}) = \mathbf{0}$ und $\widehat{v}^\top h(\widehat{x}) = 0$ einen *Kuhn-Tucker-Punkt* zum Optimierungsproblem (P). Zusammengefasst besagt die Lagrange-Multiplikatorenregel, dass zu lokalen Minima von (P) Kuhn-Tucker-Punkte der Lagrange-Funktion existieren.

Mit Lagrange-Multiplikatoren lassen sich gegebenenfalls Extrema bestimmen

Im Gegensatz zur linearen Theorie oder auch der konvexen Optimierung bekommen wir im Allgemeinen bei nichtlinearen differenzierbaren Problemen durch die Kuhn-Tucker-Punkte nur eine notwendige Optimalitätsbedingung. Ausnutzen dieser notwendigen Bedingung ist unter anderem Grundlage vieler numerischer Verfahren zur Berechnung von Extrema, ein Thema, das ein weites Feld der numerischen Mathematik ist, auf das wir aber hier nicht weiter eingehen. Unter stärkeren (CQ)-Annahmen lassen sich auch hinreichende Bedingungen zeigen, auch dafür verweisen wir auf die entsprechend spezialisierte Literatur.

Durch einige Beispiele wird verdeutlicht, wie die Aussage genutzt werden kann, um Minima zu finden. Ein weiteres Beispiel finden Sie im Kasten auf Seite 1049.

Beispiel

■ Gesucht sind die Punkte in der Menge

$$M = \left\{ (x, y)^\top \in \mathbb{R}^2 \mid (4 - x) y^2 = x^3 \right\},$$

die den geringsten Abstand zum Punkt $(6, 0)^\top$ besitzen.

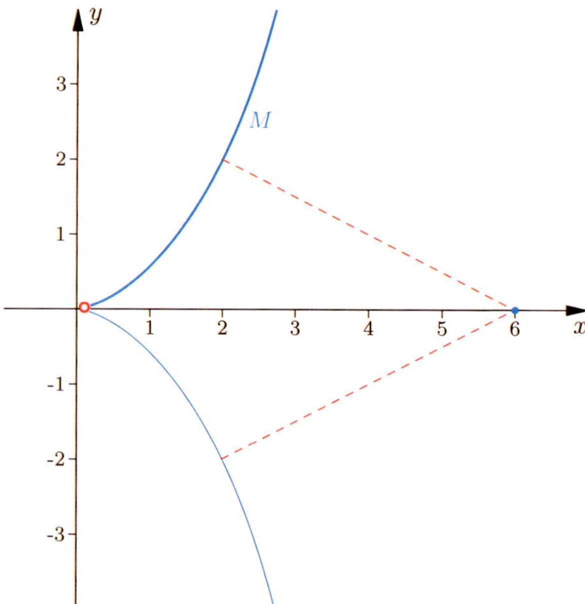

Abbildung 24.17 Bestimmung der Punkte auf M mit minimalem Abstand zu $(6, 0)$.

Beispiel: Die Hölder'sche Ungleichung

Eine häufig genutzte Abschätzung ist die **Hölder'sche Ungleichung** (siehe auch Seite 766), die besagt, dass für $x, y > 0$ und $p, q > 0$ mit $\frac{1}{p} + \frac{1}{q} = 1$ gilt

$$\frac{1}{p} x^p + \frac{1}{q} y^q \geq xy .$$

Die Ungleichung kann mithilfe der Multiplikatorenregel gezeigt werden.

Problemanalyse und Strategie: Man betrachtet die Optimierungsaufgabe

$$(P) \qquad \underset{(u,v)^\top \in M}{\text{Min}} \underbrace{\frac{1}{p} u^p + \frac{1}{q} v^q}_{=f(u,v)} \qquad \text{auf} \quad M = \left\{ (u,v)^\top \in \mathbb{R}^2_{\geq 0} \mid \underbrace{uv - 1}_{=g(u,v)} = 0 \right\} .$$

Mit der Multiplikatorenregel und durch Einsetzen der Stellen $u = \dfrac{x}{(xy)^{\frac{1}{p}}}$ und $v = \dfrac{y}{(xy)^{\frac{1}{q}}}$ lässt sich die Hölder'sche Ungleichung zeigen.

Lösung:

Die Menge M ist zwar abgeschlossen, aber nicht kompakt. Betrachten wir hingegen $\varepsilon \leq u = \frac{1}{v} \leq \frac{1}{\varepsilon}$ und analog $v \in (\varepsilon, \frac{1}{\varepsilon})$ für $(u, v)^\top \in M$ und modifizieren wir M zu $M = \{(u, v)^\top \in \mathbb{R}^2_{\geq \varepsilon} \mid \underbrace{uv - 1}_{=g(u,v)} = 0\}$, so ist M beschränkt und (P) besitzt eine Lösung $(\widehat{u}, \widehat{v})^\top \in M$. Es lassen sich die Punkte

$$\left(\varepsilon, \frac{1}{\varepsilon} \right)^\top \quad \text{und} \quad \left(\frac{1}{\varepsilon}, \varepsilon \right)^\top$$

bei der Suche nach einem Optimum $(\hat{u}, \hat{v})^\top \in \mathbb{R}^2$ ausschließen, da etwa

$$f\left(\varepsilon, \frac{1}{\varepsilon} \right) = \frac{1}{p} \varepsilon^p + \frac{1}{q} \varepsilon^{-q} \to \infty \quad \text{für } \varepsilon \to 0$$

gilt.

Insbesondere ist $(\hat{u}, \hat{v}) \neq (0, 0)$. Somit folgt $\mathrm{Rg}\, g'(\hat{u}, \hat{v}) = \mathrm{Rg}(\hat{v}, \hat{u}) = 1$, d.h., die erste (CQ)-Bedingung (i) auf Seite 1047 für die Gleichungsnebenbedingung ist erfüllt.

Mit der Lagrange-Funktion $L(u, v, \lambda) = \frac{1}{p} u^p + \frac{1}{q} v^q + \lambda(uv - 1)$ und der Multiplikatorenregel folgt, dass es $\widehat{\lambda} \in \mathbb{R}$ gibt mit

$$\mathbf{0} = \nabla L(\widehat{u}, \widehat{v}, \widehat{\lambda}) = \begin{pmatrix} \widehat{u}^{p-1} + \widehat{\lambda}\widehat{v} \\ \widehat{v}^{q-1} + \widehat{\lambda}\widehat{u} \end{pmatrix} .$$

Wir erhalten:

$$\widehat{u}^p + \widehat{\lambda}\widehat{u}\widehat{v} = 0 \quad \text{und} \quad \widehat{v}^q + \widehat{\lambda}\widehat{u}\widehat{v} = 0$$

bzw.

$$\widehat{u} = \widehat{v}^{\frac{q}{p}} .$$

Weiter ergibt sich aus $\widehat{u}\widehat{v} = 1$ die Identität

$$1 = \widehat{v}^{\frac{q}{p}+1} = \widehat{v}^q .$$

Für die Lösung des Optimierungsproblems bleibt nur noch $\widehat{v} = 1$ und auch $\widehat{u} = 1$. Im Punkt $(1, 1) \in M$ liegt somit ein Minimum von f auf M, und es ist

$$\frac{1}{p} u^p + \frac{1}{q} v^q \geq 1$$

für alle $(u, v) \in M$.

Setzen wir

$$u = \frac{x}{(xy)^{\frac{1}{p}}} \quad \text{und} \quad v = \frac{y}{(xy)^{\frac{1}{q}}}$$

mit $x, y > 0$, und wählen wir $\varepsilon < \min\{ \frac{x}{(xy)^{\frac{1}{p}}}, \frac{y}{(xy)^{\frac{1}{q}}} \}$, so folgt die gesuchte Hölder'sche Ungleichung

$$\frac{1}{p} x^p + \frac{1}{q} y^q \geq xy .$$

Wir minimieren den euklidischen Abstand $f(x, y) = (x - 6)^2 + y^2$ unter der Nebenbedingung $g(x, y) = (4 - x)y^2 - x^3 = 0$. Da durch $f(0, 0) = 36$ eine obere Schranke für das Minimum gegeben ist und wir aus der Dreiecksungleichung

$$\|(x, y)^\top - (6, 0)^\top\| \geq \|(x, y)^\top\| - 6 \geq 0$$

für $\|(x, y)^\top\| \geq 12$ sehen, kann ohne Einschränkungen

$$M = \left\{ (x, y)^\top \in D \colon (4 - x)y^2 = x^3 \right\}$$

mit $D = \{(x, y) \in \mathbb{R}^2 \mid \|(x, y)\| < 12\}$ betrachtet wer-den. Die Menge $\overline{M}$ ist kompakt, sodass ein Minimum existiert.

Die Lagrange-Funktion zu diesem Problem lautet:

$$L(x, y, \lambda) = (x - 6)^2 + y^2 + \lambda \left[(4 - x)y^2 - x^3 \right] .$$

Mögliche kritische Punkte in M sind Punkte mit $\nabla g = \mathbf{0}$, da Bedingung (i) verletzt ist, oder Punkte mit $\nabla L = \mathbf{0}$ wegen der Multiplikatorenregel.

Unter der Lupe: Die (CQ)-Bedingungen

Anhand eines einfachen Beispiels überlegen wir uns, dass das nützliche, notwendige Optimalitätskriterium der Multiplikatorenregel nicht ohne eine (CQ)-Bedingung auskommt, um die Existenz von Multiplikatoren zu garantieren.

Wir betrachten zu den Funktionen $f : \mathbb{R}^2 \to \mathbb{R}$ und $h : \mathbb{R}^2 \to \mathbb{R}^2$, definiert durch

$$f(\boldsymbol{x}) = x_1 + x_2$$

und

$$\boldsymbol{h}(\boldsymbol{x}) = \begin{pmatrix} (x_1 - 1)^2 + x_2^2 - 1 \\ (x_1 + 1)^2 + x_2^2 - 1 \end{pmatrix},$$

das Optimierungsproblem

$$\text{Min } f(\boldsymbol{x})$$

auf

$$M = \left\{ \boldsymbol{x} \in \mathbb{R}^2 : \boldsymbol{h}(\boldsymbol{x}) \leq 0 \right\}.$$

Die Niveaulinien von h_1 zum Niveau $c \in \mathbb{R}$ sind implizit gegeben durch

$$(x_1 - 1)^2 + x_2^2 = 1 + c,$$

d.h., im Fall $c \geq -1$ handelt es sich um Kreise um den Mittelpunkt $(1, 0)^\top$ mit Radius $\sqrt{1 + c}$. Genauso sind die Niveaulinien zu h_2 Kreise mit Mittelpunkt $(-1, 0)^\top$ und Radius $\sqrt{1 + c}$. In der Menge M liegen die Punkte aus $\mathbb{R}^2$, die jeweils zum Punkt $(1, 0)^\top$ und zum Punkt $(-1, 0)^\top$ höchstens den Abstand 1 besitzen. Dies erfüllt offensichtlich nur der Punkt $\widehat{\boldsymbol{x}} = (0, 0)^\top$. Also ist $\min((P)) = f(0, 0) = 0$.

Für die zugehörige Lagrangefunktion erhalten wir

$$L(\boldsymbol{x}, \boldsymbol{v}) = \nabla f(\boldsymbol{x}) + v_1 \nabla h_1(\boldsymbol{x}) + v_2 \nabla h_2(\boldsymbol{x})$$

$$= \begin{pmatrix} 1 \\ 1 \end{pmatrix} + v_1 \begin{pmatrix} 2(x_1 - 1) \\ 2x_2 \end{pmatrix} + v_2 \begin{pmatrix} 2(x_1 + 1) \\ 2x_2 \end{pmatrix}$$

für alle $\boldsymbol{x} \in \mathbb{R}^2$ und $\boldsymbol{v} \in \mathbb{R}^2_{\geq 0}$. Damit ist in $\widehat{\boldsymbol{x}} = (0, 0)^\top$ die Gleichung

$$L(\widehat{\boldsymbol{x}}, \widehat{\boldsymbol{v}}) = \begin{pmatrix} 1 \\ 1 \end{pmatrix} + \hat{v}_1 \begin{pmatrix} -2 \\ 0 \end{pmatrix} + \hat{v}_2 \begin{pmatrix} 2 \\ 0 \end{pmatrix}$$

$$= \begin{pmatrix} 0 \\ 0 \end{pmatrix}$$

für kein $\widehat{\boldsymbol{v}} \geq 0$ lösbar, d.h. es gibt in der Optimalstelle $\widehat{\boldsymbol{x}}$ keine Multiplikatoren.

Diese Beobachtung steht nicht im Widerspruch zur Multiplikatorenregel, da in $(0, 0)^\top$ die (CQ)-Bedingung nicht erfüllt ist. Für unser Beispiel ohne Gleichungsnebenbedingungen fordert die (CQ)-Bedingung die Existenz von $\boldsymbol{z} \in \mathbb{R}^2$ mit

$$\boldsymbol{h}(\widehat{\boldsymbol{x}}) + \boldsymbol{h}'(\widehat{\boldsymbol{x}})\boldsymbol{z} < 0,$$

also

$$\begin{pmatrix} 0 \\ 0 \end{pmatrix} + \begin{pmatrix} -2z_1 \\ 2z_1 \end{pmatrix} < \begin{pmatrix} 0 \\ 0 \end{pmatrix}.$$

Wegen $z_1 > 0$ und $z_1 < 0$ sind beide Ungleichungen zusammen nicht erfüllbar. Somit lässt sich die Lagrange'sche Multiplikatorenregel auf diesen Extremalpunkt nicht anwenden.

---

1. Möglichkeit: $\nabla g(x, y) = \boldsymbol{0}$ bedeutet

$$\nabla g(x, y) = \begin{pmatrix} -y^2 - 3x^2 \\ 2y(4 - x) \end{pmatrix} = \boldsymbol{0}.$$

Aus der ersten Komponente folgt $(x, y)^\top = (0, 0)^\top$ mit $f(0, 0) = 36$. Diese Stelle haben wir bereits betrachtet.

2. Möglichkeit: Es ist $\nabla_x L(x, y, \lambda) = \boldsymbol{0}$, d. h.:

$$\nabla L(x, y, \lambda) = \begin{pmatrix} 2(x - 6) + \lambda(-y^2 - 3x^2) \\ 2y + 2y\lambda(4 - x) \\ (4 - x)y^2 - x^3 \end{pmatrix} = \boldsymbol{0}.$$

Aus der dritten Gleichung folgt $x \neq 4$ und $y^2 = x^3/(4 - x)$. Mit der zweiten Gleichung erhalten wir $\lambda = -1/(4 - x)$. Der Fall $y = 0$ und somit $x = 0$ wurde oben schon behandelt.

Wir setzen diese Gleichungen in die erste ein, und es ergibt sich:

$$\begin{aligned} 0 &= 2(x - 6)(4 - x)^2 + x^3 + 3x^2(4 - x) \\ &= 2(x - 6)(16 - 8x + x^2) + x^2(12 - 2x) \\ &= 2(x - 6)(16 - 8x) = -16(x - 6)(x - 2). \end{aligned}$$

Damit sind $x = 2$ und $x = 6$ kritische Werte. Die zugehörigen y-Werte ergeben sich aus der dritten Gleichung im ersten Fall mit $x = 2$ aus $y^2 = 4$ bzw. $y = \pm 2$. Im zweiten Fall $x = 6$ erhalten wir durch $-y^2 = 108$ einen Widerspruch. Als einzige kritische Stellen kommen $(2, \pm 2)$ infrage mit den Zielfunktionswerten $f(2, \pm 2)^\top = 20 < f(0, 0)$. Die Punkte $(2, 2)^\top$ und $(2, -2)^\top$ besitzen daher den kürzesten Abstand, $d = 2\sqrt{5}$, zum Punkt $(6, 0)^\top$.

- Zu einer symmetrischen Matrix $\boldsymbol{A} \in \mathbb{R}^{n \times n}$ betrachten wir das Optimierungsproblem

$$(P) \qquad \text{Max } \boldsymbol{x}^\top \boldsymbol{A} \boldsymbol{x} \quad \text{auf} \quad M = \{\boldsymbol{x} \in \mathbb{R}^n \mid \|\boldsymbol{x}\| \leq 1\}.$$

Da die Menge M kompakt und die Zielfunktion $f(\boldsymbol{x}) = -\boldsymbol{x}^\top \boldsymbol{A} \boldsymbol{x}$ stetig ist, gibt es eine Lösung $\widehat{\boldsymbol{x}} \in M$ zu diesem Problem.

Beschreiben wir die Nebenbedingung durch die Ungleichung

$$h(\boldsymbol{x}) = \boldsymbol{x}^\top \boldsymbol{x} - 1 \leq 0,$$

so gilt die (CQ)-Bedingung für $\widehat{\boldsymbol{x}}$, denn

$$h(\widehat{\boldsymbol{x}}) + h'(\widehat{\boldsymbol{x}})\boldsymbol{z} = \|\widehat{\boldsymbol{x}}\|^2 - 1 + 2\widehat{\boldsymbol{x}}^\top \boldsymbol{z} < 0,$$

wenn wir etwa $\boldsymbol{z} = -\frac{3}{4}\widehat{\boldsymbol{x}} \in \mathbb{R}^n$ wählen.

Nach der Lagrange'schen Multiplikatorenregel gibt, es $\widehat{v} \in \mathbb{R}_{\geq 0}$ mit

$$\mathbf{0} = \nabla f(\widehat{\mathbf{x}}) + \widehat{v}\nabla h(\widehat{\mathbf{x}}) = -2\mathbf{A}\widehat{\mathbf{x}} + 2\widehat{v}\widehat{\mathbf{x}}.$$

Aus dieser Identität folgt, dass entweder $\widehat{\mathbf{x}} = \mathbf{0}$ gilt oder $\widehat{v} \geq 0$ Eigenwert zur symmetrischen Matrix $\mathbf{A}$ mit Eigenvektor $\widehat{\mathbf{x}}$ ist. Mit der Multiplikatorenregel haben wir

gezeigt, dass sich die Suche nach dem größten Eigenwert einer symmetrischen Matrix durch das Optimierungsproblem

$$\max_{\|x\| \leq 1} \mathbf{x}^{\top}\mathbf{A}\mathbf{x} = \max\{\lambda \in \mathbb{R} \mid \lambda \text{ Eigenwert von } \mathbf{A}\}$$

beschreiben lässt. ◄

Zusammenfassung

Optimierungsprobleme bilden ein weites Feld der Mathematik. Dabei spielen die linearen Programme eine besondere Rolle. Denn sowohl die Theorie als auch die Berechnung von Lösungen lassen sich bei diesen Problemen mit den Begriffen und Methoden der linearen Algebra erfassen.

Definition eines linearen Optimierungsproblems

Ein Optimierungsproblem

$$(P) \qquad \min_{x \in M} f(x)$$

heißt **linear**, wenn Minima einer linearen Funktion

$$f(x) = c^{\top}x$$

mit $c \in \mathbb{R}^n$ auf einer Menge

$$M = \left\{ x \in \mathbb{R}^n \mid \sum_{j=1}^{n} a_{ij}x_j = b_i, i = 1, \ldots, m, \right.$$
$$\left. \sum_{j=1}^{n} a_{ij}x_j \leq b_i, i = m+1, \ldots, m+p \right\}$$

gesucht sind.

Mithilfe von Schlupfvariablen lassen sich all diese Probleme in einer einheitlichen Form, der Normalform, beschreiben. Entscheidend ist, dass eine Extremalstelle in einer Ecke der Menge M liegen muss, wenn es überhaupt eine Lösung gibt.

Existenzsatz

Ist ein zulässiges lineares Optimierungsproblem

$$(P) \qquad \min_{x \in M} c^{\top}x$$

auf $M = \{x \in \mathbb{R}^n_{\geq 0} \mid Ax = b\}$ mit $c \in \mathbb{R}^n$, $A \in \mathbb{R}^{m \times n}$ und $b \in \mathbb{R}^m$ gegeben, so ist entweder $\inf(P) = -\infty$, oder es gibt eine Ecke z von M mit $z \in \arg\min(P)$.

Da die Restriktionsmenge M höchstens endlich viele Ecken aufweist, wird deutlich, dass ein Algorithmus, der die Ecken absucht, ein Extremum finden muss. Diese Beobachtung wird beim Simplex-Algorithmus ausgenutzt. Die Methode bestimmt letztendlich, aufgeteilt in zwei Phasen, zu jedem linearen Programm in endlich vielen Rechenschritten eine Lösung oder bricht ab mit der Information, dass es keine zulässigen Punkte gibt oder dass das Problem unbeschränkt ist.

Ein weiterer Aspekt der Optimierungstheorie sind Bedingungen, die Extrema charakterisieren. Im Fall von linearen Optimierungsproblemen ist gezeigt, dass die Dualitätstheorie solche Bedingungen liefert. Zu jedem linearen Optimierungsproblem gibt es ein duales Problem. Ist das **primale Problem** in Normalform gegeben, d. h.:

$$(P) \qquad \min_{x \in M} c^{\top}x$$

auf $M = \left\{ x \in \mathbb{R}^n_{\geq 0} \mid Ax = b \right\}$ mit $A \in \mathbb{R}^{m \times n}$, $b \in \mathbb{R}^m$, $c \in \mathbb{R}^n$, so lautet das zugehörige **duale Problem**:

$$(D) \qquad \max_{y \in N} b^{\top}y$$

auf $N = \left\{ y \in \mathbb{R}^m \mid A^{\top}y \leq c \right\}$. Mit diesen beiden Optimierungsproblemen lassen sich die Dualitätssätze formulieren.

Schwacher Dualitätssatz

Sind (P) und (D) zulässig, so gilt:
- $b^{\top}y \leq c^{\top}x$ für alle $x \in M$ und $y \in N$.
- (P) und (D) sind lösbar.
- Gibt es $\widehat{x} \in M$ und $\widehat{y} \in N$ mit $b^{\top}\widehat{y} = c^{\top}\widehat{x}$, so ist $\widehat{x}$ Lösung des primalen Problems (P) und $\widehat{y}$ Lösung des dualen Problems (D).

Der schwache Dualitätssatz liefert eine hinreichende Optimalitätsbedingung. Hingegen ergibt sich eine notwendige Bedingung mit dem starken Dualitätssatz.

Starker Dualitätssatz

Sind die Optimierungsprobleme (P) und (D) wie oben gegeben, so gilt:

- Wenn (P) und (D) zulässig sind, so sind beide Probleme lösbar, und es gilt:

$$\min(\mathrm{P}) = \max(\mathrm{D}).$$

- Ist (P) zulässig und (D) nicht, so ist $\inf(\mathrm{P}) = -\infty$.
- Ist (D) zulässig und (P) nicht, so ist $\sup(\mathrm{D}) = \infty$.

Lagrange'sche Multiplikatorenregel

Sind f, $\boldsymbol{g}$ und $\boldsymbol{h}$ stetig differenzierbar auf einer offenen Menge $D \subseteq \mathbb{R}^n$, der Punkt $\widehat{x} \in M = \{x \in D \mid \boldsymbol{g}(x) = \boldsymbol{0},\ \boldsymbol{h}(x) \leq \boldsymbol{0}\}$ ein lokales Minimum von f auf M, und gelten die (CQ)-Bedingungen, so gibt es **Lagrange'sche Multiplikatoren** $\widehat{\boldsymbol{u}} \in \mathbb{R}^m$ und $\widehat{\boldsymbol{v}} \in \mathbb{R}^p_{\geq 0}$, d. h.:

$$f'(\widehat{x}) + \widehat{\boldsymbol{u}}^\top \boldsymbol{g}'(\widehat{x}) + \widehat{\boldsymbol{v}}^\top \boldsymbol{h}'(\widehat{x}) = \boldsymbol{0}$$

und

$$\widehat{\boldsymbol{v}}^\top \boldsymbol{h}(\widehat{x}) = 0.$$

Selbstverständlich werden auch nichtlineare Optimierungsprobleme mathematisch erforscht. Im Rahmen der klassischen Analysis ist die Lagrange'sche Multiplikatorenregel zentral, die die elementare Bedingung, $\nabla f = 0$ für innere Extremalstellen einer differenzierbaren Funktion $f : D \subseteq \mathbb{R}^n \to \mathbb{R}$, auf den Fall von Nebenbedingungen verallgemeinert.

Der hier präsentierte Beweis dieser Regel ist wegweisend. Die Differenzierbarkeit der auftretenden Funktionen erlaubt eine Linearisierung, sodass wir die Resultate zur linearen Optimierung nutzen können, um Aussagen für den nichtlinearen Fall zu erhalten. Es wird deutlich, wie die beiden Gebiete lineare Algebra und Analysis bei komplizierteren Fragestellungen ineinander greifen.

Aufgaben

Die Aufgaben gliedern sich in drei Kategorien: Anhand der *Verständnisfragen* können Sie prüfen, ob Sie die Begriffe und zentralen Aussagen verstanden haben, mit den *Rechenaufgaben* üben Sie Ihre technischen Fertigkeiten und die *Beweisaufgaben* geben Ihnen Gelegenheit, zu lernen, wie man Beweise findet und führt.

Ein Punktesystem unterscheidet leichte Aufgaben •, mittelschwere •• und anspruchsvolle ••• Aufgaben. Lösungshinweise am Ende des Buches helfen Ihnen, falls Sie bei einer Aufgabe partout nicht weiterkommen. Dort finden Sie auch die Lösungen – betrügen Sie sich aber nicht selbst und schlagen Sie erst nach, wenn Sie selber zu einer Lösung gekommen sind. Ausführliche Lösungswege stehen auf der Website des Verlags zur Verfügung.

Viel Spaß und Erfolg bei den Aufgaben!

Verständnisfragen

24.1 • Beweisen Sie, dass eine Menge $M \subseteq \mathbb{R}^n$ genau dann konvex ist, wenn alle Konvexkombinationen in M sind, d. h.:

$$\sum_{k=1}^{K} \lambda_k \boldsymbol{x}_k \in M$$

für Elemente $\boldsymbol{x}_k \in M$ und $\lambda_k \in [0, 1], k = 1, \ldots, K, K \in \mathbb{N}$, mit $\sum_{k=1}^{K} \lambda_k = 1$.

24.2 •• Es seien $m, n \in \mathbb{N}$, $A \in \mathbb{R}^{m \times n}$, $\boldsymbol{b} \in \mathbb{R}^m$ und $\boldsymbol{c} \in \mathbb{R}^n$ gegeben. Weiter sind

$$\widehat{A} = \begin{pmatrix} A & \boldsymbol{0} \\ \boldsymbol{c}^\top & 1 \end{pmatrix} \in \mathbb{R}^{(m+1) \times (n+1)}$$

und

$$\widehat{\boldsymbol{b}} = \begin{pmatrix} \boldsymbol{b} \\ 0 \end{pmatrix} \in \mathbb{R}^{m+1}.$$

Zeigen Sie: $\boldsymbol{z}$ ist eine Ecke der Menge

$$M = \left\{ x \in \mathbb{R}^n \mid A\boldsymbol{x} = \boldsymbol{b},\ \boldsymbol{x} \geq \boldsymbol{0} \right\}$$

genau dann, wenn $\widehat{\boldsymbol{z}} = \begin{pmatrix} \boldsymbol{z} \\ -\boldsymbol{c}^\top \boldsymbol{z} \end{pmatrix}$ eine Ecke von

$$\widehat{M} = \left\{ \widehat{\boldsymbol{x}} = \begin{pmatrix} \boldsymbol{x} \\ y \end{pmatrix} \in \mathbb{R}^{n+1} \mid \widehat{A}\widehat{\boldsymbol{x}} = \widehat{\boldsymbol{b}},\ \boldsymbol{x} \geq \boldsymbol{0} \right\}$$

ist.

24.3 • Betrachten Sie im Folgenden den durch die Ungleichungen

$$\begin{aligned} x_1 &+& x_2 &\leq 4, \\ x_1 &-& x_2 &\leq 2, \\ -x_1 &+& x_2 &\leq 2, \\ && x_1,\, x_2 &\geq 0 \end{aligned}$$

gegebenen Polyeder.

(a) Bestimmen Sie grafisch die maximale Lösung $\widehat{x}$ der Zielfunktion $f(\boldsymbol{x}) = \boldsymbol{c}^T \boldsymbol{x}$ mit dem Zielfunktionsvektor

- $\boldsymbol{c} = (1, 0)^T$,
- $\boldsymbol{c} = (0, 1)^T$.

(b) Wie muss der Zielfunktionsvektor $\boldsymbol{c} \in \mathbb{R}^2$ gewählt werden, damit alle Punkte der Kante

$$\left\{ \lambda\,(3,\ 1)^T + \mu\,(1,\ 3)^T \mid \lambda,\ \mu \in [0,\ 1],\ \lambda + \mu = 1 \right\}$$

des Polyeders zwischen den beiden Ecken $(3,\ 1)^T$ und $(1,\ 3)^T$ optimale Lösungen der Zielfunktion $f(\boldsymbol{x}) = \boldsymbol{c}^T \boldsymbol{x}$ sind?

24.4 •• Betrachten Sie den durch die konvexe Hülle der achten Einheitswurzeln $\boldsymbol{p}_k = \left(\cos(k\frac{\pi}{4}),\ \sin(k\frac{\pi}{4})\right)$, $k \in \{0, \ldots, 7\}$ definierten Polyeder, d. h. die Menge

$$P = \left\{ \sum_{k=0}^{7} \lambda_k\, \boldsymbol{p}_k \mid \lambda_0,\ \ldots,\ \lambda_7 \in [0,\ 1],\ \sum_{k=0}^{7} \lambda_k = 1 \right\}.$$

(a) Zeichnen Sie den Polyeder.

(b) Durch die beiden Größen $r > 0$ und $\alpha \in \mathbb{R}$ wird ein Zielfunktionsvektor $\boldsymbol{c} = \boldsymbol{c}\,(r,\ \alpha) = (r\cos\alpha,\ r\sin\alpha)^T$ und die zugehörige Zielfunktion $f(\boldsymbol{x}) = \boldsymbol{c}^T \boldsymbol{x}$ definiert. Beschreiben Sie für jede Ecke $\boldsymbol{p}_k$, $k \in \{0,\ \ldots,\ 7\}$, bei welcher Wahl von r und α diese Ecke eine optimale Lösung des zugehörigen linearen Optimierungsproblems ist.

24.5 • Geben Sie das duale Problem zum linearen Programm (P) mit

$$\text{Max } x_1 - 2x_2 + 3x_3$$

unter den Nebenbedingungen $x_i \in \mathbb{R}$, $x_1 - x_2 - x_3 = -2$, $x_1 + x_2 \le 5$ und $x_3 \ge 0$ an. Welche Aussage lässt sich damit über das primale Problem machen?

24.6 • Berechnen Sie eine Maximalstelle von $f : M \subseteq \mathbb{R}^2 \to \mathbb{R}$ mit

$$f(\boldsymbol{x}) = x_1 x_2$$

und

$$M = \{\boldsymbol{x} \mid x_1 + x_2 = 1\}.$$

Rechenaufgaben

24.7 • Gesucht ist das Maximum von

$$x_2 + 3\,x_3$$

unter den Nebenbedingungen

$$\begin{aligned}
x_1 + x_2 + x_3 &\le 6, \\
x_1 - x_2 + 2\,x_3 &\le 4, . \\
x_1,\ x_2,\ x_3 &\ge 0.
\end{aligned}$$

Lösen Sie dieses Problem mit dem Simplex-Algorithmus.

24.8 • Das Beispiel von Beale: Wenden Sie die Phase II des Simplex-Algorithmus auf das Optimierungsproblem

$$\text{Min } -\frac{3}{4}x_1 + 20x_2 - \frac{1}{2}x_3 + 6x_4$$

unter den Nebenbedingungen $x_1, x_2, x_3, x_4 \ge 0$,

$$\begin{aligned}
\frac{1}{4}x_1 - 8x_2 - \phantom{\frac{1}{2}}x_3 + 9x_4 &\le 0, \\
\frac{1}{2}x_1 - 12x_2 - \frac{1}{2}x_3 + 3x_4 &\le 0, \\
x_3 &\le 1
\end{aligned}$$

an. Nutzen Sie dabei die folgende Pivotisierungsstrategie: Pivotspalte wird die Spalte mit dem kleinsten Kosteneintrag $c_j < 0$ und bei mehreren, diejenige mit kleinstem Index j. Die Pivotzeile ergibt sich aus dem kleinsten Quotienten b_i/a_{ij} und bei Gleichheit, der Zeile mit kleinstem Index i.

24.9 ••• Betrachten Sie zu $n \in \mathbb{N}$ das folgende von V. Klee und G.J. Minty eingeführte lineare Optimierungsproblem:

$$\text{Min } -\sum_{k=1}^{n} 10^{n-k} x_k$$

unter den Nebenbedingungen

$$\begin{aligned}
2\sum_{k=1}^{i-1} 10^{i-k} x_k + x_i\ &\le 100^{i-1},\ 1 \le i \le n, \\
x_1,\ \ldots,\ x_n\ &\ge 0.
\end{aligned}$$

(a) Bestimmen Sie die optimale Lösung $\widehat{\boldsymbol{x}}$ mithilfe des Simplex-Algorithmus im Fall $n = 3$. Wählen Sie dabei als Pivotspalte stets die Spalte mit dem kleinsten Zielfunktionskoeffizienten.

Kann man im ersten Simplex-Schritt eine Pivotspalte so wählen, dass der Algorithmus schon nach einem Schritt die optimale Ecke liefert?

(b) Lösen Sie das lineare Optimierungsproblem für jedes $n \in \mathbb{N}$.

24.10 • Berechnen Sie eine Lösung des linearen Optimierungsproblems

$$(\text{P}) \qquad \text{Min } x_1 - x_2$$

unter den Nebenbedingungen $x_1 + x_2 \le 3$, $x_1 + 2x_2 \ge 1$, $x_1 \ge 0$, $x_2 \in \mathbb{R}$.

24.11 •• Bestimmen Sie in Abhängigkeit von $\beta \in \mathbb{R}$ eine Lösung des folgenden linearen Optimierungsproblems

$$(\text{P}) \qquad \text{Min } -2x_1 + \beta x_2 - x_3$$

unter den Nebenbedingungen

$$x_1 - x_2 + x_3 \le 1, \quad -3x_1 + x_2 \le \beta$$

und $x_i \ge 0$ für $i = 1, 2, 3$, wenn es eine Lösung gibt.

24.12 • Gesucht sind der maximale und der minimale Wert der Koordinate x_1 von Punkten $\boldsymbol{x} \in D = A \cap B$, wobei A die Ebene

$$A = \{\boldsymbol{x} \in \mathbb{R}^3 \mid x_1 + x_2 + x_3 = 1\}$$

und B das Ellipsoid

$$B = \left\{ \boldsymbol{x} \in \mathbb{R}^3 \mid \frac{1}{4}(x_1 - 1)^2 + x_2^2 + x_3^2 = 1 \right\}$$

beschreiben.

24.13 •• Bestimmen Sie alle Punkte der Menge

$$M = \left\{ (x, y)^\top \in \mathbb{R}^2 \mid (2 - x)y^2 = (2 + x)x^2 \right\},$$

die den geringsten Abstand zum Punkt $(6, 0)^\top$ besitzen, und geben Sie diesen Abstand an.

24.14 •• Finden Sie die Seitenlängen des achsenparallelen Quaders Q mit maximalem Volumen unter der Bedingung, dass $Q \subseteq K$ in dem Kegel

$$K = \left\{ x \in \mathbb{R}^3 \mid \frac{x_1^2}{a^2} + \frac{x_2^2}{b^2} \le (1 - x_3)^2, 0 \le x_3 \le 1 \right\}$$

mit $a, b > 0$ liegt.

Beweisaufgaben

24.15 ••• Beweisen Sie, dass ein nichtleeres Polyeder $M = \{ x \in \mathbb{R}^n \mid Ax \le b \} \in \mathbb{R}^n$ mit $A \in \mathbb{R}^{m \times n}$ und $b \in \mathbb{R}^m$ genau dann keine Ecken besitzt, wenn es $x \in M$ und $r \in \mathbb{R}^n \setminus \{0\}$ gibt mit $x + tr \in M$ für alle $t \in \mathbb{R}$.

24.16 •• **Das Farkas-Lemma**: Zeigen Sie, dass das lineare Gleichungssystem

$$Ax = b$$

mit $A \in \mathbb{R}^{m \times n}$ und $b \in \mathbb{R}^m$ genau dann keine Lösung $x \ge 0$ besitzt, wenn das System

$$A^\top y \le 0, \quad b^\top y > 0$$

eine Lösung $y \in \mathbb{R}^m$ hat.

24.17 •• Gegeben sind $m, n \in \mathbb{N}$, $A \in \mathbb{R}^{m \times n}$ und $e = (1, \dots, 1)^\top \in \mathbb{R}^n$.

(a) Zeigen Sie, dass die folgenden beiden Aussagen äquivalent sind:
– Es gibt $x \in \mathbb{R}^n_{\ge 0}$ mit $x \ne 0$ und $Ax = 0$.
– Es gibt $x \in \mathbb{R}^n_{\ge 0}$ mit $Ax = 0$ und $e^\top x = 1$.

(b) Beweisen Sie mit dem starken Dualitätssatz den **Transpositionssatz von Gordan**: Es gibt eine Lösung zu $Ax = 0$ mit $x \in \mathbb{R}^n_{\ge 0} \setminus \{0\}$ genau dann, wenn es kein $y \in \mathbb{R}^m$ gibt mit $A^\top y < 0$.

24.18 • Angenommen $(\hat{x}, \hat{y})^\top \in \mathbb{R}^2$ ist Minimalstelle einer differenzierbaren Funktion $f : \mathbb{R}^2 \to \mathbb{R}$ unter der Nebenbedingung $g(x, y) = 0$ mit einer differenzierbaren Funktion $g : \mathbb{R}^2 \to \mathbb{R}$, und es gilt $\frac{\partial g}{\partial y}(\hat{x}, \hat{y}) \ne 0$. Leiten Sie für diese Stelle $(\hat{x}, \hat{y})$ die Lagrange'sche Multiplikatorenregel durch implizites Differenzieren her.

24.19 • Ist $Q \in \mathbb{R}^{n \times n}$ eine symmetrische, positiv definite Matrix und sind $a, c \in \mathbb{R}^n$ mit $a \ne 0$, dann besitzt das Optimierungsproblem

$$\text{(P)} \quad \min_{x \in M} x^\top Q x + c^\top x$$

auf

$$M = \{ x \in \mathbb{R}^n \mid a^\top x = 0 \}$$

genau eine Lösung. Zeigen Sie, dass der Minimalwert durch

$$\min(\text{P}) = -\frac{1}{4} c^\top Q^{-1} c + \frac{1}{4} \frac{(a^\top Q^{-1} c)^2}{a^\top Q^{-1} a}$$

gegeben ist.

24.20 •• Die Funktion $f : Q \to \mathbb{R}$ mit $Q = \{ x \in \mathbb{R}^n : x_i > 0, i = 1, \dots, n \}$ ist definiert durch

$$f(x) = \sqrt[n]{x_1 \cdot x_2 \cdot \ldots \cdot x_n}.$$

- Bestimmen Sie die Extremalstellen von f unter der Nebenbedingung

$$g(x) = x_1 + x_2 + \ldots + x_n - 1 = 0.$$

- Folgern Sie aus dem ersten Teil für $y \in Q$ die Ungleichung zwischen dem arithmetischen und dem geometrischen Mittel

$$\sqrt[n]{y_1 \cdot y_2 \cdot \ldots \cdot y_n} \le \frac{1}{n}(y_1 + y_2 + \ldots + y_n).$$

Antworten der Selbstfragen

S. 1016

Setzen wir $y_1 = x_3$ und $y_2 = x_4$, so lässt sich durch

$$f(x) = (x_1 - x_3)^2 + (x_2 - x_4)^2$$

eine Zielfunktion angeben, die auf der Menge

$$M = \{ x \in \mathbb{R}^4 \mid (x_1, x_2)^\top \in E_1 \text{ und } (x_3, x_4)^\top \in E_2 \}$$

zu minimieren ist.

S. 1019

Betrachten wir zunächst die Menge M_1: Aus $x_2 - x_3 \ge 1$ folgt insbesondere $x_2 - x_3 \ne 0$ und wir können die erste Ungleichung wegen

$$x_1 x_2 - x_2 - x_2^2 + x_2 x_3 + x_3 - x_1 x_3$$
$$= (x_1 - x_2)(x_2 - x_3) - (x_2 - x_3)$$

durch $x_1 - x_2 \le 1$ ersetzen. Außerdem ist x_3^3 monoton, sodass die letzte Ungleichung durch $x_3 \ge -1$ erfasst ist. Insgesamt ergibt sich

$$M_1 = \{ \boldsymbol{x} \in \mathbb{R}^3 \mid x_1 - x_2 \leq 1 \,,\ x_2 - x_3 \geq 1 \,,\ x_3 \geq -1 \}\,,$$

passend zur Beschreibung der Nebenbedingungen in einem linearen Problem.

In der Menge M_2 lässt sich die erste Ungleichung nicht durch eine lineare Nebenbedingungen beschreiben; denn betrachten wir etwa einen Vektor $a\boldsymbol{x}$, $a \in \mathbb{R}$, und $g(\boldsymbol{x}) = x_1^2 - x_2^2 + x_3^2 - x_1$, so ist $g(a\boldsymbol{x}) \neq ag(\boldsymbol{x})$ für $a \neq 1$.

In der dritten Menge lässt sich die nichtlineare Ungleichung $\ln(x_1) \geq 0$ aufgrund der Monotonie des Logarithmus durch $x_1 \geq 1$ ersetzen, so dass wir

$$M_3 = \{ \boldsymbol{x} \in \mathbb{R}^3 \mid 2x_1 - x_2 + x_3 \leq 0 \,,\ x_1 \geq 1 \,,\ x_2, x_3 \geq 0 \}$$

durch lineare Bedingungen beschreiben können.

Die Zielfunktion f_1 ist linear, denn mit $x_2 - x_3 \neq 0$, wie in den Mengen M_1 und M_3 verlangt, ist

$$\begin{aligned}
f_1(x) &= \frac{x_1 x_2 + x_2^2 - x_1 x_3 - x_3^2}{x_2 - x_3} \\
&= \frac{x_1(x_2 - x_3) + (x_2 + x_3)(x_2 - x_3)}{x_2 - x_3} \\
&= x_1 + x_2 + x_3 \,.
\end{aligned}$$

Die zweite Funktion ist nichtlinear. Betrachten wir etwa $\boldsymbol{x} = (1, 3, 1)$ und $\boldsymbol{y} = (1, 3, 0)$, so sind $\boldsymbol{x}, \boldsymbol{y}, \boldsymbol{x} + \boldsymbol{y} \in M_1$ bzw. $\boldsymbol{x}, \boldsymbol{y}, \boldsymbol{x} + \boldsymbol{y} \in M_3$, aber es gilt

$$f_2(1, 3, 1) + f_2(1, 3, 0) = \frac{19}{2} \neq \frac{47}{5} = f_2(2, 6, 1)$$

Insgesamt sind somit nur die beiden Probleme Min f_1 auf M_1 und Min f_1 auf M_3 lineare Programme.

S. 1021

Wir führen die acht nicht negativen Variablen $\boldsymbol{y} \in \mathbb{R}^8_{\geq 0}$ ein durch $y_1 = \max\{0, x_1\}$, $y_2 = \max\{0, -x_1\}$, $y_3 = x_2$, $y_4 = \max\{0, x_3\}$, $y_5 = \max\{0, -x_3\}$ und drei Schlupfvariable y_6, y_7 und y_8. Dann lassen sich die ersten drei Nebenbedingungen durch

$$\begin{aligned}
y_1 - y_2 + y_3 + y_6 &= 5 \\
y_1 - y_2 - y_3 + 2y_4 - 2y_5 - y_7 &= -2 \\
2y_3 - y_4 + y_5 + y_8 &= 2
\end{aligned}$$

angeben. Definieren wir $\tilde{f} \colon \mathbb{R}^8 \to \mathbb{R}$ durch

$$\tilde{f}(\boldsymbol{y}) = y_1 - y_2 + y_3 + y_4 - y_5 \,,$$

und weiter

$$\tilde{A} = \begin{pmatrix} 1 & -1 & 1 & 0 & 0 & 1 & 0 & 0 \\ 1 & -1 & -1 & 2 & -2 & 0 & -1 & 0 \\ 0 & 0 & 2 & -1 & 1 & 0 & 0 & 1 \end{pmatrix}$$

und

$$\tilde{\boldsymbol{b}} = \begin{pmatrix} 5 \\ -2 \\ 2 \end{pmatrix}\,,$$

so lässt sich die Optimierungsaufgabe in Normalform durch

$$\operatorname*{Min}_{\boldsymbol{y} \in M} \tilde{f}(\boldsymbol{y})$$

auf

$$M = \{ \boldsymbol{y} \in \mathbb{R}^8_{\geq 0} \mid \tilde{A}\boldsymbol{y} = \tilde{\boldsymbol{b}} \}$$

beschreiben.

S. 1024

Wenn M beschränkt ist, gibt es nach dem Lemma auf Seite 1022 keinen Vektor $\boldsymbol{y} \neq 0$ mit $\boldsymbol{y} \geq 0$ und $A\boldsymbol{y} = 0$. Also liefert das gerade bewiesene Lemma von Seite 1023 eine solche Konvexkombination.

S. 1028

Mit zwei Schlupfvariablen ergibt sich das Tableau

$$\begin{array}{ccccc|c} 1 & 1 & 1 & 1 & 0 & 5 \\ 1 & 2 & 0 & 0 & 1 & 2 \\ \hline 2 & -1 & 1 & 0 & 0 & \eta \end{array}$$

Eine Ecke zu der entsprechenden Menge M_N im $\mathbb{R}^5$ ist $\boldsymbol{z} = (0, 0, 0, 5, 2)^\top$. Als erstes Pivotelement ergibt sich wegen $c_2 < 0$ und wegen $\frac{b_1}{a_{12}} = \frac{5}{1} > \frac{2}{2} = \frac{b_2}{a_{22}}$ die 2 an der Position a_{22}.

S. 1032

Bei der Wahl von s gibt es verschiedene Alternativen, wenn mehrere Komponenten von $\boldsymbol{c}$ negativ sind. Auch bei der Zeilenauswahl, r, gibt es Alternativen, nämlich dann, wenn es mehrere Zeilen gibt, bei denen das Verhältnis b_k / a_{ks} minimal wird.

S. 1033

Für die beiden Bedingungen führen wir Schlupfvariablen $x_3, x_4 \geq 0$ ein und erhalten:

$$5x_1 - x_2 + x_3 = 5, \quad \text{und} \quad x_1 - x_2 - x_4 = 1.$$

Es lässt sich noch keine Basislösung ablesen. Wir nehmen weitere Variable $x_5, x_6 \geq 0$ hinzu und erhalten:

$$\begin{array}{cccccc|c} 5 & -1 & 1 & 0 & 1 & 0 & 5 \\ 1 & -1 & 0 & -1 & 0 & 1 & 1 \\ \hline 0 & -1 & 0 & 0 & 0 & 0 & \eta \\ \hline -6 & 2 & -1 & 1 & 0 & 0 & \gamma - 6 \end{array}$$

mit der Basislösung $\boldsymbol{z} = (0, 0, 0, 0, 5, 1)^\top$ zum Hilfsproblem.

S. 1038

Der Satz auf Seite 1035 zeigt, dass die Bedingung notwendig ist.

Andererseits sind $\widehat{x} \in M$ und $\widehat{y} \in N$ gegeben mit $b^\top \widehat{y} = c^\top \widehat{x}$, so sind nach dem schwachen Dualitätssatz (P) und (D) lösbar. Wegen der Identität der Zielfunktionswerte sind $\widehat{x}$ und $\widehat{y}$ Lösungen zu (P) bzw. (D).

S. 1038

Wir führen $x_1^+ = \max\{0, x_1\}$, $x_1^- = \max\{0, -x_1\}$ und $x_2^+ = \max\{0, x_2\}$, $x_2^- = \max\{0, -x_2\}$ ein und definieren noch eine Schlupfvariable $x_4 > 0$. Nach Umbenennen der Variablen erhalten wir das äquivalente Optimierungsproblem

$$\underset{x \in M}{\text{Min}} \; c^\top x$$

in $M = \{x \in \mathbb{R}^6_{\geq 0} : Ax = b\}$ mit $c = (-1, 1, 2, -2, -3, 0)^\top$, $b = (2, 5)^\top$ und

$$A = \begin{pmatrix} -1 & 1 & 1 & -1 & 1 & 0 \\ 1 & -1 & 1 & -1 & 0 & 1 \end{pmatrix}.$$

Damit lautet das zugehörige duale Problem

$$\underset{y \in N}{\text{Max}} \; 2y_1 + 5y_2$$

auf

$$N = \left\{ y \in \mathbb{R}^2 : \begin{pmatrix} -1 & 1 \\ 1 & -1 \\ 1 & 1 \\ -1 & -1 \\ 1 & 0 \\ 0 & 1 \end{pmatrix} y \leq \begin{pmatrix} -1 \\ 1 \\ 2 \\ -2 \\ -3 \\ 0 \end{pmatrix} \right\}.$$

Aus den ersten beiden Ungleichungen ergibt sich $y_1 - y_2 = 1$ und aus den weiteren beiden Ungleichungen $y_1 + y_2 = 2$ mit der einzigen Lösung $y_1 = 3/2$ und $y_2 = 1/2$. Diese erfüllt aber nicht die Ungleichung $y_2 \leq 0$. Somit ist das duale Problem nicht zulässig. Aus dem starken Dualitätssatz folgt, dass (P) keine Lösung hat, d.h., $\sup(P) = \infty$.

S. 1048

Mit der Zielfunktion f mit

$$f(x_1, x_2, x_3, x_4) = (x_1 - x_3)^2 + (x_2 - x_4)^2$$

und den beiden Nebenbedingungen $g_1(x_1, x_2) = x_1^2 + (x_2 - 2)^2 - 1 = 0$ und $g_2(x_3, x_4) = x_3 - x_4 = 0$ erhalten wir mit einem Multiplikator $\lambda \in \mathbb{R}$ die Lagrange-Funktion

$$L(x_1, x_2, x_3, \lambda) = (x_1 - x_3)^2 + (x_2 - x_3)^2 + \lambda(x_1^2 + (x_2 - 2)^2 - 1),$$

wenn wir die zweite Bedingung $x_3 = x_4$ gleich einsetzen.

Elementare Zahlentheorie – Teiler und Vielfache

Wieso sind die Primzahlen die Bausteine der ganzen Zahlen?

Wie viele Teiler hat die Zahl 73626273893493625252?

Wie berechnet man effizient den ggT ganzer Zahlen?

© Springer-Verlag GmbH Deutschland, ein Teil von Springer Nature 2022
T. Arens et al., *Grundwissen Mathematikstudium*,
https://doi.org/10.1007/978-3-662-63313-7_25

Die elementare Zahlentheorie beschäftigt sich – nicht ausschließlich, aber vornehmlich – mit Eigenschaften der ganzen Zahlen. Ein systematisches Studium der natürlichen Zahlen begannen die Griechen, etwa ab 600 v. Chr. Euklids *Elemente*, ein Buch, in dem sich Euklid mit Fragen zum Aufbau des Zahlensystems beschäftigt, ist eines der einflussreichsten Lehrbücher der Welt.

Viele Problemstellungen der Zahlentheorie sind einfach zu formulieren und auch mathematischen Laien verständlich. Z. B.: Gibt es unendlich viele Primzahlen der Form $2^n - 1$? Oder: Lässt sich jede ungerade Zahl ≥ 7 als Summe von drei Primzahlen darstellen? Solche Fragen sind unmittelbar verständlich und seit mehreren hundert Jahren intensiv untersucht worden, dabei wurden bisher keine Antworten gefunden.

Neben solchen Problemen gibt es aber auch eine große Zahl leicht formulierbarer Fragestellungen der Zahlentheorie, die sich durch hinreichend scharfes und originelles Nachdenken und Nutzen algebraischer Strukturen im direkten Umkreis des Problems selbst lösen lassen. Fragen dieser Art bilden den Gegenstand dieses Kapitels.

Wir beschreiben den Aufbau des allen von Kindesbeinen auf vertrauten Zahlensystems und begründen Rechenregeln, etwa für den größten gemeinsamen Teiler, die vielen aus der Schule vertraut sind, jedoch dort meist nicht bewiesen wurden.

25.1 Teilbarkeit

Bevor wir den Begriff der Teilbarkeit einführen, wiederholen wir bekannte Tatsachen über die ganzen Zahlen.

Der Ring der ganzen Zahlen ist angeordnet

Die Menge $\mathbb{Z}$ der ganzen Zahlen bildet mit der üblichen Addition $+$ und der üblichen Multiplikation $\cdot$ ganzer Zahlen einen Ring (siehe Abschnitt 3.4). Dieser Ring $(\mathbb{Z}, +, \cdot)$ ist bezüglich der bekannten Relation $\leq$ angeordnet, d. h., es gilt für a, b, c, $d \in \mathbb{Z}$:

- $a \leq a$,
- $a \leq b, b \leq a \Rightarrow a = b$,
- $a \leq b, b \leq c \Rightarrow a \leq c$,
- $a \leq b$ oder $b \leq a$,
- $a \leq b \Rightarrow a + d \leq b + d$,
- $a \leq b, 0 \leq d \Rightarrow a d \leq b d$.

Man schreibt $a < b$, falls $a \leq b$ und $a \neq b$ gilt, und $a \geq b$ bzw. $a > b$ steht natürlich für $b \leq a$ bzw. $b < a$. Weiterhin ist der Betrag $|a|$ von $a \in \mathbb{Z}$ bekannt,

$$|a| = \begin{cases} a, & \text{falls } a \geq 0, \\ -a, & \text{falls } a < 0, \end{cases}$$

es ist $|a|$ eine natürliche Zahl oder null.

Wir können eine ganze Zahl a durch eine natürliche Zahl b mit Rest teilen, d. h., zu beliebigen Zahlen $a \in \mathbb{Z}$ und $b \in \mathbb{N}$ gibt es Zahlen q, $r \in \mathbb{Z}$ mit

$$a = b q + r \quad \text{und} \quad 0 \leq r < b.$$

Diese als *Division mit Rest* bekannte Tatsache (siehe Seite 56 und Aufgabe 25.12) ist grundlegend für alles Weitere. Falls bei der Division mit Rest der Rest null bleibt, so spricht man von *Teilbarkeit*.

Die Vielfachen von a sind genau die Zahlen, die a teilt

Man sagt, $b \in \mathbb{Z}$ **teilt** $a \in \mathbb{Z}$ oder b ist ein **Teiler** von a oder a ein **Vielfaches** von b, wenn ein $c \in \mathbb{Z}$ mit

$$a = b c$$

existiert, und kürzt dies mit $b \mid a$ ab. Man schreibt $b \nmid a$, wenn b kein Teiler von a ist.

Beispiel Es sind 1, 2, 3 und 6 Teiler von 6; es gilt nämlich:

$$6 = 1 \cdot 6, \; 6 = 2 \cdot 3, \; 6 = 3 \cdot 2, \; 6 = 6 \cdot 1.$$

Aber auch -1, -2, -3 und -6 sind Teiler von 6, da

$$6 = -1 \cdot (-6), \; 6 = -2 \cdot (-3), \; 6 = -3 \cdot (-2), \; 6 = -6 \cdot (-1).$$

Weitere ganzzahlige Teiler hat die Zahl 6 nicht, so gilt etwa $4 \nmid 6$, da es keine ganze Zahl c mit $6 = 4 c$ gibt. ◄

Kommentar: Bei den rationalen Zahlen ist der Begriff der Teilbarkeit unnütz, weil jede rationale Zahl $q = \frac{a}{b}$ jede andere von null verschiedene rationale Zahl $p = \frac{c}{d}$ als Teiler hat:

$$q = p \cdot \underbrace{(p^{-1} \cdot q)}_{=:c \in \mathbb{Q}};$$

in $\mathbb{Z}$ ist diese Situation ganz anders.

Wir notieren einige einfache, aber wichtige Regeln zur Teilbarkeit, auf die wir immer wieder zurückgreifen werden:

Teilbarkeitsregeln

Für a, b, c, x, $y \in \mathbb{Z}$ gilt:
1. $1 \mid a, a \mid 0, a \mid a$.
2. $0 \mid b \Rightarrow b = 0$.
3. $a \mid b, b \neq 0 \Rightarrow |a| \leq |b|$.
4. $a \mid b \Rightarrow -a \mid b$ und $a \mid -b$.
5. $a \mid b, b \mid c \Rightarrow a \mid c$.
6. $a \mid b, b \mid a \Rightarrow a = b$ oder $a = -b$.
7. $a \mid b \Rightarrow a c \mid b c$.
8. $a \mid b, a \mid c \Rightarrow a \mid x b + y c$.
9. $a c \mid b c, c \neq 0 \Rightarrow a \mid b$.

Beweis:

1. Aus $a = 1 \cdot a$ folgt $1 \mid a$ und $a \mid a$; und $0 = 0 \cdot a$ impliziert $a \mid 0$.

2. Aus $0 \mid b$ folgt $b = r \cdot 0 = 0$ (für ein $r \in \mathbb{Z}$).

3. Aus $a \mid b$ und $b \neq 0$ folgt $b = a\,r$ für ein $0 \neq r \in \mathbb{Z}$, d. h. $|r| \geq 1$. Also gilt $|b| = |a|\,|r| \geq |a|$.

4. Aus $a \mid b$ folgt $b = a\,r$ für ein $r \in \mathbb{Z}$; somit gilt $b = (-a)\,(-r)$, sodass $-a \mid b$ und $-b = a\,(-r)$, sodass $a \mid -b$.

5. Wegen $a \mid b$ und $b \mid c$ gibt es $r, s \in \mathbb{Z}$ mit $b = a\,r$ und $c = b\,s$. Es folgt: $c = a\,(r\,s)$, sodass also $a \mid c$ gilt.

6. folgt aus 3.

7. Aus $a \mid b$ folgt: Es gibt ein $r \in \mathbb{Z}$ mit $b = a\,r$. Also gilt $b\,c = (a\,c)\,r$, folglich $a\,c \mid b\,c$.

8. Wegen $a \mid b$ und $a \mid c$ existieren $r, s \in \mathbb{Z}$ mit $b = a\,r$ und $c = a\,s$. Somit gilt für beliebige $x, y \in \mathbb{Z}$:

$$x\,b + y\,c = (a\,r)\,x + (a\,s)\,y = a\,(r\,x + s\,y);$$

es folgt $a \mid x\,b + y\,c$.

9. Aus $a\,c \mid b\,c$ folgt $b\,c = a\,c\,r$ für ein $r \in \mathbb{Z}$. Wegen $c \neq 0$ gilt $b = a\,r$, also $a \mid b$. ∎

Gilt $a = b\,c$ für $a, b, c \in \mathbb{Z}$, so heißt c der zu b **komplementäre Teiler** von a.

Gilt $a \mid b$ und $1 \neq |a| < |b|$, so wird a ein **echter** Teiler von b genannt. Nach den Teilbarkeitsregeln 1 und 4 sind $1, -1, a, -a$ stets Teiler einer Zahl $a \in \mathbb{Z}$. Diese Teiler heißen die **trivialen** Teiler von a. Eine natürliche Zahl $p \neq 1$ heißt eine **Primzahl**, falls p nur triviale Teiler hat, d. h., wenn 1 und p ihre einzigen positiven Teiler sind. Natürliche Zahlen $n \neq 1$, die keine Primzahlen sind, nennt man auch **zusammengesetzt**. Sie haben eine Darstellung $n = a\,b$ mit $a, b \in \mathbb{N}$ und $a \neq 1 \neq b$.

Die Menge $\{2, 3, 5, 7, 11, \ldots\}$ aller Primzahlen bezeichnen wir mit $\mathbb{P}$. Auf Seite 30 haben wir gezeigt, dass $\mathbb{P}$ unendlich ist, d. h., dass es unendlich viele Primzahlen gibt. Und nun begründen wir, dass jede natürliche Zahl ungleich 1 einen **Primteiler** besitzt, d. h. einen Teiler, der eine Primzahl ist:

Zu einer natürlichen Zahl $n \neq 1$ betrachten wir die Menge M aller von 1 verschiedenen positiven Teiler von n. Diese Menge M ist nichtleer, da n darin enthalten ist. Nach dem Wohlordnungsprinzip (vgl. Seite 120) gibt es daher eine kleinste Zahl p in M. Dieses kleinste Element p ist eine Primzahl, da jeder Teiler von p nach der Teilbarkeitsregel 5 auch ein Teiler von n ist. Damit ist gezeigt:

Zur Existenz von Primteiler

Ist n eine natürliche Zahl $\neq 1$, so ist der kleinste positive Teiler $p \neq 1$ von n eine Primzahl.

Insbesondere besitzt jede natürliche Zahl $n \neq 1$ Primteiler.

Bei der *naiven* Suche nach Primteilern einer natürlichen Zahl n teilt man die Zahl n nach und nach durch die bekannten kleinen Primzahlen $2, 3, 5, 7, \ldots$, um solche zu finden. Dabei kann man sich auf relativ kleine Zahlen beschränken, da gilt:

Lemma

Für den kleinsten Primteiler p einer zusammengesetzten natürlichen Zahl n gilt $p \leq \sqrt{n}$.

Beweis: Da die Primzahl p die Zahl n teilt, gilt $n = p\,a$ mit $1 < p \leq a$, also

$$p^2 \leq p\,a = n,$$

d. h., $p \leq \sqrt{n}$. ∎

Beispiel Sucht man etwa den kleinsten Primteiler der Zahl $n = 209$, so kann man sich wegen $\sqrt{209} = 14.45\ldots$ auf die wenigen Primzahlen $2, 3, 5, 7, 11, 13$ beschränken und findet $209 = 11 \cdot 19$.

Man kann so auch testen, ob eine gegebene Zahl n eine Primzahl ist oder nicht: Hat die Zahl $n \in \mathbb{N}, n \neq 1$, keinen Primteiler $\leq \sqrt{n}$, so ist n eine Primzahl. Wir prüfen die Zahl $n = 367$ auf *Primalität*. Wegen $\sqrt{367} = 19.15\ldots$ ist nur zu testen, ob eine der wenigen Primzahlen $2, 3, 5, 7, 11, 13, 17, 19$ die Zahl 367 teilt. Da dies nicht der Fall ist, muss 367 eine Primzahl sein. ◀

Kommentar: Im Allgemeinen ist es nicht einfach, Primteiler einer natürlichen Zahl zu bestimmen. Beim Verschlüsselungsverfahren RSA macht man sich sogar zunutze, dass es praktisch unmöglich ist, Primteiler des Produkts $n = p\,q$ zweier großer, geschickt gewählter Primzahlen p und q in vertretbar kurzer Zeit (also etwa innerhalb weniger Jahre) zu bestimmen (siehe Seite 1078).

25.2 Der euklidische Algorithmus

Der Begriff des *größten gemeinsamen Teilers* zweier natürlicher Zahlen ist vielen aus der Schulzeit bekannt.

Der größte gemeinsame Teiler zweier ganzer Zahlen a und b ist die größte natürliche Zahl, die a und b teilt

Sind a und b ganze Zahlen, die nicht beide gleich Null sind, so nennt man jede ganze Zahl t mit $t \mid a$ und $t \mid b$ einen **gemeinsamen Teiler** von a und b. Wegen der Teilbarkeitsregel 4 ist mit $t \in \mathbb{Z}$ stets auch $-t \in \mathbb{Z}$ ein gemeinsamer Teiler von a und b, sodass wir uns bei Teilbarkeitsuntersuchungen in $\mathbb{Z}$ auf die Teiler aus $\mathbb{N}_0$ beschränken können.

Weil sowohl a als auch b nur endlich viele verschiedene Teiler haben, existieren auch nur endlich viele gemeinsame Teiler von a und b. Der größte dieser endlich vielen gemeinsamen Teiler wird naheliegenderweise **größter gemeinsamer Teiler** von a und b genannt und $\mathrm{ggT}(a, b)$ geschrieben. Schließlich nennt man ganze Zahlen a und b **teilerfremd**, falls $\mathrm{ggT}(a, b) = 1$; ergänzend definiert man $\mathrm{ggT}(0, 0) = 0$.

Kommentar: *Umständlich* ausgedrückt, haben wir den größten gemeinsamen Teiler von a und b als das (eindeutig bestimmte) größte Element bezüglich der linearen Ordnungsrelation $\leq$ auf der Menge M aller positiven gemeinsamen Teiler von a und b definiert. Man kann den ggT auch als größtes Element bezüglich einer anderen Ordnungsrelation auf M erklären, nämlich bezüglich der Relation $|$, und erhält dabei denselben Begriff. Wir werden das auf Seite 1063 erläutern.

Das wesentliche Hilfsmittel zur Bestimmung des ggT zweier Zahlen ist der *euklidische Algorithmus*, der auf sukzessiver Division mit Rest beruht. Dabei können wir uns wegen

$$\mathrm{ggT}(a, 0) = |a| \quad \text{und} \quad \mathrm{ggT}(a, b) = \mathrm{ggT}(a, -b)$$

auf ganze Zahlen a und b mit $a \neq 0 \neq b$ und $b \in \mathbb{N}$ beschränken.

Der euklidische Algorithmus ermöglicht die Bestimmung des größten gemeinsamen Teilers ganzer Zahlen ohne die Primfaktorisierung, die wir auch noch ansprechen werden und die im Allgemeinen sehr schwer zu bestimmen ist, zu benutzen.

Der euklidische Algorithmus bestimmt den ggT zweier Zahlen

Der euklidische Algorithmus besteht in einer wiederholten Anwendung der Division mit Rest:

Der euklidische Algorithmus

Gegeben sind zwei ganze Zahlen a, b ungleich Null mit $b \geq 1$ und $b \nmid a$. Wir setzen

$$r_0 = a, \ r_1 = b$$

und definieren *Reste* $r_2, \ldots, r_n \in \mathbb{N}$ durch die folgenden Gleichungen, die durch Division mit Rest entstehen:

$$r_0 = q_1 r_1 + r_2 \ \text{ mit } 0 < r_2 < r_1,$$
$$r_1 = q_2 r_2 + r_3 \ \text{ mit } 0 < r_3 < r_2,$$
$$\vdots$$
$$r_{n-2} = q_{n-1} r_{n-1} + r_n \ \text{ mit } 0 < r_n < r_{n-1},$$
$$r_{n-1} = q_n r_n.$$

Dann gilt

$$r_n = \mathrm{ggT}(a, b);$$

und es gibt eine Darstellung

$$\mathrm{ggT}(a, b) = x\,a + y\,b$$

mit ganzen Zahlen x, $y \in \mathbb{Z}$.

Man beachte: Wegen $r_1 > r_2 > r_3 > \cdots$ tritt notwendig ein Schritt der Form $r_{n-1} = q_n r_n + 0$ auf, der den Prozess beendet.

Es bleibt zu begründen, warum r_n der größte gemeinsame Teiler von a und b ist und eine Darstellung der angegebenen Art besitzt.

Beweis:

1. Wir begründen, dass $r_n > 0$ der größte gemeinsame Teiler von a und b ist.

Die letzte Gleichung $r_{n-1} = q_n r_n$ zeigt $r_n \mid r_{n-1}$. Aus der vorletzten Gleichung folgt damit $r_n \mid r_{n-2}$. So fortfahrend erhält man schließlich $r_n \mid r_1 = b$ und $r_n \mid r_0 = a$, also ist r_n ein positiver gemeinsamer Teiler von a und b, und es gilt:

$$r_n \leq d = \mathrm{ggT}(a, b). \tag{25.1}$$

Nun gehen wir mit $d = \mathrm{ggT}(a, b)$ die Gleichungen des Algorithmus „von oben nach unten" durch:

Es ist d ein gemeinsamer Teiler von r_0 und r_1. Nach der ersten Gleichung des Algorithmus ist d damit auch ein Teiler von r_2. Aus der zweiten Gleichung erhalten wir, dass d auch Teiler von r_3 ist. So fortfahrend können wir schließen: d ist ein Teiler von r_n. Damit gilt $d \leq r_n$, mit der Ungleichung (25.1) folgt:

$$d = r_n.$$

2. Wir begründen, dass der größte gemeinsame Teiler r_n von a und b eine Darstellung der Art

$$r_n = x\,a + y\,b$$

mit ganzen Zahlen x, $y \in \mathbb{Z}$ besitzt.

Aus der vorletzten Gleichung erhalten wir die folgende Darstellung für r_n:

$$r_n = r_{n-2} - q_{n-1}\,r_{n-1}.$$

Hierin kann r_{n-1} mit der vorhergehenden Gleichung $r_{n-1} = r_{n-3} - q_{n-2}\,r_{n-2}$ des Algorithmus ersetzt werden. So fortfahrend ersetzt man sukzessive r_k durch $r_{k-2} - q_{k-1}\,r_{k-1}$, schließlich r_2 durch $r_0 - q_1 r_1$ und erhält einen Ausdruck der Form

$$r_n = x\,a + y\,b$$

mit ganzen Zahlen x, y. $\blacksquare$

Man beachte, dass aus der letzten Gleichung im Beweis für $d = \mathrm{ggT}(a, b)$ erneut wegen $d \mid a$ und $d \mid b$ folgt $d \mid r_n$, außerdem erhalten wir aus

$$d = x\,a + y\,b$$

nach Kürzen von d

$$1 = x\,\frac{a}{d} + y\,\frac{b}{d}$$

und damit:

Folgerung
Sind a und b ganze Zahlen, nicht beide gleich Null, so gilt mit $d = \mathrm{ggT}(a, b)$

$$\mathrm{ggT}\left(\frac{a}{d}, \frac{b}{d}\right) = 1.$$

Beispiel Wir bestimmen $d = \mathrm{ggT}(840, 455)$ sowie Zahlen x, $y \in \mathbb{Z}$ mit $d = x\,840 + y\,455$:

$$840 = 1 \cdot 455 + 385\,,$$
$$455 = 1 \cdot 385 + 70\,,$$
$$385 = 5 \cdot 70 + 35\,,$$
$$70 = 2 \cdot 35 + 0\,.$$

Damit haben wir $d = 35$ als größten gemeinsamen Teiler von 840 und 455 ermittelt. Von der vorletzten Gleichung $385 = 5 \cdot 70 + 35$ ausgehend, ermitteln wir nun *rückwärts* – d. h. durch Ersetzen der unterstrichenen Zahlen – eine gesuchte Darstellung von $d = 35$:

$$35 = 1 \cdot 385 - 5 \cdot \underline{70}$$
$$= (-5) \cdot 455 + 6 \cdot \underline{385}$$
$$= 6 \cdot 840 + (-11) \cdot 455\,.$$

Also gilt:

$$\mathrm{ggT}(840, 455) = 35 = 6 \cdot 840 + (-11) \cdot 455\,. \qquad \blacktriangleleft$$

Die Darstellung von $d = \mathrm{ggT}(a, b)$ in der Form

$$d = x\,a + y\,b$$

mit ganzen Zahlen x und y ist keineswegs eindeutig. So gilt etwa auch:

$$35 = (-7) \cdot 840 + 13 \cdot 455\,.$$

Es gibt unendlich viele Paare $(x, y) \in \mathbb{Z}^2$ mit $\mathrm{ggT}(a, b) = x\,a + y\,b$

Wir wollen uns überlegen, wie man alle Darstellungen des ggT in der Form $\mathrm{ggT}(a, b) = x\,a + y\,b$ erhält. Dazu benötigen wir die folgende Aussage, die wie viele andere in diesem Kapitel bereits Euklid formuliert hat. Daher nennt man den Satz auch das **Lemma von Euklid**:

Satz zur Primeigenschaft
Für teilerfremde a, $b \in \mathbb{Z}$ und jedes $c \in \mathbb{Z}$ gilt:

$$a \mid b\,c \;\Rightarrow\; a \mid c\,.$$

Insbesondere erfüllt jede Primzahl p die **Primeigenschaft**

$$p \mid b\,c \;\Rightarrow\; p \mid b \;\text{ oder }\; p \mid c\,.$$

Beweis: Wegen der Teilerfremdheit von a und b, d. h., $\mathrm{ggT}(a, b) = 1$, können wir mit dem euklidischen Algorithmus ganze Zahlen x und y mit

$$x\,a + y\,b = 1$$

bestimmen. Diese Gleichung multiplizieren wir mit $c \in \mathbb{Z}$ und erhalten:

$$x\,a\,c + y\,b\,c = c\,.$$

Weil a beide Summanden teilt, $a \mid x\,a\,c$ und $a \mid y\,b\,c$, teilt a nach der Teilbarkeitsregel 8 von Seite 1058 auch c.

Ist nun p eine Primzahl, so folgt im Fall $p \nmid b$ sogleich $\mathrm{ggT}(p, b) = 1$ und damit nach dem ersten Teil $p \mid c$. $\qquad \blacksquare$

Man kann begründen, dass eine natürliche Zahl $p > 1$ genau dann eine Primzahl ist, wenn sie die Primeigenschaft hat. Wir haben dies als Übungsaufgabe 25.7 gestellt.

Die Lösungsmenge der Gleichung $\mathrm{ggT}(a, b) = x\,a + y\,b$ erhalten wir nun aus dem folgenden Lemma, auf das wir mehrfach zurückgreifen werden:

Lemma
Es seien a und b ganze Zahlen ungleich Null und $d = \mathrm{ggT}(a, b)$. Sind x, $y \in \mathbb{Z}$ mit $d = x\,a + y\,b$ gewählt, so gilt für jedes $k \in \mathbb{Z}$:

$$d = \left(x + k\,\frac{b}{d}\right) a + \left(y - k\,\frac{a}{d}\right) b$$

mit Koeffizienten aus $\mathbb{Z}$ und jede Darstellung $d = x'\,a + y'\,b$ mit x', $y' \in \mathbb{Z}$ ist von dieser Form.

Beweis: Für ein $k \in \mathbb{Z}$ seien $x' = x + k\,\frac{b}{d}$ und $y' = y - k\,\frac{a}{d}$. Wir setzen dies in $x'\,a + y'\,b$ ein und erhalten:

$$x'\,a + y'\,b = \left(x + k\,\frac{b}{d}\right) a + \left(y - k\,\frac{a}{d}\right) b = x\,a + y\,b = d\,.$$

Nun gelte $x\,a + y\,b = d = x'\,a + y'\,b$. Es folgt dann:

$$x\,\frac{a}{d} + y\,\frac{b}{d} = 1 = x'\,\frac{a}{d} + y'\,\frac{b}{d}$$

und damit:

$$(x' - x)\,\frac{a}{d} = (y - y')\,\frac{b}{d}\,.$$

Wegen $\mathrm{ggT}(\frac{a}{d}, \frac{b}{d}) = 1$ gilt nach dem Satz zur Primeigenschaft auf Seite 1061

$$x' - x = k\,\frac{b}{d}\,, \;\text{ d. h., }\; x' = x + k\,\frac{b}{d} \;\text{ für ein } k \in \mathbb{Z}\,.$$

Die Darstellung von y ergibt sich, indem man die resultierende Gleichung

$$x\,a + y\,b = \left(x + k\,\frac{b}{d}\right) a + y'\,b$$

nach y' auflöst. $\qquad \blacksquare$

Mit diesem Ergebnis und dem euklidischen Algorithmus können wir *lineare diophantische Gleichungen* lösen.

Bei einer linearen diophantischen Gleichung werden ganzzahlige Lösungen gesucht

Eine Gleichung der Form

$$a\,X + b\,Y = c$$

in den zwei Unbekannten X und Y und mit a, b, $c \in \mathbb{Z}$, wobei nach ganzzahligen Werten für X, Y gesucht wird, nennt man **lineare diophantische Gleichung**.

Falls eine Lösung $(x, y) \in \mathbb{Z}^2$ existiert,

$$a\,x + b\,y = c\,,$$

so gilt für den größten gemeinsamen Teiler $d = \mathrm{ggT}(a, b)$ von a und b die Gleichung

$$d \left(\frac{a}{d}\, x + \frac{b}{d}\, y \right) = c\,,$$

sodass d ein Teiler von c ist. Eine notwendige Bedingung für die Lösbarkeit einer linearen diophantischen Gleichung der Form $a\,X + b\,Y = c$ ist damit $d \mid c$. Wir zeigen nun, dass diese Bedingung auch hinreichend ist:

Lösbarkeit linearer diophantischer Gleichungen

Die lineare diophantische Gleichung

$$a\,X + b\,Y = c \quad \text{mit } a, b, c \in \mathbb{Z}$$

hat genau dann Lösungen in $\mathbb{Z}^2$, wenn

$$\mathrm{ggT}(a, b) \mid c\,.$$

Ist $(x, y) \in \mathbb{Z}^2$ eine Lösung von $a\,X + b\,Y = c$, so ist

$$L = \left\{ \left(x + k\,\frac{b}{d},\ y - k\,\frac{a}{d} \right) \mid k \in \mathbb{Z} \right\}$$

die Lösungsmenge von $a\,X + b\,Y = c$.

Beweis: Wir setzen $d = \mathrm{ggT}(a, b)$. Wir haben bereits gezeigt, dass im Falle der Lösbarkeit von $a\,X + b\,Y = c$ gilt $d \mid c$. Nun setzen wir voraus, dass d ein Teiler von c ist. Mit dem euklidischen Algorithmus erhalten wir für d eine Darstellung der Form

$$d = a\,x + b\,y$$

mit x, $y \in \mathbb{Z}$. Aus $d \mid c$ folgt:

$$c = d\,\frac{c}{d} = a\,\frac{c\,x}{d} + b\,\frac{c\,y}{d}$$

mit $\frac{c\,x}{d}$, $\frac{c\,y}{d} \in \mathbb{Z}$. Also ist $\left(\frac{c\,x}{d}, \frac{c\,y}{d} \right) \in \mathbb{Z}^2$ eine Lösung von $a\,X + b\,Y = c$.

Die Aussage für die Lösungsmenge erhält man mit dem Lemma auf Seite 1061. ∎

Beispiel Wir prüfen, ob die lineare diophantische Gleichung

$$98\,X + 30\,Y = 124$$

über $\mathbb{Z}^2$ lösbar ist und bestimmen gegebenenfalls die Lösungsmenge.

Mit dem euklidischen Algorithmus ermitteln wir den ggT von 98 und 30:

$$98 = 3 \cdot 30 + 8$$
$$30 = 3 \cdot 8 + 6$$
$$8 = 1 \cdot 6 + 2$$
$$6 = 3 \cdot 2\,.$$

Weil $\mathrm{ggT}(98, 30) = 2 \mid 124$ gilt, ist die gegebene lineare diophantische Gleichung lösbar.

Wir ermitteln nun die Lösungsmenge. Dazu benötigen wir *eine* Lösung von $98\,X + 30\,Y = 124$, und eine solche erhalten wir mithilfe obiger Gleichungen des euklidischen Algorithmus: Wir stellen $2 = \mathrm{ggT}(98, 30)$ von der vorletzten Gleichung $8 = 1 \cdot 6 + 2$ ausgehend als *Linearkombination* von 98 und 30 dar:

$$2 = 8 - 1 \cdot 6$$
$$= 4 \cdot 8 - 1 \cdot 30$$
$$= 4 \cdot 98 - 13 \cdot 30\,.$$

Es gilt also:

$$2 = 98 \cdot 4 + 30 \cdot (-13)\,.$$

Multiplikation dieser Gleichung mit $\frac{124}{2} = 62$ liefert:

$$124 = 98 \cdot (62 \cdot 4) + 30 \cdot (62 \cdot (-13))$$
$$= 98 \cdot 248 - 30 \cdot 806\,.$$

Das Paar $(x, y) = (248, -806) \in \mathbb{Z}^2$ ist eine Lösung von $98\,X + 30\,Y = 124$. Die Lösungsmenge ist folglich:

$$L = \{ (248 + k \cdot 15,\ -806 - k \cdot 49) \mid k \in \mathbb{Z} \}\,.$$

Die Wahl $k = -16$ liefert:

$$124 = 98 \cdot 8 + 30 \cdot (-22)\,.$$

Der euklidische Algorithmus führt also keineswegs immer zu einer Lösung mit möglichst kleinen Beträgen. ◄

Der ggT zweier Zahlen ist auch bezüglich der Teilbarkeit ein größtes Element

In der nichtleeren Menge $M \subseteq \mathbb{N}$ der positiven gemeinsamen Teiler zweier ganzer Zahlen a und b ungleich Null gibt es ein (eindeutig bestimmtes) größtes Element d bezüglich der Ordnungsrelation $\leq$ auf M. Dieses Element d nannten wir den größten gemeinsamen Teiler.

Die Menge M der gemeinsamen Teiler ist aber auch bezüglich der Relation $|$ geordnet (beachte das Beispiel auf Seite 51). Wir begründen nun, dass der ggT ein größtes Element bezüglich der Ordnungsrelation $|$ ist (vgl. den Kommentar auf Seite 1060):

Lemma

Für a, $b \in \mathbb{Z}$ und $d \in \mathbb{N}$ gilt $d = \mathrm{ggT}(a, b)$ genau dann, wenn

- $d \mid a$ und $d \mid b$, und
- für jedes $t \in \mathbb{Z}$ mit $t \mid a$ und $t \mid b$ gilt $t \mid d$.

Beweis:

$\Rightarrow$: Es gelte $t \mid a$ und $t \mid b$, etwa $a = a't$ und $b = b't$, für ein $t \in \mathbb{Z}$. Ist $d = \mathrm{ggT}(a, b)$, so existieren nach dem euklidischen Algorithmus Zahlen x, $y \in \mathbb{Z}$ mit

$$d = x\,a + y\,b = x\,a't + y\,b't = (x\,a' + y\,b')\,t,$$

sodass also t ein Teiler von d ist. Die Bedingung $d \mid a$ und $d \mid b$ gilt nach Voraussetzung.

$\Leftarrow$: Nach der ersten Bedingung ist d ein gemeinsamer Teiler von a und b. Aus der Bedingung $t \mid d$ folgt auch $t \leq d$. Folglich ist d der größte gemeinsame Teiler. $\blacksquare$

Wir haben somit zwei mögliche Definitionen für den ggT zweier Zahlen. Die Definition, die den ggT als größtes Element bezüglich $|$ beschreibt, hat einen großen Vorteil: Sie kommt ohne die Ordnungsrelation $\leq$ aus. Folglich kann man diese Definition auch in Ringen benutzen, in denen man zwar von Teilbarkeit sprechen kann, die sich aber nicht unbedingt anordnen lassen. Ein Beispiel ist der Polynomring $\mathbb{K}[X]$ über einem Körper $\mathbb{K}$. Diese Ringe lassen sich im Allgemeinen nicht anordnen, von Teilbarkeit kann man aber sehr wohl sprechen.

25.3 Der Fundamentalsatz der Arithmetik

Der Fundamentalsatz der Arithmetik, d. h. die Existenz und Eindeutigkeit der Primfaktorzerlegung natürlicher Zahlen, ist vielen aus der Schulzeit bekannt. Wir geben einen Beweis an. Dazu benutzen wir den euklidischen Algorithmus.

Jede natürliche Zahl ist – von der Reihenfolge der Faktoren abgesehen – auf genau eine Weise als Produkt von Primzahlen darstellbar

Der folgende Satz ist im wahrsten Sinne des Wortes *fundamental*.

Fundamentalsatz der Arithmetik

Jede natürliche Zahl $n \neq 1$ lässt sich auf genau eine Weise als Produkt $n = p_1 \cdots p_r$ mit Primzahlen $p_1 \leq p_2 \leq \cdots \leq p_r$ schreiben.

Beweis: Wir zeigen die Existenz und die Eindeutigkeit durch Induktion nach n. Beim Induktionsanfang mit $n = 2$ ist die eindeutig bestimmte Darstellung gegeben. Die Behauptung gelte nun für alle natürlichen Zahlen kleiner als n.

Existenz: Nach dem Satz zur Existenz von Primteilern auf Seite 1059 hat n einen Primteiler p. Dann gilt:

$$\text{(i) } n = p \quad \text{oder} \quad \text{(ii) } 1 < k = \frac{n}{p} < n\,.$$

Im Fall (i) ist die Existenz einer gewünschten Darstellung gegeben, im Fall (ii) gilt nach Induktionsvoraussetzung $k = p_1 \cdots p_r$ mit Primzahlen $p_1, \ldots, p_r$, sodass $n = p\,p_1 \cdots p_r$, was erneut zu einer gewünschten Darstellung führt.

Eindeutigkeit: Es gelte:

$$n = p_1 \cdots p_r = q_1 \cdots q_s$$

mit Primzahlen p_i, q_j. Wegen der Primeigenschaft der Primzahl p_1 (siehe den Satz auf Seite 1061) folgt $p_1 \mid q_j$, d. h. $p_1 = q_j$ für ein j. Wir dürfen ohne Einschränkung $j = 1$ annehmen. Dann gilt:

$$\text{(i) } n = p_1 = q_1 \quad \text{oder}$$
$$\text{(ii) } 1 < k = \frac{n}{p_1} = p_2 \cdots p_r = q_2 \cdots q_s < n\,.$$

Im Fall (i) gilt die Eindeutigkeit der Darstellung, im Fall (ii) ist nach Induktionsvoraussetzung die Darstellung von k als Produkt von Primzahlen eindeutig, es gilt $r = s$ und $p_i = q_i$ für $i = 2, \ldots, r$. Somit folgt die Eindeutigkeit der Darstellung von $n = p_1 \cdots p_r$. $\blacksquare$

Kommentar: Der Beweis der Eindeutigkeit der Darstellung im Fundamentalsatz benutzt wesentlich die Primeigenschaft von Primzahlen. Diese Eigenschaft haben wir mit dem euklidischen Algorithmus hergeleitet. Für einen Beweis des Fundamentalsatzes, der nicht auf dem euklidischen Algorithmus beruht, sehen Sie bitte Seite 125.

Wir können bei der Primfaktorzerlegung einer natürlichen Zahl $\neq 1$ gleiche Primzahlen unter Potenzen zusammenfassen, sodass also jede natürliche Zahl $n \neq 1$ auf genau eine Weise in der Form

$$n = p_1^{\nu_1} \cdots p_t^{\nu_t}$$

mit Primzahlen $p_1 < \cdots < p_t$ und $\nu_i \in \mathbb{N}$ geschrieben werden kann. Man nennt diese Darstellung die **kanonische Primfaktorzerlegung** von n.

Beispiel Die Zahl $n = 68796$ hat die kanonische Primfaktorzerlegung

$$68796 = 2^2 \cdot 3^3 \cdot 7^2 \cdot 13\,. \qquad \blacktriangleleft$$

Die kanonische Primfaktorzerlegung von n ist ein unendliches Produkt über alle Primzahlen

Die Menge aller Primzahlen bezeichnen wir nach wie vor mit $\mathbb{P}$. Die kanonische Primfaktorzerlegung einer natürlichen Zahl $n = p_1^{v_1} \cdots p_r^{v_r} \neq 1$ können wir formal auch als unendliches Produkt darstellen:

$$n = \prod_{p \in \mathbb{P}} p^{v_n(p)} \,,$$

indem die Faktoren $p^0 = 1$ für alle weiteren Primzahlen $p \neq p_1, \dots, p_r$ eingefügt werden. Es gilt dann:

$$v_n(p) = \begin{cases} 0\,, & \text{wenn } p \neq p_1, \dots, p_r\,, \\ v_i\,, & \text{wenn } p = p_i \text{ für ein } i = 1, \dots, r\,. \end{cases}$$

Außerdem wird

$$1 = \prod_{p \in \mathbb{P}} p^{v_1(p)}$$

gesetzt, sodass wir zumindest formal auch eine kanonische Primfaktorzerlegung für die natürliche Zahl 1 haben.

Beispiel   Es gilt $60 = 2^2 \cdot 3 \cdot 5 = \prod_{p \in \mathbb{P}} p^{v_{60}(p)}$ mit

$$v_{60}(2) = 2, \ v_{60}(3) = 1, \ v_{60}(5) = 1 \ \text{ und } \ v_{60}(p) = 0$$

für alle $p \neq 2, 3, 5$. ◀

Die folgenden Eigenschaften verdeutlichen die Zweckmäßigkeit dieser Darstellung:

Lemma
Für natürliche Zahlen a und b gilt:

(a) $v_{ab}(p) = v_a(p) + v_b(p)$ für alle $p \in \mathbb{P}$,
(b) $a \mid b \Leftrightarrow v_a(p) \leq v_b(p)$ für alle $p \in \mathbb{P}$.

Beweis:
(a) folgt durch Multiplikation von a mit b,

$$a\,b = \left(\prod_{p \in \mathbb{P}} p^{v_a(p)}\right)\left(\prod_{p \in \mathbb{P}} p^{v_b(p)}\right) = \left(\prod_{p \in \mathbb{P}} p^{v_a(p)+v_b(p)}\right),$$

und der Eindeutigkeitsaussage im Fundamentalsatz der Arithmetik.

(b) Es gilt:

$$a \mid b \Leftrightarrow b = a\,c \text{ für ein } c \in \mathbb{N}$$
$$\Leftrightarrow v_b(p) = v_a(p) + v_c(p) \text{ für alle } p \text{ und ein } c \in \mathbb{N}$$
$$\Leftrightarrow v_a(p) \leq v_b(p) \text{ für alle } p\,.$$

Für die Richtung $\Leftarrow$ setze $c = \prod_{p \in \mathbb{P}} p^{v_b(p)-v_a(p)}$. ∎

Die positiven Teiler einer natürlichen Zahl

$$n = \prod_{p \in \mathbb{P}} p^{v_n(p)}$$

sind somit genau die Zahlen $t = \prod_{p \in \mathbb{P}} p^{v_t(p)}$ mit

$$v_t(p) \leq v_n(p) \ \text{ für alle } \ p \in \mathbb{P}\,.$$

25.4   ggT und kgV

Auf Seite 1060 haben wir den größten gemeinsamen Teiler von zwei ganzen Zahlen erklärt. Wir verallgemeinern diesen Begriff auf endlich viele ganze Zahlen. Auch das *kleinste gemeinsame Vielfache* ist vielen bekannt. Wir führen auch diesen Begriff für endlich viele ganze Zahlen ein und zeigen die Zusammenhänge mit dem ggT. Dabei führen wir den Begriff des ggT so ein, wie es das Lemma auf Seite 1063 nahelegt.

Der größte gemeinsame Teiler ganzer Zahlen ist der positive gemeinsame Teiler, der von allen anderen gemeinsamen Teilern geteilt wird

Zu Zahlen $a_1, \dots, a_n \in \mathbb{Z}$ heißt $d \in \mathbb{N}_0$ ein **größter gemeinsamer Teiler** von $a_1, \dots, a_n$, kurz $d = \mathrm{ggT}(a_1, \dots, a_n)$, wenn gilt:

- $d \mid a_1, \dots, d \mid a_n$,
- Ist $t \in \mathbb{Z}$ und $t \mid a_1, \dots, t \mid a_n$, so folgt $t \mid d$.

Man nennt Zahlen $a_1, \dots, a_n \in \mathbb{Z}$ **teilerfremd** oder **relativ prim**, wenn $\mathrm{ggT}(a_1, \dots, a_n) = 1$. Dies bedeutet, dass 1 und -1 die einzigen gemeinsamen Teiler von $a_1, \dots, a_n$ sind.

Aus der Definition folgt, dass der ggT von $a_1, \dots, a_n$ eindeutig bestimmt ist, sofern er existiert. Denn sind d und d' zwei ggT's von $a_1, \dots, a_n$, so folgt:

$$d' \mid d \ \text{ und } \ d \mid d'\,,$$

was wegen der Teilbarkeitsregel 6 zu $d = d'$ führt. Damit haben wir schon den ersten Teil der folgenden Existenz- und Eindeutigkeitsaussage begründet:

Existenz und Eindeutigkeit des ggT

Zu beliebigen Zahlen $a_1, \dots, a_n \in \mathbb{Z}$ gibt es genau einen größten gemeinsamen Teiler $d = \mathrm{ggT}(a_1, \dots, a_n)$.
Im Fall $a_1, \dots, a_n \neq 0$ gilt:

$$d = \prod_{p \in \mathbb{P}} p^{\min\{v_{a_1}(p), \dots, v_{a_n}(p)\}}\,.$$

Im Fall $a_1 = \cdots = a_n = 0$ gilt:

$$d = 0\,.$$

Im Fall $a_1, \dots, a_i \neq 0$ und $a_{i+1} = \cdots = a_n = 0$ gilt

$$d = \prod_{p \in \mathbb{P}} p^{\min\{v_{a_1}(p), \dots, v_{a_i}(p)\}}\,.$$

Beweis: Da 0 von allen ganzen Zahlen geteilt wird, gilt $\mathrm{ggT}(0, \dots, 0) = 0$, da 0 die einzige Zahl ist, die von allen ganzen Zahlen geteilt wird. Sind nicht alle $a_1, \dots, a_n$

gleich null, so dürfen wir voraussetzen, dass alle $a_1, \ldots, a_n$ ungleich null sind, da man sonst ein $a_i = 0$ bei der Bestimmung des ggT weglassen dürfte.

Wir setzen $d' = \prod_{p \in \mathbb{P}} p^{\min\{v_{a_1}(p), \ldots, v_{a_n}(p)\}}$ und zeigen $d = d'$:

Nach dem Lemma auf Seite 1064 ist d' wegen

$$v_{d'}(p) = \min\{v_{a_1}(p), \ldots, v_{a_n}(p)\} \leq v_{a_1}(p), \ldots, v_{a_n}(p)$$

für alle $p \in \mathbb{P}$ ein gemeinsamer Teiler von $a_1, \ldots, a_n$.

Ist nun t irgendein gemeinsamer Teiler von $a_1, \ldots, a_n$, so gilt erneut mit dem eben zitierten Lemma:

$$v_t(p) \leq v_{a_1}(p), \ldots, v_{a_n}(p) \quad \text{für alle} \quad p \in \mathbb{P}$$

und damit:

$$v_t(p) \leq \min\{v_{a_1}(p), \ldots, v_{a_n}(p)\} \quad \text{für alle} \quad p \in \mathbb{P}.$$

Somit gilt $t \mid d'$.

Wegen der Eindeutigkeit des ggT gilt $d' = d$. ∎

Beispiel Es gilt:

$$\mathrm{ggT}(0, 1) = 1.$$

Wegen $-21 = -3 \cdot 7$ und $35 = 5 \cdot 7$ gilt:

$$\mathrm{ggT}(-21, 35) = 7.$$

Wegen $441000 = 2^3 \cdot 3^2 \cdot 5^3 \cdot 7^3$, $102900 = 2^2 \cdot 3 \cdot 5^2 \cdot 7^3$, $11760 = 2^4 \cdot 3 \cdot 5 \cdot 7^2$ ist

$$\mathrm{ggT}(441000, 102900, 11760) = 2^2 \cdot 3 \cdot 5 \cdot 7^2 = 2940. \ \blacktriangleleft$$

—————————— **?** ——————————

Bestimmen Sie $\mathrm{ggT}(18, 90, 30)$.

—————————————————————————

Die Bestimmung des ggT mithilfe der Primfaktorisierung, wie sie im Existenz- und Eindeutigkeitssatz angegeben ist, kann sich bei *großen* Primteilern schnell als äußert schwer bzw. unmöglich herausstellen. Der euklidische Algorithmus bietet eine Methode zur Berechnung des ggT, die ohne die Primfaktorisierung auskommt. Wir haben den euklidischen Algorithmus aber nur für den Fall zweier ganzer Zahlen a und b mit $a \neq 0$ und $b \geq 1$ formuliert. Das ist zum Glück keine Einschränkung: Wir erhalten den ggT zweier ganzer Zahlen a und b ungleich Null mit dem euklidischen Algorithmus, indem wir den ggT von a und $|b|$ bestimmen. Und den ggT von mehr als zwei ganzen Zahlen erhalten wir mit dem euklidischen Algorithmus durch Anwenden des folgenden Ergebnisses:

Lemma
Sind $a_1, \ldots, a_n \in \mathbb{Z}$, so gilt:

$$\mathrm{ggT}(a_1, \ldots, a_n) = \mathrm{ggT}(\mathrm{ggT}(a_1, \ldots, a_{n-1}), a_n).$$

Beweis: Es seien $d = \mathrm{ggT}(a_1, \ldots, a_n)$, $g = \mathrm{ggT}(a_1, \ldots, a_{n-1})$ und $d' = \mathrm{ggT}(g, a_n)$.

Aus $d' \mid g$ und $d' \mid a_n$ folgt $d' \mid a_1, \ldots, a_n$ und damit $d' \mid d$.

Aus $d \mid a_1, \ldots, a_n$ folgt $d \mid g$ und $d \mid a_n$ und damit $d \mid d'$.

Es folgt $d = d'$, und das ist die Behauptung. ∎

Man kann den ggT von drei oder mehr ganzen Zahlen also durch sukzessives Berechnen des ggT von je zwei Zahlen erhalten. Auf Seite 1068 findet man ein Beispiel zur Berechnung des ggT dreier ganzer Zahlen mithilfe dieses Ergebnisses und dem euklidischen Algorithmus.

Mithilfe des euklidischen Algorithmus erhalten wir eine nützliche Darstellung des ggT ganzer Zahlen

Sind a und b ganze Zahlen, so liefert der euklidische Algorithmus von Seite 1060 ganze Zahlen x und y mit

$$d = \mathrm{ggT}(a, b) = x\,a + y\,b.$$

Sind nun a, b und c ganze Zahlen ungleich null, so gilt:

$$\begin{aligned}
d &= \mathrm{ggT}(a, b, c) \\
&= \mathrm{ggT}(|a|, |b|, |c|) \\
&= \mathrm{ggT}(\mathrm{ggT}(|a|, |b|), |c|).
\end{aligned}$$

Hat man nun mithilfe des euklidischen Algorithmus ganze Zahlen x und y bestimmt mit

$$d' = \mathrm{ggT}(|a|, |b|) = x\,|a| + y\,|b|,$$

so erhält man erneut mit dem euklidischen Algorithmus ganze Zahlen x' und y' mit

$$d = x'd' + y'|c| = x'(x\,|a| + y\,|b|) + y'|c|.$$

Nach evtl. Vorzeichenwechsel und Umbenennungen gilt:

$$d = x\,a + y\,b + z\,c$$

für ganze Zahlen x, y und z. Dies hat die offenbar gültige Verallgemeinerung:

Darstellung des ggT

Zu je endlich vielen Zahlen $a_1, \ldots, a_n \in \mathbb{Z}$ gibt es ganze Zahlen $x_1, \ldots, x_n$ mit

$$d = \mathrm{ggT}(a_1, \ldots, a_n) = x_1\,a_1 + \cdots + x_n\,a_n.$$

Wie auf Seite 1061 können wir schließen:

Folgerung
Sind $a_1, \ldots, a_n$ ganze Zahlen, die nicht alle gleich null sind, so gilt mit $d = \mathrm{ggT}(a_1, \ldots, a_n)$:

$$\mathrm{ggT}\left(\frac{a_1}{d}, \ldots, \frac{a_n}{d}\right) = 1.$$

Hintergrund und Ausblick: Gruppentheoretische Interpretation des ggT

Wir haben den ggT von zwei oder mehr Zahlen als größtes Element in der Menge aller postiven gemeinsamen Teiler bezüglich der Ordnungsrelation | bzw. $\leq$ erklärt. Es gibt eine weitere Möglichkeit der Definition. Um diese Definition verstehen zu können, müssen wir uns kurz mit den Untergruppen der additiven Gruppe $(\mathbb{Z}, +)$ auseinandersetzen. Wir zeigen: *Für jedes* $n \in \mathbb{N}_0$ *ist* $n\,\mathbb{Z}$ *eine Untergruppe von* $\mathbb{Z}$, *und ist* U *eine Untergruppe von* $\mathbb{Z}$, *so gibt es ein* $n \in \mathbb{N}_0$ *mit* $U = n\,\mathbb{Z}$.

Wir begründen zuerst den formulierten Satz: Es sei $n \in \mathbb{N}_0$. Dann gilt $0 \in n\,\mathbb{Z}$, sodass $n\,\mathbb{Z} \neq \emptyset$. Sind a und b aus $n\,\mathbb{Z}$, so gilt $a = n\,k$ und $b = n\,l$ mit $k, l \in \mathbb{Z}$ und somit $a + b = n\,(k+l) \in n\,\mathbb{Z}$. Und wegen $-a = n\,(-k) \in n\,\mathbb{Z}$, liegt mit jedem Element aus $n\,\mathbb{Z}$ auch das Inverse in $n\,\mathbb{Z}$. Somit ist gezeigt, dass $n\,\mathbb{Z}$ für jedes $n \in \mathbb{N}_0$ eine Untergruppe von $\mathbb{Z}$ ist.

Es sei nun U eine Untergruppe von $\mathbb{Z}$. Im Fall $U = \{0\}$ gilt $n = 0$. Daher gelte $U \neq \{0\}$. Da mit jedem Element aus U auch das Negative in U liegt, gibt es natürliche Zahlen in U. Es seien n die kleinste natürliche Zahl in U und $m \in U$ beliebig. Division mit Rest liefert $q, r \in \mathbb{Z}$ mit $m = n\,q + r$, $0 \leq r < n$. Mit m und n liegt auch $m - n\,q = r$ in U. Wegen $r < n$ und der Minimalität von n geht das nur für $r = 0$. Also gilt $m = n\,q$ und folglich $U = n\,\mathbb{Z}$.

Damit ist der Satz über die Untergruppen von $\mathbb{Z}$ bewiesen.

Es seien nun $a_1, \ldots, a_n$ ganze Zahlen. Es sind dann $a_1\,\mathbb{Z}, \ldots, a_n\,\mathbb{Z}$ Untergruppen von $\mathbb{Z}$ (beachte $a_i\,\mathbb{Z} = |a_i|\,\mathbb{Z}$). Da die Summe $U + V = \{u + v \mid u \in U,\ v \in V\}$ von Untergruppen U und V von $\mathbb{Z}$ offenbar wieder eine Untergruppe ist, ist auch

$$a_1\,\mathbb{Z} + \cdots + a_n\,\mathbb{Z}$$

eine Untergruppe von $\mathbb{Z}$, und zu dieser gibt es wegen des bewiesenen Satzes ein $d \in \mathbb{N}_0$ mit

$$d\,\mathbb{Z} = a_1\,\mathbb{Z} + \cdots + a_n\,\mathbb{Z}\,.$$

Da natürlich $d = d \cdot 1 \in d\,\mathbb{Z}$, gibt es ganze Zahlen $x_1, \ldots, x_n$ mit

$$d = a_1 x_1 + \cdots + a_n x_n\,.$$

Ist nun t ein gemeinsamer Teiler von $a_1, \ldots, a_n$, etwa $a_1 = t\,a_1', \ldots, a_n = t\,a_n'$, so folgt:

$$d = t\,(a_1' x_1 + \cdots + a_n' x_n)\,,$$

sodass $t \mid d$ gilt, d. h., jeder gemeinsame Teiler von $a_1, \ldots, a_n$ teilt d. Andererseits ist d ein gemeinsamer Teiler von $a_1, \ldots, a_n$, da wegen

$$d\,\mathbb{Z} = a_1\,\mathbb{Z} + \cdots + a_n\,\mathbb{Z}$$

insbesondere $a_1, \ldots, a_n \in d\,\mathbb{Z}$, etwa $a_1 = d\,t_1, \ldots, a_n = d\,t_n$, gilt.

Wir haben begründet: Der ggT der ganzen Zahlen $a_1, \ldots, a_n$ ist 0, falls $a_1 = \cdots = a_n = 0$, und die kleinste natürliche Zahl d der Untergruppe $a_1\,\mathbb{Z} + \cdots + a_n\,\mathbb{Z}$, falls nicht alle $a_1, \ldots, a_n$ gleich Null sind.

Das kleinste gemeinsame Vielfache ganzer Zahlen ist das gemeinsame Vielfache, das jedes andere gemeinsame Vielfache teilt

Zu Zahlen $a_1, \ldots, a_n \in \mathbb{Z}$ heißt $v \in \mathbb{N}_0$ ein **kleinstes gemeinsames Vielfaches** von $a_1, \ldots, a_n$, kurz $v = \mathrm{kgV}(a_1, \ldots, a_n)$, wenn gilt:

- $a_1 \mid v, \ldots, a_n \mid v$,
- Ist $w \in \mathbb{Z}$ und $a_1 \mid w, \ldots, a_n \mid w$, so folgt $v \mid w$.

Erneut folgt aus der Definition, dass das kgV von $a_1, \ldots, a_n$ eindeutig bestimmt ist, sofern es existiert. Denn sind v und v' zwei kgV's von $a_1, \ldots, a_n$, so folgt:

$$v \mid v' \quad \text{und} \quad v' \mid v\,,$$

was zu $v = v'$ führt. Damit haben wir den ersten Teil der folgenden Existenz- und Eindeutigkeitsaussage begründet:

Existenz und Eindeutigkeit des kgV

Zu beliebigen Zahlen $a_1, \ldots, a_n \in \mathbb{Z}$ gibt es genau ein kleinstes gemeinsames Vielfaches $v = \mathrm{kgV}(a_1, \ldots, a_n)$.

Im Fall $a_1, \ldots, a_n \neq 0$ gilt:

$$v = \prod_{p \in \mathbb{P}} p^{\max\{v_{a_1}(p), \ldots, v_{a_n}(p)\}}\,.$$

Im Fall $a_i = 0$ für ein $i \in \{1, \ldots, n\}$ gilt:

$$v = 0\,.$$

Beweis: Da jedes Vielfache von 0 wieder 0 ist, gilt $v = 0$ im Fall $a_i = 0$ für ein $i \in \{1, \ldots, n\}$. Wir setzen nun $a_1, \ldots, a_n \neq 0$ voraus.

Wir setzen $v' = \prod_{p \in \mathbb{P}} p^{\max\{v_{a_1}(p), \ldots, v_{a_n}(p)\}}$ und zeigen $v' = v$.

Nach dem Lemma auf Seite 1064 ist v' wegen

$$v_{v'}(p) = \max\{v_{a_1}(p), \ldots, v_{a_n}(p)\} \geq v_{a_1}(p), \ldots, v_{a_n}(p)$$

für alle $p \in \mathbb{P}$ ein gemeinsames Vielfaches von $a_1, \ldots, a_n$.

Ist nun w irgendein gemeinsames Vielfaches von $a_1, \ldots, a_n$, so gilt erneut mit dem eben zitierten Lemma:

$$v_w(p) \geq v_{a_1}(p), \ldots, v_{a_n}(p) \ \text{für alle} \ p \in \mathbb{P}$$

und damit:

$$v_w(p) \geq \max\{v_{a_1}(p), \ldots, v_{a_n}(p)\} \ \text{für alle} \ p \in \mathbb{P}.$$

Somit gilt $v' \mid w$.

Wegen der Eindeutigkeit des kgV gilt $v' = v$. $\blacksquare$

Das kleinste gemeinsame Vielfache ist das bezüglich der Ordnungsrelation $\mid$ kleinste Element in der Menge M aller gemeinsamen Vielfachen aus $\mathbb{N}_0$. Aber natürlich ist das kgV auch das bezüglich der Ordnungsrelation $\leq$ auf M kleinste Element.

Beispiel Es gilt:

$$\mathrm{kgV}(0, 1) = 0.$$

Wegen $-21 = -3 \cdot 7$ und $35 = 5 \cdot 7$ gilt:

$$\mathrm{kgV}(-21, 35) = 105.$$

Wegen $441000 = 2^3 \cdot 3^2 \cdot 5^3 \cdot 7^3$, $102900 = 2^2 \cdot 3 \cdot 5^2 \cdot 7^3$, $11760 = 2^4 \cdot 3 \cdot 5 \cdot 7^2$ ist

$$\mathrm{kgV}(441000, \ 102900, \ 11760) = 2^4 \cdot 3^2 \cdot 5^3 \cdot 7^3 = 6\,174\,000. \ \blacktriangleleft$$

?

Bestimmen Sie $\mathrm{kgV}(18, 90, 30)$.

Auch das kgV kann man mit dem euklidischen Algorithmus berechnen

Will man das kgV so bestimmen, wie es der Existenz- und Eindeutigkeitssatz nahelegt, so sind erneut erst die Primfaktorzerlegungen von $a_1, \ldots, a_n$ zu bestimmen. Zum Glück gibt es auch eine Methode, die das nicht erfordert, dazu zeigen wir:

Lemma
Sind $a_1, \ldots, a_n \in \mathbb{Z}$, so gilt:

$$\mathrm{kgV}(a_1, \ldots, a_n) = \mathrm{kgV}(\mathrm{kgV}(a_1, \ldots, a_{n-1}), a_n).$$

Beweis: Es seien $v = \mathrm{kgV}(a_1, \ldots, a_n)$, $w = \mathrm{kgV}(a_1, \ldots, a_{n-1})$ und $v' = \mathrm{kgV}(w, a_n)$.

Aus $a_1, \ldots, a_n \mid v$ folgt $w \mid v$, sodass $v' \mid v$.

Aus $a_1, \ldots, a_{n-1} \mid w$ folgt $a_1, \ldots, a_n \mid v'$, sodass $v \mid v'$.

Es folgt $v = v'$, und das ist die Behauptung. $\blacksquare$

Hiermit haben wir also eine Methode gewonnen, das kgV von mehr als drei Elementen auf die sukzessive Berechnung von je zwei Elementen zurückzuführen. Mit dem nächsten Ergebnis gewinnen wir das kgV von zwei Zahlen aus dem ggT dieser beiden Zahlen – somit ist die Bestimmung des kgV also doch wieder mit dem euklidischen Algorithmus zu berechnen, wobei man bei dieser Methode die Primfaktorzerlegung der einzelnen ganzen Zahlen nicht zu kennen braucht.

Zusammenhang von ggT und kgV

Für ganze Zahlen a, $b \neq 0$ gilt

$$\mathrm{ggT}(a, b) \cdot \mathrm{kgV}(a, b) = |a \cdot b|.$$

Beweis: Wir können a, $b > 0$ voraussetzen. Für $d = \mathrm{ggT}(a, b)$ und $v = \mathrm{kgV}(a, b)$ und alle Primzahlen $p \in \mathbb{P}$ gilt:

$$
\begin{aligned}
v_{dv}(p) &= v_d(p) + v_v(p) \\
&= \min\{v_a(p), v_b(p)\} + \max\{v_a(p), v_b(p)\} \\
&= v_a(p) + v_b(p) \\
&= v_{ab}(p).
\end{aligned}
$$

Daraus folgt die Behauptung. $\blacksquare$

Auf Seite 1068 findet man ein Beispiel zur Berechnung des kgV dreier ganzer Zahlen mithilfe dieses Ergebnisses und dem euklidischen Algorithmus.

25.5 Zahlentheoretische Funktionen

Will man ein bisschen tiefer in die Zahlentheorie einsteigen, so führt kein Weg an den zahlentheoretischen Funktionen vorbei. Dabei nennt man jede Abbildung von $\mathbb{N}$ nach $\mathbb{C}$ eine **zahlentheoretische Funktion**. Zahlentheoretische Funktionen sind also nichts anderes als komplexwertige Folgen. Von besonderem Interesse sind die *multiplikativen* zahlentheoretischen Funktionen:

Multiplikative zahlentheoretische Funktion

Eine zahlentheoretische Funktion $f : \mathbb{N} \to \mathbb{C}$ mit $f \neq 0$ heißt **multiplikativ**, falls

$$f(a\,b) = f(a)\,f(b)$$

für alle a, $b \in \mathbb{N}$ mit $\mathrm{ggT}(a, b) = 1$.

Wir bringen einige Beispiele multiplikativer zahlentheoretischer Funktionen. Dabei betrachten wir nur solche Funktionen, deren Bilder Teilmengen von $\mathbb{N}$ sind, also $f(\mathbb{N}) \subseteq \mathbb{N}$,

---

Beispiel: Bestimmung von ggT und kgV von mehr als zwei Zahlen

Gegeben sind die Zahlen $a = 1729$, $b = 2639$, $c = 3211$. Man bestimme $d = \mathrm{ggT}(a, b, c)$, $v = \mathrm{kgV}(a, b, c)$ sowie ganze Zahlen x, y, z mit $d = a\,x + b\,y + c\,z$.

Problemanalyse und Strategie: Wir wenden die erzielten Ergebnisse, insbesondere den euklidischen Algorithmus, an.

Lösung:

1. Bestimmung von $d_0 = \mathrm{ggT}(a, b)$ und ganzer Zahlen r, s mit

$$d_0 = a\,r + b\,s$$

sowie $v_0 = \mathrm{kgV}(a, b) = \frac{ab}{d_0}$:

Wir wenden den euklidischen Algorithmus an:

$$2639 = 1 \cdot 1729 + 910$$
$$1729 = 1 \cdot 910 + 819$$
$$910 = 1 \cdot 819 + 91$$
$$819 = 9 \cdot 91 \,.$$

Also ist $d = 91$ der ggT von a und b. Von der vorletzten Gleichung ausgehend erhalten wir rückwärts eingesetzt:

$$91 = 910 - 819$$
$$= -1729 + 2 \cdot 910$$
$$= 2 \cdot 2639 - 3 \cdot 1729 \,.$$

Also gilt mit $r = -3$ und $s = 2$:

$$d_0 = 91 = a \cdot r + b \cdot s \,,$$

und $v_0 = \mathrm{kgV}(a, b) = \frac{2639 \cdot 1729}{91} = 29 \cdot 1729 = 50141$.

2. Bestimmung von $d = \mathrm{ggT}(d_0, c)$ und ganzer Zahlen u, w mit

$$d = d_0\,u + c\,w \,.$$

Dies liefert dann die gewünschte Darstellung für d:

$$d = (a\,r + b\,s)\,u + c\,w = a\,(r\,u) + b\,(s\,u) + c\,w$$

(man setze $x = r\,u$, $y = s\,u$ und $z = w$).

Wir wenden den euklidischen Algorithmus an:

$$3211 = 35 \cdot 91 + 26$$
$$91 = 3 \cdot 26 + 13$$
$$26 = 2 \cdot 13 \,.$$

Also ist $d = 13$ der ggT von a, b und c. Von der vorletzten Gleichung ausgehend erhalten wir rückwärts eingesetzt:

$$13 = 91 - 3 \cdot 26$$
$$= -3 \cdot 3211 + 106 \cdot 91 \,.$$

Also gilt mit $u = 106$ und $w = -3$:

$$d = 13 = d_0\,u + c\,w \,,$$

also mit $x = -318$, $y = 212$ und $z = -3$ eine gewünschte Darstellung:

$$d = 13 = a\,x + b\,y + c\,z \,.$$

3. Bestimmung von $d' = \mathrm{ggT}(v_0, c)$ und damit von $v = \mathrm{kgV}(a, b, c) = \mathrm{kgV}(v_0, c) = \frac{v_0\,c}{d'}$.

Wir wenden den euklidischen Algorithmus an:

$$50141 = 15 \cdot 3211 + 1976$$
$$3211 = 1 \cdot 1976 + 1235$$
$$1976 = 1 \cdot 1235 + 741$$
$$1235 = 1 \cdot 741 + 494$$
$$741 = 1 \cdot 494 + 247$$
$$494 = 2 \cdot 247 \,.$$

Also ist $d' = \mathrm{ggT}(v_0, c) = 247$, es folgt:

$$v = \mathrm{kgV}(v_0, c) = \frac{v_0\,c}{d'} = \frac{50141 \cdot 3211}{247}$$
$$= 50141 \cdot 13 = 651833 \,.$$

Kommentar: Es sind

$$a = 7 \cdot 13 \cdot 19, \ b = 7 \cdot 13 \cdot 29, \ c = 13^2 \cdot 19$$

die kanonischen Primfaktorzerlegungen von a, b, c. Aus diesen Zerlegungen erhält man ebenfalls

$$d = 13 \text{ und } v = 7 \cdot 13^2 \cdot 19 \cdot 29.$$

Das klingt einfacher, setzt aber die Kenntnis der Primfaktorzerlegung voraus, die man bei großen Zahlen nur schwer bestimmen kann.

---

behalten aber die Notation $f : \mathbb{N} \to \mathbb{C}$ bei. Für die kanonische Primfaktorzerlegung einer natürlichen Zahl a bevorzugen wir wieder die formale Darstellung als unendliches Produkt

$$a = \prod_{p \in \mathbb{P}} p^{v_a(p)} \,.$$

Die Anzahl der positiven Teiler einer natürlichen Zahl erhält man aus der kanonischen Primfaktorzerlegung

Wir bestimmen die Anzahl aller positiven Teiler einer natürlichen Zahl

$$a = \prod_{p \in \mathbb{P}} p^{v_a(p)} \,.$$

Eine natürliche Zahl t ist genau dann ein Teiler von a, wenn t die Form

$$t = \prod_{p \in \mathbb{P}} p^{v_p}$$

mit $0 \leq v_p \leq v_a(p)$ hat. Damit erhalten wir den ersten Teil von folgender Aussage:

Zur Anzahl der positiven Teiler

Die Anzahl aller positiven Teiler von $a \in \mathbb{N}$ ist

$$\tau(a) = \prod_{p \in \mathbb{P}} \left(1 + v_a(p)\right).$$

Die hierdurch definierte Abbildung $\tau \colon \mathbb{N} \to \mathbb{C}$, $a \mapsto \tau(a)$ ist eine multiplikative zahlentheoretische Funktion.

Beweis: Man beachte, dass $1 + v_a(p) \neq 1$ nur für endlich viele $p \in \mathbb{P}$ gilt, sodass τ eine Abbildung von $\mathbb{N}$ nach $\mathbb{C}$, sprich eine zahlentheoretische Funktion ist. Offenbar ist τ nicht die Nullabbildung. Sind $a = \prod_{p \in \mathbb{P}} p^{v_a(p)}$ und $b = \prod_{p \in \mathbb{P}} p^{v_b(p)}$ aus $\mathbb{N}$ teilerfremd, so gilt nach der Merkbox auf Seite 1064:

$$\tau(a\,b) = \prod_{p \in \mathbb{P}} \left(1 + v_{ab}(p)\right) = \prod_{p \in \mathbb{P}} \left(1 + v_a(p) + v_b(p)\right)$$

$$= \prod_{p \in \mathbb{P}} \left(1 + v_a(p)\right) \prod_{p \in \mathbb{P}} \left(1 + v_b(p)\right)$$

$$= \tau(a)\,\tau(b),$$

da wegen der Teilerfremdheit von a und b aus $v_a(p) \neq 0$ folgt $v_b(p) = 0$ und aus $v_b(p) \neq 0$ folgt $v_a(p) = 0$. $\blacksquare$

Beispiel Es ist

$$46200 = 2^3 \cdot 3^1 \cdot 5^2 \cdot 7^1 \cdot 11^1,$$

sodass 46200 genau $\tau(46200) = 4 \cdot 2 \cdot 3 \cdot 2 \cdot 2 = 96$ positive Teiler besitzt. ◀

Auch die Summe der positiven Teiler einer natürlichen Zahl erhält man aus der kanonischen Primfaktorzerlegung

Wir bestimmen die Summe aller positiven Teiler einer natürlichen Zahl

$$a = \prod_{p \in \mathbb{P}} p^{v_a(p)}.$$

Dazu betrachten wir zuerst den Fall, bei dem a eine Primzahlpotenz ist.

Es seien also p eine Primzahl und n eine natürliche Zahl. Die Teiler von p^n lassen sich leicht angeben, es sind dies:

$$1 = p^0,\ p = p^1,\ p^2, \ldots, p^{n-1},\ p^n,$$

ihre Summe $\sigma(p^n)$ ist damit:

$$\sigma(p^n) = \sum_{i=0}^{n} p^i = \frac{p^{n+1} - 1}{p - 1}.$$

Dies lässt sich auf Produkte von Primzahlpotenzen, wegen des Fundamentalsatzes der Arithmetik also auf alle Zahlen $a \in \mathbb{N}$, verallgemeinern:

Zur Summe der positiven Teiler

Die Summe der positiven Teiler von $a = \prod_{p \in \mathbb{P}} p^{v_a(p)}$ ist

$$\sigma(a) = \prod_{\substack{p \in \mathbb{P} \\ p \mid a}} \frac{p^{v_a(p)+1} - 1}{p - 1}.$$

Die hierdurch definierte Abbildung $\sigma \colon \mathbb{N} \to \mathbb{C}$, $a \mapsto \sigma(a)$ ist eine multiplikative zahlentheoretische Funktion.

Beweis: Wir begründen die Darstellung für $\sigma(a)$ durch Induktion nach der Anzahl der verschiedenen Primteiler $p_1, \ldots, p_r$ von a. Der Induktionsanfang ist mit der vorhergehenden Betrachtung im Fall einer Primzahlpotenz bereits erledigt. Es sei nun $a = p_1^{v_1} \cdots p_r^{v_r}$ die kanonische Primfaktorzerlegung von a mit $r > 1$, und die Formel sei für alle natürlichen Zahlen mit $r - 1$ verschiedenen Primteilern gültig. Wir betrachten die Zahl $b = p_1^{v_1} \cdots p_{r-1}^{v_{r-1}}$. Jeder positive Teiler t von b liefert die folgenden $v_r + 1$ positiven Teiler von a:

$$t,\ t\,p_r, \ldots, t\,p_r^{v_r}.$$

Andererseits ist natürlich jeder positive Teiler von a von der Form $t\,p^\ell$ mit einem positiven Teiler t von b und einem $\ell \in \{0, \ldots, v_r\}$. Sind $t_1, \ldots, t_s$ alle positiven Teiler von b, so erhalten wir also die Summe über alle positiven Teiler von a durch Aufsummieren der Zahlen

$$t_1,\ t_1\,p_r, \ldots, t_1\,p_r^{v_r}, \ldots, t_s,\ t_s\,p_r, \ldots, t_s\,p_r^{v_r}.$$

Wegen der Induktionsvoraussetzung ergibt dies genau die im Satz erwähnte Darstellung von $\sigma(a)$.

Offenbar ist σ eine von der Nullfunktion verschiedene zahlentheoretische Funktion. Wegen der bereits bewiesenen Darstellung von $\sigma(a)$ gilt für die kanonische Primfaktorzerlegung von a die Formel:

$$\sigma\left(\prod_{p \in \mathbb{P}} p^{v_a(p)}\right) = \prod_{p \in \mathbb{P}} \sigma(p^{v_a(p)}).$$

Deswegen ist σ auch multiplikativ. $\blacksquare$

Achtung: Es ist wichtig, dass die Primfaktorisierung kanonisch ist, also $p_i \neq p_j$ für $i \neq j$ gilt. So ist etwa

$$7 = \sigma(2 \cdot 2) \neq \sigma(2) \cdot \sigma(2) = 9.$$

Beispiel Wir betrachten erneut

$$46200 = 2^3 \cdot 3^1 \cdot 5^2 \cdot 7^1 \cdot 11^1 \,.$$

Es ist somit

$$\sigma(46200) = \frac{2^4 - 1}{2 - 1} \frac{3^2 - 1}{3 - 1} \frac{5^3 - 1}{5 - 1} \frac{7^2 - 1}{7 - 1} \frac{11^2 - 1}{11 - 1} \,,$$

sodass die Summe aller Teiler von 46200 genau $\sigma(46200) = 178560$ ist. ◄

Die Euler'sche φ-Funktion ist eine zahlentheoretische Funktion

Wir bestimmen zu einer natürlichen Zahl n die Anzahl aller Zahlen k mit $1 \le k \le n$, die zu n teilerfremd sind, und bezeichnen diese Größe mit $\varphi(n)$:

$$\varphi(n) = |\{k \in \{1, \dots, n\} \mid \mathrm{ggT}(k, n) = 1\}|\,.$$

Die hierdurch definierte Abbildung

$$\varphi : \mathbb{N} \to \mathbb{C},\ n \mapsto \varphi(n)$$

nennt man die **Euler'sche φ-Funktion**.

Beispiel

- $\varphi(1) = 1$, $\varphi(2) = 1$, $\varphi(3) = 2$, $\varphi(4) = 2$, $\varphi(5) = 4$, $\varphi(6) = 2$, $\varphi(7) = 6$.
- $\varphi(p) = p - 1$ für jede Primzahl p.
- Für jede Primzahlpotenz p^k, $k \in \mathbb{N}$, findet man:

$$\varphi(p^k) = p^k - p^{k-1} = p^k \left(1 - \frac{1}{p}\right),$$

da unter den p^k Zahlen $1, 2 \dots, p^k$ genau die p^{k-1} Zahlen $p, 2\,p \dots, p^{k-1}\,p$ einen gemeinsamen Teiler mit p^k haben. Alle anderen Zahlen zwischen 1 und p^k, das sind $p^k - p^{k-1}$ Zahlen, sind zu p^k teilerfremd. ◄

Um eine Formel zu erhalten, die für ein $n \in \mathbb{N}$ die Zahl $\varphi(n)$ angibt, begründen wir vorab die sogenannte **Teilersummenformel**:

Lemma
Für jede natürliche Zahl $n \in \mathbb{N}$ gilt:

$$\sum_{d \mid n} \varphi(d) = n\,.$$

Beweis: Wir betrachten zu jedem Teiler d von n die Menge

$$A(d) = \{k \in \mathbb{N} \mid 1 \le k \le n,\ \mathrm{ggT}(k, n) = d\}$$

und bestimmen deren Mächtigkeit $|A(d)|$. Offenbar gilt:

$$k \in A(d) \Leftrightarrow k = r\,d \ \text{ mit } \ \mathrm{ggT}\left(r, \frac{n}{d}\right) = 1,\ 0 < r \le \frac{n}{d}\,,$$

sodass

$$|A(d)| = \varphi\left(\frac{n}{d}\right)\,.$$

Da $\{A(d) \mid d$ ist ein Teiler von $n\}$ eine Partition von $\{1, \dots, n\}$ ist, folgt:

$$n = \sum_{d \mid n} \varphi\left(\frac{n}{d}\right) = \sum_{d \mid n} \varphi(d)\,. \qquad \blacksquare$$

―――――――――― **?** ――――――――――

Bestätigen Sie die Teilersummenformel für

$$n = 36 = 2^2 \cdot 3^2\,.$$

―――――――――――――――――――――――――

Mithilfe der Teilersummenformel können wir nun zeigen, dass die Euler'sche φ-Funktion multiplikativ ist und eine Formel zur Berechnung von $\varphi(n)$ mittels der kanonischen Primfaktorzerlegung von n angeben:

> **Zur Anzahl der zu n teilerfremden Zahlen**
>
> Die Anzahl aller zu n teilerfremden natürlichen Zahlen aus $\{1, \dots, n\}$ ist
>
> $$\varphi(n) = n \prod_{p \mid n} \left(1 - \frac{1}{p}\right)\,.$$
>
> Die Abbildung $\varphi : \mathbb{N} \to \mathbb{C},\ n \mapsto \varphi(n)$ ist eine multiplikative zahlentheoretische Funktion.

Beweis: Offenbar ist φ eine von der Nullabbildung verschiedene zahlentheoretische Funktion. Wir begründen per Induktion, dass $\varphi(a\,b) = \varphi(a)\,\varphi(b)$ für teilerfremde a, b gilt. Wegen $\varphi(1) = 1$ stimmt die Behauptung für $n = 1$. Nun sei $n \in \mathbb{N}$ mit $n = a\,b$ und $\mathrm{ggT}(a, b) = 1$ gegeben, und die Behauptung sei für alle natürlichen Zahlen $< n$ korrekt. Aufgrund der Teilersummenformel gilt:

$$\sum_{d \mid ab} \varphi(d) = a\,b = \left(\sum_{d_1 \mid a} \varphi(d_1)\right) \left(\sum_{d_2 \mid b} \varphi(d_2)\right)\,. \quad (25.2)$$

Jeder Teiler d von $a\,b$ lässt sich wegen der Teilerfremdheit von a und b als ein Produkt $d = d_1 d_2$ von teilerfremden Teilern d_1 von a und d_2 von b schreiben. Umgekehrt liefert jedes Produkt $d = d_1 d_2$ von Teilern d_1 von a und d_2 von b einen solchen Teiler d von $a\,b$. Im Fall $d_1 \ne a$ oder $d_1 \ne b$, d. h., $d = d_1 d_2 \ne a\,b$, erhalten wir wegen $d = d_1 d_2 < n$ aus der Induktionsvoraussetzung

$$\varphi(d_1 d_2) = \varphi(d_1)\,\varphi(d_2)\,,$$

sodass in der Gleichung (25.2) nach Streichen der gleichen Summanden links und rechts $\varphi(a\,b) = \varphi(a)\,\varphi(b)$ verbleibt. Damit ist gezeigt, dass φ eine multiplikative zahlentheoretische Funktion ist.

Hintergrund und Ausblick: Vollkommene Zahlen

Eine Zahl $a \in \mathbb{N}$ heißt **vollkommen**, wenn die Summe aller Teiler von a das Doppelte von a ergibt, also $\sigma(a) = 2a$ gilt. Es sind zum Beispiel die Zahlen 6 und 28 vollkommen, da

$$1 + 2 + 3 + 6 = 2 \cdot 6 \quad \text{und} \quad 1 + 2 + 4 + 7 + 14 + 28 = 2 \cdot 28$$

gilt. Die geraden vollkommenen Zahlen kann man charakterisieren. Wir begründen:
Eine gerade natürliche Zahl $a = 2^{n-1} b$, wobei $n \geq 2$ und b ungerade ist, ist genau dann vollkommen, wenn b eine Primzahl der Form $2^n - 1$, d. h. eine Mersenne'sche Primzahl, ist.

Wir setzen zuerst voraus, dass $a = 2^{n-1} b$ mit $n \geq 2$ und ungeradem b vollkommen ist. Es gilt also:

$$2^n b = 2a = \sigma(a) = \sigma(2^{n-1}) \sigma(b) = (2^n - 1) \sigma(b).$$

Es folgt:

$$\sigma(b) = \frac{2^n}{2^n - 1} b = b + c \text{ mit } c = \frac{b}{2^n - 1}. \quad (25.3)$$

Wir zeigen nun, dass b eine Primzahl ist und $c = 1$ gilt, es ist dann begründet, dass b eine Primzahl der Form $b = 2^n - 1$ ist.

Die Zahl c ist als Quotient positiver Zahlen positiv. Da $\sigma(b)$ und b natürliche Zahlen sind, ist also c als Differenz dieser Zahlen letztlich auch eine natürliche Zahl.

Wir multiplizieren nun die Gleichung (25.3) mit $2^n - 1$ und erhalten:

$$b = (2^n - 1) c,$$

also ist c ein (positiver) Teiler von b. Wegen $\sigma(b) = b + c$ folgt nun, dass b und c die einzigen positiven Teiler von b sind. Dies impliziert zweierlei: $c = 1$ und b ist eine Primzahl. Schließlich folgt $b = 2^n - 1$.

Nun betrachten wir erneut die Zahl $a = 2^{n-1} b$ mit $n \geq 2$ und setzen voraus, dass $b = 2^n - 1$ eine Primzahl ist. Es ist $\sigma(a) = 2a$ zu begründen.

Weil b eine Primzahl ist, liegt mit $a = 2^{n-1} b$ die kanonische Primzahlzerlegung vor. Es folgt:

$$\sigma(a) = \sigma(2^{n-1}) \sigma(b) = (2^n - 1)(1 + b) = (2^n - 1) 2^n$$
$$= 2 \cdot 2^{n-1} (2^n - 1) = 2a.$$

Das war zu zeigen.

Wir prüfen einige gerade Zahlen auf Vollkommenheit:

$$\begin{aligned}
n &= 2, \; b = 3 \in \mathbb{P} &&\Rightarrow a = 6 \text{ ist vollkommen,}\\
n &= 3, \; b = 7 \in \mathbb{P} &&\Rightarrow a = 28 \text{ ist vollkommen,}\\
n &= 4, \; b = 15 \notin \mathbb{P} &&\Rightarrow a \text{ ist nicht vollkommen,}\\
n &= 5, \; b = 31 \in \mathbb{P} &&\Rightarrow a = 496 \text{ ist vollkommen,}\\
n &= 6, \; b = 63 \notin \mathbb{P} &&\Rightarrow a \text{ ist nicht vollkommen,}\\
n &= 7, \; b = 127 \in \mathbb{P} &&\Rightarrow a = 8128 \text{ ist vollkommen.}
\end{aligned}$$

Der Beweis der Aussage, dass $2^{n-1}(2^n - 1)$ eine vollkommene Zahl ist, wenn $2^n - 1$ eine Primzahl ist, stammt von Euklid. Erst rund 2000 Jahre später bewies Leonhard Euler, dass alle geraden vollkommenen Zahlen auf diese Weise erzeugt werden können.

Über vollkommene Zahlen ist nur wenig bekannt. Man weiß nicht, ob es unendlich viele vollkommene Zahlen gibt. Bisher ist auch noch keine ungerade vollkommene Zahl bekannt.

Ist nun $n = p_1^{v_1} \cdots p_r^{v_r}$ die kanonische Primfaktorzerlegung von n, so gilt wegen der Multiplikativität von φ und dem Beispiel auf Seite 1070:

$$\varphi(n) = \prod_{i=1}^{r} \varphi(p_i^{v_i}) = \prod_{i=1}^{r} p_i^{v_i} - p_i^{v_i - 1}$$
$$= \prod_{i=1}^{r} p_i^{v_i} \left(1 - \frac{1}{p_i}\right) = n \prod_{i=1}^{r} \left(1 - \frac{1}{p_i}\right).$$

Damit ist die Darstellung von $\varphi(n)$ gezeigt. ∎

?

Wie viele zu 420 teilerfremde Zahlen in $\{1, \ldots, 420\}$ gibt es?

Kommentar: Bezeichnet $\mathcal{A}$ die Menge aller zahlentheoretischen Funktionen, so werden für $f, g \in \mathcal{A}$ durch

$$f + g : n \mapsto f(n) + g(n)$$

und

$$f * g : n \mapsto \sum_{d \mid n} f(d) \cdot g\left(\frac{n}{d}\right)$$

weitere zahlentheoretische Funktionen $f + g$ und $f * g$ erklärt. Man nennt $f * g$ die **Dirichlet'sche Faltung** oder das **Dirichlet'sche Produkt**. Man kann zeigen, dass $(\mathcal{A}, +, *)$ ein kommutativer Ring mit Einselement ist. Dieser **Ring der zahlentheoretischen Funktionen** ist der Ausgangspunkt der sogenannten *analytischen Zahlentheorie*, die mithilfe der Theorie komplexer Funktionen z. B. tiefliegende Aussagen über die Verteilung der Primzahlen in den natürlichen Zahlen liefert.

Hintergrund und Ausblick: Mersenne'sche und Fermat'sche Primzahlen

In der Vertiefung auf Seite 1071 spielen Primzahlen der Art $2^n - 1$ eine wichtige Rolle: Eine gerade Zahl kann nur dann vollkommen sein, wenn sie einen Primfaktor der Form $2^n - 1$ hat.

Nicht für jede natürliche Zahl n ist $2^n - 1$ eine Primzahl, ist sie es jedoch, so nennt man diese Zahl **Mersenne'sche Primzahl**. Ähnlich verhält es sich mit den sogenannten **Fermat'schen Zahlen**, das sind Zahlen der Form $2^n + 1$: Eine Fermat'sche Zahl ist nicht für jedes $n \in \mathbb{N}$ eine Primzahl, ist sie es jedoch, so nennt man sie **Fermat'sche Primzahl**. Fermat'sche Primzahlen tauchen bei Fragen zur Konstruierbarkeit regulärer Vielecke mit Zirkel und Lineal auf. Gauß zeigte, dass ein reguläres n-Eck genau dann mit Zirkel und Lineal konstruiert werden kann, wenn $n = 2^r$ oder $n = 2^r f_1 \cdots f_s$ mit $r \in \mathbb{N}_0$ und verschiedenen Fermat'schen Primzahlen $f_1, \ldots, f_s$. So ist z. B. das reguläre 17-Eck mit Zirkel und Lineal konstruierbar, $17 = 2^4 + 1$, das reguläre 7-Eck jedoch nicht, $7 \neq 2^n + 1$, $n \in \mathbb{N}$. Mersenne'sche Primzahlen sind die größten bekannten Primzahlen. Es sind bisher nur sehr wenige solcher Primzahlen bekannt.

Die ersten Zahlen der Art $m_n = 2^n - 1$ lauten:

$$m_1 = 1, \ m_2 = 3, \ m_3 = 7, \ m_4 = 15, \ m_5 = 31,$$
$$m_6 = 63, \ m_7 = 127, \ m_8 = 255 .$$

Wir stellen fest: Es ist m_n nur dann eine Primzahl, d. h. eine Mersenne'sche Primzahl, wenn n eine Primzahl ist. Das gilt allgemeiner:

Eine natürliche Zahl der Art $m_n = 2^n - 1$ kann nur dann eine Primzahl sein, wenn n bereits eine Primzahl ist.

Begründung: Ist n zusammengesetzt, gilt also etwa $n = a\,b$ mit $a, b \in \mathbb{N}$ und $a > 1$, $b > 1$, so folgt:

$$2^n - 1 = (2^a)^b - 1 = (2^a - 1)((2^a)^{b-1} + \cdots + 2^a + 1) .$$

Also ist auch $m_n = 2^n - 1$ zusammengesetzt, insbesondere keine Primzahl.

Aber die Umkehrung dieser Aussage gilt nicht: Die Zahl m_n muss keine Primzahl sein, wenn n eine solche ist. Das kleinste Beispiel liefert $n = 11$:

$$m_{11} = 2^{11} - 1 = 2047 = 23 \cdot 89 .$$

Man kennt bisher 47 Mersenne'sche Primzahlen, die größte bekannte lautet

$$m_{43\,112\,609} = 2^{43\,112\,609} - 1 .$$

Diese Zahl hat $12\,978\,189$ Dezimalstellen. Unter `http://mersenne.org/` kann man sich stets über den aktuellen Stand informieren. Es ist nicht bekannt, ob es unendlich viele Mersenne'sche Primzahlen gibt.

Wir betrachten nun Fermat'sche Zahlen, also Zahlen der Form $f_n = 2^n + 1$. Die ersten Fermat'schen Zahlen sind

$$f_1 = 3, \ f_2 = 5, \ f_3 = 9, \ f_4 = 17, \ f_5 = 33,$$
$$f_6 = 65, \ f_7 = 129, \ f_8 = 257 .$$

Es fällt auf, dass f_n nur dann eine Primzahl, d. h. eine Fermat'sche Primzahl ist, wenn n eine Potenz von 2 ist. Das gilt allgemeiner:

Eine natürliche Zahl der Art $f_n = 2^n + 1$ kann nur dann eine Primzahl sein, wenn n eine Potenz von 2 ist, also von der Form 2^r mit $r \in \mathbb{N}_0$ ist.

Begründung: Wir zerlegen n in die Form $n = 2^r s$ mit ungeradem $s \in \mathbb{N}$ und $r \in \mathbb{N}_0$. Es gilt wegen $(-1)^s = -1$:

$$1 + 2^n = (1 + 2^{2^r})(1 - 2^{2^r} + 2^{2 \cdot 2^r} - \cdots + 2^{(s-1)\,2^r}) .$$

Im Fall $s > 1$ ist also $f_n = 2^n + 1$ zusammengesetzt, insbesondere keine Primzahl.

Die Umkehrung dieser Aussage gilt nicht: Die Zahl f_n muss keine Primzahl sein, wenn n eine Zweierpotenz ist. Das kleinste Beispiel liefert $r = 5$, d. h. $n = 32$:

$$f_{32} = 2^{32} + 1 = 4\,294\,967\,297 = 641 \cdot 6\,700\,417 .$$

Die Fermat'sche Zahl $f_{32} = 2^{2^5} + 1$ ist keine Primzahl. Die Fälle $r = 0, \ 1, \ 2, \ 3, \ 4$ liefern die Fermat'schen Primzahlen

$$f_{2^0} = 3, \ f_{2^1} = 5, \ f_{2^2} = 17, \ f_{2^3} = 257, \ f_{2^4} = 65\,537 .$$

Bisher sind keine weiteren Fermat'schen Primzahlen bekannt.

Von vielen Fermat'schen Zahlen weiß man, dass sie zusammengesetzt sind, etwa von $f_{2\,145\,451}$, kennt aber nicht einmal die Primfaktorisierung.

Da die Folge $(2^r)_{r \in \mathbb{N}_0}$ deutlich schneller wächst als die Folge $(n)_{n \in \mathbb{P}}$, liegt vielleicht die Vermutung nahe, dass es weniger Primzahlen der Form $2^{2^r} + 1$ als $2^n - 1$ gibt. Tatsächlich gibt es heuristische Überlegungen über die Primzahldichte, die nahelegen, dass es unendlich viele Mersenne'sche, aber nur endlich viele Fermat'sche Primzahlen gibt. Aber diese Überlegungen sind keine Beweise für diese Vermutungen.

25.6 Rechnen mit Kongruenzen

In der elementaren Zahlentheorie untersucht man die Lösbarkeit diophantischer Gleichungen, z. B. einer linearen diophantischen Gleichung

$$a\,X + n\,Y = c \ \text{ mit } \ a,\,n,\,c \in \mathbb{Z}\,.$$

Gesucht sind hierbei ganzzahlige Lösungen. Dabei reicht es aus, einen Wert für X zu bestimmen, im Falle der Lösbarkeit ist der Wert für Y durch jenen von X eindeutig bestimmt. Wir können sogar $n \in \mathbb{N}$ voraussetzen, falls nämlich n negativ ist, so wähle man für den Wert von Y das andere Vorzeichen.

Ist $k \in \mathbb{Z}$ ein möglicher Wert für X (den man z. B. mit dem auf Seite 1060 behandelten euklidischen Algorithmus findet), so gilt:

$$a\,k - c \in n\,\mathbb{Z}\,.$$

In der Schreibweise, die wir auf Seite 56 eingeführt haben, bedeutet dies:

$$a\,k \equiv c \ (\mathrm{mod}\ n)\,.$$

Das Lösen der linearen diophantischen Gleichung $a\,X + n\,Y = c$ ist also äquivalent zum Lösen der **Kongruenzgleichung**

$$a\,X \equiv c \ (\mathrm{mod}\ n)\,.$$

Für das Lösen solcher Kongruenzgleichungen oder allgemeiner von Systemen von Kongruenzgleichungen sind die Restklassenringe von $\mathbb{Z}$ nützlich. Um diese einzuführen, benötigen wir Begriffe aus dem Kapitel 2.

Mit Kongruenzen kann man ähnlich rechnen wie mit üblichen Gleichungen

Auf Seite 56 haben wir die Äquivalenzrelation $\equiv$ *kongruent modulo n* eingeführt: Man nennt zwei ganze Zahlen a, b kongruent modulo n, falls ihre Differenz $a - b$ durch n teilbar ist:

$$a \equiv b \ (\mathrm{mod}\ n) \ \Leftrightarrow \ n \mid a - b\,.$$

Die zu $a \in \mathbb{Z}$ gehörige Äquivalenzklasse $[a]_\equiv$ bezeichnen wir kurz mit $\overline{a}$:

$$\overline{a} = \{x \in \mathbb{Z} \mid x \equiv a \ (\mathrm{mod}\ n)\}$$

hat wegen

$$x \equiv a \ (\mathrm{mod}\ n) \ \Leftrightarrow n \mid x - a$$
$$\Leftrightarrow x - a \in n\,\mathbb{Z} = \{n\,z \mid z \in \mathbb{Z}\}$$

die Form

$$\overline{a} = a + n\,\mathbb{Z} = \{a + n\,z \mid z \in \mathbb{Z}\}\,.$$

Man nennt $\overline{a}$ eine **Restklasse modulo** n, und es gilt:

$$\overline{a} = \overline{b} \ \Leftrightarrow \ a \equiv b \ (\mathrm{mod}\,n)\,.$$

Die Menge $\{\overline{a} \mid a \in \mathbb{Z}\}$ der Restklassen modulo n wird mit $\mathbb{Z}/n\,\mathbb{Z}$ (Sprechweise: $\mathbb{Z}$ *modulo* $n\,\mathbb{Z}$) oder kurz mit $\mathbb{Z}_n$ bezeichnet. Es ist $\mathbb{Z}_n$ eine Partition von $\mathbb{Z}$. Nach dem Satz zu den Restklassen modulo n auf Seite 57 gilt:

$$\mathbb{Z}_n = \{\overline{0},\,\overline{1},\,\ldots,\,\overline{n-1}\}\,.$$

Die Schreibweise $a \equiv b \ (\mathrm{mod}\ n)$ anstelle von $n \mid a - b$ ist auf den ersten Blick nicht bequemer oder kürzer. Aber tatsächlich hat diese Schreibweise, die Gauß einführte, doch einen erheblichen Nutzen. Durch diese Schreibweise ist die Ähnlichkeit zu Gleichungen und damit auch zu Gleichungssystemen hergestellt. Wir zeigen nun, welche Regeln für diese zu üblichen Gleichungen ähnlichen *Kongruenzgleichungen* gelten:

Rechenregeln für Kongruenzen

Für a, b, c, d, $z \in \mathbb{Z}$ und $n \in \mathbb{N}$ gilt:
Aus $a \equiv b \ (\mathrm{mod}\ n)$ und $c \equiv d \ (\mathrm{mod}\ n)$ folgt:

$$a \pm c \equiv b \pm d \ (\mathrm{mod}\ n) \ \text{und}\ a\,c \equiv b\,d \ (\mathrm{mod}\ n)\,.$$

Beweis: Aus $n \mid a - b$ und $n \mid c - d$ folgt:

$$n \mid (a - b) \pm (c - d) = (a \pm c) - (b \pm d)\,,$$

und damit:

$$a \pm c \equiv b \pm d \ (\mathrm{mod}\,n)\,.$$

Weiter implizieren $n \mid a - b$ und $n \mid c - d$:

$$n \mid a\,(c - d) + (a - b)\,d = a\,c - b\,d\,,$$

und damit:

$$a\,c \equiv b\,d \ (\mathrm{mod}\,n)\,.$$

Damit ist alles gezeigt. ∎

Weil für jedes $c \in \mathbb{Z}$ die Kongruenz

$$c \equiv c \ (\mathrm{mod}\ n)$$

gilt, darf man nach obigen Rechenregeln Kongruenzen stets *durchmultiplizieren*: Für jedes $c \in \mathbb{Z}$ gilt:

$$a \equiv b \ (\mathrm{mod}\ n) \ \Rightarrow \ a\,c \equiv b\,c \ \mathrm{mod}\ n\,.$$

Aber *Kürzen*, so wie das von den ganzen Zahlen her vertraut ist, darf man nicht:

Beispiel Es gilt etwa $12 \mid 30 - 6$, d. h.:

$$30 \equiv 6 \ (\mathrm{mod}\ 12)\,.$$

Die Zahl 6 kann man aber nicht *kürzen*, es gilt nämlich:

$$5 \not\equiv 1 \ (\mathrm{mod}\ 12)\,. \qquad \blacktriangleleft$$

Man kann also nicht beliebig kürzen, es gibt aber eine Regel, die besagt, wann dies erlaubt ist:

Kürzregel

Für a, b, $z \in \mathbb{Z}$ und $n \in \mathbb{N}$ mit $\mathrm{ggT}(n, z) = 1$ gilt:

$$a\,z \equiv b\,z \,(\mathrm{mod}\ n) \ \Leftrightarrow\ a \equiv b \,(\mathrm{mod}\ n)\,.$$

Beweis: Aus $n \mid a\,z - b\,z = (a - b)\,z$ folgt wegen der Teilerfremdheit von n und z:

$$n \mid a - b\,.$$

Ist andererseits $n \mid a - b$ vorausgesetzt, so schließt man:

$$n \mid (a - b)\,z = a\,z - b\,z\,. \qquad \blacksquare$$

—————————— **?** ——————————

Darf man die Kongruenzgleichung

$$30 \equiv 90 \,(\mathrm{mod}\ 12)$$

durch Kürzen vereinfachen?

Mithilfe von Kongruenzen kann man sehr einfach die vielen aus der Schulzeit bekannten Dreier- und Neunerregel zur Teilbarkeit natürlicher Zahlen begründen (siehe Aufgabe 25.6).

Die Restklassen modulo n bilden einen Ring

Wir definieren nun in $\mathbb{Z}_n = \{\overline{0}, \ldots, \overline{n-1}\}$ eine Addition $+$ und eine Multiplikation $\cdot$:

Für a, $b \in \mathbb{Z}$ setzen wir:

$$\overline{a} + \overline{b} = \overline{a + b} \ \text{und}\ \overline{a} \cdot \overline{b} = \overline{a\,b}\,.$$

Wir führen also die Addition von Restklassen auf die Addition von ganzen Zahlen zurück: Wir addieren die *Repräsentanten* der Restklassen und bilden dann die Restklasse, analog mit der Multiplikation.

Diese Verknüpfungen sind wohldefiniert, d. h., die rechten Seiten sind unabhängig von der Wahl der Vertreter a, b: Aus

$$\overline{a} = \overline{a'} \ \text{und}\ \overline{b} = \overline{b'}\,,$$

d. h.,

$$a \equiv a' \,(\mathrm{mod}\,n),\ b \equiv b' \,(\mathrm{mod}\,n)\,,$$

folgt:

$$a + b \equiv a' + b' \,(\mathrm{mod}\,n),\ a\,b \equiv a'\,b' \,(\mathrm{mod}\,n)$$

und somit:

$$\overline{a + b} = \overline{a' + b'} \ \text{und}\ \overline{a\,b} = \overline{a'\,b'}\,.$$

Der Fall $n = 1$ wird wegen $\mathbb{Z}_1 = \{\overline{0}\}$ im Folgenden nicht betrachtet.

Der Restklassenring modulo n

Im Fall $n \geq 2$ ist $\mathbb{Z}_n = (\mathbb{Z}_n, +, \cdot)$ ein kommutativer Ring mit Nullelement $\overline{0}$ und Einselement $\overline{1}$.
Man nennt $(\mathbb{Z}_n, +, \cdot)$ den **Restklassenring modulo n**.

Beweis: Wir begründen beispielhaft die Kommutativität von Addition und Multiplikation, die Existenz eines Einselements und die Assoziativität der Addition, alle anderen Nachweise gehen analog.

Gegeben sind Zahlen a, b, $c \in \mathbb{Z}$.

In $\mathbb{Z}_n$ gilt die Kommutativität der Addition:

$$\overline{a} + \overline{b} = \overline{a + b} = \overline{b + a} = \overline{b} + \overline{a}\,,$$

die Kommutativität der Multiplikation:

$$\overline{a} \cdot \overline{b} = \overline{a\,b} = \overline{b\,a} = \overline{b} \cdot \overline{a}\,,$$

die Assoziativität der Addition:

$$\begin{aligned}
(\overline{a} + \overline{b}) + \overline{c} &= \overline{a + b} + \overline{c} \\
&= \overline{a + b + c} \\
&= \overline{a} + \overline{b + c} \\
&= \overline{a} + (\overline{b} + \overline{c})\,,
\end{aligned}$$

und es existiert ein Einselement:

$$\overline{1} \cdot \overline{a} = \overline{1\,a} = \overline{a}\,. \qquad \blacksquare$$

—————————— **?** ——————————

Können Sie die Addition und Multiplikation von Restklassen modulo n mit den Restklassen in der Darstellung $\overline{a} = a + n\,\mathbb{Z}$ formulieren?

Achtung: Wenn n zusammengesetzt ist, etwa $n = a\,b$ mit $1 < a$, $b < n$, ist $\mathbb{Z}_n$ nicht nullteilerfrei:

Es gilt:

$$\overline{a} \neq \overline{0},\ \overline{b} \neq \overline{0},\ \text{aber}\ \overline{a}\,\overline{b} = \overline{n} = \overline{0}\,.$$

Also kann das Produkt von Nichtnullelementen durchaus das Nullelement ergeben. Das ist in $\mathbb{Z}$, $\mathbb{Q}$, $\mathbb{R}$, $\mathbb{C}$ nicht möglich.

Beispiel

- $n = 2$: $\mathbb{Z}_2 = \{\overline{0}, \overline{1}\}$ mit

$$\overline{0} = 0 + 2\,\mathbb{Z} \ (\text{Menge der geraden Zahlen})\,,$$
$$\overline{1} = 1 + 2\,\mathbb{Z} \ (\text{Menge der ungeraden Zahlen})\,.$$

- $n = 7$: Es gilt:

$$5^0 = 1 \equiv 1 \ (\mathrm{mod}\ 7),\ 5^1 \equiv 5 \ (\mathrm{mod}\ 7),\ 5^2 \equiv 4 \ (\mathrm{mod}\ 7),$$

$$5^3 = 5 \cdot 4 \equiv 6 \ (\mathrm{mod}\ 7),\ 5^4 \equiv 5 \cdot 6 \equiv 2 \ (\mathrm{mod}\ 7),$$

$$5^5 \equiv 5 \cdot 2 \equiv 3 \ (\mathrm{mod}\ 7),\ 5^6 \equiv 5 \cdot 3 \equiv 1 \ (\mathrm{mod}\ 7),\ \ldots$$

Somit gilt:

$$\mathbb{Z}_7 = \{\overline{0},\ \overline{1},\ \overline{5},\ \overline{5}^2,\ \overline{5}^3,\ \overline{5}^4,\ \overline{5}^5\}.$$

Aber natürlich gilt auch:

$$\mathbb{Z}_7 = \{\overline{0},\ \overline{1},\ \overline{-1},\ \overline{2},\ \overline{-2},\ \overline{3},\ \overline{-3}\}$$
$$= \{\overline{0},\ \overline{1},\ \overline{2},\ \overline{3},\ \overline{4},\ \overline{5},\ \overline{6}\}. \qquad \blacktriangleleft$$

Die Lösungen linearer Kongruenzgleichungen erhält man aus den Lösungen linearer diophantischer Gleichungen

Wir beschäftigen uns mit Kongruenzgleichungen. Zuerst betrachten wir den einfachen Fall einer linearen Kongruenzgleichung. Dabei nennt man eine *Gleichung* der Form

$$a\, X \equiv c \ (\mathrm{mod}\ n),$$

wobei $n \in \mathbb{N}$ und $a,\, c \in \mathbb{Z}$ gilt, eine **(lineare) Kongruenzgleichung**. Die Lösungsmenge L der Kongruenzgleichung

$$a\, X \equiv c \ (\mathrm{mod}\ n)$$

ist die Menge aller Zahlen $x \in \mathbb{Z}$ mit $n \mid a\,x - c$, anders ausgedrückt:

$$L = \{x \in \mathbb{Z} \mid \exists\, y \in \mathbb{Z} \text{ mit } a\,x + n\,y = c\}.$$

Wir erhalten folglich aus dem Satz zur Lösbarkeit linearer diophantischer Gleichungen auf Seite 1062:

Lösbarkeit linearer Kongruenzgleichungen

Es seien $a,\, c \in \mathbb{Z}$ und $n \in \mathbb{N}$. Die Kongruenzgleichung

$$a\, X \equiv c \ (\mathrm{mod}\ n) \qquad (25.4)$$

hat genau dann eine Lösung in $\mathbb{Z}$, wenn

$$d = \mathrm{ggT}(a, n) \mid c.$$

Ist $x \in \mathbb{Z}$ eine Lösung der Kongruenzgleichung (25.4), so ist $x + \frac{n}{d}\, \mathbb{Z}$ die Menge aller Lösungen.

Die modulo n inkongruenten Lösungen sind genau die d verschiedenen Elemente

$$x,\ x + \frac{n}{d},\ x + 2\,\frac{n}{d},\ \ldots,\ x + (d-1)\,\frac{n}{d}.$$

Gilt $d = \mathrm{ggT}(a, n) \mid c$, etwa $c = d\,t,\ t \in \mathbb{Z}$, so erhält man *eine* Lösung x der Kongruenzgleichung $a\, X \equiv c \ (\mathrm{mod}\ n)$

mit dem euklidischen Algorithmus: Man bestimme $k,\, l \in \mathbb{Z}$ mit

$$k\,a + l\,n = d.$$

Multipliziert man diese Gleichung mit t, so sieht man, dass $x = k\,t$ eine Lösung der Kongruenzgleichung ist, da $a\,x \equiv c \ (\mathrm{mod}\ n)$.

Kommentar: Die lineare Kongruenzgleichung

$$a\, X \equiv c \ (\mathrm{mod}\ n)$$

lautet mit Restklassen modulo n wie folgt:

$$\overline{a} \cdot X = \overline{c}.$$

Beispiel Wir prüfen, ob die lineare Kongruenzgleichung

$$98\, X \equiv 124 \ (\mathrm{mod}\ 30)$$

über $\mathbb{Z}$ lösbar ist und bestimmen gegebenenfalls die Lösungsmenge.

Mit dem euklidischen Algorithmus ermittelt man $d = \mathrm{ggT}(98, 30) = 2$ (vgl. das Beispiel auf Seite 1062). Wegen $d \mid 124$ ist die gegebene Kongruenzgleichung lösbar.

Eine Lösung von $98\, X \equiv 124 \ (\mathrm{mod}\ 30)$ erhält man mithilfe des euklidischen Algorithmus (vgl. erneut das Beispiel auf Seite 1062): Wegen

$$2 = 98 \cdot 4 + 30 \cdot (-13)$$

gilt:

$$124 = 98 \cdot 248 - 30 \cdot 806.$$

Somit ist $x = 248 \in \mathbb{Z}$ eine Lösung von $98\, X \equiv 124 \ (\mathrm{mod}\ 30)$. Die Lösungsmenge ist folglich:

$$L = 248 + 15\,\mathbb{Z} = 8 + 15\,\mathbb{Z}.$$

Die modulo 30 inkongruenten Lösungen sind 8 und 23, man beachte: $d = 2$. $\qquad \blacktriangleleft$

Die Einheitengruppe von $\mathbb{Z}_n$ nennt man die prime Restklassengruppe modulo n

Der Ring $\mathbb{Z}_n$, $n \in \mathbb{N}_{>1}$ hat das Einselement $\overline{1}$. Ein Element $\overline{a} \in \mathbb{Z}_n$ heißt eine **Einheit** oder **invertierbar**, falls es ein $\overline{b} \in \mathbb{Z}_n$ gibt mit

$$\overline{a}\,\overline{b} = \overline{1};$$

man schreibt dann $\overline{a}^{-1}$ für $\overline{b}$.

Wegen $\overline{1} \cdot \overline{1} = \overline{1} = \overline{-1} \cdot \overline{-1}$ sind die Elemente $\pm\overline{1} = \overline{\pm 1}$ stets Einheiten. Die Menge

$$\mathbb{Z}_n^{\times} = \{\overline{a} \in \mathbb{Z}_n \mid \overline{a} \text{ ist invertierbar}\}$$

aller Einheiten ist eine multiplikative Gruppe, da

- das Produkt von zwei invertierbaren Elementen invertierbar ist, nämlich $(\overline{a}\,\overline{b})^{-1} = \overline{a}^{-1}\overline{b}^{-1}$,
- das Assoziativgesetz gilt, es gilt nämlich in ganz $\mathbb{Z}_n$,
- ein neutrales Element existiert, nämlich $\overline{1}$,
- jedes Element invertierbar ist.

Die Gruppe $\mathbb{Z}_n^{\times}$ nennt man die **prime Restklassengruppe modulo** n. Wir wollen die Elemente $\overline{a} \in \mathbb{Z}_n^{\times}$ konkret beschreiben. Dazu formulieren wir die Aussage $\overline{a} \in \mathbb{Z}_n^{\times}$ als Kongruenzgleichung:

$$\overline{a} \in \mathbb{Z}_n^{\times} \;\Leftrightarrow\; a\,b \equiv 1 \;(\mathrm{mod}\; n) \;\text{ für ein } b \in \mathbb{Z}.$$

Das Element $b \in \mathbb{Z}$ ist also eine Lösung der linearen Kongruenzgleichung

$$a\,X \equiv 1 \;(\mathrm{mod}\; n).$$

Nach obigem Satz zur Lösbarkeit linearer Kongruenzgleichungen gibt es somit genau dann ein solches b, wenn $\mathrm{ggT}(a, n) = 1$ gilt. Damit und mit der Definition der Euler'schen φ-Funktion (Seite 1070) folgt:

Darstellung von $\mathbb{Z}_n^{\times}$

Für jedes $n \geq 2$ gilt:

$$\mathbb{Z}_n^{\times} = \{\overline{a} \in \mathbb{Z}_n \mid \mathrm{ggT}(a, n) = 1\} \;\text{ und }\; |\mathbb{Z}_n^{\times}| = \varphi(n).$$

Beispiel Wir führen einige Beispiele von primen Restklassengruppen an:

$$\mathbb{Z}_2^{\times} = \{\overline{1}\}, \; \varphi(2) = 1,$$
$$\mathbb{Z}_3^{\times} = \{\overline{1}, \overline{2}\}, \; \varphi(3) = 2,$$
$$\mathbb{Z}_4^{\times} = \{\overline{1}, \overline{3}\}, \; \varphi(4) = 2,$$
$$\mathbb{Z}_5^{\times} = \{\overline{1}, \overline{2}, \overline{3}, \overline{4}\}, \; \varphi(5) = 4,$$
$$\mathbb{Z}_6^{\times} = \{\overline{1}, \overline{5}\}, \; \varphi(6) = 2,$$
$$\mathbb{Z}_7^{\times} = \{\overline{1}, \overline{2}, \overline{3}, \overline{4}, \overline{5}, \overline{6}\}, \; \varphi(7) = 6,$$
$$\mathbb{Z}_8^{\times} = \{\overline{1}, \overline{3}, \overline{5}, \overline{7}\}, \; \varphi(8) = 4. \qquad \blacktriangleleft$$

Der Satz von Fermat besagt, dass a^{p-1} und 1 modulo p kongruent sind

Wir wählen nun ein beliebiges Element $\overline{a}$ der endlichen Gruppe $\mathbb{Z}_n^{\times}$ und betrachten die Elemente der Menge $\{\overline{a}^k \mid k \in \mathbb{N}\}$:

$$\overline{a} = \overline{a}^1, \; \overline{a}^2, \; \overline{a}^3, \; \ldots.$$

Da $\mathbb{Z}_n^{\times}$ endlich ist, können diese Elemente nicht alle verschieden sein. Somit gibt es natürliche Zahlen r und s mit $r > s$ und

$$\overline{a}^r = \overline{a}^s.$$

Damit existiert eine natürliche Zahl k, nämlich $k = r - s$, mit

$$\overline{a}^k = \overline{1}.$$

Die kleinste natürliche Zahl k mit dieser Eigenschaft nennt man die **Ordnung** von a modulo n und schreibt dafür $k = o(a)$. Es gilt:

Lemma

Für jedes $n \in \mathbb{N}_{>1}$ und jedes $\overline{a} \in \mathbb{Z}_n^{\times}$ ist

$$\langle \overline{a} \rangle = \{\overline{a}, \overline{a}^2, \ldots, \overline{a}^{o(a)}\}$$

eine Untergruppe von $\mathbb{Z}_n^{\times}$, insbesondere ist $o(a) = |\langle \overline{a} \rangle|$ ein Teiler von $\varphi(n)$.

Beweis: Die Menge $\langle \overline{a} \rangle$ ist nichtleer, da $\overline{a}$ enthalten ist. Im Fall $o(a) = 1$ gilt $\overline{a} = \overline{1}$, daher setzen wir voraus, dass $o(a) > 1$ gilt. Wegen

$$\overline{a}\,\overline{a}^{o(a)-1} = \overline{a}^{o(a)} = \overline{1}$$

enthält $\langle \overline{a} \rangle$ das zu $\overline{a}$ inverse Element $\overline{a}^{o(a)-1}$. Somit ist auch jedes $\overline{a}^r \in \langle \overline{a} \rangle$ invertierbar.

Und sind $\overline{a}^k$ und $\overline{a}^l$ aus $\langle \overline{a} \rangle$, so auch

$$\overline{a}^k \overline{a}^l = \overline{a}^{k+l}.$$

Division von $k + l$ durch $o(a)$ mit Rest liefert Zahlen q und r mit

$$k + l = q\,o(a) + r \;\text{ mit } 0 \leq r < o(a).$$

Daher gilt:

$$\overline{a}^{k+l} = \overline{a}^{q o(a)+r} = \left(\overline{a}^{o(a)}\right)^q \overline{a}^r = \overline{a}^r \in \langle \overline{a} \rangle.$$

Nach dem Untergruppenkriterium auf Seite 67 ist $\langle \overline{a} \rangle$ eine Untergruppe von $\mathbb{Z}_n^{\times}$. Dass $o(k)$ ein Teiler von $\varphi(n)$ ist, besagt der Satz von Lagrange auf Seite 68. $\blacksquare$

Mit diesem Lemma erhalten wir nun zwei zentrale Ergebnisse der elementaren Zahlentheorie, die vielfältige Anwendungen haben:

Die Sätze von Euler und Fermat

- **Satz von Euler:** Für natürliche Zahlen a und n mit $\mathrm{ggT}(a, n) = 1$ gilt:

$$a^{\varphi(n)} \equiv 1 \;(\mathrm{mod}\; n).$$

- **Satz von Fermat:** Für jede Primzahl p und jedes $a \in \mathbb{N}$ mit $\mathrm{ggT}(a, p) = 1$ gilt:

$$a^{p-1} \equiv 1 \;(\mathrm{mod}\; p).$$

Beweis: Da $\varphi(n)$ ein Vielfaches von der Ordnung $o(a)$ von $\overline{a}$ in $\mathbb{Z}_n^{\times}$ ist, etwa $\varphi(n) = l\, o(a)$, gilt:

$$\overline{a}^{\varphi(n)} = \overline{a}^{l o(a)} = \left(\overline{a}^{o(a)}\right)^l = \overline{1}^l = \overline{1}\,,$$

d. h., $a^{\varphi(n)} \equiv 1 \pmod{n}$. Damit ist der Satz von Euler bewiesen. Der Satz von Fermat folgt aus dem Satz von Euler wegen $\varphi(p) = p - 1$. ∎

Aus

$$\overline{a}^{\,p-1} = \overline{1} \ \text{in} \ \mathbb{Z}_p^{\times}$$

folgt durch Multiplikation mit $\overline{a}$ dieser Gleichung in $\mathbb{Z}_p$ das folgende Ergebnis, das auch oft als Satz von Fermat bezeichnet wird:

Folgerung

Für jede Primzahl p und jedes $a \in \mathbb{N}$ gilt:

$$a^p \equiv a \pmod{p}\,.$$

Das RSA-Verschlüsselungsverfahren beruht auf dem Satz von Fermat (vgl. Seite 1078).

Der chinesische Restsatz liefert die Lösungsmenge für ein System von Kongruenzgleichungen

Sind $R_1, \ldots, R_k$ Ringe, die alle ein Einselement besitzen, das wir mit dem gleichen Symbol 1 bezeichnen, so ist das kartesische Produkt

$$R = R_1 \times \cdots \times R_r$$

mit den Verknüpfungen

$$(a_1, \ldots, a_r) + (b_1, \ldots, b_r) = (a_1 + b_1, \ldots, a_r + b_r) \ \text{und}$$

$$(a_1, \ldots, a_r) \cdot (b_1, \ldots, b_r) = (a_1 b_1, \ldots, a_r b_r)$$

für $(a_1, \ldots, a_r), (b_1, \ldots, b_r) \in R$ offenbar wieder ein Ring mit dem Einselement

$$(1, \ldots, 1)\,.$$

In der Zahlentheorie interessieren wir uns für Restklassenringe, also für Ringe $R_i = \mathbb{Z}_{n_i}$ für natürlichen Zahlen $n_i \geq 2$. Wir zeigen nun, dass wir für jede natürliche Zahl n mit der kanonischen Primfaktorzerlegung $n = p_1^{v_1} \cdots p_r^{v_r}$ die Ringe $\mathbb{Z}_n$ und $\mathbb{Z}_{p_1^{v_1}} \times \cdots \times \mathbb{Z}_{p_r^{v_r}}$ nicht zu unterscheiden brauchen, sie sind nämlich isomorph.

Lemma

Für paarweise teilerfremde $k_1, \ldots, k_r \in \mathbb{N}$ ist

$$\psi: \begin{cases} \mathbb{Z}_{k_1 \cdots k_r} & \to & \mathbb{Z}_{k_1} \times \cdots \times \mathbb{Z}_{k_r}, \\ a + k_1 \cdots k_r\, \mathbb{Z} & \mapsto & (a + k_1\, \mathbb{Z}, \ldots, a + k_r\, \mathbb{Z}) \end{cases}$$

ein Ringisomorphismus (d. h. bijektiv und ein additiver und multiplikativer Homomorphismus).

Beweis: Es ist ψ wohldefiniert und injektiv: Für $k = k_1 \cdots k_r$ gilt:

$$a + k\mathbb{Z} = b + k\,\mathbb{Z}$$
$$\Leftrightarrow\ k \mid a - b$$
$$\Leftrightarrow\ k_i \mid a - b \ \text{für alle} \ i = 1, \ldots, r$$
$$\Leftrightarrow\ a + k_i\, \mathbb{Z} = b + k_i\, \mathbb{Z} \ \text{für alle} \ i = 1, \ldots, r$$
$$\Leftrightarrow\ \psi(a + k\, \mathbb{Z}) = \psi(b + k\, \mathbb{Z})\,.$$

Wegen

$$|\mathbb{Z}_k| = k = \prod_{i=1}^{r} k_i = \prod_{i=1}^{r} |\mathbb{Z}_{k_i}| = |\mathbb{Z}_{k_1} \times \cdots \times \mathbb{Z}_{k_r}|$$

ist ψ auch surjektiv und folglich bijektiv. Nach Definition der Verknüpfungen ist ψ additiv und multiplikativ und somit ein Ringisomorphismus. ∎

Die Surjektivität der Abbildung ψ in obigem Lemma besagt, dass es zu beliebigen $a_1 \ldots, a_r \in \mathbb{Z}$ (wenigstens) ein $a \in \mathbb{Z}$ gibt mit

$$\psi(a + k_1 \cdots k_r\, \mathbb{Z}) = (a + k_1\, \mathbb{Z}, \ldots, a + k_r\, \mathbb{Z})$$
$$= (a_1 + k_1\, \mathbb{Z}, \ldots, a_r + k_r\, \mathbb{Z})\,.$$

In der Kongruenznotation $\equiv$ bedeutet das: Das System von Kongruenzgleichungen

$$X \equiv a_1 \pmod{k_1}, \ \ldots, \ X \equiv a_r \pmod{k_r}$$

hat die gemeinsame Lösung a, es gilt nämlich

$$a \equiv a_1 \pmod{k_1}, \ldots, a = a_r \pmod{k_r}\,.$$

Die Injektivität der Abbildung ψ besagt, dass dieses a modulo $k = k_1 \cdots k_r$ eindeutig bestimmt ist, d. h., erfüllt neben a auch a' die r Kongruenzgleichungen

$$X \equiv a_1 \pmod{k_1}, \ \ldots, \ X \equiv a_r \pmod{k_r}\,,$$

so gilt $a' \in a + k\, \mathbb{Z}$. In der Sprache der Zahlentheorie heißt das:

Chinesischer Restsatz

Für paarweise teilerfremde $k_1, \ldots, k_r \in \mathbb{N}$ und beliebige $a_1, \ldots, a_r \in \mathbb{Z}$ ist das System von Kongruenzgleichungen

$$X \equiv a_1 \pmod{k_1}, \ \ldots, \ X \equiv a_r \pmod{k_r}$$

lösbar, d. h., es gibt ein $a \in \mathbb{Z}$ mit

$$a \equiv a_i \pmod{k_i} \ \text{für alle} \ i = 1, \ldots, r\,.$$

Die Menge aller Lösungen des Systems von Kongruenzgleichungen ist $a + k\, \mathbb{Z}$ mit $k = k_1 \cdots k_r$. Insbesondere ist die Lösung a modulo k eindeutig bestimmt.

Hintergrund und Ausblick: Das RSA-Verschlüsselungsverfahren

In der Kryptographie entwickelt man Verschlüsselungsverfahren für Texte, sodass diese nur von befugten Teilnehmern verstanden werden können. Dabei wird ein Klartext $\mathcal{N}$ mit einem Schlüssel e zu einem Geheimtext $\mathcal{C}$ verschlüsselt und an den Empfänger geleitet. Der Empfänger entschlüsselt den Geheimtext mit seinem Schlüssel d und erhält den Klartext zurück. Die modernen Verschlüsselungsverfahren sind in Halbgruppen realisiert. Das *RSA-Verschlüsselungsverfahren* ist ein Verfahren, das in $\mathbb{Z}_n$ für eine (große) natürliche Zahl n funktioniert. Es ist ein *Public-Key-Verfahren*, d. h., der Schlüssel (n, e) zum Verschlüsseln ist öffentlich und somit jedermann zugänglich, der Schlüssel d zum Entschlüsseln hingegen ist nur dem Empfänger R bekannt.

Der Empfänger R einer Nachricht hat in einem für den Sender S zugänglichen Verzeichnis seinen sogenannten öffentlichen Schlüssel (n, e) (*public key*) veröffentlicht. Ein zugehöriger geheimer Schlüssel d (*private key*) ist nur dem Empfänger R bekannt. Wir schildern die Schlüsselerzeugung:

- R wählt zwei (große) Primzahlen $p \neq q$.
- R berechnet $n = p\,q$, $\varphi(n) = (p-1)\,(q-1)$.
- R wählt ein $e \in \mathbb{N}$ mit $1 < e < \varphi(n)$ und $\mathrm{ggT}(e, \varphi(n)) = 1$.
- R berechnet $d \in \mathbb{N}$ mit $d\,e \equiv 1 \pmod{\varphi(n)}$.

Es sind dann (n, e) der öffentliche Schlüssel von R und d der geheime Schlüssel von R (auch die Größen p, q und $\varphi(n)$ sind geheim zu halten).

Ver- und Entschlüsselung: Der Sender S besorgt sich den öffentlichen Schlüssel (n, e) des Empfängers R und geht wie folgt vor:

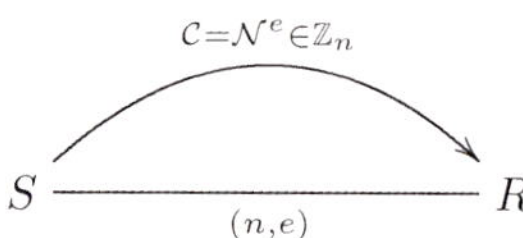

- S stellt seine Nachricht als Element $\mathcal{N} \in \mathbb{Z}_n$ dar.
- S bildet die Potenz $\mathcal{C} = \mathcal{N}^e$ in $\mathbb{Z}_n$ mit dem öffentlichen Schlüssel e.
- S sendet den Geheimtext $\mathcal{C}$ an R.
- R erhält den Geheimtext $\mathcal{C} = \mathcal{N}^e$ und berechnet die Potenz $\mathcal{C}^d = \mathcal{N}^{ed} = \mathcal{N}$ mit seinem geheimen Schlüssel d und erhält so den Klartext $\mathcal{N}$.

Dabei haben wir benutzt, dass wegen

$$m^{ed} \equiv m \pmod{p} \quad \text{und} \quad m^{ed} \equiv m \pmod{q}$$

und $p \neq q$ auch

$$m^{ed} \equiv m \pmod{n}$$

für alle $0 \leq m < n$ gilt.

Das Darstellen der Nachricht $\mathcal{N}$ als Element der Menge $\mathbb{Z}_n$ nennt man *Codierung*. Die Codierung trägt nichts zur Geheimhaltung bei.

Wir schildern das Verfahren an einem Beispiel:

Es seien $p = 7$ und $q = 11$. Dann gilt $n = 77$, $\varphi(n) = 6 \cdot 10 = 60$. Die Wahl $e = 13$ erfüllt $\mathrm{ggT}(e, 60) = 1$. Damit hat R den öffentlichen Schlüssel $(n, e) = (77, 13)$. Mit dem euklidischen Algorithmus berechnet R seinen geheimen Schlüssel d:

$$1 \equiv 37 \cdot 13 \pmod{60},$$

sodass $d = 37$.

Nun will S an R die Nachricht $\mathcal{N} = \overline{7} \in \mathbb{Z}_{77}$ senden. Dazu besorgt sich S den öffentlichen Schlüssel $(n, e) = (77, 13)$ und verschlüsselt $\mathcal{N} = \overline{7}$ zu

$$\mathcal{C} = \mathcal{N}^e = \overline{7}^{13} = \overline{35}\,.$$

Der Geheimtext $\mathcal{C} = \overline{35} \in \mathbb{Z}_{77}$ wird an R gesandt. Dieser entschlüsselt diesen Geheimtext mit seinem geheimen Schlüssel $d = 37$:

$$\mathcal{C}^d = \overline{35}^{37} = \overline{7}$$

und erhält so den Klartext $\mathcal{N} = \overline{7} \in \mathbb{Z}_{77}$ zurück.

Die Sicherheit des Verfahrens beruht wesentlich auf der Schwierigkeit, die Primfaktorzerlegung der öffentlich zugänglichen Zahl n zu bestimmen. Kann nämlich ein Angreifer A die Zahl n faktorisieren, d. h. die Primzahlen p und q bestimmen, so kennt A auch $\varphi(n) = (p-1)\,(q-1)$ und kann so den geheimen Schlüssel d ermitteln. Man kann begründen, dass die zwei Probleme

- n zu faktorisieren und
- d aus (n, e) zu ermitteln

gleich schwierig sind, salopp ausgedrückt meint man damit: Wenn man eines dieser beiden Probleme lösen kann, dann auch das andere. Da man das Problem, eine große Zahl n zu faktorisieren, seit Jahrhunderten als ein schwieriges Problem ansieht, hat ein Angreifer damit nach heutigem Wissensstand mit den gängigen Verfahren keine Chance, den geheimen Schlüssel d aus (n, e) zu ermitteln.

Man wählt heutzutage 1024-Bit-Zahlen für p und q, d. h., p und q sind von der Größenordnung 2^{1024}. Dabei sind weitere Feinheiten zu beachten, z. B. sollen $p - 1$ und $q - 1$ wiederum große Primteiler haben. Man findet solche großen Primzahlen mit sogenannten *Primzahltests*. Hierbei wählt man sich eine ungerade Zahl n der gewünschten Größenordnung und prüft diese auf Primalität mit einem Primzahltest. Stellt sich hierbei heraus, dass n prim ist, so hat man eine Primzahl der gewünschten Größenordnung gefunden, ist n hingegen zusammengesetzt, so betrachtet man $n + 2$ usf.

Für die Zerlegung der Zahl $n = p\,q$ mit solchen Primzahlen p und q würde ein Computer bei der heutigen Rechnerleistung Tausende von Jahren benötigen.

Karpfinger, Kiechle: Kryptologie – Algebraische Methoden und Algorithmen, Vieweg+Teubner, 2010

Beim chinesischen Restsatz handelt es sich um einen Existenzsatz: Er besagt, dass ein System von Kongruenzgleichungen

$$X \equiv a_1 \,(\mathrm{mod}\ k_1), \ \ldots, \ X \equiv a_r \,(\mathrm{mod}\ k_r)$$

mit teilerfremden *Moduli* $k_1, \ldots, k_r$ und beliebigen $a_1, \ldots, a_r \in \mathbb{Z}$ lösbar ist. Er gibt aber keinen Hinweis, wie man eine Lösung finden kann. Für das konstruktive Lösen eines Systems von Kongruenzgleichungen gehe man wie im Folgenden beschrieben vor:

- Setze $k = k_1 \cdots k_r$ und $s_i = \frac{k}{k_i}$ für $i = 1, \ldots, r$.
- Bestimme $x_i \in \mathbb{Z}$ mit $x_i\, s_i \equiv 1 \,(\mathrm{mod}\ k_i)$ für $i = 1, \ldots, r$.

Es ist dann

$$a = x_1\, s_1\, a_1 + \cdots + x_r\, s_r\, a_r$$

eine Lösung des obigen Systems von Kongruenzgleichungen, und die Lösungsmenge des Systems ist $a + k\,\mathbb{Z}$.

Die Begründung ist einfach: Dass solche x_i existieren, garantiert der Satz zur Lösbarkeit linearer Kongruenzgleichungen auf Seite 1075, da k_i und s_i für alle $i = 1, \ldots, r$ teilerfremd sind – man kann also $x_1, \ldots, x_n$ mit dem euklidischen Algorithmus bestimmen.

Weil für $i \neq j$ das Element k_i ein Teiler von s_j ist, ist das angegebene a tatsächlich eine Lösung der r Kongruenzgleichungen: Für jedes $i = 1, \ldots, r$ gilt:

$$a = \sum_{j=1}^{n} x_j\, s_j\, a_j \equiv x_i\, s_i\, a_i \equiv a_i \,(\mathrm{mod}\ k_i)\,.$$

Kommentar: Man beachte, dass diese konstruktive Angabe der Lösungsmenge die Existenz einer Lösung im chinesischen Restsatz erneut beweist.

------------------------ **?** ------------------------

Können Sie auch die Eindeutigkeit der Lösung direkt zeigen ?

Beispiel Gesucht ist die Lösungsmenge des Systems von Kongruenzgleichungen

$$X \equiv 2 \,(\mathrm{mod}\ 3), \ \ X \equiv 3 \,(\mathrm{mod}\ 5), \ \ X \equiv 2 \,(\mathrm{mod}\ 7)\,.$$

Es ist $k = 105$, $s_1 = 35$, $s_2 = 21$, $s_3 = 15$. Wir bestimmen nun x_1, x_2, $x_3 \in \mathbb{Z}$ mit

$$35\, x_1 \equiv 1 \,(\mathrm{mod}\ 3), \ \ 21\, x_2 \equiv 1 \,(\mathrm{mod}\ 5), \ \ 15\, x_3 \equiv 1 \,(\mathrm{mod}\ 7)\,.$$

Offenbar kann man $x_1 = 2$, $x_2 = 1$, $x_3 = 1$ wählen (falls dies nicht so offensichtlich ist, wende man den euklidischen Algorithmus an). Damit haben wir die Lösung:

$$a = 2 \cdot 35 \cdot 2 + 1 \cdot 21 \cdot 3 + 1 \cdot 15 \cdot 2 = 233\,.$$

Die Lösungsmenge lautet $233 + 105\,\mathbb{Z}\ (= 23 + 105\,\mathbb{Z})$. ◀

Man kann auch mit algebraischen Methoden zeigen, dass die Euler'sche φ-Funktion multiplikativ ist

Auf Seite 1070 haben wir gezeigt, dass die Euler'sche φ-Funktion $\varphi\colon \mathbb{N} \to \mathbb{C}$,

$$\varphi(n) = |\{k \in \{1, \ldots, n\} \mid \mathrm{ggT}(k, n) = 1\}|\,,$$

multiplikativ ist, d. h., für alle teilerfremden a, $b \in \mathbb{N}$ gilt $\varphi(a\,b) = \varphi(a)\,\varphi(b)$. Für den Beweis benutzten wir die nicht ganz offensichtliche, aber elementare Teilersummenformel in dem Lemma auf Seite 1070. Wir zeigen nun erneut, dass die φ-Funktion multiplikativ ist. Dabei benutzen wir Methoden, die viel einfacher, jedoch nicht elementarer, sondern algebraischer Natur sind.

Dazu betrachten wir erneut den Ringisomorphismus

$$\psi : \begin{cases} \mathbb{Z}_{k_1 \cdots k_r} & \to & \mathbb{Z}_{k_1} \times \cdots \times \mathbb{Z}_{k_r}\,, \\ a + k_1 \cdots k_r\,\mathbb{Z} & \mapsto & (a + k_1\,\mathbb{Z}, \ldots, a + k_r\,\mathbb{Z}) \end{cases}$$

mit paarweise teilerfremden $k_1, \ldots, k_r \in \mathbb{N}$ (vgl. Seite 1077).

Wir schränken diese Abbildung ψ auf die Einheitengruppe $\mathbb{Z}_k^\times$ ein, wobei wir $k = k_1 \cdots k_r$ setzen, und beobachten, dass ψ die Einheiten von $\mathbb{Z}_k$ auf die Einheiten von $\mathbb{Z}_{k_1} \times \cdots \times \mathbb{Z}_{k_r}$ abbildet, es gilt nämlich:

$$\psi(a + k\,\mathbb{Z}) \in \mathbb{Z}_{k_1}^\times \times \cdots \times \mathbb{Z}_{k_r}^\times$$
$$\Leftrightarrow \ \mathrm{ggT}(a, k_i) = 1 \ \text{ für } \ i = 1, \ldots, r$$
$$\Leftrightarrow \ \mathrm{ggT}(a, k) = 1$$
$$\Leftrightarrow \ a + k\,\mathbb{Z} \in \mathbb{Z}_k^\times\,.$$

Somit ist $\psi|_{\mathbb{Z}_k^\times}$ ein Isomorphismus von der (multiplikativen) Einheitengruppe $\mathbb{Z}_k^\times$ auf die (multiplikative) Einheitengruppe $\mathbb{Z}_{k_1}^\times \times \cdots \times \mathbb{Z}_{k_r}^\times$. Insbesondere sind diese Mengen gleichmächtig, da ein Isomorphismus bijektiv ist.

Betrachtet man nun speziell zwei teilerfremde natürliche Zahlen a und b, so gilt wegen dem Merksatz zur Darstellung von $\mathbb{Z}_n^\times$ auf Seite 1076:

$$\varphi(a\,b) = |\mathbb{Z}_{ab}^\times| = |\mathbb{Z}_a^\times \times \mathbb{Z}_b^\times| = |\mathbb{Z}_a^\times|\,|\mathbb{Z}_b^\times| = \varphi(a)\,\varphi(b)\,.$$

Damit ist die Multiplikativität der Euler'schen φ-Funktion erneut begründet (siehe Seite 1070). Wegen der Multiplikativität von φ erhalten wir die folgende Formel, die zur tatsächlichen Berechnung der Werte von φ nützlich ist:

Folgerung

Es sei $n = p_1^{\nu_1} \cdots p_r^{\nu_s}$ die kanonische Primfaktorzerlegung einer natürlichen Zahl $n \in \mathbb{N}_{>1}$. Dann gilt:

$$\varphi(n) = \varphi(p_1^{\nu_1}) \cdots \varphi(p_s^{\nu_s})\,.$$

Zusammenfassung

Der zentrale Begriff in der elementaren Zahlentheorie ist der Begriff der Teilbarkeit bei den ganzen Zahlen. Man sagt, eine ganze Zahl b teilt eine ganze Zahl a, wenn es eine ganze Zahl c gibt mit $a = b\,c$; die Zahl a nennt man in dieser Situation auch Vielfaches von b (aber natürlich auch von c). Die Regeln, die für die Teilbarkeit gelten, sind fast selbstverständlich, die Beweise sind kurz und sollten von jedem Leser ohne Spicken und Vorbereitung geführt werden können: Für a, b, c, x, $y \in \mathbb{Z}$ gilt:

1. $1 \mid a$, $a \mid 0$, $a \mid a$.
2. $0 \mid b \Rightarrow b = 0$.
3. $a \mid b, b \neq 0 \Rightarrow |a| \leq |b|$.
4. $a \mid b \Rightarrow -a \mid b$ und $a \mid -b$.
5. $a \mid b$, $b \mid c \Rightarrow a \mid c$.
6. $a \mid b$, $b \mid a \Rightarrow a = b$ oder $a = -b$.
7. $a \mid b \Rightarrow a\,c \mid b\,c$.
8. $a \mid b$, $a \mid c \Rightarrow a \mid x\,b + y\,c$.
9. $a\,c \mid b\,c, c \neq 0 \Rightarrow a \mid b$.

Der Fundamentalsatz der Arithmetik besagt, dass sich jede natürliche Zahl $n > 1$ bis auf die Reihenfolge der Faktoren eindeutig als Produkt von Primzahlpotenzen schreiben lässt:

$$n = p_1^{v_1} \cdots p_t^{v_t}.$$

Diese Darstellung der natürlichen Zahl n nennt man kanonische Primfaktorzerlegung von n. Zum Beweis der Existenz dieser Darstellung benötigten wir die Tatsache, dass jede natürliche Zahl $n > 1$ einen Primteiler besitzt. Dividiert man n durch einen solchen, so kann man die Existenz durch Induktion verifizieren. Der Beweis der Eindeutigkeit der genannten Darstellung, den wir auch per Induktion führten, ist etwas kniffliger: Wir benutzten hierzu die Primeigenschaft von Primzahlen, damit meinen wir:

Satz zur Primeigenschaft

Für Zahlen b, $c \in \mathbb{Z}$ und jede Primzahl p gilt:

$$p \mid b\,c \;\Rightarrow\; p \mid b \;\text{ oder }\; p \mid c.$$

Diese Eigenschaft wiederum gründet auf dem euklidischen Algorithmus, der zu je zwei ganzen Zahlen a, b, mit $b \neq 0$ den größten gemeinsamen Teiler $d = \mathrm{ggT}(a, b)$ und eine Darstellung der Form

$$d = x\,a + y\,b$$

für diesen mit ganzen Zahlen x, y bestimmt.

Als eine Anwendung der Ergebnisse haben wir lineare diophantische Gleichungen behandelt, das sind Gleichungen der Form

$$a\,X + b\,Y = c \quad \text{mit } a, b, c \in \mathbb{Z}.$$

Eine solche Gleichung ist genau dann in $\mathbb{Z}^2$ lösbar, wenn der ggT von a und b ein Teiler von c ist, und ist $(x, y) \in \mathbb{Z}^2$ eine Lösung, so ist

$$L = \left\{ \left(x + k\,\frac{b}{d},\; y - k\,\frac{a}{d} \right) \mid k \in \mathbb{Z} \right\}$$

die Lösungsmenge von $a\,X + b\,Y = c$.

Schließlich haben wir erkannt, dass es egal ist, ob man den ggT von zwei Zahlen a und b definiert als größtes Element unter den gemeinsamen Teilern von a und b oder als den gemeinsamen Teiler, der von allen anderen gemeinsamen Teilern geteilt wird: Das Element ist das gleiche. Da aber viele Begründungen zu Aussagen über den ggT sich formal einfacher formulieren lassen, wenn wir den ggT das bezüglich der Teilbarkeit größte Element auffassen, haben wir diese Definition für den ggT von endlich vielen ganzen Zahlen gewählt: Zu Zahlen $a_1, \ldots, a_n \in \mathbb{Z}$ heißt $d \in \mathbb{N}_0$ der größte gemeinsame Teiler von $a_1, \ldots, a_n$, kurz $d = \mathrm{ggT}(a_1, \ldots, a_n)$, wenn gilt:

- $d \mid a_1, \ldots, d \mid a_n$,
- Ist $t \in \mathbb{Z}$ und $t \mid a_1, \ldots, t \mid a_n$, so folgt $t \mid d$.

Bereits aus der Schulzeit kennt man die Darstellungen des ggT wie auch des kgV mithilfe der Primfaktorzerlegungen. Es gilt:

Existenz und Eindeutigkeit des ggT

Für beliebige Zahlen $a_1, \ldots, a_n \in \mathbb{Z} \setminus \{0\}$ gilt:

$$d = \mathrm{ggT}(a_1, \ldots, a_n) = \prod_{p \in \mathbb{P}} p^{\min\{v_{a_1}(p), \ldots, v_{a_n}(p)\}}$$

und

$$v = \mathrm{kgV}(a_1, \ldots, a_n) = \prod_{p \in \mathbb{P}} p^{\max\{v_{a_1}(p), \ldots, v_{a_n}(p)\}},$$

wobei

$$a_1 = \prod_{p \in \mathbb{P}} p^{v_{a_1}(p)}, \ldots, a_n = \prod_{p \in \mathbb{P}} p^{v_{a_n}(p)}.$$

Dank der Tatsache, dass man den ggT und das kgV von drei und mehr Elementen auf die sukzessive Bestimmung des ggT und kgV von je zwei Elementen zurückführen kann und der Formel

$$\mathrm{ggT}(a, b) \cdot \mathrm{kgV}(a, b) = |a \cdot b|,$$

können wir den ggT und das kgV auch ohne Kenntnis der Primfaktorzerlegung bestimmen. Die Bestimmung des ggT von zwei Zahlen ist nämlich vorteilhaft mit dem euklidischen Algorithmus möglich.

Von den zahlreichen zahlentheoretischen Funktionen, die existieren, haben wir nur drei näher behandelt: Die Funktion, die jeder natürlichen Zahl die Anzahl der positiven Teiler zuordnet, die Funktion, die jeder natürliche Zahl die Summe aller positiven Teiler zuordnet, und die Funktion, die jeder natürlichen Zahl n die Anzahl aller zu n teilerfremden Zahlen von $1, \ldots, n$ zuordnet. Diese sogenannte Euler'sche φ-Funktion ist eine multiplikative zahlentheoretische Funktion, d. h., für teilerfremde $a, b \in \mathbb{N}$ gilt:

$$\varphi(a\,b) = \varphi(a)\,\varphi(b)\,.$$

Das Lösen von linearen Kongruenzgleichungen ist eigentlich nichts anderes als das Lösen von linearen diophantischen Gleichungen. Die Formulierung linearer Kongruenzgleichungen ist mithilfe von Restklassenringen möglich. Ob man nun alle Zahlen x mit

$$a\,x \equiv b \ (\mathrm{mod}\ n)$$

oder alle x mit

$$\overline{a}\,\overline{x} = \overline{b}$$

modulo n, d. h. im Restklassenring $\mathbb{Z}_n$, bestimmt, man erhält dieselbe Lösungsmenge.

Die Sätze von Fermat und Euler sind klassische und wichtige Kongruenzen, sie besagen:

Die Sätze von Euler und Fermat

- **Satz von Euler:** Für natürliche Zahlen a und n mit $\mathrm{ggT}(a, n) = 1$ gilt:

$$a^{\varphi(n)} \equiv 1 \ (\mathrm{mod}\ n)\,.$$

- **Satz von Fermat:** Für jede Primzahl p und jedes $a \in \mathbb{N}$ mit $\mathrm{ggT}(a, p) = 1$ gilt:

$$a^{p-1} \equiv 1 \ (\mathrm{mod}\ p)\,.$$

Insbesondere gilt also für $\overline{a} \in \mathbb{Z}_n$ mit $\mathrm{ggT}(a, n) = 1$:

$$\overline{a}^{\varphi(n)-1}\overline{a} = \overline{1}\,,$$

sodass $\overline{a}$ mit $\mathrm{ggT}(a, n) = 1$ in $\mathbb{Z}_n$ invertierbar ist. Man erhält die folgenden Darstellung für die Menge $\mathbb{Z}_n^{\times}$ der invertierbaren Elemente in $\mathbb{Z}_n$.

Darstellung von $\mathbb{Z}_n^{\times}$

Für jedes $n \geq 2$ gilt:

$$\mathbb{Z}_n^{\times} = \{\overline{a} \in \mathbb{Z}_n \mid \mathrm{ggT}(a, n) = 1\} \ \text{ und } \ |\mathbb{Z}_n^{\times}| = \varphi(n)\,.$$

Schließlich haben wir entschieden, wann Systeme von Kongruenzgleichungen simultan lösbar sind, es reicht hierzu aus, dass die Moduli paarweise teilerfremd sind:

Chinesischer Restsatz

Zu paarweise teilerfremden $k_1 \ldots, k_r \in \mathbb{N}$ und beliebigen $a_1 \ldots, a_r \in \mathbb{Z}$ gibt es modulo $k = k_1 \cdots k_r$ genau ein $a \in \mathbb{Z}$ mit

$$a \equiv a_i \ (\mathrm{mod}\ k_i) \ \text{ für alle } \ i = 1 \ldots, r$$

Aufgaben

Die Aufgaben gliedern sich in drei Kategorien: Anhand der *Verständnisfragen* können Sie prüfen, ob Sie die Begriffe und zentralen Aussagen verstanden haben, mit den *Rechenaufgaben* üben Sie Ihre technischen Fertigkeiten und die *Beweisaufgaben* geben Ihnen Gelegenheit, zu lernen, wie man Beweise findet und führt.

Ein Punktesystem unterscheidet leichte Aufgaben •, mittelschwere •• und anspruchsvolle ••• Aufgaben. Lösungshinweise am Ende des Buches helfen Ihnen, falls Sie bei einer Aufgabe partout nicht weiterkommen. Dort finden Sie auch die Lösungen – betrügen Sie sich aber nicht selbst und schlagen Sie erst nach, wenn Sie selber zu einer Lösung gekommen sind. Ausführliche Lösungswege stehen auf der Website des Verlags zur Verfügung.

Viel Spaß und Erfolg bei den Aufgaben!

Verständnisfragen

25.1 •   Ist $2^{55} + 1$ durch 11 teilbar?

25.2 •   Gelten für $a, b, c, d, z \in \mathbb{Z}$ und $n \in \mathbb{N}$ die folgenden Implikationen?
(a) $a \equiv b \ (\mathrm{mod}\,n) \Rightarrow a\,z \equiv b\,z \ (\mathrm{mod}\,n\,z)$, falls $z \geq 1$.
(b) $a \equiv b \ (\mathrm{mod}\,n) \Rightarrow a^k \equiv b^k \ (\mathrm{mod}\,n)$ für alle $k \in \mathbb{N}$.

Rechenaufgaben

25.3 •   Bestimmen Sie mit dem euklidischen Algorithmus den $\mathrm{ggT}\ d$ der Zahlen 9692 und 360 und eine Darstellung der Form $d = x\,9692 + y\,360$ mit ganzen Zahlen x und y.

25.4 •   Bestimmen Sie die Lösungsmenge des folgenden Systems simultaner Kongruenzen:

$$X \equiv 7 \ (\mathrm{mod}\ 11), \ X \equiv 1 \ (\mathrm{mod}\ 5), \ X \equiv 18 \ (\mathrm{mod}\ 21)\,.$$

25.5 • Sun Tsu stellte die Aufgabe: „Wir haben eine gewisse Anzahl von Dingen, wissen aber nicht genau wie viele. Wenn wir sie zu je drei zählen, bleiben zwei übrig. Wenn wir sie zu je fünf zählen, bleiben drei übrig. Wenn wir sie zu sieben zählen, bleiben zwei übrig. Wie viele Dinge sind es?"

Beweisaufgaben

25.6 •• Es sei n eine natürliche Zahl mit der Dezimaldarstellung $z_r z_{r-1} \dots z_2 z_1 z_0$, d. h.,

$$n = \sum_{i=0}^{r} z_i 10^i \quad \text{mit } r \in \mathbb{N}_0,\ z_i \in \{0, \dots, 9\}.$$

Begründen Sie die folgenden Teilbarkeitsregeln (a), (b) und (d) und lösen Sie (c).

(a) (Dreier- und Neunerregel) Es ist n genau dann durch 3 bzw. 9 teilbar, wenn ihre Quersumme $\sum_{i=0}^{r} z_i$ durch 3 bzw. 9 teilbar ist.
(b) (Elferregel) Es ist n genau dann durch 11 teilbar, wenn ihre alternierende Quersumme $\sum_{i=0}^{r} (-1)^i z_i$ durch 11 teilbar ist.
(c) (Siebenerregel) Formulieren Sie eine ähnliche Regel für die Teilbarkeit durch 7.
(d) (Zweite Siebenerregel) Es ist n genau dann durch 7 teilbar, wenn es auch die Zahl ist, die man erhält, wenn man das Doppelte der letzten Ziffer z_0 von der Zahl $z_r \cdots z_1$ ohne die letzte Ziffer abzieht.

25.7 •• Begründen Sie, dass eine natürliche Zahl $p > 1$ genau dann eine Primzahl ist, wenn sie die Primeigenschaft hat (vgl. Seite 1061).

25.8 •• Beweisen Sie die folgende Verallgemeinerung des Chinesischen Restsatzes: Es seien n eine natürliche Zahl und $a_1, \dots, a_n, m_1, \dots, m_n \in \mathbb{Z}$. Genau dann ist das System simultaner Kongruenzen

$$X \equiv a_i \pmod{m_i} \quad \text{für alle } i = 1, \dots, n \qquad (25.5)$$

lösbar, wenn

$$a_i \equiv a_j \ (\text{mod } \text{ggT}(m_i, m_j)) \quad \text{für alle } i, j = 1, \dots, n$$

gilt. Sind (25.5) lösbar und $a \in \mathbb{Z}$ eine Lösung, so ist die Lösungsmenge L von (25.5) gegeben durch

$$L = a + \text{kgV}(m_1, \dots, m_n)\mathbb{Z}.$$

25.9 •• Zeigen Sie: Sind $a_1, \dots, a_n \neq 0$ paarweise teilerfremde ganze Zahlen, dann gilt:

(a) $\text{kgV}(a_1, \dots, a_n) = |a_1 \cdots a_n|$.
(b) $a_1 \cdots a_n \mid c \Leftrightarrow a_1 \mid c, \dots, a_n \mid c$ für $c \in \mathbb{Z}$.

25.10 •• Zeigen Sie: Die lineare diophantische Gleichung

$$a_1 X_1 + \cdots + a_n X_n = c \quad (*)$$

mit $a_i, c \in \mathbb{Z}$ hat genau dann Lösungen in $\mathbb{Z}^n$, wenn $\text{ggT}(a_1, \dots, a_n) \mid c$.

Für welche $c \in \mathbb{Z}$ besitzt die Gleichung

$$1729\, X_1 + 2639\, X_2 + 3211\, X_3 = c$$

eine Lösung $(x_1, x_2, x_3) \in \mathbb{Z}^3$?

25.11 • Zeigen Sie: Für $a, b \in \mathbb{Z}$ und $m_1, \dots, m_t \in \mathbb{N}$ sowie $v = \text{kgV}(m_1, \dots, m_t)$ gilt:

$$a \equiv b \pmod{v} \ \Leftrightarrow \ a \equiv b \pmod{m_i} \quad \text{für } i = 1, \dots, t$$

und, wenn $m_1, \dots, m_t$ paarweise teilerfremd sind,

$$a \equiv b \ (\text{mod}(m_1 \cdots m_t)) \ \Leftrightarrow \ a \equiv b \pmod{m_i}$$

für $i = 1, \dots, t$.

25.12 ••• Begründen Sie mithilfe des Wohlordnungsprinzips, dass *Division mit Rest* tatsächlich funktioniert, d. h., dass es zu beliebigen Zahlen $a \in \mathbb{Z}$ und $b \in \mathbb{N}$ Zahlen $q, r \in \mathbb{Z}$ gibt mit

$$a = b\, q + r \text{ und } 0 \leq r < b.$$

Antworten der Selbstfragen

S. 1065
Es gilt $18 = 2 \cdot 3^2$, $90 = 2 \cdot 3^2 \cdot 5$ und $30 = 2 \cdot 3 \cdot 5$, daher erhalten wir:
$$\text{ggT}(18, 90, 30) = 6.$$

S. 1067
Es gilt $18 = 2 \cdot 3^2$, $90 = 2 \cdot 3^2 \cdot 5$ und $30 = 2 \cdot 3 \cdot 5$, daher erhalten wir:
$$\text{ggT}(18, 90, 30) = 90.$$

S. 1070
Die Teiler von 36 sind
$$1,\ 2,\ 2^2,\ 3,\ 2 \cdot 3,\ 2^2 \cdot 3,\ 3^2,\ 2 \cdot 3^2,\ 2^2 \cdot 3^2.$$
Wegen
$$\varphi(1) = 1,\ \varphi(2) = 1,\ \varphi(3) = 2,\ \varphi(4) = 2,\ \varphi(6) = 2,$$
$$\varphi(12) = 4,\ \varphi(9) = 6,\ \varphi(18) = 6,\ \varphi(36) = 12$$
gilt:
$$\sum_{d \mid 36} \varphi(d) = 36.$$

S. 1071

Wegen

$$420 = 2^2 \cdot 3 \cdot 5 \cdot 7$$

gilt $\varphi(420) = 420 \cdot \frac{1}{2} \cdot \frac{2}{3} \cdot \frac{4}{5} \cdot \frac{6}{7} = 96$.

S. 1074

Wegen $\mathrm{ggT}(12, 5) = 1$ dürfen wir die Zahl 5 kürzen:

$$6 \equiv 18 \ (\mathrm{mod}\ 12).$$

S. 1074

Es gilt:

$$(a + n\,\mathbb{Z}) + (b + n\,\mathbb{Z}) = (a + b) + n\,\mathbb{Z},$$
$$(a + n\,\mathbb{Z}) \cdot (b + n\,\mathbb{Z}) = (a\,b) + n\,\mathbb{Z}.$$

S. 1079

Ist a' neben a eine weitere Lösung des Systems, so gilt:

$$a \equiv a' \equiv a_i \ (\mathrm{mod}\ k_i) \ \text{ für alle } \ i = 1, \ldots, r.$$

Hieraus folgt:

$$k_i \mid a - a' \ \text{ für alle } \ i = 1, \ldots, r.$$

Und das impliziert wiederum wegen der Teilerfremdheit der $k_1, \ldots, k_r$:

$$k \mid a - a', \ \ \text{d. h. } \ a \equiv a' \ (\mathrm{mod}\ k).$$

Folglich gilt $a' \in a + k\,\mathbb{Z}$. Andererseits ist jedes Element aus $a + k\,\mathbb{Z}$ Lösung des Systems, sodass $a + k\,\mathbb{Z}$ die Lösungsmenge ist.

Elemente der diskreten Mathematik – die Kunst des Zählens

© Springer-Verlag GmbH Deutschland, ein Teil von Springer Nature 2022
T. Arens et al., *Grundwissen Mathematikstudium*,
https://doi.org/10.1007/978-3-662-63313-7_26

Die diskrete Mathematik beschäftigt sich vornehmlich mit endlichen oder abzählbar unendlichen Mengen, also letztlich mit den Ideen und Methoden des Abzählens. Das Wort „diskret" steht hier für das Gegenteil von „kontinuierlich"; der für andere mathematische Teilgebiete so wichtige Begriff der Stetigkeit fehlt hier völlig. Der Wechsel von analog zu digital durch die fortschreitende Computerisierung führte im 20. Jahrhundert zu einer rasanten Entwicklung der diskreten Methoden. Wir konzentrieren uns hier exemplarisch auf zwei Kerngebiete der diskreten Mathematik, auf die Graphentheorie und die Kombinatorik.

Was vom Königsberger Brückenproblem Leonhard Eulers 1736 seinen Ausgang genommen hat, ist heute zu einem Teilgebiet der Mathematik mit erstaunlicher Breitenwirkung geworden. Graphen dienen als mathematisches Modell, um konkrete Probleme aus verschiedensten Gebieten erfolgreich analysieren zu können. Ob es das Straßennetz einer Stadt, ein Computernetz oder ein soziales Netzwerk betrifft, die durch Graphen repräsentierten Strukturen finden Anwendung in der Physik und Chemie, der Informatik, Genetik, Psychologie, Soziologie und Linguistik. Innerhalb der Mathematik stehen die Gruppentheorie, die lineare Algebra, die Wahrscheinlichkeitstheorie und die Topologie in nahem Bezug zur Graphentheorie, und die Algorithmik und die Komplexitätstheorie gehen mit der Graphentheorie Hand in Hand.

Neben der Graphentheorie ist die Kombinatorik eine Teildisziplin der diskreten Mathematik, wobei die Übergänge zwischen diesen Teildisziplinen fließend sind. In der sogenannten abzählenden Kombinatorik – und hauptsächlich mit dieser befassen wir uns – geht es darum, die Anzahl der Elemente endlicher Mengen zu bestimmen, um etwa die Anzahl von Anordnungen oder der Möglichkeiten zur Auswahl von Objekten zu ermitteln.

26.1 Einführung in die Graphentheorie

Graphen sind mathematische Modelle für netzartige Strukturen in Natur und Technik. Dazu zählen Straßennetze, Computernetzwerke, Datenstrukturen, Kommunikationsnetze, Programmabläufe, Organigramme, chemische Moleküle oder auch wirtschaftliche Verflechtungen.

Viele Anwendungen der Graphentheorie erfordern eine Untersuchung spezieller Netzeigenschaften: Für die Planung einer Reise, insbesondere für die Routenberechnung in Navigationssystemen ist die Bestimmung eines kürzesten Weges zwischen zwei Orten eines Straßennetzes ein interessantes Problem. Die Lösung hängt von strukturellen Eigenschaften des Netzes ab, also von der Information darüber, zwischen welchen Orten direkte Verbindungen bestehen. Aber darüber hinaus spielen natürlich auch die Längen der einzelnen Straßenstücke des Netzes und deren Qualität eine wesentliche Rolle. In der Chemie interessiert man sich beispielsweise

für die Anzahl der Isomere einer Verbindung, also für unterschiedliche Molekülstrukturen bei gleicher chemischer Zusammensetzung. Ein Briefträger wird bei einem Zustellungsgang alle Straßen seines Bereiches abgehen und dabei nur möglichst wenige Wege doppelt zurücklegen wollen. Bei der Planung der Strom- oder Wasserversorgung eines neu zu erschließenden Gebietes zählen andere Prioritäten; bei einer möglichst kurzen Gesamtlänge des Versorgungsnetzes muss jedes Haus erreicht werden.

Diese Beispiele zeigen bereits, dass bei vielen Problemen rein strukturelle Eigenschaften eines Netzes eine Rolle spielen, und gerade diese machen den Inhalt der *Graphentheorie* aus. Lösungen von rein graphentheoretischen Problemen sind oft die Grundlage für die Lösung kombinatorischer Optimierungsprobleme. Darunter versteht man die Frage nach einer in Hinblick auf gewisse Bewertungen optimalen Lösung innerhalb einer in der Regel sehr großen Zahl von Möglichkeiten. Graphentheoretische Überlegungen sind aber auch oft fundamental für die Konstruktion von Algorithmen und ebenso für den Entwurf von Netzstrukturen.

Ein Graph besteht aus zwei Mengen: der Knoten- und der Kantenmenge

Wir beginnen mit einer Einführung in die Terminologie der Graphentheorie. Glücklicherweise behalten viele der verwendeten Begriffe ihre umgangssprachliche Bedeutung bei. Die folgenden Definitionen bringen daher meist nur Präzisierungen der üblichen Bedeutungen.

Ein **Graph** $G = (V, E)$ besteht aus zwei disjunkten Mengen, einer **Knoten-** oder **Eckenmenge** V und einer **Kantenmenge** E, wobei jeder **Kante** $e \in E$ zwei (nicht notwendig verschiedene) **Knoten** $u, v \in V$, ihre **Endknoten**, zugeordnet sind. Wir schreiben dann kurz $e = uv$ und sagen auch, e **verbindet** u und v oder u und v **inzidieren** mit e. Soll zwischen mehreren Verbindungen der Knoten u und v unterschieden werden, so können wir $(uv)_1$, $(uv)_2, \ldots$ schreiben.

Die üblichen Symbole V und E für die Knoten- bzw. Kantenmenge eines Graphen rühren übrigens von den englischen Bezeichnungen *vertex* (Knoten) und *edge* (Kante) her. Es wird keine Missverständnissen hervorrufen, wenn wir gelegentlich für Knoten v oder Kanten e des Graphen G einfach $v \in G$ bzw. $e \in G$ schreiben statt $v \in V$ und $e \in E$.

Ein Graph G heißt **endlich**, wenn seine Knotenmenge V und seine Kantenmenge E endlich sind, andernfalls **unendlich**. Wir beschränken uns in der folgenden Einführung durchwegs auf endliche Graphen.

Um Graphen zu veranschaulichen, markieren wir die Knoten durch kleine Kreise. Kanten werden durch eine die jeweiligen Endknoten verbindende Kurve dargestellt (Abb. 26.1). Ob man diese gerade oder gekrümmt zeichnet, und auch, ob Kanten einander überkreuzen oder nicht, ist für den dargestellten Graphen zumeist ohne jede Bedeutung.

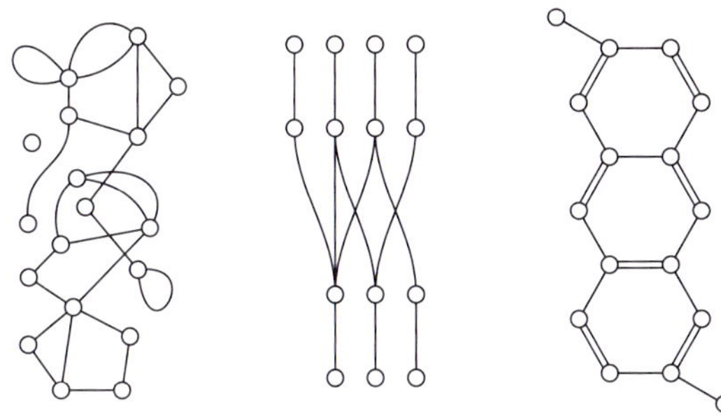

Abbildung 26.1 Beispiele von Graphen.

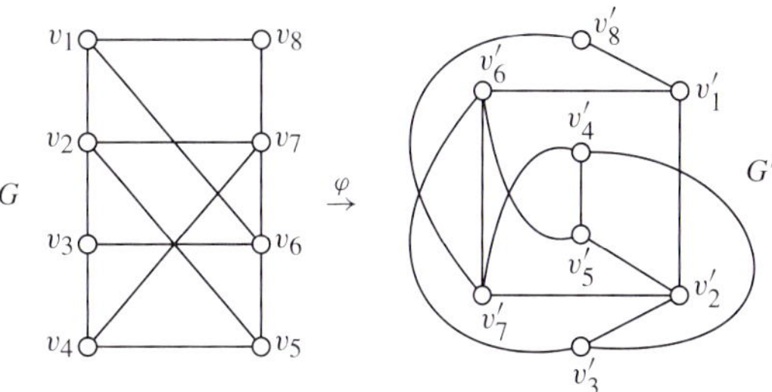

Abbildung 26.3 $\varphi \colon V \to V'$ mit $\varphi(v_i) = v_i'$ bestimmt einen Isomorphismus zwischen G und G'.

Eine Kante $s = vv$ heißt **Schlinge**. Zwei Kanten e und f mit gleichen Endknoten u und v heißen **parallel**. Ein Graph G, der weder Schlingen noch parallele Kanten besitzt, heißt **einfach** oder **schlicht**. In diesem Fall ist die Kante uv durch das ungeordnete Paar $\{u, v\}$ ihrer Endknoten $u, v \in V$ festgelegt. Wir sagen dann, G ist ein Graph *auf* der Knotenmenge V.

In der Literatur sind die Bezeichnungsweisen übrigens nicht ganz einheitlich. Manchmal verwendet man den Begriff „Graph" ausschließlich für einfache Graphen. Ein Graph mit Schlingen oder parallelen Kanten wird dann *Multigraph* genannt.

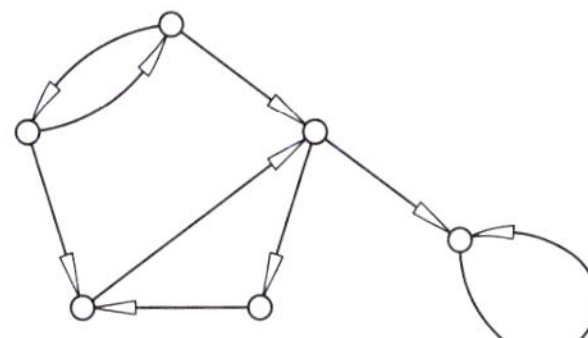

Abbildung 26.2 Beispiele eines gerichteten Graphen.

Bei einem **gerichteten Graphen** (Abb. 26.2) ist jede Kante orientiert; sie hat einen Anfangs- und einen Endknoten. Andernfalls spricht man von einem **ungerichteten** Graphen. Bei *einfach* gerichteten Graphen gibt es zu jedem $(u, v) \in V \times V$ nur höchstens eine Kante $e = uv$ in E und jedenfalls keine Kante mit $u = v$. In diesem Fall kann die Kantenmenge E als Teilmenge von $V \times V$ definiert werden.

Wir werden uns im Folgenden hauptsächlich mit ungerichteten Graphen beschäftigen. Daher wird in den Definitionen und Resultaten unter „Graph" stets ein ungerichteter Graph verstanden, sofern nicht ausdrücklich ein gerichteter Graph angesprochen wird.

Der Graph $G = (V, E)$ heißt **isomorph** zu $G' = (V', E')$, wenn es eine Bijektion $\varphi \colon V \to V'$ gibt mit der Eigenschaft, dass für alle $(u, v) \in V \times V$ die Anzahl der u mit v verbindenden Kanten aus E gleich der Anzahl der $\varphi(u)$ mit $\varphi(v)$ verbindenden Kanten aus E' ist (Abb. 26.3). Bei einfachen Graphen können wir die Isomorphie auch kennzeichnen durch

$$uv \in E \;\;\Leftrightarrow\;\; \varphi(u)\varphi(v) \in E'.$$

Wir unterscheiden meist nicht zwischen untereinander isomorphen Graphen, sprechen also z. B. von „dem" vollstän-

digen Graphen K_5 in Abbildung 26.6. Unter *strukturellen Eigenschaften* oder *Invarianten* eines Graphen verstehen wir stets solche, die allen Exemplaren einer Äquivalenzklasse isomorpher Graphen zukommen. Die Ecken- und Kantenzahlen sind Beispiele solcher Invarianten. Man verwendet übrigens manchmal den Begriff **abstrakter Graph**, um zu verdeutlichen, dass es nicht um die konkrete Darstellung eines Graphen geht, sondern um die Äquivalenzklasse.

Beispiel Es gilt die folgende Aussage: Jeder einfache Graph $G = (V, E)$ ist isomorph zu einem Graphen (V', E') mit V' als Teilmenge der Punktmenge des $\mathbb{R}^3$ und E' als Menge von geradlinigen Verbindungsstrecken, wobei zwei verschiedene Kanten höchstens einen Endpunkt gemein haben.

Um V' zu erhalten, wählen wir $n = |V|$ Punkte im $\mathbb{R}^3$ derart, dass keine vier in derselben Ebene liegen. Nun können zwei verschiedene Verbindungsstrecken $v_1 v_2$ und $v_3 v_4$ einander niemals in einem Zwischenpunkt schneiden, denn dann lägen ja $v_1, \ldots, v_4$ in einer Ebene.

Wir nennen (V', E') eine *Einbettung* von G in den $\mathbb{R}^3$. Ist dies auch im $\mathbb{R}^2$ möglich? Auf Seite 1096 werden wir erkennen, dass nur sogenannte „planare" Graphen in die Ebene einbettbar sind. ◀

Gilt für die Graphen $G = (V, E)$ und $G' = (V', E')$ sowohl $V' \subset V$, als auch $E' \subset E$, so heißt G' **Teilgraph** von G und umgekehrt G **Obergraph** von G'.

Wenn wir in der Folge sagen, der Graph G ist **maximal** hinsichtlich einer gewissen Eigenschaft, so heißt dies, dass jeder andere Graph H mit derselben Eigenschaft ein Teilgraph von G ist. Ist G **minimal** hinsichtlich einer Eigenschaft, so ist jeder andere Graph H mit derselben Eigenschaft ein Obergraph von G.

Wir sagen, der Teilgraph G' **spannt** G **auf**, wenn $V' = V$ ist. So zeigt Abbildung 26.4 einen aufspannenden Teilgraphen G' von G. Auf die Bestimmung von in gewisser Hinsicht optimalen aufspannenden Teilgraphen wird später noch eingegangen (siehe Seite 1097).

Es kommt auf die Nachbarschaften an

Zwei Kanten $e \neq f$ eines Graphen $G(V, E)$ heißen **benachbart in** G genau dann, wenn sie einen Endknoten gemein

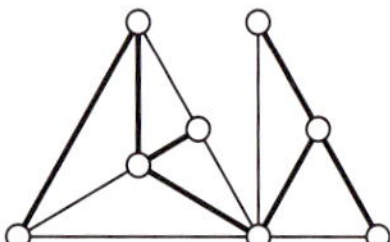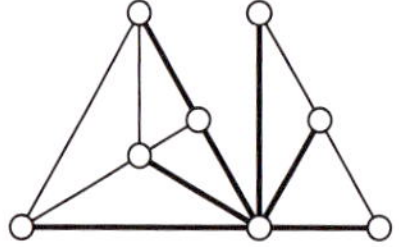

Abbildung 26.4 Die dicken Linien zeigen zwei mögliche aufspannende Teilgraphen eines gegebenen Graphen mit 8 Knoten.

haben. Zwei Knoten u, v von G heißen genau dann **benachbart** oder **adjazent in** G, wenn es eine Kante $e = uv$ in der Kantenmenge E von G gibt. Bei einem gerichteten Graphen können wir bei den Nachbarn von *Nachfolgern* oder *Vorgängern* sprechen.

Offensichtlich stellt bei einem ungerichteten Graphen $G = (V, E)$ die durch E definierte Nachbarschaft von Knoten eine symmetrische Relation auf der Knotenmenge V dar. Umgekehrt legt jede Relation ρ auf V, also jede Teilmenge von $V \times V$ (siehe Abschnitt 2.4), einen gerichteten Graphen fest, indem die Menge der gerichteten Kanten auf V definiert wird durch

$$E = \{uv \mid u\,\rho\,v,\ u, v \in V\}.$$

In diesem Sinn entsprechen die in der Abbildung 26.5 gezeigten gerichteten Graphen sechs Permutationen $e, \dots, j$ der Ecken eines regulären Sechsecks, also sechs Elementen der Permutationsgruppe S_6. Isolierte Knoten bedeuten offensichtlich fix bleibende Elemente. Dieselben Graphen wurden auf Seite 74 verwendet, um einen Gruppenisomorphismus zu veranschaulichen.

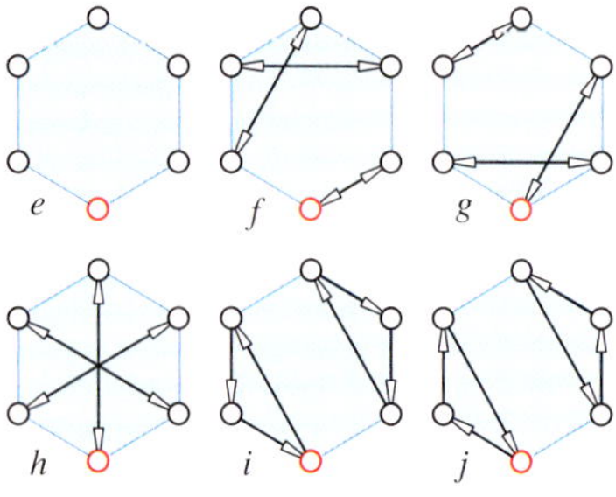

Abbildung 26.5 Diese 6 gerichteten Graphen stellen eine zu S_3 isomorphe Untergruppe $(\{e, \dots, j\}, \circ)$ der Permutationsgruppe S_6 dar (Seite 74). Die Pfeile geben an, wie die Ecken eines regulären Sechsecks bei den jeweiligen Permutationen abgebildet werden.

Kommentar: Auf den ersten Blick scheint ein „Graph" im Sinne der obigen Definition etwas ganz anderes zu sein als der zu einer Funktion $f : D \to W$ gehörige „Graph", definiert als

$$\text{Graph}(f) = \{(x, f(x)) \mid x \in D\},$$

wie wir ihn im Kapitel 9 kennengelernt haben. Es gibt aber doch eine gewisse Verwandtschaft zwischen beiden Begriffen:

Die Kantenmenge E eines gerichteten Graphen legt eine Relation ρ auf V fest, also eine Teilmenge von $V \times V$, und die einzelnen Kanten uv verbinden Paare mit $u\,\rho\,v$. Bei

Graph(f) ist diese Relation eine Abbildung, d. h., zu jedem „Anfangsknoten" $x \in D$ gibt es nur einen „Endknoten" $f(x) \in W$. Bei dem Graph einer reellen Funktion, z. B. jenem in Abbildung 9.1, verzichtet man natürlich darauf, für alle $x \in D$ die „Kante" mit Anfangsknoten x und Endknoten $f(x)$ einzuzeichnen.

Die Menge $N(v)$ der zu v benachbarten Knoten heißt die **Nachbarschaft** von v. Der **Grad** $\deg v$ ist die Anzahl der mit dem Knoten v inzidenten Kanten. Schlingen sind dabei doppelt zu zählen. In einem einfachen Graphen ist $\deg v = |N(v)|$. Ein **isolierter** Knoten hat den Grad 0.

Lemma

In einem Graphen $G = (V, E)$ mit m Kanten gilt stets:

$$\sum_{v \in V} \deg v = 2\,m.$$

Beweis: Die Summe auf der linken Seite zählt, wie oft ein Knoten aus V mit einer Kante aus E inzidiert. Dabei wird jede Kante insgesamt zweimal gezählt. ∎

Folgerung

In jedem endlichen Graphen ist die Anzahl der Knoten ungeraden Grades gerade.

Beweis: Wir spalten $\sum_{v \in V} \deg v$ auf in die Summe über die Knoten mit geradem Grad und jene mit ungeradem Grad. Nachdem die erste Summe und die Gesamtsumme geradzahlig sind, muss auch jene über die Knoten ungeraden Grades gerade sein. Weil in der zweiten Teilsumme jeder einzelne Summand ungerade ist, kann nur eine gerade Anzahl von Summanden ein geradzahliges Ergebnis liefern. ∎

— **?** —

Bestimmen Sie bei den in Abbildung 26.1 gezeigten Graphen die Anzahlen der Knoten mit geradem Grad.

Das Minimum aller Grade

$$\delta(G) = \min\{\deg v \mid v \in V\}$$

heißt **Minimalgrad** von G; das Maximum ist der **Maximalgrad** $\Delta(G)$. Haben alle Knoten denselben Grad r, so heißt der Graph **regulär** vom Grad r.

Ein Graph heißt **vollständig**, wenn es zu je zwei verschiedenen Knoten eine verbindende Kante gibt. Die Abbildung 26.6 zeigt den vollständigen Graphen K_5 mit 5 Knoten.

Zu jedem einfachen Graphen $G = (V, E)$ gibt es den **komplementären** Graphen $\overline{G} = (V, \overline{E})$ mit $\overline{E} = \{e = uv : u \neq v \text{ und } e \notin E\}$. Offensichtlich ist dann der Graph $G' = (V, E \cup \overline{E})$ vollständig.

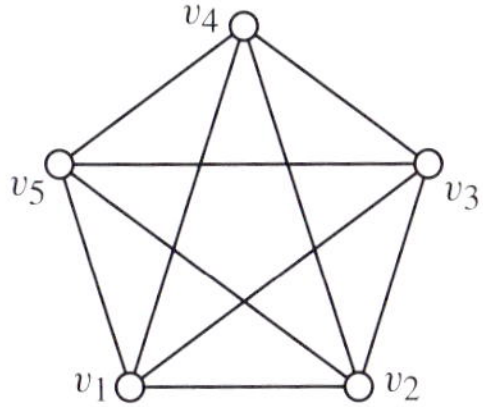

Abbildung 26.6 Der vollständige Graph K_5 mit 5 Knoten.

Ist der Graph $G = (V, E)$ **bipartit**, so lässt sich die Knotenmenge V derart in zwei diskunkte Teilmengen V_1 und V_2 zerlegen, dass jede Kante aus E einen Endknoten in V_1 und einen in V_2 hat (Abb. 26.7). G heißt **vollständig bipartit**, wenn es zu jedem Knotenpaar $(v_1, v_2) \in V_1 \times V_2$ genau eine verbindende Kante gibt. Die Standardbezeichnung eines derartigen Graphen ist $K_{p,q}$, sofern $p = |V_1|$ und $q = |V_2|$.

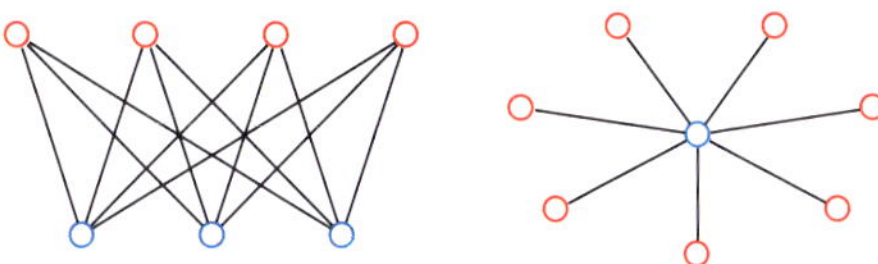

Abbildung 26.7 Vollständig bipartite Graphen $K_{3,4}$ und $K_{1,7}$.

Für Wanderungen in Graphen gibt es Wege und Kreise

Dient ein Graph als Modell für ein Straßennetz oder Versorgungsnetz, so sind die folgenden Begriffe naheliegend:

Eine **Kantenfolge** aus $G = (V, E)$ ist eine Folge $e_1, e_2, \ldots, e_k$ von Kanten aus E derart, dass $e_i = v_{i-1}v_i$ ist für $i = 1, \ldots, k$. Damit sind je zwei aufeinanderfolgende Kanten der Folge benachbart. Wir sagen, diese Kantenfolge **verbindet** den Knoten v_0 mit v_k. Bei $v_k = v_0$ nennen wir die Kantenfolge **geschlossen**.

Unter der **Länge** der Kantenfolge verstehen wir die Anzahl k der Kanten in der Folge. Mehrfach vorkommende Kanten sind also auch mehrfach zu zählen. Offensichtlich ist $G' = (V', E')$ mit $V' = \{v_0, \ldots, v_k\}$ und $E' = \{e_1, \ldots, e_k\}$ ein Teilgraph von $G = (V, E)$.

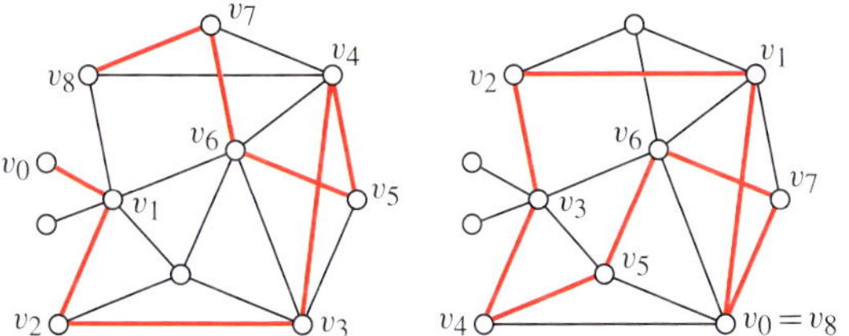

Abbildung 26.8 Weg und Kreis im Graph.

Jede Kantenfolge $e_1, e_2, \ldots, e_k$ ist gekoppelt mit der Folge $v_0, v_1, \ldots, v_k$ ihrer Knoten, in welcher gleichfalls je zwei aufeinanderfolgende Elemente benachbart sind. Sind die

Knoten in dieser Folge paarweise verschieden, so heißt die Kantenfolge **Weg** in G, und wir bezeichnen diesen mit $v_0v_1 \ldots v_k$, also ohne trennende Beistriche (siehe Abb. 26.8).

Darf eine *Kantenfolge* einzelne Kanten oder einzelne Knoten mehrfach enthalten? Kann es vorkommen, dass man beim Durchlaufen eines *Weges* eine einzelne Kante oder einen einzelnen Knoten mehrfach passiert? Ergeben sich daraus obere Grenzen für die Länge von Kantenfolgen oder von Wegen in endlichen Graphen $G(V, E)$?

Lemma

Jede Kantenfolge, die zwei verschiedene Knoten v_0 und v_k verbindet, enthält als Teilgraph einen v_0 mit v_k verbindenden Weg.

Beweis: Wir gehen die Knoten der zur Kantenfolge gehörigen Knotenfolge $v_0, v_1, \ldots, v_k$ der Reihe nach durch. Ist v_i der erste Knoten, der darin mehrfach vorkommt, so streichen wir alle Kanten zwischen dem ersten und letzten Auftreten von v_i aus der Kantenfolge. Die nunmehr verkürzte Kantenfolge bestimmt eine Knotenfolge, in welcher v_i nur mehr einmal vorkommt.

Dies wird solange wiederholt, bis man v_k erreicht. Damit bleibt eine Kantenfolge ohne mehrfach durchlaufende Knoten übrig, also ein in v_0 beginnender und in v_k endender Weg. ∎

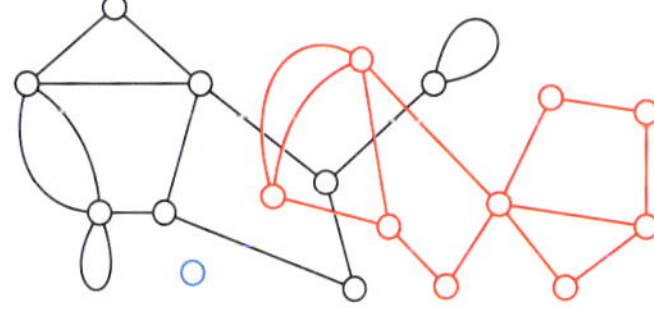

Abbildung 26.9 Graph mit drei Zusammenhangskomponenten, von welchen jede in einer eigenen Farbe dargestellt ist.

Ein Graph $G = (V, E)$ heißt **zusammenhängend**, wenn zwischen je zwei Knoten u und v ein verbindender Weg existiert. Ist G nicht zusammenhängend, so heißen die maximalen zusammenhängenden Teilgraphen von G **Zusammenhangskomponenten** oder kurz **Komponenten** von G (siehe Abb. 26.9). Wie auf Seite 1087 ausgeführt bedeutet maximal, dass jeder zusammenhängende Teilgraph von G Teilgraph einer Komponente von G ist.

Eine Kante e von G heißt **Brücke**, wenn sich die Anzahl der Zusammenhangskomponenten von G bei Weglassung von e erhöht. Dies bedeutet, dass die einzige Verbindung der beiden Endknoten von e über die Kante e verläuft.

Ist eine Kantenfolge geschlossen, gilt also $v_0 = v_k$, und sind alle dazwischen liegenden Knoten paarweise verschieden, so spricht man von einem **Kreis** $v_0 \ldots v_k$ des Graphen (siehe

Abb. 26.8). Eine Schlinge ist ein Kreis der Länge 1; parallele Kanten bilden einen Kreis der Länge 2. Ein Kreis der Länge 3 heißt auch *Dreieck*.

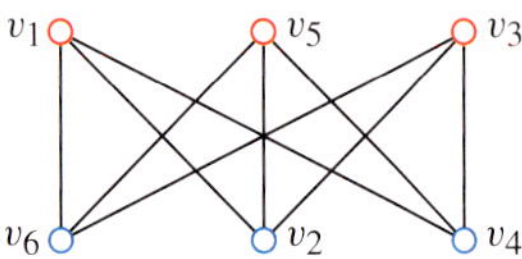

Abbildung 26.10 Der vollständige bipartite Graph $K_{3,3}$.

?
---

a) Wie lautet die kleinste obere Schranke für die Länge der Kreise in endlichen Graphen $G(V, E)$?

b) Suchen Sie Kreise in dem vollständigen bipartiten Graphen $K_{3,3}$ (Abb. 26.10). Welche Kreislängen sind möglich?

Das folgende Lemma ist ein erstes Beispiel für Aussagen, die es ermöglichen, strukturelle Eigenschaft von Graphen allein durch geeignetes Abzählen festzustellen.

Lemma

Ein Graph G ist genau dann bipartit, wenn G keine Kreise ungerader Länge enthält.

Beweis: Ist $G = (V_1 \cup V_2, E)$ bipartit, so verbindet jede Kante einen Knoten aus V_1 mit einem aus V_2. Auf jedem in G enthaltenen Kreis müssen die Knoten abwechselnd zu V_1 und V_2 gehören. Beginnt der Kreis in V_1, so muss er auch in V_1 enden; daher ist die Anzahl der durchlaufenen Kanten, also die Länge des Kreises, geradzahlig.

Besitzt umgekehrt jeder Kreis in G eine gerade Länge, so gehen wir schrittweise vor, um schließlich eine Zerlegung von V in zwei disjunkte Teilmengen zu erreichen.

Sind alle Knoten isoliert, so ist G trivialerweise bipartit. Andernfalls wählen wir einen ersten nicht isolierten Knoten v und geben ihn in die Teilmenge V_1. Dessen Nachbarn geben wir zu V_2. Nun müssen wir alle Nachbarn der Knoten von V_2 wieder zur Menge V_1 geben, denn wären zwei Knoten aus V_2 benachbart, so ergäben deren Verbindungen mit dem Anfangsknoten v einen Kreis der Länge 3, was aber ausgeschlossen wurde.

Nun dürfen aber auch keine zwei Knoten aus V_1 durch eine Kante verbunden sein, denn diese würde entweder zwei von v ausgehende Wege der Länge 2 oder zwei von einem Knoten aus V_2 ausgehende Kanten zu einem Kreis mit einer ungeraden Länge schließen.

Dieses Verfahren wird so lange wiederholt, bis sich die Teilmengen nicht mehr verändern. Dann liegen in V_2 die Nachbarn der Knoten aus V_1 und umgekehrt. Ist G zusammenhängend, so sind wir bereits fertig. Andernfalls wenden wir uns einer weiteren Zusammenhangskomponente von G zu, wählen einen ersten Knoten, geben ihn zu V_1 und verfahren wie vorhin usw. ∎

Es folgen einige Aussagen über die Wege und Kreise in Graphen.

Lemma

Jeder einfache Graph G enthält einen Weg, dessen Länge dem Minimalgrad $\delta(G)$ gleich ist, und bei $\delta(G) \geq 2$ einen Kreis mit einer Länge $\geq \delta(G) + 1$.

Beweis: Nachdem wir es stets mit endlichen Kanten- und Knotenmengen zu tun haben, muss es in G einen Weg maximaler Länge k geben. Angenommen, dieser führt von v_0 bis v_k. Dieser Weg muss alle Nachbarn von v_k passieren, denn sonst könnte er noch über v_k hinaus verlängert werden, und die Länge des ursprünglichen Weges wäre nicht maximal. Damit ist

$$k \geq |N(v_k)| = \deg v_k \geq \delta(G).$$

Also enthält unser Weg einen Teil mit der Länge $\delta(G)$, etwa den Weg $v_0 \ldots v_{\delta(G)}$.

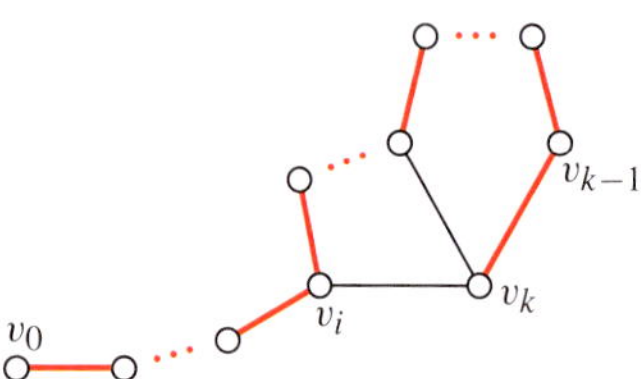

Abbildung 26.11 Gesucht ist ein Kreis mit einer Länge $\geq \delta(G) + 1$.

Angenommen, v_i ist der erste Nachbarknoten von v_k, der auf dem in v_0 beginnenden Weg erreicht wird (Abb. 26.11). Gibt es mindestens zwei Nachbarn von v_k, so ist der vorletzte Knoten v_{k-1} verschieden von v_i. Also ist $v_i v_{i+1} \ldots v_{k-1} v_k v_i$ ein Kreis, der alle Nachbarknoten von v_k und auch noch v_k durchläuft. Daher ist die Länge dieses Kreises $\geq \deg v_k + 1 \geq \delta(G) + 1$. ∎

Um die Existenz von Kreisen in einem Graphen geht es auch in der Folgerung auf Seite 1095. Dort wird eine hinreichende Bedingung angegeben.

?

Warum ist eine Kante $e \in G$ genau dann eine Brücke, wenn es in G keinen Kreis durch e gibt?

Die Länge von Wegen in Graphen ist Anlass für eine Abstandsmessung

Wir können nun die Definition von Abständen zwischen Punktmengen des $\mathbb{R}^3$ von Seite 247 sinngemäß auf Graphen übertragen: Der **Abstand** $d(V_1, V_2)$ zweier Teilmengen V_1, V_2 der Knotenmenge V eines Graphen G ist die minimale Länge derjenigen Wege, welche ein $v_1 \in V_1$ mit einem $v_2 \in V_2$ verbinden. Gibt es keine derartige Verbindung, so setzen wir $d(V_1, V_2) = \infty$. Bei $V_1 = \{u\}$ und $V_2 = \{v\}$

wird $d(V_1, V_2)$ zum **Abstand** $d(u, v)$ zwischen den beiden Knoten u, v von G.

Dreiecksungleichung in Graphen

Für je drei Knoten u, v, w aus derselben Zusammenhangskomponente von G gilt die Dreiecksungleichung:

$$d(u, w) \leq d(u, v) + d(v, w).$$

Beweis: Wir können uns auf den Fall paarweise verschiedener Knoten u, v, w beschränken, da die Aussage andernfalls trivial ist. Nachdem ein Weg der Länge $d(u, v)$ von u nach v führt und einer mit der Länge $d(v, w)$ von v nach w, entsteht als deren Vereinigung eine Kantenfolge, welche u mit w verbindet. Diese enthält nach dem Lemma auf Seite 1089 als Teilgraph einen u mit w verbindenden Weg mit höchstens $d(u, v) + d(v, w)$ Kanten. Sollte es daneben noch kürzere Wege zwischen u und w geben, so ist der Abstand $d(u, w)$ nur noch kleiner. ∎

Der für je zwei Knoten u, v verfügbare Abstand $d(u, v)$ ist Anlass für weitere Begriffe, die allerdings nur bei zusammenhängenden Graphen $G(V, E)$ sinnvoll sind: Als **Exzentrizität** $e(v)$ des Knotens v bezeichnet man die Maximalentfernung zu anderen Knoten, also:

$$e(v) = \max \{d(u, v) \mid u \in V\}.$$

Der **Radius** $\mathrm{rad}\, G$ von G ist die minimale Exzentrizität in G, also:

$$\mathrm{rad}\, G = \min\{e(v) \mid v \in V\}.$$

Das **Zentrum** von G ist die Menge aller Knoten, deren Exzentrizität mit dem Radius von G übereinstimmt. Die Knoten maximaler Exzentrizität heißen auch **Randknoten**. Der maximale Abstand zweier Knoten aus V heißt **Durchmesser** $\mathrm{diam}\, G$ des Graphen G.

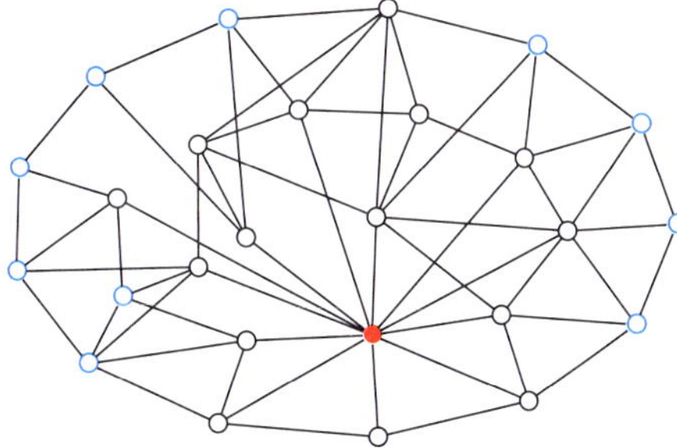

Abbildung 26.12 Graph mit rotem Zentrum und blauen Randknoten.

Der Graph in Abbildung 26.12 hat 27 Knoten und 61 Kanten. Sein Durchmesser beträgt 4, sein Radius ist 2. Das Zentrum umfasst nur einen Knoten; die Randknoten sind blau markiert.

Folgerung

Der Radius $\mathrm{rad}\, G$ und der Durchmesser $\mathrm{diam}\, G$ eines Graphen G erfüllen die Ungleichung

$$\mathrm{rad}\, G \leq \mathrm{diam}\, G \leq 2\,\mathrm{rad}\, G.$$

?

Beweisen Sie diese Folgerung.

Die Länge des kürzesten Kreises in G heißt **Taillenweite** $g(G)$ (englisch *girth*).

Lemma

Bei jedem Graphen G, der einen Kreis enthält, erfüllen die Taillenweite und der Durchmesser die Ungleichung

$$g(G) \leq 2\,\mathrm{diam}\, G + 1.$$

Beweis: Wir beweisen indirekt. Angenommen, es ist $g(G) \geq 2\,\mathrm{diam}\, G + 2$. Dann können wir auf einem Kreis minimaler Länge $g(G)$ zwei Knoten u, v derart wählen, dass von den beiden *Kreisbögen* zwischen u und v, also den längs des Kreises verlaufenden Wegen von u nach v, einer die Länge ($\mathrm{diam}\, G + 1$) hat. Dann hat der zweite eine Länge $\geq \mathrm{diam}\, G + 1$.

Nachdem der Abstand $d(u, v)$ höchstens $\mathrm{diam}\, G$ betragen kann, gibt es in G einen Weg von u nach v, der zusammen mit dem kürzeren Kreisbogen einen Kreis bildet. Dessen Länge ist aber nun kleiner ist als jene des Ausgangskreises, obwohl dieser minimal vorausgesetzt war. Das ist ein Widerspruch. ∎

Jedem ungerichteten oder gerichteten Graphen $G = (V, E)$ mit der Knotenmenge $V = \{v_1, \ldots, v_n\}$ lässt sich in folgender Weise eine Matrix $A(G) \in \mathbb{N}^{n \times n}$, die **Adjazenzmatrix** zuordnen: Der Eintrag a_{ij} gibt die Anzahl der von v_i nach v_j verlaufenden Kanten von G an. Bei ungerichteten Graphen ist diese Matrix natürlich symmetrisch, also $a_{ij} = a_{ji}$.

Wir beschränken uns im Folgenden auf ungerichtete Graphen, und zwar auf solche ohne Schlingen, also mit $a_{11} = \cdots = a_{nn} = 0$. Dann ist die Summe aller Einträge gleich $2|E|$, also gleich der doppelten Anzahl aller Kanten von G. Die Summe aller Einträge in der i-ten Zeile oder Spalte lautet:

$$\sum_{j=1}^{n} a_{ij} = \deg(v_i).$$

Bei schlichten Graphen treten als Einträge überhaupt nur Nullen und Einsen auf.

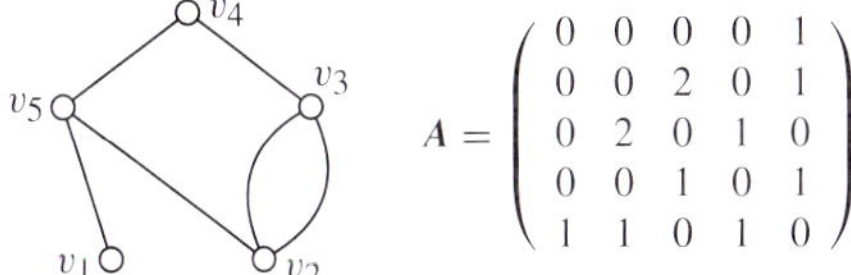

Abbildung 26.13 Graph G und zugehörige Adjazenzmatrix $A(G)$.

Bei $A(G) = A(G')$ sind die beiden Graphen G und G' definitionsgemäß isomorph. Umgekehrt hat aber die Isomorphie zweier Graphen nicht die Gleichheit der Adjazenzmatrizen zur Folge, da die im Isomorphismus einander zugeordneten Knoten von G und G' nicht dieselben Indizes haben müssen.

Die Einträge in der Produktmatrix $\boldsymbol{B} = \boldsymbol{A}\boldsymbol{A}$ sind

$$b_{ik} = \sum_{j=1}^{n} a_{ij} a_{jk}.$$

Ein einzelner Summand $a_{ij} a_{jk}$ ist nur dann von null verschieden, wenn es sowohl eine Verbindung von v_i mit v_j, also auch eine von v_j mit v_k gibt, also eine Kantenfolge der Länge 2 von v_i nach v_k. Gibt es etwa r Kanten $v_i v_j$ und s Kanten $v_j v_k$, so gibt es $rs = a_{ij} a_{jk}$ verschiedene Kantenkombinationen, also Kantenfolgen von v_i nach v_k. Die Einträge in der Produktmatrix $\boldsymbol{A}^2$ geben also die Anzahlen der im Graphen G enthaltenen Kantenfolgen der Länge 2 an. Nach neuerlicher Multiplikation mit $\boldsymbol{A}$ werden die Kantenfolgen der Länge 3 angezeigt usw.

Folgerung

Die r-te Potenz $\boldsymbol{C} = \boldsymbol{A}^r$, $r = 1, 2, \ldots$, der Adjazenzmatrix $\boldsymbol{A}(G)$ eines ungerichteten Graphen G ohne Schlingen zeigt als Eintrag c_{ij} die Anzahl der in G enthaltenen Kantenfolgen der Länge r zwischen den Knoten v_i und v_j.

?

Zählen Sie in dem Graphen G von Abbildung 26.13 ab, wie viele Kantenfolgen der Länge 3 in G zwischen je 2 Knoten v_i und v_j möglich sind. Kontrollieren Sie das Ergebnis mithilfe der Adjazenzmatrix.

Die Adjazenzmatrix $\boldsymbol{A}(G)$ kann auch dazu verwendet werden, um den Durchmesser diam G und den Radius rad G von G zu berechnen (vgl. Seite 1091): Angenommen, die r-ten Potenz $\boldsymbol{A}^r$ der Adjazenzmatrix hat an der Stelle (i, j) einen Eintrag $a_{ij}^{(r)} > 0$, während für alle kleineren Exponenten $k = 0, \ldots, r - 1$ das $a_{ij}^{(k)} = 0$ ist. Dann hat die kürzeste der v_i mit v_j verbindenden Kantenfolgen die Länge r. Sie muss ein Weg sein; also gilt $d(v_i, v_j) = r$. Wir können daher schreiben:

$$d(v_i, v_j) = \min\{r \mid r \in \mathbb{N}, \ a_{ij}^{(r)} > 0\}.$$

Die von diesen Abständen gebildete Matrix $\boldsymbol{D}(G) \in \mathbb{N}^{n \times n}$, $n = |V|$, heißt **Abstandsmatrix** von G.

Der Durchmesser von G ist das Maximum aller Einträge in $\boldsymbol{D}(G)$. Das Maximum der Einträge in der i-ten Zeile ergibt die Exzentrizität des Knotens v_i, also den von v_i aus messbaren Maximalabstand $e(v_i) = \max\{d(v_i, v) \mid v \in V\}$. Der Radius rad G ist gleich dem über alle Zeilen von $\boldsymbol{D}(G)$ gebildeten Minimum der maximalen Zeileneinträge $e(v_i)$.

Euler und Hamilton – zwei ähnliche Probleme mit stark unterschiedlichen Lösungen

Bei dem auf Leonhard Euler zurückgehenden *Königsberger Brückenproblem* geht es um die Frage, ob es einen Rundweg

in Königsberg (heute Kaliningrad) gibt, bei dem man jede der sieben Brücken (siehe Abbildung 26.14) genau einmal durchläuft. Die anschließende Problemanalyse folgt Eulers Ideen:

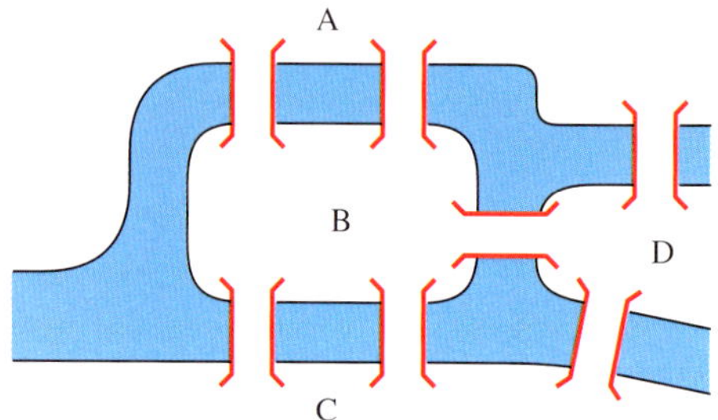

Abbildung 26.14 Die Brücken in Königsberg zur Zeit Eulers.

Die 7 Brücken über die Pregel (heute Pregolja) bilden 7 Kanten zwischen den als Knoten aufzufassenden vier Stadtteilen, den beiden Ufern $A = v_1$, $C = v_3$ sowie den beiden Inseln $B = v_2$ und $D = v_4$. Der zugehörige Graph ist in Abbildung 26.15 dargestellt. Will man ausgehend von einem der Knoten jede der 7 Kanten genau einmal durchlaufen und dann wieder an den Ausgangspunkt zurückkehren, so muss man auf dieser Tour zu jedem Knoten ebenso oft hinkommen wie weggehen. Also muss jeder Knotengrad gerade sein.

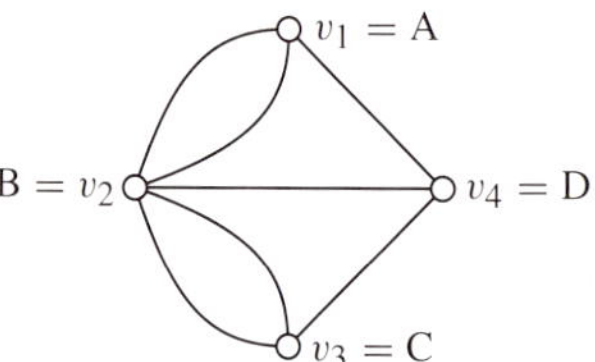

Abbildung 26.15 Der dem Königsberger Brückenproblem zugrunde liegende Graph.

Nun sind in dem vorliegenden Graphen aber sogar sämtliche Knotengrade ungerade. Also gibt es keinen Rundgang der gewünschten Art.

Diese Fragestellung führt uns zu folgenden Begriffen: Eine Kantenfolge in einem Graphen G heißt **Euler'sch**, wenn sie jede Kante von G genau einmal enthält. In diesem Fall kann man alle Kanten von G „in einem Zug" zeichnen, also ohne dazwischen abzusetzen (Abbildung 26.16). Ein Graph, der eine Euler'sche Kantenfolge enthält, heißt **Euler'scher Graph**, unabhängig davon, ob die Euler'sche Kantenfolge geschlossen ist oder nicht.

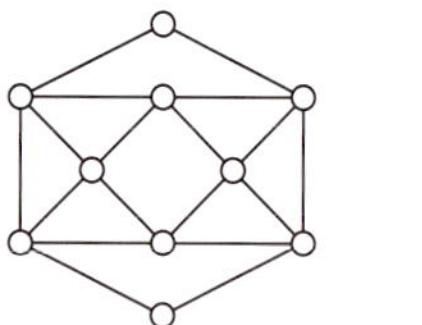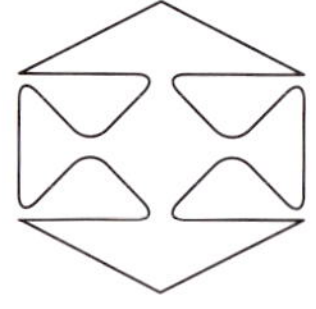

Abbildung 26.16 Ein Euler'scher Graph kann „in einem Zug", also ohne Absetzen gezeichnet werden.

Kennzeichnung Euler'scher Graphen

Ein Graph G ist genau dann Euler'sch, wenn G zusammenhängend ist und entweder alle Knotengrade gerade oder genau zwei ungerade sind.

Beweis: Wir zeigen zunächst, dass für zusammenhängende Graphen $G = (V, E)$ die folgenden drei Aussagen äquivalent sind.

(i) G besitzt eine geschlossene Euler'sche Kantenfolge.

(ii) Jeder Knoten von G hat einen geraden Grad.

(iii) Die Kantenmenge E von G besitzt eine disjunkte Zerlegung in geschlossene Kantenfolgen ohne Mehrfachkanten.

Zu „(i) $\Rightarrow$ (ii)": Auf der Tour entlang einer Euler'schen Kantenfolge wird jede Kante genau einmal durchlaufen. Ist die Tour geschlossen, so kommt man zu jedem Knoten $v \in V$ ebenso oft hin, wie man ihn auch wieder verlässt. Also ist jeder Knotengrad gerade.

Zu „(ii) $\Rightarrow$ (iii)": Da G zusammenhängend ist, hat jeder Knoten einen Grad ≥ 2. Wir können daher in einem beliebigen Knoten $v_0 \in V$ starten und entlang einer inzidenten Kante zu einem Nachbarn v_1 wandern. Dort gibt es sicherlich eine weitere Kante zu einem Nachbarn usw. Welchen Knoten $v_i \neq v_0$ wir auch immer erreichen, stets bleibt wegen $d(v_i) \equiv 0$ (mod 2) eine weitere Kante für die Fortsetzung der Tour. Unsere Kantenfolge F_1 ohne Mehrfachkanten endet, wenn wir v_0 erreichen. Das erfolgt spätestens nach $|E|$ Schritten, möglicherweise aber auch schon früher.

Tritt Letzteres ein, so entfernen wir aus G alle Kanten von F_1. Der verbleibenden Teilgraph G_1 hat nach wie vor lauter Knoten mit geradem Grad, doch muss er nicht mehr zusammenhängend sein. Solange allerdings noch eine Kante von G_1 in einer Zusammenhangskomponente vorkommt, können wir darin nach dem vorhin beschriebenen Verfahren eine neue geschlossene Kantenfolge ohne Mehrfachkante konstruieren. Hat man schließlich alle Kanten von E erfasst, so ist man fertig mit der disjunkten Zerlegung von E in die Kantenfolgen $F_1, \ldots, F_r$.

Zu „(iii) $\Rightarrow$ (i)": Wir zeigen, dass sich die Anzahl r der in der disjunkten Zerlegung von E vorkommenden geschlossenen Kantenfolgen $F_1, \ldots, F_r$ schrittweise um 1 verringern lässt, solange $r > 1$ ist:

Haben F_1 und F_2 einen Knoten v gemein, so kann man in v die zwei Kantenfolgen zusammenfügen zu einer einzigen geschlossenen Kantenfolge ohne Mehrfachkanten. Wiederholte Durchlaufungen von Knoten sind ja in Kantenfolgen erlaubt.

Gibt es keinen gemeinsamen Knoten, so muss es, nachdem G zusammenhängend ist, für jedes Paar von Knoten v_1 von F_1 und v_2 von F_2 einen verbindenden Weg in G geben. Die erste Kante e, die auf diesem von v_1 ausgehenden Weg nicht mehr zu F_1 gehört, muss in einer anderen Kantenfolge F_i, $i \geq 2$,

vorkommen. Somit haben F_1 und F_i einen Endknoten von e gemein, und in diesem lassen sich F_1 und F_i verschmelzen zu einer einzigen Kantenfolge.

Damit ist die Kennzeichnung der Graphen mit einer geschlossenen Euler'schen Kantenfolge bewiesen. Enthält G hingegen genau zwei Knoten v, w mit ungeradem Knotengrad, so erweitern wir G durch Hinzufügen der Kante vw zu einem Obergraphen von G mit einer geschlossenen Euler'schen Kantenfolge. Letztere bleibt Euler'sch, wenn wir am Ende die eine Kante vw wieder weglassen. ∎

Euler'sche Graphen spielen z. B. bei der Kontrolle von Straßen- und Schienennetzen, bei der Planung von Museumsrundgängen, bei der Postauslieferung oder bei der Müllabfuhr eine Rolle.

Bei Euler'schen Graphen geht es darum, *alle Kanten* eines Graphen in einem Zug zu durchlaufen. Von Sir William Rowan Hamilton, dem Erfinder der Quaternionen (siehe Seite 83), stammt die Frage, ob es in einem Graphen G einen Rundweg gibt, der *alle Knoten* passiert. Ein derartiger Rundweg heißt **Hamiltonkreis** (Abb. 26.17).

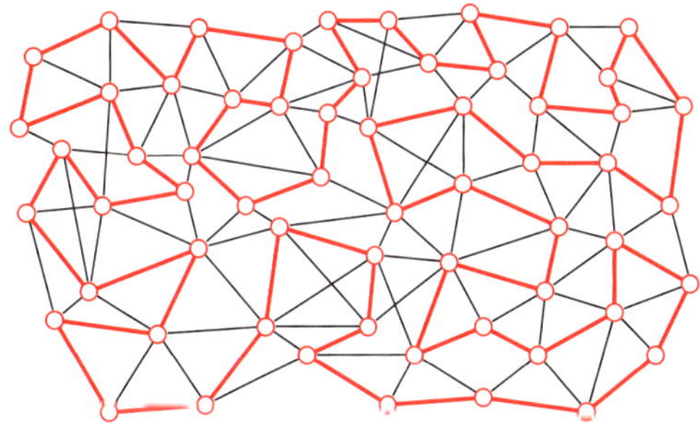

Abbildung 26.17 Ein Graph mit einem Hamiltonkreis.

Man kann vermuten, dass man umso leichter einen derartigen Rundweg findet, je mehr Kanten relativ zur Knotenzahl vorhanden sind. Der folgenden Satz bringt eine hinreichende Bedingung für die Existenz eines Hamiltonkreises.

Satz von Dirac

Hat in einem einfachen Graphen G mit n Knoten jeder Knoten v einen Grad $\deg v \geq \frac{n}{2}$, so besitzt G einen Hamiltonkreis.

Beweis: Wir schließen indirekt und können uns dabei auf $n \geq 4$ beschränken, denn sonst ist die Aussage trivial.

Angenommen, $G = (V, E)$ ist ein Graph, welcher der obigen Bedingung genügt und keinen Hamiltonkreis besitzt. Sind dann $v, w \in V$ zwei nicht benachbarte Knoten mit der Eigenschaft, dass der durch Hinzufügung der Kante vw entstehende Obergraph noch immer keinen Hamiltonkreis besitzt, so führen wir diese Erweiterung durch. Wir wiederholen dieses Verfahren solange, bis wir einen Obergraphen $G' = (V, E')$ erreichen mit der folgenden Eigenschaft: G'

enthält so wie G keinen Hamiltonkreis, aber sobald eine Verbindungskante zweier bisher nicht benachbarter Knoten hinzugefügt wird, enthält G' einen Hamiltonkreis.

Ein derartiges maximales G' muss existieren, denn nach Hinzufügung aller möglichen Kanten wird der einfache Graph G vollständig, und dann enthält er natürlich Hamiltonkreise, denn wir haben ja für je zwei Knoten eine Verbindungskante zur Verfügung. Wir können demnach die Reihenfolge, in welcher wir die n Knoten durchlaufen wollen, sogar willkürlich wählen.

Da sich bei unserer Erweiterung die Knotenmenge von G zu G' nicht verändert hat und keine Kante von G entfernt worden ist, ist die Bedingung $\deg v \geq \frac{n}{2}$ auch für G' erfüllt.

G' ist sicher noch nicht vollständig; also gibt es zwei nicht benachbarte Knoten v und w. Aber die Hinzufügung der Kante vw schließt einen Hamiltonkreis. Also gibt es in G' einen v mit w verbindenden Weg, der alle n Knoten von G' und damit auch von G passiert. Unter den $n-2$ Zwischenpunkten auf diesem Weg kommen die mindestens $\frac{n}{2}$ Nachbarn von v vor und damit mindestens $\frac{n}{2} - 1 \geq 1$ Vorgänger dieser Knoten aus $N(v)$, zumal v selbst auch Vorgänger eines eigenen Nachbarn sein muss. Andererseits gibt es darunter auch mindestens $\frac{n}{2}$ Nachbarn von w.

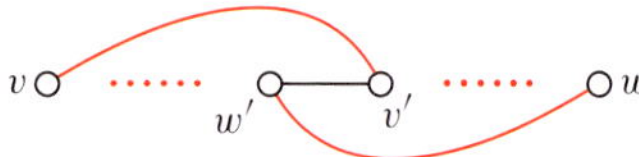

Abbildung 26.18 Illustration zum Beweis des Satzes von Dirac: Der maximale Obergraph G' enthält bereits einen Hamiltonkreis.

Wegen $\left(\frac{n}{2} - 1\right) + \frac{n}{2} > n - 2$ muss es einen Nachbarn w' von w geben, der gleichzeitig Vorgänger eines Nachbarn v' von v ist (siehe Abbildung 26.18). Damit stellt die Vereinigung des Wegstücks von v bis w' mit der Kante $w'w$, dem Wegstück von w bis v' und der Kante $v'v$ bereits einen Hamiltonkreis in G' dar – im Widerspruch zur obigen Voraussetzung. ∎

Die im Satz von Dirac angegebene Bedingung ist hinreichend, aber nicht notwendig, wie ein aus einem einzigen Kreis bestehender Graph beweist. Dort sind alle Knotengrade gleich 2, egal wie groß n ist. Es gibt übrigens bis heute kein notwendiges und hinreichendes Kriterium für die Existenz von Hamiltonkreisen, welches dann auch die Basis für eine schnelle algorithmische Bestimmung eines Hamiltonkreises wäre.

Auch in der Graphentheorie haben Bäume Blätter und (häufig) eine Wurzel

Ein **Baum** T (*tree*) ist ein zusammenhängender Graph, der keinen Kreis enthält. Die einem Baum angehörenden Knoten vom Grad 1 heißen **Blätter**; die restlichen Knoten heißen auch **intern**. Allgemeiner nennt man einen Graphen ohne Kreise einen **Wald**. Dessen Zusammenhangskomponenten sind natürlich Bäume.

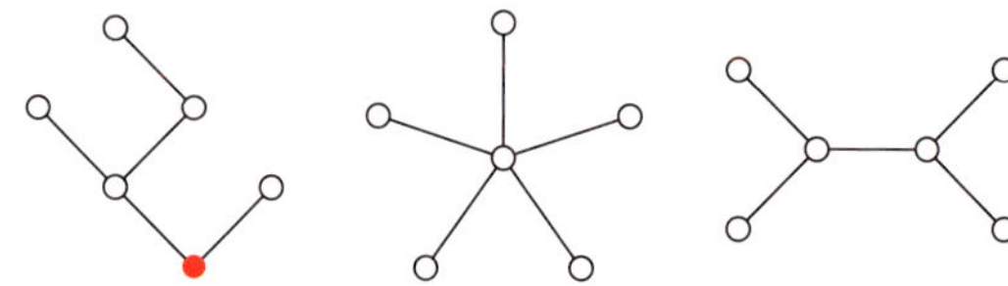

Abbildung 26.19 Verschiedene Bäume mit sechs Knoten. Bei dem Baum links ist ein Knoten willkürlich als Wurzel ausgezeichnet. Die drei Bäume zusammengenommen bilden einen Wald.

?

Warum ist jeder Baum ein einfacher Graph?

Häufig zeichnet man bei einem Baum einen Knoten als **Wurzel** aus; man spricht dann von einem **Wurzelbaum**. Platziert man in der bildlichen Darstellung die Wurzel unten und die davon ausgehenden Wege ansteigend, so entsteht tatsächlich ein an einen Baum erinnerndes Bild. Durch die Wahl einer Wurzel erhalten alle Kanten des Baumes eine natürliche Orientierung von unten nach oben, und man kann zwischen *Vorläufer* und *Nachfolger* unterscheiden.

Wurzelbäume spielen in der Informatik eine wichtige Rolle. So bilden beispielsweise die Ordner auf der Festplatte eines Computers einen Wurzelbaum. Bei einem *Binärbaum* hat jeder interne Knoten zwei Nachfolger, einen linken und einen rechten. Ordnet man diesen die Zahl 0 bzw. 1 zu, so führt dies unmittelbar zu einer Kennzeichnung der einzelnen Knoten im Binärbaum durch eine Dualzahl.

Lemma

Jeder Baum T mit mindestens zwei Knoten muss Blätter enthalten.

Beweis: Es gibt mindestens eine Kante e in T, denn sonst wäre T nicht zusammenhängend. Nun kann man, mit e beginnend, nach beiden Richtungen hin Wege finden. Die dürfen sich nicht schließen und auch nicht einander treffen, weil T kreisfrei ist. Also endet jeder dieser Wege mit einem Blatt. ∎

Lemma

Die folgenden Aussagen über einen Graphen T sind äquivalent:

(i) T ist ein Baum.
(ii) Zwischen je zwei Knoten gibt es genau einen Weg in T.
(iii) T ist minimal zusammenhängend, d. h., T ist zusammenhängend, verliert aber diese Eigenschaft, sobald eine Kante weggelassen wird.
(iv) T ist maximal kreisfrei, d. h., T enthält keinen Kreis, aber sobald eine Verbindungskante zweier nicht benachbarter Knoten hinzugefügt wird, enthält der erweiterte Graph einen Kreis.

Beweis: Zu „(i) ⇔ (ii)": Der Graph T ist genau dann kein Baum, wenn er nicht zusammenhängend ist oder einen Kreis enthält. Genau dann gibt es zwei Knoten u, v ohne verbindenden Weg oder mit mehr als einem verbindenden Weg.

Zu „(iii) ⇒ (i)" (indirekt): Ist T zusammenhängend, aber kein Baum, so gibt es einen Kreis. Wird eine Kante e dieses Kreises weggelassen, so ist auch der verbleibende Teilgraph zusammenhängend, denn wann immer ein v_0 mit v_k verbindender Weg die Kante e enthält, kann diese durch den ergänzenden Kreisbogen ersetzt werden. Dadurch entsteht eine Kantenfolge, die nach dem Lemma auf Seite 1089 auf einen Weg verkürzt werden kann. Also ist T nicht minimal zusammenhängend.

Zu „(i) ⇒ (iii)" (indirekt): Bleibt umgekehrt T nach Streichung der Kante $e = uv$ zusammenhängend, so gibt es im verbleibenden Teilgraphen nach wie vor einen Weg von u nach v, und dieser bildet zusammen mit e einen Kreis in T, womit T kein Baum sein kann.

Zu „(iv) ⇒ (i)" (indirekt): Ist T kreisfrei, aber kein Baum, so ist T nicht zusammenhängend. Sind u und v Knoten aus verschiedenen Zusammenhangskomponenten von T, so bleibt der Graph auch nach Hinzufügung der Kante uv kreisfrei.

Zu „(i) ⇒ (iv)" (indirekt): Bleibt umgekehrt T nach Erweiterung durch die Kante $e = uv$ kreisfrei, dann kann T keinen u mit v verbindenden Weg enthalten. Also ist T nicht zusammenhängend und somit auch kein Baum. ∎

— **?** —

Warum ist jede Kante eines Baumes eine Brücke?

Kennzeichnung von Bäumen

Ein Baum mit n Knoten besitzt genau $n - 1$ Kanten. Umgekehrt ist jeder zusammenhängende Graph G mit n Knoten und $n - 1$ Kanten ein Baum.

Beweis: Bei $n = 1$ ist die Aussage trivial. Bei $n > 1$ wenden wir die vollständige Induktion nach der Anzahl n der Knoten an.

Angenommen, die Behauptung stimmt für alle Bäume mit $n - 1$ Knoten. Ist T ein Baum mit n Knoten, so verfügt dieser nach dem obigen Lemma über mindestens ein Blatt. Entfernen wir eines davon samt der inzidenten Kante, so entsteht ein Baum T' mit $n - 1$ Knoten und einer um 1 kleineren Kantenzahl. Nach unserer Induktionsanzahl hat T' $n - 2$ Kanten; also hat T $n - 1$ Knoten, womit die eine Richtung bewiesen ist.

Zur Umkehrung: Enthält ein zusammenhängender Graph G mit n Knoten einen Kreis, so können wir eine Kante e des Kreises löschen, ohne den Zusammenhang von G zu zerstören. Dies wiederholen wir solange, bis der verbleibende

Teilgraph kreisfrei und daher ein Baum ist. Nach dem ersten Beweisteil muss dann aber die Anzahl der Kanten $n - 1$ betragen, genauso wie zu Beginn, denn die Anzahl der Knoten ist bei unserem Verfahren unverändert geblieben. Also kann es gar keine Streichung von Kanten gegeben haben; G war bereits von Anfang an kreisfrei. ∎

Mit diesem Ergebnis gelingt auch eine Aussage über die Existenz von Kreisen in einem Graphen.

Folgerung

Ein Graph G mit n Knoten, c Zusammenhangskomponenten und mehr als $n - c$ Kanten enthält einen Kreis.

Beweis: Ist G kreisfrei, so besteht G aus c Bäumen. Die Anzahl der Kanten eines Baumes ist um 1 kleiner als die Anzahl der Knoten. Damit hat G insgesamt $n - c$ Kanten im Widerspruch zur Voraussetzung. ∎

Die Box auf Seite 1096 behandelt die Frage, wann ein Graph G eine ebene Darstellung mit lauter kreuzungsfreien Kanten besitzt und in wie viele Gebiete die Ebene durch die Kanten des Graphen G zerteilt wird.

Für viele graphentheoretische Probleme gibt es algorithmische Lösungen

Das Beispiel des in Abbildung 26.12 auf Seite 1091 gezeigten Graphen mit 27 Knoten und 61 Kanten zeigt bereits, dass es mühsam sein kann, gewisse strukturelle Eigenschaften eines Graphen zu überprüfen oder Invarianten wie z. B. dessen Durchmesser zu ermitteln. Was erst, wenn es sich um einen Graphen mit tausenden von Knoten handelt wie etwa bei Versorgungsnetzen! Hier ist man auf Algorithmen angewiesen, die dann, wenn der Graph einmal in geeigneter Form gespeichert ist, mit Computerunterstützung die Lösung liefern.

Dabei erwartet man von einem Algorithmus, dass

- die einzelnen Schritte wohldefiniert sind und ebenso
- deren Reihenfolge, und dass er
- in jedem Fall nach endlich vielen Schritten zur richtigen Lösung führt.

Wünschenswert ist weiterhin eine gewisse Effizienz: Die Lösung sollte rasch und ökonomisch gefunden werden.

Wir verzichten hier darauf, die Algorithmen mit den enthaltenen Iterationen in Form von Computerprogrammen zu präsentieren. Vielmehr beschränken wir uns auf die Beschreibung der Einzelschritte und auf den Nachweis, dass das erzielte Resultat wirklich korrekt ist.

Bei den im Folgenden algorithmisch gelösten graphentheoretischen Problemen setzen wir voraus, dass jeder Kante e des gegebenen Graphen ein gewisser **Wert** $w(e)$ zugeordnet ist. Dieser kann bei konkreten Anwendungen alles Mögliche

Hintergrund und Ausblick: Planare Graphen und Eulers Polyederformel

Lässt sich jeder Graph in einer Zeichnung darstellen, in der sämtliche Kanten kreuzungsfrei verlaufen? Wir werden erkennen, dass dies nicht immer möglich ist. Aber diese Frage führt uns zum Begriff „planarer Graph" und weiter zu Eulers Formel. Diese wiederum ist Ausgangspunkt für einen grundlegenden Begriff aus der Topologie, der Euler-Poincaré-Charakteristik von Polyedern sowie allgemeiner von kompakten Flächen.

Ein Graph $G = (V, E)$ heißt **planar**, wenn es einen dazu isomorphen Graphen in einer Ebene gibt, wobei je zwei verschiedene Kanten einander höchstens in Knoten schneiden. Ein derartiger, zu G isomorpher Graph heißt **ebene Einbettung** von G. Im Folgenden verstehen wir unter einem planaren Graphen stets eine ebene Einbettung. Das folgende Bild zeigt links den vollständigen Graphen K_4 samt zwei ebenen Einbettungen.

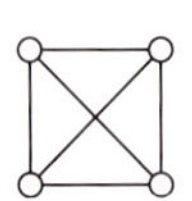 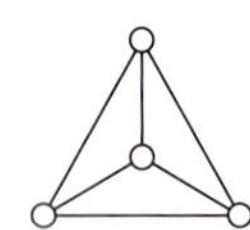 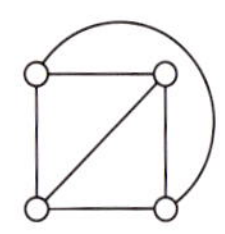 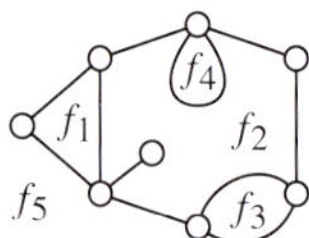

Wir setzen alle Kanten des planaren Graphen G als *Jordan-Kurven* voraus (siehe Kap. 23). Jeder Kreis C in G ist damit eine *geschlossene* Jordan-Kurve. Nach dem *Jordan'schen Kurvensatz* zerteilt C die Ebene in zwei disjunkte Gebiete. Eines davon ist unbeschränkt und heißt *Äußeres* ext C von C, das andere *Inneres* int C. Jede Kurve, die einen Innenpunkt mit einem Außenpunkt verbindet, muss C schneiden. Ein Beweis dieses scheinbar evidenten Satzes ist sehr aufwendig und muss hier unterbleiben.

Mithilfe eines planaren Graphen G lässt sich in der Trägerebene $\mathbb{R}^2$ folgende Äquivalenzrelation definieren: Zwei Punkte $X, Y \in \mathbb{R}^2$ heißen äquivalent, wenn es eine X mit Y verbindende Jordan-Kurve gibt, die weder einen Knoten, noch eine Kante von G trifft. Die zugehörigen Äquivalenzklassen heißen **Gebiete** von G. Nachdem die Vereinigungsmenge aller Kanten von G beschränkt ist, kommt unter den Gebieten von G genau ein unbeschränktes vor, das *Außengebiet* (siehe Gebiete $f_1, \ldots, f_5$ im Bild oben rechts; f_5 ist Außengebiet).

Euler'sche Formel: Ist G ein zusammenhängender planarer Graph mit n Knoten und m Kanten, so gilt für die Anzahl f der Gebiete $n - m + f = 2$.

Beweis: Wir schließen mittels Induktion nach der Anzahl f der Gebiete: Bei $f = 1$ gibt es nur das Außengebiet. G ist damit kreisfrei, also ein Baum. Nach dem Resultat von Seite 1095 gilt $m = n - 1$, also $n - m + 1 = 2$.

Angenommen, die Formel gilt bei $f - 1$ Gebieten, $f > 1$. Zerteilt nun der zusammenhängende planare Graph G die Ebene $\mathbb{R}^2$ in f Gebiete, so enthält G einen Kreis C. Sei e eine Kante von C. Dann berandet e zwei verschiedene Gebiete, denn ein Punkt $X \in$ int C kann niemals zu einem Punkt $Y \in$ ext C äquivalent sein. Nach Streichung von e bleibt der Graph zusammenhängend. Allerdings verschmelzen die zwei Nachbargebiete von e; die Zahlen m und f nehmen jeweils um 1 ab. Nach unserer Induktionsvoraussetzung gilt für den verbleibenden Graphen wiederum $n - m + f = 2$. ∎

Nun können wir beweisen, dass der vollständige Graph K_5 (Abb. 26.6) nicht planar ist: Andernfalls hätte er die Gebietszahl $f = 2 - 5 + 10 = 7$. Jedes Gebiet wird von mindestens 3 Kanten berandet, während jede Kante von K_5 an zwei verschiedene Gebiete grenzt. Damit folgt $3f \leq 2m$ im Widerspruch zu $f = 7$ und $m = 10$.

Auch der bipartite Graph $K_{3,3}$ (Abb. 26.10) ist nicht planar. Ansonsten wäre nämlich $f = 2 - 6 + 9 = 5$. Da $K_{3,3}$ nach dem Lemma auf Seite 1090 nur Kreise mit einer geraden Länge enthalten kann, folgt $4f \leq 2m$ als Widerspruch zu $(m, f) = (9, 5)$.

Wird ein Graph G durch zusätzliche Knoten auf den Kanten erweitert, so entsteht eine **Unterteilung** von G. Natürlich bleiben K_5 und $K_{3,3}$ auch nach derartigen Erweiterungen nicht planar. Diese beiden Beispiele spielen eine besondere Rolle, denn es gilt der hier ohne Beweis angegebene **Satz von Kuratowski**: Ein Graph ist genau dann planar, wenn er keine Unterteilungen von K_5 oder $K_{3,3}$ als Teilgraphen enthält.

Die Euler'sche Formel wird auch **Euler'sche Polyederformel** genannt, da das Kantengerüst eines Polyeders im $\mathbb{R}^3$, also eines ebenflächig begrenzten Körpers, einen Graphen darstellt. Ist das Polyeder konvex, so kann es aus einem inneren Punkt Z bijektiv auf eine in Z zentrierte Kugel projiziert werden. Aus dem Kantengerüst entsteht eine *sphärische* Einbettung des Kantengraphen, die dank einer stereografischen Projektion (Seite 976) isomorph ist zu einer ebenen Einbettung. Damit ist der Kantengraph eines konvexen Polyeders stets planar, und die Euler'sche Formel bleibt richtig, wenn n, m und f der Reihe nach die Anzahlen der Ecken, Kanten und Seitenflächen eines konvexen Polyeders bedeuten.

Dies lässt sich noch verallgemeinern: Es sei S eine orientierbare geschlossene Fläche, z. B. eine Kugel oder ein Torus. Auf S sei ein Graph gezeichnet mit lauter kreuzungsfreien Kanten. Die Ränder aller Gebiete seien auf S stetig zu einem Punkt zusammenziehbar – nicht so wie beispielsweise ein Kreis um das Loch eines Torus. Dann ist die sogenannte **Euler-Poincaré-Charakteristik** von S $\chi(S) = n - m + f$ unabhängig von der Wahl des Graphen und damit eine *topologische Invariante* von S. Ist S eine Kugel mit h Henkeln, so ist $\chi(S) = 2 - 2h$. Gleichzeitig ist h die Maximalanzahl von möglichen geschlossenen Kurven auf S, längs welchen man S zerschneiden kann, ohne dass S in mehrere Teile zerfällt. Der Wert h heißt übrigens *Geschlecht* von S. Die Kugel hat das Geschlecht 0, der Torus das Geschlecht 1. Es gibt z. B. im $\mathbb{R}^3$ ein Polyeder vom Geschlecht 1 mit K_7 als Kantengraph.

bedeuten, etwa im Fall eines Straßennetzes eine Länge, den Zeitaufwand oder Wegekosten.

Allgemein heißt ein Graph $G = (V, E)$ zusammen mit einer Bewertung aller Kanten, also einer Abbildung $w\colon E \to \mathbb{R}$, **bewerteter Graph** oder **Netzwerk** (G, w). Ist H ein Teilgraph von G, so ist der Wert $w(H)$ definiert als Summe der Werte aller in H vorkommenden Kanten. Wenn wir im Folgenden von einer *kürzesten* Kante aus einer Kantenmenge sprechen, so meinen wir eine mit minimalem Wert.

Nun sei ein Netzwerk (G, w) gegeben, dessen zugrunde liegender Graph $G = (V, E)$ einfach und zusammenhängend ist. Gesucht ist ein G aufspannender Baum T von minimalem Wert $w(T)$, also ein **minimaler Spannbaum**. Die Existenz von derartigen Bäumen ist gesichert, denn es gibt ja nur endlich viele aufspannende Bäume. Dass die Lösung nicht eindeutig sein muss, beweist Abbildung 26.4 für den dort dargestellten Graphen und die triviale Bewertung $w(e) = 1$ für alle Kanten.

Für die Bestimmung eines minimalen Spannbaumes, eine bei der Planung von Versorgungsnetzen wichtige Aufgabe, werden zwei Algorithmen vorgestellt:

(I) Die schrittweise Konstruktion eines minimalen Spannbaumes $T = (V_T, E_T)$ von (G, w) nach dem **Algorithmus von Prim** läuft wie folgt ab:

1. Schritt: Wir wählen einen beliebigen Knoten u_1 von G aus und suchen unter den dort beginnenden Kanten eine kürzeste, etwa $u_1 u_2$. Sie wird das erste Element der zu bestimmenden Kantenmenge E_T, und die zugehörige Knotenmenge lautet $V_I = \{u_1, u_2\}$.

2. Schritt: Unter den von u_1 oder u_2 ausgehenden und von $u_1 u_2$ verschiedenen Kanten suchen wir eine kürzeste Kante $u_i v$ und erweitern damit die Menge E_T. Der neu dazugekommene Endpunkt wird zum dritten Knoten u_3 in V_T.

3. Schritt: Unter den von u_1, u_2 oder u_3 ausgehenden Kanten, deren zweiter Knoten v verschieden ist von jenen aus V_T, suchen wir eine kürzeste und geben diese zu E_T. Demgemäß wird V_T durch einen Knoten erweitert.

i-ter Schnitt, $i = 4, 5, \ldots$: Die Menge E_T weist bereits $i - 1$ Kanten auf; die zugehörige Knotenmenge ist $V_T = \{u_1, u_2, \ldots, u_i\}$. Bei $i < |V|$ ist $V \setminus V_T$ nichtleer. Nachdem G zusammenhängend ist, gibt es Kanten in G, welche Knoten u_i der bisherigen Knotenmenge V_T mit Knoten v aus deren Komplement $V \setminus V_T$ verbinden. Wir wählen eine kürzeste für E_T aus und fügen den der Restmenge $V \setminus V_T$ angehörenden Endknoten dem V_T bei.

Das Verfahren endet bei $V_T = V$.

Der Teilgraph $T = (V_T, E_T)$ von G ist nach jedem Schritt zusammenhängend mit $|V_T| = |E_T| + 1$. Nach der Kennzeichnung von Seite 1095 ist T ein Baum und am Ende wegen $|V_T| = |V|$ ein Spannbaum von G. Das folgende Lemma bestätigt, dass dank der Strategie, jeweils die kürzeste Verbin-

dungskante zwischen V_T und dem Komplement zu wählen, T minimal sein muss.

Lemma

(G, w) sei ein Netzwerk und $G = (V, E)$ einfach und zusammenhängend. Ein Spannbaum $T = (V_T, E_T)$ von G ist genau dann minimal, wenn jede Kante $e \in T$ die Eigenschaft hat, eine kürzeste zu sein unter allen in G enthaltenen Verbindungskanten zwischen den beiden Zusammenhangskomponenten von $T \setminus \{e\}$.

Beweis: (a) Wir setzen T als minimalen Spannbaum voraus. Nach dem Lemma auf Seite 1094 ist T minimal zusammenhängend; wenn wir eine Kante e von T weglassen, zerfällt T in zwei Zusammenhangskomponenten. Angenommen, zwischen diesen beiden Komponenten gibt eine Verbindungskante $f \in G$ mit $w(f) < w(e)$. Wenn wir diese zu $T \setminus \{e\}$ dazugeben, entsteht ein neuer zusammenhängender Teilgraph $T' = (T \setminus \{e\}) \cup \{f\}$. Die Knoten- und Kantenzahlen von T haben sich bei dem Austausch nicht verändert. Daher ist auch T' ein Spannbaum von G. Nun ist allerdings $w(T') = w(T) - w(e) + w(f) < w(T)$. Dies widerspricht der vorausgesetzten Minimalität von T.

(b) Für den Beweis der Umkehrung setzen wir T als Spannbaum voraus mit der Eigenschaft, dass jedes $e \in T$ gegenüber allen Verbindungskanten $f \in G$ zwischen den beiden Zusammenhangskomponenten von $T \setminus \{e\}$ die Relation $w(e) \le w(f)$ erfüllt.

Nun sei T_0 ein minimaler Spannbaum von G. Bei $T = T_0$ ist auch T minimal und daher nichts zu beweisen. Angenommen, es gibt eine Kante $e \in T$, die in T_0 nicht vorkommt. Dann können wir, wie anschließend gezeigt wird, eine geeignete Kante von T_0 durch e ersetzen und dadurch erneut einen minimalen Spannbaum T_1 von G erzeugen. Dabei hat T_1 um die eine Kante e mehr mit T gemein als T_0. Sollte T_1 noch immer verschieden sein von T, so wiederholen wir das obige Verfahren so lange, bis ein minimaler Spannbaum T_i entsteht, $i > 1$, der die gleichen Kanten wie T hat.

Um T_1 zu finden, erweitern wir T_0 mit e. Da T_0 nach dem Lemma auf Seite 1094 maximal kreisfrei ist, gibt es in $T_0 \cup \{e\}$ einen Kreis C. Weil e die beiden Zusammenhangskomponenten von $T \setminus \{e\}$ verbindet und der in einer Komponente beginnende Kreis C auch dort wieder enden muss, enthält C auch noch eine zweite Verbindungskante $f \in T_0$. Diese kann nicht zugleich T angehören, denn dann wäre auch $T \setminus \{e\}$ zusammenhängend gewesen.

Nun ist $T_1 = (T_0 \setminus \{f\}) \cup \{e\}$ wieder ein Spannbaum. Dabei ist nach Voraussetzung $w(T_1) = w(T_0) - w(f) + w(e) \le w(T_0)$. Nachdem T_0 minimal ist, muss Gleichheit gelten; also ist auch T_1 minimal. $\blacksquare$

Die im i-ten Schritt, $i \ge 2$, des Algorithmus von Prim ausgewählte Kante e ist die kürzeste der in G vorhandenen Verbindungen zwischen der bis dahin ermittelten Knotenmenge

$\{u_1, \ldots, u_i\}$ und deren Komplement. Wird nach Ablauf des Algorithmus diese Kante e aus dem Baum T entfernt, so stellt der von den Knoten $\{u_1, \ldots, u_i\}$ gebildete Teilgraph, ebenfalls ein Baum, eine Zusammenhangskomponenten von $T \setminus \{e\}$ dar. Also erfolgt die Wahl von e genau gemäß der Bedingung aus dem obigen Lemma.

Folgerung
Der mithilfe des Algorithmus von Prim ausgewählte Baum T ist ein minimaler Spannbaum von (G, w).

— **?** —

Wenden Sie den Algorithmus von Prim auf den links in der Abbildung 26.21 auf Seite 1099 dargestellten bewerteten Graphen an, um einen minimalen Spannbaum zu finden.

(II) Der **Algorithmus von Kruskal** bietet eine alternative Möglichkeit zur Bestimmung eines minimalen Spannbaumes von (G, w):

1. Schritt: Wir ordnen die Kanten von G nach ihrem Wert in aufsteigender Reihe und wählen eine kürzeste als erste Kante e_1 der Menge E_T.

i-ter Schritt, $i = 2, 3, \ldots$**:** Unsere Auswahlmenge E_T umfasst bereits die Kanten $e_1, \ldots, e_{i-1}$. Nun testen wir die folgenden Kanten $e \in E$ der Reihe nach durch: Falls e mit Kanten aus E_T einen Kreis bildet, wird e übersprungen. Andernfalls kommt e in die Menge E_T. Das Verfahren endet, wenn ganz E abgearbeitet ist.

Warum wird durch diesen Algorithmus tatsächlich die Kantenmenge E_T eines minimalen Spannbaumes T erzeugt?

Um zu zeigen, dass der Teilgraph T den Graphen G aufspannt, nehmen wir indirekt an, dass T einen Knoten v von G nicht enthält. Dann wäre der Algorithmus nicht ordnungsgemäß durchgeführt worden. Ist nämlich e die Erstgereihte unter den in v endenden Kanten aus G, so hätte diese zu keinem Zeitpunkt mit Kanten aus der Auswahlmenge E_T einen Kreis bilden können, denn selbst am Ende wäre v nur ein Blatt des erweiterten Teilgraphen $T \cup \{e\}$. Nachdem T zudem kreisfrei ist, ist T ein Spannbaum von G. Die Anzahl der ausgewählten Kanten ist daher $|V| - 1$.

Nach unserem Auswahlkriterium für T haben alle übrig gebliebenen Kanten $e_0 \in (E \setminus E_T)$ die Eigenschaft, mit gewissen Kanten aus E_T einen Kreis zu bilden. Dabei gilt für alle Kanten f dieses Kreises $w(f) \leq w(e_0)$, denn zu dem Zeitpunkt, als e_0 getestet und nicht ausgewählt wurde, umfasste die Auswahlmenge nur Kanten mit einem Wert $\leq w(e_0)$. Das folgende Lemma bestätigt die Minimalität von T.

Lemma
(G, w) sei ein Netzwerk und $G = (V, E)$ einfach und zusammenhängend. Ein Spannbaum $T = (V_T, E_T)$ von G ist genau dann minimal, wenn jede Kante $e_0 \in (E \setminus E_T)$ die Eigenschaft hat, dass der in $T \cup \{e_0\}$ vorhandene Kreis C lauter Kanten f mit $w(f) \leq w(e_0)$ enthält.

Beweis: (a) Wir setzen T als minimalen Spannbaum voraus, also maximal kreisfrei. Wenn wir daher T eine Kante $e_0 \in (E \setminus E_T)$ hinzufügen, so gibt es in dem Teilgraphen $T \cup \{e_0\}$ einen Kreis C durch e_0.
Angenommen, C enthält eine Kante f mit $w(f) > w(e_0)$. Dann ersetzen wir $f \in E_T$ durch e_0. Dies erzeugt einen neuen Teilgraphen $T' = (T \setminus \{f\}) \cup \{e_0\}$ mit einem kleineren Gesamtwert, denn $w(T) - w(T') = w(f) - w(e_0) > 0$. T' ist ebenso wie T zusammenhängend. Die Knoten- und Kantenzahlen von T haben sich bei dem Austausch nicht verändert. Daher ist auch T' ein Spannbaum, aber mit einem kleineren Gesamtwert als der minimale Spannbaum T. Das ist ein Widerspruch.

(b) Für den Beweis der Umkehrung setzen wir T als Spannbaum voraus mit der Eigenschaft, dass der in $T \cup \{e_0\}$ vorhandene Kreis lauter Kanten f mit $w(f) \leq w(e_0)$ enthält.

Nun sei T_0 ein minimaler Spannbaum von G. Bei $T = T_0$ ist auch T minimal und daher nichts zu beweisen. Angenommen, es gibt eine Kante $e_0 \in T_0$, die in T nicht vorkommt. Dann können wir, wie gleich gezeigt wird, in T_0 die Kante e_0 durch eine Kante aus T in einer Weise ersetzen, dass neuerlich ein minimaler Spannbaum T_1 entsteht, der nun aber eine Kante mehr mit T gemein hat als T_0. Je nach Bedarf interieren wir dieses Verfahren und kommen so zu einem minimalen Spannbaum T_i, $i \geq 1$, der die gleichen Kanten wie T hat. Also ist auch T minimal.

Um T_1 zu finden, entfernen wir e_0 aus T_0. Dann zerfällt T_0 in zwei Komponenten. Andererseits enthält $T \cup \{e_0\}$ einen Kreis C, und dieser muss neben e_0 noch eine zweite Kante $f \in T$ enthalten, welche die zwei Zusammenhangskomponenten von $T_0 \setminus \{e_0\}$ verbindet. f kann nicht in T_0 liegen, denn dann wäre $T \setminus \{e_0\}$ noch immer zusammenhängend. Nun ist $T_1 = (T_0 \setminus \{e_0\}) \cup \{f\}$ wieder ein Spannbaum. Dabei ist nach Voraussetzung $w(T_1) = w(T_0) - w(e_0) + w(f) \leq w(T_0)$. Nachdem T_0 minimal ist, muss Gleichheit gelten. Also ist auch T_1 minimal. ∎

Folgerung
Die mithilfe des Algorithmus von Kruskal ausgewählten Kanten bilden die Kantenmenge E_T eines minimalen Spannbaumes T von (G, w).

— **?** —

Wenden Sie den Algorithmus von Kruskal an, um für den in Abbildung 26.21 dargestellten bewerteten Graphen einen minimalen Spannbaum zu bestimmen.

Routenplaner berechnen kürzeste Wege in Netzwerken

Für das zweite Problem, welches algorithmisch gelöst werden soll, gehen wir wieder von einem einfachen und zusammenhängenden Graphen $G = (V, E)$ mit einer Bewertung w aus.

Unter allen Wegen, die in G zwischen zwei Knoten a und b möglich sind, gibt es einen mit minimalem Gesamtwert. Diesen nennen wir einen **Minimalweg** oder einfach einen *kürzesten* Weg. Offensichtlich muss der Minimalweg von a nach b nicht eindeutig sein, wohl aber sein Gesamtwert. Wir bezeichnen letzteren mit $d_w(a, b)$ und nennen ihn auch **Distanz**. Zusätzlich setzen wir $d_w(v, v) = 0$ für alle $v \in V$.

Der auf Seite 1090 eingeführte Abstand $d(u, v)$ als Minimalanzahl der Kanten aller Wege $u \ldots v$ aus G betrifft den Sonderfall einer Bewertung mit $w(e) = 1$ für alle $e \in E$.

---------------------------- **?** ----------------------------

Beweisen Sie, dass für die auf dem Netzwerk (G, w) erklärte Distanz die Dreiecksungleichung $d_w(a, c) \leq d_w(a, b) + d_w(b, c)$ gilt für alle Knoten $a, b, c \in G$.

Ist $v_1 v_2 \ldots v_k$ ein Minimalweg von v_1 nach v_k, so muss auch jeder Teil $v_i \ldots v_j$ mit $1 \leq i < j \leq k$ ein Minimalweg sein. Andernfalls könnte man nämlich dieses Teilstück durch einen kürzeren Weg ersetzen, was eine kürzere Gesamtlänge zur Folge hätte. Damit gilt für jeden Zwischenknoten v_i des Minimalweges $v_1 v_2 \ldots v_k$, $1 \leq i \leq k$: $d_w(v_1, v_k) = d_w(v_1, v_i) + d_w(v_i, v_k)$.

Von nun an setzen wir voraus, dass die gegebene Bewertung von G *nichtnegativ* ist, also $w(e) \geq 0$ für alle $e \in E$. Dann ist gesichert, dass für jedes Teilstück $v_i \ldots v_j$ des Minimalweges $v_1 \ldots v_k$ die Distanzen in der gewohnten Relation $d_w(v_i, v_j) \leq d_w(v_1, v_k)$ stehen.

Der folgende **Algorithmus von Dijkstra** dient der Bestimmung eines Minimalweges von a nach b in dem nicht negativ bewerteten Graphen (G, w). Bei diesem Algorithmus wird ebenso wie bei den vorherigen schrittweise ein Teilgraph $T = (V_T, E_T)$ aufgebaut, der dann einen Minimalweg von a nach b enthält. Zusätzlich bekommt jeder Knoten $v \in V$ einen Wert $\alpha(v)$ zugeordnet, der schrittweise verbessert wird und am Ende genau die von a aus gemessene Distanz $d_w(a, v)$ angibt.

1. Schritt: Wir beginnen mit $V_T = \{a\}$, setzen $\alpha(a) = 0$ und für alle anderen Knoten $v \in V$ $\alpha(v) = \infty$.

2. Schritt: Für alle Nachbarn v von a korrigieren wir $\alpha(v)$ auf den Wert $w(e)$ der Verbindungskante $e = av$. Ein Nachbar $\tilde{v}$ mit minimalem $\alpha(\tilde{v})$ wird in die Menge V_T übernommen, und wir setzen $E_T = \{a\tilde{v}\}$.

i-ter Schritt, $i \in \{3, \ldots, |V|\}$: Der bisher aufgebaute Teilgraph (V_T, E_T) umfasst $i - 1$ Knoten und $i - 2$ Kanten.

a) Für jedes $v \in (V \setminus V_T)$ wird die folgende Prozedur ausgeführt: Bei allen Knoten $u \in V_T$, die eine Kante $e = uv \in E$ begrenzen, wird getestet, ob $\alpha(u) + w(e) < \alpha(v)$ ist. Wenn ja, wird $\alpha(v)$ auf den kleineren Wert $\alpha(u) + w(e)$ korrigiert und der zugehörige Knoten u gespeichert. $\alpha(v)$ ist damit der kleinstmögliche Gesamtwert eines Weges von a nach v, bei welchem alle Knoten bis auf den letzten zu V_T gehören.

b) Schließlich wird ein $\tilde{v} \in (V \setminus V_T)$ mit *kleinstem* $\alpha(\tilde{v})$ in die Knotenmenge V_T und die zugehörige Kante $e = u\tilde{v}$ in die Kantenmenge E_T übernommen.

Der Algorithmus endet, sobald der vorgegebene Endknoten b in der Menge V_T aufgenommen wird.

Folgerung

Bei nicht negativ bewerteten Graphen ergibt der Algorithmus von Dijkstra nach jedem Schritt einen Teilgraphen $T = (V_T, E_T)$ mit folgender Eigenschaft:

Für alle Knoten $u \in V_T$ ist $\alpha(u) = d_w(a, u)$, und der in T enthaltene Weg von a nach u ist ein Minimalweg.

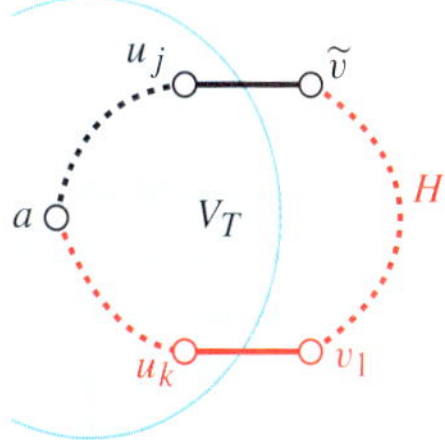

Abbildung 26.20 Beweis zum Algorithmus von Dijkstra: Angenommen, $a \ldots u_k v_1 \ldots \tilde{v}$ ist ein Minimalweg.

Beweis: Der i-te Schritt, $i \geq 2$, ergibt ein $\tilde{v} \in (V \setminus V_T)$ mit einem minimalen $\alpha(\tilde{v})$. Dies bedeutet, es gibt einen Weg $a \ldots u_j \tilde{v}$ mit $a, \ldots u_j \in V_T$, $0 \leq j$, und mit dem Gesamtwert $\alpha(\tilde{v})$ (Abb. 26.20). Es wäre denkbar, dass dies noch nicht der kürzeste Weg von a nach $\tilde{v}$ in G ist. Dann aber müsste der Minimalweg nach den Knoten aus V_T einen ersten Knoten $v_1 \neq \tilde{v}$ aus $V \setminus V_T$ passieren und anschließend noch einen Weg $H = v_1 \ldots \tilde{v}$ umfassen. Für den Gesamtwert dieses Minimalweges gilt:

$$d_w(a, \tilde{v}) = \alpha(v_1) + w(H) < \alpha(\tilde{v}).$$

Das ist ein Widerspruch, denn einerseits ist $w(H) \geq 0$ vorausgesetzt, und andererseits gilt $\alpha(v_1) \geq \alpha(\tilde{v})$, denn das Auswahlkriterium für $\tilde{v}$ forderte ein minimales $\alpha(\tilde{v})$. ∎

Der in dem Algorithmus von Dijkstra konstruierte Teilgraph T ist zusammenhängend und wegen $|E_T| = |V_T| - 1$ ein Baum. Führt man den Algorithmus so lange durch, bis V abgearbeitet ist, so erhält man einen **Entfernungsbaum** T zum Anfangsknoten a (Abb. 26.21). Dieser zeigt Minimalwege, welche von a zu den einzelnen Knoten $v \in V \setminus \{a\}$ laufen.

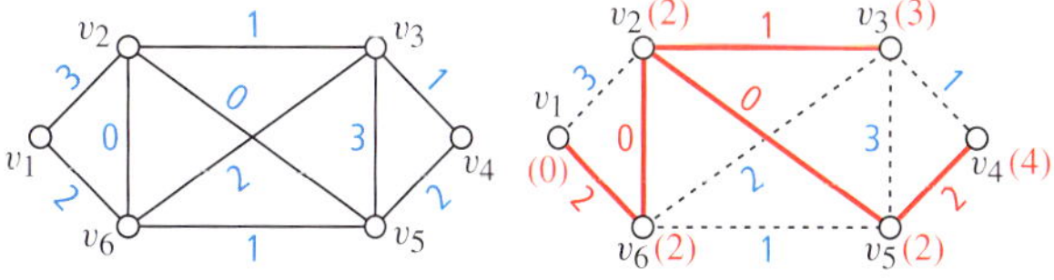

Abbildung 26.21 Links ein bewerteter Graph und rechts ein Entfernungsbaum zum Knoten v_1. Die jeweiligen Distanzen $d_w(v_1, v_i)$ stehen in Klammern.

Beispiel Wir wenden den Algorithmus von Dijkstra auf den in Abbildung 26.21 dargestellten Graphen G mit nicht negativer Bewertung w an und geben v_1 als Anfangsknoten vor.

Die folgende Tabelle zeigt, wie sich bei den Knoten $v_1, \ldots, v_6$ von G die Werte $\alpha(v)$ von Schritt zu Schritt ändern. Ist ein Wert rot markiert, so gehört er zu demjenigen Knoten $\widetilde{v} \in (V \setminus V_T)$, welcher als nächster in V_T aufgenommen wird. Der jeweilige Vorgänger auf dem Minimalweg steht in der Spalte ganz rechts.

Schritt	v_1	v_2	v_3	v_4	v_5	v_6	Vorgänger
1	0	∞	∞	∞	∞	∞	
2	–	3	∞	∞	∞	2	v_1
3	–	2	4	∞	3	–	v_6
4	–	–	3	∞	2	–	v_2
5	–	–	3	4	–	–	v_2
6	–	–	–	4	–	–	v_3, v_5

Entwicklung der Werte $\alpha(v)$ während der einzelnen Schritte.

Rechts in Abbildung 26.21 wird als Ergebnis ein Entfernungsbaum zum Anfangsknoten v_1 gezeigt. Die jeweiligen Distanzen $d_w(v_1, v)$ stehen neben der Knotenbezeichnung in Klammern. Der Entfernungsbaum bleibt ein Entfernungsbaum, wenn die Kante $v_5 v_4$ durch $v_3 v_4$ ersetzt wird. Der Gesamtwert des ersten Entfernungsbaumes ist um 1 kleiner als jener des zweiten. Dies zeigt, dass ein Entfernungsbaum nicht gleichzeitig ein minimaler Spannbaum sein muss. ◄

26.2 Einführung in die Kombinatorik

Die Aufgabe, mit der wir uns in diesem Abschnitt beschäftigen, lässt sich einfach formulieren: Wir zählen die Elemente von endlichen Mengen. Eine typische Fragestellung in diesem Zusammenhang lautet „Auf wie viele Arten kann man 25 Cent mit 7 Münzen bezahlen?" Man löst ein solches Problem geschickt und schnell durch das Anordnen der zulässigen Münzen nach ihren Werten. Zulässig sind offenbar nur die Münzen mit den Centwerten 10, 5, 2 und 1. Die erste Münze ist festgelegt, es muss eine 10- oder 5 Cent Münze sein. Man findet so leicht durch Probieren die einzigen vier Möglichkeiten:

$$25 = 10 + 10 + 1 + 1 + 1 + 1 + 1$$
$$25 = 10 + 5 + 5 + 2 + 1 + 1 + 1$$
$$25 = 10 + 5 + 2 + 2 + 2 + 2 + 2$$
$$25 = 5 + 5 + 5 + 5 + 2 + 2 + 1$$

In der Kombinatorik werden Anzahlformeln gesucht, die die aufwendige Probiererei vermeiden.

Wir formulieren allgemeine Regeln zum Abzählen der Elemente endlicher Mengen. Dabei beginnen wir mit ganz einfachen und vertrauten Regeln.

Summen- und Produktregel führen das Abzählen großer Mengen auf das Abzählen kleiner Mengen zurück

Mengen M_1 und M_2, die keine gemeinsamen Elemente haben, d. h., $M_1 \cap M_2 = \emptyset$, haben wir als disjunkt bezeichnet (siehe Seite 37). Mehr als zwei Mengen $M_1, \ldots, M_k$ heißen **disjunkt**, wenn je zwei verschiedene Mengen M_i und M_j mit $i, j \in \{1, \ldots, k\}$ disjunkt sind.

Betrachtet man eine Vereinigung von disjunkten Mengen, so betont man dies oft durch einen Punkt über dem Vereinigungszeichen, d. h., man schreibt:

$$\overset{\cdot}{\bigcup}_{i=1}^{k} M_i = M_1 \dot{\cup} \cdots \dot{\cup} M_k$$

und meint damit die Vereinigungsmenge $\bigcup_{i=1}^{k} M_i = M_1 \cup \cdots \cup M_k$, wobei die beteiligten Mengen $M_1, \ldots, M_k$ disjunkt sind.

Die ersten offensichtlich gültigen Formeln zum Abzählen endlicher Mengen lauten:

Summen- und Produktregel und Zählen durch Bijektion

Summenregel: Sind $M_1, \ldots, M_k$ endliche Mengen und $M = M_1 \dot{\cup} \cdots \dot{\cup} M_k$, so gilt:

$$|M| = |M_1| + \cdots + |M_k| = \sum_{i=1}^{k} |M_i|.$$

Produktregel: Sind $M_1, \ldots, M_k$ endliche Mengen und $M = M_1 \times \cdots \times M_k$, so gilt:

$$|M| = |M_1| \cdots |M_k| = \prod_{i=1}^{k} |M_i|.$$

Zählen durch Bijektion: Sind M und N endliche Mengen und $f : M \to N$ eine Bijektion, so gilt:

$$|M| = |N|.$$

?

Wieso müssen die Mengen bei der Summenregel disjunkt sein?

Beispiel Wie viele Autos können gleichzeitig in Deutschland angemeldet sein? Zu jedem angemeldeten Auto gehört genau ein Kennzeichen. Damit haben wir eine Bijektion von der Menge aller möglicherweise angemeldeten Autos in die Menge aller möglichen Kennzeichen.

Im Folgenden gehen wir von *normalen* Autos aus und lassen Bundeswehrfahrzeuge, Fahrzeuge von Diplomaten usw. außer acht. Wir zählen nun die möglichen Kennzeichen

$$\text{Stadtkürzel} - \text{XY} - z.$$

Derzeit gibt es in Deutschland 383 Stadtkürzel (von A für Augsburg bis ZZ (bis 1994) für Zeitz). XY ist entweder einstellig (dafür gibt es 26 Möglichkeiten) oder zweistellig (dafür gibt es 26^2 Möglichkeiten). Und die Zahl z ist eine der Zahlen $1, 2, \dots, 9999$. Damit erhalten wir:

$$383 \cdot (26 + 26^2) \cdot 9999 = 2\,688\,391\,134$$

Möglichkeiten. ◀

Kommentar: Wenn die Mengen $M_1, \dots, M_k$ nicht disjunkt sind, so kann man sie (künstlich) disjunkt machen, indem man M_i z. B. durch die gleichmächtige Menge $M_i \times \{i\}$ ersetzt. Die zwei Mengen M_i und $M_i \times \{i\}$ sind übrigens deshalb gleichmächtig, da die Abbildung

$$f \colon \begin{cases} M_i & \to & M_i \times \{i\}, \\ m & \mapsto & (m, i) \end{cases}$$

eine Bijektion ist.

Beim doppelten Abzählen zählt man die Elemente einer Menge auf zwei verschiedene Arten

Sind M und N Mengen und I eine Relation auf $M \times N$, d. h., $I \subseteq M \times N$ (siehe Seite 49), so nennt man (M, N, I) ein **Inzidenzsystem**. Im Fall $(m, n) \in I$, man schreibt dafür auch $m\,I\,n$, sagt man, m **inzidiert mit** n. Uns interessieren nur endliche Inzidenzsysteme, d. h., M und N sind endliche Mengen. Nun zählen wir die Elemente der (endlichen) Menge I auf zwei Arten. Wir setzen für ein $m \in M$:

$$r(m) = |\{n \in N \mid (m, n) \in I\}|.$$

Es ist $r(m)$ die Anzahl der mit m inzidierenden Elemente aus N. Entsprechend setzt man für ein $n \in N$:

$$r(n) = |\{m \in M \mid (m, n) \in I\}|.$$

Es gilt:

Doppeltes Abzählen

Ist (M, N, I) ein endliches Inzidenzsystem, so gilt:

$$\sum_{m \in M} r(m) = |I| = \sum_{n \in N} r(n).$$

Beweis: Die Menge I ist eine Teilmenge von $M \times N$. Wir zählen die Elemente von I auf zwei Weisen: Die Vereinigung

$$I = \bigcup_{m \in M} \{(m, n) \in M \times N \mid (m, n) \in I\}$$

ist offenbar disjunkt, und für ein festes $m \in M$ gilt:

$$|\{(m, n) \mid (m, n) \in I\}| = |\{n \in N \mid (m, n) \in I\}.$$

Also folgt $|I| = \sum_{m \in M} r(m)$. Genauso ergibt sich $|I| = \sum_{n \in N} r(n)$. ∎

Endliche Inzidenzsysteme mit $M = \{m_1, \dots, m_k\}$ und $N = \{n_1, \dots, n_l\}$ kann man auch durch eine **Inzidenzmatrix** $A = (a_{ij})$ beschreiben, wobei

$$a_{ij} = \begin{cases} 1 & \text{für } (m_i, n_j) \in I, \\ 0 & \text{sonst,} \end{cases}$$

d. h., A ist eine $k \times l$-Matrix mit Einträgen aus $\{0, 1\}$. Hierbei sind $r(m_i)$ die Anzahl der Einsen in der i-ten Zeile und $r(n_j)$ die Anzahl der Einsen in der j-ten Spalte.

Somit ist $\sum_{i=1}^{k} r(m_i)$ die Anzahl aller Einsen, wenn man sie zeilenweise zählt, und $\sum_{j=1}^{l} r(n_j)$ ist ebenfalls die Anzahl aller Einsen, aber spaltenweise gezählt. Das begründet nochmals obigen Satz zum doppelten Abzählen.

Kommentar: Die Idee ist in beiden gegebenen Begründungen zum doppelten Abzählen dieselbe: Man deutet A als *charakteristische Funktion* von I in $M \times N$.

Beispiel Es sei $M = N = \{1, \dots, n\}, n \in \mathbb{N}$. Wir erklären eine Relation I auf $M \times M$ mithilfe der Teilbarkeitsrelation $|$ durch

$$r\,I\,s \;\Leftrightarrow\; r \mid s.$$

Die Inzidenzmatrix hat im Fall $n = 6$ dann die Form:

	1	2	3	4	5	6
1	1	1	1	1	1	1
2	0	1	0	1	0	1
3	0	0	1	0	0	1
4	0	0	0	1	0	0
5	0	0	0	0	1	0
6	0	0	0	0	0	1

Die Anzahl der Einsen in der j-ten Spalte bezeichnen wir mit $t(j)$. Das ist die Anzahl der Teiler von j. Diese Zahl schwankt sehr stark, es gilt nämlich $t(p) = 2$ für jede Primzahl p.

Mithilfe des doppelten Abzählens ermitteln wir nun die durchschnittliche Anzahl der Teiler einer Zahl von 1 bis n, also:

$$\bar{t}(n) = \frac{1}{n} \sum_{i=1}^{n} t(i).$$

In unserem Beispiel mit $n = 6$ findet man etwa:

i	1	2	3	4	5	6
$t(i)$	1	2	2	3	2	4
$\bar{t}(i)$	1	$\frac{3}{2}$	$\frac{5}{3}$	2	2	$\frac{5}{3}$

Um nun allgemein $\bar{t}(n)$ zu ermitteln, deuten wir für ein $i \in \{1, \dots, n\}$ die Größe

$$s(i) = |\{j \in \{1, \dots, n\} \mid (i, j) \in I\}|.$$

Die Zahl $s(i)$ ist die Anzahl der Einsen in der i-ten Zeile. Jede solche Eins steht für ein Vielfaches von i aus der Menge $\{1, \dots, n\}$, es sind dies die Elemente

$$i, 2i, \dots, \left\lfloor \frac{n}{i} \right\rfloor i,$$

dabei ist

$$\lfloor x \rfloor = \max\{z \in \mathbb{Z} \mid z \leq x\}$$

das größte Ganze in x. Damit ist

$$s(i) = \left\lfloor \frac{n}{i} \right\rfloor.$$

Daher erhalten wir:

$$\bar{t}(n) = \frac{1}{n} \sum_{j=1}^{n} t(j) = \frac{1}{n} \sum_{i=1}^{n} \left\lfloor \frac{n}{i} \right\rfloor \approx \frac{1}{n} \sum_{i=1}^{n} \frac{n}{i} = \sum_{i=1}^{n} \frac{1}{i}.$$

Da der Fehler beim Übergang $\left\lfloor \frac{n}{i} \right\rfloor$ zu $\frac{n}{i}$ kleiner als 1 ist, ist er es auch insgesamt bei dem Zeichen $\approx$, das so viel wie *ungefähr* bedeutet.

Die Zahl

$$H_n = \sum_{i=1}^{n} \frac{1}{i}$$

heißt n-**te harmonische Zahl**, zur Erinnerung: $\left(\sum_{i=1}^{\infty} \frac{1}{i} \right)$ ist die harmonische Reihe.

Mit der Abschätzung

$$\ln n = \ln n - \ln 1 = \int_{1}^{n} \frac{1}{x} \, dx \approx \sum_{i=1}^{n-1} \frac{1}{i} \approx \sum_{i=1}^{n} \frac{1}{i}$$

können wir schließen:

$$H_n \approx \ln n.$$

Somit gilt:

$$\bar{t}(n) \approx \ln n.$$

Der Durchschnitt der Anzahl der Teiler einer Zahl von 1 bis n verhält sich wie die Logarithmusfunktion. ◀

Wie viele Möglichkeiten hat man, k Elemente aus einer n-elementigen Menge zu wählen?

Dank der wöchentlich stattfindenden Lottoziehungen weiß nahezu jedermann, wie viel „6 aus 49'' ist. Wir überlegen uns allgemein, wie viele Möglichkeiten es gibt, k aus n Elementen zu wählen. Dabei gibt es vier Varianten: Zum einen kann man nach jeder Wahl eines Elements, dieses zurücklegen oder eben nicht. Zum anderen kann die Reihenfolge der gewählten Elemente eine Rolle spielen oder eben nicht.

Das folgende Lemma gibt an, wie viele Möglichkeiten es gibt, k aus n Elementen in einer bestimmten Reihenfolge auszuwählen, wenn man nach jeder Wahl das Element zurücklegt:

Lemma (geordnet, mit Zurücklegen)

Ist N eine n-elementige Menge, so gibt es n^k Möglichkeiten, geordnete k-Tupel $(n_1, \dots, n_k)$ mit Elementen $n_i \in N$ auszuwählen.

Beweis: Das folgt sofort aus der Produktregel, da

$$|N^k| = |N|^k = n^k. \qquad \blacksquare$$

Nun legen wir die gewählten Elemente nicht zurück, legen aber nach wie vor Wert auf die Reihenfolge:

Lemma (geordnet, ohne Zurücklegen)

Ist N eine n-elementige Menge, so gibt es

$$n \, (n - 1) \, (n - 2) \dots (n - k + 1)$$

Möglichkeiten, geordnete k-Tupel $(n_1, \dots, n_k)$ mit verschiedenen Elementen $n_i \in N$ auszuwählen.

Beweis: Um ein solches k-Tupel $(n_1, \dots, n_k)$ mit verschiedenen Elementen $n_i \in N$ zu konstruieren, hat man für die

1. Position n_1 genau n Möglichkeiten,
2. Position n_2 genau $n - 1$ Möglichkeiten,
3. Position n_3 genau $n - 2$ Möglichkeiten

usw. Damit ergibt sich die Behauptung. $\qquad \blacksquare$

Kommentar: Man nennt die Zahl

$$n^{\underline{k}} = n \, (n - 1) \, (n - 2) \dots (n - k + 1)$$

fallende Faktorielle. Für jedes $n \in \mathbb{N}$ gilt

$$n^{\underline{n}} = n!.$$

Nun soll die Reihenfolge keine Rolle mehr spielen, d. h., wir betrachten keine k-Tupel mehr, sondern k-elementige Teilmengen und legen bereits ausgesuchte Elemente nicht zurück:

Lemma (ungeordnet, ohne Zurücklegen)

Ist N eine n-elementige Menge, so gibt es

$$\frac{n!}{(n-k)!\,k!}$$

Möglichkeiten, eine k-elementige Teilmenge $\{n_1, \ldots, n_k\}$ mit verschiedenen Elementen $n_i \in N$ auszuwählen.

Beweis: Nach obigem Lemma zum Fall *geordnet, ohne Zurücklegen* gibt es genau

$$n^{\underline{k}} = \frac{n!}{(n-k)!}$$

verschiedene k-Tupel mit verschiedenen Elementen aus N. Je $k!$ dieser k-Tupel unterscheiden sich aber nur in der Reihenfolge ihrer Komponenten. Diese sind also im ungeordneten Fall alle gleich.

$$\left.\begin{array}{c}(a_1,\,a_2,\,a_3,\,a_4,\,\ldots,\,a_k)\\(a_2,\,a_1,\,a_3,\,a_4,\,\ldots,\,a_k)\\\vdots\\(a_k,\,\ldots,\,a_4,\,a_3,\,a_2,\,a_1)\end{array}\right\} \to \{a_1,\,a_2,\,a_3,\,a_4,\,\ldots,\,a_k\}.$$

Damit ergibt sich die Behauptung. ∎

Kommentar: Die Zahl

$$\binom{n}{k} = \frac{n!}{(n-k)!\,k!},$$

die bereits aus Kapitel 4 bekannt ist, nennt man **Binomialkoeffizient**.

Der letzte Fall, nämlich *ungeordnet, mit Zurücklegen*, ist etwas komplizierter. Das wird schon an einem einfachen Beispiel klar: Ziehen wir aus der Menge $\{1,\,2,\,3,\,4\}$ mit Zurücklegen drei Elemente, etwa

$$1,\,2,\,2 \ \text{oder} \ 1,\,1,\,2,$$

so sind die dazugehörigen Mengen

$$\{1,\,2,\,2\} = \{1,\,2\} = \{1,\,1,\,2\}$$

gleich, obwohl die Wahlen verschieden sind. Um diese Verschiedenheit der Wahlen doch wieder mengenmäßig erfassen zu können, benutzt man *Multimengen*. Man kann sich diese vorstellen als Mengen, in denen es gleiche Elemente gibt.

Definition einer Multimenge

Es seien N eine n-elementige Menge und $M : N \to \mathbb{N}_0$ eine Abbildung. Man nennt (N, M) eine **Multimenge über** N. Gilt $\sum_{a \in N} M(a) = k$, so heißt (N, M) eine k**-Multimenge**.

Die Abbildung M gibt an, wie oft das Element a in der Multimenge vorkommt. Anstelle von (N, M) schreibt man meist einfacher nur M.

Beispiel Die 5-Multimenge $M = 1,\,1,\,3,\,3,\,3$ (wir geben Multimengen einfach durch ihre Elemente an) über $N = \{1,\,2,\,3,\,4\}$ ist also gegeben durch

$$M(1) = 2,\ M(2) = 0,\ M(3) = 3,\ M(4) = 0. \quad \blacktriangleleft$$

Kommentar: Die Nullstellenmenge eines Polynoms f über $\mathbb{C}$ kann man als Multimenge M auffassen, indem man die Vielfachheiten der Nullstellen berücksichtigt. Der Fundamentalsatz der Algebra besagt dann, dass M eine $(\operatorname{Grad} f)$-Multimenge ist.

Nun können wir angeben, wie viele Möglichkeiten es gibt, k Elemente einer n-elementigen Menge mit Zurücklegen zu wählen, wenn die Reihenfolge keine Rolle spielt:

Lemma (ungeordnet, mit Zurücklegen)

Ist N eine n-elementige Menge, so gibt es

$$\binom{n+k-1}{k}$$

Möglichkeiten, k Elemente $n_1, \ldots, n_k \in N$ auszuwählen.

Beweis: Jede Wahl von k Elementen aus N mit Zurücklegen definiert eine k-Multimenge über N. O. E. sei $N = \{1, \ldots, n\}$.

Es sei S die Menge aller k-Multimengen über N. Die Mächtigkeit von S ist die gesuchte Zahl.

Neben S betrachten wir nun die Menge T aller k-elementigen Teilmengen von $\{1, \ldots, n+k-1\}$.

Die Mächtigkeit von T ist uns nach dem Lemma zum Fall *ungeordnet, ohne Zurücklegen* auf Seite 1103 bekannt, es gilt:

$$|T| = \binom{n+k-1}{k}.$$

Gelingt uns der Nachweis von $|S| = |T|$, so ist die Behauptung gezeigt. Wir begründen $|S| = |T|$, indem wir eine Bijektion $\varphi : S \to T$ angeben (beachte den Satz zum Zählen durch Bijektion auf Seite 1100).

Jedes Element M aus S ist eine k-Multimenge, die wir einfach durch Angabe der Elemente beschreiben, $M = a_1, \ldots, a_k$ mit $a_1, \ldots, a_k \in \{1, \ldots, n\}$, wobei wir o. E. $a_1 \leq \cdots \leq a_k$ annehmen. Wir erklären eine Abbildung φ von S nach T durch

$$\varphi : \begin{cases} \quad S & \to & T, \\ a_1, \ldots, a_k & \mapsto & \{a_1,\,a_2+1,\,\ldots,\,a_k+k-1\}. \end{cases}$$

Die Abbildung φ ist wohldefiniert, es gilt nämlich offenbar:

$$1 \leq a_1 < a_2 + 1 < a_3 + 2 < \ldots < a_k + k - 1 \leq n + k - 1,$$

sodass also $\varphi(a_1, \ldots, a_k)$ eine k-elementige Teilmenge von $\{1, \ldots, n+k-1\}$ ist, d. h., $\varphi(M) \in T$ für jedes $M \in S$.

Die Abbildung $\psi: T \to S$, die ein Element $\{b_1, \ldots, b_k\}$, von dem wir o. E. $b_1 < b_2 < \ldots < b_k$ annehmen, auf die Multimenge $b_1, b_2 - 1, b_3 - 2, \ldots, b_k - (k-1)$ abbildet,

$$\{b_1, \ldots, b_k\} \mapsto b_1, b_2 - 1, b_3 - 2, \ldots, b_k - (k-1),$$

erfüllt offenbar:

$$\varphi \circ \psi = \mathrm{Id}_T \quad \text{und} \quad \psi \circ \varphi = \mathrm{Id}_S.$$

Nach der Folgerung auf Seite 48 ist φ daher bijektiv. Damit ist die Aussage begründet. $\blacksquare$

?

Um die Abbildungen φ und ψ im eben geführten Beweis wirklich zu verstehen, sollten Sie φ und ψ nacheinander auf die 5-Multimenge $M = 1, 1, 3, 3, 3$ über $N = \{1, 2, 3, 4\}$ aus dem obigen Beispiel anwenden.

Kommentar: Die Zahl

$$n^{\overline{k}} = n(n+1)(n+2) \ldots (n+k-1) \quad \text{für } n, k \in \mathbb{N},$$

nennt man **steigende Faktorielle**, es gilt:

$$\frac{n^{\overline{k}}}{k!} = \binom{n+k-1}{k} \quad \text{und} \quad n^{\overline{k}} = (n+k-1)^{\underline{k}}.$$

Beispiel Es seien $N = \{1, 2, 3, 4\}$ und $k = 2$.

- Geordnet, mit Zurücklegen: Es gibt die $4^2 = 16$ Möglichkeiten:

$$(1, 1),\ (1, 2),\ (1, 3),\ (1, 4),$$
$$(2, 1),\ (2, 2),\ (2, 3),\ (2, 4),$$
$$(3, 1),\ (3, 2),\ (3, 3),\ (3, 4),$$
$$(4, 1),\ (4, 2),\ (4, 3),\ (4, 4).$$

- Geordnet, ohne Zurücklegen: Es gibt die $4^{\underline{2}} = 4 \cdot 3 = 12$ Möglichkeiten:

$$(1, 2),\ (1, 3),\ (1, 4),$$
$$(2, 1),\ (2, 3),\ (2, 4),$$
$$(3, 1),\ (3, 2),\ (3, 4),$$
$$(4, 1),\ (4, 2),\ (4, 3).$$

- Ungeordnet, ohne Zurücklegen: Es gibt die $\binom{4}{2} = 6$ Möglichkeiten:

$$\{1, 2\},\ \{1, 3\},\ \{1, 4\},$$
$$\{2, 3\},\ \{2, 4\},\ \{3, 4\}.$$

- Ungeordnet, mit Zurücklegen: Es gibt die $\binom{5}{2} = 10$ Möglichkeiten:

$$\{1, 1\},\ \{1, 2\},\ \{1, 3\},\ \{1, 4\},$$
$$\{2, 2\},\ \{2, 3\},\ \{2, 4\},$$
$$\{3, 3\},\ \{3, 4\},$$
$$\{4, 4\}.$$

◀

Mit dem Inklusions-Exklusions-Prinzip zählt man die Elemente nicht disjunkter Mengen ab

Sind M_1 und M_2 irgendwelche endlichen Mengen, so gilt:

$$|M_1 \cup M_2| = |M_1| + |M_2| - |M_1 \cap M_2|.$$

Die Elemente, die sowohl in M_1 als auch in M_2 vorkommen und in $M_1 \cup M_2$ nur einmal gezählt werden, müssen einmal abgezogen werden. Für drei Mengen M_1, M_2, M_3 (Abb. 26.22) lautet die entsprechende Formel:

$$|M_1 \cup M_2 \cup M_3| = |M_1| + |M_2| + |M_3|$$
$$- |M_1 \cap M_2| - |M_1 \cap M_3| - |M_2 \cap M_3|$$
$$+ |M_1 \cap M_2 \cap M_3|.$$

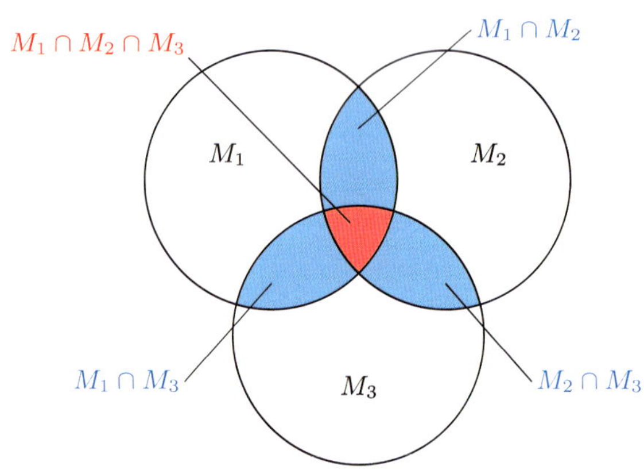

Abbildung 26.22 Bei der Bestimmung von $|M_1 \cup M_2 \cup M_3|$ müssen die Mächtigkeiten der Schnitte berücksichtigt werden.

Natürlich lässt sich auch eine allgemeine Formel angeben:

Lemma
Sind $M_1, \ldots, M_k$ endliche Mengen, so gilt:

$$\left| \bigcup_{i=1}^{k} M_i \right| = \sum_{\emptyset \neq J \subseteq \{1, \ldots, k\}} (-1)^{|J|-1} \left| \bigcap_{j \in J} M_j \right|.$$

Den Beweis haben wir als Übungsaufgabe 26.20 formuliert.

Wir bestimmen die Anzahl der natürlichen Zahlen zwischen 1 und 100, die weder durch 2 noch durch 3 teilbar sind: Da es zwischen 1 und 100 genau 50 Zahlen gibt, die durch 2 teilbar sind und genau 33, die durch 3 teilbar sind, erhalten wir, dass es genau

$$100 - (50 + 33) + 16 = 33$$

weder durch 2 noch durch 3 teilbare Zahlen zwischen 1 und 100 gibt. Dabei haben wir 16 addiert, da wir die 16 durch 2 und 3 teilbaren Zahlen

$$6, 12, 18, 24, 30, 36, 42, 48, 54, 60, 66, 72, 78, 84, 90, 96$$

zwei Mal abgezogen haben.

Beispiel: Alltagsbeispiele

Wir beschreiben zu jedem der vier Fälle *geordnet, mit Zurücklegen, geordnet, ohne Zurücklegen, ungeordnet, mit Zurücklegen* und *ungeordnet, ohne Zurücklegen* ein Beispiel aus dem täglichen Leben.

Problemanalyse und Strategie: Die angesprochenen kombinatorischen Modelle kommen im täglichen Leben vor. Mit ihrer Hilfe können wir leicht bestimmen, wie viele mögliche Ausgänge es beim Fußballtoto, beim Lotto, bei einer Bürgermeisterwahl oder bei einem Würfelspiel gibt.

Lösung:

Geordnet, mit Zurücklegen: Beim Fußballtoto werden die Ergebnisse von 13 stattfindenden Spielen zusammengefasst, wobei nur nach 0 für Unentschieden, 1 für Heimsieg und 2 für Auswärtssieg unterschieden wird. Jedes mögliche Ereignis hat also die Form

$$(a_1, \ldots, a_{13}) \ \text{ mit } \ a_i \in \{0, 1, 2\}.$$

Somit gibt es $3^{13} = 1\,594\,323$ mögliche Ergebnisse.

Geordnet, ohne Zurücklegen: Bei einer Bürgermeisterwahl stehen fünf Kandidaten zur Wahl. Der mit den meisten Stimmen wird zum ersten Bürgermeister erwählt, der mit den zweitmeisten Stimmen wird der zweite Bürgermeister. Damit gibt es also $5 \cdot 4$ mögliche Bürgermeistertandems bei dieser Wahl.

Ungeordnet, ohne Zurücklegen: Beim Lotto „6 aus 49" werden 6 verschiedene Zahlen aus den $\{1, \ldots, 49\}$ gewählt. Die Reihenfolge, in der sie gezogen werden, spielt dabei keine Rolle. Jedes mögliche Ereignis hat also die Form

$$\{a_1, \ldots, a_6\} \ \text{ mit } \ a_i \in \{1, \ldots, 49\}.$$

Somit gibt es $\binom{49}{6} = 13\,983\,816$ mögliche Ergebnisse.

Ungeordnet, mit Zurücklegen: Beim Kniffelspiel wirft man fünf Würfel. Dabei wird jeweils eine Zahl zwischen 1 und 6 gewählt. Mit den Zahlen $n = 6$ und $k = 5$ erhalten wir somit:

$$\binom{10}{5} = 252$$

mögliche Kniffelwürfel.

Dieses Zählprinzip nennt man das *Inklusions-Exklusions-Prinzip*. Wir formulieren das Prinzip allgemeiner.

Inklusions-Exklusions-Prinzip

Gegeben seien eine n-elementige Menge N und Eigenschaften $E_1, \ldots, E_m$ von N.
Es sei $N(E_{i_1}, \ldots, E_{i_k})$ die Anzahl der Elemente von N mit den Eigenschaften $E_{i_1}, \ldots, E_{i_k}$.
Weiter sei d die Anzahl der Elemente von N, die keine der Eigenschaften $E_1, \ldots, E_m$ besitzt.
Es gilt dann:

$$d = n - \sum_{i=1}^{m} N(E_i) + \sum_{1 < i < j < m} N(E_i, E_j) - \cdots$$
$$\cdots + (-1)^m N(E_1, \ldots, E_m).$$

Hängt $N(E_{i_1}, \ldots, E_{i_k})$ nur von k ab, dann bezeichne $N_k = N(E_{i_1}, \ldots, E_{i_k})$, $N_0 = n$. In diesem Fall gilt:

$$d = n - \binom{m}{1} N_1 + \binom{m}{2} N_2 - \cdots \pm \binom{m}{m} N_m$$
$$= \sum_{k=0}^{m} (-1)^k \binom{m}{k} N_k.$$

Beweis: Wir setzen $B_i = \{x \in N \mid x \text{ erfüllt } E_i\}$. Damit gilt $N(E_{i_1}, \ldots, E_{i_k}) = B_{i_1} \cap \cdots \cap B_{i_k}$. Somit erhalten wir:

$$d = \left| N \setminus \bigcup_{i=1}^{m} B_i \right| = |N| - \left| \bigcup_{i=1}^{m} B_i \right|$$
$$= n - \sum_{i=1}^{m} |B_i| + \sum_{1 \le i < j \le m} |B_i \cap B_j| \mp \cdots$$
$$\cdots + (-1)^m \left| \bigcap_{i=1}^{m} B_i \right|.$$

Falls $N(E_{i_1}, \ldots, E_{i_k})$ nur von k abhängt, so tritt jeder Schnitt von k der B_i in der Summe genau $\binom{m}{k}$-mal auf. ∎

Beispiel Wir wollen die Anzahl d_n der fixpunktfreien Permutationen der n-elementigen Menge $N = \{1, \ldots, n\}$ bestimmen. Eine fixpunktfreie Permutation von N ist dabei eine Bijektion σ von N auf N mit $\sigma(i) \ne i$ für alle $i \in N$.

Die Menge aller Permutationen von N ist S_n. Da in der $S_1 = \{\text{id}\}$ keine Permutation fixpunktfrei ist, gilt $d_1 = 0$. In der $S_2 = \{\text{id}, \sigma\}$ ist die Permutation σ, die 1 und 2 vertauscht, fixpunktfrei, es folgt $d_1 = 1$. In der S_3 sind genau die beiden verschiedenen Permutationen σ und τ mit

$$\sigma(1) = 2, \ \sigma(2) = 3, \ \sigma(3) = 1$$

und

$$\tau(1) = 3, \ \tau(2) = 1, \ \tau(3) = 2$$

fixpunktfrei, also gilt $d_3 = 2$.

Nun berechnen wir d_4. In der S_4 gibt es $4!$ Permutationen. Die Anzahl der Permutationen mit r oder mehr Fixpunkten ist

$$\binom{4}{r} \cdot (4-r)!$$

Daher erhalten wir für die Anzahl d_4 der fixpunktfreien Permutationen

$$d_4 = 4! - \underbrace{\binom{4}{1} \cdot 3!}_{\geq 1\,\text{Fixp.}} + \underbrace{\binom{4}{2} \cdot 2!}_{\geq 2\,\text{Fixp.}} - \underbrace{\binom{4}{3} \cdot 1!}_{\geq 3\,\text{Fixp.}} + \underbrace{\binom{4}{4} \cdot 0!}_{\geq 4\,\text{Fixp.}}$$

$$= 24 - 24 + 12 - 4 + 1 = 9.$$

Allgemein gilt für d_n:

$$d_n = \binom{n}{0}n! + \sum_{k=1}^{n}(-1)^k \binom{n}{k}(n-k)!$$

$$= \sum_{k=0}^{n}(-1)^k (n-k)! \binom{n}{k}.$$

Ist nämlich π eine Permutation mit genau r Fixpunkten, dann wird π genau

$$-\binom{r}{1} + \binom{r}{2} - \binom{r}{3} + \binom{r}{4} - \cdots \pm \binom{r}{r}$$

$$= \sum_{i=1}^{r}(-1)^i \binom{r}{i} = \sum_{i=1}^{r}(-1)^i \binom{r}{i}1^{r-i}$$

$$= \sum_{i=0}^{r}(-1)^i \binom{r}{i}1^{r-i} - 1 = (1-1)^r - 1 = -1$$

Mal berücksichtigt. ◄

Zum Zählen von Partitionen von Mengen benutzt man Stirling-Zahlen

Nun *partitionieren* wir Mengen, d. h., wir zerlegen Mengen in nichtleere disjunkte Teilmengen, wobei die Anzahl der Teilmengen vorgeben ist. Z. B. können wir die Menge

$$M = \{1,\ 2,\ 3\}$$

auf die folgenden drei Arten so in eine disjunkte Vereinigung von je zwei Mengen zerlegen:

$$M = \{1\}\,\dot\cup\,\{2,3\} = \{1,2\}\,\dot\cup\,\{3\} = \{1,3\}\,\dot\cup\,\{2\}.$$

Offenbar hängt die Anzahl der Möglichkeiten, eine beliebige endliche Menge so zu zerlegen, nur von der Anzahl der Elemente, aber nicht von der genauen Bezeichnung der Elemente ab.

Partitionen von Mengen und Stirling-Zahlen

Es seien N eine n-elementige Menge, $n \in \mathbb{N}_0$ und $k \in \mathbb{N}_0$. Jede Zerlegung von N in k nichtleere disjunkte Teilmengen nennt man eine k-**Partition** von N. Die Anzahl $S_{n,k}$ aller k-Partitionen von N nennt man **Stirling-Zahl zweiter Art**, wobei man $S_{0,0} = 1$ setzt.

Beispiel Es sei $N = \{1,2,3,4\}$. Wegen

$$N = \{1\}\cup\{2,3,4\} = \{2\}\cup\{1,3,4\}$$
$$= \{3\}\cup\{1,2,4\} = \{4\}\cup\{1,2,3\}$$
$$= \{1,2\}\cup\{3,4\} = \{1,3\}\cup\{2,4\} = \{2,3\}\cup\{1,4\}$$

gilt $S_{4,2} = 7$.

Wegen

$$N = \{1\}\cup\{2\}\cup\{3,4\} = \{1\}\cup\{2,3\}\cup\{4\}$$
$$= \{1,2\}\cup\{3\}\cup\{4\} = \{1,3\}\cup\{2\}\cup\{4\}$$
$$= \{2\}\cup\{1,4\}\cup\{3\} = \{1\}\cup\{3\}\cup\{2,4\}$$

gilt $S_{4,3} = 6$.

Wegen

$$N = \{1\}\cup\{2\}\cup\{3\}\cup\{4\}$$

gilt $S_{4,4} = 1$.

Wegen

$$N = \{1,2,3,4\}$$

gilt $S_{4,1} = 1$. ◄

Manche Stirling-Zahlen zweiter Art lassen sich einfach angeben, es gilt offenbar:

Lemma

Für $k,\ n \in \mathbb{N}_0$ gilt:

- $S_{n,0} = 0$ für $n > 0$,
- $S_{0,k} = 0$ für $k > 0$,
- $S_{n,k} = 0$ für $n < k$.

Für alle weiteren Stirling-Zahlen zweiter Art gilt eine Rekursionsformel:

Rekursionsformel für die Stirling-Zahlen zweiter Art

Für $n > 0$ gilt:

$$S_{n,k} = S_{n-1,k-1} + k\,S_{n-1,k}.$$

Beweis: Es sei N eine n-elementige Menge. Wir wählen ein $a \in N$.

1. Fall: $\{a\}$ kommt als Teilmenge einer k-Partition von N vor. Die Anzahl der $(k-1)$-Partitionen von $N\setminus\{a\}$ ist $S_{n-1,k-1}$.

2. Fall: a ist Element einer Teilmenge A mit $|A| \geq 2$ einer k-Partition. Wir entfernen a aus A und erhalten eine k-Partition einer $(n-1)$-elementigen Menge. Davon gibt es $S_{n-1,k}$; um zu N zurückzukehren, können wir a in k Teilmengen ergänzen. Also ist die Anzahl der Möglichkeiten im 2. Fall genau $k\,S_{n-1,k}$.

Es gibt also insgesamt $S_{n,k} = S_{n-1,k-1} + k\,S_{n-1,k}$ solcher Partitionen. ∎

In der folgenden Tabelle stehen die Zahlen $S_{n,k}$ für einige kleine n und k:

$n \backslash k$	0	1	2	3	4	5	6	7
0	1							
1	0	1						
2	0	1	1					
3	0	1	3	1				
4	0	1	7	6	1			
5	0	1	15	25	10	1		
6	0	1	31	90	65	15	1	
7	0	1	63	301	350	140	21	1

Kommentar: Natürlich gibt es auch Stirling-Zahlen erster Art. Üblicherweise bezeichnet man diese mit $s_{n,k}$. Die Stirling-Zahlen erster Art geben die Anzahl der Elemente der symmetrischen Gruppe S_n, die Produkt von k *disjunkten Zyklen* sind. Da wir die Produktdarstellung von Permutationen als Produkte disjunkter Zyklen nicht behandelt haben, können wir auch die Stirling-Zahlen erster Art nicht behandeln.

Übrigens gibt es auch eine explizite Darstellung der Stirling-Zahlen zweiter Art, diese lautet:

$$S_{n,k} = \frac{1}{k!} \sum_{i=0}^{k} (-1)^{k-i} \binom{k}{i} i^n.$$

Diese Darstellung kann man etwa mithilfe *erzeugender Funktionen* (siehe Abschnitt 26.3) herleiten. Wir haben dies als Übungsaufgabe 26.22 formuliert.

26.3 Erzeugende Funktionen

Kombinatorische Fragestellungen führen oftmals auf Rekursionsformeln, die man dann lösen will – man beachte etwa die Rekursionsformel für die Stirling-Zahlen zweiter Art auf Seite 1106 oder das folgende Beispiel.

Beispiel Will man die Anzahl a_n der endlichen Folgen bestimmen, deren Folgenglieder 1 oder 2 sind und deren Summe n ergibt, so stößt man auf eine Rekursionsformel. Zur Herleitung dieser Rekursionsformel betrachten wir zuerst Beispiele. Im Fall

- $n = 1$ ist (1) die einzige endliche solche Folge, somit gilt $a_1 = 1$.
- $n = 2$ sind (1, 1), (2) die einzigen solchen Folgen, somit gilt $a_2 = 2$.
- $n = 3$ sind (1, 1, 1), (2, 1), (1, 2) die einzigen solchen Folgen, somit gilt $a_3 = 3$.
- $n = 4$ sind (1, 1, 1, 1), (2, 1, 1), (1, 2, 1), (1, 1), (2, 2) die einzigen solchen Folgen, somit gilt $a_4 = 5$.
- $n = 5$ sind (1, 1, 1, 1, 1), (2, 1, 1, 1), (1, 2, 1, 1), (1, 1, 1), (2, 2, 1), (1, 1, 1, 2), (2, 1, 2), (1, 2, 2) die einzigen solchen Folgen, somit gilt $a_5 = 8$.

Man beachte, dass wir alle Folgen zu $n = 5$ aus den (blauen) Folgen zu $n = 4$ und den (grünen) Folgen zu $n = 3$ dadurch erhalten, dass wir bei den (blauen) Folgen zu $n = 4$ eine 1 ergänzen und bei den (grünen) Folgen zu $n = 3$ eine 2. Das lässt sich leicht zu einer Rekursionsformel für $n + 1$ verallgemeinern, wir erhalten:

$$a_{n+1} = a_n + a_{n-1}, \ n \geq 1, \text{ wobei } a_0 = 1, \ a_1 = 1.$$

Um etwa a_{100} mithilfe der Rekursionsformel zu berechnen, sind zuerst a_{99} und a_{98} zu bestimmen. Eine explizite Formel für a_n würde es uns wohl einfacher machen, a_{100} zu berechnen. ◀

Die Zahlen a_0, a_1, a_2, ... des letzten Beispiels nennt man **Fibonacci-Zahlen**. Sie sind rekursiv gegeben durch

$$a_0 = 1, \ a_1 = 1, \ a_{n+1} = a_n + a_{n-1} \ \text{ für } \ n \in \mathbb{N}.$$

In dem Beispiel auf Seite 516 haben wir für a_n die explizite Darstellung

$$a_n = \frac{1}{\sqrt{5}} \left(\left(\frac{1 + \sqrt{5}}{2} \right)^{n+1} - \left(\frac{1 - \sqrt{5}}{2} \right)^{n+1} \right)$$

mithilfe der Theorie der Diagonalisierung von Matrizen erhalten. Wir zeigen nun eine weitere Möglichkeit, eine explizite Darstellung von Folgengliedern rekursiv definierter Folgen zu ermitteln. Hierzu benutzen wir *erzeugende Funktionen*, die eine explizite Darstellung der Folgenglieder einer rekursiv definierten Folge liefern.

Der Begriff *erzeugende Funktion* in diesem Zusammenhang ist üblich, wenngleich es sich hierbei um keine Funktion (das ist eine Abbildung von $D \subseteq \mathbb{R}^n$ in $\mathbb{R}^m$), sondern um eine *formale Potenzreihe* handelt.

Die formalen Potenzreihen bilden einen Ring mit Einselement

Auf Seite 86 haben wir (formale) Polynome eingeführt: Ein Polynom über einem Körper $\mathbb{K}$ ist eine Abbildung

$$a \colon \mathbb{N}_0 \to \mathbb{K} \ \text{ mit } \ a(i) = 0 \ \text{ für fast alle } \ i \in \mathbb{N}_0.$$

Wir verwendeten hierfür auch die Folgenschreibweise

$$a = (a_0, a_1, a_2, \ldots, a_n, 0, \ldots).$$

Die Menge $\mathbb{K}[X]$ aller Polynome

$$\mathbb{K}[X] = \{a \mid \mathbb{N}_0 \to \mathbb{K} \mid a(i) = 0 \text{ für fast alle } i \in \mathbb{N}_0\}$$

bildet nach dem Satz vom Polynomring auf Seite 87 mit komponentenweiser Addition $+$ und der dort definierten Multiplikation $\cdot$ einen kommutativen Ring mit Einselement. Mit der Definition

$$X = (0, 1, 0, \ldots)$$

können wir das Polynom $a = (a_1, a_2, \ldots)$, wobei $a_i = a(i)$ für jedes $i \in \mathbb{N}_0$, schreiben als (siehe Seite 90):

$$a = \sum_{i \in \mathbb{N}_0} a_i X^i.$$

Wir wiederholen nun diese Konstruktion, wobei wir aber alle Folgen über $\mathbb{K}$ zulassen. Damit erhalten wir den *Ring der formalen Potenzreihen über* $\mathbb{K}$: Ist $\mathbb{K}$ ein Körper, so nennt man jede Abbildung

$$A : \begin{cases} \mathbb{N}_0 & \to & \mathbb{K}, \\ n & \mapsto & a_n \end{cases}$$

eine **formale Potenzreihe**. Wir erklären eine Addition $+$ und eine Multiplikation $\cdot$ von formalen Potenzreihen (wie bei Polynomen):

$$a + b : \begin{cases} \mathbb{N}_0 & \to & \mathbb{K}, \\ k & \mapsto & a_k + b_k, \end{cases}$$

$$a \cdot b : \begin{cases} \mathbb{N}_0 & \to & \mathbb{K}, \\ k & \mapsto & \sum_{i+j=k} a_i\, b_j. \end{cases}$$

Mit der Definition

$$X = (0, 1, 0, \ldots)$$

können wir die formale Potenzreihe $A = (a_0, a_1, a_2, \ldots)$ schreiben als

$$A = \sum_{i \in \mathbb{N}_0} a_i X^i.$$

Beim Produkt $C = A \cdot B$ der Potenzreihen $A = \sum_{i \in \mathbb{N}_0} a_i X^i$ und $B = \sum_{j \in \mathbb{N}_0} b_j X^j$ entsteht der Koeffizient c_k vor X^k durch „distributives" Ausmultiplizieren und „Sammeln" aller Terme mit X^k:

$$C = A \cdot B = \sum_{k \in \mathbb{N}_0} c_k X^k \ \text{ mit } \ c_k = \sum_{i+j=k} a_i b_j.$$

?

Ist ein Polynom über $\mathbb{K}$ auch eine formale Potenzreihe über $\mathbb{K}$?

Der Ring der formalen Potenzreihen

Die Menge $\mathbb{K}[[X]]$ aller formalen Potenzreihen

$$\mathbb{K}[[X]] = \left\{ \sum_{n \in \mathbb{N}_0} a_n X^n \mid a_n \in \mathbb{K} \text{ für alle } n \in \mathbb{N}_0 \right\}$$

bildet mit der Addition $+$ und Multiplikation $\cdot$ einen Ring, den **Ring der formalen Potenzreihen über** $\mathbb{K}$.

Auf den Beweis können wir verzichten, er verläuft nämlich genauso wie der Beweis des Satzes vom Polynomring auf Seite 87.

Kommentar: Das Kapitel 11 befasst sich mit komplexen Potenzreihen. Eine komplexe Potenzreihe ist eine Reihe der Form

$$\left(\sum_{n=0}^{\infty} a_n (z - z_0)^n \right),$$

die in ihrem Konvergenzkreis K eine Funktion definiert. Hierbei wird einem Punkt z des Konvergenzkreises der Wert

$$\sum_{n=0}^{\infty} a_n (z - z_0)^n$$

der Reihe zugeordnet (siehe Abschnitt 385). Man beachte weiterhin, dass das Produkt von formalen Potenzreihen dem Cauchy-Produkt absolut konvergenter Reihen entspricht (siehe Seite 362). Wir machen uns bei den formalen Potenzreihen aber keinerlei Gedanken um Konvergenz, das Produkt ist für beliebige formale Potenzreihen erklärt, und als Ergebnis erhält man wieder eine formale Potenzreihe.

Wir haben also diese Vorstellung, dass eine Potenzreihe einen Konvergenzkreis hat und dadurch eine Funktion erklärt, verlassen. Wir fassen eine Potenzreihe nur als die Folge ihrer Koeffizienten a_0, a_1, $\ldots$ auf. Zur Unterscheidung verwenden wir den Begriff *formale* Potenzreihe.

Damit gewinnen wir Vieles:

- Wir müssen uns keinerlei Gedanken zur Konvergenz machen.
- Der Koeffizientenvergleich ist eine Selbstverständlichkeit (beachte die folgenden Ausführungen).
- Das Inverse einer (invertierbaren) Potenzreihe kann explizit angegeben werden (beachte die folgenden Ausführungen).
- Wir können formale Potenzreihen über jedem Körper erklären. Wir erhalten die komplexen Potenzreihen, indem wir $\mathbb{K} = \mathbb{C}$ wählen und in X eine komplexe Zahl z *einsetzen*, die so entstehende komplexe Reihe können wir dann auf Konvergenz oder Divergenz untersuchen.
- Die Konstruktion ist leicht zu verallgemeinern: Man konstruiert in der *Algebra* mit diesem Prinzip die sogenannten *Potenzreihenkörper*, sie liefern eine wichtige Klasse von Körpern.

Der Koeffizientenvergleich

Zwei formale Potenzreihen

$$A = \sum_{i \in \mathbb{N}_0} a_i X^i \ \text{ und } \ B = \sum_{i \in \mathbb{N}_0} b_i X^i$$

über einem Körper $\mathbb{K}$ sind genau dann gleich, wenn sie die gleichen Koeffizienten haben, d. h.:

$$\sum_{i \in \mathbb{N}_0} a_i X^i = \sum_{i \in \mathbb{N}_0} b_i X^i \ \Leftrightarrow \ a_i = b_i \ \text{ für alle } i \in \mathbb{N}_0.$$

Beweis: Nach Definition sind die Potenzreihen $A = \sum_{i \in \mathbb{N}_0} a_i X^i$ und $B = \sum_{i \in \mathbb{N}_0} b_i X^i$ Abbildungen von $\mathbb{N}_0$ nach $\mathbb{K}$:

$$A : i \mapsto a_i \quad \text{und} \quad B : i \mapsto b_i.$$

Da zwei solche Abbildungen genau dann gleich sind, wenn ihre Bilder a_i und b_i für jedes $i \in \mathbb{N}_0$ gleich sind, folgt die Behauptung. $\blacksquare$

In einem Ring R mit Einselement 1 können wir von *invertierbaren* Elementen sprechen. Dabei nennt man ein $A \in R$ **invertierbar**, wenn es ein $B \in R$ gibt mit

$$A \cdot B = 1 = B \cdot A.$$

Für das Inverse von A schreibt man A^{-1}. Im Ring $\mathbb{K}[[X]]$ der formalen Potenzreihen erkennt man die invertierbaren Elemente am *niedrigsten* Koeffizienten a_0:

Kennzeichnung der invertierbaren Elemente in $\mathbb{K}[[X]]$

Eine formale Potenzreihe $A = \sum_{n \in \mathbb{N}_0} a_n X^n \in \mathbb{K}[[X]]$ ist genau dann invertierbar, wenn $a_0 \neq 0$ gilt. In diesem Fall ist die formale Potenzreihe $B = \sum_{n \in \mathbb{N}_0} b_n X^n$ mit

$$b_0 = a_0^{-1} , \; b_n = -a_0^{-1} \sum_{k=1}^{n} a_k b_{n-k} \; \text{ für } \; n \in \mathbb{N}$$

das Inverse zu A.

Beweis: Die formale Potenzreihe $A = \sum_{n \in \mathbb{N}_0} a_n X^n$ ist genau dann invertierbar, wenn es eine Potenzreihe $B = \sum_{n \in \mathbb{N}_0} b_n X^n$ gibt mit

$$a_0 \, b_0 = 1 \quad \text{und} \quad \sum_{k=0}^{n} a_k b_{n-k} = 0 \; \text{ für } \; n \in \mathbb{N}.$$

Falls A invertierbar ist, so folgt unmittelbar $a_0 \neq 0$. Und falls $a_0 \neq 0$ gilt, so erhält man mit den Koeffizienten

$$b_0 = a_0^{-1} , \; b_n = -a_0^{-1} \sum_{k=1}^{n} a_k b_{n-k} \; \text{ für } \; n \in \mathbb{N}$$

eine formale Potenzreihe $B = \sum_{n \geq 0} b_n z^n$, die zu A invers ist. $\blacksquare$

Beispiel

- Die formale Potenzreihe $A = 1 - X$ über $\mathbb{K}$ erfüllt $a_0 = 1$ und ist somit invertierbar. Für das Inverse

$$B = \sum_{n \in \mathbb{N}_0} b_n X^n = (1 - X)^{-1}$$

gilt:

$$b_0 = 1, \; b_1 = -(-b_0) = 1, \; b_n = -(-1)b_{n-1} = 1,$$

also:

$$(1 - X)^{-1} = \sum_{n \in \mathbb{N}_0} X^n.$$

Das ist die geometrische Reihe über $\mathbb{K}$.

- Durch „Einsetzen" in die geometrische Reihe erhält man die Inversen von $1 + X$ und $1 - X^2$:

$$\sum_{n \in \mathbb{N}_0} (-1)^n X^n = \frac{1}{1 + X} \quad \text{und} \quad \sum_{n \in \mathbb{N}_0} X^{2n} = \frac{1}{1 - X^2}.$$

- Für $A = \sum a_n X^n$ gilt:

$$\frac{A}{1 - X} = \sum_{n \in \mathbb{N}_0} \left(\sum_{k=0}^{n} a_k \right) X^n,$$

speziell:

$$\frac{1}{(1 - X)^2} = \sum_{n \in \mathbb{N}_0} (n + 1) X^n. \quad \blacktriangleleft$$

Abschließend führen wir eine neue Sprechweise ein:

Erzeugende Funktion

Ist $(a_n)_{n \in \mathbb{N}_0}$ eine Folge komplexer Zahlen, so nennt man die formale Potenzreihe

$$A = \sum_{n \in \mathbb{N}_0} a_n X^n \in \mathbb{C}[[X]]$$

erzeugende Funktion der Folge (a_n).

Wir bezeichnen also eine formale Potenzreihe auch als erzeugende Funktion von sich. Das ist verwirrend, aber üblich, deshalb werden auch wir uns an diese Sprechweise halten.

Mit der erzeugenden Funktion der Fibonacci-Zahlen erhalten wir eine explizite Darstellung dieser Zahlen

Wir wollen das Lösen von Rekursionen nun anhand des Beispiels der Fibonacci-Zahlen $a_0 = 1$, $a_1 = 1$, $a_{n+1} = a_n + a_{n-1}, n \in \mathbb{N}$, beschreiben.

Beispiel Dazu betrachten wir die erzeugende Funktion $F = \sum a_n z^n$ der Fibonacci-Zahlen a_n, $n \in \mathbb{N}_0$. Um die lineare Rekursion *aufzulösen*, gehen wir wie folgt vor:

1. Wir stellen die erzeugende Funktion auf. Dazu geben wir erst die Folgenglieder, das sind die Koeffizienten der erzeugenden Funktion F, an:

$$a_0 = 1, \; a_1 = 1, \; a_n = a_{n-1} + a_{n-2} \text{ für } n \geq 2.$$

Die erzeugende Funktion $F = \sum_{n \in \mathbb{N}_0} a_n X^n$ lautet damit:

$$F = 1\,X^0 + 1\,X^1 + \sum_{n \geq 2}(a_{n-1} + a_{n-2})\,X^n$$

$$= 1 + X + \sum_{n \geq 2} a_{n-1} X^n + \sum_{n \geq 2} a_{n-2} X^n$$

$$= 1 + X\,(1 + \sum_{n \geq 2} a_{n-1} X^{n-1}) + X^2 \sum_{n \geq 2} a_{n-2} X^{n-2}$$

$$= 1 + X \sum_{n \in \mathbb{N}_0} a_n X^n + X^2 \sum_{n \in \mathbb{N}_0} a_n X^n$$

$$= 1 + X F + X^2 F.$$

2. Wir lösen diese Gleichung nach F auf:

$$F = \frac{1}{1 - X - X^2}.$$

3. Nun entwickeln wir die rechte Seite in eine formale Potenzreihe $B = \sum b_n X^n$ mit explizit gegebenen b_n, es gilt dann $a_n = b_n$. Dann haben wir die zuerst rekursiv gegebenen a_n explizit bestimmt.
Um die formale Potenzreihe B zu erhalten, zerlegen wir den Bruch $\frac{1}{1-X-X^2}$ in Partialbrüche der Form

$$\frac{1}{1 - X - X^2} = \frac{a}{1 - \alpha X} + \frac{b}{1 - \beta X},$$

da wir die Potenzreihenentwicklungen von Brüchen der Form $\frac{c}{1-\gamma X}$ dank der geometrischen Reihe bestens kennen. Wir erhalten:

$$1 - X - X^2 = X^2 \left(\frac{1}{X^2} - \frac{1}{X} - 1 \right)$$

$$= X^2 \left(\frac{1}{X} - \alpha \right) \left(\frac{1}{X} - \beta \right)$$

$$= (1 - \alpha X)(1 - \beta X).$$

Die Nullstellen von $x^2 - x - 1$ sind

$$\alpha = \frac{1 + \sqrt{5}}{2} \quad \text{und} \quad \beta = \frac{1 - \sqrt{5}}{2}.$$

Gesucht sind also $a, b \in \mathbb{C}$ mit

$$\frac{1}{1 - X - X^2} = \frac{a}{1 - \alpha X} + \frac{b}{1 - \beta X},$$

somit:

$$1 = a\,(1 - \beta X) + b\,(1 - \alpha X).$$

Es folgt:

$$a + b = 1 \quad \text{und} \quad a\,(-\beta) + b\,(-\alpha) = 0.$$

Somit erhalten wir:

$$b = -a + 1, \; a = \frac{\alpha}{\sqrt{5}}, \; b = -\frac{\beta}{\sqrt{5}},$$

d. h.,

$$F = \frac{1}{\sqrt{5}} \left(\frac{\alpha}{1 - \alpha X} - \frac{\beta}{1 - \beta X} \right)$$

$$= \frac{1}{\sqrt{5}} \sum \left(\alpha^{n+1} - \beta^{n+1} \right) X^n.$$

4. Für die Koeffizienten a_n, d. h. für die Fibonacci-Zahlen a_n, erhalten wir somit durch einen Koeffizientenvergleich

$$a_n = \frac{1}{\sqrt{5}} \left(\left(\frac{1 + \sqrt{5}}{2} \right)^{n+1} - \left(\frac{1 - \sqrt{5}}{2} \right)^{n+1} \right).$$

Damit haben wir die explizite Darstellung der Fibonacci-Zahlen, die wir auch schon zu Beginn dieses Abschnitts zu den erzeugenden Funktionen angegeben haben, gewonnen. ◄

Jede lineare Rekursion kann man mit erzeugenden Funktionen auflösen

Was wir an dem Beispiel der Folge der rekursiv definierten Fibonacci-Zahlen durchgeführt haben, ist prinzipiell mit jeder rekursiv definierten Folge möglich, falls die Rekursion linear ist. Dazu geht man wie folgt vor:

Das allgemeine Vorgehen beim Lösen linearer Rekursionen

1. Stelle die erzeugende Funktion A auf.
2. Löse die entstehende Gleichung nach A auf.
3. Entwickle den Quotienten von Potenzreihen für A in eine Potenzreihe.
4. Führe einen Koeffizientenvergleich durch.

Der aufwendige Teil ist im Allgemeinen der Schritt 3. Auf Seite 1111 zeigen wir das Verfahren an einem weiteren ausführlichen Beispiel.

Kommentar: Eine homogene Rekursionsgleichung mit konstanten Koeffizienten, also eine Gleichung der Form

$$a_k t_n + a_{k-1} t_{n-1} + \cdots + a_1 t_{n-k+1} + a_0 t_{n-k} = 0$$

mit $a_i \in \mathbb{R}$, kann man auch mit einem Ansatz der Art $t_n = \lambda^n$ lösen. Durch diesen Ansatz erhält man das *charakteristische Polynom* χ der Rekursionsgleichung,

$$\chi = a_k \lambda^n + a_{k-1} \lambda^{n-1} + \cdots + a_1 \lambda^{n-k+1} + a_0 \lambda^{n-k}.$$

Die Nullstellen und ihre Vielfachheiten bestimmen die allgemeine Lösung. Die *Anfangsbedingungen*, also die *Startwerte* $t_0, \ldots$ der Rekursion, legen dann die Lösung fest.

Man beachte diese Analogie zum Lösungsansatz mit der Exponentialfunktion bei homogenen linearen Differenzialgleichungen mit konstanten Koeffizienten (vgl. Mathematik, Arens et al., 2. Auflage, Spektrum Akademischer Verlag, Seite 449).

Beispiel: Auflösen einer rekursiv definierten Folge

Wir bestimmen eine explizite Formel für die Folgenglieder der rekursiv definierten Folge

$$a_0 = 2, \ a_{n+1} = 3\, a_n + 4^n, \ n \in \mathbb{N}_0.$$

Problemanalyse und Strategie: Wir führen die vier Schritte aus dem Merksatz zum allgemeinen Vorgehen beim Lösen linearer Rekursionen auf Seite 1110 durch.

Lösung:

1. Wir stellen die erzeugende Funktion $A = \sum_{n \in \mathbb{N}_0} a_n X^n$ auf:

$$A = a_0 X^0 + \sum_{n \in \mathbb{N}_0} 2\, a_{n+1} X^{n+1}$$

$$= 2 + X \sum_{n \in \mathbb{N}_0} (3\, a_n + 4^n)\, X^n$$

$$= 2 + 3 X \sum_{n \in \mathbb{N}_0} a_n X^n + X \sum_{n \in \mathbb{N}_0} (4\, X)^n$$

$$= 2 + 3 X A + X \frac{1}{1 - 4X}.$$

2. Wir lösen die Gleichung nach A auf und erhalten:

$$A = \frac{2}{1 - 3X} - \frac{X}{(1 - 4X)(1 - 3X)}.$$

3. Wir entwickeln nun $\frac{2}{1-3X} - \frac{X}{(1-4X)(1-3X)}$ in eine Potenzreihe. Dazu bestimmen wir zuerst eine Partialbruchzerlegung von $\frac{X}{(1-4X)(1-3X)}$: Der Ansatz

$$\frac{X}{(1 - 4X)(1 - 3X)} = \frac{a}{1 - 4X} + \frac{b}{1 - 3X}$$

liefert:

$$z = a\,(1 - 3X) + b\,(1 - 4X)$$

$$= (-3\,a - 4\,b)\, X + (a + b).$$

Durch einen Koeffizientenvergleich erhalten wir:

$$a + b = 0 \ \text{ und } \ 3\,a + 4\,b = -1,$$

also:

$$a = 1 \ \text{ und } \ b = -1.$$

Für unsere Potenzreihe A gilt damit:

$$A = \frac{2}{1 - 3X} - \frac{X}{(1 - 4X)(1 - 3X)}$$

$$= \frac{2}{1 - 3X} - \frac{1}{1 - 4X} - \frac{1}{1 - 3X}$$

$$= \frac{1}{1 - 3X} - \frac{1}{1 - 4X}$$

$$= \sum_{n \in \mathbb{N}_0} 3^n X^n + \sum_{n \in \mathbb{N}_0} 4^n X^n$$

$$= \sum_{n \in \mathbb{N}_0} (3^n + 4^n)\, X^n.$$

4. Ein Koeffizientenvergleich liefert die explizite Darstellung der Folgenglieder a_n, es gilt:

$$a_n = 3^n + 4^n \ \text{ für alle } n \in \mathbb{N}_0.$$

Zusammenfassung

Ein **Graph** $G = (V, E)$ besteht aus zwei disjunkten Mengen, einer Knotenmenge V und einer Kantenmenge E, wobei jeder *Kante* $e \in E$ zwei **Knoten** $u, v \in V$ zugeordnet sind, die Endknoten von e. Ein Graph G heißt **einfach**, wenn in G keine zwei Kanten dieselben Endknoten haben und keine Kante mit zusammenfallenden Endknoten existiert.

Der Graph $G' = (V', E')$ heißt **isomorph** zu $G = (V, E)$, wenn es eine Bijektion $\varphi: V \to V'$ gibt mit der Eigenschaft, dass für alle $(u, v) \in V \times V$ die Anzahl der u mit v verbindenden Kanten aus E übereinstimmt mit jener der $\varphi(u)$ mit $\varphi(v)$ verbindenden Kanten aus E'.

Der Graph $G' = (V', E')$ ist ein **Teilgraph** von $G = (V, E)$, wenn $V' \subset V$ und $E' \subset E$ ist. Bei $V' = V$ wird G von G' **aufgespannt**.

Der **Grad** $\deg v$ eines Knoten ist die Anzahl der Kanten mit v als Endknoten. In einem **regulären** Graphen hat jeder Knoten denselben Grad r. Bei $r = |V| - 1$ heißt der Graph **vollständig**. Ist der Graph $G = (V, E)$ **bipartit**, so lässt sich V derart in zwei diskunkte Teilmengen V_1 und V_2 zerlegen, dass jede Kante einen Endknoten in V_1 und einen in V_2 hat.

Eine **Kantenfolge** aus G ist eine Folge $e_1, e_2, \ldots, e_k$ von Kanten aus E derart, dass je zwei aufeinanderfolgende Kanten einen Endknoten gemein haben. Unter der **Länge** einer Kantenfolge verstehen wir die Anzahl k der Kanten. Sind die bei dieser Folge durchlaufenen Knoten $v_0, \ldots, v_k$ paarweise verschieden, so heißt die Kantenfolge **Weg**. Wir sagen, dieser Weg **verbindet** v_0 mit v_k. Ist G **zusammenhängend**, so gibt es zu je zwei Knoten u und v einen verbindenden Weg.

Die minimale Länge der u mit v verbindenden Wege heißt **Abstand** $d(u, v)$ der Knoten. Für diesen gilt die Dreiecksungleichung.

Ist eine Kantenfolge geschlossen, also $v_0 = v_k$, und sind die dazwischen liegenden Knoten alle paarweise verschieden, so spricht man von einem **Kreis**. Ein Graph G ist genau dann bipartit, wenn G keine Kreise ungerader Länge enthält. Die Länge $g(G)$ des kürzesten Kreises in G und die in G maximale Distanz diam G erfüllen die Ungleichung

$$g(G) \leq 2 \operatorname{diam} G + 1.$$

Eine Kantenfolge in einem Graphen G heißt **Euler'sch**, wenn sie jede Kante von G genau einmal enthält. In einem Graphen G gibt es genau dann eine Euler'sche Kantenfolge, wenn G zusammenhängend ist und entweder alle Knotengrade gerade sind oder genau zwei davon ungerade.

Ein Kreis, welcher alle Knoten passiert, heißt **Hamiltonkreis**. Nach dem **Satz von Dirac** muss in einem einfachen Graphen G mit n Knoten, welche alle einen Grad deg $v \geq \frac{n}{2}$ haben, ein Hamiltonkreis existieren.

Ein Graph G heißt **planar**, wenn es einen dazu isomorphen Graphen in einer Ebene gibt, wobei je zwei verschiedene Kanten einander höchstens in Knoten schneiden. Ist G ein zusammenhängender planarer Graph mit n Knoten und m Kanten, so teilt jede kreuzungsfreie Darstellung von G die Trägerebene in f Gebiete; dabei gilt die **Euler'sche Formel**:

$$n - m + f = 2.$$

Ein **Baum** ist ein zusammenhängender Graph, der keinen Kreis enthält. Bäume sind minimal zusammenhängend und maximal kreisfrei. Ein Baum mit n Knoten besitzt genau $n-1$ Kanten. Umgekehrt ist jeder zusammenhängende Graph G mit n Knoten und $n-1$ Kanten ein Baum.

Ein Graph $G = (V, E)$ zusammen mit einer Abbildung $w: E \to \mathbb{R}$ heißt **bewerteter Graph** oder **Netzwerk**. Ist H ein Teilgraph von G, so ist der **Wert** $w(H)$ definiert als Summe der Werte aller in H vorkommenden Kanten.

Mithilfe der Algorithmen von **Prim** bzw. **Kruskal** können in Netzwerken aufspannende Bäume mit einem minimalen Wert, also **minimale Spannbäume** bestimmt werden. Der **Algorithmus von Dijkstra** dient dazu, in einem Netzwerk (G, w) mit nicht negativer Bewertung unter allen u mit v verbindenden Wegen einen mit kleinstem Wert $d_w(u, v)$ zu ermitteln, also einen **kürzesten Weg** oder **Minimalweg**.

In unserer Einführung zur Kombinatorik geht es immer um dasselbe: Man hat eine endliche Menge gegeben, wobei die Elemente dieser Menge durch sie definierende Eigenschaften gegeben sind. Die Aufgabe ist es, die Anzahl der Elemente dieser endlichen Menge zu bestimmen. Dazu bedient man sich einiger Rechenregeln bzw. Hilfsgrößen, nämlich:

- der Summenformel,
- der Produktformel,
- dem Zählen durch Bijektion,
- dem doppelten Abzählen,
- dem Inklusions- und Exklusionsprinzip,
- den Zählkoeffizienten.

Die Summen- und Produktformel wendet man an, wenn man komplizierte Mengen auf disjunkte Vereinigungen und kartesische Produkte einfacher Mengen zurückführen kann; beim Zählen durch Bijektion zählt man die Elemente einer anderen Menge, deren Elemente einfacher zu zählen sind, die aber gleich viele Elemente hat. Beim doppelten Abzählen hat man eine Wahl, die Elemente eines kartesischen Produkts zu zählen, man kann „zeilenweise" oder „spaltenweise" zählen. Das Prinzip vom doppelten Abzählen besagt, dass das Gleiche herauskommt, man wählt aber tatsächlich die Methode, bei der man sich leichter tut. Beim Inklusions- und Exklusionsprinzip zählt man die Elemente nicht disjunkter Mengen. Würde man die Mächtigkeiten der einzelnen Mengen addieren, so würde man die Elemente in den Schnitten der Mengen mehrfach berücksichtigen. Das Prinzip von Inklusion und Exklusion korrigiert diese Mehrfachzählung durch ein Subtrahieren der Mächtigkeiten von gewissen Schnitten. Es bietet sich an, wenn das Zählen der Mächtigkeiten von Schnitten einfacher ist als das Zählen der Mächtigkeit von Vereinigungen. Die Zählkoeffizienten sind Mächtigkeiten von Mengen bestimmter Bauarten, die in der Kombinatorik häufig vorkommen. Sie sind somit fundamental für die Grundlagen der Kombinatorik.

Die Stirling-Zahlen zweiter Art und die Fibonacci-Zahlen sind wie viele andere berühmte Zahlen durch eine Rekursionsvorschrift gegeben. Die Suche nach einer expliziten Formel für diese rekursiv definierten Folgenglieder a_i einer Folge $(a_i)_{i \in \mathbb{N}_0}$ hat immer dann einen Erfolg, wenn die Rekursion linear ist, wie es bei den Stirling-Zahlen zweiter Art und den Fibonacci-Zahlen der Fall ist. In diesem Fall liefert die formale Potenzreihe

$$A = \sum_{i \in \mathbb{N}_0} a_i X^i,$$

man nennt sie die **erzeugende Funktion** der Folge $(a_i)_{i \in \mathbb{N}_0}$, eine explizite Darstellung für a_i durch einen Koeffizientenvergleich dieser Potenzreihe mit einer anderen Potenzreihe, deren Koeffizienten explizit gegeben sind. Diese zweite Potenzreihe erhält man beim Einsetzen der Rekursionsvorschrift bei A.

Aufgaben

Die Aufgaben gliedern sich in drei Kategorien: Anhand der *Verständnisfragen* können Sie prüfen, ob Sie die Begriffe und zentralen Aussagen verstanden haben, mit den *Rechenaufgaben* üben Sie Ihre technischen Fertigkeiten und die *Beweisaufgaben* geben Ihnen Gelegenheit, zu lernen, wie man Beweise findet und führt.

Ein Punktesystem unterscheidet leichte Aufgaben •, mittelschwere •• und anspruchsvolle ••• Aufgaben. Lösungshinweise am Ende des Buches helfen Ihnen, falls Sie bei einer Aufgabe partout nicht weiterkommen. Dort finden Sie auch die Lösungen – betrügen Sie sich aber nicht selbst und schlagen Sie erst nach, wenn Sie selber zu einer Lösung gekommen sind. Ausführliche Lösungswege stehen auf der Website des Verlags zur Verfügung.

Viel Spaß und Erfolg bei den Aufgaben!

Verständnisfragen

26.1 • Beweisen Sie die Isomorphie der im folgenden Bild angegebenen Graphen G und G', indem Sie angeben, wie dieser Isomorphismus $\varphi \colon G \to G'$ die Knoten $v_1, \ldots, v_8$ auf die Knoten $v_1', \ldots, v_8'$ von G' abzubilden hat.

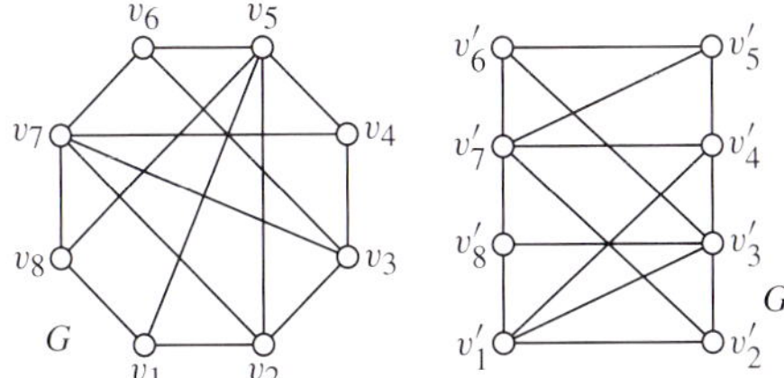

26.2 • Bestimmen Sie Durchmesser, Radius, Zentrum und Randknoten sowie die Taillenweite des vollständigen Graphen K_n, des vollständigen bipartiten Graphen $K_{p,q}$ sowie des Peterson-Graphen P (siehe Abbildung 26.23)

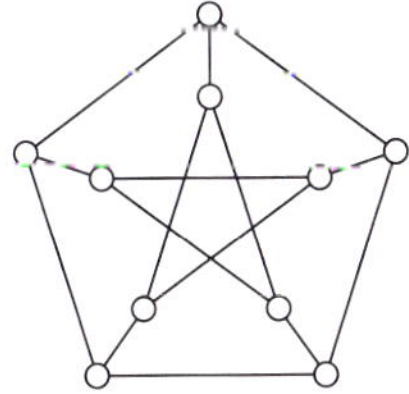

Abbildung 26.23 Der Petersen-Graph P.

26.3 • Bestimmen Sie alle untereinander nichtisomorphen Bäume mit 6 Knoten. Vergleichen Sie dazu auch die Abbildung 26.19.

26.4 •• Zeichnen Sie einen Graphen, dessen Knoten $v_1, \ldots, v_7$ der Reihe nach die Grade $(1, 2, 3, 4, 5, 6, 7)$ haben. Gibt es einen einfachen Graphen mit dieser Gradfolge? Gibt es einen Graphen mit sechs Knoten und den Graden $(1, 2, 3, 4, 5, 6)$?

26.5 •• Wie viele Hamiltonkreise gibt es in den vollständigen Graphen K_5 und allgemeiner in K_n?

26.6 ••• Welche Längen sind bei Kreisen im Petersen-Graphen P (Abbildung 26.23) möglich? Gibt es einen Hamiltonkreis in P? Warum ist der Petersen-Graph brückenlos?

26.7 • In einer Vorlesung sitzen 64 Studenten und n Studentinnen. Jeder Student kennt genau 5 Studentinnen und jede Studentin 8 Studenten. Wie viele Studentinnen sitzen in der Vorlesung?

26.8 • 10 Studentinnen und 5 Studenten stellen sich so in einer Reihe auf, dass keine zwei Studenten nebeneinander stehen. Wie viele Möglichkeiten gibt es hierbei?

26.9 •• Wie viele Möglichkeiten gibt es, 10 rote und 5 gelbe Gummibärchen (evtl. ungerecht) auf Lisa, Lena, Laura und Lola zu verteilen?

Rechenaufgaben

26.10 • Bestimmen Sie eine Euler'sche Kantenfolge in dem Graphen aus Abbildung 26.24

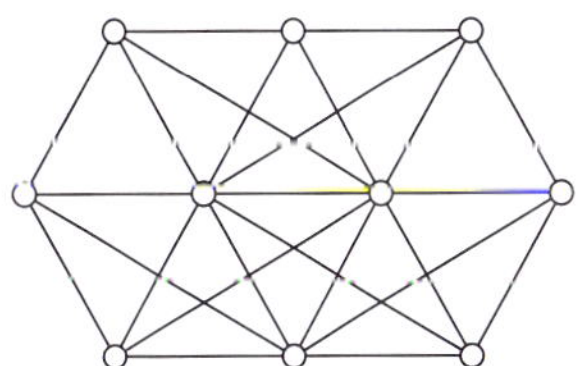

Abbildung 26.24 Euler'scher Graph zu Aufgabe 26.10.

26.11 • Bestimmen Sie einen minimalen Spannbaum des in Abbildung 26.25 dargestellten Netzwerks (G, w) mit 10 Knoten und 20 Kanten.

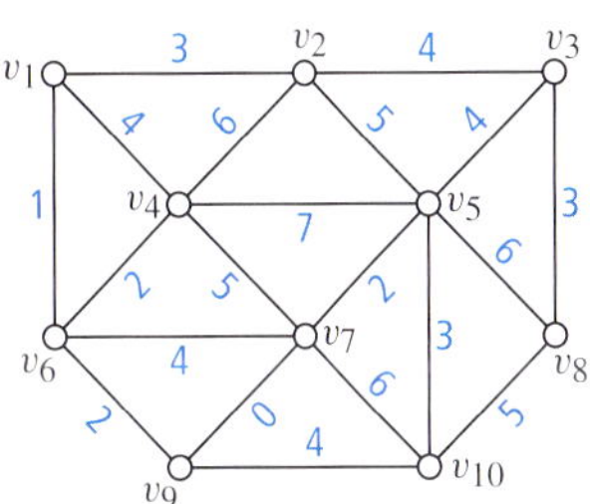

Abbildung 26.25 (G, w) ist ein positiv bewerteter Graph.

26.12 • Bestimmen Sie für das in Abbildung 26.25 dargestellte Netzwerk (G, w) einen Entfernungsbaum zu dem Knoten v_3.

26.13 •• Es seien M und N endliche Mengen, $|N| = n$ und $|M| = m$. Bestimmen Sie die Anzahl

(a) aller Abbildungen $f : M \to N$,
(b) aller injektiven Abbildungen $f : M \to N$,
(c) aller surjektiven Abbildungen $f : M \to N$,
(d) aller bijektiven Abbildungen $f : M \to N$.

26.14 •• Gegeben ist die rekursiv definierte Folge $(a_n)_{n \in \mathbb{N}_0}$, wobei

$$a_0 = 1 \quad \text{und} \quad a_{n+1} = 2\,a_n + n.$$

Bestimmen Sie eine explizite Darstellung der Folgenglieder a_n mittels einer erzeugenden Funktion.

Beweisaufgaben

26.15 • Beweisen Sie die folgende Aussage: Hat in einem einfachen Graphen G mit n Knoten jeder Knoten v einen Grad $\deg v \geq \frac{n}{2}$, so ist G zusammenhängend.

26.16 ••• Beweisen Sie, dass es in jeder Ansammlung von 6 Personen mindestens drei gibt, die paarweise einander kennen, oder drei, die paarweise einander nicht kennen.

26.17 •• Beweisen Sie: Besteht der planare Graph G mit n Knoten, m Kanten und f Gebieten aus c Zusammenhangskomponenten, so gilt als Verallgemeinerung der Euler'schen Formel (Seite 1096) $n - m + f = 1 + c$.

26.18 • Beweisen Sie: Ist G ein planarer zusammenhängender und einfacher Graph, so ist die Kantenzahl m gegenüber der Knotenzahl n durch die Gleichung $m \leq 3n - 6$ begrenzt.

26.19 • Beweisen Sie die folgende Aussage: Wenn in einem bewerteten einfachen Graphen (G, w) keine zwei Kanten denselben Wert haben, ist der minimale Spannbaum eindeutig.

26.20 ••• Beweisen Sie das Lemma auf Seite 1104: Sind $M_1, \ldots, M_k$ endliche Mengen, so gilt:

$$\left| \bigcup_{i=1}^{k} M_i \right| = \sum_{\emptyset \neq J \subseteq \{1, \ldots, k\}} (-1)^{|J|-1} \left| \bigcap_{j \in J} M_j \right|.$$

26.21 •• Begründen Sie, warum für die Stirling-Zahlen zweiter Art und $n > 0$ die folgenden Gleichheiten gelten:

- $S_{n,1} = 1$,
- $S_{n,n} = 1$,
- $S_{n,n-1} = \binom{n}{2}$,
- $S_{n,2} = \frac{1}{2}(2^n - 2) = 2^{n-1} - 1$.

26.22 ••• Leiten Sie die explizite Darstellung

$$S_{n,k} = \frac{1}{k!} \sum_{i=0}^{k} (-1)^{k-i} \binom{k}{i} i^n$$

für die Stirling-Zahlen zweiter Art her.

26.23 ••• **Partitionen natürlicher Zahlen**. Es seien $n, k \in \mathbb{N}_0, k \leq n$ und $N = \{1, \ldots, n\}$.

Eine k-**Partition** von n ist eine Zerlegung von n in eine Summe aus k Summanden:

$$n = n_1 + n_2 + \ldots + n_k,$$

wobei $n_1, \ldots, n_k \in \mathbb{N}$. Für die Anzahl der ungeordneten k-Partitionen von n schreiben wir $P_{n,k}$, es gilt:

$$P_{n,k} = \left| \left\{ (n_1, \ldots, n_k) \in \mathbb{N}^k \,\middle|\, \sum_{i=1}^{k} n_i = n,\ n_i \leq n_{i+1} \right\} \right|.$$

(a) Bestimmen Sie $P_{6,4}$.
(b) Begründen Sie, warum die Anzahl der geordneten k-Partitionen $\binom{n-1}{k-1}$ ist.

Antworten der Selbstfragen

S. 1088
Im linken Graphen gibt es 10 Knoten mit geradem Grad, und zwar einen mit $\deg v = 0$, sechs mit $\deg v = 2$ und drei mit $\deg v = 4$. Beachten Sie, dass Schlingen doppelt zu zählen sind. Der mittlere Graph enthält 4 Knoten mit geradem Grad, drei mit Grad 2 und einen mit Grad 4. Auch der rechte Graph enthält 4 Knoten mit geradem Grad, zwei mit Grad 2 und zwei mit Grad 4.

S. 1089
In einer Kantenfolge können Kanten und Knoten mehrfach durchlaufen werden. Man könnte demnach ein und dieselbe Kante beliebig oft hin- und herlaufen. Also gibt es keine obere Schranke für die Länge von Kantenfolgen in G.

Nachdem in einem Weg die Knoten paarweise verschieden sein müssen, kommen darin weder Knoten noch Kanten mehrfach vor. Die Längen der Wege in G sind somit durch $\min\{|E|,\ |V| - 1\}$ nach oben begrenzt, und diese Grenzen werden tatsächlich erreicht, wenn der Graph nur aus einem einzigen Weg besteht.

S. 1090
Nachdem der Kreis $v_0 \ldots v_k$ mit $v_k = v_0$ die Länge k hat, ist die Länge durch $\min\{|E|,\ |V|\}$ nach oben begrenzt, und dies ist die kleinste obere Schranke, wie ein aus einem einzigen Kreis bestehender Graph zeigt.

In $K_{3,3}$ gibt es Kreise der Längen 4 (z. B. $v_1 v_2 v_5 v_6 v_1$) und 6 (z. B. $v_1 v_2 v_3 v_4 v_5 v_6 v_1$).

S. 1090

Wir schließen indirekt:

Zu „$\Rightarrow$": Gibt es einen Kreis durch e, so gibt es für die Endknoten von e auch nach Weglassung von e noch einen verbindenden Weg in G. Also bleibt die Anzahl der Zusammenhangskomponenten von G trotz Streichung von e unverändert; e ist keine Brücke.

Zu „$\Leftarrow$": Gibt es umgekehrt für die Endknoten von e auch nach Weglassung von e noch einen verbindenden Weg in G, so bildet dieser zusammen mit e einen Kreis in G.

S. 1091

Die linke Ungleichung folgt aus der Definition, denn

$$\operatorname{rad} G = \min\{e(v) \mid v \in V\} \leq \max\{e(v) \mid v \in V\}$$
$$= \max\{d(u, v) \mid u, v \in V\} = \operatorname{diam} G.$$

Ist G zusammenhängend und liegt u im Zentrum von G, während v, w zwei Knoten sind, deren Abstand gleich dem Durchmesser von G ist, so folgt nach der Dreiecksungleichung:

$$\operatorname{diam} G = d(v, w) \leq d(u, v) + d(u, w) \leq 2\,e(u) = 2\operatorname{rad} G.$$

Ist G nicht zusammenhängend, so ist die Aussage trivial, denn dann ist $\operatorname{rad} G = \operatorname{diam} G = \infty$.

S. 1092

Wegen der zwei parallelen Kanten zwischen v_2 und v_3 gibt es 3 Kantenfolgen mit je 3 Kanten von v_1 nach v_3. Bei den 3 möglichen Kantenfolgen von v_1 nach v_5 passieren wir der Reihe nach die Knoten v_1, v_5, v_1, v_5 oder v_1, v_5, v_2, v_5 oder v_1, v_5, v_4, v_5. Um von v_2 zu v_3 zu gelangen, gibt es 8 mögliche Kantenfolgen über die Knoten v_2, v_3, v_2, v_3, je 2 über v_2, v_5, v_2, v_3 oder v_2, v_3, v_4, v_3, und schließlich eine über v_2, v_5, v_4, v_3, somit insgesamt 13. Von v_2 kommen wir nach v_5 wie folgt: 4 Folgen passieren die Knoten v_2, v_3, v_2, v_5, 2 die Knoten v_2, v_3, v_4, v_5. Dazu kommen noch v_2, v_5, v_1, v_5, ferner v_2, v_5, v_4, v_5 sowie v_2, v_5, v_2, v_5, also insgesamt 9 Möglichkeiten. Um von v_3 zu v_4 zu gelangen, gibt es 4 Kantenfolgen über die Knoten v_3, v_2, v_3, v_4, 2 über v_3, v_2, v_5, v_4 sowie je eine über v_3, v_4, v_3, v_4 und v_3, v_4, v_5, v_4; das macht 8. Insgesamt 6 Kantenfolgen führen von v_4 nach v_5. Davon passieren 2 die Knoten v_4, v_3, v_2, v_5; die restlichen laufen über v_4, v_5, v_1, v_5, v_4, v_3, v_4, v_5, v_4, v_5, v_2, v_5 oder v_4, v_5, v_4, v_5.

$$A^2 = \begin{pmatrix} 1 & 1 & 0 & 1 & 0 \\ 1 & 5 & 0 & 3 & 0 \\ 0 & 0 & 5 & 0 & 3 \\ 1 & 3 & 0 & 2 & 0 \\ 0 & 0 & 3 & 0 & 3 \end{pmatrix}, \quad A^3 = \begin{pmatrix} 0 & 0 & 3 & 0 & 3 \\ 0 & 0 & 13 & 0 & 9 \\ 3 & 13 & 0 & 8 & 0 \\ 0 & 0 & 8 & 0 & 6 \\ 3 & 9 & 0 & 6 & 0 \end{pmatrix}$$

S. 1094

Eine Schlinge ist ein Kreis der Länge 1. Zwei parallele Kanten bestimmen einen Kreis der Länge 2. Jeder Baum ist kreisfrei; daher sind Schlingen sowie parallele Kanten ausgeschlossen.

S. 1095

Weil ein Baum minimal zusammenhängend ist. Oder auch gemäß der Selbstfrage auf Seite 1090, weil keine Kante einem Kreis angehören kann.

S. 1098

Wird mit v_1 begonnen, so ist nach dem zweiten Schritt $E_T = \{v_1 v_6\}$ und $V_T = \{v_1, v_6\}$. Beim dritten Schritt kommt die Kante $v_2 v_6$ zu E_T dazu, und $V_T = \{v_1, v_2, v_6\}$. Nach dem vierten Schritt ist $E_T = \{v_1 v_6, v_2 v_6, v_2 v_5\}$ und $V_T = \{v_1, v_2, v_5, v_6\}$. Bei dem fünften Schritt kommt $v_2 v_3$ zu E_T und v_3 zu V_T. Das Ergebnis lautet schließlich $E_T = \{v_1 v_6, v_2 v_6, v_2 v_5, v_2 v_3, v_3 v_4\}$ und natürlich $V_T = \{v_1, \ldots, v_6\} = V$.

S. 1098

Die Reihenfolge der nach ansteigenden Werten geordneten Kanten ist nicht eindeutig. Eine mögliche Reihung lautet: $v_2 v_6, v_2 v_5, v_2 v_3, v_5 v_6, v_3 v_4, v_3 v_6, v_1 v_6, v_4 v_5, v_1 v_2, v_3 v_5$. Demgemäß sind der Reihe nach die Kanten $v_2 v_6, v_2 v_5, v_2 v_3$, $v_3 v_4$ und $v_1 v_6$ für den minimalen Spannbaum T auszuwählen. Es ist $w(T) = 4$.

S. 1099

Wir können uns auf den Fall paarweise verschiedener Knoten a, b, c beschränken, da die Aussage sonst trivial ist. Nachdem es einen Weg von a über b nach c gibt mit dem Gesamtwert $d_w(a, b) + d_w(b, c)$, darf der Gesamtwert des Minimalweges von a nach c nicht größer sein als diese Summe.

S. 1100

Gemeinsame Elemente würden sonst mehrfach gezählt werden; in der Vereinigungsmenge aber kommt das gemeinsame Element nur einmal vor.

S. 1104

Wegen $N = \{1, 2, 3, 4\}$, d. h., $n = 4$ und $k = 5$ ist T die Menge aller 5-elementigen Teilmengen von $\{1, \ldots, n + k - 1 = 8\}$. Die Abbildung φ bildet die 5-Multimenge $M = 1, 1, 3, 3, 3$ ab auf

$$\varphi(1, 1, 3, 3, 3) = \{1, 1 + 1, 3 + 2, 3 + 3, 3 + 4\}$$
$$= \{1, 2, 5, 6, 7\}.$$

Und das ist natürlich ein Element von T. Nun wenden wir ψ auf dieses Element aus T an und erhalten

$$\psi(\{1, 2, 5, 6, 7\}) = 1, 2 - 1, 5 - 2, 6 - 3, 7 - 4$$
$$= 1, 1, 3, 3, 3.$$

S. 1108

Ja, die Polynome sind genau jene formalen Potenzreihen, zu denen es ein $n \in \mathbb{N}_0$ gibt mit $a_k = 0$ für alle $k > n$.

Hinweise zu den Aufgaben

Zu einigen Aufgaben gibt es keine Hinweise.

Kapitel 2

2.1 Bedenken Sie auch den Fall negativer Zahlen.

2.2 Zählen Sie die möglichen Belegungen einer entsprechenden Wahrheitstafel!

2.3 Stellen Sie eine entsprechende Wahrheitstafel auf.

2.4 Stellen Sie eine entsprechende Wahrheitstafel auf.

2.5 Schreiben Sie x als vollständig gekürzte rationale Zahl, $x = p/q$, und setzen Sie diese Darstellung in $x^2 = 2$ ein.

2.6 Gehen Sie die vier Teilnehmer der Reihe nach durch: Nehmen Sie an, dass der Teilnehmer die Wahrheit sagt. Finden Sie einen Widerspruch?

2.7 Zeigen Sie die Gleichheit der angegebenen Mengen.

2.8 Zeigen Sie die Gleichheit der angegebenen Mengen. Geben Sie für die zusätzliche Fragestellung ein Beispiel einer Abbildung an, bei der die angegebene Gleichheit nicht gilt.

2.9 Beachten Sie das Lemma auf Seite 48.

2.10 Beachten Sie die Definitionen von injektiv und surjektiv.

2.11 Beachten Sie die Definitionen von injektiv und surjektiv.

2.12 Zeigen Sie, dass f injektiv und surjektiv ist.

2.13 Beachten Sie die Definitionen.

2.14 Beachten Sie die Definitionen.

2.15 Sehen Sie nach, wie Äquivalenzklassen definiert sind.

2.16 Vergessen Sie nicht, die Wohldefiniertheit von f zu zeigen.

2.17 Zeigen Sie, dass $\sim$ symmetrisch ist. Für den Teil (b) beachte man die Definition einer Ordnungsrelation.

2.18 Nehmen Sie an, dass es eine surjektive Abbildung $f: A \to \mathcal{P}(A)$ gibt, und betrachten Sie die Menge $B = \{x \in A \mid x \notin f(x)\}$.

Kapitel 3

3.1 Ermitteln Sie zuerst das neutrale Element e und beachten Sie, dass in jeder Zeile und jeder Spalte jedes Element genau einmal vorkommt.

3.2 Multiplizieren Sie die Gleichungen mit dem Inversen von a.

3.3 Füllen Sie erst die Tafel für die Multiplikation auf. Begründen Sie, dass $a \cdot b = 1$ gilt.

3.4 Geben Sie ein nichtinvertierbares Polynom an.

3.5 Was ist $1 \cdot x$, falls $1 = 0$?

3.6 Beachten Sie die Definitionen.

3.7 Beachten Sie die Definitionen.

3.8 Beginnen Sie mit dem Erstellen der Verknüpfungstafel, Sie erkennen dann, dass alle Elemente invertierbar sind und ein neutrales Element existiert.

3.9 Begründen Sie, dass jede Untergruppe von $(\mathbb{Z}, +)$ von der Form $(n \cdot \mathbb{Z}, +)$ ist.

3.10 Das neutrale Element und die invertierbaren Elemente erkennt man an der Verknüpfungstafel. Das Assoziativgesetz zeigt man durch direktes Nachprüfen.

3.11 Man beachte die Division mit Rest.

3.12 Setzen Sie $a = \sqrt{2} + \sqrt[3]{2}$ und betrachten Sie das Element $(a - \sqrt{2})^3$.

3.13 (a) Nehmen Sie an, es gilt $U_1 \not\subseteq U_2$ und $U_2 \not\subseteq U_1$. Führen dies zu einem Widerspruch. (b) Benutzen Sie den Teil (a). (c) Betrachten Sie z. B. die Klein'sche Vierergruppe.

3.14 (a) Jeder innere Automorphismus ist nach Voraussetzung die Identität. (b), (c) Bilden Sie $a\,b$ ab und verwenden Sie die Kürzungsregeln bzw. invertieren Sie.

3.15 Gehen Sie analog zur Konstruktion des Polynomrings $R[X]$ vor.

© Springer-Verlag GmbH Deutschland, ein Teil von Springer Nature 2022
T. Arens et al., *Grundwissen Mathematikstudium*,
https://doi.org/10.1007/978-3-662-63313-7

Kapitel 4

4.1 Schauen Sie noch einmal in die Definitionen der beiden Begriffe! Es gibt außerdem einen für diese Aufgabe nützlichen Satz auf Seite 114. Da die reellen Zahlen angeordnet werden können, gilt entweder $a < b$, $a = b$ oder $a > b$. Mit einer Fallunterscheidung lässt sich so der Betrag in den beiden Gleichungen auflösen.

4.2 Die Quadratwurzel $\sqrt{a}$ einer nicht negativen reellen Zahl $a > 0$ ist die **eindeutige** nicht negative Lösung $x \geq 0$ der Gleichung $x^2 = a$. Verwenden Sie diese Definition als Ansatz für ihre Beweise!

4.3 Man erinnere sich an die Definition der verschiedenen Intervalltypen (S. 110)

4.4 Eine endliche Menge mit n Elementen lässt sich mit den natürlichen Zahlen abzählen und daher immer bijektiv auf eine Teilmenge $A_n \subset \mathbb{N}$ abbilden mit $A_n := \{1, 2, \ldots, n\}$. Verwenden Sie dies in Ihren Beweisen.

4.5 Suchen Sie eine affine Abbildung. Bilden sie dazu α auf a bzw. β auf b ab. Die Intervalllängen können Sie mit einem „Streckfaktor" berücksichtigen.

4.6 Suchen Sie eine Abbildung, bei der die Null auf sich selbst abgebildet wird und die Zahlen ± 1 „Unendlich" als Bildpunkt haben würden.

4.7 (a)–(c) Suchen Sie für die drei Zahlen je ein passendes Polynom.

(d), (e) Wäre die Menge der transzendenten Zahlen abzählbar, dann wäre auch die Menge der reellen Zahlen abzählbar, da auch die Menge der algebraischen Zahlen abzählbar ist.

4.8 Lesen Sie sich den Abschnitt 4.5 zu den beiden Zahlbereichen durch. Sie können hier am besten mit (Gegen-) Beispielen arbeiten.

4.9 Lesen Sie sich noch einmal in Kapitel 3 die Definition eines Isomorphismus bzw. im Speziellen die eines Automorphismus durch.

4.10 Nehmen Sie an, es gäbe eine solche Abbildung und führen Sie diese Annahme zu einem Widerspruch.

4.11 Lesen Sie in Abschnitt 4.4 über Zählmengen nach.

4.12 Sie müssen (eigentlich) alle Körpereigenschaften, also die Existenz eines neutralen Elements bzw. eines Inversen der Addition bzw. der Multiplikation, die Abgeschlossenheit bzgl. der Addition bzw. der Multiplikation und das Distributivgesetz einzeln überprüfen!

4.13 Schauen Sie sich Aufgabe 4.12 genau an, die Aufgaben ähneln sich stark.

4.14 Rechnen Sie in $\mathbb{C}$!

4.15 Mathematisch ausgedrückt behauptet die Aufgabe Folgendes:

Gegeben seien $n \in \mathbb{N}$ verschiedene Orte $o_1, o_2, \ldots, o_n$, sodass zu je zwei Orten o_i, o_j ($1 < i \neq j \leq n$) genau eine Verbindungsstraße mit Fahrtrichtung $o_i \to o_j$ oder $o_j \to o_i$ existiert. Ob die Fahrtrichtung $o_i \to o_j$ oder $o_j \to o_i$ zulässig ist, liegt an der nicht näher bekannten Festlegung durch den Herrscher Krao-Se. Unabhängig von der Größe von n und von der Wahl der erlaubten Fahrtrichtungen (Pfeilrichtungen) existiert stets ein Weg, der alle Orte genau einmal enthält.

4.16 Die Lösung der Aufgabe wird einfach, wenn wir bemerken, dass die additive Eigenschaft $n = x^2 + y^2$ als eine multiplikative Eigenschaft $n = |x + yi|^2$ umgeformt werden kann. Die Zahlenpaare alle zu entdecken ist eine gewisse Fleißaufgabe, da man für ein einmal gefundenes Zahlenpaar beide Vorzeichen durchwechseln muss und die Reihenfolge tauschen kann.

4.17 Beweisen Sie diese Ungleichungskette schrittweise, beginnend mit $a \leq H(a, b)$, dann $H(a, b) \leq G(a, b)$ bis hin zu $Q(a, b) \leq b$. Sie können die Ungleichungen entweder auflösen oder aber mit der folgenden Aussage starten:

$$0 \leq (a - b)^2.$$

4.18 Wir arbeiten mit Fallunterscheidungen. Wenn Sie sich nicht sicher sind, wie man an eine solche Aufgabe herangeht, dann lesen Sie bitte die Box auf Seite 113.

4.19 Für den Betrag gelten die auf Seite 110 notierten Rechenregeln:

(R_1) $|a| \geq 0$ und $|a| = 0 \Leftrightarrow a = 0$,
(R_2) $|a \cdot b| = |a| \cdot |b|$,
(R_3) $|a \pm b| \leq |a| + |b|$.

Diese werden Sie im Folgenden verwenden müssen!

4.20 Probieren Sie einige Paare (x, y). Denken Sie daran, dass $(-x)^2 = x^2 > 0$ für reelles x gilt und dass (y, x) eine Lösung ist, wenn (x, y) eine Lösung von $x^2 + y^2 = 13$ ist.

4.22 Betrachten Sie die zur Ausgangsgleichung konjugierte Gleichung

$$\overline{z^n + c_{n-1} z^{n-1} + \ldots + c_1 z} = \overline{0}$$

und folgern Sie

$$\overline{z}^n + c_{n-1}\overline{z}^{n-1} + \ldots + c_1\overline{z} = 0.$$

Benutzen Sie dabei die Rechenregeln für die komplexe Konjugation aus der Übersichtsbox auf Seite 139.

4.23 Orientieren Sie sich am vorgeführten Beispiel $(a + b)^2 = a^2 + 2ab + b^2$ auf Seite 105. Definieren Sie zuerst $3 := 2 + 1$ und nutzen Sie die dann die Identität

$$(a + b)^3 = (a + b)^2 \cdot (a + b).$$

4.24 Gehen Sie die Gleichung summandenweise an! Was gilt für beliebiges a^2 mit $a \in \mathbb{R}$? Und denken Sie daran, dass der Beweis zwei Richtungen umfassen muss.

4.25 Das Maximum ist das größte Element einer Menge M und nicht immer definiert. Das Supremum ist gleich dem größten Element von M, wenn dieses existiert und sonst die kleinste obere Schranke von M. Für Minimum und Infimum gilt Analoges. Um die Aufgabe zu lösen, machen Sie sich bitte klar, aus welchen Elementen die Mengen bestehen!

4.26 Eine andere Formulierung ist diese: a^p und a lassen zur Zahl p den gleichen Teilerrest: $a^p \equiv a \mod p$.

Der Satz kann mit Induktion nach a beweisen werden; verankern Sie bei $a = 0$. Im Induktionsschluss sollten Sie die Binomialkoeffizienten von $(a + 1)^p$ auf Teilbarkeit durch p prüfen.

4.27 Die zu zeigende Formel ist die explizite Form der oben definierten (ziemlich einfachen) rekursiven Formel. Der Ausdruck $\frac{1+\sqrt{5}}{2}$ heißt „goldener Schnitt" (der Betrag von $\frac{1-\sqrt{5}}{2}$ ist sein Kehrwert) und spielt nicht nur in der Kunst eine große Rolle. Da der Ausdruck in $\mathbb{N}$ definiert ist, führt das Beweisprinzip der Induktion zum Erfolg. Allerdings muss man hier zwei aufeinanderfolgende natürliche Zahlen prüfen, da man von n und $n + 1$ auf $n + 2$ wird schließen müssen, um nachzuweisen, dass der Ausdruck f_{n+2} konsistent mit der rekursiven Definition $f_n + f_{n+1} = f_{n+2}$ ist. Das Prinzip bleibt aber gleich!

4.28 Notieren Sie sich einige Summanden der obigen Summen und suchen Sie Gesetzmäßigkeiten.

4.29 Lesen Sie sich noch einmal die Eigenschaften eines Rings auf Seite 85 durch und weisen Sie diese direkt nach. Versuchen Sie mit systematischem Probieren die gesuchten Elemente α zu finden; es gibt vier Paare.

4.30 Untersuchen Sie, ob der Quotient $\frac{\alpha}{\beta}$ in $\mathbb{Z}[i]$ liegt!

4.31 Sie benötigen $i^2 = -1$ und müssen wissen, dass bei $\overline{z}$ der Imaginärteil sein Vorzeichen wechselt. Um mit Brüchen komplexer Zahlen umgehen zu können, sollte man den

Bruch mit dem Konjugierten des Nenners erweitern, denn ein Produkt $z\overline{z}$ ist immer reell.

4.32 Fertigen Sie zu den Mengen Skizzen an, indem Sie einige Elemente der jeweiligen Menge bestimmen und in die komplexe Zahlenebene eintragen.

Verwenden Sie die Darstellung $z = x + yi$ mit reellen Parametern x, y und formen Sie die z-Gleichungen der Mengen in algebraische (x, y)-Gleichungen um. Denken Sie dabei daran, dass x der Realteil und y der Imaginärteil von z sind.

4.33 Für $z = x + yi$ ist die konjugiert komplexe Zahl $\overline{z}$ definiert als $\overline{z} := x - yi$. Verwenden Sie dies in Ihren Umformungen. Außerdem werden Sie $|z|^2 = z\overline{z}$ und $z + \overline{z} = 2\mathrm{Re}\,(z)$ benötigen. Machen Sie sich diese Gleichungen klar, bevor Sie sie verwenden!

4.34 Schauen Sie sich noch einmal die begonnene Rechnung auf Seite 136 an und gehen Sie nach dem gleichen Schema vor.

4.35 Berücksichtigen Sie bei Ihren Rechnungen die Rechenregeln für komplexe Zahlen aus Abschnitt 4.6.

4.36 Gilt $a^2 = b^2$ für beliebige reelle Zahlen a, b, dann gilt $b = \pm a$.

4.37 Beginnen Sie mit dem Ansatz $z^2 = \ldots$ und ersetzen Sie $z = x + yi$.

4.38 Benutzen Sie die (komplexe) Mitternachtsformel mit $a = 1, b = -(3 - i) = i - 3$ und $c = 2 - 2i$!

4.39 Zwischen A und B liegt offenbar das abgeschlossene Intervall $[\sup A, \inf B]$. Es kann sein, dass dieses Intervall auf einen einzigen Punkt zusammenschrumpft und dann gilt $\sup A = \inf B$. Die Frage, wann $\sup A = \inf B$ gilt, ist zum Beispiel in der Integrationstheorie von großer Bedeutung.

Wie bei jeder „genau dann"-Aussage sind zwei Richtungen zu zeigen. Zuerst beginnt man mit der Aussage „Es gelte $\sup A = \inf B$" und schließt daraus „Zu jedem $\epsilon > 0$ gibt es ein $a \in A$ und ein $b \in B$, sodass $b - a < \epsilon$ gilt". Danach dreht man die Reihenfolge der beiden Aussagen um. Sie werden für diesen Schritt das Fundamental-Lemma (Seite 110) benötigen.

4.40 Sie sollten mit Induktionsbeweisen arbeiten: Überprüfen Sie vorerst für einige Zahlen die Aussagen und verankern Sie so die Induktion. Anschließend führen Sie den Induktionsschritt $A(n) \rightarrow A(n + 1)$ durch. Lesen Sie sich wenn nötig noch einmal Abschnitt 4.4 durch.

4.41 Die Aussage erscheint evident, muss aber dennoch bewiesen werden. Für solche auf den ersten Blick „klare" Aussagen führt oft ein Widerspruchsbeweis, der von der Annahme ausgeht, die Aussage sei falsch, zum Erfolg: Meist lässt sich diese Annahme schnell ablehnen und so muss nach dem Prinzip „tertium non datur" die eigentliche Aussage korrekt sein!

4.42 Sie können versuchen, eine grafische Abzählbarkeit zu entdecken, ohne die Bijektion explizit aufzuschreiben. Notieren Sie sich hierzu die Paare (n, m) mit $n, m \in \mathbb{N}$ nach diesem Schema:

$$
\begin{array}{cccc}
(1, 1) & (1, 2) & (1, 3) & \ldots \\
(2, 1) & (2, 2) & (2, 3) & \ldots \\
(3, 1) & (3, 2) & (3, 3) & \ldots \\
\vdots & \vdots & \vdots &
\end{array}
$$

und zählen Sie die Paare längs der Diagonalen von rechts oben nach links unten so ab, dass das Paar $(2, 2)$ die Nummer 5 und $(3, 3)$ die Nummer 13 erhält.

4.43 Suchen Sie eine bijektive Abbildung zwischen $\mathbb{N} \times \mathbb{N}$ und $A \times B$.

4.44 Man kann $x \neq 0$ annehmen. Sonst wäre $c_0 = 0$ nötig, und jeder Summand enthält ein x, welches man ausklammert. Wäre $c_1 = 0$, wiederholt man diesen Vorgang.

Verwenden Sie die reduzierte Bruchdarstellung $x = \frac{a}{b}$ mit $a, b \in \mathbb{Z}$ und $b > 0$. Dabei wählt man b minimal.

4.45 Diesen Beweis findet man sehr häufig im Internet. Die Idee ist, $\sqrt{2}$ als vollständig gekürzten Bruch darzustellen und wegen der Eindeutigkeit der Primfaktorzerlegung einen Widerspruch herbeizuführen.

4.46 Der im Text auf Seite 127 vorgestellte Irrationalitätsbeweis für $\sqrt{2}$ lässt sich relativ einfach verallgemeinern!

4.47 Addiert man zu einer Primzahl p die Zahl 1, entsteht eine neue Zahl, die nicht durch p teilbar ist. Gleiches gilt für beliebige Produkte von Primzahlen; auch hier entsteht durch Addition der Eins eine Zahl, die sich nicht ohne Rest durch eine dieser Primzahlen teilen lässt!

4.48 Wir benutzen Aufgabe 4.44.

4.49 Suchen Sie ein geeignetes Polynom und verwenden Sie Aufgabe 4.44.

4.50 Verwenden Sie Aufgabe 4.44!

4.51 Lesen Sie noch einmal nach, welches die archimedische Eigenschaft ist. Identifizieren Sie die natürlichen Zahlen mit den konstanten Funktionen $1, 2, 3, \ldots$ und setzen Sie $x = \mathrm{id}(x)$!

Kapitel 5

5.1 Seite 183.

5.2 Man betrachte die Zeilenstufenform.

5.3 Man ermittle die Zeilenstufenform der erweiterten Koeffizientenmatrix.

5.4 Man suche ein Gegenbeispiel.

5.5 Beachten Sie, dass die Abbildung $\mathbb{Z} \to \mathbb{Z}_p$ mit $z \mapsto \bar{z}$ bei $\bar{z} \equiv z \pmod{p}$ im Sinne des Abschnittes 3.2 hinsichtlich der Addition und der Multiplikation verknüpfungstreu ist.

5.6 Transformieren Sie zunächst das System über $\mathbb{R}$ in Zeilenstufenform. Achten Sie gleichzeitig darauf, welche Divisionen in Restklassenkörpern nicht erlaubt wären.

5.7 Bringen Sie die erweiterte Koeffizientenmatrix auf Zeilenstufenform.

5.8 Benutzen Sie das Eliminationsverfahren von Gauß oder das von Gauß und Jordan.

5.9 Bringen Sie die erweiterte Koeffizientenmatrix auf Zeilenstufenform und unterschieden Sie dann verschiedene Fälle für a.

5.10 Man bilde die erweiterte Koeffizientenmatrix und wende das Verfahren von Gauß an.

5.11 Führen Sie das Eliminationsverfahren von Gauß durch.

5.12 Wenden Sie elementare Zeilenumformungen auf die erweiterte Koeffizientenmatrix an und beachten Sie jeweils, unter welchen Voraussetzungen an a und b diese zulässig sind.

5.13 Man zerlege die Kraft $\boldsymbol{F}$ in drei Kräfte $\boldsymbol{F}_a$, $\boldsymbol{F}_b$ und $\boldsymbol{F}_c$ in Richtung der Stäbe.

5.14 Beachten Sie die allgemeine Form der Lösung auf Seite 184.

5.15 Will man die Zeile i mit der Zeile j vertauschen, so beginne man mit der Addition der j-ten Zeile zur i-ten Zeile.

Kapitel 6

6.1 Beachten Sie die Definitionen von Erzeugendensystem, linear unabhängiger Menge und Basis.

6.2 Man beweise oder widerlege die Aussagen.

6.3 Wenden Sie das Kriterium für lineare Unabhängigkeit auf Seite 203 an.

6.4 Wenden Sie das Kriterium für lineare Unabhängigkeit auf Seite 203 an.

6.5 Prüfen Sie für jede Menge nach, ob sie nichtleer ist und ob für je zwei Elemente auch deren Summe und zu jedem Element auch das skalare Vielfache davon wieder in der entsprechenden Menge liegt.

6.6 Prüfen Sie für jede Menge nach, ob sie nichtleer ist und ob für je zwei Elemente auch deren Summe und zu jedem Element auch das skalare Vielfache davon wieder in der entsprechenden Menge liegt.

6.7 Geben Sie zur Standardbasis des $\mathbb{R}^n$ einen weiteren Vektor an.

6.8 Suchen Sie ein Gegenbeispiel.

6.9 Bestimmen Sie die Mengen in einer Zeichnung.

6.10 Überprüfen Sie die Menge auf lineare Unabhängigkeit.

6.11 Überprüfen Sie die angegebenen Vektoren auf lineare Unabhängigkeit.

6.12 Beachten Sie das Beispiel auf Seite 220.

6.13 Zeigen Sie, dass die Menge einen Untervektorraum des $\mathbb{R}^n$ bildet. Betrachten Sie für Basisvektoren Elemente von U, die abgesehen von einer 1 und einer -1 nur Nullen als Komponenten haben.

6.14 Zeigen Sie, dass die drei Funktionen linear unabhängig sind.

6.15 Betrachten Sie das Gleichungssystem $\tau\, c + \eta\, d = \mathbf{0}$.

6.16 Berechnen Sie $(1+1)\,(v+w)$ auf zwei verschiedene Arten.

6.17 Schreiben Sie ein beliebiges $v \in U_2$ in der Form $v = u_1 + u_3$ mit $u_1 \in U_1$ und $u_3 \in U_3$.

6.18 Betrachten Sie die Summanden in der folgenden Darstellung von f: $f(x) = \frac{1}{2}\,(f(x) + f(-x)) + \frac{1}{2}\,(f(x) - f(-x))$.

6.19 Wählen Sie ein $u \in U_m \setminus \bigcup_{i=1}^{m-1} U_i$ (Wie ist hierbei m zu wählen?) und ein $v \in V \setminus U_m$ und schneiden Sie die Gerade $G = \{v + \lambda\, u \mid \lambda \in \mathbb{K}\}$ mit den Untervektorräumen U_i.

Kapitel 7

7.1 Jede dieser Ebenen hat eine Gleichung, welche die Lösungsmenge des durch die Gleichungen von E_1 und E_2 gegebenen linearen Gleichungssystem nicht weiter einschränkt.

7.2 Als eigentlich orthogonale Matrix stellt A eine Bewegung $\mathcal{B}$ dar, die den Vektor $d = (1, 1, 1)^\top$ fix lässt. $\mathcal{B}$ ist daher eine Drehung um d.

7.3 Definitionsgemäß müssen die Spaltenvektoren ein orthonormiertes Rechtsdreibein bilden.

7.4 Wenden Sie die Formel aus dem Lemma von Seite 261 für die Drehmatrix $R_{\widehat{d},\varphi}$ an.

7.5 Verwenden Sie die Darstellung der Drehmatrix von Seite 261.

7.6 Beachten Sie die geometrischen Deutungen des Skalarprodukts und des Vektorprodukts im $\mathbb{R}^3$.

7.7 Jeder zum Richtungsvektor von G orthogonale Vektor ist Normalvektor einer derartigen Ebene. Das zugehörige Absolutglied in der Ebenengleichung folgt aus der Bedingung, dass der gegebene Punkt von G auch die Ebenengleichung erfüllen muss.

7.8 Es muss d eine Affinkombination von a, b und c sein. Wenn d der abgeschlossenen Dreiecksscheibe angehört, ist dies sogar eine Konvexkombination.

7.9 Der Normalvektor von E ist zu den Richtungsvektoren von G und H orthogonal. Für die Berechnungen der Abstände wird zweckmäßig die Hesse'sche Normalform von E verwendet.

7.10 Der Richtungsvektor von G ist ein Normalvektor von E.

7.11 Verwenden Sie die Formeln aus der Folgerung von Seite 250.

7.12 Beachten Sie die Formel auf Seite 248.

7.13 Beachten Sie die Formel auf Seite 248.

7.14 Die Gleichung dieses Drehkegels muss ausdrücken, dass die Verbindungsgerade des Punkts x mit der Kegelspitze p mit dem Richtungsvektor u der Kegelachse den Winkel φ einschließt.

7.15 Beachte das Anwendungsbeispiel auf Seite 251.

7.16 Nach dem Lemma auf Seite 261 lautet der schiefsymmetrischen Anteil $\frac{1}{2}(A - A^\top) = \sin\varphi\, S_{\widehat{d}}$ mit $d = \|d\|\,\widehat{d}$.

Die Spur von A, also die Summe der Hauptdiagonalglieder, lautet $1 + 2\cos\varphi$.

7.17 Beachten Sie das Beispiel auf Seite 262.

7.18 Berechnen Sie die Drehmatrix mithilfe des Lemmas auf Seite 261. Sie müssen allerdings beachten, dass die Drehachse diesmal nicht durch den Ursprung geht.

7.19 Berechnen Sie das Skalarprodukt $\boldsymbol{u} \cdot \boldsymbol{v}$.

7.20 Berechnen Sie $(\boldsymbol{u} - \boldsymbol{v}) \cdot (\boldsymbol{u} + \boldsymbol{v})$.

7.21 Der Determinantenmultiplikationssatz aus Kapitel 13 besagt, dass die Determinante des Produktes zweier quadratischer Matrizen gleich ist dem Produkt der Determinanten.

7.22 Beachten Sie die Definition eines Homomorphismus auf Seite 72 und jene der Quaternionenmultiplikation auf Seite 83. Die Norm $\|q\|$ einer Quaternion (siehe Seite 264) ist definiert durch $\|q\|^2 = q \circ \overline{q}$ mit $\overline{q}$ als zu q konjugierter Quaternion (Seite 83).

7.23 Beachten Sie die Koordinatenvektoren der 8 Eckpunkte eines Parallelepipeds auf Seite 244.

7.24 Benutzen Sie bei $i \neq j$ die Gleichung $(\boldsymbol{p}_i - \boldsymbol{p}_j)^2 = 1$, um das Skalarprodukt $(\boldsymbol{p}_i \cdot \boldsymbol{p}_j)$ durch eine Funktion von $\boldsymbol{p}_i^2$ und $\boldsymbol{p}_j^2$ zu substituieren.

Kapitel 8

8.1 Vereinfachen Sie den Ausdruck $x_n - 1$.

8.2 Berechnen Sie die ersten vier Folgenglieder. Welche Zahlen erhalten Sie?

8.3 Schätzen Sie die Folgenglieder nach unten und oben durch Terme ab, in denen nur die größere der beiden Zahlen vorkommen und verwenden Sie das Einschließungskriterium.

8.4 Gehen Sie die im Kapitel formulierten Aussagen zur Konvergenz durch, die Antworten ergeben sich daraus unmittelbar.

8.5 Die beiden Fälle sind unterschiedlich. Versuchen Sie einen indirekten Beweis. In welchem Fall kann noch eine Rechenregel für Grenzwerte verwendet werden.

8.6 Wie viele verschiedene Häufungspunkte kann eine Cauchy-Folge besitzen?

8.7 Um Beschränktheit zu zeigen, vereinfachen Sie die Ausdrücke und verwenden geeignete Abschätzungen. Für die Monotoniebetrachtungen bestimmen Sie die Differenz oder den Quotienten aufeinanderfolgender Glieder.

8.8 Formen Sie die Ausdrücke so um, dass in Zähler und Nenner nur bekannte Nullfolgen oder Konstanten stehen und wenden Sie die Rechenregeln an.

8.9 Kürzen Sie höchste Potenzen in Zähler und Nenner. Bei (b) können Sie x_n/n^2 betrachten. Bei Differenzen von Wurzeln führt das Erweitern mit der Summe der Wurzeln zum Ziel.

8.10 Bei (a) können Sie den Bruch in der Wurzel verkleinern bzw. vergrößern. Bei (b) sollte man mit der Summe der Wurzeln erweitern und dann eine obere Schranke bestimmen.

8.11 Wenn Sie vermuten, dass eine Folge divergiert, untersuchen Sie zuerst, ob die Folge überhaupt beschränkt bleibt. Für die Folgen (c_n) und (d_n) benötigen Sie eine Fallunterscheidung. Was wissen Sie über die Folge (q^n) mit $q \in \mathbb{C}$?

8.12 Nutzen Sie quadratische Ergänzung geschickt aus. Sie benötigen das Monotoniekriterium und für die Bestimmung des Grenzwerts die Fixpunktgleichung.

8.13 Überlegen Sie sich zunächst, welche Kandidaten es für den Grenzwert gibt. Betrachten Sie erst nur positive Startwerte und überlegen Sie sich, ob die Folge monoton und beschränkt ist.

8.14 Versuchen Sie die Folgen entweder in konvergente oder in unbeschränkte Teilfolgen zu zerlegen.

8.15 Für $z \in \mathbb{C}$ ist $|z|^2 = z\,\overline{z}$. Verwenden Sie Rechenregeln für Grenzwerte.

8.16 Bilden Sie die n-te Wurzel der Beträge der Folgenglieder.

8.17 (a) Nutzen Sie direkt die Definition der Konvergenz. (b) Gehen Sie ähnlich vor wie es im Text beim Quotienten vorgeführt wurde.

8.18 Verwenden Sie die Definition des Grenzwerts.

8.19 (b) (b_{2n-1}) liegt im Intervall $[1, b]$, (b_{2n}) im Intervall $[b, 2]$, wobei b die Zahl des Goldenen Schnitts bezeichnet. (c) Bestimmen Sie für beide Teilfolgen den Grenzwert.

8.20 Schreiben Sie mit der Definition des Grenzwerts auf, was es bedeutet, dass (a_n) eine Nullfolge ist. Spalten Sie die Summe in der Definition von (b_n) entsprechend auf.

8.21 Betrachten Sie die Folgen der Randpunkte der Intervalle. Welche Eigenschaften haben diese?

Kapitel 9

9.1 Finden Sie zunächst alle $x \in \mathbb{R}$, für die $f(x)$ nicht definiert ist. Um das Bild zu bestimmen, versuchen Sie durch Kürzen oder durch die binomischen Formeln die Ausdrücke auf einfache Funktionen wie $\frac{1}{x}$, $\frac{1}{x^2}$ oder $\sqrt{x}$ zurückzuführen.

9.2 Da aus strenger Monotonie die Injektivität folgt, ist es nützlich, zunächst auf Monotonie zu untersuchen. Evtl. ist es nützlich die Funktionen zu skizzieren.

9.3 Formulieren Sie die Stetigkeit in x_0 und identifizieren Sie die Quantoren.

9.4 Versuchen Sie, Darstellungen von $f(x)$ für $x \in \mathbb{N}$ und $x \in \mathbb{Q}$ zu finden.

9.5 Fertigen Sie Skizzen der Mengen an. Überlegen Sie sich, ob die Ränder der Mengen dazugehören oder nicht. Eventuell ist es hilfreich, die Ungleichungszeichen durch Gleichheitszeichen zu ersetzen, die Lösungen dieser Gleichungen ergeben die Ränder. In einem zweiten Schritt ist zu überlegen, welche Mengen durch die Ungleichungen beschrieben werden.

9.6 Wenn Sie vermuten, dass eine Aussage falsch ist, versuchen Sie ein explizites Gegenbeispiel zu konstruieren.

9.7 Nullstellen der Nenner bestimmen, Polynomdivision.

9.8 Überlegen Sie sich, ob eine Funktion mit einer typischen Unstetigkeit die Eigenschaft erfüllen kann.

9.9 Untersuchen Sie rationale und irrationale Zahlen.

9.10 (a), (b) Polynomdivision (bei (b) mit Rest), (c) dritte binomische Formel, (d) als einen Bruch schreiben.

9.13 Auf welchen Mengen ist die Funktion konstant? Machen Sie sich geometrisch klar, wann der Funktionswert maximal bzw. minimal wird.

9.14 Überprüfen Sie zunächst, ob es ganzzahlige Nullstellen gibt. Weitere Nullstellen können Sie mit dem Zwischenwertsatz finden.

9.15 Suchen Sie geeignete Intervalle, auf denen sowohl f also auch g stetig sind. Betrachten Sie dort die Differenz der beiden Funktionen.

9.16 Konstruieren Sie zu $x \in \mathbb{R} \setminus \mathbb{Q}$ eine Folge rationaler Zahlen, die gegen x konvergiert.

9.17 (a) Es reicht, die Aussage für das Maximum von zwei Funktionen zu zeigen. (b) Wählen Sie eine Folge von Funktionen mit zunehmender Steigung.

9.18 Definieren Sie eine neue Funktion als Differenz von f und der um $1/n$ verschobenen Funktion. Führen Sie die Annahme zu einem Widerspruch, dass diese Funktion in den Stellen j/n, $j = 0, \ldots, n-1$ stets dasselbe Vorzeichen besitzt.

9.20 Versuchen Sie, einen Randpunkt der Menge zu konstruieren, wenn Sie annehmen, dass es sowohl innerhalb als auch außerhalb der Menge Punkte gibt.

9.21 (a) Zeigen Sie, dass M nichtleer ist. (b) Finden Sie endlich viele der Mengen aus U, die das Intervall $[a, \sup M]$ überdecken. Es ergibt sich ein Widerspruch, wenn $\sup M < b$ angenommen wird.

9.22 Verwenden Sie den Satz über die Existenz globaler Extrema.

9.23 Verwenden Sie den Nullstellensatz.

Kapitel 10

10.1 Gibt es hier einen Widerspruch zum Leibniz-Kriterium?

10.2 Gehen Sie von den Ihnen bekannten Tatsachen für Dezimalentwicklungen aus. Wie bestimmt man die Ziffern in der Dezimalentwicklung konkret? Wieso treten periodische Entwicklungen auf?

10.3 Gehen Sie ähnlich vor wie im Beweis des Riemann'schen Umordnungssatzes, aber lassen Sie die zu überschreitende Zahl wachsen.

10.4 Benutzen Sie für die Reihe das Leibniz-Kriterium. Schätzen Sie die Terme im Cauchy-Produkt geeignet ab.

10.5 Bei (a) kann das Majoranten-, bei (b) das Quotienten- und bei (c) das Leibniz-Kriterium angewandt werden.

10.6 Bei (a) handelt es sich um eine Teleskopsumme, bei (b) um eine geometrische Reihe.

10.7 Wenden Sie jeweils das Quotienten- oder Wurzelkriterium an.

10.8 Verwenden Sie das Quotientenkriterium.

10.9 Wenden Sie das Verdichtungskriterium an.

10.10 Bei (a) kann das Quotientenkriterium angewendet werden, bei (b) und (c) führen Vergleichskriterien zum Erfolg.

10.11 Konvergenz kann man mit dem Leibniz-Kriterium nachweisen. Kann man bei (b) den Ausdruck vereinfachen?

10.12 In (a) und (b) liegen geometrische Reihen vor, in (c) können Sie mit einer Reihe über $1/n^{x-3}$ vergleichen.

10.13   Überlegen Sie sich, aus wie vielen Strecken welcher Länge die Kurve nach der n-ten Iteration besteht. Wie viele Dreiecke welcher Fläche kommen dann im nächsten Schritt dazu?

10.14   Verwenden Sie das Monotoniekriterium für die Folge der Partialsummen.

10.15   (a) Schreiben Sie $a_k = \sum_{j=1}^{k} a_j - \sum_{j=1}^{k-1} a_j$. (b) und (c) Verwenden Sie Teil (a). In beiden Fällen kann man zeigen, dass die erste Summe der rechten Seite aus (a) Partialsumme einer konvergenten Reihe ist, die zweite Summe sogar Partialsumme einer absolut konvergierenden Reihe.

10.17   Überlegen Sie sich, wie sich die Partialsummen beider Reihen unterscheiden.

10.18   Zeigen Sie, dass die Reihe $\left(\sum_{n=1}^{\infty} b_n\right)$ sogar absolut konvergiert.

Kapitel 11

11.1   Überlegen Sie sich, ob Sie die Reihenglieder geschickt umschreiben können. Sind bekannte Formeln anwendbar?

11.2   Die Aussagen lassen sich bis auf die letzte direkt aus den Sätzen über Potenzreihen und ihre Konvergenzkreise aus dem Kapitel ableiten. Für die letzte Aussage kann man das Majoranten-/Minorantenkriterium anwenden.

11.3   Stellen Sie die Funktionen im Zähler und Nenner als Potenzreihen dar. Die Darstellung kann durch Nutzung der Landau-Symbolik vereinfacht werden.

11.4   Benutzen Sie die Landau-Symbolik zur Darstellung der Potenzreihen.

11.5   Wählen Sie sich zunächst ein festes w mit $\mathrm{Re}\,(w) > 0$ und finden Sie heraus, wie sich die beiden Seiten der Funktionalgleichung für verschiedene z verhalten.

11.6   Versuchen Sie, das Quotienten- oder das Wurzelkriterium auf die Reihen anzuwenden.

11.7   Finden Sie in der Darstellung $\left(\sum_{k=0}^{\infty} a_k \,(x - x_0)^k\right)$ den richtigen Ausdruck für die a_k.

11.8   Den Konvergenzradius kann man entweder mit dem Quotienten- oder dem Wurzelkriterium bestimmen. Für die Randpunkte muss man das Majoranten-/Minorantenkriterium oder das Leibniz-Kriterium bemühen.

11.9   Zur Bestimmung des Konvergenzradius können Sie das Wurzelkriterium verwenden. Versuchen Sie für z auf dem Rand des Konvergenzkreises eine konvergente Majorante zu bestimmen.

11.10   Aus dem Ansatz kann man durch Koeffizientenvergleich eine Rekursionsformel für die Koeffizienten herleiten. Indem Sie die ersten Koeffizienten ausrechnen, können Sie eine explizite Darstellung finden. Für die Bestimmung des Konvergenzradius ist das Wurzelkriterium geeignet.

11.11   Benutzen Sie das Cauchy-Produkt. Zur einfacheren Darstellung sollten Sie die Landau-Symbolik verwenden.

11.12   Nutzen Sie die Darstellung der cosh-Funktion durch die Exponentialfunktion. Führen Sie anschließend eine Substitution durch, die auf eine quadratische Gleichung führt.

11.13   Drücken Sie die Kosinus- durch die Exponentialfunktion aus. Mithilfe der Euler'schen Formel können Sie sich überlegen, wie die komplexen Konjugationen umgeformt werden können.

11.14   Klammern Sie im Nenner 2 aus, damit Sie die geometrische Reihe anwenden können.

11.15   Teil (a) lösen Sie durch Koeffizientenvergleich. Zur Bestimmung des Konvergenzradius in Teil (b) kann das Quotientenkriterium angewandt werden.

11.16   Schreiben Sie die Bedingung für eine gerade Funktion hin und führen Sie einen Koeffizientenvergleich durch.

11.17   Zeigen Sie durch eine vollständige Induktion, dass alle Koeffizienten der Potenzreihe null sind.

11.18   Benutzen Sie die Euler'sche Formel für den Nachweis der Formel von Moivre. Die Identität ergibt sich als Realteil der rechten Seite.

11.19   Drücken Sie w und z durch $(w + z)/2$ und $(w - z)/2$ aus.

Kapitel 12

12.1   Nehmen Sie an, dass die Abbildung linear ist. Untersuchen Sie, welche Bedingung $\boldsymbol{u}$ erfüllen muss.

12.2   Beachten Sie das Prinzip der linearen Fortsetzung auf Seite 420.

12.3   Man beachte die Regel *Zeilenrang ist gleich Spaltenrang*.

12.4   Überprüfen Sie die Abbildungen auf Linearität oder widerlegen Sie die Linearität durch Angabe eines Gegenbeispiels.

12.5 Bestimmen Sie das Bild von φ und beachten Sie die Dimensionsformel auf Seite 427.

12.6 Zeigen Sie die Behauptung per Induktion.

12.7 Beachten Sie das Injektivitätskriterium auf Seite 427.

12.8 In der i-ten Spalten der Darstellungsmatrix steht der Koordinatenvektor des Bildes des i-ten Basisvektors.

12.9 Beachten Sie die Formel auf Seite 444.

12.10 Beachten Sie die Basistransformationsformel auf Seite 455.

12.11 Schreiben Sie ${}_B M(\varphi)_B = {}_B M(\mathrm{id} \circ \varphi \circ \mathrm{id})_B$, und beachten Sie die Formel für das Produkt von Darstellungsmatrizen auf Seite 444.

12.12 Beachten Sie die Definitionen der Linearität und der Darstellungsmatrix.

12.13 Benutzen Sie für den Nachweis von (a) den Dimensionssatz. Zum Nachweis von (b) zeige man zuerst $\varphi_1(V) \cap \varphi_2(V) = \{\mathbf{0}\}$.

12.14 Prüfen Sie die Menge A' auf lineare Unabhängigkeit, bedenken Sie dabei aber, dass A' durchaus unendlich viele Elemente enthalten kann. Beachten Sie auch das Injektivitätskriterium auf Seite 427.

12.15 Wählen Sie geeignete Vektoren $\mathbf{v}$ und $\mathbf{v}'$, und betrachten Sie $\mathbf{v} + \varphi(\mathbf{v})$ und $\mathbf{v}' - \varphi(\mathbf{v}')$.

12.16 Betrachten Sie den von den Zeilen von A aufgespannten Untervektorraum T von $\mathbb{K}^{2n}$ sowie die Abbildung $\pi : T \to \mathbb{K}^n$, $(\mathbf{x}, \mathbf{y}) \mapsto \mathbf{x}$. Zeigen Sie, dass π linear, Bild $\pi = U + W$ und $\ker \pi = \{(\mathbf{0}, \mathbf{y}) \mid \mathbf{y} \in U \cap W\}$ ist.

12.17 Benutzen Sie die Methode aus Aufgabe 12.16.

12.18 Zeigen Sie mit der (reellen) geometrischen Reihe

$$\frac{1}{1 - ba} = 1 + b(1 - ab)^{-1} a \,.$$

12.19 Ergänzen Sie eine Basis von $\ker(A) \cap$ Bild $\mathbf{B}$ durch $C = \{\mathbf{b}_1, \ldots, \mathbf{b}_t\}$ zu einer Basis von Bild $\mathbf{B}$ und zeigen Sie, dass

$$D = \{A\,\mathbf{b}_1, \ldots, A\,\mathbf{b}_t\}$$

linear unabhängig ist.

12.20 Betrachten Sie die Komposition der Abbildungen $\varphi_A : \mathbb{K}^n \to \mathbb{K}^n$, $\mathbf{v} \mapsto A\,\mathbf{v}$ und $\varphi_{A'} : \mathbb{K}^n \to \mathbb{K}^n$, $\mathbf{v} \mapsto A'\,\mathbf{v}$.

Kapitel 13

13.1 Nehmen Sie an, dass $\det(A) \neq 0$ ist und zeigen Sie, dass Sie dadurch einen Widerspruch erhalten; zu welchen Aussagen ist $\det(A) \neq 0$ äquivalent?

13.2 Man beachte die Regeln in der Übersicht auf Seite 482

13.3 Man beachte die Übersicht auf Seite 482.

13.4 Unter den $4! = 24$ Summanden ist nur einer von null verschieden. Daher ist auch nur eine Permutation zu berücksichtigen – welche?

13.5 Verwenden Sie die Regeln in der Übersicht auf Seite 482.

13.6 Nutzen Sie aus, dass die Summen der Zeilen/Spalten gleich sind.

13.7 Bestimmen Sie die Determinante der Tridiagonalmatrix durch Entwicklung nach der ersten Zeile und denken Sie an die Fibonacci-Zahlen.

13.8 Beachten Sie die Determinantenregeln auf Seite 482.

13.9 Unterscheiden Sie nach den Fällen n gerade und n ungerade.

13.10 Beachten Sie die Definition der Determinante eines Endomorphismus auf Seite 476.

13.11 Man beachte die Formel auf Seite 485.

13.12 Die Identitäten weisen Sie direkt nach, für die Berechnung der Determinante ziehen Sie z. B. die Leibniz'sche Formel heran.

13.13 Wenn man in jeder der n^2 Positionen x addiert, so wird aus der Determinante eine lineare Funktion in der Variablen x, die deshalb durch ihre Werte an zwei verschiedenen Stellen bestimmt ist.

13.14 Führen Sie einen Beweis mit vollständiger Induktion über die Anzahl der Elemente aus $\{1, \ldots, n\}$, die unter σ nicht fest bleiben.

13.15 Begründen Sie beim Teil (a), dass $A \otimes B$ eine obere Blockdreiecksmatrix ist und berechnen Sie dann die Determinante von $A \otimes B$. Benutzen Sie dann die Aussage (a) um (b) zu beweisen, indem Sie A durch elementare Zeilenumformungen auf eine obere Dreiecksmatrix transformieren.

13.16 Geben Sie A_n explizit an und ziehen Sie jeweils die i-te Zeile von der $i + 1$-ten Zeile ab.

Kapitel 14

14.1 Bilden Sie das Produkt von A^2 bzw. A^{-1} mit dem Eigenvektor.

14.2 Betrachten Sie $(A - E_n)(A + E_n)$.

14.3 Zeigen Sie, dass die charakteristischen Polynome der beiden Matrizen A und $A^\top$ gleich sind.

14.4 Geben Sie ein Gegenbeispiel an.

14.5 Betrachten Sie für (a) das charakteristische Polynom von A:

$$\chi_{\mathbf{A}} = (-1)^n\, X^n + \cdots + a_1\, X + a_0 \,.$$

Was gilt für a_0? Setzen Sie die Matrix A ein. Für den Teil (b) betrachte man das charakteristische Polynom von χ_B für eine Wurzel B von A und zeige $\operatorname{Sp} B^2 = (\operatorname{Sp} B)^2 - 2 \det B$.

14.6 Bestimmen Sie das charakteristische Polynom, dessen Nullstellen und dann die Eigenräume zu den so ermittelten Eigenwerten.

14.7 Bestimmen Sie die Eigenwerte, Eigenräume und wenden Sie das Kriterium für Diagonalisierbarkeit auf Seite 512 an.

14.8 Diagonalisieren Sie die Darstellungsmatrix von φ bezüglich der Standardbasis.

14.9 Beachten Sie die Beispiele zur Bestimmung einer Jordan-Basis im Text und gehen Sie analog vor.

14.10 Zeigen Sie die Behauptung duch vollständige Induktion.

14.11 Vollständige Induktion nach k.

14.12 Wenden Sie den Determinantenmultiplikationssatz an und zeigen Sie, dass es nur eine Möglichkeit für einen Eigenwert der Matrix geben kann. Der Fundamentalsatz der Algebra besagt dann, dass dieser Eigenwert auch tatsächlich existiert. Für die Aussage in (c) beachte man den Satz von Cayley-Hamilton auf Seite 518.

14.13 Benutzen Sie, dass jeder Vektor bezüglich einer Basis (aus Eigenvektoren) eindeutig darstellbar ist.

14.14 Unterscheiden Sie die Fälle, je nachdem, ob 0 ein Eigenwert von $A\,B$ ist oder nicht.

14.15 Es ist nur zu zeigen, dass $\mathbb{K}^n = \ker N^{r_1} + \cdots + \ker N^{r_s}$ gilt. Aus Dimensionsgründen folgt dann $\mathbb{K}^n = \ker N^{r_1} \oplus \cdots \oplus \ker N^{r_s}$. Führen Sie diesen Nachweis mit dem Satz von Cayley-Hamilton.

14.16 Begründen Sie: Ist $v \in \operatorname{Eig}_\varphi(\lambda)$, so gilt $\psi(v) \in \operatorname{Eig}_\varphi(\lambda)$.

Kapitel 15

15.1 Man verwende die Taylorformel 1. Ordnung.

15.2 Betrachten Sie zum einen die Grenzwerte der Funktionen und ihrer Ableitungsfunktionen in $x = 0$ und zum anderen die Grenzwerte der Differenzenquotienten.

15.3 Mit den binomischen Formeln folgt allgemein $2ab \le a^2 + b^2$ für $a, b \in \mathbb{R}$.

15.4 Bestimmen Sie die Tangente an der Erdkugel, die den Horizont berührt und die Spitze des Turms trifft.

15.5 Machen Sie sich durch eine Skizze die beiden Bedingungen an f anschaulich klar. Daraus ergibt sich eine Beweisidee.

15.6 Wenden Sie passende Kombinationen von Produkt- und Kettenregel an.

15.7 Verwenden Sie das Additionstheorem

$$\sin x + \cos x = \frac{\sin\left(x + \frac{\pi}{4}\right)}{\sin \frac{\pi}{4}}, \quad x \in \mathbb{R}.$$

15.8 Mit der Iterationsvorschrift lässt sich die Differenz $|x_{k+1} - x_k|$ abschätzen.

15.9 Berechnen Sie kritische Punkte des eingeschachtelten Funktionsausdrucks, dessen Randwert bei $x = 0$ und das Verhalten für den Grenzfall $x \to \infty$.

15.10 Betrachten Sie die Potenzreihe zum Ausdruck $1/x$ und die Ableitung.

15.11 Nutzen Sie, dass die Potenzreihe der Funktion die Taylorreihe zu f ist.

15.12 Mit einer Induktion lässt sich die n-te Ableitung zeigen.

15.13 Nutzen Sie die Darstellung $f(x) = \ln(1 - x) - \ln(1 + x)$ und berechnen Sie die n-te Ableitung. Für die Fehlerabschätzung muss eine passende Stelle x in die Taylorformel eingesetzt werden.

15.14 In allen vier Beispielen lässt sich die L'Hospital'sche Regel gegebenenfalls nach Umformungen des Ausdrucks anwenden.

15.15 Stetigkeit bedeutet insbesondere, dass der Grenzwert für $x \to 0$ mit dem Funktionswert bei $x = 0$ übereinstimmt.

15.16 Es gilt $\binom{n}{k} + \binom{n}{k+1} = \binom{n+1}{k+1}$.

15.17 Man betrachte den Differenzenquotienten zu f und nutze die Eigenschaft $f(1/x) = -f(x)$.

15.18 Schreiben Sie die allgemeine Potenz mithilfe der Exponentialfunktion und dem natürlichen Logarithmus und überlegen Sie sich, dass der Grenzwert des Exponenten mit der L'Hospital'schen Regel gefunden werden kann.

15.19 Beachten Sie für Teilaufgabe (a), dass etwa $\sum_{j=1}^{n-1} \lambda_j = 1 - t$ für $t = \lambda_n$ ist. Überlegen Sie sich für Teil (b) zunächst, dass $-\ln\colon \mathbb{R}_{>0} \to \mathbb{R}$ eine konvexe Funktion ist.

15.20 zu (a): Für eine Schranke zu $f(x)$ an einer Stelle $x \in [a, b]$ schreibe x als Konvexkombination von a und b. zu (b): Versuchen Sie einen Widerspruch zur Beschränktheit zu konstruieren, wenn es eine Unstetigkeitsstelle gibt. Dazu ist die ε, δ-Definition der Stetigkeit zu negieren.

15.21 Überlegen Sie sich, dass die Bedingungen strenge Monotonie der $(2n - 1)$-ten Ableitungsfunktion mit sich bringt und somit der Vorzeichenwechsel zeigt, dass die $(2n - 2)$-te Ableitung ein Minimum in $\hat{x}$ besitzt. Argumentieren Sie dann induktiv.

15.22 Wenden Sie den verallgemeinerten Mittelwertsatz auf den Quotienten $\frac{F(x_0+h)-F(x_0)}{G(x_0+h)-G(x_0)}$ an.

15.23 Einsetzen der Iterationsvorschrift bezüglich x_j, Ausklammern des Nenners und Verwenden der Taylorformel zweiter Ordnung mit der Lagrange'schen Restglieddarstellung sind erste wichtige Schritte für die gesuchte Abschätzung. Überlegen Sie sich auch, dass der Nenner in der Iterationsvorschrift in einer Umgebung um $\hat{x}$ nicht null wird.

Kapitel 16

16.1 Um zu zeigen, dass es sich nicht um eine Nullmenge handelt, berechne man die Länge L_n aller bis zum n-ten Schritt entfernten Intervalle.

16.2 Führen Sie einen Beweis durch Widerspruch, indem Sie annehmen, dass f an einer Stelle $x_0 \in [a, b]$ ungleich null ist.

16.3 Eine partielle Integration und die Identität $f^{-1}(f(x)) = x$ führen auf die zu beweisende Identität.

16.4

1. Die Nullfunktion ist auf jedem Intervall integrierbar. Können Sie die Nullfunktion als Summe zweier Funktionen darstellen, die jeweils nicht integrierbar sind?
2. Betrachten Sie die Funktionen f und g mit $f(x) = g(x) = x^{-\alpha}$ mit geeignetem α auf $[0, 1]$.
3. Betrachten Sie die Funktionen f und g mit $f(x) = g(x) = x^{-\alpha}$ mit geeignetem α auf $[1, \infty)$.

16.5 Ist die Ableitung von F integrierbar?

16.6 Nutzen Sie den ersten Hauptsatz der Differenzial- und Integralrechnung, der auf Seite 618 dargestellt wurde. Für die Klassifizierung der Extrema sind Fallunterscheidungen notwendig.

16.7 Verwenden Sie partielle Integration oder eine passende Substitution.

16.8 Im ersten Beispiel bietet sich eine Substitution an und im zweiten partielle Integration. Für das dritte Beispiel lässt sich die Stammfunktion zu $\frac{1}{\sqrt{v^2-1}}$ aus der Übersicht auf Seite 621 nutzen.

16.9 Partialbruchzerlegung!

16.10 In beiden Fällen führt eine Substitution auf rationale Ausdrücke.

16.11 Man suche Abschätzungen zum Vergleichen mit bekannten Integralen.

16.12 Das Konvergenzkriterium für Integrale zeigt die Existenz. Partielle Integration und eine vollständige Induktion helfen im zweiten Teil weiter.

16.13 Differenziation und Integration dürfen hier vertauscht werden. Integration von $J'(t)$ bezüglich t liefert bis auf eine Konstante $J(t)$. Die Konstante kann aus $J(0) = 0$ bestimmt werden.

16.14 Man nutze das Integralkriterium für Reihen.

16.15 Man integriere über beliebige Intervalle und verwende den ersten Hauptsatz.

16.16 Vollständige Induktion bezüglich n

16.17 Man unterscheide die beiden Fälle einer Nullstelle $z_l \in \mathbb{R}$ und den Fall $\operatorname{Im} z_l \neq 0$, bei dem Paare $z_l, \overline{z_l}$ von konjugiert komplexen Nullstellen auftreten.

16.18 Mit dem Satz von B. Levi zeige man zunächst die Existenz des Integrals auf der linken Seite. Dann kann analog zum Mittelwertsatz argumentiert werden.

16.19 Betrachten Sie den Beweis des Lebesgue'schen Konvergenzsatzes unter den hier gegebenen Voraussetzungen nochmal.

16.20 Man betrachte $f \in L^{\uparrow}(a, b)$ und wende den Satz von Beppo Levi an.

16.21 Normeigenschaften der Supremumsnorm $\|.\|_\infty$ liefern elegant die Aussagen (a) und (b). Mit unbeschränkten aber integrierbaren Integranden lässt sich leicht ein Gegenbeispiel zu (c) finden.

Kapitel 17

17.1 Man beachte die Definition eines euklidischen Skalarprodukts auf Seite 661.

17.2 Man suche ein Gegenbeispiel.

17.3 Transponieren und konjugieren Sie die Matrix B.

17.4 Man beachte das Kriterium von Seite 698.

17.5 Bestimmen Sie die Eigenwerte von A, dann eine Basis des $\mathbb{R}^3$ aus Eigenvektoren von A und orthonormieren Sie schließlich diese Basis. Wählen Sie schließlich die Matrix S, deren Spalten die orthonormierten Basisvektoren sind.

17.6 Verwenden Sie das Orthonormierungsverfahren von Gram und Schmidt (Seite 674).

17.7 Bestimmen Sie alle Vektoren $v = (v_i)$, welche die Bedingungen $v \perp v_1$ und $v \perp v_2$ und $\|v\| = 1$ erfüllen.

17.8 Man beachte den Projektionssatz auf Seite 679 und die anschließenden Ausführungen.

17.9 Man beachte die Methode der kleinsten Quadrate auf Seite 681. Als Basisfunktionen wähle man Funktionen, welche die 12-Stunden-Periodizität des Wasserstandes berücksichtigen.

17.10 Diagonalisieren Sie die Matrix.

17.11 Ermitteln Sie die Darstellungsmatrix A der zugehörigen linearen Abbildung bezüglich der Standardbasis und bestimmen Sie die Form der Menge $\{A\,v \in \mathbb{R}^2 \mid \|v\| = 1\}$. Ermitteln Sie letztlich die Eigenwerte und Eigenvektoren von A.

17.12 Beachten Sie das Beispiel auf Seite 694.

17.13 $L(p) = \left((1 - x^2)p'\right)'$ und partielle Integration.

17.14 Wiederholen Sie den Beweis des entsprechenden Lemmas auf Seite 455.

17.15 Gehen Sie wie im euklidischen Fall auf Seite 667 vor.

17.16 Benutzen Sie die Cauchy-Schwarz'sche Ungleichung auf Seite 667.

17.17 Für (a) ist nur $P_i^2 = P_i$ nachzuweisen. Für (b) begründen Sie $\sum_{i=1}^{n} \varphi_{P_i} = \mathrm{id}_V$.

17.18 Beachten Sie den Beweis zum Kriterium der positiven Definitheit auf Seite 698.

17.19 Schreiben Sie einen Vektor $v \in \mathbb{K}^n$ in der Form $v = v - A\,v + A\,v$.

17.20 Zeigen Sie, dass aus dem Ansatz $Q\,R = Q'\,R'$ folgt $R = R'$ und $Q = Q'$. Beachten Sie hierzu, dass das Produkt und das Inverse oberer Dreiecksmatrizen wieder eine obere Dreiecksmatrix ist.

17.21 Zeigen Sie, dass die Abbildung $\pi \colon V \to V$ mit $\pi(v) = (v \cdot u)\,u$, $v \in V$, für jedes v aus V das gleiche Bild der orthogonalen Projektion hat.

17.22 Begründen Sie die Gleichung $\overline{(\mathrm{e}^{\mathrm{i}A})}^\top \mathrm{e}^{\mathrm{i}A} = E_n$.

17.23 Beachten Sie, dass sich ein selbstadjungierter Endomorphismus φ orthogonal diagonalisieren lässt, und wählen Sie eine Orthonormalbasis aus Eigenvektoren von φ.

Kapitel 18

18.1 Beachten Sie die Definitionen auf den Seiten 720 und 732.

18.2 Beachten Sie die jeweiligen Definitionen auf den Seiten 718 und 728.

18.3 Beachten Sie Seite 720.

18.4 Beachten Sie das Kriterium auf Seite 737 für den parabolischen Typ sowie die Definition des Mittelpunkts auf Seite 735.

18.5 Verwenden Sie den ab Seite 723 erklärten Algorithmus und reduzieren Sie die Einheitsmatrix bei den Spaltenoperationen mit.

18.6 Hier ist der Algorithmus von Seite 723 mit den Zeilenoperationen und den jeweils gleichartigen, allerdings konjugiert komplexen Spaltenoperationen zu verwenden.

18.7 Suchen Sie zunächst einen Basiswechsel, welcher die auf $\mathbb{R}^2$ definierte quadratische Form $\rho(x) = x_1 x_2$ diagonalisiert.

18.8 Nach der Zusammenfassung auf Seite 731 besteht die gesuchte orthonormierte Basis H aus Eigenvektoren der Darstellungsmatrix von ρ.

18.9 Folgen Sie den Schritten 1 und 2 von Seite 735.

18.10 Die Bestimmung des Typs gemäß Seite 740 ist auch ohne Hauptachsentransformation möglich. Achtung, im Fall b) ist $\psi(x)$ als Funktion auf dem $\mathcal{A}(\mathbb{R}^3)$ aufzufassen.

18.11 Beachten Sie das Kriterium auf Seite 737.

18.12 Folgen Sie den Schritten 1 und 2 von Seite 735.

18.13 Beachten Sie die Aufgabe 18.7.

18.14 Nach der Merkregel von Seite 746 sind die Singulärwerte die Wurzeln aus den von null verschiedenen Eigenwerten der symmetrischen Matrix $A^\top A$.

18.15 Folgen Sie der auf Seite 746 beschriebenen Vorgangsweise.

18.16 Wählen Sie $b_3 \in \ker(\varphi)$ (siehe Abbildung 18.22) und ergänzen Sie zu einer Basis B mit $b_1, b_2 \in \ker(\varphi)^\perp$. Ebenso ergänzen Sie im Zielraum $\varphi(b_1), \varphi(b_2) \in \mathrm{Im}(\varphi)$ durch einen dazu orthogonalen Vektor $b_3' \in \ker(\varphi^*)$ zu einer Basis B'. Dann ist φ^+ durch $\varphi(b_i) \mapsto b_i$, $i = 1, 2$, und $b_3' \mapsto \mathbf{0}$ festgelegt.

18.17 Lösen Sie die Normalgleichungen.

18.18 G ist die Lösungsmenge einer linearen Gleichung $l(x) = u_0 + u_1 x_1 + u_2 x_2$ mit drei zunächst unbekannten Koeffizienten u_0, u_1, u_2. Die gegebenen Punkte führen auf vier lineare homogene Gleichungen für diese Unbekannten. Dabei ist der Wert $l(p_i)$ proportional zum Normalabstand des Punkts p_i von der Geraden G (beachten Sie die Hesse'sche Normalform auf Seite 250).

18.19 P ist die Nullstellenmenge einer quadratischen Funktion $x_2 = ax_1^2 + bx_1 + c$. Jeder der gegebenen Punkte führt auf eine lineare Gleichung für die unbekannten Koeffizienten.

18.20 Beachten Sie die Assoziativität der Matrizenmultiplikation.

18.21 Beachten Sie Aufgabe 18.20.

18.22 Untersuchen Sie die Wirkung der Endomorphismen auf eine Basis von Eigenvektoren.

Kapitel 19

19.1 Man muss die Eigenschaften (M_1), (M_2) und (M_3) nachprüfen.

19.2 Hinweis: Man muss wieder die Axiome (M_1), (M_2) und (M_3) zeigen.

19.3 Beim Nachweis der Dreiecksungleichung sind die beiden Fälle, dass x und z auf einer Geraden durch p_0 liegen oder nicht, getrennt zu behandeln.

19.4 Überprüfen Sie, ob die angegebenen Abbildungen alle Eigenschaften einer Norm erfüllen.

19.5 Für (a) können Sie zeigen, dass es eine Konstante $q \in (0, 1)$ gibt mit $|a_{n+1} - a_n| \le q\, |a_n - a_{n-1}|$. Für jede Folge mit einer solchen Eigenschaft kann man mit der geometrische Reihe allgemein nachweisen, dass es sich um eine Cauchy-Folge handelt.

Bei den anderen Teilaufgaben kann man die Eigenschaft direkt ausrechnen oder widerlegen.

19.7 Man erinnere sich an die Definition der diskreten Metrik und der Definition von Kugeln und Sphären.

19.8 f ist eine streng monoton wachsende Funktion mit $f(x) = 0 \Leftrightarrow x = 0$ und $f(x) \in \left(-\frac{\pi}{2}, \frac{\pi}{2}\right)$. Durch Kombination der Eigenschaften von arctan und des Betrags erhält man die Axiome (M_1), (M_2) und (M_3).

19.9 Man muss die Axiome (M_1), (M_2) und (M_3) überprüfen.

19.10 Verwenden Sie die Formel für die Fourierkoeffizienten und berechnen Sie das Integral.

19.11 Skizzieren Sie die Graphen.

19.12 Verwenden Sie die Charakterisierung der abgeschlossenen Hülle. Ein Gegenbeispiel zur Gleichheit liefert die diskrete Metrik.

19.13 Man benutze die elementaren Abschätzungen und die gewöhnliche Cauchy-Schwarz'sche Ungleichung im $\mathbb{K}^n$.

19.14 Benutzen Sie die Überdeckungseigenschaft.

19.15 Verwenden Sie die Charakterisierung zusammenhängender Mengen.

19.16 Zeigen Sie, dass jede Cauchy-Folge bezüglich e auch eine Cauchy-Folge bezüglich d ist.

19.17 Verwenden Sie das Beispiel auf Seite 765. Für den Nachweis der Vollständigkeit müssen Sie die Vollständigkeit aller Räume $C^n([a, b])$ mit der Norm $\sum_{j=0}^{n} \|f^{(j)}\|_\infty$ verwenden.

19.18 Gehen Sie analog zu den ersten Schritten in dem Beispiel auf Seite 766 vor.

19.19 (a) Kann sich die Norm durch eine Orthogonalprojektion vergrößern? (b) Versuchen Sie, $\|p_n - p_m\|^2$ durch eine Reihe abzuschätzen, deren Konvergenz durch die Bessel'sche Ungleichung gesichert ist.

19.20 Schreiben Sie einen Ausdruck zur Berechnung von h_k hin und vertauschen Sie die Reihenfolge der Integrale. Nutzen Sie dann die Periodizität von f bzw. von g.

Kapitel 20

20.1 Die Differenzialgleichung kann durch Separation gelöst werden. Beachten Sie für Teil (c) die Skizze des Richtungsfelds aus Teil (a).

20.2 $u(x) = 1/(1 - c\, \mathrm{e}^x)$.

20.3 (a) Es handelt sich um eine lineare Differenzialgleichung. (b) Man kann den Nachweis durch vollständige Induktion führen. (c) Verwenden Sie Teil (b) und die Darstellung der Exponentialfunktion über den Grenzwert $\exp(x) = \lim_{n \to \infty} (1 + x/n)^n$.

20.4 Bestimmen Sie das Maximum von f auf R und verwenden Sie die Aussage des Satzes von Picard-Lindelöf. Die Differenzialgleichung kann durch Separation gelöst werden.

20.5 Die Differenzialgleichungen können durch Trennung der Veränderlichen gelöst werden.

20.6 Beide Differenzialgleichungen können durch Separation gelöst werden. Im Fall (b) benötigen Sie eine Partialbruchzerlegung.

20.7 Die Lösung kann durch Separation bestimmt werden. Bestimmen Sie direkt nach jeder Integration die Integrationskonstante aus den Anfangsbedingungen. Beachten Sie, dass x und A negativ sind.

20.8 Berechnen Sie zuerst die allgemeine Lösung der homogenen linearen Differenzialgleichung durch Separation. Eine partikuläre Lösung der inhomogenen Differenzialgleichung können Sie anschließend durch Variation der Konstanten gewinnen. Beachten Sie $\sin(2x) = 2\sin(x)\cos(x)$.

20.9 Es handelt sich um eine Bernoulli'sche Differenzialgleichung, die durch die Substitution $u(x) = (v(x))^{1/2}$ in eine lineare Differenzialgleichung transformiert werden kann.

20.10 Es handelt sich um eine homogene Differenzialgleichung. Die Substitution $z(x) = y(x)/x$ führt zum Erfolg.

20.11 Formulieren Sie das Anfangswertproblem als Integralgleichung und leiten Sie daraus eine Fixpunktgleichung her.

20.12 Durch Differenzieren der Gleichung erhalten Sie zwei verschiedene Bedingungen für eine Lösung. Die eine Bedingung liefert die Geraden aus (a), die zweite die Einhüllende aus (b). Stellen Sie die Gleichung einer Tangente an die Lösung aus (b) auf und versuchen Sie, diese auf die Gestalt aus (a) zu bringen.

20.13 Verwenden Sie $y^2 - y_p^2 = z\,(z + 2y_p)$.

20.14 Spielen Sie mit den Parametern a und b aus dem Satz von Picard-Lindelöf.

20.15 (a) Schätzen Sie die Maximumsnorm durch die gewichtete Maximumsnorm ab. (b) Modifizieren Sie die Abschätzung aus Schritt (iii) des Satzes von Picard-Lindelöf.

20.16 Betrachten Sie $v(x) = \ln |y_1(x) - y_2(x)|$, $x \in I$. Welche Schranke können Sie für $v'(x)$ herleiten?

Kapitel 21

21.3 Für $(x, y)^\top \neq (0, 0)^\top$ ist f als rationale Funktion beliebig oft stetig differenzierbar.

21.4 Wegen

$$z^2 = (x - \mathrm{i}y)^2 = x^2 - y^2 + 2xy\mathrm{i} \quad (x, y \in \mathbb{R})$$

entspricht die betrachtete Abbildung von $\mathbb{R}^2 \to \mathbb{R}^2$ der Abbildung $\mathbb{C} \to \mathbb{C}$, $z \mapsto z^2$. Für $z \neq 0$ ist $f'(z) = 2z \neq 0$. Wegen $f(-z) = f(z)$ ist f nicht injektiv. Schränkt man jedoch f auf die rechte Halbebene U (Re $z > 0$) ein, dann ist f injektiv. Die Bildmenge ist die längs der negativen reellen Achse geschlitzte Ebene

$$\mathbb{C}_- = \mathbb{C} \setminus \{z \in \mathbb{C} \mid \text{Re } z \leq 0\,, \ \text{Im } z = 0\}\,.$$

21.5 Wie lautet eine Geradengleichung im $\mathbb{R}^2$?

21.8 Man benutze Differenziationsregeln in einer Variablen.

21.9 Man benutze die Differenziationsregeln in einer Variablen.

21.12 Es gilt:

$$\cos x \cosh y - \mathrm{i} \sin x \sinh y = \cos z \quad (\text{mit } z = x + \mathrm{i}y).$$

21.14 Definiere $\boldsymbol{a} = (a_1, a_2)^\top$, $\boldsymbol{h} = (h_1, h_2)^\top \in \mathbb{R}^2$ und

$$A = \begin{pmatrix} 2a_1 & 2a_2 \\ 1 & 0 \\ 0 & 1 \end{pmatrix}$$

sowie $r(\boldsymbol{h}) = \boldsymbol{f}(\boldsymbol{a} + \boldsymbol{h}) - \boldsymbol{f}(\boldsymbol{a}) - A\boldsymbol{h}$.

21.15 Man benutze Differenziationsregeln in einer Variablen.

21.16 Differenziationsregeln in einer Variablen benutzen.

21.17 Die Differenzierbarkeit von $\boldsymbol{f}$ bzw. $\boldsymbol{g}$ ergibt sich aus der stetigen partiellen Differenzierbarkeit der Komponentenfunktionen. Die beiden Methoden bei (c) müssen das gleiche Resultat liefern.

21.18 Man benutze den Entwicklungssatz für Determinanten nach der j-ten Spalte.

21.20 f ist beliebig oft stetig partiell differenzierbar und damit total differenzierbar in $\mathbb{R}^2$.

21.21 Man beachte, dass der Laplace-Operator Δ nur auf die Raumvariablen wirkt. Man verwende die Produktregel und die Kettenregel.

21.23 Man betrachte den Gradienten von f und die Beziehung
$$\varphi'(x) = -\frac{\partial_1 f(x, \varphi(x))}{\partial_2 f(x, \varphi(x))}.$$

21.24 (a) Sind $(x, y, z)^\top$ und $(u, v, w)^\top$ Elemente des $\mathbb{R}^3$, dann gilt:
$$f(x + u, y + v, z + w) - f(x, y, z) = au + bv + cw.$$
(b) Da f differenzierbar ist, existieren die partiellen Ableitungen in jedem Punkt $(x, y, z)^\top \in \mathbb{R}^3$, und es gilt
$$\partial_1 f(x, y, z) = a, \ \partial_2 f(x, y, z) = b, \ \partial_3 f(x, y, z) = c.$$

21.25 Man benutzt die Differenzierbarkeit von f bzw. g in $\boldsymbol{a}$.

21.26 Man berechne $\boldsymbol{f}(\boldsymbol{X} + \boldsymbol{H})$.

21.27 Man muss $\mathbb{R}$-Linearität und $\mathbb{C}$-Linearität unterscheiden, da $\mathbb{C} = \mathbb{R}^2$ sowohl ein $\mathbb{R}$-Vektorraum als auch ein $\mathbb{C}$-Vektorraum ist.

21.28 Man benutze, dass die Determinante insbesondere eine n-fache Linearform ist.

21.29 Man differenziere die Gleichung $f(x, \varphi(x)) = 0$ nach der Kettenregel (vergleiche auch den Zusatz zum Satz über implizite Funktionen).

21.31 Es ist zu vermuten, dass ein solcher Punkt existiert und irgendwo „zwischen" den Punkten $\boldsymbol{a}_1, \dots, \boldsymbol{a}_r$ liegt.

Kapitel 22

22.1 Wählen Sie eine Integrationsreihenfolge, bei der die Wurzel durch die innerste Integration verschwindet.

22.2 (a) Schreiben Sie die einzelnen Quader als kartesisches Produkt von Intervallen und machen Sie sich klar, welche Fälle auftreten können, wenn sich die Quader überdecken. Es reicht aus, sich die Aussage im $\mathbb{R}^2$ plausibel zu machen. (b) Verwenden Sie die Aussage von (a) jeweils für I und J.

22.3 Durch das Vertauschen der Integrationsreihenfolge können beide Integrale zu einem zusammengefasst werden.

22.4 Am einfachsten sind die Kugelkoordinaten.

22.5 Formen Sie die Bedingungen aus den Definitionen der Mengen so um, dass Intervalle entstehen. Gibt es Ausdrücke, die auf bekannte Transformationen hinweisen?

22.6 Substituieren Sie in den Gleichung so, dass die Gleichung einer Kugel entsteht.

22.7 Verwenden Sie den Satz von Fubini, um die Gebietsintegrale als iterierte Integrale zu schreiben.

22.8 Schreiben Sie die Integrale für beide möglichen Integrationsreihenfolgen als iteriertes Integral. Lassen sich auf beiden Wegen die Integrale berechnen?

22.9 Schreiben Sie das Integral als iteriertes Integral, bei dem im inneren Integral die Integration über x_2 durchgeführt wird.

22.10 Bestimmen Sie die Funktionaldeterminante der Transformation und wenden Sie die Transformationsformel an. Dazu müssen Sie den Integranden durch u_1 und u_2 ausdrücken. Was ist $x_1^2 + x_2^2$?

22.11 Substituieren Sie $u = r^2$ für das Integral über r.

22.12 Verwenden Sie Kugelkoordinaten.

22.13 Verwenden Sie die Vektoren $\boldsymbol{b} - \boldsymbol{a}$ und $\boldsymbol{c} - \boldsymbol{a}$ als Basis für ein Koordinatensystem im $\mathbb{R}^2$. Die Fläche des Dreiecks ist $|\det((\boldsymbol{b} - \boldsymbol{a}, \boldsymbol{c} - \boldsymbol{a}))|/2$.

22.14 Betrachten Sie zunächst $f \in L^\uparrow(I)$, $g \in L^\uparrow(J)$ und approximieren Sie durch monoton wachsende Folgen von Treppenfunktionen.

22.15 Verwenden Sie die Aussage von Aufgabe 22.14 einmal für $f(x)/f(y)$ und einmal für $f(y)/f(x)$.

22.16 Stellen Sie die Menge M als Differenzmenge von Mengen dar, von denen bekannt ist, dass Sie messbar sind und wenden Sie den Satz von Seite 925 an.

22.17 Betrachten Sie ein $f \geq 0$ und das Produkt $f \mathbf{1}_D$. Wenden Sie den Lebesgue'schen Konvergenzsatz auf eine geeignete approximierende Folge an.

Kapitel 23

23.1 Schon Anfangs- und Endpunkt der Kurven sind aufschlussreich, um einige Möglichkeiten auszuschließen.

23.2 Zwei Kurven mit denselben Endpunkten lassen sich zu einer geschlossenen Kurve vereinigen.

23.3 Betrachten Sie zu zweimal stetig differenzierbaren Funktionen $u \colon D \to \mathbb{R}$ und $A \colon D \to \mathbb{R}^3$ auf einem Gebiet $D \subseteq \mathbb{R}^3$ die Ableitungen $\mathbf{rot}(\nabla u)$ und $\mathrm{div}(\mathbf{rot}\,A)$.

23.4 Mit einer Stammfunktion zu f lässt sich ein Potenzial zu V angeben.

Für die zweite Teilaufgabe beachte man die Produktregel: $(\dot{\boldsymbol{\gamma}} \cdot \dot{\boldsymbol{\gamma}})' = 2\ddot{\boldsymbol{\gamma}} \cdot \dot{\boldsymbol{\gamma}}$.

23.5 Man wende die erste Green'sche Formel mit $u = f$ und $v = 1$ an und berechne $\frac{\mathrm{d}}{\mathrm{d}t} f(t\boldsymbol{x})$.

23.6 Für eine Parametrisierung bieten sich Polarkoordinaten an, wobei der Winkel als Parameter genutzt wird. Versuchen Sie eine Skizze zu erstellen. Man beachte die beiden Teilstücke im ersten und dritten Quadranten.

23.7 Die Umkehrfunktion zur Bogenlänge $s(t) = \int_{-1}^{t} \|\dot{\boldsymbol{\gamma}}(\tau)\|\, \mathrm{d}\tau$ führt auf die gesuchte Parametrisierung.

23.8 Die Differenzialgleichungen sind exakt.

23.9 Zunächst ergibt sich aus der Integrabilitätsbedingung eine Differenzialgleichung für den Multiplikator h. Diese ist zu lösen, und danach lässt sich durch Integration eine implizite Gleichung für u bestimmen.

23.10 In beiden Beispielen ist zunächst eine passende Parametrisierung gesucht. Die Integrale ergeben sich dann aus der Definition des Flächenintegrals.

23.11 Man verwende Kugelkoordinaten, um die Sphäre zu parametrisieren und nutze die Bedingung an die Parameter, die sich durch den Zylinder ergeben. Auswerten des entsprechenden Oberflächenintegrals liefert den gesuchten Flächeninhalt.

23.12 Das iterierte Gebietsintegral und das orientierte Flächenintegral müssen separat berechnet werden.

23.13 Man nutze den Stokes'schen Satz.

23.15 Um das Integral $\int_\Gamma \mathrm{d}\mu$ auszuwerten, betrachte man das Normalenvektorfeld an der Rotationsfläche. Für das konkrete Beispiel ist ein passender Graph gesucht.

23.16 Mit der Definition der Operatoren in kartesischen Koordinaten sind die Identitäten einfach nachzurechnen.

23.17 Man übertrage das Beispiel auf Seite 998 auf Zylinderkoordinaten und den Laplace-Operator.

23.18 Die Schritte des Beweises des Darstellungssatzes auf Seite 1002 sind auf den Fall $n = 2$ zu übertragen.

23.19 Man nutze die erste Green'sche Formel.

Kapitel 24

24.1 Eine der beiden Implikationen ergibt sich direkt aus der Definition. Für die andere Richtung ist eine vollständige Induktion nötig.

24.2 Unter der Annahme z ist Ecke zu M betrachte man eine Darstellung von $\widehat{z}$ als Konvexkombination in $\widehat{M}$ und umgekehrt.

24.3 Zu (b): Überlegen Sie sich, wie die Niveaulinien der Zielfunktion aussehen müssen.

24.4 Gehen Sie zunächst anschaulich vor.

24.5 Schreiben Sie das Optimierungsproblem in Normalform und lesen Sie dann das duale Problem ab. Ist das duale Problem zulässig?

24.6 Man verwende die Lagrange'sche Multiplikatorenregel

24.7 Führen Sie Schlupfvariablen ein und bestimmen Sie das Optimum mithilfe der Phase II des Simplex-Algorithmus.

24.8 Man stelle das Simplex-Tableau auf. Bei konsequenter Anwendung der angegebenen Pivot-Strategie tritt ein Zyklus der Länge 6 auf.

24.9 Um Teil (b) zu lösen, versuchen Sie den Gedanken aus Teil (a) zu verallgemeinern.

24.10 Da die Einführung von Schlupfvariablen nicht direkt auf eine Basislösung führt, muss Phase I des Simplex-Verfahrens vorgeschaltet werden.

24.11 Es müssen verschiedene Fälle unterschieden werden. Beginnen Sie mit $\beta \geq 0$ oder $\beta < 0$.

24.12 Mit der Zielfunktion $f(\boldsymbol{x}) = x_1$ und den zwei Nebenbedingungen, die D beschreiben, lässt sich die Lagrange'sche Multiplikatorenregel anwenden.

24.13 Man wende die Lagrange'sche Multiplikatorenregel an.

24.14 Als Zielfunktion bietet sich das Volumen des Quaders mit Eckpunkt $\boldsymbol{x} \in \mathbb{R}^3$ im ersten Oktanten an. Diese Funktion ist unter der Nebenbedingung $\boldsymbol{x} \in K$ mit der Lagrange'schen Multiplikatorenregel zu maximieren.

24.15 Zeigen Sie zunächst, dass eine Gerade genau dann in M ist, wenn $\boldsymbol{Ar} = \boldsymbol{0}$ gilt. Für eine der beiden Implikationen ist noch die Existenz einer Ecke zu zeigen. Dazu bietet sich ein ähnliches Argument wie auf Seite 1023 an, wobei man für die duale Situation hier die maximale Anzahl linear unabhängiger Zeilen $\boldsymbol{a}_{i*}$ mit $(\boldsymbol{Ax})_i = b_i$ betrachten kann.

24.16 Nutzen Sie den starken Dualitätssatz mit dem Vektor $\boldsymbol{c} = \boldsymbol{0}$ als Zielfunktion der primalen Aufgabe.

24.17 Für den zweiten Teil betrachte man die Zielfunktion $\boldsymbol{0}^\top \boldsymbol{x}$ auf der im ersten Teil gegebenen Menge. Nutzen Sie dazu die zweite Formulierung.

24.18 Lösen Sie $g(x, y) = 0$ nach y auf (Satz über implizite Funktionen!) und betrachten Sie $h : D \subseteq \mathbb{R} \to \mathbb{R}$ mit $h(x) = f(x, y(x))$.

24.19 Man wende die Lagrange'sche Multiplikatorenregel an.

24.20 Mit der Lagrange'schen Multiplikatorenregel lässt sich die Extremalstelle bestimmen. Betrachten Sie im zweiten Teil $x_i = y_i / \sum_{j=1}^{n} y_j$.

Kapitel 25

25.1 Betrachten Sie $\left(2^5\right)^{11}$ und den kleinen Satz von Fermat.

25.2 Beachten Sie die Rechenregeln für Kongruenzen auf Seite 1073.

25.3 Beachten Sie den euklidischen Algorithmus auf Seite 1060.

25.4 Beachten Sie das geschilderte Vorgehen nach dem chinesischen Restsatz auf Seite 1077.

25.5 Beachten Sie die Ausführungen nach dem chinesischen Restsatz auf Seite 1077.

25.6 Beachten Sie $10 \equiv 1 \pmod 3$ und $\pmod 9$ bei (a) und $10 \equiv -1 \pmod{11}$ bei (b) und $1000 \equiv -1 \pmod 7$ bei (c). Für (d) schreiben Sie die Zahl $n = z_r \cdots z_1 z_0$ in der Form $n = 10 \, a + b$ mit $a = z_r \cdots z_1$ und $b = z_0$.

25.7 Führen Sie einen Widerspruchsbeweis.

25.9 Begründen Sie (a) z. B. mit vollständiger Induktion. Für den Teil (b) können Sie die Aussage in (a) benutzen.

25.10 Wiederholen Sie die Schlüsse, die wir im Beweis zu dem Merksatz auf Seite 1062 gezogen haben.

25.11 Beachten Sie die Definition des kgV.

25.12 Betrachten Sie die Menge $M = \{a - b\,m \in \mathbb{N}_0 \mid m \in \mathbb{Z}\} \subseteq \mathbb{N}_0$.

Kapitel 26

26.1 Vergleichen Sie die Knotengrade.

26.2 Beachten Sie die Definitionen auf Seite 1091 sowie die Abbildung 26.12.

26.3 Ordnen Sie die Fälle nach dem Maximalgrad $\Delta(T)$ des Baumes.

26.4 Es gibt mehrere Lösungen, zusammenhängende und nicht zusammenhängende.

26.5 Der Graph K_n ist vollständig.

26.6 Beachten Sie die Definitionen auf Seite 1089 und 1093 sowie die Selbstfrage auf Seite 1090.

26.7 Doppeltes Abzählen.

26.8 Man stelle die 10 Studentinnen auf und überlege, wie viele Möglichkeiten man nun für die Studenten hat.

26.9 Man versetze sich in die Position der Gummibärchen: Diese ziehen aus einer Losschachtel eines der vier Mädchen und legen es nach jedem Ziehen wieder zurück.

26.10 Suchen Sie vorerst gemäß dem Beweis auf Seite 1093 eine disjunkte Zerlegung der Kantenmenge in geschlossene Kantenfolgen ohne Mehrfachkanten und verbinden Sie diese anschließend.

26.11 G ist einfach und zusammenhängend.

26.12 G ist einfach und zusammenhängend, und alle Werte sind positiv.

26.13 Man überlege jeweils, wie viele Wahlmöglichkeiten man für $f(x)$ hat, wobei x ein Element aus M ist.

26.14 Beachten Sie das allgemeine Vorgehen, das auf Seite 1110 beschrieben ist, und beachten Sie das Beispiel auf Seite 1109. Eine Partialbruchzerlegung von $\frac{1}{(\alpha - \beta X)(\gamma - \delta X)^2}$ hat die Form
$$\frac{a}{\alpha - \beta X} + \frac{b}{\gamma - \delta X} + \frac{c}{(\gamma - \delta X)^2}.$$

26.15 Argumentieren Sie indirekt und betrachten Sie die Zusammenhangskomponente mit der kleinsten Knotenzahl.

26.16 Dazu äquivalent ist die Behauptung, dass für jeden Graph G mit sechs Knoten gilt: Der Graph G oder der dazu komplementäre Graph $\overline{G}$ enthält ein Dreieck.

26.17 Wenden Sie die Euler'sche Formel an und schließen Sie mittels Induktion nach der Anzahl der Komponenten.

26.18 Wenden Sie die Euler'sche Formel an.

26.19 Argumentieren Sie mit einem geeigneten Algorithmus.

26.20 Zählen Sie, wie oft ein Element $x \in \bigcup_{i=1}^{k} M_i$ auf der rechten Seite der Gleichung berücksichtigt wird.

26.21 Beachten Sie die Definition der Stirling-Zahlen zweiter Art.

26.22 Benutzen Sie eine erzeugende Funktionen der Art $A_k = \sum_{n \in \mathbb{N}_0} S_{n,k} X^n$.

Lösungen zu den Aufgaben

In einigen Aufgaben ist keine Lösung angegeben, z. B. bei Herleitungen oder Beweisen. Sie finden die Lösungswege auf der Website des Verlags.

Kapitel 2

2.1 Nur die erste Aussage ist richtig.

2.2 Es sind 16.

2.6 Herr Grün war der Täter.

2.15 (a) $(2, 2)$ und $(2, -2)$ liegen in der gleichen Äquivalenzklasse, nämlich dem Kreis um $(0, 0)$ mit Radius $\sqrt{8}$. (b) Die Äquivalenzklasse von $(2, 2)$ ist die Hyperbel, die durch die Gleichung $x \cdot y = 4$ gegeben ist. Die Äquivalenzklasse von $(2, -2)$ ist die Hyperbel, die durch die Gleichung $x \cdot y = -4$ gegeben ist. (c) Die Äquivalenzklasse von $(2, 2)$ ist $g_1 \setminus \{(0, 0)\}$, die Äquivalenzklasse von $(2, -2)$ ist $g_2 \setminus \{(0, 0)\}$, dabei ist g_1 die Gerade durch die Null mit Steigung 1 und g_2 die Gerade durch die Null mit Steigung -1.

Kapitel 3

3.1

	a	b	c	x	y	z
a	x	z	y	a	c	b
b	y	x	z	b	a	c
c	z	y	x	c	b	a
x	a	b	c	x	y	z
y	b	c	a	y	z	x
z	c	a	b	z	x	y

3.3

$+$	0	1	a	b
0	0	1	a	b
1	1	0	b	a
a	a	b	0	1
b	b	a	1	0

$\cdot$	0	1	a	b
0	0	0	0	0
1	0	1	a	b
a	0	a	b	1
b	0	b	1	a

3.4 Nein.

3.5 Nur im Nullring $\{0\}$.

3.6 (a) Die Verknüpfung ist nicht assoziativ, nicht kommutativ, es gibt kein neutrales Element. (b) Die Verknüpfung ist assoziativ, kommutativ, 1 ist ein neutrales Element. (c) Die Verknüpfung ist assoziativ, kommutativ, es gibt kein neutrales Element. (d) Die Verknüpfung ist assoziativ, kommutativ, es gibt kein neutrales Element.

3.7 (a) Die Verknüpfung ist assoziativ, kommutativ, 0 ist ein neutrales Element. (b) Die Verknüpfung ist assoziativ, kommutativ, 0 ist ein neutrales Element. (c) Die Verknüpfung ist nicht assoziativ, nicht kommutativ, es gibt kein neutrales Element.

3.8 Die Verknüpfungstafel lautet

$\circ$	f_1	f_2	f_3	f_4	f_5	f_6
f_1	f_1	f_2	f_3	f_4	f_5	f_6
f_2	f_2	f_3	f_1	f_5	f_6	f_4
f_3	f_3	f_1	f_2	f_6	f_4	f_5
f_4	f_4	f_6	f_5	f_1	f_3	f_2
f_5	f_5	f_4	f_6	f_2	f_1	f_3
f_6	f_6	f_5	f_4	f_3	f_2	f_1

3.9 Es ist $\{n \cdot \mathbb{Z} \mid n \in \mathbb{N}_0\}$ die Menge aller Untergruppen von $\mathbb{Z} = (\mathbb{Z}, +)$.

3.11 (a) $2 X^4 - 3 X^3 - 4 X^2 - 5 X + 6 = (2 X^2 + 3 X + 3)(X^2 - 3 X + 1) + (X + 3)$.

(b) $X^4 - 2 X^3 + 4 X^2 - 6 X + 8 = (X^3 - X^2 + 3 X - 3)(X - 1) + 5$.

3.12 $P = X^6 - 6 X^4 - 4 X^3 + 12 X^2 - 24 X - 4 \in \mathbb{Z}[X]$.

Kapitel 4

4.1 Da Beweis, siehe ausführliche Lösung!

4.2 Da Beweis, siehe ausführliche Lösung!

4.3 Da Beweis, siehe ausführliche Lösung!

4.4 Da Beweis, siehe ausführliche Lösung!

4.5 Es existiert die affine Abbildung $\varphi(x) = \frac{\beta - \alpha}{b - a}(x - a) + \alpha$, die die beiden Intervalle aufeinander abbildet. Nimmt man einzelne Punkte aus einem Intervall, so ändert sich die Mächtigkeit nicht, und daher gilt diese Aussage auch für offene Intervalle.

4.6 Die Abbildung $\varphi : (-1, 1) \to \mathbb{R}$ mit $x \mapsto \frac{x}{1 - |x|}$ und ihrer Umkehrabbildung $\tilde{\varphi} : \mathbb{R} \to (-1, 1)$ mit $y \mapsto \frac{y}{1 + |y|}$ ist eine solche Abbildung.

© Springer-Verlag GmbH Deutschland, ein Teil von Springer Nature 2022
T. Arens et al., *Grundwissen Mathematikstudium*,
https://doi.org/10.1007/978-3-662-63313-7

4.7 Die Polynome lauten:

(a) $P(X) = nX - m$
(b) $P(X) = X^2 - 2$ bzw.
(c) $P(X) = X^2 + 1$
(d) Da Beweis, siehe ausführliche Lösung!
(e) Da Beweis, siehe ausführliche Lösung!

4.8

(a) Ja
(b) Nein
(c) Ja und Nein
(d) Ja
(e) Ja

4.9 Da Beweis, siehe ausführliche Lösung!

4.10 Da Beweis, siehe ausführliche Lösung.

4.11 Da Beweis, siehe ausführliche Lösung!

4.12 Es ist bei dieser Aufgabe nicht nötig, alle Körperaxiome einzeln nachzuweisen. Es genügt zu zeigen, dass es sich bei $\mathbb{Q}(\sqrt{2})$ um einen Unterkörper von $\mathbb{R}$ handelt; so gelten Kommutativ-, Assoziativ- und Distributivgesetze auf $\mathbb{Q}(\sqrt{2})$ als Teilmenge von $\mathbb{R}$!

Die reelle Zahl $\sqrt{3}$ liegt nicht in $\mathbb{Q}(\sqrt{2})$, bzw. die Gleichung $x^2 = 3$ hat keine Lösung in $\mathbb{Q}(\sqrt{2})$.

4.13 Da Beweis, siehe ausführliche Lösung!

4.14 Der Ort der Schatztruhe ist in der Beschreibung unabhängig vom Startpunkt, also vom Ort des Galgens.

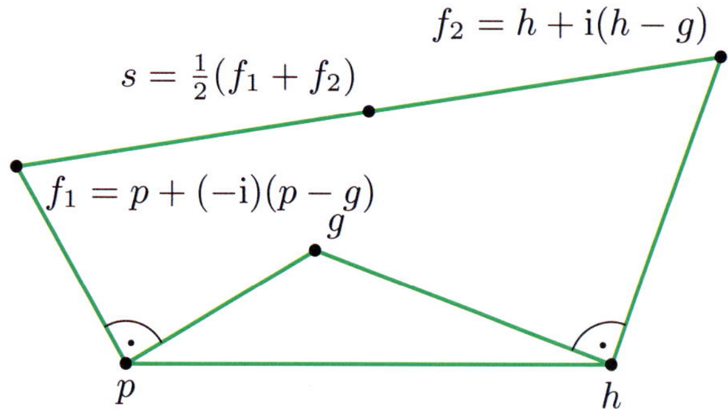

Abbildung 4.26 Hier eine mögliche Skizze der Situation auf der Insel.

4.15 Um diese Aussage zu zeigen, benutzt man einen Induktionsbeweis über die Anzahl n der Orte, wobei $A(n)$ die Aussage „Zu n Orten in obiger Situation existiert eine zulässige Route" ist. Der Beweis findet sich im Lösungsweg.

4.16 Da Beweis, siehe ausführliche Lösung! Für die gesuchten Paare gilt das Folgende:

Es gibt acht Darstellungen (x, y) der Zahl 5: $(-2, -1)$, $(-2, 1)$, $(-1, -2)$, $(-1, 2)$, $(1, -2)$, $(1, 2)$, $(2, -1)$ und $(2, 1)$.

Es gibt auch für die Zahl 401 acht Darstellungen, eine davon ist $(20, 1)$, die anderen ergeben sich durch Ergänzen verschiedener Vorzeichenpaare bzw. durch einen Platztausch wie bei der Zahl 5.

Für die Zahl 2005 gibt es sogar 16 Darstellungen, die sich aus den beiden Paaren $(41, 18)$ und $(39, 22)$ ableiten lassen.

4.17 Die obige Ungleichungskette ist korrekt, und das Gleichheitszeichen gilt nur für $a = b$.

4.18

(a) $L_1 = (-1, 4)$
(b) $L_2 = (-1, 2) \cup (4, \infty)$
(c) $L_3 = \emptyset$

4.19 Da Beweis, siehe ausführliche Lösung!

4.20 Es sind die acht Paare $(2, 3)$, $(3, 2)$, $(-2, -3)$, $(-3, -2)$, $(2, -3)$, $(-2, 3)$, $(-3, 2)$ und $(3, -2)$.

Zum Beweis des Zusatzes siehe ausführliche Lösung!

4.21

(b) $4, 7, 10, 13, 19, 22, 25, 31.\ 3 \cdot 33 + 1 = 100 \in H$.
(d) $100 = 4 \cdot 25 = 10 \cdot 10$.
(e) Die H-Primzahlen besitzen nicht die Primzahleigenschaft

4.22 Da Beweis, siehe ausführliche Lösung!

4.23 Da Beweis, siehe ausführliche Lösung!

4.24 Da Beweis, siehe ausführliche Lösung!

4.25

(a) $\max M_1 = \sup M_1 = 2$ bzw. $\inf M_1 = 0$. Ein Minimum gibt es nicht.
(b) $M_2 = \mathbb{R}$ und damit existieren weder ein Maximum oder ein Minimum noch ein Supremum oder Infimum.
(c) $\max M_3$ bzw. $\min M_3$ existieren nicht, es gilt $\sup M_3 = 3$ bzw. $\inf M_3 = -3$.

4.26 Da Beweis, siehe ausführliche Lösung!

4.27 Da Beweis, siehe ausführliche Lösung!

4.28

(a) $\frac{1}{1 \cdot 2} + \frac{1}{2 \cdot 3} + \ldots + \frac{1}{n \cdot (n+1)} = 1 - \frac{1}{n+1}$
(b) $1 - 4 + 9 - \ldots + (-1)^{n+1} n^2 = (-1)^{n+1} \cdot \frac{n(n+1)}{2}$
(c) $1 \cdot 2 + 2 \cdot 3 + \ldots + n \cdot (n+1) = \frac{n(n+1)(n+2)}{3}$
(d) $1 \cdot 2 \cdot 3 + \ldots + n \cdot (n+1) \cdot (n+2) = \frac{n(n+1)(n+2)(n+3)}{4}$

4.29 $\alpha = 1$, $\alpha = \mathrm{i}$, $\alpha = -1$ und $\alpha = -\mathrm{i}$ mit den Inversen 1, $-\mathrm{i}$, -1, i.

4.30 Da Beweis, siehe ausführliche Lösung!

4.31

(a) $3z + 4w = 15 + 22i$
(b) $2z^2 - z\overline{w} = -17 + 6i$
(c) $\frac{w+z}{w-z} = 2.5 + 0.5i$
(d) $\frac{1-iz}{1+iz} = -2 - i$

4.32

(a) M_1 ist der durch $-1 < \text{Im}(z) < 0$ begrenzte offene Horizontalstreifen in der komplexen Zahlenebene.
(b) M_2 beschreibt das Schaubild einer (liegenden) Parabel mit der „Gleichung" $x = y^2/2 - 1/2$.
(c) Die Menge M_3 beschreibt die erste Winkelhalbierende $y = x$.
(d) Die Elemente der Menge M_4 liegen auf der Kreislinie um $m = -4/3 + 0i$ mit Radius $2/3$.

4.33 Da Beweis, siehe ausführliche Lösung!

4.34 Da Beweis, siehe ausführliche Lösung!

4.35

(a) $\frac{1}{3+7i} = \frac{3}{58} - \frac{7}{58}i$ mit Betrag $\frac{1}{\sqrt{58}}$
(b) $\left(\frac{1+i}{1-i}\right)^2 = -1 + 0i$ mit Betrag 1
(c) $\left(-\frac{1}{2} + \frac{\sqrt{3}}{2}i\right)^3 = 1 + 0i$ mit Betrag 1
(d) Der Ausdruck $\left(\frac{1+i}{\sqrt{2}}\right)^n$ ($n \in \mathbb{N}$) hat den Betrag 1 und nimmt als möglichen Wert die acht komplexen Zahlen $\frac{1}{\sqrt{2}} + \frac{1}{\sqrt{2}}i$, $0 + i$, $-\frac{1}{\sqrt{2}} + \frac{1}{\sqrt{2}}i$, $-1 + 0i$, $-\frac{1}{\sqrt{2}} - \frac{1}{\sqrt{2}}i$, $0 - i$, $\frac{1}{\sqrt{2}} - \frac{1}{\sqrt{2}}i$ und $1 + 0i$ an, die in dieser Reihenfolge zyklisch durchlaufen werden.

4.36 Wenn z Lösung der Gleichung $z^2 = c$ ist, so auch $-z$, denn es ist $(-z)^2 = z^2 = c$. Dass das angegebene z eine Lösung der Gleichung ist, zeigt man durch einfaches Nachrechnen.

Dass es keine weiteren Lösungen geben kann, folgt aus dieser Überlegung: Wären z, w Lösungen der Gleichung, so gilt $z^2 = c = w^2$, woraus $w = \pm z$ folgt aus dem Nullteilersatz: $z^2 = w^2 \Leftrightarrow z^2 - w^2 = 0 \Leftrightarrow (z - w)(z + w) = 0$.

4.37

(a) Die Quadratwurzeln von i sind $z_1 = \frac{1}{\sqrt{2}} + \frac{1}{\sqrt{2}}i$ bzw. $z_2 = -\frac{1}{\sqrt{2}} - \frac{1}{\sqrt{2}}i$
(b) $z_1 = 3 - i$ und $z_2 = -3 + i$
(c) $z_1 = 3 + 2i$ und $z_2 = -3 - 2i$

4.38 Die beiden Lösungen sind $z_1 = 2$ und $z_2 = 1 - i$.

4.39 Da Beweis, siehe ausführliche Lösung!

4.40

(a) Die erste Ungleichung gilt für alle natürlichen Zahlen außer $n = 3$.
(b) Die zweite Ungleichung gilt für alle natürlichen Zahlen $n \geq 2$.
(c) Die dritte Ungleichung gilt für alle natürlichen Zahlen $n \geq 2$.
(d) Die vierte Ungleichung gilt für alle natürlichen Zahlen $n \geq 1$.

4.41 Das Beweisprinzip nennt man auch „Dirichlet'sches Schubfachprinzip". Da Beweis, siehe ausführliche Lösung.

4.42 Die Bijektion

$$h : \mathbb{N} \times \mathbb{N} \to \mathbb{N}, \; h(n, m) = n + \frac{(n + m - 1)(n + m - 2)}{2}$$

ist ein passendes Beispiel. Sie bildet z. B. das Zahlenpaar $(3, 3) \in \mathbb{N} \times \mathbb{N}$ auf $13 \in \mathbb{N}$ ab und wird **Cantor'sche Paarungsfunktion** (G. Cantor, 1878) genannt.

4.43 Da Beweis, siehe ausführliche Lösung!

4.44 Wenn $b > 1$ wäre, erhält man einen Widerspruch. Daher muss $b = 1$ sein, und damit ist $x = a/1 \in \mathbb{Z}$.

4.45 Da Beweis, siehe ausführliche Lösung!

4.46 Da Beweis, siehe ausführliche Lösung!

4.47 Da Beweis, siehe ausführliche Lösung!

4.48 $x = \sqrt{2} + \sqrt{3}$ ist Nullstelle des Polynoms $P(X) = X^4 - 10X^2 + 1$ und damit nicht rational, da x nicht ganz ist (es gilt $3.1 < x < 3.2$).

4.49 $x = \sqrt{2} + \sqrt[3]{2}$ ist Nullstelle des Polynoms $P(X) = X^6 - 6X^4 - 4X^3 + 12X^2 - 24X - 4$.

4.50 Da Beweis, siehe ausführliche Lösung!

4.51 Da Beweis, siehe ausführliche Lösung!

Kapitel 5

5.1 Ja.

5.2 Nein.

5.3 Ja.

5.4 Nein.

5.5 Die erste Behauptung folgt aus der Verknüpfungstreue der Abbildung $\mathbb{Z} \to \mathbb{Z}_p$. Die Antwort auf die zweite Frage ist nein.

5.6 Das System ist in $\mathbb{Z}_2$ und in $\mathbb{Z}_3$ lösbar. Die Lösungsmenge L lautet in $\mathbb{Z}_2$

$$L = \{(1, 1, 1),\ (0, 1, 0)\}$$

und in $\mathbb{Z}_3$

$$L = \{(0, 2, 0),\ (0, 1, 1),\ (0, 0, 2)\}.$$

5.7 Die eindeutig bestimmte Lösung des allgemeinen Systems ist $\left(\frac{rd - bs}{ad - bc},\ \frac{as - rc}{ad - bc}\right)$ und die eindeutige Lösung des Beispiels lautet $\left(\frac{-10m + 33}{7},\ \frac{22 - 2m}{7}\right)$.

5.8 Das erste System ist nicht lösbar; die Lösungsmenge des zweiten Systems lautet $L = \{(\frac{1}{3}(1-t),\ \frac{1}{3}(-1+4t),\ t) \mid t \in \mathbb{R}\}$.

5.9 Für $a = -1$ gibt es keine Lösung. Für $a = 2$ und $a = 3$ gibt es unendlich viele Lösungen. Für alle anderen reellen Zahlen a gibt es genau eine Lösung. Im Fall $a = 0$ ist dies $L = \{(1, 0, 0)\}$, und im Fall $a = 2$ ist $L = \{(\frac{1}{3} + \frac{1}{3}t,\ t,\ 0) \mid t \in \mathbb{R}\}$ die Lösungsmenge.

5.10 Die Lösungsmengen sind

a) $L = \{(3 + 2\,\mathrm{i},\ -1 + 2\,\mathrm{i},\ 3\,\mathrm{i})\}$.

b) $L = \{\frac{1}{5}(3 + \mathrm{i},\ 3 - 4\,\mathrm{i},\ 3 + 6\,\mathrm{i})\}$.

c) $L = (4 - 3\,\mathrm{i},\ -2\,\mathrm{i},\ 5 + \mathrm{i})\,\mathbb{C}$.

5.11 Im Fall $r = -2$ ist $L = \emptyset$. Im Fall $r = 1$ ist $L = \{(1 - s - t,\ s,\ t) \mid s,\ t \in \mathbb{R}\}$ die Lösungsmenge, und für alle anderen $r \in \mathbb{R}$ ist $L = \left\{\left(\frac{1}{2+r},\ \frac{1}{2+r},\ \frac{1}{2+r}\right)\right\}$.

5.12 Das Gleichungssystem ist für alle Paare (a, b) der Hyperbel $H = \{(a, b) \mid b^2 - a(a + 2) = 0\}$ nicht lösbar. Für alle anderen Paare $(a, b) \in \mathbb{R}^2 \setminus H =: G$ ist das System lösbar. Es ist nicht eindeutig lösbar, falls $a = 2$ gilt, d. h. für alle Paare $(a, b) = (2, b) \in G$. Für die restlichen Paare ist das System eindeutig lösbar.

5.13 $\boldsymbol{F}_a = (-12, 6, -30)$, $\boldsymbol{F}_b = (10, -10, -20)$, $\boldsymbol{F}_c = (2, 4, -6)$.

Kapitel 6

6.1 Die Aussagen in (a) und (b) sind richtig, die Aussagen (c) und (d) sind falsch.

6.2 Die Aussagen in (a) und (b) sind falsch, die Aussage in (c) ist richtig.

6.3 Ja.

6.4 Ja.

6.5 U_1, U_3 und U_4 sind keine Untervektorräume, U_2 hingegen schon.

6.6 U_2, U_3 und U_5 sind keine Untervektorräume, U_1, U_4 und U_6 hingegen schon.

6.7 Ja, es ist $A = \{\boldsymbol{e}_1,\ \ldots,\ \boldsymbol{e}_n,\ \boldsymbol{v}\}$ mit den Standard-Einheitsvektoren $\boldsymbol{e}_1,\ \ldots,\ \boldsymbol{e}_n$ und $\boldsymbol{v} = \boldsymbol{e}_1 + \cdots + \boldsymbol{e}_n$ eine solche Menge.

6.8 Nein, die Formel für $\dim(U + V + W)$ gilt nicht.

6.9 Alle Aussagen sind richtig.

6.10 Ja, die Menge bildet eine Basis.

6.11 Die Standardbasis $E_4 = \{\boldsymbol{e}_1,\ \boldsymbol{e}_2,\ \boldsymbol{e}_3,\ \boldsymbol{e}_4\}$ ist eine Basis von U.

6.12 $A = \begin{pmatrix} -2 & \frac{3-\sqrt{2}}{2} & 1 \\ \frac{3-\sqrt{2}}{2} & 1 & \frac{-3+\sqrt{2}}{2} \\ 1 & \frac{-3+\sqrt{2}}{2} & 2 \end{pmatrix}$

$+ \begin{pmatrix} 0 & \frac{-3-\sqrt{2}}{2} & 0 \\ \frac{3+\sqrt{2}}{2} & 0 & \frac{3+\sqrt{2}}{2} \\ 0 & \frac{-3-\sqrt{2}}{2} & 0 \end{pmatrix}$

6.13 Es ist

$$B := \left\{ \begin{pmatrix} 1 \\ 0 \\ \vdots \\ 0 \\ -1 \end{pmatrix},\ \begin{pmatrix} 0 \\ 1 \\ \vdots \\ 0 \\ -1 \end{pmatrix},\ \ldots,\ \begin{pmatrix} 0 \\ 0 \\ \vdots \\ 1 \\ -1 \end{pmatrix} \right\}$$

eine Basis von U, insbesondere gilt $\dim(U) = n - 1$.

6.14 Die Dimension ist 3.

6.15 Die Vektoren $\boldsymbol{c}$, $\boldsymbol{d}$ sind genau dann linear unabhängig, falls $\lambda\sigma - \mu\nu \neq 0$ gilt.

Kapitel 7

7.1
$$\left\{ (\lambda \boldsymbol{n}_1 + \mu \boldsymbol{n}_2) \cdot \boldsymbol{x} = \lambda k_1 + \mu k_2 \mid (\lambda, \mu) \in \mathbb{R}^2 \setminus \{(0,0)\} \right\}.$$

7.2 Es gibt zwei Lösungen,
$$\boldsymbol{A}_1 = \begin{pmatrix} 0 & 0 & 1 \\ 1 & 0 & 0 \\ 0 & 1 & 0 \end{pmatrix} \text{ und } \boldsymbol{A}_2 = \begin{pmatrix} 0 & 1 & 0 \\ 0 & 0 & 1 \\ 1 & 0 & 0 \end{pmatrix} = \boldsymbol{A}_1^2.$$

Keine uneigentlich orthogonale Matrix kann diese Bedingungen erfüllen.

7.3 Es gibt vier Lösungen, wobei in den folgenden Darstellungen einmal die oberen, einmal die unteren Vorzeichen zu wählen sind:
$$\boldsymbol{M}_{1,2} = \frac{1}{3} \begin{pmatrix} \mp 1 & -2 & 2 \\ \pm 2 & 1 & 2 \\ -2 & \pm 2 & \pm 1 \end{pmatrix}$$
$$\boldsymbol{M}_{3,4} = \frac{1}{15} \begin{pmatrix} \pm 5 & -10 & 10 \\ \pm 14 & 5 & -2 \\ -2 & \pm 10 & \pm 11 \end{pmatrix}$$

7.4 Die zugehörige Drehmatrix lautet:
$$\boldsymbol{R}_{\widehat{d},\varphi} = \frac{1}{3} \begin{pmatrix} 2 & -1 & 2 \\ 2 & 2 & -1 \\ -1 & 2 & 2 \end{pmatrix}$$

Die Koordinatenvektoren der verdrehten Würfelecken sind die Spaltenvektoren in
$$\frac{1}{3} \begin{pmatrix} 0 & 2 & 1 & -1 & 2 & 4 & 3 & 1 \\ 0 & 2 & 4 & 2 & -1 & 1 & 3 & 1 \\ 0 & -1 & 1 & 2 & 2 & 1 & 3 & 4 \end{pmatrix}$$

7.5 Bei Benützung der üblichen Abkürzungen $s\varphi$ und $c\varphi$ für den Sinus und Kosinus des Drehwinkels lautet die Drehmatrix $\boldsymbol{R}_{d,\varphi}$:
$$\begin{pmatrix} (1-d_1^2)c\varphi + d_1^2 & d_1 d_2(1-c\varphi) - d_3 s\varphi & d_1 d_3(1-c\varphi) + d_2 s\varphi \\ d_1 d_2(1-c\varphi) + d_3 s\varphi & (1-d_2^2)c\varphi + d_2^2 & d_2 d_3(1-c\varphi) - d_1 s\varphi \\ d_1 d_3(1-c\varphi) - d_2 s\varphi & d_2 d_3(1-c\varphi) + d_1 s\varphi & (1-d_3^2)c\varphi + d_3^2 \end{pmatrix}$$

7.6
$$\|\boldsymbol{u}\| = 3, \ \|\boldsymbol{v}\| = 15, \ \cos\varphi = 8/45, \ \varphi \approx 79.76°$$
$$\boldsymbol{u} \times \boldsymbol{v} = \begin{pmatrix} -33 \\ -26 \\ 14 \end{pmatrix}, \ \|\boldsymbol{u} \times \boldsymbol{v}\| = \sqrt{1961}.$$

7.7
$$\begin{aligned} E_1 : & \ x_2 + 2x_3 - 8 = 0 \\ E_2 : & \ -x_1 + 2x_3 - 5 = 0 \end{aligned}$$

Jede weitere Ebenengleichung ist eine Linearkombination dieser beiden.

7.8 $x_3 = 2$. Der Punkt $\boldsymbol{d}$ liegt außerhalb des Dreiecks.

7.9 $E : x_1 - x_2 + 2x_3 = 0$. Die Entfernung der Ebene E von G beträgt $2\sqrt{6}/3$, jene von der Geraden H $\sqrt{6}/2$.

7.10 $l(\boldsymbol{x}) = \frac{1}{3}(2x_1 + x_2 - 2x_3 - 1) = 0.$

7.11 $d = \sqrt{2}, \boldsymbol{a}_1 = \begin{pmatrix} 1 \\ 2 \\ 3 \end{pmatrix}, \boldsymbol{a}_2 = \begin{pmatrix} 2 \\ 3 \\ 3 \end{pmatrix}.$

7.12
$$5x_1^2 + 5x_2^2 + 8x_3^2 + 8x_1 x_2 - 4x_1 x_3 + 4x_2 x_3 - 10x_1 - 26x_2 - 32x_3 = 31.$$

7.13
$$3x_1^2 - 3x_3^2 - 4x_1 x_2 + 8x_1 x_3 - 12x_2 x_3 - 42x_1 + 26x_2 + 38x_3 = 27.$$

7.14
$$11x_1^2 + 11x_2^2 + 23x_3^2 + 32x_1 x_2 - 16x_1 x_3 + 16x_2 x_3 - 22x_1 - 86x_2 - 92x_3 + 146 = 0.$$

7.15 $\boldsymbol{m} = \frac{1}{2} \begin{pmatrix} 3 \\ 5 \\ 6 \end{pmatrix}.$

7.16
$$\boldsymbol{d} = \begin{pmatrix} \sqrt{2} + \sqrt{3} \\ -1 - \sqrt{2} \\ 1 \end{pmatrix}, \quad \cos\varphi = \frac{1}{2\sqrt{6}}(2 + \sqrt{2} + \sqrt{3} - \sqrt{6}),$$
$$\sin\varphi = \frac{1}{2\sqrt{6}}\sqrt{9 + 2\sqrt{6} + 2\sqrt{2}},$$
und daher $\varphi \approx 56.60°$.

7.17
$$\begin{aligned} \cos\alpha &= \tfrac{1}{\sqrt{2}}, & \sin\alpha &= \tfrac{1}{\sqrt{2}}, & \alpha &= 45°, \\ \cos\beta &= \tfrac{1}{3}, & \sin\beta &= \tfrac{2\sqrt{2}}{3}, & \beta &\approx 70.53°, \\ \cos\gamma &= \tfrac{1}{\sqrt{2}}, & \sin\gamma &= -\tfrac{1}{\sqrt{2}}, & \gamma &= 315°. \end{aligned}$$

7.18
$$\boldsymbol{D}^* = \begin{pmatrix} 1 & 0 & 0 & 0 \\ -3 & 0 & 0 & 1 \\ 1 & 1 & 0 & 0 \\ 2 & 0 & 1 & 0 \end{pmatrix}$$

7.20 Ein Parallelogramm hat genau dann orthogonale Diagonalen, wenn die vier Seitenlängen übereinstimmen.

7.22 $\varphi(q_1 \circ q_2) = \varphi(q_1) * \varphi(q_2)$. Es ist
$$\begin{pmatrix} x \\ y \end{pmatrix}^{-1} = \frac{1}{x\,\overline{x} + y\,\overline{y}} \begin{pmatrix} \overline{x} \\ -y \end{pmatrix} = \varphi\left(\frac{1}{\|q\|^2}\,\overline{q}\right).$$

$$(\psi \circ \varphi)(q_1 \circ q_2) = \psi\left(\begin{pmatrix} x_1 \\ y_1 \end{pmatrix} * \begin{pmatrix} x_2 \\ y_2 \end{pmatrix}\right)$$
$$= \begin{pmatrix} x_1 & -y_1 \\ y_1 & x_1 \end{pmatrix}\begin{pmatrix} x_2 & -y_2 \\ y_2 & x_2 \end{pmatrix}.$$

$$\det\left((\psi \circ \varphi)(q)\right) = \det\begin{pmatrix} x & -y \\ y & x \end{pmatrix} = |x|^2 + |y|^2 = q \circ \overline{q} = \|q\|^2.$$

7.24 Die Entfernung der Eckpunkte vom Schwerpunkt lautet

$$\|\boldsymbol{x} - \boldsymbol{p}_i\| = \sqrt{\tfrac{3}{8}}.$$

Die Seitenlänge des Quadrates ist $\tfrac{1}{2}$.

Kapitel 8

8.1 (a) $N = 29$, (b) $N = 299$.

8.2 Es gilt $a_n = 3^{n-1}$ für $n \in \mathbb{N}$.

8.4 (a) Richtig, (b) falsch, (c) falsch, (d) richtig, (e) falsch.

8.5 Die Summe $(x_n + y_n)$ ist immer divergent, beim Produkt $(x_n\, y_n)$ ist Konvergenz möglich.

8.6 Ja.

8.7 (a) unbeschränkt, streng monoton wachsend, (b) beschränkt, monoton wachsend, (c) beschränkt, nicht monoton, (d) beschränkt, streng monoton fallend.

8.8 (a_n) und (d_n) sind konvergent. (b_n) und (c_n) sind unbeschränkt, also insbesondere divergent.

8.9 (a) $\lim\limits_{n\to\infty} x_n = 1$, (b) divergent, (c) $\lim\limits_{n\to\infty} x_n = 1/2$, (d) $\lim\limits_{n\to\infty} x_n = 1/4$, (e) $\lim\limits_{n\to\infty} x_n = 3$.

8.10 $\lim\limits_{n\to\infty} a_n = 1$, $\lim\limits_{n\to\infty} b_n = 0$.

8.11 $\lim\limits_{n\to\infty} a_n = 1$, (b_n) divergiert. Für $q < 1$ ist $\lim\limits_{n\to\infty} c_n = 1$, für $q \geq 1$ divergiert die Folge. Die Folge (d_n) divergiert für $|q| \geq 2$ und konvergiert gegen null für $|q| < 2$.

8.12 Die Folge wächst monoton, und es ist $\lim\limits_{n\to\infty} x_n = 1/a$.

8.13 Für $-3 < a_0 < 3$ konvergiert die Folge mit $\lim\limits_{n\to\infty} a_n = 1$. Für $a_0 = -3$ und $a_0 = 3$ konvergiert sie ebenfalls, aber mit $\lim\limits_{n\to\infty} a_n = 3$. Für alle anderen Startwerte ist die Folge unbeschränkt und daher divergent.

8.14 (a) $\sup\limits_{n\in\mathbb{N}} a_n = 2 + \tfrac{\sqrt{2}}{2}$, $\inf\limits_{n\in\mathbb{N}} a_n = 0$, $\limsup\limits_{n\to\infty} a_n = 2$, $\liminf\limits_{n\to\infty} a_n = 0$. (b) $\sup\limits_{n\in\mathbb{N}} a_n = 1$, $\inf\limits_{n\in\mathbb{N}} a_n = -1$, $\limsup\limits_{n\to\infty} a_n = 1$, $\liminf\limits_{n\to\infty} a_n = 0$. (c) $\sup\limits_{n\in\mathbb{N}} a_n$, $\limsup\limits_{n\to\infty} a_n$ und $\liminf\limits_{n\to\infty} a_n$ existieren nicht. $\inf\limits_{n\in\mathbb{N}} a_n = 1$.

Kapitel 9

9.1

(a) $D = \mathbb{R} \setminus \{0\}$, $f(D) = \mathbb{R}_{>1}$
(b) $D = \mathbb{R} \setminus \{1, -2\}$, $f(D) = \mathbb{R} \setminus \{1, \tfrac{1}{3}\}$
(c) $D = \mathbb{R} \setminus \{-1, 1\}$, $f(D) = \mathbb{R}_{>0}$
(d) $D = \mathbb{R} \setminus \{1 - \sqrt{2}, 1 + \sqrt{2}\}$, $f(D) = \mathbb{R}_{\geq 0}$

9.2 (a) Weder monoton, noch injektiv, noch surjektiv. (b) Streng monoton wachsend, daher injektiv, aber nicht surjektiv. (c) Streng monoton fallend, daher injektiv, und auch surjektiv.

9.3 Es gibt ein $\varepsilon > 0$ sodass für alle $\delta > 0$ ein $x \in D$ mit $|x - x_0| < \delta$ existiert, für das gilt: $|f(x) - f(x_0)| \geq \varepsilon$.

9.4 Es ist $f(x) = ax$, $x \in \mathbb{R}$, mit $a \in \mathbb{R}$.

9.5

(a) Beschränkt, abgeschlossen, kompakt.
(b) Abgeschlossen, aber nicht beschränkt oder kompakt.
(c) Beschränkt, abgeschlossen, kompakt.
(d) Beschränkt, nicht abgeschlossen, nicht kompakt.

9.6

(a) Falsch.
(b) Richtig.
(c) Falsch.
(d) Falsch.
(e) Falsch.

9.7 (a) $\tfrac{4}{3}$ (b) -3

9.8 f muss nicht stetig sein.

9.9 In $(0, 1] \cap \mathbb{Q}$ ist f nicht stetig, in $([0, 1] \setminus \mathbb{Q}) \cup \{0\}$ ist f stetig.

9.10 (a) $-\tfrac{5}{3}$ (b) 2 (c) 0 (d) $-\infty$

9.12

(a) Minimalstelle $x^- = 2$ mit Funktionswert $f(x^-) = -7$, Maximalstelle $x^+ = -1$ mit Funktionswert $f(x^+) = 2$.
(b) Minimalstelle $x^- = 1$ mit Funktionswert $f(x^-) = 1$, keine Maximalstelle.

9.13 Maximalstelle $z^+ = \tfrac{6}{5} + \tfrac{8}{5}\,\mathrm{i}$ mit $f(z^+) = 10$, Minimalstelle $z^- = -\tfrac{6}{5} - \tfrac{8}{5}\,\mathrm{i}$ mit $f(z^-) = -10$.

Kapitel 10

10.1 Eine solche Reihe kann konstruiert werden.

10.2 Dies sind genau die rationalen Zahlen.

10.3 Ja, dies ist möglich.

10.6

(a) $\displaystyle\sum_{n=1}^{\infty}\left(\frac{1}{\sqrt{n}}-\frac{1}{\sqrt{n+1}}\right)=1$

(b) $\displaystyle\sum_{n=1}^{\infty}\left(\frac{3+4\mathrm{i}}{6}\right)^n=\frac{18}{25}+\frac{24}{25}\mathrm{i}$

10.8   Die Reihe ist divergent.

10.9   (a) Die Reihe konvergiert für $\alpha>1$, sonst divergiert sie. (b) Die Reihe konvergiert.

10.10   (a) und (c) sind absolut konvergente Reihen, (b) ist divergent.

10.11   (a) konvergiert, aber nicht absolut. Die Reihe (b) konvergiert absolut.

10.12   (a) $M=(-\pi,\pi)\setminus\{-\frac{3\pi}{4},-\frac{\pi}{4},\frac{\pi}{4},\frac{3\pi}{4}\}$, (b) $M=(-\sqrt{5},-\sqrt{3})\cup(\sqrt{3},\sqrt{5})$, (c) $M=(0,2)$.

10.13   Der Flächeninhalt ist $(4/10)\sqrt{3}$, der Umfang ist unendlich.

Kapitel 11

11.1   (a) Nein. (b) Nein, aber als Potenzreihe darstellbar mit Entwicklungspunkt 1. (c) Ja, mit Entwicklungspunkt -1 und $a_n=1/n!$. (d) Nein, aber als Potenzreihe darstellbar mit Entwicklungspunkt 0 und $a_n=\sum_{k=0}^{n}(-1)^k/(2k)!$.

11.2   (a) Richtig. (b) Falsch. (c) Richtig. (d) Falsch. (e) Richtig.

11.3   (a) $1/2$. (b) 2.

11.4   Die ersten 8 Nachkommastellen sind in allen drei Fällen null. Für die Differenz ergibt sich $1/45\,x^7+O(x^8)$ für $x\to0$.

11.5   Für (i,i) mit $\beta=0$, für $(\mathrm{i},-1)$ mit $\beta=1$ und für $(-\mathrm{i},-\mathrm{i})$ mit $\beta=-1$.

11.6   (a) Konvergenzradius 256, Entwicklungspunkt 0. (b) Konvergenzradius 0, Entwicklungspunkt 2. (c) Konvergenzradius $2^{-3/4}$, Entwicklungspunkt 0. (d) Konvergenzradius $1/\sqrt{5}$, Entwicklungspunkt $-\mathrm{i}$.

11.8   (a) Konvergenz für $x\in(0,1]$. (b) Konvergenz für $x\in(0,4)$. (c) Konvergenz für $x\in[-3,1]$.

11.9   Die Reihe konvergiert für alle z mit $|z-2\mathrm{i}|\leq1/2$.

11.10   (a) $D=\mathbb{C}\setminus\{\sqrt{2}\,\mathrm{i},-\sqrt{2}\,\mathrm{i}\}$. (b) $a_{2k}=\left(-\frac{1}{2}\right)^{k+1}$, $a_{2k+1}=-\left(-\frac{1}{2}\right)^{k+1}$, jeweils für $k\in\mathbb{N}_0$. Der Konvergenzradius ist $\sqrt{2}$.

11.11 $(1+x)^{1/n}=1+\frac{1}{n}(x-1)+O((x-1)^2)$ für alle $n\in\mathbb{N}$ und $x\to1$.

11.12   (a) $z=(2n+1)\pi\mathrm{i}$, $n\in\mathbb{Z}$. (b) $z=\ln(2\sqrt{2})+\left(\frac{\pi}{4}+2\pi n\right)\mathrm{i}$, $n\in\mathbb{Z}$.

11.13   (a) Jedes $z\in\mathbb{C}$ erfüllt diese Gleichung. (b) $z=\pi n$, $n\in\mathbb{Z}$.

11.15   Die Reihe konvergiert genau für $x\in(-1,1)$.

Kapitel 12

12.1   Nur für $u=0$.

12.2   (a) Nein. (b) Ja.

12.3   Ja.

12.4   (a) φ_1 ist nichtlinear. (b) φ_2 ist linear. (c) φ_3 ist nicht linear.

12.5 $\dim\varphi(\mathbb{R}^2)=1$ und $\dim\varphi^{-1}(\{0\})=1$.

12.6   Es gilt $a_{n+1}=a_n+b_n$ und $b_{n+1}=2\,a_n$.

12.7   (a) $\varphi(a)=c$, $\varphi(b)=0$, φ ist nicht injektiv. (b) Der Kern hat die Dimension 1 und das Bild die Dimension 3. (c) Es ist $\{b\}$ eine Basis des Kerns von φ und
$$\left\{\begin{pmatrix}3\\1\\1\\-1\end{pmatrix},\begin{pmatrix}1\\3\\-1\\1\end{pmatrix},\begin{pmatrix}1\\-1\\3\\1\end{pmatrix}\right\}\ \text{eine Basis des Bildes von }\varphi.$$
(d) $L=a+\varphi^{-1}(\{0\})$.

12.8
$${}_E M\left(\frac{\mathrm{d}}{\mathrm{d}X}\right)_E=\begin{pmatrix}0&1&0&0\\0&0&2&0\\0&0&0&3\\0&0&0&0\end{pmatrix}\ \text{und}\ {}_B M\left(\frac{\mathrm{d}}{\mathrm{d}X}\right)_B=\begin{pmatrix}0&0&0&0\\1&0&0&0\\0&1&0&0\\0&0&1&0\end{pmatrix}$$

12.9 $${}_B M(\varphi)_{E_2}=\begin{pmatrix}2&-1\\-2&1\\1&-1\end{pmatrix},$$
$${}_C M(\psi)_B=\begin{pmatrix}5&2&2\\-3&0&-1\\-2&-1&-1\\3&0&1\end{pmatrix},\ {}_C M(\psi\circ\varphi)_{E_2}=\begin{pmatrix}8&-5\\-7&4\\-3&2\\7&-4\end{pmatrix}$$

12.10   (b) Es gilt ${}_B M(\varphi)_B=\begin{pmatrix}1&0&0\\0&2&0\\0&0&3\end{pmatrix}$ und $S=\begin{pmatrix}2&1&2\\2&1&1\\3&1&1\end{pmatrix}$

12.11 (a) Es gilt $_B M(\varphi)_B = \begin{pmatrix} 16 & 47 & -88 \\ 18 & 44 & -92 \\ 12 & 27 & -59 \end{pmatrix}$

(b) Es gilt $_A M(\varphi)_B = \begin{pmatrix} -2 & 10 & -3 \\ -8 & 0 & 23 \\ -2 & 17 & -10 \end{pmatrix}$ und

$_B M(\varphi)_A = \begin{pmatrix} 7 & -13 & 22 \\ 6 & -2 & 14 \\ 4 & 1 & 7 \end{pmatrix}$

12.12 (a) $_E M(\triangle)_E = \begin{pmatrix} 0 & 1 & 1 & 1 & 1 \\ 0 & 0 & 2 & 3 & 4 \\ 0 & 0 & 0 & 3 & 6 \\ 0 & 0 & 0 & 0 & 4 \\ 0 & 0 & 0 & 0 & 0 \end{pmatrix}$, $\dim \varphi^{-1}(\{\mathbf{0}\}) = 1$,

$\dim(\triangle(V)) = 4$. (b) $_B M(\triangle)_B = \begin{pmatrix} 0 & 1 & 0 & 0 & 0 \\ 0 & 0 & 1 & 0 & 0 \\ 0 & 0 & 0 & 1 & 0 \\ 0 & 0 & 0 & 0 & 1 \\ 0 & 0 & 0 & 0 & 0 \end{pmatrix}$.

(c) Die Basis B.

12.14 Ja.

12.17 Es ist $\{(1, 0, 1, -2)^\top, (1, 0, 0, 1)^\top\}$ eine Basis von $U \cap W$.

12.18 Es ist $\mathbf{E}_n + B \, (\mathbf{E}_n - A \, B)^{-1} \, A$ das Inverse zu $\mathbf{E}_n - B \, A$.

Kapitel 13

13.2 Ja.

13.3 Ja.

13.4 $\det(A) = -a \, b \, c \, d$.

13.5 $\det A = 21$, $\det B = 0$.

13.6 Die Determinante ist null.

13.7 Die Determinante ist die Rekursionsformel für die Fibonacci-Zahlen.

13.8 Bei (a) und (c) handelt es sich um Multiplinearformen, bei (b) hingegen nicht.

13.9 $\det A = (-1)^{\frac{n(n-1)}{2}} \, d_1 \, d_2 \ldots d_n$.

13.10 Es gilt $\det(\varphi) = -15$.

13.12 Es gilt $\det P_\sigma \in \{\pm 1\}$.

Kapitel 14

14.1 (a) Ja, zum Eigenwert λ^2. (b) Ja, zum Eigenwert λ^{-1}.

14.3 Die Matrizen A und $A^\top$ haben dieselben Eigenwerte und auch jeweils dieselben algebraischen und geometrischen Vielfachheiten.

14.4 Nein.

14.5 $A^{-1} = \begin{pmatrix} 1 & -10 & 2 \\ 0 & 1 & 0 \\ 0 & -3 & 1 \end{pmatrix}$, $B = \begin{pmatrix} 0 & 2 \\ -1 & 3 \end{pmatrix}$.

14.6 (a) Es ist 2 der einzige Eigenwert von A, und jeder Vektor aus $\langle \begin{pmatrix} 1 \\ 1 \end{pmatrix} \rangle \setminus \{\mathbf{0}\}$ ist ein Eigenvektor zum Eigenwert 2 von A.

(b) Es sind ± 1 die beiden Eigenwert von B, und jeder Vektor aus $\langle \begin{pmatrix} 1 \\ 1 \end{pmatrix} \rangle \setminus \{\mathbf{0}\}$ ist ein Eigenvektor zum Eigenwert 1 von B, und jeder Vektor aus $\langle \begin{pmatrix} 1 \\ -1 \end{pmatrix} \rangle \setminus \{\mathbf{0}\}$ ist ein Eigenvektor zum Eigenwert -1 von B.

14.7 (a) Die Matrix A ist nicht diagonalisierbar. (b) Die Matrix B ist diagonalisierbar. (c) Die Matrix C ist diagonalisierbar.

14.8 (b) $_{E_3} \mathbf{M}(\varphi)_{E_3} = \begin{pmatrix} 1 & 0 & -a^2 & -2\,a^3 \\ 0 & 1 & 2\,a & 3\,a^2 \\ 0 & 0 & 0 & 0 \\ 0 & 0 & 0 & 0 \end{pmatrix}$

(c) Es ist $B = (a^2 - 2\,a\,X + X^2, \; 2\,a^3 - 3\,a^2\,X + X^3, \; 1, \; X)$ eine geeignete geordnete Basis, es gilt:

$$_B \mathbf{M}(\varphi)_B = \begin{pmatrix} 0 & 0 & 0 & 0 \\ 0 & 0 & 0 & 0 \\ 0 & 0 & 1 & 0 \\ 0 & 0 & 0 & 1 \end{pmatrix}$$

14.9 (a) Im Fall $a \in \mathbb{R} \setminus \{-1\}$ gilt $J = \begin{pmatrix} 1 & & 0 \\ 0 & 3 & 0 \\ 0 & 0 & a+2 \end{pmatrix}$, im Fall $a = -1$ gilt $J = \begin{pmatrix} 1 & 1 & 0 \\ 0 & 1 & 0 \\ 0 & 0 & 3 \end{pmatrix}$

(b) Im Fall $a = 1$ ist $B = \{(-1, -1, 1)^\top, (-3, 0, 2)^\top, (1, 2, 0)^\top\}$ eine Jordan-Basis. Im Fall $a = -1$ ist $B = \{(-1, 1, 1)^\top, (3, 3, -3)^\top, (0, 0, 1)^\top\}$ eine Jordan-Basis.

14.12 Die Matrix hat den n-fachen Eigenwert 0.

Kapitel 15

15.2 Für $x \neq 0$ sind die Funktionen stetig differenzierbar. In $x = 0$ ist f_1 stetig aber nicht differenzierbar, f_2 differenzierbar, aber nicht stetig differenzierbar und f_3 stetig differenzierbar.

15.4 Die Entfernung beträgt

$$L = \sqrt{2Rh + h^2} \approx 11\,\mathrm{km}\,.$$

15.6

$$f_1'(x) = 2\left(x - \frac{1}{x^3}\right)$$
$$f_2'(x) = -2x\sin(x^2)\cos^2 x - 2\cos(x^2)\cos x \,\sin x$$
$$f_3'(x) = \frac{1}{e^x - 1}$$
$$f_4'(x) = x^{(x^x)}\left(x^{(x-1)} + x^x \ln x(\ln x + 1)\right)$$

15.8 Für die Funktion f ist das Newton-Verfahren linearkonvergent. Im zweiten Fall divergiert das Verfahren.

15.10 Es gilt:

$$\frac{1}{x^2} = \sum_{n=0}^{\infty}(n+1)\,(-1)^n(x-1)^n$$

für $x \in (0, 2)$.

15.11 $f^{(8)}(0) = 0$ und $f^{(9)}(0) = 7!$.

15.12 Die Taylorreihe/Potenzreihe lautet:

$$f(x) = \sum_{n=0}^{\infty}\frac{n+1}{n!}(x-1)^n$$

für $x \in \mathbb{R}$, d. h., der Konvergenzradius ist unendlich.

15.14

$$\lim_{x\to\infty}\frac{\ln(\ln x)}{\ln x} = 0$$
$$\lim_{x\to a}\frac{x^a - a^x}{a^x - a^a} = \frac{1 - \ln a}{\ln a}$$
$$\lim_{x\to 0}\frac{1}{e^x - 1} - \frac{1}{x} = -\frac{1}{2}$$
$$\lim_{x\to 0}\cot(x)(\arcsin(x)) = 1$$

15.15 Mit $c = 1/\sqrt{e}$ ist f stetig auf $[-\pi/2, \pi/2]$.

Kapitel 16

16.6 C hat lokale Minima an $x = -\sqrt{\frac{4k+1}{2}\pi}$ und $x = +\sqrt{\frac{4k+3}{2}\pi}$, lokale Maxima an $x = +\sqrt{\frac{4k+1}{2}\pi}$ und

$x = -\sqrt{\frac{4k+3}{2}\pi}$. S hat lokale Minima an $x = \sqrt{2k\,\pi}$ und $x = -\sqrt{(2k+1)\,\pi}$, lokale Maxima an $x = -\sqrt{2k\,\pi}$ und $x = \sqrt{(2k+1)\,\pi}$, jeweils mit $k \in \mathbb{N}$.

16.7

$$I_1 = -\frac{\pi^2}{2}, \quad I_2 = \frac{1}{2} - \frac{1}{1+e}, \quad I_3 = \frac{16}{105}, \quad I_4 = 0.$$

16.8

(a) $F(x) = \sin(\ln(ax))$

(b) $F(x) = \frac{1}{2}\left(\frac{\sin(a-b)x}{a-b} - \frac{\sin(a+b)x}{a+b}\right)$

(c) $F(x) = x + a - a\arcosh\left(\frac{x+a}{b}\right)$

16.9

$$F(x) = \frac{1}{2}\ln(|x+1|) - \frac{1}{2}\frac{1}{x+1} - \frac{1}{4}\ln(x^2 + 1), \quad x \neq -1.$$

16.10

$$F(x) = x + \frac{e^{2x}}{2} - 2\ln\left(e^{2x} + 1\right)$$

auf $D_f = \mathbb{R}$ und

$$G(x) = \ln\left|\frac{\tan(\frac{x}{2}) + 1}{1 - \tan(\frac{x}{2})}\right| - \frac{2}{\tan(\frac{x}{2}) - 1}$$

etwa auf $D_g = (-\frac{\pi}{2}, \frac{\pi}{2})$.

16.11 ja; nein; nur für $\alpha > -1$

16.13 $J(t) = -\frac{1}{t} + \frac{\sqrt{1-t^2}}{t} + \arcsin t$, die stetige Fortsetzung nach $t = 1$ liefert $\lim\limits_{t\to 1} J(t) = -1 + \frac{\pi}{2}$.

16.14 Die erste Reihe ist konvergent, die zweite divergiert.

Kapitel 17

17.1 Das erste Produkt ist kein Skalarprodukt, das zweite schon.

17.2 Nein.

17.4 Das Produkt ist für $a = -2$ und $b \in \mathbb{R}$ hermitesch und für $a = -2$ und $b > 0$ positiv definit.

17.5 Es ist $S = \frac{1}{\sqrt{6}}\begin{pmatrix} -\sqrt{3} & -1 & \sqrt{2} \\ \sqrt{3} & -1 & \sqrt{2} \\ 0 & 2 & \sqrt{2} \end{pmatrix}$

17.6 (a) Es ist $\{\frac{1}{\sqrt{2}},\ \sqrt{\frac{3}{2}}\,X,\ \sqrt{\frac{45}{8}}(X^2-\frac{1}{3}),\ \sqrt{\frac{175}{8}}(X^3-\frac{3}{5}\,X)\}$ eine Orthonormalbasis von V.

(b) Der Abstand beträgt $\sqrt{\frac{32}{5}}$.

17.7 $\left\{\dfrac{e^{i\varphi}}{\sqrt{3}}\begin{pmatrix} i \\ 1 \\ 1 \end{pmatrix} \,\middle|\, \varphi \in [0,\ 2\pi[\right\}$.

17.8 Der minimale Abstand ist $\sqrt{2}$.

17.9 Die Näherungsfunktion f lautet

$$f = 0.93 + 0.23\,\cos\left(\frac{2\pi t}{12}\right) + 0.46\,\sin\left(\frac{2\pi t}{12}\right).$$

17.10 Ja, sie ist ähnlich zu

$$\begin{pmatrix} e^{i\alpha} & 0 \\ 0 & e^{-i\alpha} \end{pmatrix} = \overline{S}^\top D_\alpha\, S.$$

17.11 (a) Die Einheitskreislinie wird auf eine Ellipse mit den Halbachsen 2 und 8 abgebildet. (b) Die zwei Geraden $\langle \begin{pmatrix} 1 \\ 1 \end{pmatrix} \rangle$ und $\langle \begin{pmatrix} 1 \\ -1 \end{pmatrix} \rangle$ werden auf sich abgebildet.

17.12 Es gilt $\varphi = \sigma_a \circ \sigma_b \circ \sigma_c$, mit

$$a = \begin{pmatrix} 1 \\ 0 \\ 1 \end{pmatrix},\ b = \begin{pmatrix} 0 \\ 1 \\ -1 \end{pmatrix}\ c = \begin{pmatrix} 0 \\ 0 \\ 1 \end{pmatrix}.$$

17.13 (b) Es gilt $A = \begin{pmatrix} 0 & 0 & 2 & 0 \\ 0 & -2 & 0 & 6 \\ 0 & 0 & -6 & 0 \\ 0 & 0 & 0 & -12 \end{pmatrix}$. (c) $(1, X, 1 -$

$3X^2, 3X - 5X^3)$. (d) $\{1\}$ ist eine Basis von $\ker L$. $\{X, 1 - 3X^2, 3X - 5X^3\}$ ist eine Basis von $L(\mathbb{R}[X]_3)$.

Kapitel 18

18.1 d) ist eine quadratische Form; b), c) und d) sind quadratische Funktionen.

18.2 a) ist hermitesch. Es kommt hier keine symmetrische Bilinearform vor.

18.3 a) $\sigma(\boldsymbol{x},\boldsymbol{y}) = 2x_1y_2 + 2x_2y_1 + x_2y_2 + x_2y_3 + x_3y_2$
b) $\sigma(\boldsymbol{x},\boldsymbol{y}) = x_1y_1 - \frac{1}{2}x_1y_2 - \frac{1}{2}x_2y_1 + 3x_1y_3 + 3x_3y_1 - 2x_3y_3$.

18.4 b) ist parabolisch.

18.5 Die Darstellungsmatrix $\boldsymbol{M}_{B'}(\rho)$ und je eine mögliche Umrechnungsmatrix ${}_B\boldsymbol{T}_{B'}$ von der gegebenen kanonischen

Darstellung zur diagonalisierten Darstellung lauten:

a) $\boldsymbol{M}_{B'}(\rho) = \begin{pmatrix} 1 & 0 & 0 \\ 0 & 1 & 0 \\ 0 & 0 & -1 \end{pmatrix}$, ${}_B\boldsymbol{T}_{B'} = \begin{pmatrix} \frac{1}{2} & 0 & \frac{1}{2} \\ 0 & 1 & 1 \\ 0 & 1 & 0 \end{pmatrix}$

b) $\boldsymbol{M}_{B'}(\rho) = \begin{pmatrix} 1 & 0 & 0 \\ 0 & -1 & 0 \\ 0 & 0 & -1 \end{pmatrix}$, ${}_B\boldsymbol{T}_{B'} = \begin{pmatrix} 1 & -1 & -1 \\ 1 & 1 & -1 \\ 0 & 0 & 1 \end{pmatrix}$

Die Signatur $(p,\ r-p,\ n-r)$ lautet in a) $(2,1,0)$, in b) $(1,2,0)$.

18.6 Die diagonalisierte Darstellungsmatrix und eine zugehörige Transformationsmatrix lauten:

$$\boldsymbol{M}_{B'}(\rho) = \begin{pmatrix} 1 & 0 & 0 \\ 0 & -1 & 0 \\ 0 & 0 & 0 \end{pmatrix},\ {}_B\boldsymbol{T}_{B'} = \begin{pmatrix} 1/\sqrt{2} & -i/\sqrt{2} & 0 \\ 0 & 1/\sqrt{2} & 0 \\ 0 & 0 & 1 \end{pmatrix}$$

Die Signatur von ρ ist $(p,\ r-p,\ n-r) = (1,1,1)$.

18.7 Der Rang ist 6, die Signatur $(3, 3, 0)$.

18.8 a) $\rho(\boldsymbol{x}) = 10x_3'^2 - 4x_2'^2$,
$(p,\ r-p,\ n-r) = (1,1,1)$,
b) $\rho(\boldsymbol{x}) = 3x_1'^2 + 6x_3'^2$, $(p,\ r-p,\ n-r) = (2,0,1)$,
c) $\rho(\boldsymbol{x}) = 2x_1'^2 + 2x_2'^2 + 8x_3'^2$, $(p,\ r-p,\ n-r) = (3,0,0)$.

18.9 a) $\psi(\boldsymbol{x}) = \dfrac{1+\sqrt{2}}{4}\,x_1'^2 + \dfrac{1-\sqrt{2}}{4}\,x_2'^2 - 1$.

Mittelpunkt ist $\boldsymbol{0}$, die Hauptachsen haben die Richtung der Vektoren $(1 \pm \sqrt{2},\ 1)^\top$.

b) $\psi(\boldsymbol{x}) = \frac{1}{4}x_1'^2 + \frac{1}{9}x_2'^2 - 1$. Mittelpunkt $(0,\ \sqrt{5})^\top$, Hauptachsen in Richtung von $(2,\ 1)^\top$ und $(-1,\ 2)^\top$.

c) $\psi(\boldsymbol{x}) = \frac{1}{2}x_1'^2 - 2x_2$ mit dem Ursprung $\boldsymbol{p} = (-9,\ -3)^\top$ und den Achsenrichtungen $(-3,\ -4)^\top$ und $(-4,\ -3)^\top$.

18.10 a) $Q(\psi)$ ist kegelig (Typ 1) mit Mittelpunkt beliebig auf der Geraden $G = (t,\ -\frac{1}{2} - 2t, 2t)^\top$, $t \in \mathbb{R}$. Wegen $\psi(\boldsymbol{x}) = (2x_1 - x_3)(4x_1 + 2x_2 + 1)$ besteht $Q(\psi)$ aus zwei Ebenen durch G.

b) $Q(\psi)$ ist eine Quadrik vom Typ 2 mit Mittelpunkt auf der Geraden $(-\frac{1}{2},\ -\frac{5}{12}, t)^\top$, $t \in \mathbb{R}$, und zwar ein hyperbolischer Zylinder mit Erzeugenden parallel zur x_3-Achse.

c) $Q(\psi)$ ist parabolisch (Typ 3), und zwar wegen der Signatur $(2, 0, 1)$ der quadratischen Form ein elliptisches Paraboloid.

18.11 $Q(\psi)$ ist bei $c = 1$ ein quadratischer Kegel, bei $c = 0$ ein hyperbolisches Paraboloid und sonst ein einschaliges Hyperboloid.

18.12 a) $3x_1'^2 + (\sqrt{2} - 1)x_2'^2 - (\sqrt{2} + 1)x_3'^2 - \frac{11}{6} = 0$. $Q(\psi)$ ist ein einschaliges Hyperboloid.

b) $\dfrac{\sqrt{6(3 + \sqrt{105})}\,x_1'^2}{8} - \dfrac{\sqrt{6(\sqrt{105} - 3)}\,x_2'^2}{8} + 2x_3 = 0$. $Q(\psi)$ ist ein hyperbolisches Paraboloid.

c) $5x_1'^2 - x_2'^2 - x_3'^2 - 30 = 0$. $Q(\psi)$ ist ein zweischaliges Drehhyperboloid.

d) $\frac{x_1'^2}{9} + \frac{x_2'^2}{4} + \frac{x_3'^2}{4} - 1 = 0$. $Q(\psi)$ ist ein linsenförmiges Drehellipsoid.

18.13 $Q(\psi_0)$ ist von Typ 1, $Q(\psi_1)$ von Typ 2 mit $n = r = 6$, $p = 3$.

18.14   Die Singulärwerte sind $10\sqrt{2}$, $5\sqrt{2}$ und 5.

18.15

$$A = \begin{pmatrix} -2 & 4 & -4 \\ 6 & 6 & 3 \\ -2 & 4 & -4 \end{pmatrix} = U \begin{pmatrix} 6\sqrt{2} & 0 & 0 \\ 0 & 9 & 0 \\ 0 & 0 & 0 \end{pmatrix} V^\top$$

$$U = \frac{1}{\sqrt{2}} \begin{pmatrix} -1 & 0 & 1 \\ 0 & \sqrt{2} & 0 \\ -1 & 0 & -1 \end{pmatrix}, \quad V^\top = \frac{1}{3} \begin{pmatrix} 1 & -2 & 2 \\ 2 & 2 & 1 \\ -2 & 1 & 2 \end{pmatrix}$$

18.16

$$\varphi^+ : \begin{pmatrix} y_1 \\ y_2 \\ y_3 \end{pmatrix} = \frac{1}{10} \begin{pmatrix} 5 & 5 & 0 \\ -2 & -2 & 4 \\ -1 & -1 & 2 \end{pmatrix} \begin{pmatrix} y_1' \\ y_2' \\ y_3' \end{pmatrix}.$$

18.17 $x_1 = 5.583$, $x_2 = 4.183$.

18.18 $G: -0.34017\, x_1 + 0.33778\, x_2 + 0.87761 = 0$.

18.19 $P: x_2 = \frac{5}{12} x_1^2 - \frac{235}{156} x_1 + \frac{263}{52}$.

Kapitel 19

19.4   (a) ja, (b) nein, (c) ja.

19.5   (a) ja, (b) nein, (c) nein, (d) ja.

19.6

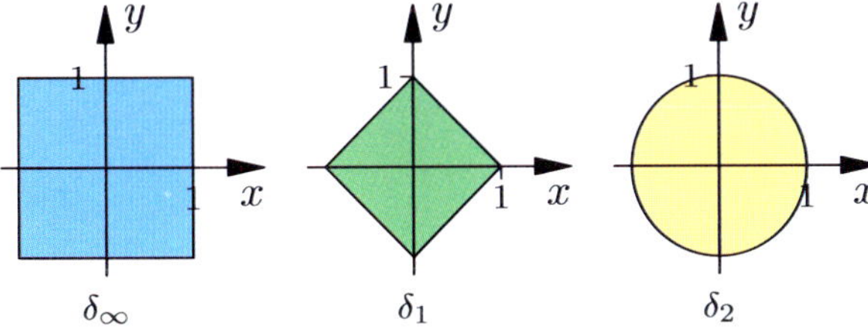

19.7   Es gilt:

$$U_1(x_0) = \begin{cases} \{x_0\}, & \text{falls } r \leq 1, \\ X, & \text{falls } r > 1, \end{cases}$$

$$\overline{U_1}(x_0) = \begin{cases} \{x_0\}, & \text{falls } r < 1, \\ X, & \text{falls } r \geq 1, \end{cases}$$

$$S_r(x_0) = \begin{cases} \emptyset, & \text{falls } 0 < r \leq 1, \\ X \setminus \{x\}, & \text{falls } r = 1, \\ \emptyset, & \text{falls } r > 1. \end{cases}$$

19.10 $c_1 = 1/2$, $c_k = 0$ für k ungerade, $k \neq 1$ und $c_k = \mathrm{i}/(\pi(1-k))$, k gerade.

19.20   Siehe ausführlichen Lösungsweg.

Kapitel 20

20.1   (a) siehe ausführlichen Lösungsweg, (b) $y(x) = 1/(1+x^2)$, (c) $y(x) = 0$.

20.2   Die Lösung kann durch Separation bestimmt werden. Zur Integration von $1/h(u)$ können Sie eine Partialbruchzerlegung durchführen.

20.3   Die Lösung zu (a) ist $y(x) = x + (y_0 - x_0)\exp(x - x_0)$ für $x \in \mathbb{R}$. Zu (b) und (c) siehe den ausführlichen Lösungsweg.

20.4   (a) $\alpha = b/(1 + (1+b)^2)$, (b) Maximum für $b = \sqrt{2}$, (c) $y(x) = \tan(x + \pi/4)$ für $x \in (-3\pi/4, \pi/4)$.

20.5   (a) $y(x) = C\,\mathrm{e}^{x^3/3}$ für $x \in \mathbb{R}$, (b) $y(x) = \frac{2}{x^2 + C}$ oder $y = 0$, (c) $y(x) = \sinh(x + C)$, $x \in \mathbb{R}$.

20.6   (a) $u(x) = (\sqrt{1+x^2} + 26)^{1/3}$, (b) $u(x) = 3 - \sqrt{4 - 3/x}$.

20.7   Die Lösung lautet:

$$y(x) = \frac{c\,|A|^{\frac{-1}{c}} |x|^{\frac{c+1}{c}}}{2(c+1)} - \frac{c\,|A|^{\frac{1}{c}} |x|^{\frac{c-1}{c}}}{2(c-1)} + \frac{c\,|A|}{c^2 - 1}$$

für $x \in (0, A)$. Für $c < 1$ ist sie unbeschränkt, für $c > 1$ beschränkt.

20.8 $u(x) = \sin(x) - 1 + C\,\mathrm{e}^{-\sin x}$.

20.9 $u(x) = \sqrt{x(C - \ln x)}$, $x \in (0, 1)$. Damit u reellwertig ist, muss $C \geq 0$ sein.

20.10 $y(x) = x\left(-1 \pm \sqrt{2\ln x + C}\right)$, $x > 0$.

20.11   Die Iterierten sind:

$$u_1(x) = 1 - x + \frac{x^2}{2},$$

$$u_2(x) = 1 - x + \frac{3}{2} x^2 - \frac{2}{3} x^3 + \frac{1}{4} x^4 - \frac{1}{20} x^5,$$

$$u_3(x) = 1 - x + \frac{3}{2} x^2 - \frac{4}{3} x^3 + \frac{13}{12} x^4 - \frac{49}{60} x^5$$
$$+ \frac{13}{30} x^6 - \frac{233}{1260} x^7 + \frac{29}{480} x^8 - \frac{31}{2160} x^9$$
$$+ \frac{1}{400} x^{10} - \frac{1}{4400} x^{11}.$$

20.12   (a) Für jedes $a \in \mathbb{R}$ ist $y(x) = ax + f(a)$ eine Lösung. (b) $y(x) = -\ln(\cos(x))$ für $x \in (-\pi/2, \pi/2)$. (c) Siehe ausführlichen Lösungsweg. (d) 4.

Kapitel 21

21.1 Die Antworten von (a), (b) und (c) stehen im Text. Nur (d) ist zu zeigen: Aus der Kettenregel folgt aber wegen $f(\boldsymbol{\alpha}(t)) = c$ dass

$$\mathbf{grad}\, f(\boldsymbol{\alpha}(t)) \cdot \dot{\boldsymbol{\alpha}}(t) = 0.$$

21.5 Siehe ausführliche Lösung.

21.8 (a)

$$\partial_1 f(x, y) = 4x^3 - 8xy^2 ,\ \partial_2 f(x, y) = 4y^3 - 8x^2 y,$$
$$\partial_1^2 f(x, y) = 12x^2 - 8y^2 ,\ \partial_2^2 f(x, y) = 12y^2 - 8x^2,$$
$$\partial_2 \partial_1 f(x, y) = -16xy = \partial_1 \partial_2 f(x, y).$$

(b)

$$\partial_1 g(s, t) = t \sin(s^2 + t) \exp(st) + 2s \cos(s^2 + t) \exp(st),$$
$$\partial_2 g(s, t) = s \sin(s^2 + t) \exp(st) + \cos(s^2 + t) \exp(st),$$
$$\begin{aligned} \partial_1^2 g(s, t) = {}& 2 \cos(s^2 + t) \exp(st) - 4s^2 \sin(s^2 + t) \exp(st) \\ & + 2ts \cos(s^2 + t) \exp(st) + 2st \cos(s^2 + t) \exp(st) \\ & + t^2 \sin(s^2 + t) \exp(st), \end{aligned}$$
$$\begin{aligned} \partial_2^2 g(s, t) = {}& -\sin(s^2 + t) \exp(st) + 2s \cos(s^2 + t) \exp(st) \\ & + s^2 \sin(s^2 + t) \exp(st), \end{aligned}$$
$$\begin{aligned} \partial_2 \partial_1 g(s, t) = {}& -2s \sin(s^2 + t) \exp(st) + t \cos(s^2 + t) \exp(st) \\ & + \sin(s^2 + t) \exp(st) + 2s^2 \cos(s^2 + t) \exp(st) \\ & + st \sin(s^2 + t) \exp(st) \\ = {}& \partial_1 \partial_2 g(s, t). \end{aligned}$$

21.9 f ist eine harmonische Funktion in $\mathbb{R}^2 \setminus \{\mathbf{0}\}$).

21.11

$$\mathcal{J}(\boldsymbol{P}; (r, \vartheta, \varphi)^\top)$$
$$= \begin{pmatrix} \sin \vartheta \cos \varphi & r \cos \vartheta \cos \varphi & -r \sin \vartheta \sin \varphi \\ \sin \vartheta \sin \varphi & r \cos \vartheta \sin \varphi & r \sin \vartheta \cos \varphi \\ \cos \vartheta & -r \sin \vartheta & 0 \end{pmatrix}$$

und für die Determinante gilt:

$$\det \mathcal{J}(\boldsymbol{P}; (r, \vartheta, \varphi)^\top) = r^2 \sin \vartheta.$$

21.14 Der Rest $r(\boldsymbol{h})$ ist $r(\boldsymbol{h}) = (h_1^2 + h_2^2, 0, 0)^\top$.

21.15 g ist harmonisch in $\mathbb{R}^* \times \mathbb{R}$.

21.16 h ist harmonisch in $\mathbb{R}^3 \setminus \{\mathbf{0}\}$.

21.17

$$\mathcal{J}(\boldsymbol{g} \circ \boldsymbol{f}; (x, y, z)^\top)$$
$$= \begin{pmatrix} 2(x + y^2) + y^2 z & 4y(x + y^2) + 2xyz & xy^2 \\ xy^2 z + y^2 z(x + y^2) & 2xyz(x + y^2) + 2xy^3 z & xy^2(x + y^2) \\ y^2 z e^{xy^2 z} & 2xyz e^{xy^2 z} & xy^2 e^{xy^2 z} \end{pmatrix}.$$

21.18

$$f'(t) = \sum_{j=1}^n \det \begin{pmatrix} a_{11}(t) & \cdots & a_{1j}'(t) & \cdots & a_{1n}(t) \\ \vdots & \ddots & \vdots & \ddots & \vdots \\ a_{i1}(t) & \cdots & a_{ij}'(t) & \cdots & a_{in}(t) \\ \vdots & \ddots & \vdots & \ddots & \vdots \\ a_{n1}(t) & \cdots & a_{nj}'(t) & \cdots & a_{nn}(t) \end{pmatrix}$$

21.19 Die Gleichheit der gemischten Ableitungen ist nach dem Vertauschungssatz von Schwarz kein Zufall.

21.21 Man erhält zunächst:

$$\partial_j \psi(\boldsymbol{x}, t) = -\frac{x_j}{2kt} \psi(\boldsymbol{x}, t) ,\ 1 \le j \le n.$$

21.24 (a) Die Abbildung

$$L: \mathbb{R}^3 \to \mathbb{R},\ (u, v, w)^\top \mapsto au + bv + cw$$

ist $\mathbb{R}$-linear.

(b) Die erste Relation aus den Hinweisen ergibt $f(x, y, z) = ax + \varphi(y, z)$, wobei φ eine differenzierbare Funktion $\varphi: \mathbb{R}^2 \to \mathbb{R}$ ist.

21.26 $\mathrm{d} f(\boldsymbol{X})\boldsymbol{H} = \boldsymbol{X}\boldsymbol{H} + \boldsymbol{H}\boldsymbol{X}$.

21.29 Aus

$$\partial_1 f(x, \varphi(x)) + \partial_2 f(x, \varphi(x))\varphi'(x) = 0$$

erhält man durch nochmalige Differenziation nach der Produkt- und Quotientenregel:

$$\begin{aligned} 0 = {}& \partial_1^2 f(x, \varphi(x)) + 2\partial_1 \partial_2 f(x, \varphi(x))\varphi'(x) \\ & + \partial_2^2 f(x, \varphi(x))\varphi'(x)^2 + \partial_2 f(x, \varphi(x))\varphi''(x). \end{aligned}$$

Diese Gleichung kann man unter der Voraussetzung $\partial_2 f(x, \varphi(x) \ne 0$ nach $\varphi''(x)$ auflösen und $\varphi'(x)$ aus der ersten Gleichung einsetzen und erkennt dann, dass auch φ'' wieder stetig ist, denn es ist

$$\varphi''(x) =$$
$$\frac{2\partial_1 f \cdot \partial_2 f \cdot \partial_1 \partial_2 f - (\partial_2 f)^2 \partial_1^2 f - (\partial_1 f)^2 (\partial_2^2 f)}{(\partial_2 f)^3}(x, \varphi(x))$$

(bei den Funktionen auf der rechten Seite ist jeweils das Argument $(x, \varphi(x))$ einzusetzen).

21.30 Der Satz über implizite Funktionen liefert die Auflösbarkeit nach jeder der Variablen. Durch implizites Differenzieren erhält man:

$$\frac{\partial x_i}{\partial x_j} = -\frac{\partial_i f}{\partial_j f} \text{ für } i \ne j.$$

21.31 Der gesuchte Punkt $\tilde{\boldsymbol{x}}$ ist das arithmetische Mittel der Punkte $\boldsymbol{a}_1, \ldots, \boldsymbol{a}_r$:

$$\tilde{\boldsymbol{x}} = \frac{1}{r} \sum_{j=1}^r \boldsymbol{a}_j.$$

Kapitel 22

22.1 Der Wert ist $\frac{16}{15}\sqrt{2}$.

22.3 Der Wert des Integrals ist 4.

22.4 Die Darstellungen des Gebiets lauten:

$$D = \{\boldsymbol{x} \in \mathbb{R}^3 \mid 0 < x_1 < 1,$$
$$0 < x_2 < \sqrt{1 - x_1^2},\ x_1^2 + x_2^2 + x_3^2 = 1\}$$
$$= \{(\rho\cos\varphi, \rho\sin\varphi, z)^\top \in \mathbb{R}^3 \mid$$
$$0 < \varphi < \pi/2,\ 0 < \rho < 1,\ z^2 + \rho^2 = 1\}$$
$$= \{(\cos\varphi\sin\vartheta, \sin\varphi\sin\vartheta, \cos\vartheta)^\top \in \mathbb{R}^3 \mid$$
$$0 < \varphi < \pi/2,\ 0 < \vartheta < \pi/2\}.$$

22.5 (a) Polarkoordinaten: $B = (0, 2) \times (0, \pi/4)$, (b) Kugelkoordinaten: $B = (0, 1) \times (0, \pi/4) \times (0, \pi)$, (c) $B = (0, 1) \times (0, 2)$ und $\psi(u_1, u_2) = (u_1 + u_2, u_1)^\top$, (d) Zylinderkoordinaten: $B = (0, 3) \times (0, \pi) \times (0, 1)$.

22.6 Die Transformation ist

$$x_1 = \frac{r}{\sqrt{a}}\cos\varphi\sin\vartheta,$$
$$x_2 = \frac{r}{\sqrt{b}}\sin\varphi\sin\vartheta,$$
$$x_3 = \frac{r}{\sqrt{c}}\cos\vartheta$$

mit der Funktionaldeterminante $r^2\sin\vartheta/\sqrt{abc}$.

22.7 (a) $J = \ln 2\,(\sqrt{2} - 1)$, (b) $(\pi/2)\,(1/\sqrt{3} - 1/4)$.

22.8 (a) $\int_B (x^2 - y^2)\,\mathrm{d}(x, y) = 2/105$,
(b) $\int_B \sin(y)/y\,\mathrm{d}(x, y) = 1$.

22.9 $\int_D \sqrt{\sin x_1 \sin x_2}\cos x_2\,\mathrm{d}\boldsymbol{x} = \pi/3$.

22.10 Der Wert des Integrals ist $5/12$.

22.11 $\pi\,(1 - 2/\mathrm{e})$.

22.12 $\int_D \sqrt{x^2 + y^2 + z^2}\,\mathrm{d}(x, y, z) = \pi\,(R^4 - r^4)$.

Kapitel 23

23.1 1f, 2c, 3a, 4b, 5d, 6e

23.6 Eine Parametrisierung ist durch

$$\boldsymbol{\gamma}(t) = \begin{pmatrix} \sqrt{\sin 2t}\ \cos t \\ \sqrt{\sin 2t}\ \sin t \end{pmatrix}$$

gegeben und das Integral ist

$$\int_\Gamma \sqrt{x^2 + y^2}\,\mathrm{d}l = \pi.$$

23.7 Die Parametrisierung nach der Bogenlänge ist durch $\alpha \colon [0, \pi] \to \mathbb{R}^2$ mit

$$\alpha(s) = \left(\cos\left(s - \frac{\pi}{2}\right), \sin\left(s - \frac{\pi}{2}\right)\right)^\top$$

gegeben

23.8

- $x^2 + 2xy(x) - y^2(x) = c$ mit $c \in \mathbb{R}$.
- $x^2 e^{y(x)} - x + y(x) = c$ mit $c \in \mathbb{R}$.

23.9

$$u(x) = \mathrm{e}^{\frac{-1}{(x^2+1)}}.$$

23.10 Es gilt:

$$\int_M x^2\,\mathrm{d}\mu = \frac{1}{2\sqrt{2}}\pi$$

und

$$\int_\Gamma \mathrm{d}\mu = \frac{2\pi}{3}\left(2\sqrt{2} - 1\right),$$

wenn Γ die Fläche im zweiten Beispiel bezeichnet.

23.11

$$\int_M \mathrm{d}\mu = R^2(\pi + 2)$$

23.13

$$\int_\Gamma \operatorname{rot}\boldsymbol{F} \cdot \mathrm{d}\boldsymbol{\mu} = \frac{1}{3}\pi^2.$$

23.15 Der Flächeninhalt des Torusmantels ist $2\pi^2$.

Kapitel 24

24.3 (a) $\widehat{x} = (3, 1)^T$ im Fall $\boldsymbol{c} = (1, 0)^T$ und $\widehat{x} = (1, 3)^T$ im Fall $\boldsymbol{c} = (0, 1)^T$.

(b) Die Kante ist für jeden der Zielfunktionsvektoren $\boldsymbol{c} = c \cdot (1, 1)^T$ mit $c > 0$ optimal.

24.4 (a) Der Polyeder ist ein reguläres Achteck mit Ecken auf dem Einheitskreis.

(b) Die Ecke $\boldsymbol{p}_k = \left(\cos(k\frac{\pi}{4}), \sin(k\frac{\pi}{4})\right)^\top$ ist genau dann eine maximale Lösung des Problems zum Zielfunktionsvektor $\boldsymbol{c}\,(r, \alpha)$, wenn $r > 0$ und $\alpha \in [k\frac{\pi}{4} - \frac{\pi}{8},\ k\frac{\pi}{4} + \frac{\pi}{8}] + 2\pi\mathbb{Z}$ sind.

24.5 Das duale Problem lautet:

$$\underset{y \in N}{\text{Max}}\ 2y_1 + 5y_2$$

unter den Nebenbedingungen

$$N = \left\{ y \in \mathbb{R}^2 \mid -y_1 + y_2 \leq -1,\ y_1 - y_2 \leq 1, \right.$$
$$y_1 + y_2 \leq 2,\ -y_1 - y_2 \leq -2,$$
$$\left. y_1 \leq -3,\ y_2 \leq 0 \right\}.$$

Da das duale Problem nicht zulässig ist, ergibt sich für das primale Problem (P) nach dem starken Dualitätssatz:

$$\inf (\text{P}) = -\infty.$$

24.6 $\widehat{x} = \left(\frac{1}{2}, \frac{1}{2}\right)^{\top}$ mit dem Zielfunktionswert $f(\widehat{x}) = 1/4$.

24.7 Der Ausdruck $x_2 + 3x_3$ nimmt unter den Nebenbedingungen seinen maximalen Wert $38/3$ im Punkt $\widehat{x} = (0,\ 8/3,\ 10/3)^T$ an.

24.9 (a) Es ist $\widehat{x} = (0,\ 0,\ 10000)^T$ mit dem Zielfunktionswert $f(\widehat{x}) = -10000$. Wählt man im ersten Simplex-Schritt die dritte Spalte als Pivotspalte, so erreicht man nach einem Schritt diese Ecke.

(b) Die optimale Lösung ist $\widehat{x} = (0,\ \dots,\ 0,\ 10^{n-1})^T$ mit dem zugehörigen Zielfunktionswert $f(\widehat{x}) = -10^{n-1}$.

24.10 Die Lösung ist $\widehat{x} = (0, 3)^{\top}$ mit Minimalwert $f(\widehat{x}) = -3$.

24.11 Im Fall $\beta \geq 2$ ist $x_1 = 1$ und $x_2 = x_3 = 0$ Lösung des Problems mit Minimalwert -2. In allen anderen Fällen ist das Problem zulässig, aber besitzt keine Lösung.

24.12 Die Koordinate x_1 von Punkten in D hat maximal den Wert $x_{\text{max}} = 1 + \frac{2}{\sqrt{3}}$. Der kleinste mögliche Wert ist $x_{\text{min}} = 1 - \frac{2}{\sqrt{3}}$.

24.13 Die Punkte $(1, \sqrt{3})^{\top}, (1, -\sqrt{3})^{\top} \in M$ besitzen den kürzesten Abstand $d = \sqrt{(1-6)^2 + (\pm\sqrt{3})^2} = \sqrt{28}$ zum Punkt $(6, 0)^{\top}$.

24.14 Das maximale Volumen wird erreicht, wenn eine Ecke des Quaders in den Punkt

$$x = \left(\frac{\sqrt{2}}{3}a,\ \frac{\sqrt{2}}{3}b,\ \frac{1}{3} \right)^{\top}$$

gelegt wird.

24.20 Das Extremum liegt in

$$\hat{x} = \left(\frac{1}{n}, \frac{1}{n}, \dots, \frac{1}{n} \right)^{\top}.$$

Kapitel 25

25.1 Ja.

25.2 Ja.

25.3 Der ggT ist 4. Es gilt $4 = (-13) \cdot 9692 + 350 \cdot 360$.

25.4 $711 + 1\,155\,\mathbb{Z}$.

25.5 Es ist $23 + 105\,\mathbb{Z}$ die Lösungsmenge.

Kapitel 26

26.1 Es gibt zwei Lösungen:

$$\varphi : (v_1, \dots, v_8) \to \begin{cases} (v_5',\ v_4',\ v_1',\ v_2',\ v_7',\ v_8',\ v_3',\ v_6') \\ (v_5',\ v_4',\ v_1',\ v_8',\ v_7',\ v_2',\ v_3',\ v_6') \end{cases}$$

26.2 $\operatorname{diam} K_n = \operatorname{rad} K_n = 1$, $g(K_n) = 3$; $\operatorname{diam} K_{p,q} = \operatorname{rad} K_{p,q} = 2$, $g(K_{p,q}) = 4$; $\operatorname{diam} P = \operatorname{rad} P = 2$, $g(P) = 5$. In allen Fällen sind sämtliche Knoten Randknoten und sie gehören gleichzeitig zum Zentrum.

26.3 Es gibt 6 Möglichkeiten.

26.4 Es gibt mehrere Lösungen, darunter jedoch keinen einfachen Graphen. Auch gibt es keinen Graphen mit 6 Knoten und den geforderten Graden.

26.5 K_5 enthält 12 Hamiltonkreise, in K_n gibt es $\frac{(n-1)!}{2}$ Hamiltonkreise.

26.6 $5, 6, 8, 9$. Es gibt keine Hamiltonkreise.

26.7 $n = 40$.

26.8 $\binom{11}{5}$.

26.9 $\binom{13}{10} \cdot \binom{8}{5}$.

26.11 Ein minimaler Spannbaum enthält die Kanten $v_1 v_2$, $v_2 v_3$, $v_3 v_8$, $v_1 v_6$, $v_6 v_9$, $v_9 v_7$, $v_7 v_5$, $v_5 v_{10}$ und $v_6 v_4$.

26.12 Das folgende Bild zeigt eine Lösung. In den Klammern stehen die Distanzen $d_w(v_3, v_i)$ zwischen v_3 und den einzelnen Knoten v_i, $i = 1, \ldots, 10$.

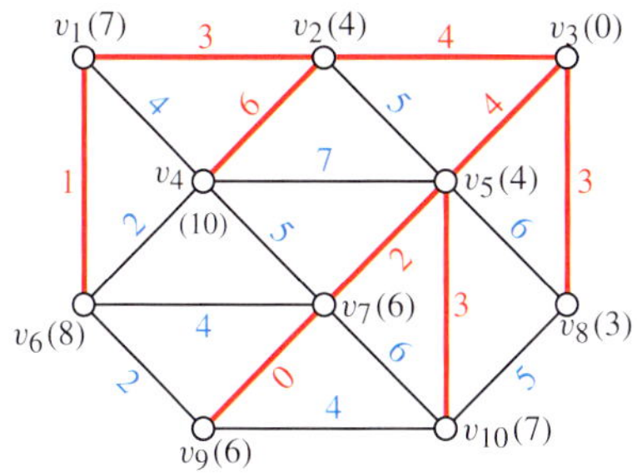

26.13 (a) n^m, (b) $\frac{n!}{(n-m)!}$, (c) $n! \cdot S_{m,n}$, (d) $n!$.

26.14 $a_n = 2^{n+1} - (n + 1)$ für alle $n \in \mathbb{N}_0$.

Bildnachweis

Kapitel 1

Eröffnungsbild: Christian Karpfinger   **1.1:** Mathematikum Gießen, mit freundlicher Genehmigung   **1.11:** Christian Karpfinger   **1.12:** Keilschrifttext YBC 7289 aus der Babylonischen Sammlung Yale und Umsetzung mit indisch-arabischen Ziffern, aus: H. Wußing: 6000 Jahre Mathematik, Springer 2008   **1.13:** aus: H. Wußing: 6000 Jahre Mathematik, Springer 2008   **1.14:** © akg / De Agostini Picture Lib.   **1.16:** Platonische Körper als Kunstobjekte im Bagno Steinfurt (Oktober 2009), http://de.wikipedia.org/wiki/PlatonischerKörper fotografiert von Zumthie.   **1.17:** Stempel Brfm. BRD 1992 (Ausschnitt), aus: H. Wußing: 6000 Jahre Mathematik, Springer 2008   **1.18:** René Descartes (Gemälde von Frans Hals 1648, Musée du Louvre, Paris) Wikimedia Commons, aus: H. Wußing: 6000 Jahre Mathematik, Springer 2008   **1.19:** Springer Spektrum (Bildarchiv)   **1.20:** Kupferstich von E. Ficquet; Foto: Deutsches Museum München, Bildstelle   **1.21:** Pastell-Porträt von Emanuel Handmann, 1753 (Öffentliche Kunstsammlung Basel)   **1.22:** Informationsdienst Wissenschaft (idw) zum Gauß-Jahr, Foto: Hans-Joachim Vollrath   **1.23:** © C. J. Mozzochi, Ausschnitt, aus: H. Wußing: 6000 Jahre Mathematik, Springer 2008

Kapitel 2

Eröffnungsbild: Christian Karpfinger

Kapitel 3

Eröffnungsbild: Hellmuth Stachel   Hintergrund und Ausblick (Symmetriegruppe eines Ornaments aus der Alhambra): Hellmuth Stachel   **3.4:** © JP in Wikimedia Commons

Kapitel 4

Eröffnungsbild: Thomas Epp   **4.8:** Christian Karpfinger

Kapitel 5

Eröffnungsbild: Christian Karpfinger

Kapitel 6

Eröffnungsbild: Christian Karpfinger

Kapitel 7

Eröffnungsbild: Christian Karpfinger   **7.8:** Tilo Arens und Frank Hettlich   Hintergrund und Ausblick (Die Geometrie hinter dem Global Positioning System (GPS)): NASA, bearbeitet durch Hellmuth Stachel   Beispiel (Optimale Approximation des Schnittpunkts zweier Geraden): Georg Glaeser   Beispiel (Ein Würfel wird wie das Atomium in Brüssel aufgestellt): The University of Kent, Canterbury, Kent

Kapitel 8

Eröffnungsbild: Tilo Arens   **8.3:** Tilo Arens   Hintergrund und Ausblick (Die Mandelbrotmenge): Programm: http://xaos.sf.net

Kapitel 9

Eröffnungsbild: Christian S./panthermedia   **9.15:** Uwe L./panthermedia   9.16: Thomas Hein

Kapitel 10

Eröffnungsbild: Ronny T./panthermedia   Hintergrund und Ausblick (Wie baut man ein Mobile?): Tilo Arens

Kapitel 11

Eröffnungsbild: Thomas Epp   Hintergrund und Ausblick (Die Szegö-Kurve): Franz Gruber und Günter Wallner in „Bilder der Mathematik", 2. Aufl. von Glaeser/Polthier

Kapitel 12

Eröffnungsbild: Christian Karpfinger   **12.4:** Christian Karpfinger

Kapitel 13

Eröffnungsbild: Christian Karpfinger

Kapitel 14

Eröffnungsbild: Christian Karpfinger

Kapitel 15

Eröffnungsbild: Die Eisenbahnbrücke Pont du Vecchio in Zentralkorsika, Bild: www.korsika.fr. Das virtuelle Reisemagazin   Hintergrund und Ausblick (Der harmonische Oszillator): Kirchhoff-Institut für Physik, Heidelberg   **15.22:** Frank Hettlich

Kapitel 16

Eröffnungsbild: Hans-Joachim Vollrath (Ott-Polarplanimeter)   **16.13:** Wikipedia (bearbeitet)

Kapitel 17

Eröffnungsbild: Christian Karpfinger

Kapitel 18

Eröffnungsbild: Die Arecibo-Schüssel in Puerto Rico, mit freundlicher Genehmigung des NAIC-Arecibo-Observatoriums   **18.9:** Hellmuth Stachel   **18.10:** Hellmuth Stachel   **18.13:** Hellmuth Stachel

Kapitel 19

Eröffnungsbild: Springer Spektrum

Kapitel 20

Eröffnungsbild: © Marcel Janovic, Shutterstock.com

Kapitel 21

Eröffnungsbild: Eiger von Nordwesten gesehen © Dirk Beyer,   **21.13:** Dirk Beyer,   **21.14:** Rolf Busam

© Springer-Verlag GmbH Deutschland, ein Teil von Springer Nature 2022
T. Arens et al., *Grundwissen Mathematikstudium*,
https://doi.org/10.1007/978-3-662-63313-7

Kapitel 22

Eröffnungsbild: © Kichigin, Shutterstock.com

Kapitel 23

Eröffnungsbild: Tornado und Blitz © Daniel Loretto, shutterstock.com, **23.17:** Die Schwarz'sche Laterne © K. Polthier, „Bilder der Mathematik", 2. Aufl. **23.21:** Frank Hettlich

Kapitel 24

Eröffnungsbild: Mischpult (Ausschnitt), mit freundlicher Genehmigung der Lawo AG

Kapitel 25

Eröffnungsbild: Christian Karpfinger

Kapitel 26

Eröffnungsbild: Hellmuth Stachel

Symbolglossar

Das Symbolglossar ist in zwei Bereiche *echte Symbole* und *Buchstabensymbole* aufgeteilt. Wenn die Aussprache offensichtlich ist, wird sie nicht eigens angegeben. Das Symbolglossar dient nur dem schnellen Auffinden des Symbols; für eine Erklärung wird empfohlen, stets im Haupttext nachzulesen. Um Ihnen den Übergang in die englischsprachige Literatur zu erleichtern, finden Sie unter den deutschsprachigen Einträgen in der Regel auch den englischen Ausdruck sowie im Anschluss an das Symbolglossar weitere Fachbegriffe deutsch–englisch.

Symbol	Aussprache/Name Pronunciation	Bedeutung Meaning	Seitenverweis
Echte Symbole			
$\neg$	Für $\neg A$ sagt man *nicht A*	Kennzeichnet die Negation oder Verneinung einer Aussage A. In manchen Büchern wird stattdessen auch die Notation $\sim A$ oder $\overline{A}$ verwendet.	S. 28
	$\neg A$ is read *not A*	Denotes the negation or exclusion of a proposition A. Also written as $\sim A$ or $\overline{A}$.	
$\vee$	Für $A \vee B$ sagt man *A oder B*	Logisches ODER, wird in der Aussagenlogik definiert, tritt bei Verknüpfungen von Aussagen auf.	S. 28
	$A \vee B$ is read *A or B*	Logic OR as defined in propositional logic. Binary relation of propositions.	
$\wedge$	Für $A \wedge B$ sagt man *A und B*	Logisches UND, wird in der Aussagenlogik definiert, tritt bei Verknüpfungen von Aussagen auf.	S. 28
	$A \wedge B$ is read *A and B*	Logic AND as defined in propositional logic. Binary relation of propositions.	
$\Rightarrow$	Für $A \Rightarrow B$ sagt man *aus A folgt B*	Wenn-Dann-Verknüpfung, Subjunktion. Wenn A wahr ist, so gilt auch B. Man sagt auch A *ist hinreichend für B* oder *B ist notwendig für A*.	S. 29
	$A \Rightarrow B$ is read *A implies B*	If-then relation, conditional. Whenever A is true, B is also true. Equivalent: A *is sufficient for B to hold* or B *is necessary for A to hold*.	
$\Leftrightarrow$	Für $A \Leftrightarrow B$ sagt man *genau dann A, wenn B* oder *genau dann B, wenn A*	Genau-Dann-Wenn-Verknüpfung, logische Äquivalenz. Die Gesamtaussage ist wahr, wenn A und B entweder beide wahr oder beide falsch sind. Man sagt auch A *ist hinreichend und notwendig für B* oder *B ist hinreichend und notwendig für A*.	S. 31
	$A \Leftrightarrow B$ is read *B if and only if* (abbrev. iff) A	Equivalence relationship, the statement is true if both A and B are either true or false.	
$\overset{z \neq \mathrm{i}}{\Longleftrightarrow}$	*Für $z \neq \mathrm{i}$ folgt und umgekehrt*	$\Longleftrightarrow$ gilt nur für die darüberstehende Einschränkung.	
	For $z \neq \mathrm{i}$, there holds equivalence of	$\Longleftrightarrow$ holds only for superscripted condition.	
$\uparrow$	Für $A \uparrow B$ sagt man *A NAND B*	Das NAND (engl. für NICHT-UND) tritt in der Aussagenlogik und der Digitalelektronik auf. $A \uparrow B \Leftrightarrow \neg(A \wedge B)$.	S. 29
	$A \uparrow B$ is read *A NAND B*	NAND (abbreviation for NOT AND) occurs in propositional logic and digital logic. $A \uparrow B \Leftrightarrow \neg(A \wedge B)$.	
$\exists$	Für $\exists x : \ldots$ sagt man *es existiert ein x mit der Eigenschaft* ...	Existenzquantor; Quantoren quantifizieren die Gültigkeit von Aussagen.	S. 33
	$\exists x : \ldots$ is read *there exists an x such that* ... or *for some x* ...	Existential quantifier. Quantifiers quantify the scope of a proposition.	
$\forall$	Für $\forall x : \ldots$ sagt man *für alle x gilt* ...	Allquantor; Quantoren quantifizieren die Gültigkeit von Aussagen.	S. 33
	$\forall x : \ldots$ is read *For all x* ...	Universal quantifier. Quantifiers quantify the scope of a proposition.	

© Springer-Verlag GmbH Deutschland, ein Teil von Springer Nature 2022
T. Arens et al., *Grundwissen Mathematikstudium*,
https://doi.org/10.1007/978-3-662-63313-7

Symbol	Aussprache/Name Pronunciation	Bedeutung Meaning	Seitenverweis
$\in$	Für $x \in M$ sagt man x *ist Element von M* $x \in M$ *is read x is an element of M*	x ist Element von M bedeutet, dass das Element x zur Menge M gehört. x is an element of M means that the element x belongs to the set M.	S. 34
$\notin$	Für $x \notin M$ sagt man x *ist nicht Element von M* $x \notin M$ *is read x is not an element of M*	x ist nicht Element von M bedeutet, dass das Element x nicht zur Menge M gehört. x is not an element of M means that the element x does not belong to the set M.	S. 34
$|$	*Für die gilt* *For which is true* or *such that*	$\{x \in M \mid A\}$ ist die Menge aller Elemente von M, für die die Bedingung A gilt. Oft wird statt $|$ auch ein Doppelpunkt benutzt. $\{x \in M \mid A\}$ is the set of all elements of M for which condition A holds. Often a colon (:) is used instead of $|$.	S. 35
$\emptyset$	*Leere Menge* *Empty set*	Eine Menge, die überhaupt keine Elemente enthält. Wird auch als $\{\}$ geschrieben A set that contains no elements at all. Also written as $\{\}$.	S. 35
$\subseteq$	Für $A \subseteq B$ sagt man A *ist Teilmenge von B* $A \subseteq B$ is read A *is a subset of B*	A ist Teilmenge von B, wenn alle Elemente von A auch Elemente von B sind. Alternative Schreibweise: $\subset$. A is a subset of B if all elements of A are also elements of B. Equivalent to $\subset$.	S. 35
$\not\subseteq$	Für $A \not\subseteq B$ sagt man A *ist nicht Teilmenge von B*	A ist nicht Teilmenge von B, wenn es (mindestens) ein Element in A gibt, das nicht in B ist.	S. 35
$\supseteq$	Für $B \supseteq A$ sagt man A *ist Teilmenge von B oder B ist Obermenge von A* $B \supseteq A$ is read A *is a subset of B or B is a superset of A*	A ist Teilmenge von B, wenn alle Elemente von A auch Elemente von B sind. Alternative Schreibweise: $\supset$. A is a subset of B if all elements of A are also elements of B. Equivalent to $\supset$.	S. 35
$\subsetneq$ oder $\subsetneqq$	Für $A \subsetneq B$ sagt man A *ist echte Teilmenge von B* $A \subsetneq B$ is read A *is a proper subset of B*	A ist echte Teilmenge von B, wenn alle Elemente von A auch Elemente von B sind und B mindestens ein Element hat, das nicht in A liegt. A is a proper subset of B if all elements of A are also elements of B and B contains at least one element that is not an element of A.	S. 35
$\supsetneq$	Für $B \supsetneq A$ sagt man A *ist echte Teilmenge von B* $B \subsetneq A$ is read A *is a proper subset of B*	A ist echte Teilmenge von B, wenn alle Elemente von A auch Elemente von B sind und B mindestens ein Element hat, das nicht in A liegt. A is a proper subset of B if all elements of A are also elements of B and B contains at least one element that is not an element of A.	S. 35
$\cap$	Für $A \cap B$ sagt man A *geschnitten mit B* $A \cap B$ is read *the intersection of A and B*	Der Durchschnitt enthält alle Elemente, die sowohl in A als auch in B enthalten sind. The intersection contains all elements that are elements of both A and B simultaneously.	S. 37
$\cup$	Für $A \cup B$ sagt man A *vereinigt mit B* $A \cup B$ is read *the union of A and B*	Die Vereinigung enthält alle Elemente, die in A oder in B enthalten sind. The union contains all elements that are elements of A or of B or of both.	S. 37
$\bigcap$	Für $\bigcap_{M \in F} M$ sagt man *Durchschnitt aller Mengen M aus F* $\bigcap_{M \in F} M$ is read *the intersection of all sets M in F*	Der Durchschnitt enthält jene Elemente, die in allen Mengen M aus der Familie F enthalten sind. The intersection contains all the elements that are elements of all the sets M in family F.	S. 40, 200

Symbol	Aussprache/Name Pronunciation	Bedeutung Meaning	Seitenverweis
$\bigcup$	Für $\bigcup_{M \in F} M$ sagt man *Vereinigung aller Mengen M aus F* $\bigcup_{M \in F} M$ is read *the union of all sets M in F*	Die Vereinigung enthält jene Elemente, die in zumindest einer Menge M aus der Familie F enthalten sind The union contains all elements that are an element of at least one set M of family F.	S. 40, 44
$\setminus$	Für $A \setminus B$ sagt man *A ohne B* $A \setminus B$ is read *the set A without B* or *the set difference of A and B*	Die Differenz enthält alle Elemente von A, die kein Element von B sind. Ist B eine Teilmenge von A, so wird $A \setminus B$ auch Komplement von B bezüglich A genannt. Man schreibt dafür $C_A(B)$, oft auch einfach B^C, $\overline{B}$ oder B'. The set difference contains all members of A that are not members of B. When B is a subset of A, $A \setminus B$ is also called the complement of B in A. It is written $C_A(B)$ or alternatively B^C, $\overline{B}$ or B'.	S. 37
$\times$	Für $A \times B$ sagt man *A Kreuz B*. In der Mengenlehre sagt man auch *kartesisches Produkt von A und B* $A \times B$ is read *the cross product of A and B (A cross B)*. In set theory it is called the *Cartesian product of A and B*	In der Mengenlehre: Menge aller geordneten Paare der Form (a, b). In der Vektorrechnung: Kreuzprodukt (Vektorprodukt). In set theory: The set of all possible ordered pairs (a, b), where $a \in A$ and $b \in B$. In vector calculus: cross product (vector product).	S. 38; 238
$\lvert \cdot \rvert$	Für $\lvert x \rvert$ sagt man *Betrag von x*. Bei Mengen sagt man für $\lvert A \rvert$ *Mächtigkeit von A* $\lvert x \rvert$ is read *absolute value* (or *modulus*) *of x*. For sets $\lvert A \rvert$ is read *cardinality of A*.	Es gilt $\lvert x \rvert = \begin{cases} x & \text{für } x \geq 0, \\ -x & \text{für } x < 0, \end{cases}$ und $z = a + ib \in \mathbb{C}$ is $\lvert z \rvert = \sqrt{a^2 + b^2}$	S. 110; 40
$\begin{vmatrix} a_{11} & \cdots & a_{1n} \\ \vdots & \ddots & \vdots \\ a_{n1} & \cdots & a_{nn} \end{vmatrix}$	*Determinante von A* *Determinant of A*	Für 2×2 Determinanten gilt $\begin{vmatrix} a_{11} & a_{12} \\ a_{21} & a_{22} \end{vmatrix} = \det A = a_{11}\,a_{22} - a_{12}\,a_{21}.$ In the case of 2×2-determinants $\begin{vmatrix} a_{11} & a_{12} \\ a_{21} & a_{22} \end{vmatrix} = \det A = a_{11}\,a_{22} - a_{12}\,a_{21}.$	S. 240, 243, 471
$\lVert \boldsymbol{u} \rVert$	*Norm oder Länge von $\boldsymbol{u}$* *Norm or length of $\boldsymbol{u}$*	Symbol für eine beliebige Norm. Im Fall der euklidischen Norm gilt $\lVert \boldsymbol{u} \rVert = \sqrt{\boldsymbol{u} \cdot \boldsymbol{u}}$. Symbol for a norm. In the case of the Euclidean norm, there holds $\lVert \boldsymbol{u} \rVert = \sqrt{\boldsymbol{u} \cdot \boldsymbol{u}}$.	S. 233, 656, 662, 681
$\lVert p \rVert_{L^2}$	*L^2-Norm* *L^2 norm*	Es gilt $\lVert p \rVert_{L^2} = (\int_a^b \lvert p(x) \rvert^2 \mathrm{d}x)^{1/2}$. Defined by $\lVert p \rVert_{L^2} = (\int_a^b \lvert p(x) \rvert^2 \mathrm{d}x)^{1/2}$.	S. 233, 804
$\lVert f \rVert_{\infty}$	*Maximumsnorm oder Supremumsnorm* *Maximum norm* or *supremum norm*	Für eine stetige Funktion f auf einem abgeschlossenen Intervall $[a, b]$ gilt $\lVert f \rVert_{\infty} = \max_{x \in [a,b]} \lvert f(x) \rvert$. For a continuous function f on a closed interval $[a, b]$ $\lVert f \rVert_{\infty} = \max_{x \in [a,b]} \lvert f(x) \rvert$.	S. 602, 805
$[a, b]$	*Abgeschlossenes Intervall* *Closed interval*	Für ein abgeschlossenes Intervall gilt $[a, b] = \{x \in \mathbb{R} \mid a \leq x \leq b\}$. A closed interval is defined by $[a, b] = \{x \in \mathbb{R} \mid a \leq x \leq b\}$.	S. 110

Symbol	Aussprache/Name Pronunciation	Bedeutung Meaning	Seitenverweis
(a, b)	*Offenes Intervall*	Für ein offenes Intervall gilt $(a, b) = \{x \in \mathbb{R} \mid a < x < b\}$. Es enthält die beiden Endpunkte nicht. Auch die Schreibweise $]a, b[$ für offene Intervalle ist üblich.	S. 110
	Open interval	An open interval is defined by $(a, b) = \{x \in \mathbb{R} \mid a < x < b\}$. It does not contain either end point. $]a, b[$ is also a common notation.	
$(a, b]$	*Halboffenes Intervall*	Ein halboffenes Intervall ist z.B. $(a, b] = \{x \in \mathbb{R} \mid a < x \le b\}$.	S. 110
	Half-closed (half-open) interval	A half-closed interval is, for example, $(a, b] = \{x \in \mathbb{R} \mid a < x \le b\}$.	
$\pm\infty$	$\pm$ *Unendlich*	symbolische Erweiterung des Zahlbereichs, $\frac{x}{\pm\infty} = 0$ für alle $x \in \mathbb{R}$.	S. 40, 110, 284, 320
	$\pm$ *Infinity*	Symbolic extension of the range of numbers, $\frac{x}{\pm\infty} = 0$ for all $x \in \mathbb{R}$.	
$\to$	Für $A \to B$ sagt man *die Menge A wird nach B abgebildet*	In dieser Schreibweise wird üblicherweise ein einfacher Pfeil verwendet, wenn man sich auf die Mengen bezieht.	S. 41 (Abschnitt 2.3)
	$A \to B$ is read *set A is mapped onto B*	This notation with the simple arrow is common if one is referring to sets.	
$\mapsto$	Für $a \mapsto f(a)$ sagt man *a wird abgebildet auf $f(a)$*	Der Abbildungspfeil wird verwendet, wenn es um die Elemente, sprich die konkrete Zuordnungsvorschrift geht.	S. 41 (Abschnitt 2.3)
	$a \mapsto f(a)$ is read *a maps to $f(a)$*	The mapping arrow is used if the mapping rule defines the mapping for each element a.	
$\circ$	Für $f \circ g$ sagt man *f nach g* oder *f verkettet g* oder *Komposition von f mit g*	Verkettung, wird verwendet bei Hintereinanderausführung von Abbildungen (speziell: Funktionen).	S. 47
	$f \circ g$ is read *f after g* or *f following g* or *f composed with g*	Composition is used to express the application of a mapping (f) to the result of another (g) (special case: functions)	
$+$	Für $a + b$ sagt man *a plus b*	Addition	S. 64, 104
	$a + b$ is read *a plus b*	Addition	
$-$	Für $a - b$ sagt man *a minus b*	Subtraktion	S. 64
	$a - b$ is read *a minus b*	Subtraction	
$\cdot$	Für $a \cdot b$ sagt man *a mal b*	Multiplikation, vgl. auch *Standardskalarprodukt*	S. 64, 104
	$a \cdot b$ is read *a times b*	Multiplication, see also *standard scalar product*.	
$\cdot$	*Für $\boldsymbol{v} \cdot \boldsymbol{w}$ sagt man $\boldsymbol{v}$ mal $\boldsymbol{w}$*	Euklidisches oder unitäres Skalarprodukt. Es gilt $\boldsymbol{v} \cdot \boldsymbol{w} = \boldsymbol{v}^T \boldsymbol{w} = \sum_{i=1}^{n} v_i w_i$, falls $\cdot$ das euklidische Standardskalarprodukt ist. Alternative Schreibweise $\langle \boldsymbol{v}, \boldsymbol{w} \rangle$. Der Skalarprodukt-Punkt darf nicht weggelassen werden im Gegensatz zum Multiplikationspunkt bei reellen oder komplexen Variablen, der oft entfällt, z.B. bei $2a$.	S. 232, 656, 679
	$\boldsymbol{v} \cdot \boldsymbol{w}$ is read *$\boldsymbol{v}$ times $\boldsymbol{w}$*	Euclidean scalar product or dot product. If $\cdot$ is the Euclidean scalar product, one has $\boldsymbol{v} \cdot \boldsymbol{w} = \boldsymbol{v}^T \boldsymbol{w} = \sum_{i=1}^{n} v_i w_i$. Alternative notation $\langle \boldsymbol{v}, \boldsymbol{w} \rangle$. The dot of a scalar product may not be omitted, in contrast to standard multiplication of real or complex variables, e.g. $2a$.	

Symbol	Aussprache/Name Pronunciation	Bedeutung Meaning	Seitenverweis
$/$	Für a/b sagt man *a geteilt durch b. a* bezeichnet man als *Zähler, b* als *Nenner*	Division. Bei der Division sind auch die Schreibweisen $a : b$ und $\frac{a}{b}$ üblich.	S. 64
	a/b is read *a divided by b* or *a over b. a* is called the *numerator* and *b* the *denominator*	Division. For division $a : b$ and $\frac{a}{b}$ are common notations, too. k/n is read *k* $n$ths, e.g. $5/6$ is read *five sixths.*	
a^n	Für a^n sagt man *a hoch n. a* bezeichnet man als *Basis, n* als *Exponent*	Potenzschreibweise: $a^n = a \cdot a \ldots a$ (n Faktoren), wenn $n \in \mathbb{N}$. Es gilt $a^0 = 1$, $a^{-n} = \frac{1}{a^n}$ und allgemein $a^x = e^{x \ln a}$.	S. 105, 410
	a^n is read *a to the power of n* or *a to the n th. a* is called the *base* and *n* the *exponent.* a^2 is read *a squared* and a^3 is read *a cubed*	Defined by $a^n = a \cdot a \ldots a$ (n factors) for $n \in \mathbb{N}$ and $a^0 = 1$.	
$\sqrt{}$	Für $\sqrt[q]{a}$ sagt man *q-te Wurzel aus a*	Es ist $\sqrt[q]{a} = a^{1/q}$ für $a \geq 0$. Die Quadratwurzel schreibt man meist ohne explizite Angabe von $q = 2$, d.h. $\sqrt{x} = \sqrt[2]{x}$	S. 115, 117
	$\sqrt[q]{a}$ is read *q th root of a*	By definition $\sqrt[q]{a} = a^{1/q}$ für $a \geq 0$. The square root is usually written without explicitly stating $q = 2$, $\sqrt{x} = \sqrt[2]{x}$.	
$=$	Für $a = b$ sagt man *a ist gleich b*	Gleichungen haben die Form „linke Seite = rechte Seite." Die Objekte rechts und links vom Gleichheitszeichen können z.B. Zahlen, Mengen oder Funktionen sein.	S. 37, 43, 50
	$a = b$ is read *a is equal to b*	Equations have the form "left side = right side".	
$\neq$	Für $a \neq b$ sagt man *a ist nicht gleich b*	Das Ungleichheitszeichen wird bei Zahlen, aber auch allgemeineren Ausdrücken und Mengen verwendet.	
	$a \neq b$ is read *a is not equal to b*	The not-equal-to sign is used for numbers, general expressions and sets.	
$<$	Für $a < b$ sagt man *a ist kleiner als b*	Die reelle Zahl a ist echt kleiner als die reelle Zahl b, Gleichheit ist ausgeschlossen.	S. 51, 106
	$a < b$ is read *a is less than b*	The real number a is strictly less than the real number b, equality is excluded.	
$\leq$	Für $a \leq b$ sagt man *a ist kleiner gleich b*	$a \leq b$ heißt $a < b$ oder $a = b$.	S. 51, 106
	$a \leq b$ is read *a is less than or equal to b.*	$a \leq b$ expresses that either $a < b$ or $a = b$.	
$>$	Für $a > b$ sagt man *a ist größer als b*	Die reelle Zahl a ist echt größer als die reelle Zahl b, Gleichheit ist ausgeschlossen.	S. 51, 106
	$a > b$ is read *a is greater than b*	The real number a is strictly greater than the real number b, equality is excluded.	
$\geq$	Für $a \geq b$ sagt man *a ist größer gleich b*	$a \geq b$ heißt $a > b$ oder $a = b$.	S. 51, 106
	$a \geq b$ is read *a is greater than or equal to b*	$a \geq b$ means $a > b$ or $a = b$.	
$\sum$	Für $\sum_{k=1}^{n} a_k$ sagt man *Summe über a_k für k gleich 1 bis n*	Kurzschreibweise für Summen, k ist der Summationsindex.	S. 121, 124
	$\sum_{k=1}^{n} a_k$ is read *sum of a_k for k from 1 to n*	Concise way to write sums, k is called the index of summation.	
$\prod$	Für $\prod_{k=1}^{n} a_k$ sagt man *Produkt über a_k für k gleich 1 bis n*	Kurzschreibweise für Produkte, k ist der Multiplikationsindex.	S. 121
	$\prod_{k=1}^{n} a_k$ is read *product of a_k for k from 1 to n*	Concise way to write products, k is called the index of multiplication.	

Symbol	Aussprache/Name Pronunciation	Bedeutung Meaning	Seitenverweis
$n!$	*n Fakultät*	$n! = \prod_{k=1}^{n} k$ ist das Produkt aller natürlichen Zahlen von eins bis n. Man setzt $0! = 1$	S. 74, 132
	n factorial	$n! = \prod_{k=1}^{n} k$ is the product of all natural numbers from 1 to n. By convention $0! = 1$.	
$\binom{n}{k}$	Für $\binom{n}{k}$ sagt man *n über k*	Der Binomialkoeffizient gibt die Anzahl der Möglichkeiten an, aus n Objekten genau k auszuwählen.	S. 131
	$\binom{n}{k}$ is read *n choose k*	The binomial coefficient represents the number of different possible ways to choose k distinct objects from a set of n objects.	
$\approx$	Für $a \approx b$ sagt man *a ist ungefähr gleich b*	Verwendung bei Näherungen, etwa Rundung.	
	$a \approx b$ is read *a is approximately equal to b*	Used for approximations, for example rounding.	
$\equiv$	Für $a \equiv b \pmod{n}$ sagt man *a ist kongruent zu b modulo n*.	$a \equiv b \pmod{n}$ heißt $n \mid a - b$.	S. 53, 1063
$\int$	*Integral*, für $\int_a^b f(x)\,\mathrm{d}x$ sagt man *Integral f von x dx von a bis b*	Mit Angabe von Integrationsgrenzen für den Wert des Intgrals über $[a, b]$; ohne Integrationsgrenzen für eine Stammfunktion; mit Angabe einer Menge und entsprechenden Differenzialen für Gebiets-, Linien- oder Flächenintegrale.	S. 601
	Integral, $\int_a^b f(x)\,\mathrm{d}x$ is read *the integral of f -of-x with respect to x from a to b*	With bounds of integration given it represents the integral over $[a, b]$; without bounds of integration it represents the antiderivative. Given a set, instead of bounds, and the respective differentials it stands for volume, line or surface integrals.	
$\perp$	Für $\boldsymbol{v} \perp \boldsymbol{w}$ sagt man *v steht senkrecht auf* (oder *ist orthogonal zu*) $\boldsymbol{w}$	Zeigt an, dass zwei Vektoren senkrecht aufeinander stehen.	S. 667
	$\boldsymbol{v} \perp \boldsymbol{w}$ is read *v is perpendicular* (or *orthogonal*) *to w*	Indicates that two vectors are orthogonal to each other.	
$\otimes$	Bei $\boldsymbol{v} \otimes \boldsymbol{w}$ spricht man vom *dyadischen Produkt von* $\boldsymbol{v}$ *mit* $\boldsymbol{w}$, man sagt auch $\boldsymbol{v}$ *dyadisch* $\boldsymbol{w}$	Es gilt $\boldsymbol{v} \otimes \boldsymbol{w} = \boldsymbol{v}\,\boldsymbol{w}^T$.	S. 255
	$\boldsymbol{v} \otimes \boldsymbol{w}$ is read *dyadic product of v and w*	Defined by $\boldsymbol{v} \otimes \boldsymbol{w} = \boldsymbol{v}\,\boldsymbol{w}^T$.	
$(\boldsymbol{s}_1, \ldots, \boldsymbol{s}_n)$	*Matrix mit Spaltenvektoren* $\boldsymbol{s}_1$ *bis* $\boldsymbol{s}_n$	Matrix, durch Spaltenvektoren definiert	S. 243
	Matrix consisting of column vectors $\boldsymbol{s}_1$ *to* $\boldsymbol{s}_n$	Matrix, defined by column vectors.	
$\begin{pmatrix} a_{11} & \cdots & a_{1n} \\ \vdots & \ddots & \vdots \\ a_{m1} & \cdots & a_{mn} \end{pmatrix}$	$m \times n$-*Matrix*	Rechteckiges Zahlenschema aus m Zeilen und n Spalten.	S. 175, 193
		Rectangular scheme of numbers with m rows and n columns.	
$\langle \boldsymbol{v}, \boldsymbol{w} \rangle$	Für $\langle \boldsymbol{v}, \boldsymbol{w} \rangle$ sagt man $\boldsymbol{v}$ *mal* $\boldsymbol{w}$	Standardskalarprodukt oder kanonisches Skalarprodukt. Alternative Schreibweise für $\boldsymbol{v} \cdot \boldsymbol{w}$.	S. 656
	$\langle \boldsymbol{v}, \boldsymbol{w} \rangle$ is read *v times w*	Standard scalar product or canonical scalar product. Alternative notation for $\boldsymbol{v} \cdot \boldsymbol{w}$.	

Symbol	Aussprache/Name Pronunciation	Bedeutung Meaning	Seitenverweis
$\langle p, q \rangle$	L^2-*Skalarprodukt*	Wird häufig für das L^2-Skalarprodukt $\langle p, q \rangle = \int_a^b p(x)\,\overline{q(x)}\,\mathrm{d}x$ verwendet, aber auch für andere Skalarprodukte in Funktionenräumen.	S. 658
	L^2 *scalar product*	Often used for L^2 scalar product $\langle p, q \rangle = \int_a^b p(x)\,\overline{q(x)}\,\mathrm{d}x$, as well as for other scalar products on function spaces.	
$\langle X \rangle$	$\langle X \rangle$ ist die *Hülle* oder das *Erzeugnis von X*	$\langle X \rangle$ ist die Menge aller Linearkombinationen von X. Auch die Bezeichnung span ist üblich.	S. 198
	$\langle X \rangle$ denotes the *linear hull* or *linear span of X*	$\langle X \rangle$ the set of all linear combinations of X.	
∇	*Nabla-Operator*, für ∇f sagt man *Nabla f* oder *grad f*; für $\nabla \times v$ sagt man *Nabla Kreuz v* oder *rot v*	Steht für die zu einem Vektor zusammengefassten partiellen Ableitungen: $\nabla = (\frac{\partial}{\partial x_1}, \ldots, \frac{\partial}{\partial x_n})^\top$. Man schreibt für $\nabla f(p)$ auch $\mathbf{grad}\,f(p)$.	S. 866
	Nabla operator, ∇f is read *Nabla f* or *del f* or *grad f*; $\nabla \cdot v$ is read *div v* or *del dot v*; $\nabla \times v$ is read *curl v* or *del cross v* or *rot v*	It denotes the partial derivatives as a vector: $\nabla = (\frac{\partial}{\partial x_1}, \ldots, \frac{\partial}{\partial x_n})^\top$. Another notation for $\nabla f(p)$ is $\mathbf{grad}\,f(p)$.	
$*$	Für $f * g$ sagt man *f gefaltet mit g*	z. B. Symbol für die einseitige Faltung, $(f * g)(x) = \int_0^\infty f(x - t)g(t)\,\mathrm{d}t$ oder die zweiseitige Faltung $(f * g)(x) = \int_{-\infty}^\infty f(x - t)g(t)\,\mathrm{d}t$	S. 821, 1061
	$f * g$ is read *the convolution of f and g*	Symbol for one-sided, $(f * g)(x) = \int_0^\infty f(x - t)g(t)\,\mathrm{d}t$, or two-sided, $(f * g)(x) = \int_{-\infty}^\infty f(x - t)g(t)\,\mathrm{d}t$, convolution.	
∎	Beweis-Ende	Steht am Ende eines Beweises. Gängig sind q.e.d. für *quod erat deomonstrandum*, w.z.b.w. für *was zu beweisen war* und $\square$.	S. 5
	End of proof	Denotes the end of a proof. Other common notations are q.e.d. for *quod erat demonstrandum* and simple statements such as *hence proved* or *this completes the proof* and $\square$.	S.
$A^{\underline{X}} B$	Für $A^{\underline{X}} B$ sagt man *entweder A oder B*	A oder B aber nicht beide	S. 29
	$A^{\underline{X}} B$ is read *A Ex-Or B*	A or B but not both	
A^C	*A Komplement*	Komplement der Menge A, d.h. $X \setminus A$, wenn $A \subseteq X$ ist. Die Grundmenge X muss dabei klar sein.	S. 38
	A complement	Complement of set A, i.e. $X \setminus A$, if $A \subseteq X$ and it is clear what X is.	S.
$(a_1, \ldots, a_n)$	(geordnetes) n-Tupel	$(a_1, \ldots, a_n)$ ist ein Element des Produktraums von $n \in \mathbb{N}$ Mengen	S. 39
	(ordered) n-tuple	An element of the Cartesian product of $n \in \mathbb{N}$ sets	
id_X	Die Identitätsfunktion	id_X ist die Abbildung auf X, die als Funktionswert das Argument liefert	S. 41
	The *identity function*	The mapping on X that returns the same value as was used as the argument	
$\mid$	Für $a \mid b$ sagt man *b is durch a teilbar*	a teilt b ohne Rest	S. 50, 1048
	$a \mid b$ is read *b is divisible by a* or *a divides into b*	a divides into b without leaving a remainder	

Symbol	Aussprache/Name Pronunciation	Bedeutung Meaning	Seitenverweis
$\parallel$	Für $AB \parallel CD$ sagt man *(die Gerade) AB ist parallel zu (der Geraden) CD* $AB \parallel CD$ is read *(the line) AB is parallel to (the line) CD*	Jeder Punkt der ersten Geraden hat denselben Abstand von der zweiten Geraden und umgekehrt. Every point of the first line has exactly the same distance to the second line and vice versa.	S. 50
$\sim$	Für $a \sim b$ sagt man *a ist äquivalent zu b* $a \sim b$ is read *a is equivalent to b*	a und b sind äquivalent bezüglich einer bestimmten Äquivalenzrelation a and b are equivalent with respect to some equivalence relation	S. 53
$[x]_\sim$	$[x]_\sim$ bezeichnet die *Äquivalenzklasse von x* Equivalence class of x	$[x]_\sim$ ist die Menge aller Elemente die zu x äquivalent sind, $[x]_\sim = \{y \in X \mid y \sim x\}$. For an $x \in X$, $[x]_\sim$ is the subset of all elements in X that are equivalent to x.	S. 53
$X/\sim$	$X/\sim$ nennt man *Quotientenmenge* Quotient set	Die Quotientenmenge ist die Menge aller Äquivalenzklassen in X The set of all equivalence classes in X, $X/\sim = \{[x]_\sim \mid x \in X\}$	S. 53, 219
$*$	$a * b$ bezeichnet eine *Verknüpfung von a mit b* $a * b$ product a *asterisk b*	$a * b$ bezeichnet ein Produkt durch eine allgemeine binäre Operation. $a * b$ denotes the product by an arbitrary binary operation	S. 64
e	Für $e \in G$ sagt man *Neutrales Element* der Gruppe G $e \in G$ is called the *neutral element* or *identity element* of G	Es gilt $e \cdot g = g \cdot e = g \;\; \forall g \in G$, Defined by $e \cdot g = g \cdot e = g \;\; \forall g \in G$	S. 65
$\operatorname{Re} z$	Für $\operatorname{Re} z$ sagt man *Realteil von z* Real part of z	Für $z = a + ib$, $a, b \in \mathbb{R}$ gilt $\operatorname{Re} z = a$	S. 82
$\operatorname{Im} z$	Für $\operatorname{Im} z$ sagt man *Imaginärteil von z* Imaginary part of z	Für $z = a + ib$, $a, b \in \mathbb{R}$ gilt $\operatorname{Im} z = b$	S. 82
$\bar{z}$	Konjugiert komplexe Zahl, man sagt *z quer* oder *z komplex konjugiert* Complex conjugate of a number, it is read *z bar* or *complex conjugate of z*	Die konjugiert komplexe Zahl $\bar{z} = a - ib$ zu $z = a + ib$, alternative Schreibweise z^*. The complex conjugate, $\bar{z} = a - ib$, of $z = a + ib$; alternative notation z^*.	S. 82, 139
$\mathbb{C}_\mathbb{R}$		Zu $\mathbb{R}$ isomorpher Teilkörper von $\mathbb{C}$. Subfield of $\mathbb{C}$ isomorphic to $\mathbb{R}$.	S. 135
$\overline{X}^{\,\|\cdot\|_X}$	*Abschluss des Raumes X unter der Norm $\|\cdot\|_X$* *Closure of space X with respect to norm $\|\cdot\|_X$*	Vervollständigung eines normierten Raums Completion of a normed space.	S. 798
$l(\boldsymbol{x})$	Hesse'sche Normalform Hessian normal form	Es gilt $l(\boldsymbol{x}) = \boldsymbol{n} \cdot \boldsymbol{x} - k$	S. 250
x_n	Folgenglied bzw. Vektorkomponente, man sagt *x n* Element of a sequence or component of a vector, is read *x sub n*	Kennzeichnung von Folgengliedern oder Komponenten von Vektoren durch Indizes Elements of sequences or components of vectors are labeled with indices.	S. 175, 204, 276

Symbol	Aussprache/Name Pronunciation	Bedeutung Meaning	Seitenverweis
$(x_n)_{n=1}^{\infty}$	*Folge x_n* *Sequence x_n*	Schreibweise für Folgen, alternativ auch $(x_n)_{n\in\mathbb{N}}$ oder (x_n) Notation for sequences, alternatively $(x_n)_{n\in\mathbb{N}}$ or (x_n).	S. 276
$f\vert_A$	*Einschränkung von f auf A* *Restriction of f to A*	Wird benutzt, um den Definitionsbereich einer Funktion einzuschränken. Is used to restrict the domain of a function.	S. 43
f^{-1}	*Umkehrfunktion von f* *Inverse (function) of f*	Es gilt $(f \circ f^{-1})(y) = y$, $(f^{-1} \circ f)(x) = x$. The inverse fulfills $(f \circ f^{-1})(y) = y$, $(f^{-1} \circ f)(x) = x$.	S. 312
∂A	Für ∂A sagt man *der Rand von A* *Boundary of A*	Der Rand ist Differenzmenge des Abschlusses und dem Inneren von A. Es gilt $\partial A = \overline{A} \cap \overline{\mathbb{K} \setminus A}$. The boundary is the difference set of the closure of A and its interior. It can be written as $\partial A = \overline{A} \cap \overline{\mathbb{K} \setminus A}$.	S. 322
A°	Für A° sagt man das *Innere von A* *Interior of A*	Das Innere von A besteht aus allen Punkten von A, die nicht zum Rand gehören. The interior of A consists of all points of A that do not belong to the boundary of A	S. 322
$f^{-1}(A)$	*Urbild von A unter f* *The inverse image* or *pre-image of A under f*	Die Menge $\{x \in D(f) \mid f(x) \in A\}$ der Urbilder von Punkten aus A. Das Urbild existiert auch dann, wenn f keine Umkehrfunktion hat. The set $\{x \in D(f) \mid f(x) \in A\}$ of pre-images of elements in A. There is always an inverse image, even if there is no inverse of f.	S. 42
$\left(\sum\limits_{k=1}^{\infty} a_k\right)$	*Reihe (über die a_k für k von 1 bis unendlich)* *Series (summation of a_k for k from 1 to infinity)*	Die Glieder a_k der Reihe heißen Reihenglieder. The elements a_k of a series are called the terms of a series.	S. 349
f'	*Ableitung von f* oder *f Strich* *Derivative of f* or *f prime*	Ableitung einer Funktion f und $f'(x_0)$ Ableitung an einer Stelle x_0. Derivative of a function f with $f'(x_0)$ denoting the derivative at some point x_0.	S. 553
f''	*Zweite Ableitung von f* oder *f zwei Strich* *Second derivative of f* or *f double prime*	Es gilt $f'' = (f')'$.	S. 556
$f^{(r)}$	*r-te Ableitung von f* *r th derivative of f*	Es gilt $f^{(r)}(x) = \frac{\mathrm{d}^r f}{\mathrm{d}x^r}(x)$.	S. 556
$\tilde{x}$	*x Tilde* oder *x Schlange* *x tilde* or *x wiggle*	Besonders ausgezeichnete Stelle im Definitionsbereich. Some particular point in the domain.	S. 569
$\hat{x}$	*x Dach* *x hat*	Besonders ausgezeichnete Stelle im Definitionsbereich. Some particular point in the domain.	S. 569
V^*	*Dualraum* *Dual space*	Die Menge der lineare Abbildungen von V nach $\mathbb{K}$. The set of linear mappings from V onto $\mathbb{K}$.	S. 458
V^{**}	*Bidualraum* *Bidual space*	Die Menge der lineare Abbildungen von V^* nach $\mathbb{K}$. The set of linear mappings from V^* onto $\mathbb{K}$.	S. 461

Symbol	Aussprache/Name Pronunciation	Bedeutung Meaning	Seitenverweis
$\mu_{\mathbf{A}}$	Für $\mu_{\mathbf{A}}$ sagt man *normiertes Minimalpolynom* *Normed minimal polynomial*	Es gilt $\mu_{\mathbf{A}} = (\lambda_1 - X)^{l_1} \cdots (\lambda_r - X)^{l_r}$. l_i sind die maximalen Größen der Jordankästchen für den Eigenwert λ_i. Defined by $\mu_{\mathbf{A}} = (\lambda_1 - X)^{l_1} \cdots (\lambda_r - X)^{l_r}$, where l_i are the maximal sizes of the Jordan blocks for eigenvalue λ_i.	S. 544
$\hat{e}$	*Einheitsvektor* *Unit vector*	Bevorzugt für Vektoren mit der Länge 1. Frequent notation for vectors of length 1.	S. 233
$F(x)\big|_a^b$	*F von b minus F von a* *F of b minus F of a*	Differenz von Funktionswerten, d.h. $$F(x)\Big|_a^b = F(b) - F(a).$$ Difference of function values, i.e. $$F(x)\Big|_a^b = F(b) - F(a).$$	S. 616
A^{-1}	*A invers* oder *A hoch* -1 *Inverse of A*	Inverse der quadratischen Matrix A, also mit $A\,A^{-1} = A^{-1}\,A = \mathbf{E}_n$. Inverse of the quadratic matrix A, meaning that $A\,A^{-1} = A^{-1}\,A = \mathbf{E}_n$.	S. 253, 446
A^+	*Pseudoinverse von A* *Pseudoinverse of A*	Moore–Penrose Pseudoinverse der Matrix A. Moore–Penrose pseudoinverse of the matrix A.	S. 747
$A^\top$	*Die Transponierte von A* oder *die zu A transponierte Matrix* oder *A transponiert* *Transpose of A*	Für $A = (a_{ij})$ gilt $A^\top = (a'_{ij})$ mit $a'_{ij} = a_{ji}$. $A = (a_{ij})$ is defined as $A^\top = (a'_{ij})$ with $a'_{ij} = a_{ji}$.	S. 233
$_C\boldsymbol{M}(\varphi)_B$	*Ist die Darstellungsmatrix von φ bezüglich der Basen B und C* *The matrix representation of φ with respect to bases B and C*	Lineare Abbildungen zwischen endlichdimensionalen Vektorräumen sind nach Wahl von Basen B und C durch Matrizen beschreibbar. Linear maps between two finite dimensional vector spaces with bases B and C, respectively, can be represented by matrices.	S. 435
$V^\perp$	$V^\perp$ *ist das orthogonale Komplement von V* *Orthogonal complement of V*	Es gilt $U^\perp = \{v \in V \mid v \perp u\ \forall u \in U\}$	S. 672
$A^* = \overline{A}^\top$	*Die zu A hermitesch konjugierte* Matrix, *die zu A adjungierte* Matrix The *adjoint* of the matrix A	Es gilt $a_{ij}^\top = \overline{a}_{ji}$	S. 699
$\boldsymbol{M}_B(\sigma)$	*Darstellungsmatrix der Bilinearform σ bezüglich der Basis B* *The representing matrix of a bilinear form σ with respect to basis B*	Eine Bilinearform auf einem endlichdimensionalen Vektorraum ist nach Wahl einer Basis B durch die Matrix $(\sigma(\boldsymbol{b}_i, \boldsymbol{b}_j))$ beschreibbar. A bilinear form on a finite-dimensional vector space with basis B can be represented by the matrix $(\sigma(\boldsymbol{b}_i, \boldsymbol{b}_j))$.	S. 716
$_B\boldsymbol{v}$	*B-Koordinaten des Vektors v* *B-coordinates of vector v*	Koordinaten des Vektors v bezüglich der Basis B. Coordinates of vector v with respect to basis B.	S. 232, 433
$_{(o;\,B)}\boldsymbol{x}$	*Affine Koordinaten des Punktes x* *Affine coordinates of point x*	Koordinaten des Punktes x bezüglich des affinen Koordinatensystems $(o;\,B)$. Coordinates of x with respect to the affine coordinate system $(o;\,B)$.	S. 232, 237

Symbol	**Aussprache/Name** Pronunciation	**Bedeutung** Meaning	**Seitenverweis**
(V, E)	Für $G = (V, E)$ sagt man der *Graph G mit der Knotenmenge V und Kantenmenge E* $G = (V, E)$ is read the *graph G with the vertex set V and edge set E*		S. 1076
$\dot{x}$	Für $\dot{x}$ sagt man x *Punkt* $\dot{x}$ is read x *dot*	Ableitung nach dem Parameter t. Derivative of x with respect to time t.	S. 953

Buchstabensymbole

$\aleph_0$	$\aleph_0$ wird *Aleph Null* gelesen $\aleph_0$ is read *aleph naught, aleph null* or *aleph zero*	Bezeichnet die Mächtigkeit von $\mathbb{N}$, $\aleph_0 = |\mathbb{N}|$. Cardinality of $\mathbb{N}$	S. 124
$\arccos z$	*Arkuskosinus von z* *Inverse cosine of z*	Umkehrfunktion des Kosinus. The inverse of the cosine.	S. 406
$\operatorname{arcosh} z$	*Areakosinus hyperbolicus von z* *Inverse hyperbolic cosine of z*	Umkehrfunktion des Kosinus hyperbolicus. Inverse of the cosine	S. 403
$\operatorname{arccot} z$	*Arkuskotangens von z* *Inverse cotangent of z*	Umkehrfunktion des Kotangens. The inverse of the cotangent.	
$\operatorname{arcoth} z$	*Areakotangens hyperbolicus von z* *Inverse hyperbolic cotangent of z*	Umkehrfunktion des Kotangens hyperbolicus The inverse of the hyperbolic cotangent.	
$\arcsin z$	*Arkussinus von z* *Inverse sine of z*	Umkehrfunktion des Sinus. The inverse of the sine.	S. 406
$\arctan z$	*Arkustangens von z* *Inverse tangent of z*	Umkehrfunktion des Tangens. The inverse of the tangent.	S. 406
$\operatorname{arsinh} z$	*Areasinus hyperbolicus von z* *Inverse hyperbolic sine of z*	Umkehrfunktion des Sinus hyperbolicus. The inverse of the hyperbolic sine.	S. 403
$\operatorname{artanh} z$	*Areatangens hyperbolicus von z* *Inverse hyperbolic tangent of z*	Umkehrfunktion des Tangens hyperbolicus The inverse of the hyperbolic tangent.	S. 591, 592
$\mathfrak{c}$		bezeichnet die Mächtigkeit von $\mathbb{R}$, des Kontinuums, $\mathfrak{c} = |\mathbb{R}|$ Cardinality of $\mathbb{R}$, of the continuum.	S. 124
$\chi_A(x)$		Die charakteristische Funktion $\chi_A(x)$ ist 1, falls $x \in A$ und sonst 0. Alternative Schreibweise $1_A(x)$.	
$\operatorname{ceil}(x), \lceil x \rceil$	*Aufrundfunktion* *Ceiling function*	Repräsentiert die nächst größere Ganzzahl von x aus. $\lceil x \rceil$ is the smallest integer not less than x	S. 128
$C^r(D)$	*C r über D* *C r on D*	Vektorraum der auf D r-mal stetig differenzierbaren Funktionen. The vector space of functions on D for which the rth derivative is continuous.	S. 887
$\operatorname{char} \mathbb{K}$	Für char $\mathbb{K}$ sagt man *die Charakteristik des Körpers $\mathbb{K}$* *Characteristic of field $\mathbb{K}$*	Die Charakteristik ist definiert als die minimale Anzahl von Schritten in denen man das neutrale multiplikative Element addieren muss um Null zu erhalten. Defined as the smallest number of times one must use the multiplicative identity element in a sum to obtain zero.	S. 84

Symbol	Aussprache/Name Pronunciation	Bedeutung Meaning	Seitenverweis
$C_0^\infty(\mathbb{R})$	*C Null Unendlich über* $\mathbb{R}$ *C zero infinity on* $\mathbb{R}$	Raum der unendlich oft differenzierbaren Funktionen mit kompaktem Träger. Space of the infinitely often differentiable functions with compact support.	S. 986
$\cos z$	*Kosinus von* z *Cosine of* z	Kosinusfunktion. Cosine function.	S. 404
$\cosh z$	*Kosinus hyperbolicus von* z *Hyperbolic cosine of* z	Es gilt $\cosh z = \frac{1}{2}(\mathrm{e}^z + \mathrm{e}^{-z})$.	S. 402
$\cot z$	*Kotangens von* z *Cotangent of* z	Es ist $\cot z = \frac{\cos z}{\sin z}$.	S. 406
$\coth z$	*Kotangens hyperbolicus von* z *Hyperbolic cotangent of* z	Definiert durch $\coth z = \frac{\cosh z}{\sinh z} = \frac{\mathrm{e}^z+\mathrm{e}^{-z}}{\mathrm{e}^z-\mathrm{e}^{-z}}$.	S. 617
$\frac{\mathrm{d}f}{\mathrm{d}x}$	*Differenzialquotient*, man sagt df *nach* dx *Differential quotient in Leibniz notation*, is read df *over* dx	Andere Schreibweise für f'. Alternative notation for f'.	S. 554
$\mathrm{d}f$	*Differenzial*, man sagt df *Differential*, is read df	An einer Stelle x_0 gilt $\mathrm{d}f = f'(x_0)\,\mathrm{d}x$ mit dem Differenzial dx. At some point x_0 we have $\mathrm{d}f = f'(x_0)\,\mathrm{d}x$ with the differential dx.	S. 555
$\frac{\partial f}{\partial t}$	*Partielle Ableitung*, man sagt *d partiell* f *nach* dt oder f *partiell nach* t *Partial derivative*, $\frac{\partial f}{\partial t}$ is read *the partial derivative of* f *with respect to* t	Schreibweise für partielle Ableitungen nach Variable t. Notation for partial derivatives with respect to t.	S. 865
$\partial_{\boldsymbol{v}} f = \frac{\partial f}{\partial \boldsymbol{v}}$	*Ableitung von* f *in Richtung* $\boldsymbol{v}$ *Derivative of* f *along* $\boldsymbol{v}$	Richtungsableitung von f in Richtung des Vektors $\boldsymbol{v}$. The directional derivative of f along the unit vector $\boldsymbol{v}$.	S. 879
$\partial_k f = \frac{\partial f}{\partial x_k}$	*Partielle Ableitung von* f *nach* x_k, man sagt *df nach d x k* *Partial derivative of* f *with respect to* x_k	Partielle Ableitung nach dem k-ten Argument, alternative Schreibweise f_{x_k}. The partial derivative with respect to the kth argument, alternative notation f_{x_k}.	S. 865
$\left(\frac{\partial E}{\partial T}\right)_V$	*Partielle Ableitung mit konstant gehaltener Variable* *Partial derivative with a variable held constant*	In diesem Beispiel wird das Volumen V konstant gehalten. Andere Schreibweise: $\left.\frac{\partial E}{\partial T}\right|_V$. In this example the volume V is held constant. Alternative notation: $\left.\frac{\partial E}{\partial T}\right|_V$.	S. 117
δ_{ij}	Für δ_{ij} sagt man *delta i j* δ_{ij} is read *delta i j*	Kronecker-Delta. Es gilt $\delta_{ij} = \begin{cases} 1 & \text{bei } i = j, \\ 0 & \text{bei } i \neq j. \end{cases}$	S. 235
$\delta(G)$	Für $\delta(G)$ sagt man *Minimalgrad des Graphen* G *Minimal degree* of graph G	$\delta(G) = \min\{\deg v \,|\, v \in V\}$	S. 1078
$\Delta(G)$	Für $\Delta(G)$ sagt man *Maximalgrad des Graphen* G *Maximal degree* of graph G	$\Delta(G) = \max\{\deg v \,|\, v \in V\}$	S. 1078

Symbol	Aussprache/Name Pronunciation	Bedeutung Meaning	Seitenverweis
Δ	*Differenz*, für Δx sagt man *Delta x* *Difference*, Δx is read *delta x*	z.B. $\Delta x = x - \tilde{x}$	
Δ	*Laplace-Operator*, für Δf sagt man *Laplace f*	Im Kontext der mehrdimensionalen Differenzialrechnung der Laplace-Operator, $\Delta = \nabla \cdot \nabla = \operatorname{div} \mathbf{grad}$. In kartesischen Koordinaten ist der Laplace-Operator die Summe der reinen zweiten Ableitungen, $\Delta u = \sum_{j=1}^{n} \frac{\partial^2 u}{\partial x_j^2}$. In krummlinigen Koordinaten hat er eine kompliziertere Gestalt.	S. 888, 994, 1001
	Laplace operator, Δf is read *Laplace f*	In the context of multivariate differential calculus the Laplace operator $\Delta = \nabla \cdot \nabla = \operatorname{div} \mathbf{grad}$. In Cartesian coordinates the Laplace operator is the sum of the second derivatives, $\Delta u = \sum_{j=1}^{n} \frac{\partial^2 u}{\partial x_j^2}$. In curvilinear coordinates its form is more complicated.	
$D(x)$	*Dirichlet'sche Sprungfunktion* *Dirichlet function*	Es gilt $D(x) = \begin{cases} 1 & \text{für } x \in \mathbb{Q}, \\ 0 & \text{für } x \notin \mathbb{Q}. \end{cases}$	S. 648
$\deg v$	Für $\deg v$ sagt man der *Grad von v* $\deg v$ is read the *degree of v*	Der Grad $\deg v$ ist die Anzahl der mit dem Knoten v inzidenten Kanten. Schlingen sind dabei doppelt zu zählen. The degree of a vertex v is the number of edges incident to the vertex v with loops being counted twice.	S. 1078
$\det \mathbf{A}$, $\det(\boldsymbol{u}, \boldsymbol{v}, \boldsymbol{w})$	*Determinante* von $\mathbf{A}$, auch *Spatprodukt* der Vektoren $\boldsymbol{u}, \boldsymbol{v}, \boldsymbol{w} \in \mathbb{R}^3$ *Determinant* of $\mathbf{A}$, or *triple product* of the vectors $\boldsymbol{u}, \boldsymbol{v}, \boldsymbol{w} \in \mathbb{R}^3$	Determinante der quadratischen Matrix $\mathbf{A}$, insbesondere Spatprodukt dreier Spaltenvektoren aus $\mathbb{R}^3$. Determinant of the quadratic matrix $\mathbf{A}$, in the special case of three column vectors in $\mathbb{R}^3$ it is also the triple product.	S. 240, 243, 471
$\operatorname{diag}(a_{11}, \ldots, a_{nn})$	*Diagonalmatrix* *Diagonal matrix*	Eine quadratische Matrix $\mathbf{A}$ nennt man eine Diagonalmatrix, wenn $a_{ij} = 0$ für alle $i \neq j$ gilt. A quadratic matrix $\mathbf{A}$ is called a diagonal matrix if $a_{ij} = 0$ for all $i \neq j$.	S. 444, 455
$\operatorname{diam} G$	Für $\operatorname{diam} G$ sagt man *Durchmesser* des Graphen G *Diameter* of graph G	Es gilt $\operatorname{diam} G = \max\{d(u, v) \,|u, v \in V\}$.	S. 1081
$\dim(V)$	Für $\dim(V)$ sagt man *Dimension* von V $\dim(V)$ is read the *dimension of V*	$\dim(V)$ ist die Anzahl der Vektoren einer Basis des Vektorraums V. $\dim(V)$ is the number of vectors of a basis of V.	S. 209
$\operatorname{div} \boldsymbol{v}$	*Divergenz von* $\boldsymbol{v}$ *Divergence of* $\boldsymbol{v}$	Differenzialoperator, gibt die lokale Quelldichte an, in kartesischen Koordinaten gilt $\operatorname{div} \boldsymbol{v} = \nabla \cdot \boldsymbol{v}$. Differential operator that measures the local source density. In Cartesian coordinates it is given by $\operatorname{div} \boldsymbol{v} = \nabla \cdot \boldsymbol{v}$.	S. 983
$\operatorname{Eig}_{\mathbf{A}}(\lambda)$	Für $\operatorname{Eig}_{\mathbf{A}}(\lambda)$ sagt man *Eigenraum von A* zum Eigenwert λ $\operatorname{Eig}_{\mathbf{A}}(\lambda)$ is read *Eigenspace of A* corresponding to the eigenvalue λ	Es gilt $\{\boldsymbol{v} \in \mathbb{K}^n \,|\, \mathbf{A}\boldsymbol{v} = \lambda\boldsymbol{v}\}$.	S. 505
$e(v)$	Für $e(v)$ sagt man *Exzentrizität* des Knoten v *Eccentricity* of a vertex v	Es gilt $e(v) = \max\{d(u, v)|u \in V\}$.	S. 1081

Symbol	Aussprache/Name Pronunciation	Bedeutung Meaning	Seitenverweis
e	*Euler'sche Zahl* *Euler's number*	$\mathrm{e} = \exp(1) = \sum_{n=0}^{\infty} \frac{1}{n!} \approx 2{,}718.$	S. 400
e^z	e-Funktion, *e hoch z*	Exponentialfunktion, $\mathrm{e}^z = \exp(z) = \sum_{n=0}^{\infty} \frac{1}{n!} z^n.$	S. 398
e^A	Man sagt e *hoch A* e^A is read the *matrix exponential of A*	Es gilt für eine Matrix A: $\mathrm{e}^A = \sum_{k=0}^{\infty} \frac{1}{k!} A^k.$	S. 519
$\boldsymbol{e}_i$	*Einheitsvektor* *Unit vector*	Einheitsvektor der Standardbasis. Der Vektor $\boldsymbol{e}_i \in \mathbb{R}^n$ hat außer an der i-ten Stelle überall Nullen. Unit vector of the standard basis. The vector $\boldsymbol{e}_i \in \mathbb{R}^n$ is zero everywhere except for the ith component.	S. 200
$\mathbf{E}_{rs}$	*Standard-Einheitsmatrizen* *Standard unit matrices*	Die Standard-Einheitsmatrizen haben an der r-ten Zeile und s-ten Spalte eine 1 sonst überall Nullen. The standard unit matrices have a single 1 in the rth row and the sth column and are zero everywhere else.	S. 204
$\mathbf{E}_n$	$n \times n$-*Einheitsmatrix* $n \times n$ *identity or unit matrix*	Ist die Diagonalmatrix $\mathrm{diag}(1, \ldots, 1)$. Is the diagonal matrix $\mathrm{diag}(1, \ldots, 1)$.	S. 253
ε	*epsilon* *epsilon*	Griechischer Buchstabe, der meist für positive, *beliebig kleine* reelle Zahlen steht. Greek letter, usually represents an *arbitrary small* real number.	S. 398
$\exp(z)$	*Exponentialfunktion von z* *Exponential function of z*	Andere Schreibweise für e^z. Alternative notation for e^z.	S. 398
$\mathrm{floor}(x), \lfloor x \rfloor$, $[x]$	*Abrundfunktion*, auch *Gauß-klammer für* $[x]$ *Floor function*	Repräsentiert die nächst kleinere Ganzzahl von x aus. $\lfloor x \rfloor$ is the largest integer not greater than x-	S. 128
$\Gamma(x)$	*Gamma von x* *Gamma of x*	Griechischer Buchstabe für die Gammafunktion, $\Gamma(x) = \int_0^{\infty} \mathrm{e}^{-t} t^{x-1} \, \mathrm{d}t$ für $\mathrm{Re}\, x > 0$. Greek letter representing the gamma function, $\Gamma(x) = \int_0^{\infty} \mathrm{e}^{-t} t^{x-1} \, \mathrm{d}t$ for $\mathrm{Re}\, x > 0$.	S. 633
ggT	*Größter gemeinsamer Teiler* *Greatest common divisor (gcd) or highest common factor (hcf)*	$\mathrm{ggT}(4, 6) = 2$	S. 1050
$\mathbf{grad}\, A$	*Vektorgradient* *Vector gradient*	Es gilt $\mathbf{grad}\, A = \nabla A^{\top}$. Alternative notation: $\nabla A^{\top}$.	S. 866
H	(oft für) *Hesse-Matrix* (common for) *Hessian matrix*	In einer Matrix zusammengefasste zweite Ableitungen. Second-order partial derivatives arranged in a matrix.	S. 886
i	*Imaginäre Einheit*, i *Imaginary unit*, i	Festgelegte komplexe Zahl $\mathrm{i} = 0 + \mathrm{i}$; $\mathrm{i}^2 = -1$, in der Elektrotechnik statt i auch j. The complex number with the properties $\mathrm{i} = 0 + \mathrm{i}$; $\mathrm{i}^2 = -1$. In electrical engineering often j instead of i.	S. 82
ι	jota	bezeichnet oft eine Einbettung	S. 89
$\mathrm{Im}(\varphi)$	*Bild von φ* *Image of φ*	Bild der linearen Abbildung φ. Image of the linear function φ.	S. 425

Symbol	**Aussprache/Name** Pronunciation	**Bedeutung** Meaning	**Seitenverweis**
$\inf M$	*Infimum von M*	$s_0 = \inf M$ ist eine untere Schranke für die gilt: $\forall \epsilon > 0 \ \exists x \in M$ mit $x < s_0 + \epsilon$.	S. 114
	Infimum of M	$s_0 = \inf M$ is a lower bound defined by $\forall \epsilon > 0 \ \exists x \in M$ such that $x < s_0 + \epsilon$.	
$\mathbf{J}_{\mathrm{f}}(\boldsymbol{p})$	(meist für) *Jacobi-Matrix*	Die Jacobi-Matrix übernimmt im mehrdimensionalen Fall die Rolle der Ableitung aus dem Eindimensionalen. Alternativschreibweisen $\mathbf{f}'$, $\frac{\partial(f_1,\dots,f_m)}{\partial(x_1,\dots,x_n)}$.	S. 861, 867
	(common for) *Jacobi matrix*	In the multidimensional case the Jacobi matrix replaces the simple derivative of the single-dimensional case. Alternative notation: $\mathbf{f}'$, $\frac{\partial(f_1,\dots,f_m)}{\partial(x_1,\dots,x_n)}$.	
$\ker(\varphi)$	*Kern von φ*	Kern der linearen Abbildung φ.	S. 425
	Kernel of φ	Kernel of the linear function φ.	
kgV	*Kleinstes gemeinsames Vielfaches*	$\mathrm{kgV}(4, 6) = 12$	S. 1056
	Least common multiple (lcm) or lowest common multiple		
λ	*lambda* (häufig *Eigenwert von A mit Eigenvektor $\boldsymbol{v}$*)	Griechischer Buchstabe, es gilt $A\,\boldsymbol{v} = \lambda\,\boldsymbol{v}$.	S. 501
	(common notation) for *eigenvalue of A with eigenvector $\boldsymbol{v}$*		
$\lim\limits_{n\to\infty} x_n$	*Limes der Folge x_n für n gegen Unendlich*	Für Grenzwerte wird auch die Schreibweise: $x_n \xrightarrow{n\to\infty} x$ bzw. $x_n \to x \quad (n \to \infty)$ genutzt.	S. 284
	Limit of the sequence x_n for n tending to infinity		
$\lim\limits_{x\to\hat{x}} f(x)$	*Limes der Funktion f für x gegen $\hat{x}$*	Grenzwert der Funktionswerte von f. Es ist $\lim\limits_{x\to\hat{x}} f(x) = \lim\limits_{n\to\infty} f(x_n)$ für $x_n \to \hat{x} \quad (n \to \infty)$.	S. 314
	Limit of the function f for x tending to $\hat{x}$		
$\ln$	*Logarithmus*	Natürlicher Logarithmus, d.h. Umkehrfunktion zu exp; andere Schreibweisen: $\ln = \log = \log_e$. Dualer Logarithmus zur Basis $a = 2$: $\mathrm{ld} = \log_2$; Logarithmus zur Basis $a = 10$: $\lg = \log_{10}$.	S. 409
	Logarithm	Natural logarithm, i.e. the inverse of exp. Other notation: $\ln = \log = \log_e$. Dual logarithm with respect to base $a = 2$: $\mathrm{ld} = \log_2$. Logarithm with respect to basis $a = 10$: $\lg = \log_{10}$.	
$\max M$	Für $\max M$ sagt man *Maximum von M* *Maximum of M*	Für $c = \max M$ gilt $c \geq x \ \forall x \in M$	S. 112
$\min M$	Für $\min M$ sagt man *Minimum von M* *Minimum of M*	Für $c = \min M$ gilt $c \leq x \ \forall x \in M$	S. 112
$O(x^6)$	*Von der Ordnung x^6*, man sagt auch *groß O von x^6*	Landau-Symbolik, man muss $x \to 0$ o.ä. mit angeben.	S. 396
	$O(x^6)$ is read *of order x^6*	Landau notation. Defined for a limit, often $x \to 0$.	
$P_n(x)$	*Legendre-Polynome* *Legendre polynomials*	Spezielle Orthogonalpolynome. Special orthogonal polynomials.	S. 667

Symbol	Aussprache/Name Pronunciation	Bedeutung Meaning	Seitenverweis
π	Kreiszahl *Pi*	Es ist $\pi \approx 3.141$ das Verhältnis von Umfang zu Durchmesser eines Kreises.	S. 407
	Pi	$\pi \approx 3.141\ldots$ is the ratio of the circumference to the diameter of a circle.	
$\mathrm{Rad}(V)$	Für $\mathrm{Rad}(V)$ sagt man *Radikal von V* $\mathrm{Rad}(V)$ denotes the *radical of V*	Es gilt $\mathrm{Rad}(V) = V \cap V^\perp$.	S. 676
$\mathrm{rad}\, G$	Für $\mathrm{rad}\, G$ sagt man *Radius des Graphen G* *Radius of graph G*	Es gilt $rad\, G = min\{e(v)\mid v \in V\}$.	S. 1081
$\mathrm{rg}\, \mathbf{A}$	Für $\mathrm{rg}\, \mathbf{A}$ sagt man *Rang der Matrix A* *Rank of a matrix A*		S. 176
rot $\boldsymbol{v}$	*Rotation* $\boldsymbol{v}$	Differenzialoperator, gibt die lokale Wirbeldichte an, in kartesischen Koordinaten gilt **rot** $\boldsymbol{v} = \nabla \times \boldsymbol{v}$.	S. 998
curl $\boldsymbol{v}$	*Curl* $\boldsymbol{v}$	Differential operator, measures the local, infinitesimal rotation of a vector field; in Cartesian coordinates it is given by curl $\boldsymbol{v} = \nabla \times \boldsymbol{v}$.	
$R(Z, z) = \sum_{j=1}^{N} f(z_j)\lvert x_j - x_{j-1}\rvert$	Riemann-Summe	Die Riemann-Summe ist eine Näherung der Fläche unter der Kurve von $f(x)$.	S. 643
	Riemann sum	The Riemann sum is a way to approximate the area underneath the curve defined by $f(x)$.	
sgn	Für $\mathrm{sgn}(\sigma)$ sagt man *signum von σ*	Definiert durch $\mathrm{sgn}(\sigma) = (-1)^{N(\sigma)}$ wobei $N(\sigma)$ die Anzahl der Inversionen oder Transpositionen ist; das Signum ist 1 für eine gerade Permutation und -1 für eine ungerade Permutation.	S. 73
	$\mathrm{sgn}(\sigma)$ is read the *sign* or *signature of a permutation σ*	Defined by $\mathrm{sgn}(\sigma) = (-1)^{N(\sigma)}$, where $N(\sigma)$ is the number of inversions or transpositions. The sign is 1 for an even permutation and -1 for an odd permutation.	
$\mathrm{sign}(x)$	Für $\mathrm{sign}(x)$ sagt man *Signumfunktion* oder *Vorzeichenfunktion*	Es gilt $\mathrm{sign}(x) = \begin{cases} -1 & \text{if } x < 0, \\ 0 & \text{if } x = 0, \\ 1 & \text{if } x > 0. \end{cases}$	S. 110
$\mathrm{Si}(x)$	*Integralsinus von x* *Sine integral of x*	Integral-Sinus, $\mathrm{Si}(x) = \int_0^x \frac{\sin t}{t}\, \mathrm{d}t$. Sine integral.	S. 634
$\sin z$	*Sinus von z* *Sine of z*	Sinusfunktion. Sine function.	S. 404
$\mathrm{sinc}\, z$	Sinus cardinalis, *sinc von z* Sinus cardinalis, *sinc of z*	Es ist $\mathrm{sinc}\, z = \frac{\sin z}{z}$ für $z \neq 0$ und $\mathrm{sinc}\, 0 = 1$.	S. 634
$\sup M$	*Supremum von M*	$\sup M$ ist eine obere Schranke, für die gilt: $\forall \epsilon > 0\ \exists x \in M$ mit $s_0 - \epsilon < x$.	S. 114
	Supremum of M	$s_0 = \sup M$ is an upper bound defined by $\forall \epsilon > 0\ \exists x \in M$ such that $s_0 - \epsilon < x$.	
$\sinh z$	*Sinus hyperbolicus von z* *Hyperbolic sine of z*	Es gilt $\sinh z = \frac{1}{2}(e^z - e^{-z})$.	S. 402

Symbol	Aussprache/Name Pronunciation	Bedeutung Meaning	Seitenverweis
Sp	Für $\mathrm{Sp}\,A$ sagt man *Spur von A*	Unter der Spur einer Matrix $A = (a_{ij}) \in \mathbb{K}^{n \times n}$ versteht man die Summe der Hauptdiagonalelemente. Alternative Schreibweise Tr (für engl. *trace*).	S. 505
	$\mathrm{Sp}\,A$ is read *trace of A*	The trace of a matrix, $A = (a_{ij}) \in \mathbb{K}^{n \times n}$, denotes the sum of the diagonal elements. The common English notation is Tr.	
$\tan z$	*Tangens von z* *Tangent of z*	Es gilt $\tan z = \frac{\sin z}{\cos z}$.	S. 406
$\tanh z$	*Tangens hyperbolicus von z* *Hyperbolic tangent of z*	Es gilt $\tanh z = \frac{\sinh z}{\cosh z} = \frac{e^z - e^{-z}}{e^z + e^{-z}}$.	S. 592
$V(K)$	*Volumen von K* *Volume of K*	Steht häufig für das Volumen einer Menge, $V(K) = \int_K 1\,d\boldsymbol{x}$. Often denotes the volume of a set.	S. 945
$\chi(S)$	Euler–Poincaré Charakteristik Euler–Poincaré characteristic	Es gilt $\chi(S) = n - m + f$.	S. 1088
χ_A	*Charakteristisches Polynom der Matrix $A \in \mathbb{K}^{n \times n}$* *Characteristic polynomial of the matrix $A \in \mathbb{K}^{n \times n}$*	Die Nullstellen des charakteristischen Polynoms sind die Eigenwerte von A. The roots of the characteristic polynomial are the eigenvalues of A.	S. 504
$\chi_A(x)$	charakteristische Funktion von A an der Stelle x	Es gilt $\chi_A(x) = 1$, falls $x \in A$; 0 sonst.	S. 123

Weitere Fachbegriffe deutsch-englisch

Deutsch	Englisch
Abbildung	map(ping)
abgeschlossen	closed
Ableitung	derivative
abzählbar	countable
beschränkt	bounded
Definitionsbereich	domain of definition
dicht	dense
Differenzial- und Integralrechnung	calculus
Durchmesser	diameter
Eigenvektor	eigenvector
Eigenwert	eigenvalue
eindeutig	unique
Fixpunkt	fixed point
Folge	sequence
Gerade	straight line
gewöhnliche Differenzialgleichung	ordinary differential equation (ODE)
gleichgradig stetig	equicontinuous
gleichschenkliges Dreieck	isosceles triangle
gleichseitiges Dreieck	equilateral triangle
Gleichung	equation
eine (Un-)Gleichung lösen	to solve an equation (inequality)
Grenzwert	limit
Halbnorm	seminorm

Deutsch	Englisch
hinreichend	sufficient
Integritätsbereich	integral domain
Knoten	knot, vertex (in graph theory)
Knoten(punkt), Stützstelle	node
Kompaktifizierung	compactification
kontrahierend	contracting
Koordinatenursprung	origin
Körper (Algebra)	field
Körper (Geometrie)	body
Kreis(linie)	circle
Kreis(scheibe)	disk
Kugel (massiv, Vollkugel)	ball
Kugel(oberfläche)	sphere
Kurvenintegral	line integral
Mannigfaltigkeit	manifold
Mehrfachintegral	multiple integral
Mittelwertsatz	mean value theorem
Nachkommastellen	decimal
auf n Dezimalstellen [Stellen] genau	correct to n decimal places [digits]
Newtonverfahren	Newton's method
nirgends dicht	nowhere dense
Normalteiler	normal subgroup
Nullstelle	zero
offen	open
Potenzreihe	power series
Primzahl	prime number
punktweise konvergent	pointwise convergent
Raum	space
Rechteck	rectangle
reell	real
Reihe	series
Rest(glied)	remainder
Satz (in der Mathematik)	proposition, theorem
Stammfunktion	antiderivative, primitive integral or indefinite integral
stetig	continuous
stückweise stetig	piecewise continuous
Umfang	circumference
Umordnung	rearrangement
unendlich	infinite
untere Schranke	lower bound
Vektorraum	linear space
wegzusammenhängend	arcwise connected
Zahlenstrahl	number line
Zähler	numerator
zufällig	random
zusammenhängend	connected
Zwischenwertsatz	intermediate value theorem

Sachregister

© Springer-Verlag GmbH Deutschland, ein Teil von Springer Nature 2022
T. Arens et al., *Grundwissen Mathematikstudium*,
https://doi.org/10.1007/978-3-662-63313-7

Lebesgue'scher Konvergenzsatz

Wenn es zu einer Folge von integrierbaren Funktionen $f_n \in L(I)$ über einem Intervall $I \subset \mathbb{R}$, die punktweise fast überall gegen $f \colon I \to \mathbb{R}$ konvergiert, eine integrierbare Funktion $g \in L(I)$ gibt mit $|f_n(x)| \leq g(x)$ für fast alle $x \in I$ und alle $n \in \mathbb{N}$, dann ist $f \in L(I)$ integrierbar, und es gilt:

$$\lim_{n \to \infty} \int_I f_n(x)\, \mathrm{d}x = \int_I f(x)\, \mathrm{d}x\,.$$

Lokaler Umkehrsatz

Seien $D \subseteq \mathbb{R}^n$ eine (nichtleere) offene Menge und $f \colon D \to \mathbb{R}^n$ eine stetig differenzierbare Abbildung. Für einen Punkt $a \in D$ sei die Jacobi-Matrix $\mathcal{J}(f; a)$ invertierbar, d. h., es gelte $\det \mathcal{J}(f; a) \neq 0$.

Dann gibt es eine offene Umgebung U von a und eine Umgebung V von $f(a)$, sodass gilt:

(1) $f|_U$ ist injektiv.
(2) Die Bildmenge $V = f(U)$ ist offen.
(3) Ist $g \colon V \to U$ die lokale Umkehrung von $f|_U$, dann ist g stetig differenzierbar.

Insgesamt ist also $f|_U \colon U \to V$ ein C^1-Diffeomorphismus mit $\mathcal{J}(g; y) \cdot \mathcal{J}(f; x) = \mathbf{E}_n$ für $x \in U$ und $y \in V$.

Transformationsformel

Für B, D und $\psi \colon B \to D$ sollen die im Text auf Seite 934 formulierten Voraussetzungen gelten. Eine Funktion $f \colon D \to \mathbb{R}$ ist genau dann über D integrierbar, wenn $f(\psi(\cdot))|\det \psi'|$ über B integrierbar ist, und es gilt

$$\int_D f(x)\, \mathrm{d}x = \int_B f(\psi(y))\, |\det \psi'(y)|\, \mathrm{d}y\,.$$

Gauß'scher Satz

Für ein beschränktes Gebiet $M \subseteq \mathbb{R}^n$ mit den Bedingungen (a)–(c) von Seite 988 und eine Funktion $F \in C^1(M) \cap C(\overline{M})$ mit integrierbaren Ableitungen $\frac{\partial F_j}{\partial x_j} \in L^1(M)$ für $j = 1, \ldots, n$ gilt:

$$\int_M \operatorname{div} F(x)\, \mathrm{d}x = \int_{\partial M} F(x) \cdot v\, \mathrm{d}\mu$$

mit nach außen gerichtetem Normalenfeld v an ∂M.

Satz von Fubini

Sind $I \subseteq \mathbb{R}^p$ und $J \subseteq \mathbb{R}^q$ (möglicherweise unbeschränkte) Quader sowie $f \in L(Q)$ eine auf dem Quader $Q = I \times J \subseteq \mathbb{R}^{p+q}$ integrierbare Funktion, so gibt es Funktionen $g \in L(I)$ und $h \in L(J)$ mit

$$g(x) = \int_J f(x, y)\, \mathrm{d}y \quad \text{für fast alle } x \in I\,,$$

$$h(y) = \int_I f(x, y)\, \mathrm{d}x \quad \text{für fast alle } y \in J\,.$$

Ferner ist

$$\int_R f(x, y)\, \mathrm{d}(x, y)$$

$$= \int_I \int_J f(x, y)\, \mathrm{d}y\, \mathrm{d}x = \int_I g(x)\, \mathrm{d}x$$

$$= \int_J \int_I f(x, y)\, \mathrm{d}x\, \mathrm{d}y = \int_J h(y)\, \mathrm{d}y\,.$$

Vollständiger metrischer Raum

Ein metrischer Raum (M, d) heißt vollständig, falls jede Cauchy-Folge in M einen Grenzwert in M besitzt.

Vervollständigung eines metrischen Raums

Ist (M, d) ein metrischer Raum, so existiert ein bis auf Isometrie eindeutig bestimmter vollständiger metrischer Raum $(\overline{M}, \overline{d})$ derart, dass (M, d) isometrisch zu einem dichten Unterraum von $(\overline{M}, \overline{d})$ ist. Man nennt $(\overline{M}, \overline{d})$ die Vervollständigung von (M, d).

Banach'scher Fixpunktsatz

Wenn M ein vollständiger metrischer Raum ist und $G \colon M \to M$ eine Kontraktion, dann hat G genau einen Fixpunkt $x \in M$. Dieser ist Grenzwert jeder Folge (x_n) definiert durch einen beliebigen Startwert $x_0 \in M$ und die Rekursionsvorschrift

$$x_n = G(x_{n-1})\,, \qquad n \in \mathbb{N}\,.$$

Satz von Cayley-Hamilton

Für jede Matrix $A \in \mathbb{K}^{n \times n}$ gilt:

$$\chi_A(A) = \mathbf{0}\,,$$

wobei $\mathbf{0}$ die Nullmatrix aus $\mathbb{K}^{n \times n}$ bezeichnet.

Printed in Italy by Printer Trento S.r.l.